THE YAWS HANDBOOK OF PHYSICAL PROPERTIES FOR HYDROCARBONS AND CHEMICALS

PHYSICAL PROPERTIES FOR MORE THAN 41,000 ORGANIC AND INORGANIC CHEMICAL COMPOUNDS. COVERAGE FOR C1 TO C100 ORGANICS AND Ac TO Zr INORGANICS.

CARL L. YAWS

PROFESSOR OF CHEMICAL ENGINEERING
LAMAR UNIVERSITY
BEAUMONT, TEXAS

2005

Gulf Publishing Company
Houston, London, Paris, Zurich, Tokyo

THE YAWS HANDBOOK OF PHYSICAL PROPERTIES
FOR HYDROCARBONS AND CHEMICALS

PHYSICAL PROPERTIES FOR MORE THAN 41,000 ORGANIC AND INORGANIC CHEMICAL
COMPOUNDS. COVERAGE FOR C1 TO C100 ORGANICS AND Ac TO Zr INORGANICS.

CARL L. YAWS

PROFESSOR OF CHEMICAL ENGINEERING
LAMAR UNIVERSITY
BEAUMONT, TEXAS

2005

Gulf Publishing Company
Houston, London, Paris, Zurich, Tokyo

THE YAWS HANDBOOK OF PHYSICAL PROPERTIES FOR HYDROCARBONS AND CHEMICALS

PHYSICAL PROPERTIES FOR MORE THAN 41,000 ORGANIC AND INORGANIC CHEMICAL COMPOUNDS. COVERAGE FOR C1 TO C100 ORGANICS AND Ac TO Zr INORGANICS

HOUSTON, TX:
Gulf Publishing Company
2 Greenway Plaza, Suite 1020
Houston, TX 77046

AUSTIN, TX:
427 Sterzing St., Suite 104
Austin, TX 78704

10 9 8 7 6 5 4 3 2 1

Library of Congress Cataloging-in-Publication Data

Yaws, Carl L.
    [Handbook of physical properties for hydrocarbons and chemicals]
    Yaws' handbook of physical properties for hydrocarbons and chemicals : physical Properties for more than 41,000 organic and inorganic chemical compounds : coverage for C1 to C100 organics and Ac to Zr inorganics / Carl L. Yaws.
        p. cm.
    Includes bibliographical references and index.
    ISBN 0-9765113-7-1 (acid-free paper)
    1. Chemicals—Handbooks, manuals, etc. 2. Hydrocarbons—Handbooks, manuals, etc.3. Chemical—Tables. 4. Hydrocarbons—Tables. I. Title: Handbook of physical properties For hydrocarbons and chemicals. II. Title.

TP200.Y39 2005
660.02'1—dc22

2005052830

Printed in the United States of America
Printed on acid-free paper. ∞

CONTENTS

CONTRIBUTORS

Prashant Bahadur	Graduate Student, Chemical Engineering Department, Lamar University, P.O. Box 10053, Beaumont, Texas 77710, USA
Bhusan B. Dalvi	Graduate Student, Chemical Engineering Department, Lamar University, P.O. Box 10053, Beaumont, Texas 77710, USA
Suraj W. Deore	Graduate Student, Chemical Engineering Department, Lamar University, P.O. Box 10053, Beaumont, Texas 77710, USA
Chaitanya Gabbula	Graduate Student, Chemical Engineering Department, Lamar University, P.O. Box 10053, Beaumont, Texas 77710, USA
K. Y. Li	Professor and Chair, Chemical Engineering Department, Lamar University, P.O. Box 10053, Beaumont, Texas 77710, USA
Helen H. Lou	Associate Professor, Chemical Engineering Department, Lamar University, P.O. Box 10053, Beaumont, Texas 77710, USA
Prasad K. Narasimhan	Process Engineer / Lead Programmer, SchmArt Engineering, Inc, 1844 IH 10 South, Suite 202, Beaumont, Texas 77707, USA
Ralph W. Pike	Professor, Chemical Engineering Department, Louisiana State University, Baton Rouge, Louisiana 70803, USA
Marco A. Satyro	Chief Technology Officer, Virtual Materials Group Inc., 657 Hawkside Mews NW, Calgary, Alberta, Canada T3G 2J1
Aditi Singh	Graduate Student, Chemical Engineering Department, Lamar University, P.O. Box 10053, Beaumont, Texas 77710, USA
Preeti S. Yadav	Graduate Student, Chemical Engineering Department, Lamar University, P.O. Box 10053, Beaumont, Texas 77710, USA
Carl L. Yaws	Professor, Chemical Engineering Department, Lamar University, P.O. Box 10053, Beaumont, Texas 77710, USA

ACKNOWLEDGMENTS

The author wishes to acknowledge special appreciation to his wife (Annette) and family (Kent, Michele, Chelsea, Brandon, Lindsay, Rebecca, Chloe, Trey, and Sarah).

The author also wishes to acknowledge that the Gulf Coast Hazardous Substance Research Center and Texas Hazardous Waste Research Center provided partial support of this work.

Carl L. Yaws, Lamar University. Beaumont, Texas

DISCLAIMER

This handbook presents a variety of data for thermodynamic properties. It is incumbent upon the user to execute judgement in the use of the data. The author does not provide any guarantee, expressed or implied, with regard to the general or specific applicability of the data, the range of errors that may be associated with any of the data, or the appropriateness of using any of the data in any subsequent calculation, design, or decision process. The author accepts no responsibility for damages, if any, suffered by any reader or user of this handbook as a result of decisions made or actions taken on information contained therein.

Chapter 1

PHYSICAL PROPERTIES – ORGANIC COMPOUNDS

Carl L. Yaws, Prasad K. Narasimhan, Chaitanya Gabbula, Suraj W. Deore,
Aditi Singh, K. Y. Li, Helen Lou, Ralph Pike and Marco Satyro

Abstract

The results for physical properties are given in Table 1 for organic chemical compounds. Results for chemical formula, name, CAS number, molecular weight, freezing point, boiling point, density, refractive index and state are presented. The properties are displayed in an easy-to-use table which is especially applicable for rapid engineering and scientific usage. The table is based on both experimental data and estimated values.

In the data collection, a literature search was conducted to identify data source publications for chemical compounds. Both experimental values for the property under consideration and parameter values for estimation of the property are included in the source publications. The publications were screened and copies of appropriate data were made. These data were then keyed into the computer to provide a database of physical properties for compounds for which experimental data are available. The database also served as a basis to check the accuracy of the estimation methods.

Upon completion of data collection, estimation of the properties for the remaining compounds was performed. The group contribution method of Joback as given by Poling, Prausnitz, and O'Connell (35) was primarily used for the estimation of freezing and boiling point temperatures:

$$T_F = 122 + \Sigma\, n_i\, tfi \qquad\qquad (1\text{-}1)$$

$$T_B = 198 + \Sigma\, n_i\, tbi \qquad\qquad (1\text{-}2)$$

where
T_F = freezing point temperature, K
T_B = boiling point temperature, K
n_i = number of group i
tfi = contribution of group i to freezing point
tbi = contribution of group i to boiling point

As discussed by Reid, Prausnitz, and Poling, no reliable methods are available for precise estimation of freezing point temperature. Thus, the estimates for freezing point temperature should be considered as rough approximations.

Comparisons of estimates and data for freezing and boiling point temperatures are shown in Figures 1-1 and 1-2 for normal alkanes. The graphs indicate that the deviation between estimates and data increases for C20 and larger compounds. Thus, the estimates for C20 and larger compounds should be considered as rough approximations. The accuracy of estimates for boiling point is better for smaller compounds.

References

References are given in the section near the end of the book.

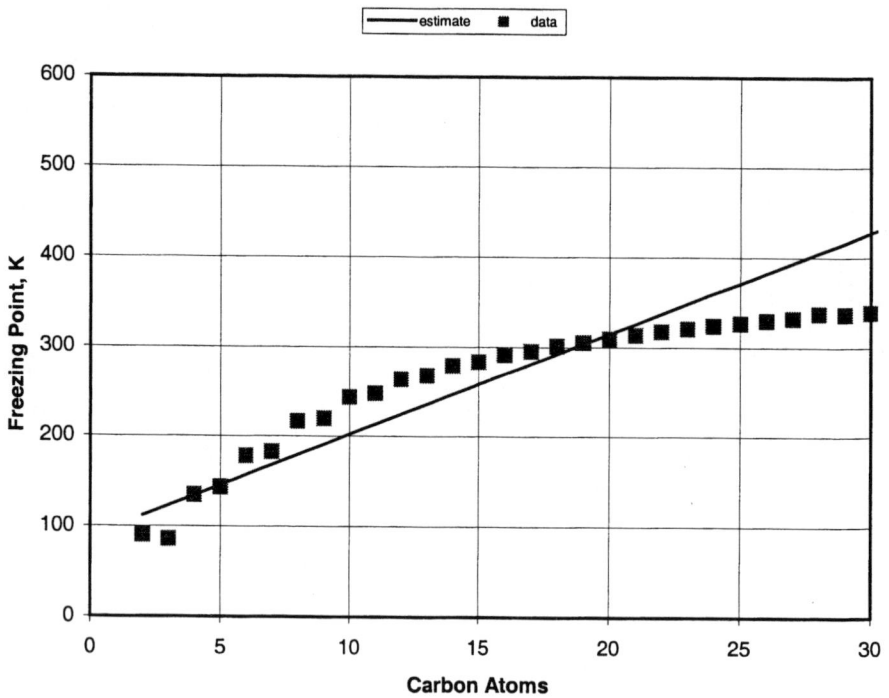

Figure 1-1 Freezing Point of Normal Alkanes

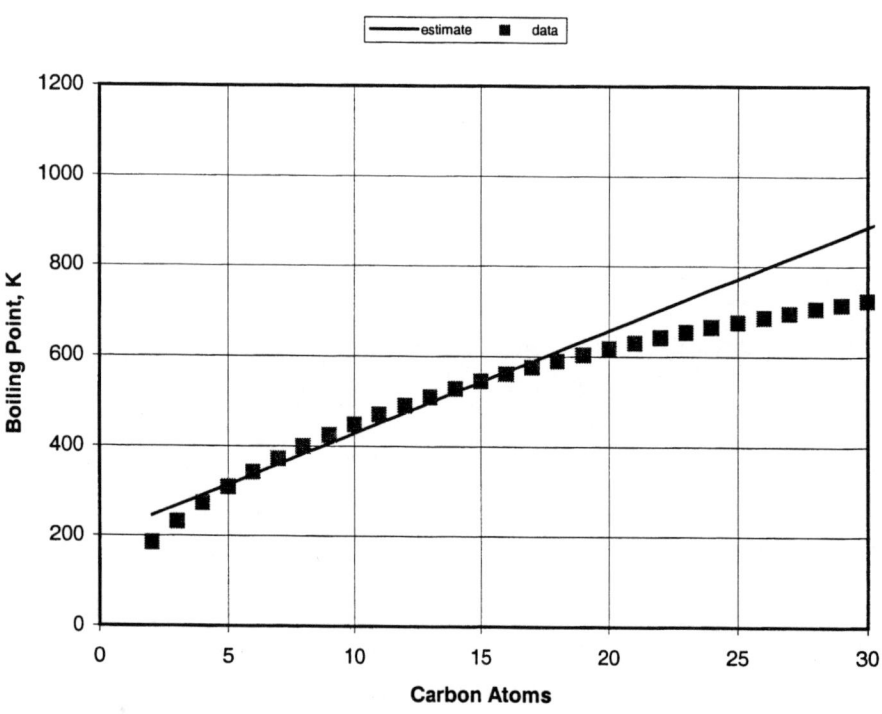

Figure 1-2 Boiling Point of Normal Alkanes

Table 1 Physical Properties - Organic Compounds

				Mol Wt	Freezing Point		Boiling Point		Density			Refractive Index			State	
NO	FORMULA	NAME	CAS No	g/mol	T_F, K	code	T_B, K	code	T, C	g/cm3	code	T, C	n_D	code	@25C,1 atm	code
1	CAgF3O3S	silver trifluoromethanesulfonate	2923-28-6	256.937	629.15	1	---	---	---	---	---	---	---	---	solid	1
2	CAgN	silver cyanide	506-64-9	133.884	>573.15	1	---	---	---	---	---	---	---	---	solid	1
3	CAgNO	silver cyanate	3315-16-0	149.883	---	---	---	---	---	---	---	---	---	---	---	---
4	CAgNS	silver(i) thiocyanate	1701-93-5	165.950	---	---	---	---	---	---	---	---	---	---	---	---
5	CAgN3O6	silver trinitromethanide	25987-94-4	257.894	370.95	1	---	---	---	---	---	---	---	---	solid	1
6	CAgN3S2	silver azidodithioformate	74093-43-9	226.030	---	---	1154.15	1	---	---	---	---	---	---	---	---
7	CAg2Cl3O3P	silver trichloromethanephosphonate	---	413.073	---	---	---	---	---	---	---	---	---	---	---	---
8	CAg2N2	disilver cyanamide	---	255.757	---	---	---	---	---	---	---	---	---	---	---	---
9	CAg2O3	silver carbonate	534-16-7	275.741	487.15	1	---	---	---	---	---	---	---	---	solid	1
10	CAuN	gold(i) cyanide	506-65-0	222.985	---	---	---	---	---	---	---	---	---	---	---	---
11	CB4	boron carbide	12069-32-8	55.255	2623.15	1	3773.15	1	---	---	---	---	---	---	solid	1
12	CBaO3	barium carbonate	513-77-9	197.336	---	---	1723.15	1	---	---	---	---	---	---	---	---
13	CBrClF2	bromochlorodifluoromethane	353-59-3	165.365	113.65	1	269.14	1	25	1.8100	1	---	---	---	gas	1
14	CBrClN2O4	bromochlorodinitromethane	33829-48-0	219.379	282.45	1	---	---	20	2.0393	1	---	1.4793	1	---	---
15	CBrCl2F	bromodichlorofluoromethane	353-58-2	181.819	113.65	1	269.14	1	25	2.0678	2	---	---	---	---	---
16	CBrCl3	bromotrichloromethane	75-62-7	198.273	252.15	1	378.05	1	25	1.9940	1	25	1.5060	1	liquid	1
17	CBrF3	bromotrifluoromethane	75-63-8	148.911	105.15	1	215.26	1	25	1.5360	1	25	1.2380	1	gas	1
18	CBrF3O3S	bromine(1) trifluoromethanesulfonate	70142-16-4	228.975	---	---	---	---	---	---	---	---	---	---	---	---
19	CBrN	cyanogen bromide	506-68-3	105.922	325.15	1	334.65	1	20	2.0150	1	---	---	---	solid	1
20	CBrN3O6	bromotrinitromethane	560-95-2	229.932	290.65	1	---	---	20	2.0312	1	20	1.4808	1	---	---
21	CBr2ClF	dibromochlorofluoromethane	353-55-9	226.270	---	---	353.45	1	22	2.3173	1	20	1.4570	1	---	---
22	CBr2Cl2	dibromodichloromethane	594-18-3	242.724	311.15	1	423.35	1	25	2.4200	1	---	---	---	solid	1
23	CBr2F2	dibromodifluoromethane	75-61-6	209.816	163.05	1	295.94	1	25	2.2740	1	15	1.4016	1	gas	1
24	CBr2N2O4	dibromodinitromethane	2973-00-4	263.831	278.65	1	431.15	dec	20	2.4439	1	25	1.5280	1	liquid	1
25	CBr2O	carbonyl bromide	593-95-3	187.818	---	---	337.65	1	15	2.5200	1	---	---	---	---	---
26	CBr3Cl	tribromochloromethane	594-15-0	287.176	328.15	1	431.65	1	15	2.7100	1	---	---	---	solid	1
27	CBr3F	tribromofluoromethane	353-54-8	270.722	199.55	1	381.15	1	25	2.9034	2	---	---	---	liquid	1
28	CBr3NO2	tribromonitromethane	464-10-8	297.729	283.15	1	---	---	12	2.8110	1	20	1.5790	1	---	---
29	CBr4	carbon tetrabromide	558-13-4	331.627	364.15	1	462.65	1	100	2.9608	1	100	1.5942	1	solid	1
30	CCaN2	calcium cyanamide	156-62-7	80.103	---	---	---	---	25	2.2900	1	---	---	---	---	---
31	CCaO3	calcium carbonate	471-34-1	100.087	1612.15	1	---	---	---	---	---	---	---	---	---	---
32	CCdO3	cadmium carbonate	513-78-0	172.420	630.15	1	---	---	---	---	---	---	---	---	solid	1
33	CClFO	carbonyl chloride fluoride	353-49-1	82.461	---	---	---	---	---	---	---	---	---	---	---	---
34	CClF3	chlorotrifluoromethane	75-72-9	104.459	92.15	1	191.74	1	25	0.8410	1	25	1.1990	1	gas	1
35	CClF3O2	chloroperoxytrifluoromethane	32755-26-3	136.458	141.15	1	---	---	---	---	---	---	---	---	---	---
36	CClF3O2S	trifluoromethanesulfonyl chloride	421-83-0	168.524	---	---	435.15	1	25	1.7293	2	20	1.3344	1	---	---
37	CClF3O3S	chlorine(1)trifluoromethanesulfonate	65597-24-2	184.523	---	---	400.15	1	25	1.7903	2	---	---	---	---	---
38	CClF3S	trifluoromethanesulfenyl chloride	421-17-0	136.525	---	---	---	---	---	---	---	---	---	---	---	---
39	CClN	cyanogen chloride	506-77-4	61.471	266.65	1	286.00	1	25	1.1720	1	---	---	---	gas	1
40	CClNO3S	sulfuryl chloride isocyanate	1189-71-5	141.535	229.15	1	380.15	1	25	1.6260	1	20	1.4467	1	liquid	1
41	CClN3O6	chlorotrinitromethane	1943-16-4	185.481	275.45	1	407.15	dec	20	1.6769	1	20	1.4500	1	liquid	1
42	CCl2F2	dichlorodifluoromethane	75-71-8	120.913	115.15	1	243.36	1	25	1.3070	1	27	1.2850	1	gas	1
43	CCl2N2O4	dichlorodinitromethane	1587-41-3	174.928	---	---	394.65	1	20	1.6124	1	20	1.4575	1	---	---
44	CCl2O	phosgene	75-44-5	98.915	145.37	1	280.71	1	25	1.3630	1	25	1.3561	1	gas	1
45	CCl2OS	chlorocarbonylsulfenyl chloride	2757-23-5	130.981	---	---	371.15	1	25	1.5520	1	---	1.5170	1	---	---
46	CCl2S	carbonothioic dichloride	463-71-8	114.982	---	---	346.15	1	15	1.5080	1	20	1.5442	1	---	---
47	CCl3F	trichlorofluoromethane	75-69-4	137.367	162.04	1	296.97	1	25	1.4770	1	25	1.3740	1	gas	1
48	CCl3I	trichloroiodomethane	594-22-9	245.273	265.35	1	415.15	1	20	2.3550	1	20	1.5854	1	liquid	1
49	CCl3NO2	trichloronitromethane	76-06-2	164.374	209.15	1	385.15	1	20	1.6558	1	20	1.4611	1	liquid	1
50	CCl4	carbon tetrachloride	56-23-5	153.821	250.33	1	349.79	1	25	1.5830	1	25	1.4573	1	liquid	1
51	CCl4F3P	tetrachlorotrifluoromethylphosphorane	1066-48-4	241.791	---	---	---	---	---	---	---	---	---	---	---	---
52	CCl4O2S	trichloromethanesulfonyl chloride	2547-61-7	217.886	413.65	1	443.15	1	25	1.8252	2	---	---	---	solid	1
53	CCl4O4	trichloromethyl perchlorate	67632-66-0	217.819	218.15	1	---	---	25	1.8933	2	---	---	---	---	---
54	CCl4S	perchloromethyl mercaptan	594-42-3	185.887	---	---	420.65	1	20	1.6947	1	20	1.5484	1	---	---
55	CCl6N9Sb	triazidomethylium hexachloroantimonate	19708-47-5	472.549	---	---	---	---	---	---	---	---	---	---	---	---
56	CCl6Si	trichloro(trichloromethyl)silane	17760-13-3	252.811	386.65	1	428.15	1	---	---	---	---	---	---	solid	1
57	CCoO3	cobaltous carbonate	513-79-1	118.942	---	---	---	---	25	4.1300	1	---	---	---	---	---
58	CCs2O3	cesium carbonate	534-17-8	325.820	---	---	---	---	---	---	---	---	---	---	---	---
59	CCuN	copper(i) cyanide	544-92-3	89.564	747.15	1	---	---	---	---	---	---	---	---	solid	1
60	CCuNS	copper(i) thiocyanate	1111-67-7	121.630	1357.15	1	---	---	25	2.8500	1	---	---	---	solid	1
61	CDCl3	trichloromethane-d	865-49-6	120.383	209.05	1	334.65	1	20	1.5004	1	20	1.4450	1	liquid	1
62	CD4	methane-d4	558-20-3	20.067	89.78	1	112.15	1	---	---	---	---	---	---	gas	1
63	CD4O	methanol-d4	811-98-3	36.066	108.15	1	338.15	1	---	---	---	---	---	---	liquid	1
64	CFN	cyanogen fluoride	1495-50-7	45.017	191.15	1	227.15	1	---	---	---	---	---	---	gas	1
65	CFN3O6	fluorotrinitromethane	1840-42-2	169.027	244.25	1	356.65	1	25	1.5900	1	---	---	---	liquid	1
66	CFN5O4	fluoro dinitromethyl azide	17003-82-6	165.042	---	---	349.95	1	25	2.1323	2	---	---	---	---	---
67	CF2N2	difluorodiazirine	693-85-6	78.022	---	---	377.35	1	25	1.4982	2	---	---	---	---	---
68	CF2O	carbonyl fluoride	353-50-4	66.007	161.89	1	188.58	1	---	---	---	---	---	---	gas	1
69	CF3I	trifluoroiodomethane	2314-97-8	195.911	---	---	250.65	1	-32	2.3607	1	-32	1.3790	1	gas	1
70	CF3KO3S	potassium trifluoromethanesulfonate	2926-27-4	188.169	511.65	1	---	---	---	---	---	---	---	---	solid	1
71	CF3N	difluoro-N-fluoromethanimine	338-66-9	83.014	---	---	269.15	1	---	---	---	---	---	---	gas	1
72	CF3NO4	trifluoromethyl peroxonitrate	50311-48-3	147.011	---	---	---	---	---	---	---	---	---	---	---	---
73	CF3N3O2S	trifluoromethylsulfonyl azide	3855-45-6	175.092	---	---	215.35	1	---	---	---	---	---	---	gas	1
74	CF4	carbon tetrafluoride	75-73-0	88.005	89.56	1	145.09	1	-80	1.3020	1	-73	1.1510	1	gas	1
75	CF4N2	perfluoroformamidine	14362-70-0	116.019	---	---	334.75	1	25	1.6148	2	---	---	---	---	---
76	CF4N2	tetrafluorodiaziridine	17224-09-8	116.019	---	---	244.15	1	---	---	---	---	---	---	gas	1
77	CF4N2O	tetrafluorourea	10256-92-5	132.018	---	---	394.90	1	25	1.7043	2	---	---	---	---	---
78	CF4O	trifluoromethylhypofluorite	373-91-1	104.004	---	---	178.00	1	---	---	---	---	---	---	gas	1
79	CF4O2	difluoromethylene dihypofluorite	16282-67-0	120.004	---	---	211.25	1	25	1.2000	1	---	---	---	gas	1
80	CF4O2Xe	xenon(ii) fluoride trifluoroacetate	25710-89-8	251.294	---	---	280.75	1	---	---	---	---	---	---	gas	1

Table 1 Physical Properties - Organic Compounds

				Mol Wt	Freezing Point		Boiling Point		Density			Refractive Index			State	
NO	FORMULA	NAME	CAS No	g/mol	T_F, K	code	T_B, K	code	T, C	g/cm3	code	T, C	n_D	code	@25C,1 atm	code
81	CF4O3SXe	xenon(ii) fluoride trifluoromethanesulfonate	39274-39-0	299.359	---	---	346.65	1	---	---	---	---	---	---	---	---
82	CF4S	trifluoromethanesulfenyl fluoride	17742-04-0	120.071	---	---	420.65	1	20	1.6947	1	20	1.5484	1	---	---
83	CF5N3	pentafluoroguanidine	10051-06-6	149.025	---	---	272.15	1	0	1.5000	1	---	---	---	gas	1
84	CF5N3	3-difluoroamino-1,2,3-trifluorodiaziridine	17224-08-7	149.025	---	---	---	---	---	---	---	---	---	---	---	---
85	CF6N2	bis(difluoroamino)difluoromethane	4394-93-8	154.016	111.25	1	241.25	1	25	1.5000	1	---	---	---	gas	1
86	CF7N3	tris(difluoroamine)fluoromethane	14362-68-6	187.022	136.25	1	278.75	1	25	1.5600	1	---	---	---	gas	1
87	CF8S	(trifluoromethyl)sulfur pentafluoride	373-80-8	196.065	186.15	1	253.15	1	---	---	---	---	---	---	gas	1
88	CFeO3	ferrous carbonate	563-71-3	115.854	---	---	---	---	---	---	---	---	---	---	---	---
89	CFe3	iron carbide	12011-67-5	179.546	1523.15	1	---	---	---	---	---	---	---	---	solid	1
90	CHBrClF	bromochlorofluoromethane	593-98-6	147.374	158.15	1	309.15	1	25	1.9771	1	25	1.4144	1	liquid	1
91	CHBrCl2	bromodichloromethane	75-27-4	163.828	216.15	1	363.15	1	20	1.9800	1	20	1.4964	1	liquid	1
92	CHBrF2	bromodifluoromethane	1511-62-2	130.920	128.00	1	257.67	1	16	1.5500	1	---	---	---	---	---
93	CHAgN4	silver tetrazolide	13086-63-0	176.913	---	---	---	---	---	---	---	---	---	---	---	---
94	CHBr2Cl	chlorodibromomethane	124-48-1	208.279	253.15	1	393.15	1	20	2.4510	1	20	1.5482	1	liquid	1
95	CHBr2F	dibromofluoromethane	1868-53-7	191.825	195.15	1	338.05	1	20	2.4210	1	20	1.4685	1	liquid	1
96	CHBr3	bromoform	75-25-2	252.731	281.20	1	422.35	1	25	2.8760	1	25	1.5956	1	liquid	1
97	CHClF2	chlorodifluoromethane	75-45-6	86.468	115.73	1	232.32	1	25	1.1930	1	25	1.2560	1	gas	1
98	CHClI2	chlorodiiodomethane	638-73-3	302.280	269.15	1	473.15	dec	25	3.1700	1	---	---	---	liquid	1
99	CHClN2O4	chlorodinitromethane	921-13-1	140.483	---	---	---	---	20	1.6125	1	20	1.4575	1	---	---
100	CHClN6	tetrazole-5-diazonium chloride	27275-90-7	132.513	---	---	---	---	25	1.8664	2	---	---	---	---	---
101	CHCl2F	dichlorofluoromethane	75-43-4	102.922	138.15	1	282.05	1	25	1.3670	1	25	1.3540	1	gas	1
102	CHCl2I	dichloroiodomethane	594-04-7	210.828	---	---	405.15	1	20	2.3920	1	20	1.5840	1	---	---
103	CHCl2N5	1-dichloroaminotetrazole	68594-17-2	153.959	---	---	---	---	25	1.8341	2	---	---	---	---	---
104	CHCl3	chloroform	67-66-3	119.376	209.63	1	334.33	1	25	1.4800	1	25	1.4431	1	liquid	1
105	CHCl5Si	trichloro(dichloromethyl)silane	1558-24-3	218.366	---	---	418.15	1	20	1.5518	1	20	1.4714	1	---	---
106	CHCsO2	cesium formate	3495-36-1	177.923	---	---	---	---	---	---	---	---	---	---	---	---
107	CHCsO3	cesium bicarbonate	15519-28-5	193.923	---	---	---	---	---	---	---	---	---	---	---	---
108	CHD3O	methanol-d3	1849-29-2	35.060	---	---	338.15	1	---	---	---	---	---	---	---	---
109	CHFI2	fluorodiiodomethane	1493-01-2	285.826	238.65	1	373.15	1	22	3.1969	1	---	---	---	liquid	1
110	CHFN2O4	fluorodinitromethane	7182-87-8	124.029	---	---	---	---	25	1.7933	2	---	---	---	---	---
111	CHFO	formyl fluoride	1493-02-3	48.017	130.95	1	246.65	1	-30	1.1950	1	---	---	---	gas	1
112	CHF2I	difluoroiodomethane	1493-03-4	177.920	151.15	1	294.75	1	-19	3.2380	1	---	---	---	gas	1
113	CHF3	fluoroform	75-46-7	70.014	117.97	1	191.09	1	25	0.6670	1	-73	1.2150	1	gas	1
114	CHF3O3S	trifluoromethanesulfonic acid	1493-13-6	150.079	298.15	1	437.10	1	25	1.6960	1	---	1.3270	1	---	---
115	CHF3S	trifluoromethanethiol	1493-15-8	102.080	116.04	---	---	---	25	1.3882	2	---	---	---	---	---
116	CHHgNO	cyanohydroxymercury	31065-88-0	243.615	---	---	373.95	1	---	---	---	---	---	---	---	---
117	CHI3	iodoform	75-47-8	393.732	396.16	1	491.16	1	25	4.0080	1	---	---	---	solid	1
118	CHKN2O4	potassium dinitromethanide	32617-22-4	144.129	---	---	---	---	---	---	---	---	---	---	---	---
119	CHKO2	potassium formate	590-29-4	84.116	440.15	1	---	---	25	1.9100	1	---	---	---	solid	1
120	CHKO3	potassium bicarbonate	298-14-6	100.115	565.15	1	---	---	---	---	---	---	---	---	solid	1
121	CHLiN2	lithium diazomethanide	67880-27-7	47.974	---	---	---	---	---	---	---	---	---	---	---	---
122	CHN	hydrogen cyanide	74-90-8	27.026	259.91	1	298.85	1	25	0.6800	1	25	1.2594	1	liquid	1
123	CHNNaO4	sodium dinitromethanide	25854-41-5	114.013	---	---	---	---	---	---	---	---	---	---	---	---
124	CHNO	cyanic acid	420-05-3	43.025	187.15	1	296.15	1	20	1.1400	1	---	---	---	gas	1
125	CHNO	fulminic acid	506-85-4	43.025	---	---	---	---	25	1.1268	2	---	---	---	---	---
126	CHNO	isofulminic acid	51060-05-0	43.025	---	---	---	---	25	1.1268	2	---	---	---	---	---
127	CHNO	isocyanic acid	75-13-8	43.025	---	---	---	---	25	1.1268	2	---	---	---	---	---
128	CHNS	isothiocyanic acid	3129-90-6	59.092	---	---	---	---	25	1.2277	2	---	---	---	---	---
129	CHNS	thiocyanic acid	463-56-9	59.092	---	---	---	---	25	1.2277	2	---	---	---	---	---
130	CHN3O6	trinitromethane	517-25-9	151.036	288.15	1	---	---	20	1.4790	1	24	1.4451	1	---	---
131	CHN3S2	azidodithioformic acid	4472-06-4	119.172	---	---	---	---	25	1.6508	2	---	---	---	---	---
132	CHN5O2	5-nitrotetrazol	55011-46-6	115.053	---	---	---	---	25	1.8926	2	---	---	---	---	---
133	CHN7	5-azidotetrazole	35038-46-1	111.068	---	---	---	---	25	1.9131	2	---	---	---	---	---
134	CHNaO2	sodium formate	141-53-7	68.008	533.00	1	---	---	25	1.9200	1	---	---	---	solid	1
135	CHNaO3	sodium hydrogen carbonate	144-55-8	84.007	---	---	---	---	25	2.2000	1	---	---	---	---	---
136	CHO2Rb	rubidium formate	3495-35-0	130.486	---	---	---	---	---	---	---	---	---	---	---	---
137	CHO2Tl	thallium(i) formate	992-98-3	249.401	374.15	1	---	---	25	4.9700	1	---	---	---	solid	1
138	CH2AgN5	silver 5-aminotetrazolide	50577-64-5	191.928	---	---	---	---	---	---	---	---	---	---	---	---
139	CH2B2F4	bis(difluoroboryl)methane	55124-14-6	111.643	---	---	191.75	1	---	---	---	---	---	---	gas	1
140	CH2BrCl	bromochloromethane	74-97-5	129.383	185.20	1	341.20	1	25	1.9260	1	25	1.4808	1	liquid	1
141	CH2BrF	bromofluoromethane	373-52-4	112.929	---	---	292.15	1	25	1.8052	2	---	---	---	gas	1
142	CH2BrI	bromoiodomethane	557-68-6	220.835	---	---	412.65	1	17	2.9260	1	20	1.6410	1	---	---
143	CH2BrNO2	bromonitromethane	563-70-2	139.937	---	---	422.15	1	25	2.0532	2	20	1.4880	1	---	---
144	CH2Br2	dibromomethane	74-95-3	173.835	220.60	1	370.10	1	25	2.4820	1	25	1.5389	1	liquid	1
145	CH2ClF	chlorofluoromethane	593-70-4	68.478	138.00	1	264.06	1	25	1.2560	1	---	---	---	gas	1
146	CH2ClI	chloroiodomethane	593-71-5	176.384	---	---	382.15	1	20	2.4220	1	20	1.5822	1	---	---
147	CH2ClNO	carbamic chloride	463-72-9	79.486	323.15	1	334.65	1	25	1.3273	2	---	---	---	---	---
148	CH2ClNO2	chloronitromethane	1794-84-9	95.485	---	---	395.65	1	15	1.4660	1	---	---	---	---	---
149	CH2Cl2	dichloromethane	75-09-2	84.932	178.01	1	312.90	1	25	1.3180	1	25	1.4212	1	liquid	1
150	CH2Cl2O2S	chloromethane sulfonyl chloride	3518-65-8	148.997	---	---	251.15	1	---	---	---	---	---	---	gas	1
151	CH2Cl2O3S	chloromethyl chlorosulfate	49715-04-0	164.996	---	---	---	---	25	1.6000	1	---	1.4470	1	---	---
152	CH2Cl3OP	chloromethylphosphonic acid dichloride	1983-26-2	167.358	---	---	---	---	25	1.6380	1	---	1.4980	1	---	---
153	CH2Cl4Si	trichloro(chloromethyl)silane	1558-25-4	183.922	---	---	391.15	1	20	1.4650	1	20	1.4555	1	---	---
154	CH2Cl6Si2	bis(trichlorosilyl)methane	4142-85-2	282.912	---	---	455.15	1	20	1.5567	1	20	1.4740	1	---	---
155	CH2Co2O5	basic cobalt carbonate	12069-68-0	211.890	---	---	---	---	---	---	---	---	---	---	---	---
156	CH2Cu2O5	copper(ii) carbonate hydroxide	12069-69-1	221.116	473.15	dec	---	---	20	3.8000	1	---	---	---	solid	1
157	CH2FI	fluoroiodomethane	373-53-5	159.930	---	---	326.55	1	20	2.3660	1	20	1.5256	1	---	---
158	CH2F2	difluoromethane	75-10-5	52.024	137.00	1	221.50	1	25	0.9570	1	25	1.1960	1	gas	1
159	CH2F2N2O	1,1-difluorourea	1510-31-2	96.037	314.40	1	272.45	1	25	1.4397	2	---	---	---	solid	1
160	CH2F3P	trifluoromethyl phosphine	420-52-0	101.996	---	---	286.25	1	---	---	---	---	---	---	gas	1

Table 1 Physical Properties - Organic Compounds

				Mol Wt	Freezing Point		Boiling Point		Density			Refractive Index			State	
NO	FORMULA	NAME	CAS No	g/mol	T_F, K	code	T_B, K	code	T, C	g/cm3	code	T, C	n_D	code	@25C,1 atm	code
161	CH2I2	diiodomethane	75-11-6	267.836	279.25	1	455.15	1	25	3.3060	1	25	1.7380	1	liquid	1
162	CH2Li2	methylenedilithium	---	27.909	---	---	---	---	---	---	---	---	---	---	---	---
163	CH2Mg	methylenemagnesium	25382-52-9	38.332	---	---	380.15	1	---	---	---	---	---	---	---	---
164	CH2NNaO2	sodium aci-nitromethane	---	83.022	---	---	---	---	---	---	---	---	---	---	---	---
165	CH2N2	cyanamide	420-04-2	42.041	318.71	1	---	---	20	1.2820	1	48	1.4418	1	solid	1
166	CH2N2	diazomethane	334-88-3	42.041	128.15	1	250.15	1	---	---	---	---	---	---	gas	1
167	CH2N2	3H-diazirine	157-22-2	42.041	---	---	---	---	---	---	---	---	---	---	---	---
168	CH2N2	isocyanoamide	4702-38-9	42.041	---	---	---	---	---	---	---	---	---	---	---	---
169	CH2N2O3	nitrooximinomethane	625-49-0	90.039	341.15	dec	---	---	25	1.5479	2	---	---	---	solid	1
170	CH2N2O4	dinitromethane	625-76-3	106.038	---	---	---	---	---	---	---	---	---	---	---	---
171	CH2N2O6	methanediol, dinitrate	38483-28-2	138.037	---	---	---	---	---	---	---	---	---	---	---	---
172	CH2N4	1H-tetrazole	288-94-8	70.055	430.45	1	---	---	25	0.7980	1	---	---	---	solid	1
173	CH2N4S	5-amino-1,2,3,4-thiatriazole	6630-99-5	102.121	402.15	1	181.85	1	25	1.5619	2	---	---	---	solid	1
174	CH2N6O2	5-N-nitroaminotetrazole	---	130.068	---	---	190.15	1	---	---	---	---	---	---	gas	1
175	CH2O	formaldehyde	50-00-0	30.026	181.15	1	254.05	1	25	0.7360	1	---	---	---	gas	1
176	CH2O2	formic acid	64-18-6	46.026	281.55	1	373.71	1	25	1.2140	1	25	1.3693	1	liquid	1
177	CH2O3	carbonic acid	463-79-6	62.025	---	---	---	---	---	---	---	---	---	---	---	---
178	CH2O3	peroxyformic acid	107-32-4	62.025	---	---	---	---	---	---	---	---	---	---	---	---
179	CH2S3	trithiocarbonic acid	594-08-1	110.225	246.25	1	330.95	1	25	1.4760	1	20	1.8225	1	liquid	1
180	CH3Ag	methylsilver	75993-65-6	122.901	---	---	213.15	1	---	---	---	---	---	---	gas	1
181	CH3AgO3S	methanesulfonic acid, silver salt	2386-52-9	202.965	---	---	---	---	---	---	---	---	---	---	---	---
182	CH3AsCl2	methyldichloroarsine	593-89-5	160.861	222.75	1	---	---	25	1.8400	1	---	1.5660	1	---	---
183	CH3AsF2	methyldifluoroarsine	420-24-6	127.953	243.45	1	349.65	1	18	1.9240	1	---	---	---	liquid	1
184	CH3AsI2	methylarsine diiodide	7207-97-8	343.765	301.15	1	353.65	1	---	---	---	---	---	---	solid	1
185	CH3AsNa2O3	disodium methanearsonate	144-21-8	183.934	---	---	438.15	1	25	1.1500	1	---	---	---	---	---
186	CH3AsS	methylarsenic sulfide	2533-82-6	122.022	383.15	1	---	---	---	---	---	---	---	---	solid	1
187	CH3BBr2	dibromomethylborane	---	185.654	---	---	145.45	1	---	---	---	---	---	---	gas	1
188	CH3BNNa	sodium cyanoborohydride	25895-60-7	62.843	513.15	dec	---	---	25	1.1200	1	---	---	---	solid	1
189	CH3BO	borane carbonyl	13205-44-2	41.845	136.15	1	209.15	1	---	---	---	---	---	---	gas	1
190	CH3BiO	methylbismuth oxide	---	240.015	---	---	241.15	1	---	---	---	---	---	---	gas	1
191	CH3Br	methyl bromide	74-83-9	94.939	179.55	1	276.71	1	25	1.6620	1	25	1.4187	1	gas	1
192	CH3BrMg	methylmagnesium bromide (ethyl ether sol	75-16-1	119.244	---	---	253.15	1	---	---	---	---	---	---	gas	1
193	CH3Br2N	N,N-dibromomethylamine	10218-83-4	188.850	---	---	---	---	25	2.3235	2	---	---	---	---	---
194	CH3Br3Si	tribromomethylsilane	4095-09-4	282.832	244.75	1	405.15	1	25	2.2130	1	25	1.5152	1	liquid	1
195	CH3CdN3	methyl cadmium azide	7568-37-8	169.467	---	---	178.15	1	---	---	---	---	---	---	gas	1
196	CH3Cl	methyl chloride	74-87-3	50.487	175.45	1	248.93	1	25	0.9130	1	25	1.3362	1	gas	1
197	CH3ClHg	chloromethyl mercury	115-09-3	251.077	443.35	1	---	---	---	---	---	---	---	---	solid	1
198	CH3ClHgO4	methylmercury perchlorate	40661-97-0	315.075	---	---	---	---	---	---	---	---	---	---	---	---
199	CH3ClN3O3	chloroformamidinium nitrate	75524-40-2	140.507	---	---	---	---	---	---	---	---	---	---	---	---
200	CH3ClO	methyl hypochlorite	593-78-2	66.487	---	---	---	---	---	---	---	---	---	---	---	---
201	CH3ClO2S	methanesulfonyl chloride	124-63-0	114.552	242.15	1	434.65	1	18	1.4805	1	20	1.4573	1	---	---
202	CH3ClO3S	methyl chlorosulfonate	812-01-1	130.552	203.15	1	407.15	1	25	1.4805	1	18	1.4138	1	liquid	1
203	CH3ClO4	methyl perchlorate	17043-56-0	114.485	---	---	272.05	1	25	1.4870	2	---	---	---	gas	1
204	CH3Cl2N	N,N-dichloromethylamine	7651-91-4	99.947	---	---	211.15	1	---	---	---	---	---	---	gas	1
205	CH3Cl2OP	methyl dichlorophosphite	3279-26-3	132.913	182.25	1	366.15	1	25	1.4060	1	---	1.4740	1	liquid	1
206	CH3Cl2OP	methylphosphonic dichloride	676-97-1	132.913	307.65	1	435.65	1	25	1.4680	1	---	---	---	solid	1
207	CH3Cl2O2P	methyl dichlorophosphate	677-24-7	148.913	---	---	---	---	25	1.4880	1	---	1.4360	1	---	---
208	CH3Cl2P	dichloromethylphosphine	676-83-5	116.914	---	---	354.65	1	25	1.3130	1	---	1.4960	1	---	---
209	CH3Cl2PS	methylthiophosphonic dichloride	676-98-2	148.980	247.65	1	---	---	25	1.4220	1	---	1.5500	1	---	---
210	CH3Cl3Si	methyl trichlorosilane	75-79-6	149.477	195.35	1	339.55	1	25	1.2660	1	25	1.4085	1	liquid	1
211	CH3Cl3Sn	methyltin trichloride	993-16-8	240.102	322.40	1	444.15	1	---	---	---	---	---	---	solid	1
212	CH3Cu	methyl copper	1184-53-8	78.581	293.15	dec	241.15	1	---	---	---	---	---	---	gas	1
213	CH3DO	methan-d1-ol	1455-13-6	33.048	173.15	1	338.65	1	20	0.8127	1	20	1.3270	1	liquid	1
214	CH3F	methyl fluoride	593-53-3	34.033	131.35	1	194.82	1	25	0.5660	1	25	1.1740	1	gas	1
215	CH3FO2S	methanesulfonyl fluoride	558-25-8	98.098	---	---	396.65	1	25	1.3254	2	---	---	---	---	---
216	CH3FO3S	methyl fluorosulfonate	421-20-5	114.098	178.25	1	365.65	1	25	1.4270	1	---	---	---	liquid	1
217	CH3FO3SXe	xenon(ii) fluoride methanesulfonate	---	245.388	---	---	278.75	1	---	---	---	---	---	---	gas	1
218	CH3F2OP	methyl difluorophosphite	676-99-3	100.005	236.34	---	371.15	1	25	1.3300	1	---	---	---	liquid	1
219	CH3F3Si	trifluoromethylsilane	373-74-0	100.115	---	---	243.00	1	---	---	---	---	---	---	gas	1
220	CH3Hg	methylmercury	22967-92-6	215.625	---	---	---	---	---	---	---	---	---	---	---	---
221	CH3HgI	iodomethylmercury	143-36-2	342.529	416.65	1	---	---	---	---	---	---	---	---	solid	1
222	CH3I	methyl iodide	74-88-4	141.939	206.70	1	315.58	1	25	2.2650	1	25	1.5270	1	liquid	1
223	CH3IMg	methylmagnesium iodide	917-64-6	166.244	---	---	---	---	---	---	---	---	---	---	---	---
224	CH3INaO3S	sodium iodomethanesulfonate	126-31-8	244.993	---	---	---	---	---	---	---	---	---	---	---	---
225	CH3IZn	methylzinc iodide	18815-73-1	207.329	---	---	---	---	---	---	---	---	---	---	---	---
226	CH3K	methyl potassium	17814-73-2	54.133	---	---	356.65	1	---	---	---	---	---	---	---	---
227	CH3KN2O	potassium methanedizoate	19416-93-4	98.147	---	---	---	---	---	---	---	---	---	---	---	---
228	CH3KO	potassium methoxide	865-33-8	70.133	---	---	---	---	---	---	---	---	---	---	---	---
229	CH3Li	methyllithium	917-54-4	21.976	---	---	---	---	---	---	---	---	---	---	---	---
230	CH3LiO	lithium methoxide	865-34-9	37.975	773.15	1	337.75	1	---	---	---	---	---	---	solid	1
231	CH3LiO3	lithium formate monohydrate	---	69.974	---	---	---	---	25	1.4600	1	---	---	---	---	---
232	CH3NO	formamide	75-12-7	45.041	275.70	1	493.00	1	25	1.1290	1	25	1.4468	1	liquid	1
233	CH3NO	formaldehyde oxime	75-17-2	45.041	274.45	1	---	---	25	1.1330	1	---	---	---	---	---
234	CH3NOS2	N-hydroxydithiocarbamic acid	66427-01-8	109.173	---	---	---	---	---	---	---	---	---	---	---	---
235	CH3NO2	nitromethane	75-52-5	61.041	244.60	1	374.35	1	25	1.1290	1	25	1.3790	1	liquid	1
236	CH3NO2	methyl nitrite	624-91-9	61.041	256.16	1	261.16	1	15	0.9910	1	---	---	---	gas	1
237	CH3NO2	formhydroxamic acid	4312-87-2	61.041	---	---	---	---	20	1.0600	2	---	---	---	---	---
238	CH3NO3	methyl nitrate	598-58-3	77.040	190.86	1	339.16	1	20	1.2075	1	20	1.3748	1	liquid	1
239	CH3N3	methyl azide	624-90-8	57.056	---	---	---	---	15	0.8690	1	---	---	---	---	---
240	CH3N3O2	nitrosourea	13010-20-3	89.055	---	---	---	---	---	---	---	---	---	---	---	---

Table 1 Physical Properties - Organic Compounds

				Mol Wt	Freezing Point		Boiling Point		Density			Refractive Index			State	
NO	FORMULA	NAME	CAS No	g/mol	T_F, K	code	T_B, K	code	T, C	g/cm3	code	T, C	n_D	code	@25C,1 atm	code
241	CH3N3O3	nitrourea	556-89-8	105.054	431.65	dec	---	---	25	1.5697	2	---	---	---	solid	1
242	CH3N5	5-aminotetrazole	5378-49-4	85.070	---	---	---	---	---	---	---	---	---	---	---	---
243	CH3N5	aminotetrazole	4418-61-5	85.070	479.15	dec	---	---	25	1.4524	2	---	---	---	solid	1
244	CH3Na	methyl sodium	18356-02-0	38.025	---	---	---	---	---	---	---	---	---	---	---	---
245	CH3NaO	sodium methoxide	124-41-4	54.024	175.25	2	---	---	---	---	---	---	---	---	---	---
246	CH3NaO2S	methanesulfinic acid, sodium salt	20277-69-4	102.089	497.15	1	---	---	---	---	---	---	---	---	solid	1
247	CH3NaO4S	formaldehyde sodium bisulfite addition con	870-72-4	134.088	473.15	1	---	---	---	---	---	---	---	---	solid	1
248	CH3NaO4S	methylsulfuric acid sodium salt	512-42-5	134.088	364.15	1	---	---	---	---	---	---	---	---	solid	1
249	CH3NaS	sodium thiomethoxide	5188-07-8	70.091	---	---	---	---	---	---	---	---	---	---	---	---
250	CH3O3Re	methyltrioxorhenium(vii)	70197-13-6	249.240	384.05	1	---	---	---	---	---	---	---	---	solid	1
251	CH4	methane	74-82-8	16.043	90.69	1	111.66	1	-162	0.4228	1	25	1.0004	1	gas	1
252	CH4AsNaO3	sodium methanearsonate	2163-80-6	161.952	408.15	1	---	---	---	---	---	---	---	---	solid	1
253	CH4Cl2N2	chloroformamidinium chloride	29671-92-9	114.962	448.15	1	340.95	1	25	1.3570	2	---	---	---	solid	1
254	CH4Cl2Si	methyl dichlorosilane	75-54-7	115.033	182.55	1	314.70	1	25	1.1030	1	20	1.3992	1	liquid	1
255	CH4HgO	methylmercury hydroxide	1184-57-2	232.632	410.15	1	312.95	1	---	---	---	---	---	---	solid	1
256	CH4KN	potassium methylamide	54448-39-4	69.148	---	---	---	---	---	---	---	---	---	---	---	---
257	CH4N2	methanimidamide	463-52-5	44.057	354.15	1	---	---	25	0.8753	2	---	---	---	solid	1
258	CH4N2	methyldiazene	26981-93-1	44.057	---	---	---	---	---	---	---	---	---	---	---	---
259	CH4N2O	N-hydroxymethanimidamide	624-82-8	60.056	405.85	1	465.00	1	25	1.0734	2	---	---	---	solid	1
260	CH4N2O	urea	57-13-6	60.056	406.45	1	---	---	20	1.3230	1	---	1.4840	1	solid	1
261	CH4N2O	formic acid hydrazide	624-84-0	60.056	329.15	1	---	---	25	1.0734	2	---	---	---	solid	1
262	CH4N2O2	hydroxyurea	127-07-1	76.056	414.15	1	---	---	25	1.2353	2	---	---	---	solid	1
263	CH4N2O2	N-nitromethanamine	598-57-2	76.056	311.15	1	---	---	49	1.2433	1	49	1.4616	1	solid	1
264	CH4N2O2S	formamidinesulfinic acid	1758-73-2	108.122	399.15	1	---	---	25	1.4018	2	---	---	---	solid	1
265	CH4N2S	ammonium thiocyanate	1762-95-4	76.123	454.15	1	536.00	1	25	1.3000	1	---	---	---	---	---
266	CH4N2S	thiourea	62-56-6	76.123	451.15	1	---	---	25	1.4050	1	---	---	---	solid	1
267	CH4N2Se	selenourea	630-10-4	123.017	---	---	473.15	dec	---	---	---	---	---	---	---	---
268	CH4N4O	nitrosoguanidine	674-81-7	88.070	---	---	---	---	---	---	---	---	---	---	---	---
269	CH4N4O2	nitroguanidine	556-88-7	104.070	512.15	dec	---	---	25	1.4854	2	---	---	---	solid	1
270	CH4N4O4	methylene bis(nitramine)	14168-44-6	136.068	---	---	264.15	1	---	---	---	---	---	---	gas	1
271	CH4Ni3O7	nickel carbonate hydroxide	12607-70-4	304.119	---	---	---	---	---	---	---	---	---	---	---	---
272	CH4O	methyl alcohol	67-56-1	32.042	175.47	1	337.85	1	25	0.7870	1	25	1.3265	1	liquid	1
273	CH4O2	methylhydroperoxide	3031-73-0	48.042	201.15	1	359.15	1	25	0.9052	2	15	1.3641	1	liquid	1
274	CH4O3	hydroxymethyl hydroperoxide	15932-89-5	64.041	---	---	---	---	---	---	---	---	---	---	---	---
275	CH4O3S	methanesulfonic acid	75-75-2	96.107	292.81	1	561.00	1	25	1.4770	1	18	1.4317	1	liquid	1
276	CH4O4S	methyl sulfate	75-93-4	112.106	---	---	---	---	25	1.4037	2	---	---	---	---	---
277	CH4O6S2	methanedisulfonic acid	503-40-2	176.171	371.15	1	---	---	25	1.6517	2	---	---	---	solid	1
278	CH4S	methyl mercaptan	74-93-1	48.109	150.18	1	279.11	1	25	0.8620	1	---	---	---	gas	1
279	CH4Te	methanetellurol	25284-83-7	143.643	---	---	---	---	---	---	---	---	---	---	---	---
280	CH5As	methylarsine	593-52-2	91.972	130.15	1	275.15	1	---	---	---	---	---	---	gas	1
281	CH5AsO3	methanearsonic acid	124-58-3	139.971	433.65	1	---	---	---	---	---	---	---	---	solid	1
282	CH5ClN2O	urea hydrochloride	506-89-8	96.517	418.15	dec	---	---	25	1.2430	2	---	---	---	solid	1
283	CH5ClN2O5	urea perchlorate	18727-07-6	160.514	---	---	246.65	1	---	---	---	---	---	---	gas	1
284	CH5ClSi	methyl chlorosilane	993-00-0	80.588	139.05	1	281.85	1	25	0.8840	1	---	---	---	gas	1
285	CH5HgO4P	methylmercuric phosphate	32787-44-3	312.612	---	---	454.15	dec	---	---	---	---	---	---	---	---
286	CH5N	methylamine	74-89-5	31.058	179.69	1	266.82	1	25	0.6550	1	25	1.3491	1	gas	1
287	CH5NO2S	methanesulfonamide	3144-09-0	95.123	363.15	1	---	---	25	1.2291	2	---	---	---	solid	1
288	CH5NO	N-hydroxymethanamine	593-77-1	47.057	360.65	1	---	---	20	1.0003	1	20	1.4164	1	solid	1
289	CH5NO	o-methylhydroxylamine	67-62-9	47.057	298.15	1	322.65	1	25	0.8372	2	---	---	---	---	---
290	CH5NO2	ammonium formate	540-69-2	63.057	389.15	1	---	---	25	1.0199	2	---	---	---	solid	1
291	CH5NO3	ammonium bicarbonate	1066-33-7	79.056	---	---	---	---	25	1.5860	1	---	---	---	---	---
292	CH5NO3S	aminomethanesulfonic acid	13881-91-9	111.122	455.65	1	---	---	25	1.3387	2	---	---	---	solid	1
293	CH5NO3S	methylsulfamic acid	4112-03-2	111.122	462.15	1	---	---	25	1.3387	2	---	---	---	solid	1
294	CH5N3	guanidine	113-00-8	59.072	323.15	1	---	---	25	0.9997	2	---	---	---	solid	1
295	CH5N3O	hydrazinecarboxamide-	57-56-7	75.071	369.15	1	---	---	25	1.1602	2	---	---	---	solid	1
296	CH5N3O4	urea nitrate	124-47-0	123.069	425.15	dec	---	---	20	1.6900	1	---	---	---	solid	1
297	CH5N3S	hydrazinecarbothioamide	79-19-6	91.138	456.15	1	---	---	25	1.2208	2	---	---	---	solid	1
298	CH5N3Se	selenosemicarbazide	---	138.032	>449.15	1	---	---	---	---	---	---	---	---	solid	1
299	CH5N5O2	3-amino-1-nitroguanidine	18264-75-0	119.085	460.95	1	---	---	25	1.5109	2	---	---	---	solid	1
300	CH5O3P	methylphosphonic acid	993-13-5	96.023	381.65	1	---	---	---	---	---	---	---	---	solid	1
301	CH5O4P	dihydrogen methyl phosphate	812-00-0	112.022	---	---	---	---	---	---	---	---	---	---	---	---
302	CH5P	methylphosphine	593-54-4	48.025	---	---	257.15	1	---	---	---	---	---	---	gas	1
303	CH5Sb	methyl stibine	23362-09-6	138.811	---	---	---	---	---	---	---	---	---	---	---	---
304	CH6ClN	methylamine hydrochloride	593-51-1	67.518	500.65	1	---	---	25	0.9339	2	---	---	---	solid	1
305	CH6ClNO2	methylammonium chlorite	---	99.517	---	---	259.15	1	---	---	---	---	---	---	gas	1
306	CH6ClNO4	methylammonium perchlorate	---	131.516	---	---	250.15	1	---	---	---	---	---	---	gas	1
307	CH6ClN3	guanidine monohydrochloride	50-01-1	95.532	455.45	1	---	---	20	1.3540	1	---	---	---	solid	1
308	CH6ClN3O	semicarbazide hydrochloride	563-41-7	111.532	449.15	dec	---	---	25	1.2908	2	---	---	---	solid	1
309	CH6ClN3O4	guanidinium perchlorate	10308-84-6	159.530	---	---	533.15	1	25	1.5451	2	---	---	---	---	---
310	CH6Ge	methylgermane	1449-65-6	90.669	115.15	1	250.15	1	---	---	---	---	---	---	gas	1
311	CH6NO3P	(aminomethyl)phosphonic acid	1066-51-9	111.038	>573.15	1	---	---	---	---	---	---	---	---	solid	1
312	CH6N2	methylhydrazine	60-34-4	46.073	220.79	1	360.65	1	25	0.7763	2	20	1.4325	1	liquid	1
313	CH6N2O2	ammonium carbamate	1111-78-0	78.071	---	---	---	---	---	---	---	---	---	---	---	---
314	CH6N2O3	hydrogen peroxide–urea adduct	124-43-6	94.071	357.15	1	---	---	25	1.2346	2	---	---	---	solid	1
315	CH6N2S2	ammonium dithiocarbamate	513-74-6	110.205	372.15	dec	---	---	20	1.4510	1	---	---	---	solid	1
316	CH6N4	hydrazinecarboximidamide	79-17-4	74.087	---	---	---	---	---	---	---	---	---	---	---	---
317	CH6N4O	carbonic dihydrazide	497-18-7	90.086	427.15	1	---	---	20	1.6160	1	---	---	---	solid	1
318	CH6N4O3	guanidine mononitrate	506-93-4	122.085	490.15	1	---	---	25	1.4415	2	---	---	---	solid	1
319	CH6N4S	carbonothioic dihydrazide	2231-57-4	106.153	443.15	dec	---	---	25	1.2727	2	---	---	---	solid	1
320	CH6OSi	methyl silyl ether	2171-96-2	62.143	---	---	---	---	---	---	---	---	---	---	---	---

				Mol Wt	Freezing Point		Boiling Point		Density			Refractive Index			State	
NO	FORMULA	NAME	CAS No	g/mol	T_F, K	code	T_B, K	code	T, C	g/cm3	code	T, C	n_D	code	@25C,1 atm	code
321	CH6O6P2	methylenediphosphonic acid	1984-15-2	176.003	475.15	1	---	---	---	---	---	---	---	---	solid	1
322	CH6Si	methyl silane	992-94-9	46.144	116.34	1	216.25	1	25	0.4860	1	---	---	---	gas	1
323	CH6Sn	methylstannane	1631-78-3	136.769	---	---	---	---	---	---	---	---	---	---	---	---
324	CH7N5O3	amino guanidinium nitrate	10308-82-4	137.100	---	---	---	---	---	---	---	---	---	---	---	---
325	CH7O2N2	ammonium aci-nitromethane	---	79.079	---	---	---	---	---	---	---	---	---	---	---	---
326	CH8B2	methyldiborane	23777-55-1	41.697	---	---	---	---	---	---	---	---	---	---	---	---
327	CH8B2S	μ-methylthiodiborane(6)	91572-15-5	73.763	171.65	1	326.15	1	---	---	---	---	---	---	liquid	1
328	CH8N2O3	ammonium carbonate	506-87-6	96.087	331.15	dec	---	---	25	1.1277	2	---	---	---	solid	1
329	CH8N6O3	diaminoguanidinium nitrate	10308-83-5	152.115	---	---	---	---	---	---	---	---	---	---	---	---
330	CH8Si2	disilylmethane	1759-88-2	76.245	---	---	288.15	1	4	0.6979	1	4	1.4115	1	gas	1
331	CH9ClN6O4	triaminoguanidinium perchlorate	4104-85-2	204.575	---	---	---	---	---	---	---	---	---	---	---	---
332	CH13B10Cs2N	cesium cyanotridecahydrodecaborate (2-)	71250-00-5	413.042	---	---	---	---	---	---	---	---	---	---	---	---
333	CH15Cl2CoN6O8S	pentaamminethiocyanatocobalt(iii) perchlo	15663-42-0	401.072	---	---	---	---	---	---	---	---	---	---	---	---
334	CH15Cl2N6O8RuS	pentaamminethiocyanatoruthenium(ii) perc	38139-15-0	443.208	---	---	422.15	dec	---	---	---	---	---	---	---	---
335	CHg2N2	mercury(i) cyanamide	72044-13-4	441.205	---	---	252.15	1	---	---	---	---	---	---	gas	1
336	CIN	cyanogen iodide	506-78-5	152.922	419.85	1	---	---	18	2.8400	1	---	---	---	solid	1
337	CI4	carbon tetraiodide	507-25-5	519.629	444.15	1	591.61	2	20	4.2300	1	---	---	---	solid	1
338	CKN	potassium cyanide	151-50-8	65.116	901.40	1	1898.15	1	25	1.5200	1	---	---	---	solid	1
339	CKNO	potassium cyanate	590-28-3	81.116	973.15	dec	---	---	25	2.0500	1	---	---	---	solid	1
340	CKNS	potassium thiocyanate	333-20-0	97.182	446.15	1	773.15	dec	25	1.8800	1	---	---	---	solid	1
341	CKNSe	potassium selenocyanate	3425-46-5	144.076	425.65	1	---	---	---	---	---	---	---	---	solid	1
342	CKN3O6	potassium trinitromethanide	14268-23-6	189.127	---	---	---	---	---	---	---	---	---	---	---	---
343	CKO	carbonyl potassium	12397-35-2	67.109	---	---	276.71	1	---	---	---	---	---	---	gas	1
344	CK2O3	potassium carbonate	584-08-7	138.206	1174.00	1	---	---	---	---	---	---	---	---	solid	1
345	CLiNS	lithium thiocyanate	556-65-0	65.025	---	---	---	---	---	---	---	---	---	---	---	---
346	CLi2O3	lithium carbonate	554-13-2	73.891	1008.15	1	1473.15	dec	25	2.1110	1	---	---	---	solid	1
347	CMgO3	magnesium carbonate	546-93-0	84.314	---	---	---	---	---	---	---	---	---	---	---	---
348	CMnO3	manganese(ii) carbonate	598-62-9	114.947	473.15	2	---	---	---	---	---	---	---	---	solid	2
349	CNF3	N-fluoroimino difluoromethane	---	83.014	---	---	---	---	---	---	---	---	---	---	---	---
350	CNI	cyanogen iodide	506-78-5	152.922	420.65	1	---	---	---	---	---	---	---	---	---	---
351	CNNa	sodium cyanide	143-33-9	49.008	836.85	1	1769.15	1	25	1.6000	1	---	---	---	solid	1
352	CNNaO	sodium cyanate	917-61-3	65.007	823.15	1	---	---	20	1.8930	1	---	---	---	solid	1
353	CNNaO	sodium fulminate	15736-98-8	65.007	---	---	---	---	---	---	---	---	---	---	---	---
354	CNNaS	sodium thiocyanate	540-72-7	81.074	560.15	1	---	---	---	---	---	---	---	---	solid	1
355	CNOTl	thallium fulminate	20991-79-1	246.401	---	---	---	---	---	---	---	---	---	---	---	---
356	CNSTl	thallium(i) thiocyanate	3535-84-0	262.467	---	---	---	---	---	---	---	---	---	---	---	---
357	CN2	cyanonitrene	1884-64-6	40.025	---	---	---	---	---	---	---	---	---	---	---	---
358	CN2O	nitrosyl cyanide	4343-68-4	56.024	---	---	---	---	---	---	---	---	---	---	---	---
359	CN2OS	sulfinyl cyanamide	---	88.090	---	---	300.15	1	25	1.6469	2	---	---	---	---	---
360	CN3S2Tl	thallium(i) azidodithiocarbonate	---	322.547	---	---	---	---	---	---	---	---	---	---	---	---
361	CN4	cyanogen azide	764-05-6	68.039	---	---	---	---	---	---	---	---	---	---	---	---
362	CN4O4	dinitrodiazomethane	25240-93-1	132.037	---	---	249.45	1	---	---	---	---	---	---	gas	1
363	CN4O8	tetranitromethane	509-14-8	196.034	287.05	1	398.85	1	25	1.6260	1	25	1.4358	1	liquid	1
364	CN5NaO2	sodium-5-nitrotetrazolide	67312-43-0	137.035	---	---	332.65	1	---	---	---	---	---	---	---	---
365	CN6	5-diazoniotetrazolide	13101-58-1	96.053	---	---	435.15	1	25	1.9483	2	---	---	---	---	---
366	CN6O	carbonyl diazide	14435-92-8	112.052	---	---	450.65	1	25	2.0404	2	---	---	---	---	---
367	CN7Na	sodium-5-azidotetrazolide	35038-45-0	133.050	---	---	339.15	1	---	---	---	---	---	---	---	---
368	CNaO	carbonyl sodium	---	51.000	---	---	---	---	---	---	---	---	---	---	---	---
369	CNa2O3	sodium carbonate	497-19-8	105.989	1131.15	1	1873.15	1	---	---	---	---	---	---	solid	1
370	CNb	niobium carbide	12069-94-2	104.917	3773.15	1	---	---	---	---	---	---	---	---	solid	1
371	CNiO3	nickel(ii) carbonate (1:1)	3333-67-3	118.703	---	dec	---	---	---	---	---	---	---	---	---	---
372	CO	carbon monoxide	630-08-0	28.010	68.15	1	81.70	1	-191	0.7900	1,2	25	1.0003	1	gas	1
373	COS	carbonyl sulfide	463-58-1	60.076	134.35	1	223.00	1	25	1.0050	1	-87	1.2400	1	gas	1
374	COSe	carbon oxyselenide	1603-84-5	106.970	151.15	1	251.65	1	---	---	---	---	---	---	gas	1
375	CO2	carbon dioxide	124-38-9	44.010	216.58	1	194.67	1	25	0.7130	1	25	1.0004	1	gas	1
376	CO3Pb	lead(ii) carbonate	598-63-0	267.209	588.15	1	---	---	---	---	---	---	---	---	solid	1
377	CO3Rb2	rubidium carbonate	584-09-8	230.945	1110.15	1	---	---	---	---	---	---	---	---	solid	1
378	CO3Sr	strontium carbonate	1633-05-2	147.629	1770.15	1	---	---	---	---	---	---	---	---	solid	1
379	CO3Tl2	thallium carbonate	6533-73-9	468.776	546.15	1	---	---	---	---	---	---	---	---	solid	1
380	CO3Zn	zinc carbonate	3486-35-9	125.399	---	---	---	---	25	4.4350	1	---	---	---	---	---
381	CSTe	carbon sulfide telluride	10340-06-4	171.677	---	---	---	---	---	---	---	---	---	---	---	---
382	CS2	carbon disulfide	75-15-0	76.143	161.58	1	319.37	1	25	1.2560	1	25	1.6241	1	liquid	1
383	CSe2	carbon diselenide	506-80-9	169.931	229.45	1	398.65	1	20	2.6823	1	20	1.8454	1	liquid	1
384	CSi	silicon carbide	409-21-2	40.096	2873.15	1	---	---	---	---	---	---	---	---	solid	1
385	CTi	titanium carbide	12070-08-5	59.878	3410.15	1	---	---	---	---	---	---	---	---	solid	1
386	CU	uranium carbide	12070-09-6	250.040	2773.15	1	---	---	---	---	---	---	---	---	solid	1
387	CW	tungsten carbide	12070-12-1	195.851	>3028	dec	---	---	---	---	---	---	---	---	solid	1
388	C2AgCl	silver chloroacetylide	---	167.341	---	---	---	---	---	---	---	---	---	---	---	---
389	C2AgF3O2	trifluoroacetic acid, silver salt	2966-50-9	220.882	531.65	1	---	---	---	---	---	---	---	---	solid	1
390	C2AgKN2	silver potassium cyanide	506-61-6	199.000	---	---	---	---	25	2.3600	1	---	---	---	---	---
391	C2Ag2	silver(i) acetylide	7659-31-6	239.754	---	---	---	---	---	---	---	---	---	---	---	---
392	C2Ag2O	disilver ketenide	---	255.753	---	---	371.15	1	---	---	---	---	---	---	---	---
393	C2Ag2O4	silver(i) oxalate	533-51-7	303.752	413.15	dec	---	---	25	5.0300	1	---	---	---	solid	1
394	C2Au2	gold(i) acetylide	70950-00-4	417.955	---	---	365.15	1	---	---	---	---	---	---	---	---
395	C2Au2O	digold(i) ketenide	54086-41-8	433.955	---	---	---	---	---	---	---	---	---	---	---	---
396	C2Ba	barium acetylide	12070-27-8	161.349	---	---	---	---	---	---	---	---	---	---	---	---
397	C2BaN2	barium cyanide	542-62-1	189.363	---	---	315.65	1	---	---	---	---	---	---	---	---
398	C2BaN2S2	barium thiocyanate	2092-17-3	253.495	---	---	---	---	---	---	---	---	---	---	---	---
399	C2BaO4	barium oxalate	516-02-9	225.347	673.15	dec	---	---	25	2.6580	1	---	---	---	solid	1
400	C2BrCl	bromochloroacetylene	25604-70-0	139.379	---	---	---	---	25	2.0421	2	---	---	---	---	---

Table 1 Physical Properties - Organic Compounds

				Mol Wt	Freezing Point		Boiling Point		Density			Refractive Index			State	
NO	FORMULA	NAME	CAS No	g/mol	T_F, K	code	T_B, K	code	T, C	g/cm3	code	T, C	n_D	code	@25C,1 atm	code
401	C2BrClF2	2-bromo-2-chloro-1,1-difluoroethylene	758-24-7	177.376	---	---	---	---	25	2.0151	2	---	---	---	---	---
402	C2BrClN2S	3-bromo-5-chloro-1,2,4-thiadiazole	37159-60-7	199.459	297.65	1	466.15	1	25	2.1607	2	---	---	---	liquid	1
403	C2BrCl3O	trichloroacetyl bromide	34069-94-8	226.283	---	---	416.15	1	15	1.8980	1	---	---	---	---	---
404	C2BrF3	bromotrifluoroethylene	598-73-2	160.922	---	---	270.65	1	25	1.8300	1	---	---	---	gas	1
405	C2BrF5	bromopentafluoroethane	354-55-2	198.919	---	---	252.15	1	25	1.8098	1	---	---	---	gas	1
406	C2BrNa	sodium bromoacetylide	---	126.916	---	---	---	---	---	---	---	---	---	---	---	---
407	C2Br2	dibromoethyne	624-61-3	183.830	249.15	1	---	---	25	2.5925	2	---	---	---	---	---
408	C2Br2ClF3	1,2-dibromo-1-chloro-1,2,2-trifluoroethane	354-51-8	276.278	323.15	1	366.15	1	25	2.3463	2	---	---	---	solid	1
409	C2Br2ClF3	1,1-dibromo-1-chloro-2,2,2-trifluoroethane	754-17-6	276.278	316.65	1	364.45	1	25	2.3463	2	---	---	---	solid	1
410	C2Br2ClF3	monochlorodibromotrifluoroethane	29256-79-9	276.278	---	---	365.30	2	25	2.3463	2	---	---	---	---	---
411	C2Br2Cl4	1,2-dibromo-1,1,2,2-tetrachloroethane	630-25-1	325.640	475.65	1	---	---	25	2.7130	1	---	---	---	solid	1
412	C2Br2F2	1,1-dibromodifluoroethylene	430-85-3	221.827	---	---	341.50	1	25	2.4464	2	---	---	---	---	---
413	C2Br2F4	1,2-dibromotetrafluoroethane	124-73-2	259.824	163.00	1	320.31	1	25	2.1620	1	25	1.3670	1	liquid	1
414	C2Br2O2	oxalyl bromide	15219-34-8	215.829	254.25	1	---	---	25	2.6276	2	---	1.5220	1	---	---
415	C2Br4	tetrabromoethene	79-28-7	343.638	329.65	1	499.15	1	25	3.1069	2	---	---	---	solid	1
416	C2Br6	hexabromoethane	594-73-0	503.446	---	---	473.15	dec	20	3.8230	1	---	1.8630	1	---	---
417	C2Ca	calcium carbide	75-20-7	64.100	2573.15	1	---	---	25	2.2200	1	---	---	---	solid	1
418	C2CaN2	calcium cyanide	592-01-8	92.114	---	---	---	---	---	---	---	---	---	---	---	---
419	C2CaO4	calcium oxalate	563-72-4	128.098	---	---	---	---	25	2.2000	1	---	---	---	---	---
420	C2CdN2	cadmium dicyanide	---	164.447	---	---	---	---	---	---	---	---	---	---	---	---
421	C2CdO4	cadmium oxalate	814-88-0	200.431	---	---	---	---	25	3.3200	1	---	---	---	---	---
422	C2ClF2NaO2	chlorodifluoroacetic acid sodium salt	1895-39-2	152.460	471.15	1	---	---	---	---	---	---	---	---	solid	1
423	C2ClF3	chlorotrifluoroethylene	79-38-9	116.470	115.00	1	244.80	1	25	1.2750	1	0	1.3800	1	gas	1
424	C2ClF3N2	3-chloro-3-trifluoromethyldiazirine	58911-30-1	144.484	---	---	---	---	---	---	---	---	---	---	---	---
425	C2ClF3O	trifluoroacetyl chloride	354-32-5	132.469	---	---	248.70	1	---	---	---	---	---	---	gas	1
426	C2ClF3O2	trifluoroacetyl hypochlorite	65597-25-3	148.469	---	---	---	---	---	---	---	---	---	---	---	---
427	C2ClF5	chloropentafluoroethane	76-15-3	154.467	173.71	1	234.04	1	25	1.2870	1	25	1.2140	1	gas	1
428	C2ClF5O2	2-chloro-1,1-bis(fluorooxy)trifluoroethane	72985-56-9	186.466	---	---	---	---	---	---	---	---	---	---	---	---
429	C2ClF6P	bis(trifluoromethyl)chlorophosphine	650-52-2	204.440	---	---	---	---	---	---	---	---	---	---	---	---
430	C2ClI	chloroiodoacetylene	25604-71-1	186.379	---	---	261.15	1	25	2.4220	2	---	---	---	gas	1
431	C2ClLi	lithium chloroacetylide	6180-21-8	66.416	---	---	374.15	1	---	---	---	---	---	---	---	---
432	C2ClNa	sodium chloroacetylide	---	82.464	---	---	338.15	explo	---	---	---	---	---	---	---	---
433	C2ClNO	cyanoformyl chloride	4474-17-3	89.481	---	---	---	---	---	---	---	---	---	---	---	---
434	C2Cl2	dichloroacetylene	7572-29-4	94.927	207.15	1	306.15	1	20	1.2610	1	20	1.4279	1	liquid	1
435	C2Cl2FN	dichlorofluoroacetonitrile	353-82-2	127.933	163.15	1	306.15	1	25	1.3909	1	20	1.3682	1	liquid	1
436	C2Cl2F2	1,1-dichloro-2,2-difluoroethene	79-35-6	132.924	157.15	1	292.15	1	-20	1.5550	1	-20	1.3830	1	gas	1
437	C2Cl2F2	1,2-dichloro-1,2-difluoroethene	598-88-9	132.924	142.65	1	294.25	1	0	1.4950	1	---	1.3777	1	gas	1
438	C2Cl2F2	dichlorodifluoroethylene	27156-03-2	132.924	---	---	293.20	2	-10	1.5250	2	---	---	---	gas	2
439	C2Cl2F2O2	chlorodifluoroacetyl hypochlorite	68674-44-2	164.923	---	---	---	---	25	1.7073	2	---	---	---	---	---
440	C2Cl2F3I	1,2-dichloro-1,1,2-trifluoro-2-iodoethane	354-61-0	278.827	---	---	373.50	1	25	2.2523	2	---	---	---	---	---
441	C2Cl2F4	1,2-dichloro-1,1,2,2-tetrafluoroethane	76-14-2	170.921	180.62	1	276.92	1	25	1.4550	1	25	1.2880	1	gas	1
442	C2Cl2F4	1,1-dichloro-1,2,2,2-tetrafluoroethane	374-07-2	170.921	216.58	1	276.17	1	25	1.4696	1	0	1.3092	1	gas	1
443	C2Cl2F4	dichlorotetrafluoroethane	1320-37-2	170.921	---	---	276.55	2	25	1.4623	2	---	---	---	gas	2
444	C2Cl2N2S	3,5-dichloro-1,2,4-thiadiazole	2254-88-8	155.007	---	---	439.15	1	25	1.7289	2	---	1.5590	1	---	---
445	C2Cl2N2S	3,4-dichloro-1,2,5-thiadiazole	5728-20-1	155.007	---	---	430.65	1	25	1.6480	1	---	1.5610	1	---	---
446	C2Cl2O2	oxalyl chloride	79-37-8	126.926	257.15	1	336.65	1	20	1.4785	1	20	1.4316	1	liquid	1
447	C2Cl3F	trichlorofluoroethene	359-29-5	149.378	164.25	1	344.15	1	20	1.5460	1	20	1.4379	1	liquid	1
448	C2Cl3FO	trichloroacetyl fluoride	354-13-2	165.377	---	---	---	---	25	1.6826	2	---	---	---	---	---
449	C2Cl3F3	1,1,2-trichloro-1,2,2-trifluoroethane	76-13-1	187.375	236.92	1	320.75	1	25	1.5640	1	25	1.3540	1	liquid	1
450	C2Cl3F3	1,1,1-trichloro-2,2,2-trifluoroethane	354-58-5	187.375	287.52	1	319.20	1	25	1.5657	1	25	1.3579	1	liquid	1
451	C2Cl3N	trichloroacetonitrile	545-06-2	144.387	231.15	1	358.85	1	25	1.4403	1	20	1.4409	1	liquid	1
452	C2Cl3NO	trichloromethyl isocyanate	30121-98-3	160.386	---	---	394.15	1	25	1.5600	1	---	1.4780	1	---	---
453	C2Cl3NS	thiocyanic acid, trichloromethyl ester	20233-04-9	176.453	---	---	293.65	1	25	1.7198	2	---	---	---	gas	1
454	C2Cl3NaO2	sodium trichloroacetate	650-51-1	185.368	---	---	---	---	---	---	---	---	---	---	---	---
455	C2Cl4	tetrachloroethylene	127-18-4	165.832	250.80	1	394.40	1	25	1.6130	1	25	1.5055	1	liquid	1
456	C2Cl4F2	1,1,2,2-tetrachloro-1,2-difluoroethane	76-12-0	203.829	297.91	1	366.00	1	25	1.6451	1	25	1.4130	1	solid	1
457	C2Cl4F2	1,1,1,2-tetrachloro-2,2-difluoroethane	76-11-9	203.829	313.75	1	364.65	1	25	1.6490	1	---	---	---	solid	1
458	C2Cl4N2	3-chloro-3-trichloromethyldiazirine	---	193.846	---	---	---	---	25	1.7870	2	---	---	---	---	---
459	C2Cl4O	trichloroacetyl chloride	76-02-8	181.831	216.20	1	391.15	1	25	1.6130	1	20	1.4695	1	---	---
460	C2Cl4O	tetrachloroethylene oxide	16650-10-5	181.831	---	---	---	---	25	1.7219	2	---	---	---	---	---
461	C2Cl4O2	diphosgene	503-38-8	197.831	216.15	1	401.15	1	14	1.6525	1	22	1.4566	1	liquid	1
462	C2Cl5F	pentachlorofluoroethane	354-56-3	220.283	373.15	1	411.05	1	25	1.7400	1	---	---	---	solid	1
463	C2Cl6	hexachloroethane	67-72-1	236.737	459.95	1	458.00	1	20	2.0910	1	---	---	---	solid	1
464	C2Cl6O2S	bis(trichloromethyl)sulfone	3064-70-8	300.802	---	---	---	---	25	1.8665	2	---	---	---	---	---
465	C2Cl6S3	bis(trichloro methyl)trisulfide	2532-50-5	332.935	---	---	---	---	25	1.8389	2	---	---	---	---	---
466	C2Cl6Si2	bis(trichlorosilyl)acetylene	18038-55-6	292.907	296.65	1	446.65	1	25	1.4690	1	---	1.4730	1	liquid	1
467	C2CoN2S2	cobalt(ii) thiocyanate	3017-60-5	175.101	---	---	---	---	---	---	---	---	---	---	---	---
468	C2CoO4	cobalt(ii) oxalate	814-89-1	146.953	523.15	dec	---	---	25	3.0200	1	---	---	---	solid	1
469	C2Cr3	chromium carbide	12012-35-0	180.010	2163.05	1	4073.05	1	---	---	---	---	---	---	solid	1
470	C2Cs2	cesium acetylide	22750-56-7	289.833	---	---	408.15	dec	---	---	---	---	---	---	---	---
471	C2Cu	copper(ii) acetylide	12540-13-5	87.568	373.15	dec	---	---	---	---	---	---	---	---	solid	1
472	C2CuF6O6S2	copper(ii) trifluoromethanesulfonate	34946-82-2	361.687	---	---	---	---	---	---	---	---	---	---	---	---
473	C2CuKN2	potassium cuprocyanide	13682-73-0	154.680	1386.15	1	---	---	---	---	---	---	---	---	solid	1
474	C2CuN2	copper(ii) cyanide	14763-77-0	115.582	---	dec	314.15	1	---	---	---	---	---	---	---	---
475	C2CuO4	copper(ii) oxalate	814-91-5	151.566	583.15	dec	---	---	---	---	---	---	---	---	solid	1
476	C2Cu2	copper(i) acetylide	1117-94-8	151.114	---	---	---	---	---	---	---	---	---	---	---	---
477	C2Cu2O	dicopper(i) ketenide	41084-90-6	167.113	---	---	111.65	1	---	---	---	---	---	---	gas	1
478	C2Cu2O4	copper(i) oxalate	53421-36-6	215.112	---	---	---	---	---	---	---	---	---	---	---	---
479	C2D2	acetylene-d2	1070-74-2	28.050	---	---	---	---	---	---	---	---	---	---	---	---
480	C2F2O2	oxalyl fluoride	359-40-0	94.018	260.73	1	299.70	1	25	1.5112	2	---	---	---	liquid	1

Table 1 Physical Properties - Organic Compounds

				Mol Wt	Freezing Point		Boiling Point		Density			Refractive Index			State	
NO	FORMULA	NAME	CAS No	g/mol	T_F, K	code	T_B, K	code	T, C	g/cm3	code	T, C	n_D	code	@25C,1 atm	code
481	C2F3I	trifluoroiodoethene	359-37-5	207.922	---	---	303.15	1	25	2.2840	1	---	1.4143	1	---	---
482	C2F3KO2	potassium trifluoroacetate	2923-16-2	152.115	417.15	1	---	---	25	1.4900	1	---	---	---	solid	1
483	C2F3LiO2	trifluoroacetic acid lithium salt	2923-17-3	119.957	---	---	---	---	---	---	---	---	---	---	---	---
484	C2F3N	trifluoroacetonitrile	353-85-5	95.025	128.73	1	204.35	1	---	---	---	---	---	---	gas	1
485	C2F3NO3	trifluoroacetyl nitrite	667-29-8	143.023	---	---	---	---	25	1.7450	2	---	---	---	---	---
486	C2F3N3O	trifluoroacetyl azide	23292-52-6	139.038	---	---	---	---	---	---	---	---	---	---	---	---
487	C2F3NaO2	sodium trifluoroacetate	2923-18-4	136.006	481.15	1	---	---	25	1.4900	1	---	---	---	solid	1
488	C2F4	tetrafluoroethylene	116-14-3	100.016	142.00	1	197.51	1	25	0.9200	1	---	---	---	gas	1
489	C2F4I2	1,2-diiodotetrafluoroethane	354-65-4	353.825	---	---	385.65	1	25	2.7677	2	---	1.4880	1	---	---
490	C2F4N2O4	1,1,2,2-tetrafluoro-1,2-dinitroethane	356-16-1	192.028	231.65	1	331.65	1	25	1.6024	1	25	1.3265	1	liquid	1
491	C2F4O	trifluoroacetyl fluoride	354-34-7	116.015	113.69	1	254.15	1	---	---	---	---	---	---	gas	1
492	C2F4O2	trifluoroacetyl hypofluorite	359-46-6	132.015	---	---	---	---	---	---	---	---	---	---	---	---
493	C2F5I	pentafluoro-iodoethane	354-64-3	245.919	---	---	285.60	1	25	2.2524	2	---	1.3390	1	gas	1
494	C2F6	hexafluoroethane	76-16-4	138.013	173.10	1	194.95	1	-78	1.5900	1	-73	1.2060	1	gas	1
495	C2F6MgO6S2	magnesium trifluoromethanesulfonate	60871-83-2	322.446	>573.15	1	---	---	---	---	---	---	---	---	solid	1
496	C2F6NO	bis(trifluoromethyl)nitroxide	2154-71-4	168.019	203.25	1	248.25	1	---	---	---	---	---	---	gas	1
497	C2F6N2	bis(trifluoromethyl)diazene	372-63-4	166.027	---	---	242.00	1	---	---	---	---	---	---	gas	1
498	C2F6N3P	bis(trifluoromethyl)phosphorus(iii) azide	---	211.008	---	---	---	---	---	---	---	---	---	---	---	---
499	C2F6N4O2S2	N-(trifluoromethylsulfinyl)trifluoromethyl imi	---	290.172	---	---	---	---	25	1.9362	2	---	---	---	---	---
500	C2F6O2	di(trifluoromethyl)peroxide	927-84-4	170.012	---	---	---	---	---	---	---	---	---	---	---	---
501	C2F6O2	1,1-bis(fluorooxy)tetrafluoroethane	16329-92-3	170.012	---	---	---	---	---	---	---	---	---	---	---	---
502	C2F6O4Xe	xenon(ii) trifluoroacetate	---	333.301	---	---	---	---	---	---	---	---	---	---	---	---
503	C2F6O5S2	trifluoromethanesulfonic anhydride	358-23-6	282.142	---	---	355.55	1	25	1.6770	1	---	1.3210	1	---	---
504	C2F6O6S2Zn	zinc trifluoromethanesulfonate	54010-75-2	363.531	---	---	---	---	---	---	---	---	---	---	---	---
505	C2F6S	bis(trifluoromethyl)sulfide	371-78-8	170.079	209.75	1	251.05	1	---	---	---	---	---	---	gas	1
506	C2F6S2	bis(trifluoromethyl) disulfide	372-64-5	202.145	---	---	307.75	1	25	1.6618	2	---	---	---	---	---
507	C2F7N	heptafluoroethanamine	354-80-3	171.019	90.35	1	235.05	1	---	---	---	---	---	---	gas	1
508	C2F7P	fluorobis(trifluoromethyl)phosphine	1426-40-0	187.986	---	---	---	---	---	---	---	---	---	---	---	---
509	C2HAg	silver acetylide	13092-75-6	132.896	---	---	---	---	---	---	---	---	---	---	---	---
510	C2HBr	bromoacetylene	593-61-3	104.934	---	---	277.85	1	25	1.8884	2	---	---	---	gas	1
511	C2HBrClF3	halothane	151-67-7	197.382	157.40	1	323.35	1	25	1.8690	1	25	1.3961	1	liquid	1
512	C2HBrClF3	1-bromo-2-chloro-1,1,2-trifluoroethane	354-06-3	197.382	---	---	325.65	1	25	1.8574	1	20	1.3738	1	---	---
513	C2HBrClN	bromochloroacetonitrile	83463-62-1	154.393	---	---	---	---	25	2.0049	2	---	---	---	---	---
514	C2HBrCl2	2-bromo-1,1-dichloroethene	5870-61-1	175.839	184.65	1	380.65	1	15	1.9053	1	---	---	---	liquid	1
515	C2HBrCl2	trans-1-bromo-1,2-dichloroethene	6795-75-1	175.839	189.65	1	386.95	1	15	1.9133	1	15	1.5218	1	liquid	1
516	C2HBrF2	1-bromo-1,2-difluoroethene	358-99-6	142.931	---	---	292.15	1	25	1.8434	1	---	1.3846	1	gas	1
517	C2HBr2Cl3	1,2-dibromo-1,1,2-trichloroethane	13749-38-7	291.195	---	---	---	---	25	2.2930	2	---	1.5705	1	---	---
518	C2HBr2F3	1,2-dibromo-1,1,2-trifluoroethane	354-04-1	241.833	---	---	349.15	1	27	2.2740	1	24	1.4191	1	---	---
519	C2HBr2N	dibromoacetonitrile	3252-43-5	198.845	---	---	442.15	1	20	2.3690	1	20	1.5393	1	---	---
520	C2HBr3	tribromoethene	598-16-3	264.742	---	---	437.15	1	20	2.7080	1	16	1.6045	1	---	---
521	C2HBr3O	tribromoacetaldehyde	115-17-3	280.741	---	---	447.15	1	25	2.6649	1	20	1.5939	1	---	---
522	C2HBr3O2	tribromoacetic acid	75-96-7	296.741	405.15	1	518.15	dec	25	2.7865	2	---	---	---	solid	1
523	C2HBr5	pentabromoethane	75-95-6	424.550	329.65	1	---	---	20	3.3120	1	---	---	---	solid	1
524	C2HCl	chloroacetylene	593-63-5	60.482	147.15	1	243.15	1	---	---	---	---	---	---	gas	1
525	C2HClF2	2-chloro-1,1-difluoroethylene	359-10-4	98.479	134.65	1	254.55	1	25	1.2170	1	---	---	---	gas	1
526	C2HClF2O2	chlorodifluoroacetic acid	76-04-0	130.478	298.15	1	395.15	1	25	1.5550	2	20	1.3559	1	---	---
527	C2HClF3I	1-chloro-1,1,2-trifluoro-2-iodoethane	354-26-7	244.382	---	---	355.15	1	20	2.1810	1	20	1.4320	1	---	---
528	C2HClF4	1-chloro-1,1,2,2-tetrafluoroethane	354-25-6	136.476	156.15	1	261.41	1	---	---	---	---	---	---	gas	1
529	C2HClF4	2-chloro-1,1,1,2-tetrafluoroethane	2837-89-0	136.476	74.00	1	261.05	1	---	---	---	---	---	---	gas	1
530	C2HClF4	chlorotetrafluoroethane	63938-10-3	136.476	---	---	261.30	2	---	---	---	---	---	---	gas	2
531	C2HClN2S	5-chloro-1,2,3-thiadiazole	4113-57-9	120.562	---	---	---	---	---	---	---	---	---	---	---	---
532	C2HCl2F	1,1-dichloro-2-fluoroethene	359-02-4	114.933	164.35	1	310.65	1	16	1.3732	1	16	1.4031	1	liquid	1
533	C2HCl2FO	chlorofluoroacetyl chloride	359-32-0	130.933	---	---	342.65	1	25	1.4680	1	25	1.3992	1	---	---
534	C2HCl2F3	1,1-dichloro-1,2,2-trifluoroethane	812-04-4	152.930	255.51	2	303.00	2	25	1.4821	2	---	---	---	liquid	2
535	C2HCl2F3	1,2-dichloro-1,1,2-trifluoroethane	354-23-4	152.930	195.15	1	301.15	1	25	1.5000	1	---	---	---	liquid	1
536	C2HCl2F3	2,2-dichloro-1,1,1-trifluoroethane	306-83-2	152.930	166.00	1	301.05	1	25	1.4642	1	---	---	---	liquid	1
537	C2HCl2N	dichloroacetonitrile	3018-12-0	109.942	---	---	385.65	1	20	1.3690	1	25	1.4391	1	---	---
538	C2HCl2NaO2	sodium dichloroacetate	2156-56-1	150.924	471.15	1	---	---	---	---	---	---	---	---	solid	1
539	C2HCl3	trichloroethylene	79-01-6	131.387	188.40	1	360.10	1	25	1.4580	1	25	1.4750	1	liquid	1
540	C2HCl3F2	1,1,1-trichloro-2,2-difluoroethane	354-12-1	169.384	253.28	2	346.15	1	25	1.5519	2	20	1.3979	1	liquid	1
541	C2HCl3F2	1,1,2-trichloro-1,2-difluoroethane	354-15-4	169.384	253.28	2	345.65	1	25	1.5587	1	20	1.3942	1	liquid	1
542	C2HCl3F2	1,2,2-trichloro-1,1-difluoroethane	354-21-2	169.384	253.28	2	345.05	1	25	1.5450	1	25	1.3889	1	liquid	1
543	C2HCl3O	dichloroacetyl chloride	79-36-7	147.387	---	---	382.15	1	25	1.5190	1	16	1.4638	1	---	---
544	C2HCl3O	trichloroacetaldehyde	75-87-6	147.387	216.00	1	370.85	1	25	1.4990	1	20	1.4559	1	liquid	1
545	C2HCl3O	epoxy-1,1,2-trichloroethane	16967-79-6	147.387	---	---	---	---	25	1.5090	2	---	---	---	---	---
546	C2HCl3O2	dichloromethyl chloroformate	22128-63-8	163.386	---	---	383.65	1	15	1.5600	1	---	---	---	---	---
547	C2HCl3O2	trichloroacetic acid	76-03-9	163.386	330.00	1	470.78	1	64	1.6126	1	61	1.4603	1	solid	1
548	C2HCl3O3	trichloroperoxyacetic acid	7796-16-9	179.386	---	---	---	---	25	1.7225	2	---	---	---	---	---
549	C2HCl4F	1,1,1,2-tetrachloro-2-fluoroethane	354-11-0	185.838	177.80	1	390.15	1	25	1.6249	2	20	1.4525	1	liquid	1
550	C2HCl4F	1,1,2,2-tetrachloro-1-fluoroethane	354-14-3	185.838	190.55	1	389.75	1	17	1.5497	1	20	1.4487	1	liquid	1
551	C2HCl5	pentachloroethane	76-01-7	202.292	244.15	1	433.03	1	25	1.6750	1	25	1.5005	1	liquid	1
552	C2HCl5O2S2	dichloromethyl trichloromethylthiosulfone	31335-41-8	298.423	---	---	---	---	25	1.8192	2	---	---	---	---	---
553	C2HF	fluoro acetylene	2713-09-9	44.028	77.25	1	168.25	1	---	---	---	---	---	---	gas	1
554	C2HF3	trifluoroethene	359-11-5	82.025	94.53	1	221.01	1	25	0.9190	1	---	---	---	gas	1
555	C2HF3N2	2,2,2-trifluorodiazoethane	371-67-5	110.039	---	---	274.15	1	25	1.4897	2	---	---	---	gas	1
556	C2HF3O2	trifluoroacetic acid	76-05-1	114.024	257.90	1	344.95	1	25	1.4800	1	20	1.2850	1	liquid	1
557	C2HF3O3	peroxytrifluoroacetic acid	359-48-8	130.024	---	---	---	---	25	1.5814	2	---	---	---	---	---
558	C2HF5	pentafluoroethane	354-33-6	120.022	170.15	1	225.04	1	25	1.1740	1	19	1.5012	1	gas	1
559	C2HF5O	trifluoromethyl difluoromethyl ether	3822-68-2	136.022	---	---	237.15	1	---	---	---	---	---	---	gas	1
560	C2HF6NO4S2	bistrifluoromethanesulfonimide	82113-65-3	281.158	324.65	1	363.65	1	25	1.8393	2	---	---	---	solid	1

Table 1 Physical Properties - Organic Compounds

				Mol Wt	Freezing Point		Boiling Point		Density			Refractive Index			State	
NO	FORMULA	NAME	CAS No	g/mol	T_F, K	code	T_B, K	code	T, C	g/cm3	code	T, C	n_D	code	@25C,1 atm	code
561	C2HHg	mercury acetylide (DOT)	68833-55-6	225.620	---	---	---	---	---	---	---	---	---	---	---	---
562	C2HI	iodoacetylene	14545-08-5	151.934	259.25	1	305.05	1	25	2.3641	2	---	---	---	liquid	1
563	C2HK	potassium acetylide	---	64.128	---	---	---	---	---	---	---	---	---	---	---	---
564	C2HN3	diazoacetonitrile	13138-21-1	67.051	---	---	248.15	1	---	---	---	---	---	---	gas	1
565	C2HN5O	diazoacetyl azide	19932-64-0	111.064	280.15	1	---	---	25	1.7749	2	---	---	---	---	---
566	C2HN6NaO4	sodium-5-dinitromethyltetrazolide	2783-96-2	196.059	---	---	---	---	---	---	---	---	---	---	---	---
567	C2HN10NaO	5-hydroxy-1(N-sodio-5-tetrazolylazo)tetraz	---	204.089	---	---	---	---	---	---	---	---	---	---	---	---
568	C2HN10NaO	sodium-5-(5'-hydroxytetrazol-3'-ylazo)tetra	---	204.089	---	---	---	---	---	---	---	---	---	---	---	---
569	C2HNa	monosodium acetylide	1066-26-8	48.020	---	---	250.95	1	---	---	---	---	---	---	gas	1
570	C2HO4K	potassium acid oxalate	127-95-7	128.126	---	---	---	---	---	---	---	---	---	---	---	---
571	C2H2	acetylene	74-86-2	26.038	192.40	1	189.35	1	25	0.3770	1	---	---	---	gas	1
572	C2H2AgN3O5	silver dinitroacetamide	26163-27-9	255.922	---	---	---	---	---	---	---	---	---	---	---	---
573	C2H2AsCl3	dichloro-(2-chlorovinyl) arsine	541-25-3	207.317	---	---	466.45	1	25	1.8840	1	10.6	1.617	1	---	---
574	C2H2BrCl	1-bromo-2-chloroethene	3018-09-5	141.394	186.45	1	357.75	1	15	1.7972	1	---	1.4982	1	liquid	1
575	C2H2BrClF2	2-bromo-1-chloro-1,1-difluoroethane	421-01-2	179.391	197.25	1	341.55	1	25	1.8488	2	---	---	---	liquid	1
576	C2H2BrClO	bromoacetyl chloride	22118-09-8	157.394	---	---	400.10	1	25	1.8990	2	---	---	---	---	---
577	C2H2BrClO2	bromochloroacetic acid	5589-96-8	173.393	304.65	1	488.15	1	31	1.9848	1	---	---	---	solid	1
578	C2H2BrFO2	bromofluoroacetic acid	359-25-1	156.939	323.15	1	456.15	1	25	1.9330	2	---	---	---	solid	1
579	C2H2BrF3	2-bromo-1,1,1-trifluoroethane	421-06-7	162.937	179.25	1	299.15	1	20	1.7881	1	20	1.3331	1	liquid	1
580	C2H2BrN	bromoacetonitrile	590-17-0	119.949	---	---	334.15	1	25	1.7220	1	---	1.4800	1	---	---
581	C2H2Br2	1,1-dibromoethene	593-92-0	185.846	256.62	2	365.15	1	21	2.1779	1	---	---	---	liquid	1
582	C2H2Br2	cis-1,2-dibromoethene	590-11-4	185.846	220.15	1	385.65	1	20	2.2464	1	20	1.5428	1	liquid	1
583	C2H2Br2	trans-1,2-dibromoethene	590-12-5	185.846	266.65	1	381.15	1	20	2.2308	1	18	1.5505	1	liquid	1
584	C2H2Br2	1,2-dibromoethylene; (cis+trans)	540-49-8	185.846	283.05	1	384.10	1	20	2.2184	2	---	1.5420	1	liquid	1
585	C2H2Br2Cl2	1,2-dibromo-1,1-dichloroethane	75-81-0	256.751	247.15	1	468.15	1	20	2.1350	1	20	1.5662	1	liquid	1
586	C2H2Br2Cl2	1,2-dibromo-1,2-dichloroethane	683-68-1	256.751	247.15	1	468.15	1	20	2.1350	1	20	1.5662	1	liquid	1
587	C2H2Br2F2	1,2-dibromo-1,1-difluoroethane	75-82-1	223.843	211.85	1	365.65	1	20	2.2238	1	20	1.4456	1	liquid	1
588	C2H2Br2O	bromoacetyl bromide	598-21-0	201.845	---	---	421.65	1	22	2.3120	1	20	1.5449	1	---	---
589	C2H2Br2O2	dibromoacetic acid	631-64-1	217.845	322.15	1	---	---	25	2.3899	2	---	---	---	solid	1
590	C2H2Br3Cl2O2P	2,2,2-tribromoethyl dichlorophosphate	53676-22-5	399.628	308.15	1	---	---	---	---	---	---	---	---	solid	1
591	C2H2Br3NO	tribromoacetamide	594-47-8	295.756	394.65	1	---	---	25	2.6977	2	---	---	---	solid	1
592	C2H2Br4	1,1,2,2-tetrabromoethane	79-27-6	345.654	273.15	1	516.65	1	25	2.9270	1	25	1.6323	1	liquid	1
593	C2H2Br4	1,1,1,2-tetrabromoethane	630-16-0	345.654	273.15	1	523.15	1	20	2.8747	1	20	1.6277	1	liquid	1
594	C2H2BaO4	barium formate	541-43-5	227.362	---	---	---	---	25	3.2100	1	---	---	---	---	---
595	C2H2BaO5	barium oxalate monohydrate	13463-22-4	243.362	---	---	---	---	25	2.6600	1	---	---	---	---	---
596	C2H2BeO4	beryllium formate	1111-71-3	99.048	>523	1	---	---	---	---	---	---	---	---	solid	1
597	C2H2Be3O8	beryllium carbonate	66104-24-3	181.070	---	---	---	---	---	---	---	---	---	---	---	---
598	C2H2CaO4	calcium formate	544-17-2	130.113	573.15	dec	---	---	25	2.0200	1	---	---	---	solid	1
599	C2H2CaO5	calcium oxalate monohydrate	5794-28-5	146.113	473.15	dec	---	---	25	2.2000	1	---	---	---	solid	1
600	C2H2ClF	1-chloro-1-fluoroethene	2317-91-1	80.489	---	---	249.00	1	---	---	---	---	---	---	gas	1
601	C2H2ClF	1-chloro-2-fluoroethene	460-16-2	80.489	---	---	283.00	1	25	1.1959	2	---	---	---	gas	1
602	C2H2ClFO	fluoroacetyl chloride	359-06-8	96.488	---	---	---	---	---	---	---	---	---	---	---	---
603	C2H2ClFO2	chlorofluoroacetic acid	471-44-3	112.488	---	---	435.15	1	25	1.5320	1	25	1.4085	1	---	---
604	C2H2ClF3	1-chloro-1,1,2-trifluoroethane	421-04-5	118.486	240.59	2	285.15	1	25	1.3608	2	---	---	---	gas	1
605	C2H2ClF3	1-chloro-1,2,2-trifluoroethane	431-07-2	118.486	208.17	2	290.15	1	25	1.3608	2	---	---	---	gas	1
606	C2H2ClF3	2-chloro-1,1,1-trifluoroethane	75-88-7	118.486	167.56	1	279.25	1	0	1.3890	1	0	1.3090	1	gas	1
607	C2H2ClF3O2S	2,2,2-trifluoroethanesulfonyl chloride	1648-99-3	182.551	---	---	---	---	25	1.6510	1	---	1.3880	1	---	---
608	C2H2ClF3S	chloromethyl trifluoromethyl sulfide	460-58-2	150.552	---	---	336.65	1	25	1.4120	1	---	1.3820	1	---	---
609	C2H2ClI	1-chloro-2-iodoethene	20244-71-7	188.395	234.95	1	392.15	1	25	2.2298	1	---	---	---	liquid	1
610	C2H2ClIO	2-iodosylvinyl chloride	---	204.394	---	---	279.45	1	25	2.2318	2	---	---	---	gas	1
611	C2H2ClIO2	2-iodylvinyl chloride	---	220.394	---	---	---	---	25	2.2675	2	---	---	---	---	---
612	C2H2ClN	chloroacetonitrile	107-14-2	75.497	---	---	399.65	1	20	1.1930	1	25	1.4202	1	---	---
613	C2H2ClNS	chloromethyl thiocyanate	3268-79-9	107.563	---	---	458.15	1	15	1.3700	1	---	---	---	---	---
614	C2H2ClNaO2	chloroacetic acid sodium salt	3926-62-3	116.479	273.34	1	---	---	---	---	---	---	---	---	---	---
615	C2H2Cl2	1,1-dichloroethylene	75-35-4	96.943	150.65	1	304.71	1	25	1.1170	1	20	1.4247	1	liquid	1
616	C2H2Cl2	cis-1,2-dichloroethylene	156-59-2	96.943	193.15	1	333.65	1	25	1.2650	1	20	1.4490	1	liquid	1
617	C2H2Cl2	trans-1,2-dichloroethylene	156-60-5	96.943	223.35	1	320.85	1	25	1.2440	1	20	1.4462	1	liquid	1
618	C2H2Cl2	dichloroethylene	25323-30-2	96.943	192.75	1	333.15	1	25	1.2840	1	---	---	---	liquid	1
619	C2H2Cl2	1,2-dichloroethylene, cis and trans	540-59-0	96.943	216.15	1	328.15	1	25	1.2680	1	---	1.4470	1	liquid	1
620	C2H2Cl2F2	1,1-dichloro-1,2-difluoroethane	1842-05-3	134.940	238.36	2	315.33	2	20	1.4163	2	20	1.3619	2	liquid	2
621	C2H2Cl2F2	1,1-dichloro-2,2-difluoroethane	471-43-2	134.940	205.94	2	333.15	1	20	1.4163	2	20	1.3619	2	liquid	1
622	C2H2Cl2F2	1,2-dichloro-1,1-difluoroethane	1649-08-7	134.940	171.35	1	319.78	1	20	1.4163	1	20	1.3619	1	liquid	1
623	C2H2Cl2F2	1,2-dichloro-1,2-difluoroethane	431-06-1	134.940	171.95	1	319.95	1	20	1.4163	1	20	1.3619	1	liquid	1
624	C2H2Cl2Hg	chloro(2-chlorovinyl)mercury	5980-86-9	297.533	---	---	---	---	---	---	---	---	---	---	---	---
625	C2H2Cl2O	chloroacetyl chloride	79-04-9	112.942	251.15	1	379.15	1	25	1.4340	1	20	1.4530	1	liquid	1
626	C2H2Cl2O	dichloroacetaldehyde	79-02-7	112.942	223.00	1	362.00	1	25	1.4330	1	---	---	---	liquid	1
627	C2H2Cl2O2	dichloroacetic acid	79-43-6	128.942	286.55	1	467.15	1	25	1.5530	1	20	1.4658	1	liquid	1
628	C2H2Cl2O2	chloromethyl chloroformate	22128-62-7	128.942	---	---	380.15	1	15	1.4650	1	22	1.4286	1	---	---
629	C2H2Cl2O3S	chlorosulfonylacetyl chloride	4025-77-8	177.007	---	---	---	---	25	1.6690	1	---	1.4930	1	---	---
630	C2H2Cl3F	1,1,1-trichloro-2-fluoroethane	2366-36-1	151.394	170.00	1	366.00	1	25	1.5750	1	20	1.4248	2	liquid	1
631	C2H2Cl3F	1,1,2-trichloro-1-fluoroethane	811-95-0	151.394	168.45	1	361.15	1	23	1.5572	2	20	1.4248	1	liquid	1
632	C2H2Cl3F	1,1,2-trichloro-2-fluoroethane	359-28-4	151.394	203.71	2	375.15	1	20	1.5393	1	20	1.4390	1	liquid	1
633	C2H2Cl3NO	2,2,2-trichloroacetamide	594-65-0	162.402	415.15	1	513.15	1	25	1.5974	2	---	---	---	solid	1
634	C2H2Cl3NO	trichloroacetaldehyde oxime	1117-99-3	162.402	329.15	1	---	---	25	1.5974	2	---	---	---	solid	1
635	C2H2Cl4	1,1,1,2-tetrachloroethane	630-20-6	167.848	202.94	1	403.65	1	25	1.5350	1	25	1.4794	1	liquid	1
636	C2H2Cl4	1,1,2,2-tetrachloroethane	79-34-5	167.848	229.35	1	418.25	1	25	1.5870	1	25	1.4914	1	liquid	1
637	C2H2Cl5OP	2,2,2-trichloroethyl dichlorophosphite	60010-51-7	250.274	---	---	---	---	25	1.6060	1	---	1.5210	1	---	---
638	C2H2Cl5O2P	2,2,2-trichloroethyl dichlorophosphate	18868-46-7	266.273	302.15	1	---	---	---	---	---	---	---	---	solid	1
639	C2H2CuO4	copper(ii) formate	544-19-4	153.581	---	---	---	---	---	---	---	---	---	---	---	---
640	C2H2FN	fluoroacetonitrile	503-20-8	59.043	---	---	352.65	1	25	1.0610	1	---	1.3330	1	---	---

Table 1 Physical Properties - Organic Compounds

				Mol Wt	Freezing Point		Boiling Point		Density			Refractive Index			State	
NO	FORMULA	NAME	CAS No	g/mol	T_F, K	code	T_B, K	code	T, C	g/cm3	code	T, C	n_D	code	@25C,1 atm	code
641	C2H2FNaO2	sodium fluoroacetate	62-74-8	100.025	---	---	---	---	---	---	---	---	---	---	---	---
642	C2H2F2	1,1-difluoroethylene	75-38-7	64.035	129.15	1	187.50	1	-86	1.1366	1	---	---	---	gas	1
643	C2H2F2	cis-1,2-difluoroethene	1630-77-9	64.035	107.90	1	245.15	1	25	1.0230	1	---	---	---	gas	1
644	C2H2F2	trans-1,2-difluoroethene	1630-78-0	64.035	107.90	1	245.15	2	25	1.0230	1	---	---	---	gas	2
645	C2H2F2O	fluoroacetyl fluoride	1514-42-7	80.034	---	---	---	---	---	---	---	---	---	---	---	---
646	C2H2F2O2	difluoroacetic acid	381-73-7	96.034	272.15	1	406.15	1	25	1.5260	1	20	1.3470	1	liquid	1
647	C2H2F3I	1,1,1-trifluoro-2-iodoethane	353-83-3	209.938	---	---	327.65	1	25	2.1300	1	20	1.4009	1	---	---
648	C2H2F3NO	trifluoroacetamide	354-38-1	113.040	344.65	1	436.05	1	25	1.4176	2	---	---	---	solid	1
649	C2H2F3NO2	1,1,1-trifluoro-2-nitroethane	819-07-8	129.039	---	---	369.15	1	20	1.3914	1	20	1.3394	1	---	---
650	C2H2F4	1,1,1,2-tetrafluoroethane	811-97-2	102.032	172.00	1	247.08	1	25	1.1990	1	25	1.0007	1	gas	1
651	C2H2F4	1,1,2,2-tetrafluoroethane	359-35-3	102.032	184.15	1	250.15	1	---	---	---	---	---	---	gas	1
652	C2H2F4O	tetrafluorodimethyl ether	1691-17-4	118.031	150.00	1	279.50	1	---	---	---	---	---	---	---	---
653	C2H2HgN4O6	mercury(ii) methylnitrolate	---	378.652	---	---	---	---	---	---	---	---	---	---	---	---
654	C2H2HgN4O8	mercury(ii) aci-dinitromethanide	---	410.651	---	---	---	---	---	---	---	---	---	---	---	---
655	C2H2Hg6O4	1,2-bis(hydroxomercurio)-1,1,2,2-bis(oxydi	67536-44-1	1293.575	---	---	---	---	---	---	---	---	---	---	---	---
656	C2H2IN	iodoacetonitrile	624-75-9	166.949	---	---	458.15	1	25	2.3070	1	20	1.5744	1	---	---
657	C2H2INaO2	iodoacetic acid, sodium salt	305-53-3	207.931	482.15	1	---	---	---	---	---	---	---	---	solid	1
658	C2H2I2	cis-1,2-diiodoethene	590-26-1	279.847	259.15	1	---	---	20	3.0625	1	---	---	---	---	---
659	C2H2I2	(E)-1,2-diiodoethylene	590-27-2	279.847	345.55	1	---	---	25	2.8755	2	---	---	---	solid	1
660	C2H2I4	1,1,1,2-tetraiodoethane	---	533.656	346.46	2	614.49	2	25	3.4560	2	---	---	---	solid	2
661	C2H2I4	1,1,2,2-tetraiodoethane	---	533.656	311.30	2	619.12	2	25	3.4560	2	---	---	---	solid	2
662	C2H2K2O5	potassium oxalate monohydrate	6487-48-5	184.231	433.15	dec	---	---	25	2.1300	1	---	---	---	solid	1
663	C2H2NNaO3	oxamic acid, sodium salt	565-73-1	111.033	>573.15	1	---	---	---	---	---	---	---	---	solid	1
664	C2H2N2O	1,3,4-oxadiazole	288-99-3	70.051	---	---	423.15	1	25	1.2892	2	25	1.4300	1	---	---
665	C2H2N2O	diazoacetaldehyde	6832-13-9	70.051	---	---	---	---	---	---	---	---	---	---	---	---
666	C2H2N2S	1,2,4-thiadiazole	288-92-6	86.118	240.15	1	394.15	1	20	1.3298	1	---	---	---	liquid	1
667	C2H2N2S	1,2,5-thiadiazole	288-39-1	86.118	223.05	1	367.15	1	25	1.2680	1	25	1.5150	1	liquid	1
668	C2H2N2S	1,3,4-thiadiazole	289-06-5	86.118	315.65	1	477.15	1	23	1.2989	2	---	---	---	solid	1
669	C2H2N2S3	2,5-dimercapto-1,3,4-thiadiazole	1072-71-5	150.250	436.15	1	---	---	25	1.5747	2	---	---	---	solid	1
670	C2H2N2S3	5-imino-1,2,4-dithiazolidine-3-thione	6846-35-1	150.250	474.15	1	---	---	25	1.5747	2	---	---	---	solid	1
671	C2H2N3Na	1,2,4-triazole, sodium derivative	41253-21-8	91.049	568.15	1	---	---	---	---	---	---	---	---	solid	1
672	C2H2N3NaO	cyanourea, sodium salt	76989-89-4	107.048	>573.15	1	---	---	---	---	---	---	---	---	solid	1
673	C2H2N4	1,2,4,5-tetrazine	290-96-0	82.066	372.15	1	---	---	25	1.4343	2	---	---	---	solid	1
674	C2H2N4	azidoaceto nitrile	57707-64-9	82.066	---	---	---	---	25	1.4343	2	---	---	---	---	---
675	C2H2N4O2	3-nitro-1,2,4-triazole	24807-55-4	114.065	486.15	1	---	---	25	1.6664	2	---	---	---	solid	1
676	C2H2N4O2	azoformaldoxime	---	114.065	413.15	1	---	---	25	1.6664	2	---	---	---	solid	1
677	C2H2N4O3	1,2-dihydro-5-nitro-3H-1,2,4-triazol-3-one	932-64-9	130.064	---	---	---	---	25	1.7561	2	---	---	---	---	---
678	C2H2N6	3-azido-1,2,4-triazole	---	110.080	---	---	322.65	1	25	1.6752	2	---	---	---	---	---
679	C2H2N8O2	1,2-diazidocarbonyl hydrazine	67880-17-5	170.093	---	---	---	---	25	1.9908	2	---	---	---	---	---
680	C2H2Na2O5S	disodium sulfonatoacetate	5462-60-2	184.080	603.15	1	---	---	---	---	---	---	---	---	solid	1
681	C2H2O	ketene	463-51-4	42.037	122.00	1	223.34	1	25	0.6600	1	---	---	---	gas	1
682	C2H2O2	glyoxal	107-22-2	58.037	288.15	1	323.55	1	20	1.1400	1	20	1.3826	1	liquid	1
683	C2H2O3	glyoxylic acid	298-12-4	74.036	371.15	1	---	---	25	1.2972	2	---	---	---	solid	1
684	C2H2O4	oxalic acid	144-62-7	90.035	462.65	1	569.00	1	25	1.6500	1	---	---	---	solid	1
685	C2H2O4Pb	lead(ii) formate	811-54-1	297.235	463.15	dec	---	---	25	4.6300	1	---	---	---	solid	1
686	C2H2O4Sr	strontium formate	592-89-2	177.655	---	---	---	---	---	---	---	---	---	---	---	---
687	C2H3AgO2	silver(i) acetate	563-63-3	166.911	---	---	---	---	25	3.2600	1	---	---	---	---	---
688	C2H3Br	vinyl bromide	593-60-2	106.950	135.35	1	288.95	1	25	1.4990	1	25	1.4350	1	gas	1
689	C2H3BrF2	2-bromo-1,1-difluoroethane	359-07-9	144.947	198.25	1	330.35	1	25	1.7184	2	---	---	---	liquid	1
690	C2H3BrHgO2	methyl-(bromomercuri)formate	23471-23-0	339.539	---	---	314.15	1	---	---	---	---	---	---	---	---
691	C2H3BrO	acetyl bromide	506-96-7	122.949	177.15	1	349.15	1	16	1.6625	1	20	1.4486	1	liquid	1
692	C2H3BrO	bromoacetaldehyde	17157-48-1	122.949	---	---	382.50	1	25	1.7515	2	---	---	---	---	---
693	C2H3BrO2	bromoacetic acid	79-08-3	138.949	323.15	1	481.15	1	50	1.9335	1	50	1.4804	1	solid	1
694	C2H3BrO2	acetyl hypobromite	4254-22-2	138.949	---	---	448.15	1	25	1.8328	2	---	---	---	---	---
695	C2H3BrO5Pb	lead acetate bromate	---	394.147	---	---	---	---	---	---	---	---	---	---	---	---
696	C2H3Br2NO3	2,2-dibromo-2-nitroethanol	69094-18-4	248.859	---	---	---	---	25	2.3583	2	---	---	---	---	---
697	C2H3Br3	1,1,1-tribromoethane	2311-14-0	266.758	293.62	2	446.15	1	25	2.5200	1	25	1.5750	1	liquid	1
698	C2H3Br3	1,1,2-tribromoethane	78-74-0	266.758	243.85	1	462.08	1	25	2.6101	1	25	1.5907	1	liquid	1
699	C2H3Br3O	2,2,2-tribromoethanol	75-80-9	282.757	354.15	1	---	---	25	2.5731	2	---	---	---	solid	1
700	C2H3Br3O2	bromal hydrate	507-42-6	298.757	326.65	1	---	---	40	2.5661	1	---	---	---	solid	1
701	C2H3Cl	vinyl chloride	75-01-4	62.498	119.36	1	259.25	1	25	0.9030	1	25	1.3660	1	gas	1
702	C2H3ClF2	1-chloro-1,1-difluoroethane	75-68-3	100.495	142.35	1	263.95	1	25	1.1070	1	---	---	---	gas	1
703	C2H3ClF2	1-chloro-1,2-difluoroethane	338-64-7	100.495	191.02	2	280.69	2	25	1.2302	2	---	---	---	gas	2
704	C2H3ClF2	2-chloro-1,1-difluoroethane	338-65-8	100.495	191.02	2	308.25	1	25	1.2302	2	---	---	---	liquid	1
705	C2H3ClN2	3-methyl-3-chlorodiazirine	4222-21-3	90.512	---	---	---	---	---	---	---	---	---	---	---	---
706	C2H3ClN2O	3-chloro-3-methoxydiazirine	4222-27-9	106.512	---	---	---	---	---	---	---	---	---	---	---	---
707	C2H3ClO	acetyl chloride	75-36-5	78.498	160.30	1	323.90	1	25	1.1020	1	20	1.3871	1	liquid	1
708	C2H3ClO	chloroacetaldehyde	107-20-0	78.498	---	---	358.00	1	25	1.2000	1	---	---	---	---	---
709	C2H3ClO	chloroethylene oxide	7763-77-1	78.498	---	---	---	---	25	1.1510	2	---	---	---	---	---
710	C2H3ClO2	chloroacetic acid	79-11-8	94.497	333.15	1	462.50	1	40	1.4043	1	65	1.4300	1	solid	1
711	C2H3ClO2	methyl chloroformate	79-22-1	94.497	---	---	344.00	1	25	1.2130	1	20	1.3865	1	---	---
712	C2H3ClO2S	methoxycarbonylsulfenyl chloride	26555-40-8	126.563	---	---	406.65	1	25	1.3990	1	---	1.4820	1	---	---
713	C2H3ClO6	peroxyacetyl perchlorate	66955-43-9	158.495	---	---	360.95	1	25	1.6576	2	---	---	---	---	---
714	C2H3Cl2F	1,1-dichloro-1-fluoroethane	1717-00-6	116.949	169.65	1	305.15	1	10	1.2500	1	10	1.3600	1	liquid	1
715	C2H3Cl2F	1,1-dichloro-2-fluoroethane	430-53-5	116.949	188.79	2	305.00	2	15	1.3157	2	20	1.4113	2	liquid	2
716	C2H3Cl2F	1,2-dichloro-1-fluoroethane	430-57-9	116.949	213.15	1	346.95	1	20	1.3814	1	20	1.4113	1	liquid	1
717	C2H3Cl2NO	2,2-dichloroacetamide	683-72-7	127.957	372.55	1	507.15	1	25	1.4380	2	---	---	---	solid	1
718	C2H3Cl2NO2	1,1-dichloro-1-nitroethane	594-72-9	143.957	---	---	396.65	1	25	1.5218	2	---	---	---	---	---
719	C2H3Cl2NO2	N,N-dichloroglycine	58941-14-3	143.957	---	---	---	---	25	1.5218	2	---	---	---	---	---
720	C2H3Cl3	1,1,1-trichloroethane	71-55-6	133.403	243.10	1	347.23	1	25	1.3300	1	25	1.4313	1	liquid	1

Table 1 Physical Properties - Organic Compounds

				Mol Wt	Freezing Point		Boiling Point		Density			Refractive Index			State	
NO	FORMULA	NAME	CAS No	g/mol	T_F, K	code	T_B, K	code	T, C	g/cm3	code	T, C	n_D	code	@25C,1 atm	code
721	C2H3Cl3	1,1,2-trichloroethane	79-00-5	133.403	236.50	1	387.00	1	25	1.4350	1	25	1.4689	1	liquid	1
722	C2H3Cl3NO2P	N-carbomethoxymethyliminophosphoryl ch	25147-05-1	210.383	---	---	---	---	---	---	---	---	---	---	---	---
723	C2H3Cl3O	2,2,2-trichloroethanol	115-20-8	149.403	292.15	1	425.15	1	25	1.4658	2	20	1.4861	1	liquid	1
724	C2H3Cl3O2	chloral hydrate	302-17-0	165.402	330.15	1	369.15	dec	20	1.9081	1	---	---	---	solid	1
725	C2H3Cl3Si	trichlorovinylsilane	75-94-5	161.488	178.35	1	363.85	1	20	1.2426	1	20	1.4295	1	liquid	1
726	C2H3CsO2	cesium acetate	3396-11-0	191.950	467.15	1	---	---	---	---	---	---	---	---	solid	1
727	C2H3CuO2	copper(i) acetate	598-54-9	122.591	---	---	---	---	---	---	---	---	---	---	---	---
728	C2H3F	vinyl fluoride	75-02-5	46.044	112.65	1	200.95	1	25	0.6200	1	25	1.3400	1	gas	1
729	C2H3FN2O4	2-fluoro-1,1-dinitroethane	68795-10-8	138.056	---	---	---	---	25	1.6133	2	---	---	---	---	---
730	C2H3FN2O5	2-fluoro-2,2-dinitroethanol	17003-75-7	154.055	---	---	---	---	25	1.6894	2	---	---	---	---	---
731	C2H3FO	acetyl fluoride	557-99-3	62.044	189.15	1	293.95	1	25	1.0320	1	---	---	---	gas	1
732	C2H3FO	fluoroacetaldehyde	1544-46-3	62.044	---	---	---	---	---	---	---	---	---	---	---	---
733	C2H3FO2	fluoroacetic acid	144-49-0	78.043	308.35	1	441.15	1	36	1.3693	1	---	---	---	solid	1
734	C2H3FO3	fluoroethylene ozonide	60553-18-6	94.043	---	---	---	---	25	1.3159	2	---	---	---	---	---
735	C2H3F3	1,1,1-trifluoroethane	420-46-2	84.041	161.82	1	225.81	1	25	0.9530	1	25	1.2060	1	gas	1
736	C2H3F3	1,1,2-trifluoroethane	430-66-0	84.041	189.15	1	278.15	1	25	1.1298	2	25	1.2500	2	gas	1
737	C2H3F3O	methyl trifluoromethyl ether	421-14-7	100.041	---	---	249.15	1	---	---	---	---	---	---	gas	1
738	C2H3F3O	2,2,2-trifluoroethanol	75-89-8	100.041	229.65	1	347.15	1	20	1.3842	1	22	1.2907	1	liquid	1
739	C2H3F3O2	2,2,2-trifluoro-1,1-ethanediol	421-53-4	116.040	---	---	---	---	---	---	---	---	---	---	---	---
740	C2H3F3O3S	methyl trifluoromethanesulfonate	333-27-7	164.106	---	---	369.65	1	25	1.4500	1	---	1.3260	1	---	---
741	C2H3F3S	2,2,2-trifluoroethanethiol	1544-53-2	116.107	---	---	307.65	1	25	1.3050	1	---	1.3520	1	---	---
742	C2H3F5O3S	pentafluorosulfur peroxyacetate	60672-60-8	202.103	---	---	---	---	25	1.5969	2	---	---	---	---	---
743	C2H3I	vinyl iodide	593-66-8	153.950	168.10	2	329.15	1	25	2.0300	1	25	1.5400	1	liquid	1
744	C2H3IO	acetyl iodide	507-02-8	169.950	---	---	381.15	1	20	2.0673	1	20	1.5491	1	---	---
745	C2H3IO2	iodoacetic acid	64-69-7	185.949	355.65	1	---	---	25	2.2003	2	---	---	---	solid	1
746	C2H3I3	1,1,1-triiodoethane	594-21-8	407.759	366.15	1	521.35	2	25	3.1276	2	---	---	---	solid	1
747	C2H3I3	1,1,2-triiodoethane	---	407.759	270.98	2	524.14	2	25	3.1276	2	---	---	---	liquid	2
748	C2H3KN2O3	monopotassium aci-1-dinitroethane	3454-11-3	142.156	---	---	---	---	---	---	---	---	---	---	---	---
749	C2H3KOS	potassium thioacetate	10387-40-3	114.210	447.65	1	---	---	---	---	---	---	---	---	solid	1
750	C2H3KO2	potassium acetate	127-08-2	98.143	577.15	1	---	---	25	1.5700	1	---	---	---	solid	1
751	C2H3Li	vinyllithium	917-57-7	33.987	---	---	215.65	1	---	---	---	---	---	---	gas	1
752	C2H3LiO2	lithium acetate	546-89-4	65.986	558.00	1	---	---	---	---	---	---	---	---	solid	1
753	C2H3N	acetonitrile	75-05-8	41.053	229.32	1	354.75	1	25	0.7790	1	25	1.3416	1	liquid	1
754	C2H3N	methyl isocyanide	593-75-9	41.053	228.15	1	332.16	1	25	0.7424	1	25	1.3427	1	liquid	1
755	C2H3NO	methyl isocyanate	624-83-9	57.052	256.15	1	312.00	1	25	0.9260	1	27	1.3630	1	liquid	1
756	C2H3NO	hydroxyacetonitrile	107-16-4	57.052	---	---	467.00	dec	25	1.0450	2	19	1.4117	1	---	---
757	C2H3NO2	nitroethene	3638-64-0	73.052	217.65	1	371.65	1	14	1.2212	1	20	1.4282	1	liquid	1
758	C2H3NO2	N-formylformamide	18197-22-3	73.052	314.65	1	---	---	25	1.2132	2	---	---	---	solid	1
759	C2H3NO3	oxamic acid	471-47-6	89.051	483.15	dec	---	---	25	1.3528	2	---	---	---	solid	1
760	C2H3NO3	acetyl nitrite	---	89.051	---	---	---	---	25	1.3528	2	---	---	---	---	---
761	C2H3NO4	acetyl nitrate	591-09-3	105.050	---	---	---	---	15	1.2400	1	---	---	---	---	---
762	C2H3NO5	peroxyacetyl nitrate	2278-22-0	121.050	---	---	394.65	1	25	1.5709	2	---	---	---	---	---
763	C2H3NS	methyl isothiocyanate	556-61-6	73.119	309.15	1	392.15	1	37	1.0691	1	---	1.5258	1	solid	1
764	C2H3NS	methyl thiocyanate	556-64-9	73.119	270.65	1	406.05	1	25	1.0678	1	25	1.4669	1	liquid	1
765	C2H3NS	mercaptoacetonitrile	54524-31-1	73.119	---	---	---	---	31	1.0685	2	---	---	---	---	---
766	C2H3N3	1H-1,2,3-triazole	288-36-8	69.067	296.15	1	477.15	1	25	1.1861	1	25	1.4854	1	liquid	1
767	C2H3N3	1,2,4-triazole	288-88-0	69.067	393.65	1	533.15	1	25	1.2017	2	---	---	---	solid	1
768	C2H3N3	1,2,3-triazole	27070-49-1	69.067	296.15	1	---	---	25	1.2017	2	---	---	---	---	---
769	C2H3N3	vinyl azide	7570-25-4	69.067	---	---	---	---	---	---	---	---	---	---	---	---
770	C2H3N3O	acetyl azide	---	85.066	---	---	---	---	---	---	---	---	---	---	---	---
771	C2H3N3O	methylnitrosocyanamide	33868-17-6	85.066	---	---	---	---	---	---	---	---	---	---	---	---
772	C2H3N3OS	5-methoxy-1,2,3,4-thiatriazole	19155-52-3	117.132	---	---	---	---	---	---	---	---	---	---	---	---
773	C2H3N3O2	urazole	3232-84-6	101.066	522.65	dec	---	---	25	1.4710	2	---	---	---	solid	1
774	C2H3N3O2	azidoacetic acid	18523-48-3	101.066	289.15	1	---	---	33	1.3540	1	---	---	---	---	---
775	C2H3N3O6	1,1,1-trinitroethane	595-86-8	165.063	330.15	1	---	---	25	1.8105	2	---	---	---	solid	1
776	C2H3N3O7	2,2,2-trinitroethanol	918-54-7	181.063	345.15	1	---	---	25	1.8708	2	---	---	---	solid	1
777	C2H3N3S	1H-1,2,4-triazole-3-thiol	3179-31-5	101.133	491.65	1	---	---	25	1.3846	2	---	---	---	solid	1
778	C2H3N3S	2-amino-1,3,4-thiadiazole	4005-51-0	101.133	462.65	1	---	---	25	1.3846	2	---	---	---	solid	1
779	C2H3N3S2	5-amino-1,3,4-thiadiazole-2-thiol	2349-67-9	133.199	506.65	1	---	---	25	1.5033	2	---	---	---	solid	1
780	C2H3N5O2	4-nitroamino-1,2,4-triazole	52096-16-9	129.080	---	---	---	---	25	1.6720	2	---	---	---	---	---
781	C2H3N11	1,3-di(5-tetrazoyl)triazene	56929-36-3	181.123	---	---	---	---	25	1.9804	2	---	---	---	---	---
782	C2H3NaO2	sodium acetate	127-09-3	82.034	601.30	1	---	---	25	1.5280	1	---	1.4640	1	solid	1
783	C2H3NaO2S	mercaptoacetic acid, sodium salt	367-51-1	114.100	>573.15	1	---	---	---	---	---	---	---	---	solid	1
784	C2H3NaO3	sodium glycolate	2836-32-0	98.034	---	---	---	---	---	---	---	---	---	---	---	---
785	C2H3O2Rb	rubidium acetate	563-67-7	144.512	519.15	1	---	---	---	---	---	---	---	---	solid	1
786	C2H3O2Tl	thallium(i) acetate	563-68-8	263.428	404.15	1	---	---	25	3.6800	1	---	---	---	solid	1
787	C2H4	ethylene	74-85-1	28.054	104.00	1	169.47	1	-104	0.5678	1	25	1.0007	1	gas	1
788	C2H4AsCl3	b-chloroethyldichloroarsine	30077-45-3	209.333	---	---	422.15	1	---	---	---	---	---	---	---	---
789	C2H4BrCl	1-bromo-1-chloroethane	593-96-4	143.410	---	---	356.15	1	10	1.6670	1	20	1.4660	1	---	---
790	C2H4BrCl	1-bromo-2-chloroethane	107-04-0	143.410	256.45	1	380.15	1	20	1.7392	1	20	1.4908	1	liquid	1
791	C2H4BrClO2S	2-bromoethanesulfonyl chloride	54429-56-0	207.475	---	---	---	---	20	1.9210	1	20	1.5242	1	---	---
792	C2H4BrF	1-bromo-2-fluoroethane	762-49-2	126.956	---	---	344.65	1	25	1.7044	1	20	1.4236	1	---	---
793	C2H4BrI	1-bromo-2-iodoethane	590-16-9	234.862	301.15	1	436.15	1	29	2.5160	1	---	---	---	solid	1
794	C2H4BrN	1-bromoaziridine	19816-89-8	121.965	---	---	361.65	1	25	1.6631	2	---	---	---	---	---
795	C2H4BrNO	N-bromoacetamide	79-15-2	137.964	376.65	1	---	---	25	1.7475	2	---	---	---	solid	1
796	C2H4BrNO	2-bromoacetamide	683-57-8	137.964	362.65	1	---	---	25	1.7475	2	---	---	---	solid	1
797	C2H4BrNaO3S	2-bromoethanesulfonic acid sodium salt	4263-52-9	211.012	558.15	1	---	---	---	---	---	---	---	---	solid	1
798	C2H4Br2	1,1-dibromoethane	557-91-5	187.862	210.15	1	381.15	1	25	2.0450	1	25	1.5101	1	liquid	1
799	C2H4Br2	1,2-dibromoethane	106-93-4	187.862	282.94	1	404.51	1	25	2.1690	1	25	1.5360	1	liquid	1
800	C2H4Br2O	bis(bromomethyl) ether	4497-29-4	203.861	239.15	1	427.65	1	20	2.2013	1	---	---	---	liquid	1

Table 1 Physical Properties - Organic Compounds

				Mol Wt	Freezing Point		Boiling Point		Density			Refractive Index			State	
NO	FORMULA	NAME	CAS No	g/mol	T_F, K	code	T_B, K	code	T, C	g/cm3	code	T, C	n_D	code	@25C,1 atm	code
801	C2H4ClF	1-chloro-1-fluoroethane	1615-75-4	82.505	158.87	2	289.30	1	25	1.0811	2	---	---	---	gas	1
802	C2H4ClF	1-chloro-2-fluoroethane	762-50-5	82.505	197.15	1	326.15	1	20	1.1747	1	20	1.3775	1	liquid	1
803	C2H4ClI	1-chloro-2-iodoethane	624-70-4	190.411	257.55	1	413.15	1	25	2.1644	1	---	---	---	liquid	1
804	C2H4ClN	1-chloroaziridine	25167-31-1	77.513	---	---	334.45	1	25	1.0967	2	---	---	---	---	---
805	C2H4ClN	N-chloroaziridine	10165-13-6	77.513	---	---	345.05	1	25	1.0967	2	---	---	---	---	---
806	C2H4ClNO	2-chloroacetamide	79-07-2	93.513	394.15	1	498.15	1	25	1.2257	2	---	---	---	solid	1
807	C2H4ClNO	N-chloroacetamide	598-49-2	93.513	384.65	1	498.15	2	25	1.2257	2	---	---	---	solid	1
808	C2H4ClNO2	1-chloro-1-nitroethane	598-92-5	109.512	---	---	397.65	1	20	1.2837	1	20	1.4224	1	---	---
809	C2H4ClNO2	2-chloronitroethane	625-47-8	109.512	---	---	446.65	1	20	1.3550	1	7	1.4070	1	---	---
810	C2H4ClO2P	2-chloro-1,3,2-dioxaphospholane	822-39-9	126.479	---	---	---	---	25	1.4220	1	---	1.4900	1	---	---
811	C2H4ClO3P	2-chloro-1,3,2-dioxaphospholane 2-oxide	6609-64-9	142.478	285.65	1	---	---	---	---	---	---	---	---	---	---
812	C2H4Cl2	1,1-dichloroethane	75-34-3	98.959	176.19	1	330.45	1	25	1.1680	1	25	1.4138	1	liquid	1
813	C2H4Cl2	1,2-dichloroethane	107-06-2	98.959	237.49	1	356.59	1	25	1.2460	1	25	1.4421	1	liquid	1
814	C2H4Cl2	dichloroethane	1300-21-6	98.959	206.84	2	343.52	2	25	1.2070	2	---	---	---	liquid	2
815	C2H4Cl2N6	azochloramide	---	183.001	428.15	1	---	---	25	1.6772	2	---	---	---	solid	1
816	C2H4Cl2O	bis(chloromethyl) ether	542-88-1	114.958	231.65	1	378.00	1	25	1.3120	1	21	1.4350	1	liquid	1
817	C2H4Cl2O	2,2-dichloroethanol	598-38-9	114.958	---	---	419.15	1	25	1.4040	1	25	1.4626	1	---	---
818	C2H4Cl2O	dichloromethyl methyl ether	4885-02-3	114.958	---	---	357.05	1	25	1.2710	1	---	1.4310	1	---	---
819	C2H4Cl2O2	1,2-dichloroethyl hydroperoxide	90584-32-0	130.958	---	---	242.15	1	25	1.3806	2	---	---	---	gas	1
820	C2H4Cl2O2S	2-chloroethanesulfonyl chloride	1622-32-8	163.024	---	---	474.65	1	20	1.5550	1	20	1.4920	1	---	---
821	C2H4Cl2O8	ethylene diperchlorate	52936-25-1	226.954	---	---	282.05	1	25	1.7655	2	---	---	---	gas	1
822	C2H4Cl2S	dichloromethyl methyl sulfide	2032-76-0	131.025	---	---	---	---	25	1.3700	1	---	1.5260	1	---	---
823	C2H4Cl3NO	1-amino-2,2,2-trichloroethanol	507-47-1	164.418	346.15	1	373.15	dec	25	1.4855	2	---	---	---	solid	1
824	C2H4Cl3O4P	trichloroethyl phosphate	306-52-5	229.383	---	---	---	---	---	---	---	---	---	---	---	---
825	C2H4Cl4P2	1,2-bis(dichlorophosphino)ethane	28240-69-9	231.812	---	---	---	---	25	1.5300	1	---	1.5880	1	---	---
826	C2H4Cl4Si	dichloro(dichloromethyl)methylsilane	1558-31-2	197.949	---	---	422.15	1	20	1.4116	1	20	1.4700	1	---	---
827	C2H4Cl4Si	beta-chloroethyl trichloro silane	6233-20-1	197.949	---	---	425.00	1	---	---	---	---	---	---	---	---
828	C2H4Cl6Si2	1,2-bis(trichlorosilyl)ethane	2504-64-5	296.939	---	---	474.65	1	25	1.4830	1	---	1.4750	1	---	---
829	C2H4Cs2	ethylenedicesium	65313-36-2	293.865	---	---	232.35	1	---	---	---	---	---	---	gas	1
830	C2H4CuN2O3	hydroxycopper(ii) glyoximate	63643-78-7	167.612	---	---	---	---	---	---	---	---	---	---	---	---
831	C2H4FI	2-fluoroethyl iodide	762-51-6	173.957	---	---	---	---	25	1.9842	2	---	---	---	---	---
832	C2H4FNO	2-fluoroacetamide	640-19-7	77.059	381.15	1	---	---	25	1.1170	2	---	---	---	solid	1
833	C2H4FN3O4	2-fluoro-2,2-dinitroethylamine	18139-02-1	153.071	---	---	---	---	25	1.6227	2	---	---	---	---	---
834	C2H4F2	1,1-difluoroethane	75-37-6	66.051	156.15	1	249.13	1	25	0.8980	1	25	1.2434	1	gas	1
835	C2H4F2	1,2-difluoroethane	624-72-6	66.051	176.10	2	283.65	1	25	1.0160	1	25	1.2800	1	liquid	1
836	C2H4F2O	2,2-difluoroethanol	359-13-7	82.050	244.95	1	368.65	1	17	1.3084	1	11	1.3345	1	liquid	1
837	C2H4F3N	2,2,2-trifluoroethylamine	753-90-2	99.056	---	---	310.10	1	25	1.2430	1	---	1.3010	1	---	---
838	C2H4F3NO2	trifluoroacetic acid, ammonium salt	3336-58-1	131.055	397.15	1	---	---	25	1.3887	2	---	---	---	solid	1
839	C2H4F4N2O	1,2-bis(difluoroamino)ethanol	13084-47-4	148.061	---	---	190.95	1	---	---	---	---	---	---	gas	1
840	C2H4F4N4O2	1,2-bis(difluoroamino)-N-nitroethylamine	18273-30-8	192.075	---	---	435.15	1	25	1.6417	2	---	---	---	---	---
841	C2H4FeO6	iron(ii) oxalate dihydrate	6047-25-2	179.895	423.15	dec	---	---	25	2.2800	1	---	---	---	solid	1
842	C2H4HgN2O4	mercury(ii) formohydroxamate	---	320.655	---	---	---	---	---	---	---	---	---	---	---	---
843	C2H4INO	iodoacetamide	144-48-9	184.965	>363.15	1	---	---	25	2.1103	2	---	---	---	solid	1
844	C2H4I2	1,1-diiodoethane	594-02-5	281.863	212.92	2	452.15	1	25	2.7600	1	25	1.6500	1	liquid	1
845	C2H4I2	1,2-diiodoethane	624-73-7	281.863	356.16	1	473.16	1	20	3.3250	1	20	1.8710	1	solid	1
846	C2H4KNO3	potassium-1-nitroethoxide	---	129.157	---	---	---	---	---	---	---	---	---	---	---	---
847	C2H4MgO6	magnesium oxalate dihydrate	6150-88-5	148.355	---	---	---	---	---	---	---	---	---	---	---	---
848	C2H4MnO6	manganese(ii) oxalate dihydrate	6556-16-7	178.988	423.15	dec	---	---	25	2.4500	1	---	---	---	solid	1
849	C2H4NNaS2	sodium methyldithiocarbamate	137-42-8	129.183	755.15	2	383.15	1	---	---	---	---	---	---	solid	2
850	C2H4NO3	2-azidoethanol nitrate	53422-49-4	90.059	---	---	---	---	25	1.2804	2	---	---	---	---	---
851	C2H4N2	aminoacetonitrile	540-61-4	56.068	---	---	425.00	2	---	---	---	---	---	---	---	---
852	C2H4N2	3-methyldiazirine	765-31-1	56.068	---	---	---	---	---	---	---	---	---	---	---	---
853	C2H4N2O2	ethanedial dioxime	557-30-2	88.067	451.15	dec	---	---	25	1.2770	2	---	---	---	solid	1
854	C2H4N2O2	oxamide	471-46-5	88.067	623.15	dec	---	---	20	1.6670	1	---	---	---	solid	1
855	C2H4N2O2	sym-diformylhydrazine	628-36-4	88.067	430.65	1	---	---	25	1.2770	2	---	---	---	solid	1
856	C2H4N2O2	N-formylurea	1190-24-5	88.067	444.65	1	---	---	25	1.2770	2	---	---	---	solid	1
857	C2H4N2O3	2-nitroacetaldehyde oxime	5653-21-4	104.066	352.65	1	298.85	1	25	1.3953	2	---	---	---	solid	1
858	C2H4N2O3	1-nitro-1-oximinoethane	600-26-0	104.066	---	---	---	---	25	1.3953	2	---	---	---	---	---
859	C2H4N2O4	1,1-dinitroethane	600-40-8	120.065	---	---	458.65	1	24	1.3490	1	---	---	---	---	---
860	C2H4N2O4	1,2-dinitroethane	7570-26-5	120.065	312.65	1	458.65	2	20	1.4597	1	20	1.4468	1	solid	1
861	C2H4N2O4	ethylene glycol dinitrite	629-16-3	120.065	---	---	371.15	1	25	1.2156	1	---	---	---	---	---
862	C2H4N2O4	nitraminoacetic acid	101976-64-1	120.065	---	---	---	---	23	1.3414	2	---	---	---	---	---
863	C2H4N2O4	N-nitroglycine	10339-31-8	120.065	379.15	1	---	---	23	1.3414	2	---	---	---	solid	1
864	C2H4N2O5	nitroethyl nitrate (DOT)	4528-34-1	136.065	---	---	---	---	25	1.5856	2	---	---	---	---	---
865	C2H4N2O6	ethylene glycol dinitrate	628-96-6	152.064	250.85	1	472.15	1	20	1.4918	1	---	---	---	liquid	1
866	C2H4N2O6	ethylidene dinitrate	55044-04-7	152.064	---	---	---	---	25	1.6632	2	---	---	---	---	---
867	C2H4N2O7	oxydimethanol dinitrate	33453-96-2	168.064	---	---	---	---	25	1.7318	2	---	---	---	---	---
868	C2H4N2S2	ethanedithioamide	79-40-3	120.200	443.15	dec	---	---	25	1.3527	2	---	---	---	solid	1
869	C2H4N2S4	thiuram disulfide	504-90-5	184.332	---	---	---	---	25	1.5362	2	---	---	---	---	---
870	C2H4N4	cyanoguanidine	461-58-5	84.082	482.65	1	581.00	2	14	1.4040	1	---	---	---	solid	1
871	C2H4N4	1H-1,2,4-triazol-3-amine	61-82-5	84.082	432.15	1	---	---	25	1.2695	2	---	---	---	solid	1
872	C2H4N4	4-amino-4H-1,2,4-triazole	584-13-4	84.082	357.15	1	---	---	25	1.2695	2	---	---	---	solid	1
873	C2H4N4O2	diazenedicarboxamide	123-77-3	116.081	485.15	dec	---	---	25	1.4986	2	---	---	---	solid	1
874	C2H4N4S	3-amino-5-mercapto-1,2,4-triazole	16691-43-3	116.148	>573.15	1	---	---	25	1.4200	2	---	---	---	solid	1
875	C2H4N4S	5-mercapto-1-methyltetrazole	13183-79-4	116.148	396.65	1	---	---	25	1.4200	2	---	---	---	solid	1
876	C2H4N6	1,1-diazidoethane	67880-20-0	112.096	---	---	---	---	25	1.5001	2	---	---	---	---	---
877	C2H4N6	1,2-diazidoethane	629-13-0	112.096	---	---	---	---	25	1.5001	2	---	---	---	---	---
878	C2H4N6O	azidocarbonyl guanidine	54567-24-7	128.095	---	---	---	---	25	1.5944	2	---	---	---	---	---
879	C2H4N6O4	ammonium-3,5-dinitro-1,2,4-triazolide	76556-13-3	176.093	---	---	---	---	25	1.8119	2	---	---	---	---	---
880	C2H4N8O2	1,3-diazido-2-nitroazapropane	---	172.109	---	---	---	---	25	1.8222	2	---	---	---	---	---

Table 1 Physical Properties - Organic Compounds

				Mol Wt	Freezing Point		Boiling Point		Density			Refractive Index			State	
NO	FORMULA	NAME	CAS No	g/mol	T_F, K	code	T_B, K	code	T, C	g/cm3	code	T, C	n_D	code	@25C,1 atm	code
881	C2H4N10	1,2-di(5-tetrazolyl)hydrazine	---	168.124	---	---	---	---	25	1.8331	2	---	---	---	---	---
882	C2H4N14	1,6-bis(5-tetrazolyl)hexaaz-1,5-diene	68594-19-4	224.152	---	---	---	---	25	2.0620	2	---	---	---	---	---
883	C2H4Na3O6	sodium sesquicarbonate	533-96-0	193.019	---	---	---	---	25	2.1120	1	---	---	---	---	---
884	C2H4O	acetaldehyde	75-07-0	44.053	150.15	1	294.00	1	25	0.7740	1	25	1.3283	1	gas	1
885	C2H4O	ethylene oxide	75-21-8	44.053	160.65	1	283.60	1	25	0.8620	1	7	1.3596	1	gas	1
886	C2H4O	polyvinyl alcohol	9002-89-5	44.053	500.15	2	613.15	1	25	0.8180	2	---	---	---	solid	2
887	C2H4O	ethenol	557-75-5	44.053	---	---	---	---	25	0.8180	2	---	---	---	---	---
888	C2H4OS	thioacetic-acid	507-09-5	76.119	150.16	1	360.16	1	25	1.0590	1	20	1.4648	1	liquid	1
889	C2H4O2	acetic acid	64-19-7	60.053	289.81	1	391.05	1	25	1.0430	1	25	1.3698	1	liquid	1
890	C2H4O2	methyl formate	107-31-3	60.053	174.15	1	304.90	1	25	0.9670	1	25	1.3415	1	liquid	1
891	C2H4O2	glycolaldehyde	141-46-8	60.053	370.15	1	---	---	100	1.3660	1	19	1.4772	1	solid	1
892	C2H4O2S	thioglycolic acid	68-11-1	92.119	256.65	1	493.00	1	20	1.3253	1	20	1.5080	1	---	---
893	C2H4O3	glycolic acid	79-14-1	76.052	352.65	1	443.00	2	25	1.1508	2	---	---	---	solid	1
894	C2H4O3	peroxyacetic acid	79-21-0	76.052	272.95	1	383.15	1	15	1.2260	1	20	1.3974	1	liquid	1
895	C2H4O3	1,2,4-trioxolane	289-14-5	76.052	---	---	---	---	25	1.1508	2	---	---	---	---	---
896	C2H4O3S	ethylene glycol sulfite	3741-38-6	108.118	262.15	1	446.15	1	20	1.4402	1	20	1.4463	1	liquid	1
897	C2H4O4S	1,3,2-dioxathiolane 2,2-dioxide	1072-53-3	124.117	372.15	1	---	---	25	1.4223	2	---	---	---	solid	1
898	C2H4O5S	sulfoacetic acid	123-43-3	140.117	358.15	1	518.15	dec	25	1.5086	2	---	---	---	solid	1
899	C2H4O6S2	2,4-dithia-1,3-dioxane-2,2,4,4-tetraoxide	503-41-3	188.182	353.15	1	---	---	25	1.6499	2	---	---	---	solid	1
900	C2H4O6Zn	zinc oxalate dihydrate	122465-35-4	189.440	373.15	dec	---	---	25	2.5600	1	---	---	---	solid	1
901	C2H4S	ethylene sulfide	420-12-2	60.120	164.15	1	328.08	1	25	1.0070	1	25	1.4870	1	liquid	1
902	C2H4S2	ethane(dithioic) acid	594-03-6	92.186	---	---	---	---	20	1.2400	1	---	---	---	---	---
903	C2H4S5	1,2,3,5,6-pentathiepane	292-46-6	188.384	333.65	1	---	---	25	1.4827	2	---	---	---	solid	1
904	C2H4Si	ethynylsilane	1066-27-9	56.139	---	---	250.65	1	---	---	---	---	---	---	gas	1
905	C2H5AlCl2	dichloroethylaluminum	563-43-9	126.949	305.25	1	467.15	1	25	1.2070	1	---	---	---	solid	1
906	C2H5AlI2	ethyl aluminum diiodide	2938-73-0	309.853	---	---	---	---	---	---	---	---	---	---	---	---
907	C2H5AsCl2	ethyldichloroarsine	598-14-1	174.888	208.25	1	---	---	25	1.7010	1	---	1.5550	1	---	---
908	C2H5AsF2	ethyldifluoroarsine	430-40-0	141.980	234.45	1	367.45	1	17	1.7080	1	---	---	---	liquid	1
909	C2H5BCl2	dichloroethylborane	1739-53-3	110.778	---	---	---	---	---	---	---	---	---	---	---	---
910	C2H5Br	bromoethane	74-96-4	108.966	154.55	1	311.50	1	25	1.4500	1	25	1.4212	1	liquid	1
911	C2H5BrHgO	ethanolmercury bromide	23471-13-8	325.555	---	---	---	---	---	---	---	---	---	---	---	---
912	C2H5BrO	2-bromoethanol	540-51-2	124.965	---	---	423.15	1	20	1.7629	1	20	1.4915	1	---	---
913	C2H5BrO	bromomethoxymethane	13057-17-5	124.965	---	---	360.15	1	20	1.5976	1	20	1.4562	1	---	---
914	C2H5Cl	ethyl chloride	75-00-3	64.514	136.75	1	285.42	1	25	0.8900	1	25	1.3652	1	gas	1
915	C2H5ClHg	chloroethylmercury	107-27-7	265.104	465.35	1	---	---	---	---	---	---	---	---	solid	1
916	C2H5ClN2O	chloroacetamide oxime	3272-96-6	108.528	---	---	---	---	---	---	---	---	---	---	---	---
917	C2H5ClO	2-chloroethanol	107-07-3	80.514	205.65	1	401.75	1	25	1.1960	1	20	1.4421	1	liquid	1
918	C2H5ClO	chloromethyl methyl ether	107-30-2	80.514	169.65	1	332.65	1	10	1.0630	1	20	1.3970	1	liquid	1
919	C2H5ClO	ethyl hypochlorite	624-85-1	80.514	---	---	310.15	1	-6	1.0130	1	---	---	---	---	---
920	C2H5ClO2S	ethanesulfonyl chloride	594-44-5	128.579	205.15	1	448.49	2	22	1.3570	1	20	1.4531	1	---	---
921	C2H5ClO2S	ethyl chlorosulfinate	6378-11-6	128.579	---	---	---	---	20	1.2837	1	25	1.4550	1	---	---
922	C2H5ClO3S	ethyl chlorosulfonate	625-01-4	144.578	---	---	425.65	1	25	1.3502	1	20	1.4160	1	---	---
923	C2H5ClO4	ethyl perchlorate	22750-93-2	128.512	---	---	---	---	25	1.3759	2	---	---	---	---	---
924	C2H5ClS	2-chloroethanethiol	4325-97-7	96.580	---	---	386.15	1	20	1.1826	1	20	1.4929	1	---	---
925	C2H5ClS	chloro(methylthio)methane	2373-51-5	96.580	---	---	378.15	1	25	1.1530	1	20	1.4963	1	---	---
926	C2H5Cl2OP	ethyl dichlorophosphite	1498-42-6	146.940	---	---	390.65	1	25	1.2830	1	---	1.4640	1	---	---
927	C2H5Cl2OP	ethylphosphonic dichloride	1066-50-8	146.940	---	---	---	---	25	1.3760	1	---	1.4650	1	---	---
928	C2H5Cl2OPS	ethyl dichlorothiophosphate	1498-64-2	179.006	---	---	---	---	25	1.3750	1	---	1.5040	1	---	---
929	C2H5Cl2N	bis(2-chloroethyl)amine	---	113.974	---	---	---	---	25	1.2338	2	---	---	---	---	---
930	C2H5Cl2N	2,2-dichloroethylamine	5960-88-3	113.974	---	---	398.85	1	25	1.2338	2	---	---	---	---	---
931	C2H5Cl2O2P	ethyl phosphorodichloridate	1498-51-7	162.940	---	---	---	---	---	---	---	20	1.4338	1	---	---
932	C2H5Cl2P	dichloroethylphosphine	1498-40-4	130.941	---	---	385.15	1	25	1.2600	1	---	1.4950	1	---	---
933	C2H5Cl2PS	ethyl phosphonothioic dichloride	993-43-1	163.007	---	---	---	---	---	---	---	---	---	---	---	---
934	C2H5Cl3Ge	ethylgermanium trichloride	993-42-0	208.029	273.20	1	413.15	1	25	1.6040	1	---	1.4740	1	liquid	1
935	C2H5Cl3OSi	trichloroethoxysilane	1825-82-7	179.504	138.15	1	375.05	1	20	1.2274	1	20	1.4045	1	liquid	1
936	C2H5Cl3Si	dichloro(chloromethyl)methylsilane	1558-33-4	163.504	---	---	394.65	1	20	1.2858	1	20	1.4500	1	---	---
937	C2H5Cl3Si	trichloroethylsilane	115-21-9	163.504	167.55	1	371.05	1	20	1.2373	1	20	1.4256	1	liquid	1
938	C2H5Cl3Sn	ethyltin trichloride	1066-57-5	254.129	263.25	1	470.15	1	---	---	---	---	---	---	liquid	1
939	C2H5F	ethyl fluoride	353-36-6	48.060	129.95	1	235.45	1	25	0.7120	1	25	1.2621	1	gas	1
940	C2H5FO	2-fluoroethanol	371-62-0	64.060	246.75	1	376.65	1	20	1.1040	1	18	1.3647	1	liquid	1
941	C2H5FO	fluoroethanol	63919-01-7	64.060	---	---	376.65	2	---	---	---	---	---	---	---	---
942	C2H5FO3S	ethyl fluorosulfate	371-69-7	128.124	---	---	---	---	25	1.3341	2	---	---	---	---	---
943	C2H5F3N2	2,2,2-trifluoroethylhydrazine	5042-30-8	114.071	---	---	370.15	1	25	1.2900	1	---	---	---	---	---
944	C2H5F3OSi	ethoxytrifluorosilane	460-55-9	130.142	151.15	1	266.15	1	-63	1.3200	1	---	---	---	gas	1
945	C2H5F3Si	ethyltrifluorosilane	353-89-9	114.142	168.15	1	268.75	1	-76	1.2270	1	---	---	---	gas	1
946	C2H5GeI3	ethyltriiodogermane	4916-38-5	482.385	---	---	---	---	---	---	---	---	---	---	---	---
947	C2H5HgNO4	2-hydroxyethylmercury(ii) nitrate	51821-32-0	307.656	---	---	213.15	1	---	---	---	---	---	---	gas	1
948	C2H5I	ethyl iodide	75-03-6	155.966	162.05	1	345.45	1	25	1.9200	1	25	1.5101	1	liquid	1
949	C2H5IMg	ethyl magnesium iodide	10467-10-4	180.271	---	---	---	---	---	---	---	---	---	---	---	---
950	C2H5IO	2-iodoethanol	624-76-0	171.966	---	---	449.15	dec	20	2.1967	1	20	1.5713	1	---	---
951	C2H5IO	iodomethoxymethane	13057-19-7	171.966	---	---	395.15	1	20	2.0300	1	20	1.5472	1	---	---
952	C2H5KO4S	isethionic acid, potassium salt	1561-99-5	164.224	---	---	---	---	---	---	---	---	---	---	---	---
953	C2H5Li	ethyllithium	---	36.003	---	---	---	---	---	---	---	---	---	---	---	---
954	C2H5N	ethyleneimine	151-56-4	43.069	195.20	1	329.00	1	25	0.8310	1	25	1.4123	1	liquid	1
955	C2H5NO	acetaldoxime	107-29-9	59.068	319.65	1	388.35	1	20	0.9656	1	20	1.4264	1	solid	1
956	C2H5NO	acetamide	60-35-5	59.068	354.15	1	494.30	1	85	0.9986	1	78	1.4274	1	solid	1
957	C2H5NO	N-methylformamide	123-39-7	59.068	269.35	1	472.66	1	25	0.9990	1	25	1.4300	1	liquid	1
958	C2H5NO2	nitroethane	79-24-3	75.068	183.63	1	387.22	1	25	1.0430	1	25	1.3897	1	liquid	1
959	C2H5NO2	ethyl nitrite	109-95-5	75.068	---	---	291.15	1	15	0.8990	1	10	1.3418	1	gas	1
960	C2H5NO2	glycine	56-40-6	75.068	563.15	dec	---	---	20	1.1610	1	---	---	---	solid	1

Table 1 Physical Properties - Organic Compounds

				Mol Wt	Freezing Point		Boiling Point		Density			Refractive Index			State	
NO	FORMULA	NAME	CAS No	g/mol	T_F, K	code	T_B, K	code	T, C	g/cm3	code	T, C	n_D	code	@25C,1 atm	code
961	C2H5NO2	methyl carbamate	598-55-0	75.068	327.15	1	450.15	1	56	1.1361	1	56	1.4125	1	solid	1
962	C2H5NO2	acetohydroxamic acid	546-88-3	75.068	361.15	1	---	---	29	1.0598	2	---	---	---	solid	1
963	C2H5NO2	spirit of niter (sweet)	---	75.068	---	---	---	---	29	1.0598	2	---	---	---	---	---
964	C2H5NO3	ethyl nitrate	625-58-1	91.067	178.56	1	360.36	1	20	1.1084	1	20	1.3852	1	liquid	1
965	C2H5NO3	2-nitroethanol	625-48-9	91.067	193.15	1	467.15	1	15	1.2700	1	19	1.4438	1	liquid	1
966	C2H5NO3	aminooxyacetic acid	645-88-5	91.067	---	---	---	---	18	1.1892	2	---	---	---	---	---
967	C2H5NS	thioacetamide	62-55-5	75.135	388.65	1	---	---	25	1.0215	2	---	---	---	solid	1
968	C2H5N3	ethyl azide	871-31-8	71.083	---	---	1769.15	1	25	1.0691	2	---	---	---	---	---
969	C2H5N3O	2-azidoethanol	1517-05-1	87.082	---	---	---	---	24	1.1460	1	---	---	---	---	---
970	C2H5N3OS	1-formyl-3-thiosemicarbazide	2302-84-3	119.148	---	---	---	---	---	---	---	---	---	---	---	---
971	C2H5N3O2	aminooxoacetohydrazide	515-96-8	103.082	494.15	dec	---	---	25	1.3263	2	---	---	---	solid	1
972	C2H5N3O2	imidodicarbonic diamide	108-19-0	103.082	463.15	dec	---	---	25	1.3263	2	---	---	---	solid	1
973	C2H5N3O2	N-methyl-N-nitrosourea	684-93-5	103.082	396.65	dec	---	---	25	1.3263	2	---	---	---	solid	1
974	C2H5N3S2	thioimidodicarbonic diamide	541-53-7	135.215	454.15	dec	---	---	25	1.3852	2	---	---	---	solid	1
975	C2H5N5	3,5-diamino-1,2,4-triazole	1455-77-2	99.097	479.15	1	---	---	25	1.3216	2	---	---	---	solid	1
976	C2H5N5O3	N-methyl-N'-nitro-N-nitrosoguanidine	70-25-7	147.095	---	---	---	---	25	1.6018	2	---	---	---	---	---
977	C2H5Na	ethyl sodium	676-54-0	52.051	---	---	---	---	---	---	---	---	---	---	---	---
978	C2H5NaO	sodium ethoxide	141-52-6	68.051	533.15	2	364.15	1	---	---	---	---	---	---	solid	2
979	C2H5NaO2	sodium-2-hydroxyethoxide	7388-28-5	84.050	---	---	83.15	1	---	---	---	---	---	---	gas	1
980	C2H5NaO4S	isethionic acid, sodium salt	1562-00-1	148.115	465.65	1	---	---	---	---	---	---	---	---	solid	1
981	C2H5OK	potassium ethoxide	917-58-8	84.159	---	---	194.65	1	---	---	---	---	---	---	gas	1
982	C2H5OTl	thallium(i) ethoxide	20398-06-5	249.444	270.15	1	403.15	dec	25	3.4900	1	---	---	---	liquid	1
983	C2H5O3P	vinylphosphonic acid	1746-03-8	108.034	316.15	1	---	---	25	1.3890	1	---	---	---	solid	1
984	C2H5O4P	vinyl phosphate	36885-49-1	124.033	---	---	---	---	---	---	---	---	---	---	---	---
985	C2H6	ethane	74-84-0	30.070	90.35	1	184.55	1	25	0.3150	1	20	1.0047	1	gas	1
986	C2H6AlCl	dimethylaluminum chloride	1184-58-3	92.504	252.15	1	399.15	1	25	0.9880	1	---	---	---	liquid	1
987	C2H6AsCl	dimethylarsinous chloride	557-89-1	140.444	---	---	382.15	1	12	1.5050	1	12	1.5203	1	---	---
988	C2H6AsF	dimethylfluoroarsine	420-23-5	123.990	---	---	319.65	1	---	---	---	---	---	---	---	---
989	C2H6AsI	dimethyliodoarsine	---	231.896	---	---	---	---	---	---	---	---	---	---	---	---
990	C2H6AsI	iododimethylarsine	676-75-5	231.896	---	---	---	---	---	---	---	---	---	---	---	---
991	C2H6AsNaO2	sodium cacodylate	124-65-2	159.980	473.15	1	473.15	1	---	---	---	---	---	---	solid	1
992	C2H6As2S2	dimethyl arsinic sulfide	13367-92-5	244.045	---	---	323.35	1	---	---	---	---	---	---	---	---
993	C2H6BCl	dimethylchloroborane	1803-36-7	76.333	233.25	1	278.05	1	---	---	---	---	---	---	gas	1
994	C2H6BF3O	boron trifluoride - dimethyl ether complex	353-42-4	113.876	259.15	1	400.15	dec	20	1.2410	1	20	1.3020	1	liquid	1
995	C2H6BN3	azidodimethyl borane	---	82.902	---	---	222.15	1	---	---	---	---	---	---	gas	1
996	C2H6BaN2O3S2	barium thiocyanate trihydrate	68016-36-4	307.541	---	---	---	---	25	2.2860	1	---	---	---	---	---
997	C2H6Be	dimethyl beryllium	506-63-8	39.082	---	---	317.15	2	---	---	---	---	---	---	---	---
998	C2H6BiCl	chloromethyl bismuthine	65313-33-9	274.503	---	---	---	---	---	---	---	---	---	---	---	---
999	C2H6BiCl	dimethylbismuth chloride	---	274.503	---	---	---	---	---	---	---	---	---	---	---	---
1000	C2H6BrCuS	copper(i) bromide-dimethyl sulfide comple)	54678-23-8	205.586	405.15	1	---	---	---	---	---	---	---	---	solid	1
1001	C2H6BrN	2-bromoethylamine	107-09-5	123.981	---	---	---	---	---	---	---	---	---	---	---	---
1002	C2H6Br2Sn	dimethyltin dibromide	2767-47-7	308.588	349.15	1	483.65	1	---	---	---	---	---	---	solid	1
1003	C2H6Cd	dimethyl cadmium	506-82-1	142.481	268.65	1	---	---	18	1.9846	1	---	1.5488	1	---	---
1004	C2H6CdO7	cadmium oxalate trihydrate	20712-42-9	254.476	613.15	dec	---	---	---	---	---	---	---	---	solid	1
1005	C2H6ClN	N-chlorodimethylamine	1585-74-6	79.529	---	---	---	---	---	---	---	---	---	---	---	---
1006	C2H6ClN	2-chloroethylamine	689-98-5	79.529	---	---	---	---	---	---	---	---	---	---	---	---
1007	C2H6ClNO2S	N,N-dimethylsulfamoyl chloride	13360-57-1	143.594	---	---	387.15	1	25	1.3370	1	---	1.4520	1	---	---
1008	C2H6ClOP	dimethylphosphinic chloride	1111-92-8	112.496	341.15	1	477.15	1	---	---	---	---	---	---	solid	1
1009	C2H6ClO2PS	dimethyl chlorothiophosphate	2524-03-0	160.561	---	---	339.65	1	25	1.3230	1	---	1.4820	1	---	---
1010	C2H6ClO3P	ethephon	16672-87-0	144.494	347.15	1	---	---	25	1.2000	1	---	---	---	solid	1
1011	C2H6ClO3P	dimethyl chlorophosphate	813-77-4	144.494	---	---	---	---	25	1.3400	1	---	1.4130	1	---	---
1012	C2H6ClP	chlorodimethylphosphine	811-62-1	96.496	271.70	1	347.65	1	25	1.2300	1	---	---	---	liquid	1
1013	C2H6ClSb	dimethylantimony chloride	18380-68-2	187.282	---	---	---	---	---	---	---	---	---	---	---	---
1014	C2H6Cl2Ge	dimethylgermanium dichloride	1529-48-2	173.585	251.25	1	396.15	1	25	1.5030	1	---	1.4600	1	liquid	1
1015	C2H6Cl2NP	dimethylphosphoramidous dichloride	683-85-2	145.956	---	---	423.15	1	25	1.2710	1	---	1.5050	1	---	---
1016	C2H6Cl2NPS	dimethylphosphoramidothioic dichloride	1498-65-3	178.022	---	---	---	---	20	1.3731	1	20	1.5390	1	---	---
1017	C2H6Cl2Si	dichlorodimethylsilane	75-78-5	129.060	197.05	1	343.35	1	25	1.0640	1	20	1.4038	1	liquid	1
1018	C2H6Cl2Si	ethyldichlorosilane	1789-58-8	129.060	---	---	347.90	1	---	---	---	---	---	---	---	---
1019	C2H6Cl2Sn	dimethyltin dichloride	753-73-1	219.685	377.90	1	460.15	1	---	---	---	---	---	---	solid	1
1020	C2H6CoN2O3S2	cobalt(ii) thiocyanate trihydrate	97126-35-7	229.147	---	---	---	---	---	---	---	---	---	---	---	---
1021	C2H6CoO6	cobalt(ii) formate dihydrate	6424-20-0	184.999	413.15	dec	---	---	25	2.1300	1	---	---	---	solid	1
1022	C2H6Co5O12	cobalt carbonate hydroxide	12602-23-2	516.728	---	---	---	---	---	---	---	---	---	---	---	---
1023	C2H6CrO6	diethyletheroxodiperoxochromium(VI)	---	178.062	---	---	---	---	---	---	---	---	---	---	---	---
1024	C2H6CrO6	(dimethyl ether)oxodiperoxo chromium(VI)	---	178.062	---	---	---	---	---	---	---	---	---	---	---	---
1025	C2H6FO3P	dimethyl fluorophosphate	5954-50-7	128.040	---	---	---	---	---	---	---	---	---	---	---	---
1026	C2H6F2Sn	difluorodimethylstannane	3582-17-0	186.777	---	---	---	---	---	---	---	---	---	---	---	---
1027	C2H6F3NS	dimethylaminosulfur trifluoride	3880-03-3	133.138	273.20	1	390.65	1	25	1.3600	1	---	---	---	liquid	1
1028	C2H6FeN2O3S2	iron(ii) thiocyanate trihydrate	6010-09-9	226.059	---	---	---	---	---	---	---	---	---	---	---	---
1029	C2H6Fe2N4O4S2	bis(methanethiolato)tetranitrosyldi iron	16071-96-8	325.917	---	---	---	---	---	---	---	---	---	---	---	---
1030	C2H6Hg	dimethyl mercury	593-74-8	230.660	---	---	366.15	1	25	3.1700	1	20	1.5452	1	---	---
1031	C2H6HgS	methyl(methylthio)mercury	25310-48-9	262.726	298.15	1	---	---	---	---	---	---	---	---	---	---
1032	C2H6Hg2O4S	bis(methylmercuric)sulfate	3810-81-9	527.313	528.15	dec	---	---	---	---	---	---	---	---	solid	1
1033	C2H6Mg	dimethylmagnesium	2999-74-8	54.375	---	---	---	---	---	---	---	---	---	---	---	---
1034	C2H6MgO6	magnesium formate dihydrate	6150-82-9	150.371	---	---	---	---	---	---	---	---	---	---	---	---
1035	C2H6Mn	dimethyl manganese	33212-68-9	85.008	---	---	---	---	---	---	---	---	---	---	---	---
1036	C2H6NO4S2	2-aminoethanethiosulfuric acid	2937-53-3	172.206	---	---	---	---	25	1.4834	2	---	---	---	---	---
1037	C2H6N2	trans-dimethyldiazene	4143-41-3	58.084	195.15	1	274.65	1	0	0.7430	1	19	1.4199	1	gas	1
1038	C2H6N2	azomethane	503-28-6	58.084	195.25	1	274.90	1	25	0.8702	2	---	---	---	gas	1
1039	C2H6N2Na2O2S	N,N'-disodium N,N'-dimethoxysulfonyldiam	---	168.128	---	---	---	---	---	---	---	---	---	---	---	---
1040	C2H6N2O	acetohydrazide	1068-57-1	74.083	340.15	1	---	---	23	1.1044	2	---	---	---	solid	1

Table 1 Physical Properties - Organic Compounds

				Mol Wt	Freezing Point		Boiling Point		Density			Refractive Index			State	
NO	FORMULA	NAME	CAS No	g/mol	T_F, K	code	T_B, K	code	T, C	g/cm3	code	T, C	n_D	code	@25C,1 atm	code
1041	C2H6N2O	N-methylurea	598-50-5	74.083	373.80	1	---	---	25	1.2040	1	---	---	---	solid	1
1042	C2H6N2O	N-nitrosodimethylamine	62-75-9	74.083	---	---	425.15	1	20	1.0048	1	20	1.4368	1	---	---
1043	C2H6N2O	diazene, dimethyl-, 1-oxide	25843-45-2	74.083	---	---	371.00	1	23	1.1044	2	---	---	---	---	---
1044	C2H6N2O	N-formyl-N-methylhydrazine	758-17-8	74.083	---	---	---	---	23	1.1044	2	---	---	---	---	---
1045	C2H6N2O2	methyl hydrazinecarboxylate	6294-89-9	90.082	346.15	1	---	---	25	1.1552	2	---	---	---	solid	1
1046	C2H6N2O2	N-methyl-N-nitromethanamine	4164-28-7	90.082	331.15	1	460.15	1	72	1.1090	1	72	1.4462	1	solid	1
1047	C2H6N2O2	dimethyl hyponitrile	29128-41-4	90.082	---	---	---	---	---	---	---	---	---	---	---	---
1048	C2H6N2O2	N,O-dimethyl-N-nitrosohydroxylamine	16339-12-1	90.082	---	---	306.15	1	25	1.1552	2	---	---	---	---	---
1049	C2H6N2O2	1-hydroxymethyl-2-methylditmide-2-oxide	590-96-5	90.082	---	---	---	---	---	---	---	---	---	---	---	---
1050	C2H6N2O3	1-(hydroperoxy)-N-nitrosodimethylamine	74940-26-4	106.082	---	---	---	---	25	1.2690	2	---	---	---	---	---
1051	C2H6N2O3S2	S-(amidinomethyl) hydrogen thiosulfate	10319-70-7	170.214	---	---	---	---	25	1.4837	2	---	---	---	---	---
1052	C2H6N2S	N-methylthiourea	598-52-7	90.150	393.65	1	---	---	25	1.0952	2	---	---	---	solid	1
1053	C2H6N4	N-azido methyl amine	---	86.098	---	---	276.65	1	25	1.1443	2	---	---	---	gas	1
1054	C2H6N4O	(aminoiminomethyl)urea	141-83-3	102.097	378.15	1	433.15	dec	25	1.2627	2	---	---	---	solid	1
1055	C2H6N4O2	1,2-hydrazinedicarboxamide	110-21-4	118.096	531.15	1	---	---	17	1.6040	1	---	---	---	solid	1
1056	C2H6N4O2	oxalyl dihydrazide	996-98-5	118.096	517.15	1	---	---	22	1.4580	1	---	---	---	solid	1
1057	C2H6N4O2	N-methyl-N'-nitroguanidine	4245-76-5	118.096	433.65	1	---	---	20	1.5310	2	---	---	---	solid	1
1058	C2H6N4O4	N,N'-dinitro-1,2-ethanediamine	505-71-5	150.095	448.40	1	---	---	25	1.5362	2	---	---	---	solid	1
1059	C2H6N4S	amidinothiourea	2114-02-5	118.164	435.15	1	---	---	25	1.3013	2	---	---	---	solid	1
1060	C2H6N4S	guanidine thiocyanate	593-84-0	118.164	393.15	1	---	---	25	1.3013	2	---	---	---	solid	1
1061	C2H6N4S2	2,5-dithiobiurea	142-46-1	150.230	474.65	1	---	---	25	1.4123	2	---	---	---	solid	1
1062	C2H6N6O6Sn	dimethyltin dinitrate	40237-34-1	328.818	---	---	277.25	1	---	---	---	---	---	---	gas	1
1063	C2H6N6S5	S,S-dimethylpentasulfur hexanitride	71901-54-7	274.442	---	---	336.65	1	25	1.6988	2	---	---	---	---	---
1064	C2H6N6Si	diazidodimethylsilane	4774-73-6	142.197	---	---	318.95	1	---	---	---	---	---	---	---	---
1065	C2H6O	ethyl alcohol	64-17-5	46.069	159.05	1	351.44	1	25	0.7870	1	25	1.3594	1	liquid	1
1066	C2H6O	dimethyl ether	115-10-6	46.069	131.66	1	248.31	1	25	0.6550	1	25	1.2984	1	gas	1
1067	C2H6OS	dimethyl sulfoxide	67-68-5	78.135	291.67	1	464.00	2	25	1.0950	1	25	1.4773	1	liquid	1
1068	C2H6OS	2-mercaptoethanol	60-24-2	78.135	---	---	430.90	1	20	1.1143	1	20	1.4996	1	---	---
1069	C2H6OS2	S-methyl methanethiosulfinate	13882-12-7	110.201	---	---	394.35	1	25	1.1601	2	---	---	---	---	---
1070	C2H6OSi	polydimethylsiloxane	9016-00-6	74.154	268.20	1	478.15	1	---	---	---	---	---	---	liquid	1
1071	C2H6OSn	dimethyloxostannane	2273-45-2	164.779	---	---	364.15	1	---	---	---	---	---	---	---	---
1072	C2H6O2	ethylene glycol	107-21-1	62.068	260.15	1	470.45	1	25	1.1100	1	25	1.4306	1	liquid	1
1073	C2H6O2	dimethylperoxide	690-02-8	62.068	173.15	1	287.15	1	0	0.8677	1	---	1.3503	1	gas	1
1074	C2H6O2	ethyl hydroperoxide	3031-74-1	62.068	173.15	1	368.15	1	20	0.9332	1	20	1.3800	1	liquid	1
1075	C2H6O2S	dimethyl sulfone	67-71-0	94.134	382.05	1	511.15	1	110	1.1700	1	---	1.4226	1	solid	1
1076	C2H6O2S2	S-methyl methanethiosulfonate	2949-92-0	126.200	---	---	---	---	25	1.2270	1	---	1.5130	1	---	---
1077	C2H6O3	hydroxymethyl methyl peroxide	---	78.068	---	---	358.85	1	25	1.0395	2	---	---	---	---	---
1078	C2H6O3S	dimethyl sulfite	616-42-2	110.134	273.15	1	399.15	1	25	1.2060	1	25	1.4074	1	liquid	1
1079	C2H6O3S	ethanesulfonic acid	594-45-6	110.134	256.15	1	---	---	25	1.3341	1	20	1.4335	1	---	---
1080	C2H6O3S	methyl methanesulfonate	66-27-3	110.134	293.15	1	475.65	1	20	1.2943	1	20	1.4138	1	liquid	1
1081	C2H6O4	dioxybismethanol	17088-73-2	94.067	---	---	---	---	25	1.1654	2	---	---	---	---	---
1082	C2H6O4	bis hydroxymethyl peroxide	---	94.067	---	---	---	---	25	1.1654	2	---	---	---	---	---
1083	C2H6O4S	dimethyl sulfate	77-78-1	126.133	241.15	1	462.15	1	25	1.3220	1	25	1.3855	1	liquid	1
1084	C2H6O4S	ethyl sulfate	540-82-9	126.133	289.00	2	553.15	1	20	1.3657	1	20	1.4105	1	liquid	2
1085	C2H6O4S	2-hydroxyethanesulfonic acid	107-36-8	126.133	---	---	---	---	23	1.3439	2	---	---	---	---	---
1086	C2H6O4Se	dimethyl selenate	6918-51-0	173.027	---	---	---	---	---	---	---	---	---	---	---	---
1087	C2H6O5S2	methanesulfonic anhydride	7143-01-3	174.199	342.65	1	---	---	25	1.4831	2	---	---	---	solid	1
1088	C2H6O6	oxalic acid dihydrate	6153-56-6	126.066	374.65	1	---	---	18	1.6530	1	---	---	---	solid	1
1089	C2H6O6S2	1,2-ethanedisulfonic acid	110-04-3	190.198	446.15	1	---	---	25	1.5454	2	---	---	---	solid	1
1090	C2H6O6S2	dimethanesulfonyl peroxide	1001-62-3	190.198	---	---	---	---	25	1.5454	2	---	---	---	---	---
1091	C2H6O6Zn	zinc formate dihydrate	5970-62-7	191.456	---	---	---	---	25	2.2070	1	---	---	---	---	---
1092	C2H6S	ethyl mercaptan	75-08-1	62.136	125.26	1	308.15	1	25	0.8330	1	25	1.4278	1	liquid	1
1093	C2H6S	dimethyl sulfide	75-18-3	62.136	174.88	1	310.48	1	25	0.8500	1	25	1.4323	1	liquid	1
1094	C2H6S2	dimethyl disulfide	624-92-0	94.202	188.44	1	382.90	1	25	1.0570	1	25	1.5230	1	liquid	1
1095	C2H6S2	1,2-ethanedithiol	540-63-6	94.202	231.95	1	419.20	1	20	1.2340	1	20	1.5590	1	liquid	1
1096	C2H6S3	methyl trisulfide	3658-80-8	126.268	---	---	---	---	25	1.1900	1	---	1.6010	1	---	---
1097	C2H6Se	dimethyl selenide	593-79-3	109.030	185.14	1	330.15	1	15	1.4077	1	---	---	---	liquid	1
1098	C2H6Se2	dimethyl diselenide	7101-31-7	187.990	190.89	1	429.15	1	25	1.9870	1	---	1.6390	1	liquid	1
1099	C2H6Zn	dimethyl zinc	544-97-8	95.460	230.15	1	319.15	1	10	1.3860	1	---	---	---	liquid	1
1100	C2H7Al	dimethylaluminum hydride	865-37-2	58.060	---	---	365.95	1	---	---	---	---	---	---	---	---
1101	C2H7As	dimethylarsine	593-57-7	105.999	137.05	1	309.15	1	29	1.2080	1	---	---	---	liquid	1
1102	C2H7As	ethylarsine	593-59-9	105.999	---	---	309.15	1	22	1.2140	1	---	---	---	---	---
1103	C2H7AsO2	dimethylarsinic acid	75-60-5	137.998	468.15	1	---	---	---	---	---	---	---	---	solid	1
1104	C2H7AsO3	ethanearsonic acid	507-32-4	153.997	372.65	1	---	---	---	---	---	---	---	---	solid	1
1105	C2H7BF3N	boron trifluoride ethylamine complex	75-23-0	112.891	348.65	1	---	---	---	---	---	---	---	---	solid	1
1106	C2H7BO2	ethylboronic acid	4433-63-0	73.887	313.15	1	---	---	---	---	---	---	---	---	solid	1
1107	C2H7BO2	dimethoxyborane	4542-61-4	73.887	142.55	1	299.05	1	---	---	---	---	---	---	liquid	1
1108	C2H7BO3	boric acid, ethyl ester	34099-73-5	89.887	---	---	---	---	---	---	---	---	---	---	---	---
1109	C2H7Br2N	2-bromoethylamine hydrobromide	2576-47-8	204.893	---	---	---	---	25	1.9202	2	---	---	---	---	---
1110	C2H7ClN2	ethanimidamide monohydrochloride	124-42-5	94.544	450.65	1	---	---	25	1.0689	2	---	---	---	solid	1
1111	C2H7ClN4O6	1-methyl-3-nitroguanidinium perchlorate	---	218.554	---	---	---	---	25	1.6730	2	---	---	---	---	---
1112	C2H7ClSi	chlorodimethylsilane	1066-35-9	94.615	162.15	1	308.65	1	25	0.8520	1	---	1.3830	1	liquid	1
1113	C2H7HgO4P	ethylmercuric phosphate	2235-25-8	326.639	---	---	388.15	1	---	---	---	---	---	---	---	---
1114	C2H7LiO4	lithium acetate dihydrate	6108-17-4	102.016	331.15	dec	---	---	25	1.3000	1	---	---	---	solid	1
1115	C2H7N	ethylamine	75-04-7	45.085	192.15	1	289.73	1	25	0.6770	1	25	1.3627	1	gas	1
1116	C2H7N	dimethylamine	124-40-3	45.085	180.96	1	280.03	1	25	0.6500	1	25	1.3566	1	gas	1
1117	C2H7NO	monoethanolamine	141-43-5	61.084	283.65	1	444.15	1	25	1.0140	1	25	1.4521	1	liquid	1
1118	C2H7NO	1-aminoethanol	75-39-8	61.084	370.15	1	444.15	2	23	0.9610	2	---	---	---	solid	1
1119	C2H7NO	N-hydroxyethanamine	624-81-7	61.084	332.65	dec	---	---	20	0.9079	1	66	1.4152	1	solid	1
1120	C2H7NO	N-hydroxy-N-methylmethanamine	5725-96-2	61.084	---	---	---	---	23	0.9610	2	---	---	---	---	---

Table 1 Physical Properties - Organic Compounds

				Mol Wt	Freezing Point		Boiling Point		Density			Refractive Index			State	
NO	FORMULA	NAME	CAS No	g/mol	T_F, K	code	T_B, K	code	T, C	g/cm3	code	T, C	n_D	code	@25C,1 atm	code
1121	C2H7NO	N-methoxymethanamine	1117-97-1	61.084	---	---	---	---	23	0.9610	2	---	---	---	---	---
1122	C2H7NO2	ammonium acetate	631-61-8	77.083	387.15	1	---	---	20	1.1700	1	---	---	---	solid	1
1123	C2H7NO2	o-(2-hydroxyethyl)hydroxylamine	3279-95-6	77.083	---	---	536.15	1	25	0.9852	2	---	---	---	---	---
1124	C2H7NO2S	N-methylmethanesulfonamide	1184-85-6	109.149	---	---	254.15	1	---	---	---	---	---	---	gas	1
1125	C2H7NO3S	2-aminoethanesulfonic acid	107-35-7	125.149	601.15	1	---	---	25	1.2588	2	---	---	---	solid	1
1126	C2H7NO3SSe	2-aminoethaneselenosulfuric acid	2697-60-1	204.109	---	---	---	---	---	---	---	---	---	---	---	---
1127	C2H7NO4S	2-aminoethyl hydrogen sulfate	926-39-6	141.148	551.65	1	---	---	25	1.3439	2	---	---	---	solid	1
1128	C2H7NS	cysteamine	60-23-1	77.151	372.65	1	---	---	25	0.9344	2	---	---	---	solid	1
1129	C2H7N3	1,2-dimethylnitrosohydrazine	---	73.099	---	---	---	---	---	---	---	---	---	---	---	---
1130	C2H7N3	1,3-dimethyl-1-triazine	3585-32-8	73.099	---	---	459.95	1	25	0.9682	2	---	---	---	---	---
1131	C2H7N3	methylguanidine	471-29-4	73.099	---	dec	---	---	---	---	---	---	---	---	---	---
1132	C2H7N3O	glycine hydrazide	14379-80-7	89.098	353.65	1	423.15	dec	25	1.0984	2	---	---	---	solid	1
1133	C2H7N3S	4-methylthiosemicarbazide	6610-29-3	105.165	409.65	1	---	---	25	1.1548	2	---	---	---	solid	1
1134	C2H7N5	imidodicarbonimidic diamide	56-03-1	101.113	409.15	1	415.15	dec	25	1.2038	2	---	---	---	solid	1
1135	C2H7N5O2	imidodicarboxylic acid, dihydrazide	4375-11-5	133.111	473.15	dec	---	---	25	1.3978	2	---	---	---	solid	1
1136	C2H7N5O5	1-methyl-3-nitroguanidinium nitrate	---	181.110	---	---	246.95	1	25	1.6160	2	---	---	---	gas	1
1137	C2H7O2P	dimethylphosphinic acid	3283-12-3	94.050	365.15	1	650.15	1	---	---	---	---	---	---	solid	1
1138	C2H7O2PS2	O,O-dimethyl dithiophosphate	756-80-9	158.182	---	---	---	---	25	1.2900	1	---	---	---	---	---
1139	C2H7O3P	dimethyl hydrogen phosphite	868-85-9	110.050	---	---	443.65	1	20	1.2002	1	20	1.4036	1	---	---
1140	C2H7O3P	ethylphosphonic acid	15845-66-6	110.050	---	---	---	---	---	---	---	---	---	---	---	---
1141	C2H7O4P	dimethyl hydrogen phosphate	813-78-5	126.049	---	---	447.15	dec	20	1.3225	1	25	1.4080	1	---	---
1142	C2H7O4P	ethyl dihydrogen phosphate	1623-14-9	126.049	---	---	---	---	25	1.4300	1	---	1.4270	1	---	---
1143	C2H7P	dimethylphosphine	676-59-5	62.052	---	---	298.15	1	---	---	---	---	---	---	---	---
1144	C2H7P	ethyl phosphine	593-68-0	62.052	---	---	298.15	1	25	1.0000	1	---	---	---	---	---
1145	C2H8BrN	ethylammoniumbromide	593-55-5	125.997	437.80	1	---	---	25	1.3791	2	---	---	---	solid	1
1146	C2H8CaN2O4S2	calcium thiocyanate tetrahydrate	2092-16-2	228.307	433.15	dec	---	---	---	---	---	---	---	---	solid	1
1147	C2H8ClN	dimethylamine hydrochloride	506-59-2	81.545	444.15	1	---	---	25	0.9193	2	---	---	---	solid	1
1148	C2H8ClN	ethylamine hydrochloride	557-66-4	81.545	382.65	1	---	---	20	1.2160	1	---	---	---	solid	1
1149	C2H8ClNO4	dimethylammonium perchlorate	14488-49-4	145.543	---	---	294.40	1	25	1.3092	2	---	---	---	gas	1
1150	C2H8ClNO5	2-hydroxyethylaminium perchlorate	38092-76-1	161.542	---	---	---	---	25	1.3833	2	---	---	---	---	---
1151	C2H8ClNS	b-mercaptoethylamine hydrochloride	156-57-0	113.611	344.15	1	---	---	25	1.0896	2	---	---	---	solid	1
1152	C2H8ClN2O4	1,1-dimethyldiazenium perchlorate	53534-20-6	159.550	---	---	---	---	25	1.3824	2	---	---	---	---	---
1153	C2H8Cl2N2Pt	dichloro(ethylenediammine)platinum(ii)	14096-51-6	326.083	---	---	235.45	1	---	---	---	---	---	---	gas	1
1154	C2H8NO2PS	methamidophos	10265-92-6	141.131	319.15	1	---	---	20	1.3100	1	---	---	---	solid	1
1155	C2H8NO3P	(2-aminoethyl)phosphonic acid	2041-14-7	125.065	569.15	1	---	---	---	---	---	---	---	---	solid	1
1156	C2H8NO3P	DL-1-(aminoethyl)phosphonic acid	6323-97-3	125.065	556.65	1	---	---	---	---	---	---	---	---	solid	1
1157	C2H8NO4P	ethanolamine phosphate	1071-23-4	141.064	---	---	---	---	---	---	---	---	---	---	---	---
1158	C2H8P2	1,2-diphosphinoethane	5518-62-7	94.034	210.75	1	382.15	1	---	---	---	---	---	---	liquid	1
1159	C2H8N2	ethylenediamine	107-15-3	60.100	284.29	1	390.41	1	25	0.8930	1	20	1.4568	1	liquid	1
1160	C2H8N2	1,1-dimethylhydrazine	57-14-7	60.100	215.95	1	337.05	1	22	0.7910	1	22	1.4075	1	liquid	1
1161	C2H8N2	1,2-dimethylhydrazine	540-73-8	60.100	264.25	1	354.15	1	20	0.8274	1	20	1.4209	1	liquid	1
1162	C2H8N2O	2-hydrazinoethanol	109-84-2	76.099	203.15	1	492.15	1	25	1.1190	1	---	---	---	liquid	1
1163	C2H8N2O2	hydrazine acetate	7335-65-1	92.098	---	---	---	---	---	---	---	---	---	---	---	---
1164	C2H8N2O2S	1,3-dimethylsulfuryldiamide	22504-72-9	124.164	---	---	---	---	---	---	---	---	---	---	---	---
1165	C2H8N2O4	ammonium oxalate	1113-38-8	124.097	---	---	---	---	25	1.5000	1	---	---	---	---	---
1166	C2H8N10O	tetrazene	109-27-3	188.155	---	---	---	---	25	1.6311	2	---	---	---	---	---
1167	C2H8O7P2	1-hydroxyethylidene-1,1-diphosphonic acid	2809-21-4	206.029	378.15	1	---	---	---	---	---	---	---	---	solid	1
1168	C2H8Si	dimethyl silane	1111-74-6	60.171	122.93	1	253.55	1	25	0.5780	1	---	---	---	gas	1
1169	C2H9BS	borane-methyl sulfide complex	13292-87-0	75.970	246.15	1	317.15	1	25	0.7900	1	---	---	---	liquid	1
1170	C2H9NaO5	sodium acetate trihydrate	6131-90-4	136.080	331.15	dec	---	---	25	1.4500	1	---	---	---	solid	1
1171	C2H9ClN2O4	2-aminoethylammonium perchlorate	25682-07-9	160.558	---	---	---	---	25	1.3389	2	---	---	---	---	---
1172	C2H10BN	borane–dimethylamine complex	74-94-2	58.919	307.65	1	332.15	1	---	---	---	---	---	---	solid	1
1173	C2H10B2	1,1-dimethyldiborane	16924-32-6	55.723	123.15	1	---	---	---	---	---	---	---	---	---	---
1174	C2H10B2	1,2-dimethyldiborane	17156-88-6	55.723	148.15	1	---	---	---	---	---	---	---	---	---	---
1175	C2H10B2ClN	b-chlorodimethylamino diborane	---	105.183	---	---	---	---	---	---	---	---	---	---	---	---
1176	C2H10Cl2N2O8	1,2-ethyl bis-ammonium perchlorate	15718-71-5	261.016	---	---	---	---	25	1.5908	2	---	---	---	---	---
1177	C2H10Cl2N2Pt	cis-dichlorobis(methylamine)platinum	15273-32-2	328.098	---	---	---	---	---	---	---	---	---	---	---	---
1178	C2H10CrN2O5	aqua-1,2-diaminoethane diperoxo chromiu	17168-82-0	194.109	---	---	---	---	---	---	---	---	---	---	---	---
1179	C2H10CuO8	copper(ii) formate tetrahydrate	5893-61-8	225.643	---	---	---	---	---	---	---	---	---	---	---	---
1180	C2H10N2O	1,2-ethanediamine monohydrate	6780-13-8	78.115	283.15	1	391.15	1	20	0.9640	1	20	1.4500	1	liquid	1
1181	C2H10N2O5	ammonium oxalate monohydrate	6009-70-7	142.112	---	---	---	---	25	1.5000	1	---	---	---	---	---
1182	C2H10N4O6	ethylenediaminedinitrate	20829-66-7	186.126	---	---	---	---	25	1.4660	2	---	---	---	---	---
1183	C2H12B10	o-carborane	16872-09-6	144.227	---	---	---	---	---	---	---	---	---	---	---	---
1184	C2H12B10	m-carborane	16986-24-6	144.227	545.15	1	---	---	---	---	---	---	---	---	solid	1
1185	C2H12ClCoN6O4S2	tetraaminedithiocyanato cobalt(iii) perchlor	36294-69-6	342.675	---	---	337.95	1	---	---	---	---	---	---	---	---
1186	C2H12Cr2N6O7	guanidinium dichromate	27698-99-3	336.147	---	---	---	---	---	---	---	---	---	---	---	---
1187	C2H13B5	ethyl pentaborane (9)	28853-06-7	91.180	---	---	---	---	---	---	---	---	---	---	---	---
1188	C2H16Cl3CoN10O12	2-(5-cyanotetrazole)pentamminecobalt(iii)	70247-32-4	537.503	---	---	---	---	---	---	---	---	---	---	---	---
1189	C2H18B10	ethyl decaborane	26747-87-5	150.275	---	---	279.10	1	---	---	---	---	---	---	gas	1
1190	C2Hg	mercury(ii) acetylide	37297-87-3	224.612	---	---	---	---	---	---	---	---	---	---	---	---
1191	C2HgN2	mercury(ii) cyanide	592-04-1	252.626	234.35	1	---	---	---	---	---	---	---	---	---	---
1192	C2HgN2O2	mercury(ii) fulminate	628-86-4	284.625	---	---	---	---	25	4.4200	1	---	---	---	---	---
1193	C2HgN2O2	mercury(ii) cyanate	3021-39-4	284.625	---	---	---	---	---	---	---	---	---	---	---	---
1194	C2HgN2S2	mercury(ii) thiocyanate	592-85-8	316.758	---	---	---	---	25	3.7100	1	---	---	---	---	---
1195	C2HgN10O4	mercury(ii) 5-nitrotetrazolide	60345-95-1	428.680	---	---	194.75	1	---	---	---	---	---	---	gas	1
1196	C2HgO4	mercury(ii) oxalate	3444-13-1	288.610	438.15	dec	---	---	---	---	---	---	---	---	solid	1
1197	C2Hg2N2O	mercuric oxycyanide	1335-31-5	469.215	234.35	1	629.75	1	---	---	---	---	---	---	liquid	1
1198	C2ITl	thallium(i) iodoacetylide	---	355.310	---	---	307.75	1	---	---	---	---	---	---	---	---
1199	C2I2	diiodoacetylene	624-74-8	277.831	354.65	1	---	---	25	3.1462	2	---	---	---	solid	1
1200	C2I4	tetraiodoethene	513-92-8	531.640	460.15	1	---	---	20	2.9830	1	---	---	---	solid	1

Table 1 Physical Properties - Organic Compounds

				Mol Wt	Freezing Point		Boiling Point		Density			Refractive Index			State	
NO	FORMULA	NAME	CAS No	g/mol	T_F, K	code	T_B, K	code	T, C	g/cm3	code	T, C	n_D	code	@25C,1 atm	code
1201	C2K2N2O8Pt	potassium dinitrooxalatoplatinate(2-)	15213-49-7	453.306	---	---	262.15	1	---	---	---	---	---	---	gas	1
1202	C2K2N2S3	2,5-dimercapto-1,3,4-thiadiazole, dipotassi	4628-94-8	226.431	546.15	1	---	---	---	---	---	---	---	---	solid	1
1203	C2K2N4O8	potassium-1,1,2,2-tetranitroethandiide	32607-31-1	286.242	---	---	272.15	1	---	---	---	---	---	---	gas	1
1204	C2K2O2	potassium acetylene-1,2-dioxide	---	134.217	---	---	---	---	---	---	---	---	---	---	---	---
1205	C2K2O4	potassium oxalate	583-52-8	166.216	---	---	---	---	---	---	---	---	---	---	---	---
1206	C2Li2	lithium acetylide	1070-75-3	37.904	---	---	---	---	---	---	---	---	---	---	---	---
1207	C2Li2O4	lithium oxalate	30903-87-8	101.902	---	---	---	---	17	2.1210	1	---	---	---	---	---
1208	C2MgO4	magnesium oxalate	547-66-0	112.325	---	---	---	---	---	---	---	---	---	---	---	---
1209	C2MoN6O2	dicarbonyl molybdenum diazide	68348-85-6	236.003	---	---	---	---	---	---	---	---	---	---	---	---
1210	C2N2	cyanogen	460-19-5	52.036	245.25	1	252.00	1	25	0.8660	1	---	---	---	gas	1
1211	C2N2Ni	nickel cyanide (solid)	557-19-7	110.729	---	---	---	---	---	---	---	---	---	---	---	---
1212	C2N2NiS2	nickel(ii) thiocyanate	13689-92-4	174.861	---	---	---	---	---	---	---	---	---	---	---	---
1213	C2N2O2	dicyanogen-N,N-dioxide	4331-98-0	84.035	261.40	1	---	---	---	---	---	---	---	---	---	---
1214	C2N2Pb	lead(ii) cyanide	592-05-2	259.236	---	---	---	---	---	---	---	---	---	---	---	---
1215	C2N2PbS2	lead(ii) thiocyanate	592-87-0	323.368	---	---	---	---	25	3.8200	1	---	---	---	---	---
1216	C2N2S	sulfur dicyanide	627-52-1	84.102	336.65	1	---	---	25	1.5216	2	---	---	---	solid	1
1217	C2N2S2	thiocyanogen	505-14-6	116.168	288.65	1	---	---	25	1.6400	2	---	---	---	---	---
1218	C2N2S2Zn	zinc thiocyanate	557-42-6	181.558	---	---	---	---	---	---	---	---	---	---	---	---
1219	C2N2S3	sulfur thiocyanate	57670-85-6	148.234	366.15	1	---	---	25	1.7157	2	---	---	---	solid	1
1220	C2N2Zn	zinc cyanide	557-21-1	117.426	1073.15	2	---	---	25	1.8500	1	---	---	---	solid	2
1221	C2N4	dicyanodiazene	1557-57-9	80.050	---	---	---	---	25	1.6606	2	---	---	---	---	---
1222	C2N4O6	trinitroacetonitrile	630-72-8	176.046	314.65	1	---	---	25	2.1496	2	---	---	---	solid	1
1223	C2N4S2	thiocarbonyl azide thiocyanate	---	144.182	---	---	---	---	25	1.8175	2	---	---	---	---	---
1224	C2N6Na2O2	disodium-5-tetrazolazocarboxylate	68594-24-1	186.042	---	---	---	---	---	---	---	---	---	---	---	---
1225	C2N6O2W	dicarbonyltungsten diazide	68379-32-8	323.903	---	---	189.15	1	---	---	---	---	---	---	gas	1
1226	C2N6O12	hexanitroethane	918-37-6	300.057	423.15	1	---	---	25	2.4181	2	---	---	---	solid	1
1227	C2N6S4	bis(azidothiocarbonyl)disulfide	---	236.328	---	---	---	---	25	1.9867	2	---	---	---	---	---
1228	C2N8	diazidomethylenecyanamide	67880-22-2	136.078	---	---	463.15	dec	25	2.0872	2	---	---	---	---	---
1229	C2N14	diazidomethyleneazine	---	220.120	---	---	---	---	25	2.4274	2	---	---	---	---	---
1230	C2Na2	sodium acetylide	2881-62-1	70.002	---	---	---	---	---	---	---	---	---	---	---	---
1231	C2Na2O4	sodium oxalate	62-76-0	133.999	533.15	dec	---	---	25	2.3400	1	---	---	---	solid	1
1232	C2O4Pb	lead(ii) oxalate	15843-48-8	295.220	573.15	dec	---	---	25	5.2800	1	---	---	---	solid	1
1233	C2O4Sn	tin(ii) oxalate	814-94-8	206.730	553.15	dec	---	---	25	3.5600	1	---	---	---	solid	1
1234	C2O4Tl2	thallium(i) oxalate	30737-24-7	496.786	---	---	---	---	25	6.3100	1	---	---	---	---	---
1235	C2O4Zn	zinc oxalate	547-68-2	153.410	---	---	---	---	---	---	---	---	---	---	---	---
1236	C2Rb2	rubidium acetylide	22754-97-8	194.958	---	---	---	---	---	---	---	---	---	---	---	---
1237	C2Sr	strontium acetylide	12071-29-3	111.642	---	---	---	---	---	---	---	---	---	---	---	---
1238	C2Th	thorium dicarbide	12674-40-7	228.405	---	---	---	---	---	---	---	---	---	---	---	---
1239	C2U	uranium carbide	12071-33-9	262.051	2623.15	1	4643.15	1	---	---	---	---	---	---	solid	1
1240	C2Zr	zirconium dicarbide	---	115.246	---	---	---	---	---	---	---	---	---	---	---	---
1241	C3AgF3	silver trifluoro methyl acetylide	---	200.895	---	---	---	---	---	---	---	---	---	---	---	---
1242	C3Al4	aluminum carbide	1299-86-1	143.961	2373.15	1	2473.15	1	---	---	---	---	---	---	solid	1
1243	C3AlN3S3	aluminum thiocyanate	538-17-0	201.234	---	---	---	---	---	---	---	---	---	---	---	---
1244	C3Br2F6	1,2-dibromohexafluoropropane	661-95-0	309.832	273.20	1	345.95	1	25	2.2515	2	---	---	---	liquid	1
1245	C3CeF9O9S3	cerium(iii)trifluoromethanesulfonate	76089-77-5	587.328	---	---	---	---	25	1.7000	1	---	---	---	---	---
1246	C3ClF5	2-chloro-1,1,3,3,3-pentafluoro-1-propene	2804-50-4	166.478	143.15	1	279.95	1	20	1.5920	1	---	---	---	gas	1
1247	C3ClF5	3-chloropentafluoropropene	79-47-0	166.478	---	---	279.95	2	25	1.5821	2	---	---	---	gas	2
1248	C3ClF5O	chloropentafluoroacetone	79-53-8	182.477	140.15	1	281.15	1	25	1.6463	2	---	---	---	gas	1
1249	C3ClF5O2	pentafluoropropionyl hypochlorite	---	198.477	---	---	321.15	1	25	1.7043	2	---	---	---	---	---
1250	C3ClIrO3	chlorotricarbonyliridium(i)	32594-40-4	311.701	---	---	---	---	---	---	---	---	---	---	---	---
1251	C3ClN	chlorocyanoacetylene	2003-31-8	85.493	315.40	1	---	---	25	1.4236	2	---	---	---	solid	1
1252	C3Cl2F4	1,2-dichloro-1,3,3,3-tetrafluoro-1-propene	431-53-8	182.932	136.15	1	320.45	1	25	1.5468	1	20	1.3511	1	liquid	1
1253	C3Cl2F4O	1,3-dichlorotetrafluoroacetone	127-21-9	198.931	<373.15	1	317.65	1	25	1.5200	1	---	1.3300	1	liquid	1
1254	C3Cl2F6	1,2-dichlorohexafluoropropane	661-97-2	220.929	148.25	1	309.25	1	25	1.6699	2	---	---	---	---	---
1255	C3Cl2N2	dichloropropanedinitrile	13063-43-9	134.952	---	---	370.15	1	25	1.3120	1	20	1.4312	1	---	---
1256	C3Cl2N3NaO3	dichloroisocyanuric acid, sodium salt	2893-78-9	219.947	---	---	---	---	---	---	---	---	---	---	---	---
1257	C3Cl3F3	1,1,2-trichloro-3,3,3-trifluoro-1-propene	431-52-7	199.386	158.55	1	361.25	1	20	1.6170	1	---	---	---	liquid	1
1258	C3Cl3F5	1,1,1-trichloro-2,2,3,3,3-pentafluoropropan	4259-43-2	237.383	193.15	1	347.15	1	25	1.6430	1	---	---	---	liquid	1
1259	C3Cl3F5	1,2,2-trichloro-1,1,3,3,3-pentafluoropropan	1599-41-3	237.383	270.95	1	345.15	1	20	1.6681	1	20	1.3519	1	liquid	1
1260	C3Cl3F5	1,2,3-trichloro-1,1,2,3,3-pentafluoropropan	76-17-5	237.383	201.15	1	346.85	1	20	1.6631	1	20	1.3512	1	liquid	1
1261	C3Cl3N	2,3,3-trichloro-2-propenenitrile	16212-28-5	156.398	---	---	---	---	25	1.6561	2	---	---	---	---	---
1262	C3Cl3NO2	trichloroacetyl isocyanate	3019-71-4	188.396	---	---	---	---	25	1.5810	1	---	1.4810	1	---	---
1263	C3Cl3N3	2,4,6-trichloro-1,3,5-triazine	108-77-0	184.412	427.15	1	465.15	1	25	1.7916	2	---	---	---	solid	1
1264	C3Cl3N3O3	symclosene	87-90-1	232.410	519.85	dec	---	---	25	1.9403	2	---	---	---	solid	1
1265	C3Cl4	tetrachlorocyclopropene	6262-42-6	177.843	---	---	400.65	1	25	1.4500	1	---	1.5060	1	---	---
1266	C3Cl4F4	1,2,2,3-tetrachloro-1,1,3,3-tetrafluoropropa	677-68-9	253.837	230.25	1	385.15	1	20	1.7199	1	20	1.3958	1	liquid	1
1267	C3Cl4O	2,3,3-trichloro-2-propenoyl chloride	815-58-7	193.842	---	---	431.15	1	25	1.7155	2	18	1.5271	1	---	---
1268	C3Cl4O3	tetrachloroethylene carbonate	22432-68-4	225.841	---	---	---	---	25	1.8180	2	---	---	---	---	---
1269	C3Cl6	hexachloropropene	1888-71-7	248.748	200.25	1	482.65	1	20	1.7632	1	20	1.5091	1	liquid	1
1270	C3Cl6F2	hexachloro-2,2-difluoropropane	3182-26-1	286.745	260.45	1	469.95	1	25	1.7752	2	---	---	---	liquid	1
1271	C3Cl6N6	2,4,6-tris(dichloroamino)-1,3,5-triazine	2428-04-8	332.790	---	---	---	---	25	1.9898	2	---	---	---	---	---
1272	C3Cl6O	hexachloroacetone	116-16-5	264.747	272.15	1	476.15	1	12	1.7434	1	20	1.5112	1	liquid	1
1273	C3Cl6O2	trichloromethyl trichloroacetate	6135-29-1	280.747	307.15	1	464.65	1	35	1.6733	1	---	---	---	solid	1
1274	C3Cl6O3	bis(trichloromethyl) carbonate	32315-10-9	296.746	352.15	1	476.15	1	80	1.6290	1	---	---	---	solid	1
1275	C3CoNO4	cobalt tricarbonyl nitrosyl	14096-82-3	172.971	---	---	320.00	1	---	---	---	---	---	---	---	---
1276	C3CrK3N3O4	potassium tricyanodiperoxochromate (3-)	65521-60-0	311.343	---	---	332.15	1	---	---	---	---	---	---	---	---
1277	C3CuN3Na2	sodium copper cyanide	14264-31-4	187.580	---	---	---	---	20	1.0130	1	---	---	---	---	---
1278	C3D4O4	malonic acid-d4	813-56-9	108.087	404.15	1	---	---	---	---	---	---	---	---	solid	1
1279	C3F3NO2	trifluoroacetylisocyanate	---	139.034	---	---	310.65	1	25	1.6603	2	---	---	---	---	---
1280	C3F3NO3	2-trifluoroacetyl-1,3,4-dioxazalone	87050-94-0	155.034	---	---	328.15	1	25	1.7350	2	---	---	---	---	---

Table 1 Physical Properties - Organic Compounds

NO	FORMULA	NAME	CAS No	Mol Wt	Freezing Point		Boiling Point		Density			Refractive Index			State	
				g/mol	T_F, K	code	T_B, K	code	T, C	g/cm3	code	T, C	n_D	code	@25C,1 atm	code
1281	C3F4O	trifluoroacryloyl fluoride	667-49-2	128.026	---	---	304.75	1	25	1.5284	2	---	---	---	---	---
1282	C3F4O3S	O-trifluoroacetyl-S-fluoroformyl thioperoxid	27961-70-2	192.091	---	---	319.15	1	25	1.7375	2	---	---	---	---	---
1283	C3F3N3	cyanuric fluoride	675-14-9	135.050	235.25	1	345.85	1	25	1.6671	2	---	1.3840	1	liquid	1
1284	C3F6	hexafluoropropylene	116-15-4	150.024	116.65	1	243.55	1	25	1.3040	1	-40	1.5830	1	gas	1
1285	C3F6LiN	hexafluoroisopropylideneaminolithium	31340-36-0	170.972	---	---	---	---	---	---	---	---	---	---	---	---
1286	C3F6NP	bis(trifluoromethyl)cyanophosphine	431-97-0	195.005	---	---	382.15	1	---	---	---	---	---	---	---	---
1287	C3F6O	hexafluoroacetone	684-16-2	166.023	151.15	1	245.88	1	25	1.3210	1	---	---	---	gas	1
1288	C3F6O	perfluorooxetane	425-82-1	166.023	---	---	244.15	1	---	---	---	---	---	---	gas	1
1289	C3F6O	trifluoro(trifluoromethyl)oxirane	428-59-1	166.023	---	---	---	---	---	---	---	---	---	---	---	---
1290	C3F6O	pentafluoropropionyl fluoride	422-61-7	166.023	---	---	246.00	1	---	---	---	---	---	---	gas	1
1291	C3F6O	trifluoromethyl trifluorovinyl ether	1187-93-5	166.023	118.00	2	247.15	1	---	---	---	---	---	---	---	---
1292	C3F6O2	pentafluoropropionyl hypofluorite	---	182.023	---	---	363.65	1	25	1.6677	2	---	---	---	---	---
1293	C3F6O4S	trifluoroacetyl triflate	68602-57-3	246.088	---	---	335.15	1	25	1.8103	2	---	1.2980	1	---	---
1294	C3F7I	heptafluoro-2-iodopropane	677-69-0	295.927	273.20	1	312.10	1	25	2.1704	2	---	1.3290	1	liquid	1
1295	C3F7I	heptafluoro-1-iodopropane	754-34-7	295.927	178.25	1	313.70	1	25	2.1704	2	---	1.3270	1	liquid	1
1296	C3F7I	heptafluoroiodopropane	27636-85-7	295.927	---	---	312.90	2	25	2.1704	2	---	---	---	---	---
1297	C3F7N	1-fluoroiminohexafluoropropane	78343-32-5	183.030	---	---	467.15	1	25	1.6335	2	---	---	---	---	---
1298	C3F7N	2-fluoroiminohexafluoropropane	2802-70-2	183.030	---	---	467.15	2	---	---	---	---	---	---	---	---
1299	C3F8	octafluoropropane	76-19-7	188.021	125.46	1	236.40	1	25	1.3170	1	---	---	---	gas	1
1300	C3F8O	heptafluoropropyl hypofluorite	2203-57-8	204.020	---	---	---	---	---	---	---	---	---	---	---	---
1301	C3F8O2	perfluorodimethoxymethane	53772-78-4	220.020	---	---	263.15	1	25	1.7067	2	---	---	---	gas	1
1302	C3F8O2	1,1-bis(fluorooxy)hexafluoropropane	72985-54-7	220.020	---	---	487.15	1	25	1.7067	2	---	---	---	---	---
1303	C3F8O2	2,2-bis(fluorooxy)hexafluoropropane	16329-93-4	220.020	---	---	---	---	25	1.7067	2	---	---	---	---	---
1304	C3F9GaO9S3	gallium(iii) trifluoromethanesulfonate	74974-60-0	516.935	---	---	---	---	25	1.7000	1	---	---	---	---	---
1305	C3F9GeI	iodotris(trifluoromethyl)germanium	66348-18-3	406.534	233.25	1	345.15	1	---	---	---	---	1.3530	1	liquid	1
1306	C3F9LaO9S3	lanthanum(iii) trifluoromethanesulfonate	52093-26-2	586.118	---	---	---	---	25	1.7000	1	---	---	---	---	---
1307	C3F9NdO9S3	neodymium(iii) trifluoromethanesulfonate	34622-08-7	591.452	---	---	---	---	25	1.7000	1	---	---	---	---	---
1308	C3F9O9S3Tm	thulium(iii) trifluoromethanesulfonate	141478-68-4	616.146	---	---	---	---	25	1.7000	1	---	---	---	---	---
1309	C3F9O9S3Y	yttrium(iii) trifluoromethanesulfonate	52093-30-8	536.118	---	---	---	---	25	1.7000	1	---	---	---	---	---
1310	C3F9P	tris(trifluoromethyl)phosphine	432-04-2	237.994	---	---	408.25	1	---	---	---	---	---	---	---	---
1311	C3HBrN2O2S	2-bromo-5-nitrothiazole	3034-48-8	209.024	359.15	1	---	---	25	2.1273	2	---	---	---	solid	1
1312	C3HBr3N2	2,4,5-tribromoimidazole	2034-22-2	304.767	483.15	1	---	---	25	2.7418	2	---	---	---	solid	1
1313	C3HBr5O	1,1,1,3,3-pentabromo-2-propanone	79-49-2	452.560	352.65	1	---	---	25	3.0584	2	---	---	---	solid	1
1314	C3HClF6	1-chloro-1,1,2,2,3,3-hexafluoropropane	422-55-9	186.484	---	---	---	---	25	1.5591	2	---	---	---	---	---
1315	C3HClO	propioloyl chloride	50277-65-1	88.493	---	---	293.95	1	25	1.3423	2	---	---	---	gas	1
1316	C3HCl2F3	1,2-dichloro-3,3,3-trifluoropropene	431-27-6	164.941	163.95	1	326.85	1	20	1.4653	1	20	1.3670	1	liquid	1
1317	C3HCl2F5	3,3-dichloro-1,1,2,2-pentafluoropropane	422-56-0	202.938	179.25	1	324.15	1	25	1.5989	2	---	---	---	liquid	1
1318	C3HCl2F5	1,3-dichloro-1,1,2,2,3-pentafluoropropane	507-55-1	202.938	176.25	1	327.25	1	25	1.5989	2	---	---	---	liquid	1
1319	C3HCl2KN3O3	potassium dichloroisocyanurate	2244-21-5	237.063	523.15	dec	---	---	---	---	---	---	---	---	solid	1
1320	C3HCl2N	a,b-dichloroacrylonitrile	22410-58-8	121.953	---	---	---	---	25	1.4918	2	---	1.4850	1	---	---
1321	C3HCl2N3O3	1,3-dichloro-1,3,5-triazine-2,4,6(1H,3H,5H)	2782-57-2	197.965	---	---	---	---	25	1.8485	2	---	---	---	---	---
1322	C3HCl3O	2,3,3-trichloroacrolein	3787-28-8	159.398	---	---	---	---	25	1.5890	2	---	---	---	---	---
1323	C3HCl3O2	2,3,3-trichloro-2-propenoic acid	2257-35-4	175.397	349.15	1	495.15	1	25	1.6558	2	18	1.5271	1	solid	1
1324	C3HCl5	1,1,2,3,3-pentachloro-1-propene	---	214.303	---	---	458.15	1	34	1.6317	1	20	1.5313	1	---	---
1325	C3HCl5	pentachlorocyclopropane	6262-51-7	214.303	---	---	---	---	25	1.6680	1	---	1.5170	1	---	---
1326	C3HCl5O	1,1,1,3,3-pentachloro-2-propanone	1768-31-6	230.303	274.25	1	---	---	15	1.6900	1	---	---	---	---	---
1327	C3HCl5O2	1,2,2,2-tetrachloroethyl chloroformate	98015-53-3	246.302	---	---	---	---	25	1.6100	1	---	1.4820	1	---	---
1328	C3HCl7	1,1,1,2,2,3,3-heptachloropropane	594-89-8	285.208	302.55	1	520.65	1	34	1.8048	1	---	---	---	solid	1
1329	C3HCl7	1,1,1,2,3,3,3-heptachloropropane	3849-33-0	285.208	284.15	1	522.15	1	34	1.7921	1	21	1.5427	1	liquid	1
1330	C3HF3	3,3,3-trifluoro-1-propyne	661-54-1	94.036	---	---	---	---	---	---	---	---	---	---	---	---
1331	C3HF5O2	pentafluoropropionic acid	422-64-0	164.032	---	---	369.95	1	25	1.5610	1	---	1.2840	1	---	---
1332	C3HF6N	hexafluoroisopropylideneamine	1645-75-6	165.039	---	---	283.85	1	25	1.5472	2	---	---	---	gas	1
1333	C3HF7	heptafluoropropane	431-89-0	170.030	142.00	1	256.79	1	25	1.4600	1	---	---	---	gas	1
1334	C3HF7O	trifluoromethyl 1,1,2,2-tetrafluoroethyl ethe	2356-61-8	186.030	---	---	270.15	1	25	1.5776	2	---	---	---	gas	1
1335	C3HN	cyanoacetylene	1070-71-9	51.048	278.15	1	315.65	1	17	0.8167	1	25	1.3868	1	liquid	1
1336	C3H2BrF3O	3-bromo-1,1,1-trifluoroacetone	431-35-6	190.948	---	---	359.05	1	25	1.8390	1	---	1.3760	1	---	---
1337	C3H2BrF5	2,2,3,3,3-pentafluoropropyl bromide	422-01-5	212.945	---	---	---	---	25	1.8217	2	---	---	---	---	---
1338	C3H2BrNS	2-bromothiazole	3034-53-5	164.026	---	---	444.15	1	25	1.8200	1	20	1.5927	1	---	---
1339	C3H2Ag2O4	silver malonate	57421-56-4	317.778	---	---	---	---	---	---	---	---	---	---	---	---
1340	C3H2Br2	1,3-dibromo-1-propyne	627-16-7	197.857	---	---	---	---	20	2.1894	1	20	1.5690	1	---	---
1341	C3H2Br2N2O	a,a-dibromo-a-cyanoacetamide	10222-01-2	241.870	---	---	---	---	25	2.3846	2	---	---	---	---	---
1342	C3H2Br2O2	3,3-dibromo-2-propenoic acid	1578-21-8	229.856	359.45	1	518.15	1	25	2.3323	2	---	---	---	solid	1
1343	C3H2Br2O2	cis-2,3-dibromo-2-propenoic acid	24557-10-6	229.856	358.65	1	518.15	2	25	2.3323	2	---	---	---	solid	1
1344	C3H2Cl	1-chloro-2-propyne	---	73.501	---	---	309.65	2	25	1.1340	2	---	---	---	---	---
1345	C3H2ClF5	3-chloro-1,1,1,2,2-pentafluoropropane	422-02-6	168.494	---	---	---	---	25	1.4750	2	---	---	---	---	---
1346	C3H2ClF5O	enflurane	13838-16-9	184.493	---	---	329.65	1	25	1.5121	1	20	1.3025	1	---	---
1347	C3H2ClF5O	isoflurane	26675-46-7	184.493	321.65	1	321.65	1	25	1.5393	2	---	---	---	solid	1
1348	C3H2ClI	3-chloro-1-iodopropyne	109-71-7	200.406	---	---	---	---	25	2.1465	2	---	---	---	---	---
1349	C3H2ClN	2-chloro-2-propenenitrile	920-37-6	87.508	208.15	1	361.65	1	25	1.0960	1	20	1.4290	1	liquid	1
1350	C3H2ClNO	cyanoacetyl chloride	16130-58-8	103.508	---	---	---	---	25	1.3860	2	---	---	---	---	---
1351	C3H2ClNO2	chloroacetyl isocyanate	4461-30-7	119.507	298.15	1	---	---	25	1.4000	1	---	1.4580	1	---	---
1352	C3H2Cl2O2	3,3-dichloro-2-propenoic acid	1561-20-2	140.953	350.65	1	---	---	25	1.5117	2	---	---	---	solid	1
1353	C3H2Cl2O2	propanedioyl dichloride	1663-67-8	140.953	---	---	---	---	20	1.4509	1	20	1.4639	1	---	---
1354	C3H2Cl2O3	4,5-dichloro-1,3-dioxolan-2-one	3967-55-3	156.952	---	---	---	---	25	1.5877	2	---	---	---	---	---
1355	C3H2Cl3N	trichloropropionitrile	12408-07-0	158.413	---	---	---	---	25	1.5313	2	---	---	---	---	---
1356	C3H2Cl3N	2,2,3-trichloropropionitrile	813-74-1	158.413	---	---	---	---	25	1.5313	2	---	---	---	---	---
1357	C3H2Cl3NO	3,3,3-trichloro-2-hydroxypropanenitrile	513-96-2	174.413	334.15	1	490.15	dec	25	1.5992	2	---	---	---	solid	1
1358	C3H2Cl4	1,2,3,3-tetrachloro-1-propene	20589-85-9	179.859	---	---	435.15	1	19	1.5370	1	19	1.5121	1	---	---
1359	C3H2Cl4	1,1,2,3-tetrachloropropene	10436-39-2	179.859	---	---	440.40	1	25	1.5500	1	---	---	---	---	---
1360	C3H2Cl4O	1,1,1,3-tetrachloro-2-propanone	16995-35-0	195.858	338.15	1	456.15	1	25	1.6240	1	18	1.4970	1	solid	1

Table 1 Physical Properties - Organic Compounds

				Mol Wt	Freezing Point		Boiling Point		Density			Refractive Index			State	
NO	FORMULA	NAME	CAS No	g/mol	T_F, K	code	T_B, K	code	T, C	g/cm3	code	T, C	n_D	code	@25C,1 atm	code
1361	C3H2Cl4O	1,1,3,3-tetrachloro-2-propanone	632-21-3	195.858	---	---	456.15	1	25	1.6053	2	20	1.4944	1	---	---
1362	C3H2Cl4O	tetrachloroacetone	---	195.858	---	---	456.15	2	25	1.6053	2	---	---	---	---	---
1363	C3H2Cl4O2	2,2,2-trichloroethyl chloroformate	17341-93-4	211.858	359.65	1	444.65	1	25	1.5350	1	---	1.4700	1	solid	1
1364	C3H2Cl6	1,1,1,2,2,3-hexachloropropane	24425-97-6	250.764	299.15	1	489.15	1	25	1.7187	1	25	1.5282	1	solid	1
1365	C3H2Cl6	1,1,1,3,3,3-hexachloropropane	3607-78-1	250.764	246.15	1	479.15	1	20	1.6800	1	20	1.5179	1	liquid	1
1366	C3H2Cl6	1,1,2,2,3,3-hexachloropropane	15600-01-8	250.764	---	---	491.65	1	34	1.7137	1	18	1.5262	1	---	---
1367	C3H2F4O2	2,2,3,3-tetrafluoropropionic acid	756-09-2	146.042	---	---	406.65	1	25	1.5630	1	---	1.3210	1	---	---
1368	C3H2F6	1,1,1,2,2,3-hexafluoropropane	677-56-5	152.040	190.00	2	274.35	1	25	1.4219	2	---	---	---	gas	1
1369	C3H2F6	1,1,1,2,3,3-hexafluoropropane	431-63-0	152.040	170.00	1	279.40	1	25	1.4219	2	---	---	---	gas	1
1370	C3H2F6	1,1,1,3,3,3-hexafluoropropane	690-39-1	152.040	179.53	1	272.45	1	25	1.4219	2	---	---	---	gas	1
1371	C3H2F6	1,1,2,2,3,3-hexafluoropropane	680-00-2	152.040	190.00	2	283.15	1	25	1.4219	2	---	---	---	gas	1
1372	C3H2F6O	1,1,1,3,3,3-hexafluoro-2-propanol	920-66-1	168.039	271.15	1	332.15	1	21	1.4600	1	---	---	---	liquid	1
1373	C3H2F6O	1,2,2,2-tetrafluoroethyl difluoromethyl ethe	57041-67-5	168.039	---	---	296.50	1	25	1.4931	2	---	---	---	gas	1
1374	C3H2F6O2	1,1,1,3,3,3-hexafluoro-2,2-propanediol	677-71-4	184.039	---	---	---	---	25	1.5575	2	---	---	---	---	---
1375	C3H2FeN3OS3	iron(iii) thiocyanate monohydrate	4119-52-2	248.112	---	---	---	---	---	---	---	---	---	---	---	---
1376	C3H2NNaO4	sodium nitromalonaldehyde	---	139.043	---	---	288.75	1	---	---	---	---	---	---	gas	1
1377	C3H2N2	malononitrile	109-77-3	66.063	304.90	1	491.50	1	20	1.1910	1	34	1.4146	1	solid	1
1378	C3H2N2O2	diisocyanatomethane	4747-90-4	98.062	---	---	217.15	1	25	1.4560	2	---	---	---	gas	1
1379	C3H2N2O3	imidazolidinetrione	120-89-8	114.061	517.15	dec	---	---	25	1.5632	2	---	---	---	solid	1
1380	C3H2N2O4	diazirine-3,3-dicarboxylic acid	76429-98-6	130.060	349.15	1	---	---	25	1.6551	2	---	---	---	solid	1
1381	C3H2N2O4	diazomalonic acid	59348-62-8	130.060	---	---	---	---	25	1.6551	2	---	---	---	---	---
1382	C3H2N2S2	methylenedithiocyanate	6317-18-6	130.195	377.15	1	---	---	25	1.4922	2	---	---	---	solid	1
1383	C3H2N6S4	bis(1,2,3,4-thiatriazol-5-yl thio)methane	---	250.355	---	---	---	---	25	1.8495	2	---	---	---	---	---
1384	C3H2O	2-propynal	624-67-9	54.048	---	---	333.15	1	20	0.9152	1	25	1.4033	1	---	---
1385	C3H2O2	2-propynoic acid	471-25-0	70.048	282.15	1	417.15	2	20	1.1380	1	20	1.4306	1	liquid	2
1386	C3H2O3	1,3-dioxol-2-one	872-36-6	86.047	---	---	---	---	25	1.3346	2	---	---	---	---	---
1387	C3H2O4Tl2	thallous malonate	2757-18-8	510.813	---	---	---	---	---	---	---	---	---	---	---	---
1388	C3H2S3	1,3-dithiole-2-thione	930-35-8	134.247	322.15	1	---	---	25	1.4234	2	---	---	---	solid	1
1389	C3H3AgO	silver 3-hydroxypropynide	---	162.922	---	---	---	---	---	---	---	---	---	---	---	---
1390	C3H3AlO6	aluminum formate	7360-53-4	162.035	---	---	---	---	---	---	---	---	---	---	---	---
1391	C3H3Br	3-bromo-1-propyne	106-96-7	118.961	---	---	362.15	1	19	1.5790	1	20	1.4922	1	---	---
1392	C3H3Br2ClO	2,3-dibromopropionyl chloride	18791-02-1	250.317	---	---	465.15	1	25	2.1836	2	---	1.5420	1	---	---
1393	C3H3Br2N	2,3-dibromopropionitrile	4554-16-9	212.872	---	---	446.15	1	25	2.2157	2	---	1.5450	1	---	---
1394	C3H3Br3N6	2,4,6-tris(bromoamino)-1,3,5-triazine	22755-34-6	362.811	---	---	---	---	25	2.6452	2	---	---	---	---	---
1395	C3H3Br3O2	methyl tribromoacetate	3222-05-7	310.768	---	---	---	---	25	2.5285	2	---	1.5580	1	---	---
1396	C3H3BrF2	3-bromo-3,3-difluoro-1-propene	420-90-6	156.958	---	---	315.15	1	25	1.5430	1	25	1.3773	1	---	---
1397	C3H3BrF4	3-bromo-1,1,2,2-tetrafluoropropane	679-84-5	194.955	298.15	1	347.15	1	25	1.7482	2	---	---	---	---	---
1398	C3H3BrN2	4-bromopyrazole	2075-45-8	146.975	367.65	1	528.15	1	25	1.8263	2	---	---	---	solid	1
1399	C3H3BrO	2-bromoacrolein	14925-39-4	134.960	---	---	---	---	25	1.7393	2	---	---	---	---	---
1400	C3H3BrO2	2-bromo-2-propenoic acid	10443-65-9	150.960	344.65	1	---	---	25	1.8142	2	---	---	---	solid	1
1401	C3H3BrO3	3-bromopyruvic acid	1113-59-3	166.959	---	---	---	---	25	1.8796	2	---	---	---	---	---
1402	C3H3Cl	propargyl chloride	624-65-7	74.509	---	---	331.00	1	25	1.0240	1	25	1.4317	1	liquid	1
1403	C3H3ClF2O2	methyl chlorodifluoroacetate	1514-87-0	144.505	---	---	353.15	1	25	1.3700	1	---	1.3490	1	---	---
1404	C3H3ClN2S	2-amino-5-chlorothiazole	41663-73-4	134.589	---	---	---	---	25	1.4413	2	---	---	---	---	---
1405	C3H3ClO	2-chloro-2-propenal	683-51-2	90.509	---	---	382.15	1	20	1.1990	1	20	1.4630	1	---	---
1406	C3H3ClO	2-propenoyl chloride	814-68-6	90.509	---	---	348.65	1	20	1.1136	1	20	1.4343	1	---	---
1407	C3H3ClO	cis-1-chloropropene oxide	21947-75-1	90.509	---	---	---	---	20	1.1563	2	---	---	---	---	---
1408	C3H3ClO2	cis-3-chloro-2-propenoic acid	1609-93-4	106.508	336.65	1	---	---	25	1.3222	2	---	---	---	solid	1
1409	C3H3ClO2	trans-3-chloro-2-propenoic acid	2345-61-1	106.508	359.15	1	---	---	25	1.3222	2	---	---	---	solid	1
1410	C3H3ClO2	2-chloroacrylic acid	598-79-8	106.508	338.15	1	361.15	1	25	1.3222	2	---	---	---	solid	1
1411	C3H3ClO2	2-chloromalonaldehyde	36437-19-1	106.508	415.65	1	---	---	25	1.3222	2	---	---	---	solid	1
1412	C3H3ClO2	vinyl chloroformate	5130-24-5	106.508	---	---	341.65	1	25	1.2520	1	---	1.4100	1	---	---
1413	C3H3ClO3	4-chloro-1,3-dioxolan-2-one	3967-54-2	122.508	---	---	---	---	25	1.4217	2	---	---	---	---	---
1414	C3H3ClO3	methyl chlorooxoacetate	5781-53-3	122.508	---	---	392.15	1	20	1.3316	1	20	1.4189	1	---	---
1415	C3H3ClO4S2	1,3-dithiolium perchlorate	3706-77-2	202.639	---	---	---	---	25	1.6486	2	---	---	---	---	---
1416	C3H3Cl2F	1,1-dichloro-2-fluoropropene	430-95-5	128.960	---	---	351.15	1	25	1.3026	1	25	1.4196	1	---	---
1417	C3H3Cl2F3	2,3-dichloro-1,1,1-trifluoropropane	338-75-0	166.957	---	---	349.50	1	25	1.4372	2	---	---	---	---	---
1418	C3H3Cl2N	2,3-dichloropropanenitrile	2601-89-0	123.969	---	---	---	---	20	1.3380	1	20	1.4640	1	---	---
1419	C3H3Cl3	1,1,2-trichloro-1-propene	21400-25-9	145.414	---	---	391.15	1	20	1.3820	1	20	1.4827	1	---	---
1420	C3H3Cl3	1,2,3-trichloropropene	96-19-5	145.414	---	---	415.15	1	20	1.4120	1	20	1.5030	1	---	---
1421	C3H3Cl3	3,3,3-trichloro-1-propene	2233-00-3	145.414	243.15	1	387.65	1	20	1.3670	1	20	1.4827	1	liquid	1
1422	C3H3Cl3	1,1,3-trichloro-1-propene	2567-14-8	145.414	---	---	404.70	1	20	1.3870	2	---	---	---	---	---
1423	C3H3Cl3N6	trichloromelamine	7673-09-8	229.456	>573.15	1	---	---	25	1.7761	2	---	---	---	solid	1
1424	C3H3Cl3O	(trichloromethyl)oxirane	3083-23-6	161.414	---	---	422.15	1	20	1.4950	1	25	1.4737	1	---	---
1425	C3H3Cl3O	1,1,1-trichloro-2-propanone	918-00-3	161.414	---	---	422.15	1	20	1.4350	1	17	1.4635	1	---	---
1426	C3H3Cl3O	2,2,3-trichloropropanal	7789-90-4	161.414	---	---	---	---	25	1.4700	1	25	1.4730	1	---	---
1427	C3H3Cl3O	2,2-dichloropropanoyl chloride	26073-26-7	161.414	---	---	391.15	1	20	1.4062	1	20	1.4524	1	---	---
1428	C3H3Cl3O	2,3-dichloropropanoyl chloride	7623-13-4	161.414	---	---	---	---	20	1.4757	1	20	1.4764	1	---	---
1429	C3H3Cl3O	3,3-dichloropropanoyl chloride	17880-86-3	161.414	---	---	---	---	20	1.4557	1	20	1.4738	1	---	---
1430	C3H3Cl3O	1,1,3-trichloroacetone	921-03-9	161.414	287.15	1	445.15	1	25	1.5080	1	---	1.4890	1	liquid	1
1431	C3H3Cl3O	1,2,3-trichloropropane-2,3-oxide	67664-94-2	161.414	---	---	---	---	21	1.4637	2	---	---	---	---	---
1432	C3H3Cl3O	2,3,3-trichloro-2-propen-1-ol	3266-39-5	161.414	---	---	349.85	1	21	1.4637	2	---	---	---	---	---
1433	C3H3Cl3O2	methyl trichloroacetate	598-99-2	177.413	255.65	1	426.95	1	20	1.4874	1	20	1.4572	1	liquid	1
1434	C3H3Cl3O2	2,2,3-trichloropropanoic acid	3278-46-4	177.413	338.65	1	---	---	25	1.5435	2	---	---	---	solid	1
1435	C3H3Cl3O3	3,3,3-trichloro-2-hydroxypropanoic acid	599-01-9	193.413	398.15	1	---	---	25	1.6044	2	---	---	---	solid	1
1436	C3H3Cl3S3	trichloromethyl methyl perthioxanthate	25991-93-9	241.612	---	---	382.65	1	25	1.6065	2	---	---	---	---	---
1437	C3H3Cl5	1,1,1,2,3-pentachloropropane	21700-31-2	216.319	283.15	2	452.65	1	20	1.6121	1	20	1.5130	1	liquid	1
1438	C3H3Cl5	1,1,2,3,3-pentachloropropane	15104-61-7	216.319	283.15	2	472.15	1	25	1.6226	1	17	1.5131	1	liquid	1
1439	C3H3Cl5	1,1,2,2,3-pentachloropropane	16714-68-4	216.319	283.15	2	464.40	1	25	1.6330	1	---	---	---	liquid	1
1440	C3H3Cu	1-propynyl copper(i)	30645-13-7	102.603	---	---	259.25	1	---	---	---	---	---	---	gas	1

Table 1 Physical Properties - Organic Compounds

				Mol Wt	Freezing Point		Boiling Point		Density			Refractive Index			State	
NO	FORMULA	NAME	CAS No	g/mol	T_F, K	code	T_B, K	code	T, C	g/cm3	code	T, C	n_D	code	@25C,1 atm	code
1441	C3H3F3	3,3,3-trifluoropropene	677-21-4	96.052	162.00	2	248.15	1	---	---	---	---	---	---	gas	1
1442	C3H3F3O	1,1,1-trifluoroacetone	421-50-1	112.052	273.20	1	295.05	1	25	1.2520	1	---	1.3000	1	gas	1
1443	C3H3F3O	methyl trifluorovinyl ether	3823-94-7	112.052	---	---	---	---	---	---	---	---	---	---	---	---
1444	C3H3F3O	3,3,3-trifluoropropionaldehyde	460-40-2	112.052	---	---	---	---	---	---	---	---	---	---	---	---
1445	C3H3F3O2	methyl trifluoroacetate	431-47-0	128.051	256.20	1	316.55	1	25	1.2730	1	---	1.2950	1	liquid	1
1446	C3H3F3O2	3,3,3-trifluoropropionic acid	2516-99-6	128.051	282.85	1	418.65	1	25	1.4500	1	---	1.3330	1	liquid	1
1447	C3H3F3O3	trifluoromethyl peroxyacetate	33017-08-2	144.051	---	---	---	---	25	1.4605	2	---	---	---	---	---
1448	C3H3F4I	1,1,2,2-tetrafluoro-3-iodopropane	679-87-8	241.955	---	---	370.15	1	25	2.0127	2	---	1.4140	1	---	---
1449	C3H3F5	1,1,1,2,2-pentafluoropropane	1814-88-6	134.049	190.00	2	255.50	2	---	---	---	---	---	---	gas	1
1450	C3H3F5	1,1,1,2,3-pentafluoropropane	431-31-2	134.049	190.00	2	270.00	2	25	1.3200	2	---	---	---	gas	2
1451	C3H3F5	1,1,1,3,3-pentafluoropropane	460-73-1	134.049	190.00	2	270.00	2	25	1.3200	2	---	---	---	gas	2
1452	C3H3F5	1,1,2,2,3-pentafluoropropane	679-86-7	134.049	190.00	2	299.15	1	25	1.3200	2	---	---	---	liquid	1
1453	C3H3F5	1,1,2,3,3-pentafluoropropane	24270-66-4	134.049	190.00	2	300.00	2	25	1.3200	2	---	---	---	liquid	2
1454	C3H3F5O	perfluoroethyl methyl ether	---	150.049	---	---	278.74	1	25	1.4001	2	---	---	---	gas	1
1455	C3H3F5O	2,2,3,3,3-pentafluoro-1-propanol	422-05-9	150.049	---	---	354.15	1	25	1.5050	1	---	1.2880	1	---	---
1456	C3H3F5O2	2,2,3,3,3-pentafluoro-1,1-propanediol	422-63-9	166.048	---	---	---	---	25	1.4723	2	---	---	---	---	---
1457	C3H3F6N3O3	1,1-bis(difluoroamino)-2,2-difluoro-2-nitroe	30957-47-2	243.067	---	---	397.15	1	25	1.7236	2	---	---	---	---	---
1458	C3H3I	1-iodo-1-propyne	624-66-8	165.961	251.25	2	383.15	1	22	2.0800	1	---	---	---	liquid	1
1459	C3H3I	3-iodo-1-propyne	659-86-9	165.961	251.25	2	388.15	1	25	2.0177	1	---	---	---	liquid	1
1460	C3H3KN2S2	cyanimidodithiocarbonic acid monomethyl	10191-61-4	170.301	---	---	---	---	---	---	---	---	---	---	---	---
1461	C3H3KN4O2	potassium-1-tetrazolacetate	51286-83-0	166.182	---	---	347.25	1	---	---	---	---	---	---	---	---
1462	C3H3N	acrylonitrile	107-13-1	53.064	189.63	1	350.50	1	25	0.8010	1	25	1.3884	1	liquid	1
1463	C3H3NO	oxazole	288-42-6	69.063	191.15	1	342.65	1	25	1.0500	1	18	1.4285	1	---	---
1464	C3H3NO	isoxazole	288-14-2	69.063	206.05	1	367.90	1	20	1.0780	1	17	1.4298	1	---	---
1465	C3H3NO	2-oxopropanenitrile	631-57-2	69.063	---	---	365.45	1	20	0.9745	1	20	1.3764	1	---	---
1466	C3H3NOS	acetyl isothiocyanate	13250-46-9	101.129	---	---	405.65	1	13	1.1523	1	18	1.5231	1	---	---
1467	C3H3NOS2	2-thioxo-4-thiazolidinone	141-84-4	133.195	443.15	1	---	---	25	0.8680	1	---	---	---	solid	1
1468	C3H3NO2	cyanoacetic acid	372-09-8	85.063	339.15	1	433.15	dec	25	1.1295	2	---	---	---	solid	1
1469	C3H3NO2	(formyloxy)acetonitrile	150760-95-5	85.063	---	---	446.15	1	25	1.1870	1	---	1.4070	1	---	---
1470	C3H3NO2	methyl cyanoformate	17640-15-2	85.063	---	---	373.65	1	25	1.0720	1	---	1.3740	1	---	---
1471	C3H3NO2S	2,4-thiazolidinedione	2295-31-0	117.129	401.15	1	---	---	25	1.4082	2	---	---	---	solid	1
1472	C3H3NO3	methyl isocyanatoformate	5843-42-5	101.062	---	---	370.15	1	25	1.2510	1	---	1.4130	1	---	---
1473	C3H3NS	thiazole	288-47-1	85.130	239.53	1	391.15	1	17	1.1998	1	20	1.5969	1	liquid	1
1474	C3H3NS	isothiazole	288-16-4	85.130	---	---	391.15	2	---	---	---	---	---	---	---	---
1475	C3H3N3	1,3,5-triazine	290-87-9	81.078	353.45	1	387.15	1	25	1.3800	1	---	---	---	solid	1
1476	C3H3N3	1,2,4-triazine	290-38-0	81.078	---	---	387.15	2	25	1.2498	2	---	---	---	---	---
1477	C3H3N3O2	2-nitro-1H-imidazole	527-73-1	113.077	560.15	dec	---	---	25	1.4858	2	---	---	---	solid	1
1478	C3H3N3O2	6-azauracil	461-89-2	113.077	551.15	1	---	---	25	1.4858	2	---	---	---	solid	1
1479	C3H3N3O2	4-nitroimidazole	3034-38-6	113.077	576.15	1	---	---	25	1.4858	2	---	---	---	solid	1
1480	C3H3N3O2S	5-nitro-2-thiazolamine	121-66-4	145.143	475.15	dec	---	---	25	1.5833	2	---	---	---	solid	1
1481	C3H3N3O3	1,3,5-trioxane-2,4,6-triimine	462-02-2	129.076	---	---	---	---	15	1.1270	1	---	---	---	---	---
1482	C3H3N3O3	cyanuric acid	108-80-5	129.076	633.15	1	---	---	25	1.5795	2	---	---	---	solid	1
1483	C3H3N3O3	2-carbamoyl-2-nitroacetonitrile	475-08-1	129.076	415.65	dec	---	---	25	1.5795	2	---	---	---	solid	1
1484	C3H3N3O3	1-nitrosohydantoin	42579-28-2	129.076	---	---	---	---	25	1.5795	2	---	---	---	---	---
1485	C3H3N3O4	3-methyl-4-nitrofuroxan	49558-02-3	145.075	---	---	---	---	25	1.6611	2	---	---	---	---	---
1486	C3H3N3O4	1-nitrohydantoin	2825-15-2	145.075	---	---	577.15	1	25	1.6611	2	---	---	---	---	---
1487	C3H3N3S3	trithiocyanuric acid	638-16-4	177.276	>573.15	1	---	---	25	1.5890	2	---	---	---	solid	1
1488	C3H3N5	5-cyano-5-methyltetrazole	---	109.092	---	---	---	---	25	1.4869	2	---	---	---	---	---
1489	C3H3N7O5	2-hydroxy-4,6-bis(nitroamino)-1,3,5-triazin	19899-80-0	217.103	---	---	363.75	1	25	1.9747	2	---	---	---	---	---
1490	C3H3NaO	sodium methoxyacetylide	---	78.046	---	---	263.65	1	---	---	---	---	---	---	gas	1
1491	C3H3NaO3	pyruvic acid, sodium salt	113-24-6	110.045	>573.15	1	---	---	---	---	---	---	---	---	solid	1
1492	C3H4	methylacetylene	74-99-7	40.065	170.45	1	249.94	1	25	0.6070	1	-40	1.3863	1	gas	1
1493	C3H4	allene	463-49-0	40.065	136.87	1	238.65	1	25	0.5790	1	-35	1.4169	1	gas	1
1494	C3H4	cyclopropene	2781-85-3	40.065	---	---	237.15	2	25	0.5930	2	---	---	---	gas	2
1495	C3H4BrClO	1-bromo-3-chloroacetone	53535-68-5	171.421	307.65	1	452.15	1	18	1.6985	2	---	---	---	solid	1
1496	C3H4BrClO	2-bromopropanoyl chloride	7148-74-5	171.421	---	---	405.15	1	11	1.6970	1	20	1.4780	1	---	---
1497	C3H4BrClO	3-bromopropionyl chloride	15486-96-1	171.421	---	---	---	---	25	1.7000	1	---	1.4940	1	---	---
1498	C3H4BrClO2	(2-bromoethyl) chloroformate	4801-27-8	187.420	---	---	340.15	1	25	1.7490	1	---	1.4780	1	---	---
1499	C3H4BrCl3	3-bromo-1,1,1-trichloropropane	13749-37-6	226.326	---	---	386.65	1	25	1.7620	1	---	1.5130	1	---	---
1500	C3H4BrF3	3-bromo-1,1,1-trifluoropropane	460-32-2	176.964	---	---	335.90	1	25	1.6620	1	---	1.3630	1	---	---
1501	C3H4BrF3O	3-bromo-1,1,1-trifluoro-2-propanol	431-34-5	192.964	---	---	397.65	1	25	1.8610	1	---	1.4000	1	---	---
1502	C3H4BrN	2-bromopropanenitrile	19481-82-4	133.976	---	---	---	---	20	1.5505	1	20	1.4585	1	---	---
1503	C3H4BrN	3-bromopropanenitrile	2417-90-5	133.976	---	---	---	---	20	1.6152	1	20	1.4800	1	---	---
1504	C3H4BrNO	2-bromoethyl isocyanate	42865-19-0	149.975	---	---	431.15	1	25	1.6600	1	---	1.4830	1	---	---
1505	C3H4Br2	1,1-dibromo-1-propene	13195-80-7	199.873	304.80	2	398.15	1	20	1.9767	1	20	1.5260	1	solid	2
1506	C3H4Br2	cis-1,3-dibromo-1-propene	32121-06-5	199.873	304.80	2	413.65	2	20	2.0599	1	20	1.5550	1	solid	2
1507	C3H4Br2	trans-1,3-dibromo-1-propene	32121-07-6	199.873	304.80	2	413.65	2	20	1.9791	1	20	1.5495	1	solid	2
1508	C3H4Br2	2,3-dibromo-1-propene	513-31-5	199.873	304.80	2	414.15	1	25	2.0345	1	25	1.5416	1	solid	2
1509	C3H4Br2	1,3-dibromo-1-propene	627-15-6	199.873	304.80	2	428.65	1	25	2.0000	1	---	1.5560	1	solid	2
1510	C3H4Br2O	2,3-dibromopropanal	5221-17-0	215.872	---	---	426.25	2	20	2.1920	1	20	1.5082	1	---	---
1511	C3H4Br2O	1,3-dibromo-2-propanone	816-39-7	215.872	299.15	1	426.25	2	18	2.1670	1	---	---	---	solid	1
1512	C3H4Br2O	2-bromopropionyl bromide	563-76-8	215.872	---	---	426.25	1	19	2.1795	2	---	1.5180	1	---	---
1513	C3H4Br2O2	2,3-dibromopropanoic acid	600-05-5	231.872	339.65	1	---	---	25	2.1557	2	---	---	---	solid	1
1514	C3H4Br4	1,1,1,2-tetrabromopropane	62127-49-5	359.681	349.69	2	523.15	1	20	2.6790	1	20	1.6187	1	solid	2
1515	C3H4Br4	1,1,1,3-tetrabromopropane	62127-50-8	359.681	364.69	2	533.15	1	22	2.6895	2	---	---	---	solid	2
1516	C3H4Br4	1,1,2,2-tetrabromopropane	34570-59-7	359.681	349.69	2	508.15	1	20	2.6870	1	20	1.6166	1	solid	2
1517	C3H4Br4	1,1,2,3-tetrabromopropane	34581-76-5	359.681	332.27	2	538.15	1	22	2.6895	2	---	---	---	solid	2
1518	C3H4Br4	1,1,3,3-tetrabromopropane	51525-97-4	359.681	332.27	2	548.15	1	21	2.7020	1	21	1.6225	1	solid	2
1519	C3H4Br4	1,2,2,3-tetrabromopropane	54268-02-9	359.681	283.85	1	523.15	1	25	2.6900	1	25	1.6170	1	liquid	1
1520	C3H4ClF	3-chloro-2-fluoropropene	6186-91-0	94.516	---	---	---	---	25	1.1290	2	---	---	---	---	---

Table 1 Physical Properties - Organic Compounds

				Mol Wt	Freezing Point		Boiling Point		Density			Refractive Index			State	
NO	FORMULA	NAME	CAS No	g/mol	T_F, K	code	T_B, K	code	T, C	g/cm3	code	T, C	n_D	code	@25C,1 atm	code
1521	C3H4ClFO2	methyl chlorofluoroacetate	433-52-3	126.515	---	---	389.15	1	25	1.3230	1	25	1.3903	1	---	---
1522	C3H4ClFO2	2-fluoroethyl chloroformate	462-27-1	126.515	---	---	435.35	1	25	1.3325	2	---	---	---	---	---
1523	C3H4ClF3	3-chloro-1,1,1-trifluoropropane	460-35-5	132.513	166.65	1	318.25	1	20	1.3253	1	20	1.3350	1	liquid	1
1524	C3H4ClF3N2	2-chloro-N,N,N'-trifluoropropionamidine	25238-02-2	160.527	---	---	462.15	1	25	1.4336	2	---	---	---	---	---
1525	C3H4ClF3O	2-chloro-1,1,2-trifluoroethyl methyl ether	425-87-6	148.512	180.65	1	343.55	1	25	1.3640	1	---	---	---	liquid	1
1526	C3H4ClN	3-chloropropanenitrile	542-76-7	89.524	222.15	1	448.65	1	20	1.1573	1	20	1.4360	1	liquid	1
1527	C3H4ClN	2-chloropropionitrile	1617-17-0	89.524	---	---	394.95	1	25	1.0120	1	---	1.4130	1	---	---
1528	C3H4ClNO	2-chloroethyl isocyanate	1943-83-5	105.524	---	---	---	---	25	1.2608	2	---	---	---	---	---
1529	C3H4ClNO	3-chloro-lactonitrile	33965-80-9	105.524	---	---	---	---	25	1.2608	2	---	---	---	---	---
1530	C3H4ClNS	2-chloroethyl isothiocyanate	6099-88-3	121.590	---	---	---	---	25	1.2650	1	---	1.5560	1	---	---
1531	C3H4ClN5	2-chloro-4,6-diamino-1,3,5-triazine	3397-62-4	145.552	>593.15	1	---	---	25	1.5310	2	---	---	---	solid	1
1532	C3H4ClN5O2	N-(2-chloroethyl)-N-nitrosocarbomoyl azide	60784-40-9	177.551	---	---	344.55	1	25	1.6703	2	---	---	---	---	---
1533	C3H4Cl2	2,3-dichloropropene	78-88-6	110.970	183.15	2	366.50	1	25	1.2010	1	25	1.4568	1	liquid	1
1534	C3H4Cl2	1,1-dichloropropene	563-58-6	110.970	191.50	2	349.65	1	25	1.1864	1	25	1.4430	1	liquid	1
1535	C3H4Cl2	cis-1,2-dichloropropene	6923-20-2	110.970	191.50	2	366.15	1	22	1.1992	2	20	1.4549	1	liquid	1
1536	C3H4Cl2	trans-1,2-dichloropropene	7069-38-7	110.970	191.50	2	350.15	1	20	1.1818	1	20	1.4471	1	liquid	1
1537	C3H4Cl2	cis-1,3-dichloropropene	10061-01-5	110.970	191.50	2	377.45	1	20	1.2240	1	20	1.4682	1	liquid	1
1538	C3H4Cl2	trans-1,3-dichloropropene	10061-02-6	110.970	191.50	2	385.15	1	20	1.2170	1	20	1.4730	1	liquid	1
1539	C3H4Cl2	3,3-dichloropropene	563-57-5	110.970	191.50	2	357.55	1	20	1.1750	1	20	1.4510	1	liquid	1
1540	C3H4Cl2	1,3-dichloropropene; (cis+trans)	542-75-6	110.970	191.50	2	380.65	1	25	1.2090	1	---	1.4740	1	liquid	1
1541	C3H4Cl2	1,2-dichloropropene	563-54-2	110.970	191.50	2	348.15	1	22	1.1992	2	---	1.4480	1	liquid	1
1542	C3H4Cl2	dichloropropylene	26952-23-8	110.970	191.50	2	364.52	2	22	1.1992	2	---	---	---	liquid	2
1543	C3H4Cl2F2O	methoxyflurane	76-38-0	164.966	238.25	1	378.15	1	25	1.4260	1	---	1.3860	1	liquid	1
1544	C3H4Cl2O	2-chloropropanoyl chloride, (S)	70110-24-6	126.969	---	---	383.15	1	7	1.2394	1	20	1.4400	1	---	---
1545	C3H4Cl2O	3-chloropropanoyl chloride	625-36-5	126.969	---	---	417.15	1	13	1.3307	1	20	1.4549	1	---	---
1546	C3H4Cl2O	2,3-dichloropropanal	10140-89-3	126.969	---	---	391.30	2	20	1.4000	1	20	1.4762	1	---	---
1547	C3H4Cl2O	1,1-dichloroacetone	513-88-2	126.969	---	---	393.15	1	18	1.3040	1	---	---	---	---	---
1548	C3H4Cl2O	1,3-dichloroacetone	534-07-6	126.969	318.15	1	446.55	1	46	1.3826	1	40	1.4716	1	solid	1
1549	C3H4Cl2O	2-chloropropionyl chloride	7623-09-8	126.969	293.20	1	383.15	1	25	1.3080	1	---	1.4400	1	liquid	1
1550	C3H4Cl2O	cis-DCPO	66826-72-0	126.969	---	---	391.30	2	22	1.3275	2	---	---	---	---	---
1551	C3H4Cl2O	trans-1,3-dichloropropene oxide	66826-73-1	126.969	---	---	391.30	2	22	1.3275	2	---	---	---	---	---
1552	C3H4Cl2O	2,3-dichloro-2-propen-1-ol	2736-73-4	126.969	---	---	324.65	1	22	1.3275	2	---	---	---	---	---
1553	C3H4Cl2O2	2-chloroethyl chloroformate	627-11-2	142.969	---	---	428.15	1	20	1.3847	1	20	1.4483	1	---	---
1554	C3H4Cl2O2	2,2-dichloropropanoic acid	75-99-0	142.969	---	---	460.65	1	12	1.3890	1	---	---	---	---	---
1555	C3H4Cl2O2	2,3-dichloropropanoic acid	565-64-0	142.969	323.15	1	483.15	1	19	1.3685	2	20	1.4650	1	solid	1
1556	C3H4Cl2O2	methyl dichloroacetate	116-54-1	142.969	221.25	1	416.05	1	20	1.3774	1	20	1.4429	1	liquid	1
1557	C3H4Cl2O2	1-chloroethyl chloroformate	50893-53-3	142.969	---	---	391.65	1	25	1.3230	1	---	1.4230	1	---	---
1558	C3H4Cl2O2S	1,2-dichloro-1-(methylsulfonyl)ethylene	2700-89-2	175.035	---	---	---	---	25	1.4857	2	---	---	---	---	---
1559	C3H4Cl3F3Si	trichloro(3,3,3-trifluoropropyl)silane	592-09-6	231.503	---	---	386.65	1	25	1.4190	1	---	1.3860	1	---	---
1560	C3H4Cl3NO	methyl 2,2,2-trichloroacetimidate	2533-69-9	176.429	---	---	421.65	1	25	1.4250	1	---	1.4780	1	---	---
1561	C3H4Cl3NO2	N-(2,2,2-trichloro-1-hydroxyethyl)formamid	515-82-2	192.428	393.15	1	---	---	25	1.5557	2	---	---	---	solid	1
1562	C3H4Cl3NO2	trichloroethyl carbamate	107-69-7	192.428	337.65	1	---	---	25	1.5557	2	---	---	---	solid	1
1563	C3H4Cl3NO3	1,1,1-trichloro-3-nitro-2-propanol	760-40-7	208.427	318.65	1	---	---	25	1.6119	2	---	---	---	solid	1
1564	C3H4Cl3NSi	3-trichlorosilylpropionitrile	1071-22-3	188.514	307.90	1	---	---	---	---	---	---	---	---	---	---
1565	C3H4Cl4	1,1,1,2-tetrachloropropane	812-03-3	181.875	208.15	1	423.15	1	25	1.4650	1	25	1.4837	1	liquid	1
1566	C3H4Cl4	1,1,1,3-tetrachloropropane	1070-78-6	181.875	237.74	1	432.15	1	25	1.5008	1	25	1.4794	1	liquid	1
1567	C3H4Cl4	1,1,2,2-tetrachloropropane	13116-60-4	181.875	230.17	2	428.15	1	25	1.5000	1	25	1.4833	1	liquid	1
1568	C3H4Cl4	1,1,2,3-tetrachloropropane	18495-30-2	181.875	212.75	2	451.15	1	25	1.5016	1	25	1.4979	1	liquid	1
1569	C3H4Cl4	1,1,3,3-tetrachloropropane	1653-17-4	181.875	212.75	2	440.00	2	25	1.5000	1	25	1.4900	1	liquid	2
1570	C3H4Cl4	1,2,2,3-tetrachloropropane	13116-53-5	181.875	245.17	2	437.15	1	25	1.4861	1	25	1.4905	1	liquid	1
1571	C3H4Cl4O	1,1,1,3-tetrachloro-2-propanol	88947-16-4	197.874	---	---	---	---	20	1.6100	1	20	1.5145	1	---	---
1572	C3H4Cl4O	1,1,3,3-tetrachloro-2-propanol	18992-39-7	197.874	---	---	---	---	20	1.6120	1	20	1.5133	1	---	---
1573	C3H4F2	1,1-difluoro-1-propene	430-63-7	78.062	---	---	270.00	2	---	---	---	---	---	---	gas	2
1574	C3H4F2O2	methyl difluoroacetate	433-53-4	110.061	---	---	358.50	1	25	1.2559	2	---	---	---	---	---
1575	C3H4F3I	1,1,1-trifluoro-3-iodopropane	460-37-7	223.965	---	---	358.15	1	25	1.9110	1	---	1.4200	1	---	---
1576	C3H4F3NO	N-methyltrifluoroacetamide	815-06-5	127.067	323.65	1	429.65	1	25	1.3215	2	---	---	---	solid	1
1577	C3H4F3NO2	1,1,1-trifluoro-3-nitropropane	461-35-8	143.066	---	---	408.15	1	20	1.4178	1	20	1.3549	1	---	---
1578	C3H4F4	1,1,1,2-tetrafluoropropane	421-48-7	116.059	239.09	2	272.15	1	25	1.2068	2	25	1.2765	2	gas	1
1579	C3H4F4	1,1,1,3-tetrafluoropropane	460-36-6	116.059	254.09	2	302.55	1	25	1.2584	1	25	1.2765	1	liquid	1
1580	C3H4F4	1,1,2,2-tetrafluoropropane	40723-63-5	116.059	239.09	2	300.00	2	25	1.2068	2	25	1.2765	2	liquid	2
1581	C3H4F4	1,1,2,3-tetrafluoropropane	---	116.059	221.67	2	300.00	2	25	1.2068	2	25	1.2765	2	liquid	2
1582	C3H4F4	1,1,3,3-tetrafluoropropane	---	116.059	221.67	2	300.00	2	25	1.2068	2	25	1.2765	2	liquid	2
1583	C3H4F4	1,2,2,3-tetrafluoropropane	813-75-2	116.059	254.09	2	300.00	2	25	1.2068	2	25	1.2765	2	liquid	2
1584	C3H4F4O	2,2,3,3-tetrafluoro-1-propanol	76-37-9	132.058	258.15	1	382.65	1	20	1.4853	1	20	1.3197	1	liquid	1
1585	C3H4I4	1,1,1,2-tetraiodopropane	66794-31-8	547.683	342.73	2	636.93	2	25	3.2061	2	---	---	---	solid	2
1586	C3H4I4	1,1,1,3-tetraiodopropane	66794-32-9	547.683	357.73	2	637.37	2	25	3.2061	2	---	---	---	solid	2
1587	C3H4I4	1,1,2,2-tetraiodopropane	66794-33-0	547.683	342.73	2	636.93	2	25	3.2061	2	---	---	---	solid	2
1588	C3H4I4	1,1,2,3-tetraiodopropane	66794-21-6	547.683	325.31	2	639.72	2	25	3.2061	2	---	---	---	solid	2
1589	C3H4I4	1,1,3,3-tetraiodopropane	66794-34-1	547.683	325.31	2	639.72	2	25	3.2061	2	---	---	---	solid	2
1590	C3H4I4	1,2,2,3-tetraiodopropane	66794-20-5	547.683	357.73	2	637.37	2	25	3.2061	2	---	---	---	solid	2
1591	C3H4KO6P	phosphoenolpyruvic acid, monopotassium	4265-07-0	206.133	450.15	1	---	---	---	---	---	---	---	---	solid	1
1592	C3H4N2	imidazole	288-32-4	68.079	362.65	1	530.15	1	101	1.0303	1	101	1.4801	1	solid	1
1593	C3H4N2	(methyleneamino)acetonitrile	109-82-0	68.079	402.15	1	---	---	25	1.0452	2	---	---	---	solid	1
1594	C3H4N2	1H-pyrazole	288-13-1	68.079	341.65	1	460.15	1	25	1.0452	2	---	1.4203	1	solid	1
1595	C3H4N2	3-diazopropene	2032-04-4	68.079	---	---	---	---	25	1.0452	2	---	---	---	---	---
1596	C3H4N2O	2-cyanoacetamide	107-91-5	84.078	387.30	1	---	---	25	1.1884	2	---	---	---	solid	1
1597	C3H4N2O	3-aminoisoxazole	1750-42-1	84.078	---	---	348.65	1	25	1.1380	1	---	1.5110	1	---	---
1598	C3H4N2OS	pseudothiohydantoin	556-90-1	116.144	522.15	1	---	---	25	1.3456	2	---	---	---	solid	1
1599	C3H4N2OS	2-thiohydantoin	503-87-7	116.144	503.15	1	---	---	25	1.3456	2	---	---	---	solid	1
1600	C3H4N2OS2	N-aminorhodanine	1438-16-0	148.210	370.15	1	---	---	25	1.4548	2	---	---	---	solid	1

Table 1 Physical Properties - Organic Compounds

				Mol Wt	Freezing Point		Boiling Point		Density			Refractive Index			State	
NO	FORMULA	NAME	CAS No	g/mol	T_F, K	code	T_B, K	code	T, C	g/cm3	code	T, C	n_D	code	@25C,1 atm	code
1601	C3H4N2O2	2,4-imidazolidinedione	461-72-3	100.078	493.15	1	---	---	25	1.3105	2	---	---	---	solid	1
1602	C3H4N2O2	1-hydroxyimidazol-N-oxide	35321-46-1	100.078	---	---	---	---	25	1.3105	2	---	---	---	---	---
1603	C3H4N2O2	methyl diazoacetate	6832-16-2	100.078	---	---	---	---	25	1.3105	2	---	---	---	---	---
1604	C3H4N2O3	diisonitrosoacetone	41886-31-1	116.077	---	---	---	---	25	1.4159	2	---	---	---	---	---
1605	C3H4N2S	2-thiazolamine	96-50-4	100.145	366.15	1	---	---	25	1.2410	2	---	---	---	solid	1
1606	C3H4N2S	cyano-N-methylthioformamide	13621-47-1	100.145	314.65	1	---	---	25	1.2410	2	---	---	---	solid	1
1607	C3H4N2S	2-cyanothioacetamide	7357-70-2	100.145	389.15	1	---	---	25	1.2410	2	---	---	---	solid	1
1608	C3H4N2S2	2-mercapto-5-methyl-1,3,4-thiadiazole	29490-19-5	132.211	459.65	1	---	---	25	1.3735	2	---	---	---	solid	1
1609	C3H4N2S2	imidazoline-2,4-dithione	5789-17-3	132.211	---	---	---	---	25	1.3735	2	---	---	---	---	---
1610	C3H4N2S3	3-methylmercapto-5-mercapto-1,2,4-thiadi	20069-40-3	164.277	418.15	1	---	---	25	1.4691	2	---	---	---	solid	1
1611	C3H4N3NaS	1-cyano-3-methylisothiourea, sodium salt	67944-71-2	137.142	563.15	1	---	---	---	---	---	---	---	---	solid	1
1612	C3H4N4	3-amino-1,2,4-triazine	1120-99-6	96.093	448.65	1	---	---	25	1.3051	2	---	---	---	solid	1
1613	C3H4N4	2-amino-1,3,5-triazine	4122-04-7	96.093	494.65	1	---	---	25	1.3051	2	---	---	---	solid	1
1614	C3H4N4	1,3-diazopropane	5239-06-5	96.093	---	---	---	---	25	1.3051	2	---	---	---	---	---
1615	C3H4N4O	5-azacytosine	931-86-2	112.092	>573.15	1	---	---	25	1.4145	2	---	---	---	solid	1
1616	C3H4N4O2	6-amino-1,3,5-triazine-2,4(1H,3H)-dione	645-93-2	128.092	---	---	---	---	25	1.5094	2	---	---	---	---	---
1617	C3H4N4O5	1,3-dinitro-2-imidazolidone	2536-18-7	176.090	---	---	---	---	25	1.7313	2	---	---	---	---	---
1618	C3H4N4OSe	4-amino-1,2,5-selenadiazole-3-carboxamic	7722-06-7	191.052	---	---	---	---	---	---	---	---	---	---	---	---
1619	C3H4N6	1,3-diazidopropene	22750-69-2	124.107	---	---	---	---	25	1.5112	2	---	---	---	---	---
1620	C3H4N6O6	ammonium-2,4,5-trinitroimidazolide	63839-60-1	220.103	---	---	---	---	25	1.9004	2	---	---	---	---	---
1621	C3H4O	acrolein	107-02-8	56.064	185.45	1	325.84	1	25	0.8340	1	20	1.4017	1	liquid	1
1622	C3H4O	propargyl alcohol	107-19-7	56.064	221.35	1	386.75	1	25	0.9450	1	25	1.4300	1	liquid	1
1623	C3H4O	cyclopropanone	5009-27-8	56.064	---	---	---	---	23	0.8597	2	---	---	---	---	---
1624	C3H4O	methoxyethyne	6443-91-0	56.064	---	---	---	---	20	0.8001	1	20	1.3812	1	---	---
1625	C3H4O	methylketene	6004-44-0	56.064	---	---	---	---	23	0.8597	2	---	---	---	---	---
1626	C3H4O2	acrylic acid	79-10-7	72.064	286.65	1	414.15	1	25	1.0460	1	25	1.4185	1	liquid	1
1627	C3H4O2	beta-propiolactone	57-57-8	72.064	239.75	1	435.15	1	25	1.2620	1	20	1.4105	1	liquid	1
1628	C3H4O2	vinyl formate	692-45-5	72.064	---	---	320.00	1	25	0.9540	1	20	1.3870	1	liquid	1
1629	C3H4O2	3-oxetanone	6704-31-0	72.064	---	---	---	---	23	1.0896	2	---	---	---	---	---
1630	C3H4O2	oxiranecarboxaldehyde	765-34-4	72.064	211.15	1	385.65	1	20	1.1403	1	20	1.4265	1	liquid	1
1631	C3H4O2	1,2-propanedione	78-98-8	72.064	---	---	345.15	1	20	1.0455	1	18	1.4002	1	---	---
1632	C3H4O2	propanedial	542-78-9	72.064	346.15	1	---	---	23	1.0896	2	---	---	---	solid	1
1633	C3H4O3	ethylene carbonate	96-49-1	88.063	309.55	1	521.35	1	39	1.3214	1	40	1.4199	1	solid	1
1634	C3H4O3	pyruvic acid	127-17-3	88.063	286.75	1	438.15	dec	25	1.2650	1	20	1.4280	1	liquid	1
1635	C3H4O3	methyl glyoxylate	922-68-9	88.063	---	---	491.05	1	32	1.2932	2	---	---	---	---	---
1636	C3H4O4	malonic acid	141-82-2	104.062	407.95	1	580.00	2	25	1.6300	1	---	---	---	solid	1
1637	C3H4O5	hydroxypropanedioic acid	80-69-3	120.062	430.15	1	---	---	25	1.4172	2	---	---	---	solid	1
1638	C3H4S	thioacrolein	53439-64-8	72.131	---	---	---	---	25	0.9990	2	---	---	---	---	---
1639	C3H4S	3-propynethiol	27846-30-6	72.131	---	---	---	---	25	0.9990	2	---	---	---	---	---
1640	C3H4S	2-propyn-1-thiol	---	72.131	---	---	---	---	25	0.9990	2	---	---	---	---	---
1641	C3H4S3	ethylene trithiocarbonate	822-38-8	136.263	308.15	1	580.15	1	25	1.3187	2	---	---	---	solid	1
1642	C3H5Br	cis-1-bromo-1-propene	590-13-6	120.977	160.15	1	330.95	1	25	1.4197	1	25	1.4508	1	liquid	1
1643	C3H5Br	trans-1-bromo-1-propene	590-15-8	120.977	196.65	1	336.35	1	25	1.4061	1	25	1.4510	1	liquid	1
1644	C3H5Br	2-bromo-1-propene	557-93-7	120.977	147.15	1	321.55	1	25	1.3803	1	25	1.4374	1	liquid	1
1645	C3H5Br	3-bromo-1-propene	106-95-6	120.977	153.76	1	343.16	1	25	1.3890	1	25	1.4603	1	liquid	1
1646	C3H5Br	bromocyclopropane	4333-56-6	120.977	---	---	341.65	1	25	1.5100	1	---	1.4600	1	---	---
1647	C3H5Br	1-bromo-1-propene; (cis+trans)	590-14-7	120.977	157.25	1	333.65	1	25	1.4130	1	---	1.4540	1	liquid	1
1648	C3H5BrO	bromoacetone	598-31-2	136.976	236.65	1	411.15	1	23	1.6340	1	15	1.4697	1	liquid	1
1649	C3H5BrO	(bromomethyl)oxirane, (±)	82584-73-4	136.976	233.15	1	410.15	1	14	1.6150	1	20	1.4841	1	liquid	1
1650	C3H5BrO	2-bromopropanal	19967-57-8	136.976	---	---	382.65	1	20	1.5920	1	20	1.4813	1	---	---
1651	C3H5BrO	propanoyl bromide	598-22-1	136.976	---	---	375.15	1	16	1.5210	1	16	1.4578	1	---	---
1652	C3H5BrO	2-bromo-2-propen-1-ol	598-19-6	136.976	---	---	427.15	1	25	1.6360	1	18	1.5000	1	---	---
1653	C3H5BrO	epibromohydrin	3132-64-7	136.976	233.25	1	409.85	1	25	1.6010	1	---	1.4820	1	liquid	1
1654	C3H5BrO2	2-bromopropanoic acid, (±)	10327-08-9	152.976	298.85	1	476.65	1	20	1.7000	1	20	1.4753	1	solid	1
1655	C3H5BrO2	3-bromopropanoic acid	590-92-1	152.976	335.65	1	452.48	2	25	1.4800	1	---	---	---	solid	1
1656	C3H5BrO2	methyl bromoacetate	96-32-2	152.976	---	---	405.15	1	20	1.6350	1	20	1.4520	1	---	---
1657	C3H5BrO2	bromomethyl acetate	590-97-6	152.976	---	---	404.65	1	25	1.5600	1	---	1.4470	1	---	---
1658	C3H5BrO2	(R)-(+)-2-bromopropionic acid	10009-70-8	152.976	298.15	1	476.15	1	25	1.6900	1	---	1.4720	1	---	---
1659	C3H5BrO2	(S)-(-)-2-bromopropionic acid	32644-15-8	152.976	238.25	1	476.15	1	25	1.6980	1	---	1.4700	1	liquid	1
1660	C3H5BrO2	(±)-2-bromopropionic acid	598-72-1	152.976	388.00	1	476.15	1	25	1.7000	1	---	1.4730	1	solid	1
1661	C3H5BrO2	propionyl hypobromite	82198-80-9	152.976	---	---	452.48	2	24	1.6376	2	---	---	---	---	---
1662	C3H5Br2Cl	1,2-dibromo-3-chloropropane	96-12-8	236.333	---	---	469.15	1	14	2.0930	1	14	1.5530	1	---	---
1663	C3H5Br3	1,1,1-tribromopropane	62127-61-1	280.785	304.89	2	465.15	1	25	2.3500	1	25	1.5606	1	solid	2
1664	C3H5Br3	1,1,2-tribromopropane	14602-62-1	280.785	272.47	2	474.15	1	25	2.3451	1	25	1.5870	1	liquid	1
1665	C3H5Br3	1,1,3-tribromopropane	23511-78-6	280.785	287.47	2	478.15	1	25	2.3500	1	25	1.5700	1	liquid	1
1666	C3H5Br3	1,2,2-tribromopropane	14476-30-3	280.785	304.89	2	464.15	1	20	2.2984	1	20	1.5670	1	solid	2
1667	C3H5Br3	1,2,3-tribromopropane	96-11-7	280.785	289.34	1	495.31	1	25	2.4110	1	25	1.5836	1	liquid	1
1668	C3H5Cl	cis-1-chloro-1-propene	16136-84-8	76.525	138.35	1	305.95	1	25	0.9271	1	25	1.4000	1	liquid	1
1669	C3H5Cl	trans-1-chloro-1-propene	16136-85-9	76.525	174.15	1	310.55	1	25	0.9270	1	25	1.4000	1	liquid	1
1670	C3H5Cl	2-chloro-1-propene	557-98-2	76.525	135.75	1	295.80	1	25	0.8950	1	25	1.3920	1	gas	1
1671	C3H5Cl	3-chloro-1-propene	107-05-1	76.525	138.65	1	318.30	1	25	0.9310	1	25	1.4116	1	liquid	1
1672	C3H5Cl	1-chloro-1-propene	590-21-6	76.525	135.85	1	302.50	1	25	0.9190	1	---	---	---	liquid	1
1673	C3H5ClF2	1-chloro-2,2-difluoropropane	420-99-5	114.522	216.95	1	328.15	1	20	1.2001	1	20	1.3520	1	liquid	1
1674	C3H5ClN2	pyruvohydroximoyl chloride, oxime	4732-59-6	104.539	---	---	294.15	1	25	1.2039	2	---	---	---	gas	1
1675	C3H5ClN2O6	3-chloro-1,2-propanediol dinitrate	2012-33-1	200.536	---	---	465.65	1	9	1.5112	1	---	---	---	---	---
1676	C3H5ClO	alpha-epichlorohydrin	106-89-8	92.525	215.95	1	391.65	1	25	1.1740	1	25	1.4358	1	liquid	1
1677	C3H5ClO	epichlorohydrin	13403-37-7	92.525	247.15	1	391.15	1	20	1.1812	1	25	1.4358	1	liquid	1
1678	C3H5ClO	chloroacetone	78-95-5	92.525	228.65	1	392.15	1	20	1.1500	1	---	---	---	liquid	1
1679	C3H5ClO	2-chloropropanal	683-50-1	92.525	---	---	359.15	1	15	1.1820	1	17	1.4310	1	---	---
1680	C3H5ClO	3-chloropropanal	19434-65-2	92.525	---	---	403.15	1	15	1.2680	1	25	1.4750	1	---	---

Table 1 Physical Properties - Organic Compounds

				Mol Wt	Freezing Point		Boiling Point		Density			Refractive Index			State	
NO	FORMULA	NAME	CAS No	g/mol	T_F, K	code	T_B, K	code	T, C	g/cm3	code	T, C	n_D	code	@25C,1 atm	code
1681	C3H5ClO	propanoyl chloride	79-03-8	92.525	179.15	1	353.15	1	20	1.0646	1	20	1.4032	1	liquid	1
1682	C3H5ClO	2-chloro-2-propen-1-ol	5976-47-6	92.525	---	---	408.15	1	20	1.1618	1	20	1.4588	1	---	---
1683	C3H5ClO	3-chloro-2-propen-1-ol	29560-84-7	92.525	---	---	420.15	1	20	1.1769	1	20	1.4738	1	---	---
1684	C3H5ClO	(R)-(-)-epichlorohydrin	51594-55-9	92.525	---	---	387.15	1	25	1.1830	1	---	1.4380	1	---	---
1685	C3H5ClO	(S)-(+)-epichlorohydrin	67843-74-7	92.525	---	---	387.15	1	25	1.1830	1	---	1.4380	1	---	---
1686	C3H5ClO	trans-1-chloropropene oxide	21947-76-2	92.525	---	---	389.06	2	21	1.1725	2	---	---	---	---	---
1687	C3H5ClOS	chlorothioformic acid ethyl ester	2812-73-9	124.591	---	---	381.15	1	25	1.2520	2	---	---	---	---	---
1688	C3H5ClO2	methyl chloroacetate	96-34-4	108.524	241.03	1	402.97	1	25	1.2290	1	25	1.4197	1	liquid	1
1689	C3H5ClO2	ethyl chloroformate	541-41-3	108.524	192.00	1	366.00	1	25	1.1270	1	20	1.3952	1	liquid	1
1690	C3H5ClO2	chloromethyl acetate	625-56-9	108.524	---	---	389.15	1	20	1.1940	1	20	1.4090	1	---	---
1691	C3H5ClO2	2-chloropropanoic acid	598-78-7	108.524	---	---	458.15	1	20	1.2585	1	20	1.4380	1	---	---
1692	C3H5ClO2	3-chloropropanoic acid	107-94-8	108.524	314.15	1	477.15	dec	23	1.2119	2	---	---	---	solid	1
1693	C3H5ClO2	methoxyacetyl chloride	38870-89-2	108.524	---	---	385.65	1	20	1.1871	1	20	1.4199	1	---	---
1694	C3H5ClO2	L-a-chloropropionic acid	29617-66-1	108.524	---	---	470.00	2	25	1.2440	1	---	1.4340	1	---	---
1695	C3H5ClO2	(R)-(+)-2-chloropropionic acid	7474-05-7	108.524	---	---	470.00	2	25	1.2440	1	---	1.4330	1	---	---
1696	C3H5ClO3S	chloropropanediol cyclic sulfite	15121-11-6	156.589	---	---	440.65	1	25	1.4139	2	---	---	---	---	---
1697	C3H5ClO6	peroxypropionyl perchorate	66955-44-0	172.522	---	---	---	---	25	1.5400	2	---	---	---	---	---
1698	C3H5ClS	epithiochlorohydrine	3221-15-6	108.591	---	---	---	---	25	1.1565	2	---	1.5270	1	---	---
1699	C3H5Cl2F	1,2-dichloro-2-fluoropropane	420-97-3	130.976	181.45	1	361.75	1	20	1.2624	1	20	1.4099	1	liquid	1
1700	C3H5Cl2NO2	1,1-dichloro-1-nitropropane	595-44-8	157.984	---	---	418.15	1	20	1.3120	1	---	---	---	---	---
1701	C3H5Cl2NO2	ethyl dichlorocarbamate	13698-16-3	157.984	---	---	---	---	30	1.3040	1	20	1.4595	1	---	---
1702	C3H5Cl2OP	allylphosphonic dichloride	1498-47-1	158.951	---	---	---	---	25	1.3300	1	---	---	---	---	---
1703	C3H5Cl3	1,1,1-trichloropropane	7789-89-1	147.430	215.25	2	379.15	1	25	1.2835	1	25	1.4462	1	liquid	1
1704	C3H5Cl3	1,1,2-trichloropropane	598-77-6	147.430	182.83	2	405.15	1	25	1.3720	1	25	1.4820	1	liquid	1
1705	C3H5Cl3	1,1,3-trichloropropane	20395-25-9	147.430	214.17	1	418.70	1	25	1.3544	1	25	1.4698	1	liquid	1
1706	C3H5Cl3	1,2,2-trichloropropane	3175-23-3	147.430	215.25	2	396.15	1	25	1.3180	1	25	1.4609	1	liquid	1
1707	C3H5Cl3	1,2,3-trichloropropane	96-18-4	147.430	258.45	1	430.00	1	25	1.3840	1	25	1.4812	1	liquid	1
1708	C3H5Cl3N2O2	(1-hydroxy-2,2,2-trichloroethyl)urea	2000-40-0	207.443	---	---	293.95	1	25	1.5662	2	---	---	---	gas	1
1709	C3H5Cl3O	1,1,1-trichloro-2-propanol	76-00-6	163.430	323.65	1	436.15	1	25	1.3811	2	---	---	---	solid	1
1710	C3H5Cl3Si	trichloro-2-propenylsilane	107-37-9	175.515	308.15	1	390.65	1	20	1.2011	1	20	1.4460	1	solid	1
1711	C3H5F	cis-1-fluoro-1-propene	19184-10-2	60.071	150.14	2	271.47	2	25	0.7900	1	25	1.3800	1	gas	2
1712	C3H5F	trans-1-fluoro-1-propene	20327-65-5	60.071	150.14	2	271.47	2	25	0.7900	1	25	1.3800	1	gas	2
1713	C3H5F	2-fluoro-1-propene	1184-60-7	60.071	139.50	2	249.15	1	25	0.7900	1	25	1.3800	1	gas	1
1714	C3H5F	3-fluoro-1-propene	818-92-8	60.071	190.00	2	270.15	1	25	0.7900	1	25	1.3800	1	gas	1
1715	C3H5FO	(fluoromethyl)oxirane	503-09-3	76.071	---	---	358.65	1	25	1.0670	1	20	1.3715	1	---	---
1716	C3H5FO	1-fluoro-2-propanone	430-51-3	76.071	---	---	350.15	1	20	1.0288	1	20	1.3700	1	---	---
1717	C3H5FO	propanoyl fluoride	430-71-7	76.071	---	---	317.15	1	15	0.9720	1	13	1.3290	1	---	---
1718	C3H5FO	2-fluoro-2-propen-1-ol	5675-31-0	76.071	---	---	341.98	2	20	1.0226	2	---	---	---	---	---
1719	C3H5FO2	methyl fluoroacetate	453-18-9	92.070	238.15	1	377.65	1	15	1.1613	1	---	---	---	liquid	1
1720	C3H5FO2	3-fluoropropionic acid	461-56-3	92.070	---	---	377.65	2	25	1.1193	2	---	---	---	---	---
1721	C3H5F3	1,1,1-trifluoropropane	421-07-8	98.068	124.35	1	260.15	1	25	1.0400	1	25	1.2600	1	gas	1
1722	C3H5F3	1,1,2-trifluoropropane	---	98.068	189.52	2	264.97	2	---	---	---	25	1.2660	2	gas	2
1723	C3H5F3	1,1,3-trifluoropropane	---	98.068	204.52	2	265.41	2	---	---	---	25	1.2660	2	gas	2
1724	C3H5F3	1,2,2-trifluoropropane	811-94-9	98.068	221.94	2	262.62	2	---	---	---	25	1.2660	2	gas	2
1725	C3H5F3	1,2,3-trifluoropropane	---	98.068	204.52	2	265.41	2	---	---	---	25	1.2660	2	gas	2
1726	C3H5F3N2	N,N,N'-trifluoropropionamidine	21372-60-1	126.082	---	---	---	---	25	1.2698	2	---	---	---	---	---
1727	C3H5F3N2O	nitrosomethyl-2-trifluoroethylamine	819-35-2	142.082	---	---	---	---	25	1.3544	2	---	---	---	---	---
1728	C3H5F3O	2,2,2-trifluoroethyl methyl ether	460-43-5	114.068	---	---	304.77	1	25	1.1831	2	---	---	---	---	---
1729	C3H5F3O	1,1,1-trifluoro-2-propanol, (±)	17556-48-8	114.068	221.15	1	351.15	1	25	1.2632	1	25	1.3130	1	liquid	1
1730	C3H5F3O	3,3,3-trifluoro-1-propanol	2240-88-2	114.068	---	---	334.69	2	---	---	---	---	---	---	---	---
1731	C3H5F3O	1,1,1-trifluoropropan-2-ol	374-01-6	114.068	---	---	348.15	1	25	1.1831	2	---	---	---	---	---
1732	C3H5F3O2	1-methoxy-2,2,2-trifluoroethanol	431-46-9	130.067	---	---	---	---	25	1.2748	2	---	---	---	---	---
1733	C3H5F3O3S	ethyl trifluoromethanesulfonate	425-75-2	178.132	---	---	388.15	1	25	1.3740	1	---	---	---	---	---
1734	C3H5I	cis-1-iodo-1-propene	7796-36-3	167.977	176.05	2	365.34	2	25	1.7800	1	25	1.5200	1	liquid	2
1735	C3H5I	trans-1-iodo-1-propene	7796-54-5	167.977	176.05	2	365.34	2	25	1.7800	1	25	1.5200	1	liquid	2
1736	C3H5I	2-iodo-1-propene	4375-96-6	167.977	165.41	2	373.15	1	25	1.7856	1	25	1.5200	1	liquid	1
1737	C3H5I	3-iodo-1-propene	556-56-9	167.977	173.86	1	375.16	1	25	1.8390	1	25	1.5500	1	liquid	1
1738	C3H5IO	iodoacetone	3019-04-3	183.977	---	---	---	---	15	2.1700	1	---	---	---	---	---
1739	C3H5IO	(iodomethyl)oxirane	624-57-7	183.977	---	---	434.15	1	24	1.9820	1	---	---	---	---	---
1740	C3H5IO2	2-iodopropanoic acid, (±)	18791-49-6	199.976	319.15	1	---	---	18	2.0730	1	---	---	---	solid	1
1741	C3H5IO2	3-iodopropanoic acid	141-76-4	199.976	358.15	1	---	---	25	1.9815	2	---	---	---	solid	1
1742	C3H5I3	1,1,1-triiodopropane	---	421.786	299.67	2	544.23	2	25	2.8735	2	---	---	---	solid	2
1743	C3H5I3	1,1,2-triiodopropane	---	421.786	267.25	2	546.58	2	25	2.8735	2	---	---	---	liquid	2
1744	C3H5I3	1,1,3-triiodopropane	---	421.786	282.25	2	547.02	2	25	2.8735	2	---	---	---	liquid	2
1745	C3H5I3	1,2,2-triiodopropane	---	421.786	299.67	2	544.23	2	25	2.8735	2	---	---	---	solid	2
1746	C3H5I3	1,2,3-triiodopropane	---	421.786	282.25	2	547.02	2	25	2.8735	2	---	---	---	liquid	2
1747	C3H5KN2O4	potassium-1,1-dinitropropanide	30533-63-2	172.183	431.15	dec	354.25	1	---	---	---	---	---	---	solid	1
1748	C3H5KOS2	potassium xanthogenate	140-89-6	160.302	---	---	---	---	25	1.5580	1	---	---	---	---	---
1749	C3H5Li	allyllithium	3052-45-7	48.014	---	---	332.75	1	---	---	---	---	---	---	---	---
1750	C3H5LiO3	lactic acid, lithium salt	867-55-0	96.012	>573.15	1	---	---	---	---	---	---	---	---	solid	1
1751	C3H5LiO3	lithium (S)-lactate	27848-80-2	96.012	348.15	1	473.15	1	---	---	---	---	---	---	solid	1
1752	C3H5N	propionitrile	107-12-0	55.080	180.26	1	370.50	1	25	0.7770	1	25	1.3636	1	liquid	1
1753	C3H5N	ethyl isocyanide	624-79-3	55.080	193.16	2	351.65	1	25	0.7378	1	25	1.3607	1	liquid	1
1754	C3H5N	2-propyn-1-amine	2450-71-7	55.080	---	---	356.15	1	25	0.8030	1	20	1.4480	1	---	---
1755	C3H5NO	acrylamide	79-06-1	71.079	357.65	1	514.00	2	23	0.9632	2	85	1.5660	1	solid	1
1756	C3H5NO	hydracrylonitrile	109-78-4	71.079	227.15	1	494.15	1	25	1.0400	1	20	1.4256	1	liquid	1
1757	C3H5NO	lactonitrile	78-97-7	71.079	233.00	1	457.00	1	25	0.9830	1	20	1.4035	1	liquid	1
1758	C3H5NO	2-azetidinone	930-21-2	71.079	346.65	1	---	---	23	0.9632	2	---	---	---	solid	1
1759	C3H5NO	ethyl cyanate	627-48-5	71.079	---	---	435.15	dec	20	0.8900	1	25	1.3788	1	---	---
1760	C3H5NO	ethyl isocyanate	109-90-0	71.079	---	---	333.15	1	20	0.9031	1	20	1.3808	1	---	---

Table 1 Physical Properties - Organic Compounds

NO	FORMULA	NAME	CAS No	Mol Wt g/mol	Freezing Point T_F, K	code	Boiling Point T_B, K	code	Density T, C	g/cm3	code	Refractive Index T, C	n_D	code	State @25C,1 atm	code
1761	C3H5NO	methoxyacetonitrile	1738-36-9	71.079	---	---	392.15	1	20	0.9492	1	20	1.3831	1	---	---
1762	C3H5NO	N-vinylformamide	13162-05-5	71.079	257.25	1	483.15	1	25	1.0140	1	---	1.4940	1	liquid	1
1763	C3H5NOS	2-thioxotetrahydro-1,3-oxazole	5840-81-3	103.145	---	---	361.15	1	25	1.1914	2	---	---	---	---	---
1764	C3H5NO2	1-nitro-1-propene	3156-70-5	87.079	---	---	400.65	2	20	1.0661	1	20	1.4527	1	---	---
1765	C3H5NO2	2-nitro-1-propene	4749-28-4	87.079	---	---	400.65	2	25	1.0559	1	20	1.4358	1	---	---
1766	C3H5NO2	3-nitro-1-propene	625-46-7	87.079	---	---	400.65	1	22	1.0510	1	---	---	---	---	---
1767	C3H5NO2	2-oxopropanal oxime	306-44-5	87.079	342.15	1	---	---	67	1.0744	1	---	---	---	solid	1
1768	C3H5NO2	2-oxazolidinone	497-25-6	87.079	360.65	1	---	---	34	1.0619	2	---	---	---	solid	1
1769	C3H5NO2	2,3-epoxy propionaldehyde oxime	67722-96-7	87.079	---	---	---	---	34	1.0619	2	---	---	---	---	---
1770	C3H5NO2	oxiranecarboxamide	5694-00-8	87.079	---	---	---	---	34	1.0619	2	---	---	---	---	---
1771	C3H5NO2	vinyl carbamate	15805-73-9	87.079	---	---	---	---	34	1.0619	2	---	---	---	---	---
1772	C3H5NO3	nitroacetone	10230-68-9	103.078	323.45	1	---	---	25	1.2534	2	---	---	---	solid	1
1773	C3H5NO4	methyl nitroacetate	2483-57-0	119.077	---	---	---	---	25	1.3200	1	---	---	---	---	---
1774	C3H5NO4	2,3-epoxypropyl nitrate	6659-62-7	119.077	---	---	---	---	25	1.3554	2	---	---	---	---	---
1775	C3H5NO4	N-formyl-N-hydroxyglycine	689-13-4	119.077	392.65	1	---	---	25	1.3554	2	---	---	---	solid	1
1776	C3H5NO4	3-nitropropionic acid	504-88-1	119.077	---	---	456.15	dec	25	1.3554	2	---	---	---	---	---
1777	C3H5NO5	peroxypropionyl nitrate	5796-89-4	135.077	---	---	317.15	1	25	1.4451	2	---	---	---	---	---
1778	C3H5NS	ethyl isothiocyanate	542-85-8	87.146	267.25	1	404.65	1	20	0.9990	1	20	1.5130	1	liquid	1
1779	C3H5NS	ethyl thiocyanate	542-90-5	87.146	187.65	1	419.15	1	23	1.0070	1	15	1.4684	1	liquid	1
1780	C3H5NS	(methylthio)acetonitrile	35120-10-6	87.146	---	---	---	---	25	1.0390	1	20	1.4826	1	---	---
1781	C3H5NS	b-cyanoethylmercaptan	1001-58-7	87.146	---	---	---	---	23	1.0150	2	---	---	---	---	---
1782	C3H5NS2	2-mercaptothiazoline	96-53-7	119.212	379.15	1	---	---	25	1.2351	2	---	---	---	solid	1
1783	C3H5N3	1H-pyrazol-4-amine	28466-26-4	83.094	354.15	1	---	---	25	1.1246	2	---	---	---	solid	1
1784	C3H5N3	3-aminopyrazole	1820-80-0	83.094	309.15	1	---	---	25	1.1246	2	---	---	---	solid	1
1785	C3H5N3O	cyanoacetohydrazide	140-87-4	99.093	387.65	1	---	---	25	1.2464	2	---	---	---	solid	1
1786	C3H5N3O	3-amino-5-hydroxypyrazole	6126-22-3	99.093	490.65	1	---	---	25	1.2464	2	---	---	---	solid	1
1787	C3H5N3O	azidoacetone	4504-27-2	99.093	---	---	---	---	25	1.2464	2	---	---	---	---	---
1788	C3H5N3O	ethylnitrosocyanamide	38434-77-4	99.093	---	---	---	---	25	1.2464	2	---	---	---	---	---
1789	C3H5N3O	2-(N-methyl-N-nitroso)aminoacetonitrile	3684-97-7	99.093	---	---	479.65	1	25	1.2464	2	---	---	---	---	---
1790	C3H5N3OS	5-amino-3-methylthio-1,2,4-oxadiazole	55864-39-6	131.159	---	---	---	---	25	1.3797	2	---	---	---	---	---
1791	C3H5N3O2	ethyl azidoformate	817-87-8	115.093	---	---	---	---	25	1.3521	2	---	---	---	---	---
1792	C3H5N3O2	1-nitrosoimidazolidinone	3844-63-1	115.093	374.80	1	303.15	1	25	1.3521	2	---	---	---	solid	1
1793	C3H5N3O3S	2-ammoniothiazole nitrate	57530-25-3	163.158	---	---	---	---	25	1.5349	2	---	---	---	---	---
1794	C3H5N3O4	carboxymethylnitrosourea	---	147.091	---	---	---	---	25	1.5266	2	---	---	---	---	---
1795	C3H5N3O4	nitroso hydantoic acid	60391-92-6	147.091	---	---	---	---	25	1.5266	2	---	---	---	---	---
1796	C3H5N3O9	nitroglycerine	55-63-0	227.088	286.15	1	523.00	1	25	1.5860	1	16	1.4786	1	liquid	1
1797	C3H5N3S	2-amino-5-methyl-1,3,4-thiadiazole	108-33-8	115.160	495.65	1	---	---	25	1.2874	2	---	---	---	solid	1
1798	C3H5N3S2	2-amino-5-methylthio-1,3,4-thiadiazole	5319-77-7	147.226	451.15	1	---	---	25	1.4020	2	---	---	---	solid	1
1799	C3H5N5O	4,6-diamino-1,3,5-triazin-2(1H)-one	645-92-1	127.107	---	---	---	---	25	1.4444	2	---	---	---	---	---
1800	C3H5N5O3	1-nitroso-2-nitroamino-2-imidazoline	---	159.106	---	---	---	---	25	1.6034	2	---	---	---	---	---
1801	C3H5N5S	4,6-diamino-1,3,5-triazine-2-thione	767-17-9	143.174	---	---	---	---	25	1.4618	2	---	---	---	---	---
1802	C3H5NaOS2	sodium ethylxanthate	140-90-9	144.194	---	---	---	---	---	---	---	---	---	---	---	---
1803	C3H5NaO2	sodium propanoate	137-40-6	96.061	562.40	1	---	---	---	---	---	---	---	---	solid	1
1804	C3H5NaO3	sodium lactate	72-17-3	112.061	290.15	1	---	---	---	---	---	---	---	---	---	---
1805	C3H5NaO3S	2-propene-1-sulfonic acid sodium salt	2495-39-8	144.127	---	---	---	---	---	---	---	---	---	---	---	---
1806	C3H5ON3S	N-nitrosoimidazolidinethione	3715-92-2	131.159	---	---	---	---	25	1.3797	2	---	---	---	---	---
1807	C3H5O3K	potassium lactate	996-31-6	128.169	---	---	---	---	---	---	---	---	---	---	---	---
1808	C3H5O3Li	D(+)-lactic acid, lithium salt	27848-81-3	96.012	---	---	---	---	---	---	---	---	---	---	---	---
1809	C3H6	cyclopropane	75-19-4	42.081	145.59	1	240.37	1	25	0.6190	1	-42	1.3799	1	gas	1
1810	C3H6	propylene	115-07-1	42.081	87.89	1	225.46	1	25	0.5040	1	25	1.0009	1	gas	1
1811	C3H6BrCl	1-bromo-2-chloropropane	3017-96-7	157.437	---	---	391.15	1	20	1.5310	1	20	1.4745	1	---	---
1812	C3H6BrCl	1-bromo-3-chloropropane	109-70-6	157.437	214.25	1	416.45	1	20	1.5969	1	20	1.4864	1	liquid	1
1813	C3H6BrCl	2-bromo-1-chloropropane	3017-95-6	157.437	---	---	390.15	1	20	1.5370	1	20	1.4795	1	---	---
1814	C3H6BrCl	2-bromo-2-chloropropane	2310-98-7	157.437	---	---	368.15	1	20	1.4950	1	20	1.4575	1	---	---
1815	C3H6BrClO	1-bromo-3-chloro-1-propanol	4540-44-7	173.437	---	---	---	---	25	1.6014	2	---	---	---	---	---
1816	C3H6BrCl3Si	(3-bromopropyl)trichlorosilane	13883-39-1	256.427	---	---	476.15	1	25	1.6050	1	---	1.4900	1	---	---
1817	C3H6BrF	1-bromo-3-fluoropropane	352-91-0	140.983	---	---	374.55	1	25	1.5420	1	25	1.4290	1	---	---
1818	C3H6BrNO	bromoacetone oxime	62116-25-0	151.991	309.65	1	---	---	25	1.5938	2	---	---	---	solid	1
1819	C3H6BrNO2	2-bromo-2-nitropropane	5447-97-2	167.990	---	---	426.15	1	25	1.6562	1	---	---	---	---	---
1820	C3H6BrNO4	2-bromo-2-nitro-1,3-propanediol	52-51-7	199.989	404.65	1	---	---	25	1.7823	2	---	---	---	solid	1
1821	C3H6BrN3O2	nitrosobromoethylurea	69113-02-6	196.004	---	---	392.15	1	25	1.7904	2	---	---	---	---	---
1822	C3H6AsN	cyanodimethylarsine	683-45-4	131.009	---	---	---	---	---	---	---	---	---	---	---	---
1823	C3H6AuNSe	dimethylgold selenocyanate	---	332.014	---	---	---	---	---	---	---	---	---	---	---	---
1824	C3H6Br2	1,1-dibromopropane	598-17-4	201.889	227.67	2	406.65	1	25	1.9750	1	25	1.5063	1	liquid	1
1825	C3H6Br2	1,2-dibromopropane	78-75-1	201.889	217.96	1	413.16	1	25	1.9250	1	25	1.5188	1	liquid	1
1826	C3H6Br2	1,3-dibromopropane	109-64-8	201.889	238.95	1	440.45	1	25	1.9713	1	25	1.5208	1	liquid	1
1827	C3H6Br2	2,2-dibromopropane	594-16-1	201.889	245.09	2	388.25	1	25	1.8200	1	25	1.4959	1	liquid	1
1828	C3H6Br2O	1,3-dibromo-2-propanol	96-21-9	217.888	---	---	492.15	dec	20	2.1364	1	25	1.5495	1	---	---
1829	C3H6Br2O	2,3-dibromo-1-propanol	96-13-9	217.888	---	---	492.15	2	25	1.9636	2	---	1.5600	1	---	---
1830	C3H6ClF	1-chloro-3-fluoropropane	462-38-4	96.532	---	---	353.15	1	25	1.0410	2	25	1.3871	1	---	---
1831	C3H6ClI	1-chloro-3-iodopropane	6940-76-7	204.438	---	---	444.15	1	20	1.9040	1	20	1.5472	1	---	---
1832	C3H6ClNO	dimethylcarbamic chloride	79-44-7	107.540	240.15	1	440.15	1	25	1.1680	1	20	1.4540	1	liquid	1
1833	C3H6ClNO	2-chloropropionamide	27816-36-0	107.540	349.15	1	---	---	25	1.1600	2	---	---	---	solid	1
1834	C3H6ClNO2	1-chloro-2-nitropropane	2425-66-3	123.539	---	---	445.65	1	22	1.2450	1	25	1.4432	1	---	---
1835	C3H6ClNO2	1-chloro-3-nitropropane	16694-52-3	123.539	---	---	470.15	dec	20	1.2670	1	---	---	---	---	---
1836	C3H6ClNO2	2-chloro-1-nitropropane	503-76-4	123.539	---	---	445.15	1	15	1.2361	1	20	1.4447	1	---	---
1837	C3H6ClNO2	1-chloro-1-nitropropane	600-25-9	123.539	---	---	415.15	1	20	1.2070	1	20	1.4251	1	---	---
1838	C3H6ClNO2	2-chloro-2-nitropropane	594-71-8	123.539	251.65	1	407.15	dec	20	1.2000	1	19	1.4378	1	liquid	1
1839	C3H6ClNO2	3-chloro-L-alanine	2731-73-9	123.539	429.65	1	---	---	19	1.2310	2	---	---	---	solid	1
1840	C3H6ClNO2	N-hydroxymethyl-2-chloroacetamide	2832-19-1	123.539	370.65	1	---	---	19	1.2310	2	---	---	---	solid	1

25

Table 1 Physical Properties - Organic Compounds

				Mol Wt	Freezing Point		Boiling Point		Density			Refractive Index			State	
NO	FORMULA	NAME	CAS No	g/mol	T_F, K	code	T_B, K	code	T, C	g/cm3	code	T, C	n_D	code	@25C,1 atm	code
1841	C3H6ClNO2	b-chloroethyl carbamate	2114-18-3	123.539	---	---	---	---	19	1.2310	2	---	---	---	---	---
1842	C3H6ClNS	dimethylcarbamothioic chloride	16420-13-6	123.606	315.65	1	---	---	25	1.2041	2	---	---	---	solid	1
1843	C3H6ClN3O2	1-(2-chloroethyl)-1-nitrosourea	2365-30-2	151.553	---	---	169.25	1	25	1.4188	2	---	---	---	gas	1
1844	C3H6Cl2	1,1-dichloropropane	78-99-9	112.986	167.91	2	361.25	1	25	1.1260	1	25	1.4266	1	liquid	1
1845	C3H6Cl2	1,2-dichloropropane	78-87-5	112.986	172.71	1	369.52	1	25	1.1500	1	25	1.4368	1	liquid	1
1846	C3H6Cl2	1,3-dichloropropane	142-28-9	112.986	173.65	1	393.55	1	25	1.1810	1	25	1.4460	1	liquid	1
1847	C3H6Cl2	2,2-dichloropropane	594-20-7	112.986	239.36	1	342.46	1	25	1.1060	1	25	1.4123	1	liquid	1
1848	C3H6Cl2	1,2-dichloropropane, (±)	26198-63-0	112.986	172.62	1	369.55	1	20	1.1560	1	20	1.4394	1	liquid	1
1849	C3H6Cl2	dichloropropane	26638-19-7	112.986	172.65	1	369.75	1	24	1.1438	2	---	---	---	liquid	1
1850	C3H6Cl2O	2,3-dichloro-1-propanol	616-23-9	128.985	244.00	1	457.15	1	20	1.3607	1	20	1.4819	1	---	---
1851	C3H6Cl2O	3,3-dichloro-1-propanol	83682-72-8	128.985	---	---	451.15	1	25	1.3160	1	20	1.4670	1	---	---
1852	C3H6Cl2O	1,1-dichloro-2-propanol	53894-19-2	128.985	---	---	420.15	1	22	1.3334	1	---	---	---	---	---
1853	C3H6Cl2O	1,3-dichloro-2-propanol	96-23-1	128.985	269.15	1	447.45	1	17	1.3506	1	20	1.4837	1	---	---
1854	C3H6Cl2O2S	3-chloropropanesulfonyl chloride	1633-82-5	177.050	---	---	---	---	25	1.4530	1	---	1.4890	1	---	---
1855	C3H6Cl2O5	3-chloro-2-hydroxypropyl perchlorate	---	192.983	---	---	404.65	1	25	1.5063	2	---	---	---	---	---
1856	C3H6Cl2Si	dichlorovinylmethylsilane	124-70-9	141.071	178.15	1	366.95	1	20	1.0868	1	20	1.4270	1	---	---
1857	C3H6Cl2Si	1,1-dichlorosilacyclobutane	2351-33-9	141.071	---	---	387.15	1	25	1.1900	1	---	1.4640	1	---	---
1858	C3H6Cl3N	phosgene iminium chloride	33842-02-3	162.445	456.15	1	---	---	25	1.3373	2	---	---	---	solid	1
1859	C3H6Cl3NO	3-amino-1-trichloro-2-propanol	35695-70-6	178.445	---	---	481.15	1	25	1.4041	2	---	---	---	---	---
1860	C3H6Cl3P	tris(chloromethyl)phosphine	13482-62-7	179.412	---	---	---	---	20	1.4140	1	---	---	---	---	---
1861	C3H6Cl4Si	trichloro(3-chloropropyl)silane	2550-06-3	211.976	---	---	454.65	1	20	1.3590	1	20	1.4668	1	---	---
1862	C3H6Cl4Si	trichloro(chlorophenyl)silane	26571-79-9	211.976	---	---	503.15	1	25	1.4390	1	---	---	---	---	---
1863	C3H6DNO2	2-deutero-2-nitropropane	13224-31-2	90.100	---	---	---	---	---	---	---	---	---	---	---	---
1864	C3H6FN3O2	nitrosofluoroethylurea	69112-98-7	135.099	---	---	---	---	25	1.3577	2	---	---	---	---	---
1865	C3H6F2	1,1-difluoropropane	430-61-5	80.078	172.37	2	281.15	1	25	0.9200	1	25	1.2900	1	gas	1
1866	C3H6F2	1,2-difluoropropane	62126-90-3	80.078	171.00	2	288.15	1	25	0.9600	1	25	1.3100	1	gas	1
1867	C3H6F2	1,3-difluoropropane	462-39-5	80.078	187.37	2	314.45	1	25	1.0057	1	25	1.3220	1	liquid	1
1868	C3H6F2	2,2-difluoropropane	420-45-1	80.078	168.35	1	272.75	1	25	0.9130	1	25	1.2880	1	gas	1
1869	C3H6F2O	1,3-difluoro-2-propanol	453-13-4	96.077	---	---	400.15	1	25	1.2400	1	20	1.3725	1	---	---
1870	C3H6HgN4	methylmercuric dicyandiamide	502-39-6	298.699	---	---	404.55	1	---	---	---	---	---	---	---	---
1871	C3H6I2	1,1-diiodopropane	10250-52-9	295.890	224.19	2	453.88	2	25	2.4760	1	25	1.6160	1	liquid	2
1872	C3H6I2	1,2-diiodopropane	598-29-8	295.890	253.16	1	500.16	1	25	2.5660	1	25	1.6200	1	liquid	1
1873	C3H6I2	1,3-diiodopropane	627-31-6	295.890	260.15	1	496.15	1	25	2.5645	1	25	1.6396	1	liquid	1
1874	C3H6I2	2,2-diiodopropane	630-13-7	295.890	241.61	2	446.15	1	25	2.4760	1	25	1.6160	1	liquid	1
1875	C3H6KNO2	potassium-O-propionohydroxamate	71939-10-1	127.185	---	---	380.15	1	---	---	---	---	---	---	---	---
1876	C3H6KNS2	potassium dimethyldithiocarbamate	128-03-0	159.318	<273.15	1	373.15	1	---	---	---	---	---	---	liquid	1
1877	C3H6NOTl	dimethylthallium fulminate	---	276.470	---	---	356.15	1	---	---	---	---	---	---	---	---
1878	C3H6N2	3-aminopropanenitrile	151-18-8	70.095	---	---	458.15	1	20	0.9584	1	20	1.4396	1	---	---
1879	C3H6N2	4,5-dihydro-1H-pyrazole	109-98-8	70.095	---	---	417.15	1	17	1.0200	1	17	1.4796	1	---	---
1880	C3H6N2	dimethylcyanamide	1467-79-4	70.095	---	---	436.65	1	19	0.9892	2	19	1.4089	1	---	---
1881	C3H6N2	2-amino propionitrile	---	70.095	---	---	---	---	19	0.9892	2	---	---	---	---	---
1882	C3H6N2	imidazoline	504-75-6	70.095	328.15	1	---	---	19	0.9892	2	---	---	---	solid	1
1883	C3H6N2O	2-imidazolidinone	120-93-4	86.094	404.15	1	---	---	25	1.0794	2	---	---	---	solid	1
1884	C3H6N2O	1-nitrosoazetidine	15216-10-1	86.094	---	---	---	---	25	1.0794	2	---	---	---	---	---
1885	C3H6N2O	N-nitrosomethylvinylamine	4549-40-0	86.094	---	---	---	---	25	1.0794	2	---	---	---	---	---
1886	C3H6N2OS	N-(aminothioxomethyl)acetamide	591-08-2	118.160	438.15	1	---	---	25	1.2395	2	---	---	---	solid	1
1887	C3H6N2OS	N-nitrosothiazolidine	73870-33-4	118.160	---	---	---	---	25	1.2395	2	---	---	---	---	---
1888	C3H6N2O2	N-(aminocarbonyl)acetamide	591-07-1	102.093	491.15	1	---	---	25	1.1958	2	---	---	---	solid	1
1889	C3H6N2O2	4-amino-3-isoxazolidinone, (R)	68-41-7	102.093	428.65	dec	---	---	25	1.1958	2	---	---	---	solid	1
1890	C3H6N2O2	2-(hydroxyimino)propanal oxime	1804-15-5	102.093	430.15	1	---	---	25	1.1958	2	---	---	---	solid	1
1891	C3H6N2O2	propanediamide	108-13-4	102.093	443.95	1	---	---	25	1.1958	2	---	---	---	solid	1
1892	C3H6N2O2	L-cycloserine	339-72-0	102.093	420.15	1	---	---	25	1.1958	2	---	---	---	solid	1
1893	C3H6N2O2	methylnitrosoacetamide	7417-67-6	102.093	---	---	---	---	25	1.1958	2	---	---	---	---	---
1894	C3H6N2O2	N-nitrosooxazolidine	39884-52-1	102.093	---	---	330.45	1	25	1.1958	2	---	---	---	---	---
1895	C3H6N2O3	N-nitrososarcosine	13256-22-9	118.093	---	---	356.65	1	25	1.2978	2	---	---	---	---	---
1896	C3H6N2O4	1,1-dinitropropane	601-76-3	134.092	231.15	1	457.15	1	25	1.2610	1	20	1.4339	1	liquid	1
1897	C3H6N2O4	1,3-dinitropropane	6125-21-9	134.092	251.75	1	457.15	2	26	1.3530	1	20	1.4654	1	liquid	2
1898	C3H6N2O4	2,2-dinitropropane	595-49-3	134.092	326.15	1	458.65	1	25	1.3000	1	---	---	---	solid	1
1899	C3H6N2O4	ethyl nitrocarbamate	626-37-9	134.092	337.15	1	413.15	dec	20	1.0074	1	---	---	---	solid	1
1900	C3H6N2O4	N-nitrosarcosine	20661-60-3	134.092	---	---	---	---	24	1.2304	2	---	---	---	---	---
1901	C3H6N2O5	2,2-dinitropropanol	918-52-5	150.092	---	---	---	---	25	1.4683	2	---	---	---	---	---
1902	C3H6N2O6	1,2-propylene glycol dinitrate	6423-43-4	166.091	---	---	---	---	25	1.5402	2	---	---	---	---	---
1903	C3H6N2O6	2,2-dinitro-1,3-propanediol	2736-80-3	166.091	414.15	1	---	---	25	1.5402	2	---	---	---	solid	1
1904	C3H6N2O7	glycerol 1,3-dinitrate	623-87-0	182.090	299.15	1	---	---	20	1.5230	1	20	1.4715	1	solid	1
1905	C3H6N2O7	glycerol, 1,2-dinitrate	621-65-8	182.090	---	---	---	---	25	1.6049	2	---	---	---	---	---
1906	C3H6N2S	4,5-dihydro-2-thiazolamine	1779-81-3	102.161	358.45	1	---	---	25	1.1388	2	---	---	---	solid	1
1907	C3H6N2S	2-imidazolidinethione	96-45-7	102.161	476.15	1	---	---	25	1.1388	2	---	---	---	solid	1
1908	C3H6N2Se	2-aminoselenoazoline	15267-04-6	149.055	---	---	378.15	1	---	---	---	---	---	---	---	---
1909	C3H6N4	2,5-dimethyl-2H-tetrazole	4135-93-7	98.109	---	---	419.15	2	25	1.1872	2	---	---	---	---	---
1910	C3H6N4	1,5-dimethyl-1H-tetrazole	5144-11-6	98.109	---	---	419.15	2	25	1.1872	2	---	---	---	---	---
1911	C3H6N4	2-ethyltetrazole	---	98.109	---	---	419.15	2	25	1.1872	2	---	---	---	---	---
1912	C3H6N4	5-ethyltetrazole	50764-78-8	98.109	---	---	419.15	1	25	1.1872	2	---	---	---	---	---
1913	C3H6N4O3	oxalyl monoguanylhydrazide	89797-67-1	146.107	---	---	---	---	25	1.4686	2	---	---	---	---	---
1914	C3H6N4O3	N-methyl-N-nitrosobiuret	13860-69-0	146.107	---	---	---	---	25	1.4686	2	---	---	---	---	---
1915	C3H6N4O4	1,3-dinitro-1,3-diazacyclopentane	5754-91-6	162.106	403.00	1	---	---	25	1.5423	2	---	---	---	solid	1
1916	C3H6N4S	3-amino-5-methylthio-1H-1,2,4-triazole	45534-08-5	130.175	404.65	1	---	---	25	1.3255	2	---	---	---	solid	1
1917	C3H6N6	1,3,5-triazine-2,4,6-triamine	108-78-1	126.123	625.15	1	704.00	1	25	1.5700	1	20	1.8720	1	solid	1
1918	C3H6N6O3	hexahydro-1,3,5-trinitroso-1,3,5-triazine	13980-04-6	174.121	376.00	1	---	---	25	1.6125	2	---	---	---	solid	1
1919	C3H6N6O6	hexahydro-1,3,5-trinitro-1,3,5-triazine	121-82-4	222.119	478.65	1	---	---	20	1.8200	1	---	---	---	solid	1
1920	C3H6O	allyl alcohol	107-18-6	58.080	144.15	1	370.23	1	25	0.8450	1	20	1.4135	1	liquid	1

Table 1 Physical Properties - Organic Compounds

				Mol Wt	Freezing Point		Boiling Point		Density			Refractive Index			State	
NO	FORMULA	NAME	CAS No	g/mol	T_F, K	code	T_B, K	code	T, C	g/cm3	code	T, C	n_D	code	@25C,1 atm	code
1921	C3H6O	methyl vinyl ether	107-25-5	58.080	151.15	1	278.65	1	25	0.7440	1	25	1.3947	1	gas	1
1922	C3H6O	propionaldehyde	123-38-6	58.080	170.00	1	321.15	1	25	0.7960	1	25	1.3593	1	liquid	1
1923	C3H6O	acetone	67-64-1	58.080	178.45	1	329.44	1	25	0.7860	1	25	1.3560	1	liquid	1
1924	C3H6O	1,2-propylene oxide	75-56-9	58.080	161.22	1	307.65	1	25	0.8230	1	25	1.3632	1	liquid	1
1925	C3H6O	1,3-propylene oxide	503-30-0	58.080	---	---	321.00	1	25	0.8940	1	25	1.3897	1	---	---
1926	C3H6O	methyloxirane	16033-71-9	58.080	161.25	1	308.15	1	25	0.8590	1	20	1.3660	1	liquid	1
1927	C3H6O	(S)-(-)-propylene oxide	16088-62-3	58.080	161.25	1	308.05	1	25	0.8250	1	---	1.3660	1	liquid	1
1928	C3H6O	(R)-(+)-propylene oxide	15448-47-2	58.080	---	---	317.97	2	25	0.8215	2	---	---	---	---	---
1929	C3H6OS2	ethyl xanthate	151-01-9	122.212	---	---	---	---	25	1.1936	2	---	---	---	---	---
1930	C3H6O2	propanoic acid	79-09-4	74.079	252.45	1	414.32	1	25	0.9880	1	25	1.3843	1	liquid	1
1931	C3H6O2	ethyl formate	109-94-4	74.079	193.55	1	327.46	1	25	0.9170	1	25	1.3575	1	liquid	1
1932	C3H6O2	methyl acetate	79-20-9	74.079	175.15	1	330.09	1	25	0.9270	1	25	1.3589	1	liquid	1
1933	C3H6O2	1,3-dioxolane	646-06-0	74.079	175.93	1	351.15	1	20	1.0600	1	20	1.3974	1	liquid	1
1934	C3H6O2	1-hydroxy-2-propanone	116-09-6	74.079	256.15	1	418.65	1	20	1.0805	1	20	1.4295	1	liquid	1
1935	C3H6O2	methoxyacetaldehyde	10312-83-1	74.079	---	---	365.15	1	25	1.0050	1	20	1.3950	1	---	---
1936	C3H6O2	oxiranemethanol, (±)	61915-27-3	74.079	228.15	1	440.15	dec	25	1.1143	1	20	1.4287	1	liquid	1
1937	C3H6O2	(±)-glycidol	556-52-5	74.079	228.15	1	433.65	1	25	1.1160	1	---	1.4330	1	liquid	1
1938	C3H6O2	(R)-(+)-glycidol	57044-25-4	74.079	---	---	---	---	25	1.1170	1	---	1.4300	1	---	---
1939	C3H6O2	(S)-(-)-glycidol	60456-23-7	74.079	---	---	---	---	25	1.1170	1	---	1.4330	1	---	---
1940	C3H6O2	3-hydroxypropanal	2134-29-4	74.079	---	---	---	---	24	1.0442	2	---	---	---	---	---
1941	C3H6O2	allyl hydroperoxide	---	74.079	---	---	---	---	24	1.0442	2	---	---	---	---	---
1942	C3H6O2S	3-mercaptopropionic acid	107-96-0	106.145	290.65	1	501.00	1	25	1.2130	1	20	1.4940	1	liquid	1
1943	C3H6O2S	methyl mercaptoacetate	2365-48-2	106.145	---	---	---	---	23	1.2104	2	20	1.4657	1	---	---
1944	C3H6O2S	(methylsulfonyl)ethene	3680-02-2	106.145	---	---	---	---	20	1.2117	1	20	1.4636	1	---	---
1945	C3H6O2S	(methylthio)acetic acid	2444-37-3	106.145	286.15	1	---	---	20	1.2210	1	20	1.4950	1	---	---
1946	C3H6O2S	thietane 1,1-dioxide	5687-92-3	106.145	348.65	1	---	---	23	1.2104	2	20	1.5156	1	solid	1
1947	C3H6O2S	thiolactic acid	79-42-5	106.145	285.15	1	390.15	1	25	1.1960	1	---	1.4820	1	liquid	1
1948	C3H6O3	lactic acid	50-21-5	90.079	289.90	1	490.00	2	25	1.2010	1	25	1.4392	1	liquid	1
1949	C3H6O3	methoxyacetic acid	625-45-6	90.079	281.00	1	478.26	1	25	1.1700	1	20	1.4168	1	liquid	1
1950	C3H6O3	trioxane	110-88-3	90.079	334.65	1	387.65	1	65	1.1700	1	---	---	---	solid	1
1951	C3H6O3	2,3-dihydroxypropanal, (±)	56-82-6	90.079	418.15	1	---	---	18	1.4530	1	---	---	---	solid	1
1952	C3H6O3	1,3-dihydroxy-2-propanone	96-26-4	90.079	363.15	1	---	---	28	1.2049	2	---	---	---	solid	1
1953	C3H6O3	dimethyl carbonate	616-38-6	90.079	273.15	1	363.40	1	25	1.0636	1	20	1.3687	1	liquid	1
1954	C3H6O3	3-hydroxypropanoic acid	503-66-2	90.079	289.95	2	---	---	28	1.2049	2	20	1.4489	1	---	---
1955	C3H6O3	2-hydroxypropanoic acid, (±)	598-82-3	90.079	289.95	1	---	---	21	1.2060	1	20	1.4392	1	---	---
1956	C3H6O3	methyl hydroxyacetate	96-35-5	90.079	---	---	422.15	1	18	1.1677	1	---	---	---	---	---
1957	C3H6O3	paraformaldehyde	30525-89-4	90.079	333.44	1	---	---	28	1.2049	2	---	---	---	solid	1
1958	C3H6O3	L-(+)-lactic acid	79-33-4	90.079	326.15	1	398.15	1	25	1.2080	1	---	1.4270	1	solid	1
1959	C3H6O3	propaneperoxoic acid	4212-43-5	90.079	---	---	---	---	28	1.2049	2	---	---	---	---	---
1960	C3H6O3	propene ozonide	38787-96-1	90.079	---	---	---	---	28	1.2049	2	---	---	---	---	---
1961	C3H6O3S	1,3-propane sultone	1120-71-4	122.145	---	---	---	---	25	1.2456	2	---	---	---	---	---
1962	C3H6O3S	cyclic sulfur oxygenate	---	122.145	---	---	---	---	---	---	---	---	---	---	---	---
1963	C3H6O3S	1,2-oxathietane-2,2-dioxide	4378-73-8	122.145	---	---	---	---	25	1.2456	2	---	---	---	---	---
1964	C3H6O4	glyceric acid	473-81-4	106.078	---	---	---	---	25	1.2039	2	---	---	---	---	---
1965	C3H6O4S	trimethylene sulfate	1073-05-8	138.144	333.15	1	---	---	25	1.3325	2	---	---	---	solid	1
1966	C3H6O4Se	b-seleninopropionic acid	55509-78-9	185.038	---	---	---	---	---	---	---	---	---	---	---	---
1967	C3H6S	thiacyclobutane	287-27-4	74.147	199.91	1	368.12	1	25	1.0140	1	25	1.5074	1	liquid	1
1968	C3H6S	2-methylthiacyclopropane	1072-43-1	74.147	182.15	1	347.55	1	25	0.9390	1	25	1.4720	1	liquid	1
1969	C3H6S	(methylthio)ethene	1822-74-8	74.147	---	---	342.65	1	20	0.9026	1	20	1.4837	1	---	---
1970	C3H6S	2-propene-1-thiol	870-23-5	74.147	---	---	338.15	1	23	0.9250	1	20	1.4832	1	---	---
1971	C3H6S	allyl mercaptan	---	74.147	---	---	---	---	23	0.9452	2	---	---	---	---	---
1972	C3H6S2	1,2-dithiolane	557-22-2	106.213	350.15	1	448.15	2	25	1.0975	2	---	---	---	solid	1
1973	C3H6S2	1,3-dithiolane	4829-04-3	106.213	223.15	1	448.15	1	17	1.2590	1	15	1.5975	1	liquid	1
1974	C3H6S3	1,3,5-trithiane	291-21-4	138.279	493.15	1	---	---	24	1.6374	1	---	---	---	solid	1
1975	C3H6S3	dimethyl trithiocarbonate	2314-48-9	138.279	268.60	1	---	---	25	1.2540	1	---	1.6750	1	---	---
1976	C3H7AgO4	silver(i) lactate monohydrate	128-00-7	214.952	---	---	---	---	---	---	---	---	---	---	---	---
1977	C3H7AsCl2	propyldichlorarsine	926-53-4	188.915	---	---	---	---	---	---	---	---	---	---	---	---
1978	C3H7Br	1-bromopropane	106-94-5	122.993	163.15	1	344.15	1	25	1.3450	1	25	1.4317	1	liquid	1
1979	C3H7Br	2-bromopropane	75-26-3	122.993	184.15	1	332.56	1	25	1.2820	1	25	1.4221	1	liquid	1
1980	C3H7BrO	(bromomethoxy)ethane	53588-92-4	138.992	---	---	383.15	1	20	1.4253	1	20	1.4515	1	---	---
1981	C3H7BrO	1-bromo-2-methoxyethane	6482-24-2	138.992	---	---	383.15	1	20	1.4623	1	20	1.4475	1	---	---
1982	C3H7BrO	1-bromo-2-propanol	19686-73-8	138.992	---	---	419.65	1	30	1.5585	1	20	1.4801	1	---	---
1983	C3H7BrO	3-bromo-1-propanol	627-18-9	138.992	---	---	395.32	2	20	1.5374	1	25	1.4834	1	---	---
1984	C3H7BrO2	3-bromo-1,2-propanediol	4704-77-2	154.991	---	---	---	---	25	1.7710	1	---	1.5180	1	---	---
1985	C3H7Br2O4P	mono(2,3-dibromopropyl)phosphate	5324-12-9	297.868	---	---	---	---	---	---	---	---	---	---	---	---
1986	C3H7Cl	1-chloropropane	540-54-5	78.541	150.35	1	319.67	1	25	0.8560	1	25	1.3858	1	liquid	1
1987	C3H7Cl	2-chloropropane	75-29-6	78.541	155.97	1	308.85	1	25	0.8550	1	25	1.3752	1	liquid	1
1988	C3H7ClHg	chloropropylmercury	2440-40-6	279.131	---	---	---	---	---	---	---	---	---	---	---	---
1989	C3H7ClHgO	triadimenol	123-88-6	295.130	388.15	1	---	---	---	---	---	---	---	---	solid	1
1990	C3H7ClN2	acryloamide	---	106.555	---	---	---	---	25	1.1117	2	---	---	---	---	---
1991	C3H7ClN2O	2-chloro-N-methyl-N-nitrosoethylamine	16339-16-5	122.554	---	---	---	---	25	1.2079	2	---	---	---	---	---
1992	C3H7ClN2O2S	2-carboxymethylisothiouronium chloride	---	170.620	---	---	---	---	25	1.3912	2	---	---	---	---	---
1993	C3H7ClO	(chloromethoxy)ethane	3188-13-4	94.540	---	---	356.15	1	15	1.0188	1	20	1.4040	1	---	---
1994	C3H7ClO	1-chloro-1-methoxyethane	1538-87-0	94.540	---	---	344.15	1	20	0.9902	1	20	1.4004	1	---	---
1995	C3H7ClO	1-chloro-2-methoxyethane	627-42-9	94.540	---	---	365.65	1	20	1.0345	1	20	1.4111	1	---	---
1996	C3H7ClO	2-chloro-1-propanol	78-89-7	94.540	---	---	406.65	1	20	1.1030	1	20	1.4390	1	---	---
1997	C3H7ClO	3-chloro-1-propanol	627-30-5	94.540	---	---	438.15	1	20	1.1309	1	20	1.4459	1	---	---
1998	C3H7ClO	1-chloro-2-propanol	127-00-4	94.540	---	---	400.15	1	20	1.1130	1	20	1.4392	1	---	---
1999	C3H7ClO	(S)-(+)-2-chloro-1-propanol	19210-21-0	94.540	---	---	403.15	1	25	1.0970	1	---	1.4370	1	---	---
2000	C3H7ClO	(R)-(-)-2-chloropropan-1-ol	37493-14-4	94.540	---	---	403.15	1	25	1.0900	1	---	---	---	---	---

Table 1 Physical Properties - Organic Compounds

				Mol Wt	Freezing Point		Boiling Point		Density			Refractive Index			State	
NO	FORMULA	NAME	CAS No	g/mol	T_F, K	code	T_B, K	code	T, C	g/cm3	code	T, C	n_D	code	@25C,1 atm	code
2001	C3H7ClO	isopropyl hypochlorite	53578-07-7	94.540	---	---	389.65	2	21	1.0722	2	---	---	---	---	---
2002	C3H7ClO2	3-chloro-1,2-propanediol	96-24-2	110.540	233.15	1	486.15	1	18	1.3250	1	20	1.4809	1	---	---
2003	C3H7ClO2	2-chloro-1,3-propanediol	497-04-1	110.540	---	---	489.15	2	20	1.3219	1	20	1.4831	1	---	---
2004	C3H7ClO2	(R)-(-)-3-chloro-1,2-propanediol	57090-45-6	110.540	---	---	486.15	1	25	1.3220	1	---	1.4800	1	---	---
2005	C3H7ClO2	(S)-(+)-3-chloro-1,2-propanediol	60827-45-4	110.540	---	---	486.15	1	25	1.3220	1	---	1.4800	1	---	---
2006	C3H7ClO2	DL-a-chlorohydrin	52340-46-2	110.540	---	---	489.15	2	22	1.3227	2	---	---	---	---	---
2007	C3H7ClO2	chloropropane diol-1,3	1331-07-3	110.540	---	---	498.15	dec	22	1.3227	2	---	---	---	---	---
2008	C3H7ClO2S	1-propanesulfonyl chloride	10147-36-1	142.606	---	---	453.15	dec	20	1.2670	1	20	1.4520	1	---	---
2009	C3H7ClO2S	2-propanesulfonyl chloride	10147-37-2	142.606	---	---	453.15	2	25	1.2700	1	---	1.4540	1	---	---
2010	C3H7ClO3S	2-chloroethyl methanesulfonate	3570-58-9	158.605	---	---	---	---	25	1.3900	1	20	1.4562	1	---	---
2011	C3H7ClS	1-chloro-2-(methylthio)ethane	542-81-4	110.607	---	---	413.15	1	20	1.1230	1	20	1.4902	1	---	---
2012	C3H7ClS	3-chloro-1-propanethiol	17481-19-5	110.607	---	---	418.65	1	25	1.1360	1	---	1.4920	1	---	---
2013	C3H7Cl2N	N,N-dichloro-1-propanamine	69947-01-9	128.001	---	---	390.15	1	23	1.1454	1	23	1.4525	1	---	---
2014	C3H7Cl2N	(chloromethylene)dimethylammonium chlo	3724-43-4	128.001	412.15	1	---	---	25	1.1766	2	---	---	---	solid	1
2015	C3H7Cl2OP	propylphosphonic dichloride	4708-04-7	160.967	---	---	---	---	25	1.2900	1	---	1.4640	1	---	---
2016	C3H7Cl3Si	chloro(dichloromethyl)dimethylsilane	18171-59-0	177.531	225.15	1	422.15	1	20	1.2369	1	20	1.4610	1	liquid	1
2017	C3H7Cl3Si	trichloroisopropylsilane	4170-46-1	177.531	185.45	1	394.15	1	20	1.1934	1	20	1.4319	1	liquid	1
2018	C3H7Cl3Si	trichloropropylsilane	141-57-1	177.531	---	---	396.65	1	20	1.1950	1	20	1.4310	1	---	---
2019	C3H7Cu	propylcopper(i)	18365-12-3	106.635	---	---	398.15	1	---	---	---	---	---	---	---	---
2020	C3H7F	1-fluoropropane	460-13-9	62.087	114.16	1	269.95	1	25	0.7870	1	25	1.3091	1	gas	1
2021	C3H7F	2-fluoropropane	420-26-8	62.087	139.80	1	263.81	1	25	0.7330	1	25	1.2992	1	gas	1
2022	C3H7FO	3-fluoro-1-propanol	462-43-1	78.086	---	---	400.95	1	25	1.0390	1	25	1.3771	1	---	---
2023	C3H7FO2	3-fluoro-1,2-propanediol	453-16-7	94.086	---	---	---	---	25	1.1000	1	---	1.4220	1	---	---
2024	C3H7HgNS	methyl(thioacetamido) mercury	77430-23-0	289.752	---	---	---	---	---	---	---	---	---	---	---	---
2025	C3H7I	1-iodopropane	107-08-4	169.993	171.85	1	375.60	1	25	1.7390	1	25	1.5028	1	liquid	1
2026	C3H7I	2-iodopropane	75-30-9	169.993	183.15	1	362.65	1	25	1.6950	1	25	1.4961	1	liquid	1
2027	C3H7IO	3-iodo-1-propanol	627-32-7	185.992	---	---	499.15	1	20	1.9976	1	20	1.5585	1	---	---
2028	C3H7K2O6P	potassium glycerophosphate	1319-69-3	248.256	---	---	---	---	---	---	---	---	---	---	---	---
2029	C3H7Li	propyl lithium	2417-93-8	50.030	---	---	---	---	---	---	---	---	---	---	---	---
2030	C3H7N	allylamine	107-11-9	57.096	184.95	1	326.45	1	25	0.7570	1	20	1.4205	1	liquid	1
2031	C3H7N	propyleneimine	75-55-8	57.096	229.00	1	334.00	1	25	0.8020	1	25	1.4095	1	liquid	1
2032	C3H7N	azetidine	503-29-7	57.096	203.15	1	336.15	1	20	0.8436	1	25	1.4287	1	liquid	1
2033	C3H7N	1-methylaziridine	1072-44-2	57.096	---	---	300.65	1	19	0.7572	1	19	1.3885	1	---	---
2034	C3H7N	cyclopropylamine	765-30-0	57.096	237.76	1	323.65	1	20	0.8240	1	20	1.4210	1	liquid	1
2035	C3H7NNaS2	sodium dimethyldithiocarbamate	128-04-1	144.217	---	---	---	---	---	---	---	---	---	---	---	---
2036	C3H7NO	N,N-dimethylformamide	68-12-2	73.095	212.72	1	426.15	1	25	0.9450	1	25	1.4269	1	liquid	1
2037	C3H7NO	N-methylacetamide	79-16-3	73.095	301.15	1	478.15	1	25	0.9371	1	20	1.4301	1	solid	1
2038	C3H7NO	N-ethylformamide	627-45-2	73.095	230.00	2	471.15	1	20	0.9552	1	20	1.4320	1	liquid	1
2039	C3H7NO	propanal oxime	627-39-4	73.095	313.15	1	404.65	1	20	0.9258	1	20	1.4287	1	solid	1
2040	C3H7NO	propanamide	79-05-0	73.095	354.45	1	486.15	1	110	0.9262	1	110	1.4180	1	solid	1
2041	C3H7NO	2-propanone oxime	127-06-0	73.095	334.15	1	409.15	1	62	0.9113	1	20	1.4156	1	solid	1
2042	C3H7NOS	o-ethyl thiocarbamate	625-57-0	105.161	314.15	1	---	---	20	1.0690	1	20	1.5200	1	solid	1
2043	C3H7NOS	s-ethyl thiocarbamate	637-98-9	105.161	382.15	1	---	---	25	1.1002	2	---	---	---	solid	1
2044	C3H7NOS	1-(methylthio)acetaldoxime	13749-94-5	105.161	---	---	398.15	dec	25	1.1002	2	---	---	---	---	---
2045	C3H7NO2	1-nitropropane	108-03-2	89.094	169.16	1	404.33	1	25	0.9960	1	25	1.3996	1	liquid	1
2046	C3H7NO2	2-nitropropane	79-46-9	89.094	181.83	1	393.40	1	25	0.9830	1	25	1.3924	1	liquid	1
2047	C3H7NO2	DL-alanine	302-72-7	89.094	573.15	dec	---	---	25	1.4240	1	---	---	---	solid	1
2048	C3H7NO2	D-alanine	338-69-2	89.094	587.15	dec	---	---	22	1.4310	2	---	---	---	solid	1
2049	C3H7NO2	L-alanine	56-41-7	89.094	570.15	dec	---	---	22	1.4329	1	---	---	---	solid	1
2050	C3H7NO2	beta-alanine	107-95-9	89.094	473.15	dec	---	---	19	1.4370	1	---	---	---	solid	1
2051	C3H7NO2	ethyl carbamate	51-79-6	89.094	322.15	1	458.15	1	21	0.9862	1	51	1.4144	1	solid	1
2052	C3H7NO2	2-hydroxypropanamide, (±)	65144-02-7	89.094	348.65	1	---	---	80	1.1381	1	---	---	---	solid	1
2053	C3H7NO2	isopropyl nitrite	541-42-4	89.094	---	---	313.15	1	15	0.8684	1	---	---	---	---	---
2054	C3H7NO2	propyl nitrite	543-67-9	89.094	---	---	321.15	1	20	0.8860	1	20	1.3604	1	---	---
2055	C3H7NO2	sarcosine	107-97-1	89.094	485.15	dec	---	---	30	0.9997	2	---	---	---	solid	1
2056	C3H7NO2	N-(hydroxymethyl)acetamide	625-51-4	89.094	328.65	1	---	---	25	1.1400	1	---	---	---	solid	1
2057	C3H7NO2	(S)-(-)-lactamide	89673-71-2	89.094	326.15	1	---	---	30	0.9997	2	---	---	---	solid	1
2058	C3H7NO2S	L-cysteine	52-90-4	121.160	513.15	dec	---	---	25	1.1972	2	---	---	---	solid	1
2059	C3H7NO2S	DL-cysteine	3374-22-9	121.160	498.15	1	---	---	25	1.1972	2	---	---	---	solid	1
2060	C3H7NO2Se	3-selenyl-DL-alanine	18312-66-8	168.054	---	---	---	---	---	---	---	---	---	---	---	---
2061	C3H7NO3	propyl nitrate	627-13-4	105.094	173.16	1	383.16	1	20	1.0538	1	20	1.3973	1	liquid	1
2062	C3H7NO3	isopropyl nitrate	1712-64-7	105.094	173.16	1	373.66	1	19	1.0340	1	16	1.3912	1	liquid	1
2063	C3H7NO3	2-nitro-1-propanol	2902-96-7	105.094	253.15	2	443.20	2	25	1.1841	1	20	1.4379	1	liquid	2
2064	C3H7NO3	3-nitro-1-propanol	25182-84-7	105.094	253.15	2	443.20	2	13	1.1730	1	---	---	---	liquid	2
2065	C3H7NO3	1-nitro-2-propanol	3156-73-8	105.094	253.15	1	443.20	2	20	1.1910	1	20	1.4383	1	liquid	2
2066	C3H7NO3	DL-serine	302-84-1	105.094	519.15	dec	---	---	22	1.6030	1	---	---	---	solid	1
2067	C3H7NO3	D-serine	312-84-5	105.094	502.15	dec	---	---	22	1.6015	2	---	---	---	solid	1
2068	C3H7NO3	L-serine	56-45-1	105.094	501.15	dec	---	---	22	1.6000	1	---	---	---	solid	1
2069	C3H7NO3	carbamic acid, hydroxy-, ethyl ester	589-41-3	105.094	---	---	---	---	19	1.1272	2	---	---	---	---	---
2070	C3H7NO3	b-hydroxyethylcarbamate	5395-01-7	105.094	---	---	---	---	19	1.1272	2	---	---	---	---	---
2071	C3H7NO4	1,2-propanediol 1-nitrate	20266-65-3	121.093	---	---	---	---	20	1.2417	1	20	1.4368	1	---	---
2072	C3H7NO5	1,2,3-propanetriol 1-nitrate	624-43-1	137.093	334.15	1	430.65	1	20	1.4164	1	20	1.4698	1	solid	1
2073	C3H7NO5	1,2,3-propanetriol 2-nitrate	620-12-2	137.093	327.15	1	430.65	1	22	1.4000	1	---	---	---	solid	1
2074	C3H7NO5S	DL-cysteic acid	3024-83-7	169.159	546.15	dec	---	---	25	1.4330	2	---	---	---	solid	1
2075	C3H7NO5S	L-cysteic acid	13100-82-8	169.159	---	---	---	---	25	1.4330	2	---	---	---	---	---
2076	C3H7NS	thiazolidine	504-78-9	89.162	---	---	437.65	1	25	1.1310	1	20	1.5510	1	---	---
2077	C3H7NS	N,N-dimethylthioformamide	758-16-7	89.162	---	---	---	---	25	1.0470	1	---	1.5750	1	---	---
2078	C3H7N2O6P	nitrosoglyphosate	56516-72-4	198.073	---	---	---	---	---	---	---	---	---	---	---	---
2079	C3H7N3	2-cyanoethylhydrazine	353-07-1	85.110	---	---	---	---	25	1.0266	2	---	1.4750	1	---	---
2080	C3H7N3OS	1-acetylthiosemicarbazide	2302-88-7	133.175	440.65	1	---	---	25	1.2796	2	---	---	---	solid	1

Table 1 Physical Properties - Organic Compounds

				Mol Wt	Freezing Point		Boiling Point		Density			Refractive Index			State	
NO	FORMULA	NAME	CAS No	g/mol	T_F, K	code	T_B, K	code	T, C	g/cm3	code	T, C	n_D	code	@25C,1 atm	code
2081	C3H7N3O2	N-ethyl-N-nitrosourea	759-73-9	117.108	372.15	dec	---	---	25	1.2441	2	---	---	---	solid	1
2082	C3H7N3O2	glycocyamine	352-97-6	117.108	555.15	1	---	---	25	1.2441	2	---	---	---	solid	1
2083	C3H7N3O2	1,3-dimethylnitrosourea	13256-32-1	117.108	---	---	---	---	25	1.2441	2	---	---	---	---	---
2084	C3H7N3O3	1-(2-hydroxyethyl)-1-nitrosourea	13743-07-2	133.108	---	---	246.65	1	25	1.3345	2	---	---	---	gas	1
2085	C3H7N3O4	L-alanosine	5854-93-3	149.107	463.15	1	309.15	1	25	1.4152	2	---	---	---	solid	1
2086	C3H7N3O5	1,3,5-triazine-2,4,6(1H,3H,5H)-trione dihyd	6202-04-6	165.107	>633	1	---	---	20	3	1	20	2.5000	1	solid	1
2087	C3H7N5	5-amino-2-ethyltetrazol	---	113.124	---	---	---	---	25	1.2377	2	---	---	---	---	---
2088	C3H7N5O3	N-ethyl-N-nitroso-N'-nitroguanidine	4245-77-6	161.122	---	---	---	---	25	1.4885	2	---	---	---	---	---
2089	C3H7Na	propyl sodium	15790-54-2	66.078	---	---	373.15	1	---	---	---	---	---	---	---	---
2090	C3H7NaO	sodium isopropoxide	683-60-3	82.078	---	---	---	---	---	---	---	---	---	---	---	---
2091	C3H7NaO3S	1-propanesulfonic acid sodium salt	14533-63-2	146.143	528.15	1	---	---	---	---	---	---	---	---	solid	1
2092	C3H7NaO4S	acetone sodium bisulfite	540-92-1	162.142	---	---	---	---	---	---	---	---	---	---	---	---
2093	C3H7O4P	phosphonomycin	23155-02-4	138.060	367.15	1	---	---	---	---	---	---	---	---	solid	1
2094	C3H8	propane	74-98-6	44.097	85.47	1	231.11	1	25	0.4930	1	25	1.2861	1	gas	1
2095	C3H8AsI	ethyliodomethylarsine	---	245.923	---	---	---	---	---	---	---	---	---	---	---	---
2096	C3H8BrClSi	(bromomethyl)chlorodimethylsilane	16532-02-8	187.538	---	---	404.15	1	25	1.3750	1	25	1.4630	1	---	---
2097	C3H8ClNO	L-1-amino-3-chloro-2-propanol	---	109.555	---	---	---	---	25	1.0770	2	---	---	---	---	---
2098	C3H8ClNO	DL-1-amino-3-chloro-2-propanol	59348-49-1	109.555	---	---	---	---	25	1.0770	2	---	---	---	---	---
2099	C3H8Cl2Si	chloro(chloromethyl)dimethylsilane	1719-57-9	143.087	---	---	388.65	1	20	1.0865	1	20	1.4360	1	---	---
2100	C3H8Cl2Si	dichloroethylmethylsilane	4525-44-4	143.087	---	---	374.15	1	20	1.0047	1	20	1.4197	1	---	---
2101	C3H8HgO	isopropylmercury hydroxide	33020-34-7	260.686	---	---	---	---	---	---	---	---	---	---	---	---
2102	C3H8IN	eschenmoser's salt	33797-51-2	185.008	492.15	1	---	---	25	1.7217	2	---	---	---	solid	1
2103	C3H8NO5P	glyphosate	1071-83-6	169.075	503.15	dec	---	---	---	---	---	---	---	---	solid	1
2104	C3H8NO5P	D(-)-2-amino-3-phosphonopropionic acid	128241-72-5	169.075	---	---	---	---	---	---	---	---	---	---	---	---
2105	C3H8NO5P	DL-2-amino-3-phosphonopropionic acid	20263-06-3	169.075	501.15	1	---	---	---	---	---	---	---	---	solid	1
2106	C3H8NO5P	L(+)-2-amino-3-phosphonopropionic acid	23052-80-4	169.075	501.15	1	---	---	---	---	---	---	---	---	solid	1
2107	C3H8NO6P	o-phosphoserine	407-41-0	185.074	439.15	dec	---	---	---	---	---	---	---	---	solid	1
2108	C3H8N2	pyrazolidine	504-70-1	72.111	---	---	---	---	25	0.8671	2	---	---	---	---	---
2109	C3H8N2	acetaldehyde methylhydrazone	17167-73-6	72.111	---	---	558.65	1	25	0.8671	2	---	---	---	---	---
2110	C3H8N2	formaldehyde 2,2-dimethylhydrazone	2035-89-4	72.111	---	---	---	---	25	0.8671	2	---	---	---	---	---
2111	C3H8N2O	N,N-dimethylurea	598-94-7	88.110	455.25	1	---	---	25	1.2555	1	---	---	---	solid	1
2112	C3H8N2O	N,N'-dimethylurea	96-31-1	88.110	379.75	1	542.15	1	25	1.1420	1	---	---	---	solid	1
2113	C3H8N2O	N-ethylurea	625-52-5	88.110	365.65	1	---	---	18	1.2130	1	---	---	---	solid	1
2114	C3H8N2O	1-ethyl-1-formylhydrazine	74920-78-8	88.110	---	---	555.65	1	23	1.2035	2	---	---	---	---	---
2115	C3H8N2O	N,N-methylethylnitrosamine	10595-95-6	88.110	---	---	---	---	23	1.2035	2	---	---	---	---	---
2116	C3H8N2O2	3-aminoalanine	515-94-6	104.109	383.15	1	---	---	25	1.1030	2	---	---	---	solid	1
2117	C3H8N2O2	ethyl hydrazinecarboxylate	4114-31-2	104.109	319.15	1	471.15	dec	25	1.1030	2	---	---	---	solid	1
2118	C3H8N2O2	N-nitro-1-propanamine	627-07-6	104.109	252.15	1	---	---	15	1.1046	1	20	1.4610	1	---	---
2119	C3H8N2O2	methoxymethyl methylnitrosamine	39885-14-8	104.109	---	---	558.65	1	25	1.1030	2	---	---	---	---	---
2120	C3H8N2O2	N-nitrosomethylethanolamine	26921-68-6	104.109	---	---	---	---	25	1.1030	2	---	---	---	---	---
2121	C3H8N2O2S	dimethylol thiourea	3084-25-1	136.175	---	---	---	---	25	1.2385	2	---	---	---	---	---
2122	C3H8N2O3	oxymethurea	140-95-4	120.109	399.15	1	---	---	25	1.2010	2	---	---	---	solid	1
2123	C3H8N2O4Pt	diamminemalonato platinum (ii)	---	331.186	---	---	---	---	---	---	---	---	---	---	---	---
2124	C3H8N2S	N,N'-dimethylthiourea	534-13-4	104.177	335.15	1	---	---	25	1.0552	2	---	---	---	solid	1
2125	C3H8N2S	ethyl thiourea	625-53-6	104.177	---	---	---	---	25	1.0552	2	---	---	---	---	---
2126	C3H8N2Se	1,1-dimethyl-2-selenourea	5117-16-8	151.071	444.65	1	---	---	---	---	---	---	---	---	solid	1
2127	C3H8N4O2	N-ethyl-N'-nitroguanidine	39197-62-1	132.123	---	---	---	---	25	1.2842	2	---	---	---	---	---
2128	C3H8N4O4	N,N'-dinitro-N-methyl-1,2-diaminoethane	10308-90-4	164.122	394.30	1	---	---	25	1.4382	2	---	---	---	solid	1
2129	C3H8O	propyl alcohol	71-23-8	60.096	146.95	1	370.35	1	25	0.8020	1	25	1.3837	1	liquid	1
2130	C3H8O	isopropyl alcohol	67-63-0	60.096	185.28	1	355.41	1	25	0.7830	1	25	1.3752	1	liquid	1
2131	C3H8O	methyl ethyl ether	540-67-0	60.096	160.00	1	280.50	1	25	0.6920	1	-42	1.3441	1	gas	1
2132	C3H8OS	2-(methylthio)ethanol	5271-38-5	92.162	---	---	---	---	20	1.0630	1	30	1.4861	1	---	---
2133	C3H8OS	1-mercapto-2-propanol	1068-47-9	92.162	---	---	---	---	25	1.0480	1	---	1.4860	1	---	---
2134	C3H8OS	3-mercaptopropanol	19721-22-3	92.162	---	---	---	---	25	1.0660	1	---	1.4950	1	---	---
2135	C3H8OS2	1,3-dimercapto-2-propanol	584-04-3	124.228	---	---	---	---	20	1.2400	1	20	1.5700	1	---	---
2136	C3H8OS2	2,3-dimercapto-1-propanol	59-52-9	124.228	---	---	---	---	20	1.2463	1	20	1.5749	1	---	---
2137	C3H8OS2	methyl methylthiomethyl sulfoxide	33577-16-1	124.228	---	---	497.15	1	25	1.2200	1	---	---	---	---	---
2138	C3H8O2	2-methoxyethanol	109-86-4	76.095	188.05	1	397.50	1	25	0.9600	1	25	1.4002	1	liquid	1
2139	C3H8O2	methylal	109-87-5	76.095	168.35	1	315.00	1	25	0.8540	1	25	1.3504	1	liquid	1
2140	C3H8O2	1,2-propanediol (propylene glycol)	57-55-6	76.095	213.15	2	460.75	1	25	1.0330	1	25	1.4314	1	liquid	1
2141	C3H8O2	1,3-propanediol	504-63-2	76.095	246.45	1	487.55	1	25	1.0520	1	25	1.4386	1	liquid	1
2142	C3H8O2	isopropyl hydroperoxide	3031-75-2	76.095	298.15	1	---	---	25	0.9965	2	---	---	---	---	---
2143	C3H8O2	(R)-(-)-1,2-propanediol	4254-14-2	76.095	380.37	1	460.15	1	25	1.0400	1	---	1.4320	1	solid	1
2144	C3H8O2	(S)-(+)-1,2-propanediol	4254-15-3	76.095	380.37	1	460.15	1	25	1.0400	1	---	1.4320	1	solid	1
2145	C3H8O2	ethyl methyl peroxide	70299-48-8	76.095	---	---	---	---	25	0.9965	2	---	---	---	---	---
2146	C3H8O2S	3-mercapto-1,2-propanediol	96-27-5	108.161	---	---	---	---	20	1.2455	1	20	1.5268	1	---	---
2147	C3H8O2Se	n-propylseleninic acid	67465-26-3	155.055	---	---	---	---	---	---	---	---	---	---	---	---
2148	C3H8O3	glycerol	56-81-5	92.095	291.33	1	561.00	2	25	1.2570	1	25	1.4730	1	liquid	1
2149	C3H8O3S	ethyl methyl sulfite	10315-59-0	124.161	273.15	2	414.15	1	25	1.1310	1	25	1.4156	1	liquid	1
2150	C3H8O3S	ethyl methanesulfonate	62-50-0	124.161	---	---	---	---	25	1.1893	2	---	---	---	---	---
2151	C3H8O3S	2-propanesulfonic acid	14159-48-9	124.161	236.15	1	---	---	25	1.1870	1	20	1.4332	1	---	---
2152	C3H8O3S	2-(methanesulfonyl)ethanol	15205-66-0	124.161	305.15	1	421.65	1	25	1.1893	2	---	---	---	solid	1
2153	C3H8O3S	propanesulfonic acid	5284-66-2	124.161	280.90	1	---	---	25	1.2500	1	---	---	---	---	---
2154	C3H8O3S	methyl ethane sulphonate	1912-28-3	124.161	---	---	---	---	25	1.1893	2	---	---	---	---	---
2155	C3H8O4	2,2-bis(hydroperoxy)propane	2614-76-8	108.094	---	---	---	---	25	1.1129	2	---	---	---	---	---
2156	C3H8O4S	ethyl methyl sulfate	814-40-4	140.160	241.15	2	472.42	2	25	1.2250	1	25	1.3883	1	liquid	2
2157	C3H8O6S2	methylene dimethanesulfonate	156-72-9	204.225	---	---	---	---	25	1.4641	2	---	---	---	---	---
2158	C3H8S	propyl mercaptan	107-03-9	76.163	159.95	1	340.87	1	25	0.8360	1	25	1.4353	1	liquid	1
2159	C3H8S	isopropyl mercaptan	75-33-2	76.163	142.61	1	325.71	1	25	0.8090	1	25	1.4225	1	liquid	1
2160	C3H8S	methyl ethyl sulfide	624-89-5	76.163	167.23	1	339.80	1	25	0.8320	1	25	1.4374	1	liquid	1

Table 1 Physical Properties - Organic Compounds

				Mol Wt	Freezing Point		Boiling Point		Density			Refractive Index			State	
NO	FORMULA	NAME	CAS No	g/mol	T_F, K	code	T_B, K	code	T, C	g/cm3	code	T, C	n_D	code	@25C,1 atm	code
2161	C3H8S2	bis(methylthio)methane	1618-26-4	108.229	---	---	421.15	1	20	1.0786	2	---	---	---	---	---
2162	C3H8S2	1,2-propanedithiol	814-67-5	108.229	194.15	2	425.15	1	20	1.0800	1	20	1.5320	1	liquid	1
2163	C3H8S2	1,3-propanedithiol	109-80-8	108.229	194.15	1	446.05	1	20	1.0772	1	20	1.5392	1	liquid	1
2164	C3H8Si	silacyclobutane	287-29-6	72.182	---	---	---	---	---	---	---	---	---	---	---	---
2165	C3H9Al	trimethyl aluminum	75-24-1	72.086	288.43	1	400.27	1	20	0.7520	1	---	---	---	liquid	1
2166	C3H9Al2Br3	methyl aluminum sesquibromide	12263-85-3	338.780	---	---	---	---	---	---	---	---	---	---	---	---
2167	C3H9Al2Cl3	methyl aluminum sesquichloride	12542-85-7	205.426	296.15	1	417.15	1	25	0.8890	1	---	---	---	liquid	1
2168	C3H9As	trimethylarsine	593-88-4	120.026	185.85	1	325.15	1	15	1.1440	1	---	---	---	liquid	1
2169	C3H9As	ethyl methyl arsine	689-93-0	120.026	---	---	325.15	2	---	---	---	---	---	---	---	---
2170	C3H9AsO	trimethylarsine oxide	4964-14-1	136.025	---	---	---	---	---	---	---	---	---	---	---	---
2171	C3H9AsO3	propylarsonic acid	107-34-6	168.024	407.65	1	---	---	---	---	---	---	---	---	solid	1
2172	C3H9AsSe	trimethylarsine selenide	41262-21-9	198.986	---	---	---	---	---	---	---	---	---	---	---	---
2173	C3H9B	trimethylborane	593-90-8	55.915	111.65	1	252.95	1	---	---	---	---	---	---	gas	1
2174	C3H9BF4O	trimethyloxonium tetrafluoroborate	420-37-1	147.909	---	---	---	---	---	---	---	---	---	---	---	---
2175	C3H9BO2	propylboronic acid	17745-45-8	87.914	380.15	1	---	---	---	---	---	---	---	---	solid	1
2176	C3H9BO3	trimethyl borate	121-43-7	103.914	243.85	1	340.65	1	25	0.9150	1	20	1.3568	1	liquid	1
2177	C3H9BS	methyl dimethylthioborane	19163-05-4	87.981	189.15	1	344.15	1	---	---	---	---	---	---	liquid	1
2178	C3H9BS3	trimethyl thioborate	997-49-9	152.113	275.65	1	491.35	1	20	1.1260	1	20	1.5788	1	liquid	1
2179	C3H9B3O3	trimethylboroxine	823-96-1	125.536	235.25	1	352.15	1	25	0.8980	1	---	1.3620	1	liquid	1
2180	C3H9B3O6	trimethoxyboroxine	102-24-9	173.534	283.65	1	403.15	1	25	1.1950	1	---	1.4000	1	liquid	1
2181	C3H9Bi	trimethyl bismuth	593-91-9	254.085	187.25	1	383.15	1	---	---	---	---	---	---	liquid	1
2182	C3H9BrGe	trimethylgermanium bromide	1066-37-1	197.618	248.25	1	387.05	1	25	1.5400	1	---	1.4700	1	liquid	1
2183	C3H9BrOS	trimethylsulfoxonium bromide	25596-24-1	173.074	---	---	---	---	25	1.4399	2	---	---	---	---	---
2184	C3H9BrSi	bromotrimethylsilane	2857-97-8	153.093	273.70	1	352.15	1	25	1.1600	1	---	1.4230	1	liquid	1
2185	C3H9BrSn	trimethyltin bromide	1066-44-0	243.718	299.65	1	437.15	1	---	---	---	---	---	---	solid	1
2186	C3H9ClGe	chlorotrimethylgermane	1529-47-1	153.167	260.25	1	375.15	1	25	1.2400	1	---	1.4340	1	liquid	1
2187	C3H9ClO3SSi	trimethylsilyl chlorosulfonate	4353-77-9	188.706	247.25	1	441.65	1	25	1.2250	1	---	1.4240	1	liquid	1
2188	C3H9ClO4Si	trimethylsilyl perchlorate	18204-79-0	172.640	---	---	---	---	---	---	---	---	---	---	---	---
2189	C3H9ClPb	trimethyl lead chloride	1520-78-1	186.977	463.15	dec	---	---	---	---	---	---	---	---	solid	1
2190	C3H9ClSi	trimethylchlorosilane	75-77-4	108.642	215.45	1	330.75	1	25	0.8560	1	20	1.3870	1	liquid	1
2191	C3H9ClSn	chlorotrimethylstannane	1066-45-1	199.267	311.65	1	421.15	1	---	---	---	---	---	---	solid	1
2192	C3H9FSi	fluorotrimethylsilane	420-56-4	92.188	---	---	290.00	1	---	---	---	---	---	---	gas	1
2193	C3H9Ga	trimethylgallium	1445-79-0	114.827	257.45	1	328.95	1	---	---	---	---	---	---	liquid	1
2194	C3H9GeI	trimethylgermanium iodide	1066-38-2	244.619	---	---	406.65	1	25	1.8150	1	---	---	---	---	---
2195	C3H9IOS	trimethylsulfoxonium iodide	1774-47-6	220.074	448.15	1	---	---	25	1.7074	2	---	---	---	solid	1
2196	C3H9IS	trimethylsulfonium iodide	2181-42-2	204.075	490.65	1	---	---	25	1.6554	2	---	---	---	solid	1
2197	C3H9ISi	iodotrimethylsilane	16029-98-4	200.094	---	---	379.55	1	25	1.4060	1	---	1.4710	1	---	---
2198	C3H9ISn	iodotrimethyltin	811-73-4	290.719	---	---	---	---	---	---	---	---	---	---	---	---
2199	C3H9In	trimethylindium	3385-78-2	159.922	---	---	408.85	1	19	1.5680	1	---	---	---	---	---
2200	C3H9N	propylamine	107-10-8	59.111	190.15	1	321.00	1	25	0.7140	1	25	1.3851	1	liquid	1
2201	C3H9N	isopropylamine	75-31-0	59.111	177.95	1	304.92	1	25	0.6840	1	25	1.3711	1	liquid	1
2202	C3H9N	methylethylamine	624-78-2	59.111	195.00	2	309.15	1	25	0.6840	1	25	1.3700	1	liquid	1
2203	C3H9N	trimethylamine	75-50-3	59.111	156.08	1	276.02	1	25	0.6290	1	25	1.3443	1	gas	1
2204	C3H9NO	1-amino-2-propanol	78-96-6	75.111	274.89	1	432.61	1	25	0.9570	1	25	1.4460	1	liquid	1
2205	C3H9NO	3-amino-1-propanol	156-87-6	75.111	284.15	1	460.65	1	25	0.9720	1	20	1.4610	1	liquid	1
2206	C3H9NO	methylethanolamine	109-83-1	75.111	268.65	1	431.15	1	25	0.9340	1	20	1.4385	1	liquid	1
2207	C3H9NO	2-amino-1-propanol, (±)	6168-72-5	75.111	286.52	2	447.65	1	25	0.9566	2	20	1.4502	1	liquid	1
2208	C3H9NO	2-methoxyethylamine	109-85-3	75.111	---	---	368.15	1	25	0.9566	2	---	---	---	---	---
2209	C3H9NO	trimethylamine oxide	1184-78-7	75.111	529.15	1	---	---	25	0.9566	2	---	---	---	solid	1
2210	C3H9NO	s(+)-2-amino-1-propanol	2749-11-3	75.111	286.52	2	447.65	1	25	0.9650	1	---	1.4490	1	liquid	1
2211	C3H9NO	(R)-(-)-1-amino-2-propanol	2799-16-8	75.111	297.65	1	433.15	1	25	0.9520	1	---	1.4480	1	liquid	1
2212	C3H9NO	(S)-(+)-1-amino-2-propanol	2799-17-9	75.111	295.65	1	433.15	1	25	0.9540	1	---	1.4440	1	liquid	1
2213	C3H9NO	(R)-(-)-2-amino-1-propanol	35320-23-1	75.111	286.52	2	447.65	1	25	0.9620	1	---	1.4490	1	liquid	1
2214	C3H9NO	2-aminopropanol	78-91-1	75.111	298.15	1	447.15	1	25	0.9566	2	---	---	---	---	---
2215	C3H9NO2	3-amino-1,2-propanediol, (±)	13552-31-3	91.110	---	---	537.88	2	20	1.1752	1	25	1.4910	1	---	---
2216	C3H9NO2	(S)-3-amino-1,2-propanediol	61278-21-5	91.110	---	---	537.88	2	25	1.1750	1	---	1.4830	1	---	---
2217	C3H9NO2	(±)-3-amino-1,2-propanediol	616-30-8	91.110	---	---	537.60	1	25	1.1750	1	---	1.4920	1	---	---
2218	C3H9NO2	serinol	534-03-2	91.110	327.15	1	537.88	2	23	1.1751	2	---	---	---	solid	1
2219	C3H9NO3	ammonium lactate	52003-58-4	107.110	366.15	1	---	---	20	1.2006	1	20	1.4543	1	solid	1
2220	C3H9NO3S	2-(methylamino)ethanesulfonic acid	107-68-6	139.176	514.65	1	---	---	25	1.2016	2	---	---	---	solid	1
2221	C3H9NO3S	3-amino-1-propanesulfonic acid	3687-18-1	139.176	>543.15	1	---	---	25	1.2016	2	---	---	---	solid	1
2222	C3H9N3O	1-nitroso-1,2,2-trimethylhydrazine	16339-14-3	103.125	---	---	---	---	25	1.0574	2	---	---	---	---	---
2223	C3H9N3OS	cysteine hydrazide	58100-26-8	135.191	---	---	---	---	25	1.1954	2	---	---	---	---	---
2224	C3H9N3S	4,4-dimethyl-3-thiosemicarbazide	6926-58-5	119.191	421.15	1	---	---	25	1.1090	2	---	---	---	solid	1
2225	C3H9N3S	4-ethyl-3-thiosemicarbazide	13431-34-0	119.191	355.65	1	---	---	25	1.1090	2	---	---	---	solid	1
2226	C3H9N3Se	2-selenoethylguanidine	57897-99-1	166.085	---	---	---	---	---	---	---	---	---	---	---	---
2227	C3H9N3Si	azidotrimethylsilane	4648-54-8	115.210	178.15	1	325.65	1	25	0.8650	1	---	1.4140	1	liquid	1
2228	C3H9OPS3	S,S,S-trimethyl phosphorotrithioate	681-71-0	188.276	---	---	---	---	---	---	---	---	---	---	---	---
2229	C3H9O2PS	O,O-dimethyl methylphosphonothioate	681-06-1	140.143	---	---	---	---	25	1.1375	1	25	1.4738	1	---	---
2230	C3H9O2PS	O-ethyl methylphosphonothioate	18005-40-8	140.143	---	---	---	---	25	1.1800	1	---	1.4870	1	---	---
2231	C3H9O2PS2	O,S,S-trimethyl phosphorodithioate	22608-53-3	172.209	---	---	---	---	25	1.2500	1	---	---	---	---	---
2232	C3H9O3P	dimethyl methylphosphonate	756-79-6	124.077	---	---	454.15	1	20	1.1684	1	30	1.4099	1	---	---
2233	C3H9O3P	ethyl hydrogen methylphosphonate	1832-53-7	124.077	---	---	---	---	20	1.1900	1	20	1.4258	1	---	---
2234	C3H9O3P	isopropylphosphonic acid	4721-37-3	124.077	347.65	1	---	---	20	1.1367	2	---	---	---	solid	1
2235	C3H9O3P	propylphosphonic acid	4672-38-2	124.077	346.95	1	---	---	20	1.1367	2	---	---	---	solid	1
2236	C3H9O3P	trimethyl phosphite	121-45-9	124.077	---	---	384.65	1	20	1.0518	1	20	1.4095	1	---	---
2237	C3H9O3P	tris(hydroxymethyl)phosphine	2767-80-8	124.077	---	---	---	---	20	1.1367	2	---	---	---	---	---
2238	C3H9O3PS	dimethylthiomethylphosphate	152-20-5	156.143	---	---	---	---	25	1.2500	1	---	---	---	---	---
2239	C3H9O3PS	trimethyl thiophosphate	152-18-1	156.143	---	---	---	---	25	1.2190	1	---	---	---	---	---
2240	C3H9O3Ti	titanium(iii) methoxide	7245-18-3	140.970	---	---	---	---	---	---	---	---	---	---	---	---

Table 1 Physical Properties - Organic Compounds

				Mol Wt	Freezing Point		Boiling Point		Density			Refractive Index			State	
NO	FORMULA	NAME	CAS No	g/mol	T_F, K	code	T_B, K	code	T, C	g/cm3	code	T, C	n_D	code	@25C,1 atm	code
2241	C3H9O4P	trimethyl phosphate	512-56-1	140.076	227.00	1	470.35	1	25	1.2020	1	25	1.3939	1	liquid	1
2242	C3H9O4P	phosphoric acid, isopropyl ester	1623-24-1	140.076	---	---	---	---	---	---	---	---	---	---	---	---
2243	C3H9P	trimethylphosphine	594-09-2	76.078	188.15	1	310.65	1	---	---	---	---	---	---	liquid	1
2244	C3H9PSe	trimethylphosphine selenide	20819-54-9	155.038	413.90	1	---	---	---	---	---	---	---	---	solid	1
2245	C3H9Sb	trimethylstibine	594-10-5	166.864	211.15	1	353.75	1	15	1.5230	1	15	1.4200	1	liquid	1
2246	C3H9Se	trimethylselenonium	25930-79-4	124.064	---	---	---	---	---	---	---	---	---	---	---	---
2247	C3H9Tl	trimethylthallium	3003-15-4	249.488	311.65	1	---	---	---	---	---	---	---	---	solid	1
2248	C3H10ClN	ethylmethylamine hydrochloride	624-60-2	95.572	401.15	1	---	---	20	1.0874	1	---	---	---	solid	1
2249	C3H10ClN	propylamine hydrochloride	556-53-6	95.572	436.65	1	---	---	25	0.9092	2	---	---	---	solid	1
2250	C3H10ClN	trimethylamine hydrochloride	593-81-7	95.572	550.65	1	---	---	25	0.9092	2	---	---	---	solid	1
2251	C3H10ClNO4	trimethylammonium perchlorate	---	159.570	---	---	419.55	1	25	1.2508	2	---	---	---	---	---
2252	C3H10ClNO5	trimethylamine-N-oxide perchlorate	22755-36-8	175.569	---	---	279.25	1	25	1.3181	2	---	---	---	gas	1
2253	C3H10NO3P	3-aminopropylphosphonic acid	13138-33-5	139.092	565.15	1	---	---	---	---	---	---	---	---	solid	1
2254	C3H10NO3P	(1-aminopropyl)phosphonic acid	14047-23-5	139.092	538.65	1	---	---	---	---	---	---	---	---	solid	1
2255	C3H10N2	1,2-propanediamine	78-90-0	74.126	236.53	1	392.45	1	25	0.8560	1	20	1.4460	1	liquid	1
2256	C3H10N2	N-methyl-1,2-ethanediamine	109-81-9	74.126	---	---	388.15	1	25	0.8410	1	20	1.4395	1	---	---
2257	C3H10N2	1,2-propanediamine, (±)	10424-38-1	74.126	236.53	1	392.65	1	15	0.8780	1	20	1.4460	1	liquid	1
2258	C3H10N2	1,3-propanediamine	109-76-2	74.126	261.15	1	410.15	1	25	0.8840	1	20	1.4600	1	liquid	1
2259	C3H10N2	trimethylhydrazine	1741-01-1	74.126	201.24	1	363.00	2	23	0.8648	2	---	---	---	liquid	2
2260	C3H10N2O	1,3-diamino-2-hydroxypropane	616-29-5	90.126	315.15	1	---	---	25	0.9217	2	---	---	---	solid	1
2261	C3H10N2O4S2	S-ethylisothiouronium hydrogen sulfate	22722-03-8	202.256	---	---	---	---	25	1.3876	2	---	---	---	---	---
2262	C3H10N6S2	2,2'-methylenebis(hydrazinecarbothiamide	39603-48-0	194.286	---	---	---	---	25	1.3849	2	---	---	---	---	---
2263	C3H10OPt	trimethylplatinum hydroxide	14477-33-9	257.190	---	---	---	---	---	---	---	---	---	---	---	---
2264	C3H10OSn	trimethyl tin hydroxide	56-24-6	180.822	391.15	dec	---	---	---	---	---	---	---	---	solid	1
2265	C3H10O2Si	trimethyl silyl hydroperoxide	18230-75-6	106.196	---	---	---	---	---	---	---	---	---	---	---	---
2266	C3H10O3Si	trimethoxysilane	2487-90-3	122.196	159.60	1	357.50	1	25	0.9600	1	---	1.3630	1	liquid	1
2267	C3H10O4SSn	trimethyltin sulphate	63869-87-4	260.886	---	---	399.65	1	---	---	---	---	---	---	---	---
2268	C3H10Si	trimethyl silane	993-07-7	74.197	137.26	1	279.85	1	25	0.6140	1	---	---	---	gas	1
2269	C3H10Si	propyl silane	13154-66-0	74.197	---	---	279.85	2	---	---	---	---	---	---	gas	2
2270	C3H11GeNO6S	cysteine-germanic acid	51025-94-6	261.800	---	---	407.15	1	---	---	---	---	---	---	---	---
2271	C3H11GeP	trimethylgermyl phosphine	20519-92-0	150.704	175.95	1	---	---	---	---	---	---	---	---	---	---
2272	C3H11NOSi	O-(trimethylsilyl)hydroxylamine	22737-36-6	105.212	---	---	372.15	1	25	0.8600	1	---	1.4060	1	---	---
2273	C3H11N3	1,2,3-triaminopropane	21291-99-6	89.141	---	---	---	---	25	0.8832	2	---	---	---	---	---
2274	C3H11O3PSi	mono-(trimethylsilyl)phosphite	91076-68-5	154.178	---	---	---	---	---	---	---	---	1.4205	1	---	---
2275	C3H12BN	aminetrimethylboron	1830-95-1	72.946	346.65	1	---	---	---	---	---	---	---	---	solid	1
2276	C3H12BN	trimethylamine borane	75-22-9	72.946	367.15	1	445.15	1	25	0.7920	1	---	---	---	solid	1
2277	C3H12NO9P3	nitrilotrimethylphosphonic acid	6419-19-8	299.052	---	---	---	---	---	---	---	---	---	---	---	---
2278	C3H17B2BeN	beryllium tetrahydroboratetrimethylamine	---	97.809	---	---	---	---	---	---	---	---	---	---	---	---
2279	C3H12B2	trimethyldiborane	21107-27-7	69.750	---	---	---	---	---	---	---	---	---	---	---	---
2280	C3H12B3N3	2,4,6-trimethylborazine	5314-85-2	122.582	303.15	1	402.15	1	---	---	---	---	---	---	solid	1
2281	C3K2N2O4	dipotassium diazirine-3,3-dicarboxylate	76429-97-5	206.241	468.15	1	391.25	1	---	---	---	---	---	---	solid	1
2282	C3N2O	carbonyl dicyanide	1115-12-4	80.046	237.15	1	338.65	1	20	1.1240	1	20	1.3919	1	liquid	1
2283	C3N2O	oxopropanedinitrile	---	80.046	---	---	---	---	25	1.5182	2	---	---	---	---	---
2284	C3N2OS2	carbonyl diisothiocyanate	6470-09-3	144.178	---	---	---	---	25	1.7195	2	---	---	---	---	---
2285	C3N3P	phosphorus cyanide	1116-01-4	109.028	403.15	1	---	---	---	---	---	---	---	---	solid	1
2286	C3N4	diazomalononitrile	1618-08-2	92.061	---	---	---	---	25	1.6557	2	---	---	---	---	---
2287	C3N8	diazidomalononitrile	67880-21-1	148.089	---	---	378.15	1	25	2.0400	2	---	---	---	---	---
2288	C3N12	2,4,6-triazido-1,3,5-triazine	5637-83-2	204.117	---	---	304.65	1	25	2.2785	2	---	---	---	---	---
2289	C3O2	carbon suboxide	504-64-3	68.032	166.15	1	279.95	1	0	1.1140	1	---	1.4538	1	gas	1
2290	C4Br2	1,4-dibromo-1,3-butadiyne	36333-41-2	207.852	---	---	443.65	1	25	2.4252	2	---	---	---	---	---
2291	C4Br2F8	1,4-dibromooctafluorobutane	335-48-8	359.840	---	---	370.15	1	25	2.1838	2	---	---	---	---	---
2292	C4Br4S	tetrabromothiophene	3958-03-0	399.726	390.65	1	599.15	1	25	2.8356	2	---	---	---	solid	1
2293	C4ClF3N2	5-chloro-2,4,6-trifluoropyrimidine	697-83-6	168.506	---	---	388.15	1	25	1.6260	1	---	1.4390	1	---	---
2294	C4ClF7	1-chloro-1,2,2,3,3,4,4-heptafluorocyclobuta	377-41-3	216.486	---	---	---	---	25	1.6352	2	---	---	---	---	---
2295	C4ClF7O	heptafluorobutanoyl chloride	375-16-6	232.485	---	---	311.65	1	20	1.5500	1	20	1.2880	1	---	---
2296	C4ClF7O2	heptafluorobutyryl hypochlorite	71359-62-1	248.485	---	---	422.65	1	25	1.7301	2	---	---	---	---	---
2297	C4Cl2	1,4-dichloro-1,3-butadiyne	51104-87-1	118.949	284.25	1	---	---	25	1.4795	2	---	---	---	---	---
2298	C4Cl2Cu2	copper(i) chloroacetylide	---	246.041	---	---	518.15	dec	---	---	---	---	---	---	---	---
2299	C4Cl2F4	1,2-dichloro-3,3,4,4-tetrafluorocyclobutene	377-93-5	194.943	229.75	1	340.15	1	25	1.5340	1	25	1.3699	1	liquid	1
2300	C4Cl2F4O3	chlorodifluoroacetic anhydride	2834-23-3	242.941	---	---	367.65	1	25	1.3950	1	---	1.3470	1	---	---
2301	C4Cl2F6	2,3-dichloro-1,1,1,4,4,4-hexafluoro-2-buter	303-04-8	232.940	205.85	1	341.65	1	20	1.6233	1	20	1.3459	1	liquid	1
2302	C4Cl2F6	1,2-dichloro-1,2,3,3,4,4-hexafluorocyclobu	356-18-3	232.940	249.15	1	332.15	1	25	1.6675	2	---	---	---	liquid	1
2303	C4Cl2F6O2	4,5-dichloro-3,3,4,5,6,6-hexafluoro-1,2-dio	---	264.939	---	---	---	---	25	1.7554	2	---	---	---	---	---
2304	C4Cl2F8	2,3-dichloro-1,1,1,2,3,4,4,4-octafluorobuta	355-20-4	270.937	205.15	1	336.15	1	20	1.6801	1	20	1.3100	1	liquid	1
2305	C4Cl2Hg	mercury bis(chloroacetylide)	64771-59-1	319.539	458.15	1	366.15	1	---	---	---	---	---	---	solid	1
2306	C4Cl2Li2S	3,4-dichloro-2,5-dilithiothiophene	29202-04-8	164.897	---	---	328.65	1	---	---	---	---	---	---	---	---
2307	C4Cl2MoO4	tetracarbonylmolybdenum dichloride	15712-13-7	278.887	---	---	---	---	---	---	---	---	---	---	---	---
2308	C4Cl2O3	dichloromaleic anhydride	1122-17-4	166.947	---	---	---	---	25	1.7168	2	---	---	---	---	---
2309	C4Cl2O4Rh2	rhodium carbonyl chloride	14523-22-9	388.758	397.15	1	---	---	---	---	---	---	---	---	solid	1
2310	C4Cl3F7	2,2,3-trichloro-1,1,1,3,4,4,4-heptafluorobut	335-44-4	287.391	275.15	1	371.15	1	20	1.7484	1	20	1.3530	1	liquid	1
2311	C4Cl4	1,1,4,4-tetrachlorobutatriene	19792-18-8	189.854	---	---	429.15	dec	25	1.6541	2	---	---	---	---	---
2312	C4Cl4F4	1,3,4,4-tetrachloro-1,2,3,4-tetrafluoro-1-bu	357-20-0	265.848	---	---	413.95	1	25	1.6902	1	20	1.4290	1	---	---
2313	C4Cl4F4	1,1,2,2-tetrachloro-3,3,4,4-tetrafluorocyclo	336-50-5	265.848	381.65	1	404.50	1	25	1.7228	2	---	---	---	solid	1
2314	C4Cl4F6	2,2,3,3-tetrachlorohexafluorobutane	375-34-8	303.845	---	---	405.00	1	25	1.7454	2	---	---	---	---	---
2315	C4Cl4N2	2,4,5,6-tetrachloropyrimidine	1780-40-1	217.868	338.15	1	---	---	25	1.7673	2	---	---	---	solid	1
2316	C4Cl4O	perchloro-2-cyclobutene-1-one	3200-96-2	205.853	---	---	311.55	1	25	1.7098	2	---	---	---	---	---
2317	C4Cl4S	tetrachlorothiophene	6012-97-1	221.920	301.97	1	506.54	1	30	1.7036	1	20	1.5915	1	solid	1
2318	C4Cl6	hexachloro-1,3-butadiene	87-68-3	260.759	252.15	1	486.15	1	25	1.5560	1	20	1.5542	1	liquid	1
2319	C4Cl6F6	trichlorotrifluoroethane	26523-64-8	374.750	273.15	1	319.65	1	25	1.7977	2	---	---	---	liquid	1
2320	C4Cl6O3	trichloroacetic anhydride	4124-31-6	308.757	---	---	496.15	dec	20	1.6908	1	---	---	---	---	---

Table 1 Physical Properties - Organic Compounds

				Mol Wt	Freezing Point		Boiling Point		Density			Refractive Index			State	
NO	FORMULA	NAME	CAS No	g/mol	T_F, K	code	T_B, K	code	T, C	g/cm3	code	T, C	n_D	code	@25C,1 atm	code
2321	C4Cl6O4	bis(trichloroacetyl)peroxide	2629-78-9	324.757	---	---	---	---	25	1.8922	2	---	---	---	---	---
2322	C4CoHgN4S4	mercury thiocyanatocobaltate(ii)	27685-51-4	491.859	---	---	---	---	---	---	---	---	---	---	---	---
2323	C4D10O	tert-butanol-d10	53001-22-2	84.183	---	---	354.15	1	---	---	---	---	1.3835	1	---	---
2324	C4F	tetracarbon monofluoride	12774-81-1	67.043	---	---	285.45	1	25	1.1994	2	---	---	---	gas	1
2325	C4F4	1,1,4,4-tetrafluorobutatriene	2252-95-1	124.038	---	---	---	---	---	---	---	---	---	---	---	---
2326	C4F4O3	3,3,4,4-tetrafluorodihydro-2,5-furandione	699-30-9	172.036	---	---	327.65	1	20	1.6209	1	20	1.3240	1	---	---
2327	C4F6	1,1,2,3,4,4-hexafluoro-1,3-butadiene	685-63-2	162.035	141.15	1	279.15	1	-20	1.5530	1	-20	1.3780	1	gas	1
2328	C4F6	1,1,1,4,4,4-hexafluoro-2-butyne	692-50-2	162.035	155.75	1	248.55	1	-20	1.5775	2	---	---	---	gas	1
2329	C4F6	hexafluorocyclobutene	697-11-0	162.035	213.15	1	278.65	1	-20	1.6020	1	-20	1.2980	1	gas	1
2330	C4F6HgO4	mercuric trifluoroacetate	13257-51-7	426.623	445.15	1	---	---	---	---	---	---	---	---	solid	1
2331	C4F6O3	trifluoroacetic acid anhydride	407-25-0	210.033	208.15	1	312.65	1	25	1.4900	1	25	1.2690	1	liquid	1
2332	C4F6O4	bis(trifluoroacetyl)peroxide	383-73-3	226.033	---	---	---	---	25	1.7690	2	---	---	---	---	---
2333	C4F7NO3	heptafluorobutyryl nitrate	663-25-2	243.039	---	---	372.65	1	25	1.7832	2	---	---	---	---	---
2334	C4F8	octafluoro-2-butene	360-89-4	200.032	138.15	1	270.36	1	25	1.4420	1	---	---	---	gas	1
2335	C4F8	perfluoroisobutene	382-21-8	200.032	143.15	1	280.15	1	0	1.5922	1	---	---	---	gas	1
2336	C4F8	octafluorocyclobutane	115-25-3	200.032	232.96	1	267.17	1	25	1.4950	1	25	1.2170	1	gas	1
2337	C4F8	1,1,2,3,3,4,4,4-octafluoro-1-butene	357-26-6	200.032	140.65	2	277.00	1	17	1.5097	2	---	---	---	gas	1
2338	C4F8I2	octafluoro-1,4-diiodobutane	375-50-8	453.841	264.25	1	423.15	1	25	2.4912	2	---	1.4290	1	liquid	1
2339	C4F8O2	heptafluorobutyryl hypofluorite	---	232.031	---	---	470.15	1	25	1.7022	2	---	---	---	---	---
2340	C4F9I	nonafluoro-1-iodobutane	423-39-2	345.935	205.25	1	340.05	1	25	2.1157	2	---	1.3280	1	liquid	1
2341	C4F9I	perfluoro-tert-butyl iodide	4459-18-1	345.935	328.15	1	334.15	1	25	2.1157	2	---	---	---	solid	1
2342	C4F9IO3S	tetrafluoro-2-(tetrafluoro-2-iodoethoxy)etha	66137-74-4	425.999	---	---	399.65	1	25	2.1743	2	---	1.3500	1	---	---
2343	C4F9NO	perfluoro-tert-nitrosobutane	354-93-8	249.037	---	---	---	---	25	1.7195	2	---	---	---	---	---
2344	C4F10	decafluorobutane	355-25-9	238.029	144.95	1	271.15	1	25	1.4970	1	---	---	---	gas	1
2345	C4F10	perfluoroisobutane	354-92-7	238.029	144.95	2	261.15	2	---	---	---	---	---	---	gas	2
2346	C4F10N2	decafluorobutyramidine	41409-50-1	266.043	---	---	---	---	25	1.7349	2	---	---	---	---	---
2347	C4F10O	perfluoro ether	358-21-4	254.028	---	---	---	---	25	1.6883	2	---	---	---	---	---
2348	C4F10O2	perfluoro-tert-butyl peroxyhypofluorite	66793-67-7	270.028	---	---	440.15	1	25	1.7301	2	---	---	---	---	---
2349	C4F10O2S	perfluoro-1-butanesulfonyl fluoride	375-72-4	302.094	---	---	338.05	1	25	1.6820	1	---	1.3000	1	---	---
2350	C4F12HgP2	di-(bistrifluoromethylphosfido)mercury	---	538.564	---	---	---	---	---	---	---	---	---	---	---	---
2351	C4HBrCl2N2	5-bromo-2,4-dichloropyrimidine	36082-50-5	227.875	302.65	1	---	---	25	1.7810	1	---	1.6030	1	solid	1
2352	C4HBrO3	bromomaleic anhydride	5926-51-2	176.954	---	---	488.15	1	25	1.9050	1	---	1.5400	1	---	---
2353	C4HBr2NO2	dibromomaleinimide	1122-10-7	254.866	---	---	---	---	25	2.4114	2	---	---	---	---	---
2354	C4HBr3S	2,3,5-tribromothiophene	3141-24-0	320.830	302.15	1	533.15	1	25	2.5539	2	---	---	---	solid	1
2355	C4HClF6	2-chloro-1,1,1,4,4,4-hexafluorobutene-2	400-44-2	198.495	---	---	306.20	1	25	1.5480	1	---	---	---	---	---
2356	C4HClN2	cis-2-chloro-2-butenedinitrile	71200-79-8	112.518	333.65	1	445.15	1	20	1.2499	1	20	1.4957	1	solid	1
2357	C4HClO3	3-chloro-2,5-furandione	96-02-6	132.503	306.15	1	469.15	1	25	1.5375	1	20	1.4980	1	solid	1
2358	C4HCl2NO2	dichloromaleimide	1193-54-0	165.963	448.15	1	---	---	25	1.6533	2	---	---	---	solid	1
2359	C4HCl2N3O2	2,4-dichloro-5-nitropyrimidine	49845-33-2	193.977	302.45	1	---	---	25	1.7816	2	---	---	---	solid	1
2360	C4HCl3N2	2,4,6-trichloropyrimidine	3764-01-0	183.423	295.65	1	485.65	1	25	1.6586	2	20	1.5700	1	liquid	1
2361	C4HCl3O2	cis-2-chloro-2-butenedioyl dichloride	17096-37-6	187.408	---	---	458.15	dec	20	1.5640	1	20	1.5206	1	---	---
2362	C4HCl3S	2,3,5-trichlorothiophene	17249-77-3	187.475	257.05	1	471.85	1	20	1.5856	1	20	1.5791	1	liquid	1
2363	C4HCl5O2	2,2,3,4,4-pentachloro-3-butenoic acid	---	258.313	---	---	392.05	1	25	1.7488	2	---	---	---	---	---
2364	C4HCl7O2	2,2,3,3,5,5,6-heptachloro-1,4-dioxane	6629-96-5	329.218	328.15	1	---	---	25	1.8080	2	---	---	---	solid	1
2365	C4HCoO4	cobalt hydrocarbonyl	16842-03-8	171.983	---	---	---	---	---	---	---	---	---	---	---	---
2366	C4HF7O2	heptafluorobutanoic acid	375-22-4	214.040	255.65	1	394.15	1	20	1.6510	1	25	1.2950	1	liquid	1
2367	C4HF9O	nonafluoro-tert-butyl alcohol	2378-02-1	236.038	---	---	318.15	1	25	1.6930	1	---	1.3000	1	---	---
2368	C4HF9O3S	1-perfluorobutanesulfonic acid	375-73-5	300.103	---	---	408.65	1	25	1.7460	2	---	---	---	---	---
2369	C4HI	1-iodo-1,3-butadiyne	6088-91-1	175.956	243.25	1	343.95	1	25	2.2255	2	---	---	---	liquid	1
2370	C4HI4N	2,3,4,5-tetraiodo-1H-pyrrole	87-58-1	570.677	423.15	dec	---	---	25	3.3777	2	---	---	---	solid	1
2371	C4HKO4	acetylenedicarboxylic acid, monopotassiun	928-04-1	152.148	---	---	---	---	---	---	---	---	---	---	---	---
2372	C4HN5O5	2-azido-3,5-dinitrofuran	70664-49-2	199.084	---	---	---	---	25	1.9941	2	---	---	---	---	---
2373	C4HN7O2S4	3,4-bis(1,2,3,4-thiatriazol-5-yl thio) maleimi	1656-16-2	307.364	---	---	---	---	25	1.9993	2	---	---	---	---	---
2374	C4H2	biacetylene	460-12-8	50.060	237.16	1	283.46	1	25	0.7090	1	5	1.4189	1	gas	1
2375	C4H2BrClS	2-bromo-5-chlorothiophene	2873-18-9	197.482	253.15	1	468.15	2	25	1.8030	1	25	1.5925	1	liquid	2
2376	C4H2BrClS	3-bromo-2-chlorothiophene	40032-73-3	197.482	---	---	468.15	1	25	1.8140	1	---	1.6000	1	---	---
2377	C4H2Br2N2O3	5,5-dibromo-2,4,6(1H,3H,5H)-pyrimidinetri	511-67-1	285.880	508.15	1	---	---	25	2.3811	2	---	---	---	solid	1
2378	C4H2Br2O	2,3-dibromofuran	30544-34-4	225.867	---	---	440.15	1	25	1.9995	1	25	1.5458	1	---	---
2379	C4H2Br2O	2,5-dibromofuran	32460-00-7	225.867	282.65	1	437.65	1	20	2.2700	1	20	1.5455	1	liquid	1
2380	C4H2Br2O3	mucobromic acid	488-11-9	257.866	396.65	1	---	---	25	2.3113	2	---	---	---	solid	1
2381	C4H2Br2O4	dibromomaleic acid	608-37-7	273.865	399.15	1	---	---	25	2.3371	2	---	---	---	solid	1
2382	C4H2Br2S	2,3-dibromothiophene	3140-93-0	241.934	255.65	1	491.65	1	22	2.1454	2	22	1.6304	1	liquid	1
2383	C4H2Br2S	2,4-dibromothiophene	3140-92-9	241.934	246.85	1	483.15	1	20	2.1488	1	---	---	---	liquid	1
2384	C4H2Br2S	2,5-dibromothiophene	3141-27-3	241.934	267.15	1	483.45	1	23	2.1420	1	20	1.6288	1	liquid	1
2385	C4H2Br2S	3,4-dibromothiophene	3141-26-2	241.934	277.65	1	494.65	1	22	2.1454	2	---	1.6400	1	liquid	1
2386	C4H2ClF3	1-chloro-2,3,3-trifluorocyclobutene	694-62-2	142.508	---	---	324.65	1	25	1.3530	1	---	1.3650	1	---	---
2387	C4H2ClNO4S2	4-nitrothiophene-2-sulfonyl chloride	40358-04-1	227.649	---	---	---	---	25	1.7504	2	---	---	---	---	---
2388	C4H2Cl2Hg2O	2,5-bis(chloromercuri)furan	67465-41-2	538.144	---	---	---	---	---	---	---	---	---	---	---	---
2389	C4H2Cl2N2	2,6-dichloropyrazine	4774-14-5	148.979	327.65	1	449.15	2	25	1.5217	2	---	---	---	solid	1
2390	C4H2Cl2N2	3,6-dichloropyridazine	141-30-0	148.979	340.15	1	449.15	2	25	1.5217	2	---	---	---	solid	1
2391	C4H2Cl2N2	4,6-dichloropyrimidine	1193-21-1	148.979	338.65	1	449.15	1	25	1.5217	2	---	---	---	solid	1
2392	C4H2Cl2N2	2,4-dichloropyrimidine	3934-20-1	148.979	332.65	1	449.15	2	25	1.5217	2	---	---	---	solid	1
2393	C4H2Cl2O2	trans-2-butenedioyl dichloride	627-63-4	152.964	---	---	432.15	1	20	1.4080	1	18	1.5004	1	---	---
2394	C4H2Cl2O2S2	5-chlorothiophenesulphonyl chloride	2766-74-7	217.096	299.65	1	---	---	25	1.6476	2	---	---	---	solid	1
2395	C4H2Cl2O3	mucochloric acid	87-56-9	168.963	399.65	1	---	---	25	1.5902	2	---	---	---	solid	1
2396	C4H2Cl2S	2,3-dichlorothiophene	17249-79-5	153.031	246.95	1	446.65	1	20	1.4605	1	20	1.5651	1	liquid	1
2397	C4H2Cl2S	2,4-dichlorothiophene	17249-75-1	153.031	239.15	1	440.75	1	20	1.4553	1	20	1.5660	1	liquid	1
2398	C4H2Cl2S	2,5-dichlorothiophene	3172-52-9	153.031	232.65	1	435.15	1	20	1.4422	1	20	1.5626	1	liquid	1
2399	C4H2Cl2S	3,4-dichlorothiophene	17249-76-2	153.031	274.15	1	458.15	1	20	1.4867	1	19	1.5821	1	liquid	1
2400	C4H2Cl3F3	1,1,2-trichloro-2,3,3-trifluorocyclobutane	697-17-6	213.413	---	---	393.05	1	25	1.5940	1	---	1.4160	1	---	---

Table 1 Physical Properties - Organic Compounds

NO	FORMULA	NAME	CAS No	Mol Wt g/mol	Freezing Point T_F, K	code	Boiling Point T_B, K	code	Density T, C	g/cm3	code	Refractive Index T, C	n_D	code	State @25C,1 atm	code
2401	C4H2Cl4	1,2,3,4-tetrachloro-1,3-butadiene	1637-31-6	191.870	271.15	1	461.15	1	15	1.5150	1	20	1.5455	1	liquid	1
2402	C4H2Cl4	1,1,2,3-tetrachloro-1,3-butadiene	921-09-5	191.870	271.15	2	324.65	1	25	1.5499	2	---	---	---	liquid	1
2403	C4H2Cl4O3	dichloroacetic anhydride	4124-30-5	239.868	291.15	1	488.15	dec	24	1.5740	1	---	---	---	liquid	1
2404	C4H2Cl6	1,1,2,3,4,4-hexachloro-2-butene	13045-99-3	262.775	254.15	1	---	---	15	1.6500	1	---	1.5331	1	---	---
2405	C4H2Cl8O	bis(1,2,2,2-tetrachloroethyl) ether	41284-12-2	349.679	313.35	1	461.15	1	25	1.7645	2	---	---	---	solid	1
2406	C4H2F4O4	tetrafluorosuccinic acid	377-38-8	190.051	391.65	1	---	---	25	1.6241	2	---	---	---	solid	1
2407	C4H2F6	hexafluoroisobutylene	382-10-5	164.051	---	---	---	---	---	---	---	---	---	---	---	---
2408	C4H2F6O2	2,2,2-trifluoroethyl trifluoroacetate	407-38-5	196.050	273.45	1	328.05	1	25	1.4640	1	---	1.2770	1	liquid	1
2409	C4H2F7NO	2,2,3,3,4,4,4-heptafluorobutyramide	662-50-0	213.056	375.65	1	---	---	25	1.5891	2	---	---	---	solid	1
2410	C4H2F8O	perfluoroethyl 2,2,2-trifluoroethyl ether	156053-88-2	218.047	---	---	301.04	1	25	1.5607	2	---	---	---	---	---
2411	C4H2FeO4	iron hydrocarbonyl	17440-90-3	169.902	203.15	1	---	---	---	---	---	---	---	---	---	---
2412	C4H2FeO4	iron(ii) fumarate	141-01-5	169.902	553.15	1	---	---	---	---	---	---	---	---	solid	1
2413	C4H2FeO4	tetracarbonyliron dihydride	12002-28-7	169.902	---	---	---	---	---	---	---	---	---	---	---	---
2414	C4H2FeO4	iron(ii) maleate	7705-12-6	169.902	---	---	---	---	---	---	---	---	---	---	---	---
2415	C4H2I2S	2,5-diiodothiophene	625-88-7	335.935	314.65	1	---	---	25	2.6310	2	---	---	---	solid	1
2416	C4H2KN3O4	oxonic acid, potassium salt	2207-75-2	195.177	>573.15	1	---	---	---	---	---	---	---	---	solid	1
2417	C4H2K2Pd	potassium diethynylpalladate(2-)	---	234.676	---	---	---	---	---	---	---	---	---	---	---	---
2418	C4H2K2Pt	potassium diethynylplatinate(2-)	---	323.334	---	---	---	---	---	---	---	---	---	---	---	---
2419	C4H2Mn	manganese(ii) bis(acetylide)	---	104.998	---	---	---	---	---	---	---	---	---	---	---	---
2420	C4H2N2	trans-2-butenedinitrile	764-42-1	78.074	369.95	1	459.15	1	111	0.9416	1	111	1.4349	1	solid	1
2421	C4H2N2O4	2,4,5,6(1H,3H)-pyrimidinetetrone	50-71-5	142.071	529.15	dec	---	---	25	1.6523	2	---	---	---	solid	1
2422	C4H2N2O4S	2,5-dinitrothiophene	59434-05-8	174.137	354.15	1	563.15	1	25	1.7149	2	---	---	---	solid	1
2423	C4H2N2O4S	2,4-dinitrothiophene	5347-12-6	174.137	329.15	1	559.15	1	25	1.7149	2	---	---	---	solid	1
2424	C4H2N2S	4-thiazolecarbonitrile	1452-15-9	110.140	---	---	---	---	25	1.3927	2	---	---	---	---	---
2425	C4H2N2S2	vinylene bisthiocyanate	14150-71-1	142.206	---	---	---	---	25	1.5025	2	---	---	---	---	---
2426	C4H2N4O2	diazouracil	2435-76-9	138.087	471.15	dec	---	---	25	1.6588	2	---	---	---	solid	1
2427	C4H2N8	2,6-diazidopyrazine	74273-75-9	162.116	---	---	---	---	25	1.8214	2	---	---	---	---	---
2428	C4H2Na2O4	maleic acid, disodium salt	371-47-1	160.037	---	---	---	---	---	---	---	---	---	---	---	---
2429	C4H2Na2O4	sodium fumarate	17013-01-3	160.037	---	---	---	---	---	---	---	---	---	---	---	---
2430	C4H2O3	maleic anhydride	108-31-6	98.058	326.00	1	475.15	1	60	1.3140	1	64	1.4688	1	solid	1
2431	C4H2O3	moniliformin	31876-38-7	98.058	436.15	dec	---	---	25	1.3644	2	---	---	---	solid	1
2432	C4H2O4	2-butynedioic acid	142-45-0	114.057	456.15	dec	---	---	25	1.4720	2	---	---	---	solid	1
2433	C4H2O4	3,4-dihydroxy-3-cyclobutene-1,2-dione	2892-51-5	114.057	566.15	1	---	---	25	1.4720	2	---	---	---	solid	1
2434	C4H2O6	maleic anhydride ozonide	---	146.056	---	---	---	---	25	1.6463	2	---	---	---	---	---
2435	C4H3Ag	silver buten-3-ynide	15383-68-3	158.934	---	---	417.45	1	---	---	---	---	---	---	---	---
2436	C4H3AgN2O3	silver 3-methylisoxazolin-4,5-dione-4-oxim	70247-51-7	234.946	---	---	---	---	---	---	---	---	---	---	---	---
2437	C4H3AuNa2O4S	gold sodium thiomalate	12244-57-4	390.078	---	---	---	---	---	---	---	---	---	---	---	---
2438	C4H3BrClF3	4-bromo-3-chloro-3,4,4-trifluoro-1-butene	374-25-4	223.420	---	---	372.65	1	25	1.6780	1	25	1.4092	1	---	---
2439	C4H3BrN2	5-bromopyrimidine	4595-59-9	158.986	344.15	1	---	---	25	1.8093	2	---	---	---	solid	1
2440	C4H3BrN2	2-bromopyrimidine	4595-60-2	158.986	329.15	1	335.15	1	25	1.8093	2	---	---	---	solid	1
2441	C4H3BrN2O2	5-bromo-2,4(1H,3H)-pyrimidinedione	51-20-7	190.985	583.15	1	---	---	25	1.9271	2	---	---	---	solid	1
2442	C4H3BrO	2-bromofuran	584-12-3	146.971	---	---	376.15	1	20	1.6500	1	20	1.4980	1	---	---
2443	C4H3BrO	3-bromofuran	22037-28-1	146.971	---	---	376.15	1	20	1.6606	1	20	1.4958	1	---	---
2444	C4H3BrO4	bromofumaric acid	584-99-6	194.969	414.15	1	---	---	25	1.9145	2	---	---	---	solid	1
2445	C4H3BrO4	bromomaleic acid	644-80-4	194.969	457.45	1	473.15	dec	25	1.9145	2	---	---	---	solid	1
2446	C4H3BrS	2-bromothiophene	1003-09-4	163.038	205.30	1	423.15	1	20	1.6840	1	20	1.5868	1	liquid	1
2447	C4H3BrS	3-bromothiophene	872-31-1	163.038	---	---	432.65	1	20	1.7350	1	20	1.5919	1	---	---
2448	C4H3Cl	4-chloro-1-buten-3-yne	40589-38-6	86.520	---	---	329.15	1	20	1.0022	1	20	1.4656	1	---	---
2449	C4H3ClF2O	1-chloro-3,3-difluoro-2-methoxycycloprope	59034-34-3	140.517	---	---	351.47	1	25	1.3762	2	---	---	---	---	---
2450	C4H3ClHgO	chloro(2-furyl)mercury	5857-37-4	303.110	425.65	1	470.65	1	---	---	---	---	---	---	solid	1
2451	C4H3ClHg2O7	1-acetoxymercurio-1-perchloratomercuriop	---	599.696	---	---	249.45	1	---	---	---	---	---	---	gas	1
2452	C4H3ClHg4O7	1-acetoxydimercurio-1-perchloratodimercu	---	1000.876	---	---	283.15	1	---	---	---	---	---	---	gas	1
2453	C4H3ClN2	2-chloropyrazine	14508-49-7	114.534	---	---	426.65	1	25	1.2810	1	---	1.5320	1	---	---
2454	C4H3ClN2	2-chloropyrimidine	1722-12-9	114.534	340.15	1	---	---	25	1.3440	2	---	---	---	solid	1
2455	C4H3ClN2O2	5-chlorouracil	1820-81-1	146.533	>573.15	1	---	---	25	1.5193	2	---	---	---	solid	1
2456	C4H3ClN2O3	5-chlorobarbituric acid	19645-77-3	162.533	593.15	1	---	---	25	1.5924	2	---	---	---	solid	1
2457	C4H3ClN2S2	chloroethylene bisthiocyanate	24689-89-2	178.666	---	---	---	---	25	1.5357	2	---	---	---	---	---
2458	C4H3ClO	2-chlorofuran	3187-94-8	102.520	---	---	351.15	1	20	1.1923	1	20	1.4569	1	---	---
2459	C4H3ClO	3-chlorofuran	50689-17-3	102.520	---	---	353.15	1	20	1.2094	1	20	1.4601	1	---	---
2460	C4H3ClO2	propargyl chloroformate	35718-08-2	118.519	---	---	393.15	1	25	1.2150	1	---	1.4350	1	---	---
2461	C4H3ClO2S2	2-thiophenesulfonyl chloride	16629-19-9	182.651	301.15	1	---	---	25	1.5338	2	---	---	---	solid	1
2462	C4H3ClS	2-chlorothiophene	96-43-5	118.586	201.25	1	401.45	1	20	1.2863	1	20	1.5487	1	liquid	1
2463	C4H3ClS	3-chlorothiophene	17249-80-8	118.586	---	---	411.15	1	25	1.2760	1	---	1.5520	1	---	---
2464	C4H3Cl2F3O2	methyl 2,2-dichloro-3,3,3-trifluoropropanoa	378-68-7	210.967	---	---	---	---	20	1.5092	1	20	1.3806	1	---	---
2465	C4H3Cl2N3	5-amino-4,6-dichloropyrimidine	5413-85-4	163.994	418.65	1	---	---	25	1.5376	2	---	---	---	solid	1
2466	C4H3Cl2N3	2-amino-4,6-dichloropyrimidine	56-05-3	163.994	495.65	1	---	---	25	1.5376	2	---	---	---	solid	1
2467	C4H3Cl3	1,2,3-trichloro-1,3-butadiene	1573-58-6	157.425	---	---	---	---	20	1.4060	1	20	1.5262	1	---	---
2468	C4H3Cl3	1,1,2-trichlorobutadiene	2852-07-5	157.425	---	---	---	---	25	1.4169	2	---	---	---	---	---
2469	C4H3Cl3N2S	1-(trichloromethylmercapto)pyrazole	25726-97-0	217.505	---	---	---	---	25	1.6092	2	---	---	---	---	---
2470	C4H3Cl3O2	(R)-(-)-3-hydroxy-4,4,4-trichlorobutyric b-la	16493-62-2	189.424	326.15	1	---	---	25	1.5484	2	---	---	---	solid	1
2471	C4H3Cl5	1,1,1,4,4-pentachloro-2-butene	77753-21-0	228.330	---	---	---	---	21	1.6110	1	21	1.5538	1	---	---
2472	C4H3Cl7	1,1,2,2,3,4,4-heptachlorobutane	34973-41-6	299.235	---	---	---	---	20	1.7410	1	20	1.5407	1	---	---
2473	C4H3FN2O	fluoxydine	671-35-2	114.080	---	---	---	---	25	1.3658	2	---	---	---	---	---
2474	C4H3FN2O2	5-fluorouracil	51-21-8	130.079	556.15	1	---	---	25	1.4593	2	---	---	---	solid	1
2475	C4H3F3N2	3-(trifluoromethyl)pyrazole	20154-03-4	136.077	319.15	1	---	---	25	1.3931	2	---	---	---	solid	1
2476	C4H3F3O	1,3,3-trifluoro-2-methoxycyclopropene	59034-32-1	124.063	---	---	---	---	25	1.3087	2	---	---	---	---	---
2477	C4H3F3O2	2-(trifluoromethyl)acrylic acid	381-98-6	140.062	323.15	1	359.15	1	25	1.3949	2	---	---	---	solid	1
2478	C4H3F3O2	vinyl trifluoroacetate	433-28-3	140.062	---	---	312.60	1	25	1.2030	1	---	1.3170	1	---	---
2479	C4H3F3O3	methyl 3,3,3-trifluoropyruvate	13089-11-7	156.062	---	---	358.65	1	25	1.5290	1	---	1.3320	1	---	---
2480	C4H3F3O3	methyl 2,2-difluoromalonyl fluoride	69116-71-8	156.062	---	---	---	---	25	1.4719	2	---	---	---	---	---

Table 1 Physical Properties - Organic Compounds

NO	FORMULA	NAME	CAS No	Mol Wt g/mol	Freezing Point T_F, K	code	Boiling Point T_B, K	code	Density T, C	g/cm3	code	Refractive Index T, C	n_D	code	State @25C,1 atm	code
2481	C4H3F5O2	methyl pentafluoropropanoate	378-75-6	178.059	---	---	332.65	1	25	1.3900	1	25	1.2869	1	---	---
2482	C4H3F7O	2,2,3,3,4,4,4-heptafluoro-1-butanol	375-01-9	200.057	---	---	368.15	1	20	1.6000	1	20	1.2940	1	---	---
2483	C4H3F7O	perfluoroisopropyl methyl ether	22052-84-2	200.057	---	---	302.56	1	25	1.4893	2	---	---	---	---	---
2484	C4H3F7O	perfluoropropyl methyl ether	375-03-1	200.057	---	---	307.38	1	25	1.4893	2	---	---	---	---	---
2485	C4H3IN2O2	5-iodouracil	696-07-1	237.985	545.15	1	---	---	25	2.2076	2	---	---	---	solid	1
2486	C4H3IO	2-iodofuran	54829-48-0	193.972	---	---	406.15	2	20	2.0240	1	20	1.5661	1	---	---
2487	C4H3IO	3-iodofuran	29172-20-1	193.972	---	---	406.15	1	20	2.0450	1	20	1.5610	1	---	---
2488	C4H3IS	2-iodothiophene	3437-95-4	210.038	233.15	1	454.15	1	25	2.0595	1	25	1.6465	1	liquid	1
2489	C4H3IS	3-iodothiophene	10486-61-0	210.038	---	---	454.15	2	25	2.0266	2	---	---	---	---	---
2490	C4H3KN2O4	potassium-4-methylfurazan-5-carboxylate-2	---	182.178	---	---	---	---	---	---	---	---	---	---	---	---
2491	C4H3NOS	2-thiazolecarboxaldehyde	10200-59-6	113.140	---	---	---	---	25	1.2880	1	---	1.5740	1	---	---
2492	C4H3NO2	1H-pyrrole-2,5-dione	541-59-3	97.074	367.15	1	---	---	106	1.2493	1	---	---	---	solid	1
2493	C4H3NO2S	2-nitrothiophene	609-40-5	129.140	319.65	1	497.65	1	43	1.3644	1	---	---	---	solid	1
2494	C4H3NO2S	3-nitrothiophene	822-84-4	129.140	351.65	1	498.15	1	25	1.4258	2	---	---	---	solid	1
2495	C4H3NO3	2-nitrofuran	609-39-2	113.073	303.15	1	---	---	25	1.4025	2	---	---	---	solid	1
2496	C4H3NO3	N-hydroxymaleimide	4814-74-8	113.073	404.65	1	---	---	25	1.4025	2	---	---	---	solid	1
2497	C4H3NO3	isoxazole-5-carboxylic acid	21169-71-1	113.073	414.15	1	---	---	25	1.4025	2	---	---	---	solid	1
2498	C4H3N2NaO3	sodium-3-methylisoxazolin-4,5-dione-4-oxi	70247-50-6	150.070	---	---	---	---	---	---	---	---	---	---	---	---
2499	C4H3N3O4	2,4,5,6(1H,3H)-pyrimidinetetrone 5-oxime	87-39-8	157.086	476.65	dec	---	---	25	1.6581	2	---	---	---	solid	1
2500	C4H3N3O4	4,6-dihydroxy-5-nitropyrimidine	2164-83-2	157.086	>573.15	1	---	---	25	1.6581	2	---	---	---	solid	1
2501	C4H3N3O4	5-nitrouracil	611-08-5	157.086	>573.15	1	---	---	25	1.6581	2	---	---	---	solid	1
2502	C4H3N3O4S	2-amino-3,5-dinitrothiophene	2045-70-7	189.152	---	---	---	---	25	1.7149	2	---	---	---	---	---
2503	C4H3N3O5	5-nitro-2,4,6(1H,3H,5H)-pyrimidinetrione	480-68-2	173.086	453.65	1	---	---	25	1.7248	2	---	---	---	solid	1
2504	C4H3N5O	8-azahypoxanthine	2683-90-1	137.102	---	---	---	---	25	1.5871	2	---	---	---	---	---
2505	C4H3N5OS	6-hydroxy-2-thio-8-azapurine	31571-52-5	169.168	---	---	---	---	25	1.6594	2	---	---	---	---	---
2506	C4H3N5O2	1H-v-triazolo(4,5-d)pyrimidine-5,7(4H,6H)-	1468-26-4	153.102	>593	1	---	---	25	1.6641	2	---	---	---	solid	1
2507	C4H3N5O3	3-hydroxy-8-azaxanthine	42028-33-1	169.101	---	---	---	---	25	1.7323	2	---	---	---	---	---
2508	C4H3N5O	2-azahypoxanthine	63907-29-9	137.102	---	---	---	---	25	1.5871	2	---	---	---	---	---
2509	C4H3N5O	5-diazoimidazole-4-carboxamide	7008-85-7	137.102	---	---	461.15	dec	25	1.5871	2	---	---	---	---	---
2510	C4H4	vinylacetylene	689-97-4	52.076	---	---	278.25	1	25	0.6800	1	25	1.4161	1	gas	1
2511	C4H4AsCl3	bis(2-chlorovinyl)chloroarsine	40334-69-8	233.355	---	---	462.15	1	---	---	---	---	---	---	---	---
2512	C4H4BBrO2S	5-bromothiophene-2-boronic acid	---	206.856	403.15	1	---	---	---	---	---	---	---	---	solid	1
2513	C4H4BClO2S	5-chlorothiophene-2-boronic acid	162607-18-3	162.404	409.15	1	---	---	---	---	---	---	---	---	solid	1
2514	C4H4BaO6	barium tartrate	5908-81-6	285.399	---	---	---	---	25	2.9800	1	---	---	---	---	---
2515	C4H4BrF3	4-bromo-1,1,2-trifluoro-1-butene	10493-44-4	188.975	---	---	370.55	1	25	1.6390	1	---	1.4010	1	---	---
2516	C4H4BrNO	3-bromoallyl isocyanate	101652-13-5	161.986	---	---	---	---	25	1.7279	2	---	---	---	---	---
2517	C4H4BrN3O	5-bromocytosine	2240-25-7	190.000	514.65	1	---	---	25	1.8583	2	---	---	---	solid	1
2518	C4H4BrNO2	N-bromosuccinimide	128-08-5	177.986	447.15	1	---	---	25	2.0980	1	---	---	---	solid	1
2519	C4H4Br2	1,4-dibromo-2-butyne	2219-66-1	211.884	---	---	---	---	18	2.0140	1	18	1.5880	1	---	---
2520	C4H4Br2O2	2,2'-dibromobiacetyl	6305-43-7	243.883	389.65	1	---	---	25	2.1214	2	---	---	---	solid	1
2521	C4H4Br2O4	meso-2,3-dibromosuccinic acid	526-78-3	275.881	>548.15	1	---	---	25	2.1862	2	---	---	---	solid	1
2522	C4H4Br4	1,2,3,4-tetrabromocyclobutane	101257-79-8	371.692	---	---	---	---	20	2.5672	1	20	1.6303	1	---	---
2523	C4H4CdO4	cadmium succinate	141-00-4	228.484	---	---	---	---	---	---	---	---	---	---	---	---
2524	C4H4ClNO2	N-chlorosuccinimide	128-09-6	133.534	423.15	1	---	---	25	1.6500	1	---	---	---	solid	1
2525	C4H4ClNS	2-chloro-3-isothiocyanato-1-propene	14214-31-4	133.601	---	---	455.15	1	12	1.2700	1	---	---	---	---	---
2526	C4H4CuN22	copper(ii)-1,3-di(5-tetrazolyl)triazenide	32061-49-7	423.776	---	---	419.15	1	---	---	---	---	---	---	---	---
2527	C4H4ClF3	1-chloro-1,2,2-trifluorocyclobutane	661-71-2	144.524	---	---	354.00	1	25	1.3034	2	---	---	---	---	---
2528	C4H4ClF3O3S	2-chloro-2-propenyl trifluoromethane sulfo	62861-56-7	224.588	---	---	310.90	1	25	1.5674	2	---	---	---	---	---
2529	C4H4ClNOS	5-chloro-2-methyl-4-isothiazolin-3-one	26172-55-4	149.601	---	---	382.85	1	25	1.4027	2	---	---	---	---	---
2530	C4H4ClN3O	2-amino-6-chloro-4-pyrimidinol monohydra	1194-21-4	145.549	525.15	1	---	---	25	1.4615	2	---	---	---	solid	1
2531	C4H4ClN3O2	5-chloro-3-methyl-4-nitro-1H-pyrazole	6814-58-0	161.548	384.15	1	---	---	25	1.5356	2	---	---	---	solid	1
2532	C4H4ClN3O2	5-chloro-1-methyl-4-nitroimidazole	4897-25-0	161.548	421.15	1	---	---	25	1.5356	2	---	---	---	solid	1
2533	C4H4Cl2	1,1-dichloro-1,3-butadiene	6061-06-9	122.981	---	---	395.65	2	20	1.1831	1	20	1.5022	1	---	---
2534	C4H4Cl2	1,2-dichloro-1,3-butadiene	3574-40-1	122.981	---	---	377.15	1	20	1.1803	1	20	1.4960	1	---	---
2535	C4H4Cl2	2,3-dichloro-1,3-butadiene	1653-19-6	122.981	---	---	371.15	1	20	1.1829	1	20	1.4890	1	---	---
2536	C4H4Cl2	1,4-dichloro-2-butyne	821-10-3	122.981	---	---	438.65	1	20	1.2580	1	20	1.5058	1	---	---
2537	C4H4Cl2	dichloro-1,3-butadiene	28577-62-0	122.981	---	---	395.65	2	20	1.2011	2	---	---	---	---	---
2538	C4H4Cl2O2	butanedioyl dichloride	543-20-4	154.980	293.15	1	466.45	1	20	1.3748	1	20	1.4683	1	liquid	1
2539	C4H4Cl2O2	4-chloro-3-oxobutanoyl chloride	41295-64-1	154.980	---	---	---	---	20	1.4397	1	20	1.4860	1	---	---
2540	C4H4Cl2O2	4,4-dichlorocrotonic acid	99980-00-4	154.980	373.65	1	---	---	99	1.3331	1	99	1.4597	1	solid	1
2541	C4H4Cl2O3	chloroacetic anhydride	541-88-8	170.979	319.15	1	476.15	1	20	1.5497	1	---	---	---	solid	1
2542	C4H4Cl2O3	diglycolyl chloride	21062-20-4	170.979	---	---	---	---	25	1.4390	1	---	1.4730	1	---	---
2543	C4H4Cl2O4	2,3-dichlorobutanedioic acid, (±)	1114-09-6	186.978	448.15	dec	---	---	15	1.8440	1	---	---	---	solid	1
2544	C4H4Cl2O4	ethylene bis(chloroformate)	124-05-0	186.978	---	---	---	---	25	1.5468	2	---	---	---	---	---
2545	C4H4Cl4	1,3,4,4-tetrachloro-1-butene	2984-40-9	193.886	---	---	470.00	2	20	1.4760	1	20	1.4773	1	---	---
2546	C4H4Cl4	2,3,3,4-tetrachloro-1-butene	64346-45-8	193.886	---	---	470.00	2	20	1.4602	1	20	1.5135	1	---	---
2547	C4H4Cl4N2O2	bis(dichloroacetyl)diamine	16054-41-4	253.899	---	---	---	---	25	1.6646	2	---	---	---	---	---
2548	C4H4Cl4O2	2-chloroethyl trichloroacetate	4974-21-4	225.885	---	---	490.15	1	20	1.5357	1	20	1.4813	1	---	---
2549	C4H4Cl4O2	3,3,4,5-tetrachloro-3,6-dihydro-1,2-dioxin	---	225.885	---	---	---	---	25	1.5682	2	---	---	---	---	---
2550	C4H4Cl6	hexachlorobutane	26523-63-7	264.791	---	---	309.25	1	25	1.5838	2	---	---	---	---	---
2551	C4H4Cl7O3P	bis(2,2,2-trichloroethyl) phosphorochlorida	17672-53-6	379.215	319.15	1	---	---	---	---	---	---	---	---	solid	1
2552	C4H4FN3O	5-fluorocytosine	2022-85-7	129.095	---	---	---	---	25	1.3990	2	---	---	---	---	---
2553	C4H4F3NO	2-hydroxy-2-(trifluoromethyl)propionitrile	335-08-0	139.078	---	---	---	---	25	1.2760	1	---	---	---	---	---
2554	C4H4F3N3S	4-methyl-5-trifluoromethyl-4H-1,2,4-triazoli	30682-81-6	183.158	391.15	1	---	---	25	1.5014	2	---	---	---	solid	1
2555	C4H4F4N2O2	tetrafluorosuccinamide	---	188.083	---	---	331.15	1	25	1.5254	2	---	---	---	---	---
2556	C4H4F6N4	2-cyano-1,2,3-tris(difluoroamino)propane	16176-02-6	222.095	---	---	319.15	1	25	1.5827	2	---	---	---	---	---
2557	C4H4F6O	bis(2,2,2-trifluoroethyl) ether	333-36-8	182.066	298.15	1	336.10	1	25	1.4050	1	---	1.3000	1	---	---
2558	C4H4F6O	2,2,3,4,4,4-hexafluoro-1-butanol	382-31-0	182.066	---	---	387.15	1	25	1.5570	1	---	1.3120	1	---	---
2559	C4H4F6O	1,1,1,3,3,3-hexafluoro-2-methyl-2-propano	1515-14-6	182.066	---	---	334.10	1	25	1.4840	1	---	1.3000	1	---	---
2560	C4H4INO2	1-iodo-2,5-pyrrolidinedione	516-12-1	224.986	473.65	1	---	---	25	2.2450	1	---	---	---	solid	1

Table 1 Physical Properties - Organic Compounds

				Mol Wt	Freezing Point		Boiling Point		Density			Refractive Index			State	
NO	FORMULA	NAME	CAS No	g/mol	T_F, K	code	T_B, K	code	T, C	g/cm3	code	T, C	n_D	code	@25C,1 atm	code
2561	C4H4I2	1,4-diiodo-2-butyne	116529-73-8	305.885	327.65	1	---	---	25	2.5252	2	---	---	---	solid	1
2562	C4H4N2	succinonitrile	110-61-2	80.090	331.30	1	540.15	1	60	0.9867	1	60	1.4173	1	solid	1
2563	C4H4N2	pyrazine	290-37-9	80.090	327.15	1	389.15	1	61	1.0311	1	61	1.4953	1	solid	1
2564	C4H4N2	pyridazine	289-80-5	80.090	265.15	1	481.15	1	23	1.1035	1	20	1.5218	1	liquid	1
2565	C4H4N2	pyrimidine	289-95-2	80.090	294.90	1	396.90	1	48	1.0404	2	20	1.4998	1	liquid	1
2566	C4H4N2O	4(3H)-pyrimidone	51953-17-4	96.089	435.65	1	---	---	25	1.2296	2	---	---	---	solid	1
2567	C4H4N2OS	2,3-dihydro-2-thioxo-4(1H)-pyrimidinone	141-90-2	128.155	>613	1	---	---	25	1.3676	2	---	---	---	solid	1
2568	C4H4N2OS	4-thiouracil	591-28-6	128.155	568.15	1	---	---	25	1.3676	2	---	---	---	solid	1
2569	C4H4N2O2	2-butynediamide	543-21-5	112.089	490.15	dec	---	---	25	1.3382	2	---	---	---	solid	1
2570	C4H4N2O2	uracil	66-22-8	112.089	611.15	1	---	---	25	1.3382	2	---	---	---	solid	1
2571	C4H4N2O2	4,6-dihydroxypyrimidine	1193-24-4	112.089	>573.15	1	---	---	25	1.3382	2	---	---	---	solid	1
2572	C4H4N2O2	maleic hydrazide	123-33-1	112.089	577.15	1	533.15	1	25	1.3382	2	---	---	---	solid	1
2573	C4H4N2O2S	4,6-dihydroxy-2-mercaptopyrimidine	504-17-6	144.155	520.65	1	---	---	25	1.4513	2	---	---	---	solid	1
2574	C4H4N2O3	barbituric acid	67-52-7	128.088	521.15	1	533.15	dec	25	1.4331	2	---	---	---	solid	1
2575	C4H4N2O5	alloxanic acid	470-44-0	160.087	435.65	dec	---	---	25	1.5912	2	---	---	---	solid	1
2576	C4H4N2O5	alloxan	3237-50-1	160.087	---	---	---	---	25	1.5912	2	---	---	---	---	---
2577	C4H4N2S	2-mercaptopyrimidine	1450-85-7	112.156	503.15	1	---	---	25	1.2731	2	---	---	---	solid	1
2578	C4H4N2S2	ethylene glycol dithiocyanate	629-17-4	144.222	363.15	1	---	---	25	1.4200	1	---	---	---	solid	1
2579	C4H4N2S2	dithiouracil	2001-93-6	144.222	553.15	1	---	---	25	1.3913	2	---	---	---	solid	1
2580	C4H4N2S2	isothiocyanic acid, ethylene ester	3688-08-2	144.222	---	---	---	---	25	1.3913	2	---	---	---	---	---
2581	C4H4N2S3	ethylene thiuram monosulfide	33813-20-6	176.288	395.65	1	---	---	25	1.4786	2	---	---	---	solid	1
2582	C4H4N4	3-amino-4-pyrazolecarbonitrile	16617-46-2	108.104	447.15	1	---	---	25	1.3342	2	---	---	---	solid	1
2583	C4H4N4	diaminomaleonitrile	1187-42-4	108.104	451.65	1	---	---	25	1.3342	2	---	---	---	solid	1
2584	C4H4N4O	2,2'-(N-nitrosoimino)diacetonitrile	16339-18-7	124.103	---	---	309.15	1	25	1.4323	2	---	---	---	---	---
2585	C4H4N4O2	5-nitropyrimidinamine	3073-77-6	140.103	509.65	1	---	---	25	1.5186	2	---	---	---	solid	1
2586	C4H4N4O2S	6-amino-5-nitroso-2-thiouracil	1672-48-6	172.169	---	---	---	---	25	1.5968	2	---	---	---	---	---
2587	C4H4N6	6-amino-8-azapurine	1123-54-2	136.118	---	---	---	---	25	1.5205	2	---	---	---	---	---
2588	C4H4N6O	8-azaguanine	134-58-7	152.117	573.15	1	---	---	25	1.5989	2	---	---	---	solid	1
2589	C4H4N6O2	succinoyl diazide	40428-75-9	168.117	---	---	---	---	25	1.6686	2	---	---	---	---	---
2590	C4H4Na2O4	succinic acid, disodium salt, anhydrous	150-90-3	162.053	---	---	---	---	---	---	---	---	---	---	---	---
2591	C4H4Na2O6	sodium tartrate	868-18-8	194.052	---	---	---	---	---	---	---	---	---	---	---	---
2592	C4H4O	furan	110-00-9	68.075	187.55	1	304.50	1	25	0.9350	1	25	1.4187	1	liquid	1
2593	C4H4O	2-butynal	1119-19-3	68.075	247.15	1	379.65	1	17	0.9264	1	19	1.4460	1	liquid	1
2594	C4H4O	3-butyn-2-one	1423-60-5	68.075	---	---	357.15	1	20	0.8793	1	20	1.4070	1	---	---
2595	C4H4OS	thiophene-2-ol	17236-58-7	100.141	282.15	1	491.15	1	20	1.2550	1	20	1.5644	1	liquid	1
2596	C4H4OS	2(5H)-thiophenone	3354-32-3	100.141	---	---	---	---	25	1.2400	1	---	1.5640	1	---	---
2597	C4H4O2	1,4-dioxin	290-67-5	84.075	---	---	349.15	1	20	1.1150	1	20	1.4350	1	---	---
2598	C4H4O2	diketene	674-82-8	84.075	266.65	1	399.20	1	25	1.0500	1	20	1.4379	1	liquid	1
2599	C4H4O2	2-butynoic acid	590-93-2	84.075	351.15	1	476.15	1	20	0.9641	1	---	---	---	solid	1
2600	C4H4O2	g-crotonolactone	497-23-4	84.075	277.65	1	359.65	1	25	1.1850	1	---	1.4690	1	liquid	1
2601	C4H4O2	methyl propiolate	922-67-8	84.075	---	---	376.65	1	25	0.9420	1	---	1.4080	1	---	---
2602	C4H4O2	cyclobutane-1,3-dione	15506-53-3	84.075	---	---	---	---	23	1.0512	2	---	---	---	---	---
2603	C4H4O3	succinic anhydride	108-30-5	100.074	393.00	1	536.58	1	20	1.2000	1	---	---	---	solid	1
2604	C4H4O3	4-hydroxy-2(5H)-furanone	541-57-1	100.074	413.15	1	---	---	25	1.2373	2	---	---	---	solid	1
2605	C4H4O4	fumaric acid	110-17-8	116.073	560.15	1	563.15	1	20	1.6350	1	---	---	---	solid	1
2606	C4H4O4	maleic acid	110-16-7	116.073	403.80	1	565.00	1	25	1.5900	1	---	---	---	solid	1
2607	C4H4O4	diglycolic anhydride	4480-83-5	116.073	365.65	1	513.65	1	23	1.6125	2	---	---	---	solid	1
2608	C4H4O4	1,4-dioxane-2,5-dione	502-97-6	116.073	355.15	1	---	---	23	1.6125	2	---	---	---	solid	1
2609	C4H4O5	oxaloacetic acid	328-42-7	132.073	434.15	dec	---	---	25	1.4338	2	---	---	---	solid	1
2610	C4H4O6	2,3-dihydroxymaleic acid	526-84-1	148.072	428.15	dec	---	---	25	1.5151	2	---	---	---	solid	1
2611	C4H4O6	meso-tartrate	5976-95-4	148.072	---	---	---	---	25	1.5151	2	---	---	---	---	---
2612	C4H4O6Sn	tin(ii) tartrate	815-85-0	266.782	---	---	---	---	---	---	---	---	---	---	---	---
2613	C4H4S	thiophene	110-02-1	84.142	234.94	1	357.31	1	25	1.0590	1	25	1.5257	1	liquid	1
2614	C4H4Se	selenophene	288-05-1	131.036	239.25	1	383.60	1	25	1.4230	1	---	1.5770	1	liquid	1
2615	C4H4Se	ethynyl vinyl selenide	---	131.036	---	---	---	---	---	---	---	---	---	---	---	---
2616	C4H5BO2S	2-thiopheneboronic acid	6165-68-0	127.960	402.65	1	---	---	---	---	---	---	---	---	solid	1
2617	C4H5BO2S	3-thiopheneboronic acid	6165-69-1	127.960	439.15	1	---	---	---	---	---	---	---	---	solid	1
2618	C4H5BO3	furan-2-boronic acid	---	111.893	---	---	---	---	---	---	---	---	---	---	---	---
2619	C4H5BO3	furan-3-boronic acid	55552-70-0	111.893	---	---	---	---	---	---	---	---	---	---	---	---
2620	C4H5Br	1-bromo-1,3-butadiene	21890-35-7	132.988	---	---	366.15	1	25	1.4160	1	---	---	---	---	---
2621	C4H5Br	2-bromo-1,3-butadiene	1822-86-2	132.988	---	---	374.65	2	20	1.3970	1	20	1.4988	1	---	---
2622	C4H5Br	4-bromo-1,2-butadiene	18668-68-3	132.988	---	---	383.15	1	20	1.4255	1	20	1.5248	1	---	---
2623	C4H5Br	1-bromo-2-butyne	3355-28-0	132.988	---	---	374.65	2	25	1.5190	1	---	1.5080	1	---	---
2624	C4H5BrF2O2	ethyl bromodifluoroacetate	667-27-6	202.984	---	---	385.15	1	25	1.5830	1	---	1.3870	1	---	---
2625	C4H5BrN2	4-bromo-3-methyl-1H-pyrazole	13808-64-5	161.002	349.65	1	---	---	100	1.5638	1	100	1.5182	1	solid	1
2626	C4H5BrO	2-bromo-2-butenal	24247-53-8	148.987	---	---	---	---	13	1.5797	1	20	1.5184	1	---	---
2627	C4H5BrO	methyl 1-bromovinyl ketone	61203-01-8	148.987	---	---	---	---	25	1.5849	2	---	---	---	---	---
2628	C4H5BrO2	3-bromo-2-methyl-2-propenoic acid	89123-63-7	164.987	337.15	1	502.15	1	25	1.6561	2	---	---	---	solid	1
2629	C4H5BrO2	a-bromo-g-butyrolactone	5061-21-2	164.987	---	---	---	---	25	1.7860	1	---	1.5080	1	---	---
2630	C4H5BrO4	bromobutanedioic acid, (±)	584-98-5	196.985	434.15	1	---	---	25	2.0730	1	---	---	---	solid	1
2631	C4H5BrO4	DL-bromosuccinic acid	923-06-8	196.985	434.15	1	---	---	25	1.7770	2	---	---	---	solid	1
2632	C4H5Br2FO2	ethyl dibromofluoroacetate	565-53-7	263.889	---	---	446.15	1	25	1.8940	1	25	1.4633	1	---	---
2633	C4H5Br3O2	ethyl tribromoacetate	599-99-5	324.795	---	---	498.15	1	20	2.2260	1	13	1.5438	1	---	---
2634	C4H5Cl	chloroprene	126-99-8	88.536	143.15	1	332.55	1	25	0.9500	1	20	1.4583	1	liquid	1
2635	C4H5Cl	4-chloro-1,2-butadiene	25790-55-0	88.536	---	---	361.15	1	20	0.9891	1	20	1.4775	1	---	---
2636	C4H5Cl	1-chloro-1,3-butadiene	627-22-5	88.536	---	---	341.15	1	20	0.9606	1	20	1.4712	1	---	---
2637	C4H5Cl	1-chloro-2-butyne	3355-17-7	88.536	---	---	376.15	1	20	1.0152	1	20	1.4581	1	---	---
2638	C4H5Cl	3-chloro-1-butyne	21020-24-6	88.536	---	---	341.65	1	21	0.9787	2	25	1.4218	1	---	---
2639	C4H5ClFO2	2-chloroethyl fluoroacetate	1537-62-8	139.534	---	---	393.15	1	25	1.3059	2	---	---	---	---	---
2640	C4H5ClF2O2	ethyl chlorodifluoroacetate	383-62-0	158.532	---	---	369.90	1	25	1.2520	1	---	1.3580	1	---	---

Table 1 Physical Properties - Organic Compounds

				Mol Wt	Freezing Point		Boiling Point		Density			Refractive Index			State	
NO	FORMULA	NAME	CAS No	g/mol	T_F, K	code	T_B, K	code	T, C	g/cm3	code	T, C	n_D	code	@25C,1 atm	code
2641	C4H5ClN2	3-chloro-5-methyl-1H-pyrazole	15953-45-4	116.550	391.65	1	531.15	1	25	1.2369	2	---	---	---	solid	1
2642	C4H5ClN2	5-chloro-1-methylimidazole	872-49-1	116.550	---	---	---	---	25	1.2500	1	---	1.5110	1	---	---
2643	C4H5ClN2O	N-chloro-4-methyl-2-imidazolinone	---	132.550	---	---	---	---	25	1.3275	2	---	---	---	---	---
2644	C4H5ClN2S3	5-chloromethylthio-3-methylmercapto-1,2,4	---	212.748	306.65	1	---	---	25	1.5097	2	---	1.6555	1	solid	1
2645	C4H5ClN4	2,6-diamino-4-chloropyrimidine / 4-chloro-2	156-83-2	144.564	473.65	1	473.65	1	25	1.4073	2	---	---	---	solid	1
2646	C4H5ClO	2-butenoyl chloride	10487-71-5	104.536	---	---	397.65	1	20	1.0905	1	18	1.4600	1	---	---
2647	C4H5ClO	2-methyl-2-propenoyl chloride	920-46-7	104.536	213.15	1	369.15	1	20	1.0871	1	20	1.4435	1	liquid	1
2648	C4H5ClO	2-chloro-2-butenal	53175-28-3	104.536	---	---	420.65	1	23	1.1404	1	25	1.4780	1	---	---
2649	C4H5ClO	crotonoyl chloride	625-35-4	104.536	---	---	394.65	1	25	1.0910	1	---	1.4580	1	---	---
2650	C4H5ClO	cyclopropanecarbonyl chloride	4023-34-1	104.536	---	---	390.15	1	25	1.1520	1	---	1.4520	1	---	---
2651	C4H5ClO	1-chloro-1-buten-3-one	7119-27-9	104.536	---	---	535.15	1	23	1.1122	2	---	---	---	---	---
2652	C4H5ClO	4-chloro-2-butynol	13280-07-4	104.536	---	---	---	---	23	1.1122	2	---	---	---	---	---
2653	C4H5ClO2	cis-3-chlorobutenoic acid	6213-90-7	120.535	334.15	1	---	---	66	1.1905	1	66	1.4704	1	solid	1
2654	C4H5ClO2	trans-3-chlorobutenoic acid	6214-28-4	120.535	334.15	1	468.15	1	69	1.1969	1	---	---	---	solid	1
2655	C4H5ClO2	trans-2-chloro-2-butenoic acid	22038-56-8	120.535	373.15	1	485.15	1	40	1.1631	2	---	---	---	solid	1
2656	C4H5ClO2	4-chloro-2-butenoic acid	16197-90-3	120.535	356.15	1	---	---	40	1.1631	2	---	---	---	solid	1
2657	C4H5ClO2	trans-4-chlorocrotonic acid	26340-58-9	120.535	356.15	1	---	---	40	1.1631	2	---	---	---	solid	1
2658	C4H5ClO2	isopropenyl chloroformate	57933-83-2	120.535	---	---	375.15	1	20	1.1010	1	---	---	---	---	---
2659	C4H5ClO2	methyl 2-chloroacrylate	80-63-7	120.535	---	---	---	---	20	1.1890	1	20	1.4420	1	---	---
2660	C4H5ClO2	allyl chloroformate	2937-50-0	120.535	193.25	1	383.15	1	25	1.1380	1	---	1.4220	1	liquid	1
2661	C4H5ClO3	ethyl 2-chloro-2-oxoacetate	4755-77-5	136.534	---	---	410.15	1	20	1.2226	1	---	---	---	---	---
2662	C4H5ClO3	acetoxyacetyl chloride	13831-31-7	136.534	---	---	---	---	25	1.2700	1	---	1.4280	1	---	---
2663	C4H5ClO3	methyl malonyl chloride	37517-81-0	136.534	---	---	331.15	1	25	1.2730	1	---	1.4320	1	---	---
2664	C4H5ClO3	4-chloromethyl-1,3-dioxolan-2-one	2463-45-8	136.534	---	---	---	---	23	1.2552	2	---	---	---	---	---
2665	C4H5Cl3	1,2,4-trichloro-2-butene	2431-54-1	159.441	---	---	417.65	2	20	1.3843	1	20	1.5175	1	---	---
2666	C4H5Cl3	2,3,4-trichloro-1-butene	2431-50-7	159.441	---	---	417.65	2	20	1.3430	1	20	1.4944	1	---	---
2667	C4H5Cl3	1,1,3-trichloro-2-methyl-1-propene	31702-33-7	159.441	---	---	429.15	1	20	1.3460	1	20	1.4990	1	---	---
2668	C4H5Cl3	3,3,3-trichloro-2-methyl-1-propene	4749-27-3	159.441	---	---	406.15	1	20	1.2930	1	20	1.4770	1	---	---
2669	C4H5Cl3O	2,2,3-trichlorobutanal	76-36-8	175.441	---	---	437.15	1	20	1.3956	1	20	1.4755	1	---	---
2670	C4H5Cl3O	2,2,4-trichlorobutanal	---	175.441	---	---	---	---	25	1.4200	1	---	1.4784	1	---	---
2671	C4H5Cl3O	2,3,3-trichlorotetrahydrofuran	---	175.441	---	---	---	---	25	1.4800	1	---	1.4988	1	---	---
2672	C4H5Cl3O	1,2-epoxy-4,4,4-trichlorobutane	3083-25-8	175.441	---	---	---	---	23	1.4319	2	---	---	---	---	---
2673	C4H5Cl3O2	ethyl trichloroacetate	515-84-4	191.440	---	---	440.65	1	20	1.3836	1	20	1.4505	1	---	---
2674	C4H5Cl3O2	2,2,3-trichlorobutanoic acid	5344-55-8	191.440	333.15	1	510.15	1	25	1.4575	2	---	---	---	solid	1
2675	C4H5Cl3O3	2-hydroxyethyl trichloroacetate	33560-17-7	207.439	---	---	---	---	20	1.5320	1	20	1.4775	1	---	---
2676	C4H5Cl5	1,1,2,3,4-pentachlorobutane	77753-24-3	230.346	322.15	1	503.15	1	53	1.5390	1	18	1.5141	1	solid	1
2677	C4H5Cl5	1,2,2,3,4-pentachlorobutane	2431-52-9	230.346	334.40	2	497.15	2	20	1.5543	1	20	1.5157	1	solid	2
2678	C4H5Cl5	1,1,1,2,3-pentachloroisobutane	4749-31-9	230.346	346.65	1	488.15	1	25	1.5686	1	20	1.5165	1	solid	1
2679	C4H5Cl5	1,1,2,3-tetrachloro-2-(chloromethyl)propan	66997-45-3	230.346	334.40	2	500.15	1	25	1.5686	1	25	1.5165	1	solid	2
2680	C4H5Cl5	pentachlorobutane	31391-27-2	230.346	334.40	2	497.15	2	31	1.5576	2	---	---	---	solid	2
2681	C4H5D3N2O3	methylnitrosaminomethyl-d3 ester acetic a	67557-57-7	135.138	---	---	280.15	1	---	---	---	---	---	---	gas	1
2682	C4H5F	2-fluoro-1,3-butadiene	381-61-3	72.082	---	---	285.15	1	4	0.8430	1	4	1.4000	1	gas	1
2683	C4H5FN2O4	1-fluoro-1,1-dinitro-2-butene	---	164.094	---	---	---	---	25	1.5002	2	---	---	---	---	---
2684	C4H5F2N5O8	2-fluoro-N-(2-fluoro-2,2-dinitroethyl)-2,2-di	18139-03-2	289.111	---	---	---	---	25	1.8716	2	---	---	---	---	---
2685	C4H5F3O	2,2,2-trifluoroethyl vinyl ether	406-90-6	126.079	---	---	315.65	1	25	1.1400	1	---	---	---	---	---
2686	C4H5F3OS	S-ethyl trifluorothioacetate	383-64-2	158.145	---	---	363.75	1	25	1.2340	1	---	1.3770	1	---	---
2687	C4H5F3O2	ethyl trifluoroacetate	383-63-1	142.078	---	---	334.15	1	20	1.1940	1	20	1.3080	1	---	---
2688	C4H5F3O3S	prop-2-enyl trifluoromethane sulfonate	41029-45-2	190.143	---	---	289.75	1	25	1.4559	2	---	---	---	gas	1
2689	C4H5F5O	perfluoroethyl ethyl ether	22052-81-9	164.076	---	---	301.26	1	25	1.3277	2	---	---	---	---	---
2690	C4H5F6O3P	bis(2,2,2-trifluoroethyl) phosphite	92466-70-1	246.047	---	---	---	---	25	1.5450	1	---	1.3320	1	---	---
2691	C4H5I	2-iodo-1,3-butadiene	19221-28-4	179.988	---	---	385.15	1	20	1.7278	1	---	1.5616	1	---	---
2692	C4H5I	4-iodo-1,2-butadiene	67885-08-9	179.988	---	---	403.15	1	20	1.7129	1	20	1.5709	1	---	---
2693	C4H5KO4	monomethyl monopotassium malonate	38330-80-2	156.180	>473.15	1	---	---	---	---	---	---	---	---	solid	1
2694	C4H5KO6	potassium hydrogen tartrate	868-14-4	188.178	---	---	---	---	25	1.9800	1	---	---	---	---	---
2695	C4H5N	trans-crotonitrile	627-26-9	67.091	222.00	1	394.38	1	25	0.8070	1	20	1.4225	1	liquid	1
2696	C4H5N	cis-crotonitrile	1190-76-7	67.091	200.55	1	380.60	1	25	0.8190	1	30	1.4134	1	liquid	1
2697	C4H5N	methacrylonitrile	126-98-7	67.091	237.35	1	363.45	1	25	0.7950	1	25	1.3989	1	liquid	1
2698	C4H5N	vinylacetonitrile	109-75-1	67.091	186.15	1	391.67	1	25	0.8290	1	25	1.4050	1	liquid	1
2699	C4H5N	2-butenenitrile	4786-20-3	67.091	221.65	1	393.65	1	20	0.8239	1	20	1.4225	1	liquid	1
2700	C4H5N	cyclopropanecarbonitrile	5500-21-0	67.091	---	---	408.25	1	20	0.8946	1	20	1.4229	1	---	---
2701	C4H5N	pyrrole	109-97-7	67.091	249.74	1	403.00	1	25	0.9650	1	25	1.5078	1	liquid	1
2702	C4H5N	3-isocyano-1-propene	2835-21-4	67.091	---	---	371.15	1	17	0.7940	1	---	---	---	---	---
2703	C4H5NO	allyl isocynate	1476-23-9	83.090	---	---	361.15	1	23	1.0093	2	---	---	---	---	---
2704	C4H5NO	5-methylisoxazole	5765-44-6	83.090	---	---	395.15	1	20	1.0230	1	20	1.4386	1	---	---
2705	C4H5NO	4-methyloxazole	693-93-6	83.090	---	---	361.15	1	25	1.0150	1	20	1.4317	1	---	---
2706	C4H5NO	3-methoxyacrylonitrile, isomers	60838-50-8	83.090	---	---	462.15	1	25	0.9900	1	---	1.4550	1	---	---
2707	C4H5NO	3-methylisoxazole	30842-90-1	83.090	---	---	391.20	1	23	1.0093	2	---	---	---	---	---
2708	C4H5NO	1,2-epoxybutyronitrile	6509-08-6	83.090	---	---	---	---	23	1.0093	2	---	---	---	---	---
2709	C4H5NO	2-hydroxy-3-butenenitrile	5809-59-6	83.090	---	---	461.00	2	23	1.0093	2	---	---	---	---	---
2710	C4H5NOS	monothiosuccinimide	4166-00-1	115.156	386.15	1	383.15	1	25	1.2255	2	---	---	---	solid	1
2711	C4H5NOS2	3-hydroxy-4-methyl-2(3H)-thiazolethione	49762-08-5	147.222	363.65	1	---	---	25	1.3441	2	---	---	---	solid	1
2712	C4H5NOS2	3-methylrhodanine	4807-55-0	147.222	---	---	---	---	25	1.3441	2	---	---	---	---	---
2713	C4H5NO2	methyl cyanoacetate	105-34-0	99.090	260.08	1	478.24	1	25	1.1190	1	25	1.4166	1	liquid	1
2714	C4H5NO2	2-cyanopropanoic acid	632-07-5	99.090	308.15	1	---	---	20	1.1400	1	---	---	---	solid	1
2715	C4H5NO2	ethyl cyanoformate	623-49-4	99.090	---	---	388.65	1	25	1.0030	1	20	1.3820	1	---	---
2716	C4H5NO2	succinimide	123-56-8	99.090	398.65	1	568.60	1	25	1.4180	1	---	---	---	solid	1
2717	C4H5NO2	glycolonitrile acetate	1001-55-4	99.090	250.75	1	473.15	1	25	1.1230	1	---	---	---	liquid	1
2718	C4H5NO2	methyl isocyanoacetate	39687-95-1	99.090	---	---	---	---	25	1.0900	1	---	1.4170	1	---	---
2719	C4H5NO2	hydroxyisoxazole	10004-44-1	99.090	---	---	---	---	24	1.1488	2	---	---	---	---	---
2720	C4H5NO2S	ethoxycarbonyl isothiocyanate	16182-04-0	131.156	---	---	---	---	25	1.1120	1	---	1.5000	1	---	---

Table 1 Physical Properties - Organic Compounds

				Mol Wt	Freezing Point		Boiling Point		Density			Refractive Index			State	
NO	FORMULA	NAME	CAS No	g/mol	T_F, K	code	T_B, K	code	T, C	g/cm3	code	T, C	n_D	code	@25C,1 atm	code
2721	C4H5NO3	cis-4-amino-4-oxo-2-butenoic acid	557-24-4	115.089	445.65	1	---	---	25	1.2839	2	---	---	---	solid	1
2722	C4H5NO3	ethyl isocyanatoformate	19617-43-7	115.089	---	---	---	---	25	1.1150	1	---	1.4080	1	---	---
2723	C4H5NO3	N-hydroxysuccinimide	6066-82-6	115.089	367.15	1	---	---	25	1.2839	2	---	---	---	solid	1
2724	C4H5NS	allyl isothiocyanate	57-06-7	99.157	193.15	1	425.15	1	20	1.0126	1	20	1.5306	1	liquid	1
2725	C4H5NS	allyl thiocyanate	764-49-8	99.157	---	---	434.15	1	15	1.0560	1	---	---	---	---	---
2726	C4H5NS	4-methylthiazole	693-95-8	99.157	---	---	406.45	1	25	1.1120	1	---	---	---	---	---
2727	C4H5NS	2-methylthiazole	3581-87-1	99.157	248.42	1	401.15	1	21	1.0752	2	---	1.5100	1	liquid	1
2728	C4H5NS	5-methylthiazole	3581-89-3	99.157	232.85	1	414.65	1	25	1.1200	1	---	1.5270	1	liquid	1
2729	C4H5NS2	4-methyl-2(3H)-thiazolethione	5685-06-3	131.223	362.45	1	---	---	25	1.2628	2	---	---	---	solid	1
2730	C4H5N3	2-pyrimidinamine	109-12-6	95.105	400.65	1	---	---	25	1.1700	2	---	---	---	solid	1
2731	C4H5N3	aminopyrazine	5049-61-6	95.105	391.65	1	---	---	25	1.1700	2	---	---	---	solid	1
2732	C4H5N3	4-aminopyrimidine	591-54-8	95.105	426.65	1	---	---	25	1.1700	2	---	---	---	solid	1
2733	C4H5N3	1,1'-imidodiacetonitrile	628-87-5	95.105	349.15	1	527.00	2	25	1.1700	2	---	---	---	---	---
2734	C4H5N3O	cytosine	71-30-7	111.104	595.65	dec	---	---	25	1.2785	2	---	---	---	solid	1
2735	C4H5N3OS	6-aza-2-thiothymine	615-76-9	143.170	492.65	1	---	---	25	1.3973	2	---	---	---	solid	1
2736	C4H5N3OS	6-amino-2-thiouracil	1004-40-6	143.170	---	---	519.65	1	25	1.3973	2	---	---	---	---	---
2737	C4H5N3OS	1,3,4-thiadiazole-2-acetamido	---	143.170	---	---	443.65	1	25	1.3973	2	---	---	---	---	---
2738	C4H5N3O2	6-methyl-1,2,4-triazine-3,5(2H,4H)-dione	932-53-6	127.104	484.15	1	---	---	25	1.3738	2	---	---	---	solid	1
2739	C4H5N3O2	2-amino-4,6-dihydroxypyrimidine	56-09-7	127.104	>573.15	1	---	---	25	1.3738	2	---	---	---	solid	1
2740	C4H5N3O2	4-amino-2,6-dihydroxypyrimidine	873-83-6	127.104	>573.15	1	---	---	25	1.3738	2	---	---	---	solid	1
2741	C4H5N3O2	3-aminopyrazole-4-carboxylic acid	41680-34-6	127.104	396.65	1	---	---	25	1.3738	2	---	---	---	solid	1
2742	C4H5N3O2	5-aminouracil	932-52-5	127.104	>573.15	1	---	---	25	1.3738	2	---	---	---	solid	1
2743	C4H5N3O2	2-methyl-5-nitroimidazole	88054-22-2	127.104	526.15	1	---	---	25	1.3738	2	---	---	---	solid	1
2744	C4H5N3O2	1-methyl-2-nitroimidazole	1671-82-5	127.104	---	---	567.15	1	25	1.3738	2	---	---	---	---	---
2745	C4H5N3O2	1-methyl-4-nitro-1H-imidazole	3034-41-1	127.104	406.65	1	365.15	1	25	1.3738	2	---	---	---	solid	1
2746	C4H5N3O2	4-methyl-5-nitroimidazole	14003-66-8	127.104	---	---	---	---	25	1.3738	2	---	---	---	---	---
2747	C4H5N3O3	5-amino-2,4,6(1H,3H,5H)-pyrimidinetrione	118-78-5	143.103	>673	1	---	---	25	1.4583	2	---	---	---	solid	1
2748	C4H5N3O3	1-hydroxyimidazole-2-carboxaldoxime-3-ox	---	143.103	---	---	573.95	1	25	1.4583	2	---	---	---	---	---
2749	C4H5N3O3	1-nitroso-5,6-dihydrouracil	16813-36-8	143.103	---	---	---	---	25	1.4583	2	---	---	---	---	---
2750	C4H5N3S	4-amino-2-mercaptopyrimidine	333-49-3	127.171	558.15	1	---	---	25	1.3131	2	---	---	---	solid	1
2751	C4H5NaO	sodium ethoxyacetylide	73506-39-5	92.073	---	---	---	---	---	---	---	---	---	---	---	---
2752	C4H5OS	S-ethyl chlorothioformate	2941-64-2	101.149	213.25	1	405.15	1	25	1.1950	1	---	1.4820	1	liquid	1
2753	C4H6	cyclobutene	822-35-5	54.092	153.76	1	275.75	1	25	0.7040	1	---	---	---	gas	1
2754	C4H6	dimethylacetylene	503-17-3	54.092	240.91	1	300.13	1	25	0.6860	1	25	1.3893	1	liquid	1
2755	C4H6	ethylacetylene	107-00-6	54.092	147.43	1	281.22	1	25	0.6480	1	20	1.3962	1	gas	1
2756	C4H6	1,2-butadiene	590-19-2	54.092	136.95	1	284.00	1	25	0.6460	1	1	1.4205	1	gas	1
2757	C4H6	butadiene (1,3 butadiene)	106-99-0	54.092	164.25	1	268.74	1	25	0.6150	1	-25	1.4293	1	gas	1
2758	C4H6As6Cu4O16	copper(ii) acetate metaarsenite	12002-03-8	1013.796	---	---	---	---	---	---	---	---	---	---	---	---
2759	C4H6BaO4	barium acetate	543-80-6	255.416	---	---	---	---	25	2.4680	1	---	---	---	---	---
2760	C4H6BeO4	beryllium acetate	543-81-7	127.101	333.15	dec	---	---	---	---	---	---	---	---	solid	1
2761	C4H6BrCl	1-chloro-3-bromo-butene-1	64037-53-2	169.448	---	---	---	---	25	1.5392	2	---	---	---	---	---
2762	C4H6BrClO	2-bromobutanoyl chloride	22118-12-3	185.448	---	---	424.15	1	20	1.5320	1	20	1.5320	1	---	---
2763	C4H6BrClO	4-bromobutyryl chloride	927-58-2	185.448	---	---	424.15	2	25	1.6020	1	---	1.4920	1	---	---
2764	C4H6BrClO2	ethyl bromochloroacetate	22524-32-9	201.447	---	---	447.15	dec	22	1.5890	1	24	1.4639	1	---	---
2765	C4H6BrFO2	ethyl bromofluoroacetate	401-55-8	184.993	---	---	427.15	1	25	1.5650	1	---	1.4240	1	---	---
2766	C4H6BrF3O	2-bromo-1,1,2-trifluoroethyl ethyl ether	380-78-9	206.991	---	---	389.00	1	25	1.6150	2	---	---	---	---	---
2767	C4H6BrN	4-bromobutanenitrile	5332-06-9	148.003	---	---	479.15	1	20	1.4967	1	20	1.4818	1	---	---
2768	C4H6BrN	2-bromo-2-methylpropanenitrile	41658-69-9	148.003	---	---	412.65	1	15	1.4796	1	15	1.4379	1	---	---
2769	C4H6BrNO4	5-bromo-5-nitro-m-dioxane	30007-47-7	212.000	---	---	---	---	25	1.7725	2	---	---	---	---	---
2770	C4H6Br2	1,1-dibromo-1-butene	73383-24-1	213.900	326.55	2	443.85	2	20	1.8330	1	20	1.5168	1	solid	2
2771	C4H6Br2	1,2-dibromo-1-butene	55030-56-3	213.900	326.55	2	423.15	1	25	1.8870	1	---	---	---	solid	2
2772	C4H6Br2	1,3-dibromo-2-butene	64930-16-1	213.900	326.55	2	441.15	2	20	1.8768	1	20	1.5485	1	solid	2
2773	C4H6Br2	3,4-dibromo-1-butene	10463-48-6	213.900	326.55	2	443.85	2	24	1.8650	1	21	1.5410	1	solid	2
2774	C4H6Br2	trans-1,4-dibromo-2-butene	821-06-7	213.900	326.55	1	476.15	1	22	1.8895	2	---	---	---	solid	1
2775	C4H6Br2	1,1-dibromocyclobutane	33742-81-3	213.900	---	---	433.15	1	20	1.9300	1	20	1.5362	1	---	---
2776	C4H6Br2	1,2-dibromocyclobutane	89033-70-5	213.900	274.45	1	445.65	1	25	1.9720	1	---	---	---	liquid	1
2777	C4H6Br2	1,3-dibromo-2-methyl-1-propene	35911-17-2	213.900	326.55	2	443.85	2	20	1.8630	1	15	1.5396	1	solid	2
2778	C4H6Br2	1,4-dibromo-2-butene	6974-12-5	213.900	326.55	2	443.85	2	22	1.8895	2	---	---	---	solid	2
2779	C4H6Br2O	3,4-dibromo-2-butanone	25109-57-3	229.899	---	---	---	---	20	1.9594	1	15	1.5314	1	---	---
2780	C4H6Br2O	1,1-dibromo-2-ethoxyethene	77295-79-5	229.899	---	---	445.15	1	18	1.7697	1	---	---	---	---	---
2781	C4H6Br2O	2-bromo-2-methylpropanoyl bromide	20769-85-1	229.899	---	---	436.15	1	19	1.8646	2	---	---	---	---	---
2782	C4H6Br2O	3,3-dibromo-2-butanone	2648-69-3	229.899	---	---	467.70	1	19	1.8646	2	---	---	---	---	---
2783	C4H6Br2O2	2,3-dibromobutanoic acid	600-30-6	245.898	360.15	1	---	---	20	1.9162	2	---	---	---	solid	1
2784	C4H6Br2O2	ethyl dibromoacetate	617-33-4	245.898	---	---	467.15	1	20	1.8991	1	13	1.5017	1	---	---
2785	C4H6Br2O2	methyl 2,3-dibromopropanoate	1729-67-5	245.898	---	---	479.15	1	20	1.9333	1	20	1.5127	1	---	---
2786	C4H6Br2O2	trans-2,3-dibromo-2-butene-1,4-diol	3234-02-4	245.898	386.65	1	---	---	20	1.9162	2	---	---	---	solid	1
2787	C4H6Br2O2S	3,4-dibromosulfolane	15091-30-2	277.964	---	---	---	---	25	1.9920	2	---	---	---	---	---
2788	C4H6Br4	1,1,4,4-tetrabromobutane	116779-77-2	373.708	350.50	2	533.15	2	20	2.5290	1	20	1.6077	1	solid	2
2789	C4H6Br4	1,2,2,3-tetrabromobutane	116779-78-3	373.708	272.15	1	533.15	2	20	2.5100	1	---	---	---	liquid	2
2790	C4H6Br4	1,2,3,4-tetrabromobutane, (±)	2657-65-0	373.708	391.15	1	533.15	1	20	2.5195	2	---	---	---	solid	1
2791	C4H6Br4	1,2,3,4-tetrabromobutane	1529-68-6	373.708	388.20	1	533.15	2	20	2.5195	2	---	---	---	solid	1
2792	C4H6CaO4	calcium acetate	62-54-4	158.167	433.15	dec	---	---	---	---	---	---	1.5500	1	solid	1
2793	C4H6CdO4	cadmium acetate	543-90-8	230.500	528.15	1	---	---	25	2.3400	1	---	---	---	solid	1
2794	C4H6ClFO2	ethyl chlorofluoroacetate	401-56-9	140.541	---	---	402.15	1	20	1.2250	1	20	1.3927	1	---	---
2795	C4H6ClN	4-chlorobutanenitrile	628-20-6	103.551	---	---	465.15	1	15	1.0934	1	20	1.4413	1	---	---
2796	C4H6ClN	3-chloro-2-methylpropionitrile	7659-45-2	103.551	---	---	465.15	2	25	1.0740	1	---	1.4340	1	---	---
2797	C4H6ClNO	3-chloro-2-hydroxy-2-methylpropanenitrile	33401-05-7	119.551	---	---	---	---	15	1.2027	1	11	1.4356	1	---	---
2798	C4H6ClNO	(S)-(-)-4-chloro-3-hydroxybutyronitrile	127913-44-4	119.551	---	---	---	---	25	1.3200	1	---	1.4740	1	---	---
2799	C4H6ClNO	(R)-(+)-4-chloro-3-hydroxybutyronitrile	84367-31-7	119.551	---	---	---	---	25	1.3200	1	---	1.4740	1	---	---
2800	C4H6ClNO	3-chloropropyl isocyanate	13010-19-0	119.551	---	---	426.15	1	25	1.1630	1	---	1.4520	1	---	---

Table 1 Physical Properties - Organic Compounds

				Mol Wt	Freezing Point		Boiling Point		Density			Refractive Index			State	
NO	FORMULA	NAME	CAS No	g/mol	T_F, K	code	T_B, K	code	T, C	g/cm3	code	T, C	n_D	code	@25C,1 atm	code
2801	C4H6ClNO2	5-chloromethyl-2-oxazolidinone	22625-57-6	135.550	376.15	1	---	---	25	1.2822	2	---	---	---	solid	1
2802	C4H6ClNO2	N-chloro-5-methyl-2-oxazolidinone	25480-76-6	135.550	---	---	---	---	25	1.2822	2	---	---	---	---	---
2803	C4H6ClNO2	N-chloro-3-morpholinone	---	135.550	---	---	336.45	1	25	1.2822	2	---	---	---	---	---
2804	C4H6ClN3	N-chloro-4,5-dimethyltriazole	72040-09-6	131.565	---	---	---	---	25	1.2775	2	---	---	---	---	---
2805	C4H6ClN3O3	4-chloro-1-methylimidazolium nitrate	---	179.563	---	---	---	---	25	1.4985	2	---	---	---	---	---
2806	C4H6Cl2	1,3-dichloro-trans-2-butene	7415-31-8	124.997	225.15	2	402.00	1	25	1.1530	1	25	1.4695	1	liquid	1
2807	C4H6Cl2	1,4-dichloro-cis-2-butene	1476-11-5	124.997	223.15	1	425.65	1	25	1.1880	1	25	1.4887	1	liquid	1
2808	C4H6Cl2	1,4-dichloro-trans-2-butene	110-57-6	124.997	275.65	1	429.26	1	25	1.1870	1	25	1.4863	1	liquid	1
2809	C4H6Cl2	3,4-dichloro-1-butene	760-23-6	124.997	212.00	1	388.00	1	25	1.1480	1	25	1.4615	1	liquid	1
2810	C4H6Cl2	3-chloro-2-(chloromethyl)-1-propene	1871-57-4	124.997	259.15	1	411.15	1	20	1.1782	1	---	1.4753	1	liquid	1
2811	C4H6Cl2	1,3-dichloro-1-butene	52497-07-1	124.997	243.20	2	398.15	1	24	1.1341	1	20	1.4647	1	liquid	1
2812	C4H6Cl2	2,3-dichloro-1-butene	7013-11-8	124.997	243.20	2	385.15	1	20	1.1340	1	20	1.4580	1	liquid	1
2813	C4H6Cl2	1,1-dichloro-2-butene	56800-09-0	124.997	243.20	2	399.15	1	20	1.1310	1	18	1.4660	1	liquid	1
2814	C4H6Cl2	1,2-dichloro-2-butene	13602-13-6	124.997	243.20	2	403.65	1	20	1.1601	1	20	1.4734	1	liquid	1
2815	C4H6Cl2	cis-1,3-dichloro-2-butene	10075-38-4	124.997	243.20	2	403.15	1	20	1.1605	1	20	1.4735	1	liquid	1
2816	C4H6Cl2	cis-2,3-dichloro-2-butene	1587-26-4	124.997	243.20	2	398.65	1	20	1.1618	1	20	1.4590	1	liquid	1
2817	C4H6Cl2	trans-2,3-dichloro-2-butene	1587-29-7	124.997	243.20	2	375.15	1	20	1.1416	1	20	1.4582	1	liquid	1
2818	C4H6Cl2	1,1-dichloro-2-methyl-1-propene	6065-93-6	124.997	230.15	1	381.65	1	20	1.1447	1	20	1.4580	1	liquid	1
2819	C4H6Cl2	3,3-dichloro-2-methyl-1-propene	22227-75-4	124.997	243.20	2	381.15	1	24	1.1360	1	24	1.4523	1	liquid	1
2820	C4H6Cl2	1,4-dichloro-2-butene	764-41-0	124.997	276.65	1	430.15	1	22	1.1546	2	---	1.4890	1	liquid	1
2821	C4H6Cl2	1,3-dichloro-2-butene, cis and trans	926-57-8	124.997	243.20	2	401.15	1	25	1.1610	1	---	1.4700	1	liquid	1
2822	C4H6Cl2	dichlorobutene	11069-19-5	124.997	243.20	2	400.83	2	22	1.1546	2	---	---	---	liquid	2
2823	C4H6Cl2N2O	3,4-dichloro-N-nitrosopyrrolidine	59863-59-1	169.010	---	---	---	---	25	1.3905	2	---	---	---	---	---
2824	C4H6Cl2N2Pd	bis(acetonitrile)palladium(ii) chloride	14592-56-4	259.431	573.15	1	---	---	---	---	---	---	---	---	solid	1
2825	C4H6Cl2O	2-chloro-2-methylpropanoyl chloride	13222-26-9	140.996	---	---	399.65	1	25	1.1802	1	20	1.4369	1	---	---
2826	C4H6Cl2O	3-chloro-2-methylpropanoyl chloride	7623-10-1	140.996	183.15	1	365.15	1	20	1.0174	1	20	1.4079	1	liquid	1
2827	C4H6Cl2O	2-chlorobutanoyl chloride	7623-11-2	140.996	---	---	403.65	1	17	1.2360	1	20	1.4475	1	---	---
2828	C4H6Cl2O	3-chlorobutanoyl chloride	1951-11-7	140.996	---	---	---	---	20	1.2163	1	20	1.4509	1	---	---
2829	C4H6Cl2O	4-chlorobutanoyl chloride	4635-59-0	140.996	---	---	446.65	1	20	1.2581	1	20	1.4616	1	---	---
2830	C4H6Cl2O	2,3-dichlorobutanal	55775-41-2	140.996	---	---	---	---	21	1.2666	1	21	1.4618	1	---	---
2831	C4H6Cl2O	1,3-dichloro-2-butanone	16714-77-5	140.996	---	---	439.65	1	20	1.3116	1	20	1.4686	1	---	---
2832	C4H6Cl2O	3,4-dichloro-2-butanone	58625-77-7	140.996	---	---	---	---	18	1.2930	1	18	1.4628	1	---	---
2833	C4H6Cl2O	1,2-dichloro-1-ethoxyethene	42345-82-4	140.996	---	---	401.35	1	25	1.1972	1	17	1.4558	1	---	---
2834	C4H6Cl2O	1,4-dichloro-2,3-epoxybutane	3583-47-9	140.996	---	---	---	---	21	1.2196	2	---	---	---	---	---
2835	C4H6Cl2O	2,3-dichloro-2-methylpropionaldehyde	10141-22-7	140.996	---	---	298.15	1	21	1.2196	2	---	---	---	---	---
2836	C4H6Cl2O	2,3-dichlorotetrahydrofuran	3511-19-1	140.996	---	---	298.15	1	21	1.2196	2	---	---	---	---	---
2837	C4H6Cl2O2	2-chloroethyl chloroacetate	3848-12-2	156.995	---	---	476.15	1	25	1.3600	1	25	1.4619	1	---	---
2838	C4H6Cl2O2	3-chloropropyl chloroformate	628-11-5	156.995	---	---	450.15	1	25	1.2926	1	20	1.4456	1	---	---
2839	C4H6Cl2O2	2,2-dichlorobutanoic acid	13023-00-2	156.995	---	---	---	---	20	1.3890	1	---	---	---	---	---
2840	C4H6Cl2O2	3,4-dichlorobutyric acid	29653-38-1	156.995	322.15	1	---	---	22	1.3452	2	---	---	---	solid	1
2841	C4H6Cl2O2	2,3-dichloro-1,4-dioxane	95-59-0	156.995	303.15	1	---	---	20	1.4680	1	20	1.4928	1	solid	1
2842	C4H6Cl2O2	ethyl dichloroacetate	535-15-9	156.995	---	---	428.15	1	20	1.2827	1	20	1.4386	1	---	---
2843	C4H6Cl2O2	methyl 2,3-dichloropropanoate	3674-09-7	156.995	---	---	---	---	20	1.3282	1	---	---	---	---	---
2844	C4H6Cl2O2	trans-2,3-dichloro-1,4-dioxane	3883-43-0	156.995	302.15	1	---	---	22	1.3452	2	---	---	---	solid	1
2845	C4H6Cl2O2	1,2-dichloroethyl acetate	10140-87-1	156.995	---	---	---	---	25	1.2960	1	---	---	---	---	---
2846	C4H6Cl2O2	3,3-dichloro-2-hydroxytetrahydrofuran	---	156.995	---	---	---	---	22	1.3452	2	---	---	---	---	---
2847	C4H6Cl2O2S	3,4-dichlorosulfolane	3001-57-8	189.061	---	---	---	---	25	1.4085	2	---	---	---	---	---
2848	C4H6Cl2O3	3,3-dichloro-2-hydroxy-2-methylpropanoic	31340-44-0	172.995	355.65	1	---	---	23	1.3990	2	---	---	---	solid	1
2849	C4H6Cl2O3	2-hydroxyethyl dichloroacetate	17704-30-2	172.995	---	---	---	---	20	1.4380	1	20	1.4735	1	---	---
2850	C4H6Cl2O3	methyl 2,2-dichloro-2-methoxyacetate	17640-25-4	172.995	---	---	453.15	1	25	1.3600	1	---	1.4500	1	---	---
2851	C4H6Cl2O3	acetyl-1,1-dichloroethyl peroxide	59183-18-5	172.995	---	---	---	---	23	1.3990	2	---	---	---	---	---
2852	C4H6Cl2O4	3,6-dichloro-3,6-dimethyltetraoxane	59183-17-4	188.994	---	---	---	---	25	1.4550	2	---	---	---	---	---
2853	C4H6Cl3NO	2,2,2-trichloro-N,N-dimethylacetamide	7291-33-0	190.456	285.15	1	504.15	dec	20	1.3900	1	25	1.5017	1	liquid	1
2854	C4H6Cl3NO	ethyl 2,2,2-trichloroacetimidate	23213-96-9	190.456	258.25	1	---	---	25	1.3310	1	---	1.4690	1	---	---
2855	C4H6Cl3NSi	3-cyanopropyltrichlorosilane	1071-27-8	202.541	---	---	510.65	1	25	1.3000	1	---	1.4630	1	---	---
2856	C4H6Cl4	1,1,1,2-tetrachlorobutane	39966-95-5	195.902	301.32	2	408.15	1	20	1.3907	1	25	1.4920	1	solid	2
2857	C4H6Cl4	1,2,2,3-tetrachlorobutane	79630-70-9	195.902	225.15	1	455.15	1	18	1.4276	1	20	1.4910	1	liquid	1
2858	C4H6Cl4	1,2,3,3-tetrachlorobutane	13138-51-7	195.902	301.32	2	452.78	2	20	1.4204	1	20	1.4958	1	solid	2
2859	C4H6Cl4	1,1,1,2-tetrachloro-2-methylpropane	7086-07-9	195.902	451.65	1	452.78	2	22	1.4363	2	---	---	---	solid	1
2860	C4H6Cl4	1,1,2,3-tetrachloro-2-methylpropane	18963-01-4	195.902	227.15	1	463.65	1	25	1.4393	1	20	1.4963	1	liquid	1
2861	C4H6Cl4	1,2,3-trichloro-2-(chloromethyl)propane	18963-00-3	195.902	301.32	2	484.15	1	25	1.5036	1	20	1.5080	1	solid	2
2862	C4H6Cl4	1,2,3,4-tetrachlorobutane	3405-32-1	195.902	301.32	2	452.78	2	22	1.4363	2	---	---	---	solid	2
2863	C4H6Cl4O2S	bis(1,2-dichloroethyl)sulfone	19721-74-5	259.966	---	---	---	---	25	1.5418	2	---	---	---	---	---
2864	C4H6Cl4Si	trichloro[2-(chloromethyl)allyl]silane	18147-84-7	223.987	---	---	---	---	25	1.3460	1	---	1.4840	1	---	---
2865	C4H6Cl6Si2	(2-methylene-1,3-propanediyl)bis[trichloros	78948-04-6	322.977	---	---	514.15	1	25	1.4000	1	---	1.4880	1	---	---
2866	C4H6CoO4	cobalt(ii) acetate	71-48-7	177.022	---	---	---	---	---	---	---	---	---	---	---	---
2867	C4H6CuO4	copper(ii) acetate	142-71-2	181.635	---	---	---	---	---	---	---	---	---	---	---	---
2868	C4H6FN	4-fluorobutyronitrile	407-83-0	87.097	---	---	---	---	25	0.9990	2	---	---	---	---	---
2869	C4H6FNO	3-fluoropropyl isocyanate	407-99-8	103.097	---	---	---	---	25	1.1110	2	---	---	---	---	---
2870	C4H6F2O2	ethyl difluoroacetate	454-31-9	124.087	---	---	373.15	1	20	1.1765	1	---	---	---	---	---
2871	C4H6F2O2	b-fluoroethyl fluoroacetate	459-99-4	124.087	---	---	---	---	25	1.1926	2	---	---	---	---	---
2872	C4H6F3NO	2,2,2-trifluoro-N,N-dimethylacetamide	1547-87-1	141.094	---	---	406.15	1	21	1.2320	1	25	1.3611	1	---	---
2873	C4H6F3NO2	2-amino-4,4,4-trifluorobutyric acid	15960-05-1	157.093	530.15	1	---	---	25	1.3293	2	---	---	---	solid	1
2874	C4H6F3NO2	3-amino-4,4,4-trifluorobutyric acid	584-20-3	157.093	460.65	1	---	---	25	1.3293	2	---	---	---	solid	1
2875	C4H6F3NO2	N-(2-hydroxyethyl)trifluoroacetamide	6974-29-4	157.093	310.15	1	---	---	25	1.4130	1	---	---	---	solid	1
2876	C4H6F4N2O	1,2-bis(difluoroamino)ethyl vinyl ether	13084-45-2	174.099	---	---	354.15	1	25	1.3742	2	---	---	---	---	---
2877	C4H6F4O2	2,2,3,3-tetrafluoro-1,4-butanediol	425-61-6	162.084	359.15	1	358.95	1	25	1.3091	2	---	---	---	solid	1
2878	C4H6F8N4O	di-1,2-bis(difluoroamino)ethyl ether	13084-46-3	278.107	---	---	390.35	1	25	1.5917	2	---	---	---	---	---
2879	C4H6FeO4	ferrous acetate	3094-87-9	173.934	---	---	---	---	---	---	---	---	---	---	---	---
2880	C4H6HgO2	bis(formylmethyl) mercury	4387-13-7	286.680	366.15	1	---	---	---	---	---	---	---	---	solid	1

Table 1 Physical Properties - Organic Compounds

				Mol Wt	Freezing Point		Boiling Point		Density			Refractive Index			State	
NO	FORMULA	NAME	CAS No	g/mol	T_F, K	code	T_B, K	code	T, C	g/cm3	code	T, C	n_D	code	@25C,1 atm	code
2881	C4H6HgO4	mercury(ii) acetate	1600-27-7	318.679	452.15	dec	---	---	25	3.2800	1	---	---	---	solid	1
2882	C4H6Hg2O4	mercury(i) acetate	631-60-7	519.269	---	---	---	---	---	---	---	---	---	---	---	---
2883	C4H6Mg	divinyl magnesium	6928-74-1	78.397	---	---	---	---	---	---	---	---	---	---	---	---
2884	C4H6MgO4	magnesium acetate	142-72-3	142.394	596.15	dec	---	---	25	1.5000	1	---	---	---	solid	1
2885	C4H6MnN2S4	maneb	12427-38-2	265.308	473.15	dec	---	---	---	---	---	---	---	---	solid	1
2886	C4H6N2	1-methylimidazol	616-47-7	82.106	267.15	1	468.65	1	20	1.0325	1	20	1.4970	1	liquid	1
2887	C4H6N2	2-methyl-1H-imidazole	693-98-1	82.106	417.15	1	540.15	1	17	1.0205	2	---	---	---	solid	1
2888	C4H6N2	4-methyl-1H-imidazole	822-36-6	82.106	329.15	1	536.15	1	14	1.0416	1	14	1.5037	1	solid	1
2889	C4H6N2	1-methyl-1H-pyrazole	930-36-9	82.106	309.65	2	400.15	1	13	0.9929	1	13	1.4787	1	solid	2
2890	C4H6N2	3-methyl-1H-pyrazole	1453-58-3	82.106	309.65	1	477.15	1	16	1.0203	1	20	1.4915	1	solid	1
2891	C4H6N2	4-methyl-1H-pyrazole	7554-65-6	82.106	309.65	2	479.15	1	20	1.0150	1	---	---	---	solid	2
2892	C4H6N2	3-aminocrotononitrile	1118-61-2	82.106	---	---	---	---	17	1.0205	2	---	---	---	---	---
2893	C4H6N2Na2S4	nabam	142-59-6	256.349	---	---	---	---	---	---	---	---	---	---	---	---
2894	C4H6N2O	dimethylfurazan	4975-21-7	98.105	266.15	1	429.15	1	14	1.0528	1	20	1.4327	1	liquid	1
2895	C4H6N2O	3-amino-5-methylisoxazole	1072-67-9	98.105	334.15	1	---	---	25	1.1256	2	---	---	---	solid	1
2896	C4H6N2O	5-amino-3-methylisoxazole	14678-02-5	98.105	349.15	1	---	---	25	1.1256	2	---	---	---	solid	1
2897	C4H6N2O	3-methyl-2-pyrazolin-5-one	108-26-9	98.105	494.15	1	---	---	25	1.1256	2	---	---	---	solid	1
2898	C4H6N2O	4-methyl-2-pyrazolin-5-one	13315-23-6	98.105	504.15	1	---	---	25	1.1256	2	---	---	---	solid	1
2899	C4H6N2O	2-amino-4-methyloxazole	35629-70-0	98.105	---	---	---	---	25	1.1256	2	---	---	---	---	---
2900	C4H6N2O	N-nitroso-3-pyrroline	10552-94-0	98.105	---	---	---	---	25	1.1256	2	---	---	---	---	---
2901	C4H6N2O2	ethyl diazoacetate	623-73-4	114.104	251.15	1	413.15	dec	18	1.0852	1	20	1.4605	1	liquid	1
2902	C4H6N2O2	methyl 2-diazopropanonate	34757-14-7	114.104	---	---	---	---	13	1.1011	1	20	1.4487	1	---	---
2903	C4H6N2O2	2,5-piperazinedione	106-57-0	114.104	585.15	dec	---	---	16	1.0932	2	---	---	---	solid	1
2904	C4H6N2O2	5,6-dihydrouracil	504-07-4	114.104	551.65	1	---	---	16	1.0932	2	---	---	---	solid	1
2905	C4H6N2O2	fumaramide	627-64-5	114.104	549.15	1	---	---	16	1.0932	2	---	---	---	solid	1
2906	C4H6N2O2	1-methylhydantoin	616-04-6	114.104	431.15	1	---	---	16	1.0932	2	---	---	---	solid	1
2907	C4H6N2O2	N-acetylglycinamide	2620-63-5	114.104	414.65	1	---	---	16	1.0932	2	---	---	---	solid	1
2908	C4H6N2O2	dimethylfurazan monoxide	2518-42-5	114.104	---	---	---	---	16	1.0932	2	---	---	---	---	---
2909	C4H6N2O2	5-methyl-2,4-imidazolidinedione	616-03-5	114.104	---	---	---	---	16	1.0932	2	---	---	---	---	---
2910	C4H6N2O2	5-aminomethyl-3-isoxyzole	2763-96-4	114.104	448.15	dec	---	---	16	1.0932	2	---	---	---	solid	1
2911	C4H6N2O2	3-cyanoalanine	923-01-3	114.104	---	---	---	---	16	1.0932	2	---	---	---	---	---
2912	C4H6N2O2	3-ethyl-4-hydroxy-1,2,5-oxadiazole	34529-29-8	114.104	---	---	---	---	16	1.0932	2	---	---	---	---	---
2913	C4H6N2O2	1-methoxy imidazole-N-oxide	---	114.104	---	---	---	---	16	1.0932	2	---	---	---	---	---
2914	C4H6N2O2	N-nitroso-3,6-dihydro-1,2-oxazine	3276-41-3	114.104	---	---	---	---	16	1.0932	2	---	---	---	---	---
2915	C4H6N2O2	N-nitroso-2-pyrrolidine	54634-49-0	114.104	---	---	271.15	1	16	1.0932	2	---	---	---	gas	1
2916	C4H6N2O3	2-cyano-2-propyl nitrate	40561-27-1	130.104	---	---	---	---	25	1.3223	2	---	---	---	---	---
2917	C4H6N2O4	methyl azodicarboxylate	2446-84-6	146.103	283.15	1	---	---	25	1.4047	2	---	---	---	---	---
2918	C4H6N2O4	2,3-dinitro-2-butene	28103-68-6	146.103	---	---	---	---	25	1.4047	2	---	---	---	---	---
2919	C4H6N2S	1,3-dihydro-1-methyl-2H-imidazole-2-thion	60-56-0	114.172	419.15	1	553.15	dec	25	1.1757	2	---	---	---	solid	1
2920	C4H6N2S	2,5-dimethyl-1,3,4-thiadiazole	27464-82-0	114.172	338.15	1	475.65	1	25	1.1757	2	---	---	---	solid	1
2921	C4H6N2S	4-methyl-2-thiazolamine	1603-91-4	114.172	318.65	1	---	---	25	1.1757	2	---	---	---	solid	1
2922	C4H6N2S2	N-cyanoimido-S,S-dimethyl-dithiocarbonat	10191-60-3	146.238	323.65	1	---	---	25	1.2979	2	---	---	---	solid	1
2923	C4H6N2S4Zn	zinc N,N'-ethylenebisdithiocarbamate	12122-67-7	275.760	430.15	dec	---	---	---	---	---	---	---	---	solid	1
2924	C4H6N4	4,5-diaminopyrimidine	13754-19-3	110.120	478.15	1	---	---	25	1.2230	2	---	---	---	solid	1
2925	C4H6N4	2-methyl-5-vinyl tetrazole	15284-39-6	110.120	---	---	---	---	25	1.2230	2	---	---	---	---	---
2926	C4H6N4O	2,4-diamino-6-hydroxypyrimidine	56-06-4	126.119	558.65	1	---	---	25	1.3185	2	---	---	---	solid	1
2927	C4H6N4O	5-aminoimidazole-4-carboxamide	360-97-4	126.119	443.65	1	---	---	25	1.3185	2	---	---	---	solid	1
2928	C4H6N4OSe	N-methyl-4-amino-1,2,5-selenadiazole-3-ca	7698-91-1	205.079	---	---	323.35	1	---	---	---	---	---	---	---	---
2929	C4H6N4O2	tetrahydroimidazo[4,5-d]imidazole-2,5(1H,3	496-46-8	142.118	573.15	dec	---	---	25	1.4033	2	---	---	---	solid	1
2930	C4H6N4O2	N-(carbamoylmethyl)-2-diazoacetamide	817-99-2	142.118	---	---	---	---	25	1.4033	2	---	---	---	---	---
2931	C4H6N4O3	allantoin	97-59-6	158.118	512.15	1	---	---	25	1.4793	2	---	---	---	solid	1
2932	C4H6N4O3S2	acetazolamide	59-66-5	222.250	533.65	1	---	---	25	1.6103	2	---	---	---	solid	1
2933	C4H6N4O4	N,N'-dimethyl-N,N'-dinitrosooxamide	7601-87-8	174.117	---	---	---	---	25	1.5477	2	---	---	---	---	---
2934	C4H6N4O6	N,N'-dimethyl-N,N'-dinitro-ethanediamide	14760-99-7	206.116	---	---	---	---	25	1.6658	2	---	---	---	---	---
2935	C4H6N4O11	1,3-propanediol, 2-nitro-2-[(nitrooxy)methy	20820-44-4	286.113	---	---	---	---	25	1.8847	2	---	---	---	---	---
2936	C4H6N4O12	1,2,3,4-butanetetrol tetranitrate, (R*,S*)	7297-25-8	302.112	334.15	1	---	---	25	1.9191	2	---	---	---	solid	1
2937	C4H6N4S	4-hydrazino-2-thiouracil	63981-09-9	142.186	---	---	---	---	25	1.3464	2	---	---	---	---	---
2938	C4H6N6O	5-nitroso-2,4,6-triaminopyrimidine	1006-23-1	154.133	>573.15	1	---	---	25	1.4799	2	---	---	---	solid	1
2939	C4H6NiO4	nickel acetate	373-02-4	176.783	1828.15	1	289.75	1	---	---	---	---	---	---	solid	1
2940	C4H6O	trans-crotonaldehyde	123-73-9	70.091	196.65	1	375.37	1	25	0.8470	1	20	1.4373	1	liquid	1
2941	C4H6O	methacrolein	78-85-3	70.091	192.15	1	341.15	1	25	0.8400	1	20	1.4169	1	liquid	1
2942	C4H6O	2,5-dihydrofuran	1708-29-8	70.091	171.00	2	339.00	1	25	0.9390	1	25	1.4340	1	---	---
2943	C4H6O	2,3-dihydrofuran	1191-99-7	70.091	176.00	2	327.65	1	25	0.9270	1	20	1.4239	1	---	---
2944	C4H6O	divinyl ether	109-93-3	70.091	172.05	1	301.45	1	25	0.7310	1	20	1.3989	1	liquid	1
2945	C4H6O	2,3-butadien-1-ol	18913-31-0	70.091	---	---	401.65	1	20	0.9164	1	20	1.4759	1	---	---
2946	C4H6O	3-buten-2-one	78-94-4	70.091	---	---	354.55	1	20	0.8640	1	20	1.4081	1	---	---
2947	C4H6O	2-butyn-1-ol	764-01-2	70.091	272.05	1	415.70	1	20	0.9370	1	20	1.4530	1	liquid	1
2948	C4H6O	3-butyn-1-ol	927-74-2	70.091	209.55	1	402.15	1	20	0.9257	1	20	1.4409	1	liquid	1
2949	C4H6O	3-butyn-2-ol	2028-63-9	70.091	271.65	1	379.65	1	20	0.8618	1	20	1.4207	1	liquid	1
2950	C4H6O	cyclobutanone	1191-95-3	70.091	222.25	1	372.15	1	25	0.9547	1	20	1.4215	1	liquid	1
2951	C4H6O	ethoxyacetylene	927-80-0	70.091	---	---	323.15	1	20	0.8000	1	20	1.3796	1	---	---
2952	C4H6O	3-methoxy-1-propyne	627-41-8	70.091	---	---	336.15	1	12	0.8300	1	20	1.5035	1	---	---
2953	C4H6O	vinyloxirane	930-22-3	70.091	---	---	341.15	1	25	0.9006	1	20	1.4168	1	---	---
2954	C4H6O	(S)-(-)-3-butyn-2-ol	2914-69-4	70.091	251.08	2	382.65	1	25	0.8940	1	---	1.4260	1	liquid	1
2955	C4H6O	(R)-(+)-3-butyn-2-ol	42969-65-3	70.091	251.08	2	382.65	1	25	0.8900	1	---	1.4260	1	liquid	1
2956	C4H6O	crotonaldehyde	4170-30-3	70.091	198.00	1	377.15	1	25	0.8530	1	---	1.4380	1	liquid	1
2957	C4H6O	cyclopropanecarboxaldehyde	1489-69-6	70.091	---	---	372.65	1	25	0.9380	1	---	1.4300	1	---	---
2958	C4H6O	2-methyl-1-propen-1-one	598-26-5	70.091	---	---	365.55	2	23	0.8805	2	---	---	---	---	---
2959	C4H6O	methyl vinyl ketone	---	70.091	---	---	412.15	1	23	0.8805	2	---	---	---	---	---
2960	C4H6OS	dihydro-2(3H)-thiophenone	1003-10-7	102.157	---	---	---	---	25	1.1800	1	20	1.5230	1	---	---

Table 1 Physical Properties - Organic Compounds

				Mol Wt	Freezing Point		Boiling Point		Density			Refractive Index			State	
NO	FORMULA	NAME	CAS No	g/mol	T_F, K	code	T_B, K	code	T, C	g/cm3	code	T, C	n_D	code	@25C,1 atm	code
2961	C4H6OS	4,5-dihydro-3(2H)-thiophenone	1003-04-9	102.157	---	---	---	---	25	1.1940	1	---	1.5280	1	---	---
2962	C4H6OS	vinyl sulfoxide	1115-15-7	102.157	---	---	---	---	25	1.1870	2	---	---	---	---	---
2963	C4H6O2	2-butyne-1,4-diol	110-65-6	86.090	331.00	1	511.15	1	22	1.0379	2	25	1.4500	1	solid	1
2964	C4H6O2	3-butyne-1,2-diol	616-28-4	86.090	313.15	1	---	---	22	1.0379	2	---	---	---	solid	1
2965	C4H6O2	gamma-butyrolactone	96-48-0	86.090	229.78	1	477.15	1	25	1.1250	1	25	1.4348	1	liquid	1
2966	C4H6O2	cis-2-butenoic acid	503-64-0	86.090	288.65	1	445.05	1	25	1.0230	1	20	1.4456	1	liquid	1
2967	C4H6O2	trans-2-butenoic acid	107-93-7	86.090	344.55	1	458.15	1	25	1.0266	1	80	1.4228	1	solid	1
2968	C4H6O2	vinylacetic acid	625-38-7	86.090	238.15	1	442.15	1	25	1.0060	1	25	1.4190	1	liquid	1
2969	C4H6O2	methacrylic acid	79-41-4	86.090	288.15	1	434.15	1	25	1.0120	1	25	1.4288	1	liquid	1
2970	C4H6O2	methyl acrylate	96-33-3	86.090	196.32	1	353.35	1	25	0.9490	1	25	1.4003	1	liquid	1
2971	C4H6O2	vinyl acetate	108-05-4	86.090	180.35	1	345.65	1	25	0.9260	1	25	1.3934	1	liquid	1
2972	C4H6O2	allyl formate	1838-59-1	86.090	188.34	2	356.75	1	20	0.9460	1	---	---	---	liquid	1
2973	C4H6O2	2,2'-bioxirane, (R*,S*)	564-00-1	86.090	254.15	1	411.15	1	18	1.1130	1	20	1.4330	1	liquid	1
2974	C4H6O2	2,2'-bioxirane	1464-53-5	86.090	275.15	1	417.15	1	20	1.1130	1	20	1.4350	1	liquid	1
2975	C4H6O2	butanedial	638-37-9	86.090	---	---	443.15	dec	20	1.0650	1	18	1.4262	1	---	---
2976	C4H6O2	2,3-butanedione	431-03-8	86.090	271.95	1	361.15	1	18	0.9808	1	20	1.3951	1	liquid	1
2977	C4H6O2	2,3-dihydro-1,4-dioxin	543-75-9	86.090	---	---	367.25	1	20	1.0836	1	20	1.4372	1	---	---
2978	C4H6O2	cyclopropanecarboxylic acid	1759-53-1	86.090	291.65	1	456.15	1	20	1.0885	1	20	1.4390	1	liquid	1
2979	C4H6O2	L-butadiene diepoxide	30031-64-2	86.090	277.15	1	417.65	1	22	1.0379	2	---	---	---	liquid	1
2980	C4H6O2	b-butyrolactone	3068-88-0	86.090	229.75	1	345.15	1	25	1.0560	1	---	1.4100	1	liquid	1
2981	C4H6O2	crotonic acid	3724-65-0	86.090	290.23	2	460.15	1	15	1.0180	1	---	---	---	liquid	1
2982	C4H6O2	dl-1,2:3,4-diepoxybutane	298-18-0	86.090	276.65	1	414.40	1	25	1.1120	1	---	1.4360	1	liquid	1
2983	C4H6O2	3,4-epoxytetrahydrofuran	285-69-8	86.090	---	---	---	---	22	1.0379	2	---	1.4470	1	---	---
2984	C4H6O2	butadiene peroxide	---	86.090	---	---	---	---	22	1.0379	2	---	---	---	---	---
2985	C4H6O2	DL-b-butyrolactone	36536-46-6	86.090	---	---	241.15	1	22	1.0379	2	---	---	---	gas	1
2986	C4H6O2S	2,5-dihydrothiophene 1,1-dioxide	77-79-2	118.156	337.65	1	---	---	25	1.1834	2	---	---	---	solid	1
2987	C4H6O2S	divinyl sulfone	77-77-0	118.156	247.15	1	507.65	1	25	1.1770	1	20	1.4765	1	liquid	1
2988	C4H6O2S2	diacetyldisulfide	592-22-3	150.222	293.15	1	---	---	25	1.3017	2	---	---	---	---	---
2989	C4H6O2S4	dimethylxanthogen disulfide	1468-37-7	214.354	296.15	1	301.85	1	25	1.4628	2	---	---	---	liquid	1
2990	C4H6O3	acetic anhydride	108-24-7	102.090	200.15	1	412.70	1	25	1.0770	1	20	1.3892	1	liquid	1
2991	C4H6O3	acetoacetic acid	541-50-4	102.090	309.65	1	373.15	dec	23	1.2171	2	---	---	---	solid	1
2992	C4H6O3	2-hydroxy-3-butenoic acid	600-17-9	102.090	316.15	1	---	---	21	1.2020	1	---	---	---	solid	1
2993	C4H6O3	methyl 2-oxopropanoate	600-22-6	102.090	---	---	408.65	1	25	1.1540	1	25	1.4046	1	---	---
2994	C4H6O3	2-oxobutanoic acid	600-18-0	102.090	306.15	1	---	---	17	1.2000	1	20	1.3972	1	solid	1
2995	C4H6O3	propylene carbonate	108-32-7	102.090	223.95	1	514.85	1	20	1.2047	1	20	1.4189	1	liquid	1
2996	C4H6O3	2-hydroxy-g-butyrolactone	19444-84-9	102.090	---	---	---	---	25	1.3130	1	---	---	---	---	---
2997	C4H6O3	(S)-(-)-a-hydroxy-g-butyrolactone	52079-23-9	102.090	---	---	---	---	25	1.3090	1	---	1.4670	1	---	---
2998	C4H6O3	(R)-(+)-a-hydroxy-g-butyrolactone	56881-90-4	102.090	---	---	---	---	25	1.3090	1	---	1.4670	1	---	---
2999	C4H6O3	(S)-b-hydroxy-g-butyrolactone	7331-52-4	102.090	---	---	---	---	25	1.2410	1	---	1.4640	1	---	---
3000	C4H6O3	1-hydroxy-1-cyclopropanecarboxylic acid	17994-25-1	102.090	382.15	1	---	---	23	1.2171	2	---	---	---	solid	1
3001	C4H6O3	(R)-(+)-propylene carbonate	16606-55-6	102.090	---	---	513.15	1	25	1.1890	1	---	1.4220	1	---	---
3002	C4H6O3	(S)-(-)-propylene carbonate	51260-39-0	102.090	---	---	513.15	1	25	1.1890	1	---	1.4220	1	---	---
3003	C4H6O3	p-dioxan-2-one	3041-16-5	102.090	---	---	---	---	23	1.2171	2	---	---	---	---	---
3004	C4H6O3S	acetylmercaptoacetic acid	1190-93-8	134.156	---	---	302.15	1	25	1.2721	2	---	---	---	---	---
3005	C4H6O3S	3,4-epoxysulfolane	4509-11-9	134.156	---	---	386.15	1	25	1.2721	2	---	---	---	---	---
3006	C4H6O4	succinic acid	110-15-6	118.089	460.65	1	591.00	1	25	1.5600	1	25	1.3373	1	solid	1
3007	C4H6O4	(acetyloxy)acetic acid	13831-30-6	118.089	341.15	1	542.00	2	33	1.3449	2	---	---	---	solid	1
3008	C4H6O4	diacetylperoxide	110-22-5	118.089	303.15	1	---	---	33	1.3449	2	---	---	---	solid	1
3009	C4H6O4	dimethyl oxalate	553-90-2	118.089	327.95	1	436.65	1	60	1.1716	1	82	1.3790	1	solid	1
3010	C4H6O4	ethylene glycol diformate	629-15-2	118.089	---	---	447.15	1	25	1.1930	1	---	1.3580	1	---	---
3011	C4H6O4	methylmalonic acid	516-05-2	118.089	408.15	dec	---	---	20	1.4550	1	---	---	---	solid	1
3012	C4H6O4	(3R,4R)-(-)-D-erythronolactone	15667-21-7	118.089	373.65	1	---	---	33	1.3449	2	---	---	---	solid	1
3013	C4H6O4	cis-1,4-dioxenedioxetane	59261-17-5	118.089	---	---	---	---	33	1.3449	2	---	---	---	---	---
3014	C4H6O4Mn	manganese acetate	638-38-0	173.027	353.15	1	---	---	25	1.5900	1	---	---	---	solid	1
3015	C4H6O4Pb	lead(ii) acetate	301-04-2	325.289	553.15	1	---	---	25	3.2500	1	---	---	---	solid	1
3016	C4H6O4S	thiodiglycolic acid	123-93-3	150.155	402.15	1	---	---	25	1.3518	2	---	---	---	solid	1
3017	C4H6O4S	DL-mercaptosuccinic acid	70-49-5	150.155	426.65	1	---	---	25	1.3518	2	---	---	---	solid	1
3018	C4H6O4S2	meso-2,3-dimercaptosuccinic acid	304-55-2	182.221	470.15	1	---	---	25	1.4389	2	---	---	---	solid	1
3019	C4H6O4S2	2,3-dimercaptosuccinic acid	2418-14-6	182.221	---	---	---	---	25	1.4389	2	---	---	---	---	---
3020	C4H6O4Sn	tin(ii) acetate	638-39-1	236.799	456.15	1	---	---	25	2.3100	1	---	---	---	solid	1
3021	C4H6O4Sr	strontium acetate	543-94-2	205.709	---	---	---	---	---	---	---	---	---	---	---	---
3022	C4H6O4Zn	zinc acetate	557-34-6	183.479	510.15	2	1181.15	1	25	1.7875	1	---	---	---	solid	2
3023	C4H6O5	diglycolic acid	110-99-6	134.089	421.15	1	610.00	1	25	1.3259	2	---	---	---	solid	1
3024	C4H6O5	malic acid	6915-15-7	134.089	403.15	1	602.00	1	25	1.3259	2	25	1.3516	1	solid	1
3025	C4H6O5	(hydroxymethyl)propanedioic acid	4360-96-7	134.089	415.15	dec	---	---	25	1.3259	2	---	---	---	solid	1
3026	C4H6O5	dimethyl dicarbonate	4525-33-1	134.089	---	---	---	---	25	1.2500	1	---	1.3920	1	---	---
3027	C4H6O5	D(+)-malic acid	636-61-3	134.089	374.15	1	---	---	25	1.3259	2	---	---	---	solid	1
3028	C4H6O5	L(-)-malic acid	97-67-6	134.089	376.15	1	---	---	25	1.3259	2	---	---	---	solid	1
3029	C4H6O5	methyl tartronic acid	595-48-2	134.089	415.15	dec	---	---	25	1.3259	2	---	---	---	solid	1
3030	C4H6O5	monoperoxy succinic acid	3504-13-0	134.089	380.15	1	359.85	1	25	1.3259	2	---	---	---	solid	1
3031	C4H6O5	vinyl acetate ozonide	---	134.089	---	---	---	---	25	1.3259	2	---	---	---	---	---
3032	C4H6O5Zr	zirconyl acetate	20645-04-9	225.313	---	---	---	---	25	1.4600	1	---	---	---	---	---
3033	C4H6O6	tartaric acid	87-69-4	150.088	479.15	1	660.00	1	22	1.7086	2	---	---	---	solid	1
3034	C4H6O6	D-tartaric acid	147-71-7	150.088	445.65	1	---	---	20	1.7598	1	20	1.4955	1	solid	1
3035	C4H6O6	DL-tartaric acid	133-37-9	150.088	479.15	1	660.00	2	25	1.7000	1	---	---	---	solid	1
3036	C4H6O6	meso-tartaric acid	147-73-9	150.088	420.15	1	---	---	20	1.6660	1	---	---	---	solid	1
3037	C4H6O6	dimethylperoxycarbonate	15411-45-7	150.088	---	---	---	---	22	1.7086	2	---	---	---	---	---
3038	C4H6O6S	sulfonyldiacetic acid	123-45-5	182.154	460.15	1	---	---	25	1.4893	2	---	---	---	solid	1
3039	C4H6O6U	uranyl acetate	541-09-3	388.117	383.15	1	548.15	1	---	---	---	---	---	---	solid	1
3040	C4H6O8	dihydroxytartaric acid	76-30-2	182.087	387.65	1	---	---	25	1.5434	2	---	---	---	solid	1

Table 1 Physical Properties - Organic Compounds

				Mol Wt	Freezing Point		Boiling Point		Density			Refractive Index			State	
NO	FORMULA	NAME	CAS No	g/mol	T_F, K	code	T_B, K	code	T, C	g/cm3	code	T, C	n_D	code	@25C,1 atm	code
3041	C4H6S	2,3-dihydrothiophene	1120-59-8	86.158	---	---	385.25	1	25	0.9723	2	---	---	---	---	---
3042	C4H6S	2,5-dihydrothiophene	1708-32-3	86.158	---	---	395.55	1	25	0.9723	2	---	---	---	---	---
3043	C4H6S	divinyl sulfide	627-51-0	86.158	293.15	1	357.15	1	15	0.9174	1	---	---	---	liquid	1
3044	C4H6S	2-butyne-1-thiol	---	86.158	---	---	---	---	25	0.9723	2	---	---	---	---	---
3045	C4H6Zn	divinyl zinc	1119-22-8	119.482	---	---	---	---	---	---	---	---	---	---	---	---
3046	C4H7AlO5	aluminum diacetate	142-03-0	162.079	---	---	---	---	---	---	---	---	---	---	---	---
3047	C4H7Br	cis-1-bromo-1-butene	31849-78-2	135.004	189.06	2	359.30	1	25	1.3119	1	25	1.4530	1	liquid	1
3048	C4H7Br	trans-1-bromo-1-butene	32620-08-9	135.004	172.85	1	367.85	1	25	1.3129	1	25	1.4530	1	liquid	1
3049	C4H7Br	2-bromo-1-butene	23074-36-4	135.004	139.75	1	354.15	1	25	1.3063	1	25	1.4507	1	liquid	1
3050	C4H7Br	3-bromo-1-butene	22037-73-6	135.004	177.38	2	378.15	1	25	1.3260	1	25	1.4686	1	liquid	1
3051	C4H7Br	4-bromo-1-butene	5162-44-7	135.004	192.38	2	371.95	1	25	1.3167	1	25	1.4591	1	liquid	1
3052	C4H7Br	1-bromo-cis-2-butene	39616-19-8	135.004	189.06	2	377.15	1	25	1.3258	1	25	1.4767	1	liquid	1
3053	C4H7Br	1-bromo-trans-2-butene	29576-14-5	135.004	189.06	2	377.15	1	25	1.3258	1	25	1.4767	1	liquid	1
3054	C4H7Br	2-bromo-cis-2-butene	3017-68-3	135.004	161.95	1	358.95	1	25	1.3167	1	25	1.4550	1	liquid	1
3055	C4H7Br	2-bromo-trans-2-butene	3017-71-8	135.004	157.75	1	367.95	1	25	1.3221	1	25	1.4550	1	liquid	1
3056	C4H7Br	1-bromo-2-methyl-1-propene	3017-69-4	135.004	175.10	2	364.15	1	25	1.3131	1	25	1.4593	1	liquid	1
3057	C4H7Br	3-bromo-2-methyl-1-propene	1458-98-6	135.004	178.42	2	368.15	1	25	1.3060	1	25	1.4771	1	liquid	1
3058	C4H7Br	1-bromo-2-butene	4784-77-4	135.004	174.80	2	377.65	1	25	1.3371	1	20	1.4822	1	liquid	1
3059	C4H7Br	2-bromo-2-butene; (cis+trans)	13294-71-8	135.004	174.80	2	361.65	1	25	1.3240	1	---	---	---	liquid	1
3060	C4H7Br	bromocyclobutane	4399-47-7	135.004	---	---	380.65	1	25	1.4320	1	---	1.4790	1	---	---
3061	C4H7Br	(bromomethyl)cyclopropane	7051-34-5	135.004	---	---	379.15	1	25	1.3860	1	---	1.4570	1	---	---
3062	C4H7BrO	2-bromobutanal	24764-97-4	151.003	---	---	508.15	1	20	1.4690	1	20	1.4683	1	---	---
3063	C4H7BrO	2-bromo-2-methylpropanal	13206-46-7	151.003	---	---	386.15	1	25	1.3830	1	25	1.4518	1	---	---
3064	C4H7BrO	2-methylpropanoyl bromide	2736-37-0	151.003	---	---	390.15	1	15	1.4067	1	25	1.4552	1	---	---
3065	C4H7BrO	butanoyl bromide	5856-82-6	151.003	---	---	402.15	1	17	1.4162	1	17	1.5960	1	---	---
3066	C4H7BrO	1-bromo-2-butanone	816-40-0	151.003	---	---	---	---	25	1.4790	1	---	1.4670	1	---	---
3067	C4H7BrO	3-bromo-2-butanone, stabilized	814-75-5	151.003	---	---	---	---	22	1.4437	2	---	1.4590	1	---	---
3068	C4H7BrO	3-bromo-3-buten-1-ol	76334-36-6	151.003	---	---	---	---	25	1.5220	1	---	1.4990	1	---	---
3069	C4H7BrO	cis-2-bromovinyl ethyl ether	23521-49-5	151.003	---	---	408.65	1	25	1.4300	1	---	---	---	---	---
3070	C4H7BrO2	2-bromobutanoic acid, (±)	2385-70-8	167.002	271.15	1	490.15	dec	20	1.5641	1	---	---	---	liquid	1
3071	C4H7BrO2	2-bromoethyl acetate	927-68-4	167.002	259.35	1	435.65	1	20	1.5140	1	23	1.4570	1	liquid	1
3072	C4H7BrO2	2-bromo-2-methylpropanoic acid	2052-01-9	167.002	321.65	1	472.15	1	60	1.4969	1	---	---	---	solid	1
3073	C4H7BrO2	ethyl bromoacetate	105-36-2	167.002	---	---	441.65	1	20	1.5032	1	20	1.4489	1	---	---
3074	C4H7BrO2	methyl 2-bromopropanoate, (±)	57885-43-5	167.002	---	---	417.15	1	25	1.4966	1	22	1.4451	1	---	---
3075	C4H7BrO2	methyl 3-bromopropanoate	3395-91-3	167.002	---	---	---	---	18	1.4123	1	20	1.4542	1	---	---
3076	C4H7BrO2	4-bromobutyric acid	2623-87-2	167.002	303.65	1	---	---	26	1.5166	2	---	---	---	solid	1
3077	C4H7BrO2	2-bromobutyric acid	80-58-0	167.002	269.25	1	488.65	1	25	1.5540	1	---	1.4730	1	liquid	1
3078	C4H7BrO2	2-bromomethyl-1,3-dioxolane	4360-63-8	167.002	---	---	---	---	25	1.6110	1	---	1.4820	1	---	---
3079	C4H7BrO2	methyl 2-bromopropionate	5445-17-0	167.002	---	---	417.15	1	25	1.4970	1	---	1.4520	1	---	---
3080	C4H7BrO2S	3-bromotetrahydrothiophene-1,1-dioxide	14008-53-8	199.068	---	---	---	---	25	1.6028	2	---	---	---	---	---
3081	C4H7Br2Cl	mdbcp	10474-14-3	250.360	---	---	381.15	1	25	1.8622	2	---	---	---	---	---
3082	C4H7Br2Cl2O4P	naled	300-76-5	380.784	300.15	1	---	---	20	1.9600	1	---	---	---	solid	1
3083	C4H7Br3	1,1,1-tribromobutane	62127-62-2	294.812	316.16	2	484.15	1	23	2.1707	2	---	---	---	solid	2
3084	C4H7Br3	1,1,2-tribromobutane	3675-68-1	294.812	283.74	2	489.35	1	25	2.1820	1	25	1.5610	1	liquid	1
3085	C4H7Br3	1,1,3-tribromobutane	---	294.812	283.74	2	488.52	2	23	2.1707	2	25	1.6510	2	liquid	2
3086	C4H7Br3	1,1,4-tribromobutane	---	294.812	298.74	2	488.96	2	23	2.1707	2	---	---	---	solid	2
3087	C4H7Br3	1,2,2-tribromobutane	3675-69-2	294.812	316.16	2	486.95	1	20	2.1692	1	10	1.5624	1	solid	2
3088	C4H7Br3	1,2,3-tribromobutane	632-05-3	294.812	254.15	1	493.15	1	25	2.1860	1	25	1.5660	1	liquid	1
3089	C4H7Br3	1,2,4-tribromobutane	38300-67-3	294.812	255.15	1	488.15	1	25	2.1800	1	25	1.5588	1	liquid	1
3090	C4H7Br3	1,3,3-tribromobutane	62127-46-2	294.812	316.16	2	458.15	1	20	2.1445	1	20	1.5564	1	solid	2
3091	C4H7Br3	2,3,3-tribromobutane	62127-47-3	294.812	275.00	1	479.15	1	25	2.1708	1	25	1.5580	1	liquid	1
3092	C4H7Br3	1,1,1-tribromo-2-methylpropane	---	294.812	301.16	2	485.73	2	23	2.1707	2	---	---	---	solid	2
3093	C4H7Br3	1,1,2-tribromo-2-methylpropane	15331-16-5	294.812	301.16	2	503.15	1	23	2.1707	2	---	---	---	solid	2
3094	C4H7Br3	1,1,3-tribromo-2-methylpropane	---	294.812	283.74	2	488.52	2	23	2.1707	2	25	1.5580	2	liquid	2
3095	C4H7Br3	1,2,3-tribromo-2-methylpropane	631-28-7	294.812	316.16	2	493.15	1	22	2.1930	1	21	1.5701	1	solid	2
3096	C4H7Br3	1,3-dibromo-2-(bromomethyl)propane	62127-48-4	294.812	241.15	1	493.15	1	25	2.1400	1	25	1.5492	1	liquid	1
3097	C4H7Br3O	1,1,1-tribromo-2-methyl-2-propanol	76-08-4	310.811	442.15	1	---	---	25	2.1779	2	---	---	---	solid	1
3098	C4H7Cl	cis-1-chloro-1-butene	7611-86-1	90.552	159.18	2	336.65	1	25	0.9035	1	25	1.4099	1	liquid	1
3099	C4H7Cl	trans-1-chloro-1-butene	7611-87-2	90.552	159.18	2	341.25	1	25	0.9091	1	25	1.4126	1	liquid	1
3100	C4H7Cl	2-chloro-1-butene	2211-70-3	90.552	148.54	2	331.65	1	25	0.8987	1	25	1.4100	1	liquid	1
3101	C4H7Cl	3-chloro-1-butene	563-52-0	90.552	147.50	2	337.15	1	25	0.8930	1	25	1.4125	1	liquid	1
3102	C4H7Cl	4-chloro-1-butene	927-73-1	90.552	162.50	2	347.15	1	25	0.9060	1	25	1.4192	1	liquid	1
3103	C4H7Cl	1-chloro-cis-2-butene	4628-21-1	90.552	159.18	2	357.35	1	25	0.9366	1	25	1.4365	1	liquid	1
3104	C4H7Cl	1-chloro-trans-2-butene	4894-61-5	90.552	159.18	2	358.25	1	25	0.9235	1	25	1.4325	1	liquid	1
3105	C4H7Cl	2-chloro-cis-2-butene	2211-69-0	90.552	155.85	1	339.95	1	25	0.9130	1	25	1.4192	1	liquid	1
3106	C4H7Cl	2-chloro-trans-2-butene	2211-68-9	90.552	167.35	1	335.75	1	25	0.9067	1	25	1.4159	1	liquid	1
3107	C4H7Cl	1-chloro-2-methyl-1-propene	513-37-1	90.552	145.22	2	341.25	1	25	0.9126	1	25	1.4196	1	liquid	1
3108	C4H7Cl	3-chloro-2-methyl-1-propene	563-47-3	90.552	148.54	2	345.35	1	25	0.9200	1	25	1.4244	1	liquid	1
3109	C4H7Cl	(chloromethyl)cyclopropane	5911-08-0	90.552	182.25	1	361.15	1	25	0.9800	1	20	1.4350	1	liquid	1
3110	C4H7Cl	1-chloro-2-butene	591-97-9	90.552	208.25	1	352.15	1	25	0.9290	1	---	1.4350	1	liquid	1
3111	C4H7Cl	2-chloro-2-butene	4461-41-0	90.552	160.04	2	337.65	1	25	0.9260	1	---	1.4200	1	liquid	1
3112	C4H7Cl	cyclobutyl chloride	1120-57-6	90.552	---	---	356.15	1	25	0.9910	1	---	1.4350	1	---	---
3113	C4H7ClN2O2	N-(b-chloroethyl)-N-nitrosoacetamide	64057-51-8	150.565	---	---	---	---	25	1.3153	2	---	---	---	---	---
3114	C4H7ClN2O3	methyl-N-(b-chloroethyl)-N-nitrosocarbama	13589-15-6	166.564	---	---	---	---	25	1.3870	2	---	---	---	---	---
3115	C4H7ClO	butanoyl chloride	141-75-3	106.551	184.15	1	375.15	1	20	1.0277	1	20	1.4121	1	liquid	1
3116	C4H7ClO	2-methylpropanoyl chloride	79-30-1	106.551	183.15	1	365.15	1	20	1.0822	2	20	1.4079	1	liquid	1
3117	C4H7ClO	2-chlorobutanal	28832-55-5	106.551	---	---	380.15	1	17	1.1072	1	17	1.4262	1	---	---
3118	C4H7ClO	4-chlorobutanal	6139-84-0	106.551	---	---	394.65	2	8	1.1060	1	8	1.4466	1	---	---
3119	C4H7ClO	2-chloro-2-methylpropanal	917-93-1	106.551	---	---	363.15	1	15	1.0530	1	16	1.4160	1	---	---
3120	C4H7ClO	1-chloro-2-butanone	616-27-3	106.551	---	---	410.65	1	20	1.0850	1	20	1.4372	1	---	---

Table 1 Physical Properties - Organic Compounds

				Mol Wt	Freezing Point		Boiling Point		Density			Refractive Index			State	
NO	FORMULA	NAME	CAS No	g/mol	T_F, K	code	T_B, K	code	T, C	g/cm3	code	T, C	n_D	code	@25C,1 atm	code
3121	C4H7ClO	3-chloro-2-butanone	4091-39-8	106.551	---	---	388.15	1	25	1.0554	1	20	1.4219	1	---	---
3122	C4H7ClO	4-chloro-2-butanone	6322-49-2	106.551	---	---	393.15	dec	23	1.0680	1	23	1.4284	1	---	---
3123	C4H7ClO	1-chloro-3-buten-2-ol	671-56-7	106.551	---	---	418.65	1	20	1.1110	1	20	1.4643	1	---	---
3124	C4H7ClO	2-chloro-2-buten-1-ol	116723-93-4	106.551	---	---	432.15	1	20	1.1180	1	20	1.4682	1	---	---
3125	C4H7ClO	2-chloro-3-buten-1-ol	75455-41-3	106.551	---	---	394.65	2	20	1.1044	1	20	1.4665	1	---	---
3126	C4H7ClO	3-chloro-2-buten-1-ol	40605-42-3	106.551	230.25	1	434.65	1	23	1.0950	1	20	1.4652	1	liquid	1
3127	C4H7ClO	3-chloro-3-buten-2-ol	6498-47-1	106.551	---	---	394.65	2	23	1.1138	1	---	---	---	---	---
3128	C4H7ClO	4-chloro-2-butenol	7523-44-6	106.551	---	---	394.65	2	20	1.0822	2	20	1.4845	1	---	---
3129	C4H7ClO	1-chloro-2-ethoxyethene	928-56-3	106.551	---	---	393.15	1	20	1.0386	1	20	1.4385	1	---	---
3130	C4H7ClO	2-chloroethyl vinyl ether	110-75-8	106.551	203.15	1	381.15	1	20	1.0495	1	20	1.4378	1	liquid	1
3131	C4H7ClO	2-(chloromethyl)-2-methyloxirane	598-09-4	106.551	---	---	395.15	1	20	1.1011	1	20	1.4310	1	---	---
3132	C4H7ClO	butyryl chloride	---	106.551	184.15	1	394.65	2	20	1.0822	2	---	---	---	liquid	2
3133	C4H7ClOS	S-propyl chlorothioformate	13889-92-4	138.617	---	---	428.15	1	25	1.0530	1	---	---	---	---	---
3134	C4H7ClO2	2-chlorobutanoic acid	4170-24-5	122.551	---	---	406.80	2	20	1.1796	1	20	1.4410	1	---	---
3135	C4H7ClO2	3-chlorobutanoic acid	625-68-3	122.551	289.15	1	406.80	2	20	1.1898	1	20	1.4221	1	liquid	2
3136	C4H7ClO2	4-chlorobutanoic acid	627-00-9	122.551	289.15	1	406.80	2	20	1.2236	1	20	1.4642	1	liquid	2
3137	C4H7ClO2	1-chloroethyl acetate	5912-58-3	122.551	---	---	396.15	1	20	1.1100	1	20	1.4090	1	---	---
3138	C4H7ClO2	2-chloroethyl acetate	542-58-5	122.551	---	---	418.15	1	20	1.1780	1	20	1.4234	1	---	---
3139	C4H7ClO2	2-chloro-2-methylpropanoic acid	594-58-1	122.551	304.15	1	406.80	2	20	1.1790	1	20	1.4500	1	solid	1
3140	C4H7ClO2	3-chloro-2-methylpropanoic acid	16674-04-7	122.551	---	---	406.80	2	24	1.2046	1	20	1.4310	1	---	---
3141	C4H7ClO2	ethoxyacetyl chloride	14077-58-8	122.551	---	---	398.15	1	25	1.1170	1	20	1.4204	1	---	---
3142	C4H7ClO2	ethyl chloroacetate	105-39-5	122.551	247.15	1	417.35	1	20	1.1585	1	20	1.4215	1	liquid	1
3143	C4H7ClO2	isopropyl chloroformate	108-23-6	122.551	---	---	378.15	1	22	1.1614	2	20	1.4013	1	---	---
3144	C4H7ClO2	methyl 2-chloropropanoate	17639-93-9	122.551	---	---	405.65	1	25	1.0750	1	---	---	---	---	---
3145	C4H7ClO2	methyl 3-chloropropanoate	6001-87-2	122.551	---	---	429.15	1	15	1.1861	1	20	1.4263	1	---	---
3146	C4H7ClO2	propyl chlorocarbonate	109-61-5	122.551	---	---	388.35	1	20	1.0901	1	20	1.4035	1	---	---
3147	C4H7ClO2	2-chloromethyl-1,3-dioxolane	2568-30-1	122.551	---	---	430.65	1	25	1.2340	1	---	1.4490	1	---	---
3148	C4H7ClO2	(-)-methyl (S)-2-chloropropionate	73246-45-4	122.551	---	---	406.80	2	25	1.1430	1	---	1.4170	1	---	---
3149	C4H7ClO2	(R)-(+)-methyl (R)-2-chloropropionate	77287-29-7	122.551	---	---	406.15	1	25	1.1520	1	---	1.4170	1	---	---
3150	C4H7ClO2	b-chlorobutyric acid	1951-12-8	122.551	---	---	406.80	2	22	1.1614	2	---	---	---	---	---
3151	C4H7ClO3	2-hydroxyethyl chloroacetate	35280-53-6	138.550	---	---	513.15	dec	20	1.3240	1	20	1.4609	1	---	---
3152	C4H7ClO3	2-methoxyethyl chloroformate	628-12-6	138.550	---	---	513.15	2	25	1.1905	1	20	1.4163	1	---	---
3153	C4H7Cl2F3Si	dichloromethyl-3,3,3-trifluoropropylsilane	675-62-7	211.085	---	---	470.65	1	---	---	---	---	---	---	---	---
3154	C4H7Cl2N	isopropyl isocyanide dichloride	29119-58-2	140.012	---	---	---	---	25	1.2050	2	---	---	---	---	---
3155	C4H7Cl2O4P	dichlorvos	62-73-7	220.976	---	---	---	---	25	1.4150	1	---	---	---	---	---
3156	C4H7Cl3	1,1,1-trichlorobutane	13279-85-1	161.457	226.52	2	407.15	1	25	1.2310	1	25	1.4530	1	liquid	1
3157	C4H7Cl3	1,1,2-trichlorobutane	---	161.457	194.10	2	420.00	2	24	1.2765	2	25	1.4570	2	liquid	2
3158	C4H7Cl3	1,1,3-trichlorobutane	13279-87-3	161.457	194.10	2	426.15	1	25	1.2560	1	25	1.4630	1	liquid	1
3159	C4H7Cl3	1,1,4-trichlorobutane	---	161.457	209.10	2	420.00	2	24	1.2765	2	25	1.4670	2	liquid	2
3160	C4H7Cl3	1,2,2-trichlorobutane	---	161.457	226.52	2	440.00	2	24	1.2765	2	25	1.4670	2	liquid	2
3161	C4H7Cl3	1,2,3-trichlorobutane	18338-40-4	161.457	194.10	2	439.15	1	25	1.3146	1	25	1.4770	1	liquid	1
3162	C4H7Cl3	1,2,4-trichlorobutane	1790-22-3	161.457	209.10	2	440.00	2	20	1.3175	1	20	1.4820	1	liquid	2
3163	C4H7Cl3	1,3,3-trichlorobutane	---	161.457	226.52	2	420.00	2	24	1.2765	2	25	1.4700	2	liquid	2
3164	C4H7Cl3	2,3,3-trichlorobutane	10403-60-8	161.457	211.52	2	416.15	1	25	1.2530	1	25	1.4625	1	liquid	1
3165	C4H7Cl3	1,1,1-trichloro-2-methylpropane	---	161.457	211.52	2	415.00	2	24	1.2765	2	25	1.4638	2	liquid	2
3166	C4H7Cl3	1,1,2-trichloro-2-methylpropane	29559-52-2	161.457	267.15	1	417.65	1	25	1.2677	1	25	1.4638	1	liquid	1
3167	C4H7Cl3	1,1,3-trichloro-2-methylpropane	62108-65-0	161.457	267.15	1	415.00	2	25	1.2712	1	25	1.4646	1	liquid	2
3168	C4H7Cl3	1,2,3-trichloro-2-methylpropane	1871-58-5	161.457	226.52	2	437.15	1	25	1.3012	1	25	1.4736	1	liquid	1
3169	C4H7Cl3	1,3-dichloro-2-(chloromethyl)-propane	---	161.457	209.10	2	402.77	2	24	1.2765	2	25	1.4736	2	liquid	2
3170	C4H7Cl3O	1,1,1-trichloro-2-butanol	6111-61-1	177.456	---	---	444.15	1	20	1.3725	1	20	1.4800	1	---	---
3171	C4H7Cl3O	1,1,1-trichloro-2-methyl-2-propanol	57-15-8	177.456	370.15	1	440.15	1	25	1.3170	2	---	---	---	solid	1
3172	C4H7Cl3O2	2,2,2-trichloro-1-ethoxyethanol	515-83-3	193.456	329.65	1	388.65	1	40	1.1430	1	---	---	---	solid	1
3173	C4H7Cl3O2Si	2-(trichlorosilyl)ethyl acetate	18204-80-3	221.541	---	---	---	---	25	1.2720	1	---	1.4450	1	---	---
3174	C4H8Cl3O4P	trichlorfon	52-68-6	257.437	350.15	1	---	---	20	1.7300	1	---	---	---	solid	1
3175	C4H8Cl4OTl2	bis(1-chloroethyl thallium chloride) oxide	---	622.684	---	---	---	---	---	---	---	---	---	---	---	---
3176	C4H7Cl4O4P	dimethyl-1,2,2,2-tetrachloroethyl phosphat	3862-21-3	291.881	---	---	434.65	1	---	---	---	---	---	---	---	---
3177	C4H7F	cis-1-fluoro-1-butene	66675-34-1	74.098	161.41	2	294.35	2	25	0.8000	1	25	1.4000	1	gas	2
3178	C4H7F	trans-1-fluoro-1-butene	66675-35-2	74.098	161.41	2	294.35	2	25	0.8000	1	25	1.4000	1	gas	2
3179	C4H7F	2-fluoro-1-butene	430-44-4	74.098	150.77	2	297.65	1	25	0.8120	1	25	1.3450	1	gas	1
3180	C4H7F	3-fluoro-1-butene	---	74.098	149.73	2	286.43	2	25	0.8017	2	25	1.3600	2	gas	2
3181	C4H7F	4-fluoro-1-butene	---	74.098	164.73	2	286.87	2	25	0.8017	2	25	1.3600	2	gas	2
3182	C4H7F	cis-1-fluoro-2-butene	---	74.098	161.41	2	294.35	2	25	0.8017	2	25	1.3600	2	gas	2
3183	C4H7F	trans-1-fluoro-2-butene	---	74.098	161.41	2	294.35	2	25	0.8017	2	25	1.3600	2	gas	2
3184	C4H7F	cis-2-fluoro-2-butene	66675-38-5	74.098	147.45	2	300.15	1	25	0.8000	1	25	1.3900	1	liquid	1
3185	C4H7F	trans-2-fluoro-2-butene	66675-39-6	74.098	147.45	2	300.15	1	25	0.8000	1	25	1.3900	1	liquid	1
3186	C4H7F	1-fluoro-2-methyl-1-propene	---	74.098	147.45	2	305.00	2	25	0.8000	1	25	1.4000	2	liquid	2
3187	C4H7F	3-fluoro-2-methyl-1-propene	---	74.098	150.77	2	305.00	2	25	0.8000	1	25	1.4000	2	liquid	2
3188	C4H7FN2O3	2-fluoroethyl-N-methyl-N-nitrosocarbamate	63982-15-0	150.110	471.65	dec	---	---	25	1.3310	2	---	---	---	solid	1
3189	C4H7FO	4-fluorobutanal	462-74-8	90.097	---	---	168.15	1	25	0.9682	2	---	---	---	gas	1
3190	C4H7FO2	ethyl fluoroacetate	459-72-3	106.097	---	---	393.15	1	20	1.0912	1	20	1.3755	1	---	---
3191	C4H7FO2	4-fluorobutyric acid	462-23-7	106.097	---	---	393.15	2	25	1.0753	2	25	1.3993	1	---	---
3192	C4H7F3	1,1,1-trifluorobutane	460-34-4	112.095	158.35	1	289.85	1	25	1.0077	1	25	1.2901	1	gas	1
3193	C4H7F3	1,1,2-trifluorobutane	---	112.095	200.79	2	287.85	2	25	1.0456	2	25	1.2902	2	gas	2
3194	C4H7F3	1,1,3-trifluorobutane	---	112.095	200.79	2	287.85	2	25	1.0456	2	25	1.2902	2	gas	2
3195	C4H7F3	1,1,4-trifluorobutane	---	112.095	215.79	2	288.29	2	25	1.0456	2	25	1.2902	2	gas	2
3196	C4H7F3	1,2,2-trifluorobutane	---	112.095	233.21	2	285.50	2	25	1.0456	2	25	1.2902	2	gas	2
3197	C4H7F3	1,2,3-trifluorobutane	---	112.095	200.79	2	287.85	2	25	1.0456	2	25	1.2902	2	gas	2
3198	C4H7F3	1,2,4-trifluorobutane	---	112.095	215.79	2	288.29	2	25	1.0456	2	25	1.2902	2	gas	2
3199	C4H7F3	1,3,3-trifluorobutane	---	112.095	233.21	2	285.50	2	25	1.0456	2	25	1.2902	2	gas	2
3200	C4H7F3	2,3,3-trifluorobutane	---	112.095	218.21	2	285.06	2	25	1.0456	2	25	1.2902	2	gas	2

Table 1 Physical Properties - Organic Compounds

				Mol Wt	Freezing Point		Boiling Point		Density			Refractive Index			State	
NO	FORMULA	NAME	CAS No	g/mol	T_F, K	code	T_B, K	code	T, C	g/cm3	code	T, C	n_D	code	@25C,1 atm	code
3201	C4H7F3	1,1,1-trifluoro-2-methylpropane	---	112.095	218.21	2	285.06	2	25	1.0456	2	25	1.2902	2	gas	2
3202	C4H7F3	1,1,2-trifluoro-2-methylpropane	---	112.095	218.21	2	285.06	2	25	1.0456	2	25	1.2902	2	gas	2
3203	C4H7F3	1,1,3-trifluoro-2-methylpropane	---	112.095	200.79	2	287.85	2	25	1.0456	2	25	1.2902	2	gas	2
3204	C4H7F3	1,3-difluoro-2-(fluoromethyl)-propane	---	112.095	215.79	2	288.29	2	25	1.0456	2	25	1.2902	2	gas	2
3205	C4H7F3N2O	N-nitroso-2,2,2-trifluorodiethylamine	82018-90-4	156.108	---	---	---	---	25	1.2868	2	---	---	---	---	---
3206	C4H7F3O	2-trifluoromethyl-2-propanol	507-52-8	128.094	---	---	353.50	1	25	1.1354	2	---	---	---	---	---
3207	C4H7F3O2	trifluoroacetaldehyde ethyl hemiacetal	433-27-2	144.094	---	---	377.65	1	25	1.2310	1	---	1.3420	1	---	---
3208	C4H7FeO5	iron(iii) acetate, basic	10450-55-2	190.942	---	---	---	---	---	---	---	---	---	---	---	---
3209	C4H7I	cis-1-iodo-1-butene	54068-75-6	182.004	187.32	2	441.15	1	25	1.6400	1	25	1.5100	1	liquid	1
3210	C4H7I	trans-1-iodo-1-butene	62154-92-1	182.004	187.32	2	400.65	1	25	1.6400	1	25	1.5100	1	liquid	1
3211	C4H7I	2-iodo-1-butene	24308-61-0	182.004	176.68	2	400.00	2	25	1.6400	1	25	1.5100	1	liquid	2
3212	C4H7I	3-iodo-1-butene	62154-74-9	182.004	175.64	2	400.00	2	25	1.6400	1	25	1.5100	1	liquid	2
3213	C4H7I	4-iodo-1-butene	7766-51-0	182.004	190.64	2	400.00	2	25	1.6400	1	25	1.5100	1	liquid	2
3214	C4H7I	1-iodo-cis-2-butene	53121-23-6	182.004	187.32	2	405.15	1	25	1.6410	1	25	1.5110	1	liquid	1
3215	C4H7I	1-iodo-trans-2-butene	38169-04-9	182.004	187.32	2	405.15	1	25	1.6410	1	25	1.5110	1	liquid	1
3216	C4H7I	2-iodo-cis-2-butene	24298-09-7	182.004	173.36	2	388.10	2	25	1.6400	1	25	1.5100	1	liquid	2
3217	C4H7I	2-iodo-trans-2-butene	24298-08-6	182.004	173.36	2	388.10	2	25	1.6400	1	25	1.5100	1	liquid	2
3218	C4H7I	1-iodo-2-methyl-1-propene	20687-01-8	182.004	173.36	2	388.10	2	25	1.6400	1	25	1.5100	1	liquid	2
3219	C4H7I	3-iodo-2-methyl-1-propene	3756-30-7	182.004	176.68	2	380.62	2	25	1.6200	1	25	1.4834	1	liquid	2
3220	C4H7IO2	ethyl iodoacetate	623-48-3	214.003	---	---	452.15	1	13	1.8173	1	13	1.5079	1	---	---
3221	C4H7IO2	methyl 3-iodopropanoate	5029-66-3	214.003	---	---	461.15	1	7	1.8408	1	---	---	---	---	---
3222	C4H7IO2S	3-iodotetrahydrothiophene-1,1-dioxide	17236-22-5	246.069	---	---	---	---	25	1.8516	2	---	---	---	---	---
3223	C4H7IO3	2-hydroxyethyl iodoacetate	63906-36-5	230.002	---	---	---	---	25	1.8707	2	---	---	---	---	---
3224	C4H7I3	1,1,1-triiodobutane	---	435.813	310.94	2	567.11	2	25	2.6705	2	---	---	---	solid	2
3225	C4H7I3	1,1,2-triiodobutane	---	435.813	278.52	2	569.46	2	25	2.6705	2	---	---	---	liquid	2
3226	C4H7I3	1,1,3-triiodobutane	---	435.813	278.52	2	569.46	2	25	2.6705	2	---	---	---	liquid	2
3227	C4H7I3	1,1,4-triiodobutane	---	435.813	293.52	2	569.90	2	25	2.6705	2	---	---	---	liquid	2
3228	C4H7I3	1,2,2-triiodobutane	---	435.813	310.94	2	567.11	2	25	2.6705	2	---	---	---	solid	2
3229	C4H7I3	1,2,3-triiodobutane	---	435.813	278.52	2	569.46	2	25	2.6705	2	---	---	---	liquid	2
3230	C4H7I3	1,2,4-triiodobutane	---	435.813	293.52	2	569.90	2	25	2.6705	2	---	---	---	liquid	2
3231	C4H7I3	1,3,3-triiodobutane	---	435.813	310.94	2	567.11	2	25	2.6705	2	---	---	---	solid	2
3232	C4H7I3	2,2,3-triiodobutane	---	435.813	295.94	2	566.67	2	25	2.6705	2	---	---	---	liquid	2
3233	C4H7I3	1,1,1-triiodo-2-methylpropane	---	435.813	295.94	2	566.67	2	25	2.6705	2	---	---	---	liquid	2
3234	C4H7I3	1,1,2-triiodo-2-methylpropane	---	435.813	295.94	2	566.67	2	25	2.6705	2	---	---	---	liquid	2
3235	C4H7I3	1,1,3-triiodo-2-methylpropane	---	435.813	278.52	2	569.46	2	25	2.6705	2	---	---	---	liquid	2
3236	C4H7I3	1,2,3-triiodo-2-methylpropane	---	435.813	310.94	2	567.11	2	25	2.6705	2	---	---	---	solid	2
3237	C4H7I3	1,3-diiodo-2-(iodomethyl)-propane	---	435.813	293.52	2	569.90	2	25	2.6705	2	---	---	---	liquid	2
3238	C4H7N	butyronitrile	109-74-0	69.107	161.25	1	390.75	1	25	0.7860	1	25	1.3820	1	liquid	1
3239	C4H7N	isobutyronitrile	78-82-0	69.107	201.70	1	376.76	1	25	0.7660	1	25	1.3712	1	liquid	1
3240	C4H7N	propyl isocyanide	627-36-1	69.107	204.43	2	372.15	1	25	0.7526	1	25	1.3805	1	liquid	1
3241	C4H7N	isopropyl isocyanide	598-45-8	69.107	189.43	2	360.35	1	25	0.7383	1	25	1.3734	1	liquid	1
3242	C4H7N	2,5-dihydro-1H-pyrrole	109-96-6	69.107	---	---	363.65	1	20	0.9097	1	20	1.4664	1	---	---
3243	C4H7N	N-methyl-2-propyn-1-amine	35161-71-8	69.107	---	---	356.15	1	25	0.8190	1	20	1.4332	1	---	---
3244	C4H7N	(dimethylamino)acetylene	24869-88-3	69.107	---	---	356.15	2	24	0.7953	2	---	---	---	---	---
3245	C4H7N	1-vinyl aziridine	5628-99-9	69.107	---	---	---	---	24	0.7953	2	---	---	---	---	---
3246	C4H7NO	acetone cyanohydrin	75-86-5	85.106	253.15	1	444.00	2	25	0.9280	1	20	1.3992	1	liquid	1
3247	C4H7NO	2-methacrylamide	79-39-0	85.106	383.65	1	488.00	1	36	0.9472	2	---	---	---	solid	1
3248	C4H7NO	3-methoxypropionitrile	110-67-8	85.106	210.12	1	439.00	1	25	0.9240	1	20	1.4032	1	liquid	1
3249	C4H7NO	2-pyrrolidone	616-45-5	85.106	297.15	1	524.32	1	25	1.1080	1	25	1.4860	1	---	---
3250	C4H7NO	trans-2-butenamide	625-37-6	85.106	434.65	1	---	---	120	0.9461	1	165	1.4420	1	solid	1
3251	C4H7NO	2-isocyanatopropane	1795-48-8	85.106	---	---	347.65	1	25	0.8660	1	20	1.3825	1	---	---
3252	C4H7NO	2-methoxypropanenitrile	33695-59-9	85.106	---	---	392.15	1	20	0.8928	1	20	1.3818	1	---	---
3253	C4H7NO	2-methyl-2-oxazoline	1120-64-5	85.106	---	---	384.15	1	25	1.0050	1	20	1.4340	1	---	---
3254	C4H7NO	propyl isocyanate	110-78-1	85.106	---	---	356.65	1	25	0.9080	1	20	1.3970	1	---	---
3255	C4H7NO	(R)-(+)-2-methoxypropionitrile	---	85.106	---	---	386.15	1	36	0.9472	2	---	---	---	---	---
3256	C4H7NO	(S)-(-)-2-methoxypropionitrile	64531-49-3	85.106	---	---	386.15	1	36	0.9472	2	---	1.3814	1	---	---
3257	C4H7NO	1-acetylaziridine	460-07-1	85.106	---	---	---	---	36	0.9472	2	---	---	---	---	---
3258	C4H7NO	3,6-dihydro-1,2,2H-oxazine	3686-43-9	85.106	---	---	---	---	36	0.9472	2	---	---	---	---	---
3259	C4H7NO	2-methyl acrylaldehyde oxime	28051-68-5	85.106	---	---	305.15	1	36	0.9472	2	---	---	---	---	---
3260	C4H7NO	N-methylacrylamide	1187-59-3	85.106	---	---	---	---	36	0.9472	2	---	---	---	---	---
3261	C4H7NOS	2-methoxyethylisothiocyanate	38663-85-3	117.172	---	---	---	---	25	1.1378	2	---	1.5130	1	---	---
3262	C4H7NO2	4-cyanobutanoic acid	39201-33-7	101.105	---	---	---	---	25	1.0867	2	---	---	---	---	---
3263	C4H7NO2	2-azetidinecarboxylic acid	2517-04-6	101.105	490.15	dec	---	---	25	1.0867	2	---	---	---	solid	1
3264	C4H7NO2	2,3-butanedione monooxime	57-71-6	101.105	349.95	1	458.65	1	25	1.0867	2	---	---	---	solid	1
3265	C4H7NO2	N-acetylacetamide	625-77-4	101.105	352.15	1	496.65	1	25	1.0867	2	---	---	---	solid	1
3266	C4H7NO2	1-amino-1-cyclopropanecarboxylic acid	22059-21-8	101.105	530.15	1	---	---	25	1.0867	2	---	---	---	solid	1
3267	C4H7NO2	(S)-(-)-2-azetidinecarboxylic acid	2133-34-8	101.105	479.65	1	---	---	25	1.0867	2	---	---	---	solid	1
3268	C4H7NO2	3-methyl-2-oxazolidinone	19836-78-3	101.105	288.15	1	---	---	25	1.1700	1	---	1.4540	1	---	---
3269	C4H7NO2	allyl carbamate	2114-11-6	101.105	---	---	---	---	25	1.0867	2	---	---	---	---	---
3270	C4H7NO2	3-azetidinecarboxylic acid	36476-78-5	101.105	---	---	---	---	25	1.0867	2	---	---	---	---	---
3271	C4H7NO2	N-(hydroxymethyl)acrylamide	924-42-5	101.105	347.65	1	---	---	25	1.0867	2	---	---	---	solid	1
3272	C4H7NO2	2-nitrobutene	2783-12-2	101.105	---	---	400.65	2	25	1.0867	2	---	---	---	---	---
3273	C4H7NO2	1-nitro-3-butene	---	101.105	---	---	400.65	2	25	1.0867	2	---	---	---	---	---
3274	C4H7NO2	2-nitro-2-butene	4812-23-1	101.105	---	---	400.65	2	25	1.0867	2	---	---	---	---	---
3275	C4H7NO2S	4-thiazolidinecarboxylic acid	444-27-9	133.171	469.65	1	---	---	25	1.2263	2	---	---	---	solid	1
3276	C4H7NO2S	ethyl thiooxamate	16982-21-1	133.171	336.15	1	---	---	25	1.2263	2	---	---	---	solid	1
3277	C4H7NO2S	L(-)-thiazolidine-4-carboxylic acid	34592-47-7	133.171	476.15	1	---	---	25	1.2263	2	---	---	---	solid	1
3278	C4H7NO2S	thiazolidine-2-carboxylic acid	65126-70-7	133.171	452.15	1	---	---	25	1.2263	2	---	---	---	solid	1
3279	C4H7NO2S2	1,1-bis(methylthio)-2-nitroethylene	13623-94-4	165.237	398.15	1	---	---	25	1.3308	2	---	---	---	solid	1
3280	C4H7NO3	N-acetylglycine	543-24-8	117.105	479.15	1	---	---	25	1.1871	2	---	---	---	solid	1

Table 1 Physical Properties - Organic Compounds

				Mol Wt	Freezing Point		Boiling Point		Density			Refractive Index			State	
NO	FORMULA	NAME	CAS No	g/mol	T_F, K	code	T_B, K	code	T, C	g/cm3	code	T, C	n_D	code	@25C,1 atm	code
3281	C4H7NO3	ethyl oxamate	617-36-7	117.105	386.65	1	---	---	25	1.1871	2	---	---	---	solid	1
3282	C4H7NO3	succinamic acid	638-32-4	117.105	428.15	1	---	---	25	1.1871	2	---	---	---	solid	1
3283	C4H7NO4	4-amino-2-hydroxy-4-oxobutanoic acid	66398-52-5	133.104	420.65	1	---	---	18	1.5770	1	---	---	---	solid	1
3284	C4H7NO4	DL-aspartic acid	617-45-8	133.104	550.65	1	---	---	13	1.6622	1	---	---	---	solid	1
3285	C4H7NO4	L-aspartic acid	56-84-8	133.104	543.15	1	---	---	13	1.6603	1	---	---	---	solid	1
3286	C4H7NO4	ethyl nitroacetate	626-35-7	133.104	---	---	---	---	15	1.6332	2	20	1.4250	1	---	---
3287	C4H7NO4	iminodiacetic acid	142-73-4	133.104	520.65	1	---	---	15	1.6332	2	---	---	---	solid	1
3288	C4H7NO4	D(-)-aspartic acid	1783-96-6	133.104	>573.15	1	---	---	15	1.6332	2	---	---	---	solid	1
3289	C4H7NO4	butyryl nitrate	---	133.104	---	---	---	---	15	1.6332	2	---	---	---	---	---
3290	C4H7NS	4,5-dihydro-2-methylthiazole	2346-00-1	101.173	172.15	1	418.15	1	25	1.0670	1	20	1.5200	1	liquid	1
3291	C4H7NS	isopropyl thiocyanate	625-59-2	101.173	---	---	426.15	1	20	0.9475	1	---	---	---	---	---
3292	C4H7NS	propyl isothiocyanate	628-30-8	101.173	---	---	426.15	1	16	0.9781	1	16	1.5085	1	---	---
3293	C4H7NS	isopropyl isothiocyanate	2253-73-8	101.173	---	---	406.15	1	25	0.9480	1	---	1.4930	1	---	---
3294	C4H7NS2	2-(methylthio)-2-thiazoline	19975-56-5	133.239	---	---	489.65	1	25	1.2260	1	---	1.5930	1	---	---
3295	C4H7N3	1,5-dimethyl-1H-1,2,3-triazole	15922-53-9	97.121	269.15	1	528.15	1	25	1.0755	2	---	---	---	liquid	1
3296	C4H7N3	3-amino-5-methylpyrazole	31230-17-8	97.121	319.15	1	529.93	2	25	1.0755	2	---	---	---	solid	1
3297	C4H7N3	3,5-dimethyl-1H-1,2,4-triazole	7343-34-2	97.121	---	---	531.70	1	25	1.0755	2	---	---	---	---	---
3298	C4H7N3O	creatinine	60-27-5	113.120	573.15	dec	---	---	25	1.1794	2	---	---	---	solid	1
3299	C4H7N3O	4-hydroxy-3,5-dimethyl-1,2,4-triazole	35869-74-0	113.120	---	---	---	---	25	1.1794	2	---	---	---	---	---
3300	C4H7N3O	3-methylnitrosaminopropionitrile	60153-49-3	113.120	---	---	---	---	25	1.1794	2	---	---	---	---	---
3301	C4H7N3O2	nitrosoallylurea	760-56-5	129.119	---	---	---	---	25	1.2717	2	---	---	---	---	---
3302	C4H7N3O2	propylenenitrosourea	62641-66-1	129.119	---	---	---	---	25	1.2717	2	---	---	---	---	---
3303	C4H7N3O2S	bis-HM-A-TDA	53532-37-9	161.185	---	---	---	---	25	1.3766	2	---	---	---	---	---
3304	C4H7N3O3	acetylmethylnitrosourea	28895-91-2	145.119	---	---	---	---	25	1.3544	2	---	---	---	---	---
3305	C4H7N3O3	N-(2-oxopropyl)-N-nitrosourea	89837-93-4	145.119	---	---	---	---	25	1.3544	2	---	---	---	---	---
3306	C4H7N3O4	N-methoxycarbonylmethyl-N-nitrosourea	108278-73-5	161.118	---	---	---	---	25	1.4288	2	---	---	---	---	---
3307	C4H7N3O9	1,2,4-butanetriol, trinitrate	6659-60-5	241.115	---	---	---	---	25	1.7120	2	---	---	---	---	---
3308	C4H7N3O9	a-methylglycerol trinitrate	84002-64-2	241.115	---	---	---	---	25	1.7120	2	---	---	---	---	---
3309	C4H7N3S	2-amino-5-ethyl-1,3,4-thiadiazole	14068-53-2	129.187	474.65	1	---	---	25	1.2203	2	---	---	---	solid	1
3310	C4H7N3S	2-(ethylamino)-1,3,4-thiadiazole	13275-68-8	129.187	344.65	1	---	---	25	1.2203	2	---	---	---	solid	1
3311	C4H7N3S2	2-amino-5-ethylthio-1,3,4-thiadiazole	25660-70-2	161.253	407.65	1	---	---	25	1.3280	2	---	---	---	solid	1
3312	C4H7N5	2,4,6-triaminopyrimidine	1004-38-2	125.135	522.15	1	---	---	25	1.2666	2	---	---	---	solid	1
3313	C4H7N5O2	N-(diazoacetyl)glycine hydrazine	820-75-7	157.133	---	---	---	---	25	1.4282	2	---	---	---	---	---
3314	C4H7N11	1,3-bis(5-amino-1,3,4-triazol-2-yl)triazene	3751-44-8	209.177	---	---	---	---	25	1.6831	2	---	---	---	---	---
3315	C4H7NaOS2	sodium isopropylxanthate	140-93-2	158.221	---	---	---	---	---	---	---	---	---	---	---	---
3316	C4H7NaO2	butyric acid sodium salt	156-54-7	110.088	524.65	1	---	---	---	---	---	---	---	---	solid	1
3317	C4H7NaO3	4-hydroxybutyric acid, sodium salt	502-85-2	126.088	418.15	1	---	---	---	---	---	---	---	---	solid	1
3318	C4H8	methylcyclopropane	594-11-6	56.108	95.85	1	273.88	1	-20	0.6912	1	---	---	---	gas	1
3319	C4H8	cyclobutane	287-23-0	56.108	182.48	1	285.66	1	25	0.6890	1	25	1.3620	1	gas	1
3320	C4H8	1-butene	106-98-9	56.108	87.80	1	266.90	1	25	0.5880	1	-125	1.3803	1	gas	1
3321	C4H8	2-butene; (cis+trans)	107-01-7	56.108	130.62	2	275.50	1	25	0.6210	1	---	---	---	gas	1
3322	C4H8	cis-2-butene	590-18-1	56.108	134.26	1	276.87	1	25	0.6170	1	-25	1.3842	1	gas	1
3323	C4H8	trans-2-butene	624-64-6	56.108	167.62	1	274.03	1	25	0.5990	1	-25	1.3932	1	gas	1
3324	C4H8	isobutene	115-11-7	56.108	132.81	1	266.25	1	25	0.5890	1	-25	1.3926	1	gas	1
3325	C4H8BF3O4	boron trifluoride–acetic acid complex	373-61-5	187.912	226.25	1	417.15	1	25	1.3530	1	---	---	---	liquid	1
3326	C4H8BaN4O4Pt	barium tetracyanoplatinate(ii) tetrahydrate	13755-32-3	508.538	---	---	---	---	25	2.0760	1	---	---	---	---	---
3327	C4H8BaO5	barium acetate monohydrate	5908-64-5	273.432	383.15	dec	---	---	25	2.1900	1	---	---	---	solid	1
3328	C4H8BrCl	1-bromo-4-chlorobutane	6940-78-9	171.464	---	---	448.15	1	20	1.4890	1	20	1.4885	1	---	---
3329	C4H8BrCl	2-bromo-1-chlorobutane	79504-01-1	171.464	---	---	419.65	1	20	1.4680	1	20	1.4880	1	---	---
3330	C4H8BrCl	1-bromo-3-chloro-2-methylpropane	6974-77-2	171.464	---	---	428.15	1	20	1.4839	1	25	1.4796	1	---	---
3331	C4H8BrF	1-bromo-4-fluorobutane	462-72-6	155.010	---	---	408.15	1	25	1.3866	2	25	1.4370	1	---	---
3332	C4H8BrNO	2-bromo-2-methylpropanamide	7462-74-0	166.018	421.15	1	---	---	25	1.4853	2	---	---	---	solid	1
3333	C4H8Br2	1,1-dibromobutane	62168-25-6	215.916	238.94	2	431.15	1	25	1.7840	1	25	1.4965	1	liquid	1
3334	C4H8Br2	1,2-dibromobutane	533-98-2	215.916	207.76	1	439.46	1	25	1.7850	1	25	1.5125	1	liquid	1
3335	C4H8Br2	1,3-dibromobutane	107-80-2	215.916	238.94	2	448.15	1	25	1.7824	1	25	1.5061	1	liquid	1
3336	C4H8Br2	1,4-dibromobutane	110-52-1	215.916	256.62	1	470.15	1	25	1.8187	1	25	1.5169	1	liquid	1
3337	C4H8Br2	2,2-dibromobutane	50341-35-0	215.916	256.36	2	417.15	1	25	1.7500	1	25	1.4990	1	liquid	1
3338	C4H8Br2	DL-2,3-dibromobutane	598-71-0	215.916	223.94	2	433.65	1	25	1.7836	1	25	1.5125	1	liquid	1
3339	C4H8Br2	meso-2,3-dibromobutane	5780-13-2	215.916	238.65	1	430.45	1	25	1.7747	1	25	1.5092	1	liquid	1
3340	C4H8Br2	1,1-dibromo-2-methylpropane	33693-78-6	215.916	223.94	2	420.15	1	25	1.7700	1	25	1.5100	1	liquid	1
3341	C4H8Br2	1,2-dibromo-2-methylpropane	594-34-3	215.916	283.65	1	422.15	1	25	1.7518	1	25	1.5097	1	liquid	1
3342	C4H8Br2	1,3-dibromo-2-methylpropane	28148-04-1	215.916	238.94	2	448.15	1	25	1.7994	1	25	1.5068	1	liquid	1
3343	C4H8Br2	2,3-dibromobutane	5408-86-6	215.916	249.15	1	434.15	1	22	1.7893	1	22	1.5133	1	liquid	1
3344	C4H8Br2O	bis(2-bromoethyl) ether	5414-19-7	231.915	---	---	458.15	2	20	1.8452	1	27	1.5131	1	---	---
3345	C4H8Br2O	1,4-dibromo-2-butanol	19398-47-1	231.915	---	---	458.15	2	20	1.9530	1	20	1.5440	1	---	---
3346	C4H8Br2O	2,3-dibromo-1-butanol	4021-75-4	231.915	305.15	1	458.15	2	20	1.9475	1	20	1.5442	1	solid	1
3347	C4H8Br2O	3,4-dibromo-1-butanol	87018-30-2	231.915	---	---	458.15	2	15	1.9800	1	15	1.5480	1	---	---
3348	C4H8Br2O	1,2-dibromo-1-ethoxyethane	2983-26-8	231.915	---	---	458.15	2	20	1.7320	1	20	1.5044	1	---	---
3349	C4H8Br2O	1,2-dibromo-3-methoxypropane	5836-66-8	231.915	---	---	458.15	1	12	1.8320	1	20	1.5123	1	---	---
3350	C4H8Br2O	(S)-1,4-dibromo-2-butanol	64028-90-6	231.915	---	---	458.15	2	18	1.8816	2	---	1.5380	1	---	---
3351	C4H8Br2O2	2,3-dibromo-1,4-butanediol	20163-90-0	247.914	362.15	1	---	---	25	1.8642	2	---	---	---	solid	1
3352	C4H8Br2O2	DL-1,4-dibromo-2,3-butanediol	299-70-7	247.914	356.15	1	---	---	25	1.8642	2	---	---	---	solid	1
3353	C4H8CaO5	calcium acetate monohydrate	5743-26-0	176.183	---	---	---	---	---	---	---	---	---	---	---	---
3354	C4H8ClF	1-chloro-4-fluorobutane	462-73-7	110.559	---	---	387.85	1	25	1.0627	1	25	1.4020	1	---	---
3355	C4H8ClFN2O3	b-fluoroethyl-N-(b-chloroethyl)-N-nitrosoca	63884-92-4	186.571	---	---	---	---	25	1.3873	2	---	---	---	---	---
3356	C4H8ClI	1-chloro-4-iodobutane	10297-05-9	218.464	---	---	---	---	25	1.7850	1	---	1.5400	1	---	---
3357	C4H8ClNO	N-(2-chloroethyl)acetamide	7355-58-0	121.566	---	---	---	---	25	1.2000	1	---	---	---	---	---
3358	C4H8ClNOS	4-morpholine sulfenyl chloride	2958-89-6	153.632	---	---	---	---	25	1.2322	2	---	---	---	---	---
3359	C4H8ClNO2	2-chloro-2-nitrobutane	22236-53-9	137.566	---	---	---	---	25	1.1990	2	---	---	---	---	---
3360	C4H8Cl2	1,1-dichlorobutane	541-33-3	127.013	179.18	2	386.95	1	25	1.0800	1	25	1.4300	1	liquid	1

Table 1 Physical Properties - Organic Compounds

				Mol Wt	Freezing Point		Boiling Point		Density			Refractive Index			State	
NO	FORMULA	NAME	CAS No	g/mol	T_F, K	code	T_B, K	code	T, C	g/cm3	code	T, C	n_D	code	@25C,1 atm	code
3361	C4H8Cl2	1,2-dichlorobutane	616-21-7	127.013	210.00	2	397.15	1	25	1.1116	1	25	1.4425	1	liquid	1
3362	C4H8Cl2	1,3-dichlorobutane	1190-22-3	127.013	179.18	2	406.65	1	25	1.1083	1	25	1.4414	1	liquid	1
3363	C4H8Cl2	1,4-dichlorobutane	110-56-5	127.013	235.85	1	428.25	1	25	1.1350	1	25	1.4522	1	liquid	1
3364	C4H8Cl2	2,2-dichlorobutane	4279-22-5	127.013	199.15	1	376.15	1	25	1.0650	1	25	1.4220	1	liquid	1
3365	C4H8Cl2	DL-2,3-dichlorobutane	2211-67-8	127.013	193.15	1	392.65	1	25	1.1051	1	25	1.4409	1	liquid	1
3366	C4H8Cl2	meso-2,3-dichlorobutane	4028-56-2	127.013	192.75	1	389.15	1	25	1.1025	1	25	1.4389	1	liquid	1
3367	C4H8Cl2	1,1-dichloro-2-methylpropane	598-76-5	127.013	164.18	2	378.15	1	25	1.1000	1	25	1.4330	1	liquid	1
3368	C4H8Cl2	1,2-dichloro-2-methylpropane	594-37-6	127.013	196.60	2	380.15	1	25	1.0890	1	25	1.4354	1	liquid	1
3369	C4H8Cl2	1,3-dichloro-2-methylpropane	616-19-3	127.013	179.18	2	408.15	1	25	1.1000	1	25	1.4400	1	liquid	1
3370	C4H8Cl2	2,3-dichlorobutane, dl and meso	7581-97-7	127.013	193.15	1	392.65	1	25	1.1070	1	---	1.4460	1	liquid	1
3371	C4H8Cl2	mixo-dichlorobutane	26761-81-9	127.013	190.15	2	393.94	2	25	1.1003	2	---	---	---	liquid	2
3372	C4H8Cl2N2O	bis(2-chloroethyl)nitrosoamine	67856-68-2	171.026	---	---	---	---	25	1.3100	2	---	---	---	---	---
3373	C4H8Cl2N2OS	1,1-bis(2-chloroethyl)-2-sulfinylhydrazine	---	203.092	---	---	---	---	25	1.3899	2	---	---	---	---	---
3374	C4H8Cl2O	bis(1-chloroethyl) ether	6986-48-7	143.012	---	---	389.65	1	25	1.1060	1	25	1.4186	1	---	---
3375	C4H8Cl2O	bis(2-chloroethyl) ether	111-44-4	143.012	226.15	1	451.65	1	20	1.2200	1	20	1.4510	1	liquid	1
3376	C4H8Cl2O	1-chloro-1-(2-chloroethoxy)ethane	1462-34-6	143.012	---	---	426.55	2	20	1.1867	1	20	1.4473	1	---	---
3377	C4H8Cl2O	1,2-dichloro-1-ethoxyethane	623-46-1	143.012	---	---	418.15	1	20	1.1370	1	20	1.4435	1	---	---
3378	C4H8Cl2O	1,1-dichloro-2-methyl-2-propanol	4773-53-9	143.012	281.15	1	425.65	1	19	1.2363	1	19	1.4598	1	liquid	1
3379	C4H8Cl2O	1,3-dichloro-2-methyl-2-propanol	597-32-0	143.012	---	---	447.65	1	20	1.2745	1	21	1.4744	1	---	---
3380	C4H8Cl2O2	1,4-dichloro-2,3-butanediol	2419-73-0	159.011	399.65	1	---	---	25	1.2454	2	---	---	---	solid	1
3381	C4H8Cl2O2	2,2-dichloro-1,4-butanediol	---	159.011	302.15	1	---	---	25	1.2454	2	---	---	---	solid	1
3382	C4H8Cl2O2	bis-1,2-(chloromethoxy)ethane	13483-18-6	159.011	---	---	---	---	25	1.2454	2	---	---	---	---	---
3383	C4H8Cl2O2S	bis(2-chloroethyl)sulfone	471-03-4	191.077	329.15	1	---	---	25	1.3340	2	---	---	---	solid	1
3384	C4H8Cl2S	bis(2-chloroethyl) sulfide	505-60-2	159.079	286.65	1	489.15	1	20	1.2741	1	20	1.5313	1	liquid	1
3385	C4H8Cl2Si	allylmethyldichlorosilane	1873-92-3	155.098	---	---	392.65	1	20	1.0758	1	20	1.4419	1	---	---
3386	C4H8Cl2Si	ethylvinyldichlorosilane	10138-21-3	155.098	---	---	391.15	1	---	---	---	---	---	---	---	---
3387	C4H8CuO5	copper(ii) acetate monohydrate	6046-93-1	199.651	388.15	1	513.15	dec	---	---	---	---	---	---	solid	1
3388	C4H8FI	4-fluorobutyl iodide	372-91-8	202.010	---	---	---	---	25	1.6765	2	---	---	---	---	---
3389	C4H8F2	1,1-difluorobutane	2358-38-5	94.105	183.64	2	314.15	1	25	0.9100	1	25	1.3200	1	liquid	1
3390	C4H8F2	1,2-difluorobutane	686-65-7	94.105	183.64	2	323.15	1	25	0.9400	1	25	1.3300	1	liquid	1
3391	C4H8F2	1,3-difluorobutane	691-42-9	94.105	183.64	2	333.15	1	25	0.9600	1	25	1.3300	1	liquid	1
3392	C4H8F2	1,4-difluorobutane	372-90-7	94.105	198.64	2	350.95	1	25	0.9767	1	25	1.3433	1	liquid	1
3393	C4H8F2	2,2-difluorobutane	353-81-1	94.105	155.65	1	304.05	1	25	0.8956	1	25	1.3111	1	liquid	1
3394	C4H8F2	2,3-difluorobutane	666-21-7	94.105	168.64	2	320.15	1	25	0.9600	1	25	1.3300	1	liquid	1
3395	C4H8F2	1,1-difluoro-2-methylpropane	62126-91-4	94.105	168.64	2	306.15	1	25	0.9600	1	25	1.3300	1	liquid	1
3396	C4H8F2	1,2-difluoro-2-methylpropane	62126-92-5	94.105	201.06	2	308.15	1	25	0.9600	1	25	1.3300	1	liquid	1
3397	C4H8F2	1,3-difluoro-2-methylpropane	62126-93-6	94.105	183.64	2	336.15	1	25	0.9600	1	25	1.3300	1	liquid	1
3398	C4H8HgO	1,4-oxamercurane	6569-69-3	272.697	---	---	---	---	---	---	---	---	---	---	---	---
3399	C4H8HgO2	ethylmercuric acetate	109-62-6	288.696	342.55	1	252.15	1	---	---	---	---	---	---	solid	1
3400	C4H8Hg3N2O6	2-methyl-1-nitratodimercurio-2-nitratomerc	---	781.888	---	---	---	---	---	---	---	---	---	---	---	---
3401	C4H8I2	1,1-diiodobutane	66587-65-3	309.916	235.46	2	476.76	2	25	2.2660	1	25	1.5960	1	liquid	2
3402	C4H8I2	1,2-diiodobutane	53161-72-1	309.916	279.06	1	476.76	1	25	2.2800	1	25	1.6000	1	liquid	1
3403	C4H8I2	1,3-diiodobutane	18371-24-9	309.916	235.46	2	476.76	2	25	2.2800	1	25	1.6000	1	liquid	2
3404	C4H8I2	1,4-diiodobutane	628-21-7	309.916	279.05	1	477.20	2	25	2.3495	1	25	1.6190	1	liquid	2
3405	C4H8I2	2,2-diiodobutane	29443-50-3	309.916	252.88	2	473.97	2	25	2.2800	1	25	1.6000	1	liquid	2
3406	C4H8I2	2,3-diiodobutane	66587-66-4	309.916	220.46	2	476.32	2	25	2.2800	1	25	1.6000	1	liquid	2
3407	C4H8I2	1,1-diiodo-2-methylpropane	10250-55-2	309.916	220.46	2	476.32	2	25	2.2800	1	25	1.6000	1	liquid	2
3408	C4H8I2	1,2-diiodo-2-methylpropane	66794-23-8	309.916	252.88	2	473.97	2	25	2.2800	1	25	1.6000	1	liquid	2
3409	C4H8I2	1,3-diiodo-2-methylpropane	17616-44-3	309.916	235.46	2	476.76	2	25	2.2800	1	25	1.6000	1	liquid	2
3410	C4H8NO3	4-amino-3-hydroxybutyric acid	352-21-6	118.113	---	---	---	---	25	1.1450	2	---	---	---	---	---
3411	C4H8N2	2-butyne-1,4-diamine	53878-96-9	84.122	317.15	1	---	---	22	0.9294	2	---	---	---	solid	1
3412	C4H8N2	4,5-dihydro-2-methyl-1H-imidazole	534-26-9	84.122	380.15	1	469.65	1	22	0.9294	2	---	---	---	solid	1
3413	C4H8N2	(dimethylamino)acetonitrile	926-64-7	84.122	---	---	410.65	1	20	0.8649	1	20	1.4095	1	---	---
3414	C4H8N2	3-(methylamino)propanenitrile	693-05-0	84.122	---	---	---	---	20	0.8992	1	20	1.4320	1	---	---
3415	C4H8N2	1,4,5,6-tetrahydropyrimidine	1606-49-1	84.122	---	---	---	---	25	1.0240	1	---	1.5190	1	---	---
3416	C4H8N2	acetaldehyde, ethylidenehydrazone	592-56-3	84.122	---	---	369.00	1	22	0.9294	2	---	---	---	---	---
3417	C4H8N2	1,1'-biaziridinyl	4388-03-8	84.122	---	---	---	---	22	0.9294	2	---	---	---	---	---
3418	C4H8N2	3-propyldiazirine	70348-66-2	84.122	---	---	---	---	22	0.9294	2	---	---	---	---	---
3419	C4H8N2O	allylurea	557-11-9	100.121	358.15	1	---	---	25	1.0410	2	---	---	---	solid	1
3420	C4H8N2O	N-nitrosopyrrolidine	930-55-2	100.121	---	---	487.15	1	25	1.0850	1	25	1.4880	1	---	---
3421	C4H8N2O	1-methyl-2-imidazolidinone	694-32-6	100.121	---	---	---	---	25	1.0410	2	---	---	---	---	---
3422	C4H8N2O	acetaldehyde-N-methyl-N-formylhydrazone	16568-02-8	100.121	---	---	---	---	25	1.0410	2	---	---	---	---	---
3423	C4H8N2O	N,N-ethylene-N'-methylurea	13279-24-8	100.121	---	---	---	---	25	1.0410	2	---	---	---	---	---
3424	C4H8N2O	N-methyl-N-nitrosoallylamine	4549-43-3	100.121	---	---	---	---	25	1.0410	2	---	---	---	---	---
3425	C4H8N2O	N-nitroso-N-ethylvinylamine	13256-13-8	100.121	---	---	---	---	25	1.0410	2	---	---	---	---	---
3426	C4H8N2O	nitrosopyrrolidine	35884-45-8	100.121	---	---	---	---	25	1.0410	2	---	---	---	---	---
3427	C4H8N2OS	2-methyl-N-nitrosothiazolidine	---	132.187	---	---	---	---	25	1.1830	2	---	---	---	---	---
3428	C4H8N2OS	N-nitrosothiomorpholine	26541-51-5	132.187	---	---	---	---	25	1.1830	2	---	---	---	---	---
3429	C4H8N2O2	dimethylglyoxime	95-45-4	116.120	518.65	1	---	---	25	1.1408	2	---	---	---	solid	1
3430	C4H8N2O2	N-[(methylamino)carbonyl]acetamide	623-59-6	116.120	453.65	1	---	---	25	1.1408	2	---	---	---	solid	1
3431	C4H8N2O2	4-nitrosomorpholine	59-89-2	116.120	302.15	1	498.15	1	25	1.1408	2	---	---	---	solid	1
3432	C4H8N2O2	succinamide	110-14-5	116.120	541.15	dec	---	---	25	1.1408	2	---	---	---	solid	1
3433	C4H8N2O2	1,2-diacetylhydrazine	3148-73-0	116.120	413.15	1	---	---	25	1.1408	2	---	---	---	solid	1
3434	C4H8N2O2	N-(aminocarbonyl)propanamide	5426-52-8	116.120	---	---	---	---	25	1.1408	2	---	---	---	---	---
3435	C4H8N2O2	N-methyl-N-nitrosopropionamide	16395-80-5	116.120	---	---	---	---	25	1.1408	2	---	---	---	---	---
3436	C4H8N2O2	nitroso-2-methyl-1,3-oxazolidine	39884-53-2	116.120	---	---	---	---	25	1.1408	2	---	---	---	---	---
3437	C4H8N2O2	nitroso-5-methyloxazolidone	35631-27-7	116.120	---	---	---	---	25	1.1408	2	---	---	---	---	---
3438	C4H8N2O2	N-nitrosomethyl-2-oxopropylamine	55984-51-5	116.120	---	---	---	---	25	1.1408	2	---	---	---	---	---
3439	C4H8N2O2	N-nitroso-N-methyl-N-oxopropylamine	85502-23-4	116.120	---	---	---	---	25	1.1408	2	---	---	---	---	---
3440	C4H8N2O2	1-nitroso-3-pyrrolidinol	56222-35-6	116.120	---	---	---	---	25	1.1408	2	---	---	---	---	---

Table 1 Physical Properties - Organic Compounds

				Mol Wt	Freezing Point		Boiling Point		Density			Refractive Index			State	
NO	FORMULA	NAME	CAS No	g/mol	T_F, K	code	T_B, K	code	T, C	g/cm3	code	T, C	n_D	code	@25C,1 atm	code
3441	C4H8N2O2	N-nitroso-tetrahydro-1,2-oxazine	40548-68-3	116.120	---	---	---	---	25	1.1408	2	---	---	---	---	---
3442	C4H8N2O2	N-nitroso-tetrahydro-1,3-oxazine	35627-29-3	116.120	---	---	---	---	25	1.1408	2	---	---	---	---	---
3443	C4H8N2O2S	methylthioacetaldehyde-O-(carbamoyl) oxi	16960-39-7	148.186	---	---	---	---	25	1.2627	2	---	---	---	---	---
3444	C4H8N2O3	L-asparagine	70-47-3	132.120	508.15	1	---	---	15	1.5430	1	---	---	---	solid	1
3445	C4H8N2O3	ethyl (aminocarbonyl)carbamate	626-36-8	132.120	469.65	1	---	---	25	1.2301	2	---	---	---	solid	1
3446	C4H8N2O3	N-glycylglycine	556-50-3	132.120	488.15	dec	---	---	25	1.2301	2	---	---	---	solid	1
3447	C4H8N2O3	1-methoxy-1-methylamino-2-nitroethylene	110763-36-5	132.120	391.15	1	---	---	25	1.2301	2	---	---	---	solid	1
3448	C4H8N2O3	4-nitromorpholine	4164-32-3	132.120	---	---	---	---	25	1.2301	2	---	---	---	---	---
3449	C4H8N2O3	acetic acid methylnitrosaminomethyl ester	56856-83-8	132.120	---	---	---	---	25	1.2301	2	---	---	---	---	---
3450	C4H8N2O3	methylazoxymethyl acetate	592-62-1	132.120	---	---	---	---	25	1.2301	2	---	---	---	---	---
3451	C4H8N2O3	N-methyl-N-nitroso-b-alanine	10478-42-9	132.120	---	---	---	---	25	1.2301	2	---	---	---	---	---
3452	C4H8N2O3	N-methyl-N-nitrosoethylcarbamate	615-53-2	132.120	---	---	---	---	25	1.2301	2	---	---	---	---	---
3453	C4H8N2O4	1,4-dinitrobutane	4286-49-1	148.119	306.65	1	483.65	2	25	1.3106	2	---	---	---	solid	1
3454	C4H8N2O4	methyl ethylnitrocarbamate	6162-79-4	148.119	---	---	---	---	20	1.2287	1	20	1.4455	1	---	---
3455	C4H8N2O4	methyl hydrazodicarboxylate	---	148.119	403.15	1	---	---	25	1.3106	2	---	---	---	solid	1
3456	C4H8N2O4	methoxyazoxymethanolacetate	67293-86-1	148.119	---	---	---	---	25	1.3106	2	---	---	---	---	---
3457	C4H8N2O5	2-methyl-2-nitro-propanol nitrate	24884-69-3	164.119	---	---	---	---	25	1.3834	2	---	---	---	---	---
3458	C4H8N2O7	diethylene glycol dinitrate	693-21-0	196.117	261.95	1	---	---	25	1.5101	2	---	1.4520	1	---	---
3459	C4H8N2S	allylthiourea	109-57-9	116.188	351.15	1	---	---	20	1.2170	1	78	1.5936	1	solid	1
3460	C4H8N2S	1-methyl-2-imidazolidinethione	13431-10-2	116.188	---	---	---	---	25	1.0949	2	---	---	---	---	---
3461	C4H8N2S	4-methylethylenethiourea	2122-19-2	116.188	---	---	---	---	25	1.0949	2	---	---	---	---	---
3462	C4H8N2S	N,N'-trimethylenethiourea	2055-46-1	116.188	484.40	1	---	---	25	1.0949	2	---	---	---	solid	1
3463	C4H8N2S4	dithane	12656-69-8	212.386	---	---	---	---	25	1.3899	2	---	---	---	---	---
3464	C4H8N4O2	1,4-dinitrosopiperazine	140-79-4	144.134	430.15	1	---	---	25	1.3069	2	---	---	---	solid	1
3465	C4H8N4O2	3-azido-2-methyl-DL-alanine	120042-13-9	144.134	---	---	---	---	25	1.3069	2	---	---	---	---	---
3466	C4H8N4O2	di(N-nitroso)-perhydropyrimidine	15973-99-6	144.134	335.15	1	---	---	25	1.3069	2	---	---	---	solid	1
3467	C4H8N4O3	N-ethyl-N-nitrosobiuret	32976-88-8	160.134	---	---	317.15	1	25	1.3817	2	---	---	---	---	---
3468	C4H8N4O4S2	tetramine (adamantane derivative)	80-12-6	240.265	515.65	dec	---	---	25	1.5740	2	---	---	---	solid	1
3469	C4H8N4O8	N-nitrobis(2-hydroxyethyl)-amine dinitrate	4185-47-1	240.131	---	---	---	---	25	1.6678	2	---	---	---	---	---
3470	C4H8N6	2,2-diazidobutane	---	140.150	---	---	---	---	25	1.3031	2	---	---	---	---	---
3471	C4H8N6O4	1,6-dimethyl-1,6-dinitrosobiurea	3844-60-8	204.147	---	---	463.15	1	25	1.5702	2	---	---	---	---	---
3472	C4H8N8O8	octahydro-1,3,5,7-tetranitro-1,3,5,7-tetrazo	2691-41-0	296.159	554.15	1	---	---	25	1.8399	2	---	---	---	solid	1
3473	C4H8Na2O8S2	succinaldehyde disodium bisulfite	5450-96-4	294.214	>573.15	1	---	---	---	---	---	---	---	---	solid	1
3474	C4H8O	1,2-epoxybutane	106-88-7	72.107	143.87	1	336.57	1	25	0.8240	1	25	1.3810	1	liquid	1
3475	C4H8O	2-methyloxetane	2167-39-7	72.107	---	---	332.15	1	25	0.8410	1	20	1.3885	1	---	---
3476	C4H8O	ethyl vinyl ether	109-92-2	72.107	157.35	1	308.70	1	25	0.7490	1	25	1.3729	1	liquid	1
3477	C4H8O	3-methoxy-1-propene	627-40-7	72.107	157.35	2	317.15	1	11	0.7700	1	20	1.3778	1	liquid	1
3478	C4H8O	butyraldehyde	123-72-8	72.107	176.75	1	347.95	1	25	0.7970	1	25	1.3766	1	liquid	1
3479	C4H8O	isobutyraldehyde	78-84-2	72.107	208.15	1	337.25	1	25	0.7840	1	25	1.3698	1	liquid	1
3480	C4H8O	methyl ethyl ketone	78-93-3	72.107	186.48	1	352.79	1	25	0.7990	1	25	1.3764	1	liquid	1
3481	C4H8O	tetrahydrofuran	109-99-9	72.107	164.65	1	338.00	1	25	0.8800	1	25	1.4050	1	liquid	1
3482	C4H8O	cis-crotonyl alcohol	4088-60-2	72.107	194.65	2	396.15	1	20	0.8662	1	25	1.4342	1	liquid	1
3483	C4H8O	trans-2-buten-1-ol	504-61-0	72.107	188.95	2	394.35	1	20	0.8521	1	20	1.4288	1	liquid	1
3484	C4H8O	2-buten-1-ol	6117-91-5	72.107	188.95	2	394.65	1	20	0.8532	1	20	1.4270	1	liquid	1
3485	C4H8O	3-buten-1-ol	627-27-0	72.107	188.95	2	386.65	1	20	0.8424	1	20	1.4224	1	liquid	1
3486	C4H8O	3-buten-2-ol, (±)	6118-14-5	72.107	188.95	2	370.45	1	20	0.8318	1	20	1.4137	1	liquid	1
3487	C4H8O	2-methyl-2-propenol	513-42-8	72.107	188.95	2	387.65	1	20	0.8515	1	20	1.4255	1	liquid	1
3488	C4H8O	cyclobutanol	2919-23-5	72.107	---	---	397.15	1	15	0.9218	1	20	1.4371	1	---	---
3489	C4H8O	cyclopropyl methyl ether	540-47-6	72.107	154.15	1	317.85	1	20	0.8100	1	20	1.3802	1	liquid	1
3490	C4H8O	2,2-dimethyloxirane	558-30-5	72.107	---	---	324.65	1	20	0.8112	1	22	1.3712	1	---	---
3491	C4H8O	cis-2,3-dimethyloxirane	1758-33-4	72.107	193.15	1	333.15	1	25	0.8226	1	20	1.3802	1	liquid	1
3492	C4H8O	trans-2,3-dimethyloxirane	21490-63-1	72.107	188.15	1	329.65	1	25	0.8010	1	20	1.3736	1	liquid	1
3493	C4H8O	3-buten-2-ol, (1-3)	598-32-3	72.107	183.25	1	370.15	1	25	0.8310	1	---	1.4140	1	liquid	1
3494	C4H8O	butylene oxide	26249-20-7	72.107	<223.25	1	334.15	1	22	0.8269	2	---	---	---	liquid	1
3495	C4H8O	cyclopropanemethanol	2516-33-8	72.107	305.20	1	396.65	1	25	0.9000	1	---	1.4320	1	solid	1
3496	C4H8O	2-methoxypropene	116-11-0	72.107	298.15	1	308.15	1	25	0.7530	1	---	1.3830	1	---	---
3497	C4H8O	2,3-dimethyloxirane	3266-23-7	72.107	---	---	331.50	1	22	0.8269	2	---	---	---	---	---
3498	C4H8OS	ethyl thioacetate	59094-77-8	104.173	---	---	389.55	1	20	0.9792	1	21	1.4583	1	---	---
3499	C4H8OS	s-ethyl thioacetate	625-60-5	104.173	200.00	2	388.00	1	20	0.9792	1	21	1.4583	1	---	---
3500	C4H8OS	3-(methylthio)propanal	3268-49-3	104.173	247.00	2	438.65	1	21	1.0587	2	---	---	---	---	---
3501	C4H8OS	1,4-oxathiane	15980-15-1	104.173	256.15	1	420.15	1	20	1.1174	1	---	---	---	liquid	1
3502	C4H8OS	tetrahydrothiophene 1-oxide	1600-44-8	104.173	---	---	509.15	1	25	1.1590	1	---	1.5200	1	---	---
3503	C4H8OS	2,3-epithiopropyl methoxy ether	19858-14-1	104.173	---	---	427.10	2	21	1.0587	2	---	---	---	---	---
3504	C4H8O2	butyric acid	107-92-6	88.106	267.95	1	436.42	1	25	0.9530	1	25	1.3958	1	liquid	1
3505	C4H8O2	isobutyric acid	79-31-2	88.106	227.15	1	427.65	1	25	0.9460	1	25	1.3908	1	liquid	1
3506	C4H8O2	propyl formate	110-74-7	88.106	180.25	1	353.97	1	25	0.9000	1	25	1.3750	1	liquid	1
3507	C4H8O2	isopropyl formate	625-55-8	88.106	178.04	2	341.25	1	25	0.8703	1	25	1.3660	1	liquid	1
3508	C4H8O2	ethyl acetate	141-78-6	88.106	189.60	1	350.21	1	25	0.8940	1	25	1.3704	1	liquid	1
3509	C4H8O2	methyl propanoate	554-12-1	88.106	185.65	1	352.60	1	25	0.9090	1	25	1.3742	1	liquid	1
3510	C4H8O2	1,4-dioxane	123-91-1	88.106	284.95	1	374.47	1	25	1.0290	1	25	1.4202	1	liquid	1
3511	C4H8O2	cis-2-butene-1,4-diol	6117-80-2	88.106	284.15	1	508.15	1	25	1.0700	1	25	1.4716	1	liquid	1
3512	C4H8O2	trans-2-butene-1,4-diol	821-11-4	88.106	300.45	1	499.00	1	20	1.0700	1	20	1.4755	1	solid	1
3513	C4H8O2	3-butene-1,2-diol	497-06-3	88.106	288.25	2	469.65	1	20	1.0470	1	21	1.4628	1	liquid	1
3514	C4H8O2	1,3-dioxane	505-22-6	88.106	228.15	1	378.15	1	25	1.0286	1	20	1.4165	1	liquid	1
3515	C4H8O2	ethoxyacetaldehyde	22056-82-2	88.106	---	---	408.11	2	20	0.9420	1	20	1.3956	1	---	---
3516	C4H8O2	ethylene glycol monovinyl ether	764-48-7	88.106	---	---	414.75	1	20	0.9821	1	17	1.4564	1	---	---
3517	C4H8O2	3-hydroxybutanal	107-89-1	88.106	---	---	444.00	2	20	1.1030	1	20	1.4238	1	---	---
3518	C4H8O2	1-hydroxy-2-butanone	5077-67-8	88.106	288.15	2	433.15	1	20	1.0272	1	20	1.4189	1	liquid	1
3519	C4H8O2	3-hydroxy-2-butanone, (±)	52217-02-4	88.106	288.15	1	421.15	1	20	1.0044	1	20	1.4171	1	liquid	1
3520	C4H8O2	4-hydroxy-2-butanone	590-90-9	88.106	288.15	2	455.15	1	20	1.0233	1	14	1.4585	1	liquid	1

Table 1 Physical Properties - Organic Compounds

NO	FORMULA	NAME	CAS No	Mol Wt	Freezing Point		Boiling Point		Density			Refractive Index			State	
				g/mol	T_F, K	code	T_B, K	code	T, C	g/cm3	code	T, C	n_D	code	@25C,1 atm	code
3521	C4H8O2	(methoxymethyl)oxirane	930-37-0	88.106	---	---	386.15	1	20	0.9890	1	20	1.4320	1	---	---
3522	C4H8O2	1-methoxy-2-propanone	5878-19-3	88.106	---	---	389.15	1	25	0.9570	1	20	1.3970	1	---	---
3523	C4H8O2	2-methyl-1,3-dioxolane	497-26-7	88.106	---	---	354.65	1	20	0.9811	1	17	1.4035	1	---	---
3524	C4H8O2	tetrahydro-3-furanol	453-20-3	88.106	---	---	454.15	1	25	1.0900	1	20	1.4500	1	---	---
3525	C4H8O2	acetyl methyl carbinol	513-86-0	88.106	288.15	1	418.65	1	25	1.0120	1	---	1.4180	1	liquid	1
3526	C4H8O2	2-butene-1,4-diol	110-64-5	88.106	280.15	1	408.11	2	25	1.0700	1	---	1.4770	1	liquid	2
3527	C4H8O2	(S)-(+)-glycidyl methyl ether	64491-68-5	88.106	---	---	383.65	1	25	0.9820	1	---	1.4050	1	---	---
3528	C4H8O2	(R)-(-)-glycidyl methyl ether	64491-70-9	88.106	---	---	383.65	1	25	0.9820	1	---	1.4060	1	---	---
3529	C4H8O2	(R)-(-)-3-hydroxytetrahydrofuran	86087-24-3	88.106	---	---	454.15	1	25	1.0970	1	---	1.4500	1	---	---
3530	C4H8O2	4-methyl-1,3-dioxolane	1072-47-5	88.106	---	---	355.45	1	25	0.9830	1	---	1.4000	1	---	---
3531	C4H8O2	2-methylene-1,3-propanediol	3513-81-3	88.106	---	---	408.11	2	25	1.0810	1	---	1.4750	1	---	---
3532	C4H8O2	(R)-2-methyl glycidol	86884-89-1	88.106	---	---	380.15	1	25	1.1000	1	---	---	---	---	---
3533	C4H8O2	R,S-3-butene-1,2-diol	86161-40-2	88.106	288.25	2	414.90	1	25	1.0400	1	---	1.4615	1	liquid	1
3534	C4H8O2	(S)-(+)-tetrahydro-3-furanol	86087-23-2	88.106	---	---	408.11	2	25	1.1030	1	---	1.4500	1	---	---
3535	C4H8O2	(R)-3-hydroxy-2-butanone	53584-56-8	88.106	---	---	416.20	1	23	1.0086	2	---	---	---	---	---
3536	C4H8O2S	sulfolane	126-33-0	120.172	300.55	1	560.45	1	18	1.2723	1	20	1.4780	1	solid	1
3537	C4H8O2S	ethyl mercaptoacetate	623-51-8	120.172	---	---	430.15	1	15	1.0964	1	20	1.4582	1	---	---
3538	C4H8O2S	(ethylthio)acetic acid	627-04-3	120.172	264.65	1	---	---	20	1.1497	1	---	---	---	---	---
3539	C4H8O2S	3-mercaptobutanoic acid	26473-49-4	120.172	---	---	---	---	20	1.1371	1	20	1.4782	1	---	---
3540	C4H8O2S	2-mercapto-2-methylpropanoic acid	4695-31-2	120.172	320.15	1	---	---	21	1.1431	2	---	---	---	solid	1
3541	C4H8O2S	methyl 3-mercaptopropanoate	2935-90-2	120.172	---	---	---	---	25	1.0850	1	20	1.4640	1	---	---
3542	C4H8O2S	ethyl vinyl sulfone	1889-59-4	120.172	---	---	---	---	25	1.1510	1	---	1.4630	1	---	---
3543	C4H8O2S	methyl (methylthio)acetate	16630-66-3	120.172	---	---	---	---	25	1.1100	1	---	1.4650	1	---	---
3544	C4H8O2S2	p-dithiane-2,5-diol	40018-26-6	152.238	399.65	1	---	---	25	1.2236	2	---	---	---	solid	1
3545	C4H8O3	ethoxyacetic acid	627-03-2	104.106	---	---	479.65	1	20	1.1021	1	20	1.4194	1	---	---
3546	C4H8O3	ethylene glycol monoacetate	542-59-6	104.106	---	---	461.15	1	15	1.1080	1	---	---	---	---	---
3547	C4H8O3	ethyl hydroxyacetate	623-50-7	104.106	---	---	433.15	1	23	1.0826	1	20	1.4180	1	---	---
3548	C4H8O3	ethyl methyl carbonate	623-53-0	104.106	259.15	1	380.65	1	20	1.0120	1	20	1.3778	1	liquid	1
3549	C4H8O3	2-hydroxybutanoic acid, (±)	600-15-7	104.106	317.35	1	485.15	2	20	1.1250	1	---	---	---	solid	1
3550	C4H8O3	3-hydroxybutanoic acid, (±)	625-71-8	104.106	322.15	1	445.17	2	22	1.0985	2	20	1.4424	1	solid	1
3551	C4H8O3	4-hydroxybutanoic acid	591-81-1	104.106	328.58	2	485.15	2	22	1.0985	2	---	---	---	solid	2
3552	C4H8O3	2-hydroxy-2-methylpropanoic acid	594-61-6	104.106	352.15	1	485.15	1	22	1.0985	2	---	---	---	solid	1
3553	C4H8O3	methyl 3-hydroxypropanoate	6149-41-3	104.106	---	---	452.15	1	16	1.1050	1	23	1.4300	1	---	---
3554	C4H8O3	methyl lactate, (±)	2155-30-8	104.106	---	---	417.95	1	20	1.0928	1	20	1.4141	1	---	---
3555	C4H8O3	methyl methoxyacetate	6290-49-9	104.106	---	---	404.15	1	20	1.0511	1	20	1.3962	1	---	---
3556	C4H8O3	glycerol formal	4740-78-7	104.106	---	---	466.65	1	25	1.2030	1	---	1.4520	1	---	---
3557	C4H8O3	(±)-3-hydroxybutyric acid	300-85-6	104.106	319.15	1	445.17	2	25	1.1260	1	---	1.4400	1	solid	1
3558	C4H8O3	2-methoxy-1,3-dioxolane	19693-75-5	104.106	---	---	402.65	1	25	1.0910	1	---	1.4090	1	---	---
3559	C4H8O3	(R)-(+)-2-methoxypropionic acid	23943-96-6	104.106	---	---	445.17	2	22	1.0985	2	---	---	---	---	---
3560	C4H8O3	(S)-(-)-2-methoxypropionic acid	23953-00-6	104.106	---	---	445.17	2	22	1.0985	2	---	1.4142	1	---	---
3561	C4H8O3	3-methoxypropionic acid	2544-06-1	104.106	---	---	445.17	2	25	1.1080	1	---	1.4200	1	---	---
3562	C4H8O3	methyl (R)-(+)-lactate	17392-83-5	104.106	---	---	417.65	1	25	1.0900	1	---	1.4150	1	---	---
3563	C4H8O3	methyl (S)-(-)-lactate	27871-49-4	104.106	---	---	417.60	1	25	1.0910	1	---	1.4130	1	---	---
3564	C4H8O3	methyl lactate	547-64-8	104.106	207.15	1	417.95	1	25	1.0900	1	---	1.4150	1	liquid	1
3565	C4H8O3	trans-2-butene ozonide	16187-15-8	104.106	---	---	514.25	1	22	1.0985	2	---	---	---	---	---
3566	C4H8O3	1,3-dioxolane-4-methanol	5464-28-8	104.106	---	---	431.15	1	22	1.0985	2	---	---	---	---	---
3567	C4H8O3	2-tetrahydrofuryl hydroperoxide	4676-82-8	104.106	---	---	445.17	2	22	1.0985	2	---	---	---	---	---
3568	C4H8O3S	4-methyl-1,3,2-dioxathiane 2-oxide	4426-51-1	136.172	275.65	1	458.15	1	20	1.2352	1	20	1.4661	1	liquid	1
3569	C4H8O3S	1,4-butane sultone	1633-83-6	136.172	286.65	1	408.15	1	25	1.3310	1	---	1.4640	1	liquid	1
3570	C4H8O3S	1,4-thioxane-1,1-dioxide	107-61-9	136.172	405.15	1	---	---	23	1.2831	2	---	---	---	solid	1
3571	C4H8O3S	allyl methanesulfonate	6728-21-8	136.172	---	---	---	---	23	1.2831	2	---	---	---	---	---
3572	C4H8O4	D-erythrose	583-50-6	120.105	---	---	498.65	2	25	1.1491	2	---	---	---	---	---
3573	C4H8O4	L-erythrulose	533-50-6	120.105	---	---	498.65	2	25	1.1491	2	---	---	---	---	---
3574	C4H8O4	methyl 2,3-dihydroxypropanoate, (±)	15909-76-9	120.105	---	---	514.65	1	15	1.2802	1	20	1.4502	1	---	---
3575	C4H8O4	D-threose	95-43-2	120.105	402.15	1	498.65	2	25	1.1491	2	---	---	---	solid	1
3576	C4H8O4	L(+)-erythrose	533-49-3	120.105	437.15	1	498.65	2	25	1.1491	2	---	---	---	solid	1
3577	C4H8O4	3,6-dimethyl-1,2,4,5-tetraoxane	---	120.105	---	---	498.65	2	25	1.1491	2	---	---	---	---	---
3578	C4H8O4	1-hydroxyethyl peroxyacetate	7416-48-0	120.105	---	---	482.65	1	25	1.1491	2	---	---	---	---	---
3579	C4H8O4	(R*,R*)-2,3,4-trihydroxybutanal	1758-51-6	120.105	---	---	498.65	2	25	1.1491	2	---	---	---	---	---
3580	C4H8O4Pd	palladium diacetate	3375-31-3	226.525	---	---	---	---	---	---	---	---	---	---	---	---
3581	C4H8S	tetrahydrothiophene	110-01-0	88.174	176.99	1	394.27	1	25	0.9970	1	25	1.5074	1	liquid	1
3582	C4H8S	2-methylthietane	17837-41-1	88.174	---	---	379.15	1	20	0.9571	1	20	1.4852	1	---	---
3583	C4H8S	2-ethylthiacyclopropane	3195-86-6	88.174	235.73	2	378.15	1	25	0.9220	1	25	1.4700	1	liquid	1
3584	C4H8S	2,2-dimethylthiacyclopropane	3772-13-2	88.174	259.63	2	359.15	1	25	0.9100	1	25	1.4620	1	liquid	1
3585	C4H8S	2,cis-3-dimethylthiacyclopropane	5954-71-2	88.174	231.49	2	340.82	2	25	0.9100	1	---	---	---	liquid	2
3586	C4H8S	2,trans-3-dimethylthiacyclopropane	5955-98-6	88.174	231.49	2	340.82	2	25	0.9100	1	---	---	---	liquid	2
3587	C4H8S	3-(methylthio)-1-propene	10152-76-8	88.174	---	---	365.15	1	20	0.8767	1	20	1.4714	1	---	---
3588	C4H8S	ethyl vinyl sulfide	627-50-9	88.174	---	---	366.05	1	25	0.8690	1	---	1.4780	1	---	---
3589	C4H8S2	1,2-dithiane	505-20-4	120.240	305.65	1	472.65	2	25	1.0623	2	25	1.5981	1	solid	1
3590	C4H8S2	1,3-dithiane	505-23-7	120.240	327.15	1	472.65	2	25	1.0623	2	25	1.5981	1	solid	1
3591	C4H8S2	1,4-dithiane	505-29-3	120.240	385.45	1	472.65	1	25	1.0623	2	---	---	---	solid	1
3592	C4H8S2	ethyl dithioacetate	870-73-5	120.240	---	---	472.65	2	25	1.0480	1	---	1.5690	1	---	---
3593	C4H9AlCl2	isobutylaluminum dichloride	1888-87-5	155.002	243.25	1	515.15	1	25	1.1200	1	---	1.4600	1	liquid	1
3594	C4H9Al2ClN4O7	aluminum chlorohydroxyallantoinate	1317-25-5	314.556	---	---	476.15	1	---	---	---	---	---	---	---	---
3595	C4H9AsCl2	sec-butyldichloroarsine	684-82-2	202.942	---	---	---	---	---	---	---	---	---	---	---	---
3596	C4H9AsO	acetyldimethylarsine	21380-82-5	148.036	---	---	---	---	---	---	---	---	---	---	---	---
3597	C4H9BCl2	butyldichloroborane	14090-22-3	138.831	---	---	---	---	---	---	---	---	---	---	---	---
3598	C4H9Br	1-bromobutane	109-65-9	137.019	160.75	1	374.75	1	25	1.2690	1	25	1.4378	1	liquid	1
3599	C4H9Br	2-bromobutane	78-76-2	137.019	161.25	1	364.37	1	25	1.2530	1	25	1.4342	1	liquid	1
3600	C4H9Br	1-bromo-2-methylpropane	78-77-3	137.019	155.75	1	364.68	1	25	1.2571	1	25	1.4325	1	liquid	1

Table 1 Physical Properties - Organic Compounds

				Mol Wt	Freezing Point		Boiling Point		Density			Refractive Index			State	
NO	FORMULA	NAME	CAS No	g/mol	T_F, K	code	T_B, K	code	T, C	g/cm3	code	T, C	n_D	code	@25C,1 atm	code
3601	C4H9Br	2-bromo-2-methylpropane	507-19-7	137.019	256.95	1	346.40	1	25	1.2132	1	25	1.4252	1	liquid	1
3602	C4H9Br	2-bromobutane, (±)	5787-31-5	137.019	160.50	1	364.45	1	20	1.2585	1	20	1.4366	1	liquid	1
3603	C4H9BrO	3-bromo-1-butanol	6089-12-9	153.019	---	---	413.90	2	18	1.7107	1	21	1.5010	1	---	---
3604	C4H9BrO	3-bromo-2-butanol, (R*,S*)-(±)	19246-39-0	153.019	---	---	427.15	1	20	1.4550	1	20	1.4780	1	---	---
3605	C4H9BrO	1-bromo-2-ethoxyethane	592-55-2	153.019	---	---	400.65	1	25	1.3852	1	20	1.4447	1	---	---
3606	C4H9BrO	(R)-(-)-3-bromo-2-methyl-1-propanol	93381-28-3	153.019	---	---	413.90	2	25	1.4610	1	---	---	---	---	---
3607	C4H9BrO	4-bromo-1-butanol	33036-62-3	153.019	---	---	413.90	2	22	1.5030	2	---	---	---	---	---
3608	C4H9BrO	2-bromo ethyl ethyl ether	---	153.019	---	---	413.90	2	22	1.5030	2	---	---	---	---	---
3609	C4H9BrO2	2-bromo-1,1-dimethoxyethane	7252-83-7	169.018	---	---	422.15	1	20	1.4300	1	20	1.4450	1	---	---
3610	C4H9Cl	1-chlorobutane	109-69-3	92.568	150.05	1	351.58	1	25	0.8800	1	25	1.4001	1	liquid	1
3611	C4H9Cl	1-chloro-2-methylpropane	513-36-0	92.568	142.85	1	342.00	1	25	0.8719	1	25	1.3951	1	liquid	1
3612	C4H9Cl	2-chlorobutane	78-86-4	92.568	141.85	1	341.25	1	25	0.8680	1	25	1.3941	1	liquid	1
3613	C4H9Cl	2-chloro-2-methylpropane	507-20-0	92.568	247.75	1	323.75	1	25	0.8360	1	25	1.3828	1	liquid	1
3614	C4H9Cl	2-chlorobutane	53178-20-4	92.568	141.85	1	341.35	1	20	0.8732	1	20	1.3971	1	liquid	1
3615	C4H9ClHg	n-butylmercuric chloride	543-63-5	293.158	401.70	1	---	---	---	---	---	---	---	---	solid	1
3616	C4H9ClO	tert-butyl hypochlorite	507-40-4	108.567	---	---	350.65	1	18	0.9583	1	20	1.4030	1	---	---
3617	C4H9ClO	1-chloro-2-butanol	1873-25-2	108.567	---	---	414.15	1	25	1.0680	1	20	1.4400	1	---	---
3618	C4H9ClO	2-chloro-1-butanol	26106-95-6	108.567	---	---	388.26	2	25	1.0620	1	20	1.4438	1	---	---
3619	C4H9ClO	3-chloro-1-butanol	---	108.567	---	---	413.00	2	20	1.0883	1	20	1.4518	1	---	---
3620	C4H9ClO	3-chloro-2-butanol	563-84-8	108.567	---	---	412.15	1	20	1.0669	1	20	1.4432	1	---	---
3621	C4H9ClO	4-chloro-1-butanol	928-51-8	108.567	---	---	388.26	2	20	1.0883	1	20	1.4518	1	---	---
3622	C4H9ClO	4-chloro-2-butanol	2203-34-1	108.567	---	---	388.26	2	21	1.0315	2	20	1.4408	1	---	---
3623	C4H9ClO	1-chloro-2-methyl-2-propanol	558-42-9	108.567	253.15	1	401.65	1	20	1.0628	1	24	1.4380	1	liquid	1
3624	C4H9ClO	1-chloro-1-ethoxyethane	7081-78-9	108.567	---	---	366.65	1	20	0.9655	1	20	1.4053	1	---	---
3625	C4H9ClO	2-chloro-2-methyl-1-propanol	558-38-3	108.567	301.65	1	405.15	dec	20	1.0472	1	20	1.4388	1	solid	1
3626	C4H9ClO	2-chloroethyl ethyl ether	628-34-2	108.567	---	---	380.65	1	20	0.9895	1	20	1.4113	1	---	---
3627	C4H9ClO	3-chloro-2-methyl-1-propanol	10317-10-9	108.567	---	---	388.26	2	25	1.0830	1	25	1.4460	1	---	---
3628	C4H9ClO	1-(chloromethoxy)propane	3587-57-3	108.567	---	---	382.15	1	20	0.9884	1	20	1.4125	1	---	---
3629	C4H9ClO	1-chloro-2-methoxypropane	5390-72-7	108.567	---	---	376.65	1	20	1.0090	1	20	1.4137	1	---	---
3630	C4H9ClO	1-chloro-3-methoxypropane	36215-07-3	108.567	---	---	384.15	1	20	1.0013	1	20	1.4131	1	---	---
3631	C4H9ClO	2-chloro-1-methoxypropane	5390-71-6	108.567	---	---	372.15	1	20	0.9946	1	20	1.4075	1	---	---
3632	C4H9ClOS	2-chloroethyl-2-hydroxyethyl sulfide	693-30-1	140.633	---	---	244.15	1	25	1.1256	2	---	---	---	gas	1
3633	C4H9ClO2	2-chloro-1,1-dimethoxyethane	97-97-2	124.567	---	---	400.65	1	20	1.0680	1	20	1.4150	1	---	---
3634	C4H9ClO2	2-(2-chloroethoxy)ethanol	628-89-7	124.567	---	---	453.15	1	25	1.1800	1	20	1.4529	1	---	---
3635	C4H9ClO2	3-chloro-2-methyl-1,2-propanediol	597-33-1	124.567	---	---	---	---	20	1.2362	1	20	1.4748	1	---	---
3636	C4H9ClO2	mem chloride	3970-21-6	124.567	---	---	---	---	25	1.0900	1	---	1.4270	1	---	---
3637	C4H9ClO2S	2-methyl-1-propanesulfonyl chloride	35432-36-1	156.633	---	---	463.15	1	20	1.2014	1	25	1.4520	1	---	---
3638	C4H9ClO2S	1-butanesulfonyl chloride	2386-60-9	156.633	---	---	---	---	25	1.2040	1	---	1.4550	1	---	---
3639	C4H9ClO6	2-(2-hydroxyethoxy)ethyl perchlorate	---	188.564	---	---	---	---	25	1.3718	2	---	---	---	---	---
3640	C4H9ClS	1-chloro-3-(methylthio)propane	13012-59-4	124.634	---	---	---	---	20	1.0850	1	20	1.4833	1	---	---
3641	C4H9ClS	2-chloro-1-(methylthio)propane	19987-13-4	124.634	---	---	---	---	20	1.0770	1	20	1.4905	1	---	---
3642	C4H9ClS	2-chloroethyl ethyl sulfide	693-07-2	124.634	---	---	429.70	1	25	1.0700	1	---	1.4890	1	---	---
3643	C4H9ClSi	chlorovinyldimethylsilane	1719-58-0	120.653	---	---	356.65	1	20	0.8744	1	20	1.4141	1	---	---
3644	C4H9ClSi	1-chloro-1-methylsilacyclobutane	2351-34-0	120.653	---	---	376.15	1	25	0.9850	1	---	1.4500	1	---	---
3645	C4H9Cl2N	bis-b-chloroethylamine	334-22-5	142.027	---	---	---	---	25	1.1344	2	---	---	---	---	---
3646	C4H9Cl2O3P	bis(2-chloroethyl)phosphite	1070-42-4	206.993	---	---	---	---	---	---	---	---	---	---	---	---
3647	C4H9Cl2OP	butylphosphonic dichloride	2302-80-9	174.994	---	---	---	---	25	1.2400	1	---	1.4660	1	---	---
3648	C4H9Cl2OP	tert-butylphosphonic dichloride	4707-95-3	174.994	395.15	1	---	---	---	---	---	---	---	---	solid	1
3649	C4H9Cl2P	tert-butyldichlorophosphine	25979-07-1	158.994	319.65	1	419.15	1	---	---	---	---	---	---	solid	1
3650	C4H9Cl3Ge	butyltrichlorogermane	4872-26-8	236.083	---	---	---	---	---	---	---	---	---	---	---	---
3651	C4H9Cl3Si	butyltrichlorosilane	7521-80-4	191.558	---	---	421.65	1	20	1.1606	1	20	1.4363	1	---	---
3652	C4H9Cl3Si	trichloroisobutylsilane	18169-57-8	191.558	---	---	416.45	1	20	1.1540	1	---	---	---	---	---
3653	C4H9Cl3Si	tert-butyltrichlorosilane	18171-74-9	191.558	371.65	1	410.15	1	22	1.1805	2	---	---	---	solid	1
3654	C4H9Cl3Si	dichloro(3-chloropropyl)methylsilane	7787-93-1	191.558	---	---	---	---	25	1.2270	1	---	1.4620	1	---	---
3655	C4H9Cl3Sn	butyltin trichloride	1118-46-3	282.183	210.25	1	375.15	1	---	---	---	---	1.5230	1	liquid	1
3656	C4H9D	2-methylpropane-2-d	13183-68-1	59.129	113.60	1	261.14	1	---	---	---	---	---	---	gas	1
3657	C4H9F	1-fluorobutane	2366-52-1	76.114	139.15	1	305.65	1	25	0.7727	1	25	1.3376	1	liquid	1
3658	C4H9F	2-fluorobutane	359-01-3	76.114	151.75	1	298.25	1	25	0.7560	1	25	1.3300	1	liquid	1
3659	C4H9F	1-fluoro-2-methylpropane	359-00-2	76.114	151.49	2	289.15	1	25	0.7500	1	25	1.3200	1	gas	1
3660	C4H9F	2-fluoro-2-methylpropane	353-61-7	76.114	196.15	1	285.25	1	25	0.7352	1	25	1.3174	1	gas	1
3661	C4H9FN2O2	N-fluoro-n-butylnitramine	14233-86-4	136.127	---	---	---	---	25	1.1717	2	---	---	---	---	---
3662	C4H9FO	4-fluoro-1-butanol	372-93-0	92.113	---	---	---	---	25	0.9025	2	15	1.3942	1	---	---
3663	C4H9F2P	tert-butyldifluorophosphine	29149-32-4	126.086	---	---	---	---	---	---	---	---	---	---	---	---
3664	C4H9F3O3SSi	trimethylsilyl trifluoromethanesulfonate	27607-77-8	222.260	298.15	1	413.55	1	25	1.1890	1	---	1.3610	1	---	---
3665	C4H9F3Si	trimethyl(trifluoromethyl)silane	81290-20-2	142.196	---	---	328.15	1	25	0.9620	1	---	---	---	---	---
3666	C4H9I	1-iodobutane	542-69-8	184.020	170.15	1	403.68	1	25	1.6072	1	25	1.4973	1	liquid	1
3667	C4H9I	2-iodobutane	513-48-4	184.020	169.15	1	393.15	1	25	1.5893	1	25	1.4975	1	liquid	1
3668	C4H9I	1-iodo-2-methylpropane	513-38-2	184.020	182.45	1	393.55	1	25	1.5952	1	25	1.4935	1	liquid	1
3669	C4H9I	2-iodo-2-methylpropane	558-17-8	184.020	234.96	1	373.16	1	25	1.5360	1	25	1.4890	1	liquid	1
3670	C4H9I	2-iodobutane, (±)	52152-71-3	184.020	168.95	1	393.25	1	20	1.5920	1	20	1.4991	1	liquid	1
3671	C4H9KO	potassium tert-butoxide	865-47-4	112.213	513.15	1	---	---	---	---	---	---	---	---	solid	1
3672	C4H9Li	n-butyl lithium	109-72-8	64.056	187.75	1	---	---	25	0.7225	1	---	---	---	---	---
3673	C4H9Li	tert-butyl lithium	594-19-4	64.056	---	---	---	---	---	---	---	---	---	---	---	---
3674	C4H9LiN2	lithium acetylide–ethylenediamine complex	6867-30-7	92.070	349.15	1	384.15	1	---	---	---	---	---	---	solid	1
3675	C4H9N	pyrrolidine	123-75-1	71.122	215.31	1	359.72	1	25	0.8600	1	25	1.4402	1	liquid	1
3676	C4H9N	cyclobutanamine	2516-34-9	71.122	---	---	355.15	1	20	0.8328	1	19	1.4363	1	---	---
3677	C4H9N	N-methyl-2-propen-1-amine	627-37-2	71.122	---	---	337.15	1	24	0.8232	2	20	1.4065	1	---	---
3678	C4H9N	cyclopropanemethylamine	2516-47-4	71.122	---	---	358.15	1	25	0.8200	1	---	1.4340	1	---	---
3679	C4H9N	2-methylallylamine	2878-14-0	71.122	---	---	351.15	1	25	0.7800	1	---	---	---	---	---
3680	C4H9N	2-ethylaziridine	2549-67-9	71.122	---	---	---	---	24	0.8232	2	---	---	---	---	---

Table 1 Physical Properties - Organic Compounds

NO	FORMULA	NAME	CAS No	Mol Wt g/mol	Freezing Point T_F, K	code	Boiling Point T_B, K	code	Density T, C	g/cm3	code	Refractive Index T, C	n_D	code	State @25C,1 atm	code
3681	C4H9NO	N,N-dimethylacetamide	127-19-5	87.122	253.15	1	439.25	1	25	0.9370	1	25	1.4356	1	liquid	1
3682	C4H9NO	morpholine	110-91-8	87.122	268.55	1	401.15	1	25	0.9960	1	25	1.4521	1	liquid	1
3683	C4H9NO	1-aziridineethanol	1072-52-2	87.122	---	---	441.15	1	25	1.0880	1	20	1.4560	1	---	---
3684	C4H9NO	butanal oxime	110-69-0	87.122	243.65	1	427.15	1	20	0.9230	1	---	---	---	liquid	1
3685	C4H9NO	butanamide	541-35-5	87.122	387.95	1	489.15	1	120	0.8850	1	130	1.4087	1	solid	1
3686	C4H9NO	2-butanone oxime	96-29-7	87.122	243.65	1	425.65	1	20	0.9232	1	20	1.4410	1	liquid	1
3687	C4H9NO	N-ethylacetamide	625-50-3	87.122	---	---	478.15	1	4	0.9420	1	20	1.4338	1	---	---
3688	C4H9NO	N-methylpropanamide	1187-58-2	87.122	242.25	1	421.15	1	25	0.9305	1	25	1.4345	1	liquid	1
3689	C4H9NO	2-methylpropanamide	563-83-7	87.122	402.15	1	490.15	1	20	1.0130	1	---	---	---	solid	1
3690	C4H9NO	(S)-3-pyrrolidinol	100243-39-8	87.122	---	---	---	---	25	1.0480	1	---	1.4875	1	---	---
3691	C4H9NO	(R)-(+)-3-pyrrolidinol	2799-21-5	87.122	---	---	---	---	25	1.0480	1	---	1.4880	1	---	---
3692	C4H9NO	3-pyrrolidinol	40499-83-0	87.122	---	---	---	---	25	1.0480	1	---	1.4900	1	---	---
3693	C4H9NO	isobutyraldehyde, oxime	151-00-8	87.122	---	---	---	---	30	0.9818	2	---	---	---	---	---
3694	C4H9NOS	N-acetylcysteamine	1190-73-4	119.188	279.65	1	---	---	25	1.1210	1	---	1.5110	1	---	---
3695	C4H9NOSi	trimethylsilyl isocyanate	1118-02-1	115.207	---	---	364.15	1	25	0.8510	1	---	1.3960	1	---	---
3696	C4H9NOSn	trimethyltin cyanate	73940-86-0	205.832	---	---	---	---	---	---	---	---	---	---	---	---
3697	C4H9NO2	1-nitrobutane	627-05-4	103.121	191.82	1	425.92	1	25	0.9680	1	25	1.4080	1	liquid	1
3698	C4H9NO2	2-nitrobutane	600-24-8	103.121	141.16	1	412.85	1	25	0.9780	1	25	1.4019	1	liquid	1
3699	C4H9NO2	1-nitro-2-methylpropane	625-74-1	103.121	196.30	1	414.87	1	25	0.9585	1	25	1.4044	1	liquid	1
3700	C4H9NO2	2-nitro-2-methylpropane	594-70-7	103.121	299.38	1	400.31	1	28	0.9501	1	20	1.4015	1	solid	1
3701	C4H9NO2	N-acetylethanolamine	142-26-7	103.121	336.65	1	395.68	2	25	1.1079	1	20	1.4674	1	solid	1
3702	C4H9NO2	DL-2-aminobutanoic acid	2835-81-6	103.121	577.15	dec	---	---	20	1.2300	1	---	---	---	solid	1
3703	C4H9NO2	DL-3-aminobutanoic acid	2835-82-7	103.121	467.45	1	---	---	25	0.9809	2	---	---	---	solid	1
3704	C4H9NO2	4-aminobutanoic acid	56-12-2	103.121	476.15	dec	---	---	25	0.9809	2	---	---	---	solid	1
3705	C4H9NO2	l-3-amino-2-methylpropanoic acid	144-90-1	103.121	---	---	---	---	25	0.9809	2	---	---	---	---	---
3706	C4H9NO2	butyl nitrite	544-16-1	103.121	---	---	351.15	1	25	0.9114	1	20	1.3762	1	---	---
3707	C4H9NO2	tert-butyl nitrite	540-80-7	103.121	---	---	336.15	1	20	0.8670	1	20	1.3680	1	---	---
3708	C4H9NO2	sec-butyl nitrite	924-43-6	103.121	---	---	341.65	1	20	0.8726	1	20	1.3710	1	---	---
3709	C4H9NO2	N,N-dimethylglycine	1118-68-9	103.121	458.65	1	---	---	25	0.9809	2	---	---	---	solid	1
3710	C4H9NO2	ethyl 2-aminoacetate	459-73-4	103.121	---	---	422.15	1	10	1.0275	1	10	1.4242	1	---	---
3711	C4H9NO2	ethyl-N-methyl carbamate	105-40-8	103.121	---	---	443.15	1	25	1.0115	1	25	1.4183	1	---	---
3712	C4H9NO2	isobutyl nitrite	542-56-3	103.121	---	---	340.15	1	22	0.8699	1	22	1.3715	1	---	---
3713	C4H9NO2	isopropyl carbamate	1746-77-6	103.121	366.15	1	456.15	1	66	0.9951	1	---	---	---	solid	1
3714	C4H9NO2	2-methylalanine	62-57-7	103.121	608.15	1	---	---	25	0.9809	2	---	---	---	solid	1
3715	C4H9NO2	2-nitrobutane, (±)	116781-85-2	103.121	141.15	1	413.15	1	17	0.9854	1	20	1.4044	1	liquid	1
3716	C4H9NO2	propyl carbamate	627-12-3	103.121	333.15	1	469.15	1	25	0.9809	2	---	---	---	solid	1
3717	C4H9NO2	L(+)-2-aminobutyric acid	1492-24-6	103.121	>573.15	1	---	---	25	0.9809	2	---	---	---	solid	1
3718	C4H9NO2	D(-)-2-aminobutyric acid	2623-91-8	103.121	>573.15	1	---	---	25	0.9809	2	---	---	---	solid	1
3719	C4H9NO2	ethyl acetohydroxamate	10576-12-2	103.121	299.65	1	395.68	2	25	0.9809	2	---	1.4340	1	solid	1
3720	C4H9NO2	(S)-(-)-2-methoxypropionamide	---	103.121	---	---	354.15	1	25	0.9809	2	---	---	---	---	---
3721	C4H9NO2	(R)-(+)-2-methoxypropionamide	---	103.121	---	---	354.15	1	25	0.9809	2	---	---	---	---	---
3722	C4H9NO2	DL-beta-aminoisobutyric acid	10569-72-9	103.121	452.15	1	---	---	25	0.9809	2	---	---	---	solid	1
3723	C4H9NO2S	DL-homocysteine	454-29-5	135.187	545.15	dec	---	---	25	1.1494	2	---	---	---	solid	1
3724	C4H9NO2S	L-homocysteine	6027-13-0	135.187	505.15	1	---	---	25	1.1494	2	---	---	---	solid	1
3725	C4H9NO2S	S-methyl-L-cysteine	1187-84-4	135.187	---	---	---	---	25	1.1494	2	---	---	---	---	---
3726	C4H9NO2Se	Se-methylseleno-L-cysteine	26046-90-2	182.081	---	---	---	---	---	---	---	---	---	---	---	---
3727	C4H9NO3	3-amino-4-hydroxybutanoic acid	589-44-6	119.121	489.15	1	---	---	23	1.0765	2	---	---	---	solid	1
3728	C4H9NO3	butyl nitrate	928-45-0	119.121	223.16	2	406.15	1	30	1.0228	1	23	1.4013	1	liquid	1
3729	C4H9NO3	sec-butyl nitrate	924-52-7	119.121	223.16	2	397.15	1	20	1.0264	1	20	1.4015	1	liquid	1
3730	C4H9NO3	L-homoserine	672-15-1	119.121	476.15	dec	---	---	23	1.0765	2	---	---	---	solid	1
3731	C4H9NO3	isobutyl nitrate	543-29-3	119.121	---	---	396.55	1	20	1.0152	1	20	1.4028	1	---	---
3732	C4H9NO3	2-methyl-2-nitro-1-propanol	76-39-1	119.121	362.65	1	419.25	2	23	1.0765	2	---	---	---	solid	1
3733	C4H9NO3	2-nitro-1-butanol	609-31-4	119.121	226.15	1	419.25	2	20	1.1332	1	20	1.4390	1	liquid	2
3734	C4H9NO3	1-nitro-2-butanol	3156-74-9	119.121	294.40	2	477.15	1	20	1.1353	1	20	1.4435	1	liquid	2
3735	C4H9NO3	3-nitro-2-butanol	6270-16-2	119.121	294.40	2	419.25	2	20	1.1260	1	20	1.4414	1	liquid	2
3736	C4H9NO3	DL-threonine	80-68-2	119.121	507.65	dec	---	---	23	1.0765	2	---	---	---	solid	1
3737	C4H9NO3	L-threonine	72-19-5	119.121	529.15	dec	---	---	23	1.0765	2	---	---	---	solid	1
3738	C4H9NO3	DL-allo-threonine		119.121	529.15	1	---	---	23	1.0765	2	---	---	---	solid	1
3739	C4H9NO3	D(-)-allo-threonine	24830-94-2	119.121	549.15	1	---	---	23	1.0765	2	---	---	---	solid	1
3740	C4H9NO3	L(+)-allo-threonine	28954-12-3	119.121	529.15	1	---	---	23	1.0765	2	---	---	---	solid	1
3741	C4H9NO3	(S)-(-)-4-amino-2-hydroxybutyric acid	40371-51-5	119.121	474.65	1	---	---	23	1.0765	2	---	---	---	solid	1
3742	C4H9NO3	DL-4-amino-3-hydroxybutyric acid	924-49-2	119.121	475.15	1	---	---	23	1.0765	2	---	---	---	solid	1
3743	C4H9NO3	(S)-2-amino-3-methoxypropanoic acid	32620-11-4	119.121	485.65	1	---	---	23	1.0765	2	---	---	---	solid	1
3744	C4H9NO3	(S)-(+)-2-amino-2-methyl-3-hydroxypropan	16820-18-1	119.121	560.15	1	---	---	23	1.0765	2	---	---	---	solid	1
3745	C4H9NO3	(R)-(-)-2-amino-2-methyl-3-hydroxypropanc	81132-44-7	119.121	560.15	1	---	---	23	1.0765	2	---	---	---	solid	1
3746	C4H9NO3	DL-homoserine	1927-25-9	119.121	461.65	1	---	---	23	1.0765	2	---	---	---	solid	1
3747	C4H9NO3	D-threonine	632-20-2	119.121	547.15	1	---	---	23	1.0765	2	---	---	---	solid	1
3748	C4H9NO3	methoxyethyl carbamate	1616-88-2	119.121	---	---	419.25	2	23	1.0765	2	---	---	---	---	---
3749	C4H9NO4	2-methyl-2-nitro-1,3-propanediol	77-49-6	135.120	423.25	1	---	---	25	1.1928	2	---	---	---	solid	1
3750	C4H9NO5	ammonium hydrogen malate	5972-71-4	151.119	433.65	1	---	---	25	1.1500	1	---	---	---	solid	1
3751	C4H9NO5	2-(hydroxymethyl)-2-nitro-1,3-propanediol	126-11-4	151.119	438.15	1	---	---	25	1.2710	2	---	---	---	solid	1
3752	C4H9NO5S	DL-homocysteic acid	504-33-6	183.185	546.15	1	---	---	25	1.3624	2	---	---	---	solid	1
3753	C4H9NO6	ammonium hydrogen tartrate	3095-65-6	167.119	---	---	---	---	25	1.6800	1	---	---	---	---	---
3754	C4H9NS	thiomorpholine	123-90-0	103.188	---	---	448.15	1	20	1.0882	1	20	1.5386	1	---	---
3755	C4H9NS	N,N-dimethylthioacetamide	631-67-4	103.188	345.15	1	---	---	25	0.9700	2	---	---	---	solid	1
3756	C4H9NS	2-methylthiazolidine	24050-16-6	103.188	---	---	---	---	25	0.9700	2	---	---	---	---	---
3757	C4H9NSSi	trimethylsilyl isothiocyanate	2290-65-5	131.273	240.45	1	416.15	1	25	0.9310	1	---	1.4820	1	liquid	1
3758	C4H9NSSn	isothiocyanatotrimethyltin	15597-43-0	221.898	381.65	1	446.15	extrap	---	---	---	---	---	---	solid	1
3759	C4H9NSSn	trimethyltin thiocyanate	4638-25-9	221.898	---	---	---	---	---	---	---	---	---	---	---	---
3760	C4H9NS2	dihydro-5-methyl-4H-1,3,5-dithiazine	6302-94-9	135.254	338.15	1	458.15	1	25	1.1092	2	---	---	---	solid	1

49

Table 1 Physical Properties - Organic Compounds

				Mol Wt	Freezing Point		Boiling Point		Density			Refractive Index			State	
NO	FORMULA	NAME	CAS No	g/mol	T_F, K	code	T_B, K	code	T, C	g/cm3	code	T, C	n_D	code	@25C,1 atm	code
3761	C4H9NSi	trimethylsilyl cyanide	7677-24-9	99.207	284.65	1	389.65	1	25	0.7440	1	---	1.3920	1	liquid	1
3762	C4H9N3O	acetone semicarbazone	110-20-3	115.136	467.65	dec	321.15	1	25	1.0973	2	---	---	---	solid	1
3763	C4H9N3O	mononitrosopiperazine	5632-47-3	115.136	---	---	247.15	1	25	1.0973	2	---	---	---	gas	1
3764	C4H9N3O2	creatine	57-00-1	131.135	576.15	dec	---	---	25	1.3300	1	---	---	---	solid	1
3765	C4H9N3O2	N-methyl-N-acetylaminomethylnitrosamine	59665-11-1	131.135	---	---	---	---	25	1.1863	2	---	---	---	---	---
3766	C4H9N3O2	1-nitroso-1-ethyl-3-methylurea	72479-23-3	131.135	---	---	---	---	25	1.1863	2	---	---	---	---	---
3767	C4H9N3O2	nitrosoisopropylurea	16830-14-1	131.135	---	---	---	---	25	1.1863	2	---	---	---	---	---
3768	C4H9N3O2	1-nitroso-1-methyl-3-ethylurea	72479-13-1	131.135	---	---	---	---	25	1.1863	2	---	---	---	---	---
3769	C4H9N3O2	N-nitroso-N-propylurea	816-57-9	131.135	---	---	275.15	1	25	1.1863	2	---	---	---	gas	1
3770	C4H9N3O2	1,1,3-trimethyl-3-nitrosourea	3475-63-6	131.135	---	---	---	---	25	1.1863	2	---	---	---	---	---
3771	C4H9N3O3	albizziin	1483-07-4	147.135	493.65	1	---	---	25	1.2667	2	---	---	---	solid	1
3772	C4H9N3O3	nitroso-3-hydroxypropylurea	71752-70-0	147.135	---	---	---	---	25	1.2667	2	---	---	---	---	---
3773	C4H9N3O3	nitrosoisopropanolurea	71752-69-7	147.135	---	---	314.35	1	25	1.2667	2	---	---	---	---	---
3774	C4H9N3O3	1-nitrosomethoxyethylurea	108278-70-2	147.135	---	---	---	---	25	1.2667	2	---	---	---	---	---
3775	C4H9N3O5	2-(ethylnitroamino)ethanol nitrate (ester)	85068-73-1	179.133	---	---	---	---	25	1.4062	2	---	---	---	---	---
3776	C4H9N3S	4-allylthiosemicarbazide	3766-55-0	131.202	367.65	1	---	---	25	1.1421	2	---	---	---	solid	1
3777	C4H9N3S	2-(1-methylethylidene)hydrazinecarbothioa	1752-30-3	131.202	---	---	---	---	25	1.1421	2	---	---	---	---	---
3778	C4H9N3S	tetrahydro-5-methyl-1,3,5-triazine-2(1H)-th	6746-27-6	131.202	---	---	---	---	25	1.1421	2	---	---	---	---	---
3779	C4H9N5O3	3-nitro-1-nitroso-1-propylguanidine	13010-07-6	175.149	---	---	---	---	25	1.4051	2	---	---	---	---	---
3780	C4H9N5O3	3-nitroso-1-nitro-1-propylguanidine	71598-10-2	175.149	---	---	---	---	25	1.4051	2	---	---	---	---	---
3781	C4H9NaO	sodium tert-butoxide	865-48-5	96.105	453.15	1	---	---	---	---	---	---	---	---	solid	1
3782	C4H9NaO3S	1-butanesulfonic acid, sodium salt	2386-54-1	160.169	>573.15	1	---	---	---	---	---	---	---	---	solid	1
3783	C4H10	butane	106-97-8	58.123	134.86	1	272.65	1	25	0.5730	1	25	1.3292	1	gas	1
3784	C4H10	isobutane	75-28-5	58.123	113.54	1	261.43	1	25	0.5520	1	-25	1.3514	1	gas	1
3785	C4H10AlBr	diethylaluminum bromide	760-19-0	165.009	---	---	---	---	---	---	---	---	---	---	---	---
3786	C4H10AlCl	diethylaluminum chloride	96-10-6	120.558	---	---	481.15	1	25	0.9610	1	---	---	---	---	---
3787	C4H10AlI	diethylaluminium iodide	2040-00-8	212.010	216.25	1	---	---	---	---	---	---	---	---	---	---
3788	C4H10AuBr	diethyl gold bromide	26645-10-3	334.994	---	---	332.65	1	---	---	---	---	---	---	---	---
3789	C4H10BCl	chlorodiethylborane	5314-83-0	104.387	188.65	1	351.65	1	---	---	---	---	---	---	liquid	1
3790	C4H10BF3O	boron trifluoride etherate	109-63-7	141.929	212.75	1	398.65	1	25	1.1250	1	20	1.3480	1	liquid	1
3791	C4H10Be	diethylberyllium	542-63-2	67.136	285.15	1	---	---	---	---	---	---	---	---	---	---
3792	C4H10BiCl	diethylbismuth chloride	65313-34-0	302.556	---	---	401.95	1	---	---	---	---	---	---	---	---
3793	C4H10Cd	diethylcadmium	592-02-9	170.534	---	---	---	---	---	---	---	---	---	---	---	---
3794	C4H10CdO6	cadmium acetate dihydrate	5743-04-4	266.531	403.15	dec	---	---	25	2.0100	1	---	---	---	solid	1
3795	C4H10ClN	N-(2-chloroethyl)dimethylamine	107-99-3	107.583	---	---	450.65	1	25	0.9562	2	---	---	---	---	---
3796	C4H10ClNO	2-butanone oxime hydrochloride	4154-69-2	123.582	---	---	347.15	1	25	1.0462	2	---	---	---	---	---
3797	C4H10ClNO2S	methyl L-cysteine hydrochloride	18598-63-5	171.648	413.65	1	---	---	25	1.2321	2	---	---	---	solid	1
3798	C4H10ClNO5	morpholinium perchlorate	35175-75-8	187.580	---	---	235.45	1	25	1.3342	2	---	---	---	gas	1
3799	C4H10ClOP	diethylphosphinic chloride	1112-37-4	140.549	284.15	1	---	---	20	1.1394	1	20	1.4647	1	---	---
3800	C4H10ClO2P	diethyl chlorophosphite	589-57-1	156.549	298.15	1	427.15	1	25	1.0860	1	---	1.4340	1	---	---
3801	C4H10ClP	chloro(diethyl)phosphine	686-69-1	124.550	---	---	404.65	1	25	1.0230	1	---	1.4750	1	---	---
3802	C4H10Cl2Ge	diethylgermanium dichloride	13314-52-8	201.638	---	---	448.15	1	25	1.3720	1	---	1.4710	1	---	---
3803	C4H10Cl2NP	diethylphosphoramidous dichloride	1069-08-5	174.009	---	---	452.15	1	25	1.1930	1	---	1.4970	1	---	---
3804	C4H10ClO2PS	O,O'-diethyl chlorothiophosphate	2524-04-1	188.615	<198.25	1	318.15	1	25	1.2010	1	---	1.4720	1	liquid	1
3805	C4H10ClO3P	diethyl chlorophosphonate	814-49-3	172.548	---	---	366.65	1	19	1.2050	1	20	1.4170	1	---	---
3806	C4H10ClO3P	(2-chloroethyl)phosphonic acid monoethyl	23510-39-6	172.548	---	---	---	---	---	---	---	---	---	---	---	---
3807	C4H10ClO4Tl	diethyl thallium perchlorate	22392-07-0	361.957	---	---	---	---	---	---	---	---	---	---	---	---
3808	C4H10Cl2O2Si	dichlorodiethoxysilane	4667-38-3	189.112	143.15	1	409.05	1	20	1.1290	1	---	---	---	liquid	1
3809	C4H10Cl2Si	dichlorodiethylsilane	1719-53-5	157.113	176.65	1	402.15	dec	20	1.0504	1	20	1.4309	1	liquid	1
3810	C4H10Cl2Si	dichloromethylisopropylsilane	18236-89-0	157.113	---	---	394.65	1	20	1.0385	1	20	1.4270	1	---	---
3811	C4H10Cl2Si	bis(chloromethyl)dimethylsilane	2917-46-6	157.113	---	---	434.15	1	25	1.0750	1	---	1.4590	1	---	---
3812	C4H10Cl2Si	(dichloromethyl)trimethylsilane	5926-38-5	157.113	---	---	407.15	1	25	1.0400	1	---	1.4460	1	---	---
3813	C4H10Cl2Sn	dichlorodiethylstannane	866-55-7	247.738	358.15	1	---	---	---	---	---	---	---	---	solid	1
3814	C4H10Cl4MoO2	molybdenum tetrachloride dimethoxyethan	134535-29-8	327.872	447.15	1	---	---	---	---	---	---	---	---	solid	1
3815	C4H10Cl4Si2	1,2-bis(dichloromethylsilyl)ethane	3353-69-3	256.103	307.15	1	482.15	1	25	1.2630	1	---	1.4760	1	solid	1
3816	C4H10CuO9	copper(ii) tartrate trihydrate	815-82-7	265.664	---	---	---	---	---	---	---	---	---	---	---	---
3817	C4H10FO2P	sarin	107-44-8	140.095	215.75	1	420.15	1	25	1.1000	1	---	---	---	liquid	1
3818	C4H10FO3P	diethyl fluorophosphate	358-74-7	156.094	---	---	---	---	---	---	---	---	---	---	---	---
3819	C4H10F2Si	diethyldifluorosilane	358-06-5	124.205	194.45	1	334.15	1	20	0.9348	1	20	1.3385	1	liquid	1
3820	C4H10F3NS	diethylaminosulfur trifluoride	38078-09-0	161.192	---	---	---	---	25	1.3160	1	---	1.4130	1	---	---
3821	C4H10Hg	diethyl mercury	627-44-1	258.713	181.45	1	432.15	1	20	2.4300	1	---	---	---	liquid	1
3822	C4H10HgO2S	methylmercury propanediolmercaptide	2597-95-7	322.778	---	---	385.65	1	---	---	---	---	---	---	---	---
3823	C4H10I2Sn	diethyldiiodostannane	2767-55-7	430.642	317.15	1	---	---	---	---	---	---	---	---	solid	1
3824	C4H10LiN	lithium diethyl amide	816-43-3	79.071	---	---	---	---	---	---	---	---	---	---	---	---
3825	C4H10Mg	diethyl magnesium	557-18-6	82.428	449.15	dec	345.55	1	---	---	---	---	---	---	solid	1
3826	C4H10NO3PS	acephate	30560-19-1	183.169	361.15	1	---	---	20	1.3500	1	---	---	---	solid	1
3827	C4H10NO5P	DL-2-amino-4-phosphonobutyric acid	20263-07-4	183.101	499.65	1	---	---	---	---	---	---	---	---	solid	1
3828	C4H10NO5P	L(+)-2-amino-4-phosphonobutyric acid	23052-81-5	183.101	484.15	1	---	---	---	---	---	---	---	---	solid	1
3829	C4H10NO5P	D(-)-2-amino-4-phosphonobutyric acid	78739-01-2	183.101	---	---	---	---	---	---	---	---	---	---	---	---
3830	C4H10N2	piperazine	110-85-0	86.137	379.15	1	419.15	1	25	0.8651	2	113	1.4460	1	solid	1
3831	C4H10N2	diethyldiazene	821-14-7	86.137	---	---	331.50	1	25	0.8651	2	---	---	---	---	---
3832	C4H10N2O	N-(2-aminoethyl)acetamide	1001-53-2	102.137	324.15	1	---	---	22	1.0637	2	---	---	---	solid	1
3833	C4H10N2O	butanohydrazide	3538-65-6	102.137	318.65	1	---	---	22	1.0637	2	---	---	---	solid	1
3834	C4H10N2O	4-morpholinamine	4319-49-7	102.137	---	---	439.15	1	25	1.0590	1	20	1.4772	1	---	---
3835	C4H10N2O	N-nitrosodiethylamine	55-18-5	102.137	---	---	450.05	1	20	0.9422	1	20	1.4386	1	---	---
3836	C4H10N2O	trimethylurea	632-14-4	102.137	348.65	1	505.65	1	20	1.1900	1	---	---	---	solid	1
3837	C4H10N2O	diazene, diethyl-, 1-oxide	16301-26-1	102.137	---	---	319.00	1	22	1.0637	2	---	---	---	---	---
3838	C4H10N2O	isopropylurea(mono)	691-60-1	102.137	427.40	1	---	---	22	1.0637	2	---	---	---	solid	1
3839	C4H10N2O	4-aminobutyramide	3251-08-9	102.137	---	---	---	---	22	1.0637	2	---	---	---	---	---
3840	C4H10N2O	N-methyl-N-nitroso-1-propanamine	924-46-9	102.137	---	---	---	---	22	1.0637	2	---	---	---	---	---

Table 1 Physical Properties - Organic Compounds

				Mol Wt	Freezing Point		Boiling Point		Density			Refractive Index			State	
NO	FORMULA	NAME	CAS No	g/mol	T_F, K	code	T_B, K	code	T, C	g/cm3	code	T, C	n_D	code	@25C,1 atm	code
3841	C4H10N2O	N-nitrosobutylamine	56375-33-8	102.137	---	---	---	---	22	1.0637	2	---	---	---	---	---
3842	C4H10N2O	N-n-propyl-N-formylhydrazine	77337-54-3	102.137	---	---	---	---	22	1.0637	2	---	---	---	---	---
3843	C4H10N2O	1-propylurea	627-06-5	102.137	381.00	1	328.65	1	22	1.0637	2	---	---	---	solid	1
3844	C4H10N2O2	2,4-diaminobutanoic acid	305-62-4	118.136	---	---	---	---	25	1.0662	2	---	---	---	---	---
3845	C4H10N2O2	N-nitrodiethylamine	7119-92-8	118.136	---	---	479.65	1	15	1.0570	1	---	---	---	---	---
3846	C4H10N2O2	DL-a-amino-b-methylaminopropionic acid	17463-44-4	118.136	---	---	---	---	25	1.0662	2	---	---	---	---	---
3847	C4H10N2O2	ethyl-2-hydroxyethylnitrosamine	13147-25-6	118.136	---	---	---	---	25	1.0662	2	---	---	---	---	---
3848	C4H10N2O2	1-methoxy ethyl methylnitrosamine	61738-05-4	118.136	---	---	---	---	25	1.0662	2	---	---	---	---	---
3849	C4H10N2O2	methoxymethyl ethyl nitrosamine	61738-04-3	118.136	---	---	---	---	25	1.0662	2	---	---	---	---	---
3850	C4H10N2O2	nitrosoethoxyethylamine	56235-95-1	118.136	---	---	---	---	25	1.0662	2	---	---	---	---	---
3851	C4H10N2O2	N-nitrosomethyl-(2-hydroxypropyl)amine	75411-83-5	118.136	---	---	---	---	25	1.0662	2	---	---	---	---	---
3852	C4H10N2O2	N-nitrosomethyl-(3-hydroxypropyl)amine	70415-59-7	118.136	---	---	---	---	25	1.0662	2	---	---	---	---	---
3853	C4H10N2O3	N-(hydroperoxymethyl)-N-nitrosopropylami	74955-23-0	134.136	---	---	366.15	1	25	1.1522	2	---	---	---	---	---
3854	C4H10N2O3	nitrosoimino diethanol	1116-54-7	134.136	---	---	---	---	25	1.1522	2	---	---	---	---	---
3855	C4H10N2O4	L-asparagine, monohydrate	5794-13-8	150.135	507.15	1	---	---	15	1.5430	1	---	---	---	solid	1
3856	C4H10N2O5	dimethylol dihydroxyethylene urea	1854-26-8	166.134	---	---	---	---	25	1.3015	2	---	---	---	---	---
3857	C4H10N2O6Pb	diethyl lead dinitrate	17498-10-1	389.334	---	---	387.65	1	---	---	---	---	---	---	---	---
3858	C4H10N2O10Ti	ammonium titanium oxalate monohydrate	10580-03-7	293.998	---	---	---	---	---	---	---	---	---	---	---	---
3859	C4H10N2S	1,1,3-trimethyl-2-thiourea	2489-77-2	118.203	360.65	1	494.35	1	25	1.0267	2	---	---	---	solid	1
3860	C4H10N3O3P	ethyl methyl azidomethyl phosphonate	17982-67-1	179.117	---	---	455.65	1	---	---	---	---	---	---	---	---
3861	C4H10N3PS	dimatif	14465-96-4	163.184	---	---	---	---	---	---	---	---	---	---	---	---
3862	C4H10N4O2	N,N'-dinitroso-N,N'-dimethylethylenediamir	13256-12-7	146.150	---	---	290.15	1	25	1.2251	2	---	---	---	gas	1
3863	C4H10N4O2	1,1'-ethylenediurea	1852-14-8	146.150	---	---	---	---	25	1.2251	2	---	---	---	---	---
3864	C4H10N4O2S	n-butyl amido sulfuryl azide	13449-22-4	178.216	---	---	450.15	1	25	1.3215	2	---	---	---	---	---
3865	C4H10O	butanol	71-36-3	74.123	183.85	1	390.81	1	25	0.8060	1	25	1.3971	1	liquid	1
3866	C4H10O	isobutanol	78-83-1	74.123	165.15	1	380.81	1	25	0.7970	1	25	1.3938	1	liquid	1
3867	C4H10O	sec-butanol	78-92-2	74.123	158.45	1	372.70	1	25	0.8050	1	25	1.3949	1	liquid	1
3868	C4H10O	tert-butanol	75-65-0	74.123	298.97	1	355.57	1	20	0.7887	1	25	1.3852	1	solid	1
3869	C4H10O	diethyl ether	60-29-7	74.123	156.85	1	307.58	1	25	0.7080	1	25	1.3495	1	liquid	1
3870	C4H10O	methyl propyl ether	557-17-5	74.123	133.97	1	312.20	1	25	0.7230	1	25	1.3544	1	liquid	1
3871	C4H10O	methyl isopropyl ether	598-53-8	74.123	127.93	1	303.92	1	25	0.7140	1	25	1.3576	1	liquid	1
3872	C4H10O	(R)-(-)-2-butanol	14898-79-4	74.123	159.25	1	372.65	1	25	0.8040	1	---	1.3970	1	liquid	1
3873	C4H10O	(S)-(+)-2-butanol	4221-99-2	74.123	159.25	1	372.60	1	25	0.8020	1	---	1.3960	1	liquid	1
3874	C4H10O	(<+->)-2-butanol	15892-23-6	74.123	187.49	2	372.00	1	24	0.7720	2	---	---	---	liquid	1
3875	C4H10OS	diethyl sulfoxide	70-29-1	106.189	287.15	1	---	---	22	1.0092	1	---	---	---	---	---
3876	C4H10OS	2-(ethylthio)ethanol	110-77-0	106.189	173.15	1	456.65	1	20	1.0166	1	20	1.4867	1	liquid	1
3877	C4H10OS	4-mercapto-1-butanol	14970-83-3	106.189	---	---	457.15	2	25	1.0300	1	---	1.4960	1	---	---
3878	C4H10OS	3-mercapto-2-butanol, isomers	54812-86-1	106.189	---	---	457.15	2	25	0.9990	1	---	1.4780	1	---	---
3879	C4H10OS	3-(methylthio)-1-propanol	505-10-2	106.189	---	---	457.15	2	25	1.0300	1	---	1.4900	1	---	---
3880	C4H10OS2	2,2'-oxydiethanethiol	2150-02-9	138.255	193.15	1	490.15	1	25	1.1140	1	---	---	---	liquid	1
3881	C4H10O2	t-butyl hydroperoxide	75-91-2	90.122	277.45	1	405.50	1	25	0.8860	1	25	1.3983	1	liquid	1
3882	C4H10O2	1,2-dimethoxyethane	110-71-4	90.122	215.15	1	357.20	1	25	0.8650	1	25	1.3781	1	liquid	1
3883	C4H10O2	2-ethoxyethanol	110-80-5	90.122	214.15	1	408.15	1	25	0.9250	1	25	1.4057	1	liquid	1
3884	C4H10O2	1,2-butanediol	584-03-2	90.122	220.00	2	469.57	1	25	0.9987	1	25	1.4360	1	liquid	1
3885	C4H10O2	1,3-butanediol	107-88-0	90.122	196.15	1	481.38	1	25	1.0020	1	25	1.4390	1	liquid	1
3886	C4H10O2	1,4-butanediol	110-63-4	90.122	293.05	1	501.15	1	25	1.0130	1	25	1.4445	1	liquid	1
3887	C4H10O2	DL-2,3-butanediol	6982-25-8	90.122	280.75	1	453.85	1	25	0.9871	1	25	1.4320	1	liquid	1
3888	C4H10O2	meso-2,3-butanediol	5341-95-7	90.122	225.98	2	452.00	2	25	0.9939	1	25	1.4350	1	liquid	2
3889	C4H10O2	2-methyl-1,2-propanediol	558-43-0	90.122	258.40	2	451.15	1	25	0.9900	1	25	1.4340	1	liquid	1
3890	C4H10O2	1-methyl-1,3-propanediol	---	90.122	240.98	2	487.15	1	24	0.9554	2	25	1.4435	1	liquid	1
3891	C4H10O2	1,2-butanediol, (±)	26171-83-5	90.122	262.76	2	463.65	1	20	1.0024	1	20	1.4378	1	liquid	1
3892	C4H10O2	diethylperoxide	628-37-5	90.122	203.15	1	338.15	1	19	0.8240	1	17	1.3715	1	liquid	1
3893	C4H10O2	dimethylacetal	534-15-6	90.122	159.95	1	337.65	1	20	0.8501	1	20	1.3668	1	liquid	1
3894	C4H10O2	2-methoxy-1-propanol	1589-47-5	90.122	176.35	2	402.65	1	20	0.9380	1	20	1.4070	1	liquid	1
3895	C4H10O2	propylene glycol monomethyl ether	107-98-2	90.122	176.48	2	393.25	1	20	0.9620	1	20	1.4034	1	liquid	1
3896	C4H10O2	(2S,3S)-(+)-2,3-butanediol	19132-06-0	90.122	293.15	1	452.60	1	25	0.9870	1	---	1.4320	1	liquid	1
3897	C4H10O2	(2R,3R)-(-)-2,3-butanediol	24347-58-8	90.122	372.15	1	430.70	2	25	0.9870	1	---	1.4320	1	solid	1
3898	C4H10O2	(S)-(+)-1,3-butanediol	24621-61-2	90.122	262.76	2	430.70	2	25	1.0020	1	---	1.4400	1	liquid	2
3899	C4H10O2	2,3-butanediol	513-85-9	90.122	295.15	1	455.15	1	25	1.0020	1	---	1.4330	1	liquid	1
3900	C4H10O2	(R)-(-)-1,3-butanediol	6290-03-5	90.122	262.76	2	430.70	2	25	1.0020	1	---	1.4350	1	liquid	2
3901	C4H10O2	(S)-(+)-2-methoxypropanol	116422-39-0	90.122	176.35	2	430.70	2	25	0.9380	1	---	1.4070	1	liquid	2
3902	C4H10O2	methoxypropanol	1320-67-8	90.122	176.55	1	393.15	1	25	0.9190	1	---	---	---	liquid	1
3903	C4H10O2	(S)-(+)-1-methoxy-2-propanol	26550-55-0	90.122	176.35	2	430.70	2	25	0.9200	1	---	---	---	liquid	2
3904	C4H10O2	(R)-(-)-1-methoxy-2-propanol	4984-22-9	90.122	176.15	1	430.70	2	25	0.9200	1	---	1.4030	1	liquid	2
3905	C4H10O2	2-methyl-1,3-propanediol	2163-42-0	90.122	182.15	1	487.15	1	25	1.0150	1	---	1.4450	1	liquid	1
3906	C4H10O2	3-methoxy-1-propanol	1589-49-7	90.122	176.35	2	430.70	2	24	0.9554	2	---	---	---	liquid	2
3907	C4H10O2S	bis(2-hydroxyethyl) sulfide	111-48-8	122.188	262.95	1	555.15	1	25	1.1793	1	20	1.5211	1	liquid	1
3908	C4H10O2S	diethyl sulfone	597-35-3	122.188	346.65	1	521.15	1	20	1.3570	1	---	---	---	solid	1
3909	C4H10O2S	diethyl sulfoxylate	10297-38-8	122.188	---	---	391.15	1	20	0.9940	1	20	1.4234	1	---	---
3910	C4H10O2S	3-methylthio-1,2-propanediol	22551-26-4	122.188	---	---	---	---	25	1.1600	1	---	1.5160	1	---	---
3911	C4H10O2S2	dithiodiglycol	1892-29-1	154.254	295.15	1	---	---	25	1.1560	2	---	---	---	---	---
3912	C4H10O2S2	1,4-dithio-L-threitol	16096-97-2	154.254	325.15	1	---	---	25	1.1560	2	---	---	---	solid	1
3913	C4H10O2S2	dithiothreitol	27565-41-9	154.254	313.65	1	---	---	25	1.1560	2	---	---	---	solid	1
3914	C4H10O2S2	2,3-butanediol, 1,4-dimercapto-, (R*,R*)-	3483-12-3	154.254	314.15	1	---	---	25	1.1560	2	---	---	---	solid	1
3915	C4H10O2S2	1,4-dithioerythritol	6892-68-8	154.254	---	---	---	---	25	1.1560	2	---	---	---	---	---
3916	C4H10O2Sn	butyl stannoic acid	2273-43-0	208.832	---	---	387.15	1	---	---	---	---	---	---	---	---
3917	C4H10O2Zn	zinc ethoxide	3851-22-7	155.512	---	---	---	---	---	---	---	---	---	---	---	---
3918	C4H10O3	diethylene glycol	111-46-6	106.122	262.70	1	517.95	1	25	1.1140	1	25	1.4460	1	liquid	1
3919	C4H10O3	1,2,3-butanetriol	4435-50-1	106.122	273.00	2	560.00	2	23	1.1257	2	20	1.4462	1	---	---
3920	C4H10O3	1,2,4-butanetriol	3068-00-6	106.122	274.00	2	545.00	2	20	1.1800	1	20	1.4688	1	---	---

Table 1 Physical Properties - Organic Compounds

				Mol Wt	Freezing Point		Boiling Point		Density			Refractive Index			State	
NO	FORMULA	NAME	CAS No	g/mol	T_F, K	code	T_B, K	code	T, C	g/cm3	code	T, C	n_D	code	@25C,1 atm	code
3921	C4H10O3	2-methoxy-1,3-propanediol	761-06-8	106.122	---	---	505.15	1	25	1.1240	1	12	1.4505	1	---	---
3922	C4H10O3	3-methoxy-1,2-propanediol	623-39-2	106.122	---	---	493.15	1	20	1.1140	1	25	1.4420	1	---	---
3923	C4H10O3	trimethoxymethane	149-73-5	106.122	288.15	1	377.15	1	20	0.9676	1	20	1.3793	1	liquid	1
3924	C4H10O3	(S)-1,2,4-butanetriol	42890-76-6	106.122	---	---	---	---	25	1.1900	1	---	1.4750	1	---	---
3925	C4H10O3	(R)-(+)-1,2,4-butanetriol	70005-88-8	106.122	---	---	---	---	25	1.1900	1	---	1.4710	1	---	---
3926	C4H10O3	1-hydroxy-3-butyl hydroperoxide	---	106.122	---	---	---	---	23	1.1257	2	---	---	---	---	---
3927	C4H10O3	2-(methoxymethoxy)ethanol	4484-61-1	106.122	---	---	---	---	23	1.1257	2	---	---	---	---	---
3928	C4H10O3S	diethyl sulfite	623-81-4	138.188	273.15	2	431.15	1	25	1.0780	1	25	1.4124	1	liquid	1
3929	C4H10O3S	2-(ethylsulfonyl)ethanol	513-12-2	138.188	---	---	---	---	25	1.1315	2	---	---	---	---	---
3930	C4H10O3S	butane-1-sulfonic acid	2386-47-2	138.188	258.05	1	---	---	25	1.1850	1	---	---	---	---	---
3931	C4H10O3S	isopropyl methanesulfonate	926-06-7	138.188	---	---	---	---	25	1.1315	2	---	1.4205	1	---	---
3932	C4H10O3S	diethylsulfonate	1912-30-7	138.188	---	---	---	---	25	1.1315	2	---	---	---	---	---
3933	C4H10O3S	n-propyl methanesulfonate	1912-31-8	138.188	---	---	360.85	1	25	1.1315	2	---	---	---	---	---
3934	C4H10O4	1,2,3,4-butanetetrol	149-32-6	122.121	394.65	1	603.65	1	25	1.4510	1	---	---	---	solid	1
3935	C4H10O4	L(-)-threitol	2319-57-5	122.121	362.65	1	---	---	25	1.0756	2	---	---	---	solid	1
3936	C4H10O4P	acid butyl phosphate	12788-93-1	153.095	---	---	---	---	---	---	---	---	---	---	---	---
3937	C4H10O4S	diethyl sulfate	64-67-5	154.187	248.15	1	482.65	1	25	1.1720	1	20	1.3989	1	liquid	1
3938	C4H10O4S	methyl propyl sulfate	5867-91-4	154.187	241.15	2	483.69	2	25	1.1850	1	25	1.3975	1	liquid	2
3939	C4H10O6S2	1,2-bis(mesyloxy)ethane	4672-49-5	218.252	---	---	---	---	25	1.4000	2	---	---	---	---	---
3940	C4H10O6Zn	zinc acetate dihydrate	5970-45-6	219.510	510.15	dec	---	---	25	1.7350	1	---	---	---	solid	1
3941	C4H10O8Pb3	lead(ii) acetate, basic	1335-32-6	807.719	---	---	---	---	---	---	---	---	---	---	---	---
3942	C4H10S	butyl mercaptan	109-79-5	90.189	157.46	1	371.61	1	25	0.8370	1	25	1.4403	1	liquid	1
3943	C4H10S	isobutyl mercaptan	513-44-0	90.189	128.31	1	361.64	1	25	0.8300	1	25	1.4360	1	liquid	1
3944	C4H10S	sec-butyl mercaptan	513-53-1	90.189	133.02	1	358.13	1	25	0.8250	1	25	1.4339	1	liquid	1
3945	C4H10S	tert-butyl mercaptan	75-66-1	90.189	274.26	1	337.37	1	25	0.7950	1	25	1.4200	1	liquid	1
3946	C4H10S	2-butanethiol	91840-99-2	90.189	108.15	1	358.15	1	20	0.8295	1	20	1.4366	1	liquid	1
3947	C4H10S	diethyl sulfide	352-93-2	90.189	169.20	1	365.25	1	25	0.8320	1	25	1.4402	1	liquid	1
3948	C4H10S	methyl propyl sulfide	3877-15-4	90.189	160.17	1	368.69	1	25	0.8370	1	25	1.4416	1	liquid	1
3949	C4H10S	methyl isopropyl sulfide	1551-21-9	90.189	171.65	1	357.90	1	25	0.8250	1	25	1.4363	1	liquid	1
3950	C4H10S2	diethyl disulfide	110-81-6	122.255	171.63	1	427.13	1	25	0.9880	1	25	1.5047	1	liquid	1
3951	C4H10S2	1,2-bis(methylthio)ethane	6628-18-8	122.255	---	---	455.15	1	20	1.0371	1	20	1.5292	1	---	---
3952	C4H10S2	1,4-butanedithiol	1191-08-8	122.255	219.25	1	468.65	1	25	1.0021	1	20	1.5290	1	liquid	1
3953	C4H10S2	2,3-butanedithiol	4532-64-3	122.255	219.25	2	450.31	2	25	0.9950	1	---	1.5180	1	liquid	2
3954	C4H10S2	methyl propyl disulfide	2179-60-4	122.255	171.63	2	450.31	2	25	0.9800	1	---	1.5080	1	liquid	2
3955	C4H10S3	bis(2-mercaptoethyl) sulfide	3570-55-6	154.321	262.15	1	---	---	25	1.1830	1	20	1.5982	1	---	---
3956	C4H10S3	diethyltrisulfide	3600-24-6	154.321	200.55	1	---	---	20	1.1082	1	13	1.5689	1	---	---
3957	C4H10S3	tris(methylthio)methane	5418-86-0	154.321	289.15	1	---	---	25	1.1600	1	---	1.5770	1	---	---
3958	C4H10Se	diethyl selenide	627-53-2	137.083	328.15	1	381.15	1	20	1.2300	1	20	1.4768	1	solid	1
3959	C4H10Se2	1,1-bis(methylseleno)ethane	56051-04-8	216.043	---	---	---	---	---	---	---	---	---	---	---	---
3960	C4H10Se3	tris(methylseleno)methane	66622-20-6	295.003	---	---	---	---	---	---	---	---	---	---	---	---
3961	C4H10Te	diethyl telluride	627-54-3	185.723	---	---	410.65	1	15	1.5990	1	15	1.5182	1	---	---
3962	C4H10Zn	diethylzinc	557-20-0	123.513	239.85	1	391.15	1	25	1.1870	1	---	1.4960	1	liquid	1
3963	C4H11As	diethylarsine	692-42-2	134.053	---	---	378.15	1	24	1.1338	1	---	1.4709	1	---	---
3964	C4H11AsO2	diethyl arsinic acid	4964-27-6	166.052	---	---	---	---	---	---	---	---	---	---	---	---
3965	C4H11AsO2	methylpropylarsinic acid	73791-45-4	166.052	---	---	---	---	---	---	---	---	---	---	---	---
3966	C4H11BO2	n-butylboronic acid	4426-47-5	101.941	368.15	1	---	---	---	---	---	---	---	---	solid	1
3967	C4H11BO2	(2-methylpropyl)boronic acid	84110-40-7	101.941	381.15	1	---	---	---	---	---	---	---	---	solid	1
3968	C4H11BrSi	(bromomethyl)trimethylsilane	18243-41-9	167.120	---	---	389.65	1	25	1.1700	1	20	1.4460	1	---	---
3969	C4H11ClN2O6	carboxymethoxylamine hemihydrochloride	2921-14-4	218.594	429.15	dec	---	---	25	1.4106	2	---	---	---	solid	1
3970	C4H11ClO2Si	diethoxychlorosilane	6485-91-2	154.668	---	---	---	---	---	---	---	---	---	---	---	---
3971	C4H11ClO3Si	chloromethyl trimethoxysilane	5926-26-1	170.667	---	---	184.55	1	---	---	---	---	---	---	gas	1
3972	C4H11ClSi	chloroethyldimethylsilane	6917-76-6	122.669	---	---	362.65	1	20	0.8675	1	20	1.4105	1	---	---
3973	C4H11ClSi	(chloromethyl)trimethylsilane	2344-80-1	122.669	---	---	371.65	1	25	0.8790	1	20	1.4175	1	---	---
3974	C4H11Ga	diethyl gallium hydride	---	128.854	---	---	---	---	---	---	---	---	---	---	---	---
3975	C4H11Hg2O4P	bis(ethylmercuri) phosphate	2440-45-1	555.283	---	---	---	---	---	---	---	---	---	---	---	---
3976	C4H11ISi	(iodomethyl)trimethylsilane	4206-67-1	214.121	---	---	413.15	1	25	1.4420	1	---	1.4910	1	---	---
3977	C4H11N	butylamine	109-73-9	73.138	224.05	1	350.55	1	25	0.7410	1	25	1.3987	1	liquid	1
3978	C4H11N	isobutylamine	78-81-9	73.138	188.55	1	340.88	1	25	0.7300	1	25	1.3945	1	liquid	1
3979	C4H11N	sec-butylamine	13952-84-6	73.138	168.65	1	336.15	1	25	0.7200	1	25	1.3907	1	liquid	1
3980	C4H11N	tert-butylamine	75-64-9	73.138	206.19	1	317.55	1	25	0.6880	1	25	1.3761	1	liquid	1
3981	C4H11N	2-butanamine, (.+/-.)-	33966-50-6	73.138	187.657	2.000	335.88	1	20	0.7246	1	20	1.3932	1	liquid	1
3982	C4H11N	methyl-propylamine	627-35-0	73.138	223.35	2	336.15	1	25	0.7120	1	25	1.3915	1	liquid	1
3983	C4H11N	methylisopropylamine	4747-21-1	73.138	223.35	2	323.55	1	25	0.7100	1	25	1.3900	1	liquid	1
3984	C4H11N	diethylamine	109-89-7	73.138	223.35	1	328.60	1	25	0.7020	1	25	1.3825	1	liquid	1
3985	C4H11N	dimethylethylamine	598-56-1	73.138	133.15	1	310.15	1	25	0.6667	1	25	1.3670	1	liquid	1
3986	C4H11N	(R)-(-)-sec-butylamine	13250-12-9	73.138	169.25	1	333.15	1	25	0.7220	1	---	1.3940	1	liquid	1
3987	C4H11N	(S)-(+)-sec-butylamine	513-49-5	73.138	169.25	1	335.10	1	25	0.7280	1	---	1.3910	1	liquid	1
3988	C4H11NO	dimethylethanolamine	108-01-0	89.138	214.15	1	407.15	1	25	0.8820	1	25	1.4277	1	liquid	1
3989	C4H11NO	3-amino-1-butanol	2867-59-6	89.138	281.87	2	426.84	2	22	0.9132	2	25	1.4534	1	liquid	2
3990	C4H11NO	3-amino-2-butanol	42551-55-3	89.138	292.15	1	433.15	1	20	0.9399	1	25	1.4445	1	liquid	1
3991	C4H11NO	4-amino-1-butanol	13325-10-5	89.138	281.87	2	478.15	1	12	0.9670	1	20	1.4625	1	liquid	1
3992	C4H11NO	2-amino-1-butanol, (±)-	13054-87-0	89.138	272.15	1	451.15	1	20	0.9162	1	25	1.4489	1	liquid	1
3993	C4H11NO	2-amino-2-methyl-1-propanol	124-68-5	89.138	298.65	1	438.65	1	20	0.9340	1	20	1.4490	1	solid	1
3994	C4H11NO	2-ethoxyethanamine	110-76-9	89.138	---	---	380.15	1	20	0.8512	1	20	1.4101	1	---	---
3995	C4H11NO	2-(ethylamino)ethanol	110-73-6	89.138	281.87	2	442.65	1	20	0.9140	1	20	1.4440	1	liquid	1
3996	C4H11NO	N-ethyl-N-hydroxyethanamine	3710-84-7	89.138	247.65	1	403.70	1	20	0.8669	1	20	1.4195	1	liquid	1
3997	C4H11NO	3-methoxy-1-propanamine	5332-73-0	89.138	---	---	390.65	1	20	0.8727	1	20	1.4391	1	---	---
3998	C4H11NO	4-amino-2-butanol	---	89.138	281.87	2	426.84	2	25	0.9300	1	---	1.4528	1	liquid	2
3999	C4H11NO	1-amino-2-butanol	13552-21-1	89.138	276.15	1	442.05	1	22	0.9132	2	---	---	---	liquid	1
4000	C4H11NO	4-aminobutan-2-ol	39884-48-5	89.138	281.87	2	426.84	2	25	0.9300	1	---	---	---	liquid	2

Table 1 Physical Properties - Organic Compounds

				Mol Wt	Freezing Point		Boiling Point		Density			Refractive Index			State	
NO	FORMULA	NAME	CAS No	g/mol	T_F, K	code	T_B, K	code	T, C	g/cm3	code	T, C	n_D	code	@25C,1 atm	code
4001	C4H11NO	(S)-(+)-2-amino-1-butanol	5856-62-2	89.138	359.20	1	446.15	1	25	0.9420	1	---	1.4520	1	solid	1
4002	C4H11NO	(R)-(-)-2-amino-1-butanol	5856-63-3	89.138	271.25	1	446.15	1	25	0.9470	1	---	---	---	liquid	1
4003	C4H11NO	2-aminobutan-1-ol	96-20-8	89.138	271.25	1	450.15	1	25	0.9440	1	---	1.4540	1	liquid	1
4004	C4H11NO	2-amino-1-methoxypropane	37143-54-7	89.138	281.15	---	370.00	1	25	0.8450	1	---	1.4070	1	---	---
4005	C4H11NO	1-amino-2-methyl-2-propanol	2854-16-2	89.138	281.87	2	424.05	1	25	0.9290	1	---	---	---	liquid	1
4006	C4H11NO2	diethanolamine	111-42-2	105.137	301.15	1	541.54	1	20	1.0966	1	20	1.4747	1	solid	1
4007	C4H11NO2	2-aminoethoxyethanol	929-06-6	105.137	---	---	514.00	1	25	1.0510	1	20	1.4610	1	---	---
4008	C4H11NO2	2-amino-2-methyl-1,3-propanediol	115-69-5	105.137	383.15	1	525.40	2	24	1.0509	2	---	---	---	solid	1
4009	C4H11NO2	2,2-dimethoxyethanamine	22483-09-6	105.137	195.15	1	525.40	2	25	0.9660	1	20	1.4170	1	liquid	2
4010	C4H11NO2	3-methylamino-1,2-propanediol	40137-22-2	105.137	342.15	2	520.15	1	25	1.0900	1	---	1.4760	1	solid	2
4011	C4H11NO2	D-threoninol	44520-55-0	105.137	330.90	1	525.40	2	24	1.0509	2	---	---	---	solid	1
4012	C4H11NO2	L(+)-threoninol	515-93-5	105.137	328.65	1	525.40	2	24	1.0509	2	---	---	---	solid	1
4013	C4H11NO3	tris(hydroxymethyl)methylamine	77-86-1	121.137	444.65	1	---	---	25	1.0382	2	---	---	---	solid	1
4014	C4H11NO3S	(S)-2-aminopropylsulfonic acid	126301-30-2	153.203	---	---	---	---	25	1.1585	2	---	---	---	---	---
4015	C4H11NO8P2	glyphosine	2439-99-8	263.082	---	---	---	---	---	---	---	---	---	---	---	---
4016	C4H11NS	3-(methylthio)propylamine	4104-45-4	105.204	---	---	442.15	1	25	0.9117	2	---	1.4930	1	---	---
4017	C4H11N3	diethyl triazene	63980-20-1	101.152	---	---	---	---	25	0.9338	2	---	---	---	---	---
4018	C4H11N5	1,1-dimethylbiguanide	657-24-9	129.166	---	---	---	---	25	1.1057	2	---	---	---	---	---
4019	C4H11O2P	diethylphosphinic acid	813-76-3	122.104	291.65	1	593.15	1	---	---	---	---	---	---	liquid	1
4020	C4H11O2PS2	O,O'-diethyl dithiophosphate	298-06-6	186.236	---	---	---	---	25	1.1405	1	---	1.5120	1	---	---
4021	C4H11O3P	tert-butylphosphonic acid	4923-84-6	138.104	465.15	1	---	---	25	1.0826	2	---	---	---	solid	1
4022	C4H11O3P	diethyl hydrogen phosphite	123-22-8	138.104	---	---	460.15	1	20	1.0720	1	20	1.4101	1	---	---
4023	C4H11O3P	dimethyl ethylphosphonate	6163-75-3	138.104	---	---	---	---	30	1.1029	1	30	1.4128	1	---	---
4024	C4H11O3P	isobutylphosphonic acid	4721-34-0	138.104	392.15	1	---	---	25	1.0826	2	---	---	---	solid	1
4025	C4H11O3P	diethyl phosphite	762-04-9	138.104	298.15	1	411.15	1	25	1.0730	1	---	1.4080	1	---	---
4026	C4H11O3P	monobutyl phosphite	16456-56-7	138.104	---	---	---	---	25	1.0826	2	---	---	---	---	---
4027	C4H11O4P	diethyl hydrogen phosphate	598-02-7	154.103	---	---	476.15	dec	20	1.1800	1	20	1.4170	1	---	---
4028	C4H11O4P	dimethyl 2-hydroxyethylphosphonate	54731-72-5	154.103	---	---	467.15	1	25	1.2470	1	---	1.4430	1	---	---
4029	C4H11P	diethyl phosphine	627-49-6	90.105	---	---	358.15	1	25	1.0000	1	---	---	---	---	---
4030	C4H11P	ethyldimethylphosphine	1605-51-2	90.105	---	---	358.15	2	---	---	---	---	---	---	---	---
4031	C4H12As	tetramethylarsonium	27742-38-7	135.061	---	---	430.65	1	---	---	---	---	---	---	---	---
4032	C4H12As2	tetramethyldiarsine	471-35-2	209.982	267.15	1	438.15	1	15	1.4470	1	---	---	---	liquid	1
4033	C4H12As2O	dimethylarsinous anhydride	503-80-0	225.982	248.15	1	423.15	1	15	1.4816	1	9	1.5225	1	liquid	1
4034	C4H12As2S	bis-dimethyl arsinyl sulfide	591-10-6	242.048	---	---	473.15	1	---	---	---	---	---	---	---	---
4035	C4H12Au2N6	tetramethyldigold diazide	22653-19-6	538.114	---	---	---	---	---	---	---	---	---	---	---	---
4036	C4H12BBrN2	bromobis(dimethylamino)borane	6990-27-8	178.868	---	---	---	---	25	1.2590	1	---	1.4780	1	---	---
4037	C4H12BFN2	1-fluoro-N,N,N',N'-tetramethylboranediamir	383-90-4	117.963	228.85	1	379.15	1	---	---	---	---	---	---	liquid	1
4038	C4H12BLi	lithium tetramethylborate	2169-38-2	77.891	462.15	1	---	---	---	---	---	---	---	---	solid	1
4039	C4H12BN	(dimethylamino)dimethylborane	1113-30-0	84.957	181.15	1	338.15	1	---	---	---	---	---	---	liquid	1
4040	C4H12BNO	borane-morpholine complex	4856-95-5	100.957	370.15	1	---	---	---	---	---	---	---	---	solid	1
4041	C4H12BrN	tetramethylammonium bromide	64-20-0	154.050	503.15	dec	---	---	25	1.5600	1	---	---	---	solid	1
4042	C4H12BrP	tetramethylphosphonium bromide	4519-28-2	171.017	---	---	---	---	---	---	---	---	---	---	---	---
4043	C4H12ClN	diethylamine hydrochloride	660-68-4	109.599	501.65	1	---	---	22	1.0477	1	---	---	---	solid	1
4044	C4H12ClN	tetramethylammonium chloride	75-57-0	109.599	693.15	dec	---	---	20	1.1690	1	---	---	---	solid	1
4045	C4H12ClNO4	tetramethylammonium perchlorate	2537-36-2	173.596	573.15	1	---	---	25	1.2056	2	---	---	---	solid	1
4046	C4H12ClN2OP	N,N,N',N'-tetramethylphosphorodiamidic ch	1605-65-8	170.579	---	---	---	---	25	1.1510	1	---	1.4660	1	---	---
4047	C4H12ClN2PS	tetramethylphosphorodiamidothioic chlorid	3732-81-8	186.646	295.00	1	---	---	---	---	---	---	---	---	---	---
4048	C4H12ClO4P	tetrakis(hydroxymethyl)phosphonium chlori	124-64-1	190.563	425.65	1	390.85	1	---	---	---	---	---	---	solid	1
4049	C4H12Cl2N2	piperazine dihydrochloride	142-64-3	159.058	---	---	---	---	25	1.1126	2	---	---	---	---	---
4050	C4H12Cl2N2	3-aminopyrrolidine dihydrochloride	103831-11-4	159.058	>573.15	1	---	---	25	1.1126	2	---	---	---	solid	1
4051	C4H12Cl2OSi2	1,3-dichloro-1,1,3,3-tetramethyldisiloxane	2401-73-2	203.214	235.65	1	411.15	1	20	1.0380	1	---	---	---	liquid	1
4052	C4H12Cl2PtSe2	cis-dichlorobis(dimethylselenide)platinum(i	18252-65-8	484.042	---	---	---	---	---	---	---	---	---	---	---	---
4053	C4H12Cl2Si2	1,2-dichloro-1,1,2,2-tetramethyldisilane	4342-61-4	187.214	---	---	421.15	1	20	1.0100	1	20	1.4548	1	---	---
4054	C4H12CrLiO4	lithium tetramethyl chromate(ii)	---	183.074	---	---	483.65	1	---	---	---	---	---	---	---	---
4055	C4H12CrN7OS4	reinecke salt	19441-09-9	354.448	---	---	---	---	---	---	---	---	---	---	---	---
4056	C4H12FN2OP	dimefox	115-26-4	154.125	---	---	---	---	25	1.1150	1	---	1.4270	1	---	---
4057	C4H12F2Si2	1,2-difluoro-1,1,2,2-tetramethyldisilane	661-68-7	154.306	---	---	367.15	1	20	0.9120	1	20	1.3837	1	---	---
4058	C4H12Ga2	tetramethyldigallane	65313-37-3	199.585	---	---	---	---	---	---	---	---	---	---	---	---
4059	C4H12Ge	tetramethylgermane	865-52-1	132.749	184.37	1	---	---	25	1.0060	1	---	---	---	---	---
4060	C4H12GeO4	germanium(iv) methoxide	992-91-6	196.747	255.25	1	---	---	25	1.3250	1	---	1.3990	1	---	---
4061	C4H12IN	tetramethylammonium iodide	75-58-1	201.051	>500	1	---	---	25	1.8290	1	---	---	---	solid	1
4062	C4H12IN7	tetramethylammonium diazidoiodate(i)	68574-13-0	285.093	---	---	379.15	1	25	1.8002	2	---	---	---	---	---
4063	C4H12KNaO10	sodium potassium tartrate tetrahydrate	304-59-6	282.221	---	---	---	---	25	1.7900	1	---	---	---	---	---
4064	C4H12NO2PS	dowco 177	35944-84-4	169.185	---	---	---	---	---	---	---	---	---	---	---	---
4065	C4H12NO3P	(1-aminobutyl)phosphonic acid	13138-36-8	153.118	551.65	1	---	---	---	---	---	---	---	---	solid	1
4066	C4H12NO3P	(1-amino-2-methylpropyl)phosphonic acid	18108-24-2	153.118	542.65	1	---	---	---	---	---	---	---	---	solid	1
4067	C4H12NO3P	diethyl phosphoramidate	1068-21-9	153.118	324.65	1	---	---	---	---	---	---	---	---	solid	1
4068	C4H12NO3PS	S-2-amino-2-methylpropyl dihydrogen pho:	7447-44-1	185.184	---	---	---	---	---	---	---	---	---	---	---	---
4069	C4H12NO7P	tetrakis(hydroxymethyl)phosphonium nitrat	24748-25-2	217.116	---	---	---	---	---	---	---	---	---	---	---	---
4070	C4H12N2	1,4-butanediamine	110-60-1	88.153	300.65	1	431.65	1	25	0.8770	1	20	1.4969	1	solid	1
4071	C4H12N2	2,3-butanediamine, (R*,R*)-(±)	20699-48-3	88.153	251.15	1	396.09	2	25	0.8499	1	25	1.4408	1	liquid	2
4072	C4H12N2	N,N'-dimethyl-1,2-ethanediamine	110-70-3	88.153	274.78	2	393.15	1	15	0.8280	1	---	---	---	liquid	1
4073	C4H12N2	N-ethyl-1,2-ethanediamine	110-72-5	88.153	274.78	2	402.15	1	25	0.8370	1	20	1.4385	1	liquid	1
4074	C4H12N2	2-methyl-1,2-propanediamine	811-93-8	88.153	256.10	1	396.15	1	25	0.8410	1	20	1.4410	1	liquid	1
4075	C4H12N2	1,1-diethylhydrazine	616-40-0	88.153	---	---	372.15	1	20	0.8006	1	20	1.4214	1	---	---
4076	C4H12N2	1,2-diethylhydrazine	1615-80-1	88.153	---	---	358.65	1	26	0.7970	1	20	1.4204	1	---	---
4077	C4H12N2	1,3-butanediamine	590-88-5	88.153	274.78	2	419.15	1	25	0.8500	1	---	---	---	liquid	1
4078	C4H12N2	N,N-dimethylethylenediamine	108-00-9	88.153	291.20	1	378.65	1	25	0.8030	1	---	1.4260	1	liquid	1
4079	C4H12N2	3-(methylamino)propylamine	6291-84-5	88.153	274.78	2	413.15	1	25	0.8440	1	---	1.4470	1	liquid	1
4080	C4H12N2O	N-aminoethyl ethanolamine	111-41-1	104.153	---	---	517.00	1	25	1.0220	1	20	1.4861	1	---	---

Table 1 Physical Properties - Organic Compounds

				Mol Wt	Freezing Point		Boiling Point		Density			Refractive Index			State	
NO	FORMULA	NAME	CAS No	g/mol	T_F, K	code	T_B, K	code	T, C	g/cm3	code	T, C	n_D	code	@25C,1 atm	code
4081	C4H12N2O	1,5-diamino-3-oxapentane	2752-17-2	104.153	---	---	517.00	2	25	0.9120	2	---	1.4565	1	---	---
4082	C4H12N2OS	tetramethylsulfurous diamide	3768-60-3	136.219	304.15	1	482.15	1	25	1.0498	2	---	---	---	solid	1
4083	C4H12N2OSe	seleninyl bis(dimethylamide)	2424-09-1	183.113	---	---	---	---	---	---	---	---	---	---	---	---
4084	C4H12N2O2	2,2'-hydrazonodiethanol	13529-51-6	120.152	---	---	---	---	25	1.0028	2	---	---	---	---	---
4085	C4H12N2O2S	tetramethylsulfamide	3768-63-6	152.218	346.15	1	498.15	1	25	1.1244	2	---	---	---	solid	1
4086	C4H12N2O3	tetramethylammonium nitrate	1941-24-8	136.151	---	---	---	---	25	1.0855	2	---	---	---	---	---
4087	C4H12N2O6	ammonium tartrate	3164-29-2	184.150	---	---	---	---	25	1.6010	1	---	---	---	---	---
4088	C4H12N2O6S2	1,4-butanediyl sulfamate	60548-62-1	248.282	---	---	347.65	1	25	1.4318	2	---	---	---	---	---
4089	C4H12N2S2	b-mercaptoethylamine disulfide	51-85-4	152.285	---	---	---	---	25	1.0900	2	---	---	---	---	---
4090	C4H12N4	1,1,4,4-tetramethyl-2-tetrazene	6130-87-6	116.167	---	---	---	---	25	0.9922	2	---	---	---	---	---
4091	C4H12OSb2	bisdimethyl stibinyl oxide	---	319.659	---	---	---	---	---	---	---	---	---	---	---	---
4092	C4H12OSi	ethyldimethylsilanol	5906-73-0	104.224	---	---	393.15	1	20	0.8332	1	20	1.4070	1	---	---
4093	C4H12OSi	methoxytrimethylsilane	1825-61-2	104.224	---	---	330.60	1	25	0.7560	1	---	1.3670	1	---	---
4094	C4H12OSi	(trimethylsilyl)methanol	3219-63-4	104.224	---	---	394.15	1	25	0.8260	1	---	1.4180	1	---	---
4095	C4H12OSi	ethoxydimethylsilane	14857-34-2	104.224	---	---	372.63	2	23	0.8051	2	---	---	---	---	---
4096	C4H12O2Si	dimethoxydimethylsilane	1112-39-6	120.223	193.00	1	354.55	1	20	0.8646	1	20	1.3708	1	---	---
4097	C4H12O3SSi	trimethylsilyl methanesulfonate	10090-05-8	168.288	---	---	---	---	25	1.0900	1	---	1.4230	1	---	---
4098	C4H12O3Si	trimethoxymethylsilane	1185-55-3	136.222	---	---	375.65	1	20	0.9548	1	20	1.3696	1	---	---
4099	C4H12O3Sn	diethyl hydroxytin hydroperoxide	---	226.847	---	---	---	---	---	---	---	---	---	---	---	---
4100	C4H12O4	acetaldehyde, tetramer	66056-06-2	124.137	320.15	1	383.15	1	25	1.0129	2	---	---	---	solid	1
4101	C4H12O4Si	tetramethyl silicate	681-84-5	152.222	272.15	1	394.15	1	20	1.0232	1	20	1.3683	1	liquid	1
4102	C4H12O6P2	1,4-butanediphosphonic acid	4671-77-6	218.084	493.15	1	---	---	---	---	---	---	---	---	solid	1
4103	C4H12O7P2	tetramethylpyrophosphate	690-49-3	234.083	---	---	430.65	1	---	---	---	---	---	---	---	---
4104	C4H12O10Pb	lead(ii) acetate trihydrate	6080-56-4	427.333	348.15	dec	---	---	25	2.5500	1	---	---	---	solid	1
4105	C4H12P2	tetramethyldiphosphane	3676-91-3	122.087	271.05	1	414.15	1	---	---	---	---	---	---	liquid	1
4106	C4H12Pb	tetramethyl lead	75-74-1	267.339	242.95	1	383.15	1	20	1.9950	1	---	---	---	liquid	1
4107	C4H12Pt	tetramethylplatinum	22295-11-0	255.217	---	---	---	---	---	---	---	---	---	---	---	---
4108	C4H12SSi	trimethyl(methylthio)silane	3908-55-2	120.290	---	---	385.15	1	25	0.8480	1	---	1.4500	1	---	---
4109	C4H12Sb2	tetramethyldistibine	41422-43-9	303.659	289.65	1	---	---	---	---	---	---	---	---	---	---
4110	C4H12Si	tetramethylsilane	75-76-3	88.224	174.07	1	299.80	1	25	0.6410	1	25	1.3582	1	liquid	1
4111	C4H12Si	diethylsilane	542-91-6	88.224	138.85	1	330.15	1	20	0.6843	1	20	1.3921	1	liquid	1
4112	C4H12Si	ethyldimethylsilane	758-21-4	88.224	---	---	318.15	1	25	0.6680	1	---	1.3780	1	---	---
4113	C4H12Sn	tetramethylstannane	594-27-4	178.849	218.05	1	351.15	1	25	1.3140	1	---	1.4386	1	liquid	1
4114	C4H13ClNO2	tetramethylammonium chlorite	---	142.606	---	---	---	---	25	1.0389	2	---	---	---	---	---
4115	C4H13CoN12	bis(2-aminoethyl)amine cobalt(iii) azide	26493-63-0	288.164	---	---	---	---	---	---	---	---	---	---	---	---
4116	C4H13CrN3O4	bis(2-aminoethyl)aminediperoxochromium(	59419-71-5	219.162	---	---	422.15	1	---	---	---	---	---	---	---	---
4117	C4H13NO	tetramethylammonium hydroxide	75-59-2	91.154	336.15	1	---	---	25	1.0020	1	---	1.3500	1	solid	1
4118	C4H13N3	diethylene triamine	111-40-0	103.168	234.15	1	480.25	1	25	0.9540	1	25	1.4810	1	liquid	1
4119	C4H13N5O2	deta nonoate	146724-94-9	163.181	375.15	1	---	---	25	1.1905	2	---	---	---	solid	1
4120	C4H14Al2	tetramethyldialuminum dihydride	33196-65-5	116.119	---	---	---	---	---	---	---	---	---	---	---	---
4121	C4H14BN	borane-tert-butylamine complex	7337-45-3	86.973	371.65	1	---	---	---	---	---	---	---	---	solid	1
4122	C4H14B2	tetramethyldiborane	21482-59-7	83.777	---	---	---	---	---	---	---	---	---	---	---	---
4123	C4H14ClN4OP	hydrel	67255-31-6	200.609	---	---	---	---	---	---	---	---	---	---	---	---
4124	C4H14Cl2N2	1,4-butanediamine dihydrochloride	333-93-7	161.074	553.15	dec	---	---	25	1.0598	2	---	---	---	solid	1
4125	C4H14CoO8	cobalt(ii) acetate tetrahydrate	6147-53-1	249.084	---	---	---	---	19	1.7050	1	---	1.5420	1	---	---
4126	C4H14CrN2O5	1,2-diamino-2-methylpropane aquadiperox	17168-83-1	222.162	---	---	---	---	---	---	---	---	---	---	---	---
4127	C4H14MgO8	magnesium acetate tetrahydrate	16674-78-5	214.455	353.15	dec	---	---	25	1.4540	1	---	---	---	solid	1
4128	C4H14MnO8	manganese(ii) acetate tetrahydrate	6156-78-1	245.088	353.15	1	---	---	25	1.5900	1	---	---	---	solid	1
4129	C4H14NO2PS2	diethyl dithiophosphate, ammonium salt	1068-22-0	203.267	439.15	1	---	---	---	---	---	---	---	---	solid	1
4130	C4H14N2	tetramethylammonium amide	13422-81-6	90.169	---	---	---	---	25	0.7668	2	---	---	---	---	---
4131	C4H14N8O6S	guanylurea sulfate	591-01-5	302.274	---	---	---	---	25	1.5716	2	---	---	---	---	---
4132	C4H14OSi2	1,1,3,3-tetramethyldisiloxane	3277-26-7	134.325	---	---	344.15	1	20	0.7560	1	20	1.3700	1	---	---
4133	C4H14Si2	1,1,2,2-tetramethyldisilane	814-98-2	118.325	---	---	359.65	1	25	0.7150	1	---	1.4280	1	---	---
4134	C4H15NSi2	N-(dimethylsilyl)-1,1-dimethylsilylamine	15933-59-2	133.340	---	---	372.55	1	25	0.7500	1	---	---	---	---	---
4135	C4H16ClCoN6O8	bis(1,2-diaminoethane)dinitrocobalt(iii) per	14781-32-9	370.594	---	---	371.15	1	---	---	---	---	---	---	---	---
4136	C4H16Cl2MnN8O8S4	tetrakis(thiourea)manganese(ii) perchlorate	50831-29-3	558.329	---	---	275.15	1	---	---	---	---	---	---	gas	1
4137	C4H16Cl3CoN4O3	bis-1,2-diamino ethane dichloro cobalt(iii) c	26388-78-3	333.488	---	---	---	---	---	---	---	---	---	---	---	---
4138	C4H16Cl3CoN4O4	bis-1,2-diamino ethane dichloro cobalt(iii) p	14932-06-0	349.487	---	---	---	---	---	---	---	---	---	---	---	---
4139	C4H16CoIN6O7	cis-bis-1,2-diamino ethane dinitro cobalt(iii	---	446.047	---	---	---	---	---	---	---	---	---	---	---	---
4140	C4H16O4Si4	2,4,6,8-tetramethylcyclotetrasiloxane	2370-88-9	240.509	208.15	1	407.65	1	20	0.9912	1	20	1.3870	1	liquid	1
4141	C4H17Cl2N4O10Re	bis(1,2-diamino ethane)hydroxooxo rheniu	---	538.313	---	---	425.15	2	---	---	---	---	---	---	---	---
4142	C4H17Cl2N4O10Re	bis(1,2-diaminoethane)hydroxooxorhenium	19267-68-6	538.313	---	---	425.15	1	---	---	---	---	---	---	---	---
4143	C4H18Cu2O11	copper(ii) basic acetate	52503-64-7	369.272	---	---	---	---	---	---	---	---	---	---	---	---
4144	C4H19Cl2N7O8Ru	pentaamminepyrazineruthenium(ii) perchlo	41481-90-7	465.214	---	---	---	---	---	---	---	---	---	---	---	---
4145	C4H20Cl3CoN4O14	bis(1,2-diaminoethane)diaquacobalt(iii) pe	55870-36-5	513.513	---	---	460.15	1	---	---	---	---	---	---	---	---
4146	C4H20Cl3N6O12Ru	tetraamine-2,3-butanediimine ruthenium(iii	56370-81-1	551.665	---	---	---	---	---	---	---	---	---	---	---	---
4147	C4H22AlB3N2	bis(dimethylaminoborane)aluminum tetrah	39047-21-7	157.648	---	---	---	---	---	---	---	---	---	---	---	---
4148	C4H22N2O6	piperazine hexahydrate	142-63-2	194.229	317.15	1	398.15	1	25	1.0368	2	---	---	---	solid	1
4149	C4HgK2N4	mercuric potassium cyanide	591-89-9	382.859	---	---	---	---	---	---	---	---	---	---	---	---
4150	C4I2	1,4-diiodo-1,3-butadiyne	53214-97-4	301.853	375.00	1	---	---	25	2.9276	2	---	---	---	solid	1
4151	C4K2N4PtS4	potassium tetrakisthiocyanatoplatinate	14244-61-2	505.611	---	---	---	---	---	---	---	---	---	---	---	---
4152	C4K4N4Ti	potassium tetracyanotitanate(iv)	75038-71-0	308.332	---	---	357.15	1	---	---	---	---	---	---	---	---
4153	C4N2	2-butynedinitrile	1071-98-3	76.058	293.65	1	349.65	1	25	0.9708	1	25	1.4647	1	liquid	1
4154	C4N4Na2O4Pd	sodium tetracyanatopalladate(ii)	---	320.469	---	---	---	---	---	---	---	---	---	---	---	---
4155	C4N4O	3,4-dicyano-1,2,4-oxadiazole	55644-07-0	120.071	---	---	---	---	25	1.7499	2	---	---	---	---	---
4156	C4NiO4	nickel carbonyl	13463-39-3	170.735	253.85	1	---	---	25	1.3100	1	---	---	---	---	---
4157	C5BrF4N	4-bromo-2,3,5,6-tetrafluoropyridine	3511-90-8	229.960	---	---	407.65	1	25	1.9200	1	---	1.4640	1	---	---
4158	C5BrMnO5	bromopentacarbonylmanganese	14516-54-2	274.894	---	---	---	---	---	---	---	---	---	---	---	---
4159	C5BrO5Re	rhenium pentacarbonyl bromide	14220-21-4	406.163	---	---	---	---	---	---	---	---	---	---	---	---
4160	C5ClF4N	3-chloro-2,4,5,6-tetrafluoropyridine	1735-84-8	185.509	---	---	392.65	1	25	1.6240	1	---	1.4360	1	---	---

Table 1 Physical Properties - Organic Compounds

				Mol Wt	Freezing Point		Boiling Point		Density			Refractive Index			State	
NO	FORMULA	NAME	CAS No	g/mol	T_F, K	code	T_B, K	code	T, C	g/cm3	code	T, C	n_D	code	@25C,1 atm	code
4161	C5ClO5Re	rhenium pentacarbonyl chloride	14099-01-5	361.712	---	---	---	---	---	---	---	---	---	---	---	---
4162	C5CrK5N5O4	potassium pentacyanodiperoxochromate(5	---	441.575	---	---	---	---	---	---	---	---	---	---	---	---
4163	C5Cs3O5V	cesium pentacarbonylvanadate (3-)	78937-12-9	589.710	---	---	368.95	1	---	---	---	---	---	---	---	---
4164	C5Cl2F3N	3,5-dichloro-2,4,6-trifluoropyridine	1737-93-5	201.963	365.15	1	432.65	1	25	1.6220	1	---	1.4780	1	solid	1
4165	C5Cl2F6	1,2-dichloro-3,3,4,4,5,5-hexafluorocyclope	706-79-6	244.951	167.35	1	363.85	1	20	1.6546	1	20	1.3676	1	liquid	1
4166	C5Cl2F6O4	hexafluoroglutaryl dihypochlorite	71359-64-3	308.949	---	---	---	---	25	1.8221	2	---	---	---	---	---
4167	C5Cl4N2	tetrachlorodiazocyclopentadiene	21572-61-2	229.879	---	---	296.15	1	25	1.7592	2	---	---	---	gas	1
4168	C5Cl5N	pentachloropyridine	2176-62-7	251.325	398.65	1	553.15	1	25	1.7500	2	---	---	---	solid	1
4169	C5Cl6	hexachlorocyclopentadiene	77-47-4	272.770	283.65	1	512.15	1	25	1.7030	1	25	1.5626	1	liquid	1
4170	C5Cl8	octachlorocyclopentene	706-78-5	343.675	313.15	1	556.15	1	50	1.8200	1	50	1.5660	1	solid	1
4171	C5F5N	pentafluoropyridine	700-16-3	169.055	---	---	357.05	1	25	1.5400	1	---	1.3860	1	---	---
4172	C5F6N2	hexafluoroglutaronitrile	376-89-6	202.060	---	---	---	---	25	1.6671	2	---	---	---	---	---
4173	C5F6O3	hexafluoroglutaric anhydride	376-68-1	222.044	---	---	345.05	1	25	1.6540	1	---	1.3240	1	---	---
4174	C5F7NO3	2-heptafluoropropyl-1,3,4-dioxazolone	87050-95-1	255.050	---	---	402.15	1	25	1.7750	2	---	---	---	---	---
4175	C5F8	octafluorocyclopentene	559-40-0	212.043	203.15	1	300.15	1	25	1.5800	1	---	---	---	liquid	1
4176	C5F8	1,1,2,4,4-pentafluoro-3-(trifluoromethyl)-1,:	384-04-3	212.043	---	---	312.15	1	25	1.5270	1	---	1.3000	1	---	---
4177	C5F10	1,1,2,3,3,4,4,5,5,5-decafluoro-1-pentene	376-87-4	250.040	---	---	303.15	1	25	1.6423	2	25	1.2571	1	---	---
4178	C5F10	decafluorocyclopentane	376-77-2	250.040	342.95	1	293.75	1	25	1.6423	2	---	---	---	solid	1
4179	C5F11I	undecafluoro-5-iodopentane	638-79-9	395.943	223.25	1	367.55	1	25	2.0765	2	---	---	---	liquid	1
4180	C5F11NO	perfluoro-4-methylmorpholine	382-28-5	299.045	193.25	1	324.15	1	25	1.7387	2	---	---	---	liquid	1
4181	C5F12	perfluoropentane	678-26-2	288.037	263.15	1	302.35	1	25	1.6745	2	---	---	---	liquid	1
4182	C5FeN6Na2O	sodium ferricyanide	14402-89-2	261.921	---	---	---	---	---	---	---	---	---	---	---	---
4183	C5FeO5	iron pentacarbonyl	13463-40-6	195.897	253.15	1	376.15	1	20	1.5000	1	22	1.4530	1	liquid	1
4184	C5K3O5V	potassium pentacarbonyl vanadate(3-)	78937-14-1	308.288	---	---	---	---	---	---	---	---	---	---	---	---
4185	C5N6	2-diazonio-4,5-dicyanoimidazolide	40953-35-3	144.097	---	---	---	---	25	1.8264	2	---	---	---	---	---
4186	C5NaO5Re	sodium pentacarbonyl rhenate	33634-75-2	349.249	---	---	---	---	---	---	---	---	---	---	---	---
4187	C5HCl4N	2,3,5,6-tetrachloropyridine	2402-79-1	216.880	363.65	1	523.65	1	25	1.6564	2	---	---	---	solid	1
4188	C5HCl4N	2,3,4,5-tetrachloropyridine	2808-86-8	216.880	294.15	1	523.65	2	25	1.6564	2	---	---	---	liquid	2
4189	C5HCl5	1,2,3,4,5-pentachlorocyclopentadiene	25329-35-5	238.325	---	---	491.15	explo	25	1.6565	2	---	---	---	---	---
4190	C5HF4N	2,3,5,6-tetrafluoropyridine	2875-18-5	151.064	---	---	375.15	1	25	1.4990	1	---	1.4050	1	---	---
4191	C5HF9O2	nonafluorovaleric acid	2706-90-3	264.048	---	---	413.15	1	25	1.7130	1	---	1.2940	1	---	---
4192	C5H2ClF3N2	2-chloro-4-(trifluoromethyl)pyrimidine	33034-67-2	182.533	---	---	---	---	25	1.5130	1	---	1.4470	1	---	---
4193	C5H2ClN3O4	2-chloro-3,5-dinitropyridine	2578-45-2	203.542	337.65	1	---	---	25	1.7727	2	---	---	---	solid	1
4194	C5H2Cl2N2O2	2,6-dichloro-3-nitropyridine	16013-85-7	192.989	336.15	1	---	---	25	1.6561	2	---	---	---	solid	1
4195	C5H2Cl2N4	2,6-dichloropurine	5451-40-1	189.004	458.15	1	---	---	25	1.6609	2	---	---	---	solid	1
4196	C5H2Cl3N	2,3,6-trichloropyridine	6515-09-9	182.435	---	---	377.45	1	25	1.5428	2	---	---	---	---	---
4197	C5H2Cl4	1,2,3,4-tetrachlorocyclopentadiene	695-77-2	203.881	---	---	385.15	1	25	1.5541	2	---	---	---	---	---
4198	C5H2Cl6O3	2,5-bis(trichloromethyl)-1,3-dioxolan-4-one	554-21-2	322.784	389.15	1	545.65	1	25	1.7694	2	---	---	---	solid	1
4199	C5H2F6N2	3,5-bis(trifluoromethyl)pyrazole	14704-41-7	204.076	357.15	1	---	---	25	1.5672	2	---	---	---	solid	1
4200	C5H2F6O2	hexafluoroacetylacetone	1522-22-1	208.061	---	---	327.30	1	20	1.4850	1	20	1.3333	1	---	---
4201	C5H2F6O4	hexafluoroglutaric acid	376-73-8	240.059	361.65	1	---	---	25	1.6649	2	---	---	---	solid	1
4202	C5H2F10	1,1,1,2,2,3,4,5,5,5-decafluoropentane	138495-42-8	252.056	273.20	1	326.75	1	25	1.5630	2	---	---	---	liquid	1
4203	C5H2O5	4,5-dihydroxy-4-cyclopentene-1,2,3-trione	488-86-8	142.068	423.15	1	---	---	25	1.5698	2	---	---	---	solid	1
4204	C5H3Ag	1,3-pentadiyn-1-yl silver	---	170.945	---	---	367.15	1	---	---	---	---	---	---	---	---
4205	C5H3BrClN	3-bromo-2-chloropyridine	52200-48-3	192.442	---	---	---	---	25	1.7783	2	---	---	---	---	---
4206	C5H3BrClN	5-bromo-2-chloropyridine	53939-30-3	192.442	---	---	---	---	25	1.7783	2	---	---	---	---	---
4207	C5H3BrF6O2	ethyl hexafluoro-2-bromobutyrate	63867-09-4	288.973	---	---	446.15	1	25	1.8370	2	---	---	---	---	---
4208	C5H3BrN2O2	2-bromo-3-nitropyridine	19755-53-4	202.996	395.15	1	---	---	25	1.9060	2	---	---	---	solid	1
4209	C5H3BrN2O2	2-bromo-5-nitropyridine	4487-59-6	202.996	413.15	1	---	---	25	1.9060	2	---	---	---	solid	1
4210	C5H3BrOS	5-bromo-2-thiophenecarboxaldehyde	4701-17-1	191.048	328.15	1	379.15	1	25	1.6090	1	---	1.6370	1	solid	1
4211	C5H3BrOS	4-bromo-2-thiophenecarboxaldehyde	18791-75-8	191.048	318.65	1	379.15	2	25	1.7697	2	---	---	---	solid	1
4212	C5H3BrO2	5-bromo-2-furancarboxaldehyde	1899-24-7	174.982	356.65	1	474.15	1	25	1.7854	2	---	---	---	solid	1
4213	C5H3BrO3	5-bromofuroic acid	585-70-6	190.981	463.15	1	---	---	25	1.8430	2	---	---	---	solid	1
4214	C5H3Br2F7O	1,2-dibromoheptafluoroisobutyl methyl eth	20404-94-8	371.876	---	---	---	---	25	2.0497	2	---	---	---	---	---
4215	C5H3Br2N	3,5-dibromopyridine	625-92-3	236.894	385.15	1	495.15	1	25	2.1366	2	---	---	---	solid	1
4216	C5H3Br2N	2,3-dibromopyridine	13534-89-9	236.894	---	---	511.65	2	25	2.1366	2	---	---	---	---	---
4217	C5H3Br2N	2,5-dibromopyridine	624-28-2	236.894	366.65	1	511.65	2	25	2.1366	2	---	---	---	solid	1
4218	C5H3Br2N	2,6-dibromopyridine	626-05-1	236.894	392.15	1	528.15	1	25	2.1366	2	---	---	---	solid	1
4219	C5H3Br2NO2	N-methyl-dibromomaleinimide	3005-27-4	268.893	---	---	378.15	1	25	2.2022	2	---	---	---	---	---
4220	C5H3ClN2O2	2-chloro-5-nitropyridine	4548-45-2	158.544	381.15	1	---	---	25	1.5267	2	---	---	---	solid	1
4221	C5H3ClN2O2	2-chloro-3-nitropyridine	5470-18-8	158.544	374.15	1	---	---	25	1.5267	2	---	1.4550	1	solid	1
4222	C5H3ClN4	6-chloro-1H-purine	87-42-3	154.559	449.15	dec	---	---	25	1.5286	2	---	---	---	solid	1
4223	C5H3ClOS	2-thiophenecarbonyl chloride	5271-67-0	146.597	---	---	479.65	1	25	1.3710	1	---	1.5900	1	---	---
4224	C5H3ClO2	2-furancarbonyl chloride	527-69-5	130.530	272.15	1	446.15	1	25	1.3240	1	20	1.5310	1	liquid	1
4225	C5H3ClO2	furoyl chloride	1300-32-9	130.530	271.25	1	443.15	1	25	1.3689	2	---	---	---	liquid	1
4226	C5H3ClO2S	5-chlorothiophene-2-carboxylic acid	24065-33-6	162.596	419.15	1	---	---	25	1.4659	2	---	---	---	solid	1
4227	C5H3ClO2S	3-chlorothiophene-2-carboxylic acid	59337-89-2	162.596	457.65	1	---	---	25	1.4659	2	---	---	---	solid	1
4228	C5H3Cl2N	2,5-dichloropyridine	16110-09-1	147.991	333.15	1	463.65	1	25	1.4019	2	---	---	---	solid	1
4229	C5H3Cl2N	2,3-dichloropyridine	2402-77-9	147.991	339.15	1	473.90	2	25	1.4019	2	---	---	---	solid	1
4230	C5H3Cl2N	2,6-dichloropyridine	2402-78-0	147.991	360.15	1	484.15	1	25	1.4019	2	---	---	---	solid	1
4231	C5H3Cl2NO	3,5-dichloro-2-pyridone	5437-33-2	163.990	---	---	---	---	25	1.4750	2	---	---	---	---	---
4232	C5H3Cl2NO2	dichloro-N-methylmaleimide	1123-61-1	179.990	---	---	---	---	25	1.5411	2	---	---	---	---	---
4233	C5H3Cl3O3	3-chloro-4-dichloromethyl-5-hydroxy-2(5H)	77439-76-0	217.435	---	---	---	---	25	1.6064	2	---	---	---	---	---
4234	C5H3Cu	1,3-pentadiyn-1-yl copper	---	126.625	---	---	---	---	---	---	---	---	---	---	---	---
4235	C5H3FN2O4	1,2,3,6-tetrahydro-2,6-dioxo-5-fluoro-4-pyr	703-95-7	174.089	---	---	416.15	1	25	1.6154	2	---	---	---	---	---
4236	C5H3F2N	2,6-difluoropyridine	1513-65-1	115.083	---	---	397.90	1	25	1.2640	1	---	1.4370	1	---	---
4237	C5H3F3N2O	1-(trifluoroacetyl)imidazole	1546-79-8	164.088	---	---	410.65	1	25	1.4420	1	---	1.4240	1	---	---
4238	C5H3F3N2O2	5-(trifluoromethyl)uracil	54-20-6	180.087	517.15	1	---	---	25	1.5484	2	---	---	---	solid	1
4239	C5H3F3N2S	4-(trifluoromethyl)-2-pyrimidinethiol	136547-17-6	180.154	436.65	1	---	---	25	1.4933	2	---	---	---	solid	1
4240	C5H3F5O2	methyl perfluoromethacrylate	685-09-6	190.070	---	---	---	---	25	1.4898	2	---	---	---	---	---

Table 1 Physical Properties - Organic Compounds

				Mol Wt	Freezing Point		Boiling Point		Density			Refractive Index			State	
NO	FORMULA	NAME	CAS No	g/mol	T_F, K	code	T_B, K	code	T, C	g/cm3	code	T, C	n_D	code	@25C,1 atm	code
4241	C5H3F6NO2	N-methyl-bis(trifluoroacetamide)	685-27-8	223.076	---	---	394.15	1	25	1.5470	1	---	1.3460	1	---	---
4242	C5H3F7O	heptafluoroisobutylene methyl ether	360-53-2	212.068	---	---	428.85	1	25	1.4963	2	---	---	---	---	---
4243	C5H3F7O2	methyl heptafluorobutanoate	356-24-1	228.067	187.15	1	353.15	1	20	1.4830	1	20	1.2950	1	liquid	1
4244	C5H3F7O3	propionic acid, 2,2,3,3-tetrafluoro-3-(trifluo	356-69-4	244.067	---	---	---	---	25	1.5956	2	---	---	---	---	---
4245	C5H3F8I	1,1,2,2,3,3,4,4-octafluoro-5-iodopentane	678-74-0	341.971	---	---	---	---	25	1.9592	2	---	1.3800	1	---	---
4246	C5H3NO	2-furancarbonitrile	617-90-3	93.085	---	---	420.15	1	20	1.0822	1	20	1.4798	1	---	---
4247	C5H3NO	3-furonitrile	30078-65-0	93.085	303.15	1	424.15	1	25	1.2122	2	---	---	---	solid	1
4248	C5H3NO4	5-nitro-2-furancarboxaldehyde	698-63-5	141.083	308.65	1	---	---	25	1.5067	2	---	---	---	solid	1
4249	C5H3NO5	5-nitro-2-furancarboxylic acid	645-12-5	157.083	459.15	1	---	---	25	1.5826	2	---	---	---	solid	1
4250	C5H3NS	2-thiophenecarbonitrile	1003-31-2	109.152	---	---	465.15	1	25	1.1720	1	20	1.5629	1	---	---
4251	C5H3NS	3-thiophenecarbonitrile	1641-09-4	109.152	---	---	---	---	25	1.2584	2	---	1.5605	1	---	---
4252	C5H3N3	pyrazinecarbonitrile	19847-12-2	105.100	---	---	---	---	25	1.1740	1	---	1.5340	1	---	---
4253	C5H3N3O2	2-furoyl azide	20762-98-5	137.099	---	---	460.65	1	25	1.5082	2	---	---	---	---	---
4254	C5H3N3O5	2-hydroxy-3,5-dinitropyridine	2980-33-8	185.097	---	---	---	---	25	1.7178	2	---	---	---	---	---
4255	C5H3NaO5S	5-formyl-2-furansulfonic acid, sodium salt	31795-44-5	198.132	>573.15	1	---	---	---	---	---	---	---	---	solid	1
4256	C5H4	1,3-pentadiyne	4911-55-1	64.087	234.65	1	328.15	1	20	0.7909	1	21	1.4431	1	liquid	1
4257	C5H4BF4N3	3-pyridinediazonium tetrafluoroborate	586-92-5	192.913	---	---	---	---	---	---	---	---	---	---	---	---
4258	C5H4BrN	2-bromopyridine	109-04-6	157.998	233.05	1	466.15	1	20	1.6337	1	20	1.5734	1	liquid	1
4259	C5H4BrN	3-bromopyridine	626-55-1	157.998	245.85	1	446.15	1	25	1.6450	1	20	1.5694	1	liquid	1
4260	C5H4BrN	4-bromopyridine	1120-87-2	157.998	273.65	1	456.15	2	25	1.6450	1	20	1.5694	1	liquid	2
4261	C5H4BrNO	2-bromo-3-pyridinol	6602-32-0	173.997	459.65	1	---	---	25	1.7203	2	---	---	---	solid	1
4262	C5H4BrN3O2	2-amino-3-bromo-5-nitropyridine	---	218.011	---	---	---	---	25	1.8915	2	---	---	---	---	---
4263	C5H4BrN3O2	2-amino-5-bromo-3-nitropyridine	6945-68-2	218.011	480.65	1	---	---	25	1.8915	2	---	---	---	solid	1
4264	C5H4ClHgN	chloro-3-pyridylmercury	5428-90-0	314.136	552.90	1	---	---	---	---	---	---	---	---	solid	1
4265	C5H4ClN	2-chloropyridine	109-09-1	113.546	---	---	443.15	1	15	1.2050	1	20	1.5320	1	---	---
4266	C5H4ClN	3-chloropyridine	626-60-8	113.546	---	---	421.15	1	20	1.2025	2	20	1.5304	1	---	---
4267	C5H4ClN	4-chloropyridine	626-61-9	113.546	229.65	1	420.65	1	25	1.2000	1	---	---	---	liquid	1
4268	C5H4ClN5	2-amino-6-chloropurine	10310-21-1	169.574	>573.15	1	---	---	25	1.5435	2	---	---	---	solid	1
4269	C5H4ClNO	5-chloro-2-pyridinol	4214-79-3	129.546	436.65	1	---	---	25	1.3153	2	---	---	---	solid	1
4270	C5H4ClNO	2-chloro-3-pyridinol	6636-78-8	129.546	443.15	1	---	---	25	1.3153	2	---	---	---	solid	1
4271	C5H4ClNO	5-chloro-3-pyridinol	74115-12-1	129.546	433.65	1	---	---	25	1.3153	2	---	---	---	solid	1
4272	C5H4ClNO	2-chloropyridine-N-oxide	2402-95-1	129.546	---	---	---	---	25	1.3153	2	---	---	---	---	---
4273	C5H4ClNO	6-chloro-2-pyridinol	16879-02-0	129.546	---	---	---	---	---	---	---	---	---	---	---	---
4274	C5H4Cl2N2	2,4-dichloro-5-methylpyrimidine	1780-31-0	163.006	299.15	1	508.15	1	25	1.4259	2	---	---	---	solid	1
4275	C5H4Cl2N2	2,4-dichloro-6-methylpyrimidine	5424-21-5	163.006	319.65	1	492.15	1	25	1.4259	2	---	---	---	solid	1
4276	C5H4Cl2N2	2,6-dichloro-3-pyridinamine	62476-56-6	163.006	392.15	1	500.15	2	25	1.4259	2	---	---	---	solid	1
4277	C5H4Cl2N2	2-amino-3,5-dichloropyridine	4214-74-8	163.006	354.15	1	500.15	2	25	1.4259	2	---	---	---	solid	1
4278	C5H4Cl2N2	3,6-dichloro-4-methylpyridazine	19064-64-3	163.006	359.65	1	500.15	2	25	1.4259	2	---	---	---	solid	1
4279	C5H4Cl2N2S	4,6-dichloro-2-(methylthio)pyrimidine	6299-25-8	195.072	313.15	1	408.65	1	25	1.5020	2	---	---	---	solid	1
4280	C5H4Cl2O2	methylenebutanedioyl dichloride	1931-60-8	166.991	---	---	---	---	25	1.4266	2	20	1.4919	1	---	---
4281	C5H4Cl2S	2-chloro-5-(chloromethyl)thiophene	23784-96-5	167.058	---	---	---	---	25	1.3850	1	---	1.5750	1	---	---
4282	C5H4FN	3-fluoropyridine	372-47-4	97.092	---	---	380.65	1	25	1.1300	1	---	1.4730	1	---	---
4283	C5H4FN	2-fluoropyridine	372-48-5	97.092	---	---	399.15	1	25	1.1240	1	---	1.4670	1	---	---
4284	C5H4F3O2Tl	thallium(i) trifluoroacetylacetonate	54412-40-7	357.464	380.15	1	---	---	---	---	---	---	---	---	solid	1
4285	C5H4F6O2	2,2-bis(trifluoromethyl)-1,3-dioxolane	1765-26-0	210.077	---	---	379.65	1	25	1.5300	1	---	1.3120	1	---	---
4286	C5H4F6O2	methyl hexafluoroisobutyrate	360-54-3	210.077	---	---	379.65	2	25	1.4797	2	---	---	---	---	---
4287	C5H4F8O	2,2,3,3,4,4,5,5-octafluoro-1-pentanol	355-80-6	232.074	---	---	413.65	1	20	1.6647	1	20	1.3178	1	---	---
4288	C5H4F8O	octafluoropentanol	39660-55-4	232.074	---	---	413.65	2	25	1.4865	2	---	---	---	---	---
4289	C5H4IN	2-iodopyridine	5029-67-4	204.998	---	---	---	---	25	1.9280	1	20	1.6366	1	---	---
4290	C5H4IN	3-iodopyridine	1120-90-7	204.998	327.65	1	---	---	25	1.9668	2	---	---	---	solid	1
4291	C5H4NNaO	3-hydroxypyridine sodium salt	52536-09-1	117.083	>573.15	1	---	---	---	---	---	---	---	---	solid	1
4292	C5H4NNaOS	sodium pyrithione	3811-73-2	149.149	245.75	1	382.15	1	---	---	---	---	---	---	liquid	1
4293	C5H4N2	diazocyclopentadiene	1192-27-4	92.101	---	---	432.15	1	25	1.1523	2	---	---	---	---	---
4294	C5H4N2O2	pyrazinecarboxylic acid	98-97-5	124.100	498.15	dec	509.23	2	25	1.3613	2	---	---	---	solid	1
4295	C5H4N2O2	3-nitropyridine	2530-26-9	124.100	314.15	1	489.25	1	25	1.3613	2	---	---	---	solid	1
4296	C5H4N2O2	2-nitropyridine	15009-91-3	124.100	---	---	529.20	1	25	1.3613	2	---	---	---	---	---
4297	C5H4N2O3	4-nitropyridine 1-oxide	1124-33-0	140.099	433.65	1	---	---	25	1.4476	2	---	---	---	solid	1
4298	C5H4N2O3	3-hydroxy-2-nitropyridine	15128-82-2	140.099	342.65	1	---	---	25	1.4476	2	---	---	---	solid	1
4299	C5H4N2O3	2-hydroxy-5-nitropyridine	5418-51-9	140.099	462.65	1	---	---	25	1.4476	2	---	---	---	solid	1
4300	C5H4N2O3	2-hydroxy-3-nitropyridine	6332-56-5	140.099	485.15	1	---	---	25	1.4476	2	---	---	---	solid	1
4301	C5H4N2O4	1H-imidazole-4,5-dicarboxylic acid	570-22-9	156.098	563.15	dec	---	---	25	1.7490	1	---	---	---	solid	1
4302	C5H4N2O4	orotic acid	65-86-1	156.098	618.65	1	---	---	25	1.5245	2	---	---	---	solid	1
4303	C5H4N2O4	nifuroxime	555-15-7	156.098	434.65	1	---	---	25	1.5245	2	---	---	---	solid	1
4304	C5H4N2O5	5-nitro-2-furamidoxime	772-43-0	172.098	---	---	---	---	25	1.5934	2	---	---	---	---	---
4305	C5H4N4	1H-purine	120-73-0	120.115	489.65	1	---	---	25	1.3584	2	---	---	---	solid	1
4306	C5H4N4	1,2-dihydropyrido(2,1,e)tetrazole	---	120.115	---	---	---	---	25	1.3584	2	---	---	---	---	---
4307	C5H4N4O	1,5-dihydro-4H-pyrazolo[3,4-d]pyrimidin-4-	315-30-0	136.114	623.15	1	---	---	25	1.4474	2	---	---	---	solid	1
4308	C5H4N4O	hypoxanthine	68-94-0	136.114	423.15	dec	---	---	25	1.4474	2	---	---	---	solid	1
4309	C5H4N4O	1-hydroxy-7-azabenzotriazole	39968-33-7	136.114	486.15	1	---	---	25	1.4474	2	---	---	---	solid	1
4310	C5H4N4O	purine-3-oxide	28199-55-5	136.114	---	---	---	---	25	1.4474	2	---	---	---	---	---
4311	C5H4N4OS	6-thio-2-hydroxypurine	---	168.180	>573.15	1	---	---	25	1.5344	2	---	---	---	solid	1
4312	C5H4N4OS	6-mercaptopurine 3-N-oxide	145-95-9	168.180	---	---	---	---	25	1.5344	2	---	---	---	---	---
4313	C5H4N4OS	2-thio-6-oxypurine	2487-40-3	168.180	---	---	---	---	25	1.5344	2	---	---	---	---	---
4314	C5H4N4OS2	2-methylthio-6-hydroxy-8-thiapurine	62700-64-5	200.246	---	---	343.75	1	25	1.5998	2	---	---	---	---	---
4315	C5H4N4O2	xanthine	69-89-6	152.114	---	---	---	---	25	1.5264	2	---	---	---	---	---
4316	C5H4N4O2	4,6-dihydroxypyrazolo[3,4-d]pyrimidine	2465-59-0	152.114	>573.15	1	---	---	25	1.5264	2	---	---	---	solid	1
4317	C5H4N4O3	uric acid	69-93-2	168.113	---	---	326.15	2	25	1.8900	1	---	---	---	---	---
4318	C5H4N4O3	3-hydroxyxanthine	13479-29-3	168.113	---	---	326.15	2	25	1.5969	2	---	---	---	---	---
4319	C5H4N4O3	7-hydroxyxanthine	16870-90-9	168.113	---	---	326.15	1	25	1.5969	2	---	---	---	---	---
4320	C5H4N4O4	3-hydroxyuric acid	22151-75-3	184.112	---	---	---	---	25	1.6603	2	---	---	---	---	---

Table 1 Physical Properties - Organic Compounds

				Mol Wt	Freezing Point		Boiling Point		Density			Refractive Index			State	
NO	FORMULA	NAME	CAS No	g/mol	T_F, K	code	T_B, K	code	T, C	g/cm3	code	T, C	n_D	code	@25C,1 atm	code
4321	C5H4N4S	1,7-dihydro-6H-purine-6-thione	50-44-2	152.181	586.15	dec	---	---	25	1.4634	2	---	---	---	solid	1
4322	C5H4N4S	4-mercapto-1H-pyrazolo[3,4-d]pyrimidine h	5334-23-6	152.181	>573.15	1	---	---	25	1.4634	2	---	---	---	solid	1
4323	C5H4N4S2	2,6-dithiopurine	5437-25-2	184.247	---	---	---	---	25	1.5411	2	---	---	---	---	---
4324	C5H4N6O2	1,2-bis(azidocarbonyl)cyclopropane	68979-48-6	180.128	---	---	---	---	25	1.6655	2	---	---	---	---	---
4325	C5H4OS	2-thiophenecarboxaldehyde	98-03-3	112.152	---	---	470.15	1	21	1.2127	1	20	1.5920	1	---	---
4326	C5H4OS	3-thiophenecarboxaldehyde	498-62-4	112.152	---	---	470.15	2	25	1.2110	2	20	1.5855	1	---	---
4327	C5H4O2	furfural	98-01-1	96.086	236.65	1	434.85	1	25	1.1550	1	25	1.5234	1	liquid	1
4328	C5H4O2	3-furancarboxaldehyde	498-60-2	96.086	---	---	418.15	1	20	1.1100	1	20	1.4945	1	---	---
4329	C5H4O2	5-methylene-2(5H)-furanone	108-28-1	96.086	---	---	454.83	2	23	1.1638	2	---	---	---	---	---
4330	C5H4O2	2H-pyran-2-one	504-31-4	96.086	281.65	1	480.65	1	20	1.2000	1	25	1.5270	1	liquid	1
4331	C5H4O2	4H-pyran-4-one	108-97-4	96.086	305.65	1	485.65	1	25	1.1900	1	---	1.5238	1	solid	1
4332	C5H4O2	4-cyclopentene-1,3-dione	930-60-9	96.086	310.15	1	454.83	2	23	1.1638	2	---	---	---	solid	1
4333	C5H4O2	3-hydroxypurin-2(3H)-one	54643-52-6	96.086	---	---	454.83	2	23	1.1638	2	---	---	---	---	---
4334	C5H4O2S	2-thiophenecarboxylic acid	527-72-0	128.152	402.65	1	533.15	dec	25	1.3046	2	---	---	---	solid	1
4335	C5H4O2S	3-thiophenecarboxylic acid	88-13-1	128.152	411.15	1	533.15	2	25	1.3046	2	---	---	---	solid	1
4336	C5H4O3	dihydro-3-methylene-2,5-furandione	2170-03-8	112.085	342.15	1	498.32	2	25	1.2696	2	---	---	---	solid	1
4337	C5H4O3	2-furancarboxylic acid	88-14-2	112.085	406.65	1	504.15	1	25	1.2696	2	---	---	---	solid	1
4338	C5H4O3	3-furancarboxylic acid	488-93-7	112.085	395.65	1	498.32	2	25	1.2696	2	---	---	---	solid	1
4339	C5H4O3	3-hydroxy-2H-pyran-2-one	496-64-0	112.085	366.95	1	498.32	2	25	1.2696	2	---	---	---	solid	1
4340	C5H4O3	3-methyl-2,5-furandione	616-02-4	112.085	281.15	1	486.15	1	16	1.2469	1	21	1.4710	1	liquid	1
4341	C5H4O3	furoic acid	26447-28-9	112.085	406.15	1	504.15	1	25	1.2696	2	---	---	---	solid	1
4342	C5H4O3	3-oxabicyclo[3.1.0]hexane-2,4-dione	5617-74-3	112.085	333.15	1	498.32	2	25	1.2696	2	---	---	---	solid	1
4343	C5H4O4	4,5-dihydro-5-oxo-3-furancarboxylic acid	585-68-2	128.084	437.15	1	---	---	25	1.3641	2	---	---	---	solid	1
4344	C5H4O4	peroxyfuroic acid	5797-06-8	128.084	---	---	---	---	25	1.3641	2	---	---	---	---	---
4345	C5H5Ag	silver cyclopropylacetylide	---	172.961	---	---	449.15	dec	---	---	---	---	---	---	---	---
4346	C5H5AgClO4	cyclopentadienyl silver perchlorate	---	272.411	---	---	---	---	---	---	---	---	---	---	---	---
4347	C5H5Au	cyclopentadienyl gold(1)	21254-73-9	262.061	---	---	---	---	---	---	---	---	---	---	---	---
4348	C5H5BO4	2-formylfuran-5-boronic acid	27329-70-0	139.903	---	---	---	---	---	---	---	---	---	---	---	---
4349	C5H5BrN2	2-amino-5-bromopyridine	1072-97-5	173.013	409.65	1	---	---	25	1.6590	2	---	---	---	solid	1
4350	C5H5BrN2	3-amino-6-bromopyridine	13534-97-9	173.013	---	---	---	---	25	1.6590	2	---	---	---	---	---
4351	C5H5BrN2	4-amino-3-bromopyridine	13534-98-0	173.013	---	---	---	---	25	1.6590	2	---	---	---	---	---
4352	C5H5BrN2	2-amino-3-bromopyridine	13534-99-1	173.013	---	---	---	---	25	1.6590	2	---	---	---	---	---
4353	C5H5BrO	2-(bromomethyl)furan	4437-18-7	160.998	---	---	---	---	20	1.5580	1	20	1.5380	1	---	---
4354	C5H5BrS	2-bromo-3-methylthiophene	14282-76-9	177.065	---	---	448.15	1	20	1.5709	1	20	1.5714	1	---	---
4355	C5H5BrS	2-bromo-5-methylthiophene	765-58-2	177.065	---	---	451.15	1	20	1.5529	1	20	1.5673	1	---	---
4356	C5H5BrS	3-bromo-4-methylthiophene	30318-99-1	177.065	---	---	454.15	1	20	1.5840	1	---	1.5790	1	---	---
4357	C5H5ClN2	5-chloro-2-pyridinamine	1072-98-6	128.561	410.15	1	---	---	25	1.2650	2	---	---	---	solid	1
4358	C5H5ClN2	3-amino-6-chloropyridine	5350-93-6	128.561	354.15	1	---	---	25	1.2650	2	---	---	---	solid	1
4359	C5H5ClN2	3-amino-2-chloropyridine	6298-19-7	128.561	352.65	1	---	---	25	1.2650	2	---	---	---	solid	1
4360	C5H5ClN2	2-chloro-4-aminopyridine	14432-12-3	128.561	365.15	1	---	---	25	1.2650	2	---	---	---	solid	1
4361	C5H5ClN2S	4-chloro-2-methylthiopyrimidine	49844-90-8	160.627	271.25	1	---	---	25	1.3810	1	---	1.6000	1	---	---
4362	C5H5ClO	2-(chloromethyl)furan	617-88-9	116.547	---	---	---	---	20	1.1783	1	20	1.4941	1	---	---
4363	C5H5ClO	3-chloromethylfuran	---	116.547	---	---	---	---	25	1.1802	2	---	---	---	---	---
4364	C5H5ClO2	3-butyn-1-yl chloroformate	190774-49-3	132.546	---	---	422.15	1	25	1.1660	1	---	1.4430	1	---	---
4365	C5H5ClO2	2-butyn-1-yl chloroformate	202591-85-3	132.546	---	---	429.15	1	25	1.1690	1	---	1.4520	1	---	---
4366	C5H5ClS	2-chloro-5-methylthiophene	17249-82-0	132.613	---	---	427.15	1	25	1.2147	1	20	1.5372	1	---	---
4367	C5H5ClS	2-chloro-3-methylthiophene	14345-97-2	132.613	---	---	426.15	1	25	1.2200	2	---	1.5400	1	---	---
4368	C5H5Cl3N2OS	terrazole	2593-15-9	247.532	293.05	1	---	---	25	1.5030	1	---	---	---	---	---
4369	C5H5Cl3N2OS	chlotazole	35317-79-4	247.532	---	---	---	---	25	1.5747	2	---	---	---	---	---
4370	C5H5Cl3N2S	1-(trichloromethylmercapto)-4-methylpyraz	26259-90-5	231.532	---	---	408.15	1	25	1.5275	2	---	---	---	---	---
4371	C5H5Cl3O2	(S)-(-)-4-methyl-4-(trichloromethyl)-2-oxeta	93206-60-1	203.451	316.65	1	---	---	25	1.4663	2	---	---	---	solid	1
4372	C5H5Cl3O2	(R)-(+)-4-methyl-4-(trichloromethyl)-2-oxeta	93239-42-0	203.451	316.65	1	---	---	25	1.4663	2	---	---	---	solid	1
4373	C5H5Cl3S3	trichloromethyl allyl perthioxanthate	64057-58-5	267.650	---	---	382.15	1	25	1.5364	2	---	---	---	---	---
4374	C5H5Cl3Ti	cyclopentadienyltitanium trichloride	1270-98-0	219.319	443.15	1	---	---	---	---	---	---	---	---	solid	1
4375	C5H5CrNO6	oxodiperoxypyridine chromium-N-oxide	38293-27-5	227.094	---	---	---	---	---	---	---	---	---	---	---	---
4376	C5H5F3N2O	5-hydroxy-2-methyl-3-trifluoromethyl-1H-py	---	166.104	404.65	1	---	---	25	1.3876	2	---	---	---	solid	1
4377	C5H5F3O2	1,1,1-trifluoro-2,4-pentanedione	367-57-7	154.089	---	---	374.63	2	25	1.2320	2	---	---	---	---	---
4378	C5H5F3O2	allyl trifluoroacetate	383-67-5	154.089	---	---	339.65	1	25	1.1830	1	---	1.3350	1	---	---
4379	C5H5F3O2	2,2,2-trifluoroethyl acrylate	407-47-6	154.089	---	---	365.15	1	25	1.2160	1	---	1.3500	1	---	---
4380	C5H5F3O2	4,4,4-trifluoro-3-methyl-2-butenoic acid	93404-33-2	154.089	302.15	1	433.65	1	25	1.3180	1	---	---	---	solid	1
4381	C5H5F3O2	1-(trifluoromethyl)ethenyl acetate	2247-91-8	154.089	---	---	360.05	1	25	1.2110	1	---	1.3410	1	---	---
4382	C5H5F3O2S	S-methyl 4,4,4-trifluoro-1-thioacetoacetate	118528-85-1	186.155	---	---	---	---	25	1.3520	1	---	1.4490	1	---	---
4383	C5H5F3O3	ethyl 3,3,3-trifluoropyruvate	13081-18-0	170.088	---	---	315.15	1	25	1.2830	1	---	1.3410	1	---	---
4384	C5H5F5O2	ethyl pentafluoropropionate	426-65-3	192.086	348.65	1	347.65	1	25	1.2990	1	---	1.3010	1	solid	1
4385	C5H5F7O	3,3,4,4,5,5,5-heptafluoro-2-pentanol	375-14-4	214.084	---	---	374.50	1	25	1.4202	2	---	---	---	---	---
4386	C5H5I	1-iodo-3-penten-1-yne	---	191.999	---	---	---	---	25	1.8375	2	---	---	---	---	---
4387	C5H5IS	2-iodo-5-methylthiophene	16494-36-3	224.065	---	---	---	---	25	1.8520	1	---	1.6260	1	---	---
4388	C5H5K	potassium cyclopentadienide	30994-24-2	104.193	---	---	530.15	1	---	---	---	---	---	---	---	---
4389	C5H5KN2O5	potassium-2,5-dinitrocyclopentanonide	26717-79-3	212.204	---	---	460.15	1	---	---	---	---	---	---	---	---
4390	C5H5Li	lithium cyclopentadienide	16733-97-4	72.036	---	---	---	---	---	---	---	---	---	---	---	---
4391	C5H5N	pyridine	110-86-1	79.102	231.53	1	388.41	1	25	0.9790	1	25	1.5075	1	liquid	1
4392	C5H5N	cis-2,4-pentadienenitrile	2180-69-0	79.102	209.15	1	399.03	2	26	0.8541	1	20	1.4855	1	liquid	2
4393	C5H5N	trans-2,4-pentadienenitrile	2180-68-9	79.102	230.15	1	399.03	2	20	0.8576	1	20	1.4986	1	liquid	2
4394	C5H5N	2,4-pentadienenitrile	1615-70-9	79.102	213.15	1	409.65	1	20	0.8444	1	---	1.4880	1	liquid	1
4395	C5H5NO	pyridine-1-oxide	694-59-7	95.101	338.65	1	522.15	2	20	1.3910	2	---	---	---	solid	1
4396	C5H5NO	2-pyridinol	72762-00-6	95.101	380.95	1	522.15	2	20	1.3910	1	---	---	---	solid	1
4397	C5H5NO	4-pyridinol	626-64-2	95.101	422.95	1	522.15	2	20	1.3910	2	---	---	---	solid	1
4398	C5H5NO	2(1H)-pyridinone	142-08-5	95.101	380.95	1	553.15	1	20	1.3910	1	---	---	---	solid	1
4399	C5H5NO	1H-pyrrole-2-carboxaldehyde	1003-29-8	95.101	319.65	1	491.15	1	20	1.3910	2	16	1.5939	1	solid	1
4400	C5H5NO	3-hydroxypyridine	109-00-2	95.101	399.65	1	522.15	2	20	1.3910	2	---	---	---	solid	1

Table 1 Physical Properties - Organic Compounds

				Mol Wt	Freezing Point		Boiling Point		Density			Refractive Index			State	
NO	FORMULA	NAME	CAS No	g/mol	T_F, K	code	T_B, K	code	T, C	g/cm3	code	T, C	n_D	code	@25C,1 atm	code
4401	C5H5NO	4-(1H)-pyridone	108-96-3	95.101	416.65	1	522.15	2	20	1.3910	2	---	---	---	solid	1
4402	C5H5NOS	2-acetylthiazole	24295-03-2	127.167	---	---	---	---	25	1.2270	1	---	1.5480	1	---	---
4403	C5H5NOS	2-mercaptopyridine-N-oxide	1121-31-9	127.167	344.65	1	---	---	25	1.2545	2	---	---	---	solid	1
4404	C5H5NOS	2-thiophenecarboxamide	5813-89-8	127.167	453.65	1	---	---	25	1.2545	2	---	---	---	solid	1
4405	C5H5NOS	1-hydroxy-2-pyridinethione	1121-30-8	127.167	341.15	1	---	---	25	1.2545	2	---	---	---	solid	1
4406	C5H5NO2	cis-2-furancarboxaldehyde oxime	1450-58-4	111.101	364.15	1	478.15	2	20	1.3800	1	---	---	---	solid	1
4407	C5H5NO2	trans-2-furancarboxaldehyde oxime	620-03-1	111.101	---	---	478.15	dec	80	1.1550	1	---	---	---	---	---
4408	C5H5NO2	methyl 2-cyanoacrylate	137-05-3	111.101	---	---	478.15	2	20	1.1012	1	---	1.4430	1	---	---
4409	C5H5NO2	1-cyano-1-cyclopropanecarboxylic acid	6914-79-0	111.101	413.65	1	478.15	2	36	1.1691	2	---	---	---	solid	1
4410	C5H5NO2	1-cyanovinyl acetate	3061-65-2	111.101	---	---	478.15	2	25	1.0400	1	---	1.4260	1	---	---
4411	C5H5NO2	2,3-dihydroxypyridine	16867-04-2	111.101	518.15	1	---	---	36	1.1691	2	---	---	---	solid	1
4412	C5H5NO2	2,4-dihydroxypyridine	626-03-9	111.101	551.15	1	---	---	36	1.1691	2	---	---	---	solid	1
4413	C5H5NO2	3-hydroxypyridine-N-oxide	6602-28-4	111.101	463.65	1	478.15	2	36	1.1691	2	---	---	---	solid	1
4414	C5H5NO2	N-methylmaleimide	930-88-1	111.101	369.65	1	478.15	2	36	1.1691	2	---	---	---	solid	1
4415	C5H5NO2	furfural oxime	1121-47-7	111.101	---	---	478.15	2	36	1.1691	2	---	---	---	---	---
4416	C5H5NO2S	4-methyl-5-thiazolecarboxylic acid	20485-41-0	143.167	553.15	dec	---	---	25	1.3382	2	---	---	---	solid	1
4417	C5H5NO3S	3-pyridinesulfonic acid	636-73-7	159.166	630.15	dec	---	---	25	1.7130	1	---	---	---	solid	1
4418	C5H5NO3S2	rhodanine-N-acetic acid	5718-83-2	191.232	419.15	1	---	---	25	1.4921	2	---	---	---	solid	1
4419	C5H5NO4	methyl 3-hydroxyisoxazole-5-carboxylate	10068-07-2	143.099	437.15	1	---	---	25	1.3940	2	---	---	---	solid	1
4420	C5H5NO4	5-nitrofurfuryl alcohol	2493-04-1	143.099	---	---	---	---	25	1.2830	1	---	1.5820	1	---	---
4421	C5H5NS	2-mercaptopyridine	2637-34-5	111.168	401.65	1	---	---	25	1.1610	2	---	---	---	solid	1
4422	C5H5NS	4-mercaptopyridine	4556-23-4	111.168	---	---	---	---	25	1.1610	2	---	---	---	---	---
4423	C5H5Tl	(h5-2,4-cyclopentadien-1-yl)thallium	34822-90-7	269.478	348.15	1	---	---	---	---	---	---	---	---	solid	1
4424	C5H5N3O	pyrazinecarboxamide	98-96-4	123.115	465.15	1	---	---	25	1.3056	2	---	---	---	solid	1
4425	C5H5N3O2	4-amino-3-nitropyridine	1681-37-4	139.115	---	---	---	---	25	1.3923	2	---	---	---	---	---
4426	C5H5N3O2	2-amino-3-nitropyridine	4214-75-9	139.115	439.15	1	---	---	25	1.3923	2	---	---	---	solid	1
4427	C5H5N3O2	2-amino-5-nitropyridine	4214-76-0	139.115	461.15	1	---	---	25	1.3923	2	---	---	---	solid	1
4428	C5H5N3O2	3-aminopyrazine-2-carboxylic acid	5424-01-1	139.115	476.15	1	---	---	25	1.3923	2	---	---	---	solid	1
4429	C5H5N3O3	2-(N-nitroamino)pyridine-N-oxide	---	155.114	---	---	---	---	25	1.4698	2	---	---	---	---	---
4430	C5H5N3O3S	N-(5-nitro-2-thiazolyl)acetamide	140-40-9	187.180	537.65	1	---	---	25	1.5457	2	---	---	---	solid	1
4431	C5H5N5	adenine	73-24-5	135.130	563.15	dec	---	---	25	1.3905	2	---	---	---	solid	1
4432	C5H5N5	2-aminopurine	452-06-2	135.130	555.15	1	---	---	25	1.3905	2	---	---	---	solid	1
4433	C5H5N5	4-aminopyrazolo[3,4-d]pyrimidine	2380-63-4	135.130	>598.15	1	---	---	25	1.3905	2	---	---	---	solid	1
4434	C5H5N5O	6-amino-1,3-dihydro-2H-purin-2-one	3373-53-3	151.129	>633	1	---	---	25	1.4702	2	---	---	---	solid	1
4435	C5H5N5O	guanine	73-40-5	151.129	633.15	dec	---	---	25	1.4702	2	---	---	---	solid	1
4436	C5H5N5O	4-amino-6-hydroxypyrazolo[3,4-d]pyrimidin	5472-41-3	151.129	>593.15	1	---	---	25	1.4702	2	---	---	---	solid	1
4437	C5H5N5O	2-hydroxy-6-aminopurine	---	151.129	>573.15	1	---	---	25	1.4702	2	---	---	---	solid	1
4438	C5H5N5O	adenine-1-N-oxide	700-02-7	151.129	575.15	dec	---	---	25	1.4702	2	---	---	---	solid	1
4439	C5H5N5O	N-hydroxyadenine	5667-20-9	151.129	---	---	---	---	25	1.4702	2	---	---	---	---	---
4440	C5H5N5OS	2-amino-6-hydroxy-8-mercaptopurine	28128-40-7	183.195	>573.15	1	---	---	25	1.5478	2	---	---	---	solid	1
4441	C5H5N5S	2-amino-1,7-dihydro-6H-purine-6-thione	154-42-7	167.196	>633	1	---	---	25	1.4830	2	---	---	---	solid	1
4442	C5H5N5O2	guanine-3-N-oxide	18905-29-8	167.129	---	---	---	---	25	1.5416	2	---	---	---	---	---
4443	C5H5N5O2	guanine-7-N-oxide	5227-68-9	167.129	---	---	---	---	25	1.5416	2	---	---	---	---	---
4444	C5H5Na	cyclopentadienyl sodium	4984-82-1	88.084	---	---	---	---	---	---	---	---	---	---	---	---
4445	C5H5N7O14	1,1,1,3,5,5,5-heptanitro-pentane	20919-99-7	387.135	---	---	---	---	25	2.1006	2	---	---	---	---	---
4446	C5H5N5S	4-amino-6-mercaptopyrazolo[3,4-d]pyrimid	23771-52-0	167.196	>573.15	1	---	---	25	1.4830	2	---	---	---	solid	1
4447	C5H6	cyclopentadiene	542-92-7	66.103	188.15	1	314.65	1	25	0.7970	1	20	1.4429	1	liquid	1
4448	C5H6	2-methyl-1-butene-3-yne	78-80-8	66.103	160.15	1	305.40	1	25	0.6990	1	25	1.4151	1	liquid	1
4449	C5H6	1-pentene-3-yne	646-05-9	66.103	160.15	2	332.40	1	25	0.7340	1	25	1.4490	1	liquid	1
4450	C5H6	1-pentene-4-yne	871-28-3	66.103	160.15	2	315.65	1	25	0.7240	1	25	1.4125	1	liquid	1
4451	C5H6	cis-3-penten-1-yne	1574-40-9	66.103	160.15	2	317.75	1	25	0.7385	2	---	---	---	liquid	1
4452	C5H6	trans-3-penten-1-yne	2004-69-5	66.103	160.15	2	325.35	1	25	0.7385	2	---	---	---	liquid	1
4453	C5H6	bicyclo[2.1.0]pent-2-ene	5164-35-2	66.103	---	---	318.53	2	25	0.7385	2	---	---	---	---	---
4454	C5H6BNO2	pyridine-4-boronic acid	1692-15-5	122.919	---	---	---	---	---	---	---	---	---	---	---	---
4455	C5H6BNO2	pyridine-3-boronic acid	1692-25-7	122.919	---	---	---	---	---	---	---	---	---	---	---	---
4456	C5H6BrClN2O2	3-bromo-1-chloro-5,5-dimethylhydantoin	126-06-7	241.472	---	---	---	---	25	1.7598	2	---	---	---	---	---
4457	C5H6BrNO	4-bromo-3,5-dimethylisoxazole	10558-25-5	176.013	---	---	---	---	25	1.4840	1	---	---	---	---	---
4458	C5H6BrNO2	ethyl a-bromo-a-cyanoacetate	1187-46-8	192.012	---	---	---	---	25	1.6585	2	---	---	---	---	---
4459	C5H6BrN3	3-bromo-2,5-diaminopyridine	---	188.028	---	---	---	---	25	1.6634	2	---	---	---	---	---
4460	C5H6BrN3	5-bromo-2,3-diaminopyridine	38875-53-5	188.028	---	---	---	---	25	1.6634	2	---	---	---	---	---
4461	C5H6BrN3	2,3-diamino-5-bromopyridine	---	188.028	435.65	1	---	---	25	1.6634	2	---	---	---	solid	1
4462	C5H6BrN3O	2-amino-5-bromo-6-methyl-4-pyrimidinol	6307-35-3	204.027	518.15	1	---	---	25	1.7195	2	---	---	---	solid	1
4463	C5H6Br2	1,2-dibromocyclopentene	75415-78-0	225.911	---	---	---	---	25	1.8950	1	---	1.5560	1	---	---
4464	C5H6Br2N2O2	1,3-dibromo-5,5-dimethyl-2,4-imidazolidine	77-48-5	285.923	471.15	dec	---	---	25	2.0442	2	---	---	---	solid	1
4465	C5H6Br2O2	ethyl trans-2,3-dibromoacrylate	26631-69-6	257.909	---	---	---	---	25	1.8370	1	---	1.5230	1	---	---
4466	C5H6Br3N	pyridinium bromide perbromide	39416-48-3	319.822	403.15	1	---	---	25	2.2173	2	---	---	---	solid	1
4467	C5H6ClCrNO3	pyridinium chlorochromate	26299-14-9	215.556	478.15	1	---	---	---	---	---	---	---	---	solid	1
4468	C5H6ClN	pyridine hydrochloride	628-13-7	115.562	419.15	1	495.15	1	25	1.1342	2	---	---	---	solid	1
4469	C5H6ClN3	2-amino-4-chloro-6-methylpyrimidine	5600-21-5	143.576	457.15	1	---	---	25	1.3007	2	---	---	---	solid	1
4470	C5H6ClN3	2,3-diamino-5-chloropyridine	---	143.576	441.15	1	---	---	25	1.3007	2	---	---	---	solid	1
4471	C5H6ClN3O	2-amino-4-chloro-6-methoxypyrimidine	5734-64-5	159.576	445.65	1	---	---	25	1.3757	2	---	---	---	solid	1
4472	C5H6ClN3O2	2-chloro-4,6-dimethoxy-1,3,5-triazine	3140-73-6	175.575	347.65	1	---	---	25	1.4437	2	---	---	---	solid	1
4473	C5H6ClN3S	4-amino-6-chloro-2-methylmercaptopyrimic	1005-38-5	175.642	405.15	1	---	---	25	1.3946	2	---	---	---	solid	1
4474	C5H6ClNO2	1-(chloromethyl)-2,5-pyrrolidinedione	54553-14-9	147.561	331.15	1	---	---	25	1.3045	2	---	---	---	solid	1
4475	C5H6ClNO4	pyridinium perchlorate	15598-34-2	179.560	420.15	dec	---	---	25	1.4440	2	---	---	---	solid	1
4476	C5H6Cl2N2O2	1,3-dichloro-5,5-dimethyl hydantoin	118-52-5	197.020	405.15	1	---	---	20	1.5000	1	---	---	---	solid	1
4477	C5H6Cl2O2	pentanedioyl dichloride	2873-74-7	169.006	---	---	490.15	1	20	1.3240	1	20	1.4728	1	---	---
4478	C5H6Cl2O2	2,2-dichloro-1-methyl-cyclopropanecarbox	1447-14-9	169.006	335.65	1	490.15	2	23	1.3010	2	---	---	---	solid	1
4479	C5H6Cl2O2	dimethylmalonyl chloride	5659-93-8	169.006	---	---	490.15	2	25	1.2780	1	---	1.4510	1	---	---
4480	C5H6Cl2O3	3,3-dichloro-2-formoxytetrahydrofuran	---	185.006	---	---	---	---	25	1.4050	2	---	1.4750	1	---	---

Table 1 Physical Properties - Organic Compounds

				Mol Wt	Freezing Point		Boiling Point		Density			Refractive Index			State	
NO	FORMULA	NAME	CAS No	g/mol	T_F, K	code	T_B, K	code	T, C	g/cm3	code	T, C	n_D	code	@25C,1 atm	code
4481	C5H6Cl2O4	dimethyl dichloromalonate	29653-30-3	201.005	---	---	---	---	25	1.4640	2	---	---	---	---	---
4482	C5H6Cl4O2	b,b,b-trichloro-tert-butyl chloroformate	66270-36-8	239.911	304.15	1	---	---	25	1.4953	2	---	---	---	solid	1
4483	C5H6Cl6N2O3	dicloralurea	116-52-9	354.830	---	---	---	---	25	1.6982	2	---	---	---	---	---
4484	C5H6FN	hydrogen fluoride-pyridine	32001-55-1	99.108	---	---	---	---	25	1.0479	2	---	---	---	---	---
4485	C5H6F4O2	ethyl 2,3,3,3-tetrafluoropropanoate	399-92-8	174.095	---	---	381.65	1	20	1.2890	1	20	1.3260	1	---	---
4486	C5H6F4O2	glycidyl 1,1,2,2-tetrafluoroethyl ether	85567-21-1	174.095	---	---	416.15	1	25	1.3800	1	---	1.3490	1	---	---
4487	C5H6F5N3	4,4-bis(difluoroamino)-3-fluoroimino-1-pen	33364-51-1	203.116	---	---	---	---	25	1.4243	2	---	---	---	---	---
4488	C5H6F6O2	2,2,3,3,4,4-hexafluoro-1,5-pentanediol	376-90-9	212.092	352.65	1	---	---	25	1.4048	2	---	---	---	solid	1
4489	C5H6INO	4-iodo-3,5-dimethylisoxazole	10557-85-4	223.014	---	---	---	---	25	1.8763	2	---	---	---	---	---
4490	C5H6N2	glutaronitrile	544-13-8	94.117	244.21	1	559.15	1	25	0.9810	1	25	1.4332	1	liquid	1
4491	C5H6N2	dimethylpropanedinitrile	7321-55-3	94.117	307.47	1	442.65	1	23	1.0308	2	---	---	---	solid	1
4492	C5H6N2	2-methylpyrazine	109-08-0	94.117	244.15	1	410.15	1	20	1.0300	1	20	1.5042	1	liquid	1
4493	C5H6N2	3-methylpyridazine	1632-76-4	94.117	457.15	1	487.15	1	26	1.0450	1	20	1.5145	1	solid	1
4494	C5H6N2	2-methylpyrimidine	5053-43-0	94.117	269.15	1	411.15	1	23	1.0308	2	---	---	---	liquid	1
4495	C5H6N2	4-methylpyrimidine	3438-46-8	94.117	305.15	1	415.15	1	16	1.0300	1	20	1.5000	1	solid	1
4496	C5H6N2	5-methylpyrimidine	2036-41-1	94.117	303.65	1	426.15	1	23	1.0308	2	---	---	---	solid	1
4497	C5H6N2	2-pyridinamine	504-29-0	94.117	330.65	1	469.21	2	23	1.0308	2	---	---	---	solid	1
4498	C5H6N2	3-pyridinamine	462-08-8	94.117	337.65	1	525.15	1	23	1.0308	2	---	---	---	solid	1
4499	C5H6N2	4-pyridinamine	504-24-5	94.117	431.65	1	546.15	1	23	1.0308	2	---	---	---	solid	1
4500	C5H6N2	4-methylpyridazine	1120-88-3	94.117	---	---	469.21	2	25	1.0600	1	---	1.5210	1	---	---
4501	C5H6N2	1-vinylimidazole	1072-63-5	94.117	---	---	469.21	2	25	1.0390	1	---	1.5300	1	---	---
4502	C5H6N2	pyridinamine	26445-05-6	94.117	---	---	469.21	2	23	1.0308	2	---	---	---	---	---
4503	C5H6N2O	1-acetylimidazole	2466-76-4	110.116	367.65	1	---	---	25	1.1645	2	---	---	---	solid	1
4504	C5H6N2O	2-amino-3-hydroxypyridine	16867-03-1	110.116	446.15	1	---	---	25	1.1645	2	---	---	---	solid	1
4505	C5H6N2O	5-amino-2-pyridinol	33630-94-3	110.116	---	---	---	---	25	1.1645	2	---	---	---	---	---
4506	C5H6N2O	3-amino-2-pyridinol	33630-99-8	110.116	---	---	---	---	25	1.1645	2	---	---	---	---	---
4507	C5H6N2O	2-methoxypyrazine	3149-28-8	110.116	---	---	---	---	25	1.1250	1	---	1.5090	1	---	---
4508	C5H6N2O	1-methyl-2-imidazolecarboxaldehyde	13750-81-7	110.116	310.65	1	---	---	25	1.1645	2	---	---	---	solid	1
4509	C5H6N2O	4-aminopyridine-1-oxide	3535-75-9	110.116	---	---	---	---	25	1.1645	2	---	---	---	---	---
4510	C5H6N2OS	methylthiouracil	56-04-2	142.182	603.15	dec	---	---	25	1.2911	2	---	---	---	solid	1
4511	C5H6N2OS	2-acetylaminothiazole	2719-23-5	142.182	479.15	1	---	---	25	1.2911	2	---	---	---	solid	1
4512	C5H6N2OS	2-thiophenecarboxylic acid hydrazide	2361-27-5	142.182	410.65	1	---	---	25	1.2911	2	---	---	---	solid	1
4513	C5H6N2OS	2-thiothymine	636-26-0	142.182	---	---	---	---	25	1.2911	2	---	---	---	---	---
4514	C5H6N2O2	6-methyl-2,4(1H,3H)-pyrimidinedione	626-48-2	126.115	548.15	dec	---	---	25	1.2590	2	---	---	---	solid	1
4515	C5H6N2O2	thymine	65-71-4	126.115	321.30	1	---	---	25	1.2590	2	---	---	---	solid	1
4516	C5H6N2O2	4,6-dihydroxy-2-methylpyrimidine	40497-30-1	126.115	>633.15	1	---	---	25	1.2590	2	---	---	---	solid	1
4517	C5H6N2O2	2-furoic acid hydrazide	3326-71-4	126.115	351.15	1	---	---	25	1.2590	2	---	---	---	solid	1
4518	C5H6N2O2	1-methyl-3,6-(1H,2H)-pyridazinedione	5436-01-1	126.115	484.15	1	---	---	25	1.2590	2	---	---	---	solid	1
4519	C5H6N2O2	4,5-cyclopentanofurazan-N-oxide	54573-23-8	126.115	---	---	---	---	25	1.2590	2	---	---	---	---	---
4520	C5H6N2O2	furan-2-amidoxime	50892-99-4	126.115	---	---	---	---	25	1.2590	2	---	---	---	---	---
4521	C5H6N2O2S	(2-aminothiazole-4-yl)acetic acid	29676-71-9	158.181	390.90	1	---	---	25	1.3667	2	---	---	---	solid	1
4522	C5H6N2O2S	1-acetyl-2-thiohydantoin	584-26-9	158.181	448.65	1	---	---	25	1.3667	2	---	---	---	solid	1
4523	C5H6N2O2S	1-methyl-2-mercapto-5-imidazole carboxyli	64038-57-9	158.181	---	---	---	---	25	1.3667	2	---	---	---	---	---
4524	C5H6N2O3	ethyl cyanoglyoxylate-2-oxime	3849-21-6	142.115	402.65	1	---	---	25	1.3434	2	---	---	---	solid	1
4525	C5H6N2O3	pyridinium nitrate	543-53-3	142.115	---	---	---	---	25	1.3434	2	---	---	---	---	---
4526	C5H6N2O4	L-dihydroorotic acid	5988-19-2	158.114	---	---	---	---	25	1.4193	2	---	---	---	---	---
4527	C5H6N2O4	2,5-dioxo-1,3-diazolidin-4-ylacetic acid	5427-26-9	158.114	487.65	1	---	---	25	1.4193	2	---	---	---	solid	1
4528	C5H6N4O	2,6-diamino-3-nitrosopyridine	89323-10-4	138.130	533.15	1	---	---	25	1.3404	2	---	---	---	solid	1
4529	C5H6N4O3	5-nitro-2-furohydrazide imide	13295-76-6	170.129	---	---	325.65	1	25	1.4886	2	---	---	---	---	---
4530	C5H6N6	1H-purine-2,6-diamine	1904-98-9	150.145	575.15	1	---	---	25	1.4173	2	---	---	---	solid	1
4531	C5H6N6O2	glutaryl diazide	64624-44-8	182.143	---	---	296.15	1	25	1.5546	2	---	---	---	gas	1
4532	C5H6N6S2	N,N'-methylenebis(2-amino-1,3,4-thiadiazo	26907-37-9	214.277	---	---	387.65	1	25	1.5634	2	---	---	---	---	---
4533	C5H6N8O13	N,N'-bis(2,2,2-trinitroethyl)urea	918-99-0	386.151	---	---	---	---	25	2.0602	2	---	---	---	---	---
4534	C5H6O	2-methylfuran	534-22-5	82.102	178.87	1	337.85	1	20	0.9132	1	25	1.4320	1	liquid	1
4535	C5H6O	3-methylfuran	930-27-8	82.102	182.44	2	338.65	1	18	0.9230	1	20	1.4330	1	liquid	1
4536	C5H6O	2-cyclopenten-1-one	930-30-3	82.102	---	---	409.15	1	15	0.9890	1	15	1.4629	1	---	---
4537	C5H6O	1-methoxy-1-buten-3-yne	2798-73-4	82.102	---	---	396.15	dec	20	0.9060	1	20	1.4818	1	---	---
4538	C5H6O	4-penten-2-yn-1-ol	2919-05-3	82.102	251.08	2	366.99	2	20	0.9427	1	20	1.4986	1	liquid	2
4539	C5H6O	pyran	33941-07-0	82.102	---	---	353.15	1	19	0.9348	2	20	1.4559	1	---	---
4540	C5H6O	2-penten-4-yn-1-ol	5557-88-0	82.102	251.08	2	366.99	2	19	0.9348	2	---	---	---	liquid	2
4541	C5H6O	2-penten-4-yn-3-ol	---	82.102	251.08	2	366.99	2	19	0.9348	2	---	---	---	liquid	2
4542	C5H6OS	2-furanmethanethiol	98-02-2	114.168	---	---	430.15	1	20	1.1319	1	20	1.5329	1	---	---
4543	C5H6OS	2-thiophenemethanol	636-72-6	114.168	---	---	480.15	1	16	1.2053	1	20	1.5280	1	---	---
4544	C5H6OS	2-methoxythiophene	16839-97-7	114.168	---	---	424.65	1	25	1.1320	1	---	1.5280	1	---	---
4545	C5H6OS	3-methoxythiophene	17573-92-1	114.168	---	---	444.98	2	25	1.1430	1	---	1.5300	1	---	---
4546	C5H6OS	2-methyl-3-furanethiol, balance oxidized cc	28588-74-1	114.168	---	---	444.98	2	25	1.1450	1	---	1.5300	1	---	---
4547	C5H6OS	3-thiophenemethanol	71637-34-8	114.168	---	---	444.98	2	25	1.2110	1	---	1.5640	1	---	---
4548	C5H6O2	furfuryl alcohol	98-00-0	98.101	258.52	1	443.15	1	25	1.1270	1	25	1.4831	1	liquid	1
4549	C5H6O2	dihydro-3-methylene-2(3H)-furanone	547-65-9	98.101	---	---	412.82	2	20	1.1206	1	20	1.4650	1	---	---
4550	C5H6O2	dihydro-5-methylene-2(3H)-furanone	10008-73-8	98.101	---	---	412.82	2	20	1.1206	1	20	1.4650	1	---	---
4551	C5H6O2	5-methyl-2(3H)-furanone	591-12-8	98.101	291.15	1	412.82	2	20	1.0840	1	20	1.4476	1	liquid	2
4552	C5H6O2	5-methyl-2(5H)-furanone	591-11-7	98.101	---	---	482.15	1	20	1.0810	1	20	1.4454	1	---	---
4553	C5H6O2	ethyl 2-propynoate	623-47-2	98.101	---	---	393.15	1	16	0.9645	1	20	1.4105	1	---	---
4554	C5H6O2	propargyl acetate	627-09-8	98.101	---	---	394.65	1	20	0.9982	1	20	1.4187	1	---	---
4555	C5H6O2	2-methoxyfuran	25414-22-6	98.101	---	---	383.65	1	25	1.0646	1	25	1.4468	1	---	---
4556	C5H6O2	2,4-pentadienoic acid	626-99-3	98.101	352.15	1	385.15	dec	22	1.0561	2	---	---	---	solid	1
4557	C5H6O2	2-pentynoic acid	5963-77-9	98.101	323.15	1	412.82	2	20	0.9780	1	20	1.4619	1	solid	1
4558	C5H6O2	4-pentynoic acid	6089-09-4	98.101	330.85	1	412.82	2	22	1.0561	2	---	---	---	solid	1
4559	C5H6O2	angelica lactone	1333-38-6	98.101	291.15	1	483.15	1	22	1.0561	2	---	---	---	liquid	1
4560	C5H6O2	furan-3-methanol	4412-91-3	98.101	---	---	412.82	2	25	1.1390	1	---	1.4840	1	---	---

Table 1 Physical Properties - Organic Compounds

				Mol Wt	Freezing Point		Boiling Point		Density			Refractive Index			State	
NO	FORMULA	NAME	CAS No	g/mol	T_F, K	code	T_B, K	code	T, C	g/cm3	code	T, C	n_D	code	@25C,1 atm	code
4561	C5H6O2	methyl 2-butynoate	23326-27-4	98.101	---	---	412.82	2	25	0.9800	1	---	---	---	---	---
4562	C5H6O2	3-methyl-2(5H)-furanone	22122-36-7	98.101	---	---	412.82	2	25	1.1300	1	---	1.4670	1	---	---
4563	C5H6O2	vinyl acrylate	2177-18-6	98.101	191.25	1	364.15	1	25	0.9420	1	---	1.4320	1	liquid	1
4564	C5H6O2	1,3-cyclopentanedione	3859-41-4	98.101	423.00	1	---	---	22	1.0561	2	---	---	---	solid	1
4565	C5H6O2	4,5-epoxy-2-pentenal	64011-46-7	98.101	---	---	412.82	2	22	1.0561	2	---	---	---	---	---
4566	C5H6O2	1-hydroxy-2-pentyne-4-one	64011-43-4	98.101	---	---	386.15	1	22	1.0561	2	---	---	---	---	---
4567	C5H6O3	glutaric anhydride	108-55-4	114.101	328.00	1	562.69	1	20	1.4110	1	---	---	---	solid	1
4568	C5H6O3	dihydro-3-methyl-2,5-furandione	4100-80-5	114.101	307.15	1	512.15	1	25	1.2200	1	---	---	---	solid	1
4569	C5H6O3	2,3-dihydroxy-2-cyclopenten-1-one	80-72-8	114.101	485.15	1	503.33	2	23	1.2730	2	---	---	---	solid	1
4570	C5H6O3	(S)-4-ethenyl-1,3-dioxolan-2-one	---	114.101	---	---	503.33	2	23	1.2730	2	---	1.4486	1	---	---
4571	C5H6O3	(S)-(-)-5-(hydroxymethyl)-2(5H)-furanone	78508-96-0	114.101	313.65	1	503.33	2	23	1.2730	2	---	---	---	solid	1
4572	C5H6O3	4-methoxy-2(5H)-furanone	69556-70-3	114.101	335.65	1	503.33	2	23	1.2730	2	---	---	---	solid	1
4573	C5H6O3	4-vinyl-1,3-dioxolan-2-one	4427-96-7	114.101	---	---	503.33	2	25	1.1880	1	---	1.4500	1	---	---
4574	C5H6O3	4,5-epoxy-3-hydroxyvaleric acid b-lactone	4247-30-7	114.101	---	---	503.33	2	23	1.2730	2	---	---	---	---	---
4575	C5H6O3	a-methyl tetronic acid	22885-98-9	114.101	388.15	1	435.15	dec	23	1.2730	2	---	---	---	solid	1
4576	C5H6O4	citraconic acid	498-23-7	130.100	356.15	1	607.00	1	25	1.6170	1	---	---	---	solid	1
4577	C5H6O4	itaconic acid	97-65-4	130.100	438.75	1	601.00	1	25	1.5730	1	---	---	---	solid	1
4578	C5H6O4	1,1-cyclopropanedicarboxylic acid	598-10-7	130.100	413.65	1	604.00	2	23	1.5290	2	---	---	---	solid	1
4579	C5H6O4	trans-1,2-cyclopropanedicarboxylic acid, (±	58616-95-8	130.100	448.15	1	604.00	2	20	1.4600	1	---	---	---	solid	1
4580	C5H6O4	2,4-dioxopentanoic acid	5699-58-1	130.100	372.65	1	604.00	2	23	1.5290	2	---	---	---	solid	1
4581	C5H6O4	trans-1-propene-1,2-dicarboxylic acid	498-24-8	130.100	477.65	1	604.00	2	20	1.4660	1	---	---	---	solid	1
4582	C5H6O4	(S)-(+)-5-oxo-2-tetrahydrofurancarboxylic a	21461-84-7	130.100	341.15	1	604.00	2	23	1.5290	2	---	---	---	solid	1
4583	C5H6O4	(R)-(-)-5-oxo-2-tetrahydrofurancarboxylic a	53558-93-3	130.100	344.15	1	604.00	2	23	1.5290	2	---	---	---	solid	1
4584	C5H6O4S3	bis(carboxymethyl) trithiocarbonate	6326-83-6	226.298	445.65	1	---	---	25	1.5127	2	---	---	---	solid	1
4585	C5H6O5	2-oxoglutaric acid	328-50-7	146.100	388.65	1	---	---	25	1.3462	2	---	---	---	solid	1
4586	C5H6O5	3-oxopentanedioic acid	542-05-2	146.100	411.15	dec	---	---	25	1.3462	2	---	---	---	solid	1
4587	C5H6S	2-methylthiophene	554-14-3	98.169	209.79	1	385.71	1	25	1.0140	1	25	1.5174	1	liquid	1
4588	C5H6S	3-methylthiophene	616-44-4	98.169	204.19	1	388.55	1	25	1.0160	1	25	1.5176	1	liquid	1
4589	C5H6S	2-propynyl vinyl sulfide	21916-66-5	98.169	---	---	387.16	2	25	1.0150	2	---	---	---	---	---
4590	C5H6S2	2-thenylmercaptan	6258-63-5	130.235	---	---	---	---	25	2	1	---	1.6030	1	---	---
4591	C5H7BO2S	4-methylthiophene-2-boronic acid	162607-15-0	141.986	---	---	---	---	---	---	---	---	---	---	---	---
4592	C5H7BO2S	5-methylthiophene-2-boronic acid	162607-20-7	141.986	---	---	---	---	---	---	---	---	---	---	---	---
4593	C5H7BO3	5-methylfuran-2-boronic acid	62306-79-0	125.920	---	---	---	---	---	---	---	---	---	---	---	---
4594	C5H7Br	1-bromo-1-pentyne	14752-60-4	147.015	---	---	390.15	1	13	1.2810	1	13	1.4579	1	---	---
4595	C5H7BrN2	4-bromo-1,3-dimethyl-1H-pyrazole	5775-82-6	175.029	---	---	---	---	15	1.4975	1	15	1.5214	1	---	---
4596	C5H7BrN2	4-bromo-3,5-dimethylpyrazole	3398-16-1	175.029	393.15	1	---	---	25	1.5449	2	---	---	---	solid	1
4597	C5H7BrO2	2-bromoethyl acrylate	4823-47-6	179.013	---	---	429.65	1	25	1.4581	1	25	1.4660	1	---	---
4598	C5H7BrO2	a-bromo-a-methyl-g-butyrolactone	33693-67-3	179.013	---	---	429.65	2	25	1.5810	1	---	1.4940	1	---	---
4599	C5H7BrO2	methyl 4-bromocrotonate	1117-71-1	179.013	---	---	429.65	2	25	1.5210	1	---	1.5010	1	---	---
4600	C5H7BrO2	methyl 2-(bromomethyl)acrylate	4224-69-5	179.013	---	---	429.65	2	25	1.4890	1	---	1.4900	1	---	---
4601	C5H7BrO2	alpha-bromo-gamma-valerolactone,c&t	25966-39-6	179.013	---	---	429.65	2	25	1.6270	1	---	1.4930	1	---	---
4602	C5H7BrO3	ethyl bromopyruvate	70-23-5	195.013	---	---	372.15	1	25	1.5540	1	---	1.4690	1	---	---
4603	C5H7BrO4	dimethyl bromomalonate	868-26-8	211.012	---	---	---	---	25	1.6010	1	---	1.4620	1	---	---
4604	C5H7Cl	3-chlorocyclopentene	96-40-2	102.563	---	---	370.53	2	25	1.0388	1	26	1.4708	1	---	---
4605	C5H7Cl	1-chloro-2-methyl-1,3-butadiene	35383-51-8	102.563	---	---	380.15	1	20	0.9710	1	20	1.4702	1	---	---
4606	C5H7Cl	1-chloro-3-methyl-1,3-butadiene	51034-46-9	102.563	---	---	373.85	1	20	0.9543	1	20	1.4719	1	---	---
4607	C5H7Cl	2-chloro-3-methyl-1,3-butadiene	1809-02-5	102.563	---	---	366.15	1	20	0.9593	1	20	1.4686	1	---	---
4608	C5H7Cl	3-chloro-1,3-pentadiene	37710-49-9	102.563	---	---	373.15	1	20	0.9576	1	20	1.4785	1	---	---
4609	C5H7Cl	3-chloro-3-methyl-1-butyne	1111-97-3	102.563	212.15	1	349.15	1	20	0.9061	1	---	---	---	liquid	1
4610	C5H7Cl	1-chloro-1-cyclopentene	930-29-0	102.563	---	---	387.15	1	25	1.0350	1	---	1.4650	1	---	---
4611	C5H7Cl	5-chloro-1-pentyne	14267-92-6	102.563	---	---	364.10	1	25	0.9640	1	---	1.4440	1	---	---
4612	C5H7ClN2	3-chloro-1,5-dimethyl-1H-pyrazole	51500-32-4	130.577	320.65	1	484.15	1	100	1.0823	1	100	1.4648	1	solid	1
4613	C5H7ClN2	4-chloro-3,5-dimethyl-1H-pyrazole	15953-73-8	130.577	390.65	1	494.15	1	59	1.1095	2	---	---	---	solid	1
4614	C5H7ClN2	5-chloro-1,3-dimethyl-1H-pyrazole	54454-10-3	130.577	---	---	430.65	1	18	1.1367	1	18	1.4877	1	---	---
4615	C5H7ClN2O	N-(b-cyanoethyl)monochloroacetamide	17756-81-9	146.576	---	---	438.15	dec	25	1.2608	2	---	---	---	---	---
4616	C5H7ClN2O2	1-chloroacetyl-3-pyrazolidinone	---	162.576	418.65	1	---	---	25	1.3340	2	---	---	---	solid	1
4617	C5H7ClO	2-chlorocyclopentanone	694-28-0	118.562	---	---	408.78	2	25	1.1850	1	20	1.4750	1	---	---
4618	C5H7ClO	3-methyl-2-butenoyl chloride	3350-78-5	118.562	---	---	419.15	1	25	1.0650	1	20	1.4770	1	---	---
4619	C5H7ClO	cyclobutanecarbonyl chloride	5006-22-4	118.562	---	---	409.05	1	25	1.0390	1	---	1.4540	1	---	---
4620	C5H7ClO	4-pentenoyl chloride	39716-58-0	118.562	---	---	398.15	1	25	1.0740	1	---	---	---	---	---
4621	C5H7ClO2	2-chloroethyl acrylate	2206-89-5	134.562	---	---	420.65	2	20	1.1604	1	20	1.4384	1	---	---
4622	C5H7ClO2	5-(chloromethyl)dihydro-2(3H)-furanone	39928-72-8	134.562	---	---	420.65	2	21	1.1417	2	---	---	---	---	---
4623	C5H7ClO2	ethyl 2-chloroacrylate	30600-19-2	134.562	---	---	420.65	2	20	1.1404	1	20	1.4384	1	---	---
4624	C5H7ClO2	methyl 4-chloro-2-butenoate	15320-72-6	134.562	---	---	420.65	2	18	1.1690	1	18	1.4670	1	---	---
4625	C5H7ClO2	methyl trans-2-chloro-2-butenoate	22038-57-9	134.562	---	---	434.65	1	20	1.1600	1	23	1.4569	1	---	---
4626	C5H7ClO2	methyl cis-3-chloro-2-butenoate	6214-25-1	134.562	---	---	415.55	1	20	1.1380	1	19	1.4573	1	---	---
4627	C5H7ClO2	methyl trans-3-chloro-2-butenoate	6372-01-6	134.562	---	---	414.15	1	19	1.1362	1	20	1.4630	1	---	---
4628	C5H7ClO2	allyl chloroacetate	2916-14-5	134.562	---	---	418.25	1	25	1.1590	1	---	1.4460	1	---	---
4629	C5H7ClO2	3-butenyl chloroformate	88986-45-2	134.562	---	---	420.65	2	25	1.0870	1	---	1.4280	1	---	---
4630	C5H7ClO2	3-chloro-2,4-pentanedione	1694-29-7	134.562	---	---	420.65	2	25	1.1250	1	---	1.4830	1	---	---
4631	C5H7ClO3	2-(acetyloxy)propanoyl chloride, (±)	55057-45-9	150.561	---	---	423.15	dec	17	1.1920	1	17	1.4241	1	---	---
4632	C5H7ClO3	(S)-(-)-2-acetoxypropionyl chloride	36394-75-9	150.561	---	---	416.65	2	25	1.1890	1	---	1.4230	1	---	---
4633	C5H7ClO3	ethyl 3-chloro-3-oxopropionate	36239-09-5	150.561	---	---	416.65	2	25	1.1700	1	---	---	---	---	---
4634	C5H7ClO3	methyl 4-chloroacetoacetate	32807-28-6	150.561	288.15	1	416.65	2	25	1.2930	1	---	1.4560	1	liquid	2
4635	C5H7ClO3	methyl 2-chloroacetoacetate	4755-81-1	150.561	240.35	1	410.15	1	25	1.2360	1	---	1.4520	1	liquid	1
4636	C5H7ClO3	methyl succinyl chloride	1490-25-1	150.561	---	---	416.65	2	25	1.2230	1	---	1.4400	1	---	---
4637	C5H7ClO4	dimethyl chloromalonate	28868-76-0	166.561	---	---	---	---	25	1.3050	1	---	1.4370	1	---	---
4638	C5H7Cl2NO	2-chloro-N-3-chloroallylacetamide	100130-25-4	168.022	325.65	1	---	---	25	1.3005	2	---	---	---	solid	1
4639	C5H7Cl2NO2S	S-dichlorovinyl-L-cysteine	627-72-5	216.087	---	---	---	---	25	1.4369	2	---	---	---	---	---
4640	C5H7Cl2NO2S	S-(trans-1,2-dichlorovinyl)-L-cysteine	13419-46-0	216.087	---	---	---	---	25	1.4369	2	---	---	---	---	---

Table 1 Physical Properties - Organic Compounds

				Mol Wt	Freezing Point		Boiling Point		Density			Refractive Index			State	
NO	FORMULA	NAME	CAS No	g/mol	T_F, K	code	T_B, K	code	T, C	g/cm3	code	T, C	n_D	code	@25C,1 atm	code
4641	C5H7Cl2N2O3P	cytoxyl amine	3308-51-8	245.002	---	---	345.15	1	---	---	---	---	---	---	---	---
4642	C5H7Cl3O	2,3,3-trichlorotetrahydro-2H-pyran	---	189.467	---	---	---	---	25	1.4400	1	---	1.5061	1	---	---
4643	C5H7Cl3O2	isopropyl trichloroacetate	3974-99-0	205.467	---	---	448.15	1	25	1.2911	1	20	1.4428	1	---	---
4644	C5H7Cl3O2	propyl trichloroacetate	13313-91-2	205.467	---	---	460.15	1	20	1.3221	1	20	1.4501	1	---	---
4645	C5H7Cl3O3	2-methoxyethyl trichloroacetate	35449-34-4	221.466	287.65	1	---	---	20	1.3826	1	20	1.4563	1	---	---
4646	C5H7Cl3O3	a-trichloroethylidene glycerol	---	221.466	---	---	---	---	25	1.4439	2	---	---	---	---	---
4647	C5H7Cl3O3	b-trichloroethylidene glycerol	---	221.466	---	---	---	---	25	1.4439	2	---	---	---	---	---
4648	C5H7FO2	allyl fluoroacetate	406-23-5	118.108	---	---	---	---	25	1.1135	2	---	---	---	---	---
4649	C5H7FO2	methyl-g-fluorocrotonate	2367-25-1	118.108	---	---	---	---	25	1.1135	2	---	---	---	---	---
4650	C5H7F3O2	propyl trifluoroacetate	383-66-4	156.105	---	---	355.65	1	25	1.1285	1	22	1.3233	1	---	---
4651	C5H7F3O2	isopropyl trifluoroacetate	400-38-4	156.105	---	---	346.15	1	25	1.1080	1	---	1.3180	1	---	---
4652	C5H7F3O2	ethyl-2,2,3-trifluoro propionate	28781-86-4	156.105	---	---	350.90	2	25	1.1183	2	---	---	---	---	---
4653	C5H7F5O2	1-ethoxy-2,2,3,3,3-pentafluoro-1-propanol	337-28-0	194.102	---	---	---	---	25	1.3331	2	---	---	---	---	---
4654	C5H7I	1-iodo-1-pentyne	14752-61-5	194.015	240.00	2	---	---	19	1.6127	1	19	1.5148	1	---	---
4655	C5H7IN2	1-aminopyridinium iodide	6295-87-0	222.029	432.65	1	---	---	25	1.8200	2	---	---	---	solid	1
4656	C5H7IO2	ethyl cis-3-iodoacrylate	31930-36-6	226.014	---	---	---	---	25	1.7650	1	---	1.5330	1	---	---
4657	C5H7KO4	ethyl potassium malonate	6148-64-7	170.206	473.15	1	---	---	---	---	---	---	---	---	solid	1
4658	C5H7N	N-methylpyrrole	96-54-8	81.118	216.91	1	385.89	1	25	0.9030	1	20	1.4875	1	liquid	1
4659	C5H7N	2-methylpyrrole	636-41-9	81.118	237.55	1	420.75	1	15	0.9446	1	16	1.5035	1	liquid	1
4660	C5H7N	3-methylpyrrole	616-43-3	81.118	224.75	1	416.05	1	23	0.8674	2	20	1.4970	1	liquid	1
4661	C5H7N	cyclobutanecarbonitrile	4426-11-3	81.118	---	---	422.75	1	23	0.8674	2	---	---	---	---	---
4662	C5H7N	4-pentenenitrile	592-51-8	81.118	---	---	413.15	1	24	0.8239	1	14	1.4213	1	---	---
4663	C5H7N	cyclopropylacetonitrile	6542-60-5	81.118	---	---	416.15	1	25	0.8780	1	---	1.4240	1	---	---
4664	C5H7N	trans-3-pentenenitrile	16529-66-1	81.118	---	---	418.65	1	25	0.8370	1	---	1.4210	1	---	---
4665	C5H7N	cis-2-pentenenitrile	25899-50-7	81.118	---	---	400.65	1	25	0.8180	1	---	1.4240	1	---	---
4666	C5H7N	3-pentenenitrile	4635-87-4	81.118	---	---	418.50	1	23	0.8674	2	---	---	---	---	---
4667	C5H7NO	3,5-dimethylisoxazole	300-87-8	97.117	---	---	416.15	1	25	0.9900	1	20	1.4421	1	---	---
4668	C5H7NO	2,4-dimethyloxazole	7208-05-1	97.117	---	---	381.15	1	15	0.9352	1	15	1.4166	1	---	---
4669	C5H7NO	2,5-dimethyloxazole	23012-11-5	97.117	---	---	390.65	1	21	0.9958	1	21	1.4385	1	---	---
4670	C5H7NO	2-furanmethanamine	617-89-0	97.117	---	---	418.65	1	20	1.0995	1	20	1.4908	1	---	---
4671	C5H7NO	cis-2-hydroxy-3-pentenenitrile	116908-78-2	97.117	---	---	401.65	2	15	0.9675	1	21	1.4460	1	---	---
4672	C5H7NO	3-ethoxyacrylonitrile	61310-53-0	97.117	---	---	401.65	2	25	0.9420	1	---	1.4540	1	---	---
4673	C5H7NO	S-1-cyano-2-hydroxy-3-butene	6071-81-4	97.117	---	---	401.65	2	20	0.9883	2	---	---	---	---	---
4674	C5H7NOS	N-methylmonothiosuccinimide	2043-24-5	129.183	332.65	1	---	---	25	1.1703	2	---	---	---	solid	1
4675	C5H7NOS	R-5-vinyl-2-oxazolidinethione	1072-93-1	129.183	320.65	1	---	---	25	1.1703	2	---	---	---	solid	1
4676	C5H7NOS2	3-ethylrhodanine	7648-01-3	161.249	310.15	1	---	---	25	1.3030	1	---	---	---	solid	1
4677	C5H7NO2	ethyl cyanoacetate	105-56-6	113.116	250.65	1	479.15	1	25	1.0580	1	21	1.4179	1	liquid	1
4678	C5H7NO2	2-acetoxypropanenitrile	15657-96-2	113.116	198.15	1	445.65	1	20	1.0278	1	20	1.4027	1	liquid	1
4679	C5H7NO2	methyl 3-cyanopropanonate	4107-62-4	113.116	---	---	486.15	1	20	1.0792	1	20	1.4250	1	---	---
4680	C5H7NO2	3-methyl-5-isoxazolemethanol	14716-89-3	113.116	---	---	477.25	2	14	1.1613	1	20	1.4790	1	---	---
4681	C5H7NO2	1-methyl-2,5-pyrrolidinedione	1121-07-9	113.116	344.15	1	507.15	1	21	1.0719	2	---	---	---	solid	1
4682	C5H7NO2	ethyl isocyanoacetate	2999-46-4	113.116	---	---	468.15	1	25	1.0330	1	---	1.4200	1	---	---
4683	C5H7NO2	glutarimide	1121-89-7	113.116	428.65	1	477.25	2	21	1.0719	2	---	---	---	solid	1
4684	C5H7NO2	L-3,4-dehydroproline	4043-88-3	113.116	---	---	477.25	2	21	1.0719	2	---	---	---	---	---
4685	C5H7NO2S	ethyl isothiocyanatoacetate	24066-82-8	145.182	---	---	---	---	25	1.1710	1	---	1.5020	1	---	---
4686	C5H7NO2S	thiocyanatoacetic acid ethyl ester	5349-28-0	145.182	---	---	---	---	25	1.2516	2	---	---	---	---	---
4687	C5H7NO3	5,5-dimethyl-2,4-oxazolidinedione	695-53-4	129.116	349.65	1	---	---	25	1.2175	2	---	---	---	solid	1
4688	C5H7NO3	L-pyroglutamic acid	98-79-3	129.116	435.15	1	---	---	25	1.2175	2	---	---	---	solid	1
4689	C5H7NO3	2-acetamidoacrylic acid	5429-56-1	129.116	458.65	1	---	---	25	1.2175	2	---	---	---	solid	1
4690	C5H7NO3	4-acetoxy-2-azetidinone	28562-53-0	129.116	312.15	1	353.95	1	25	1.2175	2	---	---	---	solid	1
4691	C5H7NO3	3-acetyl-2-oxazolidinone	1432-43-5	129.116	343.15	1	347.05	2	25	1.2175	2	---	---	---	solid	1
4692	C5H7NO3	1-(aminocarbonyl)-1-cyclopropanecarboxyl	6914-74-5	129.116	458.15	1	---	---	25	1.2175	2	---	---	---	solid	1
4693	C5H7NO3	ethyl isocyanatoacetate	2949-22-6	129.116	---	---	340.15	1	25	1.1510	1	---	1.4220	1	---	---
4694	C5H7NO3	N-methylmaleamic acid	6936-48-7	129.116	418.65	1	---	---	25	1.2175	2	---	---	---	solid	1
4695	C5H7NO3	DL-2-pyrrolidone-5-carboxylic acid	149-87-1	129.116	455.65	1	---	---	25	1.2175	2	---	---	---	solid	1
4696	C5H7NO3	(R)-(+)-2-pyrrolidone-5-carboxylic acid	4042-36-8	129.116	431.65	1	---	---	25	1.2175	2	---	---	---	solid	1
4697	C5H7NO4	acrylamido glycolic acid, anhydrous	6737-24-2	145.115	398.15	1	---	---	25	1.2996	2	---	---	---	solid	1
4698	C5H7NO4	cis-azetidine-2,4-dicarboxylic acid	---	145.115	---	---	---	---	25	1.2996	2	---	---	---	---	---
4699	C5H7NO4	(+/-)-trans-azetidine-2,4-dicarboxylic acid	---	145.115	---	---	---	---	25	1.2996	2	---	---	---	---	---
4700	C5H7NO4	(2S,4S)-(-)-azetidine-2,4-dicarboxylic acid	161596-62-9	145.115	---	---	---	---	25	1.2996	2	---	---	---	---	---
4701	C5H7NO4	(2R,4R)-(+)-azetidine-2,4-dicarboxylic acid	161596-63-0	145.115	---	---	---	---	25	1.2996	2	---	---	---	---	---
4702	C5H7NO6	dimethyl nitromalonate	5437-67-2	177.114	---	---	---	---	25	1.3120	1	---	1.4320	1	---	---
4703	C5H7NS	2,4-dimethylthiazole	541-58-2	113.184	---	---	419.15	1	15	1.0562	1	20	1.5091	1	---	---
4704	C5H7NS	4,5-dimethylthiazole	3581-91-7	113.184	356.65	1	431.15	1	20	1.0699	1	---	---	---	solid	1
4705	C5H7NS	2-thiophenemethylamine	27757-85-3	113.184	---	---	425.15	2	25	1.1000	1	---	1.5665	1	---	---
4706	C5H7NS	2,5-dimethylthiazole	4175-66-0	113.184	---	---	425.15	2	20	1.0754	2	---	---	---	---	---
4707	C5H7NS	4,5-epithiovaleronitrile	54096-45-6	113.184	---	---	425.15	2	20	1.0754	2	---	---	---	---	---
4708	C5H7N3	methylaminopyrazine	19838-08-5	109.132	---	---	558.15	2	25	1.1170	2	---	---	---	---	---
4709	C5H7N3	4-methyl-2-pyrimidinamine	108-52-1	109.132	433.45	1	558.15	2	25	1.1170	2	---	---	---	solid	1
4710	C5H7N3	5-methyl-2-pyrimidinamine	50840-23-8	109.132	466.65	1	558.15	2	25	1.1170	2	---	---	---	solid	1
4711	C5H7N3	6-methyl-4-pyrimidinamine	3435-28-7	109.132	470.15	1	558.15	2	25	1.1170	2	---	---	---	solid	1
4712	C5H7N3	2,3-pyridinediamine	452-58-4	109.132	393.95	1	558.15	2	25	1.1170	2	---	---	---	solid	1
4713	C5H7N3	2,5-pyridinediamine	4318-76-7	109.132	383.45	1	558.15	2	25	1.1170	2	---	---	---	solid	1
4714	C5H7N3	2,6-pyridinediamine	141-86-6	109.132	394.65	1	558.15	1	25	1.1170	2	---	---	---	solid	1
4715	C5H7N3	2(1H)-pyridinone hydrazone	4930-98-7	109.132	319.75	1	558.15	2	25	1.1170	2	---	---	---	solid	1
4716	C5H7N3	3,4-diaminopyridine	54-96-6	109.132	492.15	1	558.15	2	25	1.1170	2	---	---	---	solid	1
4717	C5H7N3	imidazolepyrazole	6714-29-0	109.132	341.65	1	558.15	2	25	1.1170	2	---	---	---	solid	1
4718	C5H7N3O	4-amino-5-methyl-2(1H)-pyrimidinone	554-01-8	125.131	543.15	dec	---	---	25	1.2112	2	---	---	---	solid	1
4719	C5H7N3O	2-amino-4-hydroxy-6-methylpyrimidine	3977-29-5	125.131	>573.15	1	---	---	25	1.2112	2	---	---	---	solid	1
4720	C5H7N3O	4-amino-6-methoxypyrimidine	696-45-7	125.131	---	---	---	---	25	1.2112	2	---	---	---	---	---

Table 1 Physical Properties - Organic Compounds

NO	FORMULA	NAME	CAS No	Mol Wt g/mol	Freezing Point T_F, K	code	Boiling Point T_B, K	code	Density T, C	g/cm3	code	Refractive Index T, C	n_D	code	State @25C,1 atm	code
4721	C5H7N3O	3-methyl-1H-pyrazole-1-carboxamide	873-50-7	125.131	---	---	---	---	25	1.2112	2	---	---	---	---	---
4722	C5H7N3OS	formic acid (2-(4-methyl-2-thiazolyl))hydraz	32852-21-4	157.197	---	---	493.15	1	25	1.3224	2	---	---	---	---	---
4723	C5H7N3O2	4-amino-5-(hydroxymethyl)-2(1H)-pyrimidir	1123-95-1	141.130	>573	1	344.45	2	25	1.2956	2	---	---	---	solid	1
4724	C5H7N3O2	1,2-dimethyl-5-nitro-1H-imidazole	551-92-8	141.130	411.65	1	---	---	25	1.2956	2	---	---	---	solid	1
4725	C5H7N3O2	2-amino-4,6-dihydroxy-5-methylpyrimidine	55477-35-5	141.130	---	---	344.45	2	25	1.2956	2	---	---	---	---	---
4726	C5H7N3O2	1,2-dimethyl-4-nitro-1H-imidazole	13230-04-1	141.130	455.65	1	---	---	25	1.2956	2	---	---	---	solid	1
4727	C5H7N3O2	4,5-dimethyl-2-nitroimidazole	5213-47-8	141.130	---	---	344.45	2	25	1.2956	2	---	---	---	---	---
4728	C5H7N3O2	ethyl-2-azido-2-propenoate	81852-50-8	141.130	---	---	344.45	1	25	1.2956	2	---	---	---	---	---
4729	C5H7N3O2	2-methyl-4-carbamoyl-5-hydroxyimidazole	69946-37-8	141.130	---	---	344.45	2	25	1.2956	2	---	---	---	---	---
4730	C5H7N3O3	1-methyl-5-nitroimidazole-2-methanol	936-05-0	157.130	---	---	321.50	1	25	1.3718	2	---	---	---	---	---
4731	C5H7N3O3	1-nitroso-5,6-dihydrothymine	62641-67-2	157.130	---	---	469.15	1	25	1.3718	2	---	---	---	---	---
4732	C5H7N3O4	azaserine	115-02-6	173.129	423.15	dec	---	---	25	1.4408	2	---	---	---	solid	1
4733	C5H7N3O5	L-quisqualic acid	52809-07-1	189.129	465.15	1	---	---	25	1.5037	2	---	---	---	solid	1
4734	C5H7N3S	3-amino-6-methyl-4-pyridazinethiol	18591-81-6	141.198	---	---	---	---	25	1.2467	2	---	---	---	---	---
4735	C5H7NaO3	3-methyl-2-oxobutanoic acid, sodium salt	3715-29-5	138.099	503.15	1	---	---	---	---	---	---	---	---	solid	1
4736	C5H8	spiropentane	157-40-4	68.119	166.11	1	312.19	1	25	0.7350	1	20	1.4120	1	liquid	1
4737	C5H8	cyclopentene	142-29-0	68.119	138.13	1	317.38	1	25	0.7670	1	25	1.4194	1	liquid	1
4738	C5H8	isoprene	78-79-5	68.119	127.27	1	307.21	1	25	0.6750	1	25	1.4185	1	liquid	1
4739	C5H8	3-methyl-1,2-butadiene	598-25-4	68.119	159.53	1	314.00	1	25	0.6810	1	25	1.4169	1	liquid	1
4740	C5H8	1,2-pentadiene	591-95-7	68.119	135.89	1	318.01	1	25	0.6880	1	25	1.4177	1	liquid	1
4741	C5H8	cis-1,3-pentadiene	1574-41-0	68.119	132.35	1	317.22	1	25	0.6860	1	25	1.4329	1	liquid	1
4742	C5H8	trans-1,3-pentadiene	2004-70-8	68.119	185.71	1	315.17	1	25	0.6710	1	25	1.4267	1	liquid	1
4743	C5H8	1,4-pentadiene	591-93-5	68.119	124.86	1	299.11	1	25	0.6530	1	25	1.3854	1	liquid	1
4744	C5H8	2,3-pentadiene	591-96-8	68.119	147.50	1	321.40	1	25	0.6900	1	25	1.4251	1	liquid	1
4745	C5H8	1-pentyne	627-19-0	68.119	167.45	1	313.33	1	25	0.6880	1	25	1.3822	1	liquid	1
4746	C5H8	2-pentyne	627-21-4	68.119	163.83	1	329.27	1	25	0.7050	1	25	1.4009	1	liquid	1
4747	C5H8	3-methyl-1-butyne	598-23-2	68.119	183.45	1	302.15	1	25	0.6600	1	25	1.3695	1	liquid	1
4748	C5H8	1-methylcyclobutene	1489-60-7	68.119	---	---	311.15	1	20	0.7244	1	18	1.4088	1	---	---
4749	C5H8	methylenecyclobutane	1120-56-5	68.119	138.45	1	315.35	1	20	0.7401	1	20	1.4210	1	liquid	1
4750	C5H8	bicyclo(2.1.0)pentane	185-94-4	68.119	298.15	1	318.65	1	24	0.6964	2	---	---	---	---	---
4751	C5H8	1,3-pentadiene; (cis+trans)	504-60-9	68.119	144.72	2	315.05	1	25	0.6830	1	---	1.4330	1	liquid	1
4752	C5H8BN	trihydro(pyridine)boron	110-51-0	92.937	283.65	1	---	---	---	---	---	---	---	---	---	---
4753	C5H8BNO3	3,5-dimethylisoxazole-4-boronic acid	16114-47-9	140.935	---	---	---	---	---	---	---	---	---	---	---	---
4754	C5H8BrClO	5-bromovaleryl chloride	4509-90-4	199.474	---	---	---	---	25	1.4900	1	---	1.4920	1	---	---
4755	C5H8BrF3	1-bromo-2-methyl-4,4,4-trifluorobutane	---	205.018	---	---	389.15	1	25	1.4754	2	---	1.3912	1	---	---
4756	C5H8BrN	5-bromopentanenitrile	5414-21-1	162.030	---	---	---	---	20	1.3989	1	20	1.4780	1	---	---
4757	C5H8Br2N2O	3,4-dibromonitrosopiperidine	57541-73-8	271.940	---	---	---	---	25	1.8981	2	---	---	---	---	---
4758	C5H8Br2O2	2,3-dibromopentanoic acid	79912-57-5	259.925	330.15	1	481.90	2	23	1.8211	2	---	---	---	solid	1
4759	C5H8Br2O2	2,5-dibromopentanoic acid	1450-81-3	259.925	---	---	481.90	2	25	1.8629	1	25	1.5347	1	---	---
4760	C5H8Br2O2	ethyl 2,3-dibromopropanoate	3674-13-3	259.925	---	---	487.65	1	20	1.7966	1	20	1.5007	1	---	---
4761	C5H8Br2O2	methyl 2,3-dibromo-2-methylpropanoate	3673-79-8	259.925	---	---	476.15	1	20	1.8050	1	20	1.5050	1	---	---
4762	C5H8Br2O2	methyl 3-bromo-2-(bromomethyl)propionat	22262-60-8	259.925	---	---	481.90	2	25	1.8200	1	---	1.5080	1	---	---
4763	C5H8Br2O3	2-hydroxyethyl 2,3-dibromopropanoate	68479-77-6	275.925	---	---	---	---	25	1.8899	2	---	---	---	---	---
4764	C5H8Br4	1,3-dibromo-2,2-bis(bromomethyl)propane	3229-00-3	387.735	436.15	1	578.65	1	15	2.5960	1	---	---	---	solid	1
4765	C5H8ClFO2	propyl chlorofluoroacetate	348-70-9	154.568	---	---	420.15	1	25	1.1700	1	25	1.3994	1	---	---
4766	C5H8ClN	5-chlorovaleronitrile	6280-87-1	117.578	---	---	---	---	25	1.0430	1	---	1.4460	1	---	---
4767	C5H8ClNO	1-pyrrolidinecarbonyl chloride	1192-63-8	133.577	---	---	---	---	25	1.2090	1	---	1.4930	1	---	---
4768	C5H8ClNO2	4-morpholinecarbonyl chloride	15159-40-7	149.577	---	---	---	---	25	1.2820	1	---	1.4980	1	---	---
4769	C5H8ClNO3	N-chloroacetyl urethane	6092-47-3	165.576	402.15	1	---	---	25	1.2961	2	---	---	---	solid	1
4770	C5H8Cl2	3-chloro-2-(chloromethyl)-1-butene	69295-21-2	139.024	---	---	428.15	1	20	1.1233	1	20	1.4724	1	---	---
4771	C5H8Cl2	1,3-dichloro-2-methyl-2-butene	25148-87-2	139.024	---	---	423.15	1	20	1.1293	1	---	---	---	---	---
4772	C5H8Cl2	1,4-dichloro-2-methyl-2-butene	29843-58-1	139.024	---	---	425.15	2	20	1.1526	1	20	1.4932	1	---	---
4773	C5H8Cl2	3,3-dichloro-2-methyl-1-butene	42101-38-2	139.024	---	---	425.15	2	18	1.1276	1	18	1.4737	1	---	---
4774	C5H8Cl2	2,5-dichloro-2-pentene	20177-02-0	139.024	---	---	424.15	1	15	1.1182	1	---	---	---	---	---
4775	C5H8Cl2N2O	3,4-dichloronitrosopiperidine	57541-72-7	183.037	---	---	317.75	1	25	1.3268	2	---	---	---	---	---
4776	C5H8Cl2N2O2	1-acetyl-3-(2,2-dichloroethyl)urea	69225-98-5	199.036	---	---	295.80	1	25	1.3863	2	---	---	---	gas	1
4777	C5H8Cl2O	2-chloro-3-methylbutanoyl chloride	35383-59-6	155.023	---	---	421.65	1	13	1.1350	1	---	---	---	---	---
4778	C5H8Cl2O	2-chloropentanoyl chloride	61589-68-2	155.023	---	---	429.15	1	20	1.1765	1	20	1.4465	1	---	---
4779	C5H8Cl2O	5-chloropentanoyl chloride	1575-61-7	155.023	---	---	423.30	2	18	1.2100	1	20	1.4639	1	---	---
4780	C5H8Cl2O	3,5-dichloro-2-pentanone	58371-98-5	155.023	---	---	458.15	1	15	1.2390	1	20	1.4632	1	---	---
4781	C5H8Cl2O	3,3-bis(chloromethyl)oxetane	78-71-7	155.023	291.85	1	471.15	1	25	1.2930	1	---	1.4860	1	liquid	1
4782	C5H8Cl2O	3-chloro-2,2-dimethylpropionyl chloride	4300-97-4	155.023	---	---	358.15	1	25	1.1990	1	---	1.4530	1	---	---
4783	C5H8Cl2O	2,2-dichloropentanal	41718-50-7	155.023	---	---	413.65	1	19	1.2088	2	---	1.4430	1	---	---
4784	C5H8Cl2O	3,3-dichloro-2-pentanone	57856-10-7	155.023	---	---	411.20	1	19	1.2088	2	---	---	---	---	---
4785	C5H8Cl2O2	1,3-dichloro-2-propanol acetate	3674-10-0	171.022	---	---	478.15	1	20	1.2810	1	20	1.4542	1	---	---
4786	C5H8Cl2O2	ethyl 2,3-dichloropropanoate	6628-21-3	171.022	---	---	456.65	1	20	1.2401	1	20	1.4482	1	---	---
4787	C5H8Cl2O2	isopropyl dichloroacetate	25006-60-4	171.022	---	---	436.65	1	20	1.2053	1	20	1.4328	1	---	---
4788	C5H8Cl2O2	methyl 3,4-dichlorobutanoate	819-93-2	171.022	---	---	457.15	2	23	1.2780	1	23	1.4590	1	---	---
4789	C5H8Cl2O2	4-chlorobutyl chloroformate	37693-18-8	171.022	---	---	457.15	2	25	1.2520	1	---	1.4530	1	---	---
4790	C5H8Cl2O2	1-chloro-2-methylpropyl chloroformate	92600-11-8	171.022	---	---	457.15	2	25	1.1700	1	---	1.4320	1	---	---
4791	C5H8Cl2O2	3,3-dichloro-2-hydroxytetrahydropyran	---	171.022	361.65	1	457.15	2	22	1.2377	2	---	---	---	solid	1
4792	C5H8Cl2O2	3,3-dichloro-2-methoxytetrahydrofuran	---	171.022	---	---	457.15	2	22	1.2377	2	---	1.4655	1	---	---
4793	C5H8Cl2O2	2,2-dichloropentanoic acid	18240-68-1	171.022	---	---	457.15	2	22	1.2377	2	---	1.4595	1	---	---
4794	C5H8Cl2O2	3,3'-dichloropivalic acid	67329-11-7	171.022	338.15	1	457.15	2	22	1.2377	2	---	---	---	solid	1
4795	C5H8Cl2O3	bis(2-chloroethyl) carbonate	623-97-2	187.022	281.15	1	514.15	1	20	1.3506	1	20	1.4610	1	liquid	1
4796	C5H8Cl2S3	trithiocarbonic acid bis(2-chloroethyl) ester	63938-92-1	235.222	---	---	295.80	1	25	1.3793	2	---	---	---	gas	1
4797	C5H8Cl4	2,2-bis(chloromethyl)-1,3-dichloropropane	3228-99-7	209.929	370.15	1	485.00	2	25	1.3267	2	---	---	---	solid	1
4798	C5H8Cl4	1,1,1,5-tetrachloropentane	2467-10-9	209.929	---	---	485.00	2	20	1.3506	1	25	1.4859	1	---	---
4799	C5H8Cl8N4	tetrakis-(N,N-dichloroaminomethyl)methan	---	407.767	---	---	380.40	1	25	1.6713	2	---	---	---	---	---
4800	C5H8FN	5-fluorovaleronitrile	353-13-9	101.124	---	---	431.15	1	25	0.9762	2	---	---	---	---	---

Table 1 Physical Properties - Organic Compounds

NO	FORMULA	NAME	CAS No	Mol Wt g/mol	Freezing Point T_F, K	code	Boiling Point T_B, K	code	Density T, C	g/cm3	code	Refractive Index T, C	n_D	code	State @25C,1 atm	code
4801	C5H8FNO	2-cyano-2'-fluorodiethyl ether	353-18-4	117.123	---	---	435.15	2	25	1.0725	2	---	---	---	---	---
4802	C5H8FNO	3-fluorobutyl isocyanate	353-16-2	117.123	---	---	435.15	1	25	1.0725	2	---	---	---	---	---
4803	C5H8FNS	4-fluorobutyl thiocyanate	353-17-3	133.190	---	---	---	---	25	1.1178	2	---	---	---	---	---
4804	C5H8F2O4S2	1,3-cyclopentanedisulfonyl difluoride	35944-73-1	234.245	---	---	---	---	25	1.4387	2	---	---	---	---	---
4805	C5H8F3NO	5-methyl-2-trifluoromethyloxazolidine	31185-56-5	155.120	---	---	396.15	1	25	1.2027	2	---	---	---	---	---
4806	C5H8F4O	2-methyl-3,3,4,5-tetrafluoro-2-butanol	29553-26-2	160.112	---	---	390.15	1	25	1.2800	1	---	---	---	---	---
4807	C5H8I4	2,2-bis(iodomethyl)-1,3-diiodopropane	1522-88-9	575.736	---	---	677.00	1	25	2.8271	2	---	---	---	---	---
4808	C5H8NKO4	potassium glutamate	19473-49-5	185.221	---	---	---	---	---	---	---	---	---	---	---	---
4809	C5H8NNaO4	monosodium L-glutamate	142-47-2	169.113	---	---	---	---	---	---	---	---	---	---	---	---
4810	C5H8N2	1,2-dimethyl-1H-imidazole	1739-84-0	96.133	---	---	479.15	1	11	1.0051	1	---	---	---	---	---
4811	C5H8N2	1,4-dimethyl-1H-imidazole	6338-45-0	96.133	298.95	1	472.15	1	16	0.9960	1	---	---	---	solid	1
4812	C5H8N2	2,4-dimethylimidazole	930-62-1	96.133	365.15	1	540.15	1	27	0.9540	2	---	---	---	solid	1
4813	C5H8N2	1,3-dimethyl-1H-pyrazole	694-48-4	96.133	355.90	2	410.15	1	17	0.9561	1	15	1.4734	1	solid	2
4814	C5H8N2	1,5-dimethyl-1H-pyrazole	694-31-5	96.133	355.90	2	422.15	1	17	0.9813	1	16	1.4782	1	solid	2
4815	C5H8N2	3,4-dimethyl-1H-pyrazole	2820-37-3	96.133	331.15	1	463.97	2	99	0.9325	1	---	---	---	solid	1
4816	C5H8N2	3,5-dimethyl-1H-pyrazole	67-51-6	96.133	380.65	1	491.15	1	16	0.8839	1	---	---	---	solid	1
4817	C5H8N2	1-ethyl-1H-pyrazole	2817-71-2	96.133	355.90	2	412.15	1	20	0.9537	1	20	1.4700	1	solid	2
4818	C5H8N2	1-ethyl-1H-imidazole	7098-07-9	96.133	---	---	481.15	1	25	0.9990	1	---	---	---	---	---
4819	C5H8N2	trans-3-(dimethylamino)acrylonitrile	35520-41-3	96.133	---	---	463.97	2	25	0.8780	1	---	1.5330	1	---	---
4820	C5H8N2	2-ethylimidazole	1072-62-4	96.133	358.15	1	541.15	1	27	0.9540	2	---	---	---	solid	1
4821	C5H8N2	1-pyrrolidinecarbonitrile	1530-88-7	96.133	---	---	463.97	2	25	0.9540	1	---	1.4690	1	---	---
4822	C5H8N2	1-(2-cyanoethyl)aziridine	1072-66-8	96.133	---	---	463.97	2	27	0.9540	2	---	---	---	---	---
4823	C5H8N2	3-dimethylaminoacrylonitrile	2407-68-3	96.133	---	---	360.15	1	27	0.9540	2	---	---	---	---	---
4824	C5H8N2	1,5-dimethylimidazole	10447-93-5	96.133	---	---	494.20	1	27	0.9540	2	---	---	---	---	---
4825	C5H8N2O	1H-imidazole-1-ethanol	1615-14-1	112.132	312.15	1	421.90	2	25	1.0826	2	---	---	---	solid	1
4826	C5H8N2O	2,4-dihydro-2,5-dimethyl-3H-pyrazol-3-one	2749-59-9	112.132	389.65	1	378.15	1	25	1.0826	2	---	---	---	solid	1
4827	C5H8N2O	4-morpholinecarbonitrile	1530-89-8	112.132	---	---	421.90	2	25	1.1050	1	---	1.4730	1	---	---
4828	C5H8N2O	bisethyleneurea	1192-75-2	112.132	---	---	421.90	2	25	1.0826	2	---	---	---	---	---
4829	C5H8N2O	N-nitroso-1,2,3,4-tetrahydropyridine	70501-82-5	112.132	---	---	421.90	2	25	1.0826	2	---	---	---	---	---
4830	C5H8N2O	N-nitroso-1,2,3,6-tetrahydropyridine	55556-92-8	112.132	---	---	465.65	1	25	1.0826	2	---	---	---	---	---
4831	C5H8N2O2	5,5-dimethyl-2,4-imidazolidinedione	77-71-4	128.131	451.15	1	---	---	25	1.1735	2	---	---	---	solid	1
4832	C5H8N2O2	ethyl 2-diazopropanonate	6111-99-5	128.131	---	---	392.15	2	12	1.0860	1	18	1.4472	1	---	---
4833	C5H8N2O2	N-(2-cyanoethyl)glycine	3088-42-4	128.131	463.65	1	---	---	25	1.1735	2	---	---	---	solid	1
4834	C5H8N2O2	N-nitroso-3,4-epoxypiperidine	71785-87-0	128.131	---	---	392.15	2	25	1.1735	2	---	---	---	---	---
4835	C5H8N2O2	nitroso-4-piperidone	55556-91-7	128.131	---	---	392.15	1	25	1.1735	2	---	---	---	---	---
4836	C5H8N2O3	N,N'-diacetylurea	638-20-0	144.131	427.65	1	---	---	25	1.2555	2	---	---	---	solid	1
4837	C5H8N2O3	1-nitroso-L-proline	7519-36-0	144.131	---	---	---	---	25	1.2555	2	---	---	---	---	---
4838	C5H8N2O4	trans-4-hydroxy-1-nitroso-L-proline	30310-80-6	160.130	---	---	411.15	1	25	1.3298	2	---	---	---	---	---
4839	C5H8N2O5	carbamoyl-dl-aspartic acid	923-37-5	176.130	447.15	1	---	---	25	1.3975	2	---	---	---	solid	1
4840	C5H8N4	3-amino-5,6-dimethyl-1,2,4-triazine	17584-12-2	124.147	484.15	1	---	---	25	1.1662	2	---	---	---	solid	1
4841	C5H8N4O	2-methyl-4-amino-6-methoxy-S-triazine	1668-54-8	140.146	---	---	---	---	25	1.2506	2	---	---	---	---	---
4842	C5H8N4O2	2-((diazoacetyl)amino)-N-methylacetamide	38726-90-8	156.145	---	---	---	---	25	1.3268	2	---	---	---	---	---
4843	C5H8N4O2	4-(nitrosocyanamido)butyramide	100700-20-7	156.145	---	---	---	---	25	1.3268	2	---	---	---	---	---
4844	C5H8N4O3	3-hydroxy-4-(nitrosocyanamido)butyramide	100700-12-8	172.145	---	---	391.05	1	25	1.3962	2	---	---	---	---	---
4845	C5H8N4O12	pentaerythritol tetranitrate	78-11-5	316.139	413.65	1	543.00	1	20	1.7730	1	---	---	---	solid	1
4846	C5H8N6O	3,3-bis(azidomethyl)oxetane	17607-20-4	168.160	---	---	353.15	1	25	1.3948	2	---	---	---	---	---
4847	C5H8N6O	5-(3-methyl-1-triazeno)imidazole-4-carboxa	3413-72-7	168.160	---	---	477.15	dec	25	1.3948	2	---	---	---	---	---
4848	C5H8O	cyclopentanone	120-92-3	84.118	221.85	1	403.80	1	25	0.9450	1	20	1.4359	1	liquid	1
4849	C5H8O	methyl isopropenyl ketone	814-78-8	84.118	219.55	1	371.15	1	25	0.8460	1	25	1.4212	1	liquid	1
4850	C5H8O	allyl vinyl ether	3917-15-5	84.118	---	---	339.15	1	20	0.7900	1	20	1.4062	1	---	---
4851	C5H8O	cyclopropyl methyl ketone	765-43-5	84.118	204.85	1	384.45	1	20	0.8984	1	20	1.4251	1	liquid	1
4852	C5H8O	3,4-dihydro-2H-pyran	110-87-2	84.118	---	---	359.15	1	19	0.9210	1	19	1.4402	1	---	---
4853	C5H8O	1-ethoxy-1-propyne	14273-06-4	84.118	---	---	357.15	1	20	0.8276	1	20	1.4039	1	---	---
4854	C5H8O	3-ethoxy-1-propyne	628-33-1	84.118	---	---	355.15	1	20	0.8326	1	20	1.4039	1	---	---
4855	C5H8O	1-(ethynyloxy)propane	42842-08-0	84.118	---	---	348.15	1	20	0.8080	1	20	1.3935	1	---	---
4856	C5H8O	6-oxabicyclo[3.1.0]hexane	285-67-6	84.118	---	---	375.15	1	25	0.9640	1	20	1.4336	1	---	---
4857	C5H8O	4-methoxy-1,2-butadiene	36678-06-5	84.118	---	---	361.15	1	20	0.8286	1	20	1.4350	1	---	---
4858	C5H8O	1-methoxy-1,3-butadiene	3036-66-6	84.118	---	---	364.65	1	20	0.8296	1	20	1.4594	1	---	---
4859	C5H8O	2-methoxy-1,3-butadiene	3588-30-5	84.118	---	---	348.15	1	20	0.8272	1	20	1.4442	1	---	---
4860	C5H8O	1-methoxy-2-butyne	2768-41-4	84.118	---	---	372.65	1	20	0.8496	1	20	1.4262	1	---	---
4861	C5H8O	trans-2-methyl-2-butenal	497-03-0	84.118	---	---	390.15	1	20	0.8710	1	20	1.4475	1	---	---
4862	C5H8O	2-methyl-2-butenal	1115-11-3	84.118	---	---	390.15	1	20	0.8710	1	20	1.4475	1	---	---
4863	C5H8O	3-methyl-2-butenal	107-86-8	84.118	---	---	407.15	1	20	0.8722	1	20	1.4528	1	---	---
4864	C5H8O	4-pentenal	2100-17-6	84.118	---	---	372.15	1	20	0.8520	1	20	1.4191	1	---	---
4865	C5H8O	2-methyl-3-butyn-2-ol	115-19-5	84.118	274.65	1	377.15	1	20	0.8618	1	20	1.4207	1	liquid	1
4866	C5H8O	2-pentyn-1-ol	6261-22-9	84.118	223.45	1	427.15	1	20	0.9090	1	17	1.4518	1	liquid	1
4867	C5H8O	3-pentyn-1-ol	10229-10-4	84.118	249.05	2	427.15	1	20	0.9002	1	20	1.4454	1	liquid	1
4868	C5H8O	4-pentyn-1-ol	5390-04-5	84.118	249.05	2	427.15	1	20	0.9130	1	20	1.4414	1	liquid	1
4869	C5H8O	1-pentyn-3-ol	4187-86-4	84.118	249.05	2	398.15	1	15	0.8926	1	15	1.4347	1	liquid	1
4870	C5H8O	1,4-pentadien-3-ol	922-65-6	84.118	---	---	388.65	1	23	0.8600	1	17	1.4400	1	---	---
4871	C5H8O	trans-3-penten-2-one	3102-33-8	84.118	---	---	395.15	1	20	0.8624	1	20	1.4350	1	---	---
4872	C5H8O	1-penten-3-one	1629-58-9	84.118	---	---	376.15	1	20	0.8468	1	20	1.4195	1	---	---
4873	C5H8O	2,3-dihydro-5-methylfuran	1487-15-6	84.118	---	---	354.90	1	25	0.9220	1	---	1.4300	1	---	---
4874	C5H8O	2-ethylacrolein	922-63-4	84.118	---	---	365.65	1	25	0.8590	1	---	1.4270	1	---	---
4875	C5H8O	2-methyl-2-vinyloxirane	1838-94-4	84.118	---	---	353.15	1	25	0.8570	1	---	1.4160	1	---	---
4876	C5H8O	trans-2-pentenal	1576-87-0	84.118	---	---	393.15	1	25	0.8600	1	---	1.4410	1	---	---
4877	C5H8O	3-penten-2-one	625-33-2	84.118	---	---	395.65	1	25	0.8590	1	---	1.4360	1	---	---
4878	C5H8O	(±)-4-pentyn-2-ol	2117-11-5	84.118	249.05	2	399.65	1	25	0.8920	1	---	1.4390	1	liquid	1
4879	C5H8O	cyclopenten-1-ol	3212-60-0	84.118	215.60	1	380.48	2	21	0.8687	2	---	---	---	liquid	2
4880	C5H8O	2-pentenal	764-39-6	84.118	---	---	397.00	1	21	0.8687	2	---	---	---	---	---

Table 1 Physical Properties - Organic Compounds

				Mol Wt	Freezing Point		Boiling Point		Density			Refractive Index			State	
NO	FORMULA	NAME	CAS No	g/mol	T_F, K	code	T_B, K	code	T, C	g/cm3	code	T, C	n_D	code	@25C,1 atm	code
4881	C5H8OS	tetrahydrothiopyran-4-one	1072-72-6	116.184	334.15	1	---	---	25	1.0501	2	---	---	---	solid	1
4882	C5H8O2	acetylacetone	123-54-6	100.117	249.95	1	413.55	1	25	0.9710	1	25	1.4465	1	liquid	1
4883	C5H8O2	allyl acetate	591-87-7	100.117	138.00	1	377.15	1	25	0.9220	1	25	1.3985	1	liquid	1
4884	C5H8O2	isopropenyl acetate	108-22-5	100.117	180.25	1	367.15	1	20	0.9090	1	20	1.4033	1	liquid	1
4885	C5H8O2	vinyl propionate	105-38-4	100.117	192.05	1	368.15	1	26	0.9972	2	---	---	---	liquid	1
4886	C5H8O2	methyl cis-2-butenoate	4358-59-2	100.117	194.73	2	391.15	1	26	0.9972	2	20	1.4175	1	liquid	1
4887	C5H8O2	methyl trans-2-butenoate	623-43-8	100.117	231.15	1	394.15	1	20	0.9444	1	20	1.4242	1	liquid	1
4888	C5H8O2	ethyl acrylate	140-88-5	100.117	201.95	1	372.65	1	25	0.9180	1	25	1.4034	1	liquid	1
4889	C5H8O2	methyl methacrylate	80-62-6	100.117	224.95	1	373.45	1	25	0.9370	1	25	1.4120	1	liquid	1
4890	C5H8O2	2-methylenebutanoic acid	3586-58-1	100.117	257.15	1	453.15	1	25	0.9910	1	25	1.4332	1	liquid	1
4891	C5H8O2	trans-2-methyl-2-butenoic acid	80-59-1	100.117	338.15	1	471.65	1	76	0.9641	1	76	1.4330	1	solid	1
4892	C5H8O2	cis-2-methyl-2-butenoic acid	565-63-9	100.117	318.15	1	458.15	1	49	0.9834	1	47	1.4434	1	solid	1
4893	C5H8O2	2-methyl-3-butenoic acid	53774-20-2	100.117	289.45	2	450.00	2	26	0.9972	2	25	1.4210	1	liquid	2
4894	C5H8O2	3-methyl-2-butenoic acid	541-47-9	100.117	343.15	1	468.15	1	24	1.0062	1	---	---	---	solid	1
4895	C5H8O2	3-methyl-3-butenoic acid	1617-31-8	100.117	294.15	1	450.00	2	26	0.9972	2	25	1.4320	2	liquid	2
4896	C5H8O2	trans-2-pentenoic acid	13991-37-2	100.117	283.15	1	473.15	1	25	0.9812	1	25	1.4490	1	liquid	1
4897	C5H8O2	cis-2-pentenoic acid	16666-42-5	100.117	301.13	2	458.15	1	26	0.9972	2	---	---	---	solid	2
4898	C5H8O2	trans-3-pentenoic acid	1617-32-9	100.117	274.65	1	466.15	1	26	0.9972	2	25	1.4320	1	liquid	1
4899	C5H8O2	cis-3-pentenoic acid	33698-87-2	100.117	301.13	2	466.15	1	26	0.9972	2	---	---	---	solid	2
4900	C5H8O2	4-pentenoic acid	591-80-0	100.117	250.65	1	461.15	1	25	0.9750	1	25	1.4260	1	liquid	1
4901	C5H8O2	cyclobutanecarboxylic acid	3721-95-7	100.117	272.15	1	463.15	1	20	1.0599	1	20	1.4400	1	liquid	1
4902	C5H8O2	dihydro-3-methyl-2(3H)-furanone	1679-47-6	100.117	---	---	473.15	1	20	1.0570	1	20	1.4325	1	---	---
4903	C5H8O2	dihydro-5-methyl-2(3H)-furanone, (±)	57129-69-8	100.117	242.15	1	479.15	1	20	1.0551	1	20	1.4328	1	liquid	1
4904	C5H8O2	4-methyl-gamma-butyrolactone	108-29-2	100.117	242.15	1	480.65	1	26	0.9972	2	---	---	---	---	---
4905	C5H8O2	2-methylcyclopropanecarboxylic acid	29555-02-0	100.117	---	---	464.15	1	20	1.0267	1	20	1.4441	1	---	---
4906	C5H8O2	methyl cyclopropanecarboxylate	2868-37-3	100.117	---	---	388.05	1	20	0.9848	1	19	1.4144	1	---	---
4907	C5H8O2	2-oxopentanal	7332-93-6	100.117	---	---	385.15	1	26	0.9972	2	25	1.4043	1	---	---
4908	C5H8O2	4-oxopentanal	626-96-0	100.117	---	---	460.15	dec	21	1.0134	1	22	1.4257	1	---	---
4909	C5H8O2	pentanedial	111-30-8	100.117	196.00	2	461.15	1	26	0.9972	2	---	---	---	---	---
4910	C5H8O2	2,3-pentanedione	600-14-6	100.117	268.00	2	381.15	1	19	0.9565	1	19	1.4014	1	liquid	1
4911	C5H8O2	tetrahydro-2-furancarboxaldehyde	7681-84-7	100.117	---	---	415.15	1	20	1.0874	1	20	1.4366	1	---	---
4912	C5H8O2	tetrahydro-2H-pyran-2-one	542-28-9	100.117	260.65	1	492.15	1	20	1.1082	1	20	1.4503	1	liquid	1
4913	C5H8O2	tetrahydro-4H-pyran-4-one	29943-42-8	100.117	---	---	439.65	1	25	1.0840	1	20	1.4520	1	---	---
4914	C5H8O2	cis-4,7-dihydro-1,3-dioxepin	5417-32-3	100.117	---	---	399.15	1	25	1.0490	1	---	1.4570	1	---	---
4915	C5H8O2	4,5-dihydro-2-methyl-3(2H)-furanone	3188-00-9	100.117	---	---	412.15	1	25	1.0340	1	---	1.4290	1	---	---
4916	C5H8O2	trans-4-methoxy-3-buten-2-one	51731-17-0	100.117	---	---	473.15	1	25	0.9820	1	---	1.4680	1	---	---
4917	C5H8O2	4-methoxybut-3-en-2-one	4652-27-1	100.117	---	---	473.15	1	25	0.9800	1	---	---	---	---	---
4918	C5H8O2	methyl 3-butenoate	3724-55-8	100.117	194.73	2	385.15	1	25	0.9390	1	---	1.4090	1	liquid	1
4919	C5H8O2	1-methylcyclopropanecarboxylic acid	6914-76-7	100.117	303.95	1	457.25	1	26	0.9972	2	---	---	---	solid	1
4920	C5H8O2	pivalolactone	1955-45-9	100.117	260.25	1	331.15	1	26	0.9972	2	---	---	---	liquid	1
4921	C5H8O2	2-vinyl-1,3-dioxolane	3984-22-3	100.117	390.45	1	389.30	1	25	1.0010	1	---	---	---	solid	1
4922	C5H8O2	4-hydroxy-3-penten-2-one	1522-20-9	100.117	---	---	426.91	2	26	0.9972	2	---	---	---	---	---
4923	C5H8O2	trans-1,2,3,4-diepoxycyclohexane	---	100.117	---	---	426.91	2	26	0.9972	2	---	---	---	---	---
4924	C5H8O2	1,2,3,4-diepoxy-2-methylbutane	6341-85-1	100.117	---	---	458.15	1	26	0.9972	2	---	---	---	---	---
4925	C5H8O2	1,2,4,5-diepoxypentane	4051-27-8	100.117	---	---	367.15	1	26	0.9972	2	---	---	---	---	---
4926	C5H8O2S	2,5-dihydro-3-methyl-thiophene 1,1-dioxide	1193-10-8	132.183	336.15	1	---	---	25	1.1370	2	---	---	---	solid	1
4927	C5H8O3	2-hydroxyethyl acrylate	818-61-1	116.117	213.00	1	484.00	1	25	1.0080	1	23	1.4460	1	liquid	1
4928	C5H8O3	levulinic acid	123-76-2	116.117	308.15	1	530.00	1	20	1.1335	1	20	1.4396	1	solid	1
4929	C5H8O3	methyl acetoacetate	105-45-3	116.117	193.15	1	444.85	1	25	1.0720	1	20	1.4186	1	liquid	1
4930	C5H8O3	1-(acetyloxy)-2-propanone	592-20-1	116.117	---	---	444.15	1	20	1.0757	1	20	1.4141	1	---	---
4931	C5H8O3	ethyl 2-oxopropanoate	617-35-6	116.117	223.15	1	428.15	1	15	1.0596	1	20	1.4052	1	liquid	1
4932	C5H8O3	3-methyl-2-oxobutanoic acid	759-05-7	116.117	304.65	1	443.65	1	20	0.9968	1	16	1.3850	1	solid	1
4933	C5H8O3	2-oxopentanoic acid	1821-02-9	116.117	279.65	1	452.15	1	14	1.0970	1	---	---	---	liquid	1
4934	C5H8O3	tetrahydro-2-furancarboxylic acid	16874-33-2	116.117	294.15	1	464.30	2	20	1.1912	1	20	1.4612	1	liquid	2
4935	C5H8O3	allyl methyl carbonate	35466-83-2	116.117	---	---	464.30	2	25	1.0220	1	---	1.4060	1	---	---
4936	C5H8O3	(S)-(+)-dihydro-5-(hydroxymethyl)-2(3H)-fu	32780-06-6	116.117	---	---	464.30	2	25	1.2370	1	---	1.4710	1	---	---
4937	C5H8O3	(R)-(-)-dihydro-5-(hydroxymethyl)-2(3H)-fu	52813-63-5	116.117	---	---	464.30	2	25	1.2370	1	---	1.4700	1	---	---
4938	C5H8O3	4-ethyl-1,3-dioxolan-2-one	4437-85-8	116.117	---	---	464.30	2	22	1.1206	2	---	---	---	---	---
4939	C5H8O3	methyl 3-methoxyacrylate	34846-90-7	116.117	276.65	1	442.15	1	22	1.1206	2	---	---	---	liquid	1
4940	C5H8O3	methyl trans-3-methoxyacrylate	5788-17-0	116.117	---	---	464.30	2	25	1.0800	1	---	1.4510	1	---	---
4941	C5H8O3	methyl 2-methylglycidate	58653-97-7	116.117	---	---	464.30	2	25	1.0970	1	---	1.4180	1	---	---
4942	C5H8O3	(R)-(+)-tetrahydro-2-furoic acid	87392-05-0	116.117	---	---	464.30	2	25	1.2090	1	---	1.4600	1	---	---
4943	C5H8O3	(S)-(-)-tetrahydro-2-furoic acid	87392-07-2	116.117	---	---	520.65	1	25	1.2000	1	---	1.4590	1	---	---
4944	C5H8O3	tetrahydro-3-furoic acid	89364-31-8	116.117	---	---	464.30	2	25	1.2140	1	---	1.4600	1	---	---
4945	C5H8O4	glutaric acid	110-94-1	132.116	370.65	1	595.54	1	15	1.4290	1	107	1.4188	1	solid	1
4946	C5H8O4	2-(acetyloxy)propanoic acid, (±)	3853-80-3	132.116	---	---	443.90	2	20	1.1758	1	20	1.4240	1	---	---
4947	C5H8O4	dimethyl malonate	108-59-8	132.116	211.25	1	454.55	1	25	1.1540	1	20	1.4135	1	liquid	1
4948	C5H8O4	dimethylmalonic acid	595-46-0	132.116	---	---	443.90	2	23	1.2063	2	---	---	---	---	---
4949	C5H8O4	ethylpropanedioic acid	601-75-2	132.116	387.15	1	443.90	2	23	1.2063	2	---	---	---	solid	1
4950	C5H8O4	methyl ethyl oxalate	615-52-1	132.116	---	---	446.85	1	25	1.1555	1	---	---	---	---	---
4951	C5H8O4	methyl hydrogen succinate	3878-55-5	132.116	331.15	1	443.90	2	23	1.2063	2	---	---	---	solid	1
4952	C5H8O4	(S)-(-)-2-acetoxypropionic acid	6034-46-4	132.116	---	---	443.90	2	25	1.1620	1	---	1.4220	1	---	---
4953	C5H8O4	(S)-(-)-4-(methoxymethyl)-1,3-dioxolan-2-o	135682-18-7	132.116	---	---	443.90	2	25	1.2400	1	---	1.4370	1	---	---
4954	C5H8O4	methylene diacetate	628-51-3	132.116	250.25	1	437.65	1	25	1.1280	1	---	1.4070	1	liquid	1
4955	C5H8O4	methylsuccinic acid	498-21-5	132.116	387.65	1	380.65	1	23	1.2063	2	---	---	---	solid	1
4956	C5H8O4	a-acetoxypropionic acid	535-17-1	132.116	331.50	1	443.90	2	23	1.2063	2	---	---	---	solid	1
4957	C5H8O4	1,2-propanediol diformate	53818-14-7	132.116	---	---	348.15	1	23	1.2063	2	---	---	---	---	---
4958	C5H8O5	(S)-(+)-citramalic acid	6236-09-5	148.116	382.15	1	---	---	25	1.2601	2	---	---	---	solid	1
4959	C5H8O5	(R)-(-)-citramalic acid	6236-10-8	148.116	382.15	1	---	---	25	1.2601	2	---	---	---	solid	1
4960	C5H8O5	D(+)-ribonic acid g-lactone	5336-08-3	148.116	357.15	1	---	---	25	1.2601	2	---	---	---	solid	1

				Mol Wt	Freezing Point		Boiling Point		Density			Refractive Index			State	
NO	FORMULA	NAME	CAS No	g/mol	T_F, K	code	T_B, K	code	T, C	g/cm3	code	T, C	n_D	code	@25C,1 atm	code
4961	C5H8S6	2,3,4,8,9,10-hexathiospiro(5.5)undecane	180-72-3	260.515	---	---	---	---	25	1.4248	2	---	---	---	---	---
4962	C5H8Si	1-methylsilacyclopenta-2,4-diene	---	96.204	---	---	404.15	1	---	---	---	---	---	---	---	---
4963	C5H9AsO3	4-methyl-2,6,7-trioxa-1-arsabicyclo(2.2.2)o	22223-55-8	192.046	315.65	1	---	---	---	---	---	---	---	---	solid	1
4964	C5H9Br	cis-1-bromo-1-pentene	31849-75-9	149.030	200.33	2	388.15	1	25	1.2310	1	25	1.4550	1	liquid	1
4965	C5H9Br	trans-1-bromo-1-pentene	31849-76-0	149.030	200.33	2	388.15	1	25	1.2310	1	25	1.4550	1	liquid	1
4966	C5H9Br	2-bromo-1-pentene	31844-95-8	149.030	189.69	2	381.15	1	25	1.2220	1	25	1.4515	1	liquid	1
4967	C5H9Br	3-bromo-1-pentene	53045-71-9	149.030	188.65	2	383.15	1	25	1.2200	1	25	1.4710	1	liquid	1
4968	C5H9Br	4-bromo-1-pentene	31950-56-8	149.030	188.65	2	384.15	1	25	1.2359	1	25	1.4500	1	liquid	1
4969	C5H9Br	5-bromo-1-pentene	1119-51-3	149.030	203.65	2	401.15	1	25	1.2527	1	25	1.4618	1	liquid	1
4970	C5H9Br	1-bromo-cis-2-pentene	7348-78-9	149.030	200.33	2	396.15	1	25	1.2487	1	25	1.4711	1	liquid	1
4971	C5H9Br	1-bromo-trans-2-pentene	7348-71-2	149.030	200.33	2	396.15	1	25	1.2487	1	25	1.4711	1	liquid	1
4972	C5H9Br	2-bromo-cis-2-pentene	54653-29-1	149.030	186.37	2	385.15	1	25	1.2700	1	25	1.4560	1	liquid	1
4973	C5H9Br	2-bromo-trans-2-pentene	54653-30-4	149.030	186.37	2	385.15	1	25	1.2700	1	25	1.4560	1	liquid	1
4974	C5H9Br	3-bromo-cis-2-pentene	23068-94-2	149.030	186.37	2	383.15	1	25	1.2660	1	25	1.4670	1	liquid	1
4975	C5H9Br	3-bromo-trans-2-pentene	54653-28-0	149.030	186.37	2	383.15	1	25	1.2660	1	25	1.4670	1	liquid	1
4976	C5H9Br	4-bromo-cis-2-pentene	56535-63-8	149.030	185.33	2	389.65	1	25	1.2663	1	25	1.4663	1	liquid	1
4977	C5H9Br	4-bromo-trans-2-pentene	23068-95-3	149.030	185.33	2	389.65	1	25	1.2663	1	25	1.4663	1	liquid	1
4978	C5H9Br	5-bromo-cis-2-pentene	50273-84-2	149.030	200.33	2	398.15	1	25	1.2657	1	25	1.4664	1	liquid	1
4979	C5H9Br	5-bromo-trans-2-pentene	7515-62-0	149.030	200.33	2	398.15	1	25	1.2657	1	25	1.4664	1	liquid	1
4980	C5H9Br	cis-1-bromo-2-methyl-1-butene	36668-55-0	149.030	186.37	2	390.15	1	25	1.2365	1	25	1.4550	1	liquid	1
4981	C5H9Br	trans-1-bromo-2-methyl-1-butene	54265-17-7	149.030	186.37	2	390.15	1	25	1.2365	1	25	1.4550	1	liquid	1
4982	C5H9Br	3-bromo-2-methyl-1-butene	51872-48-1	149.030	174.69	2	376.08	2	25	1.2300	1	25	1.4600	1	liquid	2
4983	C5H9Br	4-bromo-2-methyl-1-butene	20038-12-4	149.030	189.69	2	376.52	2	25	1.2300	1	25	1.4600	1	liquid	2
4984	C5H9Br	cis-1-bromo-3-methyl-1-butene	16416-44-7	149.030	185.33	2	383.15	1	25	1.2290	1	25	1.4556	1	liquid	1
4985	C5H9Br	trans-1-bromo-3-methyl-1-butene	16416-41-4	149.030	185.33	2	383.15	1	25	1.2290	1	25	1.4556	1	liquid	1
4986	C5H9Br	2-bromo-3-methyl-1-butene	31844-96-9	149.030	174.69	2	374.15	1	25	1.2290	1	25	1.4483	1	liquid	1
4987	C5H9Br	3-bromo-3-methyl-1-butene	865-58-7	149.030	206.07	2	373.41	2	25	1.2300	1	25	1.4500	1	liquid	2
4988	C5H9Br	4-bromo-3-methyl-1-butene	31950-55-7	149.030	188.65	2	376.20	2	25	1.2200	1	25	1.4500	1	liquid	2
4989	C5H9Br	1-bromo-2-methyl-cis-2-butene	57253-29-9	149.030	186.37	2	397.15	1	25	1.2500	1	25	1.4785	1	liquid	1
4990	C5H9Br	1-bromo-2-methyl-trans-2-butene	57253-30-2	149.030	186.37	2	397.15	1	25	1.2500	1	25	1.4785	1	liquid	1
4991	C5H9Br	1-bromo-3-methyl-2-butene	870-63-3	149.030	186.37	2	384.00	2	25	1.2784	1	25	1.4892	1	liquid	2
4992	C5H9Br	2-bromo-3-methyl-2-butene	3017-70-7	149.030	172.41	2	391.15	1	25	1.2820	1	25	1.4720	1	liquid	1
4993	C5H9Br	3-bromo-2-ethyl-1-propene	---	149.030	189.69	2	376.52	2	25	1.2800	1	25	1.4700	1	liquid	2
4994	C5H9Br	bromocyclopentane	137-43-9	149.030	---	---	410.65	1	20	1.3873	1	20	1.4886	1	---	---
4995	C5H9Br	1-bromo-1-pentene	60468-23-7	149.030	189.57	2	392.15	1	20	1.2606	1	20	1.4572	1	liquid	1
4996	C5H9Br	1-bromo-2-pentene	20599-27-3	149.030	189.57	2	396.65	1	20	1.2545	1	20	1.4731	1	liquid	1
4997	C5H9Br	2-bromo-2-pentene	80204-19-9	149.030	189.57	2	383.15	1	20	1.2760	1	20	1.4580	1	liquid	1
4998	C5H9Br	3-bromo-2-pentene	21964-23-8	149.030	189.57	2	389.15	1	20	1.2720	1	20	1.4628	1	liquid	1
4999	C5H9Br	4-bromo-2-pentene	1809-26-3	149.030	189.57	2	391.15	1	21	1.2312	1	21	1.4752	1	liquid	1
5000	C5H9Br	5-bromo-2-pentene	51952-42-2	149.030	189.57	2	388.08	2	20	1.2715	1	20	1.4695	1	liquid	2
5001	C5H9Br	(bromomethyl)cyclobutane	17247-58-4	149.030	---	---	396.65	1	25	1.3260	1	---	1.4800	1	---	---
5002	C5H9BrO	2-(bromomethyl)tetrahydrofuran	1192-30-9	165.030	---	---	443.15	1	20	1.4679	1	20	1.4850	1	---	---
5003	C5H9BrO2	2-bromo-3-methylbutanoic acid, (±)	10323-40-7	181.029	317.15	1	503.15	dec	20	1.4590	1	---	---	---	solid	1
5004	C5H9BrO2	3-bromo-3-methylbutanoic acid	5798-88-9	181.029	347.15	1	463.08	2	23	1.4353	2	---	---	---	solid	1
5005	C5H9BrO2	2-bromopentanoic acid, (±)	2681-92-7	181.029	---	---	463.08	2	20	1.3810	1	---	---	---	---	---
5006	C5H9BrO2	ethyl 2-bromopropanoate	535-11-5	181.029	---	---	433.15	dec	20	1.4135	1	20	1.4490	1	---	---
5007	C5H9BrO2	ethyl 3-bromopropanoate	539-74-2	181.029	---	---	452.15	1	18	1.4123	1	20	1.4516	1	---	---
5008	C5H9BrO2	methyl 2-bromobutanoate	3196-15-4	181.029	---	---	441.15	1	20	1.4528	1	25	1.4029	1	---	---
5009	C5H9BrO2	methyl 4-bromobutanoate	4897-84-1	181.029	---	---	459.65	1	25	1.4000	1	25	1.4567	1	---	---
5010	C5H9BrO2	propyl bromoacetate	35223-80-4	181.029	---	---	449.15	1	20	1.4099	1	20	1.4518	1	---	---
5011	C5H9BrO2	2-(2-bromoethyl)-1,3-dioxolane	18742-02-4	181.029	---	---	463.08	2	25	1.5420	1	---	1.4790	1	---	---
5012	C5H9BrO2	a-bromoisovaleric acid	565-74-2	181.029	314.65	1	503.15	1	23	1.4353	2	---	---	---	solid	1
5013	C5H9BrO2	(S)-(-)-2-bromo-3-methylbutyric acid	26782-75-2	181.029	314.65	1	463.08	2	23	1.4353	2	---	---	---	solid	1
5014	C5H9BrO2	(R)-(+)-2-bromo-3-methylbutyric acid	76792-22-8	181.029	310.65	1	463.08	2	23	1.4353	2	---	---	---	solid	1
5015	C5H9BrO2	5-bromovaleric acid	2067-33-6	181.029	312.15	1	463.08	2	23	1.4353	2	---	---	---	solid	1
5016	C5H9BrO2	2-bromovaleric acid	584-93-0	181.029	---	---	463.08	2	25	1.3810	1	---	1.4710	1	---	---
5017	C5H9BrO2	isopropyl bromoacetate	29921-57-1	181.029	---	---	463.08	2	25	1.3940	1	---	1.4440	1	---	---
5018	C5H9BrO2	dl-methyl 2-bromobutyrate	69043-96-5	181.029	---	---	463.08	2	25	1.5700	1	---	1.4520	1	---	---
5019	C5H9BrO2	methyl (R)-(+)-3-bromo-2-methylpropionate	110556-33-7	181.029	---	---	463.08	2	25	1.4220	1	---	1.4550	1	---	---
5020	C5H9BrO2	(-)-methyl (S)-3-bromo-2-methylpropionate	98190-85-3	181.029	---	---	463.08	2	25	1.4220	1	---	1.4540	1	---	---
5021	C5H9BrO3	1-bromoacetoxy-2-propanol	4189-47-3	197.029	---	---	---	---	25	1.5079	2	---	---	---	---	---
5022	C5H9Br3	1,1,1-tribromopentane	16644-66-9	308.838	327.43	2	503.15	1	25	2.0118	2	---	---	---	solid	2
5023	C5H9Cl	cis-1-chloro-1-pentene	66213-69-2	104.579	170.45	2	361.65	1	25	0.9030	1	25	1.4203	1	liquid	1
5024	C5H9Cl	trans-1-chloro-1-pentene	66213-70-5	104.579	170.45	2	361.65	1	25	0.9030	1	25	1.4203	1	liquid	1
5025	C5H9Cl	2-chloro-1-pentene	42131-85-1	104.579	159.81	2	361.15	1	25	0.9020	1	25	1.4210	1	liquid	1
5026	C5H9Cl	3-chloro-1-pentene	24356-00-1	104.579	158.77	2	366.15	1	25	0.8945	1	25	1.4214	1	liquid	1
5027	C5H9Cl	4-chloro-1-pentene	10524-08-0	104.579	158.77	2	370.15	1	25	0.8794	1	25	1.4140	1	liquid	1
5028	C5H9Cl	5-chloro-1-pentene	928-50-7	104.579	173.77	2	376.15	1	25	0.9072	1	25	1.4275	1	liquid	1
5029	C5H9Cl	1-chloro-cis-2-pentene	6261-19-4	104.579	170.45	2	382.15	1	25	0.8996	1	25	1.4405	1	liquid	1
5030	C5H9Cl	1-chloro-trans-2-pentene	6261-25-2	104.579	170.45	2	383.15	1	25	0.9165	1	25	1.4374	1	liquid	1
5031	C5H9Cl	2-chloro-cis-2-pentene	42131-98-6	104.579	156.49	2	365.15	1	25	0.9000	1	25	1.4400	1	liquid	1
5032	C5H9Cl	2-chloro-trans-2-pentene	42132-00-3	104.579	156.49	2	365.15	1	25	0.9000	1	25	1.4400	1	liquid	1
5033	C5H9Cl	3-chloro-cis-2-pentene	26423-60-9	104.579	156.49	2	363.15	1	25	0.8935	1	25	1.4237	1	liquid	1
5034	C5H9Cl	3-chloro-trans-2-pentene	26423-61-0	104.579	156.49	2	363.15	1	25	0.8935	1	25	1.4237	1	liquid	1
5035	C5H9Cl	4-chloro-cis-2-pentene	26423-63-2	104.579	155.45	2	370.15	1	25	0.8948	1	25	1.4310	1	liquid	1
5036	C5H9Cl	4-chloro-trans-2-pentene	18610-33-8	104.579	155.45	2	370.15	1	25	0.8948	1	25	1.4310	1	liquid	1
5037	C5H9Cl	5-chloro-cis-2-pentene	53543-44-5	104.579	170.45	2	381.15	1	25	0.8990	1	25	1.4290	1	liquid	1
5038	C5H9Cl	5-chloro-trans-2-pentene	10524-07-9	104.579	170.45	2	381.15	1	25	0.8990	1	25	1.4335	1	liquid	1
5039	C5H9Cl	cis-1-chloro-2-methyl-1-butene	7611-88-3	104.579	156.49	2	363.15	1	25	0.9000	1	25	1.4115	1	liquid	1
5040	C5H9Cl	trans-1-chloro-2-methyl-1-butene	7611-89-4	104.579	156.49	2	363.15	1	25	0.9000	1	25	1.4115	1	liquid	1

Table 1 Physical Properties - Organic Compounds

				Mol Wt	Freezing Point		Boiling Point		Density			Refractive Index			State	
NO	FORMULA	NAME	CAS No	g/mol	T_F, K	code	T_B, K	code	T, C	g/cm3	code	T, C	n_D	code	@25C,1 atm	code
5041	C5H9Cl	3-chloro-2-methyl-1-butene	5166-35-8	104.579	144.81	2	366.95	1	25	0.9035	1	25	1.4277	1	liquid	1
5042	C5H9Cl	4-chloro-2-methyl-1-butene	10523-96-3	104.579	159.81	2	375.15	1	25	0.9000	1	25	1.4300	1	liquid	1
5043	C5H9Cl	cis-1-chloro-3-methyl-1-butene	66213-67-0	104.579	155.45	2	366.15	1	25	0.9000	1	25	1.4300	1	liquid	1
5044	C5H9Cl	trans-1-chloro-3-methyl-1-butene	66213-68-1	104.579	155.45	2	366.15	1	25	0.9000	1	25	1.4300	1	liquid	1
5045	C5H9Cl	2-chloro-3-methyl-1-butene	17773-64-7	104.579	144.81	2	363.15	1	25	0.9000	1	25	1.4300	1	liquid	1
5046	C5H9Cl	3-chloro-3-methyl-1-butene	2190-48-9	104.579	176.19	2	353.15	1	25	0.8786	1	25	1.4167	1	liquid	1
5047	C5H9Cl	4-chloro-3-methyl-1-butene	10524-01-3	104.579	158.77	2	365.15	1	25	0.9000	1	25	1.4300	1	liquid	1
5048	C5H9Cl	1-chloro-2-methyl-cis-2-butene	23009-74-7	104.579	156.49	2	381.15	1	25	0.9276	1	25	1.4454	1	liquid	1
5049	C5H9Cl	1-chloro-2-methyl-trans-2-butene	23009-73-6	104.579	156.49	2	378.15	1	25	0.9232	1	25	1.4424	1	liquid	1
5050	C5H9Cl	1-chloro-3-methyl-2-butene	503-60-6	104.579	156.49	2	383.15	1	25	0.9238	1	25	1.4470	1	liquid	1
5051	C5H9Cl	2-chloro-3-methyl-2-butene	17773-65-8	104.579	142.53	2	367.15	1	25	0.9043	1	25	1.4295	1	liquid	1
5052	C5H9Cl	3-chloro-2-ethyl-1-propene	---	104.579	159.81	2	363.15	1	25	0.9000	1	25	1.4400	1	liquid	1
5053	C5H9Cl	1-chloro-2-methyl-1-butene	23378-11-2	104.579	159.69	2	369.65	1	20	0.9170	1	20	1.4141	1	liquid	1
5054	C5H9Cl	1-chloro-2-methyl-2-butene	13417-43-1	104.579	159.69	2	383.15	1	20	0.9327	1	20	1.4481	1	liquid	1
5055	C5H9Cl	1-chloro-3-methyl-1-butene	23010-00-6	104.579	159.69	2	360.15	1	24	0.9059	2	20	1.4229	1	liquid	1
5056	C5H9Cl	1-chloro-2-pentene	10071-60-0	104.579	159.69	2	381.15	1	22	0.9080	1	22	1.4352	1	liquid	1
5057	C5H9Cl	2-chloro-2-pentene	67747-70-0	104.579	159.69	2	369.15	1	20	0.9067	1	20	1.4261	1	liquid	1
5058	C5H9Cl	3-chloro-2-pentene	34238-52-3	104.579	159.69	2	364.15	1	20	0.9125	1	24	1.4230	1	liquid	1
5059	C5H9Cl	4-chloro-2-pentene	1458-99-7	104.579	159.69	2	376.15	1	20	0.8988	1	20	1.4322	1	liquid	1
5060	C5H9Cl	5-chloro-2-pentene	16435-50-0	104.579	159.69	2	381.15	1	20	0.9043	1	20	1.4310	1	liquid	1
5061	C5H9Cl	chlorocyclopentane	930-28-9	104.579	180.00	1	387.15	1	20	1.0051	1	20	1.4510	1	liquid	1
5062	C5H9ClN2O	3-chloronitrosopiperidine	65445-60-5	148.592	---	---	---	---	25	1.1862	2	---	---	---	---	---
5063	C5H9ClN2O	4-chloronitrosopiperidine	65445-61-6	148.592	---	---	---	---	25	1.1862	2	---	---	---	---	---
5064	C5H9ClN2O3	N-(chlorocarbonyloxy)trimethylurea	52716-12-8	180.591	---	---	---	---	25	1.3230	2	---	---	---	---	---
5065	C5H9ClN2O3	2-chloroethyl-N-nitrosourethane	6296-45-3	180.591	---	---	---	---	25	1.3230	2	---	---	---	---	---
5066	C5H9ClO	3-chloro-3-methyl-2-butanone	5950-19-6	120.578	---	---	390.35	1	20	1.0083	1	20	1.4204	1	---	---
5067	C5H9ClO	1-chloro-3-pentanone	32830-97-0	120.578	---	---	396.53	2	21	1.0349	2	20	1.4361	1	---	---
5068	C5H9ClO	5-chloro-2-pentanone	5891-21-4	120.578	---	---	396.53	2	20	1.0523	1	20	1.4375	1	---	---
5069	C5H9ClO	2-methylbutanoyl chloride, (±)	57526-28-0	120.578	---	---	389.15	1	20	0.9917	1	20	1.4170	1	---	---
5070	C5H9ClO	3-methylbutanoyl chloride	108-12-3	120.578	---	---	387.15	1	20	0.9844	1	20	1.4149	1	---	---
5071	C5H9ClO	2,2-dimethylpropanoyl chloride	3282-30-2	120.578	---	---	380.15	1	20	1.0030	1	20	1.4139	1	---	---
5072	C5H9ClO	pentanoyl chloride	638-29-9	120.578	163.15	1	382.15	1	15	1.0155	1	20	1.4200	1	liquid	1
5073	C5H9ClO	4-chlorotetrahydropyran	1768-64-5	120.578	---	---	423.15	1	25	1.1140	1	---	1.4620	1	---	---
5074	C5H9ClO	tetrahydrofurfuryl chloride	3003-84-7	120.578	---	---	423.60	1	25	1.1100	1	---	1.4540	1	---	---
5075	C5H9ClOS	3-chloropropyl thiolacetate	13012-54-9	152.644	---	---	356.65	1	25	1.1590	1	---	1.4950	1	---	---
5076	C5H9ClO2	butyl chloroformate	592-34-7	136.578	---	---	415.15	1	25	1.0740	1	20	1.4114	1	---	---
5077	C5H9ClO2	3-chloro-2,2-dimethylpropanoic acid	13511-38-1	136.578	314.65	1	440.14	2	19	1.1261	2	---	---	---	solid	1
5078	C5H9ClO2	2-chloro-2-methylbutanoic acid	73758-54-0	136.578	---	---	473.15	dec	20	1.1204	1	20	1.4445	1	---	---
5079	C5H9ClO2	2-chloro-3-methylbutanoic acid	921-08-4	136.578	294.15	1	483.15	1	13	1.1350	1	11	1.4450	1	liquid	1
5080	C5H9ClO2	2-chloropentanoic acid, (±)	94347-45-2	136.578	258.15	1	495.15	1	13	1.1410	1	11	1.4481	1	liquid	1
5081	C5H9ClO2	3-chloropentanoic acid	51637-47-9	136.578	306.15	1	440.14	2	20	1.1484	1	20	1.4462	1	solid	1
5082	C5H9ClO2	4-chloropentanoic acid	32607-54-8	136.578	---	---	440.14	2	20	1.1514	1	20	1.4458	1	---	---
5083	C5H9ClO2	5-chloropentanoic acid	1119-46-6	136.578	291.15	1	503.15	1	25	1.3416	1	20	1.4555	1	liquid	1
5084	C5H9ClO2	3-chloro-1-propanol acetate	628-09-1	136.578	---	---	437.15	1	19	1.2500	1	20	1.4310	1	---	---
5085	C5H9ClO2	1-chloro-2-propanol acetate	623-60-9	136.578	---	---	422.65	1	20	1.0788	1	20	1.4223	1	---	---
5086	C5H9ClO2	ethyl 2-chloropropanoate	535-13-7	136.578	---	---	420.15	1	20	1.0793	1	20	1.4178	1	---	---
5087	C5H9ClO2	ethyl 3-chloropropanoate	623-71-2	136.578	---	---	435.15	1	20	1.1086	1	20	1.4254	1	---	---
5088	C5H9ClO2	isobutyl chlorocarbonate	543-27-1	136.578	---	---	401.95	1	18	1.0426	1	18	1.4071	1	---	---
5089	C5H9ClO2	isopropyl chloroacetate	105-48-6	136.578	---	---	423.65	1	20	1.0888	1	20	1.4382	1	---	---
5090	C5H9ClO2	methyl 2-chlorobutanoate	26464-32-4	136.578	---	---	419.15	1	14	1.0979	1	20	1.4247	1	---	---
5091	C5H9ClO2	methyl 4-chlorobutanoate	3153-37-5	136.578	---	---	447.15	1	20	1.1293	1	20	1.4321	1	---	---
5092	C5H9ClO2	methyl 2-chloro-2-methylpropanoate	22421-97-2	136.578	---	---	408.15	1	15	1.0883	1	21	1.4122	1	---	---
5093	C5H9ClO2	propyl chloroacetate	5396-24-7	136.578	---	---	434.15	1	20	1.1040	1	20	1.4261	1	---	---
5094	C5H9ClO2	chloromethyl butyrate	33657-49-7	136.578	---	---	423.15	1	25	1.0900	1	---	---	---	---	---
5095	C5H9ClO3	2-ethoxyethyl chloroformate	628-64-8	152.577	---	---	---	---	25	1.1341	1	25	1.4169	1	---	---
5096	C5H9ClO3	2-methoxyethyl chloroacetate	13361-36-9	152.577	---	---	---	---	20	1.2015	1	20	1.4382	1	---	---
5097	C5H9ClO3	tert-butyl chloroperoxyformate	56139-33-4	152.577	---	---	---	---	23	1.1678	2	---	---	---	---	---
5098	C5H9Cl2NSi	3-cyanopropyldichloromethylsilane	1190-16-5	182.123	---	---	---	---	---	---	---	---	---	---	---	---
5099	C5H9Cl2N3O2	N,N'-bis(2-chloroethyl)-N-nitrosourea	154-93-8	214.051	304.15	1	---	---	25	1.4052	2	---	---	---	solid	1
5100	C5H9Cl3	1,1,1-trichloropentane	3922-27-8	175.484	237.79	2	430.15	1	25	1.1840	1	25	1.4540	1	liquid	1
5101	C5H9Cl3	1,2,3-trichloro-2-methylbutane	62521-69-1	175.484	264.47	2	457.15	1	20	1.2527	1	---	---	---	liquid	1
5102	C5H9Cl3	2,2,3-trichloro-3-methylbutane	98070-91-8	175.484	264.47	2	455.65	1	15	1.2150	1	21	1.4730	1	liquid	1
5103	C5H9Cl3	1,3-dichloro-2-(chloromethyl)-2-methylprop	1067-09-0	175.484	291.15	1	447.65	2	25	1.2710	1	---	1.4820	1	liquid	2
5104	C5H9Cl3N4Si	5-trichloromethyl-1-trimethylsilyltetrazole	72385-44-5	259.597	---	---	263.15	1	---	---	---	---	---	---	gas	1
5105	C5H9Cl3O2Si	trimethylsilyl trichloroacetate	25436-07-1	235.568	---	---	---	---	25	1.2450	1	---	1.4400	1	---	---
5106	C5H9Cl3Si	trichlorocyclopentylsilane	14579-03-4	203.569	---	---	452.65	1	25	1.2260	1	---	1.4690	1	---	---
5107	C5H9ClS	allyl 2-chloroethylsulfide	19155-35-2	136.645	---	---	---	---	25	1.0783	2	---	---	---	---	---
5108	C5H9D3N2O	nitrosomethyl-d3-n-butylamine	75016-36-3	119.182	---	---	---	---	---	---	---	---	---	---	---	---
5109	C5H9F	cis-1-fluoro-1-pentene	66213-83-0	88.125	172.68	2	317.23	2	25	0.8080	1	25	1.4060	1	liquid	2
5110	C5H9F	trans-1-fluoro-1-pentene	66213-84-1	88.125	172.68	2	317.23	2	25	0.8080	1	25	1.4060	1	liquid	2
5111	C5H9F	2-fluoro-1-pentene	66213-89-6	88.125	162.04	2	309.63	2	25	0.8100	1	25	1.4100	1	liquid	2
5112	C5H9F	3-fluoro-1-pentene	66702-88-3	88.125	161.00	2	309.31	2	25	0.8100	1	25	1.4100	1	liquid	2
5113	C5H9F	4-fluoro-1-pentene	66702-91-8	88.125	161.00	2	309.31	2	25	0.8100	1	25	1.4100	1	liquid	2
5114	C5H9F	5-fluoro-1-pentene	407-79-4	88.125	176.00	2	335.15	1	25	0.8100	1	25	1.3750	1	liquid	1
5115	C5H9F	1-fluoro-cis-2-pentene	66213-85-2	88.125	172.68	2	317.23	2	25	0.8100	1	25	1.4100	1	liquid	2
5116	C5H9F	1-fluoro-trans-2-pentene	66213-86-3	88.125	172.68	2	317.23	2	25	0.8100	1	25	1.4100	1	liquid	2
5117	C5H9F	2-fluoro-cis-2-pentene	66213-87-4	88.125	158.72	2	317.11	2	25	0.8100	1	25	1.4100	1	liquid	2
5118	C5H9F	2-fluoro-trans-2-pentene	66213-88-5	88.125	158.72	2	317.11	2	25	0.8100	1	25	1.4100	1	liquid	2
5119	C5H9F	3-fluoro-cis-2-pentene	66213-90-9	88.125	158.72	2	317.11	2	25	0.8100	1	25	1.4100	1	liquid	2
5120	C5H9F	3-fluoro-trans-2-pentene	66702-87-2	88.125	158.72	2	317.11	2	25	0.8100	1	25	1.4100	1	liquid	2

Table 1 Physical Properties - Organic Compounds

NO	FORMULA	NAME	CAS No	Mol Wt	Freezing Point		Boiling Point		Density			Refractive Index			State	
				g/mol	T_F, K	code	T_B, K	code	T, C	g/cm3	code	T, C	n_D	code	@25C,1 atm	code
5121	C5H9F	4-fluoro-cis-2-pentene	66702-89-4	88.125	157.68	2	316.79	2	25	0.8100	1	25	1.4100	1	liquid	2
5122	C5H9F	4-fluoro-trans-2-pentene	66702-90-7	88.125	157.68	2	316.79	2	25	0.8100	1	25	1.4100	1	liquid	2
5123	C5H9F	5-fluoro-cis-2-pentene	66702-92-9	88.125	172.68	2	317.23	2	25	0.8100	1	25	1.4100	1	liquid	2
5124	C5H9F	5-fluoro-trans-2-pentene	66702-93-0	88.125	172.68	2	317.23	2	25	0.8100	1	25	1.4100	1	liquid	2
5125	C5H9F	cis-1-fluoro-2-methyl-1-butene	66213-72-7	88.125	158.72	2	317.11	2	25	0.8100	1	25	1.4100	1	liquid	2
5126	C5H9F	trans-1-fluoro-2-methyl-1-butene	66213-74-9	88.125	158.72	2	317.11	2	25	0.8100	1	25	1.4100	1	liquid	2
5127	C5H9F	3-fluoro-2-methyl-1-butene	53731-24-1	88.125	147.04	2	309.19	2	25	0.8100	1	25	1.4100	1	liquid	2
5128	C5H9F	4-fluoro-2-methyl-1-butene	66213-81-8	88.125	162.04	2	309.63	2	25	0.8100	1	25	1.4100	1	liquid	2
5129	C5H9F	cis-1-fluoro-3-methyl-1-butene	66213-73-8	88.125	157.68	2	316.79	2	25	0.8100	1	25	1.4100	1	liquid	2
5130	C5H9F	trans-1-fluoro-3-methyl-1-butene	66213-75-0	88.125	157.68	2	316.79	2	25	0.8100	1	25	1.4100	1	liquid	2
5131	C5H9F	2-fluoro-3-methyl-1-butene	66213-78-3	88.125	147.04	2	309.19	2	25	0.8100	1	25	1.4100	1	liquid	2
5132	C5H9F	3-fluoro-3-methyl-1-butene	66213-80-7	88.125	178.42	2	306.52	2	25	0.8100	1	25	1.4100	1	liquid	2
5133	C5H9F	4-fluoro-3-methyl-1-butene	66213-82-9	88.125	161.00	2	309.31	2	25	0.8100	1	25	1.4100	1	liquid	2
5134	C5H9F	1-fluoro-2-methyl-cis-2-butene	66213-76-1	88.125	158.72	2	317.11	2	25	0.8300	1	25	1.4100	1	liquid	2
5135	C5H9F	1-fluoro-2-methyl-trans-2-butene	66213-77-2	88.125	158.72	2	317.11	2	25	0.8300	1	25	1.4100	1	liquid	2
5136	C5H9F	1-fluoro-3-methyl-2-butene	23425-81-2	88.125	158.72	2	317.11	2	25	0.8100	1	25	1.4100	1	liquid	2
5137	C5H9F	2-fluoro-3-methyl-2-butene	66213-79-4	88.125	144.76	2	316.99	2	25	0.8100	1	25	1.4100	1	liquid	2
5138	C5H9F	3-fluoro-2-ethyl-1-propene	---	88.125	162.04	2	309.63	2	25	0.8100	1	25	1.4100	1	liquid	2
5139	C5H9FO2	5-fluoropentanoic acid	407-75-0	120.124	---	---	---	---	25	1.0438	2	25	1.4080	1	---	---
5140	C5H9FO2	methyl-4-fluorobutyrate	406-20-2	120.124	---	---	---	---	25	1.0438	2	---	---	---	---	---
5141	C5H9FO2S	4-fluoro-2-hydroxythiobutyric acid S-methy	100700-28-5	152.190	---	---	376.25	1	25	1.1649	2	---	---	---	---	---
5142	C5H9FO2S	methyl-g-fluoro-b-hydroxythiolbutyrate	63732-23-0	152.190	---	---	376.25	2	25	1.1649	2	---	---	---	---	---
5143	C5H9FO3	methyl-g-fluoro-b-hydroxybutyrate	63904-99-4	136.123	---	---	---	---	25	1.1278	2	---	---	---	---	---
5144	C5H9F3	1,1,1-trifluoropentane	406-82-6	126.122	244.48	2	320.15	1	25	0.9900	1	25	1.3100	1	liquid	1
5145	C5H9F3O2Si	trimethylsilyl trifluoroacetate	400-53-3	186.206	---	---	362.15	1	25	1.0780	1	---	1.3370	1	---	---
5146	C5H9FeNO4	ferrous glutamate	2896-87-9	202.976	---	---	377.65	1	---	---	---	---	---	---	---	---
5147	C5H9I	cis-1-iodo-1-pentene	66703-02-4	196.031	198.59	2	422.15	1	25	1.5250	1	25	1.5010	1	liquid	1
5148	C5H9I	trans-1-iodo-1-pentene	66703-03-5	196.031	198.59	2	422.15	1	25	1.5250	1	25	1.5010	1	liquid	1
5149	C5H9I	2-iodo-1-pentene	66688-59-3	196.031	187.95	2	403.50	2	25	1.5300	1	25	1.5100	1	liquid	2
5150	C5H9I	3-iodo-1-pentene	66688-61-7	196.031	186.91	2	403.18	2	25	1.5506	1	25	1.5128	1	liquid	2
5151	C5H9I	4-iodo-1-pentene	59967-14-5	196.031	186.91	2	403.18	2	25	1.5720	1	25	1.5190	1	liquid	2
5152	C5H9I	5-iodo-1-pentene	7766-48-5	196.031	201.91	2	423.15	1	25	1.5640	1	25	1.5162	1	liquid	1
5153	C5H9I	1-iodo-cis-2-pentene	66703-04-6	196.031	198.59	2	411.10	2	25	1.5500	1	25	1.5100	1	liquid	2
5154	C5H9I	1-iodo-trans-2-pentene	66688-56-0	196.031	198.59	2	411.10	2	25	1.5500	1	25	1.5100	1	liquid	2
5155	C5H9I	2-iodo-cis-2-pentene	66688-57-1	196.031	184.63	2	410.98	2	25	1.5500	1	25	1.5100	1	liquid	2
5156	C5H9I	2-iodo-trans-2-pentene	66688-58-2	196.031	184.63	2	410.98	2	25	1.5500	1	25	1.5100	1	liquid	2
5157	C5H9I	3-iodo-cis-2-pentene	35895-39-7	196.031	184.63	2	410.98	2	25	1.5500	1	25	1.5100	1	liquid	2
5158	C5H9I	3-iodo-trans-2-pentene	66688-60-6	196.031	184.63	2	410.98	2	25	1.5500	1	25	1.5100	1	liquid	2
5159	C5H9I	4-iodo-cis-2-pentene	66688-62-8	196.031	183.59	2	410.66	2	25	1.5500	1	25	1.5100	1	liquid	2
5160	C5H9I	4-iodo-trans-2-pentene	66688-63-9	196.031	183.59	2	410.66	2	25	1.5500	1	25	1.5100	1	liquid	2
5161	C5H9I	5-iodo-cis-2-pentene	66688-64-0	196.031	198.59	2	411.10	2	25	1.5500	1	25	1.5128	1	liquid	2
5162	C5H9I	5-iodo-trans-2-pentene	56399-98-5	196.031	198.59	2	411.10	2	25	1.5500	1	25	1.5128	1	liquid	2
5163	C5H9I	cis-1-iodo-2-methyl-1-butene	52812-57-4	196.031	184.63	2	410.98	2	25	1.5500	1	25	1.5100	1	liquid	2
5164	C5H9I	trans-1-iodo-2-methyl-1-butene	66702-95-2	196.031	184.63	2	410.98	2	25	1.5500	1	25	1.5100	1	liquid	2
5165	C5H9I	3-iodo-2-methyl-1-butene	66703-00-2	196.031	172.95	2	410.00	2	25	1.5500	1	25	1.5100	1	liquid	2
5166	C5H9I	4-iodo-2-methyl-1-butene	53750-52-0	196.031	187.95	2	410.00	2	25	1.5500	1	25	1.5100	1	liquid	2
5167	C5H9I	cis-1-iodo-3-methyl-1-butene	64245-25-6	196.031	183.59	2	410.66	2	25	1.5500	1	25	1.5100	1	liquid	2
5168	C5H9I	trans-1-iodo-3-methyl-1-butene	66702-96-3	196.031	183.59	2	410.66	2	25	1.5500	1	25	1.5100	1	liquid	2
5169	C5H9I	2-iodo-3-methyl-1-butene	32442-47-0	196.031	172.95	2	403.06	2	25	1.5500	1	25	1.5100	1	liquid	2
5170	C5H9I	3-iodo-3-methyl-1-butene	59128-91-5	196.031	204.33	2	400.39	2	25	1.5500	1	25	1.5100	1	liquid	2
5171	C5H9I	4-iodo-3-methyl-1-butene	66703-01-3	196.031	186.91	2	403.18	2	25	1.5500	1	25	1.5100	1	liquid	2
5172	C5H9I	1-iodo-2-methyl-cis-2-butene	66702-97-4	196.031	184.63	2	410.98	2	25	1.5500	1	25	1.5100	1	liquid	2
5173	C5H9I	1-iodo-2-methyl-trans-2-butene	66702-98-5	196.031	184.63	2	410.98	2	25	1.5500	1	25	1.5100	1	liquid	2
5174	C5H9I	1-iodo-3-methyl-2-butene	41004-19-7	196.031	184.63	2	410.98	2	25	1.5500	1	25	1.5100	1	liquid	2
5175	C5H9I	2-iodo-3-methyl-2-butene	66702-99-6	196.031	170.67	2	410.86	2	25	1.5500	1	25	1.5100	1	liquid	2
5176	C5H9I	3-iodo-2-ethyl-1-propene	---	196.031	187.95	2	403.50	2	25	1.5500	1	25	1.5100	1	liquid	2
5177	C5H9I	iodocyclopentane	1556-18-9	196.031	---	---	439.65	1	20	1.7096	1	20	1.5447	1	---	---
5178	C5H9IO2	ethyl 3-iodopropanoate	6414-69-3	228.030	---	---	475.15	1	30	1.6226	1	25	1.4961	1	---	---
5179	C5H9IO2	methyl 4-iodobutyrate	14273-85-9	228.030	---	---	475.15	2	25	1.6890	1	---	1.5050	1	---	---
5180	C5H9IO2	2-(2-iodoethyl)-1,3-dioxolane	83665-55-8	228.030	---	---	475.15	2	28	1.6558	2	---	---	---	---	---
5181	C5H9ISi	1-iodo-2-(trimethylsilyl)acetylene	18163-47-8	224.116	---	---	403.15	1	25	1.4600	1	---	1.5110	1	---	---
5182	C5H9I3	1,1,1-triiodopentane	---	449.840	322.21	2	589.99	2	25	2.5046	2	---	---	---	solid	2
5183	C5H9N	valeronitrile	110-59-8	83.133	176.95	1	414.45	1	25	0.7940	1	25	1.3951	1	liquid	1
5184	C5H9N	2-methylbutanenitrile	18936-17-9	83.133	195.60	2	398.55	1	25	0.7823	1	25	1.3877	1	liquid	1
5185	C5H9N	3-methylbutanenitrile	625-28-5	83.133	172.35	1	403.65	1	25	0.7862	1	25	1.3850	1	liquid	1
5186	C5H9N	2,2-dimethylpropanenitrile	630-18-2	83.133	289.15	1	378.75	1	25	0.7655	1	25	1.3789	1	liquid	1
5187	C5H9N	butyl isocyanide	2769-64-4	83.133	215.70	2	397.65	1	25	0.7670	1	25	1.3930	1	liquid	1
5188	C5H9N	isobutyl isocyanide	590-94-3	83.133	200.70	2	383.15	1	25	0.7607	1	25	1.3871	1	liquid	1
5189	C5H9N	sec-butyl isocyanide	14069-89-7	83.133	200.70	2	385.00	2	25	0.7643	1	25	1.3879	1	liquid	2
5190	C5H9N	tert-butyl isocyanide	7188-38-7	83.133	218.12	2	364.65	1	25	0.7477	1	25	1.3805	1	liquid	1
5191	C5H9N	2-methyl-3-butyn-2-amine	2978-58-7	83.133	291.15	1	352.65	1	25	0.7900	1	20	1.4235	1	liquid	1
5192	C5H9N	2-methyl-2-pyrroline	100791-95-5	83.133	---	---	369.15	1	22	0.8995	1	---	---	---	---	---
5193	C5H9N	1,2,5,6-tetrahydropyridine	694-05-3	83.133	225.15	1	381.15	1	25	0.9110	1	20	1.4800	1	liquid	1
5194	C5H9N	3-dimethylamino-1-propyne	7223-38-3	83.133	---	---	354.15	1	25	0.7720	1	---	1.4190	1	---	---
5195	C5H9N	(S)-(+)-2-methylbutyronitrile	25570-03-0	83.133	208.51	2	398.65	1	25	0.7860	1	---	1.3890	1	liquid	1
5196	C5H9N	2-methyl-1-pyrroline	872-32-2	83.133	---	---	377.65	1	25	0.8780	1	---	1.4440	1	---	---
5197	C5H9NO	butyl isocyanate	111-36-4	99.133	180.00	2	388.15	1	25	0.8770	1	25	1.4061	1	---	---
5198	C5H9NO	N-methyl-2-pyrrolidone	872-50-4	99.133	249.15	1	477.42	1	25	1.0250	1	25	1.4690	1	liquid	1
5199	C5H9NO	cyclopentanone oxime	1192-28-5	99.133	330.95	1	469.15	1	22	0.9570	2	---	---	---	solid	1
5200	C5H9NO	2-ethoxypropanenitrile	14631-45-9	99.133	---	---	409.15	1	20	0.8743	1	22	1.3890	1	---	---

Table 1 Physical Properties - Organic Compounds

NO	FORMULA	NAME	CAS No	Mol Wt	Freezing Point		Boiling Point		Density			Refractive Index			State	
				g/mol	T_F, K	code	T_B, K	code	T, C	g/cm3	code	T, C	n_D	code	@25C,1 atm	code
5201	C5H9NO	3-ethoxypropanenitrile	2141-62-0	99.133	---	---	444.15	1	15	0.9285	1	20	1.4068	1	---	---
5202	C5H9NO	4-imino-2-pentanone	870-74-6	99.133	316.15	1	482.15	1	25	0.9427	1	---	---	---	solid	1
5203	C5H9NO	isobutyl isocyanate	1873-29-6	99.133	---	---	379.15	1	22	0.9570	2	---	---	---	---	---
5204	C5H9NO	2-isocyanato-2-methylpropane	1609-86-5	99.133	358.65	1	444.47	2	7	0.8670	1	20	1.4061	1	solid	1
5205	C5H9NO	1-methyl-3-pyrrolidinone	68165-06-0	99.133	---	---	444.47	2	25	0.9660	1	25	1.4431	1	---	---
5206	C5H9NO	5-methyl-2-pyrrolidinone	108-27-0	99.133	316.15	1	521.15	1	20	1.0458	1	---	---	---	solid	1
5207	C5H9NO	2-piperidinone	675-20-7	99.133	312.65	1	529.15	1	22	0.9570	2	---	---	---	solid	1
5208	C5H9NO	N,N-dimethylacrylamide	2680-03-7	99.133	---	---	444.47	2	25	0.9620	1	---	1.4730	1	---	---
5209	C5H9NO	3-dimethylaminoacrolein	927-63-9	99.133	---	---	544.65	1	25	0.9900	1	---	1.5840	1	---	---
5210	C5H9NO	4,4-dimethyl-2-oxazoline	30093-99-3	99.133	---	---	372.65	1	25	0.9400	1	---	---	---	---	---
5211	C5H9NO	2-ethyl-2-oxazoline	10431-98-8	99.133	211.25	1	401.55	1	25	0.9810	1	---	1.4370	1	liquid	1
5212	C5H9NO	fluoral-p	1118-66-7	99.133	311.15	1	443.10	1	22	0.9570	2	---	---	---	solid	1
5213	C5H9NO	1-formylpyrrolidine	3760-54-1	99.133	---	---	368.15	1	25	1.0400	1	---	1.4790	1	---	---
5214	C5H9NO	N-methyl-N-vinylacetamide	3195-78-6	99.133	237.25	1	439.65	1	25	0.9590	1	---	1.4830	1	liquid	1
5215	C5H9NO	methyl-2-pyrrolidinone	51013-18-4	99.133	---	---	444.47	2	22	0.9570	2	---	---	---	---	---
5216	C5H9NO	senecioic acid amide	4479-75-8	99.133	---	---	444.47	2	22	0.9570	2	---	---	---	---	---
5217	C5H9NOS	3-methoxypropylisothiocyanate	17702-11-3	131.199	---	---	---	---	25	1.0989	2	---	---	---	---	---
5218	C5H9NO2	N-acetyl-N-methylacetamide	1113-68-4	115.132	248.15	1	468.15	1	25	1.0663	1	25	1.4502	1	liquid	1
5219	C5H9NO2	4-morpholinecarboxaldehyde	4394-85-8	115.132	293.60	1	513.15	1	20	1.1520	1	20	1.4845	1	liquid	1
5220	C5H9NO2	nitrocyclopentane	2562-38-1	115.132	---	---	453.15	1	25	1.0860	1	20	1.4538	1	---	---
5221	C5H9NO2	2,3-pentanedione 3-oxime	609-29-0	115.132	331.65	1	456.15	1	24	1.0643	2	---	---	---	solid	1
5222	C5H9NO2	DL-proline	609-36-9	115.132	478.15	dec	---	---	24	1.0643	2	---	---	---	solid	1
5223	C5H9NO2	L-proline	147-85-3	115.132	494.15	dec	---	---	24	1.0643	2	---	---	---	solid	1
5224	C5H9NO2	(S)-(-)-2-amino-4-pentenoic acid	16338-48-0	115.132	556.15	1	---	---	24	1.0643	2	---	---	---	solid	1
5225	C5H9NO2	DL-2-amino-4-pentenoic acid	7685-44-1	115.132	525.15	1	---	---	24	1.0643	2	---	---	---	solid	1
5226	C5H9NO2	3,3-dimethoxypropiononitrile	57597-62-3	115.132	---	---	464.15	1	25	1.0100	1	---	---	---	---	---
5227	C5H9NO2	(S)-(+)-5-hydroxymethyl-2-pyrrolidinone	17342-08-4	115.132	357.65	1	470.75	2	24	1.0643	2	---	---	---	solid	1
5228	C5H9NO2	(R)-(-)-5-(hydroxymethyl)-2-pyrrolidinone	66673-40-3	115.132	357.15	1	470.75	2	24	1.0643	2	---	---	---	solid	1
5229	C5H9NO2	methyl 3-aminocrotonate	14205-39-1	115.132	355.15	1	470.75	2	24	1.0643	2	---	---	---	solid	1
5230	C5H9NO2	5-nitro-1-pentene	23542-51-0	115.132	---	---	434.00	2	25	1.0070	1	---	1.4400	1	---	---
5231	C5H9NO2	D(+)-proline	344-25-2	115.132	496.15	1	---	---	24	1.0643	2	---	---	---	solid	1
5232	C5H9NO2	aziridine carboxylic acid ethyl ester	671-51-2	115.132	---	---	470.75	2	24	1.0643	2	---	---	---	---	---
5233	C5H9NO2	N-(methoxymethyl)-2-propenamide	3644-11-9	115.132	---	---	470.75	2	24	1.0643	2	---	---	---	---	---
5234	C5H9NO2	2-nitro-2-pentene	6065-19-6	115.132	---	---	434.00	2	24	1.0643	2	---	---	---	---	---
5235	C5H9NO2	3-nitro-2-pentene	6065-18-5	115.132	---	---	434.00	2	24	1.0643	2	---	---	---	---	---
5236	C5H9NO2S	(4S,2RS)-2-methylthiazolidine-4-carboxylic	---	147.198	455.65	1	---	---	25	1.1775	2	---	---	---	solid	1
5237	C5H9NO2S2	cheirolin	505-34-0	179.264	320.65	1	---	---	25	1.2752	2	---	---	---	solid	1
5238	C5H9NO3	5-aminolevulinic acid	106-60-5	131.132	---	---	---	---	25	1.1397	2	---	---	---	---	---
5239	C5H9NO3	trans-4-hydroxyproline	51-35-4	131.132	547.15	1	---	---	25	1.1397	2	---	---	---	solid	1
5240	C5H9NO3	cis-4-hydroxy-D-proline	2584-71-6	131.132	516.15	1	---	---	25	1.1397	2	---	---	---	solid	1
5241	C5H9NO3	trans-3-hydroxy-L-proline	4298-08-2	131.132	508.15	1	---	---	25	1.1397	2	---	---	---	solid	1
5242	C5H9NO3	cis-4-hydroxy-L-proline	618-27-9	131.132	530.15	1	---	---	25	1.1397	2	---	---	---	solid	1
5243	C5H9NO3S	N-acetyl-L-cysteine	616-91-1	163.198	382.65	1	---	---	25	1.2494	2	---	---	---	solid	1
5244	C5H9NO3S	meprin	1953-02-2	163.198	369.15	1	---	---	25	1.2494	2	---	---	---	solid	1
5245	C5H9NO4	L-glutamic acid	56-86-0	147.131	497.15	1	591.00	1	20	1.5380	1	---	---	---	solid	1
5246	C5H9NO4	ethyl 2-nitropropanoate	2531-80-8	147.131	---	---	463.65	1	20	1.5120	2	20	1.4210	1	---	---
5247	C5H9NO4	DL-glutamic acid	617-65-2	147.131	472.15	dec	504.93	2	20	1.4601	1	---	---	---	solid	1
5248	C5H9NO4	D-glutamic acid	6893-26-1	147.131	486.15	dec	504.93	2	20	1.5380	1	---	---	---	solid	1
5249	C5H9NO4	(R)-(-)-2-amino-2-methylbutanedioic acid	14603-76-0	147.131	---	---	504.93	2	20	1.5120	2	---	---	---	---	---
5250	C5H9NO4	(S)-(+)-2-amino-2-methylbutanedioic acid	3227-17-6	147.131	---	---	504.93	2	20	1.5120	2	---	---	---	---	---
5251	C5H9NO4	N-methyl-L-aspartic acid	4226-18-0	147.131	458.15	1	504.93	2	20	1.5120	2	---	---	---	solid	1
5252	C5H9NO4	N-methyl-D-aspartic acid	6384-92-5	147.131	462.65	1	504.93	2	20	1.5120	2	---	---	---	solid	1
5253	C5H9NO4	N-methyliminodiacetic acid	4408-64-4	147.131	492.65	1	504.93	2	20	1.5120	2	---	---	---	solid	1
5254	C5H9NO4	methyl 4-nitrobutyrate	13013-02-0	147.131	---	---	381.15	1	20	1.5120	2	---	1.4380	1	---	---
5255	C5H9NO4	2-amino-5-hydroxylevulinic acid	4439-84-3	147.131	---	---	504.93	2	20	1.5120	2	---	---	---	---	---
5256	C5H9NO4S	S-(carboxymethyl)-L-cysteine	638-23-3	179.197	479.15	1	---	---	25	1.3153	2	---	---	---	solid	1
5257	C5H9NO4S	S-carboxymethylcysteine	2387-59-9	179.197	478.65	1	---	---	25	1.3153	2	---	---	---	solid	1
5258	C5H9NO5	3-hydroxy-DL-glutamic acid	5985-23-9	163.130	482.15	1	---	---	25	1.2917	2	---	---	---	solid	1
5259	C5H9NS	butyl isothiocyanate	592-82-5	115.199	---	---	441.15	1	20	0.9546	1	20	1.5010	1	---	---
5260	C5H9NS	sec-butyl isothiocyanate (±)	116724-11-9	115.199	---	---	432.65	1	12	0.9440	1	---	---	---	---	---
5261	C5H9NS	butyl thiocyanate	628-83-1	115.199	---	---	459.15	1	15	0.9563	1	20	1.4360	1	---	---
5262	C5H9NS	tert-butyl thiocyanate	37985-18-5	115.199	283.65	1	413.15	dec	10	0.9187	1	---	---	---	liquid	1
5263	C5H9NS	isobutyl isothiocyanate	591-82-2	115.199	---	---	433.15	1	14	0.9631	1	14	1.5005	1	---	---
5264	C5H9NS	isobutyl thiocyanate	591-84-4	115.199	214.15	1	448.55	1	14	0.9426	2	---	---	---	liquid	1
5265	C5H9NS	tert-butyl isothiocyanate	590-42-1	115.199	283.65	1	413.15	1	10	0.9187	1	---	---	---	liquid	1
5266	C5H9OS2	3-methylsulphinylpropylisothiocyanate	505-44-2	149.258	---	---	---	---	25	1.1419	2	---	---	---	---	---
5267	C5H9Tl	dimethyl-1-propynylthallium	---	273.510	---	---	---	---	---	---	---	---	---	---	---	---
5268	C6Ag2	silver 1,3,5-hexatrienide	---	287.798	---	---	---	---	---	---	---	---	---	---	---	---
5269	C6AlBr2F5	pentafluorophenylaluminum dibromide	4457-90-3	353.849	343.15	1	333.15	1	---	---	---	---	---	---	solid	1
5270	C5H9N3	histamine	51-45-6	111.147	356.15	1	---	---	25	1.0416	2	---	---	---	solid	1
5271	C5H9N3	5-amino-1-ethylpyrazole	3528-58-3	111.147	327.65	1	---	---	25	1.0416	2	---	---	---	solid	1
5272	C5H9N3	betazole	105-20-4	111.147	298.15	1	---	---	25	1.0416	2	---	---	---	---	---
5273	C5H9N3O	pivaloyl azide	4981-48-0	127.147	---	---	---	---	25	1.1319	2	---	---	---	---	---
5274	C5H9N3O2	tert-butyl azidoformate	1070-19-5	143.146	---	---	352.15	1	25	1.2137	2	---	---	---	---	---
5275	C5H9N3O3	N'-acetyl ethylnitrosourea	52217-47-7	159.146	---	---	370.25	1	25	1.2880	2	---	---	---	---	---
5276	C5H9N3O3S	nitroso-2-methylthiopropionaldehyde-o-me	57117-24-5	191.212	---	---	355.15	1	25	1.3744	2	---	---	---	---	---
5277	C5H9N3O9	1,3-propanediol, 2-methyl-2-[(nitrooxy)metl	3032-55-1	255.142	---	---	---	---	25	1.6225	2	---	---	---	---	---
5278	C5H9N9	1,1,1-tris(azidomethyl)ethane	31044-86-7	195.189	---	---	---	---	25	1.4765	2	---	---	---	---	---
5279	C5H10ClNO4	L-glutamic acid hydrochloride	138-15-8	183.592	---	---	---	---	25	1.2895	2	---	---	---	---	---
5280	C5H10	1,1-dimethylcyclopropane	1630-94-0	70.134	164.25	1	293.78	1	25	0.6554	1	25	1.3640	1	gas	1

Table 1 Physical Properties - Organic Compounds

NO	FORMULA	NAME	CAS No	Mol Wt g/mol	Freezing Point T_F, K	code	Boiling Point T_B, K	code	Density T, C	g/cm3	code	Refractive Index T, C	n_D	code	State @25C,1 atm	code
5281	C5H10	1,cis-2-dimethylcyclopropane	930-18-7	70.134	132.28	1	310.18	1	25	0.6889	1	25	1.3800	1	liquid	1
5282	C5H10	1,trans-2-dimethylcyclopropane	2402-06-4	70.134	123.58	1	301.36	1	25	0.6648	1	25	1.3683	1	liquid	1
5283	C5H10	ethylcyclopropane	1191-96-4	70.134	123.93	1	309.08	1	25	0.6790	1	25	1.3756	1	liquid	1
5284	C5H10	methylcyclobutane	598-61-8	70.134	138.60	1	303.45	1	25	0.6884	1	25	1.3810	1	liquid	1
5285	C5H10	cyclopentane	287-92-3	70.134	179.31	1	322.40	1	25	0.7500	1	25	1.4036	1	liquid	1
5286	C5H10	1-pentene	109-67-1	70.134	108.02	1	303.11	1	25	0.6350	1	25	1.3684	1	liquid	1
5287	C5H10	2-pentene; (cis+trans)	109-68-2	70.134	130.55	1	306.70	1	25	0.6500	1	---	1.3800	1	liquid	1
5288	C5H10	cis-2-pentene	627-20-3	70.134	121.75	1	310.08	1	25	0.6500	1	25	1.3798	1	liquid	1
5289	C5H10	trans-2-pentene	646-04-8	70.134	132.89	1	309.49	1	25	0.6430	1	25	1.3761	1	liquid	1
5290	C5H10	2-methyl-1-butene	563-46-2	70.134	135.58	1	304.31	1	25	0.6450	1	25	1.3746	1	liquid	1
5291	C5H10	3-methyl-1-butene	563-45-1	70.134	104.66	1	293.21	1	25	0.6220	1	25	1.3611	1	gas	1
5292	C5H10	2-methyl-2-butene	513-35-9	70.134	139.39	1	311.71	1	25	0.6570	1	25	1.3842	1	liquid	1
5293	C5H10AgNS2	diethyldithiocarbamic acid, silver salt	1470-61-7	256.139	446.65	1	---	---	---	---	---	---	---	---	solid	1
5294	C5H10BrCl	1-bromo-5-chloropentane	54512-75-3	185.491	---	---	484.15	1	25	1.4080	1	---	1.4850	1	---	---
5295	C5H10BrF	1-bromo-5-fluoropentane	407-97-6	169.037	---	---	435.15	1	25	1.3604	1	25	1.4406	1	---	---
5296	C5H10BrF2O3P	diethyl (bromodifluoromethyl)phosphonate	65094-22-6	267.008	---	---	---	---	25	1.5030	1	---	1.4170	1	---	---
5297	C5H10Br2	1,1-dibromopentane	13320-56-4	229.942	250.21	2	453.15	1	25	1.6540	1	25	1.4990	1	liquid	1
5298	C5H10Br2	1,2-dibromopentane	3234-49-9	229.942	250.21	2	457.15	1	25	1.6641	1	25	1.5064	1	liquid	1
5299	C5H10Br2	1,3-dibromopentane	42474-20-4	229.942	250.21	2	463.15	1	25	1.6583	1	25	1.5042	1	liquid	1
5300	C5H10Br2	1,4-dibromopentane	626-87-9	229.942	238.73	1	473.15	1	25	1.6791	1	25	1.5054	1	liquid	1
5301	C5H10Br2	1,5-dibromopentane	111-24-0	229.942	233.15	1	495.45	1	25	1.6948	1	25	1.5103	1	liquid	1
5302	C5H10Br2	2,2-dibromopentane	54653-26-8	229.942	267.63	2	443.15	1	25	1.6400	1	25	1.5000	1	liquid	1
5303	C5H10Br2	2,3-dibromopentane	5398-25-4	229.942	217.15	1	451.65	1	25	1.6735	1	25	1.5065	1	liquid	1
5304	C5H10Br2	2,4-dibromopentane	19398-53-9	229.942	235.21	2	455.15	1	25	1.6590	1	25	1.4963	1	liquid	1
5305	C5H10Br2	3,3-dibromopentane	54653-27-9	229.942	267.63	2	440.15	1	25	1.6600	1	25	1.5000	1	liquid	1
5306	C5H10Br2	1,1-dibromo-2-methylbutane	62127-58-6	229.942	235.21	2	445.24	2	25	1.6600	1	25	1.5000	1	liquid	2
5307	C5H10Br2	1,1-dibromo-3-methylbutane	62127-59-7	229.942	235.21	2	445.24	2	25	1.6600	1	25	1.5000	1	liquid	2
5308	C5H10Br2	1,2-dibromo-2-methylbutane	10428-64-5	229.942	202.95	1	446.15	1	25	1.6584	1	25	1.5064	1	liquid	1
5309	C5H10Br2	1,2-dibromo-3-methylbutane	10288-13-8	229.942	235.21	2	445.24	2	25	1.6707	1	25	1.5069	1	liquid	2
5310	C5H10Br2	1,3-dibromo-2-methylbutane	49623-50-9	229.942	235.21	2	445.24	2	25	1.8129	1	25	1.5035	1	liquid	2
5311	C5H10Br2	1,3-dibromo-3-methylbutane	24443-15-0	229.942	267.63	2	442.89	2	25	1.6660	1	25	1.5041	1	liquid	2
5312	C5H10Br2	1,4-dibromo-2-methylbutane	69498-28-8	229.942	250.21	2	445.68	2	25	1.7048	1	25	1.5104	1	liquid	2
5313	C5H10Br2	2,2-dibromo-3-methylbutane	62127-60-0	229.942	252.63	2	442.45	2	25	1.6800	1	25	1.5090	1	liquid	2
5314	C5H10Br2	2,3-dibromo-2-methylbutane	594-51-4	229.942	288.00	1	444.01	1	25	1.6767	2	25	1.5078	1	liquid	1
5315	C5H10Br2	1,1-dibromo-2,2-dimethylpropane	2443-91-6	229.942	287.15	1	453.15	1	25	1.6622	1	25	1.5023	1	liquid	1
5316	C5H10Br2	1,3-dibromo-2,2-dimethylpropane	5434-27-5	229.942	252.63	2	456.15	1	25	1.6865	1	25	1.5025	1	liquid	1
5317	C5H10Br2	1,3-dibromo-2-ethylpropane	---	229.942	267.63	2	442.89	2	25	1.6900	1	25	1.5000	1	liquid	2
5318	C5H10Br2FO3P	diethyl (dibromofluoromethyl)phosphonate	65094-25-9	327.913	---	---	485.15	1	25	1.7560	1	---	---	---	---	---
5319	C5H10Br2O2	2,2-bis(bromomethyl)-1,3-propanediol	3296-90-0	261.941	386.15	1	508.15	1	25	1.7533	2	---	---	---	solid	1
5320	C5H10Br2O2	1,3-dibromo-2,2-dimethoxypropane	22094-18-4	261.941	338.15	1	508.15	2	25	1.7533	2	---	---	---	solid	1
5321	C5H10ClF	1-chloro-5-fluoropentane	407-98-7	124.585	---	---	416.35	1	25	1.0325	1	23	1.4120	1	---	---
5322	C5H10ClN	1-chloropiperidine	2156-71-0	119.594	---	---	---	---	25	0.9973	2	---	---	---	---	---
5323	C5H10ClNO	diethylcarbamic chloride	88-10-8	135.593	---	---	459.15	1	25	1.0802	2	---	---	---	---	---
5324	C5H10ClNO3	1-perchlorylpiperidine	768-34-3	167.592	---	---	---	---	25	1.2254	2	---	---	---	---	---
5325	C5H10ClNS	diethylthiocarbamoyl chloride	88-11-9	151.660	320.65	1	---	---	25	1.1195	2	---	---	---	solid	1
5326	C5H10ClN3O2	nitrosochloroethyldimethylurea	59960-30-4	179.607	---	---	---	---	25	1.2862	2	---	---	---	---	---
5327	C5H10ClN3O3	1-(2-chloroethyl)-3-(2-hydroxyethyl)-1-nitro	60784-46-5	195.606	329.15	1	---	---	25	1.3466	2	---	---	---	solid	1
5328	C5H10ClN3O3	1-nitroso-1-hydroxyethyl-3-chloroethylurea	96806-34-7	195.606	---	---	---	---	25	1.3466	2	---	---	---	---	---
5329	C5H10ClN3O5S	2-(3-(2-chloroethyl)3-nitrosoureido)ethyl m	61866-12-4	259.671	---	---	---	---	25	1.5093	2	---	---	---	---	---
5330	C5H10Cl2	1,1-dichloropentane	820-55-3	141.039	190.45	2	412.95	1	25	1.0480	1	25	1.4320	1	liquid	1
5331	C5H10Cl2	1,2-dichloropentane	1674-33-5	141.039	190.45	2	420.15	1	25	1.0735	1	25	1.4448	1	liquid	1
5332	C5H10Cl2	1,3-dichloropentane	30122-12-4	141.039	190.45	2	428.15	1	25	1.0794	1	25	1.4462	1	liquid	1
5333	C5H10Cl2	1,4-dichloropentane	626-92-6	141.039	190.45	2	435.15	1	25	1.0699	1	25	1.4480	1	liquid	1
5334	C5H10Cl2	1,5-dichloropentane	628-76-2	141.039	200.35	1	456.16	1	25	1.0960	1	25	1.4541	1	liquid	1
5335	C5H10Cl2	2,2-dichloropentane	34887-14-4	141.039	207.87	2	400.15	1	25	1.0360	1	25	1.4320	1	liquid	1
5336	C5H10Cl2	2,3-dichloropentane	600-11-3	141.039	195.85	1	412.15	1	25	1.0749	1	25	1.4441	1	liquid	1
5337	C5H10Cl2	2,4-dichloropentane	625-67-2	141.039	175.45	2	422.15	1	25	1.0570	1	25	1.4350	1	liquid	1
5338	C5H10Cl2	3,3-dichloropentane	21571-91-5	141.039	207.87	2	405.15	1	25	1.0490	1	25	1.4400	1	liquid	1
5339	C5H10Cl2	1,1-dichloro-2-methylbutane	23010-05-1	141.039	175.45	2	400.00	2	25	1.0500	1	25	1.4400	1	liquid	2
5340	C5H10Cl2	1,1-dichloro-3-methylbutane	625-66-1	141.039	175.45	2	402.75	1	25	1.0433	1	25	1.4321	1	liquid	1
5341	C5H10Cl2	1,2-dichloro-2-methylbutane	23010-04-0	141.039	207.87	2	407.15	1	25	1.0700	1	25	1.4400	1	liquid	1
5342	C5H10Cl2	1,2-dichloro-3-methylbutane	600-10-2	141.039	175.45	2	416.15	1	25	1.0800	1	25	1.4470	1	liquid	1
5343	C5H10Cl2	1,3-dichloro-2-methylbutane	23010-07-3	141.039	175.45	2	418.00	2	25	1.0900	1	25	1.4479	1	liquid	2
5344	C5H10Cl2	1,3-dichloro-3-methylbutane	624-96-4	141.039	207.87	2	419.85	1	25	1.0718	1	25	1.4442	1	liquid	1
5345	C5H10Cl2	1,4-dichloro-2-methylbutane	623-34-7	141.039	190.45	2	441.65	1	25	1.1000	1	25	1.4640	1	liquid	1
5346	C5H10Cl2	2,2-dichloro-3-methylbutane	17773-66-9	141.039	192.87	2	418.00	2	25	1.0900	1	25	1.4600	1	liquid	2
5347	C5H10Cl2	2,3-dichloro-2-methylbutane	507-45-9	141.039	192.87	2	402.15	1	25	1.0900	1	25	1.4600	1	liquid	1
5348	C5H10Cl2	1,3-dichloro-2-ethylpropane	---	141.039	190.45	2	418.00	2	25	1.0900	1	25	1.4600	1	liquid	2
5349	C5H10Cl2	1,1-dichloro-2,2-dimethylpropane	29559-54-4	141.039	192.87	2	418.00	2	25	1.0900	1	25	1.4600	1	liquid	2
5350	C5H10Cl2	1,3-dichloro-2,2-dimethylpropane	29559-55-5	141.039	207.87	2	419.15	1	25	1.0839	1	25	1.4460	1	liquid	1
5351	C5H10Cl2	dichloropentane	30586-10-8	141.039	192.10	2	403.15	1	25	1.0730	2	---	---	---	liquid	1
5352	C5H10Cl2O	2,2-bis(chloromethyl)-1-propanol	5355-54-4	157.039	---	---	---	---	25	1.1341	2	---	---	---	---	---
5353	C5H10Cl2O2	bis(2-chloroethoxy)methane	111-91-1	173.038	240.85	1	490.90	1	25	1.2320	1	---	---	---	liquid	1
5354	C5H10Cl2O2	2,2-bis(chloromethyl)-1,3-propanediol	2209-86-1	173.038	354.15	1	490.90	2	25	1.2009	2	---	---	---	solid	1
5355	C5H10Cl2O2	2,2-dichloro-1,5-pentanediol	---	173.038	314.15	1	490.90	2	25	1.2009	2	---	---	---	solid	1
5356	C5H10Cl3NO	3-amino-1-trichloro-2-pentanol	35695-72-8	206.498	---	---	---	---	25	1.2913	2	---	---	---	---	---
5357	C5H10Cl3O3P	diethyl (trichloromethyl)phosphonate	866-23-9	255.464	---	---	399.15	1	25	1.3620	1	---	1.4630	1	---	---
5358	C5H10F2	1,1-difluoropentane	62127-40-6	108.131	194.91	2	342.15	1	25	0.9100	1	25	1.3400	1	liquid	1
5359	C5H10F2	1,2-difluoropentane	62126-94-7	108.131	194.91	2	348.15	1	25	0.9200	1	25	1.3400	1	liquid	1
5360	C5H10F2	1,3-difluoropentane	62126-95-8	108.131	194.91	2	353.15	1	25	0.9300	1	25	1.3400	1	liquid	1

Table 1 Physical Properties - Organic Compounds

				Mol Wt	Freezing Point		Boiling Point		Density			Refractive Index			State	
NO	FORMULA	NAME	CAS No	g/mol	T_F, K	code	T_B, K	code	T, C	g/cm3	code	T, C	n_D	code	@25C,1 atm	code
5361	C5H10F2	1,4-difluoropentane	62126-96-9	108.131	194.91	2	359.15	1	25	0.9500	1	25	1.3400	1	liquid	1
5362	C5H10F2	1,5-difluoropentane	373-17-1	108.131	209.91	2	378.65	1	25	0.9572	1	25	1.3971	1	liquid	1
5363	C5H10F2	2,2-difluoropentane	371-65-3	108.131	175.05	1	332.85	1	25	0.8877	1	25	1.3331	1	liquid	1
5364	C5H10F2	2,3-difluoropentane	66688-46-8	108.131	179.91	2	330.00	2	25	0.9300	1	25	1.3400	1	liquid	2
5365	C5H10F2	2,4-difluoropentane	66688-47-9	108.131	179.91	2	330.00	2	25	0.9300	1	25	1.3400	1	liquid	2
5366	C5H10F2	3,3-difluoropentane	358-03-2	108.131	179.15	1	333.45	1	25	0.8968	1	25	1.3360	1	liquid	1
5367	C5H10F2	1,1-difluoro-2-methylbutane	66688-67-3	108.131	179.91	2	311.46	2	25	0.9000	1	25	1.3400	1	liquid	2
5368	C5H10F2	1,1-difluoro-3-methylbutane	53731-22-9	108.131	179.91	2	311.46	2	25	0.9000	1	25	1.3400	1	liquid	2
5369	C5H10F2	1,2-difluoro-2-methylbutane	66688-68-4	108.131	212.33	2	309.11	2	25	0.9000	1	25	1.3400	1	liquid	2
5370	C5H10F2	1,2-difluoro-3-methylbutane	66688-69-5	108.131	179.91	2	311.46	2	25	0.9000	1	25	1.3400	1	liquid	2
5371	C5H10F2	1,3-difluoro-2-methylbutane	66688-43-5	108.131	179.91	2	311.46	2	25	0.9000	1	25	1.3400	1	liquid	2
5372	C5H10F2	1,3-difluoro-3-methylbutane	66688-44-6	108.131	212.33	2	309.11	2	25	0.9000	1	25	1.3400	1	liquid	2
5373	C5H10F2	1,4-difluoro-2-methylbutane	66688-45-7	108.131	194.91	2	311.90	2	25	0.9000	1	25	1.3400	1	liquid	2
5374	C5H10F2	2,2-difluoro-3-methylbutane	51891-58-8	108.131	197.33	2	308.67	2	25	0.9000	1	25	1.3400	1	liquid	2
5375	C5H10F2	2,3-difluoro-2-methylbutane	53731-25-2	108.131	197.33	2	308.67	2	25	0.9000	1	25	1.3400	1	liquid	2
5376	C5H10F2	1,3-difluoro-2-ethylpropane	---	108.131	194.91	2	311.90	2	25	0.9000	1	25	1.3400	1	liquid	2
5377	C5H10F2	1,1-difluoro-2,2-dimethylpropane	53731-23-0	108.131	197.33	2	308.67	2	25	0.9000	1	25	1.3400	1	liquid	2
5378	C5H10F2	1,3-difluoro-2,2-dimethylpropane	66688-66-2	108.131	212.33	2	309.11	2	25	0.9000	1	25	1.3400	1	liquid	2
5379	C5H10HgO3	methoxyethyl mercuric acetate	151-38-2	318.723	315.15	1	---	---	---	---	---	---	---	---	solid	1
5380	C5H10I2	1,1-diiodopentane	66688-35-5	323.943	246.73	2	499.64	2	25	2.1060	1	25	1.5760	1	liquid	2
5381	C5H10I2	1,2-diiodopentane	998-76-5	323.943	246.73	2	499.64	2	25	2.1100	1	25	1.5700	1	liquid	2
5382	C5H10I2	1,3-diiodopentane	66688-36-6	323.943	246.73	2	499.64	2	25	2.1200	1	25	1.5700	1	liquid	2
5383	C5H10I2	1,4-diiodopentane	55930-45-5	323.943	246.73	2	499.64	2	25	2.1300	1	25	1.5700	1	liquid	2
5384	C5H10I2	1,5-diiodopentane	628-77-3	323.943	282.15	1	500.08	2	25	2.1740	1	25	1.6000	1	liquid	2
5385	C5H10I2	2,2-diiodopentane	66688-37-7	323.943	264.15	2	496.85	2	25	2.1000	1	25	1.5700	1	liquid	2
5386	C5H10I2	2,3-diiodopentane	66688-38-8	323.943	231.73	2	499.20	2	25	2.1300	1	25	1.5700	1	liquid	2
5387	C5H10I2	2,4-diiodopentane	66719-29-7	323.943	231.73	2	499.20	2	25	2.1100	1	25	1.5190	1	liquid	2
5388	C5H10I2	3,3-diiodopentane	66688-39-9	323.943	264.15	2	496.85	2	25	2.1000	1	25	1.5700	1	liquid	2
5389	C5H10I2	1,1-diiodo-2-methylbutane	66688-50-4	323.943	231.73	2	499.20	2	25	2.1100	1	25	1.5800	1	liquid	2
5390	C5H10I2	1,1-diiodo-3-methylbutane	66688-51-5	323.943	231.73	2	499.20	2	25	2.1100	1	25	1.5800	1	liquid	2
5391	C5H10I2	1,2-diiodo-2-methylbutane	66688-52-6	323.943	264.15	2	496.85	2	25	2.1300	1	25	1.5800	1	liquid	2
5392	C5H10I2	1,2-diiodo-3-methylbutane	66688-53-7	323.943	231.73	2	499.20	2	25	2.1300	1	25	1.5800	1	liquid	2
5393	C5H10I2	1,3-diiodo-2-methylbutane	66688-54-8	323.943	231.73	2	499.20	2	25	2.1300	1	25	1.5800	1	liquid	2
5394	C5H10I2	1,3-diiodo-3-methylbutane	66688-55-9	323.943	264.15	2	496.85	2	25	2.1300	1	25	1.5800	1	liquid	2
5395	C5H10I2	1,4-diiodo-2-methylbutane	66688-32-2	323.943	246.73	2	499.64	2	25	2.1300	1	25	1.5800	1	liquid	2
5396	C5H10I2	2,2-diiodo-3-methylbutane	66688-33-3	323.943	249.15	2	496.41	2	25	2.1400	1	25	1.5800	1	liquid	2
5397	C5H10I2	2,3-diiodo-2-methylbutane	66688-34-4	323.943	249.15	2	496.41	2	25	2.1400	1	25	1.5800	1	liquid	2
5398	C5H10I2	1,3-diiodo-2-ethylpropane	---	323.943	246.73	2	499.64	2	25	2.1600	1	25	1.5900	1	liquid	2
5399	C5H10I2	1,1-diiodo-2,2-dimethylpropane	2443-89-2	323.943	249.15	2	496.41	2	25	2.1600	1	25	1.5950	1	liquid	2
5400	C5H10I2	1,3-diiodo-2,2-dimethylpropane	66688-49-1	323.943	264.15	2	496.85	2	25	2.1600	1	25	1.5900	1	liquid	2
5401	C5H10NNaS2	sodium N,N-diethyldithiocarbamate	148-18-5	171.263	371.15	1	---	---	25	1.1000	1	---	---	---	solid	1
5402	C5H10NO3P	diethyl cyanophosphonate	2942-58-7	163.114	---	---	---	---	25	1.0750	1	---	1.4030	1	---	---
5403	C5H10N2	diethylcyanamide	617-83-4	98.148	192.55	1	461.15	1	20	0.8540	1	25	1.4126	1	liquid	1
5404	C5H10N2	3-(dimethylamino)propanenitrile	1738-25-6	98.148	---	---	446.15	1	20	0.8705	1	---	---	---	---	---
5405	C5H10N2	4,4-dimethyl-2-imidazoline	2305-59-1	98.148	---	---	450.65	2	25	0.9320	1	---	1.4700	1	---	---
5406	C5H10N2	3-(ethylamino)propionitrile	21539-47-9	98.148	---	---	444.65	1	25	0.8810	1	---	1.4330	1	---	---
5407	C5H10N2O	N-nitrosopiperidine	100-75-4	114.148	---	---	492.15	1	18	1.0631	1	18	1.4933	1	---	---
5408	C5H10N2O	1,3-dimethyl-2-imidazolidinone	80-73-9	114.148	281.35	1	496.40	1	25	1.0440	1	---	1.4720	1	liquid	1
5409	C5H10N2O	1-formylpiperazine	7755-92-2	114.148	362.65	1	449.53	2	25	1.1030	1	---	---	---	solid	1
5410	C5H10N2O	L-prolinamide hydrochloride	7531-52-4	114.148	371.65	1	369.15	1	23	1.0700	2	---	---	---	solid	1
5411	C5H10N2O	N,N-ethylene-N',N'-dimethylurea	3715-67-1	114.148	---	---	449.53	2	23	1.0700	2	---	---	---	---	---
5412	C5H10N2O	2-ethyl-3-nitrosothiazolidine	72505-63-6	114.148	---	---	449.53	2	23	1.0700	2	---	---	---	---	---
5413	C5H10N2O	methylcyclopropanecarbonylhydrazine	63884-38-8	114.148	---	---	440.40	1	23	1.0700	2	---	---	---	---	---
5414	C5H10N2OS	tetrahydro-3,5-dimethyl-4H,1,3,5-oxadiazin	25952-35-6	146.214	---	---	---	---	25	1.1410	2	---	---	---	---	---
5415	C5H10N2O2	N-nitropiperidine	7119-94-0	130.147	267.65	1	518.15	1	26	1.1519	1	26	1.4954	1	liquid	1
5416	C5H10N2O2	2,3-pentanedione dioxime	4775-86-4	130.147	445.65	1	475.82	2	25	1.1011	2	---	---	---	solid	1
5417	C5H10N2O2	2,4-pentanedione dioxime	2157-56-4	130.147	419.15	1	475.82	2	25	1.1011	2	---	---	---	solid	1
5418	C5H10N2O2	N-acetyl-L-alanine amide	15962-47-7	130.147	---	---	475.82	2	25	1.1011	2	---	---	---	---	---
5419	C5H10N2O2	1-(methylnitrosamino)-2-butanone	89367-14-6	130.147	---	---	475.82	2	25	1.1011	2	---	---	---	---	---
5420	C5H10N2O2	4-(methylnitrosamino)-2-butanone	89367-15-7	130.147	---	---	454.15	1	25	1.1011	2	---	---	---	---	---
5421	C5H10N2O2	N-nitrosoallylethanolamine	---	130.147	---	---	455.15	1	25	1.1011	2	---	---	---	---	---
5422	C5H10N2O2	nitroso-2-methylmorpholine	75881-16-2	130.147	---	---	475.82	2	25	1.1011	2	---	---	---	---	---
5423	C5H10N2O2	nitroso-3-piperidinol	55556-85-9	130.147	---	---	475.82	2	25	1.1011	2	---	---	---	---	---
5424	C5H10N2O2	nitroso-4-piperidinol	55556-93-9	130.147	---	---	475.82	2	25	1.1011	2	---	---	---	---	---
5425	C5H10N2O2	N-nitroso-N-propylacetamide	67809-15-8	130.147	---	---	475.82	2	25	1.1011	2	---	---	---	---	---
5426	C5H10N2O2S	methomyl	16752-77-5	162.213	351.15	1	---	---	24	1.2946	1	---	---	---	solid	1
5427	C5H10N2O2S	oxamyl oxime	30558-43-1	162.213	---	---	---	---	25	1.2127	2	---	---	---	---	---
5428	C5H10N2O3	L-glutamine	56-85-9	146.147	458.15	dec	---	---	25	1.1804	2	---	---	---	solid	1
5429	C5H10N2O3	glycylalanine	1188-01-8	146.147	510.15	dec	---	---	25	1.1804	2	---	---	---	solid	1
5430	C5H10N2O3	D(-)-glutamine	5959-95-5	146.147	---	---	411.90	2	25	1.1804	2	---	---	---	---	---
5431	C5H10N2O3	1-acetoxy-N-methyl-N-nitrosoethylamine	65986-79-0	146.147	---	---	411.90	2	25	1.1804	2	---	---	---	---	---
5432	C5H10N2O3	(ethylnitrosamino)methyl acetate	65986-80-3	146.147	---	---	411.90	2	25	1.1804	2	---	---	---	---	---
5433	C5H10N2O3	N-methyl-N-(3-carboxypropyl)nitrosamine	61445-55-4	146.147	---	---	330.65	1	25	1.1804	2	---	---	---	---	---
5434	C5H10N2O3	N-nitroso-N-ethylurethan	614-95-9	146.147	---	---	493.15	1	25	1.1804	2	---	---	---	---	---
5435	C5H10N2O3	N-nitrososarcosine, ethyl ester	13344-50-8	146.147	---	---	411.90	2	25	1.1804	2	---	---	---	---	---
5436	C5H10N2O3S	N-nitrosomethylaminosulfolane	13256-21-8	178.213	---	---	---	---	25	1.2786	2	---	---	---	---	---
5437	C5H10N2O4	1,5-dinitropentane	6848-84-6	162.146	308.65	2	508.65	2	25	1.2528	2	20	1.4610	1	solid	2
5438	C5H10N2O4	ethyl ethylnitrocarbamate	6274-16-4	162.146	---	---	---	---	20	1.1620	1	20	1.4432	1	---	---
5439	C5H10N2O4	glycylserine	687-38-7	162.146	---	---	---	---	25	1.2528	2	---	---	---	---	---
5440	C5H10N2O4	ethyl-N-(2-hydroxyethyl)-N-nitrosocarbama	62641-68-3	162.146	---	---	---	---	25	1.2528	2	---	---	---	---	---

Table 1 Physical Properties - Organic Compounds

				Mol Wt	Freezing Point		Boiling Point		Density			Refractive Index			State	
NO	FORMULA	NAME	CAS No	g/mol	T_F, K	code	T_B, K	code	T, C	g/cm3	code	T, C	n_D	code	@25C,1 atm	code
5441	C5H10N2S2	dazomet	533-74-4	162.280	---	---	---	---	25	1.3000	1	---	---	---	---	---
5442	C5H10N4O2	dinitrosohomopiperazine	55557-00-1	158.161	---	---	---	---	25	1.2484	2	---	---	---	---	---
5443	C5H10N6O2	3,7-dinitroso-1,3,5,7-tetraazabicyclo[3.3.1]	101-25-7	186.175	---	---	---	---	25	1.3771	2	---	---	---	---	---
5444	C5H10NaO8S2	glutaraldehyde sodium bisulfite addition co	28959-35-5	285.251	>573.15	1	---	---	---	---	---	---	---	---	solid	1
5445	C5H10O	pentanal	110-62-3	86.134	182.00	1	376.15	1	25	0.8050	1	25	1.3917	1	liquid	1
5446	C5H10O	2-methylbutanal	96-17-3	86.134	172.61	2	365.15	1	25	0.7980	1	25	1.3871	1	liquid	1
5447	C5H10O	3-methylbutanal	590-86-3	86.134	168.15	1	365.75	1	25	0.7939	1	25	1.3876	1	liquid	1
5448	C5H10O	2,2-dimethylpropanal	630-19-3	86.134	267.15	1	347.15	1	25	0.7830	1	25	1.3760	1	liquid	1
5449	C5H10O	2-methylbutanal, (±)	57456-98-1	86.134	197.48	2	365.65	1	20	0.8029	1	20	1.3869	1	liquid	1
5450	C5H10O	methyl propyl ketone	107-87-9	86.134	196.29	1	375.46	1	25	0.8020	1	25	1.3880	1	liquid	1
5451	C5H10O	diethyl ketone	96-22-0	86.134	234.18	1	375.14	1	25	0.8100	1	25	1.3900	1	liquid	1
5452	C5H10O	methyl isopropyl ketone	563-80-4	86.134	180.15	1	367.55	1	25	0.8050	1	25	1.3857	1	liquid	1
5453	C5H10O	2-methyltetrahydrofuran	96-47-9	86.134	136.15	1	353.37	1	25	0.8580	1	25	1.4051	1	liquid	1
5454	C5H10O	3-methyltetrahydrofuran	13423-15-9	86.134	159.55	2	411.15	1	20	0.8642	1	20	1.4930	1	liquid	1
5455	C5H10O	allyl ethyl ether	557-31-3	86.134	133.15	2	340.75	1	20	0.7651	1	20	1.3881	1	liquid	1
5456	C5H10O	isopropyl vinyl ether	926-65-8	86.134	133.15	1	328.65	1	20	0.7534	1	20	1.3840	1	liquid	1
5457	C5H10O	3-methoxy-2-methyl-1-propene	22418-49-1	86.134	133.15	2	340.15	1	20	0.7772	1	20	1.3964	1	liquid	1
5458	C5H10O	propyl vinyl ether	764-47-6	86.134	133.15	2	338.15	1	20	0.7674	1	20	1.3908	1	liquid	1
5459	C5H10O	cyclopentanol	96-41-3	86.134	255.65	1	413.57	1	20	0.9488	1	20	1.4530	1	liquid	1
5460	C5H10O	3,3-dimethyloxetane	6921-35-3	86.134	---	---	353.75	1	25	0.8340	1	20	1.3965	1	---	---
5461	C5H10O	2-methyl-3-buten-2-ol	115-18-4	86.134	245.15	1	370.15	1	20	0.8200	1	---	---	---	liquid	1
5462	C5H10O	3-methyl-2-buten-1-ol	556-82-1	86.134	---	---	413.15	1	25	0.8480	1	20	1.4412	1	---	---
5463	C5H10O	3-methyl-3-buten-2-ol	10473-14-0	86.134	---	---	387.15	1	17	0.8531	1	17	1.4288	1	---	---
5464	C5H10O	1-penten-3-ol	616-25-1	86.134	---	---	388.15	1	20	0.8390	1	20	1.4239	1	---	---
5465	C5H10O	3-penten-2-ol, (±)	42569-16-4	86.134	---	---	394.75	1	25	0.8328	1	20	1.4280	1	---	---
5466	C5H10O	4-penten-1-ol	821-09-0	86.134	---	---	414.15	1	20	0.8457	1	20	1.4309	1	---	---
5467	C5H10O	4-penten-2-ol	625-31-0	86.134	---	---	389.15	1	20	0.8367	1	20	1.4225	1	---	---
5468	C5H10O	cis-2-penten-1-ol	1576-95-0	86.134	---	---	411.15	1	20	0.8529	1	20	1.4354	1	---	---
5469	C5H10O	trans-2-penten-1-ol	1576-96-1	86.134	---	---	411.15	1	20	0.8471	1	20	1.4341	1	---	---
5470	C5H10O	alpha-methylcyclopropanemethanol	765-42-4	86.134	241.05	1	396.65	1	20	0.8805	1	20	1.4316	1	liquid	1
5471	C5H10O	tetrahydropyran	142-68-7	86.134	224.05	1	361.15	1	20	0.8814	1	20	1.4200	1	liquid	1
5472	C5H10O	cyclobutanemethanol	4415-82-1	86.134	---	---	416.65	1	25	0.9110	1	---	1.4460	1	---	---
5473	C5H10O	1,2-epoxy-2-methylbutane	30095-63-7	86.134	---	---	378.77	2	25	0.8250	1	---	1.3910	1	---	---
5474	C5H10O	2,3-epoxy-2-methylbutane	5076-19-7	86.134	---	---	348.40	1	25	0.8180	1	---	1.3860	1	---	---
5475	C5H10O	1,2-epoxypentane	1003-14-1	86.134	---	---	363.50	1	25	0.8300	1	---	1.3960	1	---	---
5476	C5H10O	ethyl propenyl ether	928-55-2	86.134	133.15	2	343.15	1	25	0.7850	1	---	1.4000	1	liquid	1
5477	C5H10O	2-methyl-3-buten-1-ol	4516-90-9	86.134	---	---	393.65	1	25	0.8350	1	---	1.4260	1	---	---
5478	C5H10O	3-methyl-3-buten-1-ol	763-32-6	86.134	---	---	404.05	1	25	0.8530	1	---	1.4330	1	---	---
5479	C5H10O	1-methylcyclopropanemethanol	2746-14-7	86.134	258.05	1	397.60	1	25	0.8870	1	---	1.4310	1	liquid	1
5480	C5H10O	2-methylcyclopropanemethanol	6077-72-1	86.134	---	---	406.15	1	25	0.8700	1	---	1.4300	1	---	---
5481	C5H10O	3-penten-2-ol	3899-34-1	86.134	---	---	393.15	1	25	0.8430	1	---	1.4280	1	---	---
5482	C5H10O	pent-3-en-2-ol	1569-50-2	86.134	---	---	394.00	1	25	0.8430	1	---	1.4280	1	---	---
5483	C5H10OS	s-propyl thioacetate	2307-10-0	118.200	---	---	411.05	1	25	0.9535	1	---	---	---	---	---
5484	C5H10OS	2-methyltetrahydrofuran-3-thiol, mixed isor	57124-87-5	118.200	---	---	443.15	1	25	1.0400	1	---	1.4820	1	---	---
5485	C5H10OS	S-methyl thiobutanoate	2432-51-1	118.200	---	---	415.65	1	25	0.9660	1	---	1.4610	1	---	---
5486	C5H10OS	3-methylthio-2-butanone	53475-15-3	118.200	---	---	432.65	1	25	0.9720	1	---	1.4710	1	---	---
5487	C5H10OS	tetrahydrothiopyran-3-ol	22072-19-1	118.200	---	---	425.63	2	25	1.1400	1	---	1.5351	1	---	---
5488	C5H10OS	methylvinyloxyethyl sulfide	6607-53-0	118.200	---	---	425.63	2	25	1.0143	2	---	---	---	---	---
5489	C5H10OS2	S,S-diethyl dithiocarbonate	623-80-3	150.266	---	---	470.15	1	20	1.0850	1	18	1.5237	1	---	---
5490	C5H10OS2	2-methyl-2-(methyldithio)propionaldehyde	67952-60-7	150.266	---	---	470.15	2	25	1.1000	1	---	---	---	---	---
5491	C5H10OSi	(trimethylsilyl)ketene	4071-85-6	114.219	---	---	354.15	1	25	0.8130	1	---	1.4130	1	---	---
5492	C5H10O2	pentanoic acid	109-52-4	102.133	239.15	1	458.95	1	25	0.9340	1	25	1.4060	1	liquid	1
5493	C5H10O2	2-methylbutyric acid	116-53-0	102.133	218.15	1	450.15	1	25	0.9320	1	25	1.4030	1	liquid	1
5494	C5H10O2	3-methylbutanoic acid	503-74-2	102.133	243.85	1	449.68	1	25	0.9260	1	25	1.4022	1	liquid	1
5495	C5H10O2	2,2-dimethylpropanoic acid	75-98-9	102.133	309.08	1	436.95	1	50	0.9050	1	30	1.3931	1	solid	1
5496	C5H10O2	2-methylbutanoic acid	600-07-7	102.133	252.49	2	450.15	1	20	0.9340	1	20	1.4051	1	liquid	1
5497	C5H10O2	butyl formate	592-84-7	102.133	181.25	1	379.25	1	25	0.8870	1	25	1.3874	1	liquid	1
5498	C5H10O2	isobutyl formate	542-55-2	102.133	177.35	1	371.22	1	25	0.8750	1	25	1.3835	1	liquid	1
5499	C5H10O2	sec-butyl formate	589-40-2	102.133	156.00	2	366.55	1	25	0.8786	1	20	1.3865	1	liquid	1
5500	C5H10O2	tert-butyl formate	762-75-4	102.133	256.00	2	355.95	1	25	0.8718	1	25	1.3790	1	liquid	1
5501	C5H10O2	propyl acetate	109-60-4	102.133	178.15	1	374.65	1	25	0.8830	1	25	1.3828	1	liquid	1
5502	C5H10O2	isopropyl acetate	108-21-4	102.133	199.75	1	361.65	1	25	0.8710	1	25	1.3750	1	liquid	1
5503	C5H10O2	ethyl propanoate	105-37-3	102.133	199.25	1	372.25	1	25	0.8840	1	25	1.3814	1	liquid	1
5504	C5H10O2	methyl butanoate	623-42-7	102.133	187.35	1	375.90	1	25	0.8930	1	25	1.3847	1	liquid	1
5505	C5H10O2	methyl isobutanoate	547-63-7	102.133	188.45	1	365.45	1	20	0.8906	1	20	1.3840	1	liquid	1
5506	C5H10O2	tetrahydrofurfuryl alcohol	97-99-4	102.133	---	---	450.80	1	25	1.0480	1	25	1.4499	1	---	---
5507	C5H10O2	cis-1,2-cyclopentanediol	5057-98-7	102.133	303.15	1	409.77	2	24	0.9586	2	---	---	---	solid	1
5508	C5H10O2	trans-1,2-cyclopentanediol	5057-99-8	102.133	327.85	1	499.15	1	24	0.9586	2	---	---	---	solid	1
5509	C5H10O2	cis-1,3-cyclopentanediol	16326-97-9	102.133	304.15	1	409.77	2	15	1.0990	1	20	1.4792	1	solid	1
5510	C5H10O2	trans-1,3-cyclopentanediol	16326-98-0	102.133	313.15	1	409.77	2	25	1.0940	1	20	1.4830	1	solid	1
5511	C5H10O2	3,3-dimethoxy-1-propene	6044-68-4	102.133	---	---	361.15	1	25	0.8620	1	20	1.3954	1	---	---
5512	C5H10O2	(ethoxymethyl)oxirane	4016-11-9	102.133	---	---	401.15	1	20	0.9700	1	20	1.4320	1	---	---
5513	C5H10O2	3-ethoxypropanal	2806-85-1	102.133	---	---	408.35	1	20	0.9165	1	---	---	---	---	---
5514	C5H10O2	ethylene glycol monoallyl ether	111-45-5	102.133	---	---	431.65	1	20	0.9580	1	20	1.4358	1	---	---
5515	C5H10O2	4-hydroxy-3-methyl-2-butanone	3393-64-4	102.133	---	---	459.15	1	25	0.9930	1	20	1.4340	1	---	---
5516	C5H10O2	1-hydroxy-2-pentanone	64502-89-2	102.133	---	---	425.15	1	20	0.9860	1	12	1.4234	1	---	---
5517	C5H10O2	2-hydroxy-3-pentanone	5704-20-1	102.133	---	---	425.65	1	20	0.9742	1	20	1.4128	1	---	---
5518	C5H10O2	3-hydroxy-2-pentanone	3142-66-3	102.133	---	---	420.65	1	20	0.9500	1	10	1.4350	1	---	---
5519	C5H10O2	4-hydroxy-2-pentanone	4161-60-8	102.133	---	---	450.15	1	20	1.0071	1	18	1.4415	1	---	---
5520	C5H10O2	5-hydroxy-2-pentanone	1071-73-4	102.133	---	---	482.15	1	20	1.0071	1	20	1.4390	1	---	---

Table 1 Physical Properties - Organic Compounds

				Mol Wt	Freezing Point		Boiling Point		Density			Refractive Index			State	
NO	FORMULA	NAME	CAS No	g/mol	T_F, K	code	T_B, K	code	T, C	g/cm3	code	T, C	n_D	code	@25C,1 atm	code
5521	C5H10O2	4-methyl-1,3-dioxane	1120-97-4	102.133	228.65	1	387.15	1	20	0.9758	1	20	1.4159	1	liquid	1
5522	C5H10O2	tetrahydro-2H-pyran-4-ol	2081-44-9	102.133	---	---	463.15	1	20	1.0649	1	20	1.4600	1	---	---
5523	C5H10O2	(1S,2S)-(+)-trans-1,2-cyclopentanediol	63261-45-0	102.133	322.15	1	409.77	2	24	0.9586	2	---	---	---	solid	1
5524	C5H10O2	1,3-cyclopentanediol, cis and trans	59719-74-3	102.133	313.15	1	409.77	2	25	1.0920	1	---	1.4840	1	solid	1
5525	C5H10O2	2,2-dimethyl-1,3-dioxolane	2916-31-6	102.133	---	---	364.65	1	25	0.9260	1	---	1.3980	1	---	---
5526	C5H10O2	1,3-dioxepane	505-65-7	102.133	---	---	392.15	1	25	1.0000	1	---	1.4300	1	---	---
5527	C5H10O2	3-hydroxy-3-methyl-2-butanone	115-22-0	102.133	---	---	413.65	1	25	0.9710	1	---	1.4150	1	---	---
5528	C5H10O2	5-hydroxypentanal	4221-03-8	102.133	---	---	409.77	2	25	1.0500	1	---	---	---	---	---
5529	C5H10O2	1-methoxy-2-vinyloxy ethane	1663-35-0	102.133	190.45	1	381.50	1	25	0.8970	1	---	---	---	liquid	1
5530	C5H10O2	(S)-(+)-2-methylbutyric acid	1730-91-2	102.133	252.49	2	409.77	2	25	0.9340	1	---	1.4050	1	liquid	2
5531	C5H10O2	3-methyl-3-oxetanemethanol	3143-02-0	102.133	---	---	409.77	2	25	1.0240	1	---	1.4460	1	---	---
5532	C5H10O2	tetrahydro-3-furanmethanol	15833-61-1	102.133	---	---	409.77	2	25	1.0610	1	---	1.4560	1	---	---
5533	C5H10O2	2,2-dimethyl-3-hydroxypropionaldehyde	597-31-9	102.133	---	---	409.77	2	24	0.9586	2	---	---	---	---	---
5534	C5H10O2	ethoxy propionaldehyde	63918-98-9	102.133	203.75	1	409.77	2	24	0.9586	2	---	---	---	liquid	2
5535	C5H10O2	3-methoxy butyraldehyde	5281-76-5	102.133	---	---	333.15	1	24	0.9586	2	---	---	---	---	---
5536	C5H10O2	methyl dioxolane	1331-09-5	102.133	---	---	417.15	dec	24	0.9586	2	---	---	---	---	---
5537	C5H10O2S	3-methyl sulfolane	872-93-5	134.199	273.65	1	549.15	1	25	1.1880	1	25	1.4756	1	liquid	1
5538	C5H10O2S	methyl 3-(methylthio)propanoate	13532-18-8	134.199	---	---	549.15	2	25	1.0770	1	20	1.4650	1	---	---
5539	C5H10O2S	ethyl 3-mercaptopropionate	5466-06-8	134.199	---	---	549.15	2	25	1.0450	1	---	1.4570	1	---	---
5540	C5H10O2S	ethyl (methylthio)acetate	4455-13-4	134.199	---	---	549.15	2	25	1.0420	1	---	1.4590	1	---	---
5541	C5H10O2S	2H-thiopyran, tetrahydro-, 1,1-dioxide	4988-33-4	134.199	372.70	1	549.15	2	25	1.0880	2	---	---	---	solid	1
5542	C5H10O2Te	tellurane-1,1-dioxide	---	229.733	---	---	435.15	1	---	---	---	---	---	---	---	---
5543	C5H10O3	diethyl carbonate	105-58-8	118.133	230.15	1	399.95	1	25	0.9700	1	25	1.3829	1	liquid	1
5544	C5H10O3	ethyl lactate	97-64-3	118.133	247.15	1	427.65	1	25	1.0270	1	20	1.4124	1	liquid	1
5545	C5H10O3	ethylene glycol monomethyl ether acetate	110-49-6	118.133	203.15	1	416.15	1	19	1.0074	1	20	1.4002	1	liquid	1
5546	C5H10O3	ethyl 3-hydroxypropanoate	623-72-3	118.133	---	---	460.65	1	20	1.0590	1	23	1.4271	1	---	---
5547	C5H10O3	ethyl methoxyacetate	3938-96-3	118.133	---	---	415.15	1	15	1.0118	1	20	1.4050	1	---	---
5548	C5H10O3	3-hydroxy-3-methylbutanoic acid	625-08-1	118.133	323.90	2	426.04	2	20	0.9384	1	20	1.5081	1	solid	2
5549	C5H10O3	2-hydroxypentanoic acid	617-31-2	118.133	307.15	1	426.04	2	22	1.0354	2	---	---	---	solid	1
5550	C5H10O3	2-methyl-1,3-dioxan-5-ol	3774-03-6	118.133	---	---	449.15	1	17	1.0705	1	17	1.4375	1	---	---
5551	C5H10O3	2-methyl-1,3-dioxolane-4-methanol	3773-93-1	118.133	---	---	460.15	1	17	1.1243	1	17	1.4413	1	---	---
5552	C5H10O3	methyl ethoxyacetate	17640-26-5	118.133	---	---	419.15	1	15	1.0112	1	---	---	---	---	---
5553	C5H10O3	methyl 2-hydroxy-2-methylpropanoate	2110-78-3	118.133	---	---	410.15	1	22	1.0354	2	20	1.4056	1	---	---
5554	C5H10O3	propyl hydroxyacetate	90357-58-7	118.133	---	---	443.65	1	18	1.0631	1	18	1.4231	1	---	---
5555	C5H10O3	ethyl (S)-(-)-lactate	687-47-8	118.133	247.25	1	427.15	1	25	1.0420	1	---	1.4130	1	liquid	1
5556	C5H10O3	(S)-(+)-2-hydroxy-3-methylbutyric acid	17407-55-5	118.133	340.65	1	426.04	2	22	1.0354	2	---	---	---	solid	1
5557	C5H10O3	3-methoxy butanoic acid	10024-70-1	118.133	285.15	1	426.04	2	25	1.0530	1	---	---	---	liquid	2
5558	C5H10O3	methylglyoxal 1,1-dimethyl acetal	6342-56-9	118.133	216.25	1	418.15	1	25	0.9880	1	---	1.3980	1	liquid	1
5559	C5H10O3	methyl (R)-(-)-3-hydroxybutyrate	3976-69-0	118.133	---	---	426.04	2	25	1.0550	1	---	1.4210	1	---	---
5560	C5H10O3	methyl (S)-(+)-3-hydroxybutyrate	53562-86-0	118.133	---	---	426.04	2	25	1.0710	1	---	1.4200	1	---	---
5561	C5H10O3	methyl (R)-(-)-3-hydroxy-2-methylpropionat	72657-23-9	118.133	---	---	426.04	2	25	1.0660	1	---	1.4250	1	---	---
5562	C5H10O3	methyl (S)-(+)-3-hydroxy-2-methylpropiona	80657-57-4	118.133	---	---	426.04	2	25	1.0710	1	---	1.4250	1	---	---
5563	C5H10O3	methyl 3-methoxypropionate	3852-09-3	118.133	---	---	415.65	1	25	1.0090	1	---	1.4020	1	---	---
5564	C5H10O3	3,3-dimethoxypropionaldehyde	19060-10-7	118.133	---	---	426.04	2	22	1.0354	2	---	---	---	---	---
5565	C5H10O3	ethoxypropionic acid	1331-11-9	118.133	262.45	1	426.04	2	22	1.0354	2	---	---	---	liquid	2
5566	C5H10O3	methyl-3-hydroxybutyrate	1487-49-6	118.133	---	---	362.15	1	22	1.0354	2	---	---	---	---	---
5567	C5H10O3	trans-2-pentene ozonide	16187-03-4	118.133	---	---	465.65	1	22	1.0354	2	---	---	---	---	---
5568	C5H10O3	propylene glycol monoacetate	1331-12-0	118.133	---	---	426.04	2	22	1.0354	2	---	---	---	---	---
5569	C5H10O3S	2-hydroxy-4-(methylthio)butanoic acid	583-91-5	150.199	---	---	347.15	1	25	1.1476	2	---	---	---	---	---
5570	C5H10O4	ethyl 2,3-dihydroxypropanoate, (±)	89300-69-6	134.132	---	---	508.15	1	15	1.1897	1	---	---	---	---	---
5571	C5H10O4	3-hydroxy-2-(hydroxymethyl)-2-methylprop	4767-03-7	134.132	463.15	1	471.40	2	21	1.1765	2	---	---	---	solid	1
5572	C5H10O4	methyl 2,3-dihydroxy-2-methylpropanoate	19860-56-1	134.132	---	---	471.40	2	25	1.1850	1	25	1.4438	1	---	---
5573	C5H10O4	1,2,3-propanetriol 1-acetate, (±)	93713-40-7	134.132	---	---	471.40	2	20	1.2060	1	20	1.4157	1	---	---
5574	C5H10O4	1,2,3-propanetriol-1-acetate	106-61-6	134.132	---	---	471.40	2	20	1.2060	1	20	1.4157	1	---	---
5575	C5H10O4	2,2-bis(hydroxymethyl)propionic acid	4767-07-3	134.132	464.95	1	471.40	2	21	1.1765	2	---	---	---	solid	1
5576	C5H10O4	2-deoxy-L-ribose	18546-37-7	134.132	342.15	1	471.40	2	21	1.1765	2	---	---	---	solid	1
5577	C5H10O4	2-deoxy-D-ribose	533-67-5	134.132	364.15	1	471.40	2	21	1.1765	2	---	---	---	solid	1
5578	C5H10O4	methyl dimethoxyacetate	89-91-8	134.132	---	---	434.65	1	25	1.0960	1	---	1.4050	1	---	---
5579	C5H10O4	monoacetin	26446-35-5	134.132	195.25	1	471.40	2	21	1.1765	2	---	1.4500	1	liquid	2
5580	C5H10O5	alpha-D-arabinopyranose	608-45-7	150.131	428.65	1	---	---	25	1.5850	1	---	---	---	solid	1
5581	C5H10O5	beta-D-arabinopyranose	6748-95-4	150.131	428.65	1	---	---	25	1.6250	1	---	---	---	solid	1
5582	C5H10O5	D-ribose	50-69-1	150.131	361.15	1	---	---	23	1.5783	2	---	---	---	solid	1
5583	C5H10O5	D-xylose	58-86-6	150.131	363.65	1	---	---	20	1.5250	1	---	---	---	solid	1
5584	C5H10O5	DL-arabinose	20235-19-2	150.131	432.65	1	---	---	23	1.5783	2	---	---	---	solid	1
5585	C5H10O5	D(-)-arabinose	28697-53-2	150.131	429.15	1	---	---	23	1.5783	2	---	---	---	solid	1
5586	C5H10O5	L(+)-arabinose	87-72-9	150.131	434.65	1	---	---	23	1.5783	2	---	---	---	solid	1
5587	C5H10O5	D(-)-lyxose, anomers	1114-34-7	150.131	383.15	1	---	---	23	1.5783	2	---	---	---	solid	1
5588	C5H10O5	L(+)-lyxose, anomers	1949-78-6	150.131	391.65	1	---	---	23	1.5783	2	---	---	---	solid	1
5589	C5H10O5	L(+)-ribose	24259-59-4	150.131	358.15	1	---	---	23	1.5783	2	---	---	---	solid	1
5590	C5H10O5	DL-xylose	41247-05-6	150.131	421.15	1	---	---	23	1.5783	2	---	---	---	solid	1
5591	C5H10O5	L(-)-xylose	609-06-3	150.131	424.15	1	---	---	23	1.5783	2	---	---	---	solid	1
5592	C5H10O5	D-arabinose	10323-20-3	150.131	434.65	1	---	---	23	1.5783	2	---	---	---	solid	1
5593	C5H10S	thiacyclohexane	1613-51-0	102.200	292.14	1	414.90	1	25	0.9810	1	25	1.5043	1	liquid	1
5594	C5H10S	2,2,3-trimethylthiacyclopropane	53971-47-4	102.200	266.66	2	363.94	2	25	0.9100	1	---	---	---	liquid	2
5595	C5H10S	2-methylthiacyclopentane	1795-09-1	102.200	172.44	1	405.63	1	25	0.9504	1	25	1.4884	1	liquid	1
5596	C5H10S	3-methylthiacyclopentane	4740-00-5	102.200	191.99	1	411.49	1	25	0.9585	1	25	1.4902	1	liquid	1
5597	C5H10S	cyclopentanethiol	1679-07-8	102.200	155.39	1	405.33	1	25	0.9610	1	---	---	---	liquid	1
5598	C5H10S2	2-methyl-1,3-dithiane	6007-26-7	134.266	---	---	---	---	25	1.1210	1	---	1.5610	1	---	---
5599	C5H10Si	ethynyltrimethylsilane	1066-54-2	98.219	---	---	326.05	1	25	0.6950	1	---	1.3880	1	---	---
5600	C5H11As	allyldimethylarsine	691-35-0	146.064	---	---	---	---	---	---	---	---	---	---	---	---

Table 1 Physical Properties - Organic Compounds

NO	FORMULA	NAME	CAS No	Mol Wt g/mol	Freezing Point T_F, K	code	Boiling Point T_B, K	code	Density T, C	g/cm3	code	Refractive Index T, C	n_D	code	State @25C,1 atm	code
5601	C5H11AsCl2	amyldichlorarsine	692-95-5	216.969	---	---	338.15	2	---	---	---	---	---	---	---	---
5602	C5H11AsCl2	isoamyldichloroarsine	64049-23-6	216.969	---	---	338.15	1	---	---	---	---	---	---	---	---
5603	C5H11Br	1-bromopentane	110-53-2	151.046	185.26	1	402.74	1	25	1.2120	1	25	1.4420	1	liquid	1
5604	C5H11Br	2-bromopentane	107-81-3	151.046	177.65	1	390.55	1	25	1.2012	1	25	1.4394	1	liquid	1
5605	C5H11Br	3-bromopentane	1809-10-5	151.046	146.95	1	391.75	1	25	1.2062	1	25	1.4420	1	liquid	1
5606	C5H11Br	1-bromo-2-methylbutane	10422-35-2	151.046	190.41	2	393.65	1	25	1.2140	1	25	1.4426	1	liquid	1
5607	C5H11Br	1-bromo-3-methylbutane	107-82-4	151.046	161.15	1	393.55	1	25	1.2006	1	25	1.4400	1	liquid	1
5608	C5H11Br	2-bromo-2-methylbutane	507-36-8	151.046	207.83	2	381.15	1	25	1.2095	1	25	1.4400	1	liquid	1
5609	C5H11Br	2-bromo-3-methylbutane	18295-25-5	151.046	175.41	2	388.45	1	25	1.2156	1	25	1.4434	1	liquid	1
5610	C5H11Br	1-bromo-2,2-dimethylpropane	630-17-1	151.046	207.83	2	379.15	1	25	1.1934	1	25	1.4350	1	liquid	1
5611	C5H11Br	1-bromo-2-methylbutane, (S)	534-00-9	151.046	181.56	2	394.75	1	20	1.2234	1	20	1.4451	1	liquid	1
5612	C5H11BrO	3-bromo-2,2-dimethyl-1-propanol	40894-00-6	167.046	---	---	458.65	1	25	1.3580	1	---	1.4790	1	---	---
5613	C5H11BrO2	1-bromo-2,2-dimethoxypropane	126-38-5	183.045	---	---	---	---	25	1.3550	1	---	1.4470	1	---	---
5614	C5H11BrO2	1-bromo-2-(2-methoxyethoxy)ethane	54149-17-6	183.045	---	---	---	---	25	1.3440	1	---	1.4550	1	---	---
5615	C5H11BrO2	3-bromopropionaldehyde dimethyl acetal	36255-44-4	183.045	---	---	---	---	25	1.3410	1	---	1.4490	1	---	---
5616	C5H11BrO2Si	trimethylsilyl bromoacetate	18291-80-0	211.130	---	---	---	---	25	1.2840	1	---	1.4420	1	---	---
5617	C5H11BrO3	2-(bromomethyl)-2-(hydroxymethyl)-1,3-pro	19184-65-7	199.045	346.15	1	---	---	25	1.4251	2	---	---	---	solid	1
5618	C5H11BrSi	(1-bromovinyl)trimethylsilane	13683-41-5	179.131	---	---	397.15	1	25	1.1580	1	---	1.4580	1	---	---
5619	C5H11BrSi	(2-bromovinyl)trimethylsilane	41309-43-7	179.131	---	---	397.15	2	25	1.1670	1	---	1.4670	1	---	---
5620	C5H11Cl	1-chloropentane	543-59-9	106.595	174.15	1	381.54	1	25	0.8780	1	25	1.4104	1	liquid	1
5621	C5H11Cl	2-chloropentane	625-29-6	106.595	136.15	1	369.67	1	25	0.8659	1	25	1.4046	1	liquid	1
5622	C5H11Cl	3-chloropentane	616-20-6	106.595	168.15	1	370.94	1	25	0.8854	1	25	1.4059	1	liquid	1
5623	C5H11Cl	1-chloro-2-methylbutane	616-13-7	106.595	160.53	2	373.69	1	25	0.8781	1	25	1.4101	1	liquid	1
5624	C5H11Cl	1-chloro-3-methylbutane	107-84-6	106.595	168.76	1	371.66	1	25	0.8650	1	25	1.4063	1	liquid	1
5625	C5H11Cl	2-chloro-2-methylbutane	594-36-5	106.595	199.66	1	358.76	1	25	0.8600	1	25	1.4023	1	liquid	1
5626	C5H11Cl	2-chloro-3-methylbutane	631-65-2	106.595	145.53	2	365.95	1	25	0.8570	1	25	1.4000	1	liquid	1
5627	C5H11Cl	1-chloro-2,2-dimethylpropane	753-89-9	106.595	253.15	1	357.45	1	25	0.8609	1	25	1.4021	1	liquid	1
5628	C5H11Cl	1-chloro-2-methylbutane, (±)	114180-21-1	106.595	171.36	2	373.05	1	15	0.8810	1	25	1.4102	1	liquid	1
5629	C5H11Cl	2-chloropentane, (+)	29882-57-3	106.595	136.15	1	370.15	1	20	0.8698	1	20	1.4069	1	liquid	1
5630	C5H11ClHgN2O2	chloromerodrin	62-37-3	367.198	425.65	1	415.15	1	---	---	---	---	---	---	solid	1
5631	C5H11ClN	1-methyl-1-(b-chloroethyl)ethylenimonium	57-54-5	120.602	---	---	---	---	25	0.9693	2	---	---	---	---	---
5632	C5H11ClO	1-(1-chloroethoxy)propane	692-35-3	122.594	---	---	387.15	1	20	0.9322	1	20	1.4013	1	---	---
5633	C5H11ClO	1-chloro-2-methyl-2-butanol	74283-48-0	122.594	---	---	424.15	1	20	1.0161	1	20	1.4469	1	---	---
5634	C5H11ClO	3-chloro-2-methyl-2-butanol	21326-62-5	122.594	---	---	414.65	1	20	1.0295	1	20	1.4436	1	---	---
5635	C5H11ClO	1-chloro-2-pentanol	17658-32-1	122.594	---	---	432.15	1	20	1.0290	1	25	1.4404	1	---	---
5636	C5H11ClO	1-chloro-3-pentanol	32541-33-6	122.594	---	---	446.15	1	25	1.0327	1	25	1.4480	1	---	---
5637	C5H11ClO	5-chloro-1-pentanol	5259-98-3	122.594	---	---	418.07	2	21	1.0079	2	20	1.4518	1	---	---
5638	C5H11ClO	3-chloro-2,2-dimethyl-1-propanol	13401-56-4	122.594	308.15	1	418.07	2	21	1.0079	2	---	1.4500	1	solid	1
5639	C5H11ClO	1-(2-chloroethoxy)propane	42149-74-6	122.594	213.25	1	404.15	1	21	1.0079	2	---	---	---	liquid	1
5640	C5H11ClO2	3-chloro-1,1-dimethoxypropane	35502-06-8	138.594	---	---	---	---	15	1.0640	1	20	1.4163	1	---	---
5641	C5H11ClO2Si	4-(chloromethyl)-2,2-dimethyl-1,3-dioxa-2-s	73639-62-0	166.679	---	---	---	---	---	---	---	---	---	---	---	---
5642	C5H11ClO3	2-chloro-1,1,1-trimethoxyethane	74974-54-2	154.593	---	---	411.15	1	25	1.1470	1	---	1.4250	1	---	---
5643	C5H11ClSi	allylchlorodimethylsilane	4028-23-3	134.680	---	---	384.15	1	20	0.8964	1	20	1.4195	1	---	---
5644	C5H11ClSi	(chloromethyl)ethenyldimethylsilane	16709-86-7	134.680	---	---	394.50	1	---	---	---	---	---	---	---	---
5645	C5H11Cl2N	2-chloro-N-(2-chloroethyl)-N-methylethana	51-75-2	156.054	213.15	1	---	---	25	1.1020	2	---	---	---	---	---
5646	C5H11Cl2NO	2-chloro-N-(2-chloroethyl)-N-methylethana	126-85-2	172.054	---	---	---	---	25	1.1686	2	---	---	---	---	---
5647	C5H11Cl2O3P	bis(2-chloroethyl) methylphosphonate	2799-58-8	221.020	---	---	---	---	25	1.3440	1	---	1.4700	1	---	---
5648	C5H11Cl3Si	trichloropentylsilane	107-72-2	205.585	---	---	445.15	1	20	1.1330	1	20	1.4503	1	---	---
5649	C5H11F	1-fluoropentane	592-50-7	90.141	153.15	1	335.95	1	25	0.7851	1	25	1.3571	1	liquid	1
5650	C5H11F	2-fluoropentane	590-87-4	90.141	162.76	2	328.45	1	25	0.7732	1	25	1.3550	1	liquid	1
5651	C5H11F	3-fluoropentane	41909-29-9	90.141	162.76	2	326.15	1	25	0.7700	1	25	1.3540	1	liquid	1
5652	C5H11F	1-fluoro-2-methylbutane	10086-64-3	90.141	162.76	2	329.05	1	25	0.7850	1	25	1.3542	1	liquid	1
5653	C5H11F	1-fluoro-3-methylbutane	407-06-7	90.141	162.76	2	326.65	1	25	0.7814	1	25	1.3547	1	liquid	1
5654	C5H11F	2-fluoro-2-methylbutane	661-53-0	90.141	152.15	1	317.95	1	25	0.7730	1	25	1.3476	1	liquid	1
5655	C5H11F	2-fluoro-3-methylbutane	62108-95-6	90.141	147.76	2	321.15	1	25	0.7700	1	25	1.3500	1	liquid	1
5656	C5H11F	1-fluoro-2,2-dimethylpropane	59006-05-2	90.141	180.18	2	313.15	1	25	0.7700	1	25	1.3500	1	liquid	1
5657	C5H11FO	5-fluoro-1-pentanol	592-80-3	106.140	---	---	---	---	25	0.8959	2	25	1.4057	1	---	---
5658	C5H11F2O3P	diethyl (difluoromethyl)phosphonate	1478-53-1	188.112	---	---	---	---	25	1.1990	1	---	1.3880	1	---	---
5659	C5H11F3O3SSi	(trimethylsilyl)methyl trifluoromethanesulfo	64035-64-9	236.287	---	---	---	---	25	1.1820	1	---	1.3760	1	---	---
5660	C5H11I	1-iodopentane	628-17-1	198.047	187.55	1	430.15	1	25	1.5088	1	25	1.4933	1	liquid	1
5661	C5H11I	2-iodopentane	637-97-8	198.047	188.67	2	416.15	1	25	1.5024	1	25	1.4934	1	liquid	1
5662	C5H11I	3-iodopentane	1809-05-8	198.047	188.67	2	418.15	1	25	1.5047	1	25	1.4952	1	liquid	1
5663	C5H11I	1-iodo-2-methylbutane	29394-58-9	198.047	188.67	2	419.15	1	25	1.5138	1	25	1.4950	1	liquid	1
5664	C5H11I	1-iodo-3-methylbutane	541-28-6	198.047	188.67	2	421.35	1	25	1.4956	1	25	1.4913	1	liquid	1
5665	C5H11I	2-iodo-2-methylbutane	594-38-7	198.047	206.09	2	402.15	1	25	1.4867	1	25	1.4955	1	liquid	1
5666	C5H11I	2-iodo-3-methylbutane	18295-27-7	198.047	173.67	2	413.15	1	25	1.4900	1	25	1.4900	1	liquid	1
5667	C5H11I	1-iodo-2,2-dimethylpropane	15501-33-4	198.047	206.09	2	407.15	1	25	1.4870	1	25	1.4860	1	liquid	1
5668	C5H11I	2-iodopentane, (±)	52152-72-4	198.047	191.01	2	413.15	1	20	1.5096	1	20	1.4961	1	liquid	1
5669	C5H11N	N-methylpyrrolidine	120-94-5	85.149	183.15	1	352.30	1	25	0.8060	1	20	1.4292	1	liquid	1
5670	C5H11N	piperidine	110-89-4	85.149	262.65	1	379.55	1	25	0.8580	1	20	1.4525	1	liquid	1
5671	C5H11N	cyclopentylamine	1003-03-8	85.149	190.45	1	381.62	1	20	0.8689	1	25	1.4728	1	liquid	1
5672	C5H11N	N,N-dimethylallylamine	2155-94-4	85.149	---	---	336.10	1	25	0.7410	1	---	---	---	---	---
5673	C5H11N	2-methylpyrrolidine	765-38-8	85.149	176.78	2	371.15	1	25	0.8340	1	---	1.4370	1	liquid	1
5674	C5H11N	3-methylpyrrolidine	34375-89-8	85.149	170.40	1	364.05	2	24	0.8216	2	---	---	---	liquid	2
5675	C5H11NO	tert-butylformamide	2425-74-3	101.149	289.15	1	475.15	1	25	0.8990	1	25	1.4275	1	liquid	1
5676	C5H11NO	N,N-diethylformamide	617-84-5	101.149	289.15	2	450.65	1	19	0.9080	1	25	1.4321	1	liquid	1
5677	C5H11NO	2,2-dimethylpropanamide	754-10-9	101.149	---	---	426.97	2	29	0.9326	2	---	---	---	---	---
5678	C5H11NO	3-methylbutanal oxime	626-90-4	101.149	321.65	1	434.45	1	20	0.8934	1	20	1.4367	1	solid	1
5679	C5H11NO	3-methylbutanamide	541-46-8	101.149	410.15	1	499.15	1	29	0.9326	2	---	---	---	solid	1
5680	C5H11NO	4-methylmorpholine	109-02-4	101.149	208.75	1	389.15	1	20	0.9051	1	20	1.4332	1	liquid	1

Table 1 Physical Properties - Organic Compounds

				Mol Wt	Freezing Point		Boiling Point		Density			Refractive Index			State	
NO	FORMULA	NAME	CAS No	g/mol	T_F, K	code	T_B, K	code	T, C	g/cm3	code	T, C	n_D	code	@25C,1 atm	code
5681	C5H11NO	pentanamide	626-97-1	101.149	379.15	1	498.15	1	110	0.8735	1	110	1.4183	1	solid	1
5682	C5H11NO	2-pentanone oxime	623-40-5	101.149	---	---	441.15	1	20	0.9095	1	20	1.4450	1	---	---
5683	C5H11NO	tetrahydro-2-furanmethanamine	4795-29-3	101.149	---	---	426.15	1	20	0.9752	1	20	1.4551	1	---	---
5684	C5H11NO	3-amino-1-propanol vinyl ether	66415-55-2	101.149	---	---	349.15	1	25	0.8900	1	---	1.4450	1	---	---
5685	C5H11NO	(dimethylamino)acetone	15364-56-4	101.149	---	---	392.65	1	25	0.8830	1	---	1.4130	1	---	---
5686	C5H11NO	N,N-dimethylpropionamide	758-96-3	101.149	228.25	1	444.65	1	25	0.9250	1	---	1.4400	1	liquid	1
5687	C5H11NO	4-hydroxypiperidine	5382-16-1	101.149	361.15	1	426.97	2	29	0.9326	2	---	---	---	solid	1
5688	C5H11NO	1-methyl-3-pyrrolidinol	13220-33-2	101.149	---	---	323.15	1	25	0.9210	1	---	1.4640	1	---	---
5689	C5H11NO	(S)-(+)-2-pyrrolidinemethanol	23356-96-9	101.149	---	---	426.97	2	25	1.0250	1	---	1.4850	1	---	---
5690	C5H11NO	r(-)-2-pyrrolidinemethanol	68832-13-3	101.149	---	---	426.97	2	25	1.0220	1	---	1.4850	1	---	---
5691	C5H11NO	(S)-(+)-tetrahydrofurfurylamine	7175-81-7	101.149	---	---	426.97	2	25	0.9800	1	---	1.4550	1	---	---
5692	C5H11NO	(R)-(-)-tetrahydrofurfurylamine	7202-43-9	101.149	---	---	426.97	2	25	0.9800	1	---	1.4550	1	---	---
5693	C5H11NO	dimethyl oxazolidine	51200-87-4	101.149	---	---	426.97	2	29	0.9326	2	---	---	---	---	---
5694	C5H11NO	1-piperidinol	4801-58-5	101.149	---	---	426.97	2	29	0.9326	2	---	---	---	---	---
5695	C5H11NOS	2-methyl-2-(methylthio)propionaldehyde o›	1646-75-9	133.215	294.25	1	483.15	1	25	1.0374	2	---	---	---	liquid	1
5696	C5H11NO2	1-nitropentane	628-05-7	117.148	289.22	2	445.75	1	25	0.9493	1	25	1.4161	1	liquid	1
5697	C5H11NO2	2-nitropentane	4609-89-6	117.148	274.22	2	425.15	1	25	0.9380	1	25	1.4090	1	liquid	1
5698	C5H11NO2	3-nitropentane	551-88-2	117.148	274.22	2	425.15	1	25	0.9390	1	25	1.4091	1	liquid	1
5699	C5H11NO2	1-nitro-2-methylbutane	3457-57-6	117.148	274.22	2	435.15	1	25	0.9409	1	25	1.4127	1	liquid	1
5700	C5H11NO2	1-nitro-3-methylbutane	627-67-8	117.148	370.15	1	436.75	1	25	0.9458	1	25	1.4153	1	solid	1
5701	C5H11NO2	2-nitro-2-methylbutane	595-42-6	117.148	235.15	1	422.95	1	25	0.9470	1	25	1.4125	1	liquid	1
5702	C5H11NO2	2-nitro-3-methylbutane	2625-35-6	117.148	259.22	2	424.15	1	25	0.9430	1	25	1.4122	1	liquid	1
5703	C5H11NO2	1-nitro-2,2-dimethylpropane	34715-98-5	117.148	287.15	1	423.65	1	25	0.9447	1	25	1.4177	1	liquid	1
5704	C5H11NO2	5-aminopentanoic acid	660-88-8	117.148	430.65	dec	---	---	23	0.9308	2	---	---	---	solid	1
5705	C5H11NO2	betaine	107-43-7	117.148	566.15	dec	---	---	23	0.9308	2	---	---	---	solid	1
5706	C5H11NO2	butyl carbamate	592-35-8	117.148	326.15	1	449.15	2	23	0.9308	2	---	---	---	solid	1
5707	C5H11NO2	diethylcarbamic acid	24579-70-2	117.148	258.15	1	444.15	dec	20	0.9276	1	20	1.4206	1	liquid	1
5708	C5H11NO2	ethyl ethylcarbamate	623-78-9	117.148	333.15	2	449.15	1	20	0.9813	1	20	1.4215	1	solid	2
5709	C5H11NO2	isobutyl carbamate	543-28-2	117.148	340.15	1	480.15	1	23	0.9308	2	76	1.4098	1	solid	1
5710	C5H11NO2	isopentyl nitrite	110-46-3	117.148	---	---	372.35	1	20	0.8828	1	20	1.3918	1	---	---
5711	C5H11NO2	DL-isovaline	595-39-1	117.148	589.65	1	---	---	23	0.9308	2	---	---	---	solid	1
5712	C5H11NO2	L-isovaline	595-40-4	117.148	---	---	---	---	23	0.9308	2	---	---	---	---	---
5713	C5H11NO2	DL-norvaline	760-78-1	117.148	576.15	1	---	---	23	0.9308	2	---	---	---	solid	1
5714	C5H11NO2	L-norvaline	6600-40-4	117.148	580.15	1	---	---	23	0.9308	2	---	---	---	solid	1
5715	C5H11NO2	pentyl nitrite	463-04-7	117.148	---	---	377.65	1	20	0.8817	1	20	1.3851	1	---	---
5716	C5H11NO2	N-propylglycine	25303-14-4	117.148	---	---	431.38	2	23	0.9308	2	---	---	---	---	---
5717	C5H11NO2	DL-valine	516-06-3	117.148	571.15	dec	---	---	23	0.9308	2	---	---	---	solid	1
5718	C5H11NO2	L-valine	72-18-4	117.148	588.15	1	---	---	23	0.9308	2	---	---	---	solid	1
5719	C5H11NO2	tert-pentyl nitrite	5156-41-2	117.148	---	---	431.38	2	23	0.9308	2	---	---	---	---	---
5720	C5H11NO2	2-(methylamino)isobutyric acid	2566-34-9	117.148	>573.15	1	---	---	23	0.9308	2	---	---	---	solid	1
5721	C5H11NO2	D(-)-norvaline	2013-12-9	117.148	>573.15	1	---	---	23	0.9308	2	---	---	---	solid	1
5722	C5H11NO2	O-(tetrahydrO-2H-pyran-2-yl)hydroxylamin	6723-30-4	117.148	308.65	1	431.38	2	23	0.9308	2	---	---	---	solid	1
5723	C5H11NO2	D-valine	640-68-6	117.148	575.65	1	---	---	23	0.9308	2	---	---	---	solid	1
5724	C5H11NO2	4-aminobutyric acid methyl ester	3251-07-8	117.148	---	---	431.38	2	23	0.9308	2	---	---	---	---	---
5725	C5H11NO2	ethyl-N,N-dimethyl carbamate	687-48-9	117.148	333.15	2	431.38	2	23	0.9308	2	---	---	---	solid	2
5726	C5H11NO2S	3-mercapto-D-valine	52-67-5	149.214	471.65	1	---	---	25	1.1134	2	---	---	---	solid	1
5727	C5H11NO2S	DL-methionine	59-51-8	149.214	555.15	1	---	---	25	1.3400	1	---	---	---	solid	1
5728	C5H11NO2S	L-methionine	63-68-3	149.214	554.15	dec	---	---	25	1.1134	2	---	---	---	solid	1
5729	C5H11NO2S	D-methionine	348-67-4	149.214	547.15	1	---	---	25	1.1134	2	---	---	---	solid	1
5730	C5H11NO2S	L(+)-penicillamine	1113-41-3	149.214	479.15	1	---	---	25	1.1134	2	---	---	---	solid	1
5731	C5H11NO2S	DL-penicillamine	52-66-4	149.214	483.15	1	---	---	25	1.1134	2	---	---	---	solid	1
5732	C5H11NO2Se	DL-selenomethionine	2578-28-1	196.108	538.15	1	---	---	---	---	---	---	---	---	solid	1
5733	C5H11NO2Se	selenomethionine	1464-42-2	196.108	538.15	dec	---	---	---	---	---	---	---	---	solid	1
5734	C5H11NO3	3-methylbutyl nitrate	543-87-3	133.148	211.55	2	421.15	1	22	0.9960	1	21	1.4122	1	liquid	1
5735	C5H11NO3	3-methyl-2-nitro-1-butanol	77392-54-2	133.148	---	---	422.03	2	25	1.0889	1	20	1.4430	1	---	---
5736	C5H11NO3	1-nitro-2-pentanol	2224-37-5	133.148	---	---	422.03	2	20	1.0847	1	20	1.4493	1	---	---
5737	C5H11NO3	2-nitro-1-pentanol	2899-90-3	133.148	---	---	422.03	2	25	1.0818	1	25	1.4405	1	---	---
5738	C5H11NO3	3-nitro-2-pentanol	5447-99-4	133.148	---	---	422.03	2	25	1.0818	1	20	1.4430	1	---	---
5739	C5H11NO3	(S)-(+)-2-amino-3-hydroxy-3-methylbutano	2280-27-5	133.148	475.15	1	---	---	24	1.0493	2	---	---	---	solid	1
5740	C5H11NO3	(R)-(-)-2-amino-3-hydroxy-3-methylbutanoi	2280-27-5	133.148	---	---	422.03	2	24	1.0493	2	---	---	---	---	---
5741	C5H11NO3	(R,S)-2-amino-3-hydroxy-3-methylbutanoic	2280-28-6	133.148	474.15	1	---	---	24	1.0493	2	---	---	---	solid	1
5742	C5H11NO3	(2S,3S)-2-amino-3-methoxybutanoic acid	104195-80-4	133.148	495.15	1	---	---	24	1.0493	2	---	---	---	solid	1
5743	C5H11NO3	amyl nitrate	1002-16-0	133.148	149.95	1	424.15	1	25	0.9900	1	---	1.4130	1	liquid	1
5744	C5H11NO3	ethyl N-methoxy-N-methylcarbamate	6919-62-6	133.148	---	---	425.65	1	25	1.0220	1	---	1.4120	1	---	---
5745	C5H11NO3	isopentyl nitrate	21981-48-6	133.148	273.15	1	417.15	1	24	1.0493	2	---	---	---	liquid	1
5746	C5H11NO3	tert-butyl N-hydroxycarbamate	36016-38-3	133.148	328.15	1	422.03	2	24	1.0493	2	---	---	---	solid	1
5747	C5H11NO3S	DL-methionine sulfoxide	454-41-1	165.214	506.15	1	---	---	25	1.1832	2	---	---	---	solid	1
5748	C5H11NO4	2-ethyl-2-nitro-1,3-propanediol	597-09-1	149.147	330.65	1	---	---	25	1.1500	2	---	---	---	solid	1
5749	C5H11NO4	2-hydroxyethyl (2-hydroxyethyl)carbamate	7506-80-1	149.147	---	---	---	---	25	1.1500	2	---	---	---	---	---
5750	C5H11NS2	carbamodithioic acid, dimethyl-, ethyl ester	617-38-9	149.281	---	---	---	---	25	1.0790	2	---	---	---	---	---
5751	C5H11NS2	diethylcarbamodithioic acid	147-84-2	149.281	---	---	---	---	25	1.0790	2	---	---	---	---	---
5752	C5H11NSi	(trimethylsilyl)acetonitrile	18293-53-3	113.234	---	---	---	---	25	0.8270	1	---	1.4210	1	---	---
5753	C5H11NSi	(trimethylsilyl)methyl isocyanide	30718-17-3	113.234	---	---	---	---	25	0.8030	1	---	1.4160	1	---	---
5754	C5H11N2O2P	tabun	77-81-6	162.129	223.55	1	---	---	25	1.0730	1	---	1.4250	1	---	---
5755	C5H11N2O4PS2	nitrosodimethoate	63124-33-4	258.260	---	---	445.15	1	---	---	---	---	---	---	---	---
5756	C5H11N3	amyl azide	---	113.163	---	---	---	---	25	0.9779	2	---	---	---	---	---
5757	C5H11N3O	methyl ethyl ketone semicarbazone	624-46-4	129.163	---	---	---	---	25	1.0645	2	---	---	---	---	---
5758	C5H11N3O	1-nitroso-4-methylpiperazine	16339-07-4	129.163	---	---	---	---	25	1.0645	2	---	---	---	---	---
5759	C5H11N3O2	n-butylnitrosourea	869-01-2	145.162	356.40	1	445.68	2	25	1.1434	2	---	---	---	solid	1
5760	C5H11N3O2	1,1-dimethyl-3-ethyl-3-nitrosourea	50285-71-7	145.162	---	---	445.68	2	25	1.1434	2	---	---	---	---	---

Table 1 Physical Properties - Organic Compounds

				Mol Wt	Freezing Point		Boiling Point		Density			Refractive Index			State	
NO	FORMULA	NAME	CAS No	g/mol	T_F, K	code	T_B, K	code	T, C	g/cm3	code	T, C	n_D	code	@25C,1 atm	code
5761	C5H11N3O2	N-isobutyl-N-nitrosourea	760-60-1	145.162	---	---	426.95	1	25	1.1434	2	---	---	---	---	---
5762	C5H11N3O2	nitroso-sec-butylurea	71752-66-4	145.162	---	---	445.68	2	25	1.1434	2	---	---	---	---	---
5763	C5H11N3O2	1-nitroso-1,3-diethylurea	49540-32-1	145.162	---	---	464.40	1	25	1.1434	2	---	---	---	---	---
5764	C5H11N3Si	1-trimethylsilyl-1,2,4-triazole	18293-54-4	141.248	---	---	---	---	25	0.9890	1	---	1.4610	1	---	---
5765	C5H11N4O2	2-methyldinitrosopiperazine	55556-94-0	159.169	---	---	---	---	25	1.2132	2	---	---	---	---	---
5766	C5H11N5O3	N-isobutyl-N'-nitro-N-nitrosoguanidine	5461-85-8	189.176	---	---	348.15	1	25	1.3410	2	---	---	---	---	---
5767	C5H11N5O3	1-nitroso-3-nitro-1-butylguanidine	13010-08-7	189.176	---	---	348.15	2	25	1.3410	2	---	---	---	---	---
5768	C5H11NaO	sodium tert-pentoxide	14593-46-5	110.132	---	---	---	---	---	---	---	---	---	---	---	---
5769	C5H11O3P	dimethyl allylphosphonate	757-54-0	150.115	---	---	---	---	---	---	---	---	1.4380	1	---	---
5770	C5H11O4P	dimethyl 2-oxopropylphosphonate	4202-14-6	166.114	---	---	---	---	25	1.2020	1	---	1.4390	1	---	---
5771	C5H11O5P	trimethyl phosphonoacetate	5927-18-4	182.113	---	---	---	---	25	1.1925	1	---	1.4370	1	---	---
5772	C5H12	pentane	109-66-0	72.150	143.42	1	309.22	1	25	0.6210	1	25	1.3547	1	liquid	1
5773	C5H12	isopentane	78-78-4	72.150	113.25	1	300.99	1	25	0.6160	1	25	1.3509	1	liquid	1
5774	C5H12	neopentane	463-82-1	72.150	256.60	1	282.65	1	25	0.5860	1	25	1.3390	1	gas	1
5775	C5H12BrN3	N-bromotetramethyl guanidine	6926-40-5	194.075	---	---	---	---	25	1.3855	2	---	---	---	---	---
5776	C5H12ClDN2O4	N,N,N',N'-tetramethyldeuteroformamidiniur	---	201.628	---	---	---	---	---	---	---	---	---	---	---	---
5777	C5H12ClN3	N-chlorotetramethylguanidine	6926-39-2	149.624	---	---	---	---	25	1.0888	2	---	---	---	---	---
5778	C5H12ClOPS2	bis(diethylthio)chloro methyl phosphonate	34491-12-8	218.708	---	---	---	---	---	---	---	---	---	---	---	---
5779	C5H12ClO2PS2	chlormephos	24934-91-6	234.708	298.15	1	356.15	1	25	1.2600	1	---	---	---	---	---
5780	C5H12ClO3P	diethyl chloromethylphosphonate	3167-63-3	186.575	---	---	---	---	25	1.2000	1	---	1.4400	1	---	---
5781	C5H12Cl3N	bis(2-chloroethyl)methylamine	55-86-7	192.515	384.65	1	---	---	25	1.1788	2	---	---	---	solid	1
5782	C5H12FN	5-fluoro amylamine	592-79-0	105.156	---	---	---	---	25	0.8646	2	---	---	---	---	---
5783	C5H12FOP	ethyl isopropyl fluorophosphonate	---	138.122	---	---	---	---	---	---	---	---	---	---	---	---
5784	C5H12IN5	tetramethylammonium azidocyanoiodate(i)	68574-17-4	269.090	---	---	---	---	25	1.7110	2	---	---	---	---	---
5785	C5H12IN5O	tetramethylammonium azidocyanatoiodate(	68574-15-2	285.089	---	---	---	---	25	1.7502	2	---	---	---	---	---
5786	C5H12IN5Se	tetramethylammonium azidoselenocyanato	---	348.050	---	---	---	---	---	---	---	---	---	---	---	---
5787	C5H12NO2PS3	2-(methoxy-methyl-phosphinothioyl)sulfan	18278-44-9	245.328	---	---	---	---	---	---	---	---	---	---	---	---
5788	C5H12NO2Tl	dimethylthallium-N-methylacetohydroxama	---	322.539	---	---	---	---	---	---	---	---	---	---	---	---
5789	C5H12NO3P	(1-amino-1-cyclopentyl)phosphonic acid, h	67550-64-5	165.129	548.15	1	---	---	---	---	---	---	---	---	solid	1
5790	C5H12NO3PS2	cygon	60-51-5	229.261	325.15	1	---	---	65	1.2770	1	---	---	---	solid	1
5791	C5H12NO4PS	omethoate	1113-02-6	213.195	245.25	1	408.15	1	25	1.3200	1	---	---	---	liquid	1
5792	C5H12NO5P	L(+)-2-amino-5-phosphonovaleric acid	79055-67-7	197.128	378.15	1	---	---	---	---	---	---	---	---	solid	1
5793	C5H12N2	1-methylpiperazine	109-01-3	100.164	345.03	2	411.15	1	25	0.9305	2	20	1.4378	1	solid	2
5794	C5H12N2	2-methylpiperazine	109-07-9	100.164	335.15	1	426.15	1	25	0.9305	2	---	---	---	solid	1
5795	C5H12N2	1-piperidinamine	2213-43-6	100.164	---	---	420.15	1	25	0.9280	1	20	1.4750	1	---	---
5796	C5H12N2	(S)-(+)-2-(aminomethyl)pyrrolidine	69500-64-7	100.164	---	---	426.17	2	25	0.9330	1	---	1.4820	1	---	---
5797	C5H12N2	homopiperazine	505-66-8	100.164	314.65	1	442.25	1	25	0.9305	2	---	---	---	solid	1
5798	C5H12N2	(S)-(+)-2-methylpiperazine	74879-18-8	100.164	365.15	1	428.65	1	25	0.9305	2	---	---	---	solid	1
5799	C5H12N2	(R)-(-)-2-methylpiperazine	75336-86-6	100.164	365.15	1	428.65	1	25	0.9305	2	---	---	---	solid	1
5800	C5H12N2O	butylurea	592-31-4	116.164	370.15	1	445.42	2	23	1.0051	2	---	---	---	solid	1
5801	C5H12N2O	tert-butylurea	1118-12-3	116.164	449.80	1	---	---	23	1.0051	2	---	---	---	solid	1
5802	C5H12N2O	N,N-diethylurea	634-95-7	116.164	348.15	1	445.42	2	23	1.0051	2	---	---	---	solid	1
5803	C5H12N2O	N,N'-diethylurea	623-76-7	116.164	385.65	1	536.15	1	25	1.0415	1	40	1.4616	1	solid	1
5804	C5H12N2O	tetramethylurea	632-22-4	116.164	272.55	1	449.65	1	20	0.9687	1	23	1.4496	1	liquid	1
5805	C5H12N2O	(1-methylpropyl)urea	689-11-2	116.164	---	---	445.42	2	23	1.0051	2	---	---	---	---	---
5806	C5H12N2O	N-n-butyl-N-formylhydrazine	16120-70-0	116.164	---	---	445.42	2	23	1.0051	2	---	---	---	---	---
5807	C5H12N2O	ethyl isopropylnitrosamine	16339-04-1	116.164	---	---	445.42	2	23	1.0051	2	---	---	---	---	---
5808	C5H12N2O	methyl-azoxy-butane	11069-34-4	116.164	---	---	445.42	2	23	1.0051	2	---	---	---	---	---
5809	C5H12N2O	methylbutylnitrosamine	7068-83-9	116.164	---	---	350.45	1	23	1.0051	2	---	---	---	---	---
5810	C5H12N2O	methyl-tert-butylnitrosamine	2504-18-9	116.164	---	---	445.42	2	23	1.0051	2	---	---	---	---	---
5811	C5H12N2O2	L-ornithine	70-26-8	132.163	413.15	1	---	---	25	1.0389	2	---	---	---	solid	1
5812	C5H12N2O2	tert-butyl carbazate	870-46-2	132.163	313.65	1	387.15	2	25	1.0389	2	---	---	---	solid	1
5813	C5H12N2O2	azaleucine	4746-36-5	132.163	---	---	387.15	2	25	1.0389	2	---	---	---	---	---
5814	C5H12N2O2	N-ethyl-N-(3-hydroxypropyl)nitrosamine	61734-88-1	132.163	---	---	387.15	1	25	1.0389	2	---	---	---	---	---
5815	C5H12N2O2	1-methoxy ethyl ethylnitrosamine	61738-03-2	132.163	---	---	387.15	2	25	1.0389	2	---	---	---	---	---
5816	C5H12N2O2	N-methyl-N-(4-hydroxybutyl)nitrosamine	51938-16-0	132.163	---	---	387.15	2	25	1.0389	2	---	---	---	---	---
5817	C5H12N2O3	oxalysine	15219-97-3	148.162	---	---	---	---	25	1.1154	2	---	---	---	---	---
5818	C5H12N2O3S	L-methionine sulfoximine	15985-39-4	180.228	>483.15	1	---	---	25	1.2145	2	---	---	---	solid	1
5819	C5H12N2O3S	methionine sulfoximine	1982-67-8	180.228	---	---	---	---	25	1.2145	2	---	---	---	---	---
5820	C5H12N2O4	1-((2-hydroxyethyl)nitrosamino)-2-propano	---	164.162	---	---	---	---	25	1.1858	2	---	---	---	---	---
5821	C5H12N2O4	3-(2-hydroxyethyl-nitroso-amino)propane-1	89911-78-4	164.162	---	---	---	---	25	1.1858	2	---	---	---	---	---
5822	C5H12N2S	N,N'-diethylthiourea	105-55-5	132.230	351.15	1	518.15	2	25	1.0052	2	---	---	---	solid	1
5823	C5H12N2S	tetramethylthiourea	2782-91-4	132.230	352.45	1	518.15	1	25	1.0052	2	---	---	---	solid	1
5824	C5H12N2S	n-butyl thiourea	1516-32-1	132.230	---	---	518.15	2	25	1.0052	2	---	---	---	---	---
5825	C5H12N2S2	1-pyrrolidinecarbodithioic acid, ammonium	5108-96-3	164.296	425.65	1	---	---	25	1.1168	2	---	---	---	solid	1
5826	C5H12N2S2	dimethyldithiocarbamic acid with dimethyla	598-64-1	164.296	---	---	---	---	25	1.1168	2	---	---	---	---	---
5827	C5H12N2Se	N,N-diethylselenourea	5117-17-9	179.124	---	---	---	---	---	---	---	---	---	---	---	---
5828	C5H12N3OP	methylamino-bis(1-aziridinyl)phosphine oxi	2275-61-8	161.145	379.15	1	---	---	---	---	---	---	---	---	solid	1
5829	C5H12N4O2	N,N'-dimethyl-N,N'-dinitroso-1,3-propanedi	6972-76-5	160.177	---	---	---	---	25	1.1803	2	---	---	---	---	---
5830	C5H12N4O3	o-[(aminoiminomethyl)amino]-L-homoserin	543-38-4	176.176	---	---	---	---	25	1.2466	2	---	---	---	---	---
5831	C5H12O	1-pentanol	71-41-0	88.150	195.56	1	410.95	1	25	0.8120	1	25	1.4080	1	liquid	1
5832	C5H12O	2-pentanol	6032-29-7	88.150	200.00	1	392.15	1	25	0.8050	1	25	1.4044	1	liquid	1
5833	C5H12O	3-pentanol	584-02-1	88.150	204.15	1	388.45	1	25	0.8180	1	25	1.4079	1	liquid	1
5834	C5H12O	2-methyl-1-butanol	137-32-6	88.150	195.00	2	401.85	1	25	0.8140	1	25	1.4086	1	liquid	1
5835	C5H12O	2-methyl-1-butanol, (±)	34713-94-5	88.150	212.34	2	400.65	1	25	0.8152	1	20	1.4092	1	liquid	1
5836	C5H12O	3-methyl-2-butanol, (±)	70116-68-6	88.150	212.34	2	386.05	1	20	0.8180	1	20	1.4089	1	liquid	1
5837	C5H12O	3-methyl-1-butanol	123-51-3	88.150	155.95	1	404.35	1	25	0.8120	1	25	1.4052	1	liquid	1
5838	C5H12O	tert-pentyl-alcohol	75-85-4	88.150	264.35	1	375.15	1	25	0.8050	1	25	1.4024	1	liquid	1
5839	C5H12O	3-methyl-2-butanol	598-75-4	88.150	176.43	2	384.65	1	25	0.8140	1	25	1.4075	1	liquid	1
5840	C5H12O	2,2-dimethyl-1-propanol	75-84-3	88.150	327.15	1	386.25	1	20	0.8120	1	25	1.3915	1	solid	1

Table 1 Physical Properties - Organic Compounds

				Mol Wt	Freezing Point		Boiling Point		Density			Refractive Index			State	
NO	FORMULA	NAME	CAS No	g/mol	T_F, K	code	T_B, K	code	T, C	g/cm3	code	T, C	n_D	code	@25C,1 atm	code
5841	C5H12O	methyl butyl ether	628-28-4	88.150	157.48	1	343.31	1	25	0.7393	1	25	1.3712	1	liquid	1
5842	C5H12O	methyl isobutyl ether	625-44-5	88.150	152.84	2	331.70	1	25	0.7250	1	25	1.3852	1	liquid	1
5843	C5H12O	methyl sec-butyl ether	6795-87-5	88.150	152.84	2	332.15	1	25	0.7370	1	25	1.3702	1	liquid	1
5844	C5H12O	methyl tert-butyl ether	1634-04-4	88.150	164.55	1	328.35	1	25	0.7350	1	25	1.3663	1	liquid	1
5845	C5H12O	ethyl propyl ether	628-32-0	88.150	145.65	1	337.01	1	25	0.7240	1	25	1.3660	1	liquid	1
5846	C5H12O	ethyl isopropyl ether	625-54-7	88.150	140.00	2	326.15	1	25	0.7154	1	25	1.3601	1	liquid	1
5847	C5H12O	sec-butyl methyl ether	116783-23-4	88.150	154.48	2	332.25	1	20	0.7415	1	25	1.3680	1	liquid	1
5848	C5H12O	sec-butyl methyl ether (d)	66610-39-7	88.150	154.48	2	333.85	1	25	0.7400	1	---	---	---	liquid	1
5849	C5H12O	(S)-(-)-2-methyl-1-butanol	1565-80-6	88.150	203.25	1	401.05	1	25	0.8110	1	---	1.4100	1	liquid	1
5850	C5H12O	(S)-(+)-2-pentanol	26184-62-3	88.150	223.25	1	391.65	1	25	0.8110	1	---	1.4060	1	liquid	1
5851	C5H12O	pentanol	30899-19-5	88.150	194.25	1	403.15	1	24	0.7818	2	---	---	---	liquid	1
5852	C5H12O	(R)-(-)-2-pentanol	31087-44-2	88.150	212.34	2	397.10	1	25	0.8140	1	---	1.4060	1	liquid	1
5853	C5H12O	(S)-3-methyl-2-butanol	1517-66-4	88.150	212.34	2	372.19	2	24	0.7818	2	---	---	---	liquid	2
5854	C5H12OS	4-(methylthio)-1-butanol	20582-85-8	120.216	---	---	477.65	2	25	0.9930	1	---	1.4870	1	---	---
5855	C5H12OSi	acetyltrimethylsilane	---	116.235	---	---	386.15	1	25	0.8110	1	---	1.4110	1	---	---
5856	C5H12OSi	(trimethylsiloxy)ethylene	6213-94-1	116.235	---	---	347.65	1	25	0.7790	1	---	1.3890	1	---	---
5857	C5H12O2	ethylene glycol monopropyl ether	2807-30-9	104.149	183.15	1	424.50	1	25	0.9060	1	20	1.4133	1	liquid	1
5858	C5H12O2	neopentyl glycol	126-30-7	104.149	403.30		477.15	1	22	0.9286	2	---	---	---	solid	1
5859	C5H12O2	1,2-pentanediol	5343-92-0	104.149	252.25	2	482.15	1	25	0.9683	1	25	1.4380	1	liquid	1
5860	C5H12O2	1,2-pentanediol, (±)	91049-43-3	104.149	273.25	2	482.15	1	20	0.9723	1	19	1.4397	1	liquid	1
5861	C5H12O2	1,3-pentanediol	3174-67-2	104.149	252.25	2	494.15	2	20	0.9863	1	25	1.4472	1	liquid	2
5862	C5H12O2	1,4-pentanediol	626-95-9	104.149	252.25	2	475.15	1	20	0.9883	1	20	1.4460	1	liquid	1
5863	C5H12O2	1,5-pentanediol	111-29-5	104.149	257.15	1	512.15	1	25	0.9940	1	25	1.4487	1	liquid	1
5864	C5H12O2	2,3-pentanediol	42027-23-6	104.149	273.25	2	460.65	1	19	0.9798	1	25	1.4412	1	liquid	1
5865	C5H12O2	2,4-pentanediol	625-69-4	104.149	325.65	1	474.15	1	20	0.9635	1	20	1.4349	1	liquid	1
5866	C5H12O2	DL-erythro-2,3-pentanediol	61828-35-1	104.149	237.25	2	475.00	2	22	0.9286	2	25	1.4354	1	liquid	2
5867	C5H12O2	DL-threo-2,3-pentanediol	61828-36-2	104.149	237.25	2	475.00	2	22	0.9286	2	25	1.4345	1	liquid	2
5868	C5H12O2	DL-2,4-pentanediol	1825-14-5	104.149	322.15	1	474.15	1	22	0.9286	2	---	---	---	solid	1
5869	C5H12O2	meso-2,4-pentanediol	3950-21-8	104.149	322.15	1	474.15	1	22	0.9286	2	---	---	---	solid	1
5870	C5H12O2	2-methyl-1,2-butanediol	41051-72-3	104.149	269.67	2	462.15	1	22	0.9286	2	20	1.4480	1	liquid	1
5871	C5H12O2	2-methyl-1,3-butanediol	684-84-4	104.149	237.25	2	473.15	1	20	0.9912	1	20	1.4490	1	liquid	1
5872	C5H12O2	2-methyl-1,4-butanediol	2938-98-9	104.149	237.25	2	463.15	1	22	0.9286	2	25	1.4470	1	liquid	1
5873	C5H12O2	2-methyl-2,3-butanediol	5396-58-7	104.149	254.67	2	447.15	1	25	0.9690	1	25	1.4370	1	liquid	1
5874	C5H12O2	3-methyl-1,2-butanediol	50468-22-9	104.149	237.25	2	473.15	1	25	0.9987	1	20	1.4430	1	liquid	1
5875	C5H12O2	3-methyl-1,3-butanediol	2568-33-4	104.149	271.04	2	472.15	1	20	0.9448	1	20	1.4480	1	liquid	1
5876	C5H12O2	2-ethyl-1,3-propanediol	2612-29-5	104.149	235.88	2	475.20	2	22	0.9286	2	25	1.4470	1	liquid	2
5877	C5H12O2	diethoxymethane	462-95-3	104.149	206.65	1	360.65	1	20	0.8319	1	18	1.3748	1	liquid	1
5878	C5H12O2	1,1-dimethoxypropane	4744-10-9	104.149	---	---	359.15	1	20	0.8648	1	---	---	---	---	---
5879	C5H12O2	2,2-dimethoxypropane	77-76-9	104.149	226.15	1	356.15	1	25	0.8470	1	20	1.3780	1	liquid	1
5880	C5H12O2	1-ethoxy-2-methoxyethane	5137-45-1	104.149	---	---	375.25	1	20	0.8529	1	20	1.3868	1	---	---
5881	C5H12O2	1-ethoxy-2-propanol	1569-02-4	104.149	191.58	2	404.15	1	20	0.9028	1	20	1.4075	1	liquid	1
5882	C5H12O2	2-ethoxy-1-propanol	19089-47-5	104.149	191.58	2	413.65	1	20	0.9044	1	20	1.4122	1	liquid	1
5883	C5H12O2	2-isopropoxyethanol	109-59-1	104.149	191.58	2	418.15	1	20	0.9030	1	20	1.4095	1	liquid	1
5884	C5H12O2	3-methoxy-1-butanol	2517-43-3	104.149	191.58	2	430.15	1	23	0.9230	1	25	1.4148	1	liquid	1
5885	C5H12O2	1,2-dimethoxypropane	7778-85-0	104.149	---	---	369.05	1	25	0.8550	1	---	1.3840	1	---	---
5886	C5H12O2	3-ethoxy-1-propanol	111-35-3	104.149	200.00	2	420.00	2	25	0.9040	1	---	1.4160	1	liquid	1
5887	C5H12O2	1-methoxy-2-butanol	53778-73-7	104.149	191.58	2	407.15	1	25	0.9060	1	---	1.4120	1	liquid	1
5888	C5H12O2	(R,R)-(-)-2,4-pentanediol	42075-32-1	104.149	323.15	1	444.01	2	22	0.9286	2	---	---	---	solid	1
5889	C5H12O2	(2S,4S)-(+)-pentanediol	72345-23-4	104.149	319.65	1	444.01	2	22	0.9286	2	---	---	---	solid	1
5890	C5H12O2	ethyl ether of propylene glycol	52125-53-8	104.149	191.58	2	444.01	2	22	0.9286	2	---	---	---	liquid	2
5891	C5H12O2	tert-pentyl hydroperoxide	3425-61-4	104.149	203.15	1	444.01	2	22	0.9286	2	---	---	---	liquid	2
5892	C5H12O2Pb	acetoxytrimethylplumbane	5711-19-3	311.349	466.15	1	---	---	---	---	---	---	---	---	solid	1
5893	C5H12O2S	3-ethylthio-1,2-propanediol	60763-78-2	136.215	---	---	---	---	25	1.0900	1	---	1.5065	1	---	---
5894	C5H12O2S	(methylthio)acetaldehyde dimethyl acetal	40015-15-4	136.215	---	---	---	---	25	1.0220	1	---	1.4530	1	---	---
5895	C5H12O2Si	dimethoxymethylvinylsilane	16753-62-1	132.234	---	---	377.65	1	25	0.8840	1	---	1.3950	1	---	---
5896	C5H12O2Si	trimethylsilyl acetate	2754-27-0	132.234	241.25	1	378.40	1	25	0.8820	1	---	1.3880	1	liquid	1
5897	C5H12O2Si	(trimethylsilyl)acetic acid	2345-38-2	132.234	314.15	1	405.35	1	25	0.8830	2	---	---	---	solid	1
5898	C5H12O2Sn	trimethyltin acetate	1118-14-5	222.859	469.65	1	---	---	---	---	---	---	---	---	solid	1
5899	C5H12O3	2-(2-methoxyethoxy)ethanol	111-77-3	120.148	208.15	2	466.75	1	25	1.0170	1	25	1.4245	1	liquid	1
5900	C5H12O3	1,3-dimethoxy-2-propanol	623-69-8	120.148	---	---	442.15	1	20	1.0085	1	20	1.4192	1	---	---
5901	C5H12O3	2-(hydroxymethyl)-2-methyl-1,3-propanedi(	77-85-0	120.148	477.15	1	---	---	24	1.0393	2	---	---	---	solid	1
5902	C5H12O3	1,2,3-pentanetriol	5371-48-2	120.148	---	---	460.64	2	34	1.0849	1	---	---	---	---	---
5903	C5H12O3	1,2,5-pentanetriol	14697-46-2	120.148	---	---	460.64	2	20	1.1360	1	20	1.4730	1	---	---
5904	C5H12O3	1,3,5-pentanetriol	4328-94-3	120.148	---	---	460.64	2	20	1.1291	1	20	1.4785	1	---	---
5905	C5H12O3	1,1,1-trimethoxyethane	1445-45-0	120.148	---	---	381.15	1	25	0.9438	1	25	1.3859	1	---	---
5906	C5H12O3	3-ethoxy-1,2-propanediol	1874-62-0	120.148	---	---	495.15	1	25	1.0630	1	---	1.4410	1	---	---
5907	C5H12O3	methoxyacetaldehyde dimethyl acetal	24332-20-5	120.148	---	---	460.64	2	25	0.9320	1	---	1.3920	1	---	---
5908	C5H12O3	2,3,4-pentanetriol	14642-48-9	120.148	---	---	518.00	1	24	1.0393	2	---	---	---	---	---
5909	C5H12O3S	butyl methyl sulfite	33653-28-0	152.214	273.15	2	445.15	2	25	1.0880	2	25	1.4160	2	liquid	2
5910	C5H12O3S	butyl mesylate	1912-32-9	152.214	---	---	445.15	2	25	1.0880	2	---	---	---	---	---
5911	C5H12O3Si	trimethoxy(vinyl)silane	2768-02-7	148.233	---	---	396.05	1	25	1.0490	1	---	1.3920	1	---	---
5912	C5H12O4	pentaerythritol	115-77-5	136.148	538.65	1	631.00	1	25	1.0477	2	---	1.5480	1	solid	1
5913	C5H12O4	tetramethoxymethane	1850-14-2	136.148	270.65	1	387.15	1	25	1.0230	1	20	1.3845	1	liquid	1
5914	C5H12O4S	butyl methyl sulfate	3518-51-2	168.214	241.15	2	494.96	2	25	1.1230	1	25	1.4073	1	liquid	2
5915	C5H12O4S	ethyl propyl sulfate	5867-94-7	168.214	241.15	2	494.96	2	25	1.1390	1	25	1.4160	1	liquid	2
5916	C5H12O5	ribitol	488-81-3	152.147	377.15	1	489.15	2	25	1.1223	2	---	---	---	solid	1
5917	C5H12O5	xylitol	87-99-0	152.147	366.65	1	489.15	1	25	1.1223	2	---	---	---	solid	1
5918	C5H12O5	D-arabitol	488-82-4	152.147	374.15	1	489.15	2	25	1.1223	2	---	---	---	solid	1
5919	C5H12O5	L(-)-arabitol	7643-75-6	152.147	374.15	1	489.15	2	25	1.1223	2	---	---	---	solid	1
5920	C5H12O6S2	trimethylenedimethanesulfonate	15886-84-7	232.279	---	---	---	---	25	1.3481	2	---	---	---	---	---

				Mol Wt	Freezing Point		Boiling Point		Density			Refractive Index			State	
NO	FORMULA	NAME	CAS No	g/mol	T_F, K	code	T_B, K	code	T, C	g/cm3	code	T, C	n_D	code	@25C,1 atm	code
5921	C5H12S	pentyl mercaptan	110-66-7	104.216	197.45	1	399.79	1	25	0.8380	1	25	1.4444	1	liquid	1
5922	C5H12S	2-pentanethiol	2084-19-7	104.216	104.20	1	385.55	1	25	0.8281	1	25	1.4386	1	liquid	1
5923	C5H12S	3-pentanethiol	616-31-9	104.216	162.35	1	387.05	1	25	0.8365	1	25	1.4421	1	liquid	1
5924	C5H12S	2-methyl-1-butanethiol	1878-18-8	104.216	167.07	2	392.15	1	25	0.8419	1	25	1.4451	1	liquid	1
5925	C5H12S	3-methyl-1-butanethiol	541-31-1	104.216	139.64	1	391.50	1	25	0.8316	1	25	1.4412	1	liquid	1
5926	C5H12S	2-methyl-2-butanethiol	1679-09-0	104.216	169.38	1	372.28	1	25	0.8210	1	25	1.4354	1	liquid	1
5927	C5H12S	3-methyl-2-butanethiol	2084-18-6	104.216	149.33	2	382.91	1	25	0.8360	1	25	1.4419	1	liquid	1
5928	C5H12S	2,2-dimethyl-1-propanethiol	1679-08-9	104.216	206.15	1	376.83	1	25	0.8253	1	25	1.4367	1	liquid	1
5929	C5H12S	2-methyl-1-butanethiol, (+)	20089-07-0	104.216	161.95	2	392.25	1	20	0.8420	1	20	1.4440	1	liquid	1
5930	C5H12S	methyl butyl sulfide	628-29-5	104.216	175.30	1	396.58	1	25	0.8380	1	25	1.4452	1	liquid	1
5931	C5H12S	ethyl propyl sulfide	4110-50-3	104.216	156.15	1	391.65	1	25	0.8320	1	25	1.4435	1	liquid	1
5932	C5H12S	3-methyl-2-thiapentane	10359-64-5	104.216	165.01	2	385.15	1	25	0.8270	1	25	1.4400	1	liquid	1
5933	C5H12S	4-methyl-2-thiapentane	5008-69-5	104.216	164.05	1	385.65	1	25	0.8293	1	25	1.4410	1	liquid	1
5934	C5H12S	2-methyl-3-thiapentane	5145-99-3	104.216	150.96	1	380.53	1	25	0.8199	1	25	1.4382	1	liquid	1
5935	C5H12S	3,3-dimethyl-2-thiabutane	6163-64-0	104.216	190.84	1	372.05	1	25	0.8205	1	25	1.4376	1	liquid	1
5936	C5H12S2	1,5-pentanedithiol	928-98-3	136.282	201.25	1	489.15	1	25	1.0160	1	---	1.5200	1	liquid	1
5937	C5H12S2	1,3-bis(methylthio)propane	24949-35-7	136.282	---	---	364.15	1	25	0.9832	2	---	---	---	---	---
5938	C5H12S2	1,1'-[methylenebis(thio)]bisethane	4396-19-4	136.282	---	---	426.65	2	25	0.9832	2	---	---	---	---	---
5939	C5H12S4	tetrakis(methylthio)methane	6156-25-8	200.414	338.70	1	---	---	25	1.1807	2	---	---	---	solid	1
5940	C5H12Se2	2-[bis(methylseleno)]propane	56051-06-0	230.070	---	---	---	---	---	---	---	---	---	---	---	---
5941	C5H12Si	vinyltrimethylsilane	754-05-2	100.235	141.65	1	328.15	1	20	0.6500	1	20	1.3914	1	liquid	1
5942	C5H13Br2N	(2-bromoethyl)trimethylammonium bromide	2758-06-7	246.973	515.15	1	---	---	25	1.5838	2	---	---	---	solid	1
5943	C5H13ClOSi	2-chloroethoxytrimethylsilane	18157-17-0	152.695	---	---	407.15	1	25	0.9440	1	---	1.4140	1	---	---
5944	C5H13ClOSi	dimethylchloromethylethoxysilane	13508-53-7	152.695	---	---	407.15	2	---	---	---	---	---	---	---	---
5945	C5H13ClSi	chloro(dimethyl)isopropylsilane	3634-56-8	136.696	---	---	384.65	1	25	0.8690	1	---	1.4160	1	---	---
5946	C5H13Cl2N	chlormequat chloride	999-81-5	158.070	512.15	dec	---	---	25	1.0494	2	---	---	---	solid	1
5947	C5H13N	pentylamine	110-58-7	87.165	218.15	1	377.65	1	25	0.7510	1	25	1.4093	1	liquid	1
5948	C5H13N	1-methylbutylamine	625-30-9	87.165	203.15	2	364.85	1	25	0.7356	1	25	1.4010	1	liquid	1
5949	C5H13N	2-methylbutylamine	96-15-1	87.165	203.15	2	368.65	1	25	0.7495	1	25	1.4086	1	liquid	1
5950	C5H13N	3-methylbutylamine	107-85-7	87.165	203.15	2	370.15	1	25	0.7452	1	25	1.4057	1	liquid	1
5951	C5H13N	1,1-dimethylpropylamine	594-39-8	87.165	168.15	1	350.15	1	25	0.7276	1	25	1.3966	1	liquid	1
5952	C5H13N	1,2-dimethylpropylamine	598-74-3	87.165	223.15	1	357.15	1	25	0.7530	1	25	1.4105	1	liquid	1
5953	C5H13N	2,2-dimethylpropylamine	5813-64-9	87.165	203.15	2	350.15	1	25	0.7281	1	25	1.3971	1	liquid	1
5954	C5H13N	3-pentanamine	616-24-0	87.165	203.15	2	362.15	1	20	0.7487	1	20	1.4063	1	liquid	1
5955	C5H13N	methyl-butylamine	110-68-9	87.165	198.15	1	364.25	1	25	0.7280	1	25	1.3976	1	liquid	1
5956	C5H13N	methylisobutylamine	14610-37-8	87.165	198.15	2	350.15	1	25	0.7200	1	25	1.4000	1	liquid	1
5957	C5H13N	methyl-sec-butylamine	7713-69-1	87.165	198.15	2	351.65	1	25	0.7200	1	25	1.4000	1	liquid	1
5958	C5H13N	methyl-tert-butylamine	625-43-4	87.165	198.15	2	346.15	1	25	0.7300	1	25	1.3952	1	liquid	1
5959	C5H13N	ethylpropylamine	20193-20-8	87.165	198.15	2	353.45	1	25	0.7266	1	25	1.3999	1	liquid	1
5960	C5H13N	ethylisopropylamine	19961-27-4	87.165	198.15	2	349.15	1	25	0.7200	1	25	1.3936	1	liquid	1
5961	C5H13N	methyldiethylamine	616-39-7	87.165	170.00	2	339.15	1	25	0.7016	1	25	1.3860	1	liquid	1
5962	C5H13N	dimethyl-propylamine	926-63-6	87.165	170.00	2	339.15	1	25	0.6955	1	25	1.3832	1	liquid	1
5963	C5H13N	dimethylisopropylamine	996-35-6	87.165	170.00	2	339.15	1	25	0.7106	1	25	1.3874	1	liquid	1
5964	C5H13N	(S)-(-)-2-methylbutylamine	20626-52-2	87.165	203.15	2	354.02	2	25	0.7440	1	---	1.4130	1	liquid	2
5965	C5H13N	N,N-dimethyl-2-propanamine	996-35-0	87.165	170.00	2	339.18	1	25	0.7297	2	---	---	---	liquid	1
5966	C5H13NO	2-amino-3-methyl-1-butanol, (±)	16369-05-4	103.165	302.99	2	435.30	2	25	0.9300	1	20	1.4543	1	solid	2
5967	C5H13NO	2-amino-3-pentanol	116836-16-9	103.165	302.99	2	444.15	1	23	0.9289	1	---	1.4458	1	solid	2
5968	C5H13NO	5-amino-1-pentanol	2508-29-4	103.165	311.65	1	494.65	1	17	0.9488	1	17	1.4618	1	solid	1
5969	C5H13NO	1-(dimethylamino)-2-propanol	108-16-7	103.165	302.99	2	397.65	1	25	0.8370	1	20	1.4193	1	solid	2
5970	C5H13NO	2-(dimethylamino)-1-propanol	15521-18-3	103.165	302.99	2	423.45	1	26	0.8820	1	---	---	---	solid	2
5971	C5H13NO	3-(dimethylamino)-1-propanol	3179-63-3	103.165	302.99	2	436.65	1	25	0.8720	1	20	1.4360	1	solid	2
5972	C5H13NO	2-ethoxy-N-methylethanamine	38256-94-9	103.165	---	---	388.15	1	20	0.8363	1	20	1.4147	1	---	---
5973	C5H13NO	2-(isopropylamino)ethanol	109-56-8	103.165	289.00	1	446.15	1	20	0.8970	1	20	1.4395	1	liquid	1
5974	C5H13NO	neurine	463-88-7	103.165	---	---	435.30	2	23	0.8939	2	---	---	---	---	---
5975	C5H13NO	2-(propylamino)ethanol	16369-21-4	103.165	302.99	2	455.15	1	20	0.9005	1	20	1.4428	1	solid	2
5976	C5H13NO	(S)-(+)-2-amino-3-methyl-1-butanol	2026-48-4	103.165	304.15	1	435.30	2	25	0.9260	1	---	1.4550	1	solid	1
5977	C5H13NO	(R)-(-)-2-amino-3-methyl-1-butanol	4276-09-9	103.165	307.15	1	462.65	1	23	0.8939	2	---	---	---	solid	1
5978	C5H13NO	2-amino-3-methyl-1-butanol	473-75-6	103.165	302.99	2	435.30	2	25	0.9360	1	---	1.4540	1	solid	2
5979	C5H13NO	DL-2-amino-1-pentanol	4146-04-7	103.165	302.99	2	467.65	1	25	0.9220	1	---	1.4510	1	solid	2
5980	C5H13NO	(S)-(+)-1-dimethylamino-2-propanol	53636-17-2	103.165	302.99	2	397.15	1	25	0.8370	1	---	1.4190	1	solid	2
5981	C5H13NO	3-ethoxypropylamine	6291-85-6	103.165	307.20	1	410.15	1	25	0.8610	1	---	1.4180	1	solid	1
5982	C5H14NO	choline	62-49-7	104.173	---	---	---	---	25	0.8244	2	---	---	---	---	---
5983	C5H13NOS	L-methioninol	2899-37-8	135.231	305.15	1	---	---	25	0.9841	2	---	1.5216	1	solid	1
5984	C5H13NOS	(R)-(+)-methioninol	87206-44-8	135.231	306.65	1	---	---	25	1.0950	1	---	---	---	solid	1
5985	C5H13NOSi	N-(trimethylsilyl)acetamide	13435-12-6	131.250	320.15	1	458.55	1	---	---	---	---	---	---	solid	1
5986	C5H13NO2	methyl diethanolamine	105-59-9	119.164	252.15	1	518.00	1	25	1.0290	1	20	1.4685	1	liquid	1
5987	C5H13NO2	2-amino-2-ethyl-1,3-propanediol	115-70-8	119.164	310.65	1	449.90	2	20	1.0990	1	20	1.4900	1	solid	1
5988	C5H13NO2	ammonium valerate	42739-38-8	119.164	381.15	1	449.90	2	23	1.0004	2	---	---	---	solid	1
5989	C5H13NO2	2,2-dimethoxy-N-methylethanamine	122-07-6	119.164	---	---	413.15	1	25	0.9280	1	20	1.4115	1	---	---
5990	C5H13NO2	1-[(2-hydroxyethyl)amino]-2-propanol	6579-55-1	119.164	---	---	449.90	2	20	1.0455	1	20	1.4695	1	---	---
5991	C5H13NO2	3-(dimethylamino)-1,2-propanediol	623-57-4	119.164	---	---	489.65	1	25	1.0040	1	---	1.4610	1	---	---
5992	C5H13NO2	N,N-dimethylformamide dimethyl acetal	4637-24-5	119.164	---	---	376.65	1	25	0.8970	1	---	1.3970	1	---	---
5993	C5H13N2O2Si	N-trimethylsilylmethyl-N-nitrosourea	39482-21-8	161.256	---	---	---	---	---	---	---	---	---	---	---	---
5994	C5H13N2O6PS	methylcarbamoylmethylaminomethylphosp	98565-18-5	260.209	---	---	249.85	1	---	---	---	---	---	---	gas	1
5995	C5H13N3	1,1,3,3-tetramethylguanidine	80-70-6	115.179	---	---	446.65	2	25	0.9234	2	---	---	---	---	---
5996	C5H13N3	1-amino-4-methylpiperazine	6928-85-4	115.179	---	---	446.65	1	25	0.9540	1	---	1.4850	1	---	---
5997	C5H13O2PS	O,O'-diethyl methylphosphonothioate	6996-81-2	168.197	188.85	1	472.05	1	25	1.0550	1	---	1.4640	1	liquid	1
5998	C5H13O2PS	O,S-diethyl methylthiophosphonate	2511-10-6	168.197	264.95	1	502.55	1	---	---	---	---	---	---	liquid	1
5999	C5H13O3P	diethyl methylphosphonate	683-08-9	152.130	---	---	467.15	1	30	1.0406	1	30	1.4101	1	---	---
6000	C5H13O3PS2	phosphorothioic acid, O,O-dimethyl S-(2-(r	2587-90-8	216.262	---	---	---	---	25	1.2070	1	---	---	---	---	---

Table 1 Physical Properties - Organic Compounds

				Mol Wt	Freezing Point		Boiling Point		Density			Refractive Index			State	
NO	FORMULA	NAME	CAS No	g/mol	T_F, K	code	T_B, K	code	T, C	g/cm3	code	T, C	n_D	code	@25C,1 atm	code
6001	C5H13O4P	diethyl(hydroxymethyl)phosphonate	3084-40-0	168.130	---	---	---	---	25	1.1400	1	---	1.4390	1	---	---
6002	C5H13O4P	pentyl ester phosphoric acid	12789-46-7	168.130	---	---	---	---	---	---	---	---	---	---	---	---
6003	C5H13P	diethylmethylphosphine	1605-58-9	104.132	---	---	412.65	1	---	---	---	---	---	---	---	---
6004	C5H14AsO	(2-hydroxyethyl)trimethylarsonium	39895-81-3	165.087	---	---	---	---	---	---	---	---	---	---	---	---
6005	C5H14ClNO	choline chloride	67-48-1	139.625	579.15	dec	---	---	25	0.9726	2	---	---	---	solid	1
6006	C5H14ClN3O	girard's T	123-46-6	167.639	463.15	1	---	---	25	1.1025	2	---	---	---	solid	1
6007	C5H14NO3P	(1-amino-3-methylbutyl)phosphonic acid	20459-60-3	167.145	550.15	1	---	---	---	---	---	---	---	---	solid	1
6008	C5H14NO3P	(1-amino-2-methylbutyl)phosphonic acid	20459-61-4	167.145	547.15	1	---	---	---	---	---	---	---	---	solid	1
6009	C5H14N2	1,5-pentanediamine	462-94-2	102.180	282.15	1	452.15	1	25	0.8730	1	20	1.4630	1	liquid	1
6010	C5H14N2	N,N,N',N'-tetramethylmethanediamine	51-80-9	102.180	242.26	2	356.15	1	18	0.7491	1	---	---	---	liquid	1
6011	C5H14N2	1,3-diaminopentane	589-37-7	102.180	152.25	1	437.15	1	25	0.8550	1	---	1.4520	1	liquid	1
6012	C5H14N2	3-dimethylamino-1-propylamine	109-55-7	102.180	213.25	1	406.65	1	25	0.8110	1	---	1.4350	1	liquid	1
6013	C5H14N2	N,N'-dimethyl-1,3-propanediamine	111-33-1	102.180	194.43	1	418.15	1	25	0.8170	1	---	1.4380	1	liquid	1
6014	C5H14N2	2,2-dimethyl-1,3-propanediamine	7328-91-8	102.180	303.15	1	426.15	1	25	0.8510	1	---	1.4570	1	solid	1
6015	C5H14N2	1-dimethylamino-2-propylamine	62689-51-4	102.180	308.33	1	385.65	1	25	0.7920	1	---	1.4210	1	solid	1
6016	C5H14N2	N-isopropylethylenediamine	19522-67-9	102.180	242.26	2	409.15	1	25	0.8150	1	---	1.4370	1	liquid	1
6017	C5H14N2	N-propylethylenediamine	111-39-7	102.180	242.26	2	421.65	1	25	0.8290	1	---	1.4400	1	liquid	1
6018	C5H14N2	N,N,N'-trimethylethylenediamine	142-25-6	102.180	242.26	2	390.15	1	25	0.7950	1	---	1.4190	1	liquid	1
6019	C5H14N2	methylbutyl hydrazine	20240-62-4	102.180	---	---	422.95	2	24	0.8243	2	---	---	---	---	---
6020	C5H14N2O	1-[(2-aminoethyl)amino]-2-propanol	123-84-2	118.180	---	---	528.15	2	25	0.9837	1	20	1.4738	1	---	---
6021	C5H14N2O	2-[(3-aminopropyl)amino]ethanol	4461-39-6	118.180	286.15	1	528.15	1	25	1.0000	1	---	---	---	liquid	1
6022	C5H14N2O2	dimethylammonium dimethylcarbamate	4137-10-4	134.179	---	---	333.65	1	25	1.0500	1	---	---	---	---	---
6023	C5H14OSi	ethoxytrimethylsilane	1825-62-3	118.251	---	---	349.15	1	20	0.7573	1	20	1.3741	1	---	---
6024	C5H14OSi	(methoxymethyl)trimethylsilane	14704-14-4	118.251	---	---	356.15	1	25	0.7580	1	---	1.3900	1	---	---
6025	C5H14OSi	2-(trimethylsilyl)ethanol	2916-68-9	118.251	---	---	352.65	2	25	0.8230	1	---	1.4250	1	---	---
6026	C5H14O3SSi	2-mercaptoethyl trimethoxy silane	7538-45-6	182.315	---	---	---	---	---	---	---	---	---	---	---	---
6027	C5H14O3Si	ethyltrimethoxysilane	5314-55-6	150.249	---	---	397.45	1	20	0.9488	1	20	1.3838	1	---	---
6028	C5H14SSi	(ethylthio)trimethylsilane	5573-62-6	134.317	---	---	---	---	25	0.8300	1	---	1.4500	1	---	---
6029	C5H14Si	diethylmethylsilane	760-32-7	102.251	---	---	351.15	1	25	0.7050	1	---	1.3980	1	---	---
6030	C5H14Si	dimethylisopropylsilane	18209-61-5	102.251	---	---	339.65	1	25	0.7240	1	---	1.3910	1	---	---
6031	C5H15ClSi2	chloropentamethyldisilane	1560-28-7	166.797	---	---	408.15	1	25	0.8620	1	---	1.4420	1	---	---
6032	C5H15LiN2Si	lithium-2,2-dimethyltrimethylsilyl hydrazide	13529-75-4	138.214	---	---	---	---	---	---	---	---	---	---	---	---
6033	C5H15NSi	pentamethylsilanamine	2083-91-2	117.266	---	---	359.15	1	20	0.7400	1	24	1.4379	1	---	---
6034	C5H15N2O3PS	aminopropyl aminoethylthiophosphate	20537-88-6	214.226	433.65	1	---	---	---	---	---	---	---	---	solid	1
6035	C5H15N3	N-(2-aminoethyl)-1,3-propanediamine	13531-52-7	117.195	283.15	1	494.15	1	25	0.9280	1	---	1.4820	1	liquid	1
6036	C5H15O3PSi	dimethyl trimethylsilyl phosphite	36198-87-5	182.231	---	---	---	---	25	0.9540	1	---	1.4100	1	---	---
6037	C5H15O5Ta	tantalum(v) methoxide	865-35-0	336.119	393.15	1	---	---	---	---	---	---	---	---	solid	1
6038	C5H15PSi	dimethyltrimethylsilylphosphine	26464-99-3	134.233	---	---	---	---	---	---	---	---	---	---	---	---
6039	C5H15Ta	pentamethyl tantalum	53378-72-6	256.122	273.15	1	---	---	---	---	---	---	---	---	---	---
6040	C5H16N2Si	1,2-dimethyl-2-trimethylsilylhydrazine	13271-93-7	132.281	---	---	---	---	---	---	---	---	---	---	---	---
6041	C5H18B10S	dicarbadodecaboranylmethylethyl sulfide	---	218.374	---	---	348.15	1	---	---	---	---	---	---	---	---
6042	C5H20Cl2N6O8Ru	pentaamminepyridineruthenium(ii) perchlo	19482-31-6	464.226	---	---	379.65	1	---	---	---	---	---	---	---	---
6043	C5H20O5Si5	2,4,6,8,10-pentamethylcyclopentasiloxane	6166-86-5	300.636	165.15	1	442.15	1	20	0.9985	1	20	1.3912	1	liquid	1
6044	C6Bi2O12	bismuth oxalate	6591-55-5	682.020	---	---	---	---	---	---	---	---	---	---	---	---
6045	C6BrF5	bromopentafluorobenzene	344-04-7	246.963	242.15	1	410.15	1	25	1.9810	1	20	1.4490	1	liquid	1
6046	C6BrF13	perfluorohexyl bromide	335-56-8	398.951	---	---	371.65	1	25	1.8710	1	---	1.3000	1	---	---
6047	C6Br2F4	1,2-dibromo-3,4,5,6-tetrafluorobenzene	827-08-7	307.868	285.15	1	471.15	1	20	2.2600	1	25	1.5151	1	liquid	1
6048	C6Br2F4	1,3-dibromotetrafluorobenzene	1559-87-1	307.868	---	---	471.15	2	25	2.1984	2	---	---	---	---	---
6049	C6Br2F4	1,4-dibromotetrafluorobenzene	344-03-6	307.868	352.65	1	471.15	2	25	2.1984	2	---	---	---	solid	1
6050	C6Br4O2	tetrabromo-o-benzoquinone	2435-54-3	423.681	418.15	1	---	---	25	2.7979	2	---	---	---	solid	1
6051	C6Br6	hexabromobenzene	87-82-1	551.490	599.65	1	---	---	25	3.0656	2	---	---	---	solid	1
6052	C6ClF5	chloropentafluorobenzene	344-07-0	202.511	257.49	1	391.11	1	25	1.5680	1	20	1.4256	1	liquid	1
6053	C6ClF5O2S	pentafluorobenzenesulfonyl chloride	832-53-1	266.576	---	---	483.60	1	25	1.7960	1	---	1.4790	1	---	---
6054	C6ClF5S	pentafluorobenzenesulfenyl chloride	---	234.577	---	---	---	---	25	1.6406	2	---	1.4990	1	---	---
6055	C6Cl2F4	1,2-dichloro-3,4,5,6-tetrafluorobenzene	1198-59-0	218.965	---	---	430.85	1	25	1.6252	2	---	---	---	---	---
6056	C6Cl2F4	1,3-dichloro-2,4,5,6-tetrafluorobenzene	1198-61-4	218.965	---	---	430.85	2	25	1.6252	2	---	---	---	---	---
6057	C6Cl2F4	1,4-dichloro-2,3,5,6-tetrafluorobenzene	1198-62-5	218.965	---	---	430.85	2	25	1.6252	2	---	---	---	---	---
6058	C6Cl2F8	1,2-dichloro-3,3,4,4,5,5,6,6-octafluorocyclo	336-19-6	294.959	203.15	1	386.15	1	20	1.7190	1	20	1.3750	1	liquid	1
6059	C6Cl2HgO4	(2,5-dichloro-3,6-dihydroxy-p-benzoquinola	33770-60-4	407.559	---	---	493.15	dec	---	---	---	---	---	---	---	---
6060	C6Cl2N6O2	2,5-diazido-3,6-dichlorobenzoquinone	26157-96-0	259.012	---	---	---	---	25	1.9636	2	---	---	---	---	---
6061	C6Cl3F3	1,3,5-trichloro-2,4,6-trifluorobenzene	319-88-0	235.419	334.16	1	471.55	1	25	1.6575	2	---	---	---	solid	1
6062	C6Cl3N3O6	1,3,5-trichloro-2,4,6-trinitrobenzene	2631-68-7	316.441	---	---	---	---	25	1.9924	2	---	---	---	---	---
6063	C6Cl4O2	2,3,5,6-tetrachloro-2,5-cyclohexadiene-1,4	118-75-2	245.875	563.15	1	---	---	25	1.7462	2	---	---	---	solid	1
6064	C6Cl4O2	tetrachloro-o-benzoquinone	2435-53-2	245.875	400.15	1	---	---	25	1.7462	2	---	---	---	solid	1
6065	C6Cl5NO2	pentachloronitrobenzene	82-68-8	295.334	417.15	1	601.15	dec	25	1.7180	1	---	---	---	solid	1
6066	C6Cl5NaO	sodium pentachlorophenate	131-52-2	288.318	---	---	---	---	---	---	---	---	---	---	---	---
6067	C6Cl6	hexachlorobenzene	118-74-1	284.781	501.70	1	582.55	1	23	2.0440	1	24	1.5691	1	solid	1
6068	C6Cl6O	2,3,4,5,6,6-hexachloro-2,4-cyclohexadien-	21306-21-8	300.780	320.65	1	---	---	25	1.7737	2	---	---	---	solid	1
6069	C6Cl6O	hexachloro-2,5-cyclohexadien-1-one	599-52-0	300.780	---	---	---	---	25	1.7737	2	---	---	---	---	---
6070	C6Cl10	1,1,2,3,3,4,4,5,6,6-decachloro-1,5-hexadie	29030-84-0	426.591	322.15	1	---	---	52	1.9050	1	51	1.6012	1	solid	1
6071	C6CoK3N6	potassium hexacyanocobaltate	13963-58-1	332.336	---	---	---	---	25	1.9100	1	---	---	---	---	---
6072	C6CrO6	chromium carbonyl	13007-92-6	220.059	403.15	dec	---	---	25	1.7700	1	---	---	---	solid	1
6073	C6D6	benzene-d6	1076-43-3	84.150	280.00	1	345.43	1	---	---	---	---	---	---	liquid	1
6074	C6D12	cyclohexane-d12	1735-17-7	96.234	277.20	1	351.15	1	25	0.8900	1	---	---	---	liquid	1
6075	C6F3N3O6	1,3,5-trifluorotrinitrobenzene	1423-11-6	267.079	---	---	---	---	25	1.9510	2	---	---	---	---	---
6076	C6F4O2	tetrafluoro-p-benzoquinone	527-21-9	180.059	457.65	1	---	---	25	1.6138	2	---	---	---	solid	1
6077	C6F5I	pentafluoroiodobenzene	827-15-6	293.963	244.15	1	439.15	1	20	2.2120	1	25	1.4950	1	liquid	1
6078	C6F5Li	pentafluorophenyllithium	1076-44-4	174.000	---	---	---	---	---	---	---	---	---	---	---	---
6079	C6F5NO2	pentafluoronitrobenzene	880-78-4	213.064	250.50	1	432.65	1	25	1.6560	1	---	1.4470	1	liquid	1
6080	C6F6	hexafluorobenzene	392-56-3	186.057	278.25	1	353.41	1	25	1.6060	1	25	1.3761	1	liquid	1

Table 1 Physical Properties - Organic Compounds

				Mol Wt	Freezing Point		Boiling Point		Density			Refractive Index			State	
NO	FORMULA	NAME	CAS No	g/mol	T_F, K	code	T_B, K	code	T, C	g/cm3	code	T, C	n_D	code	@25C,1 atm	code
6081	C6F8	1,2,3,3,4,5,6,6-octafluoro-1,4-cyclohexadie	775-51-9	224.054	---	---	330.65	1	25	1.6010	1	18	1.3180	1	---	---
6082	C6F8	1,2,3,4,5,5,6,6-octafluoro-1,3-cyclohexadie	377-70-8	224.054	---	---	336.65	1	20	1.6010	1	20	1.3149	1	---	---
6083	C6F8N2	perfluoroadiponitrile	376-53-4	252.068	---	---	---	---	25	1.6989	2	---	---	---	---	---
6084	C6F9N3	2,4,6-tris-(trifluoromethyl)-1,3,5-triazine	368-66-1	285.074	248.45	1	369.80	1	25	1.7542	2	---	---	---	liquid	1
6085	C6FeK3N6	potassium hexacyanoferrate(iii)	13746-66-2	329.248	>473.15	2	---	---	25	1.8500	1	---	---	---	solid	2
6086	C6FeK4N6	potassium ferrocyanide	13943-58-3	368.346	---	---	---	---	17	1.8530	1	---	---	---	---	---
6087	C6F10	perfluorocyclohexene	355-75-9	262.051	---	---	325.15	1	25	1.6650	1	20	1.2930	1	---	---
6088	C6F10O3	pentafluoropropionic anhydride	356-42-3	310.049	---	---	344.55	1	25	1.5710	1	---	---	---	---	---
6089	C6F10O4	trifluoromethyl-3-fluorocarbonyl hexafluoro	32750-98-4	326.049	---	---	---	---	25	1.7904	2	---	---	---	---	---
6090	C6F12	perfluorocyclohexane	355-68-0	300.048	335.65	1	---	---	25	1.6450	2	---	---	---	solid	1
6091	C6F12	perfluoro-1-hexene	755-25-9	300.048	---	---	330.15	1	25	1.6450	2	---	---	---	---	---
6092	C6F12	1,1,2,2,3,4-hexafluoro-3,4-bis(trifluorometh	2994-71-0	300.048	241.25	1	318.15	1	25	1.6700	1	---	1.3000	1	liquid	1
6093	C6F12	perfluoro-2-methyl-2-pentene	1584-03-8	300.048	---	---	330.15	1	25	1.6200	1	---	---	---	---	---
6094	C6F12N2	hexafluoroacetone azine	1619-84-7	328.062	---	---	340.65	1	25	1.4390	1	---	1.3000	1	---	---
6095	C6F13I	tridecafluoro-1-iodohexane	355-43-1	445.951	227.25	1	401.65	1	25	2.0471	2	---	1.3270	1	liquid	1
6096	C6F14	perfluoro-2,3-dimethylbutane	354-96-1	338.045	258.15	1	332.95	1	20	1.7161	2	---	---	---	liquid	1
6097	C6F14	perfluorohexane	355-42-0	338.045	184.95	1	329.75	1	20	1.6995	1	20	1.2515	1	liquid	1
6098	C6F14	perfluoro-2-methylpentane	355-04-4	338.045	200.42	2	330.75	1	20	1.7326	1	22	1.2564	1	liquid	1
6099	C6F14	perfluoro-3-methylpentane	865-71-4	338.045	158.15	1	331.55	1	20	1.7161	2	---	---	---	liquid	1
6100	C6F15N	perfluorotriethylamine	359-70-6	371.051	156.20	1	343.45	1	20	1.7360	1	25	1.2620	1	liquid	1
6101	C6Fe2O12	iron(iii) oxalate	19469-07-9	375.749	373.15	dec	---	---	---	---	---	---	---	---	solid	1
6102	C6HBrF4	1-bromo-2,3,5,6-tetrafluorobenzene	1559-88-2	228.972	---	---	416.40	1	25	1.8820	1	---	1.4690	1	---	---
6103	C6HBr5	pentabromobenzene	608-90-2	472.594	433.65	1	---	---	25	2.8720	2	---	---	---	solid	1
6104	C6HBr5O	pentabromophenol	608-71-9	488.593	502.65	1	---	---	25	2.8712	2	---	---	---	solid	1
6105	C6HClF4S	4-chloro-tetrafluorothiophenol	---	216.586	322.65	1	---	---	25	1.5740	2	---	---	---	solid	1
6106	C6HClN4O5	4-chloro-2,5-dinitrobenzene diazonium-6-o	---	244.551	---	---	---	---	25	1.9169	2	---	---	---	---	---
6107	C6HCl2FN2	2,6-dichloro-5-fluoro-3-pyridinecarbonitrile	---	190.991	361.65	1	---	---	25	1.6175	2	---	---	---	solid	1
6108	C6HCl3F8O2	3,5,6-trichloro-2,2,3,4,4,5,6,6-octafluorohe	2106-54-9	363.418	---	---	505.15	1	20	1.8330	1	20	1.3903	1	---	---
6109	C6HCl3FNO	2,6-dichloro-5-fluoronicotinoyl chloride	96568-02-4	228.436	---	---	---	---	25	1.6718	2	---	1.5720	1	---	---
6110	C6HCl3N2O4	4,6-dinitro-1,2,3-trichlorobenzene	6379-46-0	271.443	371.15	1	---	---	25	1.8359	2	---	---	---	solid	1
6111	C6HCl3O2	trichlorobenzoquinone	634-85-5	211.430	---	---	---	---	25	1.6502	2	---	---	---	---	---
6112	C6HCl4NO2	1,2,4,5-tetrachloro-3-nitrobenzene	117-18-0	260.890	372.65	1	577.15	1	25	1.7440	1	---	---	---	solid	1
6113	C6HCl4NO2	2,3,4,6-tetrachloronitrobenzene	3714-62-3	260.890	---	---	485.40	2	25	1.7444	2	---	---	---	---	---
6114	C6HCl4NO2	1,2,3,4-tetrachloro-5-nitrobenzene	879-39-0	260.890	---	---	393.65	1	25	1.7444	2	---	---	---	---	---
6115	C6HCl5	pentachlorobenzene	608-93-5	250.336	358.65	1	549.15	1	16	1.8342	1	---	---	---	solid	1
6116	C6HCl5O	pentachlorophenol	87-86-5	266.336	447.15	1	583.15	dec	22	1.9780	1	---	---	---	solid	1
6117	C6HCl5S	pentachlorothiophenol	133-49-3	282.402	---	---	---	---	25	1.6927	2	---	---	---	---	---
6118	C6HF2N3O3	3,4-difluoro-2-nitrobenzenediazonium-6-ox	---	201.090	---	---	394.95	2	25	1.7536	2	---	---	---	---	---
6119	C6HF2N3O3	3,6-difluoro-2-nitrobenzenediazonium-4-ox	---	201.090	---	---	394.95	1	25	1.7536	2	---	---	---	---	---
6120	C6HF4NO2	2,3,4,6-tetrafluoronitrobenzene	314-41-0	195.074	---	---	---	---	25	1.5110	1	---	1.4640	1	---	---
6121	C6HF4NO2	2,3,4,5-tetrafluoronitrobenzene	5580-79-0	195.074	---	---	---	---	25	1.6140	1	---	1.4730	1	---	---
6122	C6HF5	pentafluorobenzene	363-72-4	168.066	225.75	1	358.89	1	25	1.5140	1	20	1.3905	1	liquid	1
6123	C6HF5	1,2,3,4,5-pentafluorobicyclo(2.2.0)hexa-2,5	21892-31-9	168.066	---	---	358.89	2	25	1.4648	2	---	---	---	---	---
6124	C6HF5O	pentafluorophenol	771-61-9	184.066	310.65	1	418.75	1	25	1.5294	2	20	1.4263	1	solid	1
6125	C6HF5S	pentafluorobenzenethiol	771-62-0	200.132	249.15	1	416.15	1	25	1.5010	1	20	1.4645	1	liquid	1
6126	C6HF11	undecafluorocyclohexane	308-24-7	282.057	---	---	335.15	1	25	1.6207	2	---	---	---	---	---
6127	C6HI5	pentaiodobenzene	608-96-8	707.596	445.15	1	---	---	25	3.4011	2	---	---	---	solid	1
6128	C6HN3O8Pb	lead trinitroresorcinate	63918-97-8	450.290	584.15	1	414.15	1	---	---	---	---	---	---	solid	1
6129	C6HN5O7	2,3,5-trinitrobenzenediazonium-4-oxide	---	255.105	---	---	383.15	1	25	2.0268	2	---	---	---	---	---
6130	C6H2	1,3,5-hexatriyne	3161-99-7	74.082	---	---	---	---	25	1.0610	2	---	---	---	---	---
6131	C6H2AgN5O5	silver 2-azido-4,6-dinitrophenoxide	82177-80-8	331.980	---	---	---	---	---	---	---	---	---	---	---	---
6132	C6H2BrCl2F	1-bromo-2,5-dichloro-3-fluorobenzene	---	243.889	---	---	---	---	25	1.8209	2	---	1.5755	1	---	---
6133	C6H2BrF3	1-bromo-2,3,4-trifluorobenzene	---	210.981	---	---	415.28	2	25	1.7700	1	---	---	---	---	---
6134	C6H2BrF3	1-bromo-3,4,5-trifluorobenzene	138526-69-9	210.981	---	---	415.28	2	25	1.7670	1	---	1.4820	1	---	---
6135	C6H2BrF3	1-bromo-2,4,6-trifluorobenzene	2367-76-2	210.981	276.65	1	413.40	1	25	1.7900	1	---	1.4840	1	liquid	1
6136	C6H2BrF3	1-bromo-2,4,5-trifluorobenzene	327-52-6	210.981	254.25	1	417.15	1	25	1.8020	1	---	1.4860	1	liquid	1
6137	C6H2Br2ClF	2-chloro-3,5-dibromo-1-fluorobenzene	---	288.341	---	---	---	---	25	2.1110	2	---	1.6020	1	---	---
6138	C6H2Br2ClF	1-chloro-2,6-dibromo-4-fluorobenzene	---	288.341	359.15	1	---	---	25	2.1110	2	---	---	---	solid	1
6139	C6H2Br2ClF	5-chloro-2,3-dibromo-1-fluorobenzene	92771-38-5	288.341	---	---	---	---	25	2.1110	2	---	---	---	---	---
6140	C6H2Br2ClNO	2,6-dibromoquinone-4-chlorimide	537-45-1	299.349	356.15	1	---	---	25	2.1919	2	---	---	---	solid	1
6141	C6H2Br2FI	1,3-dibromo-5-fluoro-2-iodobenzene	62720-29-0	379.793	408.65	1	---	---	25	2.5671	2	---	---	---	solid	1
6142	C6H2Br2F2	1,2-dibromo-3,5-difluorobenzene	---	271.887	310.65	1	---	---	25	2.1030	2	---	---	---	solid	1
6143	C6H2Br2F2	1,4-dibromo-2,5-difluorobenzene	327-51-5	271.887	334.15	1	---	---	25	2.1030	2	---	---	---	solid	1
6144	C6H2Br2F2	1,2-dibromo-4,5-difluorobenzene	64695-78-9	271.887	306.65	1	---	---	25	2.1030	2	---	---	---	solid	1
6145	C6H2Br3F	1-fluoro-2,3,5-tribromobenzene	---	332.792	305.15	1	---	---	25	2.3899	2	---	---	---	solid	1
6146	C6H2Br3F	1,2,3-tribromo-5-fluorobenzene	3925-78-8	332.792	372.15	1	---	---	25	2.3899	2	---	---	---	solid	1
6147	C6H2Br3NO2	1,2,3-tribromo-5-nitrobenzene	3460-20-6	359.800	385.15	1	---	---	25	2.6450	1	---	---	---	solid	1
6148	C6H2Br3NO2	1,3,5-tribromo-2-nitrobenzene	3463-40-9	359.800	398.15	1	---	---	25	2.4841	2	---	---	---	solid	1
6149	C6H2Br4	1,2,3,5-tetrabromobenzene	634-89-9	393.698	372.65	1	602.15	1	25	2.6385	2	---	---	---	solid	1
6150	C6H2Br4	1,2,4,5-tetrabromobenzene	636-28-2	393.698	455.15	1	602.15	2	20	3.0720	1	---	---	---	solid	1
6151	C6H2Br4O	2,3,4,6-tetrabromophenol	14400-94-3	409.697	386.65	1	---	---	25	2.6462	2	---	---	---	solid	1
6152	C6H2Br4O	2,4,4,6-tetrabromo-2,5-cyclohexadien-1-on	20244-61-5	409.697	396.65	1	---	---	25	2.6462	2	---	---	---	solid	1
6153	C6H2Br4O2	2,3,5,6-tetrabromo-1,4-benzenediol	2641-89-6	425.697	517.15	1	---	---	21	3.0230	1	---	---	---	solid	1
6154	C6H2Br4O2	tetrabromocatechol	488-47-1	425.697	464.15	1	---	---	25	2.6533	2	---	---	---	solid	1
6155	C6H2ClF3	1-chloro-2,4,6-trifluorobenzene	2106-40-3	166.530	---	---	397.15	1	25	1.4630	1	---	1.4560	1	---	---
6156	C6H2ClF4N	3-chloro-2-fluoro-5-(trifluoromethyl)pyridine	72537-17-8	199.535	291.15	1	---	---	25	1.5240	1	---	1.4330	1	---	---
6157	C6H2ClN3O3	nbd chloride	10199-89-0	199.554	370.65	1	---	---	25	1.7114	2	---	---	---	solid	1
6158	C6H2ClN3O6	2-chloro-1,3,5-trinitrobenzene	88-88-0	247.552	356.15	1	---	---	20	1.7970	1	---	---	---	solid	1
6159	C6H2ClN3O6	trinitrochlorobenzene	28260-61-9	247.552	---	---	---	---	25	1.8550	2	---	---	---	---	---
6160	C6H2Cl2F3N	2,6-dichloro-3-(trifluoromethyl)pyridine	55304-75-1	215.989	279.65	1	468.15	1	25	1.5640	2	---	---	---	liquid	1

Table 1 Physical Properties - Organic Compounds

				Mol Wt	Freezing Point		Boiling Point		Density			Refractive Index			State	
NO	FORMULA	NAME	CAS No	g/mol	T_F, K	code	T_B, K	code	T, C	g/cm3	code	T, C	n_D	code	@25C,1 atm	code
6161	C6H2Cl2F3N	2,3-dichloro-5-(trifluoromethyl)pyridine	69045-84-7	215.989	281.65	1	449.15	1	25	1.5490	1	---	1.4750	1	liquid	1
6162	C6H2Cl2FNO2	1,2-dichloro-4-fluoro-5-nitrobenzene	2339-78-8	209.991	290.15	1	520.15	1	25	1.5960	1	---	1.5750	1	liquid	1
6163	C6H2Cl2FNO2	2,6-dichloro-5-fluoropyridine-3-carboxylica	82671-06-5	209.991	428.65	1	520.15	2	25	1.6207	2	---	---	---	solid	1
6164	C6H2Cl2O2	2,6-dichloro-p-benzoquinone	697-91-6	176.986	394.15	1	---	---	25	1.5332	2	---	---	---	solid	1
6165	C6H2Cl2O2	2,3-dichloro-2,5-cyclohexa-diene-1,4-dione	5145-42-6	176.986	---	---	---	---	25	1.5332	2	---	---	---	---	---
6166	C6H2Cl2O2	2,5-dichloro-2,5-cyclohexadiene-1,4-dione	615-93-0	176.986	---	---	---	---	25	1.5332	2	---	---	---	---	---
6167	C6H2Cl2O4	chloranilic acid	87-88-7	208.984	556.65	1	---	---	25	1.6499	2	---	---	---	solid	1
6168	C6H2Cl3I	1,2,4-trichloro-5-iodobenzene	7145-82-6	307.344	---	---	---	---	25	2.0497	2	---	---	---	---	---
6169	C6H2Cl3NO	2,6-dichloro-4-(chloroimino)-2,5-cyclohexa	101-38-2	210.446	339.15	1	---	---	25	1.6033	2	---	---	---	solid	1
6170	C6H2Cl3NO2	1,2,3-trichloro-5-nitrobenzene	20098-48-0	226.445	345.65	1	561.15	2	25	1.8070	1	---	---	---	solid	1
6171	C6H2Cl3NO2	1,2,4-trichloro-5-nitrobenzene	89-69-0	226.445	330.65	1	561.15	1	23	1.7900	1	---	---	---	solid	1
6172	C6H2Cl3NO3	3,4,6-trichloro-2-nitrophenol	82-62-2	242.445	365.65	1	---	---	25	1.7015	2	---	---	---	solid	1
6173	C6H2Cl3NaO	sodium-2,4,5-trichlorophenate	136-32-3	219.429	---	---	---	---	---	---	---	---	---	---	---	---
6174	C6H2Cl4	1,2,3,4-tetrachlorobenzene	634-66-2	215.892	319.65	1	527.25	1	25	1.5578	2	---	---	---	solid	1
6175	C6H2Cl4	1,2,3,5-tetrachlorobenzene	634-90-2	215.892	327.65	1	519.25	1	25	1.5578	2	---	---	---	solid	1
6176	C6H2Cl4	1,2,4,5-tetrachlorobenzene	95-94-3	215.892	412.15	1	518.25	1	22	1.8580	1	---	---	---	solid	1
6177	C6H2Cl4O	2,3,4,5-tetrachlorophenol	4901-51-3	231.891	389.65	1	---	---	25	1.6081	2	---	---	---	solid	1
6178	C6H2Cl4O	2,3,4,6-tetrachlorophenol	58-90-2	231.891	343.15	1	---	---	25	1.6081	2	---	---	---	solid	1
6179	C6H2Cl4O	2,3,5,6-tetrachlorophenol	935-95-5	231.891	388.15	1	---	---	25	1.6081	2	---	---	---	solid	1
6180	C6H2Cl4O2	3,4,5,6-tetrachloro-1,2-benzenediol	1198-55-6	247.891	467.15	1	---	---	25	1.6546	2	---	---	---	solid	1
6181	C6H2Cl4O2	tetrachlorohydroquinone	87-87-6	247.891	512.15	1	---	---	25	1.6546	2	---	---	---	solid	1
6182	C6H2Cl5N	3,5-dichloro-2-trichloromethyl pyridine'	1128-16-1	265.351	---	---	---	---	25	1.6581	2	---	---	---	---	---
6183	C6H2Cl5OPS	o-(2,4,5-trichlorophenyl) phosphorodichlori	16805-78-0	330.384	287.15	1	---	---	20	1.6728	1	20	1.6084	1	---	---
6184	C6H2FN3O3	7-fluoro-4-nitrobenzo-2-oxa-1,3-diazole	29270-56-2	183.100	325.15	1	---	---	25	1.6753	2	---	---	---	solid	1
6185	C6H2F2N2O4	1,5-difluoro-2,4-dinitrobenzene	327-92-4	204.090	345.65	1	---	---	25	1.6930	2	---	---	---	solid	1
6186	C6H2F3NO2	1,2,4-trifluoro-5-nitrobenzene	2105-61-5	177.083	262.25	1	467.65	1	25	1.5420	1	---	1.4940	1	liquid	1
6187	C6H2F3NO2	1,3,5-trifluoro-2-nitrobenzene	315-14-0	177.083	276.65	1	451.65	1	25	1.5140	1	---	1.4770	1	liquid	1
6188	C6H2F3NO2	1,2,3-trifluoro-4-nitrobenzene	771-69-7	177.083	---	---	459.65	2	25	1.5410	1	---	1.4920	1	---	---
6189	C6H2F4	1,2,3,4-tetrafluorobenzene	551-62-2	150.076	233.26	1	367.45	1	23	1.3723	2	20	1.4054	1	liquid	1
6190	C6H2F4	1,2,3,5-tetrafluorobenzene	2367-82-0	150.076	226.90	1	357.55	1	25	1.3190	1	20	1.4035	1	liquid	1
6191	C6H2F4	1,2,4,5-tetrafluorobenzene	327-54-8	150.076	277.03	1	363.35	1	20	1.4255	1	20	1.4075	1	liquid	1
6192	C6H2F4O	2,3,5,6-tetrafluorophenol	769-39-1	166.075	309.15	1	414.10	1	25	1.4445	2	---	---	---	solid	1
6193	C6H2F4O2	tetrafluorohydroquinone	771-63-1	182.075	446.15	1	---	---	25	1.5099	2	---	---	---	solid	1
6194	C6H2F4S	2,3,5,6-tetrafluorothiophenol	769-40-4	182.142	---	---	425.65	1	25	1.4581	2	---	1.4855	1	---	---
6195	C6H2F5N	2,3,4,5,6-pentafluoroaniline	771-60-8	183.081	308.65	1	428.10	1	25	1.4826	2	---	---	---	solid	1
6196	C6H2F8O2	1,1,1,5,5,6,6,6-octafluoro-2,4-hexanedione	20825-07-4	258.069	---	---	358.65	1	25	1.5340	1	---	1.3270	1	---	---
6197	C6H2HgN3NaO5	sodium-3-hydroxymercurio-2,6-dinitro-4-ac	---	419.680	---	---	470.35	1	---	---	---	---	---	---	---	---
6198	C6H2I2O2	diiodoquinone	20389-01-9	359.890	450.65	1	---	---	25	2.6051	2	---	---	---	solid	1
6199	C6H2I3N3O3	3,4,5-triiodobenzenediazonium nitrate	68596-99-6	544.814	---	---	311.65	1	25	2.9441	2	---	---	---	---	---
6200	C6H2I3NO2	1,2,3-triiodo-5-nitrobenzene	53663-23-3	500.801	440.15	1	---	---	25	3.2560	1	---	---	---	solid	1
6201	C6H2I4	1,2,3,4-tetraiodobenzene	634-68-4	581.700	409.15	1	---	---	25	3.1612	2	---	---	---	solid	1
6202	C6H2I4	1,2,3,5-tetraiodobenzene	634-92-4	581.700	421.15	1	---	---	25	3.1612	2	---	---	---	solid	1
6203	C6H2I4	1,2,4,5-tetraiodobenzene	636-31-7	581.700	527.15	1	---	---	25	3.1612	2	---	---	---	solid	1
6204	C6H2KNO7	potassium picrate	573-83-1	239.183	---	---	---	---	---	---	---	---	---	---	---	---
6205	C6H2N2O8	nitranilic acid	479-22-1	230.091	443.15	dec	---	---	25	1.8670	2	---	---	---	solid	1
6206	C6H2N3NaO7	sodium picrate	73771-13-8	251.088	---	---	355.15	1	---	---	---	---	---	---	---	---
6207	C6H2N4O5	5,7-dinitro-1,2,3-benzoxadiazole	87-31-0	210.107	431.15	1	---	---	25	1.8288	2	---	---	---	solid	1
6208	C6H2N4O5	6-diazo-2,4-dinitro-2,4-cyclohexadien-1-on	4682-03-5	210.107	---	---	---	---	25	1.8288	2	---	---	---	---	---
6209	C6H2N4O5	4,6-dinitrobenzenediazonium-2-oxide	---	210.107	---	---	---	---	25	1.8288	2	---	---	---	---	---
6210	C6H2N4O6	4,6-dinitrobenzofurazan-N-oxide	5128-28-9	226.106	445.15	1	---	---	25	1.8763	2	---	---	---	solid	1
6211	C6H2N4O9	2,3,4,6-tetranitrophenol	641-16-7	274.104	413.15	dec	---	---	25	1.9956	2	---	---	---	solid	1
6212	C6H2N6O6	picryl azide	1600-31-3	254.120	366.15	1	---	---	25	1.9699	2	---	---	---	solid	1
6213	C6H2N6O10	pentanitroaniline	21985-87-5	318.118	---	---	---	---	25	2.1003	2	---	---	---	---	---
6214	C6H2O4	2,4-hexadiyne-1,6-dioic acid	---	138.079	---	---	---	---	25	1.4962	2	---	---	---	---	---
6215	C6H2O6	5,6-dihydroxy-5-cyclohexene-1,2,3,4-tetror	118-76-3	170.078	521.15	dec	---	---	25	1.6430	2	---	---	---	solid	1
6216	C6H3BrClF	4-bromo-1-chloro-2-fluorobenzene	60811-18-9	209.445	---	---	467.15	2	25	1.7274	2	---	1.5554	1	---	---
6217	C6H3BrClF	4-bromo-2-chloro-1-fluorobenzene	60811-21-4	209.445	---	---	467.15	1	25	1.7270	1	---	1.5530	1	---	---
6218	C6H3BrClF	1-bromo-4-chloro-2-fluorobenzene	1996-29-8	209.445	---	---	467.15	2	25	1.7274	2	---	1.5550	1	---	---
6219	C6H3BrClNO2	1-bromo-4-chloro-2-nitrobenzene	41513-04-6	236.452	341.65	1	---	---	25	1.8641	2	---	---	---	solid	1
6220	C6H3BrFI	1-bromo-3-fluoro-4-iodobenzene	105931-73-5	300.897	320.65	1	---	---	25	2.2691	2	---	---	---	solid	1
6221	C6H3BrFI	1-bromo-2-fluoro-4-iodobenzene	136434-77-0	300.897	311.65	1	---	---	25	2.2691	2	---	---	---	solid	1
6222	C6H3BrF2	1-bromo-2,4-difluorobenzene	348-57-2	192.991	269.25	1	418.60	1	25	1.7080	1	---	1.5050	1	liquid	1
6223	C6H3BrF2	4-bromo-1,2-difluorobenzene	348-61-8	192.991	---	---	423.60	1	25	1.7070	1	---	1.5050	1	---	---
6224	C6H3BrF2	1-bromo-2,3-difluorobenzene	38573-88-5	192.991	---	---	507.15	1	25	1.7220	1	---	1.5090	1	---	---
6225	C6H3BrF2	2-bromo-1,4-difluorobenzene	399-94-0	192.991	242.25	1	440.63	2	25	1.7080	1	---	1.5080	1	liquid	2
6226	C6H3BrF2	1-bromo-3,5-difluorobenzene	461-96-1	192.991	---	---	413.15	1	25	1.6760	1	---	1.4990	1	---	---
6227	C6H3BrF2	1-bromo-2,6-difluorobenzene	64248-56-2	192.991	---	---	440.63	2	25	1.7042	2	---	1.5110	1	---	---
6228	C6H3BrCl2	1-bromo-2,3-dichlorobenzene	56961-77-4	225.899	333.15	1	518.15	1	25	1.7572	2	---	---	---	solid	1
6229	C6H3BrCl2	1-bromo-2,4-dichlorobenzene	1193-72-2	225.899	299.15	1	508.15	1	25	1.7572	2	---	---	---	solid	1
6230	C6H3BrCl2	1-bromo-3,5-dichlorobenzene	19752-55-7	225.899	356.15	1	505.15	1	25	1.7572	2	---	---	---	solid	1
6231	C6H3BrCl2	2-bromo-1,3-dichlorobenzene	19393-92-1	225.899	338.15	1	515.15	1	25	1.7572	2	---	---	---	solid	1
6232	C6H3BrCl2	2-bromo-1,4-dichlorobenzene	1435-50-3	225.899	308.15	1	499.15	1	25	1.7572	2	---	---	---	solid	1
6233	C6H3BrCl2	4-bromo-1,2-dichlorobenzene	18282-59-2	225.899	298.15	1	510.15	1	25	1.7572	2	---	---	---	---	---
6234	C6H3BrCl2O	2-bromo-4,6-dichlorophenol	4524-77-0	241.898	341.15	1	---	---	25	1.8029	2	---	---	---	solid	1
6235	C6H3BrCl2O	leptophos phenol	1940-42-7	241.898	---	---	---	---	25	1.8029	2	---	---	---	---	---
6236	C6H3BrN2O4	1-bromo-2,3-dinitrobenzene	19613-76-4	247.005	374.65	1	593.15	1	25	1.9739	2	---	---	---	solid	1
6237	C6H3BrN2O4	1-bromo-2,4-dinitrobenzene	584-48-5	247.005	344.65	1	593.15	2	25	1.9739	2	---	---	---	solid	1
6238	C6H3BrN2O5	2-bromo-4,6-dinitrophenol	2316-50-9	263.005	392.45	1	---	---	25	2.0115	2	---	---	---	solid	1
6239	C6H3BrN2O5	4-bromo-2,6-dinitrophenol	40466-95-3	263.005	351.15	1	---	---	25	2.0115	2	---	---	---	solid	1
6240	C6H3BrN4O8S	6-bromo-2,4-dinitrobenzenediazonium hyd	65036-47-7	371.083	---	---	465.15	1	25	2.1618	2	---	---	---	---	---

Table 1 Physical Properties - Organic Compounds

				Mol Wt	Freezing Point		Boiling Point		Density			Refractive Index			State	
NO	FORMULA	NAME	CAS No	g/mol	T_F, K	code	T_B, K	code	T, C	g/cm3	code	T, C	n_D	code	@25C,1 atm	code
6241	C6H3Al	triethynyl aluminum	97-93-8	102.072	225.00	1	466.00	1	25	0.8350	1	---	---	---	liquid	1
6242	C6H3As	triethynylarsine	687-78-5	150.011	322.65	1	458.15	1	---	---	---	---	---	---	solid	1
6243	C6H3Br2Cl	1,2-dibromo-3-chlorobenzene	104514-49-0	270.350	346.65	1	537.15	1	25	2.0604	2	---	---	---	solid	1
6244	C6H3Br2Cl	1,2-dibromo-4-chlorobenzene	60956-24-3	270.350	308.65	1	529.15	1	25	2.0604	2	---	---	---	solid	1
6245	C6H3Br2Cl	1,3-dibromo-2-chlorobenzene	19230-27-4	270.350	345.15	1	538.15	1	25	2.0604	2	---	---	---	solid	1
6246	C6H3Br2Cl	1,4-dibromo-2-chlorobenzene	3460-24-0	270.350	313.65	1	532.15	1	25	2.0604	2	---	---	---	solid	1
6247	C6H3Br2Cl	2,4-dibromo-1-chlorobenzene	29604-75-9	270.350	300.15	1	531.15	1	25	2.0604	2	---	---	---	solid	1
6248	C6H3Br2F	2,4-dibromo-1-fluorobenzene	1435-53-6	253.896	342.15	1	483.65	2	20	2.0470	1	20	1.5840	1	solid	1
6249	C6H3Br2F	1,3-dibromo-5-fluorobenzene	1435-51-4	253.896	---	---	478.15	1	25	2.0491	2	---	1.5770	1	---	---
6250	C6H3Br2F	1,4-dibromo-2-fluorobenzene	1435-52-5	253.896	307.15	1	489.15	1	25	2.0491	2	---	---	---	solid	1
6251	C6H3Br2NO2	1,2-dibromo-4-nitrobenzene	5411-50-7	280.904	331.65	1	569.15	1	8	2.3540	1	111	1.9835	1	solid	1
6252	C6H3Br2NO2	1,3-dibromo-2-nitrobenzene	13402-32-9	280.904	357.15	1	569.15	2	8	2.2110	1	---	---	---	solid	1
6253	C6H3Br2NO2	1,3-dibromo-5-nitrobenzene	6311-60-0	280.904	379.15	1	569.15	2	8	2.3600	1	---	---	---	solid	1
6254	C6H3Br2NO2	1,4-dibromo-2-nitrobenzene	3460-18-2	280.904	358.65	1	569.15	2	8	2.3680	1	---	---	---	solid	1
6255	C6H3Br2NO2	2,4-dibromo-1-nitrobenzene	51686-78-3	280.904	335.15	1	569.15	2	8	2.3560	1	---	---	---	solid	1
6256	C6H3Br2NO3	2,6-dibromo-4-nitrophenol	99-28-5	296.903	414.65	1	---	---	25	2.1974	2	---	---	---	solid	1
6257	C6H3Br3	1,2,3-tribromobenzene	608-21-9	314.802	360.65	1	546.15	2	25	2.6580	1	---	---	---	solid	1
6258	C6H3Br3	1,2,4-tribromobenzene	615-54-3	314.802	317.65	1	548.15	1	25	2.3515	2	---	---	---	solid	1
6259	C6H3Br3	1,3,5-tribromobenzene	626-39-1	314.802	395.95	1	544.15	1	25	2.3515	2	---	---	---	solid	1
6260	C6H3Br3O	2,4,6-tribromophenol	118-79-6	330.801	368.65	1	559.15	1	20	2.5500	1	---	---	---	solid	1
6261	C6H3ClFI	2-chloro-1-fluoro-4-iodobenzene	---	256.445	---	---	---	---	25	1.9734	2	---	1.6040	1	---	---
6262	C6H3ClFNO2	2-chloro-5-fluoronitrobenzene	345-17-5	175.547	311.65	1	511.15	1	25	1.5019	2	---	---	---	solid	1
6263	C6H3ClFNO2	3-chloro-4-fluoronitrobenzene	350-30-1	175.547	317.15	1	511.15	2	25	1.5019	2	---	---	---	solid	1
6264	C6H3ClF2	1-chloro-3,5-difluorobenzene	1435-43-4	148.539	---	---	391.15	1	25	1.3510	2	---	1.4670	1	---	---
6265	C6H3ClF2	1-chloro-2,4-difluorobenzene	1435-44-5	148.539	---	---	400.15	1	25	1.3520	1	---	1.4750	1	---	---
6266	C6H3ClF2	1-chloro-2,5-difluorobenzene	2367-91-1	148.539	---	---	400.15	1	25	1.3510	1	---	1.4780	1	---	---
6267	C6H3ClF2	1-chloro-3,4-difluorobenzene	696-02-6	148.539	---	---	402.15	1	25	1.3500	1	---	1.4740	1	---	---
6268	C6H3ClF3N	2-chloro-5-(trifluoromethyl)pyridine	52334-81-3	181.545	304.15	1	425.65	1	25	1.4475	2	---	---	---	solid	1
6269	C6H3ClF6O	1-chloro-3,3,4,4,5,5-hexafluoro-2-methoxy	336-34-5	240.533	---	---	357.15	1	25	1.5600	1	---	1.3760	1	---	---
6270	C6H3ClHgN2O5	chloro(2-hydroxy-3,5-dinitrophenyl)mercur	24579-91-7	419.143	---	---	---	---	---	---	---	---	---	---	---	---
6271	C6H3ClNNaO5S	4-chloro-3-nitrobenzenesulfonic acid, sodi	17691-19-9	259.602	---	---	---	---	---	---	---	---	---	---	---	---
6272	C6H3ClNO3	2,6-dichloro-4-nitrophenol	618-80-4	172.548	400.15	dec	---	---	25	1.8220	1	---	---	---	solid	1
6273	C6H3ClN2	2-chloronicotinitrile	6602-54-6	138.556	378.15	1	---	---	25	1.3854	2	---	---	---	solid	1
6274	C6H3ClO2	2-chloro-1,4-benzoquinone	695-99-8	142.541	327.65	1	---	---	25	1.3872	2	---	---	---	solid	1
6275	C6H3Cl2F	2,4-dichloro-1-fluorobenzene	1435-48-9	164.993	259.75	1	446.15	1	25	1.4050	1	---	1.5250	1	liquid	1
6276	C6H3Cl2F	1,2-dichloro-4-fluorobenzene	1435-49-0	164.993	272.25	1	445.15	1	25	1.4020	1	---	1.5240	1	liquid	1
6277	C6H3Cl2F	1,3-dichloro-2-fluorobenzene	2268-05-5	164.993	311.15	1	441.65	1	25	1.3967	2	---	---	---	solid	1
6278	C6H3Cl2F	1,4-dichloro-2-fluorobenzene	348-59-4	164.993	277.15	1	441.15	1	25	1.3830	1	---	1.5250	1	liquid	1
6279	C6H3Cl2FO	2,6-dichloro-4-fluorophenol	392-71-2	180.993	323.65	1	---	---	25	1.4571	2	---	---	---	solid	1
6280	C6H3Cl2F4NO3S	N-fluoro-3,5-dichloropyridinium triflate	107264-06-2	316.060	372.65	1	---	---	25	1.7093	2	---	---	---	solid	1
6281	C6H3ClN2O4	1-chloro-2,4-dinitrobenzene	97-00-7	202.554	326.55		588.00	1	75	1.4982	1	45	1.5924	1	solid	1
6282	C6H3ClN2O4	2-chloro-1,3-dinitrobenzene	606-21-3	202.554	361.15	1	588.15	1	16	1.6867	1	---	---	---	solid	1
6283	C6H3ClN2O4	1-chloro-3,4-dinitrobenzene	610-40-2	202.554	313.65	1	588.15	1	25	1.6870	1	---	1.5870	1	solid	1
6284	C6H3ClN2O4	chlorodinitrobenzene	25567-67-3	202.554	---	---	588.10	2	39	1.6240	2	---	---	---	---	---
6285	C6H3ClN2O4S	2,4-dinitrobenzenesulfenyl chloride	528-76-7	234.620	372.15	1	---	---	25	1.6996	2	---	---	---	solid	1
6286	C6H3ClN2O5	4-chloro-2,6-dinitrophenol	88-87-9	218.553	354.15	1	---	---	22	1.7400	1	---	---	---	solid	1
6287	C6H3ClN2O5	5-chloro-2,4-dinitrophenol	54715-57-0	218.553	365.15	1	---	---	22	1.7400	2	---	---	---	solid	1
6288	C6H3ClN2O8	2,6-dinitro-4-perchlorylphenol	---	266.552	---	---	---	---	25	1.8390	2	---	---	---	---	---
6289	C6H3Cl2I	1,4-dichloro-2-iodobenzene	29682-41-5	272.899	295.15	1	526.15	1	25	1.9882	2	---	---	---	liquid	1
6290	C6H3Cl2I	3,4-dichloroiodobenzene	20555-91-3	272.899	300.15	1	530.90	2	25	1.9882	2	---	---	---	solid	1
6291	C6H3Cl2I	1,2-dichloro-3-iodobenzene	2401-21-0	272.899	308.15	1	530.90	2	25	1.9882	2	---	---	---	solid	1
6292	C6H3Cl2I	1,3-dichloro-4-iodobenzene	29898-32-6	272.899	---	---	535.65	1	25	1.9882	2	---	1.6470	1	---	---
6293	C6H3Cl2I	1,3-dichloro-5-iodobenzene	3032-81-3	272.899	329.65	1	530.90	2	25	1.9882	2	---	---	---	solid	1
6294	C6H3Cl2NO	2-chloronicotinoyl chloride	49609-84-9	176.001	314.65	1	---	---	25	1.4843	2	---	---	---	solid	1
6295	C6H3Cl2NaO4S	3,5-dichloro-2-hydroxybenzenesulfonic aci	54970-72-8	265.048	---	---	---	---	---	---	---	---	---	---	---	---
6296	C6H3Cl2NO2	1,2-dichloro-4-nitrobenzene	99-54-7	192.001	315.65	1	529.00	1	75	1.4558	1	25	1.5929	1	solid	1
6297	C6H3Cl2NO2	clopyralid	1702-17-6	192.001	424.15	1	532.86	2	60	1.5163	2	---	---	---	solid	1
6298	C6H3Cl2NO2	1,2-dichloro-3-nitrobenzene	3209-22-1	192.001	334.65	1	530.65	1	14	1.7210	1	---	---	---	solid	1
6299	C6H3Cl2NO2	1,3-dichloro-2-nitrobenzene	601-88-7	192.001	345.65	1	532.86	2	17	1.6030	1	---	---	---	solid	1
6300	C6H3Cl2NO2	1,3-dichloro-5-nitrobenzene	618-62-2	192.001	338.55	1	532.86	2	100	1.4000	1	100	1.4000	1	solid	1
6301	C6H3Cl2NO2	1,4-dichloro-2-nitrobenzene	89-61-2	192.001	329.15	1	540.15	1	75	1.4390	1	75	1.4390	1	solid	1
6302	C6H3Cl2NO2	2,4-dichloro-1-nitrobenzene	611-06-3	192.001	307.15	1	531.65	1	80	1.4790	1	70	1.5512	1	solid	1
6303	C6H3Cl2NO3	2,4-dichloro-6-nitrophenol	609-89-2	208.000	397.65	1	---	---	25	1.6024	2	---	---	---	solid	1
6304	C6H3Cl2NO4S	4-chloro-3-nitrobenzenesulfonyl chloride	97-08-5	256.065	331.65	1	---	---	25	1.6960	2	---	---	---	solid	1
6305	C6H3Cl3	1,2,4-trichlorobenzene	120-82-1	181.447	290.15	1	486.15	1	25	1.4490	1	25	1.5693	1	liquid	1
6306	C6H3Cl3	1,2,3-trichlorobenzene	87-61-6	181.447	325.65	1	491.75	1	25	1.4533	1	---	---	---	solid	1
6307	C6H3Cl3	1,3,5-trichlorobenzene	108-70-3	181.447	336.65	1	481.55	1	25	1.4528	2	---	---	---	solid	1
6308	C6H3Cl3	trichlorobenzene	12002-48-1	181.447	313.40	1	486.40	1	25	1.4560	1	---	---	---	solid	1
6309	C6H3Cl3N2O2	4-amino-3,5,6-trichloropyridinecarboxlic ac	1918-02-1	241.460	491.65	1	---	---	25	1.6580	2	---	---	---	solid	1
6310	C6H3Cl3O	2,3,4-trichlorophenol	15950-66-0	197.447	356.65	1	528.15	2	25	1.5013	2	---	---	---	solid	1
6311	C6H3Cl3O	2,3,5-trichlorophenol	933-78-8	197.447	335.15	1	528.15	2	25	1.5013	2	---	---	---	solid	1
6312	C6H3Cl3O	2,3,6-trichlorophenol	933-75-5	197.447	331.15	1	528.15	2	25	1.5013	2	---	---	---	solid	1
6313	C6H3Cl3O	2,4,5-trichlorophenol	95-95-4	197.447	342.15	1	520.15	1	25	1.5013	2	---	---	---	solid	1
6314	C6H3Cl3O	2,4,6-trichlorophenol	88-06-2	197.447	342.15	1	519.15	1	75	1.4901	1	---	---	---	solid	1
6315	C6H3Cl3O	3,4,5-trichlorophenol	609-19-8	197.447	374.15	1	548.15	1	25	1.5013	2	---	---	---	solid	1
6316	C6H3Cl3O	trichlorophenol	25167-82-2	197.447	330.35	1	525.15	1	25	1.5013	2	---	---	---	solid	1
6317	C6H3Cl3O2	3,4,5-trichloro-1,2-benzenediol	56961-20-7	213.446	388.15	a	---	---	25	1.5565	2	---	---	---	solid	a
6318	C6H3Cl3O2	2,3,5-trichloro-1,4-benzenediol	608-94-6	213.446	---	---	---	---	25	1.5565	2	---	---	---	---	---
6319	C6H3Cl3O2	3,4,6-trichlorocatechol	32139-72-3	213.446	---	---	---	---	25	1.5565	2	---	---	---	---	---
6320	C6H3Cl3O2S	2,5-dichlorobenzenesulfonyl chloride	5402-73-3	245.512	310.15	1	526.15	2	25	1.6078	2	---	---	---	solid	1

Table 1 Physical Properties - Organic Compounds

NO	FORMULA	NAME	CAS No	Mol Wt g/mol	Freezing Point T_F, K	code	Boiling Point T_B, K	code	Density T, C	g/cm3	code	Refractive Index T, C	n_D	code	State @25C,1 atm	code
6321	C6H3Cl3O2S	3,4-dichlorobenzenesulfonyl chloride	98-31-7	245.512	---	---	526.15	1	25	1.5720	1	---	1.5890	1	---	---
6322	C6H3Cl3O3	2,4,6-trichloro-1,3,5-benzenetriol	56961-23-0	229.446	409.15	1	---	---	25	1.6073	2	---	---	---	solid	1
6323	C6H3Cl3O3S	3,5-dichloro-2-hydroxybenzenesulfonyl chl	23378-88-3	261.512	354.15	1	---	---	25	1.6519	2	---	---	---	solid	1
6324	C6H3Cl3S	2,4,5-trichlorothiophenol	3773-14-6	213.513	390.65	1	---	---	25	1.5093	2	---	---	---	solid	1
6325	C6H3Cl4N	nitrapyrin	1929-82-4	230.907	336.15	1	---	---	25	1.5671	2	---	---	---	solid	1
6326	C6H3Cl4O2P	2,5-dichlorophenyl phosphorodichloridate	53676-18-9	279.873	310.15	1	---	---	---	---	---	---	---	---	solid	1
6327	C6H3Cl5Si	dichlorophenyltrichlorosilane	27137-85-5	280.437	---	---	533.15	1	25	1.5620	1	---	---	---	---	---
6328	C6H3FN2O4	1-fluoro-2,4-dinitrobenzene	70-34-8	186.100	298.95	1	569.15	1	54	1.4718	1	20	1.5690	1	solid	1
6329	C6H3F2I	2,4-difluoro-1-iodobenzene	2265-93-2	239.991	---	---	448.65	1	25	1.9568	2	---	1.5570	1	---	---
6330	C6H3F2I	1,2-difluoro-4-iodobenzene	64248-58-4	239.991	---	---	450.65	1	25	1.9900	1	---	1.5580	1	---	---
6331	C6H3F2NO2	2,4-difluoro-1-nitrobenzene	446-35-5	159.093	282.95	1	480.15	1	14	1.4571	1	14	1.5149	1	liquid	1
6332	C6H3F2NO2	2,6-difluoronitrobenzene	19064-24-5	159.093	---	---	469.90	2	25	1.5030	1	---	1.4940	1	---	---
6333	C6H3F2NO2	3,5-difluoronitrobenzene	2265-94-3	159.093	290.15	1	449.65	1	25	1.4070	1	---	1.4990	1	liquid	1
6334	C6H3F2NO2	1,4-difluoro-2-nitrobenzene	364-74-9	159.093	261.55	1	479.90	1	25	1.4670	1	---	1.5100	1	liquid	1
6335	C6H3F2NO2	1,2-difluoro-4-nitrobenzene	369-34-6	159.093	---	---	469.90	2	25	1.4340	1	---	1.5070	1	---	---
6336	C6H3F2NO3	2,3-difluoro-6-nitrophenol	82419-26-9	175.092	334.15	1	---	---	25	1.5200	2	---	---	---	solid	1
6337	C6H3F3	1,2,4-trifluorobenzene	367-23-7	132.085	---	---	363.15	1	25	1.2640	1	20	1.4171	1	---	---
6338	C6H3F3	1,3,5-trifluorobenzene	372-38-3	132.085	267.65	1	348.65	1	25	1.2770	1	20	1.4140	1	liquid	1
6339	C6H3F3	1,2,3-trifluorobenzene	1489-53-8	132.085	---	---	367.55	1	25	1.2800	1	---	1.4230	1	---	---
6340	C6H3F3O	2,3,6-trifluorophenol	113798-74-6	148.085	308.15	1	---	---	25	1.4585	2	---	---	---	solid	1
6341	C6H3F3O	2,3,5-trifluorophenol	2268-15-7	148.085	302.15	1	---	---	25	1.4570	1	---	1.4620	1	solid	1
6342	C6H3F3O	2,4,5-trifluorophenol	2268-16-8	148.085	312.65	1	---	---	25	1.4585	2	---	---	---	solid	1
6343	C6H3F3O	2,4,6-trifluorophenol	2268-17-9	148.085	322.65	1	---	---	25	1.4585	2	---	---	---	solid	1
6344	C6H3F3O	2,3,4-trifluorophenol	2822-41-5	148.085	305.15	1	---	---	25	1.4600	1	---	1.4650	1	solid	1
6345	C6H3F3OS	2-(trifluoroacetyl)thiophene	651-70-7	180.151	---	---	437.15	1	25	1.4030	1	---	1.4860	1	---	---
6346	C6H3F4N	2,3,4,6-tetrafluoroaniline	363-73-5	165.091	---	---	417.40	2	25	1.5000	1	---	1.4620	1	---	---
6347	C6H3F4N	2,3,4,5-tetrafluoroaniline	5580-80-3	165.091	301.15	1	417.40	2	25	1.4700	2	---	---	---	solid	1
6348	C6H3F4N	2,3,5,6-tetrafluoroaniline	700-17-4	165.091	304.15	1	431.15	1	25	1.4700	2	---	---	---	solid	1
6349	C6H3F4N	2,3,5,6-tetrafluoro-4-methylpyridine	16297-14-6	165.091	---	---	403.65	1	25	1.4400	1	---	1.4140	1	---	---
6350	C6H3F5N2	pentafluorophenylhydrazine	828-73-9	198.096	349.65	1	---	---	25	1.4980	2	---	---	---	solid	1
6351	C6H3F7O2	vinyl heptafluorobutanoate	356-28-5	240.078	---	---	352.15	1	20	1.4180	1	---	1.3090	1	---	---
6352	C6H3F9	3,3,4,4,5,5,6,6,6-nonafluoro-1-hexene	19430-93-4	246.076	---	---	332.65	1	25	1.4140	1	---	---	---	---	---
6353	C6H3HgN2NaO6	sodium-2-hydroxymercurio-6-nitro-4-aci-nit	---	422.680	---	---	369.65	1	---	---	---	---	---	---	---	---
6354	C6H3I2NO3	2,6-diiodo-4-nitrophenol	305-85-1	390.904	430.15	1	---	---	25	2.5630	2	---	---	---	solid	1
6355	C6H3I3	1,2,3-triiodobenzene	608-29-7	455.803	389.15	1	---	---	25	2.8493	2	---	---	---	solid	1
6356	C6H3I3	1,2,4-triiodobenzene	615-68-9	455.803	364.65	1	---	---	25	2.8493	2	---	---	---	solid	1
6357	C6H3I3	1,3,5-triiodobenzene	626-44-8	455.803	457.35	1	---	---	25	2.8493	2	---	---	---	solid	1
6358	C6H3I3O	2,4,6-triiodophenol	609-23-4	471.803	432.95	1	---	---	25	2.8493	2	---	---	---	solid	1
6359	C6H3KN4O6	potassium-6-aci-nitro-2,4-dinitro-2,4-cycloh	12244-59-6	266.213	---	---	---	---	---	---	---	---	---	---	---	---
6360	C6H3KN4O7	potassium-4-hydroxy-5,7-dinitro-4,5-dihydr	57891-85-7	282.212	---	---	---	---	---	---	---	---	---	---	---	---
6361	C6H3N2NaO5	sodium-2,4-dinitrophenoxide	38892-09-0	206.091	---	---	---	---	---	---	---	---	---	---	---	---
6362	C6H3N2NaO7S	2,4-dinitrobenzenesulfonic acid sodium sal	885-62-1	270.155	---	---	---	---	---	---	---	---	---	---	---	---
6363	C6H3N3O2	pyrazine-2,3-dicarboxylic acid imide	4933-19-1	149.110	---	---	338.65	1	25	1.5169	2	---	---	---	---	---
6364	C6H3N3O2	pyrimidine-4,5-dicarboxylic acid imide	56606-38-3	149.110	---	---	338.65	2	25	1.5169	2	---	---	---	---	---
6365	C6H3N3O2S	4-nitro-2,1,3-benzothiadiazole	6583-06-8	181.176	380.15	1	---	---	25	1.5911	2	---	---	---	solid	1
6366	C6H3N3O5	5-(5-nitro-2-furyl)-1,3,4-oxadiazole-2-ol	2122-86-3	197.108	---	---	---	---	25	1.7118	2	---	---	---	---	---
6367	C6H3N3O6	1,3,5-trinitrobenzene	99-35-4	213.107	398.40		629.60	1	152	1.4775	1	---	---	---	solid	1
6368	C6H3N3O7	2,4,6-trinitrophenol	88-89-1	229.107	395.65	1	---	---	25	1.8128	2	---	1.7630	1	solid	1
6369	C6H3N3O8	2,4,6-trinitro-1,3-benzenediol	82-71-3	245.106	448.65	1	---	---	25	1.8569	2	---	---	---	solid	1
6370	C6H3N3O9	trinitrophloroglucinol	4328-17-0	261.105	440.15	1	---	---	25	1.8974	2	---	---	---	solid	1
6371	C6H3N5O2	5,7-dihydroxytetrazolo(1,5-a)pyridine-6-ca	---	177.124	---	---	---	---	25	1.6585	2	---	---	---	---	---
6372	C6H3N5O8	tetranitroaniline	3698-54-2	273.120	493.15	1	---	---	25	1.9440	2	---	---	---	solid	1
6373	C6H3N5O8	N,2,3,5-tetranitroaniline	---	273.120	---	---	---	---	25	1.9440	2	---	---	---	---	---
6374	C6H3N5O8	N,2,4,6-tetranitroaniline	4591-46-2	273.120	---	---	---	---	25	1.9440	2	---	---	---	---	---
6375	C6H3P	triethynylphosphine	687-80-9	106.064	309.65	1	---	---	---	---	---	---	---	---	solid	1
6376	C6H3Sb	triethynyl antimony	687-81-0	196.850	344.65	1	---	---	---	---	---	---	---	---	solid	1
6377	C6H4AgNO3	silver 4-nitrophenoxide	86255-25-6	245.969	---	---	---	---	---	---	---	---	---	---	---	---
6378	C6H4AsNO4	3-nitro-4-hydroxyphenylarsenous acid	102107-61-9	229.024	---	---	---	---	---	---	---	---	---	---	---	---
6379	C6H4AgN3O	silver benzo-1,2,3-triazole-1-oxide	---	241.984	---	---	---	---	---	---	---	---	---	---	---	---
6380	C6H4AgN3O8	silver(i) picrate monohydrate	146-84-9	353.980	---	---	---	---	---	---	---	---	---	---	---	---
6381	C6H4BBrO2	2-bromo-1,3,2-benzodioxaborole	51901-85-0	198.812	320.15	1	---	---	---	---	---	---	---	---	solid	1
6382	C6H4BCl3O2	2,4,6-trichlorophenylboronic acid	73852-18-3	225.265	---	---	---	---	---	---	---	---	---	---	---	---
6383	C6H4BrCl	1-bromo-2-chlorobenzene	694-80-4	191.454	260.85	1	477.15	1	25	1.6387	1	20	1.5809	1	liquid	1
6384	C6H4BrCl	1-bromo-3-chlorobenzene	108-37-2	191.454	251.65	1	469.15	1	20	1.6302	1	20	1.5771	1	liquid	1
6385	C6H4BrCl	1-bromo-4-chlorobenzene	106-39-8	191.454	341.15	1	469.15	1	71	1.5760	1	70	1.5531	1	solid	1
6386	C6H4BrClO	3-bromo-5-chlorophenol	56962-04-0	207.454	343.15	1	529.15	1	25	1.7076	2	---	---	---	solid	1
6387	C6H4BrClO	4-bromo-2-chlorophenol	3964-56-5	207.454	323.65	1	506.65	1	20	1.6170	1	20	1.5859	1	solid	1
6388	C6H4BrClO	2-bromo-4-chlorophenol	695-96-5	207.454	306.65	1	504.15	1	25	1.7076	2	---	---	---	solid	1
6389	C6H4BrClO2S	4-bromobenzenesulfonyl chloride	98-58-8	255.519	349.15	1	---	---	25	1.7910	2	---	---	---	solid	1
6390	C6H4BrClO2S	2-bromobenzenesulfonyl chloride	2905-25-1	255.519	323.15	1	---	---	25	1.7910	2	---	---	---	solid	1
6391	C6H4BrCl2N	6-bromo-2,4-dichloroaniline	697-86-9	240.914	356.65	1	546.15	1	25	1.7545	2	---	---	---	solid	1
6392	C6H4BrF	1-bromo-2-fluorobenzene	1072-85-1	175.000	---	---	427.15	1	18	1.6506	2	20	1.5337	1	---	---
6393	C6H4BrF	1-bromo-3-fluorobenzene	1073-06-9	175.000	---	---	423.15	1	20	1.7081	1	20	1.5257	1	---	---
6394	C6H4BrF	1-bromo-4-fluorobenzene	460-00-4	175.000	255.75	1	424.65	1	15	1.5930	1	15	1.5310	1	liquid	1
6395	C6H4BrFO	4-bromo-2-fluorophenol	2105-94-4	191.000	---	---	---	---	25	1.7420	1	---	1.5660	1	---	---
6396	C6H4BrFO	2-bromo-4-fluorophenol	496-69-5	191.000	317.15	1	---	---	25	1.6170	2	---	---	---	solid	1
6397	C6H4BrFO	4-bromo-3-fluorotoluene	452-74-4	191.000	---	---	---	---	25	1.4920	1	---	1.5300	1	---	---
6398	C6H4BrF2N	2-bromo-4,6-difluoroaniline	444-14-4	208.006	313.15	1	---	---	25	1.6953	2	---	---	---	solid	1
6399	C6H4BrI	1-bromo-2-iodobenzene	583-55-1	282.906	282.65	1	530.15	1	25	2.2570	1	25	1.6618	1	liquid	1
6400	C6H4BrI	1-bromo-3-iodobenzene	591-18-4	282.906	263.85	1	525.15	1	25	2.2236	2	---	---	---	liquid	1

Table 1 Physical Properties - Organic Compounds

				Mol Wt	Freezing Point		Boiling Point		Density			Refractive Index			State	
NO	FORMULA	NAME	CAS No	g/mol	T_F, K	code	T_B, K	code	T, C	g/cm3	code	T, C	n_D	code	@25C,1 atm	code
6401	C6H4BrI	1-bromo-4-iodobenzene	589-87-7	282.906	365.15	1	525.15	1	25	2.2236	2	---	---	---	solid	1
6402	C6H4BrLi	p-bromo phenyl lithium	22480-64-4	162.943	---	---	---	---	---	---	---	---	---	---	---	---
6403	C6H4BrNO2	1-bromo-2-nitrobenzene	577-19-5	202.008	316.15	1	531.15	1	80	1.6245	1	---	---	---	solid	1
6404	C6H4BrNO2	1-bromo-3-nitrobenzene	585-79-5	202.008	329.15	1	538.15	1	20	1.7036	1	20	1.5979	1	solid	1
6405	C6H4BrNO2	1-bromo-4-nitrobenzene	586-78-7	202.008	400.15	1	529.15	1	25	1.9480	1	---	---	---	solid	1
6406	C6H4BrNO2	5-bromonicotinic acid	20826-04-4	202.008	>453.15	1	532.82	2	42	1.7587	2	---	---	---	solid	1
6407	C6H4BrNO3	2-bromo-3-nitrophenol	101935-40-4	218.007	420.65	1	---	---	25	1.8201	2	---	---	---	solid	1
6408	C6H4BrNO3	4-bromo-2-nitrophenol	7693-52-9	218.007	365.15	1	---	---	25	1.8201	2	---	---	---	solid	1
6409	C6H4BrN3	1-azido-4-bromobenzene	2101-88-4	198.023	293.15	1	---	---	25	1.5827	1	---	---	---	---	---
6410	C6H4BrN3O4	2-bromo-4,6-dinitroaniline	1817-73-8	262.020	426.65	1	---	---	25	1.9570	2	---	---	---	solid	1
6411	C6H4Br2	m-dibromobenzene	108-36-1	235.906	266.25	1	491.15	1	25	1.9470	1	17	1.6083	1	liquid	1
6412	C6H4Br2	o-dibromobenzene	583-53-9	235.906	274.95	1	498.15	1	20	1.9843	1	20	1.6155	1	liquid	1
6413	C6H4Br2	p-dibromobenzene	106-37-6	235.906	360.00	1	491.65	1	17	2.2610	1	---	1.5742	1	solid	1
6414	C6H4Br2	dibromobenzene	26249-12-7	235.906	300.40	2	493.65	2	21	2.0641	2	---	---	---	solid	2
6415	C6H4Br2FN	2,6-dibromo-4-fluoroaniline	344-18-3	268.911	337.15	1	---	---	25	2.0271	2	---	---	---	solid	1
6416	C6H4Br2N2O2	2,4-dibromo-6-nitroaniline	827-23-6	295.919	404.15	1	480.15	2	25	2.1404	2	---	---	---	solid	1
6417	C6H4Br2N2O2	2,6-dibromo-4-nitroaniline	827-94-1	295.919	479.65	1	480.15	1	25	2.1404	2	---	---	---	solid	1
6418	C6H4Br2O	2,4-dibromophenol	615-58-7	251.905	311.15	1	511.65	1	20	2.0700	1	---	---	---	solid	1
6419	C6H4Br2O	2,6-dibromophenol	608-33-3	251.905	329.65	1	528.15	1	25	2.0291	2	---	---	---	solid	1
6420	C6H4Br2O	3,5-dibromophenol	626-41-5	251.905	354.15	1	547.15	1	25	2.0291	2	---	---	---	solid	1
6421	C6H4Br3N	2,4,6-tribromoaniline	147-82-0	329.817	395.15	1	573.15	1	20	2.3500	1	---	---	---	solid	1
6422	C6H4ClF	1-chloro-2-fluorobenzene	348-51-6	130.549	230.15	1	410.75	1	30	1.2233	1	30	1.4918	1	liquid	1
6423	C6H4ClF	1-chloro-3-fluorobenzene	625-98-9	130.549	---	---	400.75	1	25	1.2210	1	---	1.4911	1	---	---
6424	C6H4ClF	1-chloro-4-fluorobenzene	352-33-0	130.549	246.35	1	403.15	1	15	1.4990	1	15	1.4990	1	liquid	1
6425	C6H4ClFN2O2	5-chloro-4-fluoro-2-nitroaniline	104222-34-6	190.562	419.15	1	---	---	25	1.5168	2	---	---	---	solid	1
6426	C6H4ClFO	2-chloro-4-fluorophenol	1996-41-4	146.548	296.15	1	444.65	1	25	1.3570	1	---	1.5300	1	liquid	1
6427	C6H4ClFO	3-chloro-4-fluorophenol	2613-23-2	146.548	314.65	1	450.90	2	25	1.3675	2	---	---	---	solid	1
6428	C6H4ClFO	4-chloro-3-fluorophenol	348-60-7	146.548	325.65	1	450.90	2	25	1.3675	2	---	---	---	solid	1
6429	C6H4ClFO	4-chloro-2-fluorophenol	348-62-9	146.548	293.15	1	450.90	2	25	1.3780	1	---	1.5360	1	liquid	2
6430	C6H4ClFO	2-chloro-5-fluorophenol	3827-49-4	146.548	---	---	457.15	1	25	1.3675	2	---	1.5250	1	---	---
6431	C6H4ClFO2S	4-fluorobenzenesulfonyl chloride	349-88-2	194.614	303.15	1	---	---	25	1.4665	2	---	---	---	solid	1
6432	C6H4ClFO4S2	m-fluorosulfonylbenzenesulfonyl chloride	2489-52-3	258.678	---	---	---	---	25	1.6218	2	---	---	---	---	---
6433	C6H4ClFS	3-chloro-4-fluorothiophenol	60811-23-6	162.615	---	---	---	---	25	1.3387	2	---	---	---	---	---
6434	C6H4ClF2N	6-chloro-2,4-difluoroaniline	36556-56-6	163.554	---	---	---	---	25	1.3625	2	---	---	---	---	---
6435	C6H4ClF3N2	2-amino-3-chloro-5-(trifluoromethyl)pyridin	79456-26-1	196.560	362.15	1	478.15	1	25	1.4650	2	---	---	---	solid	1
6436	C6H4ClHgNO3	2-chloromercuri-4-nitrophenol	24579-90-6	374.145	478.15	1	---	---	---	---	---	---	---	---	solid	1
6437	C6H4ClI	1-chloro-2-iodobenzene	615-41-8	238.455	273.85	1	507.65	1	25	1.9515	1	25	1.6331	1	liquid	1
6438	C6H4ClI	1-chloro-3-iodobenzene	625-99-0	238.455	---	---	503.15	1	20	1.9255	1	---	---	---	---	---
6439	C6H4ClI	1-chloro-4-iodobenzene	637-87-6	238.455	330.15	1	500.15	1	27	1.8860	1	---	---	---	solid	1
6440	C6H4ClIO2S	4-iodobenzenesulfonyl chloride	98-61-3	302.520	358.15	1	---	---	25	1.9986	2	---	---	---	solid	1
6441	C6H4ClLi	4-chlorophenyllithium	14774-78-8	118.491	---	---	---	---	---	---	---	---	---	---	---	---
6442	C6H4ClNO	4-chloroimino-2,5-cyclohexadiene-1-one	637-61-6	141.557	359.15	1	419.15	1	25	1.3368	2	---	---	---	solid	1
6443	C6H4ClNO2	m-chloronitrobenzene	121-73-3	157.556	317.65	1	508.75	1	50	1.3430	1	50	1.5545	1	solid	1
6444	C6H4ClNO2	o-chloronitrobenzene	88-73-3	157.556	306.15	1	519.00	1	242	1.3680	1	45	1.5520	1	solid	1
6445	C6H4ClNO2	p-chloronitrobenzene	100-00-5	157.556	356.65	1	515.15	1	90	1.2979	1	100	1.5376	1	solid	1
6446	C6H4ClNO2	6-chloronicotinic acid	5326-23-8	157.556	461.15	1	514.30	2	127	1.3363	2	---	---	---	solid	1
6447	C6H4ClNO2	chloronitrobenzene	25167-93-5	157.556	---	---	514.30	2	127	1.3363	2	---	---	---	---	---
6448	C6H4ClNO2	6-chloropicolinic acid	4684-94-0	157.556	463.15	1	514.30	2	127	1.3363	2	---	---	---	solid	1
6449	C6H4ClNO2S	4-nitrobenzenesulfenyl chloride	937-32-6	189.622	325.15	1	---	---	25	1.4923	2	---	---	---	solid	1
6450	C6H4ClNO2S	2-nitrobenzenesulfenyl chloride	7669-54-7	189.622	346.65	1	---	---	25	1.4923	2	---	---	---	solid	1
6451	C6H4ClNO3	5-chloro-2-nitrophenol	611-07-4	173.555	314.15	1	---	---	25	1.4818	2	---	---	---	solid	1
6452	C6H4ClNO3	5-chloro-6-hydroxynicotinic acid, tautomers	54127-63-8	173.555	558.20	1	---	---	25	1.4818	2	---	---	---	solid	1
6453	C6H4ClNO3	2-chloro-6-nitrophenol	603-86-1	173.555	342.15	1	---	---	25	1.4818	2	---	---	---	solid	1
6454	C6H4ClNO3	2-chloro-4-nitrophenol	619-08-9	173.555	382.15	1	---	---	25	1.4818	2	---	---	---	solid	1
6455	C6H4ClNO3	4-chloro-2-nitrophenol	89-64-5	173.555	358.15	1	---	---	25	1.4818	2	---	---	---	solid	1
6456	C6H4ClNO4S	3-nitrobenzenesulfonyl chloride	121-51-7	221.621	336.15	1	---	---	25	1.6025	2	---	---	---	solid	1
6457	C6H4ClNO4S	4-nitrobenzenesulfonyl chloride	98-74-8	221.621	350.65	1	---	---	25	1.6025	2	---	---	---	solid	1
6458	C6H4ClNO5	3-nitroperchlorylbenzene	20731-44-6	205.554	---	---	486.15	1	25	1.6015	2	---	---	---	---	---
6459	C6H4ClNO5S	2-chloro-5-nitrobenzenesulfonic acid	96-73-1	237.620	441.65	dec	---	---	25	1.6511	2	---	---	---	solid	1
6460	C6H4ClNO5S	4-hydroxy-3-nitrobenzenesulfonyl chloride	---	237.620	---	---	---	---	25	1.6511	2	---	---	---	---	---
6461	C6H4ClN3	1-azido-4-chlorobenzene	3296-05-7	153.571	293.15	1	---	---	25	1.2634	1	---	---	---	---	---
6462	C6H4ClN3	5-chlorobenzotriazole	94-97-3	153.571	430.15	1	---	---	25	1.4119	2	---	---	---	solid	1
6463	C6H4ClN3	1-chlorobenzotriazol	---	153.571	---	---	---	---	25	1.4119	2	---	---	---	---	---
6464	C6H4ClN3O2	3-nitrobenzenediazonium chloride	2028-76-4	185.570	---	---	---	---	25	1.5464	2	---	---	---	---	---
6465	C6H4ClN3O4	6-chloro-2,4-dinitroaniline	3531-19-9	217.569	430.65	1	553.15	1	25	1.6579	2	---	---	---	solid	1
6466	C6H4ClN3O4	4-chloro-2,6-dinitroaniline	5388-62-5	217.569	419.15	1	553.15	2	25	1.6579	2	---	---	---	solid	1
6467	C6H4ClN3O6	3-nitrobenzenediazonium perchlorate	22751-24-2	249.568	---	---	---	---	25	1.7518	2	---	---	---	---	---
6468	C6H4ClO2P	2-chloro-1,3,2-benzodioxaphosphole	1641-40-3	174.523	303.15	1	---	---	20	1.4650	1	20	1.5712	1	solid	1
6469	C6H4Cl2	o-dichlorobenzene	95-50-1	147.003	256.15	1	453.57	1	25	1.3010	1	25	1.5491	1	liquid	1
6470	C6H4Cl2	m-dichlorobenzene	541-73-1	147.003	248.39	1	446.23	1	25	1.2830	1	25	1.5434	1	liquid	1
6471	C6H4Cl2	p-dichlorobenzene	106-46-7	147.003	326.14	1	447.21	1	55	1.2475	1	55	1.5285	1	solid	1
6472	C6H4Cl2	1,6-dichloro-2,4-hexadiyne	16260-59-6	147.003	---	---	449.00	2	35	1.2772	2	---	---	---	---	---
6473	C6H4Cl2NO4P	4-nitrophenyl phosphorodichloridate	777-52-6	255.981	317.65	1	---	---	---	---	---	---	---	---	solid	1
6474	C6H4Cl2N2	benzoquinone-1,4-bis(chloroimine)(1,4-bis	---	175.017	---	---	---	---	25	1.4379	2	---	---	---	---	---
6475	C6H4Cl2N2O2	2,6-dichloro-4-nitroaniline	99-30-9	207.016	464.15	1	---	---	25	1.5572	2	---	---	---	solid	1
6476	C6H4Cl2N2O2	2,4-dichloro-6-nitroaniline	2683-43-4	207.016	375.15	1	---	---	25	1.5572	2	---	---	---	solid	1
6477	C6H4Cl2N2O2	2,5-dichloro-4-nitroaniline	6627-34-5	207.016	425.65	1	---	---	25	1.5572	2	---	---	---	solid	1
6478	C6H4Cl2N2Pt	cis-DDCP	61848-70-2	370.095	---	---	---	---	---	---	---	---	---	---	---	---
6479	C6H4Cl2O	2,3-dichlorophenol	576-24-9	163.002	331.15	1	498.55	2	25	1.3717	2	---	---	---	solid	1
6480	C6H4Cl2O	2,4-dichlorophenol	120-83-2	163.002	318.15	1	483.15	1	25	1.3717	2	---	---	---	solid	1

Table 1 Physical Properties - Organic Compounds

				Mol Wt	Freezing Point		Boiling Point		Density			Refractive Index			State	
NO	FORMULA	NAME	CAS No	g/mol	T_F, K	code	T_B, K	code	T, C	g/cm3	code	T, C	n_D	code	@25C,1 atm	code
6481	C6H4Cl2O	2,5-dichlorophenol	583-78-8	163.002	332.15	1	484.15	1	25	1.3717	2	---	---	---	solid	1
6482	C6H4Cl2O	2,6-dichlorophenol	87-65-0	163.002	341.65	1	493.15	1	20	1.6530	1	---	---	---	solid	1
6483	C6H4Cl2O	3,4-dichlorophenol	95-77-2	163.002	341.15	1	526.15	1	25	1.3717	2	---	---	---	solid	1
6484	C6H4Cl2O	3,5-dichlorophenol	591-35-5	163.002	341.15	1	506.15	1	25	1.3717	2	---	---	---	solid	1
6485	C6H4Cl2OS	3-acetyl-2,5-dichlorothiophene	36157-40-1	195.068	311.15	1	---	---	25	1.4514	2	---	---	---	solid	1
6486	C6H4Cl2O2	3,5-dichloro-1,2-benzenediol	13673-92-2	179.002	356.65	1	527.15	2	25	1.4383	2	---	---	---	solid	1
6487	C6H4Cl2O2	4,5-dichloro-1,2-benzenediol	3428-24-8	179.002	389.65	1	527.15	2	25	1.4383	2	---	---	---	solid	1
6488	C6H4Cl2O2	4,6-dichloro-1,3-benzenediol	137-19-9	179.002	386.15	1	527.15	1	25	1.4383	2	---	---	---	solid	1
6489	C6H4Cl2O2	2,6-dichloro-1,4-benzenediol	20103-10-0	179.002	---	---	527.15	2	25	1.4383	2	---	---	---	---	---
6490	C6H4Cl2O2	2,3-dichloro-1,4-benzenediol	608-44-6	179.002	---	---	527.15	2	25	1.4383	2	---	---	---	---	---
6491	C6H4Cl2O2	2,5-dichloro-1,4-benzenediol	824-69-1	179.002	443.65	1	527.15	2	25	1.4383	2	---	---	---	solid	1
6492	C6H4Cl2O2S	4-chlorobenzenesulfonyl chloride	98-60-2	211.068	324.15	1	---	---	25	1.5075	2	---	---	---	solid	1
6493	C6H4Cl2O2S	o-chlorobenzenesulfonyl chloride	2905-23-9	211.068	---	---	---	---	25	1.5075	2	---	---	---	---	---
6494	C6H4Cl2O4S2	1,3-benzenedisulfonyl chloride	585-47-7	275.132	331.15	1	---	---	25	1.6494	2	---	---	---	solid	1
6495	C6H4Cl2S	2,4-dichlorobenzenethiol	1122-41-4	179.069	---	---	377.15	2	25	1.3905	2	---	---	---	---	---
6496	C6H4Cl2S	2,3-dichlorobenzenethiol	17231-95-7	179.069	330.15	1	377.15	2	25	1.3905	2	---	---	---	solid	1
6497	C6H4Cl2S	2,6-dichlorobenzenethiol	24966-39-0	179.069	320.65	1	377.15	2	25	1.3905	2	---	---	---	solid	1
6498	C6H4Cl2S	3,4-dichlorobenzenethiol	5858-17-3	179.069	---	---	377.15	2	25	1.4070	1	---	1.6230	1	---	---
6499	C6H4Cl2S	2,5-dichlorobenzenethiol	5858-18-4	179.069	---	---	377.15	1	25	1.3905	2	---	---	---	---	---
6500	C6H4Cl3N	2,3,4-trichloroaniline	634-67-3	196.462	346.15	1	565.15	1	25	1.4590	2	---	---	---	solid	1
6501	C6H4Cl3N	2,4,5-trichloroaniline	636-30-6	196.462	369.65	1	543.15	1	25	1.4590	2	---	---	---	solid	1
6502	C6H4Cl3N	2,4,6-trichloroaniline	634-93-5	196.462	351.65	1	535.15	1	25	1.4590	2	---	---	---	solid	1
6503	C6H4Cl3N	2-(trichloromethyl)pyridine	4377-37-1	196.462	263.15	1	547.82	2	25	1.4526	1	25	1.5596	1	liquid	2
6504	C6H4Cl3N	3,4,5-trichloroaniline	634-91-3	196.462	371.65	1	547.82	2	25	1.4590	2	---	---	---	solid	1
6505	C6H4Cl3OPS	O-(2-chlorophenyl) dichlorothiophosphate	68591-34-4	261.495	---	---	515.15	1	25	1.5050	1	---	1.5870	1	---	---
6506	C6H4Cl3O2P	2-chlorophenyl phosphorodichloridate	15074-54-1	245.428	---	---	---	---	25	1.5060	1	---	1.5380	1	---	---
6507	C6H4Cl3O2P	4-chlorophenyl phosphorodichloridate	772-79-2	245.428	---	---	---	---	25	1.5080	1	---	1.5390	1	---	---
6508	C6H4Cl4	2,3,4,5-tetrachlorohexatriene	---	217.908	---	---	---	---	25	1.4763	2	---	---	---	---	---
6509	C6H4Cl4Si	trichloro(4-chlorophenyl)silane	825-94-5	245.993	---	---	506.15	1	20	1.4062	1	20	1.5418	1	---	---
6510	C6H4Cl6O4	ethylene glycol bis(trichloroacetate)	2514-53-6	352.810	313.15	1	---	---	25	1.7257	2	---	---	---	solid	1
6511	C6H4Cu2	dicopper(i)-1,5-hexadiynide	86425-12-9	203.190	---	---	---	---	---	---	---	---	---	---	---	---
6512	C6H4FI	1-fluoro-2-iodobenzene	348-52-7	222.001	231.65	1	461.75	1	20	1.9212	2	20	1.5910	1	liquid	1
6513	C6H4FI	1-fluoro-4-iodobenzene	352-34-1	222.001	246.15	1	456.15	1	15	1.9523	1	22	1.5270	1	liquid	1
6514	C6H4FI	1-fluoro-3-iodobenzene	1121-86-4	222.001	---	---	458.95	2	25	1.8900	1	---	1.5840	1	---	---
6515	C6H4FLi	4-fluorophenyllithium	1493-23-8	102.037	---	---	---	---	---	---	---	---	---	---	---	---
6516	C6H4FNO2	1-fluoro-2-nitrobenzene	1493-27-2	141.102	267.15	1	488.15	dec	18	1.3285	1	17	1.5489	1	liquid	1
6517	C6H4FNO2	1-fluoro-3-nitrobenzene	402-67-5	141.102	314.15	1	472.15	1	19	1.3254	1	15	1.5262	1	solid	1
6518	C6H4FNO2	1-fluoro-4-nitrobenzene	350-46-9	141.102	294.15	1	478.15	1	20	1.3300	1	20	1.5316	1	liquid	1
6519	C6H4FNO3	4-fluoro-2-nitrophenol	394-33-2	157.101	348.65	1	---	---	25	1.4306	2	---	---	---	solid	1
6520	C6H4FNO3	3-fluoro-4-nitrophenol	394-41-2	157.101	366.65	1	---	---	25	1.4306	2	---	---	---	solid	1
6521	C6H4FNO3	2-fluoro-4-nitrophenol	403-19-0	157.101	392.15	1	---	---	25	1.4306	2	---	---	---	solid	1
6522	C6H4FNO3	5-fluoro-2-nitrophenol	446-36-6	157.101	306.65	1	---	---	25	1.4306	2	---	---	---	solid	1
6523	C6H4FNO4S	4-nitrobenzenesulfonyl fluoride	349-96-2	205.167	351.15	1	---	---	25	1.5663	2	---	---	---	solid	1
6524	C6H4F2	m-difluorobenzene	372-18-9	114.095	204.03	1	363.66	1	25	1.1620	1	20	1.4374	1	liquid	1
6525	C6H4F2	o-difluorobenzene	367-11-3	114.095	239.16	1	364.66	1	25	1.1500	1	18	1.4451	1	liquid	1
6526	C6H4F2	p-difluorobenzene	540-36-3	114.095	260.16	1	362.00	1	25	1.1620	1	20	1.4422	1	liquid	1
6527	C6H4F2O	2,5-difluorophenol	2713-31-7	130.094	313.15	1	---	---	25	1.2483	2	---	---	---	solid	1
6528	C6H4F2O	3,4-difluorophenol	2713-33-9	130.094	308.15	1	---	---	25	1.2483	2	---	---	---	solid	1
6529	C6H4F2O	3,5-difluorophenol	2713-34-0	130.094	326.15	1	---	---	25	1.2483	2	---	---	---	solid	1
6530	C6H4F2O	2,6-difluorophenol	28177-48-2	130.094	313.15	1	---	---	25	1.2483	2	---	---	---	solid	1
6531	C6H4F2O	2,4-difluorophenol	367-27-1	130.094	295.55	1	---	---	25	1.3620	1	---	1.4860	1	---	---
6532	C6H4F2O	2,3-difluorophenol	6418-38-8	130.094	311.65	1	---	---	25	1.2483	2	---	---	---	solid	1
6533	C6H4F2S	2,4-difluorobenzenethiol	1996-44-7	146.161	---	---	---	---	25	1.2900	1	---	1.5240	1	---	---
6534	C6H4F3N	3,4,5-trifluoroaniline	---	147.100	333.15	1	373.65	2	25	1.3510	2	---	---	---	solid	1
6535	C6H4F3N	2,4,6-trifluoroaniline	363-81-5	147.100	308.15	1	373.65	2	25	1.3510	2	---	---	---	solid	1
6536	C6H4F3N	2,4,5-trifluoroaniline	367-34-0	147.100	333.65	1	373.65	2	25	1.3510	2	---	---	---	solid	1
6537	C6H4F3N	2,3,4-trifluoroaniline	3862-73-5	147.100	287.65	1	365.15	1	25	1.3930	1	---	1.4870	1	liquid	1
6538	C6H4F3N	2,3,6-trifluoroaniline	67815-56-9	147.100	389.65	1	---	---	25	1.3900	1	---	1.4870	1	solid	1
6539	C6H4F3N	4-(trifluoromethyl)pyridine	3796-24-5	147.100	---	---	382.15	1	25	1.2700	1	---	1.4170	1	---	---
6540	C6H4F3NO3S	2-pyridyl trifluoromethanesulfonate	65007-00-3	227.164	---	---	---	---	25	1.4770	1	---	1.4350	1	---	---
6541	C6H4F4N2	2,3,5,6-tetrafluorophenylhydrazine	653-11-2	180.106	364.15	1	---	---	25	1.4197	2	---	---	---	solid	1
6542	C6H4F6O2	1,1,1,3,3,3-hexafluoroisopropyl acrylate	2160-89-6	222.088	---	---	357.45	1	25	1.3300	1	---	1.3190	1	---	---
6543	C6H4F8N2O2	octafluoroadipamide	355-66-8	288.099	---	---	---	---	25	1.6219	2	---	---	---	---	---
6544	C6H4HgNNaO4	sodium-2-hydroxymercurio-4-aci-nitro-2,5-(	---	377.682	---	---	---	---	---	---	---	---	---	---	---	---
6545	C6H4INO2	1-iodo-2-nitrobenzene	609-73-4	249.008	327.15	1	563.15	1	75	1.9186	1	---	---	---	solid	1
6546	C6H4INO2	1-iodo-3-nitrobenzene	645-00-1	249.008	311.65	1	553.15	1	50	1.9477	1	---	---	---	solid	1
6547	C6H4INO2	1-iodo-4-nitrobenzene	636-98-6	249.008	447.85	1	561.15	1	155	1.8090	1	---	---	---	solid	1
6548	C6H4INO3	4-iodo-3-nitrophenol	50590-07-3	265.007	426.15	1	---	---	25	2.0627	2	---	---	---	solid	1
6549	C6H4KNO3	potassium-4-nitrophenoxide	1124-31-8	177.201	---	---	---	---	---	---	---	---	---	---	---	---
6550	C6H4KN3O5S	potassium-4-nitrobenzeneazosulfonate	---	269.280	---	---	---	---	---	---	---	---	---	---	---	---
6551	C6H4KN5O7	potassium-4-hydroxyamine-5,7-dinitro-4,5-	86341-95-9	297.227	---	---	312.65	1	---	---	---	---	---	---	---	---
6552	C6H4IN3	1-azido-2-iodobenzene	54467-95-7	245.023	---	---	---	---	25	1.8893	1	25	1.6631	1	---	---
6553	C6H4I2	o-diiodobenzene	615-42-9	329.907	300.15	1	560.15	1	20	2.5400	1	20	1.7179	1	solid	1
6554	C6H4I2	m-diiodobenzene	626-00-6	329.907	313.55	1	558.15	1	25	2.4700	1	---	---	---	solid	1
6555	C6H4I2	p-diiodobenzene	624-38-4	329.907	404.65	1	558.15	1	23	2.5050	2	---	---	---	solid	1
6556	C6H4I2N2O2	2,6-diiodo-4-nitroaniline	5398-27-6	389.920	526.65	1	---	---	25	2.5050	2	---	---	---	solid	1
6557	C6H4I2O2	2,6-diiodohydroquinone	1955-21-1	361.906	417.65	1	---	---	25	2.4593	2	---	---	---	solid	1
6558	C6H4K2O8S2	2,5-dihydroxy-1,4-benzenedisulfonic acid,(	15763-57-2	346.422	>573.15	1	---	---	---	---	---	---	---	---	solid	1
6559	C6H4LiNO2S	lithium-4-nitrothiophenoxide	78350-94-4	161.111	---	---	---	---	---	---	---	---	---	---	---	---
6560	C6H4Li2	1,3-dilithiobenzene	2592-85-0	89.980	---	---	---	---	---	---	---	---	---	---	---	---

Table 1 Physical Properties - Organic Compounds

				Mol Wt	Freezing Point		Boiling Point		Density			Refractive Index			State	
NO	FORMULA	NAME	CAS No	g/mol	T_F, K	code	T_B, K	code	T, C	g/cm3	code	T, C	n_D	code	@25C,1 atm	code
6561	C6H4Li3N	N,N,4-trilithioaniline	---	110.928	---	---	267.11	1	---	---	---	---	---	---	gas	1
6562	C6H4NNaO2	sodium-4-nitrosophenoxide	823-87-0	145.093	---	---	---	---	---	---	---	---	---	---	---	---
6563	C6H4NNaO2S	sodium-2-nitrothiophenoxide	22755-25-5	177.159	---	---	---	---	---	---	---	---	---	---	---	---
6564	C6H4NNaO3	sodium 4-nitrophenoxide, hydrate	824-78-2	161.093	>573.15	1	---	---	---	---	---	---	---	---	solid	1
6565	C6H4NNaO5S	sodium 3-nitrobenzenesulfonate	127-68-4	225.158	325.45	1	490.65	1	---	---	---	---	---	---	solid	1
6566	C6H4N2	2-pyridinecarbonitrile	100-70-9	104.112	302.15	1	497.65	1	25	1.0810	1	25	1.5242	1	solid	1
6567	C6H4N2	3-pyridinecarbonitrile	100-54-9	104.112	323.15	1	474.15	1	25	1.1590	1	---	---	---	solid	1
6568	C6H4N2	4-pyridinecarbonitrile	100-48-1	104.112	356.15	1	459.15	1	25	1.1200	2	---	---	---	solid	1
6569	C6H4N2O	benzofurazan	273-09-6	120.111	---	---	---	---	25	1.2923	2	---	---	---	---	---
6570	C6H4N2O	benzenediazonium-4-oxide	6925-01-5	120.111	---	---	---	---	25	1.2923	2	---	---	---	---	---
6571	C6H4N2OS	oxazolo[4,5-b]pyridin-2(3H)thione	53052-06-5	152.177	517.65	1	---	---	25	1.4024	2	---	---	---	solid	1
6572	C6H4N2O2	benzofurazan, 1-oxide	480-96-6	136.111	340.65	1	---	---	25	1.3810	2	---	---	---	solid	1
6573	C6H4N2O2	p-dinitrosobenzene	105-12-4	136.111	---	---	274.35	2	25	1.3810	2	---	---	---	gas	2
6574	C6H4N2O2	succinylnitrile	63979-84-0	136.111	---	---	274.35	1	25	1.3810	2	---	---	---	gas	1
6575	C6H4N2O2S	benzo-1,2,3-thiadiazole-1,1-dioxide	37150-27-9	168.177	---	---	---	---	25	1.4736	2	---	---	---	---	---
6576	C6H4N2O3	1-nitro-3-nitrosobenzene	17122-21-3	152.110	---	---	---	---	25	1.4601	2	---	---	---	---	---
6577	C6H4N2O3	1-nitro-2-nitrosobenzene	612-29-3	152.110	---	---	---	---	25	1.4601	2	---	---	---	---	---
6578	C6H4N2O3S	benzenediazonium-2-sulfonate	612-31-7	184.176	379.15	dec	---	---	25	1.5381	2	---	---	---	solid	1
6579	C6H4N2O3S	benzenediazonium-4-sulfonate	305-80-6	184.176	---	---	272.65	1	25	1.5381	2	---	---	---	gas	1
6580	C6H4N2O4	m-dinitrobenzene	99-65-0	168.109	363.23	1	575.50	1	18	1.5751	1	---	---	---	solid	1
6581	C6H4N2O4	o-dinitrobenzene	528-29-0	168.109	390.08	1	592.00	1	120	1.3119	1	17	1.5650	1	solid	1
6582	C6H4N2O4	p-dinitrobenzene	100-25-4	168.109	446.60	1	571.50	1	18	1.6250	1	---	---	---	solid	1
6583	C6H4N2O4	2,3-pyrazinedicarboxylic acid	89-01-0	168.109	466.15	dec	579.00	2	52	1.5040	2	---	---	---	solid	1
6584	C6H4N2O4	dinitrobenzene	25154-54-5	168.109	---	---	579.00	2	52	1.5040	2	---	---	---	---	---
6585	C6H4N2O4	2,4-dinitroso-m-resorcinol	118-02-5	168.109	---	---	579.00	2	52	1.5040	2	---	---	---	---	---
6586	C6H4N2O5	2,3-dinitrophenol	66-56-8	184.109	417.65	1	---	---	20	1.6810	1	---	---	---	solid	1
6587	C6H4N2O5	2,4-dinitrophenol	51-28-5	184.109	388.65	1	---	---	24	1.6830	1	---	---	---	solid	1
6588	C6H4N2O5	2,5-dinitrophenol	329-71-5	184.109	381.15	1	---	---	24	1.6836	2	---	---	---	solid	1
6589	C6H4N2O5	2,6-dinitrophenol	573-56-8	184.109	336.65	1	---	---	24	1.6836	2	---	---	---	solid	1
6590	C6H4N2O5	3,4-dinitrophenol	577-71-9	184.109	407.15	1	---	---	25	1.6720	1	---	---	---	solid	1
6591	C6H4N2O5	3,5-dinitrophenol	586-11-8	184.109	398.25	1	---	---	25	1.7020	1	---	---	---	solid	1
6592	C6H4N2O5	dinitrophenol	25550-58-7	184.109	359.15	1	---	---	25	1.6800	1	---	---	---	solid	1
6593	C6H4N2O6	2,4-dinitro-1,3-benzenediol	519-44-8	200.108	420.65	1	---	---	25	1.6535	2	---	---	---	solid	1
6594	C6H4N2O6	4,6-dinitro-1,3-benzenediol	616-74-0	200.108	---	---	---	---	25	1.6535	2	---	---	---	---	---
6595	C6H4N2O7S	2,4-dinitrobenzenesulfonic acid	89-02-1	248.174	380.15	1	---	---	25	1.7452	2	---	---	---	solid	1
6596	C6H4N2S	2,1,3-benzothiadiazole	273-13-2	136.178	316.15	1	477.70	1	25	1.3235	2	---	---	---	solid	1
6597	C6H4N2S	3-pyridyl isothiocyanate	17452-27-6	136.178	---	---	505.15	1	25	1.2200	1	---	1.6650	1	---	---
6598	C6H4N3NaO5	sodium picramate	831-52-7	221.106	---	---	---	---	---	---	---	---	---	---	---	---
6599	C6H4N4	pteridine	91-18-9	132.126	412.65	1	---	---	25	1.3788	2	---	---	---	solid	1
6600	C6H4N4	2-amino-1-propene-1,1,3-tricarbonitrile	868-54-2	132.126	445.15	1	---	---	25	1.3788	2	---	---	---	solid	1
6601	C6H4N4Na2O2	sodium-3,5-bis(aci-nitro)cyclohexene-4,6-c	---	210.104	---	---	---	---	---	---	---	---	---	---	---	---
6602	C6H4N4O2	5-nitro-1H-benzotriazole	2338-12-7	164.125	490.15	1	---	---	25	1.5331	2	---	---	---	solid	1
6603	C6H4N4O2	2,4(1H,3H)-pteridinedione	487-21-8	164.125	621.65	1	---	---	25	1.5331	2	---	---	---	solid	1
6604	C6H4N4O2	1-azido-4-nitrobenzene	1516-60-5	164.125	---	---	---	---	25	1.5331	2	---	---	---	---	---
6605	C6H4N4O3S	2-(5-nitro-2-furyl)-5-amino-1,3,4-thiadiazol	712-68-5	212.190	---	---	---	---	25	1.6547	2	---	---	---	---	---
6606	C6H4N4O4S	4-ketoniridazole	7039-09-0	228.189	---	---	---	---	25	1.7048	2	---	---	---	---	---
6607	C6H4N4O5	4-nitrobenzenediazonium nitrate	42238-29-9	212.123	---	---	---	---	25	1.7120	2	---	---	---	---	---
6608	C6H4N4O6	2,4,6-trinitroaniline	489-98-5	228.122	466.65	1	---	---	10	1.7620	1	---	---	---	solid	1
6609	C6H4N4O7	1-(1,3,5-trinitro-1H-pyrrol-2-yl)ethanone	158366-46-2	244.122	---	---	399.15	1	25	1.8065	2	---	---	---	---	---
6610	C6H4N6	1,3-diazidobenzene	13556-50-8	160.140	---	---	337.15	2	25	1.5351	2	---	---	---	---	---
6611	C6H4N6	1,4-diazidobenzene	2294-47-5	160.140	356.15	1	337.15	1	25	1.5351	2	---	---	---	solid	1
6612	C6H4N6O2	4-nitrobenzenediazonium azide	---	192.139	---	---	404.15	1	25	1.6628	2	---	---	---	---	---
6613	C6H4N6O4S2	benzene-1,3-bis(sulfonyl azide)	4547-69-7	288.269	---	---	550.15	1	25	1.8255	2	---	---	---	---	---
6614	C6H4O	2-ethynylfuran	18649-64-4	92.097	---	---	378.65	1	20	0.9919	1	20	1.5055	1	---	---
6615	C6H4O	1,5-hexadiyne-3-one	---	92.097	---	---	378.65	2	25	1.0906	2	---	---	---	---	---
6616	C6H4O2	p-benzoquinone	106-51-4	108.097	388.85		454.00	2	20	1.3180	1	---	---	---	solid	1
6617	C6H4O2	o-benzoquinone	583-63-1	108.097	338.15	dec	---	---	25	1.2002	2	---	---	---	solid	1
6618	C6H4O2S	2,5-thiophenedicarboxaldehyde	932-95-6	140.163	388.65	1	---	---	25	1.3269	2	---	---	---	solid	1
6619	C6H4O3S	2-thiopheneglyoxylic acid	4075-59-6	156.162	362.65	1	---	---	25	1.4038	2	---	---	---	solid	1
6620	C6H4O3S2	5,6-dihydro-1,4-dithiine-2,3-dicarboxylicanl	10489-75-5	188.228	486.65	1	---	---	25	1.4844	2	---	---	---	solid	1
6621	C6H4O4	2-oxo-2H-pyran-5-carboxylic acid	500-05-0	140.095	480.65	dec	---	---	25	1.3830	2	---	---	---	solid	1
6622	C6H4O4	2,5-dihydroxy-1,4-benzoquinone	615-94-1	140.095	493.15	1	---	---	25	1.3830	2	---	---	---	solid	1
6623	C6H4O4S	2,5-thiophenedicarboxylic acid	4282-31-9	172.161	632.15	1	---	---	25	1.4732	2	---	---	---	solid	1
6624	C6H4O4S	3,4-thiophenedicarboxylic acid	4282-29-5	172.161	502.15	1	---	---	25	1.4732	2	---	---	---	solid	1
6625	C6H4O5	2,3-furandicarboxylic acid	4282-24-0	156.095	499.15	1	---	---	25	1.4600	2	---	---	---	solid	1
6626	C6H4O5	2,4-furandicarboxylic acid	4282-28-4	156.095	539.15	1	---	---	25	1.4600	2	---	---	---	solid	1
6627	C6H4O5	2,5-furandicarboxylic acid	3238-40-2	156.095	615.15	1	---	---	20	1.7400	1	---	---	---	solid	1
6628	C6H4O6	2,3,5,6-tetrahydroxy-2,5-cyclohexadiene-1	319-89-1	172.094	---	---	---	---	25	1.5293	2	---	---	---	---	---
6629	C6H4S2	thieno[2,3-b]thiophene	250-84-0	140.230	279.65	1	498.15	1	25	1.2753	2	---	---	---	liquid	1
6630	C6H4S4	tetrathiafulvalene	31366-25-3	204.362	391.65	1	---	---	25	1.4485	2	---	---	---	solid	1
6631	C6H4Se	6-fulvenoselone	72443-10-8	155.058	---	---	---	---	---	---	---	---	---	---	---	---
6632	C6H5Ag	phenylsilver	5274-48-6	184.972	---	---	---	---	---	---	---	---	---	---	---	---
6633	C6H5AgO	silver phenoxide	61514-68-9	200.971	---	---	---	---	---	---	---	---	---	---	---	---
6634	C6H5Ag3O7	silver(i) citrate	126-45-4	512.700	---	---	---	---	---	---	---	---	---	---	---	---
6635	C6H5AsBr2	dibromophenylarsine	696-24-2	311.835	---	---	---	---	---	---	---	---	---	---	---	---
6636	C6H5AsCl2	dichlorophenylarsine	696-28-6	222.932	254.15	1	528.15	1	20	1.6516	1	15	1.6386	1	liquid	1
6637	C6H5AsF2	difluorophenylarsine	368-97-8	190.024	---	---	---	---	---	---	---	---	---	---	---	---
6638	C6H5AsF2O3	3,4-difluorobenzenearsonic acid	368-68-3	238.023	---	---	---	---	---	---	---	---	---	---	---	---
6639	C6H5AsI2	phenylarsonous diiodide	6380-34-3	405.836	288.15	1	---	---	15	1.6264	1	---	---	---	---	---
6640	C6H5AsN2O8	4-hydroxy-3,5-dinitrobenzenearsonic acid	6269-50-7	308.037	---	---	---	---	---	---	---	---	---	---	---	---

Table 1 Physical Properties - Organic Compounds

				Mol Wt	Freezing Point		Boiling Point		Density			Refractive Index			State	
NO	FORMULA	NAME	CAS No	g/mol	T_F, K	code	T_B, K	code	T, C	g/cm3	code	T, C	n_D	code	@25C,1 atm	code
6641	C6H5AsO	oxophenylarsine	637-03-6	168.027	418.15	1	---	---	---	---	---	---	---	---	solid	1
6642	C6H5AsO2	4-hydroxyphenylarsenous acid	5453-66-7	184.026	---	---	420.15	1	---	---	---	---	---	---	---	---
6643	C6H5Au	phenylgold	---	274.072	---	---	---	---	---	---	---	---	---	---	---	---
6644	C6H5BCl2	dichlorophenylborane	873-51-8	158.822	280.15	1	448.15	1	25	1.2090	1	---	1.5440	1	liquid	1
6645	C6H5BCl2O2	3,4-dichlorophenylboronic acid	151169-75-4	190.821	553.15	1	---	---	---	---	---	---	---	---	solid	1
6646	C6H5BCl2O2	2,6-dichlorophenylboronic acid	73852-17-2	190.821	---	---	---	---	---	---	---	---	---	---	---	---
6647	C6H5BF2	difluorophenylborane	368-98-9	125.914	236.95	1	371.15	1	25	1.0870	1	25	1.4441	1	liquid	1
6648	C6H5BF2O2	2,3-difluorophenylboronic acid	121219-16-7	157.913	498.15	1	---	---	---	---	---	---	---	---	solid	1
6649	C6H5BF2O2	2,4-difluorophenylboronic acid	144025-03-6	157.913	520.15	1	---	---	---	---	---	---	---	---	solid	1
6650	C6H5BF2O2	3,5-difluorophenylboronic acid	156545-07-2	157.913	---	---	---	---	---	---	---	---	---	---	---	---
6651	C6H5BF2O2	2,6-difluorophenylboronic acid	162101-25-9	157.913	420.15	1	---	---	---	---	---	---	---	---	solid	1
6652	C6H5BF2O2	3,4-difluorophenylboronic acid	168267-41-2	157.913	578.15	1	---	---	---	---	---	---	---	---	solid	1
6653	C6H5BF2O2	2,5-difluorophenylboronic acid	193353-34-3	157.913	378.15	1	---	---	---	---	---	---	---	---	solid	1
6654	C6H5BO2	1,3,2-benzodioxaborole	274-07-7	119.916	285.15	1	---	---	20	1.2700	1	20	1.5070	1	---	---
6655	C6H5BiO7	bismuth citrate	813-93-4	398.082	---	---	---	---	25	3.4580	1	---	---	---	---	---
6656	C6H5Br	bromobenzene	108-86-1	157.010	242.43	1	429.24	1	25	1.4870	1	25	1.5577	1	liquid	1
6657	C6H5BrClN	4-bromo-2-chloroaniline	38762-41-3	206.469	341.65	1	---	---	25	1.6567	2	---	---	---	solid	1
6658	C6H5BrClN	5-bromo-2-chloro-4-picoline	---	206.469	---	---	---	---	25	1.6567	2	---	---	---	---	---
6659	C6H5BrClN	5-bromo-6-chloro-2-picoline	185017-72-5	206.469	---	---	---	---	25	1.6567	2	---	---	---	---	---
6660	C6H5BrClN	5-bromo-2-chloro-3-picoline	29241-60-9	206.469	---	---	---	---	25	1.6567	2	---	---	---	---	---
6661	C6H5BrFN	2-bromo-4-fluoroaniline	1003-98-1	190.015	---	---	494.15	1	25	1.6700	1	---	1.5830	1	---	---
6662	C6H5BrFN	4-bromo-2-fluoroaniline	367-24-8	190.015	313.65	1	416.90	2	25	1.6196	2	---	---	---	solid	1
6663	C6H5BrFN	4-bromo-3-fluoroaniline	656-65-5	190.015	345.65	1	339.65	1	25	1.6196	2	---	1.4710	1	solid	1
6664	C6H5BrHg	phenylmercuric bromide	1192-89-8	357.600	---	---	---	---	---	---	---	---	---	---	---	---
6665	C6H5BrN2O2	2-bromo-6-nitroaniline	59255-95-7	217.023	347.65	1	---	---	25	1.9880	1	---	---	---	solid	1
6666	C6H5BrN2O2	4-bromo-2-nitroaniline	875-51-4	217.023	384.65	1	---	---	25	1.7656	2	---	---	---	solid	1
6667	C6H5BrN2O2	2-amino-5-bromonicotinic acid	52833-94-0	217.023	---	---	---	---	25	1.7656	2	---	---	---	---	---
6668	C6H5BrN2O2	2-bromo-5-nitroaniline	10403-47-1	217.023	412.15	1	---	---	25	1.7656	2	---	---	---	solid	1
6669	C6H5BrN2O2	4-bromo-3-nitroaniline	53324-38-2	217.023	403.15	1	---	---	25	1.7656	2	---	---	---	solid	1
6670	C6H5BrN2O2	2-bromo-4-nitroaniline	13296-94-1	217.023	---	---	---	---	25	1.7656	2	---	---	---	---	---
6671	C6H5BrO	o-bromophenol	95-56-7	173.009	278.75	1	467.65	1	20	1.4924	1	20	1.5890	1	liquid	1
6672	C6H5BrO	m-bromophenol	591-20-8	173.009	306.15	1	509.65	1	18	1.6662	2	---	---	---	solid	1
6673	C6H5BrO	p-bromophenol	106-41-2	173.009	339.55	1	511.15	1	15	1.8400	1	---	---	---	solid	1
6674	C6H5BrO	bromophenol	32762-51-9	173.009	---	---	496.15	2	18	1.6662	2	---	---	---	---	---
6675	C6H5BrOS	1-(5-bromo-2-thienyl)ethanone	5370-25-2	205.075	367.65	1	---	---	25	1.6489	2	---	---	---	solid	1
6676	C6H5BrO2	2-bromo-1,4-benzenediol	583-69-7	189.009	384.65	1	---	---	25	1.6519	2	---	---	---	solid	1
6677	C6H5BrO2	4-bromo-1,3-benzenediol	6626-15-9	189.009	376.15	1	---	---	25	1.6519	2	---	---	---	solid	1
6678	C6H5BrO3	5-bromoprotocatechualdehyde	16414-34-9	205.008	---	---	---	---	25	1.7079	2	---	---	---	---	---
6679	C6H5BrS	4-bromobenzenethiol	106-53-6	189.076	346.15	1	503.65	1	83	1.5260	1	---	---	---	solid	1
6680	C6H5BrS	3-bromothiophenol	6320-01-0	189.076	---	---	503.65	2	25	1.7320	1	---	1.6320	1	---	---
6681	C6H5BrS	2-bromothiophenol	6320-02-1	189.076	---	---	503.65	2	25	1.5890	1	---	1.6360	1	---	---
6682	C6H5BrSe	phenylselenyl bromide	34837-55-3	235.970	334.10	1	---	---	---	---	---	---	---	---	solid	1
6683	C6H5Br2N	2,4-dibromoaniline	615-57-6	250.921	352.65	1	454.65	2	20	2.2600	1	---	---	---	solid	1
6684	C6H5Br2N	2,6-dibromoaniline	608-30-0	250.921	360.65	1	536.15	1	25	1.9714	2	---	---	---	solid	1
6685	C6H5Br2N	3,4-dibromoaniline	615-55-4	250.921	353.65	1	373.15	1	25	1.9714	2	---	---	---	solid	1
6686	C6H5Br2N	3,5-dibromoaniline	626-40-4	250.921	330.15	1	454.65	2	25	1.9714	2	---	---	---	solid	1
6687	C6H5Br2N	2,5-dibromoaniline	3638-73-1	250.921	326.65	1	454.65	2	25	1.9714	2	---	---	---	solid	1
6688	C6H5Br2N	2,5-dibromo-3-picoline	3430-18-0	250.921	---	---	454.65	2	25	1.9714	2	---	---	---	---	---
6689	C6H5Br2N	2,5-dibromo-4-picoline	3430-26-0	250.921	---	---	454.65	2	25	1.9714	2	---	---	---	---	---
6690	C6H5Br2NO	4-amino-2,6-dibromophenol	609-21-2	266.920	463.15	1	---	---	25	2.0084	2	---	---	---	solid	1
6691	C6H5Br3N2	benzenediazonium tribromide	19521-84-7	344.832	---	---	432.15	1	25	2.2779	2	---	---	---	---	---
6692	C6H5Cl	chlorobenzene	108-90-7	112.558	227.95	1	404.87	1	25	1.1010	1	20	1.5248	1	liquid	1
6693	C6H5ClFN	2-chloro-6-fluoroaniline	363-51-9	145.564	465.15	1	484.65	2	23	1.3160	1	23	1.5511	1	solid	1
6694	C6H5ClFN	2-chloro-4-fluoroaniline	2106-02-7	145.564	---	---	465.15	1	25	1.2150	1	---	1.5540	1	---	---
6695	C6H5ClFN	3-chloro-2-fluoroaniline	2106-04-9	145.564	---	---	487.15	1	25	1.3240	1	---	1.5640	1	---	---
6696	C6H5ClFN	5-chloro-2-fluoroaniline	2106-05-0	145.564	---	---	484.65	2	25	1.2900	1	---	1.5610	1	---	---
6697	C6H5ClFN	3-chloro-4-fluoroaniline	367-21-5	145.564	317.65	1	501.65	1	25	1.2912	2	---	---	---	solid	1
6698	C6H5ClFN	4-chloro-2-fluoroaniline	57946-56-2	145.564	---	---	484.65	2	25	1.3110	1	---	1.5600	1	---	---
6699	C6H5ClFNO2S	3-amino-4-chlorobenzenesulfonyl fluoride	368-72-9	209.629	338.65	1	---	---	25	1.4819	2	---	---	---	solid	1
6700	C6H5ClHg	phenylmercuric chloride	100-56-1	313.148	521.15	1	---	---	---	---	---	---	---	---	solid	1
6701	C6H5ClHgO	o-chloromercuriphenol	90-03-9	329.148	425.65	1	331.65	1	---	---	---	---	---	---	solid	1
6702	C6H5ClHgO	p-chloromercuriphenol	623-07-4	329.148	499.65	1	419.15	1	---	---	---	---	---	---	solid	1
6703	C6H5ClHgO2	2-chloro-4-(hydroxy mercuri)phenol	538-04-5	345.147	---	---	---	---	---	---	---	---	---	---	---	---
6704	C6H5ClIN	3-chloro-4-iodoaniline	135050-44-1	253.470	338.15	1	---	---	25	1.9011	2	---	---	---	solid	1
6705	C6H5ClIN	2-chloro-4-iodoaniline	42016-93-3	253.470	341.15	1	---	---	25	1.9011	2	---	---	---	solid	1
6706	C6H5ClNNaO2S	sodium N-chlorobenzenesulfonamide	127-52-6	213.620	463.15	1	---	---	---	---	---	---	---	---	solid	1
6707	C6H5ClN2	benzene diazonium chloride	100-34-5	140.572	---	---	319.15	1	25	1.2893	2	---	---	---	---	---
6708	C6H5ClN2O	2-chloronicotinamide	10366-35-5	156.572	437.15	1	---	---	25	1.3657	2	---	---	---	solid	1
6709	C6H5ClN2O2	5-chloro-2-nitroaniline	1635-61-6	172.571	400.95	1	473.15	2	25	1.4350	2	---	---	---	solid	1
6710	C6H5ClN2O2	2-chloro-4-methyl-5-nitropyridine	23056-33-9	172.571	311.15	1	473.15	2	25	1.4350	2	---	---	---	solid	1
6711	C6H5ClN2O2	2-chloro-4-nitroaniline	121-87-9	172.571	381.65	1	473.15	1	25	1	1	---	---	---	solid	1
6712	C6H5ClN2O2	2-chloro-5-nitroaniline	6283-25-6	172.571	392.65	1	473.15	2	25	1.4350	2	---	---	---	solid	1
6713	C6H5ClN2O2	4-chloro-3-nitroaniline	635-22-3	172.571	377.15	1	473.15	2	25	1.4350	2	---	---	---	solid	1
6714	C6H5ClN2O2	4-chloro-2-nitroaniline	89-63-4	172.571	391.15	1	473.15	2	25	1.4350	2	---	---	---	solid	1
6715	C6H5ClN2O2	2-chloro-5-nitro-3-picoline	22280-56-4	172.571	---	---	473.15	2	25	1.4350	2	---	---	---	---	---
6716	C6H5ClN2O2	6-chloro-3-nitro-2-picoline	22280-60-0	172.571	---	---	473.15	2	25	1.4350	2	---	---	---	---	---
6717	C6H5ClN2O2	6-chloro-5-nitro-2-picoline	56057-19-3	172.571	---	---	473.15	2	25	1.4350	2	---	---	---	---	---
6718	C6H5ClN2O2	N-chloro-4-nitroaniline	59483-61-3	172.571	---	---	473.15	2	25	1.4350	2	---	---	---	---	---
6719	C6H5ClN3OP	phenylphosphonic azide chloride	---	201.553	---	---	---	---	---	---	---	---	---	---	---	---
6720	C6H5ClO	m-chlorophenol	108-43-0	128.558	306.00	1	487.00	1	45	1.2450	1	20	1.5632	1	solid	1

Table 1 Physical Properties - Organic Compounds

				Mol Wt	Freezing Point		Boiling Point		Density			Refractive Index			State	
NO	FORMULA	NAME	CAS No	g/mol	T_F, K	code	T_B, K	code	T, C	g/cm3	code	T, C	n_D	code	@25C,1 atm	code
6721	C6H5ClO	o-chlorophenol	95-57-8	128.558	282.00	1	447.53	1	25	1.2550	1	25	1.5568	1	liquid	1
6722	C6H5ClO	p-chlorophenol	106-48-9	128.558	316.00	1	493.11	1	40	1.2651	1	55	1.5419	1	solid	1
6723	C6H5ClOS	benzenesulfinyl chloride	4972-29-6	160.624	311.15	1	390.65	2	25	1.3469	1	25	1.3470	1	solid	1
6724	C6H5ClOS	2-acetyl-5-chlorothiophene	6310-09-4	160.624	320.65	1	390.65	1	25	1.3240	2	---	---	---	solid	1
6725	C6H5ClOS	2-thiopheneacetyl chloride	39098-97-0	160.624	---	---	390.65	2	25	1.3010	1	---	1.5510	1	---	---
6726	C6H5ClO2	3-chloro-1,2-benzenediol	4018-65-9	144.557	321.65	1	478.15	2	25	1.2934	2	---	---	---	solid	1
6727	C6H5ClO2	4-chloro-1,2-benzenediol	2138-22-9	144.557	363.65	1	478.15	2	25	1.2934	2	---	---	---	solid	1
6728	C6H5ClO2	5-chloro-1,3-benzenediol	52780-23-1	144.557	391.15	1	478.15	2	25	1.2934	2	---	---	---	solid	1
6729	C6H5ClO2	2-chloro-1,4-benzenediol	615-67-8	144.557	381.15	1	536.15	1	25	1.2934	2	---	---	---	solid	1
6730	C6H5ClO2	4-chlororesorcinol	95-88-5	144.557	372.65	1	420.15	1	25	1.2934	2	---	---	---	solid	1
6731	C6H5ClO2S	benzenesulfonyl chloride	98-09-9	176.623	287.65	1	524.15	dec	15	1.3470	1	---	---	---	liquid	1
6732	C6H5ClO2S	p-chlorobenzenesulfinic acid	100-03-8	176.623	---	---	524.15	2	25	1.3872	2	---	---	---	---	---
6733	C6H5ClO3	perchlorylbenzene	5390-07-8	160.556	---	---	---	---	25	1.3678	2	---	---	---	---	---
6734	C6H5ClO3S	4-chlorobenzenesulfonic acid	98-66-8	192.622	367.15	1	---	---	25	1.4489	2	---	---	---	solid	1
6735	C6H5ClS	2-chlorobenzenethiol	6320-03-2	144.624	---	---	478.65	1	10	1.2752	1	---	---	---	---	---
6736	C6H5ClS	3-chlorobenzenethiol	2037-31-2	144.624	---	---	479.15	1	13	1.2637	1	---	---	---	---	---
6737	C6H5ClS	4-chlorobenzenethiol	106-54-7	144.624	334.15	1	479.15	1	20	1.1911	1	20	1.5480	1	solid	1
6738	C6H5ClSe	phenylselenyl chloride	5707-04-0	191.518	337.05	1	---	---	---	---	---	---	---	---	solid	1
6739	C6H5ClS2	4-chloro-1,3-benzenedithiol	58593-78-5	176.690	304.15	1	---	---	25	1.3930	1	20	1.6704	1	solid	1
6740	C6H5Cl2N	3,4-dichloroaniline	95-76-1	162.018	344.65	1	545.00	1	25	1.3283	2	---	---	---	solid	1
6741	C6H5Cl2N	2,3-dichloroaniline	608-27-5	162.018	297.15	1	525.15	1	25	1.3283	2	---	---	---	liquid	1
6742	C6H5Cl2N	2,4-dichloroaniline	554-00-7	162.018	336.65	1	518.15	1	20	1.5670	1	---	---	---	solid	1
6743	C6H5Cl2N	2,5-dichloroaniline	95-82-9	162.018	323.15	1	524.15	1	25	1.3283	2	---	---	---	solid	1
6744	C6H5Cl2N	2,6-dichloroaniline	608-31-1	162.018	312.15	1	529.32	2	25	1.3283	2	---	---	---	solid	1
6745	C6H5Cl2N	3,5-dichloroaniline	626-43-7	162.018	325.15	1	534.15	1	25	1.3283	2	---	---	---	solid	1
6746	C6H5Cl2N	2-chloro-5-chloromethylpyridine	70258-18-3	162.018	---	---	529.32	2	25	1.3283	2	---	---	---	---	---
6747	C6H5Cl2N	N,N-dichloroaniline	70278-00-1	162.018	---	---	529.32	2	25	1.3283	2	---	---	---	---	---
6748	C6H5Cl2NO	2-amino-4,6-dichlorophenol	527-62-8	178.017	368.65	1	---	---	25	1.3953	2	---	---	---	solid	1
6749	C6H5Cl2NO	4-amino-2,6-dichlorophenol	5930-28-9	178.017	441.15	1	---	---	25	1.3953	2	---	---	---	solid	1
6750	C6H5Cl2NO	2,4-dichloro-5-hydroxyaniline	39489-79-7	178.017	---	---	---	---	25	1.3953	2	---	---	---	---	---
6751	C6H5Cl2NO	3,4-dichlorophenyl hydroxylamine	33175-34-7	178.017	---	---	---	---	25	1.3953	2	---	---	---	---	---
6752	C6H5Cl2NO2	2,3-dichloro-N-ethylmaleinimide	20198-77-0	194.017	---	---	---	---	25	1.4565	2	---	---	---	---	---
6753	C6H5Cl2OP	phenylphosphonic dichloride	824-72-6	194.984	274.15	1	531.15	1	25	1.1970	1	25	1.5581	1	liquid	1
6754	C6H5Cl2OP	phosphorodichloridous acid, phenyl ester	3426-89-9	194.984	---	---	531.15	2	---	---	---	---	---	---	---	---
6755	C6H5Cl2OV	phenylvanadium(v) dichloride oxide	28597-01-5	214.952	---	---	515.65	1	---	---	---	---	---	---	---	---
6756	C6H5Cl2O2P	phenyl dichlorophosphate	770-12-7	210.984	325.70	1	515.15	1	25	1.4120	1	---	1.5230	1	solid	1
6757	C6H5Cl2P	phenylphosphonous dichloride	644-97-3	178.985	222.15	1	498.15	1	20	1.3560	1	20	1.6030	1	liquid	1
6758	C6H5Cl2PS	phenylphosphonothioic dichloride	3497-00-5	211.051	---	---	---	---	13	1.3760	1	---	---	---	---	---
6759	C6H5Cl2Sb	dichlorophenylstibine	5035-52-9	269.771	342.65	1	---	---	---	---	---	---	---	---	solid	1
6760	C6H5Cl3Ge	phenylgermanium trichloride	1074-29-9	256.073	---	---	499.15	1	25	1.5840	1	---	1.5540	1	---	---
6761	C6H5Cl3NP	N-phenyliminophosphoric acid trichloride	5290-43-7	228.444	448.15	1	---	---	---	---	---	---	---	---	solid	1
6762	C6H5Cl3N2	2,4,6-trichlorophenylhydrazine	5329-12-4	211.477	414.65	1	---	---	25	1.4746	2	---	---	---	solid	1
6763	C6H5Cl3N2O2S	2,4,5-trichlorobenzenesulfonyl hydrazide	6655-72-7	275.542	406.15	1	---	---	25	1.6189	2	---	---	---	solid	1
6764	C6H5Cl3Si	trichlorophenylsilane	98-13-5	211.548	233.20	1	474.95	1	20	1.3210	1	20	1.5230	1	liquid	1
6765	C6H5Cl3Sn	phenyltin trichloride	1124-19-2	302.173	---	---	---	---	25	1.8390	1	---	1.5850	1	---	---
6766	C6H5Cl5	g-pentachlorocyclohexene	319-94-8	254.368	---	---	---	---	25	1.5025	2	---	---	---	---	---
6767	C6H5Cl5N2Pt	dichloro(4,5,6-trichloro-o-phenylenediamm	72596-01-1	477.460	---	---	---	---	---	---	---	---	---	---	---	---
6768	C6H5CrIO4	phenyliodine(iii) chromate	---	320.004	---	---	450.05	1	---	---	---	---	---	---	---	---
6769	C6H5F	fluorobenzene	462-06-6	96.104	230.94	1	357.88	1	25	1.0190	1	25	1.4629	1	liquid	1
6770	C6H5FN2O2	4-fluoro-3-nitroaniline	364-76-1	156.117	370.65	1	---	---	25	1.3822	2	---	---	---	solid	1
6771	C6H5FN2O2	4-fluoro-2-nitroaniline	364-78-3	156.117	366.65	1	---	---	25	1.3822	2	---	---	---	solid	1
6772	C6H5FN2O2	2-fluoro-5-nitroaniline	369-36-8	156.117	374.15	1	---	---	25	1.3822	2	---	---	---	solid	1
6773	C6H5FO	2-fluorophenol	367-12-4	112.104	289.25	1	424.65	1	25	1.1200	1	20	1.5144	1	liquid	1
6774	C6H5FO	3-fluorophenol	372-20-3	112.104	286.85	1	451.15	1	25	1.2380	1	20	1.5140	1	liquid	1
6775	C6H5FO	4-fluorophenol	371-41-5	112.104	321.15	1	458.65	1	56	1.1889	1	---	---	---	solid	1
6776	C6H5FO2	3-fluorocatechol	363-52-0	128.103	344.15	1	---	---	25	1.5140	1	---	---	---	solid	1
6777	C6H5FO2S	benzenesulfonyl fluoride	368-43-4	160.169	---	---	476.65	1	20	1.3286	1	18	1.4932	1	---	---
6778	C6H5FS	2-fluorobenzenethiol	2557-78-0	128.170	---	---	443.15	2	25	1.2000	1	---	1.5570	1	---	---
6779	C6H5FS	4-fluorothiophenol	371-42-6	128.170	---	---	443.15	1	25	1.2030	1	---	1.5500	1	---	---
6780	C6H5F2N	2,4-difluoroaniline	367-25-9	129.110	265.65	1	443.15	1	25	1.2680	1	20	1.5063	1	liquid	1
6781	C6H5F2N	2,5-difluoroaniline	367-30-6	129.110	286.65	1	450.10	1	25	1.2880	1	---	1.5130	1	liquid	1
6782	C6H5F2N	3,5-difluoroaniline	372-39-4	129.110	312.65	1	454.43	2	25	1.2662	2	---	---	---	solid	1
6783	C6H5F2N	3,4-difluoroaniline	3863-11-4	129.110	327.65	1	470.05	1	25	1.3020	1	---	1.5130	1	solid	1
6784	C6H5F2N	2,3-difluoroaniline	4519-40-8	129.110	---	---	454.43	2	25	1.2740	1	---	1.5140	1	---	---
6785	C6H5F2N	2,6-difluoroaniline	5509-65-9	129.110	---	---	454.43	2	25	1.1990	1	---	1.5080	1	---	---
6786	C6H5F3O2	ethyl 4,4,4-trifluoro-2-butynoate	79424-03-6	166.100	---	---	370.15	1	25	1.1620	1	---	1.3510	1	---	---
6787	C6H5F3Si	trifluorophenylsilane	368-47-8	162.186	255.15	1	374.65	1	20	1.2169	1	20	1.4110	1	liquid	1
6788	C6H5F4NO3S	N-fluoropyridinium triflate	107263-95-6	247.171	457.65	1	---	---	25	1.5493	2	---	---	---	solid	1
6789	C6H5F5O2	2,2,3,3,3-pentafluoropropyl acrylate	356-86-5	204.097	---	---	---	---	25	1.3200	1	---	1.3360	1	---	---
6790	C6H5F7O	(2,2,3,3,4,4,4-heptafluorobutyl)oxirane	1765-92-0	226.095	---	---	384.15	1	25	1.4620	1	---	1.3180	1	---	---
6791	C6H5F7O	[2,3,3,3-tetrafluoro-2-(trifluoromethyl)propy	74328-57-7	226.095	---	---	354.15	1	25	1	1	---	1.3200	1	---	---
6792	C6H5F7O2	ethyl heptafluorobutanoate	356-27-4	242.094	---	---	368.15	1	20	1.3940	1	20	1.3011	1	---	---
6793	C6H5HgNO3	mercuriphenyl nitrate	55-68-5	339.701	454.15	1	---	---	---	---	---	---	---	---	solid	1
6794	C6H5HgNO4	hydroxymercuri-o-nitrophenol	61792-05-0	355.700	---	---	---	---	---	---	---	---	---	---	---	---
6795	C6H5I	iodobenzene	591-50-4	204.010	241.83	1	461.60	1	25	1.8220	1	20	1.6210	1	liquid	1
6796	C6H5IN2O6	phenyliodine(iii) nitrate	58776-08-2	328.021	---	---	505.65	1	25	2.1289	2	---	---	---	---	---
6797	C6H5IO	o-iodophenol	533-58-4	220.010	316.15	1	---	---	80	1.8757	1	---	---	---	solid	1
6798	C6H5IO	m-iodophenol	626-02-8	220.010	391.15	1	---	---	96	1.8665	2	---	---	---	solid	1
6799	C6H5IO	p-iodophenol	540-38-5	220.010	366.65	1	---	---	112	1.8573	1	---	---	---	solid	1
6800	C6H5IO	iodosobenzene	536-80-1	220.010	483.15	dec	---	---	96	1.8665	2	---	---	---	solid	1

Table 1 Physical Properties - Organic Compounds

				Mol Wt	Freezing Point		Boiling Point		Density			Refractive Index			State	
NO	FORMULA	NAME	CAS No	g/mol	T_F, K	code	T_B, K	code	T, C	g/cm3	code	T, C	n_D	code	@25C,1 atm	code
6801	C6H5IO	iodosylbenzene	696-33-3	220.010	503.15	1	---	---	96	1.8665	2	---	---	---	solid	1
6802	C6H5IO2	4-iodo-1,2-benzenediol	76149-14-9	236.009	365.15	1	---	---	25	1.9169	2	---	---	---	solid	1
6803	C6H5IO2	5-iodo-1,3-benzenediol	64339-43-1	236.009	365.65	1	---	---	25	1.9169	2	---	---	---	solid	1
6804	C6H5ISe	phenylselenyl iodide	81926-79-6	282.970	332.65	1	---	---	---	---	---	---	---	---	solid	1
6805	C6H5I2N	2,4-diiodoaniline	533-70-0	344.922	368.65	1	---	---	25	2.7480	1	---	---	---	solid	1
6806	C6H5KN6O5	potassium-3,5-dinitro-2(1-tetrazenyl)phenc	70324-35-5	280.243	---	---	---	---	---	---	---	---	---	---	---	---
6807	C6H5KO7S2	potassium benzenesulfonylperoxysulfate	---	292.332	---	---	---	---	---	---	---	---	---	---	---	---
6808	C6H5K3O7	potassium citrate	866-84-2	306.396	---	---	---	---	25	1.9800	1	---	---	---	---	---
6809	C6H5Li	phenyllithium	591-51-5	84.047	---	---	---	---	---	---	---	---	---	---	---	---
6810	C6H5Li3O7	lithium citrate	919-16-4	209.925	---	dec	---	---	---	---	---	---	---	---	---	---
6811	C6H5MgBr	phenylmagnesium bromide	100-58-3	181.315	---	---	---	---	---	---	---	---	---	---	---	---
6812	C6H5NO	2-furanacetonitrile	2745-25-7	107.112	---	---	453.15	2	25	1.0854	1	20	1.4693	1	---	---
6813	C6H5NO	nitrosobenzene	586-96-9	107.112	340.15	1	453.15	2	25	1.1143	2	---	---	---	solid	1
6814	C6H5NO	2-pyridinecarboxaldehyde	1121-60-4	107.112	---	---	453.15	1	25	1.1181	1	18	1.5389	1	---	---
6815	C6H5NO	3-pyridinecarboxaldehyde	500-22-1	107.112	---	---	453.15	2	25	1.1394	1	---	---	---	---	---
6816	C6H5NO	4-pyridinecarboxaldehyde	872-85-5	107.112	---	---	453.15	2	25	1.1143	2	20	1.5423	1	---	---
6817	C6H5NO	p-benzoquinone monoimine	3009-34-5	107.112	---	---	453.15	2	25	1.1143	2	---	---	---	---	---
6818	C6H5NOS	N-sulfinylaniline	1122-83-4	139.178	---	---	473.15	1	25	1.2360	1	20	1.6270	1	---	---
6819	C6H5NO2	nitrobenzene	98-95-3	123.112	278.91	1	483.95	1	25	1.1990	1	25	1.5499	1	liquid	1
6820	C6H5NO2	4-nitrosophenol	104-91-6	123.112	417.15	dec	483.95	2	25	1.3360	2	---	---	---	solid	1
6821	C6H5NO2	2-pyridinecarboxylic acid	98-98-6	123.112	409.65	1	483.95	2	25	1.3360	2	---	---	---	solid	1
6822	C6H5NO2	3-pyridinecarboxylic acid	59-67-6	123.112	509.65	1	526.00	2	25	1.4730	1	---	---	---	solid	1
6823	C6H5NO2	4-pyridinecarboxylic acid	55-22-1	123.112	588.15	1	---	---	25	1.3360	2	---	---	---	solid	1
6824	C6H5NO2	2-nitrosophenol	13168-78-0	123.112	---	---	483.95	2	25	1.3360	2	---	---	---	---	---
6825	C6H5NO2S	1,2-dihydro-2-thioxo-3-pyridinecarboxylic a	38521-46-9	155.178	543.15	1	---	---	25	1.3566	2	---	---	---	solid	1
6826	C6H5NO2S	4-nitrothiophenol	1849-36-1	155.178	349.15	1	---	---	25	1.3566	2	---	---	---	solid	1
6827	C6H5NO2S	5-nitrothiophenol	---	155.178	349.15	2	---	---	25	1.3566	2	---	---	---	solid	2
6828	C6H5NO2S2	5,6-dihydro-p-dithiin-2,3-dicarboximide	24519-85-5	187.244	---	---	---	---	25	1.4409	2	---	---	---	---	---
6829	C6H5NO3	1,6-dihydro-6-oxo-3-pyridinecarboxylic aci	5006-66-6	139.111	583.15	dec	---	---	53	1.3510	2	---	---	---	solid	1
6830	C6H5NO3	o-nitrophenol	88-75-5	139.111	317.95	1	489.15	1	40	1.2942	1	50	1.5723	1	solid	1
6831	C6H5NO3	m-nitrophenol	554-84-7	139.111	369.95	1	489.15	2	100	1.2797	1	---	---	---	solid	1
6832	C6H5NO3	p-nitrophenol	100-02-7	139.111	386.75	1	489.15	2	20	1.4790	1	---	---	---	solid	1
6833	C6H5NO3	3-pyridinecarboxylic acid 1-oxide	2398-81-4	139.111	527.65	dec	---	---	53	1.3510	2	---	---	---	solid	1
6834	C6H5NO3	2-hydroxynicotinic acid	609-71-2	139.111	533.65	1	---	---	53	1.3510	2	---	---	---	solid	1
6835	C6H5NO3	3-hydroxy-2-pyridinecarboxylic acid	874-24-8	139.111	483.15	1	489.15	2	53	1.3510	2	---	---	---	solid	1
6836	C6H5NO3	isonicotinic acid N-oxide	13602-12-5	139.111	543.65	1	---	---	53	1.3510	2	---	---	---	solid	1
6837	C6H5NO3	picolinic acid N-oxide	824-40-8	139.111	>423.15	1	489.15	2	53	1.3510	2	---	---	---	solid	1
6838	C6H5NO4	citrazinic acid	99-11-6	155.110	>573	1	---	---	25	1.4094	2	---	---	---	solid	1
6839	C6H5NO4	4-nitro-1,3-benzenediol	3613-07-3	155.110	395.15	1	---	---	25	1.4094	2	---	---	---	solid	1
6840	C6H5NO4	4-nitrocatechol	3316-09-4	155.110	448.15	1	---	---	25	1.4094	2	---	---	---	solid	1
6841	C6H5NO4	2-nitroresorcinol	601-89-8	155.110	355.15	1	---	---	25	1.4094	2	---	---	---	solid	1
6842	C6H5NO4	2-acetyl-5-nitrofuran	5275-69-4	155.110	---	---	---	---	25	1.4094	2	---	---	---	---	---
6843	C6H5NO5	methyl 5-nitro-2-furoate	1874-23-3	171.110	352.65	1	---	---	25	1.4793	2	---	---	---	solid	1
6844	C6H5NO5S	4-nitrobenzenesulfonic acid	138-42-1	203.176	381.65	1	---	---	25	1.5482	2	---	---	---	solid	1
6845	C6H5NO5S	3-nitrobenzenesulfonic acid	98-47-5	203.176	343.15	1	---	---	25	1.5482	2	---	---	---	solid	1
6846	C6H5NS	2-thiopheneacetonitrile	20893-30-5	123.179	---	---	514.15	2	25	1.1550	1	20	1.5425	1	---	---
6847	C6H5NS	3-thiopheneacetonitrile	13781-53-8	123.179	---	---	514.15	1	25	1.0800	1	---	1.5460	1	---	---
6848	C6H5N3	azidobenzene	622-37-7	119.127	245.65	1	---	---	20	1.0860	1	25	1.5589	1	---	---
6849	C6H5N3	1H-benzotriazole	95-14-7	119.127	373.15	1	---	---	25	1.2398	2	---	---	---	solid	1
6850	C6H5N3	4-azabenzimidazole	273-21-2	119.127	421.65	1	---	---	25	1.2398	2	---	---	---	solid	1
6851	C6H5N3O	1-hydroxybenzotriazole	2592-95-2	135.126	430.65	1	---	---	25	1.3287	2	---	---	---	solid	1
6852	C6H5N3O	1-hydroxybenzotriazole hydrate	123333-53-9	135.126	430.65	1	---	---	25	1.3287	2	---	---	---	solid	1
6853	C6H5N3OS	benzenesulfinyl azide	21230-20-6	167.192	---	---	---	---	25	1.4258	2	---	---	---	---	---
6854	C6H5N3O2S	benzene sulfonyl azide	---	183.192	---	---	---	---	25	1.4908	2	---	---	---	---	---
6855	C6H5N3O3	benzene diazonium nitrate	619-97-6	167.125	---	---	---	---	25	1.4799	2	---	---	---	---	---
6856	C6H5N3O4	2,3-dinitroaniline	602-03-9	183.124	401.15	1	---	---	50	1.6460	1	---	---	---	solid	1
6857	C6H5N3O4	2,4-dinitroaniline	97-02-9	183.124	453.15	1	329.85	1	14	1.6150	1	---	---	---	solid	1
6858	C6H5N3O4	2,5-dinitroaniline	619-18-1	183.124	411.15	1	---	---	38	1.6207	2	---	---	---	solid	1
6859	C6H5N3O4	2,6-dinitroaniline	606-22-4	183.124	414.65	1	---	---	38	1.6207	2	---	---	---	solid	1
6860	C6H5N3O4	3,5-dinitroaniline	618-87-1	183.124	436.15	1	---	---	50	1.6010	1	---	---	---	solid	1
6861	C6H5N3O4	2-amino-5-nitronicotinic acid	6760-14-1	183.124	---	---	329.85	2	38	1.6207	2	---	---	---	---	---
6862	C6H5N3O5	2-amino-4,6-dinitrophenol	96-91-3	199.124	442.15	1	---	---	25	1.6037	2	---	---	---	solid	1
6863	C6H5N3O5	o-(2,4-dinitrophenyl)hydroxylamine	17508-17-7	199.124	385.65	1	---	---	25	1.6037	2	---	---	---	solid	1
6864	C6H5N5O	2-amino-4-hydroxypteridine	2236-60-4	163.140	>633	1	---	---	25	1.4805	2	---	---	---	solid	1
6865	C6H5N5O2	xanthopterin	119-44-8	179.140	>683	1	---	---	25	1.5590	1	---	---	---	solid	1
6866	C6H5N5O3	5-amino-3-(5-nitro-2-furyl)-S-triazole	7532-52-7	195.139	---	---	---	---	25	1.6071	2	---	---	---	---	---
6867	C6H5N5O6	2,4,6-trinitrophenyl-hydrazine	653-49-6	243.137	---	---	---	---	25	1.7584	2	---	---	---	---	---
6868	C6H5N6OP	phenylphosphonic diazide	---	208.121	---	---	---	---	---	---	---	---	---	---	---	---
6869	C6H5N6PS	phenylthiophosphonic diazide	---	224.188	---	---	---	---	---	---	---	---	---	---	---	---
6870	C6H5N6Tl	phenylthallium diazide	---	365.531	---	---	---	---	---	---	---	---	---	---	---	---
6871	C6H5Na	phenyl sodium	1623-99-0	100.095	---	---	---	---	---	---	---	---	---	---	---	---
6872	C6H5NaO	sodium phenate	139-02-6	116.095	---	---	---	---	---	---	---	---	---	---	---	---
6873	C6H5NaO2S	benzenesulfinic acid, sodium salt	873-55-2	164.160	>573.15	1	---	---	---	---	---	---	---	---	solid	1
6874	C6H5NaO3S	benzenesulfonic acid sodium salt	515-42-4	180.160	723.15	1	---	---	---	---	---	---	---	---	solid	1
6875	C6H5O3Sb	2-hydroxy-1,3,2-benzodioxastibole	6295-12-1	246.864	---	---	---	---	---	---	---	---	---	---	---	---
6876	C6H6	benzene	71-43-2	78.114	278.68	1	353.24	1	25	0.8730	1	25	1.4979	1	liquid	1
6877	C6H6	fulvene	497-20-1	78.114	---	---	364.12	2	20	0.8241	1	20	1.4920	1	---	---
6878	C6H6	1,5-hexadien-3-yne	821-08-9	78.114	185.15	1	358.15	1	20	0.7851	1	20	1.5035	1	liquid	1
6879	C6H6	1,3-hexadien-5-yne	10420-90-3	78.114	192.15	1	356.65	1	20	0.7806	1	20	1.5095	1	liquid	1
6880	C6H6	1,4-hexadiyne	10420-91-4	78.114	304.05	2	354.85	1	25	0.8250	1	---	---	---	solid	2

Table 1 Physical Properties - Organic Compounds

NO	FORMULA	NAME	CAS No	Mol Wt g/mol	Freezing Point T_F, K	code	Boiling Point T_B, K	code	Density T, C	g/cm3	code	Refractive Index T, C	n_D	code	State @25C,1 atm	code
6881	C6H6	1,5-hexadiyne	628-16-0	78.114	267.15	1	359.15	1	20	0.8049	1	23	1.4380	1	liquid	1
6882	C6H6	2,4-hexadiyne	2809-69-0	78.114	340.95	1	402.65	1	22	0.8155	2	---	---	---	solid	1
6883	C6H6	1,3-hexadiyne	4447-21-6	78.114	304.05	2	364.12	2	22	0.8155	2	---	---	---	solid	2
6884	C6H6	benzvalene	---	78.114	---	---	364.12	2	22	0.8155	2	---	---	---	---	---
6885	C6H6	prismane	650-42-0	78.114	---	---	364.12	2	22	0.8155	2	---	---	---	---	---
6886	C6H6AgHgO3	phenylmercury silver borate	102-98-7	434.568	385.65	1	---	---	---	---	---	---	---	---	solid	1
6887	C6H6AsFO3	4-fluorobenzenearsonic acid	5430-13-7	220.032	513.15	dec	---	---	---	---	---	---	---	---	solid	1
6888	C6H6AsNO	p-arsenosoaniline	1122-90-3	183.042	---	---	---	---	---	---	---	---	---	---	---	---
6889	C6H6AsNO2	oxophenarsine	306-12-7	199.041	406.15	dec	390.55	1	---	---	---	---	---	---	solid	1
6890	C6H6AsNO5	(4-nitrophenyl)arsonic acid	98-72-6	247.039	>583	1	---	---	---	---	---	---	---	---	solid	1
6891	C6H6AsNO5	o-nitrobenzenearsonic acid	5410-29-7	247.039	468.15	1	---	---	---	---	---	---	---	---	solid	1
6892	C6H6AsNO6	4-hydroxy-3-nitrobenzenearsonic acid	121-19-7	263.039	>573.15	1	---	---	---	---	---	---	---	---	solid	1
6893	C6H6BBrO2	4-bromophenylboronic acid	5467-74-3	200.827	553.15	1	---	---	---	---	---	---	---	---	solid	1
6894	C6H6BBrO2	3-bromophenylboronic acid	89598-96-9	200.827	437.15	1	---	---	---	---	---	---	---	---	solid	1
6895	C6H6BClO2	4-chlorophenylboronic acid	1679-18-1	156.376	536.15	1	---	---	---	---	---	---	---	---	solid	1
6896	C6H6BClO2	2-chlorophenylboronic acid	3900-89-8	156.376	---	---	---	---	---	---	---	---	---	---	---	---
6897	C6H6BClO2	3-chlorophenylboronic acid	63503-60-6	156.376	458.15	1	---	---	---	---	---	---	---	---	solid	1
6898	C6H6BFO2	4-fluorophenylboronic acid	1765-93-1	139.922	537.15	1	---	---	---	---	---	---	---	---	solid	1
6899	C6H6BFO2	2-fluorophenylboronic acid	1993-03-9	139.922	374.15	1	---	---	---	---	---	---	---	---	solid	1
6900	C6H6BFO2	3-fluorophenylboronic acid	768-35-4	139.922	490.15	1	---	---	---	---	---	---	---	---	solid	1
6901	C6H6BIO2	3-iodophenylboronic acid	221037-98-5	247.828	468.15	1	---	---	---	---	---	---	---	---	solid	1
6902	C6H6BIO2	4-iodophenylboronic acid	5122-99-6	247.828	599.15	1	---	---	---	---	---	---	---	---	solid	1
6903	C6H6BNO4	3-nitrophenylboronic acid	13331-27-6	166.929	563.15	1	---	---	---	---	---	---	---	---	solid	1
6904	C6H6BiNa3O6S3	bismuth sodium thioglycollate	150-49-2	548.258	---	---	372.65	1	---	---	---	---	---	---	---	---
6905	C6H6BrN	o-bromoaniline	615-36-1	172.025	305.15	1	502.15	1	20	1.5780	1	20	1.6113	1	solid	1
6906	C6H6BrN	m-bromoaniline	591-19-5	172.025	291.65	1	524.15	1	20	1.5793	1	20	1.6260	1	liquid	1
6907	C6H6BrN	p-bromoaniline	106-40-1	172.025	339.55	1	505.65	2	100	1.4970	1	---	---	---	solid	1
6908	C6H6BrN	2-bromo-3-methylpyridine	3430-17-9	172.025	---	---	490.65	1	25	1.5440	1	---	1.5680	1	---	---
6909	C6H6BrN	2-bromo-5-methylpyridine	3510-66-5	172.025	315.15	1	505.65	2	36	1.5426	2	---	---	---	solid	1
6910	C6H6BrN	2-bromo-4-methylpyridine	4926-28-7	172.025	---	---	505.65	2	25	1.5450	1	---	1.5610	1	---	---
6911	C6H6BrN	2-bromo-6-methylpyridine	5315-25-3	172.025	---	---	505.65	2	25	1.5120	1	---	1.5620	1	---	---
6912	C6H6BrNO	5-bromo-6-hydroxy-2-picoline	---	188.024	---	---	---	---	25	1.5994	2	---	---	---	---	---
6913	C6H6BrNO	5-bromo-2-hydroxy-4-picoline	164513-38-6	188.024	---	---	---	---	25	1.5994	2	---	---	---	---	---
6914	C6H6BrNO	3-bromo-6-hydroxy-2-picoline	54923-31-8	188.024	---	---	---	---	25	1.5994	2	---	---	---	---	---
6915	C6H6BrNO	5-bromo-2-hydroxy-3-picoline	89488-30-2	188.024	---	---	---	---	25	1.5994	2	---	---	---	---	---
6916	C6H6BrN3O2	2-amino-3-bromo-5-nitro-4-picoline	---	232.037	---	---	---	---	25	1.7623	2	---	---	---	---	---
6917	C6H6Br2N2	2-bromo-2-(bromomethyl)pentanedinitrile	35691-65-7	265.936	325.15	1	---	---	25	1.9549	2	---	---	---	solid	1
6918	C6H6Br2O3	2,3-dibromo-5,6-epoxy-7,8-dioxabicyclo(2.:	56411-66-6	285.920	---	---	355.95	1	25	1.9802	2	---	---	---	---	---
6919	C6H6Br5Cl	1,2,3,4,5-pentabromo-6-chlorocyclohexane	87-84-3	513.086	---	---	307.75	1	25	2.5117	2	---	---	---	---	---
6920	C6H6ClFN2	4-chloro-5-fluoro-o-phenylenediamine	132942-81-5	160.579	383.15	1	---	---	25	1.3011	2	---	---	---	solid	1
6921	C6H6ClIO6	hydroxyoxophenyl iodanium perchlorate	---	336.467	---	---	467.15	2	25	2.0114	2	---	---	---	---	---
6922	C6H6ClIO6	iodylbenzene perchlorate	---	336.467	---	---	467.15	1	25	2.0114	2	---	---	---	---	---
6923	C6H6ClN	m-chloroaniline	108-42-9	127.573	262.75	1	501.65	1	25	1.2110	1	21	1.5942	1	liquid	1
6924	C6H6ClN	o-chloroaniline	95-51-2	127.573	271.05	1	481.99	1	23	1.2153	2	25	1.5859	1	liquid	1
6925	C6H6ClN	p-chloroaniline	106-47-8	127.573	343.05	1	503.65	1	19	1.4290	1	87	1.5546	1	solid	1
6926	C6H6ClN	2-chloro-4-methylpyridine	3678-62-4	127.573	388.15	1	465.15	1	20	1.1459	1	8	1.5293	1	solid	1
6927	C6H6ClN	2-chloro-6-methylpyridine	18368-63-3	127.573	---	---	456.65	1	25	1.1670	1	20	1.5270	1	---	---
6928	C6H6ClN	2-chloro-5-methylpyridine	18368-64-4	127.573	---	---	479.12	2	25	1.1690	1	---	1.5300	1	---	---
6929	C6H6ClN	2-chloro-3-methylpyridine	18368-76-8	127.573	---	---	465.65	1	25	1.1700	1	---	1.5330	1	---	---
6930	C6H6ClNO	2-amino-4-chlorophenol	95-85-2	143.573	413.15	1	458.65	2	25	1.2495	2	---	---	---	solid	1
6931	C6H6ClNO	2-chloro-6-methoxypyridine	17228-64-7	143.573	---	---	458.65	1	25	1.2070	1	20	1.5263	1	---	---
6932	C6H6ClNO	2-amino-5-chlorophenol	28443-50-7	143.573	422.15	1	458.65	2	25	1.2495	2	---	---	---	solid	1
6933	C6H6ClNO	3-amino-6-chlorophenol	6358-06-1	143.573	---	---	458.65	2	25	1.2495	2	---	---	---	---	---
6934	C6H6ClNO2S	4-chlorobenzenesulfonamide	98-64-6	191.638	419.15	1	---	---	25	1.4083	2	---	---	---	solid	1
6935	C6H6ClNO2S	2-chlorobenzenesulfonamide	6961-82-6	191.638	---	---	---	---	25	1.4083	2	---	---	---	---	---
6936	C6H6ClNO4S	3-amino-5-chloro-4-hydroxybenzenesulfon	5857-94-3	223.637	---	---	---	---	25	1.5181	2	---	---	---	---	---
6937	C6H6ClN2O4	4,5-dichloro-1,3-benzenedisulfonamide	120-97-8	205.578	501.85	1	---	---	25	1.5116	2	---	---	---	solid	1
6938	C6H6ClN3O2	4-amino-3-nitro-6-chloroaniline	26196-45-2	187.586	---	---	480.65	1	25	1.4540	2	---	---	---	---	---
6939	C6H6ClN3O4	p-amino benzene diazoniumperchlorate	---	219.585	---	---	503.15	1	25	1.5657	2	---	---	---	---	---
6940	C6H6ClN3O4S	ammonium-4-chloro-7-sulfobenzofurazan	81377-14-2	251.651	---	---	---	---	25	1.6151	2	---	---	---	---	---
6941	C6H6Cl2N2	2,5-dichloro-4-phenylenediamine	20103-09-7	177.033	436.65	1	---	---	25	1.3542	2	---	---	---	solid	1
6942	C6H6Cl2N2	4,5-dichloro-o-phenylenediamine	5348-42-5	177.033	434.15	1	---	---	25	1.3542	2	---	---	---	solid	1
6943	C6H6Cl2N2	2,5-dichlorophenylhydrazine	305-15-7	177.033	375.15	1	---	---	25	1.3542	2	---	---	---	solid	1
6944	C6H6Cl2N2	1,4-diamino-2,6-dichlorobenzene	609-20-1	177.033	397.65	1	---	---	25	1.3542	2	---	---	---	solid	1
6945	C6H6Cl2Si	dichlorophenylsilane	1631-84-1	177.104	---	---	454.15	1	25	1.2210	1	---	---	---	---	---
6946	C6H6Cl3F7OSi	[3-(heptafluoroisopropoxy)propyl]trichloros	15538-93-9	361.545	---	---	---	---	25	1.4970	1	---	1.3710	1	---	---
6947	C6H6Cl4	1,3,4,6-tetrachloro-2,4-hexadiene	100367-45-1	219.924	---	---	---	---	20	1.4013	1	20	1.5465	1	---	---
6948	C6H6Cl6	1,2,3,4,5,6-hexachlorocyclohexane, (1alph	58-89-9	290.829	385.65	1	596.55	1	21	1.8767	2	---	---	---	solid	1
6949	C6H6Cl6	1,2,3,4,5,6-hexachlorocyclohexane, (1alph	319-85-7	290.829	---	---	572.95	2	19	1.8900	1	---	---	---	---	---
6950	C6H6Cl6	1,2,3,4,5,6-hexachlorocyclohexane, (1alph	319-86-8	290.829	414.65	1	572.95	2	21	1.8767	2	---	---	---	solid	1
6951	C6H6Cl6	1,2,3,4,5,6-hexachlorocyclohexane, (1alph	60291-32-9	290.829	432.65	1	561.15	1	20	1.8700	1	---	---	---	solid	1
6952	C6H6Cl6	1,2,3,4,5,6-hexachloro-3-hexene	1725-74-2	290.829	331.65	1	572.95	2	21	1.8767	2	---	---	---	solid	1
6953	C6H6Cl6	a-hexachlorocyclohexane	319-84-6	290.829	431.60	1	561.15	1	21	1.8767	2	---	---	---	solid	1
6954	C6H6Cl6	hexachlorocyclohexane; (mixed isomers)	608-73-1	290.829	385.90	1	572.95	2	25	1.8700	1	---	---	---	solid	1
6955	C6H6Cl8O	octachlorodipropylether	127-90-2	377.733	223.25	1	---	---	25	1.6352	2	---	---	---	---	---
6956	C6H6FN	o-fluoroaniline	348-54-9	111.119	238.55	1	448.15	1	21	1.1513	1	20	1.5421	1	liquid	1
6957	C6H6FN	m-fluoroaniline	372-19-0	111.119	---	---	461.15	1	19	1.1561	1	20	1.5436	1	---	---
6958	C6H6FN	p-fluoroaniline	371-40-4	111.119	272.35	1	455.15	1	20	1.1725	1	20	1.5195	1	liquid	1
6959	C6H6FNO2S	4-aminobenzenesulfonyl fluoride	98-62-4	175.184	341.65	1	---	---	25	1.3604	2	---	---	---	solid	1
6960	C6H6FN3O2	2-fluoro-5-nitro-1,4-benzenediamine	134514-27-5	171.132	---	---	337.65	1	25	1.4061	2	---	---	---	---	---

Table 1 Physical Properties - Organic Compounds

				Mol Wt	Freezing Point		Boiling Point		Density			Refractive Index			State	
NO	FORMULA	NAME	CAS No	g/mol	T_F, K	code	T_B, K	code	T, C	g/cm3	code	T, C	n_D	code	@25C,1 atm	code
6961	C6H6F3NO2	2-acetoxy-2-methyl-3,3,3-trifluoropropionitr	27827-87-8	181.115	---	---	335.65	1	25	1.3620	2	---	---	---	---	---
6962	C6H6F4O2	2,2,3,3-tetrafluoropropyl acrylate	7383-71-3	186.106	---	---	405.65	1	25	1.3170	1	---	1.3650	1	---	---
6963	C6H6F8O2	2,2,3,3,4,4,5,5-octafluoro-1,6-hexanediol	355-74-8	262.100	341.15	1	---	---	25	1.4712	2	---	---	---	solid	1
6964	C6H6F9O3P	tris(2,2,2-trifluoroethyl) phosphite	370-69-4	328.072	---	---	403.65	1	25	1.4870	1	---	1.3240	1	---	---
6965	C6H6FeNO6	iron nitrilotriacetate	16448-54-7	243.962	---	---	355.65	1	---	---	---	---	---	---	---	---
6966	C6H6HgN2O3	2-(hydroxymercuri)-4-nitroaniline	64049-27-0	354.716	---	---	393.15	1	---	---	---	---	---	---	---	---
6967	C6H6HgO	phenylmercuric hydroxide	100-57-2	294.703	508.65	1	399.65	1	---	---	---	---	---	---	solid	1
6968	C6H6HgO2	bis(3-hydroxy-1-propynyl)mercury	62374-53-2	310.702	---	---	---	---	---	---	---	---	---	---	---	---
6969	C6H6HgO2	o-(hydroxymercuri)phenol	63869-04-5	310.702	---	---	---	---	---	---	---	---	---	---	---	---
6970	C6H6Hg2N2O4	2,6-bis(hydroxymercuri)-4-nitroaniline	63951-09-7	571.305	---	---	408.25	1	---	---	---	---	---	---	---	---
6971	C6H6Hg2O3S	(5-(hydroxymercuri)-2-thienyl)mercury acet	64048-08-4	559.358	---	---	426.33	1	---	---	---	---	---	---	---	---
6972	C6H6IN	o-iodoaniline	615-43-0	219.025	333.65	1	---	---	25	1.8155	2	---	---	---	solid	1
6973	C6H6IN	m-iodoaniline	626-01-7	219.025	306.15	1	---	---	25	1.8155	2	20	1.6811	1	solid	1
6974	C6H6IN	p-iodoaniline	540-37-4	219.025	340.65	1	---	---	25	1.8155	2	---	---	---	solid	1
6975	C6H6INO	6-iodo-2-picolin-5-ol	23003-30-7	235.025	470.65	1	---	---	25	1.8615	2	---	---	---	solid	1
6976	C6H6K2Pd	potassium bis(propynyl)palladate	---	262.730	---	---	---	---	---	---	---	---	---	---	---	---
6977	C6H6K2Pt	potassium bis(propynyl)platinate	---	351.388	---	---	---	---	---	---	---	---	---	---	---	---
6978	C6H6NNa3O6	sodium nitrilotriacetate	5064-31-3	257.086	---	---	---	---	---	---	---	---	---	---	---	---
6979	C6H6N2	cis-dicyano-1-butene	2141-58-4	106.128	249.00	1	577.00	1	25	1.0620	1	20	1.4665	1	liquid	1
6980	C6H6N2	trans-dicyano-1-butene	2141-59-5	106.128	260.15	1	555.00	1	25	1.0540	1	20	1.4701	1	liquid	1
6981	C6H6N2	trans-1,4-dicyano-2-butene	1119-85-3	106.128	349.00	1	547.00	1	25	1.0307	2	---	---	---	---	---
6982	C6H6N2	2-methyleneglutaronitrile	1572-52-7	106.128	263.65	1	500.00	2	25	0.9760	1	---	1.4560	1	liquid	2
6983	C6H6N2	2-vinylpyrazine	4177-16-6	106.128	---	---	500.00	2	25	1.0307	2	---	---	---	---	---
6984	C6H6N2	1,4-benzoquinone diimine	4377-73-5	106.128	---	---	500.00	2	25	1.0307	2	---	---	---	---	---
6985	C6H6N2	2-hexenedinitrile	13042-02-9	106.128	---	---	500.00	2	25	1.0307	2	---	---	---	---	---
6986	C6H6N2Ni	bis(acrylonitrile) nickel (O)	12266-58-9	164.821	---	---	---	---	---	---	---	---	---	---	---	---
6987	C6H6N2O	(ethoxymethylene)propanedinitrile	123-06-8	122.127	339.15	1	---	---	25	1.2538	2	---	---	---	solid	1
6988	C6H6N2O	4-nitrosoaniline	659-49-4	122.127	446.65	1	---	---	25	1.2538	2	---	---	---	solid	1
6989	C6H6N2O	2-pyridinecarboxaldehyde oxime	873-69-8	122.127	385.65	1	---	---	25	1.2538	2	---	---	---	solid	1
6990	C6H6N2O	3-pyridinecarboxamide	98-92-0	122.127	403.15	1	---	---	25	1.4000	1	---	1.4660	1	solid	1
6991	C6H6N2O	acetylpyrazine	22047-25-2	122.127	349.65	1	---	---	25	1.1075	1	---	1.5350	1	solid	1
6992	C6H6N2O	isonicotinamide	1453-82-3	122.127	429.65	1	---	---	25	1.2538	2	---	---	---	solid	1
6993	C6H6N2O	picolinamide	1452-77-3	122.127	---	---	---	---	25	1.2538	2	---	---	---	---	---
6994	C6H6N2O	3-pyridinealdoxime	1193-92-6	122.127	424.15	1	---	---	25	1.2538	2	---	---	---	solid	1
6995	C6H6N2O	4-pyridinealdoxime	696-54-8	122.127	405.15	1	---	---	25	1.2538	2	---	---	---	solid	1
6996	C6H6N2O2	m-nitroaniline	99-09-2	138.126	387.15	1	579.00	1	25	0.9011	1	---	---	---	solid	1
6997	C6H6N2O2	o-nitroaniline	88-74-4	138.126	344.65	1	558.00	1	25	0.9015	1	---	---	---	solid	1
6998	C6H6N2O2	p-nitroaniline	100-01-6	138.126	420.65	1	609.15	1	25	0.9013	2	---	---	---	solid	1
6999	C6H6N2O2	6-amino-3-pyridinecarboxylic acid	3167-49-5	138.126	585.15	1	---	---	25	0.9013	2	---	---	---	solid	1
7000	C6H6N2O2	N-nitroaniline	645-55-6	138.126	320.45	1	557.33	2	25	0.9013	2	---	---	---	solid	1
7001	C6H6N2O2	5-aminonicotinic acid	24242-19-1	138.126	---	---	557.33	2	25	0.9013	2	---	---	---	---	---
7002	C6H6N2O2	2-aminonicotinic acid	5345-47-1	138.126	569.15	1	---	---	25	0.9013	2	---	---	---	solid	1
7003	C6H6N2O2	4-aminonicotinic acid	7418-65-7	138.126	---	---	557.33	2	25	0.9013	2	---	---	---	---	---
7004	C6H6N2O2	a,a-dicyanoethyl acetate	7790-01-4	138.126	343.15	1	483.15	1	25	0.9013	2	---	---	---	solid	1
7005	C6H6N2O2	5-methyl-2-pyrazinecarboxylic acid	5521-55-1	138.126	440.65	1	557.33	2	25	0.9013	2	---	---	---	solid	1
7006	C6H6N2O2	nicotinamide-N-oxide	1986-81-8	138.126	564.15	1	---	---	25	0.9013	2	---	---	---	solid	1
7007	C6H6N2O2	urocanic acid	104-98-3	138.126	491.65	1	557.33	2	25	0.9013	2	---	---	---	solid	1
7008	C6H6N2O2	dioxime-p-benzoquinone	105-11-3	138.126	513.15	dec	557.33	2	25	0.9013	2	---	---	---	solid	1
7009	C6H6N2O2S	(2-pyrimidylthio)acetic acid	88768-45-0	170.192	474.65	1	---	---	25	1.3821	2	---	---	---	solid	1
7010	C6H6N2O3	2-amino-3-nitrophenol	603-85-0	154.126	489.65	1	---	---	25	1.3617	2	---	---	---	solid	1
7011	C6H6N2O3	4-amino-2-nitrophenol	119-34-6	154.126	399.15	1	---	---	25	1.3617	2	---	---	---	solid	1
7012	C6H6N2O3	2-amino-5-nitrophenol	121-88-0	154.126	432.53	2	---	---	25	1.3617	2	---	---	---	solid	2
7013	C6H6N2O3	4-amino-3-nitrophenol	610-81-1	154.126	425.15	1	---	---	25	1.3617	2	---	---	---	solid	1
7014	C6H6N2O3	2-amino-4-nitrophenol	99-57-0	154.126	416.15	1	---	---	25	1.3617	2	---	---	---	solid	1
7015	C6H6N2O3	3-hydroxy-6-methyl-2-nitropyridine	15128-90-2	154.126	379.65	1	---	---	25	1.3617	2	---	---	---	solid	1
7016	C6H6N2O3	2-hydroxy-4-methyl-3-nitropyridine	21901-18-8	154.126	504.15	1	---	---	25	1.3617	2	---	---	---	solid	1
7017	C6H6N2O3	2-hydroxy-4-methyl-5-nitropyridine	21901-41-7	154.126	461.15	1	---	---	25	1.3617	2	---	---	---	solid	1
7018	C6H6N2O3	2-hydroxy-5-nitro-3-picoline	21901-34-8	154.126	---	---	377.15	2	25	1.3617	2	---	---	---	---	---
7019	C6H6N2O3	6-hydroxy-3-nitro-2-picoline	28489-45-4	154.126	---	---	377.15	2	25	1.3617	2	---	---	---	---	---
7020	C6H6N2O3	6-hydroxy-5-nitro-2-picoline	39745-39-6	154.126	---	---	377.15	2	25	1.3617	2	---	---	---	---	---
7021	C6H6N2O3	2-methoxy-5-nitropyridine	5446-92-4	154.126	381.15	1	---	---	25	1.3617	2	---	---	---	solid	1
7022	C6H6N2O3	3-methyl-4-nitropyridine N-oxide	1074-98-2	154.126	409.65	1	---	---	25	1.3617	2	---	---	---	solid	1
7023	C6H6N2O3	2-acetyl-4-nitropyrrole	32116-24-8	154.126	---	---	377.15	2	25	1.3617	2	---	---	---	---	---
7024	C6H6N2O3	2-acetyl-5-nitropyrrole	32116-25-9	154.126	---	---	377.15	2	25	1.3617	2	---	---	---	---	---
7025	C6H6N2O3	2-methyl-4-nitropyridine-1-oxide	5470-66-6	154.126	426.65	1	377.15	1	25	1.3617	2	---	---	---	solid	1
7026	C6H6N2O4	methyl orotate	6153-44-2	170.125	517.15	1	---	---	25	1.4320	2	---	---	---	solid	1
7027	C6H6N2O4S	3-nitrobenzenesulfonamide	121-52-8	202.191	439.15	1	---	---	25	1.5048	2	---	---	---	solid	1
7028	C6H6N2O4S	2-nitrobenzenesulfonamide	5455-59-4	202.191	464.65	1	---	---	25	1.5048	2	---	---	---	solid	1
7029	C6H6N2O4S	4-nitrobenzenesulfonamide	6325-93-5	202.191	453.65	1	---	---	25	1.5048	2	---	---	---	solid	1
7030	C6H6N2O4S	benzenediazonium hydrogen sulfate	36211-73-1	202.191	---	---	---	---	25	1.5048	2	---	---	---	---	---
7031	C6H6N2O5S	4-amino-3-nitrobenzenesulfonic acid	616-84-2	218.191	---	---	---	---	25	1.5587	2	---	---	---	---	---
7032	C6H6N2O5S	4-nitroaniline-2-sulfonic acid	96-75-3	218.191	---	---	---	---	25	1.5587	2	---	---	---	---	---
7033	C6H6N2O6S	3-amino-4-hydroxy-5-nitrobenzenesulfonic	96-93-5	234.190	---	---	431.15	1	25	1.6085	2	---	---	---	---	---
7034	C6H6N2O6S	2-hydroxy-5-nitrometanilic acid	96-67-3	234.190	558.15	dec	---	---	25	1.6085	2	---	---	---	solid	1
7035	C6H6N2S	thionicotinamide	4621-66-3	138.194	460.65	1	---	---	25	1.2349	2	---	---	---	solid	1
7036	C6H6N2S	thioisonicotinamide	2196-13-6	138.194	---	---	---	---	25	1.2349	2	---	---	---	---	---
7037	C6H6N4	1-aminobenzotriazole	1614-12-6	134.142	356.15	1	---	---	25	1.2795	2	---	---	---	solid	1
7038	C6H6N4	6-methylpurine	2004-03-7	134.142	509.15	1	---	---	25	1.2795	2	---	---	---	solid	1
7039	C6H6N4	nitrilotrisacetonitrile	7327-60-8	134.142	399.15	1	623.00	2	25	1.2795	2	---	---	---	---	---
7040	C6H6N4O	6-methoxypurine	1074-89-1	150.141	471.65	1	---	---	25	1.3593	2	---	---	---	solid	1

Table 1 Physical Properties - Organic Compounds

				Mol Wt	Freezing Point		Boiling Point		Density			Refractive Index			State	
NO	FORMULA	NAME	CAS No	g/mol	T_F, K	code	T_B, K	code	T, C	g/cm3	code	T, C	n_D	code	@25C,1 atm	code
7041	C6H6N4O	5-methyl-s-triazolo[1,5-a]pyrimidin-7-ol	2503-56-2	150.141	558.15	1	---	---	25	1.3593	2	---	---	---	solid	1
7042	C6H6N4O	9-methylhypoxanthine	875-31-0	150.141	---	---	---	---	25	1.3593	2	---	---	---	---	---
7043	C6H6N4O2	2,3-pyrazinedicarboxamide	6164-78-9	166.140	521.15	1	---	---	25	1.4314	2	---	---	---	solid	1
7044	C6H6N4O2	3-methylxanthine	1076-22-8	166.140	---	---	---	---	25	1.4314	2	---	---	---	---	---
7045	C6H6N4O3	4,9-dihydro-3-methyl-1H-purine-2,6,8(3H)-	605-99-2	182.140	>623	1	---	---	25	1.6104	1	25	1.6334	1	solid	1
7046	C6H6N4O3	7,9-dihydro-7-methyl-1H-purine-2,6,8(3H)-	612-37-3	182.140	648.15	dec	---	---	25	1.7060	1	---	---	---	solid	1
7047	C6H6N4O3S	5-nitro-2-furaldehyde thiosemicarbazone	831-71-0	214.206	---	---	---	---	25	1.5607	2	---	---	---	---	---
7048	C6H6N4O3S	nitrothiazole	61-57-4	214.206	535.15	1	---	---	25	1.5607	2	---	---	---	solid	1
7049	C6H6N4O4	(2,4-dinitrophenyl)hydrazine	119-26-6	198.139	467.15	1	---	---	25	1.5565	2	---	---	---	solid	1
7050	C6H6N4O4	nitrofurazone	59-87-0	198.139	511.15	dec	---	---	25	1.5565	2	---	---	---	solid	1
7051	C6H6N4O4	4,5-dinitro-1,2-phenylenediamine	32690-28-1	198.139	---	---	---	---	25	1.5565	2	---	---	---	---	---
7052	C6H6N4O7	ammonium picrate	131-74-8	246.137	---	---	---	---	25	1.7200	1	---	---	---	---	---
7053	C6H6N4S	6-(methylthio)purine	50-66-8	166.208	494.15	1	---	---	25	1.3805	2	---	---	---	solid	1
7054	C6H6N6O	N-methyl-N-nitrosoadenine	21928-82-5	178.155	---	---	---	---	25	1.4977	2	---	---	---	---	---
7055	C6H6N6O6	1,3,5-triaminotrinitrobenzene	---	258.152	---	---	---	---	25	1.7558	2	---	---	---	---	---
7056	C6H6N10	2,5,8-triamino-1,3,4,6,7,9,9b-heptaaza-phe	1502-47-2	218.184	---	---	---	---	25	1.6742	2	---	---	---	---	---
7057	C6H6O	phenol	108-95-2	94.113	314.06	1	454.99	1	45	1.0545	1	25	1.5496	1	solid	1
7058	C6H6O	2-vinylfuran	1487-18-9	94.113	179.15	1	372.65	1	19	0.9445	1	19	1.4992	1	liquid	1
7059	C6H6O	propargyl ether	6921-27-3	94.113	---	---	392.65	1	25	0.9140	1	---	1.4420	1	---	---
7060	C6H6O	4,5-hexadien-2-yn-1-ol	2749-79-3	94.113	---	---	425.74	2	30	0.9710	2	---	---	---	---	---
7061	C6H6O	4-hexen-1-yn-3-one	13061-80-8	94.113	---	---	482.65	dec	30	0.9710	2	---	---	---	---	---
7062	C6H6O	7-oxabicyclo(4.1.0)hepta-2,4-diene	1488-25-1	94.113	---	---	425.74	2	30	0.9710	2	---	---	---	---	---
7063	C6H6OS	2-mercaptophenol	1121-24-0	126.179	278.65	1	490.15	1	25	1.2371	1	---	---	---	liquid	1
7064	C6H6OS	3-mercaptophenol	40248-84-8	126.179	289.65	1	486.32	2	24	1.1759	2	---	---	---	liquid	2
7065	C6H6OS	4-mercaptophenol	637-89-8	126.179	302.65	1	486.32	2	25	1.1285	1	25	1.5101	1	solid	1
7066	C6H6OS	5-methyl-2-thiophenecarboxaldehyde	13679-70-4	126.179	---	---	486.32	2	24	1.1759	2	20	1.5825	1	---	---
7067	C6H6OS	1-(2-thienyl)ethanone	88-15-3	126.179	283.65	1	486.65	1	20	1.1679	1	20	1.5667	1	liquid	1
7068	C6H6OS	3-acetylthiophene	1468-83-3	126.179	333.15	1	482.15	1	24	1.1759	2	---	---	---	solid	1
7069	C6H6OS	3-methyl-2-thiophenecarboxaldehyde	5834-16-2	126.179	---	---	486.32	2	25	1.1700	1	---	1.5860	1	---	---
7070	C6H6O2	pyrocatechol	120-80-9	110.112	377.60	1	518.65	1	20	1.3440	1	25	1.6044	1	solid	1
7071	C6H6O2	resorcinol	108-46-3	110.112	382.00	1	549.65	1	20	1.2780	1	25	1.5781	1	solid	1
7072	C6H6O2	p-hydroquinone	123-31-9	110.112	444.65	1	559.15	1	20	1.3300	1	25	1.6320	1	solid	1
7073	C6H6O2	1-(2-furanyl)ethanone	1192-62-7	110.112	306.15	1	448.15	1	20	1.0980	1	20	1.5017	1	solid	1
7074	C6H6O2	5-methyl-2-furancarboxaldehyde	620-02-0	110.112	---	---	460.15	1	18	1.1072	1	20	1.5264	1	---	---
7075	C6H6O2	methyl protoanemonin	3690-50-4	110.112	---	---	506.95	2	20	1.2314	2	---	---	---	---	---
7076	C6H6O2S	benzenesulfinic acid	618-41-7	142.178	357.15	1	384.65	2	23	1.3650	2	---	---	---	solid	1
7077	C6H6O2S	1-(3-hydroxy-2-thienyl)ethanone	5556-07-0	142.178	324.65	1	384.65	2	20	1.5000	1	20	1.5795	1	solid	1
7078	C6H6O2S	methyl 2-thiofuroate	13679-61-3	142.178	---	---	336.15	1	25	1.2300	1	---	1.5711	1	---	---
7079	C6H6O2S	methyl thiophene-2-carboxylate	5380-42-7	142.178	---	---	384.65	2	23	1.3650	2	---	---	---	---	---
7080	C6H6O2S	5-methyl-2-thiophenecarboxylic acid	1918-79-2	142.178	409.65	1	---	---	23	1.3650	2	---	---	---	solid	1
7081	C6H6O2S	3-methyl-2-thiophenecarboxylic acid	23806-24-8	142.178	419.15	1	---	---	23	1.3650	2	---	---	---	solid	1
7082	C6H6O2S	2-thiopheneacetic acid	1918-77-0	142.178	337.15	1	433.15	1	23	1.3650	2	---	---	---	solid	1
7083	C6H6O2S	3-thiopheneacetic acid	6964-21-2	142.178	351.65	1	384.65	2	23	1.3650	2	---	---	---	solid	1
7084	C6H6O2Se	benzeneseleninic acid	6996-92-5	189.072	397.65	1	---	---	20	1.9300	1	---	---	---	solid	1
7085	C6H6O3	1,2,3-benzenetriol	87-66-1	126.112	405.15	1	581.85	1	25	1.4530	1	134	1.5610	1	solid	1
7086	C6H6O3	1,2,4-benzenetriol	533-73-3	126.112	413.65	1	491.40	2	35	1.2630	2	---	---	---	solid	1
7087	C6H6O3	1,3,5-benzenetriol	108-73-6	126.112	491.65	1	---	---	25	1.4600	1	---	---	---	solid	1
7088	C6H6O3	3,4-dimethyl-2,5-furandione	766-39-2	126.112	369.15	1	496.15	1	100	1.1070	1	---	---	---	solid	1
7089	C6H6O3	2-furanacetic acid	2745-26-8	126.112	341.65	1	491.40	2	35	1.2630	2	---	---	---	solid	1
7090	C6H6O3	5-(hydroxymethyl)-2-furancarboxaldehyde	67-47-0	126.112	304.65	1	491.40	2	25	1.2062	1	18	1.5627	1	solid	1
7091	C6H6O3	3-hydroxy-2-methyl-4H-pyran-4-one	118-71-8	126.112	434.65	1	491.40	2	35	1.2630	2	---	---	---	solid	1
7092	C6H6O3	methyl 2-furancarboxylate	611-13-2	126.112	---	---	454.45	1	21	1.1786	1	20	1.4860	1	---	---
7093	C6H6O3	methyl 3-furancarboxylate	13129-23-2	126.112	---	---	433.15	1	15	1.1733	1	20	1.4676	1	---	---
7094	C6H6O3	5-methyl-2-furancarboxylic acid	1917-15-3	126.112	382.65	1	491.40	2	35	1.2630	2	---	---	---	solid	1
7095	C6H6O3	5-methyl-3-furancarboxylic acid	21984-93-0	126.112	392.15	1	491.40	2	35	1.2630	2	---	---	---	solid	1
7096	C6H6O3	4-hydroxy-6-methyl-2-pyrone	675-10-5	126.112	460.15	1	491.40	2	35	1.2630	2	---	---	---	solid	1
7097	C6H6O3	3-methyl-2-furoic acid	4412-96-8	126.112	408.15	1	491.40	2	35	1.2630	2	---	---	---	solid	1
7098	C6H6O3	2-methyl-3-furoic acid	6947-94-0	126.112	372.65	1	491.40	2	35	1.2630	2	---	---	---	solid	1
7099	C6H6O3	antibiotic PA147	3734-60-9	126.112	---	---	491.40	2	35	1.2630	2	---	---	---	---	---
7100	C6H6O3	endo-2,3-epoxy-7,8-dioxabicyclo(2.2.2)oct-	39597-90-5	126.112	---	---	491.40	2	35	1.2630	2	---	---	---	---	---
7101	C6H6O3	6-oxo-trans,trans-2,4-hexadienoic acid	88973-46-0	126.112	---	---	491.40	2	35	1.2630	2	---	---	---	---	---
7102	C6H6O3S	benzenesulfonic acid	98-11-3	158.178	338.65	1	---	---	25	1.3153	2	---	---	---	solid	1
7103	C6H6O3Se	phenylselenonic acid	39254-48-3	205.072	337.15	1	456.15	1	---	---	---	---	---	---	solid	1
7104	C6H6O4	dimethyl 2-butynedioate	762-42-5	142.111	---	---	470.15	dec	20	1.1564	1	20	1.4434	1	---	---
7105	C6H6O4	5-hydroxy-2-(hydroxymethyl)-4H-pyran-4-o	501-30-4	142.111	426.65	1	531.65	2	25	1.2883	2	---	---	---	solid	1
7106	C6H6O4	cis,cis-muconic acid	1119-72-8	142.111	467.65	1	531.65	2	25	1.2883	2	---	---	---	solid	1
7107	C6H6O4	3,4-dimethoxy-3-cyclobutene-1,2-dione	5222-73-1	142.111	329.15	1	531.65	2	25	1.2883	2	---	---	---	solid	1
7108	C6H6O4	DL-3-methylenecyclopropane-trans-1,2-dic	499-02-5	142.111	472.15	1	531.65	2	25	1.2883	2	---	---	---	solid	1
7109	C6H6O4	trans,trans-muconic acid	3588-17-8	142.111	566.15	1	593.15	1	25	1.2883	2	---	---	---	solid	1
7110	C6H6O4	2,3:5,6-diepoxy-7,8-dioxabicyclo[2.2.2]octa	56411-67-7	142.111	---	---	531.65	2	25	1.2883	2	---	---	---	---	---
7111	C6H6O4S	2-hydroxybenzenesulfonic acid	609-46-1	174.177	418.15	dec	---	---	25	1.3838	2	---	---	---	solid	1
7112	C6H6O4S	4-hydroxybenzenesulfonic acid	98-67-9	174.177	---	---	---	---	25	1.3838	2	---	---	---	---	---
7113	C6H6O4S	hydroxybenzenesulfonic acid	1333-39-7	174.177	---	---	---	---	25	1.3838	2	---	---	---	---	---
7114	C6H6O6	cis-1-propene-1,2,3-tricarboxylic acid	585-84-2	174.110	403.15	1	---	---	25	1.4325	2	---	---	---	solid	1
7115	C6H6O6	trans-1-propene-1,2,3-tricarboxylic acid	4023-65-8	174.110	469.95	1	---	---	25	1.4325	2	---	---	---	solid	1
7116	C6H6O6	DL-isocitric acid lactone	4702-32-3	174.110	434.15	1	---	---	25	1.4325	2	---	---	---	solid	1
7117	C6H6O6	aconitic acid	499-12-7	174.110	465.15	dec	---	---	25	1.4325	2	---	---	---	solid	1
7118	C6H6O7S2	4-hydroxy-1,3-benzenedisulfonic acid	96-77-5	254.241	>373	1	---	---	25	1.6062	2	---	---	---	solid	1
7119	C6H6O8S2	pyrocatechol-3,5-disulfonic acid	149-46-2	270.241	---	---	371.15	1	25	1.6488	2	---	---	---	---	---
7120	C6H6O9	benzene triozonide	---	222.108	---	---	365.65	1	25	1.6050	2	---	---	---	---	---

Table 1 Physical Properties - Organic Compounds

NO	FORMULA	NAME	CAS No	Mol Wt	Freezing Point		Boiling Point		Density			Refractive Index			State	
				g/mol	T_F, K	code	T_B, K	code	T, C	g/cm3	code	T, C	n_D	code	@25C,1 atm	code
7121	C6H6S	phenyl mercaptan	108-98-5	110.180	258.26	1	442.29	1	25	1.0730	1	25	1.5872	1	liquid	1
7122	C6H6S2	1,2-benzenedithiol	17534-15-5	142.246	301.65	1	511.65	1	25	1.1956	2	---	---	---	solid	1
7123	C6H6S2	1,3-benzenedithiol	626-04-0	142.246	300.15	1	518.15	1	25	1.1956	2	---	---	---	solid	1
7124	C6H6Se	benzeneselenol	645-96-5	157.074	---	---	456.75	1	15	1.4865	1	---	---	---	---	---
7125	C6H7AsCl3NO	dichlorophenarsine hydrochloride	536-29-8	290.407	473.15	1	---	---	---	---	---	---	---	---	solid	1
7126	C6H7AsNNaO3	sodium arsanilate	127-85-5	239.038	---	---	---	---	---	---	---	---	---	---	---	---
7127	C6H7AsO3	benzenearsonic acid	98-05-5	202.041	431.15	dec	---	---	---	---	---	---	---	---	solid	1
7128	C6H7AsO4	phenol-p-arsonic acid	98-14-6	218.041	450.65	dec	361.15	1	---	---	---	---	---	---	solid	1
7129	C6H7BO2	benzeneboronic acid	98-80-6	121.931	492.15	1	---	---	---	---	---	---	---	---	solid	1
7130	C6H7BO3	3-hydroxyphenylboronic acid	87199-18-6	137.931	485.15	1	---	---	---	---	---	---	---	---	solid	1
7131	C6H7BrN2	(4-bromophenyl)hydrazine	589-21-9	187.040	381.15	1	---	---	25	1.5497	2	---	---	---	solid	1
7132	C6H7BrN2	2-amino-3-bromo-5-methylpyridine	17282-00-7	187.040	345.15	1	---	---	25	1.5497	2	---	---	---	solid	1
7133	C6H7BrN2	6-amino-5-bromo-2-picoline	126325-46-0	187.040	---	---	---	---	25	1.5497	2	---	---	---	---	---
7134	C6H7BrN2	2-amino-5-bromo-3-picoline	3430-21-5	187.040	362.15	1	---	---	25	1.5497	2	---	---	---	solid	1
7135	C6H7BrN2	6-amino-3-bromo-2-picoline	42753-71-9	187.040	---	---	---	---	25	1.5497	2	---	---	---	---	---
7136	C6H7BrN2	2-amino-5-bromo-4-picoline	98198-48-2	187.040	---	---	---	---	25	1.5497	2	---	---	---	---	---
7137	C6H7BrN2O4	(R,S)-4-bromo-homo-ibotenic acid	71366-32-0	251.037	---	---	---	---	25	1.7536	2	---	---	---	---	---
7138	C6H7BrO	2-bromomethyl-5-methylfuran	57846-03-4	175.025	---	---	337.10	1	25	1.4856	2	---	---	---	---	---
7139	C6H7ClIN	2-chloro-1-methylpyridinium iodide	14338-32-0	255.486	470.65	1	---	---	25	1.7949	2	---	---	---	solid	1
7140	C6H7ClN2	4-chloro-1,2-benzenediamine	95-83-0	142.588	349.15	1	421.82	2	25	1.1775	2	---	---	---	solid	1
7141	C6H7ClN2	3-amino-6-chloro-2-picoline	164666-68-6	142.588	---	---	421.82	2	25	1.1775	2	---	---	---	---	---
7142	C6H7ClN2	5-amino-6-chloro-3-picoline	34552-13-1	142.588	---	---	421.82	2	25	1.1775	2	---	---	---	---	---
7143	C6H7ClN2	5-amino-6-chloro-2-picoline	39745-40-9	142.588	---	---	421.82	2	25	1.1775	2	---	---	---	---	---
7144	C6H7ClN2	3-amino-6-chloro-4-picoline	66909-38-4	142.588	---	---	421.82	2	25	1.1775	2	---	---	---	---	---
7145	C6H7ClN2	3-chloro-2,5-dimethylpyrazine	95-89-6	142.588	---	---	421.82	2	25	1.1810	1	---	1.5270	1	---	---
7146	C6H7ClN2	2-chloro-5-ethylpyrimidine	111196-81-7	142.588	---	---	496.15	1	25	1.1740	1	---	1.5210	1	---	---
7147	C6H7ClN2	3-chloro-4-aminoaniline	615-66-7	142.588	337.15	1	421.82	2	25	1.1775	2	---	---	---	solid	1
7148	C6H7ClN2	5-chloro-1,3-benzenediamine	33786-89-9	142.588	---	---	391.15	1	25	1.1775	2	---	---	---	---	---
7149	C6H7ClN2	4-chloro-m-phenylenediamine	5131-60-2	142.588	364.15	1	378.15	1	25	1.1775	2	---	---	---	solid	1
7150	C6H7ClN2O2	6-chloro-1,3-dimethyluracil	6972-27-6	174.587	384.15	1	---	---	25	1.3505	2	---	---	---	solid	1
7151	C6H7ClN2O6	4-nitroanilinium perchlorate	---	238.584	---	---	---	---	25	1.5724	2	---	---	---	---	---
7152	C6H7ClN4O8	2,4-dinitrophenylhydraziniumperchlorate	---	298.597	---	---	---	---	25	1.7415	2	---	---	---	---	---
7153	C6H7ClO	trans,trans-2,4-hexadienoyl chloride	2614-88-2	130.573	---	---	---	---	19	1.0666	1	20	1.5545	1	---	---
7154	C6H7ClO	2-chloromethyl-5-methylfuran	52157-57-0	130.573	---	---	---	---	25	1.1338	2	---	---	---	---	---
7155	C6H7ClO4	dimethyl 2-chloromaleate	19393-45-4	178.572	---	---	497.15	1	25	1.2899	1	18	1.4720	1	---	---
7156	C6H7ClSi	chlorophenylsilane	4206-75-1	142.659	---	---	435.65	1	20	1.0683	1	20	1.5340	1	---	---
7157	C6H7Cl2F3O2	propyl 2,2-dichloro-3,3,3-trifluoropropanoa	357-49-3	239.021	---	---	---	---	20	1.3531	1	20	1.3888	1	---	---
7158	C6H7Cl2N	2-chloroaniline hydrochloride	137-04-2	164.034	508.15	1	---	---	18	1.5050	1	---	---	---	solid	1
7159	C6H7Cl2N3O2Pt	dichloro(4-nitro-o-phenylenediammine)plat	72596-02-2	419.124	---	---	427.15	1	---	---	---	---	---	---	---	---
7160	C6H7Cl3N2	2,6-dichlorophenylhydrazine hydrochloride	50709-36-9	213.493	498.15	1	---	---	25	1.4006	2	---	---	---	solid	1
7161	C6H7Cl3N2Pt	(4-chloro-o-phenylenediamine) dichloropla	61583-30-0	408.571	---	---	---	---	---	---	---	---	---	---	---	---
7162	C6H7Cl3N2S	3,5-dimethyl-1-(trichloromethylmercapto)py	25724-50-9	245.559	---	---	---	---	25	1.4618	2	---	---	---	---	---
7163	C6H7F3O2	ethyl 4,4,4-trifluorocrotonate	25597-16-4	168.116	---	---	387.65	1	25	1.1250	1	---	1.3600	1	---	---
7164	C6H7F3O2	2,2,2-trifluoroethyl methacrylate	352-87-4	168.116	---	---	425.32	2	25	1.1810	1	---	1.3610	1	---	---
7165	C6H7F3O2	1,1,1-trifluoro-2,4-hexanedione	400-54-4	168.116	---	---	398.15	1	25	1.2087	2	---	1.3941	1	---	---
7166	C6H7F3O2	a-(trifluoromethyl)-g-valerolactone	139547-12-9	168.116	---	---	490.15	1	25	1.3200	1	---	1.3850	1	---	---
7167	C6H7F3O3	ethyl 4,4,4-trifluoroacetoacetate	372-31-6	184.115	234.05	1	405.15	1	15	1.2586	1	15	1.3783	1	liquid	1
7168	C6H7F3O5S	3-methoxycarbonyl propen-2-yl trifluorome	62861-57-8	248.180	---	---	---	---	25	1.4983	2	---	---	---	---	---
7169	C6H7KO2	potassium trans,trans-2,4-hexadienoate	24634-61-5	150.219	543.15	dec	---	---	25	1.3610	1	---	---	---	solid	1
7170	C6H7KO2	potassium sorbate	590-00-1	150.219	543.15	2	---	---	25	1.3630	1	---	---	---	solid	2
7171	C6H7KO7	DL-isocitric acid monopotassium salt	---	230.216	---	---	---	---	---	---	---	---	---	---	---	---
7172	C6H7N	aniline	62-53-3	93.129	267.13	1	457.15	1	25	1.0180	1	25	1.5836	1	liquid	1
7173	C6H7N	2-methylpyridine	109-06-8	93.129	206.44	1	402.55	1	25	0.9400	1	25	1.4984	1	liquid	1
7174	C6H7N	3-methylpyridine	108-99-6	93.129	255.01	1	417.29	1	25	0.9520	1	24	1.5040	1	liquid	1
7175	C6H7N	4-methylpyridine	108-89-4	93.129	276.80	1	418.50	1	25	0.9500	1	20	1.5058	1	liquid	1
7176	C6H7N	1-cyclopentenecarbonitrile	3047-38-9	93.129	---	---	417.21	2	25	0.9490	2	---	---	---	---	---
7177	C6H7N	5-hexynenitrile	14918-21-9	93.129	---	---	389.15	1	25	0.8850	1	---	1.4400	1	---	---
7178	C6H7N	methylpyridine	1333-41-1	93.129	275.55	1	418.15	1	25	0.9490	2	---	---	---	liquid	1
7179	C6H7N	3-methylenecyclobutane-carbonitrile	15760-35-7	93.129	---	---	417.21	2	25	0.9490	2	---	---	---	---	---
7180	C6H7N	N-2-propynyl-2-propyn-1-amine	6921-28-4	93.129	---	---	417.21	2	25	0.9490	2	---	---	---	---	---
7181	C6H7NNa2O6	nitrilotriacetic acid, disodium salt	15467-20-6	235.105	>573.15	1	---	---	---	---	---	---	---	---	solid	1
7182	C6H7NO	2-aminophenol	95-55-6	109.128	447.15	1	514.06	2	25	1.3280	1	---	---	---	solid	1
7183	C6H7NO	3-aminophenol	591-27-5	109.128	396.15	1	514.06	2	23	1.1195	2	---	---	---	solid	1
7184	C6H7NO	4-aminophenol	123-30-8	109.128	460.65	1	514.06	2	23	1.1195	2	---	---	---	solid	1
7185	C6H7NO	4-methoxypyridine	620-08-6	109.128	---	---	465.15	1	23	1.1195	2	---	---	---	---	---
7186	C6H7NO	2-methylpyridine-1-oxide	931-19-1	109.128	322.15	1	533.15	1	23	1.1195	2	---	---	---	solid	1
7187	C6H7NO	3-methylpyridine-1-oxide	1003-73-2	109.128	312.15	1	514.06	2	23	1.1195	2	---	---	---	solid	1
7188	C6H7NO	1-methyl-2(1H)-pyridinone	694-85-9	109.128	304.15	1	523.15	1	20	1.1120	1	---	---	---	solid	1
7189	C6H7NO	3-methyl-2(1H)-pyridinone	1003-56-1	109.128	414.65	1	562.15	1	23	1.1195	2	---	---	---	solid	1
7190	C6H7NO	4-methyl-2(1H)-pyridinone	13466-41-6	109.128	403.15	1	581.15	1	23	1.1195	2	---	---	---	solid	1
7191	C6H7NO	phenylhydroxylamine	100-65-2	109.128	356.65	1	514.06	2	23	1.1195	2	---	---	---	solid	1
7192	C6H7NO	2-pyridinemethanol	586-98-1	109.128	---	---	514.06	2	20	1.1317	1	20	1.5444	1	---	---
7193	C6H7NO	3-pyridinemethanol	100-55-0	109.128	266.65	1	539.15	1	20	1.1310	1	20	1.5455	1	liquid	1
7194	C6H7NO	4-pyridinemethanol	586-95-8	109.128	326.15	1	514.06	2	23	1.1195	2	---	---	---	solid	1
7195	C6H7NO	1-(1H-pyrrol-2-yl)ethanone	1072-83-9	109.128	363.15	1	493.15	1	23	1.1195	2	---	---	---	solid	1
7196	C6H7NO	(±)-2-azabicyclo[2.2.1]hept-5-en-3-one	49805-30-3	109.128	330.15	1	514.06	2	23	1.1195	2	---	---	---	solid	1
7197	C6H7NO	3-hydroxy-2-methylpyridine	1121-25-1	109.128	442.15	1	514.06	2	23	1.1195	2	---	---	---	solid	1
7198	C6H7NO	3-hydroxy-6-methylpyridine	1121-78-4	109.128	442.65	1	514.06	2	23	1.1195	2	---	---	---	solid	1
7199	C6H7NO	2-hydroxy-6-methylpyridine	3279-76-3	109.128	430.15	1	514.06	2	23	1.1195	2	---	---	---	solid	1
7200	C6H7NO	2-methoxypyridine	1628-89-3	109.128	---	---	415.40	1	25	1.0380	1	---	1.5040	1	---	---

Table 1 Physical Properties - Organic Compounds

				Mol Wt	Freezing Point		Boiling Point		Density			Refractive Index			State	
NO	FORMULA	NAME	CAS No	g/mol	T_F, K	code	T_B, K	code	T, C	g/cm3	code	T, C	n_D	code	@25C,1 atm	code
7201	C6H7NO	3-methoxypyridine	7295-76-3	109.128	---	---	514.06	2	25	1.0830	1	---	1.5180	1	---	---
7202	C6H7NO	N-methylpyrrole-2-carboxaldehyde	1192-58-1	109.128	---	---	514.06	2	25	1.0130	1	---	---	---	---	---
7203	C6H7NO	4-picoline N-oxide	1003-67-4	109.128	---	---	514.06	2	23	1.1195	2	---	---	---	---	---
7204	C6H7NO	1-methyl-4(1H)-pyridinone	695-19-2	109.128	---	---	514.06	2	23	1.1195	2	---	---	---	---	---
7205	C6H7NOS2	3-allylrhodanine	1457-47-2	173.260	318.65	1	---	---	25	1.1350	1	---	---	---	solid	1
7206	C6H7NO2	1-ethyl-1H-pyrrole-2,5-dione	128-53-0	125.127	318.65	1	453.15	2	25	1.0823	2	---	---	---	solid	1
7207	C6H7NO2	allyl cyanoacetate	13361-32-5	125.127	---	---	453.15	2	25	1.0650	1	---	1.4430	1	---	---
7208	C6H7NO2	2-cyanoethyl acrylate	106-71-8	125.127	256.35	1	453.15	2	25	1.0690	1	---	---	---	liquid	2
7209	C6H7NO2	methyl 1-pyrrolecarboxylate	4277-63-8	125.127	439.65	1	453.15	1	25	1.1130	1	---	1.4890	1	solid	1
7210	C6H7NO2	N-methylpyrrole-2-carboxylic acid	6973-60-0	125.127	407.65	1	453.15	2	25	1.0823	2	---	---	---	solid	1
7211	C6H7NO2	4-pyridylcarbinol N-oxide	22346-75-4	125.127	397.65	1	453.15	2	25	1.0823	2	---	---	---	solid	1
7212	C6H7NO2	ethyl cyanoacrylate	7085-85-0	125.127	---	---	453.15	2	25	1.0823	2	---	---	---	---	---
7213	C6H7NO2S	benzenesulfonamide	98-10-2	157.193	425.15	1	---	---	25	1.2739	2	---	---	---	solid	1
7214	C6H7NO2S	methyl 3-amino-2-thiophenecarboxylate	22288-78-4	157.193	337.15	1	---	---	25	1.2739	2	---	---	---	solid	1
7215	C6H7NO3	3,5-dimethylisoxazole-4-carboxylic acid	2510-36-3	141.127	413.15	1	---	---	25	1.2440	2	---	---	---	solid	1
7216	C6H7NO3S	o-aminobenzenesulfonic acid	88-21-1	173.193	>593	1	---	---	25	1.3425	2	---	---	---	solid	1
7217	C6H7NO3S	m-aminobenzenesulfonic acid	121-47-1	173.193	---	---	---	---	25	1.3425	2	---	---	---	---	---
7218	C6H7NO3S	p-aminobenzenesulfonic acid	121-57-3	173.193	561.15	1	---	---	25	1.4850	1	---	---	---	solid	1
7219	C6H7NO3S	N-hydroxybenzenesulfonamide	599-71-3	173.193	395.65	1	---	---	25	1.3425	2	---	---	---	solid	1
7220	C6H7NO4	2-(methoxymethyl)-5-nitrofuran	586-84-5	157.126	---	---	---	---	20	1.2810	1	20	1.5325	1	---	---
7221	C6H7NO6S2	2,5-disulfoaniline	98-44-2	253.257	---	---	---	---	25	1.5689	2	---	---	---	---	---
7222	C6H7NS	2-aminobenzenethiol	137-07-5	125.195	299.15	1	507.15	1	25	1.1360	2	20	1.4606	1	solid	1
7223	C6H7NS	4-aminobenzenethiol	1193-02-8	125.195	319.15	1	507.15	2	25	1.1360	2	---	---	---	solid	1
7224	C6H7NS	3-aminothiophenol	22948-02-3	125.195	---	---	507.15	2	25	1.1790	1	---	1.6590	1	---	---
7225	C6H7NS	4-methyl-5-vinylthiazole	1759-28-0	125.195	258.25	1	507.15	2	25	1.0930	1	---	1.5680	1	liquid	2
7226	C6H7NS	4(1H)-pyridinethione,1-methyl-	6887-59-8	125.195	---	---	507.15	2	25	1.1360	2	---	---	---	---	---
7227	C6H7NS	2-pyridinemethanethiol	2044-73-7	125.195	---	---	507.15	2	25	1.1360	2	---	---	---	---	---
7228	C6H7N3	(dimethylaminomethylene)malononitrile	16849-88-0	121.143	357.65	1	---	---	25	1.1527	2	---	---	---	solid	1
7229	C6H7N3O	isoniazid	54-85-3	137.142	444.55	1	---	---	25	1.2387	2	---	---	---	solid	1
7230	C6H7N3O	nicotinic acid hydrazide	553-53-7	137.142	434.65	1	---	---	25	1.2387	2	---	---	---	solid	1
7231	C6H7N3O	6-aminonicotinamide	329-89-5	137.142	473.15	1	---	---	25	1.2387	2	---	---	---	solid	1
7232	C6H7N3O	2-nitrosomethylaminopyridine	16219-98-0	137.142	---	---	---	---	25	1.2387	2	---	---	---	---	---
7233	C6H7N3O	picolinamidoxime	1772-01-6	137.142	---	---	---	---	25	1.2387	2	---	---	---	---	---
7234	C6H7N3O2	4-nitro-1,2-benzenediamine	99-56-9	153.141	472.65	1	---	---	25	1.3165	2	---	---	---	solid	1
7235	C6H7N3O2	(4-nitrophenyl)hydrazine	100-16-3	153.141	431.15	dec	---	---	25	1.3165	2	---	---	---	solid	1
7236	C6H7N3O2	2-amino-4-methyl-5-nitropyridine	21901-40-6	153.141	497.15	1	---	---	25	1.3165	2	---	---	---	solid	1
7237	C6H7N3O2	2-amino-4-methyl-3-nitropyridine	6635-86-5	153.141	413.15	1	---	---	25	1.3165	2	---	---	---	solid	1
7238	C6H7N3O2	2-amino-5-nitro-3-picoline	18344-51-9	153.141	---	---	351.15	2	25	1.3165	2	---	---	---	---	---
7239	C6H7N3O2	6-amino-5-nitro-2-picoline	21901-29-1	153.141	---	---	351.15	2	25	1.3165	2	---	---	---	---	---
7240	C6H7N3O2	6-amino-3-nitro-2-picoline	22280-62-2	153.141	---	---	351.15	2	25	1.3165	2	---	---	---	---	---
7241	C6H7N3O2	3-nitro-1,2-phenylenediamine	3694-52-8	153.141	432.15	1	---	---	25	1.3165	2	---	---	---	solid	1
7242	C6H7N3O2	2-nitro-p-phenylenediamine	5307-14-2	153.141	410.15	1	---	---	25	1.3165	2	---	---	---	solid	1
7243	C6H7N3O2	2-nitrophenylhydrazine	3034-19-3	153.141	364.65	1	---	---	25	1.3165	2	---	---	---	solid	1
7244	C6H7N3O2	1-allyl-2-nitroimidazole	10045-34-8	153.141	---	---	351.15	2	25	1.3165	2	---	---	---	---	---
7245	C6H7N3O2	1-methyl-2-nitro-5-vinyl-1H-imidazole	39070-08-1	153.141	---	---	351.15	2	25	1.3165	2	---	---	---	---	---
7246	C6H7N3O2	4-nitro-m-phenylenediamine	5131-58-8	153.141	---	---	351.15	1	25	1.3165	2	---	---	---	---	---
7247	C6H7N3O3S	2-(2-aminothiazole-4-yl)-2-methoxyiminoac	65872-41-5	201.207	452.15	1	---	---	25	1.4633	2	---	---	---	solid	1
7248	C6H7N5	7-methyladenine	---	149.157	596.15	1	---	---	25	1.3131	2	---	---	---	solid	1
7249	C6H7N5	1-methyladenine	5142-22-3	149.157	>573.15	1	---	---	25	1.3131	2	---	---	---	solid	1
7250	C6H7N5	9-methyladenine	700-00-5	149.157	574.15	1	---	---	25	1.3131	2	---	---	---	solid	1
7251	C6H7N5	3-methyladenine	5142-23-4	149.157	---	---	---	---	25	1.3131	2	---	---	---	---	---
7252	C6H7N5O	2-amino-1,7-dihydro-7-methyl-6H-purin-6-c	578-76-7	165.156	643.15	1	---	---	25	1.3855	2	---	---	---	solid	1
7253	C6H7N5O2	3-hydroxy-1-methylguanine	63885-07-4	181.155	---	---	336.15	1	25	1.4513	2	---	---	---	---	---
7254	C6H7N5O2	3-hydroxy-7-methylguanine	30345-27-8	181.155	---	---	327.85	2	25	1.4513	2	---	---	---	---	---
7255	C6H7N5O2	3-hydroxy-9-methylguanine	30345-28-9	181.155	---	---	319.55	1	25	1.4513	2	---	---	---	---	---
7256	C6H7N5O5	5,6-dinitro-2-dimethylaminopyrimidinone	---	229.154	463.15	1	328.65	1	25	1.6175	2	---	---	---	solid	1
7257	C6H7N5S	2-amino-6-methylmercaptopurine	1198-47-6	181.223	508.65	1	---	---	25	1.4031	2	---	---	---	solid	1
7258	C6H7NaO2	sodium sorbate	7757-81-5	134.110	---	---	---	---	---	---	---	---	---	---	---	---
7259	C6H7NaO6	L-ascorbic acid sodium salt	134-03-2	198.108	492.15	1	---	---	---	---	---	---	---	---	solid	1
7260	C6H7NaO6	D(+)-isoascorbic acid, sodium salt	6381-77-7	198.108	443.15	1	---	---	---	---	---	---	---	---	solid	1
7261	C6H7NaO7	citric acid, monosodium salt, anhydrous	18996-35-5	214.107	485.15	1	---	---	---	---	---	---	---	---	solid	1
7262	C6H7O2	N-methyl pyrrolecarboxylate	---	111.120	---	---	---	---	25	1.0727	2	---	1.4875	1	---	---
7263	C6H7O2P	phenylphosphinic acid	1779-48-2	142.094	357.65	1	453.15	1	---	---	---	---	---	---	solid	1
7264	C6H7O3P	phenylphosphonic acid	1571-33-1	158.094	435.15	1	---	---	25	1.4750	1	---	---	---	solid	1
7265	C6H7O3Sb	dihydroxyphenylstibine oxide	535-46-6	248.880	412.15	1	---	---	---	---	---	---	---	---	solid	1
7266	C6H7P	phenylphosphine	638-21-1	110.096	---	---	433.65	1	15	1.0010	1	20	1.5796	1	---	---
7267	C6H8	1,3-cyclohexadiene	592-57-4	80.130	161.00	1	353.49	1	25	0.8370	1	20	1.4755	1	liquid	1
7268	C6H8	methylcyclopentadiene	26519-91-5	80.130	---	---	345.93	1	25	0.8050	1	25	1.4572	1	---	---
7269	C6H8	1,4-cyclohexadiene	628-41-1	80.130	223.95		360.15	1	20	0.8471	1	20	1.4725	1	liquid	1
7270	C6H8	1,2-dimethylenecyclobutane	14296-80-1	80.130	---	---	337.15	1	20	0.7698	1	20	1.4232	1	---	---
7271	C6H8	trans-1,3,5-hexatriene	821-07-8	80.130	261.15	1	351.65	1	15	0.7369	1	20	1.5135	1	liquid	1
7272	C6H8	cis-1,3,5-hexatriene	2612-46-6	80.130	261.15	1	351.15	1	20	0.7175	1	20	1.4577	1	liquid	1
7273	C6H8	1-hexen-3-yne	13721-54-5	80.130	---	---	358.15	1	20	0.7492	1	20	1.4522	1	---	---
7274	C6H8	1-hexen-4-yne	5009-11-0	80.130	---	---	360.15	1	14	0.7670	1	14	1.4460	1	---	---
7275	C6H8	1-hexen-5-yne	14548-31-3	80.130	---	---	343.15	1	20	0.7650	1	20	1.4318	1	---	---
7276	C6H8	2-hexen-4-yne	14092-20-7	80.130	---	---	361.65	1	20	0.7710	1	20	1.4918	1	---	---
7277	C6H8	2-methyl-1-penten-3-yne	926-55-6	80.130	---	---	351.11	2	20	0.7701	2	20	1.4002	1	---	---
7278	C6H8	3-methyl-3-penten-1-yne	1574-33-0	80.130	---	---	339.65	1	20	0.7390	1	20	1.4332	1	---	---
7279	C6H8	1,3,5-hexatriene	2235-12-3	80.130	261.55	1	352.55	1	25	0.7370	1	---	1.5070	1	liquid	1
7280	C6H8AsNO3	(4-aminophenyl)arsonic acid	98-50-0	217.056	505.15	1	---	---	10	1.9571	1	---	---	---	solid	1

Table 1 Physical Properties - Organic Compounds

				Mol Wt	Freezing Point		Boiling Point		Density			Refractive Index			State	
NO	FORMULA	NAME	CAS No	g/mol	T_F, K	code	T_B, K	code	T, C	g/cm3	code	T, C	n_D	code	@25C,1 atm	code
7281	C6H8AsNO3	o-arsanilic acid	2045-00-3	217.056	420.65	1	---	---	---	---	---	---	---	---	solid	1
7282	C6H8AsNO4	2-hydroxy-p-arsanilic acid	6318-57-6	233.056	---	---	341.75	1	---	---	---	---	---	---	---	---
7283	C6H8AsNO4	4-hydroxy-3-arsanilic acid	2163-77-1	233.056	563.15	dec	---	---	---	---	---	---	---	---	solid	1
7284	C6H8BNO3	2-methoxy-5-pyridineboronic acid	163105-89-3	152.946	---	---	---	---	---	---	---	---	---	---	---	---
7285	C6H8B2O4	benzene-1,4-diboronic acid	4612-26-4	165.749	>573.15	1	---	---	---	---	---	---	---	---	solid	1
7286	C6H8BrN3	3-bromo-2,5-diamino-4-picoline	---	202.055	---	---	---	---	25	1.5609	2	---	---	---	---	---
7287	C6H8Br2O2	2,5-dibromo-3,4-hexanedione	39081-91-9	271.936	---	---	---	---	25	1.7660	1	---	1.5120	1	---	---
7288	C6H8Br2O2	2,2-dibromo-1,3-dimethylcyclopropanoic a	72957-64-3	271.936	---	---	---	---	25	1.8401	2	---	---	---	---	---
7289	C6H8Br2O2	2,3-dibromopropyl acrylate	19660-16-3	271.936	---	---	---	---	25	1.8401	2	---	---	---	---	---
7290	C6H8Br2O4	1,2-bis(bromoacetoxy)ethane	3785-34-0	303.935	---	---	451.15	1	25	1.9113	2	---	---	---	---	---
7291	C6H8ClN	aniline hydrochloride	142-04-1	129.589	471.15	1	---	---	4	1.2215	1	---	---	---	solid	1
7292	C6H8ClNO	4-chloromethyl-3,5-dimethylisoxazole	19788-37-5	145.588	---	---	---	---	25	1.1720	1	---	1.4870	1	---	---
7293	C6H8ClNO	phenylhydroxylaminium chloride	---	145.588	---	---	---	---	25	1.1749	2	---	---	---	---	---
7294	C6H8ClNO4	anilinium perchlorate	---	193.587	---	---	389.15	1	25	1.3753	2	---	---	---	---	---
7295	C6H8ClNS	5-(2-chloroethyl)-4-methylthiazole	533-45-9	161.655	---	---	---	---	25	1.2330	1	---	---	---	---	---
7296	C6H8ClN2O5P	bis(2-oxo-3-oxazolidinyl)phosphinic chlorid	68641-49-6	254.567	464.15	1	---	---	---	---	---	---	---	---	solid	1
7297	C6H8ClN3O3	a-(chloromethyl)-2-nitroimidazole-2-ethano	67292-88-0	205.601	---	---	438.15	1	25	1.4313	2	---	---	---	---	---
7298	C6H8ClN3O4S2	4-amino-6-chloro-1,3-benzenedisulfonamid	121-30-2	285.733	527.65	1	---	---	25	1.5840	2	---	---	---	solid	1
7299	C6H8Cl2	1,3-dichloro-2,4-hexadiene	73454-83-8	151.035	---	---	---	---	20	1.1528	1	20	1.5271	1	---	---
7300	C6H8Cl2N2Pt	cis-dichloro(o-phenylenediamine)platinum(	38780-39-1	374.127	---	---	424.15	1	---	---	---	---	---	---	---	---
7301	C6H8Cl2O2	hexanedioyl dichloride	111-50-2	183.033	---	---	---	---	25	1.2847	2	---	---	---	---	---
7302	C6H8Cl2O3	ethyl 2,2-dichloroacetoacetate	6134-66-3	199.033	---	---	479.15	1	16	1.2920	1	17	1.4492	1	---	---
7303	C6H8Cl2O3	2-acetoxy-3,3-dichlorotetrahydrofuran	141942-52-1	199.033	---	---	479.15	2	25	1.3440	2	---	1.4656	1	---	---
7304	C6H8Cl2O3	3,3-dichloro-2,2-dihydroxycyclohexanone	83878-01-7	199.033	395.15	1	479.15	2	25	1.3440	2	---	---	---	solid	1
7305	C6H8Cl2O3	3,3-dichloro-2-formoxytetrahydropyran	---	199.033	---	---	479.15	2	25	1.3440	2	---	1.4845	1	---	---
7306	C6H8Cl2O4	bis(2-chloroethyl) oxalate	7208-92-6	215.032	318.15	1	---	---	25	1.3990	2	---	---	---	solid	1
7307	C6H8Cl2O4	ethylene glycol bis(chloroacetate)	6941-69-1	215.032	318.65	1	---	---	25	1.3990	2	---	---	---	solid	1
7308	C6H8Cl2O5	oxydiethylene bis(chloroformate)	106-75-2	231.032	---	---	406.15	1	25	1.4501	2	---	---	---	---	---
7309	C6H8Cl2S	endo-2,5-dichloro-7-thiabicyclo(2.2.1) hept	6522-40-3	183.101	---	---	408.15	1	25	1.2472	2	---	---	---	---	---
7310	C6H8Cl4N2O2	N,N,N',N'-tetrachloroadipamide	---	281.952	---	---	442.65	1	25	1.5212	2	---	---	---	---	---
7311	C6H8Cl4O	2,2,6,6-tetrachlorocyclohexanol	56207-45-5	237.939	330.65	1	---	---	25	1.3895	2	---	---	---	solid	1
7312	C6H8F3NO2	ethyl 3-amino-4,4,4-trifluorocrotonate	372-29-2	183.131	328.65	1	---	---	25	1.2450	1	---	1.4240	1	solid	1
7313	C6H8F4O2	glycidyl 2,2,3,3-tetrafluoropropyl ether	19932-26-4	188.122	---	---	---	---	25	1.3270	1	---	1.3660	1	---	---
7314	C6H8I2O4	ethylene bis(iodoacetate)	5451-51-4	397.936	---	---	---	---	25	2.2557	2	---	---	---	---	---
7315	C6H8NO3Sb	stibanilic acid	554-76-7	263.895	---	---	431.15	1	---	---	---	---	---	---	---	---
7316	C6H8N2	adiponitrile	111-69-3	108.144	275.55	1	568.15	1	25	0.9600	1	25	1.4360	1	liquid	1
7317	C6H8N2	methylglutaronitrile	4553-62-2	108.144	228.15	1	536.15	1	25	0.9500	1	25	1.4312	1	liquid	1
7318	C6H8N2	m-phenylenediamine	108-45-2	108.144	339.10	1	560.00	1	58	1.0096	1	58	1.6339	1	solid	1
7319	C6H8N2	o-phenylenediamine	95-54-5	108.144	376.95	1	530.15	1	28	1.0275	2	---	---	---	solid	1
7320	C6H8N2	p-phenylenediamine	106-50-3	108.144	413.00	1	540.00	1	28	1.0275	2	---	---	---	solid	1
7321	C6H8N2	phenylhydrazine	100-63-0	108.144	292.35	1	516.65	1	25	1.0940	1	25	1.6055	1	liquid	1
7322	C6H8N2	2,3-dimethylpyrazine	5910-89-4	108.144	---	---	429.15	1	25	1.0281	1	---	---	---	---	---
7323	C6H8N2	2,5-dimethylpyrazine	123-32-0	108.144	288.15	1	428.15	1	20	0.9887	1	20	1.4980	1	liquid	1
7324	C6H8N2	2,6-dimethylpyrazine	108-50-9	108.144	320.65	1	428.75	1	50	0.9647	1	---	---	---	solid	1
7325	C6H8N2	2,4-dimethylpyrimidine	14331-54-5	108.144	271.15	1	423.65	1	14	1.1680	1	25	1.4880	1	liquid	1
7326	C6H8N2	2,5-dimethylpyrimidine	22868-76-4	108.144	292.15	1	489.00	2	28	1.0275	2	---	---	---	liquid	2
7327	C6H8N2	4,5-dimethylpyrimidine	694-81-5	108.144	276.15	1	450.15	1	28	1.0275	2	---	---	---	liquid	1
7328	C6H8N2	4,6-dimethylpyrimidine	1558-17-4	108.144	298.15	1	432.15	1	28	1.0275	2	20	1.4880	1	---	---
7329	C6H8N2	3-methyl-2-pyridinamine	1603-40-3	108.144	306.65	1	495.15	1	28	1.0275	2	---	---	---	solid	1
7330	C6H8N2	4-methyl-2-pyridinamine	695-34-1	108.144	373.15	1	489.00	2	28	1.0275	2	---	---	---	solid	1
7331	C6H8N2	4-methyl-3-pyridinamine	3430-27-1	108.144	379.15	1	528.15	1	28	1.0275	2	---	---	---	solid	1
7332	C6H8N2	6-methyl-2-pyridinamine	1824-81-3	108.144	314.15	1	481.65	1	28	1.0275	2	---	---	---	solid	1
7333	C6H8N2	N-methyl-2-pyridinamine	4597-87-9	108.144	288.15	1	473.65	1	29	1.0480	1	---	---	---	liquid	1
7334	C6H8N2	N-methylpyridinamine	1121-58-0	108.144	391.95	1	489.00	2	28	1.0275	2	---	---	---	solid	1
7335	C6H8N2	2-pyridinemethanamine	3731-51-9	108.144	---	---	476.15	1	25	1.0525	1	25	1.5431	1	---	---
7336	C6H8N2	3-pyridinemethanamine	3731-52-0	108.144	252.05	1	499.15	1	20	1.0640	1	20	1.5520	1	liquid	1
7337	C6H8N2	4-pyridinemethanamine	3731-53-1	108.144	265.55	1	503.15	1	20	1.0720	1	25	1.5495	1	liquid	1
7338	C6H8N2	1-allylimidazole	31410-01-2	108.144	---	---	489.00	2	25	1.0030	1	---	1.5050	1	---	---
7339	C6H8N2	6-amino-3-picoline	1603-41-4	108.144	349.55	1	500.15	1	28	1.0275	2	---	---	---	solid	1
7340	C6H8N2	ethylbutanedinitrile	17611-82-4	108.144	232.25	1	537.15	1	28	1.0275	2	---	---	---	liquid	1
7341	C6H8N2	ethylpyrazine	13925-00-3	108.144	---	---	425.65	1	25	0.9820	1	---	1.4980	1	---	---
7342	C6H8N2	4-amino-3-picoline	1990-90-5	108.144	381.65	1	489.00	2	28	1.0275	2	---	---	---	solid	1
7343	C6H8N2O	bis(cyanoethyl) ether	1656-48-0	124.143	246.85	1	579.00	1	25	1.0440	1	25	1.4392	1	liquid	1
7344	C6H8N2O	2,4-diaminophenol	95-86-3	124.143	352.15	dec	579.00	2	23	1.0930	2	---	---	---	solid	1
7345	C6H8N2O	6-methoxy-3-pyridinamine	6628-77-9	124.143	303.15	1	579.00	2	23	1.0930	2	20	1.5745	1	solid	1
7346	C6H8N2O	pyrazineethanol	6705-31-3	124.143	---	---	579.00	2	20	1.1630	1	20	1.5378	1	---	---
7347	C6H8N2O	4,6-dimethyl-2-hydroxypyrimidine	108-79-2	124.143	476.15	1	579.00	2	23	1.0930	2	---	---	---	solid	1
7348	C6H8N2O	2,4-dimethyl-6-hydroxypyrimidine	6622-92-0	124.143	472.40	1	579.00	2	23	1.0930	2	---	---	---	solid	1
7349	C6H8N2O	2-methoxy-3-methylpyrazine	2847-30-5	124.143	---	---	579.00	2	25	1.0720	1	---	1.5065	1	---	---
7350	C6H8N2OS2	thiocyanic acid, diester with diethylene gly	4617-17-8	188.275	---	---	---	---	25	1.3250	2	---	---	---	---	---
7351	C6H8N2O2	2,4-dihydroxy-5,6-dimethylpyrimidine	26305-13-5	140.142	571.65	1	---	---	25	1.2020	2	---	---	---	solid	1
7352	C6H8N2O2	1,4-diisocyanatobutane	4538-37-8	140.142	---	---	477.65	2	25	1.1050	1	---	---	---	---	---
7353	C6H8N2O2	2,4-dimethoxypyrimidine	3551-55-1	140.142	---	---	477.65	1	25	1.2020	2	---	1.5010	1	---	---
7354	C6H8N2O2	ethyl 4-pyrazolecarboxylate	37622-90-5	140.142	352.15	1	477.65	2	25	1.2020	2	---	---	---	solid	1
7355	C6H8N2O2	1,3-dimethyl-2,4(1H,3H)-pyrimidinedione	874-14-6	140.142	392.50	1	477.65	2	25	1.2020	2	---	---	---	solid	1
7356	C6H8N2O2	2-buten-1-yl diazoacetate	14746-03-3	140.142	---	---	477.65	2	25	1.2020	2	---	---	---	---	---
7357	C6H8N2O2S	4-aminobenzenesulfonamide	63-74-1	172.208	438.65	1	---	---	25	1.0800	1	---	---	---	solid	1
7358	C6H8N2O2S	benzenesulfonyl hydrazide	80-17-1	172.208	375.15	1	---	---	25	1.3031	2	---	---	---	solid	1
7359	C6H8N2O2S	m-aminobenzenesulfonamide	98-18-0	172.208	413.35	1	---	---	25	1.3031	2	---	---	---	solid	1
7360	C6H8N2O3	aniline nitrate	542-15-4	156.142	463.15	dec	543.15	2	4	1.3560	1	---	---	---	solid	1

				Mol Wt	Freezing Point		Boiling Point		Density			Refractive Index			State	
NO	FORMULA	NAME	CAS No	g/mol	T_F, K	code	T_B, K	code	T, C	g/cm3	code	T, C	n_D	code	@25C,1 atm	code
7361	C6H8N2O3	N-cyanoacetyl ethyl carbamate	6629-04-5	156.142	---	---	543.15	2	25	1.2777	2	---	---	---	---	---
7362	C6H8N2O3	5-hydroxymethyl-4-methyluracil	147-61-5	156.142	---	---	543.15	dec	25	1.2777	2	---	---	---	---	---
7363	C6H8N2O3S	4-hydrazinobenzenesulfonic acid	98-71-5	188.208	559.15	1	773.15	2	25	1.3661	2	---	---	---	solid	1
7364	C6H8N2O3S	2,4-diaminobenzenesulfonic acid	---	188.208	---	---	773.15	2	25	1.3661	2	---	---	---	---	---
7365	C6H8N2O3S	2,5-diaminobenzenesulfonic acid	88-45-9	188.208	572.15	1	773.15	1	25	1.3661	2	---	---	---	solid	1
7366	C6H8N2O3S	1,3-phenylenediamine-4-sulfonic acid	88-63-1	188.208	---	---	773.15	2	25	1.3661	2	---	---	---	---	---
7367	C6H8N2O4S2	N,N'-bis(carboxymethyl)dithiooxamide	95-99-8	236.273	---	---	---	---	25	1.4865	2	---	---	---	---	---
7368	C6H8N2O8	cardis	87-33-2	236.139	344.15	1	---	---	25	1.5713	2	---	---	---	solid	1
7369	C6H8N2S	bis(2-cyanoethyl) sulfide	111-97-7	140.210	---	---	---	---	25	1.1595	2	20	1.5047	1	---	---
7370	C6H8N2S	4,6-dimethyl-2-mercaptopyrimidine	22325-27-5	140.210	488.15	1	---	---	25	1.1595	2	---	---	---	solid	1
7371	C6H8N2S	2-methyl-3-(methylthio)pyrazine	2882-20-4	140.210	---	---	---	---	25	1.1500	1	---	1.5830	1	---	---
7372	C6H8N2S	2-pyrazinylethanethiol	35250-53-4	140.210	---	---	---	---	25	1.1595	2	---	---	---	---	---
7373	C6H8N4O3	1,3-dimethyl-4-amino-5-nitrosouracil	6632-68-4	184.156	---	---	460.65	1	25	1.4090	2	---	---	---	---	---
7374	C6H8N4O3S	1-ethyl-3-(5-nitro-2-thiazolyl) urea	139-94-6	216.222	501.15	dec	---	---	25	1.4783	2	---	---	---	solid	1
7375	C6H8N4O4	methyl cyanocarbamate dimer	---	200.155	---	---	358.15	2	25	1.4684	2	---	---	---	---	---
7376	C6H8N4O4	1-methyl-5-nitroimidazole-2-methanol carb	7681-76-7	200.155	441.15	1	358.15	1	25	1.4684	2	---	---	---	solid	1
7377	C6H8N4O4	nitroiminodiethylenediisocyanic acid	7046-61-9	200.155	---	---	358.15	2	25	1.4684	2	---	---	---	---	---
7378	C6H8N4S	1H-pyrrole-2-carboxaldehyde, thiosemicart	5451-36-5	168.224	---	---	---	---	25	1.2999	2	---	---	---	---	---
7379	C6H8N6O18	D-mannitol hexanitrate	15825-70-4	452.161	380.15	1	---	---	20	1.8000	1	---	---	---	solid	1
7380	C6H8Na3O7	sodium citrate	68-04-2	261.095	---	---	---	---	---	---	---	---	---	---	---	---
7381	C6H8O	2-ethylfuran	3208-16-0	96.129	182.44	2	365.65	1	20	0.9018	1	20	1.4403	1	liquid	1
7382	C6H8O	3-ethylfuran	67363-95-5	96.129	182.44	2	365.00	2	21	0.9253	2	20	1.4410	2	liquid	2
7383	C6H8O	2,3-dimethylfuran	14920-89-9	96.129	177.34	2	367.65	1	21	0.9253	2	20	1.4420	1	liquid	1
7384	C6H8O	2,4-dimethylfuran	3710-43-8	96.129	177.34	2	368.15	1	20	0.8993	1	20	1.4390	1	liquid	1
7385	C6H8O	2,5-dimethylfuran	625-86-5	96.129	210.35	1	366.15	1	20	0.8883	1	20	1.4420	1	liquid	1
7386	C6H8O	3,4-dimethylfuran	20843-07-6	96.129	177.34	2	351.67	2	21	0.9253	2	25	1.4420	2	liquid	2
7387	C6H8O	2-cyclohexen-1-one	930-68-7	96.129	220.15	1	443.15	1	25	0.9620	1	20	1.4883	1	liquid	1
7388	C6H8O	3-cyclohexen-1-one	4096-34-8	96.129	---	---	443.15	1	25	0.9620	1	18	1.4842	1	---	---
7389	C6H8O	2-methyl-2-cyclopenten-1-one	1120-73-6	96.129	---	---	430.15	1	16	0.9808	1	15	1.4762	1	---	---
7390	C6H8O	3-methyl-2-cyclopenten-1-one	2758-18-1	96.129	---	---	430.65	1	20	0.9712	1	20	1.4714	1	---	---
7391	C6H8O	5-methyl-2-cyclopenten-1-one	14963-40-7	96.129	---	---	413.15	1	18	0.9420	1	18	1.4460	1	---	---
7392	C6H8O	1-cyclopentene-1-carboxaldehyde	6140-65-4	96.129	241.15	1	419.15	1	21	0.9700	1	17	1.4872	1	liquid	1
7393	C6H8O	trans,trans-2,4-hexadienal	142-83-6	96.129	256.65	1	447.15	1	20	0.8980	1	20	1.5384	1	liquid	1
7394	C6H8O	3-hexynal	89533-67-5	96.129	---	---	409.05	2	23	0.9036	1	22	1.4498	1	---	---
7395	C6H8O	3-hexyn-2-one	1679-36-3	96.129	---	---	409.05	2	20	0.8790	1	20	1.4400	1	---	---
7396	C6H8O	5-hexyn-2-one	2550-28-9	96.129	---	---	422.15	1	20	0.9065	1	20	1.4366	1	---	---
7397	C6H8O	3-methyl-2-penten-4-yn-1-ol	105-29-3	96.129	298.15	1	409.05	2	21	0.9253	2	---	---	---	---	---
7398	C6H8O	3-methyl-1-penten-4-yn-3-ol	3230-69-1	96.129	298.15	2	409.05	2	25	0.8900	1	---	1.4460	1	---	---
7399	C6H8O	hex-1-yn-3-one	689-00-9	96.129	---	---	409.05	2	21	0.9253	2	---	---	---	---	---
7400	C6H8O	dimethyl furane	28802-49-5	96.129	---	---	423.15	1	21	0.9253	2	---	---	---	---	---
7401	C6H8O	4-hexen-1-yn-3-ol	10138-60-0	96.129	298.15	2	488.65	1	21	0.9253	2	---	---	---	---	---
7402	C6H8OS	2,5-dimethylfuran-3-thiol	55764-23-3	128.195	---	---	449.15	1	25	1.0500	1	---	---	---	---	---
7403	C6H8OS	furfuryl methyl sulfide	1438-91-1	128.195	---	---	449.15	2	25	1.0700	1	---	1.5220	1	---	---
7404	C6H8OS	3-thiopheneethanol	13781-67-4	128.195	---	---	449.15	2	25	1.1420	1	---	1.5520	1	---	---
7405	C6H8OS	2-thiopheneethanol	5402-55-1	128.195	---	---	449.15	2	25	1.1520	1	---	1.5500	1	---	---
7406	C6H8OS2	furfuryl methyl disulfide	57500-00-2	160.261	---	---	---	---	25	1.0800	1	---	1.5680	1	---	---
7407	C6H8O2	allyl acrylate	999-55-3	112.128	---	---	394.15	1	20	0.9441	1	20	1.4320	1	---	---
7408	C6H8O2	1,3-butadien-1-ol acetate	1515-76-0	112.128	---	---	444.11	2	25	0.9450	1	20	1.4690	1	---	---
7409	C6H8O2	1,2-cyclohexanedione	765-87-7	112.128	313.15	1	467.15	1	21	1.1187	1	20	1.4995	1	solid	1
7410	C6H8O2	1,3-cyclohexanedione	504-02-9	112.128	378.65	1	444.11	2	91	1.0861	1	102	1.4576	1	solid	1
7411	C6H8O2	1,4-cyclohexanedione	637-88-7	112.128	351.15	1	444.11	2	91	1.0861	1	---	---	---	solid	1
7412	C6H8O2	1-cyclopentene-1-carboxylic acid	1560-11-8	112.128	396.65	1	483.15	1	29	1.0403	2	---	---	---	solid	1
7413	C6H8O2	ethyl 2-butynoate	4341-76-8	112.128	---	---	436.15	1	20	0.9641	1	20	1.4372	1	---	---
7414	C6H8O2	methyl 2-pentynoate	24342-04-9	112.128	---	---	444.11	2	20	0.9630	1	20	1.4455	1	---	---
7415	C6H8O2	ethyl 2-furyl ether	5809-07-4	112.128	---	---	398.65	1	23	0.9849	1	23	1.4500	1	---	---
7416	C6H8O2	2,4-hexadienoic acid	110-44-1	112.128	407.65	1	501.15	dec	19	1.2040	1	---	---	---	solid	1
7417	C6H8O2	2-hexynoic acid	764-33-0	112.128	300.15	1	444.11	2	20	0.9820	1	---	---	---	solid	1
7418	C6H8O2	2-(methoxymethyl)furan	13679-46-4	112.128	---	---	405.15	1	20	1.0163	1	20	1.4570	1	---	---
7419	C6H8O2	5-methyl-2-furanmethanol	3857-25-8	112.128	---	---	468.15	dec	20	1.0769	1	20	1.4853	1	---	---
7420	C6H8O2	alpha-methyl-2-furanmethanol	4208-64-4	112.128	---	---	435.65	1	25	1.0739	1	15	1.4827	1	---	---
7421	C6H8O2	parasorbic acid	10048-32-5	112.128	---	---	444.11	2	18	1.0790	1	20	1.4736	1	---	---
7422	C6H8O2	3-cyclopentene-1-carboxylic acid	7686-77-3	112.128	---	---	444.11	2	25	1.0840	1	---	1.4690	1	---	---
7423	C6H8O2	3,4-dihydro-6-methyl-2H-pyran-2-one	3740-59-8	112.128	---	---	444.11	2	25	1.0900	1	---	1.4680	1	---	---
7424	C6H8O2	3,4-dihydro-2H-pyran-2-carboxaldehyde	100-73-2	112.128	173.25	1	422.65	1	25	1.0790	1	---	1.4660	1	liquid	1
7425	C6H8O2	2,2-dimethyl-3(2H)-furanone	35298-48-7	112.128	---	---	444.11	2	25	1.0270	1	---	1.4550	1	---	---
7426	C6H8O2	(R)-(+)-1-(2-furyl)ethanol	27948-61-4	112.128	---	---	444.11	2	25	1.0700	1	---	1.4790	1	---	---
7427	C6H8O2	(S)-(-)-1-(2-furyl)ethanol	85828-09-7	112.128	---	---	444.11	2	25	1.0700	1	---	1.4775	1	---	---
7428	C6H8O2	2-methyl-1,3-cyclopentanedione	765-69-5	112.128	487.15	1	486.15	1	29	1.0403	2	---	---	---	solid	1
7429	C6H8O2	3-methyl-1,2-cyclopentanedione	765-70-8	112.128	380.65	1	444.11	2	29	1.0403	2	---	---	---	solid	1
7430	C6H8O2	7-oxabicyclo[4.1.0]heptan-2-one	6705-49-3	112.128	---	---	444.11	2	25	1.1300	1	---	1.4740	1	---	---
7431	C6H8O2	vinyl crotonate	14861-06-4	112.128	---	---	406.65	1	25	0.9200	1	---	1.4480	1	---	---
7432	C6H8O2	vinyl methacrylate	4245-37-8	112.128	---	---	384.65	1	25	0.9330	1	---	1.4360	1	---	---
7433	C6H8O2	trans-(±)-3,5-cyclohexadiene-1,2-diol	103302-38-1	112.128	---	---	528.15	1	29	1.0403	2	---	---	---	---	---
7434	C6H8O2	(+)-1a,2b-dihydroxy-1,2-dihydrobenzene	103364-68-7	112.128	---	---	444.11	2	29	1.0403	2	---	---	---	---	---
7435	C6H8O2	5-ethyl-2(5H)-furanone	2407-43-4	112.128	---	---	444.11	2	29	1.0403	2	---	---	---	---	---
7436	C6H8O2	6-hydroxy-trans,trans-2,4-hexadienal	141812-70-6	112.128	---	---	444.11	2	29	1.0403	2	---	---	---	---	---
7437	C6H8O2	4-hydroxyhex-4-enoic acid lactone	3393-34-8	112.128	---	---	444.11	2	29	1.0403	2	---	---	---	---	---
7438	C6H8O2	2-hydroxy-3-methyl-2-cyclopenten-1-one	80-71-7	112.128	---	---	444.11	2	29	1.0403	2	---	---	---	---	---
7439	C6H8O3	3-acetyldihydro-2(3H)-furanone	517-23-7	128.128	---	---	492.65	2	20	1.1846	1	20	1.4585	1	---	---
7440	C6H8O3	2,3-epoxypropyl acrylate	106-90-1	128.128	---	---	492.65	2	20	1.1109	1	20	1.4490	1	---	---

Table 1 Physical Properties - Organic Compounds

				Mol Wt	Freezing Point		Boiling Point		Density			Refractive Index			State	
NO	FORMULA	NAME	CAS No	g/mol	T_F, K	code	T_B, K	code	T, C	g/cm3	code	T, C	n_D	code	@25C,1 atm	code
7441	C6H8O3	2,5-dimethyl-4-hydroxy-3(2H)-furanone	3658-77-3	128.128	352.15	1	492.65	2	22	1.1435	2	---	---	---	solid	1
7442	C6H8O3	2,2-dimethylsuccinic anhydride	17347-61-4	128.128	301.65	1	492.65	1	25	1.1350	1	---	---	---	solid	1
7443	C6H8O3	3-methylglutaric anhydride	4166-53-4	128.128	316.65	1	492.65	2	22	1.1435	2	---	---	---	solid	1
7444	C6H8O3	1,4-dimethyl-2,3,7-trioxabicyclo[2.2.1]hept-	---	128.128	---	---	492.65	2	22	1.1435	2	---	---	---	---	---
7445	C6H8O3	(+)-(1S,2R,3S,6R)-7-oxabicyclo(4.1.0)hept	121153-49-9	128.128	---	---	492.65	2	22	1.1435	2	---	---	---	---	---
7446	C6H8O4	dimethyl maleate	624-48-6	144.127	254.15	1	478.15	1	25	1.1480	1	25	1.4405	1	liquid	1
7447	C6H8O4	allylpropanedioic acid	2583-25-7	144.127	378.15	1	453.15	dec	44	1.2096	2	---	---	---	solid	1
7448	C6H8O4	cis-1,3-cyclobutanedicarboxylic acid	2398-16-5	144.127	416.65	1	525.15	1	44	1.2096	2	---	---	---	solid	1
7449	C6H8O4	trans-1,3-cyclobutanedicarboxylic acid	7439-33-0	144.127	444.15	1	480.65	2	44	1.2096	2	---	---	---	solid	1
7450	C6H8O4	2,2-dimethyl-1,3-dioxane-4,6-dione	2033-24-1	144.127	367.15	1	480.65	2	44	1.2096	2	---	---	---	solid	1
7451	C6H8O4	dimethyl fumarate	624-49-7	144.127	376.65	1	466.15	1	20	1.3700	1	111	1.4062	1	solid	1
7452	C6H8O4	ethyl hydrogen fumarate	2459-05-4	144.127	343.15	1	480.65	2	87	1.1109	1	---	---	---	solid	1
7453	C6H8O4	(1-methylethylidene)propanedioic acid	4441-90-1	144.127	443.65	1	480.65	2	44	1.2096	2	---	---	---	solid	1
7454	C6H8O4	(S)-3-acetoxy-g-butyrolactone	191403-65-3	144.127	---	---	480.65	2	44	1.2096	2	---	1.4500	1	---	---
7455	C6H8O4	1,1-cyclobutanedicarboxylic acid	5445-51-2	144.127	432.15	1	480.65	2	44	1.2096	2	---	---	---	solid	1
7456	C6H8O4	funginon	---	144.127	---	---	480.65	2	44	1.2096	2	---	---	---	---	---
7457	C6H8O5	6-deoxy-L-ascorbic acid	528-81-4	160.127	441.15	1	521.65	2	25	1.2816	2	---	---	---	solid	1
7458	C6H8O5	ethylene glycol maleate	26560-94-1	160.127	---	---	521.65	1	25	1.2816	2	---	---	---	---	---
7459	C6H8O6	ascorbic acid	50-81-7	176.126	465.15	1	637.00	1	25	1.6500	1	---	---	---	solid	1
7460	C6H8O6	DL-ascorbic acid	62624-30-0	176.126	441.65	1	637.00	2	23	1.7050	2	---	---	---	solid	1
7461	C6H8O6	D-glucuronic acid gamma-lactone	32449-92-6	176.126	450.65	1	637.00	2	20	1.7600	1	---	---	---	solid	1
7462	C6H8O6	1,2,3-propanetricarboxylic acid	99-14-9	176.126	439.15	1	637.00	2	23	1.7050	2	---	---	---	solid	1
7463	C6H8O6	D(-)-isoascorbic acid	89-65-6	176.126	442.65	1	637.00	2	23	1.7050	2	---	---	---	solid	1
7464	C6H8O7	citric acid	77-92-9	192.125	426.15	1	659.00	1	25	1.5400	1	20	1.4960	1	solid	1
7465	C6H8O7	isocitric acid	320-77-4	192.125	378.15	1	659.00	2	25	1.4109	2	---	---	---	solid	1
7466	C6H8P2	1,2-phenylenebisphosphine	80510-04-9	142.078	---	---	---	---	25	1.1010	1	---	---	---	---	---
7467	C6H8S	2-ethylthiophene	872-55-9	112.196	241.08	2	407.15	1	25	0.9880	1	25	1.5094	1	liquid	1
7468	C6H8S	3-ethylthiophene	1795-01-3	112.196	184.05	1	409.15	1	25	0.9931	1	25	1.5120	1	liquid	1
7469	C6H8S	2,3-dimethylthiophene	632-16-6	112.196	224.15	1	414.75	1	25	0.9970	1	25	1.5166	1	liquid	1
7470	C6H8S	2,4-dimethylthiophene	638-00-6	112.196	241.08	2	413.85	1	25	0.9905	1	25	1.5078	1	liquid	1
7471	C6H8S	2,5-dimethylthiophene	638-02-8	112.196	210.55	1	409.85	1	25	0.9799	1	25	1.5104	1	liquid	1
7472	C6H8S	3,4-dimethylthiophene	632-15-5	112.196	241.08	2	418.15	1	25	1.0030	1	25	1.5187	1	liquid	1
7473	C6H8S2	1-(2'-thienyl)ethylmercaptan	94089-02-8	144.262	---	---	371.15	1	25	1.1400	1	---	1.5777	1	---	---
7474	C6H8Si	phenylsilane	694-53-1	108.215	---	---	392.15	1	20	0.8681	1	20	1.5125	1	---	---
7475	C6H9Bi	trivinylbismuth	65313-35-1	290.118	---	---	---	---	---	---	---	---	---	---	---	---
7476	C6H9BiO6	bismuth(iii) acetate	22306-37-2	386.114	---	---	---	---	---	---	---	---	---	---	---	---
7477	C6H9Br	1-bromocyclohexene	2044-08-8	161.041	---	---	438.15	1	20	1.3901	1	20	1.5134	1	---	---
7478	C6H9Br	3-bromocyclohexene	1521-51-3	161.041	---	---	438.15	2	20	1.3890	1	20	1.5320	1	---	---
7479	C6H9BrO	2-bromocyclohexanone	822-85-5	177.041	---	---	---	---	25	1.3400	1	25	1.5085	1	---	---
7480	C6H9BrO	2-bromoethynyl-2-butanol	2028-52-6	177.041	---	---	---	---	25	1.3959	2	---	---	---	---	---
7481	C6H9BrO2	ethyl trans-4-bromo-2-butenoate	37746-78-4	193.040	---	---	---	---	16	1.4020	1	20	1.4925	1	---	---
7482	C6H9BrO2	ethyl 2-(bromomethyl)acrylate	17435-72-2	193.040	---	---	---	---	25	1.3980	1	---	1.4790	1	---	---
7483	C6H9BrO3	ethyl 2-bromoacetoacetate	609-13-2	209.040	---	---	483.15	dec	16	1.4294	1	14	1.4630	1	---	---
7484	C6H9BrO3	ethyl 4-bromoacetoacetate	13176-46-0	209.040	---	---	430.65	2	18	1.5278	1	20	1.5281	1	---	---
7485	C6H9BrO3	a-acetoxy-isobutyryl bromide	40635-67-4	209.040	---	---	378.15	1	25	1.4310	1	---	---	---	---	---
7486	C6H9Cl	1-chlorocyclohexene	930-66-5	116.590	---	---	415.65	1	19	1.0361	1	20	1.4797	1	---	---
7487	C6H9Cl	3-chloro-1,3-hexadiene	101870-06-8	116.590	---	---	395.15	1	20	0.9390	1	20	1.4770	1	---	---
7488	C6H9Cl	1-chloro-3-methyl-1,2-pentadiene	32337-74-9	116.590	---	---	395.42	2	20	0.9562	1	---	---	---	---	---
7489	C6H9Cl	3-chloro-3-methyl-1-pentyne	14179-94-3	116.590	---	---	375.45	1	20	0.9163	1	20	1.4330	1	---	---
7490	C6H9Cl	4-chloro-4-methyl-2-pentyne	999-79-1	116.590	---	---	395.42	2	21	0.9619	2	20	1.4143	1	---	---
7491	C6H9Cl	6-chloro-1-hexyne	10297-06-0	116.590	---	---	395.42	2	25	0.9620	1	---	1.4510	1	---	---
7492	C6H9Cl	3-chloro-1-cyclohexene	2441-97-6	116.590	---	---	395.42	2	21	0.9619	2	---	---	---	---	---
7493	C6H9ClN2	phenylhydrazine monohydrochloride	59-88-1	144.604	517.65	dec	---	---	25	1.1381	2	---	---	---	solid	1
7494	C6H9ClN2	5-chloro-1-ethyl-2-methylimidazole	4897-22-7	144.604	---	---	---	---	25	1.1410	1	---	1.4990	1	---	---
7495	C6H9ClO	2-chlorocyclohexanone	822-87-7	132.589	296.15	1	434.65	2	20	1.1600	1	20	1.4825	1	liquid	2
7496	C6H9ClO	4-chlorocyclohexanone	21299-26-3	132.589	---	---	434.65	2	23	1.1255	2	20	1.4867	1	---	---
7497	C6H9ClO	cyclopentanecarbonyl chloride	4524-93-0	132.589	---	---	434.65	1	25	1.0910	1	---	1.4620	1	---	---
7498	C6H9ClO2	ethyl 4-chloro-2-butenoate	15333-22-9	148.589	---	---	447.28	2	18	1.0900	1	18	1.4620	1	---	---
7499	C6H9ClO2	ethyl cis-2-chloro-2-butenoate	77825-54-8	148.589	---	---	447.28	2	18	1.1021	1	---	---	---	---	---
7500	C6H9ClO2	ethyl trans-2-chloro-2-butenoate	77825-53-7	148.589	---	---	450.15	1	20	1.1135	1	20	1.4538	1	---	---
7501	C6H9ClO2	ethyl cis-3-chloro-2-butenoate	6127-93-1	148.589	---	---	434.55	1	20	1.0860	1	19	1.4542	1	---	---
7502	C6H9ClO2	ethyl trans-3-chloro-2-butenoate	6127-92-0	148.589	---	---	457.15	1	20	1.1062	1	20	1.4592	1	---	---
7503	C6H9ClO2	chloroethyl methacrylate	1888-94-4	148.589	235.15	1	447.28	2	19	1.0996	2	---	---	---	liquid	2
7504	C6H9ClO3	2-chloroethyl acetoacetate	54527-68-3	164.588	---	---	471.15	1	21	1.2055	1	20	1.4430	1	---	---
7505	C6H9ClO3	ethyl 4-chloroacetoacetate	638-07-3	164.588	265.15	1	493.15	dec	25	1.2180	1	20	1.4520	1	liquid	1
7506	C6H9ClO3	a-acetoxy-isobutyryl chloride	40635-66-3	164.588	---	---	328.15	1	25	1.1360	1	---	1.4280	1	---	---
7507	C6H9ClO3	ethyl 2-chloroacetoacetate	609-15-4	164.588	---	---	430.82	2	25	1.1900	1	---	1.4420	1	---	---
7508	C6H9ClO3	ethyl 4-chloro-4-oxobutyrate	14794-31-1	164.588	---	---	430.82	2	25	1.1560	1	---	1.4370	1	---	---
7509	C6H9ClO3	glutaric acid monomethyl ester chloride	1501-26-4	164.588	---	---	430.82	2	25	1.1910	1	---	1.4460	1	---	---
7510	C6H9ClO3	methyl (E)-4-chloro-3-methoxy-2-butenoate	110104-60-4	164.588	298.15	1	430.82	2	25	1.2100	1	---	1.4840	1	---	---
7511	C6H9ClSn	chloro(trivinyl)stannane	10008-90-9	235.300	---	---	419.15	1	---	---	---	---	---	---	---	---
7512	C6H9Cl3	1,1,2-trichloro-1-hexene	53977-99-4	187.495	---	---	450.00	2	25	1.2250	1	25	1.4760	1	---	---
7513	C6H9Cl3O2	butyl trichloroacetate	3657-07-6	219.494	---	---	477.15	1	20	1.2778	1	25	1.4525	1	---	---
7514	C6H9Cl3O2	sec-butyl trichloroacetate	4484-80-4	219.494	---	---	469.15	1	20	1.2630	1	20	1.4483	1	---	---
7515	C6H9Cl3O2	tert-butyl trichloroacetate	1860-21-5	219.494	298.65	1	473.15	2	25	1.2363	1	25	1.4398	1	solid	1
7516	C6H9Cl3O2	ethyl 2,2,3-trichlorobutanoate	116723-97-8	219.494	---	---	485.15	1	20	1.3114	1	---	---	---	---	---
7517	C6H9Cl3O2	isobutyl trichloroacetate	33560-15-5	219.494	---	---	461.15	1	20	1.2636	1	20	1.4483	1	---	---
7518	C6H9Cl3O3	chloroacetaldehyde, trimer	65438-35-9	235.493	360.15	1	---	---	25	1.3870	2	---	---	---	solid	1
7519	C6H9Cl3Si	cyclohexenyltrichlorosilane	10137-69-6	215.580	---	---	475.15	1	25	1.2470	1	---	---	---	---	---
7520	C6H9CoO6	cobalt(iii) acetate	917-69-1	236.067	373.15	dec	---	---	---	---	---	---	---	---	solid	1

Table 1 Physical Properties - Organic Compounds

				Mol Wt	Freezing Point		Boiling Point		Density			Refractive Index			State	
NO	FORMULA	NAME	CAS No	g/mol	T_F, K	code	T_B, K	code	T, C	g/cm3	code	T, C	n_D	code	@25C,1 atm	code
7521	C6H9CrO6	chromic acetate	1066-30-4	229.130	---	---	---	---	---	---	---	---	---	---	---	---
7522	C6H9Cu2O9.5	copper(ii) citrate hemipentahydrate	10402-15-0	360.224	373.15	dec	---	---	---	---	---	---	---	---	solid	1
7523	C6H9F3O2	butyl trifluoroacetate	367-64-6	170.132	---	---	375.15	1	22	1.0268	1	22	1.3530	1	---	---
7524	C6H9F3O2	tert-butyl trifluoroacetate	400-52-2	170.132	---	---	356.15	1	24	1.1046	2	25	1.3300	1	---	---
7525	C6H9F3O2	ethyl 4,4,4-trifluorobutyrate	371-26-6	170.132	---	---	400.15	1	25	1.1600	1	---	1.3520	1	---	---
7526	C6H9F3O2	2,2,2-trifluoroethyl butyrate	371-27-7	170.132	---	---	385.65	1	25	1.1270	1	---	1.3470	1	---	---
7527	C6H9F3O3	ethyl (R)-(+)-4,4,4-trifluoro-3-hydroxybutyra	85571-85-3	186.131	---	---	---	---	25	1.2590	1	---	1.3750	1	---	---
7528	C6H9F3O5S	ethyl (S)-2-(trifluoromethylsulfonyloxy)prop	84028-88-6	250.196	---	---	---	---	25	1.3420	1	---	1.3740	1	---	---
7529	C6H9F7Si	(heptafluoropropyl)trimethylsilane	3834-42-2	242.212	---	---	361.15	1	25	1.1950	1	---	1.3240	1	---	---
7530	C6H9IO2	ethyl cis-3-iodocrotonate	34450-62-9	240.041	---	---	488.15	1	25	1.6390	1	---	1.5290	1	---	---
7531	C6H9IO6	iodine triacetate	---	304.038	---	---	431.65	1	25	1.8583	2	---	---	---	---	---
7532	C6H9N	cyclopentanecarbonitrile	4254-02-8	95.144	---	---	432.35	2	21	0.8986	2	---	---	---	---	---
7533	C6H9N	2,4-dimethylpyrrole	625-82-1	95.144	279.65	2	441.15	1	20	0.9236	1	20	1.5048	1	liquid	1
7534	C6H9N	2,5-dimethylpyrrole	625-84-3	95.144	279.65	1	444.15	1	20	0.9353	1	20	1.5036	1	liquid	1
7535	C6H9N	1-ethyl-1H-pyrrole	617-92-5	95.144	279.65	2	402.65	1	20	0.9009	1	20	1.4841	1	liquid	1
7536	C6H9N	2-ethyl-1H-pyrrole	1551-06-0	95.144	279.65	2	437.15	1	20	0.9042	1	20	1.4942	1	liquid	1
7537	C6H9N	5-hexenenitrile	5048-19-1	95.144	---	---	436.65	1	25	0.8290	1	---	1.4270	1	---	---
7538	C6H9NO	N-methyl-2-furanmethanamine	4753-75-7	111.144	---	---	422.15	1	25	0.9890	1	20	1.4729	1	---	---
7539	C6H9NO	1-vinyl-2-pyrrolidinone	88-12-0	111.144	286.65	1	414.40	2	20	1.0400	1	---	---	---	liquid	2
7540	C6H9NO	(1S,4R)-2-azabicyclo[2.2.1]heptan-3-one	134003-03-5	111.144	349.35	1	414.40	2	24	0.9968	2	---	---	---	solid	1
7541	C6H9NO	6-azabicyclo[3.2.0]heptan-7-one	22031-52-3	111.144	314.65	1	414.40	2	24	0.9968	2	---	---	---	solid	1
7542	C6H9NO	5-methylfurfurylamine	14003-16-8	111.144	251.25	1	414.40	2	25	1.0040	1	---	1.4880	1	liquid	2
7543	C6H9NO	2,4,5-trimethyloxazole	20662-84-4	111.144	---	---	406.65	1	25	0.9540	1	---	1.4420	1	---	---
7544	C6H9NO	3-allyloxypropionitrile	3088-44-6	111.144	---	---	414.40	2	24	0.9968	2	---	---	---	---	---
7545	C6H9NOS	4-methyl-5-thiazoleethanol	137-00-8	143.210	---	---	---	---	24	1.1960	1	---	---	---	---	---
7546	C6H9NO2	1-ethyl-2,5-pyrrolidinedione	2314-78-5	127.143	299.15	1	509.15	1	25	1.0881	2	---	---	---	solid	1
7547	C6H9NO2	1,2,5,6-tetrahydro-3-pyridinecarboxylic aci	498-96-4	127.143	568.15	dec	---	---	25	1.0881	2	---	---	---	solid	1
7548	C6H9NO2	(1S,4R)-4-aminocyclopent-2-enecarboxylic	102579-72-6	127.143	412.45	1	415.90	2	25	1.0881	2	---	---	---	solid	1
7549	C6H9NO2	(1R,4S)-4-aminocyclopent-2-enecarboxylic	134003-04-6	127.143	453.15	1	---	---	25	1.0881	2	---	---	---	solid	1
7550	C6H9NO2	2-methoxymethyl-3-methoxypropenenitrile	1608-82-8	127.143	---	---	360.15	1	25	1.0881	2	---	1.4645	1	---	---
7551	C6H9NO2	1-nitro-1-cyclohexene	2562-37-0	127.143	---	---	415.90	2	25	1.1270	1	---	1.5030	1	---	---
7552	C6H9NO2	N-acetylpyrrolidone	932-17-2	127.143	---	---	391.15	1	25	1.0881	2	---	---	---	---	---
7553	C6H9NO2	tert-butyl nitroacetylene	---	127.143	---	---	415.90	2	25	1.0881	2	---	---	---	---	---
7554	C6H9NO2	carbavine	33060-69-4	127.143	---	---	415.90	2	25	1.0881	2	---	---	---	---	---
7555	C6H9NO2	3,3-dimethyl-1-nitro-1-butyne	22691-91-4	127.143	---	---	403.15	1	25	1.0881	2	---	---	---	---	---
7556	C6H9NO2S	DL-N-acetylhomocysteine thiolactone	17896-21-8	159.209	383.15	1	---	---	25	1.2024	2	---	---	---	solid	1
7557	C6H9NO2S	N-(tetrahydro-2-oxo-3-thienyl)acetamide	1195-16-0	159.209	385.15	1	---	---	25	1.2024	2	---	---	---	solid	1
7558	C6H9NO2S	thiocyanatoacetic acid propyl ester	5349-21-3	159.209	---	---	---	---	25	1.2024	2	---	---	---	---	---
7559	C6H9NO3	triacetamide	641-06-5	143.143	352.15	1	---	---	25	1.1467	2	---	---	---	solid	1
7560	C6H9NO3	3,5,5-trimethyl-2,4-oxazolidinedione	127-48-0	143.143	319.15	1	---	---	25	1.1467	2	---	---	---	solid	1
7561	C6H9NO3	ethyl 3-isocyanatopropionate	5100-34-5	143.143	---	---	---	---	25	1.0870	1	---	1.4290	1	---	---
7562	C6H9NO3	N-(2-hydroxyethyl)succinimide	18190-44-8	143.143	332.15	1	---	---	25	1.1467	2	---	---	---	solid	1
7563	C6H9NO3	2-methoxyethyl cyanoacetate	10258-54-5	143.143	---	---	---	---	25	1.1270	1	---	1.4340	1	---	---
7564	C6H9NO3	methyl 2-acetamidoacrylate	35356-70-8	143.143	324.15	1	---	---	25	1.1467	2	---	---	---	solid	1
7565	C6H9NO3	methyl (S)-(+)-2-pyrrolidone-5-carboxylate	4931-66-2	143.143	---	---	---	---	25	1.2260	1	---	1.4860	1	---	---
7566	C6H9NO3	N-acetyl ethyl carbamate	2597-54-8	143.143	---	---	---	---	25	1.1467	2	---	---	---	---	---
7567	C6H9NO4	(2S,3S)-trans-3-(carboxymethyl)-azetidine-	185387-36-4	159.142	---	---	---	---	25	1.2426	2	---	---	---	---	---
7568	C6H9NO5	2-amino-2-deoxy-L-ascorbic acid	32764-43-5	175.141	---	---	---	---	25	1.3100	2	---	---	---	---	---
7569	C6H9NO6	L-gamma-carboxyglutamic acid	53861-57-7	191.141	440.15	1	---	---	25	1.3721	2	---	---	---	solid	1
7570	C6H9NO6	nitrilotriacetic acid	139-13-9	191.141	515.15	dec	---	---	25	1.3721	2	---	---	---	solid	1
7571	C6H9NO6	isosorbide 2-mononitrate	16106-20-0	191.141	>324.65	1	---	---	25	1.3721	2	---	---	---	solid	1
7572	C6H9NO6	isosorbide 5-nitrate	16051-77-7	191.141	325.65	1	---	---	25	1.3721	2	---	---	---	solid	1
7573	C6H9NS	2-ethyl-4-methylthiazole	15679-12-6	127.210	---	---	434.65	1	25	1.0260	1	---	1.5050	1	---	---
7574	C6H9NS	2-n-propylthiazole	17626-75-4	127.210	---	---	454.15	2	25	1.0420	1	---	1.5045	1	---	---
7575	C6H9NS	2-thiopheneethylamine	30433-91-1	127.210	---	---	473.65	1	25	1.0870	1	---	1.5510	1	---	---
7576	C6H9NS	2,4,5-trimethylthiazole	13623-11-5	127.210	240.75	1	454.15	2	25	1.0130	1	---	1.5090	1	liquid	2
7577	C6H9NS	4-methyl-5-ethylthiazole	31883-01-9	127.210	---	---	454.15	2	25	1.0420	2	---	---	---	---	---
7578	C6H9NS2	2-(allylthio)-2-thiazoline	3571-74-2	159.276	---	---	---	---	25	1.1648	2	---	---	---	---	---
7579	C6H9O6Sb	antimony(iii) acetate	3643-76-3	298.894	401.65	1	---	---	25	1.2200	1	---	---	---	solid	1
7580	C6H9O6Tl	thallium(iii) acetate sesquihydrate	2570-63-0	381.517	455.15	1	---	---	---	---	---	---	---	---	solid	1
7581	C6H9N2O2P	phenylphosphorodiamidate	7450-69-3	172.124	457.15	1	---	---	---	---	---	---	---	---	solid	1
7582	C6H9N3	1,2,3-benzenetriamine	608-32-2	123.158	376.15	1	609.15	1	25	1.0793	2	---	---	---	solid	1
7583	C6H9N3	1,2,4-benzenetriamine	615-71-4	123.158	370.45	1	613.15	1	25	1.0793	2	---	---	---	solid	1
7584	C6H9N3	2,6-dimethyl-4-pyrimidinamine	461-98-3	123.158	456.15	1	506.90	2	25	1.0793	2	---	---	---	solid	1
7585	C6H9N3	4,5-dimethyl-2-pyrimidinamine	1193-74-4	123.158	488.95	1	506.90	2	25	1.0793	2	---	---	---	solid	1
7586	C6H9N3	4,6-dimethylpyrimidinamine	767-15-7	123.158	426.65	1	506.90	2	25	1.0793	2	---	---	---	solid	1
7587	C6H9N3	2,5-diamino-3-picoline	106070-58-0	123.158	---	---	506.90	2	25	1.0793	2	---	---	---	---	---
7588	C6H9N3	5,6-diamino-2-picoline	33259-72-2	123.158	---	---	506.90	2	25	1.0793	2	---	---	---	---	---
7589	C6H9N3	2,5-diamino-4-picoline	6909-93-9	123.158	---	---	506.90	2	25	1.0793	2	---	---	---	---	---
7590	C6H9N3	3,6-diamino-2-picoline	6992-84-3	123.158	---	---	506.90	2	25	1.0793	2	---	---	---	---	---
7591	C6H9N3	3,3'-iminodipropionitrile	111-94-4	123.158	267.15	1	446.15	1	25	1.2415	1	---	1.4700	1	liquid	1
7592	C6H9N3	1,3,5-triaminobenzene	108-72-5	123.158	---	---	506.90	2	25	1.0793	2	---	---	---	---	---
7593	C6H9N3	3,6,9-triazatetracyclo[6.1.0.02,4.O5,7] non	52851-26-0	123.158	---	---	359.15	1	25	1.0793	2	---	---	---	---	---
7594	C6H9N3O	2-amino-4-methoxy-6-methylpyrimidine	7749-47-5	139.158	431.65	1	---	---	25	1.1623	2	---	---	---	solid	1
7595	C6H9N3O	3,5-dimethylpyrazole-1-carboxamide	934-48-5	139.158	384.65	1	---	---	25	1.1623	2	---	---	---	solid	1
7596	C6H9N3O2	cupferron	135-20-6	155.157	436.65	1	441.15	2	25	1.2379	2	---	---	---	solid	1
7597	C6H9N3O2	L-histidine	71-00-1	155.157	560.15	dec	---	---	25	1.2379	2	---	---	---	solid	1
7598	C6H9N3O2	3-amino-4-carbethoxypyrazole	6994-25-8	155.157	379.15	1	441.15	2	25	1.2379	2	---	---	---	solid	1
7599	C6H9N3O2	2-amino-4,6-dimethoxypyrimidine	36315-01-2	155.157	368.15	1	441.15	2	25	1.2379	2	---	---	---	solid	1
7600	C6H9N3O2	D-histidine	351-50-8	155.157	560.15	1	---	---	25	1.2379	2	---	---	---	solid	1

Table 1 Physical Properties - Organic Compounds

				Mol Wt	Freezing Point		Boiling Point		Density			Refractive Index			State	
NO	FORMULA	NAME	CAS No	g/mol	T_F, K	code	T_B, K	code	T, C	g/cm3	code	T, C	n_D	code	@25C,1 atm	code
7601	C6H9N3O2	DL-histidine	4998-57-6	155.157	546.15	1	---	---	25	1.2379	2	---	---	---	solid	1
7602	C6H9N3O2	4-amino-2-methoxy-5-pyrimidinemethanol	3690-12-8	155.157	---	---	502.15	1	25	1.2379	2	---	---	---	---	---
7603	C6H9N3O2	1-ethyl-3-(2-oxazolyl)urea	35629-44-8	155.157	---	---	380.15	1	25	1.2379	2	---	---	---	---	---
7604	C6H9N3O3	metronidazole	443-48-1	171.157	433.65	1	532.00	2	25	1.3070	2	---	---	---	solid	1
7605	C6H9N3O3	1,3,5-trimethyl-1,3,5-triazine-2,4,6(1H,3H,5	827-16-7	171.157	449.65	1	547.15	1	25	1.3070	2	---	---	---	solid	1
7606	C6H9N3O3	2,4,6-trimethoxy-1,3,5-triazine	877-89-4	171.157	409.15	1	532.00	2	25	1.3070	2	---	---	---	solid	1
7607	C6H9N3O3	1,2,3-cyclohexanetrione trioxime	3570-93-2	171.157	---	---	532.00	2	25	1.3070	2	---	---	---	---	---
7608	C6H9N3O3	diazoacetylglycine ethyl ester	999-29-1	171.157	---	---	532.00	2	25	1.3070	2	---	---	---	---	---
7609	C6H9N3O3	6-diazo-5-oxonorleucine	157-03-9	171.157	419.15	dec	516.85	1	25	1.3070	2	---	---	---	solid	1
7610	C6H9N3O4	2-hydroxymethyl-5-nitroimidazole-1-ethanc	4812-40-2	187.156	---	---	---	---	25	1.3704	2	---	---	---	---	---
7611	C6H9N3O4	3-(2-nitroimidazol-1-yl)-1,2-propanediol	13551-92-3	187.156	---	---	---	---	25	1.3704	2	---	---	---	---	---
7612	C6H9N3O6Pb	lead(iv) acetate azide	---	426.355	---	---	---	---	---	---	---	---	---	---	---	---
7613	C6H9N5O6	3-(2,3-epoxypropyloxy)-2,2-dinitropropyl az	76828-34-7	247.169	---	---	---	---	25	1.5814	2	---	---	---	---	---
7614	C6H9NaO3	ethyl acetoacetate, sodium salt, balance m	20412-62-8	152.125	436.65	1	---	---	---	---	---	---	---	---	solid	1
7615	C6H9NaO3	DL-3-methyl-2-oxopentanoic acid, sodium	66872-74-0	152.125	474.15	1	---	---	---	---	---	---	---	---	solid	1
7616	C6H9Na3O9	sodium citrate dihydrate	6132-04-3	294.101	423.15	dec	---	---	---	---	---	---	---	---	solid	1
7617	C6H9NdO6	neodymium acetate	6192-13-8	321.374	---	---	---	---	---	---	---	---	---	---	---	---
7618	C6H9Sb	trivinylantimony	5613-68-3	202.897	114.15	1	376.65	1	---	---	---	---	---	---	liquid	1
7619	C6H10	1-methylcyclopentene	693-89-0	82.145	146.62		348.95	1	25	0.7760	1	25	1.4294	1	liquid	1
7620	C6H10	3-methylcyclopentene	1120-62-3	82.145	130.16	1	338.05	1	25	0.7590	1	25	1.4184	1	liquid	1
7621	C6H10	4-methylcyclopentene	1759-81-5	82.145	112.30	1	338.82	1	25	0.7630	1	25	1.4184	1	liquid	1
7622	C6H10	cyclohexene	110-83-8	82.145	169.67	1	356.12	1	25	0.8060	1	25	1.4438	1	liquid	1
7623	C6H10	1,2-hexadiene	592-44-9	82.145	145.00	2	349.15	1	25	0.7102	1	25	1.4252	1	liquid	1
7624	C6H10	1,cis-3-hexadiene	14596-92-0	82.145	150.04	2	346.15	1	25	0.7000	1	25	1.4350	1	liquid	1
7625	C6H10	1,trans-3-hexadiene	20237-34-7	82.145	170.75	1	346.15	1	25	0.7000	1	25	1.4350	1	liquid	1
7626	C6H10	1,4-hexadiene	592-45-0	82.145	134.45	1	338.15	1	20	0.7000	1	20	1.4150	1	liquid	1
7627	C6H10	1,cis-4-hexadiene	7318-67-4	82.145	150.04	2	338.15	1	25	0.6950	1	25	1.4120	1	liquid	1
7628	C6H10	1,trans-4-hexadiene	7319-00-8	82.145	134.45	1	338.15	1	25	0.6950	1	25	1.4120	1	liquid	1
7629	C6H10	1,5-hexadiene	592-42-7	82.145	132.47	1	332.61	1	25	0.6880	1	25	1.4010	1	liquid	1
7630	C6H10	2,3-hexadiene	592-49-4	82.145	158.31	2	341.15	1	25	0.6750	1	25	1.3920	1	liquid	1
7631	C6H10	2,4-hexadiene	592-46-1	82.145	194.15	1	353.15	1	20	0.7196	1	20	1.4500	1	liquid	1
7632	C6H10	cis-2,trans-4-hexadiene	5194-50-3	82.145	177.05	1	356.65	1	25	0.7190	1	20	1.4560	1	liquid	1
7633	C6H10	cis-2,cis-4-hexadiene	6108-61-8	82.145	146.72	2	353.15	1	25	0.7150	1	25	1.4470	1	liquid	1
7634	C6H10	trans-2,trans-4-hexadiene	5194-51-4	82.145	228.25	1	355.05	1	25	0.7100	1	20	1.4510	1	liquid	1
7635	C6H10	3-methyl-1,2-pentadiene	7417-48-3	82.145	147.67	2	343.15	1	25	0.7100	1	25	1.4220	1	liquid	1
7636	C6H10	4-methyl-1,2-pentadiene	13643-05-5	82.145	145.26	2	343.15	1	25	0.7030	1	25	1.4210	1	liquid	1
7637	C6H10	3-methyl-1,3-pentadiene	4549-74-0	82.145	145.26	2	350.15	1	25	0.7300	1	20	1.4520	1	liquid	1
7638	C6H10	2-methyl-1,cis-3-pentadiene	1501-60-6	82.145	155.55	1	349.15	1	25	0.7140	1	25	1.4430	1	liquid	1
7639	C6H10	2-methyl-1,trans-3-pentadiene	926-54-5	82.145	136.08	2	349.15	1	25	0.7140	1	25	1.4430	1	liquid	1
7640	C6H10	3-methyl-1,cis-3-pentadiene	2787-45-3	82.145	136.08	2	350.15	1	25	0.7300	1	25	1.4490	1	liquid	1
7641	C6H10	3-methyl-1,trans-3-pentadiene	2787-43-1	82.145	136.08	2	350.15	1	25	0.7300	1	25	1.4490	1	liquid	1
7642	C6H10	4-methyl-1,3-pentadiene	926-56-7	82.145	136.08	2	349.45	1	25	0.7140	1	25	1.4480	1	liquid	1
7643	C6H10	2-methyl-1,4-pentadiene	763-30-4	82.145	139.40	2	323.15	1	25	0.6890	1	25	1.4020	1	liquid	1
7644	C6H10	3-methyl-1,4-pentadiene	1115-08-8	82.145	132.00	2	326.00	1	25	0.6900	1	25	1.4020	1	liquid	1
7645	C6H10	2-methyl-2,3-pentadiene	3043-33-2	82.145	144.35	2	345.15	1	25	0.7060	1	25	1.4220	1	liquid	1
7646	C6H10	2-ethyl-1,3-butadiene	3404-63-5	82.145	139.40	2	348.15	1	25	0.7120	1	25	1.4420	1	liquid	1
7647	C6H10	2,3-dimethyl-1,3-butadiene	513-81-5	82.145	197.15	1	341.93	1	25	0.7230	1	25	1.4362	1	liquid	1
7648	C6H10	1-hexyne	693-02-7	82.145	141.25	1	344.48	1	25	0.7120	1	25	1.3957	1	liquid	1
7649	C6H10	2-hexyne	764-35-2	82.145	183.65	1	357.67	1	25	0.7270	1	25	1.4109	1	liquid	1
7650	C6H10	3-hexyne	928-49-4	82.145	170.05	1	354.35	1	25	0.7180	1	25	1.4088	1	liquid	1
7651	C6H10	3-methyl-1-pentyne	922-59-8	82.145	188.85	2	330.85	1	25	0.6992	1	25	1.3891	1	liquid	1
7652	C6H10	4-methyl-1-pentyne	7154-75-8	82.145	168.55	1	334.32	1	25	0.7000	1	25	1.3905	1	liquid	1
7653	C6H10	4-methyl-2-pentyne	21020-27-9	82.145	162.85	1	346.28	1	25	0.7112	1	25	1.4032	1	liquid	1
7654	C6H10	3,3-dimethyl-1-butyne	917-92-0	82.145	194.95	1	310.87	1	25	0.6623	1	25	1.3706	1	liquid	1
7655	C6H10	methylenecyclopentane	1528-30-9	82.145	---	---	348.65	1	20	0.7787	1	20	1.4355	1	---	---
7656	C6H10	(1-methylvinyl)cyclopropane	4663-22-3	82.145	170.85	1	343.15	1	20	0.7510	1	20	1.4252	1	liquid	1
7657	C6H10	1,3-hexadiene, cis and trans	592-48-3	82.145	158.35	2	346.55	1	25	0.7140	1	---	1.4370	1	liquid	1
7658	C6H10	2-methyl-1,3-pentadiene	1118-58-7	82.145	258.25	1	348.55	1	25	0.7200	1	---	1.4440	1	liquid	1
7659	C6H10	methylpentadiene, isomers	54363-49-4	82.145	158.35	2	349.15	1	25	0.7180	1	---	---	---	liquid	1
7660	C6H10	hexadiene	42296-74-2	82.145	158.35	2	344.64	2	25	0.7172	2	---	---	---	liquid	2
7661	C6H10BNaO6	sodium triacetoxyborohydride	56553-60-7	211.943	389.15	1	---	---	---	---	---	---	---	---	solid	1
7662	C6H10BrClO	6-bromohexanoyl chloride	22809-37-6	213.501	---	---	---	---	25	1.3930	1	---	1.4860	1	---	---
7663	C6H10BrN	6-bromohexanenitrile	6621-59-6	176.056	---	---	---	---	25	1.3280	1	---	1.4770	1	---	---
7664	C6H10CaO4	calcium propionate	4075-81-4	186.221	>573.15	1	---	---	---	---	---	---	---	---	solid	1
7665	C6H10CdO5	cadmium propionate	---	274.553	---	---	---	---	---	---	---	---	---	---	---	---
7666	C6H10Br2	1,1-dibromocyclohexane	10489-97-1	241.953	243.65	1	---	---	25	1.7460	1	25	1.5392	1	---	---
7667	C6H10Br2	cis-1,2-dibromocyclohexane	19246-38-9	241.953	282.85	1	---	---	25	1.7980	1	25	1.5514	1	---	---
7668	C6H10Br2	trans-1,2-dibromocyclohexane, (±)	5183-77-7	241.953	271.15	1	---	---	20	1.7759	1	19	1.5445	1	---	---
7669	C6H10Br2	trans-1,3-dibromocyclohexane	29624-17-7	241.953	274.15	1	---	---	23	1.7771	2	20	1.5480	1	---	---
7670	C6H10Br2	cis-1,4-dibromocyclohexane	16661-99-7	241.953	324.15	1	---	---	20	1.7834	1	20	1.5531	1	solid	1
7671	C6H10Br2	trans-1,2-dibromocyclohexane	7429-37-0	241.953	---	---	---	---	25	1.7820	1	---	1.5520	1	---	---
7672	C6H10Br2O	2-bromohexanoyl bromide	54971-26-5	257.953	---	---	---	---	25	1.6280	1	---	1.5030	1	---	---
7673	C6H10Br2O2	ethyl 2,3-dibromobutanoate	609-11-0	273.952	331.65	1	495.65	2	20	1.6800	1	---	---	---	solid	1
7674	C6H10Br2O2	ethyl 2,4-dibromobutanoate	36847-51-5	273.952	---	---	495.65	2	20	1.6987	1	20	1.4960	1	---	---
7675	C6H10Br2O2	propyl 2,3-dibromopropanoate	79762-76-8	273.952	---	---	495.65	1	20	1.6799	1	20	1.4950	1	---	---
7676	C6H10Br2O2	ethyl 3-bromo-2-(bromomethyl)propionate	58539-11-0	273.952	---	---	495.65	2	25	1.7210	1	---	1.4970	1	---	---
7677	C6H10Br2Sn	diallyldibromo stannane	17381-88-3	360.663	---	---	---	---	---	---	---	---	---	---	---	---
7678	C6H10ClFO2	butyl chlorofluoroacetate	368-34-3	168.595	---	---	438.65	1	25	1.1240	1	25	1.4067	1	---	---
7679	C6H10ClFO2	2-chloroethyl-g-fluorobutyrate	371-28-8	168.595	---	---	438.65	2	25	1.1693	2	---	---	---	---	---
7680	C6H10ClNO	1-chloro-1-nitrosocyclohexane	695-64-7	147.604	389.65	1	---	---	25	1.1140	1	---	---	---	solid	1

Table 1 Physical Properties - Organic Compounds

				Mol Wt	Freezing Point		Boiling Point		Density			Refractive Index			State	
NO	FORMULA	NAME	CAS No	g/mol	T_F, K	code	T_B, K	code	T, C	g/cm3	code	T, C	n_D	code	@25C,1 atm	code
7681	C6H10ClNO2	N,N-dimethyl-2-chloroacetoacetamide	5810-11-7	163.604	---	---	---	---	25	1.2030	1	---	1.4840	1	---	---
7682	C6H10ClNO2	a-chloroacetoacetic acid monoethylamide	4116-10-3	163.604	---	---	---	---	25	1.1809	2	---	---	---	---	---
7683	C6H10ClN3O3	1-nitroso-1-oxopropyl-3-chloroethylurea	110559-85-8	207.617	---	---	---	---	25	1.3600	2	---	---	---	---	---
7684	C6H10Cl2	1,1-dichlorocyclohexane	2108-92-1	153.050	226.15	1	444.15	1	20	1.1559	1	20	1.4803	1	liquid	1
7685	C6H10Cl2	cis-1,2-dichlorocyclohexane	10498-35-8	153.050	271.65	1	480.05	1	20	1.2021	1	20	1.4967	1	liquid	1
7686	C6H10Cl2	trans-1,2-dichlorocyclohexane, (±)	5183-79-9	153.050	266.85	1	462.15	1	20	1.1839	1	20	1.4902	1	liquid	1
7687	C6H10Cl2	cis-1,4-dichlorocyclohexane	16749-11-4	153.050	291.15	1	463.25	2	20	1.1900	1	20	1.4942	1	liquid	2
7688	C6H10Cl2	cis-1,2-dichloro-1-hexene	59697-55-1	153.050	---	---	463.25	2	25	1.0812	1	25	1.4631	1	---	---
7689	C6H10Cl2	trans-1,2-dichloro-1-hexene	59697-51-7	153.050	---	---	463.25	2	25	1.1167	1	25	1.4576	1	---	---
7690	C6H10Cl2	trans-1,2-dichlorocyclohexane	822-86-6	153.050	267.05	1	466.65	1	25	1.1640	1	---	1.4910	1	liquid	1
7691	C6H10Cl2N2O	amidol	137-09-7	197.064	---	---	---	---	25	1.2766	2	---	---	---	---	---
7692	C6H10Cl2O	2,2-dichlorohexanal	57024-78-9	169.050	---	---	---	---	25	1.1589	2	---	1.4470	1	---	---
7693	C6H10Cl2O	dichloropinacolin	22591-21-5	169.050	---	---	---	---	25	1.1589	2	---	---	---	---	---
7694	C6H10Cl2O2	butyl dichloroacetate	29003-73-4	185.049	---	---	466.65	1	20	1.1820	1	20	1.4420	1	---	---
7695	C6H10Cl2O2	isopropyl 2,3-dichloropropanoate	54774-99-1	185.049	---	---	466.65	2	25	1.2010	1	---	1.4470	1	---	---
7696	C6H10Cl2O2	2,2-dichlorohexanoic acid	18240-70-5	185.049	---	---	466.65	2	23	1.1915	2	---	1.4623	1	---	---
7697	C6H10Cl2O2	2-(1,2-dichloroethyl)-4-methyl-1,3-dioxolan	10232-90-3	185.049	---	---	466.65	2	23	1.1915	2	---	---	---	---	---
7698	C6H10Cl2Pd2	allylpalladium chloride dimer	12012-95-2	365.890	---	---	---	---	---	---	---	---	---	---	---	---
7699	C6H10Cl2Si	diallyldichlorosilane	3651-23-8	181.135	---	---	---	---	---	---	---	---	---	---	---	---
7700	C6H10Cl3NO	2,2,2-trichloro-N,N-diethylacetamide	2430-00-4	218.509	300.15	1	---	---	25	1.3060	2	24	1.4900	1	solid	1
7701	C6H10CoO6	cobalt lactate	16039-54-6	237.075	---	---	---	---	---	---	---	---	---	---	---	---
7702	C6H10Cr2N4O7	imidazolium dichromate	109201-26-5	354.161	402.15	1	---	---	---	---	---	---	---	---	solid	1
7703	C6H10FNS	5-fluoroamyl thiocyanate	661-18-7	147.217	---	---	418.15	1	25	1.0859	2	---	---	---	---	---
7704	C6H10F2N4O10Si	bis(2-fluoro-2,2-dinitroethoxy)dimethylsilan	73526-98-4	364.249	---	---	---	---	---	---	---	---	---	---	---	---
7705	C6H10F2O2	2-fluoro ethyl-g-fluoro butyrate	371-29-9	152.141	---	---	---	---	25	1.1116	2	---	---	---	---	---
7706	C6H10F3NO	N,N-diethyl-2,2,2-trifluoroacetamide	360-92-9	169.147	---	---	---	---	25	1.2000	1	---	1.3800	1	---	---
7707	C6H10F3O6P	3,3,3-trifluorolactic acid methyl ester dimet	108682-50-4	266.111	---	---	---	---	---	---	---	---	---	---	---	---
7708	C6H10FeO6	ferrous lactate	5905-52-2	233.987	---	---	---	---	---	---	---	---	---	---	---	---
7709	C6H10Ge2O7	carboxyethylgermanium sesquioxide	12758-40-6	339.361	---	---	---	---	---	---	---	---	---	---	---	---
7710	C6H10Hg2N2O8	2,5-bis-(nitratomercurimethyl)-1,4-dioxane	---	639.335	---	---	---	---	---	---	---	---	---	---	---	---
7711	C6H10NO8P	phosphonacetyl-L-aspartic acid	51321-79-0	255.122	---	---	369.95	1	---	---	---	---	---	---	---	---
7712	C6H10N2	1-ethyl-3-methyl-1H-pyrazole	30433-57-9	110.159	388.15	1	425.15	1	20	0.9360	1	---	---	---	solid	1
7713	C6H10N2	1,3,4-trimethyl-1H-pyrazole	15802-99-0	110.159	369.98	2	433.15	1	17	0.9567	1	17	1.4866	1	solid	2
7714	C6H10N2	1,3,5-trimethyl-1H-pyrazole	1072-91-9	110.159	310.15	1	443.15	1	40	0.9269	1	57	1.4589	1	solid	1
7715	C6H10N2	1,4,5-trimethyl-1H-pyrazole	15802-97-8	110.159	369.98	2	449.65	1	17	0.9685	1	17	1.4849	1	solid	2
7716	C6H10N2	3,4,5-trimethyl-1H-pyrazole	5519-42-6	110.159	411.65	1	506.15	1	24	0.9473	2	---	---	---	solid	1
7717	C6H10N2	3-imino-2-methylpentanenitrile	95642-49-2	110.159	319.45	1	530.65	1	19	0.9525	1	---	---	---	solid	1
7718	C6H10N2	1-(dimethylamino)pyrrole	78307-76-3	110.159	---	---	412.15	1	25	0.9120	1	---	1.4800	1	---	---
7719	C6H10N2	2-ethyl-4-methylimidazole	931-36-2	110.159	318.15	1	566.65	1	25	0.9750	1	---	1.5000	1	solid	1
7720	C6H10N2	2-isopropylimidazole	36947-68-9	110.159	403.15	1	531.15	1	24	0.9473	2	---	---	---	solid	1
7721	C6H10N2	1-piperidinecarbonitrile	1530-87-6	110.159	---	---	477.54	2	25	0.9510	1	---	1.4700	1	---	---
7722	C6H10N2	2-propylimidazole	50995-95-4	110.159	332.15	1	477.54	2	24	0.9473	2	---	---	---	solid	1
7723	C6H10N2O	3,5-dimethylpyrazole-1-carbinol	85264-33-1	126.159	380.65	1	---	---	25	1.0515	2	---	---	---	solid	1
7724	C6H10N2O	TMIO	---	126.159	308.15	1	---	---	25	1.0515	2	---	---	---	solid	1
7725	C6H10N2O	N-nitrosodiallyl amine	16338-97-9	126.159	---	---	---	---	25	1.0515	2	---	---	---	---	---
7726	C6H10N2O2	1,2-cyclohexanedione dioxime	492-99-9	142.158	465.15	1	---	---	25	1.1318	2	---	---	---	solid	1
7727	C6H10N2O2	DL-alanine anhydride	5625-46-7	142.158	549.15	1	---	---	25	1.1318	2	---	---	---	solid	1
7728	C6H10N2O2	N-ethylpiperizine-2,3-dione	59702-31-7	142.158	389.15	1	---	---	25	1	1	---	---	---	solid	1
7729	C6H10N2O2	1,4-piperazinedicarboxaldehyde	4164-39-0	142.158	400.15	1	---	---	25	1.1318	2	---	---	---	solid	1
7730	C6H10N2O2	sarcosine anhydride	5076-82-4	142.158	417.65	1	---	---	25	1.1318	2	---	---	---	solid	1
7731	C6H10N2O2	1,5,5-trimethylhydantoin	6851-81-6	142.158	435.65	1	---	---	25	1.1318	2	---	---	---	solid	1
7732	C6H10N2O2	DL-5-ethyl-5-methyl-2,4-imidazolidinedione	16820-12-5	142.158	420.15	1	---	---	25	1.1318	2	---	---	---	solid	1
7733	C6H10N2O2	1-(allylnitrosamino)-2-propanone	91308-71-3	142.158	---	---	232.55	2	25	1.1318	2	---	---	---	gas	2
7734	C6H10N2O2	tert-butyl diazoacetate	---	142.158	---	---	239.65	1	25	1.1318	2	---	---	---	gas	1
7735	C6H10N2O2	mecarbenil	73561-96-3	142.158	---	---	225.45	1	25	1.1318	2	---	---	---	gas	1
7736	C6H10N2O2	3-methyl-1-nitroso-4-piperidone	71677-48-0	142.158	---	---	232.55	2	25	1.1318	2	---	---	---	gas	2
7737	C6H10N2O2	nootropyl	7491-74-9	142.158	425.15	1	---	---	25	1.1318	2	---	---	---	solid	1
7738	C6H10N2O2S2	N-methyl-tetrahydrothiamidinthione acetic	3655-88-7	206.290	---	---	414.15	1	25	1.3162	2	---	---	---	---	---
7739	C6H10N2O3	(±)-4-hydroxy-2-oxo-1-pyrrolidineacetamide	68567-97-5	158.158	---	---	414.25	1	25	1.2053	2	---	---	---	---	---
7740	C6H10N2O3	N-nitrosobis(2-oxopropyl)amine	60599-38-4	158.158	---	---	439.65	1	25	1.2053	2	---	---	---	---	---
7741	C6H10N2O3	N-nitrosoisonipectoic acid	6238-69-3	158.158	---	---	492.15	dec	25	1.2053	2	---	---	---	---	---
7742	C6H10N2O3	1-nitrosopipecolic acid	4515-18-8	158.158	---	---	448.68	2	25	1.2053	2	---	---	---	---	---
7743	C6H10N2O4	diethyl azoformate	1972-28-7	174.157	279.15	1	---	---	25	1.2728	2	---	---	---	---	---
7744	C6H10N2O4	1,1-dinitrocyclohexane	4028-15-3	174.157	309.15	1	---	---	25	1.2728	2	---	---	---	solid	1
7745	C6H10N2O4	syn-2-methoxy-imino-2-(2-furyl)-acetic acid	---	174.157	---	---	---	---	25	1.2728	2	---	---	---	---	---
7746	C6H10N2O4	1-hydroxy-3-(methylnitrosamino)-2-propan	112725-15-2	174.157	---	---	---	---	25	1.2728	2	---	---	---	---	---
7747	C6H10N2O4S	p-phenylenediamine sulfate	16245-77-5	206.223	---	---	---	---	25	1.3532	2	---	---	---	---	---
7748	C6H10N2O5	ADA	26239-55-4	190.156	492.15	1	---	---	25	1.3349	2	---	---	---	solid	1
7749	C6H10N2O5	N-(methoxycarbonylmethyl)-N-(acetoxymet	70103-80-9	190.156	---	---	---	---	25	1.3349	2	---	---	---	---	---
7750	C6H10N2O6	3,3'-nitroiminodipropionic acid	99-69-4	206.156	---	---	415.65	1	25	1.3924	2	---	---	---	---	---
7751	C6H10N4	6,7,8,9-tetrahydro-5H-tetrazolo[1,5-a]azepi	54-95-5	138.173	332.65	1	---	---	25	1.1246	2	---	---	---	solid	1
7752	C6H10N4O2	2-(diazoacetamino)-N-ethylacetamide	38726-91-9	170.172	---	---	---	---	25	1.2690	2	---	---	---	---	---
7753	C6H10N4O3	5-(nitrosocyanamido)-2-hydroxyvaleramide	102584-88-3	186.172	---	---	---	---	25	1.3326	2	---	---	---	---	---
7754	C6H10N4O3S2	butazolamide	16790-49-1	250.304	---	---	---	---	25	1.4652	2	---	---	---	---	---
7755	C6H10N4O6	N,N'-diacetyl-N,N'-dinitro-1,2-diaminoethar	922-89-4	234.170	409.15	dec	---	---	25	1.4957	2	---	---	---	solid	1
7756	C6H10N4O13	tetranitro diglycerin	20600-96-8	346.166	---	---	---	---	25	1.7674	2	---	---	---	---	---
7757	C6H10N6	cyclopropylmelamine	66215-27-8	166.187	---	---	361.45	1	25	1.2651	2	---	---	---	---	---
7758	C6H10N6O	dacarbazine	4342-03-4	182.187	525.65	dec	393.55	1	25	1.3301	2	---	---	---	solid	1
7759	C6H10N8O8	trans-1,4,5,8-tetranitro-1,4,5,8-tetraazadec	---	322.197	---	---	343.65	1	25	1.7437	2	---	---	---	---	---
7760	C6H10O	cyclohexanone	108-94-1	98.145	242.00	1	428.90	1	25	0.9420	1	25	1.4507	1	liquid	1

Table 1 Physical Properties - Organic Compounds

				Mol Wt	Freezing Point		Boiling Point		Density			Refractive Index			State	
NO	FORMULA	NAME	CAS No	g/mol	T_F, K	code	T_B, K	code	T, C	g/cm3	code	T, C	n_D	code	@25C,1 atm	code
7761	C6H10O	mesityl oxide	141-79-7	98.145	220.15	1	402.95	1	25	0.8520	1	25	1.4414	1	liquid	1
7762	C6H10O	butoxyacetylene	3329-56-4	98.145	---	---	377.15	1	20	0.8200	1	---	1.4067	1	---	---
7763	C6H10O	7-oxabicyclo[4.1.0]heptane	286-20-4	98.145	---	---	404.65	1	20	0.9663	1	20	1.4519	1	---	---
7764	C6H10O	1-cyclobutylethanone	3019-25-8	98.145	---	---	411.15	1	20	0.9020	1	19	1.4322	1	---	---
7765	C6H10O	2-cyclohexen-1-ol	822-67-3	98.145	---	---	437.15	1	15	0.9923	1	25	1.4790	1	---	---
7766	C6H10O	3-cyclohexen-1-ol	822-66-2	98.145	---	---	437.15	1	23	0.9845	1	22	1.4851	1	---	---
7767	C6H10O	cyclopentanecarboxaldehyde	872-53-7	98.145	---	---	406.65	1	20	0.9371	1	20	1.4432	1	---	---
7768	C6H10O	diallyl ether	557-40-4	98.145	267.15	1	367.15	1	20	0.8260	1	20	1.4163	1	liquid	1
7769	C6H10O	3,6-dihydro-4-methyl-2H-pyran	16302-35-5	98.145	---	---	390.65	1	25	0.9120	1	20	1.4495	1	---	---
7770	C6H10O	1-ethoxy-1,3-butadiene	5614-32-4	98.145	---	---	383.65	1	20	0.8154	1	20	1.4529	1	---	---
7771	C6H10O	2-ethoxy-1,3-butadiene	4747-05-1	98.145	---	---	367.65	1	20	0.8177	1	20	1.4400	1	---	---
7772	C6H10O	2-ethyl-1-buten-1-one	24264-08-2	98.145	---	---	361.65	1	20	0.8310	1	11	1.4135	1	---	---
7773	C6H10O	3-hexen-2-one	763-93-9	98.145	---	---	413.15	1	20	0.8655	1	20	1.4418	1	---	---
7774	C6H10O	4-hexen-2-one	25659-22-7	98.145	---	---	400.15	1	16	0.8520	1	16	1.4300	1	---	---
7775	C6H10O	4-hexen-3-one	2497-21-4	98.145	---	---	411.65	1	20	0.8559	1	20	1.4388	1	---	---
7776	C6H10O	5-hexen-2-one	109-49-9	98.145	---	---	402.65	1	27	0.8330	1	27	1.4178	1	---	---
7777	C6H10O	trans-3-hexen-2-one	4376-23-2	98.145	---	---	413.15	1	20	0.8665	1	20	1.4418	1	---	---
7778	C6H10O	2-methyl-1-penten-3-one	25044-01-3	98.145	203.65	1	391.65	1	20	0.8530	1	20	1.4289	1	liquid	1
7779	C6H10O	4-methyl-4-penten-2-one	3744-02-3	98.145	200.55	1	397.35	1	20	0.8411	1	---	---	---	liquid	1
7780	C6H10O	1,4-hexadien-3-ol	1070-14-0	98.145	303.65	2	403.66	2	23	0.8590	1	23	1.4502	1	solid	2
7781	C6H10O	1,5-hexadien-3-ol	924-41-4	98.145	303.65	2	406.65	1	25	0.8596	1	25	1.4464	1	solid	2
7782	C6H10O	2,4-hexadien-1-ol	111-28-4	98.145	303.65	1	403.66	2	23	0.8967	1	20	1.4981	1	solid	1
7783	C6H10O	3,5-hexadien-2-ol	3280-51-1	98.145	303.65	2	403.66	2	20	0.8678	1	20	1.4896	1	solid	2
7784	C6H10O	trans,trans-2,4-hexadien-1-ol	17102-64-6	98.145	303.65	1	403.66	2	20	0.8967	1	20	1.4981	1	solid	1
7785	C6H10O	trans-2-hexenal	6728-26-3	98.145	---	---	419.65	1	20	0.8491	1	20	1.4480	1	---	---
7786	C6H10O	cis-3-hexenal	6789-80-6	98.145	---	---	394.15	1	22	0.8533	1	21	1.4300	1	---	---
7787	C6H10O	trans-3-hexenal	69112-21-6	98.145	---	---	403.66	2	22	0.8455	1	21	1.4275	1	---	---
7788	C6H10O	2-methyl-2-pentenal	623-36-9	98.145	238.00	2	409.65	1	20	0.8581	1	20	1.4488	1	---	---
7789	C6H10O	2-hexyn-1-ol	764-60-3	98.145	220.65	1	403.66	2	20	0.8970	1	20	1.4341	1	liquid	2
7790	C6H10O	3-hexyn-1-ol	1002-28-4	98.145	239.15	2	435.15	1	20	0.8982	1	20	1.4530	1	liquid	1
7791	C6H10O	5-hexyn-2-ol	23470-12-4	98.145	239.15	2	425.15	1	20	0.8990	1	20	1.4481	1	liquid	1
7792	C6H10O	1-hexyn-3-ol	105-31-7	98.145	193.15	1	415.15	1	20	0.8704	1	25	1.4340	1	liquid	1
7793	C6H10O	3-methyl-1-pentyn-3-ol	77-75-8	98.145	303.65	1	393.65	1	20	0.8688	1	20	1.4310	1	solid	1
7794	C6H10O	2-methylcyclopentanone	1120-72-5	98.145	198.15	1	412.65	1	20	0.9139	1	20	1.4364	1	liquid	1
7795	C6H10O	3-methylcyclopentanone, (±)	6195-92-2	98.145	214.75	1	417.15	1	22	0.9130	1	20	1.4329	1	liquid	1
7796	C6H10O	1,2-epoxy-5-hexene	10353-53-4	98.145	---	---	393.15	1	25	0.8700	1	---	1.4250	1	---	---
7797	C6H10O	5-hexyn-1-ol	928-90-5	98.145	239.15	2	403.66	2	25	0.8900	1	---	1.4490	1	liquid	2
7798	C6H10O	3-methylcyclopentanone	1757-42-2	98.145	215.05	1	417.75	1	25	0.9110	1	---	1.4340	1	liquid	1
7799	C6H10O	(R)-(+)-3-methylcyclopentanone	6672-30-6	98.145	---	---	416.65	1	25	0.9140	1	---	1.4340	1	---	---
7800	C6H10O	methyl 1-methylcyclopropyl ketone	1567-75-5	98.145	---	---	399.60	1	25	0.8930	1	---	1.4340	1	---	---
7801	C6H10O	4-methylpent-2-enal	5362-56-1	98.145	---	---	403.66	2	25	0.8440	1	---	---	---	---	---
7802	C6H10O	7-oxabicyclo[2.2.1]heptane	279-49-2	98.145	---	---	403.66	2	25	0.9680	1	---	1.4480	1	---	---
7803	C6H10O	3-hexyn-2-ol	109-50-2	98.145	239.15	2	353.15	1	22	0.8814	2	---	---	---	liquid	1
7804	C6H10O	3-methyl-3-penten-2-one	565-62-8	98.145	---	---	411.20	1	22	0.8814	2	---	---	---	---	---
7805	C6H10O	2-ethylcrotonaldehyde	19780-25-7	98.145	---	---	403.66	2	22	0.8814	2	---	---	---	---	---
7806	C6H10O	2-hexenal	505-57-7	98.145	---	---	447.15	1	22	0.8814	2	---	---	---	---	---
7807	C6H10O	methyldihydropyran	27156-32-7	98.145	---	---	403.66	2	22	0.8814	2	---	---	---	---	---
7808	C6H10O	methylenetetrahydropyran	35656-02-1	98.145	---	---	365.15	1	22	0.8814	2	---	---	---	---	---
7809	C6H10OS	diallyl sulfoxide	14180-63-3	130.211	296.65	1	---	---	20	1.0261	1	20	1.5115	1	---	---
7810	C6H10OS	2-thiepanone	17689-16-6	130.211	---	---	---	---	25	1.0249	2	---	---	---	---	---
7811	C6H10OS2	allicin	539-86-6	162.277	---	---	---	---	20	1.1120	1	20	1.5610	1	---	---
7812	C6H10OS2	2-acetyl-2-methyl-1,3-dithiolane	33266-07-8	162.277	---	---	---	---	25	1.1379	2	---	---	---	---	---
7813	C6H10O2	epsilon-caprolactone	502-44-3	114.144	271.85	1	514.00	1	25	1.0670	1	24	1.4481	1	liquid	1
7814	C6H10O2	ethyl methacrylate	97-63-2	114.144	272.00	2	390.15	1	25	0.9080	1	25	1.4115	1	liquid	1
7815	C6H10O2	propyl acrylate	925-60-0	114.144	205.00	2	392.15	1	25	0.9000	1	25	1.4130	1	liquid	1
7816	C6H10O2	allyl glycidyl ether	106-92-3	114.144	223.00	2	427.15	1	20	0.9698	1	20	1.4332	1	---	---
7817	C6H10O2	2-buten-1-yl acetate	628-08-0	114.144	291.19	2	405.15	1	20	0.9192	1	20	1.4181	1	liquid	1
7818	C6H10O2	allyl propanoate	2408-20-0	114.144	291.19	2	396.15	1	20	0.9140	1	20	1.4105	1	liquid	1
7819	C6H10O2	cyclopentanecarboxylic acid	3400-45-1	114.144	266.15	1	485.15	1	20	1.0527	1	20	1.4532	1	liquid	1
7820	C6H10O2	2,2-dimethyl-3-butenoic acid	10276-09-2	114.144	267.15	1	458.15	1	15	0.9567	1	15	1.4305	1	liquid	1
7821	C6H10O2	trans-2-ethyl-2-butenoic acid	1187-13-9	114.144	318.65	1	482.15	1	50	0.9578	1	50	1.4475	1	solid	1
7822	C6H10O2	2-hexenoic acid	1191-04-4	114.144	309.65	1	489.65	1	20	0.9650	1	40	1.4460	1	solid	1
7823	C6H10O2	3-hexenoic acid	4219-24-3	114.144	285.15	1	481.15	1	23	0.9640	1	20	1.4935	1	liquid	1
7824	C6H10O2	5-hexenoic acid	1577-22-6	114.144	236.15	1	476.15	1	20	0.9610	1	20	1.4343	1	liquid	1
7825	C6H10O2	2-methyl-3-pentenoic acid	37674-63-8	114.144	290.45	2	472.15	1	15	0.9660	1	25	1.4402	1	liquid	1
7826	C6H10O2	4-methyl-2-pentenoic acid	10321-71-8	114.144	308.15	1	490.15	1	21	0.9529	1	21	1.4489	1	solid	1
7827	C6H10O2	trans-2-methyl-2-pentenoic acid	16957-70-3	114.144	297.55	1	487.15	1	20	0.9751	1	20	1.4513	1	liquid	1
7828	C6H10O2	cis-3-methyl-2-pentenoic acid	19866-51-4	114.144	285.15	1	475.00	2	20	0.9830	1	---	1.4650	1	liquid	2
7829	C6H10O2	ethyl 3-butenoate	1617-18-1	114.144	291.19	2	392.15	1	20	0.9122	1	20	1.4105	1	liquid	1
7830	C6H10O2	ethyl cis-2-butenoate	6776-19-8	114.144	291.19	2	409.15	1	20	0.9182	1	20	1.4242	1	liquid	1
7831	C6H10O2	ethyl 2-butenoate	10544-63-5	114.144	291.19	2	409.65	1	20	0.9175	1	20	1.4243	1	liquid	1
7832	C6H10O2	ethyl trans-2-butenoate	623-70-1	114.144	291.19	2	411.15	1	20	0.9175	1	20	1.4243	1	liquid	1
7833	C6H10O2	vinyl butanoate	123-20-6	114.144	291.19	2	389.85	1	20	0.9006	1	---	---	---	liquid	1
7834	C6H10O2	vinyl 2-methylpropanoate	2424-98-8	114.144	291.19	2	377.65	1	20	0.8932	1	20	1.4061	1	liquid	1
7835	C6H10O2	ethyl cyclopropanecarboxylate	4606-07-9	114.144	---	---	407.15	1	15	0.9608	1	20	1.4190	1	---	---
7836	C6H10O2	5-ethyldihydro-2(3H)-furanone	695-06-7	114.144	255.15	1	488.65	1	20	1.0261	1	20	1.4495	1	liquid	1
7837	C6H10O2	1,5-hexadiene-3,4-diol, (R*,R*)-(±)	19700-97-1	114.144	294.85	1	435.22	2	19	1.0170	1	19	1.4790	1	liquid	2
7838	C6H10O2	hexanedial	1072-21-5	114.144	265.15	1	435.22	2	19	1.0030	1	20	1.4350	1	liquid	2
7839	C6H10O2	2,4-hexanedione	3002-24-2	114.144	265.40	2	433.15	1	20	0.9590	1	20	1.4516	1	liquid	1
7840	C6H10O2	3,4-hexanedione	4437-51-8	114.144	263.15	1	403.15	1	21	0.9410	1	21	1.4130	1	liquid	1

Table 1 Physical Properties - Organic Compounds

NO	FORMULA	NAME	CAS No	Mol Wt g/mol	Freezing Point T_F, K	code	Boiling Point T_B, K	code	Density T, C	g/cm3	code	Refractive Index T, C	n_D	code	State @25C,1 atm	code
7841	C6H10O2	2,5-hexanedione	110-13-4	114.144	267.65	1	467.15	1	20	0.7370	1	20	1.4232	1	liquid	1
7842	C6H10O2	3-hexyne-2,5-diol	3031-66-1	114.144	---	---	435.22	2	20	1.0180	1	20	1.4691	1	---	---
7843	C6H10O2	methyl cyclobutanecarboxylate	765-85-5	114.144	---	---	408.65	1	22	0.9546	2	---	---	---	---	---
7844	C6H10O2	2-methylenepentanoic acid	5650-75-9	114.144	297.55	1	487.15	1	25	0.9783	1	---	---	---	liquid	1
7845	C6H10O2	methyl 2-methyl-2-butenoate	6622-76-0	114.144	291.19	2	412.15	1	12	0.9349	1	20	1.4370	1	liquid	1
7846	C6H10O2	methyl 3-methyl-2-butenoate	924-50-5	114.144	310.37	1	409.65	1	20	0.9337	1	20	1.4320	1	solid	1
7847	C6H10O2	trans-1,4-cyclohexenediol	41513-32-0	114.144	358.65	1	435.22	2	22	0.9546	2	---	---	---	solid	1
7848	C6H10O2	5,6-dihydro-4-methoxy-2H-pyran	17327-22-9	114.144	---	---	435.22	2	25	1.0220	1	---	1.4620	1	---	---
7849	C6H10O2	3,4-dihydro-2-methoxy-2H-pyran	4454-05-1	114.144	255.00	2	400.75	1	25	1.0060	1	---	1.4420	1	---	---
7850	C6H10O2	2,3-dimethoxy-1,3-butadiene	3588-31-6	114.144	292.15	1	408.15	1	25	0.9400	1	---	1.4590	1	liquid	1
7851	C6H10O2	1,4-dimethoxy-2-butyne	16356-02-8	114.144	---	---	435.22	2	25	0.9440	1	---	1.4340	1	---	---
7852	C6H10O2	3-ethoxy-2-methylacrolein	42588-57-8	114.144	---	---	435.22	2	25	0.9600	1	---	1.4770	1	---	---
7853	C6H10O2	ethylene glycol divinyl ether	764-78-3	114.144	---	---	399.15	1	25	0.9140	1	---	1.4350	1	---	---
7854	C6H10O2	1,5-hexadiene-3,4-diol, (±) and meso	1069-23-4	114.144	288.15	1	362.15	1	25	1.0200	1	---	1.4770	1	liquid	1
7855	C6H10O2	2,3-hexanedione	3848-24-6	114.144	265.40	2	401.05	1	25	0.9340	1	---	1.4110	1	liquid	1
7856	C6H10O2	trans-2-hexenoic acid	13419-69-7	114.144	305.15	1	490.15	1	25	0.9650	1	---	1.4380	1	solid	1
7857	C6H10O2	trans-3-hexenoic acid	1577-18-0	114.144	284.65	1	481.15	1	25	0.9640	1	---	1.4400	1	liquid	1
7858	C6H10O2	3-methyl-2,4-pentanedione, tautomers	815-57-6	114.144	265.40	2	444.65	1	25	0.9810	1	---	1.4420	1	liquid	1
7859	C6H10O2	methyl trans-2-pentenoate	15790-88-2	114.144	291.19	2	435.22	2	22	0.9546	2	---	1.4310	1	liquid	2
7860	C6H10O2	methyl trans-3-pentenoate	20515-19-9	114.144	291.19	2	435.22	2	25	0.9300	1	---	1.4210	1	liquid	2
7861	C6H10O2	2-methyl-4-pentenoic acid	1575-74-2	114.144	290.45	2	475.00	2	25	0.9500	1	---	---	---	liquid	2
7862	C6H10O2	2-methyl-2-pentenoic acid	3142-72-1	114.144	290.45	2	475.00	2	22	0.9546	2	---	---	---	liquid	2
7863	C6H10O2	iso-caprolactone	3123-97-5	114.144	---	---	435.22	2	22	0.9546	2	---	---	---	---	---
7864	C6H10O2	2-hydroxycyclohexanone	533-60-8	114.144	383.00	1	435.22	2	22	0.9546	2	---	---	---	solid	1
7865	C6H10O2	2-cyclohexenyl hydroperoxide	4845-05-0	114.144	---	---	435.22	2	22	0.9546	2	---	---	---	---	---
7866	C6H10O2	1,2:5,6-diepoxyhexane	1888-89-7	114.144	---	---	435.22	2	22	0.9546	2	---	---	---	---	---
7867	C6H10O2	1-hydroperoxycyclohex-3-ene	4096-33-7	114.144	---	---	435.22	2	22	0.9546	2	---	---	---	---	---
7868	C6H10O2	3-methyl glutaraldehyde	6280-15-5	114.144	---	---	439.15	1	22	0.9546	2	---	---	---	---	---
7869	C6H10O2	b-methyl-D-valerolactone	10603-03-9	114.144	---	---	435.22	2	22	0.9546	2	---	---	---	---	---
7870	C6H10O2S	diallyl sulfone	16841-48-8	146.210	---	---	401.15	1	20	1.1213	1	20	1.4893	1	---	---
7871	C6H10O2S	ethyl 3-thioxobutanoate	7740-33-2	146.210	---	---	401.15	2	31	1.0554	1	26	1.4712	1	---	---
7872	C6H10O2S	2-methylthioethyl acrylate	4836-09-3	146.210	---	---	401.15	2	26	1.0884	2	---	---	---	---	---
7873	C6H10O2S2	diethyl dithiooxalate	615-85-0	178.276	300.15	1	508.15	1	21	1.0565	1	---	---	---	solid	1
7874	C6H10O2S2	ethyl 1,3-dithiolane-2-carboxylate	20461-99-8	178.276	---	---	358.15	1	25	1.2440	1	---	1.5390	1	---	---
7875	C6H10O2S2	hexanebis(thioic) acid	10604-70-3	178.276	---	---	433.15	2	23	1.1503	2	---	---	---	---	---
7876	C6H10O2S4	bis(ethylxanthogen) disulfide	502-55-6	242.408	303.15	1	---	---	25	1.3515	2	---	---	---	solid	1
7877	C6H10O2S5	di(ethylxanthogen)trisulfide	1851-77-0	274.474	---	---	412.65	1	25	1.4081	2	---	---	---	---	---
7878	C6H10O2S6	bis(ethylxanthogen) tetrasulfide	1851-71-4	306.540	---	---	407.15	1	25	1.4564	2	---	---	---	---	---
7879	C6H10O2Si	trimethylsilyl propiolate	19232-22-5	142.229	---	---	345.65	1	25	0.9250	1	---	1.4160	1	---	---
7880	C6H10O2Si	3-(trimethylsilyl)propynoic acid	5683-31-8	142.229	321.15	1	345.65	2	---	---	---	---	---	---	solid	1
7881	C6H10O3	ethylacetoacetate	141-97-9	130.144	234.15	1	453.95	1	25	1.0230	1	20	1.4171	1	liquid	1
7882	C6H10O3	propionic anhydride	123-62-6	130.144	228.15	1	440.15	1	25	1.0070	1	20	1.4045	1	liquid	1
7883	C6H10O3	allyl lactate	5349-55-3	130.144	---	---	459.55	2	20	1.0452	1	20	1.4369	1	---	---
7884	C6H10O3	diglycidyl ether	2238-07-5	130.144	---	---	533.15	1	20	1.1195	1	---	---	---	---	---
7885	C6H10O3	2,5-dihydro-2,5-dimethoxyfuran	332-77-4	130.144	---	---	434.15	1	25	1.0730	1	20	1.4339	1	---	---
7886	C6H10O3	2,2-dimethyl-1,3-dioxolane-4-carboxaldehy	5736-03-8	130.144	---	---	459.55	2	23	1.0572	2	25	1.4189	1	---	---
7887	C6H10O3	3,3-dimethyl-2-oxobutanoic acid	815-17-8	130.144	363.65	1	462.15	1	23	1.0572	2	---	---	---	solid	1
7888	C6H10O3	ethylene glycol monomethacrylate	868-77-9	130.144	261.15	---	499.15	1	20	1.0790	1	20	1.4515	1	---	---
7889	C6H10O3	ethyl 2-hydroxy-3-butenoate	91890-87-8	130.144	---	---	446.15	dec	15	1.0470	1	13	1.4360	1	---	---
7890	C6H10O3	ethyl 4-oxobutanoate	10138-10-0	130.144	---	---	435.15	1	22	1.0490	1	20	1.4287	1	---	---
7891	C6H10O3	3-hydroxy-2,5-hexanedione	61892-85-1	130.144	---	---	459.55	2	23	1.0572	2	25	1.4497	1	---	---
7892	C6H10O3	2-hydroxypropyl acrylate	999-61-1	130.144	---	---	459.55	2	23	1.0572	2	---	---	---	---	---
7893	C6H10O3	methyl 2-methylacetoacetate	17094-21-2	130.144	---	---	450.55	1	25	1.0217	1	24	1.4160	1	---	---
7894	C6H10O3	methyl 4-oxopentanoate	624-45-3	130.144	---	---	469.15	1	20	1.0511	1	20	1.4233	1	---	---
7895	C6H10O3	2-methyl-4-oxopentanoic acid	6641-83-4	130.144	---	---	459.55	2	25	1.1100	1	20	1.4431	1	---	---
7896	C6H10O3	3-methyl-4-oxopentanoic acid	6628-79-1	130.144	304.65	1	514.65	1	17	1.0932	1	17	1.4443	1	solid	1
7897	C6H10O3	5-oxohexanoic acid	3128-06-1	130.144	286.65	1	547.65	1	25	1.0900	1	20	1.4451	1	liquid	1
7898	C6H10O3	pantolactone	599-04-2	130.144	365.15	1	459.55	2	23	1.0572	2	---	---	---	solid	1
7899	C6H10O3	tetrahydro-2H-pyran-4-carboxylic acid	5337-03-1	130.144	361.15	1	459.55	2	23	1.0572	2	---	---	---	solid	1
7900	C6H10O3	4-acetoxy-2-butanone	10150-87-5	130.144	---	---	459.55	2	25	1.0420	1	---	1.4220	1	---	---
7901	C6H10O3	2,2-dimethyl-1,3-dioxan-5-one	74181-34-3	130.144	---	---	459.55	2	23	1.0572	2	---	1.4315	1	---	---
7902	C6H10O3	ethylene glycol methyl ether acrylate	3121-61-7	130.144	228.65	1	459.55	2	25	1.0130	1	---	1.4270	1	liquid	2
7903	C6H10O3	ethyl 1-hydroxycyclopropanecarboxylate	---	130.144	---	---	459.55	2	23	1.0572	2	---	1.4430	1	---	---
7904	C6H10O3	hydroxyadipaldehyde	141-31-1	130.144	269.75	1	459.55	2	25	1.0660	1	---	---	---	liquid	2
7905	C6H10O3	cis-2-hydroxy-1-cyclopentanecarboxylic ac	17502-28-2	130.144	323.65	1	459.55	2	23	1.0572	2	---	---	---	solid	1
7906	C6H10O3	hydroxypropyl acrylate, isomers	25584-83-2	130.144	243.25	1	350.15	1	25	1.0520	1	---	1.4450	1	liquid	1
7907	C6H10O3	methyl 3-hydroxy-2-methylenebutyrate	18020-65-0	130.144	---	---	459.55	2	25	1.0710	1	---	1.4520	1	---	---
7908	C6H10O3	methyl 3-oxovalerate	30414-53-0	130.144	238.25	1	459.55	2	25	1.0340	1	---	1.4250	1	liquid	2
7909	C6H10O3	(±)-mevalonolactone	674-26-0	130.144	301.15	1	459.55	2	23	1.0572	2	---	1.4730	1	solid	1
7910	C6H10O3	(S)-(+)-pantolactone	5405-40-3	130.144	363.65	1	459.55	2	23	1.0572	2	---	---	---	solid	1
7911	C6H10O3	butanoic acid, 2-oxo-, ethyl ester	15933-07-0	130.144	---	---	435.20	1	23	1.0572	2	---	---	---	---	---
7912	C6H10O3	5,5-dimethyl-1,3-dioxan-2-one	3592-12-9	130.144	---	---	459.55	2	23	1.0572	2	---	---	---	---	---
7913	C6H10O3	ethyl-2,3-epoxybutyrate	19780-35-9	130.144	---	---	459.55	2	23	1.0572	2	---	---	---	---	---
7914	C6H10O3	ethyl-2-(hydroxymethyl)acrylate	10029-04-6	130.144	---	---	459.55	2	23	1.0572	2	---	---	---	---	---
7915	C6H10O3	(S)-3-(acetylthio)-2-methylpropionic acid	76497-39-7	162.210	278.15	1	---	---	25	1.1730	2	---	---	---	---	---
7916	C6H10O3S2	ethylxanthic acid anhydrosulfide with O-eth	3278-35-1	194.276	---	---	---	---	25	1.2628	2	---	---	---	---	---
7917	C6H10O4	adipic acid	124-04-9	146.143	425.50	1	611.00	1	25	1.3600	1	25	1.4880	1	solid	1
7918	C6H10O4	diethyl oxalate	95-92-1	146.143	232.55	1	458.61	1	25	1.0730	1	20	1.4102	1	liquid	1
7919	C6H10O4	ethylene glycol diacetate	111-55-7	146.143	242.15	1	463.65	1	25	1.1010	1	20	1.4159	1	liquid	1
7920	C6H10O4	ethylidene diacetate	542-10-9	146.143	292.00	1	442.15	1	25	1.0690	1	25	1.3985	1	liquid	1

Table 1 Physical Properties - Organic Compounds

				Mol Wt	Freezing Point		Boiling Point		Density			Refractive Index			State	
NO	FORMULA	NAME	CAS No	g/mol	T_F, K	code	T_B, K	code	T, C	g/cm3	code	T, C	n_D	code	@25C,1 atm	code
7921	C6H10O4	1,4:3,6-dianhydro-D-mannitol	641-74-7	146.143	361.15	1	547.15	dec	23	1.1232	2	---	---	---	solid	1
7922	C6H10O4	2,3-dimethylbutanedioic acid	13545-04-5	146.143	405.15	dec	482.92	2	23	1.1232	2	---	---	---	solid	1
7923	C6H10O4	dimethyl methylmalonate	609-02-9	146.143	---	---	447.15	1	20	1.0977	1	20	1.4128	1	---	---
7924	C6H10O4	dimethyl succinate	106-65-0	146.143	291.35	1	469.35	1	20	1.1198	1	20	1.4197	1	liquid	1
7925	C6H10O4	ethyl (acetyloxy)acetate	623-86-9	146.143	---	---	452.15	1	20	1.0880	1	20	1.4112	1	---	---
7926	C6H10O4	ethylbutanedioic acid, (R)	4074-24-2	146.143	369.15	1	454.65	1	20	1.0017	1	---	---	---	solid	1
7927	C6H10O4	ethyl hydrogen succinate	1070-34-4	146.143	281.15	1	482.92	2	20	1.1466	1	20	1.4327	1	liquid	2
7928	C6H10O4	3-methylglutaric acid	626-51-7	146.143	360.15	1	482.92	2	23	1.1232	2	---	---	---	solid	1
7929	C6H10O4	monomethyl glutarate	1501-27-5	146.143	---	---	482.92	2	25	1.1690	1	20	1.4381	1	---	---
7930	C6H10O4	dianhydro-d-glucitol	652-67-5	146.143	335.65	1	482.92	2	23	1.1232	2	---	---	---	solid	1
7931	C6H10O4	2,2-dimethylsuccinic acid	597-43-3	146.143	413.65	1	482.92	2	23	1.1232	2	---	---	---	solid	1
7932	C6H10O4	2-methylglutaric acid	18069-17-5	146.143	351.15	1	482.92	2	23	1.1232	2	---	---	---	solid	1
7933	C6H10O4	methyl 2-hydroxy-2-methyl-3-oxobutyrate	72450-34-1	146.143	---	---	482.92	2	25	1.1240	1	---	1.4310	1	---	---
7934	C6H10O4	methyl 4-methoxyacetoacetate	41051-15-4	146.143	---	---	482.92	2	25	1.1290	1	---	1.4310	1	---	---
7935	C6H10O4	bis(1-oxopropyl) peroxide	3248-28-0	146.143	---	---	482.92	2	23	1.1232	2	---	---	---	---	---
7936	C6H10O4	n-propylmalonic acid	616-62-6	146.143	369.00	1	482.92	2	23	1.1232	2	---	---	---	solid	1
7937	C6H10O4	racemic-2,3-dimethyl-butanedioic acid	608-40-2	146.143	463.15	1	482.92	2	23	1.1232	2	---	---	---	solid	1
7938	C6H10O4	dianhydrogalactitol	23261-20-3	146.143	---	---	482.92	2	23	1.1232	2	---	---	---	---	---
7939	C6H10O4	dianhydromannitol	19895-66-0	146.143	---	---	482.92	2	23	1.1232	2	---	---	---	---	---
7940	C6H10O4	2-methoxyethoxy acrylate	102612-69-1	146.143	---	---	482.92	2	23	1.1232	2	---	---	---	---	---
7941	C6H10O4S	3,3'-thiodipropionic acid	111-17-1	178.209	402.15	1	---	---	25	1.2384	2	---	---	---	solid	1
7942	C6H10O4S	diallyl sulfate	---	178.209	---	---	---	---	25	1.2384	2	---	---	---	---	---
7943	C6H10O4S2	dimethipin	55290-64-7	210.275	438.15	1	---	---	25	1.3187	2	---	---	---	solid	1
7944	C6H10O4S2	3,3'-dithiodipropionic acid	1119-62-6	210.275	429.65	1	---	---	25	1.3187	2	---	---	---	solid	1
7945	C6H10O4S2	ethylene glycol bisthioglycolate	123-81-9	210.275	---	---	---	---	25	1.3120	1	---	1.5220	1	---	---
7946	C6H10O4S2	b'-dithiodilactic acid	4775-93-3	210.275	---	---	---	---	25	1.3187	2	---	---	---	---	---
7947	C6H10O5	diethyl dicarbonate	1609-47-8	162.142	---	---	473.15	2	20	1.1200	1	20	1.3960	1	---	---
7948	C6H10O5	1,6-anhydro-b-D-glucopyranose	498-07-7	162.142	448.15	1	473.15	2	23	1.1747	2	---	---	---	solid	1
7949	C6H10O5	dimethyl (R)-(+)malate	70681-41-3	162.142	---	---	473.15	2	25	1.2320	1	---	1.4400	1	---	---
7950	C6H10O5	dimethyl methoxymalonate	5018-30-4	162.142	284.65	1	488.15	1	25	1.1720	1	---	1.4230	1	liquid	1
7951	C6H10O5	D-3-deoxyglucosone	4084-27-9	162.142	---	---	473.15	2	23	1.1747	2	---	---	---	---	---
7952	C6H10O5	dimethyl 2,2'-oxybisacetate	7040-23-5	162.142	---	---	473.15	2	23	1.1747	2	---	---	---	---	---
7953	C6H10O5	b-hydroxy-b-methylglutaric acid	503-49-1	162.142	382.15	1	458.15	1	23	1.1747	2	---	---	---	solid	1
7954	C6H10O6	dimethyl tartrate, (±)	608-69-5	178.142	363.15	1	553.15	1	90	1.2604	1	---	---	---	solid	1
7955	C6H10O6	ethyl tartrate	608-89-9	178.142	363.15	1	553.15	2	47	1.3695	2	---	---	---	solid	1
7956	C6H10O6	beta-lactonegluconic acid	3087-62-5	178.142	426.15	1	553.15	2	25	1.6100	1	---	---	---	solid	1
7957	C6H10O6	delta-lactone-D-gluconic acid	90-80-2	178.142	---	---	553.15	2	47	1.3695	2	---	---	---	---	---
7958	C6H10O6	(-)-dimethyl d-tartrate	13171-64-7	178.142	327.15	1	553.15	2	47	1.3695	2	---	---	---	solid	1
7959	C6H10O6	(+)-dimethyl l-tartrate	608-68-4	178.142	---	---	553.15	2	25	1.2380	1	---	---	---	---	---
7960	C6H10O6	dimethyl tartrate; (meso)	5057-96-5	178.142	---	---	553.15	2	47	1.3695	2	---	---	---	---	---
7961	C6H10O6	L-glucono-1,5-lactone	52153-09-0	178.142	416.15	1	553.15	2	47	1.3695	2	---	---	---	solid	1
7962	C6H10O6	L(+)-gulonic acid g-lactone	1128-23-0	178.142	457.15	1	553.15	2	47	1.3695	2	---	---	---	solid	1
7963	C6H10O6	D(-)-gulonic acid g-lactone	6322-07-2	178.142	458.15	1	553.15	2	47	1.3695	2	---	---	---	solid	1
7964	C6H10O6	diethyl peroxydicarbonate	14666-78-5	178.142	---	---	553.15	2	47	1.3695	2	---	---	---	---	---
7965	C6H10O6Pb	lead(ii) lactate	18917-82-3	385.342	---	---	---	---	---	---	---	---	---	---	---	---
7966	C6H10O6S2	1,4-dimethane sulfonoxy-2-butyne	2917-96-6	242.274	---	---	435.65	1	25	1.4194	2	---	---	---	---	---
7967	C6H10O7	D-galacturonic acid	685-73-4	194.141	439.15	1	---	---	25	1.3372	2	---	---	---	solid	1
7968	C6H10O7	D-glucuronic acid	6556-12-3	194.141	434.65	1	---	---	25	1.3372	2	---	---	---	solid	1
7969	C6H10O8	galactaric acid	526-99-8	210.141	528.15	dec	---	---	25	1.3935	2	---	---	---	solid	1
7970	C6H10O8	D-glucaric acid	87-73-0	210.141	398.65	1	---	---	25	1.3935	2	---	---	---	solid	1
7971	C6H10S	cyclohexanethione	2720-41-4	114.211	---	---	411.75	2	25	0.9405	2	20	1.5375	1	---	---
7972	C6H10S	diallyl sulfide	592-88-1	114.211	188.15	1	411.75	1	27	0.8877	1	25	1.4870	1	liquid	1
7973	C6H10S	cyclohexene sulfide	286-28-2	114.211	---	---	411.75	2	25	0.9405	2	---	1.5290	1	---	---
7974	C6H10S2	diallyl disulfide	2179-57-9	146.277	---	---	---	---	25	1.0090	1	---	1.5410	1	---	---
7975	C6H10S3	diallyl trisulfide	2050-87-5	178.343	---	---	---	---	15	1.0845	1	---	---	---	---	---
7976	C6H10Se	diallyl selenide	91297-11-9	161.105	---	---	---	---	---	---	---	---	---	---	---	---
7977	C6H11AsO3	4-ethyl-2,6,7-trioxa-1-arsabicyclo(2.2.2)oct	67590-56-1	206.073	---	---	---	---	---	---	---	---	---	---	---	---
7978	C6H11BF4N2	1-ethyl-3-methylimidazolium tetrafluorobor	143314-16-3	197.972	288.15	1	---	---	25	1.2940	1	---	1.4130	1	---	---
7979	C6H11Br	cis-1-bromo-1-hexene	13154-12-6	163.057	211.60	2	413.15	1	25	1.1840	1	25	1.4560	1	liquid	1
7980	C6H11Br	trans-1-bromo-1-hexene	13154-13-7	163.057	211.60	2	413.15	1	25	1.1840	1	25	1.4560	1	liquid	1
7981	C6H11Br	bromocyclohexane	108-85-0	163.057	216.65	1	439.35	1	20	1.3359	1	20	1.4957	1	liquid	1
7982	C6H11Br	6-bromo-1-hexene	2695-47-8	163.057	211.60	2	422.95	2	25	1.2190	1	---	1.4660	1	liquid	2
7983	C6H11Br	5-bromo-2-methyl-2-pentene	2270-59-9	163.057	211.60	2	426.15	1	25	1.2170	1	---	1.4760	1	liquid	1
7984	C6H11BrN2O2	N-(aminocarbonyl)-2-bromo-3-methylbutan	496-67-3	223.070	427.15	1	---	---	15	1.5600	1	---	---	---	solid	1
7985	C6H11BrO	2-bromocyclohexanol	24796-87-0	179.057	---	---	459.82	2	20	1.4604	1	20	1.5169	1	---	---
7986	C6H11BrO	6-bromo-2-hexanone	10226-29-6	179.057	---	---	489.15	1	25	1.3494	1	---	---	---	---	---
7987	C6H11BrO	2-(bromomethyl)tetrahydro-2H-pyran	34723-82-5	179.057	214.75	1	426.15	1	25	1.3970	1	---	1.4890	1	liquid	1
7988	C6H11BrO	1-bromopinacolone	5469-26-1	179.057	263.25	1	464.15	1	25	1.3310	1	---	1.4660	1	liquid	1
7989	C6H11BrO	3-bromotetrahydro-2-methyl-2H-pyran	156051-16-0	179.057	---	---	459.82	2	25	1.3660	1	---	1.4830	1	---	---
7990	C6H11BrO2	2-bromohexanoic acid, (±)	2681-83-6	195.056	275.15	1	513.15	1	33	1.2810	1	---	---	---	liquid	1
7991	C6H11BrO2	6-bromohexanoic acid	4224-70-8	195.056	308.15	1	469.86	2	23	1.3477	2	---	---	---	solid	1
7992	C6H11BrO2	tert-butyl bromoacetate	5292-43-3	195.056	---	---	469.86	2	23	1.3477	2	20	1.4430	1	---	---
7993	C6H11BrO2	ethyl 2-bromobutanoate	533-68-6	195.056	---	---	450.15	1	20	1.3273	1	20	1.4475	1	---	---
7994	C6H11BrO2	ethyl 4-bromobutanoate	2969-81-5	195.056	---	---	465.15	1	20	1.3540	1	20	1.4559	1	---	---
7995	C6H11BrO2	ethyl 2-bromo-2-methylpropanoate	600-00-0	195.056	---	---	436.15	1	20	1.3263	1	20	1.4446	1	---	---
7996	C6H11BrO2	isobutyl bromoacetate	59956-48-8	195.056	---	---	461.15	1	20	1.3269	1	---	---	---	---	---
7997	C6H11BrO2	methyl 2-bromo-3-methylbutanoate	26330-51-8	195.056	---	---	450.15	1	13	1.3520	1	20	1.4530	1	---	---
7998	C6H11BrO2	4-bromobutyl acetate	4753-59-7	195.056	---	---	469.86	2	25	1.3480	1	---	1.4610	1	---	---
7999	C6H11BrO2	2-(2-bromoethyl)-1,3-dioxane	33884-43-4	195.056	---	---	469.86	2	25	1.4310	1	---	1.4810	1	---	---
8000	C6H11BrO2	2-bromohexanoic acid	616-05-7	195.056	298.15	1	513.15	1	25	1.3700	1	---	1.4720	1	---	---

Table 1 Physical Properties - Organic Compounds

				Mol Wt	Freezing Point		Boiling Point		Density			Refractive Index			State	
NO	FORMULA	NAME	CAS No	g/mol	T_F, K	code	T_B, K	code	T, C	g/cm3	code	T, C	n_D	code	@25C,1 atm	code
8001	C6H11BrO2	methyl 5-bromovalerate	5454-83-1	195.056	---	---	469.86	2	25	1.3600	1	---	1.4630	1	---	---
8002	C6H11BrO3	1-methoxyisopropyl bromoacetate	64046-67-9	211.056	---	---	---	---	25	1.4350	2	---	---	---	---	---
8003	C6H11BrSi	3-(trimethylsilyl)propargyl bromide	38002-45-8	191.142	---	---	---	---	25	1.3510	1	---	1.4830	1	---	---
8004	C6H11Br3	1,1,1-tribromohexane	62127-63-3	322.865	338.70	2	520.15	1	25	1.9001	2	---	---	---	solid	2
8005	C6H11Br4O4P	bis(2,3-dibromopropyl)phosphate	5412-25-9	497.741	---	---	---	---	---	---	---	---	---	---	---	---
8006	C6H11Cl	cis-1-chloro-1-hexene	50586-18-0	118.606	181.72	2	394.45	1	25	0.8960	1	25	1.4270	1	liquid	1
8007	C6H11Cl	trans-1-chloro-1-hexene	50586-19-1	118.606	181.72	2	394.45	1	25	0.8960	1	25	1.4270	1	liquid	1
8008	C6H11Cl	chlorocyclohexane	542-18-7	118.606	229.34	1	415.15	1	20	1.0000	1	20	1.4626	1	liquid	1
8009	C6H11Cl	1-chloro-2,3-dimethyl-2-butene	37866-06-1	118.606	181.72	2	385.15	1	20	0.9355	1	20	1.4605	1	liquid	1
8010	C6H11Cl	1-chloro-1-hexene	22922-67-4	118.606	181.72	2	394.15	1	22	0.8872	1	22	1.4300	1	liquid	1
8011	C6H11Cl	1-chloro-3-hexene	62706-16-5	118.606	181.72	2	395.45	2	24	0.9000	1	24	1.4350	1	liquid	2
8012	C6H11Cl	2-chloro-1-hexene	10124-73-9	118.606	181.72	2	386.15	1	25	0.8886	1	25	1.4278	1	liquid	1
8013	C6H11Cl	4-chloro-2-hexene	6734-98-1	118.606	181.72	2	396.15	1	20	0.8934	1	20	1.4400	1	liquid	1
8014	C6H11Cl	5-chloro-1-hexene	927-54-8	118.606	181.72	2	393.85	1	25	0.8891	1	20	1.4305	1	liquid	1
8015	C6H11Cl	cis-3-chloro-3-hexene	17226-34-5	118.606	181.72	2	390.15	1	20	0.9009	1	20	1.4360	1	liquid	1
8016	C6H11Cl	3-chloro-2-methyl-1-pentene	4104-01-2	118.606	181.72	2	394.15	1	22	0.9092	2	20	1.4422	1	liquid	1
8017	C6H11Cl	5-chloro-2-methyl-2-pentene	7712-60-9	118.606	181.72	2	406.15	1	20	0.9150	1	---	---	---	liquid	1
8018	C6H11ClO	cis-2-chlorocyclohexanol, (±)	116783-28-9	134.605	309.65	1	415.92	2	25	1.1261	1	25	1.4894	1	solid	1
8019	C6H11ClO	trans-2-chlorocyclohexanol	6628-80-4	134.605	302.15	1	415.92	2	16	1.1460	1	20	1.4899	1	solid	1
8020	C6H11ClO	trans-4-chlorocyclohexanol	29538-77-0	134.605	355.65	1	415.92	2	13	1.1435	1	17	1.4930	1	solid	1
8021	C6H11ClO	2,2-dimethylbutanoyl chloride	5856-77-9	134.605	---	---	405.15	1	20	0.9810	1	20	1.4245	1	---	---
8022	C6H11ClO	2,3-dimethylbutanoyl chloride	51760-90-8	134.605	---	---	408.15	1	20	0.9795	1	---	---	---	---	---
8023	C6H11ClO	3,3-dimethylbutanoyl chloride	7065-46-5	134.605	---	---	403.15	1	20	0.9690	1	20	1.4210	1	---	---
8024	C6H11ClO	2-ethylbutanoyl chloride	2736-40-5	134.605	---	---	413.15	1	20	0.9825	1	20	1.4234	1	---	---
8025	C6H11ClO	hexanoyl chloride	142-61-0	134.605	186.15	1	426.15	1	20	0.9784	1	20	1.4264	1	liquid	1
8026	C6H11ClO	2-methylpentanoyl chloride, (±)	116908-84-0	134.605	---	---	414.15	1	20	0.9781	1	27	1.4330	1	---	---
8027	C6H11ClO	3-methylpentanoyl chloride, (±)	116908-85-1	134.605	---	---	414.15	1	20	0.9781	1	---	---	---	---	---
8028	C6H11ClO	2-chlorocyclohexanol	1561-86-0	134.605	---	---	415.92	2	25	1.1300	1	---	1.4880	1	---	---
8029	C6H11ClO	6-chloro-2-hexanone	10226-30-9	134.605	---	---	415.92	2	25	1.0200	1	---	1.4440	1	---	---
8030	C6H11ClO	2-(chloromethyl)tetrahydro-2H-pyran	18420-41-2	134.605	---	---	415.92	2	25	1.0750	1	---	1.4620	1	---	---
8031	C6H11ClO	1-chloropinacolone	13547-70-1	134.605	---	---	444.65	1	25	1.0270	1	---	1.4420	1	---	---
8032	C6H11ClO	2-methylvaleryl chloride	5238-27-7	134.605	---	---	414.60	1	25	0.9780	1	---	1.4250	1	---	---
8033	C6H11ClO2	sec-butyl chloroacetate	17696-64-9	150.605	---	---	436.65	1	20	1.0600	1	19	1.4251	1	---	---
8034	C6H11ClO2	tert-butyl chloroacetate	107-59-5	150.605	---	---	423.15	1	22	1.0615	2	20	1.4260	1	---	---
8035	C6H11ClO2	butyl chloroacetate	590-02-3	150.605	---	---	456.15	1	20	1.0704	1	20	1.4297	1	---	---
8036	C6H11ClO2	2-chloro-1,1-dimethoxy-2-butene	108365-83-9	150.605	---	---	439.13	2	18	1.0740	1	18	1.4466	1	---	---
8037	C6H11ClO2	2-chloroethyl 2-methylpropanoate	33662-96-3	150.605	---	---	443.15	1	25	1.0620	1	16	1.4109	1	---	---
8038	C6H11ClO2	ethyl 2-chlorobutanoate	7425-45-8	150.605	---	---	436.65	1	18	1.0560	1	25	1.4180	1	---	---
8039	C6H11ClO2	ethyl 3-chlorobutanoate	7425-48-1	150.605	---	---	439.13	2	20	1.0517	1	20	1.4246	1	---	---
8040	C6H11ClO2	ethyl 4-chlorobutanoate	3153-36-4	150.605	---	---	457.15	1	20	1.0756	1	20	1.4311	1	---	---
8041	C6H11ClO2	isobutyl chloroacetate	13361-35-8	150.605	---	---	443.15	1	20	1.0612	1	20	1.4255	1	---	---
8042	C6H11ClO2	isopentyl chloroformate	628-50-2	150.605	---	---	427.45	1	17	1.0288	1	20	1.4176	1	---	---
8043	C6H11ClO2	isopropyl 2-chloropropanoate	40058-87-5	150.605	---	---	424.65	1	20	1.0315	1	20	1.4149	1	---	---
8044	C6H11ClO2	pentyl chloroformate	638-41-5	150.605	---	---	439.13	2	22	1.0615	2	18	1.4181	1	---	---
8045	C6H11ClO2	propyl 3-chloropropanoate	62108-66-1	150.605	---	---	453.15	1	20	1.0656	1	20	1.4290	1	---	---
8046	C6H11ClO2	4-chlorobutyl acetate	6962-92-1	150.605	---	---	439.13	2	25	1.0710	1	---	1.4340	1	---	---
8047	C6H11ClO2	4-chloromethyl-2,2-dimethyl-1,3-dioxolane	4362-40-7	150.605	---	---	429.15	1	25	1.1000	1	---	---	---	---	---
8048	C6H11ClO2	(R)-(+)-4-(chloromethyl)-2,2-dimethyl-1,3-d	57044-24-3	150.605	---	---	439.13	2	25	1.1030	1	---	1.4340	1	---	---
8049	C6H11ClO2	(S)-(-)-4-(chloromethyl)-2,2-dimethyl-1,3-di	60456-22-6	150.605	---	---	439.13	2	25	1.1030	1	---	1.4340	1	---	---
8050	C6H11ClO2	chloromethyl pivalate	18997-19-8	150.605	---	---	439.13	2	25	1.0430	1	---	1.4170	1	---	---
8051	C6H11ClO2	methyl 5-chlorovalerate	14273-86-0	150.605	---	---	439.13	2	25	1.0470	1	---	1.4360	1	---	---
8052	C6H11ClO2	neopentyl chloroformate	20412-38-8	150.605	---	---	439.13	2	25	1.0030	1	---	1.4100	1	---	---
8053	C6H11ClO2	allylchlorohydrin ether	4638-03-3	150.605	---	---	439.13	2	22	1.0615	2	---	---	---	---	---
8054	C6H11ClO3	2-chloro-2-ethoxyacetic acid ethyl ester,rer	34006-60-5	166.604	---	---	---	---	25	1.1900	2	---	1.4307	1	---	---
8055	C6H11ClO3	(-)-ethyl (S)-4-chloro-3-hydroxybutyrate	86728-85-0	166.604	---	---	---	---	25	1.1900	1	---	1.4530	1	---	---
8056	C6H11ClO3	ethyl (R)-(+)-4-chloro-3-hydroxybutyrate	90866-33-4	166.604	---	---	---	---	25	1.1900	1	---	1.4530	1	---	---
8057	C6H11ClO3	1-methoxyisopropyl chloroacetate	64046-46-4	166.604	---	---	---	---	25	1.1900	2	---	---	---	---	---
8058	C6H11ClO4	2-(2-hydroxyethoxy)ethyl chloroacetate	52637-01-1	182.603	---	---	---	---	25	1.2171	2	---	---	---	---	---
8059	C6H11ClO5	6-chloro-6-deoxyglucose	---	198.603	---	---	---	---	25	1.2760	2	---	---	---	---	---
8060	C6H11Cl2N3O2	nitrosomethylbis(chloroethyl)urea	69112-99-8	228.078	---	---	---	---	25	1.3517	2	---	---	---	---	---
8061	C6H11Cl2NO	N,N-bis(2-chloroethyl)acetamide	19945-22-3	184.065	---	---	---	---	25	1.1904	2	---	---	---	---	---
8062	C6H11Cl2O3P	vinylphosphonic acid bis(2-chloroethyl) est	115-98-0	233.031	---	---	---	---	---	---	---	---	---	---	---	---
8063	C6H11Cl2O4P	2,2-dichloroethenyl diethyl phosphate	72-00-4	249.030	---	---	---	---	---	---	---	---	---	---	---	---
8064	C6H11Cl2O5P	dichloroacetic acid anhydride with diethyl h	91674-71-4	265.029	---	---	---	---	---	---	---	---	---	---	---	---
8065	C6H11Cl2OP	cyclohexylphosphonic dichloride	1005-22-7	201.032	314.65	1	---	---	25	1.2960	1	---	1.5060	1	solid	1
8066	C6H11Cl3	1,1,1-trichlorohexane	17760-40-6	189.511	249.06	2	454.15	1	25	1.1480	1	25	1.4550	1	liquid	1
8067	C6H11Cl3O2	1,1,1-trichloro-2,2-diethoxyethane	599-97-3	221.510	---	---	470.15	1	20	1.2660	1	25	1.4586	1	---	---
8068	C6H11Cl3O3	glycerol (tri(chloromethyl)) ether	38571-73-2	237.509	---	---	---	---	25	1.3283	2	---	---	---	---	---
8069	C6H11Cl3Si	trichlorocyclohexylsilane	98-12-4	217.596	---	---	---	---	25	1.2320	1	---	1.4780	1	---	---
8070	C6H11Cl4O3PS	fortress	54593-83-8	336.002	---	---	---	---	---	---	---	---	---	---	---	---
8071	C6H11F	cis-1-fluoro-1-hexene	66225-46-5	102.152	183.95	2	340.11	2	25	0.8140	1	25	1.4160	1	liquid	2
8072	C6H11F	trans-1-fluoro-1-hexene	66225-47-6	102.152	183.95	2	340.11	2	25	0.8140	1	25	1.4160	1	liquid	2
8073	C6H11F	fluorocyclohexane	372-46-3	102.152	286.15	1	374.15	1	20	0.9279	1	20	1.4146	1	liquid	1
8074	C6H11FO2	tert-butyl fluoroacetate	406-74-6	134.151	---	---	405.15	1	20	0.9904	1	20	1.3860	1	---	---
8075	C6H11FO2	6-fluorohexanoic acid	373-05-7	134.151	---	---	405.15	2	25	1.0202	2	25	1.4166	1	---	---
8076	C6H11FO5	6-deoxy-6-fluoroglucose	447-25-6	182.149	---	---	---	---	25	1.2279	2	---	---	---	---	---
8077	C6H11F3	1,1,1-trifluorohexane	---	140.149	255.75	2	348.15	1	25	0.9800	1	25	1.3300	1	liquid	1
8078	C6H11F3N2	N,N,N-trifluorohexaneamidine	31330-22-0	168.163	---	---	---	---	25	1.1322	2	---	---	---	---	---
8079	C6H11HgO7	mercury gluconate	63937-14-4	395.739	234.35	1	629.75	1	---	---	---	---	---	---	liquid	1
8080	C6H11I	cis-1-iodo-1-hexene	16538-47-9	210.058	209.86	2	444.15	1	25	1.4460	1	25	1.4970	1	liquid	1

Table 1 Physical Properties - Organic Compounds

				Mol Wt	Freezing Point		Boiling Point		Density			Refractive Index			State	
NO	FORMULA	NAME	CAS No	g/mol	T_F, K	code	T_B, K	code	T, C	g/cm3	code	T, C	n_D	code	@25C,1 atm	code
8081	C6H11I	trans-1-iodo-1-hexene	16644-98-7	210.058	209.86	2	444.15	1	25	1.4460	1	25	1.4970	1	liquid	1
8082	C6H11I	iodocyclohexane	626-62-0	210.058	---	---	453.15	dec	20	1.6244	1	20	1.5477	1	---	---
8083	C6H11IO2	ethyl 2-iodobutanoate	7425-47-0	242.057	---	---	463.15	1	17	1.5700	1	20	1.4923	1	---	---
8084	C6H11IO2	4-iodobutyl acetate	40596-44-9	242.057	---	---	463.15	2	25	1.6100	1	---	1.4970	1	---	---
8085	C6H11IO3	2-(1-iodoethyl)-1,3-dioxolane-4-methanol	5634-39-9	258.056	---	---	---	---	25	1.6566	2	---	---	---	---	---
8086	C6H11I3	1,1,1-triiodohexane	---	463.867	333.48	2	612.87	2	25	2.3664	2	---	---	---	solid	2
8087	C6H11KO7	gluconic acid, potassium salt	299-27-4	234.247	452.65	1	---	---	---	---	---	---	---	---	solid	1
8088	C6H11N	hexanenitrile	628-73-9	97.160	192.85	1	436.75	1	25	0.8010	1	25	1.4048	1	liquid	1
8089	C6H11N	2-methylpentanenitrile	6339-13-5	97.160	206.87	2	420.15	1	25	0.7890	1	25	1.3979	1	liquid	1
8090	C6H11N	2-ethylbutanenitrile	617-80-1	97.160	206.87	2	418.15	1	25	0.7971	1	25	1.4001	1	liquid	1
8091	C6H11N	3-methylpentanenitrile	21101-88-2	97.160	206.87	2	426.15	1	25	0.8021	1	25	1.4088	1	liquid	1
8092	C6H11N	4-methylpentanenitrile	542-54-1	97.160	222.05	1	427.15	1	25	0.7993	1	25	1.4040	1	liquid	1
8093	C6H11N	2,2-dimethylbutanenitrile	20654-46-0	97.160	224.29	2	402.15	1	25	0.7743	1	25	1.3888	1	liquid	1
8094	C6H11N	2,3-dimethylbutanenitrile	20654-44-8	97.160	191.87	2	401.15	1	25	0.7933	1	25	1.3950	1	liquid	1
8095	C6H11N	3,3-dimethylbutanenitrile	3302-16-7	97.160	306.15	1	409.15	1	25	0.8132	2	---	---	---	solid	1
8096	C6H11N	N-allyl-2-propen-1-amine	124-02-7	97.160	184.75	1	384.15	1	25	0.8132	2	20	1.4387	1	---	---
8097	C6H11N	7-azabicyclo[4.1.0]heptane	286-18-0	97.160	294.15	1	423.15	1	27	0.9480	1	---	---	---	liquid	1
8098	C6H11N	1-isocyanopentane	18971-59-0	97.160	222.05	1	428.65	1	20	0.8060	1	---	---	---	liquid	1
8099	C6H11N	(S)-cyclohex-2-enylamine	153922-89-5	97.160	---	---	412.78	2	25	0.8132	2	---	---	---	---	---
8100	C6H11N	2,5-dimethyl-3-pyrroline, cis and trans	59480-92-1	97.160	---	---	376.65	1	25	0.8220	1	---	1.4400	1	---	---
8101	C6H11NO	epsilon-caprolactam	105-60-2	113.160	342.36	1	543.15	1	25	0.9646	2	---	---	---	solid	1
8102	C6H11NO	cyclohexanone oxime	100-64-1	113.160	363.15	1	481.15	1	25	0.9646	2	---	---	---	solid	1
8103	C6H11NO	1,5-dimethyl-2-pyrrolidinone	5075-92-3	113.160	---	---	490.15	1	25	0.9646	2	20	1.4650	1	---	---
8104	C6H11NO	3,3-dimethyl-2-pyrrolidinone	4831-43-0	113.160	339.15	1	510.15	1	25	0.9646	2	---	---	---	solid	1
8105	C6H11NO	1-isocyanato-3-methylbutane	1611-65-0	113.160	---	---	410.15	1	20	0.8060	1	20	1.4060	1	---	---
8106	C6H11NO	1-methyl-3-piperidinone	5519-50-6	113.160	---	---	474.25	2	25	0.9670	1	25	1.4559	1	---	---
8107	C6H11NO	1-methyl-4-piperidinone	1445-73-4	113.160	---	---	474.25	2	25	0.9710	1	25	1.4580	1	---	---
8108	C6H11NO	3-methyl-2-piperidinone	3768-43-2	113.160	328.45	1	522.65	1	25	0.9646	2	---	---	---	solid	1
8109	C6H11NO	1-methyl-2-piperidinone	931-20-4	113.160	---	---	494.15	1	25	1.0263	1	20	1.4820	1	---	---
8110	C6H11NO	1-piperidinecarboxaldehyde	2591-86-8	113.160	242.35	1	495.65	1	25	1.0158	1	25	1.4805	1	liquid	1
8111	C6H11NO	trans-4-(dimethylamino)-3-buten-2-one	2802-08-6	113.160	---	---	474.25	2	25	0.9730	1	---	1.5570	1	---	---
8112	C6H11NO	5,5-dimethyl-1-pyrroline N-oxide	3317-61-1	113.160	---	---	474.25	2	25	1.0150	1	---	1.4960	1	---	---
8113	C6H11NO	1-ethyl-2-pyrrolidone	2687-91-4	113.160	---	---	474.25	2	25	0.9910	1	---	1.4650	1	---	---
8114	C6H11NO	N-isopropylacrylamide	2210-25-5	113.160	335.65	1	474.25	2	25	0.9646	2	---	---	---	solid	1
8115	C6H11NO	pentyl isocyanate	3954-13-0	113.160	---	---	409.65	1	25	0.8780	1	---	1.4140	1	---	---
8116	C6H11NO	poly(iminocarbonylpentamethylene)	25038-54-4	113.160	496.15	1	---	---	25	1.0800	1	---	---	---	solid	1
8117	C6H11NO	2,4,4-trimethyl-2-oxazoline	1772-43-6	113.160	386.65	1	385.65	1	25	0.8870	1	---	1.4210	1	solid	1
8118	C6H11NO	a-vinyl-1-aziridineethanol	3691-16-5	113.160	---	---	474.25	2	25	0.9646	2	---	---	---	---	---
8119	C6H11NO	2-aminomethyl-2,3-dihydro-4H-pyran	4781-76-4	113.160	---	---	474.25	2	25	0.9646	2	---	---	---	---	---
8120	C6H11NO	2-aminomethyltetrahydropyran	6628-83-7	113.160	---	---	474.25	2	25	0.9646	2	---	---	---	---	---
8121	C6H11NO	1-n-butyrylaziridine	10431-86-4	113.160	---	---	474.25	2	25	0.9646	2	---	---	---	---	---
8122	C6H11NO	N-ethyl-N-vinylacetamide	3195-79-7	113.160	---	---	474.25	2	25	0.9646	2	---	---	---	---	---
8123	C6H11NO	2-isopropyl acrylaldehyde oxime	---	113.160	---	---	474.25	2	25	0.9646	2	---	---	---	---	---
8124	C6H11NOS	2,2-dimethyl-3-thiomorpholinone	50847-92-2	145.226	---	---	---	---	25	1.0694	2	---	---	---	---	---
8125	C6H11NO2	N-acetyl-N-ethylacetamide	1563-83-3	129.159	---	---	470.15	1	20	1.0092	1	20	1.4513	1	---	---
8126	C6H11NO2	4-acetylmorpholine	1696-20-4	129.159	287.65	1	481.12	2	20	1.1145	1	20	1.4827	1	liquid	2
8127	C6H11NO2	1-aminocyclopentanecarboxylic acid	52-52-8	129.159	603.15	dec	---	---	22	1.0359	2	---	---	---	solid	1
8128	C6H11NO2	ethyl trans-3-amino-2-butenoate	41867-20-3	129.159	307.15	1	485.15	dec	19	1.0219	1	22	1.4988	1	solid	1
8129	C6H11NO2	1-(2-hydroxyethyl)-2-pyrrolidinone	3445-11-2	129.159	293.15	1	568.15	1	20	1.1435	1	---	---	---	liquid	1
8130	C6H11NO2	1-methyl-1-nitrocyclopentane	30168-50-4	129.159	---	---	452.15	1	20	1.0395	1	20	1.4504	1	---	---
8131	C6H11NO2	1-methyl-2-nitrocyclopentane	102153-88-8	129.159	---	---	458.15	dec	22	1.0381	1	22	1.4488	1	---	---
8132	C6H11NO2	nitrocyclohexane	1122-60-7	129.159	239.15	1	478.15	1	20	1.0610	1	19	1.4612	1	liquid	1
8133	C6H11NO2	(nitromethyl)cyclopentane	2625-31-2	129.159	---	---	481.12	2	20	1.0713	1	20	1.4587	1	---	---
8134	C6H11NO2	2-piperidinecarboxylic acid	535-75-1	129.159	537.15	1	---	---	22	1.0359	2	---	---	---	solid	1
8135	C6H11NO2	3-piperidinecarboxylic acid	498-95-3	129.159	534.15	dec	---	---	22	1.0359	2	---	---	---	solid	1
8136	C6H11NO2	4-piperidinecarboxylic acid	498-94-2	129.159	609.15	1	---	---	22	1.0359	2	---	---	---	solid	1
8137	C6H11NO2	cis-2-amino-1-cyclopentanecarboxylic acid	37910-65-9	129.159	492.15	1	---	---	22	1.0359	2	---	---	---	solid	1
8138	C6H11NO2	(1S,3R)-3-aminocyclopentanecarboxylic ac	71830-07-4	129.159	465.15	1	481.12	2	22	1.0359	2	---	---	---	solid	1
8139	C6H11NO2	(1R,3S)-3-aminocyclopentanecarboxylic ac	71830-08-5	129.159	445.25	1	481.12	2	22	1.0359	2	---	---	---	solid	1
8140	C6H11NO2	3-cyanopropionaldehyde dimethyl acetal	14618-78-1	129.159	154.05	1	481.12	2	25	0.9920	1	---	1.4190	1	liquid	2
8141	C6H11NO2	diethoxyacetonitrile	6136-93-2	129.159	254.75	1	440.85	1	25	0.9290	1	---	1.4000	1	liquid	1
8142	C6H11NO2	N,N-dimethylacetoacetamide	2044-64-6	129.159	218.25	1	493.05	1	25	1.0550	1	---	---	---	liquid	1
8143	C6H11NO2	ethyl 3-aminocrotonate	626-34-6	129.159	307.15	1	485.65	1	25	1.0220	1	---	---	---	solid	1
8144	C6H11NO2	ethyl 3-aminocrotonate	7318-00-5	129.159	307.15	1	485.65	1	22	1.0359	2	---	---	---	solid	1
8145	C6H11NO2	cis-2-hydroxy-1-cyclopentanecarboxamide	40481-98-9	129.159	361.65	1	481.12	2	22	1.0359	2	---	---	---	solid	1
8146	C6H11NO2	(4S)-(-)-4-isopropyl-2-oxazolidinone	17016-83-0	129.159	344.65	1	481.12	2	22	1.0359	2	---	---	---	solid	1
8147	C6H11NO2	(4R)-(+)-4-isopropyl-2-oxazolidinone	95530-58-8	129.159	344.65	1	481.12	2	22	1.0359	2	---	---	---	solid	1
8148	C6H11NO2	(2S,3S)-3-methylpyrrolidine-2-carboxylic a	---	129.159	---	---	481.12	2	22	1.0359	2	---	---	---	---	---
8149	C6H11NO2	(2S)-5-methylpyrrolidine-2-carboxylic acid	---	129.159	---	---	481.12	2	22	1.0359	2	---	---	---	---	---
8150	C6H11NO2	6-nitro-1-hexene	4812-17-3	129.159	---	---	468.15	1	25	0.9700	1	---	1.4440	1	---	---
8151	C6H11NO2	D(+)-pipecolinic acid	1723-00-8	129.159	550.15	1	---	---	22	1.0359	2	---	---	---	solid	1
8152	C6H11NO2	L(-)-pipecolinic acid	3105-95-1	129.159	545.15	1	---	---	22	1.0359	2	---	---	---	solid	1
8153	C6H11NO2	DL-pipecolinic acid	4043-87-2	129.159	548.65	1	---	---	22	1.0359	2	---	---	---	solid	1
8154	C6H11NO2	L-proline methyl ester hydrochloride	2133-40-6	129.159	344.15	1	481.12	2	22	1.0359	2	---	---	---	solid	1
8155	C6H11NO2	dipropionamide	6050-26-6	129.159	---	---	488.20	1	22	1.0359	2	---	---	---	---	---
8156	C6H11NO2	2,4-dihydroxy-3,3-dimethylbutyronitrile	10232-92-5	129.159	---	---	481.12	2	22	1.0359	2	---	---	---	---	---
8157	C6H11NO2	2-nitro-2-hexene	6065-17-4	129.159	---	---	445.00	2	22	1.0359	2	---	---	---	---	---
8158	C6H11NO2	3-nitro-3-hexene	4812-22-0	129.159	---	---	445.00	2	22	1.0359	2	---	---	---	---	---
8159	C6H11NO2S	N,S-diacetylcysteamine	1420-88-8	161.225	305.65	1	---	---	25	1.1400	2	---	---	---	solid	1
8160	C6H11NO2S	(4S,2RS)-2-ethylthiazolidine-4-carboxylica	---	161.225	433.15	1	---	---	25	1.1400	2	---	---	---	solid	1

Table 1 Physical Properties - Organic Compounds

				Mol Wt	Freezing Point		Boiling Point		Density			Refractive Index			State	
NO	FORMULA	NAME	CAS No	g/mol	T_F, K	code	T_B, K	code	T, C	g/cm3	code	T, C	n_D	code	@25C,1 atm	code
8161	C6H11NO2S	vinthionine	83768-87-0	161.225	---	---	---	---	25	1.1400	2	---	---	---	---	---
8162	C6H11NO2S	L-vinthionine	70858-14-9	161.225	---	---	---	---	25	1.1400	2	---	---	---	---	---
8163	C6H11NO3	adipamic acid	334-25-8	145.159	566.15	1	---	---	25	1.1041	2	---	---	---	solid	1
8164	C6H11NO3	ethyl acetamidoacetate	1906-82-7	145.159	318.15	1	402.15	2	25	1.1041	2	---	---	---	solid	1
8165	C6H11NO3	ethyl N,N-dimethyloxamate	16703-52-9	145.159	---	---	402.15	1	25	1.0680	1	---	1.4420	1	---	---
8166	C6H11NO3	N-formyl-3-methoxy-morpholine	61020-09-5	145.159	---	---	402.15	2	25	1.1041	2	---	1.4772	1	---	---
8167	C6H11NO3	4-acetamidobutyric acid	3025-96-5	145.159	---	---	402.15	2	25	1.1041	2	---	---	---	---	---
8168	C6H11NO3S	3-(allylsulfinyl)-L-alanine, (S)	556-27-4	177.225	438.15	1	---	---	25	1.2053	2	---	---	---	solid	1
8169	C6H11NO4	2-aminoadipic acid	626-71-1	161.158	480.15	1	499.15	2	25	1.1410	2	---	---	---	solid	1
8170	C6H11NO4	diethyl iminodicarboxylate	19617-44-8	161.158	323.15	1	499.15	1	25	1.1410	2	---	---	---	solid	1
8171	C6H11NO4	L-2-aminoadipic acid	1118-90-7	161.158	479.15	1	499.15	2	25	1.1410	2	---	---	---	solid	1
8172	C6H11NO4	(2S,4R)-(+)-2-amino-4-methylpentanedioic	---	161.158	---	---	499.15	2	25	1.1410	2	---	---	---	---	---
8173	C6H11NO4	ethyl 2-nitrobutyrate	2531-81-9	161.158	---	---	499.15	2	25	1.0960	1	---	1.4230	1	---	---
8174	C6H11NO4	L-glutamic acid 5-methyl ester	1499-55-4	161.158	455.15	1	499.15	2	25	1.1410	2	---	---	---	solid	1
8175	C6H11NO4	6-nitrocaproic acid	10269-96-2	161.158	294.65	1	499.15	2	25	1.1860	1	---	1.4590	1	liquid	2
8176	C6H11NO4S	3-((2-carboxyethyl)thio)alanine	4033-46-9	193.224	491.15	1	369.65	1	25	1.2658	2	---	---	---	solid	1
8177	C6H11NO5	N-(2-hydroxyethyl)iminodiacetic acid	93-62-9	177.157	452.15	1	---	---	25	1.2414	2	---	---	---	solid	1
8178	C6H11NS	4,5-dihydro-2,4,4-trimethylthiazole	4145-94-2	129.226	---	---	420.15	1	25	0.9690	1	25	1.4825	1	---	---
8179	C6H11NS	isopentyl isothiocyanate	628-03-5	129.226	---	---	456.15	1	17	0.9419	1	---	---	---	---	---
8180	C6H11NS	n-amyl thiocyanate	32446-40-5	129.226	---	---	438.15	2	21	0.9555	2	---	---	---	---	---
8181	C6H11NSSi	2-(trimethylsilyl)thiazole	79265-30-8	157.311	---	---	---	---	25	0.9850	1	---	1.4970	1	---	---
8182	C6H11N2O4PS3	methidathion	950-37-8	302.337	312.15	1	---	---	---	---	---	---	---	---	solid	1
8183	C6H11N3	1-butyl-1H-1,2,4-triazole	6086-22-2	125.174	---	---	552.65	2	25	1.0167	2	---	---	---	---	---
8184	C6H11N3	1-(3-aminopropyl)imidazole	5036-48-6	125.174	---	---	552.65	1	25	1.0490	1	---	1.5190	1	---	---
8185	C6H11N3	butrizol	16227-10-4	125.174	---	---	552.65	2	25	1.0167	2	---	---	---	---	---
8186	C6H11N3Na2O5	disodium 1-[2-(Carboxylato)pyrrolidin-1-yl](	---	251.151	---	---	---	---	---	---	---	---	---	---	---	---
8187	C6H11N3OS	2-amino-N-(3-methyl-2-thiazolidinylidene)a	73696-62-5	173.240	---	---	---	---	25	1.2005	2	---	---	---	---	---
8188	C6H11N3O3	1-nitroso-1-ethyl-3-(2-oxopropyl)urea	110559-84-7	173.173	---	---	---	---	25	1.2372	2	---	---	---	---	---
8189	C6H11N3O4	glycylasparagine	1999-33-3	189.172	---	---	---	---	25	1.2994	2	---	---	---	---	---
8190	C6H11N3O4	N-(N-glycylglycyl)glycine	556-33-2	189.172	519.15	dec	---	---	25	1.2994	2	---	---	---	solid	1
8191	C6H11N3O4	caracemide	81424-67-1	189.172	395.40	1	---	---	25	1.2994	2	---	---	---	solid	1
8192	C6H11N3O5	o-(N-nitrososarcosyl)-L-serine	53051-16-4	205.171	---	---	---	---	25	1.3570	2	---	---	---	---	---
8193	C6H11N3O9	2-ethyl-2-(hydroxymethyl)-1,3-propanediol	2921-92-8	269.169	---	---	---	---	25	1.5500	2	---	---	---	---	---
8194	C6H11NaO7	sodium gluconate	527-07-1	218.139	---	---	---	---	---	---	---	---	---	---	---	---
8195	C6H11O3P	4-ethyl-2,6,7-trioxa-1-phosphabicyclo[2.2.2	824-11-3	162.126	326.85	1	---	---	---	---	---	---	---	---	solid	1
8196	C6H11O3P	diallyl phosphite	23679-20-1	162.126	---	---	---	---	25	1.0800	1	---	---	---	---	---
8197	C6H11O4P	2-ethyl-2-(hydroxymethyl)-1,3-propanediol,	1005-93-2	178.125	480.65	1	281.15	1	---	---	---	---	---	---	solid	1
8198	C6H11O5P	trimethyl 2-phosphonoacrylate	55168-74-6	194.124	---	---	---	---	25	1.2490	1	---	1.4540	1	---	---
8199	C6H11O8P	phoscolic acid	2398-95-0	242.123	421.65	1	---	---	---	---	---	---	---	---	solid	1
8200	C6H12	1-methyl-1-ethylcyclopropane	53778-43-1	84.161	142.95	1	329.92	1	25	0.6968	1	25	1.3857	1	liquid	1
8201	C6H12	1-methyl-cis-2-ethylcyclopropane	19781-68-1	84.161	170.58	2	340.16	1	25	0.7096	1	25	1.3923	1	liquid	1
8202	C6H12	1-methyl-trans-2-ethylcyclopropane	19781-69-2	84.161	170.58	2	331.81	1	25	0.6885	1	25	1.3816	1	liquid	1
8203	C6H12	1,1,2-trimethylcyclopropane	4127-45-1	84.161	134.97	1	325.59	1	25	0.6897	1	25	1.3834	1	liquid	1
8204	C6H12	1,cis-2,cis-3-trimethylcyclopropane	4806-58-0	84.161	154.21	2	339.15	1	25	0.7130	1	25	1.3940	1	liquid	1
8205	C6H12	1,cis-2,trans-3-trimethylcyclopropane	4806-59-1	84.161	154.21	2	332.85	1	25	0.6929	1	25	1.3813	1	liquid	1
8206	C6H12	propylcyclopropane	2415-72-7	84.161	174.82	2	342.30	1	25	0.7062	1	25	1.3905	1	liquid	1
8207	C6H12	isopropylcyclopropane	3638-35-5	84.161	160.22	1	331.47	1	25	0.6936	1	25	1.3835	1	liquid	1
8208	C6H12	1,1-dimethylcyclobutane	---	84.161	195.20	2	329.15	1	25	0.7080	1	25	1.3930	1	liquid	1
8209	C6H12	1,cis-2-dimethylcyclobutane	15679-01-3	84.161	167.06	2	341.15	1	25	0.7310	1	25	1.4010	1	liquid	1
8210	C6H12	1,trans-2-dimethylcyclobutane	15679-02-4	84.161	150.65	1	333.15	1	25	0.7080	1	25	1.3920	1	liquid	1
8211	C6H12	1,cis-3-dimethylcyclobutane	2398-09-6	84.161	167.06	2	333.65	1	25	0.7060	1	25	1.3908	1	liquid	1
8212	C6H12	1,trans-3-dimethylcyclobutane	2398-10-9	84.161	167.06	2	330.65	1	25	0.6970	1	25	1.3871	1	liquid	1
8213	C6H12	ethylcyclobutane	4806-61-5	84.161	130.40	1	343.75	1	25	0.7232	1	25	1.3994	1	liquid	1
8214	C6H12	methylcyclopentane	96-37-7	84.161	130.73	1	344.96	1	25	0.7450	1	25	1.4070	1	liquid	1
8215	C6H12	cyclohexane	110-82-7	84.161	279.69	1	353.87	1	25	0.7730	1	25	1.4235	1	liquid	1
8216	C6H12	1-hexene	592-41-6	84.161	133.39	1	336.63	1	25	0.6670	1	25	1.3850	1	liquid	1
8217	C6H12	2-hexene; (cis+trans)	592-43-8	84.161	175.25	1	341.15	1	25	0.6780	1	---	1.3910	1	liquid	1
8218	C6H12	cis-2-hexene	7688-21-3	84.161	132.00	1	342.03	1	25	0.6830	1	25	1.3947	1	liquid	1
8219	C6H12	trans-2-hexene	4050-45-7	84.161	140.17	1	341.02	1	25	0.6730	1	25	1.3907	1	liquid	1
8220	C6H12	hex-3-ene	592-47-2	84.161	183.25	1	339.95	1	25	0.6916	2	---	1.3940	1	liquid	1
8221	C6H12	cis-3-hexene	7642-09-3	84.161	135.33	1	339.60	1	25	0.6750	1	25	1.3919	1	liquid	1
8222	C6H12	trans-3-hexene	13269-52-8	84.161	159.73	1	340.24	1	25	0.6730	1	25	1.3914	1	liquid	1
8223	C6H12	2-methyl-1-pentene	763-29-1	84.161	137.42	1	335.25	1	25	0.6750	1	25	1.3891	1	liquid	1
8224	C6H12	3-methyl-1-pentene	760-20-3	84.161	120.20	1	327.33	1	25	0.6630	1	25	1.3813	1	liquid	1
8225	C6H12	4-methyl-1-pentene	691-37-2	84.161	119.51	1	327.01	1	25	0.6590	1	25	1.3797	1	liquid	1
8226	C6H12	4-methyl-2-pentene	4461-48-7	84.161	146.05	1	330.35	1	25	0.6710	1	---	1.3880	1	liquid	1
8227	C6H12	4-methyl-cis-2-pentene	691-38-3	84.161	138.30	1	329.53	1	25	0.6650	1	25	1.3850	1	liquid	1
8228	C6H12	4-methyl-trans-2-pentene	674-76-0	84.161	132.35	1	331.75	1	25	0.6640	1	25	1.3858	1	liquid	1
8229	C6H12	2-methyl-2-pentene	625-27-4	84.161	138.07	1	340.45	1	25	0.6810	1	25	1.3974	1	liquid	1
8230	C6H12	3-methyl-cis-2-pentene	922-62-3	84.161	138.31	1	340.85	1	25	0.6890	1	25	1.3988	1	liquid	1
8231	C6H12	3-methyl-2-pentene, cis and trans	922-61-2	84.161	143.92	2	341.05	1	25	0.6980	1	---	1.4030	1	liquid	1
8232	C6H12	3-methyl-trans-2-pentene	616-12-6	84.161	134.71	1	343.59	1	25	0.6930	1	25	1.4017	1	liquid	1
8233	C6H12	2,3-dimethyl-1-butene	563-78-0	84.161	115.89	1	328.76	1	25	0.6730	1	25	1.3873	1	liquid	1
8234	C6H12	2,3-dimethyl-2-butene	563-79-1	84.161	198.92	1	346.35	1	25	0.7030	1	25	1.4424	1	liquid	1
8235	C6H12	3,3-dimethyl-1-butene	558-37-2	84.161	157.95	1	314.39	1	25	0.6480	1	25	1.3731	1	liquid	1
8236	C6H12	2-ethyl-1-butene	760-21-4	84.161	141.61	1	337.82	1	25	0.6850	1	25	1.3938	1	liquid	1
8237	C6H12AsClO2	(2-chlorovinyl)diethoxyarsine	64049-11-2	226.534	---	---	418.65	1	---	---	---	---	---	---	---	---
8238	C6H12As2HgN4	bis(dimethylarsinyldiazomethyl)mercury	63382-64-9	490.622	---	---	---	---	---	---	---	---	---	---	---	---
8239	C6H12BNO3	triethanolamine borate	15277-97-1	156.977	507.65	1	---	---	---	---	---	---	---	---	solid	1
8240	C6H12BNO3	2,8,9-trioxa-5-aza-1-borabicyclo[3.3.3]unde	283-56-7	156.977	510.15	1	---	---	---	---	---	---	---	---	solid	1

Table 1 Physical Properties - Organic Compounds

NO	FORMULA	NAME	CAS No	Mol Wt g/mol	Freezing Point T_F, K	code	Boiling Point T_B, K	code	Density T, C	g/cm3	code	Refractive Index T, C	n_D	code	State @25C,1 atm	code
8241	C6H12BrCl	1-bromo-6-chlorohexane	6294-17-3	199.518	---	---	---	---	25	1.3370	1	---	1.4810	1	---	---
8242	C6H12BrF	1-bromo-6-fluorohexane	373-28-4	183.064	---	---	---	---	20	1.2930	1	25	1.4436	1	---	---
8243	C6H12BrN	1-bromo-N,N,2-trimethylpropenylamine	73630-93-0	178.072	---	---	---	---	25	1.2813	2	---	---	---	---	---
8244	C6H12BrNO	diethylbromoacetamide	511-70-6	194.072	340.15	1	---	---	25	1.3422	2	---	---	---	solid	1
8245	C6H12Br2	1,1-dibromohexane	58133-26-9	243.969	261.48	2	475.15	1	25	1.5600	1	25	1.4930	1	liquid	1
8246	C6H12Br2	1,2-dibromo-2,3-dimethylbutane	29916-45-8	243.969	301.65	2	486.03	2	20	1.6033	1	20	1.5105	1	solid	2
8247	C6H12Br2	1,4-dibromo-2,3-dimethylbutane	54462-70-3	243.969	301.65	2	486.03	2	20	1.6200	1	20	1.5128	1	solid	2
8248	C6H12Br2	2,3-dibromo-2,3-dimethylbutane	594-81-0	243.969	435.15	1	486.03	2	21	1.8110	1	---	---	---	solid	1
8249	C6H12Br2	1,2-dibromohexane	624-20-4	243.969	301.65	2	486.03	2	20	1.5774	1	20	1.5024	1	solid	2
8250	C6H12Br2	1,4-dibromohexane	25118-28-9	243.969	301.65	2	486.03	2	15	1.6020	1	15	1.5084	1	solid	2
8251	C6H12Br2	1,5-dibromohexane	627-96-3	243.969	301.65	2	486.03	2	20	1.5650	1	15	1.5072	1	solid	2
8252	C6H12Br2	1,6-dibromohexane	629-03-8	243.969	271.95	1	518.65	1	25	1.6025	1	25	1.5054	1	liquid	1
8253	C6H12Br2	2,3-dibromohexane	6423-02-5	243.969	301.65	2	469.15	1	20	1.5812	1	20	1.5025	1	solid	2
8254	C6H12Br2	2,5-dibromohexane, (R*,R**)-(±)-	54462-68-9	243.969	228.51	1	486.03	2	20	1.5788	1	20	1.5007	1	liquid	2
8255	C6H12Br2	1,2-dibromo-3,3-dimethylbutane	640-21-1	243.969	301.65	2	486.03	2	25	1.6100	1	---	1.5060	1	solid	2
8256	C6H12Br2	3,4-dibromohexane	16230-28-7	243.969	301.65	2	486.03	2	25	1.5940	1	---	1.5060	1	solid	2
8257	C6H12Br2	2,5-dibromohexane	24774-58-1	243.969	311.15	1	481.15	1	22	1.6081	2	---	1.5010	1	solid	1
8258	C6H12Br2	1,5-dibromo-3-methylpentane	4457-72-1	243.969	301.65	2	486.03	2	25	1.6000	1	---	1.5090	1	solid	2
8259	C6H12Br2O4	dibromodulcitol	10318-26-0	307.967	460.65	1	---	---	25	1.7395	2	---	---	---	solid	1
8260	C6H12Br2O4	1,6-dibromomannitol	488-41-5	307.967	450.15	1	---	---	25	1.7395	2	---	---	---	solid	1
8261	C6H12Br3O4P	tris(2-bromoethyl)phosphate	27568-90-7	418.845	---	---	327.45	1	---	---	---	---	---	---	---	---
8262	C6H12ClF	1-chloro-6-fluorohexane	1550-09-0	138.612	---	---	441.15	1	20	1.0150	1	25	1.4168	1	---	---
8263	C6H12ClN	1-chloro-N,N,2-trimethyl-1-propenylamine	26189-59-3	133.621	---	---	402.65	1	25	1.0100	1	---	1.4530	1	---	---
8264	C6H12ClNO	2-chloro-N-sec-butylacetamide	32322-73-9	149.620	318.65	1	---	---	25	1.0541	2	---	---	---	solid	1
8265	C6H12ClNO	2-chloro-N,N-diethylacetamide	2315-36-8	149.620	---	---	---	---	25	1.0890	1	---	1.4650	1	---	---
8266	C6H12ClNO	4-(2-chloroethyl)morpholine	3240-94-6	149.620	---	---	---	---	25	1.0541	2	---	---	---	---	---
8267	C6H12ClNO	N-ethyl-N-propylcarbamoyl chloride	---	149.620	---	---	---	---	25	1.0541	2	---	---	---	---	---
8268	C6H12ClNO2	2-chloro-N-(3-methoxypropyl)acetamide	1709-03-1	165.620	303.15	1	---	---	25	1.1224	2	25	1.4712	1	solid	1
8269	C6H12ClN3O3	3-(2-chloroethyl)-1-(3-hydroxypropyl)-3-nit	60784-47-6	209.633	---	---	387.90	1	25	1.2967	2	---	---	---	---	---
8270	C6H12ClN3O3	1-nitroso-1-hydroxypropyl-3-chloroethylure	96806-35-8	209.633	---	---	387.90	2	25	1.2967	2	---	---	---	---	---
8271	C6H12ClO2P	2-chloro-4,4,5,5-tetramethyl-1,3,2-dioxaph	14812-59-0	182.587	---	---	---	---	25	1.1490	1	---	1.4710	1	---	---
8272	C6H12ClO4P	2-chlorovinyl diethyl phosphate	311-47-7	214.585	---	---	---	---	---	---	---	---	---	---	---	---
8273	C6H12Cl2	1,1-dichlorohexane	62017-16-7	155.066	201.72	2	437.15	1	25	1.0240	1	25	1.4350	1	liquid	1
8274	C6H12Cl2	1,2-dichlorohexane	2162-92-7	155.066	217.32	2	446.15	1	15	1.0850	1	---	---	---	liquid	1
8275	C6H12Cl2	1,6-dichlorohexane	2163-00-0	155.066	217.32	2	477.15	1	25	1.0676	1	25	1.4555	1	liquid	1
8276	C6H12Cl2	2,2-dichlorohexane	42131-89-5	155.066	217.32	2	444.73	2	25	1.0150	1	25	1.4353	1	liquid	2
8277	C6H12Cl2	2,3-dichlorohexane	54305-87-2	155.066	217.32	2	436.65	1	11	1.0527	1	---	---	---	liquid	1
8278	C6H12Cl2	2,5-dichlorohexane, (R*,R*)-(±)-	41761-12-0	155.066	235.15	1	450.15	1	20	1.0474	1	20	1.4491	1	liquid	1
8279	C6H12Cl2	1,1-dichloro-3,3-dimethylbutane	6130-96-7	155.066	215.10	1	421.10	1	25	1.0270	1	---	1.4390	1	liquid	1
8280	C6H12Cl2	hexane, 2,5-dichloro-, (R*,S*)-	41761-11-9	155.066	217.32	2	444.73	2	21	1.0455	2	---	---	---	liquid	2
8281	C6H12Cl2	2,2-dichloro-3,3-dimethylbutane	594-84-3	155.066	217.32	2	444.73	2	21	1.0455	2	---	---	---	liquid	2
8282	C6H12Cl2N2O	2,2'-dichloro-N-nitrosodipropylamine	69112-96-5	199.080	---	---	440.15	dec	25	1.2185	2	---	---	---	---	---
8283	C6H12Cl2O	bis(2-chloropropyl)ether	54460-96-7	171.066	---	---	461.15	1	20	1.1090	1	20	1.4467	1	---	---
8284	C6H12Cl2O	bis(3-chloropropyl) ether	629-36-7	171.066	---	---	489.15	1	20	1.1360	1	20	1.4158	1	---	---
8285	C6H12Cl2O	2,2'-dichlorodiisopropyl ether	108-60-1	171.066	---	---	460.15	1	20	1.1030	1	20	1.4505	1	---	---
8286	C6H12Cl2O2	1,1-bis(2-chloroethoxy)ethane	14689-97-5	187.065	---	---	468.15	1	20	1.1737	1	20	1.4527	1	---	---
8287	C6H12Cl2O2	1,2-bis(2-chloroethoxy)ethane	112-26-5	187.065	---	---	505.15	1	20	1.1950	1	25	1.4592	1	---	---
8288	C6H12Cl2O2	1,1-dichloro-2,2-diethoxyethane	619-33-0	187.065	---	---	456.65	1	14	1.1383	1	---	---	---	---	---
8289	C6H12Cl2O2	1,3-dichloro-2-(ethoxymethoxy)propane	89583-61-9	187.065	---	---	476.65	2	17	1.1810	1	17	1.4491	1	---	---
8290	C6H12Cl2S	bis(3-chloropropyl) sulfide	55882-21-8	187.132	---	---	---	---	25	1.1774	1	20	1.5075	1	---	---
8291	C6H12Cl2S2	sesquimustard	3563-36-8	219.198	---	---	330.95	1	25	1.2151	2	---	---	---	---	---
8292	C6H12Cl3N	2,2',2''-trichlorotriethylamine	555-77-1	204.526	271.15	1	---	---	25	1.1981	2	---	---	---	---	---
8293	C6H12Cl3O3P	tri(2-chloroethyl) phosphite	140-08-9	269.491	---	---	---	---	26	1.3443	1	20	1.4868	1	---	---
8294	C6H12Cl3O3PS	phosphorothioic acid, O,O,O-tris(2-chloroe	10235-09-3	301.557	---	---	414.25	1	---	---	---	---	---	---	---	---
8295	C6H12Cl3O4P	tris(2-chloroethyl) phosphate	115-96-8	285.490	---	---	603.15	1	25	1.3900	1	20	1.4721	1	---	---
8296	C6H12Cl3O4P	ethyltrichlorphon	993-86-2	285.490	330.65	1	603.15	2	---	---	---	---	---	---	solid	1
8297	C6H12CuN2S4	copper dimethyldithiocarbamate	137-29-1	303.985	---	---	---	---	---	---	---	---	---	---	---	---
8298	C6H12F2	1,1-difluorohexane	62127-41-7	122.158	206.18	2	368.15	1	25	0.9000	1	25	1.3600	1	liquid	1
8299	C6H12F2N2O2	a-DFMO	70052-12-9	182.171	---	---	---	---	25	1.1800	2	---	---	---	---	---
8300	C6H12F2N2O2	DL-a-difluoromethylornithine	67037-37-0	182.171	---	---	---	---	25	1.1800	2	---	---	---	---	---
8301	C6H12F2O2S	6-fluorohexanesulphonyl fluoride	372-70-3	186.223	---	---	---	---	25	1.1535	2	---	---	---	---	---
8302	C6H12F3NOSi	N-methyl-N-(trimethylsilyl)trifluoroacetamid	24589-78-4	199.248	---	---	404.15	1	25	1.0730	1	---	1.3800	1	---	---
8303	C6H12F3O3P	phosphorous acid tris(2-fluoroethylester)	63980-61-0	220.129	---	---	476.65	1	---	---	---	---	---	---	---	---
8304	C6H12FeN3O12	ferric ammonium oxalate	14221-47-7	374.020	---	---	---	---	---	---	---	---	---	---	---	---
8305	C6H12I2	1,1-diiodohexane	66225-50-1	337.970	258.00	2	522.52	2	25	1.9860	1	25	1.5660	1	liquid	2
8306	C6H12I2	1,6-diiodohexane	629-09-4	337.970	282.65	1	522.52	2	25	2.0342	1	25	1.5837	1	liquid	2
8307	C6H12I2O4	1,6-dideoxy-1,6-diiodo-D-mannitol	15430-91-8	401.968	---	---	364.06	1	25	2.0673	2	---	---	---	---	---
8308	C6H12I4N4	hexamethylene tetramine tetraiodide	12001-65-9	647.807	---	---	---	---	25	2.6327	2	---	---	---	---	---
8309	C6H12MnN2S4	manganous dimethyldithiocarbamate	15339-36-3	295.377	---	---	---	---	---	---	---	---	---	---	---	---
8310	C6H12NNaO3S	sodium cyclamate	139-05-9	201.222	---	---	---	---	---	---	---	---	---	---	---	---
8311	C6H12NO3P	diethyl isocyanomethylphosphonate	41003-94-5	177.140	---	---	---	---	25	1.1050	1	---	1.4330	1	---	---
8312	C6H12NO3P	(diethylphosphono)acetonitrile	2537-48-6	177.140	---	---	---	---	25	1.0930	1	---	1.4320	1	---	---
8313	C6H12NO3PS2	(diethoxyphosphinylimino)-1,3-dithietane	21548-32-3	241.272	---	---	330.40	1	---	---	---	---	---	---	---	---
8314	C6H12NO4PS2	formothion	2540-82-1	257.272	298.65	1	---	---	25	1.3610	1	---	---	---	solid	1
8315	C6H12N2	triethylenediamine	280-57-9	112.175	434.25	1	447.15	1	22	0.8622	2	---	---	---	solid	1
8316	C6H12N2	acetone (1-methylethylidene)hydrazone	627-70-3	112.175	260.65	1	406.15	1	20	0.8390	1	20	1.4535	1	liquid	1
8317	C6H12N2	(butylamino)acetonitrile	3010-04-6	112.175	---	---	432.15	2	25	0.8817	1	20	1.4337	1	---	---
8318	C6H12N2	(diethylamino)acetonitrile	3010-02-4	112.175	---	---	443.15	1	20	0.8660	1	20	1.4260	1	---	---
8319	C6H12N2	6-aminohexanenitrile	2432-74-8	112.175	241.85	1	503.00	2	22	0.8622	2	---	---	---	liquid	2
8320	C6H12N2	1,1-diallylhydrazine	5164-11-4	112.175	---	---	432.15	2	22	0.8622	2	---	---	---	---	---

				Mol Wt	Freezing Point		Boiling Point		Density			Refractive Index			State	
NO	FORMULA	NAME	CAS No	g/mol	T_F, K	code	T_B, K	code	T, C	g/cm3	code	T, C	n_D	code	@25C,1 atm	code
8321	C6H12N2O	1-acetylpiperazine	13889-98-0	128.175	305.65	1	364.40	2	25	0.9936	2	---	---	---	solid	1
8322	C6H12N2O	cis-2-amino-1-cyclopentanecarboxamide	135053-11-1	128.175	406.15	1	---	---	25	0.9936	2	---	---	---	solid	1
8323	C6H12N2O	1,3-dimethyl-3,4,5,6-tetrahydro-2(1H)-pyrir	7226-23-5	128.175	253.25	1	364.40	2	25	1.0600	1	---	1.4880	1	liquid	2
8324	C6H12N2O	isonipecotamide	39546-32-2	128.175	421.15	1	---	---	25	0.9936	2	---	---	---	solid	1
8325	C6H12N2O	nipecotamide	4138-26-5	128.175	378.15	1	---	---	25	0.9936	2	---	---	---	solid	1
8326	C6H12N2O	2,5-dimethyl-N-nitrosopyrrolidine	55556-86-0	128.175	---	---	364.40	2	25	0.9936	2	---	---	---	---	---
8327	C6H12N2O	3-methylnitrosopiperidine	13603-07-1	128.175	---	---	387.65	1	25	0.9936	2	---	---	---	---	---
8328	C6H12N2O	4-methylnitrosopiperidine	15104-03-7	128.175	---	---	364.40	2	25	0.9936	2	---	---	---	---	---
8329	C6H12N2O	N-nitrosohexahydroazepine	932-83-2	128.175	---	---	364.40	2	25	0.9936	2	---	---	---	---	---
8330	C6H12N2O	1-nitroso-2-pipecoline	7247-89-4	128.175	---	---	364.40	2	25	0.9936	2	---	---	---	---	---
8331	C6H12N2O	R(-)-N-nitroso-a-pipecoline	14026-03-0	128.175	---	---	364.40	2	25	0.9936	2	---	---	---	---	---
8332	C6H12N2O	S(+)-N-nitroso-a-pipecoline	36702-44-0	128.175	---	---	364.40	2	25	0.9936	2	---	---	---	---	---
8333	C6H12N2O	1-piperidinecarboxamide	2158-03-4	128.175	---	---	341.15	1	25	0.9936	2	---	---	---	---	---
8334	C6H12N2OS	2-isopropyl-3-nitrosothiazolidine	72505-65-8	160.241	---	---	486.15	dec	25	1.1085	2	---	---	---	---	---
8335	C6H12N2OS	3-nitroso-2-propylthiazolidine	---	160.241	---	---	486.15	2	25	1.1085	2	---	---	---	---	---
8336	C6H12N2OS2	N-nitrosothialdine	81795-07-5	192.307	---	---	---	---	25	1.2010	2	---	---	---	---	---
8337	C6H12N2O2	N,N'-diethylethanediamide	615-84-9	144.174	448.15	1	---	---	4	1.1690	1	---	---	---	solid	1
8338	C6H12N2O2	adipamide	628-94-4	144.174	499.15	1	---	---	25	1.0710	2	---	---	---	solid	1
8339	C6H12N2O2	2,6-dimethylnitrosomorpholine	1456-28-6	144.174	---	---	338.33	2	25	1.0710	2	---	---	---	---	---
8340	C6H12N2O2	N-nitrosoallyl-2-hydroxypropylamine	91308-70-2	144.174	---	---	338.33	2	25	1.0710	2	---	---	---	---	---
8341	C6H12N2O2	cis-nitroso-2,6-dimethylmorpholine	69091-16-3	144.174	---	---	338.33	2	25	1.0710	2	---	---	---	---	---
8342	C6H12N2O2	trans-nitroso-2,6-dimethylmorpholine	69091-15-2	144.174	---	---	344.15	1	25	1.0710	2	---	---	---	---	---
8343	C6H12N2O2	N-nitroso-N-propylpropionamide	65792-56-5	144.174	---	---	332.50	1	25	1.0710	2	---	---	---	---	---
8344	C6H12N2O2	b-oxypropylpropylnitrosamine	39603-54-8	144.174	---	---	338.33	2	25	1.0710	2	---	---	---	---	---
8345	C6H12N2O2S2	N,N'-bis(2-hydroxyethyl)-dithiooxamide	120-86-5	208.306	---	---	419.65	1	25	1.2568	2	---	---	---	---	---
8346	C6H12N2O3	daminozide	1596-84-5	160.173	427.65	1	---	---	25	1.1422	2	---	---	---	solid	1
8347	C6H12N2O3	L-alanyl-L-alanine	1948-31-8	160.173	560.15	1	---	---	25	1.1422	2	---	---	---	solid	1
8348	C6H12N2O3	DL-alanyl-DL-alanine	2867-20-1	160.173	542.15	1	---	---	25	1.1422	2	---	---	---	solid	1
8349	C6H12N2O3	1-acetoxy-N-nitrosodiethylamine	58431-24-6	160.173	---	---	341.45	2	25	1.1422	2	---	---	---	---	---
8350	C6H12N2O3	N-(1-butyroxymethyl)methylnitrosamine	67557-56-6	160.173	---	---	341.45	2	25	1.1422	2	---	---	---	---	---
8351	C6H12N2O3	1-(((2-hydroxypropyl)nitroso)amino)aceton	61499-28-3	160.173	---	---	319.75	1	25	1.1422	2	---	---	---	---	---
8352	C6H12N2O3	N-isopropyl-N-(acetoxymethyl)nitrosamine	70715-91-2	160.173	---	---	307.95	1	25	1.1422	2	---	---	---	---	---
8353	C6H12N2O3	N-nitroso-2,3-dihydroxypropylallylamine	88208-16-6	160.173	---	---	396.65	1	25	1.1422	2	---	---	---	---	---
8354	C6H12N2O3	N-nitroso-ethyl(3-carboxypropyl)amine	54897-63-1	160.173	---	---	341.45	2	25	1.1422	2	---	---	---	---	---
8355	C6H12N2O3	propylnitrosaminomethyl acetate	66017-91-2	160.173	---	---	341.45	2	25	1.1422	2	---	---	---	---	---
8356	C6H12N2O3	N-propyl-N-nitrosourethane	19935-86-5	160.173	---	---	341.45	2	25	1.1422	2	---	---	---	---	---
8357	C6H12N2O4	diethyl 1,1-hydrazinedicarboxylate	5311-96-6	176.173	303.65	1	533.65	2	16	1.1857	2	---	---	---	solid	1
8358	C6H12N2O4	diethyl 1,2-hydrazinedicarboxylate	4114-28-7	176.173	408.15	1	523.15	dec	8	1.3240	1	---	---	---	solid	1
8359	C6H12N2O4	1,6-dinitrohexane	4286-47-9	176.173	310.65	1	533.65	2	16	1.1857	2	---	---	---	solid	1
8360	C6H12N2O4	ethyl isopropylnitrocarbamate	62261-05-6	176.173	---	---	533.65	2	20	1.1110	1	20	1.4381	1	---	---
8361	C6H12N2O4	ethyl nitropropylcarbamate	13855-77-1	176.173	---	---	533.65	2	20	1.1220	1	20	1.4431	1	---	---
8362	C6H12N2O4	2,3-dimethyl-2,3-dinitrobutane	3964-18-9	176.173	485.15	1	533.65	2	16	1.1857	2	---	---	---	solid	1
8363	C6H12N2O4	ethylenediamine-N,N'-diacetic acid	5657-17-0	176.173	497.65	1	533.65	2	16	1.1857	2	---	---	---	solid	1
8364	C6H12N2O4	nitroso-dihydroxypropyloxopropylamine	---	176.173	---	---	544.15	1	16	1.1857	2	---	---	---	---	---
8365	C6H12N2O4Pt	carboplatin	41575-94-4	371.251	---	---	---	---	---	---	---	---	---	---	---	---
8366	C6H12N2O4S	L-lanthionine	922-55-4	208.239	567.15	dec	---	---	25	1.2902	2	---	---	---	solid	1
8367	C6H12N2O4S2	L-cystine	56-89-3	240.305	533.15	dec	---	---	25	1.6770	1	---	---	---	solid	1
8368	C6H12N2O4S2	D-cystine	349-46-2	240.305	533.15	1	---	---	25	1.3579	2	---	---	---	solid	1
8369	C6H12N2O4S2	DL-cystine	923-32-0	240.305	500.15	1	---	---	25	1.3579	2	---	---	---	solid	1
8370	C6H12N2O4Se2	L-selenocystine	29621-88-3	334.093	486.65	1	---	---	---	---	---	---	---	---	solid	1
8371	C6H12N2O4Se2	3,3'-diselenodialanine	1464-43-3	334.093	---	---	381.40	2	---	---	---	---	---	---	---	---
8372	C6H12N2O4Se2	meso-3,3'-diselenodialanine	13900-89-5	334.093	---	---	356.15	1	---	---	---	---	---	---	---	---
8373	C6H12N2O4Se2	selenocystine	2897-21-4	334.093	487.65	1	406.65	1	---	---	---	---	---	---	solid	1
8374	C6H12N2O4Se2	D-selenocystine	26932-45-6	334.093	---	---	381.40	2	---	---	---	---	---	---	---	---
8375	C6H12N2O6	1,6-diaza-3,4,8,9,12,13-hexaoxabicyclo(4.4	283-66-9	208.172	---	---	---	---	25	1.3253	2	---	---	---	---	---
8376	C6H12N2O8	ethanol, 2,2'-[1,2-ethanediylbis(oxy)]bis-, d	111-22-8	240.170	---	---	---	---	25	1.4270	2	---	---	---	---	---
8377	C6H12N2PbS4	lead dimethyldithiocarbamate	19010-66-3	447.639	557.15	1	---	---	---	---	---	---	---	---	solid	1
8378	C6H12N2S	1-methallyl-3-methyl-2-thiourea	21018-38-2	144.241	335.15	1	---	---	25	1.0381	2	---	---	---	solid	1
8379	C6H12N2S3	tetramethylthiodicarbonic diamide	97-74-5	208.373	382.65	1	---	---	25	1.3700	1	---	---	---	solid	1
8380	C6H12N2S4	thiram	137-26-8	240.439	428.75	1	---	---	25	1.2952	2	---	---	---	solid	1
8381	C6H12N2S4Zn	ziram	137-30-4	305.829	523.15	1	---	---	25	1.6600	1	---	---	---	solid	1
8382	C6H12N2Si	1-(trimethylsilyl)imidazole	18156-74-6	140.260	---	---	---	---	25	0.9560	1	---	1.4730	1	---	---
8383	C6H12N3OP	1-aziridinyl phosphine oxide; (tris)	545-55-1	173.156	314.15	1	363.65	1	---	---	---	---	---	---	solid	1
8384	C6H12N3PS	triethylenethiophosphoramide	52-24-4	189.222	327.40	1	---	---	---	---	---	---	---	---	solid	1
8385	C6H12N4	methenamine	100-97-0	140.189	553.15	2	554.00	2	25	1.3310	1	---	---	---	solid	1
8386	C6H12N4O4	nitroso-DL-citrulline	33904-55-1	204.187	---	---	---	---	25	1.3230	2	---	---	---	---	---
8387	C6H12N4O4	nitroso-L-citrulline	42713-66-6	204.187	---	---	---	---	25	1.3230	2	---	---	---	---	---
8388	C6H12N4O4	4a,8a,9a,10a-tetraaza-2,3,6,7-tetraoxaperh	262-38-4	204.187	---	---	---	---	25	1.3230	2	---	---	---	---	---
8389	C6H12N5O2PS2	azidithion	78-57-9	281.301	---	---	362.65	1	---	---	---	---	---	---	---	---
8390	C6H12N6	2,4,6-tris(methylamino)-S-triazine	2827-46-5	168.203	---	---	375.65	1	25	1.1983	2	---	---	---	---	---
8391	C6H12N6O3	N,N',N''-tris(hydroxymethyl)melamine	1017-56-7	216.201	---	---	---	---	25	1.3752	2	---	---	---	---	---
8392	C6H12N8O4	bis(2-azidoethoxymethyl)nitramine	---	260.215	---	---	---	---	25	1.5188	2	---	---	---	---	---
8393	C6H12N10	tris(2-azidoethyl)amine	84928-99-4	224.231	---	---	---	---	25	1.4249	2	---	---	---	---	---
8394	C6H12O	butyl vinyl ether	111-34-2	100.161	181.15	1	366.97	1	25	0.7740	1	25	1.3997	1	liquid	1
8395	C6H12O	sec-butyl vinyl ether	1888-85-3	100.161	167.85	2	354.15	1	20	0.7715	1	20	1.3970	1	liquid	1
8396	C6H12O	tert-butyl vinyl ether	926-02-3	100.161	161.15	1	348.15	1	20	0.7691	1	20	1.3922	1	liquid	1
8397	C6H12O	isobutyl vinyl ether	109-53-5	100.161	161.15	1	356.15	1	20	0.7645	1	20	1.3966	1	liquid	1
8398	C6H12O	3-(1-methylethoxy)-1-propene	6140-80-3	100.161	167.85	2	356.65	1	20	0.7764	1	20	1.3946	1	liquid	1
8399	C6H12O	3-propoxy-1-propene	1471-03-0	100.161	167.85	2	364.15	1	20	0.7764	1	20	1.3919	1	liquid	1
8400	C6H12O	cyclohexanol	108-93-0	100.161	296.60	1	434.00	1	25	0.9600	1	25	1.4645	1	liquid	1

Table 1 Physical Properties - Organic Compounds

				Mol Wt	Freezing Point		Boiling Point		Density			Refractive Index			State	
NO	FORMULA	NAME	CAS No	g/mol	T_F, K	code	T_B, K	code	T, C	g/cm3	code	T, C	n_D	code	@25C,1 atm	code
8401	C6H12O	hexanal	66-25-1	100.161	217.15	1	401.45	1	25	0.8100	1	25	1.4017	1	liquid	1
8402	C6H12O	2-methylpentanal	123-15-9	100.161	183.88	2	390.15	1	25	0.8034	1	25	1.3974	1	liquid	1
8403	C6H12O	3-methylpentanal	15877-57-3	100.161	183.88	2	395.15	1	25	0.8010	1	25	1.3980	1	liquid	1
8404	C6H12O	4-methylpentanal	1119-16-0	100.161	183.88	2	395.15	1	25	0.8000	1	25	1.4000	1	liquid	1
8405	C6H12O	2-ethylbutanal	97-96-1	100.161	184.15	1	389.95	1	25	0.8106	1	25	1.4002	1	liquid	1
8406	C6H12O	2,2-dimethylbutanal	2094-75-9	100.161	201.30	2	377.15	1	25	0.8010	1	25	1.3980	1	liquid	1
8407	C6H12O	2,3-dimethylbutanal	2109-98-0	100.161	168.88	2	386.15	1	25	0.8070	1	25	1.4000	1	liquid	1
8408	C6H12O	3,3-dimethylbutanal	2987-16-8	100.161	201.30	2	377.15	1	25	0.8080	1	25	1.4010	1	liquid	1
8409	C6H12O	2-hexanone	591-78-6	100.161	217.35	1	400.70	1	25	0.8070	1	25	1.3987	1	liquid	1
8410	C6H12O	3-hexanone	589-38-8	100.161	217.50	1	396.65	1	25	0.8100	1	25	1.3980	1	liquid	1
8411	C6H12O	3-methyl-2-pentanone	565-61-7	100.161	167.15	1	390.55	1	25	0.8030	1	25	1.3978	1	liquid	1
8412	C6H12O	4-methyl-2-pentanone	108-10-1	100.161	189.15	1	389.15	1	25	0.7960	1	25	1.3933	1	liquid	1
8413	C6H12O	ethyl isopropyl ketone	565-69-5	100.161	204.15	1	386.55	1	25	0.8060	1	25	1.3958	1	liquid	1
8414	C6H12O	3,3-dimethyl-2-butanone	75-97-8	100.161	221.15	1	379.45	1	25	0.8011	1	25	1.3943	1	liquid	1
8415	C6H12O	3-methyl-2-pentanone, (±)	55156-16-6	100.161	200.69	2	390.65	1	20	0.8130	1	20	1.4002	1	liquid	1
8416	C6H12O	2-ethyltetrahydrofuran	1003-30-1	100.161	170.82	2	382.15	1	19	0.8570	1	20	1.4170	1	liquid	1
8417	C6H12O	3-ethyltetrahydrofuran	93716-28-0	100.161	170.82	2	389.15	1	22	0.8347	2	20	1.4910	1	liquid	1
8418	C6H12O	2,2-dimethyltetrahydrofuran	1003-17-4	100.161	159.15	1	365.35	1	22	0.8347	2	20	1.4070	1	liquid	1
8419	C6H12O	2,3-dimethyltetrahydrofuran	---	100.161	154.45	2	370.00	2	22	0.8347	2	20	1.4090	2	liquid	2
8420	C6H12O	2,4-dimethyltetrahydrofuran	64265-26-5	100.161	154.45	2	370.75	1	22	0.8347	2	20	1.4100	1	liquid	1
8421	C6H12O	2,5-dimethyltetrahydrofuran	1003-38-9	100.161	154.45	2	365.65	1	22	0.8347	2	20	1.4050	1	liquid	1
8422	C6H12O	3,3-dimethyltetrahydrofuran	15833-75-7	100.161	154.45	2	372.15	1	22	0.8347	2	20	1.4120	1	liquid	1
8423	C6H12O	3,4-dimethyltetrahydrofuran	32970-37-9	100.161	154.45	2	381.65	1	22	0.8347	2	20	1.4190	1	liquid	1
8424	C6H12O	cyclopentanemethanol	3637-61-4	100.161	---	---	436.15	1	20	0.9332	1	20	1.4579	1	---	---
8425	C6H12O	1-hexen-3-ol	4798-44-1	100.161	---	---	407.15	1	22	0.8340	1	18	1.4297	1	---	---
8426	C6H12O	cis-2-hexen-1-ol	928-94-9	100.161	---	---	430.15	1	20	0.8472	1	20	1.4397	1	---	---
8427	C6H12O	trans-2-hexen-1-ol	928-95-0	100.161	---	---	430.15	1	16	0.8490	1	20	1.4340	1	---	---
8428	C6H12O	cis-3-hexen-1-ol	928-96-1	100.161	---	---	429.65	1	22	0.8478	1	20	1.4380	1	---	---
8429	C6H12O	trans-4-hexen-1-ol	928-92-7	100.161	---	---	432.15	1	20	0.8513	1	20	1.4402	1	---	---
8430	C6H12O	4-hexen-2-ol	52387-50-5	100.161	---	---	410.65	1	18	0.8405	1	20	1.4392	1	---	---
8431	C6H12O	5-hexen-2-ol	626-94-8	100.161	---	---	412.15	1	16	0.8420	1	---	---	---	---	---
8432	C6H12O	2-methyl-2-penten-1-ol	1610-29-3	100.161	---	---	440.65	1	24	0.8501	1	24	1.4440	1	---	---
8433	C6H12O	2-methyl-3-penten-2-ol	63468-05-3	100.161	---	---	385.15	1	20	0.8347	1	20	1.4302	1	---	---
8434	C6H12O	2-methyl-4-penten-2-ol	624-97-5	100.161	200.15	1	392.65	1	20	0.8300	1	20	1.4268	1	liquid	1
8435	C6H12O	3-methyl-3-penten-2-ol	2747-53-7	100.161	---	---	413.15	1	25	0.8792	1	17	1.4428	1	---	---
8436	C6H12O	3-methyl-4-penten-2-ol	1569-59-1	100.161	---	---	398.65	1	22	0.8429	1	22	1.4326	1	---	---
8437	C6H12O	4-methyl-2-penten-1-ol	5362-55-0	100.161	---	---	432.15	1	16	0.8489	1	16	1.4403	1	---	---
8438	C6H12O	4-methyl-3-penten-2-ol	4325-82-0	100.161	---	---	407.15	1	15	0.8400	1	15	1.9377	1	---	---
8439	C6H12O	4-methyl-3-pentenol	763-89-3	100.161	---	---	430.15	1	20	0.8590	1	21	1.4432	1	---	---
8440	C6H12O	4-methyl-4-penten-2-ol	2004-67-3	100.161	---	---	402.15	1	20	0.8436	1	17	1.4297	1	---	---
8441	C6H12O	1-methylcyclopentanol	1462-03-9	100.161	309.15	1	409.15	1	23	0.9044	1	23	1.4429	1	solid	1
8442	C6H12O	3-methylcyclopentanol	18729-48-1	100.161	272.40	2	421.65	1	16	0.9158	1	16	1.4487	1	liquid	1
8443	C6H12O	cis-2-methylcyclopentanol	25144-05-2	100.161	290.78	2	421.65	1	16	0.9379	1	16	1.4504	1	liquid	1
8444	C6H12O	trans-2-methylcyclopentanol	25144-04-1	100.161	290.78	2	423.65	1	16	0.9248	1	16	1.4499	1	liquid	1
8445	C6H12O	oxepane	592-90-5	100.161	---	---	392.15	1	25	0.8900	1	20	1.4400	1	---	---
8446	C6H12O	tetramethyloxirane	5076-20-0	100.161	---	---	363.55	1	16	0.8156	1	16	1.3984	1	---	---
8447	C6H12O	(R)-(+)-1,2-epoxyhexane	104898-06-8	100.161	---	---	392.15	1	25	0.8310	1	---	1.4060	1	---	---
8448	C6H12O	1,2-epoxyhexane	1436-34-6	100.161	367.15	1	392.15	1	25	0.8310	1	---	1.4060	1	solid	1
8449	C6H12O	5-hexen-1-ol	821-41-0	100.161	---	---	420.60	1	25	0.8340	1	---	1.4350	1	---	---
8450	C6H12O	trans-3-hexen-1-ol	928-97-2	100.161	---	---	394.21	2	25	0.8170	1	---	1.4380	1	---	---
8451	C6H12O	3-methyl-1-penten-3-ol	918-85-4	100.161	---	---	390.65	1	25	0.8380	1	---	1.4290	1	---	---
8452	C6H12O	3-methyltetrahydropyran	26093-63-0	100.161	---	---	394.21	2	25	0.8630	1	---	1.4200	1	---	---
8453	C6H12O	2,2-dimethyl-3-butanone	---	100.161	200.69	2	394.21	2	22	0.8347	2	---	---	---	liquid	2
8454	C6H12O	2,3-epoxy-2-methylpentane	1192-22-9	100.161	---	---	323.15	1	22	0.8347	2	---	---	---	---	---
8455	C6H12O	tetrahydrodimethylfuran	1320-94-1	100.161	---	---	394.21	2	22	0.8347	2	---	---	---	---	---
8456	C6H12OS	S-tert-butyl thioacetate	999-90-6	132.227	---	---	407.10	1	25	0.9270	1	---	1.4530	1	---	---
8457	C6H12OS2	1,5-dithiacyclooctan-3-ol	86944-00-5	164.293	---	---	---	---	25	1.2720	1	---	1.5970	1	---	---
8458	C6H12OSi	trimethyl(propargyloxy)silane	5582-62-7	128.246	---	---	383.55	1	25	0.8350	1	---	1.4080	1	---	---
8459	C6H12OSi	3-(trimethylsilyl)propargyl alcohol	5272-36-6	128.246	---	---	443.15	1	25	0.8630	1	---	1.4510	1	---	---
8460	C6H12O2	hexanoic acid	142-62-1	116.160	269.25	1	478.85	1	25	0.9210	1	25	1.4148	1	liquid	1
8461	C6H12O2	2-ethyl butyric acid	88-09-5	116.160	258.15	1	466.95	1	25	0.9190	1	25	1.4112	1	liquid	1
8462	C6H12O2	tert-butylacetic acid	1070-83-3	116.160	279.65	1	463.15	1	20	0.9124	1	20	1.4096	1	liquid	1
8463	C6H12O2	2,2-dimethylbutanoic acid	595-37-9	116.160	259.15	1	460.15	1	20	0.9276	1	20	1.4145	1	liquid	1
8464	C6H12O2	2,3-dimethylbutanoic acid	14287-61-7	116.160	272.35	1	464.85	1	20	0.9275	1	20	1.4146	1	liquid	1
8465	C6H12O2	2-methylpentanoic acid, (±)	22160-39-0	116.160	255.35	2	468.75	1	20	0.9230	1	20	1.4130	1	liquid	1
8466	C6H12O2	3-methylpentanoic acid, (±)	22160-40-3	116.160	231.55	1	470.65	1	20	0.9262	1	20	1.4159	1	liquid	1
8467	C6H12O2	4-methylpentanoic acid	646-07-1	116.160	240.15	1	473.65	1	20	0.9225	1	20	1.4144	1	liquid	1
8468	C6H12O2	pentyl formate	638-49-3	116.160	199.65	1	406.60	1	25	0.8810	1	25	1.3977	1	liquid	1
8469	C6H12O2	1-methylbutyl formate	58368-66-4	116.160	200.58	2	393.76	2	25	0.9324	2	25	1.3940	2	liquid	2
8470	C6H12O2	2-methylbutyl formate	35073-27-9	116.160	200.58	2	393.76	2	25	0.9324	2	25	1.3940	2	liquid	2
8471	C6H12O2	isopentyl formate	110-45-2	116.160	179.65	1	397.25	1	25	0.8744	1	25	1.3940	1	liquid	1
8472	C6H12O2	1-ethylpropyl formate	58368-67-5	116.160	200.58	2	393.76	2	25	0.9324	2	25	1.3940	2	liquid	2
8473	C6H12O2	1,1-dimethylpropyl formate	757-88-0	116.160	218.00	2	385.65	1	25	0.8837	1	25	1.3952	1	liquid	1
8474	C6H12O2	1,2-dimethylpropyl formate	66794-46-5	116.160	185.58	2	393.32	2	25	0.9324	2	25	1.3952	2	liquid	2
8475	C6H12O2	2,2-dimethylpropyl formate	23361-67-3	116.160	218.00	2	390.97	2	25	0.9324	2	25	1.3952	2	liquid	2
8476	C6H12O2	butyl acetate	123-86-4	116.160	199.65	1	399.26	1	25	0.8760	1	25	1.3918	1	liquid	1
8477	C6H12O2	isobutyl acetate	110-19-0	116.160	174.30	1	389.80	1	25	0.8690	1	25	1.3880	1	liquid	1
8478	C6H12O2	sec-butyl acetate	105-46-4	116.160	174.15	1	385.15	1	25	0.8680	1	25	1.3875	1	liquid	1
8479	C6H12O2	tert-butyl acetate	540-88-5	116.160	215.00	2	369.15	1	25	0.8610	1	25	1.3840	1	liquid	1
8480	C6H12O2	propyl propanoate	106-36-5	116.160	197.25	1	395.65	1	25	0.8770	1	25	1.3920	1	liquid	1

				Mol Wt	Freezing Point		Boiling Point		Density			Refractive Index			State	
NO	FORMULA	NAME	CAS No	g/mol	T_F, K	code	T_B, K	code	T, C	g/cm3	code	T, C	n_D	code	@25C,1 atm	code
8481	C6H12O2	isopropyl propanoate	637-78-5	116.160	184.21	2	383.15	1	25	0.8601	1	25	1.3879	1	liquid	1
8482	C6H12O2	ethyl butanoate	105-54-4	116.160	175.15	1	394.65	1	25	0.8740	1	25	1.3900	1	liquid	1
8483	C6H12O2	ethyl isobutanoate	97-62-1	116.160	185.00	1	383.00	1	25	0.8630	1	25	1.3873	1	liquid	1
8484	C6H12O2	cyclohexyl peroxide	766-07-4	116.160	253.15	1	490.00	1	25	1.0150	1	25	1.4638	1	liquid	1
8485	C6H12O2	diacetone alcohol	123-42-2	116.160	229.15	1	441.05	1	25	0.9340	1	25	1.4219	1	liquid	1
8486	C6H12O2	cis-1,2-cyclohexanediol	1792-81-0	116.160	373.15	1	421.64	2	101	1.0297	1	---	---	---	solid	1
8487	C6H12O2	trans-1,2-cyclohexanediol, (±)	54383-22-1	116.160	378.15	1	421.64	2	24	1.1470	1	---	---	---	solid	1
8488	C6H12O2	trans-1,4-cyclohexanediol	6995-79-5	116.160	416.15	1	421.64	2	20	1.1800	1	---	---	---	solid	1
8489	C6H12O2	1,1-diethoxyethene	2678-54-8	116.160	---	---	421.64	2	20	0.7932	1	21	1.3643	1	---	---
8490	C6H12O2	2,4-dimethyl-1,3-dioxane	766-20-1	116.160	---	---	389.65	1	20	0.9392	1	20	1.4136	1	---	---
8491	C6H12O2	4-hydroxy-3-hexanone	4984-85-4	116.160	---	---	439.15	1	21	0.9650	1	21	1.4340	1	---	---
8492	C6H12O2	5-hydroxy-2-hexanone	56745-61-0	116.160	---	---	421.64	2	25	0.9626	1	25	1.4312	1	---	---
8493	C6H12O2	5-hydroxy-3-hexanone	33683-44-2	116.160	---	---	421.64	2	20	0.9500	1	25	1.4280	1	---	---
8494	C6H12O2	6-hydroxy-2-hexanone	21856-89-3	116.160	---	---	500.15	1	15	0.9886	1	---	1.4494	1	---	---
8495	C6H12O2	3-hydroxy-2-methylpentanal	615-30-5	116.160	---	---	421.64	2	25	0.9860	1	20	1.4502	1	---	---
8496	C6H12O2	isopropyl glycidyl ether	4016-14-2	116.160	---	---	410.15	1	20	0.9186	1	---	---	---	---	---
8497	C6H12O2	methyl 2,2-dimethylpropanoate	598-98-1	116.160	190.73	2	374.25	1	25	0.8910	1	20	1.3905	1	liquid	1
8498	C6H12O2	methyl isopentanoate	556-24-1	116.160	173.85	2	389.65	1	20	0.8808	1	20	1.3927	1	liquid	1
8499	C6H12O2	methyl pentanoate	624-24-8	116.160	173.85	2	400.55	1	20	0.8947	1	20	1.4003	1	liquid	1
8500	C6H12O2	tetrahydro-2-(methoxymethyl)furan	19354-27-9	116.160	---	---	413.15	1	25	0.9520	1	20	1.4270	1	---	---
8501	C6H12O2	tetrahydro-2H-pyran-2-methanol	100-72-1	116.160	---	---	458.15	1	25	1.0270	1	20	1.4580	1	---	---
8502	C6H12O2	1,4-butanediol vinyl ether	17832-28-9	116.160	---	---	421.64	2	25	0.9390	1	---	1.4440	1	---	---
8503	C6H12O2	(1R,2R)-trans-1,2-cyclohexanediol	1072-86-2	116.160	383.65	1	421.64	2	25	0.9324	2	---	---	---	solid	1
8504	C6H12O2	trans-1,2-cyclohexanediol	1460-57-7	116.160	375.15	1	421.64	2	25	0.9324	2	---	---	---	solid	1
8505	C6H12O2	1,3-cyclohexanediol; (cis+trans)	504-01-8	116.160	303.15	1	519.65	1	25	0.9324	2	---	---	---	solid	1
8506	C6H12O2	1,4-cyclohexanediol	556-48-9	116.160	372.15	1	421.64	2	25	0.9324	2	---	---	---	solid	1
8507	C6H12O2	(1S,2S)-trans-1,2-cyclohexanediol	57794-08-8	116.160	382.65	1	421.64	2	25	0.9324	2	---	---	---	solid	1
8508	C6H12O2	1,2-cyclohexanediol	931-17-9	116.160	348.15	1	421.64	2	25	0.9324	2	---	---	---	solid	1
8509	C6H12O2	2-ethoxytetrahydrofuran	13436-46-9	116.160	---	---	444.15	1	25	0.9080	1	---	1.4140	1	---	---
8510	C6H12O2	2-ethyl-2-methyl-1,3-dioxolane	126-39-6	116.160	191.25	1	390.20	1	25	0.9290	1	---	1.4090	1	liquid	1
8511	C6H12O2	3-ethyl-3-oxetanemethanol	3047-32-3	116.160	---	---	421.64	2	25	1.0190	1	---	1.4530	1	---	---
8512	C6H12O2	2-methoxytetrahydropyran	6581-66-4	116.160	---	---	401.65	1	25	0.9630	1	---	1.4250	1	---	---
8513	C6H12O2	methyl 2-methylbutyrate	868-57-5	116.160	173.85	2	388.55	1	25	0.8850	1	---	1.3940	1	liquid	1
8514	C6H12O2	(±)-3-methylvaleric acid	105-43-1	116.160	231.65	1	469.10	1	25	0.9300	1	---	1.4160	1	liquid	1
8515	C6H12O2	2-methylvaleric acid	97-61-0	116.160	255.35	2	435.40	1	25	0.9130	1	---	1.4140	1	liquid	1
8516	C6H12O2	(2S,3S)-(-)-3-propyloxiranemethanol	89321-71-1	116.160	292.15	1	421.64	2	25	0.9600	1	---	1.4340	1	liquid	2
8517	C6H12O2	(2R,3R)-(+)-3-propyloxiranemethanol	92418-71-8	116.160	292.15	1	421.64	2	25	0.9600	1	---	1.4340	1	liquid	2
8518	C6H12O2	cis-1,3-cyclohexandiol	823-18-7	116.160	338.15	1	421.64	2	25	0.9324	2	---	---	---	solid	1
8519	C6H12O2	1,1-dimethoxy-2-butene	21962-24-3	116.160	---	---	421.64	2	25	0.9324	2	---	---	---	---	---
8520	C6H12O2	dimethyldioxane	25136-55-4	116.160	---	---	390.65	1	25	0.9270	1	---	---	---	---	---
8521	C6H12O2	4,4-dimethyl-1,3-dioxane	766-15-4	116.160	---	---	406.33	1	25	0.9324	2	---	---	---	---	---
8522	C6H12O2	2,6-dimethyl-1,4-dioxane	10138-17-7	116.160	---	---	421.64	2	25	0.9324	2	---	---	---	---	---
8523	C6H12O2	propylene glycol, allyl ether	1331-17-5	116.160	---	---	421.64	2	25	0.9324	2	---	---	---	---	---
8524	C6H12O2	tetramethyl-1,2-dioxetane	35856-82-7	116.160	---	---	421.64	2	25	0.9324	2	---	---	---	---	---
8525	C6H12O2S	2,4-dimethylsulfolane	1003-78-7	148.226	271.65	1	554.15	1	20	1.1362	1	20	1.4732	1	liquid	1
8526	C6H12O2S	butyl thioglycolate	10047-28-6	148.226	---	---	554.15	2	25	1.0130	1	---	1.4550	1	---	---
8527	C6H12O2S	ethyl 3-(methylthio)propionate	13327-56-5	148.226	---	---	554.15	2	25	1.0300	1	---	---	---	---	---
8528	C6H12O2S2	2,5-dihydroxy-2,5-dimethyl-1,4-dithiane	55704-78-4	180.292	337.65	1	---	---	25	1.1466	2	---	---	---	solid	1
8529	C6H12O2S2	ethyl 2-(methyldithio)propionate	23747-43-5	180.292	---	---	---	---	25	1.1200	1	---	---	---	---	---
8530	C6H12O2Sn	monocyclohexyltin acid	22771-18-2	234.870	---	---	---	---	---	---	---	---	---	---	---	---
8531	C6H12O3	2-ethoxyethyl acetate	111-15-9	132.159	211.45	1	429.74	1	25	0.9700	1	25	1.4023	1	liquid	1
8532	C6H12O3	hydroxycaproic acid	1191-25-9	132.159	313.15	1	557.00	1	24	1.0160	2	---	---	---	solid	1
8533	C6H12O3	paraldehyde	123-63-7	132.159	285.75	1	397.15	1	25	0.9850	1	20	1.4050	1	liquid	1
8534	C6H12O3	sec-butyl glycolate	---	132.159	---	---	450.65	1	24	1.0160	2	---	---	---	---	---
8535	C6H12O3	2,5-anhydro-3,4-dideoxyhexitol	104-80-3	132.159	<223	1	538.15	1	20	1.1540	1	---	---	---	liquid	1
8536	C6H12O3	2,2-dimethyl-1,3-dioxolane-4-methanol	100-79-8	132.159	---	---	450.76	2	20	1.0640	1	20	1.4383	1	---	---
8537	C6H12O3	ethyl ethoxyacetate	817-95-8	132.159	---	---	431.15	1	20	0.9702	1	20	1.4039	1	---	---
8538	C6H12O3	ethyl 2-hydroxybutanoate, (±)	68057-83-0	132.159	---	---	440.15	1	20	1.0069	1	20	1.4179	1	---	---
8539	C6H12O3	ethyl 3-hydroxybutanoate, (±)	35608-64-1	132.159	---	---	458.15	1	20	1.0170	1	20	1.4182	1	---	---
8540	C6H12O3	ethyl 2-hydroxy-2-methylpropanoate	80-55-7	132.159	---	---	423.15	1	20	0.9870	1	20	1.4080	1	---	---
8541	C6H12O3	2-hydroxyhexanoic acid, (±)	636-36-2	132.159	334.45	1	543.15	1	24	1.0160	2	---	---	---	solid	1
8542	C6H12O3	isopropyl 3-hydroxypropanoate	84098-45-3	132.159	---	---	450.76	2	25	1.0580	1	23	1.4303	1	---	---
8543	C6H12O3	isopropyl lactate	617-51-6	132.159	---	---	440.15	1	20	0.9980	1	25	1.4082	1	---	---
8544	C6H12O3	tetrahydro-2,5-dimethoxyfuran	696-59-3	132.159	---	---	418.85	1	25	1.0200	1	20	1.4180	1	---	---
8545	C6H12O3	3-allyloxy-1,2-propanediol	123-34-2	132.159	173.25	1	450.76	2	25	1.0690	1	---	1.4620	1	liquid	2
8546	C6H12O3	2-butoxyacetic acid	2516-93-0	132.159	---	---	381.15	1	25	1.0100	1	---	---	---	---	---
8547	C6H12O3	tert-butyl peroxyacetate	107-71-1	132.159	253.25	1	450.76	2	25	0.9230	1	---	---	---	liquid	2
8548	C6H12O3	di(ethylene glycol) vinyl ether	929-37-3	132.159	222.85	1	469.15	1	25	0.9680	1	---	1.4480	1	liquid	1
8549	C6H12O3	3,3-dimethoxy-2-butanone	21983-72-2	132.159	---	---	418.65	1	25	0.9870	1	---	1.4070	1	---	---
8550	C6H12O3	(R)-(-)-2,2-dimethyl-1,3-dioxolane-4-metha	14347-78-5	132.159	---	---	450.76	2	25	1.0610	1	---	1.4340	1	---	---
8551	C6H12O3	(S)-(+)-2,2-dimethyl-1,3-dioxolane-4-metha	22323-82-6	132.159	---	---	450.76	2	25	1.0700	1	---	1.4340	1	---	---
8552	C6H12O3	ethyl (R)-(-)-3-hydroxybutyrate	24915-95-5	132.159	---	---	450.76	2	25	1.0170	1	---	1.4180	1	---	---
8553	C6H12O3	ethyl 3-hydroxybutyrate	5405-41-4	132.159	---	---	450.65	1	25	1.0140	1	---	1.4210	1	---	---
8554	C6H12O3	ethyl (S)-(+)-3-hydroxybutyrate	56816-01-4	132.159	---	---	454.15	1	25	1.0120	1	---	1.4300	1	---	---
8555	C6H12O3	2-ethyl-2-hydroxybutyric acid	3639-21-2	132.159	353.15	1	450.76	2	24	1.0160	2	---	---	---	solid	1
8556	C6H12O3	DL-a-hydroxycaproic acid	6064-63-7	132.159	334.00	1	518.00	2	24	1.0160	2	---	---	---	solid	1
8557	C6H12O3	DL-a-hydroxyisocaproic acid	10303-64-7	132.159	349.65	1	450.76	2	24	1.0160	2	---	---	---	solid	1
8558	C6H12O3	L-a-hydroxyisocaproic acid	13748-90-8	132.159	351.65	1	450.76	2	24	1.0160	2	---	---	---	solid	1
8559	C6H12O3	5-hydroxymethyl-5-methyl-1,3-dioxane	1121-97-7	132.159	---	---	450.76	2	25	1.1200	1	---	1.4575	1	---	---
8560	C6H12O3	(-)-isopropyl l-lactate	63697-00-7	132.159	273.65	1	440.15	1	25	0.9840	1	---	1.4100	1	liquid	1

Table 1 Physical Properties - Organic Compounds

				Mol Wt	Freezing Point		Boiling Point		Density			Refractive Index			State	
NO	FORMULA	NAME	CAS No	g/mol	T_F, K	code	T_B, K	code	T, C	g/cm3	code	T, C	n_D	code	@25C,1 atm	code
8561	C6H12O3	methyl 2,2-dimethyl-3-hydroxypropionate	14002-80-3	132.159	---	---	450.65	1	25	1.0360	1	---	1.4280	1	---	---
8562	C6H12O3	methyl 4-methoxybutyrate	29006-01-7	132.159	---	---	436.15	1	25	0.9690	1	---	1.4080	1	---	---
8563	C6H12O3	3-oxobutyraldehyde dimethylacetal	5436-21-5	132.159	318.20	1	451.15	1	25	0.9930	1	---	1.4160	1	solid	1
8564	C6H12O3	propylene glycol monomethyl ether acetate	108-65-6	132.159	205.00	1	418.95	1	25	0.9680	1	---	1.4020	1	liquid	1
8565	C6H12O3	ethyl 3-methoxypropionate	10606-42-5	132.159	---	---	450.76	2	24	1.0160	2	---	---	---	---	---
8566	C6H12O3	glycerol monoallyl ether	25136-53-2	132.159	---	---	450.76	2	24	1.0160	2	---	---	---	---	---
8567	C6H12O3	trans-2-hexene ozonide	---	132.159	---	---	450.76	2	24	1.0160	2	---	---	---	---	---
8568	C6H12O3	2-methoxy-1-propyl acetate	70657-70-4	132.159	---	---	450.76	2	24	1.0160	2	---	---	---	---	---
8569	C6H12O3	peroxyhexanoic acid	5106-46-7	132.159	---	---	450.76	2	24	1.0160	2	---	---	---	---	---
8570	C6H12O4	2-[2-(acetyloxy)ethoxy]ethanol	2093-20-1	148.159	---	---	439.15	2	20	1.1208	1	20	1.4320	1	---	---
8571	C6H12O4	digitoxose	527-52-6	148.159	385.15	1	439.15	2	21	1.1819	2	---	---	---	solid	1
8572	C6H12O4	ethyl 2,3-dihydroxy-2-methylpropanoate	67535-07-3	148.159	---	---	439.15	2	25	1.1140	1	25	1.4370	1	---	---
8573	C6H12O4	propyl 2,3-dihydroxypropanoate	116435-95-1	148.159	---	---	439.15	2	15	1	1	20	1.4503	1	---	---
8574	C6H12O4	methyl 3,3-dimethoxypropionate	7424-91-1	148.159	---	---	439.15	1	25	1.0450	1	---	1.4100	1	---	---
8575	C6H12O4	3,3,6,6-tetramethyl-1,2,4,5-tetraoxane	1073-91-2	148.159	405.40	1	439.15	2	21	1.1819	2	---	---	---	solid	1
8576	C6H12O4Pb	dimethyl lead diacetate	20917-34-4	355.359	---	---	---	---	---	---	---	---	---	---	---	---
8577	C6H12O4Si	dimethyldiacetoxysilane	2182-66-3	176.244	260.65	1	438.15	1	20	1.0540	1	20	1.4030	1	liquid	1
8578	C6H12O5	2-deoxy-D-glucose	154-17-6	164.158	419.65	1	---	---	25	1.1483	2	---	---	---	solid	1
8579	C6H12O5	2-deoxy-D-chiro-inositol	488-73-3	164.158	509.15	1	---	---	13	1.5845	1	---	---	---	solid	1
8580	C6H12O5	quinovose	7658-08-4	164.158	412.65	1	---	---	25	1.1483	2	---	---	---	solid	1
8581	C6H12O5	2,5-anhydro-D-mannitol	41107-82-8	164.158	374.65	1	---	---	25	1.1483	2	---	---	---	solid	1
8582	C6H12O5	2-deoxy-D-galactose	1949-89-9	164.158	383.15	1	---	---	25	1.1483	2	---	---	---	solid	1
8583	C6H12O5	L(-)-fucose	2438-80-4	164.158	407.65	1	---	---	25	1.1483	2	---	---	---	solid	1
8584	C6H12O5	D(+)-fucose	3615-37-0	164.158	417.65	1	---	---	25	1.1483	2	---	---	---	solid	1
8585	C6H12O5S	ethyl (ethoxysulfonyl)acetate	59376-54-4	196.224	---	---	---	---	16	1.2320	1	21	1.4360	1	---	---
8586	C6H12O5S	L(-)-methanesulfonylethyllactate	63696-99-1	196.224	---	---	---	---	25	1.3100	1	---	---	---	---	---
8587	C6H12O5S	a-D-glucothiopyranose	20408-97-3	196.224	---	---	---	---	21	1.2710	2	---	---	---	---	---
8588	C6H12O6	D-allose	2595-97-3	180.158	401.15	1	---	---	21	1.5817	2	---	---	---	solid	1
8589	C6H12O6	D-altrose	1990-29-0	180.158	376.65	1	377.15	2	21	1.5817	2	---	---	---	solid	1
8590	C6H12O6	DL-chiro-inositol	18685-70-6	180.158	526.15	1	---	---	21	1.5817	2	---	---	---	solid	1
8591	C6H12O6	beta-D-fructose	53188-23-1	180.158	376.15	dec	377.15	2	20	1.6000	1	---	---	---	solid	1
8592	C6H12O6	D-galactose	59-23-4	180.158	443.15	1	---	---	21	1.5817	2	---	---	---	solid	1
8593	C6H12O6	alpha-D-glucose	26655-34-5	180.158	419.15	dec	---	---	18	1.5620	1	---	---	---	solid	1
8594	C6H12O6	beta-D-glucose	28905-12-6	180.158	423.15	1	---	---	18	1.5620	1	---	---	---	solid	1
8595	C6H12O6	D-gulose	4205-23-6	180.158	---	---	377.15	2	21	1.5817	2	---	---	---	---	---
8596	C6H12O6	scyllo-inositol	488-59-5	180.158	626.15	dec	---	---	19	1.6590	1	---	---	---	solid	1
8597	C6H12O6	D-mannose	3458-28-4	180.158	405.15	dec	---	---	25	1.5400	1	---	---	---	solid	1
8598	C6H12O6	DL-sorbose	65732-90-3	180.158	435.65	1	---	---	17	1.6380	1	---	---	---	solid	1
8599	C6H12O6	L-sorbose	87-79-6	180.158	438.15	1	---	---	17	1.6120	1	---	---	---	solid	1
8600	C6H12O6	D-tagatose	87-81-0	180.158	407.65	1	---	---	21	1.5817	2	---	---	---	solid	1
8601	C6H12O6	L(-)-allose	7635-11-2	180.158	401.15	1	---	---	21	1.5817	2	---	---	---	solid	1
8602	C6H12O6	L(-)-altrose	1949-88-8	180.158	---	---	377.15	2	21	1.5817	2	---	---	---	---	---
8603	C6H12O6	L-chiro-inositol	551-72-4	180.158	503.15	1	---	---	21	1.5817	2	---	---	---	solid	1
8604	C6H12O6	D-chiro-inositol	643-12-9	180.158	503.15	1	---	---	21	1.5817	2	---	---	---	solid	1
8605	C6H12O6	1,3-dihydroxyacetone dimer	62147-49-3	180.158	348.15	1	377.15	2	21	1.5817	2	---	---	---	solid	1
8606	C6H12O6	d(-)-fructose	57-48-7	180.158	---	---	377.15	1	21	1.5817	2	---	---	---	---	---
8607	C6H12O6	fructose	7660-25-5	180.158	376.15	1	377.15	2	25	1.6000	1	---	---	---	solid	1
8608	C6H12O6	L(-)-galactose	15572-79-9	180.158	437.15	1	---	---	21	1.5817	2	---	---	---	solid	1
8609	C6H12O6	glucose	50-99-7	180.158	419.15	2	617.00	2	25	1.5440	1	---	---	---	---	---
8610	C6H12O6	L(-)-glucose	921-60-8	180.158	427.65	1	---	---	21	1.5817	2	---	---	---	solid	1
8611	C6H12O6	a-D(+)-glucose, anhydrous	492-62-6	180.158	430.15	1	---	---	21	1.5817	2	---	---	---	solid	1
8612	C6H12O6	L(+)-gulose	6027-89-0	180.158	---	---	377.15	2	21	1.5817	2	---	---	---	---	---
8613	C6H12O6	inositol	87-89-8	180.158	499.15	1	691.00	2	25	1.5000	1	---	---	---	solid	1
8614	C6H12O6	L(-)-mannose	10030-80-5	180.158	403.15	1	---	---	21	1.5817	2	---	---	---	solid	1
8615	C6H12O6	D(+)-sorbose	3615-56-3	180.158	437.15	1	---	---	21	1.5817	2	---	---	---	solid	1
8616	C6H12O6	L(-)-talose	23567-25-1	180.158	394.65	1	---	---	21	1.5817	2	---	---	---	solid	1
8617	C6H12O6	D(+)-talose	2595-98-4	180.158	394.65	1	---	---	21	1.5817	2	---	---	---	solid	1
8618	C6H12O6S2	cis-1,4-dimethane sulfonoxy-2-butene	2303-47-1	244.290	---	---	407.65	2	25	1.3594	2	---	---	---	---	---
8619	C6H12O6S2	trans-1,4-dimethane sulfonoxy-2-butene	1953-56-6	244.290	---	---	407.65	1	25	1.3594	2	---	---	---	---	---
8620	C6H12O7	D-gluconic acid	526-95-4	196.157	404.15	1	---	---	25	1.2721	2	---	---	---	solid	1
8621	C6H12S	thiacycloheptane	4753-80-4	116.227	292.14	1	446.70	1	25	0.7660	1	18	1.5044	1	liquid	1
8622	C6H12S	2-ethylthiacyclopentane	1551-32-2	116.227	251.23	2	430.15	1	25	0.9390	1	25	1.4870	1	liquid	1
8623	C6H12S	3-ethylthiacyclopentane	62184-67-2	116.227	251.23	2	438.15	1	25	0.9450	1	25	1.4890	1	liquid	1
8624	C6H12S	2,2-dimethylthiacyclopentane	5161-75-1	116.227	275.13	2	400.03	2	25	0.9177	1	---	---	---	liquid	2
8625	C6H12S	2,cis-3-dimethylthiacyclopentane	5161-77-3	116.227	246.99	2	395.12	2	25	0.9177	1	---	---	---	liquid	2
8626	C6H12S	2,trans-3-dimethylthiacyclopentane	5161-78-4	116.227	246.99	2	395.12	2	25	0.9177	1	---	---	---	liquid	2
8627	C6H12S	2,cis-4-dimethylthiacyclopentane	5161-79-5	116.227	246.99	2	395.12	2	25	0.9177	1	---	---	---	liquid	2
8628	C6H12S	2,trans-4-dimethylthiacyclopentane	5161-80-8	116.227	246.99	2	395.12	2	25	0.9177	1	---	---	---	liquid	2
8629	C6H12S	2,cis-5-dimethylthiacyclopentane	5161-13-7	116.227	183.75	1	415.68	1	25	0.9177	1	25	1.4774	1	liquid	1
8630	C6H12S	2,trans-5-dimethylthiacyclopentane	5161-14-8	116.227	196.80	1	415.15	1	25	0.9142	1	25	1.4752	1	liquid	1
8631	C6H12S	3,3-dimethylthiacyclopentane	5161-76-2	116.227	275.13	2	400.03	2	25	0.9142	1	---	---	---	liquid	2
8632	C6H12S	3,cis-4-dimethylthiacyclopentane	5161-11-5	116.227	246.99	2	395.12	2	25	0.9142	1	---	---	---	liquid	2
8633	C6H12S	3,trans-4-dimethylthiacyclopentane	5161-12-6	116.227	246.99	2	395.12	2	25	0.9142	1	---	---	---	liquid	2
8634	C6H12S	2-methylthiacyclohexane	5161-16-0	116.227	215.01	1	426.19	1	25	0.9381	1	25	1.4881	1	liquid	1
8635	C6H12S	3-methylthiacyclohexane	5258-50-4	116.227	212.98	1	431.19	1	25	0.9430	1	25	1.4899	1	liquid	1
8636	C6H12S	4-methylthiacyclohexane	5161-17-1	116.227	245.05	1	431.79	1	25	0.9427	1	25	1.4899	1	liquid	1
8637	C6H12S	cyclohexanethiol	1569-69-3	116.227	189.64	1	431.95	1	20	0.9782	1	20	1.4921	1	liquid	1
8638	C6H12S	cyclopentyl methyl sulfide	7133-36-0	116.227	169.34	1	431.65	1	25	0.9185	2	---	---	---	liquid	1
8639	C6H12S2	allyl propyl disulfide	2179-59-1	148.293	---	---	---	---	25	1.0156	2	20	1.5219	1	---	---
8640	C6H12S3	thioacetaldehyde trimer	2765-04-0	180.359	374.15	1	519.65	1	25	1.1163	2	---	---	---	solid	1

Table 1 Physical Properties - Organic Compounds

NO	FORMULA	NAME	CAS No	Mol Wt g/mol	Freezing Point T_F, K	code	Boiling Point T_B, K	code	Density T, C	g/cm3	code	Refractive Index T, C	n_D	code	State @25C,1 atm	code
8641	C6H12Si	dimethyldivinylsilane	10519-87-6	112.246	---	---	353.65	1	25	0.7310	1	---	1.4190	1	---	---
8642	C6H12Si	propargyltrimethylsilane	13361-64-3	112.246	---	---	365.15	1	25	0.7500	1	---	---	---	---	---
8643	C6H12Si	1-(trimethylsilyl)propyne	6224-91-5	112.246	---	---	372.55	1	25	0.7580	1	---	1.4170	1	---	---
8644	C6H12Tl2	bis(dimethyl thallium)acetylide	---	492.928	---	---	425.95	1	---	---	---	---	---	---	---	---
8645	C6H13AsCl2	hexyldichlorarsine	64049-22-5	230.996	---	---	---	---	---	---	---	---	---	---	---	---
8646	C6H13BO2	4,4,5,5-tetramethyl-1,3,2-dioxaborolane	25015-63-8	127.979	---	---	---	---	25	0.8820	1	---	1.3960	1	---	---
8647	C6H13Br	1-bromohexane	111-25-1	165.073	188.45	1	428.45	1	25	1.1687	1	25	1.4454	1	liquid	1
8648	C6H13Br	2-bromohexane	3377-86-4	165.073	201.68	2	417.05	1	25	1.1598	1	25	1.4432	1	liquid	1
8649	C6H13Br	3-bromohexane	3377-87-5	165.073	201.68	2	414.45	1	25	1.1672	1	25	1.4450	1	liquid	1
8650	C6H13Br	1-bromo-2-methylpentane	25346-33-2	165.073	201.68	2	417.15	1	25	1.1720	1	25	1.4474	1	liquid	1
8651	C6H13Br	1-bromo-3-methylpentane	51116-73-5	165.073	201.68	2	421.15	1	25	1.1770	1	25	1.4415	1	liquid	1
8652	C6H13Br	1-bromo-4-methylpentane	626-88-0	165.073	201.68	2	420.15	1	25	1.1624	1	25	1.4469	1	liquid	1
8653	C6H13Br	2-bromo-2-methylpentane	4283-80-1	165.073	219.10	2	415.65	1	25	1.1746	1	25	1.4496	1	liquid	1
8654	C6H13Br	2-bromo-3-methylpentane	62168-41-6	165.073	186.68	2	401.96	2	25	1.1700	1	25	1.4500	1	liquid	2
8655	C6H13Br	2-bromo-4-methylpentane	30310-22-6	165.073	178.95	1	404.15	1	25	1.1509	1	25	1.4400	1	liquid	1
8656	C6H13Br	3-bromo-2-methylpentane	4283-83-4	165.073	186.68	2	401.96	2	25	1.1700	1	25	1.4500	1	liquid	2
8657	C6H13Br	3-bromo-3-methylpentane	25346-31-0	165.073	180.95	1	403.15	1	25	1.1771	1	25	1.4492	1	liquid	1
8658	C6H13Br	1-bromo-2,2-dimethylbutane	62168-42-7	165.073	201.68	2	410.00	2	25	1.1669	1	25	1.4447	1	liquid	2
8659	C6H13Br	1-bromo-2,3-dimethylbutane	30540-31-9	165.073	219.10	2	413.15	1	25	1.1900	1	25	1.4550	1	liquid	1
8660	C6H13Br	1-bromo-3,3-dimethylbutane	1647-23-0	165.073	186.68	2	410.15	1	25	1.1497	1	25	1.4424	1	liquid	1
8661	C6H13Br	2-bromo-2,3-dimethylbutane	594-52-5	165.073	298.15	1	406.15	1	25	1.1804	1	25	1.4507	1	---	---
8662	C6H13Br	2-bromo-3,3-dimethylbutane	26356-06-9	165.073	298.15	1	405.15	1	25	1.1700	1	25	1.4500	1	---	---
8663	C6H13Br	1-bromo-2-ethylbutane	3814-34-4	165.073	204.10	2	416.45	1	25	1.1796	1	25	1.4490	1	liquid	1
8664	C6H13BrHg	n-hexylmercuric bromide	18431-36-2	365.663	---	---	479.15	1	---	---	---	---	---	---	---	---
8665	C6H13BrO	6-bromohexanol	4286-55-9	181.073	---	---	---	---	25	1.3840	1	---	1.4820	1	---	---
8666	C6H13BrO2	2-bromo-1,1-diethoxyethane	2032-35-1	197.072	---	---	443.15	1	20	1.2830	1	20	1.4387	1	---	---
8667	C6H13BrO3	2-bromo-1,1,3-trimethoxypropane	759-97-7	213.071	---	---	---	---	25	1.3950	1	---	1.4580	1	---	---
8668	C6H13BrSi	2-bromoallyltrimethylsilane	81790-10-5	193.158	---	---	---	---	25	1.1210	1	---	1.4620	1	---	---
8669	C6H13Cl	1-chlorohexane	544-10-5	120.622	179.15	1	408.24	1	25	0.8739	1	25	1.4179	1	liquid	1
8670	C6H13Cl	2-chlorohexane	638-28-8	120.622	171.80	2	397.15	1	25	0.8654	1	25	1.4122	1	liquid	1
8671	C6H13Cl	3-chlorohexane	2346-81-8	120.622	171.80	2	396.15	1	25	0.8640	1	25	1.4143	1	liquid	1
8672	C6H13Cl	1-chloro-2-methylpentane	14753-05-0	120.622	171.80	2	393.15	1	25	0.8700	1	25	1.4200	1	liquid	1
8673	C6H13Cl	1-chloro-3-methylpentane	62016-93-7	120.622	171.80	2	402.15	1	25	0.8775	1	25	1.4196	1	liquid	1
8674	C6H13Cl	1-chloro-4-methylpentane	62016-94-8	120.622	171.80	2	398.15	1	25	0.8700	1	25	1.4200	1	liquid	1
8675	C6H13Cl	2-chloro-2-methylpentane	4325-48-8	120.622	189.22	2	384.65	1	25	0.8582	1	25	1.4107	1	liquid	1
8676	C6H13Cl	2-chloro-3-methylpentane	24319-09-3	120.622	156.80	2	380.00	2	25	0.8700	1	25	1.4200	1	liquid	2
8677	C6H13Cl	2-chloro-4-methylpentane	25346-32-1	120.622	156.80	2	386.15	1	25	0.8560	1	25	1.4093	1	liquid	1
8678	C6H13Cl	3-chloro-2-methylpentane	38384-05-3	120.622	156.80	2	385.00	2	25	0.8700	1	25	1.4200	1	liquid	2
8679	C6H13Cl	3-chloro-3-methylpentane	918-84-3	120.622	189.22	2	389.15	1	25	0.8720	1	25	1.4188	1	liquid	1
8680	C6H13Cl	1-chloro-2-ethylbutane	4737-41-1	120.622	171.80	2	399.15	1	25	0.8864	1	25	1.4210	1	liquid	1
8681	C6H13Cl	1-chloro-2,2-dimethylbutane	6366-35-4	120.622	189.22	2	390.15	1	25	0.8746	1	25	1.4140	1	liquid	1
8682	C6H13Cl	1-chloro-2,3-dimethylbutane	600-06-6	120.622	156.80	2	395.15	1	25	0.8100	1	25	1.4200	1	liquid	1
8683	C6H13Cl	1-chloro-3,3-dimethylbutane	2855-08-5	120.622	189.22	2	390.15	1	25	0.8630	1	25	1.4140	1	liquid	1
8684	C6H13Cl	2-chloro-2,3-dimethylbutane	594-57-0	120.622	262.75	1	385.15	1	25	0.8130	1	25	1.4175	1	liquid	1
8685	C6H13Cl	2-chloro-3,3-dimethylbutane	5750-00-5	120.622	272.25	1	384.15	1	25	0.8717	1	25	1.4162	1	liquid	1
8686	C6H13ClO	1-chloro-2,3-dimethyl-2-butanol	66235-62-9	136.621	---	---	436.15	1	20	1.0490	1	20	1.4459	1	---	---
8687	C6H13ClO	1-chloro-3,3-dimethyl-2-butanol	36402-31-0	136.621	286.15	1	430.65	1	25	1.0063	1	25	1.4432	1	liquid	1
8688	C6H13ClO	1-(2-chloroethoxy)butane	10503-96-5	136.621	---	---	427.15	dec	20	0.9520	1	20	1.4155	1	---	---
8689	C6H13ClO	6-chloro-1-hexanol	2009-83-8	136.621	---	---	431.32	2	20	1.0241	1	20	1.4550	1	---	---
8690	C6H13ClO	1-chloro-2-hexanol	52802-07-0	136.621	---	---	431.32	2	20	1.0130	1	20	1.4478	1	---	---
8691	C6H13ClO	1-chloro-3-hexanol	52418-81-2	136.621	---	---	431.32	2	25	1.0030	1	25	1.4460	1	---	---
8692	C6H13ClO	5-chloro-3-hexanol	58588-28-6	136.621	---	---	431.32	2	25	0.9734	1	19	1.4433	1	---	---
8693	C6H13ClO2	2-chloro-1,1-diethoxyethane	621-62-5	152.621	---	---	430.55	1	20	1.0180	1	20	1.4170	1	---	---
8694	C6H13ClO2	3-chloro-1,1-dimethoxybutane	50710-40-2	152.621	---	---	442.85	2	20	1.0024	1	25	1.4160	1	---	---
8695	C6H13ClO2	1-chloro-3-(1-methylethoxy)-2-propanol	4288-84-0	152.621	---	---	455.15	1	20	1.0910	1	25	1.4370	1	---	---
8696	C6H13ClO2	1-chloro-3-propoxy-2-propanol	6943-58-4	152.621	---	---	442.85	2	20	1.0526	1	25	1.4378	1	---	---
8697	C6H13ClO3	triethylene glycol monochlorohydrin	5197-62-6	168.620	---	---	---	---	25	1.1600	1	---	1.4580	1	---	---
8698	C6H13ClS	2-[(2-chloroethyl)thio]-2-methylpropane	4303-44-0	152.688	224.15	1	---	---	25	1.0001	1	---	---	---	---	---
8699	C6H13ClSi	allylchloromethyldimethylsilane	75422-66-1	148.707	---	---	410.15	2	25	0.9070	1	---	1.4490	1	---	---
8700	C6H13ClSi	3-chloroallyltrimethylsilane	18187-39-8	148.707	---	---	410.15	1	25	0.8980	1	---	1.4440	1	---	---
8701	C6H13Cl2N	bis(2-chloroethyl)ethylamine	538-07-8	170.081	239.25	1	---	---	25	1.0860	1	---	---	---	---	---
8702	C6H13Cl2OP	hexylphosphonic dichloride	928-64-3	203.048	---	---	---	---	25	1.1850	1	---	1.4650	1	---	---
8703	C6H13Cl3O3Si	tris(2-chloroethoxy)silane	10138-79-1	267.610	---	---	495.35	1	---	---	---	---	---	---	---	---
8704	C6H13Cl3Si	trichlorohexylsilane	928-65-4	219.612	---	---	463.15	1	20	1.1100	1	---	---	---	---	---
8705	C6H13F	1-fluorohexane	373-14-8	104.168	170.15	1	364.65	1	25	0.7942	1	25	1.3718	1	liquid	1
8706	C6H13F	2-fluorohexane	372-54-3	104.168	169.15	1	359.35	1	25	0.7861	1	25	1.3668	1	liquid	1
8707	C6H13F	3-fluorohexane	52688-75-2	104.168	169.15	1	356.05	1	25	0.7900	1	25	1.3689	1	liquid	1
8708	C6H13F	1-fluoro-2-methylpentane	62127-27-9	104.168	174.03	2	355.15	1	25	0.7800	1	25	1.3700	1	liquid	1
8709	C6H13F	1-fluoro-3-methylpentane	62127-28-0	104.168	174.03	2	360.15	1	25	0.7800	1	25	1.3700	1	liquid	1
8710	C6H13F	1-fluoro-4-methylpentane	62127-29-1	104.168	174.03	2	357.15	1	25	0.7800	1	25	1.3100	1	liquid	1
8711	C6H13F	2-fluoro-2-methylpentane	62127-30-4	104.168	191.45	2	350.00	2	25	0.7800	1	25	1.3700	1	liquid	2
8712	C6H13F	2-fluoro-3-methylpentane	62127-31-5	104.168	159.03	2	350.00	2	25	0.7800	1	25	1.3700	1	liquid	2
8713	C6H13F	2-fluoro-4-methylpentane	62127-32-6	104.168	159.03	2	350.00	2	25	0.7800	1	25	1.3700	1	liquid	2
8714	C6H13F	3-fluoro-2-methylpentane	62127-33-7	104.168	159.03	2	345.15	1	25	0.7800	1	25	1.3700	1	liquid	1
8715	C6H13F	3-fluoro-3-methylpentane	19031-61-9	104.168	191.45	2	340.00	2	25	0.7800	1	25	1.3700	1	liquid	2
8716	C6H13F	1-fluoro-2,2-dimethylbutane	62127-34-8	104.168	174.03	2	350.00	2	25	0.7800	1	25	1.3700	1	liquid	2
8717	C6H13F	1-fluoro-2,3-dimethylbutane	62127-35-9	104.168	191.45	2	354.15	1	25	0.7800	1	25	1.3700	1	liquid	1
8718	C6H13F	1-fluoro-3,3-dimethylbutane	371-64-2	104.168	159.03	2	348.85	1	25	0.7765	1	25	1.3690	1	liquid	1
8719	C6H13F	2-fluoro-2,3-dimethylbutane	354-09-6	104.168	191.45	2	340.00	2	25	0.7800	1	25	1.3700	1	liquid	2
8720	C6H13F	2-fluoro-3,3-dimethylbutane	92089-78-6	104.168	176.45	2	343.15	1	25	0.7800	1	25	1.3700	1	liquid	1

Table 1 Physical Properties - Organic Compounds

				Mol Wt	Freezing Point		Boiling Point		Density			Refractive Index			State	
NO	FORMULA	NAME	CAS No	g/mol	T_F, K	code	T_B, K	code	T, C	g/cm3	code	T, C	n_D	code	@25C,1 atm	code
8721	C6H13F	1-fluoro-2-ethylbutane	---	104.168	176.45	2	332.28	2	25	0.7800	1	25	1.3700	1	liquid	2
8722	C6H13FO	6-fluoro-1-hexanol	373-32-0	120.167	---	---	---	---	20	0.9750	1	25	1.4141	1	---	---
8723	C6H13HgO5P	(acetato)(diethoxyphosphinyl)mercury	5421-48-7	396.730	---	---	---	---	---	---	---	---	---	---	---	---
8724	C6H13I	1-iodohexane	638-45-9	212.074	205.00	1	454.48	1	25	1.4331	1	25	1.4903	1	liquid	1
8725	C6H13I	2-iodohexane	59654-13-6	212.074	199.94	2	442.15	1	25	1.4121	1	25	1.4878	1	liquid	1
8726	C6H13I	3-iodohexane	31294-91-4	212.074	199.94	2	441.15	1	25	1.4200	1	25	1.4900	1	liquid	1
8727	C6H13I	1-iodo-2-methylpentane	31294-94-7	212.074	199.94	2	441.15	1	25	1.4200	1	25	1.4900	1	liquid	1
8728	C6H13I	1-iodo-3-methylpentane	24346-53-0	212.074	199.94	2	447.15	1	25	1.3930	1	25	1.4866	1	liquid	1
8729	C6H13I	1-iodo-4-methylpentane	6196-80-1	212.074	199.94	2	446.25	1	25	1.4217	1	25	1.4867	1	liquid	1
8730	C6H13I	2-iodo-2-methylpentane	31294-95-8	212.074	217.36	2	426.59	2	25	1.4200	1	25	1.4900	1	liquid	2
8731	C6H13I	2-iodo-3-methylpentane	24319-07-1	212.074	184.94	2	428.94	2	25	1.4200	1	25	1.4900	1	liquid	2
8732	C6H13I	2-iodo-4-methylpentane	31294-96-9	212.074	184.94	2	430.15	1	25	1.4200	1	25	1.4900	1	liquid	1
8733	C6H13I	3-iodo-2-methylpentane	31294-97-0	212.074	184.94	2	428.94	2	25	1.4200	1	25	1.4900	1	liquid	2
8734	C6H13I	3-iodo-3-methylpentane	24319-05-2	212.074	217.36	2	426.59	2	25	1.4200	1	25	1.4900	1	liquid	2
8735	C6H13I	1-iodo-2,2-dimethylbutane	31294-98-1	212.074	199.94	2	429.38	2	25	1.4200	1	25	1.4900	1	liquid	2
8736	C6H13I	1-iodo-2,3-dimethylbutane	31295-00-8	212.074	217.36	2	438.15	1	25	1.4200	1	25	1.4900	1	liquid	1
8737	C6H13I	1-iodo-3,3-dimethylbutane	15672-88-5	212.074	184.94	2	436.15	1	25	1.4200	1	25	1.4900	1	liquid	1
8738	C6H13I	2-iodo-2,3-dimethylbutane	594-59-2	212.074	217.36	2	426.59	2	25	1.4410	1	25	1.4920	1	liquid	2
8739	C6H13I	2-iodo-3,3-dimethylbutane	24556-56-7	212.074	202.36	2	431.15	1	25	1.4200	1	25	1.4900	1	liquid	1
8740	C6H13I	1-iodo-2-ethylbutane	---	212.074	202.36	2	439.15	1	25	1.4370	1	25	1.4920	1	liquid	1
8741	C6H13IO2	1,1-diethoxy-2-iodoethane	51806-20-3	244.072	---	---	---	---	22	1.4900	1	22	1.4734	1	---	---
8742	C6H13N	cyclohexylamine	108-91-8	99.176	255.45	1	407.65	1	25	0.8630	1	25	1.4565	1	liquid	1
8743	C6H13N	1-methylcyclopentanamine	40571-45-7	99.176	---	---	394.15	1	25	0.8025	1	25	1.4408	1	---	---
8744	C6H13N	2-methylcyclopentanamine	41223-14-7	99.176	---	---	396.15	1	20	0.8010	1	---	---	---	---	---
8745	C6H13N	hexamethyleneimine	111-49-9	99.176	236.15	1	411.15	1	25	0.8750	1	24	1.4641	1	liquid	1
8746	C6H13N	1,2-dimethylpyrrolidine	765-48-0	99.176	---	---	389.46	2	24	0.8208	2	---	---	---	---	---
8747	C6H13N	2,2-dimethylpyrrolidine	35018-15-6	99.176	---	---	379.15	1	25	0.8211	1	25	1.4304	1	---	---
8748	C6H13N	2,4-dimethylpyrrolidine	13603-04-8	99.176	---	---	389.15	1	20	0.8297	1	20	1.4325	1	---	---
8749	C6H13N	cis-2,5-dimethylpyrrolidine	39713-71-8	99.176	---	---	379.65	1	20	0.8205	1	20	1.4299	1	---	---
8750	C6H13N	1-ethylpyrrolidine	7335-06-0	99.176	---	---	377.15	1	20	0.8156	1	15	1.4113	1	---	---
8751	C6H13N	N-isopropyl-2-propen-1-amine	35000-22-7	99.176	---	---	369.65	1	30	0.7400	1	25	1.4140	1	---	---
8752	C6H13N	N-propyl-2-propen-1-amine	5666-21-7	99.176	---	---	385.15	1	18	0.7708	1	25	1.4140	1	---	---
8753	C6H13N	1-methylpiperidine	626-67-5	99.176	170.45	1	380.15	1	20	0.8159	1	20	1.4355	1	liquid	1
8754	C6H13N	2-methylpiperidine, (±)	3000-79-1	99.176	270.65	1	391.15	1	24	0.8436	1	20	1.4459	1	liquid	1
8755	C6H13N	3-methylpiperidine, (±)	53152-98-0	99.176	249.15	1	398.65	1	26	0.8446	1	20	1.4470	1	liquid	1
8756	C6H13N	4-methylpiperidine	626-58-4	99.176	241.46	2	403.15	1	25	0.8674	1	20	1.4458	1	liquid	1
8757	C6H13N	2,5-dimethylpyrrolidine, cis and trans	3378-71-0	99.176	---	---	384.15	1	25	0.8100	1	---	1.4300	1	---	---
8758	C6H13N	N-ethyl-2-methylallylamine	18328-90-0	99.176	229.00	2	377.90	1	25	0.7530	1	---	1.4220	1	---	---
8759	C6H13N	2-methylpiperidine	109-05-7	99.176	269.45	1	392.15	1	25	0.8530	1	---	1.4460	1	liquid	1
8760	C6H13N	(S)-(+)-2-methylpiperidine	3197-42-0	99.176	241.46	2	392.15	1	25	0.8230	1	---	1.4460	1	liquid	1
8761	C6H13N	3-methylpiperidine	626-56-2	99.176	247.60	1	397.65	1	25	0.8450	1	---	1.4480	1	liquid	1
8762	C6H13N	N,N,2-trimethylpropenylamine	6000-82-4	99.176	---	---	389.46	2	24	0.8208	2	---	---	---	---	---
8763	C6H13NO	trans-2-aminocyclohexanol, (±)	33092-82-9	115.176	341.15	1	492.15	1	22	0.9366	2	---	---	---	solid	1
8764	C6H13NO	4-amino-4-methyl-2-pentanone	625-04-7	115.176	---	---	467.43	2	22	0.9366	2	---	---	---	---	---
8765	C6H13NO	N-butylacetamide	1119-49-9	115.176	---	---	502.15	1	25	0.8960	1	25	1.4388	1	---	---
8766	C6H13NO	N,N-diethylacetamide	685-91-6	115.176	---	---	458.65	1	17	0.9130	1	17	1.4374	1	---	---
8767	C6H13NO	N,N-dimethylbutanamide	760-79-2	115.176	233.15	1	459.15	1	25	0.9064	1	25	1.4391	1	liquid	1
8768	C6H13NO	2,6-dimethylmorpholine	141-91-3	115.176	185.15	1	419.75	1	20	0.9329	1	20	1.4460	1	liquid	1
8769	C6H13NO	N-ethylmorpholine	100-74-3	115.176	---	---	411.65	1	20	0.8996	1	20	1.4400	1	---	---
8770	C6H13NO	hexanamide	628-02-4	115.176	374.15	1	528.15	1	20	0.9990	1	110	1.4200	1	solid	1
8771	C6H13NO	1-methyl-3-piperidinol	3554-74-3	115.176	---	---	467.43	2	16	0.9635	1	20	1.4735	1	---	---
8772	C6H13NO	1-methyl-4-piperidinol	106-52-5	115.176	302.15	1	473.15	1	22	0.9366	2	20	1.4775	1	solid	1
8773	C6H13NO	2-piperidinemethanol	3433-37-2	115.176	342.15	1	467.43	2	22	0.9366	2	---	---	---	solid	1
8774	C6H13NO	3-piperidinemethanol	4606-65-9	115.176	334.15	1	467.43	2	20	1.0263	1	20	1.4964	1	solid	1
8775	C6H13NO	N-propylpropanamide	3217-86-5	115.176	427.15	1	488.15	1	25	0.8985	1	---	---	---	solid	1
8776	C6H13NO	1-pyrrolidineethanol	2955-88-6	115.176	---	---	460.15	1	20	0.9750	1	20	1.4713	1	---	---
8777	C6H13NO	trans-4-aminocyclohexanol	27489-62-9	115.176	383.65	1	467.43	2	22	0.9366	2	---	---	---	solid	1
8778	C6H13NO	1-amino-1-cyclopentanemethanol	10316-79-7	115.176	293.15	1	467.43	2	22	0.9366	2	---	---	---	liquid	2
8779	C6H13NO	N,N-dimethylisobutyramide	21678-37-5	115.176	---	---	448.65	1	25	0.8910	1	---	1.4400	1	---	---
8780	C6H13NO	1-ethyl-3-pyrrolidinol	30727-14-1	115.176	---	---	467.43	2	25	0.9670	1	---	1.4670	1	---	---
8781	C6H13NO	(S)-(+)-2-(methoxymethyl)pyrrolidine	63126-47-6	115.176	---	---	467.43	2	25	0.9330	1	---	1.4460	1	---	---
8782	C6H13NO	4-methyl-2-pentanone oxime	105-44-2	115.176	---	---	467.43	2	25	0.8800	1	---	1.4440	1	---	---
8783	C6H13NO	N-methyl-l-prolinol	34381-71-0	115.176	---	---	467.43	2	25	0.9680	1	---	1.4690	1	---	---
8784	C6H13NO	2,2,N-trimethylpropanamide	6830-83-7	115.176	361.65	1	467.43	2	22	0.9366	2	---	---	---	solid	1
8785	C6H13NO	N-hydroxycyclohexylamine	2211-64-5	115.176	413.65	1	467.43	2	22	0.9366	2	---	---	---	solid	1
8786	C6H13NO	vinyl-2-(N,N-dimethylamino)ethyl ether	3622-76-2	115.176	---	---	467.43	2	22	0.9366	2	---	---	---	---	---
8787	C6H13NOS	O-ethyl propylthiocarbamate	55365-87-2	147.242	---	---	383.65	2	25	1.0167	2	---	---	---	---	---
8788	C6H13NOS	4-mercaptoethylmorpholine	4542-46-5	147.242	---	---	383.65	1	25	1.0167	2	---	---	---	---	---
8789	C6H13NOSi	3-cyanopropyldimethylmethoxysilane	143203-47-8	143.261	---	---	---	---	---	---	---	---	1.4270	1	---	---
8790	C6H13NO2	1-nitrohexane	646-14-0	131.175	300.49	2	466.65	1	20	0.9396	1	20	1.4270	1	solid	2
8791	C6H13NO2	2-nitrohexane	14255-44-8	131.175	285.49	2	449.15	1	25	0.9200	1	25	1.4168	1	liquid	1
8792	C6H13NO2	3-nitrohexane	7286-40-0	131.175	285.49	2	449.15	1	25	0.9320	1	25	1.4152	1	liquid	1
8793	C6H13NO2	1-nitro-2-methylpentane	---	131.175	285.49	2	446.00	2	24	1.0011	2	25	1.4200	2	liquid	2
8794	C6H13NO2	1-nitro-3-methylpentane	---	131.175	285.49	2	446.00	2	24	1.0011	2	25	1.4200	2	liquid	2
8795	C6H13NO2	1-nitro-4-methyl pentane	---	131.175	285.49	2	446.00	2	24	1.0011	2	25	1.4200	2	liquid	2
8796	C6H13NO2	2-nitro-2-methylpentane	---	131.175	302.91	2	446.00	2	24	1.0011	2	---	---	---	solid	2
8797	C6H13NO2	2-nitro-3-methylpentane	42202-42-6	131.175	270.49	2	443.15	1	24	1.0011	2	25	1.4300	1	liquid	1
8798	C6H13NO2	2-nitro-4-methylpentane	---	131.175	270.49	2	443.00	2	24	1.0011	2	25	1.4300	2	liquid	2
8799	C6H13NO2	3-nitro-2-methylpentane	---	131.175	270.49	2	443.00	2	24	1.0011	2	25	1.4300	2	liquid	2
8800	C6H13NO2	3-nitro-3-methylpentane	---	131.175	302.91	2	443.00	2	24	1.0011	2	---	---	---	solid	2

				Mol Wt	Freezing Point		Boiling Point		Density			Refractive Index			State	
NO	FORMULA	NAME	CAS No	g/mol	T_F, K	code	T_B, K	code	T, C	g/cm3	code	T, C	n_D	code	@25C,1 atm	code
8801	C6H13NO2	1-nitro-2,2-dimethylbutane	2625-29-8	131.175	302.91	2	442.15	1	24	1.0011	2	---	---	---	solid	2
8802	C6H13NO2	1-nitro-2,3-dimethylbutane	66553-34-2	131.175	270.49	2	449.15	1	25	0.9560	1	25	1.4310	1	liquid	1
8803	C6H13NO2	1-nitro-3,3-dimethylbutane	---	131.175	302.91	2	445.00	2	24	1.0011	2	---	---	---	solid	2
8804	C6H13NO2	2-nitro-2,3-dimethylbutane	34075-28-0	131.175	280.15	1	442.15	1	24	1.0011	2	25	1.4310	2	liquid	1
8805	C6H13NO2	2-nitro-3,3-dimethylbutane	599-02-0	131.175	313.15	1	436.15	1	24	1.0011	2	---	---	---	solid	1
8806	C6H13NO2	1-nitro-2-ethylbutane	---	131.175	285.49	2	445.00	2	24	1.0011	2	25	1.4310	2	liquid	2
8807	C6H13NO2	6-aminohexanoic acid	60-32-2	131.175	478.15	1	---	---	24	1.0011	2	---	---	---	solid	1
8808	C6H13NO2	5-(aminomethyl)tetrahydro-2-furanmethanc	589-14-0	131.175	<213	1	446.58	2	25	1.1021	1	25	1.4870	1	liquid	2
8809	C6H13NO2	ethyl isopropylcarbamate	2594-20-9	131.175	311.65	2	447.15	1	20	0.9540	1	20	1.4229	1	solid	2
8810	C6H13NO2	ethyl N-propylcarbamate	623-85-8	131.175	311.65	2	465.15	1	15	0.9921	1	---	---	---	solid	2
8811	C6H13NO2	hexyl nitrite	638-51-7	131.175	---	---	402.15	1	20	0.8778	1	20	1.3987	1	---	---
8812	C6H13NO2	DL-isoleucine	443-79-8	131.175	565.15	dec	---	---	24	1.0011	2	---	---	---	solid	1
8813	C6H13NO2	L-isoleucine	73-32-5	131.175	557.15	dec	---	---	24	1.0011	2	---	---	---	solid	1
8814	C6H13NO2	isopentyl carbamate	543-86-2	131.175	332.15	1	493.15	1	71	0.9438	1	20	1.4175	1	solid	1
8815	C6H13NO2	DL-leucine	328-39-2	131.175	566.15	1	---	---	18	1.2930	1	---	---	---	solid	1
8816	C6H13NO2	D-leucine	328-38-1	131.175	566.15	1	---	---	24	1.0011	2	---	---	---	solid	1
8817	C6H13NO2	L-leucine	61-90-5	131.175	566.15	1	---	---	18	1.2930	1	---	---	---	solid	1
8818	C6H13NO2	N-methyl-beta-alanine, ethyl ester	2213-08-3	131.175	---	---	446.58	2	20	1.0070	1	20	1.4443	1	---	---
8819	C6H13NO2	methyl butylcarbamate	2594-21-0	131.175	255.15	1	446.58	2	23	0.9689	1	23	1.4289	1	liquid	2
8820	C6H13NO2	methyl sec-butylcarbamate	39076-02-3	131.175	311.65	2	446.58	2	25	0.9651	1	25	1.4263	1	solid	2
8821	C6H13NO2	methyl tert-butylcarbamate	27701-01-5	131.175	300.15	1	446.58	2	15	0.9660	1	---	---	---	solid	1
8822	C6H13NO2	4-morpholineethanol	622-40-2	131.175	272.35	1	500.15	1	20	1.0710	1	20	1.4763	1	liquid	1
8823	C6H13NO2	DL-norleucine	616-06-8	131.175	600.15	dec	---	---	25	1.1720	1	---	---	---	solid	1
8824	C6H13NO2	L-norleucine	327-57-1	131.175	574.15	dec	---	---	24	1.0011	2	---	---	---	solid	1
8825	C6H13NO2	tert-pentyl carbamate	590-60-3	131.175	359.15	1	446.58	2	24	1.0011	2	---	---	---	solid	1
8826	C6H13NO2	D-alloisoleucine	1509-35-9	131.175	558.15	1	---	---	24	1.0011	2	---	---	---	solid	1
8827	C6H13NO2	3-amino-4-methylpentanoic acid	5699-54-7	131.175	480.65	1	---	---	24	1.0011	2	---	---	---	solid	1
8828	C6H13NO2	dimethylaminoethanol acetate	1421-89-2	131.175	---	---	426.15	1	25	0.9200	1	---	---	---	---	---
8829	C6H13NO2	2,2-dimethyl-1,3-dioxolane-4-methanamine	22195-47-7	131.175	---	---	446.58	2	25	1.0120	1	---	1.4380	1	---	---
8830	C6H13NO2	N,N-dimethylglycine ethyl ester	33229-89-9	131.175	---	---	423.65	1	25	0.9280	1	---	1.4130	1	---	---
8831	C6H13NO2	ethyl 3-aminobutyrate	5303-65-1	131.175	---	---	446.58	2	25	0.8940	1	---	1.4240	1	---	---
8832	C6H13NO2	D-isoleucine	319-78-8	131.175	546.15	1	---	---	24	1.0011	2	---	---	---	solid	1
8833	C6H13NO2	methyl 3-(dimethylamino)propionate	3853-06-3	131.175	---	---	426.15	1	25	0.9170	1	---	1.4180	1	---	---
8834	C6H13NO2	D(-)-norleucine	327-56-0	131.175	>573.15	1	---	---	24	1.0011	2	---	---	---	solid	1
8835	C6H13NO2	DL-tert-butylglycine	33105-81-6	131.175	>573.15	1	446.58	2	24	1.0011	2	---	---	---	solid	1
8836	C6H13NO2	L-tert-leucine	20859-02-3	131.175	>573.15	1	---	---	24	1.0011	2	---	---	---	solid	1
8837	C6H13NO2	methylpropylcarbinol carbamate	541-95-7	131.175	---	---	446.58	2	24	1.0011	2	---	---	---	---	---
8838	C6H13NO2S	ethionine	13073-35-3	163.241	546.15	dec	---	---	25	1.0851	2	---	---	---	solid	1
8839	C6H13NO2S	D-ethionine	535-32-0	163.241	551.15	1	---	---	25	1.0851	2	---	---	---	solid	1
8840	C6H13NO2S	DL-ethionine	67-21-0	163.241	544.15	1	---	---	25	1.0851	2	---	---	---	solid	1
8841	C6H13NO3	(2S,3R)-(+)-2-amino-3-hydroxy-4-methylpe	10148-71-7	147.174	499.15	1	---	---	25	1.0476	2	---	---	---	solid	1
8842	C6H13NO3	(2R,3S)-(-)-2-amino-3-hydroxy-4-methylpe	87421-23-6	147.174	480.15	1	---	---	25	1.0476	2	---	---	---	solid	1
8843	C6H13NO3	2,2-diethoxyacetamide	61189-99-9	147.174	351.65	1	444.15	2	25	1.0476	2	---	---	---	solid	1
8844	C6H13NO3	1-hexyl nitrate	20633-11-8	147.174	273.15	1	444.15	1	25	1.0476	2	---	---	---	liquid	1
8845	C6H13NO3	DL-2-isopropylserine	7522-43-2	147.174	535.15	1	---	---	25	1.0476	2	---	---	---	solid	1
8846	C6H13NO3	(2-isopropoxyethyl)carbamate	67952-46-9	147.174	---	---	444.15	2	25	1.0476	2	---	---	---	---	---
8847	C6H13NO3PS2	acethion amide	2047-14-5	242.280	---	---	---	---	---	---	---	---	---	---	---	---
8848	C6H13NO3S	cyclohexylsulfamic acid	100-88-9	179.240	442.65	1	---	---	25	1.1486	2	---	---	---	solid	1
8849	C6H13NO3Si	2,8,9-trioxa-5-aza-1-silabicyclo(3.3.3)unde	283-60-3	175.259	527.15	1	---	---	---	---	---	---	---	---	solid	1
8850	C6H13NO4	N,N-bis(2-hydroxyethyl)glycine	150-25-4	163.174	467.15	dec	---	---	25	1.1168	2	---	---	---	solid	1
8851	C6H13NO4S	2-morpholinoethanesulfonic acid	4432-31-9	195.240	---	---	375.15	1	25	1.2077	2	---	---	---	---	---
8852	C6H13NO5	2-amino-2-deoxy-D-glucose	3416-24-8	179.173	---	---	---	---	25	1.1810	2	---	---	---	---	---
8853	C6H13NO5	tricine	5704-04-1	179.173	456.15	1	---	---	25	1.1810	2	---	---	---	solid	1
8854	C6H13NO5	N,N-dimethylol-2-methoxyethyl carbamate	10143-22-3	179.173	---	---	---	---	25	1.1810	2	---	---	---	---	---
8855	C6H13NO7	1-deoxy-1-nitro-D-galactitol	20971-06-6	211.172	415.15	1	---	---	25	1.2959	2	---	---	---	solid	1
8856	C6H13NO7	1-deoxy-1-nitro-L-galactitol	94481-72-8	211.172	415.15	1	---	---	25	1.2959	2	---	---	---	solid	1
8857	C6H13NO7	1-deoxy-1-nitro-D-mannitol	14199-83-8	211.172	406.15	1	---	---	25	1.2959	2	---	---	---	solid	1
8858	C6H13NO7	1-deoxy-1-nitro-L-mannitol	6027-42-5	211.172	406.15	1	---	---	25	1.2959	2	---	---	---	solid	1
8859	C6H13NS2	dihydro-2,4,6-trimethyl-4H-1,3,5-dithiazine	638-17-5	163.308	319.15	1	---	---	50	1.0613	1	---	---	---	solid	1
8860	C6H13N3	(3-methyl-2-butenyl)guanidine	543-83-9	127.190	335.65	1	---	---	25	0.9626	2	---	---	---	solid	1
8861	C6H13N3O	1-nitroso-3,5-dimethylpiperazine	67774-31-6	143.190	---	---	---	---	25	1.0395	2	---	---	---	---	---
8862	C6H13N3O2	1,1-diethyl-3-methyl-3-nitrosourea	50285-72-8	159.189	---	---	399.15	2	25	1.1104	2	---	---	---	---	---
8863	C6H13N3O2	N-nitrosomethylpentylnitrosamine	---	159.189	---	---	405.15	1	25	1.1104	2	---	---	---	---	---
8864	C6H13N3O2	n-pentylnitrosourea	10589-74-9	159.189	---	---	393.15	1	25	1.1104	2	---	---	---	---	---
8865	C6H13N3O3	citrulline	372-75-8	175.188	495.15	1	---	---	25	1.1759	2	---	---	---	solid	1
8866	C6H13N3O5	2-(butylnitroamino)ethanol nitrate (ester)	82486-82-6	207.187	---	---	320.15	1	25	1.2932	2	---	---	---	---	---
8867	C6H13N5O2	N-butyl-N-2-azidoethylnitramine	84928-98-3	187.203	---	---	---	---	25	1.2327	2	---	---	---	---	---
8868	C6H13N5O3	1-nitroso-3-nitro-1-pentylguanidine	13010-10-1	203.202	---	---	---	---	25	1.2904	2	---	---	---	---	---
8869	C6H13N5O4	nitro-L-arginine	2149-70-4	219.202	530.15	1	---	---	25	1.3440	2	---	---	---	solid	1
8870	C6H13NaO2Si	3-(trimethylsilyl)propionic acid, sodium salt	37013-20-0	168.243	>573.15	1	---	---	---	---	---	---	---	---	solid	1
8871	C6H13O3P	diethyl vinylphosphonate	682-30-4	164.141	---	---	---	---	25	1.0680	1	20	1.4290	1	---	---
8872	C6H13O4P	diethyl acetylphosphonate	919-19-7	180.141	---	---	---	---	20	1.1005	1	26	1.4200	1	---	---
8873	C6H13O5P	diethylphosphonoacetic acid	3095-95-2	196.140	---	---	---	---	25	1.2200	1	---	1.4450	1	---	---
8874	C6H13O5P	dimethyl 2-acetoxyethylphosphonate	39118-50-8	196.140	---	---	---	---	25	1.2100	1	---	1.4360	1	---	---
8875	C6H13O5P	methyl (diethoxyphosphinyl)acetate	4526-20-9	196.140	---	---	---	---	25	1.2150	2	---	---	---	---	---
8876	C6H13O5PS	O,O-dimethyl-S-carboethoxymethyl thiophc	2088-72-4	228.206	---	---	---	---	---	---	---	---	---	---	---	---
8877	C6H14	hexane	110-54-3	86.177	177.83	1	341.88	1	25	0.6560	1	25	1.3723	1	liquid	1
8878	C6H14	2,2-dimethylbutane	75-83-2	86.177	174.28	1	322.88	1	25	0.6440	1	25	1.3659	1	liquid	1
8879	C6H14	2,3-dimethylbutane	79-29-8	86.177	145.19	1	331.13	1	25	0.6580	1	25	1.3728	1	liquid	1
8880	C6H14	2-methylpentane	107-83-5	86.177	119.55	1	333.41	1	25	0.6480	1	25	1.3687	1	liquid	1

Table 1 Physical Properties - Organic Compounds

				Mol Wt	Freezing Point		Boiling Point		Density			Refractive Index			State	
NO	FORMULA	NAME	CAS No	g/mol	T_F, K	code	T_B, K	code	T, C	g/cm3	code	T, C	n_D	code	@25C,1 atm	code
8881	C6H14	3-methylpentane	96-14-0	86.177	110.25	1	336.42	1	25	0.6600	1	25	1.3739	1	liquid	1
8882	C6H14AgNO6	silver ammonium lactate	102492-24-0	304.047	---	---	---	---	---	---	---	---	---	---	---	---
8883	C6H14BCl	chlorodipropylborane	22086-53-9	132.441	148.15	1	---	---	---	---	---	---	---	---	---	---
8884	C6H14BaO2	barium isopropoxide	24363-37-9	255.503	473.15	1	355.15	1	---	---	---	---	---	---	solid	1
8885	C6H14Be	diisopropylberyllium	15721-33-2	95.189	---	---	228.65	1	---	---	---	---	---	---	gas	1
8886	C6H14BrNO2S	D-methionine methylsulfonium bromide	---	244.153	423.15	1	---	---	25	1.3969	2	---	---	---	solid	1
8887	C6H14BrNO2S	DL-methionine methylsulfonium bromide	2766-51-0	244.153	418.15	1	---	---	25	1.3969	2	---	---	---	solid	1
8888	C6H14BrNO2S	L-methionine methylsulfonium bromide	33515-32-1	244.153	---	---	---	---	25	1.3969	2	---	---	---	---	---
8889	C6H14BrO3P	diethyl 2-bromoethylphosphonate	5324-30-1	245.053	---	---	348.15	1	25	1.3090	1	---	1.4600	1	---	---
8890	C6H14ClHgO3P	chloro(diisopropoxyphosphinyl)mercury	63869-02-3	401.192	---	---	---	---	---	---	---	---	---	---	---	---
8891	C6H14ClN	cyclohexylamine hydrochloride	4998-76-9	135.637	480.15	1	579.15	1	25	0.9333	2	---	---	---	solid	1
8892	C6H14ClN	N-(2-chloro ethyl)diethylamine	100-35-6	135.637	---	---	478.15	1	25	0.9333	2	---	---	---	---	---
8893	C6H14ClNO3	(1S,2R,3S,4S)-2,3-dihydroxy-4-(hydroxyme	220497-88-1	183.635	398.55	1	---	---	25	1.1323	2	---	---	---	solid	1
8894	C6H14ClNO3	(1R,2S,3R,4R)-2,3-dihydroxy-4-(hydroxym	79200-57-0	183.635	---	---	---	---	25	1.1323	2	---	---	---	---	---
8895	C6H14ClNO5	d-galactosamine hydrochloride	1772-03-8	215.634	456.65	dec	---	---	25	1.2434	2	---	---	---	solid	1
8896	C6H14ClO3P	diethyl (2-chloroethyl)phosphonate	10419-79-1	200.602	---	---	---	---	25	1.1550	1	---	1.4410	1	---	---
8897	C6H14ClP	chlorodiisopropylphosphine	40244-90-4	152.604	---	---	---	---	25	0.9590	1	---	1.4750	1	---	---
8898	C6H14Cl2N2Pt	trans(+)-DDCP	---	380.174	---	---	---	---	---	---	---	---	---	---	---	---
8899	C6H14Cl2N2Pt	trans(-)-DDCP	61848-66-6	380.174	---	---	---	---	---	---	---	---	---	---	---	---
8900	C6H14Cl2Sn	dichlorodipropylstannane	867-36-7	275.792	355.90	1	---	---	---	---	---	---	---	---	solid	1
8901	C6H14Cl2Sn	diisopropyltin dichloride	38802-82-3	275.792	357.15	1	---	---	---	---	---	---	---	---	solid	1
8902	C6H14Cl4OSi2	1,3-bis(dichloromethyl)tetramethyldisiloxan	2943-70-6	300.157	---	---	---	---	20	1.2213	1	20	1.4660	1	---	---
8903	C6H14FO3P	isoflurophate	55-91-4	184.148	---	---	---	---	25	1.0550	1	25	1.3830	1	---	---
8904	C6H14Hg	diisopropylmercury	1071-39-2	286.767	---	---	463.15	2	25	2.0000	1	---	1.5320	1	---	---
8905	C6H14Hg	dipropylmercury	628-85-3	286.767	---	---	463.15	1	---	---	---	---	1.5170	1	---	---
8906	C6H14Hg2O5Si	methoxyethyl mercuric silicate	19367-79-4	595.439	---	---	---	---	---	---	---	---	---	---	---	---
8907	C6H14INO2S	L-methionine methylsulfonium iodide	34236-06-1	291.153	---	---	---	---	25	1.5868	2	---	---	---	---	---
8908	C6H14NO3P	(1-amino-1-cyclohexyl)phosphonic acid	67398-11-2	179.156	528.65	1	---	---	---	---	---	---	---	---	solid	1
8909	C6H14NO3PS2	dimethoate-ethyl	116-01-8	243.288	---	---	---	---	---	---	---	---	---	---	---	---
8910	C6H14NO3PS2	O,O-dimethyl-S-(2-(acetylamino)ethyl) dith	13265-60-6	243.288	---	---	---	---	---	---	---	---	---	---	---	---
8911	C6H14NO4P	dimethylmorpholinophosphonate	597-25-1	195.156	---	---	315.45	1	---	---	---	---	---	---	---	---
8912	C6H14NO4PS2	formocarbam	37032-15-8	259.288	---	---	461.35	1	---	---	---	---	---	---	---	---
8913	C6H14NO5P	N-methylol dimethylphosphonopropionami	20120-33-6	211.155	---	---	483.65	1	---	---	---	---	---	---	---	---
8914	C6H14N2	azopropane	821-67-0	114.191	---	---	387.15	1	23	0.9140	2	---	---	---	---	---
8915	C6H14N2	cis-1,2-cyclohexanediamine	1436-59-5	114.191	---	---	431.22	2	23	0.9140	2	---	---	---	---	---
8916	C6H14N2	trans-1,2-cyclohexanediamine	1121-22-8	114.191	---	---	431.22	2	23	0.9140	2	---	---	---	---	---
8917	C6H14N2	1,4-dimethylpiperazine	106-58-1	114.191	272.56	1	404.15	1	20	0.8600	1	20	1.4474	1	liquid	1
8918	C6H14N2	cis-2,5-dimethylpiperazine	6284-84-0	114.191	387.15	1	435.15	1	23	0.9140	2	20	1.4720	1	solid	1
8919	C6H14N2	trans-2,5-dimethylpiperazine	2815-34-1	114.191	391.65	1	435.15	1	23	0.9140	2	---	---	---	solid	1
8920	C6H14N2	cis-2,6-dimethylpiperazine	21655-48-1	114.191	387.15	1	433.15	1	23	0.9140	2	---	---	---	solid	1
8921	C6H14N2	hexahydro-1-methyl-1H-1,4-diazepine	4318-37-0	114.191	---	---	427.15	1	20	0.9111	1	20	1.4769	1	---	---
8922	C6H14N2	4-piperidinemethanamine	7144-05-0	114.191	298.15	1	473.15	1	23	0.9140	2	20	1.4900	1	---	---
8923	C6H14N2	1-pyrrolidineethanamine	7154-73-6	114.191	---	---	439.15	1	25	0.9010	1	20	1.4687	1	---	---
8924	C6H14N2	1-aminohomopiperidine	5906-35-4	114.191	---	---	438.15	1	25	0.9840	1	---	1.4850	1	---	---
8925	C6H14N2	(1R,2R)-(-)-1,2-diaminocyclohexane	20439-47-8	114.191	312.15	1	431.22	2	23	0.9140	2	---	---	---	solid	1
8926	C6H14N2	(1S,2S)-(+)-1,2-diaminocyclohexane	21436-03-3	114.191	315.15	1	431.22	2	23	0.9140	2	---	---	---	solid	1
8927	C6H14N2	1,2-diaminocyclohexane	694-83-7	114.191	---	---	431.22	2	25	0.9310	1	---	1.4900	1	---	---
8928	C6H14N2	2,5-dimethylpiperazine	106-55-8	114.191	389.15	1	436.95	1	23	0.9140	2	---	---	---	solid	1
8929	C6H14N2	2,6-dimethylpiperazine	108-49-6	114.191	381.65	1	435.15	1	23	0.9140	2	---	---	---	solid	1
8930	C6H14N2	1-ethylpiperazine	5308-25-8	114.191	213.25	1	430.15	1	25	0.8970	1	---	1.4690	1	liquid	1
8931	C6H14N2	1,3-diaminocyclohexane	3385-21-5	114.191	---	---	431.22	2	23	0.9140	2	---	---	---	---	---
8932	C6H14N2O	N-isopropyl-N-nitroso-2-propanamine	601-77-4	130.191	321.15	1	467.65	1	20	0.9422	1	---	---	---	solid	1
8933	C6H14N2O	4-morpholineethanamine	2038-03-1	130.191	298.75	1	478.15	1	20	0.9897	1	20	1.4715	1	solid	1
8934	C6H14N2O	N-nitroso-N-propyl-1-propanamine	621-64-7	130.191	---	---	479.15	1	20	0.9163	1	20	1.4437	1	---	---
8935	C6H14N2O	1-piperazineethanol	103-76-4	130.191	---	---	519.15	1	25	1.0610	1	20	1.5065	1	---	---
8936	C6H14N2O	(S)-(-)-1-amino-2-(methoxymethyl)pyrrolidi	59983-39-0	130.191	---	---	497.45	2	25	0.9700	1	---	1.4640	1	---	---
8937	C6H14N2O	(R)-1-amino-2-(methoxymethyl)pyrrolidine	72748-99-3	130.191	---	---	497.45	2	25	0.9700	1	---	1.4650	1	---	---
8938	C6H14N2O	diazene, dipropyl-, 1-oxide	17697-55-1	130.191	---	---	497.45	2	23	0.9749	2	---	---	---	---	---
8939	C6H14N2O	n-amyl-N-methylnitrosamine	13256-07-0	130.191	---	---	497.45	2	23	0.9749	2	---	---	---	---	---
8940	C6H14N2O	2-azoxypropane	17697-53-9	130.191	---	---	543.15	1	23	0.9749	2	---	---	---	---	---
8941	C6H14N2O	ethyl-N-butylnitrosamine	4549-44-4	130.191	---	---	497.45	2	23	0.9749	2	---	---	---	---	---
8942	C6H14N2O	N-nitrosoethyl-tert-butylamine	3398-69-4	130.191	---	---	497.45	2	23	0.9749	2	---	---	---	---	---
8943	C6H14N2O	nitrosomethylneopentylamine	31820-22-1	130.191	---	---	497.45	2	23	0.9749	2	---	---	---	---	---
8944	C6H14N2O2	lysine	56-87-1	146.190	498.00	1	615.00	1	25	1.0179	2	---	---	---	solid	1
8945	C6H14N2O2	DL-lysine	70-54-2	146.190	497.15	1	615.00	2	25	1.0179	2	---	---	---	solid	1
8946	C6H14N2O2	(butoxymethyl)nitrosomethylamine	57629-90-0	146.190	---	---	615.00	2	25	1.0179	2	---	---	---	---	---
8947	C6H14N2O2	butyl(2-hydroxyethyl)nitrosoamine	51938-14-8	146.190	---	---	615.00	2	25	1.0179	2	---	---	---	---	---
8948	C6H14N2O2	butyl methoxymethylnitrosamine	---	146.190	---	---	615.00	2	25	1.0179	2	---	---	---	---	---
8949	C6H14N2O2	sec-butyl methoxymethylnitrosamine	---	146.190	---	---	615.00	2	25	1.0179	2	---	---	---	---	---
8950	C6H14N2O2	diisopropyl hyponitrite	86886-16-0	146.190	---	---	615.00	2	25	1.0179	2	---	---	---	---	---
8951	C6H14N2O2	N-ethyl-N-(4-hydroxybutyl)nitrosoamine	54897-62-0	146.190	---	---	615.00	2	25	1.0179	2	---	---	---	---	---
8952	C6H14N2O2	1-(nitrosopropylamino)-2-propanol	39603-53-7	146.190	---	---	615.00	2	25	1.0179	2	---	---	---	---	---
8953	C6H14N2O3	5-hydroxylysine	504-91-6	162.189	---	---	---	---	25	1.0868	2	---	---	---	---	---
8954	C6H14N2O3	bis(2-methoxyethyl)nitrosoamine	67856-65-9	162.189	---	---	---	---	25	1.0868	2	---	---	---	---	---
8955	C6H14N2O3	di(2-hydroxy-n-propyl)amine	53609-64-6	162.189	---	---	---	---	25	1.0868	2	---	---	---	---	---
8956	C6H14N2O3	N-(2-hydroxyethyl)-N-(4-hydroxybutyl)nitro	62018-89-7	162.189	---	---	---	---	25	1.0868	2	---	---	---	---	---
8957	C6H14N2O4	NTPA	89911-79-5	178.189	---	---	---	---	25	1.1507	2	---	---	---	---	---
8958	C6H14N2O7	ammonium hydrogen citrate	3012-65-5	226.187	---	---	---	---	25	1.4800	1	---	---	---	---	---
8959	C6H14N2S2	N,N-dimethyldithiocarbamic acid dimethyla	51-82-1	178.323	---	---	---	---	25	1.0905	2	---	---	---	---	---
8960	C6H14N3OP	P,P-bis(1-aziridinyl)-N-ethylphosphinic ami	302-48-7	175.172	332.15	1	---	---	---	---	---	---	---	---	solid	1

Table 1 Physical Properties - Organic Compounds

				Mol Wt	Freezing Point		Boiling Point		Density			Refractive Index			State	
NO	FORMULA	NAME	CAS No	g/mol	T_F, K	code	T_B, K	code	T, C	g/cm3	code	T, C	n_D	code	@25C,1 atm	code
8961	C6H14N3OP	dimethylamino-bis(1-aziridinyl)phosphine c	1195-69-3	175.172	---	---	283.95	1	---	---	---	---	---	---	gas	1
8962	C6H14N4O2	D-arginine	7200-25-1	174.204	490.15	dec	---	---	25	1.1452	2	---	---	---	solid	1
8963	C6H14N4O2	L-arginine	74-79-3	174.204	517.15	dec	---	---	25	1.1452	2	---	---	---	solid	1
8964	C6H14N4O2	adipic dihydrazide	1071-93-8	174.204	453.15	1	---	---	25	1.1452	2	---	---	---	solid	1
8965	C6H14N4O2	D(-)-arginine	157-06-2	174.204	495.65	1	---	---	25	1.1452	2	---	---	---	solid	1
8966	C6H14N4O2	N,N'-diethyl-N,N'-dinitrosoethylenediamine	7346-14-7	174.204	---	---	374.55	2	25	1.1452	2	---	---	---	---	---
8967	C6H14N4O2	2,5-dimethyldinitrosopiperazine	55556-88-2	174.204	---	---	355.65	1	25	1.1452	2	---	---	---	---	---
8968	C6H14N4O2	2,6-dimethyldinitrosopiperazine	55380-34-2	174.204	---	---	370.34	1	25	1.1452	2	---	---	---	---	---
8969	C6H14N4O2	isobutylidenediurea	6104-30-9	174.204	---	---	397.65	1	25	1.1452	2	---	---	---	---	---
8970	C6H14O	1-hexanol	111-27-3	102.177	228.55	1	430.55	1	25	0.8160	1	25	1.4161	1	liquid	1
8971	C6H14O	2-hexanol	626-93-7	102.177	223.00	1	413.04	1	25	0.8100	1	25	1.4128	1	liquid	1
8972	C6H14O	3-hexanol	623-37-0	102.177	202.70	2	408.55	1	25	0.8144	1	25	1.4140	1	liquid	1
8973	C6H14O	2-methyl-1-pentanol	105-30-6	102.177	202.70	2	421.15	1	25	0.8270	1	25	1.4172	1	liquid	1
8974	C6H14O	3-methyl-1-pentanol	589-35-5	102.177	208.00	2	425.55	1	25	0.8200	1	25	1.4175	1	liquid	1
8975	C6H14O	4-methyl-1-pentanol	626-89-1	102.177	202.70	2	424.95	1	25	0.8095	1	25	1.4135	1	liquid	1
8976	C6H14O	4-methyl-2-pentanol	108-11-2	102.177	183.15	1	404.85	1	25	0.8050	1	25	1.4090	1	liquid	1
8977	C6H14O	2-methyl-2-pentanol	590-36-3	102.177	171.15	1	394.56	1	25	0.8095	1	25	1.4089	1	liquid	1
8978	C6H14O	3-methyl-2-pentanol	565-60-6	102.177	187.70	2	407.36	1	25	0.8248	1	25	1.4179	1	liquid	1
8979	C6H14O	2-methyl-3-pentanol	565-67-3	102.177	187.70	2	399.66	1	25	0.8197	1	25	1.4148	1	liquid	1
8980	C6H14O	3-methyl-3-pentanol	77-74-7	102.177	249.55	1	394.06	1	25	0.8238	1	25	1.4163	1	liquid	1
8981	C6H14O	2-ethyl-1-butanol	97-95-0	102.177	158.75	1	419.65	1	25	0.8290	1	25	1.4205	1	liquid	1
8982	C6H14O	2,2-dimethyl-1-butanol	1185-33-7	102.177	220.12	2	409.95	1	25	0.8246	1	25	1.4188	1	liquid	1
8983	C6H14O	2,3-dimethyl-1-butanol	19550-30-2	102.177	187.70	2	422.15	1	25	0.8255	1	25	1.4185	1	liquid	1
8984	C6H14O	2,3-dimethyl-1-butanol, (±)-	20281-85-0	102.177	213.40	2	417.65	1	20	0.8297	1	20	1.4195	1	liquid	1
8985	C6H14O	3,3-dimethyl-1-butanol	624-95-3	102.177	213.15	1	416.15	1	25	0.8097	1	25	1.4118	1	liquid	1
8986	C6H14O	2,3-dimethyl-2-butanol	594-60-5	102.177	262.75	1	391.75	1	25	0.8182	1	25	1.4150	1	liquid	1
8987	C6H14O	3,3-dimethyl-2-butanol	464-07-3	102.177	278.45	1	393.15	1	25	0.8139	1	25	1.4132	1	liquid	1
8988	C6H14O	3,3-dimethyl-2-butanol, (±)	20281-91-8	102.177	278.75	1	393.55	1	25	0.8122	1	20	1.4148	1	liquid	1
8989	C6H14O	(RS)-2-hexanol	20281-86-1	102.177	213.40	2	413.15	1	20	0.8159	1	20	1.4144	1	liquid	1
8990	C6H14O	2-hexanol, (R)	26549-24-6	102.177	213.40	2	410.15	1	18	0.8178	1	---	---	---	liquid	1
8991	C6H14O	3-hexanol, (R)	13471-42-6	102.177	213.40	2	408.15	1	20	0.8213	1	20	1.4140	1	liquid	1
8992	C6H14O	3-methyl-1-pentanol, (±)	20281-83-8	102.177	213.40	2	426.15	1	20	0.8242	1	23	1.4112	1	liquid	1
8993	C6H14O	dipropyl ether	111-43-3	102.177	149.95	1	363.23	1	25	0.7410	1	25	1.3780	1	liquid	1
8994	C6H14O	propyl isopropyl ether	627-08-7	102.177	164.11	2	353.15	1	25	0.7320	1	25	1.3730	1	liquid	1
8995	C6H14O	diisopropyl ether	108-20-3	102.177	187.65	1	341.45	1	25	0.7210	1	25	1.3655	1	liquid	1
8996	C6H14O	methyl pentyl ether	628-80-8	102.177	176.00	2	372.00	1	25	0.7558	1	25	1.3850	1	liquid	1
8997	C6H14O	methyl 1-methylbutyl ether	6795-88-6	102.177	164.11	2	364.15	1	25	0.7500	1	25	1.3810	1	liquid	1
8998	C6H14O	methyl 2-methylbutyl ether	62016-48-2	102.177	164.11	2	363.15	1	25	0.7460	1	25	1.3820	1	liquid	1
8999	C6H14O	methyl 3-methylbutyl ether	626-91-5	102.177	164.11	2	363.15	1	25	0.7470	1	25	1.3800	1	liquid	1
9000	C6H14O	methyl 1-ethylpropyl ether	36839-67-5	102.177	164.11	2	361.15	1	25	0.7490	1	25	1.3790	1	liquid	1
9001	C6H14O	methyl 1,2-dimethylpropyl ether	62016-49-3	102.177	149.11	2	356.15	1	25	0.7541	1	25	1.3812	1	liquid	1
9002	C6H14O	methyl tert-pentyl ether	994-05-8	102.177	149.11	2	359.45	1	25	0.7660	1	25	1.3859	1	liquid	1
9003	C6H14O	methyl 2,2-dimethylpropyl ether	1118-00-9	102.177	181.53	2	356.15	1	25	0.7540	1	25	1.3810	1	liquid	1
9004	C6H14O	ethyl butyl ether	628-81-9	102.177	170.15	1	365.35	1	25	0.7450	1	25	1.3793	1	liquid	1
9005	C6H14O	ethyl isobutyl ether	627-02-1	102.177	164.11	2	354.25	1	25	0.7323	1	25	1.3735	1	liquid	1
9006	C6H14O	ethyl sec-butyl ether	2679-87-0	102.177	164.11	2	354.35	1	25	0.7377	1	25	1.3753	1	liquid	1
9007	C6H14O	ethyl tert-butyl ether	637-92-3	102.177	179.15	1	345.95	1	25	0.7348	1	25	1.3729	1	liquid	1
9008	C6H14O	(S)-(+)-2-hexanol	52019-78-0	102.177	213.40	2	411.65	1	25	0.8140	1	---	1.4140	1	liquid	1
9009	C6H14O	tert-hexyl alcohol	26401-20-7	102.177	213.40	2	390.55	2	24	0.7898	2	---	---	---	liquid	2
9010	C6H14OS	dipropyl sulfoxide	4253-91-2	134.243	295.65	1	510.65	2	20	0.9654	1	20	1.4663	1	liquid	2
9011	C6H14OS	6-mercapto-1-hexanol	1633-78-9	134.243	---	---	498.15	1	25	0.9810	1	---	1.4860	1	---	---
9012	C6H14OS	3-mercapto-1-hexanol	51755-83-0	134.243	---	---	523.15	1	25	0.9700	1	---	1.4800	1	---	---
9013	C6H14OS	n-propyl sulfoxide	---	134.243	---	---	510.65	2	23	0.9721	2	---	1.4666	1	---	---
9014	C6H14OSi	vinylethoxydimethylsilane	5356-83-2	130.262	---	---	372.15	1	20	0.7900	1	20	1.3983	1	---	---
9015	C6H14OSi	allyloxytrimethylsilane	18146-00-4	130.262	---	---	374.05	1	25	0.7720	1	---	1.3970	1	---	---
9016	C6H14OSi	(isopropenyloxy)trimethylsilane	1833-53-0	130.262	---	---	367.15	1	25	0.7800	1	---	1.3950	1	---	---
9017	C6H14OSi	trans-3-(trimethylsilyl)allyl alcohol	59376-64-6	130.262	---	---	440.15	1	25	0.8480	1	---	1.4400	1	---	---
9018	C6H14OSn	diisopropyloxostannane	23668-76-0	220.887	---	---	---	---	---	---	---	---	---	---	---	---
9019	C6H14OSn	dipropyloxostannane	7664-98-4	220.887	---	---	---	---	---	---	---	---	---	---	---	---
9020	C6H14O2	acetal	105-57-7	118.176	173.15	1	376.65	1	25	0.8210	1	25	1.3682	1	liquid	1
9021	C6H14O2	2-butoxyethanol	111-76-2	118.176	199.17	1	444.47	1	25	0.8960	1	25	1.4177	1	liquid	1
9022	C6H14O2	hexylene glycol	107-41-5	118.176	223.15	1	470.65	1	25	0.9180	1	25	1.4260	1	liquid	1
9023	C6H14O2	1,2-hexanediol	6920-22-5	118.176	318.15	1	497.15	1	22	0.9274	2	20	1.4431	1	solid	1
9024	C6H14O2	1,3-hexanediol	21531-91-9	118.176	263.52	2	508.15	2	22	0.9580	1	20	1.4455	1	liquid	2
9025	C6H14O2	1,4-hexanediol	16432-53-4	118.176	263.52	2	529.15	2	20	0.9756	1	16	1.4530	1	liquid	2
9026	C6H14O2	1,5-hexanediol	928-40-5	118.176	263.52	2	510.15	1	25	0.9640	1	25	1.4492	1	liquid	1
9027	C6H14O2	1,6-hexanediol	629-11-8	118.176	315.15	1	525.99	1	22	0.9274	2	25	1.4485	1	solid	1
9028	C6H14O2	2,3-hexanediol	617-30-1	118.176	333.15	1	478.15	1	15	0.9900	1	15	1.4510	1	solid	1
9029	C6H14O2	2,4-hexanediol	19780-90-6	118.176	277.56	2	484.15	1	21	0.9516	1	21	1.4418	1	liquid	1
9030	C6H14O2	2,5-hexanediol	2935-44-6	118.176	316.15	1	493.95	1	20	0.9610	1	20	1.4473	1	solid	1
9031	C6H14O2	3,4-hexanediol	922-17-8	118.176	248.52	2	496.94	2	22	0.9274	2	20	1.4473	2	liquid	2
9032	C6H14O2	2-methyl-1,2-pentanediol	20667-05-4	118.176	280.94	2	490.00	2	22	0.9274	2	20	1.4536	2	liquid	2
9033	C6H14O2	2-methyl-1,3-pentanediol	149-31-5	118.176	243.15	1	493.45	1	22	0.9274	2	20	1.4536	2	liquid	1
9034	C6H14O2	2-methyl-1,5-pentanediol	42856-62-2	118.176	248.52	2	496.94	2	22	0.9274	2	20	1.4536	1	liquid	2
9035	C6H14O2	2-methyl-2,3-pentanediol	7795-80-4	118.176	265.94	2	505.76	2	22	0.9274	2	25	1.4350	2	liquid	2
9036	C6H14O2	3-methyl-1,3-pentanediol	33879-72-0	118.176	280.94	2	482.98	2	22	0.9274	2	25	1.4400	2	liquid	2
9037	C6H14O2	3-methyl-1,5-pentanediol	4457-71-0	118.176	213.15	1	521.55	1	22	0.9274	2	25	1.4510	1	liquid	1
9038	C6H14O2	3-methyl-2,3-pentanediol	63521-37-9	118.176	265.94	2	505.76	2	22	0.9274	2	25	1.4440	1	liquid	2
9039	C6H14O2	3-methyl-2,4-pentanediol	5683-44-3	118.176	233.52	2	484.65	1	20	0.9640	1	20	1.4433	1	liquid	1
9040	C6H14O2	4-methyl-1,4-pentanediol	1462-10-8	118.176	280.94	2	494.35	1	22	0.9274	2	20	1.4510	1	liquid	1

Table 1 Physical Properties - Organic Compounds

				Mol Wt	Freezing Point		Boiling Point		Density			Refractive Index			State	
NO	FORMULA	NAME	CAS No	g/mol	T_F, K	code	T_B, K	code	T, C	g/cm3	code	T, C	n_D	code	@25C,1 atm	code
9041	C6H14O2	DL-erythro-4-methyl-2,3-pentanediol	6702-10-9	118.176	322.15	1	519.72	2	22	0.9274	2	---	---	---	solid	1
9042	C6H14O2	DL-threo-4-methyl-2,3-pentanediol	6464-40-0	118.176	332.15	1	519.72	2	22	0.9274	2	---	---	---	solid	1
9043	C6H14O2	2-ethyl-1,2-butanediol	66553-16-0	118.176	318.65	1	473.15	1	22	0.9274	2	---	---	---	solid	1
9044	C6H14O2	2-ethyl-1,3-butanediol	66553-17-1	118.176	248.52	2	480.00	2	25	0.9680	1	25	1.4470	1	liquid	2
9045	C6H14O2	2-ethyl-1,4-butanediol	57716-79-7	118.176	248.52	2	480.00	2	22	0.9274	2	25	1.4560	1	liquid	2
9046	C6H14O2	2,2-dimethyl-1,3-butanediol	76-35-7	118.176	260.35	1	475.55	1	22	0.9274	2	20	1.4410	1	liquid	1
9047	C6H14O2	2,2-dimethyl-1,4-butanediol	32812-23-0	118.176	265.94	2	480.00	2	22	0.9274	2	25	1.4470	2	liquid	2
9048	C6H14O2	2,3-dimethyl-1,2-butanediol	66553-15-9	118.176	265.94	2	480.00	2	22	0.9274	2	25	1.4470	1	liquid	2
9049	C6H14O2	2,3-dimethyl-1,3-butanediol	24893-35-4	118.176	265.94	2	480.00	2	25	0.9640	1	25	1.4445	1	liquid	2
9050	C6H14O2	DL-2,3 -dimethyl-1,4-butanediol	---	118.176	248.52	2	496.94	2	22	0.9274	2	20	1.4528	1	liquid	2
9051	C6H14O2	meso-2,3-dimethyl-1,4-butanediol	---	118.176	248.52	2	496.94	2	22	0.9274	2	20	1.4521	1	liquid	2
9052	C6H14O2	2,3-dimethyl-2,3-butanediol	76-09-5	118.176	314.25	1	445.95	1	22	0.9274	2	---	---	---	solid	1
9053	C6H14O2	3,3-dimethyl-1,2-butanediol	59562-82-2	118.176	321.65	1	478.65	1	22	0.9274	2	---	---	---	solid	1
9054	C6H14O2	2-propyl-1,3-propanediol	2612-28-4	118.176	263.52	2	474.16	2	22	0.9274	2	20	1.4480	1	liquid	2
9055	C6H14O2	2-isopropyl-1,3-propanediol	2612-27-3	118.176	248.52	2	496.94	2	22	0.9274	2	20	1.4500	1	liquid	2
9056	C6H14O2	2-methyl-2-ethyl-1,3-propanediol	77-84-9	118.176	313.45	1	498.95	1	22	0.9274	2	---	---	---	solid	1
9057	C6H14O2	1-(1-methylethoxy)-2-propanol	3944-36-3	118.176	210.00	2	411.15	1	20	0.8790	1	20	1.4070	1	liquid	1
9058	C6H14O2	2-(2-methylpropoxy)ethanol	4439-24-1	118.176	208.52	2	433.15	1	20	0.8900	1	20	1.4143	1	liquid	1
9059	C6H14O2	1-propoxy-2-propanol	1569-01-3	118.176	193.15	1	421.85	1	20	0.8886	1	20	1.4130	1	liquid	1
9060	C6H14O2	ethylene glycol diethyl ether	629-14-1	118.176	199.15	1	394.55	1	20	0.8484	1	20	1.3860	1	liquid	1
9061	C6H14O2	(2R,5R)-2,5-hexanediol	17299-07-9	118.176	323.15	1	486.65	1	22	0.9274	2	---	---	---	solid	1
9062	C6H14O2	(2S,5S)-2,5-hexanediol	34338-96-0	118.176	324.65	1	486.65	1	22	0.9274	2	---	---	---	solid	1
9063	C6H14O2	3-methoxy-3-methylbutanol	56539-66-3	118.176	223.25	1	447.15	1	25	0.9180	1	---	1.4280	1	liquid	1
9064	C6H14O2	(R)-(-)-2-methyl-2,4-pentanediol	99210-90-9	118.176	277.56	2	470.15	1	25	0.9380	1	---	1.4270	1	liquid	1
9065	C6H14O2	1,3-dimethoxybutane	10143-66-5	118.176	---	---	481.98	2	22	0.9274	2	---	---	---	---	---
9066	C6H14O2	dipropyl peroxide	29914-92-9	118.176	---	---	481.98	2	22	0.9274	2	---	---	---	---	---
9067	C6H14O2	ethylene glycol mono-sec-butyl ether	7795-91-7	118.176	208.52	2	481.98	2	22	0.9274	2	---	---	---	liquid	2
9068	C6H14O2	n-propoxypropanol (mixed isomers)	30136-13-1	118.176	208.52	2	481.98	2	22	0.9274	2	---	---	---	liquid	2
9069	C6H14O2S	dipropyl sulfone	598-03-8	150.242	303.00	1	543.00	1	50	1.0278	1	30	1.4456	1	solid	1
9070	C6H14O2S	3,3'-thiodipropanol	10595-09-2	150.242	---	---	414.15	1	25	1.0920	1	---	1.5100	1	---	---
9071	C6H14O2S2	3,6-dithiaoctane-1,8-diol	5244-34-8	182.308	338.65	1	498.15	2	25	1.0966	2	---	---	---	solid	1
9072	C6H14O2S2	2,2'-(ethylenedioxy)diethanethiol	14970-87-7	182.308	---	---	498.15	1	25	1.1200	1	---	1.5090	1	---	---
9073	C6H14O2Si	methyl trimethylsilylacetate	2916-76-9	146.261	---	---	409.15	2	25	0.8910	1	---	1.4140	1	---	---
9074	C6H14O2Si	(trimethylsilyl)methyl acetate	2917-65-9	146.261	---	---	409.15	1	25	0.8670	1	---	1.4070	1	---	---
9075	C6H14O3	diethylene glycol dimethyl ether	111-96-6	134.175	209.11	1	435.65	1	25	0.9420	1	25	1.4043	1	liquid	1
9076	C6H14O3	dipropylene glycol	25265-71-8	134.175	233.00	1	504.95	1	25	1.0180	1	20	1.4407	1	liquid	1
9077	C6H14O3	2-(2-ethoxyethoxy)ethanol	111-90-0	134.175	219.15	1	475.05	1	25	0.9840	1	25	1.4254	1	liquid	1
9078	C6H14O3	trimethylolpropane	77-99-6	134.175	331.15	1	562.04	1	23	1.0055	2	---	---	---	solid	1
9079	C6H14O3	bis(ethoxymethyl) ether	5648-29-3	134.175	---	---	413.75	1	23	1.0055	2	---	---	---	---	---
9080	C6H14O3	2,2-diethoxyethanol	621-63-6	134.175	---	---	440.15	1	25	0.9000	1	20	1.4073	1	---	---
9081	C6H14O3	1,2,5-hexanetriol	10299-30-6	134.175	---	---	472.47	2	20	1.1012	1	---	---	---	---	---
9082	C6H14O3	1,2,6-hexanetriol	106-69-4	134.175	---	---	472.47	2	20	1.1049	1	20	1.5800	1	---	---
9083	C6H14O3	2,3,4-hexanetriol	93972-93-1	134.175	320.15	1	529.65	1	23	1.0055	2	---	---	---	solid	1
9084	C6H14O3	1,2,3-trimethoxypropane	20637-49-4	134.175	---	---	421.15	1	15	0.9460	1	15	1.4055	1	---	---
9085	C6H14O3	1,2,3-hexanetriol	90325-47-6	134.175	336.65	1	472.47	2	23	1.0055	2	---	---	---	solid	1
9086	C6H14O3	3-methyl-1,3,5-pentanetriol	7564-64-9	134.175	---	---	472.47	2	25	1.1120	1	---	1.4750	1	---	---
9087	C6H14O3	1,1,3-trimethoxypropane	14315-97-0	134.175	---	---	472.47	2	25	0.9410	1	---	1.4000	1	---	---
9088	C6H14O3	1,1,1-trimethoxypropane	24823-81-2	134.175	---	---	472.47	2	23	1.0055	2	---	---	---	---	---
9089	C6H14O3S	butyl ethyl sulfite	92876-99-8	166.241	273.15	2	460.15	2	25	1.0635	2	25	1.4180	2	liquid	2
9090	C6H14O3S	dipropyl sulfite	623-98-3	166.241	273.15	2	464.65	1	25	1.0230	1	25	1.4223	1	liquid	1
9091	C6H14O3Si	allyltrimethoxysilane	2551-83-9	162.260	---	---	420.15	1	25	0.9630	1	---	1.4050	1	---	---
9092	C6H14O4	triethylene glycol	112-27-6	150.175	265.79	1	561.50	1	25	1.1220	1	25	1.4550	1	liquid	1
9093	C6H14O4	1,1,1,2-tetramethoxyethane	34359-77-8	150.175	---	---	523.15	1	---	---	---	---	---	---	---	---
9094	C6H14O4S	methyl pentyl sulfate	5867-93-6	182.241	241.15	2	506.23	2	25	1.1850	1	25	1.4088	1	liquid	2
9095	C6H14O4S	butyl ethyl sulfate	5867-95-8	182.241	241.15	2	506.23	2	25	1.1090	1	25	1.4082	1	liquid	2
9096	C6H14O4S	dipropyl sulfate	598-05-0	182.241	241.15	2	506.23	2	25	1.1050	1	25	1.4113	1	liquid	2
9097	C6H14O4S	diisopropyl ester sulfuric acid	2973-10-6	182.241	---	---	506.23	2	25	1.1330	2	---	---	---	---	---
9098	C6H14O5	bis(2,3-dihydroxypropyl) ether	627-82-7	166.174	---	---	---	---	20	1.2770	1	20	1.4890	1	---	---
9099	C6H14O5NP	HNPT	100418-33-5	211.155	---	---	---	---	---	---	---	---	---	---	---	---
9100	C6H14O6	sorbitol	50-70-4	182.174	364.65	1	704.00	1	25	1.4700	1	20	1.3330	1	solid	1
9101	C6H14O6	galactitol	608-66-2	182.174	462.65	1	777.00	2	20	1.4700	1	---	---	---	solid	1
9102	C6H14O6	D-mannitol	69-65-8	182.174	441.15	1	777.00	2	20	1.4890	1	---	1.3330	1	solid	1
9103	C6H14O6	L-iditol	488-45-9	182.174	346.65	1	777.00	2	22	1.4763	2	---	---	---	solid	1
9104	C6H14O6S2	busulfan	55-98-1	246.306	389.15	1	---	---	25	1.3051	2	---	---	---	solid	1
9105	C6H14O6S2	L-threitol-1,4-bismethanesulfonate	299-75-2	246.306	---	---	---	---	25	1.3051	2	---	---	---	---	---
9106	C6H14O7P2	(1-hydroxyvinyl)phosphonic acid dimethyl e	3328-33-4	260.121	---	---	472.15	1	---	---	---	---	---	---	---	---
9107	C6H14S	hexyl mercaptan	111-31-9	118.243	192.62	1	425.81	1	25	0.8370	1	25	1.4473	1	liquid	1
9108	C6H14S	2-hexanethiol	1679-06-7	118.243	126.15	1	412.05	1	25	0.8302	1	25	1.4426	1	liquid	1
9109	C6H14S	2,3-dimethyl-2-butanethiol	1639-01-6	118.243	159.39	2	407.26	2	25	0.8333	2	---	---	---	liquid	2
9110	C6H14S	3-hexanethiol	1633-90-5	118.243	159.39	2	407.26	2	20	0.9206	1	20	1.4496	1	liquid	2
9111	C6H14S	2-methyl-2-pentanethiol	1633-97-2	118.243	159.39	2	407.26	2	25	0.8333	2	---	---	---	liquid	2
9112	C6H14S	dipropyl sulfide	111-47-7	118.243	170.44	1	415.98	1	25	0.8330	1	25	1.4462	1	liquid	1
9113	C6H14S	diisopropyl sulfide	625-80-9	118.243	170.45	1	393.19	1	25	0.8220	1	25	1.4362	1	liquid	1
9114	C6H14S	methyl pentyl sulfide	1741-83-9	118.243	179.16	1	401.16	1	25	0.8390	1	25	1.4482	1	liquid	1
9115	C6H14S	ethyl butyl sulfide	638-46-0	118.243	178.03	1	417.41	1	25	0.8330	1	25	1.4463	1	liquid	1
9116	C6H14S	3-methyl-2-thiahexane	13286-91-4	118.243	176.28	2	412.15	1	25	0.8380	1	---	---	---	liquid	1
9117	C6H14S	4-methyl-2-thiahexane	15013-37-3	118.243	176.28	2	413.15	1	25	0.8380	1	25	1.4490	1	liquid	1
9118	C6H14S	5-methyl-2-thiahexane	13286-90-3	118.243	176.28	2	411.15	1	25	0.8380	1	---	---	---	liquid	1
9119	C6H14S	2-methyl-3-thiahexane	5008-73-1	118.243	176.28	2	405.20	1	25	0.8225	1	25	1.4414	1	liquid	1
9120	C6H14S	4-methyl-3-thiahexane	5008-72-0	118.243	176.28	2	406.80	1	25	0.8307	1	25	1.4451	1	liquid	1

Table 1 Physical Properties - Organic Compounds

				Mol Wt	Freezing Point		Boiling Point		Density			Refractive Index			State	
NO	FORMULA	NAME	CAS No	g/mol	T_F, K	code	T_B, K	code	T, C	g/cm3	code	T, C	n_D	code	@25C,1 atm	code
9121	C6H14S	5-methyl-3-thiahexane	1613-45-2	118.243	176.28	2	407.37	1	25	0.8261	1	25	1.4424	1	liquid	1
9122	C6H14S	3-ethyl-2-thiapentane	57093-84-2	118.243	176.28	2	405.02	2	25	0.8261	1	---	---	---	liquid	2
9123	C6H14S	3,3-dimethyl-2-thiapentane	13286-92-5	118.243	195.00	2	423.00	1	25	0.8161	1	---	---	---	liquid	1
9124	C6H14S	3,4-dimethyl-2-thiapentane	53897-51-1	118.243	161.28	2	401.15	1	25	0.8161	1	---	---	---	liquid	1
9125	C6H14S	4,4-dimethyl-2-thiapentane	6079-57-8	118.243	193.70	2	401.15	1	25	0.8161	1	---	---	---	liquid	1
9126	C6H14S	2,2-dimethyl-3-thiapentane	14290-92-7	118.243	184.20	1	393.56	1	25	0.8161	1	25	1.4390	1	liquid	1
9127	C6H14S2	1,1-bis(ethylthio)ethane	14252-42-7	150.309	---	---	457.15	1	20	0.9706	1	20	1.5025	1	---	---
9128	C6H14S2	1,2-bis(ethylthio)ethane	5395-75-5	150.309	---	---	490.15	1	20	0.9815	1	20	1.5118	1	---	---
9129	C6H14S2	diisopropyl disulfide	4253-89-8	150.309	204.15	1	450.15	1	20	0.9435	1	20	1.4916	1	liquid	1
9130	C6H14S2	dipropyl disulfide	629-19-6	150.309	187.67	1	469.00	1	25	0.9550	1	25	1.4956	1	liquid	1
9131	C6H14S2	1,6-hexanedithiol	1191-43-1	150.309	252.15	1	510.15	1	25	0.9886	1	20	1.5110	1	liquid	1
9132	C6H14Se2	propyl diselenide	7361-89-9	244.097	---	---	---	---	---	---	---	---	---	---	---	---
9133	C6H14Si	allyltrimethylsilane	762-72-1	114.262	---	---	358.15	1	25	0.7158	1	20	1.4074	1	---	---
9134	C6H14Zn	dipropyl zinc	628-91-1	151.567	298.15	1	421.15	1	25	1.0800	1	---	---	---	---	---
9135	C6H15Al	triethyl aluminum	97-93-8	114.167	220.65	1	467.15	1	25	0.8330	1	6	1.4800	1	liquid	1
9136	C6H15AlO	ethoxy diethyl aluminum	1586-92-1	130.167	223.25	1	---	---	---	---	---	---	---	---	---	---
9137	C6H15AlO3	aluminum ethoxide	555-75-9	162.165	413.15	1	---	---	---	---	---	---	---	---	solid	1
9138	C6H15Al2Br3O3	triethoxydialuminum tribromide	65232-69-1	428.859	---	---	332.15	1	---	---	---	---	---	---	---	---
9139	C6H15Al2Cl3	ethyl aluminum sesquichloride	12075-68-2	247.507	253.15	1	482.15	1	25	1.0920	1	---	---	---	liquid	1
9140	C6H15As	triethylarsine	617-75-4	162.107	181.80	1	411.65	1	20	1.1500	1	20	1.4670	1	liquid	1
9141	C6H15AsO3	triethyl arsenite	3141-12-6	210.105	---	---	438.65	1	20	1.2239	1	13	1.4369	1	---	---
9142	C6H15AsO4	triethyl arsenate	15606-95-8	226.104	---	---	509.65	1	20	1.3021	1	20	1.4343	1	---	---
9143	C6H15AuClP	chloro(triethylphosphine)gold(i)	15529-90-5	350.578	355.65	1	---	---	---	---	---	---	---	---	solid	1
9144	C6H15AuNO3P	triethyl phosphine gold nitrate	---	377.131	---	---	---	---	---	---	---	---	---	---	---	---
9145	C6H15B	triethylborane	97-94-9	97.996	180.15	1	368.15	1	23	0.7000	1	---	1.3971	1	liquid	1
9146	C6H15BO2	n-hexylboronic acid	16343-08-1	129.995	---	---	---	---	---	---	---	---	---	---	---	---
9147	C6H15BO3	triethyl borate	150-46-9	145.994	188.35	1	393.15	1	20	0.8546	1	20	1.3749	1	liquid	1
9148	C6H15Bi	triethylbismuth	617-77-6	296.165	145.80	1	---	---	25	1.8200	1	---	---	---	---	---
9149	C6H15BrGe	bromotriethylgermane	1067-10-3	239.699	257.20	1	464.05	1	---	---	---	---	---	---	liquid	1
9150	C6H15BrSi	bromotriethylsilane	1112-48-7	195.174	223.85	1	436.15	1	20	1.1430	1	20	1.4561	1	liquid	1
9151	C6H15BrSn	triethyltin bromide	2767-54-6	285.799	259.75	1	495.65	1	25	1.6300	1	---	1.5260	1	liquid	1
9152	C6H15ClGe	chlorotriethylgermane	994-28-5	195.248	---	---	449.15	1	25	1.1750	1	---	1.4590	1	---	---
9153	C6H15ClN2O2	carbachol	51-83-2	182.650	483.15	dec	---	---	25	1.1048	2	---	---	---	solid	1
9154	C6H15ClOSi	(chloromethyl)-isopropoxy-dimethylsilane	18171-11-4	166.722	---	---	418.15	1	25	0.9260	1	---	1.4160	1	---	---
9155	C6H15ClOSi	2-chloromethyl 2-(trimethylsilyl)ethyl ether	76513-69-4	166.722	---	---	418.15	2	25	0.9400	1	---	---	---	---	---
9156	C6H15ClO2Si	chloromethylmethyldiethoxysilane	2212-10-4	182.721	---	---	433.15	1	25	1.0000	1	---	---	---	---	---
9157	C6H15ClO2Si	(3-chloropropyl)dimethoxymethylsilane	18171-19-2	182.721	---	---	433.15	2	25	1.0190	1	---	1.4260	1	---	---
9158	C6H15ClO3Si	chlorotriethoxysilane	4667-99-6	198.721	222.15	1	429.15	1	20	1.0300	1	20	1.3999	1	liquid	1
9159	C6H15ClO3Si	(3-chloropropyl)trimethoxysilane	2530-87-2	198.721	---	---	468.65	1	25	1.0830	1	---	1.4190	1	---	---
9160	C6H15ClO4Si	triethylsilyl perchlorate	18244-91-2	214.720	---	---	---	---	---	---	---	---	---	---	---	---
9161	C6H15ClPb	triethyl lead chloride	1067-14-7	329.838	445.15	dec	---	---	---	---	---	---	---	---	solid	1
9162	C6H15ClSi	butylchlorodimethylsilane	1000-50-6	150.723	---	---	412.15	1	20	0.8760	1	20	1.5145	1	---	---
9163	C6H15ClSi	(3-chloropropyl)trimethylsilane	2344-83-4	150.723	---	---	424.15	1	20	0.8789	1	20	1.4319	1	---	---
9164	C6H15ClSi	chlorotriethylsilane	994-30-9	150.723	---	---	417.65	1	20	0.8967	1	20	1.4314	1	---	---
9165	C6H15ClSi	tert-butyldimethylsilyl chloride	18162-48-6	150.723	361.15	1	398.05	1	21	0.8837	2	---	---	---	solid	1
9166	C6H15ClSi	chloro(diisopropyl)silane	2227-29-4	150.723	---	---	413.00	2	25	0.8830	1	---	1.4290	1	---	---
9167	C6H15ClSn	triethyltin chloride	994-31-0	241.348	288.65	1	481.15	1	25	1.4400	1	---	---	---	liquid	1
9168	C6H15Cl2N	b-diethylaminoethyl chloride hydrochloride	869-24-9	172.097	---	---	---	---	25	1.0303	2	---	---	---	---	---
9169	C6H15FSi	triethylfluorosilane	358-43-0	134.269	---	---	383.15	1	25	0.8354	1	25	1.3900	1	---	---
9170	C6H15FeO12	iron(iii) citrate pentahydrate	3522-50-7	335.023	---	---	---	---	---	---	---	---	---	---	---	---
9171	C6H15Ga	triethylgallium	1115-99-7	156.908	190.95	1	415.30	1	25	1.0580	1	---	---	---	liquid	1
9172	C6H15In	triethyl indium	923-34-2	202.003	241.25	1	457.15	1	25	1.2600	1	---	1.5380	1	liquid	1
9173	C6H15N	hexylamine	111-26-2	101.192	251.85	1	405.85	1	25	0.7610	1	25	1.4167	1	liquid	1
9174	C6H15N	2-aminohexane	5329-79-3	101.192	254.15	1	403.15	1	25	0.7630	1	25	1.4200	1	liquid	1
9175	C6H15N	3-aminohexane	16751-58-9	101.192	232.45	2	408.77	2	25	0.7700	1	25	1.4200	1	liquid	2
9176	C6H15N	1-amino-2-methylpentane	13364-16-4	101.192	232.45	2	400.00	2	25	0.7630	1	25	1.4100	1	liquid	2
9177	C6H15N	1-amino-3-methylpentane	42245-37-4	101.192	232.45	2	395.15	1	25	0.7670	1	25	1.4196	1	liquid	1
9178	C6H15N	1-amino-4-methylpentane	5344-20-7	101.192	178.75	1	397.05	1	25	0.7700	1	25	1.4100	1	liquid	1
9179	C6H15N	2-amino-2-methylpentane	53310-02-4	101.192	232.45	2	377.15	1	25	0.7430	1	25	1.4050	1	liquid	1
9180	C6H15N	2-amino-3-methylpentane	35399-81-6	101.192	232.45	2	408.33	2	25	0.7500	1	25	1.4100	1	liquid	2
9181	C6H15N	2-amino-4-methylpentane	108-09-8	101.192	232.45	2	381.65	1	25	0.7456	1	25	1.4063	1	liquid	1
9182	C6H15N	3-amino-2-methylpentane	54287-41-1	101.192	232.45	2	408.33	2	25	0.7500	1	25	1.4100	1	liquid	2
9183	C6H15N	3-amino-3-methylpentane	3495-46-3	101.192	232.45	2	398.45	1	25	0.7600	1	25	1.4100	1	liquid	1
9184	C6H15N	1-amino-2,2-dimethylbutane	41781-17-3	101.192	232.45	2	386.65	1	25	0.7600	1	25	1.4100	1	liquid	1
9185	C6H15N	1-amino-2,3-dimethylbutane	66553-05-7	101.192	232.45	2	378.15	1	25	0.7527	1	25	1.4059	1	liquid	1
9186	C6H15N	1-amino-3,3-dimethylbutane	15673-00-4	101.192	232.45	2	405.98	2	25	0.7600	1	25	1.4100	1	liquid	2
9187	C6H15N	2-amino-2,3-dimethylbutane	4358-75-2	101.192	202.65	1	377.65	1	25	0.7600	1	25	1.4100	1	liquid	1
9188	C6H15N	2-amino-3,3-dimethyl butane	3850-30-4	101.192	253.15	1	375.15	1	25	0.7600	1	25	1.4100	1	liquid	1
9189	C6H15N	1-amino-2-ethylbutane	617-79-8	101.192	232.45	2	408.77	2	25	0.7600	1	25	1.4100	1	liquid	2
9190	C6H15N	2-hexanamine, (±)	68107-05-1	101.192	254.15	1	390.65	1	20	0.7533	1	25	1.4080	1	liquid	1
9191	C6H15N	methylpentylamine	25419-06-1	101.192	191.50	2	390.55	1	25	0.7429	1	25	1.4095	1	liquid	1
9192	C6H15N	methyl-1-methylbutylamine	51932-19-5	101.192	191.50	2	386.41	2	25	0.7400	1	25	1.4000	1	liquid	2
9193	C6H15N	methyl-2-methylbutylamine	90023-96-4	101.192	191.50	2	386.41	2	25	0.7400	1	25	1.4000	1	liquid	2
9194	C6H15N	methyl-3-methylbutylamine	52317-98-3	101.192	191.50	2	381.15	1	25	0.7400	1	25	1.4000	1	liquid	1
9195	C6H15N	methyl-1,1-dimethylpropylamine	---	101.192	191.50	2	383.62	2	25	0.7400	1	25	1.4000	1	liquid	2
9196	C6H15N	methyl-1,2-dimethylpropylamine	34317-39-0	101.192	191.50	2	386.41	2	25	0.7400	1	25	1.4000	1	liquid	2
9197	C6H15N	methyl-2,2-dimethylpropylamine	26153-91-3	101.192	191.50	2	383.62	2	25	0.7400	1	25	1.4000	1	liquid	2
9198	C6H15N	ethylbutylamine	13360-63-9	101.192	191.50	2	381.15	1	25	0.7354	1	25	1.4049	1	liquid	1
9199	C6H15N	ethyl-sec-butylamine	21035-44-9	101.192	191.50	2	371.15	1	25	0.7299	1	25	1.4004	1	liquid	1
9200	C6H15N	ethylisobutylamine	13205-60-2	101.192	191.50	2	371.15	1	25	0.7300	1	25	1.3985	1	liquid	1

Table 1 Physical Properties - Organic Compounds

NO	FORMULA	NAME	CAS No	Mol Wt g/mol	Freezing Point T_F, K	code	Boiling Point T_B, K	code	Density T, C	g/cm3	code	Refractive Index T, C	n_D	code	State @25C,1 atm	code
9201	C6H15N	ethyl-tert-butylamine	4432-77-3	101.192	210.15	2	351.15	1	25	0.7300	1	25	1.3941	1	liquid	1
9202	C6H15N	di-propylamine	142-84-7	101.192	210.15	1	382.00	1	25	0.7370	1	25	1.4018	1	liquid	1
9203	C6H15N	diisopropylamine	108-18-9	101.192	176.85	1	357.05	1	25	0.7130	1	25	1.3924	1	liquid	1
9204	C6H15N	propylisopropylamine	21968-17-2	101.192	191.50	2	371.45	1	25	0.7232	1	25	1.3958	1	liquid	1
9205	C6H15N	N-ethyl-2-butanamine, (±)	116724-10-8	101.192	168.85	1	371.15	1	20	0.7358	1	---	---	---	liquid	1
9206	C6H15N	methylethylpropylamine	4458-32-6	101.192	164.23	2	364.65	1	25	0.7180	1	25	1.3982	1	liquid	1
9207	C6H15N	methylethylisopropylamine	39198-07-7	101.192	166.07	2	364.65	1	25	0.7214	1	25	1.3981	1	liquid	1
9208	C6H15N	dimethylbutylamine	927-62-8	101.192	210.00	2	367.15	1	25	0.7161	1	25	1.3955	1	liquid	1
9209	C6H15N	dimethyl-sec-butylamine	921-04-0	101.192	166.07	2	367.15	1	25	0.7340	1	25	1.4000	1	liquid	1
9210	C6H15N	dimethylisobutylamine	7239-24-9	101.192	158.45	2	354.15	1	25	0.7200	1	25	1.3898	1	liquid	1
9211	C6H15N	dimethyl-tert-butylamine	918-02-5	101.192	183.15	1	363.15	1	25	0.7377	1	25	1.4021	1	liquid	1
9212	C6H15N	triethylamine	121-44-8	101.192	158.45	1	361.92	1	25	0.7240	1	25	1.3980	1	liquid	1
9213	C6H15NO	6-aminohexanol	4048-33-3	117.192	331.00	1	496.15	1	22	0.8872	2	---	---	---	solid	1
9214	C6H15NO	2-amino-4-methyl-1-pentanol, (±)	16369-17-8	117.192	317.15	1	472.15	1	13	0.9173	1	---	---	---	solid	1
9215	C6H15NO	2-(butylamino)ethanol	111-75-1	117.192	314.36	2	472.15	1	20	0.8907	1	20	1.4437	1	solid	2
9216	C6H15NO	2-[tert-butylamino]ethanol	4620-70-6	117.192	317.15	1	449.65	1	20	0.8818	1	---	---	---	solid	1
9217	C6H15NO	2-diethylaminoethanol	100-37-8	117.192	253.00	1	436.15	1	20	0.8921	1	20	1.4412	1	solid	2
9218	C6H15NO	2-ethoxy-N,N-dimethylethanamine	26311-17-1	117.192	---	---	394.15	1	20	0.8060	1	20	1.4060	1	---	---
9219	C6H15NO	N-hydroxy-N-propyl-1-propanamine	7446-43-7	117.192	302.15	1	427.65	1	22	0.8872	2	---	---	---	solid	1
9220	C6H15NO	2-(isobutylamino)ethanol	17091-40-6	117.192	314.36	2	472.15	1	20	0.8818	1	20	1.4402	1	solid	2
9221	C6H15NO	DL-2-amino-1-hexanol	5665-74-7	117.192	314.36	2	464.15	1	25	0.9120	1	---	1.4520	1	solid	2
9222	C6H15NO	2-dimethylamino-2-methyl-1-propanol	7005-47-2	117.192	292.15	1	433.15	1	22	0.8872	2	---	1.4450	1	liquid	1
9223	C6H15NO	(S)-(+)-isoleucinol	24629-25-2	117.192	312.65	1	453.16	2	22	0.8872	2	---	1.4590	1	solid	1
9224	C6H15NO	3-isopropoxypropylamine	2906-12-9	117.192	316.20	1	423.15	1	25	0.8430	1	---	1.4200	1	solid	1
9225	C6H15NO	L-tert-leucinol	112245-13-3	117.192	305.65	1	453.16	2	25	0.9000	1	---	---	---	solid	1
9226	C6H15NO	(R)-(-)-leucinol	53448-09-2	117.192	---	---	472.15	1	25	0.9170	1	---	1.4500	1	---	---
9227	C6H15NO	(S)-(+)-leucinol	7533-40-6	117.192	---	---	472.15	1	25	0.9170	1	---	1.4510	1	---	---
9228	C6H15NO	4-amino-4-methyl-2-pentanol	4404-98-2	117.192	314.36	2	447.50	1	22	0.8872	2	---	---	---	solid	2
9229	C6H15NOSi	N-methyl-N-(trimethylsilyl)acetamide	7449-74-3	145.277	---	---	---	---	25	0.9000	1	---	---	---	---	---
9230	C6H15NO2	diisopropanolamine	110-97-4	133.191	318.15	1	521.90	1	20	0.9890	1	30	1.4595	1	solid	1
9231	C6H15NO2	N,N-bis(2-hydroxyethyl)ethylamine	139-87-7	133.191	223.15	1	520.15	1	20	1.0135	1	20	1.4663	1	liquid	1
9232	C6H15NO2	2,2-diethoxyethanamine	645-36-3	133.191	195.15	1	436.15	1	25	0.9159	1	25	1.4123	1	liquid	1
9233	C6H15NO2	1-[(2-hydroxyethyl)amino]-2-butanol	6967-43-7	133.191	---	---	464.43	2	16	1.0115	1	30	1.4690	1	---	---
9234	C6H15NO2	bis(2-methoxyethyl)amine	111-95-5	133.191	---	---	444.15	1	25	0.9020	1	---	1.4190	1	---	---
9235	C6H15NO2	N,N-dimethylacetamide dimethyl acetal	18871-66-4	133.191	---	---	391.15	1	25	0.9110	1	---	1.4100	1	---	---
9236	C6H15NO2	2-[2-(dimethylamino)ethoxy]ethanol	1704-62-7	133.191	---	---	473.05	1	25	0.9540	1	---	1.4420	1	---	---
9237	C6H15NO2	4-methoxy-4-amino-2-pentanol	64011-44-5	133.191	---	---	464.43	2	22	0.9567	2	---	---	---	---	---
9238	C6H15NO2Si	trimethylsilyl N,N-dimethylcarbamate	32115-55-2	161.276	---	---	---	---	25	0.9250	1	---	1.4180	1	---	---
9239	C6H15NO3	triethanolamine	102-71-6	149.190	294.35	1	608.54	1	25	1.1200	1	25	1.4835	1	liquid	1
9240	C6H15NO5	1-amino-1-deoxy-D-glucitol	488-43-7	181.189	400.15	1	---	---	25	1.1273	2	---	---	---	solid	1
9241	C6H15NO5S	bes	10191-18-1	213.255	426.15	1	---	---	25	1.2097	2	---	---	---	solid	1
9242	C6H15NO6S	TES	7365-44-8	229.255	497.15	1	---	---	25	1.2603	2	---	---	---	solid	1
9243	C6H15NS	2-(butylamino)ethanethiol	5842-00-2	133.258	---	---	---	---	25	0.9010	1	20	1.4711	1	---	---
9244	C6H15NS	N,N-diethyl cysteamine	100-38-9	133.258	---	---	---	---	25	0.8991	2	---	---	---	---	---
9245	C6H15NSi	N-(trimethylsilyl)allylamine	10519-97-8	129.277	---	---	382.15	1	25	0.7700	1	---	1.4150	1	---	---
9246	C6H15N2	N'-ethyl-N,N-dimethyl-1,2-ethanediamine	123-83-1	115.199	---	---	407.65	1	25	0.7380	1	20	1.4222	1	---	---
9247	C6H15N3	N-aminoethyl piperazine	140-31-8	129.206	254.15	1	493.55	1	25	0.9830	1	25	1.4983	1	liquid	1
9248	C6H15N3	1,4,7-triazacyclononane	4730-54-5	129.206	317.15	1	464.73	2	25	0.9510	2	---	---	---	solid	1
9249	C6H15N3	1,3,5-trimethylhexahydro-1,3,5-triazine	108-74-7	129.206	246.25	1	435.90	1	25	0.9190	1	---	1.4620	1	liquid	1
9250	C6H15N3O	1-amino-4-(2-hydroxyethyl)piperazine	3973-70-4	145.206	377.65	1	---	---	25	0.9894	2	---	---	---	solid	1
9251	C6H15N3O6	2-diethylammonioethyl nitrate	---	225.203	---	---	---	---	25	1.2880	2	---	---	---	---	---
9252	C6H15N5	1-butyldiguanide	692-13-7	157.220	---	---	398.65	1	25	1.0506	2	---	---	---	---	---
9253	C6H15OP	triethylphosphine oxide	597-50-2	134.159	321.15	1	516.15	1	---	---	---	---	---	---	solid	1
9254	C6H15O2P	ethyl diethylphosphinate	4775-09-1	150.158	---	---	---	---	20	0.9980	1	20	1.4337	1	---	---
9255	C6H15O2P	diethyl ethane phosphonite	2651-85-6	150.158	---	---	---	---	---	---	---	---	---	---	---	---
9256	C6H15O2PS2	O,O,S-triethyl phosphorodithioate	2524-09-6	214.290	---	---	---	---	20	1.1168	1	---	1.5043	1	---	---
9257	C6H15O2PS2	O,S,S-triethyl phosphorodithioate	2404-78-6	214.290	---	---	---	---	---	---	---	---	---	---	---	---
9258	C6H15O2PS3	thiometon	640-15-3	246.356	298.15	1	383.15	1	25	1.2090	1	---	---	---	---	---
9259	C6H15O3P	diethyl ethylphosphonate	78-38-6	166.157	---	---	471.15	1	20	1.0259	1	20	1.4163	1	---	---
9260	C6H15O3P	triethyl phosphite	122-52-1	166.157	---	---	431.05	1	20	0.9629	1	20	1.4127	1	---	---
9261	C6H15O3P	dipropyl phosphite	1809-21-8	166.157	---	---	476.15	1	25	1.0180	1	---	1.4170	1	---	---
9262	C6H15O3P	isopropyl phosphonate	1809-20-7	166.157	---	---	459.45	2	25	0.9980	1	---	1.4080	1	---	---
9263	C6H15O3PS	O,O,O-triethyl phosphorothioate	126-68-1	198.223	---	---	490.15	1	20	1.0768	1	20	1.4480	1	---	---
9264	C6H15O3PS	diethyl (methylthiomethyl)phosphonate	28460-01-7	198.223	---	---	490.15	2	25	1.1300	1	---	1.4650	1	---	---
9265	C6H15O3PS	O,O,S-triethyl thiophosphate	1186-09-0	198.223	---	---	490.15	2	25	1.1100	1	---	---	---	---	---
9266	C6H15O3PS2	demeton s methyl	919-86-8	230.289	---	---	---	---	20	1.2070	1	---	---	---	---	---
9267	C6H15O3PS2	methyl demeton	8022-00-2	230.289	---	---	---	---	20	1.1900	1	20	1.5063	1	---	---
9268	C6H15O4P	triethyl phosphate	78-40-0	182.157	216.65	1	488.15	1	25	1.0660	1	25	1.4036	1	liquid	1
9269	C6H15O4P	diethyl (1-hydroxyethyl)phosphonate	15336-73-9	182.157	---	---	423.15	2	25	1.1190	1	---	1.4360	1	---	---
9270	C6H15O4P	methylethylpropyl phosphate	---	182.157	216.00	2	362.15	1	25	1.0660	2	25	1.4036	2	liquid	1
9271	C6H15O4PS2	oxydemeton-methyl	301-12-2	246.289	---	---	---	---	20	1.2890	1	---	---	---	---	---
9272	C6H15O4V	vanadium(v) oxytriethoxide	1686-22-2	202.124	---	---	399.65	1	25	1.1390	1	---	1.5110	1	---	---
9273	C6H15O5PS2	demeton-S-methyl-sulphone	17040-19-6	262.288	333.15	1	---	---	---	---	---	---	---	---	solid	1
9274	C6H15P	triethylphosphine	554-70-1	118.159	185.15	1	402.15	1	19	0.8006	1	15	1.4580	1	liquid	1
9275	C6H15PS	triethylphosphine sulfide	597-51-3	150.225	367.15	1	---	---	---	---	---	---	---	---	solid	1
9276	C6H15Sb	triethylstibine	617-85-6	208.945	153.90	1	434.55	1	15	1.3224	1	---	---	---	liquid	1
9277	C6H16AlNaO4	sodium dihydrobis(2-methoxyethoxy)alumi	22722-98-1	202.162	---	---	---	---	---	---	---	---	---	---	---	---
9278	C6H16B2	triethyldiborane	62133-36-2	109.815	---	---	403.15	1	---	---	---	---	---	---	---	---
9279	C6H16Br2OSi2	1,3-bis(bromomethyl)tetramethyldisiloxane	2351-13-5	320.170	---	---	506.15	1	25	1.3918	1	25	1.4719	1	---	---
9280	C6H16ClN	triethylamine hydrochloride	554-68-7	137.653	533.15	dec	---	---	21	1.0689	1	---	---	---	solid	1

Table 1 Physical Properties - Organic Compounds

				Mol Wt	Freezing Point		Boiling Point		Density			Refractive Index			State	
NO	FORMULA	NAME	CAS No	g/mol	T_F, K	code	T_B, K	code	T, C	g/cm3	code	T, C	n_D	code	@25C,1 atm	code
9281	C6H16ClNO	(2-hydroxypropyl)trimethyl ammonium chlo	2382-43-6	153.652	438.15	1	---	---	25	0.9605	2	---	---	---	solid	1
9282	C6H16ClNO2	bis(2-hydroxyethyl)dimethylammonium chl	38402-02-7	169.651	---	---	---	---	25	1.0246	2	---	---	---	---	---
9283	C6H16ClNS	2-diethylaminoethanethiol hydrochloride	1942-52-5	169.719	443.15	1	---	---	25	0.9989	2	---	---	---	solid	1
9284	C6H16Cl2OSi2	1,3-bis(chloromethyl)tetramethyldisiloxane	2362-10-9	231.267	183.15	1	477.15	1	20	1.0450	1	20	1.4398	1	liquid	1
9285	C6H16Cl2Si2	1,2-bis(chlorodimethylsilyl)ethane	13528-93-3	215.268	311.15	1	472.15	1	---	---	---	---	---	---	solid	1
9286	C6H16FNO2P	methyl-fluoro-phosphorylcholine	---	184.171	---	---	---	---	---	---	---	---	---	---	---	---
9287	C6H16FN2OP	mipafox	371-86-8	182.179	338.15	1	398.65	1	---	---	---	---	---	---	solid	1
9288	C6H16FeN10	ammonium hexacyanoferrate(ii)	14481-29-9	284.108	---	---	---	---	---	---	---	---	---	---	---	---
9289	C6H16Ge	triethylgermanium hydride	1188-14-3	160.803	---	---	---	---	25	0.9940	1	---	1.4330	1	---	---
9290	C6H16LiNSi	lithium triethylsilyl amide	---	137.226	---	---	---	---	---	---	---	---	---	---	---	---
9291	C6H16NO3P	(1-aminohexyl)phosphonic acid	63207-60-3	181.172	539.65	1	---	---	---	---	---	---	---	---	solid	1
9292	C6H16N2	hexamethylenediamine	124-09-4	116.207	313.95	1	473.00	1	23	0.8195	2	42	1.4485	1	solid	1
9293	C6H16N2	N,N-diethyl-1,2-ethanediamine	100-36-7	116.207	266.05	2	417.15	1	20	0.8280	1	20	1.4340	1	liquid	1
9294	C6H16N2	N,N'-diethyl-1,2-ethanediamine	111-74-0	116.207	266.05	2	419.15	1	20	0.8280	1	20	1.4340	1	liquid	1
9295	C6H16N2	N,N,N',N'-tetramethyl-1,2-ethanediamine	110-18-9	116.207	218.05	1	394.15	1	20	0.7700	1	20	1.4179	1	liquid	1
9296	C6H16N2	1,2-diisopropylhydrazine	3711-34-0	116.207	---	---	398.15	1	20	0.7894	1	20	1.4173	1	---	---
9297	C6H16N2	N-butylethylenediamine	19522-69-1	116.207	266.05	2	431.15	1	25	0.8360	1	---	1.4430	1	liquid	1
9298	C6H16N2	1,5-diamino-2-methylpentane	15520-10-2	116.207	266.05	2	466.15	1	25	0.8600	1	---	1.4590	1	liquid	1
9299	C6H16N2	N-isopropyl-1,3-propanediamine	3360-16-5	116.207	266.05	2	435.15	1	25	0.8300	1	---	1.4420	1	liquid	1
9300	C6H16N2	N-propyl-1,3-propanediamine	23764-31-0	116.207	266.05	2	442.15	1	25	0.8410	1	---	1.4450	1	liquid	1
9301	C6H16N2	N,N,N'-trimethyl-1,3-propanediamine	4543-96-8	116.207	266.05	2	414.15	1	25	0.7930	1	---	1.4280	1	liquid	1
9302	C6H16N2	2-methyl-2,4-pentanediamine	21586-21-0	116.207	266.05	2	429.24	2	23	0.8195	2	---	---	---	liquid	2
9303	C6H16N2O	2-[(2-amino-2-methylpropyl)amino]ethanol	68750-16-3	132.206	275.65	1	509.15	1	25	0.8992	2	25	1.4698	1	liquid	1
9304	C6H16N2O	1,5-bis(methylamino)-3-oxapentane	---	132.206	---	---	509.15	2	25	0.8992	2	---	1.4380	1	---	---
9305	C6H16N2O	N-(3-hydroxypropyl)-1,2-propanediamine	10171-78-5	132.206	---	---	509.15	2	25	0.8992	2	---	---	---	---	---
9306	C6H16N2O2	N,N'-bis(2-hydroxyethyl)ethylenediamine	4439-20-7	148.206	370.65	1	---	---	25	0.9710	2	---	---	---	solid	1
9307	C6H16N2O2	2,2'-(ethylenedioxy)diethylamine	929-59-9	148.206	---	---	---	---	25	1.0150	1	---	1.4610	1	---	---
9308	C6H16N2O3	triethyl ammonium nitrate	27096-31-7	164.205	---	---	---	---	25	1.0376	2	---	---	---	---	---
9309	C6H16N3OP	1-aziridinyl-bis(dimethylamino)phosphine c	1195-67-1	177.187	---	---	252.95	1	---	---	---	---	---	---	gas	1
9310	C6H16N5S2	2-guanidinoethyl disulfide	1072-13-5	222.360	---	---	---	---	25	1.2002	2	---	---	---	---	---
9311	C6H16OSi	triethylsilanol	597-52-4	132.277	---	---	427.15	1	20	0.8647	1	20	1.4329	1	---	---
9312	C6H16OSi	3-(trimethylsilyl)-1-propanol	2917-47-7	132.277	---	---	414.15	1	25	0.8220	1	20	1.4298	1	---	---
9313	C6H16OSi	tert-butyldimethylsilanol	18173-64-3	132.277	---	---	412.65	1	25	0.8400	1	---	1.4240	1	---	---
9314	C6H16OSi	dimethylmethoxy-n-propylsilane	18182-14-4	132.277	---	---	384.15	1	24	0.8222	2	---	---	---	---	---
9315	C6H16OSi	trimethyl(propoxy)silane	1825-63-4	132.277	---	---	373.65	1	25	0.7620	1	---	1.3840	1	---	---
9316	C6H16O2SSi	(3-mercaptopropyl)methyldimethoxysilane	31001-77-1	180.343	---	---	---	---	25	1.0000	1	---	1.4500	1	---	---
9317	C6H16O2Si	diethoxydimethylsilane	78-62-6	148.277	186.15	1	387.15	1	25	0.8650	1	20	1.3811	1	liquid	1
9318	C6H16O2Si	3-(trimethylsilyl)-1,2-propanediol	119235-89-1	148.277	---	---	479.15	1	25	0.9400	1	---	1.4510	1	---	---
9319	C6H16O2Sn	triethyltin hydroperoxide	---	238.902	---	---	383.15	1	---	---	---	---	---	---	---	---
9320	C6H16O3SSi	(3-mercaptopropyl)trimethoxysilane	4420-74-0	196.342	---	---	487.15	1	25	1.0330	1	---	1.4440	1	---	---
9321	C6H16O5P2S2	p-diethyl-p'-dimethylthiopyrophosphate	64048-13-1	294.270	---	---	341.15	1	---	---	---	---	---	---	---	---
9322	C6H16O6P2S2	(dithiodimethylene)diphosphonic acid tetra	32674-23-0	310.269	---	---	---	---	---	---	---	---	---	---	---	---
9323	C6H16O3Si	triethoxysilane	998-30-1	164.276	---	---	406.65	1	20	0.8745	1	---	---	---	---	---
9324	C6H16O3Si	trimethoxy(propyl)silane	1067-25-0	164.276	---	---	415.60	1	25	0.9320	1	---	1.3900	1	---	---
9325	C6H16P2	1,2-bis(dimethylphosphino)ethane	23936-60-9	150.141	---	---	457.20	1	25	0.9000	1	---	1.5070	1	---	---
9326	C6H16Si	triethylsilane	617-86-7	116.278	116.25	1	382.15	1	20	0.7302	1	20	1.4470	1	liquid	1
9327	C6H16Si	trimethylpropylsilane	3510-70-1	116.278	---	---	362.15	1	25	0.7196	1	20	1.3929	1	---	---
9328	C6H16Si	tert-butyldimethylsilane	29681-57-0	116.278	---	---	355.15	1	25	0.7010	1	---	1.4000	1	---	---
9329	C6H16Sn	triethylstannane	997-50-2	206.903	---	---	---	---	---	---	---	---	---	---	---	---
9330	C6H17BF4N4	1-ethyl-1,1,3,3-tetramethyltetrazenium	---	232.034	---	---	---	---	---	---	---	---	---	---	---	---
9331	C6H17Cl2NSi2	1,3-bis(chloromethyl)-1,1,3,3-tetramethyldi	14579-91-0	230.283	---	---	---	---	25	1.0530	1	---	1.4670	1	---	---
9332	C6H17NOSi	3-aminopropyldimethylmethoxysilane	31024-26-7	147.292	---	---	---	---	---	---	---	---	1.4310	1	---	---
9333	C6H17NOSi	O-(tert-butyldimethylsilyl)hydroxylamine	41879-39-4	147.292	336.65	1	---	---	---	---	---	---	---	---	solid	1
9334	C6H17NO3Si	(3-aminopropyl)trimethoxysilane	13822-56-5	179.291	---	---	467.15	1	25	1.0180	1	---	1.4240	1	---	---
9335	C6H17N2O4PS	S-3-(w-aminopropylamino)-2-hydroxypropy	56643-49-3	244.253	---	---	---	---	---	---	---	---	---	---	---	---
9336	C6H17N2O5Pt	cis-SHP	---	392.290	---	---	379.15	2	---	---	---	---	---	---	---	---
9337	C6H17N2O5Pt	trans(-)-SHP	---	392.290	---	---	330.15	1	---	---	---	---	---	---	---	---
9338	C6H17N2O5Pt	trans(+)-SHP	---	392.290	---	---	428.15	1	---	---	---	---	---	---	---	---
9339	C6H17N3	N-(3-aminopropyl)-1,3-propanediamine	56-18-8	131.222	259.15	1	---	---	25	0.9380	1	20	1.4810	1	---	---
9340	C6H17N3O	2-[[2-[(2-aminoethyl)amino]ethyl]amino]eth	1965-29-3	147.221	---	---	---	---	25	0.9451	2	---	---	---	---	---
9341	C6H17O3PSi	dimethyl trimethylsilylmethylphosphonate	13433-42-6	196.258	---	---	---	---	25	1.0240	1	---	1.4350	1	---	---
9342	C6H18AlO9P3	fosetyl-al	39148-24-8	354.108	>573	1	---	---	---	---	---	---	---	---	solid	1
9343	C6H18BN	borane–triethylamine complex	1722-26-5	115.027	269.48	1	---	---	25	0.7740	1	---	1.4420	1	---	---
9344	C6H18BN3	tris(dimethylamino)borane	4375-83-1	143.041	257.25	1	420.65	1	25	0.8170	1	---	1.4460	1	liquid	1
9345	C6H18Cl2N2O8	1,2-bis(ethylammonio)ethane perchlorate	53213-78-8	317.123	---	---	328.85	1	25	1.3804	2	---	---	---	---	---
9346	C6H18Cl2O2Si3	1,5-dichloro-1,1,3,3,5,5-hexamethyltrisiloxa	3582-71-6	277.368	220.15	1	457.15	1	20	1.0180	1	---	---	---	liquid	1
9347	C6H18CrO4Si2	bis(trimethylsilyl)chromate	1746-09-4	262.373	---	---	370.65	1	---	---	---	---	---	---	---	---
9348	C6H18FeN3O15	ammonium ferric oxalate trihydrate	13268-42-3	428.066	433.15	dec	---	---	17	1.7800	1	---	---	---	solid	1
9349	C6H18HgSi2	bis(trimethylsilyl)mercury	4656-04-6	346.969	376.15	dec	408.95	1	---	---	---	---	---	---	solid	1
9350	C6H18LiNSi2	lithium bis(trimethylsilyl)amide	4039-32-1	167.327	344.65	1	388.15	1	---	---	---	---	---	---	solid	1
9351	C6H18Li2N2Si2	dilithium-1,1-bis(trimethylsilyl)hydrazide	15114-92-8	188.275	---	---	---	---	---	---	---	---	---	---	---	---
9352	C6H18NNaSi2	sodium bis(trimethylsilyl)amide	1070-89-9	183.376	446.15	1	340.15	1	---	---	---	---	---	---	solid	1
9353	C6H18N2SSi2	N,N'-bis(trimethylsilyl)sulfur diimide	18156-25-7	206.459	---	---	---	---	25	0.8770	1	---	1.4540	1	---	---
9354	C6H18N2Si	bis(dimethylamino)dimethylsilane	3768-58-9	146.308	175.25	1	401.65	1	25	0.8040	1	---	1.4170	1	liquid	1
9355	C6H18N2Sn	bis(dimethylamino)dimethylstannane	993-74-8	236.933	---	---	---	---	---	---	---	---	---	---	---	---
9356	C6H18N3OP	hexamethyl phosphoramide	680-31-9	179.203	280.15	1	506.15	1	25	1.0200	1	25	1.4564	1	liquid	1
9357	C6H18N3P	tris(dimethylamino)phosphine	1608-26-0	163.204	276.70	1	423.15	1	25	0.8980	1	---	1.4660	1	liquid	1
9358	C6H18N3Sb	tris(dimethylamino)antimony	7289-92-1	253.990	---	---	306.65	1	---	---	---	---	---	---	---	---
9359	C6H18N4	triethylene tetramine	112-24-3	146.237	285.15	1	539.65	1	25	0.9780	1	20	1.4971	1	liquid	1
9360	C6H18N4	tris(2-aminoethyl)amine	4097-89-6	146.237	---	---	539.65	2	25	0.9770	1	---	1.4970	1	---	---

Table 1 Physical Properties - Organic Compounds

				Mol Wt	Freezing Point		Boiling Point		Density			Refractive Index			State	
NO	FORMULA	NAME	CAS No	g/mol	T_F, K	code	T_B, K	code	T, C	g/cm3	code	T, C	n_D	code	@25C,1 atm	code
9361	C6H18N6P4	2,4,6,8,9,10-hexamethylhexaaza-1,3,5,7-te	10369-17-2	298.147	395.65	1	321.65	1	---	---	---	---	---	---	solid	1
9362	C6H18OSi2	hexamethyldisiloxane	107-46-0	162.378	204.93	1	373.67	1	25	0.7600	1	20	1.3777	---	liquid	1
9363	C6H18OSi2	bistrimethyl silyl oxide	---	162.378	---	---	373.67	2	---	---	---	---	---	---	---	---
9364	C6H18O24P6	phytic acid	83-86-3	660.039	---	---	276.02	1	---	---	---	---	---	---	gas	1
9365	C6H18O3Si2	1,3-dimethoxy-1,1,3,3-tetramethyldisiloxan	18187-24-1	194.377	---	---	412.15	1	20	0.9048	1	20	1.3835	1	---	---
9366	C6H18O3Si3	hexamethylcyclotrisiloxane	541-05-9	222.462	337.15	1	408.26	1	20	1.1200	1	---	---	---	solid	1
9367	C6H18O4SSi2	bis(trimethylsilyl) sulfate	18306-29-1	242.443	321.65	1	---	---	---	---	---	---	---	---	solid	1
9368	C6H18O5SSi2	bis(trimethylsilyl)peroxomonosulfate	23115-33-5	258.442	---	---	---	---	---	---	---	---	---	---	---	---
9369	C6H18SSi2	hexamethyldisilathiane	3385-94-2	178.445	---	---	436.15	1	25	0.9500	1	---	---	---	---	---
9370	C6H18PbSi	(dimethyl silylmethyl)trimethyl lead	---	325.494	---	---	---	---	---	---	---	---	---	---	---	---
9371	C6H18Pt2	hexamethyldiplatinum	4711-74-4	480.365	---	---	---	---	---	---	---	---	---	---	---	---
9372	C6H18Re	hexamethylrhenium	56090-02-9	276.416	---	---	325.65	1	---	---	---	---	---	---	---	---
9373	C6H18SeSi2	[bis(trimethylsilyl)]selenide	4099-46-1	225.339	266.25	1	---	---	---	---	---	---	---	---	---	---
9374	C6H18Si2	hexamethyldisilane	1450-14-2	146.379	286.65	1	386.65	1	22	0.7247	1	20	1.4229	1	liquid	1
9375	C6H18Si2Te	(bis(trimethylsilyl))telluride	4551-16-0	273.979	286.65	1	---	---	25	0.9700	1	---	---	---	---	---
9376	C6H18Sn2	hexamethyldistannane	661-69-8	327.629	298.65	1	455.15	1	---	---	---	---	---	---	solid	1
9377	C6H19NOSi2	N,o-bis(trimethylsilyl)hydroxylamine	22737-37-7	177.393	---	---	---	---	25	0.8300	1	---	1.4110	1	---	---
9378	C6H19NSi2	hexamethyldisilazane	999-97-3	161.394	---	---	399.15	1	25	0.7720	1	20	1.4080	1	---	---
9379	C6H19N3Si	tris(dimethylamino)silane	15112-89-7	161.323	---	---	---	---	---	---	---	---	---	---	---	---
9380	C6H20BNSi2	N,N'-bis(trimethylsilyl)aminoborane	73452-31-0	173.213	---	---	429.15	1	---	---	---	---	---	---	---	---
9381	C6H20B10S	dicarbadodecaboranylmethylpropyl sulfide	---	232.401	---	---	---	---	---	---	---	---	---	---	---	---
9382	C6H20Cl2N2O2Pt	iproplatin	62928-11-4	418.221	---	---	---	---	---	---	---	---	---	---	---	---
9383	C6H20Cl3CrN4O4	bis-1,2-diamino propane-cis-dichloro chror	---	370.604	---	---	---	---	---	---	---	---	---	---	---	---
9384	C6H20F4N2Si2Te	cis-bis(trimethylsilylamino)tellurium tetraflu	86045-52-5	380.003	---	---	---	---	---	---	---	---	---	---	---	---
9385	C6H20N2Si2	1,2-bis(trimethylsilyl)hydrazine	692-56-8	176.409	---	---	---	---	---	---	---	---	---	---	---	---
9386	C6H20O2Si3	1,1,3,3,5,5-hexamethyltrisiloxane	1189-93-1	208.479	---	---	401.05	1	25	0.8220	1	---	1.3800	1	---	---
9387	C6H21Cl2N7O9Ru	isonicotinamide pentaammine ruthenium(ii)	31279-70-6	507.251	---	---	---	---	---	---	---	---	---	---	---	---
9388	C6H21N3Si3	2,2,4,4,6,6-hexamethylcyclotrisilazane	1009-93-4	219.509	263.15	1	461.15	1	20	0.9196	1	20	1.4480	1	liquid	1
9389	C6H24Cl3CrN6O12	tris(1,2-diaminoethane)chromium(iii) perch	15246-55-6	530.645	---	---	384.65	1	---	---	---	---	---	---	---	---
9390	C6H24Cl3GaN12O18	hexaureagallium(iii) perchlorate	31332-72-6	728.410	---	---	---	---	---	---	---	---	---	---	---	---
9391	C6H24CoN9O9	tris(1,2-diaminoethane) cobalt(iii) nitrate	6865-68-5	425.247	---	---	---	---	---	---	---	---	---	---	---	---
9392	C6H24CrN15O15	hexaureachromium(iii) nitrate	22471-42-7	598.349	---	---	---	---	---	---	---	---	---	---	---	---
9393	C6H24O2	4'-octyloxyacetophenone	37062-63-8	128.255	304.15	1	---	---	25	0.7118	2	---	---	---	solid	1
9394	C6H24O6Si6	2,4,6,8,10,12-hexamethylcyclohexasiloxan	6166-87-6	360.763	194.15	1	---	---	20	1.0060	1	20	1.3944	1	---	---
9395	C6H26O8	2,3-dimethyl-2,3-butanediol hexahydrate	6091-58-3	226.268	318.55	1	445.15	1	15	0.9670	1	---	---	---	solid	1
9396	C6K2N6Pt	potassium hexacyanoplatinate(iv)	16920-94-8	429.383	---	---	---	---	---	---	---	---	---	---	---	---
9397	C6K3N3O6	potassium cyclohexanehexone-1,3,5-trioxir	---	327.378	---	---	---	---	---	---	---	---	---	---	---	---
9398	C6K6O6	potassium benzenehexoxide	---	402.652	---	---	---	---	---	---	---	---	---	---	---	---
9399	C6Li6O6	lithium benzenehexoxide	---	209.708	---	---	300.15	1	---	---	---	---	---	---	---	---
9400	C6MoO6	molybdenum hexacarbonyl	13939-06-5	264.002	423.15	dec	---	---	---	---	---	---	---	---	solid	1
9401	C6N4	tetracyanoethene	670-54-2	128.094	472.15	1	496.15	1	25	1.3480	1	25	1.5600	1	solid	1
9402	C6N6	1,3,5-triazine-2,4,6-tricarbonitrile	7615-57-8	156.108	392.15	1	535.15	1	25	1.8090	2	---	---	---	solid	1
9403	C6N6O3	3-cyano-5-(cyanofurazanyl)-1,2,4-oxadiazo	56092-91-2	204.106	---	---	---	---	25	1.9789	2	---	---	---	---	---
9404	C6N6O6	benzo[1,2-c:3,4-c':5,6-c'']tris[1,2,5]oxadiaz	3470-17-5	252.104	467.65	1	---	---	25	2.1011	2	---	---	---	solid	1
9405	C6N6O12	hexanitrobenzene	13232-74-1	348.101	527.15	1	---	---	25	2.2651	2	---	---	---	solid	1
9406	C6N12O2	tetraazido-p-benzoquinone	22826-61-5	272.149	---	---	351.15	1	25	2.2124	2	---	---	---	---	---
9407	C6Na6O6	sodium benzene hexoide	---	306.001	---	---	---	---	---	---	---	---	---	---	---	---
9408	C6O6K2	rhodizonic acid, dipotassium salt	13021-40-4	246.259	>573.15	1	---	---	---	---	---	---	---	---	solid	1
9409	C6O6Na2	rhodizonic acid, disodium salt p.a.	523-21-7	214.042	>573.15	1	---	---	---	---	---	---	---	---	solid	1
9410	C6O6V	vanadium carbonyl	20644-87-5	219.004	333.15	dec	---	---	---	---	---	---	---	---	solid	1
9411	C6O6V	hexacarbonyl vanadium	14024-00-1	219.004	---	---	---	---	---	---	---	---	---	---	---	---
9412	C6O6W	tungsten carbonyl	14040-11-0	351.902	443.15	dec	---	---	25	2.6500	1	---	---	---	solid	1
9413	C7BrF7	1-bromo-2,3,5,6-tetrafluoro-4-(trifluoromett	17823-46-0	296.971	---	---	425.65	1	25	1.9250	1	---	1.4290	1	---	---
9414	C7BrF15	perfluoroheptyl bromide	375-88-2	448.959	---	---	390.90	1	25	1.8940	1	---	1.3010	1	---	---
9415	C7ClF5O	2,3,4,5,6-pentafluorobenzoyl chloride	2251-50-5	230.521	---	---	431.60	1	25	1.6010	1	---	1.4540	1	---	---
9416	C7ClF5OS	pentafluorophenyl chlorothionoformate	135192-53-9	262.587	---	---	---	---	25	1.6350	1	---	1.4810	1	---	---
9417	C7F5N	pentafluorobenzonitrile	773-82-0	193.077	274.35	1	435.15	1	20	1.5630	1	25	1.4402	1	liquid	1
9418	C7F5NO	pentafluorophenyl isocyanate	1591-95-3	209.076	---	---	---	---	25	1.6000	1	---	1.4490	1	---	---
9419	C7F8	perfluorotoluene	434-64-0	236.065	207.66	1	377.65	1	25	1.6029	2	20	1.3670	1	liquid	1
9420	C7F14	perfluoro-1-heptene	355-63-5	350.056	---	---	354.15	1	25	1.6945	2	---	---	---	---	---
9421	C7F14	perfluoromethylcyclohexane	355-02-2	350.056	228.45	1	349.45	1	25	1.7878	1	17	1.2850	1	liquid	1
9422	C7F14O	bis(perfluoroisopropyl)ketone	813-44-5	366.055	---	---	345.50	1	25	1.7251	2	---	---	---	---	---
9423	C7F15I	perfluoro-N-heptyl iodide	335-58-0	495.959	---	---	410.50	1	25	2.0242	2	---	---	---	---	---
9424	C7F16	perfluoroheptane	335-57-9	388.053	221.95	1	355.65	1	20	1.7333	1	20	1.2618	1	liquid	1
9425	C7HClF4O	2,3,5,6-tetrafluorobenzoyl chloride	107535-73-9	212.531	---	---	---	---	25	1.5736	2	---	1.4655	1	---	---
9426	C7HClF4O	2,3,4,5-tetrafluorobenzoyl chloride	94695-48-4	212.531	---	---	---	---	25	1.5800	1	---	---	---	---	---
9427	C7HCl5O2	pentachlorobenzoic acid	1012-84-6	294.346	482.45	1	---	---	25	1.7324	2	---	---	---	solid	1
9428	C7HCl7	pentachloro(dichloromethyl)benzene	2136-95-0	333.252	392.65	1	607.15	1	25	1.7262	2	---	---	---	solid	1
9429	C7HF4N	2,3,4,5-tetrafluorobenzonitrile	16582-93-7	175.086	---	---	437.65	1	25	1.4630	1	---	1.4560	1	---	---
9430	C7HF4N	2,3,5,6-tetrafluorobenzonitrile	5216-17-1	175.086	307.65	1	437.65	2	25	1.5029	2	---	---	---	solid	1
9431	C7HF4NO4	2,3,4,5-tetrafluoro-6-nitrobenzoic acid	16583-08-7	239.084	409.15	1	---	---	25	1.7205	2	---	---	---	solid	1
9432	C7HF5O	pentafluorobenzaldehyde	653-37-2	196.077	293.15	1	440.15	1	25	1.5349	2	20	1.4506	1	liquid	1
9433	C7HF5O2	2,3,4,5,6-pentafluorobenzoic acid	602-94-8	212.076	375.15	1	493.15	1	25	1.5902	2	---	---	---	solid	1
9434	C7HF7	a,a,a,2,3,5,6-heptafluorotoluene	651-80-9	218.074	---	---	384.65	1	25	1.6010	1	---	1.3790	1	---	---
9435	C7HF7	2,3,4,5-tetrafluorobenzotrifluoride	654-53-5	218.074	---	---	377.15	1	25	1.5368	2	---	---	---	---	---
9436	C7HF7O	2,3,5,6-tetrafluoro-4-(trifluoromethyl)pheno	2787-79-3	234.074	298.15	1	436.65	1	25	1.7130	1	---	1.4140	1	---	---
9437	C7HF7S	4-(trifluoromethyl)-2,3,5,6-tetrafluorothioph	651-84-3	250.140	---	---	---	---	25	1.5886	2	---	1.4430	1	---	---
9438	C7HF13O2	tridecafluoroheptanoic acid	375-85-9	364.064	---	---	448.15	1	25	1.7920	1	---	1.3060	1	---	---
9439	C7HF15	1H-pentadecafluoroheptane	375-83-7	370.062	---	---	369.15	1	25	1.7250	1	25	1.2690	1	---	---
9440	C7H2BrF2NO	2-bromo-4,6-difluorophenyl isocyanate	190774-48-2	234.000	---	---	---	---	25	1.7560	1	---	1.5420	1	---	---

Table 1 Physical Properties - Organic Compounds

				Mol Wt	Freezing Point		Boiling Point		Density			Refractive Index			State	
NO	FORMULA	NAME	CAS No	g/mol	T_F, K	code	T_B, K	code	T, C	g/cm3	code	T, C	n_D	code	@25C,1 atm	code
9441	C7H2BrF5	a-bromo-2,3,4,5,6-pentafluorotoluene	1765-40-8	260.989	---	---	447.60	1	25	1.7240	1	---	1.4720	1	---	---
9442	C7H2ClF3N2O4	4-chloro-3,5-dinitrobenzotrifluoride	393-75-9	270.552	330.15	1	523.15	1	25	1.7453	2	---	---	---	solid	1
9443	C7H2ClF3O	2,3,4-trifluorobenzoyl chloride	157373-08-5	194.540	---	---	---	---	25	1.5220	1	---	1.4970	1	---	---
9444	C7H2ClF3O	2,3,6-trifluorobenzoyl chloride	189807-20-3	194.540	---	---	---	---	25	1.4800	1	---	1.4820	1	---	---
9445	C7H2ClF3O	2,4,6-trifluorobenzoyl chloride	79538-29-7	194.540	---	---	---	---	25	1.4840	1	---	---	---	---	---
9446	C7H2ClF3O	2,4,5-trifluorobenzoyl chloride	88419-56-1	194.540	---	---	---	---	25	1.5200	1	---	1.4980	1	---	---
9447	C7H2ClF4NO2	3-chloro-4-fluoro-5-nitrobenzotrifluoride	101646-02-0	243.545	---	---	473.15	1	25	1.6070	1	---	1.4820	1	---	---
9448	C7H2ClN3O4	4-chloro-3,5-dinitrobenzonitrile	1930-72-9	227.564	413.15	1	---	---	25	1.7557	2	---	---	---	solid	1
9449	C7H2Cl2FNO4	2,4-dichloro-5-fluoro-3-nitrobenzoic acid	106809-14-7	254.001	---	---	---	---	25	1.7139	2	---	---	---	---	---
9450	C7H2Cl2F3NO2	2,4-dichloro-5-nitrobenzotrifluoride	400-70-4	259.999	328.15	1	---	---	25	1.6589	2	---	---	---	solid	1
9451	C7H2Cl2F4	3,5-dichloro-4-fluorobenzotrifluoride	77227-81-7	232.992	---	---	440.15	1	25	1.5530	1	---	1.4620	1	---	---
9452	C7H2Cl2N2O6	2,4-dichloro-3,5-dinitrobenzoic acid	52729-03-0	281.008	485.65	1	---	---	25	1.8272	2	---	---	---	solid	1
9453	C7H2Cl3FO	2,4-dichloro-5-fluorobenzoyl chloride	86393-34-2	227.448	---	---	---	---	25	1.5680	1	---	1.5720	1	---	---
9454	C7H2Cl3F3	3,4,5-trichlorobenzotrifluoride	50594-82-6	249.446	264.25	1	474.15	1	25	1.6000	1	---	1.5000	1	liquid	1
9455	C7H2Cl4O	2,4,6-trichlorobenzoyl chloride	4136-95-2	243.902	---	---	---	---	25	1.5610	1	---	1.5750	1	---	---
9456	C7H2Cl4O2	2,4,6-trichlorophenyl chloroformate	4511-19-7	259.902	---	---	---	---	25	1.6531	2	---	---	---	---	---
9457	C7H2Cl5NO	pentachlorobenzaldehyde oxime	29450-63-3	293.362	---	---	---	---	25	1.6953	2	---	---	---	---	---
9458	C7H2F3N	3,4,5-trifluorobenzonitrile	134227-45-5	157.095	319.15	1	442.15	2	25	1.2465	2	---	---	---	solid	1
9459	C7H2F3N	2,3,4-trifluorobenzonitrile	143879-80-5	157.095	---	---	442.15	2	25	1.1200	1	---	1.4720	1	---	---
9460	C7H2F3N	2,4,6-trifluorobenzonitrile	96606-37-0	157.095	332.15	1	442.15	2	25	1.2465	2	---	---	---	solid	1
9461	C7H2F3N	2,4,5-trifluorobenzonitrile	98349-22-5	157.095	---	---	442.15	1	25	1.3730	1	---	1.4740	1	---	---
9462	C7H2F3NO	2,3,4-trifluorophenyl isocyanate	190774-58-4	173.095	---	---	---	---	25	1.4320	1	---	1.4780	1	---	---
9463	C7H2F4O	2,3,4,5-tetrafluorobenzaldehyde	---	178.086	---	---	451.15	2	25	1.4553	2	---	---	---	---	---
9464	C7H2F4O	2,3,5,6-tetrafluorobenzaldehyde	19842-76-3	178.086	---	---	451.15	1	25	1.5250	1	---	1.4690	1	---	---
9465	C7H2F4O2	2,3,4,5-tetrafluorobenzoic acid	1201-31-6	194.086	359.15	1	---	---	25	1.5165	2	---	---	---	solid	1
9466	C7H2F4O2	2,3,5,6-tetrafluorobenzoic acid	652-18-6	194.086	424.15	1	---	---	25	1.5165	2	---	---	---	solid	1
9467	C7H2F5NO	2,3,4,5,6-pentafluorobenzamide	652-31-3	211.092	420.65	1	---	---	25	1.5464	2	---	---	---	solid	1
9468	C7H2F6	2,4,6-trifluorobenzotrifluoride	122030-04-0	200.084	---	---	---	---	25	1.4656	2	---	1.3850	1	---	---
9469	C7H2F6	2,3,4-trifluorobenzotrifluoride	393-01-1	200.084	---	---	---	---	25	1.4656	2	---	---	---	---	---
9470	C7H2F7N	2,3,5,6-tetrafluoro-4-(trifluoromethyl)aniline	651-83-2	233.089	---	---	459.15	1	25	1.6870	1	---	1.4320	1	---	---
9471	C7H2F12O2	2,2,3,3,4,4,5,5,6,6,7,7-dodecafluoroheptan	1546-95-8	346.074	307.15	1	464.15	1	25	1.6714	2	---	---	---	solid	1
9472	C7H2N8O8	2-picryl-5-nitrotetrazole	82177-75-1	326.144	---	---	---	---	25	2.0890	2	---	---	---	---	---
9473	C7H2OBNSi	N-tert-butyl-N-trimethylsilylaminoborane	73452-32-1	154.995	---	---	---	---	---	---	---	---	---	---	---	---
9474	C7H3BrClF3	5-bromo-2-chlorobenzotrifluoride	445-01-2	259.453	---	---	467.05	1	25	1.7450	1	---	1.5070	1	---	---
9475	C7H3BrClF3	3-bromo-4-chlorobenzotrifluoride	454-78-4	259.453	272.15	1	462.15	1	25	1.7400	1	---	1.4990	1	liquid	1
9476	C7H3BrClNO	4-bromo-2-chlorophenyl isocyanate	190774-47-1	232.464	346.65	1	---	---	25	1.8072	2	---	---	---	solid	1
9477	C7H3BrClNO2	6-bromo-5-chloro-2-benzoxazolinone	5579-85-1	248.463	477.65	1	---	---	25	1.8508	2	---	---	---	solid	1
9478	C7H3BrClNS	4-bromo-2-chlorophenyl isothiocyanate	98041-69-1	248.530	320.15	1	---	---	25	1.7934	2	---	---	---	solid	1
9479	C7H3BrFN	3-bromo-4-fluorobenzonitrile	79630-23-2	200.010	326.15	1	---	---	25	1.7286	2	---	---	---	solid	1
9480	C7H3BrFN	4-bromo-2-fluorobenzonitrile	105942-08-3	200.010	343.65	1	---	---	25	1.7286	2	---	---	---	solid	1
9481	C7H3BrFN	5-bromo-2-fluorobenzonitrile	179897-89-3	200.010	350.65	1	---	---	25	1.7286	2	---	---	---	solid	1
9482	C7H3BrFNO	4-bromo-2-fluorophenyl isocyanate	88112-75-8	216.010	---	---	---	---	25	1.6640	1	---	1.5670	1	---	---
9483	C7H3BrF3NO2	4-bromo-3-nitrobenzotrifluoride	349-03-1	270.006	---	---	---	---	25	1.7600	1	---	---	---	---	---
9484	C7H3BrF3NO2	2-bromo-5-nitrobenzotrifluoride	367-67-9	270.006	315.65	1	---	---	25	1.7750	2	---	---	---	solid	1
9485	C7H3BrF3NO2	5-bromo-2-nitrobenzotrifluoride	344-38-7	270.006	337.15	1	---	---	25	1.7900	1	---	---	---	solid	1
9486	C7H3BrF4	2,3,5,6-tetrafluorobenzyl bromide	---	242.999	---	---	---	---	25	1.7221	2	---	---	---	---	---
9487	C7H3BrF4	2,3,4,5-tetrafluorobenzyl bromide	---	242.999	---	---	---	---	25	1.7221	2	---	---	---	---	---
9488	C7H3Br2NO	3,5-dibromo-4-hydroxybenzonitrile	1689-84-5	276.915	463.15	1	---	---	25	2.1093	2	---	---	---	solid	1
9489	C7H3Br3O3	3-hydroxy-2,4,6-tribromobenzoic acid	14348-40-4	374.811	421.15	1	394.15	1	25	2.3705	2	---	---	---	solid	1
9490	C7H3Br4NO3	2,3,5,6-tetrabromo-4-methyl-4-nitrocyclohe	95111-49-2	468.722	363.65	1	---	---	25	2.5724	2	---	---	---	solid	1
9491	C7H3Br5	pentabromomethylbenzene	87-83-2	486.621	561.15	1	---	---	17	2.9700	1	---	---	---	solid	1
9492	C7H3Br5O	2,3,4,5,6-pentabromobenzyl alcohol	79415-41-1	502.620	537.65	1	---	---	25	2.6939	2	---	---	---	solid	1
9493	C7H3ClFN	3-chloro-4-fluorobenzonitrile	117482-84-5	155.559	342.65	1	---	---	25	1.3760	2	---	---	---	solid	1
9494	C7H3ClFN	4-chloro-2-fluorobenzonitrile	57381-51-8	155.559	332.65	1	---	---	25	1.3760	2	---	---	---	solid	1
9495	C7H3ClFN	2-chloro-4-fluorobenzonitrile	60702-69-4	155.559	337.15	1	---	---	25	1.3760	2	---	---	---	solid	1
9496	C7H3ClFN	2-chloro-6-fluorobenzonitrile	668-45-1	155.559	330.15	1	---	---	25	1.3760	2	---	---	---	solid	1
9497	C7H3ClFNO	3-chloro-4-fluorophenyl isocyanate	50529-33-4	171.558	---	---	---	---	25	1.3770	1	---	1.5410	1	---	---
9498	C7H3ClF2O	3,5-difluorobenzoyl chloride	129714-97-2	176.550	---	---	463.15	2	25	1.5000	1	---	1.5031	1	---	---
9499	C7H3ClF2O	2,6-difluorobenzoyl chloride	18063-02-0	176.550	---	---	463.15	2	25	1.4040	1	---	1.4990	1	---	---
9500	C7H3ClF2O	2,3-difluorobenzoyl chloride	18355-73-2	176.550	---	---	463.15	1	25	1.4230	1	---	1.5140	1	---	---
9501	C7H3ClF2O	2,5-difluorobenzoyl chloride	35730-09-7	176.550	---	---	463.15	2	25	1.4220	1	---	1.5150	1	---	---
9502	C7H3ClF2O	2,4-difluorobenzoyl chloride	72482-64-5	176.550	---	---	463.15	2	25	1.4370	1	---	1.5160	1	---	---
9503	C7H3ClF2O	3,4-difluorobenzoyl chloride	76903-88-3	176.550	---	---	463.15	2	25	1.4060	1	---	1.5110	1	---	---
9504	C7H3ClF2O2	2-chloro-4,5-difluorobenzoic acid	110877-64-0	192.549	377.65	1	531.15	1	25	1.4821	2	---	---	---	solid	1
9505	C7H3ClF2O2	4-chloro-2,5-difluorobenzoic acid	132794-07-1	192.549	428.65	1	531.15	2	25	1.4821	2	---	---	---	solid	1
9506	C7H3ClF3I	5-chloro-2-iodobenzotrifluoride	23399-77-1	306.453	303.15	1	---	---	25	1.9700	1	---	1.5505	1	solid	1
9507	C7H3ClF3I	4-chloro-3-iodobenzotrifluoride	672-57-1	306.453	---	---	---	---	25	1.9730	1	---	1.5400	1	---	---
9508	C7H3ClF3NO2	4-chloro-3-nitrobenzotrifluoride	121-17-5	225.555	---	---	495.15	1	25	1.5060	1	20	1.4893	1	---	---
9509	C7H3ClF3NO2	1-chloro-4-nitro-2-(trifluoromethyl)benzene	777-37-7	225.555	295.15	1	505.15	1	25	1.5270	1	26	1.5083	1	liquid	1
9510	C7H3ClF3NO2	4-chloro-1-nitro-2-(trifluoromethyl)benzene	118-83-2	225.555	---	---	500.15	2	25	1.5260	1	20	1.4980	1	---	---
9511	C7H3ClN2O2	2-chloro-5-nitrobenzonitrile	16588-02-6	182.566	379.65	1	---	---	25	1.5388	2	---	---	---	solid	1
9512	C7H3ClN2O2	2-chloro-4-nitrobenzonitrile	28163-00-0	182.566	351.15	1	---	---	25	1.5388	2	---	---	---	solid	1
9513	C7H3ClN2O2	5-chloro-2-nitrobenzonitrile	34662-31-2	182.566	364.65	1	---	---	25	1.5388	2	---	---	---	solid	1
9514	C7H3ClN2O2	4-chloro-3-nitrobenzonitrile	939-80-0	182.566	372.15	1	---	---	25	1.5388	2	---	---	---	solid	1
9515	C7H3ClN2O5	3,5-dinitrobenzoyl chloride	99-33-2	230.564	347.15	1	---	---	25	1.7017	2	---	---	---	solid	1
9516	C7H3ClN2O6	4-chloro-3,5-dinitrobenzoic acid	118-97-8	246.564	433.15	1	434.65	1	25	1.7473	2	---	---	---	solid	1
9517	C7H3ClN2O6	2-chloro-3,5-dinitrobenzoic acid	2497-91-8	246.564	470.65	1	513.65	1	25	1.7473	2	---	---	---	solid	1
9518	C7H3Cl2FO2	2,4-dichloro-5-fluorobenzoic acid	86522-89-6	209.003	415.65	1	---	---	25	1.5231	2	---	---	---	solid	1
9519	C7H3Cl2F3	2,4-dichlorobenzotrifluoride	320-60-5	215.001	247.55	1	450.65	1	25	1.4920	1	---	---	---	liquid	1
9520	C7H3Cl2F3	3,5-dichlorobenzotrifluoride	---	215.001	272.15	1	446.65	1	25	1.4700	1	---	1.4720	1	liquid	1

Table 1 Physical Properties - Organic Compounds

				Mol Wt	Freezing Point		Boiling Point		Density			Refractive Index			State	
NO	FORMULA	NAME	CAS No	g/mol	T_F, K	code	T_B, K	code	T, C	g/cm3	code	T, C	n_D	code	@25C,1 atm	code
9521	C7H3Cl2F3	2,5-dichlorobenzotrifluoride	320-50-3	215.001	---	---	447.97	2	25	1.4800	1	---	1.4830	1	---	---
9522	C7H3Cl2F3	3,4-dichlorobenzotrifluoride	328-84-7	215.001	260.75	1	446.60	1	25	1.4780	1	---	1.4750	1	liquid	1
9523	C7H3Cl2N	2,6-dichlorobenzonitrile	1194-65-6	172.013	417.65	1	543.15	1	25	1.4292	2	---	---	---	solid	1
9524	C7H3Cl2N	2,3-dichlorobenzonitrile	6574-97-6	172.013	323.15	1	543.15	2	25	1.4292	2	---	---	---	solid	1
9525	C7H3Cl2N	2,4-dichlorobenzonitrile	6574-98-7	172.013	331.15	1	543.15	2	25	1.4292	2	---	---	---	solid	1
9526	C7H3Cl2N	3,5-dichlorobenzonitrile	6575-00-4	172.013	338.15	1	543.15	2	25	1.4292	2	---	---	---	solid	1
9527	C7H3Cl2NO	3,4-dichlorophenyl isocyanate	102-36-3	188.012	316.15	1	501.00	1	25	1.4000	2	---	---	---	solid	1
9528	C7H3Cl2NO	2,4-dichlorophenyl isocyanate	2612-57-9	188.012	331.65	1	501.00	2	25	1.4000	2	---	---	---	solid	1
9529	C7H3Cl2NO	3,5-dichlorophenyl isocyanate	34893-92-0	188.012	305.15	1	501.00	2	25	1.3800	1	---	---	---	solid	1
9530	C7H3Cl2NO	2,6-dichlorophenyl isocyanate	39920-37-1	188.012	316.15	1	501.00	2	25	1.4000	2	---	---	---	solid	1
9531	C7H3Cl2NO	2,3-dichlorophenyl isocyanate	41195-90-8	188.012	---	---	501.00	2	25	1.4200	1	---	1.5784	1	---	---
9532	C7H3Cl2NO	2,5-dichlorophenyl isocyanate	5392-82-5	188.012	303.15	1	501.00	2	25	1.4000	2	---	---	---	solid	1
9533	C7H3Cl2NO2	2,6-pyridinedicarbonyl chloride	3739-94-4	204.012	331.65	1	557.15	1	25	1.5504	2	---	---	---	solid	1
9534	C7H3Cl2NO3	4-chloro-3-nitrobenzoyl chloride	38818-50-7	220.011	325.15	1	---	---	25	1.6035	2	---	---	---	solid	1
9535	C7H3Cl2NS	2,5-dichlorophenyl isothiocyanate	3386-42-3	204.079	---	---	536.82	2	25	1.4250	1	---	1.6700	1	---	---
9536	C7H3Cl2NS	3,5-dichlorophenyl isothiocyanate	6590-93-8	204.079	321.65	1	547.15	1	25	1.4228	2	---	---	---	solid	1
9537	C7H3Cl2NS	3,4-dichlorophenyl isothiocyanate	6590-94-9	204.079	---	---	536.82	2	25	1.4220	1	---	1.6800	1	---	---
9538	C7H3Cl2NS	2,4-dichlorophenyl isothiocyanate	6590-96-1	204.079	312.15	1	533.15	1	25	1.4100	1	---	---	---	solid	1
9539	C7H3Cl2NS	2,3-dichlorophenyl isothiocyanate	6590-97-2	204.079	530.15	1	530.15	1	25	1.4340	1	---	1.6750	1	solid	1
9540	C7H3Cl3O	2,4-dichlorobenzoyl chloride	89-75-8	209.458	289.65	1	515.15	2	25	1.5078	2	20	1.5895	1	liquid	2
9541	C7H3Cl3O	3,4-dichlorobenzoyl chloride	3024-72-4	209.458	298.15	1	515.15	1	25	1.5078	2	---	---	---	---	---
9542	C7H3Cl3O	3,5-dichlorobenzoyl chloride	2905-62-6	209.458	301.15	1	515.15	2	25	1.5078	2	---	1.5820	1	solid	1
9543	C7H3Cl3O	2,6-dichlorobenzoyl chloride	4659-45-4	209.458	348.15	1	515.15	2	25	1.4560	1	---	1.5610	1	solid	1
9544	C7H3Cl3O	2,3,6-trichlorobenzaldehyde	4659-47-6	209.458	360.65	1	515.15	2	25	1.5078	2	---	---	---	solid	1
9545	C7H3Cl3O	2,3,5-trichlorobenzaldehyde	56961-75-2	209.458	347.15	1	515.15	2	25	1.5078	2	---	---	---	solid	1
9546	C7H3Cl3O2	2,3,6-trichlorobenzoic acid	50-31-7	225.457	397.65	1	---	---	25	1.5599	2	---	---	---	solid	1
9547	C7H3Cl3O2	2,4,5-trichlorobenzoic acid	50-82-8	225.457	439.65	1	---	---	25	1.5599	2	---	---	---	solid	1
9548	C7H3Cl3O2	2,4,6-trichlorobenzoic acid	50-43-1	225.457	431.15	1	---	---	25	1.5599	2	---	---	---	solid	1
9549	C7H3Cl3O2	2,3,5-trichlorobenzoic acid	50-73-7	225.457	438.65	1	---	---	25	1.5599	2	---	---	---	solid	1
9550	C7H3Cl4F	a,a,a,2-tetrachloro-6-fluorotoluene	84473-83-6	247.909	313.65	1	---	---	25	1.5458	2	---	---	---	solid	1
9551	C7H3Cl4NO3	tetrachloronitroanisole	2438-88-2	290.916	---	---	---	---	25	1.6954	2	---	---	---	---	---
9552	C7H3Cl5	1,2-dichloro-4-(trichloromethyl)benzene	13014-24-9	264.363	298.95	1	556.25	1	20	1.5913	1	20	1.5886	1	solid	1
9553	C7H3Cl5	2,3,4,5,6-pentachlorotoluene	877-11-2	264.363	497.95	1	574.15	1	20	1.5935	2	---	---	---	solid	1
9554	C7H3Cl5	1,2,3-trichloro-4-(dichloromethyl)benzene	56961-82-1	264.363	357.15	1	551.15	1	20	1.5935	2	---	---	---	solid	1
9555	C7H3Cl5	1,2,4-trichloro-5-(dichloromethyl)benzene	33429-70-8	264.363	---	---	553.65	1	20	1.5956	1	20	1.5992	1	---	---
9556	C7H3Cl5	a-a-a-2,4-pentachlorotoluene	13014-18-1	264.363	---	---	463.15	1	20	1.5935	2	---	---	---	---	---
9557	C7H3Cl5HgO	methylmercury pentachlorophenate	5902-76-1	480.953	---	---	---	---	---	---	---	---	---	---	---	---
9558	C7H3Cl5O	methyl pentachlorophenate	1825-21-4	280.363	381.65	1	389.95	1	25	1.6178	2	---	---	---	solid	1
9559	C7H3FN2O3	4-fluoro-2-nitrophenyl isocyanate	---	182.112	325.65	1	---	---	25	1.5571	2	---	---	---	solid	1
9560	C7H3FN2O3	4-fluoro-3-nitrophenyl isocyanate	65303-82-4	182.112	300.65	1	---	---	25	1.4530	1	---	1.5680	1	solid	1
9561	C7H3F2N	2,6-difluorobenzonitrile	1897-52-5	139.105	304.15	1	470.65	1	25	1.2460	1	---	1.4880	1	solid	1
9562	C7H3F2N	2,3-difluorobenzonitrile	21524-39-0	139.105	---	---	462.15	1	25	1.2520	1	---	1.4880	1	---	---
9563	C7H3F2N	2,4-difluorobenzonitrile	3939-09-1	139.105	320.65	1	461.78	2	25	1.2490	2	---	---	---	solid	1
9564	C7H3F2N	3,4-difluorobenzonitrile	64248-62-0	139.105	324.15	1	453.15	1	25	1.2490	2	---	---	---	solid	1
9565	C7H3F2N	3,5-difluorobenzonitrile	64248-63-1	139.105	359.65	1	461.78	2	25	1.2490	2	---	---	---	solid	1
9566	C7H3F2N	2,5-difluorobenzonitrile	64248-64-2	139.105	307.15	1	461.15	1	25	1.2490	2	---	---	---	solid	1
9567	C7H3F2NO	2,5-difluorophenyl isocyanate	39718-32-6	155.104	---	---	437.15	2	25	1.3200	1	---	1.4940	1	---	---
9568	C7H3F2NO	3,4-difluorophenyl isocyanate	42601-04-7	155.104	---	---	437.15	1	25	1.3260	1	---	1.4980	1	---	---
9569	C7H3F2NO	2,4-difluorophenyl isocyanate	59025-55-7	155.104	---	---	437.15	2	25	1.3050	1	---	1.4920	1	---	---
9570	C7H3F2NS	2,6-difluorophenyl isocyanate	65295-69-4	171.171	296.65	1	490.15	2	25	1.3370	2	---	1.4930	1	liquid	2
9571	C7H3F2NS	2,4-difluorophenyl isothiocyanate	141106-52-7	171.171	---	---	490.15	2	25	1.3490	1	---	1.5980	1	---	---
9572	C7H3F2NS	2,6-difluorophenyl isothiocyanate	207974-17-2	171.171	---	---	490.15	1	25	1.3250	1	---	1.6040	1	---	---
9573	C7H3F3N2O4	3,5-dinitrobenzotrifluoride	401-99-0	236.108	322.65	1	---	---	25	1.6588	2	---	---	---	solid	1
9574	C7H3F3O	2,3,6-trifluorobenzaldehyde	104451-70-9	160.096	---	---	432.15	1	25	1.4250	1	---	1.4870	1	---	---
9575	C7H3F3O	2,3,5-trifluorobenzaldehyde	126202-23-1	160.096	---	---	438.15	1	25	1.4070	1	---	1.4780	1	---	---
9576	C7H3F3O	3,4,5-trifluorobenzaldehyde	132123-54-7	160.096	---	---	447.15	1	25	1.4200	1	---	1.4820	1	---	---
9577	C7H3F3O	2,3,4-trifluorobenzaldehyde	161793-17-5	160.096	---	---	439.65	2	25	1.4040	1	---	1.4820	1	---	---
9578	C7H3F3O	2,4,5-trifluorobenzaldehyde	165047-24-5	160.096	---	---	441.15	1	25	1.4080	1	---	1.4820	1	---	---
9579	C7H3F3O2	3,4,5-trifluorobenzoic acid	121602-93-5	176.095	371.15	1	---	---	25	1.4362	2	---	---	---	solid	1
9580	C7H3F3O2	2,4,6-trifluorobenzoic acid	28314-80-9	176.095	416.65	1	---	---	25	1.4362	2	---	---	---	solid	1
9581	C7H3F3O2	2,4,5-trifluorobenzoic acid	446-17-3	176.095	372.65	1	---	---	25	1.4362	2	---	---	---	solid	1
9582	C7H3F3O2	2,3,4-trifluorobenzoic acid	61079-72-9	176.095	414.15	1	---	---	25	1.4362	2	---	---	---	solid	1
9583	C7H3F4NO2	4-fluoro-3-nitrobenzotrifluoride	367-86-2	209.101	---	---	471.65	2	25	1.4940	1	---	1.4620	1	---	---
9584	C7H3F4NO2	5-fluoro-2-nitrobenzotrifluoride	393-09-9	209.101	296.15	1	471.65	1	25	1.4970	1	---	1.4600	1	liquid	1
9585	C7H3F4NO2	2-fluoro-5-nitrobenzotrifluoride	400-74-8	209.101	---	---	471.65	2	25	1.5220	1	---	1.4650	1	---	---
9586	C7H3F5	2,3,4,5,6-pentafluorotoluene	771-56-2	182.093	243.37	1	390.65	1	20	1.4400	1	25	1.4016	1	liquid	1
9587	C7H3F5	3,4-difluorobenzotrifluoride	32137-19-2	182.093	---	---	390.65	2	25	1.3885	2	---	---	---	---	---
9588	C7H3F5O	pentafluoromethoxybenzene	389-40-2	198.093	236.15	1	411.65	1	20	1.4930	1	20	1.4087	1	liquid	1
9589	C7H3F5O	2,3,4,5,6-pentafluorobenzyl alcohol	440-60-8	198.093	309.65	1	421.10	1	25	1.4485	2	---	---	---	solid	1
9590	C7H3F12N3	4-amino-2,2,5,5-tetrakis(trifluoromethyl)-3-	23757-42-8	357.104	433.20	1	---	---	25	1.6760	2	---	---	---	solid	1
9591	C7H3HgNO4	7-nitro-3-oxo-3H-2,1-benzoxamercurole	53663-14-2	365.695	---	---	---	---	---	---	---	---	---	---	---	---
9592	C7H3I2LiO3	lithium 3,5-diiodosalicylate	653-14-5	395.849	---	---	---	---	---	---	---	---	---	---	---	---
9593	C7H3I2NO	ioxynil	1689-83-4	370.916	481.05	1	---	---	25	2.4947	2	---	---	---	solid	1
9594	C7H3I3O2	3,4,5-triiodobenzoic acid	2338-20-7	499.813	565.65	1	---	---	25	2.7985	2	---	---	---	solid	1
9595	C7H3I3O2	2,3,5-triiodobenzoic acid	88-82-4	499.813	498.65	1	---	---	25	2.7985	2	---	---	---	solid	1
9596	C7H3NO3	2,3-pyridinedicarboxylic anhydride	699-98-9	149.106	409.15	1	---	---	25	1.4501	2	---	---	---	solid	1
9597	C7H3IN2O2	4-iodobenzenediazonium-2-carboxylate	---	274.018	---	---	358.15	1	25	2.1078	2	---	---	---	---	---
9598	C7H3IN2O3	4-hydroxy-3-iodo-5-nitrobenzonitrile	1689-89-0	290.017	410.65	1	---	---	25	2.1385	2	---	---	---	solid	1
9599	C7H3N3O4	3,5-dinitrobenzonitrile	4110-35-4	193.119	402.65	1	---	---	25	1.6516	2	---	---	---	solid	1
9600	C7H3N3O4S	2,4-dinitro-1-thiocyanobenzene	1594-56-5	225.185	---	---	---	---	25	1.6996	2	---	---	---	---	---

Table 1 Physical Properties - Organic Compounds

				Mol Wt	Freezing Point		Boiling Point		Density			Refractive Index			State	
NO	FORMULA	NAME	CAS No	g/mol	T_F, K	code	T_B, K	code	T, C	g/cm3	code	T, C	n_D	code	@25C,1 atm	code
9601	C7H3N3O7	2,4,6-trinitrobenzaldehyde	606-34-8	241.118	---	---	---	---	25	1.8024	2	---	---	---	---	---
9602	C7H3N3O8	2,4,6-trinitrobenzoic acid	129-66-8	257.117	501.15	dec	---	---	25	1.8445	2	---	---	---	solid	1
9603	C7H3N8	3-phenyl-1-tetrazolyl-1-tetrazene	---	199.157	---	---	473.15	1	25	1.7212	2	---	---	---	---	---
9604	C7H4	hepta-1,3,5-triyne	66486-68-8	88.109	---	---	---	---	25	1.0218	2	---	---	---	---	---
9605	C7H4AgN3O6	silver 3,5-dinitroanthranilate	58302-42-4	333.992	---	---	476.15	1	---	---	---	---	---	---	---	---
9606	C7H4BrClF3N	4-amino-3-bromo-5-chlorobenzotrifluoride	109919-26-8	274.468	303.65	1	---	---	25	1.7463	2	---	1.5360	1	solid	1
9607	C7H4BrClN2O	2-amino-5-bromo-6-chlorobenzoxazole	64037-09-8	247.479	---	---	560.65	1	25	1.8014	2	---	---	---	---	---
9608	C7H4BrClN2O	2-amino-6-bromo-5-chlorobenzoxazole	64037-08-7	247.479	---	---	560.65	2	25	1.8014	2	---	---	---	---	---
9609	C7H4BrClO	2-bromobenzoyl chloride	7154-66-7	219.465	284.15	1	516.15	1	25	1.7028	2	20	1.5963	1	liquid	1
9610	C7H4BrClO	4-bromobenzoyl chloride	586-75-4	219.465	315.15	1	519.15	1	25	1.7028	2	---	---	---	solid	1
9611	C7H4BrClO	3-bromobenzoyl chloride	1711-09-7	219.465	---	---	425.05	1	25	1.6620	1	---	1.5950	1	---	---
9612	C7H4BrClO2	5-bromo-2-chlorobenzoic acid	21739-92-4	235.464	431.65	1	---	---	25	1.7506	2	---	---	---	solid	1
9613	C7H4BrClO2	3-bromo-5-chloro-2-hydroxybenzaldehyde	19652-32-5	235.464	358.15	1	---	---	25	1.7506	2	---	---	---	solid	1
9614	C7H4BrClO2	4-bromophenyl chloroformate	7693-44-9	235.464	---	---	---	---	25	1.6480	1	---	1.5580	1	---	---
9615	C7H4BrFO	4-bromo-2-fluorobenzaldehyde	57848-46-1	203.011	334.15	1	503.15	2	25	1.6698	2	---	---	---	solid	1
9616	C7H4BrFO	3-bromo-4-fluorobenzaldehyde	77771-02-9	203.011	303.65	1	503.15	2	25	1.6698	2	---	---	---	solid	1
9617	C7H4BrFO	5-bromo-2-fluorobenzaldehyde	93777-26-5	203.011	---	---	503.15	1	25	1.7100	1	---	1.5700	1	---	---
9618	C7H4BrFO2	2-bromo-4-fluorobenzoic acid	1006-41-3	219.010	444.15	1	---	---	25	1.7218	2	---	---	---	solid	1
9619	C7H4BrFO2	4-bromo-2-fluorobenzoic acid	112704-79-7	219.010	---	---	---	---	25	1.7218	2	---	---	---	---	---
9620	C7H4BrF3	1-bromo-2-(trifluoromethyl)benzene	392-83-6	225.008	---	---	440.65	1	25	1.6520	1	20	1.4817	1	---	---
9621	C7H4BrF3	1-bromo-3-(trifluoromethyl)benzene	401-78-5	225.008	274.15	1	424.65	1	25	1.6130	1	20	1.4716	1	liquid	1
9622	C7H4BrF3	1-bromo-4-(trifluoromethyl)benzene	402-43-7	225.008	---	---	433.15	1	25	1.6070	1	25	1.4705	1	---	---
9623	C7H4BrF3	2,3,6-trifluorobenzyl bromide	151412-02-1	225.008	387.15	1	432.82	2	25	1.7180	1	---	1.5070	1	solid	1
9624	C7H4BrF3Mg	2-trifluoromethylphenyl magnesium bromid	395-47-1	249.313	---	---	426.75	2	---	---	---	---	---	---	---	---
9625	C7H4BrF3Mg	3-trifluoromethylphenyl magnesium bromid	402-26-6	249.313	---	---	423.85	1	---	---	---	---	---	---	---	---
9626	C7H4BrF3Mg	4-trifluoromethylphenyl magnesium bromid	402-51-7	249.313	---	---	429.65	1	---	---	---	---	---	---	---	---
9627	C7H4BrF3N2O2	4-amino-3-bromo-5-nitrobenzotrifluoride	113170-71-1	285.021	342.15	1	---	---	25	1.8334	2	---	---	---	solid	1
9628	C7H4BrF3O	1-bromo-3-(trifluoromethoxy)benzene	2252-44-0	241.008	---	---	430.15	1	25	1.6200	1	---	1.4620	1	---	---
9629	C7H4BrF3O	1-bromo-4-(trifluoromethoxy)benzene	407-14-7	241.008	---	---	427.15	1	25	1.6220	1	---	1.4610	1	---	---
9630	C7H4BrF3S	4-bromophenyl trifluoromethyl sulfide	333-47-1	257.074	---	---	---	---	25	1.6992	2	---	1.5165	1	---	---
9631	C7H4BrN	2-bromobenzonitrile	2042-37-7	182.020	328.65	1	525.15	1	25	1.6498	2	---	---	---	solid	1
9632	C7H4BrN	3-bromobenzonitrile	6952-59-6	182.020	312.65	1	498.15	1	25	1.6498	2	---	---	---	solid	1
9633	C7H4BrN	4-bromobenzonitrile	623-00-7	182.020	387.15	1	509.15	1	25	1.6498	2	---	---	---	solid	1
9634	C7H4BrNO	1-bromo-4-isocyanatobenzene	2493-02-9	198.019	---	---	499.15	1	25	1.5945	2	---	---	---	---	---
9635	C7H4BrNO	2-bromophenyl isocyanate	1592-00-3	198.019	---	---	496.15	2	25	1.6030	1	---	1.5840	1	---	---
9636	C7H4BrNO	3-bromophenyl isocyanate	23138-55-8	198.019	---	---	493.15	1	25	1.5860	1	---	1.5850	1	---	---
9637	C7H4BrNOS	6-bromo-2-benzothiazolinone	62266-82-4	230.085	503.15	1	---	---	25	1.7496	2	---	---	---	solid	1
9638	C7H4BrNO2	5-bromo-2-benzoxazolinone	14733-73-4	214.019	---	---	284.00	1	25	1.7606	2	---	---	---	gas	1
9639	C7H4BrNO2	6-bromo-2-benzoxazolinone	19932-85-5	214.019	---	---	270.55	1	25	1.7606	2	---	---	---	gas	1
9640	C7H4BrNO4	2-bromo-4-nitrobenzoic acid	16426-64-5	246.017	439.65	1	---	---	25	1.8527	2	---	---	---	solid	1
9641	C7H4BrNO4	2-bromo-5-nitrobenzoic acid	943-14-6	246.017	453.65	1	---	---	25	1.8527	2	---	---	---	solid	1
9642	C7H4BrNO4	4-bromo-3-nitrobenzoic acid	6319-40-0	246.017	476.65	1	---	---	25	1.8527	2	---	---	---	solid	1
9643	C7H4BrNO4	2-nitro-5-bromobenzoic acid	6950-43-2	246.017	413.15	1	---	---	18	1.9200	1	---	---	---	solid	1
9644	C7H4BrNS	2-bromophenyl isothiocyanate	13037-60-0	214.086	---	---	530.15	1	25	1.5910	1	---	1.6840	1	---	---
9645	C7H4BrNS	3-bromophenyl isothiocyanate	2131-59-1	214.086	---	---	529.15	1	25	1.7006	2	---	---	---	---	---
9646	C7H4BrNS	p-bromophenyl isothiocyanate	1985-12-2	214.086	333.65	1	463.65	1	25	1.7006	2	---	---	---	solid	1
9647	C7H4BrN3O	p-bromobenzoyl azide	14917-59-0	226.033	319.15	1	---	---	25	1.8164	2	---	---	---	solid	1
9648	C7H4BrN3O2	2-amino-3-bromo-5-nitrobenzonitrile	17601-94-4	242.033	---	---	---	---	25	1.8610	2	---	---	---	---	---
9649	C7H4BrN3O2	3-bromo-7-nitroindazole	74209-34-0	242.033	458.15	1	---	---	25	1.8610	2	---	---	---	solid	1
9650	C7H4Br2F3N	2-amino-3,5-dibromobenzotrifluoride	71757-14-7	318.919	---	---	---	---	25	1.9954	2	---	---	---	---	---
9651	C7H4Br2F3N	4-amino-3,5-dibromobenzotrifluoride	72678-19-4	318.919	312.15	1	---	---	25	1.9954	2	---	---	---	solid	1
9652	C7H4Br2N2	2-amino-3,5-dibromobenzonitrile	68385-95-5	275.931	434.65	1	---	---	25	2.0527	2	---	---	---	solid	1
9653	C7H4Br2N2O	2-amino-5,7-dibromobenzoxazole	52112-67-1	291.930	---	---	---	---	25	2.0846	2	---	---	---	---	---
9654	C7H4Br2O2	2,4-dibromobenzoic acid	611-00-7	279.916	447.15	1	---	---	25	2.0408	2	---	---	---	solid	1
9655	C7H4Br2O2	2,5-dibromobenzoic acid	610-71-9	279.916	430.15	1	---	---	25	2.0408	2	---	---	---	solid	1
9656	C7H4Br2O2	2,6-dibromobenzoic acid	601-84-3	279.916	423.65	1	---	---	25	2.0408	2	---	---	---	solid	1
9657	C7H4Br2O2	3,5-dibromo-2-hydroxybenzaldehyde	90-59-5	279.916	359.15	1	---	---	25	2.0408	2	---	---	---	solid	1
9658	C7H4Br2O2	3,5-dibromobenzoic acid	618-58-6	279.916	492.15	1	---	---	25	2.0408	2	---	---	---	solid	1
9659	C7H4Br2O2	3,5-dibromo-4-hydroxybenzaldehyde	2973-77-5	279.916	455.15	1	---	---	25	2.0408	2	---	---	---	solid	1
9660	C7H4Br2O3	3,5-dibromo-2-hydroxybenzoic acid	3147-55-5	295.915	501.15	1	---	---	25	2.0726	2	---	---	---	solid	1
9661	C7H4Br2O3	3,5-dibromo-4-hydroxybenzoic acid	3337-62-0	295.915	545.65	1	---	---	25	2.0726	2	---	---	---	solid	1
9662	C7H4Br2O5	2,6-dibromo-3,4,5-trihydroxybenzoic acid	602-92-6	327.914	423.15	1	---	---	25	2.1292	2	---	---	---	solid	1
9663	C7H4Br4O	1,2,3,5-tetrabromo-4-methoxybenzene	95970-07-3	423.724	386.65	1	613.15	1	25	2.4745	2	---	---	---	solid	1
9664	C7H4Br4O	2,3,4,5-tetrabromo-6-methylphenol	576-55-6	423.724	481.15	1	613.15	2	25	2.4745	2	---	---	---	solid	1
9665	C7H4Br4O	2,3,5,6-tetrabromo-4-methylphenol	37721-75-8	423.724	470.65	1	613.15	2	25	2.4745	2	---	---	---	solid	1
9666	C7H4ClFN2S	6-chloro-5-fluorobenzimidazole-2-thiol	142313-30-2	202.640	571.15	1	---	---	25	1.4752	2	---	---	---	solid	1
9667	C7H4ClFO	2-fluorobenzoyl chloride	393-52-2	158.559	275.15	1	474.65	2	25	1.3280	1	20	1.5365	1	liquid	2
9668	C7H4ClFO	3-fluorobenzoyl chloride	1711-07-5	158.559	243.15	1	462.15	1	25	1.3040	1	20	1.5285	1	liquid	1
9669	C7H4ClFO	4-fluorobenzoyl chloride	403-43-0	158.559	282.15	1	474.65	2	25	1.3420	1	20	1.5296	1	liquid	2
9670	C7H4ClFO	4-chloro-3-fluorobenzaldehyde	---	158.559	---	---	474.65	2	25	1.3310	2	---	---	---	---	---
9671	C7H4ClFO	4-chloro-2-fluorobenzaldehyde	---	158.559	332.65	1	474.65	2	25	1.3310	2	---	---	---	solid	1
9672	C7H4ClFO	3-chloro-4-fluorobenzaldehyde	34328-61-5	158.559	302.15	1	474.65	2	25	1.3310	2	---	---	---	solid	1
9673	C7H4ClFO	2-chloro-6-fluorobenzaldehyde	387-45-1	158.559	309.65	1	474.65	2	25	1.3310	2	---	---	---	solid	1
9674	C7H4ClFO	2-chloro-4-fluorobenzaldehyde	84194-36-5	158.559	334.15	1	474.65	2	25	1.3310	2	---	---	---	solid	1
9075	C7H4ClFO	3-chloro-2-fluorobenzaldehyde	85070-48-0	158.559	---	---	487.15	1	25	1.3500	1	---	1.5450	1	---	---
9676	C7H4ClFOS	4-fluorophenyl chlorothionoformate	42908-73-6	190.625	---	---	---	---	25	1.3630	1	---	1.5580	1	---	---
9677	C7H4ClFO2	2-chloro-4-fluorobenzoic acid	2252-51-9	174.559	459.15	1	---	---	25	1.4016	2	---	---	---	solid	1
9678	C7H4ClFO2	3-chloro-4-fluorobenzoic acid	403-16-7	174.559	406.65	1	---	---	25	1.4016	2	---	---	---	solid	1
9679	C7H4ClFO2	2-chloro-6-fluorobenzoic acid	434-75-3	174.559	431.15	1	---	---	25	1.4016	2	---	---	---	solid	1
9680	C7H4ClFO2	4-chloro-2-fluorobenzoic acid	446-30-0	174.559	477.15	1	---	---	25	1.4016	2	---	---	---	solid	1

Table 1 Physical Properties - Organic Compounds

				Mol Wt	Freezing Point		Boiling Point		Density			Refractive Index			State	
NO	FORMULA	NAME	CAS No	g/mol	T_F, K	code	T_B, K	code	T, C	g/cm3	code	T, C	n_D	code	@25C,1 atm	code
9681	C7H4ClFO2	4-fluorophenyl chloroformate	38377-38-7	174.559	---	---	---	---	25	1.3200	1	---	1.4933	1	---	---
9682	C7H4ClFO3S	4-(fluorosulfonyl)benzoyl chloride	402-55-1	222.624	320.15	1	---	---	25	1.5278	2	---	---	---	solid	1
9683	C7H4ClFO4S	2-chloro-5-(fluorosulfonyl)benzoic acid	21346-66-7	238.623	422.15	1	---	---	25	1.5768	2	---	---	---	solid	1
9684	C7H4ClF3	p-chlorobenzotrifluoride	98-56-6	180.557	239.97	1	411.85	1	25	1.2260	1	25	1.4440	1	liquid	1
9685	C7H4ClF3	1-chloro-2-(trifluoromethyl)benzene	88-16-4	180.557	267.15	1	425.35	1	30	1.2540	1	25	1.4513	1	liquid	1
9686	C7H4ClF3	1-chloro-3-(trifluoromethyl)benzene	98-15-7	180.557	217.15	1	410.65	1	25	1.3311	1	25	1.4438	1	liquid	1
9687	C7H4ClF3N2O2	4-amino-3-chloro-5-nitrobenzotrifluoride	57729-79-0	240.570	340.15	1	---	---	25	1.5744	2	---	---	---	solid	1
9688	C7H4ClF3O	2-chloro-3-(trifluoromethyl)phenol	138377-34-1	196.556	---	---	433.15	1	25	1.4790	1	---	1.4820	1	---	---
9689	C7H4ClF3O	2-chloro-5-(trifluoromethyl)phenol	40889-91-6	196.556	---	---	433.15	2	25	1.4590	1	---	1.4730	1	---	---
9690	C7H4ClF3O	4-chloro-3-trifluoromethylphenol	6294-93-5	196.556	---	---	433.15	2	25	1.4690	2	---	---	---	---	---
9691	C7H4ClF3O2S	2-(trifluoromethyl)benzenesulfonyl chloride	776-04-5	244.622	---	---	---	---	25	1.5850	1	---	1.5030	1	---	---
9692	C7H4ClF3O2S	3-(trifluoromethyl)benzenesulfonyl chloride	777-44-6	244.622	---	---	---	---	25	1.5230	1	---	1.4860	1	---	---
9693	C7H4ClF3O3S	4-(trifluoromethoxy)benzenesulfonyl chlori	94108-56-2	260.621	---	---	---	---	25	1.5360	1	---	1.4790	1	---	---
9694	C7H4ClIO	4-iodobenzoyl chloride	1711-02-0	266.465	337.15	1	393.15	1	25	1.9367	2	---	---	---	solid	1
9695	C7H4ClIO	2-iodobenzoyl chloride	609-67-6	266.465	304.15	1	393.15	2	25	1.9367	2	---	---	---	solid	1
9696	C7H4ClN	2-chlorobenzonitrile	873-32-5	137.568	319.45	1	505.15	1	25	1.2777	2	---	---	---	solid	1
9697	C7H4ClN	3-chlorobenzonitrile	766-84-7	137.568	314.15	1	500.65	2	25	1.2777	2	---	---	---	solid	1
9698	C7H4ClN	4-chlorobenzonitrile	623-03-0	137.568	368.15	1	496.15	1	17	1.1133	1	---	---	---	solid	1
9699	C7H4ClNO	2-chlorobenzoxazole	615-18-9	153.568	280.15	1	474.65	1	18	1.3453	1	20	1.5678	1	liquid	1
9700	C7H4ClNO	1-chloro-2-isocyanatobenzene	3320-83-0	153.568	303.65	1	473.15	1	22	1.3027	2	---	---	---	solid	1
9701	C7H4ClNO	4-chlorophenyl isocyanate	104-12-1	153.568	304.45	1	473.90	2	22	1.3027	2	---	---	---	solid	1
9702	C7H4ClNO	5-chlorobenzoxazole	17200-29-2	153.568	311.65	1	473.90	2	22	1.3027	2	---	---	---	solid	1
9703	C7H4ClNO	3-chlorophenyl isocyanate	2909-38-8	153.568	269.05	1	473.90	2	25	1.2600	1	---	1.5580	1	liquid	2
9704	C7H4ClNOS	6-chloro-2-benzoxazolethiol	22876-20-6	185.634	503.65	1	---	---	25	1.4407	2	---	---	---	solid	1
9705	C7H4ClNO2	5-chloro-2(3H)-benzoxazolone	95-25-0	169.567	464.65	1	---	---	25	1.4261	2	---	---	---	solid	1
9706	C7H4ClNO2	6-chloro-2-benzoxazolinone	19932-84-4	169.567	468.65	1	---	---	25	1.4261	2	---	---	---	solid	1
9707	C7H4ClNO3	3-nitrobenzoyl chloride	121-90-4	185.566	309.15	1	549.65	1	25	1.4903	2	---	---	---	solid	1
9708	C7H4ClNO3	p-nitrobenzoyl chloride	122-04-3	185.566	348.15	1	549.65	2	25	1.4903	2	---	---	---	solid	1
9709	C7H4ClNO3	4-chloro-3-nitrobenzaldehyde	16588-34-4	185.566	335.15	1	549.65	2	25	1.4903	2	---	---	---	solid	1
9710	C7H4ClNO3	2-nitrobenzoyl chloride	610-14-0	185.566	294.15	1	549.65	2	25	1.4040	1	---	1.5650	1	liquid	2
9711	C7H4ClNO3	2-chloro-5-nitrobenzaldehyde	6361-21-3	185.566	---	---	549.65	2	25	1.4903	2	---	---	---	---	---
9712	C7H4ClNO3S	4-chlorobenzenesulfonyl isocyanate	5769-15-3	217.632	---	---	---	---	25	1.4570	1	---	1.5580	1	---	---
9713	C7H4ClNO3S	4-(chlorosulfonyl)phenyl isocyanate	6752-38-1	217.632	329.65	1	---	---	25	1.5536	2	---	---	---	solid	1
9714	C7H4ClNO4	2-chloro-3-nitrobenzoic acid	3970-35-2	201.566	456.65	1	---	---	18	1.6620	1	---	---	---	solid	1
9715	C7H4ClNO4	2-chloro-5-nitrobenzoic acid	2516-96-3	201.566	439.65	1	---	---	18	1.6080	1	---	---	---	solid	1
9716	C7H4ClNO4	3-chloro-2-nitrobenzoic acid	4771-47-5	201.566	511.15	1	---	---	18	1.5660	1	---	---	---	solid	1
9717	C7H4ClNO4	4-chloro-3-nitrobenzoic acid	96-99-1	201.566	455.95	1	---	---	18	1.6450	1	---	---	---	solid	1
9718	C7H4ClNO4	5-chloro-2-nitrobenzoic acid	2516-95-2	201.566	410.65	1	433.65	2	18	1.6203	2	---	---	---	solid	1
9719	C7H4ClNO4	4-chloro-2-nitrobenzoic acid	6280-88-2	201.566	416.65	1	433.65	2	18	1.6203	2	---	---	---	solid	1
9720	C7H4ClNO4	2-chloro-4-nitrobenzoic acid	99-60-5	201.566	414.15	1	433.65	2	18	1.6203	2	---	---	---	solid	1
9721	C7H4ClNO4	2-nitrophenyl chloroformate	50353-00-9	201.566	309.65	1	433.65	2	18	1.6203	2	---	---	---	solid	1
9722	C7H4ClNO4	4-nitrophenyl chloroformate	7693-46-1	201.566	350.15	1	433.65	1	18	1.6203	2	---	---	---	solid	1
9723	C7H4ClNS	2-chlorobenzothiazole	615-20-3	169.634	297.15	1	521.15	1	10	1.3715	1	10	1.6338	1	liquid	1
9724	C7H4ClNS	1-chloro-4-isothiocyanatobenzene	2131-55-7	169.634	319.15	1	522.65	1	20	1.3195	2	---	---	---	solid	1
9725	C7H4ClNS	3-chlorophenyl isothiocyanate	2392-68-9	169.634	---	---	522.65	1	25	1.2920	1	---	1.6590	1	---	---
9726	C7H4ClNS	2-chlorophenyl isothiocyanate	2740-81-0	169.634	---	---	534.15	1	25	1.2950	1	---	1.6610	1	---	---
9727	C7H4ClNS2	5-chloro-2-mercaptobenzothiazole	5331-91-9	201.700	470.15	1	---	---	25	1.4532	2	---	---	---	solid	1
9728	C7H4ClN3O	p-chlorobenzoyl azide	14848-01-2	181.582	---	---	---	---	25	1.4910	2	---	---	---	---	---
9729	C7H4ClN3O2	2-amino-3-chloro-5-nitrobenzonitrile	20352-84-5	197.581	455.65	1	---	---	25	1.5509	2	---	---	---	solid	1
9730	C7H4ClO3P	2-chloro-4H-1,3,2-benzodioxaphosphorin-4	5381-99-7	202.533	309.15	1	---	---	---	---	---	---	---	---	solid	1
9731	C7H4Cl2F3N	2-amino-3,5-dichlorobenzotrifluoride	62593-17-3	230.016	---	---	---	---	25	1.4886	2	---	---	---	---	---
9732	C7H4Cl2F3N	2,6-dichloro-4-(trifluoromethyl)aniline	24279-39-8	230.016	308.65	1	---	---	25	1.5320	1	---	---	---	solid	1
9733	C7H4Cl2N2	2-amino-3,5-dichlorobenzonitrile	---	187.028	393.15	1	---	---	25	1.4486	2	---	---	---	solid	1
9734	C7H4Cl2N2	4-amino-3,5-dichlorobenzonitrile	78473-00-4	187.028	391.15	1	---	---	25	1.4486	2	---	---	---	solid	1
9735	C7H4Cl2N2O	2-amino-5,6-dichlorobenzoxazole	64037-12-3	203.027	---	---	275.55	1	25	1.5069	2	---	---	---	gas	1
9736	C7H4Cl2O	m-chlorobenzoyl chloride	618-46-2	175.013	280.00	1	498.00	1	25	1.4300	1	20	1.5677	1	liquid	1
9737	C7H4Cl2O	o-chlorobenzoyl chloride	609-65-4	175.013	269.15	1	511.15	1	23	1.4035	2	16	1.5726	1	liquid	1
9738	C7H4Cl2O	p-chlorobenzoyl chloride	122-01-0	175.013	289.15	1	495.15	1	20	1.3770	1	20	1.5756	1	liquid	1
9739	C7H4Cl2O	2,5-dichlorobenzaldehyde	6361-23-5	175.013	331.15	1	505.15	1	23	1.4035	2	---	---	---	solid	1
9740	C7H4Cl2O	3,4-dichlorobenzaldehyde	6287-38-3	175.013	317.15	1	520.65	1	23	1.4035	2	---	---	---	solid	1
9741	C7H4Cl2O	3,5-dichlorobenzaldehyde	10203-08-4	175.013	338.15	1	513.15	1	23	1.4035	2	---	---	---	solid	1
9742	C7H4Cl2O	2,3-dichlorobenzaldehyde	6334-18-5	175.013	335.15	1	498.44	2	23	1.4035	2	---	---	---	solid	1
9743	C7H4Cl2O	2,6-dichlorobenzaldehyde	83-38-5	175.013	342.90	1	438.15	1	23	1.4035	2	---	---	---	solid	1
9744	C7H4Cl2O	2,4-dichlorobenzaldehyde	874-42-0	175.013	344.15	1	506.15	1	23	1.4035	2	---	---	---	solid	1
9745	C7H4Cl2O2	2,4-dichlorobenzoic acid	50-84-0	191.013	437.35	1	574.15	2	25	1.4487	2	---	---	---	solid	1
9746	C7H4Cl2O2	2,5-dichlorobenzoic acid	50-79-3	191.013	427.55	1	574.15	1	25	1.4487	2	---	---	---	solid	1
9747	C7H4Cl2O2	2,6-dichlorobenzoic acid	50-30-6	191.013	417.15	1	574.15	2	25	1.4487	2	---	---	---	solid	1
9748	C7H4Cl2O2	3,5-dichlorobenzoic acid	51-36-5	191.013	461.15	1	574.15	2	25	1.4487	2	---	---	---	solid	1
9749	C7H4Cl2O2	2,3-dichlorobenzoic acid	50-45-3	191.013	441.15	1	574.15	2	25	1.4487	2	---	---	---	solid	1
9750	C7H4Cl2O2	3,4-dichlorobenzoic acid	51-44-5	191.013	480.65	1	574.15	2	25	1.4487	2	---	---	---	solid	1
9751	C7H4Cl2O2	3,5-dichlorosalicylaldehyde	90-60-8	191.013	365.65	1	574.15	2	25	1.4487	2	---	---	---	solid	1
9752	C7H4Cl2O3	3,5-dichloro-2-hydroxybenzoic acid	320-72-9	207.012	493.65	1	---	---	25	1.5059	2	---	---	---	solid	1
9753	C7H4Cl2O3	3,5-dichloro-4-hydroxybenzoic acid	3336-41-2	207.012	535.65	1	---	---	25	1.5059	2	---	---	---	solid	1
9754	C7H4Cl2O3	3,6-dichlorosalicylic acid	3401-80-7	207.012	---	---	---	---	25	1.5059	2	---	---	---	---	---
9755	C7H4Cl2O3S	3-(chlorosulfonyl)benzoyl chloride	4052-92-0	239.078	292.15	1	---	---	25	1.5623	2	---	1.5790	1	---	---
9756	C7H4Cl3F	1-fluoro-2-(trichloromethyl)benzene	488-98-2	213.465	---	---	502.15	2	25	1.4530	1	20	1.5432	1	---	---
9757	C7H4Cl3F	a,a,2-trichloro-6-fluorotoluene	62476-62-4	213.465	---	---	502.15	1	25	1.4430	1	---	1.5510	1	---	---
9758	C7H4Cl3NO3	triclopyr	55335-06-3	256.471	422.15	1	563.15	dec	25	1.6140	2	---	---	---	solid	1
9759	C7H4Cl3O4S	5-(chlorosulfonyl)-2,4-dichlorobenzoic acid	---	290.530	---	---	281.45	1	25	1.6523	2	---	---	---	gas	1
9760	C7H4Cl4	1-chloro-2-(trichloromethyl)benzene	2136-89-2	229.919	302.55	1	537.45	1	20	1.5187	1	20	1.5836	1	solid	1

NO	FORMULA	NAME	CAS No	Mol Wt	Freezing Point		Boiling Point		Density			Refractive Index			State	
				g/mol	T_F, K	code	T_B, K	code	T, C	g/cm3	code	T, C	n_D	code	@25C,1 atm	code
9761	C7H4Cl4	1-chloro-3-(trichloromethyl)benzene	2136-81-4	229.919	273.75	1	528.15	1	14	1.4950	1	20	1.4461	1	liquid	1
9762	C7H4Cl4	1-chloro-4-(trichloromethyl)benzene	5216-25-1	229.919	327.53	2	518.15	1	20	1.4463	1	---	---	---	solid	2
9763	C7H4Cl4	1,2-dichloro-4-(dichloromethyl)benzene	56961-84-3	229.919	327.53	2	530.15	1	22	1.5150	1	---	---	---	solid	2
9764	C7H4Cl4	1,2,3,5-tetrachloro-4-methylbenzene	875-40-1	229.919	367.15	1	549.65	1	19	1.5044	2	---	---	---	solid	1
9765	C7H4Cl4	1,2,4,5-tetrachloro-3-methylbenzene	1006-31-1	229.919	366.65	1	534.95	2	19	1.5044	2	---	---	---	solid	1
9766	C7H4Cl4	1,2,4-trichloro-5-(chloromethyl)benzene	3955-26-8	229.919	327.53	2	546.15	1	20	1.5470	1	---	---	---	solid	2
9767	C7H4Cl4	trichlorobenzyl chloride	1344-32-7	229.919	327.53	2	534.95	2	19	1.5044	2	---	---	---	solid	2
9768	C7H4Cl4O	2,3,4,6-tetrachloro-5-methylphenol	10460-33-0	245.918	462.65	1	---	---	25	1.5311	2	---	---	---	solid	1
9769	C7H4Cl4O2	2,3,5,6-tetrachloro-4-methoxyphenol	484-67-3	261.918	389.15	1	---	---	25	1.5756	2	---	---	---	solid	1
9770	C7H4Cl4O2	tetrachloroguaiacol	2539-17-5	261.918	---	---	---	---	25	1.5756	2	---	---	---	---	---
9771	C7H4FIO2	2-fluoro-6-iodobenzoic acid	111771-08-5	266.011	397.65	1	---	---	25	1.9575	2	---	---	---	solid	1
9772	C7H4FN	4-fluorobenzonitrile	1194-02-1	121.114	307.95	1	461.95	1	55	1.1070	1	55	1.4925	1	solid	1
9773	C7H4FN	2-fluorobenzonitrile	394-47-8	121.114	---	---	458.78	2	25	1.1160	1	---	1.5080	1	---	---
9774	C7H4FN	3-fluorobenzonitrile	403-54-3	121.114	257.25	1	455.60	1	25	1.1330	1	---	1.5050	1	liquid	1
9775	C7H4FNO	4-fluorophenyl isocyanate	1195-45-5	137.114	---	---	341.15	1	25	1.2060	1	---	1.5140	1	---	---
9776	C7H4FNO	2-fluorophenyl isocyanate	16744-98-2	137.114	---	---	330.15	1	25	1.2220	1	---	1.5140	1	---	---
9777	C7H4FNO	3-fluorophenyl isocyanate	404-71-7	137.114	---	---	335.65	2	25	1.2010	1	---	1.5140	1	---	---
9778	C7H4FNO3S	4-fluorobenzenesulfonyl isocyanate	3895-25-8	201.178	308.65	1	---	---	25	1.5152	2	---	---	---	solid	1
9779	C7H4FNO4	4-fluoro-3-nitrobenzoic acid	453-71-4	185.112	397.15	1	---	---	25	1.5071	2	---	---	---	solid	1
9780	C7H4FNS	1-fluoro-3-isothiocyanatobenzene	404-72-8	153.180	---	---	500.15	1	25	1.2700	1	20	1.6186	1	---	---
9781	C7H4FNS	2-fluorobenzothiazole	1123-98-4	153.180	---	---	446.75	2	25	1.3300	1	---	1.5830	1	---	---
9782	C7H4FNS	4-fluorophenyl isothiocyanate	1544-68-9	153.180	298.90	1	501.15	1	25	1.2813	2	---	---	---	solid	1
9783	C7H4FNS	2-fluorophenyl isothiocyanate	38985-64-7	153.180	---	---	338.95	1	25	1.2440	1	---	1.6250	1	---	---
9784	C7H4F2O	2,4-difluorobenzaldehyde	1550-35-2	142.105	275.65	1	---	---	25	1.2990	1	---	1.4980	1	---	---
9785	C7H4F2O	2,5-difluorobenzaldehyde	2646-90-4	142.105	---	---	---	---	25	1.3040	1	---	1.4980	1	---	---
9786	C7H4F2O	2,3-difluorobenzaldehyde	2646-91-5	142.105	---	---	---	---	25	1.3010	1	---	1.4990	1	---	---
9787	C7H4F2O	3,5-difluorobenzaldehyde	32085-88-4	142.105	---	---	---	---	25	1.3012	2	---	1.4940	1	---	---
9788	C7H4F2O	3,4-difluorobenzaldehyde	34036-07-2	142.105	---	---	---	---	25	1.2890	1	---	1.5000	1	---	---
9789	C7H4F2O	2,6-difluorobenzaldehyde	437-81-0	142.105	289.15	1	---	---	25	1.3130	1	---	1.5070	1	---	---
9790	C7H4F2O2	2,4-difluorobenzoic acid	1583-58-0	158.105	461.15	1	---	---	25	1.3486	2	---	---	---	solid	1
9791	C7H4F2O2	2,5-difluorobenzoic acid	2991-28-8	158.105	403.15	1	---	---	25	1.3486	2	---	---	---	solid	1
9792	C7H4F2O2	2,6-difluorobenzoic acid	385-00-2	158.105	431.15	1	---	---	25	1.3486	2	---	---	---	solid	1
9793	C7H4F2O2	2,3-difluorobenzoic acid	4519-39-5	158.105	435.15	1	---	---	25	1.3486	2	---	---	---	solid	1
9794	C7H4F2O2	3,5-difluorobenzoic acid	455-40-3	158.105	393.65	1	---	---	25	1.3486	2	---	---	---	solid	1
9795	C7H4F2O2	3,4-difluorobenzoic acid	455-86-7	158.105	396.65	1	---	---	25	1.3486	2	---	---	---	solid	1
9796	C7H4F3I	3-iodobenzotrifluoride	401-81-0	272.009	---	---	455.65	1	25	1.8870	1	---	1.5170	1	---	---
9797	C7H4F3I	2-iodobenzotrifluoride	444-29-1	272.009	---	---	470.65	1	25	1.9390	1	---	1.5310	1	---	---
9798	C7H4F3I	4-iodobenzotrifluoride	455-13-0	272.009	264.95	1	458.60	1	25	1.8510	1	---	1.5160	1	liquid	1
9799	C7H4F3NO2	3-nitrobenzotrifluoride	98-46-4	191.110	272.00	1	475.93	1	25	1.4260	1	20	1.4715	1	liquid	1
9800	C7H4F3NO2	1-nitro-2-(trifluoromethyl)benzene	384-22-5	191.110	305.65	1	490.15	1	25	1.3910	2	---	---	---	solid	1
9801	C7H4F3NO2	4-nitro-a,a,a-trifluorotoluene	402-54-0	191.110	313.15	1	355.15	1	25	1.3910	2	---	---	---	solid	1
9802	C7H4F3NO2	2-(trifluoroacetoxy)pyridine	96254-05-6	191.110	---	---	440.41	2	25	1.3560	1	---	1.4210	1	---	---
9803	C7H4F3NO2S	2-nitro-4-(trifluoromethyl)benzenethiol	14371-82-5	223.176	434.15	1	---	---	25	1.5190	2	---	---	---	solid	1
9804	C7H4F3NO3	2-nitro-4-(trifluoromethyl)phenol	400-99-7	207.109	---	---	---	---	25	1.4730	1	---	1.5040	1	---	---
9805	C7H4F3NO3	4-nitro-3-(trifluoromethyl)phenol	88-30-2	207.109	350.55	1	---	---	25	1.5120	2	---	---	---	solid	1
9806	C7H4F4	1-fluoro-2-(trifluoromethyl)benzene	392-85-8	164.103	---	---	387.65	1	25	1.2930	1	25	1.4040	1	---	---
9807	C7H4F4	1-fluoro-3-(trifluoromethyl)benzene	401-80-9	164.103	191.65	1	374.65	1	17	1.3021	1	---	---	---	liquid	1
9808	C7H4F4	1-fluoro-4-(trifluoromethyl)benzene	402-44-8	164.103	231.45	1	376.65	1	25	1.2930	1	20	1.4025	1	liquid	1
9809	C7H4F4	2,3,5,6-tetrafluorotoluene	5230-78-4	164.103	---	---	398.65	1	25	1.3440	1	---	1.4200	1	---	---
9810	C7H4F4N2O	4-amino-2,3,5,6-tetrafluorobenzamide	1548-74-9	208.116	458.65	1	---	---	25	1.4878	2	---	---	---	solid	1
9811	C7H4F4O	1-fluoro-4-(trifluoromethoxy)benzene	352-67-0	180.102	---	---	377.65	1	25	1.3230	1	---	1.3940	1	---	---
9812	C7H4F4O	2-fluoro-5-(trifluoromethyl)phenol	141483-15-0	180.102	---	---	419.15	1	25	1.4360	1	---	1.4390	1	---	---
9813	C7H4F4O	2-fluoro-3-(trifluoromethyl)phenol	207291-85-8	180.102	---	---	395.15	1	25	1.4310	1	---	1.4430	1	---	---
9814	C7H4F4O	2,3,5,6-tetrafluoroanisole	2324-98-3	180.102	---	---	411.15	1	25	1.2930	1	---	1.4280	1	---	---
9815	C7H4F4O	2,3,5,6-tetrafluorobenzyl alcohol	---	180.102	---	---	400.78	2	25	1.3708	2	---	---	---	---	---
9816	C7H4F4O	2,3,4,5-tetrafluorobenzyl alcohol	---	180.102	---	---	400.78	2	25	1.3708	2	---	1.4550	1	---	---
9817	C7H4F6N2O4S2	N-(2-pyridyl)bis(trifluoromethanesulfonimid	145100-50-1	358.243	314.15	1	---	---	25	1.7255	2	---	---	---	solid	1
9818	C7H4F12O	1H,1H,7H-dodecafluoroheptanol	335-99-9	332.090	---	---	442.65	1	25	1.7600	1	---	---	---	---	---
9819	C7H4HgO3	mercury salicylate	5970-32-1	336.697	234.35	1	629.75	1	---	---	---	---	---	---	liquid	1
9820	C7H4I2O3	2-hydroxy-3,5-diiodobenzoic acid	133-91-5	389.916	508.65	1	533.15	2	25	2.4343	2	---	---	---	solid	1
9821	C7H4I2O3	4-hydroxy-3,5-diiodobenzoic acid	618-76-8	389.916	510.15	1	533.15	dec	25	2.4343	2	---	---	---	solid	1
9822	C7H4IN	4-iodobenzonitrile	3058-39-7	229.020	399.65	1	---	---	25	1.9241	2	---	---	---	solid	1
9823	C7H4NNaS2	sodium-2-benzothiazolylsulfide	26249-01-4	189.238	---	---	---	---	---	---	---	---	---	---	---	---
9824	C7H4INO	2-iodophenyl isocyanate	128255-31-2	245.020	---	---	518.15	1	25	1.8910	1	---	1.6330	1	---	---
9825	C7H4INO	3-iodophenyl isocyanate	23138-56-9	245.020	---	---	518.15	2	25	1.8600	1	---	1.6320	1	---	---
9826	C7H4I3NO2	3-amino-2,4,6-triiodobenzoic acid	3119-15-1	514.828	470.65	1	---	---	25	2.7479	2	---	---	---	solid	1
9827	C7H4NNaO3S	sodium saccharin	128-44-9	205.170	---	---	---	---	---	---	---	---	---	---	---	---
9828	C7H4N2O2	2-nitrobenzonitrile	612-24-8	148.122	382.15	1	438.15	1	25	1.3979	2	---	---	---	solid	1
9829	C7H4N2O2	3-nitrobenzonitrile	619-24-9	148.122	390.15	1	438.15	1	25	1.3979	2	---	---	---	solid	1
9830	C7H4N2O2	4-nitrobenzonitrile	619-72-7	148.122	410.15	1	438.15	2	25	1.3979	2	---	---	---	solid	1
9831	C7H4N2O2	benzene diazonium-2-carboxylate	17333-86-7	148.122	---	---	438.15	2	25	1.3979	2	---	---	---	---	---
9832	C7H4N2O2	2,3-pyridinedicarboximide	4664-00-0	148.122	506.15	1	---	---	25	1.3979	2	---	---	---	solid	1
9833	C7H4N2O2	3,4-pyridinedicarboximide	4664-01-1	148.122	---	---	438.15	2	25	1.3979	2	---	---	---	---	---
9834	C7H4N2O2S	4-nitrophenyl isothiocyanate	2131-61-5	180.188	384.15	1	410.65	1	25	1.4827	2	---	---	---	solid	1
9835	C7H4N2O2S	3-nitrophenyl isothiocyanate	3529-82-6	180.188	331.90	1	550.65	1	25	1.4827	2	---	---	---	solid	1
9836	C7H4N2O2S2	2-mercapto-6-nitrobenzothiazole	4845-58-3	212.254	524.15	1	---	---	25	1.5483	2	---	---	---	solid	1
9837	C7H4N2O2Se	2-nitrophenylselenocyanate	51694-22-5	227.082	413.15	1	---	---	---	---	---	---	---	---	solid	1
9838	C7H4N2O3	1-isocyanato-2-nitrobenzene	3320-86-3	164.121	314.15	1	---	---	25	1.4709	2	---	---	---	solid	1
9839	C7H4N2O3	1-isocyanato-3-nitrobenzene	3320-87-4	164.121	324.15	1	---	---	25	1.4709	2	---	---	---	solid	1
9840	C7H4N2O3	1-isocyanato-4-nitrobenzene	100-28-7	164.121	330.15	1	---	---	25	1.4709	2	---	---	---	solid	1

Table 1 Physical Properties - Organic Compounds

				Mol Wt	Freezing Point		Boiling Point		Density			Refractive Index			State	
NO	FORMULA	NAME	CAS No	g/mol	T_F, K	code	T_B, K	code	T, C	g/cm3	code	T, C	n_D	code	@25C,1 atm	code
9841	C7H4N2O3	4-hydroxy-3-nitrobenzonitrile	3272-08-0	164.121	418.65	1	---	---	25	1.4709	2	---	---	---	solid	1
9842	C7H4N2O3	4-hydroxybenzenediazonium-3-carboxylate	68596-89-4	164.121	---	---	---	---	25	1.4709	2	---	---	---	---	---
9843	C7H4N2O3S	4-(5-nitro-2-furyl)thiazole	53757-28-1	196.187	---	---	---	---	25	1.5431	2	---	---	---	---	---
9844	C7H4N2O5	2,4-dinitrobenzaldehyde	528-75-6	196.120	345.15	1	---	---	25	1.5970	2	---	---	---	solid	1
9845	C7H4N2O6	3,4-dinitrobenzoic acid	528-45-0	212.119	439.15	1	---	---	25	1.6517	2	---	---	---	solid	1
9846	C7H4N2O6	3,5-dinitrobenzoic acid	99-34-3	212.119	478.15	1	---	---	25	1.6517	2	---	---	---	solid	1
9847	C7H4N2O6	2,4-dinitrobenzoic acid	610-30-0	212.119	455.65	1	---	---	25	1.6517	2	---	---	---	solid	1
9848	C7H4N2O6	3-nitrobenzoyl nitrate	---	212.119	---	---	---	---	25	1.6517	2	---	---	---	---	---
9849	C7H4N2O7	3,5-dinitrosalicylic acid	609-99-4	228.119	445.15	1	---	---	25	1.7019	2	---	---	---	solid	1
9850	C7H4N2O7	4-hydroxy-3,5-dinitrobenzoic acid	1019-52-9	228.119	523.65	1	---	---	25	1.7019	2	---	---	---	solid	1
9851	C7H4N4O3	4-nitrobenzoyl azide	2733-41-7	192.135	345.15	1	---	---	25	1.6002	2	---	---	---	solid	1
9852	C7H4N4O5	3,5-dinitro-2-methylbenzenedizaonium-4-o	---	224.134	---	---	---	---	25	1.7070	2	---	---	---	---	---
9853	C7H4N4O6S	2-cyano-4-nitrobenzenediazonium hydroge	68597-10-4	272.199	---	---	---	---	25	1.7851	2	---	---	---	---	---
9854	C7H4O3S	6-hydroxy-1,3-benzoxathiol-2-one	4991-65-5	168.173	431.15	1	---	---	25	1.4175	2	---	---	---	solid	1
9855	C7H4O4S	3H-2,1-benzoxathiol-3-one 1,1-dioxide	81-08-3	184.172	402.65	1	---	---	25	1.4822	2	---	---	---	solid	1
9856	C7H4O6	4-oxo-4H-pyran-2,6-dicarboxylic acid	99-32-1	184.105	535.15	1	---	---	25	1.5351	2	---	---	---	solid	1
9857	C7H4O7	3-hydroxy-4-oxo-4H-pyran-2,6-dicarboxylic	497-59-6	200.105	393.15	dec	---	---	25	1.5939	2	---	---	---	solid	1
9858	C7H4S3	3H-1,2-benzodithiole-3-thione	3354-42-5	184.307	---	---	---	---	25	1.3866	2	---	---	---	---	---
9859	C7H5AgN4	silver 3-cyano-1-phenyltriazen-3-IDE	70324-20-8	253.011	---	---	429.15	1	---	---	---	---	---	---	---	---
9860	C7H5AgO2	silver benzoate	532-31-0	228.982	---	---	---	---	---	---	---	---	---	---	---	---
9861	C7H5AsCl2F3	dichloro(m-trifluoromethylphenyl)arsine	64048-90-4	291.939	---	---	---	---	---	---	---	---	---	---	---	---
9862	C7H5AsO3	p-carboxy phenylarsenoxide	1197-16-6	212.037	---	---	429.15	1	---	---	---	---	---	---	---	---
9863	C7H5BiO6	bismuth subgallate	99-26-3	394.093	---	---	---	---	---	---	---	---	---	---	---	---
9864	C7H5BrClF	2-chloro-4-fluorobenzyl bromide	45767-66-6	223.472	---	---	---	---	25	1.6233	2	---	---	---	---	---
9865	C7H5BrClNO2	6-chloro-2-nitrobenzyl bromide	56433-01-3	250.479	---	---	---	---	25	1.7484	2	---	---	---	---	---
9866	C7H5BrCl2	a-bromo-2,6-dichlorotoluene	20443-98-5	239.926	328.65	1	---	---	25	1.6550	2	---	---	---	solid	1
9867	C7H5BrCl2	3,4-dichlorobenzyl bromide	18880-04-1	239.926	---	---	---	---	25	1.6550	2	---	1.6060	1	---	---
9868	C7H5BrF2	a-bromo-2,3-difluorotoluene	113211-94-2	207.018	---	---	---	---	25	1.6075	2	---	1.5280	1	---	---
9869	C7H5BrF2	a-bromo-2,5-difluorotoluene	85117-99-3	207.018	---	---	---	---	25	1.6090	1	---	1.5256	1	---	---
9870	C7H5BrF2	a-bromo-2,6-difluorotoluene	85118-00-9	207.018	326.15	1	---	---	25	1.6075	2	---	---	---	solid	1
9871	C7H5BrF2	a-bromo-3,4-difluorotoluene	85118-01-0	207.018	---	---	---	---	25	1.6100	1	---	1.5260	1	---	---
9872	C7H5BrF2	3,5-difluorobenzyl bromide	141776-91-2	207.018	---	---	---	---	25	1.6000	1	---	1.5210	1	---	---
9873	C7H5BrF2	2,4-difluorobenzyl bromide	23915-07-3	207.018	---	---	---	---	25	1.6110	1	---	1.5250	1	---	---
9874	C7H5BrF2O	4-bromo-3,5-difluoroanisole	---	223.017	---	---	---	---	25	1.6402	2	---	1.5228	1	---	---
9875	C7H5BrF3N	4-bromo-3-(trifluoromethyl)aniline	393-36-2	240.023	321.15	1	354.65	2	25	1.6925	2	---	---	---	solid	1
9876	C7H5BrF3N	4-bromo-2-(trifluoromethyl)aniline	445-02-3	240.023	---	---	354.65	2	25	1.7100	1	---	1.5320	1	---	---
9877	C7H5BrF3N	2-bromo-5-(trifluoromethyl)aniline	454-79-5	240.023	321.15	1	354.65	1	25	1.6750	1	---	1.5220	1	solid	1
9878	C7H5BrF3N	2-bromo-4-(trifluoromethyl)aniline	57946-63-1	240.023	306.65	1	354.65	2	25	1.6925	2	---	1.5240	1	solid	1
9879	C7H5BrF3NO	2-bromo-4-(trifluoromethoxy)aniline	175278-17-8	256.023	---	---	482.15	1	25	1.6930	1	---	1.5040	1	---	---
9880	C7H5BrINO2	a-bromo-3-iodo-4-nitrotoluene	---	341.931	---	---	---	---	25	2.2115	2	---	---	---	---	---
9881	C7H5BrN2	2-amino-5-bromobenzonitrile	39263-32-6	197.035	368.65	1	---	---	25	1.6546	2	---	---	---	solid	1
9882	C7H5BrN2	4-amino-3-bromobenzonitrile	50397-74-5	197.035	383.15	1	---	---	25	1.6546	2	---	---	---	solid	1
9883	C7H5BrN2O	2-amino-5-bromobenzoxazole	64037-07-6	213.034	---	---	---	---	25	1.7084	2	---	---	---	---	---
9884	C7H5BrN2O	2-amino-6-bromobenzoxazole	52112-66-0	213.034	---	---	---	---	25	1.7084	2	---	---	---	---	---
9885	C7H5BrN4	5-(2-bromophenyl)-1H-tetrazole	73096-42-1	225.049	455.15	1	---	---	25	1.7640	2	---	---	---	solid	1
9886	C7H5BrO	benzoyl bromide	618-32-6	185.020	249.15	1	491.65	1	15	1.5700	1	25	1.5868	1	liquid	1
9887	C7H5BrO	2-bromobenzaldehyde	6630-33-7	185.020	294.65	1	503.15	1	25	1.5922	2	20	1.5925	1	liquid	1
9888	C7H5BrO	3-bromobenzaldehyde	3132-99-8	185.020	---	---	507.15	1	25	1.5922	2	20	1.5935	1	---	---
9889	C7H5BrO	4-bromobenzaldehyde	1122-91-4	185.020	340.15	1	500.65	2	25	1.5922	2	---	---	---	solid	1
9890	C7H5BrO2	2-bromobenzoic acid	88-65-3	201.020	423.15	1	---	---	25	1.9290	1	---	---	---	solid	1
9891	C7H5BrO2	3-bromobenzoic acid	585-76-2	201.020	428.15	1	---	---	20	1.8450	1	---	---	---	solid	1
9892	C7H5BrO2	4-bromobenzoic acid	586-76-5	201.020	527.65	1	---	---	20	1.8940	1	---	---	---	solid	1
9893	C7H5BrO2	1-bromo-3,4-(methylenedioxy)benzene	2635-13-4	201.020	---	---	---	---	25	1.6640	1	---	1.5840	1	---	---
9894	C7H5BrO3	5-bromo-2-hydroxybenzoic acid	89-55-4	217.019	442.95	1	---	---	25	1.7030	2	---	---	---	solid	1
9895	C7H5Br2F	4-bromo-2-fluorobenzyl bromide	76283-09-5	267.923	306.15	1	---	---	25	1.9094	2	---	---	---	solid	1
9896	C7H5Br2F	2,5-dibromo-4-fluorotoluene	---	267.923	---	---	---	---	25	1.9094	2	---	1.5815	1	---	---
9897	C7H5Br2F	3-fluorobenzal bromide	455-34-5	267.923	---	---	---	---	25	1.9130	1	---	1.5870	1	---	---
9898	C7H5Br2NO	2-amino-3,5-dibromobenzaldehyde	50910-55-9	278.931	405.65	1	---	---	25	1.9881	2	---	---	---	solid	1
9899	C7H5Br3	1,3-dibromo-5-(bromomethyl)benzene	56908-88-4	328.829	369.15	1	563.15	2	25	2.1881	2	---	---	---	solid	1
9900	C7H5Br3	1,3,5-tribromo-2-methylbenzene	6320-40-7	328.829	343.15	1	563.15	1	17	2.4790	1	---	---	---	solid	1
9901	C7H5Br3O	1,2,3-tribromo-5-methoxybenzene	73557-60-5	344.828	366.45	1	576.15	1	25	2.2119	2	---	---	---	solid	1
9902	C7H5Br3O	1,2,4-tribromo-5-methoxybenzene	95970-10-8	344.828	378.15	1	580.15	1	25	2.2119	2	---	---	---	solid	1
9903	C7H5Br3O	1,2,5-tribromo-3-methoxybenzene	73931-44-9	344.828	355.15	1	581.65	1	25	2.2119	2	---	---	---	solid	1
9904	C7H5Br3O	1,3,5-tribromo-2-methoxybenzene	607-99-8	344.828	361.15	1	571.15	1	25	2.4910	1	---	---	---	solid	1
9905	C7H5Br3O	2,4,6-tribromo-3-methylphenol	4619-74-3	344.828	357.15	1	577.28	2	25	2.2119	2	---	---	---	solid	1
9906	C7H5ClF2	2,6-difluorobenzyl chloride	697-73-4	162.566	---	---	---	---	25	1.2730	2	---	---	---	---	---
9907	C7H5ClF3N	5-amino-2-chlorobenzotrifluoride	320-51-4	195.572	309.15	1	---	---	25	1.4070	2	---	---	---	solid	1
9908	C7H5ClF3N	4-amino-3-chlorobenzotrifluoride	39885-50-2	195.572	---	---	---	---	25	1.4070	2	---	1.5025	1	---	---
9909	C7H5ClF3N	2-chloro-5-(trifluoromethyl)aniline	121-50-6	195.572	320.15	1	---	---	25	1.4280	1	---	1.4990	1	solid	1
9910	C7H5ClF3N	4-chloro-2-(trifluoromethyl)aniline	445-03-4	195.572	311.05	1	---	---	25	1.3860	1	---	1.5070	1	solid	1
9911	C7H5ClF3NO	2-chloro-4-trifluoromethoxyaniline	69695-61-0	211.571	---	---	---	---	25	1.4349	2	---	---	---	---	---
9912	C7H5ClHgO2	p-chloromercuric benzoic acid	59-85-8	357.158	546.15	1	---	---	---	---	---	---	---	---	solid	1
9913	C7H5ClN2	3-chloro-1H-indazole	29110-74-5	152.583	422.15	1	---	---	25	1.3106	2	---	---	---	solid	1
9914	C7H5ClN2	2-amino-5-chlorobenzonitrile	5922-60-1	152.583	369.65	1	415.65	2	25	1.3106	2	---	---	---	solid	1
9915	C7H5ClN2	2-chloro-1H-benzimidazole	4857-06-1	152.583	466.45	1	---	---	25	1.3106	2	---	---	---	solid	1
9916	C7H5ClN2	2-chloro-6-methyl-3-pyridinecarbonitrile	28900-10-9	152.583	388.15	1	415.65	1	25	1.3106	2	---	---	---	solid	1
9917	C7H5ClN2	phenylchlorodiazirine	4460-46-2	152.583	---	---	415.65	2	25	1.3106	2	---	---	---	---	---
9918	C7H5ClN2O	5-chloro-2-benzoxazolamine	61-80-3	168.583	457.65	1	---	---	25	1.3813	2	---	---	---	solid	1
9919	C7H5ClN2O	2-amino-4-chlorobenzoxazole	64037-10-1	168.583	---	---	---	---	25	1.3813	2	---	---	---	---	---
9920	C7H5ClN2O	2-amino-6-chlorobenzoxazole	52112-68-2	168.583	---	---	---	---	25	1.3813	2	---	---	---	---	---

Table 1 Physical Properties - Organic Compounds

				Mol Wt	Freezing Point		Boiling Point		Density			Refractive Index			State	
NO	FORMULA	NAME	CAS No	g/mol	T_F, K	code	T_B, K	code	T, C	g/cm3	code	T, C	n_D	code	@25C,1 atm	code
9921	C7H5ClN2O	2-amino-7-chlorobenzoxazole	64037-11-2	168.583	---	---	---	---	25	1.3813	2	---	---	---	---	---
9922	C7H5ClN2O2	2-amino-5-chloro-6-hydroxybenzoxazole	1750-46-5	184.582	---	---	---	---	25	1.4459	2	---	---	---	---	---
9923	C7H5ClN2S	2-amino-4-chlorobenzothiazole	19952-47-7	184.649	478.65	1	---	---	25	1.3990	2	---	---	---	solid	1
9924	C7H5ClN2S	2-amino-6-chlorobenzothiazole	95-24-9	184.649	473.65	1	---	---	25	1.3990	2	---	---	---	solid	1
9925	C7H5ClN2S	5-chloro-2-mercaptobenzimidazole	25369-78-2	184.649	564.15	1	---	---	25	1.3990	2	---	---	---	solid	1
9926	C7H5ClN4	5-chloro-1-phenyl-1H-tetrazole	14210-25-4	180.597	395.65	1	---	---	25	1.4457	2	---	---	---	solid	1
9927	C7H5ClO	benzoyl chloride	98-88-4	140.569	272.65	1	470.15	1	25	1.2060	1	20	1.5537	1	liquid	1
9928	C7H5ClO	2-chlorobenzaldehyde	89-98-5	140.569	285.55	1	485.05	1	20	1.2483	1	20	1.5662	1	liquid	1
9929	C7H5ClO	3-chlorobenzaldehyde	587-04-2	140.569	290.65	1	486.65	1	20	1.2410	1	20	1.5650	1	liquid	1
9930	C7H5ClO	4-chlorobenzaldehyde	104-88-1	140.569	320.65	1	486.65	1	61	1.1960	1	61	1.5550	1	solid	1
9931	C7H5ClOS	o-phenyl chlorothionoformate	1005-56-7	172.635	---	---	---	---	25	1.2480	1	---	1.5800	1	---	---
9932	C7H5ClO2	o-chlorobenzoic acid	118-91-2	156.568	415.15	1	560.15	1	20	1.5440	1	---	---	---	solid	1
9933	C7H5ClO2	m-chlorobenzoic acid	535-80-8	156.568	431.15	1	509.65	2	25	1.4960	1	---	---	---	solid	1
9934	C7H5ClO2	p-chlorobenzoic acid	74-11-3	156.568	516.15	1	---	---	23	1.4228	2	---	---	---	solid	1
9935	C7H5ClO2	3-chloro-4-hydroxybenzaldehyde	2420-16-8	156.568	412.15	1	509.65	2	23	1.4228	2	---	---	---	solid	1
9936	C7H5ClO2	5-chloro-2-hydroxybenzaldehyde	635-93-8	156.568	373.45	1	509.65	2	23	1.4228	2	---	---	---	solid	1
9937	C7H5ClO2	2-hydroxybenzoyl chloride	1441-87-8	156.568	292.15	1	509.65	2	20	1.3112	1	20	1.5812	1	liquid	2
9938	C7H5ClO2	phenyl chloroformate	1885-14-9	156.568	---	---	509.65	2	23	1.4228	2	---	---	---	---	---
9939	C7H5ClO2	5-chloro-1,3-benzodioxole	7228-38-8	156.568	---	---	459.15	1	25	1.3400	1	---	1.5560	1	---	---
9940	C7H5ClO3	3-chlorobenzenecarboperoxoic acid	937-14-4	172.567	366.15	dec	---	---	25	1.3830	2	---	---	---	solid	1
9941	C7H5ClO3	3-chloro-4-hydroxybenzoic acid	3964-58-7	172.567	444.15	1	---	---	25	1.3830	2	---	---	---	solid	1
9942	C7H5ClO3	5-chlorosalicylic acid	321-14-2	172.567	446.65	1	---	---	25	1.3830	2	---	---	---	solid	1
9943	C7H5ClO3	4-chlorosalicylic acid	5106-98-9	172.567	484.15	1	---	---	25	1.3830	2	---	---	---	solid	1
9944	C7H5ClO3S	a-chloro-a-hydroxy-2-toluenesulfonic acidg	25595-59-9	204.633	348.65	1	---	---	25	1.4581	2	---	---	---	solid	1
9945	C7H5ClO4S	4-(chlorosulfonyl)benzoic acid	10130-89-9	220.633	503.15	1	---	---	25	1.5116	2	---	---	---	solid	1
9946	C7H5ClO4S2	1,3-benzodithiolium perchlorate	32283-21-9	252.699	---	---	---	---	25	1.5645	2	---	---	---	---	---
9947	C7H5ClS2	phenyl chlorodithioformate	16911-89-0	188.701	---	---	---	---	25	1.3310	1	---	1.6690	1	---	---
9948	C7H5Cl2F	(dichlorofluoromethyl)benzene	498-67-9	179.020	246.35	1	452.15	1	11	1.3138	1	11	1.5180	1	liquid	1
9949	C7H5Cl2F	2-chloro-6-fluorobenzyl chloride	55117-15-2	179.020	381.65	1	482.15	1	25	1.4010	1	---	1.5370	1	solid	1
9950	C7H5Cl2F	2-chloro-4-fluorobenzyl chloride	93286-22-7	179.020	---	---	467.15	2	20	1.3489	2	---	---	---	---	---
9951	C7H5Cl2F	a,a-dichloro-4-fluorotoluene	456-19-9	179.020	---	---	467.15	2	25	1.3320	1	---	1.5280	1	---	---
9952	C7H5Cl2FN2O3	fluroxypyr	69377-81-7	255.032	505.15	1	---	---	25	1.5905	2	---	---	---	solid	1
9953	C7H5Cl2N	phenyl isocyanide dichloride	622-44-6	174.029	292.65	1	483.15	1	25	1.2750	1	---	1.5710	1	liquid	1
9954	C7H5Cl2NO	2,6-dichlorobenzamide	2008-58-4	190.028	471.65	1	---	---	25	1.4078	2	---	---	---	solid	1
9955	C7H5Cl2NO	2,4-dichlorobenzamide	2447-79-2	190.028	465.15	1	---	---	25	1.4078	2	---	---	---	solid	1
9956	C7H5Cl2NO2	2-amino-3,6-dichlorobenzoic acid	3032-32-4	206.028	428.15	1	---	---	25	1.4653	2	---	---	---	solid	1
9957	C7H5Cl2NO2	3-amino-2,5-dichlorobenzoic acid	133-90-4	206.028	473.15	1	---	---	25	1.4653	2	---	---	---	solid	1
9958	C7H5Cl2NO2	1-chloro-4-(chloromethyl)-2-nitrobenzene	57403-35-7	206.028	301.15	1	---	---	25	1.3200	1	20	1.5855	1	solid	1
9959	C7H5Cl2NO2	3,5-dichloroanthranilic acid	2789-92-6	206.028	500.65	1	---	---	25	1.4653	2	---	---	---	solid	1
9960	C7H5Cl2NO2	2,6-dichloro-3-nitrotoluene	29682-46-0	206.028	327.15	1	---	---	25	1.4653	2	---	---	---	solid	1
9961	C7H5Cl2NO2	2-chloro-4-nitrobenzyl chloride	50274-95-8	206.028	---	---	---	---	25	1.4653	2	---	---	---	---	---
9962	C7H5Cl2NO2	4-chloro-2-nitrobenzyl chloride	938-71-6	206.028	---	---	---	---	25	1.4653	2	---	---	---	---	---
9963	C7H5Cl2NO3	1,3-dichloro-2-methoxy-5-nitrobenzene	17742-69-7	222.027	371.65	1	---	---	25	1.5185	2	---	---	---	solid	1
9964	C7H5Cl2NO4S	4-[(dichloroamino)sulfonyl]benzoic acid	80-13-7	270.092	468.15	dec	---	---	25	1.6135	2	---	---	---	solid	1
9965	C7H5Cl2NO4S	2,4-dichloro-5-sulfamoylbenzoic acid	2736-23-4	270.092	505.15	1	---	---	25	1.6135	2	---	---	---	solid	1
9966	C7H5Cl2NS	2,6-dichlorothiobenzamide	1918-13-4	206.095	425.15	1	---	---	25	1.4220	2	---	---	---	solid	1
9967	C7H5Cl3	benzotrichloride	98-07-7	195.474	268.40	1	486.65	1	25	1.3690	1	20	1.5580	1	liquid	1
9968	C7H5Cl3	1,2-dichloro-4-(chloromethyl)benzene	102-47-6	195.474	310.65	1	514.15	1	25	1.3950	2	---	---	---	solid	1
9969	C7H5Cl3	1,3-dichloro-5-(chloromethyl)benzene	3290-06-0	195.474	309.15	1	483.65	2	25	1.3950	2	---	---	---	solid	1
9970	C7H5Cl3	1,2,3-trichloro-4-methylbenzene	7359-72-0	195.474	316.65	1	517.15	1	25	1.3950	2	---	---	---	solid	1
9971	C7H5Cl3	1,2,3-trichloro-5-methylbenzene	21472-86-6	195.474	318.65	1	519.15	1	25	1.3950	2	---	---	---	solid	1
9972	C7H5Cl3	1,2,4-trichloro-5-methylbenzene	6639-30-1	195.474	355.55	1	504.15	1	25	1.3950	2	---	---	---	solid	1
9973	C7H5Cl3	1,2,5-trichloro-3-methylbenzene	56961-86-5	195.474	318.65	1	503.15	1	25	1.3950	2	---	---	---	solid	1
9974	C7H5Cl3	3-chlorobenzal chloride	---	195.474	308.79	2	483.65	2	25	1.3950	2	---	1.5660	1	solid	2
9975	C7H5Cl3	2,6-dichlorobenzyl chloride	2014-83-7	195.474	310.65	1	391.15	1	25	1.3950	2	---	---	---	solid	1
9976	C7H5Cl3	dichlorobenzyl chloride	38721-71-0	195.474	308.79	2	396.15	1	25	1.4100	1	---	---	---	solid	2
9977	C7H5Cl3	2,4-dichlorobenzyl chloride	94-99-5	195.474	270.80	1	521.15	1	25	1.4060	1	---	1.5770	1	liquid	1
9978	C7H5Cl3	2,3,6-trichlorotoluene	2077-46-5	195.474	308.79	2	483.65	2	25	1.3950	2	---	---	---	solid	2
9979	C7H5Cl3	a-a-p-trichlorotoluene	13940-94-8	195.474	308.79	2	483.65	2	25	1.3950	2	---	---	---	solid	2
9980	C7H5Cl3O	1,2,4-trichloro-3-methoxybenzene	50375-10-5	211.474	318.15	1	500.15	1	25	1.4295	2	---	---	---	solid	1
9981	C7H5Cl3O	1,2,4-trichloro-5-methoxybenzene	6130-75-2	211.474	350.65	1	527.15	1	25	1.4295	2	---	---	---	solid	1
9982	C7H5Cl3O	1,3,5-trichloro-2-methoxybenzene	87-40-1	211.474	334.65	1	514.15	1	25	1.6400	1	---	---	---	solid	1
9983	C7H5Cl3O	2,4,6-trichloro-3-methylphenol	551-76-8	211.474	319.15	1	538.15	1	25	1.4295	2	---	---	---	solid	1
9984	C7H5Cl3O	2,3,4-trichloro-6-methylphenol	551-78-0	211.474	350.15	1	519.90	2	25	1.4295	2	---	---	---	solid	1
9985	C7H5Cl3O	2,3,6-trichloro-4-methylphenol	551-77-9	211.474	339.65	1	519.90	2	25	1.4295	2	---	---	---	solid	1
9986	C7H5Cl3O2	trichloroguaiacol	57057-83-7	227.473	---	---	---	---	25	1.4815	2	---	---	---	---	---
9987	C7H5Cl3O2	4,5,6-trichloroguaiacol	2668-24-8	227.473	---	---	---	---	25	1.4815	2	---	---	---	---	---
9988	C7H5Cl3S	methyl 2,4,5-trichlorophenyl sulfide	4163-78-4	227.540	326.15	1	---	---	25	1.4412	2	---	---	---	solid	1
9989	C7H5Cl4NO	2-chloro-6-methoxy-4-(trichloromethyl)pyri	7159-34-4	260.933	---	---	---	---	25	1.5406	2	---	---	---	---	---
9990	C7H5CoO2	dicarbonylcyclopentadienylcobalt	12078-25-0	180.049	---	---	---	---	---	---	---	---	---	---	---	---
9991	C7H5FN2O	2-amino-5-fluorobenzoxazole	1682-39-9	152.129	---	---	---	---	25	1.3259	2	---	---	---	---	---
9992	C7H5FN2S	2-amino-6-fluorobenzothiazole	348-40-3	168.195	457.15	1	---	---	25	1.3490	2	---	---	---	solid	1
9993	C7H5FO	benzoyl fluoride	455-32-3	124.115	245.15	1	427.65	1	20	1.1400	1	---	---	---	liquid	1
9994	C7H5FO	2-fluorobenzaldehyde	446-52-6	124.115	228.65	1	448.15	1	25	1.1780	1	20	1.5234	1	liquid	1
9995	C7H5FO	3-fluorobenzaldehyde	456-48-4	124.115	---	---	446.15	1	25	1.1700	1	20	1.5206	1	---	---
9996	C7H5FO	4-fluorobenzaldehyde	459-57-4	124.115	263.15	1	454.65	1	19	1.1810	1	---	---	---	liquid	1
9997	C7H5FO2	2-fluorobenzoic acid	445-29-4	140.114	399.65	1	---	---	25	1.4600	1	---	---	---	solid	1
9998	C7H5FO2	3-fluorobenzoic acid	455-38-9	140.114	397.15	1	---	---	25	1.4740	1	---	---	---	solid	1
9999	C7H5FO2	p-fluorobenzoic acid	456-22-4	140.114	458.15	1	---	---	25	1.4790	1	---	---	---	solid	1
10000	C7H5FO2	3-fluoro-4-hydroxybenzaldehyde	405-05-0	140.114	---	---	---	---	25	1.4710	2	---	---	---	---	---

Table 1 Physical Properties - Organic Compounds

				Mol Wt	Freezing Point		Boiling Point		Density			Refractive Index			State	
NO	FORMULA	NAME	CAS No	g/mol	T_F, K	code	T_B, K	code	T, C	g/cm3	code	T, C	n_D	code	@25C,1 atm	code
10001	C7H5FO3	5-fluorosalicylic acid	345-16-4	156.113	451.15	1	---	---	25	1.3290	2	---	---	---	solid	1
10002	C7H5F2NO	2,6-difluorobenzamide	18063-03-1	157.120	419.15	1	---	---	25	1.3053	2	---	---	---	solid	1
10003	C7H5F3	benzotrifluoride	98-08-8	146.112	244.14	1	375.20	1	25	1.1780	1	25	1.4114	1	liquid	1
10004	C7H5F3N2O2	2-amino-5-nitrobenzotrifluoride	121-01-7	206.125	364.65	1	---	---	25	1.4711	2	---	---	---	solid	1
10005	C7H5F3N2O2	5-amino-2-nitrobenzotrifluoride	393-11-3	206.125	399.65	1	---	---	25	1.4711	2	---	---	---	solid	1
10006	C7H5F3N2O2	4-amino-3-nitrobenzotrifluoride	400-98-6	206.125	380.15	1	---	---	25	1.4711	2	---	---	---	solid	1
10007	C7H5F3O	3-(trifluoromethyl)phenol	98-17-9	162.112	272.25	1	451.15	1	25	1.3418	1	---	---	---	liquid	1
10008	C7H5F3O	2,4,5-trifluorobenzyl alcohol	144284-25-3	162.112	---	---	475.65	1	25	1.4000	1	---	1.4720	1	---	---
10009	C7H5F3O	a,a,a-trifluoro-o-cresol	444-30-4	162.112	317.15	1	420.60	1	25	1.3226	2	---	---	---	solid	1
10010	C7H5F3O	(trifluoromethoxy)benzene	456-55-3	162.112	223.25	1	373.05	1	25	1.2260	1	---	1.4060	1	liquid	1
10011	C7H5F3O	4-(trifluoromethyl)phenol	402-45-9	162.112	316.65	1	430.11	2	25	1.3226	2	---	---	---	solid	1
10012	C7H5F3O2	3-(trifluoromethoxy)phenol	827-99-6	178.111	---	---	---	---	25	1.3750	1	---	1.4460	1	---	---
10013	C7H5F3O2	4-(trifluoromethoxy)phenol	828-27-3	178.111	290.65	1	---	---	25	1.3750	1	---	1.4470	1	---	---
10014	C7H5F3O3S	phenyl trifluoromethanesulfonate	17763-67-6	226.176	---	---	---	---	25	1.3960	1	---	1.4350	1	---	---
10015	C7H5F3OS	4-(trifluoromethylthio)phenol	461-84-7	194.178	331.15	1	---	---	25	1.3716	2	---	---	---	solid	1
10016	C7H5F3S	phenyl trifluoromethyl sulfide	456-56-4	178.178	---	---	414.15	1	25	1.2490	1	---	1.4660	1	---	---
10017	C7H5F3S	4-(trifluoromethyl)thiophenol	825-83-2	178.178	---	---	414.15	2	25	1.3106	2	---	---	---	---	---
10018	C7H5F4N	2-fluoro-3-(trifluoromethyl)aniline	123973-25-1	179.118	---	---	462.15	1	25	1.3900	1	---	1.4620	1	---	---
10019	C7H5F4N	2-fluoro-6-(trifluoromethyl)aniline	144851-61-6	179.118	---	---	428.15	1	25	1.3880	1	---	1.4620	1	---	---
10020	C7H5F4N	4-fluoro-3-(trifluoromethyl)aniline	2357-47-3	179.118	---	---	480.60	1	25	1.3920	1	---	1.4660	1	---	---
10021	C7H5F4N	4-fluoro-2-(trifluoromethyl)aniline	393-39-5	179.118	---	---	443.65	1	25	1.3800	1	---	1.4640	1	---	---
10022	C7H5F4N	2-fluoro-5-(trifluoromethyl)aniline	535-52-4	179.118	---	---	455.65	1	25	1.3740	1	---	1.4610	1	---	---
10023	C7H5F7O2	2,2,3,3,4,4,4-heptafluorobutyl acrylate	424-64-6	254.105	---	---	394.15	1	25	1.4180	1	---	1.3310	1	---	---
10024	C7H5F9O	(2,2,3,3,4,4,5,5,5-nonafluoropentyl)oxirane	81190-28-5	276.103	---	---	---	---	25	1.5450	1	---	1.3170	1	---	---
10025	C7H5HgNO3	nitromersol	133-58-4	351.712	---	---	---	---	---	---	---	---	---	---	---	---
10026	C7H5IN2O	2-amino-5-iodobenzoxazole	64037-13-4	260.035	---	---	---	---	25	1.9493	2	---	---	---	---	---
10027	C7H5IO	benzoyl iodide	618-38-2	232.021	274.65	1	538.15	2	18	1.7460	1	---	---	---	liquid	2
10028	C7H5IO	2-iodobenzaldehyde	26260-02-6	232.021	310.15	1	538.15	2	25	1.8576	2	---	---	---	solid	1
10029	C7H5IO	3-iodobenzaldehyde	696-41-3	232.021	330.15	1	538.15	2	25	1.8576	2	---	---	---	solid	1
10030	C7H5IO	4-iodobenzaldehyde	15164-44-0	232.021	350.65	1	538.15	1	25	1.8576	2	---	---	---	solid	1
10031	C7H5IO2	o-iodobenzoic acid	88-67-5	248.020	436.15	1	---	---	25	2.2500	1	---	---	---	solid	1
10032	C7H5IO2	m-iodobenzoic acid	618-51-9	248.020	461.45	1	---	---	23	2.2170	2	---	---	---	solid	1
10033	C7H5IO2	p-iodobenzoic acid	619-58-9	248.020	543.15	1	---	---	20	2.1840	1	---	---	---	solid	1
10034	C7H5IO3	4-hydroxy-3-iodobenzoic acid	37470-46-5	264.019	447.45	1	---	---	25	1.9394	2	---	---	---	solid	1
10035	C7H5IO3	5-hydroxy-2-iodobenzoic acid	57772-57-3	264.019	471.15	1	---	---	25	1.9394	2	---	---	---	solid	1
10036	C7H5IO3	5-iodosalicylic acid	119-30-2	264.019	471.65	1	---	---	25	1.9394	2	---	---	---	solid	1
10037	C7H5I2NO2	4-amino-3,5-diiodobenzoic acid	2122-61-4	388.931	>573.15	1	---	---	25	2.3815	2	---	---	---	solid	1
10038	C7H5I2NO2	2-amino-3,5-diiodobenzoic acid	609-86-9	388.931	515.15	1	---	---	25	2.3815	2	---	---	---	solid	1
10039	C7H5I3	1,3,5-triiodo-2-methylbenzene	36994-79-3	469.830	391.65	1	573.15	dec	25	2.6637	2	---	---	---	solid	1
10040	C7H5KN2O4	potassium phenyl dinitromethanide	---	220.227	---	---	---	---	---	---	---	---	---	---	---	---
10041	C7H5KO5S	4-sulfobenzoic acid monopotassium salt	5399-63-3	240.278	---	---	---	---	---	---	---	---	---	---	---	---
10042	C7H5KO5S	potassium-O-O-benzoylmonoperoxosulfate	---	240.278	---	---	---	---	---	---	---	---	---	---	---	---
10043	C7H5KO6S	potassium benzoylperoxysulfate	---	256.277	---	---	---	---	---	---	---	---	---	---	---	---
10044	C7H5LiO2	lithium benzoate	553-54-8	128.057	>573.15	1	---	---	---	---	---	---	---	---	solid	1
10045	C7H5N	benzonitrile	100-47-0	103.124	260.40	1	464.15	1	25	1.0010	1	20	1.5282	1	liquid	1
10046	C7H5N	2-ethynylpyridine	1945-84-2	103.124	---	---	464.15	2	25	1.0200	1	---	1.5600	1	---	---
10047	C7H5N	isocyanobenzene	931-54-4	103.124	---	---	464.15	2	25	1.0105	2	---	---	---	---	---
10048	C7H5NNaS2	sodium 2-mercaptobenzothiazole	2492-26-4	190.245	267.15	1	375.85	1	---	---	---	---	---	---	liquid	1
10049	C7H5NO	phenyl isocyanate	103-71-9	119.123	243.15	1	439.43	1	25	1.0930	1	20	1.5368	1	liquid	1
10050	C7H5NO	1,2-benzisoxazole	271-95-4	119.123	---	---	434.77	2	21	1.1727	1	20	1.5570	1	---	---
10051	C7H5NO	2,1-benzisoxazole	271-58-9	119.123	<255	1	488.15	1	20	1.1827	1	20	1.5845	1	liquid	1
10052	C7H5NO	benzoxazole	273-53-0	119.123	304.15	1	455.65	1	20	1.1754	1	20	1.5594	1	solid	1
10053	C7H5NO	3-(2-furanyl)-2-propenenitrile	7187-01-1	119.123	311.15	1	369.15	1	37	1.1458	2	25	1.5824	1	solid	1
10054	C7H5NO	2-hydroxybenzonitrile	611-20-1	119.123	371.15	1	434.77	2	100	1.1052	1	100	1.5372	1	solid	1
10055	C7H5NO	3-cyanophenol	873-62-1	119.123	350.65	1	434.77	2	37	1.1458	2	---	---	---	solid	1
10056	C7H5NO	4-hydroxybenzonitrile	767-00-0	119.123	384.65	1	422.15	1	37	1.1458	2	---	---	---	solid	1
10057	C7H5NOS	2(3H)-benzothiazolone	934-34-9	151.189	412.15	1	633.15	1	25	1.3015	2	---	---	---	solid	1
10058	C7H5NOS	2-mercaptobenzoxazole	2382-96-9	151.189	466.65	1	633.15	2	25	1.3015	2	---	---	---	solid	1
10059	C7H5NOS	2-thenoylacetonitrile	33898-90-7	151.189	405.15	1	633.15	2	25	1.3015	2	---	---	---	solid	1
10060	C7H5NOS	1,2-benzisothiazol-3(2H)-one	2634-33-5	151.189	---	---	633.15	2	25	1.3015	2	---	---	---	---	---
10061	C7H5NO2	2-benzoxazolol	69564-68-7	135.123	414.15	1	608.15	2	25	1.2721	2	---	---	---	solid	1
10062	C7H5NO2	2(3H)-benzoxazolone	59-49-4	135.123	411.15	1	608.15	1	25	1.2721	2	---	---	---	solid	1
10063	C7H5NO2	3,5-dihydroxybenzonitrile	19179-36-3	135.123	464.65	1	608.15	2	25	1.2721	2	---	---	---	solid	1
10064	C7H5NO2	2-furoylacetonitrile	31909-58-7	135.123	354.15	1	608.15	2	25	1.2721	2	---	---	---	solid	1
10065	C7H5NO2	2,6-pyridinedicarboxaldehyde	5431-44-7	135.123	397.65	1	608.15	2	25	1.2721	2	---	---	---	solid	1
10066	C7H5NO3	2-nitrobenzaldehyde	552-89-6	151.122	316.65	1	---	---	20	1.2844	1	---	---	---	solid	1
10067	C7H5NO3	3-nitrobenzaldehyde	99-61-6	151.122	331.65	1	---	---	20	1.2792	1	---	---	---	solid	1
10068	C7H5NO3	4-nitrobenzaldehyde	555-16-8	151.122	380.15	1	---	---	25	1.4960	1	---	---	---	solid	1
10069	C7H5NO3S	saccharin	81-07-2	183.188	501.15	dec	---	---	25	0.8280	1	---	---	---	solid	1
10070	C7H5NO3S	benzenesulfonyl isocyanate	2845-62-7	183.188	---	---	---	---	25	1.3690	1	---	1.5380	1	---	---
10071	C7H5NO4	o-nitrobenzoic acid	552-16-9	167.121	420.65	1	---	---	20	1.5750	1	---	---	---	solid	1
10072	C7H5NO4	m-nitrobenzoic acid	121-92-6	167.121	414.15	1	---	---	20	1.4940	1	---	---	---	solid	1
10073	C7H5NO4	p-nitrobenzoic acid	62-23-7	167.121	515.15	1	---	---	20	1.6100	1	---	---	---	solid	1
10074	C7H5NO4	2,3-pyridinedicarboxylic acid	89-00-9	167.121	501.65	1	---	---	20	1.5597	2	---	---	---	solid	1
10075	C7H5NO4	2,4-pyridinedicarboxylic acid	499-80-9	167.121	522.15	1	---	---	20	1.5597	2	---	---	---	solid	1
10076	C7H5NO4	2,5-pyridinedicarboxylic acid	100-26-5	167.121	527.15	1	---	---	20	1.5597	2	---	---	---	solid	1
10077	C7H5NO4	2,6-pyridinedicarboxylic acid	499-83-2	167.121	525.15	1	---	---	20	1.5597	2	---	---	---	solid	1
10078	C7H5NO4	3,4-pyridinedicarboxylic acid	490-11-9	167.121	529.15	1	---	---	20	1.5597	2	---	---	---	solid	1
10079	C7H5NO4	3,5-pyridinedicarboxylic acid	499-81-0	167.121	597.15	1	---	---	20	1.5597	2	---	---	---	solid	1
10080	C7H5NO4	4-hydroxy-3-nitrobenzaldehyde	3011-34-5	167.121	414.65	1	---	---	20	1.5597	2	---	---	---	solid	1

Table 1 Physical Properties - Organic Compounds

				Mol Wt	Freezing Point		Boiling Point		Density			Refractive Index			State	
NO	FORMULA	NAME	CAS No	g/mol	T_F, K	code	T_B, K	code	T, C	g/cm3	code	T, C	n_D	code	@25C,1 atm	code
10081	C7H5NO4	2-hydroxy-5-nitrobenzaldehyde	97-51-8	167.121	400.15	1	---	---	20	1.5597	2	---	---	---	solid	1
10082	C7H5NO4	1,2-(methylenedioxy)-4-nitrobenzene	2620-44-2	167.121	420.15	1	---	---	20	1.5597	2	---	---	---	solid	1
10083	C7H5NO4	5-nitro-2-furanacrolein	1874-22-2	167.121	389.15	1	---	---	20	1.5597	2	---	---	---	solid	1
10084	C7H5NO4	3-nitrosalicylaldehyde	5274-70-4	167.121	380.65	1	---	---	20	1.5597	2	---	---	---	solid	1
10085	C7H5NO4	benzoyl nitrate	6786-32-9	167.121	---	---	---	---	20	1.5597	2	---	---	---	---	---
10086	C7H5NO5	2-hydroxy-3-nitrobenzoic acid	85-38-1	183.121	421.15	1	---	---	25	1.4880	2	---	---	---	solid	1
10087	C7H5NO5	2-hydroxy-5-nitrobenzoic acid	96-97-9	183.121	502.65	1	---	---	20	1.6500	1	---	---	---	solid	1
10088	C7H5NO5	4-hydroxy-3-nitrobenzoic acid	616-82-0	183.121	457.15	1	---	---	25	1.4880	2	---	---	---	solid	1
10089	C7H5NO5	3-hydroxy-4-nitrobenzoic acid	619-14-7	183.121	>501.15	1	---	---	25	1.4880	2	---	---	---	solid	1
10090	C7H5NO5	3-(5-nitro-2-furyl)acrylic acid	6281-23-8	183.121	---	---	---	---	25	1.4880	2	---	---	---	---	---
10091	C7H5NO5	p-nitroperoxybenzoic acid	943-39-5	183.121	411.15	1	---	---	25	1.4880	2	---	---	---	solid	1
10092	C7H5NO5	4-nitrosalicylic acid	619-19-2	183.121	---	---	---	---	25	1.4880	2	---	---	---	---	---
10093	C7H5NS	1,2-benzisothiazole	272-16-2	135.190	311.15	1	493.15	1	19	1.1764	2	---	---	---	solid	1
10094	C7H5NS	benzothiazole	95-16-9	135.190	274.15	1	504.15	1	20	1.2460	1	20	1.6379	1	liquid	1
10095	C7H5NS	phenyl isothiocyanate	103-72-0	135.190	252.15	1	494.15	1	20	1.1303	1	23	1.6492	1	liquid	1
10096	C7H5NS	phenyl thiocyanate	5285-87-0	135.190	---	---	505.65	1	18	1.1530	1	---	---	---	---	---
10097	C7H5NS2	2(3H)-benzothiazolethione	149-30-4	167.256	453.15	1	496.15	1	20	1.4200	1	---	---	---	solid	1
10098	C7H5NSe	phenyl selenocyanate	2179-79-5	182.084	---	---	---	---	25	1.4840	1	---	1.6030	1	---	---
10099	C7H5N2Cl	2-chloro-3-cyano-6-methylpyridine	---	152.583	388.65	1	---	---	25	1.3106	2	---	---	---	solid	1
10100	C7H5N3	1,2,4-benzotriazine	254-87-5	131.138	348.95	1	510.65	1	25	1.2672	2	---	---	---	solid	1
10101	C7H5N3	pyrido[2,3-b]pyrazine	322-46-3	131.138	414.15	1	510.65	2	25	1.2672	2	---	---	---	solid	1
10102	C7H5N3O	benzoyl azide	582-61-6	147.137	305.15	1	---	---	35	1.1680	1	---	---	---	solid	1
10103	C7H5N3O	1,2,3-benzotriazin-4(1H)-one	90-16-4	147.137	---	---	---	---	25	1.3487	2	---	---	---	---	---
10104	C7H5N3O2	3-hydroxy-1,2,3-benzotriazin-4(3H)-one	28230-32-2	163.137	459.65	1	---	---	25	1.4221	2	---	---	---	solid	1
10105	C7H5N3O2	5-nitroanthranilonitrile	17420-30-3	163.137	481.65	1	---	---	25	1.4221	2	---	---	---	solid	1
10106	C7H5N3O2	6-nitrobenzimidazole	94-52-0	163.137	482.15	1	---	---	25	1.4221	2	---	---	---	solid	1
10107	C7H5N3O2	7-nitroindazole	2942-42-9	163.137	451.65	1	---	---	25	1.4221	2	---	---	---	solid	1
10108	C7H5N3O2	6-nitroindazole	7597-18-4	163.137	454.15	1	---	---	25	1.4221	2	---	---	---	solid	1
10109	C7H5N3O2	2-nitrobenzimidazole	5709-67-1	163.137	531.15	dec	---	---	25	1.4221	2	---	---	---	solid	1
10110	C7H5N3O2S	3-amino-5-nitrobenzoisothiazole	84387-89-3	195.203	528.15	1	---	---	25	1.4984	2	---	---	---	solid	1
10111	C7H5N3O2S	2-amino-6-nitrobenzothiazole	6285-57-0	195.203	521.15	1	---	---	25	1.4984	2	---	---	---	solid	1
10112	C7H5N3O2S	2-mercapto-5-nitrobenzimidazole	6325-91-3	195.203	548.15	1	---	---	25	1.4984	2	---	---	---	solid	1
10113	C7H5N3O3S	2-amino-4-(5-nitro-2-furyl)thiazole	38514-71-5	211.202	---	---	---	---	25	1.5542	2	---	---	---	---	---
10114	C7H5N3O4S	4-carboxybenzenesulfonyl azide	17202-49-2	227.201	457.15	1	---	---	25	1.6056	2	---	---	---	solid	1
10115	C7H5N3O4S	carboxybenzenesulfonyl azide	56743-33-0	227.201	---	---	---	---	25	1.6056	2	---	---	---	---	---
10116	C7H5N3O4S	2-nitrophenyl sulfonyl diazomethane	49558-46-5	227.201	---	---	---	---	25	1.6056	2	---	---	---	---	---
10117	C7H5N3O5	3,5-dinitrobenzamide	121-81-3	211.135	457.15	1	---	---	25	1.6048	2	---	---	---	solid	1
10118	C7H5N3O6	2,4,6-trinitrotoluene	118-96-7	227.134	354.00	1	625.00	2	25	1.6540	1	---	---	---	solid	1
10119	C7H5N3O6	1-methyl-2,3,4-trinitrobenzene	602-29-9	227.134	385.15	1	574.15	1	25	1.6200	1	---	---	---	solid	1
10120	C7H5N3O6	1-methyl-2,4,5-trinitrobenzene	610-25-3	227.134	377.15	1	573.58	2	25	1.6370	2	---	---	---	solid	1
10121	C7H5N3O7	2-methoxy-1,3,5-trinitrobenzene	606-35-9	243.134	342.15	1	---	---	80	1.4947	1	---	---	---	solid	1
10122	C7H5N3O7	3-methyl-2,4,6-trinitrophenol	602-99-3	243.134	382.65	1	---	---	48	1.5564	2	---	---	---	solid	1
10123	C7H5N3O7	2,3,5-trinitroanisole	7539-25-5	243.134	380.55	1	---	---	15	1.6180	1	---	---	---	solid	1
10124	C7H5N4NaS	1-phenyl-1H-tetrazole-5-thiol sodium salt	15052-19-4	200.200	353.15	1	---	---	---	---	---	---	---	---	solid	1
10125	C7H5N4O2	benzimidazolium-1-nitroimidate	52096-22-7	177.144	---	---	---	---	25	1.4891	2	---	---	---	---	---
10126	C7H5N5O7	1-nitro-3-(2,4-dinitrophenyl)urea	22751-18-4	271.148	---	---	---	---	25	1.7923	2	---	---	---	---	---
10127	C7H5N5O8	N-methyl-N,2,4,6-tetranitroaniline	479-45-8	287.147	402.65	1	650.00	2	10	1.5700	1	---	---	---	solid	1
10128	C7H5NaO2	sodium benzoate	532-32-1	144.105	>573	1	---	---	---	---	---	---	---	---	solid	1
10129	C7H5NaO3	sodium salicylate	54-21-7	160.105	---	---	---	---	---	---	---	---	---	---	---	---
10130	C7H5NaO4S	2-formylbenzenesulfonic acid sodium salt	1008-72-6	208.170	---	---	---	---	---	---	---	---	---	---	---	---
10131	C7H5NaO5S	3-sulfobenzoic acid monosodium salt	17625-03-5	224.169	---	---	---	---	---	---	---	---	---	---	---	---
10132	C7H6	1-heptene-4,6-diyne	---	90.125	---	---	---	---	25	0.9462	2	---	---	---	---	---
10133	C7H6BF3O2	4-trifluoromethylphenylboronic acid	128796-39-4	189.930	---	---	---	---	---	---	---	---	---	---	---	---
10134	C7H6BF3O2	3-trifluoromethylphenylboronic acid	1423-26-3	189.930	434.15	1	---	---	---	---	---	---	---	---	solid	1
10135	C7H6BF3O2	2-trifluoromethylphenylboronic acid	1423-27-4	189.930	---	---	---	---	---	---	---	---	---	---	---	---
10136	C7H6BF3O3	4-trifluoromethoxyphenylboronic acid	139301-27-2	205.929	---	---	---	---	---	---	---	---	---	---	---	---
10137	C7H6BF3O3	3-trifluoromethoxyphenylboronic acid	179113-90-7	205.929	357.15	1	---	---	---	---	---	---	---	---	solid	1
10138	C7H6BF4N5	2-azidomethylbenzenediazonium tetrafluor	59327-98-9	246.965	---	---	---	---	---	---	---	---	---	---	---	---
10139	C7H6BNO2	4-cyanophenylboronic acid	126747-14-6	146.941	>573.15	1	---	---	---	---	---	---	---	---	solid	1
10140	C7H6BNO2	3-cyanophenylboronic acid	150255-96-2	146.941	571.15	1	---	---	---	---	---	---	---	---	solid	1
10141	C7H6BrCl	1-bromo-3-(chloromethyl)benzene	932-77-4	205.481	305.65	1	497.15	2	25	1.5576	2	---	---	---	solid	1
10142	C7H6BrCl	1-bromo-4-(chloromethyl)benzene	589-17-3	205.481	323.15	1	509.15	1	25	1.5576	2	---	---	---	solid	1
10143	C7H6BrCl	2-bromo-5-chlorotoluene	14495-51-3	205.481	---	---	497.15	2	25	1.5500	1	---	1.5750	1	---	---
10144	C7H6BrCl	5-bromo-2-chlorotoluene	54932-72-8	205.481	---	---	497.15	2	25	1.5500	1	---	1.5750	1	---	---
10145	C7H6BrCl	4-bromo-2-chlorotoluene	89794-02-5	205.481	---	---	485.15	1	25	1.5400	1	---	1.5740	1	---	---
10146	C7H6BrCl	2-chlorobenzyl bromide	611-17-6	205.481	---	---	497.15	2	25	1.5830	1	---	1.5920	1	---	---
10147	C7H6BrCl	3-chlorobenzyl bromide	766-80-3	205.481	---	---	497.15	2	25	1.5650	1	---	1.5890	1	---	---
10148	C7H6BrCl	1-bromo-3-chloro-2-methylbenzene	62356-27-8	205.481	---	---	497.15	2	25	1.5576	2	---	---	---	---	---
10149	C7H6BrClO2S	4-bromomethylbenzenesulfonyl chloride	66176-39-4	269.546	346.15	1	---	---	25	1.6944	2	---	---	---	solid	1
10150	C7H6BrClO2S	4-bromophenyl chloromethyl sulfone	---	269.546	---	---	---	---	25	1.6944	2	---	---	---	---	---
10151	C7H6BrF	2-bromo-4-fluorotoluene	1422-53-3	189.027	---	---	444.15	1	25	1.5200	1	---	1.5280	1	---	---
10152	C7H6BrF	3-bromo-4-fluorotoluene	452-62-0	189.027	---	---	442.15	1	25	1.5070	1	---	1.5310	1	---	---
10153	C7H6BrF	2-bromo-5-fluorotoluene	452-63-1	189.027	---	---	443.15	2	25	1.4900	1	---	1.5280	1	---	---
10154	C7H6BrF	4-bromo-2-fluorotoluene	51436-99-8	189.027	---	---	443.15	2	25	1.4920	1	---	1.5290	1	---	---
10155	C7H6BrF	5-bromo-2-fluorotoluene	51437-00-4	189.027	---	---	443.15	2	25	1.4860	1	---	1.5290	1	---	---
10156	C7H6BrF	2-fluorobenzyl bromide	446-48-0	189.027	---	---	443.15	2	25	1.5670	1	---	1.5520	1	---	---
10157	C7H6BrF	3-fluorobenzyl bromide	456-41-7	189.027	---	---	443.15	2	25	1.5410	1	---	1.5460	1	---	---
10158	C7H6BrF	4-fluorobenzyl bromide	459-46-1	189.027	---	---	443.15	2	25	1.5170	1	---	1.5470	1	---	---
10159	C7H6BrFO	4-bromo-2-fluoroanisole	2357-52-0	205.027	289.15	1	---	---	25	1.5900	1	---	1.5450	1	---	---
10160	C7H6BrFO	2-bromo-4-fluoroanisole	452-08-4	205.027	---	---	---	---	25	1.5810	1	---	1.5450	1	---	---

Table 1 Physical Properties - Organic Compounds

NO	FORMULA	NAME	CAS No	Mol Wt g/mol	Freezing Point T_F, K	code	Boiling Point T_B, K	code	Density T, C	g/cm3	code	Refractive Index T, C	n_D	code	State @25C,1 atm	code
10161	C7H6BrFO	4-bromo-2-fluorobenzyl alcohol	188582-62-9	205.027	---	---	---	---	25	1.5855	2	---	---	---	---	---
10162	C7H6BrI	5-bromo-2-iodotoluene	116632-39-4	296.933	---	---	535.65	1	25	2.0672	2	---	1.6500	1	---	---
10163	C7H6BrI	4-iodobenzyl bromide	---	296.933	352.15	1	535.65	2	25	2.0672	2	---	---	---	solid	1
10164	C7H6BrNO	2-bromobenzamide	4001-73-4	200.035	433.65	1	---	---	25	1.6008	2	---	---	---	solid	1
10165	C7H6BrNO	3-bromobenzamide	22726-00-7	200.035	428.45	1	---	---	25	1.6008	2	---	---	---	solid	1
10166	C7H6BrNO	4-bromobenzamide	698-67-9	200.035	464.65	1	---	---	25	1.6008	2	---	---	---	solid	1
10167	C7H6BrNO2	2-amino-5-bromobenzoic acid	5794-88-7	216.034	492.65	1	538.66	2	25	1.6545	2	---	---	---	solid	1
10168	C7H6BrNO2	1-(bromomethyl)-3-nitrobenzene	3958-57-4	216.034	332.45	1	538.66	2	25	1.6545	2	---	---	---	solid	1
10169	C7H6BrNO2	1-bromo-2-methyl-3-nitrobenzene	55289-35-5	216.034	315.15	1	538.66	2	25	1.6545	2	---	---	---	solid	1
10170	C7H6BrNO2	1-bromo-2-methyl-4-nitrobenzene	7149-70-4	216.034	351.15	1	538.66	2	25	1.6545	2	---	---	---	solid	1
10171	C7H6BrNO2	1-bromo-3-methyl-2-nitrobenzene	52414-97-8	216.034	301.65	1	538.66	2	25	1.6545	2	---	---	---	solid	1
10172	C7H6BrNO2	1-bromo-3-methyl-5-nitrobenzene	52488-28-5	216.034	356.15	1	542.65	1	25	1.6545	2	---	---	---	solid	1
10173	C7H6BrNO2	2-bromo-1-methyl-3-nitrobenzene	41085-43-2	216.034	314.65	1	538.66	2	25	1.6545	2	---	---	---	solid	1
10174	C7H6BrNO2	2-bromo-1-methyl-4-nitrobenzene	7745-93-9	216.034	351.15	1	538.66	2	25	1.6545	2	---	---	---	solid	1
10175	C7H6BrNO2	2-bromo-4-methyl-1-nitrobenzene	40385-54-4	216.034	310.95	1	542.15	1	25	1.6545	2	---	---	---	solid	1
10176	C7H6BrNO2	4-bromo-1-methyl-2-nitrobenzene	60956-26-5	216.034	320.15	1	529.65	1	25	1.6545	2	---	---	---	solid	1
10177	C7H6BrNO2	4-bromo-3-nitrotoluene	5326-34-1	216.034	304.15	1	538.66	2	25	1.5740	1	---	---	---	solid	1
10178	C7H6BrNO2	4-nitrobenzyl bromide	100-11-8	216.034	372.15	1	538.66	2	25	1.6545	2	---	---	---	solid	1
10179	C7H6BrNO2	2-nitrobenzyl bromide	3958-60-9	216.034	319.15	1	538.66	2	25	1.6545	2	---	---	---	solid	1
10180	C7H6BrNO2	4-bromo-2-methyl-1-nitrobenzene	52414-98-9	216.034	---	---	540.20	1	25	1.6545	2	---	---	---	---	---
10181	C7H6BrNO3	5-bromo-N,2-dihydroxybenzamide	5798-94-7	232.034	505.15	dec	---	---	25	1.7038	2	---	---	---	solid	1
10182	C7H6BrNO3	4-bromo-3-nitroanisole	5344-78-5	232.034	306.15	1	---	---	25	1.7038	2	---	---	---	solid	1
10183	C7H6BrNO3	a-bromo-4-nitro-o-cresol	772-33-8	232.034	420.15	1	---	---	25	1.7038	2	---	---	---	solid	1
10184	C7H6Br2	1-bromo-2-(bromomethyl)benzene	3433-80-5	249.933	304.15	1	515.15	2	22	1.8203	2	---	---	---	solid	1
10185	C7H6Br2	1-bromo-4-(bromomethyl)benzene	589-15-1	249.933	336.15	1	515.15	2	22	1.8203	2	---	---	---	solid	1
10186	C7H6Br2	(dibromomethyl)benzene	618-31-5	249.933	274.15	1	515.15	2	28	1.8365	1	20	1.6147	1	liquid	2
10187	C7H6Br2	1,2-dibromo-3-methylbenzene	61563-25-5	249.933	303.65	1	515.15	2	15	1.8234	1	25	1.5984	1	solid	1
10188	C7H6Br2	1,2-dibromo-4-methylbenzene	60956-23-2	249.933	263.15	1	513.15	1	25	1.8197	1	25	1.5979	1	liquid	1
10189	C7H6Br2	1,3-dibromo-2-methylbenzene	69321-60-4	249.933	278.65	1	519.15	1	22	1.8120	1	---	---	---	liquid	1
10190	C7H6Br2	1,4-dibromo-2-methylbenzene	615-59-8	249.933	278.75	1	509.15	1	17	1.8127	1	18	1.5982	1	liquid	1
10191	C7H6Br2	2,4-dibromo-1-methylbenzene	31543-75-6	249.933	263.45	1	515.15	2	25	1.8176	1	25	1.5964	1	liquid	2
10192	C7H6Br2	3-bromobenzyl bromide	823-78-9	249.933	312.65	1	515.15	2	22	1.8203	2	---	---	---	solid	1
10193	C7H6Br2	3,4-dibromotoluene	---	249.933	292.44	2	515.15	2	22	1.8203	2	---	1.5995	1	liquid	2
10194	C7H6Br2	3,5-dibromotoluene	1611-92-3	249.933	309.65	1	519.15	1	22	1.8203	2	---	---	---	solid	1
10195	C7H6Br2O	2,4-dibromo-6-methylphenol	609-22-3	265.932	331.15	1	538.15	dec	25	1.8920	2	---	---	---	solid	1
10196	C7H6Br2O	3,5-dibromo-2-methylphenol	14122-00-0	265.932	373.45	1	558.15	1	25	1.8920	2	---	---	---	solid	1
10197	C7H6Br2O	2,4-dibromoanisole	21702-84-1	265.932	335.15	1	548.15	2	25	1.8920	2	---	---	---	solid	1
10198	C7H6Br2O	2,6-dibromo-4-methylphenol	2432-14-6	265.932	320.65	1	548.15	2	25	1.8920	2	---	---	---	solid	1
10199	C7H6ClF	1-chloro-3-fluoro-2-methylbenzene	443-83-4	144.576	---	---	427.15	1	25	1.1910	1	20	1.5026	1	---	---
10200	C7H6ClF	2-chloro-4-fluoro-1-methylbenzene	452-73-3	144.576	---	---	425.65	1	20	1.1972	1	25	1.4985	1	---	---
10201	C7H6ClF	1-(chloromethyl)-2-fluorobenzene	345-35-7	144.576	---	---	445.15	1	25	1.2160	1	20	1.5150	1	---	---
10202	C7H6ClF	1-(chloromethyl)-4-fluorobenzene	352-11-4	144.576	---	---	432.72	2	20	1.2143	1	---	1.5130	1	---	---
10203	C7H6ClF	3-chloro-4-fluorotoluene	1513-25-3	144.576	---	---	441.15	1	25	1.1820	1	---	1.5010	1	---	---
10204	C7H6ClF	2-chloro-5-fluorotoluene	33406-96-1	144.576	---	---	429.65	1	25	1.1800	1	---	---	---	---	---
10205	C7H6ClF	5-chloro-2-fluorotoluene	452-66-4	144.576	---	---	431.65	1	25	1.1880	1	---	1.5000	1	---	---
10206	C7H6ClF	4-chloro-2-fluorotoluene	452-75-5	144.576	---	---	428.65	1	25	1.1860	1	---	1.4980	1	---	---
10207	C7H6ClF	3-fluorobenzyl chloride	456-42-8	144.576	---	---	432.72	2	25	1.1940	1	---	1.5130	1	---	---
10208	C7H6ClFO	2-chloro-5-fluoroanisole	450-89-5	160.575	---	---	433.15	2	25	1.2800	1	---	1.5200	1	---	---
10209	C7H6ClFO	4-chloro-2-fluoroanisole	452-09-5	160.575	---	---	433.15	1	25	1.2940	1	---	1.5180	1	---	---
10210	C7H6ClFO	4-chloro-3-fluoroanisole	501-29-1	160.575	---	---	433.15	2	25	1.2600	1	---	1.5170	1	---	---
10211	C7H6ClFO	2-chloro-4-fluorobenzylalcohol	---	160.575	314.65	1	433.15	2	25	1.2780	2	---	---	---	solid	1
10212	C7H6ClFO	2-chloro-6-fluorobenzyl alcohol	56456-50-9	160.575	316.15	1	433.15	2	25	1.2780	2	---	---	---	solid	1
10213	C7H6ClHgNO	N-(chloromercuri)formanilide	73940-90-6	356.174	---	---	---	---	---	---	---	---	---	---	---	---
10214	C7H6ClI	1-chloro-2-iodo-4-methylbenzene	2401-22-1	252.482	263.15	1	522.15	1	15	1.7940	1	23	1.6140	1	liquid	1
10215	C7H6ClI	4-chloro-1-iodo-2-methylbenzene	23399-70-4	252.482	252.15	1	513.15	1	17	1.7020	1	23	1.6160	1	liquid	1
10216	C7H6ClI	4-chloro-2-iodo-1-methylbenzene	33184-48-4	252.482	248.15	1	515.65	1	15	1.8358	1	23	1.6200	1	liquid	1
10217	C7H6ClI	3-chloro-2-iodotoluene	5100-98-1	252.482	300.65	1	516.98	2	16	1.7773	2	23	1.6080	1	solid	1
10218	C7H6ClI	2-iodobenzyl chloride	59473-45-9	252.482	303.15	1	516.98	2	16	1.7773	2	---	1.6350	1	solid	1
10219	C7H6ClNO	2-chlorobenzamide	609-66-5	155.584	416.15	1	---	---	25	1.2721	2	---	---	---	solid	1
10220	C7H6ClNO	3-chlorobenzamide	618-48-4	155.584	406.15	1	---	---	25	1.2721	2	---	---	---	solid	1
10221	C7H6ClNO	4-chlorobenzamide	619-56-7	155.584	452.15	1	---	---	25	1.2721	2	---	---	---	solid	1
10222	C7H6ClNO2	5-amino-2-chlorobenzoic acid	89-54-3	171.583	461.15	1	523.15	2	15	1.5190	1	---	---	---	solid	1
10223	C7H6ClNO2	1-(chloromethyl)-2-nitrobenzene	612-23-7	171.583	323.15	1	523.15	2	40	1.3576	2	62	1.5557	1	solid	1
10224	C7H6ClNO2	1-(chloromethyl)-3-nitrobenzene	619-23-8	171.583	319.15	1	523.15	2	40	1.3576	2	62	1.5577	1	solid	1
10225	C7H6ClNO2	1-(chloromethyl)-4-nitrobenzene	100-14-1	171.583	344.15	1	523.15	2	40	1.3576	2	62	1.5647	1	solid	1
10226	C7H6ClNO2	1-chloro-2-methyl-3-nitrobenzene	83-42-1	171.583	310.95	1	511.15	1	40	1.3576	2	69	1.5377	1	solid	1
10227	C7H6ClNO2	1-chloro-2-methyl-4-nitrobenzene	13290-74-9	171.583	315.65	1	522.15	1	40	1.3576	2	---	---	---	solid	1
10228	C7H6ClNO2	1-chloro-3-methyl-5-nitrobenzene	16582-38-0	171.583	332.85	1	523.15	2	40	1.3576	2	69	1.5404	1	solid	1
10229	C7H6ClNO2	2-chloro-1-methyl-4-nitrobenzene	121-86-8	171.583	339.65	1	533.15	1	40	1.3576	2	69	1.5470	1	solid	1
10230	C7H6ClNO2	2-chloro-4-methyl-1-nitrobenzene	38939-88-7	171.583	297.15	1	523.15	2	40	1.3576	2	---	---	---	liquid	2
10231	C7H6ClNO2	4-chloro-1-methyl-2-nitrobenzene	89-59-8	171.583	311.15	1	515.15	1	80	1.2559	1	---	---	---	solid	1
10232	C7H6ClNO2	4-chloro-2-methyl-1-nitrobenzene	5367-28-2	171.583	298.65	1	523.15	2	40	1.3576	2	65	1.5496	1	solid	1
10233	C7H6ClNO2	4-chloro-3-nitrotoluene	89-60-1	171.583	280.15	1	534.15	1	40	1.3576	2	20	1.5572	1	liquid	1
10234	C7H6ClNO2	2-amino-6-chlorobenzoic acid	2148-56-3	171.583	418.15	1	523.15	2	40	1.3576	2	---	---	---	solid	1
10235	C7H6ClNO2	4-amino-2-chlorobenzoic acid	2457-76-3	171.583	485.65	1	523.15	2	40	1.3576	2	---	---	---	solid	1
10236	C7H6ClNO2	3-amino-4-chlorobenzoic acid	2840-28-0	171.583	489.15	1	523.15	2	40	1.3576	2	---	---	---	solid	1
10237	C7H6ClNO2	2-amino-5-chlorobenzoic acid	635-21-2	171.583	484.15	1	523.15	2	40	1.3576	2	---	---	---	solid	1
10238	C7H6ClNO2	2-amino-4-chlorobenzoic acid	89-77-0	171.583	506.15	1	523.15	2	40	1.3576	2	---	---	---	solid	1
10239	C7H6ClNO2	2-chloro-6-methyl-3-pyridinecarboxylic acid	30529-70-5	171.583	432.15	1	523.15	2	40	1.3576	2	---	---	---	solid	1
10240	C7H6ClNO2	2-chloro-3-nitrotoluene	3970-40-9	171.583	294.15	1	523.15	2	25	1.2980	1	---	1.5570	1	liquid	2

Table 1 Physical Properties - Organic Compounds

NO	FORMULA	NAME	CAS No	Mol Wt g/mol	Freezing Point T_F, K	code	Boiling Point T_B, K	code	Density T, C	g/cm3	code	Refractive Index T, C	n_D	code	State @25C,1 atm	code
10241	C7H6ClNO3	4-chloro-3-nitroanisole	10298-80-3	187.582	316.15	1	---	---	25	1.4048	2	---	---	---	solid	1
10242	C7H6ClNO3	5-chloro-2-nitroanisole	6627-53-8	187.582	344.65	1	---	---	25	1.4048	2	---	---	---	solid	1
10243	C7H6ClNO3	4-chloro-2-nitroanisole	89-21-4	187.582	371.65	1	---	---	25	1.4048	2	---	---	---	solid	1
10244	C7H6ClNO3	4-chloro-3-nitrobenzyl alcohol	55912-20-4	187.582	336.15	1	---	---	25	1.4048	2	---	---	---	solid	1
10245	C7H6ClNO3	5-chloro-2-nitrobenzyl alcohol	73033-58-6	187.582	352.65	1	---	---	25	1.4048	2	---	---	---	solid	1
10246	C7H6ClNO3	2-chloro-5-nitrobenzyl alcohol	80866-80-4	187.582	350.15	1	---	---	25	1.4048	2	---	---	---	solid	1
10247	C7H6ClNO3	4-chloro-6-nitro-m-cresol	7147-89-9	187.582	406.15	1	---	---	25	1.4048	2	---	---	---	solid	1
10248	C7H6ClNO4S	2-methyl-5-nitrobenzenesulfonyl chloride	121-02-8	235.648	318.15	1	---	---	25	1.5231	2	---	---	---	solid	1
10249	C7H6ClN3	N-chloro-5-phenyltetrazole	---	167.598	---	---	---	---	25	1.3389	2	---	---	---	---	---
10250	C7H6ClN3O4S2	chlorothiazide	58-94-6	295.728	623.15	dec	---	---	25	1.6542	2	---	---	---	solid	1
10251	C7H6ClNaO	sodium-4-chloro-2-methyl phenoxide	54976-93-1	164.566	---	---	---	---	---	---	---	---	---	---	---	---
10252	C7H6Cl2	benzyl dichloride	98-87-3	161.030	257.00	1	487.00	1	25	1.2470	1	25	1.5037	1	liquid	1
10253	C7H6Cl2	2,4-dichlorotoluene	95-73-8	161.030	259.65	1	474.25	1	25	1.2470	1	22	1.5480	1	liquid	1
10254	C7H6Cl2	1-chloro-2-(chloromethyl)benzene	611-19-8	161.030	256.15	1	490.15	1	25	1.2699	1	20	1.5530	1	liquid	1
10255	C7H6Cl2	1-chloro-3-(chloromethyl)benzene	620-20-2	161.030	276.42	2	489.15	1	15	1.2695	1	20	1.5554	1	liquid	1
10256	C7H6Cl2	1-chloro-4-(chloromethyl)benzene	104-83-6	161.030	304.15	1	496.15	1	21	1.2572	2	---	---	---	solid	1
10257	C7H6Cl2	2,3-dichlorotoluene	32768-54-0	161.030	279.15	1	480.65	1	20	1.2458	1	20	1.5511	1	liquid	1
10258	C7H6Cl2	2,5-dichlorotoluene	19398-61-9	161.030	275.65	1	473.15	1	20	1.2535	1	20	1.5449	1	liquid	1
10259	C7H6Cl2	2,6-dichlorotoluene	118-69-4	161.030	298.95	1	471.15	1	20	1.2686	1	20	1.5507	1	solid	1
10260	C7H6Cl2	3,4-dichlorotoluene	95-75-0	161.030	257.95	1	482.05	1	20	1.2564	1	20	1.5471	1	liquid	1
10261	C7H6Cl2	3,5-dichlorotoluene	25186-47-4	161.030	299.15	1	474.65	1	21	1.2572	2	---	---	---	solid	1
10262	C7H6Cl2N2O2	N-(3,4-dichlorophenyl)-N'-hydroxyurea	31225-17-9	221.042	---	---	---	---	25	1.4800	2	---	---	---	---	---
10263	C7H6Cl2N4S	3,4-dichlorobenzene diazothiourea	5836-73-7	249.124	---	---	---	---	25	1.5361	2	---	---	---	---	---
10264	C7H6Cl2O	2,4-dichloro-1-methoxybenzene	553-82-2	177.029	301.65	1	505.15	1	25	1.3105	2	---	---	---	solid	1
10265	C7H6Cl2O	2,4-dichlorobenzenemethanol	1777-82-8	177.029	332.65	1	479.08	2	25	1.3105	2	---	---	---	solid	1
10266	C7H6Cl2O	2,4-dichloro-3-methylphenol	17788-00-0	177.029	331.15	1	509.15	1	25	1.3105	2	---	---	---	solid	1
10267	C7H6Cl2O	2,4-dichloro-5-methylphenol	1124-07-8	177.029	346.15	1	507.15	1	25	1.3105	2	20	1.5720	1	solid	1
10268	C7H6Cl2O	2,4-dichloro-6-methylphenol	1570-65-6	177.029	328.15	1	479.08	2	25	1.3105	2	---	---	---	solid	1
10269	C7H6Cl2O	2,6-dichloro-3-methylphenol	13481-70-4	177.029	301.15	1	510.15	1	25	1.3105	2	---	---	---	solid	1
10270	C7H6Cl2O	2,6-dichloro-4-methylphenol	2432-12-4	177.029	312.15	1	504.15	1	25	1.3105	2	---	---	---	solid	1
10271	C7H6Cl2O	2,5-dichloroanisole	1984-58-3	177.029	---	---	479.08	2	25	1.3300	1	---	1.5625	1	---	---
10272	C7H6Cl2O	2,3-dichloroanisole	1984-59-4	177.029	305.65	1	479.08	2	25	1.3105	2	---	---	---	solid	1
10273	C7H6Cl2O	2,6-dichloroanisole	1984-65-2	177.029	---	---	479.08	2	25	1.2910	1	---	1.5430	1	---	---
10274	C7H6Cl2O	a,4-dichloroanisole	21151-56-4	177.029	302.65	1	395.15	1	25	1.3105	2	---	1.5520	1	solid	1
10275	C7H6Cl2O	3,4-dichloroanisole	36404-30-5	177.029	---	---	479.08	2	25	1.3105	2	---	1.5570	1	---	---
10276	C7H6Cl2O	2,6-dichlorobenzyl alcohol	15258-73-8	177.029	369.65	1	479.08	2	25	1.3105	2	---	---	---	solid	1
10277	C7H6Cl2O	3,4-dichlorobenzyl alcohol	1805-32-9	177.029	310.15	1	422.65	1	25	1.3105	2	---	---	---	solid	1
10278	C7H6Cl2O	2,5-dichlorobenzyl alcohol	34145-05-6	177.029	351.65	1	479.08	2	25	1.3105	2	---	---	---	solid	1
10279	C7H6Cl2O	3,5-dichlorobenzyl alcohol	60211-57-6	177.029	351.15	1	479.08	2	25	1.3105	2	---	---	---	solid	1
10280	C7H6Cl2O	dichlorobenzyl alcohol	12041-76-8	177.029	---	---	479.08	2	25	1.3105	2	---	---	---	---	---
10281	C7H6Cl2O2	4,5-dichloroguaiacol	2460-49-3	193.028	---	---	540.15	1	25	1.3703	2	---	---	---	---	---
10282	C7H6Cl2O3S	2,6-dichloro-4-methylsulphonyl phenol	20951-05-7	241.094	496.65	1	---	---	25	1.4879	2	---	---	---	solid	1
10283	C7H6Cl2O3S	2,4-dichlorophenylmethanesulfonate	3687-13-6	241.094	---	---	---	---	25	1.4879	2	---	---	---	---	---
10284	C7H6Cl2O4	(2R,3R)-1-carboxy-4,5-dichloro-2,3-dihydr	---	225.027	470.65	1	---	---	25	1.4795	2	---	---	---	solid	1
10285	C7H6Cl2S	1-chloro-4-[(chloromethyl)thio]benzene	7205-90-5	193.096	294.65	1	---	---	25	1.3460	1	20	1.6055	1	---	---
10286	C7H6Cl3NO2S	N-methyl-2,4,5-trichlorobenzenesulfonami	63991-43-5	274.554	---	---	536.15	1	25	1.5436	2	---	---	---	---	---
10287	C7H6Cl4O2	1,2,3,4-tetrachloro-5,5-dimethoxy-1,3-cycl	2207-27-4	263.933	---	---	382.15	1	25	1.5010	1	20	1.5282	1	---	---
10288	C7H6Cl4Si	trichloro[4-(chloromethyl)phenyl]silane	13688-90-9	260.020	---	---	---	---	25	1.3610	1	---	1.5480	1	---	---
10289	C7H6FI	2-fluoro-4-iodotoluene	39998-81-7	236.028	388.15	1	479.15	1	25	1.7657	2	---	1.5780	1	solid	1
10290	C7H6FNO	2-fluorobenzamide	445-28-3	139.130	390.15	1	---	---	25	1.2099	2	---	---	---	solid	1
10291	C7H6FNO	3-fluorobenzamide	455-37-8	139.130	403.65	1	---	---	25	1.2099	2	---	---	---	solid	1
10292	C7H6FNO	4-fluorobenzamide	824-75-9	139.130	429.15	1	---	---	25	1.2099	2	---	---	---	solid	1
10293	C7H6FNO2	1-fluoro-4-methyl-2-nitrobenzene	446-11-7	155.129	299.65	1	514.15	1	28	1.2619	1	28	1.5237	1	solid	1
10294	C7H6FNO2	2-fluoro-4-methyl-1-nitrobenzene	446-34-4	155.129	326.35	1	496.82	2	25	1.4380	1	---	---	---	solid	1
10295	C7H6FNO2	4-fluoro-1-methyl-2-nitrobenzene	446-10-6	155.129	300.15	1	486.15	1	20	1.2686	1	20	1.5218	1	solid	1
10296	C7H6FNO2	4-fluoro-2-methyl-1-nitrobenzene	446-33-3	155.129	300.65	1	490.15	1	28	1.2720	1	20	1.5271	1	solid	1
10297	C7H6FNO2	2-amino-6-fluorobenzoic acid	434-76-4	155.129	440.15	1	496.82	2	25	1.3021	2	---	---	---	solid	1
10298	C7H6FNO2	2-amino-5-fluorobenzoic acid	446-08-2	155.129	456.65	1	496.82	2	25	1.3021	2	---	---	---	solid	1
10299	C7H6FNO2	2-amino-4-fluorobenzoic acid	446-32-2	155.129	465.15	1	496.82	2	25	1.3021	2	---	---	---	solid	1
10300	C7H6FNO2	2-fluoro-4-nitrotoluene	1427-07-2	155.129	308.15	1	496.82	2	25	1.3021	2	---	---	---	solid	1
10301	C7H6FNO2	2-fluoro-5-nitrotoluene	455-88-9	155.129	311.65	1	496.82	2	25	1.3021	2	---	---	---	solid	1
10302	C7H6FNO2	2-fluoro-6-nitrotoluene	769-10-8	155.129	279.90	1	496.82	2	25	1.2700	1	---	1.5230	1	liquid	2
10303	C7H6FNO4S	2-fluoro-5-methylsulphonylnitrobenzene	---	219.194	428.15	1	---	---	25	1.4870	2	---	---	---	solid	1
10304	C7H6F2	(difluoromethyl)benzene	455-31-2	128.122	---	---	413.15	1	19	1.1370	1	20	1.4577	1	---	---
10305	C7H6F2	3,4-difluorotoluene	2927-34-6	128.122	---	---	384.65	1	25	1.1200	1	---	1.4500	1	---	---
10306	C7H6F2	2,6-difluorotoluene	443-84-5	128.122	---	---	385.15	1	25	1.1250	1	---	1.4480	1	---	---
10307	C7H6F2	2,5-difluorotoluene	452-67-5	128.122	---	---	390.05	1	25	1.3600	1	---	1.4520	1	---	---
10308	C7H6F2	2,4-difluorotoluene	452-76-6	128.122	---	---	388.15	1	25	1.1200	1	---	1.4125	1	---	---
10309	C7H6F2N2S	2,4-difluorophenylthiourea	175277-76-6	188.202	438.15	1	---	---	25	1.3533	2	---	---	---	solid	1
10310	C7H6F2O	3,4-difluoroanisole	115144-40-6	144.121	---	---	374.60	2	25	1.2300	1	---	1.4685	1	---	---
10311	C7H6F2O	2,4-difluoroanisole	452-10-8	144.121	---	---	424.05	1	25	1.2300	1	---	---	---	---	---
10312	C7H6F2O	2,5-difluoroanisole	75626-17-4	144.121	---	---	374.60	2	25	1.2614	2	---	1.4745	1	---	---
10313	C7H6F2O	3,5-difluoroanisole	93343-10-3	144.121	---	---	374.60	2	25	1.2300	1	---	1.4650	1	---	---
10314	C7H6F2O	2,6-difluorobenzyl alcohol	19064-18-7	144.121	---	---	374.60	2	25	1.3000	1	---	1.4950	1	---	---
10315	C7H6F2O	2,4-difluorobenzyl alcohol	56456-47-4	144.121	---	---	325.15	1	25	1.2900	1	---	1.4870	1	---	---
10316	C7H6F2O	2,3-difluorobenzyl alcohol	75853-18-8	144.121	---	---	374.60	2	25	1.2800	1	---	1.4920	1	---	---
10317	C7H6F2O	2,5-difluorobenzyl alcohol	75853-20-2	144.121	---	---	374.60	2	25	1.2614	2	---	1.4900	1	---	---
10318	C7H6F2O	3,5-difluorobenzyl alcohol	79538-20-8	144.121	---	---	374.60	2	25	1.2710	1	---	1.4870	1	---	---
10319	C7H6F2O	3,4-difluorobenzyl alcohol	85118-05-4	144.121	---	---	374.60	2	25	1.2600	1	---	1.4895	1	---	---
10320	C7H6F3N	2-(trifluoromethyl)aniline	88-17-5	161.127	308.65	1	460.15	2	25	1.2820	1	20	1.4810	1	solid	1

Table 1 Physical Properties - Organic Compounds

NO	FORMULA	NAME	CAS No	Mol Wt g/mol	Freezing Point T_F, K	code	Boiling Point T_B, K	code	Density T, C	g/cm3	code	Refractive Index T, C	n_D	code	State @25C,1 atm	code
10321	C7H6F3N	3-(trifluoromethyl)aniline	98-16-8	161.127	278.65	1	460.15	1	12	1.3047	1	20	1.4787	1	liquid	1
10322	C7H6F3N	4-(trifluoromethyl)aniline	455-14-1	161.127	311.15	1	460.15	2	27	1.2830	1	25	1.4815	1	solid	1
10323	C7H6F3NO	3-(trifluoromethoxy)aniline	1535-73-5	177.127	---	---	---	---	25	1.3250	1	---	1.4660	1	---	---
10324	C7H6F3NO	2-(trifluoromethoxy)aniline	1535-75-7	177.127	---	---	---	---	25	1.3010	1	---	1.4610	1	---	---
10325	C7H6F3NO	4-(trifluoromethoxy)aniline	461-82-5	177.127	---	---	---	---	25	1.3100	1	---	1.4630	1	---	---
10326	C7H6F3NS	3-(trifluoromethylthio)aniline	369-68-6	193.193	---	---	494.15	1	25	1.3420	1	---	1.5220	1	---	---
10327	C7H6F3NS	4-(trifluoromethylthio)aniline	372-16-7	193.193	---	---	494.15	2	25	1.3510	1	---	1.5280	1	---	---
10328	C7H6F4N2	4-(dimethylamino)-2,3,5,6-tetrafluoropyridi	2875-13-0	194.133	295.65	1	---	---	25	1.4020	1	---	1.4750	1	---	---
10329	C7H6F6O2	2,2,3,4,4,4-hexafluorobutyl acrylate	54052-90-3	236.114	---	---	372.05	2	25	1.3890	1	---	1.3520	1	---	---
10330	C7H6F6O2	1,1,1,3,3,3-hexafluoroisopropyl methacryla	3063-94-3	236.114	---	---	372.05	1	25	1.3010	1	---	1.3310	1	---	---
10331	C7H6F6O4	dimethyl hexafluoroglutarate	1513-62-8	268.113	241.45	1	---	---	25	1.4860	1	---	1.3520	1	---	---
10332	C7H6INO2	4-iodo-3-nitrotoluene	5326-39-6	263.035	325.65	1	---	---	25	1.8886	2	---	---	---	solid	1
10333	C7H6INO2	2-amino-5-iodobenzoic acid	5326-47-6	263.035	492.15	1	---	---	25	1.8886	2	---	---	---	solid	1
10334	C7H6INO3	3-iodo-4-nitroanisole	---	279.034	342.15	1	---	---	25	1.9259	2	---	---	---	solid	1
10335	C7H6KNO2	potassium 4-aminobenzoate	138-84-1	175.229	---	---	---	---	---	---	---	---	---	---	---	---
10336	C7H6KN3O7	potassium-4-methoxy-1-aci-nitro-3,5-dinitr	1270-21-9	283.240	---	---	---	---	---	---	---	---	---	---	---	---
10337	C7H6NNaO2	4-aminobenzoic acid, sodium salt	555-06-6	159.120	>573.15	1	---	---	---	---	---	---	---	---	solid	1
10338	C7H6NO2Tl	thallium aci-phenylnitromethanide	53847-48-6	340.514	---	---	---	---	---	---	---	---	---	---	---	---
10339	C7H6N2	2-aminobenzonitrile	1885-29-6	118.139	324.15	1	536.15	1	25	1.1107	2	---	---	---	solid	1
10340	C7H6N2	3-aminobenzonitrile	2237-30-1	118.139	327.45	1	562.15	1	25	1.1107	2	---	---	---	solid	1
10341	C7H6N2	1H-benzimidazole	51-17-2	118.139	443.65	1	545.90	2	25	1.1107	2	---	---	---	solid	1
10342	C7H6N2	1H-indazole	271-44-3	118.139	421.15	1	542.15	1	25	1.1107	2	---	---	---	solid	1
10343	C7H6N2	4-aminobenzonitrile	873-74-5	118.139	358.15	1	545.90	2	25	1.1107	2	---	---	---	solid	1
10344	C7H6N2	7-azaindole	271-63-6	118.139	378.15	1	543.15	1	25	1.1107	2	---	---	---	solid	1
10345	C7H6N2	2-cyano-3-methylpyridine	20970-75-6	118.139	358.15	1	545.90	2	25	1.1107	2	---	---	---	solid	1
10346	C7H6N2	imidazo[1,2-a]pyridine	274-76-0	118.139	---	---	545.90	2	25	1.1650	1	---	1.6260	1	---	---
10347	C7H6N2	2-pyridylacetonitrile	2739-97-1	118.139	297.15	1	545.90	2	25	1.0590	1	---	1.5250	1	liquid	2
10348	C7H6N2	3-pyridylacetonitrile	6443-85-2	118.139	---	---	545.90	2	25	1.1080	1	---	1.5290	1	---	---
10349	C7H6N2NaO5	sodium dinitro-o-cresylate	25641-53-6	221.125	---	---	---	---	---	---	---	---	---	---	---	---
10350	C7H6N2O	1,2-dihydro-1-methyl-2-oxo-3-pyridinecarb	767-88-4	134.138	413.15	1	---	---	25	1.2266	2	---	---	---	solid	1
10351	C7H6N2O	3-cyano-6-methyl-2(1H)-pyridinone	4241-27-4	134.138	567.15	1	---	---	25	1.2266	2	---	---	---	solid	1
10352	C7H6N2O	2-hydroxybenzimidazole	615-16-7	134.138	>573.15	1	---	---	25	1.2266	2	---	---	---	solid	1
10353	C7H6N2O	3-hydroxy-1H-indazole	7364-25-2	134.138	522.65	1	---	---	25	1.2266	2	---	---	---	solid	1
10354	C7H6N2O	2-aminobenzoxazole	4570-41-6	134.138	402.65	1	---	---	25	1.2266	2	---	---	---	solid	1
10355	C7H6N2O2	2-(4-pyrimidyl)malondialdehyde	28648-78-4	150.137	502.65	1	---	---	25	1.3059	2	---	---	---	solid	1
10356	C7H6N2O2S2	AK PS	---	214.269	---	---	---	---	25	1.4666	2	---	---	---	---	---
10357	C7H6N2O3	2-nitrobenzamide	610-15-1	166.137	449.75	1	590.15	1	25	1.3777	2	---	---	---	solid	1
10358	C7H6N2O3	3-nitrobenzamide	645-09-0	166.137	415.85	1	585.65	1	25	1.3777	2	---	---	---	solid	1
10359	C7H6N2O3	4-nitrobenzaldoxime	1129-37-9	166.137	401.15	1	587.90	2	25	1.3777	2	---	---	---	solid	1
10360	C7H6N2O3	2-nitrobenzaldoxime	6635-41-2	166.137	371.15	1	587.90	2	25	1.3777	2	---	---	---	solid	1
10361	C7H6N2O3	4-nitrobenzamide	619-80-7	166.137	473.15	1	587.90	2	25	1.3777	2	---	---	---	solid	1
10362	C7H6N2O3S	1H-benzimidazole-2-sulfonic acid	40828-54-4	198.203	639.65	1	---	---	25	1.4558	2	---	---	---	solid	1
10363	C7H6N2O4	2,4-dinitrotoluene	121-14-2	182.136	342.65	1	590.00	1	71	1.3208	1	25	1.4420	1	solid	1
10364	C7H6N2O4	2,5-dinitrotoluene	619-15-8	182.136	323.48	1	590.00	1	111	1.2820	1	---	---	---	solid	1
10365	C7H6N2O4	2,6-dinitrotoluene	606-20-2	182.136	337.85	1	558.00	1	111	1.2833	1	25	1.4790	1	solid	1
10366	C7H6N2O4	3,4-dinitrotoluene	610-39-9	182.136	331.45	1	610.00	1	111	1.2594	1	---	---	---	solid	1
10367	C7H6N2O4	3,5-dinitrotoluene	618-85-9	182.136	365.65	1	588.00	1	111	1.2772	1	---	---	---	solid	1
10368	C7H6N2O4	2-amino-3-nitrobenzoic acid	606-18-8	182.136	481.65	1	584.86	2	15	1.5580	1	---	---	---	solid	1
10369	C7H6N2O4	1-methyl-2,3-dinitrobenzene	602-01-7	182.136	336.15	1	584.86	2	79	1.3288	2	---	---	---	solid	1
10370	C7H6N2O4	5-amino-2-nitrobenzoic acid	13280-60-9	182.136	511.15	1	584.86	2	79	1.3288	2	---	---	---	solid	1
10371	C7H6N2O4	4-amino-3-nitrobenzoic acid	1588-83-6	182.136	563.15	1	584.86	2	79	1.3288	2	---	---	---	solid	1
10372	C7H6N2O4	2-amino-5-nitrobenzoic acid	616-79-5	182.136	551.15	1	584.86	2	79	1.3288	2	---	---	---	solid	1
10373	C7H6N2O4	3-amino-5-nitrobenzoic acid	618-84-8	182.136	482.15	1	584.86	2	79	1.3288	2	---	---	---	solid	1
10374	C7H6N2O4	dinitrotoluene	25321-14-6	182.136	343.15	1	573.15	1	25	1.3210	1	---	---	---	solid	1
10375	C7H6N2O4	4-nitroanthranilic acid	619-17-0	182.136	542.15	1	584.86	2	79	1.3288	2	---	---	---	solid	1
10376	C7H6N2O4	3-(5-nitro-2-furyl)-2-propenamide	710-25-8	182.136	---	---	584.86	2	79	1.3288	2	---	---	---	---	---
10377	C7H6N2O5	1-methoxy-2,3-dinitrobenzene	16315-07-4	198.136	392.15	1	---	---	137	1.2300	1	---	---	---	solid	1
10378	C7H6N2O5	1-methoxy-2,4-dinitrobenzene	119-27-7	198.136	367.65	1	---	---	131	1.3364	1	15	1.5460	1	solid	1
10379	C7H6N2O5	1-methoxy-3,5-dinitrobenzene	5327-44-6	198.136	378.45	1	---	---	12	1.5580	1	---	---	---	solid	1
10380	C7H6N2O5	2-methoxy-1,3-dinitrobenzene	3535-67-9	198.136	391.15	1	---	---	128	1.3000	1	---	---	---	solid	1
10381	C7H6N2O5	2-methoxy-1,4-dinitrobenzene	3962-77-4	198.136	370.15	1	---	---	18	1.4760	1	---	---	---	solid	1
10382	C7H6N2O5	4-methoxy-1,2-dinitrobenzene	4280-28-8	198.136	344.15	1	---	---	110	1.3332	1	---	---	---	solid	1
10383	C7H6N2O5	2-methyl-4,6-dinitrophenol	534-52-1	198.136	359.65	1	---	---	89	1.3723	2	---	---	---	solid	1
10384	C7H6N2O5	3,5-dinitrobenzyl alcohol	71022-43-0	198.136	363.15	1	---	---	89	1.3723	2	---	---	---	solid	1
10385	C7H6N2O5	2,6-dinitro-p-cresol	609-93-8	198.136	351.15	1	---	---	89	1.3723	2	---	---	---	solid	1
10386	C7H6N2O5	3,5-dinitro-o-cresol	497-56-3	198.136	358.15	1	---	---	89	1.3723	2	---	---	---	solid	1
10387	C7H6N2O5	3,5-dinitro-p-cresol	63989-82-2	198.136	427.65	1	---	---	89	1.3723	2	---	---	---	solid	1
10388	C7H6N2O5	4,6-dinitro-m-cresol	616-73-9	198.136	---	---	---	---	89	1.3723	2	---	---	---	---	---
10389	C7H6N2S	2-benzothiazolamine	136-95-8	150.205	405.15	1	---	---	25	1.2590	2	---	---	---	solid	1
10390	C7H6N2S	6-benzothiazolamine	533-30-2	150.205	360.15	1	---	---	25	1.2590	2	---	---	---	solid	1
10391	C7H6N2S	1,3-dihydro-2H-benzimidazole-2-thione	583-39-1	150.205	571.15	1	---	---	25	1.2590	2	---	---	---	solid	1
10392	C7H6N2S	3-(2-thienyl)pyrazole	19933-24-5	150.205	371.15	1	---	---	25	1.2590	2	---	---	---	solid	1
10393	C7H6N2S2	6-amino-2-benzothiazolethiol	7442-07-1	182.271	---	---	---	---	25	1.3515	2	---	---	---	---	---
10394	C7H6N2Se	5-methyl-2,1,3-benzoselenadiazole	1123-91-7	197.099	---	---	---	---	---	---	---	---	---	---	---	---
10395	C7H6N4	5-phenyltetrazole	18039-42-4	146.153	---	---	---	---	25	1.3022	2	---	---	---	---	---
10396	C7H6N4	1-phenyl-1H-tetrazole	5378-52-9	146.153	---	---	---	---	25	1.3022	2	---	---	---	---	---
10397	C7H6N4O	N,N'-carbonyldiimidazole	530-62-1	162.152	392.15	1	---	---	25	1.3759	2	---	---	---	solid	1
10398	C7H6N4O	N-azido carbonyl azepine	---	162.152	---	---	---	---	25	1.3759	2	---	---	---	---	---
10399	C7H6N4O3S	2-hydrazino-4-(5-nitro-2-furyl)thiazole	26049-68-3	226.217	---	---	---	---	25	1.5639	2	---	---	---	---	---
10400	C7H6N4S	1,1'-thiocarbonyldiimidazole	6160-65-2	178.219	372.65	1	615.15	2	25	1.3945	2	---	---	---	solid	1

Table 1 Physical Properties - Organic Compounds

				Mol Wt	Freezing Point		Boiling Point		Density			Refractive Index			State	
NO	FORMULA	NAME	CAS No	g/mol	T_F, K	code	T_B, K	code	T, C	g/cm3	code	T, C	n_D	code	@25C,1 atm	code
10401	C7H6N4S	1-phenyltetrazole-5-thiol	86-93-1	178.219	425.15	1	615.15	1	25	1.3945	2	---	---	---	solid	1
10402	C7H6N6O3	4,6-diamino-2-(5-nitro-2-furyl)-S-triazine	720-69-4	222.165	---	---	---	---	25	1.6148	2	---	---	---	---	---
10403	C7H6N6O4	5-(N-methyl-N-nitroso)amino-3-(5-nitro-2-fu	41735-28-8	238.164	308.65	1	---	---	25	1.6632	2	---	---	---	solid	1
10404	C7H6O	benzaldehyde	100-52-7	106.124	216.02	1	451.90	1	25	1.0400	1	25	1.5428	1	liquid	1
10405	C7H6O	2,4,6-cycloheptatrien-1-one	539-80-0	106.124	266.15	1	451.90	2	22	1.0950	1	22	1.6172	1	liquid	2
10406	C7H6OS	benzenecarbothioic acid	98-91-9	138.190	297.15	1	---	---	20	1.2800	1	20	1.6040	1	---	---
10407	C7H6OS2	2-hydroxybenzenecarbodithioic acid	527-89-9	170.256	322.15	1	---	---	25	1.2899	2	---	---	---	solid	1
10408	C7H6O2	benzoic acid	65-85-0	122.123	395.52	1	522.40	1	15	1.2659	1	132	1.5040	1	solid	1
10409	C7H6O2	p-hydroxybenzaldehyde	123-08-0	122.123	390.15	1	583.15	1	130	1.1290	1	130	1.5105	1	solid	1
10410	C7H6O2	salicylaldehyde	90-02-8	122.123	274.75	1	469.65	1	25	1.1620	1	20	1.5718	1	liquid	1
10411	C7H6O2	1,3-benzodioxole	274-09-9	122.123	---	---	445.65	1	25	1.0640	1	20	1.5398	1	---	---
10412	C7H6O2	3-(2-furanyl)-2-propenal	623-30-3	122.123	327.15	1	506.80	2	67	1.1365	2	---	---	---	solid	1
10413	C7H6O2	trans-3-(2-furanyl)-2-propenal	39511-08-5	122.123	323.15	1	506.80	2	67	1.1365	2	20	1.5286	1	solid	1
10414	C7H6O2	3-hydroxybenzaldehyde	100-83-4	122.123	381.15	1	513.15	1	130	1.1179	1	---	---	---	solid	1
10415	C7H6O2	2-hydroxy-2,4,6-cycloheptatrien-1-one	533-75-5	122.123	323.95	1	506.80	2	67	1.1365	2	---	---	---	solid	1
10416	C7H6O2	2-methyl-2,5-cyclohexadiene-1,4-dione	553-97-9	122.123	342.15	1	506.80	2	75	1.0800	1	---	---	---	solid	1
10417	C7H6O2	phenyl formate	1864-94-4	122.123	---	---	506.80	2	67	1.1365	2	---	---	---	---	---
10418	C7H6O2S	2-mercaptobenzoic acid	147-93-3	154.189	441.65	1	---	---	25	1.2634	2	---	---	---	solid	1
10419	C7H6O2S	3-(2-thienyl)acrylic acid	15690-25-2	154.189	419.65	1	---	---	25	1.2634	2	---	---	---	solid	1
10420	C7H6O3	salicylic acid	69-72-7	138.123	431.75	1	529.00	1	20	1.4430	1	---	1.5650	1	solid	1
10421	C7H6O3	benzenecarboperoxoic acid	93-59-4	138.123	315.15	1	482.36	2	23	1.4627	2	---	---	---	solid	1
10422	C7H6O3	2,3-dihydroxybenzaldehyde	24677-78-9	138.123	381.15	1	508.15	1	23	1.4627	2	---	---	---	solid	1
10423	C7H6O3	2,4-dihydroxybenzaldehyde	95-01-2	138.123	408.15	1	482.36	2	23	1.4627	2	---	---	---	solid	1
10424	C7H6O3	3,4-dihydroxybenzaldehyde	139-85-5	138.123	426.15	dec	482.36	2	23	1.4627	2	---	---	---	solid	1
10425	C7H6O3	3-(2-furanyl)-2-propenoic acid	539-47-9	138.123	414.15	1	559.15	1	23	1.4627	2	---	---	---	solid	1
10426	C7H6O3	m-hydroxybenzoic acid	99-06-9	138.123	475.65	1	482.36	2	25	1.4850	1	---	---	---	solid	1
10427	C7H6O3	p-hydroxybenzoic acid	99-96-7	138.123	487.65	1	---	---	25	1.4600	1	---	---	---	solid	1
10428	C7H6O3	1-cyclopentene-1,2-dicarboxylic anhydride	3205-94-5	138.123	320.65	1	482.36	2	23	1.4627	2	---	1.4980	1	solid	1
10429	C7H6O3	2,5-dihydroxybenzaldehyde	1194-98-5	138.123	373.65	1	333.15	1	23	1.4627	2	---	---	---	solid	1
10430	C7H6O3	sesamol	533-31-3	138.123	337.55	1	482.36	2	23	1.4627	2	---	---	---	solid	1
10431	C7H6O3	3-hydroxytropolone	---	138.123	---	---	482.36	2	23	1.4627	2	---	---	---	---	---
10432	C7H6O4	2,3-dihydroxybenzoic acid	303-38-8	154.122	478.65	1	515.65	2	20	1.5420	1	---	---	---	solid	1
10433	C7H6O4	2,4-dihydroxybenzoic acid	89-86-1	154.122	499.15	dec	515.65	2	12	1.5330	2	---	---	---	solid	1
10434	C7H6O4	2,5-dihydroxybenzoic acid	490-79-9	154.122	472.65	1	515.65	2	12	1.5330	2	---	---	---	solid	1
10435	C7H6O4	3,4-dihydroxybenzoic acid	99-50-3	154.122	474.15	dec	515.65	2	4	1.5240	1	---	---	---	solid	1
10436	C7H6O4	3,5-dihydroxybenzoic acid	99-10-5	154.122	512.15	1	515.65	2	12	1.5330	2	---	---	---	solid	1
10437	C7H6O4	4-hydroxy-4H-furo[3,2-c]pyran-2(6H)-one	149-29-1	154.122	384.15	1	515.65	2	12	1.5330	2	---	---	---	solid	1
10438	C7H6O4	2,6-dihydroxybenzoic acid	303-07-1	154.122	435.65	1	515.65	2	12	1.5330	2	---	---	---	solid	1
10439	C7H6O4	methyl coumalate	6018-41-3	154.122	339.15	1	515.65	2	12	1.5330	2	---	---	---	solid	1
10440	C7H6O4	methyl 2-oxo-2H-pyran-3-carboxylate	25991-27-9	154.122	348.15	1	515.65	2	12	1.5330	2	---	---	---	solid	1
10441	C7H6O4	3,4,5-trihydroxybenzaldehyde	13677-79-7	154.122	---	---	515.65	2	12	1.5330	2	---	---	---	---	---
10442	C7H6O4	2,3,4-trihydroxybenzaldehyde	2144-08-3	154.122	433.65	1	515.65	2	12	1.5330	2	---	---	---	solid	1
10443	C7H6O4	2,4,5-trihydroxybenzaldehyde	35094-87-2	154.122	499.65	1	515.65	2	12	1.5330	2	---	---	---	solid	1
10444	C7H6O4	2,4,6-trihydroxybenzaldehyde	487-70-7	154.122	468.15	1	515.65	2	12	1.5330	2	---	---	---	solid	1
10445	C7H6O4	terreic acid	---	154.122	---	---	515.65	1	12	1.5330	2	---	---	---	---	---
10446	C7H6O4S	3-thiophenemalonic acid	21080-92-2	186.188	412.15	1	---	---	25	1.3971	2	---	---	---	solid	1
10447	C7H6O5	2,3,4-trihydroxybenzoic acid	610-02-6	170.122	494.15	1	---	---	25	1.3795	2	---	---	---	solid	1
10448	C7H6O5	2,4,6-trihydroxybenzoic acid	83-30-7	170.122	373.15	dec	---	---	25	1.3795	2	---	---	---	solid	1
10449	C7H6O5	3,4,5-trihydroxybenzoic acid	149-91-7	170.122	526.15	dec	---	---	6	1.6940	1	---	---	---	solid	1
10450	C7H6O6S	2-hydroxy-5-sulfobenzoic acid	97-05-2	218.187	393.15	1	---	---	25	1.5099	2	---	---	---	solid	1
10451	C7H7AgClNO3	silver N-perchloryl benzylamide	---	296.456	---	---	---	---	---	---	---	---	---	---	---	---
10452	C7H7AgO3S	silver p-toluenesulfonate	16836-95-6	279.063	---	---	---	---	---	---	---	---	---	---	---	---
10453	C7H7AsN2O2	4-carbamidophenyloxoarsine	2490-89-3	226.067	---	---	---	---	---	---	---	---	---	---	---	---
10454	C7H7AsO	4-tolylarsenous acid	102395-95-9	182.054	---	---	---	---	---	---	---	---	---	---	---	---
10455	C7H7BF2	difluoro(4-methylphenyl)borane	768-39-8	139.941	---	---	401.15	1	25	1.0550	1	25	1.4535	1	---	---
10456	C7H7BO3	2-formylphenylboronic acid	40138-16-7	149.942	---	---	---	---	---	---	---	---	---	---	---	---
10457	C7H7BO3	3-formylphenylboronic acid	87199-16-4	149.942	382.15	1	---	---	---	---	---	---	---	---	solid	1
10458	C7H7BO3	4-formylphenylboronic acid	87199-17-5	149.942	---	---	---	---	---	---	---	---	---	---	---	---
10459	C7H7BO4	4-carboxyphenylboronic acid	14047-29-1	165.941	512.15	1	---	---	---	---	---	---	---	---	solid	1
10460	C7H7BO4	3-carboxyphenylboronic acid	25487-66-5	165.941	---	---	---	---	---	---	---	---	---	---	---	---
10461	C7H7BO4	3,4-methylenedioxyphenylboronic acid	94839-07-3	165.941	---	---	---	---	---	---	---	---	---	---	---	---
10462	C7H7Br	p-bromotoluene	106-38-7	171.037	299.95	1	457.50	1	35	1.3959	1	25	1.5486	1	solid	1
10463	C7H7Br	(bromomethyl)benzene	100-39-0	171.037	271.65	1	474.15	1	25	1.4380	1	20	1.5752	1	liquid	1
10464	C7H7Br	o-bromotoluene	95-46-5	171.037	245.35	1	454.85	1	20	1.4232	1	20	1.5565	1	liquid	1
10465	C7H7Br	m-bromotoluene	591-17-3	171.037	233.35	1	456.85	1	20	1.4099	1	20	1.5510	1	liquid	1
10466	C7H7BrN2	2-toluenediazonium bromide	54514-12-4	199.051	---	---	---	---	25	1.5539	2	---	---	---	---	---
10467	C7H7Br2N	2,4-dibromo-6-methylaniline	30273-41-7	264.948	319.65	1	---	---	25	1.8438	2	---	---	---	solid	1
10468	C7H7Br2N	2,6-dibromo-4-methylaniline	6968-24-7	264.948	347.65	1	---	---	25	1.8438	2	---	---	---	solid	1
10469	C7H7BrN2O	(4-bromophenyl)urea	1967-25-5	215.050	499.15	1	533.15	1	25	1.6083	2	---	---	---	solid	1
10470	C7H7BrN2O	methyl-4-bromobenzenediazoate	67880-26-6	215.050	---	---	399.45	1	25	1.6083	2	---	---	---	---	---
10471	C7H7BrN2O2	2-amino-5-bromo-4-methylnicotinic acid	---	231.049	---	---	---	---	25	1.6583	2	---	---	---	---	---
10472	C7H7BrN2O2	2-bromo-6-methyl-4-nitroaniline	102170-56-9	231.049	453.65	1	---	---	25	1.6583	2	---	---	---	solid	1
10473	C7H7BrN2O2	4-bromo-2-methyl-6-nitroaniline	77811-44-0	231.049	416.15	1	---	---	25	1.6583	2	---	---	---	solid	1
10474	C7H7BrO	o-bromoanisole	578-57-4	187.036	274.45	1	489.15	1	20	1.5018	1	20	1.5727	1	liquid	1
10475	C7H7BrO	m bromoanisole	2398-37-0	187.036	---	---	484.15	1	23	1.5151	2	20	1.5635	1	---	---
10476	C7H7BrO	p-bromoanisole	104-92-7	187.036	286.65	1	488.15	1	20	1.4564	1	20	1.5642	1	liquid	1
10477	C7H7BrO	2-bromo-4-methylphenol	6627-55-0	187.036	329.65	1	486.65	1	25	1.5422	1	20	1.5772	1	solid	1
10478	C7H7BrO	2-bromo-5-methylphenol	14847-51-9	187.036	311.95	1	482.15	1	23	1.5151	2	---	---	---	solid	1
10479	C7H7BrO	3-bromo-2-methylphenol	7766-23-6	187.036	368.15	1	493.94	2	23	1.5151	2	---	---	---	solid	1
10480	C7H7BrO	3-bromo-4-methylphenol	60710-39-6	187.036	329.15	1	519.15	1	23	1.5151	2	---	---	---	solid	1

				Mol Wt	Freezing Point		Boiling Point		Density			Refractive Index			State	
NO	FORMULA	NAME	CAS No	g/mol	T_F, K	code	T_B, K	code	T, C	g/cm3	code	T, C	n_D	code	@25C,1 atm	code
10481	C7H7BrO	3-bromo-5-methylphenol	74204-00-5	187.036	329.65	1	493.94	2	23	1.5151	2	---	---	---	solid	1
10482	C7H7BrO	4-bromo-2-methylphenol	2362-12-1	187.036	337.85	1	508.15	1	23	1.5151	2	---	---	---	solid	1
10483	C7H7BrO	4-bromo-3-methylphenol	14472-14-1	187.036	336.65	1	493.94	2	23	1.5151	2	---	---	---	solid	1
10484	C7H7BrO	3-bromobenzyl alcohol	15852-73-0	187.036	---	---	493.94	2	25	1.5600	1	---	1.5840	1	---	---
10485	C7H7BrO	2-bromobenzyl alcohol	18982-54-2	187.036	353.15	1	493.94	2	23	1.5151	2	---	---	---	solid	1
10486	C7H7BrO	4-bromobenzyl alcohol	873-75-6	187.036	349.65	1	493.94	2	23	1.5151	2	---	---	---	solid	1
10487	C7H7BrO2	5-bromo-2-hydroxybenzenemethanol	2316-64-5	203.035	386.15	1	---	---	25	1.5519	2	---	---	---	solid	1
10488	C7H7BrO3	ethyl 5-bromo-3-furoate	32460-20-1	219.035	290.15	1	508.15	1	20	1.5280	1	---	---	---	liquid	1
10489	C7H7BrO4	(2R,3R)-4-bromo-1-carboxy-2,3-dihydroxy(	---	235.034	---	---	---	---	25	1.6544	2	---	---	---	---	---
10490	C7H7BrS	4-bromothioanisole	104-95-0	203.103	310.65	1	528.05	1	25	1.5027	2	---	---	---	solid	1
10491	C7H7BrS	2-bromothioanisole	19614-16-5	203.103	248.95	1	528.05	2	25	1.5210	1	---	1.6330	1	liquid	2
10492	C7H7Cl	benzyl chloride	100-44-7	126.585	234.15	1	452.55	1	25	1.0970	1	20	1.5391	1	liquid	1
10493	C7H7Cl	o-chlorotoluene	95-49-8	126.585	236.65	1	432.30	1	25	1.0770	1	25	1.5233	1	liquid	1
10494	C7H7Cl	p-chlorotoluene	106-43-4	126.585	280.65	1	435.65	1	25	1.0630	1	25	1.5187	1	liquid	1
10495	C7H7Cl	m-chlorotoluene	108-41-8	126.585	225.35	1	435.45	1	25	1.0683	1	25	1.5199	1	liquid	1
10496	C7H7ClFN	2-chloro-6-fluorobenzylamine	15205-15-9	159.591	---	---	---	---	25	1.2175	2	---	1.5370	1	---	---
10497	C7H7ClFN	4-chloro-2-fluorobenzylamine hydrochlorid	---	159.591	511.65	1	---	---	25	1.2175	2	---	---	---	solid	1
10498	C7H7ClFN	2-chloro-4-fluoro-5-methylaniline	124185-35-9	159.591	343.15	1	---	---	25	1.2175	2	---	---	---	solid	1
10499	C7H7ClNNaO2S	sodium N-chloro-4-toluene sulfonamide	127-65-1	227.647	---	---	---	---	---	---	---	---	---	---	---	---
10500	C7H7ClN2	4-pyridylacetonitrile monohydrochloride	92333-25-0	154.599	540.15	1	---	---	25	1.2325	2	---	---	---	solid	1
10501	C7H7ClN2O	3-amino-4-chlorobenzamide	19694-10-1	170.598	434.15	1	---	---	25	1.3017	2	---	---	---	solid	1
10502	C7H7ClN2O	4-chlorobenzoic hydrazide	536-40-3	170.598	437.15	1	---	---	25	1.3017	2	---	---	---	solid	1
10503	C7H7ClN2O2	4-chloro-2-methyl-6-nitroaniline	62790-50-5	186.598	402.15	1	---	---	25	1.3653	2	---	---	---	solid	1
10504	C7H7ClN2O2	6-chloro-2-methyl-4-nitroaniline	69951-02-6	186.598	446.15	1	---	---	25	1.3653	2	---	---	---	solid	1
10505	C7H7ClN2O2	5-chloro-N-methyl-2-nitrobenzenamine	35966-84-8	186.598	391.15	1	---	---	25	1.3653	2	---	---	---	solid	1
10506	C7H7ClN2O4	2-toluenediazonium perchlorate	---	218.597	---	---	---	---	25	1.4780	2	---	---	---	---	---
10507	C7H7ClN2S	(2-chlorophenyl)thiourea	5344-82-1	186.665	419.15	1	523.15	2	25	1.3238	2	---	---	---	solid	1
10508	C7H7ClN2S	4-chlorophenyl thiourea	3696-23-9	186.665	---	---	523.15	1	25	1.3238	2	---	---	---	---	---
10509	C7H7ClN4O2	8-chlorotheophylline	85-18-7	214.612	563.15	1	---	---	25	1.4784	2	---	---	---	solid	1
10510	C7H7ClN6O2	mitozolomide	85622-95-3	242.626	437.65	1	---	---	25	1.5790	2	---	---	---	solid	1
10511	C7H7ClO	o-chloroanisole	766-51-8	142.584	246.35	1	471.65	1	20	1.1911	1	20	1.5480	1	liquid	1
10512	C7H7ClO	m-chloroanisole	2845-89-8	142.584	---	---	466.65	1	12	1.1759	1	20	1.5365	1	---	---
10513	C7H7ClO	p-chloroanisole	623-12-1	142.584	---	---	470.65	1	20	1.2010	1	20	1.5390	1	---	---
10514	C7H7ClO	2-chlorobenzenemethanol	17849-38-6	142.584	346.15	1	503.15	1	20	1.1954	2	---	---	---	solid	1
10515	C7H7ClO	4-chlorobenzenemethanol	873-76-7	142.584	348.15	1	508.15	1	20	1.1954	2	---	---	---	solid	1
10516	C7H7ClO	2-chloro-3-methylphenol	608-26-4	142.584	329.15	1	503.15	1	20	1.1954	2	---	---	---	solid	1
10517	C7H7ClO	2-chloro-4-methylphenol	6640-27-3	142.584	---	---	468.65	1	27	1.1785	1	27	1.5200	1	---	---
10518	C7H7ClO	2-chloro-5-methylphenol	615-74-7	142.584	318.65	1	469.15	1	15	1.2150	1	---	---	---	solid	1
10519	C7H7ClO	2-chloro-6-methylphenol	87-64-9	142.584	---	---	462.15	1	20	1.1954	2	20	1.5449	1	---	---
10520	C7H7ClO	3-chloro-2-methylphenol	3260-87-5	142.584	359.15	1	498.15	1	20	1.1954	2	---	---	---	solid	1
10521	C7H7ClO	3-chloro-4-methylphenol	615-62-3	142.584	328.65	1	501.15	1	20	1.1954	2	---	---	---	solid	1
10522	C7H7ClO	4-chloro-2-methylphenol	1570-64-5	142.584	324.15	1	496.15	1	20	1.1954	2	---	---	---	solid	1
10523	C7H7ClO	4-chloro-3-methylphenol	59-50-7	142.584	340.15	1	508.15	1	20	1.1954	2	---	---	---	solid	1
10524	C7H7ClO	3-chlorobenzyl alcohol	873-63-2	142.584	---	---	510.15	1	25	1.2110	1	---	1.5550	1	---	---
10525	C7H7ClO	5-chloro-o-cresol	5306-98-9	142.584	346.65	1	435.65	1	20	1.1954	2	---	---	---	solid	1
10526	C7H7ClO2	4-chloro-2-methoxyphenol	16766-30-6	158.584	289.65	1	514.15	1	25	1.3040	1	---	---	---	liquid	1
10527	C7H7ClO2	2-chloro-4-methoxyphenol	18113-03-6	158.584	314.15	1	514.15	2	25	1.1530	1	---	---	---	solid	1
10528	C7H7ClOS	4-methylbenzenesulfinyl chloride	10439-23-3	174.650	330.15	1	---	---	25	1.2645	2	---	---	---	solid	1
10529	C7H7ClOS	p-chlorophenyl methyl sulfoxide	934-73-6	174.650	---	---	---	---	25	1.2645	2	---	---	---	---	---
10530	C7H7ClO2S	2-methylbenzenesulfonyl chloride	133-59-5	190.650	283.35	1	---	---	20	1.3383	1	20	1.5565	1	---	---
10531	C7H7ClO2S	p-toluenesulfonyl chloride	98-59-9	190.650	344.15	1	---	---	25	1.3264	2	---	---	---	solid	1
10532	C7H7ClO2S	4-chlorophenyl methyl sulfone	98-57-7	190.650	368.15	1	---	---	25	1.3264	2	---	---	---	solid	1
10533	C7H7ClO2S	a-toluenesulfonyl chloride	1939-99-7	190.650	365.15	1	---	---	25	1.3264	2	---	---	---	solid	1
10534	C7H7ClO3	ethyl 5-chloro-2-furancarboxylate	4301-39-7	174.583	275.15	1	490.15	1	25	1.2418	1	---	---	---	liquid	1
10535	C7H7ClO3S	2-methoxybenzenesulfonyl chloride	10130-87-7	206.649	329.15	1	---	---	25	1.3836	2	---	---	---	solid	1
10536	C7H7ClO3S	4-methoxybenzenesulfonyl chloride	98-68-0	206.649	315.65	1	---	---	25	1.3836	2	---	---	---	solid	1
10537	C7H7ClO4	(2R,3R)-1-carboxy-4-chloro-2,3-dihydroxyc	193338-31-7	190.583	---	---	---	---	25	1.3671	2	---	---	---	---	---
10538	C7H7ClO4	tropylium perchlorate	25230-72-2	190.583	548.15	1	---	---	25	1.3671	2	---	---	---	solid	1
10539	C7H7ClO4S2	4-methylsulphonylbenzenesulphonyl chlori	82964-91-8	254.715	433.65	1	---	---	25	1.4936	2	---	---	---	solid	1
10540	C7H7ClO4S2	2-methylsulphonylbenzenesulphonyl chlori	89265-35-0	254.715	408.65	1	---	---	25	1.4936	2	---	---	---	solid	1
10541	C7H7ClS	4-chlorobenzenemethanethiol	6258-66-8	158.651	292.65	1	441.65	2	25	1.2020	1	20	1.5893	1	liquid	2
10542	C7H7ClS	chloromethyl phenyl sulfide	7205-91-6	158.651	---	---	441.65	2	25	1.1840	1	---	1.5950	1	---	---
10543	C7H7ClS	4-chlorophenyl methyl sulfide	123-09-1	158.651	---	---	441.65	1	25	1.2145	1	---	1.5997	1	---	---
10544	C7H7Cl2N	2,4-dichlorobenzenemethanamine	95-00-1	176.045	---	---	---	---	25	1.2721	2	25	1.5762	1	---	---
10545	C7H7Cl2N	3,4-dichlorobenzylamine	102-49-8	176.045	---	---	---	---	25	1.3200	1	---	1.5785	1	---	---
10546	C7H7Cl2N	2,6-dichloro-3-methylaniline	64063-37-2	176.045	311.65	1	---	---	25	1.2721	2	---	---	---	solid	1
10547	C7H7Cl2NO	clopidol	2971-90-6	192.044	>593	1	---	---	25	1.3336	2	---	---	---	solid	1
10548	C7H7Cl2NO2S	N,N-dichloro-4-methylbenzenesulfonamide	473-34-7	240.109	356.15	1	---	---	25	1.4536	2	---	---	---	solid	1
10549	C7H7Cl3NO3PS	chlorpyrifos-methyl	5598-13-0	322.535	316.15	1	---	---	---	---	---	---	---	---	solid	1
10550	C7H7Cl3NO4P	phosphoric acid, dimethyl-3,5,6-trichloro-2-	5598-52-7	306.469	360.40	1	---	---	---	---	---	---	---	---	solid	1
10551	C7H7Cl3Si	trichloro(2-methylphenyl)silane	13835-81-9	225.575	247.65	1	499.85	1	25	1.3060	1	25	1.5336	1	liquid	1
10552	C7H7Cl3Si	trichloro(3-methylphenyl)silane	13688-75-0	225.575	247.15	1	499.65	1	25	1.3060	1	25	1.5336	1	liquid	1
10553	C7H7Cl3Si	benzyltrichlorosilane	701-35-9	225.575	---	---	492.10	1	25	1.2730	1	---	1.5240	1	---	---
10554	C7H7Cu	2-tolylcopper	20854-03-9	154.679	---	---	---	---	---	---	---	---	---	---	---	---
10555	C7H7F	p-fluorotoluene	352-32-9	110.131	216.36	1	389.76	1	25	0.9910	1	20	1.4699	1	liquid	1
10556	C7H7F	(fluoromethyl)benzene	350-50-5	110.131	238.15	1	413.15	1	25	1.0228	1	25	1.4892	1	liquid	1
10557	C7H7F	o-fluorotoluene	95-52-3	110.131	211.15	1	388.15	1	13	1.0041	1	20	1.4704	1	liquid	1
10558	C7H7F	m-fluorotoluene	352-70-5	110.131	186.15	1	388.15	1	20	0.9974	1	20	1.4691	1	liquid	1
10559	C7H7FN2O	p-fluoro-N-methyl-N-nitrosoaniline	937-25-7	154.144	---	---	377.15	1	25	1.2456	2	---	---	---	---	---
10560	C7H7FO	3-fluorobenzenemethanol	456-47-3	126.130	---	---	474.15	1	25	1.1640	1	20	1.5095	1	---	---

Table 1 Physical Properties - Organic Compounds

				Mol Wt	Freezing Point		Boiling Point		Density			Refractive Index			State	
NO	FORMULA	NAME	CAS No	g/mol	T_F, K	code	T_B, K	code	T, C	g/cm3	code	T, C	n_D	code	@25C,1 atm	code
10561	C7H7FO	4-fluorobenzenemethanol	459-56-3	126.130	296.15	1	483.15	1	24	1.1514	2	20	1.5080	1	liquid	1
10562	C7H7FO	1-fluoro-2-methoxybenzene	321-28-8	126.130	234.15	1	427.65	1	24	1.1514	2	17	1.4969	1	liquid	1
10563	C7H7FO	1-fluoro-3-methoxybenzene	456-49-5	126.130	238.15	1	432.15	1	25	1.1040	1	20	1.4876	1	liquid	1
10564	C7H7FO	1-fluoro-4-methoxybenzene	459-60-9	126.130	228.15	1	430.15	1	18	1.1781	1	18	1.4886	1	liquid	1
10565	C7H7FO	2-fluorobenzyl alcohol	446-51-5	126.130	---	---	472.60	1	25	1.1730	1	---	1.5140	1	---	---
10566	C7H7FO	4-fluoro-3-methylphenol	452-70-0	126.130	305.15	1	452.29	2	25	1.1340	1	---	1.5150	1	solid	1
10567	C7H7FO	4-fluoro-2-methylphenol	452-72-2	126.130	308.35	1	452.29	2	24	1.1514	2	---	---	---	solid	1
10568	C7H7FO	2-fluoro-5-methylphenol	63762-79-8	126.130	---	---	446.15	1	25	1.1550	1	---	1.5110	1	---	---
10569	C7H7FO2	2-fluoro-6-methoxyphenol	73943-41-6	142.130	---	---	---	---	25	1.2300	1	---	1.5200	1	---	---
10570	C7H7FO2S	4-fluorophenyl methyl sulfone	455-15-2	174.196	351.65	1	---	---	25	1.2768	2	---	---	---	solid	1
10571	C7H7FO2S	p-fluorosulfonyltoluene	455-16-3	174.196	314.65	1	---	---	25	1.2768	2	---	---	---	solid	1
10572	C7H7FO2S	a-toluenesulfonyl fluoride	329-98-6	174.196	365.15	1	---	---	25	1.2768	2	---	---	---	solid	1
10573	C7H7FS	4-fluorothioanisole	371-15-3	142.197	---	---	457.65	1	25	1.1670	1	---	1.5510	1	---	---
10574	C7H7F2N	2,6-difluorobenzylamine	69385-30-4	143.137	---	---	447.15	1	25	1.1940	1	---	1.4930	1	---	---
10575	C7H7F2N	2,4-difluorobenzylamine	72235-52-0	143.137	---	---	452.15	2	25	1.2020	1	---	1.4900	1	---	---
10576	C7H7F2N	3,4-difluorobenzylamine	72235-53-1	143.137	---	---	452.15	2	25	1.2100	1	---	1.4930	1	---	---
10577	C7H7F2N	2,5-difluorobenzylamine	85118-06-5	143.137	---	---	452.15	2	25	1.2210	1	---	1.4950	1	---	---
10578	C7H7F2N	3,5-difluorobenzylamine	90390-27-5	143.137	---	---	457.15	1	25	1.2100	1	---	1.4910	1	---	---
10579	C7H7F2NO	2-(difluoromethoxy)aniline	22236-04-0	159.136	---	---	478.15	1	25	1.2720	1	---	1.5050	1	---	---
10580	C7H7F2NO	4-(difluoromethoxy)aniline	22236-10-8	159.136	---	---	504.15	1	25	1.2830	1	---	1.5050	1	---	---
10581	C7H7F3N2	4-(trifluoromethyl)-1,2-phenylenediamine	368-71-8	176.142	331.15	1	---	---	25	1.2773	2	---	---	---	solid	1
10582	C7H7F3N2	3-(trifluoromethyl)phenylhydrazine	368-78-5	176.142	---	---	---	---	25	1.3480	1	---	1.5040	1	---	---
10583	C7H7F3N2	4-(trifluoromethyl)phenylhydrazine	368-90-1	176.142	335.65	1	---	---	25	1.2773	2	---	---	---	solid	1
10584	C7H7F3N2	5-(trifluoromethyl)-1,3-benzenediamine	368-53-6	176.142	---	---	---	---	25	1.2773	2	---	---	---	---	---
10585	C7H7F3N2O2S	2-amino-4-(trifluoromethyl)-5-thiazolecarbo	344-72-9	240.207	---	---	354.55	1	25	1.4585	2	---	---	---	---	---
10586	C7H7F5O2	2,2,3,3,3-pentafluoropropyl methacrylate	45115-53-5	218.124	---	---	---	---	25	1.2770	1	---	1.3470	1	---	---
10587	C7H7F7O2	isopropyl heptafluorobutanoate	425-23-0	256.121	---	---	379.15	1	20	1.3240	1	20	1.3100	1	---	---
10588	C7H7HgI	iodo(p-tolyl)mercury	26037-72-9	418.627	---	---	375.35	1	---	---	---	---	---	---	---	---
10589	C7H7I	1-iodo-2-methylbenzene	615-37-2	218.037	284.42	2	484.65	1	20	1.7130	1	20	1.6079	1	liquid	1
10590	C7H7I	1-iodo-3-methylbenzene	625-95-6	218.037	245.95	1	486.15	1	20	1.7050	1	20	1.6053	1	liquid	1
10591	C7H7I	(iodomethyl)benzene	620-05-3	218.037	297.65	1	484.98	2	25	1.7335	1	25	1.6334	1	liquid	2
10592	C7H7I	p-iodotoluene	624-31-7	218.037	309.65	1	484.15	1	20	1.6780	1	---	---	---	solid	1
10593	C7H7IO	2-iodo-4-methylphenol	16188-57-1	234.036	308.15	1	514.32	2	25	1.6840	1	25	1.5331	1	solid	1
10594	C7H7IO	2-iodo-6-methylphenol	24885-45-8	234.036	288.65	1	514.32	2	25	1.6610	1	25	1.6100	1	liquid	2
10595	C7H7IO	2-iodobenzenemethanol	5159-41-1	234.036	365.15	1	514.32	2	24	1.7904	2	20	1.6349	1	solid	1
10596	C7H7IO	1-iodo-2-methoxybenzene	529-28-2	234.036	---	---	514.15	1	20	1.8000	1	---	---	---	---	---
10597	C7H7IO	1-iodo-4-methoxybenzene	696-62-8	234.036	326.15	1	511.15	1	24	1.7904	2	---	---	---	solid	1
10598	C7H7IO	3-iodoanisole	766-85-8	234.036	---	---	517.65	1	25	1.9650	1	---	1.6130	1	---	---
10599	C7H7IO	3-iodobenzyl alcohol	57455-06-8	234.036	---	---	514.32	2	25	1.8420	1	---	1.6360	1	---	---
10600	C7H7IO	4-iodo-2-methylphenol	60577-30-2	234.036	340.65	1	514.32	2	24	1.7904	2	---	---	---	solid	1
10601	C7H7IO	4-iodosyltoluene	69180-59-2	234.036	---	---	514.32	2	24	1.7904	2	---	---	---	---	---
10602	C7H7IO2	4-iodyl toluene	16825-72-2	250.036	---	---	340.15	1	25	1.7920	2	---	---	---	---	---
10603	C7H7IO3	4-iodylanisole	16825-74-4	266.035	498.15	dec	324.15	1	25	1.8329	2	---	---	---	solid	1
10604	C7H7IO4	(2R,3R)-1-carboxy-4-iodo-2,3-dihydroxycyc	---	282.035	---	---	---	---	25	1.8707	2	---	---	---	---	---
10605	C7H7I3N2	4-toluenediazonium triiodide	68596-94-1	499.860	---	---	307.15	1	25	2.5781	2	---	---	---	---	---
10606	C7H7IrO4	dicarbonylacetylacetonato iridium	14023-80-4	347.347	---	---	373.15	1	---	---	---	---	---	---	---	---
10607	C7H7N	2-vinylpyridine	100-69-6	105.140	---	---	432.65	1	20	0.9983	1	20	1.5495	1	---	---
10608	C7H7N	3-vinylpyridine	1121-55-7	105.140	---	---	435.15	1	20	0.9879	1	20	1.5530	1	---	---
10609	C7H7N	4-vinylpyridine	100-43-6	105.140	---	---	433.90	2	20	0.9879	1	20	1.5449	1	---	---
10610	C7H7N	vinyl pyridine	1337-81-1	105.140	---	---	433.90	2	20	0.9914	2	---	---	---	---	---
10611	C7H7NO	formanilide	103-70-8	121.139	323.15	1	544.15	1	50	1.1186	1	---	---	---	solid	1
10612	C7H7NO	benzaldehyde oxime, (z)-	622-32-2	121.139	309.65	1	473.15	1	20	1.1111	1	20	1.5908	1	solid	1
10613	C7H7NO	trans-benzaldehyde oxime	622-31-1	121.139	308.15	1	491.87	2	20	1.1450	1	---	---	---	solid	1
10614	C7H7NO	benzamide	55-21-0	121.139	403.00	1	563.15	1	130	1.0792	1	---	---	---	solid	1
10615	C7H7NO	1-(2-pyridinyl)ethanone	1122-62-9	121.139	---	---	465.15	1	25	1.0770	1	20	1.5203	1	---	---
10616	C7H7NO	1-(3-pyridinyl)ethanone	350-03-8	121.139	286.65	1	493.15	1	42	1.1040	2	20	1.5341	1	liquid	1
10617	C7H7NO	1-(4-pyridinyl)ethanone	1122-54-9	121.139	289.15	1	485.15	1	25	1.0970	1	25	1.5282	1	liquid	1
10618	C7H7NO	3-acetylpyridine	---	121.139	285.65	1	493.15	1	25	1.1000	1	---	1.5336	1	liquid	1
10619	C7H7NO	2-aminobenzaldehyde	529-23-7	121.139	312.60	1	491.87	2	42	1.1040	2	---	---	---	solid	1
10620	C7H7NO	syn-benzaldehyde oxime	932-90-1	121.139	304.65	1	491.87	2	42	1.1040	2	---	1.5910	1	solid	1
10621	C7H7NO	6-methyl-2-pyridinecarboxaldehyde	1122-72-1	121.139	305.15	1	491.87	2	42	1.1040	2	---	1.5270	1	solid	1
10622	C7H7NO	2-nitrosotoluene	611-23-4	121.139	345.65	1	491.87	2	42	1.1040	2	---	---	---	solid	1
10623	C7H7NO	4-aminobenzaldehyde	556-18-3	121.139	---	---	491.87	2	42	1.1040	2	---	---	---	---	---
10624	C7H7NO	2-amino-2,4,6-cycloheptatrien-1-one	6264-93-3	121.139	379.65	1	417.90	1	42	1.1040	2	---	---	---	solid	1
10625	C7H7NO	1-pyridinylethanone	30440-88-1	121.139	---	---	491.87	2	42	1.1040	2	---	---	---	---	---
10626	C7H7NO2	m-nitrotoluene	99-08-1	137.138	289.20	1	505.00	1	25	1.1520	1	20	1.5468	1	liquid	1
10627	C7H7NO2	o-nitrotoluene	88-72-2	137.138	269.98	1	495.64	1	25	1.1580	1	25	1.5474	1	liquid	1
10628	C7H7NO2	p-nitrotoluene	99-99-0	137.138	324.75	1	511.65	1	75	1.1038	1	55	1.5312	1	solid	1
10629	C7H7NO2	aniline-2-carboxylic acid	118-92-3	137.138	419.65	1	470.13	2	20	1.4120	1	---	---	---	solid	1
10630	C7H7NO2	aniline-3-carboxylic acid	99-05-8	137.138	446.15	1	470.13	2	25	1.5100	1	---	---	---	solid	1
10631	C7H7NO2	aniline-4-carboxylic acid	150-13-0	137.138	461.65	1	470.13	2	20	1.3740	1	---	---	---	solid	1
10632	C7H7NO2	benzyl nitrite	935-05-7	137.138	---	---	470.13	2	25	1.0750	1	25	1.4989	1	---	---
10633	C7H7NO2	2-hydroxybenzamide	65-45-2	137.138	415.15	1	470.13	2	140	1.1750	1	---	---	---	solid	1
10634	C7H7NO2	methyl 3-pyridinecarboxylate	93-60-7	137.138	315.65	1	477.15	1	37	1.2150	2	---	---	---	solid	1
10635	C7H7NO2	methyl 4-pyridinecarboxylate	2459-09-8	137.138	289.25	1	481.15	1	20	1.1599	1	20	1.5135	1	liquid	1
10636	C7H7NO2	(nitromethyl)benzene	622-42-4	137.138	---	---	499.15	1	20	1.1596	1	20	1.5323	1	---	---
10637	C7H7NO2	salicylaldoxime	94-67-7	137.138	330.15	1	470.13	2	37	1.2150	2	---	---	---	solid	1
10638	C7H7NO2	trigonelline	535-83-1	137.138	---	---	470.13	2	37	1.2150	2	---	---	---	---	---
10639	C7H7NO2	3-acetoxypyridine	17747-43-2	137.138	---	---	470.13	2	25	1.1410	1	---	1.5030	1	---	---
10640	C7H7NO2	benzohydroxamic acid	495-18-1	137.138	401.15	1	470.13	2	37	1.2150	2	---	---	---	solid	1

Table 1 Physical Properties - Organic Compounds

				Mol Wt	Freezing Point		Boiling Point		Density			Refractive Index			State	
NO	FORMULA	NAME	CAS No	g/mol	T_F, K	code	T_B, K	code	T, C	g/cm3	code	T, C	n_D	code	@25C,1 atm	code
10641	C7H7NO2	3,4-(methylenedioxy)aniline	14268-66-7	137.138	313.65	1	470.13	2	37	1.2150	2	---	---	---	solid	1
10642	C7H7NO2	6-methylnicotinic acid	3222-47-7	137.138	484.15	1	---	---	37	1.2150	2	---	---	---	solid	1
10643	C7H7NO2	nitrotoluene	1321-12-6	137.138	327.15	1	511.15	1	25	1.1600	1	---	---	---	solid	1
10644	C7H7NO2	phenyl carbamate	622-46-8	137.138	422.65	1	470.13	2	37	1.2150	2	---	---	---	solid	1
10645	C7H7NO2	picolinic acid, methyl ester	2459-07-6	137.138	291.85	1	389.15	1	37	1.2150	2	---	---	---	liquid	1
10646	C7H7NO2	4-aminotropolone	698-49-7	137.138	460.65	1	470.13	2	37	1.2150	2	---	---	---	solid	1
10647	C7H7NO2	5-aminotropolone	7021-46-7	137.138	450.40	1	361.15	1	37	1.2150	2	---	---	---	solid	1
10648	C7H7NO2S	1-(methylthio)-2-nitrobenzene	3058-47-7	169.204	337.65	1	---	---	78	1.2628	1	78	1.6246	1	solid	1
10649	C7H7NO2S	4-nitrothioanisole	701-57-5	169.204	345.15	1	---	---	80	1.2391	1	20	1.6401	1	solid	1
10650	C7H7NO2S	(4-pyridylthio)acetic acid	10351-19-6	169.204	526.15	1	---	---	79	1.2510	2	---	---	---	solid	1
10651	C7H7NO2S2	N-methyl-3,6-dithia-3,4,5,6-tetrahydrophtha	34419-05-1	201.270	---	---	476.65	1	25	1.3752	2	---	---	---	---	---
10652	C7H7NO3	2-methyl-4-nitrophenol	99-53-6	153.138	369.15	1	514.86	2	28	1.2744	2	---	---	---	solid	1
10653	C7H7NO3	2-methyl-6-nitrophenol	13073-29-5	153.138	343.15	1	514.86	2	28	1.2744	2	---	---	---	solid	1
10654	C7H7NO3	4-methyl-2-nitrophenol	119-33-5	153.138	309.65	1	514.86	2	20	1.2399	1	40	1.5744	1	solid	1
10655	C7H7NO3	3-nitroanisole	555-03-3	153.138	311.65	1	531.15	1	18	1.3730	1	---	---	---	solid	1
10656	C7H7NO3	4-nitroanisole	100-17-4	153.138	327.15	1	547.15	1	60	1.2192	1	60	1.5070	1	solid	1
10657	C7H7NO3	2-nitrobenzenemethanol	612-25-9	153.138	347.15	1	543.15	1	28	1.2744	2	---	---	---	solid	1
10658	C7H7NO3	3-nitrobenzenemethanol	619-25-0	153.138	303.65	1	514.86	2	19	1.2960	1	---	---	---	solid	1
10659	C7H7NO3	4-nitrobenzenemethanol	619-73-8	153.138	369.65	1	528.15	dec	28	1.2744	2	---	---	---	solid	1
10660	C7H7NO3	o-nitroanisole	91-23-6	153.138	283.60	1	546.15	1	25	1.2440	1	25	1.5597	1	liquid	1
10661	C7H7NO3	4-amino-2-hydroxybenzoic acid	65-49-6	153.138	423.65	dec	514.86	2	28	1.2744	2	---	---	---	solid	1
10662	C7H7NO3	5-amino-2-hydroxybenzoic acid	89-57-6	153.138	556.15	1	---	---	28	1.2744	2	---	---	---	solid	1
10663	C7H7NO3	N,2-dihydroxybenzamide	89-73-6	153.138	441.15	1	514.86	2	28	1.2744	2	---	---	---	solid	1
10664	C7H7NO3	3-amino-4-hydroxybenzoic acid	1571-72-8	153.138	474.15	1	514.86	2	28	1.2744	2	---	---	---	solid	1
10665	C7H7NO3	3-aminosalicylic acid	570-23-0	153.138	513.15	1	514.86	2	28	1.2744	2	---	---	---	solid	1
10666	C7H7NO3	5-hydroxyanthranilic acid	394-31-0	153.138	506.65	1	514.86	2	28	1.2744	2	---	---	---	solid	1
10667	C7H7NO3	2-hydroxy-6-methylpyridine-3-carboxylic ac	38116-61-9	153.138	509.15	1	514.86	2	28	1.2744	2	---	---	---	solid	1
10668	C7H7NO3	4-methyl-3-nitrophenol	2042-14-0	153.138	352.65	1	514.86	2	28	1.2744	2	---	---	---	solid	1
10669	C7H7NO3	3-methyl-4-nitrophenol	2581-34-2	153.138	401.15	1	514.86	2	28	1.2744	2	---	---	---	solid	1
10670	C7H7NO3	3-methyl-2-nitrophenol	4920-77-8	153.138	311.15	1	514.86	2	28	1.2744	2	---	---	---	solid	1
10671	C7H7NO3	2-methyl-3-nitrophenol	5460-31-1	153.138	422.65	1	514.86	2	28	1.2744	2	---	---	---	solid	1
10672	C7H7NO3	5-methyl-2-nitrophenol	700-38-9	153.138	327.65	1	514.86	2	28	1.2744	2	---	---	---	solid	1
10673	C7H7NO3	2-amino-3-hydroxybenzoic acid	548-93-6	153.138	437.15	1	514.86	2	28	1.2744	2	---	---	---	solid	1
10674	C7H7NO3	benzyl nitrate	15285-42-4	153.138	---	---	514.86	2	28	1.2744	2	---	---	---	---	---
10675	C7H7NO3	4-nitrobenzyl alcohol	---	153.138	---	---	514.86	2	28	1.2744	2	---	---	---	---	---
10676	C7H7NO4	2-methoxy-3-nitrophenol	20734-71-8	169.137	343.15	1	---	---	25	1.3375	2	---	---	---	solid	1
10677	C7H7NO4	N-acryloxysuccinimide	38862-24-7	169.137	342.15	1	---	---	25	1.3375	2	---	---	---	solid	1
10678	C7H7NO4	4-hydroxy-3-nitrobenzyl alcohol	41833-13-0	169.137	---	---	---	---	25	1.3375	2	---	---	---	---	---
10679	C7H7NO4	4-methoxy-2-nitrophenol	1568-70-3	169.137	352.15	1	---	---	25	1.3375	2	---	---	---	solid	1
10680	C7H7NO4	2-methoxy-5-nitrophenol	636-93-1	169.137	378.15	1	---	---	25	1.3375	2	---	---	---	solid	1
10681	C7H7NO4	5-methoxy-2-nitrophenol	704-14-3	169.137	366.15	1	---	---	25	1.3375	2	---	---	---	solid	1
10682	C7H7NO4	4-nitroguaiacol	3251-56-7	169.137	374.65	1	---	---	25	1.3375	2	---	---	---	solid	1
10683	C7H7NO4	3,4,5-trihydroxybenzamide hydrate	618-73-5	169.137	514.65	1	---	---	25	1.3375	2	---	---	---	solid	1
10684	C7H7NO4S	4-(aminosulfonyl)benzoic acid	138-41-0	201.203	564.15	dec	---	---	25	1.4167	2	---	---	---	solid	1
10685	C7H7NO5S	methyl 4-nitrobenzenesulfonate	6214-20-6	217.203	363.65	1	773.15	2	25	1.4712	2	---	---	---	solid	1
10686	C7H7NO5S	2-methyl-5-nitrobenzenesulfonic acid	121-03-9	217.203	406.65	1	773.15	1	25	1.4712	2	---	---	---	solid	1
10687	C7H7NO5S	4-methyl-3-nitrobenzene sulfonic acid	97-06-3	217.203	365.15	1	773.15	1	25	1.4712	2	---	---	---	solid	1
10688	C7H7NS	thiobenzamide	2227-79-4	137.206	389.15	1	---	---	25	1.1476	2	---	---	---	solid	1
10689	C7H7N3	(azidomethyl)benzene	622-79-7	133.154	---	---	478.53	2	19	1.0730	1	25	1.5341	1	---	---
10690	C7H7N3	1-azido-2-methylbenzene	31656-92-5	133.154	<263	1	478.53	2	25	1.0648	1	---	---	---	liquid	2
10691	C7H7N3	1-azido-4-methylbenzene	2101-86-2	133.154	244.15	1	453.15	dec	23	1.0527	1	---	---	---	liquid	1
10692	C7H7N3	1-methyl-1H-benzotriazole	13351-73-0	133.154	337.65	1	543.65	1	22	1.0635	2	---	---	---	solid	1
10693	C7H7N3	2-aminobenzimidazole	934-32-7	133.154	503.15	1	---	---	22	1.0635	2	---	---	---	solid	1
10694	C7H7N3	5-aminoindazole	19335-11-6	133.154	449.65	1	478.53	2	22	1.0635	2	---	---	---	solid	1
10695	C7H7N3	5-methyl-1H-benzotriazole	136-85-6	133.154	355.15	1	484.15	1	22	1.0635	2	---	---	---	solid	1
10696	C7H7N3	4(or 5)-methylbenzotriazole	29385-43-1	133.154	356.15	1	433.15	1	22	1.0635	2	---	---	---	solid	1
10697	C7H7N3	1-azido-3-methylbenzene	4113-72-8	133.154	---	---	478.53	2	22	1.0635	2	---	---	---	---	---
10698	C7H7N3OS	4-toluenesulfinyl azide	40560-76-7	181.219	---	---	312.15	1	25	1.3557	2	---	---	---	---	---
10699	C7H7N3O2	4-nitrobenzyl hydrazide	636-97-5	165.152	---	---	---	---	25	1.3348	2	---	---	---	---	---
10700	C7H7N3O2	N-methyl-N,p-dinitrosoaniline	99-80-9	165.152	374.15	1	---	---	25	1.3348	2	---	---	---	solid	1
10701	C7H7N3O2	nitrosophenylurea	6268-32-2	165.152	---	---	---	---	25	1.3348	2	---	---	---	---	---
10702	C7H7N3O3	(4-nitrophenyl)urea	556-10-5	181.152	511.15	1	---	---	25	1.4006	2	---	---	---	solid	1
10703	C7H7N3O3	methyl-2-nitrobenzene diazoate	62375-91-1	181.152	---	---	334.15	2	25	1.4006	2	---	---	---	---	---
10704	C7H7N3O3	2-(p-nitrophenyl)hydrazide formic acid	6632-39-9	181.152	---	---	334.15	1	25	1.4006	2	---	---	---	---	---
10705	C7H7N3O3S	1-aminobenzimidazole-2-sulfonic acid	120341-04-0	213.218	525.65	1	---	---	25	1.4714	2	---	---	---	solid	1
10706	C7H7N3O4	2-amino-4-methyl-5-nitronicotinic acid	---	197.151	---	---	342.15	2	25	1.4608	2	---	---	---	---	---
10707	C7H7N3O4	2-amino-6-methyl-5-nitronicotinic acid	---	197.151	---	---	342.15	2	25	1.4608	2	---	---	---	---	---
10708	C7H7N3O4	N-methyl-2,4-dinitrobenzenamine	2044-88-4	197.151	---	---	342.15	2	25	1.4608	2	---	---	---	---	---
10709	C7H7N3O4	2-amino-4,6-dinitrotoluene	35572-78-2	197.151	---	---	342.15	2	25	1.4608	2	---	---	---	---	---
10710	C7H7N3O4	2,6-dinitro-p-toluidine	6393-42-6	197.151	444.65	1	342.15	1	25	1.4608	2	---	---	---	solid	1
10711	C7H7N3O4	5-nitro-2-furaldehyde acetylhydrazone	67-28-7	197.151	---	---	342.15	2	25	1.4608	2	---	---	---	---	---
10712	C7H7N3O4S	2-(2-formamidothiazole-4-yl)-2-methoxyimi	65872-43-7	229.217	435.65	1	---	---	25	1.5228	2	---	---	---	solid	1
10713	C7H7N3S	5-amino-2-mercaptobenzimidazole	2818-66-8	165.220	499.65	1	---	---	25	1.2902	2	---	---	---	solid	1
10714	C7H7N3S	azidomethyl phenyl sulfide	77422-70-9	165.220	---	---	---	---	25	1.1680	1	---	1.5900	1	---	---
10715	C7H7N3S	2-hydrazinobenzothiazole	615-21-4	165.220	472.15	1	---	---	25	1.2902	2	---	---	---	solid	1
10716	C7H7N5	1-phenyl-5-aminotetrazole	5467-78-7	161.168	---	---	---	---	25	1.3321	2	---	---	---	---	---
10717	C7H7N5O2	N-2-acetylguanine	19962-37-9	193.166	>533.15	1	---	---	25	1.4609	2	---	---	---	solid	1
10718	C7H7N5O2	fervenulin	483-57-8	193.166	451.65	1	---	---	25	1.4609	2	---	---	---	solid	1
10719	C7H7N7O4S2	4-methylaminobenzene-1,3-bis(sulfonyl az	87425-02-3	317.311	---	---	356.15	1	25	1.7332	2	---	---	---	---	---
10720	C7H7Na	benzyl sodium	1121-53-5	114.122	---	---	415.15	1	---	---	---	---	---	---	---	---

Table 1 Physical Properties - Organic Compounds

NO	FORMULA	NAME	CAS No	Mol Wt g/mol	Freezing Point T_F, K	code	Boiling Point T_B, K	code	Density T, C	g/cm3	code	Refractive Index T, C	n_D	code	State @25C,1 atm	code
10721	C7H7NaO3S	p-toluenesulfonic acid, sodium salt, isomer	657-84-1	194.187	---	---	---	---	---	---	---	---	---	---	---	---
10722	C7H7O4Rh	rhodium, dicarbonyl(2,4-pentanedionato-o,	14874-82-9	258.036	427.15	1	---	---	---	---	---	---	---	---	solid	1
10723	C7H7O6P	2-phosphonoxybenzoic acid	6064-83-1	218.103	442.15	1	---	---	---	---	---	---	---	---	solid	1
10724	C7H8	1,3,5-cycloheptatriene	544-25-2	92.141	193.66	1	388.65	1	25	0.8820	1	20	1.5343	1	liquid	1
10725	C7H8	toluene	108-88-3	92.141	178.18	1	383.78	1	25	0.8650	1	25	1.4941	1	liquid	1
10726	C7H8	5-ethylidene-1,3-cyclopentadiene	3839-50-7	92.141	203.15	1	380.68	2	18	0.8650	1	20	1.5260	1	liquid	2
10727	C7H8	1,6-heptadien-3-yne	5150-80-1	92.141	199.00	2	383.15	1	25	0.7870	1	25	1.4694	1	liquid	1
10728	C7H8	1,5-heptadiyne	764-56-7	92.141	188.15	2	380.68	2	21	0.8100	1	21	1.4521	1	liquid	2
10729	C7H8	1,6-heptadiyne	2396-63-6	92.141	188.15	1	385.15	1	17	0.8164	1	17	1.4510	1	liquid	1
10730	C7H8	2,5-norbornadiene	121-46-0	92.141	254.05	1	362.65	1	20	0.9064	1	20	1.4702	1	liquid	1
10731	C7H8	quadricyclane	278-06-8	92.141	228.00	1	380.68	2	22	0.8474	2	---	---	---	liquid	2
10732	C7H8	methyl divinyl acetylene	820-54-2	92.141	199.00	2	380.68	2	22	0.8474	2	---	---	---	liquid	2
10733	C7H8AsClO2	(4-chlorophenyl)methylarsinic acid	73791-42-1	234.513	---	---	458.15	1	---	---	---	---	---	---	---	---
10734	C7H8BrN	4-bromobenzenemethanamine	3959-07-7	186.052	293.15	1	523.15	1	23	1.4967	2	---	---	---	liquid	1
10735	C7H8BrN	2-bromo-4-methylaniline	583-68-6	186.052	299.15	1	513.15	1	20	1.5100	1	20	1.5999	1	solid	1
10736	C7H8BrN	2-bromo-5-methylaniline	53078-85-6	186.052	319.15	1	520.51	2	25	1.4700	1	---	---	---	solid	1
10737	C7H8BrN	3-bromo-4-methylaniline	7745-91-7	186.052	299.15	1	528.65	1	23	1.4967	2	---	---	---	solid	1
10738	C7H8BrN	4-bromo-2-methylaniline	583-75-5	186.052	332.65	1	513.15	1	23	1.4967	2	---	---	---	solid	1
10739	C7H8BrN	4-bromo-3-methylaniline	6933-10-4	186.052	354.15	1	513.15	1	23	1.4967	2	---	---	---	solid	1
10740	C7H8BrN	5-bromo-2-methylaniline	39478-78-9	186.052	306.15	1	528.15	dec	23	1.4967	2	---	---	---	solid	1
10741	C7H8BrN	3-bromo-2-methylaniline	55289-36-6	186.052	---	---	524.20	1	25	1.5100	1	---	1.6190	1	---	---
10742	C7H8BrNO2	brocresine	555-65-7	218.050	---	---	417.65	1	25	1.5621	2	---	---	---	---	---
10743	C7H8ClN	2-chloro-4-methylaniline	615-65-6	141.600	280.15	1	493.15	1	20	1.1510	1	22	1.5748	1	liquid	1
10744	C7H8ClN	2-chloro-5-methylaniline	95-81-8	141.600	302.65	1	502.15	1	20	1.1629	2	---	---	---	solid	1
10745	C7H8ClN	2-chloro-N-methylaniline	932-32-1	141.600	---	---	491.15	1	11	1.1735	1	25	1.5780	1	---	---
10746	C7H8ClN	3-chloro-2-methylaniline	87-60-5	141.600	274.15	1	518.15	1	20	1.1629	2	20	1.5880	1	liquid	1
10747	C7H8ClN	3-chloro-4-methylaniline	95-74-9	141.600	299.15	1	516.15	1	20	1.1629	2	---	---	---	solid	1
10748	C7H8ClN	4-chloro-2-methylaniline	95-69-2	141.600	303.45	1	517.15	1	20	1.1629	2	---	---	---	solid	1
10749	C7H8ClN	4-chloro-3-methylaniline	7149-75-9	141.600	356.65	1	514.15	1	20	1.1629	2	---	---	---	solid	1
10750	C7H8ClN	4-chloro-N-methylaniline	932-96-7	141.600	---	---	513.15	1	11	1.1690	1	20	1.5835	1	---	---
10751	C7H8ClN	5-chloro-2-methylaniline	95-79-4	141.600	299.15	1	512.15	1	20	1.1629	2	---	---	---	solid	1
10752	C7H8ClN	4-chlorobenzylamine	104-86-9	141.600	---	---	488.15	1	25	1.1640	1	---	1.5580	1	---	---
10753	C7H8ClN	3-chlorobenzylamine	4152-90-3	141.600	---	---	504.88	2	25	1.1590	1	---	1.5610	1	---	---
10754	C7H8ClN	2-chlorobenzylamine	89-97-4	141.600	---	---	504.88	2	25	1.1720	1	---	1.5600	1	---	---
10755	C7H8ClN	3-chloro-N-methylaniline	7006-52-2	141.600	---	---	504.88	2	20	1.1629	2	---	1.5830	1	---	---
10756	C7H8ClN	2-chloro-6-methylaniline	87-63-8	141.600	275.15	1	488.15	1	25	1.1520	1	---	1.5760	1	liquid	1
10757	C7H8ClNO	2-chloro-5-methoxyaniline	2401-24-3	157.599	300.15	1	473.15	2	25	1.2002	2	25	1.5848	1	solid	1
10758	C7H8ClNO	4-chloro-2-methoxyaniline	93-50-5	157.599	325.15	1	533.15	1	25	1.2002	2	---	---	---	solid	1
10759	C7H8ClNO	5-chloro-2-methoxyaniline	95-03-4	157.599	356.15	1	473.15	2	25	1.2002	2	---	---	---	solid	1
10760	C7H8ClNO	3-chloroanisidine	5345-54-0	157.599	335.15	1	473.15	2	25	1.2002	2	---	---	---	solid	1
10761	C7H8ClNO	2-chloro-5-methylphenylhydroxylamine	65039-20-5	157.599	---	---	413.15	1	25	1.2002	2	---	---	---	---	---
10762	C7H8ClNO2S	2-chloro-4-methylsulphonylaniline	13244-35-4	205.665	467.65	1	---	---	25	1.3487	2	---	---	---	solid	1
10763	C7H8ClNO3S	6-amino-4-chloro-m-toluenesulfonic acid	88-51-7	221.664	---	---	436.15	1	25	1.4020	2	---	---	---	---	---
10764	C7H8ClN3O	(2-amino-5-chlorobenzoyl)hydrazide	5584-15-6	185.613	413.15	1	---	---	25	1.3276	2	---	---	---	solid	1
10765	C7H8ClN3O4S2	hydrochlorothiazide	58-93-5	297.744	547.15	1	---	---	25	1.5856	2	---	---	---	solid	1
10766	C7H8Cl2Si	dichloromethylphenylsilane	149-74-6	191.131	229.65	1	477.35	1	20	1.1866	1	20	1.5180	1	---	---
10767	C7H8FN	4-fluoro-2-methylaniline	452-71-1	125.146	287.35	1	408.65	2	18	1.1263	1	18	1.5363	1	liquid	2
10768	C7H8FN	3-fluorobenzylamine	100-82-3	125.146	---	---	361.15	1	25	1.0970	1	---	1.5140	1	---	---
10769	C7H8FN	4-fluorobenzylamine	140-75-0	125.146	---	---	456.15	1	25	1.0950	1	---	1.5120	1	---	---
10770	C7H8FN	2-fluorobenzylamine	89-99-6	125.146	---	---	408.65	2	25	1.0950	1	---	1.5170	1	---	---
10771	C7H8FN	5-fluoro-2-methylaniline	367-29-3	125.146	311.65	1	408.65	2	24	1.1031	2	---	---	---	solid	1
10772	C7H8FN	3-fluoro-2-methylaniline	443-86-7	125.146	280.15	1	408.65	2	25	1.0990	1	---	1.5420	1	liquid	2
10773	C7H8FN	3-fluoro-4-methylaniline	452-77-7	125.146	304.15	1	408.65	2	25	1.0930	1	---	1.5400	1	solid	1
10774	C7H8FN	2-fluoro-4-methylaniline	452-80-2	125.146	---	---	408.65	2	25	1.1080	1	---	1.5330	1	---	---
10775	C7H8FN	2-fluoro-5-methylaniline	452-84-6	125.146	---	---	408.65	2	25	1.1090	1	---	1.5330	1	---	---
10776	C7H8FN	4-fluoro-N-methylaniline	459-59-6	125.146	---	---	408.65	2	25	1.1057	1	---	1.5310	1	---	---
10777	C7H8FNO	3-fluoro-p-anisidine	366-99-4	141.145	355.15	1	---	---	25	1.1382	2	---	---	---	solid	1
10778	C7H8FNO	3-fluoro-o-anisidine	437-83-2	141.145	---	---	---	---	25	1.1790	1	---	1.5320	1	---	---
10779	C7H8FNO3S	4-methoxymetanilyl fluoride	498-74-8	205.210	335.65	1	---	---	25	1.3608	2	---	---	---	solid	1
10780	C7H8F4O2	2,2,3,3-tetrafluoropropyl methacrylate	45102-52-1	200.133	---	---	397.15	1	25	1.2500	1	---	1.3730	1	---	---
10781	C7H8F6N6O10	SYEP	64245-83-6	450.168	---	---	---	---	25	1.8359	2	---	---	---	---	---
10782	C7H8HgN2O	phenylmercury urea	2279-64-3	336.744	---	---	346.15	1	---	---	---	---	---	---	---	---
10783	C7H8IN	2-iodo-4-methylaniline	29289-13-2	233.052	313.15	1	546.15	2	25	1.7004	2	---	---	---	solid	1
10784	C7H8IN	5-iodo-2-methylaniline	83863-33-6	233.052	321.65	1	546.15	dec	25	1.7004	2	---	---	---	solid	1
10785	C7H8IN	3-iodobenzylamine	696-40-2	233.052	---	---	546.15	2	25	1.7480	1	---	---	---	---	---
10786	C7H8IN	4-iodo-3-methylaniline	4949-69-3	233.052	322.15	1	546.15	2	25	1.7004	2	---	---	---	solid	1
10787	C7H8INO4	amiodoxyl benzoate	---	297.050	---	---	---	---	25	1.8622	2	---	---	---	---	---
10788	C7H8N2	benzaldehyde hydrazone	5281-18-5	120.155	289.15	1	---	---	25	1.0656	2	---	---	---	---	---
10789	C7H8N2	1H-pyrrole-1-propanenitrile	43036-06-2	120.155	---	---	---	---	25	1.0480	1	20	1.5103	1	---	---
10790	C7H8N2	1,5-dimethyl-2-pyrrolecarbonitrile	56341-36-7	120.155	327.65	1	---	---	25	1.0656	2	---	---	---	solid	1
10791	C7H8N2O	2-aminobenzamide	88-68-6	136.154	383.65	dec	502.65	2	24	1.1683	2	---	---	---	solid	1
10792	C7H8N2O	benzohydrazide	613-94-5	136.154	388.15	1	540.15	dec	24	1.1683	2	---	---	---	solid	1
10793	C7H8N2O	N-methyl-N-nitrosoaniline	614-00-6	136.154	287.85	1	498.15	dec	20	1.1240	1	20	1.5769	1	liquid	1
10794	C7H8N2O	phenylurea	64-10-8	136.154	420.15	1	511.15	1	25	1.3020	1	---	---	---	solid	1
10795	C7H8N2O	N-3-pyridinylacetamide	5867-45-8	136.154	406.15	1	599.65	1	24	1.1683	2	---	---	---	solid	1
10796	C7H8N2O	4-aminobenzamide	2835-68-9	136.154	455.15	1	502.65	2	24	1.1683	2	---	---	---	solid	1
10797	C7H8N2O	3-aminobenzamide	3544-24-9	136.154	386.15	1	502.65	2	24	1.1683	2	---	---	---	solid	1
10798	C7H8N2O	(1-ethoxyethylidene)malononitrile	5417-82-3	136.154	363.65	1	502.65	2	24	1.1683	2	---	---	---	solid	1
10799	C7H8N2O	N-methylnicotinamide	114-33-0	136.154	375.65	1	502.65	2	24	1.1683	2	---	---	---	solid	1
10800	C7H8N2O	1-(3-methylpyrazinyl)ethan-1-one	23787-80-6	136.154	---	---	502.65	2	25	1.1100	1	---	---	---	---	---

Table 1 Physical Properties - Organic Compounds

				Mol Wt	Freezing Point		Boiling Point		Density			Refractive Index			State	
NO	FORMULA	NAME	CAS No	g/mol	T_F, K	code	T_B, K	code	T, C	g/cm3	code	T, C	n_D	code	@25C,1 atm	code
10801	C7H8N2O	N-methyl-N-(2-pyridyl)formamide	67242-59-5	136.154	---	---	502.65	2	25	1.1370	1	---	1.5660	1	---	---
10802	C7H8N2O	salicylaldehyde hydrazone	45744-18-1	136.154	370.65	1	502.65	2	24	1.1683	2	---	---	---	solid	1
10803	C7H8N2O	4-acetamidopyridine	5221-42-1	136.154	---	---	502.65	2	24	1.1683	2	---	---	---	---	---
10804	C7H8N2O	2,5-diaminotropone	36039-40-4	136.154	---	---	364.15	1	24	1.1683	2	---	---	---	---	---
10805	C7H8N2O	methyl benzenediazoate	66217-76-3	136.154	---	---	502.65	2	24	1.1683	2	---	---	---	---	---
10806	C7H8N2O2	2,3-diaminobenzoic acid	603-81-6	152.153	474.15	1	525.65	2	93	1.2333	2	---	---	---	solid	1
10807	C7H8N2O2	2,4-diaminobenzoic acid	611-03-0	152.153	413.15	1	473.15	dec	93	1.2333	2	---	---	---	solid	1
10808	C7H8N2O2	3,5-diaminobenzoic acid	535-87-5	152.153	501.15	1	525.65	2	93	1.2333	2	---	---	---	solid	1
10809	C7H8N2O2	2-methyl-3-nitroaniline	603-83-8	152.153	365.15	1	578.15	1	15	1.3780	1	---	---	---	solid	1
10810	C7H8N2O2	2-methyl-4-nitroaniline	99-52-5	152.153	406.65	1	525.65	2	140	1.1586	1	---	---	---	solid	1
10811	C7H8N2O2	2-methyl-5-nitroaniline	99-55-8	152.153	378.65	1	525.65	2	93	1.2333	2	---	---	---	solid	1
10812	C7H8N2O2	2-methyl-6-nitroaniline	570-24-1	152.153	369.15	1	525.65	2	100	1.1900	1	---	---	---	solid	1
10813	C7H8N2O2	4-methyl-2-nitroaniline	89-62-3	152.153	389.45	1	525.65	2	121	1.1600	1	---	---	---	solid	1
10814	C7H8N2O2	N-methyl-2-nitroaniline	612-28-2	152.153	311.15	1	525.65	2	93	1.2333	2	---	---	---	solid	1
10815	C7H8N2O2	N-methyl-4-nitroaniline	100-15-2	152.153	425.15	1	525.65	2	155	1.2010	1	---	---	---	solid	1
10816	C7H8N2O2	2-amino-6-methylnicotinic acid	---	152.153	---	---	525.65	2	93	1.2333	2	---	---	---	---	---
10817	C7H8N2O2	2-amino-4-methylnicotinic acid	38076-82-3	152.153	---	---	525.65	2	93	1.2333	2	---	---	---	---	---
10818	C7H8N2O2	3,4-diaminobenzoic acid	619-05-6	152.153	489.65	1	525.65	2	93	1.2333	2	---	---	---	solid	1
10819	C7H8N2O2	4-hydrazinobenzoic acid	619-67-0	152.153	478.15	1	525.65	2	93	1.2333	2	---	---	---	solid	1
10820	C7H8N2O2	4-hydroxybenzoic acid hydrazide	5351-23-5	152.153	535.15	1	---	---	93	1.2333	2	---	---	---	solid	1
10821	C7H8N2O2	1-(3-hydroxyphenyl)urea	701-82-6	152.153	456.15	1	525.65	2	93	1.2333	2	---	---	---	solid	1
10822	C7H8N2O2	4-methyl-3-nitroaniline	119-32-4	152.153	377.91	2	525.65	2	25	1.3120	1	---	---	---	solid	2
10823	C7H8N2O2	salicylhydrazide	936-02-7	152.153	421.65	1	525.65	2	93	1.2333	2	---	---	---	solid	1
10824	C7H8N2O2S	2-(carboxymethylthio)-4-methylpyrimidine	46118-95-0	184.219	462.65	1	---	---	25	1.3201	2	---	---	---	solid	1
10825	C7H8N2O3	2-methoxy-5-nitroaniline	99-59-2	168.153	391.15	1	463.98	2	15	1.2068	1	---	---	---	solid	1
10826	C7H8N2O3	3-methoxy-4-nitroaniline	16292-88-9	168.153	442.15	1	463.98	2	20	1.2089	2	---	---	---	solid	1
10827	C7H8N2O3	5-methoxy-2-nitroaniline	16133-49-6	168.153	404.15	1	463.98	2	20	1.2089	2	---	---	---	solid	1
10828	C7H8N2O3	3-ethoxy-2-nitropyridine	74037-50-6	168.153	303.15	1	463.98	2	20	1.2089	2	---	---	---	solid	1
10829	C7H8N2O3	4-methoxy-2-nitroaniline	96-96-8	168.153	397.65	1	463.98	2	20	1.2089	2	---	---	---	solid	1
10830	C7H8N2O3	2-methoxy-4-nitroaniline	97-52-9	168.153	413.65	1	463.98	2	25	1.2110	1	---	---	---	solid	1
10831	C7H8N2O3	2,3-dimethyl-4-nitropyridine-1-oxide	37699-43-7	168.153	---	---	463.98	2	20	1.2089	2	---	---	---	---	---
10832	C7H8N2O3	2,5-dimethyl-4-nitropyridine-1-oxide	21816-42-2	168.153	---	---	412.70	1	20	1.2089	2	---	---	---	---	---
10833	C7H8N2O3	3,5-dimethyl-4-nitropyridine 1-oxide	14248-66-9	168.153	---	---	515.25	1	20	1.2089	2	---	---	---	---	---
10834	C7H8N2O3	3-ethyl-4-nitropyridine-1-oxide	35363-12-3	168.153	---	---	463.98	2	20	1.2089	2	---	---	---	---	---
10835	C7H8N2O3S	5-carbethoxy-2-thiouracil	38026-46-9	200.219	525.15	1	---	---	25	1.3793	2	---	---	---	solid	1
10836	C7H8N2O3S	ammonium saccharin	6381-61-9	200.219	---	---	---	---	25	1.3793	2	---	---	---	---	---
10837	C7H8N2O3S	N-(2-thenoyl)glycinohydroxamic acid	65654-13-9	200.219	---	---	---	---	25	1.3793	2	---	---	---	---	---
10838	C7H8N2O4	dimethyl 4,5-imidazoledicarboxylate	3304-70-9	184.152	472.15	1	---	---	25	1.3619	2	---	---	---	solid	1
10839	C7H8N2O5	N-(2-hydroxyethyl)-a-(5-nitro-2-furyl)nitron	19561-70-7	200.152	424.65	1	---	---	25	1.4212	2	---	---	---	solid	1
10840	C7H8N2O5	2-isocyanatoethanol carbonate (2:1) (ester	13025-29-1	200.152	---	---	---	---	25	1.4212	2	---	---	---	---	---
10841	C7H8N2S	phenylthiourea	103-85-5	152.221	427.15	1	---	---	25	1.1863	2	---	---	---	solid	1
10842	C7H8N4O2	theobromine	83-67-0	180.167	630.15	1	---	---	25	1.3600	2	---	---	---	solid	1
10843	C7H8N4O2	3,7-dihydro-1,3-dimethyl-1H-purine-2,6-dic	58-55-9	180.167	546.15	1	---	---	25	1.3600	2	---	---	---	solid	1
10844	C7H8N4O2	paraxanthine	611-59-6	180.167	571.65	1	---	---	25	1.3600	2	---	---	---	solid	1
10845	C7H8N4O3	1,3-dimethyluric acid	944-73-0	196.167	686.65	1	---	---	25	1.4205	2	---	---	---	solid	1
10846	C7H8N4O3	7-hydroxytheophylline	1012-82-4	196.167	---	---	---	---	25	1.4205	2	---	---	---	---	---
10847	C7H8N4O7	ammonium-3-methyl-2,4,6-trinitrophenoxid	58696-86-9	260.164	---	---	450.15	1	25	1.6204	2	---	---	---	---	---
10848	C7H8N4S	9-ethyl-6-mercaptopurine	5427-20-3	180.235	---	---	508.15	dec	25	1.3174	2	---	---	---	---	---
10849	C7H8N4S	picoline-2-aldehyde thiosemicarbazone	3608-75-1	180.235	---	---	508.15	2	25	1.3174	2	---	---	---	---	---
10850	C7H8O	anisole	100-66-3	108.140	235.65	1	426.73	1	25	0.9900	1	25	1.5143	1	liquid	1
10851	C7H8O	benzyl alcohol	100-51-6	108.140	257.85	1	477.85	1	25	1.0410	1	25	1.5384	1	liquid	1
10852	C7H8O	m-cresol	108-39-4	108.140	285.39	1	475.43	1	25	1.0300	1	25	1.5396	1	liquid	1
10853	C7H8O	o-cresol	95-48-7	108.140	304.19	1	464.15	1	25	1.0300	1	25	1.5442	1	solid	1
10854	C7H8O	p-cresol	106-44-5	108.140	307.93	1	475.13	1	40	1.0185	1	25	1.5391	1	solid	1
10855	C7H8O	cresol mixture	1319-77-3	108.140	296.35	1	470.15	1	25	1.0340	1	---	---	---	liquid	1
10856	C7H8OS	3-methoxybenzenethiol	15570-12-4	140.206	---	---	497.65	1	25	1.1281	2	20	1.5874	1	---	---
10857	C7H8OS	4-methoxybenzenethiol	696-63-9	140.206	---	---	501.15	1	25	1.1313	1	25	1.5801	1	---	---
10858	C7H8OS	(methylsulfinyl)benzene	1193-82-4	140.206	305.15	1	536.65	1	25	1.1281	2	20	1.5885	1	solid	1
10859	C7H8OS	1-(5-methyl-2-thienyl)ethanone	13679-74-8	140.206	300.65	1	505.65	1	25	1.1185	1	---	1.5604	1	solid	1
10860	C7H8OS	2-acetyl-3-methylthiophene	13679-72-6	140.206	---	---	479.82	2	25	1.1240	1	---	1.5620	1	---	---
10861	C7H8OS	4,5-dimethylthiophene-2-carboxaldehyde	---	140.206	---	---	479.82	2	25	1.1281	2	---	1.5790	1	---	---
10862	C7H8OS	5-ethyl-2-thiophenecarboxaldehyde	36880-33-8	140.206	338.15	1	338.15	1	25	1.1200	1	---	1.5700	1	solid	1
10863	C7H8OS	2-methoxythiophenol	7217-59-6	140.206	---	---	499.65	1	25	1.1520	1	---	1.5910	1	---	---
10864	C7H8OS	1-(2-thienyl)-1-propanone	13679-75-9	140.206	---	---	479.82	2	25	1.1230	1	---	1.5530	1	---	---
10865	C7H8OS	4-(methylthio)phenol	1073-72-9	140.206	---	---	479.82	2	25	1.1281	2	---	---	---	---	---
10866	C7H8O2	guaiacol	90-05-1	124.139	304.65	1	478.15	1	21	1.1287	1	25	1.5411	1	solid	1
10867	C7H8O2	p-methoxyphenol	150-76-5	124.139	328.65	1	517.85	1	36	1.1083	2	---	---	---	solid	1
10868	C7H8O2	1,2-dihydroxy-3-methylbenzene	488-17-5	124.139	341.15	1	521.15	1	36	1.1083	2	---	---	---	solid	1
10869	C7H8O2	1,2-dihydroxy-4-methylbenzene	452-86-8	124.139	338.15	1	531.15	1	74	1.1287	1	74	1.5425	1	solid	1
10870	C7H8O2	1,3-dihydroxy-2-methylbenzene	608-25-3	124.139	393.15	1	538.15	1	36	1.1083	2	---	---	---	solid	1
10871	C7H8O2	1,3-dihydroxy-4-methylbenzene	496-73-1	124.139	378.15	1	543.15	1	36	1.1083	2	---	---	---	solid	1
10872	C7H8O2	1,3-dihydroxy-5-methylbenzene	504-15-4	124.139	380.15	1	560.15	1	4	1.2900	1	---	---	---	solid	1
10873	C7H8O2	1,4-dihydroxy-2-methylbenzene	95-71-6	124.139	398.15	1	556.15	1	36	1.1083	2	---	---	---	solid	1
10874	C7H8O2	2,6-dimethyl-4H-pyran-4-one	1004-36-0	124.139	405.15	1	524.15	1	137	0.9953	1	---	---	---	solid	1
10875	C7H8O2	4,6-dimethyl-2H-pyran-2-one	675-09-2	124.139	324.65	1	518.15	1	36	1.1083	2	---	---	---	solid	1
10876	C7H8O2	1-(2-furanyl)-1-propanone	3194-15-8	124.139	301.15	1	525.95	2	28	1.0626	1	25	1.4922	1	solid	1
10877	C7H8O2	1-(2-furanyl)-2-propanone	6975-60-6	124.139	302.15	1	452.65	1	20	1.1040	1	20	1.5035	1	solid	1
10878	C7H8O2	2-hydroxybenzenemethanol	90-01-7	124.139	360.15	1	525.95	2	25	1.1613	1	---	---	---	solid	1
10879	C7H8O2	3-hydroxybenzenemethanol	620-24-6	124.139	346.15	1	573.15	dec	25	1.1610	1	---	---	---	solid	1
10880	C7H8O2	4-hydroxybenzenemethanol	623-05-2	124.139	397.65	1	525.15	1	36	1.1083	2	---	---	---	solid	1

Table 1 Physical Properties - Organic Compounds

				Mol Wt	Freezing Point		Boiling Point		Density			Refractive Index			State	
NO	FORMULA	NAME	CAS No	g/mol	T_F, K	code	T_B, K	code	T, C	g/cm3	code	T, C	n_D	code	@25C,1 atm	code
10881	C7H8O2	3-methoxyphenol	150-19-6	124.139	---	---	525.95	2	25	1.1310	1	20	1.5510	1	---	---
10882	C7H8O2	2-acetyl-5-methylfuran	1193-79-9	124.139	---	---	525.95	2	25	1.0660	1	---	1.5130	1	---	---
10883	C7H8O2	4,5-dimethyl-2-furaldehyde	52480-43-0	124.139	---	---	525.95	2	25	1.0160	1	---	1.5290	1	---	---
10884	C7H8O2	5-ethyl-2-furaldehyde	23074-10-4	124.139	---	---	525.95	2	25	1.0550	1	---	1.5220	1	---	---
10885	C7H8O2	(1S,5R)-(-)-cis-2-oxabicyclo[3.3.0]oct-6-en-	43119-28-4	124.139	319.65	1	525.95	2	36	1.1083	2	---	---	---	solid	1
10886	C7H8O2	(1R,5S)-(+)-cis-2-oxabicyclo[3.3.0]oct-6-en	54483-22-6	124.139	319.65	1	525.95	2	36	1.1083	2	---	---	---	solid	1
10887	C7H8O2S	ethyl thiophene-2-carboxylate	2810-04-0	156.205	---	---	491.15	1	16	1.1623	1	20	1.5248	1	---	---
10888	C7H8O2S	2-methylbenzenesulfinic acid	13165-77-0	156.205	353.15	1	497.15	2	22	1.1758	2	---	---	---	solid	1
10889	C7H8O2S	4-methylbenzenesulfinic acid	536-57-2	156.205	359.65	1	497.15	2	22	1.1758	2	---	---	---	solid	1
10890	C7H8O2S	methyl phenyl sulfone	3112-85-4	156.205	361.15	1	497.15	2	22	1.1758	2	---	---	---	solid	1
10891	C7H8O2S	S-furfuryl thioacetate	13678-68-7	156.205	---	---	497.15	2	25	1.1710	1	---	1.5260	1	---	---
10892	C7H8O2S	methyl benzenesulfinate	670-98-4	156.205	---	---	497.15	2	25	1.1940	1	---	1.5460	1	---	---
10893	C7H8O2S	2-methylfuran-3-thiolacetate	55764-25-5	156.205	---	---	503.15	1	22	1.1758	2	---	---	---	---	---
10894	C7H8O2S	3-(2-thienyl)propanoic acid	5928-51-8	156.205	320.15	1	497.15	2	22	1.1758	2	---	---	---	solid	1
10895	C7H8O3	ethyl 2-furancarboxylate	614-99-3	140.139	307.65	1	469.95	1	21	1.1174	1	21	1.4797	1	solid	1
10896	C7H8O3	2-furanmethanol acetate	623-17-6	140.139	---	---	452.15	1	20	1.1175	1	20	1.4327	1	---	---
10897	C7H8O3	2-furanpropanoic acid	935-13-7	140.139	331.15	1	502.15	1	22	1.1022	2	---	---	---	solid	1
10898	C7H8O3	2-(hydroxymethyl)-1,4-benzenediol	495-08-9	140.139	373.15	1	474.75	2	22	1.1022	2	---	---	---	solid	1
10899	C7H8O3	3-methoxy-1,2-benzenediol	934-00-9	140.139	315.95	1	474.75	2	22	1.1022	2	---	---	---	solid	1
10900	C7H8O3	5-methoxy-1,3-benzenediol	2174-64-3	140.139	353.45	1	474.75	2	22	1.1022	2	---	---	---	solid	1
10901	C7H8O3	5-methyl-1,2,3-benzenetriol	609-25-6	140.139	402.15	1	474.75	2	22	1.1022	2	---	---	---	solid	1
10902	C7H8O3	methyl 2-furanacetate	4915-22-4	140.139	---	---	474.75	2	20	1.1250	1	25	1.4638	1	---	---
10903	C7H8O3	3,5-dihydroxybenzyl alcohol	29654-55-5	140.139	457.15	1	474.75	2	22	1.1022	2	---	---	---	solid	1
10904	C7H8O3	ethyl 3-furoate	614-98-2	140.139	---	---	474.75	2	25	1.0380	1	---	1.4600	1	---	---
10905	C7H8O3	2-methoxyhydroquinone	824-46-4	140.139	361.65	1	474.75	2	22	1.1022	2	---	---	---	solid	1
10906	C7H8O3	3-methylfuroic acid, methyl ester	6141-57-7	140.139	308.15	1	474.75	2	22	1.1022	2	---	---	---	solid	1
10907	C7H8O3	methyl 2-methyl-3-furancarboxylate	6141-58-8	140.139	---	---	474.75	2	25	1.1130	1	---	1.4730	1	---	---
10908	C7H8O3	2-furancarboxylic acid, 5-methyl-, methyl e	2527-96-0	140.139	---	---	474.75	2	22	1.1022	2	---	---	---	---	---
10909	C7H8O3	2-methoxyresorcinol	29267-67-2	140.139	---	---	474.75	2	22	1.1022	2	---	---	---	---	---
10910	C7H8O3	allylsuccinic anhydride	7539-12-0	140.139	---	---	474.75	2	22	1.1022	2	---	---	---	---	---
10911	C7H8O3	ethyl maltol	4940-11-8	140.139	363.15	1	474.75	2	22	1.1022	2	---	---	---	solid	1
10912	C7H8O3	sarkomycin	11031-48-4	140.139	---	---	474.75	2	22	1.1022	2	---	---	---	---	---
10913	C7H8O3S	methyl benzenesulfonate	80-18-2	172.205	277.65	1	552.15	2	17	1.2730	1	20	1.5151	1	liquid	2
10914	C7H8O3S	2-methylbenzenesulfonic acid	88-20-0	172.205	340.65	1	552.15	2	25	1.2600	2	---	---	---	solid	1
10915	C7H8O3S	p-toluenesulfonic acid	104-15-4	172.205	377.65	1	552.15	2	25	1.2600	2	---	---	---	solid	1
10916	C7H8O3S	4-methylsulphonylphenol	14763-60-1	172.205	365.65	1	552.15	2	25	1.2600	2	---	---	---	solid	1
10917	C7H8O3S	phenyl methanesulfonate	16156-59-5	172.205	332.65	1	552.15	1	25	1.2600	2	---	---	---	solid	1
10918	C7H8S	o-methylthiophenol	137-06-4	124.207	288.15	1	467.35	1	25	1.0370	1	25	1.5680	1	liquid	1
10919	C7H8S	m-methylthiophenol	108-40-7	124.207	253.15	1	468.25	1	25	1.0400	1	25	1.5690	1	liquid	1
10920	C7H8S	p-methylthiophenol	106-45-6	124.207	317.15	1	468.05	1	51	1.0220	1	---	---	---	solid	1
10921	C7H8S	methyl phenyl sulfide	100-68-5	124.207	116.90	2	466.15	1	25	1.0535	1	25	1.5840	1	liquid	1
10922	C7H8S	benzenemethanethiol	100-53-8	124.207	243.95	1	468.15	1	20	1.0580	1	20	1.5151	1	liquid	1
10923	C7H8S2	4-methyl-1,2-benzenedithiol	496-74-2	156.273	302.15	1	---	---	25	1.1543	2	---	---	---	solid	1
10924	C7H8S2	methyl phenyl disulfide	14173-25-2	156.273	---	---	---	---	25	1.1500	1	---	1.6180	1	---	---
10925	C7H8S3	4,5-tetramethylene-1,2-dithiol-3-thione	14085-34-8	188.339	---	---	---	---	25	1.2477	2	---	---	---	---	---
10926	C7H8S3	4,5-tetramethylene-1,3-dithiol-2-thione	698-42-0	188.339	---	---	---	---	25	1.2477	2	---	---	---	---	---
10927	C7H8S3	3,4,5-trithiatricyclo(5.2.1.02,6)decane	23657-27-4	188.339	---	---	---	---	25	1.2477	2	---	---	---	---	---
10928	C7H9AsN2O4	[4-[(aminocarbonyl)amino]phenyl]arsonic a	121-59-5	260.082	447.15	1	---	---	---	---	---	---	---	---	solid	1
10929	C7H9AsO2	hydroxymethylphenylarsine oxide	13911-65-4	200.069	449.15	1	---	---	---	---	---	---	---	---	solid	1
10930	C7H9BO2	(2-methylphenyl)boronic acid	16419-60-6	135.958	439.65	1	---	---	---	---	---	---	---	---	solid	1
10931	C7H9BO2	3-tolylboronic acid	17933-03-8	135.958	434.15	1	---	---	---	---	---	---	---	---	solid	1
10932	C7H9BO2	4-tolylboronic acid	5720-05-8	135.958	532.65	1	---	---	---	---	---	---	---	---	solid	1
10933	C7H9BO2S	3-(methylthio)phenylboronic acid	128312-11-8	168.024	---	---	---	---	---	---	---	---	---	---	---	---
10934	C7H9BO2S	4-(methylthio)phenylboronic acid	98546-51-1	168.024	485.15	1	---	---	---	---	---	---	---	---	solid	1
10935	C7H9BO3	3-methoxyphenylboronic acid	10365-98-7	151.958	433.15	1	---	---	---	---	---	---	---	---	solid	1
10936	C7H9BO3	2-methoxyphenylboronic acid	5720-06-9	151.958	380.65	1	---	---	---	---	---	---	---	---	solid	1
10937	C7H9BO3	4-methoxyphenylboronic acid	5720-07-0	151.958	478.65	1	---	---	---	---	---	---	---	---	solid	1
10938	C7H9BO4S	4-(methanesulfonyl)phenylboronic acid	149104-88-1	200.023	473.15	1	---	---	---	---	---	---	---	---	solid	1
10939	C7H9Br	nortricyclyl bromide	695-02-3	173.052	---	---	350.15	1	25	1.3455	2	---	---	---	---	---
10940	C7H9Cl	5-chloro-5-methyl-1-hexen-3-yne	819-44-3	128.601	---	---	413.41	2	15	0.9375	1	20	1.4778	1	---	---
10941	C7H9ClIN3O3	a-(chloromethyl)-5-iodo-2-methyl-4-nitroimi	16781-80-9	345.525	---	---	---	---	25	1.8769	2	---	---	---	---	---
10942	C7H9ClN2	2-chloro-5-methyl-1,4-phenylenediamine	5307-03-9	156.615	---	---	---	---	25	1.1648	2	---	---	---	---	---
10943	C7H9ClN2O	2-pyridinealdoxime methochloride	51-15-0	172.614	493.15	1	---	---	25	1.2324	2	---	---	---	solid	1
10944	C7H9ClN2OS	5-chloro-4-methyl-2-propionamidothiazole	13915-79-2	204.680	---	---	---	---	25	1.3152	2	---	---	---	---	---
10945	C7H9ClO	4,4-dimethyl-2-pentynoyl chloride	52324-03-5	144.600	---	---	409.90	2	20	0.9743	1	20	1.4443	1	---	---
10946	C7H9ClO	3-chloro-2-norbornanone	30860-22-1	144.600	---	---	373.15	1	25	1.2010	1	---	1.4990	1	---	---
10947	C7H9ClO	ethchlorvynol	113-18-8	144.600	298.15	1	446.65	1	25	1.0675	1	---	1.4740	1	---	---
10948	C7H9ClSi	chloromethylphenylsilane	1631-82-9	156.686	---	---	---	---	20	1.0430	1	20	1.5171	1	---	---
10949	C7H9F3N2O4	N-trifluoroacetyl-L-glutamine	---	242.156	421.15	1	---	---	25	1.4297	2	---	---	---	solid	1
10950	C7H9F3O2	g-methyl-a-(trifluoromethyl)-g-valerolacton	164929-15-1	182.143	---	---	489.15	1	25	1.2500	1	---	1.3890	1	---	---
10951	C7H9F3O2	1,1,1-trifluoro-5-methyl-2,4-hexanedione	30984-28-2	182.143	---	---	489.15	2	25	1.2171	2	---	---	---	---	---
10952	C7H9IN2O	2-pyridine aldoxime methiodide	94-63-3	264.066	---	---	---	---	25	1.7439	2	---	---	---	---	---
10953	C7H9N	benzylamine	100-46-9	107.155	227.15	1	457.65	1	25	0.9810	1	20	1.5424	1	liquid	1
10954	C7H9N	N-methylaniline	100-61-8	107.155	216.15	1	469.02	1	25	0.9820	1	20	1.5700	1	liquid	1
10955	C7H9N	m-toluidine	108-44-1	107.155	241.90	1	476.52	1	25	0.9850	1	25	1.5657	1	liquid	1
10956	C7H9N	o-toluidine	95-53-4	107.155	256.80	1	473.49	1	25	0.9940	1	25	1.5699	1	liquid	1
10957	C7H9N	p-toluidine	106-49-0	107.155	316.90	1	473.57	1	20	0.9619	1	25	1.5540	1	solid	1
10958	C7H9N	2,3-dimethylpyridine	583-61-9	107.155	257.95	1	434.35	1	25	0.9422	1	20	1.5057	1	liquid	1
10959	C7H9N	2,4-dimethylpyridine	108-47-4	107.155	209.25	1	431.55	1	25	0.9275	1	25	1.4989	1	liquid	1
10960	C7H9N	2,5-dimethylpyridine	589-93-5	107.155	257.65	1	430.15	1	25	0.9248	1	25	1.5001	1	liquid	1

Table 1 Physical Properties - Organic Compounds

				Mol Wt	Freezing Point		Boiling Point		Density			Refractive Index			State	
NO	FORMULA	NAME	CAS No	g/mol	T_F, K	code	T_B, K	code	T, C	g/cm3	code	T, C	n_D	code	@25C,1 atm	code
10961	C7H9N	2,6-dimethylpyridine	108-48-5	107.155	267.00	1	417.20	1	25	0.9180	1	20	1.4976	1	liquid	1
10962	C7H9N	3,4-dimethylpyridine	583-58-4	107.155	262.15	1	452.25	1	25	0.9540	1	20	1.5096	1	liquid	1
10963	C7H9N	3,5-dimethylpyridine	591-22-0	107.155	266.65	1	445.05	1	25	0.9378	1	25	1.5023	1	liquid	1
10964	C7H9N	2-ethylpyridine	100-71-0	107.155	210.05	1	422.55	1	25	0.9281	1	20	1.4964	1	liquid	1
10965	C7H9N	3-ethylpyridine	536-78-7	107.155	196.25	1	440.15	1	25	0.9370	1	25	1.4994	1	liquid	1
10966	C7H9N	4-ethylpyridine	536-75-4	107.155	182.65	1	442.35	1	25	0.9368	1	20	1.5009	1	liquid	1
10967	C7H9N	3-cyclohexene-1-carbonitrile	100-45-8	107.155	---	---	447.56	2	24	0.9500	2	20	1.4716	1	---	---
10968	C7H9N	1-cyclohexenecarbonitrile	1855-63-6	107.155	---	---	447.56	2	24	0.9500	2	---	---	---	---	---
10969	C7H9N	1-cyclopentene-1-acetonitrile	22734-04-9	107.155	---	---	447.56	2	21	0.9394	1	20	1.4670	1	---	---
10970	C7H9N	tetrahydrobenzaldehyde	1321-16-0	107.155	---	---	447.56	2	24	0.9500	2	---	---	---	---	---
10971	C7H9NO	2-aminobenzenemethanol	5344-90-1	123.155	356.65	1	546.15	1	27	1.0723	2	---	---	---	solid	1
10972	C7H9NO	2-amino-3-methylphenol	2835-97-4	123.155	423.15	1	480.51	2	27	1.0723	2	---	---	---	solid	1
10973	C7H9NO	2-amino-4-methylphenol	95-84-1	123.155	409.15	1	480.51	2	27	1.0723	2	---	---	---	solid	1
10974	C7H9NO	3-amino-4-methylphenol	2836-00-2	123.155	430.95	1	480.51	2	27	1.0723	2	---	---	---	solid	1
10975	C7H9NO	3-amino-5-methylphenol	76619-89-1	123.155	412.15	1	518.15	1	27	1.0723	2	---	---	---	solid	1
10976	C7H9NO	4-amino-2-methylphenol	2835-96-3	123.155	449.65	1	480.51	2	27	1.0723	2	---	---	---	solid	1
10977	C7H9NO	2,6-dimethylpyridine-1-oxide	1073-23-0	123.155	308.15	1	480.51	2	25	1.0730	1	20	1.5706	1	solid	1
10978	C7H9NO	N-hydroxy-4-methylaniline	623-10-9	123.155	369.15	1	390.15	dec	27	1.0723	2	---	---	---	solid	1
10979	C7H9NO	2-methoxyaniline	90-04-0	123.155	279.35	1	497.15	1	20	1.0923	1	10	1.5715	1	liquid	1
10980	C7H9NO	3-methoxyaniline	536-90-3	123.155	272.15	1	524.15	1	20	1.0960	1	20	1.5794	1	liquid	1
10981	C7H9NO	4-methoxyaniline	104-94-9	123.155	330.35	1	516.15	1	57	1.0710	1	60	1.5559	1	solid	1
10982	C7H9NO	1-(1-methyl-1H-pyrrol-2-yl)ethanone	932-16-1	123.155	---	---	480.51	2	15	1.0445	1	15	1.5403	1	---	---
10983	C7H9NO	2-pyridineethanol	103-74-2	123.155	265.35	1	480.51	2	25	1.0910	1	20	1.5366	1	liquid	2
10984	C7H9NO	3-acetyl-1-methylpyrrole	932-62-7	123.155	---	---	480.51	2	25	1.0380	1	---	1.5380	1	---	---
10985	C7H9NO	3-aminobenzyl alcohol	1877-77-6	123.155	366.65	1	480.51	2	27	1.0723	2	---	---	---	solid	1
10986	C7H9NO	4-aminobenzyl alcohol	623-04-1	123.155	334.65	1	480.51	2	27	1.0723	2	---	---	---	solid	1
10987	C7H9NO	6-amino-m-cresol	2835-98-5	123.155	433.65	1	480.51	2	27	1.0723	2	---	---	---	solid	1
10988	C7H9NO	4-amino-m-cresol	2835-99-6	123.155	451.15	1	480.51	2	27	1.0723	2	---	---	---	solid	1
10989	C7H9NO	5-amino-o-cresol	2935-95-2	123.155	---	---	480.51	2	27	1.0723	2	---	---	---	---	---
10990	C7H9NO	3-amino-o-cresol	53222-92-7	123.155	403.15	1	480.51	2	27	1.0723	2	---	---	---	solid	1
10991	C7H9NO	2-methylaminophenol	611-24-5	123.155	359.65	1	480.51	2	27	1.0723	2	---	---	---	solid	1
10992	C7H9NO	6-methyl-2-pyridinemethanol	1122-71-0	123.155	306.15	1	480.51	2	27	1.0723	2	---	---	---	solid	1
10993	C7H9NO	4-amino-2-hydroxytoluene	2835-95-2	123.155	434.15	1	480.51	2	27	1.0723	2	---	---	---	solid	1
10994	C7H9NO	3,4-epoxycyclohexane-carbonitrile	141-40-2	123.155	---	---	480.51	2	27	1.0723	2	---	---	---	---	---
10995	C7H9NO	2-propionylpyrrole	1073-26-3	123.155	---	---	480.51	2	27	1.0723	2	---	---	---	---	---
10996	C7H9NO	4-pyridineethanol	5344-27-4	123.155	---	---	480.51	2	27	1.0723	2	---	---	---	---	---
10997	C7H9NO	o-tolylhydroxylamine	611-22-3	123.155	317.15	1	371.65	1	27	1.0723	2	---	---	---	solid	1
10998	C7H9NOS	1-(2,4-dimethylthiazol-5-yl)ethan-1-one	38205-60-6	155.221	---	---	502.15	1	25	1.1500	1	---	---	---	---	---
10999	C7H9NO2	ammonium benzoate	1863-63-4	139.154	467.65	1	---	---	25	1.1200	2	---	---	---	solid	1
11000	C7H9NO2	2,6-dimethoxypyridine	6231-18-1	139.154	---	---	452.15	1	25	1.0530	1	20	1.5029	1	---	---
11001	C7H9NO2	5-amino-2-methoxyphenol	1687-53-2	139.154	403.65	1	452.15	2	25	1.1200	2	---	---	---	solid	1
11002	C7H9NO2	1,2-dimethyl-3-hydroxy-4-pyridone	30652-11-0	139.154	545.15	1	---	---	25	1.1200	2	---	---	---	solid	1
11003	C7H9NO2	2,6-lutidine-alpha2,3-diol	42097-42-7	139.154	431.15	1	452.15	2	25	1.1200	2	---	---	---	solid	1
11004	C7H9NO2	2,6-pyridinedimethanol	1195-59-1	139.154	386.65	1	452.15	2	25	1.1200	2	---	---	---	solid	1
11005	C7H9NO2	6-azaspiro(3,4)octane-5,7-dione	1497-16-1	139.154	---	---	452.15	2	25	1.1200	2	---	---	---	---	---
11006	C7H9NO2	N-ethyl-2-methylmaleimide	31217-72-8	139.154	---	---	452.15	2	25	1.1200	2	---	---	---	---	---
11007	C7H9NO2	4-(1-hydroxyethyl)pyridine-N-oxide	---	139.154	---	---	452.15	2	25	1.1200	2	---	---	---	---	---
11008	C7H9NO2S	N-phenylmethanesulfonamide	1197-22-4	171.220	368.15	1	453.23	2	25	1.2247	2	---	---	---	solid	1
11009	C7H9NO2S	p-toluenesulfonamide	70-55-3	171.220	---	---	494.15	1	25	1.2247	2	---	---	---	---	---
11010	C7H9NO2S	o-toluenesulfonamide	88-19-7	171.220	430.15	1	487.15	1	25	1.2247	2	---	---	---	solid	1
11011	C7H9NO2S	2-thienylalanine	139-86-6	171.220	---	---	378.40	1	25	1.2247	2	---	---	---	---	---
11012	C7H9NO2S2	2,3-dihydro-2-thioxo-4-thiazoleacetic acide	38449-49-9	203.286	413.15	1	---	---	25	1.3084	2	---	---	---	solid	1
11013	C7H9NO3	ammonium salicylate	528-94-9	155.154	---	---	---	---	25	1.1948	2	---	---	---	---	---
11014	C7H9NO3	5-methyl-3-allyl-2,4-oxazolidinedione	526-35-2	155.154	---	---	---	---	25	1.1948	2	25	1.4688	1	---	---
11015	C7H9NO3	3-[(E)-2-butenoyl]-1,3-oxazolidin-2-one	109299-92-5	155.154	312.15	1	---	---	25	1.1948	2	---	---	---	solid	1
11016	C7H9NO3	2-isocyanatoethyl methacrylate	30674-80-7	155.154	228.25	1	---	---	25	1.0980	1	---	1.4500	1	---	---
11017	C7H9NO3S	5-amino-2-methylbenzenesulfonic acid	118-88-7	187.220	473.15	1	773.15	1	25	1.2874	2	---	---	---	solid	1
11018	C7H9NO3S	6-amino-m-toluenesulfonic acid	88-44-8	187.220	>573.15	1	773.15	2	25	1.2874	2	---	---	---	solid	1
11019	C7H9NO3S	2-amino-p-toluenesulfonic acid	88-62-0	187.220	---	---	773.15	2	25	1.2874	2	---	---	---	---	---
11020	C7H9NO3S	4-amino-o-toluenesulfonic acid	133-78-8	187.220	---	---	773.15	2	25	1.2874	2	---	---	---	---	---
11021	C7H9NO3S	o-4-toluene sulfonyl hydroxylamine	52913-14-1	187.220	---	---	773.15	2	25	1.2874	2	---	---	---	---	---
11022	C7H9NO4S	2-amino-5-methoxybenzenesulfonic acid	---	203.219	---	---	---	---	25	1.3455	2	---	---	---	---	---
11023	C7H9NO4S	3-amino-4-methoxybenzenesulfonic acid	98-42-0	203.219	---	---	---	---	25	1.3455	2	---	---	---	---	---
11024	C7H9NO4S	4-aminoanisole-3-sulfonic acid	13244-33-2	203.219	---	---	---	---	25	1.3455	2	---	---	---	---	---
11025	C7H9NS	2-(methylthio)aniline	2987-53-3	139.221	---	---	507.15	1	25	1.1110	1	20	1.6239	1	---	---
11026	C7H9NS	p-(methylthio)aniline	104-96-1	139.221	---	---	545.65	1	20	1.1379	1	20	1.6395	1	---	---
11027	C7H9NS	3-(methylthio)aniline	1783-81-9	139.221	---	---	526.40	2	25	1.1300	1	---	1.6370	1	---	---
11028	C7H9N3	4-aminobenzamidine	3858-83-1	135.169	---	---	---	---	25	1.1124	2	---	---	---	---	---
11029	C7H9N3	3-methyl-1-phenyltriazene	16033-21-9	135.169	---	---	---	---	25	1.1124	2	---	---	---	---	---
11030	C7H9N3O	2-phenylhydrazinecarboxamide	103-03-7	151.169	445.15	1	---	---	25	1.1892	2	---	---	---	solid	1
11031	C7H9N3O	N-phenylhydrazinecarboxamide	537-47-3	151.169	401.15	1	---	---	25	1.1892	2	---	---	---	solid	1
11032	C7H9N3O	(2-aminobenzoyl)hydrazide	1904-58-1	151.169	393.65	1	---	---	25	1.1892	2	---	---	---	solid	1
11033	C7H9N3O	(4-aminobenzoyl)hydrazide	5351-17-7	151.169	499.15	1	---	---	25	1.1892	2	---	---	---	solid	1
11034	C7H9N3O	3-hydroxy-3-methyl-1-phenyltriazene	5756-69-4	151.169	342.15	1	---	---	25	1.1892	2	---	---	---	solid	1
11035	C7H9N3O2	4-amino-2-hydroxybenzohydrazide	6946-29-8	167.168	468.15	1	---	---	25	1.2594	2	---	---	---	solid	1
11036	C7H9N3O2	2-methyl-5-nitro-1,4-benzenediamine	25917-89-9	167.168	---	---	---	---	25	1.2594	2	---	---	---	---	---
11037	C7H9N3O2	2-methyl-6-nitro-1,4-benzenediamine	155379-82-1	167.168	---	---	---	---	25	1.2594	2	---	---	---	---	---
11038	C7H9N3O2S2	sulfathiourea	515-49-1	231.300	455.15	1	---	---	25	1.4115	2	---	---	---	solid	1
11039	C7H9N3O3	2-methoxy-5-nitro-1,4-benzenediamine	25917-90-2	183.168	---	---	---	---	25	1.3239	2	---	---	---	---	---
11040	C7H9N3O3S	sulfanilylurea	547-44-4	215.234	420.15	dec	---	---	25	1.3984	2	---	---	---	solid	1

Table 1 Physical Properties - Organic Compounds

				Mol Wt	Freezing Point		Boiling Point		Density			Refractive Index			State	
NO	FORMULA	NAME	CAS No	g/mol	T_F, K	code	T_B, K	code	T, C	g/cm3	code	T, C	n_D	code	@25C,1 atm	code
11041	C7H9N3O3S	ethyl 2-(2-aminothiazol-4-yl)-2-hydroxyimir	64485-82-1	215.234	462.65	1	---	---	25	1.3984	2	---	---	---	solid	1
11042	C7H9N3S	4-phenyl-3-thiosemicarbazide	5351-69-9	167.235	412.65	1	---	---	25	1.2201	2	---	---	---	solid	1
11043	C7H9N3S	1-phenylthiosemicarbazide	645-48-7	167.235	473.65	dec	---	---	25	1.2201	2	---	---	---	solid	1
11044	C7H9N5	2-dimethylaminopurine	938-55-6	163.183	536.15	1	---	---	25	1.2552	2	---	---	---	solid	1
11045	C7H9N5	6-methyl-8-methylamino-S-triazolo(4,3-b)p	---	163.183	---	---	---	---	25	1.2552	2	---	---	---	---	---
11046	C7H9P	methylphenylphosphine	6372-48-1	124.122	---	---	---	---	25	0.9730	1	---	1.5700	1	---	---
11047	C7H10	2-norbornene	498-66-8	94.156	319.40	1	368.65	1	22	0.8000	2	---	---	---	solid	1
11048	C7H10	1,3-cycloheptadiene	4054-38-0	94.156	162.75	1	393.65	1	25	0.8680	1	20	1.4978	1	liquid	1
11049	C7H10	1-hepten-3-yne	2384-73-8	94.156	---	---	383.15	1	20	0.7603	1	25	1.4520	1	---	---
11050	C7H10	3-ethyl-3-penten-1-yne	14272-54-9	94.156	---	---	369.65	1	25	0.7886	1	25	1.4338	1	---	---
11051	C7H10	1,3,5-heptatriene	2196-23-8	94.156	296.15	1	386.65	1	20	0.7640	1	---	1.5079	1	liquid	1
11052	C7H10	2-methyl-1,3-cyclohexadiene	1489-57-2	94.156	---	---	380.65	1	18	0.8260	1	18	1.4662	1	---	---
11053	C7H10	5-methyl-1,3-cyclohexadiene, (±)	116781-86-3	94.156	---	---	374.65	1	20	0.8354	1	20	1.4763	1	---	---
11054	C7H10	bicyclo(4.1.0)hept-3-ene	16554-83-9	94.156	298.15	1	398.15	1	22	0.8000	2	---	---	---	---	---
11055	C7H10	1-methylcyclohexa-1,4-diene	4313-57-9	94.156	201.45	1	388.65	1	22	0.8000	2	---	---	---	liquid	1
11056	C7H10	2-methyl-1-hexen-3-yne	23056-94-2	94.156	---	---	389.65	1	25	0.7580	1	---	1.4500	1	---	---
11057	C7H10	1-methyl-1,3-cyclohexadiene	1489-56-1	94.156	---	---	371.20	1	22	0.8000	2	---	---	---	---	---
11058	C7H10	tricyclo[4.1.0.02,4]-heptane	187-26-8	94.156	---	---	382.25	2	22	0.8000	2	---	---	---	---	---
11059	C7H10	tricyclo[4.1.0.02,7]heptane	287-13-8	94.156	---	---	382.25	2	22	0.8000	2	---	---	---	---	---
11060	C7H10BrN	1-ethylpyridinium bromide	1906-79-2	188.067	392.15	1	---	---	25	1.3691	2	---	---	---	solid	1
11061	C7H10Br2	dibromobicycloheptane (mixed isomers)	26637-71-8	253.964	---	---	---	---	25	1.6603	2	---	---	---	---	---
11062	C7H10Br2O4	diethyl dibromomalonate	631-22-1	317.962	---	---	---	---	25	1.6800	1	---	1.4840	1	---	---
11063	C7H10ClHgN2O3	1-(3-chloromercuri-2-methoxy)propylhydan	3367-32-6	406.211	---	---	---	---	---	---	---	---	---	---	---	---
11064	C7H10ClN	N-methylaniline hydrochloride	2739-12-0	143.616	395.85	1	523.15	2	131	1.0660	1	---	---	---	solid	1
11065	C7H10ClN	o-methylaniline, hydrochloride	636-21-5	143.616	488.15	1	523.15	2	25	1.0661	2	---	---	---	solid	1
11066	C7H10ClN	m-toluidine hydrochloride	638-03-9	143.616	501.05	1	523.15	1	25	1.0661	2	---	---	---	solid	1
11067	C7H10ClNO	chlorohexyl isocyanate	13654-91-6	159.615	---	---	---	---	25	1.1375	2	---	---	---	---	---
11068	C7H10ClN3	crimidine	535-89-7	171.630	360.15	1	---	---	25	1.1985	2	---	---	---	solid	1
11069	C7H10ClN3O3	ornidazole	16773-42-5	219.628	351.15	1	---	---	25	1.3722	2	---	---	---	solid	1
11070	C7H10Cl2N2OPt	dichloro(4-methoxy-O-phenylenediammine	72595-97-2	404.153	---	---	480.15	1	---	---	---	---	---	---	---	---
11071	C7H10Cl2N2Pt	dichloro(4-methyl-o-phenylenediammine)pl	57948-13-7	388.153	---	---	---	---	---	---	---	---	---	---	---	---
11072	C7H10Cl2O2	diethylmalonyl dichloride	54505-72-5	197.060	---	---	471.15	1	25	1.1450	1	---	1.4590	1	---	---
11073	C7H10Cl2O2	3-methyladipoyl chloride	44987-62-4	197.060	---	---	471.15	2	25	1.2170	1	---	1.4720	1	---	---
11074	C7H10Cl2O2	pimeloyl chloride	142-79-0	197.060	---	---	471.15	2	25	1.2050	1	---	1.4690	1	---	---
11075	C7H10Cl2O3	2-acetoxy-3,3-dichlorotetrahydropyran	141942-54-3	213.060	---	---	---	---	25	1.2952	2	---	1.4741	1	---	---
11076	C7H10Cl2O4	1,1-diacetoxy-2,3-dichloropropane	10140-75-7	229.059	---	---	---	---	25	1.3465	2	---	---	---	---	---
11077	C7H10FN3O2	a-monofluoromethylhistidine	70050-43-0	187.175	---	---	344.65	1	25	1.2722	2	---	---	---	---	---
11078	C7H10NO3P	(1-amino-1-phenylmethyl)phosphonic acid	18108-22-0	187.136	554.65	1	---	---	---	---	---	---	---	---	solid	1
11079	C7H10N2	m-toluenediamine	95-80-7	122.170	371.25	1	557.15	1	22	1.0289	2	---	---	---	solid	1
11080	C7H10N2	2-methyl-1,3-benzenediamine	823-40-5	122.170	376.65	1	557.00	2	22	1.0289	2	---	---	---	solid	1
11081	C7H10N2	2-methyl-1,4-benzenediamine	95-70-5	122.170	337.15	1	546.65	1	22	1.0289	2	---	---	---	solid	1
11082	C7H10N2	3-methyl-1,2-benzenediamine	2687-25-4	122.170	336.65	1	528.15	1	22	1.0289	2	---	---	---	solid	1
11083	C7H10N2	4-methyl-1,2-benzenediamine	496-72-0	122.170	362.65	1	538.15	1	22	1.0289	2	---	---	---	solid	1
11084	C7H10N2	N-methyl-1,4-benzenediamine	623-09-6	122.170	309.15	1	531.15	1	22	1.0289	2	---	---	---	solid	1
11085	C7H10N2	2-aminobenzenemethanamine	4403-69-4	122.170	334.15	1	542.15	1	22	1.0289	2	---	---	---	solid	1
11086	C7H10N2	diallylcyanamide	538-08-9	122.170	---	---	520.61	2	22	1.0289	2	---	---	---	---	---
11087	C7H10N2	2,6-dimethyl-4-pyridinamine	3512-80-9	122.170	465.65	1	519.15	1	22	1.0289	2	---	---	---	solid	1
11088	C7H10N2	N,N-dimethyl-2-pyridinamine	5683-33-0	122.170	455.15	1	469.15	1	14	1.0149	1	20	1.5663	1	solid	1
11089	C7H10N2	heptanedinitrile	646-20-8	122.170	241.75	1	520.61	2	18	0.9490	1	20	1.4472	1	liquid	2
11090	C7H10N2	1-methyl-1-phenylhydrazine	618-40-6	122.170	---	---	501.15	1	20	1.0404	1	20	1.5691	1	---	---
11091	C7H10N2	(3-methylphenyl)hydrazine	536-89-0	122.170	---	---	517.15	dec	20	1.0570	1	---	---	---	---	---
11092	C7H10N2	1-methyl-2-phenylhydrazine	622-36-6	122.170	---	---	504.15	1	20	1.0320	1	20	1.5733	1	---	---
11093	C7H10N2	2-pyridineethanamine	2706-56-1	122.170	---	---	486.15	1	25	1.0220	1	25	1.5335	1	---	---
11094	C7H10N2	4-pyridineethanamine	13258-63-4	122.170	---	---	520.61	2	25	1.0302	1	25	1.5381	1	---	---
11095	C7H10N2	4-aminobenzylamine	4403-71-8	122.170	---	---	520.61	2	25	1.0780	1	---	1.6100	1	---	---
11096	C7H10N2	2-amino-4,6-dimethylpyridine	5407-87-4	122.170	336.65	1	508.15	1	22	1.0289	2	---	---	---	solid	1
11097	C7H10N2	3,5-diaminotoluene	108-71-4	122.170	371.25	1	557.15	1	22	1.0289	2	---	---	---	solid	1
11098	C7H10N2	4-dimethylaminopyridine	1122-58-3	122.170	385.15	1	520.61	2	22	1.0289	2	---	---	---	solid	1
11099	C7H10N2	2,6-dimethyl-3-pyridinamine	3430-33-9	122.170	396.05	1	504.55	1	22	1.0289	2	---	---	---	solid	1
11100	C7H10N2	2-ethyl-3-methylpyrazine	15707-23-0	122.170	---	---	520.61	2	25	0.9900	1	---	1.5030	1	---	---
11101	C7H10N2	N-methyl-1,2-phenylenediamine	4760-34-3	122.170	295.15	1	519.65	1	25	1.0750	1	---	1.6120	1	liquid	1
11102	C7H10N2	2-propylpyrazine	18125-46-7	122.170	---	---	---	---	25	0.9800	2	---	---	---	---	---
11103	C7H10N2	p-tolylhydrazine hydrochloride	637-60-5	122.170	>473.15	1	444.65	2	25	1.0033	2	---	---	---	solid	1
11104	C7H10N2	2,3,5-trimethylpyrazine	14667-55-1	122.170	---	---	444.65	1	25	0.9750	1	---	1.5040	1	---	---
11105	C7H10N2	benzylhydrazine	555-96-4	122.170	---	---	444.65	2	25	1.0033	2	---	---	---	---	---
11106	C7H10N2	dicyclopropyldiazomethane	16102-24-2	122.170	---	---	444.65	2	25	1.0033	2	---	---	---	---	---
11107	C7H10N2	toluenediamine	25376-45-8	122.170	---	---	444.65	2	25	1.0033	2	---	---	---	---	---
11108	C7H10N2O	4-methoxy-1,3-benzenediamine	615-05-4	138.170	340.65	1	460.15	2	25	1.0435	2	---	---	---	solid	1
11109	C7H10N2O	4-methoxy-1,2-benzenediamine	102-51-2	138.170	324.15	1	460.15	2	25	1.0435	2	---	---	---	solid	1
11110	C7H10N2O	2-ethyl-3-methoxypyrazine	25680-58-4	138.170	---	---	460.15	1	25	1.0450	1	---	1.5020	1	---	---
11111	C7H10N2O	2-furaldehyde dimethylhydrazone	14064-21-2	138.170	---	---	460.15	2	25	1.0420	1	---	1.5780	1	---	---
11112	C7H10N2O	1-(3-pyridinyl)-2-hydroxyethylamine	---	138.170	---	---	460.15	2	25	1.0435	2	---	---	---	---	---
11113	C7H10N2O	2-methoxy-1,4-benzenediamine	5307-02-8	138.170	---	---	460.15	2	25	1.0435	2	---	---	---	---	---
11114	C7H10N2OS	2,3-dihydro-6-propyl-2-thioxo-4(1H)-pyrimi	51-52-5	170.236	492.15	1	---	---	25	1.1909	2	---	---	---	solid	1
11115	C7H10N2O2	N,N'-methylenebisacrylamide	110-26-9	154.169	---	---	385.15	2	25	1.2350	1	---	---	---	---	---
11116	C7H10N2O2	2-acetamido-4,5-dimethyloxazole	35629-37-9	154.169	---	---	385.15	dec	25	1.1592	2	---	---	---	---	---
11117	C7H10N2O2	morpholinocarbonylacetonitrile	15029-32-0	154.169	---	---	385.15	2	25	1.1592	2	---	---	---	---	---
11118	C7H10N2O2S	carbimazole	22232-54-8	186.235	396.65	1	---	---	25	1.2536	2	---	---	---	solid	1
11119	C7H10N2O2S	ethyl 2-amino-4-thiazoleacetate	53266-94-7	186.235	366.65	1	---	---	25	1.2536	2	---	---	---	solid	1
11120	C7H10N2O2S	p-toluenesulfonhydrazide	1576-35-8	186.235	384.15	1	---	---	25	1.2536	2	---	---	---	solid	1

Table 1 Physical Properties - Organic Compounds

				Mol Wt	Freezing Point		Boiling Point		Density			Refractive Index			State	
NO	FORMULA	NAME	CAS No	g/mol	T_F, K	code	T_B, K	code	T, C	g/cm3	code	T, C	n_D	code	@25C,1 atm	code
11121	C7H10N2O3	2,2-dimethyl-4-methoxycarbonyl-2H-imidaz	---	170.169	354.65	1	---	---	25	1.2276	2	---	---	---	solid	1
11122	C7H10N2O3	5-isopropylbarbituric acid	7391-697-7	170.169	487.65	1	---	---	25	1.2276	2	---	---	---	solid	1
11123	C7H10N2O3	nitrosoguvacoline	55557-02-3	170.169	---	---	---	---	25	1.2276	2	---	---	---	---	---
11124	C7H10N2O4	(R,S)-a-amino-3-hydroxy-5-methyl-4-isoxa:	74341-63-2	186.168	519.15	1	---	---	25	1.2908	2	---	---	---	solid	1
11125	C7H10N2O4	diethyl azomalonate	5256-74-6	186.168	---	---	---	---	25	1.2908	2	---	---	---	---	---
11126	C7H10N2O4	2-methoxyanilinium nitrate	---	186.168	---	---	---	---	25	1.2908	2	---	---	---	---	---
11127	C7H10N2O4	methyl-3-methoxy carbonylazocrotonate	63160-33-8	186.168	---	---	---	---	25	1.2908	2	---	---	---	---	---
11128	C7H10N2O6	hydantocidin	130607-26-0	218.167	---	---	---	---	25	1.4034	2	---	---	---	---	---
11129	C7H10N4	1-(pyridyl-3)-3,3-dimethyl triazene	19992-69-9	150.184	---	---	---	---	25	1.1529	2	---	---	---	---	---
11130	C7H10N4O	(3,3-dimethyl-1-(m-pyridyl-N-oxide))triazen	21600-42-0	166.184	---	---	283.45	1	25	1.2230	2	---	---	---	gas	1
11131	C7H10N4O2	2-(2-aminoethylamino)-5-nitropyridine	29602-39-9	182.183	400.15	1	---	---	25	1.2876	2	---	---	---	solid	1
11132	C7H10N4O2S	sulfaguanidine	57-67-0	214.249	464.65	1	---	---	25	1.3642	2	---	---	---	solid	1
11133	C7H10N4O3	2-cyano-N-((ethylamino)carbonyl)-2-(meth	57966-95-7	198.183	---	---	---	---	25	1.3472	2	---	---	---	---	---
11134	C7H10N4O4	N-(2-hydroxyethyl)-2-nitro-1H-imidazole-1-	22668-01-5	214.182	---	---	---	---	25	1.4024	2	---	---	---	---	---
11135	C7H10N4O14	a-D-methyl glucopyranoside-2,3,4,6-tetran	13225-10-0	374.176	---	---	---	---	25	1.7913	2	---	---	---	---	---
11136	C7H10N6	2,6-bis(ethylen-imino)-4-amino-S-triazine	6708-69-6	178.198	---	---	---	---	25	1.2842	2	---	---	---	---	---
11137	C7H10N20	cyclamidomycin	---	374.296	---	---	---	---	25	1.8882	2	---	---	---	---	---
11138	C7H10O	3-cyclohexene-1-carboxaldehyde	100-50-5	110.156	177.05	1	437.15	1	20	0.9692	1	20	1.4745	1	liquid	1
11139	C7H10O	1-cyclohexene-1-carboxaldehyde	1192-88-7	110.156	---	---	427.68	2	20	0.9694	1	20	1.5005	1	---	---
11140	C7H10O	dicyclopropyl ketone	1121-37-5	110.156	---	---	434.15	1	25	0.9770	1	20	1.4670	1	---	---
11141	C7H10O	2,4-dimethyl-2-cyclopenten-1-one	23048-13-7	110.156	---	---	438.15	1	20	0.9423	1	20	1.4655	1	---	---
11142	C7H10O	2-methyl-2-cyclohexen-1-one	1121-18-2	110.156	---	---	451.65	1	20	0.9660	1	20	1.4833	1	---	---
11143	C7H10O	3-methyl-2-cyclohexen-1-one	1193-18-6	110.156	252.15	1	474.15	1	20	0.9693	1	20	1.4948	1	liquid	1
11144	C7H10O	5-methyl-2-cyclohexen-1-one	7214-50-8	110.156	---	---	458.15	1	25	0.9470	1	25	1.4739	1	---	---
11145	C7H10O	3-methyl-3-cyclohexen-1-one	31883-98-4	110.156	252.15	1	474.15	1	20	0.9693	1	20	1.4947	1	liquid	1
11146	C7H10O	4-methyl-3-cyclohexen-1-one	5259-65-4	110.156	285.15	1	443.15	1	20	0.9551	1	20	1.4652	1	liquid	1
11147	C7H10O	2-ethyl-5-methylfuran	1703-52-2	110.156	---	---	391.65	1	20	0.8883	1	20	1.4473	1	---	---
11148	C7H10O	1-ethynylcyclopentanol	17356-19-3	110.156	300.15	1	430.65	1	25	0.9620	1	20	1.4751	1	solid	1
11149	C7H10O	trans,trans-2,4-heptadienal	4313-03-5	110.156	---	---	357.65	1	25	0.8810	1	20	1.5315	1	---	---
11150	C7H10O	3,5-heptadien-2-one	3916-64-1	110.156	---	---	427.68	2	19	0.8946	1	19	1.5177	1	---	---
11151	C7H10O	2-propylfuran	4229-91-8	110.156	---	---	387.15	1	20	0.8876	1	20	1.4549	1	---	---
11152	C7H10O	1-acetyl-1-cyclopentene	16112-10-0	110.156	---	---	427.68	2	25	0.9550	1	---	1.4830	1	---	---
11153	C7H10O	2,5-dihydroanisole	2886-59-1	110.156	---	---	422.15	1	25	0.9400	1	---	1.4750	1	---	---
11154	C7H10O	2,3-dimethyl-2-cyclopenten-1-one	1121-05-7	110.156	---	---	427.68	2	25	0.9680	1	---	1.4900	1	---	---
11155	C7H10O	4,4-dimethyl-2-cyclopenten-1-one	22748-16-9	110.156	---	---	431.15	1	25	0.9030	1	---	1.4570	1	---	---
11156	C7H10O	1-methoxy-1,3-cyclohexadiene	2161-90-2	110.156	---	---	427.68	2	25	0.9290	1	---	1.4880	1	---	---
11157	C7H10O	norcamphor	497-38-1	110.156	365.15	1	443.15	1	22	0.9407	2	---	---	---	solid	1
11158	C7H10O	2-methyl-5-hexen-3-yn-2-ol	690-94-8	110.156	---	---	427.68	2	22	0.9407	2	---	---	---	---	---
11159	C7H10O	(1a,2b,4b,5a)-3-oxatricyclo[3.2.1.02,4]octa	3146-39-2	110.156	396.15	1	427.68	2	22	0.9407	2	---	---	---	solid	1
11160	C7H10O	2,4-heptadienal	5910-85-0	110.156	---	---	427.68	2	22	0.9407	2	---	---	---	---	---
11161	C7H10O2	2-acetylcyclopentanone	1670-46-8	126.155	---	---	446.44	2	25	1.0431	1	20	1.4906	1	---	---
11162	C7H10O2	allyl trans-2-butenoate	5453-44-1	126.155	---	---	446.44	2	20	0.9440	1	20	1.4465	1	---	---
11163	C7H10O2	allyl methacrylate	96-05-9	126.155	---	---	412.65	1	20	0.9335	1	20	1.4360	1	---	---
11164	C7H10O2	1,2-cycloheptanedione	3008-39-7	126.155	233.15	1	446.44	2	22	1.0583	1	22	1.4689	1	liquid	2
11165	C7H10O2	1-cyclohexene-1-carboxylic acid	636-82-8	126.155	311.15	1	514.15	1	20	1.1090	1	20	1.4902	1	solid	1
11166	C7H10O2	3-cyclohexene-1-carboxylic acid	4771-80-6	126.155	290.15	1	507.65	1	20	1.0820	1	20	1.4814	1	liquid	1
11167	C7H10O2	3-cyclopentene-1-acetic acid	767-03-3	126.155	292.15	1	446.44	2	25	1.0470	1	20	1.4676	1	liquid	2
11168	C7H10O2	2-(ethoxymethyl)furan	6270-56-0	126.155	---	---	422.15	1	20	0.9906	1	20	1.4523	1	---	---
11169	C7H10O2	ethyl 2-pentynoate	55314-57-3	126.155	---	---	446.44	2	25	0.9620	1	---	---	---	---	---
11170	C7H10O2	methyl 2-hexynoate	18937-79-6	126.155	---	---	446.44	2	25	0.9648	1	---	---	---	---	---
11171	C7H10O2	2-furyl isopropyl ether	98272-34-5	126.155	---	---	408.65	1	20	0.9689	1	20	1.4419	1	---	---
11172	C7H10O2	methyl trans,trans-2,4-hexadienoate	689-89-4	126.155	288.15	1	453.15	1	20	0.9777	1	22	1.5025	1	liquid	1
11173	C7H10O2	tert-butyl propiolate	13831-03-3	126.155	292.15	1	446.44	2	25	0.9190	1	---	1.4180	1	liquid	2
11174	C7H10O2	2-cyclopentene-1-acetic acid	13668-61-6	126.155	292.15	1	366.15	1	25	1.0470	1	---	1.4680	1	liquid	1
11175	C7H10O2	2-cyclopenten-1-one ethylene ketal	695-56-7	126.155	---	---	446.44	2	25	1.0670	1	---	1.4690	1	---	---
11176	C7H10O2	3,4-dimethyl-1,2-cyclopentanedione	13494-06-9	126.155	339.65	1	446.44	2	23	1.0072	2	---	---	---	solid	1
11177	C7H10O2	3,5-dimethyl-1,2-cyclopentanedione	21834-98-0	126.155	363.65	1	446.44	2	23	1.0072	2	---	---	---	solid	1
11178	C7H10O2	b,b-dimethyl-g-methylene-g-butyrolactone	---	126.155	---	---	446.44	2	23	1.0072	2	---	1.4500	1	---	---
11179	C7H10O2	3-ethoxy-2-cyclopentenone	22627-70-9	126.155	---	---	446.44	2	25	1.0620	1	---	1.5000	1	---	---
11180	C7H10O2	2-ethyl-1,3-cyclopentanedione	823-36-9	126.155	446.65	1	---	---	23	1.0072	2	---	---	---	solid	1
11181	C7H10O2	2,6-heptadienoic acid; predominantly trans	38867-17-3	126.155	---	---	446.44	2	25	0.9710	1	---	1.4730	1	---	---
11182	C7H10O2	6-heptynoic acid	30964-00-2	126.155	290.00	2	446.44	2	25	0.9970	1	---	1.4510	1	liquid	2
11183	C7H10O2	2,4-hexadienoic acid, methyl ester	1515-80-6	126.155	288.15	1	453.15	1	23	1.0072	2	---	1.5060	1	liquid	1
11184	C7H10O2	2-methyl-1,3-cyclohexanedione	1193-55-1	126.155	>477.15	1	446.44	2	23	1.0072	2	---	---	---	solid	1
11185	C7H10O2	5-methylcyclohexane-1,3-dione	4341-24-6	126.155	402.15	1	446.44	2	23	1.0072	2	---	---	---	solid	1
11186	C7H10O2	methyl cyclopentene-1-carboxylate	25662-28-6	126.155	---	---	446.44	2	25	0.9930	1	---	1.4660	1	---	---
11187	C7H10O3	allyl acetoacetate	1118-84-9	142.155	188.15	1	469.15	1	20	1.0366	1	20	1.4398	1	liquid	1
11188	C7H10O3	2,3-epoxypropyl methacrylate	106-91-2	142.155	---	---	462.15	1	20	1.0420	1	25	1.4480	1	---	---
11189	C7H10O3	2,4,6-heptanetrione	626-53-9	142.155	322.15	1	455.78	2	40	1.0599	1	20	1.4930	1	solid	1
11190	C7H10O3	a-acetyl-a-methyl-g-butyrolactone	1123-19-9	142.155	---	---	455.78	2	25	1.1550	1	---	1.4560	1	---	---
11191	C7H10O3	diallyl carbonate	15022-08-9	142.155	298.15	1	415.15	1	25	0.9910	1	---	1.4280	1	---	---
11192	C7H10O3	2,2-dimethylglutaric anhydride	2938-48-9	142.155	309.65	1	455.78	2	26	1.0731	2	---	---	---	solid	1
11193	C7H10O3	3,3-dimethylglutaric anhydride	4160-82-1	142.155	397.15	1	455.78	2	26	1.0731	2	---	---	---	solid	1
11194	C7H10O3	ethyl 2-formyl-1-cyclopropanecarboxylate;	20417-61-2	142.155	---	---	455.78	2	25	1.0740	1	---	1.4520	1	---	---
11195	C7H10O3	5-ethyl-3-hydroxy-4-methyl-2(5H)-furanone	698-10-2	142.155	301.65	1	455.78	2	26	1.0731	2	---	1.4910	1	solid	1
11196	C7H10O3	methyl 2-oxocyclopentanecarboxylate	10472-24-9	142.155	---	---	455.78	2	25	1.1450	1	---	1.4560	1	---	---
11197	C7H10O3	triacetylmethane	815-68-9	142.155	---	---	476.65	1	25	1.0660	1	---	1.4870	1	---	---
11198	C7H10O3	2,2,6-trimethyl-4H-1,3-dioxin-4-one	5394-63-8	142.155	281.65	1	455.78	2	25	1.0880	1	---	1.4620	1	liquid	2
11199	C7H10O4	cis-1,3-cyclopentanedicarboxylic acid	876-05-1	158.154	394.15	1	573.15	dec	22	1.1246	2	---	---	---	solid	1
11200	C7H10O4	3,3-diacetoxy-1-propene	869-29-4	158.154	235.55	1	453.15	1	20	1.0760	1	20	1.4193	1	liquid	1

Table 1 Physical Properties - Organic Compounds

				Mol Wt	Freezing Point		Boiling Point		Density			Refractive Index			State	
NO	FORMULA	NAME	CAS No	g/mol	T_F, K	code	T_B, K	code	T, C	g/cm3	code	T, C	n_D	code	@25C,1 atm	code
11201	C7H10O4	dimethyl 1,2-cyclopropanedicarboxylate	702-28-3	158.154	---	---	492.15	1	16	1.1584	1	14	1.4472	1	---	---
11202	C7H10O4	dimethyl cis-2-methyl-2-butenedioate	617-54-9	158.154	---	---	483.65	1	20	1.1153	1	20	1.4473	1	---	---
11203	C7H10O4	dimethyl trans-2-methyl-2-butenedioate	617-53-8	158.154	---	---	476.65	1	20	1.0914	1	20	1.4512	1	---	---
11204	C7H10O4	dimethyl methylenesuccinate	617-52-7	158.154	311.15	1	481.15	1	18	1.1241	1	20	1.4457	1	solid	1
11205	C7H10O4	ethyl 2,4-dioxopentanoate	615-79-2	158.154	291.15	1	487.15	1	20	1.1251	1	17	1.4757	1	liquid	1
11206	C7H10O4	(1-methylethylidene)butanedioic acid	584-27-0	158.154	433.65	1	447.15	dec	22	1.1246	2	---	---	---	solid	1
11207	C7H10O4	dimethyl 1,1-cyclopropanedicarboxylate	6914-71-2	158.154	---	---	470.15	1	25	1.1470	1	---	1.4410	1	---	---
11208	C7H10O4	dimethyl cis-1,2-cyclopropanedicarboxylate	826-34-6	158.154	---	---	488.90	2	25	1.1500	1	---	1.4460	1	---	---
11209	C7H10O4	dimethyl trans-1,2-cyclopropanedicarboxyl	826-35-7	158.154	---	---	488.90	2	25	1.1200	1	---	1.4435	1	---	---
11210	C7H10O4	(R)-(-)-ethyl (R)-5-oxotetrahydro-2-furanca	33019-03-3	158.154	---	---	488.90	2	25	1.1630	1	---	1.4480	1	---	---
11211	C7H10O4	4-(1-propenyloxymethyl)-1,3-dioxolan-2-on	130221-78-2	158.154	---	---	524.65	1	25	1.1000	1	---	1.4610	1	---	---
11212	C7H10O4	DL-terebic acid	79-91-4	158.154	450.65	1	488.90	2	22	1.1246	2	---	---	---	solid	1
11213	C7H10O4	2,2,5-trimethyl-1,3-dioxane-4,6-dione	3709-18-0	158.154	384.15	1	488.90	2	22	1.1246	2	---	---	---	solid	1
11214	C7H10O4	methyl diacetoacetate	4619-66-3	158.154	---	---	488.90	2	22	1.1246	2	---	---	---	---	---
11215	C7H10O4	propene-1,3-diol diacetate	1945-91-1	158.154	---	---	488.90	2	22	1.1246	2	---	---	---	---	---
11216	C7H10O5	diethyl ketomalonate	609-09-6	174.153	243.15	1	483.15	1	16	1.1419	1	22	1.4310	1	liquid	1
11217	C7H10O5	dimethyl 3-oxo-1,5-pentanedioate	1830-54-2	174.153	---	---	483.15	2	25	1.1850	1	20	1.4434	1	---	---
11218	C7H10O5	dimethyl methoxymethylenemalonate	22398-14-7	174.153	315.15	1	483.15	2	22	1.1766	2	---	---	---	solid	1
11219	C7H10O5	2-[(4S)-2,2-dimethyl-5-oxo-1,3-dioxolan-4-y	73991-95-4	174.153	---	---	483.15	2	22	1.1766	2	---	---	---	---	---
11220	C7H10O5	dimethyl 2-oxoglutarate	13192-04-6	174.153	---	---	483.15	2	25	1.2030	1	---	1.4390	1	---	---
11221	C7H10O5	4-ketopimelic acid	502-50-1	174.153	416.15	1	483.15	2	22	1.1766	2	---	---	---	solid	1
11222	C7H10O5	shikimic acid	138-59-0	174.153	459.15	1	483.15	2	22	1.1766	2	---	---	---	solid	1
11223	C7H10O5	maleic acid, mono(2-hydroxypropyl) ester	10099-73-7	174.153	---	---	483.15	2	22	1.1766	2	---	---	---	---	---
11224	C7H10O6	trimethyl methanetricarboxylate	1186-73-8	190.153	319.65	1	515.85	1	25	1.2939	2	---	---	---	solid	1
11225	C7H10S	2-propylthiophene	1551-27-5	126.222	252.35	2	431.65	1	25	0.9639	1	25	1.5023	1	liquid	1
11226	C7H10S	3-propylthiophene	1518-75-8	126.222	252.35	2	434.15	1	25	0.9669	1	25	1.5031	1	liquid	1
11227	C7H10S	2-isopropylthiophene	4095-22-1	126.222	252.35	2	426.15	1	25	0.9633	1	25	1.5013	1	liquid	1
11228	C7H10S	3-isopropylthiophene	29488-27-5	126.222	237.35	2	430.15	1	25	0.9688	1	25	1.5027	1	liquid	1
11229	C7H10S	2-methyl-3-ethylthiophene	53119-51-0	126.222	235.98	2	430.15	1	25	0.9696	1	---	---	---	liquid	1
11230	C7H10S	2-methyl-4-ethyl thiophene	13678-54-1	126.222	214.15	1	436.15	1	25	0.9696	1	25	1.5073	1	liquid	1
11231	C7H10S	2-methyl-5-ethyl thiophene	40323-88-4	126.222	204.65	1	433.25	1	25	0.9618	1	25	1.5048	1	liquid	1
11232	C7H10S	3-methyl-2-ethylthiophene	31805-48-8	126.222	235.98	2	434.15	1	25	0.9769	1	25	1.5080	1	liquid	1
11233	C7H10S	3-methyl-4-ethyl thiophene	---	126.222	235.98	2	438.65	1	25	0.9769	1	20	1.5186	1	liquid	1
11234	C7H10S	3-methyl-5-ethylthiophene	---	126.222	235.98	2	427.35	2	25	0.9769	1	---	---	---	liquid	2
11235	C7H10S	2,3,4-trimethylthiophene	1795-04-6	126.222	246.95	1	445.85	1	25	0.9910	1	25	1.5183	1	liquid	1
11236	C7H10S	2,3,5-trimethylthiophene	1795-05-7	126.222	219.61	2	437.65	1	25	0.9706	1	25	1.5088	1	liquid	1
11237	C7H10Si	methylphenylsilane	766-08-5	122.241	---	---	413.15	1	20	0.8895	1	20	1.5058	1	---	---
11238	C7H10Si	benzyl silane	766-06-3	122.241	---	---	413.15	2	---	---	---	---	---	---	---	---
11239	C7H11BClNO2	4-aminomethylphenylboronic acid HCl	75705-21-4	187.434	---	---	---	---	---	---	---	---	---	---	---	---
11240	C7H11Br	1-bromo-1-heptyne	19821-84-2	175.068	---	---	437.15	1	22	1.2120	1	22	1.4678	1	---	---
11241	C7H11Br	1-bromo-2-heptyne	18495-26-6	175.068	---	---	437.15	2	24	1.2865	2	25	1.4878	1	---	---
11242	C7H11Br	exo-2-bromonorbornane	2534-77-2	175.068	---	---	437.15	2	25	1.3610	1	---	1.5150	1	---	---
11243	C7H11BrO2	allyl 2-bromo-2-methylpropionate	40630-82-8	207.067	---	---	---	---	25	1.3020	1	---	1.4620	1	---	---
11244	C7H11BrO2	ethyl 1-bromocyclobutanecarboxylate	35120-18-4	207.067	---	---	---	---	25	1.2790	1	---	1.4710	1	---	---
11245	C7H11BrO4	diethyl 2-bromomalonate	685-87-0	239.066	219.15	1	527.15	dec	25	1.4022	1	20	1.4521	1	liquid	1
11246	C7H11Cl	2-chlorobicyclo[2.2.1]heptane	29342-53-8	130.617	268.15	1	435.15	1	20	1.0603	1	20	1.4849	1	liquid	1
11247	C7H11Cl	3-chloro-3-ethyl-1-pentyne	6080-79-1	130.617	---	---	431.40	2	19	0.9230	1	19	1.4437	1	---	---
11248	C7H11Cl	1-chloro-1-heptyne	51556-10-6	130.617	---	---	414.15	1	24	0.9250	1	24	1.4411	1	---	---
11249	C7H11Cl	1-chloro-5-heptyne	70396-13-3	130.617	---	---	439.15	1	22	0.9921	2	25	1.4507	1	---	---
11250	C7H11Cl	7-chloro-3-heptyne	51575-85-0	130.617	---	---	437.15	1	22	0.9921	2	20	1.4517	1	---	---
11251	C7H11Cl	exo-2-chloronorbornane	765-91-3	130.617	---	---	431.40	2	25	1.0600	1	---	1.4850	1	---	---
11252	C7H11ClHgN2O3	chloro((3-(2,4-dioxo-5-imidazolidinyl)-2-me	3367-31-5	407.219	---	---	424.90	2	---	---	---	---	---	---	---	---
11253	C7H11ClHgN2O3	3-(3-chloromercuri-2-methoxy-1-propyl)hyd	3367-29-1	407.219	---	---	488.65	1	---	---	---	---	---	---	---	---
11254	C7H11ClHgN2O3	5-(3-chloromercuri-2-methoxy-1-propyl)-3-r	3367-30-4	407.219	---	---	361.15	1	---	---	---	---	---	---	---	---
11255	C7H11ClO	cyclohexanecarbonyl chloride	2719-27-9	146.616	---	---	453.15	1	15	1.0962	1	29	1.4711	1	---	---
11256	C7H11ClO	2-chlorocycloheptanone	766-66-5	146.616	---	---	460.65	1	25	1.0429	2	---	---	---	---	---
11257	C7H11ClO3	ethyl 2-chloro-2-methyl-3-oxobutanoate	37935-39-0	178.615	---	---	467.15	1	18	1.1570	1	18	1.4382	1	---	---
11258	C7H11ClO3	1-(4-chloromethyl-1,3-dioxolan-2-yl)-2-prop	53460-80-3	178.615	---	---	467.15	2	25	1.1765	2	---	---	---	---	---
11259	C7H11ClO4	3-chloro-1,2-propanediol diacetate	869-50-1	194.614	---	---	518.15	1	25	1.1990	1	20	1.4407	1	---	---
11260	C7H11ClO4	diethyl chloromalonate	14064-10-9	194.614	---	---	495.15	1	20	1.2040	1	20	1.4327	1	---	---
11261	C7H11Cl3N2O2	N-(1-formamido-2,2,2-trichloroethyl)morfoli	60029-23-4	261.535	---	---	---	---	25	1.3832	2	---	---	---	---	---
11262	C7H11Cl3O2	isopentyl trichloroacetate	57392-55-9	233.521	---	---	490.15	1	20	1.2314	1	20	1.4521	1	---	---
11263	C7H11FO4	diethyl fluoromalonate	685-88-1	178.160	---	---	---	---	25	1.1290	1	---	1.4070	1	---	---
11264	C7H11F3N2O3S	1-ethyl-3-methylimidazolium trifluorometha	145022-44-2	260.238	---	---	---	---	25	1.3870	1	---	1.4350	1	---	---
11265	C7H11I	1-iodo-1-heptyne	54573-13-6	222.069	238.15	1	---	---	19	1.4701	1	19	1.5123	1	---	---
11266	C7H11Li	lithium-1-heptynide	42017-07-2	102.105	---	---	---	---	---	---	---	---	---	---	---	---
11267	C7H11N	3-ethyl-4-methyl-1H-pyrrole	488-92-6	109.171	274.65	1	438.90	2	20	0.9059	1	20	1.4913	1	liquid	2
11268	C7H11N	2-isopropylpyrrole	7696-51-7	109.171	274.65	2	445.15	1	25	0.9070	1	25	1.4910	1	liquid	1
11269	C7H11N	1-propyl-1H-pyrrole	5145-64-2	109.171	274.65	2	418.65	1	20	0.8833	1	---	---	---	liquid	1
11270	C7H11N	3-propyl-1H-pyrrole	1551-09-3	109.171	274.65	2	438.90	2	23	0.8704	2	25	1.4900	1	liquid	2
11271	C7H11N	1,2,5-trimethyl-1H-pyrrole	930-87-0	109.171	274.65	2	444.15	1	25	0.8070	1	20	1.4969	1	liquid	1
11272	C7H11N	cyclohexanecarbonitrile	766-05-2	109.171	285.10	1	438.90	2	23	0.8704	2	---	---	---	liquid	2
11273	C7H11N	cyclohexyl isocyanide	931-53-3	109.171	279.60	1	447.65	1	25	0.8780	1	---	1.4500	1	liquid	1
11274	C7H11N	6-heptenenitrile	5048-25-9	109.171	---	---	438.90	2	25	0.8410	1	---	1.4330	1	---	---
11275	C7H11NO	cyclohexyl isocyanate	3173-53-3	125.171	193.15	1	442.15	1	25	1.0770	1	26	1.5341	1	---	---
11276	C7H11NO	1-hydroxycyclohexanecarbonitrile	931-97-5	125.171	308.15	1	442.15	2	20	1.0172	1	20	1.4693	1	solid	1
11277	C7H11NO	7-azabicyclo[4.2.0]octan-8-one	34102-49-3	125.171	322.15	1	442.15	2	23	1.0471	2	---	---	---	solid	1
11278	C7H11NO	trans-2-cyano-1-cyclohexanol	63301-31-5	125.171	320.65	1	442.15	2	23	1.0471	2	---	---	---	solid	1
11279	C7H11NO	pivaloylacetonitrile	59997-51-2	125.171	342.15	1	442.15	2	23	1.0471	2	---	---	---	solid	1
11280	C7H11NO2	1-acetyl-4-piperidinone	32161-06-1	141.170	---	---	491.15	1	25	1.1460	1	20	1.5026	1	---	---

Table 1 Physical Properties - Organic Compounds

				Mol Wt	Freezing Point		Boiling Point		Density			Refractive Index			State	
NO	FORMULA	NAME	CAS No	g/mol	T_F, K	code	T_B, K	code	T, C	g/cm3	code	T, C	n_D	code	@25C,1 atm	code
11281	C7H11NO2	arecaidine	499-04-7	141.170	505.15	dec	---	---	24	1.0648	2	---	---	---	solid	1
11282	C7H11NO2	butyl cyanoacetate	5459-58-5	141.170	---	---	504.15	1	20	1.0010	1	20	1.4200	1	---	---
11283	C7H11NO2	3-ethyl-3-methyl-2,5-pyrrolidinedione	77-67-8	141.170	337.65	1	497.65	2	24	1.0648	2	---	---	---	solid	1
11284	C7H11NO2	4-acryloylmorpholine	5117-12-4	141.170	238.25	1	497.65	2	25	1.1220	1	---	1.5120	1	liquid	2
11285	C7H11NO2	cis-2-amino-4-cyclohexene-1-carboxylic ac	54162-90-2	141.170	470.65	1	497.65	2	24	1.0648	2	---	---	---	solid	1
11286	C7H11NO2	trans-2-amino-4-cyclohexene-1-carboxylic	97945-19-2	141.170	555.15	1	---	---	24	1.0648	2	---	---	---	solid	1
11287	C7H11NO2	3,3-dimethylglutarimide	1123-40-6	141.170	419.65	1	497.65	2	24	1.0648	2	---	---	---	solid	1
11288	C7H11NO2	isobutyl cyanoacetate	13361-31-4	141.170	---	---	497.65	2	25	0.9900	1	---	1.4222	1	---	---
11289	C7H11NO2	methylpentynol carbamate	302-66-9	141.170	329.55	1	497.65	2	24	1.0648	2	---	---	---	solid	1
11290	C7H11NO2	1-methylpyrrole-2,3-dimethanol	53365-77-8	141.170	---	---	497.65	2	24	1.0648	2	---	---	---	---	---
11291	C7H11NO2	2-methylenecyclopropanylalanine	156-56-9	141.170	555.15	1	---	---	24	1.0648	2	---	---	---	solid	1
11292	C7H11NO2Se	butyl selenocyanoacetate	63906-49-0	220.130	---	---	---	---	---	---	---	---	---	---	---	---
11293	C7H11NO3	N-(ethoxymethyl)succinimide	98431-97-1	157.170	304.65	1	535.15	1	25	1.0644	2	---	---	---	solid	1
11294	C7H11NO3	butyl isocyanatoacetate	17046-22-9	157.170	---	---	486.15	1	25	1.0600	1	---	1.4300	1	---	---
11295	C7H11NO3	(R)-(-)-ethyl 4-cyano-3-hydroxybutyrate	141942-85-0	157.170	---	---	543.15	1	25	1.1140	1	---	1.4480	1	---	---
11296	C7H11NO3	ethyl 4-isocyanatobutyrate	106508-62-7	157.170	---	---	487.15	1	25	1.0650	1	---	1.4340	1	---	---
11297	C7H11NO3	ethyl (R)-(-)-2-pyrrolidone-5-carboxylate	68766-96-1	157.170	324.15	1	512.90	2	25	1.0644	2	---	1.4780	1	solid	1
11298	C7H11NO3	ethyl (S)-(+)-2-pyrrolidone-5-carboxylate	7149-65-7	157.170	322.15	1	512.90	2	25	1.0644	2	---	---	---	solid	1
11299	C7H11NO3	2-methoxy-1-methylethyl cyanoacetate	32804-79-8	157.170	---	---	512.90	2	25	1.0300	1	---	1.4310	1	---	---
11300	C7H11NO3	methyl (S)-(-)-2-isocyanato-3-methylbutyra	30293-86-8	157.170	---	---	512.90	2	25	1.0530	1	---	1.4280	1	---	---
11301	C7H11NO3	paramethadione	115-67-3	157.170	---	---	512.90	2	25	1.0644	2	---	1.4490	1	---	---
11302	C7H11NO3	methylcarbamoylethyl acrylate	59163-97-2	157.170	---	---	512.90	2	25	1.0644	2	---	---	---	---	---
11303	C7H11NO4	trans-1-acetyl-4-hydroxy-L-proline	33996-33-7	173.169	405.15	1	459.15	2	25	1.1985	2	---	---	---	solid	1
11304	C7H11NO4	methyl acrylamidoglycolate methyl ether	77402-03-0	173.169	---	---	459.15	2	25	1.1985	2	---	---	---	---	---
11305	C7H11NO4	3-methyl-4-nitro-1-buten-3-yl acetate	61447-07-2	173.169	---	---	459.15	1	25	1.1985	2	---	---	---	---	---
11306	C7H11NO4	3-methyl-4-nitro-2-buten-1-yl acetate	---	173.169	---	---	459.15	2	25	1.1985	2	---	---	---	---	---
11307	C7H11NO5	N-acetylglutamic acid	1188-37-0	189.168	472.15	1	---	---	25	1.2603	2	---	---	---	solid	1
11308	C7H11NO5	diethyl (hydroxyimino)malonate	6829-41-0	189.168	---	---	---	---	18	1.1821	1	18	1.4544	1	---	---
11309	C7H11NO6	diethyl nitromalonate	603-67-8	205.168	---	---	---	---	25	1.1740	1	---	1.4280	1	---	---
11310	C7H11NS	cyclohexyl isothiocyanate	1122-82-3	141.237	---	---	494.15	1	20	1.0339	1	20	1.5375	1	---	---
11311	C7H11NS	2-(dimethylaminomethyl)thiophene	26019-17-0	141.237	---	---	465.15	2	25	0.9770	1	---	1.5170	1	---	---
11312	C7H11NS	2-isobutylthiazole	18640-74-9	141.237	---	---	453.15	1	25	0.9950	1	---	1.4960	1	---	---
11313	C7H11NS	2-isopropyl-4-methylthiazole	15679-13-7	141.237	---	---	448.15	1	25	0.9970	1	---	1.4985	1	---	---
11314	C7H11N3	methyl bis(b-cyanoethyl)amine	1555-58-4	137.185	---	---	---	---	25	1.0511	2	---	---	---	---	---
11315	C7H11N3	3-methyl-1-(p-tolyl)-triazene	21124-13-0	137.185	354.15	1	---	---	25	1.0511	2	---	---	---	solid	1
11316	C7H11N3O	acetylhistamine	673-49-4	153.185	419.65	1	---	---	25	1.1252	2	---	---	---	solid	1
11317	C7H11N3O2	L-1-methylhistidine	332-80-9	169.184	---	---	---	---	25	1.1935	2	---	---	---	---	---
11318	C7H11N3O2	L-3-methylhistidine	368-16-1	169.184	---	---	---	---	25	1.1935	2	---	---	---	---	---
11319	C7H11N3O2	ipropran	14885-29-1	169.184	335.65	1	---	---	25	1.1935	2	---	---	---	solid	1
11320	C7H11N3O4	desmethylmisonidazole	---	201.183	---	---	---	---	25	1.3151	2	---	---	---	---	---
11321	C7H11N3O4	1-(2-nitroimidazol-1-yl)-3-methoxypropan-2	13551-87-6	201.183	---	---	---	---	25	1.3151	2	---	---	---	---	---
11322	C7H11N7S	2-azido-4-isopropylamino-6-methylthio-S-tr	4658-28-0	225.279	368.15	1	---	---	25	1.3815	2	---	---	---	solid	1
11323	C7H12	1-ethylcyclopentene	2146-38-5	96.172	154.75	1	379.48	1	25	0.7936	1	25	1.4384	1	liquid	1
11324	C7H12	3-ethylcyclopentene	694-35-9	96.172	144.24	2	370.92	1	25	0.7784	1	25	1.4291	1	liquid	1
11325	C7H12	4-ethylcyclopentene	3742-38-9	96.172	144.24	2	371.36	1	25	0.7781	1	25	1.4291	1	liquid	1
11326	C7H12	1,2-dimethylcyclopentene	765-47-9	96.172	182.75	1	378.95	1	25	0.7928	1	25	1.4420	1	liquid	1
11327	C7H12	1,3-dimethylcyclopentene	62184-82-1	96.172	127.87	2	365.15	1	25	0.7610	1	25	1.4250	1	liquid	1
11328	C7H12	1,4-dimethylcyclopentene	19550-48-2	96.172	127.87	2	366.35	1	25	0.7664	1	25	1.4255	1	liquid	1
11329	C7H12	1,5-dimethylcyclopentene	16491-15-9	96.172	155.15	1	375.15	1	25	0.7750	1	25	1.4304	1	liquid	1
11330	C7H12	3,3-dimethylcyclopentene	58049-91-5	96.172	127.87	2	361.15	1	25	0.7660	1	25	1.4200	1	liquid	1
11331	C7H12	3,cis-4-dimethylcyclopentene	56039-55-5	96.172	127.87	2	364.55	2	25	0.7720	1	25	1.4272	1	liquid	2
11332	C7H12	3,trans-4-dimethylcyclopentene	53225-40-4	96.172	127.87	2	364.55	2	25	0.7720	1	---	---	---	liquid	2
11333	C7H12	3,cis-5-dimethylcyclopentene	30213-29-7	96.172	127.87	2	364.55	2	25	0.7720	1	---	---	---	liquid	2
11334	C7H12	3,trans-5-dimethylcyclopentene	61394-27-2	96.172	127.87	2	364.55	2	25	0.7720	1	---	---	---	liquid	2
11335	C7H12	4,4-dimethylcyclopentene	19037-72-0	96.172	127.87	2	361.15	1	25	0.7660	1	25	1.4200	1	liquid	1
11336	C7H12	1-methylcyclohexene	591-49-1	96.172	153.75	1	383.45	1	25	0.8066	1	25	1.4478	1	liquid	1
11337	C7H12	3-methylcyclohexene	591-48-0	96.172	149.64	1	375.62	1	25	0.7966	1	25	1.4410	1	liquid	1
11338	C7H12	4-methylcyclohexene	591-47-9	96.172	157.74	1	375.89	1	25	0.7947	1	25	1.4389	1	liquid	1
11339	C7H12	3-methylcyclohexene, (±)	56688-75-6	96.172	157.65	1	377.15	1	20	0.7990	1	20	1.4414	1	liquid	1
11340	C7H12	1-heptyne	628-71-7	96.172	192.26	1	372.93	1	25	0.7280	1	25	1.4060	1	liquid	1
11341	C7H12	2-heptyne	1119-65-9	96.172	274.25	2	385.15	1	25	0.7432	1	25	1.4192	1	liquid	1
11342	C7H12	3-heptyne	2586-89-2	96.172	142.65	1	380.31	1	25	0.7336	1	25	1.4162	1	liquid	1
11343	C7H12	3-methyl-1-hexyne	40276-93-5	96.172	200.12	2	358.15	1	25	0.7140	1	25	1.3975	1	liquid	1
11344	C7H12	4-methyl-1-hexyne	52713-81-2	96.172	200.12	2	364.15	1	25	0.7282	1	25	1.4050	1	liquid	1
11345	C7H12	5-methyl-1-hexyne	2203-80-7	96.172	149.15	1	365.00	1	25	0.7229	1	25	1.4033	1	liquid	1
11346	C7H12	4-methyl-2-hexyne	20198-49-6	96.172	165.55	1	372.69	1	25	0.7341	1	25	1.4144	1	liquid	1
11347	C7H12	5-methyl-2-hexyne	53566-37-3	96.172	180.25	1	375.61	1	25	0.7333	1	25	1.4150	1	liquid	1
11348	C7H12	2-methyl-3-hexyne	36566-80-0	96.172	156.55	1	368.35	1	25	0.7204	1	25	1.4094	1	liquid	1
11349	C7H12	3-ethyl-1-pentyne	21020-26-8	96.172	200.12	2	357.15	1	25	0.7226	1	25	1.4009	1	liquid	1
11350	C7H12	3,3-dimethyl-1-pentyne	918-82-1	96.172	217.54	2	343.15	1	25	0.7032	1	25	1-3908	1	liquid	1
11351	C7H12	3,4-dimethyl-1-pentyne	61064-08-2	96.172	185.12	2	353.15	1	25	0.7191	1	25	1.3992	1	liquid	1
11352	C7H12	4,4-dimethyl-1-pentyne	13361-63-2	96.172	198.15	1	349.23	1	25	0.7097	1	25	1.3957	1	liquid	1
11353	C7H12	4,4-dimethyl-2-pentyne	999-78-0	96.172	190.75	1	356.15	1	25	0.7131	1	25	1.4045	1	liquid	1
11354	C7H12	bicyclo[2.2.1]heptane	279-23-2	96.172	360.65	1	378.45	1	24	0.7558	2	---	---	---	solid	1
11355	C7H12	bicyclo[4.1.0]heptane	286-08-8	96.172	---	---	389.65	1	25	0.8530	1	20	1.4564	1	---	---
11356	C7H12	cycloheptene	628-92-2	96.172	217.15	1	387.50	1	20	0.8228	1	20	1.4552	1	liquid	1
11357	C7H12	ethylidenecyclopentane	2146-37-4	96.172	143.65	1	388.15	1	20	0.8020	1	20	1.4481	1	liquid	1
11358	C7H12	1,2-heptadiene	2384-90-9	96.172	167.48	2	378.65	1	18	0.7306	1	18	1.4320	1	liquid	1
11359	C7H12	1,4-heptadiene	5675-22-9	96.172	167.48	2	366.15	1	20	0.7176	1	20	1.4370	1	liquid	1
11360	C7H12	1,5-heptadiene	1541-23-7	96.172	167.48	2	367.15	1	20	0.7186	1	20	1.4200	1	liquid	1

Table 1 Physical Properties - Organic Compounds

NO	FORMULA	NAME	CAS No	Mol Wt g/mol	Freezing Point T_F, K	code	Boiling Point T_B, K	code	Density T, C	g/cm3	code	Refractive Index T, C	n_D	code	State @25C,1 atm	code
11361	C7H12	1,6-heptadiene	3070-53-9	96.172	167.48	2	370.15	2	24	0.7558	2	---	---	---	liquid	2
11362	C7H12	2,4-heptadiene	628-72-8	96.172	167.48	2	381.15	1	20	0.7384	1	20	1.4578	1	liquid	1
11363	C7H12	2-methyl-1,5-hexadiene	4049-81-4	96.172	144.35	1	361.25	1	25	0.7153	1	20	1.4183	1	liquid	1
11364	C7H12	2-methyl-2,4-hexadiene	28823-41-8	96.172	198.95	1	384.65	1	25	0.7411	1	---	---	---	liquid	1
11365	C7H12	2,4-dimethyl-1,3-pentadiene	1000-86-8	96.172	159.15	1	366.35	1	23	0.7343	1	23	1.4390	1	liquid	1
11366	C7H12	1-methylbicyclo(3,1,0)hexane	4625-24-5	96.172	---	---	366.25	1	24	0.7558	2	---	---	---	---	---
11367	C7H12	methylenecyclohexane	1192-37-6	96.172	166.45	1	375.65	1	20	0.8074	1	20	1.4523	1	liquid	1
11368	C7H12	vinylcyclopentane	3742-34-5	96.172	146.65	1	370.15	1	20	0.7834	1	20	1.4360	1	liquid	1
11369	C7H12	2,4-dimethyl-2,3-pentadiene	1000-87-9	96.172	167.48	2	358.55	1	25	0.7010	1	---	1.4400	1	liquid	1
11370	C7H12	1,1'-methylenebiscyclopropane	5685-47-2	96.172	170.15	1	375.50	1	24	0.7558	2	---	---	---	liquid	1
11371	C7H12BrN	7-bromoheptanenitrile	20965-27-9	190.083	---	---	---	---	25	1.2630	1	---	1.4750	1	---	---
11372	C7H12Br2O	2,4-dibromo-2,4-dimethyl-3-pentanone	17346-16-6	271.980	---	---	---	---	25	1.6100	1	---	1.5060	1	---	---
11373	C7H12Br2O2	butyl 2,3-dibromopropanoate	21179-48-6	287.979	---	---	510.65	1	20	1.6107	1	20	1.4890	1	---	---
11374	C7H12Br2O2	ethyl 2,3-dibromopentanoate	79912-55-3	287.979	---	---	510.65	2	20	1.6130	1	15	1.4953	1	---	---
11375	C7H12Br2O2	ethyl 2,5-dibromopentanoate	29823-16-3	287.979	---	---	510.65	2	25	1.6289	1	25	1.4947	1	---	---
11376	C7H12ClN5	simazine	122-34-9	201.660	499.15	1	---	---	20	1.3020	1	---	---	---	solid	1
11377	C7H12Cl3N3O2	nitrosotris(chloroethyl)urea	69113-01-5	276.550	---	---	---	---	25	1.3979	2	---	---	---	---	---
11378	C7H12FN	7-fluoroheptanonitrile	334-44-1	129.178	---	---	---	---	25	0.9469	2	---	---	---	---	---
11379	C7H12N2	1,2-diethyl-1H-imidazole	51807-53-5	124.186	---	---	492.15	1	25	0.9813	1	---	---	---	---	---
11380	C7H12N2	2,3,4,6,7,8-hexahydropyrrolo[1,2-a]pyrimid	3001-72-7	124.186	---	---	451.48	2	25	1.0050	1	20	1.5190	1	---	---
11381	C7H12N2	1-butylimidazole	4316-42-1	124.186	---	---	383.15	1	25	0.9450	1	---	1.4800	1	---	---
11382	C7H12N2	piperidineacetonitrile	3010-03-5	124.186	291.65	1	479.15	1	25	0.9771	2	---	---	---	liquid	1
11383	C7H12N2O	trans-2-amino-4-cyclohexene-1-carboxami	---	140.186	438.15	1	---	---	25	1.0278	2	---	---	---	solid	1
11384	C7H12N2O	cis-2-amino-4-cyclohexene-1-carboxamide	111302-96-6	140.186	395.15	1	---	---	25	1.0278	2	---	---	---	solid	1
11385	C7H12N2O	1,3-diallylurea	1801-72-5	140.186	364.65	1	---	---	25	1.0278	2	---	---	---	solid	1
11386	C7H12N2O	3-butenyl-(2-propenyl)-N-nitrosamine	54746-50-8	140.186	---	---	---	---	25	1.0278	2	---	---	---	---	---
11387	C7H12N2O2	N-(tert-butoxycarbonyl)-2-aminoacetonitrile	85363-04-8	156.185	328.15	1	459.15	1	25	1.0998	2	---	---	---	solid	1
11388	C7H12N2O2	(R)-3-isopropyl-2,5-piperazinedione	143673-66-9	156.185	528.15	1	---	---	25	1.0998	2	---	---	---	solid	1
11389	C7H12N2O2	2-ethyl-trans-crotonylurea	2884-67-5	156.185	431.15	1	459.15	2	25	1.0998	2	---	---	---	solid	1
11390	C7H12N2O2	cis-(2-ethylcrotonyl) urea	95-04-5	156.185	471.15	1	---	---	25	1.0998	2	---	---	---	solid	1
11391	C7H12N2O2	1-methoxy-3,4,5-trimethyl pyrazole-N-oxide	39753-42-9	156.185	---	---	459.15	2	25	1.0998	2	---	---	---	---	---
11392	C7H12N2O3	3-carboxypropyl(2-propenyl)nitrosamine	---	172.184	---	---	475.15	1	25	1.1664	2	---	---	---	---	---
11393	C7H12N2O3	N-nitroso(2-oxobutyl)(2-oxopropyl)amine	77698-20-5	172.184	---	---	475.15	2	25	1.1664	2	---	---	---	---	---
11394	C7H12N2O4S	S-nitroso-N-acetyl-DL-penicillamine	---	220.250	423.65	1	---	---	25	1.3048	2	---	---	---	solid	1
11395	C7H12N2O5	glycyl-L-glutamic acid	7412-78-4	204.183	429.65	1	---	---	25	1.2853	2	---	---	---	solid	1
11396	C7H12N2O5	N-(2-acetoxyethyl)-N-(acetoxymethyl)nitros	70103-77-4	204.183	---	---	---	---	25	1.2853	2	---	---	---	---	---
11397	C7H12N2O5	ethyl-N-(2-acetoxyethyl)-N-nitrosocarbama	62681-13-4	204.183	---	---	---	---	25	1.2853	2	---	---	---	---	---
11398	C7H12N2O5	N-(2-methoxycarbonylethyl)-N-(acetoxyme	70103-81-0	204.183	---	---	---	---	25	1.2853	2	---	---	---	---	---
11399	C7H12N2S	2-amino-4-tert-butylthiazole	74370-93-7	156.252	372.15	1	---	---	25	1.0677	2	---	---	---	solid	1
11400	C7H12N2S	diallyl thiourea	6601-20-3	156.252	---	---	---	---	25	1.0677	2	---	---	---	---	---
11401	C7H12N4O3	2-hydroxy-6-(nitrosocyanamido)hexanamid	101913-96-6	200.198	---	---	---	---	25	1.2823	2	---	---	---	---	---
11402	C7H12N4O10	1,1'-(methylenebis(oxy))bis(2,2-dinitroprop	5917-61-3	312.194	---	---	---	---	25	1.5975	2	---	---	---	---	---
11403	C7H12O	cycloheptanone	502-42-1	112.172	---	---	451.65	1	20	0.9508	1	20	1.4608	1	---	---
11404	C7H12O	1-cyclopentylethanone	6004-60-0	112.172	---	---	431.65	1	20	0.9160	1	20	1.4409	1	---	---
11405	C7H12O	cyclohexanecarboxaldehyde	2043-61-0	112.172	---	---	432.45	1	20	0.9035	1	20	1.4496	1	---	---
11406	C7H12O	2,5-dimethylcyclopentanone	4041-09-2	112.172	---	---	419.65	1	25	0.8820	1	20	1.4310	1	---	---
11407	C7H12O	3,4-dimethyl-1-pentyn-3-ol	1482-15-1	112.172	267.15	2	406.15	1	20	0.8691	1	20	1.4372	1	liquid	1
11408	C7H12O	3-ethyl-1-pentyn-3-ol	6285-06-9	112.172	267.15	2	411.15	1	20	0.8691	1	---	---	---	liquid	1
11409	C7H12O	2-methyl-3-hexyn-2-ol	5075-33-2	112.172	267.15	1	419.15	1	25	0.9620	1	25	1.4392	1	liquid	1
11410	C7H12O	3-methyl-1-hexyn-3-ol	4339-05-3	112.172	267.15	2	410.15	1	20	0.8620	1	20	1.4338	1	liquid	1
11411	C7H12O	1,5-heptadien-4-ol	5638-26-6	112.172	---	---	429.15	1	20	0.8610	1	25	1.4510	1	---	---
11412	C7H12O	1,6-heptadien-4-ol	2883-45-6	112.172	---	---	424.15	1	25	0.8640	1	20	1.4505	1	---	---
11413	C7H12O	2-heptenal	2463-63-0	112.172	---	---	439.15	1	17	0.8640	1	17	1.4468	1	---	---
11414	C7H12O	3-heptenal	89896-73-1	112.172	---	---	424.15	1	15	0.8510	1	15	1.4348	1	---	---
11415	C7H12O	1-hepten-3-one	2918-13-0	112.172	205.00	2	427.35	2	20	0.8434	1	19	1.4305	1	liquid	2
11416	C7H12O	4-hepten-2-one	24332-22-7	112.172	---	---	427.35	2	21	0.8618	1	21	1.4290	1	---	---
11417	C7H12O	6-hepten-2-one	21889-88-3	112.172	---	---	418.15	1	18	0.8673	1	18	1.4350	1	---	---
11418	C7H12O	6-hepten-3-one	2565-39-1	112.172	---	---	415.15	1	18	0.8487	1	18	1.4254	1	---	---
11419	C7H12O	cis-3-hepten-2-one	69668-88-8	112.172	---	---	427.35	2	20	0.8440	1	20	1.4325	1	---	---
11420	C7H12O	trans-3-hepten-2-one	5609-09-6	112.172	---	---	427.15	1	20	0.8496	1	20	1.4436	1	---	---
11421	C7H12O	trans-5-hepten-2-one	1071-94-9	112.172	---	---	426.15	1	20	0.8445	1	20	1.4309	1	---	---
11422	C7H12O	2-methyl-4-hexen-3-one	53252-19-0	112.172	---	---	421.15	1	20	0.8500	1	20	1.4345	1	---	---
11423	C7H12O	3-methyl-5-hexen-2-one	2550-22-3	112.172	---	---	410.15	1	15	0.8450	1	25	1.4215	1	---	---
11424	C7H12O	4-methyl-5-hexen-2-one	61675-14-7	112.172	---	---	410.65	1	25	0.8273	1	22	1.4193	1	---	---
11425	C7H12O	5-methyl-1-hexen-3-one	2177-32-4	112.172	---	---	427.35	2	15	0.8400	1	15	1.4293	1	---	---
11426	C7H12O	5-methyl-3-hexen-2-one	5166-53-0	112.172	---	---	427.35	2	28	0.8549	1	22	1.4395	1	---	---
11427	C7H12O	5-methyl-4-hexen-2-one	28332-44-7	112.172	---	---	425.15	1	20	0.8640	1	20	1.4385	1	---	---
11428	C7H12O	5-methyl-5-hexen-2-one	3240-09-3	112.172	---	---	423.15	1	20	0.8460	1	20	1.4348	1	---	---
11429	C7H12O	2-methylcyclohexanone, (±)	24965-84-2	112.172	259.25	1	438.15	1	20	0.9250	1	25	1.4483	1	liquid	1
11430	C7H12O	3-methylcyclohexanone, (±)	625-96-7	112.172	199.65	1	442.15	1	20	0.9136	1	20	1.4456	1	liquid	1
11431	C7H12O	4-methylcyclohexanone	589-92-4	112.172	232.55	1	443.15	1	20	0.9138	1	20	1.4451	1	liquid	1
11432	C7H12O	2-methylenecyclohexanol	4065-80-9	112.172	---	---	427.35	2	20	0.9550	1	20	1.4843	1	---	---
11433	C7H12O	2,2-dimethyl-4-pentenal	5497-67-6	112.172	---	---	397.65	1	25	0.8250	1	---	1.4200	1	---	---
11434	C7H12O	endo-(±)-norborneol	497-36-9	112.172	424.15	1	427.35	2	21	0.8793	2	---	---	---	solid	1
11435	C7H12O	(2R)-(+)-endo-norborneol	61277-90-5	112.172	422.15	1	427.35	2	21	0.8793	2	---	---	---	solid	1
11436	C7H12O	trans-2-heptenal	18829-55-5	112.172	---	---	427.35	2	25	0.8490	1	---	1.4490	1	---	---
11437	C7H12O	(Z)-hept-4-enal	6728-31-0	112.172	---	---	427.35	2	25	0.8500	1	---	---	---	---	---
11438	C7H12O	1-heptyn-3-ol	7383-19-9	112.172	267.15	2	435.15	1	21	0.8793	2	---	1.4400	1	liquid	1
11439	C7H12O	methylcyclohexanone	1331-22-2	112.172	255.45	1	438.15	1	15	0.9250	1	---	---	---	liquid	1
11440	C7H12O	(R)-(+)-3-methylcyclohexanone	13368-65-5	112.172	233.12	2	441.70	1	25	0.9160	1	---	1.4460	1	liquid	1

Table 1 Physical Properties - Organic Compounds

				Mol Wt	Freezing Point		Boiling Point		Density			Refractive Index			State	
NO	FORMULA	NAME	CAS No	g/mol	T_F, K	code	T_B, K	code	T, C	g/cm3	code	T, C	n_D	code	@25C,1 atm	code
11441	C7H12O	2-methylcyclohexanone	583-60-8	112.172	260.10	1	436.70	1	25	0.9250	1	---	1.4480	1	liquid	1
11442	C7H12O	3-methylcyclohexanone	591-24-2	112.172	191.70	1	442.65	1	25	0.9140	1	---	1.4450	1	liquid	1
11443	C7H12O	exo-norborneol	497-37-0	112.172	394.65	1	449.65	1	21	0.8793	2	---	---	---	solid	1
11444	C7H12O	1,2,3,6-tetrahydrobenzylalcohol	1679-51-2	112.172	---	---	427.35	2	25	0.9610	1	---	1.4840	1	---	---
11445	C7H12O	(Z)-5-hepten-2-one	4535-61-9	112.172	---	---	422.70	1	21	0.8793	2	---	---	---	---	---
11446	C7H12O	(S)-3-methylcyclohexanone	24965-87-5	112.172	233.12	2	439.20	1	21	0.8793	2	---	---	---	liquid	1
11447	C7H12O	2-heptyn-1-ol	1002-36-4	112.172	267.15	2	427.35	2	21	0.8793	2	---	---	---	liquid	2
11448	C7H12OS	2-(methylthio)cyclohexanone	52190-35-9	144.238	---	---	---	---	25	1.0690	1	---	1.5080	1	---	---
11449	C7H12OSi	4-(trimethylsilyl)-3-butyn-2-one	5930-98-3	140.257	---	---	429.15	1	25	0.8540	1	---	1.4420	1	---	---
11450	C7H12O2	butyl acrylate	141-32-2	128.171	208.55	1	420.55	1	25	0.8940	1	25	1.4156	1	liquid	1
11451	C7H12O2	isobutyl acrylate	106-63-8	128.171	212.00	1	410.00	1	25	0.8850	1	20	1.4150	1	liquid	1
11452	C7H12O2	propyl methacrylate	2210-28-8	128.171	188.00	2	414.00	1	25	0.8970	1	16	1.4200	1	liquid	1
11453	C7H12O2	isopropyl methacrylate	4655-34-9	128.171	210.85	2	398.15	1	20	0.8847	1	20	1.4122	1	liquid	1
11454	C7H12O2	allyl butanoate	2051-78-7	128.171	210.85	2	415.15	1	20	0.9017	1	20	1.4158	1	liquid	1
11455	C7H12O2	cyclohexanecarboxylic acid	98-89-5	128.171	304.65	1	505.65	1	22	1.0334	1	20	1.4530	1	solid	1
11456	C7H12O2	cyclohexyl formate	4351-54-6	128.171	210.00	2	435.65	1	25	1.0057	1	20	1.4430	1	---	---
11457	C7H12O2	cyclopentyl acetate	933-05-1	128.171	---	---	447.69	2	16	0.9522	1	---	---	---	---	---
11458	C7H12O2	cyclopentaneacetic acid	1123-00-8	128.171	286.65	1	501.15	1	18	1.0216	1	18	1.4523	1	liquid	1
11459	C7H12O2	3,3-diethoxy-1-propyne	10160-87-9	128.171	---	---	412.15	1	22	0.8942	1	20	1.4140	1	---	---
11460	C7H12O2	2,3-heptanedione	96-04-8	128.171	299.40	2	417.15	1	18	0.9190	1	18	1.4150	1	solid	2
11461	C7H12O2	2,6-heptanedione	13505-34-5	128.171	306.65	1	495.15	1	37	0.9399	1	37	1.4277	1	solid	1
11462	C7H12O2	3-methyl-2,5-hexanedione	4437-50-7	128.171	299.40	2	469.15	1	20	0.9527	1	20	1.4260	1	solid	2
11463	C7H12O2	5-methyl-2,3-hexanedione	13706-86-0	128.171	299.40	2	411.15	1	22	0.9080	1	20	1.4119	1	solid	2
11464	C7H12O2	3,3-dimethyl-2,4-pentanedione	3142-58-3	128.171	292.15	1	446.15	1	20	0.9575	1	20	1.4306	1	liquid	1
11465	C7H12O2	3-ethyl-2,4-pentanedione	1540-34-7	128.171	299.40	2	451.65	1	19	0.9531	1	19	1.4408	1	solid	2
11466	C7H12O2	2,2-dimethyl-4-pentenoic acid	16386-93-9	128.171	263.90	2	490.00	2	20	0.9330	1	20	1.4338	1	liquid	2
11467	C7H12O2	2-heptenoic acid	18999-28-5	128.171	254.15	1	499.65	1	20	0.9575	1	20	1.4488	1	liquid	1
11468	C7H12O2	4-heptenoic acid	35194-37-7	128.171	263.90	2	490.00	2	15	0.9490	1	15	1.4418	1	liquid	2
11469	C7H12O2	5-heptenoic acid	3593-00-8	128.171	263.90	2	496.15	1	20	0.9496	1	20	1.4444	1	liquid	1
11470	C7H12O2	6-heptenoic acid	1119-60-4	128.171	266.65	1	499.15	1	14	0.9515	1	14	1.4404	1	liquid	1
11471	C7H12O2	2-methyl-3-hexenoic acid	73513-50-5	128.171	263.90	2	490.00	2	20	0.9353	1	20	1.4379	1	liquid	2
11472	C7H12O2	3-methyl-3-hexenoic acid	35205-71-1	128.171	263.90	2	490.00	2	20	0.9549	1	20	1.4469	1	liquid	2
11473	C7H12O2	4-methyl-2-hexenoic acid	37549-83-0	128.171	263.90	2	490.00	2	20	0.9441	1	20	1.4526	1	liquid	2
11474	C7H12O2	4-methyl-3-hexenoic acid	55665-79-7	128.171	263.90	2	490.00	2	16	0.9644	1	16	1.4512	1	liquid	2
11475	C7H12O2	5-methyl-2-hexenoic acid	41653-96-7	128.171	289.65	1	499.65	1	20	0.9420	1	17	1.4425	1	liquid	1
11476	C7H12O2	5-methyl-4-hexenoic acid	5636-65-7	128.171	245.15	1	490.15	1	25	0.9862	1	---	1.4504	1	liquid	1
11477	C7H12O2	trans-2-methyl-2-hexenoic acid	97961-66-5	128.171	263.90	2	478.15	1	20	0.9627	1	20	1.4601	1	liquid	1
11478	C7H12O2	2-ethoxy-3,4-dihydro-2H-pyran	103-75-3	128.171	---	---	405.15	1	25	0.9658	1	20	1.4394	1	---	---
11479	C7H12O2	ethyl cyclobutanecarboxylate	14924-53-9	128.171	---	---	432.15	1	25	0.9280	1	20	1.4261	1	---	---
11480	C7H12O2	ethyl 3-methyl-2-butenoate	638-10-8	128.171	210.85	2	426.65	1	21	0.9199	1	20	1.4345	1	liquid	1
11481	C7H12O2	ethyl trans-2-methyl-2-butenoate	5837-78-5	128.171	210.85	2	429.15	1	20	0.9200	1	20	1.4340	1	liquid	1
11482	C7H12O2	1-methylcyclopentanecarboxylic acid	5217-05-0	128.171	---	---	492.15	1	20	1.0218	1	20	1.4529	1	---	---
11483	C7H12O2	methyl 3-hexenoate	2396-78-3	128.171	210.85	2	447.69	2	25	0.9132	1	23	1.4240	1	liquid	2
11484	C7H12O2	methyl 2-methyl-2-pentenoate	10478-12-3	128.171	210.85	2	447.69	2	25	0.9200	1	---	1.4336	1	liquid	2
11485	C7H12O2	methyl 3-methyl-3-pentenoate	2258-58-4	128.171	210.85	2	447.69	2	20	0.9949	1	20	1.4306	1	liquid	2
11486	C7H12O2	methyl cis-3-methyl-2-pentenoate	17447-00-6	128.171	210.85	2	447.69	2	20	0.9279	1	20	1.4420	1	liquid	2
11487	C7H12O2	methyl trans-3-methyl-2-pentenoate	17447-01-7	128.171	210.85	2	424.15	1	20	0.9302	1	20	1.4446	1	liquid	1
11488	C7H12O2	tert-butyl acrylate	1663-39-4	128.171	210.85	2	447.69	2	25	0.8750	1	---	1.4190	1	liquid	2
11489	C7H12O2	3,5-heptanedione	7424-54-6	128.171	299.40	2	449.15	1	25	0.9460	1	---	1.4560	1	solid	2
11490	C7H12O2	2-methoxycyclohexanone	7429-44-9	128.171	---	---	458.15	1	25	1.0200	1	---	1.4550	1	---	---
11491	C7H12O2	methyl trans-2-methyl-2-pentenoate	1567-14-2	128.171	210.85	2	447.69	2	25	0.9200	1	---	1.4380	1	liquid	2
11492	C7H12O2	4-pentenyl acetate	1576-85-8	128.171	210.85	2	418.15	1	25	0.9110	1	---	1.4180	1	liquid	1
11493	C7H12O2	vinyl pivalate	3377-92-2	128.171	195.15	1	383.35	1	25	0.8660	1	---	1.4050	1	---	---
11494	C7H12O2	ethyl 2-methylcyclopropanecarboxylate	20913-25-1	128.171	---	---	447.69	2	22	0.9411	2	---	---	---	---	---
11495	C7H12O2	2,4-heptanedione	7307-02-0	128.171	---	---	447.20	1	22	0.9411	2	---	---	---	---	---
11496	C7H12O2	1,2,6,7-diepoxyheptane	4247-19-2	128.171	---	---	447.69	2	22	0.9411	2	---	---	---	---	---
11497	C7H12O2	3,3-dimethylallyl acetate	1191-16-8	128.171	210.85	2	447.69	2	22	0.9411	2	---	---	---	liquid	2
11498	C7H12O2	4-ethoxy-2-methyl-3-butyn-2-ol	2041-76-1	128.171	---	---	447.69	2	22	0.9411	2	---	---	---	---	---
11499	C7H12O2	g-heptalactone	105-21-5	128.171	---	---	447.69	2	22	0.9411	2	---	---	---	---	---
11500	C7H12O2	cis-3-hexenyl formate	33467-73-1	128.171	210.85	2	447.69	2	22	0.9411	2	---	---	---	liquid	2
11501	C7H12O2	tetrahydro-2,6-dimethyl-4H-pyran-4-one	1073-79-6	128.171	---	---	447.69	2	22	0.9411	2	---	---	---	---	---
11502	C7H12O2S	2-(methylthio)ethyl methacrylate	14216-23-0	160.237	---	---	---	---	25	1.0400	1	---	1.4800	1	---	---
11503	C7H12O2S2	ethyl 1,3-dithiane-2-carboxylate	20462-00-4	192.303	---	---	349.15	1	25	1.2200	1	---	1.5390	1	---	---
11504	C7H12O2Si	2-(trimethylsiloxy)furan	61550-02-5	156.256	---	---	---	---	25	0.9290	1	---	1.4370	1	---	---
11505	C7H12O3	2,2-dimethyl-4-oxopentanoic acid	470-49-5	144.170	349.95	1	462.84	2	22	1.0239	2	---	---	---	solid	1
11506	C7H12O3	ethylene glycol monoethyl ether propenoat	106-74-1	144.170	226.15	1	447.15	1	20	0.9830	1	20	1.4274	1	liquid	1
11507	C7H12O3	ethyl levulinate	539-88-8	144.170	---	---	478.95	1	20	1.0111	1	20	1.4229	1	---	---
11508	C7H12O3	ethyl 2-methylacetoacetate	609-14-3	144.170	---	---	460.15	1	20	0.9941	1	20	1.4185	1	---	---
11509	C7H12O3	ethyl 2-oxopentanoate	50461-74-0	144.170	---	---	455.65	1	18	0.9985	1	18	1.4170	1	---	---
11510	C7H12O3	ethyl 3-oxopentanoate	4949-44-4	144.170	---	---	464.15	1	20	1.0120	1	20	1.4230	1	---	---
11511	C7H12O3	isopropyl 3-oxobutanoate	542-08-5	144.170	245.85	1	459.15	1	20	0.9835	1	20	1.4173	1	liquid	1
11512	C7H12O3	methyl 2-ethylacetoacetate	51756-08-2	144.170	---	---	455.15	1	14	0.9950	1	---	---	---	---	---
11513	C7H12O3	methyl 3-methyl-4-oxopentanoate	25234-83-7	144.170	---	---	473.15	1	20	1.0220	1	73	1.4052	1	---	---
11514	C7H12O3	4-methyl-5-oxohexanoic acid	6818-07-1	144.170	---	---	462.84	2	20	1.0674	1	20	1.4320	1	---	---
11515	C7H12O3	1,2-propanediol 1-methacrylate	923-26-2	144.170	---	---	485.00	2	25	1.0660	1	20	1.4458	1	---	---
11516	C7H12O3	tetrahydro-2-furanpropanoic acid	935-12-6	144.170	---	---	536.15	1	20	1.1135	1	25	1.4578	1	---	---
11517	C7H12O3	tetrahydrofurfuryl acetate	637-64-9	144.170	---	---	466.15	1	20	1.0624	1	25	1.4350	1	---	---
11518	C7H12O3	2,5-dihydro-2,5-dimethoxy-2-methylfuran	22414-24-0	144.170	---	---	462.84	2	25	1.0190	1	---	1.4290	1	---	---
11519	C7H12O3	ethylene glycol methyl ether methacrylate	6976-93-8	144.170	---	---	462.84	2	25	0.9930	1	---	1.4310	1	---	---
11520	C7H12O3	ethyl 3-ethoxyacrylate	1001-26-9	144.170	---	---	468.65	1	25	0.9940	1	---	1.4460	1	---	---

Table 1 Physical Properties - Organic Compounds

				Mol Wt	Freezing Point		Boiling Point		Density			Refractive Index			State	
NO	FORMULA	NAME	CAS No	g/mol	T_F, K	code	T_B, K	code	T, C	g/cm3	code	T, C	n_D	code	@25C,1 atm	code
11521	C7H12O3	ethyl 3-methyl-2-oxobutyrate	20201-24-5	144.170	---	---	335.15	1	25	0.9840	1	---	1.4110	1	---	---
11522	C7H12O3	(R)-(-)-glycidyl butyrate	60456-26-0	144.170	---	---	462.84	2	25	1.0180	1	---	1.4280	1	---	---
11523	C7H12O3	(S)-(+)-glycidyl butyrate	65031-96-1	144.170	---	---	462.84	2	25	1.0180	1	---	1.4280	1	---	---
11524	C7H12O3	4-hydroxybutyl acrylate	2478-10-6	144.170	---	---	462.84	2	25	1.0420	1	---	1.4520	1	---	---
11525	C7H12O3	hydroxypropyl methacrylate	27813-02-1	144.170	184.25	1	513.15	1	25	1.0660	1	---	1.4470	1	liquid	1
11526	C7H12O3	6-oxoheptanoic acid	3218-07-2	144.170	309.15	1	462.84	2	25	1.0590	1	---	---	---	solid	1
11527	C7H12O3	butanoic acid, 3-oxo-, propyl ester	1779-60-8	144.170	---	---	467.00	1	22	1.0239	2	---	---	---	---	---
11528	C7H12O3	botryodiplodin	27098-03-9	144.170	324.15	1	462.84	2	22	1.0239	2	---	---	---	solid	1
11529	C7H12O3	1,2-dimethylcyclopentene ozonide	---	144.170	---	---	462.84	2	22	1.0239	2	---	---	---	---	---
11530	C7H12O4	diethyl malonate	105-53-3	160.170	224.25	1	472.05	1	25	1.0500	1	20	1.4136	1	liquid	1
11531	C7H12O4	butylpropanedioic acid	534-59-8	160.170	377.65	1	464.16	2	22	1.1150	2	---	---	---	solid	1
11532	C7H12O4	diethylpropanedioic acid	510-20-3	160.170	400.15	dec	464.16	2	22	1.1150	2	---	---	---	solid	1
11533	C7H12O4	dimethyl glutarate	1119-40-0	160.170	230.65	1	487.15	1	20	1.0876	1	20	1.4242	1	liquid	1
11534	C7H12O4	dimethyl 2-methylsuccinate	1604-11-1	160.170	---	---	469.15	1	25	1.0760	1	20	1.4200	1	---	---
11535	C7H12O4	3,3-dimethylpentanedioic acid	4839-46-7	160.170	376.65	1	464.16	2	20	1.4278	1	---	---	---	solid	1
11536	C7H12O4	ethyl methyl succinate	627-73-6	160.170	---	---	481.35	1	20	1.0760	1	---	---	---	---	---
11537	C7H12O4	heptanedioic acid	111-16-0	160.170	379.15	1	615.25	1	15	1.3290	1	---	---	---	solid	1
11538	C7H12O4	isobutylpropanedioic acid	4361-06-2	160.170	385.15	dec	464.16	2	22	1.1150	2	---	---	---	solid	1
11539	C7H12O4	methylene bispropionate	7044-96-4	160.170	---	---	464.16	2	20	1.0530	1	---	---	---	---	---
11540	C7H12O4	2-methylhexanedioic acid	626-70-0	160.170	337.15	1	464.16	2	22	1.1150	2	---	---	---	solid	1
11541	C7H12O4	3-methylhexanedioic acid, (±)	81177-02-8	160.170	370.15	1	464.16	2	22	1.1150	2	---	---	---	solid	1
11542	C7H12O4	monomethyl adipate	627-91-8	160.170	282.15	1	464.16	2	20	1.0623	1	20	1.4283	1	liquid	2
11543	C7H12O4	1,2-propanediol diacetate	623-84-7	160.170	---	---	463.65	1	20	1.0590	1	20	1.4173	1	---	---
11544	C7H12O4	1,3-propanediol diacetate	628-66-0	160.170	---	---	482.65	1	14	1.0700	1	---	1.4192	1	---	---
11545	C7H12O4	propyl hydrogen succinate	6946-88-9	160.170	288.15	1	464.16	2	20	1.1071	1	20	1.4343	1	liquid	2
11546	C7H12O4	2,4,8,10-tetraoxaspiro[5.5]undecane	126-54-5	160.170	321.45	1	464.16	2	22	1.1150	2	---	---	---	solid	1
11547	C7H12O4	2,5-dimethoxy-3-tetrahydrofurancarboxalde	50634-05-4	160.170	---	---	464.16	2	25	1.1290	1	---	1.4400	1	---	---
11548	C7H12O4	2,2-dimethylglutaric acid	681-57-2	160.170	357.15	1	464.16	2	22	1.1150	2	---	---	---	solid	1
11549	C7H12O4	2,4-dimethylglutaric acid, DL and meso	2121-67-7	160.170	379.15	1	464.16	2	22	1.1150	2	---	---	---	solid	1
11550	C7H12O4	(R)-(+)-dimethyl (R)-methylsuccinate	22644-27-5	160.170	---	---	464.16	2	25	1.0760	1	---	1.4180	1	---	---
11551	C7H12O4	2-methoxyethyl acetoacetate	22502-03-0	160.170	---	---	393.15	1	25	1.0900	1	---	1.4340	1	---	---
11552	C7H12O4	3-methyladipic acid	3058-01-3	160.170	372.65	1	464.16	2	22	1.1150	2	---	---	---	solid	1
11553	C7H12O4	(R)-(+)-3-methyladipic acid	623-82-5	160.170	355.65	1	464.16	2	22	1.1150	2	---	---	---	solid	1
11554	C7H12O4	methyl (R)-2,2-dimethyl-1,3-dioxolane-4-ca	52373-72-5	160.170	---	---	464.16	2	25	1.1060	1	---	1.4260	1	---	---
11555	C7H12O4	(-)-methyl (S)-2,2-dimethyl-1,3-dioxolane-4	60456-21-5	160.170	---	---	464.16	2	25	1.1060	1	---	1.4250	1	---	---
11556	C7H12O4	methyl (R)-(+)-3-methylglutarate	63473-60-9	160.170	---	---	464.16	2	25	1.1250	1	---	1.4380	1	---	---
11557	C7H12O4	mono-tert-butyl malonate	40052-13-9	160.170	292.65	1	464.16	2	25	1.0400	1	---	1.4260	1	liquid	2
11558	C7H12O4	a-hydroxyisobutyric acid acetate methyl es	57865-37-9	160.170	---	---	464.16	2	22	1.1150	2	---	---	---	---	---
11559	C7H12O5	diethyl hydroxymalonate	13937-08-1	176.169	270.65	1	494.15	1	15	1.1520	1	---	---	---	liquid	1
11560	C7H12O5	1,2,3-propanetriol diacetate	25395-31-7	176.169	---	---	532.15	1	16	1.1840	1	20	1.4400	1	---	---
11561	C7H12O5	1,2,3-propanetriol-1,3-diacetate	105-70-4	176.169	---	---	526.48	2	15	1.1790	1	20	1.4395	1	---	---
11562	C7H12O5	1,3-diacetin	102-62-5	176.169	313.15	1	553.15	1	15	1.1780	1	---	1.4350	1	solid	1
11563	C7H12O5	dimethyl 3-hydroxyglutarate	7250-55-7	176.169	---	---	526.48	2	25	1.1920	1	---	1.4420	1	---	---
11564	C7H12O6	quinic acid	77-95-2	192.169	435.65	1	---	---	25	1.6400	1	---	---	---	solid	1
11565	C7H12O6Si	methyltriacetoxysilane	4253-34-3	220.254	313.65	1	---	---	20	1.1750	1	20	1.4083	1	solid	1
11566	C7H12O7	a-D-glucoheptonic acid g-lactone	60046-25-5	208.168	426.65	1	---	---	25	1.2882	2	---	---	---	solid	1
11567	C7H12SSi	trimethyl-2-thienylsilane	18245-28-8	156.323	---	---	438.65	1	25	0.9450	1	---	1.4980	1	---	---
11568	C7H13AsO3	4-isopropyl-2,6,7-trioxa-1-arsabicyclo(2.2.2	67590-57-2	220.100	---	---	---	---	---	---	---	---	---	---	---	---
11569	C7H13Br	cis-1-bromo-1-heptene	39924-57-7	177.084	175.15	1	436.15	1	25	1.1470	1	25	1.4580	1	liquid	1
11570	C7H13Br	trans-1-bromo-1-heptene	53434-74-5	177.084	175.15	1	436.15	1	25	1.1470	1	25	1.4580	1	liquid	1
11571	C7H13Br	bromocycloheptane	2404-35-5	177.084	---	---	439.40	2	20	1.3080	1	20	1.4996	1	---	---
11572	C7H13Br	(bromomethyl)cyclohexane	2550-36-9	177.084	---	---	439.40	2	20	1.2830	1	30	1.4907	1	---	---
11573	C7H13Br	1-bromo-1-methylcyclohexane	931-77-1	177.084	---	---	431.15	1	20	1.2510	1	20	1.4866	1	---	---
11574	C7H13Br	1-bromo-3-methylcyclohexane	13905-48-1	177.084	---	---	454.15	1	15	1.2676	1	20	1.4979	1	---	---
11575	C7H13BrN	N-cyano-2-bromoethylbutylamine	---	191.091	---	---	---	---	25	1.2665	2	---	---	---	---	---
11576	C7H13BrN2O2	N-(aminocarbonyl)-2-bromo-2-ethylbutanai	77-65-6	237.097	391.15	1	---	---	25	1.5440	1	---	---	---	solid	1
11577	C7H13BrO	1-bromo-2-methoxycyclohexane	24618-31-3	193.084	---	---	---	---	20	1.3257	1	20	1.4871	1	---	---
11578	C7H13BrO2	2-bromoheptanoic acid	2624-01-3	209.083	---	---	523.15	dec	15	1.3190	1	18	1.4710	1	---	---
11579	C7H13BrO2	7-bromoheptanoic acid	30515-28-7	209.083	304.15	1	553.15	1	20	1.2962	2	---	---	---	solid	1
11580	C7H13BrO2	butyl 3-bromopropanoate	6973-79-1	209.083	---	---	499.90	2	20	1.3051	1	20	1.3051	1	---	---
11581	C7H13BrO2	ethyl 2-bromo-3-methylbutanoate	609-12-1	209.083	---	---	459.15	1	20	1.2760	1	20	1.4496	1	---	---
11582	C7H13BrO2	ethyl 2-bromopentanoate	615-83-8	209.083	---	---	464.15	1	18	1.2260	1	20	1.4496	1	---	---
11583	C7H13BrO2	ethyl 5-bromopentanoate	14660-52-7	209.083	---	---	499.90	2	20	1.3085	1	20	1.4543	1	---	---
11584	C7H13BrO2	2-(2-bromoethoxy)tetrahydro-2H-pyran	59146-56-4	209.083	---	---	499.90	2	25	1.3840	1	---	1.4820	1	---	---
11585	C7H13BrO2	5-bromopentyl acetate	15848-22-3	209.083	---	---	499.90	2	25	1.2550	1	---	1.4620	1	---	---
11586	C7H13Br3	1,1,1-tribromoheptane	62127-64-4	336.892	349.97	2	537.15	1	25	1.8080	2	---	---	---	solid	2
11587	C7H13Cl	cis-1-chloro-1-heptene	53268-66-9	132.633	192.99	2	423.15	1	25	0.8910	1	25	1.4320	1	liquid	1
11588	C7H13Cl	trans-1-chloro-1-heptene	53268-67-0	132.633	192.99	2	423.15	1	25	0.8910	1	25	1.4320	1	liquid	1
11589	C7H13Cl	1-chloro-1-heptene	2384-75-0	132.633	192.99	2	428.15	1	20	0.8948	1	20	1.4380	1	liquid	1
11590	C7H13Cl	2-chloro-1-heptene	65786-11-0	132.633	192.99	2	412.15	1	20	0.8895	1	20	1.4349	1	liquid	1
11591	C7H13Cl	4-chloro-3-heptene	2431-24-5	132.633	192.99	2	412.15	1	14	0.8830	1	14	1.4370	1	liquid	1
11592	C7H13ClNO5P	dimethyl phosphate ester with 2-chloro-N-r	34491-04-8	257.611	---	---	---	---	---	---	---	---	---	---	---	---
11593	C7H13ClO	1-chloro-2-heptanone	41055-92-9	148.632	---	---	424.88	2	26	0.9896	1	20	1.4371	1	---	---
11594	C7H13ClO	heptanoyl chloride	2528-61-2	148.632	189.35	1	398.35	1	20	0.9590	1	18	1.4345	1	liquid	1
11595	C7H13ClO	3-methylhexanoyl chloride	57323-93-0	148.632	---	---	436.15	1	20	0.9670	1	25	1.4293	1	---	---
11596	C7H13ClO	4-methylhexanoyl chloride	50599-73-0	148.632	---	---	440.15	1	20	0.9677	1	---	---	---	---	---
11597	C7H13ClO2	butyl 2-chloropropanoate	54819-86-2	164.632	---	---	457.15	1	20	1.0253	1	20	1.4263	1	---	---
11598	C7H13ClO2	butyl 3-chloropropanoate	27387-79-7	164.632	---	---	449.45	2	20	1.0370	1	20	1.4321	1	---	---
11599	C7H13ClO2	2-chloroethyl pentanoate	7735-33-3	164.632	---	---	458.15	1	12	1.0400	1	11	1.4307	1	---	---
11600	C7H13ClO2	ethyl 2-chloro-2-methylbutanoate	58190-94-6	164.632	---	---	449.15	1	14	1.0690	1	11	1.4388	1	---	---

Table 1 Physical Properties - Organic Compounds

				Mol Wt	Freezing Point		Boiling Point		Density			Refractive Index			State	
NO	FORMULA	NAME	CAS No	g/mol	T_F, K	code	T_B, K	code	T, C	g/cm3	code	T, C	n_D	code	@25C,1 atm	code
11601	C7H13ClO2	ethyl 2-chloro-3-methylbutanoate	91913-99-4	164.632	308.65	1	452.15	1	13	1.0210	1	---	---	---	solid	1
11602	C7H13ClO2	ethyl 3-chloropentanoate	6513-13-9	164.632	---	---	462.15	1	20	1.0330	1	20	1.4278	1	---	---
11603	C7H13ClO2	ethyl 4-chloropentanoate	70786-82-2	164.632	---	---	469.15	1	20	1.0393	1	20	1.4310	1	---	---
11604	C7H13ClO2	ethyl 5-chloropentanoate	2323-81-1	164.632	---	---	478.65	1	20	1.0561	1	20	1.4355	1	---	---
11605	C7H13ClO2	isobutyl 2-chloropropanoate	114489-96-2	164.632	---	---	449.15	1	20	1.0312	1	20	1.4247	1	---	---
11606	C7H13ClO2	isobutyl 3-chloropropanoate	62108-68-3	164.632	---	---	464.45	1	20	1.0323	1	20	1.4295	1	---	---
11607	C7H13ClO2	propyl 2-chlorobutanoate	62108-71-8	164.632	---	---	456.15	1	20	1.0252	1	---	---	---	---	---
11608	C7H13ClO2	5-chloropentyl acetate	20395-28-2	164.632	---	---	449.45	2	25	1.0610	1	---	1.4380	1	---	---
11609	C7H13ClO2	2-(3-chloropropyl)-2-methyl-1,3-dioxolane	5978-08-5	164.632	---	---	347.65	1	25	1.0920	1	---	1.4490	1	---	---
11610	C7H13ClO2	hexyl chloroformate	6092-54-2	164.632	---	---	449.45	2	25	1.0070	1	---	1.4240	1	---	---
11611	C7H13Cl2N3	b-(bis(2-chloroethylamino))propionitrile	63815-37-2	210.106	---	---	---	---	25	1.2081	2	---	---	---	---	---
11612	C7H13Cl3	1,1,1-trichloroheptane	3922-26-7	203.538	260.33	2	476.15	1	25	1.1220	1	25	1.4560	1	liquid	1
11613	C7H13F	cis-1-fluoro-1-heptene	28028-91-3	116.179	195.22	2	362.99	2	25	0.8190	1	25	1.4230	1	liquid	2
11614	C7H13F	trans-1-fluoro-1-heptene	28028-92-4	116.179	195.22	2	362.99	2	25	0.8190	1	25	1.4230	1	liquid	2
11615	C7H13FO2	7-fluoroheptanoic acid	334-28-1	148.178	283.15	1	---	---	20	1.0390	1	25	1.4207	1	---	---
11616	C7H13FO2	2-fluorobutyric acid isopropyl ester	63867-20-9	148.178	---	---	---	---	25	1.0018	2	---	---	---	---	---
11617	C7H13FO2	isopropyl g-fluorobutyrate	63904-97-2	148.178	---	---	---	---	25	1.0018	2	---	---	---	---	---
11618	C7H13F3	1,1,1-trifluoroheptane	---	154.176	267.02	2	374.15	1	25	0.9700	1	25	1.3500	1	liquid	1
11619	C7H13I	cis-1-iodo-1-heptene	63318-29-6	224.085	221.13	2	465.15	1	25	1.3840	1	25	1.4940	1	liquid	1
11620	C7H13I	trans-1-iodo-1-heptene	60595-37-1	224.085	221.13	2	465.15	1	25	1.3840	1	25	1.4940	1	liquid	1
11621	C7H13I3	1,1,1-triiodoheptane	---	477.894	344.75	2	635.75	2	25	2.2496	2	---	---	---	solid	2
11622	C7H13N	heptanenitrile	629-08-3	111.187	210.55	1	457.65	1	25	0.8057	1	25	1.4122	1	liquid	1
11623	C7H13N	1-azabicyclo[2.2.2]octane	100-76-5	111.187	431.15	1	---	---	25	0.8743	2	---	---	---	solid	1
11624	C7H13N	3-ethyl-1-pentyn-3-amine	3234-64-8	111.187	---	---	423.10	2	25	0.8260	1	20	1.4409	1	---	---
11625	C7H13N	3-vinylpiperidine	57502-49-5	111.187	---	---	426.65	1	25	0.9274	1	25	1.4731	1	---	---
11626	C7H13N	exo-2-aminonorbornane	7242-92-4	111.187	---	---	423.10	2	25	0.9380	1	---	1.4810	1	---	---
11627	C7H13N	hexahydro-1H-pyrrolizine	643-20-9	111.187	---	---	423.10	2	25	0.8743	2	---	---	---	---	---
11628	C7H13N	methyldiallylamine	2424-01-3	111.187	---	---	385.00	1	25	0.8743	2	---	---	---	---	---
11629	C7H13N	N,N-diethyl-1-propynylamine	4231-35-0	111.187	---	---	423.10	2	25	0.8743	2	---	---	---	---	---
11630	C7H13N	N,N-diethyl-2-propynylamine	4079-68-9	111.187	---	---	423.10	2	25	0.8743	2	---	---	---	---	---
11631	C7H13N	2-methyl-2-azabicyclo(2.2.1)heptane	4524-95-2	111.187	---	---	423.10	2	25	0.8743	2	---	---	---	---	---
11632	C7H13NO	1-acetylpiperidine	618-42-8	127.187	259.75	1	499.65	1	9	1.0110	1	25	1.4790	1	liquid	1
11633	C7H13NO	1-azabicyclo[2.2.2]octan-3-ol	1619-34-7	127.187	494.15	1	---	---	22	0.9509	2	---	---	---	solid	1
11634	C7H13NO	N-cyclohexylformamide	766-93-8	127.187	312.65	1	533.15	1	17	1.0123	1	---	---	---	solid	1
11635	C7H13NO	1-aza-2-cyclooctanone	673-66-5	127.187	309.15	1	488.25	2	22	0.9509	2	---	---	---	solid	1
11636	C7H13NO	1-aza-2-methoxy-1-cycloheptene	2525-16-8	127.187	---	---	488.25	2	25	0.8870	1	---	1.4630	1	---	---
11637	C7H13NO	3-butoxypropionitrile	6959-71-3	127.187	---	---	483.15	1	25	0.9250	1	---	1.4210	1	---	---
11638	C7H13NO	cyclohexanecarboxamide	1122-56-1	127.187	460.65	1	488.25	2	22	0.9509	2	---	---	---	solid	1
11639	C7H13NO	1-ethyl-4-piperidone	3612-18-8	127.187	---	---	488.25	2	25	0.9370	1	---	1.4640	1	---	---
11640	C7H13NO	hexyl isocyanate	2525-62-4	127.187	---	---	436.15	1	25	0.8730	1	---	1.4200	1	---	---
11641	C7H13NO	1-isopropyl-2-pyrrolidinone	3772-26-7	127.187	291.15	1	489.15	1	25	0.9710	1	---	---	---	liquid	1
11642	C7H13NO	N-methylcaprolactam	2556-73-2	127.187	---	---	488.25	2	25	0.9910	1	---	1.4830	1	---	---
11643	C7H13NO	(R)-quinuclidin-3-ol	25333-42-0	127.187	493.65	1	---	---	22	0.9509	2	---	---	---	solid	1
11644	C7H13NO	N-tert-butylacrylamide	107-58-4	127.187	402.15	1	488.25	2	22	0.9509	2	---	---	---	solid	1
11645	C7H13NOS	2-allylmercaptoisobutyramide	63915-89-9	159.253	---	---	---	---	25	1.0462	2	---	---	---	---	---
11646	C7H13NO2	2-(dimethylamino)ethyl acrylate	2439-35-2	143.186	---	---	---	---	20	0.9380	1	---	---	---	---	---
11647	C7H13NO2	1-methyl-1-nitrocyclohexane	59368-15-9	143.186	202.15	1	---	---	20	1.0384	1	20	1.4598	1	---	---
11648	C7H13NO2	1-methyl-4-nitrocyclohexane	89895-45-4	143.186	---	---	---	---	25	1.0370	1	23	1.4567	1	---	---
11649	C7H13NO2	2-methylnitrocyclohexane	74221-86-6	143.186	---	---	---	---	25	1.0460	1	25	1.4608	1	---	---
11650	C7H13NO2	methyl 4-piperidinecarboxylate	2971-79-1	143.186	---	---	---	---	24	1.0259	2	25	1.4635	1	---	---
11651	C7H13NO2	(nitromethyl)cyclohexane	2625-30-1	143.186	---	---	---	---	20	1.0482	1	20	1.4705	1	---	---
11652	C7H13NO2	stachydrine	471-87-4	143.186	508.15	1	---	---	24	1.0259	2	---	---	---	solid	1
11653	C7H13NO2	1-amino-1-cyclohexanecarboxylic acid	2756-85-6	143.186	>573.15	1	---	---	24	1.0259	2	---	---	---	solid	1
11654	C7H13NO2	trans-2-amino-1-cyclohexanecarboxylic aci	5691-19-0	143.186	549.15	1	---	---	24	1.0259	2	---	---	---	solid	1
11655	C7H13NO2	cis-2-amino-1-cyclohexanecarboxylic acid	5691-20-3	143.186	512.15	1	---	---	24	1.0259	2	---	---	---	solid	1
11656	C7H13NO2	3,3-diethoxypropionitrile	2032-34-0	143.186	---	---	---	---	25	0.9520	1	---	1.4150	1	---	---
11657	C7H13NO2	2,2-diethoxypropionitrile	56011-12-2	143.186	---	---	---	---	25	0.9180	1	---	1.3980	1	---	---
11658	C7H13NO2	1,4-dioxa-8-azaspiro[4.5]decane	177-11-7	143.186	---	---	---	---	25	1.1170	1	---	1.4820	1	---	---
11659	C7H13NO2	ethyl 3,3-dimethylaminoacrylate	924-99-2	143.186	290.65	1	---	---	24	1.0259	2	---	---	---	---	---
11660	C7H13NO2	5-ethyl-3,7-dioxa-1-azabicyclo[3.3.0]octane	7747-35-5	143.186	---	---	---	---	25	1.0830	1	---	1.4610	1	---	---
11661	C7H13NO2	N-formyl-2-methoxy-piperidine	61020-07-3	143.186	---	---	---	---	25	1.0500	1	---	---	---	---	---
11662	C7H13NO2	trans-2-hydroxy-1-cyclohexanecarboxamid	24947-95-3	143.186	378.65	1	---	---	24	1.0259	2	---	---	---	solid	1
11663	C7H13NO2	cis-2-hydroxy-1-cyclohexanecarboxamide	73045-98-4	143.186	390.15	1	---	---	24	1.0259	2	---	---	---	solid	1
11664	C7H13NO2	(S)-(-)-2-(methoxymethyl)-1-pyrrolidinecarb	63126-45-4	143.186	---	---	---	---	25	1.0570	1	---	1.4760	1	---	---
11665	C7H13NO2	ethyl trans-3-dimethylaminoacrylate	1117-37-9	143.186	---	---	---	---	24	1.0259	2	---	---	---	---	---
11666	C7H13NO2	2-nitro-2-heptene	6065-14-1	143.186	---	---	460.00	2	24	1.0259	2	---	---	---	---	---
11667	C7H13NO2	3-nitro-2-heptene	6065-13-0	143.186	---	---	460.00	2	24	1.0259	2	---	---	---	---	---
11668	C7H13NO2S	(4S,2RS)-2,5,5-trimethylthiazolidine-4-carb	---	175.252	440.15	1	---	---	25	1.1104	2	---	---	---	solid	1
11669	C7H13NO3	betonicine	515-25-3	159.185	525.15	dec	---	---	25	1.0764	2	---	---	---	solid	1
11670	C7H13NO3	3-[2-(2-hydroxyethoxy)ethoxy]propanenitril	10143-54-1	159.185	---	---	---	---	32	1.0890	1	22	1.4452	1	---	---
11671	C7H13NO3	(S)-2,2-dimethyl-1,3-dioxolane-4-acetamid	185996-33-2	159.185	381.65	1	---	---	25	1.0764	2	---	---	---	solid	1
11672	C7H13NO3	methyl morpholinoacetate	---	159.185	---	---	---	---	25	1.0764	2	---	1.4585	1	---	---
11673	C7H13NO3S	N-acetyL-L-methionine	65-82-7	191.251	378.65	1	---	---	25	1.1701	2	---	---	---	solid	1
11674	C7H13NO3S	N-acetyl-DL-penicillamine	59-53-0	191.251	459.15	1	---	---	25	1.1701	2	---	---	---	solid	1
11675	C7H13NO3S	N-acetyl-DL-methionine	1115-47-5	191.251	---	---	---	---	25	1.1701	2	---	---	---	---	---
11676	C7H13NO3S2	N-(2-mercapto-2-methylpropanoyl)-L-cyste	65002-17-7	223.317	412.65	1	---	---	25	1.2475	2	---	---	---	solid	1
11677	C7H13NO4	diethyl 2-aminomalonate	6829-40-9	175.185	---	---	---	---	16	1.1000	1	16	1.4353	1	---	---
11678	C7H13NO4	gamma-ethyl L-glutamate	1119-33-1	175.185	464.15	1	---	---	21	1.1070	2	---	---	---	solid	1
11679	C7H13NO4	alpha-ethylglutamic acid	20913-68-2	175.185	---	---	---	---	21	1.1070	2	---	---	---	---	---
11680	C7H13NO4	boc-glycine	4530-20-5	175.185	361.65	1	---	---	21	1.1070	2	---	---	---	solid	1

Table 1 Physical Properties - Organic Compounds

NO	FORMULA	NAME	CAS No	Mol Wt	Freezing Point		Boiling Point		Density			Refractive Index			State	
				g/mol	T_F, K	code	T_B, K	code	T, C	g/cm3	code	T, C	n_D	code	@25C,1 atm	code
11681	C7H13NO4	methyl 4-methyl-4-nitropentanoate	16507-02-1	175.185	---	---	---	---	25	1.1140	1	---	1.4410	1	---	---
11682	C7H13NO4S	2-acrylamido-2-methylpropanesulfonic acid	15214-89-8	207.251	458.15	1	---	---	25	1.4500	1	---	---	---	solid	1
11683	C7H13NS	hexyl isothiocyanate	4404-45-9	143.253	---	---	---	---	25	0.9330	1	---	1.4930	1	---	---
11684	C7H13N2O4PS3	O,O-dimethyl-S-(5-ethoxy-1,3,4-thiadiazoli	2669-32-1	316.364	---	---	---	---	---	---	---	---	---	---	---	---
11685	C7H13N3OS	N-ethyl-N'-(3-methyl-2-thiazolidinylidene)u	73696-65-8	187.267	---	---	---	---	25	1.1652	2	---	---	---	---	---
11686	C7H13N3O2	nitrosocyclohexylurea	877-31-6	171.200	---	---	---	---	25	1.1355	2	---	---	---	---	---
11687	C7H13N3O3	N-nitroso-N'-carbethoxypiperazine	13256-15-0	187.199	---	---	---	---	25	1.1971	2	---	---	---	---	---
11688	C7H13N3O3S	oxamyl	23135-22-0	219.265	382.15	1	---	---	25	0.9700	1	---	---	---	solid	1
11689	C7H13N3O3S	nitrosoaldicarb	57644-85-6	219.265	---	---	---	---	25	1.2752	2	---	---	---	---	---
11690	C7H13N3O5	o-(N-nitroso-N-methyl-b-alanyl)-L-serine	52977-61-4	219.198	---	---	---	---	25	1.3078	2	---	---	---	---	---
11691	C7H13N5S	hexamethylene tetramine thiocyanate	52302-51-9	199.281	435.65	1	---	---	25	1.2182	2	---	---	---	solid	1
11692	C7H13O3Sb	4-propyl-2,6,7-trioxa-1-stibabicyclo(2.2.2)o	60062-60-4	266.938	---	---	---	---	---	---	---	---	---	---	---	---
11693	C7H13O5P	trimethyl 4-phosphonocrotonate	86120-40-3	208.151	---	---	---	---	---	---	---	---	---	---	---	---
11694	C7H13O5PS	trans-methacrifos	62610-77-9	240.217	298.15	1	---	---	---	---	---	---	---	---	---	---
11695	C7H13O6P	mevinphos	7786-34-7	224.151	294.15	d	---	---	---	---	---	---	---	---	---	---
11696	C7H14	ethylcyclopentane	1640-89-7	98.188	134.71	1	376.62	1	25	0.7630	1	25	1.4173	1	liquid	1
11697	C7H14	1,1-dimethylcyclopentane	1638-26-2	98.188	203.36	1	361.00	1	25	0.7500	1	25	1.4109	1	liquid	1
11698	C7H14	1,2-dimethylcyclopentane	2452-99-5	98.188	154.10	1	370.00	1	25	0.7093	2	---	---	---	liquid	1
11699	C7H14	cis-1,2-dimethylcyclopentane	1192-18-3	98.188	219.26	1	372.68	1	25	0.7680	1	25	1.4196	1	liquid	1
11700	C7H14	trans-1,2-dimethylcyclopentane	822-50-4	98.188	155.58	1	365.02	1	25	0.7470	1	25	1.4094	1	liquid	1
11701	C7H14	1,3-dimethylcyclopentane	2453-00-1	98.188	134.60	1	365.10	1	25	0.7093	2	---	1.4140	1	liquid	1
11702	C7H14	cis-1,3-dimethylcyclopentane	2532-58-3	98.188	139.45	1	363.92	1	25	0.7400	1	25	1.4063	1	liquid	1
11703	C7H14	trans-1,3-dimethylcyclopentane	1759-58-6	98.188	139.18	1	364.88	1	25	0.7440	1	25	1.4081	1	liquid	1
11704	C7H14	methylcyclohexane	108-87-2	98.188	146.58	1	374.08	1	25	0.7660	1	25	1.4206	1	liquid	1
11705	C7H14	cycloheptane	291-64-5	98.188	265.12	1	391.94	1	25	0.8060	1	25	1.4424	1	liquid	1
11706	C7H14	1-heptene	592-76-7	98.188	154.27	1	366.79	1	25	0.6930	1	25	1.3971	1	liquid	1
11707	C7H14	2-heptene	592-77-8	98.188	148.16	2	371.40	1	25	0.7093	2	---	---	---	liquid	1
11708	C7H14	cis-2-heptene	6443-92-1	98.188	164.00	1	371.56	1	25	0.7030	1	25	1.4042	1	liquid	1
11709	C7H14	trans-2-heptene	14686-13-6	98.188	163.67	1	371.10	1	25	0.6970	1	25	1.4020	1	liquid	1
11710	C7H14	3-heptene	592-78-9	98.188	148.16	2	369.00	1	25	0.7093	2	---	---	---	liquid	1
11711	C7H14	3-heptene (mixed isomers)	25339-56-4	98.188	148.16	2	363.69	2	25	0.7093	2	---	---	---	liquid	2
11712	C7H14	cis-3-heptene	7642-10-6	98.188	136.51	1	368.90	1	25	0.6980	1	25	1.4033	1	liquid	1
11713	C7H14	trans-3-heptene	14686-14-7	98.188	136.52	1	368.82	1	25	0.6940	1	25	1.4017	1	liquid	1
11714	C7H14	2-methyl-1-hexene	6094-02-6	98.188	170.28	1	364.99	1	25	0.6980	1	25	1.4008	1	liquid	1
11715	C7H14	3-methyl-1-hexene	3404-61-3	98.188	145.00	1	357.05	1	25	0.6870	1	25	1.3938	1	liquid	1
11716	C7H14	4-methyl-1-hexene	3769-23-1	98.188	131.70	1	359.88	1	25	0.6940	1	25	1.3973	1	liquid	1
11717	C7H14	5-methyl-1-hexene	3524-73-0	98.188	161.00	2	358.46	1	25	0.6877	1	25	1.3940	1	liquid	1
11718	C7H14	2-methyl-2-hexene	2738-19-4	98.188	142.80	1	368.56	1	25	0.7038	1	25	1.4079	1	liquid	1
11719	C7H14	3-methyl-cis-2-hexene	10574-36-4	98.188	154.65	1	370.41	1	25	0.7114	1	25	1.4100	1	liquid	1
11720	C7H14	3-methyl-trans-2-hexene	20710-38-7	98.188	143.85	1	368.33	1	25	0.7100	1	25	1.4091	1	liquid	1
11721	C7H14	4-methyl-cis-2-hexene	3683-19-0	98.188	148.07	2	359.46	1	25	0.6952	1	25	1.3999	1	liquid	1
11722	C7H14	4-methyl-trans-2-hexene	3683-22-5	98.188	147.46	1	360.71	1	25	0.6925	1	25	1.3998	1	liquid	1
11723	C7H14	5-methyl-cis-2-hexene	13151-17-2	98.188	148.07	2	362.65	1	25	0.6970	1	25	1.4010	1	liquid	1
11724	C7H14	5-methyl-trans-2-hexene	7385-82-2	98.188	148.81	1	361.26	1	25	0.6883	1	25	1.3979	1	liquid	1
11725	C7H14	2-methyl-cis-3-hexene	15840-60-5	98.188	148.07	2	359.15	1	25	0.6900	1	25	1.3990	1	liquid	1
11726	C7H14	2-methyl-trans-3-hexene	692-24-0	98.188	131.59	1	359.05	1	25	0.6853	1	25	1.3974	1	liquid	1
11727	C7H14	3-methyl-cis-3-hexene	4914-89-0	98.188	149.11	2	368.55	1	25	0.7080	1	25	1.4100	1	liquid	1
11728	C7H14	3-methyl-trans-3-hexene	3899-36-3	98.188	149.11	2	366.69	1	25	0.7051	1	25	1.4082	1	liquid	1
11729	C7H14	2-ethyl-1-pentene	3404-71-5	98.188	168.00	1	367.15	1	25	0.7040	1	25	1.4020	1	liquid	1
11730	C7H14	3-ethyl-1-pentene	4038-04-4	98.188	145.67	1	357.26	1	25	0.6920	1	25	1.3955	1	liquid	1
11731	C7H14	2,3-dimethyl-1-pentene	3404-72-6	98.188	138.85	1	357.43	1	25	0.7009	1	25	1.4006	1	liquid	1
11732	C7H14	2,4-dimethyl-1-pentene	2213-32-3	98.188	149.09	1	354.76	1	25	0.6897	1	25	1.3958	1	liquid	1
11733	C7H14	3,3-dimethyl-1-pentene	3404-73-7	98.188	138.77	1	350.63	1	25	0.6931	1	25	1.3958	1	liquid	1
11734	C7H14	3,4-dimethyl-1-pentene	7385-78-6	98.188	136.39	2	353.95	1	25	0.6934	1	25	1.3965	1	liquid	1
11735	C7H14	4,4-dimethyl-1-pentene	762-62-9	98.188	136.55	1	345.67	1	25	0.6780	1	25	1.3890	1	liquid	1
11736	C7H14	3-ethyl-2-pentene	816-79-5	98.188	149.11	2	369.16	1	25	0.7161	1	25	1.4122	1	liquid	1
11737	C7H14	2,3-dimethyl-2-pentene	10574-37-5	98.188	154.88	1	370.55	1	25	0.7234	1	25	1.4185	1	liquid	1
11738	C7H14	2,4-dimethyl-2-pentene	625-65-0	98.188	145.45	1	356.45	1	25	0.6905	1	25	1.4009	1	liquid	1
11739	C7H14	3,4-dimethyl-cis-2-pentene	4914-91-4	98.188	159.76	1	362.40	1	25	0.7092	1	25	1.4078	1	liquid	1
11740	C7H14	3,4-dimethyl-trans-2-pentene	4914-92-5	98.188	148.92	1	364.65	1	25	0.7124	1	25	1.4101	1	liquid	1
11741	C7H14	4,4-dimethyl-cis-2-pentene	762-63-0	98.188	137.69	1	353.58	1	25	0.6951	1	25	1.3999	1	liquid	1
11742	C7H14	4,4-dimethyl-trans-2-pentene	690-08-4	98.188	157.92	1	349.89	1	25	0.6843	1	25	1.3953	1	liquid	1
11743	C7H14	3-methyl-2-ethyl-1-butene	7357-93-9	98.188	137.43	2	359.52	1	25	0.7043	1	25	1.4024	1	liquid	1
11744	C7H14	2,3,3-trimethyl-1-butene	594-56-9	98.188	163.30	1	351.04	1	25	0.7010	1	25	1.4001	1	liquid	1
11745	C7H14	3,4-dimethylpent-2-ene	24910-63-2	98.188	149.05	1	360.80	1	25	0.7093	2	---	1.4060	1	liquid	1
11746	C7H14	1,1,2,2-tetramethylcyclopropane	4127-47-3	98.188	167.25	2	363.69	2	25	0.7093	2	---	---	---	liquid	2
11747	C7H14	1,1-diethylcyclopropane	1003-19-6	98.188	167.25	1	361.80	1	25	0.7093	2	---	---	---	liquid	1
11748	C7H14BrF	1-bromo-7-fluoroheptane	334-42-9	197.091	---	---	---	---	25	1.2240	2	20	1.4463	1	---	---
11749	C7H14BrNO	2-bromo-2-ethyl-3-methylbutanamide	466-14-8	208.099	323.65	1	---	---	25	1.2925	2	---	---	---	solid	1
11750	C7H14BrO3P	diethyl 3-bromo-1-propene phosphonate, n	66498-59-7	257.064	---	---	---	---	25	1.3400	1	---	1.4800	1	---	---
11751	C7H14Br2	1,1-dibromoheptane	59104-79-9	257.996	272.75	2	495.15	1	25	1.4850	1	25	1.4980	1	liquid	1
11752	C7H14Br2	1,2-dibromoheptane	42474-21-5	257.996	293.80	2	501.15	1	20	1.5086	1	20	1.4986	1	liquid	1
11753	C7H14Br2	1,5-dibromoheptane	1622-10-2	257.996	293.80	2	510.82	2	15	1.5360	1	15	1.5041	1	liquid	2
11754	C7H14Br2	1,7-dibromoheptane	4549-31-9	257.996	314.85	1	536.15	1	20	1.5306	1	20	1.5034	1	solid	1
11755	C7H14Br2	2,3-dibromoheptane	21266-88-6	257.996	293.80	2	510.82	2	20	1.5139	1	20	1.4992	1	liquid	2
11756	C7H14Br2	3,4-dibromoheptane	21266-90-0	257.996	293.80	2	510.82	2	20	1.5182	1	20	1.5010	1	liquid	2
11757	C7H14ClF	1-chloro-7-fluoroheptane	334-43-0	152.639	---	---	---	---	20	0.9930	1	25	1.4222	1	---	---
11758	C7H14ClNO	diisopropylcarbamoyl chloride	19009-39-3	163.647	330.65	1	---	---	25	1.0200	1	---	---	---	solid	1
11759	C7H14ClNO2	methyl-b-acetoxyethyl-b-chloroethylamine	36375-30-1	179.646	---	---	275.65	1	25	1.0956	2	---	---	---	gas	1
11760	C7H14ClN3	1-(2-chloroethyl)-3-(4-hydroxybutyl)-1-nitro	60784-48-7	175.662	---	---	---	---	25	1.0895	2	---	---	---	---	---

Table 1 Physical Properties - Organic Compounds

				Mol Wt	Freezing Point		Boiling Point		Density			Refractive Index			State	
NO	FORMULA	NAME	CAS No	g/mol	T_F, K	code	T_B, K	code	T, C	g/cm3	code	T, C	n_D	code	@25C,1 atm	code
11761	C7H14ClN3O2	nitrosochloroethyldiethylurea	69113-00-4	207.660	---	---	497.65	1	25	1.2041	2	---	---	---	---	---
11762	C7H14ClN4O3	morpholino-CNU	72122-60-2	237.667	---	---	---	---	25	1.3035	2	---	---	---	---	---
11763	C7H14Cl2	1,1-dichloroheptane	821-25-0	169.093	212.99	2	460.15	1	25	1.0050	1	25	1.4380	1	liquid	1
11764	C7H14Cl2	1,2-dichloro-4,4-dimethylpentane	6065-90-3	169.093	254.82	2	448.15	1	20	1.0259	1	20	1.4489	1	liquid	1
11765	C7H14Cl2	1,5-dichloro-3,3-dimethylpentane	62496-53-1	169.093	254.82	2	454.15	2	20	1.0563	1	20	1.4652	1	liquid	2
11766	C7H14Cl2	2,4-dichloro-2,4-dimethylpentane	33553-93-4	169.093	296.65	1	454.15	2	20	1.0292	1	20	1.4537	1	liquid	2
11767	C7H14Cl2	1,2-dichloroheptane	10575-87-8	169.093	254.82	2	454.15	2	20	1.0640	1	20	1.4490	1	liquid	2
11768	C7H14Cl2	1,7-dichloroheptane	821-76-1	169.093	254.82	2	454.15	2	25	1.0408	1	25	1.4565	1	liquid	2
11769	C7H14Cl2	2,2-dichloroheptane	65786-09-6	169.093	254.82	2	454.15	2	20	1.0120	1	20	1.4440	1	liquid	2
11770	C7H14Cl2	4,4-dichloroheptane	89796-76-9	169.093	254.82	2	454.15	1	17	1.0080	1	17	1.4480	1	liquid	1
11771	C7H14FO2P	methyl cyclohexylfluorophosphonate	329-99-7	180.159	---	---	---	---	---	---	---	---	---	---	---	---
11772	C7H14F2	1,1-difluoroheptane	407-96-5	136.185	191.15	1	392.85	1	25	0.8910	1	25	1.3690	1	liquid	1
11773	C7H14F2O2	(R)-(+)-3,3-difluoro-1,2-heptanediol	158358-96-4	168.184	---	---	---	---	25	0.7830	1	---	1.4190	1	---	---
11774	C7H14I2	1,1-diiodoheptane	66675-46-5	351.997	269.27	2	545.40	2	25	1.8760	1	25	1.5560	1	liquid	2
11775	C7H14NNaO4S	mops sodium salt	71119-22-7	231.249	---	---	---	---	---	---	---	---	---	---	---	---
11776	C7H14NO2PS3	dithiolane iminophosphate	333-29-9	271.366	---	---	540.15	1	---	---	---	---	---	---	---	---
11777	C7H14NO3P	diethyl (1-cyanoethyl)phosphonate	29668-61-9	191.167	---	---	---	---	25	1.0850	1	---	1.4320	1	---	---
11778	C7H14NO3P	2-cyanoethanephosphonic acid diethyl este	10123-62-3	191.167	---	---	---	---	---	---	---	---	---	---	---	---
11779	C7H14NO3PS2	cyolane	947-02-4	255.299	313.90	1	389.65	1	---	---	---	---	---	---	solid	1
11780	C7H14NO4PS2	methyl(((methoxymethylphosphinothioyl)thi	29173-31-7	271.299	---	---	---	---	---	---	---	---	---	---	---	---
11781	C7H14NO5P	monocrotophos	6923-22-4	223.166	328.15	1	---	---	20	1.3300	1	---	---	---	solid	1
11782	C7H14N2	N,N'-diisopropylcarbodiimide	693-13-0	126.202	---	---	420.15	1	25	0.8060	1	20	1.4320	1	---	---
11783	C7H14N2	1-tert-butyl-3-ethylcarbodiimide	1433-27-8	126.202	---	---	411.15	1	25	0.8140	1	---	1.4320	1	---	---
11784	C7H14N2	3-(diethylamino)propionitrile	5351-04-2	126.202	211.50	1	470.15	1	25	0.8600	1	---	---	---	liquid	1
11785	C7H14N2	diisopropylcyanamide	3085-76-5	126.202	245.45	1	366.65	1	25	0.8350	1	---	1.4270	1	liquid	1
11786	C7H14N2O	cis-2-amino-1-cyclohexanecarboxamide	115014-77-2	142.202	398.65	1	401.82	2	25	0.9780	2	---	---	---	solid	1
11787	C7H14N2O	1-(3-aminopropyl)-2-pyrrolidinone	7663-77-6	142.202	---	---	394.65	1	25	1.0100	1	---	---	---	---	---
11788	C7H14N2O	2,6-dimethylnitrosopiperidine	17721-95-8	142.202	---	---	401.82	2	25	0.9780	2	---	---	---	---	---
11789	C7H14N2O	3,5-dimethylnitrosopiperidine	65445-59-2	142.202	---	---	401.82	2	25	0.9780	2	---	---	---	---	---
11790	C7H14N2O	cis-3,5-dimethyl-1-nitrosopiperidine	78338-31-5	142.202	---	---	401.82	2	25	0.9780	2	---	---	---	---	---
11791	C7H14N2O	trans-3,5-dimethyl-1-nitrosopiperidine	78338-32-6	142.202	---	---	401.82	2	25	0.9780	2	---	---	---	---	---
11792	C7H14N2O	N-nitroso-N-methylcyclohexylamine	5432-28-0	142.202	---	---	401.82	2	25	0.9780	2	---	---	---	---	---
11793	C7H14N2O	octahydro-1-nitrosoazocine	20917-49-1	142.202	---	---	371.15	1	25	0.9780	2	---	---	---	---	---
11794	C7H14N2O	pentanal methylformylhydrazone	57590-20-2	142.202	---	---	439.65	1	25	0.9780	2	---	---	---	---	---
11795	C7H14N2OS	2-butyl-3-nitrosothiazolidine	72505-66-9	174.268	---	---	337.05	1	25	1.0826	2	---	---	---	---	---
11796	C7H14N2OS	N-nitrosoisobutylthiazolidine	72505-67-0	174.268	---	---	337.05	2	25	1.0826	2	---	---	---	---	---
11797	C7H14N2O2	ethyl 1-piperazinecarboxylate	120-43-4	158.201	---	---	510.15	1	25	1.0475	2	25	1.4760	1	---	---
11798	C7H14N2O2	N-acetyl L-valinamide	37933-88-3	158.201	509.00	1	510.15	2	25	1.0475	2	---	---	---	solid	1
11799	C7H14N2O2	3-(3-butenylnitrosamino)-1-propanol	---	158.201	---	---	510.15	2	25	1.0475	2	---	---	---	---	---
11800	C7H14N2O2	1-(butylnitrosoamino)-2-propanone	51938-15-9	158.201	---	---	510.15	2	25	1.0475	2	---	---	---	---	---
11801	C7H14N2O2	4-hydroxybutyl(2-propenyl)nitrosamine	61424-17-7	158.201	---	---	510.15	2	25	1.0475	2	---	---	---	---	---
11802	C7H14N2O2	4-methyl-4-N-(nitrosomethylamino)-2-penta	16339-21-2	158.201	---	---	510.15	2	25	1.0475	2	---	---	---	---	---
11803	C7H14N2O2S	aldicarb	116-06-3	190.267	372.15	1	---	---	25	1.1950	1	---	---	---	solid	1
11804	C7H14N2O2S	3-(methylthio)-O-((methylamino)carbonyl)o	34681-10-2	190.267	---	---	---	---	25	1.1422	2	---	---	---	---	---
11805	C7H14N2O3	5-butylhydantoic acid	63059-33-6	174.200	413.15	1	---	---	25	1.1121	2	---	---	---	solid	1
11806	C7H14N2O3	N-glycyl-L-valine	1963-21-9	174.200	521.15	1	---	---	25	1.1121	2	---	---	---	solid	1
11807	C7H14N2O3	N-(acetoxymethyl)-N-isobutylnitrosamine	70715-92-3	174.200	---	---	---	---	25	1.1121	2	---	---	---	---	---
11808	C7H14N2O3	sec-butyl acetoxymethyl nitrosamine	56986-37-9	174.200	---	---	---	---	25	1.1121	2	---	---	---	---	---
11809	C7H14N2O3	N-butyl-N-nitroso-b-alanine	62018-92-2	174.200	---	---	---	---	25	1.1121	2	---	---	---	---	---
11810	C7H14N2O3	butylnitrosoaminomethyl acetate	56986-36-8	174.200	---	---	---	---	25	1.1121	2	---	---	---	---	---
11811	C7H14N2O3	N-butyl-N-nitroso ethyl carbamate	6558-78-7	174.200	---	---	---	---	25	1.1121	2	---	---	---	---	---
11812	C7H14N2O3	N-nitroso-2-methoxy-2,6-dimethylmorpholi	73239-98-2	174.200	---	---	---	---	25	1.1121	2	---	---	---	---	---
11813	C7H14N2O3	N-propyl-N-(3-carboxypropyl)nitrosamine	56316-37-1	174.200	---	---	---	---	25	1.1121	2	---	---	---	---	---
11814	C7H14N2O3S	2-methyl-2-(methylsulfinyl)propanal-O-((me	1646-87-3	206.266	---	---	---	---	25	1.1978	2	---	---	---	---	---
11815	C7H14N2O4	ethyl N-tert-butyl-N-nitrocarbamate	55696-02-1	190.200	---	---	554.15	2	20	1.0490	1	20	1.4331	1	---	---
11816	C7H14N2O4	2,6-diaminoheptanedioic acid	583-93-7	190.200	573.15	1	---	---	25	1.1722	2	---	---	---	solid	1
11817	C7H14N2O4	methylene diurethan	3693-53-6	190.200	404.15	1	554.15	1	25	1.1722	2	---	---	---	solid	1
11818	C7H14N2O4S	aldoxycarb	1646-88-4	222.266	---	---	---	---	25	1.2500	2	---	---	---	---	---
11819	C7H14N2O4S	3-(sulfonyl)-O-((methylamino)carbonyl)oxir	34681-23-7	222.266	356.15	1	---	---	25	1.2500	2	---	---	---	solid	1
11820	C7H14N2O4S2	djenkolic acid	498-59-9	254.332	598.15	dec	---	---	25	1.3152	2	---	---	---	solid	1
11821	C7H14N2O4S2	1,3-bis(ethyleniminosulfonyl)propane	19218-16-7	254.332	---	---	---	---	25	1.3152	2	---	---	---	---	---
11822	C7H14N2O6	N-methyl-N-nitroso-b-D-glucosamine	31364-55-3	222.199	---	---	---	---	25	1.2808	2	---	---	---	---	---
11823	C7H14N3O	4-amino-2,2,5,5-tetramethyl-3-imidazoline-	69826-42-2	156.209	499.65	1	---	---	25	1.0438	2	---	---	---	solid	1
11824	C7H14N3O3P	ethyl(di-(1-aziridinyl)phosphinyl)carbamate	302-49-8	219.181	362.15	1	---	---	---	---	---	---	---	---	solid	1
11825	C7H14N4O4	MNCO	63642-17-1	218.214	---	---	---	---	25	1.2780	2	---	---	---	---	---
11826	C7H14N4S2	1-methyl-6-(1-methylallyl)-2,5-dithiobiurea	926-93-2	218.348	472.15	dec	396.65	1	25	1.2170	2	---	---	---	solid	1
11827	C7H14O	1-heptanal	111-71-7	114.188	229.80	1	425.95	1	25	0.8130	1	25	1.4094	1	liquid	1
11828	C7H14O	3-methylhexanal	19269-28-4	114.188	230.15	2	416.00	1	20	0.8203	1	20	1.4122	1	liquid	1
11829	C7H14O	2-heptanone	110-43-0	114.188	238.15	1	424.18	1	25	0.8110	1	25	1.4066	1	liquid	1
11830	C7H14O	3-heptanone	106-35-4	114.188	234.15	1	420.55	1	25	0.8140	1	25	1.4066	1	liquid	1
11831	C7H14O	4-heptanone	123-19-3	114.188	240.65	1	417.15	1	25	0.8116	1	25	1.4045	1	liquid	1
11832	C7H14O	3-methyl-2-hexanone	2550-21-2	114.188	203.08	2	413.15	1	25	0.8220	1	25	1.4090	1	liquid	1
11833	C7H14O	4-methyl-2-hexanone	105-42-0	114.188	203.08	2	412.15	1	25	0.8085	1	25	1.4060	1	liquid	1
11834	C7H14O	5-methyl-2-hexanone	110-12-3	114.188	199.25	1	417.95	1	25	0.8080	1	25	1.4047	1	liquid	1
11835	C7H14O	2-methyl-3-hexanone	7379-12-6	114.188	203.08	2	406.15	1	25	0.8130	1	25	1.4050	1	liquid	1
11836	C7H14O	4-methyl-3-hexanone	17042-16-9	114.188	203.08	2	409.15	1	25	0.8118	1	25	1.4041	1	liquid	1
11837	C7H14O	5-methyl-3-hexanone	623-56-3	114.188	203.08	2	409.15	1	25	0.8080	1	25	1.4033	1	liquid	1
11838	C7H14O	3-ethyl-2-pentanone	6137-03-7	114.188	203.08	2	411.15	1	25	0.8144	1	25	1.4050	1	liquid	1
11839	C7H14O	3,3-dimethyl-2-pentanone	20669-04-9	114.188	220.50	2	403.75	1	25	0.8119	1	25	1.4080	1	liquid	1
11840	C7H14O	3,4-dimethyl-2-pentanone	565-78-6	114.188	188.08	2	405.15	1	25	0.8150	1	25	1.4075	1	liquid	1

Table 1 Physical Properties - Organic Compounds

				Mol Wt	Freezing Point		Boiling Point		Density			Refractive Index			State	
NO	FORMULA	NAME	CAS No	g/mol	T_F, K	code	T_B, K	code	T, C	g/cm3	code	T, C	n_D	code	@25C,1 atm	code
11841	C7H14O	4,4-dimethyl-2-pentanone	590-50-1	114.188	209.15	1	398.15	1	25	0.8000	1	25	1.4014	1	liquid	1
11842	C7H14O	2,2-dimethyl-3-pentanone	564-04-5	114.188	228.15	1	398.15	1	25	0.8075	1	25	1.4028	1	liquid	1
11843	C7H14O	2,4-dimethyl-3-pentanone	565-80-0	114.188	204.81	1	397.55	1	25	0.9120	1	25	1.3976	1	liquid	1
11844	C7H14O	1-methylcyclohexanol	590-67-0	114.188	299.15	1	441.15	1	20	0.9194	1	25	1.4587	1	solid	1
11845	C7H14O	cis-2-methylcyclohexanol	7443-70-1	114.188	280.15	1	438.15	1	25	0.9320	1	24	1.4633	1	liquid	1
11846	C7H14O	trans-2-methylcyclohexanol	7443-52-9	114.188	269.15	1	440.15	1	25	0.9210	1	25	1.4597	1	liquid	1
11847	C7H14O	cis-3-methylcyclohexanol	5454-79-5	114.188	267.65	1	446.15	1	25	0.9110	1	20	1.4752	1	liquid	1
11848	C7H14O	trans-3-methylcyclohexanol	7443-55-2	114.188	272.65	1	447.15	1	25	0.9180	1	20	1.4580	1	liquid	1
11849	C7H14O	cis-4-methylcyclohexanol	7731-28-4	114.188	263.95	1	444.15	1	25	0.9130	1	25	1.4584	1	liquid	1
11850	C7H14O	trans-4-methylcyclohexanol	7731-29-5	114.188	265.00	2	444.15	1	25	0.9080	1	25	1.4544	1	liquid	1
11851	C7H14O	trans-2-methylcyclohexanol, (±)	615-39-4	114.188	271.15	1	440.65	1	20	0.9247	1	20	1.4616	1	liquid	1
11852	C7H14O	cycloheptanol	502-41-0	114.188	280.35	1	458.15	1	20	0.9554	1	20	1.4071	1	liquid	1
11853	C7H14O	cyclohexanemethanol	100-49-2	114.188	230.15	1	456.15	1	20	0.9297	1	20	1.4644	1	liquid	1
11854	C7H14O	cyclopentaneethanol	766-00-7	114.188	---	---	456.15	1	20	0.9180	1	20	1.4577	1	---	---
11855	C7H14O	1-hepten-4-ol	3521-91-3	114.188	---	---	425.25	1	22	0.8384	1	20	1.4347	1	---	---
11856	C7H14O	2-hepten-4-ol, (±)	115113-98-9	114.188	---	---	426.15	1	20	0.8445	1	20	1.4373	1	---	---
11857	C7H14O	3-hepten-2-ol	98991-54-9	114.188	---	---	423.67	2	17	0.8340	1	18	1.4391	1	---	---
11858	C7H14O	6-hepten-2-ol	24395-10-6	114.188	---	---	423.67	2	18	0.8484	1	20	1.4387	1	---	---
11859	C7H14O	6-hepten-3-ol	19781-77-2	114.188	---	---	423.67	2	18	0.8447	1	18	1.4369	1	---	---
11860	C7H14O	cis-2-hepten-1-ol	55454-22-3	114.188	---	---	451.15	1	20	0.8421	1	20	1.4410	1	---	---
11861	C7H14O	trans-2-hepten-1-ol	33467-76-4	114.188	---	---	451.15	1	20	0.8516	1	20	1.4460	1	---	---
11862	C7H14O	2-methyl-3-hexen-2-ol	18812-62-9	114.188	---	---	423.67	2	18	0.8536	1	18	1.4430	1	---	---
11863	C7H14O	2-methyl-4-hexen-3-ol	4798-60-1	114.188	---	---	412.65	1	20	0.8426	1	20	1.4380	1	---	---
11864	C7H14O	2-methyl-5-hexen-2-ol	16744-89-1	114.188	251.15	1	415.65	1	15	0.8397	1	17	1.4349	1	liquid	1
11865	C7H14O	3-methyl-3-hexen-2-ol	110383-31-8	114.188	---	---	423.67	2	9	0.8678	1	9	1.4487	1	---	---
11866	C7H14O	3-methyl-4-hexen-3-ol	60111-14-0	114.188	---	---	423.67	2	125	0.8360	1	16	1.4268	1	---	---
11867	C7H14O	3-methyl-5-hexen-3-ol	1569-44-4	114.188	---	---	412.15	1	20	0.8323	1	20	1.4370	1	---	---
11868	C7H14O	4-methyl-5-hexen-3-ol	1838-77-3	114.188	---	---	413.65	1	22	0.8452	1	22	1.4365	1	---	---
11869	C7H14O	5-methyl-1-hexen-3-ol	4798-46-3	114.188	---	---	398.15	1	15	0.8306	1	23	1.4263	1	---	---
11870	C7H14O	5-methyl-2-hexenol	77053-92-0	114.188	---	---	442.15	1	20	0.8355	1	20	1.4390	1	---	---
11871	C7H14O	isopentyl vinyl ether	39782-38-2	114.188	163.50	2	385.65	1	20	0.7826	1	20	1.4072	1	liquid	1
11872	C7H14O	methoxycyclohexane	931-56-6	114.188	198.75	1	406.15	1	20	0.8756	1	20	1.4355	1	liquid	1
11873	C7H14O	tetrahydro-2-propylfuran	3208-22-8	114.188	---	---	409.15	1	20	0.8547	1	20	1.4242	1	---	---
11874	C7H14O	1-cyclopentylethanol	52829-98-8	114.188	---	---	440.15	1	25	0.9190	1	---	1.4580	1	---	---
11875	C7H14O	1-hepten-3-ol	4938-52-7	114.188	---	---	427.65	1	25	0.8360	1	---	1.4330	1	---	---
11876	C7H14O	cis-4-hepten-1-ol	6191-71-5	114.188	---	---	423.67	2	24	0.8556	2	---	---	---	---	---
11877	C7H14O	methylcyclohexanol	25639-42-3	114.188	223.25	1	440.65	1	16	0.9240	1	---	---	---	liquid	1
11878	C7H14O	2-methylcyclohexanol; (cis+trans)	583-59-5	114.188	298.15	1	438.90	1	25	0.9320	1	---	1.4620	1	---	---
11879	C7H14O	4-methylcyclohexanol; (cis+trans)	589-91-3	114.188	223.25	1	445.15	1	25	0.9140	1	---	1.4580	1	liquid	1
11880	C7H14O	3-methylcyclohexanol; (cis+trans)	591-23-1	114.188	199.25	1	440.25	1	25	0.9140	1	---	1.4580	1	liquid	1
11881	C7H14O	tert-pentyl vinyl ether	29281-39-8	114.188	163.50	2	379.15	1	25	0.7830	1	---	1.4110	1	liquid	1
11882	C7H14O	1-(2-propenyloxy)butane	3739-64-8	114.188	163.50	2	423.67	2	25	0.7830	1	---	1.4060	1	liquid	2
11883	C7H14OSi	1-trimethylsiloxy-1,3-butadiene	6651-43-0	142.273	---	---	404.15	1	25	0.8110	1	---	1.4480	1	---	---
11884	C7H14O2	heptanoic acid	111-14-8	130.187	265.83	1	496.15	1	25	0.9130	1	25	1.4210	1	liquid	1
11885	C7H14O2	2-ethyl-2-methylbutanoic acid	19889-37-3	130.187	229.49	2	480.15	1	23	0.8862	2	20	1.4250	1	liquid	1
11886	C7H14O2	2-ethylpentanoic acid, (±)	116908-83-9	130.187	229.49	2	482.35	1	33	0.9311	1	---	---	---	liquid	1
11887	C7H14O2	2-methylhexanoic acid, (±)	22160-12-9	130.187	229.49	2	488.65	1	20	0.9612	1	20	1.4195	1	liquid	1
11888	C7H14O2	3-methylhexanoic acid	3780-58-3	130.187	229.49	2	486.15	1	20	0.9187	1	20	1.4222	1	liquid	1
11889	C7H14O2	4-methylhexanoic acid, (±)	22160-41-4	130.187	193.15	1	490.65	1	20	0.9215	1	20	1.4211	1	liquid	1
11890	C7H14O2	5-methylhexanoic acid	628-46-6	130.187	229.49	2	489.15	1	21	0.9138	1	20	1.4220	1	liquid	1
11891	C7H14O2	hexyl formate	629-33-4	130.187	210.53	1	428.65	1	25	0.8731	1	25	1.4070	1	liquid	1
11892	C7H14O2	pentyl acetate	628-63-7	130.187	202.35	1	421.15	1	25	0.8720	1	20	1.4028	1	liquid	1
11893	C7H14O2	1-methylbutyl acetate	626-38-0	130.187	195.48	2	406.15	1	25	0.8628	1	20	1.3969	1	liquid	1
11894	C7H14O2	2-methylbutyl acetate	624-41-9	130.187	195.48	2	413.15	1	25	0.8719	1	25	1.3996	1	liquid	1
11895	C7H14O2	isopentyl acetate	123-92-2	130.187	194.65	1	415.15	1	25	0.8670	1	25	1.3981	1	liquid	1
11896	C7H14O2	1-ethylpropyl acetate	620-11-1	130.187	195.48	2	405.15	1	20	0.8712	1	25	1.3960	1	liquid	1
11897	C7H14O2	tert-pentyl acetate	625-16-1	130.187	212.90	2	397.15	1	23	0.8862	2	25	1.3995	1	liquid	1
11898	C7H14O2	1,2-dimethylpropyl acetate	5343-96-4	130.187	180.48	2	401.65	1	25	0.8600	1	25	1.3932	1	liquid	1
11899	C7H14O2	neopentyl acetate	926-41-0	130.187	212.90	2	401.15	1	25	0.8539	1	25	1.3927	1	liquid	1
11900	C7H14O2	sec-pentyl acetate (R)	54638-10-7	130.187	198.72	2	415.15	1	18	0.8803	1	20	1.4012	1	liquid	1
11901	C7H14O2	butyl propanoate	590-01-2	130.187	183.63	1	418.26	1	25	0.8720	1	25	1.4000	1	liquid	1
11902	C7H14O2	isobutyl propanoate	540-42-1	130.187	201.75	1	409.75	1	25	0.8667	1	25	1.3942	1	liquid	1
11903	C7H14O2	sec-butyl propanoate	591-34-4	130.187	195.48	2	406.15	1	25	0.8613	1	20	1.3952	1	liquid	1
11904	C7H14O2	tert-butyl propanoate	20487-40-5	130.187	212.90	2	414.55	2	23	0.8862	2	25	1.3950	2	liquid	2
11905	C7H14O2	propyl butanoate	105-66-8	130.187	177.95	1	415.85	1	25	0.8680	1	25	1.3976	1	liquid	1
11906	C7H14O2	isopropyl butanoate	638-11-9	130.187	195.48	2	404.15	1	25	0.8523	1	20	1.3936	1	liquid	1
11907	C7H14O2	isopropyl isobutanoate	617-50-5	130.187	186.72	2	393.85	1	21	0.8471	1	---	---	---	liquid	1
11908	C7H14O2	propyl isobutanoate	644-49-5	130.187	200.00	2	408.65	1	25	0.8843	1	20	1.3955	1	liquid	1
11909	C7H14O2	ethyl isovalerate	108-64-5	130.187	173.85	1	407.45	1	25	0.8650	1	25	1.3975	1	liquid	1
11910	C7H14O2	ethyl 2,2-dimethylpropanoate	3938-95-2	130.187	183.65	1	391.55	1	20	0.8560	1	20	1.3906	1	liquid	1
11911	C7H14O2	ethyl 2-methylbutanoate, (+)	10307-61-6	130.187	186.72	2	405.15	1	25	0.8689	1	20	1.3964	1	liquid	1
11912	C7H14O2	ethyl pentanoate	539-82-2	130.187	181.95	1	419.25	1	20	0.8770	1	20	1.4120	1	liquid	1
11913	C7H14O2	methyl 2-ethylbutanoate	816-11-5	130.187	186.72	2	409.15	1	20	0.8795	1	12	1.4067	1	liquid	1
11914	C7H14O2	methyl hexanoate	106-70-7	130.187	202.15	1	422.65	1	20	0.8846	1	20	1.4049	1	liquid	1
11915	C7H14O2	butyl glycidyl ether	2426-08-6	130.187	---	---	442.15	1	20	0.9180	1	---	---	---	---	---
11916	C7H14O2	1,1-diethoxy-1-propene	21504-43-8	130.187	---	---	406.65	1	25	0.8628	1	25	1.4083	1	---	---
11917	C7H14O2	3,3-diethoxy-1-propene	3054-95-3	130.187	---	---	396.65	1	15	0.8543	1	20	1.4000	1	---	---
11918	C7H14O2	[(1,1-dimethylethoxy)methyl]oxirane	7665-72-7	130.187	203.15	1	425.15	1	20	0.8980	1	---	---	---	liquid	1
11919	C7H14O2	2-hydroxy-4-heptanone	54862-92-9	130.187	---	---	427.81	2	19	0.9296	1	19	1.4357	1	---	---
11920	C7H14O2	2-hydroxy-2-methyl-3-hexanone	18905-91-4	130.187	---	---	440.15	1	20	0.9237	1	18	1.4190	1	---	---

				Mol Wt	Freezing Point		Boiling Point		Density			Refractive Index			State	
NO	FORMULA	NAME	CAS No	g/mol	T_F, K	code	T_B, K	code	T, C	g/cm3	code	T, C	n_D	code	@25C,1 atm	code
11921	C7H14O2	5-hydroxy-2-methyl-3-hexanone	59357-07-2	130.187	---	---	427.81	2	20	0.9290	1	20	1.4278	1	---	---
11922	C7H14O2	4-methoxy-4-methyl-2-pentanone	107-70-0	130.187	---	---	433.15	1	25	0.8980	1	20	1.4180	1	---	---
11923	C7H14O2	ethyl 2-methylbutyrate	7452-79-1	130.187	185.98	2	405.90	1	25	0.8680	1	---	1.3970	1	liquid	1
11924	C7H14O2	glycidyl isobutyl ether	3814-55-9	130.187	---	---	432.65	1	25	0.9090	1	---	1.4160	1	---	---
11925	C7H14O2	2-methylhexanoic acid	4536-23-6	130.187	230.00	2	483.00	1	25	0.9170	1	---	1.4210	1	liquid	1
11926	C7H14O2	neoheptanoic acid	33113-10-9	130.187	229.49	2	427.81	2	23	0.8862	2	---	---	---	liquid	2
11927	C7H14O2	tetrahydro-2-furanpropanol	767-08-8	130.187	---	---	427.81	2	23	0.8862	2	---	---	---	---	---
11928	C7H14O2S	butyl 3-mercaptopropionate	16215-21-7	162.253	---	---	---	---	25	0.9990	1	---	1.4570	1	---	---
11929	C7H14O2Si	trimethylsilyl crotonate	18269-64-2	158.272	---	---	---	---	25	0.8970	1	---	1.4250	1	---	---
11930	C7H14O2Si	trimethylsilyl methacrylate	13688-56-7	158.272	---	---	---	---	25	0.8900	1	---	1.4150	1	---	---
11931	C7H14O3	ethyl-3-ethoxypropionate	763-69-9	146.186	218.00	2	441.65	1	25	0.9450	1	25	1.4041	1	---	---
11932	C7H14O3	diisopropyl carbonate	6482-34-4	146.186	---	---	420.15	1	20	0.9162	1	20	1.3932	1	---	---
11933	C7H14O3	dipropyl carbonate	623-96-1	146.186	---	---	441.15	1	20	0.9435	1	20	1.4008	1	---	---
11934	C7H14O3	ethylene glycol monopentanoate	16179-36-5	146.186	---	---	463.15	1	20	0.9839	1	20	1.4220	1	---	---
11935	C7H14O3	ethyl 4-hydroxypentanoate	6149-46-8	146.186	---	---	442.18	2	25	0.9520	1	25	1.4265	1	---	---
11936	C7H14O3	butoxyl	4435-53-4	146.186	---	---	408.15	1	25	0.9550	1	---	---	---	---	---
11937	C7H14O3	butyl lactate	138-22-7	146.186	237.75	1	452.15	1	25	0.9760	1	---	1.4210	1	liquid	1
11938	C7H14O3	butyl (S)-(-)-lactate	34451-19-9	146.186	245.25	1	459.15	1	25	0.9840	1	---	---	---	liquid	1
11939	C7H14O3	5-ethyl-1,3-dioxane-5-methanol	5187-23-5	146.186	---	---	442.18	2	25	1.0900	1	---	1.4630	1	---	---
11940	C7H14O3	(+)-isobutyl D-lactate	61597-96-4	146.186	---	---	455.35	1	25	0.9710	1	---	1.4190	1	---	---
11941	C7H14O3	2-propoxyethyl acetate	20706-25-6	146.186	---	---	442.18	2	24	0.9717	2	---	---	---	---	---
11942	C7H14O3	3-butoxy propanoic acid	7420-06-6	146.186	---	---	442.18	2	24	0.9717	2	---	---	---	---	---
11943	C7H14O3	4-(2,3-epoxypropoxy)butanol	4711-95-9	146.186	---	---	442.18	2	24	0.9717	2	---	---	---	---	---
11944	C7H14O4	2,6-dideoxy-3-O-methyl-ribo-hexose	579-04-4	162.186	374.15	1	441.43	2	22	1.0845	2	---	---	---	solid	1
11945	C7H14O4	glycerol 1-butanoate	557-25-5	162.186	---	---	553.15	1	18	1.1290	1	20	1.4531	1	---	---
11946	C7H14O4	L-(+)-2,2-dimethyl-1,3-dioxolane-4,5-dimet	50622-09-8	162.186	322.15	1	365.15	1	22	1.0845	2	---	---	---	solid	1
11947	C7H14O4	(-)-2,3-O-isopropylidene-D-threitol	73346-74-4	162.186	319.65	1	365.15	1	22	1.0845	2	---	---	---	solid	1
11948	C7H14O4	2-(2-methoxyethoxy)ethyl acetate	629-38-9	162.186	---	---	482.25	1	25	1.0400	1	---	---	---	---	---
11949	C7H14O5	6-deoxy-3-O-methylgalactose	4481-08-7	178.185	392.15	1	504.15	2	25	1.1180	2	---	---	---	solid	1
11950	C7H14O5	2-methoxyethyl carbonate (2:1)	626-84-6	178.185	---	---	504.15	1	20	1.0988	1	20	1.4204	1	---	---
11951	C7H14O5	methyl-L-fucopyranoside	65310-00-1	178.185	---	---	504.15	2	25	1.1180	2	---	---	---	---	---
11952	C7H14O6	alpha-methylglucoside	97-30-3	194.185	441.15	1	---	---	30	1	1	---	---	---	solid	1
11953	C7H14O6	methyl-b-D-galactopyranoside	1824-94-8	194.185	450.15	1	---	---	25	1.1769	2	---	---	---	solid	1
11954	C7H14O6	methyl-a-D-galactopyranoside	3396-99-4	194.185	389.65	1	---	---	25	1.1769	2	---	---	---	solid	1
11955	C7H14O6	3-O-methyl-D-glucopyranose	3370-81-8	194.185	436.65	1	---	---	25	1.1769	2	---	---	---	solid	1
11956	C7H14O6	3-O-methylglucose	13224-94-7	194.185	441.15	1	---	---	25	1.1769	2	---	---	---	solid	1
11957	C7H14O6	a-methyl-D-mannopyranoside	617-04-9	194.185	463.15	1	---	---	25	1.1769	2	---	---	---	solid	1
11958	C7H14O6	D-pinitol	10284-63-6	194.185	452.15	1	---	---	25	1.1769	2	---	---	---	solid	1
11959	C7H14O6	(-)-quebrachitol	642-38-6	194.185	467.15	1	---	---	25	1.1769	2	---	---	---	solid	1
11960	C7H14S	thiacyclooctane	6572-99-2	130.254	256.18	2	471.15	1	25	0.9569	1	---	---	---	liquid	1
11961	C7H14S	2-ethylthiacyclohexane	---	130.254	258.98	2	426.94	2	25	0.9257	1	---	---	---	liquid	2
11962	C7H14S	3-ethylthiacyclohexane	---	130.254	258.98	2	426.94	2	25	0.9257	1	---	---	---	liquid	2
11963	C7H14S	4-ethylthiacyclohexane	---	130.254	258.98	2	426.94	2	25	0.9257	1	---	---	---	liquid	2
11964	C7H14S	2,2-dimethylthiacyclohexane	---	130.254	282.88	2	427.18	2	25	0.9057	1	---	---	---	liquid	2
11965	C7H14S	2,cis-3-dimethylthiacyclohexane	---	130.254	254.74	2	422.27	2	25	0.9057	1	---	---	---	liquid	2
11966	C7H14S	2,trans-3-dimethylthiacyclohexane	---	130.254	254.74	2	422.27	2	25	0.9057	1	---	---	---	liquid	2
11967	C7H14S	2,cis-4-dimethylthiacyclohexane	---	130.254	254.74	2	422.27	2	25	0.9057	1	---	---	---	liquid	2
11968	C7H14S	2,trans-4-dimethylthiacyclohexane	---	130.254	254.74	2	422.27	2	25	0.9057	1	---	---	---	liquid	2
11969	C7H14S	2,cis-5-dimethylthiacyclohexane	---	130.254	254.74	2	422.27	2	25	0.9057	1	---	---	---	liquid	2
11970	C7H14S	2,trans-5-dimethylthiacyclohexane	---	130.254	254.74	2	422.27	2	25	0.9057	1	---	---	---	liquid	2
11971	C7H14S	2,cis-6-dimethylthiacyclohexane	---	130.254	254.74	2	422.27	2	25	0.9057	1	---	---	---	liquid	2
11972	C7H14S	2,trans-6-dimethylthiacyclohexane	---	130.254	254.74	2	422.27	2	25	0.9057	1	---	---	---	liquid	2
11973	C7H14S	3,3-dimethylthiacyclohexane	---	130.254	282.88	2	427.18	2	25	0.9057	1	---	---	---	liquid	2
11974	C7H14S	3,cis-4-dimethylthiacyclohexane	---	130.254	254.74	2	422.27	2	25	0.9057	1	---	---	---	liquid	2
11975	C7H14S	3,trans-4-dimethylthiacyclohexane	---	130.254	254.74	2	422.27	2	25	0.9057	1	---	---	---	liquid	2
11976	C7H14S	3,cis-5-dimethylthiacyclohexane	---	130.254	254.74	2	422.27	2	25	0.9057	1	---	---	---	liquid	2
11977	C7H14S	3,trans-5-dimethylthiacyclohexane	---	130.254	254.74	2	422.27	2	25	0.9057	1	---	---	---	liquid	2
11978	C7H14S	4,4-dimethylthiacyclohexane	---	130.254	282.88	2	427.18	2	25	0.9057	1	---	---	---	liquid	2
11979	C7H14Si	1-methyl-1-(trimethylsilyl)allene	74542-82-8	126.273	---	---	384.65	1	25	0.7590	1	---	1.4440	1	---	---
11980	C7H15AsCl2	heptyldichlorarsine	64049-21-4	245.023	---	---	---	---	---	---	---	---	---	---	---	---
11981	C7H15AsN2S4	urbacide	2445-07-0	330.396	---	---	---	---	---	---	---	---	---	---	---	---
11982	C7H15Br	1-bromoheptane	629-04-9	179.100	217.05	1	452.05	1	25	1.1350	1	25	1.4481	1	liquid	1
11983	C7H15Br	2-bromoheptane	1974-04-5	179.100	320.15	1	439.15	1	20	1.1277	1	20	1.4503	1	solid	1
11984	C7H15Br	4-bromoheptane	998-93-6	179.100	268.60	2	434.15	1	20	1.1351	1	20	1.4495	1	liquid	1
11985	C7H15BrO	1-bromo-6-methoxyhexane	50592-87-5	195.100	---	---	---	---	20	1.1942	1	25	1.4469	1	---	---
11986	C7H15BrO	7-bromo-1-heptanol	10160-24-4	195.100	---	---	---	---	25	1.2690	1	---	1.4820	1	---	---
11987	C7H15BrO3	trimethyl 4-bromoorthobutyrate	55444-67-2	227.098	---	---	---	---	25	1.3090	1	---	1.4560	1	---	---
11988	C7H15Cl	1-chloroheptane	629-06-1	134.649	203.65	1	433.59	1	25	0.8718	1	25	1.4241	1	liquid	1
11989	C7H15Cl	2-chloro-2,3-dimethylpentane	59889-45-1	134.649	239.33	2	413.42	2	20	0.8714	2	20	1.4264	1	liquid	2
11990	C7H15Cl	2-chloro-2,4-dimethylpentane	35951-33-8	134.649	239.33	2	401.15	1	20	0.8610	1	20	1.4180	1	liquid	1
11991	C7H15Cl	3-chloro-2,3-dimethylpentane	595-38-0	134.649	239.33	2	401.15	2	20	0.8889	1	20	1.4318	1	liquid	2
11992	C7H15Cl	4-chloro-2,2-dimethylpentane	33429-72-0	134.649	239.33	2	401.15	1	20	0.8603	1	20	1.4180	1	liquid	1
11993	C7H15Cl	3-chloro-3-ethylpentane	994-25-2	134.649	239.33	2	416.65	1	20	0.8856	1	20	1.4400	1	liquid	1
11994	C7H15Cl	2-chloroheptane	1001-89-4	134.649	239.33	2	413.42	2	20	0.8672	1	20	1.4221	1	liquid	2
11995	C7H15Cl	3-chloroheptane	999-52-0	134.649	239.33	2	417.15	1	20	0.8690	1	20	1.4228	1	liquid	1
11996	C7H15Cl	4-chloroheptane	998-95-8	134.649	239.33	2	417.15	1	20	0.8710	1	20	1.4237	1	liquid	1
11997	C7H15Cl	1-chloro-3-methylhexane	101257-63-0	134.649	239.33	2	424.15	1	20	0.8766	1	20	1.4274	1	liquid	1
11998	C7H15Cl	2-chloro-2-methylhexane	4398-65-6	134.649	239.33	2	408.15	2	20	0.8635	1	20	1.4200	1	liquid	2
11999	C7H15Cl	2-chloro-5-methylhexane	58766-17-9	134.649	239.33	2	411.15	2	20	0.8630	1	---	---	---	liquid	2
12000	C7H15Cl	3-chloro-3-methylhexane	43197-78-0	134.649	239.33	2	408.15	1	20	0.8787	1	20	1.4250	1	liquid	1

Table 1 Physical Properties - Organic Compounds

NO	FORMULA	NAME	CAS No	Mol Wt g/mol	Freezing Point T_F, K	code	Boiling Point T_B, K	code	Density T, C	g/cm3	code	Refractive Index T, C	n_D	code	State @25C,1 atm	code
12001	C7H15Cl	2-chloro-2,3,3-trimethylbutane	918-07-0	134.649	275.00	2	413.42	2	20	0.8714	2	---	---	---	liquid	2
12002	C7H15ClN2O	D(+)-carnitinenitrile chloride	---	178.662	---	---	---	---	25	1.0692	2	---	---	---	---	---
12003	C7H15ClO	1-chloro-2-heptanol	53660-21-2	150.648	---	---	---	---	20	0.9900	1	20	1.4499	1	---	---
12004	C7H15ClO	7-chloro-1-heptanol	55944-70-2	150.648	284.15	1	---	---	15	0.9998	1	25	1.4537	1	---	---
12005	C7H15ClO2	3-chloro-1,1-diethoxypropane	35573-93-4	166.647	---	---	---	---	19	0.9951	1	20	1.4268	1	---	---
12006	C7H15ClO2	butyl (3-chloro-2-hydroxypropyl) ether	16224-33-2	166.647	---	---	---	---	25	1.0147	2	---	---	---	---	---
12007	C7H15ClSi	2-(chloromethyl)allyl-trimethylsilane	18388-03-9	162.734	---	---	435.65	1	25	0.8990	1	---	1.4540	1	---	---
12008	C7H15Cl2N	isopropyl-bis(b-chloroethyl)amine	---	184.108	---	---	---	---	25	1.0555	2	---	---	---	---	---
12009	C7H15Cl2N2O2P	cyclophosphoramide	50-18-0	261.088	316.15	1	---	---	---	---	---	---	---	---	solid	1
12010	C7H15Cl2N2O2P	isophosphamide	3778-73-2	261.088	---	---	---	---	---	---	---	---	---	---	---	---
12011	C7H15Cl2N2O3P	4-hydroxycyclophosphamide	67292-62-0	277.087	---	---	---	---	---	---	---	---	---	---	---	---
12012	C7H15Cl2N2O4P	carboxycyclophosphamide	22788-18-7	293.087	---	---	352.85	2	---	---	---	---	---	---	---	---
12013	C7H15Cl2N2O4P	4-hydroperoxyifosfamide	67292-63-1	293.087	---	---	305.15	1	---	---	---	---	---	---	---	---
12014	C7H15Cl2N2O4P	4-hydroperoxyphosphamide	67292-61-9	293.087	---	---	400.55	1	---	---	---	---	---	---	---	---
12015	C7H15F	1-fluoroheptane	661-11-0	118.195	200.15	1	391.05	1	25	0.8013	1	25	1.3834	1	liquid	1
12016	C7H15FO	7-fluoro-1-heptanol	408-16-2	134.194	---	---	---	---	20	0.9560	1	25	1.4197	1	---	---
12017	C7H15F3O3SSi	tert-butyldimethylsilyl trifluoromethanesulfo	69739-34-0	264.341	---	---	---	---	25	1.1510	1	---	1.3850	1	---	---
12018	C7H15F3O3SSi	triethylsilyl trifluoromethanesulfonate	79271-56-0	264.341	---	---	---	---	25	1.1690	1	---	1.3890	1	---	---
12019	C7H15F3Si	triethyl(trifluoromethyl)silane	120120-26-5	184.277	---	---	---	---	25	0.9800	1	---	1.3820	1	---	---
12020	C7H15I	1-iodoheptane	4282-40-0	226.101	224.95	1	477.10	1	25	1.3730	1	25	1.4880	1	liquid	1
12021	C7H15I	2-iodoheptane	18589-29-2	226.101	224.95	2	477.10	2	20	1.3040	1	---	1.4826	1	liquid	2
12022	C7H15I	3-iodoheptane	31294-92-5	226.101	224.95	2	477.10	2	20	1.3676	1	---	---	---	liquid	2
12023	C7H15I	4-iodoheptane	31294-93-6	226.101	224.95	2	477.10	2	22	1.3482	2	---	---	---	liquid	2
12024	C7H15N	N-methylcyclohexylamine	100-60-7	113.203	264.65	1	422.00	1	25	0.8650	1	23	1.4530	1	liquid	1
12025	C7H15N	cyclohexanemethanamine	3218-02-8	113.203	264.65	2	433.15	1	25	0.8700	1	20	1.4630	1	liquid	1
12026	C7H15N	cis-2-methylcyclohexylamine	2164-19-4	113.203	264.65	2	426.65	1	20	0.8778	1	20	1.4688	1	liquid	1
12027	C7H15N	trans-2-methylcyclohexylamine	931-10-2	113.203	264.65	2	423.15	1	20	0.8685	1	20	1.4650	1	liquid	1
12028	C7H15N	cis-3-methylcyclohexylamine	1193-16-4	113.203	264.65	2	426.15	1	20	0.8552	1	20	1.4538	1	liquid	1
12029	C7H15N	trans-3-methylcyclohexylamine	1193-17-5	113.203	264.65	2	424.65	1	20	0.8572	1	20	1.4547	1	liquid	1
12030	C7H15N	cis-4-methylcyclohexylamine	2523-56-0	113.203	264.65	2	426.65	1	20	0.8567	1	20	1.4559	1	liquid	1
12031	C7H15N	trans-4-methylcyclohexylamine	2523-55-9	113.203	264.65	2	425.15	1	20	0.8543	1	20	1.4550	1	liquid	1
12032	C7H15N	2,6-dimethylpiperidine	504-03-0	113.203	259.88	2	400.15	1	25	0.8158	1	20	1.4377	1	liquid	1
12033	C7H15N	3,3-dimethylpiperidine	1193-12-0	113.203	259.88	2	410.15	1	23	0.8505	2	25	1.4452	1	liquid	1
12034	C7H15N	1,2-dimethylpiperidine, (±)	2512-81-4	113.203	259.88	2	400.65	1	15	0.8240	1	20	1.4395	1	liquid	1
12035	C7H15N	2,5-dimethylpiperidine	34893-50-0	113.203	259.88	2	410.15	1	20	0.8317	1	25	1.4452	1	liquid	1
12036	C7H15N	3,5-dimethylpiperidine	35794-11-7	113.203	259.88	2	417.15	1	25	0.8530	1	20	1.4454	1	liquid	1
12037	C7H15N	1-ethylpiperidine	766-09-6	113.203	259.88	2	403.95	1	20	0.8237	1	20	1.4480	1	liquid	1
12038	C7H15N	2-ethylpiperidine, (±)	78738-37-1	113.203	259.88	2	415.65	1	25	0.8649	1	21	1.4494	1	liquid	1
12039	C7H15N	3-ethylpiperidine, (±)	59433-08-8	113.203	259.88	2	425.75	1	23	0.8565	1	20	1.4531	1	liquid	1
12040	C7H15N	4-ethylpiperidine	3230-23-7	113.203	259.88	2	427.15	1	25	0.8759	1	25	1.4503	1	liquid	1
12041	C7H15N	octahydroazocine	1121-92-2	113.203	302.15	1	410.43	2	25	0.8960	1	20	1.4720	1	solid	1
12042	C7H15N	1-propylpyrrolidine	7335-07-1	113.203	---	---	405.65	1	20	0.8171	1	20	1.4389	1	---	---
12043	C7H15N	3-propylpyrrolidine	116632-47-4	113.203	---	---	432.15	1	20	0.8450	1	20	1.4469	1	---	---
12044	C7H15N	2,2,4-trimethylpyrrolidine	35018-28-1	113.203	---	---	392.15	1	25	0.8063	1	25	1.4259	1	---	---
12045	C7H15N	2,2,5-trimethylpyrrolidine	6496-48-6	113.203	---	---	385.15	1	25	0.7980	1	25	1.4223	1	---	---
12046	C7H15N	cycloheptylamine	5452-35-7	113.203	---	---	327.15	1	25	0.8890	1	---	1.4720	1	---	---
12047	C7H15N	cis-2,6-dimethylpiperidine	766-17-6	113.203	327.20	1	400.65	1	25	0.8400	1	---	1.4380	1	solid	1
12048	C7H15N	2-ethylpiperidine	1484-80-6	113.203	336.20	1	414.70	1	25	0.8600	1	---	1.4530	1	solid	1
12049	C7H15N	3-methylcyclohexylamine	6850-35-7	113.203	264.65	2	423.15	1	25	0.8550	1	---	---	---	liquid	1
12050	C7H15N	2-methylcyclohexylamine; (cis+trans)	7003-32-9	113.203	264.65	2	422.65	1	25	0.8530	1	---	1.4560	1	liquid	1
12051	C7H15N	4-methylcyclohexylamine	6321-23-9	113.203	264.65	2	425.65	1	25	0.8530	1	---	1.4530	1	liquid	1
12052	C7H15N	allyldiethylamine	5666-17-1	113.203	---	---	336.50	1	23	0.8505	2	---	---	---	---	---
12053	C7H15N	4,4-dimethylpiperidine	4045-30-1	113.203	---	---	418.70	1	23	0.8505	2	---	---	---	---	---
12054	C7H15NO	1-(diethylamino)-2-propanone	1620-14-0	129.203	---	---	430.15	dec	20	0.8620	1	20	1.4249	1	---	---
12055	C7H15NO	N,N-diethylpropanamide	1114-51-8	129.203	---	---	464.15	1	20	0.8972	1	20	1.4425	1	---	---
12056	C7H15NO	N,N-dimethylpentanamide	6225-06-5	129.203	222.15	1	458.76	2	25	0.8962	1	25	1.4419	1	liquid	2
12057	C7H15NO	2,4-dimethyl-3-pentanone oxime	1113-74-2	129.203	307.15	1	454.15	1	17	0.9022	1	---	---	---	solid	1
12058	C7H15NO	1-ethyl-3-piperidinol	13444-24-1	129.203	---	---	458.76	2	31	0.9246	2	14	1.4777	1	---	---
12059	C7H15NO	heptanal oxime	629-31-2	129.203	330.65	1	468.15	1	55	0.8583	1	20	1.4210	1	solid	1
12060	C7H15NO	heptanamide	628-62-6	129.203	369.15	1	527.15	1	110	0.8521	1	110	1.4217	1	solid	1
12061	C7H15NO	5-methyl-2-hexanone oxime	624-44-2	129.203	---	---	468.65	1	20	0.8881	1	20	1.4448	1	---	---
12062	C7H15NO	1-methyl-3-piperidinemethanol	7583-53-1	129.203	---	---	415.65	1	25	1.0130	1	20	1.4772	1	---	---
12063	C7H15NO	1-piperidineethanol	3040-44-6	129.203	291.05	1	475.15	1	25	0.9703	1	20	1.4749	1	liquid	1
12064	C7H15NO	2-piperidineethanol	1484-84-0	129.203	342.15	1	475.15	1	27	1.0100	1	---	---	---	solid	1
12065	C7H15NO	4-piperidineethanol	622-26-4	129.203	405.65	1	500.65	1	15	1.0059	1	20	1.4907	1	solid	1
12066	C7H15NO	N,N-diisopropylformamide	2700-30-3	129.203	283.65	1	468.60	1	25	0.8900	1	---	1.4370	1	liquid	1
12067	C7H15NO	2-heptanone oxime	5314-31-8	129.203	---	---	458.76	2	25	0.8910	1	---	1.4490	1	---	---
12068	C7H15NO	1-methyl-2-piperidinemethanol	20845-34-5	129.203	---	---	458.76	2	25	0.9820	1	---	1.4820	1	---	---
12069	C7H15NO	1-methyl-2-pyrrolidineethanol	67004-64-2	129.203	---	---	458.76	2	25	0.9500	1	---	1.4710	1	---	---
12070	C7H15NO	N-glycidyl diethyl amine	2917-91-1	129.203	---	---	458.76	2	31	0.9246	2	---	---	---	---	---
12071	C7H15NO	isopropylmorpholine	1331-24-4	129.203	---	---	357.55	1	31	0.9246	2	---	---	---	---	---
12072	C7H15NOS	ethiolate	2941-55-1	161.269	---	---	---	---	30	0.9791	1	---	---	---	---	---
12073	C7H15NOS	3,3-dimethyl-1-(methylthio)-2-butanone oxi	39195-82-9	161.289	---	---	---	---	25	1.0002	2	---	---	---	---	---
12074	C7H15NOSi	1-(trimethylsilyl)-2-pyrrolidinone	14468-90-7	157.288	---	---	---	---	25	0.9830	1	---	1.4600	1	---	---
12075	C7H15NO2	1-nitroheptane	693-39-0	145.202	311.76	2	486.15	1	17	0.9476	1	---	---	---	solid	2
12076	C7H15NO2	butyl ethylcarbamate	16246-07-4	145.202	283.78	2	457.71	2	20	0.9400	1	20	1.4301	1	liquid	2
12077	C7H15NO2	ethyl N-butylcarbamate	591-62-8	145.202	251.15	1	475.15	1	26	0.9434	1	26	1.4278	1	liquid	1
12078	C7H15NO2	ethyl sec-butylcarbamate	10212-74-5	145.202	259.15	1	467.15	1	26	0.9404	1	26	1.4267	1	liquid	1
12079	C7H15NO2	ethyl tert-butylcarbamate	1611-50-3	145.202	294.65	1	457.71	2	15	0.9430	1	---	---	---	liquid	2
12080	C7H15NO2	ethyl isobutylcarbamate	539-89-9	145.202	283.78	2	457.71	2	20	0.9432	1	20	1.4288	1	liquid	2

Table 1 Physical Properties - Organic Compounds

				Mol Wt	Freezing Point		Boiling Point		Density			Refractive Index			State	
NO	FORMULA	NAME	CAS No	g/mol	T_F, K	code	T_B, K	code	T, C	g/cm3	code	T, C	n_D	code	@25C,1 atm	code
12081	C7H15NO2	ethyl 3-(methylamino)butanoate	68384-70-3	145.202	---	---	457.71	2	20	0.9282	1	20	1.4250	1	---	---
12082	C7H15NO2	heptyl nitrite	629-43-6	145.202	---	---	428.95	1	25	0.8939	1	20	1.4032	1	---	---
12083	C7H15NO2	alpha-methyl-4-morpholineethanol	2109-66-2	145.202	---	---	457.71	2	20	1.0174	1	20	1.4638	1	---	---
12084	C7H15NO2	3-amino-5-methylhexanoic acid	3653-34-7	145.202	522.65	1	---	---	21	0.9441	2	---	---	---	solid	1
12085	C7H15NO2	1-ethyl-1-methylpropyl carbamate	78-28-4	145.202	330.15	1	457.71	2	21	0.9441	2	---	---	---	solid	1
12086	C7H15NO2	3-(1-pyrrolidinyl)propane-1,2-diol	85391-19-1	145.202	318.65	1	431.15	1	21	0.9441	2	---	---	---	solid	1
12087	C7H15NO2	ethyl diethylcarbamate	3553-80-8	145.202	283.78	2	457.71	2	21	0.9441	2	---	---	---	liquid	2
12088	C7H15NO2	heptanoylhydroxamic acid	30406-18-9	145.202	---	---	457.71	2	21	0.9441	2	---	---	---	---	---
12089	C7H15NO2S	2-(boc-amino)ethanethiol	67385-09-5	177.268	---	---	---	---	25	1.0500	1	---	1.4740	1	---	---
12090	C7H15NO3	carnitine	541-15-1	161.201	470.15	dec	---	---	25	1.0995	2	---	---	---	solid	1
12091	C7H15NO3	D(+)-carnitine	541-14-0	161.201	484.15	1	---	---	25	1.0995	2	---	---	---	solid	1
12092	C7H15NO3	DL-2-isobutylserine	7522-44-3	161.201	562.15	1	---	---	25	1.0995	2	---	---	---	solid	1
12093	C7H15NO3	3-morpholino-1,2-propanediol	6425-32-7	161.201	310.65	1	---	---	25	1.1570	1	---	---	---	solid	1
12094	C7H15NO3	N-(tert-butoxycarbonyl)ethanolamine	26690-80-2	161.201	---	---	---	---	25	1.0420	1	---	---	---	---	---
12095	C7H15NO3	(2-isobutoxyethyl)carbamate	16006-09-0	161.201	---	---	---	---	25	1.0995	2	---	---	---	---	---
12096	C7H15NO3Si	methylsilatrane	2288-13-3	189.286	425.15	1	---	---	---	---	---	---	---	---	solid	1
12097	C7H15NO4S	MOPS	1132-61-2	209.267	552.65	1	---	---	25	1.1751	2	---	---	---	solid	1
12098	C7H15NO5	2-(methylamino)-2-deoxy-alpha-L-glucopyr	42852-95-9	193.200	---	---	---	---	25	1.1491	2	---	---	---	---	---
12099	C7H15N3O	nitroso-3,4,5-trimethylpiperazine	88208-15-5	157.217	---	---	375.15	1	25	1.0198	2	---	---	---	---	---
12100	C7H15N3O2	1-butyl-3,3-dimethyl-1-nitrosourea	56654-53-6	173.216	---	---	534.15	1	25	1.0841	2	---	---	---	---	---
12101	C7H15N3O2	1-hexyl-1-nitrosourea	18774-85-1	173.216	---	---	533.15	dec	25	1.0841	2	---	---	---	---	---
12102	C7H15N3O2	nitrosotriethylurea	50285-70-6	173.216	---	---	563.15	1	25	1.0841	2	---	---	---	---	---
12103	C7H15N3O3	tetrahydro-1,3-bis(hydroxymethyl)-5-ethyl-1	134-97-4	189.215	---	---	408.15	dec	25	1.1440	2	---	---	---	---	---
12104	C7H15N5O4	N(5)-(imino(nitroamino)methyl)-L-ornithine	50903-99-6	233.229	---	---	---	---	25	1.2993	2	---	---	---	---	---
12105	C7H15NaO3S	1-heptanesulfonic acid, sodium salt	22767-50-6	202.250	>573.15	1	---	---	---	---	---	---	---	---	solid	1
12106	C7H15O3P	diethyl allylphosphonate	1067-87-4	178.168	---	---	---	---	---	---	---	---	---	---	---	---
12107	C7H15O3P	diethyl(2-propenyl)phosphonate	5954-65-4	178.168	---	---	---	---	---	---	---	---	---	---	---	---
12108	C7H15O4P	diethyl allyl phosphate	3066-75-9	194.168	---	---	318.65	1	25	1.0900	1	---	1.4220	1	---	---
12109	C7H15O4P	diethyl-b,g-epoxypropylphosphonate	7316-37-2	194.168	---	---	318.65	2	---	---	---	---	---	---	---	---
12110	C7H15O5P	methyl p,p-diethylphosphonoacetate	1067-74-9	210.167	---	---	---	---	25	1.1450	1	---	1.4340	1	---	---
12111	C7H15O5P	triethyl phosphonoformate	1474-78-8	210.167	---	---	---	---	25	1.1100	1	---	1.4230	1	---	---
12112	C7H16	heptane	142-82-5	100.204	182.57	1	371.58	1	25	0.6820	1	25	1.3851	1	liquid	1
12113	C7H16	2-methylhexane	591-76-4	100.204	154.90	1	363.20	1	25	0.6740	1	25	1.3823	1	liquid	1
12114	C7H16	3-methylhexane	589-34-4	100.204	153.75	1	365.00	1	25	0.6840	1	25	1.3861	1	liquid	1
12115	C7H16	3-ethylpentane	617-78-7	100.204	154.55	1	366.62	1	25	0.6950	1	25	1.3908	1	liquid	1
12116	C7H16	2,2-dimethylpentane	590-35-2	100.204	149.34	1	352.34	1	25	0.6730	1	25	1.3795	1	liquid	1
12117	C7H16	2,3-dimethylpentane	565-59-3	100.204	138.15	2	362.93	1	25	0.6910	1	25	1.3895	1	liquid	1
12118	C7H16	2,4-dimethylpentane	108-08-7	100.204	153.91	1	353.64	1	25	0.6680	1	25	1.3788	1	liquid	1
12119	C7H16	3,3-dimethylpentane	562-49-2	100.204	138.70	1	359.21	1	25	0.6870	1	25	1.3884	1	liquid	1
12120	C7H16	2,2,3-trimethylbutane	464-06-2	100.204	248.57	1	354.03	1	25	0.6870	1	25	1.3869	1	liquid	1
12121	C7H16	3-methylhexane, (S)-	6131-24-4	100.204	154.15	1	365.15	1	20	0.6860	1	20	1.3887	1	liquid	1
12122	C7H16BrNOS	S-acetylthiocholine bromide	25025-59-6	242.180	494.15	1	---	---	25	1.3050	2	---	---	---	solid	1
12123	C7H16BrNO2	acetylcholine bromide	66-23-9	226.114	419.15	1	---	---	25	1.2874	2	---	---	---	solid	1
12124	C7H16ClN	mepiquat chloride	24307-26-4	149.664	496.15	1	---	---	25	0.9253	2	---	---	---	solid	1
12125	C7H16ClNO2	acetylcholine chloride	60-31-1	181.662	423.15	1	---	---	25	1.0502	2	---	---	---	solid	1
12126	C7H16ClN3O2S2	padan	15263-52-2	273.808	---	---	---	---	25	1.2879	2	---	---	---	---	---
12127	C7H16Cl2N3OP	2-(bis(2-chloroethyl)amino)hexahydro-1,3,2	20982-36-9	260.103	---	---	---	---	---	---	---	---	---	---	---	---
12128	C7H16Cl2Si	tert-butyl(dichloromethyl)dimethylsilane	138983-08-1	199.194	316.65	1	---	---	---	---	---	---	---	---	solid	1
12129	C7H16FN	7-fluoroheptylamine	353-21-9	133.210	---	---	---	---	25	0.8625	2	---	---	---	---	---
12130	C7H16FO2P	soman	96-64-0	182.175	231.25	1	455.65	1	---	---	---	---	---	---	liquid	1
12131	C7H16INO2	acetylcholine iodide	2260-50-6	273.114	436.15	1	---	---	25	1.4816	2	---	---	---	solid	1
12132	C7H16INOS	S-acetylthiocholine iodide	1866-15-5	289.181	479.90	1	---	---	25	1.4885	2	---	---	---	solid	1
12133	C7H16NO2	choline acetate (ester)	51-84-3	146.210	---	---	---	---	25	0.9385	2	---	---	---	---	---
12134	C7H16NO4PS2	amidithion	919-76-6	273.315	---	---	---	---	---	---	---	---	---	---	---	---
12135	C7H16NO4PS2	ethyl (2-mercaptoethyl) carbamate S-ester	5840-95-9	273.315	---	---	---	---	---	---	---	---	---	---	---	---
12136	C7H16NO7P	diethyl(aminomethyl)phosphonate oxalate	---	257.181	395.15	1	---	---	---	---	---	---	---	---	solid	1
12137	C7H16N2	2,6-dimethyl-1-piperidinamine	39135-39-2	128.218	---	---	438.15	1	25	0.8650	1	20	1.4650	1	---	---
12138	C7H16N2	1-ethyl-3-piperidinamine	6789-94-2	128.218	---	---	428.15	1	25	0.9230	1	20	1.4715	1	---	---
12139	C7H16N2	1-ethyl-2-pyrrolidinemethanamine	26116-12-1	128.218	---	---	404.78	2	25	0.8870	1	20	1.4665	1	---	---
12140	C7H16N2	1,2,4-trimethylpiperazine	120-85-4	128.218	---	---	422.65	1	25	0.8770	2	20	1.4433	1	---	---
12141	C7H16N2	(R)-2-(aminomethyl)-1-ethylpyrrolidine	22795-97-7	128.218	---	---	404.78	2	25	0.8770	2	---	---	---	---	---
12142	C7H16N2	n'-tert-butyl-N,N-dimethylformamidine	23314-06-9	128.218	---	---	411.65	1	25	0.8150	1	---	1.4450	1	---	---
12143	C7H16N2	2-piperidinoethylamine	27578-60-5	128.218	---	---	459.15	1	25	0.8950	1	---	1.4740	1	---	---
12144	C7H16N2	2,4-diamino-1-methylcyclohexane	13897-55-7	128.218	---	---	404.78	2	25	0.8770	2	---	---	---	---	---
12145	C7H16N2	isopropyl piperazine	4318-42-7	128.218	---	---	341.15	1	25	0.8770	2	---	---	---	---	---
12146	C7H16N2	N,N,N',N'-tetramethyl propene-1,3-diamine	17471-59-9	128.218	---	---	332.55	1	25	0.8770	2	---	---	---	---	---
12147	C7H16N2O	N,N'-dipropylurea	623-95-0	144.217	378.15	1	528.15	1	25	0.9339	2	---	---	---	solid	1
12148	C7H16N2O	4-morpholinepropanamine	123-00-2	144.217	258.15	1	493.15	1	20	0.9854	1	20	1.4762	1	liquid	1
12149	C7H16N2O	2-tert-butylazo-2-hydroxypropane	57910-39-1	144.217	---	---	510.65	2	25	0.9339	2	---	---	---	---	---
12150	C7H16N2O	3-dimethylamino-N,N-dimethylpropionamid	17268-47-2	144.217	---	---	510.65	2	25	0.9339	2	---	---	---	---	---
12151	C7H16N2O	nitrosomethyl-n-hexylamine	28538-70-7	144.217	---	---	510.65	2	25	0.9339	2	---	---	---	---	---
12152	C7H16N2O	N-propyl-N-butylnitrosamine	25413-64-3	144.217	---	---	510.65	2	25	0.9339	2	---	---	---	---	---
12153	C7H16N2O2	N-boc-ethylenediamine	57260-73-8	160.217	---	---	320.65	2	25	1.0160	1	---	1.4580	1	---	---
12154	C7H16N2O2	(4S,5S)-4,5-di(aminomethyl)-2,2-dimethyld	119322-88-2	160.217	---	---	320.65	1	25	1.0011	2	---	1.4665	1	---	---
12155	C7H16N2O2	3-(butylnitrosoamino)-1-propanol	51938-13-7	160.217	---	---	320.65	2	25	1.0011	2	---	---	---	---	---
12156	C7H16N2O2	N-nitroso-N-propyl-(4-hydroxybutyl)amine	51938-12-6	160.217	---	---	320.65	2	25	1.0011	2	---	---	---	---	---
12157	C7H16N2O3	3-hydroxybutyl-(2-hydroxypropyl)-N-nitros	63934-40-7	176.216	---	---	---	---	25	1.0638	2	---	---	---	---	---
12158	C7H16N2O3	4-hydroxybutyl-(2-hydroxypropyl)-N-nitros	63934-41-8	176.216	---	---	---	---	25	1.0638	2	---	---	---	---	---
12159	C7H16N2O3	4-hydroxybutyl-(3-hydroxypropyl)-N-nitros	62018-90-0	176.216	---	---	---	---	25	1.0638	2	---	---	---	---	---
12160	C7H16N2O6	1-deoxy-1-(N-nitrosomethylamino)-D-glucit	10356-92-0	224.214	---	---	368.65	1	25	1.2286	2	---	---	---	---	---

Table 1 Physical Properties - Organic Compounds

				Mol Wt	Freezing Point		Boiling Point		Density			Refractive Index			State	
NO	FORMULA	NAME	CAS No	g/mol	T_F, K	code	T_B, K	code	T, C	g/cm3	code	T, C	n_D	code	@25C,1 atm	code
12161	C7H16N2S	diisopropyl thiourea	2986-17-6	160.284	---	---	383.15	1	25	0.9752	2	---	---	---	---	---
12162	C7H16N3OP	p,p-bis(1-aziridinyl)-N-isopropylaminophos	5774-35-6	189.198	---	---	324.65	1	---	---	---	---	---	---	---	---
12163	C7H16N3OP	p,p-bis(1-aziridinyl)-N-propylphosphinic an	2275-81-2	189.198	---	---	324.65	2	---	---	---	---	---	---	---	---
12164	C7H16O	1-heptanol	111-70-6	116.203	239.15	1	449.45	1	25	0.8200	1	25	1.4223	1	liquid	1
12165	C7H16O	2-heptanol	543-49-7	116.203	243.00	1	432.35	1	25	0.8140	1	25	1.4190	1	liquid	1
12166	C7H16O	3-heptanol	589-82-2	116.203	203.15	1	429.85	1	25	0.8170	1	25	1.4200	1	liquid	1
12167	C7H16O	4-heptanol	589-55-9	116.203	231.15	1	427.85	1	25	0.8140	1	25	1.4180	1	liquid	1
12168	C7H16O	2-methyl-1-hexanol	624-22-6	116.203	220.00	2	437.15	1	25	0.8230	1	25	1.4210	1	liquid	1
12169	C7H16O	3-methyl-1-hexanol	13231-81-7	116.203	213.97	2	445.15	1	25	0.8240	1	25	1.4220	1	liquid	1
12170	C7H16O	4-methyl-1-hexanol	818-49-5	116.203	213.97	2	446.15	1	25	0.8200	1	25	1.4230	1	liquid	1
12171	C7H16O	5-methyl-1-hexanol	627-98-5	116.203	213.97	2	445.15	1	25	0.8120	1	25	1.4220	1	liquid	1
12172	C7H16O	2-methyl-2-hexanol	625-23-0	116.203	231.39	2	415.95	1	25	0.8100	1	25	1.4170	1	liquid	1
12173	C7H16O	3-methyl-2-hexanol	2313-65-7	116.203	198.97	2	425.15	1	25	0.8220	1	25	1.4210	1	liquid	1
12174	C7H16O	4-methyl-2-hexanol	2313-61-3	116.203	198.97	2	424.15	1	25	0.8170	1	25	1.4220	1	liquid	1
12175	C7H16O	5-methyl-2-hexanol	627-59-8	116.203	198.97	2	424.15	1	25	0.8100	1	25	1.4170	1	liquid	1
12176	C7H16O	2-methyl-3-hexanol	617-29-8	116.203	198.97	2	418.15	1	25	0.8200	1	25	1.4200	1	liquid	1
12177	C7H16O	3-methyl-3-hexanol	597-96-6	116.203	231.39	2	415.95	1	25	0.8210	1	25	1.4210	1	liquid	1
12178	C7H16O	4-methyl-3-hexanol	615-29-2	116.203	198.97	2	422.15	1	25	0.8200	1	25	1.4200	1	liquid	1
12179	C7H16O	5-methyl-3-hexanol	623-55-2	116.203	198.97	2	421.15	1	25	0.8290	1	25	1.4170	1	liquid	1
12180	C7H16O	2-ethyl-1-pentanol	27522-11-8	116.203	213.97	2	439.15	1	25	0.8290	1	25	1.4250	1	liquid	1
12181	C7H16O	3-ethyl-1-pentanol	66225-51-2	116.203	213.97	2	439.15	1	25	0.8300	1	25	1.4200	1	liquid	1
12182	C7H16O	2,2-dimethyl-1-pentanol	2370-12-9	116.203	231.39	2	426.15	1	25	0.8300	1	25	1.4230	1	liquid	1
12183	C7H16O	2,3-dimethyl-1-pentanol	10143-23-4	116.203	198.97	2	437.15	1	25	0.8340	1	25	1.4290	1	liquid	1
12184	C7H16O	2,4-dimethyl-1-pentanol	6305-71-1	116.203	198.97	2	432.15	1	25	0.8150	1	25	1.4250	1	liquid	1
12185	C7H16O	3,3-dimethyl-1-pentanol	19264-94-9	116.203	231.39	2	438.15	1	25	0.8280	1	25	1.4260	1	liquid	1
12186	C7H16O	3,4-dimethyl-1-pentanol	6570-87-2	116.203	198.97	2	438.15	1	25	0.8270	1	25	1.4260	1	liquid	1
12187	C7H16O	4,4-dimethyl-1-pentanol	3121-79-7	116.203	231.39	2	433.15	1	25	0.8110	1	25	1.4180	1	liquid	1
12188	C7H16O	3-ethyl-2-pentanol	609-27-8	116.203	198.97	2	425.15	1	25	0.8340	1	25	1.4260	1	liquid	1
12189	C7H16O	2,3-dimethyl-2-pentanol	4911-70-0	116.203	216.39	2	412.15	1	25	0.8280	1	25	1.4230	1	liquid	1
12190	C7H16O	2,4-dimethyl-2-pentanol	625-06-9	116.203	216.39	2	406.15	1	25	0.8080	1	25	1.4150	1	liquid	1
12191	C7H16O	3,3-dimethyl-2-pentanol	19781-24-9	116.203	216.39	2	420.15	1	25	0.8240	1	25	1.4280	1	liquid	1
12192	C7H16O	3,4-dimethyl-2-pentanol	64502-86-9	116.203	183.97	2	426.15	1	25	0.8340	1	25	1.4300	1	liquid	1
12193	C7H16O	4,4-dimethyl-2-pentanol	6144-93-0	116.203	213.15	1	411.15	1	25	0.8070	1	25	1.4170	1	liquid	1
12194	C7H16O	3-ethyl-3-pentanol	597-49-9	116.203	260.75	1	415.65	1	25	0.8400	1	25	1.4280	1	liquid	1
12195	C7H16O	2,2-dimethyl-3-pentanol	3970-62-5	116.203	278.15	1	409.15	1	25	0.8220	1	25	1.4210	1	liquid	1
12196	C7H16O	2,3-dimethyl-3-pentanol	595-41-5	116.203	216.39	2	413.15	1	25	0.8360	1	25	1.4260	1	liquid	1
12197	C7H16O	2,4-dimethyl-3-pentanol	600-36-2	116.203	265.15	1	411.95	1	25	0.8250	1	25	1.4230	1	liquid	1
12198	C7H16O	2-methyl-2-ethyl-1-butanol	18371-13-6	116.203	231.39	2	430.15	1	25	0.8240	1	25	1.4240	1	liquid	1
12199	C7H16O	3-methyl-2-ethyl-1-butanol	32444-34-1	116.203	198.97	2	435.15	1	25	0.8330	1	25	1.4260	1	liquid	1
12200	C7H16O	2,2,3-trimethyl-1-butanol	55505-23-2	116.203	216.39	2	430.15	1	25	0.8430	1	25	1.4310	1	liquid	1
12201	C7H16O	2,3,3-trimethyl-1-butanol	36794-64-6	116.203	216.39	2	433.15	1	25	0.8240	1	25	1.4290	1	liquid	1
12202	C7H16O	2,3,3-trimethyl-2-butanol	594-83-2	116.203	290.15	1	404.15	1	25	0.8380	1	25	1.4280	1	liquid	1
12203	C7H16O	2,4-dimethyl-1-pentanol, (±)	111768-02-6	116.203	219.25	2	432.15	1	20	0.7930	1	20	1.4270	1	liquid	1
12204	C7H16O	2-heptanol, (±)	52390-72-4	116.203	219.25	2	432.15	1	20	0.8167	1	20	1.4210	1	liquid	1
12205	C7H16O	3-heptanol, (S)	26549-25-7	116.203	203.15	1	430.15	1	20	0.8227	1	20	1.4201	1	liquid	1
12206	C7H16O	2-methyl-1-hexanol, (±)	111768-04-8	116.203	219.25	2	437.15	1	20	0.8260	1	20	1.4226	1	liquid	1
12207	C7H16O	3-methyl-1-hexanol, (±)	111768-08-2	116.203	219.25	2	443.15	1	20	0.8258	1	20	1.4245	1	liquid	1
12208	C7H16O	4-methyl-1-hexanol, (±)	111768-05-9	116.203	219.25	2	446.15	1	20	0.8239	1	20	1.4219	1	liquid	1
12209	C7H16O	2-methyl-3-hexanol, (±)	100295-82-7	116.203	219.25	2	416.15	1	20	0.8407	1	20	1.4149	1	liquid	1
12210	C7H16O	5-methyl-3-hexanol, (±)	100295-83-8	116.203	219.25	2	420.15	1	20	0.8123	1	20	1.4128	1	liquid	1
12211	C7H16O	isopropyl-tert-butyl-ether	17348-59-3	116.203	177.80	1	378.66	1	25	0.7500	1	---	---	---	liquid	1
12212	C7H16O	butyl propyl ether	3073-92-5	116.203	177.80	2	391.25	1	25	0.7772	1	---	---	---	liquid	1
12213	C7H16O	2-ethoxy-2-methylbutane	919-94-8	116.203	190.00	2	374.57	1	18	0.7510	1	---	---	---	liquid	1
12214	C7H16O	ethyl isopentyl ether	628-04-6	116.203	177.80	2	385.65	1	21	0.7688	1	---	---	---	liquid	1
12215	C7H16O	ethyl pentyl ether	17952-11-3	116.203	177.80	2	390.75	1	20	0.7622	1	20	1.3927	1	liquid	1
12216	C7H16O	hexyl methyl ether	4747-07-3	116.203	177.80	2	399.25	1	24	0.8137	2	---	---	---	liquid	1
12217	C7H16O	1-(1-methylethoxy)butane	1860-27-1	116.203	180.00	2	382.30	1	15	0.7594	1	15	1.3870	1	liquid	1
12218	C7H16O	2-methyl-1-propoxypropane	15268-49-2	116.203	177.80	2	378.15	1	20	0.7549	1	25	1.3852	1	liquid	1
12219	C7H16O	2-methyl-2-propoxypropane	29072-93-3	116.203	177.80	2	373.15	1	25	0.7472	1	25	1.3830	1	liquid	1
12220	C7H16O	(S)-(+)-2-heptanol	6033-23-4	116.203	219.25	2	426.80	1	25	0.8130	1	---	1.4210	1	liquid	1
12221	C7H16O	(R)-(-)-2-heptanol	6033-24-5	116.203	219.25	2	420.75	2	25	0.8180	1	---	1.4190	1	liquid	2
12222	C7H16OS	3-(methylthio)-1-hexanol	51755-66-9	148.269	---	---	---	---	25	0.9630	1	---	1.4760	1	---	---
12223	C7H16OSi	2-methyl-1-(trimethylsilyloxy)-1-propene	6651-34-9	144.288	---	---	---	---	25	0.7850	1	---	1.4090	1	---	---
12224	C7H16O2	1,2-heptanediol	3710-31-4	132.203	274.79	2	511.15	2	22	0.9104	2	25	1.4390	2	liquid	2
12225	C7H16O2	1,3-heptanediol	23433-04-7	132.203	274.79	2	522.15	2	22	0.9104	2	25	1.4600	2	liquid	2
12226	C7H16O2	1,4-heptanediol	40646-07-9	132.203	274.79	2	515.15	1	25	0.9510	1	25	1.4520	1	liquid	1
12227	C7H16O2	1,5-heptanediol	60096-09-5	132.203	283.23	2	489.79	2	20	0.9705	1	22	1.4571	1	liquid	2
12228	C7H16O2	1,6-heptanediol	13175-27-4	132.203	274.79	2	485.43	2	25	0.9620	1	25	1.4530	1	liquid	2
12229	C7H16O2	1,7-heptanediol	629-30-1	132.203	293.15	1	535.15	1	25	0.9560	1	25	1.4532	1	liquid	1
12230	C7H16O2	2,3-heptanediol	21508-07-6	132.203	259.79	2	508.21	2	22	0.9104	2	20	1.4440	1	liquid	2
12231	C7H16O2	2,4-heptanediol	20748-86-1	132.203	259.79	2	508.21	2	15	0.9328	1	25	1.4386	1	liquid	2
12232	C7H16O2	2,6-heptanediol	5969-12-0	132.203	259.79	2	508.21	2	22	0.9104	2	20	1.4510	1	liquid	2
12233	C7H16O2	2-methyl-1,2-hexanediol	56255-50-6	132.203	292.21	2	494.25	2	22	0.9104	2	20	1.4500	2	liquid	2
12234	C7H16O2	2-methyl-2,4-hexanediol	66225-35-2	132.203	277.21	2	517.03	2	18	0.9321	1	18	1.4407	1	liquid	2
12235	C7H16O2	2-methyl-2,5-hexanediol	29044-06-2	132.203	309.65	1	517.03	2	22	0.9104	2	---	---	---	solid	1
12236	C7H16O2	3-methyl-1,6-hexanediol	4089-71-8	132.203	274.79	2	485.43	2	22	0.9104	2	20	1.4500	2	liquid	2
12237	C7H16O2	3-methyl-2,4-hexanediol	---	132.203	244.79	2	530.99	2	22	0.9104	2	20	1.4500	2	liquid	2
12238	C7H16O2	3-methyl-3,4-hexanediol	18938-47-1	132.203	277.21	2	517.03	2	22	0.9104	2	20	1.4490	2	liquid	2
12239	C7H16O2	4-methyl-1,5-hexanediol	66225-37-4	132.203	259.79	2	508.21	2	22	0.9104	2	20	1.4580	3	liquid	2
12240	C7H16O2	4-methyl-2,4-hexanediol	38836-25-8	132.203	271.15	1	517.03	2	22	0.9104	2	25	1.4410	1	liquid	2

Table 1 Physical Properties - Organic Compounds

				Mol Wt	Freezing Point		Boiling Point		Density			Refractive Index			State	
NO	FORMULA	NAME	CAS No	g/mol	T_F, K	code	T_B, K	code	T, C	g/cm3	code	T, C	n_D	code	@25C,1 atm	code
12241	C7H16O2	5-methyl-1,5-hexanediol	1462-11-9	132.203	292.21	2	494.25	2	22	0.9104	2	25	1.4410	2	liquid	2
12242	C7H16O2	5-methyl-2,4-hexanediol	54877-00-8	132.203	244.79	2	530.99	2	22	0.9104	2	25	1.4420	1	liquid	2
12243	C7H16O2	2-ethyl-1,3-pentanediol	29887-11-4	132.203	258.42	2	497.74	2	22	0.9104	2	20	1.4500	2	liquid	2
12244	C7H16O2	2-ethyl-1,5-pentanediol	14189-13-0	132.203	274.79	2	485.43	2	22	0.9104	2	20	1.4560	2	liquid	2
12245	C7H16O2	3-ethyl-2,3-pentanediol	66225-32-9	132.203	277.21	2	480.00	2	25	0.9610	1	25	1.4500	1	liquid	2
12246	C7H16O2	3-ethyl-2,4-pentanediol	66225-33-0	132.203	244.79	2	480.65	1	22	0.9104	2	25	1.4500	2	liquid	1
12247	C7H16O2	2,2-dimethyl-1,3-pentanediol	2157-31-5	132.203	331.15	1	485.65	1	22	0.9104	2	---	---	---	solid	1
12248	C7H16O2	2,2-dimethyl-1,5-pentanediol	3121-82-2	132.203	292.21	2	494.25	2	22	0.9104	2	25	1.4520	2	liquid	2
12249	C7H16O2	2,3-dimethyl-1,3-pentanediol	66225-52-3	132.203	277.21	2	517.03	2	22	0.9104	2	25	1.4520	1	liquid	2
12250	C7H16O2	2,3-dimethyl-2,3-pentanediol	6931-70-0	132.203	294.63	2	525.85	2	22	0.9104	2	25	1.4520	2	liquid	2
12251	C7H16O2	DL-2,4-dimethyl-1,5-pentanediol	54630-82-9	132.203	259.79	2	508.21	2	22	0.9104	2	25	1.4520	1	liquid	2
12252	C7H16O2	meso-2,4-dimethyl-1,5-pentanediol	2121-69-9	132.203	259.79	2	508.21	2	22	0.9104	2	25	1.4510	1	liquid	2
12253	C7H16O2	2,4-dimethyl-2,3-pentanediol	66225-53-4	132.203	332.15	1	459.15	1	22	0.9104	2	---	---	---	solid	1
12254	C7H16O2	2,4-dimethyl-2,4-pentanediol	24892-49-7	132.203	271.15	1	470.00	2	22	0.9104	2	20	1.4380	1	liquid	2
12255	C7H16O2	3,3-dimethyl-1,5-pentanediol	53120-74-4	132.203	292.21	2	494.25	2	22	0.9104	2	20	1.4580	1	liquid	2
12256	C7H16O2	3,4-dimethyl-1,4-pentanediol	63521-36-8	132.203	277.21	2	517.03	2	22	0.9104	2	20	1.4500	1	liquid	2
12257	C7H16O2	4,4-dimethyl-1,2-pentanediol	66225-54-5	132.203	277.21	2	517.03	2	22	0.9104	2	20	1.4410	1	liquid	2
12258	C7H16O2	erythro-4,4-dimethyl-2,3-pentanediol	23646-57-3	132.203	347.15	1	539.81	2	22	0.9104	2	---	---	---	solid	1
12259	C7H16O2	threo-4,4-dimethyl-2,3-pentanediol	23646-58-4	132.203	350.15	1	539.81	2	22	0.9104	2	---	---	---	solid	1
12260	C7H16O2	2-propyl-1,4-butanediol	62946-68-3	132.203	274.79	2	485.43	2	22	0.9104	2	20	1.4540	1	liquid	2
12261	C7H16O2	2-isopropyl-1,4-butanediol	39497-66-0	132.203	259.79	2	508.21	2	22	0.9104	2	25	1.4540	1	liquid	2
12262	C7H16O2	2-methyl-3-ethyl-1,4-butanediol	---	132.203	259.79	2	508.21	2	22	0.9104	2	25	1.4540	2	liquid	2
12263	C7H16O2	2-sec-butyl-1,3-propanediol	33673-01-7	132.203	322.15	1	508.21	2	22	0.9104	2	---	---	---	solid	1
12264	C7H16O2	2-methyl-2-propyl-1,3-propanediol	78-26-2	132.203	328.85	1	509.85	1	22	0.9104	2	---	---	---	solid	1
12265	C7H16O2	2,2-diethyl-1,3-propanediol	115-76-4	132.203	334.55	1	507.15	1	20	1.0500	1	25	1.4574	1	solid	1
12266	C7H16O2	1-butoxy-2-propanol	5131-66-8	132.203	257.70	2	444.65	1	20	0.8820	1	20	1.4168	1	liquid	1
12267	C7H16O2	1,1-diethoxypropane	4744-08-5	132.203	---	---	396.15	1	20	0.8250	1	19	1.3924	1	---	---
12268	C7H16O2	2,2-diethoxypropane	126-84-1	132.203	---	---	387.15	1	21	0.8200	1	20	1.3891	1	---	---
12269	C7H16O2	dipropoxymethane	505-84-0	132.203	175.85	1	413.65	1	20	0.8345	1	19	1.3939	1	liquid	1
12270	C7H16O2	2-(pentyloxy)ethanol	6196-58-3	132.203	257.70	2	458.15	1	15	0.8918	1	25	1.4213	1	liquid	1
12271	C7H16O2	1-tert-butoxy-2-methoxyethane	66728-50-5	132.203	---	---	404.65	1	25	0.8400	1	---	1.3990	1	---	---
12272	C7H16O2	1-tert-butoxy-2-propanol	57018-52-7	132.203	217.25	1	417.15	1	25	0.8720	1	---	1.4130	1	liquid	1
12273	C7H16O2	n-heptyl hydroperoxide	764-81-8	132.203	308.65	1	489.79	2	22	0.9104	2	---	---	---	solid	1
12274	C7H16O2	1-isobutoxy-2-propanol	23436-19-3	132.203	298.15	1	438.15	1	22	0.9104	2	---	---	---	---	---
12275	C7H16O2	propylene glycol butyl ether, isomers	29387-86-8	132.203	257.70	2	443.15	1	25	0.8850	1	---	1.4180	1	liquid	1
12276	C7H16O2	1-butoxy-2-methoxyethane	13343-98-1	132.203	257.70	2	420.08	1	22	0.9104	2	---	---	---	liquid	1
12277	C7H16O2	3-butoxy-1-propanol	10215-33-5	132.203	257.70	2	489.79	2	22	0.9104	2	---	---	---	liquid	2
12278	C7H16O2	n-butoxypropanol (mixed isomers)	63716-40-5	132.203	257.70	2	489.79	2	22	0.9104	2	---	---	---	liquid	2
12279	C7H16O2	isobutoxypropanol, mixed isomers	63716-39-2	132.203	257.70	2	489.79	2	22	0.9104	2	---	---	---	liquid	2
12280	C7H16O2Si	vinyldiethoxymethylsilane	5507-44-8	160.288	---	---	406.15	1	20	0.8620	1	20	1.4001	1	---	---
12281	C7H16O2Si	ethyl trimethylsilylacetate	4071-88-9	160.288	---	---	430.60	1	25	0.8730	1	---	1.4150	1	---	---
12282	C7H16O3	dipropylene glycol monomethyl ether	34590-94-8	148.202	193.15	1	461.45	1	23	0.9456	2	---	---	---	---	---
12283	C7H16O3	1,4,7-heptanetriol	3920-53-4	148.202	238.15	1	416.90	2	18	1.0750	1	20	1.4725	1	liquid	2
12284	C7H16O3	triethoxymethane	122-51-0	148.202	---	---	416.15	1	20	0.8909	1	20	1.3922	1	---	---
12285	C7H16O3	1,1,3-trimethoxybutane	10138-89-3	148.202	---	---	430.15	1	25	0.9350	1	20	1.4032	1	---	---
12286	C7H16O3	1,3,3-trimethoxybutane	6607-66-5	148.202	---	---	426.15	1	25	0.9400	1	20	1.4096	1	---	---
12287	C7H16O3	3,3-diethoxy-1-propanol	16777-87-0	148.202	---	---	416.90	2	25	0.9410	1	---	1.4210	1	---	---
12288	C7H16O3	1,2,3-heptanetriol	103404-57-5	148.202	341.65	1	416.90	2	23	0.9456	2	---	---	---	solid	1
12289	C7H16O3	methoxyacetaldehyde diethyl acetal	4819-75-4	148.202	---	---	419.15	1	25	0.9110	1	---	1.3990	1	---	---
12290	C7H16O3	trimethyl orthobutyrate	43083-12-1	148.202	---	---	419.15	1	25	0.9260	1	---	1.4030	1	---	---
12291	C7H16O3	diethylene glycol ethyl methyl ether	1002-67-1	148.202	---	---	416.90	2	23	0.9456	2	---	---	---	---	---
12292	C7H16O3	ethoxyethyl ether of propylene glycol	63716-10-9	148.202	---	---	390.65	1	23	0.9456	2	---	---	---	---	---
12293	C7H16O3S	butyl propyl sulfite	---	180.268	273.15	2	479.65	2	25	1.0437	2	25	1.4260	2	liquid	2
12294	C7H16O4	1,1,3,3-tetramethoxypropane	102-52-3	164.202	---	---	456.15	1	25	0.9970	1	20	1.4081	1	---	---
12295	C7H16O4	triethylene glycol monomethyl ether	112-35-6	164.202	229.15	1	522.15	1	25	1.0380	1	---	1.4380	1	liquid	2
12296	C7H16O4S2	sulfonmethane	115-24-2	228.334	398.95	1	573.15	dec	25	1.1776	2	---	---	---	solid	1
12297	C7H16O4Si	2-carbomethoxyethyldimethoxymethylsilan	76301-03-6	192.287	---	---	---	---	---	---	---	---	---	---	---	---
12298	C7H16O7	methyl a-D-galactopyranoside monohydrat	34004-14-3	212.200	375.65	1	---	---	25	1.1814	2	---	---	---	solid	1
12299	C7H16O9S3	(S)-1,2,4-butanetriol trimethanesulfonate	99520-81-7	340.397	353.65	1	---	---	25	1.4330	2	---	---	---	solid	1
12300	C7H16S	heptyl mercaptan	1639-09-4	132.270	229.92	1	450.09	1	25	0.8390	1	25	1.4498	1	liquid	1
12301	C7H16S	2-heptanethiol	1628-00-2	132.270	132.15	1	436.75	1	25	0.8311	1	25	1.4454	1	liquid	1
12302	C7H16S	methyl hexyl sulfide	20291-60-5	132.270	206.35	1	440.00	2	25	0.8390	1	25	1.4505	1	liquid	2
12303	C7H16S	ethyl pentyl sulfide	26158-99-6	132.270	206.66	2	440.00	2	25	0.8390	1	---	---	---	liquid	2
12304	C7H16S	propyl butyl sulfide	1613-46-3	132.270	206.66	2	431.00	1	25	0.8390	1	---	---	---	liquid	1
12305	C7H16S2Si	2-trimethylsilyl-1,3-dithiane	13411-42-2	192.421	---	---	---	---	25	1.0120	1	---	1.5330	1	---	---
12306	C7H16S3	tris(ethylthio)methane	6267-24-9	196.402	---	---	508.15	dec	20	1.0530	1	15	1.5410	1	---	---
12307	C7H16Si	diethylmethylvinylsilane	18292-29-0	128.289	---	---	391.15	1	25	0.7500	1	---	1.4220	1	---	---
12308	C7H16Si	methallyltrimethylsilane	18292-38-1	128.289	---	---	383.65	1	25	0.7300	1	---	---	---	---	---
12309	C7H17AsO2	butyl(isopropyl)arsinic acid	73791-40-9	208.132	---	---	---	---	---	---	---	---	---	---	---	---
12310	C7H17AsO2	isopropyl isobutyl arsinic acid	73791-43-2	208.132	---	---	---	---	---	---	---	---	---	---	---	---
12311	C7H17BO2	diisopropoxymethylborane	86595-27-9	144.022	---	---	379.15	1	25	0.7810	1	---	1.3760	1	---	---
12312	C7H17ClNOP	methyl N,N-diisopropylchlorophosphoramid	86030-43-5	197.645	---	---	---	---	25	1.0180	1	---	1.4680	1	---	---
12313	C7H17ClO3Si	(chloromethyl)triethoxysilane	15267-95-5	212.748	---	---	447.65	1	25	1.0220	1	---	1.4100	1	---	---
12314	C7H17ClSi	chlorodiethylisopropylsilane	107149-56-4	164.749	---	---	---	---	25	0.8920	1	---	1.4380	1	---	---
12315	C7H17N	heptylamine	111-68-2	115.219	254.15	1	430.05	1	25	0.7720	1	25	1.4228	1	liquid	1
12316	C7H17N	2,4-dimethyl-2-pentanamine	64379-30-2	115.219	254.15	2	395.15	1	20	0.7719	1	20	1.4009	1	liquid	1
12317	C7H17N	2-heptanamine	123-82-0	115.219	254.15	2	415.15	1	19	0.7665	1	19	1.4199	1	liquid	1
12318	C7H17N	4-heptanamine	16751-59-0	115.219	254.15	2	412.65	1	20	0.7670	1	20	1.4172	1	liquid	1
12319	C7H17N	3-methyl-1-hexanamine	65530-93-0	115.219	254.15	2	422.15	1	26	0.7720	1	25	1.4249	1	liquid	1
12320	C7H17N	4-methyl-2-hexanamine	105-41-9	115.219	254.15	2	405.65	1	20	0.7655	1	25	1.4150	1	liquid	1

Table 1 Physical Properties - Organic Compounds

				Mol Wt	Freezing Point		Boiling Point		Density			Refractive Index			State	
NO	FORMULA	NAME	CAS No	g/mol	T_F, K	code	T_B, K	code	T, C	g/cm3	code	T, C	n_D	code	@25C,1 atm	code
12321	C7H17N	4-methyl-1-hexylamine	34263-68-8	115.219	254.15	2	426.15	1	20	0.7802	1	20	1.4238	1	liquid	1
12322	C7H17N	methylhexylamine	35161-70-7	115.219	235.15	1	415.15	1	25	0.7550	1	25	1.4167	1	liquid	1
12323	C7H17N	ethylpentylamine	17839-26-8	115.219	235.15	2	407.15	1	25	0.7477	1	25	1.4122	1	liquid	1
12324	C7H17N	dimethylpentylamine	26153-88-8	115.219	190.00	2	395.15	1	25	0.7318	1	25	1.4041	1	liquid	1
12325	C7H17N	dimethyl-2-pentylamine	57303-85-2	115.219	190.00	2	382.15	1	25	0.7171	1	25	1.3961	1	liquid	1
12326	C7H17N	dimethyl-3-pentylamine	18636-94-7	115.219	190.00	2	389.15	1	25	0.7507	1	25	1.4080	1	liquid	1
12327	C7H17N	dimethyl-2-methylbutylamine	66225-39-6	115.219	190.00	2	388.00	2	25	0.7521	1	25	1.4091	1	liquid	2
12328	C7H17N	dimethyl-3-methylbutylamine	2315-43-7	115.219	190.00	2	386.65	1	25	0.7521	1	25	1.4091	1	liquid	1
12329	C7H17N	dimethyl-1,1-dimethylpropylamine	57757-60-5	115.219	190.00	2	391.15	1	25	0.7321	1	25	1.4051	1	liquid	1
12330	C7H17N	dimethyl-1,2-dimethylpropylamine	66225-38-5	115.219	190.00	2	390.50	2	25	0.7321	1	25	1.4051	1	liquid	2
12331	C7H17N	dimethyl-2,2-dimethylpropylamine	10076-31-0	115.219	190.00	2	390.50	2	25	0.7321	1	25	1.4041	1	liquid	2
12332	C7H17N	methylethylbutylamine	66225-40-9	115.219	190.00	2	390.15	1	25	0.7320	1	25	1.4048	1	liquid	1
12333	C7H17N	methylethyl-sec-butylamine	66225-41-0	115.219	190.00	2	376.15	1	25	0.7152	1	25	1.3951	1	liquid	1
12334	C7H17N	methylethylisobutylamine	60247-14-5	115.219	190.00	2	380.15	1	25	0.7293	1	25	1.3990	1	liquid	1
12335	C7H17N	methylethyl-tert-butylamine	52841-28-8	115.219	190.00	2	383.15	1	25	0.7444	1	25	1.4088	1	liquid	1
12336	C7H17N	methyldipropylamine	3405-42-3	115.219	190.00	2	387.25	1	25	0.7501	1	25	1.4081	1	liquid	1
12337	C7H17N	methylpropylisopropylamine	66225-42-1	115.219	190.00	2	386.00	2	25	0.7501	1	25	1.4081	1	liquid	2
12338	C7H17N	methyldiisopropylamine	10342-97-9	115.219	190.00	2	385.15	1	25	0.7495	1	25	1.4082	1	liquid	1
12339	C7H17N	diethylpropylamine	4458-31-5	115.219	190.00	2	385.15	1	25	0.7380	1	25	1.4036	1	liquid	1
12340	C7H17N	diethylisopropylamine	6006-15-1	115.219	190.00	2	381.65	1	25	0.7390	1	25	1.4041	1	liquid	1
12341	C7H17N	N-tert-butylisopropylamine	7515-80-2	115.219	235.15	2	371.15	1	25	0.7270	1	---	1.3980	1	liquid	1
12342	C7H17N	(S)-2-heptylamine	44745-29-1	115.219	254.15	2	416.15	1	25	0.7660	1	---	---	---	liquid	1
12343	C7H17N	(R)-2-heptylamine	6240-90-0	115.219	254.15	2	416.15	1	25	0.7660	1	---	---	---	liquid	1
12344	C7H17N	N-propylbutylamine	20193-21-9	115.219	235.15	2	406.65	1	25	0.7450	1	---	1.4120	1	liquid	1
12345	C7H17N	3-aminoheptane	28292-42-4	115.219	254.15	2	414.15	1	24	0.7483	2	---	---	---	liquid	1
12346	C7H17N	5-methyl-2-hexylamine	28292-43-5	115.219	254.15	2	397.47	2	24	0.7483	2	---	---	---	liquid	2
12347	C7H17NO	1-(diethylamino)-2-propanol, (±)	78738-36-0	131.218	286.65	1	432.15	1	20	0.8511	1	20	1.4255	1	liquid	1
12348	C7H17NO	2-(diethylamino)-1-propanol	611-12-1	131.218	260.52	2	439.15	1	27	0.8660	1	20	1.4332	1	liquid	1
12349	C7H17NO	3-(diethylamino)-1-propanol	622-93-5	131.218	260.52	2	462.65	1	20	0.8600	1	20	1.4439	1	liquid	1
12350	C7H17NO	2-[isopentylamino]ethanol	34240-76-1	131.218	260.52	2	478.15	1	20	0.8822	1	20	1.4447	1	liquid	1
12351	C7H17NO	3-butoxypropylamine	16499-88-0	131.218	208.25	1	446.15	1	25	0.8530	1	---	1.4260	1	liquid	1
12352	C7H17NO	1-diethylamino-2-propanol	4402-32-8	131.218	286.65	1	451.65	2	25	0.8850	1	---	1.4260	1	liquid	2
12353	C7H17NO	4-amino-2-methyl-3-hexanol	63765-80-0	131.218	260.52	2	451.65	2	23	0.8662	2	---	---	---	liquid	2
12354	C7H17NOSi	4-(trimethylsilyl)morpholine	13368-42-8	159.303	---	---	433.15	1	25	0.8970	1	---	1.4410	1	---	---
12355	C7H17NO2	1,1-diethoxy-N,N-dimethylmethanamine	1188-33-6	147.218	---	---	402.15	1	25	0.8590	1	20	1.4007	1	---	---
12356	C7H17NO2	1-amino-3,3-diethoxypropane	41365-75-7	147.218	---	---	454.65	2	25	0.9100	1	---	---	---	---	---
12357	C7H17NO2	3-(diethylamino)-1,2-propanediol	621-56-7	147.218	243.25	1	507.15	1	25	0.9650	1	---	1.4600	1	liquid	1
12358	C7H17NO2	(S)-3-tert-butylamino-1,2-propanediol	30315-46-9	147.218	360.15	1	454.65	2	25	0.9113	2	---	---	---	solid	1
12359	C7H17NO3	1-[N,N-bis(2-hydroxyethyl)amino]-2-propar	6712-98-7	163.217	306.90	1	418.15	1	25	1.0750	1	---	---	---	solid	1
12360	C7H17NO3	3-aminopropoxy-2-ethoxy ethanol	112-33-4	163.217	---	---	418.15	2	25	0.9838	2	---	---	---	---	---
12361	C7H17NO5	1-deoxy-1-(methylamino)-D-glucitol	6284-40-8	195.216	401.65	1	---	---	25	1.1020	2	---	---	---	solid	1
12362	C7H17NO6S	TAPS	29915-38-6	243.281	513.15	1	---	---	25	1.2267	2	---	---	---	solid	1
12363	C7H17O2PS	O,O-diisopropyl methylphosphonothioate	66295-45-2	196.251	---	---	---	---	25	0.9885	1	25	1.4512	1	---	---
12364	C7H17O2PS3	phorate	298-02-2	260.383	---	---	---	---	25	1.1600	1	---	---	---	---	---
12365	C7H17O2PS3	O,O-dimethyl-S-2-(isopropylthio)ethylphos	36614-38-7	260.383	---	---	---	---	25	1.1800	1	---	---	---	---	---
12366	C7H17O3P	diethylisopropylphosphonate	1538-69-8	180.184	---	---	394.25	2	---	---	---	---	---	---	---	---
12367	C7H17O3P	diisopropyl methylphosphonate	1445-75-6	180.184	298.15	1	394.25	1	---	---	---	---	---	---	---	---
12368	C7H17O3P	pinacolyl methylphosphonate	616-52-4	180.184	---	---	394.25	2	25	1.0320	1	---	1.4340	1	---	---
12369	C7H17O3PS3	thimet sulfoxide	2588-03-6	276.382	---	---	391.65	1	---	---	---	---	---	---	---	---
12370	C7H17O4PS2	O,O-dimethyl-S-isopropyl-2-sulfinylethylph	2674-91-1	260.316	---	---	363.45	1	---	---	---	---	---	---	---	---
12371	C7H17O4PS3	thimet sulfone	2588-04-7	292.382	---	---	---	---	---	---	---	---	---	---	---	---
12372	C7H17PS3	S,S-dipropyl methylphosphonotrithioate	996-05-4	228.384	---	---	---	---	---	---	---	---	---	---	---	---
12373	C7H18Cl2Si2	dichlorobis(trimethylsilyl)methane	15951-41-4	229.295	---	---	---	---	25	1.0060	1	---	1.4690	1	---	---
12374	C7H18NO2PS	O-ethyl-S-(2-dimethyl amino ethyl)-methylp	20820-80-8	211.266	---	---	---	---	---	---	---	---	---	---	---	---
12375	C7H18N2	N,N-diethyl-1,3-propanediamine	104-78-9	130.234	302.05	2	441.65	1	20	0.8220	1	20	1.4430	1	solid	2
12376	C7H18N2	1,7-heptanediamine	646-19-5	130.234	302.05	1	497.15	1	22	0.8072	2	---	---	---	solid	1
12377	C7H18N2	N,N,N',N'-tetramethyl-1,3-propanediamine	110-95-2	130.234	302.05	2	417.15	1	18	0.7837	1	---	---	---	solid	2
12378	C7H18N2	N,N-diethyl-N'-methylethylenediamine	104-79-0	130.234	302.05	2	431.65	1	25	0.8050	1	---	1.4300	1	solid	2
12379	C7H18N2	N,N,2,2-tetramethyl-1,3-propanediamine	53369-71-4	130.234	302.05	2	429.65	1	25	0.8180	1	---	1.4360	1	solid	2
12380	C7H18N2	3-diethylaminopropylamine	14642-66-1	130.234	302.05	2	443.45	2	22	0.8072	2	---	---	---	solid	2
12381	C7H18N2	heptyl hydrazine	2656-72-6	130.234	---	---	443.45	2	22	0.8072	2	---	---	---	---	---
12382	C7H18N2O	1-amino-3-(diethylamino)-2-propanol	6322-01-6	146.233	---	---	496.15	1	20	0.9310	1	20	1.4650	1	---	---
12383	C7H18N2O	1,3-bis(dimethylamino)-2-propanol	5966-51-8	146.233	---	---	454.65	1	20	0.8788	1	20	1.4418	1	---	---
12384	C7H18N2O	2-{[2-(dimethylamino)ethyl]methylamino}etl	2212-32-0	146.233	---	---	480.15	1	25	0.9040	1	---	1.4540	1	---	---
12385	C7H18N2O2	N,N-bis(2-hydroxyethyl)-1,3-propanediamir	4985-85-7	162.233	---	---	---	---	25	0.9597	2	---	---	---	---	---
12386	C7H18N2O4Si	1-[3-(trimethoxysilyl)propyl]urea	23843-64-3	222.317	---	---	490.15	1	25	1.1500	1	---	1.4600	1	---	---
12387	C7H18N2Si2	bis(trimethylsilyl)carbodiimide	1000-70-0	186.404	250.25	1	437.15	1	25	0.8210	1	---	1.4340	1	liquid	1
12388	C7H18O3SSi	mercaptomethyltriethoxysilane	60764-83-2	210.369	---	---	---	---	---	---	---	---	---	---	---	---
12389	C7H18O3Si	triethoxymethylsilane	2031-67-6	178.303	---	---	415.15	1	25	0.8948	1	20	1.3832	1	---	---
12390	C7H18O3Si	isobutyl(trimethoxy)silane	18395-30-7	178.303	---	---	418.65	1	25	0.9300	1	---	1.3960	1	---	---
12391	C7H18Si	butyltrimethylsilane	1000-49-3	130.305	---	---	388.15	1	25	0.7353	1	---	---	---	---	---
12392	C7H18Si	trimethylisobutylsilane	1118-09-8	130.305	---	---	381.65	1	25	0.7330	1	---	---	---	---	---
12393	C7H18Si	diethylisopropylsilane	18395-55-6	130.305	---	---	401.15	1	25	0.7430	1	---	1.4190	1	---	---
12394	C7H18SiSn	trimethylstannyldimethylvinylsilan	214279-37-5	249.015	---	---	---	---	---	---	---	---	---	---	---	---
12395	C7H19ClSi2	chloro-bis(trimethylsilyl)methane	5926-35-2	194.850	---	---	---	---	25	0.8920	1	---	1.4490	1	---	---
12396	C7H19N3	1,4,7-trimethyldiethylenetriamine	105-84-0	145.249	---	---	453.90	2	22	0.9135	2	---	---	---	---	---
12397	C7H19N3	N-(3-aminopropyl)-N-methyl-1,3-propanedi	105-83-9	145.249	---	---	505.65	1	20	0.9023	1	25	1.4705	1	---	---
12398	C7H19N3	spermidine	124-20-9	145.249	295.65	1	402.15	1	25	0.9250	1	---	1.4790	1	liquid	1
12399	C7H19NSi	N,N-diethyltrimethylsilylamine	996-50-9	145.320	---	---	399.10	1	25	0.7670	1	---	1.4110	1	---	---
12400	C7H19O3PSi	diethyl trimethylsilyl phosphite	13716-45-5	210.285	---	---	---	---	25	0.9210	1	---	1.4130	1	---	---

Table 1 Physical Properties - Organic Compounds

				Mol Wt	Freezing Point		Boiling Point		Density			Refractive Index			State	
NO	FORMULA	NAME	CAS No	g/mol	T_F, K	code	T_B, K	code	T, C	g/cm3	code	T, C	n_D	code	@25C,1 atm	code
12401	C7H19O4P	diethyl (2-oxopropyl)phosphonate	1067-71-6	198.199	---	---	---	---	25	1.0600	1	---	1.4330	1	---	---
12402	C7H20N2OSi2	1,3-bis(trimethylsilyl)urea	18297-63-7	204.419	505.15	1	---	---	---	---	---	---	---	---	solid	1
12403	C7H20N4	N,N'-bis(2-aminoethyl)-1,3-propanediamine	4741-99-5	160.264	---	---	---	---	25	0.9600	1	---	1.4940	1	---	---
12404	C7H20Si2	bis(trimethylsilyl)methane	2117-28-4	160.406	202.25	1	406.65	1	25	0.7500	1	---	1.4170	1	liquid	1
12405	C7H21NSi2	heptamethyldisilazane	920-68-3	175.421	---	---	423.15	1	25	0.7970	1	---	1.4210	1	---	---
12406	C7H21NSi2	N,N-dimethylaminopentamethyldisilane	26798-98-1	175.421	---	---	429.15	1	25	0.7500	1	---	---	---	---	---
12407	C7H22N2O13P4	DPF	54622-43-4	466.154	---	---	---	---	---	---	---	---	---	---	---	---
12408	C7H22O2Si3	1,1,1,3,5,5,5-heptamethyltrisiloxane	1873-88-7	222.505	---	---	414.95	1	25	0.8190	1	---	1.3820	1	---	---
12409	C7H22O4Si4	heptamethylcyclotetrasiloxane	15721-05-8	282.589	246.15	1	438.15	1	20	0.9583	1	20	1.3965	1	liquid	1
12410	C7H24O3Si4	tris(dimethylsiloxy)methyl-silane	17082-46-1	268.606	---	---	---	---	25	0.8610	1	---	1.3840	1	---	---
12411	C8BrF17	1-bromoheptadecafluorooctane	423-55-2	498.967	298.15	1	414.65	1	25	1.9300	1	---	1.3050	1	---	---
12412	C8Br4O3	tetrabromophthalic anhydride	632-79-1	463.702	548.15	1	---	---	25	2.6984	2	---	---	---	solid	1
12413	C8ClF15O	pentadecafluorooctanoyl chloride	335-64-8	432.517	---	---	403.60	1	25	1.7440	1	---	1.3050	1	---	---
12414	C8Cl2N2O2	2,3-dichloro-5,6-dicyanobenzoquinone	84-58-2	227.006	487.65	1	---	---	25	1.7500	2	---	---	---	solid	1
12415	C8Cl4N2	chlorothalonil	1897-45-6	265.912	523.15	1	623.15	1	25	1.7000	1	---	---	---	solid	1
12416	C8Cl4N2	tetrachlorophthalonitrile	1953-99-7	265.912	---	---	623.15	2	25	1.7395	2	---	---	---	---	---
12417	C8Cl4O3	tetrachlorophthalic anhydride	117-08-8	285.896	527.65	1	---	---	275	1.4900	1	---	---	---	solid	1
12418	C8Cl4Si	tetrakis(chloroethynyl)silane	---	265.983	---	---	431.95	1	---	---	---	---	---	---	---	---
12419	C8Cl8	octachlorostyrene	29082-74-4	379.708	---	---	357.95	1	25	1.7815	2	---	---	---	---	---
12420	C8Co2K8N8	potassium octacyanodicobaltate	23705-25-1	638.797	---	---	---	---	---	---	---	---	---	---	---	---
12421	C8Co2O8	cobalt carbonyl	10210-68-1	341.950	324.15	dec	---	---	25	1.7800	1	---	---	---	solid	1
12422	C8Cs	cesium graphite	12079-66-2	228.993	---	---	337.20	1	---	---	---	---	---	---	---	---
12423	C8D8	styrene-d8	19361-62-7	112.200	243.74	1	323.65	1	---	---	---	---	---	---	liquid	1
12424	C8F4N2	tetrafluoroisophthalonitrile	2377-81-3	200.096	351.65	1	---	---	25	1.6184	2	---	---	---	solid	1
12425	C8F4N2	tetrafluoroterephthalonitrile	1835-49-0	200.096	470.65	1	---	---	25	1.6184	2	---	---	---	solid	1
12426	C8F8O	octafluoroacetophenone	652-22-2	264.075	---	---	403.65	1	25	1.6090	1	---	1.3940	1	---	---
12427	C8F8O2	pentafluorophenyl trifluoroacetate	14533-84-7	280.075	---	---	395.65	1	25	1.6300	1	---	1.3680	1	---	---
12428	C8F14O3	heptafluorobutanoic anhydride	336-59-4	410.065	230.15	1	379.65	1	20	1.6650	1	20	1.2850	1	liquid	1
12429	C8F16	perfluoro-1,2-dimethylcyclohexane	306-98-9	400.064	217.15	1	374.65	1	25	1.8290	1	25	1.2830	1	liquid	1
12430	C8F16	perfluoro-1,4-dimethylcyclohexane	374-77-6	400.064	---	---	373.65	1	20	1.8503	1	20	1.2897	1	---	---
12431	C8F16	hexadecafluoro-1,3-dimethylcyclohexane;	335-27-3	400.064	218.25	1	374.55	1	25	1.8280	1	---	1.2950	1	liquid	1
12432	C8F16I2	hexadecafluoro-1,8-diiodooctane	335-70-6	653.873	348.15	1	---	---	25	2.2482	2	---	---	---	solid	1
12433	C8F16O	perfluoro-2-butyltetrahydrofuran	335-36-4	416.063	---	---	375.75	1	25	1.7382	2	---	---	---	---	---
12434	C8F17I	heptadecafluoro-1-iodooctane	507-63-1	545.967	293.95	1	434.60	1	25	2.0059	2	---	1.3310	1	liquid	1
12435	C8F18	perfluorooctane	307-34-6	438.061	---	---	379.05	1	20	1.7300	1	20	1.2820	1	---	---
12436	C8F18O	perfluoro-n-dibutyl ether	308-48-5	454.060	173.25	1	375.15	1	25	1.7523	2	---	---	---	liquid	1
12437	C8F18O2S	heptadecafluorooctanesulfonyl fluoride	307-35-7	502.126	281.70	1	427.60	1	25	1.8240	1	---	1.3010	1	liquid	1
12438	C8HBrN4O5S	3-bromo-2,7-dinitro-5-benzo(b)-thiophenec	---	345.091	---	---	---	---	25	2.1489	2	---	---	---	---	---
12439	C8HCl4F3N2	4,5,6,7-tetrachloro-2-(trifluoromethyl)benzi	2338-29-6	323.915	---	---	371.65	1	25	1.7319	2	---	---	---	---	---
12440	C8HCl4F11O2	3,5,7,8-tetrachloro-2,2,3,4,4,5,6,6,7,8,8-un	2923-68-4	479.888	---	---	553.15	1	20	1.8970	1	20	1.3980	1	---	---
12441	C8HCl4NO2	3,4,5,6-tetrachlorophthalimide	1571-13-7	284.912	>573.15	1	---	---	25	1.7335	2	---	---	---	solid	1
12442	C8HF15O2	pentadecafluorooctanoic acid	335-67-1	414.072	328.15	1	463.65	1	25	1.7282	2	---	---	---	solid	1
12443	C8HF17	1,1,1,2,2,3,3,4,4,5,5,6,6,7,7,8,8-heptadeca	335-65-9	420.070	---	---	391.15	1	25	1.7580	1	---	1.3000	1	---	---
12444	C8H2Cl2O3	4,5-dichloro-1,3-isobenzofurandione	56962-07-3	217.007	394.15	1	602.15	1	25	1.5974	2	---	---	---	solid	1
12445	C8H2Cl2O3	5,6-dichloro-1,3-isobenzofurandione	942-06-3	217.007	461.15	1	586.15	1	25	1.5974	2	---	---	---	solid	1
12446	C8H2Cl2O3	3,6-dichlorophthalic anhydride	4466-59-5	217.007	462.15	1	612.25	1	25	1.5974	2	---	---	---	solid	1
12447	C8H2Cl4N2	chlorquinox	3495-42-9	267.928	---	---	---	---	25	1.6551	2	---	---	---	---	---
12448	C8H2Cl4O2	4,5,6,7-tetrachlorophthalide	27355-22-2	271.913	---	---	---	---	25	1.6518	2	---	---	---	---	---
12449	C8H2Cl4O4	tetrachlorophthalic acid	632-58-6	303.911	---	---	---	---	25	1.7282	2	---	---	---	---	---
12450	C8H2Cl4O5	mucochloric anhydride	4412-09-3	319.911	415.15	1	---	---	25	1.7629	2	---	---	---	solid	1
12451	C8H2F4O4	tetrafluoroisophthalic acid	1551-39-9	238.095	484.65	1	---	---	25	1.6239	2	---	---	---	solid	1
12452	C8H2F4O4	tetrafluorophthalic acid	652-03-9	238.095	436.15	1	---	---	25	1.6239	2	---	---	---	solid	1
12453	C8H2F5ClO2	pentafluorophenoxyacetyl chloride	55502-53-9	260.548	---	---	---	---	25	1.6038	2	---	1.4520	1	---	---
12454	C8H2F5N	2,3,4,5,6-pentafluorophenylacetonitrile	653-30-5	207.103	---	---	---	---	25	1.6100	1	---	1.4390	1	---	---
12455	C8H2F17NO2S	perfluorooctanesulfonic acid amide	754-91-6	499.150	---	---	---	---	25	1.7595	2	---	---	---	---	---
12456	C8H3BrF3NO	4-bromo-2-(trifluoromethyl)phenyl isocyana	186589-12-8	266.018	---	---	---	---	25	1.6990	1	---	1.5240	1	---	---
12457	C8H3BrF6	2,4-bis(trifluoromethyl)bromobenzene	327-75-3	293.007	---	---	431.15	1	25	1.7380	1	---	1.4370	1	---	---
12458	C8H3BrF6	1,3-bis(trifluoromethyl)-5-bromobenzene	328-70-1	293.007	257.25	1	427.15	1	25	1.6990	1	---	1.4270	1	liquid	1
12459	C8H3ClF3N	2-chloro-5-(trifluoromethyl)benzonitrile	328-87-0	205.567	312.15	1	484.15	1	25	1.4661	2	---	---	---	solid	1
12460	C8H3ClF3NO	4-chloro-2-(trifluoromethyl)phenyl isocyana	16588-69-5	221.566	---	---	---	---	25	1.4640	1	---	1.5010	1	---	---
12461	C8H3ClF3NO	4-chloro-3-(trifluoromethyl)phenyl isocyana	327-78-6	221.566	310.65	1	---	---	25	1.4720	2	---	---	---	solid	1
12462	C8H3ClF3NO	2-chloro-5-(trifluoromethyl)phenyl isocyana	50528-86-4	221.566	---	---	---	---	25	1.4800	1	---	1.4890	1	---	---
12463	C8H3ClF3NS	4-chloro-3-(trifluoromethyl)phenyl isothiocy	23163-86-2	237.633	308.15	1	522.65	1	25	1.4700	1	---	1.5910	1	solid	1
12464	C8H3ClF3NS	2-chloro-5-(trifluoromethyl)phenyl isothiocy	23165-49-3	237.633	---	---	512.15	1	25	1.4470	1	---	1.5700	1	---	---
12465	C8H3ClF4O	3-chloro-2-fluoro-6-(trifluoromethyl)benzalc	186517-29-3	226.558	---	---	487.15	1	25	1.5300	1	---	1.4830	1	---	---
12466	C8H3ClF4O	3-chloro-2-fluoro-5-(trifluoromethyl)benzalc	261763-02-4	226.558	---	---	469.15	1	25	1.5400	1	---	1.4760	1	---	---
12467	C8H3ClF4O	2-fluoro-6-(trifluoromethyl)benzoyl chloride	109227-12-5	226.558	---	---	466.65	1	25	1.4650	1	---	1.4520	1	---	---
12468	C8H3ClF4O	2-fluoro-4-(trifluoromethyl)benzoyl chloride	126917-10-0	226.558	---	---	461.65	1	25	1.5000	1	---	1.4660	1	---	---
12469	C8H3ClF4O	3-fluoro-5-(trifluoromethyl)benzoyl chloride	171243-30-4	226.558	---	---	392.15	1	25	1.4820	1	---	1.4620	1	---	---
12470	C8H3ClF4O	4-fluoro-2-(trifluoromethyl)benzoyl chloride	189807-21-4	226.558	---	---	430.15	1	25	1.4950	1	---	1.4680	1	---	---
12471	C8H3ClF4O	2-fluoro-5-(trifluoromethyl)benzoyl chloride	207981-46-2	226.558	---	---	463.65	1	25	1.4990	1	---	1.4680	1	---	---
12472	C8H3ClF4O	2-fluoro-3-(trifluoromethyl)benzoyl chloride	208173-19-7	226.558	---	---	465.65	1	25	1.5170	1	---	1.4720	1	---	---
12473	C8H3ClF4O	5-fluoro-2-(trifluoromethyl)benzoyl chloride	216144-70-6	226.558	---	---	442.15	1	25	1.5000	1	---	1.4630	1	---	---
12474	C8H3ClF4O	4-fluoro-3-(trifluoromethyl)benzoyl chloride	67515-56-4	226.558	---	---	442.65	1	25	1.4930	1	---	1.4690	1	---	---
12475	C8H3Cl2F3N2	4,5-dichloro-2-(trifluoromethyl)-1H-benzimi	3615-21-2	255.026	486.65	1	---	---	25	1.5776	2	---	---	---	solid	1
12476	C8H3Cl3N2	2,3,6-trichloroquinoxaline	2958-87-4	233.483	418.65	1	---	---	25	1.5649	2	---	---	---	solid	1
12477	C8H3Cl5O	pentachloroacetophenone	25201-35-8	292.374	363.15	1	---	---	25	1.6180	2	---	---	---	solid	1
12478	C8H3FO3	5-fluoro-1,3-isobenzofurandione	319-03-9	166.109	349.65	1	---	---	25	1.4338	2	---	---	---	solid	1
12479	C8H3FO3	3-fluorophthalic anhydride	652-39-1	166.109	434.15	1	---	---	25	1.4338	2	---	---	---	solid	1
12480	C8H3F2NO2	2,6-difluorobenzoyl isocyanate	60731-73-9	183.115	---	---	---	---	25	1.4723	2	---	---	---	---	---

Table 1 Physical Properties - Organic Compounds

				Mol Wt	Freezing Point		Boiling Point		Density			Refractive Index			State	
NO	FORMULA	NAME	CAS No	g/mol	T_F, K	code	T_B, K	code	T, C	g/cm3	code	T, C	n_D	code	@25C,1 atm	code
12481	C8H3F3N2O2	2-nitro-4-(trifluoromethyl)benzonitrile	778-94-9	216.120	318.65	1	---	---	25	1.5604	2	---	---	---	solid	1
12482	C8H3F4N	2-fluoro-6-(trifluoromethyl)benzonitrile	133116-83-3	189.113	300.15	1	451.15	2	25	1.3730	1	---	1.4520	1	solid	1
12483	C8H3F4N	2-fluoro-4-(trifluoromethyl)benzonitrile	146070-34-0	189.113	---	---	451.15	1	25	1.3580	1	---	1.4460	1	---	---
12484	C8H3F4NO	4-fluoro-3-(trifluoromethyl)phenyl isocyana	139057-86-6	205.112	---	---	---	---	25	1.4400	1	---	1.4610	1	---	---
12485	C8H3F4NO	2-fluoro-3-(trifluoromethyl)phenyl isocyana	190774-52-8	205.112	---	---	---	---	25	1.4160	1	---	1.4590	1	---	---
12486	C8H3F4NO	2-fluoro-6-(trifluoromethyl)phenyl isocyana	190774-53-9	205.112	---	---	---	---	25	1.4360	1	---	1.4610	1	---	---
12487	C8H3F4NO	4-fluoro-2-(trifluoromethyl)phenyl isocyana	190774-54-0	205.112	---	---	---	---	25	1.4300	1	---	1.4610	1	---	---
12488	C8H3F4NO	2-fluoro-5-(trifluoromethyl)phenyl isocyana	69922-27-6	205.112	---	---	---	---	25	1.4180	1	---	1.4550	1	---	---
12489	C8H3F5	2,3,4,5,6-pentafluorostyrene	653-34-9	194.104	---	---	412.55	1	25	1.4060	1	---	1.4460	1	---	---
12490	C8H3F5O	2',3',4',5',6'-pentafluoroacetophenone	652-29-9	210.104	---	---	403.60	1	25	1.4760	1	---	1.4370	1	---	---
12491	C8H3F5O2	methyl pentafluorobenzoate	36629-42-2	226.103	---	---	---	---	25	1.5300	1	---	1.4310	1	---	---
12492	C8H3F5O2	2,3,4,5,6-pentafluorphenylacetic acid	653-21-4	226.103	382.15	1	---	---	25	1.5096	2	---	---	---	solid	1
12493	C8H3F5O3	pentafluorophenoxyacetic acid	14892-14-9	242.103	385.15	1	---	---	25	1.5580	2	---	---	---	solid	1
12494	C8H3F6I	1-iodo-3,5-bis(trifluoromethyl)benzene	328-73-4	340.007	---	---	---	---	25	1.9190	1	---	1.4630	1	---	---
12495	C8H3F6NO2	3,5-bis(trifluoromethyl)nitrobenzene	328-75-6	259.109	---	---	344.65	1	25	1.5350	1	---	1.4270	1	---	---
12496	C8H3F13	3,3,4,4,5,5,6,6,7,7,8,8,8-tridecafluoro-1-de	25291-17-2	346.092	---	---	379.55	1	25	1.5200	1	---	1.2950	1	---	---
12497	C8H3F15O	2,2,3,3,4,4,5,5,6,6,7,7,8,8,8-pentadecafluo	307-30-2	400.089	318.65	1	437.15	1	25	1.6465	2	---	---	---	solid	1
12498	C8H3NO5	3-nitrophthalic anhydride	641-70-3	193.116	433.65	1	---	---	25	1.5901	2	---	---	---	solid	1
12499	C8H3NO5	4-nitrophthalic anhydride	5466-84-2	193.116	388.00	1	---	---	25	1.5901	2	---	---	---	solid	1
12500	C8H3N3O2	4-nitrophthalonitrile	31643-49-9	173.132	413.15	1	---	---	25	1.5308	2	---	---	---	solid	1
12501	C8H4BrClKNO4S	5-bromo-4-chloro-3-indolyl sulfate potassiu	6578-07-0	364.645	---	---	---	---	---	---	---	---	---	---	---	---
12502	C8H4BrF3O	4'-bromo-2,2,2-trifluoroacetophenone	16184-89-7	253.019	302.65	1	---	---	25	1.6620	1	---	---	---	solid	1
12503	C8H4BrNO2	5-bromoindole-2,3-dione	87-48-9	226.030	525.15	1	---	---	25	1.7527	2	---	---	---	solid	1
12504	C8H4BrN3O2	6-bromo-7-nitroquinoxaline	113269-09-3	254.044	497.15	1	---	---	25	1.8482	2	---	---	---	solid	1
12505	C8H4ClF3O	4'-chloro-2,2,2-trifluoroacetophenone	321-37-9	208.567	298.15	1	454.65	1	25	1.3980	1	---	1.4890	1	---	---
12506	C8H4ClF3O	4-chloro-3-(trifluoromethyl)benzaldehyde	34328-46-6	208.567	---	---	491.15	1	25	1.4500	1	---	1.5040	1	---	---
12507	C8H4ClF3O	2-chloro-5-(trifluoromethyl)benzaldehyde	82386-89-8	208.567	---	---	467.97	2	25	1.4350	1	---	1.4880	1	---	---
12508	C8H4ClF3O	3-(trifluoromethyl)benzoyl chloride	2251-65-2	208.567	---	---	458.10	1	25	1.3820	1	---	1.4770	1	---	---
12509	C8H4ClF3O	2-(trifluoromethyl)benzoyl chloride	312-94-7	208.567	---	---	467.97	2	25	1.4160	1	---	1.4820	1	---	---
12510	C8H4ClF3O	4-(trifluoromethyl)benzoyl chloride	329-15-7	208.567	---	---	467.97	2	25	1.4040	1	---	1.4790	1	---	---
12511	C8H4ClF3O2	4-(trifluoromethoxy)benzoyl chloride	36823-88-8	224.567	---	---	---	---	25	1.4220	1	---	1.4720	1	---	---
12512	C8H4ClNNaO	sodium-4-chloroacetophenone oximate	---	188.568	---	---	---	---	---	---	---	---	---	---	---	---
12513	C8H4ClNO	3-cyanobenzoyl chloride	1711-11-1	165.579	316.15	1	---	---	25	1.3720	2	---	---	---	solid	1
12514	C8H4ClNO	4-cyanobenzoyl chloride	6068-72-0	165.579	341.15	1	---	---	25	1.3720	2	---	---	---	solid	1
12515	C8H4ClNO2	5-chloroisatin	17630-76-1	181.578	520.15	1	---	---	25	1.3250	2	---	---	---	solid	1
12516	C8H4ClNO2	4-isocyanatobenzoyl chloride	3729-21-3	181.578	309.65	1	---	---	25	1.3170	1	---	---	---	solid	1
12517	C8H4ClNO2	3-isocyanatobenzoyl chloride	5180-79-0	181.578	---	---	---	---	25	1.3330	1	---	1.5800	1	---	---
12518	C8H4ClN3O2	6-chloro-7-nitroquinoxaline	109541-21-1	209.592	484.65	1	---	---	25	1.5549	2	---	---	---	solid	1
12519	C8H4Cl2N2	2,3-dichloroquinoxaline	2213-63-0	199.039	425.65	1	---	---	25	1.4580	2	---	---	---	solid	1
12520	C8H4Cl2O2	isophthaloyl chloride	99-63-8	203.024	317.00	1	549.00	1	17	1.3880	1	25	1.5700	1	solid	1
12521	C8H4Cl2O2	1,2-benzenedicarbonyl dichloride	88-95-9	203.024	288.65	1	554.25	1	20	1.4089	1	20	1.5684	1	liquid	1
12522	C8H4Cl2O2	1,4-benzenedicarbonyl dichloride	100-20-9	203.024	356.65	1	531.15	1	19	1.3985	2	---	---	---	solid	1
12523	C8H4Cl2O4	3,5-dichloro-1,2-benzenedicarboxylic acid	25641-98-9	235.022	437.15	dec	---	---	25	1.5618	2	---	---	---	solid	1
12524	C8H4Cl2O4	2,5-dichloro-1,4-benzenedicarboxylic acid	13799-90-1	235.022	579.15	1	---	---	25	1.5618	2	---	---	---	solid	1
12525	C8H4Cl2O4	2,4-hexadiynylene bischloroformate	---	235.022	---	---	---	---	25	1.5618	2	---	---	---	---	---
12526	C8H4Cl3F13Si	trichloro(3,3,4,4,5,5,6,6,7,7,8,8,8-tridecaflu	78560-45-9	481.543	---	---	465.15	1	25	1.3000	1	---	1.3520	1	---	---
12527	C8H4Cl3NO2S	3-((trichloromethyl)thio)-2-benzoxazolinone	3567-72-4	284.549	---	---	---	---	25	1.6145	2	---	---	---	---	---
12528	C8H4Cl4N2	5-chloro-2-(trichloromethyl)benzimidazole	3584-66-5	269.944	496.65	1	---	---	25	1.5796	2	---	---	---	solid	1
12529	C8H4Cl6	1,4-bis(trichloromethyl)benzene	68-36-0	312.835	382.15	1	---	---	25	1.5897	2	---	---	---	solid	1
12530	C8H4Cl6	m-bis(trichlormethyl)benzene	881-99-2	312.835	---	---	---	---	25	1.5897	2	---	---	---	---	---
12531	C8H4Cl6	hexachloro-m-xylene	63498-62-4	312.835	---	---	---	---	25	1.5897	2	---	---	---	---	---
12532	C8H4FNO2	4-fluorobenzoyl isocyanate	18354-35-3	165.124	---	---	---	---	25	1.2870	1	---	---	---	---	---
12533	C8H4F2O2	1,2-benzenedicarbonyl difluoride	445-69-2	170.116	315.65	1	500.15	1	50	1.3066	1	---	---	---	solid	1
12534	C8H4F3N	2-(trifluoromethyl)benzonitrile	447-60-9	171.122	291.15	1	478.15	1	23	1.2797	2	---	---	---	liquid	1
12535	C8H4F3N	3-(trifluoromethyl)benzonitrile	368-77-4	171.122	287.65	1	462.15	1	20	1.2813	1	20	1.4508	1	liquid	1
12536	C8H4F3N	a,a,a-trifluoro-p-tolunitrile	455-18-5	171.122	312.15	1	470.15	2	25	1.2780	1	---	1.4580	1	solid	1
12537	C8H4F3NO	4-(trifluoromethoxy)benzonitrile	332-25-2	187.122	---	---	465.65	1	25	1.2850	1	---	1.4520	1	---	---
12538	C8H4F3NO	3-(trifluoromethoxy)benzonitrile	52771-22-9	187.122	---	---	374.65	2	25	1.2960	2	---	1.4486	1	---	---
12539	C8H4F3NO	4-(trifluoromethyl)phenyl isocyanate	1548-13-6	187.122	331.65	1	331.15	1	25	1.3100	1	---	1.4690	1	solid	1
12540	C8H4F3NO	3-(trifluoromethyl)phenyl isocyanate	329-01-1	187.122	247.25	1	327.15	1	25	1.3590	1	---	1.4720	1	liquid	1
12541	C8H4F3NO	a,a,a-trifluoro-o-tolyl isocyanate	2285-12-3	187.122	---	---	374.65	2	25	1.2300	1	---	1.4750	1	---	---
12542	C8H4F3NOS	2-(trifluoromethoxy)phenyl isothiocyanate	175205-33-1	219.188	---	---	488.15	1	25	1.3540	1	---	1.5430	1	---	---
12543	C8H4F3NOS	4-trifluoromethoxyphenyl isothiocyanate	64285-95-6	219.188	---	---	489.65	1	25	1.3500	1	---	1.5410	1	---	---
12544	C8H4F3NOS	4-(trifluoromethylthio)phenyl isocyanate	24032-84-6	219.188	---	---	488.90	2	25	1.3650	1	---	1.5110	1	---	---
12545	C8H4F3NOS	3-(trifluoromethylthio)phenyl isocyanate	55225-88-2	219.188	---	---	488.90	2	25	1.3650	1	---	1.5060	1	---	---
12546	C8H4F3NO2	2-(trifluoromethoxy)phenyl isocyanate	182500-26-1	203.121	---	---	---	---	25	1.3500	1	---	1.4550	1	---	---
12547	C8H4F3NO2	4-(trifluoromethoxy)phenyl isocyanate	35037-73-1	203.121	---	---	---	---	25	1.3430	1	---	1.4580	1	---	---
12548	C8H4F3NO4	4-nitrophenyl trifluoroacetate	658-78-6	235.120	310.15	1	---	---	25	1.5675	2	---	---	---	solid	1
12549	C8H4F3NS	4-(trifluoromethyl)phenyl isothiocyanate	1645-65-4	203.188	314.15	1	486.65	2	25	1.3395	2	---	---	---	solid	1
12550	C8H4F3NS	2-(trifluoromethyl)phenyl isothiocyanate	1743-86-8	203.188	---	---	493.15	1	25	1.3460	1	---	1.5660	1	---	---
12551	C8H4F3NS	3-(trifluoromethyl)phenyl isothiocyanate	1840-19-3	203.188	---	---	480.15	1	25	1.3330	1	---	1.5550	1	---	---
12552	C8H4F4O	2-fluoro-5-(trifluoromethyl)benzaldehyde	146137-78-2	192.113	---	---	449.15	1	25	1.3600	1	---	1.4900	1	---	---
12553	C8H4F4O	3-fluoro-5-(trifluoromethyl)benzaldehyde	188815-30-7	192.113	---	---	448.15	1	25	1.3760	1	---	1.4500	1	---	---
12554	C8H4F4O	2-fluoro-6-(trifluoromethyl)benzaldehyde	60611-24-7	192.113	---	---	428.65	1	25	1.4320	1	---	1.4580	1	---	---
12555	C8H4F4O	4-fluoro-3-(trifluoromethyl)benzaldehyde	67515-60-0	192.113	---	---	451.15	1	25	1.4080	1	---	1.4570	1	---	---
12556	C8H4F4O	2-fluoro-4-(trifluoromethyl)benzaldehyde	89763-93-9	192.113	---	---	391.65	1	25	1.4100	1	---	1.4500	1	---	---
12557	C8H4F4O	4-fluoro-2-(trifluoromethyl)benzaldehyde	90176-80-0	192.113	---	---	387.15	1	25	1.4040	1	---	1.4520	1	---	---
12558	C8H4F4O	2,2,2,4'-tetrafluoroacetophenone	655-32-3	192.113	298.65	1	425.98	2	25	1.3700	1	---	1.4480	1	solid	1
12559	C8H4F4O	2',3',4',5'-tetrafluoroacetophenone	66286-21-3	192.113	---	---	425.98	2	25	1.4080	1	---	1.4530	1	---	---
12560	C8H4F4O	2,2,2,3'-tetrafluoroacetophenone	708-64-5	192.113	---	---	425.98	2	25	1.3720	1	---	1.4440	1	---	---

Table 1 Physical Properties - Organic Compounds

				Mol Wt	Freezing Point		Boiling Point		Density			Refractive Index			State	
NO	FORMULA	NAME	CAS No	g/mol	T_F, K	code	T_B, K	code	T, C	g/cm3	code	T, C	n_D	code	@25C,1 atm	code
12561	C8H4F4O2	4-fluoro-2(trifluoromethyl)benzoic acid	141179-72-8	208.113	395.65	1	---	---	25	1.4412	2	---	---	---	solid	1
12562	C8H4F4O2	a,a,a,2-tetrafluoro-p-toluic acid	115029-24-8	208.113	440.15	1	---	---	25	1.4412	2	---	---	---	solid	1
12563	C8H4F4O2	2,3,5,6-tetrafluoro-p-toluic acid	652-32-4	208.113	441.15	1	---	---	25	1.4412	2	---	---	---	solid	1
12564	C8H4F6	1,3-bis(trifluoromethyl)benzene	402-31-3	214.111	---	---	389.15	1	25	1.3790	1	25	1.3916	1	---	---
12565	C8H4F6	1,4-bis(trifluoromethyl)benzene	433-19-2	214.111	---	---	389.15	1	25	1.3810	1	---	1.3790	1	---	---
12566	C8H4F6O	3,5-bis(trifluoromethyl)phenol	349-58-6	230.110	293.65	1	---	---	25	1.5110	1	---	1.4150	1	---	---
12567	C8H4F6OS2	3,5-bis(trifluoromethyl)thiophenol	130783-02-7	294.242	---	---	---	---	25	1.5513	2	---	---	---	---	---
12568	C8H4F6O6S2	catechol bis(trifluoromethanesulfonate)	17763-91-6	374.239	311.65	1	---	---	25	1.7186	2	---	---	---	solid	1
12569	C8H4F13I	1,1,1,2,2,3,3,4,4,5,5,6,6-tridecafluoro-8-ioc	2043-57-4	474.005	373.65	1	453.15	1	25	1.9340	1	---	1.3590	1	solid	1
12570	C8H4F15NO2	ammonium perfluorooctanoate	3825-26-1	431.103	---	---	---	---	25	1.6751	2	---	---	---	---	---
12571	C8H4Ge	tetraethynylgermanium	4531-35-5	172.730	367.15	1	---	---	---	---	---	---	---	---	solid	1
12572	C8H4KNO2	phthalimide, potassium derivative	1074-82-4	185.224	>573.15	1	---	---	---	---	---	---	---	---	solid	1
12573	C8H4K2Ni	potassium tetraethynyl nickelate(2-)	65664-23-5	237.010	---	---	---	---	---	---	---	---	---	---	---	---
12574	C8H4K4Ni	potassium tetraethynyl nickelate(4-)	---	315.206	---	---	428.15	1	---	---	---	---	---	---	---	---
12575	C8H4N2	m-dicyanobenzene	626-17-5	128.134	435.15	1	---	---	40	1	1	---	---	---	solid	1
12576	C8H4N2	p-dicyanobenzene	623-26-7	128.134	497.15	1	---	---	33	1.1160	2	---	---	---	solid	1
12577	C8H4N2	1,2-dicyanobenzene	91-15-6	128.134	413.15	1	---	---	25	1.2400	1	---	---	---	solid	1
12578	C8H4N2O	3-cyanophenyl isocyanate	16413-26-6	144.133	324.65	1	---	---	25	1.3378	2	---	---	---	solid	1
12579	C8H4N2O	4-cyanophenyl isocyanate	40465-45-0	144.133	372.15	1	---	---	25	1.3378	2	---	---	---	solid	1
12580	C8H4N2O2	2,3-dicyanohydroquinone	4733-50-0	160.133	518.15	1	---	---	25	1.4126	2	---	---	---	solid	1
12581	C8H4N2O2	1,4-diisocyanatobenzene	104-49-4	160.133	367.05	1	533.15	1	25	1.4126	2	---	---	---	solid	1
12582	C8H4N2O2	1,3-phenylene diisocyanate	123-61-5	160.133	323.65	1	394.15	1	25	1.4126	2	---	---	---	solid	1
12583	C8H4N2O4	5-nitroisatin	611-09-6	192.131	524.15	1	---	---	25	1.5421	2	---	---	---	solid	1
12584	C8H4N2O4	3-nitrophthalimide	603-62-3	192.131	490.65	1	---	---	25	1.5421	2	---	---	---	solid	1
12585	C8H4N2O4	4-nitrophthalimide	89-40-7	192.131	477.15	1	---	---	25	1.5421	2	---	---	---	solid	1
12586	C8H4N2O4S	2-nitro-5-thiocyanatobenzoic acid	30211-77-9	224.197	431.15	1	---	---	25	1.5997	2	---	---	---	solid	1
12587	C8H4N2O5	6-nitro-isatoic anhydride	4693-02-1	208.131	---	---	425.15	1	25	1.5985	2	---	---	---	---	---
12588	C8H4N2S	4-cyanophenyl isothiocyanate	2719-32-6	160.200	392.15	1	---	---	25	1.3612	2	---	---	---	solid	1
12589	C8H4N2S2	1,4-diisothiocyanatobenzene	4044-65-9	192.266	405.15	1	---	---	25	1.4429	2	---	---	---	solid	1
12590	C8H4N4O4	6,7-dinitroquinoxaline	68836-13-5	220.145	462.65	1	---	---	25	1.6542	2	---	---	---	solid	1
12591	C8H4N4O6	DNQX	2379-57-9	252.144	>633.15	1	---	---	25	1.7472	2	---	---	---	solid	1
12592	C8H4N6O2	phthaloyl diazide	50906-29-1	216.161	---	---	438.15	1	25	1.6583	2	---	---	---	---	---
12593	C8H4O2S	benzo[b]thiophene-2,3-dione	493-57-2	164.185	394.15	1	520.15	1	25	1.3634	2	---	---	---	solid	1
12594	C8H4O3	phthalic anhydride	85-44-9	148.118	404.26	1	557.65	1	25	1.5300	1	---	---	---	solid	1
12595	C8H4O3	2,3-benzofurandione	4732-72-3	148.118	407.00	1	557.65	2	25	1.3407	2	---	---	---	solid	1
12596	C8H4O4	phthaloyl peroxide	---	164.117	---	---	480.15	1	25	1.4137	2	---	---	---	---	---
12597	C8H4Sn	tetraethynyltin	16413-88-0	218.830	---	---	425.15	1	---	---	---	---	---	---	---	---
12598	C8H5BF6O2	3,5-bis(trifluoromethyl)benzeneboronic aci	73852-19-4	257.929	492.15	1	---	---	---	---	---	---	---	---	solid	1
12599	C8H5Br	1-bromo-2-ethynylbenzene	766-46-1	181.032	---	---	---	---	25	1.4434	1	25	1.5962	1	---	---
12600	C8H5Br	1-bromo-3-ethynylbenzene	766-81-4	181.032	---	---	---	---	25	1.4466	1	25	1.5896	1	---	---
12601	C8H5Br	1-bromo-4-ethynylbenzene	766-96-1	181.032	337.65	1	---	---	25	1.4450	2	---	---	---	solid	1
12602	C8H5BrF4	4-fluoro-2-(trifluoromethyl)benzyl bromide	206860-48-2	257.026	---	---	414.15	1	25	1.6650	1	---	1.4820	1	---	---
12603	C8H5BrO3	6-bromopiperonal	15930-53-7	229.030	---	---	---	---	25	1.6986	2	---	---	---	---	---
12604	C8H5BrO4	5-bromoisophthalic acid	23341-91-5	245.029	554.65	1	---	---	25	1.7446	2	---	---	---	solid	1
12605	C8H5BrO4	4-bromoisophthalic acid	6939-93-1	245.029	571.15	1	---	---	25	1.7446	2	---	---	---	solid	1
12606	C8H5BrO4	4-bromophthalic acid	6968-28-1	245.029	436.15	1	---	---	25	1.7446	2	---	---	---	solid	1
12607	C8H5BrO4	2-bromoterephthalic acid	586-35-6	245.029	569.15	1	---	---	25	1.7446	2	---	---	---	solid	1
12608	C8H5BrS	3-bromothianaphthene	7342-82-7	213.098	---	---	542.15	1	25	1.6290	1	---	1.6680	1	---	---
12609	C8H5Br5	2,3,4,5,6-pentabromoethylbenzene	85-22-3	500.648	---	---	413.15	1	25	2.5365	2	---	---	---	---	---
12610	C8H5Cl	1-chloro-2-ethynylbenzene	873-31-4	136.580	---	---	---	---	25	1.1250	1	---	1.5710	1	---	---
12611	C8H5ClFN	2-chloro-4-fluorobenzyl cyanide	75279-56-0	169.586	341.15	1	---	---	25	1.3099	2	---	---	---	solid	1
12612	C8H5ClFN	2-chloro-6-fluorophenylacetonitrile	75279-55-9	169.586	314.15	1	---	---	25	1.3099	2	---	---	---	solid	1
12613	C8H5ClF2O	2-chloro-2,2-difluoroacetophenone	384-67-8	190.577	---	---	---	---	25	1.2930	1	---	1.4970	1	---	---
12614	C8H5ClF2O	2-chloro-2',4'-difluoroacetophenone	51336-94-8	190.577	319.15	1	---	---	25	1.3544	2	---	---	---	solid	1
12615	C8H5ClN2	6-chloroquinoxaline	5448-43-1	164.594	337.15	1	---	---	25	1.3292	2	---	---	---	solid	1
12616	C8H5ClN2	2-chloroquinoxaline	1448-87-9	164.594	321.65	1	---	---	25	1.3292	2	---	---	---	solid	1
12617	C8H5ClN2O	6-chloro-4-quinazolinone	16064-14-5	180.594	---	---	402.05	1	25	1.3952	2	---	---	---	---	---
12618	C8H5ClN2O4	4-chloro-5-sulphamoylphthalimide	---	228.592	---	---	351.15	1	25	1.5626	2	---	---	---	---	---
12619	C8H5ClN2O4S	6-chloro-1,3-dioxo-5-isoindolinesulfonamid	3861-99-2	260.658	---	---	341.15	1	25	1.6105	2	---	---	---	---	---
12620	C8H5ClN2O5	2,4-dinitrophenylacetyl chloride	---	244.591	---	---	336.15	1	25	1.6102	2	---	---	---	---	---
12621	C8H5ClO3	2,6-diformyl-4-chlorophenol	32596-43-3	184.578	395.15	1	---	---	25	1.3964	2	---	---	---	solid	1
12622	C8H5ClO3	piperonyloyl chloride	25054-53-9	184.578	351.65	1	---	---	25	1.3964	2	---	---	---	solid	1
12623	C8H5Cl2FO	2,6-dichloro-3-fluoroacetophenone	---	207.031	---	---	525.65	1	25	1.3987	2	---	---	---	---	---
12624	C8H5Cl2FO	2',4'-dichloro-5'-fluoroacetophenone	704-10-9	207.031	307.65	1	440.15	1	25	1.4250	1	---	1.5460	1	solid	1
12625	C8H5Cl2F3O2S	4-chlorophenyl 2-chloro-1,1,2-trifluoroethyl	26574-59-4	293.093	329.15	1	---	---	25	1.5510	2	---	---	---	solid	1
12626	C8H5Cl2N	2,6-dichlorophenylacetonitrile	3215-64-3	186.040	348.65	1	457.15	1	25	1.3602	2	---	---	---	solid	1
12627	C8H5Cl2N	3,4-dichlorophenylacetonitrile	3218-49-3	186.040	313.15	1	457.15	2	25	1.3602	2	---	---	---	solid	1
12628	C8H5Cl2N	2,4-dichlorophenylacetonitrile	6306-60-1	186.040	334.65	1	457.15	2	25	1.3602	2	---	---	---	solid	1
12629	C8H5Cl2NO	3,4-dichlorobenzyl isocyanate	19752-09-1	202.039	---	---	555.15	1	25	1.3750	1	---	1.5680	1	---	---
12630	C8H5Cl2NO4	2,4-dichloro-6-nitrophenol acetate	37169-10-1	250.037	---	---	---	---	25	1.5703	2	---	---	---	---	---
12631	C8H5Cl2NS	2,6-dichlorobenzyl thiocyanate	7534-64-7	218.106	312.15	1	---	---	25	1.4318	2	---	---	---	solid	1
12632	C8H5Cl2NaO3	sodium-2,4-dichlorophenoxyacetate	2702-72-9	243.021	---	---	---	---	---	---	---	---	---	---	---	---
12633	C8H5Cl3O	2,2,2-trichloro-1-phenylethanone	2902-69-4	223.485	---	---	529.65	1	16	1.4250	1	---	---	---	---	---
12634	C8H5Cl3O	3-(dichloromethyl)benzoyl chloride	36747-51-0	223.485	333.15	1	529.65	2	25	1.4388	2	---	---	---	solid	1
12635	C8H5Cl3O	2',3',4'-trichloroacetophenone	13608-87-2	223.485	334.65	1	529.65	2	25	1.4388	2	---	---	---	solid	1
12636	C8H5Cl3O	2,2',4'-trichloroacetophenone	4252-78-2	223.485	326.65	1	529.65	2	25	1.4388	2	---	---	---	solid	1
12637	C8H5Cl3O2	2,3,6-trichlorobenezeneacetic acid	85-34-7	239.484	434.15	1	---	---	25	1.4880	2	---	---	---	solid	1
12638	C8H5Cl3O2	2,4,6-trichlorophenyl acetate	23399-90-8	239.484	---	---	---	---	25	1.4880	2	---	---	---	---	---
12639	C8H5Cl3O3	2,4,5-trichlorophenoxyacetic acid	93-76-5	255.483	426.15	1	---	---	25	1.5339	2	---	---	---	solid	1
12640	C8H5Cl3O3	3,5,6-trichloro-o-anisic acid	2307-49-5	255.483	411.15	1	---	---	25	1.5339	2	---	---	---	solid	1

Table 1 Physical Properties - Organic Compounds

				Mol Wt	Freezing Point		Boiling Point		Density			Refractive Index			State	
NO	FORMULA	NAME	CAS No	g/mol	T_F, K	code	T_B, K	code	T, C	g/cm3	code	T, C	n_D	code	@25C,1 atm	code
12641	C8H5F	1-ethynyl-2-fluorobenzene	766-49-4	120.126	---	---	423.15	1	25	1.0600	1	---	1.5260	1	---	---
12642	C8H5F	1-ethynyl-4-fluorobenzene	766-98-3	120.126	300.65	1	423.15	2	25	1.0480	1	---	1.5170	1	solid	1
12643	C8H5FO4	3-fluorophthalic acid	1583-67-1	184.124	446.15	1	---	---	25	1.4111	2	---	---	---	solid	1
12644	C8H5F2N	2,6-difluorophenylacetonitrile	654-01-3	153.132	---	---	---	---	25	1.2380	1	---	1.4810	1	---	---
12645	C8H5F2N	2,4-difluorophenylacetonitrile	656-35-9	153.132	---	---	---	---	25	1.2490	1	---	1.4800	1	---	---
12646	C8H5F2N	3,4-difluorophenylacetonitrile	658-99-1	153.132	---	---	---	---	25	1.2440	1	---	1.4840	1	---	---
12647	C8H5F2N	2,5-difluorophenylacetonitrile	69584-87-8	153.132	---	---	---	---	25	1.2330	1	---	1.4830	1	---	---
12648	C8H5F2NO2	2-(difluoromethoxy)phenyl isocyanate	186589-03-7	185.131	---	---	476.15	1	25	1.3170	1	---	1.4920	1	---	---
12649	C8H5F2NO2	4-(difluoromethoxy)phenyl isocyanate	58417-15-5	185.131	---	---	482.15	1	25	1.3230	1	---	1.4950	1	---	---
12650	C8H5F3	a-b,b-trifluorostyrene	447-14-3	158.123	---	---	443.15	1	25	1.2374	2	---	---	---	---	---
12651	C8H5F3INO	trifluoroacetyliminoiodobenzene	---	315.034	---	---	468.65	1	25	1.8955	2	---	---	---	---	---
12652	C8H5F3N2	2-(trifluoromethyl)benzimidazole	312-73-2	186.137	482.65	1	---	---	25	1.3658	2	---	---	---	solid	1
12653	C8H5F3O	2,2,2-trifluoro-1-phenylethanone	434-45-7	174.123	233.15	1	426.15	1	20	1.2790	1	20	1.4583	1	liquid	1
12654	C8H5F3O	2',4',5'-trifluoroacetophenone	129322-83-4	174.123	---	---	350.65	1	25	1.3310	1	---	1.4720	1	---	---
12655	C8H5F3O	3-(trifluoromethyl)benzaldehyde	454-89-7	174.123	---	---	372.15	2	25	1.3010	1	---	1.4650	1	---	---
12656	C8H5F3O	4-(trifluoromethyl)benzaldehyde	455-19-6	174.123	---	---	339.65	1	25	1.2750	1	---	1.4630	1	---	---
12657	C8H5F3O	a,a,a-trifluoro-o-tolualdehyde	447-61-0	174.123	---	---	372.15	2	25	1.3200	1	---	1.4660	1	---	---
12658	C8H5F3O2	phenyl trifluoroacetate	500-73-2	190.122	---	---	419.65	1	25	1.2760	1	---	1.4190	1	---	---
12659	C8H5F3O2	3-(trifluoromethoxy)benzaldehyde	52771-21-8	190.122	723.15	1	---	---	25	1.3300	1	---	1.4540	1	solid	1
12660	C8H5F3O2	4-(trifluoromethoxy)benzaldehyde	659-28-9	190.122	---	---	483.82	2	25	1.3310	1	---	1.4580	1	---	---
12661	C8H5F3O2	2-(trifluoromethoxy)benzaldehyde	94651-33-9	190.122	---	---	483.82	2	25	1.3320	1	---	1.4540	1	---	---
12662	C8H5F3O2	2-(trifluoromethyl)benzoic acid	433-97-6	190.122	382.65	1	520.15	1	25	1.3173	2	---	---	---	solid	1
12663	C8H5F3O2	3-(trifluoromethyl)benzoic acid	454-92-2	190.122	377.05	1	511.65	1	25	1.3173	2	---	---	---	solid	1
12664	C8H5F3O2	a,a,a-trifluoro-p-toluic acid	455-24-3	190.122	493.65	1	---	---	25	1.3173	2	---	---	---	solid	1
12665	C8H5F3O2S	2-thenoyltrifluoroacetone	326-91-0	222.188	315.15	1	---	---	25	1.4373	2	---	---	---	solid	1
12666	C8H5F3O3	3-methoxy-2,4,5-trifluorobenzoic acid	11281-65-5	206.121	388.65	1	476.15	2	25	1.4251	2	---	---	---	solid	1
12667	C8H5F3O3	4,4,4-trifluoro-1-(2-furyl)-1,3-butanedione	326-90-9	206.121	293.15	1	476.15	1	25	1.3910	1	---	1.5280	1	liquid	1
12668	C8H5F3O3	3-(trifluoromethoxy)benzoic acid	1014-81-9	206.121	360.15	1	476.15	2	25	1.4251	2	---	---	---	solid	1
12669	C8H5F3O3	4-(trifluoromethoxy)benzoic acid	330-12-1	206.121	424.15	1	476.15	2	25	1.4251	2	---	---	---	solid	1
12670	C8H5F3O3	5-(trifluoromethoxy)salicylaldehyde	93249-62-8	206.121	305.15	1	476.15	2	25	1.4251	2	---	---	---	solid	1
12671	C8H5F3OS	4-(trifluoromethylthio)benzaldehyde	4021-50-5	206.189	303.15	1	492.15	1	25	1.3841	2	---	1.5110	1	solid	1
12672	C8H5F4NO3	1-nitro-3-(1,1,2,2-tetrafluoroethoxy)benzen	1644-21-9	239.127	---	---	---	---	25	1.4550	1	---	1.4610	1	---	---
12673	C8H5F5O	(±)-a-methyl-2,3,4,5,6-pentafluorobenzyl al	75853-08-6	212.120	308.65	1	---	---	25	1.3848	2	---	---	---	solid	1
12674	C8H5F5O2	2-(2,3,4,5,6-pentafluorophenoxy)ethanol	---	228.119	---	---	458.15	2	25	1.4366	2	---	1.4410	1	---	---
12675	C8H5F5O2	2-(pentafluorophenoxy)ethanol	2192-55-4	228.119	---	---	458.15	1	25	1.5490	1	---	1.4410	1	---	---
12676	C8H5F6N	3,5-bis(trifluoromethyl)aniline	328-74-5	229.126	---	---	---	---	25	1.4870	1	20	1.4335	1	---	---
12677	C8H5F6N	2,5-bis(trifluoromethyl)aniline	328-93-8	229.126	---	---	---	---	25	1.4670	1	---	1.4320	1	---	---
12678	C8H5F11O	[2,2,3,3,4,5,5,5-octafluoro-4-(trifluorometh	54009-81-3	326.111	---	---	423.15	1	25	1.6310	1	---	1.3240	1	---	---
12679	C8H5F13O	3,3,4,4,5,5,6,6,7,7,8,8,8-tridecafluoro-1-oc	647-42-7	364.108	---	---	---	---	25	1.6510	1	---	1.3150	1	---	---
12680	C8H5I	(iodoethynyl)benzene	932-88-7	228.032	---	---	---	---	25	1.8000	2	---	---	---	---	---
12681	C8H5KO4	potassium hydrogen phthalate	877-24-7	204.224	570.65	1	---	---	---	---	---	---	---	---	solid	1
12682	C8H5LiO7S	5-sulfoisophthalic acid monolithium salt	46728-75-0	252.131	---	---	---	---	---	---	---	---	---	---	---	---
12683	C8H5MnO3	manganese cyclopentadienyl tricarbonyl	12079-65-1	204.064	350.00	1	---	---	---	---	---	---	---	---	solid	1
12684	C8H5MoNaO3	cyclopentadienylmolybdenum tricarbonyl s	12107-35-6	268.056	---	---	---	---	---	---	---	---	---	---	---	---
12685	C8H5NO	3-formylbenzonitrile	24964-64-5	131.134	349.65	1	483.15	1	25	1.2142	2	---	---	---	solid	1
12686	C8H5NO	4-formylbenzonitrile	105-07-7	131.134	373.65	1	481.15	2	25	1.2142	2	---	---	---	solid	1
12687	C8H5NO	alpha-oxobenzeneacetonitrile	613-90-1	131.134	305.65	1	479.15	1	25	1.2142	2	---	---	---	solid	1
12688	C8H5NOS	benzoyl isothiocyanate	532-55-8	163.200	298.15	1	---	---	25	1.2140	1	---	1.6370	1	---	---
12689	C8H5NO2	3-cyanobenzoic acid	1877-72-1	147.134	492.15	1	---	---	25	1.2950	2	---	---	---	solid	1
12690	C8H5NO2	1H-indole-2,3-dione	91-56-5	147.134	476.15	dec	---	---	25	1.2950	2	---	---	---	solid	1
12691	C8H5NO2	1H-isoindole-1,3(2H)-dione	85-41-6	147.134	511.15	1	---	---	25	1.2950	2	---	---	---	solid	1
12692	C8H5NO2	benzoyl isocyanate	4461-33-0	147.134	299.05	1	---	---	25	1.1710	1	---	1.5510	1	solid	1
12693	C8H5NO2	4-cyanobenzoic acid	619-65-8	147.134	492.65	1	---	---	25	1.2950	2	---	---	---	solid	1
12694	C8H5NO2	piperonylonitrile	4431-09-4	147.134	365.65	1	---	---	25	1.2950	2	---	---	---	solid	1
12695	C8H5NO3	N-hydroxyphthalimide	524-38-9	163.133	507.15	1	---	---	25	1.3682	2	---	---	---	solid	1
12696	C8H5NO3	isatoic anhydride	118-48-9	163.133	506.15	1	---	---	25	1.3682	2	---	---	---	solid	1
12697	C8H5NO3	phenyl isocyanatoformate	5843-43-6	163.133	---	---	---	---	25	1.2330	1	---	1.5160	1	---	---
12698	C8H5NO3	2-nitrobenzofuran	33094-66-5	163.133	407.15	1	---	---	25	1.3682	2	---	---	---	solid	1
12699	C8H5NO4	6-nitrophthalide	610-93-5	179.132	415.65	1	---	---	25	1.4348	2	---	---	---	solid	1
12700	C8H5NO5	6-nitropiperonal	712-97-0	195.132	367.65	1	---	---	25	1.4957	2	---	---	---	solid	1
12701	C8H5NO6	5-nitroisophthalic acid	618-88-2	211.131	535.15	1	---	---	25	1.5515	2	---	---	---	solid	1
12702	C8H5NO6	3-nitrophthalic acid	603-11-2	211.131	487.65	1	---	---	25	1.5515	2	---	---	---	solid	1
12703	C8H5NO6	4-nitrophthalic acid	610-27-5	211.131	438.15	1	---	---	25	1.5515	2	---	---	---	solid	1
12704	C8H5NO6	nitroterephthalic acid	610-29-7	211.131	544.15	1	---	---	25	1.5515	2	---	---	---	solid	1
12705	C8H5NO6	nitrophenyl acetylene	---	211.131	---	---	---	---	25	1.5515	2	---	---	---	---	---
12706	C8H5N3	4-aminophthalonitrile	56765-79-8	143.149	452.65	1	---	---	25	1.2910	2	---	---	---	solid	1
12707	C8H5N3O2	5-(4-pyridyl)-1,3,4-oxadiazol-2-ol	2845-82-1	175.148	---	---	340.65	1	25	1.4343	2	---	---	---	---	---
12708	C8H5N3O4S	N-(4-(5-nitro-2-furyl)-2-thiazolyl)formamide	24554-26-5	239.212	---	---	473.15	1	25	1.6065	2	---	---	---	---	---
12709	C8H5N4NaO5	3-sodio-5-(5'-nitro-2'-furfurylidenamino)imi	54-87-5	260.142	---	---	---	---	---	---	---	---	---	---	---	---
12710	C8H5N5	4-diazo-5-phenyl-1,2,3-triazole	64781-77-7	171.163	---	---	399.15	1	25	1.4338	2	---	---	---	---	---
12711	C8H5Na	sodium phenylacetylide	1004-22-4	124.117	---	---	---	---	---	---	---	---	---	---	---	---
12712	C8H5NaO7S	5-sulfoisophthalic acid monosodium salt	6362-79-4	268.179	647.15	1	---	---	---	---	---	---	---	---	solid	1
12713	C8H6	ethynylbenzene	536-74-3	102.136	228.30	1	416.00	1	25	0.9010	1	20	1.5470	1	liquid	1
12714	C8H6BrClO	2-bromo-1-(4-chlorophenyl)ethanone	536-38-9	233.492	369.65	1	459.15	2	25	1.6070	2	---	---	---	solid	1
12715	C8H6BrClO	2-bromophenylacetyl chloride	55116-09-1	233.492	---	---	459.15	1	25	1.5700	1	---	1.5730	1	---	---
12716	C8H6BrFO	3'-bromo-4'-fluoroacetophenone	1007-15-4	217.038	326.65	1	---	---	25	1.5728	2	---	---	---	solid	1
12717	C8H6BrFO	2-bromo-4'-fluoroacetophenone	403-29-2	217.038	321.15	1	---	---	25	1.5728	2	---	---	---	solid	1
12718	C8H6BrF3	2-(trifluoromethyl)benzyl bromide	395-44-8	239.035	307.65	1	---	---	25	1.5710	1	---	1.4940	1	solid	1
12719	C8H6BrF3	3-(trifluoromethyl)benzyl bromide	402-23-3	239.035	---	---	---	---	25	1.5650	1	---	1.4920	1	---	---
12720	C8H6BrF3	4-(trifluoromethyl)benzyl bromide	402-49-3	239.035	305.15	1	---	---	25	1.5460	1	---	1.4840	1	solid	1

Table 1 Physical Properties - Organic Compounds

				Mol Wt	Freezing Point		Boiling Point		Density			Refractive Index			State	
NO	FORMULA	NAME	CAS No	g/mol	T_F, K	code	T_B, K	code	T, C	g/cm3	code	T, C	n_D	code	@25C,1 atm	code
12721	C8H6BrF3O	3-(trifluoromethoxy)benzyl bromide	159689-88-0	255.035	---	---	452.15	1	25	1.5720	1	---	1.4780	1	---	---
12722	C8H6BrF3O	4-(trifluoromethoxy)benzyl bromide	50824-05-0	255.035	---	---	452.15	2	25	1.5870	1	---	1.4800	1	---	---
12723	C8H6BrN	2-bromobenzeneacetonitrile	19472-74-3	196.047	274.15	1	501.65	2	27	1.5510	2	---	---	---	liquid	2
12724	C8H6BrN	alpha-bromobenzeneacetonitrile	5798-79-8	196.047	302.15	1	515.15	dec	29	1.5390	1	---	---	---	solid	1
12725	C8H6BrN	5-bromoindole	10075-50-0	196.047	363.65	1	501.65	2	27	1.5510	2	---	---	---	solid	1
12726	C8H6BrN	4-bromoindole	52488-36-5	196.047	---	---	557.15	1	25	1.5630	1	---	1.6550	1	---	---
12727	C8H6BrN	4-bromo-2-methylbenzonitrile	67832-11-5	196.047	336.65	1	501.65	2	27	1.5510	2	---	---	---	solid	1
12728	C8H6BrN	4-bromophenylacetonitrile	16532-79-9	196.047	321.15	1	515.15	1	27	1.5510	2	---	---	---	solid	1
12729	C8H6BrN	3-bromophenylacetonitrile	31938-07-5	196.047	300.65	1	419.15	1	27	1.5510	2	---	---	---	solid	1
12730	C8H6BrN	a-bromo-p-tolunitrile	17201-43-3	196.047	388.15	1	501.65	2	27	1.5510	2	---	---	---	solid	1
12731	C8H6BrN	a-bromo-o-tolunitrile	22115-41-9	196.047	345.15	1	501.65	2	27	1.5510	2	---	---	---	solid	1
12732	C8H6BrN	a-bromo-m-tolunitrile	28188-41-2	196.047	367.65	1	501.65	2	27	1.5510	2	---	---	---	solid	1
12733	C8H6BrNO2	b-bromo-b-nitrosostyrene	7166-19-0	228.045	---	---	---	---	25	1.6529	2	---	---	---	---	---
12734	C8H6BrNO3	4'-bromo-3'-nitroacetophenone	18640-58-9	244.045	392.15	1	---	---	25	1.6996	2	---	---	---	solid	1
12735	C8H6BrNO3	a-bromo-3'-nitroacetophenone	2227-64-7	244.045	365.15	1	---	---	25	1.6996	2	---	---	---	solid	1
12736	C8H6BrNO3	2-bromo-4'-nitroacetophenone	99-81-0	244.045	370.15	1	---	---	25	1.6996	2	---	---	---	solid	1
12737	C8H6BrNO4	4-bromomethyl-3-nitrobenzoic acid	55715-03-2	260.044	401.65	1	---	---	25	1.7429	2	---	---	---	solid	1
12738	C8H6BrNO4	4-nitrophenyl bromoacetate	19199-82-7	260.044	357.15	1	---	---	25	1.7429	2	---	---	---	solid	1
12739	C8H6Br2O	2-bromo-1-(4-bromophenyl)ethanone	99-73-0	277.943	384.15	1	---	---	25	1.8786	2	---	---	---	solid	1
12740	C8H6Br2O	1-(3,5-dibromophenyl)ethanone	14401-73-1	277.943	341.15	1	---	---	25	1.8786	2	---	---	---	solid	1
12741	C8H6Br2O	2,2-dibromo-1-phenylethanone	13665-04-8	277.943	309.65	1	---	---	25	1.8786	2	---	---	---	solid	1
12742	C8H6Br2O3	methyl 3,5-dibromo-2-hydroxybenzoate	21702-79-4	309.942	422.15	1	---	---	25	1.9470	2	---	---	---	solid	1
12743	C8H6Br2O3	2,3-dibromo-4-hydroxy-5-methoxybenzalde	2973-75-3	309.942	486.65	1	---	---	25	1.9470	2	---	---	---	solid	1
12744	C8H6Br2O3	methyl 3,5-dibromo-4-hydroxybenzoate	41727-47-3	309.942	396.15	1	---	---	25	1.9470	2	---	---	---	solid	1
12745	C8H6Br4	1,2,3,4-tetrabromo-5,6-dimethylbenzene	2810-69-7	421.752	535.15	1	647.65	1	25	2.3169	2	---	---	---	solid	1
12746	C8H6Br4	a,a,a',a'-tetrabromo-o-xylene	13209-15-9	421.752	389.15	1	558.40	2	25	2.3169	2	---	---	---	solid	1
12747	C8H6Br4	a,a,a',a'-tetrabromo-m-xylene	36323-28-1	421.752	379.65	1	558.40	2	25	2.3169	2	---	---	---	solid	1
12748	C8H6Br4	tetrabromo-p-xylene	23488-38-2	421.752	526.15	1	469.15	1	25	2.3169	2	---	---	---	solid	1
12749	C8H6ClFO	2-chloro-4'-fluoroacetophenone	456-04-2	172.586	321.65	1	---	---	25	1.2752	2	---	---	---	solid	1
12750	C8H6ClFO	4-fluorophenylacetyl chloride	459-04-1	172.586	---	---	---	---	25	1.2590	1	---	1.5120	1	---	---
12751	C8H6ClFO2	2-chloro-4-fluorophenylacetic acid	177985-32-9	188.585	375.65	1	---	---	25	1.3379	2	---	---	---	solid	1
12752	C8H6ClFO2	2-chloro-6-fluorophenylacetic acid	37777-76-7	188.585	395.15	1	---	---	25	1.3379	2	---	---	---	solid	1
12753	C8H6ClF3	a'-chloro-a,a,a-trifluoro-o-xylene	21742-00-7	194.584	---	---	---	---	25	1.3300	1	---	1.4690	1	---	---
12754	C8H6ClF3	3-(trifluoromethyl)benzyl chloride	705-29-3	194.584	---	---	---	---	25	1.2540	1	---	1.4640	1	---	---
12755	C8H6ClF3	4-(trifluoromethyl)benzyl chloride	939-99-1	194.584	---	---	---	---	25	1.3150	1	---	1.4640	1	---	---
12756	C8H6ClF5Si	chloro-dimethyl(pentafluorophenyl)silane	20082-71-7	260.666	---	---	---	---	25	1.3820	1	---	1.4470	1	---	---
12757	C8H6ClN	2-chlorobenzeneacetonitrile	2856-63-5	151.595	297.15	1	524.15	1	18	1.1737	1	---	---	---	liquid	1
12758	C8H6ClN	3-chlorobenzeneacetonitrile	1529-41-5	151.595	284.65	1	534.15	1	30	1.1806	1	20	1.5437	1	liquid	1
12759	C8H6ClN	2-(chloromethyl)benzonitrile	612-13-5	151.595	334.15	1	525.15	1	24	1.2048	2	---	---	---	solid	1
12760	C8H6ClN	5-chloroindole	17422-32-1	151.595	343.65	1	496.23	2	24	1.2048	2	---	---	---	solid	1
12761	C8H6ClN	6-chloroindole	17422-33-2	151.595	362.65	1	496.23	2	24	1.2048	2	---	---	---	solid	1
12762	C8H6ClN	4-chloroindole	25235-85-2	151.595	---	---	402.65	1	25	1.2600	1	---	1.6280	1	---	---
12763	C8H6ClN	7-chloroindole	53924-05-3	151.595	329.65	1	496.23	2	24	1.2048	2	---	---	---	solid	1
12764	C8H6ClN	2-chloro-6-methylbenzonitrile	6575-09-3	151.595	353.65	1	416.15	1	24	1.2048	2	---	---	---	solid	1
12765	C8H6ClN	(4-chlorophenyl)acetonitrile	140-53-4	151.595	302.90	1	539.15	1	24	1.2048	2	---	---	---	solid	1
12766	C8H6ClN	benzonitrile, 3-(chloromethyl)-	64407-07-4	151.595	---	---	532.20	1	24	1.2048	2	---	---	---	---	---
12767	C8H6ClNO	2-chlorobenzyl isocyanate	55204-93-8	167.595	---	---	511.15	1	25	1.1490	1	---	1.5470	1	---	---
12768	C8H6ClNO	5-chloro-2-methylbenzoxazole	19219-99-9	167.595	328.65	1	492.15	1	25	1.2191	2	---	---	---	solid	1
12769	C8H6ClNO	3-chloro-4-methylphenyl isocyanate	28479-22-3	167.595	---	---	380.15	1	25	1.2240	1	---	1.5570	1	---	---
12770	C8H6ClNO	4-(chloromethyl)phenyl isocyanate	29173-65-7	167.595	305.15	1	461.15	2	25	1.2160	1	---	---	---	solid	1
12771	C8H6ClNO	3-chloro-2-methylphenyl isocyanate	40397-90-8	167.595	---	---	461.15	2	25	1.2470	1	---	1.5600	1	---	---
12772	C8H6ClNO	2-chloro-6-methylphenyl isocyanate	40398-01-4	167.595	---	---	461.15	2	25	1.2310	1	---	1.5550	1	---	---
12773	C8H6ClNO	5-chloro-2-methylphenyl isocyanate	40411-27-6	167.595	---	---	461.15	2	25	1.2260	1	---	1.5560	1	---	---
12774	C8H6ClNO	2-(chloromethyl)phenyl isocyanate	52986-66-0	167.595	---	---	461.15	2	25	1.2410	1	---	1.5670	1	---	---
12775	C8H6ClNO	2-chlorophenoxyacetonitrile	---	167.595	---	---	461.15	2	25	1.2191	2	---	---	---	---	---
12776	C8H6ClNO	3-chlorophenoxyacetonitrile	43111-32-6	167.595	307.15	1	461.15	2	25	1.2191	2	---	---	---	solid	1
12777	C8H6ClNOS	7-chloro-2H-1,4-benzothiazin-3(4H)-one	5333-05-1	199.661	482.65	1	---	---	25	1.3745	2	---	---	---	solid	1
12778	C8H6ClNO2	a-chloro-p-nitrostyrene	10140-97-3	183.594	336.65	1	---	---	25	1.3568	2	---	---	---	solid	1
12779	C8H6ClNO2S	4-chlorophenylsulfonylacetonitrile	1851-09-8	215.660	441.15	1	---	---	25	1.4294	2	---	---	---	solid	1
12780	C8H6ClNO3	4'-chloro-3'-nitroacetophenone	5465-65-6	199.593	372.15	1	433.15	2	25	1.4162	2	---	---	---	solid	1
12781	C8H6ClNO3	4-methyl-3-nitrobenzoyl chloride	10397-30-5	199.593	293.65	1	433.15	1	25	1.3700	1	---	1.5810	1	liquid	1
12782	C8H6ClNO3	2-chloro-m-nitroacetophenone	99-47-8	199.593	---	---	433.15	2	25	1.4162	2	---	---	---	---	---
12783	C8H6ClNO3	3-methyl-2-nitrobenzoyl chloride	50424-93-6	199.593	---	---	433.15	2	25	1.4162	2	---	---	---	---	---
12784	C8H6ClNO3	2-nitrophenylacetyl chloride	22751-23-1	199.593	---	---	433.15	2	25	1.4162	2	---	---	---	---	---
12785	C8H6ClNO4	methyl 4-chloro-3-nitrobenzoate	14719-83-6	215.593	356.15	1	---	---	18	1.5220	1	---	---	---	solid	1
12786	C8H6ClNO4	methyl 5-chloro-2-nitrobenzoate	51282-49-6	215.593	321.65	1	---	---	18	1.4530	1	---	---	---	solid	1
12787	C8H6ClNO4	4-nitrobenzyl chloroformate	4457-32-3	215.593	306.15	1	---	---	18	1.4875	2	---	1.5540	1	solid	1
12788	C8H6ClNO4	2-chloro-5-nitrobenzoic acid methyl ester	6307-82-0	215.593	346.15	1	---	---	18	1.4875	2	---	---	---	solid	1
12789	C8H6ClNO4	2-chloro-5-nitrophenyl ester acetic acid	64046-47-5	215.593	---	---	---	---	18	1.4875	2	---	---	---	---	---
12790	C8H6ClNS	5-chloro-2-methylphenyl isothiocyanate	19241-36-2	183.661	---	---	543.15	1	25	1.2480	1	---	1.6460	1	---	---
12791	C8H6ClNS	4-chlorobenzyl isothiocyanate	3694-45-9	183.661	---	---	543.15	2	25	1.3152	2	---	---	---	---	---
12792	C8H6ClNS	5-chloro-2-methylbenzothiazole	1006-99-1	183.661	---	---	543.15	2	25	1.3152	2	---	---	---	---	---
12793	C8H6ClNS2	N-chloromethylbenzothiazole-2-thione	41526-42-5	215.727	401.65	1	---	---	25	1.3899	2	---	---	---	solid	1
12794	C8H6Cl2	2,5-dichlorostyrene	1123-84-8	173.041	281.15	1	498.15	2	20	1.2460	1	20	1.5798	1	liquid	2
12795	C8H6Cl2	2,6-dichlorostyrene	6607-45-0	173.041	321.65	2	498.15	2	22	1.2500	2	---	---	---	solid	2
12796	C8H6Cl2	(2,2-dichlorovinyl)benzene	698-88-4	173.041	321.65	2	498.15	1	20	1.2531	1	20	1.5852	1	solid	2
12797	C8H6Cl2	1,2-dichloro-3-vinylbenzene	2123-28-6	173.041	321.65	2	498.15	2	25	1.2640	1	20	1.5848	1	solid	2
12798	C8H6Cl2	1,2-dichloro-4-vinylbenzene	2039-83-0	173.041	321.65	2	498.15	2	20	1.2560	1	20	1.5857	1	solid	2
12799	C8H6Cl2	1,3-dichloro-2-vinylbenzene	28469-92-3	173.041	362.15	1	498.15	2	20	1.2631	1	20	1.5752	1	solid	1
12800	C8H6Cl2	1,3-dichloro-5-vinylbenzene	2155-42-2	173.041	321.65	2	498.15	2	25	1.2250	1	25	1.5745	1	solid	2

Table 1 Physical Properties - Organic Compounds

NO	FORMULA	NAME	CAS No	Mol Wt	Freezing Point		Boiling Point		Density			Refractive Index			State	
				g/mol	T_F, K	code	T_B, K	code	T, C	g/cm3	code	T, C	n_D	code	@25C,1 atm	code
12801	C8H6Cl2	2,4-dichloro-1-vinylbenzene	2123-27-5	173.041	321.65	2	498.15	2	25	1.2430	1	20	1.5828	1	solid	2
12802	C8H6Cl2N2O3	3,4-dichloro-N-nitrosocarbanilic acid methy	100836-84-8	249.053	---	---	409.15	1	25	1.5339	2	---	---	---	---	---
12803	C8H6Cl2O	alpha-chlorobenzeneacetyl chloride	2912-62-1	189.040	---	---	532.65	2	25	1.1960	1	20	1.5440	1	---	---
12804	C8H6Cl2O	2-chloro-1-(4-chlorophenyl)ethanone	937-20-2	189.040	374.65	1	543.15	1	24	1.2968	2	---	---	---	solid	1
12805	C8H6Cl2O	1-(2,4-dichlorophenyl)ethanone	2234-16-4	189.040	306.65	1	532.65	2	24	1.2968	2	20	1.5640	1	solid	1
12806	C8H6Cl2O	1-(2,5-dichlorophenyl)ethanone	2476-37-1	189.040	285.15	1	532.65	2	30	1.3210	1	30	1.5595	1	liquid	2
12807	C8H6Cl2O	1-(3,4-dichlorophenyl)ethanone	2642-63-9	189.040	349.15	1	532.65	2	24	1.2968	2	---	---	---	solid	1
12808	C8H6Cl2O	2,2-dichloro-1-phenylethanone	2648-61-5	189.040	293.65	1	522.15	1	16	1.3400	1	20	1.5686	1	liquid	1
12809	C8H6Cl2O	4-chlorobenzeneacetyl chloride	25026-34-0	189.040	---	---	532.65	2	24	1.2968	2	---	1.5510	1	---	---
12810	C8H6Cl2O	3-(chloromethyl)benzoyl chloride	63024-77-1	189.040	---	---	532.65	2	25	1.3300	1	---	1.5750	1	---	---
12811	C8H6Cl2O	4-(chloromethyl)benzoyl chloride	876-08-4	189.040	304.15	1	532.65	2	24	1.2968	2	---	---	---	solid	1
12812	C8H6Cl2O2	2,4-dichlorophenyl acetate	6341-97-5	205.039	---	---	517.65	1	25	1.3377	2	---	---	---	---	---
12813	C8H6Cl2O2	2-chlorobenzyl chloroformate	39545-31-8	205.039	---	---	517.65	2	25	1.3390	1	---	1.5360	1	---	---
12814	C8H6Cl2O2	4-chlorophenoxyacetyl chloride	4122-68-3	205.039	291.95	1	517.65	2	25	1.3140	1	---	1.5490	1	liquid	2
12815	C8H6Cl2O2	3',5'-dichloro-2'-hydroxyacetophenone	3321-92-4	205.039	368.65	1	517.65	2	25	1.3377	2	---	---	---	solid	1
12816	C8H6Cl2O2	2,4-dichlorophenylacetic acid	19719-28-9	205.039	403.65	1	517.65	2	25	1.3377	2	---	---	---	solid	1
12817	C8H6Cl2O2	3,4-dichlorophenylacetic acid	5807-30-7	205.039	361.15	1	517.65	2	25	1.3377	2	---	---	---	solid	1
12818	C8H6Cl2O2	2,6-dichlorophenylacetic acid	6575-24-2	205.039	433.65	1	517.65	2	25	1.3377	2	---	---	---	solid	1
12819	C8H6Cl2O2	methyl 2,3-dichlorobenzoate	2905-54-6	205.039	310.15	1	517.65	2	25	1.3600	1	---	1.5537	1	solid	1
12820	C8H6Cl2O3	3,6-dichloro-2-methoxybenzoic acid	1918-00-9	221.039	388.15	1	---	---	25	1.5700	1	---	---	---	solid	1
12821	C8H6Cl2O3	(2,4-dichlorophenoxy)acetic acid	94-75-7	221.039	413.65	1	---	---	25	1.4365	2	---	---	---	solid	1
12822	C8H6Cl2O3	2,3-dichlorophenoxyacetic acid	2976-74-1	221.039	446.65	1	---	---	25	1.4365	2	---	---	---	solid	1
12823	C8H6Cl2O3	3,4-dichlorophenoxyacetic acid	588-22-7	221.039	412.15	1	---	---	25	1.4365	2	---	---	---	solid	1
12824	C8H6Cl2O4	5,6-dichlorovanillic acid	108544-97-4	237.038	465.15	1	---	---	25	1.4862	2	---	---	---	solid	1
12825	C8H6Cl3NO	2,2,2-trichloro-N-phenylacetamide	2563-97-5	238.500	369.15	1	---	---	25	1.4535	2	---	---	---	solid	1
12826	C8H6Cl4	1,4-bis(dichloromethyl)benzene	7398-82-5	243.946	282.65	1	546.55	2	25	1.6060	1	---	---	---	liquid	2
12827	C8H6Cl4	1,2,3,4-tetrachloro-5,6-dimethylbenzene	877-08-7	243.946	501.15	1	546.55	2	25	1.6545	2	---	---	---	solid	1
12828	C8H6Cl4	1,2,3,5-tetrachloro-4,6-dimethylbenzene	877-09-8	243.946	496.15	1	546.55	2	25	1.7030	1	---	---	---	solid	1
12829	C8H6Cl4	a,a,a',a'-tetrachloro-o-xylene	25641-99-0	243.946	361.55	1	546.55	1	25	1.6545	2	---	---	---	solid	1
12830	C8H6Cl4	1,2,4,5-tetrachloro-3,6-dimethylbenzene	877-10-1	243.946	445.50	1	546.55	2	25	1.6545	2	---	---	---	solid	1
12831	C8H6Cl8	allodan	---	385.756	---	---	---	---	25	1.6061	2	---	---	---	---	---
12832	C8H6FN	2-fluorobenzeneacetonitrile	326-62-5	135.141	---	---	505.15	1	25	1.0590	1	20	1.5009	1	---	---
12833	C8H6FN	4-fluorobenzeneacetonitrile	459-22-3	135.141	359.15	1	501.15	1	20	1.1390	1	20	1.5002	1	solid	1
12834	C8H6FN	4-fluoroindole	387-43-9	135.141	304.15	1	503.15	2	23	1.1203	2	---	---	---	solid	1
12835	C8H6FN	6-fluoroindole	399-51-9	135.141	347.65	1	503.15	2	23	1.1203	2	---	---	---	solid	1
12836	C8H6FN	5-fluoro-2-methylbenzonitrile	77532-79-7	135.141	317.15	1	503.15	2	23	1.1203	2	---	---	---	solid	1
12837	C8H6FN	3-fluorophenylacetonitrile	501-00-8	135.141	---	---	503.15	2	25	1.1630	1	---	1.5020	1	---	---
12838	C8H6FN	5-fluoroindole	399-52-0	135.141	319.15	1	503.15	2	23	1.1203	2	---	---	---	solid	1
12839	C8H6FNO	4-fluorobenzyl isocyanate	132740-43-3	151.141	---	---	484.15	1	25	1.1860	1	---	1.5050	1	---	---
12840	C8H6FNO	3-fluoro-4-methylphenyl isocyanate	102561-42-2	151.141	---	---	462.65	1	25	1.1750	1	---	1.5160	1	---	---
12841	C8H6FNO	2-fluoro-5-methylphenyl isocyanate	190774-50-6	151.141	---	---	465.15	1	25	1.1590	1	---	1.5110	1	---	---
12842	C8H6FNO	5-fluoro-2-methylphenyl isocyanate	67191-93-9	151.141	---	---	459.15	1	25	1.1760	1	---	1.5150	1	---	---
12843	C8H6FNS	5-fluoro-2-methylbenzothiazole	399-75-7	167.207	---	---	---	---	25	1.2560	1	---	1.5840	1	---	---
12844	C8H6F2O	2',6'-difluoroacetophenone	13670-99-0	156.132	---	---	---	---	25	1.1940	1	---	1.4800	1	---	---
12845	C8H6F2O	2',5'-difluoroacetophenone	1979-36-8	156.132	---	---	---	---	25	1.2320	1	---	1.4880	1	---	---
12846	C8H6F2O	2',4'-difluoroacetophenone	364-83-0	156.132	---	---	---	---	25	1.2340	1	---	1.4880	1	---	---
12847	C8H6F2O	3',4'-difluoroacetophenone	369-33-5	156.132	292.65	1	---	---	25	1.2460	1	---	1.4920	1	---	---
12848	C8H6F2O2	2-(difluoromethoxy)benzaldehyde	71653-64-0	172.131	---	---	489.15	1	25	1.3000	1	---	1.4970	1	---	---
12849	C8H6F2O2	4-(difluoromethoxy)benzaldehyde	73960-07-3	172.131	---	---	495.15	1	25	1.3020	1	---	1.5030	1	---	---
12850	C8H6F2O2	3,5-difluorophenylacetic acid	105184-38-1	172.131	341.15	1	492.15	2	25	1.3010	2	---	---	---	solid	1
12851	C8H6F2O2	3,4-difluorophenylacetic acid	658-93-5	172.131	322.15	1	492.15	2	25	1.3010	2	---	---	---	solid	1
12852	C8H6F2O2	2,4-difluorophenylacetic acid	81228-09-3	172.131	391.15	1	492.15	2	25	1.3010	2	---	---	---	solid	1
12853	C8H6F2O2	2,5-difluorophenylacetic acid	85068-27-5	172.131	398.15	1	492.15	2	25	1.3010	2	---	---	---	solid	1
12854	C8H6F2O2	2,6-difluorophenylacetic acid	85068-28-6	172.131	372.65	1	492.15	2	25	1.3010	2	---	---	---	solid	1
12855	C8H6F3NO	N-trifluoroacetylaniline	404-24-0	189.138	361.15	1	---	---	25	1.3305	2	---	---	---	solid	1
12856	C8H6F3NO	4-(trifluoromethyl)benzamide	1891-90-3	189.138	458.15	1	---	---	25	1.3305	2	---	---	---	solid	1
12857	C8H6F3NO3	4-methoxy-3-nitrobenzotrifluoride	394-25-2	221.136	321.15	1	---	---	25	1.4417	2	---	---	---	solid	1
12858	C8H6F3N3O4S2	trifluoromethylthiazide	148-56-1	329.282	579.75	1	---	---	25	1.6578	2	---	---	---	solid	1
12859	C8H6F4	1,4-bis-(difluoromethyl)benzene	369-54-0	178.130	---	---	416.65	2	25	1.2529	2	---	---	---	---	---
12860	C8H6F4	2,3,5,6-tetrafluoro-p-xylene	703-87-7	178.130	304.15	1	416.65	1	25	1.2529	2	---	---	---	solid	1
12861	C8H6F8O2	2,2,3,3,4,4,5,5-octafluoropentyl acrylate	376-84-1	286.122	---	---	---	---	25	1.4880	1	---	1.3490	1	---	---
12862	C8H6IN	2-iodophenylacetonitrile	40400-15-5	243.047	---	---	---	---	25	1.7500	1	---	1.6180	1	---	---
12863	C8H6NNa2O4P	3-indoxyl phosphate disodium salt	3318-43-2	257.094	---	---	---	---	---	---	---	---	---	---	---	---
12864	C8H6N2	cinnoline	253-66-7	130.150	311.15	1	535.32	2	34	1.1717	2	---	---	---	solid	1
12865	C8H6N2	1,5-naphthyridine	254-79-5	130.150	348.15	1	535.32	2	20	1.2100	1	---	---	---	solid	1
12866	C8H6N2	phthalazine	253-52-1	130.150	363.65	1	589.15	1	34	1.1717	2	---	---	---	solid	1
12867	C8H6N2	quinazoline	253-82-7	130.150	321.15	1	514.15	1	34	1.1717	2	---	---	---	solid	1
12868	C8H6N2	quinoxaline	91-19-0	130.150	301.15	1	502.65	1	48	1.1334	1	48	1.6231	1	solid	1
12869	C8H6N2O	4-hydroxyquinazoline	491-36-1	146.149	490.15	1	610.25	2	25	1.2518	2	---	---	---	solid	1
12870	C8H6N2O	phthalazone	119-39-1	146.149	459.15	1	610.25	1	25	1.2518	2	---	---	---	solid	1
12871	C8H6N2O	2-cyanobenzamide	17174-98-0	146.149	---	---	610.25	2	25	1.2518	2	---	---	---	---	---
12872	C8H6N2O	4-cyanobenzamide	3034-34-2	146.149	---	---	610.25	2	25	1.2518	2	---	---	---	---	---
12873	C8H6N2O	phenyl diazomethyl ketone	3282-32-4	146.149	---	---	610.25	2	25	1.2518	2	---	---	---	---	---
12874	C8H6N2O	2-quinoxalinol	1196-57-2	146.149	---	---	610.25	2	25	1.2518	2	---	---	---	---	---
12875	C8H6N2OS	5-phenyl-1,3,4-oxadiazole-2-thiol	3004-42-0	178.215	492.15	1	---	---	25	1.3469	2	---	---	---	solid	1
12876	C8H6N2OS2	CGA 245704	135158-54-2	210.281	406.05	1	540.15	1	25	1.4220	2	---	---	---	solid	1
12877	C8H6N2O2	2-methyl-5-nitrobenzonitrile	939-83-3	162.148	379.15	1	---	---	25	1.3251	2	---	---	---	solid	1
12878	C8H6N2O2	2-nitrobenzeneacetonitrile	610-66-2	162.148	357.15	1	---	---	25	1.3251	2	---	---	---	solid	1
12879	C8H6N2O2	3-nitrobenzeneacetonitrile	621-50-1	162.148	336.15	1	---	---	25	1.3251	2	---	---	---	solid	1
12880	C8H6N2O2	4-nitrobenzeneacetonitrile	555-21-5	162.148	390.15	1	---	---	25	1.3251	2	---	---	---	solid	1

Table 1 Physical Properties - Organic Compounds

				Mol Wt	Freezing Point		Boiling Point		Density			Refractive Index			State	
NO	FORMULA	NAME	CAS No	g/mol	T_F, K	code	T_B, K	code	T, C	g/cm3	code	T, C	n_D	code	@25C,1 atm	code
12881	C8H6N2O2	N-aminophthalimide	1875-48-5	162.148	474.15	1	---	---	25	1.3251	2	---	---	---	solid	1
12882	C8H6N2O2	3-aminophthalimide	2518-24-3	162.148	542.15	1	---	---	25	1.3251	2	---	---	---	solid	1
12883	C8H6N2O2	4-aminophthalimide	3676-85-5	162.148	563.15	1	---	---	25	1.3251	2	---	---	---	solid	1
12884	C8H6N2O2	2,3-dihydroxyquinoxaline	15804-19-0	162.148	>573.15	1	---	---	25	1.3251	2	---	---	---	solid	1
12885	C8H6N2O2	1H-benzimidazole-5-carboxylic acid	15788-16-6	162.148	>573.15	1	---	---	25	1.3251	2	---	---	---	solid	1
12886	C8H6N2O2	4-methyl-2-nitrobenzonitrile	26830-95-5	162.148	371.15	1	---	---	25	1.3251	2	---	---	---	solid	1
12887	C8H6N2O2	4-nitroindole	4769-97-5	162.148	478.15	1	---	---	25	1.3251	2	---	---	---	solid	1
12888	C8H6N2O2	5-nitroindole	6146-52-7	162.148	414.65	1	---	---	25	1.3251	2	---	---	---	solid	1
12889	C8H6N2O2	7-nitroindole	6960-42-5	162.148	368.15	1	---	---	25	1.3251	2	---	---	---	solid	1
12890	C8H6N2O2	phthalhydrazide	1445-69-8	162.148	>573.15	1	---	---	25	1.3251	2	---	---	---	solid	1
12891	C8H6N2O2	quindoxin	2423-66-7	162.148	515.15	1	---	---	25	1.3251	2	---	---	---	solid	1
12892	C8H6N2O2	2,4(1H,3H)-quinazolinedione	86-96-4	162.148	631.15	1	---	---	25	1.3251	2	---	---	---	solid	1
12893	C8H6N2O2S	N-(4-(2-furyl)-2-thiazolyl)formamide	77503-17-4	194.214	---	---	350.65	1	25	1.4080	2	---	---	---	---	---
12894	C8H6N2O3	4-methyl-3-nitrophenyl isocyanate	13471-69-7	178.148	324.65	1	---	---	25	1.3919	2	---	---	---	solid	1
12895	C8H6N2O3	2-methyl-3-nitrophenyl isocyanate	23695-15-0	178.148	310.65	1	---	---	25	1.3919	2	---	---	---	solid	1
12896	C8H6N2O3	2-methyl-4-nitrophenyl isocyanate	56309-59-2	178.148	355.65	1	---	---	25	1.3919	2	---	---	---	solid	1
12897	C8H6N2O3S	4-methoxy-2-nitrophenylthiocyanate	59607-71-5	210.214	---	---	---	---	25	1.4644	2	---	---	---	---	---
12898	C8H6N2O3S	2-methyl-4-(5-nitro-2-furyl)thiazole	53757-29-2	210.214	---	---	---	---	25	1.4644	2	---	---	---	---	---
12899	C8H6N2O4	5-methyl-3-(5-nitro-2-furyl)isoxazole	7194-19-6	194.147	---	---	---	---	25	1.4532	2	---	---	---	---	---
12900	C8H6N2O5	4'-nitrooxanilic acid	103-94-6	210.147	---	---	305.35	1	25	1.5095	2	---	---	---	---	---
12901	C8H6N2O6	2,4-dinitrophenyl acetate	4232-27-3	226.146	345.15	1	---	---	25	1.5614	2	---	---	---	solid	1
12902	C8H6N2O6	2,4-dinitrophenylacetic acid	643-43-6	226.146	446.15	1	---	---	25	1.5614	2	---	---	---	solid	1
12903	C8H6N2O6	3,5-dinitro-2-toluic acid	28169-46-2	226.146	478.15	1	---	---	25	1.5614	2	---	---	---	solid	1
12904	C8H6N2O6	methyl 3,5-dinitrobenzoate	2702-58-1	226.146	380.65	1	---	---	25	1.5614	2	---	---	---	solid	1
12905	C8H6N2O6	2,5-dinitro-3-methylbenzoic acid	70343-15-6	226.146	453.65	1	---	---	25	1.5614	2	---	---	---	solid	1
12906	C8H6N2S	1-cyanothioformanilide	4955-82-2	162.216	350.65	1	---	---	25	1.2803	2	---	---	---	solid	1
12907	C8H6N2S2	2,3-quinoxalinedithiol	1199-03-7	194.282	618.15	1	---	---	25	1.3656	2	---	---	---	solid	1
12908	C8H6N2S3	5-mercapto-3-phenyl-2H-1,3,4-thiadiazole-	17654-88-5	226.348	519.40	1	283.15	1	25	1.4341	2	---	---	---	solid	1
12909	C8H6N4O4S	furothiazole	2578-75-8	254.227	---	---	394.05	1	25	1.6125	2	---	---	---	---	---
12910	C8H6N4O4S	nifurthiazole	3570-75-0	254.227	488.65	dec	---	---	25	1.6125	2	---	---	---	solid	1
12911	C8H6N4O5	nitrofurantoin	67-20-9	238.161	536.15	1	---	---	25	1.6123	2	---	---	---	solid	1
12912	C8H6N4O6Sb2	antimonyl-2,4-dihydroxy pyrimidine	77824-44-3	497.680	---	---	---	---	---	---	---	---	---	---	---	---
12913	C8H6N4O8	alloxantin	76-24-4	286.159	527.15	dec	---	---	25	1.7389	2	---	---	---	solid	1
12914	C8H6O	benzofuran	271-89-6	118.135	<255	1	447.15	1	25	1.0913	1	17	1.5615	1	liquid	1
12915	C8H6O	phenoxyacetylene	4279-76-9	118.135	237.15	1	447.15	2	20	1.0614	1	20	1.5125	1	liquid	2
12916	C8H6OS	benzo[b]thiophene-4-ol	3610-02-4	150.201	352.95	1	---	---	25	1.2130	2	---	---	---	solid	1
12917	C8H6O2	1,3-benzenedicarboxaldehyde	626-19-7	134.134	362.65	1	519.15	1	57	1.1936	2	---	---	---	solid	1
12918	C8H6O2	1,4-benzenedicarboxaldehyde	623-27-8	134.134	389.15	1	519.65	1	57	1.1936	2	---	---	---	solid	1
12919	C8H6O2	2(3H)-benzofuranone	553-86-6	134.134	323.15	1	522.15	1	14	1.2236	1	---	---	---	solid	1
12920	C8H6O2	3(2H)-benzofuranone	7169-34-8	134.134	375.65	1	530.90	2	57	1.1936	2	---	---	---	solid	1
12921	C8H6O2	1(3H)-isobenzofuranone	87-41-2	134.134	348.15	1	563.15	1	99	1.1636	1	99	1.5360	1	solid	1
12922	C8H6O2	phenylglyoxal hydrate	1075-06-5	134.134	350.65	1	530.90	2	57	1.1936	2	---	---	---	solid	1
12923	C8H6O2	1,2-phthalic dicarboxaldehyde	643-79-8	134.134	328.65	1	530.90	2	57	1.1936	2	---	---	---	solid	1
12924	C8H6O2	2-(a,b-epoxyethyl)-5,6-epoxybenzene	13484-13-4	134.134	---	---	530.90	2	57	1.1936	2	---	---	---	---	---
12925	C8H6O2S	thianaphthene-1,1-dioxide	825-44-5	166.200	410.15	1	---	---	25	1.2840	2	---	---	---	solid	1
12926	C8H6O2S2	dithioterephthalic acid	1076-98-8	198.266	---	---	---	---	25	1.3673	2	---	---	---	---	---
12927	C8H6O3	1,3-benzodioxole-5-carboxaldehyde	120-57-0	150.134	310.15	1	536.15	1	25	1.3580	2	---	---	---	solid	1
12928	C8H6O3	2-formylbenzoic acid	119-67-5	150.134	370.15	1	561.00	2	25	1.4040	1	---	---	---	solid	1
12929	C8H6O3	alpha-oxobenzeneacetic acid	611-73-4	150.134	339.15	1	536.15	2	25	1.3580	2	---	---	---	solid	1
12930	C8H6O3	3-carboxybenzaldehyde	619-21-6	150.134	447.15	1	536.15	2	25	1.3580	2	---	---	---	solid	1
12931	C8H6O3	2,5-dihydroxyphenylacetic acid g-lactone	2688-48-4	150.134	465.65	1	536.15	2	25	1.3580	2	---	---	---	solid	1
12932	C8H6O3	4-formylbenzoic acid	619-66-9	150.134	520.15	1	702.00	2	25	1.3580	2	---	---	---	solid	1
12933	C8H6O3	2,3-(methylenedioxy)benzaldehyde	7797-83-3	150.134	308.15	1	536.15	2	25	1.3120	1	---	---	---	solid	1
12934	C8H6O4	isophthalic acid	121-91-5	166.133	619.15	1	753.00	1	25	1.3279	2	---	---	---	solid	1
12935	C8H6O4	phthalic acid	88-99-3	166.133	464.15	1	598.00	1	25	1.5900	1	---	---	---	solid	1
12936	C8H6O4	terephthalic acid	100-21-0	166.133	700.15	1	832.00	1	25	1.3279	2	---	---	---	solid	1
12937	C8H6O4	1,3-benzodioxole-5-carboxylic acid	94-53-1	166.133	502.15	1	727.67	2	25	1.3279	2	---	---	---	solid	1
12938	C8H6O4	3-formyl-4-hydroxybenzoic acid	584-87-2	166.133	517.15	1	727.67	2	25	1.3279	2	---	---	---	solid	1
12939	C8H6O4	3-hydroxy-p-phthalaldehydic acid	619-12-5	166.133	507.15	1	727.67	2	25	1.3279	2	---	---	---	solid	1
12940	C8H6O4	3-formylsalicylic acid	610-04-8	166.133	450.65	1	727.67	2	25	1.3279	2	---	---	---	solid	1
12941	C8H6O4	5-formylsalicylic acid	616-76-2	166.133	523.15	1	727.67	2	25	1.3279	2	---	---	---	solid	1
12942	C8H6O5	4-hydroxy-1,3-benzenedicarboxylic acid	636-46-4	182.133	583.15	1	---	---	25	1.3933	2	---	---	---	solid	1
12943	C8H6O5	5-hydroxyisophthalic acid	618-83-7	182.133	570.65	1	---	---	25	1.3933	2	---	---	---	solid	1
12944	C8H6O5	4-hydroxyphthalic acid	610-35-5	182.133	465.65	1	---	---	25	1.3933	2	---	---	---	solid	1
12945	C8H6O6	diperoxyterephthalic acid	1711-42-8	198.132	---	---	---	---	25	1.4532	2	---	---	---	---	---
12946	C8H6O7S	5-sulfobenzen-1,3-dicarboxylic acid	22326-31-4	246.197	---	---	---	---	25	1.5630	2	---	---	---	---	---
12947	C8H6S	benzothiophene	95-15-8	134.202	304.50	1	493.05	1	32	1.1484	1	35	1.6332	1	solid	1
12948	C8H6S2	1,4-benzodithiin	255-50-5	166.268	---	---	533.15	2	20	1.2799	1	25	1.6754	1	---	---
12949	C8H6S2	2,2'-bithiophene	492-97-7	166.268	306.15	1	533.15	1	25	1.2429	2	---	---	---	solid	1
12950	C8H6Se	benzo[b]selenophene	272-30-0	181.096	321.65	1	---	---	---	---	---	---	---	---	solid	1
12951	C8H6Te	benzo[b]tellurophene	---	229.736	340.65	1	---	---	---	---	---	---	---	---	solid	1
12952	C8H7AsCl2	phenyl(b-chlorovinyl)chloroarsine	64049-07-6	248.970	---	---	---	---	---	---	---	---	---	---	---	---
12953	C8H7BO2S	2-benzothienylboronic acid	98437-23-1	178.019	---	---	---	---	---	---	---	---	---	---	---	---
12954	C8H7Br	1-bromo-1,3,5,7-cyclooctatetraene	7567-22-8	183.048	---	---	460.95	2	25	1.4206	1	25	1.5870	1	---	---
12955	C8H7Br	(1-bromovinyl)benzene	98-81-7	183.048	229.15	1	460.95	2	23	1.4025	1	20	1.5881	1	liquid	2
12956	C8H7Br	(cis-2-bromovinyl)benzene	588-73-8	183.048	266.15	1	460.95	2	10	1.4322	1	22	1.5990	1	liquid	2
12957	C8H7Br	(trans-2-bromovinyl)benzene	588-72-7	183.048	280.15	1	492.15	dec	16	1.4269	1	20	1.6093	1	liquid	1
12958	C8H7Br	1-bromo-2-vinylbenzene	2039-88-5	183.048	220.35	1	482.35	1	20	1.4160	1	20	1.5927	1	liquid	1
12959	C8H7Br	1-bromo-3-vinylbenzene	2039-86-3	183.048	---	---	460.95	2	20	1.4059	1	20	1.5933	1	---	---
12960	C8H7Br	1-bromo-4-vinylbenzene	2039-82-9	183.048	280.85	1	485.15	1	20	1.3984	1	20	1.5947	1	liquid	1

Table 1 Physical Properties - Organic Compounds

				Mol Wt	Freezing Point		Boiling Point		Density			Refractive Index			State	
NO	FORMULA	NAME	CAS No	g/mol	T_F, K	code	T_B, K	code	T, C	g/cm3	code	T, C	n_D	code	@25C,1 atm	code
12961	C8H7Br	1-bromobenzocyclobutene	21120-91-2	183.048	---	---	460.95	2	25	1.4500	1	---	1.5900	1	---	---
12962	C8H7Br	b-bromostyrene; (cis+trans)	103-64-0	183.048	280.15	1	384.15	1	25	1.4290	1	---	1.6090	1	liquid	1
12963	C8H7BrFNO	4'-bromo-2'-fluoroacetanilide	326-66-9	232.052	422.65	1	---	---	25	1.5813	2	---	---	---	solid	1
12964	C8H7BrO	alpha-bromoacetophenone	70-11-1	199.047	323.65	1	530.15	2	20	1.6470	1	---	---	---	solid	1
12965	C8H7BrO	1-(3-bromophenyl)ethanone	2142-63-4	199.047	280.65	1	530.15	2	23	1.6470	2	20	1.5755	1	liquid	2
12966	C8H7BrO	1-(4-bromophenyl)ethanone	99-90-1	199.047	323.65	1	530.15	1	25	1.6470	1	---	1.6470	1	solid	1
12967	C8H7BrO	2'-bromoacetophenone	2142-69-0	199.047	---	---	530.15	2	23	1.6470	2	---	1.5670	1	---	---
12968	C8H7BrO	4-bromostyrene oxide	32017-76-8	199.047	---	---	530.15	2	23	1.6470	2	---	---	---	---	---
12969	C8H7BrO2	4-bromobenzeneacetic acid	1878-68-8	215.046	389.15	1	526.10	2	25	1.6105	2	---	---	---	solid	1
12970	C8H7BrO2	methyl 3-bromobenzoate	618-89-3	215.046	305.15	1	526.10	2	25	1.6105	2	---	---	---	solid	1
12971	C8H7BrO2	methyl 4-bromobenzoate	619-42-1	215.046	354.15	1	526.10	2	25	1.6890	1	---	---	---	solid	1
12972	C8H7BrO2	phenyl bromoacetate	620-72-4	215.046	305.15	1	526.10	2	25	1.6105	2	---	---	---	solid	1
12973	C8H7BrO2	5-bromo-2-anisaldehyde	25016-01-7	215.046	389.65	1	526.10	2	25	1.6105	2	---	---	---	solid	1
12974	C8H7BrO2	3-bromo-4-methoxybenzaldehyde	34841-06-0	215.046	324.65	1	526.10	2	25	1.6105	2	---	---	---	solid	1
12975	C8H7BrO2	2-bromophenylacetic acid	18698-97-0	215.046	378.15	1	526.10	2	25	1.6105	2	---	---	---	solid	1
12976	C8H7BrO2	3-bromophenylacetic acid	1878-67-7	215.046	373.65	1	526.10	2	25	1.6105	2	---	---	---	solid	1
12977	C8H7BrO2	a-bromo-p-toluic acid	6232-88-8	215.046	498.15	1	526.10	2	25	1.6105	2	---	---	---	solid	1
12978	C8H7BrO2	methyl 2-bromobenzoate	610-94-6	215.046	---	---	526.10	1	25	1.5320	1	---	1.5590	1	---	---
12979	C8H7BrO3	4-bromo-alpha-hydroxybenzeneacetic acid	7021-04-7	231.046	392.15	1	---	---	25	1.6062	2	---	---	---	solid	1
12980	C8H7BrO3	5-bromo-2-hydroxy-3-methoxybenzaldehyc	5034-74-2	231.046	401.15	1	---	---	25	1.6062	2	---	---	---	solid	1
12981	C8H7BrO3	4-bromomandelic acid	6940-50-7	231.046	390.65	1	---	---	25	1.6062	2	---	---	---	solid	1
12982	C8H7BrO3	p-bromophenoxyacetic acid	1878-91-7	231.046	431.65	1	---	---	25	1.6062	2	---	---	---	solid	1
12983	C8H7BrO3	5-bromovanillin	2973-76-4	231.046	436.15	1	---	---	25	1.6062	2	---	---	---	solid	1
12984	C8H7Cl	1-chloro-1,3,5,7-cyclooctatetraene	29554-49-2	138.596	---	---	467.83	2	25	1.1199	1	25	1.5542	1	---	---
12985	C8H7Cl	2-chlorostyrene	2039-87-4	138.596	210.05	1	461.85	1	20	1.1000	1	20	1.5649	1	liquid	1
12986	C8H7Cl	3-chlorostyrene	2039-85-2	138.596	249.75	2	467.83	2	20	1.1033	1	20	1.5625	1	liquid	2
12987	C8H7Cl	4-chlorostyrene	1073-67-2	138.596	289.05	1	465.15	1	20	1.0868	1	20	1.5660	1	liquid	1
12988	C8H7Cl	(1-chlorovinyl)benzene	618-34-8	138.596	250.15	1	472.15	1	18	1.1016	1	20	1.5612	1	liquid	1
12989	C8H7Cl	(cis-2-chlorovinyl)benzene	4604-28-8	138.596	249.75	2	467.83	2	25	1.1046	1	25	1.5762	1	liquid	2
12990	C8H7Cl	(trans-2-chlorovinyl)benzene	4110-77-4	138.596	249.75	2	472.15	1	18	1.1095	1	20	1.5648	1	liquid	1
12991	C8H7Cl	chlorostyrene	1331-28-8	138.596	249.75	2	467.83	2	21	1.1037	2	---	---	---	liquid	2
12992	C8H7ClFNO	2'-chloro-4'-fluoroacetanilide	399-35-9	187.601	391.65	1	---	---	25	1.3020	2	---	---	---	solid	1
12993	C8H7ClFNO	4'-chloro-2'-fluoroacetanilide	59280-70-5	187.601	429.65	1	---	---	25	1.3020	2	---	---	---	solid	1
12994	C8H7ClN2	2-chloromethylbenzimidazole	4857-04-9	166.610	420.15	1	---	---	25	1.2542	2	---	---	---	solid	1
12995	C8H7ClN2O	chloro-(4-methoxyphenyl)diazirine	4222-26-8	182.609	---	---	---	---	25	1.3189	2	---	---	---	---	---
12996	C8H7ClN2O2	2-amino-5-chloro-6-methoxybenzoxazole	2139-00-6	198.609	---	---	---	---	25	1.3786	2	---	---	---	---	---
12997	C8H7ClN2O2S	diazoxide	364-98-7	230.675	603.65	1	---	---	25	1.4450	2	---	---	---	solid	1
12998	C8H7ClN2O3	methylnitrosocarbamic acid o-chlorophenyl	58169-97-4	214.608	---	---	316.15	1	25	1.4337	2	---	---	---	---	---
12999	C8H7ClO	benzeneacetyl chloride	103-80-0	154.595	---	---	483.40	2	20	1.1682	1	20	1.5325	1	---	---
13000	C8H7ClO	alpha-chloroacetophenone	532-27-4	154.595	329.65	1	520.15	1	15	1.3240	1	---	---	---	solid	1
13001	C8H7ClO	1-(3-chlorophenyl)ethanone	99-02-5	154.595	---	---	517.15	1	40	1.2130	1	20	1.5494	1	---	---
13002	C8H7ClO	1-(4-chlorophenyl)ethanone	99-91-2	154.595	293.15	1	505.15	1	20	1.1922	1	20	1.5550	1	liquid	1
13003	C8H7ClO	2-methylbenzoyl chloride	933-88-0	154.595	---	---	486.65	1	23	1.1831	2	20	1.5549	1	---	---
13004	C8H7ClO	3-methylbenzoyl chloride	1711-06-4	154.595	250.15	1	492.65	1	21	1.0265	1	22	1.5050	1	liquid	1
13005	C8H7ClO	4-methylbenzoyl chloride	874-60-2	154.595	271.65	1	499.15	1	20	1.1686	1	20	1.5547	1	liquid	1
13006	C8H7ClO	2'-chloroacetophenone	2142-68-9	154.595	---	---	501.15	1	25	1.1890	1	---	1.5420	1	---	---
13007	C8H7ClO	3-chlorostyrene oxide	20697-04-5	154.595	---	---	345.15	1	23	1.1831	2	---	---	---	---	---
13008	C8H7ClOS	O-(p-tolyl) chlorothionoformate	937-63-3	186.661	---	---	517.65	1	25	1.2250	1	---	1.5720	1	---	---
13009	C8H7ClO2	benzyl chloroformate	501-53-1	170.595	---	---	513.08	2	25	1.1950	1	20	1.5190	1	---	---
13010	C8H7ClO2	o-chlorobenzeneacetic acid	2444-36-2	170.595	369.15	1	513.08	2	26	1.2530	2	---	---	---	solid	1
13011	C8H7ClO2	m-chlorobenzeneacetic acid	1878-65-5	170.595	350.65	1	513.08	2	26	1.2530	2	---	---	---	solid	1
13012	C8H7ClO2	p-chlorobenzeneacetic acid	1878-66-6	170.595	378.65	1	513.08	2	26	1.2530	2	---	---	---	solid	1
13013	C8H7ClO2	5-(chloromethyl)-1,3-benzodioxole	20850-43-5	170.595	293.65	1	513.08	2	25	1.3120	1	20	1.5660	1	liquid	2
13014	C8H7ClO2	4-methoxybenzoyl chloride	100-07-2	170.595	297.65	1	535.65	1	20	1.2610	1	20	1.5800	1	liquid	1
13015	C8H7ClO2	methyl 4-chlorobenzoate	1126-46-1	170.595	316.65	1	513.08	2	20	1.3820	1	---	---	---	solid	1
13016	C8H7ClO2	phenyl chloroacetate	620-73-5	170.595	317.65	1	505.65	1	44	1.2202	1	44	1.5146	1	solid	1
13017	C8H7ClO2	5'-chloro-2'-hydroxyacetophenone	1450-74-4	170.595	327.65	1	513.08	2	26	1.2530	2	---	---	---	solid	1
13018	C8H7ClO2	3-methoxybenzoyl chloride	1711-05-3	170.595	---	---	513.08	2	25	1.2140	1	---	1.5590	1	---	---
13019	C8H7ClO2	2-methoxybenzoyl chloride	21615-34-9	170.595	---	---	527.25	1	25	1.3580	1	---	1.5720	1	---	---
13020	C8H7ClO2	methyl 3-chlorobenzoate	2905-65-9	170.595	294.15	1	504.15	1	25	1.2270	1	---	1.5310	1	liquid	1
13021	C8H7ClO2	methyl 2-chlorobenzoate	610-96-8	170.595	---	---	507.15	1	25	1.1910	1	---	1.5360	1	---	---
13022	C8H7ClO2	phenoxyacetyl chloride	701-99-5	170.595	---	---	498.65	1	25	1.2350	1	---	1.5340	1	---	---
13023	C8H7ClO2	p-tolyl chloroformate	937-62-2	170.595	---	---	513.08	2	25	1.1880	1	---	1.5100	1	---	---
13024	C8H7ClO2	4-hydroxyphenacyl chloride	6305-04-0	170.595	---	---	513.08	2	26	1.2530	2	---	---	---	---	---
13025	C8H7ClO2S	(4-chlorophenylthio)acetic acid	3405-88-7	202.661	378.65	1	---	---	25	1.3409	2	---	---	---	solid	1
13026	C8H7ClO3	3-chloro-4-hydroxy-5-methoxybenzaldehyd	19463-48-0	186.594	438.15	1	522.15	2	25	1.3216	2	---	---	---	solid	1
13027	C8H7ClO3	(4-chlorophenoxy)acetic acid	122-88-3	186.594	429.65	1	522.15	2	25	1.3216	2	---	---	---	solid	1
13028	C8H7ClO3	2-chlorophenoxyacetic acid	614-61-9	186.594	421.65	1	522.15	2	25	1.3216	2	---	---	---	solid	1
13029	C8H7ClO3	3-chlorophenoxyacetic acid	588-32-9	186.594	383.15	1	522.15	2	25	1.3216	2	---	---	---	solid	1
13030	C8H7ClO3	methyl 5-chloro-2-hydroxybenzoate	4068-78-4	186.594	323.15	1	522.15	dec	25	1.3216	2	---	---	---	solid	1
13031	C8H7ClO3	4-chloro-o-anisic acid	57479-70-6	186.594	418.15	1	522.15	2	25	1.3216	2	---	---	---	solid	1
13032	C8H7ClO3	2-chloromandelic acid	10421-85-9	186.594	355.65	1	522.15	2	25	1.3216	2	---	---	---	solid	1
13033	C8H7ClO3	4-chloromandelic acid	492-86-4	186.594	391.65	1	522.15	2	25	1.3216	2	---	---	---	solid	1
13034	C8H7ClO3	(R)-(-)-2-chloromandelic acid	52950-18-2	186.594	392.65	1	522.15	2	25	1.3216	2	---	---	---	solid	1
13035	C8H7ClO3	5-chloro-2-methoxybenzoic acid	3438-16-2	186.594	370.65	1	522.15	2	25	1.3216	2	---	---	---	solid	1
13036	C8H7ClO3	4-methoxyphenyl chloroformate	7693-41-6	186.594	---	---	522.15	2	25	1.2530	1	---	1.5250	1	---	---
13037	C8H7ClO3	4-chloro-4-cyclohexene-1,2-dicarboxylic ar	14737-08-7	186.594	---	---	522.15	2	25	1.3216	2	---	---	---	---	---
13038	C8H7ClO3S	4-acetylbenzenesulfonyl chloride	1788-10-9	218.660	358.15	1	---	---	25	1.3949	2	---	---	---	solid	1
13039	C8H7ClO4	5-chlorovanillic acid	62936-23-6	202.594	514.15	1	---	---	25	1.3800	2	---	---	---	solid	1
13040	C8H7ClO4S	2-chloro-4-methylsulphonylbenzoic acid	53250-83-2	234.660	466.65	1	---	---	25	1.4452	2	---	---	---	solid	1

Table 1 Physical Properties - Organic Compounds

				Mol Wt	Freezing Point		Boiling Point		Density			Refractive Index			State	
NO	FORMULA	NAME	CAS No	g/mol	T_F, K	code	T_B, K	code	T, C	g/cm3	code	T, C	n_D	code	@25C,1 atm	code
13041	C8H7ClO4S	methyl 2-(chlorosulfonyl)benzoate	26638-43-7	234.660	334.15	1	---	---	25	1.4452	2	---	---	---	solid	1
13042	C8H7Cl2NO	4-amino-3,5-dichloroacetophenone	37148-48-4	204.055	433.15	1	---	---	25	1.3478	2	---	---	---	solid	1
13043	C8H7Cl2NO	methyl-3,4-dichlorophenylcarbamate	1918-18-9	204.055	382.70	1	---	---	25	1.3478	2	---	---	---	solid	1
13044	C8H7Cl2NO	N-(2,5-dichlorophenyl)acetamide	2621-62-7	204.055	---	---	---	---	25	1.3478	2	---	---	---	---	---
13045	C8H7Cl2NO2	chloramben methyl	7286-84-2	220.054	335.09	1	---	---	25	1.4015	2	---	---	---	solid	1
13046	C8H7Cl2NO3	(4-amino-3,5-dichlorophenyl)glycolic acid	82540-41-8	236.054	---	---	---	---	25	1.4515	2	---	---	---	---	---
13047	C8H7Cl2NaO5S	sesone	136-78-7	309.101	518.15	dec	---	---	---	---	---	---	---	---	solid	1
13048	C8H7Cl3O	2,4,6-trichloro-3,5-dimethylphenol	6972-47-0	225.500	448.15	1	---	---	25	1.3721	2	---	---	---	solid	1
13049	C8H7Cl3O	a-(chloromethyl)-2,4-dichlorobenzyl alcohc	13692-14-3	225.500	323.15	1	---	---	25	1.3721	2	---	---	---	solid	1
13050	C8H7Cl3O	a-(trichloromethyl)benzenemethanol	2000-43-3	225.500	---	---	---	---	25	1.3721	2	---	---	---	---	---
13051	C8H7Cl3O2	2-(2,4,5-trichlorophenoxy)ethanol	2122-77-2	241.500	---	---	349.15	1	25	1.4209	2	---	---	---	---	---
13052	C8H7Cu	copper 1,3,5-octatrien-7-ynide	---	166.690	---	---	---	---	---	---	---	---	---	---	---	---
13053	C8H7F	1-vinyl-2-fluorobenzene	394-46-7	122.142	---	---	---	---	20	1.0282	1	20	1.5200	1	---	---
13054	C8H7F	1-vinyl-3-fluorobenzene	350-51-6	122.142	---	---	---	---	20	1.0177	1	20	1.5170	1	---	---
13055	C8H7F	1-vinyl-4-fluorobenzene	405-99-2	122.142	238.65	1	---	---	20	1.0220	1	20	1.5150	1	---	---
13056	C8H7FN2O3	4'-fluoro-2'-nitroacetanilide	448-39-5	198.154	344.65	1	---	---	25	1.3918	2	---	---	---	solid	1
13057	C8H7FN2O4	1-fluoro-1,1-dinitro-2-phenylethane	22692-30-4	214.154	---	---	---	---	25	1.4471	2	---	---	---	---	---
13058	C8H7FO	1-(4-fluorophenyl)ethanone	403-42-9	138.141	228.15	1	469.15	1	25	1.1382	1	25	1.5081	1	liquid	1
13059	C8H7FO	2-fluoro-1-phenylethanone	450-95-3	138.141	302.15	1	472.63	2	20	1.1520	1	20	1.5200	1	solid	1
13060	C8H7FO	2'-fluoroacetophenone	445-27-2	138.141	---	---	461.05	1	25	1.1210	1	---	---	---	---	---
13061	C8H7FO	3'-fluoroacetophenone	455-36-7	138.141	---	---	472.63	2	25	1.1260	1	---	1.5090	1	---	---
13062	C8H7FO	4-fluoro-3-methylbenzaldehyde	135427-08-6	138.141	---	---	481.15	1	25	1.1320	1	---	1.5220	1	---	---
13063	C8H7FO	3-fluoro-2-methylbenzaldehyde	147624-13-3	138.141	---	---	472.63	2	25	1.1600	1	---	1.5260	1	---	---
13064	C8H7FO	3-fluoro-4-methylbenzaldehyde	177756-62-6	138.141	---	---	479.15	1	25	1.1330	1	---	1.5250	1	---	---
13065	C8H7FO2	4-fluorobenezeneacetic acid	405-50-5	154.141	359.15	1	476.65	2	25	1.1850	2	---	---	---	solid	1
13066	C8H7FO2	1-acetoxy-3-fluorobenzene	701-83-7	154.141	---	---	476.65	2	25	1.1850	2	---	1.4802	1	---	---
13067	C8H7FO2	2'-fluoro-4'-hydroxyacetophenone	---	154.141	395.15	1	476.65	2	25	1.1850	2	---	---	---	solid	1
13068	C8H7FO2	4'-fluoro-2'-hydroxyacetophenone	1481-27-2	154.141	306.15	1	476.65	2	25	1.1850	2	---	---	---	solid	1
13069	C8H7FO2	5'-fluoro-2'-hydroxyacetophenone	394-32-1	154.141	329.65	1	476.65	2	25	1.1850	2	---	---	---	solid	1
13070	C8H7FO2	3-fluoro-4-methylbenzoic acid	350-28-7	154.141	445.15	1	476.65	2	25	1.1850	2	---	---	---	solid	1
13071	C8H7FO2	4-fluorophenyl acetate	405-51-6	154.141	---	---	476.65	1	25	1.1780	1	---	1.4800	1	---	---
13072	C8H7FO2	a-fluorophenylacetic acid	1578-63-8	154.141	355.15	1	476.65	2	25	1.1850	2	---	---	---	solid	1
13073	C8H7FO2	3-fluorophenylacetic acid	331-25-9	154.141	319.15	1	476.65	2	25	1.1850	2	---	---	---	solid	1
13074	C8H7FO2	2-fluorophenylacetic acid	451-82-1	154.141	335.15	1	476.65	2	25	1.1850	2	---	---	---	solid	1
13075	C8H7FO2	methyl 4-fluorobenzoate	403-33-8	154.141	---	---	476.65	2	25	1.1920	1	---	1.4950	1	---	---
13076	C8H7FO3	3-fluoro-4-methoxybenzoic acid	403-20-3	170.140	484.15	1	---	---	25	1.2708	2	---	---	---	solid	1
13077	C8H7FO3	4-fluorophenoxyacetic acid	405-79-8	170.140	377.65	1	---	---	25	1.2708	2	---	---	---	solid	1
13078	C8H7F2NO	2,4'-difluoroacetanilide	404-42-2	171.147	---	---	---	---	25	1.2512	2	---	---	---	---	---
13079	C8H7F3	1-methyl-4-(trifluoromethyl)benzene	6140-17-6	160.139	---	---	402.15	1	26	1.4320	1	26	1.4320	1	---	---
13080	C8H7F3	3-methylbenzotrifluoride	401-79-6	160.139	---	---	401.60	1	25	1.1480	1	---	1.4270	1	---	---
13081	C8H7F3N2O2	4-(trifluoromethoxy)benzamidoxime	56935-71-8	220.152	387.15	1	---	---	25	1.4065	2	---	---	---	solid	1
13082	C8H7F3O	4-(trifluoromethoxy)toluene	706-27-4	176.138	---	---	407.65	1	25	1.1790	1	---	1.4160	1	---	---
13083	C8H7F3O	3-(trifluoromethyl)anisole	454-90-0	176.138	---	---	433.15	1	25	1.2170	1	---	1.4430	1	---	---
13084	C8H7F3O	(R)-(-)-a-(trifluoromethyl)benzyl alcohol	10531-50-7	176.138	293.15	1	420.40	2	25	1.2920	1	---	1.4590	1	liquid	2
13085	C8H7F3O	a-(trifluoromethyl)benzyl alcohol	340-04-5	176.138	---	---	420.40	2	25	1.2900	1	---	1.4605	1	---	---
13086	C8H7F3O	(S)-(+)-a-(trifluoromethyl)benzyl alcohol	340-06-7	176.138	---	---	420.40	2	25	1.3000	1	---	1.4620	1	---	---
13087	C8H7F3O	2-(trifluoromethyl)benzyl alcohol	346-06-5	176.138	---	---	420.40	2	25	1.3260	1	---	1.4680	1	---	---
13088	C8H7F3O	3-(trifluoromethyl)benzyl alcohol	349-75-7	176.138	---	---	420.40	2	25	1.2950	1	---	1.4600	1	---	---
13089	C8H7F3O	4-(trifluoromethyl)benzyl alcohol	349-95-1	176.138	322.15	1	420.40	2	25	1.2860	1	---	1.4590	1	solid	1
13090	C8H7F3O2	4-(trifluoromethoxy)anisole	710-18-9	192.138	---	---	437.15	1	25	1.2660	1	---	1.4320	1	---	---
13091	C8H7F3O2	4-(trifluoromethoxy)benzyl alcohol	1736-74-9	192.138	---	---	437.15	2	25	1.3230	1	---	1.4490	1	---	---
13092	C8H7F3O3S	p-tolyl trifluoromethanesulfonate	29540-83-8	240.203	---	---	---	---	25	1.3420	1	---	1.4410	1	---	---
13093	C8H7F3O4	(2R,3S)-1-carboxy-4-trifluoromethyl-2,3-dih	---	224.137	---	---	---	---	25	1.4073	2	---	---	---	---	---
13094	C8H7F3O4S	4-methoxyphenyl trifluoromethanesulfonate	66107-29-7	256.203	---	---	---	---	25	1.4160	1	---	1.4540	1	---	---
13095	C8H7F5Si	dimethyl-pentafluorophenylsilane	13888-77-2	226.221	---	---	---	---	25	1.2950	1	---	1.4310	1	---	---
13096	C8H7F7O2	2,2,3,3,4,4,4-heptafluorobutyl methacrylate	13695-31-3	268.132	---	---	408.15	1	25	1.3450	1	---	1.3410	1	---	---
13097	C8H7HgNO4	o-nitrophenyl mercury acetate	63868-95-1	381.738	---	---	---	---	---	---	---	---	---	---	---	---
13098	C8H7IO	1-(3-iodophenyl)ethanone	14452-30-3	246.047	---	---	---	---	25	1.7411	2	20	1.6220	1	---	---
13099	C8H7IO	1-(4-iodophenyl)ethanone	13329-40-3	246.047	359.15	1	---	---	25	1.7411	2	---	---	---	solid	1
13100	C8H7IO	2-iodo-1-phenylethanone	4636-16-2	246.047	307.55	1	---	---	25	1.7411	2	---	---	---	solid	1
13101	C8H7IO2	methyl 2-iodobenzoate	610-97-9	262.047	---	---	553.15	1	25	1.7835	2	20	1.6052	1	---	---
13102	C8H7IO2	methyl 3-iodobenzoate	618-91-7	262.047	327.65	1	550.15	1	25	1.7835	2	---	---	---	solid	1
13103	C8H7IO2	methyl 4-iodobenzoate	619-44-3	262.047	387.95	1	551.65	2	10	2.0200	1	---	---	---	solid	1
13104	C8H7IO2	3-iodo-4-methylbenzoic acid	82998-57-0	262.047	482.65	1	551.65	2	25	1.7835	2	---	---	---	solid	1
13105	C8H7IO3	4-iodophenoxyacetic acid	1878-94-0	278.046	376.15	1	---	---	25	1.8227	2	---	---	---	solid	1
13106	C8H7IO3	5-iodovanillin	5438-36-8	278.046	455.15	1	---	---	25	1.8227	2	---	---	---	solid	1
13107	C8H7N	indole	120-72-9	117.151	326.15	1	526.15	1	25	1.2200	1	20	1.6300	1	solid	1
13108	C8H7N	benzeneacetonitrile	140-29-4	117.151	249.35	1	506.65	1	15	1.0205	1	25	1.5211	1	liquid	1
13109	C8H7N	2-methylbenzonitrile	529-19-1	117.151	259.65	1	478.15	1	20	0.9955	1	20	1.5279	1	liquid	1
13110	C8H7N	3-methylbenzonitrile	620-22-4	117.151	250.15	1	486.15	1	20	1.0316	1	20	1.5252	1	liquid	1
13111	C8H7N	4-methylbenzonitrile	104-85-8	117.151	302.65	1	490.15	1	30	0.9762	1	---	---	---	solid	1
13112	C8H7N	indolizine	274-40-8	117.151	348.15	1	478.15	1	22	1.0341	2	---	---	---	solid	1
13113	C8H7N	(isocyanomethyl)benzene	10340-91-7	117.151	---	---	472.15	dec	15	0.9720	1	20	1.5193	1	---	---
13114	C8H7N	2,4,6-cycloheptatriene-1-carbonitrile	13612-59-4	117.151	---	---	491.08	2	25	1.0170	1	---	1.5330	1	---	---
13115	C8H7N	3-ethynylaniline	54060-30-9	117.151	---	---	491.08	2	25	1.0400	1	---	---	---	---	---
13116	C8H7NO	1,3-dihydro-2H-indol-2-one	59-48-3	133.150	401.15	1	477.82	2	23	1.0936	2	---	---	---	solid	1
13117	C8H7NO	2,3-dihydro-1H-isoindol-1-one	480-91-1	133.150	424.15	1	611.15	1	23	1.0936	2	---	---	---	solid	1
13118	C8H7NO	alpha-hydroxybenzeneacetonitrile, (±)	613-88-7	133.150	295.15	1	443.15	1	20	1.1165	1	---	---	---	liquid	1
13119	C8H7NO	1-isocyanato-2-methylbenzene	614-68-6	133.150	---	---	458.15	1	23	1.0936	2	20	1.5282	1	---	---
13120	C8H7NO	2-methoxybenzonitrile	6609-56-9	133.150	297.65	1	528.65	1	20	1.1063	1	---	---	---	liquid	1

				Mol Wt	Freezing Point		Boiling Point		Density			Refractive Index			State	
NO	FORMULA	NAME	CAS No	g/mol	T_F, K	code	T_B, K	code	T, C	g/cm3	code	T, C	n_D	code	@25C,1 atm	code
13121	C8H7NO	3-methoxybenzonitrile	1527-89-5	133.150	---	---	477.82	2	25	1.0890	1	20	1.5402	1	---	---
13122	C8H7NO	4-methoxybenzonitrile	874-90-8	133.150	334.65	1	529.65	1	23	1.0936	2	---	---	---	solid	1
13123	C8H7NO	2-methylbenzoxazole	95-21-6	133.150	282.65	1	473.65	1	20	1.1211	1	20	1.5497	1	liquid	1
13124	C8H7NO	phenoxyacetonitrile	3598-14-9	133.150	---	---	512.65	1	20	1.0991	1	20	1.5246	1	---	---
13125	C8H7NO	benzyl isocyanate	3173-56-6	133.150	---	---	477.82	2	25	1.0740	1	---	1.5260	1	---	---
13126	C8H7NO	5-hydroxyindole	1953-54-4	133.150	380.65	1	477.82	2	23	1.0936	2	---	---	---	solid	1
13127	C8H7NO	4-hydroxyindole	2380-94-1	133.150	371.65	1	477.82	2	23	1.0936	2	---	---	---	solid	1
13128	C8H7NO	3-hydroxyindole	480-93-3	133.150	---	---	477.82	2	23	1.0936	2	---	---	---	---	---
13129	C8H7NO	4-hydroxyphenylacetonitrile	14191-95-8	133.150	344.15	1	603.15	1	23	1.0936	2	---	---	---	solid	1
13130	C8H7NO	(R)-(+)-mandelonitrile	10020-96-9	133.150	302.15	1	443.15	1	25	1.1170	1	---	1.5320	1	solid	1
13131	C8H7NO	mandelonitrile	532-28-5	133.150	263.25	1	443.15	1	25	1.1240	1	---	---	---	liquid	1
13132	C8H7NO	6-methylbenzoxazole	---	133.150	303.15	1	477.82	2	23	1.0936	2	---	---	---	solid	1
13133	C8H7NO	5-methylbenzoxazole	---	133.150	315.65	1	477.82	2	23	1.0936	2	---	---	---	solid	1
13134	C8H7NO	m-tolyl isocyanate	621-29-4	133.150	---	---	348.15	1	25	1.0330	1	---	1.5310	1	---	---
13135	C8H7NO	p-tolyl isocyanate	622-58-2	133.150	---	---	339.15	1	25	1.0560	1	---	1.5310	1	---	---
13136	C8H7NOS	2-methoxyphenyl isothiocyanate	3288-04-8	165.216	---	---	537.15	1	20	1.1878	1	20	1.6458	1	---	---
13137	C8H7NOS	2H-1,4-benzothiazin-3(4H)-one	5325-20-2	165.216	452.65	1	545.40	2	24	1.1903	2	---	---	---	solid	1
13138	C8H7NOS	4-methoxyphenyl isothiocyanate	2284-20-0	165.216	291.15	1	553.65	1	25	1.1930	1	---	1.6490	1	liquid	1
13139	C8H7NOS	3-methoxyphenyl isothiocyanate	3125-64-2	165.216	---	---	545.40	2	25	1.1790	1	---	1.6400	1	---	---
13140	C8H7NOS	3-methyl-2(3H)-benzoxazolethione	13673-63-7	165.216	406.65	1	545.40	2	24	1.1903	2	---	---	---	solid	1
13141	C8H7NOS	4-(methylthio)phenyl isocyanate	1632-84-4	165.216	---	---	545.40	2	25	1.1730	1	---	1.6060	1	---	---
13142	C8H7NOS	3-(methylthio)phenyl isocyanate	28479-19-8	165.216	---	---	545.40	2	25	1.1990	1	---	1.6030	1	---	---
13143	C8H7NOS	2-(methylthio)phenyl isocyanate	52260-30-7	165.216	---	---	545.40	2	25	1.2100	1	---	1.6000	1	---	---
13144	C8H7NOS2	6-ethoxy-2-mercaptobenzothiazole	120-53-6	197.282	---	---	---	---	25	1.3317	2	---	---	---	---	---
13145	C8H7NO2	4-methoxyphenyl isocyanate	5416-93-3	149.149	---	---	448.00	2	27	1.0831	2	---	---	---	---	---
13146	C8H7NO2	3-nitrooctane	4609-92-1	149.149	---	---	448.00	2	25	0.9170	1	25	1.4210	1	---	---
13147	C8H7NO2	trans-(2-nitrovinyl)benzene	5153-67-3	149.149	333.15	1	528.15	1	27	1.0831	2	---	---	---	solid	1
13148	C8H7NO2	alpha-oxobenzeneacetaldehyde aldoxime	532-54-7	149.149	402.15	1	448.00	2	27	1.0831	2	---	---	---	solid	1
13149	C8H7NO2	1-vinyl-3-nitrobenzene	586-39-0	149.149	263.15	1	448.00	2	32	1.1552	1	20	1.5836	1	liquid	2
13150	C8H7NO2	1-vinyl-4-nitrobenzene	100-13-0	149.149	302.15	1	448.00	2	27	1.0831	2	---	---	---	solid	1
13151	C8H7NO2	4-hydroxy-3-methoxybenzonitrile	4221-08-3	149.149	360.15	1	448.00	2	27	1.0831	2	---	---	---	solid	1
13152	C8H7NO2	3-methoxyphenyl isocyanate	18908-07-1	149.149	---	---	448.00	2	25	1.1380	1	---	1.5430	1	---	---
13153	C8H7NO2	2-methoxyphenyl isocyanate	700-87-8	149.149	---	---	367.85	1	25	1.1220	1	---	1.5410	1	---	---
13154	C8H7NO2	3-methyl-2-benzoxazolinone	21892-80-8	149.149	357.15	1	448.00	2	27	1.0831	2	---	---	---	solid	1
13155	C8H7NO2	3-(3-pyridyl)acrylic acid	1126-74-5	149.149	505.15	1	---	---	27	1.0831	2	---	---	---	solid	1
13156	C8H7NO2	2-(2-pyridyl)malondialdehyde	212755-83-4	149.149	---	---	448.00	2	27	1.0831	2	---	---	---	---	---
13157	C8H7NO2	2-(4-pyridyl)malondialdehyde	51076-46-1	149.149	>593.15	1	448.00	2	27	1.0831	2	---	---	---	solid	1
13158	C8H7NO2	(2-nitroethenyl)benzene	102-96-5	149.149	331.00	1	448.00	2	27	1.0831	2	---	---	---	solid	1
13159	C8H7NO2S	3-hydroxymethyl-2-benzothiazolinone	72679-97-1	181.215	375.15	1	---	---	25	1.3113	2	---	---	---	solid	1
13160	C8H7NO2S	4-methylsulphonyl benzonitrile	22821-76-7	181.215	412.65	1	---	---	25	1.3113	2	---	---	---	solid	1
13161	C8H7NO2S	(phenylsulfonyl)acetonitrile	7605-28-9	181.215	385.15	1	---	---	25	1.3113	2	---	---	---	solid	1
13162	C8H7NO2S	p-toluenesulfonyl cyanide	19158-51-1	181.215	321.15	1	---	---	25	1.3113	2	---	---	---	solid	1
13163	C8H7NO3	4-(aminocarbonyl)benzoic acid	6051-43-0	165.149	573.15	1	---	---	25	1.2878	2	---	---	---	solid	1
13164	C8H7NO3	2-nitrobenzeneacetaldehyde	1969-73-9	165.149	295.65	1	406.90	2	25	1.2878	2	---	---	---	liquid	2
13165	C8H7NO3	1-(2-nitrophenyl)ethanone	577-59-3	165.149	301.65	1	406.90	2	25	1.2370	1	20	1.5468	1	solid	1
13166	C8H7NO3	1-(3-nitrophenyl)ethanone	121-89-1	165.149	354.15	1	475.15	1	25	1.2878	2	---	---	---	solid	1
13167	C8H7NO3	1-(4-nitrophenyl)ethanone	100-19-6	165.149	354.95	1	406.90	2	25	1.2878	2	---	---	---	solid	1
13168	C8H7NO3	2-nitro-1-phenylethanone	614-21-1	165.149	379.15	1	406.90	2	25	1.2878	2	30	1.5468	1	solid	1
13169	C8H7NO3	6-methoxybenzoxazolinone	532-91-2	165.149	---	---	406.90	2	25	1.2878	2	---	---	---	---	---
13170	C8H7NO3	oxanilic acid	500-72-1	165.149	---	---	338.65	1	25	1.2878	2	---	---	---	---	---
13171	C8H7NO3S	cyanomethyl benzenesulfonate	10531-13-2	197.215	---	---	417.15	1	25	1.3050	1	---	1.5230	1	---	---
13172	C8H7NO3S	o-toluenesulfonyl isocyanate	32324-19-9	197.215	---	---	417.15	2	25	1.3000	1	---	1.5400	1	---	---
13173	C8H7NO3S	p-toluenesulfonyl isocyanate	4083-64-1	197.215	---	---	417.15	1	25	1.2930	1	---	1.5340	1	---	---
13174	C8H7NO4	2-amino-1,3-benzenedicarboxylic acid	39622-79-2	181.148	613.15	1	---	---	25	1.3533	2	---	---	---	solid	1
13175	C8H7NO4	5-amino-1,3-benzenedicarboxylic acid	99-31-0	181.148	633.15	1	---	---	25	1.3533	2	---	---	---	solid	1
13176	C8H7NO4	methyl 2-nitrobenzoate	606-27-9	181.148	260.15	1	548.15	1	20	1.2855	1	---	---	---	liquid	1
13177	C8H7NO4	methyl 3-nitrobenzoate	618-95-1	181.148	351.15	1	537.15	2	25	1.3533	2	---	---	---	solid	1
13178	C8H7NO4	o-nitrobenzeneacetic acid	3740-52-1	181.148	414.65	1	537.15	2	25	1.3533	2	---	---	---	solid	1
13179	C8H7NO4	m-nitrobenzeneacetic acid	1877-73-2	181.148	395.15	1	537.15	2	25	1.3533	2	---	---	---	solid	1
13180	C8H7NO4	p-nitrobenzeneacetic acid	104-03-0	181.148	427.15	1	537.15	2	25	1.3533	2	---	---	---	solid	1
13181	C8H7NO4	2-nitrophenyl acetate	610-69-5	181.148	313.65	1	526.15	dec	25	1.3533	2	---	---	---	solid	1
13182	C8H7NO4	2-aminoterephthalic acid	10312-55-7	181.148	>533.15	1	537.15	2	25	1.3533	2	---	---	---	solid	1
13183	C8H7NO4	4-hydroxy-3-nitroacetophenone	6322-56-1	181.148	406.40	1	537.15	2	25	1.3533	2	---	---	---	solid	1
13184	C8H7NO4	methyl 4-nitrobenzoate	619-50-1	181.148	368.15	1	537.15	2	25	1.3533	2	---	---	---	solid	1
13185	C8H7NO4	2-methyl-6-nitrobenzoic acid	13506-76-8	181.148	428.65	1	537.15	2	25	1.3533	2	---	---	---	solid	1
13186	C8H7NO4	2-methyl-3-nitrobenzoic acid	1975-50-4	181.148	457.15	1	537.15	2	25	1.3533	2	---	---	---	solid	1
13187	C8H7NO4	2-methyl-5-nitrobenzoic acid	1975-52-6	181.148	451.15	1	537.15	2	25	1.3533	2	---	---	---	solid	1
13188	C8H7NO4	3-methyl-4-nitrobenzoic acid	3113-71-1	181.148	490.65	1	537.15	2	25	1.3533	2	---	---	---	solid	1
13189	C8H7NO4	3-methyl-2-nitrobenzoic acid	5437-38-7	181.148	494.15	1	537.15	2	25	1.3533	2	---	---	---	solid	1
13190	C8H7NO4	4-methyl-3-nitrobenzoic acid	96-98-0	181.148	461.65	1	537.15	2	25	1.3533	2	---	---	---	solid	1
13191	C8H7NO4	4-nitrophenyl acetate	830-03-5	181.148	350.65	1	537.15	2	25	1.3533	2	---	---	---	solid	1
13192	C8H7NO4Se	(p-nitrophenylselenyl)acetic acid	17893-55-9	260.108	---	---	376.15	1	---	---	---	---	---	---	---	---
13193	C8H7NO5	4-hydroxy-3-nitrophenylacetic acid	10463-20-4	197.148	418.65	1	---	---	25	1.4135	2	---	---	---	solid	1
13194	C8H7NO5	5-methoxy-2-nitrobenzoic acid	1882-69-5	197.148	400.65	1	---	---	25	1.4135	2	---	---	---	solid	1
13195	C8H7NO5	3-methoxy-2-nitrobenzoic acid	4920-80-3	197.148	528.65	1	---	---	25	1.4135	2	---	---	---	solid	1
13196	C8H7NO5	3-methoxy-4-nitrobenzoic acid	5081-36-7	197.148	507.15	1	---	---	25	1.4135	2	---	---	---	solid	1
13197	C8H7NO5	4-methoxy-3-nitrobenzoic acid	89-41-8	197.148	465.65	1	---	---	25	1.4135	2	---	---	---	solid	1
13198	C8H7NO5	2-nitrophenoxyacetic acid	1878-87-1	197.148	429.15	1	---	---	25	1.4135	2	---	---	---	solid	1
13199	C8H7NO5	6-nitropiperonyl alcohol	15341-08-9	197.148	396.15	1	---	---	25	1.4135	2	---	---	---	solid	1
13200	C8H7NO5	5-nitrovanillin	6635-20-7	197.148	449.65	1	---	---	25	1.4135	2	---	---	---	solid	1

Table 1 Physical Properties - Organic Compounds

				Mol Wt	Freezing Point		Boiling Point		Density			Refractive Index			State	
NO	FORMULA	NAME	CAS No	g/mol	T_F, K	code	T_B, K	code	T, C	g/cm3	code	T, C	n_D	code	@25C,1 atm	code
13201	C8H7NO5	p-nitrophenoxyacetic acid	1798-11-4	197.148	460.50	1	---	---	25	1.4135	2	---	---	---	solid	1
13202	C8H7NS	benzyl isothiocyanate	622-78-6	149.217	---	---	516.15	1	16	1.1246	1	15	1.6049	1	---	---
13203	C8H7NS	benzyl thiocyanate	3012-37-1	149.217	316.15	1	505.15	1	21	1.1297	2	---	---	---	solid	1
13204	C8H7NS	2-methylbenzothiazole	120-75-2	149.217	287.15	1	511.15	1	19	1.1763	1	19	1.6092	1	liquid	1
13205	C8H7NS	4-(methylthio)benzonitrile	21382-98-9	149.217	335.15	1	545.15	1	21	1.1297	2	---	---	---	solid	1
13206	C8H7NS	phenylthioacetonitrile	5219-61-4	149.217	---	---	516.58	2	21	1.1297	2	---	---	---	---	---
13207	C8H7NS	o-tolyl isothiocyanate	614-69-7	149.217	---	---	512.15	1	25	1.1150	1	---	1.6360	1	---	---
13208	C8H7NS	m-tolyl isothiocyanate	621-30-7	149.217	---	---	516.15	1	25	1.1030	1	---	1.6330	1	---	---
13209	C8H7NS	p-tolyl isothiocyanate	622-59-3	149.217	298.65	1	510.15	1	21	1.1297	2	---	1.6350	1	solid	1
13210	C8H7NS2	3-methyl-2(3H)-benzothiazolethione	2254-94-6	181.283	363.15	1	608.15	1	25	1.2719	2	---	---	---	solid	1
13211	C8H7NS2	2-(methylthio)benzothiazole	615-22-5	181.283	317.65	1	608.15	2	25	1.2719	2	---	---	---	solid	1
13212	C8H7NS2	4-(methylthio)phenyl isothiocyanate	15863-41-9	181.283	329.65	1	608.15	2	25	1.2719	2	---	---	---	solid	1
13213	C8H7NS2	2-(methylthio)phenyl isothiocyanate	51333-75-6	181.283	---	---	608.15	2	25	1.2270	1	---	1.6950	1	---	---
13214	C8H7NSe	2-methylbenzoselenazole	2818-88-4	196.111	302.40	1	---	---	---	---	---	---	1.6520	1	solid	1
13215	C8H7N3	6-quinoxalinamine	6298-37-9	145.165	432.15	1	---	---	25	1.2108	2	---	---	---	solid	1
13216	C8H7N3	N-phenyl-N'-cyanoformamidine	59425-37-5	145.165	412.65	1	---	---	25	1.2108	2	---	---	---	solid	1
13217	C8H7N3	1,3-diiminoisoindoline	3468-11-9	145.165	472.15	dec	---	---	25	1.2108	2	---	---	---	solid	1
13218	C8H7N3O	4'-(1H-1,2,4-triazol-1-yl)phenol	68337-15-5	161.164	528.65	1	---	---	25	1.2841	2	---	---	---	solid	1
13219	C8H7N3O2	5-amino-2,3-dihydro-1,4-phthalazinedione	521-31-3	177.163	603.65	1	---	---	25	1.3511	2	---	---	---	solid	1
13220	C8H7N3O2	4-phenylurazole	15988-11-1	177.163	481.15	1	507.15	2	25	1.3511	2	---	---	---	solid	1
13221	C8H7N3O2	2-benzimidazolecarbamic acid	18538-45-9	177.163	---	---	507.15	2	25	1.3511	2	---	---	---	---	---
13222	C8H7N3O2	methyl-2-azidobenzoate	16714-23-1	177.163	---	---	507.15	1	25	1.3511	2	---	---	---	---	---
13223	C8H7N3O2	1-methyl-2-nitrobenzimidazole	5709-68-2	177.163	---	---	507.15	2	25	1.3511	2	---	---	---	---	---
13224	C8H7N3O3	5-methyl-3-(5-nitro-2-furyl)pyrazole	5052-75-5	193.163	---	---	---	---	25	1.4126	2	---	---	---	---	---
13225	C8H7N3O5	furazolidone	67-45-8	225.162	528.15	1	---	---	25	1.5217	2	---	---	---	solid	1
13226	C8H7N3O5	2-methyl-3,5-dinitrobenzamide	148-01-6	225.162	454.15	1	---	---	25	1.5217	2	---	---	---	solid	1
13227	C8H7N3O6	1,4-dimethyl-2,3,5-trinitrobenzene	602-27-7	241.161	412.65	1	---	---	19	1.5900	1	---	---	---	solid	1
13228	C8H7N3O6	2,4-dimethyl-1,3,5-trinitrobenzene	632-92-8	241.161	457.15	1	---	---	19	1.6040	1	---	---	---	solid	1
13229	C8H7N3O7	2-ethoxy-1,3,5-trinitro-benzene	4732-14-3	257.160	---	---	---	---	25	1.6153	2	---	---	---	---	---
13230	C8H7N3S	5-amino-3-phenyl-1,2,4-thiadiazole	17467-15-1	177.231	427.15	1	---	---	25	1.3084	2	---	---	---	solid	1
13231	C8H7N4O4	2-amino-5-(5-nitro-2-furyl)-1,3,4-oxadiazole	3775-55-1	223.169	---	---	---	---	25	1.5223	2	---	---	---	---	---
13232	C8H7N5O8	N-ethyl-N,2,4,6-tetranitrobenzenamine	6052-13-7	301.174	369.00	1	---	---	25	1.7377	2	---	---	---	solid	1
13233	C8H7NaO2	sodium phenylacetate	114-70-5	158.132	---	---	---	---	---	---	---	---	---	---	---	---
13234	C8H7NaO3	methyl 4-hydroxybenzoate, sodium salt	5026-62-0	174.132	---	---	---	---	---	---	---	---	---	---	---	---
13235	C8H7NaO4	sodium dehydroacetate	4418-26-2	190.131	---	---	---	---	---	---	---	---	---	---	---	---
13236	C8H7NaO5S	4-methoxybenzaldehyde-3-sulfonic acid sc	5393-59-9	238.196	---	---	---	---	---	---	---	---	---	---	---	---
13237	C8H8	styrene	100-42-5	104.152	242.54	1	418.31	1	25	0.9000	1	25	1.5440	1	liquid	1
13238	C8H8	1,3,5,7-cyclooctatetraene	629-20-9	104.152	266.16	1	413.16	1	25	0.9070	1	20	1.5381	1	liquid	1
13239	C8H8	trans-5-(2-propenylidene)-1,3-cyclopentad	116862-65-8	104.152	238.15	1	418.21	2	20	0.8980	1	---	---	---	liquid	2
13240	C8H8	benzocyclobutene	694-87-1	104.152	---	---	423.15	1	25	0.9570	1	---	1.5410	1	---	---
13241	C8H8	cubane	277-10-1	104.152	404.90	1	418.21	2	24	0.9155	2	---	---	---	solid	1
13242	C8H8	1,3,7-octatrien-5-yne	16607-77-5	104.152	---	---	418.21	2	24	0.9155	2	---	---	---	---	---
13243	C8H8BNO2	5-indolylboronic acid	144104-59-6	160.968	---	---	---	---	---	---	---	---	---	---	---	---
13244	C8H8BrClO	4-chlorophenyl 2-bromoethyl ether	2033-76-3	235.507	314.15	1	---	---	25	1.5262	2	---	---	---	solid	1
13245	C8H8BrCl2O3PS	bromophos	2104-96-3	365.999	327.45	1	---	---	---	---	---	---	---	---	solid	1
13246	C8H8BrFO	4-fluorophenoxy-ethylbromide	332-48-9	219.053	---	---	---	---	25	1.4901	2	---	1.5310	1	---	---
13247	C8H8BrNO	N-(4-bromophenyl)acetamide	103-88-8	214.062	441.15	1	---	---	25	1.7170	1	---	---	---	solid	1
13248	C8H8BrNO	3-bromoacetanilide	621-38-5	214.062	---	---	---	---	25	1.5142	2	---	---	---	---	---
13249	C8H8BrNO2	methyl 4-amino-3-bromobenzoate	106896-49-5	230.061	---	---	---	---	25	1.5652	2	---	---	---	---	---
13250	C8H8BrNO2	4-nitrophenethyl bromide	5339-26-4	230.061	341.65	1	---	---	25	1.5652	2	---	---	---	solid	1
13251	C8H8BrN3O2	3-(p-bromophenyl)-1-methyl-1-nitrosourea	23139-02-8	258.075	---	---	322.45	1	25	1.6599	2	---	---	---	---	---
13252	C8H8Br2	1,2-bis(bromomethyl)benzene	91-13-4	263.960	368.15	1	536.46	2	25	1.9880	1	---	---	---	solid	1
13253	C8H8Br2	1,3-bis(bromomethyl)benzene	626-15-3	263.960	350.15	1	536.46	2	25	1.9590	1	---	---	---	solid	1
13254	C8H8Br2	1,4-bis(bromomethyl)benzene	623-24-5	263.960	417.65	1	518.15	1	25	2.0120	1	---	---	---	solid	1
13255	C8H8Br2	1,2-dibromo-3,4-dimethylbenzene	24932-49-8	263.960	280.15	1	550.15	1	15	1.7820	1	---	---	---	liquid	1
13256	C8H8Br2	1,5-dibromo-2,4-dimethylbenzene	615-87-2	263.960	343.15	1	528.65	1	23	1.9353	2	---	---	---	solid	1
13257	C8H8Br2	(1,2-dibromoethyl)benzene	93-52-7	263.960	348.15	1	536.46	2	23	1.9353	2	---	---	---	solid	1
13258	C8H8Br2	1,4-dibromo-2,5-dimethylbenzene	1074-24-4	263.960	346.65	1	534.15	1	23	1.9353	2	---	---	---	solid	1
13259	C8H8Br2	1,2-dibromo-4,5-dimethylbenzene	24932-48-7	263.960	350.58	2	551.20	1	23	1.9353	2	---	---	---	solid	2
13260	C8H8Br2	ethyl dibromobenzene	30812-87-4	263.960	350.58	2	536.46	2	23	1.9353	2	---	---	---	solid	2
13261	C8H8Br2O2	1,4-dibromo-2,5-dimethoxybenzene	2674-34-2	295.958	414.15	1	---	---	25	1.8203	2	---	---	---	solid	1
13262	C8H8Br3N3	3,3-dimethyl-1-(2,4,6-tribromophenyl)triaze	50355-75-4	385.885	---	---	305.35	1	25	2.0979	2	---	---	---	---	---
13263	C8H8ClFO	2-chloro-6-fluorophenethyl alcohol	---	174.602	---	---	---	---	25	1.2096	2	---	1.5310	1	---	---
13264	C8H8ClFO	2-chloro-4-fluorophenethyl alcohol	214262-87-0	174.602	---	---	---	---	25	1.2096	2	---	1.5260	1	---	---
13265	C8H8ClF2N	m-chloro-N-(2,2-difluoroethyl)aniline	331-54-4	191.608	---	---	303.25	1	25	1.2535	2	---	---	---	---	---
13266	C8H8ClN	N-(2-chlorobenzylidene)methanamine	17972-08-6	153.611	280.15	1	---	---	25	1.1541	2	20	1.5660	1	---	---
13267	C8H8ClNO	N-(4-chlorophenyl)acetamide	539-03-7	169.610	452.15	1	606.15	1	22	1.3850	1	---	---	---	solid	1
13268	C8H8ClNO	methylphenylcarbamic chloride	4285-42-1	169.610	361.65	1	553.15	1	25	1.2227	2	---	---	---	solid	1
13269	C8H8ClNO	2'-chloroacetanilide	533-17-5	169.610	359.65	1	579.65	2	25	1.2227	2	---	---	---	solid	1
13270	C8H8ClNO	3'-chloroacetanilide	588-07-8	169.610	349.15	1	579.65	2	25	1.2227	2	---	---	---	solid	1
13271	C8H8ClNO	4-chloro-N-formyl-o-toluidine	21787-81-5	169.610	---	---	579.65	2	25	1.2227	2	---	---	---	---	---
13272	C8H8ClNO2	methyl 2-amino-5-chlorobenzoate	5202-89-1	185.610	341.05	1	---	---	25	1.2860	2	---	---	---	solid	1
13273	C8H8ClNO2	methyl 4-amino-3-chlorobenzoate	84228-44-4	185.610	381.15	1	---	---	25	1.2860	2	---	---	---	solid	1
13274	C8H8ClNO2	2-methyl-3-nitrobenzyl chloride	60468-54-4	185.610	317.15	1	---	---	25	1.2860	2	---	---	---	solid	1
13275	C8H8ClNO2	4-methyl-3-nitrobenzyl chloride	84540-59-0	185.610	321.15	1	---	---	25	1.2860	2	---	---	---	solid	1
13276	C8H8ClNO2	o-chlorophenyl methylcarbamate	3942-54-9	185.610	---	---	---	---	25	1.2860	2	---	---	---	---	---
13277	C8H8ClNO3	4-amino-5-chloro-2-methoxybenzoic acid	7206-70-4	201.609	481.15	1	---	---	25	1.3446	2	---	---	---	solid	1
13278	C8H8ClNO3S	4-(acetylamino)benzenesulfonyl chloride	121-60-8	233.675	422.15	1	---	---	25	1.4119	2	---	---	---	solid	1
13279	C8H8ClNO4	1-chloro-2,4-dimethoxy-5-nitrobenzene	119-21-1	217.609	---	---	495.45	1	25	1.3989	2	---	---	---	---	---
13280	C8H8ClN3O2	1-methyl-1-nitroso-3-(p-chlorophenyl)urea	25355-61-7	213.624	---	---	310.15	1	25	1.3978	2	---	---	---	---	---

Table 1 Physical Properties - Organic Compounds

				Mol Wt	Freezing Point		Boiling Point		Density			Refractive Index			State	
NO	FORMULA	NAME	CAS No	g/mol	T_F, K	code	T_B, K	code	T, C	g/cm3	code	T, C	n_D	code	@25C,1 atm	code
13281	C8H8Cl2	1,2-bis(chloromethyl)benzene	612-12-4	175.057	328.15	1	512.65	1	25	1.3930	1	---	---	---	solid	1
13282	C8H8Cl2	1,3-bis(chloromethyl)benzene	626-16-4	175.057	307.35	1	524.65	1	20	1.3020	1	---	---	---	solid	1
13283	C8H8Cl2	1,4-bis(chloromethyl)benzene	623-25-6	175.057	373.15	1	524.65	2	25	1.4170	1	---	---	---	solid	1
13284	C8H8Cl2	1,2-dichloro-3,4-dimethylbenzene	68266-67-1	175.057	282.15	1	504.15	1	20	1.2240	1	---	---	---	liquid	1
13285	C8H8Cl2	1,3-dichloro-2,5-dimethylbenzene	38204-89-6	175.057	288.15	1	495.15	1	20	1.2156	1	---	---	---	liquid	1
13286	C8H8Cl2	1,4-dichloro-2,5-dimethylbenzene	1124-05-6	175.057	344.15	1	495.15	1	21	1.2827	2	---	---	---	solid	1
13287	C8H8Cl2	1,5-dichloro-2,4-dimethylbenzene	2084-45-9	175.057	341.65	1	496.15	1	21	1.2827	2	---	---	---	solid	1
13288	C8H8Cl2	2,3-dichloro-1,4-dimethylbenzene	34840-79-4	175.057	272.15	1	503.15	1	20	1.2310	1	---	---	---	liquid	1
13289	C8H8Cl2	(1,2-dichloroethyl)benzene	1074-11-9	175.057	318.86	2	506.65	1	15	1.2400	1	15	1.5544	1	solid	2
13290	C8H8Cl2	1,4-dichloro-2-ethylbenzene	54484-63-8	175.057	318.86	2	486.65	1	25	1.2390	1	---	---	---	solid	2
13291	C8H8Cl2	1-(dichloromethyl)-4-methylbenzene	23063-36-7	175.057	321.65	1	486.53	2	21	1.2827	2	---	---	---	solid	1
13292	C8H8Cl2	ethyldichlorobenzene	1331-29-9	175.057	330.00	2	486.53	2	21	1.2827	2	---	---	---	solid	2
13293	C8H8Cl2	xylene chloride	28347-13-9	175.057	318.86	2	486.53	2	21	1.2827	2	---	---	---	solid	2
13294	C8H8Cl2IO3PS	iodofenophos	18181-70-9	412.999	349.15	1	303.25	1	---	---	---	---	---	---	solid	1
13295	C8H8Cl2O	2,4-dichloro-3,5-dimethylphenol	133-53-9	191.056	356.15	1	510.15	2	25	1.2947	2	---	---	---	solid	1
13296	C8H8Cl2O	2,6-dichloro-3,5-dimethylphenol	1943-54-0	191.056	360.65	1	510.15	2	25	1.2947	2	---	---	---	solid	1
13297	C8H8Cl2O	2,4-dichloro-alpha-methylbenzenemethanc	1475-13-4	191.056	---	---	510.15	2	25	1.2930	1	20	1.5605	1	---	---
13298	C8H8Cl2O	2,4-dichloro-1-ethoxybenzene	5392-86-9	191.056	305.15	1	510.15	1	25	1.2947	2	---	---	---	solid	1
13299	C8H8Cl2O	2,6-dichlorobenzyl methyl ether	33486-90-7	191.056	---	---	510.15	2	25	1.2700	1	---	1.5440	1	---	---
13300	C8H8Cl2O	2,6-dichlorophenethylalcohol	30595-79-0	191.056	---	---	510.15	2	25	1.2947	2	---	---	---	---	---
13301	C8H8Cl2O	3,4-dichlorophenethylalcohol	35364-79-5	191.056	---	---	510.15	2	25	1.2947	2	---	1.5670	1	---	---
13302	C8H8Cl2O	2,4-dichlorophenethyl alcohol	81156-68-5	191.056	---	---	510.15	2	25	1.3210	1	---	1.5660	1	---	---
13303	C8H8Cl2O2	chloroneb	2675-77-6	207.055	407.15	1	541.15	1	25	1.3165	2	---	---	---	solid	1
13304	C8H8Cl2O2	2-(2,4-dichlorophenoxy)-ethanol	120-67-2	207.055	327.00	1	541.15	2	25	1.3165	2	---	---	---	solid	1
13305	C8H8Cl2O3	2,4-dichlorophenoxy ethanediol	73986-95-5	223.055	---	---	304.20	1	25	1.3694	2	---	---	---	---	---
13306	C8H8Cl2O4	methyl 3,5-dichloro-4-hydroxybenzoate mo	3337-59-5	239.054	396.65	1	---	---	25	1.4187	2	---	---	---	solid	1
13307	C8H8Cl3N3	2,4,6-trichloro-phenyldimethyltriazene	50355-74-3	252.530	---	---	293.25	1	25	1.4350	2	---	---	---	gas	1
13308	C8H8Cl3N3O4S2	trichloromethiazide	133-67-5	380.660	543.15	dec	---	---	25	1.6582	2	---	---	---	solid	1
13309	C8H8Cl3O3PS	ronnel	299-84-3	321.547	314.15	1	---	---	32	1.4400	1	35	1.5335	1	solid	1
13310	C8H8FNO	4'-fluoroacetanilide	351-83-7	153.156	427.15	1	---	---	25	1.1655	2	---	---	---	solid	1
13311	C8H8FNO	2'-fluoroacetanilide	399-31-5	153.156	351.15	1	---	---	25	1.1655	2	---	---	---	solid	1
13312	C8H8FNO	3'-fluoroacetanilide	351-28-0	153.156	360.65	1	---	---	25	1.1655	2	---	---	---	solid	1
13313	C8H8FNO	fluoroacetanilide	330-68-7	153.156	---	---	---	---	25	1.1655	2	---	---	---	---	---
13314	C8H8FNO2	(S)-4-fluorophenylglycine	19883-57-9	169.156	>573.15	1	---	---	25	1.2345	2	---	---	---	solid	1
13315	C8H8FNO2	(R)-4-fluorophenylglycine	93939-74-3	169.156	>573.15	1	---	---	25	1.2345	2	---	---	---	solid	1
13316	C8H8F2O	2,6-difluoro-a-methylbenzyl alcohol	87327-65-9	158.148	---	---	454.15	1	25	1.2240	1	---	1.4870	1	---	---
13317	C8H8F3N	3-(trifluoromethyl)benzylamine	2740-83-2	175.154	---	---	---	---	25	1.2200	1	---	1.4630	1	---	---
13318	C8H8F3N	2-(trifluoromethyl)benzylamine	3048-01-9	175.154	---	---	---	---	25	1.2490	1	---	1.4710	1	---	---
13319	C8H8F3N	4-(trifluoromethyl)benzylamine	3300-51-4	175.154	---	---	---	---	25	1.2290	1	---	1.4640	1	---	---
13320	C8H8F3N	N-(2,2,2-trifluoroethyl)aniline	351-61-1	175.154	---	---	---	---	25	1.2327	2	---	---	---	---	---
13321	C8H8F3NO	2-methoxy-5-(trifluoromethyl)aniline	349-65-5	191.153	331.65	1	---	---	25	1.2645	2	---	---	---	solid	1
13322	C8H8F3NO	4-(trifluoromethoxy)benzylamine	93919-56-3	191.153	---	---	---	---	25	1.2520	1	---	1.4520	1	---	---
13323	C8H8F3N3O4S2	hydroflumethiazide	135-09-1	331.298	543.65	1	---	---	25	1.5955	2	---	---	---	solid	1
13324	C8H8F6O2	2,2,3,4,4,4-hexafluorobutyl methacrylate	36405-47-7	250.141	---	---	431.15	1	25	1.3440	1	---	1.3610	1	---	---
13325	C8H8F8O2	glycidyl 2,2,3,3,4,4,5,5-octafluoropentyl eth	19932-27-5	288.138	---	---	---	---	25	1.5090	1	---	1.3530	1	---	---
13326	C8H8HgN2O4	2-(acetoxymercuri)-4-nitroaniline	54481-45-7	396.753	---	---	---	---	---	---	---	---	---	---	---	---
13327	C8H8HgO2	mercury(ii) phenyl acetate	62-38-4	336.740	426.15	1	---	---	---	---	---	---	---	---	solid	1
13328	C8H8INO	4'-iodoacetanilide	622-50-4	261.062	457.15	1	453.15	1	25	1.7396	2	---	---	---	solid	1
13329	C8H8I2O2S	diiodomethyl p-tolyl sulfone	20018-09-1	422.025	---	---	403.15	1	25	2.1582	2	---	---	---	---	---
13330	C8H8K2	dipotassium cyclooctatetraene	78831-88-6	182.348	---	---	490.65	1	---	---	---	---	---	---	---	---
13331	C8H8NOS	a-mercaptoacetanilide	4822-44-0	166.224	383.90	1	---	---	25	1.2126	2	---	---	---	solid	1
13332	C8H8N2	4-aminobenzeneacetonitrile	3544-25-0	132.166	319.15	1	585.15	1	68	1.0605	2	---	---	---	solid	1
13333	C8H8N2	5-amino-2-methylbenzonitrile	50670-64-9	132.166	361.15	1	550.57	2	68	1.0605	2	---	---	---	solid	1
13334	C8H8N2	1-methyl-1H-benzimidazole	1632-83-3	132.166	339.15	1	559.15	1	20	1.1254	1	7	1.6013	1	solid	1
13335	C8H8N2	2-methyl-1H-benzimidazole	615-15-6	132.166	450.95	1	550.57	2	68	1.0605	2	---	---	---	solid	1
13336	C8H8N2	1-methyl-1H-indazole	13436-48-1	132.166	333.65	1	504.15	1	99	1.0315	1	---	---	---	solid	1
13337	C8H8N2	2-methyl-2H-indazole	4838-00-0	132.166	329.15	1	534.15	1	99	1.0450	1	---	---	---	solid	1
13338	C8H8N2	3-methyl-1H-indazole	3176-62-3	132.166	386.15	1	553.65	1	68	1.0605	2	---	---	---	solid	1
13339	C8H8N2	5-methyl-1H-indazole	1776-37-0	132.166	390.15	1	567.15	1	68	1.0605	2	---	---	---	solid	1
13340	C8H8N2	methylphenylcyanamide	18773-77-8	132.166	305.15	1	550.57	2	55	1.0400	1	---	---	---	solid	1
13341	C8H8N2	5-aminoindole	5192-03-0	132.166	405.15	1	550.57	2	68	1.0605	2	---	---	---	solid	1
13342	C8H8N2	5-methylbenzimidazole	614-97-1	132.166	386.65	1	550.57	2	68	1.0605	2	---	---	---	solid	1
13343	C8H8N2	N-phenylglycinonitrile	3009-97-0	132.166	313.15	1	550.57	2	68	1.0605	2	---	---	---	solid	1
13344	C8H8N2O	3-cyano-4,6-dimethyl-2-hydroxypyridine	769-28-8	148.165	559.15	1	---	---	25	1.1781	2	---	---	---	solid	1
13345	C8H8N2O	1H-benzimidazole-2-methanol	4856-97-7	148.165	441.65	1	---	---	25	1.1781	2	---	---	---	solid	1
13346	C8H8N2O	1-methyl-2-benzimidazolinone	1849-01-0	148.165	467.15	1	---	---	25	1.1781	2	---	---	---	solid	1
13347	C8H8N2O	2-amino-5-methylbenzoxazole	64037-15-6	148.165	---	---	---	---	25	1.1781	2	---	---	---	---	---
13348	C8H8N2O	N-nitrosoindoline	7633-57-0	148.165	354.65	1	---	---	25	1.1781	2	---	---	---	solid	1
13349	C8H8N2OS	2-amino-6-methoxybenzothiazole	1747-60-0	180.231	438.65	1	513.15	1	25	1.2752	2	---	---	---	solid	1
13350	C8H8N2OS	5-methoxy-2-mercaptobenzimidazole	37052-78-1	180.231	531.65	1	---	---	25	1.2752	2	---	---	---	solid	1
13351	C8H8N2OS	2-amino-4-methoxybenzothiazole	5464-79-9	180.231	---	---	513.15	2	25	1.2752	2	---	---	---	---	---
13352	C8H8N2O2	1,2-benzenedicarboxamide	88-96-0	164.164	495.15	1	---	---	25	1.2495	2	---	---	---	solid	1
13353	C8H8N2O2	ricinine	524-40-3	164.164	474.65	1	---	---	25	1.2495	2	---	---	---	solid	1
13354	C8H8N2O2	6-nitroindoline	19727-83-4	164.164	341.15	1	---	---	25	1.2495	2	---	---	---	solid	1
13355	C8H8N2O2	isonitrosoacetanilide	1769-41-1	164.164	---	---	---	---	25	1.2495	2	---	---	---	---	---
13356	C8H8N2O2	isophthalamide	1740-57-4	164.164	---	---	---	---	25	1.2495	2	---	---	---	---	---
13357	C8H8N2O2	terephthalamide	3010-82-0	164.164	---	---	---	---	25	1.2495	2	---	---	---	---	---
13358	C8H8N2O2	2-amino-5-methoxybenzoxazole	64037-14-5	164.164	---	---	---	---	25	1.2495	2	---	---	---	---	---
13359	C8H8N2O2	a-(hydroxyimino)benzeneacetaldehyde oxi	4589-97-3	164.164	---	---	---	---	25	1.2495	2	---	---	---	---	---
13360	C8H8N2O2	N-methyl-N-nitrosobenzamide	63412-06-6	164.164	---	---	---	---	25	1.2495	2	---	---	---	---	---

Table 1 Physical Properties - Organic Compounds

NO	FORMULA	NAME	CAS No	Mol Wt g/mol	Freezing Point T_F, K	code	Boiling Point T_B, K	code	Density T, C	g/cm3	code	Refractive Index T, C	n_D	code	State @25C,1 atm	code
13361	C8H8N2O2	N-nitrosoacetanilide	938-81-8	164.164	324.15	dec	---	---	25	1.2495	2	---	---	---	solid	1
13362	C8H8N2O2S2	acetopyrrothine	87-11-6	228.296	547.65	1	473.15	1	25	1.4048	2	---	---	---	solid	1
13363	C8H8N2O3	2-nitro-N-phenylacetamide	10151-95-8	180.164	367.15	1	---	---	15	1.4190	1	---	---	---	solid	1
13364	C8H8N2O3	N-(2-nitrophenyl)acetamide	552-32-9	180.164	367.15	1	---	---	15	1.4190	1	---	---	---	solid	1
13365	C8H8N2O3	N-(3-nitrophenyl)acetamide	122-28-1	180.164	428.15	1	---	---	15	1.4190	2	---	---	---	solid	1
13366	C8H8N2O3	N-(4-nitrophenyl)acetamide	104-04-1	180.164	489.15	1	---	---	15	1.4190	2	---	---	---	solid	1
13367	C8H8N2O3	nitrosomethylphenylcarbamate	68426-46-0	180.164	---	---	---	---	15	1.4190	2	---	---	---	---	---
13368	C8H8N2O3S	1-methylbenzimidazole-2-sulfonic acid	5533-38-0	212.230	603.15	1	---	---	25	1.3911	2	---	---	---	solid	1
13369	C8H8N2O3S	1,2-benzisoxazole-3-methanesulfonamide	68291-97-4	212.230	434.65	1	496.15	1	25	1.3911	2	---	---	---	solid	1
13370	C8H8N2O4	carbamic acid, (4-nitrophenyl)-, methyl este	1943-87-9	196.163	---	---	499.15	2	25	1.3755	2	---	---	---	---	---
13371	C8H8N2O4	3,4-dihydroxyphenylglyoxime	65561-73-1	196.163	---	---	499.15	1	25	1.3755	2	---	---	---	---	---
13372	C8H8N2O4	N-(p-nitrophenyl)glycine	619-91-0	196.163	---	---	499.15	2	25	1.3755	2	---	---	---	---	---
13373	C8H8N2O4S	ethyl 2-(formylamino)-4-thiazoleglyoxylate	64987-03-7	228.229	505.65	1	---	---	25	1.4429	2	---	---	---	solid	1
13374	C8H8N2O4S3	2-(phenylsulfonylamino)-1,3,4-thiadiazole-!	3368-13-6	292.361	512.65	dec	---	---	25	1.5444	2	---	---	---	solid	1
13375	C8H8N2O5	2-ethoxy-1,3-dinitrobenzene	13027-43-5	212.163	333.65	1	---	---	25	1.4313	2	---	---	---	solid	1
13376	C8H8N2O5	2,4-dinitrophenetole	610-54-8	212.163	360.15	1	---	---	25	1.4313	2	---	---	---	solid	1
13377	C8H8N2S	2-amino-4-methylbenzothiazole	1477-42-5	164.232	410.65	1	---	---	25	1.2101	2	---	---	---	solid	1
13378	C8H8N2S	2-amino-6-methylbenzothiazole	2536-91-6	164.232	412.65	1	---	---	25	1.2101	2	---	---	---	solid	1
13379	C8H8N2S	2-mercapto-5-methylbenzimidazole	27231-36-3	164.232	564.65	1	---	---	25	1.2101	2	---	---	---	solid	1
13380	C8H8N2S	2-(methylmercapto)benzimidazole	7152-24-1	164.232	476.65	1	---	---	25	1.2101	2	---	---	---	solid	1
13381	C8H8N2S	2-mercapto-4(or 5)-methylbenzimidazole	53988-10-6	164.232	---	---	---	---	25	1.2101	2	---	---	---	---	---
13382	C8H8N2S	3-(methylamino)-2,1-benzisothiazole	700-07-2	164.232	---	---	---	---	25	1.2101	2	---	---	---	---	---
13383	C8H8N2Se	5,6-dimethyl-2,1,3-benzoselenodiazole	2626-34-8	211.126	---	---	---	---	---	---	---	---	---	---	---	---
13384	C8H8N3NaO8	sodium-4,4-dimethoxy-1-aci-nitro-3,5-dinitr	12275-58-0	297.157	---	---	459.15	1	---	---	---	---	---	---	---	---
13385	C8H8N4	1-methyl-5-phenyltetrazole	20743-50-4	160.180	---	---	---	---	25	1.2451	2	---	---	---	---	---
13386	C8H8N4	3-amino-3-phenyl-1,2,4-triazole	4922-98-9	160.180	459.65	1	---	---	25	1.2451	2	---	---	---	solid	1
13387	C8H8N4	hydralazine	86-54-4	160.180	445.15	1	---	---	25	1.2451	2	---	---	---	solid	1
13388	C8H8N4O4	nifuradene	555-84-0	224.177	535.40	dec	---	---	25	1.4835	2	---	---	---	solid	1
13389	C8H8N6O4	5-(N-ethyl-N-nitroso)amino-3-(5-nitro-2-fur	41735-29-9	252.191	---	---	---	---	25	1.5801	2	---	---	---	---	---
13390	C8H8N6O5	5-(N-ethyl-N-nitro)amino-3-(5-nitro-2-furyl)-	41735-30-2	268.191	---	---	---	---	25	1.6232	2	---	---	---	---	---
13391	C8H8O	acetophenone	98-86-2	120.151	292.81	1	475.26	1	25	1.0240	1	20	1.5342	1	liquid	1
13392	C8H8O	p-tolualdehyde	104-87-0	120.151	---	---	477.15	1	17	1.0194	1	20	1.5454	1	---	---
13393	C8H8O	benzeneacetaldehyde	122-78-1	120.151	306.65	1	468.15	1	20	1.0272	1	20	1.5255	1	solid	1
13394	C8H8O	2-methylbenzaldehyde	529-20-4	120.151	235.00	2	474.15	1	20	1.0328	1	20	1.5462	1	---	---
13395	C8H8O	3-methylbenzaldehyde	620-23-5	120.151	251.00	2	472.15	1	21	1.0189	1	21	1.5413	1	---	---
13396	C8H8O	2,3-dihydrobenzofuran	496-16-2	120.151	251.65	1	461.65	1	25	1.0580	1	20	1.5497	1	liquid	1
13397	C8H8O	phenyloxirane	96-09-3	120.151	237.55	1	467.25	1	25	1.0490	1	20	1.5342	1	liquid	1
13398	C8H8O	phenyl vinyl ether	766-94-9	120.151	---	---	428.65	1	20	0.9770	1	20	1.5224	1	---	---
13399	C8H8O	2-vinylphenol	695-84-1	120.151	302.65	1	463.74	2	18	1.0609	1	20	1.5851	1	solid	1
13400	C8H8O	3-vinylphenol	620-18-8	120.151	274.15	1	463.74	2	25	1.0459	1	21	1.5804	1	liquid	2
13401	C8H8O	phthalan	496-14-0	120.151	279.15	1	465.15	1	25	1.0980	1	---	1.5460	1	---	---
13402	C8H8O	(R)-(+)-styrene oxide	20780-53-4	120.151	299.70	1	467.15	1	25	1.0510	1	---	1.5350	1	solid	1
13403	C8H8O	(S)-(-)-styrene oxide	20780-54-5	120.151	---	---	466.15	1	25	1.0510	1	---	1.5350	1	---	---
13404	C8H8O	tolualdehyde	1334-78-7	120.151	---	---	463.74	2	22	1.0395	2	---	---	---	---	---
13405	C8H8O	4-vinylphenol	2628-17-3	120.151	346.65	1	502.00	1	22	1.0395	2	---	---	---	solid	1
13406	C8H8OS	cyclopropyl 2-thienyl ketone	6193-47-1	152.217	---	---	---	---	25	1.1700	1	---	1.5831	1	---	---
13407	C8H8OS	4-(methylthio)benzaldehyde	3446-89-7	152.217	279.15	1	---	---	25	1.1420	1	---	1.6460	1	---	---
13408	C8H8OS	S-phenyl thioacetate	934-87-2	152.217	---	---	---	---	25	1.1240	1	---	1.5700	1	---	---
13409	C8H8OS	phenyl vinyl sulfoxide	20451-53-0	152.217	---	---	---	---	25	1.1390	1	---	1.5870	1	---	---
13410	C8H8OS	trans-4-(2-thienyl)-3-buten-2-one	33603-63-3	152.217	298.65	1	---	---	25	1.1510	1	---	---	---	solid	1
13411	C8H8OS	4-(2-thienyl)-3-buten-2-one	874-83-9	152.217	296.15	1	---	---	25	1.1452	2	---	---	---	---	---
13412	C8H8O2	methyl benzoate	93-58-3	136.150	260.75	1	472.65	1	25	1.0850	1	25	1.5146	1	liquid	1
13413	C8H8O2	o-toluic acid	118-90-1	136.150	376.85	1	532.00	1	115	1.0620	1	115	1.5120	1	solid	1
13414	C8H8O2	p-toluic acid	99-94-5	136.150	452.75	1	548.15	1	48	1.1084	2	---	---	---	solid	1
13415	C8H8O2	benzeneacetic acid	103-82-2	136.150	349.65	1	538.65	1	6	1.2280	1	---	---	---	solid	1
13416	C8H8O2	benzyl formate	104-57-4	136.150	---	---	476.15	1	20	1.0810	1	20	1.5154	1	---	---
13417	C8H8O2	phenyl acetate	122-79-2	136.150	---	---	469.15	1	20	1.0780	1	20	1.5035	1	---	---
13418	C8H8O2	2,3-dihydro-1,4-benzodioxin	493-09-4	136.150	---	---	485.15	1	20	1.1800	1	20	1.5485	1	---	---
13419	C8H8O2	2,3-dimethyl-2,5-cyclohexadiene-1,4-dione	526-86-3	136.150	328.15	1	504.96	2	48	1.1084	2	---	---	---	solid	1
13420	C8H8O2	2,6-dimethyl-2,5-cyclohexadiene-1,4-dione	527-61-7	136.150	345.65	1	504.96	2	28	1.0479	1	---	---	---	solid	1
13421	C8H8O2	4-(2-furanyl)-3-buten-2-one	623-15-4	136.150	312.65	1	502.15	dec	57	1.0496	1	45	1.5788	1	solid	1
13422	C8H8O2	(hydroxyacetyl)benzene	582-24-1	136.150	363.15	1	504.96	2	99	1.0963	1	---	---	---	solid	1
13423	C8H8O2	2-hydroxy-3-methylbenzaldehyde	824-42-0	136.150	290.15	1	481.65	1	48	1.1084	2	---	---	---	liquid	1
13424	C8H8O2	2-hydroxy-4-methylbenzaldehyde	698-27-1	136.150	333.65	1	496.15	1	48	1.1084	2	---	---	---	solid	1
13425	C8H8O2	2-hydroxy-5-methylbenzaldehyde	613-84-3	136.150	329.15	1	490.65	1	59	1.0913	1	59	1.5470	1	solid	1
13426	C8H8O2	2-hydroxy-6-methylbenzaldehyde	18362-36-2	136.150	305.45	1	503.15	1	48	1.1084	2	---	---	---	solid	1
13427	C8H8O2	1-(2-hydroxyphenyl)ethanone	118-93-4	136.150	278.15	1	494.70	1	20	1.1307	1	20	1.5584	1	liquid	1
13428	C8H8O2	1-(3-hydroxyphenyl)ethanone	121-71-1	136.150	369.15	1	569.15	1	109	1.0992	1	109	1.5348	1	solid	1
13429	C8H8O2	1-(4-hydroxyphenyl)ethanone	99-93-4	136.150	382.15	1	601.65	1	109	1.1090	1	109	1.5577	1	solid	1
13430	C8H8O2	2-methoxybenzaldehyde	135-02-4	136.150	310.65	1	516.65	1	20	1.1326	1	20	1.5600	1	solid	1
13431	C8H8O2	3-methoxybenzaldehyde	591-31-1	136.150	---	---	504.15	1	20	1.1187	1	20	1.5530	1	---	---
13432	C8H8O2	4-methoxybenzaldehyde	123-11-5	136.150	---	---	521.15	1	15	1.1190	1	20	1.5730	1	---	---
13433	C8H8O2	m-toluic acid	99-04-7	136.150	383.05	1	504.96	2	112	1.0540	1	---	1.5090	1	solid	1
13434	C8H8O2	6,7-dihydro-4(5H)-benzofuranone	16806-93-2	136.150	---	---	504.96	2	25	1.1620	1	---	---	---	---	---
13435	C8H8O2	2,5-dimethyl-p-benzoquinone	137-18-8	136.150	397.65	1	504.96	2	48	1.1084	2	---	---	---	solid	1
13436	C8H8O2	4-hydroxy-3-methylbenzaldehyde	15174-69-3	136.150	392.15	1	523.75	1	48	1.1084	2	---	---	---	solid	1
13437	C8H8O2	3,4-(methylenedioxy)toluene	7145-99-5	136.150	---	---	472.65	1	25	1.1350	1	---	1.5320	1	---	---
13438	C8H8O2	furfurylidine-2-propanal	874-66-8	136.150	---	---	504.96	2	48	1.1084	2	---	---	---	---	---
13439	C8H8O2	4-methyl-tropolone	583-80-2	136.150	---	---	504.96	2	48	1.1084	2	---	---	---	---	---
13440	C8H8O2	phenoxyacetaldehyde	2120-70-9	136.150	311.15	1	504.96	2	48	1.1084	2	---	---	---	solid	1

Table 1 Physical Properties - Organic Compounds

NO	FORMULA	NAME	CAS No	Mol Wt g/mol	Freezing Point T_F, K	Freezing Point code	Boiling Point T_B, K	Boiling Point code	Density T, C	Density g/cm3	Density code	Refractive Index T, C	Refractive Index n_D	Refractive Index code	State @25C,1 atm	State code
13441	C8H8O2S	methyl thiosalicylate	4892-02-8	168.216	---	---	---	---	25	1.2230	1	---	1.5910	1	---	---
13442	C8H8O2S	phenyl vinyl sulfone	5535-48-8	168.216	340.65	1	---	---	25	1.2150	2	---	---	---	solid	1
13443	C8H8O2Se	methylseleno-2-benzoic acid	6547-08-6	215.110	---	---	---	---	---	---	---	---	---	---	---	---
13444	C8H8O2Te	acide methyl-TE-2-benzoique	22261-92-3	263.750	---	---	490.65	1	---	---	---	---	---	---	---	---
13445	C8H8O3	methyl salicylate	119-36-8	152.150	265.15	1	493.90	1	25	1.1750	1	20	1.5239	1	liquid	1
13446	C8H8O3	vanillin	121-33-5	152.150	355.00	1	558.00	1	25	1.0560	1	---	---	---	solid	1
13447	C8H8O3	allyl 2-furancarboxylate	4208-49-5	152.150	---	---	480.65	1	25	1.1150	1	20	1.4945	1	---	---
13448	C8H8O3	1,2-benzenediol monoacetate	2848-25-1	152.150	330.65	1	522.32	2	47	1.2172	2	---	---	---	solid	1
13449	C8H8O3	1,3-benzodioxole-5-methanol	495-76-1	152.150	331.15	1	522.32	2	47	1.2172	2	---	---	---	solid	1
13450	C8H8O3	1-(2,4-dihydroxyphenyl)ethanone	89-84-9	152.150	419.15	1	522.32	2	141	1.1800	1	---	---	---	solid	1
13451	C8H8O3	alpha-hydroxybenzeneacetic acid, (±)	611-72-3	152.150	395.15	dec	522.32	2	20	1.2890	1	---	---	---	solid	1
13452	C8H8O3	alpha-hydroxybenzeneacetic acid, (S)	17199-29-0	152.150	407.15	1	522.32	2	25	1.3410	1	---	---	---	solid	1
13453	C8H8O3	2-hydroxybenzeneacetic acid	614-75-5	152.150	421.15	1	513.15	1	47	1.2172	2	---	---	---	solid	1
13454	C8H8O3	3-hydroxybenzeneacetic acid	621-37-4	152.150	405.15	1	522.32	2	47	1.2172	2	---	---	---	solid	1
13455	C8H8O3	4-hydroxybenzeneacetic acid	156-38-7	152.150	425.15	1	522.32	2	47	1.2172	2	---	---	---	solid	1
13456	C8H8O3	3-hydroxy-4-methoxybenzaldehyde	621-59-0	152.150	387.15	1	522.32	2	25	1.1960	1	---	---	---	solid	1
13457	C8H8O3	3-hydroxy-5-methoxybenzaldehyde	57179-35-8	152.150	403.65	1	522.32	2	47	1.2172	2	---	---	---	solid	1
13458	C8H8O3	2-hydroxy-3-methoxybenzaldehyde	148-53-8	152.150	317.65	1	538.65	1	47	1.2172	2	---	---	---	solid	1
13459	C8H8O3	2-hydroxy-5-methoxybenzaldehyde	672-13-9	152.150	277.15	1	520.65	1	47	1.2172	2	---	---	---	liquid	1
13460	C8H8O3	2-hydroxy-3-methylbenzoic acid	83-40-9	152.150	438.65	1	522.32	2	47	1.2172	2	---	---	---	solid	1
13461	C8H8O3	2-hydroxy-4-methylbenzoic acid	50-85-1	152.150	450.15	1	522.32	2	47	1.2172	2	---	---	---	solid	1
13462	C8H8O3	2-hydroxy-5-methylbenzoic acid	89-56-5	152.150	424.15	1	522.32	2	47	1.2172	2	---	---	---	solid	1
13463	C8H8O3	3-hydroxy-5-methylbenzoic acid	585-81-9	152.150	483.15	1	522.32	2	47	1.2172	2	---	---	---	solid	1
13464	C8H8O3	2-methoxybenzoic acid	579-75-9	152.150	374.15	1	473.15	1	47	1.2172	2	---	---	---	solid	1
13465	C8H8O3	3-methoxybenzoic acid	586-38-9	152.150	380.15	1	522.32	2	47	1.2172	2	---	---	---	solid	1
13466	C8H8O3	4-methoxybenzoic acid	100-09-4	152.150	458.15	1	549.65	1	47	1.2172	2	---	---	---	solid	1
13467	C8H8O3	methyl 2-furanacrylate	623-18-7	152.150	309.15	1	500.15	1	47	1.2172	2	20	1.4447	1	solid	1
13468	C8H8O3	methyl 3-hydroxybenzoate	19438-10-9	152.150	346.15	1	554.15	1	100	1.1528	1	---	---	---	solid	1
13469	C8H8O3	methyl 4-hydroxybenzoate	99-76-3	152.150	404.15	1	548.15	dec	47	1.2172	2	---	---	---	solid	1
13470	C8H8O3	phenoxyacetic acid	122-59-8	152.150	371.65	1	558.15	dec	47	1.2172	2	---	---	---	solid	1
13471	C8H8O3	4,5,6,7-tetrahydro-1,3-isobenzofurandione	2426-02-0	152.150	347.15	1	522.32	2	105	1.2000	1	---	---	---	solid	1
13472	C8H8O3	2',5'-dihydroxyacetophenone	490-78-8	152.150	478.65	1	522.32	2	47	1.2172	2	---	---	---	solid	1
13473	C8H8O3	3',5'-dihydroxyacetophenone	51863-60-6	152.150	418.15	1	522.32	2	47	1.2172	2	---	---	---	solid	1
13474	C8H8O3	2',6'-dihydroxyacetophenone	699-83-2	152.150	429.65	1	522.32	2	47	1.2172	2	---	---	---	solid	1
13475	C8H8O3	1-(2-furyl)-1,3-butanedione	25790-35-6	152.150	---	---	522.32	2	47	1.2172	2	---	1.5745	1	---	---
13476	C8H8O3	4-hydroxy-2-methoxybenzaldehyde	18278-34-7	152.150	428.65	1	522.32	2	47	1.2172	2	---	---	---	solid	1
13477	C8H8O3	2-hydroxy-4-methoxybenzaldehyde	673-22-3	152.150	314.65	1	522.32	2	47	1.2172	2	---	---	---	solid	1
13478	C8H8O3	3-hydroxy-4-methylbenzoic acid	586-30-1	152.150	482.65	1	522.32	2	47	1.2172	2	---	---	---	solid	1
13479	C8H8O3	(R)-(-)-mandelic acid	611-71-2	152.150	405.15	1	522.32	2	47	1.2172	2	---	---	---	solid	1
13480	C8H8O3	mandelic acid	90-64-2	152.150	392.65	1	522.32	2	25	1.3000	1	---	---	---	solid	1
13481	C8H8O3	resorcin monoacetate	102-29-4	152.150	---	---	556.15	1	25	1.2260	1	---	---	---	---	---
13482	C8H8O3	cis-1,2,3,6-tetrahydrophthalic anhydride	935-79-5	152.150	373.15	1	522.32	2	47	1.2172	2	---	---	---	solid	1
13483	C8H8O3	cis-1,2,3,6-tetrahydrophthalic anydride	85-43-8	152.150	374.65	1	468.15	1	25	1.3750	1	---	---	---	solid	1
13484	C8H8O3S	ethyl a-oxothiophen-2-acetate	4075-58-5	184.216	---	---	---	---	25	1.2500	1	---	---	---	---	---
13485	C8H8O3S	4-methylsulphonyl benzaldehyde	5398-77-6	184.216	431.15	1	---	---	25	1.2787	2	---	---	---	solid	1
13486	C8H8O3S	phenyl vinylsulfonate	1562-34-1	184.216	313.65	1	---	---	25	1.2787	2	---	---	---	solid	1
13487	C8H8O4	3-acetyl-6-methyl-2H-pyran-2,4(3H)-dione	520-45-6	168.149	382.15	1	543.15	1	25	1.2537	2	---	---	---	solid	1
13488	C8H8O4	2,4-dihydroxy-6-methylbenzoic acid	480-64-8	168.149	449.15	dec	543.15	2	25	1.2537	2	---	---	---	solid	1
13489	C8H8O4	2,6-dimethoxy-2,5-cyclohexadiene-1,4-dior	530-55-2	168.149	529.15	1	543.15	2	25	1.2537	2	---	---	---	solid	1
13490	C8H8O4	fumigatin	484-89-9	168.149	389.15	1	543.15	2	25	1.2537	2	---	---	---	solid	1
13491	C8H8O4	2,5-hydroxybenzeneacetic acid	451-13-8	168.149	426.15	1	543.15	2	25	1.2537	2	---	---	---	solid	1
13492	C8H8O4	4-hydroxy-3-methoxybenzoic acid	121-34-6	168.149	484.65	1	543.15	2	25	1.2537	2	---	---	---	solid	1
13493	C8H8O4	1-(2,3,4-trihydroxyphenyl)ethanone	528-21-2	168.149	446.15	1	543.15	2	25	1.2537	2	---	---	---	solid	1
13494	C8H8O4	5-acetoxymethyl-2-furaldehyde	10551-58-3	168.149	327.15	1	543.15	2	25	1.2537	2	---	---	---	solid	1
13495	C8H8O4	2,6-dihydroxy-4-methylbenzoic acid	480-67-1	168.149	448.15	1	543.15	2	25	1.2537	2	---	---	---	solid	1
13496	C8H8O4	3,4-dihydroxyphenylacetic acid	102-32-9	168.149	401.15	1	543.15	2	25	1.2537	2	---	---	---	solid	1
13497	C8H8O4	DL-4-hydroxymandelic acid	7198-10-9	168.149	377.65	1	543.15	2	25	1.2537	2	---	---	---	solid	1
13498	C8H8O4	3-hydroxy-4-methoxybenzoic acid	645-08-9	168.149	520.65	1	543.15	2	25	1.2537	2	---	---	---	solid	1
13499	C8H8O4	4-methoxysalicylic acid	2237-36-7	168.149	431.15	1	543.15	2	25	1.2537	2	---	---	---	solid	1
13500	C8H8O4	5-methoxysalicylic acid	2612-02-4	168.149	417.15	1	543.15	2	25	1.2537	2	---	---	---	solid	1
13501	C8H8O4	3-methoxysalicylic acid	877-22-5	168.149	422.65	1	543.15	2	25	1.2537	2	---	---	---	solid	1
13502	C8H8O4	methyl 3,5-dihydroxybenzoate	2150-44-9	168.149	439.65	1	543.15	2	25	1.2537	2	---	---	---	solid	1
13503	C8H8O4	methyl 2,4-dihydroxybenzoate	2150-47-2	168.149	391.65	1	543.15	2	25	1.2537	2	---	---	---	solid	1
13504	C8H8O4	2',4',6'-trihydroxyacetophenone monohydra	480-66-0	168.149	493.65	1	543.15	2	25	1.2537	2	---	---	---	solid	1
13505	C8H8O4S	2-methylsulphonylbenzoic acid	33963-55-2	200.215	411.65	1	---	---	25	1.3376	2	---	---	---	solid	1
13506	C8H8O4S	4-methylsulphonylbenzoic acid	4052-30-6	200.215	545.65	1	---	---	25	1.3376	2	---	---	---	solid	1
13507	C8H8O4S	3-methylsulphonylbenzoic acid	5345-27-7	200.215	507.15	1	---	---	25	1.3376	2	---	---	---	solid	1
13508	C8H8O4S	((2,5-dioxo-3-cyclohexen-1-yl)thio)acetic a	63905-80-6	200.215	---	---	---	---	25	1.3376	2	---	---	---	---	---
13509	C8H8O5	dimethyl 2,5-furandicarboxylate	4282-32-0	184.149	385.15	1	423.15	2	25	1.3178	2	---	---	---	solid	1
13510	C8H8O5	spinulosin	85-23-4	184.149	475.65	1	---	---	25	1.3178	2	---	---	---	solid	1
13511	C8H8O5	DL-3,4-dihydroxymandelic acid	14883-87-5	184.149	408.15	1	423.15	2	25	1.3178	2	---	---	---	solid	1
13512	C8H8O5	dimethyl 3,4-furandicarboxylate	4282-33-1	184.149	319.15	1	423.15	1	25	1.3178	2	---	---	---	solid	1
13513	C8H8O5	methyl 2,4,6-trihydroxybenzoate	3147-39-5	184.149	453.15	1	---	---	25	1.3178	2	---	---	---	solid	1
13514	C8H8O5	methyl 3,4,5-trihydroxybenzoate	99-24-1	184.149	474.65	1	---	---	25	1.3178	2	---	---	---	solid	1
13515	C8H8O6	1,2-dicarboxy-cis-4,5-dihydroxycyclohexa-2	130073-64-2	200.148	---	---	---	---	25	1.3770	2	---	---	---	---	---
13516	C8H8O7	(+)-diacetyl-L-tartaric anhydride	6283-74-5	216.147	405.65	1	---	---	25	1.4318	2	---	---	---	solid	1
13517	C8H8O9	tetrahydrofuran-2,3,4,5-tetracarboxylic acid	26106-63-8	248.146	480.15	1	---	---	25	1.5299	2	---	---	---	solid	1
13518	C8H8S	phenyl vinyl sulfide	1822-73-7	136.218	---	---	---	---	25	1.0410	1	---	1.5900	1	---	---
13519	C8H9BO2	trans-b-styreneboronic acid	6783-05-7	147.969	418.15	1	---	---	---	---	---	---	---	---	solid	1
13520	C8H9BO2	4-vinylbenzeneboronic acid	2156-04-9	147.969	463.15	1	---	---	---	---	---	---	---	---	solid	1

Table 1 Physical Properties - Organic Compounds

				Mol Wt	Freezing Point		Boiling Point		Density			Refractive Index			State	
NO	FORMULA	NAME	CAS No	g/mol	T_F, K	code	T_B, K	code	T, C	g/cm3	code	T, C	n_D	code	@25C,1 atm	code
13521	C8H9BO3	3-acetylphenylboronic acid	204841-19-0	163.969	477.15	1	---	---	---	---	---	---	---	---	solid	1
13522	C8H9BO3	2-acetylphenylboronic acid	308103-40-4	163.969	443.15	1	---	---	---	---	---	---	---	---	solid	1
13523	C8H9BO4	4-methoxycarbonylphenylboronic acid	99768-12-4	179.968	---	---	---	---	---	---	---	---	---	---	---	---
13524	C8H9BO4	2-methoxy-5-formylphenylboronic acid	127972-02-5	179.968	---	---	---	---	---	---	---	---	---	---	---	---
13525	C8H9BO4	4-methoxy-2-formylphenylboronic acid	139962-95-1	179.968	---	---	---	---	---	---	---	---	---	---	---	---
13526	C8H9BO4	5-methoxy-2-formylphenylboronic acid	40138-18-9	179.968	---	---	---	---	---	---	---	---	---	---	---	---
13527	C8H9Br	1-bromo-2,3-dimethylbenzene	576-23-8	185.063	252.66	2	487.15	1	25	1.3650	1	20	1.5587	1	liquid	1
13528	C8H9Br	1-bromo-2,4-dimethylbenzene	583-70-0	185.063	256.15	1	478.15	1	20	1.3419	1	20	1.5501	1	liquid	1
13529	C8H9Br	1-bromo-3,5-dimethylbenzene	556-96-7	185.063	252.66	2	477.15	1	20	1.3620	1	22	1.5462	1	liquid	1
13530	C8H9Br	2-bromo-1,3-dimethylbenzene	576-22-7	185.063	252.66	2	476.65	1	22	1.3552	2	20	1.5552	1	liquid	1
13531	C8H9Br	2-bromo-1,4-dimethylbenzene	553-94-6	185.063	282.15	1	472.15	1	18	1.3582	1	18	1.5514	1	liquid	1
13532	C8H9Br	4-bromo-1,2-dimethylbenzene	583-71-1	185.063	272.95	1	487.65	1	20	1.3708	1	20	1.5530	1	liquid	1
13533	C8H9Br	(1-bromoethyl)benzene, (±)	38661-81-3	185.063	252.66	2	475.15	1	20	1.3605	1	20	1.5612	1	liquid	1
13534	C8H9Br	(1-bromoethyl)benzene, (R)	1459-14-9	185.063	252.66	2	476.15	1	23	1.3108	1	20	1.5612	1	liquid	1
13535	C8H9Br	(2-bromoethyl)benzene	103-63-9	185.063	217.25	1	492.15	1	20	1.3643	1	20	1.5372	1	liquid	1
13536	C8H9Br	1-bromo-2-ethylbenzene	1973-22-4	185.063	205.25	1	472.45	1	20	1.3548	1	20	1.5472	1	liquid	1
13537	C8H9Br	1-bromo-3-ethylbenzene	2725-82-8	185.063	252.66	2	475.15	1	20	1.3493	1	20	1.5465	1	liquid	1
13538	C8H9Br	1-bromo-4-ethylbenzene	1585-07-5	185.063	229.65	1	477.15	1	20	1.3423	1	20	1.5445	1	liquid	1
13539	C8H9Br	1-(bromomethyl)-2-methylbenzene	89-92-9	185.063	294.15	1	490.15	1	23	1.3811	1	20	1.5730	1	liquid	1
13540	C8H9Br	1-(bromomethyl)-3-methylbenzene	620-13-3	185.063	252.66	2	485.65	1	23	1.3711	1	20	1.5660	1	liquid	1
13541	C8H9Br	1-(bromomethyl)-4-methylbenzene	104-81-4	185.063	308.15	1	493.15	1	25	1.3240	1	---	---	---	solid	1
13542	C8H9Br	(1-bromoethyl)benzene	585-71-7	185.063	208.25	1	367.15	1	25	1.3560	1	---	1.5590	1	liquid	1
13543	C8H9Br	xylyl bromide	35884-77-6	185.063	---	---	488.15	1	25	1.3710	1	---	---	---	---	---
13544	C8H9BrN2O	1-methyl-3-(p-bromophenyl)urea	20680-07-3	229.077	---	---	---	---	25	1.5259	2	---	---	---	---	---
13545	C8H9BrO	(2-bromoethoxy)benzene	589-10-6	201.063	312.15	1	513.15	dec	20	1.3555	1	---	---	---	solid	1
13546	C8H9BrO	1-bromo-2-ethoxybenzene	583-19-7	201.063	---	---	496.15	1	20	1.4223	1	---	---	---	---	---
13547	C8H9BrO	1-bromo-4-ethoxybenzene	588-96-5	201.063	275.15	1	504.15	1	25	1.4071	1	20	1.5517	1	liquid	1
13548	C8H9BrO	2-bromo-alpha-methylbenzenemethanol	5411-56-3	201.063	---	---	468.48	2	17	1.4060	1	17	1.5800	1	---	---
13549	C8H9BrO	alpha-(bromomethyl)benzenemethanol	2425-28-7	201.063	312.15	1	468.48	2	20	1.4994	1	17	1.5800	1	solid	1
13550	C8H9BrO	4-bromobenzeneethanol	4654-39-1	201.063	311.15	1	468.48	2	25	1.4360	1	20	1.5735	1	solid	1
13551	C8H9BrO	4-bromo-2,6-dimethylphenol	2374-05-2	201.063	350.65	1	468.48	2	23	1.4369	2	---	---	---	solid	1
13552	C8H9BrO	4-bromo-3,5-dimethylphenol	7463-51-6	201.063	387.65	1	468.48	2	23	1.4369	2	---	---	---	solid	1
13553	C8H9BrO	2-bromo-4-methylanisole	22002-45-5	201.063	288.65	1	468.48	2	25	1.3920	1	---	1.5650	1	liquid	2
13554	C8H9BrO	4-bromo-3-methylanisole	27060-75-9	201.063	---	---	468.48	2	25	1.4240	1	---	1.5610	1	---	---
13555	C8H9BrO	(S)-(-)-2-bromo-a-methylbenzyl alcohol	114446-55-8	201.063	330.15	1	468.48	2	23	1.4369	2	---	---	---	solid	1
13556	C8H9BrO	4-bromo-a-methylbenzyl alcohol	5391-88-8	201.063	308.65	1	393.15	1	25	1.4600	1	---	---	---	solid	1
13557	C8H9BrO	2-bromophenethyl alcohol	1074-16-4	201.063	---	---	468.48	2	25	1.4830	1	---	1.5770	1	---	---
13558	C8H9BrO	3-bromophenethyl alcohol	28229-69-8	201.063	---	---	468.48	2	25	1.4780	1	---	1.5730	1	---	---
13559	C8H9BrO	3-bromophenetole	2655-84-7	201.063	---	---	479.15	1	25	1.4810	1	---	1.5480	1	---	---
13560	C8H9BrO	3-methoxybenzyl bromide	874-98-6	201.063	---	---	425.15	1	25	1.4360	1	---	1.5750	1	---	---
13561	C8H9BrO2	4-bromo-1,2-dimethoxybenzene	2859-78-1	217.062	---	---	527.65	1	25	1.7020	1	20	1.5743	1	---	---
13562	C8H9BrO2	1-bromo-2,4-dimethoxybenzene	17715-69-4	217.062	298.65	1	465.65	2	25	1.5070	1	---	1.5720	1	solid	1
13563	C8H9BrO2	1-bromo-2,5-dimethoxybenzene	25245-34-5	217.062	---	---	403.65	1	25	1.4450	1	---	1.5700	1	---	---
13564	C8H9BrO2	5-bromo-2-methoxybenzylalcohol	80866-82-6	217.062	342.65	1	465.65	2	25	1.5513	2	---	---	---	solid	1
13565	C8H9BrO2	2-(4-bromophenoxy)ethanol	34743-88-9	217.062	327.15	1	465.65	2	25	1.5513	2	---	---	---	solid	1
13566	C8H9BrO3	exo-2-bromo-5-oxo-bicyclo[2.2.1]heptane-s	63377-25-3	233.062	453.15	1	---	---	25	1.5247	2	---	---	---	solid	1
13567	C8H9Cl	1-chloro-2,3-dimethylbenzene	608-23-1	140.612	231.20	2	461.15	1	20	1.0530	1	20	1.5260	1	liquid	1
13568	C8H9Cl	1-chloro-2,4-dimethylbenzene	95-66-9	140.612	240.65	1	457.15	1	20	1.0579	1	25	1.5230	1	liquid	1
13569	C8H9Cl	2-chloro-1,3-dimethylbenzene	6781-98-2	140.612	238.15	1	459.15	1	20	1.0530	1	20	1.5260	1	liquid	1
13570	C8H9Cl	2-chloro-1,4-dimethylbenzene	95-72-7	140.612	273.95	1	460.15	1	15	1.0589	1	---	---	---	liquid	1
13571	C8H9Cl	4-chloro-1,2-dimethylbenzene	615-60-1	140.612	267.15	1	467.15	1	15	1.0682	1	---	---	---	liquid	1
13572	C8H9Cl	(1-chloroethyl)benzene, (±)	38661-82-4	140.612	231.20	2	462.95	2	20	1.0620	1	20	1.5276	1	liquid	2
13573	C8H9Cl	(2-chloroethyl)benzene	622-24-2	140.612	231.20	2	470.65	1	25	1.0690	1	20	1.5276	1	liquid	1
13574	C8H9Cl	1-chloro-2-ethylbenzene	89-96-3	140.612	190.45	1	451.55	1	20	1.0569	1	20	1.5218	1	liquid	1
13575	C8H9Cl	1-chloro-3-ethylbenzene	620-16-6	140.612	218.15	1	456.95	1	20	1.0529	1	20	1.5195	1	liquid	1
13576	C8H9Cl	1-chloro-4-ethylbenzene	622-98-0	140.612	210.55	1	457.55	1	20	1.0455	1	20	1.5175	1	liquid	1
13577	C8H9Cl	1-(chloromethyl)-2-methylbenzene	552-45-4	140.612	231.20	2	471.15	1	25	1.0630	1	25	1.5410	1	liquid	1
13578	C8H9Cl	1-(chloromethyl)-3-methylbenzene	620-19-9	140.612	231.20	2	468.65	1	20	1.0640	1	20	1.5345	1	liquid	1
13579	C8H9Cl	1-(chloromethyl)-4-methylbenzene	104-82-5	140.612	231.20	2	474.15	1	20	1.0512	1	---	1.5380	1	liquid	1
13580	C8H9Cl	1-chloro-1-phenylethane	672-65-1	140.612	231.20	2	462.95	2	25	1.0600	1	---	1.5270	1	liquid	2
13581	C8H9Cl	1-chloro-3,5-xylene	556-97-8	140.612	231.20	2	462.95	2	20	1.0583	2	---	---	---	liquid	2
13582	C8H9Cl	ethylchlorobenzene	1331-31-3	140.612	210.55	1	462.95	2	20	1.0583	2	---	---	---	liquid	2
13583	C8H9ClFN	2-chloro-6-fluorophenethylamine	149488-93-7	173.617	---	---	---	---	25	1.1772	2	---	1.5295	1	---	---
13584	C8H9ClNO5PS	chlorothion	500-28-7	297.656	294.15	1	---	---	25	1.4370	1	---	1.5660	1	---	---
13585	C8H9ClNO5PS	o-(2-chloro-4-nitrophenyl) o,o-dimethyl pho	2463-84-5	297.656	323.45	1	---	---	---	---	---	---	---	---	solid	1
13586	C8H9ClN2O	5-acetylamido-2-chloroaniline	51867-83-5	184.625	---	---	---	---	25	1.2520	2	---	---	---	---	---
13587	C8H9ClN4	ethymidine	2482-80-6	196.640	---	---	---	---	25	1.3079	2	---	---	---	---	---
13588	C8H9ClN4	hydralazine hydrochloride	304-20-1	196.640	548.15	dec	---	---	25	1.3079	2	---	---	---	solid	1
13589	C8H9ClO	3-chlorobenzeneethanol	5182-44-5	156.611	---	---	483.83	2	25	1.1810	1	20	1.5491	1	---	---
13590	C8H9ClO	4-chlorobenzeneethanol	1875-88-3	156.611	---	---	532.15	1	20	1.1804	1	20	1.5487	1	---	---
13591	C8H9ClO	alpha-(chloromethyl)benzenemethanol	1674-30-2	156.611	---	---	483.83	2	20	1.1926	1	20	1.5523	1	---	---
13592	C8H9ClO	4-chloro-2,5-dimethylphenol	1124-06-7	156.611	347.65	1	483.83	2	22	1.1615	2	---	---	---	solid	1
13593	C8H9ClO	4-chloro-2,6-dimethylphenol	1123-63-3	156.611	356.15	1	483.83	2	22	1.1615	2	---	---	---	solid	1
13594	C8H9ClO	4-chloro-3,5-dimethylphenol	88-04-0	156.611	388.15	1	519.15	1	22	1.1615	2	---	---	---	solid	1
13595	C8H9ClO	2-chloro-3,4-dimethylphenol	10283-15-5	156.611	300.15	1	461.15	1	22	1.1615	2	---	---	---	solid	1
13596	C8H9ClO	(2-chloroethoxy)benzene	622-86-6	156.611	301.15	1	491.65	1	22	1.1615	2	---	---	---	solid	1
13597	C8H9ClO	1-chloro-2-ethoxybenzene	614-72-2	156.611	---	---	483.15	1	15	1.1288	1	25	1.5284	1	---	---
13598	C8H9ClO	1-chloro-3-ethoxybenzene	2655-83-6	156.611	---	---	480.15	1	20	1.1712	1	---	---	---	---	---
13599	C8H9ClO	1-chloro-4-ethoxybenzene	622-61-7	156.611	294.15	1	486.15	1	20	1.1254	1	20	1.5252	1	liquid	1
13600	C8H9ClO	[(chloromethoxy)methyl]benzene	3587-60-8	156.611	---	---	483.83	2	20	1.1350	1	20	1.5192	1	---	---

				Mol Wt	Freezing Point		Boiling Point		Density			Refractive Index			State	
NO	FORMULA	NAME	CAS No	g/mol	T_F, K	code	T_B, K	code	T, C	g/cm3	code	T, C	n_D	code	@25C,1 atm	code
13601	C8H9ClO	1-(chloromethyl)-4-methoxybenzene	824-94-2	156.611	297.65	1	535.65	1	20	1.2610	1	20	1.5800	1	liquid	1
13602	C8H9ClO	4-chloro-3-methylanisole	13334-71-9	156.611	---	---	483.83	2	22	1.1615	2	---	1.5350	1	---	---
13603	C8H9ClO	4-chloro-2-methylanisole	3260-85-3	156.611	306.65	1	487.15	1	22	1.1615	2	---	---	---	solid	1
13604	C8H9ClO	3-chloro-2-methylanisole	3260-88-6	156.611	---	---	488.15	1	25	1.1600	1	---	1.4200	1	---	---
13605	C8H9ClO	2-chlorophenethyl alcohol	19819-95-5	156.611	---	---	357.65	1	25	1.1900	1	---	1.5510	1	---	---
13606	C8H9ClO	1-(4-chlorophenyl)ethanol	3391-10-4	156.611	---	---	483.83	2	25	1.1710	1	---	1.5410	1	---	---
13607	C8H9ClO	2-methoxybenzyl chloride	7035-02-1	156.611	302.20	1	483.83	2	25	1.1250	1	---	1.5490	1	solid	1
13608	C8H9ClO	3-methoxybenzyl chloride	824-98-6	156.611	---	---	483.83	2	25	1.0780	1	---	1.5440	1	---	---
13609	C8H9ClOS	4-chloro-2'-butyrothienone	43076-59-1	188.677	---	---	---	---	25	1.1600	1	---	1.5645	1	---	---
13610	C8H9ClO2	1-chloro-2,5-dimethoxybenzene	2100-42-7	172.611	281.25	1	520.15	1	25	1.1938	2	---	---	---	liquid	1
13611	C8H9ClO2	5-chloro-1,3-dimethoxybenzene	7051-16-3	172.611	308.15	1	543.15	2	25	1.1938	2	---	---	---	solid	1
13612	C8H9ClO2	2-(2-chlorophenoxy)ethanol	15480-00-9	172.611	---	---	543.15	2	25	1.2570	1	---	1.5530	1	---	---
13613	C8H9ClO2	(1S)-1-(2-chlorophenyl)ethane-1,2-diol	---	172.611	---	---	543.15	2	25	1.1938	2	---	---	---	---	---
13614	C8H9ClO2	(S)-(+)-1-(2-chlorophenyl)-1,2-ethanediol	133082-13-0	172.611	344.65	1	566.15	1	25	1.1938	2	---	---	---	solid	1
13615	C8H9ClO2	2-(p-chlorophenoxy)ethanol	1892-43-9	172.611	---	---	543.15	2	25	1.1938	2	---	---	---	---	---
13616	C8H9ClO2S	2-chloroethyl phenyl sulfone	938-09-0	204.677	329.15	1	---	---	25	1.2780	2	---	---	---	solid	1
13617	C8H9ClO3	exo-2-chloro-5-oxo-bicyclo[2.2.1]heptane-s	52730-42-4	188.610	431.65	1	---	---	25	1.2557	2	---	---	---	solid	1
13618	C8H9ClO3	ethyl 5-(chloromethyl)-2-furancarboxylate	2528-00-9	188.610	---	---	---	---	25	1.2250	1	---	1.5110	1	---	---
13619	C8H9ClS	[(2-chloroethyl)thio]benzene	5535-49-9	172.678	---	---	---	---	25	1.1769	1	20	1.5828	1	---	---
13620	C8H9Cl2N	2,6-dichlorophenethylamine	14573-23-0	190.071	---	---	507.20	2	25	1.2279	2	---	1.5690	1	---	---
13621	C8H9Cl2N	3,4-dichlorophenethylamine	21581-45-3	190.071	---	---	507.20	2	25	1.2279	2	---	1.5665	1	---	---
13622	C8H9Cl2N	2,4-dichlorophenethylamine	52516-13-9	190.071	---	---	507.20	2	25	1.2600	1	---	1.5650	1	---	---
13623	C8H9Cl2N	2,4-dichloro-N,N-dimethylbenzenamine	35113-90-7	190.071	---	---	507.20	1	25	1.2279	2	---	---	---	---	---
13624	C8H9Cl2NO	2,6-dichloro-4-ethoxyaniline	51225-20-8	206.071	319.15	1	548.15	1	25	1.2846	2	---	---	---	solid	1
13625	C8H9Cl2NO	1-(3,5-dichlorophenyl)-2-hydroxyethylamin	---	206.071	---	---	548.15	2	25	1.2846	2	---	---	---	---	---
13626	C8H9Cl2P	(2,5-dimethylphenyl)phosphonous dichlori	57150-66-0	207.038	243.15	1	526.65	1	18	1.2500	1	---	---	---	liquid	1
13627	C8H9Cl2P	(4-ethylphenyl)phosphonous dichloride	5274-50-0	207.038	---	---	524.15	1	20	1.2370	1	20	1.5840	1	---	---
13628	C8H9Cl3NO3P	dowco 160	35944-82-2	304.496	---	---	---	---	---	---	---	---	---	---	---	---
13629	C8H9Cl3Si	trichloro(2-phenylethyl)silane	940-41-0	239.602	---	---	515.15	1	20	1.2397	1	20	1.5185	1	---	---
13630	C8H9F	3-fluoro-o-xylene	443-82-3	124.158	211.30	2	423.15	1	25	0.9900	1	---	1.4860	1	liquid	1
13631	C8H9F	2-fluoro-m-xylene	443-88-9	124.158	211.30	2	420.65	1	25	0.9880	1	---	1.4790	1	liquid	1
13632	C8H9F	4-fluoro-o-xylene	452-64-2	124.158	211.30	2	422.15	1	25	0.9890	2	---	---	---	liquid	1
13633	C8H9FN2O	fluoroacetphenylhydrazide	2343-36-4	168.171	---	---	---	---	25	1.1999	2	---	---	---	---	---
13634	C8H9FN2O3	ftorafur	17902-23-7	200.170	442.65	1	---	---	25	1.3222	2	---	---	---	solid	1
13635	C8H9FO	1-ethoxy-2-fluorobenzene	451-80-9	140.157	256.45	1	444.55	1	17	1.0874	1	17	1.4932	1	liquid	1
13636	C8H9FO	1-ethoxy-3-fluorobenzene	458-03-7	140.157	245.65	1	445.15	1	16	1.0716	1	17	1.4847	1	liquid	1
13637	C8H9FO	1-ethoxy-4-fluorobenzene	459-26-7	140.157	264.65	1	446.15	1	18	1.0715	1	18	1.4826	1	liquid	1
13638	C8H9FO	4-fluoro-3-methylanisole	2338-54-7	140.157	---	---	447.65	1	25	1.0700	1	---	1.4920	1	---	---
13639	C8H9FO	4-fluoro-2-methylanisole	399-54-2	140.157	---	---	445.88	2	22	1.0867	2	---	1.4925	1	---	---
13640	C8H9FO	4-fluoro-a-methylbenzyl alcohol	403-41-8	140.157	---	---	445.88	2	25	1.1090	1	---	1.5010	1	---	---
13641	C8H9FO	2-fluorophenethyl alcohol	50919-06-7	140.157	---	---	445.88	2	25	1.0400	1	---	1.5090	1	---	---
13642	C8H9FO	3-fluorophenethyl alcohol	52059-53-7	140.157	---	---	445.88	2	25	1.1230	1	---	1.5090	1	---	---
13643	C8H9FO	4-fluorophenethyl alcohol	7589-27-7	140.157	---	---	445.88	2	25	1.1210	1	---	1.5070	1	---	---
13644	C8H9FO2	1,4-dimethoxy-2-fluorobenzene	82830-49-7	156.157	297.65	1	---	---	25	1.1375	2	---	1.5038	1	---	---
13645	C8H9FO2	1-fluoro-3,5-dimethoxybenzene	52189-63-6	156.157	---	---	---	---	25	1.1710	1	---	1.5030	1	---	---
13646	C8H9FO2S	p-fluorophenyl ethyl sulfone	2924-67-6	188.223	314.15	1	---	---	25	1.2315	2	---	---	---	solid	1
13647	C8H9F3O3	3-(ethoxymethylene)-1,1,1-trifluoro-2,4-per	164342-38-5	210.153	---	---	510.15	1	25	1.2470	1	---	1.4390	1	---	---
13648	C8H9HgNO2	p-(acetoxymercuri)aniline	6283-24-5	351.755	439.65	1	---	---	---	---	---	---	---	---	solid	1
13649	C8H9I	1-ethyl-2-iodobenzene	18282-40-1	232.064	---	---	499.15	1	10	1.6189	1	22	1.5941	1	---	---
13650	C8H9I	1-ethyl-4-iodobenzene	25309-64-2	232.064	256.15	1	482.15	1	10	1.6095	1	22	1.5909	1	liquid	1
13651	C8H9I	1-iodo-2,3-dimethylbenzene	31599-60-7	232.064	270.25	2	502.15	1	20	1.6395	1	20	1.6074	1	liquid	1
13652	C8H9I	1-iodo-2,4-dimethylbenzene	4214-28-2	232.064	270.25	2	504.15	2	16	1.6282	1	16	1.6008	1	liquid	2
13653	C8H9I	1-iodo-3,5-dimethylbenzene	22445-41-6	232.064	270.25	2	503.65	1	18	1.6085	1	18	1.5967	1	liquid	1
13654	C8H9I	2-iodo-1,3-dimethylbenzene	608-28-6	232.064	284.35	1	502.65	1	20	1.6158	1	20	1.6035	1	liquid	1
13655	C8H9I	2-iodo-1,4-dimethylbenzene	1122-42-5	232.064	270.25	2	500.15	2	17	1.6168	1	17	1.5992	1	liquid	2
13656	C8H9I	4-iodo-1,2-dimethylbenzene	31599-61-8	232.064	270.25	2	504.65	1	18	1.6334	1	18	1.6049	1	liquid	1
13657	C8H9I	(2-iodoethyl)benzene	17376-04-4	232.064	270.25	2	499.84	2	25	1.6020	1	---	1.6010	1	liquid	2
13658	C8H9IO	1-ethoxy-4-iodobenzene	699-08-1	248.063	302.15	1	523.15	1	25	1.6502	2	---	---	---	solid	1
13659	C8H9IO	1-ethoxy-2-iodobenzene	614-73-3	248.063	---	---	523.15	2	25	1.6502	2	---	---	---	---	---
13660	C8H9IO2	1-iodo-2,3-dimethoxybenzene	25245-33-4	264.063	318.65	1	---	---	20	1.7799	1	20	1.6127	1	solid	1
13661	C8H9IO2	4-iodo-1,2-dimethoxybenzene	5460-32-2	264.063	308.15	1	---	---	25	1.6933	2	---	---	---	solid	1
13662	C8H9IO4	(2R,3S)-1-carboxy-5-iodo-4-methyl-2,3-dih	205504-03-6	296.062	---	---	---	---	25	1.7710	2	---	---	---	---	---
13663	C8H9N	2-allylpyridine	2835-33-8	119.166	---	---	463.15	1	20	0.9590	1	---	---	---	---	---
13664	C8H9N	5-vinyl-2-methylpyridine	140-76-1	119.166	---	---	474.48	2	22	1.0044	2	---	---	---	---	---
13665	C8H9N	bicyclo[2.2.1]hept-5-ene-2-carbonitrile	95-11-4	119.166	286.15	1	474.48	2	25	0.9990	1	20	1.4885	1	liquid	2
13666	C8H9N	2,3-dihydro-1H-indole	496-15-1	119.166	---	---	502.15	1	20	1.0690	1	20	1.5923	1	---	---
13667	C8H9N	N-(phenylmethylene)methanamine	622-29-7	119.166	---	---	458.15	1	14	0.9671	1	20	1.5526	1	---	---
13668	C8H9N	2-vinylaniline	3867-18-3	119.166	---	---	474.48	2	20	1.0181	1	20	1.6124	1	---	---
13669	C8H9N	3-vinylaniline	15411-43-5	119.166	---	---	474.48	2	35	1.0085	1	26	1.6069	1	---	---
13670	C8H9N	4-vinylaniline	1520-21-4	119.166	296.65	1	474.48	2	20	1.0100	1	22	1.6250	1	liquid	2
13671	C8H9NO	acetanilide	103-84-4	135.166	387.65	1	576.95	1	15	1.2190	1	---	---	---	solid	1
13672	C8H9NO	1-(3-aminophenyl)ethanone	99-03-6	135.166	371.65	1	562.65	1	39	1.0936	2	---	---	---	solid	1
13673	C8H9NO	1-(4-aminophenyl)ethanone	99-92-3	135.166	379.15	1	567.15	1	39	1.0936	2	---	---	---	solid	1
13674	C8H9NO	2-amino-1-phenylethanone	613-89-8	135.166	293.15	1	524.15	1	39	1.0936	2	20	1.6160	1	liquid	1
13075	C8H9NO	benzeneacetamide	103-81-1	135.166	430.15	1	547.78	2	39	1.0936	2	---	---	---	solid	1
13676	C8H9NO	2-methylbenzamide	527-85-5	135.166	420.15	1	547.78	2	39	1.0936	2	---	---	---	solid	1
13677	C8H9NO	N-methylbenzamide	613-93-4	135.166	355.15	1	564.15	1	39	1.0936	2	---	---	---	solid	1
13678	C8H9NO	N-(2-methylphenyl)formamide	94-69-9	135.166	335.15	1	561.15	1	55	1.0860	1	---	---	---	solid	1
13679	C8H9NO	N-(3-methylphenyl)formamide	3085-53-8	135.166	---	---	563.15	dec	39	1.0936	2	---	---	---	---	---
13680	C8H9NO	N-methyl-N-phenylformamide	93-61-8	135.166	287.65	1	516.15	1	20	1.0948	1	20	1.5589	1	liquid	1

Table 1 Physical Properties - Organic Compounds

				Mol Wt	Freezing Point		Boiling Point		Density			Refractive Index			State	
NO	FORMULA	NAME	CAS No	g/mol	T_F, K	code	T_B, K	code	T, C	g/cm3	code	T, C	n_D	code	@25C,1 atm	code
13681	C8H9NO	1-(6-methyl-3-pyridinyl)ethanone	36357-38-7	135.166	290.75	1	547.78	2	25	1.0168	1	25	1.5302	1	liquid	2
13682	C8H9NO	1-phenylethanone oxime	613-91-2	135.166	333.15	1	518.15	1	78	1.0515	1	---	---	---	solid	1
13683	C8H9NO	2'-aminoacetophenone	551-93-9	135.166	293.15	1	524.15	1	39	1.0936	2	---	1.6140	1	liquid	1
13684	C8H9NO	N-benzylformamide	6343-54-0	135.166	334.65	1	547.78	2	39	1.0936	2	---	---	---	solid	1
13685	C8H9NO	4-oxo-3-aza-tricyclo[4.2.1.0(2.5)]non-7-ene	---	135.166	392.65	1	547.78	2	39	1.0936	2	---	---	---	solid	1
13686	C8H9NO	m-toluamide	618-47-3	135.166	368.15	1	547.78	2	39	1.0936	2	---	---	---	solid	1
13687	C8H9NO	p-toluamide	619-55-6	135.166	433.15	1	547.78	2	39	1.0936	2	---	---	---	solid	1
13688	C8H9NO	4-propionylpyridine	1701-69-5	135.166	---	---	547.78	2	39	1.0936	2	---	---	---	---	---
13689	C8H9NOS	4-acetamidothiophenol	1126-81-4	167.232	424.65	1	---	---	25	1.1811	2	---	---	---	solid	1
13690	C8H9NO2	alpha-aminobenezeneacetic acid	69-91-0	151.165	565.15	dec	---	---	19	1.1446	2	---	---	---	solid	1
13691	C8H9NO2	4-aminobenezeneacetic acid	1197-55-3	151.165	473.15	dec	518.92	2	19	1.1446	2	---	---	---	solid	1
13692	C8H9NO2	1,3-benzodioxole-5-methanamine	2620-50-0	151.165	---	---	518.92	2	25	1.2140	1	20	1.5635	1	---	---
13693	C8H9NO2	1,2-dimethyl-3-nitrobenzene	83-41-0	151.165	288.15	1	513.15	1	20	1.1402	1	20	1.5441	1	liquid	1
13694	C8H9NO2	1,2-dimethyl-4-nitrobenzene	99-51-4	151.165	303.65	1	524.15	1	15	1.1120	1	20	1.5202	1	solid	1
13695	C8H9NO2	1,3-dimethyl-2-nitrobenzene	81-20-9	151.165	288.15	1	499.15	1	15	1.1120	1	20	1.5202	1	liquid	1
13696	C8H9NO2	1,3-dimethyl-5-nitrobenzene	99-12-7	151.165	348.15	1	547.15	1	19	1.1446	2	---	---	---	solid	1
13697	C8H9NO2	1,4-dimethyl-2-nitrobenzene	89-58-7	151.165	248.15	1	513.65	1	15	1.1320	1	20	1.5413	1	liquid	1
13698	C8H9NO2	2,4-dimethyl-1-nitrobenzene	89-87-2	151.165	282.15	1	520.15	1	15	1.1350	1	25	1.5473	1	liquid	1
13699	C8H9NO2	1-ethyl-2-nitrobenzene	612-22-6	151.165	260.85	1	505.65	1	20	1.1207	1	20	1.5356	1	liquid	1
13700	C8H9NO2	1-ethyl-3-nitrobenzene	7369-50-8	151.165	235.25	1	515.65	1	25	1.1345	1	---	---	---	liquid	1
13701	C8H9NO2	1-ethyl-4-nitrobenzene	100-12-9	151.165	260.85	1	518.65	1	20	1.1192	1	20	1.5455	1	liquid	1
13702	C8H9NO2	ethyl 4-pyridinecarboxylate	1570-45-2	151.165	296.15	1	492.65	1	15	1.0091	1	20	1.5017	1	liquid	1
13703	C8H9NO2	ethyl 2-pyridinecarboxylate	2524-52-9	151.165	274.15	1	516.15	1	20	1.1194	1	20	1.5104	1	liquid	1
13704	C8H9NO2	ethyl 3-pyridinecarboxylate	614-18-6	151.165	281.65	1	497.15	1	20	1.1070	1	20	1.5024	1	liquid	1
13705	C8H9NO2	N-(4-hydroxyphenyl)acetamide	103-90-2	151.165	440.65	1	530.00	2	21	1.2930	1	---	---	---	solid	1
13706	C8H9NO2	4-methoxybenzamide	3424-93-9	151.165	439.65	1	568.15	1	19	1.1446	2	---	---	---	solid	1
13707	C8H9NO2	methyl 2-aminobenzoate	134-20-3	151.165	297.65	1	529.15	1	10	1.1682	1	---	1.5810	1	liquid	1
13708	C8H9NO2	methyl 3-aminobenzoate	4518-10-9	151.165	312.15	1	518.92	2	20	1.2320	1	---	---	---	solid	1
13709	C8H9NO2	2-(methylamino)benzoic acid	119-68-6	151.165	453.65	1	518.92	2	19	1.1446	2	---	---	---	solid	1
13710	C8H9NO2	3-(methylamino)benzoic acid	51524-84-6	151.165	400.15	1	518.92	2	19	1.1446	2	---	---	---	solid	1
13711	C8H9NO2	4-(methylamino)benzoic acid	10541-83-0	151.165	441.15	1	518.92	2	19	1.1446	2	---	---	---	solid	1
13712	C8H9NO2	1-methyl-4-(nitromethyl)benzene	29559-27-1	151.165	284.65	1	518.92	2	20	1.1234	1	20	1.5278	1	liquid	2
13713	C8H9NO2	(2-nitroethyl)benzene	6125-24-2	151.165	250.15	1	523.15	1	24	1.1260	1	19	1.5407	1	liquid	1
13714	C8H9NO2	N-phenylglycine	103-01-5	151.165	400.65	1	518.92	2	19	1.1446	2	---	---	---	solid	1
13715	C8H9NO2	3-acetamidophenol	621-42-1	151.165	420.65	1	518.92	2	19	1.1446	2	---	---	---	solid	1
13716	C8H9NO2	3-amino-4-methylbenzoic acid	2458-12-0	151.165	439.15	1	518.92	2	19	1.1446	2	---	---	---	solid	1
13717	C8H9NO2	4-amino-3-methylbenzoic acid	2486-70-6	151.165	443.15	1	518.92	2	19	1.1446	2	---	---	---	solid	1
13718	C8H9NO2	2-amino-5-methylbenzoic acid	2941-78-8	151.165	448.65	1	518.92	2	19	1.1446	2	---	---	---	solid	1
13719	C8H9NO2	2-amino-3-methylbenzoic acid	4389-45-1	151.165	447.65	1	518.92	2	19	1.1446	2	---	---	---	solid	1
13720	C8H9NO2	2-amino-6-methylbenzoic acid	4389-50-8	151.165	>397.15	1	518.92	2	19	1.1446	2	---	---	---	solid	1
13721	C8H9NO2	3-amino-2-methylbenzoic acid	52130-17-3	151.165	452.65	1	518.92	2	19	1.1446	2	---	---	---	solid	1
13722	C8H9NO2	4-(aminomethyl)benzoic acid	56-91-7	151.165	>573.15	1	518.92	2	19	1.1446	2	---	---	---	solid	1
13723	C8H9NO2	1,4-benzodioxan-6-amine	22013-33-8	151.165	303.15	1	518.92	2	25	1.2310	1	---	1.5990	1	solid	1
13724	C8H9NO2	benzyl carbamate	621-84-1	151.165	360.65	1	518.92	2	19	1.1446	2	---	---	---	solid	1
13725	C8H9NO2	N-(hydroxymethyl)benzamide	6282-02-6	151.165	368.15	1	518.92	2	19	1.1446	2	---	---	---	solid	1
13726	C8H9NO2	4-hydroxyphenylacetamide	17194-82-0	151.165	449.65	1	518.92	2	19	1.1446	2	---	---	---	solid	1
13727	C8H9NO2	methyl 4-aminobenzoate	619-45-4	151.165	384.65	1	518.92	2	19	1.1446	2	---	---	---	solid	1
13728	C8H9NO2	methyl 6-methylnicotinate	5470-70-2	151.165	308.65	1	518.92	2	19	1.1446	2	---	---	---	solid	1
13729	C8H9NO2	methyl 2-pyridylacetate	1658-42-0	151.165	---	---	518.92	2	25	1.1190	1	---	1.5060	1	---	---
13730	C8H9NO2	phenoxyacetamide	621-88-5	151.165	370.65	1	518.92	2	19	1.1446	2	---	---	---	solid	1
13731	C8H9NO2	DL-a-phenylglycine	2835-06-5	151.165	563.15	1	---	---	19	1.1446	2	---	---	---	solid	1
13732	C8H9NO2	L(+)-a-phenylglycine	2935-35-5	151.165	>573.15	1	518.92	2	19	1.1446	2	---	---	---	solid	1
13733	C8H9NO2	D(-)-a-phenylglycine	875-74-1	151.165	575.15	1	---	---	19	1.1446	2	---	---	---	solid	1
13734	C8H9NO2	cis-1,2,3,6-tetrahydrophthalimide	27813-21-4	151.165	409.15	1	518.92	2	19	1.1446	2	---	---	---	solid	1
13735	C8H9NO2	carbamic acid, phenyl-, methyl ester	2603-10-3	151.165	325.00	1	518.92	2	19	1.1446	2	---	---	---	solid	1
13736	C8H9NO2	N-(2-hydroxyphenyl)acetamide	614-80-2	151.165	364.50	1	518.92	2	19	1.1446	2	---	---	---	solid	1
13737	C8H9NO2	2-amino-3-hydroxyacetophenone	4502-10-7	151.165	---	---	518.92	2	19	1.1446	2	---	---	---	---	---
13738	C8H9NO2	o-anisamide	2439-77-2	151.165	402.15	1	518.92	2	19	1.1446	2	---	---	---	solid	1
13739	C8H9NO2	glycolanilide	4746-61-6	151.165	---	---	518.92	2	19	1.1446	2	---	---	---	---	---
13740	C8H9NO2	nitroxylene	25168-04-1	151.165	275.15	1	518.92	2	19	1.1446	2	---	---	---	liquid	2
13741	C8H9NO2	phenylmonomethylcarbamate	1943-79-9	151.165	---	---	518.92	2	19	1.1446	2	---	---	---	---	---
13742	C8H9NO2	tetrahydrophthalic acid imide	85-40-5	151.165	---	---	518.92	2	19	1.1446	2	---	---	---	---	---
13743	C8H9NO2S	2-((methylsulfinyl)acetyl)pyridine	27302-90-5	183.231	---	---	---	---	25	1.2447	2	---	---	---	---	---
13744	C8H9NO3	3,6-dimethyl-2-nitrophenol	71608-10-1	167.165	307.65	1	513.79	2	38	1.1820	2	---	---	---	solid	1
13745	C8H9NO3	1-ethoxy-2-nitrobenzene	610-67-3	167.165	274.25	1	540.15	1	15	1.1903	1	20	1.5425	1	liquid	1
13746	C8H9NO3	1-ethoxy-3-nitrobenzene	621-52-3	167.165	309.15	1	537.15	1	38	1.1820	2	---	---	---	solid	1
13747	C8H9NO3	1-ethoxy-4-nitrobenzene	100-29-8	167.165	333.15	1	556.15	1	100	1.1176	1	---	---	---	solid	1
13748	C8H9NO3	N-(4-hydroxyphenyl)glycine	122-87-2	167.165	519.15	dec	---	---	38	1.1820	2	---	---	---	solid	1
13749	C8H9NO3	4-methoxy-1-methyl-2-nitrobenzene	17484-36-5	167.165	290.15	1	539.65	1	25	1.2070	1	20	1.5525	1	liquid	1
13750	C8H9NO3	methyl 3-amino-4-hydroxybenzoate	536-25-4	167.165	416.15	1	513.79	2	38	1.1820	2	---	---	---	solid	1
13751	C8H9NO3	2-nitrobenzeneethanol	15121-84-3	167.165	274.15	1	540.15	1	25	1.1900	1	20	1.5637	1	liquid	1
13752	C8H9NO3	3-amino-4-methoxybenzoic acid	2840-26-8	167.165	513.15	1	513.79	2	38	1.1820	2	---	---	---	solid	1
13753	C8H9NO3	N-(benzyloxycarbonyl)hydroxylamine	3426-71-9	167.165	340.65	1	513.79	2	38	1.1820	2	---	---	---	solid	1
13754	C8H9NO3	2,6-dimethyl-4-nitrophenol	2423-71-4	167.165	437.15	1	513.79	2	38	1.1820	2	---	---	---	solid	1
13755	C8H9NO3	D(-)-4-hydroxyphenylglycine	22818-40-2	167.165	513.15	1	513.79	2	38	1.1820	2	---	---	---	solid	1
13756	C8H9NO3	4-methyl-2-nitroanisole	119-10-8	167.165	281.65	1	513.79	2	25	1.2050	1	---	1.5570	1	liquid	2
13757	C8H9NO3	3-methyl-2-nitroanisole	5345-42-6	167.165	322.15	1	513.79	2	38	1.1820	2	---	---	---	solid	1
13758	C8H9NO3	3-methyl-4-nitroanisole	5367-32-8	167.165	323.15	1	513.79	2	38	1.1820	2	---	---	---	solid	1
13759	C8H9NO3	3-methyl-4-nitrobenzyl alcohol	80866-75-7	167.165	331.15	1	513.79	2	38	1.1820	2	---	---	---	solid	1
13760	C8H9NO3	3-methyl-2-nitrobenzyl alcohol	80866-76-8	167.165	317.65	1	513.79	2	38	1.1820	2	---	---	---	solid	1

Table 1 Physical Properties - Organic Compounds

				Mol Wt	Freezing Point		Boiling Point		Density			Refractive Index			State	
NO	FORMULA	NAME	CAS No	g/mol	T_F, K	code	T_B, K	code	T, C	g/cm3	code	T, C	n_D	code	@25C,1 atm	code
13761	C8H9NO3	4-nitrophenethyl alcohol	100-27-6	167.165	336.15	1	513.79	2	38	1.1820	2	---	---	---	solid	1
13762	C8H9NO3	3-nitrophenethyl alcohol	52022-77-2	167.165	321.65	1	513.79	2	38	1.1820	2	---	---	---	solid	1
13763	C8H9NO3	3-hydroxyanthranilic acid methyl ester	17672-21-8	167.165	---	---	513.79	2	38	1.1820	2	---	---	---	---	---
13764	C8H9NO3	2-hydroxyphenyl methylcarbamate	10309-97-4	167.165	---	---	374.15	1	38	1.1820	2	---	---	---	---	---
13765	C8H9NO4	1,2-dimethoxy-4-nitrobenzene	709-09-1	183.164	371.15	1	---	---	133	1.1888	1	---	---	---	solid	1
13766	C8H9NO4	1,3-dimethoxy-5-nitrobenzene	16147-07-2	183.164	362.15	1	---	---	133	1.1693	1	---	---	---	solid	1
13767	C8H9NO4	1,4-dimethoxy-2-nitrobenzene	89-39-4	183.164	345.65	1	---	---	132	1.1666	1	---	---	---	solid	1
13768	C8H9NO4	2,4-dimethoxy-1-nitrobenzene	4920-84-7	183.164	349.65	1	---	---	132	1.1876	1	---	---	---	solid	1
13769	C8H9NS	thioacetanilide	637-53-6	151.232	350.65	1	---	---	25	1.1122	2	---	---	---	solid	1
13770	C8H9NS2	methyl dithiocarbanilate	701-73-5	183.298	368.65	1	353.65	1	25	1.2096	2	---	---	---	solid	1
13771	C8H9O3PS	2-methoxy-4H-1,2,3-benzodioxaphosphori	3811-49-2	216.198	---	---	---	---	---	---	---	---	---	---	---	---
13772	C8H9O5SSb	2-(carboxymethylmercapto)phenylstibonic	63938-93-2	338.982	---	---	294.15	1	---	---	---	---	---	---	gas	1
13773	C8H9N3	2-amino-1-methylbenzimidazole	1622-57-7	147.180	477.65	1	---	---	25	1.1418	2	---	---	---	solid	1
13774	C8H9N3O	3-diazotyramine hydrochloride	---	163.180	---	---	---	---	25	1.2130	2	---	---	---	---	---
13775	C8H9N3OS	4-hydroxybenzaldehyde thiosemicarbazon	5339-74-2	195.246	---	---	---	---	25	1.3009	2	---	---	---	---	---
13776	C8H9N3O2	1-acetyl-2-isonicotinoylhydrazine	1078-38-2	179.179	---	---	---	---	25	1.2786	2	---	---	---	---	---
13777	C8H9N3O2	1-methyl-1-nitroso-3-phenylurea	21561-99-9	179.179	---	---	---	---	25	1.2786	2	---	---	---	---	---
13778	C8H9N3O2	nitrosobenzylurea	775-11-1	179.179	---	---	---	---	25	1.2786	2	---	---	---	---	---
13779	C8H9N3O3	2-(p-nitrophenyl)hydrazideacetic acid	2719-13-3	195.179	---	---	---	---	25	1.3391	2	---	---	---	---	---
13780	C8H9N3O4	2,4-dinitro-N-ethylaniline	3846-50-2	211.178	384.65	1	---	---	25	1.3951	2	---	---	---	solid	1
13781	C8H9N3O4	N,N-dimethyl-2,4-dinitro-aniline	1670-17-3	211.178	---	---	---	---	25	1.3951	2	---	---	---	---	---
13782	C8H9N3O4	nicorandil	65141-46-0	211.178	365.65	1	---	---	25	1.3951	2	---	---	---	solid	1
13783	C8H9N3O5	N-2,4-dinitrophenylethanolamine	1945-92-2	227.177	---	---	---	---	25	1.4471	2	---	---	---	---	---
13784	C8H9N3S	benzaldehyde thiosemicarbazone	1627-73-2	179.246	---	---	---	---	25	1.2407	2	---	---	---	---	---
13785	C8H9N3S	3-methyl-2-benzothiazolone hydrazone	1128-67-2	179.246	417.15	1	---	---	25	1.2407	2	---	---	---	solid	1
13786	C8H9N5	2-guanidinobenzimidazole	5418-95-1	175.194	516.15	1	---	---	25	1.2751	2	---	---	---	solid	1
13787	C8H9N5O2	1,1'-dimethyl-2'-nitro-2,4'-bi-1H-imidazole	141657-27-4	207.193	---	---	---	---	25	1.3940	2	---	---	---	---	---
13788	C8H9NaO3S	2,4-dimethylbenzenesulfonic acid sodium s	827-21-4	208.213	---	---	---	---	---	---	---	---	---	---	---	---
13789	C8H10	ethylbenzene	100-41-4	106.167	178.20	1	409.35	1	25	0.8650	1	25	1.4932	1	liquid	1
13790	C8H10	o-xylene	95-47-6	106.167	247.98	1	417.58	1	25	0.8760	1	25	1.5029	1	liquid	1
13791	C8H10	m-xylene	108-38-3	106.167	225.30	1	412.27	1	25	0.8610	1	25	1.4946	1	liquid	1
13792	C8H10	p-xylene	106-42-3	106.167	286.41	1	411.51	1	25	0.8580	1	25	1.4932	1	liquid	1
13793	C8H10	xylenes	1330-20-7	106.167	243.75	1	413.15	1	25	0.8620	1	---	---	---	liquid	1
13794	C8H10	1,3,5-cyclooctatriene	1871-52-9	106.167	190.15	1	418.65	1	25	0.8971	1	25	1.5035	1	liquid	1
13795	C8H10	1,3,6-cyclooctatriene	3725-30-2	106.167	211.15	1	415.89	2	25	0.8940	1	---	---	---	liquid	2
13796	C8H10	2,5-dimethyl-1,5-hexadien-3-yne	3725-05-1	106.167	206.00	2	396.15	1	25	0.7863	1	20	1.4845	1	liquid	1
13797	C8H10	5-(1-methylethylidene)-1,3-cyclopentadien	2175-91-9	106.167	274.55	1	428.15	1	20	0.8810	1	20	1.5474	1	liquid	1
13798	C8H10	2,6-octadiyne	764-73-8	106.167	300.15	1	415.89	2	80	0.8280	1	30	1.4658	1	solid	1
13799	C8H10	3,5-octadiyne	16387-70-5	106.167	300.15	2	436.65	1	25	0.8260	1	---	1.4968	1	solid	2
13800	C8H10	1,7-octadiyne	871-84-1	106.167	300.15	2	408.65	1	21	0.8169	1	18	1.4521	1	solid	2
13801	C8H10	1,3,5,7-octatetraene	1482-91-3	106.167	323.15	1	415.89	2	29	0.8580	2	---	---	---	solid	1
13802	C8H10	1-ethynylcyclohexene	931-49-7	106.167	---	---	422.65	1	25	0.9030	1	---	1.4960	1	---	---
13803	C8H10AsNO5	acetphenarsine	97-44-9	275.093	493.65	1	345.32	1	---	---	---	---	---	---	solid	1
13804	C8H10BrN	4-bromobenzeneethanamine	73918-56-6	200.078	---	---	534.65	2	25	1.2900	1	20	1.5750	1	---	---
13805	C8H10BrN	2-bromo-N,N-dimethylaniline	698-00-0	200.078	---	---	534.65	2	25	1.3860	1	25	1.5748	1	---	---
13806	C8H10BrN	3-bromo-N,N-dimethylaniline	16518-62-0	200.078	284.15	1	532.15	1	20	1.3651	1	---	---	---	liquid	1
13807	C8H10BrN	4-bromo-N,N-dimethylaniline	586-77-6	200.078	328.15	1	537.15	1	100	1.3220	1	---	---	---	solid	1
13808	C8H10BrN	4-bromo-2,6-dimethylaniline	24596-19-8	200.078	324.15	1	534.65	2	35	1.3486	2	---	---	---	solid	1
13809	C8H10BrN	2-bromo-4,6-dimethylaniline	41825-73-4	200.078	318.15	1	534.65	2	35	1.3486	2	---	---	---	solid	1
13810	C8H10BrN	4-bromo-2-ethylaniline	---	200.078	---	---	534.65	2	35	1.3486	2	---	---	---	---	---
13811	C8H10BrN	4-bromo-a-phenethylamine	24358-62-1	200.078	---	---	534.65	2	25	1.3970	1	---	1.5675	1	---	---
13812	C8H10BrN	(S)-(-)-4-bromo-a-phenethylamine	27298-97-1	200.078	---	---	534.65	2	25	1.2900	1	---	---	---	---	---
13813	C8H10BrN	3-bromophenethylamine	58971-11-2	200.078	---	---	534.65	2	35	1.3486	2	---	1.5745	1	---	---
13814	C8H10BrN	2-bromophenethylamine	65185-58-2	200.078	---	---	534.65	2	35	1.3486	2	---	1.5760	1	---	---
13815	C8H10BrN	(R)-(+)-1-(4-bromophenyl)ethylamine	45791-36-4	200.078	---	---	534.65	2	25	1.3900	1	---	---	---	---	---
13816	C8H10BrNO2	2-bromo-3,5-dimethoxyaniline	70277-99-5	232.077	---	---	---	---	25	1.4877	2	---	---	---	---	---
13817	C8H10BrN3	1-(4-bromophenyl)-3,3-dimethyltriazene	7239-21-6	228.092	---	---	---	---	25	1.4883	2	---	---	---	---	---
13818	C8H10Br2O4	1,4-bis(bromoacetoxy)-2-butene	20679-58-7	329.973	---	---	341.15	1	25	1.8048	2	---	---	---	---	---
13819	C8H10ClN	2-chloro-N,N-dimethylaniline	698-01-1	155.627	---	---	478.15	1	20	1.1067	1	20	1.5578	1	---	---
13820	C8H10ClN	3-chloro-N,N-dimethylaniline	6848-13-1	155.627	---	---	505.15	1	35	1.1002	2	---	---	---	---	---
13821	C8H10ClN	4-chloro-N,N-dimethylaniline	698-69-1	155.627	308.65	1	504.15	1	100	1.0480	1	---	---	---	solid	1
13822	C8H10ClN	3-chloro-N-methylbenzenemethanamine	39191-07-6	155.627	---	---	501.03	2	35	1.1002	2	25	1.5350	1	---	---
13823	C8H10ClN	2-chloro-4,6-dimethylaniline	63133-82-4	155.627	312.15	1	501.03	2	25	1.1100	1	---	---	---	solid	1
13824	C8H10ClN	4-chloro-a-methylbenzylamine	6299-02-1	155.627	---	---	501.03	2	25	1.1000	1	---	---	---	---	---
13825	C8H10ClN	2-(3-chlorophenyl)ethylamine	13078-79-0	155.627	---	---	501.03	2	25	1.1190	1	---	1.5490	1	---	---
13826	C8H10ClN	2-(2-chlorophenyl)ethylamine	13078-80-3	155.627	---	---	501.03	2	25	1.1060	1	---	1.5510	1	---	---
13827	C8H10ClN	2-(4-chlorophenyl)ethylamine	156-41-2	155.627	---	---	516.65	1	25	1.1120	1	---	1.5480	1	---	---
13828	C8H10ClNO	1-acetonylpyridinium chloride	42508-60-1	171.626	---	---	---	---	25	1.1618	2	---	---	---	---	---
13829	C8H10ClNO	4-chloro-2-methoxy-5-methylaniline	6376-14-3	171.626	373.15	1	---	---	25	1.1618	2	---	---	---	solid	1
13830	C8H10ClNO	2-chloro-N-(2-hydroxyethyl)aniline	94-87-1	171.626	---	---	---	---	25	1.1618	2	---	---	---	---	---
13831	C8H10ClNO2	5-chloro-2,4-dimethoxyaniline	97-50-7	187.626	363.65	1	---	---	25	1.2236	2	---	---	---	solid	1
13832	C8H10ClNO2	4-chloro-2,5-dimethoxyaniline	6358-64-1	187.626	---	---	---	---	25	1.2236	2	---	---	---	---	---
13833	C8H10ClN3	chloro-pdmt	7203-90-9	183.641	---	---	---	---	25	1.2194	2	---	---	---	---	---
13834	C8H10ClOPS	ethyl P-phenylphosphonochloridothioate	5075-13-8	220.659	---	---	410.65	1	---	---	---	---	---	---	---	---
13835	C8H10ClO3PS	fujithion	3309-87-3	252.658	---	---	374.15	1	---	---	---	---	---	---	---	---
13836	C8H10ClN3O	1-(2-amino-5-chlorobenzoyl)-1-methylhydr	59169-70-9	199.640	352.65	1	---	---	25	1.2779	2	---	---	---	solid	1
13837	C8H10ClN4O4	1-(2-chloroethyl)-3-(2,6-dioxo-3-piperidyl)-	13909-02-9	261.646	---	---	---	---	25	1.4756	2	---	---	---	---	---
13838	C8H10Cl2NO3	ethyl phosphoramidic acid 2,4-dichlorophe	36031-66-0	239.078	---	---	440.15	1	25	1.3573	2	---	---	---	---	---
13839	C8H10Cl2N2O2Pt	dichloro(4-methoxycarbonyl-O-phenylened	72595-99-4	432.163	---	---	---	---	---	---	---	---	---	---	---	---
13840	C8H10Cl2N2S	S-(4-chlorobenzyl)thiuronium chloride	544-47-8	237.152	479.65	1	---	---	25	1.3240	2	---	---	---	solid	1

Table 1 Physical Properties - Organic Compounds

				Mol Wt	Freezing Point		Boiling Point		Density			Refractive Index			State	
NO	FORMULA	NAME	CAS No	g/mol	T_F, K	code	T_B, K	code	T, C	g/cm3	code	T, C	n_D	code	@25C,1 atm	code
13841	C8H10Cl2O4	di-2-chloroethyl maleate	63917-06-6	241.070	---	---	389.15	1	25	1.3580	2	---	---	---	---	---
13842	C8H10Cl2Si	dichloromethyl(4-methylphenyl)silane	18236-57-2	205.157	330.15	1	500.65	2	20	1.1619	1	20	1.5170	1	solid	1
13843	C8H10Cl2Si	ethylphenyldichlorosilane	1125-27-5	205.157	---	---	500.65	1	25	1.1590	1	---	---	---	---	---
13844	C8H10Cl6N2O2Sn	dimorpholinium hexachlorostannate	69853-15-2	497.605	---	---	---	---	---	---	---	---	---	---	---	---
13845	C8H10CuF6O2P	trimethylphosphine(hexafluoroacetylacetor	135707-05-0	346.677	338.15	1	---	---	---	---	---	---	---	---	solid	1
13846	C8H10FN	4-fluoro-a-methylbenzylamine	403-40-7	139.173	---	---	418.15	1	25	1.0590	1	---	1.5020	1	---	---
13847	C8H10FN	4-fluorophenethylamine	1583-88-6	139.173	---	---	418.15	2	25	1.0610	1	---	1.5070	1	---	---
13848	C8H10FN	3-fluorophenethylamine	404-70-6	139.173	---	---	418.15	2	25	1.0660	1	---	1.5090	1	---	---
13849	C8H10FN	2-fluorophenethylamine	52721-69-4	139.173	---	---	418.15	2	25	1.0660	1	---	1.5100	1	---	---
13850	C8H10FN3	3,3-dimethyl-1-(p-fluorophenyl)triazene	23456-94-2	167.187	---	---	---	---	25	1.1667	2	---	---	---	---	---
13851	C8H10F3NO	N,N-diallyl-2,2,2-trifluoroacetamide	14618-49-6	193.169	---	---	---	---	25	1.1300	1	---	1.4130	1	---	---
13852	C8H10HgN4O4	bis(ethoxycarbonyldiazomethyl)mercury	20539-85-9	426.783	---	---	381.15	1	---	---	---	---	---	---	---	---
13853	C8H10K2O15Sb2	tartar emetic	28300-74-5	667.875	---	---	---	---	25	2.6000	1	---	---	---	---	---
13854	C8H10NO5PS	methyl parathion	298-00-0	263.211	311.15	1	---	---	20	1.3580	1	25	1.5367	1	solid	1
13855	C8H10NO5PS	dimethyl paranitrophenyl thionophosphate	3820-53-9	263.211	328.65	1	---	---	---	---	---	---	---	---	solid	1
13856	C8H10NO6P	phosphoric acid, dimethyl-p-nitrophenyl es	950-35-6	247.145	---	---	---	---	---	---	---	---	---	---	---	---
13857	C8H10N2	acetaldehyde phenylhydrazone	935-07-9	134.181	372.65	1	502.15	2	24	1.0246	2	---	---	---	solid	1
13858	C8H10N2	ethylphenyldiazene	935-08-0	134.181	---	---	450.15	1	22	0.9628	1	---	1.5579	1	---	---
13859	C8H10N2	1,2,3,4-tetrahydroquinoxaline	3476-89-9	134.181	372.15	1	562.15	1	24	1.0246	2	---	---	---	solid	1
13860	C8H10N2	6,7-dihydro-5-methyl-5(H)-cyclopentapyraz	23747-48-0	134.181	---	---	502.15	2	25	1.0500	1	---	1.5295	1	---	---
13861	C8H10N2	5,6,7,8-tetrahydroquinoxaline	34413-35-9	134.181	---	---	494.15	1	25	1.0610	1	---	1.5420	1	---	---
13862	C8H10N2O	N-(4-aminophenyl)acetamide	122-80-5	150.181	439.65	1	540.15	1	20	1.1162	2	---	---	---	solid	1
13863	C8H10N2O	benzylurea	538-32-9	150.181	421.15	1	473.15	dec	20	1.1162	2	---	---	---	solid	1
13864	C8H10N2O	N-ethyl-N-nitrosoaniline	612-64-6	150.181	---	---	506.65	2	20	1.0874	1	---	---	---	---	---
13865	C8H10N2O	p-nitroso-N,N-dimethylaniline	138-89-6	150.181	365.65	1	506.65	2	20	1.1450	1	---	---	---	solid	1
13866	C8H10N2O	1-acetyl-2-phenylhydrazine	114-83-0	150.181	403.15	1	506.65	2	20	1.1162	2	---	---	---	solid	1
13867	C8H10N2O	3'-aminoacetanilide	102-28-3	150.181	359.15	1	506.65	2	20	1.1162	2	---	---	---	solid	1
13868	C8H10N2O	3-amino-4-methylbenzamide	19406-86-1	150.181	401.15	1	506.65	2	20	1.1162	2	---	---	---	solid	1
13869	C8H10N2O	phenylacetic acid hydrazide	937-39-3	150.181	389.15	1	506.65	2	20	1.1162	2	---	---	---	solid	1
13870	C8H10N2O	D(-)-phenylglycinamide	---	150.181	---	---	506.65	2	20	1.1162	2	---	---	---	---	---
13871	C8H10N2O	p-toluic hydrazide	3619-22-5	150.181	389.15	1	506.65	2	20	1.1162	2	---	---	---	solid	1
13872	C8H10N2O	o-tolylurea	614-77-7	150.181	465.65	1	506.65	2	20	1.1162	2	---	---	---	solid	1
13873	C8H10N2O	p-tolylurea	622-51-5	150.181	453.15	1	506.65	2	20	1.1162	2	---	---	---	solid	1
13874	C8H10N2O	1-tolylurea	63-99-0	150.181	413.65	1	506.65	2	20	1.1162	2	---	---	---	solid	1
13875	C8H10N2O	N-methyl-N-benzylnitrosamine	937-40-6	150.181	---	---	506.65	2	20	1.1162	2	---	---	---	---	---
13876	C8H10N2O2	N,N-dimethyl-2-nitroaniline	610-17-3	166.180	253.15	1	524.40	2	20	1.1794	1	20	1.6102	1	liquid	2
13877	C8H10N2O2	N,N-dimethyl-3-nitroaniline	619-31-8	166.180	333.65	1	555.65	1	17	1.3130	1	---	---	---	solid	1
13878	C8H10N2O2	carbobenzoxyhydrazide	5331-43-1	166.180	341.65	1	524.40	2	21	1.2275	2	---	---	---	solid	1
13879	C8H10N2O2	trans-1,4-cyclohexane diisocyanate	7517-76-2	166.180	334.65	1	524.40	2	21	1.2275	2	---	---	---	solid	1
13880	C8H10N2O2	2,3-dimethyl-6-nitroaniline	59146-96-2	166.180	392.65	1	524.40	2	21	1.2275	2	---	---	---	solid	1
13881	C8H10N2O2	4,5-dimethyl-2-nitroaniline	6972-71-0	166.180	413.65	1	524.40	2	21	1.2275	2	---	---	---	solid	1
13882	C8H10N2O2	N-ethyl-2-nitroaniline	10112-15-9	166.180	366.05	2	524.40	2	25	1.1900	1	---	1.6450	1	solid	2
13883	C8H10N2O2	N-(2-hydroxyethyl)isonicotinamide	6265-74-3	166.180	410.15	1	493.15	1	21	1.2275	2	---	---	---	solid	1
13884	C8H10N2O2	N,N-dimethyl-p-nitroaniline	100-23-2	166.180	437.15	1	524.40	2	21	1.2275	2	---	---	---	solid	1
13885	C8H10N2O2	o-anisic acid, hydrazide	7466-54-8	166.180	---	---	524.40	2	21	1.2275	2	---	---	---	---	---
13886	C8H10N2O2	p-anisic acid, hydrazide	3290-99-1	166.180	---	---	524.40	2	21	1.2275	2	---	---	---	---	---
13887	C8H10N2O3	2-ethoxy-5-nitroaniline	136-79-8	182.180	369.65	1	---	---	25	1.2477	2	---	---	---	solid	1
13888	C8H10N2O3S	N,4-dimethyl-N-nitrosobenzenesulfonamid	80-11-5	214.246	333.15	1	---	---	25	1.3260	2	---	---	---	solid	1
13889	C8H10N2O3S	N-[(4-aminophenyl)sulfonyl]acetamide	144-80-9	214.246	456.15	1	---	---	25	1.3260	2	---	---	---	solid	1
13890	C8H10N2O3S	N-[4-(aminosulfonyl)phenyl]acetamide	121-61-9	214.246	492.65	1	---	---	25	1.3260	2	---	---	---	solid	1
13891	C8H10N2O4	mimosine	500-44-7	198.179	501.15	dec	---	---	25	1.3070	2	---	---	---	solid	1
13892	C8H10N2O4	2,5-dimethoxy-4-nitroaniline	6313-37-7	198.179	428.15	1	---	---	25	1.3070	2	---	---	---	solid	1
13893	C8H10N2O4	b-(N-(3-hydroxy-4-pyridone))-a-aminopropi	10182-82-8	198.179	---	---	---	---	25	1.3070	2	---	---	---	---	---
13894	C8H10N2O4S	asulam	3337-71-1	230.245	417.15	1	---	---	25	1.3771	2	---	---	---	solid	1
13895	C8H10N2O4S	3-aminoacetanilide-4-sulfonic acid	88-64-2	230.245	---	---	---	---	25	1.3771	2	---	---	---	---	---
13896	C8H10N2S	2-ethyl-4-pyridinecarbothioamide	536-33-4	166.247	436.15	1	---	---	25	1.1487	2	---	---	---	solid	1
13897	C8H10N2S	(2-methylphenyl)thiourea	614-78-8	166.247	435.15	1	---	---	25	1.1487	2	---	---	---	solid	1
13898	C8H10N2S	N-methyl-N'-phenyl thiourea	2724-69-8	166.247	386.15	1	---	---	25	1.1487	2	---	---	---	solid	1
13899	C8H10N3NaO3S	p-dimethylaminobenzenediazo sodium sulf	140-56-7	251.242	---	---	---	---	---	---	---	---	---	---	---	---
13900	C8H10N4O2	caffeine	58-08-2	194.194	509.15	1	---	---	19	1.2300	1	---	---	---	solid	1
13901	C8H10N4O2	2,4-dicyano-3-methylglutaramide	5447-66-5	194.194	432.65	1	---	---	25	1.3043	2	---	---	---	solid	1
13902	C8H10N4O2	1,8-bis(diazo)-2,7-octanedione	1448-16-4	194.194	---	---	---	---	25	1.3043	2	---	---	---	---	---
13903	C8H10N4O2	3,3-dimethyl-1-(p-nitrophenyl)triazene	7227-92-1	194.194	---	---	---	---	25	1.3043	2	---	---	---	---	---
13904	C8H10N4O4	4-methyl-1-((5-nitrofurfurylidene)amino)-2-i	21638-36-8	226.193	---	---	---	---	25	1.4126	2	---	---	---	---	---
13905	C8H10N4O5	furadroxyl	405-22-1	242.192	488.15	dec	416.75	1	25	1.4613	2	---	---	---	solid	1
13906	C8H10N4S	p-aminobenzaldehydethiosemicarbazone	6957-91-1	194.261	---	---	378.15	1	25	1.2678	2	---	---	---	---	---
13907	C8H10N4S	6-(propylthio)purine	6288-93-3	194.261	---	---	378.15	2	25	1.2678	2	---	---	---	---	---
13908	C8H10N6	ophthazin	484-23-1	190.209	453.15	dec	---	---	25	1.3014	2	---	---	---	solid	1
13909	C8H10N6O7	murexide	3051-09-0	302.205	---	---	---	---	25	1.6294	2	---	---	---	---	---
13910	C8H10NaO3S	sodium xylenesulfonate	1300-72-7	209.221	---	---	---	---	---	---	---	---	---	---	---	---
13911	C8H10Na2O5	endothall disodium	145-73-3	232.144	417.15	1	---	---	20	1.4310	1	---	---	---	solid	1
13912	C8H10O	phenetole	103-73-1	122.167	243.63	1	443.15	1	25	0.9610	1	25	1.5049	1	liquid	1
13913	C8H10O	2-phenylethanol	60-12-8	122.167	246.15	1	492.05	1	25	1.0160	1	20	1.5323	1	liquid	1
13914	C8H10O	2-methylbenzenemethanol	89-95-2	122.167	309.15	1	497.15	1	40	1.0230	1	---	---	---	solid	1
13915	C8H10O	3-methylbenzenemethanol	587-03-1	122.167	252.00	2	490.15	1	17	0.9157	1	---	---	---	---	---
13916	C8H10O	4-methylbenzenemethanol	589-18-4	122.167	332.65	1	490.15	1	22	0.9780	1	---	---	---	solid	1
13917	C8H10O	1-phenylethanol	98-85-1	122.167	292.65	1	477.15	1	25	1.0130	1	20	1.5265	1	liquid	1
13918	C8H10O	o-ethylphenol	90-00-6	122.167	269.84	1	477.67	1	25	1.0146	1	20	1.5370	1	liquid	1
13919	C8H10O	m-ethylphenol	620-17-7	122.167	269.15	1	491.57	1	25	1.0076	1	20	1.5350	1	liquid	1
13920	C8H10O	p-ethylphenol	123-07-9	122.167	318.23	1	491.14	1	26	0.9863	2	25	1.5240	1	solid	1

Table 1 Physical Properties - Organic Compounds

				Mol Wt	Freezing Point		Boiling Point		Density			Refractive Index			State	
NO	FORMULA	NAME	CAS No	g/mol	T_F, K	code	T_B, K	code	T, C	g/cm3	code	T, C	n_D	code	@25C,1 atm	code
13921	C8H10O	2,3-xylenol	526-75-0	122.167	345.71	1	490.07	1	26	0.9863	2	25	1.5420	1	solid	1
13922	C8H10O	2,4-xylenol	105-67-9	122.167	297.68	1	484.13	1	25	1.0150	1	20	1.5320	1	liquid	1
13923	C8H10O	2,5-xylenol	95-87-4	122.167	347.99	1	484.33	1	26	0.9863	2	75	1.5120	1	solid	1
13924	C8H10O	2,6-xylenol	576-26-1	122.167	318.76	1	474.22	1	26	0.9863	2	20	1.5371	1	solid	1
13925	C8H10O	3,4-xylenol	95-65-8	122.167	338.25	1	500.15	1	20	0.9830	1	20	1.5442	1	solid	1
13926	C8H10O	3,5-xylenol	108-68-9	122.167	336.59	1	494.89	1	20	0.9680	1	---	---	---	solid	1
13927	C8H10O	benzyl methyl ether	538-86-3	122.167	220.55	1	443.15	1	20	0.9634	1	20	1.5008	1	liquid	1
13928	C8H10O	bicyclo[2.2.1]hept-5-ene-2-carboxaldehyde	5453-80-5	122.167	---	---	473.33	2	25	1.0180	1	20	1.4893	1	---	---
13929	C8H10O	2-methylanisole	578-58-5	122.167	239.05	1	444.15	1	25	0.9850	1	20	1.5161	1	liquid	1
13930	C8H10O	3-methylanisole	100-84-5	122.167	226.15	1	448.65	1	25	0.9690	1	20	1.5130	1	liquid	1
13931	C8H10O	4-methylanisole	104-93-8	122.167	241.15	1	448.65	1	25	0.9690	1	20	1.5112	1	liquid	1
13932	C8H10O	3-methylenebicyclo[2.2.1]heptan-2-one	5597-27-3	122.167	---	---	473.33	2	20	1.0170	1	20	1.4891	1	---	---
13933	C8H10O	2,4,6-octatrienal	17609-31-3	122.167	329.95	1	473.33	2	60	0.8891	1	---	---	---	solid	1
13934	C8H10O	dimethyl phenol	1300-71-6	122.167	315.38	2	411.65	1	26	0.9863	2	---	---	---	solid	2
13935	C8H10O	(±)-a-methyl-benzenemethanol	13323-81-4	122.167	386.65	1	477.15	1	26	0.9863	2	---	1.5260	1	solid	1
13936	C8H10O	(S)-(-)-sec-phenethyl alcohol	1445-91-6	122.167	283.15	1	473.33	2	25	1.0100	1	---	1.5270	1	liquid	2
13937	C8H10O	(R)-(+)-sec-phenethyl alcohol	1517-69-7	122.167	283.15	1	476.25	1	25	1.0100	1	---	1.5210	1	liquid	1
13938	C8H10OS	4-ethoxybenzenethiol	699-09-2	154.233	274.75	1	511.15	1	17	1.1070	1	---	---	---	liquid	1
13939	C8H10OS	2-methyl-1-(2-thienyl)-1-propanone	36448-60-9	154.233	---	---	502.15	1	20	1.1070	1	20	1.5405	1	---	---
13940	C8H10OS	3-acetyl-2,5-dimethylthiophene	2530-10-1	154.233	---	---	453.82	2	25	1.0860	1	---	1.5440	1	---	---
13941	C8H10OS	methoxymethyl phenyl sulfide	13865-50-4	154.233	---	---	453.82	2	25	1.0470	1	---	1.5630	1	---	---
13942	C8H10OS	1-methoxy-4-(methylthio)benzene	1879-16-9	154.233	295.65	1	453.82	2	25	1.1100	1	---	1.5780	1	liquid	2
13943	C8H10OS	4-(methylthio)benzyl alcohol	3446-90-0	154.233	313.65	1	453.82	2	23	1.1000	2	---	---	---	solid	1
13944	C8H10OS	(R)-(+)-methyl p-tolyl sulfoxide	1519-39-7	154.233	347.15	1	348.15	1	23	1.1000	2	---	---	---	solid	1
13945	C8H10OS	methyl p-tolyl sulfoxide	934-72-5	154.233	318.15	1	453.82	2	23	1.1000	2	---	---	---	solid	1
13946	C8H10OS	2-(phenylthio)ethanol	699-12-7	154.233	---	---	453.82	2	25	1.1430	1	---	1.5900	1	---	---
13947	C8H10OS	2-(ethylthio)phenol	29549-60-8	154.233	---	---	453.82	2	23	1.1000	2	---	---	---	---	---
13948	C8H10OS	3-methyl-4-methylthiophenol	3120-74-9	154.233	---	---	453.82	2	23	1.1000	2	---	---	---	---	---
13949	C8H10O2	1,3-benzenedimethanol	626-18-6	138.166	330.15	1	508.40	2	18	1.1610	1	---	---	---	solid	1
13950	C8H10O2	1,4-benzenedimethanol	589-29-7	138.166	390.65	1	508.40	2	27	1.0977	2	---	---	---	solid	1
13951	C8H10O2	1,2-dimethoxybenzene	91-16-7	138.166	295.65	1	479.15	1	25	1.0810	1	21	1.5827	1	liquid	1
13952	C8H10O2	1,3-dimethoxybenzene	151-10-0	138.166	221.15	1	490.65	1	25	1.0521	1	20	1.5231	1	liquid	1
13953	C8H10O2	1,4-dimethoxybenzene	150-78-7	138.166	332.15	1	485.75	1	55	1.0375	1	---	---	---	solid	1
13954	C8H10O2	2,5-dimethyl-1,3-benzenediol	488-87-9	138.166	436.15	1	551.65	1	27	1.0977	2	---	---	---	solid	1
13955	C8H10O2	4,5-dimethyl-1,2-benzenediol	2785-74-2	138.166	360.65	1	508.40	2	27	1.0977	2	---	---	---	solid	1
13956	C8H10O2	4,5-dimethyl-1,3-benzenediol	527-55-9	138.166	409.15	1	557.15	1	20	1.1994	1	---	---	---	solid	1
13957	C8H10O2	4,6-dimethyl-1,3-benzenediol	615-89-4	138.166	399.65	1	549.15	1	27	1.0977	2	---	---	---	solid	1
13958	C8H10O2	4-ethyl-1,3-benzenediol	2896-60-8	138.166	371.65	1	508.40	2	27	1.0977	2	---	---	---	solid	1
13959	C8H10O2	2-ethoxyphenol	94-71-3	138.166	302.15	1	490.15	1	25	1.0903	1	---	---	---	solid	1
13960	C8H10O2	3-ethoxyphenol	621-34-1	138.166	---	---	519.15	1	15	1.1050	1	---	---	---	---	---
13961	C8H10O2	4-ethoxyphenol	622-62-8	138.166	339.65	1	519.65	1	27	1.0977	2	---	---	---	solid	1
13962	C8H10O2	4-(2-furanyl)-2-butanone	699-17-2	138.166	---	---	476.15	1	19	1.0361	1	17	1.4696	1	---	---
13963	C8H10O2	hexahydro-1,5-pentalenedione	62353-69-9	138.166	318.15	1	508.40	2	60	1.1290	1	54	1.4877	1	solid	1
13964	C8H10O2	3-hydroxybenzeneethanol	13398-94-2	138.166	---	---	508.40	2	25	1.0820	1	20	1.5643	1	---	---
13965	C8H10O2	2-methoxybenzenemethanol	612-16-8	138.166	---	---	522.15	1	25	1.0386	1	20	1.5455	1	---	---
13966	C8H10O2	3-methoxybenzenemethanol	6971-51-3	138.166	303.15	1	525.15	1	25	1.1120	1	20	1.5440	1	solid	1
13967	C8H10O2	4-methoxybenzenemethanol	105-13-5	138.166	298.15	1	532.25	1	26	1.1090	1	25	1.5420	1	---	---
13968	C8H10O2	2-methoxy-4-methylphenol	93-51-6	138.166	278.65	1	494.15	1	20	1.0980	1	25	1.5353	1	liquid	1
13969	C8H10O2	2-phenoxyethanol	122-99-6	138.166	287.15	1	518.15	1	22	1.1020	1	20	1.5340	1	liquid	1
13970	C8H10O2	1-phenyl-1,2-ethanediol	93-56-1	138.166	340.65	1	546.15	1	27	1.0977	2	---	---	---	solid	1
13971	C8H10O2	3-acetyl-2,5-dimethylfuran	10599-70-9	138.166	---	---	467.15	1	25	1.0380	1	---	1.4850	1	---	---
13972	C8H10O2	1,2-benzenedimethanol	612-14-6	138.166	335.65	1	508.40	2	27	1.0977	2	---	---	---	solid	1
13973	C8H10O2	2,3-dimethylhydroquinone	608-43-5	138.166	497.15	1	508.40	2	27	1.0977	2	---	---	---	solid	1
13974	C8H10O2	4-hydroxyphenethyl alcohol	501-94-0	138.166	364.15	1	508.40	2	27	1.0977	2	---	---	---	solid	1
13975	C8H10O2	2-hydroxyphenethyl alcohol	7768-28-7	138.166	---	---	441.15	1	25	1.1590	1	---	1.5590	1	---	---
13976	C8H10O2	4-hydroxyphenyl methyl carbitol	2380-91-8	138.166	---	---	508.40	2	27	1.0977	2	---	---	---	---	---
13977	C8H10O2	2-methyl-5-propionyl-furan	10599-69-6	138.166	---	---	508.40	2	27	1.0977	2	---	1.5047	1	---	---
13978	C8H10O2	5-norbornene-2-carboxylic acid, endo and	120-74-1	138.166	---	---	419.15	1	25	1.1290	1	---	1.4940	1	---	---
13979	C8H10O2	(R)-(-)-1-phenyl-1,2-ethanediol	16355-00-3	138.166	340.15	1	546.15	1	27	1.0977	2	---	---	---	solid	1
13980	C8H10O2	(S)-(+)-1-phenyl-1,2-ethanediol	25779-13-9	138.166	340.15	1	546.15	1	27	1.0977	2	---	---	---	solid	1
13981	C8H10O2	p-xylohydroquinone	615-90-7	138.166	---	---	508.40	2	27	1.0977	2	---	---	---	---	---
13982	C8H10O2	2,5-dimethyl-1,2,5,6-diepoxyhex-3-yne	42149-31-5	138.166	---	---	508.40	2	27	1.0977	2	---	---	---	---	---
13983	C8H10O2	2,6-dimethylhydroquinone	654-42-2	138.166	423.15	1	508.40	2	27	1.0977	2	---	---	---	solid	1
13984	C8H10O2	1,4-epidioxy-1,4-dihydro-6,6-dimethylfulvei	---	138.166	---	---	508.40	2	27	1.0977	2	---	---	---	---	---
13985	C8H10O2	2-phenylethyl hydroperoxide	27254-37-1	138.166	---	---	508.40	2	27	1.0977	2	---	---	---	---	---
13986	C8H10O2S	ethyl phenyl sulfone	599-70-2	170.232	315.15	1	---	---	20	1.1410	1	---	---	---	solid	1
13987	C8H10O2S	3,4-dimethoxythiophenol	19689-66-8	170.232	---	---	---	---	25	1.1900	1	---	---	---	---	---
13988	C8H10O2S	ethyl 3-thiopheneacetate	37784-63-7	170.232	---	---	---	---	25	1.1290	1	---	1.5090	1	---	---
13989	C8H10O2S	ethyl 2-thiopheneacetate	57382-97-5	170.232	---	---	---	---	25	1.1340	1	---	1.5100	1	---	---
13990	C8H10O2S	methyl p-tolyl sulfone	3185-99-7	170.232	359.65	1	---	---	24	1.1508	2	---	---	---	solid	1
13991	C8H10O2S	4-(2-thienyl)butyric acid	4653-11-6	170.232	---	---	---	---	25	1.1600	1	---	1.5320	1	---	---
13992	C8H10O3	2-butenoic anhydride	623-68-7	154.166	---	---	520.15	1	20	1.0397	1	20	1.4745	1	---	---
13993	C8H10O3	2,6-dimethoxyphenol	91-10-1	154.166	329.65	1	534.15	1	23	1.0745	2	---	---	---	solid	1
13994	C8H10O3	3,5-dimethoxyphenol	500-99-2	154.166	310.15	1	497.14	2	23	1.0745	2	---	---	---	solid	1
13995	C8H10O3	ethyl 2-furanacetate	4915-21-3	154.166	---	---	497.14	2	25	1.0763	1	25	1.4571	1	---	---
13996	C8H10O3	ethyl 2-methyl-3-furancarboxylate	28921-35-9	154.166	---	---	497.14	2	25	1.0102	1	25	1.4620	1	---	---
13997	C8H10O3	furfuryl propanoate	623-19-8	154.166	---	---	468.15	1	20	1.1085	1	---	---	---	---	---
13998	C8H10O3	hexahydro-1,3-isobenzofurandione	85-42-7	154.166	305.15	1	497.14	2	23	1.0745	2	---	---	---	solid	1
13999	C8H10O3	2-hydroxy-3-methoxybenzenemethanol	4383-05-5	154.166	334.65	1	497.14	2	23	1.0745	2	---	---	---	solid	1
14000	C8H10O3	4-hydroxy-3-methoxybenzenemethanol	498-00-0	154.166	388.15	1	497.14	2	23	1.0745	2	---	---	---	solid	1

Table 1 Physical Properties - Organic Compounds

				Mol Wt	Freezing Point		Boiling Point		Density			Refractive Index			State	
NO	FORMULA	NAME	CAS No	g/mol	T_F, K	code	T_B, K	code	T, C	g/cm3	code	T, C	n_D	code	@25C,1 atm	code
14001	C8H10O3	isopropyl 2-furancarboxylate	6270-34-4	154.166	---	---	471.65	1	24	1.0655	1	24	1.4682	1	---	---
14002	C8H10O3	methyl 2-furanpropanoate	37493-31-5	154.166	---	---	497.14	2	20	1.0880	1	20	1.4662	1	---	---
14003	C8H10O3	2-methyl-2-propenoic anhydride	760-93-0	154.166	---	---	497.14	2	23	1.0745	2	20	1.4540	1	---	---
14004	C8H10O3	propyl 2-furancarboxylate	615-10-1	154.166	---	---	484.05	1	20	1.0745	1	20	1.4787	1	---	---
14005	C8H10O3	2-acetyl-1,3-cyclohexanedione	4056-73-9	154.166	299.10	1	497.14	2	23	1.0745	2	---	---	---	solid	1
14006	C8H10O3	crotonic anhydride	78957-07-0	154.166	---	---	521.15	1	25	1.0400	1	---	1.4740	1	---	---
14007	C8H10O3	3,4-dimethoxyphenol	2033-89-8	154.166	352.65	1	497.14	2	23	1.0745	2	---	---	---	solid	1
14008	C8H10O3	2,3-dimethoxyphenol	5150-42-5	154.166	---	---	506.65	1	25	1.1820	1	---	1.5360	1	---	---
14009	C8H10O3	furfuryl glycidyl ether	5380-87-0	154.166	---	---	497.14	2	25	1.1220	1	---	1.4810	1	---	---
14010	C8H10O3	(R)-(-)-1-(2-furyl)ethyl acetate	---	154.166	---	---	497.14	2	25	1.0500	1	---	---	---	---	---
14011	C8H10O3	DL-1-(2-furyl)ethyl acetate	22426-24-0	154.166	---	---	497.14	2	23	1.0745	2	---	1.4580	1	---	---
14012	C8H10O3	cis-hexahydrophthalic anhydride	13149-00-3	154.166	304.65	1	497.14	2	23	1.0745	2	---	---	---	solid	1
14013	C8H10O3	2-(2-hydroxyethoxy)phenol	4792-78-3	154.166	372.65	1	497.14	2	23	1.0745	2	---	---	---	solid	1
14014	C8H10O3	methyl 2,5-dimethyl-3-furancarboxylate	6148-34-1	154.166	---	---	471.15	1	25	1.0370	1	---	1.4750	1	---	---
14015	C8H10O3S	ethyl benzenesulfonate	515-46-8	186.232	---	---	565.15	2	20	1.2167	1	20	1.5081	1	---	---
14016	C8H10O3S	methyl 4-toluenesulfonate	80-48-8	186.232	301.65	1	565.15	1	40	1.2087	1	---	---	---	solid	1
14017	C8H10O3S	2,5-dimethylbenzenesulfonic acid	609-54-1	186.232	354.15	1	565.15	2	28	1.3275	2	---	---	---	solid	1
14018	C8H10O3S	2-(phenylsulfonyl)ethanol	20611-21-6	186.232	---	---	565.15	2	25	1.5570	1	---	1.5550	1	---	---
14019	C8H10O3S	xylenesulfonic acid	25321-41-9	186.232	---	---	565.15	2	28	1.3275	2	---	---	---	---	---
14020	C8H10O3S	2,4-xylenesulfonic acid	88-61-9	186.232	334.65	1	565.15	2	28	1.3275	2	---	---	---	solid	1
14021	C8H10O4	2-butyne-1,4-diol diacetate	1573-17-7	170.165	---	---	486.15	2	23	1.1085	2	20	1.4611	1	---	---
14022	C8H10O4	diallyl oxalate	615-99-6	170.165	---	---	490.15	1	20	1.1582	1	20	1.4481	1	---	---
14023	C8H10O4	diethyl 2-butynedioate	762-21-0	170.165	273.95	1	486.15	2	20	1.0075	1	20	1.4425	1	liquid	2
14024	C8H10O4	3-methoxy-5-methyl-4-oxo-2,5-hexadienoic	90-65-3	170.165	356.15	1	486.15	2	23	1.1085	2	---	---	---	solid	1
14025	C8H10O4	(2R,3S)-1-carboxy-2,3-dihydroxy-4-methylc	---	170.165	---	---	486.15	2	23	1.1085	2	---	---	---	---	---
14026	C8H10O4	3,4-diethoxy-3-cyclobutene-1,2-dione	5231-87-8	170.165	---	---	486.15	2	25	1.1500	1	---	1.5090	1	---	---
14027	C8H10O4	3,4-dihydro-2,2-dimethyl-4-oxo-2H-pyran-6	80866-93-9	170.165	442.15	1	486.15	2	23	1.1085	2	---	---	---	solid	1
14028	C8H10O4	ethylene glycol diacrylate	2274-11-5	170.165	---	---	503.00	2	25	1.0670	1	---	1.4530	1	---	---
14029	C8H10O4	furaneol acetate	4166-20-5	170.165	---	---	516.15	1	25	1.1600	1	---	1.4795	1	---	---
14030	C8H10O4	isodehydroacetic acid	480-65-9	170.165	427.15	1	486.15	2	23	1.1085	2	---	---	---	solid	1
14031	C8H10O4	dicrotonyl peroxide	---	170.165	---	---	486.15	2	23	1.1085	2	---	---	---	---	---
14032	C8H10O4	2,6-dimethoxyquinol	15233-65-5	170.165	---	---	452.15	1	23	1.1085	2	---	---	---	---	---
14033	C8H10O5	diallyl pyrocarbonate	115491-93-5	186.164	---	---	---	---	25	1.1210	1	---	1.4330	1	---	---
14034	C8H10O5S	ethyl-3,4-dihydroxybenzene sulfonate	---	218.230	---	---	---	---	25	1.3282	2	---	---	---	---	---
14035	C8H10O6	diallyl peroxydicarbonate	34037-79-1	202.164	---	---	390.15	1	25	1.3097	2	---	---	---	---	---
14036	C8H10O8	bis(3-carboxypropionyl)peroxide	---	234.163	---	---	326.15	1	25	1.4141	2	---	---	---	---	---
14037	C8H10O8	1,2,3,4-butanetetracarboxylic acid	1703-58-8	234.163	---	---	380.15	1	25	1.4141	2	---	---	---	---	---
14038	C8H10O8	succinic peroxide	123-23-9	234.163	406.15	dec	---	---	25	1.4141	2	---	---	---	solid	1
14039	C8H10S	o-ethylthiophenol	4500-58-7	138.233	264.38	2	483.15	1	25	1.0309	1	25	1.5680	1	liquid	1
14040	C8H10S	m-ethylthiophenol	62154-77-2	138.233	264.38	2	484.15	1	25	1.0340	1	25	1.5690	1	liquid	1
14041	C8H10S	p-ethylthiophenol	4946-13-8	138.233	264.38	2	484.15	1	25	1.0340	1	25	1.5690	1	liquid	1
14042	C8H10S	2,3-dimethylthiophenol	---	138.233	248.01	2	489.45	2	25	1.0340	1	---	---	---	liquid	2
14043	C8H10S	2,4-dimethylthiophenol	13616-82-5	138.233	248.01	2	481.15	1	25	1.0340	1	---	---	---	liquid	1
14044	C8H10S	2,5-dimethylthiophenol	4001-61-0	138.233	248.01	2	478.15	1	25	1.0340	1	---	---	---	liquid	1
14045	C8H10S	2,6-dimethylthiophenol	118-72-9	138.233	248.01	2	489.45	2	25	1.0340	1	---	---	---	liquid	2
14046	C8H10S	3,4-dimethylthiophenol	18800-53-8	138.233	248.01	2	489.45	2	25	1.0340	1	---	---	---	liquid	2
14047	C8H10S	3,5-dimethylthiophenol	38360-81-5	138.233	248.01	2	489.45	2	25	1.0340	1	---	---	---	liquid	2
14048	C8H10S	(1-thiapropyl)-benzene	622-38-8	138.233	128.17	2	478.15	1	25	1.0166	1	25	1.5644	1	liquid	1
14049	C8H10S	2-methyl-(1-thiaethyl)-benzene	---	138.233	111.80	2	482.88	2	25	1.0260	1	---	---	---	liquid	2
14050	C8H10S	3-methyl-(1-thiaethyl)-benzene	4886-77-5	138.233	111.80	2	482.88	2	25	1.0260	1	25	1.5731	1	liquid	2
14051	C8H10S	4-methyl-(1-thiaethyl)-benzene	623-13-2	138.233	111.80	2	490.15	1	25	1.0230	1	25	1.5707	1	liquid	1
14052	C8H10S	[(methylthio)methyl]benzene	766-92-7	138.233	243.15	1	483.15	1	20	1.0274	1	20	1.5620	1	liquid	1
14053	C8H10S	alpha-methylbenzenemethanethiol, (S)	33877-11-1	138.233	252.44	2	472.15	1	20	1.0220	1	20	1.5593	1	liquid	1
14054	C8H10S	2-phenylethanethiol	4410-99-5	138.233	252.44	2	490.65	1	25	1.0320	1	---	1.5600	1	liquid	1
14055	C8H10S2	1,4-benzenedimethanethiol	105-09-9	170.299	319.10	1	---	---	25	1.1219	2	---	---	---	solid	1
14056	C8H10S2	1,2-benzenedimethanethiol	2388-68-3	170.299	317.15	1	---	---	25	1.1219	2	---	---	---	solid	1
14057	C8H10S2	1,3-benzenedimethanethiol	41563-69-3	170.299	---	---	---	---	25	1.1500	1	---	1.6210	1	---	---
14058	C8H10S2	methyl benzyl disulfide	699-10-5	170.299	---	---	---	---	25	1.1219	2	---	---	---	---	---
14059	C8H11AsN2O4	N-(carbamoylmethyl)arsanilic acid	618-25-7	274.109	---	---	---	---	---	---	---	---	---	---	---	---
14060	C8H11BO2	2,6-dimethylphenylboronic acid	100379-00-8	149.985	378.15	1	---	---	---	---	---	---	---	---	solid	1
14061	C8H11BO2	3,5-dimethylphenylboronic acid	172975-69-8	149.985	534.15	1	---	---	---	---	---	---	---	---	solid	1
14062	C8H11BO2	3,4-dimethylphenylboronic acid	55499-43-9	149.985	493.15	1	---	---	---	---	---	---	---	---	solid	1
14063	C8H11BO2	4-ethylphenylboronic acid	63139-21-9	149.985	403.15	1	---	---	---	---	---	---	---	---	solid	1
14064	C8H11BO3	4-ethoxyphenylboronic acid	22237-13-4	165.985	394.15	1	---	---	---	---	---	---	---	---	solid	1
14065	C8H11BO4	2,4-dimethoxybenzeneboronic acid	133730-34-4	181.984	---	---	---	---	---	---	---	---	---	---	---	---
14066	C8H11BO4	2,5-dimethoxyphenylboronic acid	107099-99-0	181.984	368.15	1	---	---	---	---	---	---	---	---	solid	1
14067	C8H11BO4	2,6-dimethoxyphenylboronic acid	23112-96-1	181.984	383.15	1	---	---	---	---	---	---	---	---	solid	1
14068	C8H11BrN2O2	5-bromo-3-isopropyl-6-methyluracil	314-42-1	247.092	431.15	1	---	---	25	1.4998	2	---	---	---	solid	1
14069	C8H11BrO4	5-bromo-5-deoxy-2,3-O-isopropylidene-D-r	94324-23-9	251.077	360.15	1	---	---	25	1.4991	2	---	---	---	solid	1
14070	C8H11Cl	3-chlorobicyclo[3.2.1]oct-2-ene	35242-17-2	142.628	---	---	---	---	25	1.0820	1	---	1.5060	1	---	---
14071	C8H11ClN2O	3'-aminoacetanilide hydrochloride hydrate	621-35-2	186.641	520.15	1	---	---	25	1.1928	2	---	---	---	solid	1
14072	C8H11ClO2	exo-2-chloro-syn-7-hydroxymethyl-5-oxo-b	---	174.627	356.15	1	---	---	25	1.1369	2	---	---	---	solid	1
14073	C8H11ClO4	diethyl 2-chlorofumarate	10302-94-0	206.625	---	---	523.15	dec	19	1.1754	1	20	1.4571	1	---	---
14074	C8H11ClO4	diethyl 2-chloromaleate	626-10-8	206.625	---	---	508.15	dec	19	1.1886	1	---	---	---	---	---
14075	C8H11ClO5	2,4,6-trimethylpyrilium perchlorate	940-93-2	222.625	519.15	dec	---	---	25	1.3061	2	---	---	---	solid	1
14076	C8H11ClSi	chlorodimethylphenylsilane	768-33-2	170.713	---	---	468.15	1	20	1.0320	1	20	1.5082	1	---	---
14077	C8H11Cl2NO	N,N-diallyldichloroacetamide	37764-25-3	208.087	278.65	1	---	---	25	1.2020	1	---	---	---	---	---
14078	C8H11Cl2N3O2	uracil mustard	66-75-1	252.100	479.15	dec	---	---	25	1.3736	2	---	---	---	solid	1
14079	C8H11Cl3O6	a-chloralose	15879-93-3	309.529	454.65	1	456.15	1	25	1.4708	2	---	---	---	solid	1
14080	C8H11Cl3O7	2,2,2-trichloroethyl-beta-D-glucopyranosid	97-25-6	325.529	415.15	1	---	---	25	1.5066	2	---	---	---	solid	1

Table 1 Physical Properties - Organic Compounds

				Mol Wt	Freezing Point		Boiling Point		Density			Refractive Index			State	
NO	FORMULA	NAME	CAS No	g/mol	T_F, K	code	T_B, K	code	T, C	g/cm3	code	T, C	n_D	code	@25C,1 atm	code
14081	C8H11F3O2	1,1,1-trifluoro-5,5-dimethyl-2,4-hexanedion	22767-90-4	196.170	---	---	412.65	1	25	1.1290	1	---	1.4070	1	---	---
14082	C8H11N	N,N-dimethylaniline	121-69-7	121.182	275.65	1	466.69	1	25	0.9490	1	20	1.5584	1	liquid	1
14083	C8H11N	o-ethylaniline	578-54-1	121.182	226.55	1	482.65	1	25	0.9770	1	20	1.5588	1	liquid	1
14084	C8H11N	N,2-dimethylaniline	611-21-2	121.182	263.07	2	480.65	1	20	0.9709	1	20	1.5649	1	liquid	1
14085	C8H11N	N,3-dimethylaniline	696-44-6	121.182	263.07	2	479.65	1	20	0.9660	1	25	1.5557	1	liquid	1
14086	C8H11N	N,4-dimethylaniline	623-08-5	121.182	263.07	2	483.15	1	55	0.9348	1	20	1.5568	1	liquid	1
14087	C8H11N	2,3-dimethylaniline	87-59-2	121.182	263.07	2	494.65	1	20	0.9931	1	20	1.5684	1	liquid	1
14088	C8H11N	2,4-dimethylaniline	95-68-1	121.182	258.85	1	487.15	1	20	0.9723	1	20	1.5569	1	liquid	1
14089	C8H11N	2,5-dimethylaniline	95-78-3	121.182	288.65	1	487.15	1	21	0.9790	1	21	1.5591	1	liquid	1
14090	C8H11N	2,6-dimethylaniline	87-62-7	121.182	284.35	1	488.15	1	20	0.9842	1	20	1.5610	1	liquid	1
14091	C8H11N	3,4-dimethylaniline	95-64-7	121.182	324.15	1	501.15	1	18	1.0760	1	---	---	---	solid	1
14092	C8H11N	3,5-dimethylaniline	108-69-0	121.182	282.95	1	493.65	1	20	0.9706	1	20	1.5581	1	liquid	1
14093	C8H11N	m-ethylaniline	587-02-0	121.182	209.15	1	487.15	1	25	0.9896	1	---	---	---	liquid	1
14094	C8H11N	p-ethylaniline	589-16-2	121.182	270.75	1	490.65	1	20	0.9679	1	20	1.5554	1	liquid	1
14095	C8H11N	N-ethylaniline	103-69-5	121.182	209.65	1	476.15	1	20	0.9625	1	20	1.5559	1	liquid	1
14096	C8H11N	2,4,6-trimethylpyridine	108-75-8	121.182	228.95	1	443.70	1	25	0.9130	1	25	1.4959	1	liquid	1
14097	C8H11N	2-ethyl-4-methylpyridine	2150-18-7	121.182	216.18	2	447.15	1	20	0.9238	1	---	---	---	liquid	1
14098	C8H11N	2-ethyl-6-methylpyridine	1122-69-6	121.182	216.18	2	433.65	1	25	0.9207	1	25	1.4920	1	liquid	1
14099	C8H11N	3-ethyl-4-methylpyridine	529-21-5	121.182	216.18	2	471.15	1	17	0.9286	1	---	---	---	liquid	1
14100	C8H11N	4-ethyl-2-methylpyridine	536-88-9	121.182	216.18	2	452.15	1	25	0.9130	1	---	---	---	liquid	1
14101	C8H11N	2-isopropylpyridine	644-98-4	121.182	132.15	1	432.95	1	25	0.9342	1	20	1.4915	1	liquid	1
14102	C8H11N	3-isopropylpyridine	6304-18-3	121.182	227.35	1	450.65	1	16	0.9217	1	---	---	---	liquid	1
14103	C8H11N	4-isopropylpyridine	696-30-0	121.182	218.25	1	451.15	1	25	0.9382	1	20	1.4962	1	liquid	1
14104	C8H11N	4-propylpyridine	1122-81-2	121.182	216.18	2	458.15	1	15	0.9381	1	20	1.4966	1	liquid	1
14105	C8H11N	2-propylpyridine	622-39-9	121.182	274.15	1	440.15	1	20	0.9119	1	20	1.4925	1	liquid	1
14106	C8H11N	2,3,4-trimethylpyridine	2233-29-6	121.182	216.18	2	465.65	1	15	0.9127	1	20	1.5150	1	liquid	1
14107	C8H11N	2,3,5-trimethylpyridine	695-98-7	121.182	216.18	2	457.15	1	19	0.9352	1	25	1.5057	1	liquid	1
14108	C8H11N	2,3,6-trimethylpyridine	1462-84-6	121.182	216.18	2	444.75	1	25	0.9220	1	20	1.5053	1	liquid	1
14109	C8H11N	2,4,5-trimethylpyridine	1122-39-0	121.182	216.18	2	461.15	1	25	0.9330	1	25	1.5054	1	liquid	1
14110	C8H11N	benzeneethanamine	64-04-0	121.182	250.00	2	470.65	1	24	0.9580	1	25	1.5290	1	liquid	1
14111	C8H11N	2-methylbenzenemethanamine	89-93-0	121.182	243.15	1	479.15	1	19	0.9766	1	19	1.5436	1	liquid	1
14112	C8H11N	3-methylbenzenemethanamine	100-81-2	121.182	285.72	2	476.65	1	25	0.9660	1	20	1.5360	1	liquid	1
14113	C8H11N	4-methylbenzenemethanamine	104-84-7	121.182	285.65	1	468.15	1	20	0.9520	1	20	1.5340	1	liquid	1
14114	C8H11N	N-methylbenzenemethanamine	103-67-3	121.182	285.72	2	453.65	1	18	0.9442	1	---	---	---	liquid	1
14115	C8H11N	alpha-methylbenzylamine, (±)	618-36-0	121.182	305.15	1	460.15	1	15	0.9395	1	25	1.5238	1	solid	1
14116	C8H11N	cyclohexylideneacetonitrile	4435-18-1	121.182	---	---	467.62	2	15	0.9483	1	25	1.4382	1	---	---
14117	C8H11N	5-ethyl-2-picoline	104-90-5	121.182	---	---	451.45	1	20	0.9202	1	20	1.4971	1	---	---
14118	C8H11N	1-cyclohexenylacetonitrile	6975-71-9	121.182	---	---	467.62	2	25	0.9470	1	---	1.4780	1	---	---
14119	C8H11N	(S)-(-)-a-methylbenzylamine	2627-86-3	121.182	285.72	2	461.15	1	25	0.9400	1	---	1.5260	1	liquid	1
14120	C8H11N	(R)-(+)-a-methylbenzylamine	3886-69-9	121.182	332.20	1	456.70	1	25	0.9400	1	---	1.5260	1	solid	1
14121	C8H11N	2-norbornanecarbonitrile, endo and exo	2234-26-6	121.182	317.15	1	467.62	2	22	0.9513	2	---	---	---	solid	1
14122	C8H11N	1-phenylethylamine	98-84-0	121.182	298.15	1	458.15	1	22	0.9513	2	---	---	---	---	---
14123	C8H11N	xylidine, isomers	1300-73-8	121.182	237.15	1	492.65	1	25	0.9800	1	---	---	---	liquid	1
14124	C8H11NO	p-phenetidine	156-43-4	137.182	277.00	1	528.00	1	25	1.0570	1	25	1.5528	1	liquid	1
14125	C8H11NO	2-aminobenzeneethanol	5339-85-5	137.182	---	---	520.21	2	25	1.0450	1	20	1.5849	1	---	---
14126	C8H11NO	beta-aminobenzeneethanol	7568-92-5	137.182	331.45	1	534.15	1	23	1.0545	2	---	---	---	solid	1
14127	C8H11NO	4-(2-aminoethyl)phenol	51-67-2	137.182	437.65	1	520.21	2	23	1.0545	2	---	---	---	solid	1
14128	C8H11NO	alpha-(aminomethyl)benzenemethanol	7568-93-6	137.182	329.65	1	520.21	2	23	1.0545	2	---	---	---	solid	1
14129	C8H11NO	2-(dimethylamino)phenol	3743-22-4	137.182	318.15	1	472.65	1	23	1.0545	2	---	---	---	solid	1
14130	C8H11NO	3-(dimethylamino)phenol	99-07-0	137.182	359.15	1	539.65	1	23	1.0545	2	26	1.5895	1	solid	1
14131	C8H11NO	4-(dimethylamino)phenol	619-60-3	137.182	350.15	1	520.21	2	23	1.0545	2	---	---	---	solid	1
14132	C8H11NO	2-ethoxyaniline	94-70-2	137.182	---	---	505.65	1	23	1.0545	2	20	1.5560	1	---	---
14133	C8H11NO	3-ethoxyaniline	621-33-0	137.182	---	---	521.15	1	23	1.0545	2	---	---	---	---	---
14134	C8H11NO	3-(ethylamino)phenol	621-31-8	137.182	335.15	1	520.21	2	23	1.0545	2	---	---	---	solid	1
14135	C8H11NO	2-methoxybenzenemethanamine	6850-57-3	137.182	---	---	501.15	1	25	1.0510	1	20	1.5475	1	---	---
14136	C8H11NO	4-methoxybenzenemethanamine	2393-23-9	137.182	---	---	509.65	1	15	1.0500	1	20	1.5462	1	---	---
14137	C8H11NO	2-(2-methoxyethyl)pyridine	114-91-0	137.182	---	---	476.15	1	20	0.9880	1	20	1.4975	1	---	---
14138	C8H11NO	2-methoxy-6-methylaniline	50868-73-0	137.182	304.15	1	520.21	2	23	1.0545	2	---	---	---	solid	1
14139	C8H11NO	5-methoxy-2-methylaniline	50868-72-9	137.182	320.15	1	526.15	1	23	1.0545	2	---	---	---	solid	1
14140	C8H11NO	2-methoxy-5-methylaniline	120-71-8	137.182	326.15	1	508.15	1	23	1.0545	2	---	---	---	solid	1
14141	C8H11NO	3-methoxy-4-methylaniline	16452-01-0	137.182	329.65	1	524.15	1	23	1.0545	2	---	---	---	solid	1
14142	C8H11NO	4-methoxy-2-methylaniline	102-50-1	137.182	302.65	1	521.65	1	25	1.0650	1	20	1.5647	1	solid	1
14143	C8H11NO	alpha-methyl-2-pyridineethanol	5307-19-7	137.182	306.15	1	520.21	2	23	1.0545	2	---	---	---	solid	1
14144	C8H11NO	N-phenylethanolamine	122-98-5	137.182	---	---	552.65	1	20	1.0945	1	20	1.5760	1	---	---
14145	C8H11NO	2-pyridinepropanol	2859-68-9	137.182	307.15	1	533.35	1	25	1.0600	1	20	1.5298	1	solid	1
14146	C8H11NO	3-pyridinepropanol	2859-67-8	137.182	---	---	557.15	1	25	1.0630	1	20	1.5313	1	---	---
14147	C8H11NO	3-acetyl-2,4-dimethylpyrrole	2386-25-6	137.182	410.65	1	520.21	2	23	1.0545	2	---	---	---	solid	1
14148	C8H11NO	4-aminophenethyl alcohol	104-10-9	137.182	379.15	1	520.21	2	23	1.0545	2	---	---	---	solid	1
14149	C8H11NO	1-(3-aminophenyl)ethanol	2454-37-7	137.182	341.15	1	490.15	1	23	1.0545	2	---	---	---	solid	1
14150	C8H11NO	3-methoxybenzylamine	5071-96-5	137.182	---	---	520.21	2	25	1.0710	1	---	1.5470	1	---	---
14151	C8H11NO	N-methyl-p-anisidine	5961-59-1	137.182	307.65	1	520.21	2	23	1.0545	2	---	---	---	solid	1
14152	C8H11NO	4-oxo-3-aza-tricyclo[4.2.1.0(2.5)]nonane	---	137.182	337.65	1	520.21	2	23	1.0545	2	---	---	---	solid	1
14153	C8H11NO	2-phenoxyethylamine	1758-46-9	137.182	---	---	520.21	2	25	1.0480	1	---	1.5360	1	---	---
14154	C8H11NO	(S)-(+)-2-phenylglycinol	20989-17-7	137.182	350.15	1	520.21	2	23	1.0545	2	---	---	---	solid	1
14155	C8H11NO	(R)-(-)-2-phenylglycinol	56613-80-0	137.182	350.15	1	520.21	2	23	1.0545	2	---	---	---	solid	1
14156	C8H11NO	4-pyridinepropanol	2629-72-3	137.182	310.15	1	562.15	1	25	1.0610	1	---	---	---	solid	1
14157	C8H11NO	3-acetyl-2,5-dimethyl-pyrrole	1500-94-3	137.182	---	---	520.21	2	23	1.0545	2	---	---	---	---	---
14158	C8H11NO	2-amino-4,5-xylenol	6623-41-2	137.182	447.15	1	520.21	2	23	1.0545	2	---	---	---	solid	1
14159	C8H11NO	ethoxyaniline	1321-31-9	137.182	---	---	520.21	2	23	1.0545	2	---	---	---	---	---
14160	C8H11NO	4-methoxy-m-toluidine	136-90-3	137.182	332.40	1	520.21	2	23	1.0545	2	---	---	---	solid	1

Table 1 Physical Properties - Organic Compounds

				Mol Wt	Freezing Point		Boiling Point		Density			Refractive Index			State	
NO	FORMULA	NAME	CAS No	g/mol	T_F, K	code	T_B, K	code	T, C	g/cm3	code	T, C	n_D	code	@25C,1 atm	code
14161	C8H11NOS	(R)-(-)-N,S-dimethyl-S-phenylsulfoximine	20414-85-1	169.248	---	---	---	---	25	1.1600	1	---	1.5650	1	---	---
14162	C8H11NOS	(S)-(+)-N,S-dimethyl-S-phenylsulfoximine	33993-53-2	169.248	---	---	---	---	25	1.1590	1	---	1.5650	1	---	---
14163	C8H11NO2	2,5-dimethoxyaniline	102-56-7	153.181	355.65	1	543.15	1	25	1.0525	2	---	---	---	solid	1
14164	C8H11NO2	2,6-dimethoxyaniline	2734-70-5	153.181	349.65	1	514.95	2	25	1.0525	2	---	---	---	solid	1
14165	C8H11NO2	dopamine	51-61-6	153.181	---	---	514.95	2	25	1.0525	2	---	---	---	---	---
14166	C8H11NO2	bucrylate	1069-55-2	153.181	298.15	1	514.95	2	25	1.0525	2	---	---	---	---	---
14167	C8H11NO2	N-tert-butylmaleimide	4144-22-3	153.181	---	---	462.15	1	25	1.0590	1	---	1.4770	1	---	---
14168	C8H11NO2	D(-)-2,5-dihydrophenylglycine	26774-88-9	153.181	>533.15	1	514.95	2	25	1.0525	2	---	---	---	solid	1
14169	C8H11NO2	3,5-dimethoxyaniline	10272-07-8	153.181	328.65	1	514.95	2	25	1.0525	2	---	---	---	solid	1
14170	C8H11NO2	2,4-dimethoxyaniline	2735-04-8	153.181	307.90	1	603.15	1	25	1.0750	1	---	---	---	solid	1
14171	C8H11NO2	3,4-dimethoxyaniline	6315-89-5	153.181	360.15	1	448.15	1	25	1.0525	2	---	---	---	solid	1
14172	C8H11NO2	3-endo-aminobicyclo[2.2.1]hept-5-ene-2-e	88330-29-4	153.181	539.15	1	---	---	25	1.0525	2	---	---	---	solid	1
14173	C8H11NO2	ethyl 2-cyano-3-methyl-2-butenoate	759-58-0	153.181	---	---	514.95	2	25	1.0140	1	---	1.4640	1	---	---
14174	C8H11NO2	3-exo-aminobicyclo[2.2.1]hept-5-ene-2-ex	92511-32-5	153.181	535.15	1	---	---	25	1.0525	2	---	---	---	solid	1
14175	C8H11NO2	methyl 1-methyl-2-pyrroleacetate	51856-79-2	153.181	---	---	514.95	2	25	1.0620	1	---	1.5010	1	---	---
14176	C8H11NO2	a-(aminomethyl)-m-hydroxybenzyl alcohol	536-21-0	153.181	---	---	514.95	2	25	1.0525	2	---	---	---	---	---
14177	C8H11NO2	a-(aminomethyl)-p-hydroxybenzyl alcohol	104-14-3	153.181	---	---	514.95	2	25	1.0525	2	---	---	---	---	---
14178	C8H11NO2	anhydro-dimethylamino hexose reductone	63937-30-4	153.181	---	---	518.15	1	25	1.0525	2	---	---	---	---	---
14179	C8H11NO2	dehydroheliotridine	26400-24-8	153.181	---	---	514.95	2	25	1.0525	2	---	---	---	---	---
14180	C8H11NO2	dehydroretronecine	23107-12-2	153.181	---	---	514.95	2	25	1.0525	2	---	---	---	---	---
14181	C8H11NO2	4-deoxypyridoxal	61-67-6	153.181	---	---	514.95	2	25	1.0525	2	---	---	---	---	---
14182	C8H11NO2	N-hydroxy-p-phenetidine	38246-95-6	153.181	---	---	514.95	2	25	1.0525	2	---	---	---	---	---
14183	C8H11NO2S	N,4-dimethylbenzenesulfonamide	640-61-9	185.247	351.65	1	---	---	25	1.3400	1	---	---	---	solid	1
14184	C8H11NO2S	4-methyl-5-thiazolylethyl acetate	656-53-1	185.247	---	---	---	---	25	1.1470	1	---	1.5100	1	---	---
14185	C8H11NO3	norepinephrine	51-41-2	169.181	490.15	dec	---	---	25	1.1566	2	---	---	---	solid	1
14186	C8H11NO3	3-acetyl-4,5-dimethyl-5-hydroxy-1,5-dihydr	98593-79-4	169.181	446.15	1	---	---	25	1.1566	2	---	---	---	solid	1
14187	C8H11NO3	ethyl 2-cyano-3-ethoxyacrylate	94-05-3	169.181	324.15	1	---	---	25	1.1566	2	---	---	---	solid	1
14188	C8H11NO3	2-methyl-3-hydroxy-4,5-dihydroxymethylpy	65-23-6	169.181	433.15	1	---	---	25	1.1566	2	---	---	---	solid	1
14189	C8H11NO3	D-arterenol	149-95-1	169.181	489.15	dec	---	---	25	1.1566	2	---	---	---	solid	1
14190	C8H11NO3	DL-arterenol	138-65-8	169.181	464.15	dec	---	---	25	1.1566	2	---	---	---	solid	1
14191	C8H11NO3	2-(2-cyanoethoxy)ethyl ester acrylic acid	7790-03-6	169.181	---	---	---	---	25	1.1566	2	---	---	---	---	---
14192	C8H11NO3	2-(N-ethyl carbamoylhydroxymethyl)furan	63833-90-9	169.181	---	---	---	---	25	1.1566	2	---	---	---	---	---
14193	C8H11NO3	6-hydroxydopamine	1199-18-4	169.181	---	---	---	---	25	1.1566	2	---	---	---	---	---
14194	C8H11NO3S	p-(N,N-dimethylsulfamoyl)phenol	15020-57-2	201.247	---	---	---	---	25	1.2435	2	---	---	---	---	---
14195	C8H11NO3S	N,N-dimethylsulfanilic acid	121-58-4	201.247	543.65	1	---	---	25	1.2435	2	---	---	---	solid	1
14196	C8H11NO4	ethyl 2,5-dioxo-1-pyrrolidineacetate	14181-05-6	185.180	340.15	1	---	---	25	1.2192	2	---	---	---	solid	1
14197	C8H11NS	p-(dimethylamino)benzenethiol	4946-22-9	153.248	301.60	1	---	---	25	1.0570	2	---	---	---	solid	1
14198	C8H11N3	3,3-dimethyl-1-phenyl-1-triazene	7227-91-0	149.196	---	---	---	---	25	1.0818	2	---	---	---	---	---
14199	C8H11N3	monoethylphenyltriazene	21124-09-4	149.196	---	---	---	---	25	1.0818	2	---	---	---	---	---
14200	C8H11N3O	1-(2-aminobenzoyl)-1-methylhydrazine	59169-69-6	165.196	343.15	1	---	---	25	1.1509	2	---	---	---	solid	1
14201	C8H11N3O	2-amino-4,6-dimethyl-3-pyridinecarboxami	7144-20-9	165.196	446.15	1	---	---	25	1.1509	2	---	---	---	solid	1
14202	C8H11N3O	p-(3,3-dimethyltriazeno)phenol	7227-93-2	165.196	---	---	---	---	25	1.1509	2	---	---	---	---	---
14203	C8H11N3O	1-(4-methoxyphenyl)-3-methyl triazene	53477-43-3	165.196	---	---	---	---	25	1.1509	2	---	---	---	---	---
14204	C8H11N3O	N-methylanthranilic acid hydrazide	52479-65-9	165.196	---	---	---	---	25	1.1509	2	---	---	---	---	---
14205	C8H11N3O	N-nitroso-4-picolylethylamine	13256-23-0	165.196	---	---	---	---	25	1.1509	2	---	---	---	---	---
14206	C8H11N3O2	3-amino-N,N-dimethyl-4-nitroaniline	2069-71-8	181.195	386.65	1	---	---	25	1.2148	2	---	---	---	solid	1
14207	C8H11N3O2	2-cyano-3-morpholinoacrylamide	25229-97-4	181.195	448.15	1	---	---	25	1.2148	2	---	---	---	solid	1
14208	C8H11N3O2	5-nitro-2-(n-propylamino)-pyridine	25948-11-2	181.195	368.15	1	---	---	25	1.2148	2	---	---	---	solid	1
14209	C8H11N3O2	1-acetyl-2-picolinolhydrazine	17433-31-7	181.195	---	---	---	---	25	1.2148	2	---	---	---	---	---
14210	C8H11N3O2	4-amino-3-nitro-2,5-dimethylaniline	155379-83-2	181.195	---	---	---	---	25	1.2148	2	---	---	---	---	---
14211	C8H11N3O2	4-amino-3-nitro-5,6-dimethylaniline	97629-28-2	181.195	---	---	---	---	25	1.2148	2	---	---	---	---	---
14212	C8H11N3O2	N-(2-nitrophenyl)-1,3-diaminoethane	51138-16-0	181.195	---	---	---	---	25	1.2148	2	---	---	---	---	---
14213	C8H11N3O3	4-amino-3-nitro-5b-hydroxyethylaniline	10435-35-5	197.195	---	---	---	---	25	1.2741	2	---	---	---	---	---
14214	C8H11N3O3	2-((4-amino-2-nitrophenyl)amino)ethanol	2871-01-4	197.195	---	---	---	---	25	1.2741	2	---	---	---	---	---
14215	C8H11N3O3	2-methyl-3-(1-methyl-5-nitro-1H-imidazol-2	141363-23-7	197.195	---	---	---	---	25	1.2741	2	---	---	---	---	---
14216	C8H11N3O3S	ethyl 2-(2-aminothiazol-4-yl)-2-methoxyimi	64485-88-7	229.261	435.15	1	---	---	25	1.3460	2	---	---	---	solid	1
14217	C8H11N3O6	6-azauridine	54-25-1	245.193	431.15	1	---	---	25	1.4288	2	---	---	---	solid	1
14218	C8H11N5	N-phenylimidodicarbonimidic diamide	102-02-3	177.210	416.15	1	---	---	25	1.2103	2	---	---	---	solid	1
14219	C8H11N5O2	(S)-3-(6-amino-9H-purin-9-yl)-1,2-propane	54262-83-8	209.209	---	---	---	---	25	1.3271	2	---	---	---	---	---
14220	C8H11N5O3	acyclovir	59277-89-3	225.209	---	dec	---	---	25	1.3794	2	---	---	---	---	---
14221	C8H11N5O5S	satranidazole	56302-13-7	289.273	458.15	1	---	---	25	1.5220	2	---	---	---	solid	1
14222	C8H11N7S	ambazone	539-21-9	237.290	468.15	dec	433.15	1	25	1.3920	2	---	---	---	solid	1
14223	C8H11NaO5	diethyl oxalacetate sodium salt	40876-98-0	210.162	---	---	---	---	---	---	---	---	---	---	---	---
14224	C8H11O2P	dimethyl phenylphosphonite	2946-61-4	170.148	---	---	---	---	25	1.0720	1	---	1.5290	1	---	---
14225	C8H11O2P	ethyl phenylphosphinate	2511-09-3	170.148	---	---	---	---	25	1.1290	1	---	1.5260	1	---	---
14226	C8H11O4	4-hydroxy-alpha,6-dimethyl-1,3-dioxane-2-	19404-07-0	171.173	363.15	1	---	---	20	1.1160	1	20	1.4610	1	solid	1
14227	C8H11P	dimethylphenylphosphine	672-66-2	138.149	---	---	465.15	1	25	0.9710	1	---	1.5630	1	---	---
14228	C8H12	1,5-cyclooctadiene	111-78-4	108.183	203.98	1	423.27	1	25	0.8780	1	25	1.4905	1	liquid	1
14229	C8H12	1,4-cyclooctadiene	1073-07-0	108.183	220.15	1	418.15	1	20	0.8754	1	---	---	---	liquid	1
14230	C8H12	cis,cis-1,5-cyclooctadiene	1552-12-1	108.183	203.15	1	424.15	1	25	0.8818	1	25	1.4905	1	liquid	1
14231	C8H12	vinylcyclohexene	100-40-3	108.183	164.00	1	401.00	1	25	0.8260	1	20	1.4641	1	liquid	1
14232	C8H12	1-vinylcyclohexene	2622-21-1	108.183	---	---	418.15	1	15	0.8623	1	20	1.4915	1	---	---
14233	C8H12	bicyclo[4.2.0]oct-2-ene	13367-29-8	108.183	---	---	411.15	1	20	0.8948	1	20	1.4810	1	---	---
14234	C8H12	cyclooctyne	1781-78-8	108.183	---	---	431.15	1	20	0.8680	1	20	1.4850	1	---	---
14235	C8H12	1,3-dimethyl-1,3-cyclohexadiene	4573-05-1	108.183	---	---	408.65	1	20	0.8373	1	20	1.4776	1	---	---
14236	C8H12	1,4-dimethyl-1,3-cyclohexadiene	26120-52-5	108.183	---	---	409.65	1	20	0.8300	1	19	1.4792	1	---	---
14237	C8H12	1,5-dimethyl-1,3-cyclohexadiene	1453-17-4	108.183	---	---	402.15	1	20	0.8210	1	20	1.4710	1	---	---
14238	C8H12	2,5-dimethyl-1,3-cyclohexadiene	2050-33-1	108.183	---	---	400.15	1	18	0.8245	1	18	1.4631	1	---	---
14239	C8H12	2,6-dimethyl-1,3-cyclohexadiene	2050-32-0	108.183	---	---	404.15	1	20	0.8225	1	20	1.4675	1	---	---
14240	C8H12	1,2-dimethylenecyclohexane	2819-48-9	108.183	---	---	400.15	1	20	0.8361	1	25	1.4718	1	---	---

Table 1 Physical Properties - Organic Compounds

				Mol Wt	Freezing Point		Boiling Point		Density			Refractive Index			State	
NO	FORMULA	NAME	CAS No	g/mol	T_F, K	code	T_B, K	code	T, C	g/cm3	code	T, C	n_D	code	@25C,1 atm	code
14241	C8H12	2,5-dimethyl-1,3,5-hexatriene	4916-63-6	108.183	264.15	1	419.15	1	20	0.7822	1	20	1.5122	1	liquid	1
14242	C8H12	cis-1,2-divinylcyclobutane	16177-46-1	108.183	---	---	406.55	2	20	0.8010	1	20	1.4563	1	---	---
14243	C8H12	trans-1,2-divinylcyclobutane	6553-48-6	108.183	---	---	385.65	1	20	0.7817	1	20	1.4451	1	---	---
14244	C8H12	trans,trans,trans-2,4,6-octatriene	15192-80-0	108.183	325.15	1	420.65	1	23	0.7961	1	27	1.5131	1	solid	1
14245	C8H12	1-octen-3-yne	17679-92-4	108.183	---	---	407.15	1	20	0.7749	1	20	1.4592	1	---	---
14246	C8H12	bicyclo(2.2.2)oct-2-ene	931-64-6	108.183	384.55	1	404.05	1	21	0.8341	2	---	---	---	solid	1
14247	C8H12	1,3-cyclooctadiene	1700-10-3	108.183	220.25	1	416.15	1	21	0.8341	2	---	1.4930	1	liquid	1
14248	C8H12	cis,cis-1,3-cyclooctadiene	3806-59-5	108.183	221.25	1	327.15	1	25	0.8690	1	---	1.4920	1	liquid	1
14249	C8H12	3-cyclopentyl-1-propyne	116279-08-4	108.183	406.15	1	406.55	2	25	0.8200	1	---	1.4495	1	solid	1
14250	C8H12	bicyclobutylidine	6708-14-1	108.183	---	---	406.55	2	21	0.8341	2	---	---	---	---	---
14251	C8H12	bicyclo[4.2.0]oct-7-ene	616-10-4	108.183	---	---	405.65	1	21	0.8341	2	---	---	---	---	---
14252	C8H12	(Z,E)-1,3-cyclooctadiene	3806-60-8	108.183	213.76	2	406.55	2	21	0.8341	2	---	---	---	liquid	2
14253	C8H12AsNO3	(3-amino-4-(2-hydroxyethoxy)phenyl)arsine	64048-94-8	245.110	---	---	---	---	---	---	---	---	---	---	---	---
14254	C8H12AsNO5	3-amino-4-(2-hydroxy)ethoxybenzenearsoni	64058-65-7	277.109	---	---	---	---	---	---	---	---	---	---	---	---
14255	C8H12BNO2	4-(N,N-dimethylamino)phenylboronic acid	28611-39-4	165.000	500.15	1	---	---	---	---	---	---	---	---	solid	1
14256	C8H12BrN	1-propylpyridinium bromide	873-71-2	202.094	352.15	1	---	---	25	1.3142	2	---	---	---	solid	1
14257	C8H12Br2Pt	(1,5-cyclooctadiene)platinum(ii)bromide	12145-48-1	463.069	---	---	---	---	---	---	---	---	---	---	---	---
14258	C8H12Br4	1,2-dibromo-4-(1,2-dibromoethyl)cyclohexa	3322-93-8	427.799	---	---	---	---	25	2.0462	2	---	---	---	---	---
14259	C8H12ClCr2N5O7	1-(4-chlorophenyl)biguanidinium hydrogen	15842-89-4	429.659	---	---	---	---	---	---	---	---	---	---	---	---
14260	C8H12ClN	N,N-dimethylaniline hydrochloride	5882-44-0	157.643	363.15	1	---	---	19	1.1156	1	---	---	---	solid	1
14261	C8H12ClNO	2-chloro-N,N-diallylacetamide	93-71-0	173.642	---	---	---	---	25	1.0880	1	25	1.4932	1	---	---
14262	C8H12ClNO3	pyridoxine hydrochloride	58-56-0	205.641	480.15	1	---	---	25	1.2243	2	---	---	---	solid	1
14263	C8H12Cl2	2,5-dichloro-2,5-dimethyl-3-hexyne	2431-30-3	179.088	302.15	1	451.15	1	20	1.0118	1	---	---	---	solid	1
14264	C8H12Cl2N2OPt	dichloro(4-ethoxy-O-phenylenediammine)p	72595-96-1	418.180	---	---	---	---	---	---	---	---	---	---	---	---
14265	C8H12Cl2N2Pt	dichloro(4,5-dimethyl-o-phenylenediammin	40580-75-4	402.180	---	---	---	---	---	---	---	---	---	---	---	---
14266	C8H12Cl2N6O	imidazole mustard	5034-77-5	279.130	---	---	266.85	1	25	1.4302	2	---	---	---	gas	1
14267	C8H12Cl2O2	suberoyl chloride	10027-07-3	211.087	---	---	---	---	25	1.1720	1	---	1.4680	1	---	---
14268	C8H12Cl2O6	triethylene glycol bis(chloroformate)	17134-17-7	275.085	---	---	---	---	25	1.3400	1	---	1.4570	1	---	---
14269	C8H12Cl2Pd	(cis,cis-1,5-cyclooctadiene)palladium(ii)chl	12107-56-1	285.508	483.15	1	---	---	---	---	---	---	---	---	solid	1
14270	C8H12Cl2Pt	dichloro(1,5-cyclooctadiene)platinum(ii)	12080-32-9	374.166	558.15	1	---	---	---	---	---	---	---	---	solid	1
14271	C8H12F6N2O	N-nitroso-bis-(4,4,4-trifluoro-n-butyl)amine	83335-32-4	266.188	---	---	274.15	1	25	1.3106	2	---	---	---	gas	1
14272	C8H12F7NOSi	N-methyl-N-trimethylsilylheptafluorobutyrar	53296-64-3	299.264	---	---	421.15	1	25	1.2540	1	---	1.3530	1	---	---
14273	C8H12Mo2O8	molybdenum(ii) acetate dimer	14221-06-8	428.058	---	---	---	---	---	---	---	---	---	---	---	---
14274	C8H12NO5PS2	cythioate	115-93-5	297.293	---	---	---	---	---	---	---	---	---	---	---	---
14275	C8H12NO6P	pyridoxine phosphate	447-05-2	249.161	---	---	---	---	---	---	---	---	---	---	---	---
14276	C8H12N2	1,3-benzenedimethanamine	1477-55-0	136.197	---	---	520.15	1	20	1.0520	1	---	---	---	---	---
14277	C8H12N2	N,N'-dimethyl-1,2-benzenediamine	3213-79-4	136.197	307.65	1	520.15	1	28	0.9983	2	25	1.5914	1	solid	1
14278	C8H12N2	N,N-dimethyl-1,2-benzenediamine	2836-03-5	136.197	---	---	491.15	1	22	0.9950	1	---	---	---	---	---
14279	C8H12N2	N,N-dimethyl-1,3-benzenediamine	2836-04-6	136.197	---	---	543.15	1	25	0.9950	1	---	---	---	---	---
14280	C8H12N2	N,N-dimethyl-1,4-benzenediamine	99-98-9	136.197	326.15	1	536.15	1	20	1.0360	1	---	---	---	solid	1
14281	C8H12N2	3-ethyl-2,5-dimethylpyrazine	13360-65-1	136.197	---	---	453.65	1	24	0.9657	1	24	1.5014	1	---	---
14282	C8H12N2	1-ethyl-1-phenylhydrazine	644-21-3	136.197	---	---	510.15	1	21	1.0181	1	21	1.5711	1	---	---
14283	C8H12N2	1-ethyl-2-phenylhydrazine	622-82-2	136.197	---	---	514.15	1	20	1.0150	1	20	1.5676	1	---	---
14284	C8H12N2	1-methyl-2-(3-methylphenyl)hydrazine	116836-06-7	136.197	333.15	1	465.90	2	100	1.0265	1	---	---	---	solid	1
14285	C8H12N2	octanedinitrile	629-40-3	136.197	271.35	1	465.90	2	25	0.9540	1	20	1.4436	1	liquid	2
14286	C8H12N2	tetramethyl succinonitrile	3333-52-6	136.197	443.65	1	465.90	2	25	1.0700	1	---	---	---	solid	1
14287	C8H12N2	(1-phenylethyl)hydrazine	65-64-5	136.197	---	---	465.90	2	25	0.9672	1	25	1.5436	1	---	---
14288	C8H12N2	4-(2-aminoethyl)aniline	13472-00-9	136.197	302.65	1	376.15	1	25	1.0460	1	---	1.5910	1	solid	1
14289	C8H12N2	2,3-diethylpyrazine	15707-24-1	136.197	---	---	454.15	1	25	0.9630	1	---	1.5000	1	---	---
14290	C8H12N2	1,6-diisocyanohexane	929-57-7	136.197	295.15	1	465.90	2	25	0.8990	1	---	1.4430	1	liquid	2
14291	C8H12N2	N,N-dimethyl-p-phenylenediamine	105-10-2	136.197	326.15	1	465.90	2	28	0.9983	2	---	---	---	solid	1
14292	C8H12N2	2-ethyl-3,5(6)dimethylpyrazine	27043-05-6	136.197	---	---	465.90	2	25	0.9600	1	---	---	---	---	---
14293	C8H12N2	2-(2-methylaminoethyl)pyridine	5638-76-6	136.197	---	---	386.65	1	25	0.9840	1	---	1.5180	1	---	---
14294	C8H12N2	2-methyl-3-propylpyrazine	15986-80-8	136.197	---	---	462.65	1	25	0.9810	1	---	1.4970	1	---	---
14295	C8H12N2	N-phenylethylenediamine	1664-40-0	136.197	---	---	536.15	1	25	1.0410	1	---	1.5880	1	---	---
14296	C8H12N2	2-phenylethylhydrazine	51-71-8	136.197	298.15	1	411.15	1	28	0.9983	2	---	---	---	---	---
14297	C8H12N2	2,3,5,6-tetramethylpyrazine	1124-11-4	136.197	357.15	1	463.15	1	28	0.9983	2	---	---	---	solid	1
14298	C8H12N2	p-xylylenediamine	539-48-0	136.197	---	---	465.90	2	28	0.9983	2	---	---	---	---	---
14299	C8H12N2	1-methyl-2-benzylhydrazine	10309-79-2	136.197	---	---	275.65	1	28	0.9983	2	---	---	---	gas	1
14300	C8H12N2O	4-ethoxy-1,2-benzenediamine	1197-37-1	152.197	344.65	1	568.15	1	25	1.0584	2	---	---	---	solid	1
14301	C8H12N2O	1-cyanoacetylpiperidine	15029-30-8	152.197	360.15	1	568.15	2	25	1.0584	2	---	---	---	solid	1
14302	C8H12N2O	2-(dimethylaminomethyl)-3-hydroxypyridine	2168-13-0	152.197	330.65	1	568.15	2	25	1.0584	2	---	---	---	solid	1
14303	C8H12N2O	3-exo-aminobicyclo[2.2.1]hept-5-ene-2-exo	105786-40-1	152.197	517.15	1	568.15	2	25	1.0584	2	---	---	---	solid	1
14304	C8H12N2O	2-isopropyl-3-methoxypyrazine	25773-40-4	152.197	---	---	568.15	2	25	0.9960	1	---	1.4940	1	---	---
14305	C8H12N2O	2-isopropyl-6-methyl-4-pyrimidinol	2814-20-2	152.197	446.65	1	568.15	2	25	1.0584	2	---	---	---	solid	1
14306	C8H12N2O2	hexamethylene diisocyanate	822-06-0	168.196	206.06	---	528.15	1	20	1.0528	1	20	1.4585	1	liquid	2
14307	C8H12N2O2	1-(tert-butoxycarbonyl)imidazole	49761-82-2	168.196	319.15	1	421.65	1	25	1.1257	2	---	---	---	solid	1
14308	C8H12N2O2	2-4-dione-1,3-diazaspiro(4.5)decane	702-62-5	168.196	492.15	1	---	---	25	1.1257	2	---	---	---	solid	1
14309	C8H12N2O2S	4-(2-aminoethyl)benzenesulfonamide	35303-76-5	200.262	420.65	1	---	---	25	1.2139	2	---	---	---	solid	1
14310	C8H12N2O3	barbital	57-44-3	184.195	463.15	1	---	---	25	1.2200	1	---	---	---	solid	1
14311	C8H12N2O3	primocarcin	3750-26-3	184.195	403.65	1	---	---	25	1.1882	2	---	---	---	solid	1
14312	C8H12N2O3S	6-aminopenicillanic acid	551-16-6	216.261	473.15	1	---	---	25	1.2677	2	---	---	---	solid	1
14313	C8H12N2S4Zn	zinc allyl dithio carbamate	63904-83-6	329.851	---	---	266.25	1	---	---	---	---	---	---	gas	1
14314	C8H12N3O2	4-cyano-2,2,5,5-tetramethyl-3-imidazoline-	64918-63-4	182.203	343.65	1	---	---	25	1.1858	2	---	---	---	solid	1
14315	C8H12N4	2,2'-azobis[isobutyronitrile]	78-67-1	164.211	---	---	---	---	25	1.1196	2	---	---	---	---	---
14316	C8H12N4	2-(1-piperazinyl)pyrimidine	20980-22-7	164.211	---	---	---	---	25	1.0700	1	---	1.5872	1	---	---
14317	C8H12N4	1-pyridyl-3-methyl-3-ethyltriazene	64059-53-6	164.211	---	---	---	---	25	1.1196	2	---	---	---	---	---
14318	C8H12N4O4	5-azadeoxycytidine	2353-33-5	228.209	464.15	dec	470.65	1	25	1.3493	2	---	---	---	solid	1
14319	C8H12N4O5	5-azacytidine	320-67-2	244.208	502.15	1	---	---	25	1.3975	2	---	---	---	solid	1
14320	C8H12N4O5	5-amino-2b-D-ribofuranosyl-as-triazin-3(2H	3131-60-0	244.208	---	---	---	---	25	1.3975	2	---	---	---	---	---

Table 1 Physical Properties - Organic Compounds

				Mol Wt	Freezing Point		Boiling Point		Density			Refractive Index			State	
NO	FORMULA	NAME	CAS No	g/mol	T_F, K	code	T_B, K	code	T, C	g/cm3	code	T, C	n_D	code	@25C,1 atm	code
14321	C8H12N4O5	1b-D-ribofuranosyl-1,2,4-triazole-3-carbox	36791-04-5	244.208	448.15	1	---	---	25	1.3975	2	---	---	---	solid	1
14322	C8H12N5O4P	9-(2-phosphonylmethoxyethyl)adenine	106941-25-7	273.190	---	---	---	---	---	---	---	---	---	---	---	---
14323	C8H12N22	1,3,4,6-tetrakis(2-methyltetrazol-5-yl)-hexa	83195-98-6	416.337	---	---	286.05	1	25	1.8659	2	---	---	---	gas	1
14324	C8H12O	bicyclo[2.2.1]heptane-2-carboxaldehyde	19396-83-9	124.183	---	---	455.43	2	19	1.0227	1	25	1.4760	1	---	---
14325	C8H12O	2-tert-butylfuran	7040-43-9	124.183	---	---	392.65	1	20	0.8690	1	20	1.4373	1	---	---
14326	C8H12O	1-(1-cyclohexen-1-yl)ethanone	932-66-1	124.183	346.15	1	474.65	1	20	0.9655	1	20	1.4881	1	solid	1
14327	C8H12O	3-cycloocten-1-one	4734-90-1	124.183	---	---	473.65	1	20	0.9900	1	25	1.4953	1	---	---
14328	C8H12O	2,3-dimethyl-2-cyclohexen-1-one	1122-20-9	124.183	---	---	455.43	2	20	0.9695	1	20	1.4995	1	---	---
14329	C8H12O	2,5-dimethyl-2-cyclohexen-1-one	14845-35-3	124.183	---	---	462.65	1	22	0.9380	1	22	1.4753	1	---	---
14330	C8H12O	3,5-dimethyl-2-cyclohexen-1-one	1123-09-7	124.183	---	---	481.65	1	20	0.9400	1	20	1.4812	1	---	---
14331	C8H12O	3,6-dimethyl-2-cyclohexen-1-one	15329-10-9	124.183	---	---	476.15	1	22	0.9470	1	18	1.4805	1	---	---
14332	C8H12O	3-isopropyl-2-cyclopenten-1-one	1619-28-9	124.183	---	---	487.15	1	20	0.9378	1	20	1.4788	1	---	---
14333	C8H12O	2-ethylidenecyclohexanone	1122-25-4	124.183	---	---	455.43	2	20	0.9620	1	20	1.4882	1	---	---
14334	C8H12O	1-ethynylcyclohexanol	78-27-3	124.183	304.65	1	447.15	1	20	0.9873	1	20	1.4822	1	solid	1
14335	C8H12O	cis-hexahydro-2(1H)-pentalenone	19915-11-8	124.183	246.15	1	468.15	1	19	1.0084	1	25	1.4766	1	liquid	1
14336	C8H12O	hexahydro-2(1H)-pentalenone	56180-61-1	124.183	---	---	455.43	2	20	1.0097	1	20	1.4790	1	---	---
14337	C8H12O	3-vinyl-7-oxabicyclo[4.1.0]heptane	106-86-5	124.183	---	---	442.15	1	20	0.9581	1	20	1.4700	1	---	---
14338	C8H12O	bicyclo[3.2.1]octan-2-one	5019-82-9	124.183	394.15	1	455.43	2	21	0.9643	2	---	---	---	solid	1
14339	C8H12O	4,4-dimethyl-2-cyclohexen-1-one	1073-13-8	124.183	---	---	455.43	2	25	0.9420	1	---	1.4730	1	---	---
14340	C8H12O	2-methyl-1,2,3,6-tetrahydrobenzaldehyde	89-94-1	124.183	234.25	1	391.05	1	21	0.9643	2	---	---	---	liquid	1
14341	C8H12O	5-norbornene-2-methanol, endo and exo	95-12-5	124.183	---	---	455.43	2	25	1.0270	1	---	1.5000	1	---	---
14342	C8H12O	2-octynal	1846-68-0	124.183	---	---	455.43	2	25	0.8710	1	---	1.4540	1	---	---
14343	C8H12O	9-oxabicyclo[6.1.0]non-4-ene	637-90-1	124.183	---	---	468.15	1	25	1.0130	1	---	1.4950	1	---	---
14344	C8H12O2	2-acetylcyclohexanone	874-23-7	140.182	262.15	1	451.90	2	25	1.0782	1	20	1.5138	1	liquid	2
14345	C8H12O2	3-allyl-2,4-pentanedione	3508-78-9	140.182	---	---	472.15	1	15	0.9740	1	14	1.4698	1	---	---
14346	C8H12O2	5,5-dimethyl-1,3-cyclohexanedione	126-81-8	140.182	423.15	dec	451.90	2	23	1.0086	2	---	---	---	solid	1
14347	C8H12O2	3,3-dimethyl-4-(1-methylethylidene)-2-oxet	3173-79-3	140.182	255.15	1	443.15	1	25	0.9470	1	20	1.4380	1	liquid	1
14348	C8H12O2	1,2-epoxy-4-(epoxyethyl)cyclohexane	106-87-6	140.182	---	---	500.15	1	20	1.0966	1	20	1.4787	1	---	---
14349	C8H12O2	ethyl 2,4-hexadienate	110318-09-7	140.182	---	---	468.65	1	20	0.9506	1	20	1.4951	1	---	---
14350	C8H12O2	ethyl trans,trans-2,4-hexadienoate	2396-84-1	140.182	---	---	468.65	1	20	0.9506	1	20	1.4951	1	---	---
14351	C8H12O2	methyl 3-cyclohexene-1-carboxylate	6493-77-2	140.182	---	---	455.15	1	20	1.0130	1	20	1.4610	1	---	---
14352	C8H12O2	4-octene-2,7-dione	2130-23-6	140.182	303.65	1	451.90	2	23	1.0086	2	---	---	---	solid	1
14353	C8H12O2	2-octynoic acid	5663-96-7	140.182	275.15	1	451.90	2	13	0.9623	1	20	1.4595	1	liquid	2
14354	C8H12O2	3-octynoic acid	57074-96-1	140.182	291.15	1	451.90	2	23	1.0086	2	25	1.4577	1	liquid	2
14355	C8H12O2	5-octynoic acid	76469-08-4	140.182	281.15	1	451.90	2	27	0.9787	1	25	1.4540	1	liquid	2
14356	C8H12O2	7-octynoic acid	10297-09-3	140.182	292.15	1	451.90	2	23	1.0086	2	25	1.4502	1	liquid	2
14357	C8H12O2	2,2,4,4-tetramethyl-1,3-cyclobutanedione	933-52-8	140.182	---	---	451.90	2	23	1.0086	2	---	---	---	---	---
14358	C8H12O2	1-cyclohexen-1-yl acetate	1424-22-2	140.182	---	---	451.90	2	25	0.9980	1	---	1.4580	1	---	---
14359	C8H12O2	1,2,5,6-diepoxycyclooctane	27035-39-8	140.182	---	---	343.15	1	25	1.1380	1	---	1.4960	1	---	---
14360	C8H12O2	3,6-dihydro-4,6,6-trimethyl-2H-pyran-2-one	22954-83-2	140.182	---	---	451.90	2	25	1.0120	1	---	1.4630	1	---	---
14361	C8H12O2	4,4-dimethyl-1,3-cyclohexanedione	562-46-9	140.182	377.15	1	451.90	2	23	1.0086	2	---	---	---	solid	1
14362	C8H12O2	3-ethoxy-2-cyclohexenone	5323-87-5	140.182	---	---	451.90	2	25	0.9630	1	---	1.5040	1	---	---
14363	C8H12O2	methyl cyclohexene-1-carboxylate	18448-47-0	140.182	---	---	464.15	1	25	1.0300	1	---	---	---	---	---
14364	C8H12O2	exo-2-norbornyl formate	41498-71-9	140.182	---	---	451.90	2	25	1.0480	1	---	1.4620	1	---	---
14365	C8H12O2	tetrahydro-2-(2-propynyloxy)-2H-pyran	6089-04-9	140.182	---	---	451.90	2	25	0.9970	1	---	1.4580	1	---	---
14366	C8H12O2	3,4-dihydro-2,5-dimethyl-2H-pyran-2-carbo	1920-21-4	140.182	209.00	1	451.90	2	23	1.0086	2	---	---	---	liquid	2
14367	C8H12O2	acetic acid 2,4-hexadien-1-ol ester	1516-17-2	140.182	---	---	451.90	2	23	1.0086	2	---	---	---	---	---
14368	C8H12O2	1-hydroperoxy-1-vinylcyclohex-3-ene	3736-26-3	140.182	---	---	451.90	2	23	1.0086	2	---	---	---	---	---
14369	C8H12O3	ethyl 2-cyclopentanone-1-carboxylate	611-10-9	156.181	---	---	494.15	1	21	1.0781	1	20	1.4519	1	---	---
14370	C8H12O3	3-methyl-4-oxocyclohexanecarboxylic acid	101567-36-6	156.181	366.65	1	446.23	2	22	1.0630	2	---	---	---	solid	1
14371	C8H12O3	tetrahydrofurfuryl acrylate	2399-48-6	156.181	---	---	446.23	2	20	1.0610	1	---	---	---	---	---
14372	C8H12O3	4,4-diethoxy-2-butyn-1-al	74149-25-0	156.181	---	---	446.23	2	22	1.0630	2	---	1.4430	1	---	---
14373	C8H12O3	1,4-dioxaspiro[4.5]decan-2-one	4423-79-4	156.181	306.65	1	446.23	2	22	1.0630	2	---	---	---	solid	1
14374	C8H12O3	1,4-dioxaspiro[4.5]decan-8-one	4746-97-8	156.181	345.15	1	446.23	2	22	1.0630	2	---	---	---	solid	1
14375	C8H12O3	3-ethyl-3-methylglutaric anhydride	6970-57-6	156.181	---	---	458.15	1	25	1.0500	1	---	---	---	---	---
14376	C8H12O3	acetic acid 3-allyloxyallyl ester	64046-61-3	156.181	---	---	446.23	2	22	1.0630	2	---	---	---	---	---
14377	C8H12O3	3-butyl-4-hydroxy-2(5H)furanone	78128-80-0	156.181	---	---	446.23	2	22	1.0630	2	---	---	---	---	---
14378	C8H12O3	2-(vinyloxy)ethyl methacrylate	1464-69-3	156.181	---	---	386.40	1	22	1.0630	2	---	---	---	---	---
14379	C8H12O4	1,4-cyclohexanedicarboxylic acid	619-82-9	172.181	585.65	1	669.00	1	24	1.0711	2	---	---	---	solid	1
14380	C8H12O4	diethyl maleate	141-05-9	172.181	264.35	1	498.15	1	25	0.9610	1	25	1.4568	1	liquid	1
14381	C8H12O4	diethyl fumarate	623-91-6	172.181	273.95	1	487.15	1	20	1.0452	1	20	1.4412	1	liquid	1
14382	C8H12O4	cis-2,2-dimethyl-1,3-cyclobutanedicarboxyl	3211-48-1	172.181	448.15	1	505.81	2	24	1.0711	2	---	---	---	solid	1
14383	C8H12O4	dimethyl trans-1,2-cyclobutanedicarboxylat	7371-67-7	172.181	---	---	498.15	1	20	1.1276	1	20	1.4450	1	---	---
14384	C8H12O4	ethyl 2-acetylacetoacetate	603-69-0	172.181	---	---	483.15	1	20	1.1045	1	20	1.4690	1	---	---
14385	C8H12O4	2-methyl-2-propene-1,1-diol diacetate	10476-95-6	172.181	---	---	464.15	1	24	1.0711	2	20	1.4241	1	---	---
14386	C8H12O4	tetrahydro-2,2-dimethyl-5-oxo-3-furanaceti	26754-48-3	172.181	363.15	1	505.81	2	24	1.0711	2	---	---	---	solid	1
14387	C8H12O4	1,4-cyclohexanedicarboxylic acid	1076-97-7	172.181	439.65	1	505.81	2	24	1.0711	2	---	---	---	solid	1
14388	C8H12O4	1,2-cyclohexanedicarboxylic acid	2305-32-0	172.181	492.15	1	505.81	2	24	1.0711	2	---	---	---	solid	1
14389	C8H12O4	3,4-diacetoxy-1-butene	18085-02-4	172.181	---	---	505.81	2	25	1.0590	1	---	1.4300	1	---	---
14390	C8H12O4	cis-1,4-diacetoxy-2-butene	25260-60-0	172.181	---	---	505.81	2	25	1.0800	1	---	1.4430	1	---	---
14391	C8H12O4	dimethyl allylmalonate	40637-56-7	172.181	---	---	480.15	1	25	1.0710	1	---	1.4350	1	---	---
14392	C8H12O4	dimethyl 3-methyl-trans-1,2-cyclopropaned	28363-79-3	172.181	---	---	505.81	2	24	1.0711	2	---	1.4450	1	---	---
14393	C8H12O4	dimethyl 1-methyl-trans-1,2-cyclopropaned	702-92-1	172.181	---	---	505.81	2	24	1.0711	2	---	1.4455	1	---	---
14394	C8H12O4	dimethyl 3-methylglutaconate	52313-87-8	172.181	---	---	505.81	2	25	1.0950	1	---	1.4560	1	---	---
14395	C8H12O4	(-)-6b-hydroxymethyl-7a-hydroxy-cis-2-oxa	32233-40-2	172.181	389.15	1	505.81	2	24	1.0711	2	---	---	---	solid	1
14396	C8H12O4	methyl 3-acetoxy-2-methylenebutyrate	22787-68-4	172.181	---	---	505.81	2	25	1.0690	1	---	1.4360	1	---	---
14397	C8H12O4	mono-butyl maleate	925-21-3	172.181	271.75	1	474.15	1	25	1.0990	1	---	1.4580	1	liquid	1
14398	C8H12O4	1,2-cyclobutanedicarboxylic acid, dimethyl	2607-03-6	172.181	---	---	498.20	1	24	1.0711	2	---	---	---	---	---
14399	C8H12O4	cis-1,2-cyclohexanedicarboxylic acid	610-09-3	172.181	463.15	1	505.81	2	24	1.0711	2	---	---	---	solid	1
14400	C8H12O5	diethyl oxobutanedioate	108-56-5	188.180	---	---	392.65	2	20	1.1310	1	17	1.4561	1	---	---

Table 1 Physical Properties - Organic Compounds

				Mol Wt	Freezing Point		Boiling Point		Density			Refractive Index			State	
NO	FORMULA	NAME	CAS No	g/mol	T_F, K	code	T_B, K	code	T, C	g/cm3	code	T, C	n_D	code	@25C,1 atm	code
14401	C8H12O5	2,3-O-isopropylidene-D-ribonic g-lactone	30725-00-9	188.180	411.15	1	---	---	23	1.1530	2	---	---	---	solid	1
14402	C8H12O5	methyl 2,5-dihydro-2,5-dimethoxy-2-furanc	62435-72-7	188.180	---	---	392.65	1	25	1.1750	1	---	1.4490	1	---	---
14403	C8H12O5	O,O-tert-butyl hydrogen monoperoxy male	---	188.180	---	---	392.65	2	23	1.1530	2	---	---	---	---	---
14404	C8H12O6	maleic acid, mono(hydroxyethoxyethyl) est	10099-72-6	204.180	---	---	451.65	1	25	1.2497	2	---	---	---	---	---
14405	C8H12O6Si	vinyltriacetoxysilane	4130-08-9	232.265	---	---	---	---	20	1.1690	1	20	1.4226	1	---	---
14406	C8H12O8Pb	lead(iv) acetate	546-67-8	443.378	---	---	---	---	25	2.2300	1	---	---	---	---	---
14407	C8H12O8Pb	lead tetracetate	---	443.378	450.65	1	---	---	---	---	---	---	---	---	solid	1
14408	C8H12O8Si	silicon tetraacetate	562-90-3	264.263	385.65	1	---	---	---	---	---	---	---	---	solid	1
14409	C8H12Pb	tetravinyllead	866-87-5	315.383	---	---	---	---	---	---	---	---	---	---	---	---
14410	C8H12S	2-butylthiophene	1455-20-5	140.249	216.25	2	454.65	1	20	0.9537	1	20	1.5090	1	liquid	1
14411	C8H12S	3-butylthiophene	34722-01-5	140.249	216.25	2	455.15	1	25	0.9570	1	---	1.5010	1	liquid	1
14412	C8H12S	2-(1,1-dimethylethyl)thiophene	1689-78-7	140.249	214.05	1	437.15	1	23	0.9554	2	---	---	---	liquid	1
14413	C8H12S	3-(1,1-dimethylethyl)thiophene	1689-79-8	140.249	218.45	1	442.15	1	23	0.9554	2	---	---	---	liquid	1
14414	C8H12Si	dimethylphenylsilane	766-77-8	136.268	---	---	429.65	1	20	0.8891	1	20	1.4995	1	---	---
14415	C8H12Si	tetravinylsilane	1112-55-6	136.268	---	---	403.35	1	20	0.7999	1	20	1.4625	1	---	---
14416	C8H12Sn	tetravinylstannane	1112-56-7	226.893	---	---	433.15	1	25	1.2651	1	25	1.4993	1	---	---
14417	C8H13Al	3-buten-1-ynyl diethyl aluminum	---	136.173	---	---	---	---	---	---	---	---	---	---	---	---
14418	C8H13BrO2	methyl 1-bromocyclohexanecarboxylate	3196-23-4	221.094	---	---	---	---	25	1.3900	1	---	1.4930	1	---	---
14419	C8H13BrO4	diethyl 2-bromo-2-methylmalonate	29263-94-3	253.093	---	---	---	---	25	1.3200	1	---	1.4490	1	---	---
14420	C8H13Cl	1-chloro-1-octyne	64531-26-6	144.644	---	---	447.00	2	20	0.9120	1	20	1.4450	1	---	---
14421	C8H13Cl	1-chloro-2-octyne	51575-83-8	144.644	---	---	447.00	2	25	0.9310	1	---	1.4600	1	---	---
14422	C8H13ClHgN2O3	1-(3-chloromercuri-2-methoxy-1-propyl)-3-	67465-39-8	421.246	---	---	489.15	1	---	---	---	---	---	---	---	---
14423	C8H13ClHgN2O3	3-(3-chloromercuri-2-methoxy-1-propyl)-1-	3367-28-0	421.246	---	---	489.15	2	---	---	---	---	---	---	---	---
14424	C8H13ClO	cyclopentanepropionyl chloride	104-97-2	160.643	---	---	472.65	1	25	1.0490	1	---	1.4630	1	---	---
14425	C8H13F3O2	2-methylpentyl trifluoroacetate	10042-29-2	198.186	---	---	413.15	1	20	1.0504	1	---	---	---	---	---
14426	C8H13N	1-butyl-1H-pyrrole	589-33-3	123.198	336.90	2	443.65	1	20	0.8747	1	20	1.4727	1	solid	2
14427	C8H13N	3-ethyl-2,4-dimethyl-1H-pyrrole	517-22-6	123.198	336.90	2	472.15	1	20	0.9130	1	20	1.4961	1	solid	2
14428	C8H13N	4-ethyl-2,3-dimethyl-1H-pyrrole	491-18-9	123.198	289.65	1	473.15	1	20	0.9150	1	---	---	---	liquid	1
14429	C8H13N	2,3,4,5-tetramethyl-1H-pyrrole	1003-90-3	123.198	384.15	1	464.26	2	22	0.9098	2	---	---	---	solid	1
14430	C8H13N	cyclohexaneacetonitrile	4435-14-7	123.198	---	---	473.15	1	20	0.9180	1	21	1.4787	1	---	---
14431	C8H13N	1-ethynylcyclohexanamine	30389-18-5	123.198	---	---	464.26	2	25	0.9130	1	20	1.4817	1	---	---
14432	C8H13N	cycloheptyl cyanide	32730-85-1	123.198	---	---	464.26	2	25	0.9250	1	---	1.4640	1	---	---
14433	C8H13N	2,5-diethyl-1H-pyrrole	766-95-0	123.198	336.90	2	459.20	1	22	0.9098	2	---	---	---	solid	2
14434	C8H13N	1-diethylamino-1-buten-3-yne	1809-53-6	123.198	---	---	464.26	2	22	0.9098	2	---	---	---	---	---
14435	C8H13NO	8-methyl-8-azabicyclo[3.2.1]octan-3-one	532-24-1	139.198	316.15	1	500.15	1	25	0.9420	2	100	1.4598	1	solid	1
14436	C8H13NO	2-oxooctanenitrile	80997-84-8	139.198	---	---	472.15	2	25	0.8800	1	---	1.4440	1	---	---
14437	C8H13NO	N,N,5-trimethylfurfurylamine	14496-35-6	139.198	---	---	444.15	1	25	0.9170	1	---	1.4630	1	---	---
14438	C8H13NO	N-vinylcaprolactam	2235-00-9	139.198	309.65	1	472.15	2	25	1.0290	1	---	---	---	solid	1
14439	C8H13NO2	arecoline	63-75-2	155.197	---	---	482.15	1	20	1.0485	1	20	1.4860	1	---	---
14440	C8H13NO2	4-ethyl-4-methyl-2,6-piperidinedione	64-65-3	155.197	399.65	1	491.48	2	51	1.0462	2	---	---	---	solid	1
14441	C8H13NO2	scopoline	487-27-4	155.197	381.65	1	521.15	1	134	1.0891	1	---	---	---	solid	1
14442	C8H13NO2	(R)-(+)-2-acetoxy-3,3-dimethylbutyronitrile	126567-38-2	155.197	---	---	471.15	1	25	0.9530	1	---	1.4160	1	---	---
14443	C8H13NO2	N-acetylcaprolactam	1888-91-1	155.197	---	---	491.48	2	25	1.0940	1	---	1.4890	1	---	---
14444	C8H13NO2	3-endo-aminobicyclo[2.2.1]heptane-2-endo	---	155.197	544.65	1	---	---	51	1.0462	2	---	---	---	solid	1
14445	C8H13NO2	ethyl 2-amino-1-cyclopentene-1-carboxylat	---	155.197	331.65	1	491.48	2	51	1.0462	2	---	---	---	solid	1
14446	C8H13NO2	3-exo-aminobicyclo[2.2.1]heptane-2-exo-c	88330-32-9	155.197	549.65	1	---	---	51	1.0462	2	---	---	---	solid	1
14447	C8H13NO2	(±)-exo-6-hydroxytropinone	5932-53-6	155.197	394.65	1	491.48	2	51	1.0462	2	---	---	---	solid	1
14448	C8H13NO2	methyl 2-amino-1-cyclohexene-1-carboxyla	---	155.197	324.65	1	491.48	2	51	1.0462	2	---	---	---	solid	1
14449	C8H13NO2	a-methyl-a-propylsuccinimide	1497-19-4	155.197	350.15	1	491.48	2	51	1.0462	2	---	---	---	solid	1
14450	C8H13NO2	4-(dimethylamino)butyn-1-ol acetate	3921-94-6	155.197	---	---	491.48	2	51	1.0462	2	---	---	---	---	---
14451	C8H13NO3	5,5-diethyldihydro-2H-1,3-oxazine-2,4(3H)-	702-54-5	171.196	370.65	1	---	---	25	1.1025	2	---	---	---	solid	1
14452	C8H13NO3	1-acetyl-4-piperidinecarboxylic acid	25503-90-6	171.196	456.65	1	---	---	25	1.1025	2	---	---	---	solid	1
14453	C8H13NO3	ethyl 4-oxo-1-piperidinecarboxylate	29976-53-2	171.196	---	---	---	---	25	1.1350	1	---	1.4750	1	---	---
14454	C8H13NO3	reductone, dimethylamino	38222-35-4	171.196	---	---	---	---	25	1.1025	2	---	---	---	---	---
14455	C8H13NO5	diethyl (formylamimo)malonate	6326-44-9	203.195	321.65	1	---	---	25	1.2203	2	---	---	---	solid	1
14456	C8H13N2O2P	O-phenyl-N,N'-dimethyl phosphorodiamida	1754-58-1	200.178	376.65	1	---	---	---	---	---	---	---	---	solid	1
14457	C8H13N2O3PS	thionazin	297-97-2	248.243	272.25	1	353.15	1	---	---	---	---	---	---	liquid	1
14458	C8H13N3O	2-methyl-4-amino-5-ethoxymethylpyrimidin	73-66-5	167.212	---	---	---	---	25	1.0961	2	---	---	---	---	---
14459	C8H13N3O2S	2-acetamido-N-(3-methyl-2-thiazolidinylide	65400-81-9	215.277	---	---	---	---	25	1.2392	2	---	---	---	---	---
14460	C8H13N3O4S	tinidazole	19387-91-8	247.276	400.65	1	---	---	25	1.3369	2	---	---	---	solid	1
14461	C8H13N5O3	4-acetamido-4-carboxamido-n-(N-nitroso)b	55941-39-4	227.224	---	---	---	---	25	1.3190	2	---	---	---	---	---
14462	C8H13N5O3	2-acetamido-5-(nitrosocyanamido)valerami	52162-18-2	227.224	---	---	---	---	25	1.3190	2	---	---	---	---	---
14463	C8H14	1-propylcyclopentene	3074-61-1	110.199	172.85	1	404.35	1	25	0.7978	1	25	1.4428	1	liquid	1
14464	C8H14	1,2,3-trimethylcyclopentene	473-91-6	110.199	172.85	2	394.75	1	15	0.8039	1	16	1.4464	1	liquid	1
14465	C8H14	1,5,5-trimethylcyclopentene	62184-83-2	110.199	172.85	2	382.15	1	20	0.7820	1	20	1.4324	1	liquid	1
14466	C8H14	1-ethylcyclohexene	1453-24-3	110.199	163.19	1	410.14	1	25	0.8177	1	25	1.4544	1	liquid	1
14467	C8H14	3-ethylcyclohexene	2808-71-1	110.199	175.81	2	404.76	1	25	0.8059	1	25	1.4476	1	liquid	1
14468	C8H14	4-ethylcyclohexene	3742-42-5	110.199	175.81	2	406.15	1	25	0.8060	1	25	1.4470	1	liquid	1
14469	C8H14	1,2-dimethylcyclohexene	1674-10-8	110.199	189.00	1	411.13	1	25	0.8220	1	25	1.4594	1	liquid	1
14470	C8H14	1,3-dimethylcyclohexene	2808-76-6	110.199	159.44	2	400.25	1	25	0.7991	1	25	1.4471	1	liquid	1
14471	C8H14	1,4-dimethylcyclohexene	2808-79-9	110.199	213.75	1	401.65	1	20	0.8005	1	20	1.4457	1	liquid	1
14472	C8H14	1,5-dimethylcyclohexene	2808-77-7	110.199	159.44	2	401.15	1	25	0.8009	1	25	1.4481	1	liquid	1
14473	C8H14	1,6-dimethylcyclohexene	1759-64-4	110.199	159.44	2	404.25	1	25	0.8110	1	25	1.4531	1	liquid	1
14474	C8H14	3,3-dimethylcyclohexene	695-28-3	110.199	159.44	2	392.15	1	25	0.8000	1	20	1.4450	1	liquid	1
14475	C8H14	3,cis-4-dimethylcyclohexene	---	110.199	159.44	2	395.80	2	25	0.8100	1	---	---	---	liquid	2
14476	C8H14	3,trans-4-dimethylcyclohexene	---	110.199	159.44	2	395.80	2	25	0.8100	1	---	---	---	liquid	2
14477	C8H14	3,cis-5-dimethylcyclohexene	---	110.199	159.44	2	397.65	1	25	0.8100	1	18	1.4430	1	liquid	1
14478	C8H14	3,trans-5-dimethylcyclohexene	---	110.199	159.44	2	395.80	2	25	0.8100	1	---	---	---	liquid	2
14479	C8H14	3,cis-6-dimethylcyclohexene	---	110.199	159.44	2	398.15	1	25	0.8100	1	25	1.4433	1	liquid	1
14480	C8H14	3,trans-6-dimethylcyclohexene	3685-00-5	110.199	159.44	2	395.80	2	25	0.8100	1	---	---	---	liquid	2

Table 1 Physical Properties - Organic Compounds

NO	FORMULA	NAME	CAS No	Mol Wt g/mol	Freezing Point T_F, K	code	Boiling Point T_B, K	code	Density T, C	g/cm3	code	Refractive Index T, C	n_D	code	State @25C,1 atm	code
14481	C8H14	4,4-dimethylcyclohexene	14072-86-7	110.199	198.68	1	390.39	1	25	0.7968	1	25	1.4394	1	liquid	1
14482	C8H14	4,cis-5-dimethylcyclohexene	---	110.199	159.44	2	400.96	1	25	0.8000	1	25	1.4471	1	liquid	1
14483	C8H14	4,trans-5-dimethylcyclohexene	---	110.199	159.44	2	395.80	2	25	0.8000	1	---	---	---	liquid	2
14484	C8H14	1-octyne	629-05-0	110.199	193.55	1	399.35	1	25	0.7426	1	25	1.4138	1	liquid	1
14485	C8H14	2-octyne	2809-67-8	110.199	211.55	1	410.88	1	25	0.7552	1	25	1.4251	1	liquid	1
14486	C8H14	3-octyne	15232-76-5	110.199	169.15	1	406.29	1	25	0.7479	1	25	1.4223	1	liquid	1
14487	C8H14	4-octyne	1942-45-6	110.199	172.15	1	404.75	1	20	0.7509	1	20	1.4248	1	liquid	1
14488	C8H14	3-ethyl-3-methyl-1-pentyne	919-12-0	110.199	186.68	2	374.65	1	20	0.7422	1	20	1.4110	1	liquid	1
14489	C8H14	allylcyclopentane	3524-75-2	110.199	162.45	1	398.15	1	25	0.7930	1	20	1.4412	1	liquid	1
14490	C8H14	bicyclo[4.2.0]octane	278-30-8	110.199	---	---	409.15	1	20	0.8573	1	20	1.4613	1	---	---
14491	C8H14	cis-cyclooctene	931-87-3	110.199	261.15	1	411.15	1	20	0.8472	1	20	1.4698	1	liquid	1
14492	C8H14	trans-cyclooctene	931-89-5	110.199	214.15	1	416.15	1	20	0.8483	1	25	1.4741	1	liquid	1
14493	C8H14	1,7-octadiene	3710-30-3	110.199	224.50	2	388.65	1	20	0.7340	1	20	1.4245	1	liquid	1
14494	C8H14	2,6-octadiene	4974-27-0	110.199	197.15	1	397.65	1	25	0.7406	1	17	1.4292	1	liquid	1
14495	C8H14	3-methyl-1,5-heptadiene	4894-62-6	110.199	216.15	1	384.15	1	25	0.7250	1	---	---	---	liquid	1
14496	C8H14	2,5-dimethyl-1,5-hexadiene	627-58-7	110.199	198.32	1	387.45	1	20	0.7430	1	21	1.4400	1	liquid	1
14497	C8H14	2,5-dimethyl-2,4-hexadiene	764-13-6	110.199	286.80	1	408.41	1	25	0.7577	1	20	1.4785	1	liquid	1
14498	C8H14	ethylidenecyclohexane	1003-64-1	110.199	---	---	409.15	1	25	0.8220	1	20	1.4618	1	---	---
14499	C8H14	1-methylcycloheptene	1453-25-4	110.199	---	---	409.15	1	22	0.8243	1	20	1.4581	1	---	---
14500	C8H14	5-methylcycloheptene	2505-06-8	110.199	---	---	400.61	2	31	0.7606	1	31	1.4202	1	---	---
14501	C8H14	1-methyl-4-methylenecyclohexane	2808-80-2	110.199	---	---	395.15	1	19	0.7910	1	18	1.4465	1	---	---
14502	C8H14	cis-octahydropentalene	1755-05-1	110.199	---	---	412.15	1	25	0.8638	1	25	1.4595	1	---	---
14503	C8H14	trans-octahydropentalene	5597-89-7	110.199	243.15	1	405.15	1	18	0.8624	1	18	1.4625	1	liquid	1
14504	C8H14	vinylcyclohexane	695-12-5	110.199	---	---	401.15	1	19	0.8166	1	19	1.4550	1	---	---
14505	C8H14	cyclooctene	931-88-4	110.199	214.15	1	416.15	1	23	0.7959	2	---	1.4710	1	liquid	1
14506	C8H14	bicyclo[2.2.2]octane	280-33-1	110.199	443.00	1	---	---	23	0.7959	2	---	---	---	solid	1
14507	C8H14BrN	6-bromo-2,2-dimethylhexanenitrile	53545-96-3	204.110	---	---	---	---	25	1.1970	1	---	1.4650	1	---	---
14508	C8H14ClNS2	sulfallate	95-06-7	223.791	---	---	---	---	25	1.0880	1	---	---	---	---	---
14509	C8H14ClO2PS	p-chloro-2,4-dioxa-5-methyl-p-thiono-3-pho	2921-31-5	240.690	---	---	---	---	---	---	---	---	---	---	---	---
14510	C8H14ClN5	atrazine	1912-24-9	215.687	446.15	1	---	---	25	1.2177	2	---	---	---	solid	1
14511	C8H14Cl2F3N2O2P	6-trifluoromethylcyclophosphamide	57165-71-6	329.086	---	---	---	---	---	---	---	---	---	---	---	---
14512	C8H14Cl2N2O2	pyridoxamine dihydrochloride	524-36-7	241.117	499.65	dec	---	---	25	1.2506	2	---	---	---	solid	1
14513	C8H14Cl2N6O4	1,1'-ethylenebis(3-(2-chloroethyl)-3-nitroso	60784-41-0	329.144	---	---	---	---	25	1.4892	2	---	---	---	---	---
14514	C8H14Cl2O	2,2-dichlorooctanal	50735-74-5	197.104	---	---	---	---	25	1.1030	2	---	1.4470	1	---	---
14515	C8H14Cl2O2	butyl 3,4-dichlorobutanoate	116723-94-5	213.103	---	---	367.65	2	25	1.1430	1	24	1.4540	1	---	---
14516	C8H14Cl2O2	2,2-dichlorooctanoic acid	102272-30-0	213.103	---	---	367.65	1	25	1.1562	2	---	1.4625	1	---	---
14517	C8H14Cl3O5P	butonate	126-22-7	327.528	---	---	---	---	---	---	---	---	---	---	---	---
14518	C8H14F2O2	2-fluoroethyl-5-fluorohexoate	63765-78-6	180.195	---	---	---	---	25	1.0619	2	---	---	---	---	---
14519	C8H14F3O6P	3,3,3-trifluorolactic acid methyl ester diethy	108682-51-5	294.165	---	---	---	---	---	---	---	---	---	---	---	---
14520	C8H14N2	(cyclohexylamino)acetonitrile	1074-58-4	138.213	291.15	1	---	---	25	0.9657	1	---	---	---	---	---
14521	C8H14N2	1-piperidinepropanenitrile	3088-41-3	138.213	266.35	1	---	---	25	0.9403	1	25	1.4676	1	---	---
14522	C8H14N2	hexahydro-1H-azepine-1-acetonitrile	54714-50-0	138.213	---	---	---	---	25	0.9600	1	---	---	---	---	---
14523	C8H14N2	1-pyrrolidinebutyronitrile	35543-25-0	138.213	---	---	---	---	25	0.9260	1	---	1.4600	1	---	---
14524	C8H14N2O2	(S)-3-tert-butyl-2,5-piperazinedione	65050-07-9	170.212	>573.15	1	---	---	25	1.0744	2	---	---	---	solid	1
14525	C8H14N2O2	2,2,5,5-tetramethyl-2,5-dihydropyrazine-1,4	88571-73-7	170.212	572.15	1	---	---	25	1.0744	2	---	---	---	solid	1
14526	C8H14N2O2S2	2,4-dimethyl-1,3-dithiolane-2-carboxaldehy	26419-73-8	234.344	---	---	---	---	25	1.2363	2	---	---	---	---	---
14527	C8H14N2O3	N-nitroso-N-(butyl-N-butyrolactone)amine	73487-24-8	186.211	---	---	---	---	25	1.1352	2	---	---	---	---	---
14528	C8H14N2O3	1,1'-(nitrosoimino)bis-2-butanone	77698-19-2	186.211	---	---	---	---	25	1.1352	2	---	---	---	---	---
14529	C8H14N2O4	3,6-bis(2-hydroxyethyl)-2,5-diketopiperazin	50975-79-6	202.211	463.15	1	---	---	25	1.1919	2	---	---	---	solid	1
14530	C8H14N2O4	diisopropyl azodicarboxylate	2446-83-5	202.211	---	---	---	---	25	1.0230	1	---	1.4200	1	---	---
14531	C8H14N2O5	N-(3-acetoxypropyl)-N-(acetoxymethyl)nitro	70103-78-5	218.210	---	---	---	---	25	1.2450	2	---	---	---	---	---
14532	C8H14N2O5	N-(3-methoxycarbonylpropyl)-N-(acetoxym	70103-82-1	218.210	---	---	---	---	25	1.2450	2	---	---	---	---	---
14533	C8H14N2O5	N-nitroso-2,2'-iminodiethanoldiacetate	13256-19-4	218.210	---	---	---	---	25	1.2450	2	---	---	---	---	---
14534	C8H14N2O8	methylazoxymethanol-b-D-glucosiduronic a	71856-48-9	266.208	---	---	---	---	25	1.3857	2	---	---	---	---	---
14535	C8H14N3O2	4-hydroxyiminomethyl-2,2,5,5-tetramethyl-3	52213-23-7	184.219	436.65	1	---	---	25	1.1325	2	---	---	---	solid	1
14536	C8H14N4	1,2-bis(2-cyano-2-propyl)-hydrazine	6869-07-4	166.227	---	---	---	---	25	1.0677	2	---	---	---	---	---
14537	C8H14N4O	2-amino-4-dimethylaminoethoxypyrimidine	102207-77-2	182.227	---	---	---	---	25	1.1297	2	---	---	---	---	---
14538	C8H14N4OS	metribuzin	21087-64-9	214.293	399.15	1	---	---	20	1.3100	1	---	---	---	solid	1
14539	C8H14N4O5	glycylglycylglycylglycine	637-84-3	246.224	>573.15	1	---	---	25	1.3399	2	---	---	---	solid	1
14540	C8H14N4O7	imidazolidinyl urea 11	78491-02-8	278.223	---	---	---	---	25	1.4268	2	---	---	---	---	---
14541	C8H14O	1-cyclohexylethanone	823-76-7	126.199	---	---	453.65	1	20	0.9176	1	16	1.4565	1	---	---
14542	C8H14O	cyclooctanone	502-49-8	126.199	302.15	1	469.15	1	20	0.9581	1	20	1.4694	1	solid	1
14543	C8H14O	2-methylcycloheptanone	932-56-9	126.199	---	---	458.15	1	18	0.9395	1	18	1.4610	1	---	---
14544	C8H14O	1-(1-methylcyclopentyl)ethanone	13388-93-7	126.199	---	---	443.32	2	20	0.9110	1	20	1.4430	1	---	---
14545	C8H14O	1-(2-methylcyclopentyl)ethanone	1601-00-9	126.199	---	---	443.65	1	4	0.9222	1	16	1.4434	1	---	---
14546	C8H14O	2-cycloocten-1-ol	3212-75-7	126.199	---	---	443.32	2	20	0.9655	1	25	1.4959	1	---	---
14547	C8H14O	2,2-dimethylcyclohexanone	1193-47-1	126.199	252.65	1	445.15	1	20	0.9145	1	20	1.4486	1	liquid	1
14548	C8H14O	cis-2,3-dimethylcyclohexanone	1551-88-8	126.199	282.40	2	451.65	1	20	0.9159	1	20	1.4505	1	liquid	1
14549	C8H14O	trans-2,3-dimethylcyclohexanone	1551-89-9	126.199	282.40	2	443.32	2	22	0.9080	1	25	1.4511	1	liquid	2
14550	C8H14O	cis-2,4-dimethylcyclohexanone	116783-29-0	126.199	282.40	2	450.15	1	15	0.9100	1	15	1.4493	1	liquid	1
14551	C8H14O	trans-2,4-dimethylcyclohexanone, (2S)	93921-42-7	126.199	282.40	2	452.15	1	16	0.9004	1	22	1.4488	1	liquid	1
14552	C8H14O	trans-2,5-dimethylcyclohexanone, (±)	66395-23-1	126.199	282.40	2	445.15	1	20	0.9025	1	20	1.4446	1	liquid	1
14553	C8H14O	2,6-dimethylcyclohexanone	2816-57-1	126.199	282.40	2	448.15	1	25	0.9250	1	20	1.4460	1	liquid	1
14554	C8H14O	3,3-dimethylcyclohexanone	2979-19-3	126.199	282.40	2	453.15	1	15	0.9090	1	17	1.4482	1	liquid	1
14555	C8H14O	3,4-dimethylcyclohexanone	5465-09-8	126.199	282.40	2	460.15	1	20	0.9060	1	20	1.4507	1	liquid	1
14556	C8H14O	3,5-dimethylcyclohexanone	2320-30-1	126.199	282.40	2	455.65	1	20	0.8960	1	20	1.4407	1	liquid	1
14557	C8H14O	4,4-dimethylcyclohexanone	4255-62-3	126.199	312.15	1	443.32	2	20	0.9320	1	24	1.4537	1	solid	1
14558	C8H14O	3,4-dimethyl-3-hexen-2-one	1635-02-5	126.199	---	---	432.15	1	20	0.8696	1	20	1.4418	1	---	---
14559	C8H14O	3,4-dimethyl-4-hexen-2-one	53252-21-4	126.199	---	---	427.15	1	19	0.8538	1	19	1.4377	1	---	---
14560	C8H14O	3-methyl-5-hepten-2-one	38552-72-6	126.199	---	---	443.32	2	18	0.8463	1	18	1.4345	1	---	---

Table 1 Physical Properties - Organic Compounds

				Mol Wt	Freezing Point		Boiling Point		Density			Refractive Index			State	
NO	FORMULA	NAME	CAS No	g/mol	T_F, K	code	T_B, K	code	T, C	g/cm3	code	T, C	n_D	code	@25C,1 atm	code
14561	C8H14O	5-methyl-5-hepten-2-one	10339-67-0	126.199	---	---	443.32	2	16	0.8647	1	16	1.4434	1	---	---
14562	C8H14O	6-methyl-3-hepten-2-one	2009-74-7	126.199	---	---	452.15	1	17	0.8443	1	10	1.4427	1	---	---
14563	C8H14O	6-methyl-4-hepten-2-one	39273-81-9	126.199	---	---	436.15	1	20	0.8345	1	---	1.4315	1	---	---
14564	C8H14O	6-methyl-5-hepten-2-one	110-93-0	126.199	210.00	2	436.15	2	16	0.8546	1	20	1.4445	1	liquid	2
14565	C8H14O	2-methyl-5-hepten-3-one	77958-21-5	126.199	---	---	434.65	1	20	0.8420	1	20	1.4310	1	---	---
14566	C8H14O	5-methyl-1-hepten-3-one	44829-76-7	126.199	---	---	443.32	2	19	0.8479	1	19	1.4360	1	---	---
14567	C8H14O	5-methyl-4-hepten-3-one	1447-26-3	126.199	---	---	439.65	1	20	0.8591	1	20	1.4476	1	---	---
14568	C8H14O	5-methyl-5-hepten-3-one	1190-34-7	126.199	---	---	443.32	2	21	0.8524	1	21	1.4367	1	---	---
14569	C8H14O	5-methyl-2-hepten-4-one	81925-81-7	126.199	---	---	444.15	1	20	0.8667	1	25	1.4400	1	---	---
14570	C8H14O	6-methyl-2-hepten-4-one	49852-35-9	126.199	---	---	443.15	1	25	0.8410	1	25	1.4388	1	---	---
14571	C8H14O	4-ethylcyclohexanone	5441-51-0	126.199	282.40	2	466.15	1	25	0.8950	1	20	1.4515	1	liquid	1
14572	C8H14O	2-ethyl-5-methylcyclopentanone	51686-60-3	126.199	---	---	437.65	1	12	0.9000	1	22	1.4360	1	---	---
14573	C8H14O	2-isopropylcyclopentanone	14845-55-7	126.199	---	---	448.15	1	20	0.9105	1	15	1.4425	1	---	---
14574	C8H14O	2-propylcyclopentanone	1193-70-0	126.199	204.85	1	456.15	1	20	0.9017	1	20	1.4429	1	liquid	1
14575	C8H14O	3-propylcyclopentanone	82322-93-8	126.199	---	---	463.65	1	20	0.9041	1	12	1.4456	1	---	---
14576	C8H14O	2,2,4-trimethylcyclopentanone	28056-54-4	126.199	232.55	1	431.15	1	25	0.8770	1	20	1.4300	1	liquid	1
14577	C8H14O	2,2,5-trimethylcyclopentanone	4573-09-5	126.199	---	---	425.15	1	20	0.8781	1	20	1.4306	1	---	---
14578	C8H14O	2,3,5-trimethylcyclopentanone	90112-26-8	126.199	---	---	431.15	1	19	0.8778	1	19	1.4316	1	---	---
14579	C8H14O	2,4,4-trimethylcyclopentanone	4694-12-6	126.199	247.55	1	433.65	1	18	0.8785	1	18	1.4330	1	liquid	1
14580	C8H14O	4-methyl-1,6-heptadien-4-ol	25201-40-5	126.199	---	---	431.55	1	20	0.8611	1	23	1.4500	1	---	---
14581	C8H14O	2-octyn-1-ol	20739-58-6	126.199	255.15	1	443.32	2	20	0.8805	1	20	1.4556	1	liquid	2
14582	C8H14O	tert-butyl 1-methyl-2-propynyl ether	26826-40-4	126.199	---	---	443.32	2	25	0.7950	1	---	1.4100	1	---	---
14583	C8H14O	cyclohexyl vinyl ether	2182-55-0	126.199	---	---	421.65	1	25	0.8910	1	---	1.4540	1	---	---
14584	C8H14O	cyclooctene oxide	286-62-4	126.199	327.65	1	462.15	1	20	0.8840	2	---	---	---	solid	1
14585	C8H14O	3,5-dimethyl-1-hexyn-3-ol	107-54-0	126.199	294.43	2	423.60	1	25	0.8590	1	---	1.4340	1	liquid	1
14586	C8H14O	1,2-epoxy-7-octene	19600-63-6	126.199	---	---	443.32	2	25	0.8500	1	---	1.4355	1	---	---
14587	C8H14O	1-ethoxycyclohexene	1122-84-5	126.199	---	---	443.32	2	20	0.8840	2	---	---	---	---	---
14588	C8H14O	2-ethyl-2-hexenal	645-62-5	126.199	247.00	2	448.72	1	25	0.8480	1	---	---	---	---	---
14589	C8H14O	methylheptenone	409-02-9	126.199	206.25	1	446.65	1	20	0.8840	2	---	---	---	liquid	1
14590	C8H14O	2-norbornanemethanol, endo and exo	5240-72-2	126.199	---	---	374.15	1	25	0.9420	1	---	1.4900	1	---	---
14591	C8H14O	trans-2-octenal	2548-87-0	126.199	---	---	443.32	2	25	0.8460	1	---	1.4500	1	---	---
14592	C8H14O	3-octen-2-one	1669-44-9	126.199	---	---	443.32	2	25	0.8700	1	---	---	---	---	---
14593	C8H14O	(R)-(+)-1-octyn-3-ol	32556-70-0	126.199	294.43	2	443.32	2	25	0.8640	1	---	1.4420	1	liquid	2
14594	C8H14O	(S)-(-)-1-octyn-3-ol	32556-71-1	126.199	294.43	2	443.32	2	25	0.8640	1	---	1.4420	1	liquid	2
14595	C8H14O	1-octyn-3-ol	818-72-4	126.199	333.70	1	455.15	1	25	0.8620	1	---	1.4410	1	solid	1
14596	C8H14O	3-octyn-1-ol	14916-80-4	126.199	294.43	2	443.32	2	20	0.8840	2	---	---	---	liquid	2
14597	C8H14O	2-ethyl hexenal	26266-68-2	126.199	---	---	443.32	2	20	0.8840	2	---	---	---	---	---
14598	C8H14O	(methyl-3-cyclohexenyl)methanol	17264-01-6	126.199	---	---	443.32	2	20	0.8840	2	---	---	---	---	---
14599	C8H14O2	butyl methacrylate	97-88-1	142.198	197.78	1	436.15	1	25	0.8910	1	25	1.4215	1	liquid	1
14600	C8H14O2	sec-butyl methacrylate	2998-18-7	142.198	---	---	420.15	1	20	0.8860	1	20	1.4179	1	---	---
14601	C8H14O2	isobutyl methacrylate	97-86-9	142.198	225.00	2	428.15	1	20	0.8858	1	20	1.4199	1	---	---
14602	C8H14O2	5-butyldihydro-2(3H)-furanone	104-50-7	142.198	---	---	454.57	2	19	0.9796	1	19	1.4451	1	---	---
14603	C8H14O2	cycloheptanecarboxylic acid	1460-16-8	142.198	---	---	532.15	1	20	1.0410	1	20	1.4753	1	---	---
14604	C8H14O2	cyclohexaneacetic acid	5292-21-7	142.198	306.15	1	518.15	1	18	1.0423	1	20	1.4775	1	solid	1
14605	C8H14O2	cyclohexyl acetate	622-45-7	142.198	190.00	2	447.15	1	20	0.9680	1	20	1.4420	1	---	---
14606	C8H14O2	cyclopentanepropanoic acid	140-77-2	142.198	---	---	454.57	2	17	1.0100	1	20	1.4570	1	---	---
14607	C8H14O2	2,4-octanedione	14090-87-0	142.198	238.45	1	467.15	1	20	0.9291	1	20	1.4559	1	liquid	1
14608	C8H14O2	2,7-octanedione	1626-09-1	142.198	317.15	1	454.57	2	22	0.9413	2	---	---	---	solid	1
14609	C8H14O2	3,6-octanedione	2955-65-9	142.198	308.65	1	454.57	2	22	0.9413	2	---	---	---	solid	1
14610	C8H14O2	4,5-octanedione	5455-24-3	142.198	288.08	2	441.15	1	25	0.9340	1	---	---	---	liquid	1
14611	C8H14O2	2,5-dimethyl-3,4-hexanedione	4388-87-8	142.198	288.08	2	417.65	1	20	0.9232	1	20	1.4206	1	liquid	1
14612	C8H14O2	2,5-dimethyl-3-hexyne-2,5-diol	142-30-3	142.198	368.15	1	478.15	1	20	0.9470	1	---	---	---	solid	1
14613	C8H14O2	ethyl 2,3-dimethyl-2-butenoate	13979-28-7	142.198	207.63	2	428.15	1	19	0.9072	1	19	1.4300	1	liquid	1
14614	C8H14O2	ethyl 2-hexenoate	1552-67-6	142.198	207.63	2	447.65	1	20	0.8986	1	20	1.4348	1	liquid	1
14615	C8H14O2	ethyl 3-hexenoate	2396-83-0	142.198	207.63	2	439.65	1	20	0.8957	1	20	1.4255	1	liquid	1
14616	C8H14O2	ethyl 3-methyl-3-pentenoate	86623-80-5	142.198	207.63	2	454.57	2	20	0.9183	1	20	1.4298	1	liquid	2
14617	C8H14O2	ethyl 4-methyl-2-pentenoate	2351-97-5	142.198	207.63	2	447.15	1	19	0.8971	1	20	1.4328	1	liquid	1
14618	C8H14O2	ethyl 4-methyl-3-pentenoate	6849-18-9	142.198	207.63	2	454.57	2	17	0.9134	1	17	1.4329	1	liquid	2
14619	C8H14O2	1-(1-hydroxycyclohexyl)ethanone	1123-27-9	142.198	---	---	398.65	1	25	1.0248	1	25	1.4670	1	---	---
14620	C8H14O2	3-hydroxy-2,2-dimethylhexanoic acid, beta	90112-82-6	142.198	416.65	1	510.00	2	22	0.9413	2	20	1.4260	1	solid	1
14621	C8H14O2	2-methylbutyl acrylate	44914-03-6	142.198	207.63	2	433.15	1	20	0.8936	1	20	1.4240	1	liquid	1
14622	C8H14O2	methyl cyclohexanecarboxylate	4630-82-4	142.198	---	---	456.15	1	15	0.9954	1	20	1.4433	1	---	---
14623	C8H14O2	3-methylcyclopentaneacetic acid	63370-69-4	142.198	---	---	510.15	1	20	0.9818	1	20	1.4504	1	---	---
14624	C8H14O2	6-methyl-2-heptenoic acid	90112-75-7	142.198	274.65	1	512.65	1	20	0.9380	1	10	1.4511	1	liquid	1
14625	C8H14O2	octanedial	638-54-0	142.198	---	---	508.15	dec	22	0.9413	2	20	1.4439	1	---	---
14626	C8H14O2	1,4-butanediol divinyl ether	3891-33-6	142.198	265.25	1	454.57	2	25	0.8980	1	---	1.4440	1	liquid	2
14627	C8H14O2	tert-butyl methacrylate	585-07-9	142.198	207.63	2	405.15	1	25	0.8750	1	---	1.4150	1	liquid	1
14628	C8H14O2	2-butyn-1-al diethyl acetal	2806-97-5	142.198	---	---	339.15	1	25	0.9000	1	---	1.4260	1	---	---
14629	C8H14O2	3-cyclohexene-1,1-dimethanol	2160-94-3	142.198	363.15	1	454.57	2	22	0.9413	2	---	---	---	solid	1
14630	C8H14O2	1,2,7,8-diepoxyoctane	2426-07-5	142.198	---	---	513.15	1	25	0.9940	1	---	1.4450	1	---	---
14631	C8H14O2	dihydro-2,2,5,5-tetramethyl-3(2H)-furanone	5455-94-7	142.198	---	---	454.57	2	25	0.9260	1	---	1.4200	1	---	---
14632	C8H14O2	2-ethoxycyclohexanone	33371-97-0	142.198	---	---	454.57	2	25	1.0020	1	---	1.4510	1	---	---
14633	C8H14O2	2-ethyl-2-hexenoic acid	5309-52-4	142.198	271.25	1	510.00	2	25	0.9500	1	---	1.4600	1	liquid	2
14634	C8H14O2	ethyl 4-methyl-4-pentenoate	4911-54-0	142.198	207.63	2	454.57	2	25	0.8910	1	---	1.4250	1	liquid	2
14635	C8H14O2	ethyl 2-methyl-4-pentenoate	53399-81-8	142.198	207.63	2	427.15	1	25	0.8730	1	---	1.4180	1	liquid	1
14636	C8H14O2	trans-2-hexenyl acetate	2497-18-9	142.198	207.63	2	438.60	1	25	0.8980	1	---	1.4270	1	liquid	1
14637	C8H14O2	isoamyl acrylate	4245-35-6	142.198	207.63	2	431.15	1	25	0.9020	1	---	1.4220	1	liquid	1
14638	C8H14O2	1-methyl-1-cyclohexanecarboxylic acid	1123-25-7	142.198	310.15	1	507.15	1	22	0.9413	2	---	---	---	solid	1
14639	C8H14O2	4-methyl-1-cyclohexanecarboxylic acid	4331-54-8	142.198	---	---	454.57	2	25	1.0050	1	---	1.4600	1	---	---
14640	C8H14O2	2-methyl-1-cyclohexanecarboxylic acid	56586-13-1	142.198	---	---	514.65	1	25	1.0090	1	---	1.4630	1	---	---

Table 1 Physical Properties - Organic Compounds

				Mol Wt	Freezing Point		Boiling Point		Density			Refractive Index			State	
NO	FORMULA	NAME	CAS No	g/mol	T_F, K	code	T_B, K	code	T, C	g/cm3	code	T, C	n_D	code	@25C,1 atm	code
14641	C8H14O2	6-methyl-2,4-heptanedione	3002-23-1	142.198	---	---	454.57	2	25	0.9200	1	---	1.4567	1	---	---
14642	C8H14O2	2-octenoic acid	1871-67-6	142.198	278.65	1	510.00	2	25	0.9420	1	---	1.4590	1	liquid	2
14643	C8H14O2	2,2-pentamethylene-1,3-dioxolane	177-10-6	142.198	---	---	454.57	2	25	1.0240	1	---	1.4590	1	---	---
14644	C8H14O2	(Z)-acetate3-hexen-1-ol	3681-71-8	142.198	---	---	442.00	1	22	0.9413	2	---	---	---	---	---
14645	C8H14O2	sec-butylcrotonate	44917-51-3	142.198	---	---	454.57	2	22	0.9413	2	---	---	---	---	---
14646	C8H14O2	cyclopentanecarboxylic acid, 1-methyl-, me	4630-83-5	142.198	---	---	454.57	2	22	0.9413	2	---	---	---	---	---
14647	C8H14O2	4,4-bis(hydroxymethyl)-1-cyclohexene	64011-53-6	142.198	---	---	454.57	2	22	0.9413	2	---	---	---	---	---
14648	C8H14O2	3,4-dimethyl-2,5-hexanedione	25234-79-1	142.198	---	---	454.57	2	22	0.9413	2	---	---	---	---	---
14649	C8H14O2	ethylene glycol diallyl ether	7529-27-3	142.198	---	---	454.57	2	22	0.9413	2	---	---	---	---	---
14650	C8H14O2	2-(2,4-hexadienyloxy)ethanol	27310-21-0	142.198	---	---	454.57	2	22	0.9413	2	---	---	---	---	---
14651	C8H14O2	cis-hexenyl ocyacetaldehyde	68133-72-2	142.198	---	---	454.57	2	22	0.9413	2	---	---	---	---	---
14652	C8H14O2	isopropyl tiglate	1733-25-1	142.198	---	---	454.57	2	22	0.9413	2	---	---	---	---	---
14653	C8H14O2	isovaleric acid, allyl ester	2835-39-4	142.198	310.30	2	510.00	2	22	0.9413	2	---	---	---	solid	2
14654	C8H14O2	5-octanolide	698-76-0	142.198	---	---	454.57	2	22	0.9413	2	---	---	---	---	---
14655	C8H14O2S	S-tert-butyl acetothioacetate	15925-47-0	174.264	---	---	---	---	25	0.9940	1	---	1.4860	1	---	---
14656	C8H14O2S2	dl-thioctic acid	1077-28-7	206.330	334.65	1	435.65	1	25	1.1396	2	---	---	---	solid	1
14657	C8H14O2S2	thioctic acid	62-46-4	206.330	333.15	1	435.65	1	25	1.1396	2	---	---	---	solid	1
14658	C8H14O2Si	ethyl 3-(trimethylsilyl)propynoate	16205-84-8	170.283	---	---	---	---	25	0.8970	1	---	1.4410	1	---	---
14659	C8H14O3	butyric anhydride	106-31-0	158.197	199.85	1	470.93	1	25	0.9600	1	25	1.4105	1	liquid	1
14660	C8H14O3	butyl acetoacetate	591-60-6	158.197	237.55	1	468.96	2	25	0.9671	1	20	1.4137	1	liquid	2
14661	C8H14O3	ethyl 2,2-dimethylacetoacetate	597-04-6	158.197	---	---	455.15	1	20	0.9759	1	20	1.4180	1	---	---
14662	C8H14O3	ethyl 2-ethylacetoacetate	607-97-6	158.197	---	---	471.15	1	16	0.9847	1	25	1.4214	1	---	---
14663	C8H14O3	ethyl 4-methyl-3-oxopentanoate	7152-15-0	158.197	264.15	1	446.15	1	25	0.9800	1	20	1.2500	1	liquid	1
14664	C8H14O3	ethyl 5-oxohexanoate	13984-57-1	158.197	---	---	494.65	1	25	0.9890	1	20	1.4277	1	---	---
14665	C8H14O3	isopropyl 4-oxopentanoate	21884-26-4	158.197	---	---	482.45	1	20	0.9842	1	20	1.4420	1	---	---
14666	C8H14O3	methyl 4-methyl-5-oxohexanoate	36045-56-4	158.197	---	---	468.96	2	20	0.9880	1	20	1.4288	1	---	---
14667	C8H14O3	2-methylpropanoic anhydride	97-72-3	158.197	219.65	1	456.15	1	20	0.9535	1	19	1.4061	1	liquid	1
14668	C8H14O3	propyl 4-oxopentanoate	645-67-0	158.197	---	---	491.15	1	20	0.9896	1	20	1.4258	1	---	---
14669	C8H14O3	tetrahydro-2-furanmethanol propanoate	637-65-0	158.197	---	---	478.65	1	20	1.0440	1	---	---	---	---	---
14670	C8H14O3	tert-butyl acetoacetate	1694-31-1	158.197	290.20	1	460.10	1	25	0.9620	1	---	1.4200	1	liquid	1
14671	C8H14O3	di(ethylene glycol) divinyl ether	764-99-8	158.197	246.85	1	471.65	1	25	0.9680	1	---	1.4460	1	liquid	1
14672	C8H14O3	2-ethoxyethyl methacrylate	2370-63-0	158.197	---	---	468.96	2	25	0.9640	1	---	1.4290	1	---	---
14673	C8H14O3	ethyl trans-3-ethoxycrotonate	57592-45-7	158.197	304.15	1	470.65	1	23	0.9911	2	---	---	---	solid	1
14674	C8H14O3	ethyl cis-2-hydroxy-1-cyclopentanecarboxy	2315-21-1	158.197	---	---	468.96	2	25	1.0600	1	---	1.4570	1	---	---
14675	C8H14O3	ethyl 3-oxohexanoate	3249-68-1	158.197	---	---	468.96	2	25	0.9940	1	---	1.4270	1	---	---
14676	C8H14O3	hydroxybutyl methacrylate, isomers	29008-35-3	158.197	---	---	453.15	1	25	1.0060	1	---	1.4500	1	---	---
14677	C8H14O3	isobutyl acetoacetate	7779-75-1	158.197	---	---	477.05	1	25	0.9800	1	---	1.4240	1	---	---
14678	C8H14O3	3-methoxycyclohexanecarboxylic acid	99799-10-7	158.197	---	---	468.96	2	25	1.0870	1	---	1.4680	1	---	---
14679	C8H14O3	methyl 4,4-dimethyl-3-oxopentanoate	55107-14-7	158.197	---	---	460.15	1	25	0.9850	1	---	1.4310	1	---	---
14680	C8H14O3	7-oxooctanoic acid	14112-98-2	158.197	301.15	1	468.96	2	23	0.9911	2	---	---	---	solid	1
14681	C8H14O3	butanoic acid, 3-oxo-, 1-methylpropyl ester	13562-76-0	158.197	---	---	467.00	1	23	0.9911	2	---	---	---	---	---
14682	C8H14O3	2-buteneperoxoic acid, 1,1-dimethylethyl e	23474-91-1	158.197	---	---	468.96	2	23	0.9911	2	---	---	---	---	---
14683	C8H14O3	bis(3,4-epoxybutyl) ether	10580-77-5	158.197	---	---	468.96	2	23	0.9911	2	---	---	---	---	---
14684	C8H14O3	bis(2,3-epoxy-2-methylpropyl) ether	7487-28-7	158.197	---	---	468.96	2	23	0.9911	2	---	---	---	---	---
14685	C8H14O3	a,g-dimethyl-a-oxymethyl glutaraldehyde	63951-48-4	158.197	---	---	468.96	2	23	0.9911	2	---	---	---	---	---
14686	C8H14O3	2,3-epoxybutyric acid butyl ester	10138-34-8	158.197	---	---	468.96	2	23	0.9911	2	---	---	---	---	---
14687	C8H14O3	ethoxypropylacrylate	64050-15-3	158.197	---	---	468.96	2	23	0.9911	2	---	---	---	---	---
14688	C8H14O4	diethyl succinate	123-25-1	174.197	252.35	1	490.15	1	25	1.0360	1	20	1.4200	1	liquid	1
14689	C8H14O4	1,4-butanediol diacetate	628-67-1	174.197	285.15	1	502.15	1	15	1.0479	1	15	1.4251	1	liquid	1
14690	C8H14O4	butyl hydrogen succinate	5150-93-6	174.197	281.75	1	495.09	2	20	1.0732	1	20	1.4360	1	liquid	2
14691	C8H14O4	diethyl methylmalonate	609-08-5	174.197	---	---	474.15	1	20	1.0225	1	20	1.4126	1	---	---
14692	C8H14O4	diisopropyl oxalate	615-81-6	174.197	---	---	463.15	1	20	1.0020	1	20	1.4100	1	---	---
14693	C8H14O4	dimethyl adipate	627-93-0	174.197	283.45	1	495.09	2	20	1.0600	1	20	1.4283	1	liquid	2
14694	C8H14O4	dipropyl oxalate	615-98-5	174.197	228.85	1	484.15	1	20	1.0188	1	20	1.4158	1	liquid	1
14695	C8H14O4	ethylene glycol dipropanoate	123-80-8	174.197	---	---	484.15	1	15	1.0200	1	---	---	---	---	---
14696	C8H14O4	ethyl hydrogen adipate	626-86-8	174.197	302.15	1	558.15	1	20	0.9796	1	20	1.4311	1	solid	1
14697	C8H14O4	3-ethyl-3-methylpentanedioic acid	5345-01-7	174.197	360.15	1	534.15	1	22	1.0671	2	---	---	---	solid	1
14698	C8H14O4	octanedioic acid	505-48-6	174.197	416.15	1	625.00	2	22	1.0671	2	---	---	---	solid	1
14699	C8H14O4	tetramethylbutanedioic acid	630-51-3	174.197	473.15	1	495.09	2	25	1.3000	1	---	---	---	solid	1
14700	C8H14O4	1,4-bis(2-hydroxyethoxy)-2-butyne	1606-85-5	174.197	---	---	495.09	2	25	1.1400	1	---	1.4850	1	---	---
14701	C8H14O4	1,3-butanediol diacetate	1117-31-3	174.197	---	---	495.09	2	25	1.0280	1	---	1.4200	1	---	---
14702	C8H14O4	tert-butyl methyl malonate	42726-73-8	174.197	263.25	1	495.09	2	25	1.0300	1	---	1.4160	1	liquid	2
14703	C8H14O4	(1S)-1-(2,5-dimethoxy-2,5-dihydrofuran-2-y	236408-20-1	174.197	---	---	495.09	2	22	1.0671	2	---	---	---	---	---
14704	C8H14O4	(1R)-1-(2,5-dimethoxy-2,5-dihydrofuran-2-y	316186-17-1	174.197	---	---	495.09	2	22	1.0671	2	---	---	---	---	---
14705	C8H14O4	DL-1-(2,5-dimethoxy-2,5-dihydrofuran-2-yl)	33647-67-5	174.197	---	---	495.09	2	22	1.0671	2	---	---	---	---	---
14706	C8H14O4	2,6-dimethyl-1,3-dioxan-4-ol acetate, cis ar	828-00-2	174.197	266.00	1	480.00	2	25	1.0710	1	---	1.4320	1	liquid	2
14707	C8H14O4	dimethyl 3-methylglutarate	19013-37-7	174.197	---	---	495.09	2	25	1.0520	1	---	1.4250	1	---	---
14708	C8H14O4	ethylene glycol diglycidyl ether	2224-15-9	174.197	---	---	495.09	2	25	1.1180	1	---	1.4630	1	---	---
14709	C8H14O4	(S)-2-isopropylsuccinic acid-1-methyl ester	208113-95-5	174.197	---	---	495.09	2	22	1.0671	2	---	---	---	---	---
14710	C8H14O4	(R)-2-isopropylsuccinic acid-1-methyl ester	220498-08-8	174.197	---	---	495.09	2	22	1.0671	2	---	---	---	---	---
14711	C8H14O4	isosorbide dimethyl ether	5306-85-4	174.197	---	---	495.09	2	25	1.1500	1	---	1.4610	1	---	---
14712	C8H14O4	methyl (4S)-(+)-2,2-dimethyl-1,3-dioxolane	95422-24-5	174.197	---	---	466.15	1	25	1.0700	1	---	1.6150	1	---	---
14713	C8H14O4	methyl (4S,5R)-2,2,5-trimethyl-1,3-dioxolar	38410-80-9	174.197	---	---	495.09	2	25	1.0560	1	---	1.4220	1	---	---
14714	C8H14O4	2,5-dihydroperoxy-2,5-dimethylhex-3-yne	3491-36-9	174.197	---	---	495.09	2	22	1.0671	2	---	---	---	---	---
14715	C8H14O4	diisobutyryl peroxide	3437-84-1	174.197	---	---	495.09	2	22	1.0671	2	---	---	---	---	---
14716	C8H14O4	ethyl acetoacetate ethylene ketal	6413-10-1	174.197	---	---	495.09	2	22	1.0671	2	---	---	---	---	---
14717	C8H14O4Pb	lead(ii) butanoate	819-73-8	381.397	---	---	---	---	---	---	---	---	---	---	---	---
14718	C8H14O4S	dimethyl thiodipropionate	4131-74-2	206.263	---	---	---	---	20	1.1559	1	20	1.4740	1	---	---
14719	C8H14O4S	2,2'-thiodiethanol diacetate	4275-28-9	206.263	---	---	---	---	25	1.1672	2	---	---	---	---	---
14720	C8H14O4S2	3-carboxypropyl disulfide	2906-60-7	238.329	380.65	1	---	---	25	1.2395	2	---	---	---	solid	1

Table 1 Physical Properties - Organic Compounds

				Mol Wt	Freezing Point		Boiling Point		Density			Refractive Index			State	
NO	FORMULA	NAME	CAS No	g/mol	T_F, K	code	T_B, K	code	T, C	g/cm3	code	T, C	n_D	code	@25C,1 atm	code
14721	C8H14O4S2	bis(mercaptoacetate)-1,4-butanediol	10193-95-0	238.329	---	---	---	---	25	1.2395	2	---	---	---	---	---
14722	C8H14O5	diethylene glycol diacetate	628-68-2	190.196	291.15	1	473.15	1	15	1.1068	1	20	1.4348	1	liquid	1
14723	C8H14O5	1,2-o-isopropylidene-a-D-xylofuranose	20031-21-4	190.196	342.65	1	473.15	2	22	1.1309	2	---	---	---	solid	1
14724	C8H14O5	methyl 4,4-dimethoxy-3-oxovalerate	62759-83-5	190.196	---	---	473.15	2	25	1.1110	1	---	1.4350	1	---	---
14725	C8H14O5	methyl 3,4-O-isopropylidene-l-threonate	92973-40-5	190.196	---	---	473.15	2	25	1.1750	1	---	1.4470	1	---	---
14726	C8H14O5S	acetyl cyclohexanepersulfonate	3179-56-4	222.262	---	---	---	---	25	1.2190	2	---	---	---	---	---
14727	C8H14O6	diethyl tartrate	57968-71-5	206.196	291.85	1	554.15	1	20	1.2046	1	20	1.4438	1	liquid	1
14728	C8H14O6	(-)-diethyl D-tartrate	13811-71-7	206.196	363.15	1	553.15	1	25	1.2030	1	---	1.4460	1	solid	1
14729	C8H14O6	(+)-diethyl l-tartrate	87-91-2	206.196	290.15	1	553.15	1	25	1.2020	1	---	1.4470	1	liquid	1
14730	C8H14O6	isopropyl peroxydicarbonate	105-64-6	206.196	282.15	1	553.48	2	16	1.0800	1	---	---	---	liquid	2
14731	C8H14O6	di-n-propyl peroxydicarbonate	16066-38-9	206.196	---	---	553.48	2	21	1.1724	2	---	---	---	---	---
14732	C8H14O6S	bis(2-acetoxyethyl)sulfone	3763-72-2	238.262	---	---	464.15	1	25	1.2677	2	---	---	---	---	---
14733	C8H14O6Si	triacetoxy(ethyl)silane	17689-77-9	234.281	---	---	---	---	25	1.1400	1	---	1.4130	1	---	---
14734	C8H14O8	di(2-methoxyethyl)peroxydicarbonate	22575-95-7	238.194	---	---	---	---	25	1.2972	2	---	---	---	---	---
14735	C8H14Si	cyclopentadienyltrimethylsilane	3559-74-8	138.284	---	---	413.15	1	25	0.8300	1	---	---	---	---	---
14736	C8H15Br	cis-1-bromo-1-octene	42843-49-2	191.111	234.14	2	453.15	1	25	1.1180	1	25	1.4590	1	liquid	1
14737	C8H15Br	trans-1-bromo-1-octene	51751-87-2	191.111	234.14	2	453.15	1	25	1.1180	1	25	1.4590	1	liquid	1
14738	C8H15Br	(2-bromoethyl)cyclohexane	1647-26-3	191.111	216.15	1	485.15	1	20	1.2357	1	20	1.4899	1	liquid	1
14739	C8H15BrO2	2-bromo-2-butenal, diethyl acetal	98551-14-5	223.110	---	---	484.50	2	21	1.2255	1	21	1.4565	1	---	---
14740	C8H15BrO2	2-bromooctanoic acid	2623-82-7	223.110	---	---	484.50	2	24	1.2785	1	24	1.4613	1	---	---
14741	C8H15BrO2	8-bromooctanoic acid	17696-11-6	223.110	311.65	1	484.50	2	23	1.2395	2	---	---	---	solid	1
14742	C8H15BrO2	ethyl 2-bromohexanoate, (±)	63927-44-6	223.110	---	---	481.85	1	25	1.2210	1	---	---	---	---	---
14743	C8H15BrO2	ethyl 5-bromohexanoate	90202-08-7	223.110	---	---	484.50	2	25	1.1930	1	25	1.4525	1	---	---
14744	C8H15BrO2	ethyl 6-bromohexanoate	25542-62-5	223.110	306.15	1	484.50	2	23	1.2380	1	21	1.4566	1	solid	1
14745	C8H15BrO2	isopentyl 3-bromopropanoate	100983-12-8	223.110	---	---	484.50	2	15	1.2217	1	9	1.4556	1	---	---
14746	C8H15BrO2	2-(3-bromopropoxy)tetrahydro-2H-pyran	33821-94-2	223.110	---	---	484.50	2	25	1.3170	1	---	1.4780	1	---	---
14747	C8H15BrO2	ethyl 2-bromohexanoate	615-96-3	223.110	---	---	487.15	1	25	1.2210	1	---	1.4500	1	---	---
14748	C8H15Br3	1,1,1-tribromooctane	62127-65-5	350.919	361.24	2	554.15	1	25	1.7308	2	---	---	---	solid	2
14749	C8H15Cl	cis-1-chloro-1-octene	64531-23-3	146.660	204.26	2	450.15	1	25	0.8870	1	25	1.4360	1	liquid	1
14750	C8H15Cl	trans-1-chloro-1-octene	59871-24-8	146.660	204.26	2	450.15	1	25	0.8870	1	25	1.4360	1	liquid	1
14751	C8H15Cl	1-chloro-4-ethyl-3-hexene	82507-04-8	146.660	204.26	2	446.15	1	20	0.9102	1	20	1.4524	1	liquid	1
14752	C8H15Cl	6-chloro-2-methyl-2-heptene	80325-37-7	146.660	204.26	2	441.98	2	18	0.8931	1	18	1.4458	1	liquid	2
14753	C8H15Cl	2-chloro-1-octene	31283-43-9	146.660	204.26	2	442.15	1	25	0.9273	1	---	---	---	liquid	1
14754	C8H15Cl	2-chloro-2-octene	90202-21-4	146.660	204.26	2	440.65	1	16	0.8914	1	16	1.4424	1	liquid	1
14755	C8H15Cl	4-chloro-2-octene	116668-50-9	146.660	204.26	2	426.15	1	20	0.8924	1	20	1.4952	1	liquid	1
14756	C8H15Cl	cis-4-chloro-4-octene	7321-48-4	146.660	204.26	2	438.45	1	20	0.8912	1	20	1.4447	1	liquid	1
14757	C8H15ClNO5P	dimethyl phosphate ester with 2-chloro-N-e	13171-22-7	271.638	---	---	---	---	---	---	---	---	---	---	---	---
14758	C8H15ClO	2-ethylhexanoyl chloride	760-67-8	162.659	---	---	468.75	2	25	0.9390	1	20	1.4335	1	---	---
14759	C8H15ClO	octanoyl chloride	111-64-8	162.659	210.15	1	468.75	1	15	0.9535	1	20	1.4335	1	liquid	1
14760	C8H15ClO2	3-methylbutyl 2-chloropropanoate	62108-69-4	178.658	---	---	481.15	1	20	1.0050	1	20	1.4289	1	---	---
14761	C8H15ClO2	3-methylbutyl 3-chloropropanoate	62108-70-7	178.658	---	---	481.15	1	20	1.0171	1	20	1.4343	1	---	---
14762	C8H15ClO2	2-(3-chloropropoxy)tetrahydro-2H-pyran	42330-88-1	178.658	---	---	481.15	2	25	1.0800	1	---	1.4580	1	---	---
14763	C8H15Cl2NO2S	2-(bis(2-chloroethyl)amino)ethyl vinyl sulfo	63978-55-2	260.184	---	---	---	---	25	1.2471	2	---	---	---	---	---
14764	C8H15Cl2O5P	triethyl 2,2-dichloro-2-phosphonoacetate	5823-12-1	293.083	---	---	---	---	25	1.2890	1	---	1.4560	1	---	---
14765	C8H15Cl3	1,1,1-trichlorooctane	4905-79-7	217.565	271.60	2	497.15	1	25	1.0980	1	25	1.4570	1	liquid	1
14766	C8H15F	cis-1-fluoro-1-octene	32814-16-7	130.206	206.49	2	385.87	2	25	0.8230	1	25	1.4280	1	liquid	2
14767	C8H15F	trans-1-fluoro-1-octene	32814-17-8	130.206	206.49	2	385.87	2	25	0.8230	1	25	1.4280	1	liquid	2
14768	C8H15FO2	8-fluorooctanoic acid	353-25-3	162.204	308.15	1	---	---	25	0.9871	2	---	---	---	solid	1
14769	C8H15FO2	ethyl-6-fluorohexanoate	589-79-7	162.204	---	---	---	---	25	0.9871	2	---	---	---	---	---
14770	C8H15F3	1,1,1-trifluorooctane	53392-86-2	168.203	278.29	2	398.15	1	25	0.9600	1	25	1.3600	1	liquid	1
14771	C8H15F3O2Sn	trifluoroacetic acid triethylstannyl ester	429-30-1	318.911	---	---	---	---	---	---	---	---	---	---	---	---
14772	C8H15I	cis-1-iodo-1-octene	52356-93-1	238.112	232.40	2	485.15	1	25	1.3330	1	25	1.4920	1	liquid	1
14773	C8H15I	trans-1-iodo-1-octene	42599-17-7	238.112	232.40	2	485.15	1	25	1.3330	1	25	1.4920	1	liquid	1
14774	C8H15I3	1,1,1-triiodooctane	---	491.921	356.02	2	658.63	2	25	2.1496	2	---	---	---	solid	2
14775	C8H15N	octanenitrile	124-12-9	125.214	227.55	1	478.35	1	25	0.8097	1	25	1.4182	1	liquid	1
14776	C8H15N	8-methyl-8-azabicyclo[3.2.1]octane	529-17-9	125.214	---	---	439.15	1	15	0.9251	1	---	---	---	---	---
14777	C8H15N	octahydroindolizine	13618-93-4	125.214	---	---	445.75	2	10	0.9074	1	---	1.4748	1	---	---
14778	C8H15N	octahydro-1H-indole	4375-14-8	125.214	416.15	1	458.65	1	20	0.9472	1	20	1.4892	1	solid	1
14779	C8H15N	2-(1-propenyl)piperidine, (±)	5913-85-9	125.214	279.15	1	441.15	1	15	0.8716	1	---	---	---	liquid	1
14780	C8H15N	2,3,4,5-tetrahydro-6-propylpyridine	1604-01-9	125.214	---	---	447.15	1	15	0.8753	1	16	1.4661	1	---	---
14781	C8H15N	N-allylcyclopentylamine	55611-39-7	125.214	---	---	430.65	1	25	0.8550	1	---	1.4600	1	---	---
14782	C8H15N	2-(1-cyclohexenyl)ethylamine	3399-73-3	125.214	218.25	1	445.75	2	25	0.8990	1	---	1.4860	1	liquid	2
14783	C8H15N	N-tert-butylcrotonaldimine	6943-47-1	125.214	---	---	445.75	2	19	0.8863	2	---	1.4525	1	---	---
14784	C8H15N	3-azabicyclo[3.2.2]nonane	283-24-9	125.214	436.15	1	445.75	2	19	0.8863	2	---	---	---	solid	1
14785	C8H15N	1-(2-propenyl)piperidine	14446-67-4	125.214	---	---	425.15	1	19	0.8863	2	---	---	---	---	---
14786	C8H15N	2-(aminomethyl)norbornane	14370-50-4	125.214	---	---	445.75	2	19	0.8863	2	---	---	---	---	---
14787	C8H15NO	1-acetyl-3-methylpiperidine	4593-16-2	141.214	259.55	1	512.15	1	25	0.9684	1	25	1.4731	1	liquid	1
14788	C8H15NO	2-hydroxy-3-methyl-2-isopropylbutanenitril	4390-75-4	141.214	332.15	1	469.35	2	31	0.9400	2	---	---	---	solid	1
14789	C8H15NO	2-hydroxy-2-propylpentanenitrile	5699-74-1	141.214	---	---	469.35	2	18	0.9077	1	18	1.4337	1	---	---
14790	C8H15NO	1-(1-methyl-2-pyrrolidinyl)-2-propanone, (F	496-49-1	141.214	---	---	469.35	2	31	0.9400	2	20	1.4555	1	---	---
14791	C8H15NO	1-(2-piperidinyl)-1-propanone	97073-23-9	141.214	---	---	469.35	2	20	0.9380	1	20	1.4621	1	---	---
14792	C8H15NO	1-(2-piperidinyl)-2-propanone, (R)	2858-66-4	141.214	---	---	468.15	1	20	0.9880	1	20	1.4683	1	---	---
14793	C8H15NO	8-methyl-8-azabicyclo[3.2.1]octan-3-ol, exc	135-97-7	141.214	382.15	1	514.15	1	31	0.9400	2	---	---	---	solid	1
14794	C8H15NO	8-methyl-8-azabicyclo[3.2.1]octan-3-ol, en	120-29-6	141.214	337.15	1	506.15	1	100	1.0160	1	100	1.4811	1	solid	1
14795	C8H15NO	2-azacyclononanone	935-30-8	141.214	348.65	1	469.35	2	31	0.9400	2	---	---	---	solid	1
14796	C8H15NO	cyclooctanone oxime	1074-51-7	141.214	313.15	1	469.35	2	31	0.9400	2	---	---	---	solid	1
14797	C8H15NO	5,6-dihydro-2,4,4,6-tetramethyl4H-1,3-oxaz	26939-18-4	141.214	---	---	469.35	2	25	0.8800	1	---	---	---	---	---
14798	C8H15NO	heptyl isocyanate	4747-81-3	141.214	---	---	469.35	2	25	0.8760	1	---	1.4260	1	---	---
14799	C8H15NO	1-(1'-methylethyl)-4-piperidone	5355-68-0	141.214	---	---	469.35	2	25	0.9500	1	---	1.4660	1	---	---
14800	C8H15NO	1-propyl-4-piperidone	23133-37-1	141.214	---	---	469.35	2	25	0.9360	1	---	1.4610	1	---	---

Table 1 Physical Properties - Organic Compounds

				Mol Wt	Freezing Point		Boiling Point		Density			Refractive Index			State	
NO	FORMULA	NAME	CAS No	g/mol	T_F, K	code	T_B, K	code	T, C	g/cm3	code	T, C	n_D	code	@25C,1 atm	code
14801	C8H15NO	3,3,5,5-tetramethyl-1-pyrroline N-oxide	10135-38-3	141.214	---	---	346.15	1	31	0.9400	2	---	---	---	---	---
14802	C8H15NO	1-diethylacetylaziridine	63019-57-8	141.214	---	---	469.35	2	31	0.9400	2	---	---	---	---	---
14803	C8H15NO	1-hexanoylaziridine	45776-10-1	141.214	---	---	469.35	2	31	0.9400	2	---	---	---	---	---
14804	C8H15NOS	2,2-diethyl-3-thiomorpholinone	69226-06-8	173.280	---	---	---	---	25	1.0276	2	---	---	---	---	---
14805	C8H15NOS2	1,2-dithiolane-3-valeramide	940-69-2	205.346	---	---	---	---	25	1.1148	2	---	---	---	---	---
14806	C8H15NO2	trans-4-(aminomethyl)cyclohexanecarboxy	1197-18-8	157.213	>573	1	461.98	2	25	0.9748	2	---	---	---	solid	1
14807	C8H15NO2	4,4-diethoxybutanenitrile	18381-45-8	157.213	---	---	461.98	2	25	0.9370	1	20	1.4186	1	---	---
14808	C8H15NO2	2-(dimethylamino)ethyl methacrylate	2867-47-2	157.213	---	---	461.98	2	25	0.9748	2	---	---	---	---	---
14809	C8H15NO2	ethyl 4-piperidinecarboxylate	1126-09-6	157.213	---	---	461.98	2	25	0.9748	2	20	1.4591	1	---	---
14810	C8H15NO2	methyl 1-methyl-4-piperidinecarboxylate	1690-75-1	157.213	---	---	461.98	2	25	0.9748	2	24	1.4539	1	---	---
14811	C8H15NO2	2,3-octanedione 3-oxime	584-92-9	157.213	332.15	1	461.98	2	25	0.9748	2	---	---	---	solid	1
14812	C8H15NO2	N-tert-butylacetoacetamide	42222-06-0	157.213	323.15	1	461.98	2	25	0.9748	2	---	---	---	solid	1
14813	C8H15NO2	tert-butyl N-allylcarbamate	78888-18-3	157.213	310.15	1	461.98	2	25	0.9380	1	---	---	---	solid	1
14814	C8H15NO2	N,N-diethyl-3-oxobutanamide	2235-46-3	157.213	201.75	1	461.98	2	25	0.9940	1	---	1.4720	1	liquid	2
14815	C8H15NO2	3-(dimethylamino)propyl acrylate	18526-07-3	157.213	---	---	440.15	1	25	0.9280	1	---	1.4400	1	---	---
14816	C8H15NO2	ethyl azetidine-1-propionate	7730-42-9	157.213	---	---	461.98	2	25	0.9650	1	---	1.4420	1	---	---
14817	C8H15NO2	ethyl nipecotate	5006-62-2	157.213	---	---	461.98	2	25	1.0120	1	---	1.4600	1	---	---
14818	C8H15NO2	ethyl pipecolinate	15862-72-3	157.213	---	---	489.65	1	25	1.0060	1	---	1.4560	1	---	---
14819	C8H15NO2	ethyl 1-piperidinecarboxylate	5325-94-0	157.213	---	---	456.15	1	25	1.0180	1	---	2.4590	1	---	---
14820	C8H15NO2	ethyl pyrrolidinoacetate	22041-19-6	157.213	---	---	461.98	2	25	0.9748	2	---	---	---	---	---
14821	C8H15NO2	1-piperidinepropionic acid	26371-07-3	157.213	380.65	1	461.98	2	25	0.9748	2	---	---	---	solid	1
14822	C8H15NO2	N-(butoxymethyl)-2-propenamide	1852-16-0	157.213	---	---	461.98	2	25	0.9748	2	---	---	---	---	---
14823	C8H15NO2	cyclohexylamino acetic acid	58695-41-3	157.213	---	---	461.98	2	25	0.9748	2	---	---	---	---	---
14824	C8H15NO2	N-isobutoxymethylacrylamide	16669-59-3	157.213	---	---	461.98	2	25	0.9748	2	---	---	---	---	---
14825	C8H15NO2	2-nitro-2-octene	6065-11-8	157.213	---	---	475.00	2	25	0.9748	2	---	---	---	---	---
14826	C8H15NO2	3-nitro-2-octene	6065-10-7	157.213	---	---	475.00	2	25	0.9748	2	---	---	---	---	---
14827	C8H15NO2	3-nitro-3-octene	6065-09-4	157.213	---	---	475.00	2	25	0.9748	2	---	---	---	---	---
14828	C8H15NO2	oxanamide	126-93-2	157.213	363.65	1	461.98	2	25	0.9748	2	---	---	---	solid	1
14829	C8H15NO3	6-(acetylamino)hexanoic acid	57-08-9	173.212	377.65	1	---	---	25	1.0543	2	---	---	---	solid	1
14830	C8H15NO3	N-acetyl-L-leucine	1188-21-2	173.212	463.15	1	---	---	25	1.0543	2	---	---	---	solid	1
14831	C8H15NO3	ethyl morpholinoacetate	35855-10-8	173.212	---	---	---	---	25	1.0543	2	---	---	---	---	---
14832	C8H15NO3	methyl 4-morpholinepropionate	33611-43-7	173.212	---	---	---	---	25	1.0680	1	---	1.4590	1	---	---
14833	C8H15NO3	N-(2-acetoxyethyl)-N-ethylacetamide	15568-57-7	173.212	---	---	---	---	25	1.0543	2	---	---	---	---	---
14834	C8H15NO3Si	1-vinylsilatrane	2097-18-9	201.297	---	---	---	---	---	---	---	---	---	---	---	---
14835	C8H15NO4	DL-a-aminosuberic acid	3054-07-7	189.212	497.15	1	---	---	25	1.1593	2	---	---	---	solid	1
14836	C8H15NO4	boc-L-alanine	15761-38-3	189.212	355.65	1	472.15	2	25	1.1593	2	---	---	---	solid	1
14837	C8H15NO4	boc-D-alanine	7764-95-6	189.212	355.65	1	472.15	2	25	1.1593	2	---	---	---	solid	1
14838	C8H15NO4	N-(tert-butoxycarbonyl)glycine methyl este	31954-27-5	189.212	---	---	463.15	1	25	1.2800	1	---	1.4370	1	---	---
14839	C8H15NO4	diethyl iminodiacetate	6290-05-7	189.212	---	---	481.15	1	25	1.0680	1	---	1.4350	1	---	---
14840	C8H15NO4	2-(3-methyl-3-nitrobutyl)-1,3-dioxolane	57620-56-1	189.212	---	---	472.15	2	25	1.1300	1	---	1.4540	1	---	---
14841	C8H15NO4	boc-sarcosine	13734-36-6	189.212	361.15	1	472.15	2	25	1.1593	2	---	---	---	solid	1
14842	C8H15NO5	boc-D-serine	6368-20-3	205.211	366.15	1	---	---	25	1.1691	2	---	---	---	solid	1
14843	C8H15NO6	N-acetyl-D-galactosamine	14215-68-0	221.211	433.15	1	---	---	25	1.2212	2	---	---	---	solid	1
14844	C8H15NS	heptyl thiocyanate	5416-94-4	157.280	---	---	508.15	1	20	0.9200	1	---	---	---	---	---
14845	C8H15NS	heptyl isothiocyanate	4426-83-9	157.280	---	---	508.15	1	25	0.9100	1	---	---	---	---	---
14846	C8H15N2O	2,2,4,5,5-pentamethyl-3-imidazoline-1-oxyl	39753-74-7	155.221	---	---	435.65	1	25	0.9867	2	---	1.4535	1	---	---
14847	C8H15N2O2	2,2,4,5,5-pentamethyl-3-imidazoline-3-oxid	18796-04-8	171.220	351.15	1	---	---	25	1.0509	2	---	---	---	solid	1
14848	C8H15N2O2	propham	60364-26-3	171.220	---	---	---	---	25	1.0509	2	---	---	---	---	---
14849	C8H15N2O4P	methylpyrazolyl diethylphosphate	108-34-9	234.193	---	---	---	---	---	---	---	---	---	---	---	---
14850	C8H15N3	7-methyl-1,5,7-triazabicyclo[4.4.0]dec-5-en	84030-20-6	153.228	---	---	---	---	25	1.0670	1	---	1.5380	1	---	---
14851	C8H15N3O2	nitroso-4-acetyl-3,5-dimethylpiperazine	101831-59-8	185.227	---	---	---	---	25	1.1080	2	---	---	---	---	---
14852	C8H15N3O2	1-nitroso-4-acetyl-3,5-dimethylpiperazine	75881-17-3	185.227	---	---	---	---	25	1.1080	2	---	---	---	---	---
14853	C8H15N3O7	streptozocin	18883-66-4	265.224	388.15	1	---	---	25	1.3584	2	---	---	---	solid	1
14854	C8H15N3O7	D-1-(3-methyl-3-nitrosoureido)-1-deoxygal	37793-22-9	265.224	---	---	---	---	25	1.3584	2	---	---	---	---	---
14855	C8H15N5O	2,4-bis(ethylamino)-6-methoxy-S-triazine	673-04-1	197.242	---	---	---	---	25	1.1599	2	---	---	---	---	---
14856	C8H15N5S	desmetryne	1014-69-3	213.308	358.15	1	618.15	1	25	1.1850	2	---	---	---	solid	1
14857	C8H15N7O2S3	famotidine	76824-35-6	337.453	436.65	1	---	---	25	1.4617	2	---	---	---	solid	1
14858	C8H15NaO2	2-propylpentanoic acid, sodium salt	1069-66-5	166.196	---	---	---	---	---	---	---	---	---	---	---	---
14859	C8H15NaO2	sodium caprylate	1984-06-1	166.196	---	---	---	---	---	---	---	---	---	---	---	---
14860	C8H15O3P	2-(tert-butyl)-2-(hydroxymethyl)-1,3-propan	67590-46-9	190.179	---	---	---	---	---	---	---	---	---	---	---	---
14861	C8H16	propylcyclopentane	2040-96-2	112.215	155.81	1	404.11	1	25	0.7730	1	25	1.4239	1	liquid	1
14862	C8H16	isopropylcyclopentane	3875-51-2	112.215	161.79	1	399.58	1	25	0.7726	1	25	1.4235	1	liquid	1
14863	C8H16	1-methyl-1-ethylcyclopentane	16747-50-5	112.215	129.35		394.67	1	25	0.7770	1	25	1.4248	1	liquid	1
14864	C8H16	1-methyl-cis-2-ethylcyclopentane	930-89-2	112.215	167.20	1	401.20	1	25	0.7811	1	25	1.4270	1	liquid	1
14865	C8H16	1-methyl-trans-2-ethylcyclopentane	930-90-5	112.215	167.25	1	394.35	1	25	0.7649	1	25	1.4195	1	liquid	1
14866	C8H16	1-methyl-cis-3-ethylcyclopentane	2613-66-3	112.215	186.08	2	394.25	1	25	0.7630	1	25	1.4170	1	liquid	1
14867	C8H16	1-methyl-trans-3-ethylcyclopentane	2613-65-2	112.215	165.15	1	394.25	1	25	0.7630	1	25	1.4170	1	liquid	1
14868	C8H16	1,1,2-trimethylcyclopentane	4259-00-1	112.215	251.51	1	386.88	1	25	0.7682	1	25	1.4205	1	liquid	1
14869	C8H16	1,1,3-trimethylcyclopentane	4516-69-2	112.215	130.71	1	378.04	1	25	0.7439	1	25	1.4087	1	liquid	1
14870	C8H16	1,cis-2,cis-3-trimethylcyclopentane	2613-69-6	112.215	156.72	1	396.15	1	25	0.7751	1	25	1.4238	1	liquid	1
14871	C8H16	1,cis-2,trans-3-trimethylcyclopentane	15890-40-1	112.215	161.15	1	390.65	1	25	0.7661	1	25	1.4194	1	liquid	1
14872	C8H16	1,trans-2,cis-3-trimethylcyclopentane	19374-46-0	112.215	160.45	1	383.35	1	25	0.7492	1	25	1.4114	1	liquid	1
14873	C8H16	1,cis-2,cis-4-trimethylcyclopentane	2613-72-1	112.215	140.85	1	390.15	1	25	0.7680	1	25	1.4200	1	liquid	1
14874	C8H16	1,cis-2,trans-4-trimethylcyclopentane	4850-28-6	112.215	140.60	1	389.88	1	25	0.7592	1	25	1.4161	1	liquid	1
14875	C8H16	1,trans-2,cis-4-trimethylcyclopentane	16883-48-0	112.215	142.37	1	382.44	1	25	0.7430	1	25	1.4081	1	liquid	1
14876	C8H16	1-methyl-3-ethylcyclopentane	3726-47-4	112.215	142.85	1	394.20	1	25	0.7308	2	---	---	---	liquid	1
14877	C8H16	ethylcyclohexane	1678-91-7	112.215	161.84	1	404.95	1	25	0.7840	1	25	1.4307	1	liquid	1
14878	C8H16	1,1-dimethylcyclohexane	590-66-9	112.215	239.66	1	392.70	1	25	0.7770	1	25	1.4266	1	liquid	1
14879	C8H16	1,2-dimethylcyclohexane, (cis+trans)	583-57-3	112.215	201.53	2	399.05	1	25	0.7780	1	---	1.4310	1	liquid	1
14880	C8H16	cis-1,2-dimethylcyclohexane	2207-01-4	112.215	223.16	1	402.94	1	25	0.7920	1	25	1.4336	1	liquid	1

Table 1 Physical Properties - Organic Compounds

				Mol Wt	Freezing Point		Boiling Point		Density			Refractive Index			State	
NO	FORMULA	NAME	CAS No	g/mol	T_F, K	code	T_B, K	code	T, C	g/cm3	code	T, C	n_D	code	@25C,1 atm	code
14881	C8H16	trans-1,2-dimethylcyclohexane	6876-23-9	112.215	184.99	1	396.58	1	25	0.7720	1	25	1.4247	1	liquid	1
14882	C8H16	1,3-dimethylcyclohexane, cis and trans	591-21-9	112.215	201.53	2	393.10	1	25	0.7670	1	---	1.4250	1	liquid	1
14883	C8H16	cis-1,3-dimethylcyclohexane	638-04-0	112.215	197.59	1	393.24	1	25	0.7620	1	25	1.4206	1	liquid	1
14884	C8H16	trans-1,3-dimethylcyclohexane	2207-03-6	112.215	183.06	1	397.61	1	25	0.7810	1	25	1.4284	1	liquid	1
14885	C8H16	1,4-dimethylcyclohexane, (cis+trans)	589-90-2	112.215	201.53	2	395.90	1	25	0.7720	1	---	1.4250	1	liquid	1
14886	C8H16	cis-1,4-dimethylcyclohexane	624-29-3	112.215	185.72	1	397.47	1	25	0.7790	1	25	1.4273	1	liquid	1
14887	C8H16	trans-1,4-dimethylcyclohexane	2207-04-7	112.215	236.21	1	392.51	1	25	0.7590	1	25	1.4185	1	liquid	1
14888	C8H16	cyclooctane	292-64-8	112.215	287.95	1	424.29	1	25	0.8300	1	25	1.4563	1	liquid	1
14889	C8H16	methylcycloheptane	4126-78-7	112.215	---	---	407.15	1	20	0.8000	1	18	1.4390	1	---	---
14890	C8H16	1-octene	111-66-0	112.215	171.46	1	394.44	1	25	0.7110	1	25	1.4062	1	liquid	1
14891	C8H16	oct-2-ene	111-67-1	112.215	186.15	1	398.05	1	25	0.7308	2	---	1.4150	1	liquid	1
14892	C8H16	cis-2-octene	7642-04-8	112.215	172.95	1	398.79	1	25	0.7201	1	25	1.4125	1	liquid	1
14893	C8H16	trans-2-octene	13389-42-9	112.215	185.45	1	398.15	1	25	0.7160	1	25	1.4107	1	liquid	1
14894	C8H16	cis-3-octene	14850-22-7	112.215	147.15	1	396.05	1	25	0.7170	1	25	1.4111	1	liquid	1
14895	C8H16	trans-3-octene	14919-01-8	112.215	163.15	1	396.45	1	25	0.7110	1	25	1.4102	1	liquid	1
14896	C8H16	oct-4-ene	592-99-4	112.215	183.25	1	398.00	1	25	0.7308	2	---	1.4130	1	liquid	1
14897	C8H16	cis-4-octene	7642-15-1	112.215	154.45	1	395.69	1	25	0.7170	1	25	1.4124	1	liquid	1
14898	C8H16	trans-4-octene	14850-23-8	112.215	179.37	1	395.41	1	25	0.7100	1	25	1.4093	1	liquid	1
14899	C8H16	2-methyl-1-heptene	15870-10-7	112.215	185.77	1	392.37	1	25	0.7164	1	25	1.4098	1	liquid	1
14900	C8H16	3-methyl-1-heptene	4810-09-7	112.215	162.66	2	384.15	1	25	0.7670	1	25	1.4040	1	liquid	1
14901	C8H16	4-methyl-1-heptene	13151-05-8	112.215	162.66	2	385.95	1	25	0.7130	1	25	1.4080	1	liquid	1
14902	C8H16	5-methyl-1-heptene	13151-04-7	112.215	162.66	2	386.45	1	25	0.7122	1	25	1.4069	1	liquid	1
14903	C8H16	6-methyl-1-heptene	5026-76-6	112.215	179.00	2	386.35	1	25	0.7079	1	25	1.4045	1	liquid	1
14904	C8H16	2-methyl-2-heptene	627-97-4	112.215	160.38	2	395.75	1	25	0.7200	1	25	1.4145	1	liquid	1
14905	C8H16	3-methyl-cis-2-heptene	22768-19-0	112.215	160.38	2	395.15	1	25	0.7250	1	25	1.4170	1	liquid	1
14906	C8H16	3-methyl-trans-2-heptene	22768-20-3	112.215	160.38	2	395.15	1	25	0.7250	1	25	1.4170	1	liquid	1
14907	C8H16	4-methyl-cis-2-heptene	66225-16-9	112.215	159.34	2	387.15	1	25	0.7120	1	25	1.4080	1	liquid	1
14908	C8H16	4-methyl-trans-2-heptene	66225-17-0	112.215	159.34	2	387.15	1	25	0.7120	1	25	1.4080	1	liquid	1
14909	C8H16	5-methyl-cis-2-heptene	24608-84-2	112.215	159.34	2	391.15	1	25	0.7190	1	25	1.4120	1	liquid	1
14910	C8H16	5-methyl-trans-2-heptene	24608-85-3	112.215	159.34	2	391.15	1	25	0.7190	1	25	1.4120	1	liquid	1
14911	C8H16	6-methyl-2-heptene	73548-72-8	112.215	159.40	2	390.15	1	25	0.7140	1	20	1.4100	1	liquid	1
14912	C8H16	6-methyl-cis-2-heptene	66225-18-1	112.215	159.34	2	390.15	1	25	0.7140	1	25	1.4100	1	liquid	1
14913	C8H16	6-methyl-trans-2-heptene	51065-65-7	112.215	159.34	2	390.15	1	25	0.7140	1	25	1.4100	1	liquid	1
14914	C8H16	6-methyl-3-heptene	3404-57-7	112.215	159.40	2	388.15	1	25	0.7090	1	20	1.4100	1	liquid	1
14915	C8H16	2-methyl-3-heptene	17618-76-7	112.215	165.65	1	385.15	1	25	0.7020	1	20	1.4070	1	liquid	1
14916	C8H16	2-methyl-cis-3-heptene	20488-34-0	112.215	159.34	2	385.15	1	25	0.7020	1	25	1.4050	1	liquid	1
14917	C8H16	2-methyl-trans-3-heptene	692-96-6	112.215	159.34	2	385.15	1	25	0.7020	1	25	1.4050	1	liquid	1
14918	C8H16	3-methyl-3-heptene	7300-03-0	112.215	159.40	2	394.15	1	25	0.7240	1	20	1.4180	1	liquid	1
14919	C8H16	3-methyl-cis-3-heptene	22768-17-8	112.215	160.38	2	394.15	1	25	0.7240	1	25	1.4160	1	liquid	1
14920	C8H16	3-methyl-trans-3-heptene	22768-18-9	112.215	160.38	2	394.15	1	25	0.7240	1	25	1.4160	1	liquid	1
14921	C8H16	4-methyl-3-heptene	4485-16-9	112.215	159.40	2	394.15	1	25	0.7210	1	20	1.4170	1	liquid	1
14922	C8H16	4-methyl-cis-3-heptene	14255-24-4	112.215	160.38	2	395.15	1	25	0.7210	1	25	1.4150	1	liquid	1
14923	C8H16	4-methyl-trans-3-heptene	13714-85-7	112.215	160.38	2	395.15	1	25	0.7210	1	25	1.4150	1	liquid	1
14924	C8H16	5-methyl-3-heptene	13172-91-3	112.215	159.40	2	385.15	1	25	0.7090	1	20	1.4100	1	liquid	1
14925	C8H16	5-methyl-cis-3-heptene	50422-80-5	112.215	159.34	2	385.15	1	25	0.7090	1	25	1.4080	1	liquid	1
14926	C8H16	5-methyl-trans-3-heptene	53510-18-2	112.215	159.34	2	385.15	1	25	0.7090	1	25	1.4080	1	liquid	1
14927	C8H16	6-methyl-cis-3-heptene	66225-19-2	112.215	159.34	2	388.15	1	25	0.7090	1	25	1.4080	1	liquid	1
14928	C8H16	6-methyl-trans-3-heptene	66225-20-5	112.215	159.34	2	388.15	1	25	0.7090	1	25	1.4080	1	liquid	1
14929	C8H16	2-ethyl-1-hexene	1632-16-2	112.215	190.00	2	393.15	1	25	0.7230	1	25	1.4132	1	liquid	1
14930	C8H16	3-ethyl-1-hexene	3404-58-8	112.215	162.66	2	383.45	1	25	0.7110	1	25	1.4050	1	liquid	1
14931	C8H16	4-ethyl-1-hexene	16746-85-3	112.215	162.66	2	383.15	1	25	0.7220	1	25	1.4100	1	liquid	1
14932	C8H16	2,3-dimethyl-1-hexene	16746-86-4	112.215	172.00	2	383.65	1	25	0.7172	1	25	1.4089	1	liquid	1
14933	C8H16	2,4-dimethyl-1-hexene	16746-87-5	112.215	148.70	2	384.35	1	25	0.7160	1	25	1.4090	1	liquid	1
14934	C8H16	2,5-dimethyl-1-hexene	6975-92-4	112.215	148.70	2	384.75	1	25	0.7129	1	25	1.4080	1	liquid	1
14935	C8H16	3,3-dimethyl-1-hexene	3404-77-1	112.215	180.08	2	377.15	1	25	0.7099	1	25	1.4046	1	liquid	1
14936	C8H16	3,4-dimethyl-1-hexene	16745-94-1	112.215	147.66	2	385.15	1	25	0.7200	1	25	1.4110	1	liquid	1
14937	C8H16	3,5-dimethyl-1-hexene	7423-69-0	112.215	147.66	2	377.15	1	25	0.7040	1	25	1.4020	1	liquid	1
14938	C8H16	4,4-dimethyl-1-hexene	1647-08-1	112.215	180.08	2	380.35	1	25	0.7157	1	25	1.4078	1	liquid	1
14939	C8H16	4,5-dimethyl-1-hexene	16106-59-5	112.215	147.66	2	382.15	1	25	0.7240	1	25	1.4120	1	liquid	1
14940	C8H16	5,5-dimethyl-1-hexene	7116-86-1	112.215	180.08	2	375.65	1	25	0.7050	1	25	1.4024	1	liquid	1
14941	C8H16	3-ethyl-cis-2-hexene	36880-72-5	112.215	160.38	2	394.15	1	25	0.7330	1	25	1.4220	1	liquid	1
14942	C8H16	3-ethyl-trans-2-hexene	66225-15-8	112.215	160.38	2	394.15	1	25	0.7330	1	25	1.4220	1	liquid	1
14943	C8H16	4-ethyl-cis-2-hexene	54616-49-8	112.215	159.34	2	386.15	1	25	0.7210	1	25	1.4100	1	liquid	1
14944	C8H16	4-ethyl-trans-2-hexene	19781-63-6	112.215	159.34	2	386.15	1	25	0.7210	1	25	1.4100	1	liquid	1
14945	C8H16	2,3-dimethyl-2-hexene	7145-20-2	112.215	158.05	1	394.92	1	25	0.7312	1	25	1.4244	1	liquid	1
14946	C8H16	2,4-dimethyl-2-hexene	14255-23-3	112.215	145.38	2	383.75	1	25	0.7171	1	25	1.4094	1	liquid	1
14947	C8H16	2,5-dimethyl-2-hexene	3404-78-2	112.215	145.38	2	385.35	1	25	0.7160	1	25	1.4115	1	liquid	1
14948	C8H16	3,4-dimethyl-cis-2-hexene	19550-81-3	112.215	145.38	2	389.15	1	25	0.7330	1	25	1.4160	1	liquid	1
14949	C8H16	3,4-dimethyl-trans-2-hexene	19550-82-4	112.215	145.38	2	389.15	1	25	0.7330	1	25	1.4160	1	liquid	1
14950	C8H16	3,5-dimethyl-cis-2-hexene	66225-31-8	112.215	145.38	2	385.15	1	25	0.7210	1	25	1.41.4	1	liquid	1
14951	C8H16	3,5-dimethyl-trans-2-hexene	66225-12-5	112.215	145.38	2	385.15	1	25	0.7210	1	25	1.41.5	1	liquid	1
14952	C8H16	4,4-dimethyl-cis-2-hexene	19550-83-5	112.215	176.76	2	379.15	1	25	0.7180	1	25	1.4110	1	liquid	1
14953	C8H16	4,4-dimethyl-trans-2-hexene	---	112.215	176.76	2	379.15	1	25	0.7180	1	25	1.4110	1	liquid	1
14954	C8H16	4,5-dimethyl-2-hexene	73548-71-7	112.215	159.40	2	383.15	1	25	0.7210	1	20	1.4130	1	liquid	1
14955	C8H16	4,5-dimethyl-cis-2-hexene	65036-71-7	112.215	144.34	2	383.15	1	25	0.7210	1	25	1.4110	1	liquid	1
14956	C8H16	4,5-dimethyl-trans-2-hexene	66225-14-7	112.215	144.34	2	383.15	1	25	0.7210	1	25	1.4110	1	liquid	1
14957	C8H16	5,5-dimethyl-cis-2-hexene	39761-61-0	112.215	176.76	2	380.05	1	25	0.7125	1	25	1.4088	1	liquid	1
14958	C8H16	5,5-dimethyl-trans-2-hexene	39782-43-9	112.215	176.76	2	377.25	1	25	0.7023	1	25	1.4030	1	liquid	1
14959	C8H16	3-ethyl-3-hexene	16789-51-8	112.215	160.38	2	389.15	1	25	0.7250	1	25	1.4160	1	liquid	1
14960	C8H16	2,2-dimethyl-cis-3-hexene	690-92-6	112.215	135.80	1	378.58	1	25	0.7086	1	25	1.4074	1	liquid	1

Table 1 Physical Properties - Organic Compounds

NO	FORMULA	NAME	CAS No	Mol Wt g/mol	Freezing Point T_F, K	code	Boiling Point T_B, K	code	Density T, C	g/cm3	code	Refractive Index T, C	n_D	code	State @25C,1 atm	code
14961	C8H16	2,2-dimethyl-trans-3-hexene	690-93-7	112.215	176.76	2	374.00	1	25	0.6995	1	25	1.4037	1	liquid	1
14962	C8H16	2,3-dimethyl-cis-3-hexene	59643-75-3	112.215	145.38	2	387.15	1	25	0.7240	1	25	1.4140	1	liquid	1
14963	C8H16	2,3-dimethyl-trans-3-hexene	66225-30-7	112.215	145.38	2	387.15	1	25	0.7240	1	25	1.4140	1	liquid	1
14964	C8H16	2,4-dimethyl-cis-3-hexene	37549-89-6	112.215	145.38	2	382.15	1	25	0.7135	1	25	1.4101	1	liquid	1
14965	C8H16	2,4-dimethyl-trans-3-hexene	61847-78-7	112.215	145.38	2	380.75	1	25	0.7101	1	25	1.4101	1	liquid	1
14966	C8H16	2,5-dimethyl-cis-3-hexene	10557-44-5	112.215	144.34	2	375.15	1	25	0.7060	1	25	1.4040	1	liquid	1
14967	C8H16	2,5-dimethyl-trans-3-hexene	692-70-6	112.215	144.34	2	375.15	1	25	0.7060	1	25	1.4040	1	liquid	1
14968	C8H16	3,4-dimethyl-cis-3-hexene	19550-87-9	112.215	146.42	2	395.15	1	25	0.7430	1	25	1.4280	1	liquid	1
14969	C8H16	3,4-dimethyl-trans-3-hexene	19550-88-0	112.215	146.42	2	395.15	1	25	0.7430	1	25	1.4280	1	liquid	1
14970	C8H16	2-propyl-1-pentene	15918-08-8	112.215	163.70	2	390.85	1	25	0.7198	1	25	1.4111	1	liquid	1
14971	C8H16	2-isopropyl-1-pentene	16746-02-4	112.215	148.70	2	386.15	1	25	0.7210	1	25	1.4120	1	liquid	1
14972	C8H16	3-methyl-2-ethyl-1-pentene	3404-67-9	112.215	148.70	2	384.65	1	25	0.7250	1	25	1.4118	1	liquid	1
14973	C8H16	4-methyl-2-ethyl-1-pentene	3404-80-6	112.215	148.70	2	383.45	1	25	0.7152	1	25	1.4080	1	liquid	1
14974	C8H16	2-methyl-3-ethyl-1-pentene	19780-66-6	112.215	160.25	1	383.15	1	25	0.7260	1	25	1.4130	1	liquid	1
14975	C8H16	3-methyl-3-ethyl-1-pentene	6196-60-7	112.215	180.08	2	385.15	1	25	0.7264	1	25	1.4160	1	liquid	1
14976	C8H16	4-methyl-3-ethyl-1-pentene	61847-80-1	112.215	147.66	2	380.65	1	25	0.7158	1	25	1.4072	1	liquid	1
14977	C8H16	2,3,3-trimethyl-1-pentene	560-23-6	112.215	204.15	1	381.46	1	25	0.7308	1	25	1.4151	1	liquid	1
14978	C8H16	2,3,4-trimethyl-1-pentene	565-76-4	112.215	130.96	2	381.15	1	25	0.7250	1	25	1.4130	1	liquid	1
14979	C8H16	2,4,4-trimethyl-1-pentene	107-39-1	112.215	179.70	1	374.59	1	25	0.7110	1	25	1.4060	1	liquid	1
14980	C8H16	3,3,4-trimethyl-1-pentene	560-22-5	112.215	165.08	2	378.15	1	25	0.7250	1	25	1.4120	1	liquid	1
14981	C8H16	3,4,4-trimethyl-1-pentene	564-03-4	112.215	165.08	2	377.15	1	25	0.7150	1	25	1.4100	1	liquid	1
14982	C8H16	2-methyl-3-ethyl-2-pentene	19780-67-7	112.215	146.42	2	390.15	1	25	0.7350	1	25	1.4222	1	liquid	1
14983	C8H16	4-methyl-3-ethyl-cis-2-pentene	42067-48-1	112.215	145.38	2	389.15	1	25	0.7350	1	25	1.4220	1	liquid	1
14984	C8H16	4-methyl-3-ethyl-trans-2-pentene	42067-49-2	112.215	145.38	2	387.45	1	25	0.7308	1	25	1.4183	1	liquid	1
14985	C8H16	2,3,4-trimethyl-2-pentene	565-77-5	112.215	159.85	1	389.41	1	25	0.7391	1	25	1.4249	1	liquid	1
14986	C8H16	2,4,4-trimethyl-2-pentene	107-40-4	112.215	166.84	1	378.06	1	25	0.7170	1	25	1.4135	1	liquid	1
14987	C8H16	3,4,4-trimethyl-cis-2-pentene	39761-64-3	112.215	162.80	2	385.15	1	25	0.7350	1	25	1.4210	1	liquid	1
14988	C8H16	3,4,4-trimethyl-trans-2-pentene	39761-57-4	112.215	162.80	2	385.15	1	25	0.7350	1	25	1.4210	1	liquid	1
14989	C8H16	3,4,4-trimethyl-2-pentene	598-96-9	112.215	159.40	2	385.15	1	25	0.7350	1	20	1.4230	1	liquid	1
14990	C8H16	2,4,4-trimethylpentene	25167-70-8	112.215	173.30	1	376.15	1	16	0.7240	1	---	---	---	liquid	1
14991	C8H16	3-methyl-2-isopropyl-1-butene	111823-35-9	112.215	133.70	2	377.15	1	25	0.7180	1	25	1.4061	1	liquid	1
14992	C8H16	3,3-dimethyl-2-ethyl-1-butene	18231-53-3	112.215	166.12	2	383.15	1	25	0.7240	1	25	1.4135	1	liquid	1
14993	C8H16BrF	1-bromo-8-fluorooctane	593-12-4	211.118	---	---	---	---	25	1.1898	2	20	1.4500	1	---	---
14994	C8H16Br2	1,1-dibromooctane	62168-26-7	272.023	284.02	2	515.15	1	25	1.4270	1	25	1.4860	1	liquid	1
14995	C8H16Br2	1,2-dibromooctane	6269-92-7	272.023	286.34	2	514.15	1	20	1.4580	1	20	1.4970	1	liquid	1
14996	C8H16Br2	1,4-dibromooctane	70690-24-3	272.023	286.34	2	524.48	2	11	1.4660	1	11	1.5003	1	liquid	2
14997	C8H16Br2	1,5-dibromooctane	17912-17-3	272.023	286.34	2	524.48	2	16	1.4470	1	16	1.4968	1	liquid	2
14998	C8H16Br2	1,8-dibromooctane	4549-32-0	272.023	288.65	1	544.15	1	25	1.4594	1	25	1.4971	1	liquid	1
14999	C8H16Br2	4,5-dibromooctane	61539-75-1	272.023	286.34	2	524.48	2	20	1.4569	1	20	1.4981	1	liquid	2
15000	C8H16ClF	1-chloro-8-fluorooctane	593-14-6	166.666	---	---	---	---	20	0.9780	1	25	1.4266	1	---	---
15001	C8H16ClNO	2-chloro-N,N-diisopropylacetamide	7403-66-9	177.674	321.65	1	---	---	25	1.0167	2	25	1.4619	1	solid	1
15002	C8H16ClNO	2-chloro-N-hexylacetamide	5326-81-8	177.674	381.65	1	---	---	25	1.0167	2	---	---	---	solid	1
15003	C8H16ClO2PS	2-chloro-5-ethyl-4-propyl-2-thiono-1,3,2-di	10140-94-0	242.706	---	---	347.85	1	---	---	---	---	---	---	---	---
15004	C8H16ClO5P	triethyl 2-chloro-2-phosphonoacetate	7071-12-7	258.639	---	---	---	---	25	1.2100	1	---	1.4460	1	---	---
15005	C8H16Cl2	1,1-dichlorooctane	20395-24-8	183.120	224.26	2	481.15	1	25	0.9900	1	25	1.4410	1	liquid	1
15006	C8H16Cl2	2,5-dichloro-2,5-dimethylhexane	6223-78-5	183.120	340.65	1	491.48	2	20	0.9543	1	---	---	---	solid	1
15007	C8H16Cl2	1,8-dichlorooctane	2162-99-4	183.120	260.99	2	514.15	1	25	1.0248	1	25	1.4572	1	liquid	1
15008	C8H16Cl2	2,3-dichlorooctane	21948-47-0	183.120	218.05	1	479.15	1	20	0.9712	1	20	1.4523	1	liquid	1
15009	C8H16Cl2O	4-chlorobutyl ether	6334-96-9	199.119	---	---	400.05	1	25	1.0810	1	---	1.4590	1	---	---
15010	C8H16Cl2OS2	2-2'-di(3-chloroethylthio)diethyl ether	63918-89-8	263.251	---	---	336.15	1	25	1.2030	2	---	---	---	---	---
15011	C8H16Cl2S	bis(2-chloromethyl-2-propyl)sulfide	52444-01-6	215.186	---	---	391.15	1	25	1.0887	2	---	---	---	---	---
15012	C8H16Cl4NbO2	niobium(iv) chloride-tetrahydrofuran compl	61247-57-2	378.930	366.15	1	---	---	---	---	---	---	---	---	solid	1
15013	C8H16Cl4O2Zr	tetrachlorobis(tetrahydrofuran)zirconium	21959-01-3	377.248	449.15	1	---	---	---	---	---	---	---	---	solid	1
15014	C8H16CuO5	copper(ii) butanoate monohydrate	540-16-9	255.758	---	---	---	---	---	---	---	---	---	---	---	---
15015	C8H16FO5P	triethyl 2-fluoro-2-phosphonoacetate	2356-16-3	242.185	---	---	---	---	25	1.1940	1	---	1.4250	1	---	---
15016	C8H16F2	1,1-difluorooctane	61350-03-6	150.212	228.72	2	415.15	1	25	0.8900	1	25	1.3800	1	liquid	1
15017	C8H16I2	1,1-diiodooctane	66225-22-7	366.024	280.54	2	568.28	2	25	1.7960	1	25	1.5460	1	liquid	2
15018	C8H16I2	1,8-diiodooctane	24772-63-2	366.024	291.65	1	568.28	2	25	1.8400	1	---	1.5650	1	liquid	2
15019	C8H16NO3P	diisopropyl (cyanomethyl)phosphonate	21658-95-7	205.194	---	---	---	---	25	1.0390	1	---	1.4280	1	---	---
15020	C8H16NO3P	diisopropyl cyanomethylphosphonate	58264-04-3	205.194	---	---	---	---	25	1.0300	1	---	---	---	---	---
15021	C8H16NO3PS2	2-(diethoxyphosphinylimino)-4-methyl-1,3-(	950-10-7	269.326	---	---	420.65	1	---	---	---	---	---	---	---	---
15022	C8H16NO4PS2	morphothion	144-41-2	285.326	338.15	1	---	---	---	---	---	---	---	---	solid	1
15023	C8H16NO5P	dicrotophos	141-66-2	237.193	---	---	673.15	1	15	1.2160	1	---	---	---	---	---
15024	C8H16NO6P	3-(dimethoxyphosphinyloxy)-N-methyl-N-m	25601-84-7	253.192	---	---	436.65	1	---	---	---	---	---	---	---	---
15025	C8H16N2	2-butanone (1-methylpropylidene)hydrazor	5921-54-0	140.229	---	---	444.65	1	20	0.8404	1	20	1.4511	1	---	---
15026	C8H16N2	4-diethylaminobutyronitrile	5336-75-4	140.229	---	---	444.65	2	25	0.8400	1	---	---	---	---	---
15027	C8H16N2O	1-hydroxy-2,2,4,5,5-pentamethyl-3-imidazo	39753-73-6	156.228	401.15	1	---	---	25	0.9655	2	---	---	---	solid	1
15028	C8H16N2O	2,2,4,5,5-pentamethyl-3-imidazoline-3-oxid	64934-83-4	156.228	---	---	---	---	25	0.9655	2	---	---	---	---	---
15029	C8H16N2O	octahydro-1-nitroso-1H-azonine	20917-50-4	156.228	---	---	---	---	25	0.9655	2	---	---	---	---	---
15030	C8H16N2OS2	diethyldithiocarbamic acid anhydrosulfide v	69654-93-9	220.360	---	---	352.72	1	25	1.1421	2	---	---	---	---	---
15031	C8H16N2O2	4,5-octanedione dioxime	61050-68-8	172.228	459.65	1	---	---	25	1.0286	2	---	---	---	solid	1
15032	C8H16N2O2	ethyl 4-amino-1-piperidinecarboxylate	58859-46-4	172.228	---	---	317.85	2	25	1.0370	1	---	1.4830	1	---	---
15033	C8H16N2O2	1-hydroxy-2,2,4,5,5-pentamethyl-3-imidazo	18796-02-6	172.228	457.15	1	---	---	25	1.0286	2	---	---	---	solid	1
15034	C8H16N2O2	N-butyl-N-(2-oxobutyl)nitrosamine	61734-89-2	172.228	---	---	317.85	2	25	1.0286	2	---	---	---	---	---
15035	C8H16N2O2	N-butyl-N-(3-oxobutyl)nitrosamine	61734-90-5	172.228	---	---	317.85	1	25	1.0286	2	---	---	---	---	---
15036	C8H16N2O2	N-nitroso-N-butylbutyramide	78455-93-3	172.228	---	---	317.85	2	25	1.0286	2	---	---	---	---	---
15037	C8H16N2O2S2	4,4'-dithiodimorpholine	103-34-4	236.360	397.65	1	---	---	25	1.1904	2	---	---	---	solid	1
15038	C8H16N2O3	n6-acetyl-L-lysine	692-04-6	188.227	538.15	dec	---	---	25	1.0877	2	---	---	---	solid	1
15039	C8H16N2O3	N-glycyl-DL-leucine	688-14-2	188.227	515.15	dec	---	---	25	1.1810	1	---	---	---	solid	1
15040	C8H16N2O3	N-glycylleucine	869-19-2	188.227	529.15	dec	---	---	25	1.0877	2	---	---	---	solid	1

Table 1 Physical Properties - Organic Compounds

				Mol Wt	Freezing Point		Boiling Point		Density			Refractive Index			State	
NO	FORMULA	NAME	CAS No	g/mol	T_F, K	code	T_B, K	code	T, C	g/cm3	code	T, C	n_D	code	@25C,1 atm	code
15041	C8H16N2O3	N-leucylglycine	686-50-0	188.227	521.15	dec	---	---	25	1.0877	2	---	---	---	solid	1
15042	C8H16N2O3	Na-acetyl-L-lysine	1946-82-3	188.227	530.15	1	---	---	25	1.0877	2	---	---	---	solid	1
15043	C8H16N2O3	DL-alanyl-DL-norvaline	2325-18-0	188.227	514.15	1	---	---	25	1.0877	2	---	---	---	solid	1
15044	C8H16N2O3	N-glycyl-L-isoleucine	19461-38-2	188.227	521.15	1	---	---	25	1.0877	2	---	---	---	solid	1
15045	C8H16N2O3	N-DL-leucylglycine	615-82-7	188.227	---	---	322.95	2	25	1.0877	2	---	---	---	---	---
15046	C8H16N2O3	1-acetoxy-N-nitrosodipropylamine	53198-41-7	188.227	---	---	322.95	2	25	1.0877	2	---	---	---	---	---
15047	C8H16N2O3	n-amyl-N-nitrosourethane	64005-62-5	188.227	---	---	322.95	2	25	1.0877	2	---	---	---	---	---
15048	C8H16N2O3	N-butyl-(3-carboxy propyl)nitrosamine	38252-74-3	188.227	---	---	308.75	1	25	1.0877	2	---	---	---	---	---
15049	C8H16N2O3	ethyl-N-(4-morpholinomethyl)carbamate	58050-49-0	188.227	---	---	322.95	2	25	1.0877	2	---	---	---	---	---
15050	C8H16N2O3	4-(2-nitrobutyl)morpholine	2224-44-4	188.227	---	---	337.15	1	25	1.0877	2	---	---	---	---	---
15051	C8H16N2O4	ethylidene diurethan	539-71-9	204.227	398.65	1	---	---	25	1.1431	2	---	---	---	solid	1
15052	C8H16N2O4	(+)-N,N,N',N'-tetramethyl-L-tartaramide	26549-65-5	204.227	459.65	1	---	---	25	1.1431	2	---	---	---	solid	1
15053	C8H16N2O4	(-)-N,N,N',N'-tetramethyl-D-tartaramide	63126-52-3	204.227	460.15	1	---	---	25	1.1431	2	---	---	---	solid	1
15054	C8H16N2O4	n-butyl-N-(2-hydroxyl-3-carboxypropyl)nitr	38252-75-4	204.227	---	---	---	---	25	1.1431	2	---	---	---	---	---
15055	C8H16N2O4S2	homocystine	870-93-9	268.359	537.15	1	---	---	25	1.2792	2	---	---	---	solid	1
15056	C8H16N2O4S2	penicillamine cysteine disulfide	18840-45-4	268.359	468.15	1	---	---	25	1.2792	2	---	---	---	solid	1
15057	C8H16N2O4Se2	selenohomocystine	7776-33-2	362.147	---	---	387.65	1	---	---	---	---	---	---	---	---
15058	C8H16N2O7	cycasin	14901-08-7	252.225	427.15	dec	---	---	25	1.2901	2	---	---	---	solid	1
15059	C8H16N3OPS	bis(1-aziridinyl)(2-methyl-3-thiazolidinyl)ph	1078-79-1	233.275	---	---	370.15	1	---	---	---	---	---	---	---	---
15060	C8H16N4	1,3,6,8-tetraazatricyclo(4.4.1.13,8)dodecar	51-46-7	168.243	---	---	338.55	1	25	1.0215	2	---	---	---	---	---
15061	C8H16N6OS2	kethoxal-bis-thiosemicarbazide	2507-91-7	276.388	---	---	---	---	25	1.3165	2	---	---	---	---	---
15062	C8H16O	2-ethylhexanal	123-05-7	128.214	246.00	2	433.80	1	25	0.8190	1	22	1.4152	1	liquid	1
15063	C8H16O	1-octanal	124-13-0	128.214	246.00	1	447.15	1	25	0.8160	1	25	1.4156	1	liquid	1
15064	C8H16O	5-methylheptanal	75579-88-3	128.214	246.00	2	435.14	2	25	0.8164	1	25	1.4144	1	liquid	2
15065	C8H16O	2-propylpentanal	18295-59-5	128.214	246.00	2	433.15	1	15	0.8347	1	15	1.4142	1	liquid	1
15066	C8H16O	2-octanone	111-13-7	128.214	252.85	1	446.15	1	25	0.8150	1	25	1.4133	1	liquid	1
15067	C8H16O	2,5-dimethyl-3-hexanone	1888-57-9	128.214	248.50	2	420.65	1	25	0.8269	1	20	1.4049	1	liquid	1
15068	C8H16O	2,2-dimethyl-3-hexanone	5405-79-8	128.214	248.50	2	419.15	1	25	0.8105	1	20	1.4119	1	liquid	1
15069	C8H16O	3,3-dimethyl-2-hexanone	26118-38-7	128.214	248.50	2	420.15	1	20	0.8257	1	20	1.4098	1	liquid	1
15070	C8H16O	3,4-dimethyl-2-hexanone	19550-10-8	128.214	248.50	2	431.15	1	22	0.8295	1	20	1.4193	1	liquid	1
15071	C8H16O	4,4-dimethyl-3-hexanone	19550-14-2	128.214	248.50	2	421.15	1	20	0.8285	1	25	1.4208	1	liquid	1
15072	C8H16O	3-ethyl-4-methyl-2-pentanone	71172-57-1	128.214	248.50	2	427.65	1	20	0.8120	1	20	1.4105	1	liquid	1
15073	C8H16O	2-methyl-3-heptanone	13019-20-0	128.214	248.50	2	431.15	1	20	0.8163	1	20	1.4115	1	liquid	1
15074	C8H16O	2-methyl-4-heptanone	626-33-5	128.214	248.50	2	427.15	1	22	0.8130	1	---	---	---	liquid	1
15075	C8H16O	3-methyl-2-heptanone	2371-19-9	128.214	248.50	2	437.15	1	20	0.8218	1	20	1.4172	1	liquid	1
15076	C8H16O	3-methyl-4-heptanone	15726-15-5	128.214	248.50	2	426.15	1	25	0.8278	1	25	1.4103	1	liquid	1
15077	C8H16O	5-methyl-3-heptanone	541-85-5	128.214	248.50	2	435.14	2	21	0.8666	2	---	---	---	liquid	2
15078	C8H16O	6-methyl-2-heptanone	928-68-7	128.214	248.50	2	440.15	1	20	0.8151	1	20	1.4162	1	liquid	1
15079	C8H16O	6-methyl-3-heptanone	624-42-0	128.214	248.50	2	437.15	1	20	0.8304	1	20	1.4209	1	liquid	1
15080	C8H16O	3-octanone	106-68-3	128.214	248.50	2	440.65	1	25	0.8220	1	20	1.4150	1	liquid	1
15081	C8H16O	4-octanone	589-63-9	128.214	248.50	2	436.15	1	25	0.8146	1	14	1.4173	1	liquid	1
15082	C8H16O	2,2,4-trimethyl-3-pentanone	5857-36-3	128.214	244.13	1	408.25	1	20	0.8065	1	---	1.4060	1	liquid	1
15083	C8H16O	cyclohexaneethanol	4442-79-9	128.214	---	---	481.15	1	20	0.9229	1	20	1.4641	1	---	---
15084	C8H16O	cyclooctanol	696-71-9	128.214	298.25	1	435.14	2	20	0.9740	1	20	1.4871	1	solid	1
15085	C8H16O	1-methylcycloheptanol	3761-94-2	128.214	---	---	456.65	1	21	0.9392	1	22	1.4677	1	---	---
15086	C8H16O	2-methylcycloheptanol	59777-92-3	128.214	---	---	464.15	1	15	0.9492	1	15	1.4762	1	---	---
15087	C8H16O	4-methylcycloheptanol	90200-61-6	128.214	---	---	435.14	2	31	0.9134	1	---	1.4574	1	---	---
15088	C8H16O	4-methylcyclohexanemethanol	34885-03-5	128.214	---	---	435.14	2	20	0.9074	1	20	1.4617	1	---	---
15089	C8H16O	alpha-methylcyclohexanemethanol	1193-81-3	128.214	---	---	462.15	1	25	0.9280	1	20	1.4656	1	---	---
15090	C8H16O	alpha-methylcyclohexanemethanol, (S)	3113-98-2	128.214	---	---	435.14	2	20	0.9254	1	25	1.4635	1	---	---
15091	C8H16O	cis-2-methylcyclohexanemethanol	3937-45-9	128.214	---	---	461.65	1	20	0.9342	1	20	1.4689	1	---	---
15092	C8H16O	trans-2-methylcyclohexanemethanol	3937-46-0	128.214	---	---	465.15	1	20	0.9224	1	20	1.4665	1	---	---
15093	C8H16O	2,2-diethyltetrahydrofuran	1193-35-7	128.214	---	---	419.15	1	20	0.8703	1	20	1.4317	1	---	---
15094	C8H16O	2,2,4,4-tetramethyltetrahydrofuran	3358-28-9	128.214	---	---	394.15	1	20	0.8161	1	20	1.4074	1	---	---
15095	C8H16O	2,2-dimethylcyclohexanol	1193-46-0	128.214	281.15	1	450.15	1	20	0.9225	1	20	1.4648	1	liquid	1
15096	C8H16O	2,4-dimethylcyclohexanol	69542-91-2	128.214	292.83	2	450.65	1	20	0.9000	1	20	1.4500	1	liquid	1
15097	C8H16O	2,6-dimethylcyclohexanol	5337-72-4	128.214	305.65	1	449.15	1	25	0.9440	1	20	1.4600	1	solid	1
15098	C8H16O	3,3-dimethylcyclohexanol	767-12-4	128.214	284.65	1	458.15	1	14	0.9128	1	15	1.4606	1	liquid	1
15099	C8H16O	3,4-dimethylcyclohexanol	5715-23-1	128.214	292.83	2	462.15	1	16	0.9073	1	16	1.4580	1	liquid	1
15100	C8H16O	3,5-dimethylcyclohexanol	5441-52-1	128.214	284.75	1	460.15	1	20	0.8980	1	20	1.4550	1	liquid	1
15101	C8H16O	4,4-dimethylcyclohexanol	932-01-4	128.214	289.15	1	459.15	1	20	0.9250	1	20	1.4613	1	liquid	1
15102	C8H16O	cis-1,2-dimethylcyclohexanol	19879-11-9	128.214	296.35	1	435.14	2	20	0.9250	1	20	1.4625	1	liquid	2
15103	C8H16O	trans-1,2-dimethyl cyclohexanol	19879-12-0	128.214	286.35	1	435.14	2	20	0.9187	1	20	1.4590	1	liquid	2
15104	C8H16O	cis-1,3-dimethylcyclohexanol	15466-94-1	128.214	300.65	1	435.14	2	20	0.9022	1	20	1.4575	1	solid	1
15105	C8H16O	trans-1,3-dimethylcyclohexanol	15466-93-0	128.214	287.65	1	435.14	2	30	0.8894	1	20	1.4507	1	liquid	2
15106	C8H16O	cis-1,4-dimethylcyclohexanol	16980-61-3	128.214	297.15	1	435.14	2	30	0.9011	1	20	1.4564	1	liquid	2
15107	C8H16O	2,2-dimethyl-4-hexen-3-ol	37674-67-2	128.214	---	---	435.14	2	25	0.8308	1	25	1.4369	1	---	---
15108	C8H16O	2,5-dimethyl-4-hexen-3-ol	60703-31-3	128.214	---	---	435.15	1	20	0.8444	1	20	1.4449	1	---	---
15109	C8H16O	3,5-dimethyl-1-hexen-3-ol	3329-48-4	128.214	---	---	419.65	1	20	0.8382	1	20	1.4342	1	---	---
15110	C8H16O	3,5-dimethyl-4-hexen-3-ol	1569-43-3	128.214	---	---	435.14	2	17	0.8600	1	17	1.4460	1	---	---
15111	C8H16O	2-methyl-3-hepten-2-ol	116668-45-2	128.214	---	---	435.14	2	10	0.8398	1	10	1.4416	1	---	---
15112	C8H16O	2-methyl-4-hepten-2-ol	116668-44-1	128.214	245.15	1	435.14	2	14	0.8424	1	14	1.4407	1	liquid	2
15113	C8H16O	2-methyl-6-hepten-2-ol	77437-98-0	128.214	---	---	435.14	2	16	0.8393	1	16	1.4393	1	---	---
15114	C8H16O	3-methyl-4-hepten-3-ol	4048-30-0	128.214	---	---	435.14	2	20	0.8571	1	20	1.4465	1	---	---
15115	C8H16O	3-methyl-6-hepten-1-ol	4048-32-2	128.214	---	---	435.14	2	19	0.8562	1	14	1.4470	1	---	---
15116	C8H16O	4-methyl-1-hepten-4-ol	1186-31-8	128.214	---	---	432.65	1	20	0.8345	1	18	1.4479	1	---	---
15117	C8H16O	4-methyl-4-hepten-3-ol	81280-12-8	128.214	---	---	435.14	2	18	0.8525	1	18	1.4479	1	---	---
15118	C8H16O	5-methyl-2-hepten-4-ol	4048-31-1	128.214	---	---	435.14	2	20	0.8473	1	20	1.4411	1	---	---
15119	C8H16O	6-methyl-2-hepten-4-ol	4798-62-3	128.214	---	---	435.14	2	20	0.8282	1	20	1.4378	1	---	---
15120	C8H16O	6-methyl-5-hepten-2-ol	1569-60-4	128.214	---	---	448.15	1	20	0.8545	1	20	1.4505	1	---	---

Table 1 Physical Properties - Organic Compounds

				Mol Wt	Freezing Point		Boiling Point		Density			Refractive Index			State	
NO	FORMULA	NAME	CAS No	g/mol	T_F, K	code	T_B, K	code	T, C	g/cm3	code	T, C	n_D	code	@25C,1 atm	code
15121	C8H16O	1-octen-4-ol	40575-42-6	128.214	---	---	445.15	1	20	0.8373	1	20	1.4383	1	---	---
15122	C8H16O	2-octen-1-ol	22104-78-5	128.214	---	---	435.14	2	20	0.8500	1	20	1.4470	1	---	---
15123	C8H16O	2-octen-4-ol	4798-61-2	128.214	---	---	448.15	1	20	0.8393	1	---	1.4395	1	---	---
15124	C8H16O	4-octen-1-ol	67700-26-9	128.214	---	---	467.15	1	20	0.8440	1	20	1.4462	1	---	---
15125	C8H16O	5-octen-1-ol	90200-83-2	128.214	---	---	435.14	2	21	0.8492	1	21	1.4478	1	---	---
15126	C8H16O	2-(2,2-dimethylpropyl)-2-methyloxirane	107-48-2	128.214	209.15	1	414.05	1	20	0.8272	1	20	1.4097	1	liquid	1
15127	C8H16O	1-ethylcyclohexanol	1940-18-7	128.214	307.65	1	439.15	1	25	0.9227	1	20	1.4633	1	solid	1
15128	C8H16O	4-ethylcyclohexanol	4534-74-1	128.214	292.83	2	435.14	2	25	0.8890	1	20	1.4625	1	liquid	2
15129	C8H16O	cis-2-ethylcyclohexanol, (±)	116697-35-9	128.214	292.83	2	454.15	1	21	0.9274	1	21	1.4655	1	liquid	1
15130	C8H16O	trans-2-ethylcyclohexanol, (±)	89886-25-9	128.214	292.83	2	435.14	2	21	0.9193	1	21	1.4640	1	liquid	2
15131	C8H16O	hexyl vinyl ether	5363-64-4	128.214	166.00	2	416.15	1	20	0.7966	1	20	1.4171	1	liquid	1
15132	C8H16O	cis-2-propylcyclopentanol	25172-42-3	128.214	272.90	2	435.14	2	9	0.9163	1	9	1.4600	1	liquid	2
15133	C8H16O	trans-2-propylcyclopentanol	25172-43-4	128.214	272.90	2	435.14	2	9	0.9016	1	9	1.4565	1	liquid	2
15134	C8H16O	1-propylcyclopentanol	1604-02-0	128.214	235.65	1	446.65	1	25	0.9040	1	25	1.4502	1	liquid	1
15135	C8H16O	1,2,2-trimethylcyclopentanol	1121-95-5	128.214	310.15	1	429.15	1	20	0.9101	1	20	1.4513	1	solid	1
15136	C8H16O	1,2,4-trimethylcyclopentanol	34103-97-4	128.214	272.90	2	431.15	1	21	0.8850	1	21	1.4424	1	liquid	1
15137	C8H16O	1,2,5-trimethylcyclopentanol	33840-38-9	128.214	272.90	2	435.14	2	15	0.9121	1	16	1.4554	1	liquid	2
15138	C8H16O	3-cyclopentyl-1-propanol	767-05-5	128.214	---	---	435.14	2	25	0.9070	1	---	1.4590	1	---	---
15139	C8H16O	1,2-epoxyoctane	2984-50-1	128.214	---	---	335.90	1	25	0.8390	1	---	1.4200	1	---	---
15140	C8H16O	(R)-(+)-1,2-epoxyoctane	77495-66-0	128.214	---	---	435.14	2	25	0.8390	1	---	1.4200	1	---	---
15141	C8H16O	2-ethylcyclohexanol	3760-20-1	128.214	292.83	2	435.14	2	25	0.9060	1	---	1.4640	1	liquid	2
15142	C8H16O	DL-6-methyl-5-hepten-2-ol	4630-06-2	128.214	---	---	435.14	2	25	0.8400	1	---	1.4485	1	---	---
15143	C8H16O	trans-2-octen-1-ol	18409-17-1	128.214	---	---	435.14	2	25	0.8500	1	---	---	---	---	---
15144	C8H16O	1-octen-3-ol	3391-86-4	128.214	---	---	435.14	2	25	0.8300	1	---	1.4370	1	---	---
15145	C8H16O	(R)-(-)-1-octen-3-ol	3687-48-7	128.214	---	---	435.14	2	21	0.8666	2	---	1.4380	1	---	---
15146	C8H16O	2,2,5,5-tetramethyltetrahydrofuran	15045-43-9	128.214	---	---	384.70	1	25	0.8110	1	---	1.4050	1	---	---
15147	C8H16O	3-ethyl-3-methyl-2-pentanone	19780-65-5	128.214	248.50	2	426.60	1	21	0.8666	2	---	---	---	liquid	1
15148	C8H16O	5-methyl-2-heptanone	18217-12-4	128.214	248.50	2	437.00	1	21	0.8666	2	---	---	---	liquid	1
15149	C8H16O	2,5-diethyltetrahydrofuran	41239-48-9	128.214	---	---	435.14	2	21	0.8666	2	---	---	---	---	---
15150	C8H16O	diisobutylene oxide	63919-00-6	128.214	---	---	435.14	2	21	0.8666	2	---	---	---	---	---
15151	C8H16O	6-methyl-6-hepten-2-ol	1335-09-7	128.214	---	---	374.25	1	21	0.8666	2	---	---	---	---	---
15152	C8H16OS	vinyl 2-(butylmercaptoethyl) ether	6607-49-4	160.280	---	---	355.15	1	25	0.9490	2	---	---	---	---	---
15153	C8H16OSi	1-cyclopropyl-1-(trimethylsilyloxy)ethylene	42161-96-6	156.299	---	---	388.65	2	25	0.8450	1	---	1.4310	1	---	---
15154	C8H16OSi	[(1,1-dimethyl-2-propynyl)oxy]trimethylsilar	17869-77-1	156.299	---	---	388.65	1	25	0.8060	1	---	1.4040	1	---	---
15155	C8H16OSi	1-(trimethylsiloxy)cyclopentene	19980-43-9	156.299	---	---	388.65	2	25	0.8780	1	---	1.4400	1	---	---
15156	C8H16O2	octanoic acid	124-07-2	144.214	289.65	1	512.85	1	25	0.9030	1	25	1.4261	1	liquid	1
15157	C8H16O2	2-ethylhexanoic acid	149-57-5	144.214	213.15	1	501.15	1	25	0.9031	1	20	1.4241	1	liquid	1
15158	C8H16O2	3-ethylhexanoic acid	41065-91-2	144.214	289.65	2	436.35	2	30	0.9110	1	25	1.4287	1	liquid	2
15159	C8H16O2	heptyl formate	112-23-2	144.214	226.75	1	451.25	1	25	0.8740	1	25	1.4110	1	liquid	1
15160	C8H16O2	hexyl acetate	142-92-7	144.214	192.25	1	444.65	1	25	0.8680	1	25	1.4073	1	liquid	1
15161	C8H16O2	1,1-dimethylbutyl acetate	34859-98-8	144.214	192.25	2	426.15	1	20	0.9114	1	10	1.4068	1	liquid	1
15162	C8H16O2	2-ethylbutyl acetate	10031-87-5	144.214	192.25	2	435.65	1	20	0.8790	1	20	1.4109	1	liquid	1
15163	C8H16O2	sec-hexyl acetate	108-84-9	144.214	192.25	2	420.65	1	25	0.8805	1	20	1.3980	1	liquid	1
15164	C8H16O2	2-methyl-1-pentyl acetate	7789-99-3	144.214	192.25	2	436.15	1	25	0.8700	1	---	---	---	liquid	1
15165	C8H16O2	2-methyl-3-pentyl acetate	35897-16-6	144.214	192.25	2	422.15	1	20	0.8688	1	---	---	---	liquid	1
15166	C8H16O2	3-methyl-3-pentyl acetate	10250-47-2	144.214	192.25	2	421.15	1	20	0.8818	1	18	1.4169	1	liquid	1
15167	C8H16O2	pentyl propanoate	624-54-4	144.214	203.05	1	441.90	1	25	0.8680	1	25	1.4058	1	liquid	1
15168	C8H16O2	1-methylbutyl propanoate	54004-43-2	144.214	206.75	2	440.22	2	25	0.8616	1	25	1.4040	2	liquid	2
15169	C8H16O2	2-methylbutyl propanoate	2438-20-2	144.214	206.75	2	440.22	2	23	0.8924	2	25	1.4040	2	liquid	2
15170	C8H16O2	isopentyl propanoate	105-68-0	144.214	206.75	2	432.65	1	25	0.8650	1	25	1.4036	1	liquid	1
15171	C8H16O2	1-ethylpropyl propanoate	---	144.214	206.75	2	440.22	2	23	0.8924	2	25	1.4036	2	liquid	2
15172	C8H16O2	1,1-dimethylpropyl propanoate	34949-22-9	144.214	224.17	2	437.43	2	23	0.8924	2	25	1.4036	2	liquid	2
15173	C8H16O2	1,2-dimethylpropyl propanoate	66576-70-3	144.214	191.75	2	439.78	2	23	0.8924	2	25	1.4036	2	liquid	2
15174	C8H16O2	2,2-dimethylpropyl propanoate	3581-69-9	144.214	224.17	2	437.43	2	23	0.8924	2	25	1.4036	2	liquid	2
15175	C8H16O2	butyl butanoate	109-21-7	144.214	181.15	1	438.15	1	25	0.8660	1	25	1.4029	1	liquid	1
15176	C8H16O2	isobutyl butanoate	539-90-2	144.214	206.75	2	430.05	1	25	0.8606	1	25	1.4005	1	liquid	1
15177	C8H16O2	isobutyl isobutyrate	97-85-8	144.214	192.45	1	420.65	1	25	0.8520	1	20	1.3990	1	liquid	1
15178	C8H16O2	sec-butyl butanoate	819-97-6	144.214	206.75	2	425.15	1	23	0.8924	2	25	1.4000	2	liquid	1
15179	C8H16O2	tert-butyl butanoate	2308-38-5	144.214	224.17	2	409.15	1	23	0.8924	2	17	1.4007	1	liquid	1
15180	C8H16O2	sec-butyl butanoate, (S)	116836-55-6	144.214	181.65	1	425.15	1	13	0.8737	1	20	1.4011	1	liquid	1
15181	C8H16O2	tert-butyl 2-methylpropanoate	16889-72-8	144.214	208.77	2	399.85	1	23	0.8924	2	20	1.3921	1	liquid	1
15182	C8H16O2	1,3-cyclohexanedimethanol	3971-28-6	144.214	---	---	378.65	1	25	1.0360	1	20	1.4912	1	---	---
15183	C8H16O2	1,4-cyclohexanedimethanol	105-08-8	144.214	320.65	1	556.15	1	23	0.8924	2	---	---	---	solid	1
15184	C8H16O2	1,1-diethoxy-2-butene	10602-34-3	144.214	---	---	420.65	1	18	0.8473	1	20	1.4097	1	---	---
15185	C8H16O2	ethyl hexanoate	123-66-0	144.214	206.15	1	440.15	1	20	0.8730	1	20	1.4073	1	liquid	1
15186	C8H16O2	ethyl 4-methylpentanoate	25415-67-2	144.214	204.55	2	436.15	1	20	0.8705	1	20	1.4050	1	liquid	1
15187	C8H16O2	4-hydroxy-3-methyl-2-heptanone	56072-27-6	144.214	---	---	436.35	2	20	0.9238	1	20	1.4420	1	---	---
15188	C8H16O2	5-hydroxy-5-methyl-3-heptanone	39121-37-4	144.214	---	---	460.15	1	20	0.9189	1	15	1.4367	1	---	---
15189	C8H16O2	5-hydroxy-4-octanone	496-77-5	144.214	263.15	1	458.15	1	16	0.9107	1	16	1.4345	1	liquid	1
15190	C8H16O2	3-hydroxy-2,2,4-trimethylpentanal	918-79-6	144.214	---	---	436.35	2	20	0.9482	1	20	1.4501	1	---	---
15191	C8H16O2	isopropyl 3-methylbutanoate	32665-23-9	144.214	200.20	2	415.15	1	17	0.8538	1	20	1.3960	1	liquid	1
15192	C8H16O2	isopropyl pentanoate	18362-97-5	144.214	204.55	2	436.35	2	20	0.8579	1	20	1.4061	1	liquid	2
15193	C8H16O2	propyl 3-methylbutanoate	557-00-6	144.214	200.20	2	429.05	1	20	0.8617	1	20	1.4031	1	liquid	1
15194	C8H16O2	propyl pentanoate	141-06-0	144.214	202.45	1	440.65	1	20	0.8699	1	20	1.4065	1	liquid	1
15195	C8H16O2	methyl heptanoate	106-73-0	144.214	217.15	1	447.15	1	20	0.8815	1	20	1.4152	1	liquid	1
15196	C8H16O2	3-butenal diethyl acetal	10602-36-5	144.214	---	---	436.35	2	25	0.8510	1	---	1.4080	1	---	---
15197	C8H16O2	trans-2-butenal diethyl acetal	63511-92-2	144.214	---	---	421.15	1	25	0.8310	1	---	1.4120	1	---	---
15198	C8H16O2	2-butoxytetrahydrofuran	1927-59-9	144.214	---	---	436.35	2	25	0.9100	1	---	1.4240	1	---	---
15199	C8H16O2	trans-1,4-cyclohexanedimethanol	3236-48-4	144.214	336.65	1	436.35	2	25	1.0200	1	---	---	---	solid	1
15200	C8H16O2	cyclohexanone dimethyl ketal	933-40-4	144.214	---	---	327.15	1	25	0.9480	1	---	1.4390	1	---	---

Table 1 Physical Properties - Organic Compounds

				Mol Wt	Freezing Point		Boiling Point		Density			Refractive Index			State	
NO	FORMULA	NAME	CAS No	g/mol	T_F, K	code	T_B, K	code	T, C	g/cm3	code	T, C	n_D	code	@25C,1 atm	code
15201	C8H16O2	cis-1,5-cyclooctanediol	23418-82-8	144.214	347.15	1	436.35	2	23	0.8924	2	---	---	---	solid	1
15202	C8H16O2	ethylene glycol butyl vinyl ether	4223-11-4	144.214	---	---	436.35	2	25	0.8660	1	---	1.4220	1	---	---
15203	C8H16O2	(R)-(+)-glycidyl pentyl ether	121906-42-1	144.214	---	---	436.35	2	25	0.9100	1	---	1.4250	1	---	---
15204	C8H16O2	2-methylheptanoic acid	1188-02-9	144.214	289.65	2	436.35	2	25	0.9060	1	---	---	---	liquid	2
15205	C8H16O2	2-propylpentanoic acid	99-66-1	144.214	289.65	2	494.15	1	25	1.0035	1	---	1.4250	1	liquid	1
15206	C8H16O2	2,2,4,4-tetramethyl-1,3-cyclobutanediol, is	3010-96-6	144.214	400.65	1	485.65	1	23	0.8924	2	---	---	---	solid	1
15207	C8H16O2	butyl isobutyrate	---	144.214	204.55	2	436.35	2	23	0.8924	2	---	---	---	liquid	2
15208	C8H16O2	2-ethoxy-4-methyl-tetrahydropyran	25724-34-9	144.214	---	---	350.30	1	23	0.8924	2	---	---	---	---	---
15209	C8H16O2	trans-2-hexenal dimethyl acetal	18318-83-7	144.214	---	---	436.35	2	23	0.8924	2	---	---	---	---	---
15210	C8H16O2S	n-hexyl vinyl sulfone	21961-08-0	176.280	---	---	---	---	25	1.0102	2	---	---	---	---	---
15211	C8H16O2S2	ethyl bis(ethylthio)acetate	20461-95-4	208.346	---	---	343.15	1	25	1.0710	1	---	1.4970	1	---	---
15212	C8H16O2Si	3,4-dihydro-6-(trimethylsilyloxy)-2H-pyran	71309-70-1	172.299	---	---	---	---	25	0.9400	1	---	1.4330	1	---	---
15213	C8H16O2Si	trans-1-methoxy-3-trimethylsiloxy-1,3-buta	54125-02-9	172.299	---	---	---	---	25	0.8850	1	---	1.4540	1	---	---
15214	C8H16O2Si	1-methoxy-3-(trimethylsilyloxy)-1,3-butadie	59414-23-2	172.299	---	---	---	---	25	0.8800	1	---	1.4540	1	---	---
15215	C8H16O2Si	4-trimethylsiloxy-3-penten-2-one	13257-81-3	172.299	---	---	---	---	25	0.9120	1	---	1.4530	1	---	---
15216	C8H16O3	2-hydroxyoctanoic acid	617-73-2	160.213	343.15	1	448.69	2	24	0.9696	2	---	---	---	solid	1
15217	C8H16O3	isobutyl 2-hydroxybutanoate	116723-95-6	160.213	---	---	469.15	1	15	0.9440	1	---	1.4182	1	---	---
15218	C8H16O3	isopentyl lactate	19329-89-6	160.213	---	---	475.55	1	25	0.9589	1	25	1.4240	1	---	---
15219	C8H16O3	pentyl lactate	6382-06-5	160.213	---	---	448.69	2	24	0.9696	2	---	---	---	---	---
15220	C8H16O3	2-butoxyethyl acetate	112-07-2	160.213	209.65	1	465.15	1	25	0.9420	1	---	1.4130	1	liquid	1
15221	C8H16O3	2,2-dimethoxycyclohexanol	63703-34-4	160.213	---	---	448.69	2	25	1.0720	1	---	1.4620	1	---	---
15222	C8H16O3	3-[(4S)-2,2-dimethyl-1,3-dioxolan-4-yl]-pro	51268-87-2	160.213	---	---	448.69	2	24	0.9696	2	---	1.4415	1	---	---
15223	C8H16O3	ethyl DL-2-hydroxycaproate	6946-90-3	160.213	---	---	468.15	1	25	0.9600	1	---	1.4243	1	---	---
15224	C8H16O3	ethyl 4-ethoxybutyrate	26448-91-9	160.213	---	---	457.65	1	25	0.9280	1	---	1.4130	1	---	---
15225	C8H16O3	ethyl 2-hydroxyhexanoate	52089-55-1	160.213	---	---	468.15	1	25	0.9670	1	---	1.4240	1	---	---
15226	C8H16O3	ethyl 6-hydroxyhexanoate	5299-60-5	160.213	---	---	448.69	2	25	0.9850	1	---	1.4370	1	---	---
15227	C8H16O3	8-hydroxyoctanoic acid	764-89-6	160.213	327.15	1	448.69	2	24	0.9696	2	---	---	---	solid	1
15228	C8H16O3	2,5-diethoxytetrahydrofuran	3320-90-9	160.213	---	---	443.70	1	24	0.9696	2	---	---	---	---	---
15229	C8H16O3	tert-butyl perisobutyrate	109-13-7	160.213	---	---	341.45	1	24	0.9696	2	---	---	---	---	---
15230	C8H16O3	diethylene glycol ethylvinyl ether	10143-53-0	160.213	---	---	448.69	2	24	0.9696	2	---	---	---	---	---
15231	C8H16O3Si	methyl 3-(trimethylsilyloxy)crotonate	26767-00-0	188.298	---	---	---	---	25	0.9390	1	---	1.4440	1	---	---
15232	C8H16O4	diethylene glycol ethyl ether acetate	112-15-2	176.213	248.15	1	490.55	1	25	1.0060	1	20	1.4213	1	liquid	1
15233	C8H16O4	ethyl diethoxyacetate	6065-82-3	176.213	---	---	472.15	1	25	0.9850	1	20	1.4100	1	---	---
15234	C8H16O4	fumaraldehyde bis(dimethyl acetal)	6068-62-8	176.213	---	---	481.35	2	25	1.0100	1	---	1.4280	1	---	---
15235	C8H16O4	lithium ionophore v	294-93-9	176.213	289.15	1	481.35	2	25	1.0890	1	---	1.4630	1	liquid	2
15236	C8H16O4	metaldehyde	108-62-3	176.213	519.15	1	---	---	25	1.0223	2	---	---	---	solid	1
15237	C8H16O4	methyl 5,5-dimethoxyvalerate	23068-91-9	176.213	---	---	481.35	2	25	1.0120	1	---	1.4220	1	---	---
15238	C8H16O4	1,1,3,3-tetramethoxycyclobutane	152897-19-3	176.213	---	---	481.35	2	25	1.0320	1	---	1.4250	1	---	---
15239	C8H16O4Pb	diethyl lead diacetate	15773-47-4	383.413	403.15	1	---	---	---	---	---	---	---	---	solid	1
15240	C8H16O4S2	trans-1,2-bis(n-propylsulfonyl)ethylene	1113-14-0	240.345	---	---	355.65	1	25	1.1940	2	---	---	---	---	---
15241	C8H16O4Si	ethyl trimethylsilyl malonate	18457-03-9	204.298	---	---	---	---	25	1.0000	1	---	1.4160	1	---	---
15242	C8H16O5	2-[2-(2-methoxyethoxy)ethoxy]-1,3-dioxola	74733-99-6	192.212	---	---	369.15	1	25	1.1010	1	---	1.4390	1	---	---
15243	C8H16S	thiacyclononane	6007-54-1	144.281	263.93	2	493.15	1	25	0.9449	1	---	---	---	liquid	1
15244	C8H16Si	diallyldimethylsilane	1113-12-8	140.300	---	---	410.15	1	20	0.7679	1	20	1.4420	1	---	---
15245	C8H16Si	(tert-butyldimethylsilyl)acetylene	86318-61-8	140.300	---	---	389.65	1	25	0.7510	1	---	1.4510	1	---	---
15246	C8H16Si	(triethylsilyl)acetylene	1777-03-3	140.300	---	---	409.15	1	25	0.7830	1	---	1.4330	1	---	---
15247	C8H16Si	1-trimethylsilyl-1-pentyne	18270-17-2	140.300	---	---	408.15	1	25	0.7650	1	---	1.4250	1	---	---
15248	C8H17Br	1-bromooctane	111-83-1	193.127	218.15	1	473.95	1	25	1.1072	1	25	1.4503	1	liquid	1
15249	C8H17Br	2-bromooctane, (±)-	60251-57-2	193.127	218.15	2	461.65	1	25	1.0878	1	25	1.4442	1	liquid	1
15250	C8H17Br	2-ethylhexyl bromide	18908-66-2	193.127	218.15	2	467.80	2	25	1.0830	1	---	1.4540	1	liquid	2
15251	C8H17BrO	8-bromo-1-octanol	50816-19-8	209.126	---	---	---	---	25	1.2200	1	---	1.4800	1	---	---
15252	C8H17Cl	1-chlorooctane	111-85-3	148.675	215.35	1	456.62	1	25	0.8692	1	25	1.4287	1	liquid	1
15253	C8H17Cl	2-chloro-2,5-dimethylhexane	29342-44-7	148.675	231.25	2	442.45	2	18	0.8476	1	20	1.4232	1	liquid	2
15254	C8H17Cl	3-chloro-2,3-dimethylhexane	101654-30-2	148.675	231.25	2	442.45	2	20	0.8869	1	25	1.4333	1	liquid	2
15255	C8H17Cl	2-chloro-2-methylheptane	4325-49-9	148.675	231.25	2	442.45	2	25	0.8568	1	25	1.4240	1	liquid	2
15256	C8H17Cl	2-chloro-6-methylheptane	2350-19-8	148.675	231.25	2	442.45	2	21	0.8692	2	15	1.4260	1	liquid	2
15257	C8H17Cl	3-chloro-3-methylheptane	5272-02-6	148.675	231.25	2	442.45	2	20	0.8764	1	20	1.4317	1	liquid	2
15258	C8H17Cl	4-chloro-4-methylheptane	61764-94-1	148.675	231.25	2	442.45	2	20	0.8690	1	15	1.4310	1	liquid	2
15259	C8H17Cl	3-(chloromethyl)heptane	123-04-6	148.675	231.25	2	445.15	1	20	0.8769	1	20	1.4319	1	liquid	1
15260	C8H17Cl	2-chlorooctane	628-61-5	148.675	231.25	2	445.15	1	17	0.8658	1	21	1.4273	1	liquid	1
15261	C8H17Cl	2-chloro-2,4,4-trimethylpentane	6111-88-2	148.675	247.15	1	445.15	2	20	0.8746	1	20	1.4308	1	liquid	2
15262	C8H17Cl	(S)-2-chlorooctane	16844-08-9	148.675	231.25	2	442.45	2	21	0.8692	2	---	---	---	liquid	2
15263	C8H17Cl	(<+->)-2-chlorooctane	51261-14-4	148.675	231.25	2	445.20	1	21	0.8692	2	---	---	---	liquid	1
15264	C8H17Cl	2-ethylhexyl-6-chloride	2350-24-5	148.675	231.25	2	442.45	2	21	0.8692	2	---	---	---	liquid	2
15265	C8H17ClO	8-chloro-1-octanol	23144-52-7	164.675	---	---	---	---	25	0.9409	2	25	1.4563	1	---	---
15266	C8H17ClO2	3-chloro-1,1-diethoxybutane	51786-70-0	180.674	---	---	---	---	20	0.9709	1	25	1.4195	1	---	---
15267	C8H17ClO2S	1-octanesulfonyl chloride	7795-95-1	212.740	---	---	---	---	25	1.0870	1	---	1.4600	1	---	---
15268	C8H17ClO3	2-chloro-1,1,1-triethoxyethane	51076-95-0	196.674	---	---	---	---	25	1.0559	2	---	1.4225	1	---	---
15269	C8H17ClSi	chlorocyclohexyldimethylsilane	71864-47-6	176.760	---	---	---	---	25	0.9550	1	---	1.4620	1	---	---
15270	C8H17Cl2N	2,2'-dichloro-N-butyldiethylamine	42520-97-8	198.135	---	---	430.15	1	25	1.0382	2	---	---	---	---	---
15271	C8H17Cl3Si	trichlorooctylsilane	5283-66-9	247.665	---	---	505.15	1	---	---	---	20	1.4480	1	---	---
15272	C8H17Cl3Sn	octyltrichlorostannane	3091-25-6	338.290	---	---	558.15	1	---	---	---	---	---	---	---	---
15273	C8H17F	1-fluorooctane	463-11-6	132.221	209.15	1	415.45	1	25	0.8068	1	25	1.3926	1	liquid	1
15274	C8H17FO	8-fluoro-1-octanol	408-27-5	148.221	---	---	---	---	20	0.9450	1	25	1.4248	1	---	---
15275	C8H17FO	(R)-(+)-1-fluoro-2-octanol	110270-42-3	148.221	---	---	---	---	25	1.2540	1	---	---	---	---	---
15276	C8H17I	1-iodooctane	629-27-6	240.127	227.45	1	498.26	1	25	1.3241	1	25	1.4862	1	liquid	1
15277	C8H17I	2-iodooctane, (±)	36049-78-2	240.127	227.45	2	483.15	1	20	1.3251	1	20	1.4896	1	liquid	1
15278	C8H17I	2-ethylhexyl iodide	1653-16-3	240.127	227.45	2	490.71	2	25	1.3370	1	---	1.4910	1	liquid	2
15279	C8H17I	2-octyl iodide	557-36-8	240.127	227.45	2	490.71	2	23	1.3287	2	---	---	---	liquid	2
15280	C8H17N	1-butylpyrrolidine	767-10-2	127.230	---	---	427.65	1	25	0.8160	1	25	1.4373	1	---	---

Table 1 Physical Properties - Organic Compounds

				Mol Wt	Freezing Point		Boiling Point		Density			Refractive Index			State	
NO	FORMULA	NAME	CAS No	g/mol	T_F, K	code	T_B, K	code	T, C	g/cm3	code	T, C	n_D	code	@25C,1 atm	code
15281	C8H17N	2-butylpyrrolidine	3446-98-8	127.230	---	---	447.15	1	20	0.8277	1	20	1.4490	1	---	---
15282	C8H17N	cyclohexyldimethylamine	98-94-2	127.230	258.15	2	435.15	1	22	0.8455	2	---	---	---	liquid	1
15283	C8H17N	cyclohexylethylamine	5459-93-8	127.230	258.15	2	437.15	1	25	0.8680	1	---	---	---	liquid	1
15284	C8H17N	cyclooctanamine	5452-37-9	127.230	225.15	1	463.15	1	25	0.9280	1	20	1.4804	1	liquid	1
15285	C8H17N	N,4-dimethylcyclohexylamine	90226-23-6	127.230	258.15	1	469.15	1	22	0.8188	1	22	1.4175	1	liquid	1
15286	C8H17N	2-ethylcyclohexanamine	6850-36-8	127.230	258.15	2	443.65	1	20	0.8744	1	20	1.4682	1	liquid	1
15287	C8H17N	1-isopropylpiperidine	766-79-0	127.230	272.15	2	422.65	1	20	0.8389	1	20	1.4491	1	liquid	1
15288	C8H17N	1-propylpiperidine	5470-02-0	127.230	272.15	2	424.65	1	20	0.8231	1	20	1.4446	1	liquid	1
15289	C8H17N	2-propylpiperidine, (S)	458-88-8	127.230	272.15	1	439.65	1	20	0.8440	1	22	1.4512	1	liquid	1
15290	C8H17N	4-propylpiperidine	22398-09-0	127.230	272.15	2	449.15	1	22	0.8640	1	23	1.4465	1	liquid	1
15291	C8H17N	2,2,4-trimethylpiperidine	101257-71-0	127.230	272.15	2	421.15	1	15	0.8320	1	20	1.4458	1	liquid	1
15292	C8H17N	2,3,6-trimethylpiperidine	50402-72-7	127.230	272.15	2	440.81	2	20	0.8302	1	20	1.4434	1	liquid	2
15293	C8H17N	2,4,6-trimethylpiperidine	21974-48-1	127.230	272.15	2	418.15	1	19	0.8315	1	20	1.4412	1	liquid	1
15294	C8H17N	octahydro-1H-azonine	5661-71-2	127.230	254.15	1	440.81	2	25	0.8300	1	20	1.4760	1	liquid	2
15295	C8H17N	(S)-(+)-1-cyclohexylethylamine	17430-98-7	127.230	258.15	2	440.81	2	25	0.8560	1	---	1.4610	1	liquid	2
15296	C8H17N	2,3-dimethylcyclohexylamine	42195-92-6	127.230	258.15	2	432.15	1	25	0.8350	1	---	1.4600	1	liquid	1
15297	C8H17N	R-(-)-cyclohexylethylamine	5913-13-3	127.230	258.15	2	440.81	2	25	0.8560	1	---	---	---	liquid	2
15298	C8H17N	4-(1-methylethyl)piperidine	19678-58-1	127.230	272.15	2	442.70	1	22	0.8455	2	---	---	---	liquid	1
15299	C8H17N	cyclohexaneethylamine	4442-85-7	127.230	258.15	2	440.81	2	22	0.8455	2	---	---	---	liquid	2
15300	C8H17N	5-ethyl-2-methylpiperidine	104-89-2	127.230	272.15	2	440.81	2	22	0.8455	2	---	---	---	liquid	2
15301	C8H17N	N-methyl-N-(cyclohexylmethyl) amine	25756-29-0	127.230	258.15	2	440.81	2	22	0.8455	2	---	---	---	liquid	2
15302	C8H17N	2,2,5,5-tetramethylpyrrolidine	4567-22-0	127.230	---	---	479.65	1	22	0.8455	2	---	---	---	---	---
15303	C8H17N2NaO4S	hepes sodium salt	75277-39-3	260.290	---	---	---	---	---	---	---	---	---	---	---	---
15304	C8H17N2O	3-amino-2,2,5,5-tetramethyl-1-pyrrolidinylo	34272-83-8	157.236	318.15	1	---	---	25	0.9454	2	---	---	---	solid	1
15305	C8H17N3O2	1-heptyl-1-nitrosourea	24346-78-9	187.243	---	---	461.15	1	25	1.0627	2	---	---	---	---	---
15306	C8H17N3O3	1-(L-a-glutamyl)-2-isopropylhydrazine	60762-50-7	203.242	---	---	433.15	1	25	1.1179	2	---	---	---	---	---
15307	C8H17N3O4	4-N-D-alanyl-2,4-diamino-2,4-dideoxy-L-ar	38819-28-2	219.242	---	---	---	---	25	1.1698	2	---	---	---	---	---
15308	C8H17NO	4-butylmorpholine	1005-67-0	143.229	216.05	1	486.65	1	20	0.9068	1	20	1.4451	1	liquid	1
15309	C8H17NO	4-(diethylamino)-2-butanone	3299-38-5	143.229	---	---	472.28	2	20	0.8630	1	24	1.4333	1	---	---
15310	C8H17NO	N,N-diethylbutanamide	1114-76-7	143.229	---	---	479.15	1	20	0.8884	1	25	1.4403	1	---	---
15311	C8H17NO	3-(dimethylamino)cyclohexanol	6890-03-5	143.229	346.15	1	504.15	1	25	0.9737	1	20	1.4852	1	solid	1
15312	C8H17NO	N,N-dipropylacetamide	1116-24-1	143.229	---	---	482.65	1	17	0.8992	1	17	1.4419	1	---	---
15313	C8H17NO	octanal oxime	929-55-5	143.229	333.15	1	472.28	2	33	0.8996	2	---	---	---	solid	1
15314	C8H17NO	octanamide	629-01-6	143.229	381.15	1	512.15	1	110	0.8450	1	---	---	---	solid	1
15315	C8H17NO	trans-6-propyl-3-piperidinol, (3S)	140-55-6	143.229	379.15	1	509.15	1	33	0.8996	2	---	---	---	solid	1
15316	C8H17NO	conhydrine	495-20-5	143.229	394.15	1	499.15	1	33	0.8996	2	---	---	---	solid	1
15317	C8H17NO	N,N-diisopropylacetamide	759-22-8	143.229	---	---	469.15	1	25	0.8910	1	---	1.4410	1	---	---
15318	C8H17NO	2-(hexamethyleneimino)ethanol	20603-00-3	143.229	---	---	472.28	2	33	0.8996	2	---	1.4839	1	---	---
15319	C8H17NO	N-isobutylmorpholine	10315-98-7	143.229	263.25	1	454.15	1	33	0.8996	2	---	---	---	liquid	1
15320	C8H17NO	a-methyl-1-piperidineethanol	934-90-7	143.229	---	---	465.65	1	25	0.9300	1	---	1.4614	1	---	---
15321	C8H17NO	2-(cyclohexylamino)ethanol	2842-38-8	143.229	---	---	397.15	1	33	0.8996	2	---	---	---	---	---
15322	C8H17NO	N,N-dimethylhexanamide	5830-30-8	143.229	---	---	408.15	1	33	0.8996	2	---	---	---	---	---
15323	C8H17NO	2-octanone, oxime	7207-49-0	143.229	---	---	472.28	2	33	0.8996	2	---	---	---	---	---
15324	C8H17NO	ethyl 2-methylbutyl ketoxine	22457-23-4	143.229	---	---	472.28	2	33	0.8996	2	---	---	---	---	---
15325	C8H17NO	2-ethyl-3-methylvaleramide	4171-13-5	143.229	387.65	1	472.28	2	33	0.8996	2	---	---	---	solid	1
15326	C8H17NO	N-2-hydroxyethyl-3,4-dimethylazolidin	63886-56-6	143.229	---	---	472.28	2	33	0.8996	2	---	---	---	---	---
15327	C8H17NO	2-propylvaleramide	2430-27-5	143.229	398.65	1	472.28	2	33	0.8996	2	---	---	---	solid	1
15328	C8H17NO2	1-nitrooctane	629-37-8	159.229	288.15	1	505.15	1	20	0.9346	1	20	1.4322	1	liquid	1
15329	C8H17NO2	2-aminooctanoic acid, (±)	644-90-6	159.229	543.15	1	---	---	19	0.9217	2	---	---	---	solid	1
15330	C8H17NO2	4-(2-ethoxyethyl)morpholine	622-09-3	159.229	173.15	1	479.15	1	20	0.9630	1	---	---	---	liquid	1
15331	C8H17NO2	ethyl isopentylcarbamate	1611-52-5	159.229	---	---	491.15	1	20	0.9322	1	20	1.4326	1	---	---
15332	C8H17NO2	2-nitrooctane, (±)	116836-12-5	159.229	288.15	2	480.78	2	20	0.9166	1	20	1.4280	1	liquid	2
15333	C8H17NO2	octyl nitrite	629-46-9	159.229	---	---	447.65	1	17	0.8620	1	20	1.4127	1	---	---
15334	C8H17NO2	omega-aminocaprylic acid	1002-57-9	159.229	468.15	1	---	---	19	0.9217	2	---	---	---	solid	1
15335	C8H17NO2	DL-a-aminocaprylic acid	2187-07-7	159.229	533.15	1	---	---	19	0.9217	2	---	---	---	solid	1
15336	C8H17NO2	3-amino-4-ethylhexanoic acid	---	159.229	486.65	1	---	---	19	0.9217	2	---	---	---	solid	1
15337	C8H17NO2	(R,R)-(-)-2,5-bis(methoxymethyl)pyrrolidine	90290-05-4	159.229	---	---	480.78	2	19	0.9217	2	---	1.4476	1	---	---
15338	C8H17NO2	(S,S)-(+)-2,5-bis(methoxymethyl)pyrrolidine	93621-94-4	159.229	---	---	480.78	2	19	0.9217	2	---	1.4476	1	---	---
15339	C8H17NO2	3-piperidino-1,2-propanediol	4847-93-2	159.229	351.65	1	480.78	2	19	0.9217	2	---	---	---	solid	1
15340	C8H17NO2	ethyl-L-leucinate	2743-60-4	159.229	---	---	480.78	2	19	0.9217	2	---	---	---	---	---
15341	C8H17NO3	octyl nitrate	629-39-0	175.228	---	---	470.00	2	25	0.9750	1	---	---	---	---	---
15342	C8H17NO3	(3S,4S)-(-)-statine	49642-07-1	175.228	482.15	1	---	---	25	1.0111	2	---	---	---	solid	1
15343	C8H17NO3	1,4,7-trioxa-10-azacyclododecane	41775-76-2	175.228	327.15	1	---	---	25	1.0111	2	---	---	---	solid	1
15344	C8H17NO3	2-ethylhexyl nitrate	27247-96-7	175.228	---	---	---	---	25	1.0111	2	---	---	---	---	---
15345	C8H17NO3S	CHES	103-47-9	207.294	>573.15	1	---	---	25	1.0975	2	---	---	---	solid	1
15346	C8H17NO4Si	ethoxysilatrane	3463-21-6	219.313	---	---	---	---	---	---	---	---	---	---	---	---
15347	C8H17NO5	methyl 4-hydroxy-3-nitrobenzoate	99-42-3	207.227	347.65	1	---	---	25	1.1229	2	---	---	---	solid	1
15348	C8H17NO5S	1-(2-thiazolidinyl)1,2,3,4,5-pentanepentol	92760-57-1	239.293	---	---	---	---	25	1.1958	2	---	---	---	---	---
15349	C8H17NaO4S	sodium octyl sulfate	142-31-4	232.276	---	---	---	---	---	---	---	---	---	---	---	---
15350	C8H17O4PS2	acethion	919-54-0	272.327	---	---	---	---	25	1.1800	1	---	---	---	---	---
15351	C8H17O4PS2	ethyl 2-(mercaptomethylthio)acetate S-este	74789-25-6	272.327	---	---	---	---	---	---	---	---	---	---	---	---
15352	C8H17O5P	triethyl phosphonoacetate	867-13-0	224.194	---	---	534.15	1	25	1.1320	1	---	1.4310	1	---	---
15353	C8H17O5PS	O,O-diethyl-S-(carbethoxy)methyl phospho	2425-25-4	256.260	---	---	---	---	---	---	---	---	---	---	---	---
15354	C8H18	octane	111-65-9	114.231	216.38	1	398.83	1	25	0.6990	1	25	1.3951	1	liquid	1
15355	C8H18	2-methylheptane	592-27-8	114.231	164.16	1	390.80	1	25	0.6960	1	25	1.3926	1	liquid	1
15356	C8H18	3-methylheptane	589-81-1	114.231	152.60	1	392.08	1	25	0.7020	1	25	1.3961	1	liquid	1
15357	C8H18	4-methylheptane	589-53-7	114.231	152.20	1	390.86	1	25	0.7130	1	25	1.3955	1	liquid	1
15358	C8H18	3-methyl-3-ethylpentane	1067-08-9	114.231	182.28	1	391.42	1	25	0.7240	1	25	1.4055	1	liquid	1
15359	C8H18	3-ethylhexane	619-99-8	114.231	158.20	2	391.69	1	25	0.7100	1	25	1.3992	1	liquid	1
15360	C8H18	3-ethyl-2-methylpentane	609-26-7	114.231	158.20	1	388.80	1	25	0.7110	1	20	1.4040	1	liquid	1

Table 1 Physical Properties - Organic Compounds

				Mol Wt	Freezing Point		Boiling Point		Density			Refractive Index			State	
NO	FORMULA	NAME	CAS No	g/mol	T_F, K	code	T_B, K	code	T, C	g/cm3	code	T, C	n_D	code	@25C,1 atm	code
15361	C8H18	2,2-dimethylhexane	590-73-8	114.231	151.97	1	379.99	1	25	0.6920	1	25	1.3910	1	liquid	1
15362	C8H18	2,3-dimethylhexane	584-94-1	114.231	149.42	2	388.76	1	25	0.7080	1	25	1.3988	1	liquid	1
15363	C8H18	2,4-dimethylhexane	589-43-5	114.231	149.42	2	382.58	1	25	0.6930	1	25	1.3929	1	liquid	1
15364	C8H18	2,5-dimethylhexane	592-13-2	114.231	182.00	1	382.26	1	25	0.6900	1	25	1.3900	1	liquid	1
15365	C8H18	3,3-dimethylhexane	563-16-6	114.231	147.05	1	385.12	1	25	0.7070	1	25	1.3978	1	liquid	1
15366	C8H18	3,4-dimethylhexane	583-48-2	114.231	160.89	2	390.88	1	25	0.7160	1	25	1.4018	1	liquid	1
15367	C8H18	2,2,3-trimethylpentane	564-02-3	114.231	160.89	1	382.99	1	25	0.7120	1	25	1.4007	1	liquid	1
15368	C8H18	2,2,4-trimethylpentane	540-84-1	114.231	165.77	1	372.39	1	25	0.6900	1	25	1.3890	1	liquid	1
15369	C8H18	2,3,3-trimethylpentane	560-21-4	114.231	172.22	1	387.92	1	25	0.7220	1	25	1.4052	1	liquid	1
15370	C8H18	2,3,4-trimethylpentane	565-75-3	114.231	163.95	1	386.62	1	25	0.7160	1	25	1.4020	1	liquid	1
15371	C8H18	2,2,3,3-tetramethylbutane	594-82-1	114.231	373.97	1	379.44	1	25	0.6920	1	20	1.4695	1	solid	1
15372	C8H18	octane, mixture	---	114.231	168.25	1	376.22	1	25	0.7052	2	---	---	---	liquid	1
15373	C8H18AlCl	diisobutylaluminum chloride	1779-25-5	176.665	233.75	1	---	---	25	0.9050	1	---	1.4510	1	---	---
15374	C8H18BrNO2	acetyl-b-methylcholine bromide	333-31-3	240.141	424.15	1	---	---	25	1.2504	2	---	---	---	solid	1
15375	C8H18Br2Sn	dibutyltin dibromide	996-08-7	392.749	293.90	1	---	---	25	1.7390	1	---	1.5430	1	---	---
15376	C8H18ClHgO3P	chloro(dibutoxyphosphinyl)mercury	63869-01-2	429.246	---	---	---	---	---	---	---	---	---	---	---	---
15377	C8H18ClN2O5PS	sulfosfamide	37753-10-9	320.734	---	---	---	---	---	---	---	---	---	---	---	---
15378	C8H18ClNO2	methacholine chloride	62-51-1	195.689	445.15	1	---	---	25	1.0333	2	---	---	---	solid	1
15379	C8H18ClP	di-tert-butylchlorophosphine	13716-10-4	180.657	309.15	1	---	---	25	0.9500	1	---	1.4820	1	solid	1
15380	C8H18Cl2Ge	dibutylgermanium dichloride	4593-81-1	257.746	---	---	515.15	1	25	1.2080	1	---	1.4730	1	---	---
15381	C8H18Cl2N2Pt	cis-dichlorobis(pyrrolidine)platinum(ii)	38780-42-6	408.228	---	---	---	---	---	---	---	---	---	---	---	---
15382	C8H18Cl2N2Pt	cis-dicyclobutylamminedichloroplatinum(ii)	38780-37-9	408.228	---	---	---	---	---	---	---	---	---	---	---	---
15383	C8H18Cl2Si	di-tert-butyldichlorosilane	18395-90-9	213.221	258.25	1	463.15	1	25	1.0090	1	---	1.4570	1	liquid	1
15384	C8H18Cl2Sn	di-tert-butyltin dichloride	19429-30-2	303.846	314.15	1	339.15	1	---	---	---	---	---	---	solid	1
15385	C8H18Cl2Sn	dibutyltin dichloride	683-18-1	303.846	314.15	1	408.15	1	25	1.3600	1	---	---	---	solid	1
15386	C8H18CrO4	tert-butyl chromate	1189-85-1	230.225	---	---	---	---	---	---	---	---	---	---	---	---
15387	C8H18FO3P	di-sec-butyl fluorophosphonate	625-17-2	212.202	---	---	---	---	---	---	---	---	---	---	---	---
15388	C8H18F2Sn	dibutyldifluorostannane	563-25-7	270.938	---	---	421.85	1	---	---	---	---	---	---	---	---
15389	C8H18F3NOSi2	N,o-bis(trimethylsilyl)trifluoroacetamide	25561-30-2	257.403	273.20	1	---	---	25	0.9690	1	---	1.3840	1	---	---
15390	C8H18F3NOSi2	2,2,2-trifluoro-N,N-bis(trimethylsilyl)acetam	21149-38-2	257.403	---	---	---	---	---	---	---	---	---	---	---	---
15391	C8H18Hg	dibutylmercury	629-35-6	314.821	---	---	496.15	1	20	1.7779	1	20	1.5057	1	---	---
15392	C8H18Hg	di-sec-butylmercury	691-88-3	314.821	---	---	496.15	2	---	---	---	---	---	---	---	---
15393	C8H18INOS	S-propionylthiocholine iodide	1866-73-5	303.208	473.15	1	---	---	25	1.4391	2	---	---	---	solid	1
15394	C8H18I2Sn	dibutyldiiodostannane	2865-19-2	486.750	---	---	---	---	---	---	---	---	---	---	---	---
15395	C8H18NO	di-tert-butyl nitroxide	2406-25-9	144.237	---	---	363.90	1	25	0.8659	2	---	---	---	---	---
15396	C8H18NO2	b-methylacetylcholine	55-92-5	160.237	---	---	---	---	25	0.9305	2	---	---	---	---	---
15397	C8H18NO4PS2	N-methyl-O,O-dimethylthiolophosphoryl-5-	2275-23-2	287.342	---	---	345.95	1	---	---	---	---	---	---	---	---
15398	C8H18NO5P	diethyl (N-methoxy-N-methylcarbamoylmet	124931-12-0	239.209	---	---	---	---	25	1.1630	1	---	1.4550	1	---	---
15399	C8H18N2	azobutane	2159-75-3	142.245	---	---	436.80	2	24	0.8650	2	---	---	---	---	---
15400	C8H18N2	1,3-cyclohexanedimethanamine	2579-20-6	142.245	---	---	493.15	1	20	0.9450	1	---	---	---	---	---
15401	C8H18N2	2,2'-azobis(2-methylpropane)	927-83-3	142.245	258.65	1	382.55	1	25	0.7560	1	---	1.3970	1	liquid	1
15402	C8H18N2	1,4-bis(aminomethyl)cyclohexane	2549-93-1	142.245	---	---	515.65	1	25	0.9400	1	---	---	---	---	---
15403	C8H18N2	(1R,2R)-diaminomethylcyclohexane	68737-65-5	142.245	---	---	436.80	2	24	0.8650	2	---	---	---	---	---
15404	C8H18N2	N,N'-diethyl-2-butene-1,4-diamine	112-21-0	142.245	---	---	354.65	1	25	0.8410	1	---	1.4590	1	---	---
15405	C8H18N2	1,4-diethylpiperazine	6483-50-7	142.245	---	---	430.15	1	25	0.9000	1	---	1.4540	1	---	---
15406	C8H18N2	N,N,N',N'-tetramethyl-2-butene-1,4-diamine	4559-79-9	142.245	---	---	444.65	1	25	0.8080	1	---	1.4420	1	---	---
15407	C8H18N2O	N-nitrosodibutylamine	924-16-3	158.244	---	---	392.15	2	25	0.8980	2	---	---	---	---	---
15408	C8H18N2O	N,N'-diisopropyl-O-methylisourea	54648-79-2	158.244	---	---	392.15	2	25	0.8710	1	---	1.4360	1	---	---
15409	C8H18N2O	4-[2-(dimethylamino)ethyl]morpholine	4385-05-1	158.244	---	---	392.15	2	25	0.9250	1	---	1.4580	1	---	---
15410	C8H18N2O	bisisobutyl-N-nitrosoamine	997-95-5	158.244	---	---	392.15	2	25	0.8980	2	---	---	---	---	---
15411	C8H18N2O	bis(2-ethoxyethyl)nitrosoamine	67856-66-0	158.244	---	---	392.15	2	25	0.8980	2	---	---	---	---	---
15412	C8H18N2O	heptylmethylnitrosamine	16338-99-1	158.244	---	---	392.15	1	25	0.8980	2	---	---	---	---	---
15413	C8H18N2O	nitrosodi-sec-butylamine	5350-17-4	158.244	---	---	392.15	2	25	0.8980	2	---	---	---	---	---
15414	C8H18N2O	t-butylazo-2-hydroxybutane	57910-79-9	158.244	---	---	392.15	2	25	0.8980	2	---	---	---	---	---
15415	C8H18N2O2	1,4-bis(2-hydroxyethyl)piperazine	122-96-3	174.244	407.60	1	551.05	1	25	1.0295	2	---	---	---	solid	1
15416	C8H18N2O2	N-boc-1,3-propanediamine	75178-96-0	174.244	295.15	1	476.15	1	25	0.9980	1	---	1.4540	1	liquid	1
15417	C8H18N2O2	1,7-diaza-12-crown-4	294-92-8	174.244	345.15	1	445.88	2	25	1.0295	2	---	---	---	solid	1
15418	C8H18N2O2	1-[2-(2-hydroxyethoxy)ethyl]piperazine	13349-82-1	174.244	---	---	423.15	1	25	1.0610	1	---	1.4970	1	---	---
15419	C8H18N2O2	2-methyl-2-nitrosopropane dimer	6841-96-9	174.244	355.15	1	445.88	2	25	1.0295	2	---	---	---	solid	1
15420	C8H18N2O2	n-butyl-N-(2-hydroxybutyl)nitrosamine	55621-29-9	174.244	---	---	445.88	2	25	1.0295	2	---	---	---	---	---
15421	C8H18N2O2	n-butyl-N-(3-hydroxybutyl)nitrosamine	40911-07-7	174.244	---	---	445.88	2	25	1.0295	2	---	---	---	---	---
15422	C8H18N2O2	4-hydroxybutylbutylnitrosamine	3817-11-6	174.244	---	---	333.15	1	25	1.0295	2	---	---	---	---	---
15423	C8H18N2O3	N-butyl-N-(2,4-dihydroxybutyl)nitrosamine	62018-91-1	190.243	---	---	380.15	1	25	1.0449	2	---	---	---	---	---
15424	C8H18N2O3	hydroperoxy-N-nitrosodibutylamine	74940-23-1	190.243	---	---	374.75	1	25	1.0449	2	---	---	---	---	---
15425	C8H18N2O3S	L-buthionine-(S,R)-sulfoximine	83730-53-4	222.309	507.65	1	---	---	25	1.1249	2	---	---	---	solid	1
15426	C8H18N2O4PtS	spiroplatin	74790-08-2	433.387	---	---	364.55	1	---	---	---	---	---	---	---	---
15427	C8H18N2O4S	hepes	7365-45-9	238.309	509.15	1	---	---	25	1.1725	2	---	---	---	solid	1
15428	C8H18N2O4S	(methoxycarbonylsulfamoyl)triethylammoni	29684-56-8	238.309	350.65	1	---	---	25	1.1725	2	---	---	---	solid	1
15429	C8H18N2O6S2	pipes	5625-37-6	302.373	>573.15	1	---	---	25	1.3145	2	---	---	---	solid	1
15430	C8H18O	1-octanol	111-87-5	130.230	257.65	1	468.35	1	25	0.8230	1	25	1.4276	1	liquid	1
15431	C8H18O	2-octanol	123-96-6	130.230	241.55	1	452.95	1	25	0.8170	1	25	1.4241	1	liquid	1
15432	C8H18O	2-octanol, (±)	4128-31-8	130.230	241.55	1	453.15	1	20	0.8193	1	20	1.4203	1	liquid	1
15433	C8H18O	3-octanol	589-98-0	130.230	228.15	1	447.85	1	25	0.8176	1	25	1.4210	1	liquid	1
15434	C8H18O	4-octanol	589-62-8	130.230	232.45	1	449.75	1	25	0.8154	1	25	1.4227	1	liquid	1
15435	C8H18O	4-octanol, (±)	74778-22-6	130.230	232.45	1	449.45	1	20	0.8186	1	20	1.4248	1	liquid	1
15436	C8H18O	2-methyl-1-heptanol	60435-70-3	130.230	161.15	1	448.75	1	25	0.7986	1	25	1.4219	1	liquid	1
15437	C8H18O	3-methyl-1-heptanol	1070-32-2	130.230	183.15	1	459.15	1	25	0.7844	1	25	1.4225	1	liquid	1
15438	C8H18O	4-methyl-1-heptanol	817-91-4	130.230	225.24	2	456.35	1	25	0.8065	1	25	1.4253	1	liquid	1
15439	C8H18O	5-methyl-1-heptanol	7212-53-5	130.230	169.15	1	459.75	1	25	0.8153	1	25	1.4272	1	liquid	1
15440	C8H18O	6-methyl-1-heptanol	1653-40-3	130.230	167.15	1	460.85	1	25	0.8175	1	25	1.4255	1	liquid	1

Table 1 Physical Properties - Organic Compounds

				Mol Wt	Freezing Point		Boiling Point		Density			Refractive Index			State	
NO	FORMULA	NAME	CAS No	g/mol	T_F, K	code	T_B, K	code	T, C	g/cm3	code	T, C	n_D	code	@25C,1 atm	code
15441	C8H18O	2-methyl-2-heptanol	625-25-2	130.230	222.75	1	429.85	1	25	0.8072	1	25	1.4201	1	liquid	1
15442	C8H18O	3-methyl-2-heptanol	31367-46-1	130.230	159.15	1	439.25	1	25	0.8177	1	25	1.4199	1	liquid	1
15443	C8H18O	4-methyl-2-heptanol	56298-90-9	130.230	171.15	1	444.75	1	25	0.7989	1	25	1.4225	1	liquid	1
15444	C8H18O	5-methyl-2-heptanol	54630-50-1	130.230	153.15	1	445.05	1	25	0.8098	1	25	1.4218	1	liquid	1
15445	C8H18O	6-methyl-2-heptanol	4730-22-7	130.230	168.15	1	445.05	1	25	0.8033	1	25	1.4209	1	liquid	1
15446	C8H18O	2-methyl-3-heptanol	18720-62-2	130.230	188.15	1	440.75	1	25	0.8205	1	25	1.4246	1	liquid	1
15447	C8H18O	3-methyl-3-heptanol	5582-82-1	130.230	190.15	1	434.15	1	25	0.8251	1	25	1.4263	1	liquid	1
15448	C8H18O	4-methyl-3-heptanol	14979-39-6	130.230	150.15	1	428.55	1	25	0.7940	1	25	1.4179	1	liquid	1
15449	C8H18O	5-methyl-3-heptanol	18720-65-5	130.230	181.95	1	426.75	1	25	0.8143	1	25	1.4156	1	liquid	1
15450	C8H18O	6-methyl-3-heptanol	18720-66-6	130.230	210.24	2	433.00	2	24	0.8179	2	25	1.4176	2	liquid	2
15451	C8H18O	2-methyl-4-heptanol	21570-35-4	130.230	192.15	1	439.25	1	25	0.8098	1	25	1.4196	1	liquid	1
15452	C8H18O	3-methyl-4-heptanol	1838-73-9	130.230	210.24	2	437.85	1	25	0.8329	1	25	1.4211	1	liquid	1
15453	C8H18O	4-methyl-4-heptanol	598-01-6	130.230	191.15	1	434.25	1	25	0.8194	1	25	1.4240	1	liquid	1
15454	C8H18O	2-ethyl-1-hexanol	104-76-7	130.230	203.15	1	457.75	1	25	0.8300	1	25	1.4290	1	liquid	1
15455	C8H18O	3-ethyl-1-hexanol	41065-95-6	130.230	225.24	2	453.00	2	25	0.8310	1	25	1.4320	1	liquid	2
15456	C8H18O	4-ethyl-1-hexanol	---	130.230	225.24	2	453.00	2	24	0.8179	2	25	1.4300	2	liquid	2
15457	C8H18O	2,2-dimethyl-1-hexanol	2370-13-0	130.230	221.15	1	445.65	1	25	0.8220	1	25	1.4280	1	liquid	1
15458	C8H18O	2,3-dimethyl-1-hexanol	---	130.230	210.24	2	447.00	2	24	0.8179	2	25	1.4300	2	liquid	2
15459	C8H18O	2,4-dimethyl-1-hexanol	3965-59-1	130.230	210.24	2	448.15	1	24	0.8179	2	25	1.4300	2	liquid	1
15460	C8H18O	2,5-dimethyl-1-hexanol	6886-16-4	130.230	210.24	2	452.15	1	25	0.8250	1	17	1.5095	1	liquid	1
15461	C8H18O	3,3-dimethyl-1-hexanol	10524-70-6	130.230	242.66	2	454.00	2	25	0.8350	1	25	1.4310	1	liquid	2
15462	C8H18O	3,4-dimethyl-1-hexanol	---	130.230	210.24	2	454.00	2	24	0.8179	2	25	1.4270	2	liquid	2
15463	C8H18O	3,5-dimethyl-1-hexanol	13501-73-0	130.230	210.24	2	456.15	1	25	0.8240	1	25	1.4230	1	liquid	1
15464	C8H18O	4,4-dimethyl-1-hexanol	6481-95-4	130.230	242.66	2	455.00	2	24	0.8179	2	25	1.4330	1	liquid	2
15465	C8H18O	4,5-dimethyl-1-hexanol	---	130.230	210.24	2	455.00	2	24	0.8179	2	25	1.4330	2	liquid	2
15466	C8H18O	5,5-dimethyl-1-hexanol	---	130.230	242.66	2	455.00	2	24	0.8179	2	25	1.4330	2	liquid	2
15467	C8H18O	3-ethyl-2-hexanol	24448-19-9	130.230	210.24	2	441.15	1	24	0.8179	2	25	1.4330	2	liquid	1
15468	C8H18O	4-ethyl-2-hexanol	---	130.230	210.24	2	441.00	2	24	0.8179	2	25	1.4330	2	liquid	2
15469	C8H18O	2,3-dimethyl-2-hexanol	19550-03-9	130.230	227.66	2	433.25	1	25	0.8320	1	25	1.4320	1	liquid	1
15470	C8H18O	2,4-dimethyl-2-hexanol	42328-76-7	130.230	227.66	2	423.85	1	25	0.8060	1	25	1.4220	1	liquid	1
15471	C8H18O	2,5-dimethyl-2-hexanol	3730-60-7	130.230	227.66	2	425.65	1	25	0.8120	1	25	1.4190	1	liquid	1
15472	C8H18O	3,3-dimethyl-2-hexanol	22025-20-3	130.230	227.66	2	433.00	2	25	0.8420	1	25	1.4330	1	liquid	2
15473	C8H18O	3,4-dimethyl-2-hexanol	19550-05-1	130.230	195.24	2	444.15	1	15	0.8400	1	25	1.4340	1	liquid	1
15474	C8H18O	3,5-dimethyl-2-hexanol	66576-27-0	130.230	195.24	2	433.15	1	24	0.8179	2	25	1.4340	2	liquid	1
15475	C8H18O	4,4-dimethyl-2-hexanol	---	130.230	227.66	2	435.00	2	24	0.8179	2	25	1.4340	2	liquid	2
15476	C8H18O	4,5-dimethyl-2-hexanol	---	130.230	195.24	2	435.00	2	24	0.8179	2	25	1.4340	2	liquid	2
15477	C8H18O	5,5-dimethyl-2-hexanol	31841-77-7	130.230	227.66	2	439.15	1	24	0.8179	2	25	1.4210	1	liquid	1
15478	C8H18O	3-ethyl-3-hexanol	597-76-2	130.230	242.66	2	432.15	1	25	0.8333	1	25	1.4250	1	liquid	1
15479	C8H18O	4-ethyl-3-hexanol	19780-44-0	130.230	210.24	2	437.15	1	24	0.8179	2	25	1.4300	1	liquid	1
15480	C8H18O	2,2-dimethyl-3-hexanol	4209-90-9	130.230	227.66	2	429.25	1	25	0.8300	1	25	1.4240	1	liquid	1
15481	C8H18O	2,3-dimethyl-3-hexanol	4166-46-5	130.230	227.66	2	431.35	1	25	0.8330	1	25	1.4280	1	liquid	1
15482	C8H18O	2,4-dimethyl-3-hexanol	13432-25-2	130.230	195.24	2	433.15	1	24	0.8179	2	25	1.4290	1	liquid	1
15483	C8H18O	2,5-dimethyl-3-hexanol	19550-07-3	130.230	195.24	2	432.15	1	25	0.8146	1	25	1.4220	1	liquid	1
15484	C8H18O	3,4-dimethyl-3-hexanol	19550-08-4	130.230	227.66	2	425.15	1	25	0.8340	1	25	1.4330	1	liquid	1
15485	C8H18O	3,5-dimethyl-3-hexanol	4209-91-0	130.230	227.66	2	425.15	1	25	0.8230	1	25	1.4240	1	liquid	1
15486	C8H18O	4,4-dimethyl-3-hexanol	19550-09-5	130.230	227.66	2	432.15	1	25	0.8300	1	25	1.4320	1	liquid	1
15487	C8H18O	4,5-dimethyl-3-hexanol	---	130.230	195.24	2	429.00	2	24	0.8179	2	25	1.4320	2	liquid	2
15488	C8H18O	5,5-dimethyl-3-hexanol	66576-31-6	130.230	227.66	2	426.15	1	24	0.8179	2	25	1.4240	1	liquid	1
15489	C8H18O	2-propyl-1-pentanol	58175-57-8	130.230	225.24	2	452.15	1	24	0.8179	2	25	1.4240	2	liquid	1
15490	C8H18O	2-isopropyl-1-pentanol	---	130.230	210.24	2	473.74	2	24	0.8179	2	25	1.4240	2	liquid	2
15491	C8H18O	2-methyl-2-ethyl-1-pentanol	5970-63-8	130.230	242.66	2	450.25	1	24	0.8179	2	25	1.4340	1	liquid	1
15492	C8H18O	3-methyl-2-ethyl-1-pentanol	---	130.230	210.24	2	450.00	2	24	0.8179	2	25	1.4310	2	liquid	2
15493	C8H18O	4-methyl-2-ethyl-1-pentanol	106-67-2	130.230	210.24	2	449.65	1	25	0.8260	1	25	1.4270	1	liquid	1
15494	C8H18O	2-methyl-3-ethyl-1-pentanol	---	130.230	210.24	2	448.00	2	24	0.8179	2	25	1.4270	2	liquid	2
15495	C8H18O	3-methyl-3-ethyl-1-pentanol	---	130.230	242.66	2	448.00	2	24	0.8179	2	25	1.4270	2	liquid	2
15496	C8H18O	4-methyl-3-ethyl-1-pentanol	---	130.230	210.24	2	448.00	2	24	0.8179	2	25	1.4270	2	liquid	2
15497	C8H18O	2,2,3-trimethyl-1-pentanol	57409-53-7	130.230	227.66	2	447.65	1	24	0.8179	2	25	1.4370	1	liquid	1
15498	C8H18O	2,2,4-trimethyl-1-pentanol	123-44-4	130.230	203.15	1	441.45	1	25	0.8340	1	25	1.4280	1	liquid	1
15499	C8H18O	2,3,3-trimethyl-1-pentanol	---	130.230	227.66	2	449.00	2	24	0.8179	2	25	1.4300	2	liquid	2
15500	C8H18O	2,3,4-trimethyl-1-pentanol	6570-88-3	130.230	195.24	2	456.15	1	25	0.8460	1	25	1.4370	1	liquid	1
15501	C8H18O	2,4,4-trimethyl-1-pentanol	16325-63-6	130.230	227.66	2	444.15	1	25	0.8290	1	25	1.4260	1	liquid	1
15502	C8H18O	3,3,4-trimethyl-1-pentanol	---	130.230	227.66	2	444.00	2	24	0.8179	2	25	1.4280	2	liquid	2
15503	C8H18O	3,4,4-trimethyl-1-pentanol	16325-64-7	130.230	227.66	2	444.00	2	24	0.8179	2	25	1.4280	2	liquid	2
15504	C8H18O	2-methyl-3-ethyl-2-pentanol	19780-63-3	130.230	227.66	2	430.95	1	25	0.8350	1	25	1.4300	1	liquid	1
15505	C8H18O	3-methyl-3-ethyl-2-pentanol	66576-22-5	130.230	227.66	2	433.00	2	25	0.8540	1	25	1.4470	1	liquid	2
15506	C8H18O	4-methyl-3-ethyl-2-pentanol	66576-23-6	130.230	195.24	2	437.15	1	24	0.8179	2	25	1.4310	1	liquid	1
15507	C8H18O	2,3,3-trimethyl-2-pentanol	23171-85-9	130.230	272.65	1	433.15	1	25	0.8150	1	25	1.4360	1	liquid	1
15508	C8H18O	2,3,4-trimethyl-2-pentanol	66576-26-9	130.230	212.66	2	431.15	1	25	0.8040	1	25	1.4350	1	liquid	1
15509	C8H18O	2,4,4-trimethyl-2-pentanol	690-37-9	130.230	253.15	1	419.55	1	25	0.8190	1	25	1.4260	1	liquid	1
15510	C8H18O	3,3,4-trimethyl-2-pentanol	19411-41-7	130.230	212.66	2	438.15	1	25	0.8520	1	25	1.4360	1	liquid	1
15511	C8H18O	3,4,4-trimethyl-2-pentanol	10575-56-1	130.230	300.15	1	431.15	1	24	0.8179	2	---	---	---	solid	1
15512	C8H18O	2-methyl-3-ethyl-3-pentanol	597-05-7	130.230	227.66	2	433.15	1	25	0.8260	1	10	1.4372	1	liquid	1
15513	C8H18O	2,2,3-trimethyl-3-pentanol	7294-05-5	130.230	267.15	1	425.15	1	25	0.8420	1	25	1.4330	1	liquid	1
15514	C8H18O	2,2,4-trimethyl-3-pentanol	5162-48-1	130.230	261.85	1	424.15	1	25	0.8280	1	25	1.4270	1	liquid	1
15515	C8H18O	2,3,4-trimethyl-3-pentanol	3054-92-0	130.230	212.66	2	430.15	1	25	0.8450	1	25	1.4330	1	liquid	1
15516	C8H18O	3-methyl-2-isopropyl-1-butanol	18593-92-5	130.230	195.24	2	446.15	1	25	0.8420	1	25	1.4340	1	liquid	1
15517	C8H18O	2,2-diethyl-1-butanol	13023-60-4	130.230	242.66	2	446.00	2	24	0.8179	2	25	1.4410	1	liquid	2
15518	C8H18O	2,3-dimethyl-2-ethyl-1-butanol	---	130.230	227.66	2	446.00	2	24	0.8179	2	25	1.4350	2	liquid	2
15519	C8H18O	3,3-dimethyl-2-ethyl-1-butanol	66576-56-5	130.230	227.66	2	446.00	2	25	0.8430	1	25	1.4350	1	liquid	2
15520	C8H18O	2,2,3,3-tetramethyl-1-butanol	66576-24-7	130.230	423.15	1	446.00	2	24	0.8179	2	---	---	---	solid	1

Table 1 Physical Properties - Organic Compounds

				Mol Wt	Freezing Point		Boiling Point		Density			Refractive Index			State	
NO	FORMULA	NAME	CAS No	g/mol	T_F, K	code	T_B, K	code	T, C	g/cm3	code	T, C	n_D	code	@25C,1 atm	code
15521	C8H18O	3,5-dimethyl-3-hexanol, (±)	19113-78-1	130.230	216.48	2	425.15	1	20	0.8373	1	20	1.4300	1	liquid	1
15522	C8H18O	2-methyl-1-heptanol, (±)	111675-77-5	130.230	161.15	1	448.75	1	20	0.8022	1	20	1.4240	1	liquid	1
15523	C8H18O	5-methyl-1-heptanol, (±)	111767-95-4	130.230	169.15	1	459.75	1	25	0.8153	1	25	1.4272	1	liquid	1
15524	C8H18O	2-methyl-3-heptanol, (±)	100296-26-2	130.230	188.15	1	440.65	1	20	0.8235	1	20	1.4265	1	liquid	1
15525	C8H18O	6-methyl-3-heptanol, (±)	100295-85-0	130.230	212.15	1	442.15	1	20	0.8220	1	20	1.4254	1	liquid	1
15526	C8H18O	3-methyl-4-heptanol, (R*,S*)-(±)	92737-91-2	130.230	216.48	2	435.15	1	25	0.8335	1	25	1.4211	1	liquid	1
15527	C8H18O	dibutyl ether	142-96-1	130.230	175.30	1	414.15	1	25	0.7640	1	25	1.3968	1	liquid	1
15528	C8H18O	di-sec-butyl ether	6863-58-7	130.230	173.15	1	394.20	1	25	0.7590	1	25	1.3930	1	liquid	1
15529	C8H18O	di-tert-butyl ether	6163-66-2	130.230	195.00	1	380.40	1	25	0.7600	1	20	1.3946	1	liquid	1
15530	C8H18O	butyl isobutyl ether	17071-47-5	130.230	182.03	2	424.15	1	15	0.7630	1	21	1.4077	1	liquid	1
15531	C8H18O	tert-butyl isobutyl ether	33021-02-2	130.230	182.03	2	439.93	2	24	0.8179	2	---	---	---	liquid	2
15532	C8H18O	di-sec-butyl ether, (±)	17226-28-7	130.230	182.03	2	393.65	1	25	0.7560	1	25	1.3930	1	liquid	1
15533	C8H18O	ethyl hexyl ether	5756-43-4	130.230	180.00	2	417.15	1	20	0.7722	1	20	1.4008	1	liquid	1
15534	C8H18O	1-methoxyheptane	629-32-3	130.230	182.03	2	424.15	1	15	0.7862	1	20	1.4073	1	liquid	1
15535	C8H18O	isooctanol	26952-21-6	130.230	156.05	1	459.15	1	25	0.8320	1	---	---	---	liquid	1
15536	C8H18O	(R)-(-)-2-octanol	5978-70-1	130.230	216.48	2	448.90	1	25	0.8380	1	---	1.4260	1	liquid	1
15537	C8H18O	(S)-(+)-2-octanol	6169-06-8	130.230	216.48	2	451.05	1	25	0.8220	1	---	1.4260	1	liquid	1
15538	C8H18O	octyl alcohol; mixed isomers	29063-28-3	130.230	257.25	1	468.15	1	24	0.8179	2	---	---	---	liquid	1
15539	C8H18O	isobutyl ether	628-55-7	130.230	173.15	1	395.76	1	24	0.8179	2	---	---	---	liquid	1
15540	C8H18OS	dibutyl sulfoxide	2168-93-6	162.296	305.75	1	---	---	23	0.8317	1	20	1.4669	1	solid	1
15541	C8H18OSi2	1,3-divinyl-1,1,3,3-tetramethyldisiloxane	2627-95-4	186.400	173.45	1	312.15	1	20	0.8110	1	20	1.4123	1	liquid	1
15542	C8H18OSn	dibutyltin oxide	818-08-6	248.940	>573.15	1	573.15	1	---	---	---	---	---	---	solid	1
15543	C8H18OSn	diisobutyloxostannane	61947-30-6	248.940	---	---	573.15	2	---	---	---	---	---	---	---	---
15544	C8H18O2	1,2-octanediol	1117-86-8	146.230	303.15	1	525.15	2	25	0.8946	2	---	---	---	solid	1
15545	C8H18O2	1,3-octanediol	23433-05-8	146.230	286.06	2	536.15	2	25	0.8946	2	25	1.4700	2	liquid	2
15546	C8H18O2	1,4-octanediol	---	146.230	286.06	2	557.15	2	25	0.8946	2	20	1.4540	2	liquid	2
15547	C8H18O2	1,8-octanediol	629-41-4	146.230	333.15	1	544.15	2	25	0.8946	2	---	---	---	solid	1
15548	C8H18O2	2,4-octanediol	90162-24-6	146.230	310.71	2	478.13	2	25	0.9180	1	25	1.4422	1	solid	2
15549	C8H18O2	4,5-octanediol, (±)	22520-40-7	146.230	303.15	1	478.13	2	25	0.8946	2	25	1.4419	1	solid	1
15550	C8H18O2	3-methyl-2,4-heptanediol	6964-04-1	146.230	310.71	2	478.13	2	20	0.9280	1	20	1.4459	1	solid	2
15551	C8H18O2	2-ethyl-1,3-hexanediol	94-96-2	146.230	233.15	1	517.15	1	22	0.9325	1	20	1.4497	1	liquid	1
15552	C8H18O2	2,5-dimethyl-2,5-hexanediol	110-03-2	146.230	361.65	1	487.15	1	20	0.8980	1	---	---	---	solid	1
15553	C8H18O2	2,2,4-trimethyl-1,4-pentanediol	80864-10-4	146.230	359.15	1	483.15	1	25	0.8946	2	---	---	---	solid	1
15554	C8H18O2	2,2,4-trimethyl-1,3-pentanediol	144-19-4	146.230	324.90	1	505.15	1	15	0.9360	1	15	1.4513	1	solid	1
15555	C8H18O2	2-butyl-2-methyl-1,3-propanediol	3121-83-3	146.230	316.95	1	535.15	1	50	0.9270	1	25	1.4587	1	solid	1
15556	C8H18O2	di-t-butyl peroxide	110-05-4	146.230	233.15	1	384.15	1	25	0.7900	1	25	1.3867	1	liquid	1
15557	C8H18O2	1,2-dipropoxyethane	18854-56-3	146.230	---	---	478.13	2	25	0.8946	2	---	---	---	---	---
15558	C8H18O2	ethylene glycol monohexyl ether	112-25-4	146.230	228.05	1	481.45	1	20	0.8878	1	20	1.4291	1	liquid	1
15559	C8H18O2	methyl ethyl ketone peroxide	1338-23-4	146.230	---	---	478.13	2	25	0.8946	2	---	---	---	---	---
15560	C8H18O2	1-tert-butoxy-2-ethoxyethane	51422-54-9	146.230	---	---	421.15	1	25	0.8340	1	---	1.4020	1	---	---
15561	C8H18O2	(3R,6R)-3,6-octanediol	129619-37-0	146.230	310.71	2	478.13	2	25	0.8946	2	---	---	---	solid	2
15562	C8H18O2	(3S,6S)-3,6-octanediol	136705-66-3	146.230	310.71	2	478.13	2	25	0.8946	2	---	---	---	solid	2
15563	C8H18O2	1-butoxy-2-ethoxyethane	4413-13-2	146.230	---	---	434.03	1	25	0.8946	2	---	---	---	---	---
15564	C8H18O2	1,1-diethoxybutane	3658-95-5	146.230	---	---	416.50	1	25	0.8946	2	---	---	---	---	---
15565	C8H18O2	peroxide, dibutyl	3849-34-1	146.230	---	---	478.13	2	25	0.8946	2	---	---	---	---	---
15566	C8H18O2	acetaldehyde-di-n-propyl acetal	105-82-8	146.230	---	---	478.13	2	25	0.8946	2	---	---	---	---	---
15567	C8H18O2	2-(2-ethylbutoxy)ethanol	4468-93-3	146.230	228.05	2	478.13	2	25	0.8946	2	---	---	---	liquid	2
15568	C8H18O2	ethylene glycol mono-2-methylpentyl ether	10137-96-9	146.230	228.05	2	470.00	2	25	0.8946	2	---	---	---	liquid	2
15569	C8H18O2Pb	triethylplumbyl acetate	2587-81-7	353.430	433.15	1	---	---	---	---	---	---	---	---	solid	1
15570	C8H18O2S	diisobutyl sulfone	10495-45-1	178.296	290.15	1	538.15	1	18	1.0056	1	---	---	---	liquid	1
15571	C8H18O2S	dibutyl sulfone	598-04-9	178.296	318.00	1	564.00	1	47	0.9885	1	50	1.4433	1	solid	1
15572	C8H18O2S	di-tert-butylsulfone	1886-75-5	178.296	403.05	1	521.05	1	33	0.9971	2	---	---	---	solid	1
15573	C8H18O2Si	allyldiethoxymethylsilane	18388-45-9	174.315	---	---	428.15	1	25	0.8572	1	20	1.4104	1	---	---
15574	C8H18O2Si	(tert-butyldimethylsilyloxy)acetaldehyde	102191-92-4	174.315	---	---	439.15	1	25	0.9150	1	---	1.4320	1	---	---
15575	C8H18O2Si	(1-ethoxycyclopropoxy)trimethylsilane	27374-25-0	174.315	---	---	433.65	2	25	0.8670	1	---	1.4070	1	---	---
15576	C8H18O2Si	1-methoxy-2-methyl-1-(trimethylsiloxy)prop	31469-15-5	174.315	---	---	433.65	2	25	0.8580	1	---	1.4150	1	---	---
15577	C8H18O2Sn	acetoxytriethylstannane	1907-13-7	264.940	---	---	---	---	---	---	---	---	---	---	---	---
15578	C8H18O3	diethylene glycol diethyl ether	112-36-7	162.229	228.85	1	462.15	1	25	0.9040	1	25	1.4115	1	liquid	1
15579	C8H18O3	diethylene glycol monobutyl ether	112-34-5	162.229	205.15	1	504.15	1	25	0.9520	1	20	1.4306	1	liquid	1
15580	C8H18O3	3,5-dimethoxy-1-hexanol	90952-10-6	162.229	---	---	467.48	2	25	0.9631	1	25	1.4329	1	---	---
15581	C8H18O3	1,1,1-triethoxyethane	78-39-7	162.229	---	---	418.15	1	25	0.8847	1	20	1.3980	1	---	---
15582	C8H18O3	di(propylene glycol) dimethyl ether, isomer	111109-77-4	162.229	---	---	448.15	1	25	0.9020	1	---	1.4080	1	---	---
15583	C8H18O3	1-isoamyl glycerol ether	627-92-9	162.229	---	---	534.15	1	25	0.9870	1	---	---	---	---	---
15584	C8H18O3	trimethyl orthovalerate	13820-09-2	162.229	---	---	438.15	1	25	0.9400	1	---	1.4100	1	---	---
15585	C8H18O3	diethylene glycol monoisobutyl ether	18912-80-6	162.229	---	---	467.48	2	25	0.9333	2	---	---	---	---	---
15586	C8H18O3	1-ethoxy-3-isopropoxypropan-2-ol	13021-50-6	162.229	---	---	467.48	2	25	0.9333	2	---	---	---	---	---
15587	C8H18O3	1-(2-ethoxy-2-methylethoxy)-2-propanol	15764-24-6	162.229	---	---	467.48	2	25	0.9333	2	---	---	---	---	---
15588	C8H18O3S	dibutyl sulfite	626-85-7	194.295	273.15	2	503.15	1	25	0.9912	1	25	1.4289	1	liquid	1
15589	C8H18O3S	diisobutyl sulfite	18748-27-1	194.295	273.15	2	483.15	1	20	0.9862	1	20	1.4268	1	liquid	1
15590	C8H18O3Si	vinyltriethoxysilane	78-08-0	190.314	---	---	433.15	1	20	0.9010	1	25	1.3960	1	---	---
15591	C8H18O4	triethylene glycol dimethyl ether	112-49-2	178.229	229.35	1	489.15	1	25	0.9800	1	25	1.4209	1	liquid	1
15592	C8H18O4	triethylene glycol monoethyl ether	112-50-5	178.229	254.55	1	529.15	1	25	1.0200	1	---	---	---	liquid	1
15593	C8H18O4	2,5-dimethylhexane-2,5-dihydroperoxide	3025-88-5	178.229	---	---	508.98	2	25	1.0000	2	---	---	---	---	---
15594	C8H18O4	acetaldehyde bis(2-methoxyethyl)acetal	10143-67-6	178.229	---	---	508.98	2	25	1.0000	2	---	---	---	---	---
15595	C8H18O4S	dibutyl sulfate	625-22-9	210.295	193.45	1	525.00	2	25	1.0570	1	25	1.4192	1	liquid	2
15596	C8H18O4S	2-ethylhexyl sulfate	72214-01-8	210.295	193.45	2	528.77	2	25	1.0798	2	---	---	---	liquid	2
15597	C8H18O4S2	2,2-bis(ethylsulfonyl)butane	76-20-0	242.361	349.15	1	---	---	85	1.1990	1	---	---	---	solid	1
15598	C8H18O5	tetraethylene glycol	112-60-7	194.228	268.15	1	602.70	1	25	1.1220	1	25	1.4570	1	liquid	1
15599	C8H18O6S2	dimethylmyleran	55-93-6	274.359	---	---	421.65	1	25	1.2384	2	---	---	---	---	---
15600	C8H18O6S2	meso-dimethylmyleran	33447-90-4	274.359	---	---	421.65	2	25	1.2384	2	---	---	---	---	---

Table 1 Physical Properties - Organic Compounds

				Mol Wt	Freezing Point		Boiling Point		Density			Refractive Index			State	
NO	FORMULA	NAME	CAS No	g/mol	T_F, K	code	T_B, K	code	T, C	g/cm3	code	T, C	n_D	code	@25C,1 atm	code
15601	C8H18O10S2	bis(methane sulfonyl)-D-mannitol	1187-00-4	338.357	---	---	324.15	1	25	1.3867	2	---	---	---	---	---
15602	C8H18S	octyl mercaptan	111-88-6	146.297	223.95	1	472.19	1	25	0.8400	1	25	1.4519	1	liquid	1
15603	C8H18S	2-octanethiol	3001-66-9	146.297	194.15	1	459.55	1	25	0.8327	1	25	1.4481	1	liquid	1
15604	C8H18S	tert-octyl mercaptan	141-59-3	146.297	199.00	1	428.65	1	25	0.8410	1	---	---	---	liquid	1
15605	C8H18S	2-octanethiol, (±)	10435-81-1	146.297	194.15	1	459.55	1	20	0.8366	1	20	1.4504	1	liquid	1
15606	C8H18S	dibutyl sulfide	544-40-1	146.297	198.13	1	455.15	1	25	0.8400	1	20	1.4530	1	liquid	1
15607	C8H18S	methyl heptyl sulfide	20291-61-6	146.297	209.86	2	461.70	1	25	0.8400	1	25	1.4525	1	liquid	1
15608	C8H18S	ethyl hexyl sulfide	7309-44-6	146.297	209.86	2	460.00	2	25	0.8400	1	---	---	---	liquid	2
15609	C8H18S	propyl pentyl sulfide	42841-80-5	146.297	209.86	2	460.00	2	25	0.8400	1	---	---	---	liquid	2
15610	C8H18S	di-sec-butyl sulfide	626-26-6	146.297	209.92	2	438.15	1	20	0.8348	1	20	1.4506	1	liquid	1
15611	C8H18S	di-tert-butyl sulfide	107-47-1	146.297	264.15	1	422.25	1	25	0.8150	1	20	1.4506	1	liquid	1
15612	C8H18S	diisobutyl sulfide	592-65-4	146.297	167.65	1	444.15	1	10	0.8363	1	---	---	---	liquid	1
15613	C8H18SSn	dibutylthioxostannane	4253-22-9	265.007	---	---	---	---	---	---	---	---	---	---	---	---
15614	C8H18S2	dibutyl disulfide	629-45-8	178.363	202.16	1	504.36	1	25	0.9340	1	25	1.4903	1	liquid	1
15615	C8H18S2	di-tert-butyl disulfide	110-06-5	178.363	270.65	1	513.34	2	20	0.9226	1	20	1.4899	1	liquid	2
15616	C8H18S2	1,8-octanedithiol	1191-62-4	178.363	---	---	542.65	1	25	0.9610	1	---	1.5030	1	---	---
15617	C8H18S2	disulfide, bis(2-methylpropyl)	1518-72-5	178.363	236.41	2	493.00	1	24	0.9437	2	---	---	---	liquid	1
15618	C8H18S2	disulfide, bis(1-methylpropyl)	5943-30-6	178.363	236.41	2	513.34	2	25	0.9570	1	---	1.4920	1	liquid	2
15619	C8H18S4	di-tert-butyl tetrasulfide	5943-35-1	242.495	274.35	1	---	---	20	1.0690	1	20	1.5660	1	---	---
15620	C8H18Se2	butyl diselenide	20333-40-8	272.151	---	---	---	---	---	---	---	---	---	---	---	---
15621	C8H18Si	triethylvinylsilane	1112-54-5	142.316	---	---	419.65	1	25	0.7710	1	---	1.4340	1	---	---
15622	C8H18Si2	1,2-bis(trimethylsilyl)acetylene	14630-40-1	170.401	299.15	1	407.15	1	20	0.7700	1	20	1.4130	1	solid	1
15623	C8H19Al	diisobutylaluminum hydride	1191-15-7	142.221	198.25	1	378.15	1	25	0.7980	1	---	---	---	liquid	1
15624	C8H19AsO2	dibutylarsinic acid	2850-61-5	222.159	411.15	1	---	---	---	---	---	---	---	---	solid	1
15625	C8H19BrOSi	(2-bromoethoxy)-tert-butyldimethylsilane	86864-60-0	239.227	---	---	---	---	25	1.1150	1	---	1.4440	1	---	---
15626	C8H19ClSi	di-tert-butylchlorosilane	56310-18-0	178.776	---	---	---	---	25	0.8840	1	---	1.4410	1	---	---
15627	C8H19ClSi	chloro(dimethyl)thexylsilane	67373-56-2	178.776	---	---	---	---	25	0.9050	1	---	1.4490	1	---	---
15628	C8H19ClSi	dimethylhexylsilyl chloride	---	178.776	---	---	---	---	25	0.8945	2	---	1.4300	1	---	---
15629	C8H19F2O3PSi	diethyl [difluoro(trimethylsilyl)methyl]phosp	80077-72-1	260.293	---	---	---	---	25	1.0770	1	---	1.4140	1	---	---
15630	C8H19ISn	n-butyldiethyltin iodide	17563-48-3	360.853	---	---	---	---	---	---	---	---	---	---	---	---
15631	C8H19N	octylamine	111-86-4	129.246	272.75	1	452.75	1	25	0.7790	1	25	1.4277	1	liquid	1
15632	C8H19N	2-ethylhexylamine	104-75-6	129.246	284.58	2	442.35	1	24	0.7662	2	---	---	---	liquid	1
15633	C8H19N	6-methyl-2-heptanamine, (±)	5984-58-7	129.246	322.04	1	428.15	1	25	0.7670	1	20	1.4209	1	solid	1
15634	C8H19N	2-octanamine, (±)	44855-57-4	129.246	323.71	1	437.15	1	20	0.7744	1	25	1.4232	1	solid	1
15635	C8H19N	methylheptylamine	36343-05-2	129.246	207.15	2	438.15	1	25	0.7648	1	25	1.4227	1	liquid	1
15636	C8H19N	ethylhexylamine	20352-67-4	129.246	207.15	2	431.15	1	25	0.7585	1	25	1.4187	1	liquid	1
15637	C8H19N	dibutylamine	111-92-2	129.246	211.15	1	432.00	1	25	0.7570	1	25	1.4152	1	liquid	1
15638	C8H19N	diisobutylamine	110-96-3	129.246	203.15	1	412.25	1	25	0.7430	1	25	1.4090	1	liquid	1
15639	C8H19N	di-sec-butylamine	626-23-3	129.246	207.15	2	407.15	1	20	0.7534	1	20	1.4162	1	liquid	1
15640	C8H19N	N-methyl-2-heptanamine	540-43-2	129.246	207.15	2	428.15	1	24	0.7662	2	---	---	---	liquid	1
15641	C8H19N	dimethylhexylamine	4385-04-0	129.246	200.00	2	418.15	1	25	0.7440	1	25	1.4116	1	liquid	1
15642	C8H19N	diethylbutylamine	4444-68-2	129.246	200.00	2	409.15	1	25	0.7490	1	25	1.4118	1	liquid	1
15643	C8H19N	N-ethyl-N-isopropyl-2-propanamine	7087-68-5	129.246	200.00	2	399.65	1	25	0.7420	1	20	1.4138	1	liquid	1
15644	C8H19N	N-ethyl-N-propyl-1-propanamine	20634-92-8	129.246	200.00	2	411.15	1	24	0.8070	1	---	---	---	liquid	1
15645	C8H19N	2-amino-6-methylheptane	543-82-8	129.246	298.15	1	428.15	1	25	0.7670	1	---	1.4220	1	---	---
15646	C8H19N	(S)-2-amino-6-methylheptane	70419-10-2	129.246	284.58	2	428.15	1	25	0.7670	1	---	---	---	liquid	1
15647	C8H19N	(R)-2-amino-6-methylheptane	70419-11-3	129.246	284.58	2	428.15	1	25	0.7670	1	---	---	---	liquid	1
15648	C8H19N	(S)-2-aminooctane	34566-04-6	129.246	284.58	2	437.15	1	25	0.7700	1	---	---	---	liquid	1
15649	C8H19N	(R)-2-aminooctane	34566-05-7	129.246	284.58	2	437.15	1	25	0.7700	1	---	---	---	liquid	1
15650	C8H19N	2-aminooctane	693-16-3	129.246	284.58	2	438.15	1	25	0.7710	1	---	1.4250	1	liquid	1
15651	C8H19N	N-isopropyl-N-methyl-tert-butylamine	85523-00-8	129.246	200.00	2	400.15	1	25	0.7670	1	---	1.4190	1	liquid	1
15652	C8H19N	tert-octylamine	107-45-9	129.246	206.25	1	413.15	1	25	0.8050	1	---	1.4240	1	liquid	1
15653	C8H19NO	N,N-diisopropylethanolamine	96-80-0	145.245	---	---	463.15	1	25	0.8260	1	20	1.4417	1	---	---
15654	C8H19NO	2-(dipropylamino)ethanol	3238-75-3	145.245	---	---	469.15	1	20	0.8576	1	20	1.4402	1	---	---
15655	C8H19NO	6-amino-2-methyl-2-heptanol	372-66-7	145.245	---	---	466.15	2	25	0.8950	1	---	1.4560	1	---	---
15656	C8H19NO2	ammonium caprylate	5972-76-9	161.245	---	---	489.32	2	21	0.9390	2	---	---	---	---	---
15657	C8H19NO2	bis(3-hydroxy-2-butyl)amine	6959-06-4	161.245	---	---	513.15	1	20	0.9790	1	20	1.4162	1	---	---
15658	C8H19NO2	N,N-bis(2-hydroxyethyl)butylamine	102-79-4	161.245	---	---	548.15	1	20	0.9681	1	20	1.4625	1	---	---
15659	C8H19NO2	4,4-diethoxy-1-butanamine	6346-09-4	161.245	---	---	469.15	1	25	0.9330	1	20	1.4275	1	---	---
15660	C8H19NO2	2,2-diethoxy-N,N-dimethylethanamine	3616-56-6	161.245	---	---	443.65	1	7	0.8850	1	20	1.4129	1	---	---
15661	C8H19NO2	2-[2-(diethylamino)ethoxy]ethanol	140-82-9	161.245	---	---	494.65	1	25	0.9421	1	20	1.4480	1	---	---
15662	C8H19NO2	2-ethoxy-N-(2-ethoxyethyl)ethanamine	124-21-0	161.245	223.15	1	467.15	1	25	0.8830	1	20	1.4213	1	liquid	1
15663	C8H19NO2	N-tert-butyldiethanolamine	2160-93-2	161.245	321.65	1	489.32	2	25	0.9830	1	---	1.4670	1	solid	1
15664	C8H19NO3Si	silicon triethanolamin	42959-18-2	205.329	---	---	---	---	---	---	---	---	---	---	---	---
15665	C8H19N3O	triaza-12-crown-4	53835-21-5	173.259	356.15	1	---	---	25	0.9648	2	---	---	---	solid	1
15666	C8H19O2PS2	ethoprop	13194-48-4	242.344	---	---	---	---	20	1.0940	1	---	---	---	---	---
15667	C8H19O2PS3	disulfoton	298-04-4	274.410	248.15	1	---	---	20	1.1440	1	---	---	---	---	---
15668	C8H19O2PS3	O,O-diethyl-S-2-isopropylmercaptomethyld	78-52-4	274.410	---	---	---	---	---	---	---	---	---	---	---	---
15669	C8H19O3P	di-tert-butyl phosphonate	13086-84-5	194.211	---	---	505.83	2	25	0.9750	1	25	1.4168	1	---	---
15670	C8H19O3P	dibutyl phosphonate	1809-19-4	194.211	---	---	503.15	1	25	0.9850	1	20	1.4220	1	---	---
15671	C8H19O3P	diethyl-2-butylphosphonate	34510-96-8	194.211	---	---	505.83	2	25	0.9800	2	---	1.4279	1	---	---
15672	C8H19O3P	diisobutylphosphite	1189-24-8	194.211	---	---	508.50	1	25	0.9800	2	---	---	---	---	---
15673	C8H19O3PS2	demeton	298-03-3	258.343	---	---	---	---	25	1.1190	1	---	---	---	---	---
15674	C8H19O3PS2	demeton-S	126-75-0	258.343	---	---	---	---	---	---	---	---	---	---	---	---
15675	C8H19O3PS3	oxydisulfoton	2497-07-6	290.409	---	---	429.65	1	---	---	---	---	---	---	---	---
15676	C8H19O4P	dibutyl phosphate	107-66-4	210.210	---	---	---	---	---	---	---	---	---	---	---	---
15677	C8H19O4P	octylphosphate	3991-73-9	210.210	---	---	---	---	---	---	---	---	---	---	---	---
15678	C8H19O4PS2	iso systox sulfoxide	2496-92-6	274.342	---	---	327.15	1	---	---	---	---	---	---	---	---
15679	C8H19O5PS2	systox sulfone	4891-54-7	290.342	---	---	---	---	---	---	---	---	---	---	---	---
15680	C8H20As2	tetraethyldiarsine	612-08-8	266.090	---	---	459.15	1	24	1.1388	1	---	1.4709	1	---	---

Table 1 Physical Properties - Organic Compounds

NO	FORMULA	NAME	CAS No	Mol Wt g/mol	Freezing Point T_F, K	code	Boiling Point T_B, K	code	Density T, C	g/cm3	code	Refractive Index T, C	n_D	code	State @25C,1 atm	code
15681	C8H20BrN	tetraethylammonium bromide	71-91-0	210.158	559.15	dec	---	---	20	1.3970	1	---	---	---	solid	1
15682	C8H20BrNO4	tetrakis(2-hydroxyethyl)ammonium bromide	4328-04-5	274.155	464.15	1	---	---	25	1.2914	2	---	---	---	solid	1
15683	C8H20ClN	tetraethylammonium chloride	56-34-8	165.706	310.65	1	---	---	25	1.0800	1	---	---	---	solid	1
15684	C8H20ClN2OP	bis-(diethylamino)phosphochloridate	1794-24-7	226.687	---	---	---	---	25	1.0700	1	---	1.4670	1	---	---
15685	C8H20ClN2P	bis(diethylamino)chlorophosphine	685-83-6	210.687	---	---	---	---	25	1.0020	1	---	1.4900	1	---	---
15686	C8H20Cl2PtS2	cis-dichlorobis(diethylsulfide)platinum(ii)	15442-57-6	446.362	378.15	1	---	---	---	---	---	---	---	---	solid	1
15687	C8H20FN2OP	di-(N-butylamino)fluorophosphine oxide	590-69-2	210.233	---	---	403.85	1	---	---	---	---	---	---	---	---
15688	C8H20Ge	tetraethylgermanium	597-63-7	188.857	179.99	1	436.30	1	25	1.0980	1	---	1.4430	1	liquid	1
15689	C8H20GeO4	germanium(iv) ethoxide	14165-55-0	252.854	---	---	458.65	1	25	1.1400	1	---	1.4070	1	---	---
15690	C8H20IN	tetraethylammonium iodide	68-05-3	257.158	523.15	1	---	---	25	1.5590	1	---	---	---	solid	1
15691	C8H20N	tetraethylammonium	66-40-0	130.254	---	---	---	---	25	0.7663	2	---	---	---	---	---
15692	C8H20NO3P	(1-aminooctyl)phosphonic acid	94219-58-6	209.226	542.65	1	---	---	---	---	---	---	---	---	solid	1
15693	C8H20N2	1,2-diisobutylhydrazine	3711-37-3	144.261	---	---	444.15	1	20	0.8002	1	---	1.4276	1	---	---
15694	C8H20N2	2,5-dimethyl-2,5-hexanediamine	23578-35-0	144.261	325.15	2	457.15	1	15	0.8485	1	20	1.4459	1	solid	2
15695	C8H20N2	1,8-octanediamine	373-44-4	144.261	325.15	1	498.15	1	22	0.8089	2	---	---	---	solid	1
15696	C8H20N2	N,N,N',N'-tetramethyl-1,4-butanediamine	111-51-3	144.261	325.15	2	441.15	1	15	0.7942	1	25	1.4621	1	solid	2
15697	C8H20N2	N,N'-diisopropylethylenediamine	4013-94-9	144.261	325.15	2	443.15	1	25	0.7980	1	---	1.4290	1	solid	2
15698	C8H20N2	N,N'-dimethyl-1,6-hexanediamine	13093-04-4	144.261	325.15	2	430.41	2	25	0.8070	1	---	1.4470	1	solid	2
15699	C8H20N2	N-hexylethylenediamine	7261-70-3	144.261	325.15	2	430.41	2	25	0.8320	1	---	1.4480	1	solid	2
15700	C8H20N2	N,N,N',N'-tetramethyl-1,3-butanediamine	97-84-7	144.261	325.15	2	437.70	1	25	0.7870	1	---	1.4320	1	solid	2
15701	C8H20N2	N,N,N'-triethylethylenediamine	105-04-4	144.261	325.15	2	327.65	1	25	0.8040	1	---	1.4310	1	solid	2
15702	C8H20N2	1,1-dibutylhydrazine	7422-80-2	144.261	---	---	430.41	2	22	0.8089	2	---	---	---	---	---
15703	C8H20N2	N,N-diisopropyl ethylenediamine	121-05-1	144.261	325.15	2	394.15	1	22	0.8089	2	---	---	---	solid	2
15704	C8H20N2	N'-isopropyl-N,N'-dimethyl-1,3-propane-dia	63905-13-5	144.261	325.15	2	430.41	2	22	0.8089	2	---	---	---	solid	2
15705	C8H20N2	6-methyl-2-heptylhydrazine	7535-34-4	144.261	---	---	430.41	2	22	0.8089	2	---	---	---	---	---
15706	C8H20N2O	2-[(2-amino-2-methylpropyl)amino]-2-methy	72622-74-3	160.260	319.15	1	504.15	1	20	0.9360	1	25	1.4635	1	solid	1
15707	C8H20N2O	2,2'-oxybis[N,N-dimethylethanamine	3033-62-3	160.260	---	---	504.15	2	25	0.8911	2	---	---	---	---	---
15708	C8H20N2O2	1,8-bis(methylamino)-3,6-dioxaoctane	---	176.260	---	---	---	---	25	0.9504	2	---	1.4450	1	---	---
15709	C8H20N2O2	di(3-aminopropoxy)ethane	2997-01-5	176.260	---	---	---	---	25	0.9504	2	---	---	---	---	---
15710	C8H20N2O2S	N,N,N',N'-tetraethylsulfamide	2832-49-7	208.326	---	---	---	---	25	1.0300	1	---	1.4480	1	---	---
15711	C8H20N2O3	tetraethylammonium nitrate	1941-26-0	192.259	553.15	1	---	---	25	1.0290	1	---	---	---	solid	1
15712	C8H20N4	cyclen	294-90-6	172.275	383.65	1	---	---	25	0.9428	2	---	---	---	solid	1
15713	C8H20OSi	ethoxytriethylsilane	597-67-1	160.331	---	---	427.65	1	20	0.8160	1	20	1.4140	1	---	---
15714	C8H20O2Si2	1,1-bis(trimethylsilyloxy)-ethene	24697-35-6	204.416	---	---	---	---	---	---	---	---	1.4200	1	---	---
15715	C8H20O2Si2	trimethylsilyl (trimethylsilyl)acetate	24082-11-9	204.416	---	---	---	---	25	0.8670	1	---	1.4170	1	---	---
15716	C8H20O3P2	diethylphosphinic anhydride	7495-97-8	226.193	---	---	---	---	20	1.1053	1	20	1.4647	1	---	---
15717	C8H20O3Si	triethoxyethylsilane	78-07-9	192.330	---	---	431.65	1	20	0.8963	1	20	1.3955	1	---	---
15718	C8H20O3Si2	trimethylsilyl trimethylsiloxyacetate	33581-77-0	220.415	---	---	---	---	25	0.9030	1	---	1.4110	1	---	---
15719	C8H20O4Si	ethyl silicate	78-10-4	208.329	190.65	1	441.95	1	20	0.9320	1	20	1.3928	1	liquid	1
15720	C8H20O4Si	tetrakis-(2-hydroxyethyl)silane	18928-76-2	208.329	---	---	441.95	2	---	---	---	---	---	---	---	---
15721	C8H20O4Ti	titanium(iv) ethoxide, contains 5-15% isopr	3087-36-3	228.111	---	---	---	---	25	1.0800	1	---	1.5043	1	---	---
15722	C8H20O4Zr	zirconium(iv) ethoxide	18267-08-8	271.468	473.15	1	---	---	---	---	---	---	---	---	solid	1
15723	C8H20O5P2	tetraethyl pyrophosphite	21646-99-1	258.192	---	---	---	---	25	1.0570	1	---	1.4340	1	---	---
15724	C8H20O5P2S2	sulfotep	3689-24-5	322.324	---	---	---	---	25	1.1960	1	25	1.4753	1	---	---
15725	C8H20O6P2	tetraethyl hypophosphate	679-37-8	274.191	---	---	---	---	20	1.1720	1	20	1.4284	1	---	---
15726	C8H20O6S2Sn	di-n-propyltin bismethanesulfonate	73927-87-4	395.085	---	---	---	---	---	---	---	---	---	---	---	---
15727	C8H20O7P2	tetraethyl pyrophosphate	107-49-3	290.191	443.15	dec	---	---	20	1.1847	1	20	1.4180	1	solid	1
15728	C8H20O8Si	ethylene glycol silicate	17622-94-5	272.327	---	---	---	---	---	---	---	---	---	---	---	---
15729	C8H20Pb	tetraethyl lead	78-00-2	323.447	139.41	1	473.15	dec	20	1.6530	1	20	1.5198	1	---	---
15730	C8H20Si	tetraethylsilane	631-36-7	144.332	190.65	1	426.56	1	20	0.7658	1	20	1.4268	1	liquid	1
15731	C8H20Si2	trans-bis(trimethylsilyl)ethene	18178-59-1	172.417	254.65	1	418.65	1	20	0.7589	1	20	1.4310	1	liquid	1
15732	C8H20Sn	tetraethylstannane	597-64-8	234.957	---	---	---	---	---	---	---	---	---	---	---	---
15733	C8H21NO	tetraethylammonium hydroxide	77-98-5	147.261	318.15	1	383.15	1	25	1.0230	1	---	1.4160	1	solid	1
15734	C8H21NOSi2	N,o-bis(trimethylsilyl)acetamide	10416-59-8	203.431	297.15	1	---	---	---	---	---	---	---	---	---	---
15735	C8H21NO2Si	3-aminopropyl(diethoxy)methylsilane	3179-76-8	191.346	---	---	---	---	25	0.9160	1	---	1.4260	1	---	---
15736	C8H21NSi	butyldimethyl(dimethylamino)silane	181231-67-4	159.347	---	---	---	---	25	0.7800	1	---	1.4220	1	---	---
15737	C8H21N3	N,N-diethyldiethylenetriamine	24426-16-2	159.276	---	---	500.65	1	25	0.8650	1	---	1.4590	1	---	---
15738	C8H21N3	N'-(3-aminopropyl)-N,N-dimethylpropane-1	10563-29-8	159.276	---	---	500.65	2	25	0.8704	2	---	---	---	---	---
15739	C8H22N2O3Si	[3-(2-aminoethylamino)propyl]trimethoxysil	1760-24-3	222.360	273.15	1	419.15	1	25	1.0140	1	---	1.4450	1	liquid	1
15740	C8H22N2O5P2	diethyl bis-dimethylpyrophosphoradiamide	28616-48-0	288.222	---	---	361.90	1	---	---	---	---	---	---	---	---
15741	C8H22N2O5P2	diethyl di(dimethylamido)pyrophosphate (u	1474-80-2	288.222	---	---	361.90	2	---	---	---	---	---	---	---	---
15742	C8H22N2Si	di(isopropylamino)dimethylsilane	6026-42-2	174.362	---	---	---	---	---	---	---	---	1.4130	1	---	---
15743	C8H22N4	1,2-bis(3-aminopropylamino)ethane	10563-26-5	174.291	352.45	1	---	---	25	0.9510	1	---	1.4910	1	solid	1
15744	C8H22O2Si2	1,2-bis(trimethylsiloxy)ethane	7381-30-8	206.431	---	---	438.65	1	25	0.8420	1	---	1.4030	1	---	---
15745	C8H22O3Si2	1,3-diethoxy-1,1,3,3-tetramethyldisiloxane	18420-09-2	222.431	---	---	434.15	1	25	0.8830	1	---	1.3890	1	---	---
15746	C8H22O6Si2	1,2-bis(trimethoxysilyl)ethane	18406-41-2	270.429	---	---	---	---	25	1.0730	1	---	1.4090	1	---	---
15747	C8H23N5	tetraethylenepentamine	112-57-2	189.306	243.00	1	606.15	1	25	0.9940	1	20	1.5055	1	liquid	1
15748	C8H24B2N4	tetrakis(dimethylamino)diborane	1630-79-1	197.929	---	---	---	---	25	0.9260	1	---	1.4760	1	---	---
15749	C8H24B10	n-hexyl carborane	20740-05-0	228.389	---	---	---	---	---	---	---	---	---	---	---	---
15750	C8H24Cl2O3Si4	1,7-dichloro-octamethyltetrasiloxane	2474-02-4	351.522	211.25	1	495.15	1	25	1.0110	1	---	1.4050	1	liquid	1
15751	C8H24N4O3P2	schradan	152-16-9	286.253	290.15	1	---	---	25	1.0900	1	25	1.4620	1	---	---
15752	C8H24N4Sn	tetrakis(dimethylamino)tin	1066-77-9	295.017	---	---	---	---	25	1.1700	1	---	---	---	---	---
15753	C8H24N4Ti	tetrakis(dimethylamino)titanium	3275-24-9	224.174	---	---	---	---	25	0.9470	1	---	---	---	---	---
15754	C8H24O12P2S	pyroset tko	55566-30-8	406.285	238.25	1	384.25	1	---	---	---	---	---	---	liquid	1
15755	C8H24O2Si3	octamethyltrisiloxane	107-51-7	236.532	187.15	1	425.70	1	20	0.8200	1	20	1.3840	1	liquid	1
15756	C8H24O4Si4	octamethylcyclotetrasiloxane	556-67-2	296.616	290.80	1	448.15	1	25	0.9490	1	25	1.3935	1	liquid	1
15757	C8H26Au2N2	1,2-diaminoethanebistrimethylgold	---	544.242	---	---	---	---	---	---	---	---	---	---	---	---
15758	C8H26Cl3CoN6O12	bisdiethylene triamine cobalt(iii) perchlorat	---	563.620	---	---	---	---	---	---	---	---	---	---	---	---
15759	C8H26O3Si4	1,1,1,3,5,7,7,7-octamethyltetrasiloxane	16066-09-4	282.633	---	---	443.15	1	20	0.8559	1	20	1.3854	1	---	---
15760	C8H28N4Si4	2,2,4,4,6,6,8,8-octamethylcyclotetrasilazan	1020-84-4	292.678	369.65	1	498.05	1	---	---	---	---	---	---	solid	1

Table 1 Physical Properties - Organic Compounds

				Mol Wt	Freezing Point		Boiling Point		Density			Refractive Index			State	
NO	FORMULA	NAME	CAS No	g/mol	T_F, K	code	T_B, K	code	T, C	g/cm3	code	T, C	n_D	code	@25C,1 atm	code
15761	C8H28O4Si5	tetrakis(dimethylsilyl) orthosilicate	17082-47-2	328.733	---	---	462.15	1	25	0.8840	1	---	1.3870	1	---	---
15762	C8H31ClO6Si	2-chloroethyltris(2-methoxyethoxy)silane	37894-46-5	286.868	---	---	---	---	---	---	---	---	---	---	---	---
15763	C8I4O3	4,5,6,7-tetraiodo-1,3-isobenzofurandione	632-80-4	651.704	600.65	1	---	---	25	3.1538	2	---	---	---	solid	1
15764	C8K	potassium graphite	12081-88-8	135.186	---	---	410.65	1	---	---	---	---	---	---	---	---
15765	C9D11NO2	DL-phenylalanine-d11	205829-16-9	176.259	---	---	---	---	---	---	---	---	---	---	---	---
15766	C9D11NO3	L-tyrosine-d11	39748-77-1	192.258	---	---	---	---	---	---	---	---	---	---	---	---
15767	C9F20	perfluorononane	375-96-2	488.069	---	---	398.45	1	25	1.8000	1	---	---	---	---	---
15768	C9F21N	perfluorotripropylamine	338-83-0	521.075	---	---	403.15	1	4	1.8220	1	25	1.2790	1	---	---
15769	C9Fe2O9	iron nonacarbonyl	15321-51-4	363.784	373.15	dec	482.15	2	25	2.8500	1	---	---	---	solid	1
15770	C9Fe2O9	nonacarbonyl diiron	20982-74-5	363.784	---	---	482.15	1	---	---	---	---	---	---	---	---
15771	C9HF17O2	heptadecafluorononanoic acid	375-95-1	464.080	341.15	1	491.15	1	25	1.7397	2	---	---	---	solid	1
15772	C9H2Cl6O3	1,4,5,6,7,7-hexachloro-5-norbornene-2,3-d	115-27-5	370.828	508.65	1	---	---	25	1.7300	1	---	---	---	solid	1
15773	C9H2F14O2	1,1,1,2,2,3,3,7,7,8,8,9,9,9-tetradecafluoro-	113116-18-0	408.093	---	---	370.15	1	25	1.6400	1	---	1.3230	1	---	---
15774	C9H3ClF6O	3,5-bis(trifluoromethyl)benzoyl chloride	785-56-8	276.566	---	---	---	---	25	1.5260	1	---	1.4330	1	---	---
15775	C9H3ClO4	trimellitic anhydride acid chloride	1204-28-0	210.573	340.65	1	---	---	25	1.5463	2	---	---	---	solid	1
15776	C9H3Cl3N2O	2,3-dichloroquinoxaline-6-carbonylchloride	1919-43-3	261.494	---	---	---	---	25	1.6121	2	---	---	---	---	---
15777	C9H3Cl3O3	1,3,5-benzenetricarbonyl trichloride	4422-95-1	265.479	309.45	1	---	---	25	1.6095	2	---	---	---	solid	1
15778	C9H3Cl6NO2	chlorendic imide	6889-41-4	369.844	---	---	328.15	1	25	1.7190	2	---	---	---	---	---
15779	C9H3F6N	3,5-bis(trifluoromethyl)benzonitrile	27126-93-8	239.121	---	---	428.15	1	25	1.4200	1	---	1.4180	1	---	---
15780	C9H3F6NO	3,5-bis(trifluoromethyl)phenyl isocyanate	16588-74-2	255.120	---	---	---	---	25	1.4760	1	---	1.4300	1	---	---
15781	C9H3F6NS	3,5-bis(trifluoromethyl)phenyl isothiocyana	23165-29-9	271.187	---	---	---	---	25	1.4850	1	---	1.5000	1	---	---
15782	C9H3F9	1,3,5-tris(trifluoromethyl)benzene	729-81-7	282.109	---	---	392.10	1	25	1.5140	1	---	1.3590	1	---	---
15783	C9H3F15O2	methyl perfluorooctanoate	376-27-2	428.099	---	---	431.15	1	20	1.6840	1	27	1.3040	1	---	---
15784	C9H3F17O	2,2,3,3,4,4,5,5,6,6,7,7,8,8,9,9,9-heptadeca	423-56-3	450.097	338.65	1	449.15	1	25	1.6660	2	---	---	---	solid	1
15785	C9H3F18O3P	tris(1,1,1,3,3,3-hexafluoro-2-propyl)phosph	66470-81-3	532.068	---	---	403.15	1	25	1.6900	1	---	1.3000	1	---	---
15786	C9H4Cl2N2O3	6,7-dichloro-4-nitroquinoline-1-oxide	14094-48-5	259.048	---	---	486.15	1	25	1.6114	2	---	---	---	---	---
15787	C9H4Cl3IO	3-iodo-2-propynyl-2,4,5-trichlorophenyl eth	777-11-7	361.392	386.65	1	---	---	25	1.9350	2	---	---	---	solid	1
15788	C9H4Cl3NO2S	folpet	133-07-3	296.560	450.15	1	---	---	25	1.6148	2	---	---	---	solid	1
15789	C9H4Cl6O2	endosulfan lacton	3868-61-9	356.845	---	---	---	---	25	1.6566	2	---	---	---	---	---
15790	C9H4Cl6O4	chlorendic acid	115-28-6	388.843	---	---	448.15	1	25	1.7157	2	---	---	---	---	---
15791	C9H4Cl8O	1,3,4,5,6,8,8-octachloro-1,3,3a,4,7,7a-hexa	297-78-9	411.750	394.15	1	---	---	25	1.6862	2	---	---	---	solid	1
15792	C9H4F3N3O4S	N-(4-(5-nitro-2-furyl)-2-thiazolyl)-2,2,2-triflu	42011-48-3	307.211	---	---	---	---	25	1.6931	2	---	---	---	---	---
15793	C9H4F6O	2,5-bis(trifluoromethyl)benzaldehyde	395-64-2	242.121	---	---	410.15	1	25	1.4680	1	---	1.4210	1	---	---
15794	C9H4F6O	3,5-bis(trifluoromethyl)benzaldehyde	401-95-6	242.121	---	---	427.65	2	25	1.4690	1	---	1.4220	1	---	---
15795	C9H4F6O	2,4-bis(trifluoromethyl)benzaldehyde	59664-42-5	242.121	---	---	445.15	1	25	1.4800	1	---	1.4220	1	---	---
15796	C9H4F6O	2,2,2-trifluoro-3'-(trifluoromethyl)acetopher	721-37-9	242.121	---	---	427.65	2	25	1.4180	1	---	1.4150	1	---	---
15797	C9H4F6O2	2,6-bis(trifluoromethyl)benzoic acid	24821-22-5	258.121	412.15	1	---	---	25	1.5045	2	---	---	---	solid	1
15798	C9H4F6O2	2,4-bis(trifluoromethyl)benzoic acid	32890-87-2	258.121	384.15	1	---	---	25	1.5045	2	---	---	---	solid	1
15799	C9H4F6O2	3,5-bis(trifluoromethyl)benzoic acid	725-89-3	258.121	415.15	1	---	---	25	1.5045	2	---	---	---	solid	1
15800	C9H4F16O	2,2,3,3,4,4,5,5,6,6,7,7,8,8,9,9-hexadecaflu	376-18-1	432.106	329.15	1	---	---	25	1.6319	2	---	---	---	solid	1
15801	C9H4N4O4	CNQX	115066-14-3	232.156	>573.15	1	---	---	25	1.6526	2	---	---	---	solid	1
15802	C9H4O	2-nonen-4,6,8-triyn-1-al	---	128.130	---	---	443.15	1	25	1.2015	2	---	---	---	---	---
15803	C9H4O5	trimellitic anhydride	552-30-7	192.128	438.15	1	663.00	1	25	1.4881	2	---	---	---	solid	1
15804	C9H5BrF6	3,5-bis(trifluoromethyl)benzyl bromide	32247-96-4	307.034	---	---	---	---	25	1.6700	1	---	1.4450	1	---	---
15805	C9H5BrN2O2	6-bromo-5-nitroquinoline	98203-04-4	253.056	403.15	1	---	---	25	1.7439	2	---	---	---	solid	1
15806	C9H5BrN2O2	3-bromo-8-nitroquinoline	5341-07-1	253.056	---	---	---	---	25	1.7439	2	---	---	---	---	---
15807	C9H5BrN2O3	3-bromo-4-nitroquinoline-1-oxide	14173-58-1	269.055	---	---	---	---	25	1.7851	2	---	---	---	---	---
15808	C9H5Br2NO	5,7-dibromo-8-quinolinol	521-74-4	302.953	469.15	1	---	---	25	1.9533	2	---	---	---	solid	1
15809	C9H5Br5O	pentabromo(2-propenyloxy)benzene	3555-11-1	528.658	---	---	---	---	25	2.5128	2	---	---	---	---	---
15810	C9H5ClF6	3,5-bis(trifluoromethyl)benzyl chloride	75462-59-8	262.582	304.15	1	---	---	25	1.4425	2	---	---	---	solid	1
15811	C9H5ClINO	5-chloro-7-iodo-8-quinolinol	130-26-7	305.502	451.65	1	---	---	25	1.8959	2	---	---	---	solid	1
15812	C9H5ClN2O2	1-chloromethyl-2,4-diisocyanatobenzene	51979-57-8	208.604	---	---	---	---	25	1.3620	1	---	1.5960	1	---	---
15813	C9H5ClN2O3	3-chloro-4-nitroquinoline-1-oxide	14100-52-8	224.603	---	---	405.90	2	25	1.5169	2	---	---	---	---	---
15814	C9H5ClN2O3	5-chloro-4-nitroquinoline-1-oxide	14076-19-8	224.603	418.65	1	---	---	25	1.5169	2	---	---	---	solid	1
15815	C9H5ClN2O3	6-chloro-4-nitroquinoline-1-oxide	3741-12-6	224.603	467.15	1	413.65	1	25	1.5169	2	---	---	---	solid	1
15816	C9H5ClN2O3	7-chloro-4-nitroquinoline-1-oxide	14753-14-1	224.603	---	---	398.15	1	25	1.5169	2	---	---	---	---	---
15817	C9H5ClN4	carbonyl cyanide 3-chlorophenylhydrazone	555-60-2	204.619	447.65	1	---	---	25	1.4645	2	---	---	---	solid	1
15818	C9H5ClO6	2-chloro-1,3,5-benzenetricarboxylic acid	56961-24-1	244.588	558.15	1	---	---	25	1.5636	2	---	---	---	solid	1
15819	C9H5FN2O3	3-fluoro-4-nitroquinoline-1-oxide	17576-63-5	208.149	---	---	---	---	25	1.4787	2	---	---	---	---	---
15820	C9H5FN2O3	8-fluoro-4-nitroquinoline-1-oxide	19789-69-6	208.149	---	---	---	---	25	1.4787	2	---	---	---	---	---
15821	C9H5Cl2N	2,4-dichloroquinoline	703-61-7	198.051	340.65	1	554.15	1	25	1.3737	2	---	---	---	solid	1
15822	C9H5Cl2N	2,7-dichloroquinoline	613-77-4	198.051	393.15	1	554.15	2	25	1.3737	2	---	---	---	solid	1
15823	C9H5Cl2N	4,5-dichloroquinoline	21617-18-5	198.051	391.15	1	554.15	2	25	1.3737	2	---	---	---	solid	1
15824	C9H5Cl2N	4,7-dichloroquinoline	86-98-6	198.051	366.15	1	554.15	2	25	1.3737	2	---	---	---	solid	1
15825	C9H5Cl2N	5,8-dichloroquinoline	703-32-2	198.051	370.65	1	554.15	2	25	1.3737	2	---	---	---	solid	1
15826	C9H5Cl2NO	5,7-dichloro-8-quinolinol	773-76-2	214.050	452.65	1	---	---	25	1.4291	2	---	---	---	solid	1
15827	C9H5Cl3N4	anilazine	101-05-3	275.524	433.15	1	---	---	20	1.8000	1	---	---	---	solid	1
15828	C9H5F5	allylpentafluorobenzene	1736-60-3	208.131	---	---	421.60	1	25	1.3540	1	---	1.4270	1	---	---
15829	C9H5F5O2	ethyl pentafluorobenzoate	4522-93-4	240.130	---	---	386.15	1	25	1.4310	1	---	1.4280	1	---	---
15830	C9H5F13O	(2,2,3,3,4,4,5,5,6,6,7,7,7-tridecafluorohept	38565-52-5	376.119	---	---	---	---	25	1.6370	1	---	1.3810	1	---	---
15831	C9H5I2NO	5,7-diiodo-8-quinolinol	83-73-8	396.954	483.15	1	---	---	25	2.3013	2	---	---	---	solid	1
15832	C9H5N	phenylpropynenitrile	935-02-4	127.146	---	---	---	---	25	1.1581	2	---	---	---	---	---
15833	C9H5NO4	3-(2-nitrophenyl)-2-propynoic acid	530-85-8	191.143	---	---	---	---	25	1.4454	2	---	---	---	---	---
15834	C9H5NO4	6-nitrocoumarin	2725-81-7	191.143	460.15	1	---	---	25	1.4454	2	---	---	---	solid	1
15835	C9H5N3O2	ODQ	41443-28-1	187.159	438.15	1	---	---	25	1.4451	2	---	---	---	solid	1
15836	C9H5N3O5	4,6-dinitroquinoline-1-oxide	1596-52-7	235.157	---	---	---	---	25	1.6067	2	---	---	---	---	---
15837	C9H5N3O5	4,7-dinitroquinoline-1-oxide	13442-17-6	235.157	---	---	---	---	25	1.6067	2	---	---	---	---	---
15838	C9H6BrFO2	5-bromo-2-fluorocinnamic acid	---	245.048	470.15	1	---	---	25	1.6228	2	---	---	---	solid	1
15839	C9H6BrFO2	4-bromo-2-fluorocinnamic acid	149947-19-3	245.048	494.15	1	---	---	25	1.6228	2	---	---	---	solid	1
15840	C9H6BrFO2	3-bromo-4-fluorocinnamic acid	160434-49-1	245.048	463.65	1	---	---	25	1.6228	2	---	---	---	solid	1

Table 1 Physical Properties - Organic Compounds

				Mol Wt	Freezing Point		Boiling Point		Density			Refractive Index			State	
NO	FORMULA	NAME	CAS No	g/mol	T_F, K	code	T_B, K	code	T, C	g/cm3	code	T, C	n_D	code	@25C,1 atm	code
15841	C9H6BrN	4-bromoisoquinoline	1532-97-4	208.058	314.65	1	555.65	1	25	1.5511	2	---	---	---	solid	1
15842	C9H6BrN	3-bromoquinoline	5332-24-1	208.058	286.45	1	548.15	1	25	1.5511	2	20	1.6641	1	liquid	1
15843	C9H6BrN	5-bromoquinoline	4964-71-0	208.058	325.15	1	553.15	1	25	1.5511	2	---	---	---	solid	1
15844	C9H6BrN	6-bromoquinoline	5332-25-2	208.058	297.15	1	554.15	1	25	1.5511	2	---	---	---	liquid	1
15845	C9H6BrN	7-bromoquinoline	4965-36-0	208.058	307.15	1	563.15	1	25	1.5511	2	---	---	---	solid	1
15846	C9H6BrN	8-bromoquinoline	16567-18-3	208.058	---	---	554.85	2	25	1.5940	1	---	1.6720	1	---	---
15847	C9H6BrNO	5-bromo-8-quinolinol	1198-14-7	224.057	397.15	1	---	---	25	1.6032	2	---	---	---	solid	1
15848	C9H6BrNO	4-bromo-2(1H)-quinolinone	938-39-6	224.057	539.65	1	---	---	25	1.6032	2	---	---	---	solid	1
15849	C9H6BrNO2	N-(bromomethyl)phthalimide	5332-26-3	240.056	424.65	1	---	---	25	1.6514	2	---	---	---	solid	1
15850	C9H6Br2O2	cis-2,3-dibromo-3-phenyl-2-propenoic acid	708-82-7	305.953	373.15	1	---	---	25	1.9007	2	---	---	---	solid	1
15851	C9H6ClFO2	4-chloro-2-fluorocinnamic acid	---	200.596	485.65	1	---	---	25	1.3522	2	---	---	---	solid	1
15852	C9H6ClFO2	2-chloro-4-fluorocinnamic acid	133220-86-7	200.596	519.15	1	---	---	25	1.3522	2	---	---	---	solid	1
15853	C9H6ClN	1-chloroisoquinoline	19493-44-8	163.606	310.65	1	547.65	1	31	1.2492	2	---	---	---	solid	1
15854	C9H6ClN	2-chloroquinoline	612-62-4	163.606	311.15	1	539.15	1	25	1.2464	1	25	1.6342	1	solid	1
15855	C9H6ClN	4-chloroquinoline	611-35-8	163.606	307.65	1	535.15	1	25	1.2510	1	---	---	---	solid	1
15856	C9H6ClN	5-chloroquinoline	635-27-8	163.606	318.15	1	529.15	1	31	1.2492	2	---	---	---	solid	1
15857	C9H6ClN	6-chloroquinoline	612-57-7	163.606	316.95	1	536.15	1	31	1.2492	2	56	1.6110	1	solid	1
15858	C9H6ClN	7-chloroquinoline	612-61-3	163.606	304.65	1	540.65	1	58	1.2158	1	58	1.6108	1	solid	1
15859	C9H6ClN	8-chloroquinoline	611-33-6	163.606	253.15	1	561.65	1	14	1.2834	1	14	1.6408	1	liquid	1
15860	C9H6ClNO	5-chloro-8-quinolinol	130-16-5	179.606	403.15	1	---	---	25	1.3100	2	---	---	---	solid	1
15861	C9H6ClNO	2-chlorobenzoylacetonitrile	40018-25-5	179.606	329.15	1	---	---	25	1.3100	2	---	---	---	solid	1
15862	C9H6ClNO	4-chlorobenzoylacetonitrile	4640-66-8	179.606	402.15	1	---	---	25	1.3100	2	---	---	---	solid	1
15863	C9H6ClNOS2	N-(4-chlorophenyl) rhodanine	13037-55-3	243.738	---	---	---	---	25	1.4489	2	---	---	---	---	---
15864	C9H6ClNO2	5-chloroindole-2-carboxylic acid	10517-21-2	195.605	558.15	1	---	---	25	1.3706	2	---	---	---	solid	1
15865	C9H6ClNO2	N-(chloromethyl)phthalimide	17564-64-6	195.605	405.65	1	---	---	25	1.3706	2	---	---	---	solid	1
15866	C9H6ClNO3	2-nitro-3-methyl-5-chlorobenzofuran	33094-74-5	211.604	---	---	---	---	25	1.4266	2	---	---	---	---	---
15867	C9H6ClNO4	trans-4-chloro-3-nitrocinnamic acid	20797-48-2	227.604	460.65	1	---	---	25	1.4785	2	---	---	---	solid	1
15868	C9H6ClNO4	2-chloro-5-nitrocinnamic acid	36015-19-7	227.604	493.15	1	---	---	25	1.4785	2	---	---	---	solid	1
15869	C9H6ClNO4	2-(4-chloro-2-nitrophenyl)malondialdehyde	---	227.604	413.15	1	---	---	25	1.4785	2	---	---	---	solid	1
15870	C9H6ClO2	2,6-dichlorocinnamic acid	5345-89-1	181.598	468.15	1	---	---	25	1.3115	2	---	---	---	solid	1
15871	C9H6Cl2N2O	2-chloromethyl-5-(4-chlorophenyl)-1,2,4-ox	24068-15-3	229.065	354.15	1	---	---	25	1.4449	2	---	---	---	solid	1
15872	C9H6Cl2N2O2	6,7-dichloro-4-(hydroxyamino)quinoline-1-(	13442-13-2	245.064	---	---	---	---	25	1.4929	2	---	---	---	---	---
15873	C9H6Cl2N2O3	methazole	20354-26-1	261.064	396.15	1	---	---	25	1.2400	1	---	---	---	solid	1
15874	C9H6Cl2O2	trans-2,4-dichlorocinnamic acid	1201-99-6	217.050	508.15	1	---	---	25	1.3944	2	---	---	---	solid	1
15875	C9H6Cl6O	1,3,3a,4,7,7a-hexahydro-4,5,6,7,8,8-hexac	3369-52-6	342.861	---	---	---	---	25	1.5669	2	---	---	---	---	---
15876	C9H6Cl6O2	1,3,3a,4,7,7a-hexahydro-4,5,6,7,8,8-hexac	1021-19-8	358.860	---	---	---	---	25	1.5990	2	---	---	---	---	---
15877	C9H6Cl6O3S	endosulfan	115-29-7	406.926	379.15	1	---	---	20	1.7450	1	---	---	---	solid	1
15878	C9H6Cl6O3S	endosulfan 2	33213-65-9	406.926	---	---	---	---	25	1.6568	2	---	---	---	---	---
15879	C9H6Cl6O4S	endosulfan sulfate	1031-07-8	422.925	420.86	1	---	---	25	1.6835	2	---	---	---	solid	1
15880	C9H6Cl8	1,2,3,4,7,7-hexachloro-5,6-bis(chloromethy	2550-75-6	397.767	378.15	1	---	---	25	1.6066	2	---	---	---	solid	1
15881	C9H6CrO3	benzene chromium tricarbonyl	12082-08-5	214.141	437.65	1	---	---	---	---	---	---	---	---	solid	1
15882	C9H6FNO2	5-fluoroindole-2-carboxylic acid	399-76-8	179.151	529.15	1	---	---	25	1.3231	2	---	---	---	solid	1
15883	C9H6F2O2	trans-2,6-difluorocinnamic acid	102082-89-3	184.142	393.15	1	---	---	25	1.3056	2	---	---	---	solid	1
15884	C9H6F2O2	trans-3,4-difluorocinnamic acid	112897-97-9	184.142	468.65	1	---	---	25	1.3056	2	---	---	---	solid	1
15885	C9H6F2O2	trans-2,5-difluorocinnamic acid	112898-33-6	184.142	412.15	1	---	---	25	1.3056	2	---	---	---	solid	1
15886	C9H6F2O2	3,5-difluorocinnamic acid	84315-23-1	184.142	477.65	1	---	---	25	1.3056	2	---	---	---	solid	1
15887	C9H6F2O2	trans-2,4-difluorocinnamic acid	94977-52-3	184.142	490.15	1	---	---	25	1.3056	2	---	---	---	solid	1
15888	C9H6F3N	4-(trifluoromethyl)phenylacetonitrile	2338-75-2	185.149	319.15	1	---	---	25	1.2863	2	---	---	---	solid	1
15889	C9H6F3N	3-(trifluoromethyl)phenylacetonitrile	2338-76-3	185.149	---	---	---	---	25	1.1840	1	---	1.4560	1	---	---
15890	C9H6F3N	2-(trifluoromethyl)phenylacetonitrile	3038-47-9	185.149	305.65	1	---	---	25	1.2863	2	---	---	---	solid	1
15891	C9H6F6O	3,5-bis(trifluoromethyl)benzyl alcohol	32707-89-4	244.137	327.15	1	434.05	2	25	1.3954	2	---	---	---	solid	1
15892	C9H6F6O	1,1,1,3,3,3-hexafluoro-2-phenyl-2-propano	718-64-9	244.137	---	---	434.05	1	25	1.4500	1	---	1.4150	1	---	---
15893	C9H6IN	4-iodoquinoline	16560-43-3	255.058	371.65	1	---	---	25	1.7856	2	---	---	---	solid	1
15894	C9H6IN	6-iodoquinoline	13327-31-6	255.058	364.15	1	---	---	25	1.7856	2	---	---	---	solid	1
15895	C9H6INO4S	8-hydroxy-7-iodo-5-quinolinesulfonic acid	547-91-1	351.122	533.15	dec	---	---	25	1.9414	2	---	---	---	solid	1
15896	C9H6I3NO3	3-acetamido-2,4,6-triiodobenzoic acid	85-36-9	556.865	---	---	---	---	25	2.5688	2	---	---	---	---	---
15897	C9H6N2	phenylpropanedinitrile	3041-40-5	142.161	343.65	1	---	---	25	1.1993	2	---	---	---	solid	1
15898	C9H6N2	5-cyanoindole	15861-24-2	142.161	380.65	1	---	---	25	1.1993	2	---	---	---	solid	1
15899	C9H6N2	3-cyanoindole	5457-28-3	142.161	452.15	1	---	---	25	1.1993	2	---	---	---	solid	1
15900	C9H6N2	2,6-dicyanotoluene	2317-22-8	142.161	409.15	1	---	---	25	1.1993	2	---	---	---	solid	1
15901	C9H6N2	4-methylphthalonitrile	63089-50-9	142.161	392.65	1	---	---	25	1.1993	2	---	---	---	solid	1
15902	C9H6N2OS	2-cyano-6-methoxybenzothiazole	943-03-3	190.226	402.65	1	---	---	25	1.3615	2	---	---	---	solid	1
15903	C9H6N2O2	toluene diisocyanate	584-84-9	174.159	287.04	1	524.15	1	25	1.2200	1	25	1.5651	1	liquid	1
15904	C9H6N2O2	5-nitroisoquinoline	607-32-9	174.159	383.15	1	523.65	2	25	1.2190	2	---	---	---	solid	1
15905	C9H6N2O2	5-nitroquinoline	607-34-1	174.159	347.15	1	523.65	2	25	1.2190	2	---	---	---	solid	1
15906	C9H6N2O2	6-nitroquinoline	613-50-3	174.159	426.65	1	523.65	2	25	1.2190	2	---	---	---	solid	1
15907	C9H6N2O2	7-nitroquinoline	613-51-4	174.159	405.65	1	523.65	2	25	1.2190	2	---	---	---	solid	1
15908	C9H6N2O2	toluene-2,6-diisocyanate	91-08-7	174.159	291.45	1	522.00	2	25	1.2190	2	---	---	---	liquid	2
15909	C9H6N2O2	diisocyanatomethylbenzene	1321-38-6	174.159	293.15	1	524.15	1	25	1.2190	2	---	---	---	liquid	1
15910	C9H6N2O2	8-nitroquinoline	607-35-2	174.159	361.15	1	523.65	2	25	1.2190	2	---	---	---	solid	1
15911	C9H6N2O2	5-nitroso-8-quinolinol	3565-26-2	174.159	518.15	1	523.65	2	25	1.2190	2	---	---	---	solid	1
15912	C9H6N2O2	tolylene 2,5-diisocyanate	614-90-4	174.159	310.15	1	523.65	2	25	1.2190	2	---	---	---	solid	1
15913	C9H6N2O2	a,4-tolylene diisocyanate	99741-73-8	174.159	---	---	523.65	2	25	1.2180	1	---	1.5570	1	---	---
15914	C9H6N2O2	2-nitroquinoline	18714-34-6	174.159	398.15	1	523.65	2	25	1.2190	2	---	---	---	solid	1
15915	C9H6N2O2	4-nitrosoquinoline-1-oxide	1130-69-4	174.159	---	---	523.65	2	25	1.2190	2	---	---	---	---	---
15916	C9H6N2O2S	4-(4-nitrophenyl)thiazole	3704-42-5	206.225	---	---	---	---	25	1.4190	2	---	---	---	---	---
15917	C9H6N2O3	4-nitroquinoline 1-oxide	56-57-5	190.159	427.15	1	---	---	25	1.4046	2	---	---	---	solid	1
15918	C9H6N2O3	5-nitro-8-quinolinol	4008-48-4	190.159	453.15	1	---	---	25	1.4046	2	---	---	---	solid	1
15919	C9H6N2O3	3-hydroxy-2-quinoxalinecarboxylic acid	1204-75-7	190.159	540.65	1	---	---	25	1.4046	2	---	---	---	solid	1
15920	C9H6N2O4	7-nitroindole-2-carboxylic acid	6960-45-8	206.158	535.15	1	---	---	25	1.4621	2	---	---	---	solid	1

Table 1 Physical Properties - Organic Compounds

				Mol Wt	Freezing Point		Boiling Point		Density			Refractive Index			State	
NO	FORMULA	NAME	CAS No	g/mol	T_F, K	code	T_B, K	code	T, C	g/cm3	code	T, C	n_D	code	@25C,1 atm	code
15921	C9H6N2S3	busan 72A	21564-17-0	238.359	---	---	---	---	25	1.4426	2	---	---	---	---	---
15922	C9H6O	3-phenyl-2-propynal	2579-22-8	130.146	---	---	---	---	20	1.0622	1	12	1.6079	1	---	---
15923	C9H6OS	thianaphthene-3-carboxaldehyde	5381-20-4	162.212	328.15	1	---	---	25	1.2362	2	---	---	---	solid	1
15924	C9H6OS2	di-2-thienylmethanone	704-38-1	194.278	363.15	1	599.15	1	25	1.3236	2	---	---	---	solid	1
15925	C9H6O2	1H-2-benzopyran-1-one	491-31-6	146.145	320.15	1	559.15	1	22	1.2003	2	---	---	---	solid	1
15926	C9H6O2	2H-1-benzopyran-2-one	91-64-5	146.145	344.15	1	574.85	1	20	0.9350	1	---	---	---	solid	1
15927	C9H6O2	4H-1-benzopyran-4-one	491-38-3	146.145	332.15	1	567.00	2	20	1.2900	1	---	---	---	solid	1
15928	C9H6O2	1H-indene-1,3(2H)-dione	606-23-5	146.145	404.65	dec	567.00	2	21	1.3700	1	---	---	---	solid	1
15929	C9H6O2	2-benzofurancarboxaldehyde	4265-16-1	146.145	---	---	567.00	2	25	1.2060	1	---	1.6330	1	---	---
15930	C9H6O2	phenylpropiolic acid	637-44-5	146.145	410.65	1	567.00	2	22	1.2003	2	---	---	---	solid	1
15931	C9H6O2S	benzo[b]thiophene-2-carboxylic acid	6314-28-9	178.211	513.65	1	---	---	25	1.3024	2	---	---	---	solid	1
15932	C9H6O2Te	benzo[b]tellurophene-2-carboxylic acid	---	273.745	483.15	1	---	---	---	---	---	---	---	---	solid	1
15933	C9H6O3	2-benzofurancarboxylic acid	496-41-3	162.145	465.65	1	585.65	1	25	1.2778	2	---	---	---	solid	1
15934	C9H6O3	6-hydroxy-2H-1-benzopyran-2-one	6093-68-1	162.145	523.15	1	576.90	2	25	1.2500	1	---	---	---	solid	1
15935	C9H6O3	7-hydroxy-2H-1-benzopyran-2-one	93-35-6	162.145	503.65	1	576.90	2	25	1.2778	2	---	---	---	solid	1
15936	C9H6O3	2-oxo-2H-1-benzopyran-3-carboxylic acid	531-81-7	162.145	463.15	dec	576.90	2	25	1.2778	2	---	---	---	solid	1
15937	C9H6O3	homophthalic anhydride	703-59-3	162.145	415.15	1	576.90	2	25	1.2778	2	---	---	---	solid	1
15938	C9H6O3	4-hydroxycoumarin	1076-38-6	162.145	>483.15	1	576.90	2	25	1.2778	2	---	---	---	solid	1
15939	C9H6O3	4-methylphthalic anhydride	19438-61-0	162.145	363.15	1	568.15	1	25	1.2778	2	---	---	---	solid	1
15940	C9H6O3	3-methylphthalic anhydride	4792-30-7	162.145	389.15	1	576.90	2	25	1.2778	2	---	---	---	solid	1
15941	C9H6O3NClS	benazolin	3813-05-6	243.670	466.15	1	---	---	25	1.4868	2	---	---	---	solid	1
15942	C9H6O4	6,7-dihydroxy-2H-1-benzopyran-2-one	305-01-1	178.144	549.15	1	---	---	25	1.3444	2	---	---	---	solid	1
15943	C9H6O4	7,8-dihydroxy-2H-1-benzopyran-2-one	486-35-1	178.144	535.15	1	---	---	25	1.3444	2	---	---	---	solid	1
15944	C9H6O4	2,2-dihydroxy-1H-indene-1,3(2H)-dione	485-47-2	178.144	515.15	dec	---	---	25	1.3444	2	---	---	---	solid	1
15945	C9H6O6	1,2,3-benzenetricarboxylic acid	569-51-7	210.143	473.15	1	---	---	20	1.5460	1	---	---	---	solid	1
15946	C9H6O6	1,2,4-benzenetricarboxylic acid	528-44-9	210.143	511.15	1	675.00	2	25	1.4620	2	---	---	---	solid	1
15947	C9H6O6	1,3,5-benzenetricarboxylic acid	554-95-0	210.143	653.15	1	---	---	25	1.4620	2	---	---	---	solid	1
15948	C9H6S3	5-phenyl-3H-1,2-dithiole-3-thione	3445-76-9	210.345	---	---	---	---	25	1.3421	2	---	---	---	---	---
15949	C9H7BrN2	6-amino-3-bromoquinoline	7101-96-4	223.073	379.15	1	---	---	25	1.5611	2	---	---	---	solid	1
15950	C9H7BrN2	3-bromo-4-quinolinamine	36825-36-2	223.073	476.15	1	---	---	25	1.5611	2	---	---	---	solid	1
15951	C9H7BrO	3-bromo-3-phenyl-2-propenal	14804-59-2	211.058	---	---	---	---	20	1.4920	1	---	---	---	---	---
15952	C9H7BrO	a-bromocinnamaldehyde	5443-49-2	211.058	343.15	1	---	---	25	1.5074	2	---	---	---	solid	1
15953	C9H7BrO	2-bromo-1-indanone	1775-27-5	211.058	311.65	1	---	---	25	1.5074	2	---	---	---	solid	1
15954	C9H7BrO	5-bromo-1-indanone	34598-49-7	211.058	401.15	1	---	---	25	1.5074	2	---	---	---	solid	1
15955	C9H7BrO2	4-bromocinnamic acid	50663-21-3	227.057	536.15	1	---	---	25	1.5592	2	---	---	---	solid	1
15956	C9H7BrO2	3-bromocinnamic acid, predominantly trans	32862-97-8	227.057	453.15	1	---	---	25	1.5592	2	---	---	---	solid	1
15957	C9H7BrO4	2-(acetyloxy)-5-bromobenzoic acid	1503-53-3	259.056	333.15	1	---	---	25	1.6515	2	---	---	---	solid	1
15958	C9H7ClN2	3-(4-chlorophenyl)pyrazole	59843-58-2	178.621	374.65	1	---	---	25	1.2737	2	---	---	---	solid	1
15959	C9H7ClN2O	2-methyl-6-chloro-4-quinazolinone	7142-09-8	194.620	---	---	---	---	25	1.3344	2	---	---	---	---	---
15960	C9H7ClN2O2	5-chloro-4-(hydroxyamino)quinoline-1-oxid	13442-11-0	210.620	---	---	---	---	25	1.3905	2	---	---	---	---	---
15961	C9H7ClN2O2	6-chloro-4-(hydroxyamino)quinoline-1-oxid	14076-05-2	210.620	---	---	---	---	25	1.3905	2	---	---	---	---	---
15962	C9H7ClN2O2	7-chloro-4-(hydroxyamino)quinoline-1-oxid	13442-12-1	210.620	---	---	---	---	25	1.3905	2	---	---	---	---	---
15963	C9H7ClN2O2S2	5-((p-chlorophenyl)sulfonyl)-3-methyl-1,2,4	20064-40-8	274.752	---	---	---	---	25	1.5047	2	---	---	---	---	---
15964	C9H7ClO	3-phenyl-2-propenoyl chloride	102-92-1	166.606	309.15	1	530.15	1	45	1.1617	1	42	1.6140	1	solid	1
15965	C9H7ClO	trans-3-phenyl-2-propenoyl chloride	17082-09-6	166.606	310.65	1	530.65	1	45	1.1617	1	42	1.6140	1	solid	1
15966	C9H7ClO	a-chlorocinnamaldehyde	18365-42-9	166.606	299.65	1	405.65	1	45	1.1617	2	---	1.6400	1	solid	1
15967	C9H7ClO	5-chloro-1-indanone	42348-86-7	166.606	368.65	1	488.82	2	45	1.1617	2	---	---	---	solid	1
15968	C9H7ClO2	trans-o-chlorocinnamic acid	939-58-2	182.606	485.15	1	---	---	25	1.2772	2	---	---	---	solid	1
15969	C9H7ClO2	trans-m-chlorocinnamic acid	14473-90-6	182.606	438.15	1	---	---	25	1.2772	2	---	---	---	solid	1
15970	C9H7ClO2	trans-p-chlorocinnamic acid	940-62-5	182.606	522.65	1	---	---	25	1.2772	2	---	---	---	solid	1
15971	C9H7ClO2	4-chlorocinnamic acid, predominantly trans	1615-02-7	182.606	521.15	1	---	---	25	1.2772	2	---	---	---	solid	1
15972	C9H7ClO2	2-chlorocinnamic acid, predominantly trans	3752-25-8	182.606	483.65	1	---	---	25	1.2772	2	---	---	---	solid	1
15973	C9H7ClO2	2-(4-chlorophenyl)malondialdehyde	---	182.606	414.65	1	---	---	25	1.2772	2	---	---	---	solid	1
15974	C9H7ClO3	o-acetylsalicyloyl chloride	5538-51-2	198.605	323.15	1	494.15	2	25	1.3366	2	---	1.5360	1	solid	1
15975	C9H7ClO3	(R)-(-)-O-formylmandeloyl chloride	29169-64-0	198.605	---	---	494.15	1	25	1.2750	1	---	1.5230	1	---	---
15976	C9H7ClO3	methyl 4-chlorocarbonylbenzoate	7377-26-6	198.605	329.15	1	494.15	2	25	1.3366	2	---	---	---	solid	1
15977	C9H7Cl3O3	silvex	93-72-1	269.510	454.75	1	---	---	25	1.4730	2	---	---	---	solid	1
15978	C9H7Cl3O3	2,4,5-T methyl ester	1928-37-6	269.510	363.23	1	---	---	25	1.4730	2	---	---	---	solid	1
15979	C9H7Cl3Ti	trichloro(indenyl)titanium(iv)	84365-55-9	269.379	435.15	1	---	---	---	---	---	---	---	---	solid	1
15980	C9H7Cl5N2O	chloraniformethane	20856-57-9	336.430	---	---	---	---	25	1.5676	2	---	---	---	---	---
15981	C9H7Cl5O	pentachlorophenyl propyl ether	36518-74-8	308.416	---	---	---	---	25	1.4963	2	---	---	---	---	---
15982	C9H7FO	5-fluoro-1-indanone	700-84-5	150.152	310.65	1	386.65	1	25	1.2160	1	---	---	---	solid	1
15983	C9H7FO2	2-fluoro-3-phenyl-2-propenoic acid	350-90-3	166.152	430.75	1	563.15	1	25	1.2247	2	---	---	---	solid	1
15984	C9H7FO2	6-fluoro-4-chromanone	66892-34-0	166.152	388.15	1	563.15	2	25	1.2247	2	---	---	---	solid	1
15985	C9H7FO2	trans-3-fluorocinnamic acid	20595-30-6	166.152	439.15	1	563.15	2	25	1.2247	2	---	---	---	solid	1
15986	C9H7FO2	2-fluorocinnamic acid	451-69-4	166.152	454.15	1	563.15	2	25	1.2247	2	---	---	---	solid	1
15987	C9H7FO2	3-fluorocinnamic acid	458-46-8	166.152	439.15	1	563.15	2	25	1.2247	2	---	---	---	solid	1
15988	C9H7FO2	4-fluorocinnamic acid	459-32-5	166.152	481.65	1	563.15	2	25	1.2247	2	---	---	---	solid	1
15989	C9H7FO4	o-(fluoroacetyl)salicylic acid	364-71-6	198.151	---	---	---	---	25	1.3489	2	---	---	---	---	---
15990	C9H7F3	a-(trifluoromethyl)styrene	384-64-5	172.150	---	---	412.15	1	25	1.1640	1	---	1.4600	1	---	---
15991	C9H7F3	2-(trifluoromethyl)styrene	395-45-9	172.150	---	---	412.15	2	25	1.1750	1	---	1.4700	1	---	---
15992	C9H7F3	3-(trifluoromethyl)styrene	402-24-4	172.150	---	---	412.15	2	25	1.1610	1	---	1.4650	1	---	---
15993	C9H7F3	4-(trifluoromethyl)styrene	402-50-6	172.150	---	---	412.15	2	25	1.1650	1	---	1.4660	1	---	---
15994	C9H7F3O	2'-(trifluoromethyl)acetophenone	17408-14-9	188.149	---	---	436.15	1	25	1.2530	1	---	1.4580	1	---	---
15995	C9H7F3O	3'-(trifluoromethyl)acetophenone	349-76-8	188.149	---	---	472.10	1	25	1.2350	1	---	1.4610	1	---	---
15996	C9H7F3O	4'-(trifluoromethyl)acetophenone	709-63-7	188.149	304.65	1	454.13	2	25	1.2360	2	---	---	---	solid	1
15997	C9H7F3O	1,1,1-trifluoro-3-phenyl-2-propanone	350-92-5	188.149	---	---	454.13	2	25	1.2200	1	---	1.4440	1	---	---
15998	C9H7F3O2	methyl 3-(trifluoromethyl)benzoate	2557-13-3	204.149	---	---	476.15	2	25	1.2950	1	---	1.4530	1	---	---
15999	C9H7F3O2	methyl 4-(trifluoromethyl)benzoate	2967-66-0	204.149	286.65	1	476.15	2	25	1.2680	1	---	1.4510	1	liquid	2
16000	C9H7F3O2	3'-(trifluoromethoxy)acetophenone	170141-63-6	204.149	---	---	476.15	1	25	1.2850	1	---	1.4520	1	---	---

Table 1 Physical Properties - Organic Compounds

				Mol Wt	Freezing Point		Boiling Point		Density			Refractive Index			State	
NO	FORMULA	NAME	CAS No	g/mol	T_F, K	code	T_B, K	code	T, C	g/cm3	code	T, C	n_D	code	@25C,1 atm	code
16001	C9H7F3O2	4'-(trifluoromethoxy)acetophenone	85013-98-5	204.149	---	---	476.15	2	25	1.2780	1	---	1.4550	1	---	---
16002	C9H7F3O2	(a,a,a-trifluoro-o-tolyl)acetic acid	3038-48-0	204.149	374.15	1	476.15	2	25	1.2815	2	---	---	---	solid	1
16003	C9H7F3O2	(a,a,a-trifluoro-p-tolyl)acetic acid	32857-62-8	204.149	356.15	1	476.15	2	25	1.2815	2	---	---	---	solid	1
16004	C9H7F3O3	4-(trifluoromethyl)mandelic acid	395-35-7	220.148	410.65	1	---	---	25	1.3670	2	---	---	---	solid	1
16005	C9H7F3O4S	4-acetylphenyl trifluoromethanesulfonate	109613-00-5	268.214	---	---	---	---	25	1.4180	1	---	1.4700	1	---	---
16006	C9H7F6N	3,5-bis(trifluoromethyl)benzylamine	85068-29-7	243.153	323.65	1	---	---	25	1.3653	2	---	---	---	solid	1
16007	C9H7I	1-iodo-3-phenyl-2-propyne	---	242.059	---	---	---	---	25	1.6916	2	---	---	---	---	---
16008	C9H7I3N2O3	3-acetamido-5-amino-2,4,6-triiodobenzoic	1713-07-1	571.880	---	---	504.15	1	25	2.5357	2	---	---	---	---	---
16009	C9H7MnO3	2-methylcyclopentadienyl manganese trica	12108-13-3	218.091	---	---	---	---	---	---	---	---	---	---	---	---
16010	C9H7N	isoquinoline	119-65-3	129.162	299.62	1	516.37	1	30	1.0910	1	30	1.6208	1	solid	1
16011	C9H7N	quinoline	91-22-5	129.162	258.37	1	510.31	1	25	1.0900	1	25	1.6248	1	liquid	1
16012	C9H7N	cis-3-phenyl-2-propenenitrile	24840-05-9	129.162	268.75	1	522.15	1	20	1.0289	1	20	1.5843	1	liquid	1
16013	C9H7N	trans-3-phenyl-2-propenenitrile	1885-38-7	129.162	295.15	1	536.95	1	20	1.0304	1	20	1.6013	1	liquid	1
16014	C9H7N	1-benzocyclobutenecarbonitrile	6809-91-2	129.162	---	---	521.56	2	25	1.0550	1	---	1.5480	1	---	---
16015	C9H7N	4-cyanostyrene	5338-96-5	129.162	---	---	521.56	2	24	1.0591	2	---	---	---	---	---
16016	C9H7N	4-cyanostyrene, stabilized	3435-51-6	129.162	---	---	521.56	2	24	1.0591	2	---	1.5775	1	---	---
16017	C9H7N	cinnamonitrile	4360-47-8	129.162	---	---	521.56	2	24	1.0591	2	---	---	---	---	---
16018	C9H7NO	8-hydroxyquinoline	148-24-3	145.161	346.00	1	540.00	1	20	1.0340	1	---	---	---	solid	1
16019	C9H7NO	7-isoquinolinol	7651-83-4	145.161	503.15	1	586.58	2	25	1.1668	2	---	---	---	solid	1
16020	C9H7NO	beta-oxobenzenepropanenitrile	614-16-4	145.161	353.65	1	586.58	2	25	1.1668	2	---	---	---	solid	1
16021	C9H7NO	2-hydroxyquinoline	59-31-4	145.161	472.65	1	586.58	2	25	1.1668	2	---	---	---	solid	1
16022	C9H7NO	3-quinolinol	580-18-7	145.161	474.45	1	586.58	2	25	1.1668	2	---	---	---	solid	1
16023	C9H7NO	5-quinolinol	578-67-6	145.161	499.15	dec	586.58	2	25	1.1668	2	---	---	---	solid	1
16024	C9H7NO	6-quinolinol	580-16-5	145.161	468.15	1	633.15	1	25	1.1668	2	---	---	---	solid	1
16025	C9H7NO	7-quinolinol	580-20-1	145.161	512.15	1	586.58	2	25	1.1668	2	---	---	---	solid	1
16026	C9H7NO	4-acetylbenzonitrile	1443-80-7	145.161	329.65	1	586.58	2	25	1.1668	2	---	---	---	solid	1
16027	C9H7NO	3-acetylbenzonitrile	6136-68-1	145.161	368.65	1	586.58	2	25	1.1668	2	---	---	---	solid	1
16028	C9H7NO	2-acetylbenzonitrile	91054-33-0	145.161	---	---	586.58	2	25	1.1668	2	---	---	---	---	---
16029	C9H7NO	5-hydroxyisoquinoline	2439-04-5	145.161	---	---	586.58	2	25	1.1668	2	---	---	---	---	---
16030	C9H7NO	4-hydroxyquinoline	611-36-9	145.161	477.15	1	586.58	2	25	1.1668	2	---	---	---	solid	1
16031	C9H7NO	indole-3-carboxaldehyde	487-89-8	145.161	468.65	1	586.58	2	25	1.1668	2	---	---	---	solid	1
16032	C9H7NO	isoquinoline-N-oxide	1532-72-5	145.161	379.65	1	586.58	2	25	1.1668	2	---	---	---	solid	1
16033	C9H7NO	5-phenyloxazole	1006-68-4	145.161	311.65	1	586.58	2	25	1.1668	2	---	---	---	solid	1
16034	C9H7NO	quinoline-7,8-oxide	130536-39-9	145.161	---	---	586.58	2	25	1.1668	2	---	---	---	---	---
16035	C9H7NOS2	3-phenylrhodanine	1457-46-1	209.293	---	---	---	---	25	1.3456	2	---	---	---	---	---
16036	C9H7NO2	2-methyl-1H-isoindole-1,3(2H)-dione	550-44-7	161.160	407.15	1	559.15	1	25	1.1330	2	---	---	---	solid	1
16037	C9H7NO2	2-acetoxybenzonitrile	5715-02-6	161.160	---	---	526.15	1	25	1.1200	1	---	---	---	---	---
16038	C9H7NO2	3-acetylphenyl isocyanate	23138-64-9	161.160	306.65	1	500.15	2	25	1.1740	1	---	1.5630	1	solid	1
16039	C9H7NO2	4-acetylphenyl isocyanate	49647-20-3	161.160	309.15	1	500.15	2	25	1.1330	2	---	---	---	solid	1
16040	C9H7NO2	benzyl cyanoformate	5532-86-5	161.160	---	---	500.15	2	25	1.1050	1	---	1.5050	1	---	---
16041	C9H7NO2	8-hydroxyquinoline-N-oxide	1127-45-3	161.160	411.65	1	500.15	2	25	1.1330	2	---	---	---	solid	1
16042	C9H7NO2	indole-2-carboxylic acid	1477-50-5	161.160	480.15	1	500.15	2	25	1.1330	2	---	---	---	solid	1
16043	C9H7NO2	indole-5-carboxylic acid	1670-81-1	161.160	482.65	1	500.15	2	25	1.1330	2	---	---	---	solid	1
16044	C9H7NO2	indole-6-carboxylic acid	1670-82-2	161.160	524.15	1	---	---	25	1.1330	2	---	---	---	solid	1
16045	C9H7NO2	indole-3-carboxylic acid	771-50-6	161.160	506.15	1	---	---	25	1.1330	2	---	---	---	solid	1
16046	C9H7NO2	1,5-isoquinolinediol	5154-02-9	161.160	545.65	1	---	---	25	1.1330	2	---	---	---	solid	1
16047	C9H7NO2	methyl 4-cyanobenzoate	1129-35-7	161.160	340.15	1	415.15	1	25	1.1330	2	---	---	---	solid	1
16048	C9H7NO2	1-methylisatin	2058-74-4	161.160	404.15	1	500.15	2	25	1.1330	2	---	---	---	solid	1
16049	C9H7NO2	3-phenyl-5-isoxazolone	1076-59-1	161.160	425.15	1	500.15	2	25	1.1330	2	---	---	---	solid	1
16050	C9H7NO2	2,4-quinolinediol	86-95-3	161.160	>573.15	1	500.15	2	25	1.1330	2	---	---	---	solid	1
16051	C9H7NO2	trans-quinoline-5,6,7,8-dioxide	142129-81-5	161.160	---	---	500.15	2	25	1.1330	2	---	---	---	---	---
16052	C9H7NO2S	methyl 2-isothiocyanatobenzoate	16024-82-1	193.226	---	---	---	---	25	1.2500	1	---	1.5364	1	---	---
16053	C9H7NO2S2	2-carboxymethylthiobenzothiazole	6295-57-4	225.292	---	---	---	---	25	1.3980	2	---	---	---	---	---
16054	C9H7NO3	o-cyanophenoxyacetic acid	6574-95-4	177.160	---	---	---	---	25	1.3061	2	---	---	---	---	---
16055	C9H7NO3	m-cyanophenoxyacetic acid	1879-58-9	177.160	---	---	---	---	25	1.3061	2	---	---	---	---	---
16056	C9H7NO3	p-cyanophenoxyacetic acid	1878-82-6	177.160	---	---	---	---	25	1.3061	2	---	---	---	---	---
16057	C9H7NO3	3-carbomethoxyphenyl isocyanate	41221-47-0	177.160	---	---	---	---	25	1.3061	2	---	---	---	---	---
16058	C9H7NO3	5-hydroxy-2-indolecarboxylic acid	21598-06-1	177.160	522.15	1	---	---	25	1.3061	2	---	---	---	solid	1
16059	C9H7NO3	N-(hydroxymethyl)phthalimide	118-29-6	177.160	415.65	1	---	---	25	1.3061	2	---	---	---	solid	1
16060	C9H7NO3	N-methylisatoic anhydride	10328-92-4	177.160	438.15	1	---	---	25	1.3061	2	---	---	---	solid	1
16061	C9H7NO3	methyl 2-isocyanatobenzoate	1793-07-3	177.160	320.15	1	---	---	25	1.3061	2	---	---	---	solid	1
16062	C9H7NO3	o-nitrocinnamaldehyde	1466-88-2	177.160	398.65	1	---	---	25	1.3061	2	---	---	---	solid	1
16063	C9H7NO3	4-nitrocinnamaldehyde	1734-79-8	177.160	414.15	1	---	---	25	1.3061	2	---	---	---	solid	1
16064	C9H7NO3S	5-isoquinolinesulfonic acid	27655-40-9	209.226	>573.15	1	---	---	25	1.3837	2	---	---	---	solid	1
16065	C9H7NO4	trans-3-(2-nitrophenyl)-2-propenoic acid	1013-96-3	193.159	517.45	1	---	---	25	1.3674	2	---	---	---	solid	1
16066	C9H7NO4	2-(2-hydroxycarbonyl-6-pyridyl)malondiald	---	193.159	---	---	---	---	25	1.3674	2	---	---	---	---	---
16067	C9H7NO4	2-(3-hydroxycarbonyl-6-pyridyl)malondiald	---	193.159	---	---	---	---	25	1.3674	2	---	---	---	---	---
16068	C9H7NO4	m-nitrocinnamic acid, predominantly trans	555-68-0	193.159	477.65	1	---	---	25	1.3674	2	---	---	---	solid	1
16069	C9H7NO4	o-nitrocinnamic acid, predominantly trans	612-41-9	193.159	517.65	1	---	---	25	1.3674	2	---	---	---	solid	1
16070	C9H7NO4	p-nitrocinnamic acid, predominantly trans	619-89-6	193.159	562.15	1	---	---	25	1.3674	2	---	---	---	solid	1
16071	C9H7NO4	2-(2-nitrophenyl)malondialdehyde	53868-44-3	193.159	393.65	1	---	---	25	1.3674	2	---	---	---	solid	1
16072	C9H7NO4	5-methoxy-2-nitrobenzofuran	30335-72-9	193.159	---	---	---	---	25	1.3674	2	---	---	---	---	---
16073	C9H7NO4	3,4-methylenedioxy-b-nitrostyrene	1485-00-3	193.159	---	---	---	---	25	1.3674	2	---	---	---	---	---
16074	C9H7NO4S	8-hydroxy-5-quinolinesulfonic acid	84-88-8	225.225	595.65	1	---	---	25	1.4362	2	---	---	---	solid	1
16075	C9H7NO6	mono-methyl 5-nitroisophthalate	1955-46-0	225.158	456.15	1	---	---	25	1.4765	2	---	---	---	solid	1
16076	C9H7NS	2-quinolinethiol	2637-37-8	161.228	---	---	---	---	25	1.2000	2	---	---	---	---	---
16077	C9H7N3	2-(cyanomethyl)benzimidazole	4414-88-4	157.176	485.65	1	---	---	25	1.2348	2	---	---	---	solid	1
16078	C9H7N3O2	5-amino-6-nitroquinoline	35975-00-9	189.174	545.65	1	---	---	25	1.3656	2	---	---	---	solid	1
16079	C9H7N3O2S	2-amino-4-(p-nitrophenyl)thiazole	2104-09-8	221.240	---	---	504.15	1	25	1.4358	2	---	---	---	---	---
16080	C9H7N3O3S	2-amino-4-(2-(5-nitro-2-furyl)vinyl)thiazole	16239-84-2	237.240	---	---	---	---	25	1.4855	2	---	---	---	---	---

Table 1 Physical Properties - Organic Compounds

NO	FORMULA	NAME	CAS No	Mol Wt g/mol	Freezing Point T_F, K	code	Boiling Point T_B, K	code	Density T, C	g/cm3	code	Refractive Index T, C	n_D	code	State @25C,1 atm	code
16081	C9H7N3O4	5-((1-methyl-5-nitro-1H-imidazol-2-yl)meth	123533-90-4	221.173	---	---	---	---	25	1.4769	2	---	---	---	---	---
16082	C9H7N3O4	4-(hydroxyamino)-6-nitroquinoline-1-oxide	13442-15-4	221.173	---	---	---	---	25	1.4769	2	---	---	---	---	---
16083	C9H7N3O4	4-(hydroxyamino)-7-nitroquinoline-1-oxide	13442-16-5	221.173	---	---	---	---	25	1.4769	2	---	---	---	---	---
16084	C9H7N3O4S	2-acetamido-4-(5-nitro-2-furyl)thiazole	531-82-8	253.239	---	---	---	---	25	1.5318	2	---	---	---	---	---
16085	C9H7N3O4S2	2-amino-5-(4-nitrophenylsulfonyl)-thiazole	39565-05-4	285.305	497.15	1	---	---	25	1.5773	2	---	---	---	solid	1
16086	C9H7N3S	tricyclazole	41814-78-2	189.242	460.15	1	---	---	25	1.3247	2	---	---	---	solid	1
16087	C9H7N5O3	furalazin	556-12-7	233.188	543.15	dec	---	---	25	1.5278	2	---	---	---	solid	1
16088	C9H7N5O4	sodium nitrite and carbendazime (1:1)	---	249.187	---	---	---	---	25	1.5746	2	---	---	---	---	---
16089	C9H7N7O2S	azathioprine	446-86-6	277.268	516.65	dec	---	---	25	1.6207	2	---	---	---	solid	1
16090	C9H8	indene	95-13-6	116.163	271.70	1	455.77	1	25	0.9940	1	25	1.5740	1	liquid	1
16091	C9H8	1-propynylbenzene	673-32-5	116.163	---	---	456.15	1	15	0.9420	1	15	1.5630	1	---	---
16092	C9H8	4-ethynyltoluene	766-97-2	116.163	---	---	442.15	1	25	0.9160	1	---	1.5470	1	---	---
16093	C9H8	3-phenyl-1-propyne	10147-11-2	116.163	---	---	451.36	2	25	0.9340	1	---	1.5260	1	---	---
16094	C9H8BNO2	8-quinoline boronic acid	86-58-8	172.979	>573.15	1	---	---	---	---	---	---	---	---	solid	1
16095	C9H8BrClO	4'-bromo-3-chloropropiophenone	31736-73-9	247.518	332.65	1	---	---	25	1.5306	2	---	---	---	solid	1
16096	C9H8BrClO2	ethyl 5-bromo-2-chlorobenzoate	76008-73-6	263.518	---	---	561.15	1	25	1.5150	1	---	1.5600	1	---	---
16097	C9H8BrFO	3'-bromo-4'-fluoropropiophenone	---	231.064	335.15	1	---	---	25	1.4965	2	---	---	---	solid	1
16098	C9H8BrNO3	2-acetamido-5-bromobenzoic acid	38985-79-4	258.072	491.15	1	---	---	25	1.6130	2	---	---	---	solid	1
16099	C9H8BrN3	3-amino-4-bromo-5-phenylpyrazole	2845-78-5	238.088	388.15	1	---	---	25	1.5700	2	---	---	---	solid	1
16100	C9H8Br2	1,2-dibromo-2,3-dihydro-1H-indene	20357-79-3	275.971	305.15	1	---	---	25	1.7470	1	---	---	---	solid	1
16101	C9H8ClFO	2-chloro-6-fluorophenylacetone	93839-16-8	186.613	---	---	---	---	25	1.2298	2	---	1.5155	1	---	---
16102	C9H8ClFO	3-chloro-4'-fluoropropiophenone	347-93-3	186.613	320.15	1	---	---	25	1.2298	2	---	---	---	solid	1
16103	C9H8ClFO2	methyl 2-chloro-4-fluorophenylacetate	---	202.612	---	---	---	---	25	1.2875	2	---	1.5070	1	---	---
16104	C9H8ClFO2	methyl 2-chloro-6-fluorophenylacetate	103473-99-0	202.612	---	---	---	---	25	1.2875	2	---	1.5075	1	---	---
16105	C9H8ClN	2-chlorohydrocinnamonitrile	7315-17-5	165.622	---	---	---	---	25	1.1390	1	---	1.5390	1	---	---
16106	C9H8ClN	5-chloro-2-methylindole	1075-35-0	165.622	387.65	1	---	---	25	1.1788	2	---	---	---	solid	1
16107	C9H8Cl2	(3,3-dichloroallyl)benzene	38862-78-1	187.068	332.15	1	515.15	1	20	1.2028	1	---	---	---	solid	1
16108	C9H8Cl2	1,2-dichloro-2,3-dihydro-1H-indene	74925-48-7	187.068	---	---	515.15	2	25	1.2540	1	23	1.5715	1	---	---
16109	C9H8Cl2	(2,2-dichlorocyclopropyl)benzene	2415-80-7	187.068	---	---	515.15	2	25	1.2040	1	---	1.5510	1	---	---
16110	C9H8Cl2N2O	N-(3,4-dichlorophenyl)-1-aziridinecarboxar	15460-48-7	231.081	---	---	---	---	25	1.3792	2	---	---	---	---	---
16111	C9H8Cl2O	3,4-dichlorophenylacetone	6097-32-1	203.067	---	---	---	---	25	1.2767	2	---	1.5520	1	---	---
16112	C9H8Cl2O	2,6-dichlorophenylacetone	93457-06-8	203.067	---	---	---	---	25	1.2767	2	---	1.5500	1	---	---
16113	C9H8Cl2O	2,4-dichlorophenylacetone	93457-07-9	203.067	---	---	---	---	25	1.2767	2	---	---	---	---	---
16114	C9H8Cl2O	3,4'-dichloropropiophenone	3946-29-0	203.067	323.15	1	---	---	25	1.2767	2	---	---	---	solid	1
16115	C9H8Cl2O	3',4'-dichloropropiophenone	6582-42-9	203.067	316.65	1	---	---	25	1.2767	2	---	---	---	solid	1
16116	C9H8Cl2O2	trans-3,6-endomethylene-1,2,3,6-tetrahydr	4582-21-2	219.066	---	---	389.15	1	25	1.3450	1	---	1.5170	1	---	---
16117	C9H8Cl2O2	methyl 2,6-dichlorophenylacetate	54551-83-6	219.066	---	---	389.15	2	25	1.3303	2	---	1.5410	1	---	---
16118	C9H8Cl2O2	methyl 2,4-dichlorophenylacetate	55954-23-9	219.066	---	---	389.15	2	25	1.3303	2	---	---	---	---	---
16119	C9H8Cl2O2	methyl 3,4-dichlorophenylacetate	6725-44-6	219.066	---	---	389.15	2	25	1.3303	2	---	---	---	---	---
16120	C9H8Cl2O2S	2,2-dichlorocyclopropyl phenyl sulfone	38435-04-0	251.132	358.65	1	---	---	25	1.3934	2	---	---	---	solid	1
16121	C9H8Cl2O3	2-(2,4-dichlorophenoxy)propanoic acid	120-36-5	235.066	390.65	1	---	---	25	1.3804	2	---	---	---	solid	1
16122	C9H8Cl2O3	methyl 3,6-dichloro-o-anisate	6597-78-0	235.066	---	---	---	---	25	1.3804	2	---	---	---	---	---
16123	C9H8Cl2O3	methyl (2,4-dichlorophenoxy)acetate	1928-38-7	235.066	392.15	1	---	---	25	1.3804	2	---	---	---	solid	1
16124	C9H8Cl2O3	ethyl 3,5-dichloro-4-hydroxybenzoate, hydr	17302-82-8	235.066	373.15	1	---	---	25	1.3804	2	---	---	---	solid	1
16125	C9H8Cl2O3	2-(2,5-dichlorophenoxy)propionic acid	6965-71-5	235.066	---	---	---	---	25	1.3804	2	---	---	---	---	---
16126	C9H8Cl2S	2,2-dichlorocyclopropyl phenyl sulfide	63289-85-0	219.134	---	---	---	---	25	1.2966	2	---	1.5900	1	---	---
16127	C9H8Cl3NO	benzyl 2,2,2-trichloroacetimidate	81927-55-1	252.526	---	---	---	---	25	1.3590	1	---	1.5450	1	---	---
16128	C9H8Cl3NO2S	captan	133-06-2	300.592	445.65	1	---	---	25	1.7400	1	---	---	---	solid	1
16129	C9H8Cl6O2	1,4,5,6,7,7-hexachlorobicyclo(2.2.1)hept-5	2157-19-9	360.876	---	---	---	---	25	1.5459	2	---	---	---	---	---
16130	C9H8F2O	2',4'-difluoropropiophenone	85068-30-0	170.159	---	---	---	---	25	1.1930	1	---	1.4860	1	---	---
16131	C9H8F3NO	3-acetamidobenzotrifluoride	351-36-0	203.164	377.65	1	---	---	25	1.2812	2	---	---	---	solid	1
16132	C9H8F3NO	2'-(trifluoromethyl)acetanilide	344-62-7	203.164	---	---	---	---	25	1.2812	2	---	---	---	---	---
16133	C9H8F4O	1-methyl-3-(1,1,2,2-tetrafluoroethoxy)benz	1737-10-6	208.156	---	---	---	---	25	1.2320	1	---	1.4230	1	---	---
16134	C9H8F8O2	2,2,3,3,4,4,5,5-octafluoropentyl methacryla	355-93-1	300.149	---	---	451.15	1	25	1.4320	1	---	1.3580	1	---	---
16135	C9H8NNaO3	hippuric acid sodium salt	532-94-5	201.157	---	---	---	---	---	---	---	---	---	---	---	---
16136	C9H8NO3S	8-quinolinol sulfate (2:1)	134-31-6	210.234	450.65	1	---	---	25	1.3501	2	---	---	---	solid	1
16137	C9H8N2	1-isoquinolinamine	1532-84-9	144.177	396.15	1	527.34	2	21	1.1148	2	---	---	---	solid	1
16138	C9H8N2	5-isoquinolinamine	1125-60-6	144.177	401.15	1	527.34	2	21	1.1148	2	---	---	---	solid	1
16139	C9H8N2	2-quinolinamine	580-22-3	144.177	404.65	1	527.34	2	21	1.1148	2	---	---	---	solid	1
16140	C9H8N2	3-quinolinamine	580-17-6	144.177	367.15	1	527.34	2	21	1.1148	2	---	---	---	solid	1
16141	C9H8N2	4-quinolinamine	578-68-7	144.177	427.95	1	527.34	2	21	1.1148	2	---	---	---	solid	1
16142	C9H8N2	5-quinolinamine	611-34-7	144.177	383.15	1	583.15	1	21	1.1148	2	---	---	---	solid	1
16143	C9H8N2	6-quinolinamine	580-15-4	144.177	387.15	1	527.34	2	21	1.1148	2	---	---	---	solid	1
16144	C9H8N2	8-quinolinamine	578-66-5	144.177	343.15	1	527.34	2	21	1.1148	2	---	---	---	solid	1
16145	C9H8N2	2-methylquinoxaline	7251-61-8	144.177	453.65	1	517.15	1	21	1.1148	2	---	---	---	solid	1
16146	C9H8N2	6-methylquinoxaline	6344-72-5	144.177	491.65	1	522.15	1	20	1.1164	1	18	1.6211	1	solid	1
16147	C9H8N2	1-phenyl-1H-imidazole	7164-98-9	144.177	286.15	1	549.15	1	15	1.1397	1	25	1.6025	1	liquid	1
16148	C9H8N2	2-phenyl-1H-imidazole	670-96-2	144.177	422.45	1	613.15	1	21	1.1148	2	---	---	---	solid	1
16149	C9H8N2	5-methylquinoxaline	13708-12-8	144.177	---	---	518.15	1	25	1.1120	1	---	1.6200	1	---	---
16150	C9H8N2	4-phenylimidazole	670-95-1	144.177	402.65	1	527.34	2	21	1.1148	2	---	---	---	solid	1
16151	C9H8N2	1-phenylpyrazole	1126-00-7	144.177	---	---	527.34	2	25	1.0910	1	---	1.5960	1	---	---
16152	C9H8N2	3-phenylpyrazole	2458-26-6	144.177	350.15	1	527.34	2	21	1.1148	2	---	---	---	solid	1
16153	C9H8N2	4-methyl cinnoline	14722-38-4	144.177	---	---	527.34	2	21	1.1148	2	---	---	---	---	---
16154	C9H8N2	3-pyrrol-2-ylpyridine	494-98-4	144.177	---	---	388.45	1	21	1.1148	2	---	---	---	---	---
16155	C9H8N2O	6-methoxyquinoxaline	6639-82-3	160.176	332.05	1	---	---	25	1.2028	2	---	---	---	solid	1
16156	C9H8N2O	2-cyanoacetanilide	621-03-4	160.176	473.15	1	---	---	25	1.2028	2	---	---	---	solid	1
16157	C9H8N2O	4-(imidazol-1-yl)phenol	10041-02-8	160.176	478.15	1	---	---	25	1.2028	2	---	---	---	solid	1
16158	C9H8N2O	1-methyl-2-formylbenzimidazole	3012-80-4	160.176	393.65	1	---	---	25	1.2028	2	---	---	---	solid	1
16159	C9H8N2O	3-methyl-2-quinoxalinol	14003-34-0	160.176	520.15	1	---	---	25	1.2028	2	---	---	---	solid	1
16160	C9H8N2O	4-amino-b-oxobenzenepropanenitrile	59443-94-6	160.176	---	---	---	---	25	1.2028	2	---	---	---	---	---

Table 1 Physical Properties - Organic Compounds

				Mol Wt	Freezing Point		Boiling Point		Density			Refractive Index			State	
NO	FORMULA	NAME	CAS No	g/mol	T_F, K	code	T_B, K	code	T, C	g/cm3	code	T, C	n_D	code	@25C,1 atm	code
16161	C9H8N2O	4-aminoquinoline-1-oxide	2508-86-3	160.176	545.15	dec	---	---	25	1.2028	2	---	---	---	solid	1
16162	C9H8N2O	2-methyl-4-quinazolinone	1769-24-0	160.176	514.15	1	---	---	25	1.2028	2	---	---	---	solid	1
16163	C9H8N2O	3-methyl-4-quinazolinone	2436-66-0	160.176	---	---	---	---	25	1.2028	2	---	---	---	---	---
16164	C9H8N2O	1-phenyl-4-pyrazolin-3-one	1008-79-3	160.176	427.15	1	---	---	25	1.2028	2	---	---	---	solid	1
16165	C9H8N2O	pyrrol-2-yl ketone	15770-21-5	160.176	---	---	---	---	25	1.2028	2	---	---	---	---	---
16166	C9H8N2OS	isothiocyanic acid m-acetamidophenyl este	3137-83-5	192.242	---	---	---	---	25	1.2926	2	---	---	---	---	---
16167	C9H8N2O2	2-methyl-1H-benzimidazole-5-carboxylic a	709-19-3	176.175	---	---	---	---	25	1.2694	2	---	---	---	---	---
16168	C9H8N2O2	2-methyl-5-nitroindole	7570-47-0	176.175	448.65	1	---	---	25	1.2694	2	---	---	---	solid	1
16169	C9H8N2O2	3,5-dimethylbenzenediazonium-2-carboxyl	68596-88-3	176.175	---	---	---	---	25	1.2694	2	---	---	---	---	---
16170	C9H8N2O2	4,6-dimethylbenzenediazonium-2-carboxyl	---	176.175	---	---	---	---	25	1.2694	2	---	---	---	---	---
16171	C9H8N2O2	4-(hydroxyamino)quinoline-1-oxide	4637-56-3	176.175	463.15	dec	---	---	25	1.2694	2	---	---	---	solid	1
16172	C9H8N2O2	2-imino-5-phenyl-4-oxazolidinone	2152-34-3	176.175	---	---	---	---	25	1.2694	2	---	---	---	---	---
16173	C9H8N2O2S	N-(4-(2-furyl)-2-thiazolyl)acetamide	75884-37-6	208.241	---	---	---	---	25	1.3492	2	---	---	---	---	---
16174	C9H8N2O5	4-acetamide-3-nitrobenzoic acid	1539-06-6	224.174	483.15	1	---	---	25	1.4404	2	---	---	---	solid	1
16175	C9H8N2O5	4-nitrohippuric acid	2645-07-0	224.174	401.15	1	---	---	25	1.4404	2	---	---	---	solid	1
16176	C9H8N2O6	ethyl 3,5-dinitrobenzoate	618-71-3	240.173	367.15	1	---	---	111	1.2950	1	---	1.5600	1	solid	1
16177	C9H8N2O6	acetic acid 4,6-dinitro-o-cresyl ester	18461-55-7	240.173	---	---	---	---	25	1.4895	2	---	---	---	---	---
16178	C9H8N2O7	N,N'-disuccinimidyl carbonate	74124-79-1	256.172	463.15	1	---	---	25	1.5352	2	---	---	---	solid	1
16179	C9H8N4OS	thidiazuron	51707-55-2	220.256	484.15	dec	---	---	25	1.4009	2	---	---	---	solid	1
16180	C9H8N4OS	N-nitroso-N-methyl-N'-(2-benzothiazolyl)ur	51542-33-7	220.256	---	---	---	---	25	1.4009	2	---	---	---	---	---
16181	C9H8N4O2S	2-hydrazino-4-(4-nitrophenyl)thiazole	26049-70-7	236.255	---	---	---	---	25	1.4508	2	---	---	---	---	---
16182	C9H8N4O5	5-acetamido-3-(5-nitro-2-furyl)-6H-1,2,4-ox	24143-08-6	252.188	---	---	---	---	25	1.5366	2	---	---	---	---	---
16183	C9H8N4O5	N-((3-(5-nitro-2-furyl)-1,2,4-oxadiazole-5-yl	36133-88-7	252.188	---	---	---	---	25	1.5366	2	---	---	---	---	---
16184	C9H8N8O2S	2-amino-6-(1'-methyl-4'-nitro-5'-imidazolyl)(	5581-52-2	292.283	---	---	---	---	25	1.6253	2	---	---	---	---	---
16185	C9H8O	2-methylbenzofuran	4265-25-2	132.162	---	---	470.15	1	25	1.0510	1	25	1.5460	1	---	---
16186	C9H8O	3-methylbenzofuran	21535-97-7	132.162	---	---	470.15	1	25	1.0550	1	16	1.5536	1	---	---
16187	C9H8O	5-methylbenzofuran	18441-43-5	132.162	---	---	471.15	1	19	1.0603	1	19	1.5570	1	---	---
16188	C9H8O	7-methylbenzofuran	17059-52-8	132.162	382.15	1	463.65	1	19	1.0490	1	19	1.5525	1	solid	1
16189	C9H8O	2H-1-benzopyran	254-04-6	132.162	---	---	490.15	2	16	1.0993	1	24	1.5869	1	---	---
16190	C9H8O	alpha-ethynylbenzenemethanol	4187-87-5	132.162	295.15	1	490.15	2	20	1.0655	1	20	1.5508	1	liquid	2
16191	C9H8O	3-phenyl-2-propyn-1-ol	1504-58-1	132.162	---	---	490.15	2	20	1.0780	1	28	1.5873	1	---	---
16192	C9H8O	cinnamaldehyde	14371-10-9	132.162	265.65	1	519.15	1	20	1.0497	1	20	1.6195	1	liquid	1
16193	C9H8O	1,3-dihydro-2H-inden-2-one	615-13-4	132.162	332.15	1	491.15	dec	69	1.0712	1	67	1.5380	1	solid	1
16194	C9H8O	2,3-dihydro-1H-inden-1-one	83-33-0	132.162	315.15	1	516.15	1	40	1.0943	1	25	1.5610	1	solid	1
16195	C9H8O	1a,6a-dihydro-6H-indeno[1,2-b]oxirene	768-22-9	132.162	297.65	1	490.15	2	24	1.1255	1	---	---	---	liquid	2
16196	C9H8O	4-ethynylanisole	768-60-5	132.162	301.65	1	490.15	2	25	1.0190	1	---	1.5630	1	solid	1
16197	C9H8O	trans-3-phenyl-2-propenal	104-55-2	132.162	265.75	1	519.15	1	25	1.0800	1	---	1.6200	1	liquid	1
16198	C9H8O	4H-1-benzopyran	254-03-5	132.162	---	---	490.15	2	27	1.0691	2	---	---	---	---	---
16199	C9H8O	benzyloxy acetylene	---	132.162	---	---	490.15	2	27	1.0691	2	---	---	---	---	---
16200	C9H8O	2-propenophenone	768-03-6	132.162	---	---	490.15	2	27	1.0691	2	---	---	---	---	---
16201	C9H8OS	2,3-dihydro-4H-1-benzothiopyran-4-one	3528-17-4	164.228	302.15	1	---	---	14	1.2487	1	20	1.6395	1	solid	1
16202	C9H8O2	2-benzofuranmethanol	55038-01-2	148.161	299.15	1	510.15	2	20	1.2030	1	11	1.5550	1	solid	1
16203	C9H8O2	cis-cinnamic acid	102-94-3	148.161	315.15	1	510.15	2	27	1.1523	2	---	---	---	solid	1
16204	C9H8O2	trans-cinnamic acid	140-10-3	148.161	406.15	1	573.15	1	4	1.2475	1	---	---	---	solid	1
16205	C9H8O2	di-2-furylmethane	1197-40-6	148.161	---	---	510.15	2	20	1.1000	1	20	1.5049	1	---	---
16206	C9H8O2	2,3-dihydro-4H-1-benzopyran-4-one	491-37-2	148.161	309.65	1	510.15	2	100	1.1291	1	---	1.5750	1	solid	1
16207	C9H8O2	3,4-dihydro-1H-2-benzopyran-1-one	4702-34-5	148.161	---	---	510.15	2	19	1.2030	1	25	1.5629	1	---	---
16208	C9H8O2	3,4-dihydro-2H-1-benzopyran-2-one	119-84-6	148.161	298.15	1	545.15	1	18	1.1690	1	20	1.5563	1	---	---
16209	C9H8O2	alpha-methylenebenezeneacetic acid	492-38-6	148.161	379.65	1	540.15	dec	27	1.1523	2	---	---	---	solid	1
16210	C9H8O2	1-phenyl-1,2-propanedione	579-07-7	148.161	---	---	495.15	1	20	1.1006	1	10	1.5370	1	---	---
16211	C9H8O2	5-vinyl-1,3-benzodioxole	7315-32-4	148.161	---	---	497.15	1	18	1.1488	1	---	1.5802	1	---	---
16212	C9H8O2	cinnamic acid	621-82-9	148.161	407.05	1	573.15	1	27	1.1523	2	---	---	---	solid	1
16213	C9H8O2	vinyl benzoate	769-78-8	148.161	---	---	347.15	1	25	1.0700	1	---	1.5290	1	---	---
16214	C9H8O2	4-vinylbenzoic acid	1075-49-6	148.161	416.15	1	510.15	2	27	1.1523	2	---	---	---	solid	1
16215	C9H8O3	2-acetylbenzoic acid	577-56-0	164.161	387.65	1	500.48	2	25	1.2467	2	---	---	---	solid	1
16216	C9H8O3	3-acetylbenzoic acid	586-42-5	164.161	445.15	1	500.48	2	25	1.2467	2	---	---	---	solid	1
16217	C9H8O3	4-acetylbenzoic acid	586-89-0	164.161	481.15	1	500.48	2	25	1.2467	2	---	---	---	solid	1
16218	C9H8O3	carbic anhydride	129-64-6	164.161	437.65	1	500.48	2	25	1.4170	1	---	---	---	solid	1
16219	C9H8O3	3-(4-hydroxyphenyl)-2-propenoic acid	7400-08-0	164.161	484.65	1	500.48	2	25	1.2467	2	---	---	---	solid	1
16220	C9H8O3	4-acetoxybenzaldehyde	878-00-2	164.161	---	---	443.15	1	25	1.1680	1	---	1.5380	1	---	---
16221	C9H8O3	1,4-benzodioxan-6-carboxaldehyde	29668-44-8	164.161	324.15	1	500.48	2	25	1.2467	2	---	---	---	solid	1
16222	C9H8O3	2,6-diformyl-4-methylphenol	7310-95-4	164.161	402.15	1	500.48	2	25	1.2467	2	---	---	---	solid	1
16223	C9H8O3	p-hydroxycinnamic acid, predominantly tra	---	164.161	487.15	1	500.48	2	25	1.2467	2	---	---	---	solid	1
16224	C9H8O3	m-hydroxycinnamic acid, predominantly tra	14755-02-3	164.161	463.65	1	500.48	2	25	1.2467	2	---	---	---	solid	1
16225	C9H8O3	o-hydroxycinnamic acid, predominantly tra	614-60-8	164.161	490.15	1	500.48	2	25	1.2467	2	---	---	---	solid	1
16226	C9H8O3	methyl benzoylformate	15206-55-0	164.161	---	---	520.15	1	25	1.1550	1	---	1.5260	1	---	---
16227	C9H8O3	3,4-methylenedioxyacetophenone	3162-29-6	164.161	360.65	1	500.48	2	25	1.2467	2	---	---	---	solid	1
16228	C9H8O3	methyl 4-formylbenzoate	1571-08-0	164.161	333.65	1	538.15	1	25	1.2467	2	---	---	---	solid	1
16229	C9H8O3	bicyclo(2.2.1)-hept-5-ene-2,3-dicarboxylic	826-62-0	164.161	---	---	500.48	2	25	1.2467	2	---	---	---	---	---
16230	C9H8O3S	propargyl benzenesulfonate	6165-75-9	196.227	243.25	1	---	---	25	1.2430	1	---	1.5250	1	---	---
16231	C9H8O3Se	selenoaspirine	66472-85-3	243.121	---	---	---	---	---	---	---	---	---	---	---	---
16232	C9H8O4	acetyl benzoylperoxide	644-31-5	180.160	310.15	1	546.15	2	25	1.2731	2	---	---	---	solid	1
16233	C9H8O4	2-(acetyloxy)benzoic acid	50-78-2	180.160	408.15	1	564.00	2	25	1.2731	2	---	---	---	solid	1
16234	C9H8O4	3-(3,4-dihydroxyphenyl)-2-propenoic acid	331-39-5	180.160	498.15	dec	546.15	2	25	1.2731	2	---	---	---	solid	1
16235	C9H8O4	methyl 1,3-benzodioxole-5-carboxylate	326-56-7	180.160	326.15	1	546.15	dec	25	1.2731	2	---	---	---	solid	1
16236	C9H8O4	4-formylphenoxyacetic acid	22042-71-3	180.160	471.15	1	546.15	2	25	1.2731	2	---	---	---	solid	1
16237	C9H8O4	2-formylphenoxyacetic acid	6280-80-4	180.160	404.15	1	546.15	2	25	1.2731	2	---	---	---	solid	1
16238	C9H8O4	4-hydroxyphenylpyruvic acid	156-39-8	180.160	492.65	1	546.15	2	25	1.2731	2	---	---	---	solid	1
16239	C9H8O4	3,4-(methylenedioxy)phenylacetic acid	2861-28-1	180.160	403.15	1	546.15	2	25	1.2731	2	---	---	---	solid	1
16240	C9H8O4	4-methylphthalic acid	4316-23-8	180.160	420.65	1	546.15	2	25	1.2731	2	---	---	---	solid	1

Table 1 Physical Properties - Organic Compounds

NO	FORMULA	NAME	CAS No	Mol Wt g/mol	Freezing Point T_F, K	code	Boiling Point T_B, K	code	Density T, C	g/cm3	code	Refractive Index T, C	n_D	code	State @25C,1 atm	code
16241	C9H8O4	mono-methyl terephthlate	1679-64-7	180.160	492.15	1	546.15	2	25	1.2731	2	---	---	---	solid	1
16242	C9H8O4	phenylmalonic acid	2613-89-0	180.160	427.15	1	546.15	2	25	1.2731	2	---	---	---	solid	1
16243	C9H8O4	4-(acetyloxy)benzoic acid	2345-34-8	180.160	465.15	1	546.15	2	25	1.2731	2	---	---	---	solid	1
16244	C9H8O5	4-carboxyphenoxyacetic acid	19360-67-9	196.160	---	---	---	---	25	1.3332	2	---	---	---	---	---
16245	C9H8S	5-methylbenzo[b]thiophene	14315-14-1	148.229	293.65	1	---	---	22	1.1110	1	22	1.6150	1	---	---
16246	C9H8S	3-methylbenzo[b]thiophene	1455-18-1	148.229	---	---	---	---	24	1.0940	2	---	---	---	---	---
16247	C9H8S	phenyl propargyl sulfide	5651-88-7	148.229	---	---	---	---	25	1.0770	1	---	1.5930	1	---	---
16248	C9H9Br	1-bromo-4-allylbenzene	2294-43-1	197.074	---	---	497.15	1	20	1.2690	1	15	1.5590	1	---	---
16249	C9H9Br	(3-bromo-1-propenyl)benzene	4392-24-9	197.074	307.15	1	504.40	2	30	1.3428	1	20	1.6130	1	solid	1
16250	C9H9Br	1-bromo-4-(1-propenyl)benzene	4489-23-0	197.074	308.15	1	511.65	1	36	1.3320	1	36	1.5900	1	solid	1
16251	C9H9BrO	2-bromo-1-(4-methylphenyl)ethanone	619-41-0	213.074	324.15	1	520.65	2	25	1.4298	2	---	---	---	solid	1
16252	C9H9BrO	1-(4-bromophenyl)-1-propanone	10342-83-3	213.074	321.15	1	520.65	2	25	1.4298	2	---	---	---	solid	1
16253	C9H9BrO	2-bromo-1-phenyl-1-propanone	2114-00-3	213.074	---	---	520.65	1	20	1.4298	1	20	1.5720	1	---	---
16254	C9H9BrO	2-bromo-1-indanol	5400-80-6	213.074	403.65	1	520.65	2	25	1.4298	2	---	---	---	solid	1
16255	C9H9BrO	2-bromophenylacetone	21906-31-0	213.074	---	---	520.65	2	25	1.4298	2	---	---	---	---	---
16256	C9H9BrO	3-bromophenylacetone	21906-32-1	213.074	---	---	520.65	2	25	1.4298	2	---	1.5570	1	---	---
16257	C9H9BrO	4-bromophenylacetone	6186-22-7	213.074	---	---	520.65	2	25	1.4298	2	---	---	---	---	---
16258	C9H9BrO	3'-bromopropiophenone	19829-31-3	213.074	313.15	1	520.65	2	25	1.4298	2	---	---	---	solid	1
16259	C9H9BrO2	alpha-bromobenzenepropanoic acid	16503-53-0	229.073	325.15	1	488.95	2	25	1.4790	1	---	---	---	solid	1
16260	C9H9BrO2	2-(3-bromophenyl)-1,3-dioxolane	17789-14-9	229.073	---	---	405.65	1	25	1.5140	1	20	1.5627	1	---	---
16261	C9H9BrO2	ethyl 2-bromobenzoate	6091-64-1	229.073	---	---	527.65	1	15	1.4438	1	15	1.5455	1	---	---
16262	C9H9BrO2	ethyl 3-bromobenzoate	24398-88-7	229.073	---	---	534.15	1	19	1.4308	1	19	1.5430	1	---	---
16263	C9H9BrO2	ethyl 4-bromobenzoate	5798-75-4	229.073	255.15	1	536.15	1	17	1.4332	1	17	1.5438	1	liquid	1
16264	C9H9BrO2	benzyl bromoacetate	5437-45-6	229.073	---	---	441.15	1	25	1.4460	1	---	1.5440	1	---	---
16265	C9H9BrO2	2-bromoethyl benzoate	939-54-8	229.073	---	---	488.95	2	25	1.4450	1	---	1.5480	1	---	---
16266	C9H9BrO2	2-bromo-4'-methoxyacetophenone	2632-13-5	229.073	343.65	1	488.95	2	22	1.4560	2	---	---	---	solid	1
16267	C9H9BrO2	2-bromo-2'-methoxyacetophenone	31949-21-0	229.073	317.15	1	488.95	2	22	1.4560	2	---	---	---	solid	1
16268	C9H9BrO2	2-bromo-3'-methoxyacetophenone	5000-65-7	229.073	334.65	1	488.95	2	22	1.4560	2	---	---	---	solid	1
16269	C9H9BrO2	2-bromomethyl-1,4-benzodioxane	2164-34-3	229.073	---	---	488.95	2	22	1.4560	2	---	1.5745	1	---	---
16270	C9H9BrO2	methyl 4-(bromomethyl)benzoate	2417-72-3	229.073	328.65	1	488.95	2	22	1.4560	2	---	---	---	solid	1
16271	C9H9BrO2	benzeneacetic acid, a-bromo-, methyl este	3042-81-7	229.073	---	---	488.95	2	22	1.4560	2	---	---	---	---	---
16272	C9H9BrO2	(2R,3R)-(+)-2,3-epoxy-3-(4-bromophenyl)-	115362-13-5	229.073	---	---	488.95	2	22	1.4560	2	---	---	---	---	---
16273	C9H9BrO2	(2S,3S)-(-)-2,3-epoxy-3-(4-bromophenyl)-1	106948-05-4	229.073	---	---	488.95	2	22	1.4560	2	---	---	---	---	---
16274	C9H9BrO3	6-bromoveratraldehyde	5392-10-9	245.073	423.15	1	---	---	25	1.5293	2	---	---	---	solid	1
16275	C9H9Br2NO3	3,5-dibromo-L-tyrosine	300-38-9	338.984	518.15	1	---	---	25	1.8388	2	---	---	---	solid	1
16276	C9H9Cl	(3-chloroallyl)benzene	6268-37-7	152.623	---	---	484.15	1	13	1.0730	1	14	1.5450	1	---	---
16277	C9H9Cl	(1-chloro-1-propenyl)benzene	35673-03-1	152.623	---	---	493.75	2	20	1.0850	1	15	1.5635	1	---	---
16278	C9H9Cl	(2-chloro-1-propenyl)benzene	13099-50-8	152.623	---	---	493.75	2	19	1.0738	1	19	1.5565	1	---	---
16279	C9H9Cl	1-chloro-3-(trans-1-propenyl)benzene	23204-80-0	152.623	281.65	1	493.75	2	20	1.0926	1	20	1.5851	1	liquid	2
16280	C9H9Cl	trans-(3-chloro-1-propenyl)benzene	21087-29-6	152.623	281.65	1	493.75	2	20	1.0926	1	20	1.5851	1	liquid	2
16281	C9H9Cl	4-chloro-a-methylstyrene	1712-70-5	152.623	---	---	478.15	1	25	1.0630	1	---	1.5550	1	---	---
16282	C9H9Cl	cinnamyl chloride	2687-12-9	152.623	254.25	1	493.75	2	25	1.0960	1	---	1.5840	1	liquid	2
16283	C9H9Cl	4-vinylbenzyl chloride	1592-20-7	152.623	---	---	502.15	1	25	1.0830	1	---	1.5740	1	---	---
16284	C9H9Cl	vinylbenzyl chloride	30030-25-2	152.623	---	---	502.15	1	25	1.0740	1	---	1.5720	1	---	---
16285	C9H9Cl	vinylbenzyl chloride, stabilized, m- and p-is	57458-41-0	152.623	---	---	502.15	1	25	1.0700	1	---	1.5720	1	---	---
16286	C9H9ClN2O	N-(3-chlorophenyl)-1-aziridinecarboxamide	3647-19-6	196.636	---	---	---	---	25	1.2697	2	---	---	---	---	---
16287	C9H9ClO	allyl 4-chlorophenyl ether	13997-70-1	168.622	---	---	503.15	1	15	1.1310	1	25	1.5348	1	---	---
16288	C9H9ClO	benzenepropanoyl chloride	645-45-4	168.622	---	---	498.15	dec	21	1.1350	1	---	---	---	---	---
16289	C9H9ClO	4-chloro-2-allylphenol	13997-73-4	168.622	321.15	1	510.56	2	15	1.1710	1	---	---	---	solid	1
16290	C9H9ClO	7-chloro-2,3-dihydro-1H-inden-4-ol	145-94-8	168.622	365.15	1	510.56	2	18	1.1584	2	---	---	---	solid	1
16291	C9H9ClO	2-(chloromethyl)-2,3-dihydrobenzofuran	53491-32-0	168.622	314.65	1	510.56	2	7	1.2183	1	7	1.5620	1	solid	1
16292	C9H9ClO	2-chloro-1-(4-methylphenyl)ethanone	4209-24-9	168.622	330.65	1	534.65	1	18	1.1584	2	---	---	---	solid	1
16293	C9H9ClO	1-(4-chlorophenyl)-1-propanone	6285-05-8	168.622	310.45	1	510.56	2	18	1.1584	2	---	---	---	solid	1
16294	C9H9ClO	3-chlorophenylacetone	14123-60-5	168.622	---	---	510.56	2	18	1.1584	2	---	---	---	---	---
16295	C9H9ClO	4-chlorophenylacetone	5586-88-9	168.622	---	---	510.56	2	25	1.1510	1	---	1.5335	1	---	---
16296	C9H9ClO	2-chlorophenylacetone	6305-95-9	168.622	---	---	510.56	2	18	1.1584	2	---	1.5350	1	---	---
16297	C9H9ClO	3'-chloropropiophenone	34841-35-5	168.622	318.15	1	510.56	2	18	1.1584	2	---	---	---	solid	1
16298	C9H9ClO	3-chloropropiophenone	936-59-4	168.622	319.65	1	510.56	2	18	1.1584	2	---	---	---	solid	1
16299	C9H9ClO	4-ethylbenzoyl chloride	16331-45-6	168.622	---	---	508.65	1	25	1.1440	1	---	1.5480	1	---	---
16300	C9H9ClO	2,4-dimethylbenzoyl chloride	21900-42-5	168.622	---	---	508.20	1	18	1.1584	2	---	---	---	---	---
16301	C9H9ClO2	benzyl chloroacetate	140-18-1	184.622	---	---	491.59	2	4	1.2223	1	18	1.5426	1	---	---
16302	C9H9ClO2	2-chloroethyl benzoate	939-55-9	184.622	391.15	1	528.15	1	20	1.1789	1	---	---	---	solid	1
16303	C9H9ClO2	3-(2-chlorophenyl)propanoic acid	1643-28-3	184.622	---	---	491.59	2	20	1.1902	2	---	---	---	---	---
16304	C9H9ClO2	3-(3-chlorophenyl)propanoic acid	21640-48-2	184.622	---	---	491.59	2	20	1.1902	2	---	---	---	---	---
16305	C9H9ClO2	3-(4-chlorophenyl)propanoic acid	2019-34-3	184.622	---	---	491.59	2	20	1.1902	2	---	---	---	---	---
16306	C9H9ClO2	ethyl 2-chlorobenzoate	7335-25-3	184.622	---	---	516.15	1	15	1.1942	1	15	1.5242	1	---	---
16307	C9H9ClO2	ethyl 3-chlorobenzoate	1128-76-3	184.622	---	---	516.15	1	15	1.1859	1	20	1.5223	1	---	---
16308	C9H9ClO2	ethyl 4-chlorobenzoate	7335-27-5	184.622	---	---	510.65	1	14	1.1873	1	---	---	---	---	---
16309	C9H9ClO2	4-methylphenyl chloroacetate	15150-39-7	184.622	305.15	1	527.15	1	35	1.1840	1	---	---	---	solid	1
16310	C9H9ClO2	2-phenoxypropanoyl chloride	122-35-0	184.622	---	---	420.15	1	20	1.1865	1	20	1.5178	1	---	---
16311	C9H9ClO2	benzyloxyacetyl chloride	19810-31-2	184.622	---	---	491.59	2	25	1.1700	1	---	1.5230	1	---	---
16312	C9H9ClO2	2-(chloromethyl)phenyl acetate	15068-08-3	184.622	307.65	1	491.59	2	25	1.2000	1	---	1.5230	1	solid	1
16313	C9H9ClO2	4-(chloromethyl)phenyl acetate	39720-27-9	184.622	---	---	513.15	1	25	1.2010	1	---	1.5300	1	---	---
16314	C9H9ClO2	4-methoxyphenacyl chloride	2196-99-8	184.622	372.15	1	491.59	2	20	1.1902	2	---	---	---	solid	1
16315	C9H9ClO2	3-methoxyphenylacetyl chloride	6834-42-0	184.622	---	---	491.59	2	25	1.1820	1	---	1.5390	1	---	---
16316	C9H9ClO2	methyl 3-chlorophenylacetate	---	184.622	---	---	491.59	2	20	1.1902	2	---	1.5230	1	---	---
16317	C9H9ClO2	methyl 4-chlorophenylacetate	52449-43-1	184.622	---	---	491.59	2	20	1.1902	2	---	---	---	---	---
16318	C9H9ClO2	methyl 2-chlorophenylacetate	57486-68-7	184.622	---	---	491.59	2	20	1.1902	2	---	---	---	---	---
16319	C9H9ClO2	methyl a-chlorophenylacetate	7476-66-6	184.622	---	---	401.15	1	20	1.1902	2	---	---	---	---	---
16320	C9H9ClO2	2-chloromethyl-p-anisaldehyde	73637-11-3	184.622	---	---	491.59	2	20	1.1902	2	---	---	---	---	---

Table 1 Physical Properties - Organic Compounds

				Mol Wt	Freezing Point		Boiling Point		Density			Refractive Index			State	
NO	FORMULA	NAME	CAS No	g/mol	T_F, K	code	T_B, K	code	T, C	g/cm3	code	T, C	n_D	code	@25C,1 atm	code
16321	C9H9ClO2	4-chlorophenyl glycidyl ether	2212-05-7	184.622	---	---	491.59	2	20	1.1902	2	---	---	---	---	---
16322	C9H9ClO2S	chlorotolylthioglycolic acid	94-76-8	216.688	---	---	---	---	25	1.2933	2	---	---	---	---	---
16323	C9H9ClO3	2-chloro-1-(4-hydroxy-3-methoxyphenyl)eth	6344-28-1	200.621	375.15	1	526.65	2	25	1.2730	2	---	---	---	solid	1
16324	C9H9ClO3	(4-chloro-2-methylphenoxy)acetic acid	94-74-6	200.621	393.15	1	526.65	2	25	1.2730	2	---	---	---	solid	1
16325	C9H9ClO3	cloprop	101-10-0	200.621	---	---	526.65	2	25	1.2730	2	---	---	---	---	---
16326	C9H9ClO3	ethyl 3-chloro-2-hydroxybenzoate	56961-32-1	200.621	294.15	1	542.65	1	25	1.2730	2	---	---	---	liquid	1
16327	C9H9ClO3	2-(2-chlorophenoxy)propionic acid	25140-86-7	200.621	386.15	1	526.65	2	25	1.2730	2	---	---	---	solid	1
16328	C9H9ClO3	3,5-dimethoxybenzoyl chloride	17213-57-9	200.621	317.15	1	526.65	2	25	1.2730	2	---	---	---	solid	1
16329	C9H9ClO3	3,4-dimethoxybenzoyl chloride	3535-37-3	200.621	343.15	1	526.65	2	25	1.2730	2	---	---	---	solid	1
16330	C9H9ClO3	methyl 5-chloro-2-methoxybenzoate	33924-48-0	200.621	---	---	510.65	1	25	1.2590	1	---	1.5470	1	---	---
16331	C9H9Cl2NO	propanil	709-98-8	218.082	365.15	1	---	---	25	1.2500	1	---	---	---	solid	1
16332	C9H9Cl2NO2	3,4-dichlorobenzyl methylcarbamate	1966-58-1	234.081	---	---	---	---	25	1.3498	2	---	---	---	---	---
16333	C9H9Cl2NO2	3,4-dichlorobenzyl methylcarbamate with 2	62046-37-1	234.081	---	---	---	---	25	1.3498	2	---	---	---	---	---
16334	C9H9Cl2N3	2-(2,6-dichlorophenylamino)-2-imidazoline	4205-90-7	230.096	410.15	1	---	---	25	1.3480	2	---	---	---	solid	1
16335	C9H9Cl2N3O2	nitroso linuron	---	262.095	---	---	---	---	25	1.4407	2	---	---	---	---	---
16336	C9H9CrN3O3	tris(acetonitrile)chromiumtricarbonyl	16800-46-7	259.186	---	---	---	---	---	---	---	---	---	---	---	---
16337	C9H9F	4-fluoro-a-methylstyrene	350-40-3	136.169	---	---	---	---	25	1.0000	1	---	1.5105	1	---	---
16338	C9H9FO	3-fluorophenylacetone	1737-19-5	152.168	---	---	---	---	25	1.1028	2	---	---	---	---	---
16339	C9H9FO	(2-fluorophenyl)acetone	2836-82-0	152.168	---	---	---	---	25	1.0740	1	---	1.4990	1	---	---
16340	C9H9FO	(4-fluorophenyl)acetone	459-03-0	152.168	---	---	---	---	25	1.1390	1	---	1.4960	1	---	---
16341	C9H9FO	2'-fluoropropiophenone	446-22-0	152.168	---	---	---	---	25	1.1020	1	---	1.5040	1	---	---
16342	C9H9FO	4'-fluoropropiophenone	456-03-1	152.168	---	---	---	---	25	1.0960	1	---	1.5060	1	---	---
16343	C9H9FO2	ethyl 4-fluorobenzoate	451-46-7	168.168	299.15	1	483.15	1	25	1.1460	1	20	1.4864	1	solid	1
16344	C9H9FO2	ethyl 3-fluorobenzoate	451-02-5	168.168	355.15	1	483.15	2	25	1.1360	1	---	1.4850	1	solid	1
16345	C9H9FO2	3'-fluoro-4'-methoxyacetophenone	455-91-4	168.168	366.15	1	483.15	2	25	1.1410	2	---	---	---	solid	1
16346	C9H9FO2	2'-fluoro-4'-methoxyacetophenone	74457-86-6	168.168	325.65	1	483.15	2	25	1.1410	2	---	---	---	solid	1
16347	C9H9FO2	[(4-fluorophenoxy)methyl]oxirane	108648-25-5	168.168	292.65	1	483.15	2	25	1.1410	2	---	---	---	liquid	2
16348	C9H9FO2	methyl 4-fluorophenylacetate	34837-84-8	168.168	---	---	483.15	2	25	1.1410	2	---	1.4870	1	---	---
16349	C9H9FO2	methyl 2-fluorophenylacetate	57486-67-6	168.168	---	---	483.15	2	25	1.1410	2	---	---	---	---	---
16350	C9H9FO2	methyl 3-fluorophenylacetate	64123-77-9	168.168	---	---	483.15	2	25	1.1410	2	---	---	---	---	---
16351	C9H9F3O	a-methyl-4-(trifluoromethyl)benzyl alcohol	1737-26-4	190.165	---	---	458.15	2	25	1.2340	1	---	1.4580	1	---	---
16352	C9H9F3O	a-methyl-3-(trifluoromethyl)benzyl alcohol	454-91-1	190.165	---	---	458.15	2	25	1.2490	1	---	1.4580	1	---	---
16353	C9H9F3O	a-methyl-o-(trifluoromethyl)benzyl alcohol	79756-81-3	190.165	312.15	1	458.15	2	25	1.2353	2	---	---	---	solid	1
16354	C9H9F3O	3-(trifluoromethyl)phenethyl alcohol	455-01-6	190.165	---	---	458.15	2	25	1.2610	1	---	1.4630	1	---	---
16355	C9H9F3O	2-(trifluoromethyl)phenethyl alcohol	94022-96-5	190.165	270.75	1	458.15	1	25	1.1970	1	---	1.4700	1	liquid	1
16356	C9H9F3O3S	2,2,2-trifluoroethyl p-toluenesulfonate	433-06-7	254.230	311.65	1	---	---	25	1.3696	2	---	---	---	solid	1
16357	C9H9F3S	benzyl 2,2,2-trifluoroethyl sulfide	77745-03-0	206.232	---	---	---	---	25	1.2220	1	---	1.4910	1	---	---
16358	C9H9F5Si	trimethyl(pentafluorophenyl)silane	1206-46-8	240.248	---	---	443.15	1	25	1.2610	1	---	1.4330	1	---	---
16359	C9H9HgNaO2S	ethylmercurithiosalicylic acid, sodium salt	54-64-8	404.815	505.65	1	---	---	---	---	---	---	---	---	solid	1
16360	C9H9IO2	ethyl 4-iodobenzoate	51934-41-9	276.074	---	---	555.15	1	25	1.6500	1	---	---	---	---	---
16361	C9H9IO2	ethyl 3-iodobenzoate	58313-23-8	276.074	---	---	545.15	1	25	1.6500	1	---	1.5810	1	---	---
16362	C9H9I2NO3	L-3,5-diiodotyrosine	66-02-4	432.985	486.15	dec	---	---	25	2.1461	2	---	---	---	solid	1
16363	C9H9MoN3O3	tris(acetonitrile)molybdenumtricarbonyl	15038-48-9	303.130	---	---	---	---	---	---	---	---	---	---	---	---
16364	C9H9N	benzenepropanenitrile	645-59-0	131.177	272.15	1	534.15	1	20	1.0016	1	28	1.5266	1	liquid	1
16365	C9H9N	2-methylbenzeneacetonitrile	22364-68-7	131.177	---	---	517.15	1	22	1.0156	1	20	1.5252	1	---	---
16366	C9H9N	3-methylbenzeneacetonitrile	2947-60-6	131.177	---	---	521.15	1	22	1.0022	1	20	1.5233	1	---	---
16367	C9H9N	4-methylbenzeneacetonitrile	2947-61-7	131.177	291.15	1	515.65	1	25	0.9920	1	20	1.5190	1	liquid	1
16368	C9H9N	alpha-methylbenzeneacetonitrile	1823-91-2	131.177	---	---	504.15	1	20	0.9854	1	25	1.5095	1	---	---
16369	C9H9N	1-methyl-1H-indole	603-76-9	131.177	334.35	2	510.15	1	25	1.0707	1	---	---	---	solid	2
16370	C9H9N	2-methyl-1H-indole	95-20-5	131.177	334.15	1	545.15	1	20	1.0700	1	---	---	---	solid	1
16371	C9H9N	3-methyl-1H-indole	83-34-1	131.177	370.65	1	539.15	1	32	1.0111	2	---	---	---	solid	1
16372	C9H9N	4-methyl-1H-indole	16096-32-5	131.177	275.65	1	540.15	1	20	1.0620	1	---	---	---	liquid	1
16373	C9H9N	5-methyl-1H-indole	614-96-0	131.177	333.15	1	540.15	1	78	1.0202	1	---	---	---	solid	1
16374	C9H9N	7-methyl-1H-indole	933-67-5	131.177	358.15	1	539.15	1	100	1.0202	1	---	---	---	solid	1
16375	C9H9N	2,3-dimethylbenzonitrile	5724-56-1	131.177	289.65	1	526.36	2	32	1.0111	2	---	---	---	liquid	2
16376	C9H9N	2,6-dimethylbenzonitrile	6575-13-9	131.177	360.15	1	526.36	2	32	1.0111	2	---	---	---	solid	1
16377	C9H9N	4-ethylbenzonitrile	25309-65-3	131.177	324.90	2	510.15	1	25	0.9560	1	---	1.5270	1	solid	2
16378	C9H9N	2-ethylbenzonitrile	34136-59-9	131.177	324.90	2	526.36	2	25	0.9740	1	---	1.5230	1	solid	2
16379	C9H9N	6-methylindole	3420-02-8	131.177	334.35	2	526.36	2	25	1.0590	1	---	1.6070	1	solid	2
16380	C9H9N	tripropargylamine	6921-29-5	131.177	---	---	526.36	2	25	0.9270	1	---	1.4840	1	---	---
16381	C9H9NO	3,4-dihydro-2(1H)-quinolinone	553-03-7	147.177	436.65	1	489.83	2	24	1.0594	2	---	---	---	solid	1
16382	C9H9NO	2,5-dimethylbenzoxazole	5676-58-4	147.177	---	---	491.65	1	18	1.0880	1	20	1.5412	1	---	---
16383	C9H9NO	2-ethoxybenzonitrile	6609-57-0	147.177	275.65	1	533.65	1	15	1.0650	1	---	---	---	liquid	1
16384	C9H9NO	4-ethoxybenzonitrile	25117-74-2	147.177	334.65	1	531.15	1	24	1.0594	2	---	---	---	solid	1
16385	C9H9NO	2-methoxybenzeneacetonitrile	7035-03-2	147.177	342.95	1	489.83	2	24	1.0594	2	---	---	---	solid	1
16386	C9H9NO	4-methoxybenzeneacetonitrile	104-47-2	147.177	---	---	559.65	1	20	1.0845	1	20	1.5309	1	---	---
16387	C9H9NO	7-methoxy-1H-indole	3189-22-8	147.177	---	---	489.83	2	25	1.1260	1	20	1.6120	1	---	---
16388	C9H9NO	cinnamamide, predominantly trans	621-79-4	147.177	421.15	1	489.83	2	24	1.0594	2	---	---	---	solid	1
16389	C9H9NO	2,6-dimethylbenzoxazole	---	147.177	---	---	489.83	2	24	1.0594	2	---	1.5450	1	---	---
16390	C9H9NO	3,5-dimethyl-4-hydroxybenzonitrile	4198-90-7	147.177	394.15	1	489.83	2	24	1.0594	2	---	---	---	solid	1
16391	C9H9NO	2,3-dimethylphenyl isocyanate	1591-99-7	147.177	---	---	489.83	2	25	1.0590	1	---	1.5400	1	---	---
16392	C9H9NO	2,6-dimethylphenyl isocyanate	28556-81-2	147.177	---	---	356.65	1	25	1.0570	1	---	1.5360	1	---	---
16393	C9H9NO	2,5-dimethylphenyl isocyanate	40397-98-6	147.177	---	---	483.15	1	25	1.0430	1	---	1.5320	1	---	---
16394	C9H9NO	3,4-dimethylphenyl isocyanate	51163-27-0	147.177	---	---	489.83	2	25	1.0510	1	---	1.5360	1	---	---
16395	C9H9NO	2,4-dimethylphenyl isocyanate	51163-29-2	147.177	---	---	489.83	2	25	1.0410	1	---	1.5340	1	---	---
16396	C9H9NO	3,5-dimethylphenyl isocyanate	54132-75-1	147.177	---	---	489.83	2	25	1.0430	1	---	1.5280	1	---	---
16397	C9H9NO	3-ethoxybenzonitrile	25117-75-3	147.177	---	---	515.65	1	25	1.0470	1	---	1.5290	1	---	---
16398	C9H9NO	4-ethylphenyl isocyanate	23138-50-3	147.177	---	---	489.83	2	25	1.0240	1	---	1.5270	1	---	---
16399	C9H9NO	3-ethylphenyl isocyanate	23138-58-1	147.177	---	---	489.83	2	25	1.0330	1	---	1.5260	1	---	---
16400	C9H9NO	2-ethylphenyl isocyanate	40411-25-4	147.177	---	---	489.83	2	25	1.0420	1	---	1.5280	1	---	---

Table 1 Physical Properties - Organic Compounds

				Mol Wt	Freezing Point		Boiling Point		Density			Refractive Index			State	
NO	FORMULA	NAME	CAS No	g/mol	T_F, K	code	T_B, K	code	T, C	g/cm3	code	T, C	n_D	code	@25C,1 atm	code
16401	C9H9NO	1-furfurylpyrrole	1438-94-4	147.177	---	---	489.83	2	25	1.0810	1	---	1.5310	1	---	---
16402	C9H9NO	5-methoxyindole	1006-94-6	147.177	328.15	1	489.83	2	24	1.0594	2	---	---	---	solid	1
16403	C9H9NO	4-methoxyindole	4837-90-5	147.177	342.15	1	489.83	2	24	1.0594	2	---	---	---	solid	1
16404	C9H9NO	3-methoxyphenylacetonitrile	19924-43-7	147.177	---	---	489.83	2	25	1.0520	1	---	1.5310	1	---	---
16405	C9H9NO	(S)-(-)-a-methylbenzyl isocyanate	14649-03-7	147.177	---	---	328.15	1	25	1.0470	1	---	1.5150	1	---	---
16406	C9H9NO	(R)-(+)-a-methylbenzyl isocyanate	33375-06-3	147.177	---	---	489.83	2	25	1.0390	1	---	1.5130	1	---	---
16407	C9H9NO	4-methylbenzyl isocyanate	56651-57-1	147.177	---	---	489.83	2	25	1.0520	1	---	1.5220	1	---	---
16408	C9H9NO	2-methylbenzyl isocyanate	56651-58-2	147.177	---	---	499.15	1	25	1.0590	1	---	1.5280	1	---	---
16409	C9H9NO	3-methylbenzyl isocyanate	61924-25-2	147.177	---	---	489.83	2	25	1.0520	1	---	1.5230	1	---	---
16410	C9H9NO	phenethyl isocyanate	1943-82-4	147.177	---	---	483.15	1	25	1.0630	1	---	1.5220	1	---	---
16411	C9H9NO	2-phenyl-2-oxazoline	7127-19-7	147.177	285.15	1	489.83	2	25	1.1180	1	---	1.5670	1	liquid	2
16412	C9H9NO	2-ethylbenzoxazole	6797-13-3	147.177	---	---	606.15	dec	24	1.0594	2	---	---	---	---	---
16413	C9H9NO	indole-3-carbinol	700-06-1	147.177	363.15	1	489.83	2	24	1.0594	2	---	---	---	solid	1
16414	C9H9NOS	4-methoxybenzylisothiocyanate	3694-57-3	179.243	---	---	561.15	2	25	1.1800	1	---	1.5925	1	---	---
16415	C9H9NOS	5-methoxy-2-methylbenzothiazole	2941-69-7	179.243	309.15	1	561.15	2	25	1.1675	2	---	---	---	solid	1
16416	C9H9NOS	6-methoxy-2-methylbenzothiazole	2941-72-2	179.243	310.15	1	561.15	2	25	1.2040	1	---	1.6120	1	solid	1
16417	C9H9NOS	2-methoxy-5-methylphenylisothiocyanate	---	179.243	---	---	561.15	2	25	1.1400	1	---	1.6300	1	---	---
16418	C9H9NOS	2-methoxy-5-methylphenyl isothiocyanate	190774-56-2	179.243	---	---	561.15	1	25	1.1460	1	---	1.6320	1	---	---
16419	C9H9NOSe	5-methoxy-2-methylbenzselenazole	2946-17-0	226.137	---	---	---	---	25	1.4910	1	---	1.6390	1	---	---
16420	C9H9NO2	2,6-dimethoxybenzonitrile	16932-49-3	163.176	392.15	1	583.15	1	25	1.1178	2	---	---	---	solid	1
16421	C9H9NO2	1-(2-pyridinyl)-1,3-butanedione	40614-52-6	163.176	323.15	1	533.98	2	25	1.1178	2	---	---	---	solid	1
16422	C9H9NO2	1-(3-pyridinyl)-1,3-butanedione	3594-37-4	163.176	358.15	1	533.98	2	25	1.1178	2	---	---	---	solid	1
16423	C9H9NO2	1-(4-pyridinyl)-1,3-butanedione	75055-73-1	163.176	335.15	1	533.98	2	25	1.1178	2	---	---	---	solid	1
16424	C9H9NO2	4-acetamidobenzaldehyde	122-85-0	163.176	429.15	1	533.98	2	25	1.1178	2	---	---	---	solid	1
16425	C9H9NO2	4-acetaminobenzaldehyde	6051-41-8	163.176	428.65	1	533.98	2	25	1.1178	2	---	---	---	solid	1
16426	C9H9NO2	2,6-diacetylpyridine	1129-30-2	163.176	353.15	1	533.98	2	25	1.1178	2	---	---	---	solid	1
16427	C9H9NO2	6,7-dihydroxy-3,4-dihydroisoquinoline	4602-83-9	163.176	519.15	1	533.98	2	25	1.1178	2	---	---	---	solid	1
16428	C9H9NO2	3,5-dimethoxybenzonitrile	19179-31-8	163.176	361.15	1	533.98	2	25	1.1178	2	---	---	---	solid	1
16429	C9H9NO2	3,4-dimethoxybenzonitrile	2024-83-1	163.176	341.65	1	533.98	2	25	1.1178	2	---	---	---	solid	1
16430	C9H9NO2	2,4-dimethoxybenzonitrile	4107-65-7	163.176	366.65	1	533.98	2	25	1.1178	2	---	---	---	solid	1
16431	C9H9NO2	2,3-dimethoxybenzonitrile	5653-62-3	163.176	316.65	1	533.98	2	25	1.1178	2	---	---	---	solid	1
16432	C9H9NO2	4-ethoxyphenyl isocyanate	32459-62-4	163.176	---	---	505.65	1	25	1.1100	1	---	1.5360	1	---	---
16433	C9H9NO2	2-ethoxyphenyl isocyanate	5395-71-1	163.176	---	---	533.98	2	25	1.1030	1	---	1.5270	1	---	---
16434	C9H9NO2	4-hydroxy-3-methoxyphenylacetonitrile	4468-59-1	163.176	329.65	1	533.98	2	25	1.1178	2	---	---	---	solid	1
16435	C9H9NO2	(S)-(-)-indoline-2-carboxylic acid	79815-20-6	163.176	---	---	533.98	2	25	1.1178	2	---	---	---	---	---
16436	C9H9NO2	4-methoxybenzyl isocyanate	56651-60-6	163.176	---	---	533.98	2	25	1.1430	1	---	1.4330	1	---	---
16437	C9H9NO2	2-methoxy-5-methylphenyl isocyanate	59741-04-7	163.176	298.65	1	513.15	1	25	1.1120	1	---	1.5370	1	solid	1
16438	C9H9NO2	4-methoxy-2-methylphenyl isocyanate	60385-06-0	163.176	---	---	533.98	2	25	1.1210	1	---	1.5460	1	---	---
16439	C9H9NO2	4-nitroindan	34701-14-9	163.176	315.15	1	533.98	2	25	1.1178	2	---	---	---	solid	1
16440	C9H9NO2	(R)-(-)-4-phenyl-2-oxazolidinone	90319-52-1	163.176	403.65	1	533.98	2	25	1.1178	2	---	---	---	solid	1
16441	C9H9NO2	(S)-(+)-4-phenyl-2-oxazolidinone	99395-88-7	163.176	404.65	1	533.98	2	25	1.1178	2	---	---	---	solid	1
16442	C9H9NO2	1-phenyl-1,2-propanedione-2-oxime	119-51-7	163.176	386.15	1	533.98	2	25	1.1178	2	---	---	---	solid	1
16443	C9H9NO2	cinnamohydroxamic acid	3669-32-7	163.176	---	---	533.98	2	25	1.1178	2	---	---	---	---	---
16444	C9H9NO2	5-nitroindane	7436-07-9	163.176	313.40	1	533.98	2	25	1.1178	2	---	---	---	solid	1
16445	C9H9NO2	4-oxo-4-(3-pyridyl)butanal	76014-80-7	163.176	---	---	533.98	2	25	1.1178	2	---	---	---	---	---
16446	C9H9NO2S	2,4-dimethoxyphenyl isothiocyanate	33904-03-9	195.242	326.65	1	---	---	25	1.2629	2	---	---	---	solid	1
16447	C9H9NO2S	2,5-dimethoxyphenyl isothiocyanate	40532-06-7	195.242	307.65	1	283.15	1	25	1.2629	2	---	---	---	solid	1
16448	C9H9NO2S	p-toluenesulfonylacetonitrile	5697-44-9	195.242	418.15	1	---	---	25	1.2629	2	---	---	---	solid	1
16449	C9H9NO2S	tosylmethyl isocyanide	36635-61-7	195.242	386.15	1	---	---	25	1.2629	2	---	---	---	solid	1
16450	C9H9NO3	N-benzoylglycine	495-69-2	179.176	464.65	1	---	---	20	1.3710	1	---	---	---	solid	1
16451	C9H9NO3	2,3-dihydro-3-hydroxy-1-methyl-1H-indole-	54-06-8	179.176	398.15	dec	---	---	25	1.2386	2	---	---	---	solid	1
16452	C9H9NO3	4-acetamidobenzoic acid	556-08-1	179.176	531.65	1	---	---	25	1.2386	2	---	---	---	solid	1
16453	C9H9NO3	3-acetamidobenzoic acid	587-48-4	179.176	528.15	1	---	---	25	1.2386	2	---	---	---	solid	1
16454	C9H9NO3	2-acetamidobenzoic acid	89-52-1	179.176	458.15	1	---	---	25	1.2386	2	---	---	---	solid	1
16455	C9H9NO3	5-acetylsalicylamide	40187-51-7	179.176	493.15	1	---	---	25	1.2386	2	---	---	---	solid	1
16456	C9H9NO3	6-amino-3,4-methylenedioxyacetophenone	28657-75-2	179.176	443.15	1	---	---	25	1.2386	2	---	---	---	solid	1
16457	C9H9NO3	2,5-dimethoxyphenyl isocyanate	56309-62-7	179.176	314.15	1	---	---	25	1.2386	2	---	---	---	solid	1
16458	C9H9NO3	2,4-dimethoxyphenyl isocyanate	84370-87-6	179.176	303.15	1	---	---	25	1.2386	2	---	---	---	solid	1
16459	C9H9NO3	N-formyl-4-(methylamino)benzoic acid	51865-84-0	179.176	492.15	1	---	---	25	1.2386	2	---	---	---	solid	1
16460	C9H9NO3	N-hydroxy-5-norbornene-2,3-dicarboximide	21715-90-2	179.176	441.65	1	---	---	25	1.2386	2	---	---	---	solid	1
16461	C9H9NO3	4-nitrocinnamyl alcohol	1504-63-8	179.176	400.65	1	---	---	25	1.2386	2	---	---	---	solid	1
16462	C9H9NO3	2-(2-nitrovinyl)anisole	3316-24-3	179.176	---	---	---	---	25	1.2386	2	---	---	---	---	---
16463	C9H9NO3S	1-hydroxy-6-methylsulphonylindole	---	211.242	448.15	1	---	---	25	1.3184	2	---	---	---	solid	1
16464	C9H9NO4	[2-(aminocarbonyl)phenoxy]acetic acid	25395-22-6	195.175	494.15	1	525.92	2	25	1.2988	2	---	---	---	solid	1
16465	C9H9NO4	benzadox	5251-93-4	195.175	413.15	1	525.92	2	25	1.2988	2	---	---	---	solid	1
16466	C9H9NO4	ethyl 2-nitrobenzoate	610-34-4	195.175	303.15	1	548.15	1	25	1.2988	2	---	---	---	solid	1
16467	C9H9NO4	ethyl 3-nitrobenzoate	618-98-4	195.175	320.15	1	570.15	1	25	1.2988	2	---	---	---	solid	1
16468	C9H9NO4	ethyl 4-nitrobenzoate	99-77-4	195.175	330.15	1	459.45	1	25	1.2988	2	---	---	---	solid	1
16469	C9H9NO4	3-(2-nitrophenyl)propanoic acid	2001-32-3	195.175	---	---	525.92	2	25	1.2988	2	---	---	---	---	---
16470	C9H9NO4	3-(4-nitrophenyl)propanoic acid	16642-79-8	195.175	---	---	525.92	2	25	1.2988	2	---	---	---	---	---
16471	C9H9NO4	N-(2-carboxyphenyl)glycine	612-42-0	195.175	491.15	1	525.92	2	25	1.2988	2	---	---	---	solid	1
16472	C9H9NO4	1,2-epoxy-3-(4-nitrophenoxy)propane	5255-75-4	195.175	338.15	1	525.92	2	25	1.2988	2	---	---	---	solid	1
16473	C9H9NO4	a-hydroxyhippuric acid	16555-77-4	195.175	---	---	525.92	2	25	1.2988	2	---	---	---	---	---
16474	C9H9NO4	2-hydroxyhippuric acid	487-54-7	195.175	439.65	1	525.92	2	25	1.2988	2	---	---	---	solid	1
16475	C9H9NO4	4-nitrobenzyl acetate	619-90-9	195.175	---	---	525.92	2	25	1.2988	2	---	---	---	---	---
16476	C9H9NO4	trans-(+)-3-(4-nitrophenyl)oxiranemethanol	37141-32-5	195.175	---	---	525.92	2	25	1.2988	2	---	---	---	---	---
16477	C9H9NO4	trans-(-)-3-(4-nitrophenyl)oxiranemethanol	1885-07-0	195.175	---	---	525.92	2	25	1.2988	2	---	---	---	---	---
16478	C9H9NO5	6-nitroveratraldehyde	20357-25-9	211.174	404.65	1	---	---	25	1.3547	2	---	---	---	solid	1
16479	C9H9NO6	4,5-dimethoxy-2-nitrobenzoic acid	4998-07-6	227.174	469.15	1	---	---	25	1.4066	2	---	---	---	solid	1
16480	C9H9NO6	2,5-dimetoxy-3-nitrobenzoic acid	17894-26-7	227.174	455.15	1	---	---	25	1.4066	2	---	---	---	solid	1

Table 1 Physical Properties - Organic Compounds

				Mol Wt	Freezing Point		Boiling Point		Density			Refractive Index			State	
NO	FORMULA	NAME	CAS No	g/mol	T_F, K	code	T_B, K	code	T, C	g/cm3	code	T, C	n_D	code	@25C,1 atm	code
16481	C9H9NO6S	(S)-(+)-glycidyl nosylate	115314-14-2	259.240	336.15	1	---	---	25	1.4641	2	---	---	---	solid	1
16482	C9H9NO6S	(R)-(-)-glycidyl nosylate	115314-17-5	259.240	334.15	1	---	---	25	1.4641	2	---	---	---	solid	1
16483	C9H9NO7	5-nitro-2-furaldehyde diacetate	92-55-7	243.173	364.15	1	---	---	25	1.4551	2	---	---	---	solid	1
16484	C9H9NS	2,5-dimethylbenzothiazole	95-26-1	163.243	311.15	1	494.78	2	25	1.0833	2	---	---	---	solid	1
16485	C9H9NS	2,6-dimethylphenyl isothiocyanate	19241-16-8	163.243	---	---	520.15	1	25	1.0850	1	---	1.6270	1	---	---
16486	C9H9NS	4-ethylphenyl isothiocyanate	18856-63-8	163.243	---	---	517.65	1	25	1.0750	1	---	1.6200	1	---	---
16487	C9H9NS	2-ethylphenyl isothiocyanate	19241-19-1	163.243	---	---	524.15	1	25	1.0760	1	---	1.6200	1	---	---
16488	C9H9NS	2-phenylethyl isothiocyanate	2257-09-2	163.243	---	---	417.15	1	25	1.0970	1	---	1.5890	1	---	---
16489	C9H9NS2	2-(ethylthio)benzothiazole	2757-92-8	195.309	---	---	---	---	25	1.2260	1	---	1.6580	1	---	---
16490	C9H9NSe	2,5-dimethylbenzoselenazole	2818-89-5	210.137	---	---	---	---	---	---	---	---	---	---	---	---
16491	C9H9N3O	5,7-dimethyl-4-hydroxypyrido[2,3-d]pyrimid	---	175.191	603.15	1	---	---	25	1.2344	2	---	---	---	solid	1
16492	C9H9N3O	2,4-dihydro-5-amino-2-phenyl-3H-pyrazol-:	4149-06-8	175.191	---	---	528.15	1	25	1.2344	2	---	---	---	---	---
16493	C9H9N3O	3-phenylpropionyl azide	---	175.191	---	---	528.15	2	25	1.2344	2	---	---	---	---	---
16494	C9H9N3OS	1-methyl-3-(2-benzthiazolyl)urea	1929-88-0	207.257	560.15	dec	---	---	25	1.3160	2	---	---	---	solid	1
16495	C9H9N3O2	carbendazim	10605-21-7	191.190	573.15	dec	---	---	25	1.4500	1	---	---	---	solid	1
16496	C9H9N3O2S	methylbenzothiadiazine carbamate	33082-92-7	223.256	---	---	314.65	1	25	1.3688	2	---	---	---	---	---
16497	C9H9N3O2S2	5-[(4-aminophenyl)sulfonyl]-2-thiazolamine	473-30-3	255.322	493.15	dec	---	---	25	1.4291	2	---	---	---	solid	1
16498	C9H9N3O2S2	4-amino-N-2-thiazolylbenzenesulfonamide	72-14-0	255.322	175475.15	1	---	---	25	1.4291	2	---	---	---	solid	1
16499	C9H9N3O3W	triacetonitrile tungsten tricarbonyl	16800-47-8	391.030	---	---	307.15	1	---	---	---	---	---	---	---	---
16500	C9H9N3O4S2	2,4-dinitrophenyl dimethylcarbamodithioate	89-37-2	287.321	425.65	1	---	---	20	1.5400	1	---	---	---	solid	1
16501	C9H9N3O5	2-(p-nitrobenzamido)acetohydroxamic acid	39735-49-4	239.188	---	---	---	---	25	1.4551	2	---	---	---	---	---
16502	C9H9N3O6	1,3,5-trimethyl-2,4,6-trinitrobenzene	602-96-0	255.188	511.35	1	---	---	25	1.5011	2	---	---	---	solid	1
16503	C9H9N3S	5-phenyl-2,4-thiazolediamine	490-55-1	191.257	436.65	dec	---	---	25	1.2594	2	---	---	---	solid	1
16504	C9H9N3S	4-amino-2-methylmercaptoquinazoline	63963-40-6	191.257	522.65	1	---	---	25	1.2594	2	---	---	---	solid	1
16505	C9H9N5	6-phenyl-1,3,5-triazine-2,4-diamine	91-76-9	187.205	499.65	1	---	---	25	1.2929	2	---	---	---	solid	1
16506	C9H9N5	N-phenyl-1,3,5-triazine-2,4-diamine	537-17-7	187.205	508.65	1	---	---	25	1.2929	2	---	---	---	solid	1
16507	C9H9N5O4	N-(1-methyl-3-(5-nitro-2-furyl)-S-triazol)-5-	10187-79-8	251.203	---	---	---	---	25	1.5018	2	---	---	---	---	---
16508	C9H10	indane	496-11-7	118.178	221.74	1	451.12	1	25	0.9600	1	25	1.5358	1	liquid	1
16509	C9H10	cis-1-propenylbenzene	766-90-5	118.178	211.47	1	452.03	1	25	0.9040	1	25	1.5402	1	liquid	1
16510	C9H10	trans-1-propenylbenzene	873-66-5	118.178	243.82	1	451.41	1	25	0.9020	1	25	1.5478	1	liquid	1
16511	C9H10	2-propenylbenzene	300-57-2	118.178	233.15	1	428.95	1	20	0.8920	1	20	1.5117	1	liquid	1
16512	C9H10	alpha-methylstyrene	98-83-9	118.178	249.95	1	438.65	1	25	0.9050	1	25	1.5358	1	liquid	1
16513	C9H10	m-methylstyrene	100-80-1	118.178	186.81	1	444.75	1	25	0.9080	1	25	1.5385	1	liquid	1
16514	C9H10	o-methylstyrene	611-15-4	118.178	204.58	1	442.96	1	25	0.9080	1	25	1.5413	1	liquid	1
16515	C9H10	p-methylstyrene	622-97-9	118.178	239.02	1	445.93	1	25	0.9160	1	25	1.5395	1	liquid	1
16516	C9H10	1-propenylbenzene	637-50-3	118.178	246.05	1	448.65	1	25	0.9019	1	20	1.5508	1	liquid	1
16517	C9H10	cyclopropylbenzene	873-49-4	118.178	242.15	1	446.75	1	20	0.9317	1	20	1.5285	1	liquid	1
16518	C9H10	1-methyl-1,3,5,7-cyclooctatetraene	2570-12-9	118.178	---	---	443.32	2	25	0.8978	1	25	1.5249	1	---	---
16519	C9H10	methylstyrene	25013-15-4	118.178	196.25	1	442.65	1	25	0.8950	1	---	1.5430	1	liquid	1
16520	C9H10	3(4)-methylstyrene, isomers	39294-88-7	118.178	215.49	2	443.15	1	25	0.8960	1	---	1.5430	1	liquid	1
16521	C9H10BKN6	potassium tris(1-pyrazolyl)borohydride	18583-60-3	252.130	458.15	1	---	---	---	---	---	---	---	---	solid	1
16522	C9H10BrClN2O2	chlorbromuron	13360-45-7	293.548	369.15	1	---	---	20	1.6900	1	---	---	---	solid	1
16523	C9H10BrNO	4'-bromo-2'-methylacetanilide	24106-05-6	228.089	434.65	1	---	---	25	1.4456	2	---	---	---	solid	1
16524	C9H10BrNO2	4-bromo-DL-phenylalanine	14091-15-7	244.088	535.65	1	---	---	25	1.4939	2	---	---	---	solid	1
16525	C9H10BrNO3	1-(g-bromopropoxy)-4-nitrobenzene	13094-50-3	260.088	330.65	1	---	---	25	1.5389	2	---	---	---	solid	1
16526	C9H10ClFO	1-(3-chloropropoxy)-4-fluorobenzene	1716-42-3	188.629	---	---	---	---	25	1.2000	1	---	---	---	---	---
16527	C9H10ClNO	N-(2-chloroethyl)benzamide	26385-07-9	183.637	377.15	1	---	---	25	1.1838	2	---	---	---	solid	1
16528	C9H10ClNO	2-chloro-4-acetotoluidide	16634-82-5	183.637	---	---	364.15	2	25	1.1838	2	---	---	---	---	---
16529	C9H10ClNO	3'-chloro-p-acetotoluidide	7149-79-3	183.637	---	---	353.15	1	25	1.1838	2	---	---	---	---	---
16530	C9H10ClNO	2-chloro-1-nitroso-2-phenylpropane	6866-10-0	183.637	---	---	375.15	1	25	1.1838	2	---	---	---	---	---
16531	C9H10ClNO2	3-amino-3-(p-chlorophenyl)propionic acid	19947-39-8	199.637	517.15	1	---	---	25	1.2420	2	---	---	---	solid	1
16532	C9H10ClNO2	L-4-chlorophenylalanine	14173-39-8	199.637	509.65	1	---	---	25	1.2420	2	---	---	---	solid	1
16533	C9H10ClNO2	DL-4-chlorophenylalanine	7424-00-2	199.637	>513.15	1	---	---	25	1.2420	2	---	---	---	solid	1
16534	C9H10ClNO2	4-chlorophenylalanine	1991-78-2	199.637	---	---	---	---	25	1.2420	2	---	---	---	---	---
16535	C9H10ClN2O5PS	azamethiphos	35575-96-3	324.682	---	---	---	---	---	---	---	---	---	---	---	---
16536	C9H10ClN3O2S	3-amino-4-chloro-N-(2-cyanoethyl)benzene	64415-13-0	259.717	369.15	1	---	---	25	1.4054	2	---	---	---	solid	1
16537	C9H10ClN5O2	1-((6-chloro-3-pyridinyl)methyl)-N-nitro-2-ir	138261-41-3	255.665	---	---	366.65	1	25	1.4385	2	---	---	---	---	---
16538	C9H10Br2	2,4-dibromo-1,3,5-trimethylbenzene	6942-99-0	277.986	338.65	1	558.15	1	25	1.6570	2	---	---	---	solid	1
16539	C9H10Cl2	2,4-dichloro-1,3,5-trimethylbenzene	57386-83-1	189.083	332.15	1	516.65	1	25	1.1639	2	---	---	---	solid	1
16540	C9H10Cl2N2O	diuron	330-54-1	233.097	431.15	1	---	---	25	1.3202	2	---	---	---	solid	1
16541	C9H10Cl2N2O2	linuron	330-55-2	249.096	366.15	1	---	---	25	1.3673	2	---	---	---	solid	1
16542	C9H10Cl3O3PS	trichlorometaphos-3	2633-54-7	335.574	---	---	365.65	1	---	---	---	---	---	---	---	---
16543	C9H10FNO2	L-4-fluorophenylalanine	1132-68-9	183.183	526.15	1	---	---	25	1.1939	2	---	---	---	solid	1
16544	C9H10FNO2	DL-3-fluorophenylalanine	2629-54-1	183.183	518.15	1	---	---	25	1.1939	2	---	---	---	solid	1
16545	C9H10FNO2	DL-2-fluorophenylalanine	2629-55-2	183.183	515.65	1	---	---	25	1.1939	2	---	---	---	solid	1
16546	C9H10FNO2	DL-4-fluorophenylalanine	51-65-0	183.183	527.15	1	---	---	25	1.1939	2	---	---	---	solid	1
16547	C9H10FNO2	p-fluoro-D-phenylalanine	18125-46-7	183.183	513.15	1	338.15	1	25	1.1939	2	---	---	---	solid	1
16548	C9H10FNO2	3-fluorophenylalanine	456-88-2	183.183	---	---	356.90	2	25	1.1939	2	---	---	---	---	---
16549	C9H10FNO2	3-(o-fluorophenyl)alanine	325-69-9	183.183	---	---	375.65	1	25	1.1939	2	---	---	---	---	---
16550	C9H10FNO2	4-fluorophenylalanine	60-17-3	183.183	---	---	356.90	2	25	1.1939	2	---	---	---	---	---
16551	C9H10FNO3	3-fluoro-DL-tyrosine	403-90-7	199.182	551.15	1	---	---	25	1.2523	2	---	---	---	solid	1
16552	C9H10FNO3	3-fluorotyrosin	139-26-4	199.182	---	---	---	---	25	1.2523	2	---	---	---	---	---
16553	C9H10F3NO	a-aminomethyl-m-trifluoromethylbenzyl alc	21172-28-1	205.180	---	---	414.15	1	25	1.2243	2	---	---	---	---	---
16554	C9H10F3NO2	N-methylanilinium trifluoroacetate	29885-95-8	221.180	338.65	1	---	---	25	1.2770	2	---	---	---	solid	1
16555	C9H10F4Se	2,2,3,3-tetrafluoro-4,7-methano-2,3,5,6,8,9	102489-70-3	273.132	---	---	---	---	---	---	---	---	---	---	---	---
16556	C9H10F6O4	diethyl hexafluoroglutarate	424-40-8	296.167	---	---	---	---	25	1.3400	1	---	---	---	---	---
16557	C9H10HgN4O4	8-theophylline mercuric acetate	6336-12-5	438.794	---	---	379.15	1	---	---	---	---	---	---	---	---
16558	C9H10HgO2	phenylmercuripropionate	103-27-5	350.767	---	---	---	---	---	---	---	---	---	---	---	---
16559	C9H10Hg2N2O5S	2-acetamido-4,5-bis-(acetoxymercuri)thiaz	63906-75-2	659.435	---	---	---	---	---	---	---	---	---	---	---	---
16560	C9H10INO2	4-iodo-D-phenylalanine	62561-75-5	291.089	524.15	1	---	---	25	1.6914	2	---	---	---	solid	1

Table 1 Physical Properties - Organic Compounds

NO	FORMULA	NAME	CAS No	Mol Wt g/mol	Freezing Point T_F, K	code	Boiling Point T_B, K	code	Density T, C	g/cm3	code	Refractive Index T, C	n_D	code	State @25C,1 atm	code
16561	C9H10INO3	L-3-iodotyrosine	70-78-0	307.088	478.15	dec	---	---	25	1.7280	2	---	---	---	solid	1
16562	C9H10NO3PS	cyanophos	2636-26-2	243.224	287.65	1	392.65	1	---	---	---	---	1.5400	1	liquid	1
16563	C9H10MgN2O4	pemoline magnesium.	18968-99-5	234.495	>573	1	365.40	1	---	---	---	---	---	---	solid	1
16564	C9H10NO4P	3-phenyl-2-isoxazoline-5-phosphonic acid	58144-61-9	227.157	---	---	---	---	---	---	---	---	---	---	---	---
16565	C9H10N2	4,5-dihydro-1-phenyl-1H-pyrazole	936-53-8	146.192	325.15	1	546.15	1	58	1.0689	1	58	1.6015	1	solid	1
16566	C9H10N2	4,5-dihydro-3-phenyl-1H-pyrazole	936-48-1	146.192	318.95	1	551.29	2	54	1.0892	1	---	---	---	solid	1
16567	C9H10N2	1,5-dimethyl-1H-benzimidazole	10394-35-1	146.192	368.15	1	573.15	1	56	1.0791	2	---	---	---	solid	1
16568	C9H10N2	2,5-dimethyl-1H-benzimidazole	1792-41-2	146.192	476.15	1	623.15	1	56	1.0791	2	---	---	---	solid	1
16569	C9H10N2	5,6-dimethyl-1H-benzimidazole	582-60-5	146.192	478.65	1	551.29	2	56	1.0791	2	---	---	---	solid	1
16570	C9H10N2	1,5-dimethyl-1H-indazole	70127-93-4	146.192	335.65	1	533.15	1	56	1.0791	2	---	---	---	solid	1
16571	C9H10N2	2,3-dimethyl-2H-indazole	50407-18-6	146.192	352.65	1	559.15	1	56	1.0791	2	---	---	---	solid	1
16572	C9H10N2	2,2'-dipyrrolylmethane	21211-65-4	146.192	346.15	1	551.29	2	56	1.0791	2	---	---	---	solid	1
16573	C9H10N2	2-ethylbenzimidazole	1848-84-6	146.192	449.65	1	551.29	2	56	1.0791	2	---	---	---	solid	1
16574	C9H10N2	5-amino-2-methylindole	7570-49-2	146.192	---	---	433.15	1	56	1.0791	2	---	---	---	---	---
16575	C9H10N2	3-anilinopropionitrile	1075-76-9	146.192	324.15	1	551.29	2	56	1.0791	2	---	---	---	solid	1
16576	C9H10N2	4-(dimethylamino)benzonitrile	1197-19-9	146.192	346.15	1	591.15	1	56	1.0791	2	---	---	---	solid	1
16577	C9H10N2	2-phenyl-2-imidazoline	936-49-2	146.192	369.65	1	551.29	2	56	1.0791	2	---	---	---	solid	1
16578	C9H10N2	1-ethyl-1H-indazole	43120-22-5	146.192	---	---	551.29	2	56	1.0791	2	---	---	---	---	---
16579	C9H10N2O	1-phenyl-3-pyrazolidinone	92-43-3	162.192	399.15	1	---	---	25	1.1408	2	---	---	---	solid	1
16580	C9H10N2O	4,5-dihydro-5-phenyl-2-oxazolamine	2207-50-3	162.192	410.15	1	---	---	25	1.1408	2	---	---	---	solid	1
16581	C9H10N2O	4-(dimethylamino)phenyl isocyanate	16315-59-6	162.192	311.15	1	---	---	25	1.1408	2	---	---	---	solid	1
16582	C9H10N2O	N-phenyl-1-aziridinecarboxamide	13279-22-6	162.192	---	---	---	---	25	1.1408	2	---	---	---	---	---
16583	C9H10N2O2	(phenylacetyl)urea	63-98-9	178.191	488.15	1	---	---	25	1.2057	2	---	---	---	solid	1
16584	C9H10N2O3	N-(4-aminobenzoyl)glycine	61-78-9	194.191	471.65	1	---	---	25	1.2658	2	---	---	---	solid	1
16585	C9H10N2O3	(2-benzamido)acetohydroxamic acid	1499-54-3	194.191	---	---	408.35	2	25	1.2658	2	---	---	---	---	---
16586	C9H10N2O3	methylazoxymethyl benzoate	3527-05-7	194.191	---	---	408.35	2	25	1.2658	2	---	---	---	---	---
16587	C9H10N2O3	3-methylphenyl-N-methyl-N-nitrosocarbam	58139-35-8	194.191	---	---	408.35	1	25	1.2658	2	---	---	---	---	---
16588	C9H10N2O3S2	6-ethoxy-2-benzothiazolesulfonamide	452-35-7	258.323	462.15	1	---	---	25	1.3998	2	---	---	---	solid	1
16589	C9H10N2O4	1,3,5-trimethyl-2,4-dinitrobenzene	608-50-4	210.190	358.45	1	372.15	2	25	1.3217	2	---	---	---	solid	1
16590	C9H10N2O4	N-(2-hydroxyethyl)-3-nitrobenzylidenimine	40343-32-6	210.190	---	---	372.15	2	25	1.3217	2	---	---	---	---	---
16591	C9H10N2O4	N-(2-hydroxyethyl)-4-nitrobenzylidenimine	40343-30-4	210.190	---	---	372.15	2	25	1.3217	2	---	---	---	---	---
16592	C9H10N2O4	2-nitro-p-acetanisidide	119-81-3	210.190	---	---	372.15	1	25	1.3217	2	---	---	---	---	---
16593	C9H10N2O5	3-nitro-L-tyrosine	621-44-3	226.189	507.15	1	---	---	25	1.3738	2	---	---	---	solid	1
16594	C9H10N2O5	4-isopropyl-2,6-dinitrophenol	4097-47-6	226.189	---	---	---	---	25	1.3738	2	---	---	---	---	---
16595	C9H10N2OS	2-amino-6-ethoxybenzothiazole	94-45-1	194.258	>433.15	1	---	---	25	1.2315	2	---	---	---	solid	1
16596	C9H10N2S	2-amino-5,6-dimethylbenzothiazole	29927-08-0	178.258	460.15	1	---	---	25	1.1718	2	---	---	---	solid	1
16597	C9H10N2S	isothiocyanic acid, p-dimethylaminophenyl	2131-64-8	178.258	---	---	371.35	2	25	1.1718	2	---	---	---	---	---
16598	C9H10N2S	4-thiocyano-N,N-dimethylaniline	7152-80-9	178.258	---	---	371.35	1	25	1.1718	2	---	---	---	---	---
16599	C9H10N4O	1-(2-benzimidazolyl)-3-methylurea	21035-25-6	190.206	---	---	361.55	1	25	1.2624	2	---	---	---	---	---
16600	C9H10N4O2S2	N1-(5-methyl-1,3,4-thiadiazol-2-yl)-sulfanil	144-82-1	270.337	482.65	1	449.15	1	25	1.4424	2	---	---	---	solid	1
16601	C9H10N4O3S	2-(2,2-dimethylhydrazino)-4-(5-nitro-2-furyl	26049-69-4	254.271	---	---	401.15	1	25	1.4328	2	---	---	---	---	---
16602	C9H10N4O4	furapyrimidone	75888-03-8	238.204	---	---	---	---	25	1.4219	2	---	---	---	---	---
16603	C9H10N4O6	4-hydroxy-3,5-dinitrophenylpropionic hydra	---	270.203	---	---	---	---	25	1.5116	2	---	---	---	---	---
16604	C9H10N4S	2-hydrazino-4-(p-aminophenyl)thiazole	26049-71-8	206.272	---	---	375.45	1	25	1.2842	2	---	---	---	---	---
16605	C9H10O	2-allylphenol	1745-81-9	134.178	267.15	1	493.15	1	15	1.0246	1	20	1.5181	1	liquid	1
16606	C9H10O	4-allylphenol	501-92-8	134.178	288.95	1	511.15	1	15	1.0203	1	18	1.5441	1	liquid	1
16607	C9H10O	2-(1-propenyl)phenol	6380-21-8	134.178	267.15	1	493.15	1	15	1.0246	1	20	1.5181	1	liquid	1
16608	C9H10O	trans-2-(1-propenyl)phenol	23619-59-2	134.178	310.65	1	503.65	1	16	1.0441	1	21	1.5823	1	solid	1
16609	C9H10O	allyl phenyl ether	1746-13-0	134.178	---	---	464.85	1	20	0.9811	1	20	1.5223	1	---	---
16610	C9H10O	(2-methoxyvinyl)benzene	4747-15-3	134.178	---	---	484.65	1	23	0.9894	1	24	1.5620	1	---	---
16611	C9H10O	1-vinyl-2-methoxybenzene	612-15-7	134.178	302.15	1	470.15	1	17	1.0049	1	20	1.5388	1	solid	1
16612	C9H10O	1-vinyl-3-methoxybenzene	626-20-0	134.178	---	---	493.31	2	20	0.9919	1	23	1.5586	1	---	---
16613	C9H10O	1-vinyl-4-methoxybenzene	637-69-4	134.178	275.15	1	478.15	1	13	1.0001	1	13	1.5642	1	liquid	1
16614	C9H10O	benzenepropanal	104-53-0	134.178	320.15	1	497.15	1	20	1.0190	1	---	---	---	solid	1
16615	C9H10O	2,4-dimethylbenzaldehyde	15764-16-6	134.178	264.15	1	491.15	1	20	1.0184	2	---	---	---	liquid	1
16616	C9H10O	2,5-dimethylbenzaldehyde	5779-94-2	134.178	---	---	493.15	1	20	0.9500	1	---	---	---	---	---
16617	C9H10O	3,5-dimethylbenzaldehyde	5779-95-3	134.178	282.15	1	494.15	1	20	1.0184	2	---	---	---	liquid	1
16618	C9H10O	2-ethylbenzaldehyde	22927-13-5	134.178	---	---	482.15	1	17	1.0216	1	17	1.5425	1	---	---
16619	C9H10O	alpha-methylbenzeneacetaldehyde	93-53-8	134.178	284.00	2	472.00	1	20	1.0089	1	20	1.5176	1	---	---
16620	C9H10O	2-methylbenzeneacetaldehyde	10166-08-2	134.178	---	---	494.15	1	10	1.0241	1	---	---	---	---	---
16621	C9H10O	4-methylbenzeneacetaldehyde	104-09-6	134.178	313.15	1	494.65	1	20	1.0052	1	20	1.5255	1	solid	1
16622	C9H10O	3,4-dihydro-1H-2-benzopyran	493-05-0	134.178	277.50	1	493.31	2	25	1.0670	1	20	1.5444	1	liquid	2
16623	C9H10O	3,4-dihydro-2H-1-benzopyran	493-08-3	134.178	277.95	1	488.15	1	20	1.0720	1	20	1.5444	1	liquid	1
16624	C9H10O	cis-3-phenyl-2-propen-1-ol	4510-34-3	134.178	307.15	1	530.65	1	20	1.0440	1	20	1.5819	1	solid	1
16625	C9H10O	trans-3-phenyl-2-propen-1-ol	4407-36-7	134.178	307.15	1	530.65	1	20	1.0440	1	20	1.5819	1	solid	1
16626	C9H10O	alpha-vinylbenzenemethanol	4393-06-0	134.178	---	---	493.31	2	21	1.0249	1	20	1.5406	1	---	---
16627	C9H10O	2,3-dihydro-1H-inden-1-ol	6351-10-6	134.178	327.95	1	493.15	1	20	1.0184	2	---	---	---	solid	1
16628	C9H10O	2,3-dihydro-1H-inden-5-ol	1470-94-6	134.178	331.15	1	526.15	1	20	1.0184	2	---	---	---	solid	1
16629	C9H10O	2,3-dihydro-2-methylbenzofuran	1746-11-8	134.178	---	---	470.65	1	25	1.0610	1	---	1.5308	1	---	---
16630	C9H10O	2,3-dihydro-5-methylbenzofuran	76429-68-0	134.178	---	---	483.65	1	19	1.0463	1	20	1.5400	1	---	---
16631	C9H10O	4-methylacetophenone	122-00-9	134.178	301.15	1	499.15	1	20	1.0051	1	20	1.5335	1	solid	1
16632	C9H10O	1-(2-methylphenyl)ethanone	577-16-2	134.178	---	---	487.15	1	20	1.0260	1	20	1.5276	1	---	---
16633	C9H10O	1-(3-methylphenyl)ethanone	585-74-0	134.178	---	---	493.15	1	25	1.0165	1	15	1.5330	1	---	---
16634	C9H10O	1-phenyl-1-propanone	93-55-0	134.178	291.75	1	490.65	1	20	1.0096	1	20	1.5269	1	liquid	1
16635	C9H10O	1-phenyl-2-propanone	103-79-7	134.178	258.15	1	489.65	1	20	1.0157	1	20	1.5168	1	liquid	1
16636	C9H10O	2-methyl-2-phenyloxirane	2085-88-3	134.178	---	---	493.31	2	20	1.0228	1	20	1.5232	1	---	---
16637	C9H10O	cinnamyl alcohol	104-54-1	134.178	306.15	1	527.15	1	25	1.0420	1	---	1.5820	1	solid	1
16638	C9H10O	3,4-dimethylbenzaldehyde	5973-71-7	134.178	---	---	499.15	1	25	1.0120	1	---	1.5510	1	---	---
16639	C9H10O	(2,3-epoxypropyl)benzene	4436-24-2	134.178	---	---	493.31	2	25	1.0200	1	---	1.5230	1	---	---
16640	C9H10O	4-ethylbenzaldehyde	4748-78-1	134.178	---	---	494.15	1	25	0.9790	1	---	1.5390	1	---	---

				Mol Wt	Freezing Point		Boiling Point		Density			Refractive Index			State	
NO	FORMULA	NAME	CAS No	g/mol	T_F, K	code	T_B, K	code	T, C	g/cm3	code	T, C	n_D	code	@25C,1 atm	code
16641	C9H10O	2-indanol	4254-29-9	134.178	341.15	1	493.31	2	20	1.0184	2	---	---	---	solid	1
16642	C9H10O	DL-2-phenylpropionaldehyde	34713-70-7	134.178	---	---	476.65	1	25	1.0000	1	---	1.5200	1	---	---
16643	C9H10O	(1R,2R)-(+)-1-phenylpropylene oxide	14212-54-5	134.178	---	---	477.15	1	25	1.0060	1	---	1.5180	1	---	---
16644	C9H10O	a-vinylbenzyl alcohol	42273-76-7	134.178	---	---	493.31	2	25	1.0210	1	---	1.5400	1	---	---
16645	C9H10O	vinylbenzyl alcohol, isomers, stabilized	---	134.178	---	---	493.31	2	20	1.0184	2	---	---	---	---	---
16646	C9H10O	p-methylstyrene oxide	13107-39-6	134.178	---	---	493.31	2	20	1.0184	2	---	---	---	---	---
16647	C9H10OS	4-acetylthioanisole	1778-09-2	166.244	354.65	1	---	---	25	1.1139	2	---	---	---	solid	1
16648	C9H10OS	S-phenyl thiopropionate	18245-72-2	166.244	---	---	---	---	25	1.0830	1	---	1.5600	1	---	---
16649	C9H10O2	4-acetylanisole	100-06-1	150.177	311.65	1	531.15	1	41	1.0818	1	41	1.5470	1	solid	1
16650	C9H10O2	3-allyl-1,2-benzenediol	1125-74-2	150.177	301.15	1	504.72	2	20	1.1241	1	20	1.5656	1	solid	1
16651	C9H10O2	benzenepropanoic acid	501-52-0	150.177	380.15	1	552.95	1	49	1.0712	1	---	---	---	solid	1
16652	C9H10O2	2,4-dimethylbenzoic acid	611-01-8	150.177	363.15	1	541.15	1	31	1.0790	2	---	---	---	solid	1
16653	C9H10O2	2,5-dimethylbenzoic acid	610-72-0	150.177	405.15	1	504.72	2	21	1.0690	1	---	---	---	solid	1
16654	C9H10O2	2,6-dimethylbenzoic acid	632-46-2	150.177	389.15	1	547.65	1	31	1.0790	2	---	---	---	solid	1
16655	C9H10O2	3,5-dimethylbenzoic acid	499-06-9	150.177	444.25	1	504.72	2	31	1.0790	2	---	---	---	solid	1
16656	C9H10O2	2-ethylbenzoic acid	612-19-1	150.177	341.15	1	532.15	1	100	1.0431	1	100	1.5099	1	solid	1
16657	C9H10O2	3-ethylbenzoic acid	619-20-5	150.177	320.15	1	504.72	2	100	1.0420	1	100	1.5345	1	solid	1
16658	C9H10O2	2-ethoxybenzaldehyde	613-69-4	150.177	294.15	1	521.15	1	31	1.0790	2	---	---	---	liquid	1
16659	C9H10O2	3-ethoxybenzaldehyde	22924-15-8	150.177	---	---	518.65	1	20	1.0768	1	20	1.5408	1	---	---
16660	C9H10O2	4-ethoxybenzaldehyde	10031-82-0	150.177	286.65	1	522.15	1	21	1.0800	1	---	---	---	liquid	1
16661	C9H10O2	1-(2-hydroxy-4-methylphenyl)ethanone	6921-64-8	150.177	294.15	1	518.15	1	10	1.1012	1	13	1.5527	1	liquid	1
16662	C9H10O2	1-(2-hydroxy-5-methylphenyl)ethanone	1450-72-2	150.177	323.15	1	483.15	1	53	1.0797	1	---	---	---	solid	1
16663	C9H10O2	1-(4-hydroxy-2-methylphenyl)ethanone	875-59-2	150.177	401.15	1	586.15	1	135	1.0592	1	135	1.5369	1	solid	1
16664	C9H10O2	1-(2-hydroxyphenyl)-1-propanone	610-99-1	150.177	---	---	504.72	2	31	1.0790	2	20	1.5501	1	---	---
16665	C9H10O2	1-(4-hydroxyphenyl)-1-propanone	70-70-2	150.177	422.15	1	504.72	2	31	1.0790	2	---	---	---	solid	1
16666	C9H10O2	2-hydroxy-1-phenyl-1-propanone	5650-40-8	150.177	---	---	524.15	1	18	1.1085	1	23	1.5360	1	---	---
16667	C9H10O2	3-hydroxy-1-phenyl-1-propanone	5650-41-9	150.177	297.15	1	504.72	2	20	1.1078	1	20	1.5450	1	liquid	2
16668	C9H10O2	2-methoxybenzeneacetaldehyde	33567-59-8	150.177	---	---	518.15	1	20	1.0897	1	20	1.5393	1	---	---
16669	C9H10O2	4-methoxybenzeneacetaldehyde	5703-26-4	150.177	---	---	528.65	1	20	1.0960	1	20	1.5359	1	---	---
16670	C9H10O2	4-methoxy-3-methylbenzaldehyde	32723-67-4	150.177	---	---	526.15	1	16	1.0820	1	20	1.5670	1	---	---
16671	C9H10O2	1-(3-methoxyphenyl)ethanone	586-37-8	150.177	368.65	1	513.15	1	19	1.0343	1	20	1.5410	1	solid	1
16672	C9H10O2	2-methoxy-1-phenylethanone	4079-52-1	150.177	281.15	1	518.15	1	20	1.0897	1	20	1.5393	1	liquid	1
16673	C9H10O2	alpha-methylbenzeneacetic acid, (±)	2328-24-7	150.177	---	---	536.15	1	25	1.1000	1	20	1.5237	1	---	---
16674	C9H10O2	3-methylbenzeneacetic acid	621-36-3	150.177	335.15	1	504.72	2	31	1.0790	2	---	---	---	solid	1
16675	C9H10O2	4-methylbenzeneacetic acid	622-47-9	150.177	366.15	1	538.15	1	31	1.0790	2	---	---	---	solid	1
16676	C9H10O2	ethyl benzoate	93-89-0	150.177	238.45	1	486.55	1	25	1.0420	1	25	1.5035	1	liquid	1
16677	C9H10O2	methyl 2-methylbenzoate	89-71-4	150.177	---	---	488.15	1	20	1.0680	1	---	---	---	---	---
16678	C9H10O2	methyl 3-methylbenzoate	99-36-5	150.177	---	---	494.15	1	20	1.0610	1	---	---	---	---	---
16679	C9H10O2	methyl 4-methylbenzoate	99-75-2	150.177	306.35	1	493.15	1	31	1.0790	2	---	---	---	solid	1
16680	C9H10O2	benzyl acetate	140-11-4	150.177	221.65	1	487.15	1	25	1.0450	1	20	1.5232	1	liquid	1
16681	C9H10O2	2-methylphenyl acetate	533-18-6	150.177	---	---	481.15	1	15	1.0533	1	20	1.5002	1	---	---
16682	C9H10O2	3-methylphenyl acetate	122-46-3	150.177	285.15	1	485.15	1	20	1.0430	1	20	1.4978	1	liquid	1
16683	C9H10O2	4-methylphenyl acetate	140-39-6	150.177	---	---	485.65	1	17	1.0512	1	22	1.5163	1	---	---
16684	C9H10O2	methyl 2-phenylacetate	101-41-7	150.177	---	---	489.65	1	16	1.0622	1	20	1.5075	1	---	---
16685	C9H10O2	1-phenoxy-2-propanone	621-87-4	150.177	---	---	502.65	1	20	1.0903	1	20	1.5228	1	---	---
16686	C9H10O2	phenyl glycidyl ether	122-60-1	150.177	276.79	1	516.65	1	21	1.1109	1	21	1.5307	1	---	---
16687	C9H10O2	3-phenyloxiranemethanol	21915-53-7	150.177	299.65	1	504.72	2	27	1.1512	1	27	1.5427	1	solid	1
16688	C9H10O2	phenyl propanoate	637-27-4	150.177	293.15	1	484.15	1	25	1.0436	1	20	1.4980	1	liquid	1
16689	C9H10O2	benzyloxyacetaldehyde	60656-87-3	150.177	---	---	504.72	2	25	1.0690	1	---	1.5180	1	---	---
16690	C9H10O2	4-chromanol	1481-93-2	150.177	316.15	1	504.72	2	31	1.0790	2	---	---	---	solid	1
16691	C9H10O2	2,3-dimethylbenzoic acid	603-79-2	150.177	418.15	1	504.72	2	31	1.0790	2	---	---	---	solid	1
16692	C9H10O2	3,4-dimethylbenzoic acid	619-04-5	150.177	439.15	1	504.72	2	31	1.0790	2	---	---	---	solid	1
16693	C9H10O2	4-ethylbenzoic acid	619-64-7	150.177	385.15	1	504.72	2	31	1.0790	2	---	---	---	solid	1
16694	C9H10O2	4-hydroxy-3,5-dimethylbenzaldehyde	2233-18-3	150.177	385.15	1	504.72	2	31	1.0790	2	---	---	---	solid	1
16695	C9H10O2	4-hydroxy-2,6-dimethylbenzaldehyde	70547-87-4	150.177	---	---	504.72	2	31	1.0790	2	---	---	---	---	---
16696	C9H10O2	4'-hydroxy-3'-methylacetophenone	876-02-8	150.177	381.15	1	504.72	2	31	1.0790	2	---	---	---	solid	1
16697	C9H10O2	2'-methoxyacetophenone	579-74-8	150.177	---	---	504.72	2	25	1.0900	1	---	1.5400	1	---	---
16698	C9H10O2	2-phenyl-1,3-dioxolane	936-51-6	150.177	---	---	413.25	1	25	1.1060	1	---	1.5260	1	---	---
16699	C9H10O2	(2S,3S)-3-phenylglycidol	104196-23-8	150.177	325.15	1	504.72	2	31	1.0790	2	---	---	---	solid	1
16700	C9H10O2	(2R,3R)-3-phenylglycidol	98819-68-2	150.177	325.15	1	504.72	2	31	1.0790	2	---	---	---	solid	1
16701	C9H10O2	(±)-2-phenylpropionic acid	492-37-5	150.177	---	---	534.15	1	25	1.1000	1	---	1.5230	1	---	---
16702	C9H10O2	(S)-(+)-2-phenylpropionic acid	7782-24-3	150.177	303.65	1	504.72	2	25	1.1000	1	---	1.5220	1	solid	1
16703	C9H10O2	(R)-(-)-2-phenylpropionic acid	7782-26-5	150.177	303.65	1	504.72	2	25	1.1000	1	---	1.5230	1	solid	1
16704	C9H10O2	o-tolylacetic acid	644-36-0	150.177	361.65	1	504.72	2	31	1.0790	2	---	---	---	solid	1
16705	C9H10O2	2-phenylethyl formate	104-62-1	150.177	---	---	468.75	1	31	1.0790	2	---	---	---	---	---
16706	C9H10O2	p-pseudocumoquinone	935-92-2	150.177	---	---	366.15	1	31	1.0790	2	---	---	---	---	---
16707	C9H10O2	4-vinylguaiacol	7786-61-0	150.177	---	---	437.15	1	31	1.0790	2	---	---	---	---	---
16708	C9H10O2S	allyl phenyl sulfone	16212-05-8	182.243	---	---	---	---	25	1.1890	1	---	1.5480	1	---	---
16709	C9H10O2S	S-benzylthioglycolic acid	103-46-8	182.243	333.65	1	---	---	25	1.1768	2	---	---	---	solid	1
16710	C9H10O2S	methyl 2-(methylthio)benzoate	3704-28-7	182.243	339.15	1	---	---	25	1.1768	2	---	---	---	solid	1
16711	C9H10O3	ethyl vanillin	121-32-4	166.177	350.65	1	567.00	1	32	1.1490	2	---	---	---	solid	1
16712	C9H10O3	1-(2,4-dihydroxyphenyl)-1-propanone	5792-36-9	166.177	372.15	1	520.33	2	32	1.1490	2	---	---	---	solid	1
16713	C9H10O3	2,4-dimethoxybenzaldehyde	613-45-6	166.177	345.15	1	563.15	1	32	1.1490	2	---	---	---	solid	1
16714	C9H10O3	2,5-dimethoxybenzaldehyde	93-02-7	166.177	325.15	1	543.15	1	32	1.1490	2	---	---	---	solid	1
16715	C9H10O3	3,4-dimethoxybenzaldehyde	120-14-9	166.177	316.15	1	554.15	1	32	1.1490	2	---	---	---	solid	1
16716	C9H10O3	3,5-dimethoxybenzaldehyde	7311-34-4	166.177	319.45	1	520.33	2	32	1.1490	2	---	---	---	solid	1
16717	C9H10O3	2-ethoxybenzoic acid	134-11-2	166.177	293.85	1	520.33	2	32	1.1490	2	---	---	---	liquid	2
16718	C9H10O3	3-ethoxybenzoic acid	621-51-2	166.177	410.15	1	520.33	2	32	1.1490	2	---	---	---	solid	1
16719	C9H10O3	5-ethoxy-2-hydroxybenzaldehyde	80832-54-8	166.177	324.65	1	503.15	1	32	1.1490	2	---	---	---	solid	1
16720	C9H10O3	ethylene glycol monobenzoate	94-33-7	166.177	318.15	1	520.33	2	30	1.1101	1	---	---	---	solid	1

Table 1 Physical Properties - Organic Compounds

				Mol Wt	Freezing Point		Boiling Point		Density			Refractive Index			State	
NO	FORMULA	NAME	CAS No	g/mol	T_F, K	code	T_B, K	code	T, C	g/cm3	code	T, C	n_D	code	@25C,1 atm	code
16721	C9H10O3	ethyl 2-furanacrylate	623-20-1	166.177	297.65	1	505.15	1	25	1.0891	1	20	1.5286	1	liquid	1
16722	C9H10O3	ethyl 3-hydroxybenzoate	7781-98-8	166.177	347.15	1	520.33	2	131	1.0680	1	---	---	---	solid	1
16723	C9H10O3	ethyl 4-hydroxybenzoate	120-47-8	166.177	390.15	1	570.65	1	32	1.1490	2	---	---	---	solid	1
16724	C9H10O3	ethyl salicylate	118-61-6	166.177	318.15	1	520.33	2	20	1.1326	1	20	1.5296	1	solid	1
16725	C9H10O3	4-hydroxybenzenepropanoic acid	501-97-3	166.177	403.95	1	520.33	2	32	1.1490	2	---	---	---	solid	1
16726	C9H10O3	alpha-hydroxybenzenepropanoic acid, (±)	828-01-3	166.177	371.15	1	520.33	2	32	1.1490	2	---	---	---	solid	1
16727	C9H10O3	1-(2-hydroxy-4-methoxyphenyl)ethanone	552-41-0	166.177	325.65	1	520.33	2	81	1.3102	1	81	1.5452	1	solid	1
16728	C9H10O3	1-(4-hydroxy-3-methoxyphenyl)ethanone	498-02-2	166.177	387.65	1	570.65	1	32	1.1490	2	---	---	---	solid	1
16729	C9H10O3	alpha-(hydroxymethyl)benezeneacetic acid	529-64-6	166.177	391.15	1	520.33	2	32	1.1490	2	---	---	---	solid	1
16730	C9H10O3	alpha-hydroxy-alpha-methylbenezeneaceti	515-30-0	166.177	389.65	1	520.33	2	32	1.1490	2	---	---	---	solid	1
16731	C9H10O3	2-methoxybenzeneacetic acid	93-25-4	166.177	397.15	1	520.33	2	32	1.1490	2	---	---	---	solid	1
16732	C9H10O3	4-methoxybenzeneacetic acid	104-01-8	166.177	356.15	1	564.00	2	32	1.1490	2	---	---	---	solid	1
16733	C9H10O3	2-methoxyphenyl acetate	613-70-7	166.177	304.65	1	520.33	2	25	1.1285	1	25	1.5101	1	solid	1
16734	C9H10O3	methyl 2-hydroxy-3-methylbenzoate	23287-26-5	166.177	302.15	1	508.15	1	25	1.1683	1	16	1.5354	1	solid	1
16735	C9H10O3	methyl 2-hydroxy-4-methylbenzoate	4670-56-8	166.177	300.65	1	516.15	1	15	1.1483	1	15	1.5378	1	solid	1
16736	C9H10O3	methyl 2-hydroxy-5-methylbenzoate	22717-57-3	166.177	272.15	1	517.65	1	25	1.1673	1	15	1.5351	1	liquid	1
16737	C9H10O3	methyl alpha-hydroxyphenylacetate, (±)	4358-87-6	166.177	331.15	1	523.15	dec	20	1.1756	1	---	---	---	solid	1
16738	C9H10O3	methyl 3-methoxybenzoate	5368-81-0	166.177	---	---	521.15	1	20	1.1310	1	20	1.5224	1	---	---
16739	C9H10O3	methyl 4-methoxybenzoate	121-98-2	166.177	322.15	1	517.15	1	32	1.1490	2	---	---	---	solid	1
16740	C9H10O3	methyl 2-methoxybenzoate	606-45-1	166.177	---	---	519.65	1	19	1.1571	1	19	1.5340	1	---	---
16741	C9H10O3	methyl phenoxyacetate	2065-23-8	166.177	---	---	518.15	1	20	1.1493	1	20	1.5155	1	---	---
16742	C9H10O3	2-phenoxypropanoic acid, (±)	1912-21-6	166.177	388.65	1	538.65	1	20	1.1865	1	20	1.5184	1	solid	1
16743	C9H10O3	3-phenoxypropanoic acid	7170-38-9	166.177	370.65	1	513.15	1	32	1.1490	2	---	---	---	solid	1
16744	C9H10O3	benzyl glycolate	30379-58-9	166.177	---	---	520.33	2	25	1.1710	1	---	1.5270	1	---	---
16745	C9H10O3	benzyloxyacetic acid	30379-55-6	166.177	---	---	520.33	2	25	1.1620	1	---	1.5260	1	---	---
16746	C9H10O3	2',4'-dihydroxy-3'-methylacetophenone	10139-84-1	166.177	422.15	1	520.33	2	32	1.1490	2	---	---	---	solid	1
16747	C9H10O3	2',5'-dihydroxypropiophenone	938-46-5	166.177	369.65	1	520.33	2	32	1.1490	2	---	---	---	solid	1
16748	C9H10O3	2,6-dimethoxybenzaldehyde	3392-97-0	166.177	369.65	1	558.15	1	32	1.1490	2	---	---	---	solid	1
16749	C9H10O3	2,3-dimethoxybenzaldehyde	86-51-1	166.177	324.15	1	520.33	2	32	1.1490	2	---	---	---	solid	1
16750	C9H10O3	4-ethoxybenzoic acid	619-86-3	166.177	471.15	1	520.33	2	32	1.1490	2	---	---	---	solid	1
16751	C9H10O3	3-ethoxysalicylaldehyde	492-88-6	166.177	340.15	1	536.65	1	32	1.1490	2	---	---	---	solid	1
16752	C9H10O3	furfuryl methacrylate	3454-28-2	166.177	---	---	520.33	2	25	1.0780	1	---	1.4820	1	---	---
16753	C9H10O3	4-hydroxy-3,5-dimethylbenzoic acid	4919-37-3	166.177	494.15	1	520.33	2	32	1.1490	2	---	---	---	solid	1
16754	C9H10O3	2'-hydroxy-6'-methoxyacetophenone	703-23-1	166.177	332.15	1	520.33	2	32	1.1490	2	---	---	---	solid	1
16755	C9H10O3	2'-hydroxy-5'-methoxyacetophenone	705-15-7	166.177	322.65	1	520.33	2	32	1.1490	2	---	---	---	solid	1
16756	C9H10O3	2-hydroxymethyl-1,4-benzodioxan	3663-82-9	166.177	360.65	1	520.33	2	32	1.1490	2	---	---	---	solid	1
16757	C9H10O3	(R)-3-hydroxy-3-phenylpropanoic acid	2768-42-5	166.177	390.65	1	520.33	2	32	1.1490	2	---	---	---	solid	1
16758	C9H10O3	(S)-3-hydroxy-3-phenylpropanoic acid	36567-72-3	166.177	390.65	1	520.33	2	32	1.1490	2	---	---	---	solid	1
16759	C9H10O3	(S)-(+)-2-hydroxy-2-phenylpropionic acid	13113-71-8	166.177	386.65	1	520.33	2	32	1.1490	2	---	---	---	solid	1
16760	C9H10O3	(R)-(-)-2-hydroxy-2-phenylpropionic acid	3966-30-1	166.177	386.65	1	520.33	2	32	1.1490	2	---	---	---	solid	1
16761	C9H10O3	(4-hydroxyphenyl)-2-propionic acid	938-96-5	166.177	404.75	1	520.33	2	32	1.1490	2	---	---	---	solid	1
16762	C9H10O3	3-methoxyphenylacetic acid	1798-09-0	166.177	345.15	1	520.33	2	32	1.1490	2	---	---	---	solid	1
16763	C9H10O3	(S)-(+)-a-methoxyphenylacetic acid	26164-26-1	166.177	338.65	1	520.33	2	32	1.1490	2	---	---	---	solid	1
16764	C9H10O3	(R)-(-)-a-methoxyphenylacetic acid	3966-32-3	166.177	341.15	1	520.33	2	32	1.1490	2	---	---	---	solid	1
16765	C9H10O3	DL-a-methoxyphenylacetic acid	7021-09-2	166.177	343.15	1	520.33	2	32	1.1490	2	---	---	---	solid	1
16766	C9H10O3	methyl 4-(hydroxymethyl)benzoate	6908-41-4	166.177	320.65	1	520.33	2	32	1.1490	2	---	---	---	solid	1
16767	C9H10O3	methyl 4-hydroxyphenylacetate	14199-15-6	166.177	330.65	1	520.33	2	32	1.1490	2	---	---	---	solid	1
16768	C9H10O3	(R)-(-)-methyl mandelate	20698-91-3	166.177	329.15	1	520.33	2	32	1.1490	2	---	---	---	solid	1
16769	C9H10O3	(S)-(+)-methyl mandelate	21210-43-5	166.177	329.15	1	520.33	2	32	1.1490	2	---	---	---	solid	1
16770	C9H10O3	2-phenoxypropionic acid	940-31-8	166.177	390.65	1	538.15	1	32	1.1490	2	---	---	---	solid	1
16771	C9H10O3	L(-)-3-phenyllactic acid	20312-36-1	166.177	396.15	1	520.33	2	32	1.1490	2	---	---	---	solid	1
16772	C9H10O3	D(+)-phenyllactic acid	7326-19-4	166.177	396.15	1	520.33	2	32	1.1490	2	---	---	---	solid	1
16773	C9H10O3	2-hydroxy-2-(m-tolyl)acetic acid	---	166.177	---	---	520.33	2	32	1.1490	2	---	---	---	---	---
16774	C9H10O3	ipomeanine	496-06-0	166.177	315.65	1	374.75	1	32	1.1490	2	---	---	---	solid	1
16775	C9H10O3	isoethylvanillin	2539-53-9	166.177	---	---	451.15	1	32	1.1490	2	---	---	---	---	---
16776	C9H10O3	methyltetrahydrophthalic anhydride	26590-20-5	166.177	---	---	459.55	1	32	1.1490	2	---	---	---	---	---
16777	C9H10O3S	methyl 2-phenylsulfinylacetate	14090-83-6	198.243	327.15	1	381.95	2	25	1.2353	2	---	---	---	solid	1
16778	C9H10O3S	4-methylsulphonylacetophenone	10297-73-1	198.243	401.65	1	---	---	25	1.2353	2	---	---	---	solid	1
16779	C9H10O3S	allyl benzene sulfonate	---	198.243	---	---	381.95	2	25	1.2353	2	---	---	---	---	---
16780	C9H10O3S	(3aa,4b,7b,7aa)-3a-methyl-4,7-hexahydro	127311-83-5	198.243	---	---	381.95	1	25	1.2353	2	---	---	---	---	---
16781	C9H10O4	3,4-dimethoxybenzoic acid	93-07-2	182.176	454.15	1	477.23	2	21	1.1984	2	---	---	---	solid	1
16782	C9H10O4	3,5-dimethoxybenzoic acid	1132-21-4	182.176	458.65	1	477.23	2	21	1.1984	2	---	---	---	solid	1
16783	C9H10O4	ethyl 2-furoylacetate	615-09-8	182.176	---	---	477.23	2	17	1.1650	1	---	---	---	---	---
16784	C9H10O4	2-hydroxy-4,6-dimethoxybenzaldehyde	708-76-9	182.176	343.15	1	477.23	2	21	1.1984	2	---	---	---	solid	1
16785	C9H10O4	3-hydroxy-4,5-dimethoxybenzaldehyde	29865-90-5	182.176	335.65	1	477.23	2	21	1.1984	2	---	---	---	solid	1
16786	C9H10O4	4-hydroxy-3,5-dimethoxybenzaldehyde	134-96-3	182.176	386.15	1	477.23	2	21	1.1984	2	---	---	---	solid	1
16787	C9H10O4	2-hydroxyethyl 2-hydroxybenzoate	87-28-5	182.176	310.15	1	477.23	2	15	1.2526	1	---	---	---	solid	1
16788	C9H10O4	4-hydroxy-3-methoxybenezeneacetic acid	306-08-1	182.176	416.65	1	477.23	2	21	1.1984	2	---	---	---	solid	1
16789	C9H10O4	methyl 4-hydroxy-3-methoxybenzoate	3943-74-6	182.176	337.15	1	559.15	1	21	1.1984	2	---	---	---	solid	1
16790	C9H10O4	1-(2,4,6-trihydroxyphenyl)-1-propanone	2295-58-1	182.176	448.65	1	477.23	2	21	1.1984	2	---	---	---	solid	1
16791	C9H10O4	2,6-dimethoxybenzoic acid	1466-76-8	182.176	461.65	1	477.23	2	21	1.1984	2	---	---	---	solid	1
16792	C9H10O4	2,3-dimethoxybenzoic acid	1521-38-6	182.176	395.65	1	477.23	2	21	1.1984	2	---	---	---	solid	1
16793	C9H10O4	2,5-dimethoxybenzoic acid	2785-98-0	182.176	349.15	1	477.23	2	21	1.1984	2	---	---	---	solid	1
16794	C9H10O4	2,4-dimethoxybenzoic acid	91-52-1	182.176	382.65	1	477.23	2	21	1.1984	2	---	---	---	solid	1
16795	C9H10O4	ethyl 3,4-dihydroxybenzoate	3943-89-3	182.176	406.65	1	477.23	2	21	1.1984	2	---	---	---	solid	1
16796	C9H10O4	ethyl b-oxo-3-furanpropionate	36878-91-8	182.176	---	---	477.23	2	25	1.1530	1	---	1.4890	1	---	---
16797	C9H10O4	2-(4-hydroxyphenoxy)propionic acid	67648-61-7	182.176	418.15	1	477.23	2	21	1.1984	2	---	---	---	solid	1
16798	C9H10O4	4-methoxyphenoxyacetic acid	1877-75-4	182.176	386.15	1	477.23	2	21	1.1984	2	---	---	---	solid	1
16799	C9H10O4	methyl isodehydracetate	41264-06-6	182.176	341.15	1	440.15	1	21	1.1984	2	---	---	---	solid	1
16800	C9H10O4	methyl 5-methoxysalicylate	2905-82-0	182.176	---	---	510.65	1	25	1.2230	1	---	1.5440	1	---	---

Table 1 Physical Properties - Organic Compounds

				Mol Wt	Freezing Point		Boiling Point		Density			Refractive Index			State	
NO	FORMULA	NAME	CAS No	g/mol	T_F, K	code	T_B, K	code	T, C	g/cm3	code	T, C	n_D	code	@25C,1 atm	code
16801	C9H10O4	methyl 4-methoxysalicylate	5446-02-6	182.176	324.15	1	477.23	2	21	1.1984	2	---	---	---	solid	1
16802	C9H10O4	cis-5-norbornene-endo-2,3-dicarboxylic ac	3813-52-3	182.176	448.15	1	477.23	2	21	1.1984	2	---	---	---	solid	1
16803	C9H10O4	3aa,4b,7b,7aa-hexahydro-3a-methyl-4,7-e	127380-62-5	182.176	---	---	477.23	2	21	1.1984	2	---	---	---	---	---
16804	C9H10O4	p-hydroxyphenylacetic acid	306-23-0	182.176	---	---	477.23	2	21	1.1984	2	---	---	---	---	---
16805	C9H10O4	methylenomycin A	52775-76-5	182.176	388.15	dec	398.95	1	21	1.1984	2	---	---	---	solid	1
16806	C9H10O4S	methyl benzenesulfonylacetate	34097-60-4	214.242	---	---	438.15	1	25	1.2820	1	---	1.5350	1	---	---
16807	C9H10O4S	4-methylsulphonylphenylacetic acid	90536-66-6	214.242	409.65	1	438.15	2	25	1.2899	2	---	---	---	solid	1
16808	C9H10O5	alpha,4-dihydroxy-3-methoxybenezeneace	55-10-7	198.175	405.15	dec	493.15	2	25	1.2692	2	---	---	---	solid	1
16809	C9H10O5	2-furanmethanediol diacetate	613-75-2	198.175	326.45	1	493.15	1	25	1.2692	2	---	---	---	solid	1
16810	C9H10O5	gallic acid ethyl ester	831-61-8	198.175	425.65	1	493.15	2	25	1.2692	2	---	---	---	solid	1
16811	C9H10O5	DL-3-hydroxy-4-methoxymandelic acid	3695-24-7	198.175	405.65	1	493.15	2	25	1.2692	2	---	---	---	solid	1
16812	C9H10O5	syringic acid	530-57-4	198.175	482.15	1	493.15	2	25	1.2692	2	---	---	---	solid	1
16813	C9H10O5	2-hydroxy-2-(4-hydroxy-3-methoxy-phenyl)	2394-20-9	198.175	405.65	1	493.15	2	25	1.2692	2	---	---	---	solid	1
16814	C9H10O8	cis,cis,cis,cis-1,2,3,4-cyclopentanetetracar	3786-91-2	246.174	465.15	1	---	---	25	1.4230	2	---	---	---	solid	1
16815	C9H10S	cyclopropyl phenyl sulfide	14633-54-6	150.244	---	---	---	---	25	1.0430	1	---	1.5810	1	---	---
16816	C9H11AsN2O4S2	dithiocarboxymethyl-p-carbamidophenylars	---	350.252	---	---	---	---	---	---	---	---	---	---	---	---
16817	C9H11AsO2	allyl phenyl arsinic acid	21905-27-1	226.107	---	---	492.15	1	---	---	---	---	---	---	---	---
16818	C9H11AsO5	p-(2-oxopropoxy)benzenearsonic acid	64058-54-4	274.105	---	---	416.15	1	---	---	---	---	---	---	---	---
16819	C9H11BO2	2-phenyl-1,3,2-dioxaborinane	4406-77-3	161.996	---	---	---	---	25	1.0770	1	---	1.5280	1	---	---
16820	C9H11BO2	2-propyl-1,3,2-benzodioxaborole	40218-49-3	161.996	---	---	---	---	25	1.0520	1	---	1.4990	1	---	---
16821	C9H11BO4	3-ethoxycarbonylphenylboronic acid	4334-87-6	193.995	---	---	---	---	---	---	---	---	---	---	---	---
16822	C9H11Br	1-bromo-4-isopropylbenzene	586-61-8	199.090	250.65	1	491.85	1	20	1.3145	1	20	1.5569	1	liquid	1
16823	C9H11Br	1-(bromomethyl)-3,5-dimethylbenzene	27129-86-8	199.090	313.15	1	503.15	1	20	1.3060	2	---	---	---	solid	1
16824	C9H11Br	(2-bromo-1-methylethyl)benzene	1459-00-3	199.090	213.85	1	461.65	1	20	1.3020	1	---	---	---	liquid	1
16825	C9H11Br	(1-bromopropyl)benzene, (±)	63790-14-7	199.090	263.15	2	492.96	2	19	1.3098	1	19	1.5517	1	liquid	2
16826	C9H11Br	(2-bromopropyl)benzene	2114-39-8	199.090	263.15	2	492.96	2	20	1.3030	1	20	1.5450	1	liquid	2
16827	C9H11Br	(3-bromopropyl)benzene	637-59-2	199.090	263.15	2	492.65	1	25	1.3106	1	25	1.5440	1	liquid	1
16828	C9H11Br	1-bromo-2,3,5-trimethylbenzene	31053-99-3	199.090	263.15	2	511.15	1	20	1.3060	2	20	1.5516	1	liquid	1
16829	C9H11Br	1-bromo-2,4,5-trimethylbenzene	5469-19-2	199.090	346.15	1	507.15	1	20	1.3060	2	---	---	---	solid	1
16830	C9H11Br	2-bromo-1,3,5-trimethylbenzene	576-83-0	199.090	272.15	1	498.15	1	10	1.3191	1	20	1.5510	1	liquid	1
16831	C9H11Br	1-bromo-2-(1-methylethyl)benzene	7073-94-1	199.090	214.35	1	483.45	1	20	1.3060	2	---	---	---	liquid	1
16832	C9H11Br	1-bromo-4-propylbenzene	588-93-2	199.090	231.75	1	498.15	1	25	1.2830	1	---	1.5370	1	liquid	1
16833	C9H11Br	1-bromo-3-(1-methylethyl)benzene	5433-01-2	199.090	263.15	2	482.20	1	20	1.3060	2	---	---	---	liquid	1
16834	C9H11BrN2O2	metobromuron	3060-89-7	259.103	368.15	1	---	---	20	1.6000	1	---	---	---	solid	1
16835	C9H11BrN2O5	5-bromo-2'-deoxyuridine	59-14-3	307.101	465.65	1	---	---	25	1.6249	2	---	---	---	solid	1
16836	C9H11BrN2O6	5-bromouridine	957-75-5	323.101	465.15	1	---	---	25	1.6602	2	---	---	---	solid	1
16837	C9H11BrO	(3-bromopropoxy)benzene	588-63-6	215.090	283.85	1	519.65	2	16	1.3640	1	---	---	---	liquid	2
16838	C9H11BrO	benzyl 2-bromoethyl ether	1462-37-9	215.090	---	---	527.15	1	25	1.3600	1	---	1.5410	1	---	---
16839	C9H11BrO	4-bromo-2,6-dimethylanisole	14804-38-7	215.090	---	---	519.65	2	22	1.3601	2	---	1.5445	1	---	---
16840	C9H11BrO	4-n-propoxybromobenzene	39969-56-7	215.090	---	---	512.15	1	25	1.3563	1	---	---	---	---	---
16841	C9H11BrO2	4-bromobenzaldehyde dimethyl acetal	24856-58-4	231.089	---	---	527.15	1	25	1.3830	1	---	1.5320	1	---	---
16842	C9H11BrO3	5-bromo-1,2,3-trimethoxybenzene	2675-79-8	247.089	350.15	1	---	---	25	1.4597	2	---	---	---	solid	1
16843	C9H11Cl	1-chloro-2-isopropylbenzene	2077-13-6	154.639	198.75	1	464.25	1	20	1.0341	1	20	1.5168	1	liquid	1
16844	C9H11Cl	1-chloro-4-isopropylbenzene	2621-46-7	154.639	260.85	1	471.45	1	20	1.0208	1	20	1.5117	1	liquid	1
16845	C9H11Cl	1-(chloromethyl)-2,4-dimethylbenzene	824-55-5	154.639	229.80	2	488.65	1	19	1.0580	1	---	---	---	liquid	1
16846	C9H11Cl	(1-chloro-1-methylethyl)benzene	934-53-2	154.639	229.80	2	481.97	2	25	1.1920	1	25	1.5290	1	liquid	2
16847	C9H11Cl	(2-chloro-1-methylethyl)benzene	824-47-5	154.639	229.80	2	481.97	2	19	1.0470	1	19	1.5245	1	liquid	2
16848	C9H11Cl	1-(chloromethyl)-4-ethylbenzene	1467-05-6	154.639	229.80	2	481.97	2	22	1.0582	2	25	1.5290	1	liquid	2
16849	C9H11Cl	(2-chloropropyl)benzene, (R)	55449-46-2	154.639	229.80	2	481.97	2	19	1.0380	1	22	1.5198	1	liquid	2
16850	C9H11Cl	(3-chloropropyl)benzene	104-52-9	154.639	229.80	2	492.65	1	21	1.0560	1	25	1.5160	1	liquid	1
16851	C9H11Cl	2-chloro-1,3,5-trimethylbenzene	1667-04-5	154.639	229.80	2	478.15	1	30	1.0337	1	30	1.5212	1	liquid	1
16852	C9H11Cl	3,4-dimethylbenzyl chloride	102-46-5	154.639	229.80	2	481.97	2	25	1.0560	1	---	1.5400	1	liquid	2
16853	C9H11Cl	2,5-dimethylbenzyl chloride	824-45-3	154.639	229.80	2	496.65	1	25	1.0460	1	---	1.5370	1	liquid	1
16854	C9H11ClN2O	N'-(4-chlorophenyl)-N,N-dimethylurea	150-68-5	198.652	443.65	1	---	---	25	1.2122	2	---	---	---	solid	1
16855	C9H11ClN2O2	3-(4-chlorophenyl)-1-methoxy-1-methylure	1746-81-2	214.652	350.15	1	---	---	25	1.2664	2	---	---	---	solid	1
16856	C9H11ClN2O3	N-(2-chloroethyl)aminomethyl-4-hydroxynit	56538-00-2	230.651	---	---	---	---	25	1.3172	2	---	---	---	---	---
16857	C9H11ClN2O3S	4-chloro-N-methyl-3-(methylsulfamoyl)ben	3688-85-5	262.717	438.65	1	---	---	25	1.3778	2	---	---	---	solid	1
16858	C9H11ClN2O5	5-chloro-2'-deoxyuridine	50-90-8	262.650	451.90	1	---	---	25	1.4095	2	---	---	---	solid	1
16859	C9H11ClN4O2	7-(2-chloroethyl)theophylline	5878-61-5	242.666	397.65	1	---	---	25	1.3634	2	---	---	---	solid	1
16860	C9H11ClO	(3-chloropropoxy)benzene	3384-04-1	170.638	285.15	1	523.15	1	20	1.1167	1	25	1.5235	1	liquid	1
16861	C9H11ClO	1-(2-chloroethyl)-4-methoxybenzene	18217-00-0	170.638	---	---	523.15	2	25	1.1250	1	---	1.5370	1	---	---
16862	C9H11ClO	(3-chloro-propoxy)-benzene	3884-04-1	170.638	285.15	1	523.15	1	23	1.1209	2	---	1.5240	1	liquid	1
16863	C9H11ClO2	3,5-dimethoxybenzyl chloride	6652-32-0	186.638	320.15	1	---	---	25	1.1593	2	---	---	---	solid	1
16864	C9H11ClO2	4-chlorobenzaldehyde dimethyl acetal	3395-81-1	186.638	---	---	---	---	25	1.1280	1	---	1.5080	1	---	---
16865	C9H11ClO2	3,4-bis(methoxy)benzyl chloride	7306-46-9	186.638	---	---	---	---	25	1.1593	2	---	---	---	---	---
16866	C9H11ClO2S	2-mesitylenesulfonyl chloride	773-64-8	218.704	328.15	1	---	---	25	1.2387	2	---	---	---	solid	1
16867	C9H11ClO3	3-(2-chlorophenoxy)-1,2-propanediol	5112-21-0	202.637	344.65	1	---	---	25	1.2162	2	---	---	---	solid	1
16868	C9H11ClO3	3-(4-chlorophenoxy)-1,2-propanediol	104-29-0	202.637	351.15	1	---	---	25	1.2162	2	---	---	---	solid	1
16869	C9H11ClO3S	2-chloroethyl p-toluenesulfonate	80-41-1	234.703	---	---	---	---	25	1.2940	1	---	1.5290	1	---	---
16870	C9H11ClS	[(3-chloropropyl)thio]benzene	4911-65-3	186.705	---	---	---	---	20	1.1536	1	20	1.5752	1	---	---
16871	C9H11Cl2FN2O2S2	N-(dichlorofluoromethylthio)-N',N'-dimethyl	1085-98-9	333.235	378.65	1	427.15	1	25	1.4635	2	---	---	---	solid	1
16872	C9H11Cl2N3O4S2	methylcyclothiazide	135-07-9	360.242	---	---	---	---	25	1.5442	2	---	---	---	---	---
16873	C9H11Cl2O2PS3	methyl phencapton	3735-23-7	349.262	---	---	---	---	---	---	---	---	---	---	---	---
16874	C9H11Cl2P	(4-isopropylphenyl)phosphonous dichloride	82906-78-3	221.065	---	---	542.15	1	12	1.1900	1	25	1.5677	1	---	---
16875	C9H11Cl3NO3P	dowco 159	2213-84-5	318.523	---	---	---	---	---	---	---	---	---	---	---	---
16876	C9H11Cl3NO3PS	chlorpyrifos	2921-88-2	350.589	315.15	1	---	---	---	---	---	---	---	---	solid	1
16877	C9H11F	2-fluoro-1,3,5-trimethylbenzene	392-69-8	138.185	236.45	1	444.65	1	25	0.9745	1	25	1.4809	1	liquid	1
16878	C9H11FN2O5	2'-deoxy-5-fluorouridine	50-91-9	246.196	---	---	---	---	25	1.3751	2	---	---	---	---	---
16879	C9H11FN2O5	doxifluridine	3094-09-5	246.196	465.65	1	---	---	25	1.3751	2	---	---	---	solid	1
16880	C9H11FN2O6	5-fluorouridine	316-46-1	262.195	454.65	1	---	---	25	1.4200	2	---	---	---	solid	1

Table 1 Physical Properties - Organic Compounds

				Mol Wt	Freezing Point		Boiling Point		Density			Refractive Index			State	
NO	FORMULA	NAME	CAS No	g/mol	T_F, K	code	T_B, K	code	T, C	g/cm3	code	T, C	n_D	code	@25C,1 atm	code
16881	C9H11F2N3O4	2(1H)-pyrimidinone, 4-amino-1-(2-deoxy-2,	103882-84-4	263.202	---	---	---	---	25	1.4034	2	---	---	---	---	---
16882	C9H11F3O4	ethyl 2-(ethoxymethylene)-4,4,4-trifluoro-3-	571-55-1	240.179	---	---	---	---	25	1.2350	1	---	1.4290	1	---	---
16883	C9H11F3O5S	ethyl 2-(trifluoromethylsulfonyloxy)-1-cyclo	122539-74-6	288.245	---	---	---	---	25	1.3500	1	---	1.4280	1	---	---
16884	C9H11F4NO3S	N-fluoro-2,4,6-trimethylpyridinium triflate	107264-00-6	289.252	434.15	1	---	---	25	1.3855	2	---	---	---	solid	1
16885	C9H11I	2-ethyl-6-methyliodobenzene	175277-95-9	246.091	301.15	2	520.00	2	25	1.5274	2	---	---	---	solid	2
16886	C9H11I	2,4,6-trimethyliodobenzene	4028-63-1	246.091	301.15	1	520.00	2	25	1.5274	2	---	---	---	solid	1
16887	C9H11IN2O5	(+)-5-iodo-2'-deoxyuridine	54-42-2	354.102	440.65	1	---	---	25	1.7911	2	---	---	---	solid	1
16888	C9H11N	N-allylaniline	589-09-3	133.193	---	---	492.15	1	25	0.9736	1	20	1.5630	1	---	---
16889	C9H11N	2-(1-methylvinyl)aniline	52562-19-3	133.193	---	---	499.21	2	25	0.9770	1	20	1.5722	1	---	---
16890	C9H11N	2,3-dihydro-1H-inden-5-amine	24425-40-9	133.193	310.65	1	521.15	1	21	1.0208	2	---	---	---	solid	1
16891	C9H11N	1-indanamine	34698-41-4	133.193	---	---	494.15	1	15	1.0380	1	20	1.5613	1	---	---
16892	C9H11N	N-(phenylmethylene)ethanamine	6852-54-6	133.193	---	---	468.15	1	20	0.9370	1	15	1.5378	1	---	---
16893	C9H11N	1,2,3,4-tetrahydroisoquinoline	91-21-4	133.193	---	---	505.65	1	24	1.0642	1	20	1.5668	1	---	---
16894	C9H11N	5,6,7,8-tetrahydroisoquinoline	36556-06-6	133.193	419.65	1	491.15	1	10	1.0504	1	10	1.5276	1	solid	1
16895	C9H11N	1,2,3,4-tetrahydroquinoline	635-46-1	133.193	293.15	1	524.15	1	20	1.0588	1	19	1.6062	1	liquid	1
16896	C9H11N	5,6,7,8-tetrahydroquinoline	10500-57-9	133.193	---	---	495.15	1	13	1.0304	1	20	1.5435	1	---	---
16897	C9H11N	(R)-(-)-1-aminoindan	10277-74-4	133.193	288.15	1	499.21	2	25	1.0380	1	---	1.5620	1	liquid	2
16898	C9H11N	(S)-(+)-1-aminoindane	61341-86-4	133.193	288.15	1	499.21	2	25	1.0380	1	---	1.5620	1	liquid	2
16899	C9H11N	2-methylindoline	6872-06-6	133.193	222.25	1	501.15	1	25	1.0230	1	---	1.5690	1	liquid	1
16900	C9H11N	2,3-dihydro-1H-inden-4-amine	32202-61-2	133.193	270.00	1	499.21	2	21	1.0208	2	---	---	---	liquid	2
16901	C9H11N	(<+->)-2,3-dihydro-1H-inden-1-amine	61949-83-5	133.193	---	---	499.21	2	21	1.0208	2	---	---	---	---	---
16902	C9H11N	5-ethyl-2-vinylpyridine	5408-74-2	133.193	---	---	499.21	2	21	1.0208	2	---	---	---	---	---
16903	C9H11N	trans-2-phenylcyclopropylamine	3721-28-6	133.193	---	---	499.21	2	21	1.0208	2	---	---	---	---	---
16904	C9H11NS2	ethyl phenyldithiocarbamate	13037-20-2	197.325	333.65	1	353.65	1	25	1.1749	2	---	---	---	solid	1
16905	C9H11NO	p-dimethylaminobenzaldehyde	100-10-7	149.193	348.00	1	588.00	1	100	1.0254	1	100	1.6082	1	solid	1
16906	C9H11NO	1-(4-aminophenyl)-1-propanone	70-69-9	149.193	413.15	1	543.16	2	39	1.0993	2	---	---	---	solid	1
16907	C9H11NO	2-amino-1-phenyl-1-propanone	5265-18-9	149.193	319.65	1	543.16	2	39	1.0993	2	---	---	---	solid	1
16908	C9H11NO	N-benzylacetamide	588-46-5	149.193	334.15	1	543.16	2	39	1.0993	2	---	---	---	solid	1
16909	C9H11NO	N,N-dimethylbenzamide	611-74-5	149.193	317.95	1	545.15	1	39	1.0993	2	---	---	---	solid	1
16910	C9H11NO	N-ethylbenzamide	614-17-5	149.193	343.65	1	543.16	2	39	1.0993	2	---	---	---	solid	1
16911	C9H11NO	ethyl N-phenylformimidate	6780-49-0	149.193	---	---	487.15	1	20	1.0051	1	20	1.5279	1	---	---
16912	C9H11NO	4-methylacetanilide	103-89-9	149.193	425.15	1	580.15	1	15	1.2120	1	---	---	---	solid	1
16913	C9H11NO	N-(2-methylphenyl)acetamide	120-66-1	149.193	383.15	1	569.15	1	15	1.1680	1	---	---	---	solid	1
16914	C9H11NO	N-(3-methylphenyl)acetamide	537-92-8	149.193	338.65	1	576.15	1	15	1.1410	1	---	---	---	solid	1
16915	C9H11NO	N-methyl-N-phenylacetamide	579-10-2	149.193	376.15	1	529.15	1	105	1.0036	1	---	1.5760	1	solid	1
16916	C9H11NO	N-phenylpropanamide	620-71-3	149.193	378.65	1	495.35	1	25	1.1750	1	---	---	---	solid	1
16917	C9H11NO	1-phenyl-1-propanone oxime	2157-50-8	149.193	327.95	1	518.15	1	18	1.0639	1	---	---	---	solid	1
16918	C9H11NO	(1S,2R)-(-)-cis-1-amino-2-indanol	126456-43-7	149.193	392.15	1	543.16	2	39	1.0993	2	---	---	---	solid	1
16919	C9H11NO	(1R,2S)-1-amino-2-indanol	136030-00-7	149.193	392.15	1	543.16	2	39	1.0993	2	---	---	---	solid	1
16920	C9H11NO	N-methyl-2-phenylacetamide	6830-82-6	149.193	331.15	1	543.16	2	39	1.0993	2	---	---	---	solid	1
16921	C9H11NO	N-methyl-o-toluamide	2170-09-4	149.193	348.65	1	543.16	2	39	1.0993	2	---	---	---	solid	1
16922	C9H11NO	propyl 4-pyridyl ketone	1701-71-9	149.193	---	---	543.16	2	39	1.0993	2	---	---	---	---	---
16923	C9H11NO2	1,3-benzodioxole-5-ethanamine	1484-85-1	165.192	---	---	527.65	2	20	1.2250	1	20	1.5620	1	---	---
16924	C9H11NO2	2-(dimethylamino)benzoic acid	610-16-2	165.192	345.15	1	527.65	2	22	1.1160	2	---	---	---	solid	1
16925	C9H11NO2	4-(dimethylamino)benzoic acid	619-84-1	165.192	515.65	1	527.65	2	22	1.1160	2	---	---	---	solid	1
16926	C9H11NO2	2-ethoxybenzamide	938-73-8	165.192	406.15	1	527.65	2	22	1.1160	2	---	---	---	solid	1
16927	C9H11NO2	ethyl 2-aminobenzoate	87-25-2	165.192	286.15	1	541.15	1	20	1.1174	1	20	1.5646	1	liquid	1
16928	C9H11NO2	ethyl 3-aminobenzoate	582-33-2	165.192	---	---	567.15	1	20	1.1710	1	22	1.5600	1	---	---
16929	C9H11NO2	ethyl 4-aminobenzoate	94-09-7	165.192	365.15	1	583.15	1	22	1.1160	2	---	---	---	solid	1
16930	C9H11NO2	ethyl phenylcarbamate	101-99-5	165.192	326.00	1	510.15	dec	30	1.1064	1	30	1.5376	1	solid	1
16931	C9H11NO2	1-isopropyl-2-nitrobenzene	6526-72-3	165.192	263.65	1	527.65	2	20	1.0848	1	20	1.5259	1	liquid	2
16932	C9H11NO2	1-isopropyl-4-nitrobenzene	1817-47-6	165.192	308.32	2	527.65	2	20	1.0840	1	20	1.5367	1	solid	2
16933	C9H11NO2	isopropyl 3-pyridinecarboxylate	553-60-6	165.192	---	---	527.65	2	20	1.0624	1	20	1.4926	1	---	---
16934	C9H11NO2	N-(2-methoxyphenyl)acetamide	93-26-5	165.192	360.65	1	577.15	1	22	1.1160	2	---	---	---	solid	1
16935	C9H11NO2	N-(4-methoxyphenyl)acetamide	51-66-1	165.192	404.15	1	527.65	2	22	1.1160	2	---	---	---	solid	1
16936	C9H11NO2	methyl 2-(methylamino)benzoate	85-91-6	165.192	292.15	1	528.15	1	15	1.1200	1	15	1.5839	1	liquid	1
16937	C9H11NO2	methyl N-methyl-N-phenylcarbamate	28685-60-1	165.192	317.15	1	508.15	1	19	1.2960	1	---	---	---	solid	1
16938	C9H11NO2	(1-methyl-1-nitroethyl)benzene	3457-58-7	165.192	308.32	2	527.65	2	20	1.1025	1	20	1.5209	1	solid	2
16939	C9H11NO2	DL-phenylalanine	150-30-1	165.192	559.15	dec	---	---	22	1.1160	2	---	---	---	solid	1
16940	C9H11NO2	L-phenylalanine	63-91-2	165.192	556.15	dec	628.00	2	22	1.1160	2	---	---	---	solid	1
16941	C9H11NO2	1,2,4-trimethyl-5-nitrobenzene	610-91-3	165.192	344.15	1	538.15	1	22	1.1160	2	---	---	---	solid	1
16942	C9H11NO2	1,3,5-trimethyl-2-nitrobenzene	603-71-4	165.192	317.15	1	528.15	1	22	1.1160	2	---	---	---	solid	1
16943	C9H11NO2	3-amino-3-phenylpropionic acid	614-19-7	165.192	502.15	1	527.65	2	22	1.1160	2	---	---	---	solid	1
16944	C9H11NO2	3-dimethylaminobenzoic acid	99-64-9	165.192	424.65	1	527.65	2	22	1.1160	2	---	---	---	solid	1
16945	C9H11NO2	3,5-dimethylanthranilic acid	14438-32-5	165.192	465.65	1	468.15	1	22	1.1160	2	---	---	---	solid	1
16946	C9H11NO2	ethyl 2-methylnicotinate	1721-26-2	165.192	---	---	527.65	2	25	1.0720	1	---	1.5050	1	---	---
16947	C9H11NO2	ethyl 2-pyridylacetate	2739-98-2	165.192	---	---	527.65	2	25	1.0820	1	---	1.4970	1	---	---
16948	C9H11NO2	ethyl 3-pyridylacetate	39931-77-6	165.192	---	---	527.65	2	25	1.0860	1	---	1.5000	1	---	---
16949	C9H11NO2	ethyl 4-pyridylacetate	54401-85-3	165.192	291.65	1	527.65	2	25	1.0790	1	---	1.4990	1	liquid	2
16950	C9H11NO2	N-methoxy-N-methylbenzamide	6919-61-5	165.192	---	---	527.65	2	25	1.0850	1	---	1.5330	1	---	---
16951	C9H11NO2	1-nitro-2-propylbenzene	7137-54-4	165.192	---	---	527.65	2	25	1.0820	1	---	1.5270	1	---	---
16952	C9H11NO2	D-phenylalanine	673-06-3	165.192	509.15	1	568.15	1	22	1.1160	2	---	---	---	solid	1
16953	C9H11NO2	m-acetanisidide	588-16-9	165.192	353.65	1	527.65	2	22	1.1160	2	---	---	---	solid	1
16954	C9H11NO2	N,N-dimethylsalicylamide	1778-08-1	165.192	---	---	527.65	2	22	1.1160	2	---	---	---	---	---
16955	C9H11NO2	methylcarbamic acid m-tolyl ester	1129-41-5	165.192	---	---	444.65	1	22	1.1160	2	---	---	---	---	---
16956	C9H11NO2	N-methyl-4-cyclohexene-1,2-dicarboximide	2021-21-8	165.192	---	---	527.65	2	22	1.1160	2	---	---	---	---	---
16957	C9H11NO2	N-methyl-3,4,5,6-tetrahydrophthalimide	28839-49-8	165.192	---	---	527.65	2	22	1.1160	2	---	---	---	---	---
16958	C9H11NO2S	S-phenyl-L-cysteine	34317-61-8	197.258	---	---	---	---	25	1.2056	2	---	---	---	---	---
16959	C9H11NO3	adrenalone	99-45-6	181.192	508.65	dec	---	---	25	1.1791	2	---	---	---	solid	1
16960	C9H11NO3	L-tyrosine	60-18-4	181.192	616.15	dec	---	---	25	1.1791	2	---	---	---	solid	1

Table 1 Physical Properties - Organic Compounds

				Mol Wt	Freezing Point		Boiling Point		Density			Refractive Index			State	
NO	FORMULA	NAME	CAS No	g/mol	T_F, K	code	T_B, K	code	T, C	g/cm3	code	T, C	n_D	code	@25C,1 atm	code
16961	C9H11NO3	3,5-dimethoxybenzamide	17213-58-0	181.192	418.65	1	457.15	2	25	1.1791	2	---	---	---	solid	1
16962	C9H11NO3	2,3-dimethyl-p-nitroanisole	81029-03-0	181.192	344.15	1	457.15	2	25	1.1791	2	---	---	---	solid	1
16963	C9H11NO3	N-(2-hydroxyethyl)salicylamide	24207-38-3	181.192	389.15	1	457.15	2	25	1.1791	2	---	---	---	solid	1
16964	C9H11NO3	N-hydroxymethyl-3,4,5,6-tetrahydrophthali	4887-42-7	181.192	355.15	1	457.15	2	25	1.1791	2	---	---	---	solid	1
16965	C9H11NO3	D-tyrosine	556-02-5	181.192	585.15	1	---	---	25	1.1791	2	---	---	---	solid	1
16966	C9H11NO3	DL-tyrosine	556-03-6	181.192	598.15	1	---	---	25	1.1791	2	---	---	---	solid	1
16967	C9H11NO3	DL-m-tyrosine	775-06-4	181.192	553.15	1	---	---	25	1.1791	2	---	---	---	solid	1
16968	C9H11NO3	p-nitrophenyl propyl ether	7244-77-1	181.192	---	---	545.00	2	25	1.1791	2	---	---	---	---	---
16969	C9H11NO3	ethyl 3-hydroxycarbanilate	7159-96-8	181.192	---	---	457.15	2	25	1.1791	2	---	---	---	---	---
16970	C9H11NO3	o-nitrophenyl isopropyl ether	38753-50-3	181.192	---	---	545.00	2	25	1.1791	2	---	---	---	---	---
16971	C9H11NO3	2-phenyl-2-hydroxyethyl carbamate	94-35-9	181.192	---	---	457.15	2	25	1.1791	2	---	---	---	---	---
16972	C9H11NO3S	2-(p-toluenesulfonyl)acetamide	52345-47-8	213.258	440.15	1	---	---	25	1.2601	2	---	---	---	solid	1
16973	C9H11NO4	1-(dimethoxymethyl)-3-nitrobenzene	3395-79-7	197.191	---	---	557.68	2	15	1.2090	1	---	---	---	---	---
16974	C9H11NO4	1-(dimethoxymethyl)-4-nitrobenzene	881-67-4	197.191	297.15	1	567.15	1	25	1.2380	2	---	---	---	liquid	1
16975	C9H11NO4	levodopa	59-92-7	197.191	550.15	dec	557.68	2	25	1.2380	2	---	---	---	solid	1
16976	C9H11NO4	2-amino-4,5-dimethoxybenzoic acid	5653-40-7	197.191	430.65	1	557.68	2	25	1.2380	2	---	---	---	solid	1
16977	C9H11NO4	3-carboxy-1,4-dimethyl-1H-pyrrole-2-acetic	33369-45-8	197.191	471.15	1	557.68	2	25	1.2380	2	---	---	---	solid	1
16978	C9H11NO4	1-(dimethoxymethyl)-2-nitrobenzene	20627-73-0	197.191	---	---	548.20	1	25	1.2380	2	---	---	---	---	---
16979	C9H11NO4	forphenicinol	71522-58-2	197.191	---	---	557.68	2	25	1.2380	2	---	---	---	---	---
16980	C9H11NO5	1-(4(nitrophenyl)glycerol	2207-68-3	213.190	368.15	1	---	---	25	1.2928	2	---	---	---	solid	1
16981	C9H11NO5	2,4,6-trimethoxynitrobenzene	14227-18-0	213.190	422.15	1	---	---	25	1.2928	2	---	---	---	solid	1
16982	C9H11NO6	2b-D-ribofuranosylmaleimide	16755-07-0	229.190	433.65	1	---	---	25	1.3441	2	---	---	---	solid	1
16983	C9H11NO7	oxazinomycin	32388-21-9	245.189	438.15	dec	380.65	1	25	1.3921	2	---	---	---	solid	1
16984	C9H11N2O3	acetoxymethylphenylnitrosamine	81943-37-5	195.199	---	---	---	---	25	1.2361	2	---	---	---	---	---
16985	C9H11N3	1,3,6-hexanetricarbonitrile	1772-25-4	161.207	---	---	---	---	25	1.0400	1	---	1.4660	1	---	---
16986	C9H11N3	3-(3-pyridylmethylamino)propionitrile	33611-48-2	161.207	---	---	---	---	25	1.0780	1	---	1.5330	1	---	---
16987	C9H11N3	3-amino-1-phenyl-2-pyrazoline	3314-35-0	161.207	---	---	---	---	25	1.0590	2	---	---	---	---	---
16988	C9H11N3O	N-nitrosonornicotine	16543-55-8	177.207	320.25	1	427.15	1	25	1.1741	2	---	---	---	solid	1
16989	C9H11N3O	(±)-3-(1-nitroso-2-pyrrolidinyl)pyridine	84237-38-7	177.207	---	---	427.15	2	25	1.1741	2	---	---	---	---	---
16990	C9H11N3O2	1,3-dimethyl-3-phenyl-1-nitrosourea	72586-68-6	193.206	---	---	393.65	2	25	1.2342	2	---	---	---	---	---
16991	C9H11N3O2	1-methyl-1-nitroso-3-(p-tolyl)urea	23139-00-6	193.206	---	---	393.65	2	25	1.2342	2	---	---	---	---	---
16992	C9H11N3O2	N'-nitrosonornicotine-1-N-oxide	---	193.206	---	---	393.65	2	25	1.2342	2	---	---	---	---	---
16993	C9H11N3O2	nitrosophenylethylurea	777-79-7	193.206	---	---	393.65	2	25	1.2342	2	---	---	---	---	---
16994	C9H11N3O2	N,N'-2,6-pyridinediylbisacetamide	5441-02-1	193.206	---	---	393.65	1	25	1.2342	2	---	---	---	---	---
16995	C9H11N3O3	1-(p-methoxyphenyl)-3-methyl-3-nitrosoure	25355-59-3	209.206	---	---	393.15	1	25	1.2901	2	---	---	---	---	---
16996	C9H11N3O4	cyclocytidine	31698-14-3	225.205	---	---	531.15	1	25	1.3423	2	---	---	---	---	---
16997	C9H11N3O4S	2-((dihydro-2(3H)-thienylidene)methyl)-1-m	141363-26-0	257.271	---	---	372.15	1	25	1.4032	2	---	---	---	---	---
16998	C9H11N3S	acetophenone thiosemicarbazone	2302-93-4	193.273	---	---	359.15	1	25	1.2013	2	---	---	---	---	---
16999	C9H11N5O3	6-biopterin	22150-76-1	237.220	---	---	381.35	1	25	1.3900	2	---	---	---	---	---
17000	C9H11N5O4	D(+)-neopterin	2009-64-5	253.219	---	---	---	---	25	1.4365	2	---	---	---	---	---
17001	C9H11N5O4	(R-(R*,R*))-6-amino-a-b-dihydroxy-9H-puri	23918-98-1	253.219	---	---	---	---	25	1.4365	2	---	---	---	---	---
17002	C9H11N7	5(4-dimethylaminobenzeneazo)tetrazole	53004-03-8	217.235	---	---	---	---	25	1.3384	2	---	---	---	---	---
17003	C9H11NaO4	(2R,3S)-1-carboxy-4-ethyl-2,3-dihydroxy-cy	---	206.174	---	---	---	---	---	---	---	---	---	---	---	---
17004	C9H12	cumene	98-82-8	120.194	177.14	1	425.56	1	25	0.8600	1	25	1.4889	1	liquid	1
17005	C9H12	m-ethyltoluene	620-14-4	120.194	177.61	1	434.48	1	25	0.8600	1	25	1.4941	1	liquid	1
17006	C9H12	o-ethyltoluene	611-14-3	120.194	192.35	1	438.33	1	25	0.8770	1	25	1.5021	1	liquid	1
17007	C9H12	p-ethyltoluene	622-96-8	120.194	210.83	1	435.16	1	25	0.8570	1	25	1.4924	1	liquid	1
17008	C9H12	1,2,3-trimethylbenzene	526-73-8	120.194	247.79	1	449.27	1	25	0.8910	1	25	1.5115	1	liquid	1
17009	C9H12	1,2,4-trimethylbenzene	95-63-6	120.194	229.33	1	442.53	1	25	0.8720	1	25	1.5024	1	liquid	1
17010	C9H12	trimethyl benzene	25551-13-7	120.194	204.65	2	445.00	2	24	0.8592	2	---	---	---	liquid	2
17011	C9H12	mesitylene	108-67-8	120.194	228.42	1	437.89	1	25	0.8610	1	25	1.4968	1	liquid	1
17012	C9H12	propylbenzene	103-65-1	120.194	173.55	1	432.39	1	25	0.8600	1	25	1.4895	1	liquid	1
17013	C9H12	ethylidene norbornene	16219-75-3	120.194	193.00	1	420.67	1	24	0.8592	2	---	---	---	---	---
17014	C9H12	1,4-nonadiyne	6088-94-4	120.194	261.65	2	438.15	1	25	0.8112	1	25	1.4518	1	liquid	1
17015	C9H12	1,8-nonadiyne	2396-65-8	120.194	245.85	1	435.15	1	20	0.8158	1	20	1.4490	1	liquid	1
17016	C9H12	2,7-nonadiyne	31699-35-1	120.194	277.45	1	453.15	1	20	0.8332	1	20	1.4674	1	liquid	1
17017	C9H12	bicyclo[4.3.0]nona-3,6(1)-diene	7603-37-4	120.194	---	---	451.15	1	25	0.9310	1	---	1.5080	1	---	---
17018	C9H12	5-vinyl-2-norbornene, endo and exo	3048-64-4	120.194	193.15	1	413.65	1	25	0.8410	1	---	1.4810	1	liquid	1
17019	C9H12	cis,cis,cis-cyclononatriene	696-86-6	120.194	---	---	433.18	2	24	0.8592	2	---	---	---	---	---
17020	C9H12	3a,4,7,7a-tetrahydro-1H-indene	3048-65-5	120.194	---	---	433.18	2	24	0.8592	2	---	---	---	---	---
17021	C9H12BNO4	4-borono-D-phenylalanine	111821-49-9	209.010	---	---	---	---	---	---	---	---	---	---	---	---
17022	C9H12BNO4	4-borono-L-phenylalanine	76410-58-7	209.010	---	---	---	---	---	---	---	---	---	---	---	---
17023	C9H12BNO4	4-borono-DL-phenylalanine	90580-64-6	209.010	543.15	1	---	---	---	---	---	---	---	---	solid	1
17024	C9H12BrN	3-bromo-2,4,6-trimethylaniline	82842-52-2	214.105	310.05	1	---	---	25	1.3130	1	---	1.5750	1	solid	1
17025	C9H12ClN3S	2-(o-chlorophenethyl)-3-thiosemicarbazide	2598-75-6	229.734	---	---	---	---	25	1.2583	2	---	---	---	---	---
17026	C9H12ClOPS2	methylphosphodithioic acid S-(((p-chloroph	18466-11-0	266.752	---	---	---	---	---	---	---	---	---	---	---	---
17027	C9H12ClO2PS3	methyl trithion	953-17-3	314.818	255.25	1	---	---	25	1.3450	1	---	---	---	---	---
17028	C9H12ClO4P	heptenophos	23560-59-0	250.618	298.15	1	367.65	1	25	1.2940	1	---	---	---	---	---
17029	C9H12Cl2NOS	2-cyclohexyl-4,5-dichloro-4-isothiazolin-3-c	57063-29-3	253.172	---	---	511.15	dec	25	1.2858	2	---	---	---	---	---
17030	C9H12Cl2OSi	chloromethyl-4-chlorophenoxy dimethylsila	---	235.184	---	---	---	---	25	1.1800	1	---	1.5180	1	---	---
17031	C9H12Cl2OSi	chloromethyl(2-chlorophenoxy)dimethylsila	88127-54-2	235.184	---	---	---	---	25	1.1610	1	---	1.5160	1	---	---
17032	C9H12Cl2Si	chloromethyl-4-chlorophenyl dimethylsilane	770-89-8	219.184	---	---	---	---	---	---	---	---	1.5370	1	---	---
17033	C9H12NO3PS	ethylmethylthiophos	2591-57-3	245.239	---	---	444.65	1	---	---	---	---	---	---	---	---
17034	C9H12NO5P	ethyl phosphonic acid, methyl p-nitropheny	15536-01-3	245.172	---	---	388.15	1	---	---	---	---	---	---	---	---
17035	C9H12NO5PS	fenitrothion	122-14-5	277.238	---	---	---	---	25	1.3227	1	---	---	---	---	---
17036	C9H12NO5PS	S-methyl fenitrooxon	3344-14-7	277.238	---	---	---	---	---	---	---	---	---	---	---	---
17037	C9H12NO6P	phosphoric acid, dimethyl-4-nitro-m-tolyl es	2255-17-6	261.172	---	---	---	---	---	---	---	---	---	---	---	---
17038	C9H12FN	4-fluoro-a-methylphenethylamine	459-02-9	153.200	---	---	---	---	25	1.0131	2	---	---	---	---	---
17039	C9H12FN3O4	5-fluoro-2'-deoxycytidine	10356-76-0	245.211	468.90	1	---	---	25	1.3461	2	---	---	---	solid	1
17040	C9H12FN3O5	1b-D-arabinofuranosyl-5-fluorocytosine	4298-10-6	261.211	---	---	---	---	25	1.3910	2	---	---	---	---	---

Table 1 Physical Properties - Organic Compounds

NO	FORMULA	NAME	CAS No	Mol Wt	Freezing Point		Boiling Point		Density			Refractive Index			State	
				g/mol	T_F, K	code	T_B, K	code	T, C	g/cm3	code	T, C	n_D	code	@25C,1 atm	code
17041	C9H12N2	2-propanone phenylhydrazone	103-02-6	148.208	315.15	1	474.65	2	25	1.0181	2	---	---	---	solid	1
17042	C9H12N2	3-(2-pyrrolidinyl)pyridine, (S)	494-97-3	148.208	---	---	543.15	1	19	1.0737	1	18	1.5378	1	---	---
17043	C9H12N2	4-pyrrolidinopyridine	2456-81-7	148.208	329.15	1	474.65	2	25	1.0181	2	---	---	---	solid	1
17044	C9H12N2	N,N-dimethyl-N'-phenylmethanimidamide	1783-25-1	148.208	---	---	406.15	1	25	1.0181	2	---	---	---	---	---
17045	C9H12N2O	N,N-dimethyl-N'-phenylurea	101-42-8	164.208	406.19	1	---	---	25	1.0861	2	---	---	---	solid	1
17046	C9H12N2O	N,N'-dimethyl-N-phenylurea	938-91-0	164.208	354.65	1	---	---	25	1.0861	2	---	---	---	solid	1
17047	C9H12N2O	N-ethyl-N-nitrosobenzylamine	20689-96-7	164.208	---	---	---	---	25	1.0861	2	---	---	---	---	---
17048	C9H12N2O	methyl-phenylethyl-nitrosamine	13256-11-6	164.208	---	---	---	---	25	1.0861	2	---	---	---	---	---
17049	C9H12N2O	N-nitroso-N-(2-methylbenzyl)methylamine	62783-48-6	164.208	---	---	---	---	25	1.0861	2	---	---	---	---	---
17050	C9H12N2O	N-nitroso-N-(3-methylbenzyl)methylamine	62783-49-7	164.208	---	---	---	---	25	1.0861	2	---	---	---	---	---
17051	C9H12N2O	N-nitroso-N-(4-methylbenzyl)methylamine	62783-50-0	164.208	---	---	---	---	25	1.0861	2	---	---	---	---	---
17052	C9H12N2O	N-nitroso-N-methyl-1-(1-phenyl)ethylamine	68690-89-1	164.208	---	---	---	---	25	1.0861	2	---	---	---	---	---
17053	C9H12N2O	phenethylurea	2158-04-5	164.208	---	---	---	---	25	1.0861	2	---	---	---	---	---
17054	C9H12N2O2	(4-ethoxyphenyl)urea	150-69-6	180.207	446.65	1	---	---	25	1.1492	2	---	---	---	solid	1
17055	C9H12N2O2	tyrosineamide	4985-46-0	180.207	426.65	1	---	---	25	1.1492	2	---	---	---	solid	1
17056	C9H12N2O2	1-(2-furoyl)piperazine	40172-95-0	180.207	341.15	1	---	---	25	1.1492	2	---	---	---	solid	1
17057	C9H12N2O2	2-amino-4-acetamino anisole	6375-47-9	180.207	---	---	---	---	25	1.1492	2	---	---	---	---	---
17058	C9H12N2O2	N-acetyl-N'-(p-hydroxymethyl)phenylhydra	65734-38-5	180.207	---	---	---	---	25	1.1492	2	---	---	---	---	---
17059	C9H12N2O2S	2,3-dihydro-6-(2-hydroxyethyl)-5-methyl-7H	---	212.273	---	---	---	---	25	1.2315	2	---	---	---	---	---
17060	C9H12N2O3	5-nitro-2-propoxyaniline	553-79-7	196.206	322.15	1	---	---	25	1.2080	2	---	---	---	solid	1
17061	C9H12N2O4	(1R,2R)-2-amino-1-(4-nitrophenol)propane	716-61-0	212.206	437.15	1	---	---	25	1.2628	2	---	---	---	solid	1
17062	C9H12N2O4	(1S,2S)-2-amino-1-(4-nitrophenyl)propane-	2964-48-9	212.206	438.15	1	---	---	25	1.2628	2	---	---	---	solid	1
17063	C9H12N2O4	diethyl pyrazole-3,5-dicarboxylate	37687-24-4	212.206	326.15	1	---	---	25	1.2628	2	---	---	---	solid	1
17064	C9H12N2O5	2'-deoxyuridine	951-78-0	228.205	437.15	1	---	---	25	1.3141	2	---	---	---	solid	1
17065	C9H12N2O5S	riboxamide	60084-10-8	260.271	418.65	1	---	---	25	1.3755	2	---	---	---	solid	1
17066	C9H12N2O6	uridine	58-96-8	244.205	438.15	1	---	---	25	1.3622	2	---	---	---	solid	1
17067	C9H12N2S	2-propyl-4-pyridinecarbothioamide	14222-60-7	180.274	409.85	1	---	---	25	1.1187	2	---	---	---	solid	1
17068	C9H12N2S	phenylethylthiourea	3955-58-6	180.274	408.15	1	---	---	25	1.1187	2	---	---	---	solid	1
17069	C9H12N3P	tris(2-cyanoethyl)phosphine	4023-53-4	193.189	370.65	1	---	---	---	---	---	---	---	---	solid	1
17070	C9H12N4O	1-p-(carboxamidophenyl)-3,3-dimethyltriaz	33330-91-5	192.222	---	---	---	---	25	1.2037	2	---	---	---	---	---
17071	C9H12N4O3	3,7-dihydro-8-methoxy-1,3,7-trimethyl-1H-p	569-34-6	224.220	449.15	1	---	---	25	1.3990	1	---	---	---	solid	1
17072	C9H12N4O3	etofylline	519-37-9	224.220	431.15	1	---	---	25	1.3119	2	---	---	---	solid	1
17073	C9H12N4O3Zn	zinc L-carnosine	107667-60-7	289.610	---	---	450.65	1	---	---	---	---	---	---	---	---
17074	C9H12N4S	9-butyl-6-mercaptopurine	6165-01-1	208.288	---	---	---	---	25	1.2279	2	---	---	---	---	---
17075	C9H12N6	2,4,6-tris(1-aziridinyl)-1,3,5-triazine	51-18-3	204.236	---	---	---	---	25	1.2563	2	---	---	---	---	---
17076	C9H12N6	N-methyleneglycinonitrile trimer	6865-92-5	204.236	401.15	1	---	---	25	1.2563	2	---	---	---	solid	1
17077	C9H12O	benzyl ethyl ether	539-30-0	136.194	275.65	1	458.15	1	25	0.9450	1	25	1.4934	1	liquid	1
17078	C9H12O	1-ethoxy-2-methylbenzene	614-71-1	136.194	---	---	457.15	1	13	0.9592	1	13	1.5080	1	---	---
17079	C9H12O	1-ethoxy-3-methylbenzene	621-32-9	136.194	---	---	465.15	1	20	0.9490	1	20	1.5130	1	---	---
17080	C9H12O	1-ethoxy-4-methylbenzene	622-60-6	136.194	---	---	461.65	1	18	0.9509	1	18	1.5058	1	---	---
17081	C9H12O	1-ethyl-2-methoxybenzene	14804-32-1	136.194	---	---	460.15	1	19	0.9636	1	20	1.5142	1	---	---
17082	C9H12O	1-ethyl-3-methoxybenzene	10568-38-4	136.194	---	---	470.15	1	18	0.9575	1	---	1.5102	1	---	---
17083	C9H12O	1-ethyl-4-methoxybenzene	1515-95-3	136.194	---	---	471.15	1	15	0.9624	1	20	1.5120	1	---	---
17084	C9H12O	1-methoxy-2,3-dimethylbenzene	2944-49-2	136.194	302.15	1	472.15	1	40	0.9596	1	40	1.5120	1	solid	1
17085	C9H12O	1-methoxy-2,4-dimethylbenzene	6738-23-4	136.194	---	---	465.15	1	16	0.9740	1	16	1.5190	1	---	---
17086	C9H12O	2-methoxy-1,4-dimethylbenzene	1706-11-2	136.194	---	---	467.15	1	20	0.9620	1	15	1.5182	1	---	---
17087	C9H12O	4-methoxy-1,2-dimethylbenzene	4685-47-6	136.194	---	---	475.15	1	14	0.9744	1	14	1.5198	1	---	---
17088	C9H12O	phenyl isopropyl ether	2741-16-4	136.194	240.15	1	449.95	1	25	0.9408	1	20	1.4975	1	liquid	1
17089	C9H12O	phenyl propyl ether	622-85-5	136.194	246.15	1	463.05	1	20	0.9474	1	20	1.5014	1	liquid	1
17090	C9H12O	2-phenyl-2-propanol	617-94-7	136.194	309.15	1	475.15	1	20	0.9735	1	25	1.5325	1	solid	1
17091	C9H12O	benzenepropanol	122-97-4	136.194	255.15	1	508.15	1	25	0.9950	1	25	1.5357	1	liquid	1
17092	C9H12O	2,4-dimethylbenzenemethanol	16308-92-2	136.194	295.15	1	505.15	1	20	1.0310	1	20	1.5339	1	liquid	1
17093	C9H12O	3,5-dimethylbenzenemethanol	27129-87-9	136.194	---	---	492.65	1	25	0.9270	1	20	1.5312	1	---	---
17094	C9H12O	alpha,3-dimethylbenzenemethanol	7287-81-2	136.194	---	---	482.68	2	15	0.9974	1	20	1.5240	1	---	---
17095	C9H12O	alpha,4-dimethylbenzenemethanol	536-50-5	136.194	---	---	492.15	1	25	0.9668	1	20	1.5246	1	---	---
17096	C9H12O	alpha-ethylbenzenemethanol	93-54-9	136.194	---	---	492.15	1	25	0.9915	1	23	1.5169	1	---	---
17097	C9H12O	2-methylbenzeneethanol	19819-98-8	136.194	274.15	1	516.65	1	25	1.0160	1	20	1.5355	1	liquid	1
17098	C9H12O	4-methylbenzeneethanol	699-02-5	136.194	---	---	517.65	1	20	1.0028	1	20	1.5267	1	---	---
17099	C9H12O	2-phenyl-1-propanol	1123-85-9	136.194	257.00	2	497.65	1	25	0.9750	1	2	1.5582	1	---	---
17100	C9H12O	1-phenyl-2-propanol	698-87-3	136.194	---	---	493.15	1	20	0.9910	1	20	1.5190	1	---	---
17101	C9H12O	2-propylphenol	644-35-9	136.194	280.15	1	492.55	1	25	1.0150	1	---	---	---	liquid	1
17102	C9H12O	3-propylphenol	621-27-2	136.194	299.15	1	502.15	1	20	0.9870	1	20	1.5223	1	solid	1
17103	C9H12O	4-propylphenol	645-56-7	136.194	295.15	1	506.65	1	20	1.0090	1	25	1.5379	1	liquid	1
17104	C9H12O	2-isopropylphenol	88-69-7	136.194	288.65	1	487.65	1	25	0.9930	1	25	1.5270	1	liquid	1
17105	C9H12O	3-isopropylphenol	618-45-1	136.194	299.15	1	501.15	1	22	0.9809	2	20	1.5261	1	solid	1
17106	C9H12O	4-isopropylphenol	99-89-8	136.194	335.15	1	502.35	1	20	0.9900	1	20	1.5228	1	solid	1
17107	C9H12O	2-methyl-3-ethylphenol	1123-73-5	136.194	344.15	1	500.15	1	22	0.9809	2	---	---	---	solid	1
17108	C9H12O	2-methyl-4-ethylphenol	2219-73-0	136.194	315.11	2	500.75	1	22	0.9809	2	---	---	---	solid	2
17109	C9H12O	2-methyl-5-ethylphenol	1687-65-6	136.194	288.15	1	500.85	1	22	0.9809	2	25	1.5220	1	liquid	1
17110	C9H12O	2-methyl-6-ethylphenol	1687-64-5	136.194	315.11	2	487.15	1	22	0.9809	2	---	---	---	solid	2
17111	C9H12O	3-methyl-4-ethylphenol	1123-94-0	136.194	299.15	1	503.15	1	22	0.9809	2	---	---	---	solid	1
17112	C9H12O	3-methyl-5-ethylphenol	698-71-5	136.194	328.15	1	509.15	1	22	0.9809	2	---	---	---	solid	1
17113	C9H12O	3-methyl-6-ethylphenol	1687-61-2	136.194	315.85	1	497.35	1	22	0.9809	2	---	---	---	solid	1
17114	C9H12O	4-methyl-2-ethylphenol	3855-26-3	136.194	298.85	1	495.55	1	22	0.9809	2	---	---	---	solid	1
17115	C9H12O	4-methyl-3-ethylphenol	6161-67-7	136.194	306.15	1	509.15	1	22	0.9809	2	---	---	---	solid	1
17116	C9H12O	2,3,4-trimethylphenol	526-85-2	136.194	354.15	1	510.15	1	22	0.9809	2	---	---	---	solid	1
17117	C9H12O	2,3,5-trimethylphenol	697-82-5	136.194	368.15	1	508.55	1	22	0.9809	2	---	---	---	solid	1
17118	C9H12O	2,3,6-trimethylphenol	2416-94-6	136.194	335.15	1	510.00	2	22	0.9809	2	---	---	---	solid	1
17119	C9H12O	2,4,5-trimethylphenol	496-78-6	136.194	345.15	1	508.55	1	22	0.9809	2	---	---	---	solid	1
17120	C9H12O	2,4,6-trimethylphenol	527-60-6	136.194	345.15	1	493.95	1	22	0.9809	2	---	---	---	solid	1

Table 1 Physical Properties - Organic Compounds

				Mol Wt	Freezing Point		Boiling Point		Density			Refractive Index			State	
NO	FORMULA	NAME	CAS No	g/mol	T_F, K	code	T_B, K	code	T, C	g/cm3	code	T, C	n_D	code	@25C,1 atm	code
17121	C9H12O	3,4,5-trimethylphenol	527-54-8	136.194	381.15	1	524.95	1	22	0.9809	2	---	---	---	solid	1
17122	C9H12O	2,6-dimethylanisole	1004-66-6	136.194	---	---	455.65	1	14	0.9619	1	14	1.5053	1	---	---
17123	C9H12O	3,5-dimethylanisole	874-63-5	136.194	---	---	467.15	1	15	0.9627	1	20	1.5110	1	---	---
17124	C9H12O	2,5-dimethylbenzyl alcohol	53957-33-8	136.194	---	---	506.15	1	25	1.0130	1	---	1.5360	1	---	---
17125	C9H12O	3,4-dimethylbenzyl alcohol	6966-10-5	136.194	336.65	1	492.65	1	22	0.9809	2	---	---	---	solid	1
17126	C9H12O	4-ethylbenzyl alcohol	768-59-2	136.194	---	---	482.68	2	25	1.0280	1	---	1.5270	1	---	---
17127	C9H12O	3-methylphenethyl alcohol	1875-89-4	136.194	---	---	515.65	1	25	1.0020	1	---	1.5290	1	---	---
17128	C9H12O	(±)-1-phenyl-2-propanol	14898-87-4	136.194	---	---	482.68	2	25	0.9730	1	---	1.5220	1	---	---
17129	C9H12O	(S)-(-)-2-phenyl-1-propanol	1517-68-6	136.194	---	---	368.15	1	25	0.9930	1	---	1.5200	1	---	---
17130	C9H12O	(R)-(+)-1-phenyl-1-propanol	1565-74-8	136.194	---	---	482.68	2	25	0.9910	1	---	1.5200	1	---	---
17131	C9H12O	(R)-(-)-1-phenyl-2-propanol	1572-95-8	136.194	---	---	368.15	1	25	0.9930	1	---	1.5200	1	---	---
17132	C9H12O	(R)-(+)-2-phenyl-1-propanol	19141-40-3	136.194	---	---	493.15	1	25	1.0000	1	---	1.5260	1	---	---
17133	C9H12O	(S)-2-phenyl-1-propanol	37778-99-7	136.194	---	---	487.15	1	25	1.0000	1	---	1.5260	1	---	---
17134	C9H12O	(S)-(-)-1-phenyl-1-propanol	613-87-6	136.194	---	---	482.68	2	25	0.9920	1	---	1.5180	1	---	---
17135	C9H12O	2-acetyl-5-norbornene	5063-03-6	136.194	---	---	357.65	1	22	0.9809	2	---	---	---	---	---
17136	C9H12O	phenylethyl methyl ether	3558-60-9	136.194	---	---	482.68	2	22	0.9809	2	---	---	---	---	---
17137	C9H12OS	1-methoxy-2-methyl-4-(methylthio)benzene	50390-78-8	168.260	---	---	532.15	1	25	2	1	---	1.5740	1	---	---
17138	C9H12O2	cumene hydroperoxide	80-15-9	152.193	264.26	1	442.70	1	25	1.0430	1	20	1.5242	1	liquid	1
17139	C9H12O2	1,2-dimethoxy-3-methylbenzene	4463-33-6	152.193	---	---	477.15	1	20	1.0335	1	25	1.5121	1	---	---
17140	C9H12O2	1,2-dimethoxy-4-methylbenzene	494-99-5	152.193	297.15	1	493.15	1	25	1.0509	1	25	1.5257	1	liquid	1
17141	C9H12O2	1,3-dimethoxy-5-methylbenzene	4179-19-5	152.193	---	---	517.15	1	15	1.0478	1	20	1.5234	1	---	---
17142	C9H12O2	ethylene glycol monobenzyl ether	622-08-2	152.193	---	---	529.15	1	20	1.0640	1	20	1.5233	1	---	---
17143	C9H12O2	alpha-ethyl-3-hydroxybenzenemethanol	55789-02-1	152.193	380.15	1	512.40	2	23	1.0488	2	---	---	---	solid	1
17144	C9H12O2	4-ethyl-2-methoxyphenol	2785-89-9	152.193	266.15	1	509.65	1	18	1.0931	1	---	---	---	liquid	1
17145	C9H12O2	4-isopropyl-1,2-benzenediol	2138-43-4	152.193	351.15	1	544.15	1	23	1.0488	2	---	---	---	solid	1
17146	C9H12O2	4-propyl-1,2-benzenediol	2525-02-2	152.193	333.15	1	512.40	2	18	1.1000	1	18	1.4440	1	solid	1
17147	C9H12O2	4-propyl-1,3-benzenediol	18979-60-7	152.193	355.65	1	512.40	2	23	1.0488	2	---	---	---	solid	1
17148	C9H12O2	5-propyl-1,3-benzenediol	500-49-2	152.193	355.95	1	512.40	2	23	1.0488	2	---	---	---	solid	1
17149	C9H12O2	2,4,6-trimethyl-1,3-benzenediol	608-98-0	152.193	423.95	1	547.65	1	23	1.0488	2	---	---	---	solid	1
17150	C9H12O2	2-methoxy-alpha-methylbenzenemethanol	13513-82-1	152.193	188.05	1	398.15	1	20	0.9647	1	20	1.4024	1	liquid	1
17151	C9H12O2	3-methoxy-alpha-methylbenzenemethanol	23308-82-9	152.193	---	---	512.40	2	19	1.0781	1	20	1.5325	1	---	---
17152	C9H12O2	4-methoxy-alpha-methylbenzenemethanol	3319-15-1	152.193	---	---	583.15	dec	20	1.0794	1	25	1.5310	1	---	---
17153	C9H12O2	1-phenoxy-2-propanol	770-35-4	152.193	---	---	506.15	1	20	1.0622	1	20	1.5232	1	---	---
17154	C9H12O2	2-phenoxy-1-propanol	4169-04-4	152.193	---	---	517.15	1	25	0.9801	1	25	1.4760	1	---	---
17155	C9H12O2	2-propoxyphenol	6280-96-2	152.193	---	---	500.15	1	25	1.0523	1	25	1.5176	1	---	---
17156	C9H12O2	2-allyl-2-methyl-1,3-cyclopentanedione	26828-48-8	152.193	---	---	512.40	2	25	1.0260	1	---	1.4770	1	---	---
17157	C9H12O2	benzaldehyde dimethylacetal	1125-88-8	152.193	---	---	474.55	1	25	1.0120	1	---	1.4930	1	---	---
17158	C9H12O2	(±)-bicyclo[3.3.1]nonane-2,6-dione	16473-11-3	152.193	413.65	1	512.40	2	23	1.0488	2	---	---	---	solid	1
17159	C9H12O2	2,5-dimethoxytoluene	24599-58-4	152.193	293.15	1	492.15	1	25	1.0490	1	---	1.5220	1	liquid	1
17160	C9H12O2	2,4-dimethoxytoluene	38064-90-3	152.193	---	---	484.25	1	25	1.0360	1	---	1.5240	1	---	---
17161	C9H12O2	2,6-dimethoxytoluene	5673-07-4	152.193	313.15	1	512.40	2	23	1.0488	2	---	---	---	solid	1
17162	C9H12O2	2-ethoxyanisole	17600-72-5	152.193	---	---	485.60	1	25	1.0440	1	---	1.5240	1	---	---
17163	C9H12O2	4-ethoxybenzyl alcohol	6214-44-4	152.193	303.65	1	546.15	1	23	1.0488	2	---	1.5350	1	solid	1
17164	C9H12O2	2-ethoxybenzyl alcohol	71672-75-8	152.193	---	---	538.15	1	25	1.0720	1	---	1.5320	1	---	---
17165	C9H12O2	2-isopropoxyphenol	4812-20-8	152.193	---	---	512.40	2	25	1.0300	1	---	1.5140	1	---	---
17166	C9H12O2	3-methoxyphenethyl alcohol	5020-41-7	152.193	---	---	512.40	2	25	1.0750	1	---	1.5390	1	---	---
17167	C9H12O2	4-methoxyphenethyl alcohol	702-23-8	152.193	302.15	1	608.15	1	23	1.0488	2	---	1.5370	1	solid	1
17168	C9H12O2	2-methoxyphenethyl alcohol	7417-18-7	152.193	---	---	512.40	2	25	1.0760	1	---	1.5400	1	---	---
17169	C9H12O2	(R)-(-)-2-methoxy-2-phenylethanol	17628-72-7	152.193	---	---	512.40	2	25	1.0500	1	---	1.5200	1	---	---
17170	C9H12O2	2-methoxy-2-phenylethanol	2979-22-8	152.193	---	---	510.15	1	25	1.0610	1	---	1.5190	1	---	---
17171	C9H12O2	(S)-(+)-2-methoxy-2-phenylethanol	66051-01-2	152.193	---	---	512.40	2	25	1.0540	1	---	1.5200	1	---	---
17172	C9H12O2	5-norbornen-2-yl acetate, endo and exo	6143-29-9	152.193	---	---	512.40	2	25	1.0440	1	---	1.4700	1	---	---
17173	C9H12O2	3-phenoxy-1-propanol	6180-61-6	152.193	---	---	512.40	2	25	1.0400	1	---	1.5290	1	---	---
17174	C9H12O2	(R)-1-phenyl-1,3-propanediol	103548-16-9	152.193	337.15	1	512.40	2	23	1.0488	2	---	---	---	solid	1
17175	C9H12O2	2-phenyl-1,2-propanediol	4217-66-7	152.193	317.65	1	512.40	2	23	1.0488	2	---	---	---	solid	1
17176	C9H12O2	(S)-1-phenyl-1,3-propanediol	96854-34-1	152.193	337.15	1	512.40	2	23	1.0488	2	---	---	---	solid	1
17177	C9H12O2	4-propoxyphenol	18979-50-5	152.193	329.65	1	512.40	2	23	1.0488	2	---	---	---	solid	1
17178	C9H12O2	2,6,6-trimethyl-2-cyclohexene-1,4-dione	1125-21-9	152.193	300.15	1	512.40	2	23	1.0488	2	---	1.4910	1	solid	1
17179	C9H12O2	trimethylhydroquinone	700-13-0	152.193	445.15	1	568.15	1	23	1.0488	2	---	---	---	solid	1
17180	C9H12O2	3-isopropylcatechol	2138-48-9	152.193	---	---	512.40	2	23	1.0488	2	---	---	---	---	---
17181	C9H12O2	bicyclononadiene diepoxide	2886-89-7	152.193	---	---	512.40	2	23	1.0488	2	---	---	---	---	---
17182	C9H12O2S	butyl thiophene-2-carboxylate	56053-84-0	184.259	---	---	---	---	25	1.1244	2	---	---	---	---	---
17183	C9H12O3	butyl 2-furancarboxylate	583-33-5	168.192	---	---	506.15	1	20	1.0555	1	---	1.4740	1	---	---
17184	C9H12O3	3,4-dimethoxybenzenemethanol	93-03-8	168.192	---	---	571.15	1	17	1.1780	1	17	1.5550	1	---	---
17185	C9H12O3	ethyl 2,5-dimethyl-3-furancarboxylate	29113-63-1	168.192	---	---	481.65	1	23	1.0478	1	20	1.4686	1	---	---
17186	C9H12O3	2-furfuryl butanoate	623-21-2	168.192	---	---	485.65	1	20	1.0530	1	---	---	---	---	---
17187	C9H12O3	furfuryl 2-methylpropanoate	6270-55-9	168.192	---	---	500.92	2	20	1.0313	1	---	---	---	---	---
17188	C9H12O3	isobutyl 2-furancarboxylate	20279-53-2	168.192	---	---	495.15	1	20	1.0388	1	20	1.4676	1	---	---
17189	C9H12O3	3-phenoxy-1,2-propanediol	538-43-2	168.192	340.65	1	500.92	2	20	1.2250	1	---	---	---	solid	1
17190	C9H12O3	1-phenyl-1,2,3-propanetriol	63157-81-3	168.192	373.65	1	458.15	1	13	1.2213	1	15	1.5606	1	solid	1
17191	C9H12O3	1,2,3-trimethoxybenzene	634-36-6	168.192	321.65	1	508.15	1	45	1.1009	1	---	---	---	solid	1
17192	C9H12O3	1,3,5-trimethoxybenzene	621-23-8	168.192	327.65	1	528.65	1	23	1.1164	2	---	---	---	solid	1
17193	C9H12O3	2,4,6-trivinyl-1,3,5-trioxane	588-01-2	168.192	323.15	1	443.15	1	23	1.1164	2	---	---	---	solid	1
17194	C9H12O3	2,6-bis(hydroxymethyl)-p-cresol	91-04-3	168.192	399.15	1	500.92	2	23	1.1164	2	---	---	---	solid	1
17195	C9H12O3	2,5-dimethoxybenzyl alcohol	33524-31-1	168.192	---	---	500.92	2	25	1.1730	1	---	1.5470	1	---	---
17196	C9H12O3	2,3-dimethoxybenzyl alcohol	5653-67-8	168.192	322.65	1	500.92	2	23	1.1164	2	---	---	---	solid	1
17197	C9H12O3	3,5-dimethoxybenzyl alcohol	705-76-0	168.192	321.15	1	500.92	2	23	1.1164	2	---	---	---	solid	1
17198	C9H12O3	2,4-dimethoxybenzyl alcohol	7314-44-5	168.192	311.65	1	500.92	2	23	1.1164	2	---	---	---	solid	1
17199	C9H12O3	hexahydro-4-methylphthalic anhydride	19438-60-9	168.192	319.20	1	500.92	2	25	1.1620	1	---	1.4770	1	solid	1
17200	C9H12O3	[3aR-(3aa,5ab,6ab,6ba)]-3a,5a,6a,6b-tetra	145107-27-3	168.192	---	---	500.92	2	25	1.1010	1	---	1.4760	1	---	---

Table 1 Physical Properties - Organic Compounds

				Mol Wt	Freezing Point		Boiling Point		Density			Refractive Index			State	
NO	FORMULA	NAME	CAS No	g/mol	T_F, K	code	T_B, K	code	T, C	g/cm3	code	T, C	n_D	code	@25C,1 atm	code
17201	C9H12O3	3,3-tetramethyleneglutaric anhydride	5662-95-3	168.192	338.15	1	500.92	2	23	1.1164	2	---	---	---	solid	1
17202	C9H12O3	1,2,4-trimethoxybenzene	135-77-3	168.192	---	---	520.15	1	25	1.1260	1	---	1.5330	1	---	---
17203	C9H12O3	1-(3-furyl)-4-hydroxypentanone	32954-58-8	168.192	---	---	512.15	1	23	1.1164	2	---	---	---	---	---
17204	C9H12O3	ipomeanol	34435-70-6	168.192	---	---	500.92	2	23	1.1164	2	---	---	---	---	---
17205	C9H12O3S	ethyl p-toluenesulfonate	80-40-0	200.258	307.65	1	452.65	2	48	1.1660	1	---	---	---	solid	1
17206	C9H12O3S	propyl benzenesulfonate	80-42-2	200.258	---	---	452.65	2	17	1.1804	1	25	1.5035	1	---	---
17207	C9H12O3S	2-(p-tolylsulfonyl)ethanol	22381-54-0	200.258	327.15	1	452.65	1	33	1.1732	2	---	---	---	solid	1
17208	C9H12O4	(R)-a-acryloyloxy-b,b-dimethyl-g-butyrolact	102096-60-6	184.192	280.65	1	---	---	25	1.1250	1	---	1.4600	1	---	---
17209	C9H12O4	3,4,5-trimethoxyphenol	642-71-7	184.192	420.65	1	---	---	25	1.1545	2	---	---	---	solid	1
17210	C9H12O5	2-(3-methoxyallylidene)malonic acid dimetl	---	200.191	---	---	377.15	2	25	1.2121	2	---	1.5380	1	---	---
17211	C9H12O5	2-acetoacetoxyethyl acrylate	21282-96-2	200.191	---	---	377.15	2	25	1.2121	2	---	---	---	---	---
17212	C9H12O5	fumaric acid ethyl-2,3-epoxypropyl ester	25876-47-5	200.191	---	---	377.15	1	25	1.2121	2	---	---	---	---	---
17213	C9H12S	propyl phenyl sulfide	874-79-3	152.260	228.15	1	493.15	1	25	0.9952	1	25	1.5551	1	liquid	1
17214	C9H12S	isopropyl phenyl sulfide	3019-20-3	152.260	124.44	2	481.15	1	25	0.9810	1	25	1.5446	1	liquid	1
17215	C9H12S	3-methyl-(1-thiapropyl)-benzene	34786-24-8	152.260	123.07	2	492.15	1	25	0.9947	1	25	1.5570	1	liquid	1
17216	C9H12S	4-methyl-(1-thiapropyl)-benzene	622-63-9	152.260	123.07	2	493.15	1	25	0.9956	1	25	1.5530	1	liquid	1
17217	C9H12S	2-ethyl-(1-thiaethyl)-benzene	20760-06-9	152.260	123.07	2	501.15	1	25	1.0210	1	25	1.5688	1	liquid	1
17218	C9H12S	3-ethyl-(1-thiaethyl)-benzene	---	152.260	123.07	2	505.76	2	25	1.0210	1	---	---	---	liquid	2
17219	C9H12S	4-ethyl-(1-thiaethyl)-benzene	---	152.260	123.07	2	505.76	2	25	1.0210	1	---	---	---	liquid	2
17220	C9H12S	2,3-dimethyl-(1-thiaethyl)-benzene	---	152.260	106.70	2	510.74	2	25	1.0210	1	---	---	---	liquid	2
17221	C9H12S	2,4-dimethyl-(1-thiaethyl)-benzene	---	152.260	106.70	2	510.74	2	25	1.0150	1	25	1.5730	1	liquid	2
17222	C9H12S	2,5-dimethyl-(1-thiaethyl)-benzene	---	152.260	106.70	2	510.74	2	25	1.0150	1	---	---	---	liquid	2
17223	C9H12S	2,6-dimethyl-(1-thiaethyl)-benzene	---	152.260	106.70	2	510.74	2	25	1.0150	1	---	---	---	liquid	2
17224	C9H12S	3,4-dimethyl-(1-thiaethyl)-benzene	---	152.260	106.70	2	510.74	2	25	1.0150	1	---	---	---	liquid	2
17225	C9H12S	3,5-dimethyl-(1-thiaethyl)-benzene	---	152.260	106.70	2	510.74	2	25	1.0150	1	---	---	---	liquid	2
17226	C9H12S	benzenepropanethiol	24734-68-7	152.260	252.70	2	502.13	2	25	1.0100	1	20	1.5494	1	liquid	2
17227	C9H12S	2-isopropylbenzenethiol	6262-87-9	152.260	252.70	2	493.15	1	25	1.0050	1	---	1.5580	1	liquid	1
17228	C9H12S	[(ethylthio)methyl]benzene	6263-62-3	152.260	252.70	2	502.13	2	25	1.0094	2	---	---	---	liquid	2
17229	C9H12Si	methylphenylvinylsilane	17878-39-6	148.279	---	---	---	---	25	0.8900	1	---	---	---	---	---
17230	C9H13AsO2	methyl(2-phenylethyl)arsinic acid	73791-44-3	228.123	---	---	---	---	---	---	---	---	---	---	---	---
17231	C9H13AsO3	2-hydroxypropyl phenyl arsinic acid	21905-32-8	244.122	---	---	413.15	1	---	---	---	---	---	---	---	---
17232	C9H13AsO5	4-p-propenone-oxy-phenylarsonic acid	5411-08-5	276.121	---	---	443.15	1	---	---	---	---	---	---	---	---
17233	C9H13BO2	2,4,6-trimethylphenylboronic acid	5980-97-2	164.012	---	---	---	---	---	---	---	---	---	---	---	---
17234	C9H13BrN2O2	bromacil	314-40-9	261.119	431.15	1	---	---	25	1.5500	1	---	---	---	solid	1
17235	C9H13BrOSi	(4-bromophenoxy)trimethylsilane	17878-44-3	245.191	---	---	---	---	20	1.2619	1	20	1.5145	1	---	---
17236	C9H13BrSi	1-bromo-4-(trimethylsilyl)benzene	6999-03-7	229.191	---	---	502.65	1	25	1.1730	1	---	1.5290	1	---	---
17237	C9H13ClN2O2	terbacil	5902-51-2	216.668	449.15	1	---	---	25	1.3400	1	---	---	---	solid	1
17238	C9H13ClN6	cyanazine	21725-46-2	240.697	441.15	1	---	---	25	1.3062	2	---	---	---	solid	1
17239	C9H13ClN6O2	nimustine	42471-28-3	272.696	398.15	dec	371.15	1	25	1.3949	2	---	---	---	solid	1
17240	C9H13ClOS	4-(p-chlorophenyl)thio-1-butanol	15446-08-9	204.720	---	---	---	---	25	1.1376	2	---	---	---	---	---
17241	C9H13ClOSi	(4-chlorophenoxy)trimethylsilane	17005-59-3	200.739	---	---	487.15	1	20	1.0320	1	20	1.4930	1	---	---
17242	C9H13ClOSi	(2-chlorophenoxy)trimethylsilane	17881-65-1	200.739	---	---	475.15	1	25	1.0380	1	---	1.4940	1	---	---
17243	C9H13ClSi	(chloromethyl)dimethylphenylsilane	1833-51-8	184.740	---	---	498.15	1	25	1.0240	1	---	---	---	---	---
17244	C9H13ClSi	(3-chlorophenyl)trimethylsilane	4405-42-9	184.740	---	---	479.65	1	20	1.0071	1	20	1.5108	1	---	---
17245	C9H13ClSi	1-chloro-4-(trimethylsilyl)benzene	10557-71-8	184.740	---	---	479.15	1	25	0.9950	1	---	1.5090	1	---	---
17246	C9H13ClSi	benzylchlorodimethylsilane	1833-31-4	184.740	---	---	485.65	2	23	1.0087	2	---	---	---	---	---
17247	C9H13Cl2N3	1-H-benzimidazole-2-ethanamine dihydroc	---	234.128	530.65	1	---	---	25	1.2406	2	---	---	---	solid	1
17248	C9H13Cl2N3O2	dopan	520-09-2	266.127	---	---	---	---	25	1.3310	2	---	---	---	---	---
17249	C9H13FSi	1-fluoro-4-(trimethylsilyl)benzene	455-17-4	168.286	---	---	---	---	25	0.9450	1	---	1.4740	1	---	---
17250	C9H13N	amphetamine	300-62-9	135.209	---	---	476.15	1	25	0.9306	1	26	1.5180	1	---	---
17251	C9H13N	benzylethylamine	14321-27-8	135.209	---	---	467.15	1	17	0.9342	1	20	1.5117	1	---	---
17252	C9H13N	alpha,alpha-dimethylbenzenemethanamine	585-32-0	135.209	---	---	469.65	1	20	0.9423	1	25	1.5181	1	---	---
17253	C9H13N	N,N-dimethylbenzylamine	103-83-3	135.209	---	---	454.15	1	25	0.9150	1	20	1.5011	1	---	---
17254	C9H13N	alpha-ethylbenzenemethanamine	2941-20-0	135.209	---	---	479.15	1	25	0.9346	1	23	1.5173	1	---	---
17255	C9H13N	4-methylbenzeneethanamine	3261-62-9	135.209	---	---	487.15	1	25	0.9300	1	20	1.5257	1	---	---
17256	C9H13N	beta-methylbenzeneethanamine	582-22-9	135.209	---	---	483.15	1	4	0.9433	1	20	1.5255	1	---	---
17257	C9H13N	N-methylbenzeneethanamine	589-08-2	135.209	---	---	479.15	1	25	0.9300	1	20	1.5162	1	---	---
17258	C9H13N	2-butylpyridine	5058-19-5	135.209	370.15	1	465.15	1	15	0.9135	1	---	---	---	solid	1
17259	C9H13N	2-tert-butylpyridine	5944-41-2	135.209	240.15	1	443.15	1	23	0.9354	2	20	1.4891	1	liquid	1
17260	C9H13N	3-tert-butylpyridine	38031-78-6	135.209	229.15	1	467.95	1	23	0.9354	2	20	1.4965	1	liquid	1
17261	C9H13N	4-butylpyridine	5335-75-1	135.209	304.48	2	482.15	1	20	0.9157	1	20	1.4946	1	solid	2
17262	C9H13N	4-tert-butylpyridine	3978-81-2	135.209	232.15	1	469.65	1	25	0.9150	1	20	1.4958	1	liquid	1
17263	C9H13N	2,4-diethylpyridine	626-21-1	135.209	385.15	1	460.65	1	25	0.9338	1	---	---	---	solid	1
17264	C9H13N	2-ethyl-3,5-dimethylpyridine	1123-96-2	135.209	304.48	2	471.15	1	25	0.9338	1	---	---	---	solid	2
17265	C9H13N	3-ethyl-2,6-dimethylpyridine	23580-52-1	135.209	304.48	2	461.15	1	18	0.9120	1	---	---	---	solid	2
17266	C9H13N	4-ethyl-2,6-dimethylpyridine	36917-36-9	135.209	370.15	1	460.65	1	25	0.9089	1	25	1.4964	1	solid	1
17267	C9H13N	2,3,4,6-tetramethylpyridine	20820-82-0	135.209	304.48	2	476.15	1	25	0.9322	1	25	1.5087	1	solid	2
17268	C9H13N	2-ethyl-6-methylaniline	24549-06-2	135.209	240.15	1	504.15	1	25	0.9680	1	20	1.5525	1	liquid	1
17269	C9H13N	N-ethyl-2-methylaniline	94-68-8	135.209	266.28	2	489.15	1	25	0.9480	1	20	1.5456	1	liquid	1
17270	C9H13N	N-ethyl-3-methylaniline	102-27-2	135.209	266.28	2	494.15	1	15	0.9263	1	20	1.5451	1	liquid	1
17271	C9H13N	N-ethyl-4-methylaniline	622-57-1	135.209	266.28	2	490.15	1	16	0.9391	1	---	---	---	liquid	1
17272	C9H13N	N-ethyl-N-methylaniline	613-97-8	135.209	266.28	2	477.15	1	55	0.9200	1	---	---	---	liquid	1
17273	C9H13N	2-isopropylaniline	643-28-7	135.209	266.28	2	494.15	1	12	0.9760	1	---	---	---	liquid	1
17274	C9H13N	4-isopropylaniline	99-88-7	135.209	266.28	2	498.15	1	20	0.9530	1	---	---	---	liquid	1
17275	C9H13N	N-isopropylaniline	768-52-5	135.209	266.28	2	476.15	1	25	0.9526	1	20	1.5380	1	liquid	1
17276	C9H13N	2-methyl-N,N-dimethylaniline	609-72-3	135.209	213.15	1	467.25	1	20	0.9286	1	20	1.5152	1	liquid	1
17277	C9H13N	3-methyl-N,N-dimethylaniline	121-72-2	135.209	266.28	2	485.15	1	20	0.9410	1	20	1.5492	1	liquid	1
17278	C9H13N	4-methyl-N,N-dimethylaniline	99-97-8	135.209	266.28	2	484.15	1	20	0.9366	1	20	1.5366	1	liquid	1
17279	C9H13N	2-propylaniline	1821-39-2	135.209	266.28	2	499.15	1	20	0.9602	1	20	1.5427	1	liquid	1
17280	C9H13N	N-propylaniline	622-80-0	135.209	266.28	2	495.15	1	20	0.9443	1	20	1.5428	1	liquid	1

Table 1 Physical Properties - Organic Compounds

				Mol Wt	Freezing Point		Boiling Point		Density			Refractive Index			State	
NO	FORMULA	NAME	CAS No	g/mol	T_F, K	code	T_B, K	code	T, C	g/cm3	code	T, C	n_D	code	@25C,1 atm	code
17281	C9H13N	2,4,5-trimethylaniline	137-17-7	135.209	341.15	1	507.65	1	25	0.9570	1	---	---	---	solid	1
17282	C9H13N	2,4,6-trimethylaniline	88-05-1	135.209	270.65	1	505.65	1	25	0.9633	1	20	1.5495	1	liquid	1
17283	C9H13N	3-butylpyridine	539-32-2	135.209	304.48	2	479.75	1	25	0.9110	1	---	1.4930	1	solid	2
17284	C9H13N	dextroamphetamine	51-64-9	135.209	298.15	1	476.65	1	23	0.9354	2	---	---	---	---	---
17285	C9H13N	(S)-(-)-N,a-dimethylbenzylamine	19131-99-8	135.209	---	---	479.94	2	25	0.9300	1	---	1.5120	1	---	---
17286	C9H13N	(S)-(-)-a,4-dimethylbenzylamine	27298-98-2	135.209	---	---	478.15	1	25	0.9190	1	---	1.5210	1	---	---
17287	C9H13N	(R)-(+)-a,4-dimethylbenzylamine	4187-38-6	135.209	---	---	478.15	1	25	0.9190	1	---	1.5210	1	---	---
17288	C9H13N	(R)-(+)-N,a-dimethylbenzylamine	5933-40-4	135.209	---	---	479.94	2	25	0.9300	1	---	1.5110	1	---	---
17289	C9H13N	(S)-(-)-b-methylphenethylamine	17596-79-1	135.209	480.15	1	479.94	2	25	0.9450	1	---	1.5250	1	solid	1
17290	C9H13N	(R)-(+)-b-methylphenethylamine	28163-64-6	135.209	---	---	470.15	1	25	0.9450	1	---	1.5250	1	---	---
17291	C9H13N	2-methylphenethylamine	55755-16-3	135.209	---	---	479.94	2	23	0.9354	2	---	---	---	---	---
17292	C9H13N	3-methylphenethylamine	55755-17-4	135.209	---	---	479.94	2	23	0.9354	2	---	---	---	---	---
17293	C9H13N	3-phenylpropylamine	2038-57-5	135.209	---	---	494.15	1	25	0.9500	1	---	1.5240	1	---	---
17294	C9H13N	4-propylaniline	2696-84-6	135.209	304.48	2	497.15	1	25	0.9290	1	---	1.5430	1	solid	2
17295	C9H13N	2,6-diethylpyridine	935-28-4	135.209	304.48	2	479.94	2	23	0.9354	2	---	---	---	solid	2
17296	C9H13N	2,4-dimethylbenzenemethanamine	94-98-4	135.209	---	---	491.70	1	23	0.9354	2	---	---	---	---	---
17297	C9H13N	2,3,5,6-tetramethylpyridine	3748-84-3	135.209	304.48	2	470.70	1	23	0.9354	2	---	---	---	solid	2
17298	C9H13NO	4-(2-aminopropyl)phenol, (±)	1518-86-1	151.209	398.65	1	459.35	2	23	1.0318	2	---	---	---	solid	1
17299	C9H13NO	2-[benzylamino]ethanol	104-63-2	151.209	---	---	498.15	1	25	1.0650	1	20	1.5430	1	---	---
17300	C9H13NO	4-(dimethylamino)benzenemethanol	1703-46-4	151.209	342.15	1	459.35	2	14	1.0590	1	14	1.5727	1	solid	1
17301	C9H13NO	2-ethoxybenzenemethanamine	37806-29-4	151.209	---	---	459.35	2	25	1.0150	1	20	1.5326	1	---	---
17302	C9H13NO	2-methoxybenzeneethanamine	2045-79-6	151.209	---	---	509.65	1	25	1.0400	1	20	1.5422	1	---	---
17303	C9H13NO	2-methoxy-N,N-dimethylaniline	700-75-4	151.209	---	---	483.15	1	23	1.0160	1	---	---	---	---	---
17304	C9H13NO	2-(methylphenylamino)ethanol	93-90-3	151.209	---	---	459.35	2	25	1.0143	1	---	---	---	---	---
17305	C9H13NO	2-[(2-methylphenyl)amino]ethanol	136-80-1	151.209	---	---	558.65	1	20	1.0794	1	20	1.5675	1	---	---
17306	C9H13NO	2-[(4-methylphenyl)amino]ethanol	2933-74-6	151.209	315.65	1	560.15	1	23	1.0318	2	---	---	---	solid	1
17307	C9H13NO	2-oxocyclohexanepropanenitrile	4594-78-9	151.209	---	---	459.35	2	20	1.0181	1	20	1.4755	1	---	---
17308	C9H13NO	3-amino-3-phenyl-1-propanol	14593-04-5	151.209	345.15	1	459.35	2	23	1.0318	2	---	---	---	solid	1
17309	C9H13NO	(R)-3-amino-3-phenylpropan-1-ol	170564-98-4	151.209	---	---	459.35	2	23	1.0318	2	---	---	---	---	---
17310	C9H13NO	L(-)-2-amino-3-phenyl-1-propanol	3182-95-4	151.209	365.15	1	459.35	2	23	1.0318	2	---	---	---	solid	1
17311	C9H13NO	D(+)-2-amino-3-phenyl-1-propanol	5267-64-1	151.209	365.15	1	459.35	2	23	1.0318	2	---	---	---	solid	1
17312	C9H13NO	(S)-3-amino-3-phenylpropan-1-ol	82769-76-4	151.209	---	---	459.35	2	23	1.0318	2	---	---	---	---	---
17313	C9H13NO	2-butoxypyridine	27361-16-6	151.209	---	---	473.15	1	25	0.9720	1	---	1.4920	1	---	---
17314	C9H13NO	2-(b-cyanoethyl)cyclohexanone	---	151.209	---	---	459.35	2	23	1.0318	2	---	1.4739	1	---	---
17315	C9H13NO	3-methoxyphenethylamine	2039-67-0	151.209	---	---	459.35	2	25	1.0380	1	---	1.5380	1	---	---
17316	C9H13NO	p-methoxyphenylethylamine	55-81-2	151.209	461.65	1	---	---	25	1.0330	1	---	1.5380	1	solid	1
17317	C9H13NO	DL-a-(methylaminomethyl)benzyl alcohol	68579-60-2	151.209	348.15	1	459.35	2	23	1.0318	2	---	---	---	solid	1
17318	C9H13NO	3-acetyl-2,4,5-trimethyl-pyrrole	19005-95-9	151.209	---	---	459.35	2	23	1.0318	2	---	---	---	---	---
17319	C9H13NO	m-(2-aminopropyl)phenol	1075-61-2	151.209	---	---	282.65	1	23	1.0318	2	---	---	---	gas	1
17320	C9H13NO	3-ethylamino-4-methylphenol	120-37-6	151.209	---	---	309.25	1	23	1.0318	2	---	---	---	---	---
17321	C9H13NO	o-isopropoxyaniline	29026-74-2	151.209	---	---	459.35	2	23	1.0318	2	---	---	---	---	---
17322	C9H13NO	(-)-norephedrine	492-41-1	151.209	324.15	1	459.35	2	23	1.0318	2	---	---	---	solid	1
17323	C9H13NO	DL-norephedrine	14838-15-4	151.209	377.65	1	459.35	2	23	1.0318	2	---	---	---	solid	1
17324	C9H13NO	psi-norephedrine	492-39-7	151.209	---	---	459.35	2	23	1.0318	2	---	---	---	---	---
17325	C9H13NO2	3,3-diethyl-2,4(1H,3H)-pyridinedione	77-04-3	167.208	363.85	1	539.82	2	25	1.0984	2	---	---	---	solid	1
17326	C9H13NO2	3,4-dimethoxybenzenemethanamine	5763-61-1	167.208	---	---	539.82	2	25	1.1430	1	---	---	---	---	---
17327	C9H13NO2	ecgonidine	484-93-5	167.208	501.15	dec	539.82	2	25	1.0984	2	---	---	---	solid	1
17328	C9H13NO2	ethyl 3,5-dimethylpyrrole-2-carboxylate	2199-44-2	167.208	398.15	1	539.82	2	25	1.0984	2	---	---	---	solid	1
17329	C9H13NO2	ethyl 2,4-dimethylpyrrole-3-carboxylate	2199-51-1	167.208	351.65	1	564.15	1	25	1.0984	2	---	---	---	solid	1
17330	C9H13NO2	ethyl 2,5-dimethylpyrrole-3-carboxylate	2199-52-2	167.208	390.65	1	564.15	1	25	1.0984	2	---	---	---	solid	1
17331	C9H13NO2	ethyl 4,5-dimethylpyrrole-3-carboxylate	2199-53-3	167.208	384.45	1	539.82	2	25	1.0984	2	---	---	---	solid	1
17332	C9H13NO2	4-hydroxy-alpha-[(methylamino)methyl]ben	94-07-5	167.208	457.65	1	539.82	2	25	1.0984	2	---	---	---	solid	1
17333	C9H13NO2	4-[2-(methylamino)ethyl]-1,2-benzenediol	501-15-5	167.208	461.65	1	539.82	2	25	1.0984	2	---	---	---	solid	1
17334	C9H13NO2	3-amino-1-phenoxy-2-propanol hydrochlori	4287-20-1	167.208	419.15	1	539.82	2	25	1.0984	2	---	---	---	solid	1
17335	C9H13NO2	(1S,2S)-(+)-2-amino-1-phenyl-1,3-propane	28143-91-1	167.208	386.65	1	539.82	2	25	1.0984	2	---	---	---	solid	1
17336	C9H13NO2	(1R,2R)-2-amino-1-phenyl-1,3-propanediol	46032-98-8	167.208	386.65	1	539.82	2	25	1.0984	2	---	---	---	solid	1
17337	C9H13NO2	tert-butyl 1-pyrrolecarboxylate	5176-27-2	167.208	---	---	539.82	2	25	1.0000	1	---	1.4680	1	---	---
17338	C9H13NO2	2,4-dimethoxybenzylamine	20781-20-8	167.208	---	---	539.82	2	25	1.1130	1	---	1.5490	1	---	---
17339	C9H13NO2	3,5-dimethoxybenzylamine	34967-24-3	167.208	309.15	1	539.82	2	25	1.1060	1	---	1.5420	1	solid	1
17340	C9H13NO2	2,3-dimethoxybenzylamine	4393-09-3	167.208	---	---	539.82	2	25	1.1300	1	---	1.5400	1	---	---
17341	C9H13NO2	ethinamate	126-52-3	167.208	370.15	1	539.82	2	25	1.0984	2	---	1.4440	1	solid	1
17342	C9H13NO2	metaraminol	54-49-9	167.208	380.65	1	491.15	1	25	1.0984	2	---	---	---	solid	1
17343	C9H13NO2	tetramethylene glutarimide	1075-89-4	167.208	427.15	1	539.82	2	25	1.0984	2	---	---	---	solid	1
17344	C9H13NO2	neosynephrine	59-42-7	167.208	450.15	1	539.82	2	25	1.0984	2	---	---	---	solid	1
17345	C9H13NO2S	ethyl cis-2-isothiocyanato-1-cyclopentanec	---	199.274	---	---	481.15	2	25	1.1543	2	---	1.5142	1	---	---
17346	C9H13NO2S	N-ethyl-p-toluenesulfonamide	80-39-7	199.274	337.15	1	481.15	1	25	1.1543	2	---	---	---	solid	1
17347	C9H13NO2S	N,N-dimethyl-p-toluenesulfonamide	599-69-9	199.274	---	---	481.15	2	25	1.1543	2	---	---	---	---	---
17348	C9H13NO2S	thiocyanatoacetic acid cyclohexyl ester	5349-27-9	199.274	---	---	481.15	2	25	1.1543	2	---	---	---	---	---
17349	C9H13NO3	epinephrine	51-43-4	183.207	484.65	1	---	---	25	1.1262	2	---	---	---	solid	1
17350	C9H13NO3	(1S,2R,6S,7R)-4,4-dimethyl-3,5-dioxa-8-az	178032-63-8	183.207	423.15	1	---	---	25	1.1262	2	---	---	---	solid	1
17351	C9H13NO3	(1R,2S,6R,7S)-4,4-dimethyl-3,5-dioxa-8-az	220507-10-8	183.207	423.15	1	---	---	25	1.1262	2	---	---	---	solid	1
17352	C9H13NO3	3,4,5-trimethoxyaniline	24313-88-0	183.207	384.65	1	---	---	25	1.1262	2	---	---	---	solid	1
17353	C9H13NO3	D-adrenaline	150-05-0	183.207	484.65	1	---	---	25	1.1262	2	---	---	---	solid	1
17354	C9H13NO3	DL-epinephrine	329-65-7	183.207	---	---	---	---	25	1.1262	2	---	---	---	---	---
17355	C9H13NO3	4-methoxypyridoxine	1464-33-1	183.207	454.15	1	---	---	25	1.1262	2	---	---	---	solid	1
17356	C9H13NO3S	2-butoxycarbonylmethylene-4-oxothiazolid	832-06-4	215.273	---	---	---	---	25	1.2077	2	---	---	---	---	---
17357	C9H13N2O2	pyridostigmine	155-97-5	181.215	---	---	---	---	25	1.1234	2	---	---	---	---	---
17358	C9H13N2O9P	5'-uridylic acid	58-97-9	324.185	475.15	dec	---	---	---	---	---	---	---	---	solid	1
17359	C9H13N3	1-(2-pyridyl)piperazine	34803-66-2	163.223	---	---	566.15	1	25	1.0710	1	---	1.5960	1	---	---
17360	C9H13N3	3,3-dimethyl-1-(m-methylphenyl)triazene	20241-03-6	163.223	---	---	566.15	2	25	1.0576	2	---	---	---	---	---

Table 1 Physical Properties - Organic Compounds

				Mol Wt	Freezing Point		Boiling Point		Density			Refractive Index			State	
NO	FORMULA	NAME	CAS No	g/mol	T_F, K	code	T_B, K	code	T, C	g/cm3	code	T, C	n_D	code	@25C,1 atm	code
17361	C9H13N3	1-ethyl-3-p-tolyltriazene	50707-40-9	163.223	---	---	566.15	2	25	1.0576	2	---	---	---	---	---
17362	C9H13N3	1-(2-methylphenyl)-3,3-dimethyltriazene	20240-98-6	163.223	---	---	566.15	2	25	1.0576	2	---	---	---	---	---
17363	C9H13N3O	3,3-dimethyl-1-p-methoxyphenyltriazene	7203-92-1	179.223	---	---	418.15	2	25	1.1205	2	---	---	---	---	---
17364	C9H13N3O	3-(2-hydroxyethyl)-3-methyl-1-phenyltriaze	21600-45-3	179.223	---	---	418.15	2	25	1.1205	2	---	---	---	---	---
17365	C9H13N3O	isonicotinic acid 2-isopropylhydrazide	54-92-2	179.223	386.15	1	418.15	2	25	1.1205	2	---	---	---	solid	1
17366	C9H13N3O	1-phenethylsemicarbazide	3898-45-1	179.223	---	---	418.15	2	25	1.1205	2	---	---	---	---	---
17367	C9H13N3O	(2-phenoxyethyl)guanidine	46231-41-8	179.223	---	---	418.15	1	25	1.1205	2	---	---	---	---	---
17368	C9H13N3O2	6-amino-3-ethyl-1-allyl-2,4(1H,3H)-pyrimidi	642-44-4	195.222	416.15	1	---	---	25	1.1791	2	---	---	---	solid	1
17369	C9H13N3O2	L-tyrosine hydrazide	7662-51-3	195.222	470.15	1	---	---	25	1.1791	2	---	---	---	solid	1
17370	C9H13N3O2	aminoisometradin	550-28-7	195.222	448.15	1	---	---	25	1.1791	2	---	---	---	solid	1
17371	C9H13N3O3	2',3'-dideoxycytidine	7481-89-2	211.221	---	---	---	---	25	1.2339	2	---	---	---	---	---
17372	C9H13N3O4	deoxycytidine	951-77-9	227.221	481.65	1	---	---	25	1.2852	2	---	---	---	solid	1
17373	C9H13N3O5	cytidine	65-46-3	243.220	503.65	dec	---	---	25	1.3334	2	---	---	---	solid	1
17374	C9H13N3O5	arabinocytidine	147-94-4	243.220	485.65	1	---	---	25	1.3334	2	---	---	---	solid	1
17375	C9H13N3O6	bredinin	50924-49-7	259.220	---	---	---	---	25	1.3786	2	---	---	---	---	---
17376	C9H13N3S	2-phenethyl-3-thiosemicarbazide	3473-12-9	195.289	---	---	---	---	25	1.1495	2	---	---	---	---	---
17377	C9H13N3Si	1-(trimethylsilyl)-1H-benzotriazole	43183-36-4	191.308	---	---	---	---	25	1.0540	1	---	1.5450	1	---	---
17378	C9H13N5	o-tolylbiguanide	93-69-6	191.237	---	---	---	---	25	1.1745	2	---	---	---	---	---
17379	C9H13N5O3	9-(3,4-dihydroxybutyl)guanine	83470-64-8	239.235	---	---	303.25	1	25	1.3315	2	---	---	---	---	---
17380	C9H13O3PS	phosphorothioic acid, O-ethyl S-(p-tolyl) es	63980-89-2	232.240	---	---	---	---	---	---	---	---	---	---	---	---
17381	C9H13O4P	isopropyl phenyl phosphate	46355-07-1	216.174	---	---	---	---	---	---	---	---	---	---	---	---
17382	C9H13O4PS	dimethyl p-(methylthio)phenyl phosphate	3254-63-5	248.240	---	---	412.15	1	25	1.2730	1	---	---	---	---	---
17383	C9H13O4PS2	ENT 24,944	115-91-3	280.306	---	---	442.15	1	---	---	---	---	---	---	---	---
17384	C9H13O6PS	endothion	2778-04-3	280.239	---	---	---	---	---	---	---	---	---	---	---	---
17385	C9H13O10Zr	zirconium lactate	63919-14-2	372.420	---	---	---	---	---	---	---	---	---	---	---	---
17386	C9H14	cyclononyne	6573-52-0	122.210	---	---	451.15	1	20	0.8972	1	20	1.4890	1	---	---
17387	C9H14	2,3-dimethylbicyclo[2.2.1]hept-2-ene	529-16-8	122.210	---	---	413.65	1	17	0.8698	1	17	1.4688	1	---	---
17388	C9H14	1-nonen-3-yne	57223-18-4	122.210	---	---	418.44	2	20	0.7782	1	25	1.4487	1	---	---
17389	C9H14	1-nonen-4-yne	31508-12-0	122.210	---	---	418.44	2	20	0.7880	1	25	1.4418	1	---	---
17390	C9H14	2-nonen-4-yne	90644-60-3	122.210	---	---	418.44	2	25	0.7832	1	25	1.4590	1	---	---
17391	C9H14	6,6-dimethyl-1-hepten-4-yne	31508-08-4	122.210	---	---	398.15	1	20	0.7580	1	20	1.4312	1	---	---
17392	C9H14	3-propyl-3-hexen-1-yne	688-52-8	122.210	---	---	409.15	1	25	0.7799	1	25	1.4432	1	---	---
17393	C9H14	3,3-dimethyltricyclo[2.2.1.02,6]heptane	473-02-9	122.210	315.65	1	411.15	1	40	0.8710	1	40	1.4514	1	solid	1
17394	C9H14	2-propynylcyclohexane	17715-00-3	122.210	---	---	430.65	1	20	0.8449	1	20	1.4605	1	---	---
17395	C9H14	1,2,3,4-tetramethyl-1,3-cyclopentadiene	4249-10-9	122.210	---	---	415.15	1	25	0.8080	1	---	1.4720	1	---	---
17396	C9H14AsNO5	3-amino-4(1-(2-hydroxy)propoxy)benzenea	5423-12-1	291.136	---	---	408.15	1	---	---	---	---	---	---	---	---
17397	C9H14BNO2	2-(N,N-dimethylaminomethyl)phenylboroni	85107-53-5	179.027	---	---	---	---	---	---	---	---	---	---	---	---
17398	C9H14BNO4	1-tert-butoxycarbonyl-2-pyrrolylboronic aci	135884-31-0	211.026	---	---	---	---	---	---	---	---	---	---	---	---
17399	C9H14BrN	phenyltrimethylammonium bromide	16056-11-4	216.121	491.15	1	---	---	25	1.2699	2	---	---	---	solid	1
17400	C9H14Br2O4	dimethyl 2,6-dibromoheptanedioate	868-73-5	346.016	---	---	---	---	25	1.5900	1	---	1.5010	1	---	---
17401	C9H14Br3N	phenyltrimethylammonium tribromide	4207-56-1	375.929	388.15	1	---	---	25	1.7911	2	---	---	---	solid	1
17402	C9H14ClN	phenyltrimethylammonium chloride	138-24-9	171.670	510.15	1	---	---	25	1.0247	2	---	---	---	solid	1
17403	C9H14ClNO	phenylpropanolamine hydrochloride	154-41-6	187.669	467.15	1	---	---	25	1.0839	2	---	---	---	solid	1
17404	C9H14ClN5	cyprazine	22936-86-3	227.698	440.15	1	---	---	25	1.2340	2	---	---	---	solid	1
17405	C9H14Cl2O2	nonanedioyl dichloride	123-98-8	225.114	---	---	---	---	20	1.4680	1	20	1.4680	1	---	---
17406	C9H14Hg2N2O2S	methyl-mercury toluenesulphamide	102280-93-3	615.469	---	---	---	---	---	---	---	---	---	---	---	---
17407	C9H14IN	phenyltrimethylammonium iodide	98-04-4	263.122	497.15	1	---	---	25	1.4709	2	---	---	---	solid	1
17408	C9H14NO3	2,2,5,5-tetramethyl-3-pyrrolin-1-oxyl-3-carb	2154-67-8	184.215	475.15	1	---	---	25	1.1018	2	---	---	---	solid	1
17409	C9H14N2	nonanedinitrile	1675-69-0	150.224	---	---	523.15	2	20	0.9288	1	19	1.4518	1	---	---
17410	C9H14N2	N-benzylethylenediamine	4152-09-4	150.224	---	---	523.15	1	25	1.0000	1	---	1.5400	1	---	---
17411	C9H14N2	2,3-diethyl-5-methylpyrazine	18138-04-0	150.224	---	---	523.15	2	25	0.9490	1	---	1.4980	1	---	---
17412	C9H14N2	pheniprazine	55-52-7	150.224	298.15	1	523.15	2	23	0.9593	2	---	---	---	---	---
17413	C9H14N2	2-methylphenelzine	21085-56-3	150.224	---	---	523.15	2	23	0.9593	2	---	---	---	---	---
17414	C9H14N2	4-methylphenelzine	32504-14-6	150.224	---	---	523.15	2	23	0.9593	2	---	---	---	---	---
17415	C9H14N2O	6-butoxy-3-pyridinamine	539-23-1	166.224	---	---	323.15	2	25	1.0370	1	20	1.5373	1	---	---
17416	C9H14N2O	2-sec-butyl-3-methoxypyrazine	24168-70-5	166.224	---	---	323.15	1	25	0.9930	1	---	1.4920	1	---	---
17417	C9H14N2O	2-isobutyl-3-methoxypyrazine	24683-00-9	166.224	---	---	323.15	2	25	1.0150	2	---	1.4922	1	---	---
17418	C9H14N2O	4-methyl-2H-imidazole-1-oxide-2-spirocycl	---	166.224	387.15	1	---	---	25	1.0150	2	---	---	---	solid	1
17419	C9H14N2O2	veratrylhydrazine	135-85-3	182.223	---	---	---	---	25	1.0989	2	---	---	---	---	---
17420	C9H14N2O3	5-ethyl-5-isopropyl-2,4,6(1H,3H,5H)-pyrimi	76-76-6	198.222	476.15	1	---	---	25	1.1562	2	---	---	---	solid	1
17421	C9H14N2O3	metharbital	50-11-3	198.222	423.65	1	---	---	25	1.1562	2	---	---	---	solid	1
17422	C9H14N2O3	N-acetylethyl-2-cis-crotonylcarbamide	25614-78-2	198.222	---	---	---	---	25	1.1562	2	---	---	---	---	---
17423	C9H14N2O3	4,5-bis(allyloxy)-2-imidazolindinone	90566-09-9	198.222	---	---	---	---	25	1.1562	2	---	---	---	---	---
17424	C9H14N2O3S	3,5-diamino-2,4,6-trimethylbenzenesulfoni	32432-55-6	230.288	---	---	---	---	25	1.2315	2	---	---	---	---	---
17425	C9H14N2O3S	4-amino-N-(2-hydroxyethyl)-o-toluenesulfo	69226-39-7	230.288	---	---	---	---	25	1.2315	2	---	---	---	---	---
17426	C9H14N3Na2O13P3	2'-deoxycytidine-5'-triphosphate	102783-51-7	511.125	>273.15	1	---	---	---	---	---	---	---	---	---	---
17427	C9H14N3O8P	3'-cytidylic acid	84-52-6	323.200	506.15	dec	---	---	---	---	---	---	---	---	solid	1
17428	C9H14N3O8P	cytidine monophosphate	63-37-6	323.200	---	---	---	---	---	---	---	---	---	---	---	---
17429	C9H14N4	3,3-diethyl-1-(m-pyridyl)triazene	21600-43-1	178.238	---	---	---	---	25	1.0929	2	---	---	---	---	---
17430	C9H14N4O3	carnosine	305-84-0	226.236	533.15	1	---	---	25	1.2573	2	---	---	---	solid	1
17431	C9H14N4O3	4-(2-(5-nitroimidazol-1-yl)ethyl)morpholine	6506-37-2	226.236	383.65	1	---	---	25	1.2573	2	---	---	---	solid	1
17432	C9H14N4O4	morial	25717-80-0	242.236	413.65	1	---	---	25	1.3055	2	---	---	---	solid	1
17433	C9H14N4O5	N4-aminocytidine	57294-74-3	258.235	---	---	---	---	25	1.3509	2	---	---	---	---	---
17434	C9H14N4S2O	N,N'-bis(3-methyl-2-thiazolidinylidene)urea	73696-64-7	258.370	---	---	---	---	25	1.2930	2	---	---	---	---	---
17435	C9H14N8OS3	(4-(((2-((4-amino-1,2,5-thiadiazol-3-yl)amir	78441-84-6	346.464	---	---	---	---	25	1.4909	2	---	---	---	---	---
17436	C9H14O	isophorone	78-59-1	138.210	265.05	1	488.35	1	25	0.9200	1	20	1.4780	1	liquid	1
17437	C9H14O	3,3-dimethylbicyclo[2.2.1]heptan-2-one, (1	6069-71-2	138.210	315.05	1	466.15	1	20	0.8070	1	---	---	---	solid	1
17438	C9H14O	6,6-dimethylbicyclo[3.1.1]heptan-2-one, (1	38651-65-9	138.210	272.15	1	482.15	1	20	0.9807	1	20	1.4787	1	liquid	1
17439	C9H14O	5-methyl-2-isopropyl-2-cyclopenten-1-one	5587-79-1	138.210	---	---	462.15	1	20	0.9143	1	20	1.4660	1	---	---
17440	C9H14O	3,4,4-trimethyl-2-cyclohexen-1-one	17299-41-1	138.210	---	---	490.15	1	25	0.9440	1	25	1.4889	1	---	---

Table 1 Physical Properties - Organic Compounds

				Mol Wt	Freezing Point		Boiling Point		Density			Refractive Index			State	
NO	FORMULA	NAME	CAS No	g/mol	T_F, K	code	T_B, K	code	T, C	g/cm3	code	T, C	n_D	code	@25C,1 atm	code
17441	C9H14O	3,4,6-trimethyl-2-cyclohexen-1-one	7474-10-4	138.210	---	---	486.15	1	17	0.9430	1	17	1.4840	1	---	---
17442	C9H14O	3,6,6-trimethyl-2-cyclohexen-1-one	23438-77-9	138.210	---	---	481.15	1	24	0.9270	1	20	1.4798	1	---	---
17443	C9H14O	3-ethyl-6-hepten-4-yn-3-ol	3142-84-5	138.210	294.43	2	476.20	2	20	0.8875	1	20	1.4800	1	liquid	2
17444	C9H14O	4-methyl-7-octen-5-yn-4-ol	39118-35-9	138.210	294.43	2	476.20	2	15	0.8851	1	20	1.4785	1	liquid	2
17445	C9H14O	2,6-nonadienal	26370-28-5	138.210	---	---	476.20	2	20	0.8678	1	20	1.4460	1	---	---
17446	C9H14O	trans,trans-2,4-nonadienal	5910-87-2	138.210	---	---	476.20	2	25	0.8620	1	20	1.5207	1	---	---
17447	C9H14O	cis-octahydro-2H-inden-2-one	5689-04-3	138.210	283.15	1	498.15	1	20	0.9970	1	20	1.4830	1	liquid	1
17448	C9H14O	trans-octahydro-2H-inden-2-one	16484-17-6	138.210	261.15	1	491.15	1	17	0.9807	1	17	1.4769	1	liquid	1
17449	C9H14O	phorone	504-20-1	138.210	301.15	1	470.65	1	20	0.8850	1	20	1.4998	1	solid	1
17450	C9H14O	2-allylcyclohexanone	94-66-6	138.210	---	---	476.20	2	25	0.9270	1	---	1.4690	1	---	---
17451	C9H14O	bicyclo[3.3.1]nonan-9-one	17931-55-4	138.210	429.15	1	476.20	2	22	0.9105	2	---	---	---	solid	1
17452	C9H14O	trans-2,trans-6-nonadienal	17587-33-6	138.210	---	---	476.20	2	25	0.8700	1	---	1.4690	1	---	---
17453	C9H14O	trans-2,cis-6-nonadienal	557-48-2	138.210	---	---	476.20	2	25	0.8600	1	---	1.4720	1	---	---
17454	C9H14O	2,3,4,5-tetramethyl-2-cyclopentenone; (cis-	54458-61-6	138.210	---	---	476.20	2	25	0.9170	1	---	1.4760	1	---	---
17455	C9H14O	2,4,4-trimethyl-2-cyclohexen-1-one	13395-71-6	138.210	---	---	468.05	1	25	0.9240	1	---	1.4760	1	---	---
17456	C9H14O	2,6-dimethyl-1,5-heptadien-4-one	5837-45-6	138.210	---	---	456.20	1	22	0.9105	2	---	---	---	---	---
17457	C9H14O	2-amylfuran	3777-69-3	138.210	---	---	476.20	2	22	0.9105	2	---	---	---	---	---
17458	C9H14O	dimethyl-3-cyclohexene-1-carboxaldehyde	27939-60-2	138.210	---	---	450.15	1	22	0.9105	2	---	---	---	---	---
17459	C9H14O	2,5-divinyltetrahydropyran	25724-33-8	138.210	---	---	476.20	2	22	0.9105	2	---	---	---	---	---
17460	C9H14OSi	trimethylphenoxysilane	1529-17-5	166.295	218.15	1	392.15	1	20	0.8681	1	20	1.5125	1	liquid	1
17461	C9H14O2	2-(butoxymethyl)furan	56920-82-2	154.209	---	---	463.15	1	20	0.9516	1	20	1.4522	1	---	---
17462	C9H14O2	cyclohexyl acrylate	3066-71-5	154.209	---	---	456.15	1	20	1.0275	1	20	1.4673	1	---	---
17463	C9H14O2	ethyl 3-cyclohexene-1-carboxylate	15111-56-5	154.209	---	---	467.65	1	20	0.9688	1	20	1.4578	1	---	---
17464	C9H14O2	methyl cyclohexylideneacetate	40203-74-5	154.209	---	---	486.73	2	19	1.0021	1	19	1.4838	1	---	---
17465	C9H14O2	methyl 2-octynoate	111-12-6	154.209	---	---	490.15	1	20	0.9260	1	20	1.4464	1	---	---
17466	C9H14O2	2-nonynoic acid	1846-70-4	154.209	265.15	1	486.73	2	12	0.9525	1	25	1.4605	1	liquid	2
17467	C9H14O2	3-nonynoic acid	56630-33-2	154.209	290.15	1	486.73	2	21	0.9954	2	25	1.4603	1	liquid	2
17468	C9H14O2	5-nonynoic acid	56630-34-3	154.209	270.15	1	486.73	2	21	0.9954	2	25	1.4558	1	liquid	2
17469	C9H14O2	6-nonynoic acid	56630-31-0	154.209	287.15	1	486.73	2	21	0.9954	2	25	1.4578	1	liquid	2
17470	C9H14O2	8-nonynoic acid	30964-01-3	154.209	292.15	1	486.73	2	21	0.9954	2	25	1.4524	1	liquid	2
17471	C9H14O2	1,2,3-trimethyl-2-cyclopentene-1-carboxyli(	6894-69-5	154.209	279.65	1	486.73	2	25	1.0318	1	---	1.4766	1	liquid	2
17472	C9H14O2	2,2,3-trimethyl-3-cyclopentene-1-carboxyli(	6709-22-4	154.209	313.65	1	514.65	1	18	1.0145	1	17	1.4712	1	solid	1
17473	C9H14O2	2,3,3-trimethyl-1-cyclopentene-1-carboxyli(	5587-63-3	154.209	408.15	1	528.65	1	21	0.9954	2	---	---	---	solid	1
17474	C9H14O2	2-(3-butynyloxy)tetrahydro-2H-pyran	40365-61-5	154.209	---	---	486.73	2	25	0.9840	1	---	1.4570	1	---	---
17475	C9H14O2	isophorone oxide	10276-21-8	154.209	---	---	486.73	2	25	0.9940	1	---	1.4530	1	---	---
17476	C9H14O2	2-norbornaneacetic acid	1007-01-8	154.209	---	---	486.73	2	25	1.0650	1	---	1.4830	1	---	---
17477	C9H14O2	5-norbornene-2-endo,3-endo-dimethanol	699-97-8	154.209	357.15	1	486.73	2	21	0.9954	2	---	---	---	solid	1
17478	C9H14O2	5-norbornene-2-exo,3-exo-dimethanol	699-95-6	154.209	---	---	486.73	2	25	1.0270	1	---	1.5230	1	---	---
17479	C9H14O2	2-norbornyl acrylate	10027-06-2	154.209	---	---	486.73	2	21	0.9954	2	---	---	---	---	---
17480	C9H14O2	octahydrocoumarin	4430-31-3	154.209	---	---	486.73	2	21	0.9954	2	---	---	---	---	---
17481	C9H14O2Si	dimethoxymethylphenylsilane	3027-21-2	182.294	---	---	---	---	25	0.9900	1	---	1.4800	1	---	---
17482	C9H14O3	bis(2-methallyl) carbonate	64057-79-0	170.208	474.45	1	494.65	2	25	0.9430	1	20	1.4371	1	solid	1
17483	C9H14O3	2-(diethoxymethyl)furan	13529-27-6	170.208	---	---	464.65	1	20	0.9976	1	20	1.4451	1	---	---
17484	C9H14O3	ethyl 2-acetyl-4-pentenoate	610-89-9	170.208	---	---	481.15	1	20	0.9898	1	18	1.4388	1	---	---
17485	C9H14O3	tetrahydrofurfuryl methacrylate	2455-24-5	170.208	---	---	538.15	1	25	1.0400	1	25	1.4554	1	---	---
17486	C9H14O3	ethyl 2-oxocyclohexanecarboxylate	1655-07-8	170.208	---	---	494.65	2	25	1.0640	1	---	1.4770	1	---	---
17487	C9H14O3	ethyl 4-oxocyclohexanecarboxylate	17159-79-4	170.208	---	---	494.65	2	25	1.0680	1	---	1.4590	1	---	---
17488	C9H14O3	ethyl 2-oxocyclopentylacetate	20826-94-2	170.208	---	---	494.65	2	24	1.0229	2	---	1.4517	1	---	---
17489	C9H14O3	methyl 2-oxo-1-cycloheptanecarboxylate	52784-32-4	170.208	---	---	494.65	2	25	1.0900	1	---	1.4740	1	---	---
17490	C9H14O3	methyl 3-oxo-6-octenoate; predominantly t	110874-83-4	170.208	---	---	494.65	2	25	0.9910	1	---	1.4510	1	---	---
17491	C9H14O3	2,5-di(1,2-epoxyethyl)tetrahydro-2H-pyran	39079-58-8	170.208	---	---	494.65	2	24	1.0229	2	---	---	---	---	---
17492	C9H14O3	1,4-ipomeadiol	53011-73-7	170.208	---	---	494.65	2	24	1.0229	2	---	---	---	---	---
17493	C9H14O3SSi	trimethylsilyl benzenesulfonate	17882-06-3	230.359	---	---	428.15	1	25	1.1380	1	---	1.4930	1	---	---
17494	C9H14O3Si	trimethoxyphenylsilane	2996-92-1	198.293	---	---	---	---	20	1.0640	1	20	1.4734	1	---	---
17495	C9H14O4	diethyl 1,1-cyclopropanedicarboxylate	1559-02-0	186.208	---	---	488.15	1	25	1.0550	1	18	1.4345	1	---	---
17496	C9H14O4	diethyl cis-1,2-cyclopropanedicarboxylate	710-43-0	186.208	---	---	502.15	2	12	1.0620	1	20	1.4450	1	---	---
17497	C9H14O4	diethyl ethylidenemalonate	1462-12-0	186.208	---	---	502.15	2	20	1.0404	1	17	1.4308	1	---	---
17498	C9H14O4	diethyl cis-2-methyl-2-butenedioate	691-83-8	186.208	---	---	501.15	1	20	1.0410	1	20	1.4467	1	---	---
17499	C9H14O4	diethyl trans-2-methyl-2-butenedioate	2418-31-7	186.208	---	---	502.15	1	20	1.0434	1	20	1.4488	1	---	---
17500	C9H14O4	diethyl methylenesuccinate	2409-52-1	186.208	331.65	1	501.15	1	20	1.0467	1	20	1.4377	1	solid	1
17501	C9H14O4	trans-diethyl 2-pentenedioate	73178-43-5	186.208	---	---	510.15	1	20	1.0496	1	20	1.4411	1	---	---
17502	C9H14O4	dimethyl trans-1,2-cyclopentanedicarboxyl	80656-12-8	186.208	269.65	1	502.15	2	19	1.1130	1	17	1.4498	1	liquid	2
17503	C9H14O4	diethyl trans-1,2-cyclopropanedicarboxylat	3999-55-1	186.208	---	---	502.15	2	25	1.0610	1	---	1.4490	1	---	---
17504	C9H14O4	diethyl glutaconate	2049-67-4	186.208	---	---	510.15	1	25	1.0530	1	---	1.4460	1	---	---
17505	C9H14O4	methyl 4-acetyl-5-oxohexanoate	13984-53-7	186.208	---	---	502.15	2	25	1.0660	1	---	1.4590	1	---	---
17506	C9H14O4	3,3-tetramethyleneglutaric acid	16713-66-9	186.208	453.65	1	502.15	2	21	1.0574	2	---	---	---	solid	1
17507	C9H14O4	methyl diepoxydiallylacetate	63041-05-4	186.208	---	---	502.15	2	21	1.0574	2	---	---	---	---	---
17508	C9H14O4	methyl vinyl adipate	2969-87-1	186.208	---	---	502.15	2	21	1.0574	2	---	---	---	---	---
17509	C9H14O5	diethyl 2-acetylmalonate	570-08-1	202.207	---	---	505.15	1	26	1.0834	1	25	1.4435	1	---	---
17510	C9H14O5	diethyl 2-formylsuccinate	5472-38-8	202.207	---	---	514.15	2	24	1.0918	2	25	1.4486	1	---	---
17511	C9H14O5	diethyl 3-oxo-1,5-pentanedioate	105-50-0	202.207	---	---	523.15	1	20	1.1130	1	---	---	---	---	---
17512	C9H14O5	ethyl 2-acetoxy-2-methylacetoacetate	25409-39-6	202.207	---	---	514.15	2	25	1.0790	1	---	1.4280	1	---	---
17513	C9H14O6	glyceryl triacetate	102-76-1	218.207	277.25	1	532.15	1	25	1.1580	1	25	1.4288	1	liquid	1
17514	C9H14O6	(-)-dimethyl 2,3-O-isopropylidene-L-tartrate	37031-29-1	218.207	---	---	532.15	2	25	1.1740	1	---	1.4390	1	---	---
17515	C9H14O6	(+)-dimethyl 2,3-O-isopropylidene-d-tartrat	37031-30-4	218.207	---	---	532.15	2	25	1.1700	1	---	1.4390	1	---	---
17516	C9H14O6	1,3:2,5:4,6-tri-O-methylene-D-mannitol	5434-31-1	218.207	505.65	1	532.15	2	25	1.1673	2	---	---	---	solid	1
17517	C9H14O7	trimethyl citrate	1587-20-8	234.206	352.45	1	558.15	1	25	1.2632	2	---	---	---	solid	1
17518	C9H14O7	2,6-dimethyl-2,5-heptadien-4-one diozonid	---	234.206	---	---	558.15	2	25	1.2632	2	---	---	---	---	---
17519	C9H15O9Sb	antimony lactate	58164-88-8	388.973	---	---	---	---	---	---	---	---	---	---	---	---
17520	C9H14S	2-isopentylthiophene	26963-33-7	154.276	---	---	469.15	1	12	0.9481	1	12	1.5014	1	---	---

Table 1 Physical Properties - Organic Compounds

				Mol Wt	Freezing Point		Boiling Point		Density			Refractive Index			State	
NO	FORMULA	NAME	CAS No	g/mol	T_F, K	code	T_B, K	code	T, C	g/cm3	code	T, C	n_D	code	@25C,1 atm	code
17521	C9H14SSi	trimethyl(phenylthio)silane	4551-15-9	182.361	---	---	---	---	25	0.9630	1	---	1.5320	1	---	---
17522	C9H14SeSi	trimethyl(phenylseleno)silane	33861-17-5	229.255	---	---	---	---	---	---	---	---	1.5535	1	---	---
17523	C9H14Si	trimethylphenylsilane	768-32-1	150.295	---	---	442.65	1	20	0.8722	1	20	1.4907	1	---	---
17524	C9H14Si	benzyldimethylsilane	1631-70-5	150.295	---	---	442.65	2	25	0.9490	1	---	1.5020	1	---	---
17525	C9H14Sn	trimethyl(phenyl)tin	934-56-5	240.920	222.25	1	---	---	25	1.3270	1	---	1.5360	1	---	---
17526	C9H15AlO9	aluminum lactate	18917-91-4	294.195	---	---	---	---	---	---	---	---	---	---	---	---
17527	C9H15Br	(2-bromoallyl)cyclohexane	53608-85-8	203.122	---	---	---	---	17	1.2150	1	17	1.4950	1	---	---
17528	C9H15BrClHgNO	trans-chloro(2-(3-bromopropionamido)cycl	73926-87-1	469.171	---	---	---	---	---	---	---	---	---	---	---	---
17529	C9H15BrN	N-cyano-2-bromoethylcyclohexylamine	---	217.129	---	---	---	---	25	1.2429	2	---	---	---	---	---
17530	C9H15BrN2O3	1-acetyl-3-(2-bromo-2-ethylbutyryl)urea	77-66-7	279.134	382.15	1	---	---	25	1.4257	2	---	---	---	solid	1
17531	C9H15BrO3	ethyl d-bromo-b,b-dimethyl levulinate	---	251.120	---	---	---	---	25	1.3408	2	---	1.4730	1	---	---
17532	C9H15Br3Cl3O4P	tris(1-bromo-3-chloroisopropyl)phosphate	7328-28-1	564.259	---	---	---	---	---	---	---	---	---	---	---	---
17533	C9H15Br6O4P	2,3-dibromo-1-propanol, phosphate (3:1)	126-72-7	697.614	---	---	---	---	---	---	---	---	---	---	---	---
17534	C9H15Cl	2-chloro-2-methyl-3-octyne	20599-21-7	158.671	---	---	457.00	2	20	0.8929	1	20	1.4480	1	---	---
17535	C9H15Cl	1-chloro-1-nonyne	90722-14-8	158.671	---	---	457.00	2	20	0.9060	1	20	1.4500	1	---	---
17536	C9H15ClN2O3Hg	3-(3-chloromercuri-2-methoxy-1-propyl)-5,5	3477-28-9	435.273	---	---	---	---	---	---	---	---	---	---	---	---
17537	C9H15ClO	3-cyclohexylpropionyl chloride	39098-75-4	174.670	---	---	---	---	25	1.0345	1	---	---	---	---	---
17538	C9H15Cl2N3O2	cis-3-(2-chlorocyclohexyl)-1-(2-chloroethyl	13909-11-0	268.143	---	---	---	---	25	1.2832	2	---	---	---	---	---
17539	C9H15Cl2N3O2	trans-3-(2-chlorocyclohexyl)-1-(2-chloroeth	13909-12-1	268.143	---	---	---	---	25	1.2832	2	---	---	---	---	---
17540	C9H15Cl2N3O2Zn	(trans-4)-dichloro(4,4-dimethylzinc 5((((me	58270-08-9	333.533	395.65	1	518.15	1	---	---	---	---	---	---	solid	1
17541	C9H15Cl6O4P	tris(1,3-dichloro-2-propyl) phosphate	13674-87-8	430.905	300.15	1	---	---	---	---	---	---	1.5020	1	solid	1
17542	C9H15Cl6O4P	tris(1,3-dichloropropyl) phosphate	40120-74-9	430.905	299.85	1	---	---	---	---	---	---	---	---	solid	1
17543	C9H15Cl6O4P	tris-dichloropropylphosphate	78-43-3	430.905	---	---	---	---	---	---	---	---	---	---	---	---
17544	C9H15F7O4Si	3-heptafluoroisopropoxypropyltrimethoxysi	19116-61-1	348.290	---	---	---	---	25	1.2500	1	---	---	---	---	---
17545	C9H15FeIN6S2	iodo-pdsmtsc-iron(iv) complex	---	454.142	---	---	---	---	---	---	---	---	---	---	---	---
17546	C9H15N	N,N-diallyl-2-propen-1-amine	102-70-5	137.225	200.00	1	423.65	1	20	0.8090	1	20	1.4502	1	solid	1
17547	C9H15N	3,4-diethyl-2-methyl-1H-pyrrole	34874-30-1	137.225	---	---	475.65	1	17	0.9100	1	17	1.4988	1	---	---
17548	C9H15N	3-ethyl-2,4,5-trimethylpyrrole	520-69-4	137.225	339.65	1	487.15	1	21	0.8863	2	---	---	---	solid	1
17549	C9H15N	1-pyrrolidino-1-cyclopentene	7148-07-4	137.225	---	---	463.82	2	25	0.9400	1	---	1.5160	1	---	---
17550	C9H15N	1,2-dihydro-2,2,4,6-tetramethylpyridine	63681-01-6	137.225	---	---	463.82	2	21	0.8863	2	---	---	---	---	---
17551	C9H15NO	9-methyl-9-azabicyclo[3.3.1]nonan-3-one	552-70-5	153.225	327.15	1	519.15	1	100	1.0010	1	100	1.4760	1	solid	1
17552	C9H15NO	4-ethyl-4-formylhexanenitrile	2938-69-4	153.225	---	---	519.15	2	25	0.9480	1	---	1.4515	1	---	---
17553	C9H15NO	1-morpholinocyclopentene	936-52-7	153.225	---	---	519.15	2	25	0.9540	1	---	1.5120	1	---	---
17554	C9H15NO2	3,3-diethyl-2,4-piperidinedione	77-03-2	169.224	377.15	1	490.82	2	25	0.9866	2	---	---	---	solid	1
17555	C9H15NO2	N-(1,1-dimethyl-3-oxobutyl)-2-propenamide	2873-97-4	169.224	---	---	490.82	2	25	0.9866	2	---	---	---	---	---
17556	C9H15NO2	ethyl 2-cyano-2-ethylbutanoate	1619-56-3	169.224	---	---	487.15	1	25	0.9866	2	27	1.4200	1	---	---
17557	C9H15NO2	ethyl 2-cyanohexanoate	7391-39-1	169.224	---	---	504.15	1	25	0.9537	1	20	1.4248	1	---	---
17558	C9H15NO2	tert-butyl 2,5-dihydro-1H-pyrrole-1-carboxy	73286-70-1	169.224	---	---	481.15	1	25	0.9810	1	---	1.4580	1	---	---
17559	C9H15NO2	ethyl 2-amino-1-cyclohexene-1-carboxylate	1128-00-3	169.224	344.65	1	490.82	2	25	0.9866	2	---	---	---	solid	1
17560	C9H15NO2	ethyl 1-methyl-1,2,3,6-tetrahydro-4-pyridin	40175-06-2	169.224	---	---	490.82	2	25	1.0250	1	---	1.4780	1	---	---
17561	C9H15NO2	aceclidine	827-61-2	169.224	---	---	490.82	2	25	0.9866	2	---	---	---	---	---
17562	C9H15NO3	5,5-dipropyl-2,4-oxazolidinedione	512-12-9	185.223	315.65	1	526.15	2	25	1.0672	2	---	---	---	solid	1
17563	C9H15NO3	ecgonine	481-37-8	185.223	478.15	1	526.15	2	25	1.0672	2	---	---	---	solid	1
17564	C9H15NO3	1-(tert-butoxycarbonyl)-2-pyrrolidinone	85909-08-6	185.223	---	---	526.15	2	25	1.0860	1	---	1.4660	1	---	---
17565	C9H15NO3	butyl (S)-(-)-2-pyrrolidone-5-carboxylate	4931-68-4	185.223	---	---	526.15	2	25	1.1040	1	---	1.4030	1	---	---
17566	C9H15NO3	ethyl 6-isocyanatohexanoate	5100-36-7	185.223	---	---	526.15	1	25	1.0320	1	---	1.4390	1	---	---
17567	C9H15NO3	ethyl 1-piperidineglyoxylate	53074-96-7	185.223	---	---	526.15	2	25	1.0200	1	---	1.4745	1	---	---
17568	C9H15NO3	(S)-(+)-4-isopropyl-3-propionyl-2-oxazolidi	77877-19-1	185.223	---	---	526.15	2	25	1.0940	1	---	1.4640	1	---	---
17569	C9H15NO3S	captopril	62571-86-2	217.289	378.65	1	---	---	25	1.1604	2	---	---	---	solid	1
17570	C9H15NO3S	2-(5-carboxypentyl)-4-thiazolidone	41956-77-8	217.289	---	---	---	---	25	1.1604	2	---	---	---	---	---
17571	C9H15NO3S	cinamonin	539-35-5	217.289	---	---	---	---	25	1.1604	2	---	---	---	---	---
17572	C9H15NO4	(S)-N-boc-azetidine carboxylic acid	51077-14-6	201.223	---	---	---	---	25	1.1349	2	---	---	---	---	---
17573	C9H15NO5	diethyl 2-acetamidomalonate	1068-90-2	217.222	369.45	1	---	---	25	1.1875	2	---	---	---	solid	1
17574	C9H15NO6	N-boc-L-aspartic acid	13726-67-5	233.222	389.15	1	---	---	25	1.2370	2	---	---	---	solid	1
17575	C9H15NS	4,5-dimethyl-2-isobutylthiazole	53498-32-1	169.291	---	---	---	---	25	0.9934	2	---	1.4960	1	---	---
17576	C9H15N2O2	3-carbamoyl-2,2,5,5-tetramethyl-3-pyrrolin	3229-73-0	183.231	472.15	1	---	---	25	1.0758	2	---	---	---	solid	1
17577	C9H15N2O2	2,2,5,5-tetramethyl-4-methylene-3-formyl-i	82814-77-5	183.231	363.65	1	---	---	25	1.0758	2	---	---	---	solid	1
17578	C9H15N2O5PS	trimethyl-N-(p-benzenesulphonamido)phos	56287-19-5	294.269	---	---	---	---	---	---	---	---	---	---	---	---
17579	C9H15N3O2S	ergothioneine	497-30-3	229.304	563.15	dec	---	---	25	1.2060	2	---	---	---	solid	1
17580	C9H15N3O3	2,4,6-triethoxy-1,3,5-triazine	884-43-5	213.237	---	---	---	---	25	1.1834	2	---	---	---	---	---
17581	C9H15N3O5	N-(N-acetylvalyl)-N-nitrosoglycine	99152-10-0	245.236	---	---	---	---	25	1.2811	2	---	---	---	---	---
17582	C9H15N3O7	lycomarasmine	7611-43-0	277.235	501.15	dec	---	---	25	1.3680	2	---	---	---	solid	1
17583	C9H15N5O	2,4-diamino-6-piperidinopyrimidine-3-oxide	38304-91-5	209.253	533.15	dec	---	---	25	1.1792	2	---	---	---	solid	1
17584	C9H15N5O2	4-carbethoxy-5-(3,3-dimethyl-1-triazeno)-2	41459-10-3	225.252	---	---	---	---	25	1.2304	2	---	---	---	---	---
17585	C9H15NaO10Zr	zirconium sodium lactate	63904-82-5	397.426	---	---	---	---	---	---	---	---	---	---	---	---
17586	C9H15NdO9	lactic acid, neodymium salt	19042-19-4	411.453	---	---	---	---	---	---	---	---	---	---	---	---
17587	C9H15O2Rh	acetylacetonatobis(ethylene)rhodium(i)	12082-47-2	258.122	---	---	---	---	---	---	---	---	---	---	---	---
17588	C9H15O4P	triallyl phosphate	1623-19-4	218.190	---	---	---	---	---	---	---	---	---	---	---	---
17589	C9H15O8P	bomyl	122-10-1	282.187	298.15	1	---	---	---	---	---	---	---	---	---	---
17590	C9H16	1-butylcyclopentene	2423-01-0	124.226	184.75	1	429.15	1	25	0.8035	1	25	1.4463	1	liquid	1
17591	C9H16	4-isopropyl-1-methylcyclopentene	90769-70-3	124.226	184.75	2	415.65	1	21	0.7945	1	21	1.4403	1	liquid	1
17592	C9H16	3-methyl-1-isopropylcyclopentene	51115-02-7	124.226	184.75	2	411.65	1	22	0.7910	1	23	1.4380	1	liquid	1
17593	C9H16	1-nonyne	3452-09-3	124.226	223.16	1	423.85	1	25	0.7520	1	25	1.4195	1	liquid	1
17594	C9H16	2-nonyne	19447-29-1	124.226	296.79	2	435.05	1	25	0.7645	1	25	1.4303	1	liquid	1
17595	C9H16	3-nonyne	20184-89-8	124.226	296.79	2	430.25	1	25	0.7556	1	25	1.4264	1	liquid	1
17596	C9H16	4-nonyne	20184-91-2	124.226	272.25	2	427.15	1	25	0.7570	1	25	1.4296	1	liquid	1
17597	C9H16	7-methyl-3-octyne	37050-06-9	124.226	272.25	2	421.10	2	20	0.7599	1	20	1.4280	1	liquid	2
17598	C9H16	2,6-dimethyl-3-heptyne	19549-97-4	124.226	272.25	2	403.75	1	20	0.7850	1	---	---	---	liquid	1
17599	C9H16	5,5-dimethyl-3-heptyne	23097-98-5	124.226	272.25	2	421.10	2	20	0.7610	1	20	1.4360	1	liquid	2
17600	C9H16	allylcyclohexane	2114-42-3	124.226	---	---	405.15	1	20	0.8135	1	20	1.4500	1	---	---

Table 1 Physical Properties - Organic Compounds

				Mol Wt	Freezing Point		Boiling Point		Density			Refractive Index			State	
NO	FORMULA	NAME	CAS No	g/mol	T_F, K	code	T_B, K	code	T, C	g/cm3	code	T, C	n_D	code	@25C,1 atm	code
17601	C9H16	bicyclo[3.3.1]nonane	280-65-9	124.226	418.65	1	442.65	1	21	0.7934	2	---	---	---	solid	1
17602	C9H16	2-methylbicyclo[2.2.2]octane	766-53-0	124.226	306.65	1	432.15	1	40	0.8664	1	40	1.4608	1	solid	1
17603	C9H16	cis-cyclononene	933-21-1	124.226	---	---	441.15	1	20	0.8671	1	20	1.4805	1	---	---
17604	C9H16	trans-cyclononene	3958-38-1	124.226	---	---	421.10	2	20	0.8615	1	20	1.4799	1	---	---
17605	C9H16	1,8-nonadiene	4900-30-5	124.226	202.32	2	415.65	1	20	0.7511	1	20	1.4302	1	liquid	1
17606	C9H16	2,7-nonadiene	51333-70-1	124.226	200.65	1	424.65	1	20	0.7499	1	20	1.4358	1	liquid	1
17607	C9H16	4-methyl-3,5-octadiene	36903-95-4	124.226	202.32	2	422.65	1	25	0.7640	1	25	1.4628	1	liquid	1
17608	C9H16	7-methyl-2,4-octadiene	2216-70-8	124.226	202.32	2	422.15	1	18	0.7521	1	18	1.4543	1	liquid	1
17609	C9H16	2,4-dimethyl-2,4-heptadiene	74421-05-9	124.226	202.32	2	411.15	1	4	0.7750	1	4	1.4587	1	liquid	1
17610	C9H16	2,6-dimethyl-1,3-heptadiene	2436-84-2	124.226	202.32	2	414.15	1	10	0.7648	1	22	1.4606	1	liquid	1
17611	C9H16	2,6-dimethyl-1,5-heptadiene	6709-39-3	124.226	203.15	1	416.15	1	25	0.7648	1	---	---	---	liquid	1
17612	C9H16	3,5-dimethyl-2,4-heptadiene	101935-28-8	124.226	202.32	2	413.15	1	20	0.7660	1	20	1.4487	1	liquid	1
17613	C9H16	3-ethyl-2-methyl-1,5-hexadiene	73398-15-9	124.226	203.15	1	418.15	1	25	0.7594	1	---	---	---	liquid	1
17614	C9H16	octahydroindene	496-10-6	124.226	220.15	1	440.15	1	25	0.8760	1	20	1.4702	1	liquid	1
17615	C9H16	1,2,3-trimethylcyclohexene	72312-48-2	124.226	181.60	2	423.15	1	11	0.8347	1	11	1.4630	1	liquid	1
17616	C9H16	1,3,5-trimethylcyclohexene	3643-64-9	124.226	181.60	2	414.15	1	11	0.8025	1	13	1.4490	1	liquid	1
17617	C9H16	1,4,4-trimethylcyclohexene	3419-71-4	124.226	181.60	2	413.15	1	19	0.8032	1	23	1.4440	1	liquid	1
17618	C9H16	1,4,5-trimethylcyclohexene	20030-32-4	124.226	181.60	2	418.15	1	20	0.8050	1	20	1.4482	1	liquid	1
17619	C9H16	1,5,5-trimethylcyclohexene	503-46-8	124.226	181.60	2	413.15	1	23	0.7981	1	21	1.4461	1	liquid	1
17620	C9H16	1,5,6-trimethylcyclohexene	116724-18-6	124.226	181.60	2	413.15	1	25	0.8290	1	25	1.4572	1	liquid	1
17621	C9H16	1,6,6-trimethylcyclohexene	69745-49-9	124.226	181.60	2	419.15	1	20	0.8230	1	20	1.4560	1	liquid	1
17622	C9H16	1-ethyl-4-methylcyclohexene	62088-36-2	124.226	181.60	2	422.15	1	16	0.8169	1	16	1.4530	1	liquid	1
17623	C9H16	1-ethylidene-2-methylcyclohexane	40514-70-3	124.226	---	---	431.15	1	25	0.8230	1	---	1.4700	1	---	---
17624	C9H16	cis-bicyclo[4.3.0]nonane	4551-51-3	124.226	236.35	1	441.05	1	21	0.7934	2	---	1.4720	1	liquid	1
17625	C9H16	trans-bicylco[4.3.0]nonane	3296-50-2	124.226	213.45	1	434.20	1	21	0.7934	2	---	1.4640	1	liquid	1
17626	C9H16	trans-1,3-dimethyl-2-methylenecyclohexan	20348-74-7	124.226	215.45	1	390.75	1	21	0.7934	2	---	---	---	liquid	1
17627	C9H16	1-isopropyl-1-cyclohexene	4292-04-0	124.226	181.60	2	428.25	1	25	0.8240	1	---	1.4550	1	liquid	1
17628	C9H16	7-methyl-1,6-octadiene	42152-47-6	124.226	202.32	2	416.65	1	25	0.7530	1	---	1.4360	1	liquid	1
17629	C9H16	3,5,5-trimethylcyclohexene	933-12-0	124.226	181.60	1	406.75	1	21	0.7934	2	---	---	---	liquid	1
17630	C9H16ClNO2	ethyl trans-2-amino-4-cyclohexene-1-carbo	142547-16-8	205.684	381.15	1	---	---	25	1.0954	2	---	---	---	solid	1
17631	C9H16ClN3O2	1-(2-chloroethyl)-3-cyclohexyl-1-nitrosoure	13010-47-4	233.698	363.15	1	336.75	1	25	1.1907	2	---	---	---	solid	1
17632	C9H16ClN3O3	1-(2-chloroethyl)-3-(cis-4-hydroxycyclohex	52049-26-0	249.698	---	---	405.15	1	25	1.2368	2	---	---	---	---	---
17633	C9H16ClN3O3	1-(2-chloroethyl)-3-(trans-4-hydroxycycloh	56239-24-8	249.698	---	---	388.75	1	25	1.2368	2	---	---	---	---	---
17634	C9H16ClN3O4	1-(2-chloroethyl)-3-(trans-2-hydroxycycloh	58494-43-2	265.697	---	---	401.15	1	25	1.2804	2	---	---	---	---	---
17635	C9H16ClN3O7	1-(2-chloroethyl)-3-(b-D-glucopyranosyl)-1	58484-07-4	313.695	---	---	327.15	1	25	1.3982	2	---	---	---	---	---
17636	C9H16ClN3O7	chlorozotocin	54749-90-5	313.695	---	---	392.45	1	25	1.3982	2	---	---	---	---	---
17637	C9H16ClN5	propazine	139-40-2	229.714	486.15	1	---	---	20	1.1620	1	---	---	---	solid	1
17638	C9H16ClN5	terbuthylazine	5915-41-3	229.714	451.15	1	---	---	20	1.1880	1	---	---	---	solid	1
17639	C9H16ClN5	1,3,5-triazine-2,4-diamine, 6-chloro-N-ethy	7286-69-3	229.714	---	---	374.95	2	20	1.1750	2	---	---	---	---	---
17640	C9H16ClN5	triethazine	1912-26-1	229.714	373.65	1	374.95	1	20	1.1750	2	---	---	---	solid	1
17641	C9H16Cl2N4	1-(3-chloroallyl)-3,5,7-triaza-1-azoniaadam	4080-31-3	251.159	---	---	---	---	25	1.2164	2	---	---	---	---	---
17642	C9H16Cl2N6O4	1,1'-propylenebis(3-(2-chloroethyl)-3-nitros	60784-42-1	343.171	---	---	410.95	1	25	1.4453	2	---	---	---	---	---
17643	C9H16Cl2OSi	hexynol	25898-71-9	239.215	---	---	---	---	---	---	---	---	---	---	---	---
17644	C9H16FN3O2	cyclohexyl fluoroethyl nitrosourea	13908-93-5	217.244	---	---	362.15	1	25	1.1497	2	---	---	---	---	---
17645	C9H16HgN2O6	methoxyoximercuripropylsuccinyl urea	140-20-5	448.826	---	---	---	---	---	---	---	---	---	---	---	---
17646	C9H16NO2	4-oxo-2,2,6,6-tetramethylpiperidinooxy, fre	2896-70-0	170.232	308.65	1	---	---	25	0.9979	2	---	---	---	solid	1
17647	C9H16NO3	3-carboxy-proxyl, free radical	2154-68-9	186.231	---	---	---	---	25	1.0569	2	---	---	---	---	---
17648	C9H16N2	1,8-diazabicyclo[5.4.0]undec-7-ene; (1,5-5	6674-22-2	152.240	---	---	---	---	25	1.0180	1	---	1.5220	1	---	---
17649	C9H16N2O	2,2,5,5-tetramethyl-3-pyrroline-3-carboxam	19805-75-5	168.239	454.15	1	---	---	25	0.9942	2	---	---	---	solid	1
17650	C9H16N2O	N-cyclohexyl-1-aziridinecarboxamide	13311-57-4	168.239	---	---	---	---	25	0.9942	2	---	---	---	---	---
17651	C9H16N2O2	(2-isopropyl-4-pentenoyl)urea	528-92-7	184.239	467.15	1	---	---	25	1.0538	2	---	---	---	solid	1
17652	C9H16N2O2S	tert-butyl-N-(3-methyl-2-thiazolidinylidene)	100836-63-3	216.305	---	---	435.25	1	25	1.1361	2	---	---	---	---	---
17653	C9H16N2O2S2	N-oxydiethylene thiocarbamyl-N-oxydiethyl	13752-51-7	248.371	---	---	362.15	1	25	1.2059	2	---	---	---	---	---
17654	C9H16N2O5	Na-boc-L-asparagine	7536-55-2	232.237	445.65	1	---	---	25	1.2116	2	---	---	---	solid	1
17655	C9H16N2O5	Na-boc-D-asparagine	75647-01-7	232.237	440.15	1	---	---	25	1.2116	2	---	---	---	solid	1
17656	C9H16N2O5	N-(4-acetoxybutyl)-N-(acetoxymethyl)nitros	70103-79-6	232.237	---	---	---	---	25	1.2116	2	---	---	---	---	---
17657	C9H16N2O5	N-(methoxycarbonylmethyl)-N-(1-acetoxyb	---	232.237	---	---	---	---	25	1.2116	2	---	---	---	---	---
17658	C9H16N3O14P3	cytidine-5'-triphosphate	65-47-4	483.161	---	---	---	---	---	---	---	---	---	---	---	---
17659	C9H16N4OS	tebuthiuron	34014-18-1	228.319	436.15	dec	---	---	25	1.1813	2	---	---	---	solid	1
17660	C9H16N4OS	ethyl metribuzin	64529-56-2	228.319	---	---	---	---	25	1.1813	2	---	---	---	---	---
17661	C9H16O	1-allylcyclohexanol	1123-34-8	140.225	---	---	463.15	1	22	0.9341	1	22	1.4756	1	---	---
17662	C9H16O	trans-2-allylcyclohexanol	24844-28-8	140.225	---	---	456.52	2	20	0.9450	1	20	1.4778	1	---	---
17663	C9H16O	1-cyclohexyl-1-propanone	1123-86-0	140.225	---	---	469.15	1	20	0.9105	1	20	1.4530	1	---	---
17664	C9H16O	cyclononanone	3350-30-9	140.225	307.15	1	456.52	2	20	0.9560	1	20	1.4729	1	solid	1
17665	C9H16O	1-(1-methylcyclohexyl)ethanone	2890-62-2	140.225	---	---	459.35	1	20	0.9504	1	20	1.4543	1	---	---
17666	C9H16O	1-(3-methylcyclohexyl)ethanone	7193-78-4	140.225	---	---	470.15	1	19	0.9120	1	19	1.4517	1	---	---
17667	C9H16O	1-(4-methylcyclohexyl)ethanone	1879-06-7	140.225	---	---	469.15	1	18	0.9055	1	18	1.4509	1	---	---
17668	C9H16O	cyclooctanecarboxaldehyde	6688-11-5	140.225	---	---	456.52	2	20	0.9540	1	20	1.4748	1	---	---
17669	C9H16O	1,7-dimethylbicyclo[2.2.1]heptan-2-ol, (exo	509-12-6	140.225	374.65	1	465.15	1	21	0.8937	2	---	---	---	solid	1
17670	C9H16O	2-ethyl-2-methylcyclohexanone	17206-52-9	140.225	305.72	2	468.15	1	17	0.9037	1	17	1.4515	1	solid	2
17671	C9H16O	2-isopropylcyclohexanone	1004-77-9	140.225	345.65	1	456.52	2	16	0.9220	1	15	1.4564	1	solid	1
17672	C9H16O	4-isopropylcyclohexanone	5432-85-9	140.225	305.72	2	487.15	1	30	0.9099	1	25	1.4552	1	solid	2
17673	C9H16O	2-propylcyclohexanone	94-65-5	140.225	305.72	2	470.15	1	20	0.9270	1	20	1.4538	1	solid	2
17674	C9H16O	4-propylcyclohexanone	40649-36-3	140.225	305.72	2	486.15	1	19	0.9072	1	19	1.4530	1	solid	2
17675	C9H16O	2,2,3-trimethylcyclohexanone	39257-08-4	140.225	305.72	2	464.15	1	15	0.9234	1	15	1.4569	1	solid	2
17676	C9H16O	2,2,4-trimethylcyclohexanone	35413-38-8	140.225	330.15	1	456.52	2	20	0.8900	1	20	1.4520	1	solid	1
17677	C9H16O	2,2,5-trimethylcyclohexanone	933-36-8	140.225	305.72	2	456.15	1	24	0.8871	1	24	1.4432	1	solid	2
17678	C9H16O	2,2,6-trimethylcyclohexanone	2408-37-9	140.225	241.35	1	451.65	1	18	0.9043	1	20	1.4470	1	liquid	1
17679	C9H16O	2,3,6-trimethylcyclohexanone	42185-47-7	140.225	305.72	2	463.15	1	18	0.9129	1	21	1.4464	1	solid	2
17680	C9H16O	2,4,4-trimethylcyclohexanone	2230-70-8	140.225	305.72	2	464.15	1	20	0.9020	1	20	1.4493	1	solid	2

Table 1 Physical Properties - Organic Compounds

				Mol Wt	Freezing Point		Boiling Point		Density			Refractive Index			State	
NO	FORMULA	NAME	CAS No	g/mol	T_F, K	code	T_B, K	code	T, C	g/cm3	code	T, C	n_D	code	@25C,1 atm	code
17681	C9H16O	2,4,5-trimethylcyclohexanone	51299-55-9	140.225	305.72	2	466.15	1	20	0.8970	1	20	1.4479	1	solid	2
17682	C9H16O	2,4,6-trimethylcyclohexanone	90645-54-8	140.225	305.72	2	459.15	1	20	0.8992	1	20	1.4458	1	solid	2
17683	C9H16O	3,3,5-trimethylcyclohexanone	873-94-9	140.225	305.72	2	462.15	1	19	0.8919	1	15	1.4454	1	solid	2
17684	C9H16O	3,4,4-trimethylcyclohexanone	40441-35-8	140.225	305.72	2	456.52	2	25	0.9110	1	20	1.4552	1	solid	2
17685	C9H16O	4-isopropyl-2-methylcyclopentanone	90645-61-7	140.225	---	---	464.65	1	20	0.8862	1	19	1.4413	1	---	---
17686	C9H16O	2-methyl-2-isopropylcyclopentanone	32116-65-7	140.225	---	---	456.52	2	16	0.9067	1	16	1.4495	1	---	---
17687	C9H16O	2-methyl-5-isopropylcyclopentanone	6784-18-5	140.225	---	---	455.15	1	20	0.8890	1	20	1.4402	1	---	---
17688	C9H16O	4-methyl-2-isopropylcyclopentanone	69770-98-5	140.225	---	---	456.15	1	20	0.8850	1	20	1.4392	1	---	---
17689	C9H16O	1-methoxy-2-octyne	18495-23-3	140.225	---	---	456.52	2	25	0.8370	1	20	1.4380	1	---	---
17690	C9H16O	2-methyl-5-octen-4-one	17577-93-4	140.225	---	---	456.15	1	25	0.8390	1	25	1.4387	1	---	---
17691	C9H16O	2-methyl-7-octen-4-one	54298-97-4	140.225	---	---	456.52	2	12	0.8361	1	12	1.4288	1	---	---
17692	C9H16O	5-methyl-1-octen-3-one	116836-13-6	140.225	---	---	456.52	2	19	0.8450	1	19	1.4380	1	---	---
17693	C9H16O	7-methyl-5-octen-4-one	32064-78-1	140.225	---	---	456.52	2	12	0.9011	1	---	1.4748	1	---	---
17694	C9H16O	3-methyl-1-octyn-3-ol	23580-51-0	140.225	257.15	2	447.15	1	20	0.8547	1	10	1.4430	1	liquid	1
17695	C9H16O	1-nonyn-3-ol	7383-20-2	140.225	257.15	2	456.52	2	20	0.8627	1	20	1.4440	1	liquid	2
17696	C9H16O	2-nonyn-1-ol	5921-73-3	140.225	257.15	1	456.52	2	16	0.8780	1	16	1.4576	1	liquid	2
17697	C9H16O	2,6-nonadien-1-ol	7786-44-9	140.225	---	---	456.52	2	25	0.8604	1	25	1.4598	1	---	---
17698	C9H16O	2-nonenal	2463-53-8	140.225	---	---	456.52	2	25	0.8418	1	25	1.4502	1	---	---
17699	C9H16O	trans-2-nonenal	18829-56-6	140.225	---	---	456.52	2	21	0.8937	2	---	---	---	---	---
17700	C9H16O	1,3,5-trimethyl-2-cyclohexen-1-ol	33843-55-9	140.225	319.15	1	456.52	2	20	0.9132	1	19	1.4735	1	solid	1
17701	C9H16O	2,4,4-trimethyl-2-cyclohexen-1-ol	73741-61-4	140.225	---	---	466.15	1	25	0.9310	1	---	---	---	---	---
17702	C9H16O	3,5,5-trimethyl-2-cyclohexen-1-ol	470-99-5	140.225	---	---	456.52	2	20	0.9140	1	20	1.4717	1	---	---
17703	C9H16O	2,4-dimethyl-2,6-heptadien-1-ol, isomers	80192-56-9	140.225	---	---	456.52	2	25	0.8650	1	---	1.4640	1	---	---
17704	C9H16O	2,6-dimethyl-5-heptenal	106-72-9	140.225	---	---	456.52	2	25	0.8650	1	---	1.4460	1	---	---
17705	C9H16O	(Z)-6-nonenal	2277-19-2	140.225	---	---	456.52	2	25	0.8400	1	---	---	---	---	---
17706	C9H16O	trans-3-nonen-2-one	18402-83-0	140.225	---	---	456.52	2	25	0.8480	1	---	1.4490	1	---	---
17707	C9H16O	3-nonyn-1-ol	31333-13-8	140.225	257.15	2	456.52	2	25	0.8840	1	---	1.4570	1	liquid	2
17708	C9H16O	trans-2,cis-6-nonadienol	28069-72-9	140.225	---	---	369.65	1	25	0.8700	1	---	1.4640	1	---	---
17709	C9H16O	cyclohexanepropanal-	4361-28-8	140.225	---	---	360.15	1	21	0.8937	2	---	---	---	---	---
17710	C9H16OSi	2-(trimethylsiloxy)-1,3-cyclohexadiene	54781-19-0	168.310	---	---	---	---	25	0.8990	1	---	1.4600	1	---	---
17711	C9H16O2	allyl hexanoate	123-68-2	156.225	215.70	2	459.15	1	20	0.8869	1	---	---	---	liquid	1
17712	C9H16O2	cyclohexanepropanoic acid	701-97-3	156.225	289.15	1	549.65	1	25	0.9120	1	20	1.4638	1	liquid	1
17713	C9H16O2	cyclohexyl propanoate	6222-35-1	156.225	---	---	466.15	1	20	0.9359	1	20	1.4403	1	---	---
17714	C9H16O2	dihydro-5-pentyl-2(3H)-furanone	104-61-0	156.225	---	---	467.93	2	22	0.9291	2	---	---	---	---	---
17715	C9H16O2	ethyl cyclohexanecarboxylate	3289-28-9	156.225	---	---	469.15	1	20	0.9362	1	15	1.4501	1	---	---
17716	C9H16O2	ethyl 2-methyl-2-hexenoate	26311-33-1	156.225	215.70	2	467.93	2	20	0.9031	1	20	1.4407	1	liquid	2
17717	C9H16O2	ethyl 2-methyl-3-hexenoate	21994-78-5	156.225	215.70	2	467.93	2	20	0.8778	1	20	1.4237	1	liquid	2
17718	C9H16O2	ethyl 3-methyl-3-hexenoate	21994-77-4	156.225	215.70	2	467.93	2	20	0.8961	1	20	1.4309	1	liquid	2
17719	C9H16O2	hexyl acrylate	2499-95-8	156.225	228.15	1	467.93	2	20	0.8780	1	---	---	---	liquid	2
17720	C9H16O2	2-methylcyclohexaneacetic acid	6617-04-5	156.225	---	---	467.93	2	25	1.0120	1	25	1.4656	1	---	---
17721	C9H16O2	3-methylcyclohexaneacetic acid	67451-76-7	156.225	---	---	467.93	2	20	0.9847	1	20	1.4950	1	---	---
17722	C9H16O2	methyl cyclohexylacetate	14352-61-5	156.225	---	---	474.15	1	24	0.9896	1	14	1.4590	1	---	---
17723	C9H16O2	2,4-nonanedione	6175-23-1	156.225	255.15	1	467.93	2	25	0.9380	1	---	---	---	liquid	2
17724	C9H16O2	2-nonenoic acid	3760-11-0	156.225	272.20	2	525.00	2	22	0.9291	2	---	---	---	liquid	2
17725	C9H16O2	3-nonenoic acid	4124-88-3	156.225	268.75	1	525.00	2	20	0.9254	1	25	1.4454	1	liquid	2
17726	C9H16O2	8-nonenoic acid	31642-67-8	156.225	275.65	1	525.00	2	16	0.9146	1	15	1.4492	1	liquid	2
17727	C9H16O2	sec-butyl tiglate	28127-58-4	156.225	---	---	467.93	2	25	0.8890	1	---	1.4350	1	---	---
17728	C9H16O2	1,7-dioxaspiro[5.5]undecane	180-84-7	156.225	---	---	466.15	1	25	1.0200	1	---	1.4640	1	---	---
17729	C9H16O2	2-ethylbutyl acrylate	3593-10-4	156.225	203.25	1	467.93	2	25	0.8960	1	---	---	---	liquid	2
17730	C9H16O2	2,6-dimethyl-3,5-heptanedione	18362-64-6	156.225	---	---	339.15	1	22	0.9291	2	---	---	---	---	---
17731	C9H16O2	nonalactone	6008-27-1	156.225	---	---	467.93	2	22	0.9291	2	---	---	---	---	---
17732	C9H16O2	2,8-nonanedione	30502-73-9	156.225	255.15	2	467.93	2	22	0.9291	2	---	---	---	liquid	2
17733	C9H16O2	1,2:8,9-diepoxynonane	24829-11-6	156.225	---	---	467.93	2	22	0.9291	2	---	---	---	---	---
17734	C9H16O2	3,5-dimethyl-3-hydroxyhexane-4-carboxylic	69928-30-9	156.225	272.20	2	525.00	2	22	0.9291	2	---	---	---	liquid	2
17735	C9H16O2	2-ethylbutylacrylate	3953-10-4	156.225	215.70	2	512.15	1	22	0.9291	2	---	---	---	liquid	1
17736	C9H16O2	cis-3-hexenyl propionate	33467-74-2	156.225	215.70	2	475.65	1	22	0.9291	2	---	---	---	liquid	1
17737	C9H16O2	trans-2-hexenyl propionate	53398-80-4	156.225	215.70	2	467.93	2	22	0.9291	2	---	---	---	liquid	2
17738	C9H16O2	4-hydroxy-2-nonenal	29343-52-0	156.225	---	---	467.93	2	22	0.9291	2	---	---	---	---	---
17739	C9H16O2	2-methyl-1,4-dioxaspiro(4.5)decane	4722-68-3	156.225	---	---	467.93	2	22	0.9291	2	---	---	---	---	---
17740	C9H16O2	trimethyl-2-oxepanone (mixed isomers)	64047-30-9	156.225	---	---	467.93	2	22	0.9291	2	---	---	---	---	---
17741	C9H16O3	butyl 4-oxopentanoate	2052-15-5	172.224	---	---	510.65	1	20	0.9735	1	20	1.4290	1	---	---
17742	C9H16O3	2,2-dimethyl-6-oxoheptanoic acid	461-11-0	172.224	---	---	550.15	1	20	1.0211	1	20	1.4488	1	---	---
17743	C9H16O3	4,4-dimethyl-6-oxoheptanoic acid	471-04-5	172.224	323.15	1	508.61	2	20	1.0110	2	---	---	---	solid	1
17744	C9H16O3	ethyl 2-acetyl-3-methylbutanoate	1522-46-9	172.224	---	---	474.15	1	18	0.9648	1	18	1.4256	1	---	---
17745	C9H16O3	ethyl 2-acetylpentanoate	1540-28-9	172.224	---	---	497.15	1	20	0.9661	1	20	1.4255	1	---	---
17746	C9H16O3	ethyl 4-methyl-5-oxohexanoate	53068-88-5	172.224	---	---	508.61	2	20	0.9803	1	25	1.4282	1	---	---
17747	C9H16O3	ethyl tetrahydro-2-furanpropanoate	4525-36-4	172.224	---	---	495.15	1	7	1.0230	1	20	1.4400	1	---	---
17748	C9H16O3	isobutyl 4-oxopentanoate	3757-32-2	172.224	---	---	501.15	1	20	0.9669	1	20	1.4249	1	---	---
17749	C9H16O3	D-a,b-cyclohexylideneglycerol	95335-91-4	172.224	---	---	508.61	2	25	1.0960	1	---	1.4770	1	---	---
17750	C9H16O3	ethyl cis-2-hydroxy-1-cyclohexanecarboxyl	16179-44-5	172.224	---	---	508.61	2	25	1.0500	1	---	1.4600	1	---	---
17751	C9H16O3	ethyl 4-hydroxycyclohexanecarboxylate	17159-80-7	172.224	---	---	508.61	2	25	1.0680	1	---	1.4660	1	---	---
17752	C9H16O3	2,3-epoxy-4-hydroxynonanal	152375-23-0	172.224	---	---	573.15	1	20	1.0110	2	---	---	---	---	---
17753	C9H16O3	glycidyl ester of hexanoic acid	17526-74-8	172.224	---	---	467.35	1	20	1.0110	2	---	---	---	---	---
17754	C9H16O3	trans-4-hydroxy-2-nonenal	152322-55-9	172.224	---	---	508.61	2	20	1.0110	2	---	---	---	---	---
17755	C9H16O4	azelaic acid	123-99-9	188.224	379.65	1	633.36	1	25	1.2250	1	111	1.4303	1	solid	1
17756	C9H16O4	diethyl dimethylmalonate	1619-62-1	188.224	242.75	1	470.15	1	20	0.9964	1	20	1.4129	1	liquid	1
17757	C9H16O4	diethyl ethylmalonate	133-13-1	188.224	---	---	481.15	1	20	1.0060	1	20	1.4166	1	---	---
17758	C9H16O4	diethyl glutarate	818-38-2	188.224	249.05	1	509.65	1	20	1.0220	1	20	1.4241	1	liquid	1
17759	C9H16O4	diethyl 2-methylsuccinate	4676-51-1	188.224	---	---	490.65	1	25	1.0120	1	20	1.4199	1	---	---
17760	C9H16O4	dimethyl 3,3-dimethylpentanedioate	19184-67-9	188.224	---	---	509.23	2	20	1.0360	1	---	---	---	---	---

Table 1 Physical Properties - Organic Compounds

NO	FORMULA	NAME	CAS No	Mol Wt g/mol	Freezing Point T_F, K	code	Boiling Point T_B, K	code	Density T, C	g/cm3	code	Refractive Index T, C	n_D	code	State @25C,1 atm	code
17761	C9H16O4	dimethyl heptanedioate	1732-08-7	188.224	252.15	1	509.23	2	20	1.0625	1	20	1.4309	1	liquid	2
17762	C9H16O4	dipropyl malonate	1117-19-7	188.224	196.05	1	502.15	1	20	1.0097	1	20	1.4206	1	liquid	1
17763	C9H16O4	monoethyl heptanedioate	33018-91-6	188.224	283.15	1	509.23	2	23	1.0346	2	20	1.4415	1	liquid	2
17764	C9H16O4	1,5-pentanediol diacetate	6963-44-6	188.224	275.15	1	514.15	1	20	1.0296	1	19	1.4261	1	liquid	1
17765	C9H16O4	pentyl hydrogen succinate	97479-78-2	188.224	290.35	1	509.23	2	20	1.0460	1	20	1.4378	1	liquid	2
17766	C9H16O4	tert-butyl ethyl malonate	32864-38-3	188.224	---	---	509.23	2	25	0.9940	1	---	1.4160	1	---	---
17767	C9H16O4	(R)-2-butylsuccinic acid-1-methyl ester	---	188.224	---	---	509.23	2	23	1.0346	2	---	---	---	---	---
17768	C9H16O4	di(ethylene glycol) ethyl ether acrylate	7328-17-8	188.224	---	---	523.15	1	25	1.0160	1	---	1.4390	1	---	---
17769	C9H16O4	di(ethylene glycol) methyl ether methacryla	45103-58-0	188.224	---	---	509.23	2	25	1.0200	1	---	1.4400	1	---	---
17770	C9H16O4	diisopropyl malonate	13195-64-7	188.224	---	---	509.23	2	25	0.9910	1	---	1.4120	1	---	---
17771	C9H16O4	dimethyl diethylmalonate	27132-23-6	188.224	---	---	509.23	2	25	1.0400	1	---	1.4270	1	---	---
17772	C9H16O4	dimethyl isobutylmalonate	39520-24-6	188.224	---	---	509.23	2	23	1.0346	2	---	1.4240	1	---	---
17773	C9H16O4	(R)-2-isobutylsuccinic acid-1-methyl ester	130165-76-3	188.224	---	---	509.23	2	23	1.0346	2	---	---	---	---	---
17774	C9H16O4	(S)-2-isobutylsuccinic acid-1-methyl ester	213270-36-1	188.224	---	---	509.23	2	23	1.0346	2	---	---	---	---	---
17775	C9H16O4	suberic acid monomethyl ester	3946-32-5	188.224	291.15	1	458.65	1	25	1.0470	1	---	1.4440	1	liquid	1
17776	C9H16O4	2-butoxyethoxy acrylate	7251-90-3	188.224	---	---	509.23	2	23	1.0346	2	---	---	---	---	---
17777	C9H16O4	trimethylhexanedioic acid	28472-18-6	188.224	---	---	509.23	2	23	1.0346	2	---	---	---	---	---
17778	C9H16O4S2	monoisoamyl meso-2,3-dimercaptosuccina	142609-62-9	252.356	---	---	396.15	1	25	1.2092	2	---	---	---	---	---
17779	C9H16O5	diethyl 3-hydroxypentanedioate	32328-03-3	204.223	---	---	---	---	25	1.1030	1	20	1.4368	1	---	---
17780	C9H16O5	methoxy triethylene glycol vinyl ether	66967-60-0	204.223	---	---	---	---	25	1.1148	2	---	---	---	---	---
17781	C9H16O6	diethyl bis(hydroxymethyl)malonate	20605-01-0	220.222	321.65	1	---	---	25	1.1664	2	---	---	---	solid	1
17782	C9H16O6	1,2-O-isopropylidene-D-glucofuranose	18549-40-1	220.222	433.15	1	---	---	25	1.1664	2	---	---	---	solid	1
17783	C9H16Pt	(trimethyl)methylcyclopentadienylplatinum(	94442-22-5	319.304	303.65	1	---	---	---	---	---	---	---	---	solid	1
17784	C9H16Si	triallylsilane	1116-62-7	152.311	---	---	---	---	---	---	---	---	---	---	---	---
17785	C9H17Br	cis-1-bromo-1-nonene	39924-58-8	205.138	245.41	2	478.15	1	25	1.0940	1	25	1.4600	1	liquid	1
17786	C9H17Br	trans-1-bromo-1-nonene	53434-75-6	205.138	245.41	2	478.15	1	25	1.0940	1	25	1.4600	1	liquid	1
17787	C9H17BrO2	2-(2-bromoethyl)-2,5,5-trimethyl-1,3-dioxar	87842-52-2	237.137	---	---	---	---	25	1.2600	1	---	1.4700	1	---	---
17788	C9H17BrO2	ethyl 7-bromoheptanoate	29823-18-5	237.137	302.15	1	---	---	25	1.2170	1	---	1.4590	1	solid	1
17789	C9H17BrO2	ethyl 2-bromoheptanoate	5333-88-0	237.137	---	---	---	---	25	1.2110	1	---	1.4520	1	---	---
17790	C9H17Br3	1,1,1-tribromononane	62127-66-6	364.946	372.51	2	570.15	1	25	1.6652	2	---	---	---	solid	2
17791	C9H17Cl	cis-1-chloro-1-nonene	66688-72-0	160.686	215.53	2	474.15	1	25	0.8840	1	25	1.4400	1	liquid	1
17792	C9H17Cl	trans-1-chloro-1-nonene	66688-73-1	160.686	215.53	2	474.15	1	25	0.8840	1	25	1.4400	1	liquid	1
17793	C9H17Cl	(3-chloropropyl)cyclohexane	1124-62-5	160.686	220.35	1	487.85	1	25	0.9500	1	---	---	---	liquid	1
17794	C9H17ClHgO	chloro(trans-2-methoxycyclooctyl)mercury	5185-84-2	377.276	---	---	---	---	---	---	---	---	---	---	---	---
17795	C9H17ClN3O3PS	isazophos	67329-04-8	313.746	---	---	443.15	1	20	1.2200	1	---	---	---	---	---
17796	C9H17ClN3O3PS	isazofos	42509-80-8	313.746	298.15	1	443.15	2	---	---	---	---	1.4870	1	---	---
17797	C9H17ClO	nonanoyl chloride	764-85-2	176.686	212.65	1	488.45	1	15	0.9463	1	---	---	---	liquid	1
17798	C9H17ClO	3,5,5-trimethylhexanoyl chloride	36727-29-4	176.686	---	---	462.15	1	25	0.9300	1	---	1.4360	1	---	---
17799	C9H17ClO2	2-(4-chlorobutoxy)tetrahydro-2H-pyran	41302-05-0	192.685	---	---	---	---	25	1.0650	1	---	1.4600	1	---	---
17800	C9H17ClO2	2-ethylhexyl chloroformate	24468-13-1	192.685	---	---	---	---	25	0.9810	1	---	1.4310	1	---	---
17801	C9H17ClO2	octyl chloroformate	7452-59-7	192.685	---	---	---	---	25	0.9840	1	---	1.4310	1	---	---
17802	C9H17ClO2	9-chlorononanoic acid	1120-10-1	192.685	---	---	---	---	25	1.0100	2	---	---	---	---	---
17803	C9H17Cl2NO	tetrahydro-N,N-bis(2-chloroethyl)furfurylam	63956-95-6	226.145	---	---	---	---	25	1.1093	2	---	---	---	---	---
17804	C9H17Cl3	1,1,1-trichlorononane	1071-84-7	231.591	282.87	2	517.15	1	25	1.0790	1	25	1.4580	1	liquid	1
17805	C9H17F	cis-1-fluoro-1-nonene	66688-74-2	144.232	217.76	2	408.75	2	25	0.8260	1	25	1.4330	1	liquid	2
17806	C9H17F	trans-1-fluoro-1-nonene	66688-75-3	144.232	217.76	2	408.75	2	25	0.8260	1	25	1.4330	1	liquid	2
17807	C9H17FO2	9-fluorononanoic acid	463-16-1	176.231	291.15	1	---	---	25	0.9751	2	25	1.4289	1	---	---
17808	C9H17F3	1,1,1-trifluorononane	55757-34-1	182.229	289.56	2	421.15	1	25	0.9600	1	25	1.3700	1	liquid	1
17809	C9H17I	cis-1-iodo-1-nonene	27370-94-1	252.138	243.67	2	505.15	1	25	1.2910	1	25	1.4890	1	liquid	1
17810	C9H17I	trans-1-iodo-1-nonene	26143-08-8	252.138	243.67	2	505.15	1	25	1.2910	1	25	1.4890	1	liquid	1
17811	C9H17IN4	methenamine allyl iodide	36895-62-2	308.166	---	---	---	---	25	1.5021	2	---	---	---	---	---
17812	C9H17I3	1,1,1-triiodononane	---	505.947	367.29	2	681.51	2	25	2.0630	2	---	---	---	solid	2
17813	C9H17N	nonanenitrile	2243-27-8	139.241	238.95	1	497.55	1	25	0.8132	1	25	1.4232	1	liquid	1
17814	C9H17N	cyclohexylallylamine	6628-00-8	139.241	---	---	455.50	2	25	0.9620	1	20	1.4664	1	---	---
17815	C9H17N	cis-decahydroquinoline	10343-99-4	139.241	233.15	1	479.15	1	20	0.9426	1	20	1.4926	1	liquid	1
17816	C9H17N	trans-decahydroquinoline, (±)	105728-23-2	139.241	321.15	1	477.15	1	22	0.9610	1	56	1.4692	1	solid	1
17817	C9H17N	decahydroquinoline, cis and trans	2051-28-7	139.241	---	---	368.15	1	25	0.9310	1	---	1.4920	1	---	---
17818	C9H17N	N-tert-butyl-3-methyl-2-butenaldimine	56637-64-0	139.241	---	---	455.50	2	24	0.9006	2	---	---	---	---	---
17819	C9H17N	1,1,3,3-tetramethylbutyl isocyanide	14542-93-9	139.241	---	---	455.50	2	25	0.7940	1	---	1.4220	1	---	---
17820	C9H17N	trans-decahydroquinoline	767-92-0	139.241	---	---	455.50	2	24	0.9006	2	---	---	---	---	---
17821	C9H17NO	2,2-diethyl-4-pentenamide	512-48-1	155.240	348.65	1	465.82	2	22	0.9169	2	---	---	---	solid	1
17822	C9H17NO	2-[(dimethylamino)methyl]cyclohexanone	15409-60-6	155.240	---	---	465.82	2	20	0.9480	1	20	1.4672	1	---	---
17823	C9H17NO	1-(1-methyl-2-piperidinyl)-2-propanone, (±)	18747-42-7	155.240	---	---	465.82	2	20	0.9478	1	20	1.4674	1	---	---
17824	C9H17NO	1,2,3,6-tetramethyl-4-piperidinone	53381-90-1	155.240	---	---	465.82	2	20	0.9499	1	20	1.4680	1	---	---
17825	C9H17NO	2,2,6,6-tetramethyl-4-piperidinone	826-36-8	155.240	309.15	1	478.15	1	22	0.9169	2	---	---	---	solid	1
17826	C9H17NO	octyl isocyanate	3158-26-7	155.240	---	---	475.15	1	25	0.8800	1	---	1.4320	1	---	---
17827	C9H17NO	1,1,3,3-tetramethylbutyl isocyanate	1611-57-0	155.240	---	---	444.15	1	25	0.8590	1	---	1.4260	1	---	---
17828	C9H17NO	3-(2-ethylbutoxy)propionitrile	10232-91-4	155.240	---	---	465.82	2	22	0.9169	2	---	---	---	---	---
17829	C9H17NOS	molinate	2212-67-1	187.306	---	---	---	---	20	1.0630	1	---	---	---	---	---
17830	C9H17NOS	2-allylmercapto-2-ethylbutyramide	64037-65-6	187.306	---	---	---	---	25	1.0122	2	---	---	---	---	---
17831	C9H17NO2	2-(diethylamino)ethyl acrylate	2426-54-2	171.240	---	---	381.97	2	20	0.9370	1	25	1.4376	1	---	---
17832	C9H17NO2	3-amino-3-cyclohexylpropionic acid	129042-71-3	171.240	507.65	1	---	---	24	0.9644	2	---	---	---	solid	1
17833	C9H17NO2	tert-butyl 1-pyrrolidinecarboxylate	86953-79-9	171.240	---	---	381.97	2	25	0.9770	1	---	1.4490	1	---	---
17834	C9H17NO2	ethyl 1-methylpipecolinate	30727-18-5	171.240	---	---	367.15	1	25	0.9720	1	---	1.4520	1	---	---
17835	C9H17NO2	ethyl 1-methyl-3-piperidinecarboxylate	5166-67-6	171.240	---	---	381.97	2	25	0.9540	1	---	1.4510	1	---	---
17836	C9H17NO2	ethyl 1-piperidineacetate	23853-10-3	171.240	---	---	381.97	2	25	0.9820	1	---	1.4530	1	---	---
17837	C9H17NO2	4-cyanoethoxy-2-methyl-2-pentanol	10141-15-8	171.240	---	---	381.97	2	24	0.9644	2	---	---	---	---	---
17838	C9H17NO2	2-nitro-2-nonene	4812-25-3	171.240	---	---	496.00	2	24	0.9644	2	---	---	---	---	---
17839	C9H17NO2	3-nitro-3-nonene	6065-04-9	171.240	---	---	496.00	2	24	0.9644	2	---	---	---	---	---
17840	C9H17NO2	5-nitro-4-nonene	6065-01-6	171.240	---	---	496.00	2	24	0.9644	2	---	---	---	---	---

Table 1 Physical Properties - Organic Compounds

NO	FORMULA	NAME	CAS No	Mol Wt	Freezing Point		Boiling Point		Density			Refractive Index			State	
				g/mol	T_F, K	code	T_B, K	code	T, C	g/cm3	code	T, C	n_D	code	@25C,1 atm	code
17841	C9H17NO2S	2-(2-butoxy ethoxy)ethyl thiocyanate	112-56-1	203.306	---	---	364.25	1	25	1.0664	2	---	---	---	---	---
17842	C9H17NO4	2-nitrophenyl 2-methylpropanoate	116530-63-3	203.239	---	---	522.65	1	20	1.0310	1	20	1.4315	1	---	---
17843	C9H17NO4	boc-ala-ome	28875-17-4	203.239	306.65	1	522.65	2	25	1.0300	1	---	---	---	solid	1
17844	C9H17NO4	boc-d-ala-ome	91103-47-8	203.239	308.65	1	522.65	2	25	1.0300	1	---	---	---	solid	1
17845	C9H17NO4	g-(boc-amino)butyric acid	57294-38-9	203.239	329.15	1	522.65	2	23	1.0303	2	---	---	---	solid	1
17846	C9H17NO4	boc-a-methylalanine	30992-29-1	203.239	392.15	1	522.65	2	23	1.0303	2	---	---	---	solid	1
17847	C9H17NO4S	N-(tert-butoxycarbonyl)-L-cysteine methyl e	55757-46-5	235.305	---	---	487.15	1	25	1.1430	1	---	1.4750	1	---	---
17848	C9H17NO5	pantothenic acid	79-83-4	219.238	---	---	488.15	2	25	1.1422	2	---	---	---	---	---
17849	C9H17NO5	boc-L-threonine	2592-18-9	219.238	350.15	1	488.15	2	25	1.1422	2	---	---	---	solid	1
17850	C9H17NO5	N-(tert-butoxycarbonyl)-D-serine methyl es	95715-85-8	219.238	---	---	488.15	1	25	1.0800	1	---	1.4530	1	---	---
17851	C9H17NS	octyl thiocyanate	19942-78-0	171.307	378.15	1	---	---	25	0.9149	1	20	1.4649	1	solid	1
17852	C9H17NS	tert-octyl isothiocyanate	17701-76-7	171.307	---	---	---	---	25	1.1990	1	---	1.4850	1	---	---
17853	C9H17N2O2	3-carbamoyl-2,2,5,5-tetramethylpyrrolidin-1	4399-80-8	185.247	447.15	1	---	---	25	1.0329	2	---	---	---	solid	1
17854	C9H17N2O2	2,2,5,5-tetramethyl-4-ethyl-3-imidazoline-3	66582-85-2	185.247	365.65	1	---	---	25	1.0329	2	---	---	---	solid	1
17855	C9H17N3O7	b-methylstreptozotocin	29847-17-4	279.251	---	---	---	---	25	1.3193	2	---	---	---	---	---
17856	C9H17N5O	2-ethylamino-4-isopropylamino-6-methoxy-	1610-17-9	211.268	---	---	---	---	25	1.1330	2	---	---	---	---	---
17857	C9H17N5S	ametryn	834-12-8	227.335	361.15	1	---	---	25	1.1574	2	---	---	---	solid	1
17858	C9H17O5P	allyl p,p-diethylphosphonoacetate	113187-28-3	236.205	---	---	---	---	25	1.1200	1	---	1.4450	1	---	---
17859	C9H18	butylcyclopentane	2040-95-1	126.242	165.18	1	429.76	1	25	0.7810	1	25	1.4293	1	liquid	1
17860	C9H18	isobutylcyclopentane	3788-32-7	126.242	157.93	1	421.10	1	25	0.7769	1	25	1.4273	1	liquid	1
17861	C9H18	sec-butylcyclopentane	4850-32-2	126.242	186.59	2	427.50	1	25	0.7905	1	25	1.4332	1	liquid	1
17862	C9H18	tert-butylcyclopentane	3875-52-3	126.242	177.35	1	418.00	1	25	0.7870	1	25	1.4313	1	liquid	1
17863	C9H18	1-methyl-1-propylcyclopentane	16631-63-3	126.242	225.49	2	419.15	1	25	0.7950	1	25	1.4350	1	liquid	1
17864	C9H18	1-methyl-cis-2-propylcyclopentane	932-43-4	126.242	169.15	1	425.73	1	25	0.7881	1	25	1.4318	1	liquid	1
17865	C9H18	1-methyl-trans-2-propylcyclopentane	932-44-5	126.242	153.15	1	419.52	1	25	0.7735	1	25	1.4249	1	liquid	1
17866	C9H18	1-methyl-cis-3-propylcyclopentane	2443-04-1	126.242	197.35	2	421.15	1	25	0.7760	1	25	1.4240	1	liquid	1
17867	C9H18	1-methyl-trans-3-propylcyclopentane	2443-03-0	126.242	197.35	2	421.15	1	25	0.7760	1	25	1.4240	1	liquid	1
17868	C9H18	1-methyl-1-isopropylcyclopentane	61828-00-0	126.242	210.49	2	421.15	1	25	0.7950	1	25	1.4340	1	liquid	1
17869	C9H18	1-methyl-cis-2-isopropylcyclopentane	61868-01-7	126.242	182.35	2	421.15	1	25	0.7880	1	25	1.4320	1	liquid	1
17870	C9H18	1-methyl-trans-2-isopropylcyclopentane	61828-01-1	126.242	182.35	2	414.15	1	25	0.7760	1	25	1.4270	1	liquid	1
17871	C9H18	1-methyl-cis-3-isopropylcyclopentane	61828-02-2	126.242	182.35	2	415.15	1	25	0.7770	1	25	1.4240	1	liquid	1
17872	C9H18	1-methyl-trans-3-isopropylcyclopentane	61828-03-3	126.242	182.35	2	415.15	1	25	0.7770	1	25	1.4240	1	liquid	1
17873	C9H18	1,1-diethylcyclopentane	2721-38-2	126.242	177.55	1	423.65	1	25	0.7988	1	25	1.4363	1	liquid	1
17874	C9H18	1,cis-2-diethylcyclopentane	932-39-8	126.242	155.15	1	426.71	1	25	0.7920	1	25	1.4330	1	liquid	1
17875	C9H18	1,trans-2-diethylcyclopentane	932-40-1	126.242	178.15	1	420.68	1	25	0.7792	1	25	1.4270	1	liquid	1
17876	C9H18	1,3-diethylcyclopentane	19398-75-5	126.242	195.55	2	423.15	1	25	0.7830	1	20	1.4300	1	liquid	1
17877	C9H18	1,cis-3-diethylcyclopentane	62016-59-5	126.242	197.35	2	423.15	1	25	0.7830	1	25	1.4280	1	liquid	1
17878	C9H18	1,trans-3-diethylcyclopentane	62016-60-8	126.242	197.35	2	423.15	1	25	0.7840	1	25	1.4280	1	liquid	1
17879	C9H18	1,1-dimethyl-2-ethylcyclopentane	54549-80-3	126.242	221.25	2	411.15	1	25	0.7840	1	25	1.4300	1	liquid	1
17880	C9H18	1,1-dimethyl-3-ethylcyclopentane	62016-61-9	126.242	221.25	2	407.15	1	25	0.7660	1	25	1.4190	1	liquid	1
17881	C9H18	1,cis-2-dimethyl-1-ethylcyclopentane	62016-63-1	126.242	221.25	2	417.15	1	25	0.7950	1	25	1.4350	1	liquid	1
17882	C9H18	1,trans-2-dimethyl-1-ethylcyclopentane	62016-62-0	126.242	221.25	2	417.15	1	25	0.7920	1	25	1.4330	1	liquid	1
17883	C9H18	1,cis-2-dimethyl-cis-3-ethylcyclopentane	---	126.242	193.11	2	425.15	1	25	0.7920	1	25	1.4320	1	liquid	1
17884	C9H18	1,cis-2-dimethyl-trans-3-ethylcyclopentane	---	126.242	193.11	2	418.15	1	25	0.7840	1	25	1.4290	1	liquid	1
17885	C9H18	1,trans-2-dimethyl-cis-3-ethylcyclopentane	---	126.242	193.11	2	411.15	1	25	0.7640	1	25	1.4200	1	liquid	1
17886	C9H18	1,trans-2-dimethyl-trans-3-ethylcyclopenta	---	126.242	193.11	2	418.15	1	25	0.7800	1	25	1.4260	1	liquid	1
17887	C9H18	1,cis-2-dimethyl-cis-4-ethylcyclopentane	62016-64-2	126.242	193.11	2	420.15	1	25	0.7920	1	25	1.4300	1	liquid	1
17888	C9H18	1,cis-2-dimethyl-trans-4-ethylcyclopentane	62016-65-3	126.242	193.11	2	420.15	1	25	0.7770	1	25	1.4240	1	liquid	1
17889	C9H18	1,trans-2-dimethyl-cis-4-ethylcyclopentane	62016-66-4	126.242	193.11	2	413.15	1	25	0.7650	1	25	1.4180	1	liquid	1
17890	C9H18	1,cis-3-dimethyl-1-ethylcyclopentane	62016-68-6	126.242	221.25	2	409.15	1	25	0.7700	1	25	1.4210	1	liquid	1
17891	C9H18	1,trans-3-dimethyl-1-ethylcyclopentane	62016-67-5	126.242	221.25	2	409.15	1	25	0.7740	1	25	1.4230	1	liquid	1
17892	C9H18	1,cis-3-dimethyl-cis-2-ethylcyclopentane	19903-00-5	126.242	193.11	2	425.15	1	25	0.7850	1	25	1.4300	1	liquid	1
17893	C9H18	1,cis-3-dimethyl-trans-2-ethylcyclopentane	19902-98-8	126.242	193.11	2	410.15	1	25	0.7620	1	25	1.4190	1	liquid	1
17894	C9H18	1,trans-3-dimethyl-cis-2-ethylcyclopentane	19902-99-9	126.242	193.11	2	417.15	1	25	0.7800	1	25	1.4270	1	liquid	1
17895	C9H18	1,cis-3-dimethyl-cis-4-ethylcyclopentane	---	126.242	193.11	2	418.15	1	25	0.7850	1	25	1.4280	1	liquid	1
17896	C9H18	1,cis-3-dimethyl-trans-4-ethylcyclopentane	---	126.242	193.11	2	410.15	1	25	0.7620	1	25	1.4180	1	liquid	1
17897	C9H18	1,trans-3-dimethyl-cis-4-ethylcyclopentane	---	126.242	193.11	2	412.00	2	25	0.7650	1	25	1.4190	1	liquid	2
17898	C9H18	1,trans-3-dimethyl-trans-4-ethylcyclopenta	---	126.242	193.11	2	418.15	1	25	0.7740	1	25	1.4230	1	liquid	1
17899	C9H18	1,1,2,2-tetramethylcyclopentane	52688-89-8	126.242	245.15	2	406.15	1	25	0.7900	1	25	1.4320	1	liquid	1
17900	C9H18	1,1,cis-2,cis-3-tetramethylcyclopentane	62016-70-0	126.242	217.01	2	411.15	1	25	0.7750	1	25	1.4240	1	liquid	1
17901	C9H18	1,1,cis-2,trans-3-tetramethylcyclopentane	---	126.242	217.01	2	403.15	1	25	0.7630	1	25	1.4190	1	liquid	1
17902	C9H18	1,1,cis-2,cis-4-tetramethylcyclopentane	62016-72-2	126.242	217.01	2	403.15	1	25	0.7700	1	25	1.4220	1	liquid	1
17903	C9H18	1,1,cis-2,trans-4-tetramethylcyclopentane	---	126.242	217.01	2	403.15	1	25	0.7590	1	25	1.4170	1	liquid	1
17904	C9H18	1,1,3,3-tetramethylcyclopentane	50876-33-0	126.242	184.86	1	391.11	1	25	0.7469	1	25	1.4100	1	liquid	1
17905	C9H18	1,1,cis-3,cis-4-tetramethylcyclopentane	20309-77-7	126.242	166.75	1	406.15	1	25	0.7630	1	25	1.4179	1	liquid	1
17906	C9H18	1,1,cis-3,trans-4-tetramethylcyclopentane	---	126.242	217.01	2	394.75	1	25	0.7449	1	25	1.4095	1	liquid	1
17907	C9H18	1,2,2,cis-3-tetramethylcyclopentane	62016-73-3	126.242	217.01	2	411.15	1	25	0.7770	1	25	1.4250	1	liquid	1
17908	C9H18	1,2,2,trans-3-tetramethylcyclopentane	---	126.242	217.01	2	411.15	1	25	0.7850	1	25	1.4290	1	liquid	1
17909	C9H18	1,cis-2,cis-3,cis-4-tetramethylcyclopentane	2532-65-2	126.242	188.87	2	418.15	1	25	0.7810	1	25	1.4280	1	liquid	1
17910	C9H18	1,cis-2,cis-3,trans-4-tetramethylcyclopenta	2532-69-6	126.242	188.87	2	411.15	1	25	0.7680	1	25	1.4210	1	liquid	1
17911	C9H18	1,cis-2,trans-3,cis-4-tetramethylcyclopenta	2532-68-5	126.242	188.87	2	404.15	1	25	0.7680	1	25	1.4200	1	liquid	1
17912	C9H18	1,cis-2,trans-3,trans-4-tetramethylcyclopen	2532-64-1	126.242	188.87	2	411.15	1	25	0.7710	1	25	1.4220	1	liquid	1
17913	C9H18	1,trans-2,cis-3,trans-4-tetramethylcyclopen	2532-67-4	126.242	188.87	2	400.55	1	25	0.7440	1	25	1.4090	1	liquid	1
17914	C9H18	1,trans-2,trans-3,cis-4-tetramethylcyclopen	19907-40-5	126.242	188.87	2	404.15	1	25	0.7620	1	25	1.4180	1	liquid	1
17915	C9H18	1-methyl-2-isopropylcyclopentane	89223-57-4	126.242	195.55	2	416.15	1	15	0.7832	1	20	1.4279	1	liquid	1
17916	C9H18	propylcyclohexane	1678-92-8	126.242	178.25	1	429.90	1	25	0.7900	1	25	1.4348	1	liquid	1
17917	C9H18	isopropylcyclohexane	696-29-7	126.242	183.76	1	427.91	1	25	0.7980	1	25	1.4386	1	liquid	1
17918	C9H18	1-methyl-1-ethylcyclohexane	4926-90-3	126.242	221.97	2	425.31	1	25	0.8025	1	25	1.4397	1	liquid	1
17919	C9H18	1-methyl-cis-2-ethylcyclohexane	4923-77-7	126.242	193.83	2	429.25	1	25	0.8060	1	25	1.4410	1	liquid	1
17920	C9H18	1-methyl-trans-2-ethylcyclohexane	4923-78-8	126.242	193.83	2	424.85	1	25	0.7900	1	25	1.4359	1	liquid	1

				Mol Wt	Freezing Point		Boiling Point		Density			Refractive Index			State	
NO	FORMULA	NAME	CAS No	g/mol	T_F, K	code	T_B, K	code	T, C	g/cm3	code	T, C	n_D	code	@25C,1 atm	code
17921	C9H18	1-methyl-cis-3-ethylcyclohexane	19489-10-2	126.242	193.83	2	421.15	1	25	0.7810	1	25	1.4310	1	liquid	1
17922	C9H18	1-methyl-trans-3-ethylcyclohexane	4926-76-5	126.242	193.83	2	424.15	1	25	0.7910	1	25	1.4370	1	liquid	1
17923	C9H18	1-methyl-cis-4-ethylcyclohexane	4926-78-7	126.242	193.83	2	424.15	1	25	0.7940	1	25	1.4360	1	liquid	1
17924	C9H18	1-methyl-trans-4-ethylcyclohexane	6236-88-0	126.242	192.35	1	421.15	1	25	0.7800	1	25	1.4310	1	liquid	1
17925	C9H18	1,1,2-trimethylcyclohexane	7094-26-0	126.242	244.15	1	418.35	1	25	0.7963	1	25	1.4359	1	liquid	1
17926	C9H18	1,1,3-trimethylcyclohexane	3073-66-3	126.242	207.40	1	409.78	1	25	0.7750	1	25	1.4273	1	liquid	1
17927	C9H18	1,1,4-trimethylcyclohexane	7094-27-1	126.242	217.73	2	408.15	1	25	0.7685	1	25	1.4228	1	liquid	1
17928	C9H18	1,2,3-trimethylcyclohexane	1678-97-3	126.242	197.59	2	415.15	1	20	0.7898	1	20	1.4346	1	liquid	1
17929	C9H18	1,cis-2,cis-3-trimethylcyclohexane	1839-88-9	126.242	188.15	1	426.15	1	25	0.7940	1	25	1.4320	1	liquid	1
17930	C9H18	1,cis-2,trans-3-trimethylcyclohexane	7667-55-2	126.242	187.45	1	424.15	1	25	0.8030	1	25	1.4390	1	liquid	1
17931	C9H18	1,trans-2,cis-3-trimethylcyclohexane	1678-81-5	126.242	206.25	1	417.15	1	25	0.7770	1	25	1.4280	1	liquid	1
17932	C9H18	1,2,4-trimethylcyclohexane, isomers	2234-75-5	126.242	186.85	1	415.05	1	25	0.7860	1	---	1.4330	1	liquid	1
17933	C9H18	1,cis-2,cis-4-trimethylcyclohexane	1678-80-4	126.242	195.65	1	421.15	1	25	0.7830	1	25	1.4300	1	liquid	1
17934	C9H18	1,cis-2,trans-4-trimethylcyclohexane	7667-58-5	126.242	181.35	1	421.15	1	25	0.7830	1	25	1.4300	1	liquid	1
17935	C9H18	1,trans-2,cis-4-trimethylcyclohexane	7667-59-6	126.242	187.15	1	418.15	1	25	0.7840	1	25	1.4310	1	liquid	1
17936	C9H18	1,trans-2,trans-4-trimethylcyclohexane	7667-60-9	126.242	187.15	1	414.37	1	25	0.7683	1	25	1.4243	1	liquid	1
17937	C9H18	1,3,5,-trimethylcyclohexane	1839-63-0	126.242	197.59	2	411.00	1	25	0.7743	2	---	---	---	liquid	1
17938	C9H18	cis,cis-1,3,5-trimethylcyclohexane	1795-27-3	126.242	223.46	1	411.66	1	25	0.7670	1	20	1.4269	1	liquid	1
17939	C9H18	cis,trans-1,3,5-trimethylcyclohexane	1795-26-2	126.242	188.76	1	413.70	1	25	0.7180	1	20	1.4307	1	liquid	1
17940	C9H18	1-ethyl-2-methylcyclohexane	3728-54-9	126.242	197.59	2	425.50	1	25	0.7743	2	---	---	---	liquid	1
17941	C9H18	cyclononane	293-55-0	126.242	284.15	1	451.55	1	25	0.8463	1	25	1.4644	1	liquid	1
17942	C9H18	1-nonene	124-11-8	126.242	191.91	1	420.02	1	25	0.7250	1	25	1.4133	1	liquid	1
17943	C9H18	trans-2-nonene	6434-78-2	126.242	183.97	2	417.65	1	25	0.7340	1	---	1.4190	1	liquid	1
17944	C9H18	trans-3-nonene	20063-92-7	126.242	183.97	2	420.65	1	21	0.7320	1	21	1.4181	1	liquid	1
17945	C9H18	4-nonene; (cis+trans)	2198-23-4	126.242	183.97	2	419.05	1	25	0.7320	1	---	1.4190	1	liquid	1
17946	C9H18	2-methyl-1-octene	4588-18-5	126.242	195.47	1	417.80	1	25	0.7299	1	25	1.4162	1	liquid	1
17947	C9H18	3-methyl-2-octene	113426-22-5	126.242	183.97	2	418.15	1	25	0.7409	1	20	1.4247	1	liquid	1
17948	C9H18	7-methyl-3-octene	86668-33-9	126.242	183.97	2	415.15	1	20	0.7278	1	20	1.4168	1	liquid	1
17949	C9H18	2-methyl-4-octene	64501-77-5	126.242	183.97	2	412.15	1	20	0.7380	1	20	1.4181	1	liquid	1
17950	C9H18	2,3-dimethyl-2-heptene	3074-64-4	126.242	164.65	1	418.35	1	25	0.7310	1	20	1.4519	1	liquid	1
17951	C9H18	2,6-dimethylhept-3-ene	2738-18-3	126.242	183.97	2	394.80	1	16	0.7220	1	---	1.4130	1	liquid	1
17952	C9H18	ethylcycloheptane	13151-55-8	126.242	154.55	1	437.75	1	25	0.7743	2	---	---	---	liquid	1
17953	C9H18	methylcyclooctane	1502-38-1	126.242	288.00	1	417.43	2	25	0.7743	2	---	---	---	liquid	2
17954	C9H18BiN3S6	bismuth dimethyldithiocarbamate	21260-46-8	569.639	> 503.15	dec	---	---	25	2.0400	1	---	---	---	solid	1
17955	C9H18Br2	1,1-dibromononane	62168-27-8	286.050	295.29	2	533.15	1	25	1.3770	1	25	1.4840	1	liquid	1
17956	C9H18Br2	1,2-dibromononane	73642-91-8	286.050	272.97	2	545.65	2	20	1.3980	1	20	1.4942	1	liquid	2
17957	C9H18Br2	1,9-dibromononane	4549-33-1	286.050	250.65	1	558.15	1	20	1.4229	1	---	---	---	liquid	1
17958	C9H18ClF	1-chloro-9-fluorononane	463-23-0	180.693	---	---	---	---	20	0.9660	1	25	1.4301	1	---	---
17959	C9H18Cl2	1,1-dichlorononane	821-88-5	197.147	235.53	2	501.15	1	25	0.9780	1	25	1.4430	1	liquid	1
17960	C9H18Cl2	2,6-dichloro-2,6-dimethylheptane	35951-36-1	197.147	316.15	1	517.15	2	25	0.9977	2	---	---	---	solid	1
17961	C9H18Cl2	1,9-dichlorononane	821-99-8	197.147	275.84	2	533.15	1	25	1.0173	1	25	1.4586	1	liquid	1
17962	C9H18Cl3N2O2P	trophosphamide	22089-22-1	323.586	---	---	377.15	1	---	---	---	---	---	---	---	---
17963	C9H18Cl3O4P	tris(1-chloro-2-propyl) phosphate	13674-84-5	327.571	233.25	1	543.15	1	---	---	---	---	---	---	liquid	1
17964	C9H18F2	1,1-difluorononane	62127-42-8	164.239	239.99	2	436.15	1	25	0.8900	1	25	1.3900	1	liquid	1
17965	C9H18F3NOSi	N-tert-butyldimethylsilyl-N-methyltrifluoroac	77377-52-7	241.329	---	---	443.15	1	25	1.0220	1	---	1.4020	1	---	---
17966	C9H18FeN3S6	ferbam	14484-64-1	416.504	453.15	dec	---	---	---	---	---	---	---	---	solid	1
17967	C9H18I2	1,1-diiodononane	66703-05-7	380.051	291.81	2	591.16	2	25	1.7260	1	25	1.5460	1	liquid	2
17968	C9H18NNaS2	sodium dibutyldithiocarbamate	136-30-1	227.371	---	---	---	---	---	---	---	---	---	---	---	---
17969	C9H18NO	2,2,6,6-tetramethylpiperidinooxy	2564-83-2	156.248	311.15	1	---	---	25	0.8981	2	---	---	---	solid	1
17970	C9H18NO2	4-hydroxy-2,2,6,6-tetramethyl-1-piperidinyl	2226-96-2	172.248	343.15	1	---	---	25	0.9591	2	---	---	---	solid	1
17971	C9H18NO3B	triisopropanolamine cyclic borate	101-00-8	199.058	426.65	1	---	---	---	---	---	---	---	---	solid	1
17972	C9H18NO3PS2	fosthiazate	98886-44-3	283.353	---	---	---	---	---	---	---	---	---	---	---	---
17973	C9H18NO6P	phosphoenolpyruvic acid cyclohexylamine	10526-80-4	267.219	---	---	---	---	---	---	---	---	---	---	---	---
17974	C9H18N2	N,N'-di-tert-butylcarbodiimide	691-24-7	154.256	---	---	327.15	2	25	0.8000	1	---	1.4280	1	---	---
17975	C9H18N2	(S)-(+)-1-(2-pyrrolidinylmethyl)pyrrolidine	51207-66-0	154.256	---	---	327.15	2	25	0.9460	1	---	1.4870	1	---	---
17976	C9H18N2	dibutylcyanamide	2050-54-6	154.256	---	---	327.15	1	25	0.8730	2	---	---	---	---	---
17977	C9H18N2O	N-[3-(dimethylamino)propyl]methacrylamid	5205-93-6	170.255	---	---	---	---	25	0.9400	1	---	1.4790	1	---	---
17978	C9H18N2O	2,2,5,5-tetramethyl-3-pyrrolidinecarboxami	702-96-5	170.255	403.15	1	---	---	25	0.9553	2	---	---	---	solid	1
17979	C9H18N2O	4-tert-butyl-1-nitrosopiperidine	17721-94-7	170.255	---	---	---	---	25	0.9553	2	---	---	---	---	---
17980	C9H18N2O	1-(3-(dimethylamino)propyl)-2-pyrrolidinon	7375-15-7	170.255	---	---	---	---	25	0.9553	2	---	---	---	---	---
17981	C9H18N2O	N-nitroso-4-tert-butylpiperidine	46061-25-0	170.255	---	---	---	---	25	0.9553	2	---	---	---	---	---
17982	C9H18N2O	2,2,6,6-tetramethylnitrosopiperidine	6130-93-4	170.255	---	---	---	---	25	0.9553	2	---	---	---	---	---
17983	C9H18N2O	2,2,6,6-tetramethyl-4-piperidone oxime	4168-79-0	170.255	426.15	1	---	---	25	0.9553	2	---	---	---	solid	1
17984	C9H18N2O2	N-3-methylbutyl-N-1-methyl acetonylnitros	71016-15-4	186.255	---	---	---	---	25	1.0131	2	---	---	---	---	---
17985	C9H18N2O2	4,4'-methylenedimorpholine	5625-90-1	186.255	---	---	---	---	25	1.0131	2	---	---	---	---	---
17986	C9H18N2O2	N-methyl-N-nitrosooctanamide	15567-46-1	186.255	---	---	---	---	25	1.0131	2	---	---	---	---	---
17987	C9H18N2O2S	thiofanox	39196-18-4	218.321	330.15	1	---	---	25	1.0948	2	---	---	---	solid	1
17988	C9H18N2O3	4,5-dipropoxy-2-imidazolidinone	90729-15-0	202.254	---	---	---	---	25	1.0675	2	---	---	---	---	---
17989	C9H18N2O4	butyl N-butyl-N-nitrocarbamate	110795-27-2	218.254	---	---	---	---	20	1.0460	1	20	1.4480	1	---	---
17990	C9H18N2O4	2-methyl-2-propyl-1,3-propanediol dicarba	57-53-4	218.254	378.15	1	---	---	25	1.1188	2	---	---	---	solid	1
17991	C9H18N2Si	1-(tert-butyldimethylsilyl)imidazole	54925-64-3	182.341	---	---	---	---	25	0.9390	1	---	1.4800	1	---	---
17992	C9H18N3OP	metepa	57-39-6	215.236	298.15	1	364.15	1	25	1.0790	1	---	---	---	---	---
17993	C9H18N4O	amidinomycin	53142-01-1	198.269	---	---	---	---	25	1.0618	2	---	---	---	---	---
17994	C9H18N4O4	(+)-octopine	34522-32-2	246.268	556.65	1	---	---	25	1.2097	2	---	---	---	solid	1
17995	C9H18N6	hexamethylmelamine	645-05-6	210.284	446.15	1	---	---	25	1.1091	2	---	---	---	solid	1
17996	C9H18N6O6	hexamethylolmelamine	531-18-0	306.280	410.15	1	---	---	25	1.3716	2	---	---	---	solid	1
17997	C9H18O	1-nonanal	124-19-6	142.241	255.15	1	468.15	1	25	0.8190	1	25	1.4208	1	liquid	1
17998	C9H18O	diisobutyl ketone	108-83-8	142.241	227.17	1	441.41	1	25	0.8020	1	20	1.4122	1	liquid	1
17999	C9H18O	2-nonanone	821-55-6	142.241	265.65	1	467.15	1	25	0.8167	1	25	1.4187	1	liquid	1
18000	C9H18O	di-tert-butyl ketone	815-24-7	142.241	247.95	1	425.15	1	18	0.8240	1	20	1.4194	1	liquid	1

Table 1 Physical Properties - Organic Compounds

				Mol Wt	Freezing Point		Boiling Point		Density			Refractive Index			State	
NO	FORMULA	NAME	CAS No	g/mol	T_F, K	code	T_B, K	code	T, C	g/cm3	code	T, C	n_D	code	@25C,1 atm	code
18001	C9H18O	3,5-dimethyl-4-heptanone	19549-84-9	142.241	255.05	2	435.15	1	14	0.8260	1	14	1.4193	1	liquid	1
18002	C9H18O	3-methyl-2-octanone	6137-08-2	142.241	255.05	2	456.62	2	21	0.8210	1	27	1.4240	1	liquid	2
18003	C9H18O	3-methyl-4-octanone	20754-04-5	142.241	255.05	2	447.15	1	14	0.8290	1	14	1.4200	1	liquid	1
18004	C9H18O	4-methyl-3-octanone	6137-15-1	142.241	255.05	2	456.62	2	25	0.8200	1	25	1.4186	1	liquid	2
18005	C9H18O	5-methyl-2-octanone	58654-67-4	142.241	255.05	2	456.62	2	22	0.8704	2	---	---	---	liquid	2
18006	C9H18O	7-methyl-3-octanone	5408-57-1	142.241	255.05	2	455.65	1	25	0.8353	1	---	1.4748	1	liquid	1
18007	C9H18O	7-methyl-4-octanone	20809-46-5	142.241	255.05	2	451.15	1	20	0.8239	1	20	1.4210	1	liquid	1
18008	C9H18O	3-nonanone	925-78-0	142.241	265.15	1	463.15	1	20	0.8241	1	20	1.4208	1	liquid	1
18009	C9H18O	4-nonanone	4485-09-0	142.241	255.05	2	460.65	1	25	0.8190	1	20	1.4189	1	liquid	1
18010	C9H18O	5-nonanone	502-56-7	142.241	267.25	1	461.60	1	20	0.8217	1	20	1.4195	1	liquid	1
18011	C9H18O	1-ethyl-2-methylcyclohexanol	102370-18-3	142.241	310.05	2	455.15	1	20	0.9235	1	20	1.4580	1	solid	2
18012	C9H18O	1-ethyl-3-methylcyclohexanol	62067-44-1	142.241	310.05	2	456.62	2	20	0.9013	1	---	1.4590	1	solid	2
18013	C9H18O	1-isopropylcyclohexanol	3552-01-0	142.241	299.15	1	449.15	1	25	0.9223	1	19	1.4683	1	solid	1
18014	C9H18O	cis-2-isopropylcyclohexanol	10488-25-2	142.241	325.65	1	456.62	2	25	0.9223	1	25	1.4665	1	solid	1
18015	C9H18O	cis-4-isopropylcyclohexanol	22900-08-9	142.241	311.15	1	456.62	2	20	0.9200	1	20	1.4671	1	solid	1
18016	C9H18O	trans-4-isopropylcyclohexanol	15890-36-5	142.241	283.15	1	456.62	2	20	0.9150	1	20	1.4658	1	liquid	2
18017	C9H18O	1-propylcyclohexanol	5445-24-9	142.241	310.05	2	456.62	2	12	0.9340	1	12	1.4680	1	solid	2
18018	C9H18O	cis-2-propylcyclohexanol	5857-86-3	142.241	310.05	2	474.15	1	11	0.9247	1	11	1.4688	1	solid	2
18019	C9H18O	trans-2-propylcyclohexanol	5846-43-5	142.241	310.05	2	456.62	2	11	0.9162	1	11	1.4668	1	solid	2
18020	C9H18O	cis-4-propylcyclohexanol	98790-22-8	142.241	310.05	2	456.62	2	16	0.9102	1	16	1.4652	1	solid	2
18021	C9H18O	trans-4-propylcyclohexanol	77866-58-1	142.241	310.05	2	481.15	1	25	0.8998	1	17	1.4613	1	solid	2
18022	C9H18O	1,2,2-trimethylcyclohexanol	31720-69-1	142.241	310.05	2	456.62	2	20	0.9230	1	20	1.4680	1	solid	2
18023	C9H18O	1,2,6-trimethylcyclohexanol	96244-13-2	142.241	310.05	2	456.62	2	15	0.9126	1	15	1.4598	1	solid	2
18024	C9H18O	1,3,5-trimethylcyclohexanol	90760-75-1	142.241	310.05	2	454.15	1	17	0.8876	1	16	1.4540	1	solid	2
18025	C9H18O	2,2,5-trimethylcyclohexanol	73210-25-0	142.241	310.05	2	461.15	1	22	0.8955	1	20	1.4569	1	solid	2
18026	C9H18O	2,2,6-trimethylcyclohexanol	10130-91-3	142.241	324.15	1	460.15	1	20	0.9128	1	20	1.4600	1	solid	1
18027	C9H18O	2,3,3-trimethylcyclohexanol	116724-17-5	142.241	301.15	1	470.15	1	25	0.9002	1	25	1.4572	1	solid	1
18028	C9H18O	2,3,6-trimethylcyclohexanol	58210-03-0	142.241	310.05	2	468.15	1	17	0.9117	1	---	---	---	solid	2
18029	C9H18O	cis-3,3,5-trimethylcyclohexanol	933-48-2	142.241	310.45	1	475.15	1	16	0.9006	1	16	1.4550	1	solid	1
18030	C9H18O	trans-3,3,5-trimethylcyclohexanol	767-54-4	142.241	328.95	1	462.35	1	60	0.8631	1	---	---	---	solid	1
18031	C9H18O	3-methyl-4-octen-3-ol	90676-55-4	142.241	262.15	2	444.15	1	20	0.8460	1	14	1.4414	1	liquid	1
18032	C9H18O	4-methyl-1-octen-4-ol	62108-06-9	142.241	---	---	451.15	1	20	0.8440	1	---	1.4399	1	---	---
18033	C9H18O	5-methyl-5-octen-4-ol	36903-92-1	142.241	---	---	456.62	2	25	0.8468	1	25	1.4446	1	---	---
18034	C9H18O	7-methyl-2-octen-4-ol	4798-64-5	142.241	---	---	456.62	2	9	0.8539	1	14	1.4449	1	---	---
18035	C9H18O	cis-2-methyl-3-octen-2-ol	18521-07-8	142.241	---	---	450.15	1	20	0.8378	1	20	1.4426	1	---	---
18036	C9H18O	1-nonen-3-ol	21964-44-3	142.241	---	---	466.65	1	21	0.8240	1	15	1.4382	1	---	---
18037	C9H18O	8-nonen-1-ol	13038-21-6	142.241	---	---	456.62	2	25	0.8394	1	23	1.4450	1	---	---
18038	C9H18O	3-cyclohexyl-1-propanol	1124-63-6	142.241	213.25	1	493.65	1	25	0.9230	1	---	1.4660	1	liquid	1
18039	C9H18O	2-cyclohexyl-1-propanol	5442-00-2	142.241	---	---	456.62	2	25	0.9000	1	---	1.4710	1	---	---
18040	C9H18O	cyclooctanemethanol	3637-63-6	142.241	---	---	456.62	2	25	0.9400	1	---	---	---	---	---
18041	C9H18O	(R)-(+)-1,2-epoxynonane	130466-96-5	142.241	---	---	456.62	2	25	0.8370	1	---	1.4250	1	---	---
18042	C9H18O	cis-3-nonen-1-ol	10340-23-5	142.241	---	---	456.62	2	25	0.8430	1	---	1.4500	1	---	---
18043	C9H18O	3,5,5-trimethylcyclohexanol	116-02-9	142.241	306.65	1	468.65	1	40	0.8780	1	---	---	---	solid	1
18044	C9H18O	3,5,5-trimethylhexanal	5435-64-3	142.241	255.15	2	456.62	2	25	0.8170	1	---	1.4220	1	liquid	2
18045	C9H18O	2,6-dimethyl-3-heptanone	19549-83-8	142.241	255.05	2	445.00	1	22	0.8704	2	---	---	---	liquid	1
18046	C9H18O	4-(1-methylethyl)cyclohexanol	4621-04-9	142.241	310.05	2	396.15	1	22	0.8704	2	---	---	---	solid	2
18047	C9H18O	2-methyl-3-octanone	923-28-4	142.241	255.05	2	456.00	1	22	0.8704	2	---	---	---	liquid	1
18048	C9H18O	2-methyloctanal	7786-29-0	142.241	255.15	2	456.62	2	22	0.8704	2	---	---	---	liquid	2
18049	C9H18O	3-methyl-1-octen-ol	24089-00-7	142.241	---	---	456.62	2	22	0.8704	2	---	---	---	---	---
18050	C9H18OSi	tert-butyldimethyl(2-propynyloxy)silane	76782-82-6	170.326	---	---	---	---	25	0.8400	1	---	1.4290	1	---	---
18051	C9H18OSi	1-(trimethylsiloxy)cyclohexene	6651-36-1	170.326	---	---	---	---	25	0.8750	1	---	1.4470	1	---	---
18052	C9H18O2	nonanoic acid	112-05-0	158.241	285.55	1	528.75	1	25	0.9020	1	25	1.4302	1	liquid	1
18053	C9H18O2	2-ethylheptanoic acid	3274-29-1	158.241	285.55	2	456.91	2	23	0.8740	2	---	---	---	liquid	2
18054	C9H18O2	3-ethyl-3-methylhexanoic acid	50902-82-4	158.241	285.55	2	456.91	2	25	0.9205	1	25	1.4375	1	liquid	2
18055	C9H18O2	2-ethyl-3-methylhexanoic acid	74581-94-5	158.241	285.55	2	504.15	1	25	0.9060	1	25	1.4302	1	liquid	1
18056	C9H18O2	3-methyloctanoic acid	6061-10-5	158.241	285.55	2	456.91	2	23	0.8990	1	25	1.4298	1	liquid	2
18057	C9H18O2	2-methyloctanoic acid	3004-93-1	158.241	240.00	2	518.15	1	23	0.8740	2	25	1.4281	1	liquid	2
18058	C9H18O2	octyl formate	112-32-3	158.241	234.05	1	471.95	1	25	0.8700	1	25	1.4141	1	liquid	1
18059	C9H18O2	heptyl acetate	112-06-1	158.241	222.95	1	465.55	1	25	0.8656	1	25	1.4127	1	liquid	1
18060	C9H18O2	4-heptyl acetate	5921-84-6	158.241	222.95	2	444.15	1	25	0.8741	1	19	1.4105	1	liquid	1
18061	C9H18O2	hexyl propanoate	2445-76-3	158.241	215.65	1	463.15	1	25	0.8654	1	25	1.4067	1	liquid	1
18062	C9H18O2	pentyl butanoate	540-18-1	158.241	200.15	1	458.15	1	25	0.8617	1	25	1.4104	1	liquid	1
18063	C9H18O2	1-methylbutyl butanoate	60415-61-4	158.241	218.02	2	455.15	1	23	0.8740	2	25	1.4100	2	liquid	1
18064	C9H18O2	2-methylbutyl butanoate	51115-64-1	158.241	218.02	2	452.15	2	23	0.8740	2	25	1.4100	2	liquid	2
18065	C9H18O2	3-methylbutyl butanoate	106-27-4	158.241	218.02	2	452.15	1	25	0.8599	1	15	1.4087	1	liquid	1
18066	C9H18O2	1-ethylpropyl butanoate	---	158.241	218.02	2	463.10	2	23	0.8740	2	25	1.4087	2	liquid	2
18067	C9H18O2	1,1-dimethylpropyl butanoate	2050-00-2	158.241	235.44	2	460.31	2	23	0.8740	2	25	1.4087	2	liquid	2
18068	C9H18O2	1,2-dimethylpropyl butanoate	88736-68-9	158.241	203.02	2	462.66	2	23	0.8740	2	25	1.4087	2	liquid	2
18069	C9H18O2	2,2-dimethylpropyl butanoate	23361-69-5	158.241	235.44	2	460.31	2	23	0.8740	2	25	1.4087	2	liquid	2
18070	C9H18O2	isopentyl 2-methylpropanoate	2050-01-3	158.241	215.65	2	441.65	1	20	0.8627	1	---	---	---	liquid	1
18071	C9H18O2	butyl valerate	591-68-4	158.241	180.35	1	459.65	1	25	0.8630	1	20	1.4128	1	liquid	1
18072	C9H18O2	butyl 2-methylbutanoate	15706-73-7	158.241	218.27	2	452.15	1	20	0.8620	1	20	1.4135	1	liquid	1
18073	C9H18O2	butyl 3-methylbutanoate	109-19-3	158.241	218.27	2	456.91	2	23	0.8740	2	25	1.4058	1	liquid	2
18074	C9H18O2	sec-butyl pentanoate	116836-32-9	158.241	206.25	2	447.65	1	20	0.8605	1	20	1.4070	1	liquid	1
18075	C9H18O2	isobutyl 3-methylbutanoate	589-59-3	158.241	218.27	2	441.65	1	20	0.8530	1	20	1.4057	1	liquid	1
18076	C9H18O2	propyl hexanoate	626-77-7	158.241	204.45	1	460.15	1	20	0.8672	1	20	1.4170	1	liquid	1
18077	C9H18O2	isobutyl pentanoate	10588-10-0	158.241	206.25	2	452.15	1	25	0.8625	1	20	1.4046	1	liquid	1
18078	C9H18O2	ethyl heptanoate	106-30-9	158.241	207.05	1	460.15	1	20	0.8817	1	20	1.4100	1	liquid	1
18079	C9H18O2	ethyl 3-methylhexanoate	41692-47-1	158.241	206.25	2	450.15	1	20	0.8679	1	20	1.4119	1	liquid	1
18080	C9H18O2	ethyl 4-methylhexanoate	1561-10-0	158.241	206.25	2	453.15	1	20	0.8708	1	20	1.4051	1	liquid	1

Table 1 Physical Properties - Organic Compounds

				Mol Wt	Freezing Point		Boiling Point		Density			Refractive Index			State	
NO	FORMULA	NAME	CAS No	g/mol	T_F, K	code	T_B, K	code	T, C	g/cm3	code	T, C	n_D	code	@25C,1 atm	code
18081	C9H18O2	methyl octanoate	111-11-5	158.241	233.15	1	466.05	1	20	0.8775	1	20	1.4170	1	liquid	1
18082	C9H18O2	3,5,5-trimethylhexanoic acid	3302-10-1	158.241	285.55	2	456.91	2	23	0.8740	2	---	1.4288	1	liquid	2
18083	C9H18O2	7-methyloctanoic acid	693-19-6	158.241	285.55	2	456.91	2	23	0.8740	2	---	---	---	liquid	2
18084	C9H18O2	glycidyl hexyl ether	5926-90-9	158.241	---	---	456.91	2	23	0.8740	2	---	---	---	---	---
18085	C9H18O2	2-isobutoxy tetrahydropyran	32767-68-3	158.241	---	---	456.91	2	23	0.8740	2	---	---	---	---	---
18086	C9H18O2	4-methyl-2-pentyl-dioxolane	1599-49-1	158.241	---	---	452.15	1	23	0.8740	2	---	---	---	---	---
18087	C9H18O2	4-octanecarboxylic acid	3274-28-0	158.241	285.55	2	358.15	1	23	0.8740	2	---	---	---	liquid	1
18088	C9H18O2Si	2-(acetoxymethyl)allyl-trimethylsilane	72047-94-0	186.326	---	---	---	---	25	0.8770	1	---	1.4400	1	---	---
18089	C9H18O2Si	ethyl 2-(trimethylsilylmethyl)acrylate	74976-84-4	186.326	---	---	---	---	25	0.8970	1	---	1.4380	1	---	---
18090	C9H18O3	di-tert-butyl carbonate	34619-03-9	174.240	313.15	1	431.15	1	23	0.9257	2	---	---	---	solid	1
18091	C9H18O3	dibutyl carbonate	542-52-9	174.240	---	---	480.15	1	20	0.9251	1	20	1.4117	1	---	---
18092	C9H18O3	diisobutyl carbonate	539-92-4	174.240	---	---	463.15	1	20	0.9138	1	20	1.4072	1	---	---
18093	C9H18O3	tert-butyl peroxypivalate	927-07-1	174.240	293.15	2	442.99	2	25	0.8540	1	---	---	---	liquid	2
18094	C9H18O3	9-hydroxynonanoic acid	3788-56-5	174.240	---	---	442.99	2	23	0.9257	2	---	---	---	---	---
18095	C9H18O3	trimethylolpropane allyl ether	682-11-1	174.240	263.25	1	442.99	2	25	1.0100	1	---	1.4670	1	liquid	2
18096	C9H18O3	acetic acid 3-heptanol ester	39920-56-4	174.240	---	---	442.99	2	23	0.9257	2	---	---	---	---	---
18097	C9H18O3	3-(2-ethylbutoxy)propionic acid	10213-74-8	174.240	---	---	397.50	1	23	0.9257	2	---	---	---	---	---
18098	C9H18O3	2-hydroxy-3-ethylheptanoic acid	63834-30-0	174.240	---	---	442.99	2	23	0.9257	2	---	---	---	---	---
18099	C9H18O3	1,3,3-triethoxy-1-propene	5444-80-4	174.240	---	---	442.99	2	23	0.9257	2	---	---	---	---	---
18100	C9H18O3Si	2-(trimethylsilyloxy)ethyl methacrylate	17407-09-9	202.325	---	---	---	---	25	0.9280	1	---	1.4280	1	---	---
18101	C9H18O4	di(propylene glycol) methyl ether acetate, i	88917-22-0	190.240	245.00	2	482.45	1	25	0.9700	1	---	1.4180	1	---	---
18102	C9H18O4	ethyl 3,3-diethoxypropionate	10601-80-6	190.240	---	---	494.15	2	25	0.9740	1	---	1.4120	1	---	---
18103	C9H18O4	tri(ethylene glycol) methyl vinyl ether	26256-87-1	190.240	---	---	515.15	1	25	0.9900	1	---	1.4390	1	---	---
18104	C9H18O5	bis(2-ethoxyethyl) carbonate	2049-74-3	206.239	---	---	518.65	1	20	1.0439	1	20	1.4227	1	---	---
18105	C9H18O5	2-hydroxymethyl-12-crown-4	75507-26-5	206.239	---	---	460.90	2	25	1.2310	1	---	1.4800	1	---	---
18106	C9H18O5	acetic acid, 2-(2-(2-methoxyethoxy)ethoxy)	3610-27-3	206.239	---	---	403.15	1	25	1.0940	1	---	---	---	---	---
18107	C9H18O5	di-tert-butyl diperoxycarbonate	3236-56-4	206.239	---	---	460.90	2	23	1.1230	2	---	---	---	---	---
18108	C9H18O5S	isopropyl-b-D-thiogalactopyranoside, dioxa	367-93-1	238.305	378.15	1	---	---	25	1.1470	2	---	---	---	solid	1
18109	C9H18O5Si	3-(trimethoxysilyl)propyl acrylate	4369-14-6	234.324	---	---	---	---	25	1.0550	1	---	1.4290	1	---	---
18110	C9H18O6	3,4-isopropylidene-D-mannitol	3969-84-4	222.238	358.15	1	---	---	25	1.1235	2	---	---	---	solid	1
18111	C9H18S	thiacyclodecane	6048-83-5	158.308	271.68	2	512.15	1	25	0.9329	1	---	---	---	liquid	1
18112	C9H18S3	2,2,4,4,6,6-hexamethyltrithiane	828-26-2	222.440	297.15	1	325.15	1	25	1.0552	2	---	---	---	liquid	1
18113	C9H18Si	1-trimethylsilyl-1-hexyne	3844-94-8	154.327	---	---	---	---	25	0.7640	1	---	1.4310	1	---	---
18114	C9H19BO3	2-isopropoxy-4,4,5,5-tetramethyl-1,3,2-dio›	61676-62-8	186.059	---	---	---	---	25	0.9120	1	---	1.4090	1	---	---
18115	C9H19Br	1-bromononane	693-58-3	207.154	244.15	1	494.55	1	25	1.0845	1	25	1.4522	1	liquid	1
18116	C9H19BrO	9-bromo-1-nonanol	55362-80-6	223.153	307.15	1	---	---	25	1.1497	2	---	---	---	solid	1
18117	C9H19Cl	1-chlorononane	2473-01-0	162.702	233.75	1	478.37	1	25	0.8668	1	25	1.4322	1	liquid	1
18118	C9H19Cl	3-chloro-3-ethyl-2,2-dimethylpentane	86661-53-2	162.702	233.75	2	470.76	2	21	0.8731	2	25	1.4528	1	liquid	2
18119	C9H19Cl	3-chloro-3-ethylheptane	28320-89-0	162.702	233.75	2	470.76	2	20	0.8856	1	20	1.4400	1	liquid	2
18120	C9H19Cl	3-chloro-3-methyloctane	28320-88-9	162.702	233.75	2	470.76	2	25	0.8680	1	20	1.4351	1	liquid	2
18121	C9H19Cl	4-chloro-4-methyloctane	36903-89-6	162.702	233.75	2	470.76	2	20	0.8723	1	20	1.4360	1	liquid	2
18122	C9H19Cl	2-chlorononane	2216-36-6	162.702	233.75	2	463.15	1	20	0.8563	1	20	1.4420	1	liquid	1
18123	C9H19Cl	5-chlorononane	28123-70-8	162.702	233.75	2	470.76	2	15	0.8639	1	15	1.4314	1	liquid	2
18124	C9H19Cl	3-chloro-2,2,3-trimethylhexane	102449-95-6	162.702	233.75	2	470.76	2	20	0.8990	1	20	1.4465	1	liquid	2
18125	C9H19ClO	9-chloro-1-nonanol	51308-99-7	178.702	301.15	1	---	---	25	0.9335	2	20	1.4575	1	solid	1
18126	C9H19Cl3Si	nonyltrichlorosilane	5283-67-0	261.692	---	---	348.85	1	---	---	---	---	---	---	---	---
18127	C9H19F	1-fluorononane	463-18-3	146.248	233.15	1	438.15	1	25	0.8113	1	25	1.4002	1	liquid	1
18128	C9H19FO	9-fluoro-1-nonanol	463-24-1	162.248	---	---	---	---	20	0.9280	1	25	1.4279	1	---	---
18129	C9H19I	1-iodononane	4282-42-2	254.154	253.15	1	518.15	1	25	1.2836	1	25	1.4848	1	liquid	1
18130	C9H19N	1-tert-butylpiperidine	14446-69-6	141.257	286.65	2	439.15	1	20	0.8465	1	20	1.4532	1	liquid	1
18131	C9H19N	3-butylpiperidine	13603-21-9	141.257	293.90	2	469.65	1	18	0.8620	1	---	---	---	liquid	1
18132	C9H19N	4-butylpiperidine	24152-39-4	141.257	293.90	2	467.15	1	23	0.8790	1	23	1.4472	1	liquid	1
18133	C9H19N	N-butylpiperidine	4945-48-6	141.257	293.90	2	449.15	1	20	0.8245	1	20	1.4467	1	liquid	1
18134	C9H19N	2,5-diethylpiperidine	116836-21-6	141.257	293.90	2	463.15	1	25	0.8722	1	---	---	---	liquid	1
18135	C9H19N	1-isobutylpiperidine	10315-89-6	141.257	293.90	2	433.65	1	25	0.8161	1	25	1.4382	1	liquid	1
18136	C9H19N	1-methyl-2-propylpiperidine, (S)	35305-13-6	141.257	293.90	2	447.15	1	22	0.8326	1	12	1.4538	1	liquid	1
18137	C9H19N	2,2,4,6-tetramethylpiperidine	6292-82-6	141.257	293.90	2	429.15	1	25	0.8160	1	25	1.4374	1	liquid	1
18138	C9H19N	2,2,6,6-tetramethylpiperidine	768-66-1	141.257	301.15	1	429.15	1	16	0.8367	1	20	1.4455	1	solid	1
18139	C9H19N	cyclohexylisopropylamine	1195-42-2	141.257	193.25	2	440.94	2	25	0.8590	1	20	1.4480	1	liquid	2
18140	C9H19N	N,alpha-dimethylcyclopentaneethanamine	102-45-4	141.257	---	---	444.15	1	22	0.8412	2	20	1.4500	1	---	---
18141	C9H19N	N,6-dimethyl-5-hepten-2-amine	503-01-5	141.257	---	---	450.15	1	22	0.8412	2	---	---	---	---	---
18142	C9H19N	N-tert-butyl-1,1-dimethylallylamine	40137-02-8	141.257	294.44	1	414.15	1	25	0.7740	1	20	1.4320	1	liquid	1
18143	C9H19N	3,3,5-trimethylcyclohexylamine	15901-42-5	141.257	193.25	1	453.15	1	22	0.8412	2	---	---	---	liquid	1
18144	C9H19N	N,N-dimethyl-N-cyclohexylmethylamine	16607-80-0	141.257	---	---	446.15	1	22	0.8412	2	---	---	---	---	---
18145	C9H19NO	N,N-dibutylformamide	761-65-9	157.256	---	---	481.53	2	38	0.8816	2	---	---	---	---	---
18146	C9H19NO	5-(diethylamino)-2-pentanone	105-14-6	157.256	---	---	476.15	1	25	0.8610	1	20	1.4350	1	---	---
18147	C9H19NO	N,N-diethyl-2,2-dimethylpropanamide	24331-72-4	157.256	---	---	479.15	1	15	0.8910	1	---	---	---	---	---
18148	C9H19NO	N,N-diethyl-3-methylbutanamide	533-32-4	157.256	---	---	484.15	1	20	0.8764	1	20	1.4422	1	---	---
18149	C9H19NO	N-methylconhydrine	94826-08-1	157.256	---	---	481.53	2	20	0.9400	1	19	1.4708	1	---	---
18150	C9H19NO	nonanamide	1120-07-6	157.256	372.65	1	481.53	2	110	0.8394	1	110	1.4248	1	solid	1
18151	C9H19NO	2,2,6,6-tetramethyl-4-piperidinol	2403-88-5	157.256	403.15	1	486.65	1	38	0.8816	2	---	---	---	solid	1
18152	C9H19NO	1-cyclohexylamino-2-propanol	103-00-4	157.256	318.75	1	481.53	2	38	0.8816	2	---	---	---	solid	1
18153	C9H19NOS	dipropylcarbamothioic acid, S-ethyl ester	759-94-4	189.322	---	---	---	---	30	0.9546	1	---	---	---	---	---
18154	C9H19NOS	2-ethyl-2-propylthiobutyramide	66859-63-0	189.322	---	---	---	---	25	0.9756	2	---	---	---	---	---
18155	C9H19NO2	1-nitrononane	2216-21-9	173.256	334.30	2	522.15	1	20	0.9113	2	---	---	---	solid	2
18156	C9H19NO2	butyl butylcarbamate	13105-52-7	173.256	---	---	462.65	2	20	0.9221	1	20	1.4359	1	---	---
18157	C9H19NO2	ethyl 3-(diethylamino)propanoate	5515-83-3	173.256	---	---	462.65	2	20	0.9005	1	20	1.4253	1	---	---
18158	C9H19NO2	N,N-diisopropyl ethyl carbamate	20652-39-5	173.256	---	---	462.65	2	20	0.9113	2	---	---	---	---	---
18159	C9H19NO2	N,N-di-n-propyl ethyl carbamate	6976-50-7	173.256	---	---	403.15	1	20	0.9113	2	---	---	---	---	---
18160	C9H19NO2	2-ethylhexyl carbamate	4248-21-9	173.256	---	---	462.65	2	20	0.9113	2	---	---	---	---	---

Table 1 Physical Properties - Organic Compounds

				Mol Wt	Freezing Point		Boiling Point		Density			Refractive Index			State	
NO	FORMULA	NAME	CAS No	g/mol	T_F, K	code	T_B, K	code	T, C	g/cm3	code	T, C	n_D	code	@25C,1 atm	code
18161	C9H19NO2	nonanohydroxamic acid	20190-95-8	173.256	---	---	462.65	2	20	0.9113	2	---	---	---	---	---
18162	C9H19NO2Si	(3-cyanopropyl)diethoxy(methyl) silane	1067-99-8	201.341	---	---	---	---	---	---	---	---	---	---	---	---
18163	C9H19NO3	N-methylaza-12-crown-4	69978-45-6	189.255	---	---	---	---	25	0.9975	2	---	1.4690	1	---	---
18164	C9H19NO3S	CAPS	1135-40-6	221.321	597.15	1	---	---	25	1.0781	2	---	---	---	solid	1
18165	C9H19NO3Si	(2-cyanoethyl)triethoxysilane	919-31-3	217.340	---	---	497.05	1	25	0.9790	1	---	1.4140	1	---	---
18166	C9H19NO4	dexpanthenol	81-13-0	205.254	---	---	---	---	20	1.2000	1	20	1.4970	1	---	---
18167	C9H19N2	2,2,4,6,6-pentamethyltetrahydro pyrimidine	556-72-9	155.264	---	---	---	---	25	0.8766	2	---	---	---	---	---
18168	C9H19N2O	4-amino-2,2,6,6-tetramethylpiperidinooxy,f	14691-88-4	171.263	---	---	---	---	25	0.9372	2	---	---	---	---	---
18169	C9H19N3O	N-isopropyl-1-piperazineacetamide	39890-42-1	185.270	358.15	1	---	---	25	0.9908	2	---	---	---	solid	1
18170	C9H19N3O2	N,N'-dibutyl-N-nitrosourea	56654-52-5	201.270	---	---	358.15	2	25	1.0450	2	---	---	---	---	---
18171	C9H19N3O2	1-nitroso-1-octylurea	18207-29-9	201.270	---	---	358.15	1	25	1.0450	2	---	---	---	---	---
18172	C9H19NaO3S	1-nonanesulfonic acid sodium salt	35192-74-6	230.304	>573.15	1	---	---	---	---	---	---	---	---	solid	1
18173	C9H19O4P	dimethyl 2-oxoheptylphosphonate	36969-89-8	222.221	---	---	---	---	25	1.0700	1	---	1.4450	1	---	---
18174	C9H19O5P	triethyl 2-phosphonopropionate	3699-66-9	238.221	---	---	---	---	25	1.1110	1	---	1.4320	1	---	---
18175	C9H19O5P	triethyl 3-phosphonopropionate	3699-67-0	238.221	---	---	---	---	25	1.0940	1	---	1.4330	1	---	---
18176	C9H20	nonane	111-84-2	128.258	219.63	1	423.97	1	25	0.7150	1	25	1.4031	1	liquid	1
18177	C9H20	2-methyloctane	3221-61-2	128.258	192.78	1	416.43	1	25	0.7100	1	25	1.4008	1	liquid	1
18178	C9H20	3-methyloctane	2216-33-3	128.258	165.55	1	417.38	1	25	0.7170	1	25	1.4040	1	liquid	1
18179	C9H20	4-methyloctane	2216-34-4	128.258	159.95	1	415.59	1	25	0.7160	1	25	1.4039	1	liquid	1
18180	C9H20	3-ethylheptane	15869-80-4	128.258	158.25	1	416.35	1	25	0.7230	1	25	1.4070	1	liquid	1
18181	C9H20	4-ethylheptane	2216-32-2	128.258	159.96	1	414.36	1	25	0.7240	1	25	1.4073	1	liquid	1
18182	C9H20	2,2-dimethylheptane	1071-26-7	128.258	160.15	1	405.84	1	25	0.7070	1	25	1.3993	1	liquid	1
18183	C9H20	2,3-dimethylheptane	3074-71-3	128.258	160.16	1	413.66	1	25	0.7220	1	25	1.4062	1	liquid	1
18184	C9H20	2,4-dimethylheptane	2213-23-2	128.258	160.16	1	406.05	1	25	0.7110	1	25	1.4011	1	liquid	1
18185	C9H20	2,5-dimethylheptane	2216-30-0	128.258	160.16	1	409.16	1	25	0.7130	1	25	1.4015	1	liquid	1
18186	C9H20	2,6-dimethylheptane	1072-05-5	128.258	170.25	1	408.36	1	25	0.7060	1	25	1.3983	1	liquid	1
18187	C9H20	3,4-dimethylheptane	922-28-1	128.258	170.26	1	413.76	1	25	0.7270	1	25	1.4089	1	liquid	1
18188	C9H20	3,5-dimethylheptane	926-82-9	128.258	170.26	1	409.16	1	25	0.7190	1	25	1.4044	1	liquid	1
18189	C9H20	4,4-dimethylheptane	1068-19-5	128.258	170.26	1	408.36	1	25	0.7210	1	25	1.4053	1	liquid	1
18190	C9H20	3-ethyl-2-methylhexane	16789-46-1	128.258	160.16	1	411.16	1	25	0.7290	1	25	1.4097	1	liquid	1
18191	C9H20	4-ethyl-2-methylhexane	3074-75-7	128.258	160.16	1	406.96	1	25	0.7190	1	25	1.4046	1	liquid	1
18192	C9H20	3-ethyl-3-methylhexane	3074-76-8	128.258	160.16	1	413.76	1	25	0.7370	1	25	1.4120	1	liquid	1
18193	C9H20	3-ethyl-4-methylhexane	3074-77-9	128.258	160.16	1	413.56	1	25	0.7360	1	25	1.4128	1	liquid	1
18194	C9H20	2,2,3-trimethylhexane	16747-25-4	128.258	153.16	1	406.75	1	25	0.7250	1	25	1.4082	1	liquid	1
18195	C9H20	2,2,4-trimethylhexane	16747-26-5	128.258	153.00	1	399.69	1	25	0.7130	1	25	1.4010	1	liquid	1
18196	C9H20	2,2,5-trimethylhexane	3522-94-9	128.258	167.39	1	397.24	1	25	0.7070	1	25	1.3973	1	liquid	1
18197	C9H20	2,3,3-trimethylhexane	16747-28-7	128.258	156.36	1	410.84	1	25	0.7340	1	25	1.4119	1	liquid	1
18198	C9H20	2,3,4-trimethylhexane	921-47-1	128.258	156.36	1	412.20	1	25	0.7350	1	25	1.4120	1	liquid	1
18199	C9H20	2,3,5-trimethylhexane	1069-53-0	128.258	145.36	1	404.50	1	25	0.7180	1	25	1.4037	1	liquid	1
18200	C9H20	2,4,4-trimethylhexane	16747-30-1	128.258	159.78	1	403.81	1	25	0.7200	1	25	1.4052	1	liquid	1
18201	C9H20	3,3,4-trimethylhexane	16747-31-2	128.258	171.96	1	413.62	1	25	0.7410	1	25	1.4154	1	liquid	1
18202	C9H20	3,3-diethylpentane	1067-20-5	128.258	240.12	1	419.34	1	25	0.7500	1	25	1.4184	1	liquid	1
18203	C9H20	2,2-dimethyl-3-ethylpentane	16747-32-3	128.258	173.68	1	406.99	1	25	0.7310	1	25	1.4010	1	liquid	1
18204	C9H20	2,3-dimethyl-3-ethylpentane	16747-33-4	128.258	173.67	1	417.86	1	25	0.7510	1	20	1.4221	1	liquid	1
18205	C9H20	2,4-dimethyl-3-ethylpentane	1068-87-7	128.258	150.79	1	409.87	1	25	0.7340	1	25	1.4115	1	liquid	1
18206	C9H20	2,2,3,3-tetramethylpentane	7154-79-2	128.258	263.26	1	413.44	1	25	0.7530	1	25	1.4214	1	liquid	1
18207	C9H20	2,2,3,4-tetramethylpentane	1186-53-4	128.258	152.06	1	406.18	1	25	0.7350	1	25	1.4125	1	liquid	1
18208	C9H20	2,2,4,4-tetramethylpentane	1070-87-7	128.258	206.95	1	395.44	1	25	0.7160	1	25	1.4046	1	liquid	1
18209	C9H20	2,3,3,4-tetramethylpentane	16747-38-9	128.258	171.03	1	414.70	1	25	0.7350	1	25	1.4200	1	liquid	1
18210	C9H20	3,3-dimethylheptane	4032-86-4	128.258	170.97	2	410.45	1	20	0.7254	1	20	1.4087	1	liquid	1
18211	C9H20ClN	cyclopentamine hydrochloride	538-02-3	177.717	387.65	1	---	---	25	0.9134	2	---	---	---	solid	1
18212	C9H20Cl2Si	dichloro-methyl-octylsilane	14799-93-0	227.248	---	---	---	---	25	0.9720	1	---	1.4440	1	---	---
18213	C9H20INOS	S-butyrylthiocholine iodide	1866-16-6	317.235	447.15	1	---	---	25	1.3969	2	---	---	---	solid	1
18214	C9H20IN3	1-(3-dimethylaminopropyl)-3-ethylcarbodiir	22572-40-3	297.183	367.65	1	---	---	25	1.3860	2	---	---	---	solid	1
18215	C9H20NO	tert-amyl tert-butyl nitroxide	28670-60-2	158.264	---	---	---	---	25	0.8600	1	---	1.4410	1	---	---
18216	C9H20NO2	muscarine	300-54-9	174.264	---	---	---	---	25	0.9239	2	---	---	---	---	---
18217	C9H20NO3P	diethyl pyrrolidinomethylphosphonate	51868-96-3	221.237	---	---	---	---	25	1.0640	1	---	1.4530	1	---	---
18218	C9H20NO3PS2	trimethoate	2275-18-5	285.369	301.65	1	---	---	---	---	---	---	---	---	solid	1
18219	C9H20N2	2,2,6,6-tetramethyl-4-piperidinamine	36768-62-4	156.272	290.15	1	461.65	1	25	0.9120	1	20	1.4706	1	liquid	1
18220	C9H20N2	5-aminomethyl-2,4,4-trimethyl-1-cyclopenty	67907-32-8	156.272	---	---	494.15	1	25	0.9000	1	---	---	---	---	---
18221	C9H20N2	1-(3-aminopropyl)-2-pipecoline	25560-00-3	156.272	---	---	501.15	2	25	0.8890	1	---	1.4760	1	---	---
18222	C9H20N2	N-cyclohexyl-1,3-propanediamine	3312-60-5	156.272	257.25	1	501.15	2	25	0.9170	1	---	1.4820	1	liquid	2
18223	C9H20N2	1-amino-2,2,6,6-tetramethylpiperidine	6130-92-3	156.272	---	---	547.65	1	25	0.9045	2	---	---	---	---	---
18224	C9H20N2O	1,1-diisobutylurea	77464-06-3	172.271	346.15	1	482.15	2	25	0.9200	2	---	---	---	solid	1
18225	C9H20N2O	tetraethylurea	1187-03-7	172.271	253.00	1	482.15	1	20	0.9190	1	20	1.4474	1	liquid	1
18226	C9H20N2O	dibutylurea	1792-17-2	172.271	343.15	1	482.15	2	25	0.9200	2	---	---	---	solid	1
18227	C9H20N2O	N-butyl-N-nitroso amyl amine	16339-05-2	172.271	---	---	482.15	2	25	0.9200	2	---	---	---	---	---
18228	C9H20N2O	methylazoxyoctane	54405-61-7	172.271	---	---	482.15	2	25	0.9200	2	---	---	---	---	---
18229	C9H20N2O	nitroso-N-methyl-n-octylamine	34423-54-6	172.271	---	---	482.15	2	25	0.9200	2	---	---	---	---	---
18230	C9H20N2O2	N-nitroso-N-pentyl-(4-hydroxybutyl)amine	61734-86-9	188.271	---	---	---	---	25	0.9762	2	---	---	---	---	---
18231	C9H20N2O4S	EPPS	16052-06-5	252.335	504.15	1	---	---	25	1.1488	2	---	---	---	solid	1
18232	C9H20N2S	N,N'-dibutylthiourea	109-46-6	188.338	343.65	1	---	---	25	0.9551	2	---	---	---	solid	1
18233	C9H20N4	guanazodine	32059-15-7	184.286	---	---	---	---	25	0.9693	2	---	---	---	---	---
18234	C9H20N4O4	NG-monomethyl-D-arginine monoacetate	137694-75-8	248.283	458.15	1	---	---	25	1.1679	2	---	---	---	solid	1
18235	C9H20N4O4	NG-monomethyl-L-arginine monoacetate	53308-83-1	248.283	458.15	1	---	---	25	1.1679	2	---	---	---	solid	1
18236	C9H20O	1-nonanol	143-08-8	144.257	268.15	1	486.25	1	25	0.8240	1	25	1.4319	1	liquid	1
18237	C9H20O	2-nonanol	628-99-9	144.257	238.15	1	471.65	1	25	0.8200	1	25	1.4290	1	liquid	1
18238	C9H20O	2-nonanol, (±)	74683-66-2	144.257	238.15	1	466.65	1	20	0.8471	1	20	1.4353	1	liquid	1
18239	C9H20O	3-nonanol	624-51-1	144.257	295.15	1	467.85	1	25	0.8214	1	25	1.4290	1	liquid	1
18240	C9H20O	3-nonanol, (±)	74742-08-8	144.257	295.15	1	468.15	1	20	0.8250	1	20	1.4289	1	liquid	1

Table 1 Physical Properties - Organic Compounds

				Mol Wt	Freezing Point		Boiling Point		Density			Refractive Index			State	
NO	FORMULA	NAME	CAS No	g/mol	T_F, K	code	T_B, K	code	T, C	g/cm3	code	T, C	n_D	code	@25C,1 atm	code
18241	C9H20O	4-nonanol	5932-79-6	144.257	236.51	2	466.15	1	25	0.8220	1	25	1.4275	1	liquid	1
18242	C9H20O	4-nonanol, (S)	52708-03-9	144.257	240.06	2	465.65	1	20	0.8282	1	20	1.4197	1	liquid	1
18243	C9H20O	5-nonanol	623-93-8	144.257	278.75	1	468.25	1	25	0.8183	1	25	1.4267	1	liquid	1
18244	C9H20O	2-methyl-1-octanol	818-81-5	144.257	236.51	2	473.00	2	25	0.8302	2	25	1.4328	2	liquid	2
18245	C9H20O	3-methyl-1-octanol	38514-02-2	144.257	236.51	2	473.00	2	25	0.8260	1	25	1.4328	1	liquid	2
18246	C9H20O	4-methyl-1-octanol	38514-03-3	144.257	236.51	2	473.00	2	25	0.8220	1	25	1.4331	1	liquid	2
18247	C9H20O	5-methyl-1-octanol	38514-04-4	144.257	236.51	2	473.00	2	25	0.8270	1	25	1.4330	2	liquid	2
18248	C9H20O	6-methyl-1-octanol	38514-05-5	144.257	236.51	2	479.15	1	25	0.8290	1	25	1.4340	1	liquid	1
18249	C9H20O	7-methyl-1-octanol	2430-22-0	144.257	337.65	1	479.15	1	25	0.8260	1	25	1.4316	1	solid	1
18250	C9H20O	2-methyl-2-octanol	628-44-4	144.257	253.93	2	451.15	1	25	0.8158	1	25	1.4260	1	liquid	1
18251	C9H20O	3-methyl-2-octanol	27644-49-1	144.257	221.51	2	454.00	2	25	0.8330	1	25	1.4310	1	liquid	2
18252	C9H20O	5-methyl-2-octanol	66793-81-5	144.257	221.51	2	454.00	2	25	0.8210	1	25	1.4300	2	liquid	2
18253	C9H20O	7-methyl-2-octanol	66793-83-7	144.257	221.51	2	454.00	2	25	0.8302	2	25	1.4290	1	liquid	2
18254	C9H20O	2-methyl-3-octanol	26533-34-6	144.257	221.51	2	457.15	1	25	0.8249	1	25	1.4290	1	liquid	1
18255	C9H20O	3-methyl-3-octanol	5340-36-3	144.257	253.93	2	462.15	1	25	0.8279	1	25	1.4301	1	liquid	1
18256	C9H20O	4-methyl-3-octanol	66793-80-4	144.257	221.51	2	459.00	2	25	0.8440	1	20	1.4372	1	liquid	2
18257	C9H20O	6-methyl-3-octanol	40225-75-0	144.257	221.51	2	459.00	2	25	0.8321	1	25	1.4380	1	liquid	2
18258	C9H20O	7-methyl-3-octanol	66793-84-8	144.257	221.51	2	459.00	2	25	0.8300	1	25	1.4300	2	liquid	2
18259	C9H20O	2-methyl-4-octanol	40575-41-5	144.257	221.51	2	457.15	1	25	0.8150	1	25	1.4260	1	liquid	1
18260	C9H20O	3-methyl-4-octanol	26533-35-7	144.257	221.51	2	453.15	1	25	0.8280	1	25	1.4300	1	liquid	1
18261	C9H20O	4-methyl-4-octanol	23418-37-3	144.257	253.93	2	454.15	1	25	0.8237	1	25	1.4301	1	liquid	1
18262	C9H20O	5-methyl-4-octanol	59734-23-5	144.257	221.51	2	455.00	2	25	0.8160	1	25	1.4262	1	liquid	2
18263	C9H20O	6-methyl-4-octanol	66793-82-6	144.257	221.51	2	455.00	2	25	0.8200	1	25	1.4250	2	liquid	2
18264	C9H20O	7-methyl-4-octanol	33933-77-6	144.257	221.51	2	455.00	2	25	0.8100	1	25	1.4240	1	liquid	2
18265	C9H20O	2-ethyl-1-heptanol	817-60-7	144.257	236.51	2	472.00	2	25	0.8302	2	25	1.4301	1	liquid	2
18266	C9H20O	3-ethyl-1-heptanol	3525-25-5	144.257	236.51	2	480.15	1	25	0.8320	1	25	1.4320	2	liquid	1
18267	C9H20O	5-ethyl-1-heptanol	998-65-2	144.257	236.51	2	472.00	2	25	0.8480	1	25	1.4350	1	liquid	2
18268	C9H20O	2,2-dimethyl-1-heptanol	14250-79-4	144.257	253.93	2	465.15	1	25	0.8302	2	25	1.4320	1	liquid	1
18269	C9H20O	4,6-dimethyl-1-heptanol	820-05-3	144.257	221.51	2	455.00	2	25	0.8302	2	25	1.4300	1	liquid	2
18270	C9H20O	6,6-dimethyl-1-heptanol	65769-10-0	144.257	253.93	2	455.00	2	25	0.8400	1	25	1.4410	1	liquid	2
18271	C9H20O	2-ethyl-2-heptanol	---	144.257	253.93	2	455.00	2	25	0.8302	2	25	1.4360	1	liquid	2
18272	C9H20O	3-ethyl-2-heptanol	19780-39-3	144.257	221.51	2	455.00	2	25	0.8302	2	25	1.4290	1	liquid	2
18273	C9H20O	2,3-dimethyl-2-heptanol	66794-00-1	144.257	238.93	2	455.00	2	25	0.8302	2	25	1.4380	1	liquid	2
18274	C9H20O	2,4-dimethyl-2-heptanol	65822-93-7	144.257	238.93	2	455.00	2	25	0.8280	1	25	1.4290	1	liquid	2
18275	C9H20O	2,5-dimethyl-2-heptanol	---	144.257	238.93	2	455.00	2	25	0.8280	1	25	1.4260	2	liquid	2
18276	C9H20O	2,6-dimethyl-2-heptanol	13254-34-7	144.257	238.93	2	444.15	1	25	0.8150	1	25	1.4220	1	liquid	1
18277	C9H20O	4,6-dimethyl-2-heptanol	51079-52-8	144.257	206.51	2	467.15	1	25	0.8590	1	25	1.4320	2	liquid	1
18278	C9H20O	5,6-dimethyl-2-heptanol	58795-24-7	144.257	206.51	2	465.15	1	25	0.8290	1	25	1.4480	1	liquid	1
18279	C9H20O	3-ethyl-3-heptanol	19780-41-7	144.257	253.93	2	455.35	1	25	0.8370	1	25	1.4340	1	liquid	1
18280	C9H20O	2,2-dimethyl-3-heptanol	19549-70-3	144.257	238.93	2	451.00	2	25	0.8240	1	25	1.4310	1	liquid	2
18281	C9H20O	2,3-dimethyl-3-heptanol	19549-71-4	144.257	238.93	2	447.15	1	25	0.8330	1	25	1.4340	1	liquid	1
18282	C9H20O	2,6-dimethyl-3-heptanol	19549-73-6	144.257	206.51	2	448.15	1	25	0.8170	1	25	1.4230	1	liquid	1
18283	C9H20O	3,5-dimethyl-3-heptanol	19549-74-7	144.257	238.93	2	450.00	2	25	0.8200	1	25	1.4290	1	liquid	2
18284	C9H20O	3,6-dimethyl-3-heptanol	1573-28-0	144.257	238.93	2	446.15	1	25	0.8210	1	25	1.4290	1	liquid	1
18285	C9H20O	4-ethyl-4-heptanol	597-90-0	144.257	253.93	2	452.15	1	25	0.8310	1	25	1.4320	1	liquid	1
18286	C9H20O	2,2-dimethyl-4-heptanol	66793-99-5	144.257	238.93	2	447.15	1	25	0.8302	2	25	1.4250	1	liquid	1
18287	C9H20O	2,4-dimethyl-4-heptanol	19549-77-0	144.257	238.93	2	444.55	1	25	0.8210	1	25	1.4280	1	liquid	1
18288	C9H20O	2,6-dimethyl-4-heptanol	108-82-7	144.257	208.00	1	451.00	1	25	0.8070	1	25	1.4211	1	liquid	1
18289	C9H20O	3,3-dimethyl-4-heptanol	19549-78-1	144.257	238.93	2	449.15	1	25	0.8302	2	25	1.4240	2	liquid	1
18290	C9H20O	3,5-dimethyl-4-heptanol	19549-79-2	144.257	206.51	2	460.15	1	25	0.8550	1	25	1.4260	1	liquid	1
18291	C9H20O	2-propyl-1-hexanol	817-46-9	144.257	236.51	2	462.00	2	25	0.8302	2	25	1.4920	1	liquid	2
18292	C9H20O	3-propyl-1-hexanol	66793-85-9	144.257	236.51	2	462.00	2	25	0.8302	2	25	1.4340	1	liquid	2
18293	C9H20O	1-methyl-2-ethyl-1-hexanol	---	144.257	221.51	2	462.00	2	25	0.8302	2	25	1.4380	1	liquid	2
18294	C9H20O	1-methyl-3-ethyl-1-hexanol	---	144.257	221.51	2	465.15	1	25	0.8460	1	25	1.4430	1	liquid	1
18295	C9H20O	3-methyl-2-ethyl-1-hexanol	66794-04-5	144.257	221.51	2	466.15	1	25	0.8360	1	25	1.4360	1	liquid	1
18296	C9H20O	4-methyl-2-ethyl-1-hexanol	66794-06-7	144.257	221.51	2	468.15	1	25	0.8250	1	25	1.4310	1	liquid	1
18297	C9H20O	5-methyl-2-ethyl-1-hexanol	66794-07-8	144.257	221.51	2	466.00	2	25	0.8210	1	25	1.4300	1	liquid	2
18298	C9H20O	3,3,5-trimethyl-1-hexanol	1484-87-3	144.257	238.93	2	466.00	2	25	0.8302	2	25	1.4320	1	liquid	2
18299	C9H20O	3,4,4-trimethyl-1-hexanol	66793-73-5	144.257	238.93	2	464.15	1	25	0.8302	2	25	1.4310	1	liquid	1
18300	C9H20O	3,5,5-trimethyl-1-hexanol	3452-97-9	144.257	238.93	2	466.15	1	25	0.8240	1	25	1.4300	1	liquid	1
18301	C9H20O	4,5,5-trimethyl-1-hexanol	66793-75-7	144.257	238.93	2	475.15	1	25	0.8302	2	25	1.4390	1	liquid	1
18302	C9H20O	2-methyl-3-ethyl-2-hexanol	66794-02-3	144.257	238.93	2	451.15	1	25	0.8334	1	25	1.4331	1	liquid	1
18303	C9H20O	2,3,4-trimethyl-2-hexanol	21102-13-6	144.257	223.93	2	466.00	2	25	0.8270	1	25	1.4380	1	liquid	2
18304	C9H20O	2,4,4-trimethyl-2-hexanol	66793-91-7	144.257	256.35	2	466.00	2	25	0.8440	1	25	1.4400	1	liquid	2
18305	C9H20O	2,4,5-trimethyl-2-hexanol	66793-93-9	144.257	223.93	2	466.00	2	25	0.8280	1	25	1.4300	1	liquid	2
18306	C9H20O	2,5,5-trimethyl-2-hexanol	66793-71-3	144.257	256.35	2	466.00	2	25	0.8302	2	25	1.4240	1	liquid	2
18307	C9H20O	2-methyl-3-ethyl-3-hexanol	66794-03-4	144.257	238.93	2	457.25	1	25	0.8445	1	25	1.4369	1	liquid	1
18308	C9H20O	2-methyl-4-ethyl-3-hexanol	33943-21-4	144.257	206.51	2	452.00	2	25	0.8240	1	25	1.4350	1	liquid	2
18309	C9H20O	3-methyl-4-ethyl-3-hexanol	66794-05-6	144.257	238.93	2	452.00	2	25	0.8994	1	25	1.4405	1	liquid	2
18310	C9H20O	4-methyl-3-ethyl-3-hexanol	51200-80-7	144.257	238.93	2	452.00	2	25	0.8530	1	25	1.4350	2	liquid	2
18311	C9H20O	5-methyl-3-ethyl-3-hexanol	597-77-3	144.257	238.93	2	445.15	1	25	0.8370	1	25	1.4300	1	liquid	1
18312	C9H20O	2,2,3-trimethyl-3-hexanol	5340-41-0	144.257	256.35	2	446.25	1	25	0.8420	1	25	1.4370	1	liquid	1
18313	C9H20O	2,2,4-trimethyl-3-hexanol	66793-89-3	144.257	223.93	2	442.15	1	25	0.8302	2	25	1.4320	2	liquid	1
18314	C9H20O	2,2,5-trimethyl-3-hexanol	3970-60-3	144.257	290.15	1	433.15	1	25	0.7850	1	25	1.4280	1	liquid	1
18315	C9H20O	2,3,4-trimethyl-3-hexanol	66793-90-6	144.257	223.93	2	439.00	2	25	0.8302	2	25	1.4390	1	liquid	2
18316	C9H20O	2,3,5-trimethyl-3-hexanol	65927-60-8	144.257	223.93	2	439.00	2	25	0.8240	1	25	1.4300	1	liquid	2
18317	C9H20O	2,4,4-trimethyl-3-hexanol	66793-92-8	144.257	223.93	2	444.15	1	25	0.8450	1	25	1.4370	1	liquid	1
18318	C9H20O	2,5,5-trimethyl-3-hexanol	66793-72-4	144.257	223.93	2	442.00	2	25	0.8210	1	25	1.4270	1	liquid	2
18319	C9H20O	3,4,4-trimethyl-3-hexanol	66793-74-6	144.257	296.65	1	439.15	1	25	0.8290	1	25	1.4450	1	liquid	1
18320	C9H20O	3,5,5-trimethyl-3-hexanol	66810-87-5	144.257	256.35	2	439.00	2	25	0.8310	1	25	1.4330	1	liquid	2

Table 1 Physical Properties - Organic Compounds

				Mol Wt	Freezing Point		Boiling Point		Density			Refractive Index			State	
NO	FORMULA	NAME	CAS No	g/mol	T_F, K	code	T_B, K	code	T, C	g/cm3	code	T, C	n_D	code	@25C,1 atm	code
18321	C9H20O	4-methyl-2-propyl-1-pentanol	54004-41-0	144.257	222.88	2	465.15	1	25	0.8220	1	25	1.8290	1	liquid	1
18322	C9H20O	4-methyl-2-isopropyl-1-pentanol	55505-24-3	144.257	205.14	2	460.15	1	25	0.8302	2	25	1.6210	2	liquid	1
18323	C9H20O	2,2-dimethyl-3-ethyl-1-pentanol	66793-95-1	144.257	238.93	2	461.00	2	25	0.8302	2	25	1.4300	1	liquid	2
18324	C9H20O	2,4-dimethyl-2-ethyl-1-pentanol	66793-98-4	144.257	238.93	2	461.15	1	25	0.8370	1	25	1.4380	1	liquid	1
18325	C9H20O	3,3-diethyl-2-pentanol	66793-94-0	144.257	238.93	2	461.00	2	25	0.8302	2	25	1.4480	1	liquid	2
18326	C9H20O	2,3-dimethyl-3-ethyl-2-pentanol	66793-97-3	144.257	256.35	2	461.00	2	25	0.8302	2	25	1.4450	1	liquid	2
18327	C9H20O	4,4-dimethyl-3-ethyl-2-pentanol	21102-09-0	144.257	223.93	2	461.00	2	25	0.8302	2	25	1.4420	1	liquid	2
18328	C9H20O	2,3,3,4-tetramethyl-2-pentanol	66793-86-0	144.257	241.35	2	453.00	2	25	0.8302	2	25	1.4460	1	liquid	2
18329	C9H20O	2,3,4,4-tetramethyl-2-pentanol	66793-87-1	144.257	241.35	2	453.00	2	25	0.8302	2	25	1.4440	1	liquid	2
18330	C9H20O	3,3,4,4-tetramethyl-2-pentanol	66793-88-2	144.257	323.15	1	453.15	1	25	0.8302	2	---	---	---	solid	1
18331	C9H20O	2-methyl-3-isopropyl-3-pentanol	---	144.257	222.56	2	451.15	1	25	0.8560	1	25	1.4420	1	liquid	1
18332	C9H20O	2,2-dimethyl-3-ethyl-3-pentanol	66793-96-2	144.257	254.15	1	447.15	1	25	0.8526	1	25	1.4405	1	liquid	1
18333	C9H20O	2,4-dimethyl-3-ethyl-3-pentanol	3970-59-0	144.257	257.15	1	451.05	1	25	0.8543	1	25	1.4416	1	liquid	1
18334	C9H20O	2,2,3,4-tetramethyl-3-pentanol	62185-29-9	144.257	285.95	1	447.35	1	25	0.8523	1	25	1.4405	1	liquid	1
18335	C9H20O	2,2,4,4-tetramethyl-3-pentanol	14609-79-1	144.257	323.15	1	440.15	1	25	0.8302	2	---	---	---	solid	1
18336	C9H20O	ethyl heptyl ether	1969-43-3	144.257	204.85	1	439.15	1	16	0.7900	1	---	---	---	liquid	1
18337	C9H20OSi	allyloxy-tert-butyldimethylsilane	105875-75-0	172.342	---	---	414.15	2	25	0.8110	1	---	1.4210	1	---	---
18338	C9H20OSi	(1-tert-butylvinyloxy)trimethylsilane	17510-46-2	172.342	---	---	414.15	1	25	0.7980	1	---	1.4090	1	---	---
18339	C9H20O2	1,2-nonanediol	42789-13-9	160.257	297.33	2	539.15	2	28	0.8542	2	25	1.4400	2	liquid	2
18340	C9H20O2	1,3-nonanediol	---	160.257	297.33	2	550.15	2	28	0.8542	2	25	1.4800	2	liquid	2
18341	C9H20O2	1,4-nonanediol	2430-73-1	160.257	297.33	2	571.15	2	28	0.8542	2	20	1.4550	1	liquid	2
18342	C9H20O2	1,9-nonanediol	3937-56-2	160.257	318.15	1	558.15	2	28	0.8542	2	---	---	---	solid	1
18343	C9H20O2	2-butyl-2-ethyl-1,3-propanediol	115-84-4	160.257	316.95	1	535.15	1	50	0.9270	1	25	1.4587	1	solid	1
18344	C9H20O2	dibutoxymethane	2568-90-3	160.257	215.05	1	452.35	1	20	0.8339	1	17	1.4072	1	liquid	1
18345	C9H20O2	1,1-diethoxypentane	3658-79-5	160.257	---	---	520.68	2	22	0.8290	1	22	1.4029	1	---	---
18346	C9H20O2	diisobutoxymethane	2568-91-4	160.257	---	---	438.65	1	20	0.8268	1	17	1.4108	1	---	---
18347	C9H20O2	heptyloxyethanol	7409-44-1	160.257	216.00	2	520.68	2	28	0.8542	2	---	---	---	liquid	2
18348	C9H20O2	2-(1-ethylamyloxy)ethanol	10138-47-3	160.257	216.00	2	520.68	2	28	0.8542	2	---	---	---	liquid	2
18349	C9H20O2	2-ethylbutoxypropanol, mixed isomers	63716-41-6	160.257	216.00	2	520.68	2	28	0.8542	2	---	---	---	liquid	2
18350	C9H20O2Si	1-(tert-butyldimethylsilyloxy)-2-propanone	74685-00-0	188.342	---	---	474.75	2	25	0.9760	1	---	1.4260	1	---	---
18351	C9H20O2Si	cyclohexyl(dimethoxy)methylsilane	17865-32-6	188.342	---	---	474.75	1	25	0.9400	1	---	1.4390	1	---	---
18352	C9H20O3	1,1,1-triethoxypropane	115-80-0	176.256	---	---	444.15	1	23	0.9163	2	25	1.4000	1	---	---
18353	C9H20O3	1,1,3-triethoxypropane	7789-92-6	176.256	---	---	458.15	dec	19	0.8980	1	20	1.4067	1	---	---
18354	C9H20O3	1-(2-butoxyethoxy)-2-propanol	124-16-3	176.256	183.25	1	502.30	1	25	0.9310	1	---	---	---	liquid	1
18355	C9H20O3	di(propylene glycol) propyl ether, isomers	29911-27-1	176.256	---	---	485.45	1	25	0.9200	1	---	1.4240	1	---	---
18356	C9H20O3	3-(2-butoxyethoxy)propanol	10043-18-2	176.256	---	---	472.44	2	23	0.9163	2	---	---	---	---	---
18357	C9H20O3Si	allyltriethoxysilane	2550-04-1	204.341	---	---	372.95	1	25	0.9010	1	---	1.4060	1	---	---
18358	C9H20O3Si	1-(3-aminopropyl)-2,8,9-trioxa-5-aza-1-sila	17869-27-1	204.341	---	---	372.95	2	---	---	---	---	---	---	---	---
18359	C9H20O4	tetraethoxymethane	78-09-1	192.255	---	---	432.65	1	20	0.9186	1	25	1.3905	1	---	---
18360	C9H20O4	tripropylene glycol	24800-44-0	192.255	228.15	1	540.35	1	25	1.0210	1	---	1.4440	1	liquid	1
18361	C9H20O4S	methyl octyl sulfate	3539-29-5	224.321	241.15	2	540.04	2	25	1.0623	2	25	1.4230	1	liquid	2
18362	C9H20O4Si2	bis(trimethylsilyl) malonate	18457-04-0	248.425	---	---	---	---	25	0.9740	1	---	1.4160	1	---	---
18363	C9H20O5	tetraethyleneglycol monomethyl ether	23783-42-8	208.255	---	---	---	---	25	0.9870	1	---	1.4450	1	---	---
18364	C9H20O5Si	(3-glycidyloxypropyl)trimethoxysilane	2530-83-8	236.340	---	---	393.15	1	25	1.0700	1	---	1.4290	1	---	---
18365	C9H20S	nonyl mercaptan	1455-21-6	160.324	253.05	1	492.95	1	25	0.8410	1	25	1.4537	1	liquid	1
18366	C9H20S	2-nonanethiol	13281-11-3	160.324	204.15	1	481.35	1	25	0.8338	1	25	1.4500	1	liquid	1
18367	C9H20S	methyl octyl sulfide	3698-95-1	160.324	231.16	2	480.00	2	25	0.8400	1	25	1.4541	1	liquid	2
18368	C9H20S	ethyl heptyl sulfide	24768-44-3	160.324	231.16	2	480.00	2	25	0.8400	1	---	---	---	liquid	2
18369	C9H20S	propyl hexyl sulfide	24768-43-2	160.324	231.16	2	480.00	2	25	0.8400	1	---	---	---	liquid	2
18370	C9H20S	butyl pentyl sulfide	24768-42-1	160.324	231.16	2	480.00	2	25	0.8400	1	---	---	---	liquid	2
18371	C9H20S	tert-nonyl mercaptan, isomers	25360-10-5	160.324	230.00	2	469.15	1	25	0.8560	1	---	1.4570	1	liquid	1
18372	C9H20S2	1,9-nonanedithiol	3489-28-9	192.390	---	---	557.15	1	25	0.9510	1	---	1.4970	1	---	---
18373	C9H21Al	tripropyl aluminum	102-67-0	156.248	177.75	1	356.15	1	25	0.8230	1	---	---	---	liquid	1
18374	C9H21AlO3	aluminum isopropoxide	555-31-7	204.246	403.10	1	408.15	1	25	1.0350	1	---	---	---	solid	1
18375	C9H21B	tripropylborane	1116-61-6	140.077	217.15	1	432.15	1	25	0.7204	1	22	1.4135	1	liquid	1
18376	C9H21BO3	tripropyl borate	688-71-1	188.075	---	---	452.65	1	20	0.8576	1	20	1.3948	1	---	---
18377	C9H21BO3	triisopropyl borate	5419-55-6	188.075	---	---	413.15	1	20	0.8251	1	20	1.3777	1	---	---
18378	C9H21BrOSi	(3-bromopropoxy)-tert-butyldimethylsilane	89031-84-5	253.254	---	---	455.15	1	25	1.0930	1	---	1.4510	1	---	---
18379	C9H21BrSn	bromotripropylstannane	2767-61-5	327.880	224.15	1	---	---	---	---	---	---	---	---	---	---
18380	C9H21ClO3Si	(3-chloropropyl)triethoxysilane	5089-70-3	240.801	---	---	---	---	25	1.0000	1	---	1.4180	1	---	---
18381	C9H21ClO3Ti	chlorotriisopropoxytitanium	20717-86-6	260.583	323.15	1	---	---	25	1.1705	1	---	---	---	solid	1
18382	C9H21ClPb	tri-n-propyl lead chloride	1520-71-4	371.918	406.65	1	---	---	---	---	---	---	---	---	solid	1
18383	C9H21ClSi	chlorotriisopropylsilane	13154-24-0	192.803	---	---	471.15	1	25	0.9010	1	---	1.4520	1	---	---
18384	C9H21ClSi	chlorotripropylsilane	995-25-5	192.803	---	---	473.60	1	25	0.8820	1	---	1.4400	1	---	---
18385	C9H21ClSn	chlorotripropylstannane	2279-76-7	283.428	249.65	1	---	---	28	1.2678	1	28	1.4910	1	---	---
18386	C9H21In	tripropyl indium	3015-98-3	244.084	---	---	---	---	---	---	---	---	---	---	---	---
18387	C9H21ISn	tripropyltin iodide	7342-45-2	374.880	220.15	1	---	---	---	---	---	---	---	---	---	---
18388	C9H21N	nonylamine	112-20-9	143.273	273.15	1	475.35	1	25	0.7850	1	25	1.4318	1	liquid	1
18389	C9H21N	methyloctylamine	2439-54-5	143.273	260.15	1	459.85	1	25	0.7728	1	25	1.4274	1	liquid	1
18390	C9H21N	ethylheptylamine	66793-76-8	143.273	260.15	2	453.85	1	25	0.7674	1	25	1.4241	1	liquid	1
18391	C9H21N	dimethylheptylamine	5277-11-2	143.273	195.45	2	445.15	1	25	0.7541	1	25	1.4175	1	liquid	1
18392	C9H21N	diethylpentylamine	2162-91-6	143.273	195.45	2	429.15	1	25	0.7625	1	25	1.4166	1	liquid	1
18393	C9H21N	tripropylamine	102-69-2	143.273	179.65	1	429.65	1	25	0.7540	1	25	1.4151	1	liquid	1
18394	C9H21N	tert-amyl-tert-butylamine	2085-66-7	143.273	260.15	2	417.15	1	25	0.7700	1	---	1.4210	1	liquid	1
18395	C9H21N	N-methyldibutylamine	3405-45-6	143.273	211.25	1	432.75	1	25	0.7530	1	---	1.4180	1	liquid	1
18396	C9H21NO	5-diethylamino-2-pentanol	5412-69-1	159.272	---	---	476.65	2	25	0.8600	1	---	1.4450	1	---	---
18397	C9H21NO2	3-diisopropylamino-1,2-propanediol	85721-30-8	175.272	---	---	519.32	2	25	0.9620	1	---	1.4580	1	---	---
18398	C9H21NO2	N,N-dimethylformamide dipropyl acetal	6006-65-1	175.272	---	---	---	---	25	0.8540	1	---	1.4090	1	---	---
18399	C9H21NO3	triisopropanolamine	122-20-3	191.271	318.15	1	---	---	20	1.0000	1	---	---	---	solid	1
18400	C9H21NO4	2-[2-[2-(3-aminopropoxy)ethoxy]ethoxy]eth	49542-66-7	207.270	223.15	1	---	---	20	1.0663	1	20	1.4668	1	---	---

Table 1 Physical Properties - Organic Compounds

				Mol Wt	Freezing Point		Boiling Point		Density			Refractive Index			State	
NO	FORMULA	NAME	CAS No	g/mol	T_F, K	code	T_B, K	code	T, C	g/cm3	code	T, C	n_D	code	@25C,1 atm	code
18401	C9H21NSi	2-trimethylsilyl-N-tert-butylacetaldimine	73198-78-4	171.358	---	---	---	---	---	---	---	---	1.4270	1	---	---
18402	C9H21N3	1,5,9-triazacyclododecane	294-80-4	171.287	307.65	1	472.65	2	25	0.8997	2	---	---	---	solid	1
18403	C9H21N3	1,3,5-triethylhexahydro-1,3,5-triazine	7779-27-3	171.287	---	---	472.65	1	25	0.8920	1	---	1.4600	1	---	---
18404	C9H21N3	1-(2-(dimethylamino)ethyl)-4-methylpipera:	104-19-8	171.287	---	---	472.65	2	25	0.8997	2	---	---	---	---	---
18405	C9H21N3O3	S-triazine-1,3,5(2H,4H,6H)-triethanol	4719-04-4	219.285	---	---	---	---	25	1.0582	2	---	---	---	---	---
18406	C9H21NdO3	neodymium(iii) isopropoxide	19236-15-8	321.504	>573.15	1	---	---	---	---	---	---	---	---	solid	1
18407	C9H21OP	tripropylphosphine oxide	1496-94-2	176.239	333.65	1	553.15	1	---	---	---	---	---	---	solid	1
18408	C9H21O2PS3	terbufos	13071-79-9	288.437	243.95	1	---	---	24	1.1050	1	---	---	---	---	---
18409	C9H21O3P	triisopropyl phosphite	116-17-6	208.238	---	---	479.65	2	20	0.9063	1	25	1.4085	1	---	---
18410	C9H21O3P	tripropyl phosphite	923-99-9	208.238	---	---	479.65	1	20	0.9417	1	20	1.4282	1	---	---
18411	C9H21O3PS3	S-(ethylsulfinyl)methyl O,O-diisopropyl phc	5827-05-4	304.436	---	---	---	---	---	---	---	---	---	---	---	---
18412	C9H21O3Yb	ytterbium(iii) isopropoxide	6742-69-4	350.304	622.15	1	---	---	---	---	---	---	---	---	solid	1
18413	C9H21O4P	triisopropyl phosphate	513-02-0	224.237	---	---	492.15	1	20	0.9867	1	20	1.4057	1	---	---
18414	C9H21O4P	tripropyl phosphate	513-08-6	224.237	---	---	525.15	1	20	1.0121	1	20	1.4165	1	---	---
18415	C9H21O4V	vanadium(v) oxytripropoxide	1686-23-3	244.205	---	---	---	---	25	1.0760	1	---	1.5000	1	---	---
18416	C9H21O5PSi	trimethylsilyl diethylphosphonoacetate	66130-90-3	268.322	---	---	---	---	---	---	---	---	1.4300	1	---	---
18417	C9H21O7P	tri-(2-methoxyethanol)phosphate	6163-73-1	272.236	---	---	---	---	---	---	---	---	---	---	---	---
18418	C9H21P	triisopropylphosphine	6476-36-4	160.240	---	---	458.15	2	25	0.8390	1	---	1.4670	1	---	---
18419	C9H21P	tripropylphosphine	2234-97-1	160.240	---	---	458.15	1	25	0.8010	1	---	1.4580	1	---	---
18420	C9H22BrNSi2	1-(3-bromopropyl)-2,2,5,5-tetramethyl-1-az	95091-93-3	280.355	---	---	---	---	25	1.1260	1	---	1.4840	1	---	---
18421	C9H22Ge	triethylpropyl germane	994-43-4	202.884	---	---	---	---	---	---	---	---	---	---	---	---
18422	C9H22NO5P	diethyl ((bis(2-hydroxyethyl)amino)methyl)ƥ	2781-11-5	255.252	---	---	---	---	---	---	---	---	---	---	---	---
18423	C9H22N2	N1,N1-diethyl-1,4-pentanediamine	140-80-7	158.288	310.65	2	474.15	1	20	0.8140	1	20	1.4429	1	solid	2
18424	C9H22N2	N,N,N',N'-tetraethylmethanediamine	102-53-4	158.288	310.65	2	438.95	1	20	0.8000	1	25	1.4420	1	solid	2
18425	C9H22N2	1,9-diaminononane	646-24-2	158.288	310.65	1	531.65	1	23	0.8215	2	---	---	---	solid	1
18426	C9H22N2	N,N'-diisopropyl-1,3-propanediamine	63737-71-3	158.288	310.65	2	487.48	2	25	0.8050	1	---	1.4320	1	solid	2
18427	C9H22N2	2,2,4(2,4,4)-trimethyl-1,6-hexanediamine	25620-58-0	158.288	310.65	2	505.15	1	25	0.8670	1	---	1.4640	1	solid	2
18428	C9H22N2S2	diethyldithiocarbamic acid, diethylammoniu	1518-58-7	222.420	356.15	1	---	---	25	1.0029	2	---	---	---	solid	1
18429	C9H22N3OP	N,N,N',N'-tetramethyl-P-piperidinophospho	18722-71-9	219.268	---	---	---	---	---	---	---	---	---	---	---	---
18430	C9H22OSi	triisopropylsilanol	17877-23-5	174.358	---	---	469.15	1	25	0.8780	1	---	1.4560	1	---	---
18431	C9H22O2Si2	1,1-bis(trimethylsilyloxy)-1-propene	31469-22-4	218.442	---	---	---	---	---	---	---	---	---	---	---	---
18432	C9H22O4P2S4	ethion	563-12-2	384.483	260.15	1	---	---	20	1.2200	1	---	---	---	---	---
18433	C9H22O6P2	tetraethyl methylenediphosphonate	1660-94-2	288.218	---	---	---	---	25	1.1600	1	---	1.4400	1	---	---
18434	C9H22SSi	triisopropylsilanethiol	156275-96-6	190.425	---	---	---	---	25	0.8870	1	---	1.4790	1	---	---
18435	C9H22Pb	tripropyl lead	6618-03-7	337.474	---	---	---	---	---	---	---	---	---	---	---	---
18436	C9H22Si	tripropylsilane	998-29-8	158.359	---	---	445.15	1	25	0.7723	1	20	1.4280	1	---	---
18437	C9H22Si	triisopropylsilane	6485-79-6	158.359	---	---	445.15	2	25	0.7730	1	---	1.4350	1	---	---
18438	C9H22Si2	2,3-bis(trimethylsilyl)-1-propene	17891-65-5	186.444	---	---	---	---	25	0.7790	1	---	1.4390	1	---	---
18439	C9H23NO2Si	(4-aminobutyl)diethoxymethylsilane	3037-72-7	205.372	---	---	---	---	---	---	---	---	---	---	---	---
18440	C9H23NO3PS	phospholine	6736-03-4	256.327	---	---	---	---	---	---	---	---	---	---	---	---
18441	C9H23NO3Si	3-(triethoxysilyl)-1-propanamine	919-30-2	221.372	---	---	---	---	20	0.9506	1	20	1.4225	1	---	---
18442	C9H23N3	N,N,N',N",N"-pentamethyldiethylenetriamir	3030-47-5	173.303	253.25	1	471.15	1	25	0.8290	1	---	1.4420	1	liquid	1
18443	C9H24N4	N,N'-bis(3-aminopropyl)-1,3-propanediami	4605-14-5	188.318	---	---	---	---	25	0.9200	1	---	1.4910	1	---	---
18444	C9H24O2Si3	methylbis(trimethylsilyloxy)vinylsilane	5356-85-4	248.543	---	---	---	---	25	0.8640	1	---	1.3970	1	---	---
18445	C9H24O3Si3	2,4,6-triethyl-2,4,6-trimethylcyclotrisiloxane	15901-49-2	264.543	271.65	1	472.15	1	---	---	---	---	---	---	liquid	1
18446	C9H24O4Si4	vinylheptamethylcyclotetrasiloxane	3763-39-1	308.627	---	---	---	---	20	0.9595	1	20	1.4034	1	---	---
18447	C9H27BO3Si3	tris(trimethylsilyl) borate	4325-85-3	278.378	---	---	458.15	1	25	0.8310	1	---	1.3860	1	---	---
18448	C9H27NSi3	tris(trimethylsilyl)amine	1586-73-8	233.575	344.65	1	---	---	---	---	---	---	---	---	solid	1
18449	C9H27O3PSi3	tris(trimethylsilyl) phosphite	1795-31-9	298.541	---	---	---	---	25	0.8930	1	---	1.4090	1	---	---
18450	C9H27O4PSi3	tris(trimethylsilyl) phosphate	10497-05-9	314.540	276.65	1	505.15	1	25	0.9450	1	---	1.4090	1	liquid	1
18451	C9H27PSi3	tris(trimethylsilyl)phosphine	15573-38-3	250.542	287.65	1	516.65	1	25	0.8630	1	---	1.5020	1	liquid	1
18452	C9H28GeSi3	tris(trimethylsilyl)germanium hydride	104164-54-7	293.186	---	---	---	---	25	0.9300	1	---	---	---	---	---
18453	C9H28O3Si4	tris(trimethylsiloxy)silane	1873-89-8	296.660	---	---	458.15	1	25	0.8520	1	---	1.3860	1	---	---
18454	C9H28Si4	tris(trimethylsilyl)silane	1873-77-4	248.661	---	---	---	---	25	0.8030	1	---	1.4900	1	---	---
18455	C10Cl8	octachloronaphthalene	2234-13-1	403.730	470.65	1	---	---	25	1.7712	2	---	---	---	solid	1
18456	C10F6Mn2O8S2	tetracarbonyl(trifluoromethylthio)manganes	21239-57-6	536.104	372.15	1	---	---	---	---	---	---	---	---	solid	1
18457	C10Cl10	pentac	2227-17-0	474.635	395.40	1	---	---	25	1.8094	2	---	---	---	solid	1
18458	C10Cl10O	kepone	143-50-0	490.634	623.15	dec	---	---	25	1.6100	1	---	---	---	solid	1
18459	C10Cl12	mirex	2385-85-5	545.540	758.15	dec	---	---	25	1.8386	2	---	---	---	solid	1
18460	C10HF7O	b-hydroxy-heptafluoronaphthalene	---	270.107	395.15	1	---	---	25	1.5916	2	---	---	---	solid	1
18461	C10HF7O	a-hydroxy-heptafluoronaphthalene	5386-30-1	270.107	378.15	1	---	---	25	1.5916	2	---	---	---	solid	1
18462	C10F8	perfluoronaphthalene	313-72-4	272.098	360.65	1	482.15	1	25	1.6055	2	---	---	---	solid	1
18463	C10F12O4Pb	lead hexafluoroacetylacetonate	19648-88-5	619.290	428.65	1	483.15	1	---	---	---	---	---	---	solid	1
18464	C10F18	perfluorodecalin	306-94-5	462.083	263.15	1	415.15	1	25	1.9200	2	---	---	---	liquid	1
18465	C10F18	cis-perfluorodecalin	60433-11-6	462.083	266.65	1	416.15	1	25	1.9200	1	---	1.3180	1	liquid	1
18466	C10F18	trans-perfluorodecalin	60433-12-7	462.083	98.25	1	414.15	1	25	1.9200	1	---	1.3130	1	liquid	1
18467	C10F21I	perfluorodecyl iodide	423-62-1	645.983	339.15	1	470.60	1	25	1.9785	2	---	---	---	solid	1
18468	C10F22	perfluorodecane	307-45-9	538.077	---	---	417.35	1	25	1.7479	2	---	---	---	---	---
18469	C10F22	perfluoro-2,7-dimethyloctane	3021-63-4	538.077	---	---	417.15	1	25	1.7479	2	---	---	---	---	---
18470	C10F23N	perfluorodipropylisobutylamine	307-11-9	571.083	---	---	420.15	1	25	1.8400	1	25	1.2830	1	---	---
18471	C10HCl11	8-monohydro mirex	39801-14-4	511.095	---	---	---	---	25	1.7995	2	---	---	---	---	---
18472	C10HF19O2	nonadecafluorodecanoic acid	335-76-2	514.088	354.15	1	491.15	1	25	1.7490	2	---	---	---	solid	1
18473	C10H2Br6	hexabromonaphthalene	56480-06-9	601.550	---	---	---	---	25	2.7531	2	---	---	---	---	---
18474	C10H2Cl6	hexachloronaphthalene	1335-87-1	334.841	400.90	1	643.15	1	25	1.7800	1	---	---	---	solid	1
18475	C10H2CuF12O4	copper bis(trifluoroacetylacetonate)	14781-45-4	477.651	388.55	1	---	---	---	---	---	---	---	---	solid	1
18476	C10H2F12O4Pd	palladium(ii) hexafluoroacetylacetonate	64916-48-9	520.525	373.15	1	---	---	---	---	---	---	---	---	solid	1
18477	C10H2F12O4Pt	platinum(ii) hexafluoroacetylacetonate	65353-51-7	609.183	417.15	1	---	---	---	---	---	---	---	---	solid	1
18478	C10H2F16O4	perfluorosebacic acid	307-78-8	490.099	430.15	1	---	---	25	1.7502	2	---	---	---	solid	1
18479	C10H2N4	1,2,4,5-benzenetetracarbonitrile	712-74-3	178.154	538.15	1	---	---	25	1.5304	2	---	---	---	solid	1
18480	C10H2O6	pyromellitic dianhydride	89-32-7	218.122	557.15	1	671.65	1	25	1.6387	2	---	---	---	solid	1

Table 1 Physical Properties - Organic Compounds

				Mol Wt	Freezing Point		Boiling Point		Density			Refractive Index			State	
NO	FORMULA	NAME	CAS No	g/mol	T_F, K	code	T_B, K	code	T, C	g/cm3	code	T, C	n_D	code	@25C,1 atm	code
18481	C10H2O6	pyrromelitic acid dianhydride	4435-60-3	218.122	---	---	671.65	2	25	1.6387	2	---	---	---	---	---
18482	C10H3Cl5	pentachloronaphthalene	1321-64-8	300.396	393.15	1	621.65	1	25	1.7000	1	---	---	---	solid	1
18483	C10H3F17	3,3,4,4,5,5,6,6,7,7,8,8,9,9,10,10,10-heptad	21652-58-4	446.108	---	---	419.60	1	25	1.6770	1	---	1.3000	1	---	---
18484	C10H3F19O	2,2,3,3,4,4,5,5,6,6,7,7,8,8,9,9,10,10,10-noi	307-37-9	500.105	362.15	1	465.15	1	25	1.6820	2	---	---	---	solid	1
18485	C10H4Cl2O2	2,3-dichloro-1,4-naphthalenedione	117-80-6	227.046	468.15	1	---	---	25	1.4739	2	---	---	---	solid	1
18486	C10H4Cl2O2	3,4-dichloro-1,2-naphthalenedione	18398-36-2	227.046	457.15	1	---	---	25	1.4739	2	---	---	---	solid	1
18487	C10H4Cl2O2	5,6-dichloro-1,4-naphthalenedione	56961-93-4	227.046	454.15	1	---	---	25	1.4739	2	---	---	---	solid	1
18488	C10H4Cl2O4	2,3-dichloro-5,8-dihydroxy-1,4-naphtoquinc	14918-69-5	259.044	471.65	1	---	---	25	1.5673	2	---	---	---	solid	1
18489	C10H4Cl4	tetrachloronaphthalene	1335-88-2	265.952	421.65	1	584.65	1	25	1.5900	1	---	---	---	solid	1
18490	C10H4Cl8O	oxychlordane	27304-13-8	423.761	417.15	1	626.15	1	25	1.6844	2	---	---	---	solid	1
18491	C10H4F17I	1,1,1,2,2,3,3,4,4,5,5,6,6,7,7,8,8-heptadeca	2043-53-0	574.021	331.65	1	451.15	1	25	1.8820	2	---	---	---	solid	1
18492	C10H4N2Na2O8S	naphthol yellow S	846-70-8	358.197	---	---	---	---	---	---	---	---	---	---	---	---
18493	C10H4N4O8	1,3,6,8-tetranitronaphthalene	28995-89-3	308.165	480.15	1	---	---	25	1.6400	1	---	---	---	solid	1
18494	C10H5BrO2	3-bromo-1,2-naphthalenedione	7474-83-1	237.053	451.15	1	---	---	25	1.6460	2	---	---	---	solid	1
18495	C10H5BrO2	6-bromo-1,2-naphthoquinone	6954-48-9	237.053	441.15	dec	---	---	25	1.6460	2	---	---	---	solid	1
18496	C10H5BrO3	2-bromo-3-hydroxy-1,4-naphthalenedione	1203-39-0	253.052	475.15	1	---	---	25	1.6912	2	---	---	---	solid	1
18497	C10H5ClF3N	4-chloro-7-(trifluoromethyl)quinoline	346-55-4	231.605	344.15	1	---	---	25	1.4120	2	---	---	---	solid	1
18498	C10H5ClN2	o-chlorobenzylidene malononitrile	2698-41-1	188.616	369.15	1	585.15	1	25	1.3606	2	---	---	---	solid	1
18499	C10H5ClN2	a-chlorobenzylidenemalononitrile	18270-61-6	188.616	342.15	1	585.15	2	25	1.3606	2	---	---	---	solid	1
18500	C10H5ClN2O4	2,4-dinitro-1-chloro-naphthalene	2401-85-6	252.614	419.65	1	---	---	25	1.5682	2	---	---	---	solid	1
18501	C10H5ClO2	5-chloro-1,4-naphthalenedione	40242-15-7	192.601	436.15	1	---	---	25	1.3625	2	---	---	---	solid	1
18502	C10H5ClO3	2-chloro-3-hydroxy-1,4-naphthalenedione	1526-73-4	208.600	489.65	1	---	---	25	1.4193	2	---	---	---	solid	1
18503	C10H5Cl2NO2	quinclorac	84087-01-4	242.061	547.15	1	---	---	25	1.7500	1	---	---	---	solid	1
18504	C10H5Cl2NO2	1,2-dichloro-3-nitronaphthalene	6240-55-7	242.061	398.65	1	---	---	25	1.4869	2	---	---	---	solid	1
18505	C10H5Cl3	trichloronaphthalene	1321-65-9	231.507	365.95	1	---	---	25	1.5800	1	---	---	---	solid	1
18506	C10H5Cl6HgNO2	methylmercurichlorendimide	5902-79-4	584.461	---	---	---	---	---	---	---	---	---	---	---	---
18507	C10H5Cl7	heptachlor	76-44-8	373.317	368.65	1	---	---	9	1.5700	1	---	---	---	solid	1
18508	C10H5Cl7O	heptachlor epoxide	1024-57-3	389.317	433.15	1	---	---	25	1.6297	2	---	---	---	solid	1
18509	C10H5Cl9	trans-nonachlor	39765-80-5	444.222	---	---	---	---	25	1.6596	2	---	---	---	---	---
18510	C10H5F3O3	7-hydroxy-4-(trifluoromethyl)coumarin	575-03-1	230.143	453.65	1	---	---	25	1.4435	2	---	---	---	solid	1
18511	C10H5F6N	3,5-bis(trifluoromethyl)phenylacetonitrile	85068-32-2	253.148	---	---	---	---	25	1.4200	1	---	1.4234	1	---	---
18512	C10H5F7O2S	4,4,5,5,6,6,6-heptafluoro-1-(2-thienyl)-1,3-(	559-94-4	322.204	487.65	1	---	---	25	1.5423	2	---	---	---	solid	1
18513	C10H5F13O2	1,1-dihydroperfluoroheptyl acrylate	559-11-5	404.129	---	---	---	---	25	1.5995	2	---	---	---	---	---
18514	C10H5F15O	[2,2,3,3,4,4,5,5,6,6,7,7,7-dodecafluoro-6-(trif	24564-77-0	426.127	---	---	456.15	1	25	1.7060	1	---	1.3240	1	---	---
18515	C10H5KO5S	1,2-naphthoquinone-4-sulfonic acid potass	5908-27-0	276.311	560.15	1	---	---	---	---	---	---	---	---	solid	1
18516	C10H5N3O6	1,3,5-trinitronaphthalene	2243-94-9	263.167	397.15	1	---	---	25	1.6513	2	---	---	---	solid	1
18517	C10H5N3O6	1,3,8-trinitronaphthalene	2364-46-7	263.167	---	---	---	---	25	1.6513	2	---	---	---	---	---
18518	C10H5NaO5S	sodium beta-naphthoquinone-4-sulfonate	521-24-4	260.202	560.15	dec	---	---	---	---	---	---	---	---	solid	1
18519	C10H6BrCl	1-bromo-4-chloronaphthalene	53220-82-9	241.514	339.65	1	576.15	1	25	1.5634	2	---	---	---	solid	1
18520	C10H6BrNO2	1-bromo-3-nitronaphthalene	7499-65-2	252.067	405.45	1	---	---	25	1.6500	2	---	---	---	solid	1
18521	C10H6BrNO2	2-bromo-1-nitronaphthalene	4185-62-0	252.067	377.45	1	---	---	25	1.6500	2	---	---	---	solid	1
18522	C10H6Br2	1,3-dibromonaphthalene	52358-73-3	285.966	335.95	1	563.15	1	25	1.8199	2	---	---	---	solid	1
18523	C10H6Br2	1,4-dibromonaphthalene	83-53-4	285.966	356.15	1	583.15	1	25	1.8199	2	---	---	---	solid	1
18524	C10H6Br2	1,5-dibromonaphthalene	7351-74-8	285.966	404.45	1	599.15	1	25	1.8199	2	---	---	---	solid	1
18525	C10H6Br2O	1,6-dibromo-2-naphthol	16239-18-2	301.965	379.15	1	---	---	25	1.8554	2	---	---	---	solid	1
18526	C10H6Br3N	a,a,a-tribromoquinaldine	613-53-6	379.877	402.15	1	---	---	25	2.0961	2	---	---	---	solid	1
18527	C10H6ClF3O	trans-3-(trifluoromethyl)cinnamoyl chloride	64379-91-5	234.605	---	---	---	---	25	1.3720	1	---	1.5440	1	---	---
18528	C10H6ClNO2	1-chloro-5-nitronaphthalene	605-63-0	207.616	384.15	1	---	---	25	1.3831	2	---	---	---	solid	1
18529	C10H6ClNO2	1-chloro-8-nitronaphthalene	602-37-9	207.616	368.95	1	---	---	25	1.3831	2	---	---	---	solid	1
18530	C10H6ClNO2	2-chloro-1-nitronaphthalene	4185-63-1	207.616	372.65	1	---	---	25	1.4854	1	---	---	---	solid	1
18531	C10H6ClNO2	2-amino-3-chloro-1,4-naphthoquinone	2797-51-5	207.616	470.15	1	---	---	25	1.3831	2	---	---	---	solid	1
18532	C10H6ClNO2	N-(p-chlorophenyl)maleimide	1631-29-4	207.616	---	---	---	---	25	1.3831	2	---	---	---	---	---
18533	C10H6Cl2	1,2-dichloronaphthalene	2050-69-3	197.063	309.15	1	569.65	1	49	1.3147	1	49	1.5338	1	solid	1
18534	C10H6Cl2	1,3-dichloronaphthalene	2198-75-6	197.063	335.45	1	564.15	1	69	1.3316	2	---	---	---	solid	1
18535	C10H6Cl2	1,4-dichloronaphthalene	1825-31-6	197.063	340.65	1	561.15	1	76	1.2997	1	76	1.6228	1	solid	1
18536	C10H6Cl2	1,5-dichloronaphthalene	1825-30-5	197.063	380.15	1	562.35	2	20	1.4900	1	---	---	---	solid	1
18537	C10H6Cl2	1,7-dichloronaphthalene	2050-73-9	197.063	336.65	1	558.65	1	100	1.2611	1	100	1.6092	1	solid	1
18538	C10H6Cl2	1,8-dichloronaphthalene	2050-74-0	197.063	362.15	1	562.35	2	100	1.2924	1	100	1.6236	1	solid	1
18539	C10H6Cl2	2,6-dichloronaphthalene	2065-70-5	197.063	413.65	1	558.15	1	69	1.3316	2	---	---	---	solid	1
18540	C10H6Cl2N2O	1-phenyl-4,5-dichloro-6-pyridazone	1698-53-9	241.076	438.15	1	---	---	25	1.4528	2	---	---	---	solid	1
18541	C10H6Cl2N2O2	3-chloro-4-(3-chloro-2-nitrophenyl)pyrrole	1018-71-9	257.075	398.15	1	---	---	25	1.4985	2	---	---	---	solid	1
18542	C10H6Cl2O	2,3-dichloro-1-naphthalenol	71284-96-3	213.062	374.15	1	453.15	2	25	1.3533	2	---	---	---	solid	1
18543	C10H6Cl2O	2,4-dichloro-1-naphthalenol	2050-76-2	213.062	380.65	1	453.15	1	25	1.3533	2	---	---	---	solid	1
18544	C10H6Cl4O4	dimethyl tetrachloroterephthalate	1861-32-1	331.965	428.15	1	523.15	2	25	1.5908	2	---	---	---	solid	1
18545	C10H6Cl4O4	ethyl 3,4,5,6-tetrachlorophthalate	602-21-1	331.965	367.65	1	523.15	dec	25	1.5908	2	---	---	---	solid	1
18546	C10H6Cl6	a-chlordene	56534-02-2	338.873	---	---	---	---	25	1.5362	2	---	---	---	---	---
18547	C10H6Cl6	g-chlordene	56641-38-4	338.873	---	---	---	---	25	1.5362	2	---	---	---	---	---
18548	C10H6Cl6	4,5,6,7,8,8-hexachlor-D1,5-tetrahydro-4,7-(	3734-48-3	338.873	---	---	---	---	25	1.5362	2	---	---	---	---	---
18549	C10H6Cl6N2O	5,6,7,8,9,9-hexachloro-1,4,4a,5,8,8a-hexah	14458-95-8	382.886	---	---	---	---	25	1.6314	2	---	---	---	---	---
18550	C10H6Cl6O3	2,4,5-trichlorophenoxyethyl-a,a,a-trichloroa	25056-70-6	386.871	---	---	---	---	25	1.6293	2	---	---	---	---	---
18551	C10H6Cl8	chlordane	57-74-9	409.778	379.15	1	---	---	25	1.6000	1	---	---	---	solid	1
18552	C10H6Cl8	trans-chlordan	5566-34-7	409.778	---	---	---	---	25	1.6071	2	---	---	---	---	---
18553	C10H6Cl8	a-chlordan	5103-71-9	409.778	---	---	---	---	25	1.6071	2	---	---	---	---	---
18554	C10H6Cl8	trans-chlordane	5103-74-2	409.778	---	---	---	---	25	1.6071	2	---	---	---	---	---
18555	C10H6F3NO	7-(trifluoromethyl)-4-quinolinol	322-97-4	213.160	540.65	1	---	---	25	1.3581	2	---	---	---	solid	1
18556	C10H6F3NO2	coumarin 151	53518-15-3	229.159	494.65	1	---	---	25	1.4096	2	---	---	---	solid	1
18557	C10H6F6	3,5-bis(trifluoromethyl)styrene	349-59-7	240.149	280.65	1	---	---	25	1.3340	1	---	1.4250	1	---	---
18558	C10H6F6O	3',5'-bis(trifluoromethyl)acetophenone	30071-93-3	256.148	---	---	---	---	25	1.4210	1	---	1.4220	1	---	---
18559	C10H6F6O2	3,5-bis(trifluoromethyl)phenylacetic acid	85068-33-3	272.147	396.15	1	---	---	25	1.4478	2	---	---	---	solid	1
18560	C10H6F12O2	2,2,3,3,4,4,5,5,6,6,7,7-dodecafluoroheptyl	2993-85-3	386.138	---	---	470.15	1	25	1.5810	1	---	1.3420	1	---	---

Table 1 Physical Properties - Organic Compounds

NO	FORMULA	NAME	CAS No	Mol Wt g/mol	Freezing Point T_F, K	code	Boiling Point T_B, K	code	Density T, C	g/cm3	code	Refractive Index T, C	n_D	code	State @25C,1 atm	code
18561	C10H6F16O2	2,2,3,3,4,4,5,5,6,6,7,7,8,8,9,9-hexadecaflu	754-96-1	462.132	407.65	1	---	---	25	1.6113	2	---	---	---	solid	1
18562	C10H6F17NO2S	sulfluramid	4151-50-2	527.204	369.15	1	469.15	1	25	1.6657	2	---	---	---	solid	1
18563	C10H6K2O7S2	2-naphthol-6,8-disulfonic acid dipotassium	842-18-2	380.482	---	---	---	---	---	---	---	---	---	---	---	---
18564	C10H6N2	5-isoquinolinecarbonitrile	27655-41-0	154.172	410.15	1	515.65	2	25	1.2242	2	---	---	---	solid	1
18565	C10H6N2	2-quinolinecarbonitrile	1436-43-7	154.172	368.15	1	515.65	2	25	1.2242	2	---	---	---	solid	1
18566	C10H6N2	4-quinolinecarbonitrile	2973-27-5	154.172	376.65	1	515.65	1	25	1.2242	2	---	---	---	solid	1
18567	C10H6N2	benzylidenemalononitrile	2700-22-3	154.172	357.15	1	515.65	2	25	1.2242	2	---	---	---	solid	1
18568	C10H6N2OS2	chinomethionat	2439-01-2	234.303	443.15	1	---	---	25	1.4403	2	---	---	---	solid	1
18569	C10H6N2O2	5H,10H-dipyrrolo[1,2-a:1',2'-d]pyrazine-5,1	484-73-1	186.170	541.15	1	---	---	25	1.3572	2	---	---	---	solid	1
18570	C10H6N2O2	p-xylylene isocyanate	1014-98-8	186.170	---	---	---	---	25	1.3572	2	---	---	---	---	---
18571	C10H6N2O4	1,3-dinitronaphthalene	606-37-1	218.169	421.15	1	718.15	2	25	1.4701	2	---	---	---	solid	1
18572	C10H6N2O4	1,5-dinitronaphthalene	605-71-0	218.169	492.15	1	718.15	2	20	1.5860	1	---	---	---	solid	1
18573	C10H6N2O4	1,8-dinitronaphthalene	602-38-0	218.169	446.15	1	718.15	dec	25	1.4701	2	---	---	---	solid	1
18574	C10H6N2O4S	1-diazo-2-naphthol-4-sulfonic acid, contain	887-76-3	250.235	433.15	1	---	---	25	1.5262	2	---	---	---	solid	1
18575	C10H6N2O4S2	dimethyl-2,2-(1,3-dithian-2,4-diyliden)-bis-(	52046-75-0	282.301	505.15	1	---	---	25	1.5725	2	---	---	---	solid	1
18576	C10H6N2O5	saffron yellow	605-69-6	234.169	408.15	1	---	---	25	1.5204	2	---	---	---	solid	1
18577	C10H6N2O5	6-carboxyl-4-nitroquinoline-1-oxide	1425-67-8	234.169	---	---	---	---	25	1.5204	2	---	---	---	---	---
18578	C10H6N2O8S	flavianic acid	483-84-1	314.233	---	---	---	---	25	1.6856	2	---	---	---	---	---
18579	C10H6N4	pyrazino[2,3-f]quinoxaline	231-23-2	182.186	524.15	1	---	---	25	1.3552	2	---	---	---	solid	1
18580	C10H6N4O	6-quinoline carbonyl azide	---	198.185	361.15	1	---	---	25	1.4151	2	---	---	---	solid	1
18581	C10H6N4O4S2	2,2'-dithiobis(5-nitropyridine)	2127-10-8	310.315	429.15	1	412.15	1	25	1.6504	2	---	---	---	solid	1
18582	C10H6Na2O6S2	2,7-naphthalenedisulfonic acid disodium s	1655-35-2	332.266	---	---	---	---	---	---	---	---	---	---	---	---
18583	C10H6Na2O8S2	3,6-dihydroxynaphthalene-2,7-disulfonic a	7153-21-1	364.264	---	---	---	---	---	---	---	---	---	---	---	---
18584	C10H6O2	1,2-naphthalenedione	524-42-5	158.156	419.15	1	---	---	25	1.4500	1	---	---	---	solid	1
18585	C10H6O2	1,4-naphthalenedione	130-15-4	158.156	401.65	1	---	---	25	1.2291	2	---	---	---	solid	1
18586	C10H6O3	2-hydroxy-1,4-naphthalenedione	83-72-7	174.156	468.65	dec	---	---	25	1.2969	2	---	---	---	solid	1
18587	C10H6O3	5-hydroxy-1,4-naphthalenedione	481-39-0	174.156	428.15	1	---	---	25	1.2969	2	---	---	---	solid	1
18588	C10H6O3	chromone-3-carboxaldehyde	17422-74-1	174.156	424.15	1	---	---	25	1.2969	2	---	---	---	solid	1
18589	C10H6O3	phenylmaleic anhydride	36122-35-7	174.156	393.65	1	---	---	25	1.2969	2	---	---	---	solid	1
18590	C10H6O3S	1,8-naphthalenediol sulfite, cyclic	21849-97-8	206.222	370.15	1	---	---	25	1.3762	2	---	---	---	solid	1
18591	C10H6O4	2,3-dihydroxy-1,4-naphthalenedione	605-37-8	190.155	555.15	1	---	---	25	1.3592	2	---	---	---	solid	1
18592	C10H6O4	5,8-dihydroxy-1,4-naphthalenedione	475-38-7	190.155	505.15	1	---	---	25	1.3592	2	---	---	---	solid	1
18593	C10H6O4	chromone-3-carboxylic acid	39079-62-4	190.155	471.15	1	---	---	25	1.3592	2	---	---	---	solid	1
18594	C10H6O4	a-furil	492-94-4	190.155	437.15	1	---	---	25	1.3592	2	---	---	---	solid	1
18595	C10H6O4	4-oxo-4H-1-benzopyran-2-carboxylic acid	4940-39-0	190.155	533.15	1	---	---	25	1.3592	2	---	---	---	solid	1
18596	C10H6O4	3-carboxymethylenephthalide	4743-57-1	190.155	---	---	---	---	25	1.3592	2	---	---	---	---	---
18597	C10H6O6	di-2-furoyl peroxide	25639-45-6	222.154	---	---	---	---	25	1.4699	2	---	---	---	---	---
18598	C10H6O8	pyromellitic acid	89-05-4	254.153	554.00	1	722.00	1	25	1.5653	2	---	---	---	solid	1
18599	C10H6O8	1,2,3,4-benzene-tetracarboxylic acid	476-73-3	254.153	509.65	1	722.00	2	25	1.5653	2	---	---	---	solid	1
18600	C10H6O8	1,2,3,5-benzene-tetracarboxylic acid	479-47-0	254.153	---	---	722.00	2	25	1.5653	2	---	---	---	---	---
18601	C10H7Br	1-bromonaphthalene	90-11-9	207.070	279.35	1	554.25	1	25	1.4780	1	20	1.6580	1	liquid	1
18602	C10H7Br	2-bromonaphthalene	580-13-2	207.070	329.05	1	554.65	1	25	1.6050	1	60	1.6382	1	solid	1
18603	C10H7BrN2O3	5-bromo-6-methoxy-8-nitroquinoline	5347-15-9	283.082	---	---	---	---	25	1.6937	2	---	---	---	---	---
18604	C10H7BrO	1-bromo-2-naphthalenol	573-97-7	223.069	357.15	1	403.15	1	25	1.5132	2	---	---	---	solid	1
18605	C10H7BrO	6-bromo-2-naphthol	15231-91-1	223.069	400.65	1	403.15	2	25	1.5132	2	---	---	---	solid	1
18606	C10H7Cl	1-chloronaphthalene	90-13-1	162.618	269.15	1	532.45	1	25	1.1710	1	20	1.6332	1	liquid	1
18607	C10H7Cl	2-chloronaphthalene	91-58-7	162.618	331.15	1	529.15	1	71	1.1377	1	13	1.6079	1	solid	1
18608	C10H7Cl	monochloronaphthalene	25586-43-0	162.618	300.15	2	532.15	1	25	1.2200	1	---	---	---	solid	2
18609	C10H7ClO	6-chloro-2-naphthalenol	40604-49-7	178.617	389.65	1	580.65	2	25	1.2339	2	---	---	---	solid	1
18610	C10H7ClO	8-chloro-2-naphthol	29921-50-4	178.617	374.15	1	580.65	1	25	1.2339	2	---	---	---	solid	1
18611	C10H7ClO	4-chloro-1-naphthol	604-44-4	178.617	391.65	1	580.65	2	25	1.2339	2	---	---	---	solid	1
18612	C10H7ClO2S	1-naphthalenesulfonyl chloride	85-46-1	226.683	341.15	1	---	---	25	1.3661	2	---	---	---	solid	1
18613	C10H7ClO2S	2-naphthalenesulfonyl chloride	93-11-8	226.683	354.15	1	---	---	25	1.3661	2	---	---	---	solid	1
18614	C10H7Cl2N	1-(2,4-dichlorophenyl)-1-cyclopropyl cyani	71463-55-3	212.078	356.15	1	---	---	25	1.3207	2	---	---	---	solid	1
18615	C10H7Cl2NO	chloroquinaldol	72-80-0	228.077	387.65	dec	---	---	25	1.3723	2	---	---	---	solid	1
18616	C10H7Cl2NO2	N-(3,5-dichlorophenyl)succinimide	24096-53-5	244.076	---	---	---	---	25	1.4206	2	---	---	---	---	---
18617	C10H7Cl3HgN2	mercury-2-naphthalenediazonium trichloric	68448-47-5	462.127	---	---	---	---	---	---	---	---	---	---	---	---
18618	C10H7Cl5O	tridiphane	58138-08-2	320.427	315.95	1	---	---	25	1.5007	2	---	---	---	solid	1
18619	C10H7Cl5O2	2,2,2-trichloro-1-(3,4-dichlorophenyl)ethan	21757-82-4	336.427	---	---	---	---	25	1.5352	2	---	---	---	---	---
18620	C10H7Cl7	b-dihydroheptachlor	14168-01-5	375.333	---	---	---	---	25	1.5491	2	---	---	---	---	---
18621	C10H7Cl7	SD-10576	2589-15-3	375.333	---	---	---	---	25	1.5491	2	---	---	---	---	---
18622	C10H7F	1-fluoronaphthalene	321-38-0	146.164	264.15	1	488.15	1	20	1.1322	1	20	1.5939	1	liquid	1
18623	C10H7F	2-fluoronaphthalene	323-09-1	146.164	334.15	1	485.15	1	25	1.1087	2	---	---	---	solid	1
18624	C10H7F3N2	TRIM	25371-96-4	212.175	---	---	---	---	25	1.3253	2	---	---	---	---	---
18625	C10H7F3O	trans-1,1,1-trifluoro-4-phenyl-3-buten-2-on	86571-25-7	200.160	289.15	1	---	---	25	1.2480	1	---	1.5380	1	---	---
18626	C10H7F3O2	trans-4-(trifluoromethyl)cinnamic acid	16642-92-5	216.160	505.15	1	---	---	25	1.3275	2	---	---	---	solid	1
18627	C10H7F3O2	3-(trifluoromethyl)cinnamic acid	779-89-5	216.160	408.65	1	497.15	2	25	1.3275	2	---	---	---	solid	1
18628	C10H7F3O2	4,4,4-trifluoro-1-phenyl-1,3-butanedione	326-06-7	216.160	311.65	1	497.15	1	25	1.3275	2	---	---	---	solid	1
18629	C10H7F3O3	3-(trifluoromethoxy)cinnamic acid	---	232.159	367.65	1	---	---	25	1.3782	2	---	---	---	solid	1
18630	C10H7F11O2	3,3,4,4,5,6,6,6-octafluoro-5-(trifluoromethy	86217-01-8	368.148	---	---	460.15	1	25	1.5230	1	---	1.3470	1	---	---
18631	C10H7I	1-iodonaphthalene	90-14-2	254.070	275.25	1	575.15	1	20	1.7399	1	20	1.7026	1	liquid	1
18632	C10H7I	2-iodonaphthalene	612-55-5	254.070	327.65	1	581.15	1	99	1.6319	1	99	1.6662	1	solid	1
18633	C10H7KO4S	1-naphthol-2-sulfonic acid potassium salt	832-49-5	262.327	---	---	---	---	---	---	---	---	---	---	---	---
18634	C10H7NO	4-quinolinecarboxaldehyde	4363-93-3	157.172	324.15	1	---	---	25	1.1924	2	---	---	---	solid	1
18635	C10H7NO	1-nitrosonaphthalene	21711-65-9	157.172	371.15	dec	---	---	25	1.1924	2	---	---	---	solid	1
18636	C10H7NO	2-nitrosonaphthalene	6610-08-8	157.172	---	---	---	---	25	1.1924	2	---	---	---	---	---
18637	C10H7NO2	2-nitronaphthalene	581-89-5	173.171	352.15	1	587.15	1	25	1.2601	2	---	---	---	solid	1
18638	C10H7NO2	1-nitroso-2-naphthalenol	131-91-9	173.171	382.65	1	582.05	2	25	1.2601	2	---	---	---	solid	1
18639	C10H7NO2	1-phenyl-1H-pyrrole-2,5-dione	941-69-5	173.171	363.65	1	582.05	2	25	1.2601	2	---	---	---	solid	1
18640	C10H7NO2	2-quinolinecarboxylic acid	93-10-7	173.171	429.15	1	582.05	2	25	1.2601	2	---	---	---	solid	1

Table 1 Physical Properties - Organic Compounds

NO	FORMULA	NAME	CAS No	Mol Wt g/mol	Freezing Point T_F, K	code	Boiling Point T_B, K	code	Density T, C	g/cm3	code	Refractive Index T, C	n_D	code	State @25C,1 atm	code
18641	C10H7NO2	7-quinolinecarboxylic acid	1078-30-4	173.171	522.65	1	582.05	2	25	1.2601	2	---	---	---	solid	1
18642	C10H7NO2	8-quinolinecarboxylic acid	86-59-9	173.171	460.15	1	582.05	2	25	1.2601	2	---	---	---	solid	1
18643	C10H7NO2	1-isoquinolinecarboxylic acid	486-73-7	173.171	435.65	1	582.05	2	25	1.2601	2	---	---	---	solid	1
18644	C10H7NO2	1-nitronaphthalene	27254-36-0	173.171	334.65	1	576.95	1	25	1.3320	1	---	---	---	solid	1
18645	C10H7NO2	2-nitroso-1-naphthol	132-53-6	173.171	430.15	1	582.05	2	25	1.2601	2	---	---	---	solid	1
18646	C10H7NO2	6-quinolinecarboxylic acid	10349-57-2	173.171	---	---	582.05	2	25	1.2601	2	---	---	---	---	---
18647	C10H7NO2	3-quinolinecarboxylic acid	6480-68-8	173.171	553.15	1	582.05	2	25	1.2601	2	---	---	---	solid	1
18648	C10H7NO2S	1,8-naphthosultam	603-72-5	205.237	450.15	1	---	---	25	1.3415	2	---	---	---	solid	1
18649	C10H7NO3	4-hydroxy-2-quinolinecarboxylic acid	492-27-3	189.171	555.65	1	---	---	25	1.3225	2	---	---	---	solid	1
18650	C10H7NO3	1-nitro-2-naphthalenol	550-60-7	189.171	377.15	1	---	---	25	1.3225	2	---	---	---	solid	1
18651	C10H7NO3	a-cyano-4-hydroxycinnamic acid	28166-41-8	189.171	524.65	1	---	---	25	1.3225	2	---	---	---	solid	1
18652	C10H7NO3	a-cyano-3-hydroxycinnamic acid	54673-07-3	189.171	504.65	1	---	---	25	1.3225	2	---	---	---	solid	1
18653	C10H7NO3	8-hydroxyquinoline-2-carboxylic acid	1571-30-8	189.171	493.15	1	---	---	25	1.3225	2	---	---	---	solid	1
18654	C10H7NO3	2-nitro-1-naphthol	607-24-9	189.171	397.15	1	---	---	25	1.3225	2	---	---	---	solid	1
18655	C10H7NO3	2-hydroxyamino-1,4-naphthoquinone	53130-67-9	189.171	---	---	---	---	25	1.3225	2	---	---	---	---	---
18656	C10H7NO4	4,8-dihydroxy-2-quinolinecarboxylic acid	59-00-7	205.170	562.15	1	---	---	25	1.3801	2	---	---	---	solid	1
18657	C10H7NO4	N-phthaloylglycine	4702-13-0	205.170	469.65	1	---	---	25	1.3801	2	---	---	---	solid	1
18658	C10H7NO4	a-furilmonoxime	4339-69-9	205.170	370.65	1	---	---	25	1.3801	2	---	---	---	solid	1
18659	C10H7NO6	2-(3-hydroxycarbonyl-2-nitrophenyl)malonc	---	237.169	489.65	1	---	---	25	1.4833	2	---	---	---	solid	1
18660	C10H7NO6	2-(4-hydroxy-2-nitrocarbonylphenyl) malon	---	237.169	475.15	1	---	---	25	1.4833	2	---	---	---	solid	1
18661	C10H7N2O	4-hydroxybenzylidenemalonodinitrile	3785-90-8	171.179	461.65	1	---	---	25	1.2581	2	---	---	---	solid	1
18662	C10H7N3	1-azidonaphthalene	6921-40-0	169.187	285.15	1	---	---	25	1.1713	1	25	1.6550	1	---	---
18663	C10H7N3	s-triazolo[4,3-a]quinoline	235-06-3	169.187	449.15	1	---	---	25	1.2561	2	---	---	---	solid	1
18664	C10H7N3O	a-((cyanomethoxy)imino)-benzacetonitrile	63278-33-1	185.186	---	---	---	---	25	1.3199	2	---	---	---	---	---
18665	C10H7N3O4S	2-formylamino-4-((2-5-nitro-2-furyl)vinyl)-1,	53757-30-5	265.250	---	---	---	---	25	1.5358	2	---	---	---	---	---
18666	C10H7N3S	thiabendazole	148-79-8	201.253	---	---	---	---	25	1.3394	2	---	---	---	---	---
18667	C10H7NaO3S	2-naphthalenesulfonic acid sodium salt	532-02-5	230.220	---	---	---	---	---	---	---	---	---	---	---	---
18668	C10H7NaO8S2	chromotropic acid sodium salt	3888-44-6	342.283	---	---	---	---	---	---	---	---	---	---	---	---
18669	C10H8	naphthalene	91-20-3	128.174	353.43	1	491.14	1	20	1.1450	1	25	1.5898	1	solid	1
18670	C10H8	azulene	275-51-4	128.174	373.00	1	515.16	1	25	1.0530	1	---	---	---	solid	1
18671	C10H8BrN	5-bromo-1-naphthalenamine	4766-33-0	222.085	343.15	1	---	---	25	1.4752	2	---	---	---	solid	1
18672	C10H8BrNO2	N-(2-bromoethyl)phthalimide	574-98-1	254.083	355.65	1	---	---	25	1.5705	2	---	---	---	solid	1
18673	C10H8BrNO2	5-bromoindole-3-acetic acid	40432-84-6	254.083	416.15	1	---	---	25	1.5705	2	---	---	---	solid	1
18674	C10H8BrN3O	2-amino-5-bromo-6-phenyl-4(1H)-pyrimidir	56741-95-8	266.098	542.15	1	---	---	25	1.6160	2	---	---	---	solid	1
18675	C10H8Br2N2	2,3-bis(bromomethyl)quinoxaline	3138-86-1	315.996	425.15	1	---	---	25	1.8094	2	---	---	---	solid	1
18676	C10H8CdN2O2S2	cadmium 2-pyridinethione	18897-36-4	364.729	---	---	---	---	---	---	---	---	---	---	---	---
18677	C10H8ClF3O2	(S)-(+)-a-methoxy-a-trifluoromethylphenyla	20445-33-4	252.620	---	---	486.65	1	25	1.3500	1	---	1.4700	1	---	---
18678	C10H8ClF3O2	(R)-(-)-a-methoxy-a-(trifluoromethyl)phenyl	39637-99-5	252.620	---	---	486.65	1	25	1.3500	1	---	1.4700	1	---	---
18679	C10H8ClN	2-chloro-4-methylquinoline	634-47-9	177.633	332.15	1	569.15	1	25	1.2011	2	---	---	---	solid	1
18680	C10H8ClN	2-chloro-8-methylquinoline	4225-85-8	177.633	334.15	1	560.15	1	25	1.2011	2	---	---	---	solid	1
18681	C10H8ClN	4-chloro-2-methylquinoline	4295-06-1	177.633	315.65	1	542.65	1	25	1	1	20	1.6224	1	solid	1
18682	C10H8ClN	2-chloro-3-methylquinoline	57876-69-4	177.633	355.65	1	557.32	2	25	1.2011	2	---	---	---	solid	1
18683	C10H8ClN	1-(4-chlorophenyl)-1-cyclopropanecarbonit	64399-27-5	177.633	327.15	1	557.32	2	25	1.2011	2	---	---	---	solid	1
18684	C10H8ClN	1-(4-chlorophenyl)-1H-pyrrole	5044-38-2	177.633	362.65	1	557.32	2	25	1.2011	2	---	---	---	solid	1
18685	C10H8ClN	7-chloro-2-methylquinoline	4965-33-7	177.633	349.15	1	557.32	2	25	1.2011	2	---	---	---	solid	1
18686	C10H8ClN3O	chloridazon	1698-60-8	221.646	478.15	1	---	---	25	1.3681	2	---	---	---	solid	1
18687	C10H8ClN3O2	3-methyl-4,5-isoxazoledione-4-((2-chloropl	5707-69-7	237.646	440.15	1	---	---	25	1.4178	2	---	---	---	solid	1
18688	C10H8Cl2FNO3	ethyl 3-[2,6-dichloro-5-fluoro-(3-pyridiyl)]-3	96568-04-6	280.082	343.15	1	---	---	25	1.4602	2	---	---	---	solid	1
18689	C10H8Cl2N2O2	2,4-dichloro-6,7-dimethoxyquinazoline	27631-29-4	259.091	447.65	1	---	---	25	1.4349	2	---	---	---	solid	1
18690	C10H8Cl2N2O4S	2,5-dichloro-4-(3-methyl-5-oxo-2-pyrazolin-	84-57-1	323.156	---	---	---	---	25	1.5584	2	---	---	---	---	---
18691	C10H8Cl2O2	1-(2,4-dichlorophenyl)cyclopropanecarbox	84604-70-6	231.077	416.65	1	---	---	25	1.3429	2	---	---	---	solid	1
18692	C10H8Cl8	octachlorocamphene	1319-80-8	411.794	---	---	472.45	1	25	1.5599	2	---	---	---	---	---
18693	C10H8CrO3	tricarbonyl[(1,2,3,4,5,6-h6)-1,3,5-cyclohept	12125-72-3	228.168	409.15	1	---	---	---	---	---	---	---	---	solid	1
18694	C10H8CrO4	(h6-methoxybenzene) chromium tricarbony	12116-44-8	244.167	357.65	1	---	---	---	---	---	---	---	---	solid	1
18695	C10H8CuF6O4	copper(ii) trifluoroacetylacetonate	14324-82-4	369.708	471.65	1	533.15	1	---	---	---	---	---	---	solid	1
18696	C10H8FN	6-fluoro-2-methylquinoline	1128-61-6	161.179	327.15	1	---	---	25	1.1465	2	---	---	---	solid	1
18697	C10H8F3NO	a-methoxy-a-(trifluoromethyl)phenylaceton	80866-87-1	215.175	---	---	---	---	25	1.1520	1	---	1.4440	1	---	---
18698	C10H8F12O2	glycidyl 2,2,3,3,4,4,5,5,6,6,7,7-dodecafluor	799-34-8	388.154	---	---	---	---	25	1.6140	1	---	1.3450	1	---	---
18699	C10H8HgN2	di-3-pyridylmercury	20738-78-7	356.778	---	---	---	---	---	---	---	---	---	---	---	---
18700	C10H8IN	1-(4-iodophenyl)pyrrole	92636-36-7	269.085	404.15	1	---	---	25	1.6897	2	---	---	---	solid	1
18701	C10H8MoO3	tricarbonyl(cycloheptatriene)molybdenum	12125-77-8	272.112	373.15	1	---	---	---	---	---	---	---	---	solid	1
18702	C10H8N2	benzylpropanedinitrile	1867-37-4	156.188	364.15	1	549.00	2	20	1.1507	2	---	---	---	solid	1
18703	C10H8N2	2,2'-bipyridine	366-18-7	156.188	345.15	1	546.65	1	20	1.1507	2	---	---	---	solid	1
18704	C10H8N2	2,3'-bipyridine	581-50-0	156.188	---	---	568.65	1	20	1.1400	1	20	1.6223	1	---	---
18705	C10H8N2	2,4'-bipyridine	581-47-5	156.188	334.65	1	554.15	1	20	1.1507	2	---	---	---	solid	1
18706	C10H8N2	3,3'-bipyridine	581-46-4	156.188	341.15	1	564.65	1	20	1.1614	1	---	---	---	solid	1
18707	C10H8N2	3,4'-bipyridine	4394-11-0	156.188	335.15	1	570.15	1	20	1.1507	2	---	---	---	solid	1
18708	C10H8N2	4,4'-bipyridine	553-26-4	156.188	384.15	1	578.15	1	20	1.1507	2	---	---	---	solid	1
18709	C10H8N2	4,4'-dipyridyl hydrate	123333-55-1	156.188	345.15	1	577.95	1	20	1.1507	2	---	---	---	solid	1
18710	C10H8N2	indole-3-acetonitrile	771-51-7	156.188	309.15	1	431.65	1	20	1.1507	2	---	---	---	solid	1
18711	C10H8N2	o-phenylenediacetonitrile	613-73-0	156.188	332.65	1	549.00	2	20	1.1507	2	---	---	---	solid	1
18712	C10H8N2	p-phenylenediacetonitrile	622-75-3	156.188	369.15	1	549.00	2	20	1.1507	2	---	---	---	solid	1
18713	C10H8N2	1,3-phenylenediacetonitrile	626-22-2	156.188	306.65	1	549.00	2	20	1.1507	2	---	---	---	solid	1
18714	C10H8N2	4-phenylpyrimidine	3438-48-0	156.188	328.65	1	549.00	2	20	1.1507	2	---	---	---	solid	1
18715	C10H8N2O	3-phenyl-1H-pyrazole-4-carboxaldehyde	26033-20-5	172.187	416.65	1	---	---	25	1.2250	2	---	---	---	solid	1
18716	C10H8N2O2	1,3-bis(isocyanatomethyl)benzene	3634-83-1	188.186	266.25	1	---	---	25	1.2020	1	---	1.5910	1	---	---
18717	C10H8N2O2	2,2'-dipyridyl N,N'-dioxide	7275-43-6	188.186	570.15	1	---	---	25	1.2874	2	---	---	---	solid	1
18718	C10H8N2O2	2,3-dihydro-9H-isoxazolo(3,2-b)quinazolin-	37795-69-0	188.186	---	---	---	---	25	1.2874	2	---	---	---	---	---
18719	C10H8N2O2	2-furaldehyde azine	5428-37-5	188.186	---	---	---	---	25	1.2874	2	---	---	---	---	---
18720	C10H8N2O2	3-nitro-2-naphthylamine	13115-28-1	188.186	388.65	1	---	---	25	1.2874	2	---	---	---	solid	1

Table 1 Physical Properties - Organic Compounds

				Mol Wt	Freezing Point		Boiling Point		Density			Refractive Index			State	
NO	FORMULA	NAME	CAS No	g/mol	T_F, K	code	T_B, K	code	T, C	g/cm3	code	T, C	n_D	code	@25C,1 atm	code
18721	C10H8N2O2S2	2,2'-dithiodipyridine-1,1'-dioxide	3696-28-4	252.318	473.65	dec	---	---	25	1.4231	2	---	---	---	solid	1
18722	C10H8N2O2S2Zn	zinc omadine	13463-41-7	317.708	---	---	---	---	---	---	---	---	---	---	---	---
18723	C10H8N2O3	3-formyl-2-methyl-5-nitroindole	3558-17-6	204.186	579.15	1	---	---	25	1.3451	2	---	---	---	solid	1
18724	C10H8N2O3	6-methoxy-8-nitroquinoline	85-81-4	204.186	433.15	1	---	---	25	1.3451	2	---	---	---	solid	1
18725	C10H8N2O3	2-methyl-4-nitroquinoline-1-oxide	4831-62-3	204.186	430.15	dec	---	---	25	1.3451	2	---	---	---	solid	1
18726	C10H8N2O3	3-methyl-4-nitroquinoline-1-oxide	14073-00-8	204.186	---	---	385.15	2	25	1.3451	2	---	---	---	---	---
18727	C10H8N2O3	5-methyl-4-nitroquinoline-1-oxide	14094-43-0	204.186	---	---	385.15	2	25	1.3451	2	---	---	---	---	---
18728	C10H8N2O3	6-methyl-4-nitroquinoline-1-oxide	715-48-0	204.186	---	---	385.15	2	25	1.3451	2	---	---	---	---	---
18729	C10H8N2O3	7-methyl-4-nitroquinoline-1-oxide	14753-13-0	204.186	---	---	385.15	2	25	1.3451	2	---	---	---	---	---
18730	C10H8N2O3	8-methyl-4-nitroquinoline-1-oxide	14094-45-2	204.186	---	---	385.15	1	25	1.3451	2	---	---	---	---	---
18731	C10H8N2O4	di-2-furanylethanedione dioxime	522-27-0	220.185	440.15	1	---	---	25	1.3988	2	---	---	---	solid	1
18732	C10H8N2O4	6-carboxyl-4-hydroxylaminoquinoline-1-oxi	13442-14-3	220.185	---	---	---	---	25	1.3988	2	---	---	---	---	---
18733	C10H8N2O5	methyl 5-methyl-3-(5-nitro-2-furyl)-4-isoxaz	15154-19-5	236.185	---	---	436.75	1	25	1.4487	2	---	---	---	---	---
18734	C10H8N2S2	2,2'-dithiodipyridine	2127-03-9	220.320	331.15	1	---	---	25	1.3266	2	---	---	---	solid	1
18735	C10H8N2S2	4,4'-dithiodipyridine	2645-22-9	220.320	350.15	1	---	---	25	1.3266	2	---	---	---	solid	1
18736	C10H8N4	dipyrido(1,2-a:3',2'-d)imidazol-2-amine	67730-10-3	184.202	---	---	429.65	1	25	1.2841	2	---	---	---	---	---
18737	C10H8N4O3	6-((p-hydroxyphenyl)azo)uracil	29050-86-0	232.200	---	---	---	---	25	1.4486	2	---	---	---	---	---
18738	C10H8N4O4	1-(p-nitrobenzyl)-2-nitroimidazole	10598-82-0	248.199	---	---	---	---	25	1.4960	2	---	---	---	---	---
18739	C10H8N4O5	picrolonic acid	550-74-3	264.199	389.15	1	---	---	25	1.5403	2	---	---	---	solid	1
18740	C10H8O	1-naphthol	90-15-3	144.173	368.15	1	561.15	1	99	1.0989	1	99	1.6224	1	solid	1
18741	C10H8O	2-naphthol	135-19-3	144.173	394.65	1	558.15	1	20	1.2800	1	---	---	---	solid	1
18742	C10H8O	4-phenyl-3-butyn-2-one	1817-57-8	144.173	277.65	1	559.65	2	20	1.0215	1	20	1.5762	1	liquid	2
18743	C10H8O	2-phenylfuran	17113-33-6	144.173	---	---	559.65	2	20	1.0830	1	20	1.5920	1	---	---
18744	C10H8O	1,4-epoxy-1,4-dihydronaphthalene	573-57-9	144.173	328.65	1	559.65	2	40	1.1209	2	---	---	---	solid	1
18745	C10H8OS	2-(phenylthio)furan	16003-14-8	176.239	---	---	---	---	26	1.1341	1	20	1.5976	1	---	---
18746	C10H8OS	3-acetylthianaphthene	26168-40-1	176.239	---	---	---	---	25	1.1938	2	---	---	---	---	---
18747	C10H8OS	methyl 3-thianaphthenyl ketone	1128-05-8	176.239	---	---	---	---	25	1.1938	2	---	---	---	---	---
18748	C10H8OS3	anethole trithione	532-11-6	240.371	384.15	1	---	---	25	1.3447	2	---	---	---	solid	1
18749	C10H8O2	1-(2-benzofuranyl)ethanone	1646-26-0	160.172	349.15	1	571.40	2	24	1.0920	2	---	---	---	solid	1
18750	C10H8O2	1H-indene-1-carboxylic acid	5020-21-3	160.172	347.15	1	571.40	2	24	1.0920	2	---	---	---	solid	1
18751	C10H8O2	3-methyl-2H-1-benzopyran-2-one	2445-82-1	160.172	364.15	1	565.65	1	24	1.0920	2	---	---	---	solid	1
18752	C10H8O2	3-methyl-4H-1-benzopyran-4-one	85-90-5	160.172	---	---	571.40	2	24	1.0920	2	---	---	---	---	---
18753	C10H8O2	5-methyl-2H-1-benzopyran-2-one	42286-84-0	160.172	338.95	1	571.40	2	24	1.0920	2	---	---	---	solid	1
18754	C10H8O2	6-methyl-2H-1-benzopyran-2-one	92-48-8	160.172	349.65	1	577.15	1	24	1.0920	2	---	---	---	solid	1
18755	C10H8O2	7-methyl-2H-1-benzopyran-2-one	2445-83-2	160.172	401.15	1	571.40	2	24	1.0920	2	---	---	---	solid	1
18756	C10H8O2	8-methyl-2H-1-benzopyran-2-one	1807-36-9	160.172	383.65	1	571.40	2	24	1.0920	2	---	---	---	solid	1
18757	C10H8O2	methyl 3-phenyl-2-propynoate	4891-38-7	160.172	299.15	1	571.40	2	25	1.0830	1	25	1.5618	1	solid	1
18758	C10H8O2	1,3-naphthalenediol	132-86-5	160.172	396.65	1	571.40	2	24	1.0920	2	---	---	---	solid	1
18759	C10H8O2	1,5-naphthalenediol	83-56-7	160.172	535.15	dec	571.40	2	24	1.0920	2	---	---	---	solid	1
18760	C10H8O2	1,6-naphthalenediol	575-44-0	160.172	411.15	1	571.40	2	24	1.0920	2	---	---	---	solid	1
18761	C10H8O2	1,7-naphthalenediol	575-38-2	160.172	453.65	1	571.40	2	24	1.0920	2	---	---	---	solid	1
18762	C10H8O2	2,6-naphthalenediol	581-43-1	160.172	493.15	1	571.40	2	24	1.0920	2	---	---	---	solid	1
18763	C10H8O2	2,7-naphthalenediol	582-17-2	160.172	466.15	1	571.40	2	24	1.0920	2	---	---	---	solid	1
18764	C10H8O2	2-phenoxyfuran	60698-31-9	160.172	---	---	571.40	2	23	1.1010	1	23	1.5418	1	---	---
18765	C10H8O2	2,3-dihydroxynaphthalene	92-44-4	160.172	437.15	1	571.40	2	24	1.0920	2	---	---	---	solid	1
18766	C10H8O2	1,2-dihydroxynaphthalene	574-00-5	160.172	---	---	571.40	2	24	1.0920	2	---	---	---	---	---
18767	C10H8O2	1,4-naphthalenediol	571-60-8	160.172	463.15	1	571.40	2	24	1.0920	2	---	---	---	solid	1
18768	C10H8O2	4-methylcoumarin	607-71-6	160.172	455.15	1	571.40	2	24	1.0920	2	---	---	---	solid	1
18769	C10H8O2	2-methyl-1,3-indandione	876-83-5	160.172	356.65	1	571.40	2	24	1.0920	2	---	---	---	solid	1
18770	C10H8O2Se	3-(benzo[b]selenyl)acetic acid	59227-46-2	239.132	412.65	1	---	---	---	---	---	---	---	---	solid	1
18771	C10H8O3	dihydro-3-phenyl-2,5-furandione, (±)	112489-85-7	176.172	327.15	1	---	---	25	1.2294	2	---	---	---	solid	1
18772	C10H8O3	7-hydroxy-4-methyl-2H-1-benzopyran-2-on	90-33-5	176.172	467.65	1	---	---	25	1.2294	2	---	---	---	solid	1
18773	C10H8O3	3-benzoylacrylic acid	583-06-2	176.172	366.65	1	---	---	25	1.2294	2	---	---	---	solid	1
18774	C10H8O3	4-formylcinnamic acid, predominantly trans	23359-08-2	176.172	525.65	1	---	---	25	1.2294	2	---	---	---	solid	1
18775	C10H8O3	7-methoxycoumarin	531-59-9	176.172	392.15	1	---	---	25	1.2294	2	---	---	---	solid	1
18776	C10H8O3	phenylsuccinic anhydride	1131-15-3	176.172	327.15	1	---	---	25	1.2294	2	---	---	---	solid	1
18777	C10H8O3S	1-naphthalenesulfonic acid	85-47-2	208.238	413.15	1	---	---	25	1.3108	2	---	---	---	solid	1
18778	C10H8O3S	2-naphthalenesulfonic acid	120-18-3	208.238	364.15	1	---	---	25	1.4410	1	---	---	---	solid	1
18779	C10H8O4	anemonin	508-44-1	192.171	431.15	1	---	---	25	1.2905	2	---	---	---	solid	1
18780	C10H8O4	furfuryl 2-furancarboxylate	615-11-2	192.171	300.65	1	---	---	25	1.2347	1	20	1.5280	1	solid	1
18781	C10H8O4	7-hydroxy-6-methoxy-2H-1-benzopyran-2-(	92-61-5	192.171	477.15	1	---	---	25	1.2905	2	---	---	---	solid	1
18782	C10H8O4	4-carboxycinnamic acid	19675-63-9	192.171	>573.15	1	---	---	25	1.2905	2	---	---	---	solid	1
18783	C10H8O4	2-carboxycinnamic acid	612-40-8	192.171	480.15	1	---	---	25	1.2905	2	---	---	---	solid	1
18784	C10H8O4	furoin	552-86-3	192.171	409.15	1	---	---	25	1.2905	2	---	---	---	solid	1
18785	C10H8O4	4-hydroxy-7-methoxycoumarin	17575-15-4	192.171	---	---	---	---	25	1.2905	2	---	---	---	---	---
18786	C10H8O4	7-methoxybenzofuran-2-carboxylic acid	4790-79-8	192.171	494.15	1	---	---	25	1.2905	2	---	---	---	solid	1
18787	C10H8O4	3,4-(methylenedioxy)cinnamic acid, predor	2373-80-0	192.171	516.15	1	---	---	25	1.2905	2	---	---	---	solid	1
18788	C10H8O4	4-methylesculetin	529-84-0	192.171	548.15	1	---	---	25	1.2905	2	---	---	---	solid	1
18789	C10H8O4	(phenylmethylene)propanedioic acid	584-45-2	192.171	---	---	---	---	25	1.2905	2	---	---	---	---	---
18790	C10H8O4S	1-hydroxy-2-naphthalenesulfonic acid	567-18-0	224.237	>523	1	---	---	25	1.3633	2	---	---	---	solid	1
18791	C10H8O4S	4-hydroxy-1-naphthalenesulfonic acid	84-87-7	224.237	443.15	dec	---	---	25	1.3633	2	---	---	---	solid	1
18792	C10H8O4S	6-hydroxy-2-naphthalenesulfonic acid	93-01-6	224.237	398.15	1	---	---	25	1.3633	2	---	---	---	solid	1
18793	C10H8O4S	7-hydroxy-1-naphthalenesulfonic acid	132-57-0	224.237	---	---	---	---	25	1.3633	2	---	---	---	---	---
18794	C10H8O4S	2-hydroxynaphthenesulfonic acid	567-47-5	224.237	---	---	---	---	25	1.3633	2	---	---	---	---	---
18795	C10H8O5	7,8-dihydroxy-6-methoxy-2H-1-benzopyrar	574-84-5	208.171	504.15	1	---	---	25	1.3471	2	---	---	---	solid	1
18796	C10H8O6S2	1,5-naphthalenedisulfonic acid	81-04-9	288.302	515.65	dec	---	---	25	1.4930	1	---	---	---	solid	1
18797	C10H8O6S2	1,6-naphthalenedisulfonic acid	525-37-1	288.302	398.15	dec	---	---	25	1.5073	2	---	---	---	solid	1
18798	C10H8O6S2	2,7-naphthalenedisulfonic acid	92-41-1	288.302	472.15	1	---	---	25	1.5073	2	---	---	---	solid	1
18799	C10H8O7S2	3-hydroxy-2,7-naphthalenedisulfonic acid	148-75-4	304.301	---	---	---	---	25	1.5455	2	---	---	---	---	---
18800	C10H8O7S2	7-hydroxy-1,3-naphthalenedisulfonic acid	118-32-1	304.301	---	---	---	---	25	1.5455	2	---	---	---	---	---

Table 1 Physical Properties - Organic Compounds

				Mol Wt	Freezing Point		Boiling Point		Density			Refractive Index			State	
NO	FORMULA	NAME	CAS No	g/mol	T_F, K	code	T_B, K	code	T, C	g/cm3	code	T, C	n_D	code	@25C,1 atm	code
18801	C10H8O8S2	4,5-dihydroxy-2,7-naphthalenedisulfonic ac	148-25-4	320.301	---	---	---	---	25	1.5817	2	---	---	---	---	---
18802	C10H8S	1-naphthalenethiol	529-36-2	160.240	---	---	558.15	dec	20	1.1607	1	20	1.6802	1	---	---
18803	C10H8S	2-naphthalenethiol	91-60-1	160.240	354.15	1	561.15	1	25	2	1	---	---	---	solid	1
18804	C10H8S	2-phenylthiophene	825-55-8	160.240	308.15	1	529.15	1	23	1.3554	2	---	---	---	solid	1
18805	C10H8S8	bis(ethylenedithio)tetrathiafulvalene	66946-48-3	384.702	517.15	1	---	---	25	1.5329	2	---	---	---	solid	1
18806	C10H9BO2	1-naphthaleneboronic acid	13922-41-3	171.991	483.65	1	---	---	---	---	---	---	---	---	solid	1
18807	C10H9BO2	2-naphthaleneboronic acid	32316-92-0	171.991	---	---	---	---	---	---	---	---	---	---	---	---
18808	C10H9BrN2O2	N-amino-2-(m-bromophenyl)succinimide	66064-11-7	269.098	---	---	---	---	25	1.5780	2	---	---	---	---	---
18809	C10H9BrO	(4-bromophenyl)cyclopropylmethanone	6952-89-2	225.085	---	---	---	---	25	1.4500	1	---	1.5919	1	---	---
18810	C10H9BrO	6-bromo-2-tetralone	4133-35-1	225.085	343.15	1	---	---	25	1.4389	2	---	---	---	solid	1
18811	C10H9BrO2	methyl 2-bromo-3-phenylacrylate	24127-62-6	241.084	296.15	1	---	---	20	1.4975	1	---	---	---	---	---
18812	C10H9BrO2	5-(3-bromo-1-propenyl)-1,3-benzodioxole	42461-89-2	241.084	---	---	---	---	25	1.4878	2	---	---	---	---	---
18813	C10H9BrO3	3-(4-bromobenzoyl)propionic acid	6340-79-0	257.084	422.15	1	---	---	25	1.5334	2	---	---	---	solid	1
18814	C10H9ClCrN2O3	2,2'-bipyridinium chlorochromate	76899-34-8	292.642	---	---	---	---	---	---	---	---	---	---	---	---
18815	C10H9ClN2O2	3-(2-chloroethyl)-2,4(1H,3H)-quinazolinedi	5081-87-8	224.647	468.65	1	---	---	25	1.3381	2	---	---	---	solid	1
18816	C10H9ClN2O2	2-chloromethyl-5-(4-methoxyphenyl)-1,2,4-	24023-71-0	224.647	364.15	1	---	---	25	1.3381	2	---	---	---	solid	1
18817	C10H9ClN4O2S	sulfachlorpyridazine	80-32-0	284.727	460.15	1	---	---	25	1.4834	2	---	---	---	solid	1
18818	C10H9ClO	trans-2-phenylcyclopropanecarbonyl chlori	939-87-7	180.633	---	---	---	---	25	1.1630	1	20	1.5560	1	---	---
18819	C10H9ClO	4-chlorophenyl cyclopropyl ketone	6640-25-1	180.633	303.15	1	---	---	25	1.1600	1	---	---	---	solid	1
18820	C10H9ClO2	methyl 3-chloro-3-phenyl-2-propenoate	87541-87-5	196.633	302.15	1	---	---	21	1.2248	1	21	1.5781	1	solid	1
18821	C10H9ClO2	methyl trans-2-chloro-3-phenyl-2-propenoa	14737-94-1	196.633	306.15	1	---	---	25	1.2337	2	---	---	---	solid	1
18822	C10H9ClO2	1-(4-chlorophenyl)-1-cyclopropanecarboxy	72934-37-3	196.633	426.65	1	---	---	25	1.2337	2	---	---	---	solid	1
18823	C10H9ClO3	alpha-(acetyloxy)benzeneacetyl chloride	1638-63-7	212.632	309.15	1	---	---	25	1.2887	2	---	---	---	solid	1
18824	C10H9ClO3	3-(4-chlorobenzoyl)propionic acid	3984-34-7	212.632	403.65	1	---	---	25	1.2887	2	---	---	---	solid	1
18825	C10H9Cl2N	2-chloro-3-(3-chloro-o-tolyl)propionitrile	21342-85-8	214.093	---	---	384.15	1	25	1.2500	1	---	---	---	---	---
18826	C10H9Cl2NO	N-(3,4-dichlorophenyl)-2-methyl-2-propena	2164-09-2	230.093	401.15	1	---	---	25	1.3133	2	---	---	---	solid	1
18827	C10H9Cl2NO	cypromid	2759-71-9	230.093	---	---	---	---	25	1.3133	2	---	---	---	---	---
18828	C10H9Cl2NO2	2',5'-dichloroacetoacetanilide	2044-72-6	246.092	368.15	1	---	---	25	1.3610	2	---	---	---	solid	1
18829	C10H9Cl2NO2	2,3-dihydro-6-chloro-2-(2-chloroethyl)-4H-1	1016-75-7	246.092	---	---	---	---	25	1.3610	2	---	---	---	---	---
18830	C10H9Cl3O2	trichloromethylphenylcarbinyl acetate	90-17-5	267.538	---	---	---	---	25	1.3807	2	---	---	---	---	---
18831	C10H9Cl3O3	4-(2,4,5-trichlorophenoxy)butyric acid	93-80-1	283.537	---	---	---	---	25	1.4221	2	---	---	---	---	---
18832	C10H9Cl4NO2S	captafol	2425-06-1	349.063	434.15	1	---	---	25	1.5126	2	---	---	---	solid	1
18833	C10H9Cl4NO2S	cis-N-((1,1,2,2-tetrachloroethyl)thio)-4-cycl	2939-80-2	349.063	---	---	---	---	25	1.5126	2	---	---	---	---	---
18834	C10H9Cl4O4P	gardona	961-11-5	365.963	---	---	---	---	---	---	---	---	---	---	---	---
18835	C10H9Cl4O4P	stirifos	22248-79-9	365.963	369.50	1	---	---	---	---	---	---	---	---	solid	1
18836	C10H9Cl9	toxaphene	8001-35-2	448.254	350.15	1	428.15	1	25	1.6500	1	---	---	---	solid	1
18837	C10H9FO	cyclopropyl 4-fluorophenyl ketone	772-31-6	164.179	---	---	---	---	25	1.1440	1	---	1.5320	1	---	---
18838	C10H9FO2	g-(4-fluorophenyl)-g-butyrolactone	51787-96-3	180.179	---	---	---	---	25	1.2000	1	---	---	---	---	---
18839	C10H9FO3	3-(4-fluorobenzoyl)propionic acid	366-77-8	196.178	372.65	1	---	---	25	1.2441	2	---	---	---	solid	1
18840	C10H9FO3	methyl 4-fluorobenzoylacetate	63131-29-3	196.178	---	---	---	---	25	1.2200	1	---	1.5210	1	---	---
18841	C10H9F3O	3-(trifluoromethyl)phenylacetone	21906-39-8	202.176	---	---	489.15	2	25	1.2040	1	---	1.4570	1	---	---
18842	C10H9F3O	4'-(trifluoromethyl)propiophenone	711-33-1	202.176	310.65	1	489.15	1	25	1.2163	2	---	---	---	solid	1
18843	C10H9F3O3	(S)-(-)-a-methoxy-a-(trifluoromethyl)phenyl	17257-71-5	234.175	319.15	1	---	---	25	1.3196	2	---	---	---	solid	1
18844	C10H9F3O3	(R)-(+)-a-methoxy-a-trifluoromethylphenyla	20445-31-2	234.175	348.15	1	---	---	25	1.3440	1	---	1.4730	1	solid	1
18845	C10H9F6N3S	2-(3,5-bis(trifluoromethyl)phenyl)-N-methyl	24095-80-5	317.259	---	---	---	---	25	1.4515	2	---	---	---	---	---
18846	C10H9F9O2	3,3,4,4,5,5,6,6,6,-nonafluorohexyl methacr	1799-84-4	332.167	---	---	---	---	25	1.4020	1	---	1.3520	1	---	---
18847	C10H9F9O3	4,4,5,5,6,6,7,7,7-nonafluoro-2-hydroxyhept	98573-25-2	348.166	---	---	---	---	25	1.4420	1	---	1.3690	1	---	---
18848	C10H9HgNO	methylmercury quinolinolate	86-85-1	359.778	363.15	1	---	---	---	---	---	---	---	---	solid	1
18849	C10H9N	2-methylquinoline	91-63-4	143.188	272.15	1	520.91	1	25	1.0550	1	25	1.6091	1	liquid	1
18850	C10H9N	3-methylquinoline	612-58-8	143.188	337.15	1	525.45	1	20	1.0673	1	20	1.6171	1	solid	1
18851	C10H9N	4-methylquinoline	491-35-0	143.188	282.15	1	538.81	1	25	1.0770	1	25	1.6163	1	liquid	1
18852	C10H9N	5-methylquinoline	7661-55-4	143.188	292.15	1	533.15	1	20	1.0832	1	20	1.6219	1	liquid	1
18853	C10H9N	6-methylquinoline	91-62-3	143.188	305.55	1	538.24	1	20	1.0654	1	20	1.6157	1	solid	1
18854	C10H9N	7-methylquinoline	612-60-2	143.188	311.15	1	530.88	1	20	1.0609	1	20	1.6150	1	solid	1
18855	C10H9N	8-methylquinoline	611-32-5	143.188	246.50	1	521.07	1	20	1.0719	1	20	1.6164	1	liquid	1
18856	C10H9N	1-methylisoquinoline	1721-93-3	143.188	283.15	1	521.15	1	20	1.0777	1	20	1.6095	1	liquid	1
18857	C10H9N	3-methylisoquinoline	1125-80-0	143.188	341.15	1	522.15	1	22	1.0584	2	---	---	---	solid	1
18858	C10H9N	4-methylisoquinoline	1196-39-0	143.188	318.90	2	529.15	1	22	1.0584	2	---	---	---	solid	2
18859	C10H9N	6-methylisoquinoline	42398-73-2	143.188	358.65	1	538.65	1	22	1.0584	2	---	---	---	solid	1
18860	C10H9N	8-methylisoquinoline	62882-00-2	143.188	478.15	1	531.15	1	22	1.0584	2	---	---	---	solid	1
18861	C10H9N	1-naphthylamine	134-32-7	143.188	322.35	1	573.85	1	20	1.0228	1	20	1.6140	1	solid	1
18862	C10H9N	2-naphthylamine	91-59-8	143.188	386.15	1	579.35	1	25	1.0610	1	98	1.6493	1	solid	1
18863	C10H9N	1-phenyl-1H-pyrrole	635-90-5	143.188	335.15	1	507.15	1	22	1.0584	2	---	---	---	solid	1
18864	C10H9N	2-phenyl-1H-pyrrole	3042-22-6	143.188	402.15	1	545.15	1	22	1.0584	2	---	---	---	solid	1
18865	C10H9N	1-phenyl-1-cyclopropanecarbonitrile	935-44-4	143.188	---	---	534.69	2	25	1.0000	1	---	1.5390	1	---	---
18866	C10H9NO	6-amino-2-naphthalenol	4363-04-6	159.188	466.15	1	485.15	dec	25	1.1516	2	---	---	---	solid	1
18867	C10H9NO	8-amino-2-naphthalenol	118-46-7	159.188	479.15	1	533.60	2	25	1.1516	2	---	---	---	solid	1
18868	C10H9NO	5-amino-1-naphthol	83-55-6	159.188	443.15	1	533.60	2	25	1.1516	2	---	---	---	solid	1
18869	C10H9NO	1-(1H-indol-3-yl)ethanone	703-80-0	159.188	465.45	1	533.60	2	25	1.1516	2	---	---	---	solid	1
18870	C10H9NO	7-methoxyisoquinoline	39989-39-4	159.188	322.15	1	533.60	2	25	1.1516	2	---	---	---	solid	1
18871	C10H9NO	4-methoxyquinoline	607-31-8	159.188	314.15	1	518.15	1	25	1.1516	2	---	---	---	solid	1
18872	C10H9NO	6-methoxyquinoline	5263-87-6	159.188	299.65	1	579.15	1	20	1.1520	1	---	---	---	solid	1
18873	C10H9NO	8-methoxyquinoline	938-33-0	159.188	322.65	1	556.15	1	29	1.0340	1	---	---	---	solid	1
18874	C10H9NO	2-methyl-6-quinolinol	613-21-8	159.188	486.15	1	577.65	1	25	1.1665	1	---	---	---	solid	1
18875	C10H9NO	2-methyl-8-quinolinol	826-81-3	159.188	346.95	1	540.15	1	25	1.1516	2	---	---	---	solid	1
18876	C10H9NO	6-methyl-7-quinolinol	84583-53-9	159.188	517.15	1	533.60	2	25	1.1516	2	---	---	---	solid	1
18877	C10H9NO	6-methyl-8-quinolinol	20984-33-2	159.188	368.65	1	533.60	2	25	1.1516	2	---	---	---	solid	1
18878	C10H9NO	1-methyl-2(1H)-quinolinone	606-43-9	159.188	347.15	1	598.15	1	25	1.1516	2	---	---	---	solid	1
18879	C10H9NO	1-methyl-4(1H)-quinolinone	83-54-5	159.188	---	---	533.60	2	25	1.1516	2	---	---	---	---	---
18880	C10H9NO	6-methyl-2(1H)-quinolinone	4053-34-3	159.188	510.15	1	533.60	2	25	1.1516	2	---	---	---	solid	1

Table 1 Physical Properties - Organic Compounds

				Mol Wt	Freezing Point		Boiling Point		Density			Refractive Index			State	
NO	FORMULA	NAME	CAS No	g/mol	T_F, K	code	T_B, K	code	T, C	g/cm3	code	T, C	n_D	code	@25C,1 atm	code
18881	C10H9NO	1-acetylindole	576-15-8	159.188	---	---	533.60	2	25	1.3870	1	---	1.6070	1	---	---
18882	C10H9NO	2-hydroxy-4-methylquinoline	607-66-9	159.188	499.65	1	533.60	2	25	1.1516	2	---	---	---	solid	1
18883	C10H9NO	4-hydroxy-2-methylquinoline	607-67-0	159.188	508.15	1	533.60	2	25	1.1516	2	---	---	---	solid	1
18884	C10H9NO	4-methoxycinnamonitrile	28446-68-6	159.188	337.15	1	406.65	1	25	1.0960	1	---	1.6130	1	solid	1
18885	C10H9NO	4-methylbenzoylacetonitrile	7391-28-8	159.188	373.15	1	533.60	2	25	1.1516	2	---	---	---	solid	1
18886	C10H9NO	trans-2-phenylcyclopropyl isocyanate	63009-74-5	159.188	---	---	533.60	2	25	1.0740	1	---	1.5460	1	---	---
18887	C10H9NO	5-acetylindole	53330-94-2	159.188	---	---	636.15	1	25	1.1516	2	---	---	---	---	---
18888	C10H9NO	2-amino-1-naphthol	42884-33-3	159.188	528.15	dec	495.15	1	25	1.1516	2	---	---	---	solid	1
18889	C10H9NO	5-amino-2-naphthol	86-97-5	159.188	---	---	477.15	1	25	1.1516	2	---	---	---	---	---
18890	C10H9NO	N-hydroxy-1-aminonaphthalene	607-30-7	159.188	352.15	1	533.60	2	25	1.1516	2	---	---	---	solid	1
18891	C10H9NO	lepidine-1-oxide	4053-40-1	159.188	---	---	533.60	2	25	1.1516	2	---	---	---	---	---
18892	C10H9NO	2-naphthylhydroxylamine	613-47-8	159.188	409.15	dec	533.60	2	25	1.1516	2	---	---	---	solid	1
18893	C10H9NO	a-phenylacetoacetonitrile	4468-48-8	159.188	363.65	1	533.60	2	25	1.1516	2	---	---	---	solid	1
18894	C10H9NOS	N-phenylmonothiosuccinimide	4166-09-0	191.254	---	---	---	---	25	1.2229	2	---	---	---	---	---
18895	C10H9NO2	N-ethyl-1H-isoindole-1,3(2H)-dione	5022-29-7	175.187	352.15	1	558.65	1	25	1.2355	2	---	---	---	solid	1
18896	C10H9NO2	alpha-ethynylbenzenemethanol carbamate	3567-38-2	175.187	359.65	1	590.98	2	25	1.2355	2	---	---	---	solid	1
18897	C10H9NO2	1H-indole-3-acetic acid	87-51-4	175.187	441.65	1	590.98	2	25	1.2355	2	---	---	---	solid	1
18898	C10H9NO2	5-methoxy-2-phenyloxazole	40527-16-0	175.187	---	---	590.98	2	25	1.2355	2	23	1.5840	1	---	---
18899	C10H9NO2	1-phenyl-2,5-pyrrolidinedione	83-25-0	175.187	429.15	1	673.15	1	25	1.3560	1	---	---	---	solid	1
18900	C10H9NO2	(R)-(+)-a-acetoxyphenylacetonitrile	119718-89-7	175.187	---	---	541.15	1	25	1.1150	1	---	1.5060	1	---	---
18901	C10H9NO2	7-amino-4-methylcoumarin	26093-31-2	175.187	497.65	1	590.98	2	25	1.2355	2	---	---	---	solid	1
18902	C10H9NO2	5,7-dimethylisatin	39603-24-2	175.187	518.15	1	590.98	2	25	1.2355	2	---	---	---	solid	1
18903	C10H9NO2	ethyl 4-cyanobenzoate	7153-22-2	175.187	326.65	1	590.98	2	25	1.2355	2	---	---	---	solid	1
18904	C10H9NO2	indoxyl acetate	608-08-2	175.187	402.65	1	590.98	2	25	1.2355	2	---	---	---	solid	1
18905	C10H9NO2	5-methoxyindole-3-carboxaldehyde	10601-19-1	175.187	455.15	1	590.98	2	25	1.2355	2	---	---	---	solid	1
18906	C10H9NO2	methyl indole-4-carboxylate	39830-66-5	175.187	342.15	1	590.98	2	25	1.2355	2	---	---	---	solid	1
18907	C10H9NO2	methyl indole-3-carboxylate	942-24-5	175.187	423.65	1	590.98	2	25	1.2355	2	---	---	---	solid	1
18908	C10H9NO2	2-(hydroxyacetyl)indole	52098-13-2	175.187	---	---	590.98	2	25	1.2355	2	---	---	---	---	---
18909	C10H9NO2	5-(hydroxyacetyl)indole	38693-06-0	175.187	---	---	590.98	2	25	1.2355	2	---	---	---	---	---
18910	C10H9NO2	4-hydroxy-1-methyl-2-quinolone	1677-46-9	175.187	---	---	590.98	2	25	1.2355	2	---	---	---	---	---
18911	C10H9NO2S	ethyl 2-isothiocyanatobenzoate	99960-09-5	207.253	---	---	---	---	25	1.2010	1	---	1.6140	1	---	---
18912	C10H9NO2S	1-(phenylsulfonyl)pyrrole	16851-82-4	207.253	361.65	1	---	---	25	1.2793	2	---	---	---	solid	1
18913	C10H9NO2S	benzo(b)thien-4-yl methylcarbamate	1079-33-0	207.253	---	---	---	---	25	1.2793	2	---	---	---	---	---
18914	C10H9NO3	cis-4-oxo-4-(phenylamino)-2-butenoic acid	555-59-9	191.187	465.15	dec	486.15	2	30	1.4180	1	---	---	---	solid	1
18915	C10H9NO3	4-benzoyloxy-2-azetidinone	28562-58-5	191.187	368.15	1	486.15	2	28	1.2860	2	---	---	---	solid	1
18916	C10H9NO3	ethyl 4-isocyanatobenzoate	30806-83-8	191.187	301.15	1	486.15	2	28	1.2860	2	---	---	---	solid	1
18917	C10H9NO3	ethyl 3-isocyanatobenzoate	67531-68-4	191.187	---	---	486.15	1	25	1.1540	1	---	1.5310	1	---	---
18918	C10H9NO3	N-(2-hydroxyethyl)phthalimide	3891-07-4	191.187	400.65	1	486.15	2	28	1.2860	2	---	---	---	solid	1
18919	C10H9NO3	5-hydroxyindole-3-acetic acid	54-16-0	191.187	436.65	1	486.15	2	28	1.2860	2	---	---	---	solid	1
18920	C10H9NO3	5-methoxyindole-2-carboxylic acid	4382-54-1	191.187	472.15	1	486.15	2	28	1.2860	2	---	---	---	solid	1
18921	C10H9NO3	4-oxo-4-phenylamino-2-butenoic acid	37902-58-2	191.187	---	---	486.15	2	28	1.2860	2	---	---	---	---	---
18922	C10H9NO3S	2-amino-1-naphthalenesulfonic acid	81-16-3	223.253	---	---	493.15	2	25	1.3319	2	---	---	---	---	---
18923	C10H9NO3S	4-amino-1-naphthalenesulfonic acid	84-86-6	223.253	---	---	493.15	2	25	1.6703	1	---	---	---	---	---
18924	C10H9NO3S	5-amino-1-naphthalenesulfonic acid	84-89-9	223.253	---	---	493.15	2	25	1.3319	2	---	---	---	---	---
18925	C10H9NO3S	7-amino-1-naphthalenesulfonic acid	86-60-2	223.253	---	---	493.15	2	25	1.3319	2	---	---	---	---	---
18926	C10H9NO3S	8-amino-1-naphthalenesulfonic acid	82-75-7	223.253	---	---	493.15	2	25	1.3319	2	---	---	---	---	---
18927	C10H9NO3S	8-amino-2-naphthalenesulfonic acid	119-28-8	223.253	---	---	493.15	2	25	1.3319	2	---	---	---	---	---
18928	C10H9NO3S	5-amino-2-naphthalenesulfonic acid	119-79-9	223.253	---	---	493.15	2	25	1.3319	2	---	---	---	---	---
18929	C10H9NO3S	probenazole	27605-76-1	223.253	---	---	493.15	1	25	1.3319	2	---	---	---	---	---
18930	C10H9NO4	methyl trans-3-(2-nitrophenyl)-2-propenoat	39228-29-0	207.186	346.15	1	556.65	2	25	1.3140	2	---	---	---	solid	1
18931	C10H9NO4	methyl trans-3-(3-nitrophenyl)-2-propenoat	659-04-1	207.186	398.45	1	556.65	2	25	1.3140	2	---	---	---	solid	1
18932	C10H9NO4	methyl trans-3-(4-nitrophenyl)-2-propenoat	637-57-0	207.186	435.15	1	556.65	1	25	1.3140	2	---	---	---	solid	1
18933	C10H9NO4S	4-amino-3-hydroxy-1-naphthalenesulfonic	116-63-2	239.252	---	---	---	---	25	1.3811	2	---	---	---	---	---
18934	C10H9NO4S	8-amino-1-naphthol-5-sulfonic acid	83-64-7	239.252	---	---	---	---	25	1.3811	2	---	---	---	---	---
18935	C10H9NO4S	6-amino-4-hydroxy-2-naphthalenesulfonic	90-51-7	239.252	---	---	---	---	25	1.3811	2	---	---	---	---	---
18936	C10H9NO4S	7-amino-4-hydroxy-2-naphthalenesulfonic	87-02-5	239.252	---	---	---	---	25	1.3811	2	---	---	---	---	---
18937	C10H9NO4S	2-amino-1-naphthyl ester sulfuric acid	605-92-5	239.252	---	---	---	---	25	1.3811	2	---	---	---	---	---
18938	C10H9NO6	dimethyl 5-nitroisophthalate	13290-96-5	239.185	396.15	1	---	---	25	1.4161	2	---	---	---	solid	1
18939	C10H9NO6	dimethyl 4-nitrophthalate	610-22-0	239.185	339.15	1	---	---	25	1.4161	2	---	---	---	solid	1
18940	C10H9NO6	dimethyl nitroterephthalate	5292-45-5	239.185	347.65	1	---	---	25	1.4161	2	---	---	---	solid	1
18941	C10H9NO6S	2-(4-methylsulphonyl-2-nitrophenyl) malon	---	271.251	489.15	1	---	---	25	1.4705	2	---	---	---	solid	1
18942	C10H9NO6S2	4-amino-1,6-naphthalenedisulfonic acid	85-75-6	303.317	---	---	478.95	2	25	1.5164	2	---	---	---	---	---
18943	C10H9NO6S2	4-amino-1,7-naphthalenedisulfonic acid	85-74-5	303.317	---	---	478.95	2	25	1.5164	2	---	---	---	---	---
18944	C10H9NO6S2	7-amino-1,3-naphthalenedisulfonic acid	86-65-7	303.317	547.15	1	---	---	25	1.5164	2	---	---	---	solid	1
18945	C10H9NO6S2	2-amino-1,5-naphthalenedisulfonic acid	117-62-4	303.317	---	---	478.95	2	25	1.5164	2	---	---	---	---	---
18946	C10H9NO6S2	3-amino-1,5-naphthalenedisulfonic acid	131-27-1	303.317	---	---	478.95	2	25	1.5164	2	---	---	---	---	---
18947	C10H9NO6S2	amino-S acid	117-55-5	303.317	---	---	478.95	1	25	1.5164	2	---	---	---	---	---
18948	C10H9NO7S2	4-amino-5-hydroxy-2,7-naphthalenedisulfo	90-20-0	319.316	---	---	---	---	25	1.5528	2	---	---	---	---	---
18949	C10H9NO9S3	7-amino-1,3,6-naphthalenetrisulfonic acid	118-03-6	383.381	---	---	---	---	25	1.6494	2	---	---	---	---	---
18950	C10H9N3	N-2-pyridinyl-2-pyridinamine	1202-34-2	171.202	363.65	1	580.65	1	25	1.1914	2	---	---	---	solid	1
18951	C10H9N3O	amrinone	60719-84-8	187.202	568.65	dec	---	---	25	1.2537	2	---	---	---	solid	1
18952	C10H9N3O3	2,4-dihydro-5-methyl-2-(4-nitrophenyl)-3H-	6402-09-1	219.201	495.65	1	674.85	2	25	1.3653	2	---	---	---	solid	1
18953	C10H9N3O3	4,6-dimethyl-2-(5-nitro-2-furyl)pyrimidine	59-35-8	219.201	---	---	674.85	1	25	1.3653	2	---	---	---	---	---
18954	C10H9N3S2	1-phenyl-3-(2-thiazolyl)-2-thiourea	14901-16-7	235.334	455.65	1	---	---	25	1.3461	2	---	---	---	solid	1
18955	C10H9N5O	kinetin	525-79-1	215.216	543.15	1	---	---	25	1.3637	2	---	---	---	solid	1
18956	C10H9O4P	1-naphthyl phosphate hydrate	1136-89-6	224.153	431.15	1	---	---	---	---	---	---	---	---	solid	1
18957	C10H9O6P	4-methylumbelliferone phosphate	3368-04-5	256.152	483.15	1	---	---	---	---	---	---	---	---	solid	1
18958	C10H10	m-divinylbenzene	108-57-6	130.189	206.25	1	472.65	1	25	0.9250	1	25	1.5736	1	liquid	1
18959	C10H10	(cis)-1,3-butadienylbenzene	31915-94-3	130.189	216.15	1	473.70	2	20	0.9334	1	20	1.6095	1	liquid	2
18960	C10H10	(trans)-1,3-butadienylbenzene	16939-57-4	130.189	275.45	1	473.70	2	20	0.9286	1	25	1.6089	1	liquid	2

Table 1 Physical Properties - Organic Compounds

NO	FORMULA	NAME	CAS No	Mol Wt g/mol	Freezing Point T_F, K	code	Boiling Point T_B, K	code	Density T, C	g/cm3	code	Refractive Index T, C	n_D	code	State @25C,1 atm	code
18961	C10H10	o-divinylbenzene	91-14-5	130.189	---	---	473.70	2	22	0.9325	1	20	1.5767	1	---	---
18962	C10H10	p-divinylbenzene	105-06-6	130.189	304.15	1	473.70	2	40	0.9130	1	25	1.5835	1	solid	1
18963	C10H10	1-methylindene	767-59-9	130.189	353.15	2	471.65	1	25	0.9700	1	25	1.5587	1	solid	2
18964	C10H10	2-methylindene	2177-47-1	130.189	353.15	1	479.45	1	25	0.9740	1	25	1.5627	1	solid	1
18965	C10H10	3-methyl-1H-indene	767-60-2	130.189	---	---	471.15	1	25	0.9720	1	20	1.5621	1	---	---
18966	C10H10	4-methyl-1H-indene	7344-34-5	130.189	---	---	482.15	1	25	0.9890	1	20	1.5680	1	---	---
18967	C10H10	6-methyl-1H-indene	20232-11-5	130.189	---	---	480.15	1	25	0.9770	1	20	1.5660	1	---	---
18968	C10H10	7-methyl-1H-indene	7372-92-1	130.189	---	---	482.15	1	25	0.9890	1	20	1.5680	1	---	---
18969	C10H10	3-butynylbenzene	16520-62-0	130.189	---	---	463.15	1	20	0.9258	1	20	1.5208	1	---	---
18970	C10H10	1,2-dihydronaphthalene	447-53-0	130.189	265.15	1	479.65	1	20	0.9974	1	20	1.5814	1	liquid	1
18971	C10H10	1,4-dihydronaphthalene	612-17-9	130.189	298.15	1	484.65	1	33	0.9928	1	20	1.5577	1	---	---
18972	C10H10	2-phenyl-1,3-butadiene	2288-18-8	130.189	---	---	473.70	2	20	0.9250	1	20	1.5489	1	---	---
18973	C10H10	divinylbenzene	1321-74-0	130.189	186.05	1	469.65	1	25	0.9160	1	---	1.5740	1	liquid	1
18974	C10H10	1-phenyl-1-butyne	622-76-4	130.189	---	---	469.45	1	25	0.9160	1	---	1.5490	1	---	---
18975	C10H10	bullvalene	1005-51-2	130.189	---	---	473.70	2	25	0.9516	2	---	---	---	---	---
18976	C10H10AgF7O2	(6,6,7,7,8,8,8-heptafluoro-2,2-dimethyl-3,5-	76121-99-8	403.044	433.15	1	---	---	---	---	---	---	---	---	solid	1
18977	C10H10B2F8N2	1-fluoropyridinium pyridine heptafluorodibo	131307-35-2	331.813	472.65	1	---	---	---	---	---	---	---	---	solid	1
18978	C10H10BrClO	4'-bromo-4-chlorobutyrophenone	4559-96-0	261.545	309.65	1	---	---	25	1.4683	2	---	---	---	solid	1
18979	C10H10BrCl2O4P	methylbromfenvinphos	13104-21-7	375.970	---	---	483.75	1	---	---	---	---	---	---	---	---
18980	C10H10BrNO	1-(4-bromophenyl)-2-pyrrolidinone	7661-32-7	240.100	372.65	1	---	---	25	1.4536	2	---	---	---	solid	1
18981	C10H10BrNO3	methyl 2-acetamido-5-bromobenzoate	138825-96-4	272.099	406.15	1	---	---	25	1.5424	2	---	---	---	solid	1
18982	C10H10Br4	1,2,4,5-tetrakis(bromomethyl)benzene	15442-91-8	449.805	432.15	1	---	---	25	2.0935	2	---	---	---	solid	1
18983	C10H10ClFO	4-chloro-4'-fluorobutyrophenone	3874-54-2	200.640	278.65	1	---	---	25	1.2250	1	---	1.5260	1	---	---
18984	C10H10ClFO2	ethyl 2-chloro-6-fluorophenylacetate	214262-85-8	216.639	---	---	---	---	25	1.2467	2	---	1.4985	1	---	---
18985	C10H10ClNO	1-(4-chlorophenyl)-2-pyrrolidinone	7661-33-8	195.648	369.65	1	---	---	25	1.2038	2	---	---	---	solid	1
18986	C10H10ClNO2	4'-chloroacetoacetanilide	101-92-8	211.648	393.65	1	576.15	2	25	1.4380	1	---	---	---	solid	1
18987	C10H10ClNO2	o-acetoacetochloranilide	93-70-9	211.648	---	---	576.15	1	25	1.2588	2	---	---	---	---	---
18988	C10H10ClNO2	chlorethylbenzmethoxazone	132-89-8	211.648	419.65	dec	576.15	2	25	1.2588	2	---	---	---	solid	1
18989	C10H10ClNO2	4-chloroacetoacetanilide	39082-00-3	211.648	---	---	576.15	2	25	1.2588	2	---	---	---	---	---
18990	C10H10ClNO2	4'-chloroacetyl acetanilide	140-49-8	211.648	---	---	576.15	2	25	1.2588	2	---	---	---	---	---
18991	C10H10ClNO4	4-(chloromethyl)-2-(o-nitrophenyl)-1,3-diox	53460-81-4	243.647	---	---	---	---	25	1.3583	2	---	---	---	---	---
18992	C10H10ClN3O2	4-amino-2-chloro-6,7-dimethoxyquinazolin	23680-84-4	239.662	548.65	1	---	---	25	1.3568	2	---	---	---	solid	1
18993	C10H10Cl2	2,2-dichloro-1-methylcyclopropylbenzene	3591-42-2	201.094	---	---	349.15	1	25	1.1720	1	---	---	---	---	---
18994	C10H10Cl2Hf	bis(cyclopentadienyl)hafnium dichloride	12116-66-4	379.584	505.65	1	---	---	---	---	---	---	---	---	solid	1
18995	C10H10Cl2N2O	4-amino-N-cyclopropyl-3,5-dichlorobenzam	60676-83-7	245.108	---	---	524.15	1	25	1.3324	2	---	---	---	---	---
18996	C10H10Cl2N2O	2-((3,4-dichlorophenoxy)methyl)-2-imidazo	23712-05-2	245.108	517.65	1	524.15	2	25	1.3324	2	---	---	---	solid	1
18997	C10H10Cl2N2OS	2-amino-5-((3,4-dichlorophenyl)thiomethyl)	50510-12-8	277.174	---	---	---	---	25	1.3892	2	---	---	---	---	---
18998	C10H10Cl2N2Pt	cis-dichloro(dipyridine)platinum(ii)	15227-42-6	424.186	497.15	dec	---	---	---	---	---	---	---	---	solid	1
18999	C10H10Cl2Nb	niobocene dichloride	12793-14-5	294.001	---	---	---	---	---	---	---	---	---	---	---	---
19000	C10H10Cl2O	4,4'-dichlorobutyrophenone	40877-09-6	217.094	302.65	1	---	---	25	1.2372	2	---	---	---	solid	1
19001	C10H10Cl2O2	2-chloro-3-(4-chlorophenyl)methylpropiona	14437-17-3	233.093	---	---	---	---	25	1.2872	2	---	---	---	---	---
19002	C10H10Cl2O3	butyrac 118	94-82-6	249.093	391.15	1	---	---	25	1.3342	2	---	---	---	solid	1
19003	C10H10Cl2O3	ethyl (2,4-dichlorophenoxy)acetate	533-23-3	249.093	---	---	---	---	25	1.3342	2	---	---	---	---	---
19004	C10H10Cl2Ti	bis(cyclopentadienyl)titanium dichloride	1271-19-8	248.961	562.15	1	---	---	25	1.6000	1	---	---	---	solid	1
19005	C10H10Cl2W	bis(cyclopentadienyl)tungsten dichloride	12184-26-8	384.934	>623.15	1	---	---	---	---	---	---	---	---	solid	1
19006	C10H10Cl2Zr	bis(cyclopentadienyl)zirconium dichloride	1291-32-3	292.318	516.65	1	---	---	---	---	---	---	---	---	solid	1
19007	C10H10Cl8	polychloropinene	25267-15-6	413.809	---	---	---	---	25	1.5158	2	---	---	---	---	---
19008	C10H10Co	cobaltocene	1277-43-6	189.123	446.15	1	---	---	---	---	---	---	---	---	solid	1
19009	C10H10Cr	chromocene	1271-24-5	182.186	445.65	1	---	---	---	---	---	---	---	---	solid	1
19010	C10H10CrN2O5	oxodiperoxodipyridinechromium(VI)	---	290.197	---	---	---	---	---	---	---	---	---	---	---	---
19011	C10H10FNO	1-(4-fluorophenyl)-2-pyrrolidinone	54660-08-1	179.194	329.65	1	---	---	25	1.1545	2	---	---	---	solid	1
19012	C10H10F3NO	N,N-dimethyl-3-(trifluoromethyl)benzamide	90238-10-1	217.191	---	---	496.15	1	25	1.2550	1	---	1.4790	1	---	---
19013	C10H10F3NO2S	5-(a,a,a-trifluoro-m-tolyoxymethyl)-2-oxazo	3414-47-9	265.257	---	---	---	---	25	1.3522	2	---	---	---	---	---
19014	C10H10F8O4	diethyl octafluoroadipate	376-50-1	346.175	---	---	---	---	25	1.4607	2	---	---	---	---	---
19015	C10H10Fe	ferrocene	102-54-5	186.034	445.65	1	522.15	1	---	---	---	---	---	---	solid	1
19016	C10H10HgN2O5	acetoxy(2-acetamido-5-nitrophenyl)mercur	64058-72-6	438.790	---	---	---	---	---	---	---	---	---	---	---	---
19017	C10H10Hg2O5	(4-hydroxy-m-phenylene)bis(acetatomercu	99071-30-4	611.366	---	---	---	---	---	---	---	---	---	---	---	---
19018	C10H10Mg	bis(cyclopentadienyl)magnesium	1284-72-6	154.494	451.15	1	563.15	1	---	---	---	---	---	---	solid	1
19019	C10H10Mn	manganese, bis(h5-cyclopentadienyl)	73138-26-8	185.127	448.15	1	---	---	---	---	---	---	---	---	solid	1
19020	C10H10NNaO8S2	H acid sodium salt	5460-09-3	359.313	---	---	---	---	---	---	---	---	---	---	---	---
19021	C10H10NO	N-methyl-quinoline 5,6-oxide	142044-37-9	160.196	---	---	523.15	dec	25	1.1023	2	---	---	---	---	---
19022	C10H10N2	2,6-dimethylquinoxaline	60814-29-1	158.203	327.15	1	541.15	1	47	1.1606	2	---	---	---	solid	1
19023	C10H10N2	1-methyl-3-phenyl-1H-pyrazole	3463-26-1	158.203	329.15	1	553.65	1	99	1.0232	1	---	---	---	solid	1
19024	C10H10N2	3-methyl-1-phenyl-1H-pyrazole	1128-54-7	158.203	310.15	1	528.15	1	20	1.0760	1	---	---	---	solid	1
19025	C10H10N2	3-(1-methyl-1H-pyrrol-2-yl)pyridine	487-19-4	158.203	---	---	554.15	1	20	1.2410	1	20	1.6057	1	---	---
19026	C10H10N2	2-methyl-3-quinolinamine	21352-22-7	158.203	433.15	1	551.15	1	47	1.1606	2	---	---	---	solid	1
19027	C10H10N2	2-methyl-4-quinolinamine	6628-04-2	158.203	442.15	1	606.15	1	47	1.1606	2	---	---	---	solid	1
19028	C10H10N2	2-methyl-7-quinolinamine	64334-96-9	158.203	421.15	1	577.15	1	47	1.1606	2	---	---	---	solid	1
19029	C10H10N2	4-methyl-2-quinolinamine	27063-27-0	158.203	406.15	1	593.15	1	47	1.1606	2	---	---	---	solid	1
19030	C10H10N2	6-methyl-8-quinolinamine	68420-93-9	158.203	346.15	1	565.32	2	47	1.1606	2	---	---	---	solid	1
19031	C10H10N2	1,2-naphthalenediamine	938-25-0	158.203	371.65	1	565.32	2	47	1.1606	2	---	---	---	solid	1
19032	C10H10N2	1,4-naphthalenediamine	2243-61-0	158.203	393.15	1	565.32	2	47	1.1606	2	18	1.6441	1	solid	1
19033	C10H10N2	1,5-naphthalenediamine	2243-62-1	158.203	463.15	1	565.32	2	25	1.4000	1	---	---	---	solid	1
19034	C10H10N2	1,8-naphthalenediamine	479-27-6	158.203	339.65	1	565.32	2	90	1.1265	1	99	1.6828	1	solid	1
19035	C10H10N2	2,3-naphthalenediamine	771-97-1	158.203	472.15	1	565.32	2	26	1.0968	1	26	1.6392	1	solid	1
19036	C10H10N2	1-naphthylhydrazine	2243-55-2	158.203	390.15	1	565.32	2	47	1.1606	2	---	---	---	solid	1
19037	C10H10N2	6-amino-2-methylquinoline	65079-19-8	158.203	462.15	1	565.32	2	47	1.1606	2	---	---	---	solid	1
19038	C10H10N2	1-(2-aminophenyl)pyrrole	6025-60-1	158.203	369.15	1	565.32	2	47	1.1606	2	---	---	---	solid	1
19039	C10H10N2	1-benzylimidazole	4238-71-5	158.203	342.65	1	583.15	1	47	1.1606	2	---	---	---	solid	1
19040	C10H10N2	2,3-dimethylquinoxaline	2379-55-7	158.203	377.65	1	565.32	2	47	1.1606	2	---	---	---	solid	1

Table 1 Physical Properties - Organic Compounds

NO	FORMULA	NAME	CAS No	Mol Wt g/mol	Freezing Point T_F, K	code	Boiling Point T_B, K	code	Density T, C	g/cm3	code	Refractive index T, C	n_D	code	State @25C,1 atm	code
19041	C10H10N2	3-(p-tolyl)pyrazole	59843-75-3	158.203	357.15	1	565.32	2	47	1.1606	2	---	---	---	solid	1
19042	C10H10N2	3-(pyrrol-1-ylmethyl)pyridine	80866-95-1	158.203	334.65	1	565.32	2	47	1.1606	2	---	---	---	solid	1
19043	C10H10N2	5-methyl-1-phenyl-1H-pyrazole	6831-91-0	158.203	---	---	565.32	2	47	1.1606	2	---	---	---	---	---
19044	C10H10N2	1-methyl-5-phenylpyrazole	3463-27-2	158.203	---	---	565.32	2	47	1.1606	2	---	---	---	---	---
19045	C10H10N2Na	dipyridinesodium	---	181.193	---	---	---	---	---	---	---	---	---	---	---	---
19046	C10H10N2O	1,2-dihydro-5-methyl-2-phenyl-3H-pyrazol-	19735-89-8	174.203	401.15	1	---	---	20	1.2600	1	---	1.6370	1	solid	1
19047	C10H10N2O	1,3-dihydro-1-(1-methylethenyl)-2H-benzim	52099-72-6	174.203	395.15	1	---	---	25	1.1646	2	---	---	---	solid	1
19048	C10H10N2O	1-(4-methoxyphenyl)-1H-imidazole	10040-95-6	174.203	336.15	1	---	---	25	1.1646	2	---	---	---	solid	1
19049	C10H10N2O	3-(4-methoxyphenyl)pyrazole	27069-17-6	174.203	401.65	1	---	---	25	1.1646	2	---	---	---	solid	1
19050	C10H10N2O	3-methyl-1-phenyl-2-pyrazoline-5-one	89-25-8	174.203	402.15	1	---	---	25	1.1646	2	---	---	---	solid	1
19051	C10H10N2O	2,4-dihydro-2-methyl-5-phenyl-3H-pyrazol-	41927-50-8	174.203	---	---	---	---	25	1.1646	2	---	---	---	---	---
19052	C10H10N2OS2	2-benzoylhydrazono-1,3-dithiolane	62303-19-9	238.335	---	---	---	---	25	1.3189	2	---	---	---	---	---
19053	C10H10N2O2	3-methyl-5-phenyl-2,4-imidazolidinedione	6846-11-3	190.202	437.65	1	---	---	25	1.2256	2	---	---	---	solid	1
19054	C10H10N2O2	(S)-N-3-cyanophenylalanine	57213-48-6	190.202	---	---	---	---	25	1.2256	2	---	---	---	---	---
19055	C10H10N2O2	2,3-dimethyl-7-nitroindole	41018-86-4	190.202	435.65	1	---	---	25	1.2256	2	---	---	---	solid	1
19056	C10H10N2O2	5-methyl-5-phenylhydantoin	6843-49-8	190.202	473.15	1	---	---	25	1.2256	2	---	---	---	solid	1
19057	C10H10N2O2	2,5-bis(aziridino)benzoquinone	526-62-5	190.202	---	---	---	---	25	1.2256	2	---	---	---	---	---
19058	C10H10N2O2	2,3-dimethylquinoxaline dioxide	5432-74-6	190.202	---	---	---	---	25	1.2256	2	---	---	---	---	---
19059	C10H10N2O2	4-(hydroxyamino)-5-methylquinoline-1-oxid	13442-07-4	190.202	---	---	---	---	25	1.2256	2	---	---	---	---	---
19060	C10H10N2O2	4-(hydroxyamino)-6-methylquinoline-1-oxid	13442-08-5	190.202	---	---	---	---	25	1.2256	2	---	---	---	---	---
19061	C10H10N2O2	4-(hydroxyamino)-7-methylquinoline-1-oxid	13442-09-6	190.202	---	---	---	---	25	1.2256	2	---	---	---	---	---
19062	C10H10N2O2	4-(hydroxyamino)-8-methylquinoline-1-oxid	13442-10-9	190.202	---	---	---	---	25	1.2256	2	---	---	---	---	---
19063	C10H10N2O2	4-(N-hydroxy-N-methylamino)quinoline 1-o	69321-16-0	190.202	---	---	---	---	25	1.2256	2	---	---	---	---	---
19064	C10H10N2O2	2-methyl-4-hydroxylaminoquinoline 1-oxide	10482-16-3	190.202	---	---	---	---	25	1.2256	2	---	---	---	---	---
19065	C10H10N2O2S	1-(p-toluenesulfonyl)imidazole	2232-08-8	222.268	350.65	1	---	---	25	1.3017	2	---	---	---	solid	1
19066	C10H10N2O2S2	3-methyl-5-(p-tolylsulfonyl)-1,2,4-thiadiazo	20064-41-9	254.334	---	---	336.85	1	25	1.3650	2	---	---	---	---	---
19067	C10H10N2O3	1-acetyl-5-nitroindoline	33632-27-8	206.202	448.65	1	---	---	25	1.2823	2	---	---	---	solid	1
19068	C10H10N2O3	1-(4-nitrophenyl)-2-pyrrolidinone	13691-26-4	206.202	402.15	1	---	---	25	1.2823	2	---	---	---	solid	1
19069	C10H10N2O4	6,7-dimethoxy-2,4(1H,3H)-quinazolinedion	28888-44-0	222.201	597.15	1	---	---	25	1.3351	2	---	---	---	solid	1
19070	C10H10N2O4	2-methoxy-4-(o-methoxyphenyl)-D2-1,3,4-(	60589-06-2	222.201	---	---	---	---	25	1.3351	2	---	---	---	---	---
19071	C10H10N2O4S	3-methyl-1-(4-sulfophenyl)-2-pyrazolin-5-o	89-36-1	254.267	---	---	---	---	25	1.3972	2	---	---	---	---	---
19072	C10H10N2O6S2	3,4-diamino-1,5-naphthalenedisulfonic acid	39699-08-6	318.332	---	---	---	---	25	1.5247	2	---	---	---	---	---
19073	C10H10N2O7S2	1,7-diamino-8-naphthol-3,6-disulphonic aci	3545-88-8	334.331	---	---	---	---	25	1.5594	2	---	---	---	---	---
19074	C10H10N2S2Sn	(2,3-quinoxalinyldithio)dimethyltin	73927-90-9	341.045	---	---	---	---	---	---	---	---	---	---	---	---
19075	C10H10N4	2,4-diamino-5-phenylpyrimidine	18588-49-3	186.217	---	---	---	---	25	1.2214	2	---	---	---	---	---
19076	C10H10N4O	4-amino-3-methyl-6-phenyl-1,2,4-triazin-5-	41394-05-2	202.217	442.15	1	---	---	25	1.2793	2	---	---	---	solid	1
19077	C10H10N4OS	N-methylisatin-3-(thiosemicarbazone)	1910-68-5	234.283	518.15	1	---	---	25	1.3493	2	---	---	---	solid	1
19078	C10H10N4O2S	4-amino-N-pyrazinylbenzenesulfonamide	116-44-9	250.282	524.15	1	---	---	25	1.3963	2	---	---	---	solid	1
19079	C10H10N4O2S	4-amino-N-2-pyrimidinylbenzenesulfonami	68-35-9	250.282	528.65	dec	---	---	25	1.3963	2	---	---	---	solid	1
19080	C10H10N4O3S	(4-(5-nitro-2-furyl)thiazol-2-yl)hydrazonoac	18523-69-8	266.282	---	---	---	---	25	1.4404	2	---	---	---	---	---
19081	C10H10N4O4	N,N'-dimethyl-N,N'-dinitrosoterephthalamid	133-55-1	250.215	---	---	---	---	25	1.4305	2	---	---	---	---	---
19082	C10H10N4O6	N,N'-(2,3-dinitro-1,4-phenylene)-bisacetam	7756-00-5	282.214	527.15	1	---	---	25	1.5160	2	---	---	---	solid	1
19083	C10H10N4O8Sb2	antimonyl-2,4-dihydroxy-5-hydroxymethyl p	77824-42-1	557.733	---	---	---	---	---	---	---	---	---	---	---	---
19084	C10H10N6O2	triclose	62973-76-6	246.230	506.65	1	---	---	25	1.4300	2	---	---	---	solid	1
19085	C10H10Ni	nickelocene	1271-28-9	188.883	445.15	1	---	---	---	---	---	---	---	---	solid	1
19086	C10H10O	2,3-dihydro-2-methyl-1H-inden-1-one	17496-14-9	146.189	---	---	509.15	1	21	1.0651	1	22	1.5530	1	---	---
19087	C10H10O	2,3-dihydro-4-methyl-1H-inden-1-one	24644-78-8	146.189	368.15	1	501.43	2	21	1.0453	2	---	---	---	solid	1
19088	C10H10O	3,4-dihydro-2(1H)-naphthalenone	530-93-8	146.189	291.15	1	510.15	1	27	1.1055	1	20	1.5598	1	liquid	1
19089	C10H10O	2,5-dimethylbenzofuran	29040-46-8	146.189	---	---	493.15	1	20	1.0310	1	20	1.5534	1	---	---
19090	C10H10O	2,6-dimethylbenzofuran	24410-51-3	146.189	---	---	490.65	1	12	1.0510	1	15	1.5540	1	---	---
19091	C10H10O	2,7-dimethylbenzofuran	59020-74-5	146.189	---	---	489.15	1	20	1.0440	1	20	1.5546	1	---	---
19092	C10H10O	3,5-dimethylbenzofuran	10410-35-2	146.189	---	---	493.65	1	20	1.0360	1	20	1.5500	1	---	---
19093	C10H10O	3,6-dimethylbenzofuran	24410-50-2	146.189	---	---	495.15	1	20	1.0456	1	20	1.5505	1	---	---
19094	C10H10O	4,6-dimethylbenzofuran	116668-34-9	146.189	---	---	492.15	1	20	1.0370	1	21	1.5485	1	---	---
19095	C10H10O	4,7-dimethylbenzofuran	28715-26-6	146.189	---	---	489.15	1	17	1.0410	1	17	1.5490	1	---	---
19096	C10H10O	5,6-dimethylbenzofuran	24410-52-4	146.189	---	---	494.15	1	15	1.0600	1	15	1.5516	1	---	---
19097	C10H10O	5,7-dimethylbenzofuran	64965-91-9	146.189	---	---	495.15	1	18	1.0262	1	20	1.5358	1	---	---
19098	C10H10O	6,7-dimethylbenzofuran	35355-36-3	146.189	---	---	491.15	1	20	1.0380	1	20	1.5478	1	---	---
19099	C10H10O	alpha-ethynyl-alpha-methylbenzenemethar	127-66-2	146.189	325.45	1	490.65	1	20	1.0314	1	---	---	---	solid	1
19100	C10H10O	2-methyl-3-phenyl-2-propenal	101-39-3	146.189	---	---	521.15	1	17	1.0407	1	17	1.6057	1	---	---
19101	C10H10O	3-(4-methylphenyl)-2-propenal	1504-75-2	146.189	314.65	1	501.43	2	23	0.9670	1	---	---	---	solid	1
19102	C10H10O	3-phenyl-2-butenal	1196-67-4	146.189	368.15	1	501.43	2	21	1.0453	2	23	1.5876	1	solid	1
19103	C10H10O	1-phenyl-2-buten-1-one	495-41-0	146.189	293.65	1	501.43	2	15	1.0250	1	18	1.5626	1	liquid	2
19104	C10H10O	trans-4-phenyl-3-buten-2-one	1896-62-4	146.189	314.65	1	534.15	1	45	1.0097	1	45	1.5836	1	solid	1
19105	C10H10O	1-tetralone	529-34-0	146.189	281.15	1	501.43	2	16	1.0988	1	20	1.5672	1	liquid	2
19106	C10H10O	benzalacetone	122-57-6	146.189	313.65	1	534.15	1	25	1.0350	1	---	---	---	solid	1
19107	C10H10O	cyclopropyl phenyl ketone	3481-02-5	146.189	281.15	1	501.43	2	25	1.0540	1	---	1.5530	1	liquid	2
19108	C10H10O	2,3-dimethylbenzofuran	3782-00-1	146.189	---	---	501.43	2	25	1.0340	1	---	1.5540	1	---	---
19109	C10H10O	1,4-epoxy-1,2,3,4-tetrahydronaphthalene	35185-96-7	146.189	287.65	1	501.43	2	25	1.0900	1	---	---	---	liquid	2
19110	C10H10O	6-methyl-1-indanone	24623-20-9	146.189	334.15	1	501.43	2	21	1.0453	2	---	---	---	solid	1
19111	C10H10O	3-methyl-1-indanone	6072-57-7	146.189	---	---	501.43	2	25	1.0750	1	---	1.5580	1	---	---
19112	C10H10O	bicyclo(4.2.0)octa-1,3,5-trien-7-yl methyl ke	1075-30-5	146.189	---	---	501.43	2	21	1.0453	2	---	---	---	---	---
19113	C10H10OS	osmocene	1273-81-0	178.255	503.00	1	571.05	1	25	1.1379	2	---	---	---	solid	1
19114	C10H10O2	allyl benzoate	583-04-0	162.188	---	---	515.44	2	15	1.0569	1	20	1.5178	1	---	---
19115	C10H10O2	benzyl acrylate	2495-35-4	162.188	---	---	501.15	1	20	1.0573	1	20	1.5143	1	---	---
19116	C10H10O2	cinnamyl formate	104-65-4	162.188	---	---	525.15	1	25	1.0860	1	---	---	---	---	---
19117	C10H10O2	1,3-diacetylbenzene	6781-42-6	162.188	305.15	1	515.44	2	28	1.0799	2	---	---	---	solid	1
19118	C10H10O2	6-methyl-4-chromanone	39513-75-2	162.188	308.15	1	515.44	2	25	1.0710	1	57	1.5550	1	solid	1
19119	C10H10O2	methyl cinnamate	1754-62-7	162.188	309.65	1	535.05	1	36	1.0420	1	22	1.5766	1	solid	1
19120	C10H10O2	o-methylcinnamic acid	2373-76-4	162.188	---	---	515.44	2	28	1.0799	2	---	---	---	---	---

Table 1 Physical Properties - Organic Compounds

				Mol Wt	Freezing Point		Boiling Point		Density			Refractive Index			State	
NO	FORMULA	NAME	CAS No	g/mol	T_F, K	code	T_B, K	code	T, C	g/cm3	code	T, C	n_D	code	@25C,1 atm	code
19121	C10H10O2	m-methylcinnamic acid	3029-79-6	162.188	---	---	515.44	2	28	1.0799	2	---	---	---	---	---
19122	C10H10O2	p-methylcinnamic acid	1866-39-3	162.188	471.65	1	515.44	2	28	1.0799	2	---	---	---	solid	1
19123	C10H10O2	alpha-methyl-beta-oxobenzenepropanal	16837-43-7	162.188	392.45	1	515.44	2	28	1.0799	2	---	---	---	solid	1
19124	C10H10O2	cis-2-methyl-3-phenyl-2-propenoic acid	15250-29-0	162.188	367.15	1	561.15	1	28	1.0799	2	---	---	---	solid	1
19125	C10H10O2	1-phenyl-1,3-butanedione	93-91-4	162.188	329.15	1	534.65	1	74	1.0599	1	78	1.5678	1	solid	1
19126	C10H10O2	4-phenyl-3-butenoic acid	2243-53-0	162.188	360.15	1	575.15	1	28	1.0799	2	---	---	---	solid	1
19127	C10H10O2	cis-3-phenyl-2-butenoic acid	704-79-0	162.188	404.65	1	515.44	2	28	1.0799	2	---	---	---	solid	1
19128	C10H10O2	trans-5-(1-propenyl)-1,3-benzodioxole	4043-71-4	162.188	279.95	1	526.15	1	20	1.1224	1	20	1.5782	1	liquid	1
19129	C10H10O2	safrole	94-59-7	162.188	284.35	1	507.65	1	20	1.1000	1	20	1.5381	1	liquid	1
19130	C10H10O2	4-acetoxystyrene	2628-16-2	162.188	280.65	1	533.15	1	25	1.0600	1	---	1.5380	1	liquid	1
19131	C10H10O2	1,2-diacetylbenzene	704-00-7	162.188	312.65	1	515.44	2	28	1.0799	2	---	---	---	solid	1
19132	C10H10O2	5-hydroxy-1-tetralone	28315-93-7	162.188	483.15	1	515.44	2	28	1.0799	2	---	---	---	solid	1
19133	C10H10O2	isosafrol, cis and trans	120-58-1	162.188	280.65	1	525.65	1	25	1.1210	1	---	1.5770	1	liquid	1
19134	C10H10O2	o-methoxycinnamaldehyde	1504-74-1	162.188	318.65	1	568.15	1	28	1.0799	2	---	---	---	solid	1
19135	C10H10O2	trans-4-methoxycinnamaldehyde	24680-50-0	162.188	328.15	1	515.44	2	28	1.0799	2	---	---	---	solid	1
19136	C10H10O2	2-methoxycinnamaldehyde; predominantly	60125-24-8	162.188	318.15	1	515.44	2	28	1.0799	2	---	---	---	solid	1
19137	C10H10O2	4-methoxy-1-indanone	13336-31-7	162.188	379.15	1	515.44	2	28	1.0799	2	---	---	---	solid	1
19138	C10H10O2	6-methoxy-1-indanone	13623-25-1	162.188	382.15	1	515.44	2	28	1.0799	2	---	---	---	solid	1
19139	C10H10O2	5-methoxy-1-indanone	5111-70-6	162.188	382.15	1	515.44	2	28	1.0799	2	---	---	---	solid	1
19140	C10H10O2	a-methylcinnamic acid	1199-77-5	162.188	353.65	1	515.44	2	28	1.0799	2	---	---	---	solid	1
19141	C10H10O2	g-phenyl-g-butyrolactone	1008-76-0	162.188	309.65	1	579.15	1	25	1.1520	1	---	---	---	solid	1
19142	C10H10O2	1-phenyl-1-cyclopropanecarboxylic acid	6120-95-2	162.188	358.65	1	515.44	2	28	1.0799	2	---	---	---	solid	1
19143	C10H10O2	trans-2-phenylcyclopropane-1-carboxylic a	939-90-2	162.188	362.15	1	515.44	2	28	1.0799	2	---	---	---	solid	1
19144	C10H10O2	phenyl methacrylate	2177-70-0	162.188	---	---	515.44	2	25	1.0520	1	---	1.5120	1	---	---
19145	C10H10O2	2-(p-tolyl)-3-hydroxyacroleine	---	162.188	403.15	1	515.44	2	28	1.0799	2	---	---	---	solid	1
19146	C10H10O2	trans-styrylacetic acid	1914-58-5	162.188	358.15	1	515.44	2	28	1.0799	2	---	---	---	solid	1
19147	C10H10O2	2-(4-tolyl)malondialdehyde	27956-35-0	162.188	405.65	1	515.44	2	28	1.0799	2	---	---	---	solid	1
19148	C10H10O2	1-aza-3,5-dimethyl-4,6-dioxabicyclo[3.3.0]c	---	162.188	---	---	515.44	2	28	1.0799	2	---	---	---	---	---
19149	C10H10O2	1,4-diacetylbenzene	1009-61-6	162.188	385.15	1	515.44	2	28	1.0799	2	---	---	---	solid	1
19150	C10H10O2	1-(4-cyanophenyl)-piperazine hydrochlorid	---	162.188	---	---	515.44	2	28	1.0799	2	---	---	---	---	---
19151	C10H10O2	6,7-dimethoxy-1,3-dimethyl-3,4-dihydroiso	---	162.188	488.15	1	515.44	2	28	1.0799	2	---	---	---	solid	1
19152	C10H10O2	dittmer	---	162.188	---	---	515.44	2	28	1.0799	2	---	---	---	---	---
19153	C10H10O2	ethyl 2-amino-4-phenyl-5-thiazolecarboxyl	---	162.188	443.65	1	515.44	2	28	1.0799	2	---	---	---	solid	1
19154	C10H10O2	5-methoxy-1,3,4-triphenyl-4,5-dihydro-1H-	---	162.188	353.15	1	515.44	2	28	1.0799	2	---	---	---	solid	1
19155	C10H10O2	methyl 5-bromonicotinoylacetate	---	162.188	363.65	1	515.44	2	28	1.0799	2	---	---	---	solid	1
19156	C10H10O2	methyl 4-chlorobenzoylacetate	---	162.188	---	---	515.44	2	28	1.0799	2	---	1.5590	1	---	---
19157	C10H10O2	methyl 2-chlorobenzoylacetate	---	162.188	298.15	1	515.44	2	28	1.0799	2	---	1.5480	1	---	---
19158	C10H10O2	methyl 3-trifluoromethylbenzoylacetate	---	162.188	---	---	515.44	2	28	1.0799	2	---	1.4874	1	---	---
19159	C10H10O2	methyl 2-trifluoromethylbenzoylacetate	---	162.188	---	---	515.44	2	28	1.0799	2	---	1.4815	1	---	---
19160	C10H10O2	(S)-(+)-N(alpha)-benzyl-N(beta)-boc-(L)-hy	---	162.188	---	---	515.44	2	28	1.0799	2	---	---	---	---	---
19161	C10H10O2	(-)-3-oxo-6-b-t.-butyldimethylsilyloxymethyl	---	162.188	---	---	515.44	2	28	1.0799	2	---	---	---	---	---
19162	C10H10O2	indan-2-carboxylic acid	25177-85-9	162.188	403.15	1	515.44	2	28	1	2	---	---	---	solid	1
19163	C10H10O2	2-(2-pyrazinyl)malondialdehyde	---	162.188	477.65	1	515.44	2	28	1.0799	2	---	---	---	solid	1
19164	C10H10O2	5,11,17,23-tetrakis-chloromethyl-25,26,27,	---	162.188	492.15	1	515.44	2	28	1.0799	2	---	---	---	solid	1
19165	C10H10O2	4-hydroxy-1-tetralone	---	162.188	---	---	515.44	2	28	1.0799	2	---	---	---	---	---
19166	C10H10O2	tris(2-(perfluorohexyl)ethyl)tin hydride	---	162.188	---	---	515.44	2	28	1.0799	2	---	1.3430	1	---	---
19167	C10H10O2	tryptone	---	162.188	---	---	515.44	2	28	1.0799	2	---	---	---	---	---
19168	C10H10O2	2-hydroxy-3-(2-propenyl)benzaldehyde	24019-66-7	162.188	---	---	515.44	2	28	1.0799	2	---	---	---	---	---
19169	C10H10O2	2-(2-propenyloxy)benzaldehyde	28752-82-1	162.188	---	---	403.15	1	28	1.0799	2	---	---	---	---	---
19170	C10H10O2	4-(2-propenyloxy)benzaldehyde	40663-68-1	162.188	---	---	423.15	1	25	1.0580	1	---	---	---	---	---
19171	C10H10O2	1'-hydroxy-2',3'-dehydroestragole	19115-30-1	162.188	---	---	515.44	2	28	1.0799	2	---	---	---	---	---
19172	C10H10O2	1'-oxoestragole	7448-86-4	162.188	---	---	433.15	1	28	1.0799	2	---	---	---	---	---
19173	C10H10O2S	furfuryl sulfide	13678-67-6	194.254	304.15	1	---	---	25	1.1972	2	---	1.5560	1	solid	1
19174	C10H10O2S2	difurfuryl disulfide	4437-20-1	226.320	283.15	1	553.15	2	25	1.2727	2	---	---	---	liquid	2
19175	C10H10O2S2	bis(2-methyl-3-furyl)disulphide	28588-75-2	226.320	---	---	553.15	1	25	1.2110	1	---	1.5775	1	---	---
19176	C10H10O3	2-(acetyloxy)-1-phenylethanone	2243-35-8	178.188	322.15	1	543.15	1	65	1.1169	1	65	1.5036	1	solid	1
19177	C10H10O3	difurfuryl ether	4437-22-3	178.188	---	---	498.78	2	20	1.1405	1	20	1.5088	1	---	---
19178	C10H10O3	ethyl 2-oxo-2-phenylacetate	1603-79-8	178.188	---	---	529.65	1	25	1.1222	1	25	1.5190	1	---	---
19179	C10H10O3	3-(4-hydroxy-3-methoxyphenyl)-2-propena	458-36-6	178.188	357.15	1	498.78	2	102	1.1562	1	---	---	---	solid	1
19180	C10H10O3	methyl 4-acetylbenzoate	3609-53-8	178.188	368.15	1	498.78	2	44	1.1531	2	---	---	---	solid	1
19181	C10H10O3	methyl benzoylacetate	614-27-7	178.188	---	---	538.15	dec	29	1.1580	1	20	1.5370	1	---	---
19182	C10H10O3	4-acetoxyacetophenone	13031-43-1	178.188	326.15	1	498.78	2	44	1.1531	2	---	---	---	solid	1
19183	C10H10O3	2-acetoxyacetophenone	7250-94-4	178.188	362.65	1	498.78	2	44	1.1531	2	---	---	---	solid	1
19184	C10H10O3	1,4-benzodioxan-6-yl methyl ketone	2879-20-1	178.188	356.15	1	498.78	2	44	1.1531	2	---	---	---	solid	1
19185	C10H10O3	3-benzoylpropionic acid	2051-95-8	178.188	389.15	1	498.78	2	44	1.1531	2	---	---	---	solid	1
19186	C10H10O3	endo-bicyclo[2.2.2]oct-5-ene-2,3-dicarbox	24327-08-0	178.188	419.15	1	498.78	2	44	1.1531	2	---	---	---	solid	1
19187	C10H10O3	o-methoxycinnamic acid, predominantly tra	6099-03-2	178.188	458.15	1	498.78	2	44	1.1531	2	---	---	---	solid	1
19188	C10H10O3	m-methoxycinnamic acid, predominantly tr	6099-04-3	178.188	390.65	1	498.78	2	44	1.1531	2	---	---	---	solid	1
19189	C10H10O3	p-methoxycinnamic acid, predominantly tra	830-09-1	178.188	447.15	1	498.78	2	44	1.1531	2	---	---	---	solid	1
19190	C10H10O3	2-(4-methoxyphenyl)malondialdehyde	53868-40-9	178.188	452.65	1	498.78	2	44	1.1531	2	---	---	---	solid	1
19191	C10H10O3	3,4-methylenedioxyphenylacetophenone	4676-39-5	178.188	---	---	498.78	2	44	1.1531	2	---	---	---	---	---
19192	C10H10O3	methyl-5-norbornene-2,3-dicarboxylic anhy	25134-21-8	178.188	---	---	498.78	2	25	1.2250	1	---	---	---	---	---
19193	C10H10O3	1,3-benzodioxole-5-(2-propen-1-ol)	5208-87-7	178.188	---	---	498.78	2	44	1.1531	2	---	---	---	---	---
19194	C10H10O3	cis-2-methoxycinnamic acid	14737-91-8	178.188	366.75	1	384.15	1	44	1.1531	2	---	---	---	solid	1
19195	C10H10O4	dimethyl phthalate	131-11-3	194.187	274.18	1	556.85	1	25	1.1890	1	20	1.5138	1	liquid	1
19196	C10H10O4	dimethyl terephthalate	120-61-6	194.187	413.80	1	561.15	1	141	1.0750	1	---	---	---	solid	1
19197	C10H10O4	1,2-benzenediol diacetate	635-67-6	194.187	337.65	1	531.75	2	40	1.1403	2	---	---	---	solid	1
19198	C10H10O4	1,4-benzenediol diacetate	1205-91-0	194.187	396.65	1	531.75	2	25	0.8731	1	---	---	---	solid	1
19199	C10H10O4	6,7-dimethoxy-1(3H)-isobenzofuranone	569-31-3	194.187	375.65	1	531.75	2	40	1.1403	2	---	---	---	solid	1
19200	C10H10O4	4,6-dimethyl-1,3-benzenedicarboxylic acid	2790-09-2	194.187	539.15	1	---	---	40	1.1403	2	---	---	---	solid	1

Table 1 Physical Properties - Organic Compounds

				Mol Wt	Freezing Point		Boiling Point		Density			Refractive Index			State	
NO	FORMULA	NAME	CAS No	g/mol	T_F, K	code	T_B, K	code	T, C	g/cm3	code	T, C	n_D	code	@25C,1 atm	code
19201	C10H10O4	dimethyl isophthalate	1459-93-4	194.187	340.85	1	523.00	1	20	1.1940	1	20	1.5168	1	solid	1
19202	C10H10O4	ethyl 1,3-benzodioxole-5-carboxylate	6951-08-2	194.187	291.65	1	558.65	1	40	1.1403	2	---	---	---	liquid	1
19203	C10H10O4	methyl 2-(acetyloxy)benzoate	580-02-9	194.187	324.65	1	531.75	2	40	1.1403	2	---	---	---	solid	1
19204	C10H10O4	methyl 1,3-benzodioxole-5-acetate	326-59-0	194.187	---	---	551.15	1	20	1.2460	1	---	1.5340	1	---	---
19205	C10H10O4	phenylbutanedioic acid, (±)	10424-29-0	194.187	441.15	1	531.75	2	40	1.1403	2	---	---	---	solid	1
19206	C10H10O4	benzylmalonic acid	616-75-1	194.187	393.15	1	531.75	2	40	1.1403	2	---	---	---	solid	1
19207	C10H10O4	3-(4-carboxyphenyl)propionic acid	70170-91-1	194.187	561.15	1	---	---	40	1.1403	2	---	---	---	solid	1
19208	C10H10O4	ferulic acid	1135-24-6	194.187	444.65	1	531.75	2	40	1.1403	2	---	---	---	solid	1
19209	C10H10O4	3-hydroxy-4-methoxycinnamic acid, predor	537-73-5	194.187	503.65	1	531.75	2	40	1.1403	2	---	---	---	solid	1
19210	C10H10O4	methyl 5-acetylsalicylate	16475-90-4	194.187	333.15	1	531.75	2	40	1.1403	2	---	---	---	solid	1
19211	C10H10O4	methyl caffeate	3843-74-1	194.187	---	---	531.75	2	40	1.1403	2	---	---	---	---	---
19212	C10H10O4	1,3-phenylenediacetic acid	19806-17-8	194.187	448.15	1	531.75	2	40	1.1403	2	---	---	---	solid	1
19213	C10H10O4	1.4-phenylenediacetic acid	7325-46-4	194.187	524.65	1	531.75	2	40	1.1403	2	---	---	---	solid	1
19214	C10H10O4	1,2-phenylenediacetic acid	7500-53-0	194.187	424.15	1	531.75	2	40	1.1403	2	---	---	---	solid	1
19215	C10H10O4	(S)-(+)-phenylsuccinic acid	4036-30-0	194.187	447.65	1	531.75	2	40	1.1403	2	---	---	---	solid	1
19216	C10H10O4	(R)-(-)-phenylsuccinic acid	46292-93-7	194.187	447.65	1	531.75	2	40	1.1403	2	---	---	---	solid	1
19217	C10H10O4	DL-phenylsuccinic acid	635-51-8	194.187	440.65	1	531.75	2	40	1.1403	2	---	---	---	solid	1
19218	C10H10O4	piperonyl acetate	326-61-4	194.187	324.15	1	531.75	2	25	1.2270	1	---	1.5270	1	solid	1
19219	C10H10O4	resorcinol diacetate	108-58-7	194.187	---	---	551.15	1	25	1.1780	1	---	1.5030	1	---	---
19220	C10H10O4	trans-ferulic acid	537-98-4	194.187	447.15	1	531.75	2	40	1.1403	2	---	---	---	solid	1
19221	C10H10O4	1'-hydroxysafrole-2',3'-oxide	59901-91-6	194.187	---	---	388.15	1	40	1.1403	2	---	---	---	---	---
19222	C10H10O4	monoethyl phthalate	2306-33-4	194.187	---	---	531.75	2	40	1.1403	2	---	---	---	---	---
19223	C10H10O5	6-formyl-2,3-dimethoxybenzoic acid	519-05-1	210.186	423.15	1	---	---	25	1.2852	2	---	---	---	solid	1
19224	C10H10O6	2,5-dihydroxy-1,4-benzenediacetic acid	5488-16-4	226.186	508.15	1	---	---	25	1.3371	2	---	---	---	solid	1
19225	C10H10O6	hydroquinone-O,O'-diacetic acid	2245-53-6	226.186	522.65	1	---	---	25	1.3371	2	---	---	---	solid	1
19226	C10H10Ru	bis(cyclopentadienyl)ruthenium	1287-13-4	231.259	473.75	1	549.05	1	---	---	---	---	---	---	solid	1
19227	C10H10Ti	titanocene	1271-29-0	178.056	---	---	---	---	---	---	---	---	---	---	---	---
19228	C10H10V	bis(cyclopentadienyl)vanadium	1277-47-0	181.131	438.15	1	---	---	---	---	---	---	---	---	solid	1
19229	C10H11Br	(3-bromo-3-butenyl)benzene	62692-40-4	211.101	---	---	---	---	20	1.2907	1	20	1.5450	1	---	---
19230	C10H11Br	(4-bromo-2-butenyl)benzene	40734-75-6	211.101	---	---	---	---	20	1.2660	1	20	1.5678	1	---	---
19231	C10H11Br	2-bromo-3-phenyl-2-butene	90841-14-8	211.101	---	---	---	---	20	1.3348	1	20	1.5811	1	---	---
19232	C10H11BrO	2-bromoisobutyrophenone	10409-54-8	227.101	---	---	---	---	25	1.3500	1	---	1.5560	1	---	---
19233	C10H11BrO	3'-bromo-trans-anethole	16034-99-4	227.101	---	---	---	---	25	1.3727	2	---	---	---	---	---
19234	C10H11BrO2	2-(4-bromomethyl)phenylpropionic acid	111128-12-2	243.100	398.65	1	421.15	2	25	1.4212	2	---	---	---	solid	1
19235	C10H11BrO2	ethyl-alpha-bromophenyl acetate	2882-19-1	243.100	---	---	421.15	1	25	1.4212	2	---	---	---	---	---
19236	C10H11BrO3	2-bromo-2',5'-dimethoxyacetophenone	1204-21-3	259.100	358.65	1	---	---	25	1.4666	2	---	---	---	solid	1
19237	C10H11BrO3	2-bromo-2',4'-dimethoxyacetophenone	60965-26-6	259.100	376.15	1	---	---	25	1.4666	2	---	---	---	solid	1
19238	C10H11Cl	1-(2-chloro-1-methylvinyl)-4-methylbenzen	30926-60-4	166.650	---	---	---	---	20	1.0580	1	23	1.5549	1	---	---
19239	C10H11Cl	1-(1-chlorovinyl)-2,4-dimethylbenzene	74346-30-8	166.650	---	---	---	---	13	1.0440	1	13	1.5446	1	---	---
19240	C10H11ClFN5O3	2-chloro-9-(2-deoxy-2-fluoro-b-D-arabinofu	123318-82-1	303.682	---	---	---	---	25	1.4804	2	---	---	---	---	---
19241	C10H11ClN2O	1-(3-chloropropyl)-1,3-dihydro-2H-benzimi	62780-89-6	210.663	393.15	1	---	---	25	1.2300	2	---	---	---	solid	1
19242	C10H11ClN2OS	2-amino-5-((p-chlorophenyl)thiomethyl)-2-c	50510-11-7	242.729	---	---	---	---	25	1.2991	2	---	---	---	---	---
19243	C10H11ClN2O2	1-chloro-2-isopropyliminomethyl-4-nitrober	71173-78-9	226.663	---	---	---	---	25	1.2814	2	---	---	---	---	---
19244	C10H11ClN2O2	5-chloro-3-(dimethylaminomethyl)-2-benzo	19986-35-7	226.663	---	---	---	---	25	1.2814	2	---	---	---	---	---
19245	C10H11ClN2O2	2,3-dihydro-6-amino-2-(2-chloroethyl)-4H-1	3567-76-8	226.663	---	---	---	---	25	1.2814	2	---	---	---	---	---
19246	C10H11ClN4O4	6-chloropurine riboside	2004-06-0	286.675	435.15	1	---	---	25	1.4580	2	---	---	---	solid	1
19247	C10H11ClO	1-(3-chloroallyl)-4-methoxybenzene	54644-23-4	182.649	---	---	526.65	2	8	1.1550	1	8	1.5530	1	---	---
19248	C10H11ClO	4-chloro-1-phenyl-1-butanone	939-52-6	182.649	292.65	1	526.65	2	25	1.1370	1	20	1.5459	1	liquid	2
19249	C10H11ClO	alpha-ethylbenzeneacetyl chloride	36854-57-6	182.649	---	---	526.65	2	19	1.1287	2	20	1.5169	1	---	---
19250	C10H11ClO	4'-chlorobutyrophenone	4981-63-9	182.649	310.65	1	526.65	1	19	1.1287	2	---	---	---	solid	1
19251	C10H11ClO	1-(4-chlorophenyl)-1-cyclopropanemethan	80866-81-5	182.649	325.15	1	526.65	2	19	1.1287	2	---	---	---	solid	1
19252	C10H11ClO	4-propylbenzoyl chloride	52710-27-7	182.649	---	---	526.65	2	25	1.0940	1	---	1.5390	1	---	---
19253	C10H11ClO	isopropyl-4-chlorophenyl ketone	18713-58-1	182.649	---	---	526.65	2	19	1.1287	2	---	---	---	---	---
19254	C10H11ClO2	ethyl chlorophenylacetate, (S)	10606-73-2	198.649	---	---	---	---	20	1.1594	1	20	1.5152	1	---	---
19255	C10H11ClO2	4-chloro-4'-hydroxybutyrophenone	7150-55-2	198.649	385.65	1	---	---	25	1.1796	2	---	---	---	solid	1
19256	C10H11ClO2	2-(4-chlorophenyl)-2-methylpropionic acid	6258-30-6	198.649	396.15	1	---	---	25	1.1796	2	---	---	---	solid	1
19257	C10H11ClO2	2-chloroethyl phenylacetate	943-59-9	198.649	---	---	---	---	25	1.1796	2	---	---	---	---	---
19258	C10H11ClO2	phenethyl chloracetate	7476-91-7	198.649	---	---	---	---	25	1.1796	2	---	---	---	---	---
19259	C10H11ClO2S	5,6,7,8-tetrahydro-2-naphthalenesulfonyl c	61551-49-3	230.715	331.15	1	---	---	25	1.2542	2	---	---	---	solid	1
19260	C10H11ClO3	benzoyloxyethylchloromethylether, balance	---	214.648	---	---	571.15	2	25	1.2100	1	---	1.5220	1	---	---
19261	C10H11ClO3	2-(4-chlorophenoxy)-2-methylpropionic aci	882-09-7	214.648	394.65	1	571.15	2	25	1.2273	2	---	---	---	solid	1
19262	C10H11ClO3	3,4-dimethoxyphenylacetyl chloride	10313-60-7	214.648	314.65	1	571.15	2	25	1.2450	1	---	1.5490	1	solid	1
19263	C10H11ClO3	(2,5-dimethoxyphenyl)acetyl chloride	52711-92-9	214.648	---	---	571.15	2	25	1.2270	1	---	1.5390	1	---	---
19264	C10H11ClO3	mecoprop	93-65-2	214.648	367.55	1	571.15	1	25	1.2273	2	---	---	---	solid	1
19265	C10H11ClO3	2-chloroethyl phenoxyacetate	946-88-3	214.648	---	---	571.15	2	25	1.2273	2	---	---	---	---	---
19266	C10H11ClO3	2-(4-chloro-2-methylphenoxy)propanoic ac	16484-77-8	214.648	---	---	571.15	2	25	1.2273	2	---	---	---	---	---
19267	C10H11ClO3	3-chloro-1,2-propanediol 1-benzoate	3477-94-9	214.648	---	---	571.15	2	25	1.2273	2	---	---	---	---	---
19268	C10H11ClO3	rankotex	7085-19-0	214.648	---	---	571.15	2	25	1.2273	2	---	---	---	---	---
19269	C10H11ClO4	3,4,5-trimethoxybenzoyl chloride	4521-61-3	230.647	355.65	1	---	---	25	1.2840	2	---	---	---	solid	1
19270	C10H11ClZr	bis(cyclopentadienyl)zirconium chloride hy	37342-97-5	257.874	>573.15	1	---	---	---	---	---	---	---	---	solid	1
19271	C10H11Cl2NO3	(2,4-dichlorophenoxy)acetic acid dimethyla	2008-39-1	264.108	---	---	---	---	25	1.3513	2	---	---	---	---	---
19272	C10H11Cl3NO2PS	chlorinatedaminophosphoroussulfanyl ben:	---	346.601	---	---	---	---	---	---	---	---	---	---	---	---
19273	C10H11Cl7	toxaphene toxicant B	51775-36-1	379.365	---	---	---	---	25	1.4573	2	---	---	---	---	---
19274	C10H11FO	a-cyclopropyl-4-fluorobenzyl alcohol	827-88-3	166.195	---	---	---	---	25	1.1300	1	---	1.5180	1	---	---
19275	C10H11F3N2O	N,N-dimethyl-N'-[3-(trifluoromethyl)phenyl]	2164-17-2	232.206	437.15	1	---	---	25	1.2638	2	---	---	---	solid	1
19276	C10H11F3N2O5	trifluorothymidine	70-00-8	296.204	460.65	1	---	---	25	1.4365	2	---	---	---	solid	1
19277	C10H11F7O2	6,6,7,7,8,8,8-heptafluoro-2,2-dimethyl-3,5-	17587-22-3	296.186	311.15	1	---	---	25	1.2730	1	20	1.3766	1	solid	1
19278	C10H11IO4	iodobenzene diacetate	3240-34-4	322.099	436.15	1	---	---	25	1.6865	2	---	---	---	solid	1
19279	C10H11IO3	ethyl p-iodobenzyl carbonate	60075-64-1	306.100	---	---	---	---	25	1.6513	2	---	---	---	---	---
19280	C10H11I2NO3	propyliodone	587-61-1	447.011	459.15	1	---	---	25	2.0490	2	---	---	---	solid	1

Table 1 Physical Properties - Organic Compounds

				Mol Wt	Freezing Point		Boiling Point		Density			Refractive Index			State	
NO	FORMULA	NAME	CAS No	g/mol	T_F, K	code	T_B, K	code	T, C	g/cm3	code	T, C	n_D	code	@25C,1 atm	code
19281	C10H11N	5,8-dihydro-1-naphthalenamine	32666-56-1	145.204	310.65	1	538.72	2	20	1.0641	2	---	---	---	solid	1
19282	C10H11N	1,3-dimethyl-1H-indole	875-30-9	145.204	415.15	1	531.65	1	20	1.0641	2	---	---	---	solid	1
19283	C10H11N	2,5-dimethyl-1H-indole	1196-79-8	145.204	388.45	1	538.72	2	20	1.0641	2	---	---	---	solid	1
19284	C10H11N	alpha-ethylbenzeneacetonitrile	769-68-6	145.204	---	---	514.15	1	14	0.9770	1	---	---	---	---	---
19285	C10H11N	1-ethyl-1H-indole	10604-59-8	145.204	378.15	1	525.65	1	15	1.2563	1	---	---	---	solid	1
19286	C10H11N	3-ethyl-1H-indole	1484-19-1	145.204	310.15	1	552.15	1	20	1.0641	2	---	---	---	solid	1
19287	C10H11N	2,3-dimethylindole	91-55-4	145.204	378.65	1	558.15	1	20	1.0641	2	---	---	---	solid	1
19288	C10H11N	2,5-dimethylphenylacetonitrile	16213-85-7	145.204	401.15	1	538.72	2	20	1.0641	2	---	---	---	solid	1
19289	C10H11N	7-ethylindole	22867-74-9	145.204	355.65	2	503.15	1	25	1.0500	1	---	1.6030	1	solid	2
19290	C10H11N	4-phenylbutyronitrile	2046-18-6	145.204	---	---	538.72	2	25	0.9730	1	---	1.5140	1	---	---
19291	C10H11N	2,4,6-trimethylbenzonitrile	2571-52-0	145.204	324.65	1	538.72	2	20	1.0641	2	---	---	---	solid	1
19292	C10H11N	1,5-dimethyl-1H-indole	27816-53-1	145.204	355.65	2	535.20	1	20	1.0641	2	---	---	---	solid	2
19293	C10H11N	3,5-dimethyl-1H-indole	3189-12-6	145.204	355.65	2	550.70	1	20	1.0641	2	---	---	---	solid	2
19294	C10H11N	2,6-dimethyl-1H-indole	5649-36-5	145.204	355.65	2	546.20	1	20	1.0641	2	---	---	---	solid	2
19295	C10H11N	p-isopropylbenzonitrile	13816-33-6	145.204	324.65	2	570.15	1	20	1.0641	2	---	---	---	solid	2
19296	C10H11NO	1,3-dihydro-1,3-dimethyl-2H-indol-2-one	24438-17-3	161.204	328.15	1	546.15	1	25	1.0183	2	---	---	---	solid	1
19297	C10H11NO	1,3-dihydro-3,3-dimethyl-2H-indol-2-one	19155-24-9	161.204	427.45	1	573.15	1	25	1.0183	2	---	---	---	solid	1
19298	C10H11NO	1,3-dihydro-4,7-dimethyl-2H-indol-2-one	59022-71-8	161.204	432.15	1	516.40	2	25	1.0183	2	---	---	---	solid	1
19299	C10H11NO	1H-indole-3-ethanol	526-55-6	161.204	332.15	1	516.40	2	25	1.0183	2	---	---	---	solid	1
19300	C10H11NO	4-phenoxybutanenitrile	2243-43-8	161.204	318.65	1	561.15	1	25	1.0183	2	---	---	---	solid	1
19301	C10H11NO	2-ethyl-6-methylphenyl isocyanate	75746-71-3	161.204	---	---	516.40	2	25	1.0340	1	---	1.5320	1	---	---
19302	C10H11NO	4-isopropylphenyl isocyanate	31027-31-3	161.204	---	---	516.40	2	25	1.0100	1	---	1.5200	1	---	---
19303	C10H11NO	2-isopropylphenyl isocyanate	56309-56-9	161.204	---	---	516.40	2	25	1.0190	1	---	1.5240	1	---	---
19304	C10H11NO	5-methoxy-2-methylindole	1076-74-0	161.204	359.65	1	516.40	2	25	1.0183	2	---	---	---	solid	1
19305	C10H11NO	1-phenyl-2-pyrrolidinone	4641-57-0	161.204	341.15	1	516.40	2	25	1.0183	2	---	---	---	solid	1
19306	C10H11NO	2-propylphenyl isocyanate	190774-57-3	161.204	---	---	516.40	2	25	1.0100	1	---	1.5220	1	---	---
19307	C10H11NO	2,5,6-trimethylbenzoxazole	19219-98-8	161.204	366.90	1	516.40	2	25	1.0183	2	---	---	---	solid	1
19308	C10H11NO	2,4,6-trimethylbenzonitrile, N-oxide	2904-57-6	161.204	---	---	516.40	2	25	1.0183	2	---	---	---	---	---
19309	C10H11NO	5-acetylindoline	16078-34-5	161.204	---	---	516.40	2	25	1.0183	2	---	---	---	---	---
19310	C10H11NO	bicyclo(4.2.0)octa-1,3,5-trien-7-yl methyl k	3264-31-1	161.204	---	---	385.15	1	25	1.0183	2	---	---	---	---	---
19311	C10H11NO	phenylpyrrolidone	1198-97-6	161.204	---	---	516.40	2	25	1.0183	2	---	---	---	---	---
19312	C10H11NO	N-vinylacetanilide	4091-14-9	161.204	---	---	516.40	2	25	1.0183	2	---	---	---	---	---
19313	C10H11NO2	acetoacetanilide	102-01-2	177.203	358.15	1	648.00	2	25	1.1399	2	---	---	---	solid	1
19314	C10H11NO2	N-acetyl-N-phenylacetamide	1563-87-7	177.203	310.65	1	498.15	2	25	1.1399	2	---	---	---	solid	1
19315	C10H11NO2	difurfurylamine	18240-50-1	177.203	---	---	498.15	2	20	1.1045	1	20	1.5168	1	---	---
19316	C10H11NO2	2-amino-2-indanecarboxylic acid	27473-62-7	177.203	571.15	1	---	---	25	1.1399	2	---	---	---	solid	1
19317	C10H11NO2	(R)-4-benzyl-2-oxazolidinone	102029-44-7	177.203	361.65	1	498.15	2	25	1.1399	2	---	---	---	solid	1
19318	C10H11NO2	(S)-4-benzyl-2-oxazolidinone	90719-32-7	177.203	361.65	1	498.15	2	25	1.1399	2	---	---	---	solid	1
19319	C10H11NO2	homoveratronitrile	93-17-4	177.203	336.65	1	498.15	2	25	1.1399	2	---	---	---	solid	1
19320	C10H11NO2	(4S,5R)-(-)-4-methyl-5-phenyl-2-oxazolidin	16251-45-9	177.203	380.65	1	498.15	2	25	1.1399	2	---	---	---	solid	1
19321	C10H11NO2	(4R,5S)-(+)-4-methyl-5-phenyl-2-oxazolidir	77943-39-6	177.203	380.65	1	498.15	2	25	1.1399	2	---	---	---	solid	1
19322	C10H11NO2	3'-(N-acetylamino)acetophenone	7463-31-2	177.203	399.65	1	498.15	2	25	1.1399	2	---	---	---	solid	1
19323	C10H11NO2	L-1,2,3,4-tetrahydroisoquinoline-3-carboxy	74163-81-8	177.203	>573.15	1	498.15	2	25	1.1399	2	---	---	---	solid	1
19324	C10H11NO2	2-allyloxybenzamide	14520-53-7	177.203	---	---	498.15	1	25	1.1399	2	---	---	---	---	---
19325	C10H11NO2S	(4S,2R,S)-2-phenylthiazolidine-4-carboxyli	---	209.269	433.15	1	---	---	25	1.2237	2	---	---	---	solid	1
19326	C10H11NO3	N-benzoyl-DL-alanine	1205-02-3	193.203	438.65	1	504.40	2	25	1.1995	2	---	---	---	solid	1
19327	C10H11NO3	ethyl oxo(phenylamino)acetate	1457-85-8	193.203	338.65	1	553.15	1	25	1.1995	2	---	---	---	solid	1
19328	C10H11NO3	4-oxo-4-(phenylamino)butanoic acid	102-14-7	193.203	421.65	1	504.40	2	25	1.1995	2	---	---	---	solid	1
19329	C10H11NO3	L-7-hydroxy-1,2,3,4-tetrahydroisoquinoline	128502-56-7	193.203	547.15	1	---	---	25	1.1995	2	---	---	---	solid	1
19330	C10H11NO3	methyl 2-acetamidobenzoate	2719-08-6	193.203	372.15	1	504.40	2	25	1.1995	2	---	---	---	solid	1
19331	C10H11NO3	N-methylhippuric acid	2568-34-5	193.203	375.65	1	504.40	2	25	1.1995	2	---	---	---	solid	1
19332	C10H11NO3	3-methylhippuric acid	27115-49-7	193.203	413.15	1	504.40	2	25	1.1995	2	---	---	---	solid	1
19333	C10H11NO3	4-methylhippuric acid	27115-50-0	193.203	437.15	1	504.40	2	25	1.1995	2	---	---	---	solid	1
19334	C10H11NO3	2-methylhippuric acid	42013-20-7	193.203	436.15	1	504.40	2	25	1.1995	2	---	---	---	solid	1
19335	C10H11NO3	3,4,5-trimethoxybenzonitrile	1885-35-4	193.203	365.65	1	455.65	1	25	1.1995	2	---	---	---	solid	1
19336	C10H11NO3	2,4,6-trimethoxybenzonitrile	2571-54-2	193.203	416.65	1	504.40	2	25	1.1995	2	---	---	---	solid	1
19337	C10H11NO3	2,3,4-trimethoxybenzonitrile	43020-38-8	193.203	329.15	1	504.40	2	25	1.1995	2	---	---	---	solid	1
19338	C10H11NO4	N-carbobenzyloxyglycine	1138-80-3	209.202	392.15	1	---	---	25	1.2551	2	---	---	---	solid	1
19339	C10H11NO4	2-(2,5-dimethoxyphenyl)nitroethene	---	209.202	389.65	1	---	---	25	1.2551	2	---	---	---	solid	1
19340	C10H11NO4	dimethyl aminoterephthalate	5372-81-6	209.202	405.65	1	---	---	25	1.2551	2	---	---	---	solid	1
19341	C10H11NO4	ethyl 4-nitrophenylacetate	5445-26-1	209.202	337.15	1	---	---	25	1.2551	2	---	---	---	solid	1
19342	C10H11NO4	(S)-(-)-2-[(phenylamino)carbonyloxy]propic	102936-05-0	209.202	412.65	1	---	---	25	1.2551	2	---	---	---	solid	1
19343	C10H11NS	2,5,6-trimethylbenzothiazole	5683-41-0	177.270	354.65	1	---	---	25	1.1094	2	---	---	---	solid	1
19344	C10H11NSe	2,5,6-trimethylbenzoselenazole	2946-20-5	224.164	360.15	1	---	---	---	---	---	---	---	---	solid	1
19345	C10H11N3	3-methyl-1-phenyl-1H-pyrazol-4-amine	103095-51-8	173.218	361.95	1	587.65	1	25	1.1342	2	---	---	---	solid	1
19346	C10H11N3	3-methyl-1-phenyl-1H-pyrazol-5-amine	1131-18-6	173.218	389.15	1	606.15	1	25	1.1342	2	---	---	---	solid	1
19347	C10H11N3	6-amino-2,3-dimethylquinoxaline	7576-88-7	173.218	---	---	596.90	2	25	1.1342	2	---	---	---	---	---
19348	C10H11N3	5-methyl-6-methylaminoquinoxaline	161696-98-6	173.218	---	---	596.90	2	25	1.1342	2	---	---	---	---	---
19349	C10H11N3O	indole-3-acetic acid hydrazide	5448-47-5	189.218	416.65	1	---	---	25	1.1951	2	---	---	---	solid	1
19350	C10H11N3O	N'-nitrosoanatabine	71267-22-6	189.218	---	---	---	---	25	1.1951	2	---	---	---	---	---
19351	C10H11N3OS	N-(3-methyl-2-thiazolidinylidene)nicotinami	65400-79-5	221.284	---	---	---	---	25	1.2725	2	---	---	---	---	---
19352	C10H11N3O2S2	sulfamethylthiazole	515-59-3	269.349	510.15	1	---	---	25	1.3807	2	---	---	---	solid	1
19353	C10H11N3O3	N-methyl-N'-(p-acetylphenyl)-N-nitrosourea	72586-67-5	221.217	---	---	---	---	25	1.3046	2	---	---	---	---	---
19354	C10H11N3O3S	sulfamethoxazole	723-46-6	253.283	---	---	---	---	25	1.3682	2	---	---	---	---	---
19355	C10H11N3O6	dimethyl ((1-methyl-5-nitro-1H-imidazol-2-y	94855-74-0	269.215	---	---	---	---	25	1.4442	2	---	---	---	---	---
19356	C10H11N4Na2O8P	disodium inosinate	4691-65-0	392.174	---	---	---	---	---	---	---	---	---	---	---	---
19357	C10H11Tl	dimethylphenylethynylthallium	10158-43-7	335.581	---	---	---	---	---	---	---	---	---	---	---	---
19358	C10H12	1,3-dicyclopentadiene	77-73-6	132.205	305.15	1	443.00	1	25	0.9059	2	35	1.5061	1	solid	1
19359	C10H12	1,2,3,4-tetrahydronaphthalene	119-64-2	132.205	237.40	1	480.77	1	25	0.9670	1	25	1.5392	1	liquid	1
19360	C10H12	cis-(1-butenyl)benzene	1560-09-4	132.205	232.31	2	462.15	1	25	0.9064	1	25	1.5364	1	liquid	1

Table 1 Physical Properties - Organic Compounds

				Mol Wt	Freezing Point		Boiling Point		Density			Refractive Index			State	
NO	FORMULA	NAME	CAS No	g/mol	T_F, K	code	T_B, K	code	T, C	g/cm3	code	T, C	n_D	code	@25C,1 atm	code
19361	C10H12	trans-(1-butenyl)benzene	1005-64-7	132.205	230.15	1	471.83	1	25	0.8978	1	25	1.5401	1	liquid	1
19362	C10H12	cis-(1-methyl-1-propenyl)benzene	767-99-7	132.205	232.31	2	447.15	1	25	0.8918	1	25	1.5193	1	liquid	1
19363	C10H12	trans-(1-methyl-1-propenyl)benzene	768-00-3	132.205	249.65	1	467.85	1	25	0.9138	1	25	1.5402	1	liquid	1
19364	C10H12	(2-methyl-1-propenyl)benzene	768-49-0	132.205	222.05	1	461.06	1	25	0.8959	1	25	1.5376	1	liquid	1
19365	C10H12	cis-1-methyl-2-(1-propenyl)benzene	2077-33-0	132.205	232.31	2	465.57	2	25	0.8980	1	25	1.5370	1	liquid	2
19366	C10H12	cis-1-methyl-3-(1-propenyl)benzene	2077-31-8	132.205	232.31	2	465.57	2	25	0.8910	1	25	1.5380	1	liquid	2
19367	C10H12	cis-1-methyl-4-(1-propenyl)benzene	2077-29-4	132.205	232.31	2	469.15	1	25	0.8856	1	25	1.5368	1	liquid	1
19368	C10H12	trans-1-methyl-4-(1-propenyl)benzene	2077-30-7	132.205	255.15	1	474.15	1	25	0.9019	1	25	1.5410	1	liquid	1
19369	C10H12	1-methyl-2-(1-methylethenyl)benzene	7399-49-7	132.205	232.31	2	445.35	1	25	0.8853	1	25	1.5130	1	liquid	1
19370	C10H12	1-methyl-3-(1-methylethenyl)benzene	1124-20-5	132.205	232.31	2	458.15	1	25	0.9010	1	25	1.5310	1	liquid	1
19371	C10H12	1-methyl-4-(1-methylethenyl)benzene	1195-32-0	132.205	204.85	1	459.15	1	25	0.8959	1	25	1.5315	1	liquid	1
19372	C10H12	o-ethylstyrene	7564-63-8	132.205	197.65	1	460.44	1	25	0.9017	1	25	1.5356	1	liquid	1
19373	C10H12	m-ethylstyrene	7525-62-4	132.205	172.15	1	463.20	1	25	0.8904	1	25	1.5325	1	liquid	1
19374	C10H12	p-ethylstyrene	3454-07-7	132.205	223.45	1	465.45	1	25	0.8884	1	25	1.5348	1	liquid	1
19375	C10H12	1-ethenyl-2,4-dimethylbenzene	2234-20-0	132.205	208.85	1	475.26	1	25	0.9010	1	25	1.5397	1	liquid	1
19376	C10H12	1-ethenyl-3,5-dimethylbenzene	5379-20-4	132.205	212.95	1	465.57	2	25	0.8940	1	25	1.5356	1	liquid	2
19377	C10H12	2-ethenyl-1,3-dimethylbenzene	2039-90-9	132.205	234.55	1	465.57	2	25	0.9010	1	25	1.5330	1	liquid	2
19378	C10H12	2-ethenyl-1,4-dimethylbenzene	2039-89-6	132.205	237.75	1	466.18	1	25	0.9020	1	25	1.5380	1	liquid	1
19379	C10H12	4-ethenyl-1,2-dimethylbenzene	27831-13-6	132.205	232.75	1	465.57	2	25	0.9060	1	25	1.5438	1	liquid	2
19380	C10H12	2,3-dimethylstyrene	40243-75-2	132.205	232.31	2	465.57	2	25	0.9059	2	---	---	---	liquid	2
19381	C10H12	3,4-dimethylstyrene	---	132.205	232.31	2	465.57	2	25	0.9060	1	25	1.5438	1	liquid	2
19382	C10H12	2,6-dimethylstyrene	---	132.205	232.31	2	465.57	2	25	0.9010	1	25	1.5330	1	liquid	2
19383	C10H12	3,5-dimethylstyrene	---	132.205	232.31	2	465.57	2	25	0.8940	1	25	1.5356	1	liquid	2
19384	C10H12	2-butenylbenzene	1560-06-1	132.205	232.01	2	449.15	1	20	0.8831	1	20	1.5101	1	liquid	1
19385	C10H12	3-butenylbenzene	768-56-9	132.205	203.15	1	450.15	1	20	0.8831	1	20	1.5059	1	liquid	1
19386	C10H12	1-methyl-2-allylbenzene	1587-04-8	132.205	232.01	2	455.65	1	20	0.9005	1	20	1.5187	1	liquid	1
19387	C10H12	(1-methylenepropyl)benzene	2039-93-2	132.205	232.31	2	455.15	1	25	0.8870	1	25	1.5264	1	liquid	1
19388	C10H12	dicyclopentadiene	1755-01-7	132.205	305.15	1	443.15	dec	35	0.9302	1	35	1.5050	1	solid	1
19389	C10H12	2,3-dihydro-1-methyl-1H-indene	767-58-8	132.205	271.00	2	463.75	1	25	0.9380	1	20	1.5266	1	liquid	1
19390	C10H12	2,3-dihydro-2-methyl-1H-indene	824-63-5	132.205	271.00	2	468.15	1	25	0.9400	1	20	1.5220	1	liquid	1
19391	C10H12	2,3-dihydro-4-methyl-1H-indene	824-22-6	132.205	271.00	2	478.45	1	20	0.9577	1	20	1.5356	1	liquid	1
19392	C10H12	2,3-dihydro-5-methyl-1H-indene	874-35-1	132.205	271.00	2	475.15	1	25	0.9440	1	20	1.5336	1	liquid	1
19393	C10H12	(1-methylcyclopropyl)benzene	2214-14-4	132.205	---	---	464.03	2	25	0.9059	2	20	1.5160	1	---	---
19394	C10H12	cyclobutylbenzene	4392-30-7	132.205	---	---	464.03	2	20	0.9378	1	20	1.5277	1	---	---
19395	C10H12	1-ethyl-1,3,5,7-cyclooctatetraene	13402-35-2	132.205	---	---	464.03	2	25	0.8996	1	25	1.5187	1	---	---
19396	C10H12	benzylcyclopropane	1667-00-1	132.205	277.95	1	520.55	1	25	0.9059	2	---	1.5110	1	liquid	1
19397	C10H12	trans-1-butenylbenzene	824-90-8	132.205	230.15	1	463.05	1	25	0.9059	2	---	1.5330	1	liquid	1
19398	C10H12	a,2-dimethylstyrene	26444-18-8	132.205	221.25	2	450.45	1	25	0.8940	1	---	1.5150	1	liquid	1
19399	C10H12AsCl2NO	p-arsenoso-N,N-bis(2-chloroethyl)aniline	4164-07-2	308.038	---	---	---	---	---	---	---	---	---	---	---	---
19400	C10H12BrCl2O3PS	bromophos-ethyl	4824-78-6	394.052	---	---	395.65	1	25	1.5350	1	---	---	---	---	---
19401	C10H12BrN5O4	8-bromoadenosine	2946-39-6	346.142	484.15	1	---	---	25	1.6639	2	---	---	---	solid	1
19402	C10H12Br2O	2,4-dibromo-3-methyl-6-isopropylphenol	52262-38-1	308.013	275.05	1	---	---	17	1.6568	1	---	---	---	---	---
19403	C10H12CaN2Na2O8	versene	62-33-9	374.272	---	---	---	---	---	---	---	---	---	---	---	---
19404	C10H12Ca2N2O8	ethylenediaminetetraacetic acid dicalcium	19709-85-4	368.370	---	---	---	---	---	---	---	---	---	---	---	---
19405	C10H12ClNO	2-chloro-N-(2,6-dimethylphenyl)acetamide	1131-01-7	197.664	418.65	1	---	---	25	1.1523	2	---	---	---	solid	1
19406	C10H12ClNO	N-benzyl-b-chloropropanamide	501-68-8	197.664	367.15	1	---	---	25	1.1523	2	---	---	---	solid	1
19407	C10H12ClNO2	chloropropham	101-21-3	213.664	314.15	1	---	---	30	1.1800	1	20	1.5388	1	solid	1
19408	C10H12ClNO2	baclofen	1134-47-0	213.664	480.15	1	---	---	25	1.2061	2	---	---	---	solid	1
19409	C10H12ClNO2	2-chloro-4,5-dimethylphenyl methylcarbam	671-04-5	213.664	---	---	---	---	25	1.2061	2	---	---	---	---	---
19410	C10H12ClNO2	isopropyl p-chlorocarbanilate	2239-92-1	213.664	---	---	---	---	25	1.2061	2	---	---	---	---	---
19411	C10H12ClNO4	chlorphenesin carbamate	886-74-8	245.662	363.15	1	---	---	25	1.3041	2	---	---	---	solid	1
19412	C10H12ClN3O2	3-chloro-6-cyano-2-norbornanone-O-(meth	15271-41-7	241.678	---	---	---	---	25	1.3018	2	---	---	---	---	---
19413	C10H12ClN3O3	nitrosometoxuron	102433-74-9	257.677	---	---	---	---	25	1.3472	2	---	---	---	---	---
19414	C10H12ClN3O3S	quinethazone	73-49-4	289.743	---	---	---	---	25	1.4009	2	---	---	---	---	---
19415	C10H12ClN3O6S2	carmetizide	42583-55-1	369.807	---	---	---	---	25	1.5458	2	---	---	---	---	---
19416	C10H12ClN5O4	2-amino-6-chloropurine-9-riboside	2004-07-1	301.690	439.65	1	---	---	25	1.4690	2	---	---	---	solid	1
19417	C10H12ClN5O4	2-chloroadenosine	146-77-0	301.690	407.65	dec	---	---	25	1.4690	2	---	---	---	solid	1
19418	C10H12Cl2NO6P	2-chloroethyl paraoxon	311-44-4	344.088	---	---	---	---	---	---	---	---	---	---	---	---
19419	C10H12Cl2N2	1-(3,4-dichlorophenyl)piperazine	57260-67-0	231.124	335.65	1	---	---	25	1.2336	2	---	---	---	solid	1
19420	C10H12Cl2O2	1,4-bis(chloromethoxymethyl)benzene	56894-91-8	235.109	366.15	1	---	---	25	1.2368	2	---	---	---	solid	1
19421	C10H12Cl2O2	2,4-dichlorophenyl "cellosolve"	10140-84-8	235.109	---	---	---	---	25	1.2368	2	---	---	---	---	---
19422	C10H12Cl3O2PS	trichloronate	327-98-0	333.602	---	---	381.15	1	25	1.3650	1	---	---	---	---	---
19423	C10H12Cr2N2O7	pyridinium dichromate	20039-37-6	376.207	425.65	1	---	---	---	---	---	---	---	---	solid	1
19424	C10H12FN	6-fluoro-1,2,3,4-tetrahydro-2-methylquinoli	42835-89-2	165.211	>302.15	1	---	---	25	1.0416	2	---	---	---	solid	1
19425	C10H12FN5O2	2',3'-dideoxy-2'-fluoroadenosine	110143-05-0	253.238	---	---	---	---	25	1.3554	2	---	---	---	---	---
19426	C10H12HgO2	(butyrato)phenylmercury	2440-29-1	364.794	---	---	---	---	---	---	---	---	---	---	---	---
19427	C10H12INO	3-ethyl-2-methylbenzoxazolium iodide	5260-37-7	289.116	470.65	1	---	---	25	1.5808	2	---	---	---	solid	1
19428	C10H12NO4PS	O,O-dimethyl phosphorothioate-O-ester wi	3581-11-1	273.250	---	---	---	---	---	---	---	---	---	---	---	---
19429	C10H12IN5O3	5'-iodo-5'-deoxyadenosine	4099-81-4	377.143	455.65	1	---	---	25	1.7865	2	---	---	---	solid	1
19430	C10H12N2	4,5-dihydro-2-benzyl-1H-imidazole	59-98-3	160.219	---	---	577.65	2	24	1.0548	2	---	---	---	---	---
19431	C10H12N2	1-ethyl-2-methyl-1H-benzimidazole	5805-76-5	160.219	324.15	1	569.15	1	25	1.0730	1	---	---	---	solid	1
19432	C10H12N2	1,2,3,6-tetrahydro-2,3'-bipyridine, (S)	581-49-7	160.219	---	---	577.65	2	19	1.0910	1	20	1.5676	1	---	---
19433	C10H12N2	tryptamine	61-54-1	160.219	391.15	1	577.65	2	24	1.0548	2	---	---	---	solid	1
19434	C10H12N2	3-(benzylamino)propionitrile	706-03-6	160.219	---	---	577.65	2	25	1.0200	1	---	1.5308	1	---	---
19435	C10H12N2	3-(methylphenylamino)propionitrile	94-34-8	160.219	---	---	586.15	1	25	1.0350	1	---	1.5600	1	---	---
19436	C10H12N2	3,4,5,6-tetrahydro-2,3'-bipyridine	3471-05-4	160.219	---	---	577.65	2	24	1.0548	2	---	---	---	---	---
19437	C10H12N2Na4O8	tetrasodium EDTA	64-02-8	380.174	---	---	---	---	---	---	---	---	---	---	---	---
19438	C10H12N2O	5-hydroxytryptamine	50-67-9	176.219	---	---	---	---	25	1.1112	2	---	---	---	---	---
19439	C10H12N2O	(-)-cotinine	486-56-6	176.219	314.15	1	---	---	25	1.1112	2	---	---	---	solid	1
19440	C10H12N2O	1-phenyl-4-methyl-3-pyrazolidone	2654-57-1	176.219	407.65	1	---	---	25	1.1112	2	---	---	---	solid	1

Table 1 Physical Properties - Organic Compounds

				Mol Wt	Freezing Point		Boiling Point		Density			Refractive Index			State	
NO	FORMULA	NAME	CAS No	g/mol	T_F, K	code	T_B, K	code	T, C	g/cm3	code	T, C	n_D	code	@25C,1 atm	code
19441	C10H12N2O	N-(p-tolyl)-1-aziridinecarboxamide	829-65-2	176.219	---	---	---	---	25	1.1112	2	---	---	---	---	---
19442	C10H12N2OS	2-amino-5-phenylthiomethyl-2-oxazoline	41136-03-2	208.285	---	---	317.39	1	25	1.1960	2	---	---	---	---	---
19443	C10H12N2O2	N-(p-methoxyphenyl)-1-aziridinecarboxami	3647-17-4	192.218	---	---	---	---	25	1.1706	2	---	---	---	---	---
19444	C10H12N2O2	o-(N-phenylcarbamoyl)propanonoxime	2828-42-4	192.218	---	---	---	---	25	1.1706	2	---	---	---	---	---
19445	C10H12N2O3	5,5-diallyl-2,4,6(1H,3H,5H)-pyrimidinetrion	52-43-7	208.217	445.15	1	449.65	2	25	1.2261	2	---	---	---	solid	1
19446	C10H12N2O3	L-kynurenine	343-65-7	208.217	464.15	dec	---	---	25	1.2261	2	---	---	---	solid	1
19447	C10H12N2O3	N-(4-aminobenzoyl)-b-alanine	7377-08-4	208.217	426.15	1	449.65	2	25	1.2261	2	---	---	---	solid	1
19448	C10H12N2O3	3,4-dimethylphenyl-N-methyl-N-nitrosocarb	58139-33-6	208.217	---	---	449.65	2	25	1.2261	2	---	---	---	---	---
19449	C10H12N2O3	methylnitrosocarbamic acid 3,5-xylyl ester	58139-34-7	208.217	---	---	419.15	1	25	1.2261	2	---	---	---	---	---
19450	C10H12N2O3	N-nitrosocarbanilic acid isopropyl ester	101418-02-4	208.217	---	---	449.65	2	25	1.2261	2	---	---	---	---	---
19451	C10H12N2O3	N-nitroso-N-methyl-N-a-acetoxybenzylamir	53198-46-2	208.217	---	---	480.15	1	25	1.2261	2	---	---	---	---	---
19452	C10H12N2O3	N-nitrosophenacetin	---	208.217	---	---	449.65	2	25	1.2261	2	---	---	---	---	---
19453	C10H12N2O3	3,4-xylyl-N-methylcarbamate, nitrosated	---	208.217	---	---	449.65	2	25	1.2261	2	---	---	---	---	---
19454	C10H12N2O3S	bentazon	25057-89-0	240.283	411.15	1	---	---	25	1.2961	2	---	---	---	solid	1
19455	C10H12N2O4	1,2,4,5-tetramethyl-3,6-dinitrobenzene	5465-13-4	224.217	484.65	1	---	---	25	1.2780	2	---	---	---	solid	1
19456	C10H12N2O4	1,4-di-N-oxide of dihydroxymethylquinoxali	17311-31-8	224.217	---	---	---	---	25	1.2780	2	---	---	---	---	---
19457	C10H12N2O4	furapromidium	1951-56-0	224.217	---	---	---	---	25	1.2780	2	---	---	---	---	---
19458	C10H12N2O4	3-(3-hydroxyanthraniloyl)alanine	484-78-6	224.217	---	---	---	---	25	1.2780	2	---	---	---	---	---
19459	C10H12N2O4	3-(3-hydroxyanthraniloyl)-L-alanine	606-14-4	224.217	460.65	dec	---	---	25	1.2780	2	---	---	---	solid	1
19460	C10H12N2O4	2-(p-methoxybenzamido)acetohydroxamic	65654-08-2	224.217	---	---	---	---	25	1.2780	2	---	---	---	---	---
19461	C10H12N2O4	3-nitro-p-acetophenetidide	1777-84-0	224.217	376.65	1	---	---	25	1.2780	2	---	---	---	solid	1
19462	C10H12N2O5	2-tert-butyl-4,6-dinitrophenol	1420-07-1	240.216	---	---	---	---	25	1.3268	2	---	---	---	---	---
19463	C10H12N2O5	dinoseb	88-85-7	240.216	313.15	1	---	---	45	1.2650	1	---	---	---	solid	1
19464	C10H12N2O5	2,6-dinitrothymol	303-21-9	240.216	328.15	1	---	---	25	1.3268	2	---	---	---	solid	1
19465	C10H12N2O5S	7-aminocephalosporanic acid	957-68-6	272.282	>573.15	1	---	---	25	1.3848	2	---	---	---	solid	1
19466	C10H12N2O8Zn	zinc ethylenediaminetetraacetate	12519-36-7	353.604	---	---	---	---	---	---	---	---	---	---	---	---
19467	C10H12N2S	N-allyl-N'-phenylthiourea	7341-63-1	192.285	375.00	1	---	---	25	1.1409	2	---	---	---	solid	1
19468	C10H12N3O3PS2	azinphos-methyl	86-50-0	317.330	346.15	1	---	---	20	1.4400	1	---	---	---	solid	1
19469	C10H12N4O2	1-allyltheobromine	2530-99-6	220.232	---	---	307.15	1	25	1.2752	2	---	---	---	---	---
19470	C10H12N4O3	3,4-dimethyl-4-(3,4-dimethyl-5-isoxazolyaz	4100-38-3	236.231	---	---	---	---	25	1.3248	2	---	---	---	---	---
19471	C10H12N4O3	1-methyl-3-((1-methyl-4-nitro-1H-imidazol-;	123794-13-8	236.231	---	---	---	---	25	1.3248	2	---	---	---	---	---
19472	C10H12N4O4	2'-deoxyinosine	890-38-0	252.231	>523.15	1	---	---	25	1.3713	2	---	---	---	solid	1
19473	C10H12N4O4	ribosylpurine	550-33-4	252.231	454.65	1	---	---	25	1.3713	2	---	---	---	solid	1
19474	C10H12N4O4S	6-mercaptopurine-9-D-riboside	574-25-4	284.297	492.65	1	---	---	25	1.4251	2	---	---	---	solid	1
19475	C10H12N4O4S	mercaptopurine ribonucleoside	4988-64-1	284.297	---	---	---	---	25	1.4251	2	---	---	---	---	---
19476	C10H12N4OS	thiacetazone	104-06-3	236.299	498.15	dec	---	---	25	1.2937	2	---	---	---	solid	1
19477	C10H12N4O5	inosine	58-63-9	268.230	491.15	dec	---	---	25	1.4151	2	---	---	---	solid	1
19478	C10H12N4O5	edrofuradene	5036-03-3	268.230	473.65	1	---	---	25	1.4151	2	---	---	---	solid	1
19479	C10H12N4O6	2,2'-((7-nitro-4-benzofurazazanyl)imino)bis	58131-55-8	284.230	---	---	321.65	1	25	1.4564	2	---	---	---	---	---
19480	C10H12N5O6P	CAMP	60-92-4	329.211	492.65	1	329.27	1	---	---	---	---	---	---	solid	1
19481	C10H12N6	(ethylenedinitrilo)tetraacetonitrile	5766-67-6	216.247	405.15	1	---	---	25	1.2723	2	---	---	---	solid	1
19482	C10H12N6O4	adenosine-5'-carboxamide	35788-21-7	280.245	---	---	---	---	25	1.4564	2	---	---	---	---	---
19483	C10H12N6O4S2	2,2'-(dithiobis(methylene))bis(1-methyl-5-n	57878-77-0	344.377	---	---	---	---	25	1.5405	2	---	---	---	---	---
19484	C10H12O	anethole	104-46-1	148.205	294.50	1	508.45	1	25	0.9840	1	20	1.5615	1	liquid	1
19485	C10H12O	alpha-allylbenzenemethanol	936-58-3	148.205	---	---	501.65	1	18	1.0040	1	21	1.5289	1	---	---
19486	C10H12O	3,4-dihydro-2-methyl-2H-1-benzopyran	13030-26-7	148.205	---	---	497.65	1	20	1.0340	1	13	1.5320	1	---	---
19487	C10H12O	3,4-dihydro-3-methyl-2H-1-benzopyran	70401-56-8	148.205	---	---	502.76	2	22	1.0020	1	20	1.5335	1	---	---
19488	C10H12O	3,4-dihydro-6-methyl-2H-1-benzopyran	3722-74-5	148.205	---	---	507.15	1	14	1.0374	1	25	1.5392	1	---	---
19489	C10H12O	3,4-dihydro-7-methyl-2H-1-benzopyran	3722-73-4	148.205	---	---	502.76	2	26	1.0280	1	20	1.5380	1	---	---
19490	C10H12O	gamma-methylenebenzenepropanol	3174-83-2	148.205	---	---	502.76	2	20	1.0272	1	20	1.5577	1	---	---
19491	C10H12O	3-phenyl-2-buten-1-ol	1504-54-7	148.205	---	---	502.76	2	20	1.0350	1	20	1.5678	1	---	---
19492	C10H12O	alpha-vinyl-alpha-methylbenzenemethanol	6051-52-1	148.205	---	---	502.76	2	20	1.0095	1	21	1.5277	1	---	---
19493	C10H12O	allyl 3-methylphenyl ether	1758-10-7	148.205	---	---	485.65	1	20	0.9564	1	20	1.5179	1	---	---
19494	C10H12O	allyl 4-methylphenyl ether	23431-48-3	148.205	---	---	487.65	1	15	0.9719	1	24	1.5157	1	---	---
19495	C10H12O	allyl o-tolyl ether	936-72-1	148.205	---	---	479.65	1	15	0.9698	1	15	1.5188	1	---	---
19496	C10H12O	(2-ethoxyvinyl)benzene	17655-74-2	148.205	---	---	497.65	1	20	0.9790	1	20	1.5496	1	---	---
19497	C10H12O	1-methoxy-2-(1-propenyl)benzene	10577-44-3	148.205	---	---	495.15	1	15	0.9962	1	15	1.5600	1	---	---
19498	C10H12O	trans-1-methoxy-4-(1-propenyl)benzene	4180-23-8	148.205	294.50	1	507.15	1	20	0.9882	1	20	1.5615	1	liquid	1
19499	C10H12O	1-methoxy-4-(2-propenyl)benzene	140-67-0	148.205	---	---	488.65	1	25	0.9650	1	20	1.5195	1	---	---
19500	C10H12O	1-(2,4-dimethylphenyl)ethanone	89-74-7	148.205	---	---	501.15	1	15	1.0121	1	20	1.5340	1	---	---
19501	C10H12O	1-(2,5-dimethylphenyl)ethanone	2142-73-6	148.205	255.05	1	505.65	1	19	0.9963	1	20	1.5291	1	liquid	1
19502	C10H12O	1-(3,4-dimethylphenyl)ethanone	3637-01-2	148.205	271.65	1	519.65	1	14	1.0090	1	15	1.5413	1	liquid	1
19503	C10H12O	1-(2-methylphenyl)-1-propanone	2040-14-4	148.205	245.55	1	492.65	1	25	1.0119	1	---	---	---	liquid	1
19504	C10H12O	1-(3-methylphenyl)-1-propanone	51772-30-6	148.205	268.75	1	508.15	1	25	1.0059	1	---	---	---	liquid	1
19505	C10H12O	1-(4-methylphenyl)-1-propanone	5337-93-9	148.205	280.35	1	509.15	1	20	0.9926	1	20	1.5278	1	liquid	1
19506	C10H12O	2-methyl-1-phenyl-1-propanone	611-70-1	148.205	272.45	1	493.15	1	11	0.9863	1	20	1.5172	1	liquid	1
19507	C10H12O	1-phenyl-1-butanone	495-40-9	148.205	285.15	1	501.65	1	20	0.9880	1	20	1.5203	1	liquid	1
19508	C10H12O	1-phenyl-2-butanone	1007-32-5	148.205	---	---	501.15	1	20	0.9877	1	---	---	---	---	---
19509	C10H12O	4-phenyl-2-butanone	2550-26-7	148.205	260.15	1	506.65	1	22	0.9849	1	22	1.5110	1	liquid	1
19510	C10H12O	4-isopropylbenzaldehyde	122-03-2	148.205	---	---	508.65	1	20	0.9755	1	20	1.5301	1	---	---
19511	C10H12O	2-methylbenzenepropanal	19564-40-0	148.205	---	---	502.76	2	19	0.9980	1	19	1.5220	1	---	---
19512	C10H12O	4-methylbenzenepropanal	5406-12-2	148.205	---	---	496.15	1	14	0.9990	1	14	1.5250	1	---	---
19513	C10H12O	2,4,6-trimethylbenzaldehyde	487-68-3	148.205	287.15	1	511.65	1	25	1.0154	1	---	---	---	liquid	1
19514	C10H12O	2-methyl-6-allylphenol	3354-58-3	148.205	---	---	505.15	1	25	0.9920	1	20	1.5381	1	---	---
19515	C10H12O	4-methyl-2-allylphenol	6628-06-4	148.205	---	---	510.15	1	20	0.9990	1	20	1.5385	1	---	---
19516	C10H12O	4-methyl-2-(1-propenyl)phenol	53889-94-4	148.205	---	---	502.76	2	20	1.0170	1	20	1.5727	1	---	---
19517	C10H12O	1,2,3,4-tetrahydro-1-naphthalenol	529-33-9	148.205	307.65	1	528.15	1	20	1.0996	1	20	1.5638	1	solid	1
19518	C10H12O	5,6,7,8-tetrahydro-1-naphthalenol	529-35-1	148.205	343.15	1	539.15	1	75	1.0556	1	---	---	---	solid	1
19519	C10H12O	5,6,7,8-tetrahydro-2-naphthalenol	1125-78-6	148.205	330.15	1	548.65	1	65	1.0552	1	---	---	---	solid	1
19520	C10H12O	1,2,3,4-tetrahydro-2-naphthol	530-91-6	148.205	288.65	1	502.76	2	23	1.0050	2	---	---	---	liquid	2

				Mol Wt	Freezing Point		Boiling Point		Density			Refractive Index			State	
NO	FORMULA	NAME	CAS No	g/mol	T_F, K	code	T_B, K	code	T, C	g/cm3	code	T, C	n_D	code	@25C,1 atm	code
19521	C10H12O	allyl benzyl ether	14593-43-2	148.205	---	---	477.65	1	25	0.9590	1	---	1.5070	1	---	---
19522	C10H12O	a-cyclopropylbenzyl alcohol	1007-03-0	148.205	---	---	502.76	2	25	1.0370	1	---	1.5400	1	---	---
19523	C10H12O	5,6-dimethyl-4,7-dihydroisobenzofuran	---	148.205	329.65	1	502.76	2	23	1.0050	2	---	---	---	solid	1
19524	C10H12O	4-ethoxystyrene	5459-40-5	148.205	---	---	502.76	2	25	0.9900	1	---	1.5490	1	---	---
19525	C10H12O	4'-ethylacetophenone	937-30-4	148.205	250.80	1	512.05	1	25	0.9930	1	---	1.5290	1	liquid	1
19526	C10H12O	5-methoxyindan	5111-69-3	148.205	---	---	502.76	2	25	1.0230	1	---	1.5440	1	---	---
19527	C10H12O	3-methylphenylacetone	18826-61-4	148.205	---	---	502.76	2	23	1.0050	2	---	1.5145	1	---	---
19528	C10H12O	4-methylphenylacetone	2096-86-8	148.205	---	---	502.76	2	23	1.0050	2	---	1.5130	1	---	---
19529	C10H12O	2-methylphenylacetone	51052-00-7	148.205	---	---	502.76	2	23	1.0050	2	---	1.5195	1	---	---
19530	C10H12O	trans-2-methyl-3-phenyl-2-propen-1-ol	1504-55-8	148.205	---	---	502.76	2	25	1.0300	1	---	1.5720	1	---	---
19531	C10H12O	2-methyl-2-propenyl phenyl ether	5820-22-4	148.205	239.95	1	448.65	1	25	0.9640	1	---	1.5140	1	liquid	1
19532	C10H12O	3-phenylbutyraldehyde	16251-77-7	148.205	---	---	502.76	2	25	0.9970	1	---	1.5180	1	---	---
19533	C10H12O	p-propylbenzaldehyde	28785-06-0	148.205	---	---	509.65	1	25	0.9780	1	---	---	---	---	---
19534	C10H12O	(R)-(-)-1,2,3,4-tetrahydro-1-naphthol	23357-45-1	148.205	312.65	1	502.76	2	25	1.0900	1	---	---	---	solid	1
19535	C10H12O	4-(epoxyethyl)-1,2-xylene	1855-36-3	148.205	---	---	502.76	2	23	1.0050	2	---	---	---	---	---
19536	C10H12O	hydroxydihydrocyclopentadiene	63139-69-5	148.205	---	---	502.76	2	23	1.0050	2	---	---	---	---	---
19537	C10H12O	cis-p-propenylanisole	25679-28-1	148.205	250.65	1	502.76	2	23	1.0050	2	---	---	---	liquid	2
19538	C10H12O	2-(p-tolyl)propionic aldehyde	99-72-9	148.205	---	---	502.76	2	23	1.0050	2	---	---	---	---	---
19539	C10H12O2	4-allyl-2-methoxyphenol	97-53-0	164.204	265.65	1	526.35	1	20	1.0652	1	20	1.5405	1	liquid	1
19540	C10H12O2	benzenebutanoic acid	1821-12-1	164.204	325.15	1	563.15	1	22	1.0624	2	---	---	---	solid	1
19541	C10H12O2	benzyl propanoate	122-63-4	164.204	---	---	494.15	1	20	1.0335	1	---	---	---	---	---
19542	C10H12O2	2,4-dimethylphenyl acetate	877-53-2	164.204	---	---	499.15	1	15	1.0298	1	15	1.4990	1	---	---
19543	C10H12O2	2,5-dimethylphenyl acetate	877-48-5	164.204	---	---	510.15	1	15	1.0624	1	---	---	---	---	---
19544	C10H12O2	3,4-dimethylphenyl acetate	22618-23-1	164.204	295.15	1	508.15	1	22	1.0624	2	---	---	---	liquid	1
19545	C10H12O2	3,5-dimethylphenyl acetate	877-82-7	164.204	---	---	510.15	1	15	1.0624	1	---	---	---	---	---
19546	C10H12O2	2-ethoxy-1-phenylethanone	14869-39-7	164.204	316.15	1	516.65	1	78	1.0036	1	---	---	---	solid	1
19547	C10H12O2	alpha-ethylbenzeneacetic acid	90-27-7	164.204	320.65	1	544.15	1	22	1.0624	2	---	---	---	solid	1
19548	C10H12O2	ethyl 2-methylbenzoate	87-24-1	164.204	---	---	500.15	1	21	1.0325	1	22	1.5070	1	---	---
19549	C10H12O2	ethyl 3-methylbenzoate	120-33-2	164.204	---	---	507.15	1	21	1.0265	1	22	1.5052	1	---	---
19550	C10H12O2	ethyl 4-methylbenzoate	94-08-6	164.204	---	---	505.15	1	18	1.0269	1	18	1.5089	1	---	---
19551	C10H12O2	isopropyl benzoate	939-48-0	164.204	---	---	489.15	1	15	1.0163	1	20	1.4890	1	---	---
19552	C10H12O2	methyl 2,4-dimethylbenzoate	23617-71-2	164.204	271.15	1	505.65	1	22	1.0624	2	20	1.5052	1	liquid	1
19553	C10H12O2	propyl benzoate	2315-68-6	164.204	221.55	1	504.15	1	20	1.0230	1	20	1.5000	1	liquid	1
19554	C10H12O2	ethyl phenylacetate	101-97-3	164.204	243.75	1	500.15	1	20	1.0333	1	20	1.4980	1	liquid	1
19555	C10H12O2	1-(2-hydroxy-3-methylphenyl)-1-propanone	3338-15-6	164.204	295.65	1	504.61	2	20	1.0900	1	---	---	---	liquid	2
19556	C10H12O2	1-(2-hydroxy-4-methylphenyl)-1-propanone	2886-52-4	164.204	317.15	1	504.61	2	22	1.0624	2	---	---	---	solid	1
19557	C10H12O2	1-(2-hydroxy-5-methylphenyl)-1-propanone	938-45-4	164.204	274.15	1	504.61	2	14	1.0841	1	13	1.5490	1	liquid	2
19558	C10H12O2	1-(2-hydroxyphenyl)-1-butanone	2887-61-8	164.204	283.15	1	504.61	2	24	1.0683	1	25	1.5379	1	liquid	2
19559	C10H12O2	2-hydroxy-1-phenyl-1-butanone	16183-46-3	164.204	---	---	504.61	2	18	1.0827	1	19	1.5290	1	---	---
19560	C10H12O2	4-hydroxy-1-phenyl-1-butanone	39755-03-8	164.204	303.15	1	504.61	2	22	1.0624	2	---	---	---	solid	1
19561	C10H12O2	isoeugenol	97-54-1	164.204	---	---	539.15	1	25	1.0800	1	19	1.5739	1	---	---
19562	C10H12O2	2-isopropylbenzoic acid	2438-04-2	164.204	337.15	1	504.61	2	22	1.0624	2	---	---	---	solid	1
19563	C10H12O2	4-isopropylbenzoic acid	536-66-3	164.204	390.65	1	504.61	2	4	1.1620	1	---	---	---	solid	1
19564	C10H12O2	2-methoxy-5-allylphenol	501-19-9	164.204	281.65	1	526.65	1	25	1.0613	1	20	1.5413	1	liquid	1
19565	C10H12O2	2-methoxy-6-allylphenol	579-60-2	164.204	---	---	523.65	1	20	1.0620	1	20	1.5545	1	---	---
19566	C10H12O2	1-(3-methoxyphenyl)-1-propanone	37951-49-8	164.204	---	---	532.15	1	25	1.0812	1	25	1.5230	1	---	---
19567	C10H12O2	1-(3-methoxyphenyl)-2-propanone	3027-13-2	164.204	---	---	532.15	1	6	1.0812	1	25	1.5230	1	---	---
19568	C10H12O2	1-(4-methoxyphenyl)-2-propanone	122-84-9	164.204	---	---	541.15	1	17	1.0694	1	20	1.5253	1	---	---
19569	C10H12O2	1-(methoxyphenyl)-2-propanone	31116-84-4	164.204	---	---	541.15	1	18	1.0670	1	20	1.5253	1	---	---
19570	C10H12O2	2-methoxy-1-phenyl-1-propanone	6493-83-0	164.204	---	---	504.61	2	20	1.0704	1	20	1.5225	1	---	---
19571	C10H12O2	3-methoxy-1-phenyl-1-propanone	55563-72-9	164.204	---	---	504.61	2	20	1.0602	1	20	1.5250	1	---	---
19572	C10H12O2	2-methoxy-6-(1-propenyl)phenol	1076-55-7	164.204	354.15	1	540.65	1	22	1.0624	2	---	---	---	solid	1
19573	C10H12O2	cis-2-methoxy-4-(1-propenyl)phenol	5912-86-7	164.204	---	---	504.61	2	20	1.0837	1	20	1.5726	1	---	---
19574	C10H12O2	trans-2-methoxy-4-(1-propenyl)phenol	5932-68-3	164.204	306.65	1	504.61	2	20	1.0852	1	20	1.5784	1	solid	1
19575	C10H12O2	alpha-methylbenzenepropanoic acid	1009-67-2	164.204	309.65	1	545.15	1	22	1.0624	2	---	---	---	solid	1
19576	C10H12O2	beta-methylbenzenepropanoic acid, (±)	772-17-8	164.204	319.65	1	504.61	2	20	1.0701	1	20	1.5155	1	solid	1
19577	C10H12O2	2-methyl-5-isopropyl-2,5-cyclohexadiene-1	490-91-5	164.204	318.65	1	505.15	1	22	1.0624	2	---	---	---	solid	1
19578	C10H12O2	methyl 3-phenylpropanoate	103-25-3	164.204	---	---	511.65	1	25	1.0455	1	---	---	---	---	---
19579	C10H12O2	phenyl butanoate	4346-18-3	164.204	---	---	498.15	1	15	1.0382	1	---	---	---	---	---
19580	C10H12O2	2-phenyl-1,3-dioxane	772-01-0	164.204	314.15	1	526.15	1	25	1.1110	1	---	---	---	solid	1
19581	C10H12O2	4-phenyl-1,3-dioxane	772-00-9	164.204	---	---	520.15	1	20	1.1038	1	18	1.5306	1	---	---
19582	C10H12O2	2-phenylethyl acetate	103-45-7	164.204	242.05	1	505.75	1	20	1.0883	1	20	1.5171	1	liquid	1
19583	C10H12O2	5-propyl-1,3-benzodioxole	94-58-6	164.204	---	---	501.15	1	22	1.0624	2	---	---	---	---	---
19584	C10H12O2	2-propylbenzoic acid	2438-03-1	164.204	331.15	1	546.15	1	15	1.0020	1	---	---	---	solid	1
19585	C10H12O2	2,3,5,6-tetramethyl-2,5-cyclohexadiene-1,4	527-17-3	164.204	384.65	1	504.61	2	22	1.0624	2	---	---	---	solid	1
19586	C10H12O2	thujic acid	499-89-8	164.204	---	---	504.61	2	22	1.0624	2	---	---	---	---	---
19587	C10H12O2	(S)-(+)-2,3,7,7a-tetrahydro-7a-methyl-1H-ir	17553-86-5	164.204	334.65	1	504.61	2	22	1.0624	2	---	---	---	solid	1
19588	C10H12O2	2-benzyl-1,3-dioxolane	101-49-5	164.204	---	---	504.61	2	25	1.1000	1	---	1.5220	1	---	---
19589	C10H12O2	benzyl (R)-(-)-glycidyl ether	14618-80-5	164.204	---	---	504.61	2	25	1.0770	1	---	1.5170	1	---	---
19590	C10H12O2	benzyl (S)-(+)-glycidyl ether	16495-13-9	164.204	---	---	504.61	2	25	1.0770	1	---	1.5180	1	---	---
19591	C10H12O2	1,5-dihydroxy-1,2,3,4-tetrahydronaphthaler	40771-26-4	164.204	406.15	1	504.61	2	22	1.0624	2	---	---	---	solid	1
19592	C10H12O2	2,5-dimethyl-4-methoxybenzaldehyde	6745-75-1	164.204	306.15	1	421.15	1	22	1.0624	2	---	---	---	solid	1
19593	C10H12O2	4'-ethoxyacetophenone	1676-63-7	164.204	310.15	1	541.65	1	22	1.0624	2	---	---	---	solid	1
19594	C10H12O2	glycidyl 2-methylphenyl ether	2210-79-9	164.204	---	---	407.65	1	25	1.0850	1	---	1.5290	1	---	---
19595	C10H12O2	2'-hydroxy-4',5'-dimethylacetophenone	36436-65-4	164.204	344.15	1	504.61	2	22	1.0624	2	---	---	---	solid	1
19596	C10H12O2	2-hydroxy-2-methylpropiophenone	7473-98-5	164.204	---	---	504.61	2	25	1.0770	1	---	1.5330	1	---	---
19597	C10H12O2	4-(4-hydroxyphenyl)-2-butanone	5471-51-2	164.204	356.15	1	504.61	2	22	1.0624	2	---	---	---	solid	1
19598	C10H12O2	4-isopropoxybenzaldehyde	18962-05-5	164.204	---	---	504.61	2	22	1.0624	2	---	---	---	---	---
19599	C10H12O2	1-methoxy-2-indanol	56175-44-1	164.204	---	---	420.15	1	25	1.1280	1	---	1.5480	1	---	---
19600	C10H12O2	2-methoxyphenylacetone	5211-62-1	164.204	---	---	504.61	2	25	1.0540	1	---	1.5250	1	---	---

Table 1 Physical Properties - Organic Compounds

				Mol Wt	Freezing Point		Boiling Point		Density			Refractive Index			State	
NO	FORMULA	NAME	CAS No	g/mol	T_F, K	code	T_B, K	code	T, C	g/cm3	code	T, C	n_D	code	@25C,1 atm	code
19601	C10H12O2	4'-methoxypropiophenone	121-97-1	164.204	301.15	1	547.15	1	25	0.9370	1	---	1.5470	1	solid	1
19602	C10H12O2	a-methylbenzyl acetate	93-92-5	164.204	---	---	504.61	2	25	1.0260	1	---	1.4940	1	---	---
19603	C10H12O2	methyl 3,5-dimethylbenzoate	25081-39-4	164.204	305.15	1	512.65	1	25	1.0270	1	---	---	---	solid	1
19604	C10H12O2	(S)-(+)-2-phenylbutyric acid	4286-15-1	164.204	---	---	504.61	2	25	1.0550	1	---	1.5160	1	---	---
19605	C10H12O2	(±)-3-phenylbutyric acid	4593-90-2	164.204	311.15	1	504.61	2	22	1	2	---	---	---	solid	1
19606	C10H12O2	(R)-(-)-2-phenylbutyric acid	938-79-4	164.204	---	---	504.61	2	25	1.0550	1	---	---	---	---	---
19607	C10H12O2	(R)-(+)-4-phenyl-1,3-dioxane	107796-29-2	164.204	---	---	523.65	1	25	1.1110	1	---	1.5300	1	---	---
19608	C10H12O2	(S)-(-)-4-phenyl-1,3-dioxane	107796-30-5	164.204	---	---	523.65	1	25	1.1110	1	---	1.5300	1	---	---
19609	C10H12O2	4-propoxybenzaldehyde	5736-85-6	164.204	---	---	402.15	1	25	1.0390	1	---	1.5460	1	---	---
19610	C10H12O2	4-propylbenzoic acid	2438-05-3	164.204	416.15	1	504.61	2	22	1.0624	2	---	---	---	solid	1
19611	C10H12O2	2-(p-tolyl)propionic acid	938-94-3	164.204	---	---	504.61	2	22	1.0624	2	---	1.5190	1	---	---
19612	C10H12O2	1,2,3,4-tetrahydronaphthalene hydroperoxi	26447-24-5	164.204	329.15	1	504.61	2	22	1.0624	2	---	---	---	solid	1
19613	C10H12O2	b-thujaplicin	499-44-5	164.204	324.40	1	504.61	2	22	1.0624	2	---	---	---	solid	1
19614	C10H12O2	2,4,6-trimethylbenzoic acid	480-63-7	164.204	427.15	1	504.61	2	22	1.0624	2	---	---	---	solid	1
19615	C10H12O2	3-bicyclo[2.2.1]hept-5-en-2-yl-2-propenoic	15222-64-7	164.204	---	---	413.15	1	22	1.0624	2	---	---	---	---	---
19616	C10H12O2	2,4-dimethylphenylacetic acid	6331-04-0	164.204	---	---	504.61	2	22	1.0624	2	---	---	---	---	---
19617	C10H12O2	4-ethenyl-1,2-dimethoxybenzene	6380-23-0	164.204	---	---	504.61	2	22	1.0624	2	---	---	---	---	---
19618	C10H12O2	3-(1-methylethyl)benzoic acid	5651-47-8	164.204	324.70	1	504.61	2	22	1.0624	2	---	---	---	solid	1
19619	C10H12O2	2,3,4-trimethylbenzoic acid	1076-47-7	164.204	378.80	2	504.61	2	22	1.0624	2	---	---	---	solid	2
19620	C10H12O2	3,4,5-trimethylbenzoic acid	1076-88-6	164.204	378.80	2	504.61	2	22	1.0624	2	---	---	---	solid	2
19621	C10H12O2	2,3,5-trimethylbenzoic acid	2437-66-3	164.204	378.80	2	504.61	2	22	1.0624	2	---	---	---	solid	2
19622	C10H12O2	2,3,6-trimethylbenzoic acid	2529-36-4	164.204	378.80	2	504.61	2	22	1.0624	2	---	---	---	solid	2
19623	C10H12O2	2,4,5-trimethylbenzoic acid	528-90-5	164.204	424.65	1	504.61	2	22	1.0624	2	---	---	---	solid	1
19624	C10H12O2	bicyclopentadiene dioxide	81-21-0	164.204	---	---	504.61	2	22	1.0624	2	---	---	---	---	---
19625	C10H12O2	glycidyl p-tolyl ether	2186-24-5	164.204	---	---	504.61	2	22	1.0624	2	---	---	---	---	---
19626	C10H12O2	hydrocinnamyl formate	104-64-3	164.204	---	---	504.61	2	22	1.0624	2	---	---	---	---	---
19627	C10H12O2	1'-hydroxyestragole	51410-44-7	164.204	---	---	504.61	2	22	1.0624	2	---	---	---	---	---
19628	C10H12O2	4-methoxy-3-methylacetophenone	10024-90-5	164.204	---	---	504.61	2	22	1.0624	2	---	---	---	---	---
19629	C10H12O2	methyl phenylcarbinyl acetate	---	164.204	---	---	390.15	1	22	1.0624	2	---	---	---	---	---
19630	C10H12O2	4-methyl-2-phenyl-m-dioxolane	2568-25-4	164.204	---	---	504.61	2	22	1.0624	2	---	---	---	---	---
19631	C10H12O2	g-thujaplicin	672-76-4	164.204	355.15	1	504.61	2	22	1.0624	2	---	---	---	solid	1
19632	C10H12O2	p-xylyl acetate	2216-45-7	164.204	---	---	504.61	2	22	1.0624	2	---	---	---	---	---
19633	C10H12O3	3,4-dimethoxybenzeneacetaldehyde	5703-21-9	180.203	---	---	522.10	2	20	1.1480	1	20	1.5426	1	---	---
19634	C10H12O3	1-(3,4-dimethoxyphenyl)ethanone	1131-62-0	180.203	324.15	1	560.15	1	27	1.1149	2	---	---	---	solid	1
19635	C10H12O3	4-ethoxy-3-methoxybenzaldehyde	120-25-2	180.203	337.65	1	522.10	2	27	1.1149	2	---	---	---	solid	1
19636	C10H12O3	ethyl alpha-hydroxybenzeneacetate, (±)	4358-88-7	180.203	308.65	1	527.15	1	20	1.1258	1	---	---	---	solid	1
19637	C10H12O3	ethyl alpha-hydroxyphenylacetate, (R)	10606-72-1	180.203	308.15	1	522.10	2	20	1.1270	1	---	---	---	solid	1
19638	C10H12O3	ethyl 2-methoxybenzoate	7335-26-4	180.203	---	---	534.15	1	20	1.1124	1	20	1.5224	1	---	---
19639	C10H12O3	ethyl 3-methoxybenzoate	10259-22-0	180.203	---	---	533.65	1	20	1.0993	1	20	1.5161	1	---	---
19640	C10H12O3	ethyl 4-methoxybenzoate	94-30-4	180.203	280.65	1	542.65	1	20	1.1038	1	20	1.5254	1	liquid	1
19641	C10H12O3	ethyl phenoxyacetate	2555-49-9	180.203	---	---	520.15	1	30	1.0958	1	20	1.5080	1	---	---
19642	C10H12O3	4-(3-hydroxy-1-propenyl)-2-methoxyphenol	458-35-5	180.203	347.15	1	522.10	2	27	1.1149	2	---	---	---	solid	1
19643	C10H12O3	isopropyl 2-hydroxybenzoate	607-85-2	180.203	---	---	511.15	1	20	1.0729	1	20	1.5065	1	---	---
19644	C10H12O3	4-methoxybenzyl acetate	104-21-2	180.203	357.15	1	543.15	1	25	1.1050	1	---	---	---	solid	1
19645	C10H12O3	2-phenoxybutanoic acid, (R)	19128-84-8	180.203	353.15	1	531.15	1	27	1.1149	2	---	---	---	solid	1
19646	C10H12O3	2-phenyl-1,3-dioxolane-4-methanol	1708-39-0	180.203	---	---	522.10	2	17	1.1916	1	17	1.5389	1	---	---
19647	C10H12O3	propyl 3-(2-furyl)acrylate	623-22-3	180.203	---	---	522.10	2	20	1.0744	1	24	1.5392	1	---	---
19648	C10H12O3	propyl 2-hydroxybenzoate	607-90-9	180.203	370.15	1	512.15	1	20	1.0979	1	20	1.5161	1	solid	1
19649	C10H12O3	propyl 4-hydroxybenzoate	94-13-3	180.203	370.15	1	522.10	2	102	1.0630	1	102	1.5050	1	solid	1
19650	C10H12O3	benzyl (S)-(-)-lactate	56777-24-3	180.203	---	---	522.10	2	25	1.1200	1	---	1.5110	1	---	---
19651	C10H12O3	2',4'-dihydroxy-3'-methylpropiophenone	63876-46-0	180.203	402.15	1	522.10	2	27	1.1149	2	---	---	---	solid	1
19652	C10H12O3	2',5'-dimethoxyacetophenone	1201-38-3	180.203	292.15	1	429.65	1	25	1.1390	1	---	1.5440	1	liquid	1
19653	C10H12O3	2',6'-dimethoxyacetophenone	2040-04-2	180.203	342.15	1	408.65	1	27	1.1149	2	---	---	---	solid	1
19654	C10H12O3	3',5'-dimethoxyacetophenone	39151-19-4	180.203	306.65	1	563.65	1	27	1.1149	2	---	1.5430	1	solid	1
19655	C10H12O3	2',4'-dimethoxyacetophenone	829-20-9	180.203	313.15	1	560.70	1	27	1.1149	2	---	---	---	solid	1
19656	C10H12O3	3,5-dimethyl-p-anisic acid	21553-46-8	180.203	465.15	1	522.10	2	27	1.1149	2	---	---	---	solid	1
19657	C10H12O3	2,3-epoxypropyl-4'-methoxyphenyl ether	2211-94-1	180.203	319.65	1	522.10	2	27	1.1149	2	---	---	---	solid	1
19658	C10H12O3	4-ethoxyphenylacetic acid	4919-33-9	180.203	361.15	1	522.10	2	27	1.1149	2	---	---	---	solid	1
19659	C10H12O3	ethyl (S)-(+)-mandelate	13704-09-1	180.203	306.15	1	522.10	2	27	1.1149	2	---	---	---	solid	1
19660	C10H12O3	ethyl mandelate	774-40-3	180.203	308.15	1	527.15	1	25	1.1150	1	---	1.5120	1	solid	1
19661	C10H12O3	ethyl 4-methoxycarbonylbenzoylacetate	79322-76-2	180.203	325.15	1	522.10	2	27	1.1149	2	---	---	---	solid	1
19662	C10H12O3	ethyl 5-methylsalicylate	34265-58-2	180.203	---	---	524.15	1	25	1.1030	1	---	1.5220	1	---	---
19663	C10H12O3	4-hydroxy-3-methoxyphenylacetone	2503-46-0	180.203	---	---	522.10	2	25	1.1630	1	---	1.5500	1	---	---
19664	C10H12O3	4-isopropoxybenzoic acid	13205-46-4	180.203	437.65	1	522.10	2	27	1.1149	2	---	---	---	solid	1
19665	C10H12O3	3-(2-methoxyphenyl)propionic acid	6342-77-4	180.203	360.15	1	522.10	2	27	1.1149	2	---	---	---	solid	1
19666	C10H12O3	methyl 4-ethoxybenzoate	23676-08-6	180.203	---	---	522.10	2	27	1.1149	2	---	---	---	---	---
19667	C10H12O3	methyl 3-(4-hydroxyphenyl)propionate	5597-50-2	180.203	313.15	1	522.10	2	27	1.1149	2	---	---	---	solid	1
19668	C10H12O3	methyl 4-methoxyphenylacetate	23786-14-3	180.203	---	---	537.25	1	25	1.1260	1	---	1.5160	1	---	---
19669	C10H12O3	2-phenoxybutyric acid	13794-14-4	180.203	361.65	1	531.15	1	27	1.1149	2	---	---	---	solid	1
19670	C10H12O3	4-propoxybenzoic acid	5438-19-7	180.203	417.15	1	522.10	2	27	1.1149	2	---	---	---	solid	1
19671	C10H12O3	2-phenoxyethyl acetate	6192-44-5	180.203	---	---	522.10	2	27	1.1149	2	---	---	---	---	---
19672	C10H12O3	anisyl acetate	---	180.203	---	---	522.10	2	27	1.1149	2	---	---	---	---	---
19673	C10H12O3	2',3'-epoxyeugenol	53940-49-1	180.203	---	---	522.10	2	27	1.1149	2	---	---	---	---	---
19674	C10H12O3	1'-hydroxy-estragole-2',3'-oxide	730771-71-0	180.203	---	---	522.10	2	27	1.1149	2	---	---	---	---	---
19675	C10H12O4	diallyl maleate	999-21-3	196.203	226.15	1	520.00	1	25	1.0730	1	20	1.4699	1	liquid	1
19676	C10H12O4	cantharidin	56-25-7	196.203	491.15	1	557.71	2	24	1.1270	2	---	---	---	solid	1
19677	C10H12O4	diallyl fumarate	2807-54-7	196.203	---	---	557.71	2	20	1.0768	1	25	1.4670	1	---	---
19678	C10H12O4	ethyl 2,4-dihydroxy-6-methylbenzoate	2524-37-0	196.203	405.15	1	557.71	2	24	1.1270	2	---	---	---	solid	1
19679	C10H12O4	ethyl 4-hydroxy-3-methoxybenzoate	617-05-0	196.203	317.15	1	565.15	1	24	1.1270	2	---	---	---	solid	1
19680	C10H12O4	methyl 3,4-dimethoxybenzoate	2150-38-1	196.203	333.95	1	556.15	1	24	1.1270	2	---	---	---	solid	1

Table 1 Physical Properties - Organic Compounds

				Mol Wt	Freezing Point		Boiling Point		Density			Refractive Index			State	
NO	FORMULA	NAME	CAS No	g/mol	T_F, K	code	T_B, K	code	T, C	g/cm3	code	T, C	n_D	code	@25C,1 atm	code
19681	C10H12O4	3',5'-dimethoxy-4'-hydroxyacetophenone	2478-38-8	196.203	398.65	1	557.71	2	24	1.1270	2	---	---	---	solid	1
19682	C10H12O4	(2,5-dimethoxyphenyl)acetic acid	1758-25-4	196.203	397.15	1	557.71	2	24	1.1270	2	---	---	---	solid	1
19683	C10H12O4	(3,5-dimethoxyphenyl)acetic acid	4670-10-4	196.203	374.15	1	557.71	2	24	1.1270	2	---	---	---	solid	1
19684	C10H12O4	(3,4-dimethoxyphenyl)acetic acid	93-40-3	196.203	370.65	1	557.71	2	24	1.1270	2	---	---	---	solid	1
19685	C10H12O4	ethyl isodehydracetate	3385-34-0	196.203	290.65	1	565.65	1	25	1.1640	1	---	1.5150	1	liquid	1
19686	C10H12O4	methyl 3,5-dimethoxybenzoate	2150-37-0	196.203	315.15	1	571.15	1	24	1.1270	2	---	---	---	solid	1
19687	C10H12O4	methyl 2,4-dimethoxybenzoate	2150-41-6	196.203	---	---	568.15	1	25	1.1940	1	---	1.5480	1	---	---
19688	C10H12O4	2',4',5'-trihydroxybutyrophenone	1421-63-2	196.203	425.15	1	557.71	2	24	1.1270	2	---	---	---	solid	1
19689	C10H12O4	2,3,4-trimethoxybenzaldehyde	2103-57-3	196.203	311.40	1	557.71	2	24	1.1270	2	---	1.5550	1	solid	1
19690	C10H12O4	2,4,5-trimethoxybenzaldehyde	4460-86-0	196.203	386.15	1	557.71	2	24	1.1270	2	---	---	---	solid	1
19691	C10H12O4	2,4,6-trimethoxybenzaldehyde	830-79-5	196.203	392.15	1	557.71	2	24	1.1270	2	---	---	---	solid	1
19692	C10H12O4	3,4,5-trimethoxybenzaldehyde	86-81-7	196.203	347.65	1	557.71	2	24	1.1270	2	---	---	---	solid	1
19693	C10H12O4S	(2R)-(-)-glycidyl tosylate	113826-06-5	228.269	319.65	1	---	---	25	1.2507	2	---	---	---	solid	1
19694	C10H12O4S	(2S)-(+)-glycidyl tosylate	70987-78-9	228.269	319.65	1	---	---	25	1.2507	2	---	---	---	solid	1
19695	C10H12O5	diethyl 3,4-furandicarboxylate	30614-77-8	212.202	---	---	573.15	2	25	1.1648	1	20	1.4717	1	---	---
19696	C10H12O5	propyl 3,4,5-trihydroxybenzoate	121-79-9	212.202	403.15	1	573.15	2	25	1.2297	2	---	---	---	solid	1
19697	C10H12O5	2,4,5-trimethoxybenzoic acid	490-64-2	212.202	418.15	1	573.15	1	25	1.2297	2	---	---	---	solid	1
19698	C10H12O5	3,4,5-trimethoxybenzoic acid	118-41-2	212.202	445.45	1	573.15	2	25	1.2297	2	---	---	---	solid	1
19699	C10H12O5	methyl 4,5-dimethoxy-3-hydroxybenzoate	83011-43-2	212.202	355.15	1	573.15	2	25	1.2297	2	---	---	---	solid	1
19700	C10H12O5	methyl 3,5-dimethoxy-4-hydroxybenzoate	884-35-5	212.202	378.15	1	573.15	2	25	1.2297	2	---	---	---	solid	1
19701	C10H12O5	2,3,4-trimethoxybenzoic acid	573-11-5	212.202	373.65	1	573.15	2	25	1.2297	2	---	---	---	solid	1
19702	C10H12O6	dimethyl 1,4-cyclohexanedione-2,5-dicarbo	6289-46-9	228.202	>426.15	1	---	---	25	1.2808	2	---	---	---	solid	1
19703	C10H12Se4	tetramethyltetraselenafulvalene	55259-49-9	448.045	540.65	1	---	---	---	---	---	---	---	---	solid	1
19704	C10H12Si	(dimethylphenylsilyl)acetylene	17156-64-8	160.290	---	---	---	---	25	0.9070	1	---	1.5080	1	---	---
19705	C10H12Si	1-(dimethylsilyl)-2-phenylacetylene	87290-97-9	160.290	---	---	---	---	25	0.9060	1	---	1.5440	1	---	---
19706	C10H12W	bis(h5-cyclopentadienyl)tungsten dihydride	1271-33-6	316.045	388.15	1	---	---	---	---	---	---	---	---	solid	1
19707	C10H13Br	1-bromo-4-tert-butylbenzene	3972-65-4	213.117	292.15	1	504.65	1	20	1.2286	1	20	1.5436	1	liquid	1
19708	C10H13Br	2-bromo-1-methyl-4-isopropylbenzene	2437-76-5	213.117	291.32	2	507.45	1	18	1.2689	1	20	1.5360	1	liquid	1
19709	C10H13Br	1-bromo-4-butylbenzene	41492-05-1	213.117	247.65	1	516.95	1	25	1.2080	1	---	1.5300	1	liquid	1
19710	C10H13Br	1-bromo-2,3,5,6-tetramethylbenzene	1646-53-3	213.117	334.15	1	509.68	2	21	1.2352	2	---	---	---	solid	1
19711	C10H13BrN2O3	5-(2-bromoallyl)-5-isopropylbarbituric acid	545-93-7	289.129	454.15	1	---	---	25	1.4890	2	---	---	---	solid	1
19712	C10H13BrN2O5	(E)-5-(2-bromovinyl)-2'-deoxyuridine	69304-47-8	321.128	397.15	1	---	---	25	1.5634	2	---	---	---	solid	1
19713	C10H13BrO	(4-bromobutoxy)benzene	1200-03-9	229.117	314.15	1	---	---	25	1.3134	2	---	---	---	solid	1
19714	C10H13BrO	benzyl 3-bromopropyl ether	54314-84-0	229.117	---	---	---	---	25	1.2980	1	---	1.5310	1	---	---
19715	C10H13BrO2	1-(4'-bromophenoxy)-1-ethoxyethane	39255-20-4	245.116	---	---	404.15	1	25	1.3613	2	---	1.5220	1	---	---
19716	C10H13BrO2	1-(4-bromophenoxy)-1-ethoxyethane	90875-14-2	245.116	---	---	404.15	2	25	1.3480	1	---	1.5230	1	---	---
19717	C10H13Br2N	N,N-bis(2-bromoethyl)aniline	2045-19-4	307.028	---	---	---	---	25	1.5914	2	---	---	---	---	---
19718	C10H13Cl	1-chloro-4-tert-butylbenzene	3972-56-3	168.666	309.15	2	486.15	1	18	1.0075	1	20	1.5123	1	solid	2
19719	C10H13Cl	(2-chloro-1,1-dimethylethyl)benzene	515-40-2	168.666	309.15	2	496.15	1	20	1.0470	1	20	1.5247	1	solid	2
19720	C10H13Cl	2-chloro-1-methyl-4-isopropylbenzene	4395-79-3	168.666	309.15	2	489.65	1	25	1.0104	1	20	1.5078	1	solid	2
19721	C10H13Cl	2-chloro-4-methyl-1-isopropylbenzene	4395-80-6	168.666	309.15	2	489.15	1	15	1.0180	1	20	1.5180	1	solid	2
19722	C10H13Cl	a-2-chloroisodurene	1585-16-6	168.666	309.15	1	490.28	2	21	1.0218	2	---	---	---	solid	1
19723	C10H13Cl	1-chloro-4-phenylbutane	4830-93-7	168.666	309.15	2	490.28	2	25	1.0260	1	---	1.5180	1	solid	2
19724	C10H13ClN2	chlordimeform	6164-98-3	196.680	308.15	1	575.15	2	25	1.1050	1	25	1.5885	1	solid	1
19725	C10H13ClN2	1-(4-chlorophenyl)piperazine	38212-33-8	196.680	346.65	1	575.15	2	25	1.1475	2	---	---	---	solid	1
19726	C10H13ClN2	1-(m-chlorophenyl)piperazine	6640-24-0	196.680	---	---	575.15	2	25	1.1900	1	---	---	---	---	---
19727	C10H13ClN2	1-(4-chlorophenyl)piperazine dihydrochlori	38869-46-4	196.680	549.65	1	575.15	2	25	1.1475	2	---	---	---	solid	1
19728	C10H13ClN2	N'-methyl-N'-b-chloroethylbenzaldehyde hy	62037-49-4	196.680	---	---	575.15	1	25	1.1475	2	---	---	---	---	---
19729	C10H13ClN2O	N-(3-chloro-4-methylphenyl)-N',N'-dimethyl	15545-48-9	212.679	420.65	1	---	---	25	1.1797	2	---	---	---	solid	1
19730	C10H13ClN2O	lozilurea	71475-35-9	212.679	---	---	---	---	25	1.1797	2	---	---	---	---	---
19731	C10H13ClN2O2	metoxuron	19937-59-8	228.679	---	---	---	---	25	1.2301	2	---	---	---	---	---
19732	C10H13ClN2O3	N-(2-chloroethyl)aminomethyl-4-methoxyni	56538-01-3	244.678	---	---	---	---	25	1.2776	2	---	---	---	---	---
19733	C10H13ClN2O3S	chloropropamide	94-20-2	276.744	---	---	575.15	2	25	1.3364	2	---	---	---	---	---
19734	C10H13ClN2O3S	chlorisopropamide	2281-78-9	276.744	---	---	575.15	1	25	1.3364	2	---	---	---	---	---
19735	C10H13ClN6	procyazine	32889-48-8	252.708	443.15	1	---	---	25	1.3185	2	---	---	---	solid	1
19736	C10H13ClN6O6S	2-chloroadenosine-5'-sulfamate	66522-52-9	380.770	---	---	---	---	25	1.5805	2	---	---	---	---	---
19737	C10H13ClO	4-chloro-alpha,alpha-dimethylbenzeneetha	5468-97-3	184.665	307.15	1	539.90	2	25	1.0749	2	20	1.5310	1	solid	1
19738	C10H13ClO	4-chloro-5-methyl-2-isopropylphenol	89-68-9	184.665	336.15	1	531.65	1	25	1.0749	2	---	---	---	solid	1
19739	C10H13ClO	4-phenoxybutyl chloride	2651-46-9	184.665	---	---	539.90	2	25	1.0680	1	---	1.5220	1	---	---
19740	C10H13ClO	5-chlorocarvacrol	5665-94-1	184.665	---	---	548.15	1	25	1.0749	2	---	---	---	---	---
19741	C10H13ClO2S	4-tert-butylbenzenesulfonyl chloride	15084-51-2	232.731	354.15	1	---	---	25	1.2060	2	---	---	---	solid	1
19742	C10H13ClO3	(-)-camphanic acid chloride	39637-74-6	216.664	342.15	1	---	---	25	1.1838	2	---	---	---	solid	1
19743	C10H13ClO4	exo-2-chloro-5,5-ethylenedioxy-bicyclo[2.2	64812-08-4	232.663	437.85	1	---	---	25	1.2334	2	---	---	---	solid	1
19744	C10H13Cl2FN2O2S2	N'-dichlorofluoromethylthio-N,N-dimethyl-N	731-27-1	347.262	369.15	1	---	---	25	1.4226	2	---	---	---	solid	1
19745	C10H13Cl2N	N,N-bis(2-chloroethyl)aniline	553-27-5	218.125	319.05	1	437.15	1	25	1.1626	2	---	---	---	solid	1
19746	C10H13Cl2O3PS	dichlofenthion	97-17-6	315.156	---	---	---	---	---	---	---	---	---	---	---	---
19747	C10H13FN2	1-(2-fluorophenyl)piperazine	1011-15-0	180.226	---	---	---	---	25	1.1410	1	---	1.5560	1	---	---
19748	C10H13FN2	1-(4-fluorophenyl)piperazine	2252-63-3	180.226	304.65	1	---	---	25	1.0768	2	---	---	---	solid	1
19749	C10H13FN2O4	3'-deoxy-3'-fluorothymidine	25526-93-6	244.223	452.15	1	483.15	explo	25	1.2866	2	---	---	---	solid	1
19750	C10H13FO2	1,2-dimethoxy-4-(2-fluoroethyl)benzene	117559-89-4	184.211	---	---	---	---	25	1.0829	2	---	---	---	---	---
19751	C10H13F3O3SSi	2-(trimethylsilyl)phenyl trifluoromethanesul	88284-48-4	298.358	---	---	---	---	25	1.2290	1	---	1.4560	1	---	---
19752	C10H13FeN2O8	(hydrogen(ethylenedinitrilo)tetraacetato)iro	17099-81-9	345.067	---	---	---	---	---	---	---	---	---	---	---	---
19753	C10H13I	2-iodo-1-methyl-4-isopropylbenzene	56739-95-8	260.118	351.15	2	540.00	2	17	1.4205	1	17	1.5800	1	solid	2
19754	C10H13I	2-iodo-4-methyl-1-isopropylbenzene	4395-81-7	260.118	351.15	2	540.00	2	17	1.4113	1	17	1.5690	1	solid	2
19755	C10H13I	1-tert-butyl-4-iodobenzene	35779-04-5	260.118	351.15	2	540.00	2	25	1.4640	1	---	1.5700	1	solid	2
19756	C10H13I	1-(4'-iodophenyl)butane	20651-57-4	260.118	351.15	2	540.00	2	20	1.4319	2	---	1.5680	1	solid	2
19757	C10H13I	2,3,5,6-tetramethyliodobenzene	2100-25-6	260.118	351.15	1	540.00	2	20	1.4319	2	---	---	---	solid	1
19758	C10H13I2N	N,N-bis(2-iodoethyl)aniline	29523-51-1	401.029	---	---	---	---	25	1.9067	2	---	---	---	---	---
19759	C10H13KO4	(2R,3S)-1-carboxy-4-isopropyl-2,3-dihydro	205652-50-2	236.309	---	---	---	---	---	---	---	---	---	---	---	---
19760	C10H13N	2-(3-pentenyl)pyridine	2057-43-4	147.220	---	---	489.15	1	25	0.9234	1	25	1.5076	1	---	---

Table 1 Physical Properties - Organic Compounds

NO	FORMULA	NAME	CAS No	Mol Wt g/mol	Freezing Point T_F, K	code	Boiling Point T_B, K	code	Density T, C	g/cm3	code	Refractive Index T, C	n_D	code	State @25C,1 atm	code
19761	C10H13N	1-phenylpyrrolidine	4096-21-3	147.220	284.15	1	535.03	2	20	1.0180	1	20	1.5813	1	liquid	2
19762	C10H13N	1,2,3,4-tetrahydro-1-methylquinoline	491-34-9	147.220	---	---	519.15	1	20	1.0220	1	23	1.5802	1	---	---
19763	C10H13N	5,6,7,8-tetrahydro-1-naphthalenamine	2217-41-6	147.220	311.15	1	552.15	1	16	1.0625	1	20	1.5900	1	solid	1
19764	C10H13N	2,3-cycloheptenopyridine	7197-96-8	147.220	---	---	535.03	2	25	0.9420	1	---	1.5400	1	---	---
19765	C10H13N	1,2,3,4-tetrahydro-1-naphthylamine	2217-40-5	147.220	---	---	535.03	2	25	1.0230	1	---	1.5620	1	---	---
19766	C10H13N	1,2,3,4-tetrahydro-2-naphthylamine	2954-50-9	147.220	---	---	579.65	1	22	0.9985	2	---	---	---	---	---
19767	C10H13NO	1-[3-(dimethylamino)phenyl]ethanone	18992-80-8	163.220	316.15	1	488.89	2	34	1.0590	2	---	---	---	solid	1
19768	C10H13NO	N-(2,4-dimethylphenyl)acetamide	2050-43-3	163.220	402.45	1	488.89	2	34	1.0590	2	---	---	---	solid	1
19769	C10H13NO	alpha-ethylbenezeneacetamide	90-26-6	163.220	359.15	1	488.89	2	34	1.0590	2	---	---	---	solid	1
19770	C10H13NO	N-ethyl-N-phenylacetamide	529-65-7	163.220	328.15	1	533.15	1	60	0.9938	1	---	---	---	solid	1
19771	C10H13NO	N-methyl-N-(2-methylphenyl)acetamide	573-26-2	163.220	328.65	1	533.15	1	34	1.0590	2	---	---	---	solid	1
19772	C10H13NO	N-phenylbutanamide	1129-50-6	163.220	370.15	1	488.89	2	25	1.1340	1	---	---	---	solid	1
19773	C10H13NO	1,2,3,4-tetrahydro-6-methoxyquinoline	120-15-0	163.220	315.65	1	557.15	1	34	1.0590	2	20	1.5718	1	solid	1
19774	C10H13NO	N,N,4-trimethylbenzamide	14062-78-3	163.220	314.15	1	488.89	2	34	1.0590	2	---	---	---	solid	1
19775	C10H13NO	(S)-(-)-N-acetyl-1-methylbenzylamine	19144-86-6	163.220	375.15	1	488.89	2	34	1.0590	2	---	---	---	solid	1
19776	C10H13NO	(R)-(+)-N-acetyl-1-methylbenzylamine	36283-44-0	163.220	375.15	1	488.89	2	34	1.0590	2	---	---	---	solid	1
19777	C10H13NO	N-acetyl-2-phenylethylamine	877-95-2	163.220	322.65	1	488.89	2	34	1.0590	2	---	---	---	solid	1
19778	C10H13NO	2',6'-dimethylacetanilide	2198-53-0	163.220	454.15	1	488.89	2	34	1.0590	2	---	---	---	solid	1
19779	C10H13NO	1-methoxybicyclo[2.2.2]oct-5-ene-2-carbon	38258-92-3	163.220	---	---	488.89	2	25	1.0500	1	---	1.4996	1	---	---
19780	C10H13NO	4-phenylmorpholine	92-53-5	163.220	326.65	1	537.10	1	25	1.0580	1	---	---	---	solid	1
19781	C10H13NO	(S)-1,2,3,4-tetrahydroisoquinolylmethan-3-	---	163.220	388.15	1	488.89	2	34	1.0590	2	---	---	---	solid	1
19782	C10H13NO	benzamide, N,N,3-trimethyl-	6935-65-5	163.220	---	---	488.89	2	34	1.0590	2	---	---	---	---	---
19783	C10H13NO	3',4'-acetoxylidide	2198-54-1	163.220	372.15	1	488.89	2	34	1.0590	2	---	---	---	solid	1
19784	C10H13NO	4'-aminobutyrophenone	1688-71-7	163.220	---	---	488.89	2	34	1.0590	2	---	---	---	---	---
19785	C10H13NO	7-ethylidenecyclopent(b)oxireno(c)pyridine	38704-36-8	163.220	---	---	488.89	2	34	1.0590	2	---	---	---	---	---
19786	C10H13NO	methyl 1,4,5,6-tetrahydro-2-methylcyclope	22056-53-7	163.220	---	---	396.15	1	34	1.0590	2	---	---	---	---	---
19787	C10H13NO	a-phenyl-1-aziridineethanol	17918-11-5	163.220	---	---	488.89	2	34	1.0590	2	---	---	---	---	---
19788	C10H13NO	4-valerylpyridine	1701-73-1	163.220	---	---	376.65	1	34	1.0590	2	---	---	---	---	---
19789	C10H13NO2	beta-(aminomethyl)benzenepropanoic acid	1078-21-3	179.219	525.65	dec	---	---	23	1.0699	2	---	---	---	solid	1
19790	C10H13NO2	benzenepropanol carbamate	673-31-4	179.219	375.15	1	504.48	2	23	1.0699	2	---	---	---	solid	1
19791	C10H13NO2	1-tert-butyl-3-nitrobenzene	23132-52-7	179.219	274.15	1	527.15	1	25	1.0643	1	---	---	---	liquid	1
19792	C10H13NO2	5-butyl-2-pyridinecarboxylic acid	536-69-6	179.219	370.15	1	504.48	2	23	1.0699	2	---	---	---	solid	1
19793	C10H13NO2	N-(2-ethoxyphenyl)acetamide	581-08-8	179.219	352.15	1	504.48	2	23	1.0699	2	---	---	---	solid	1
19794	C10H13NO2	N-(4-ethoxyphenyl)acetamide	62-44-2	179.219	410.65	1	504.48	2	23	1.0699	2	---	1.5710	1	solid	1
19795	C10H13NO2	ethyl N-benzylcarbamate	2621-78-5	179.219	322.15	1	503.15	1	23	1.0699	2	---	---	---	solid	1
19796	C10H13NO2	ethyl 2-(methylamino)benzoate	35472-56-1	179.219	312.15	1	539.15	1	23	1.0699	2	---	---	---	solid	1
19797	C10H13NO2	ethyl N-phenylglycinate	2216-92-4	179.219	331.15	1	546.65	1	23	1.0699	2	---	---	---	solid	1
19798	C10H13NO2	N-(4-hydroxyphenyl)butanamide	101-91-7	179.219	412.65	1	504.48	2	23	1.0699	2	---	---	---	solid	1
19799	C10H13NO2	isopropyl phenylcarbamate	122-42-9	179.219	363.15	1	504.48	2	20	1.0900	1	91	1.4989	1	solid	1
19800	C10H13NO2	1-methyl-4-isopropyl-2-nitrobenzene	943-15-7	179.219	274.15	2	504.48	2	20	1.0744	1	20	1.5301	1	liquid	2
19801	C10H13NO2	propyl 4-aminobenzoate	94-12-2	179.219	348.15	1	504.48	2	23	1.0699	2	---	---	---	solid	1
19802	C10H13NO2	(-)-2-amino-4-phenylbutyric acid	82795-51-5	179.219	>573.15	1	504.48	2	23	1.0699	2	---	---	---	solid	1
19803	C10H13NO2	(+)-2-amino-4-phenylbutyric acid	943-73-7	179.219	>573.15	1	504.48	2	23	1.0699	2	---	---	---	solid	1
19804	C10H13NO2	3-amino-3-(p-tolyl)propionic acid	68208-18-4	179.219	502.65	1	504.48	2	23	1.0699	2	---	---	---	solid	1
19805	C10H13NO2	butyl nicotinate	6938-06-3	179.219	---	---	504.48	2	25	1.0470	1	---	1.4950	1	---	---
19806	C10H13NO2	3'-ethoxyacetanilide	591-33-3	179.219	369.65	1	504.48	2	23	1.0699	2	---	---	---	solid	1
19807	C10H13NO2	N-methyl-N-phenylurethane	2621-79-6	179.219	---	---	516.65	1	25	1.0740	1	---	1.5150	1	---	---
19808	C10H13NO2	3,4-xylyl methylcarbamate	2425-10-7	179.219	352.25	1	504.48	2	23	1.0699	2	---	---	---	solid	1
19809	C10H13NO2	1-butyl-4-nitrobenzene	20651-75-6	179.219	274.15	2	504.48	2	23	1.0699	2	---	---	---	liquid	2
19810	C10H13NO2	1-butyl-3-nitrobenzene	20651-76-7	179.219	274.15	2	504.48	2	23	1.0699	2	---	---	---	liquid	2
19811	C10H13NO2	N,N-dimethyl 4-methoxybenzamide	7291-00-1	179.219	---	---	504.48	2	23	1.0699	2	---	---	---	---	---
19812	C10H13NO2	propyl N-phenylcarbamate	5532-90-1	179.219	331.00	1	504.48	2	23	1.0699	2	---	---	---	solid	1
19813	C10H13NO2	1-tert-butyl-4-nitrobenzene	1886-57-3	179.219	274.15	2	504.48	2	23	1.0699	2	---	---	---	liquid	2
19814	C10H13NO2	1-tert-butyl-2-nitrobenzene	3282-56-2	179.219	274.15	2	504.48	2	23	1.0699	2	---	---	---	liquid	2
19815	C10H13NO2	carbamic acid a-methylphenethyl ester	709-90-0	179.219	---	---	504.48	2	23	1.0699	2	---	---	---	---	---
19816	C10H13NO2	3,5-dimethylphenyl-N-methylcarbamate	2655-14-3	179.219	372.15	1	394.15	1	23	1.0699	2	---	---	---	solid	1
19817	C10H13NO2	3'-hydroxybutyranilide	21556-79-6	179.219	---	---	504.48	2	23	1.0699	2	---	---	---	---	---
19818	C10H13NO2	methylenedioxyamphetamine	4764-17-4	179.219	---	---	504.48	2	23	1.0699	2	---	---	---	---	---
19819	C10H13NO2	2-N-propoxybenzamide	59643-84-4	179.219	371.65	1	504.48	2	23	1.0699	2	---	---	---	solid	1
19820	C10H13NO2S	S-benzyl-L-cysteine	3054-01-1	211.285	484.65	1	---	---	25	1.1736	2	---	---	---	solid	1
19821	C10H13NO2S	ethyl 2-aminocyclopenta[b]thiophene-3-car	4815-29-6	211.285	364.65	1	---	---	25	1.1736	2	---	---	---	solid	1
19822	C10H13NO2S	methylcarbamic acid 4-methylthio-m-tolyl e	3566-00-5	211.285	---	---	---	---	25	1.1736	2	---	---	---	---	---
19823	C10H13NO3	methyl 3-methoxy-2-(methylamino)benzoat	483-64-7	195.218	301.15	1	544.15	1	25	1.1478	2	---	---	---	solid	1
19824	C10H13NO3	1-(2-methylpropoxy)-2-nitrobenzene	56245-02-4	195.218	---	---	550.65	1	20	1.1361	1	---	---	---	---	---
19825	C10H13NO3	N-methyl-L-tyrosine	537-49-5	195.218	566.15	1	---	---	25	1.1478	2	---	---	---	solid	1
19826	C10H13NO3	3-amino-3-(p-methoxyphenyl)propionic aci	5678-45-5	195.218	511.15	1	513.98	2	25	1.1478	2	---	---	---	solid	1
19827	C10H13NO3	DL-2-benzylserine	4740-47-0	195.218	527.15	1	---	---	25	1.1478	2	---	---	---	solid	1
19828	C10H13NO3	N-z-ethanolamine	77987-49-6	195.218	332.15	1	513.98	2	25	1.1478	2	---	---	---	solid	1
19829	C10H13NO3	O-methyl-L-tyrosine	6230-11-1	195.218	533.15	1	---	---	25	1.1478	2	---	---	---	solid	1
19830	C10H13NO3	DL-a-methyltyrosine	658-48-0	195.218	585.65	1	---	---	25	1.1478	2	---	---	---	solid	1
19831	C10H13NO3	L-tyrosine methyl ester	1080-06-4	195.218	407.15	1	513.98	2	25	1.1478	2	---	---	---	solid	1
19832	C10H13NO3	butyl 4-nitrophenyl ether	7244-78-2	195.218	---	---	447.15	1	25	1.1478	2	---	---	---	---	---
19833	C10H13NO3	N-hydroxy-p-acetophenetidide	19315-64-1	195.218	---	---	513.98	2	25	1.1478	2	---	---	---	---	---
19834	C10H13NO3	4-(2-morpholinyl)pyrocatechol	---	195.218	---	---	513.98	2	25	1.1478	2	---	---	---	---	---
19835	C10H13NO4	3-hydroxy-alpha-methyl-L-tyrosine	555-30-6	211.218	573.15	dec	---	---	25	1.2022	2	---	---	---	solid	1
19836	C10H13NO4	1,2,3-propanetriol 1-(4-aminobenzoate)	136-44-7	211.218	---	---	422.55	2	25	1.2022	2	---	---	---	---	---
19837	C10H13NO4	2,5-diethoxynitrobenzene	119-23-3	211.218	322.65	1	---	---	25	1.2022	2	---	---	---	solid	1
19838	C10H13NO4	2,2-dimethyl-5-(2-tetrahydropyrrolylidene)-	---	211.218	446.15	1	---	---	25	1.2022	2	---	---	---	solid	1
19839	C10H13NO4	2-(N,N-bis(2-hydroxyethyl)amino)-1,4-benz	2158-76-1	211.218	---	---	422.55	2	25	1.2022	2	---	---	---	---	---
19840	C10H13NO4	L-dopa methyl ester	7101-51-1	211.218	---	---	372.95	1	25	1.2022	2	---	---	---	---	---

Table 1 Physical Properties - Organic Compounds

				Mol Wt	Freezing Point		Boiling Point		Density			Refractive Index			State	
NO	FORMULA	NAME	CAS No	g/mol	T_F, K	code	T_B, K	code	T, C	g/cm3	code	T, C	n_D	code	@25C,1 atm	code
19841	C10H13NO4	N-(2-oxo-3,5,7-cycloheptatrien-1-yl)aminod	77791-69-6	211.218	---	---	422.55	2	25	1.2022	2	---	---	---	---	---
19842	C10H13NO4	3,4,5-trimethoxybenzamide	3086-62-2	211.218	---	---	472.15	1	25	1.2022	2	---	---	---	---	---
19843	C10H13NO4S	4'-(2-hydroxyethylsulfonyl)acetanilide	27375-52-6	243.284	---	---	374.15	1	25	1.2720	2	---	---	---	---	---
19844	C10H13NO4S2	meticrane	1084-65-7	275.350	509.65	1	---	---	25	1.3313	2	---	---	---	solid	1
19845	C10H13N2Na3O8	trisodium EDTA	150-38-9	358.192	---	---	---	---	---	---	---	---	---	---	---	---
19846	C10H13N3O	1-nitrosoanabasine	1133-64-8	191.234	---	---	---	---	25	1.1428	2	---	---	---	---	---
19847	C10H13N3O	(±)-N-nitrosoanabasine	84237-39-8	191.234	---	---	---	---	25	1.1428	2	---	---	---	---	---
19848	C10H13N3O2	1-(4-nitrophenyl)piperazine	6269-89-2	207.233	405.15	1	---	---	25	1.1982	2	---	---	---	solid	1
19849	C10H13N3O2	4-(N-methyl-N-nitrosamino)-4-(3-pyridyl)bu	64091-90-3	207.233	---	---	---	---	25	1.1982	2	---	---	---	---	---
19850	C10H13N3O2	4-(N-methyl-N-nitrosamino)-1-(3-pyridyl)-1	64091-91-4	207.233	---	---	---	---	25	1.1982	2	---	---	---	---	---
19851	C10H13N3O3	nitrol	24458-48-8	223.232	---	---	340.15	1	25	1.2501	2	---	---	---	---	---
19852	C10H13N3O5S	4-((5-nitrofurfurylidene)amino)-3-methylthi	23256-30-6	287.297	---	---	403.75	1	25	1.3989	2	---	---	---	---	---
19853	C10H13N4O8P	inosinic acid	131-99-7	348.210	---	---	---	---	---	---	---	---	---	---	---	---
19854	C10H13N5O2	2',3'-dideoxyadenosine	4097-22-7	235.247	458.15	1	387.15	1	25	1.2964	2	---	---	---	solid	1
19855	C10H13N5O3	deoxyadenosine	958-09-8	251.246	462.65	1	359.65	1	25	1.3430	2	---	---	---	solid	1
19856	C10H13N5O3	3'-deoxyadenosine	73-03-0	251.246	498.65	1	---	---	25	1.3430	2	---	---	---	solid	1
19857	C10H13N5O4	adenosine	58-61-7	267.246	564.15	1	---	---	25	1.3869	2	---	---	---	solid	1
19858	C10H13N5O4	9b-D-arabino furanosyl adenine	5536-17-4	267.246	530.40	1	532.15	1	25	1.3869	2	---	---	---	solid	1
19859	C10H13N5O4	3'-azido-3'-deoxythymidine	30516-87-1	267.246	---	---	353.15	1	25	1.3869	2	---	---	---	---	---
19860	C10H13N5O4	2'-deoxyguanosine	961-07-9	267.246	573.65	1	377.65	1	25	1.3869	2	---	---	---	solid	1
19861	C10H13N5O4S	6-thioguanosine	85-31-4	299.312	---	---	371.15	1	25	1.4373	2	---	---	---	---	---
19862	C10H13N5O4Se	6-selenoguanosine	29411-74-3	346.206	---	---	---	---	---	---	---	---	---	---	---	---
19863	C10H13N5O5	guanosine	118-00-3	283.245	512.15	dec	598.65	2	25	1.4283	2	---	---	---	solid	1
19864	C10H13N5O5	6-N-hydroxyadenosine	3414-62-8	283.245	---	---	598.65	1	25	1.4283	2	---	---	---	---	---
19865	C10H14	butylbenzene	104-51-8	134.221	185.30	1	456.46	1	25	0.8580	1	25	1.4874	1	liquid	1
19866	C10H14	isobutylbenzene	538-93-2	134.221	221.70	1	445.94	1	25	0.8490	1	25	1.4840	1	liquid	1
19867	C10H14	sec-butylbenzene	135-98-8	134.221	197.72	1	446.48	1	25	0.8580	1	25	1.4878	1	liquid	1
19868	C10H14	tert-butylbenzene	98-06-6	134.221	215.27	1	442.30	1	25	0.8630	1	25	1.4902	1	liquid	1
19869	C10H14	cymene	25155-15-1	134.221	205.25	1	449.50	1	27	0.8631	2	---	---	---	liquid	1
19870	C10H14	m-cymene	535-77-3	134.221	209.44	1	448.23	1	25	0.8570	1	25	1.4905	1	liquid	1
19871	C10H14	o-cymene	527-84-4	134.221	201.64	1	451.33	1	25	0.8730	1	25	1.4983	1	liquid	1
19872	C10H14	p-cymene	99-87-6	134.221	205.25	1	450.28	1	25	0.8520	1	25	1.4885	1	liquid	1
19873	C10H14	1-methyl-2-propylbenzene	1074-17-5	134.221	212.95	1	457.95	1	25	0.8697	1	25	1.4975	1	liquid	1
19874	C10H14	1-methyl-3-propylbenzene	1074-43-7	134.221	190.57	1	454.95	1	25	0.8569	1	25	1.4911	1	liquid	1
19875	C10H14	1-methyl-4-propylbenzene	1074-55-1	134.221	209.55	1	456.45	1	25	0.8544	1	25	1.4898	1	liquid	1
19876	C10H14	(S)-(1-methylpropyl)benzene	5787-28-0	134.221	221.30	2	457.10	2	27	0.8631	2	---	---	---	liquid	2
19877	C10H14	diethylbenzene	25340-17-4	134.221	221.30	2	455.05	1	25	0.8690	1	---	1.4950	1	liquid	1
19878	C10H14	o-diethylbenzene	135-01-3	134.221	241.93	1	456.61	1	25	0.8760	1	25	1.5011	1	liquid	1
19879	C10H14	m-diethylbenzene	141-93-5	134.221	189.26	1	454.29	1	25	0.8600	1	25	1.4931	1	liquid	1
19880	C10H14	p-diethylbenzene	105-05-5	134.221	230.32	1	456.94	1	25	0.8580	1	25	1.4924	1	liquid	1
19881	C10H14	3-ethyl-o-xylene	933-98-2	134.221	223.64	1	467.11	1	25	0.8880	1	25	1.5095	1	liquid	1
19882	C10H14	4-ethyl-o-xylene	934-80-5	134.221	206.22	1	462.93	1	25	0.8710	1	25	1.5009	1	liquid	1
19883	C10H14	2-ethyl-m-xylene	2870-04-4	134.221	256.89	1	463.19	1	25	0.8860	1	25	1.5085	1	liquid	1
19884	C10H14	4-ethyl-m-xylene	874-41-9	134.221	210.27	1	461.59	1	25	0.8720	1	25	1.5015	1	liquid	1
19885	C10H14	5-ethyl-m-xylene	934-74-7	134.221	188.82	1	456.93	1	25	0.8610	1	25	1.4958	1	liquid	1
19886	C10H14	2-ethyl-p-xylene	1758-88-9	134.221	219.52	1	459.98	1	25	0.8730	1	25	1.5020	1	liquid	1
19887	C10H14	1,2,3,4-tetramethylbenzene	488-23-3	134.221	266.90	1	478.19	1	25	0.9010	1	25	1.5181	1	liquid	1
19888	C10H14	1,2,3,5-tetramethylbenzene	527-53-7	134.221	249.46	1	471.15	1	25	0.8870	1	25	1.5107	1	liquid	1
19889	C10H14	1,2,4,5-tetramethylbenzene	95-93-2	134.221	352.38	1	469.99	1	81	0.8380	1	25	1.5093	1	solid	1
19890	C10H14	3,6-dimethyl-2,6-octadien-4-yne	3725-07-3	134.221	228.15	1	443.15	1	22	0.8071	1	20	1.4998	1	liquid	1
19891	C10H14	2,7-dimethyl-3,5-octadiyne	14813-68-4	134.221	266.80	2	457.10	2	20	0.8090	1	---	---	---	liquid	2
19892	C10H14	1,2,3,4,4a,8a-hexahydronaphthalene	62690-62-4	134.221	---	---	470.15	1	23	0.9340	1	16	1.5260	1	---	---
19893	C10H14	1,9-decadiyne	1720-38-3	134.221	266.80	2	457.10	2	25	0.8220	1	---	1.4495	1	liquid	2
19894	C10H14	4,6-decadiyne	16387-71-6	134.221	266.80	2	457.10	2	27	0.8631	2	---	---	---	liquid	2
19895	C10H14AsCl2NO3	N,N-bis(2-chloroethyl)-p-arsanilic acid	5185-71-7	342.053	---	---	384.15	1	---	---	---	---	---	---	---	---
19896	C10H14AsNO	p-arsenoso-N,N-diethylaniline	4164-06-1	239.149	---	---	461.65	1	---	---	---	---	---	---	---	---
19897	C10H14AsNO3	p-arsenoso-N,N-bis(2-hydroxyethyl)aniline	5185-80-8	271.148	---	---	471.65	1	---	---	---	---	---	---	---	---
19898	C10H14BeO4	beryllium acetylacetonate	10210-64-7	207.231	381.15	1	543.15	1	20	1.1680	1	---	---	---	solid	1
19899	C10H14BrN	4-bromo-N,N-diethylaniline	2052-06-4	228.132	311.15	1	543.15	1	25	1.2846	2	---	---	---	solid	1
19900	C10H14Br2O	alpha,alpha'-dibromo-d-camphor	514-12-5	310.029	334.15	1	---	---	21	1.8540	1	---	---	---	solid	1
19901	C10H14ClN	4-chloro-N,N-diethylaniline	2873-89-4	183.681	318.65	1	525.15	1	25	1.0345	2	---	---	---	solid	1
19902	C10H14ClN	3-chloro-2,6-diethylaniline	67330-62-5	183.681	---	---	525.15	2	25	1.0950	1	---	1.5600	1	---	---
19903	C10H14ClN	N-ethyl-N-(2-chloroethyl)aniline	92-49-9	183.681	319.15	1	525.15	1	25	1.0345	2	---	---	---	solid	1
19904	C10H14ClN	1,2,3,4-tetrahydro-1-naphthylamine hydroc	49800-23-9	183.681	459.15	1	525.15	2	25	0.9740	1	---	---	---	solid	1
19905	C10H14ClN	p-chloro-N-methylamphetamine	1199-85-5	183.681	---	---	525.15	2	25	1.0345	2	---	---	---	---	---
19906	C10H14ClN	chlorphentermine	461-78-9	183.681	---	---	525.15	2	25	1.0345	2	---	---	---	---	---
19907	C10H14ClNO2	N-(3-chlorophenyl)diethanolamine	92-00-2	215.679	---	---	---	---	25	1.1585	2	---	---	---	---	---
19908	C10H14Cl2NO2PS	O-(2,4-dichlorophenyl)-O-methylisopropylp	299-85-4	314.172	---	---	---	---	---	---	---	---	---	---	---	---
19909	C10H14Cl2N2	N,N-bis(2-chloroethyl)-p-phenylenediamine	2067-58-5	233.140	---	---	478.90	1	25	1.1872	2	---	---	---	---	---
19910	C10H14Cl2N2O2S	N4,N4-bis(2-chloroethyl)sulfanilamide	2045-41-2	297.205	---	---	368.15	1	25	1.3318	2	---	---	---	---	---
19911	C10H14Cl2O2	cyclopropanecarboxylic acid, 3-(2,2-dichlo	59609-49-3	237.125	---	---	392.15	1	25	1.1909	2	---	---	---	---	---
19912	C10H14Cl2O4Sn	tin(iv) bis(acetylacetonate) dichloride	16919-46-3	387.834	478.15	1	475.15	1	---	---	---	---	---	---	solid	1
19913	C10H14Cl2O6	1,1,4-triacetoxy-2,2-dichlorobutane	---	301.123	---	---	---	---	25	1.3590	2	---	1.4586	1	---	---
19914	C10H14Cl2Si	dichloromethyl(4-methylphenethyl)silane	63126-87-4	233.211	---	---	377.15	2	25	1.1000	1	---	1.5120	1	---	---
19915	C10H14Cl2Si	methyl(2-phenylpropyl)dichlorosilane	13617-28-2	233.211	---	---	377.15	1	---	---	---	---	---	---	---	---
19916	C10H14Cl6N4O2	triforine	26644-46-2	434.963	428.15	dec	---	---	25	1.5269	2	---	---	---	solid	1
19917	C10H14CoO4	cobalt(ii) acetylacetonate	14024-48-7	257.152	445.15	1	---	---	---	---	---	---	---	---	solid	1
19918	C10H14CrO4	bis(2,4-pentanedionato)chromium	---	250.215	---	---	443.15	1	---	---	---	---	---	---	---	---
19919	C10H14CuO4	copper acetylacetonate	13395-16-9	261.765	557.15	dec	---	---	---	---	---	---	---	---	solid	1
19920	C10H14Cu2N4O8	ethylenediaminetetraacetic acid dicopper s	39208-15-6	445.336	---	---	---	---	---	---	---	---	---	---	---	---

Table 1 Physical Properties - Organic Compounds

				Mol Wt	Freezing Point		Boiling Point		Density			Refractive Index			State	
NO	FORMULA	NAME	CAS No	g/mol	T_F, K	code	T_B, K	code	T, C	g/cm3	code	T, C	n_D	code	@25C,1 atm	code
19921	C10H14HgN2O8	mercury(ii) edta complex	12558-92-8	490.820	---	---	454.15	1	---	---	---	---	---	---	---	---
19922	C10H14I2N2O2S	N4,N4-bis(2-iodoethyl)sulfanilamide	1669-83-6	480.109	---	---	473.15	1	25	1.9526	2	---	---	---	---	---
19923	C10H14MoO6	molybdenyl acetylacetonate	17524-05-9	326.158	457.15	1	---	---	---	---	---	---	---	---	solid	1
19924	C10H14NO3	1-butyl-3-(2-furoyl)urea	64441-42-5	196.226	---	---	378.65	1	25	1.1239	2	---	---	---	---	---
19925	C10H14NO4P	diethylphosphinic acid p-nitrophenyl ester	7531-39-7	243.200	---	---	399.15	1	---	---	---	---	---	---	---	---
19926	C10H14NO5P	ethyl-4-nitrophenyl ethylphosphonate	546-71-4	259.199	---	---	---	---	---	---	---	---	---	---	---	---
19927	C10H14NO5PS	parathion	56-38-2	291.265	279.25	1	648.15	1	20	1.2681	1	25	1.5370	1	liquid	1
19928	C10H14NO5PS	O,O-diethyl-S-(4-nitrophenyl)thiophosphate	3270-86-8	291.265	---	---	648.15	2	---	---	---	---	---	---	---	---
19929	C10H14NO5PS	O,S-diethyl-O-(4-nitrophenyl)thiophosphate	597-88-6	291.265	---	---	648.15	2	---	---	---	---	---	---	---	---
19930	C10H14NO5PS	phosphorothioic acid, O-isopropyl O-methy	13955-12-9	291.265	---	---	648.15	2	---	---	---	---	---	---	---	---
19931	C10H14NO6P	paraoxon-ethyl	311-45-5	275.199	573.15	1	442.65	1	25	1.2740	1	---	1.5100	1	solid	1
19932	C10H14N2	butanal phenylhydrazone	940-54-5	162.235	367.15	1	547.45	2	21	1.0404	2	---	---	---	solid	1
19933	C10H14N2	L-nicotine	54-11-5	162.235	194.15	1	520.15	1	20	1.0097	1	20	1.5282	1	liquid	1
19934	C10H14N2	1-phenylpiperazine	92-54-6	162.235	---	---	559.65	1	20	1.0621	1	20	1.5875	1	---	---
19935	C10H14N2	3-(2-piperidinyl)pyridine, (S)	494-52-0	162.235	282.15	1	549.15	1	20	1.0436	1	20	1.5430	1	liquid	1
19936	C10H14N2	4-(4-piperidinyl)pyridine	581-45-3	162.235	352.15	1	565.15	1	21	1.0404	2	---	---	---	solid	1
19937	C10H14N2	anabasine	40774-73-0	162.235	282.15	1	543.15	1	25	1.0460	1	---	1.5440	1	liquid	1
19938	C10H14N2	N-ethyl-N-(2-cyanoethyl)aniline	148-87-8	162.235	---	---	547.45	2	21	1.0404	2	---	---	---	---	---
19939	C10H14N2	metanicotine	538-79-4	162.235	---	---	547.45	2	21	1.0404	2	---	---	---	---	---
19940	C10H14N2Na2O8	disodium EDTA	139-33-3	336.210	---	---	---	---	---	---	---	---	---	---	---	---
19941	C10H14N2O	N,N-diethyl-4-nitrosoaniline	120-22-9	178.235	360.65	1	553.15	2	15	1.2400	1	---	---	---	solid	1
19942	C10H14N2O	N,N-diethyl-3-pyridinecarboxamide	59-26-7	178.235	298.15	1	553.15	dec	25	1.0600	1	20	1.5250	1	---	---
19943	C10H14N2O	N,N-diethyl-4-pyridinecarboxamide	530-40-5	178.235	---	---	553.15	2	20	1.1500	2	20	1.5250	1	---	---
19944	C10H14N2O	4-morpholinoaniline	2524-67-6	178.235	403.15	1	553.15	2	20	1.1500	2	---	---	---	solid	1
19945	C10H14N2O2	N,N-diethyl-4-nitroaniline	2216-15-1	194.234	350.65	1	562.20	2	25	1.2250	1	---	---	---	solid	1
19946	C10H14N2O2	(S)-2-amino-3-(benzylamino)propanoic aci	119830-32-9	194.234	---	---	562.20	2	25	1.1213	2	---	---	---	---	---
19947	C10H14N2O2	a-(4-pyridyl 1-oxide)-N-tert-butyl-nitrone	66893-81-0	194.234	453.65	1	562.20	2	25	1.1213	2	---	---	---	solid	1
19948	C10H14N2O2	N,N-diethyl-3-nitroaniline	2216-16-2	194.234	350.65	2	562.20	1	25	1.1213	2	---	---	---	solid	2
19949	C10H14N2O2	3-amino-4-ethoxyacetanilide	17026-81-2	194.234	---	---	562.20	2	25	1.1213	2	---	---	---	---	---
19950	C10H14N2O2	N-nitrosoephedrine	17608-59-2	194.234	---	---	562.20	2	25	1.1213	2	---	---	---	---	---
19951	C10H14N2O2S	5-ethyl-5-(2-methylallyl)-2-thiobarbituric ac	115-56-0	226.300	433.65	1	---	---	25	1.1987	2	---	---	---	solid	1
19952	C10H14N2O3	aprobarbital	77-02-1	210.233	414.15	1	---	---	25	1.1756	2	---	---	---	solid	1
19953	C10H14N2O3	4-butoxy-3-nitroaniline	---	210.233	338.15	2	---	---	25	1.1756	2	---	---	---	solid	2
19954	C10H14N2O3	4-butoxy-2-nitroaniline	3987-86-8	210.233	338.15	1	---	---	25	1.1756	2	---	---	---	solid	1
19955	C10H14N2O3	5-(1-butenyl)-5-ethylbarbituric acid	2237-92-5	210.233	---	---	---	---	25	1.1756	2	---	---	---	---	---
19956	C10H14N2O3	5-ethyl-5-(1-methylpropenyl)barbituric acid	16468-98-7	210.233	---	---	---	---	25	1.1756	2	---	---	---	---	---
19957	C10H14N2O3	1-ethynylcyclohexyl allophanate	562-94-7	210.233	---	---	---	---	25	1.1756	2	---	---	---	---	---
19958	C10H14N2O4	carbidopa	28860-95-9	226.233	477.15	dec	---	---	25	1.2265	2	---	---	---	solid	1
19959	C10H14N2O4S	N-nitrosomethyl-(2-hydroxyethyl)amine p-t	66398-63-8	258.299	---	---	---	---	25	1.2914	2	---	---	---	---	---
19960	C10H14N2O5	thymidine	50-89-5	242.232	459.65	1	---	---	25	1.2745	2	---	---	---	solid	1
19961	C10H14N2O5	2-(bis(2-hydroxyethyl)amino)-5-nitrophenol	52551-67-4	242.232	---	---	---	---	25	1.2745	2	---	---	---	---	---
19962	C10H14N2O5	2-((2-(2-hydroxyethoxy)-4-nitrophenyl)amir	59820-43-8	242.232	---	---	---	---	25	1.2745	2	---	---	---	---	---
19963	C10H14N2O6	5-hydroxymethyldeoxyuridine	5116-24-5	258.232	---	---	---	---	25	1.3196	2	---	---	---	---	---
19964	C10H14N4	2,2'-bis(4,5-dimethylimidazole)	69286-06-2	190.249	>573.15	1	---	---	25	1.1159	2	---	---	---	solid	1
19965	C10H14N4O	4'-(3,3-dimethyl-1-triazeno)acetanilide	1933-50-2	206.249	---	---	---	---	25	1.1712	2	---	---	---	---	---
19966	C10H14N4O2	3-isobutyl-1-methylxanthine	28822-58-4	222.248	474.65	1	---	---	25	1.2231	2	---	---	---	solid	1
19967	C10H14N4O2	1-propyl theobromine	63906-63-8	222.248	---	---	---	---	25	1.2231	2	---	---	---	---	---
19968	C10H14N4O2S	metet	---	254.314	---	---	---	---	25	1.2891	2	---	---	---	---	---
19969	C10H14N4O3	8-ethoxycaffeine	577-66-2	238.247	---	---	---	---	25	1.2718	2	---	---	---	---	---
19970	C10H14N4O3	1-(2-hydroxypropyl)theobromine	50-39-5	238.247	414.15	1	---	---	25	1.2718	2	---	---	---	solid	1
19971	C10H14N4O3	1-(3-hydroxypropyl)theobromine	59413-14-8	238.247	---	---	---	---	25	1.2718	2	---	---	---	---	---
19972	C10H14N4O3	b-hydroxypropyltheophylline	603-00-9	238.247	---	---	---	---	25	1.2718	2	---	---	---	---	---
19973	C10H14N4O4	dyphylline	479-18-5	254.247	434.65	1	---	---	25	1.3177	2	---	---	---	solid	1
19974	C10H14N5Na2O8P	sodium guanylate	5550-12-9	409.205	---	---	---	---	---	---	---	---	---	---	---	---
19975	C10H14N5Na2O13P3	2'-deoxyguanosine 5'-triphosphate disodiu	93919-41-6	551.150	>273.15	1	---	---	---	---	---	---	---	---	---	---
19976	C10H14N5O7P	5'-adenylic acid	61-19-8	347.226	565.15	dec	---	---	---	---	---	---	---	---	solid	1
19977	C10H14N5O7P	adenine-9-b-D-arabinofuranoside-5'-mono	29984-33-6	347.226	486.15	1	---	---	---	---	---	---	---	---	solid	1
19978	C10H14N5O7P	synadenylic acid	84-21-9	347.226	---	---	---	---	---	---	---	---	---	---	---	---
19979	C10H14N5O8P	5'-guanylic acid	85-32-5	363.225	---	---	---	---	---	---	---	---	---	---	---	---
19980	C10H14N6O3	3'-amino-3'-deoxyadenosine	2504-55-4	266.261	---	---	---	---	25	1.3597	2	---	---	---	---	---
19981	C10H14NiO4	nickel(ii) acetylacetonate	3264-82-2	256.912	507.65	1	---	---	---	---	---	---	---	---	solid	1
19982	C10H14O	3-butylphenol	4074-43-5	150.221	342.75	2	520.15	1	20	0.9740	1	---	---	---	solid	2
19983	C10H14O	4-butylphenol	1638-22-8	150.221	295.15	1	521.15	1	25	0.9740	1	25	1.5170	1	liquid	1
19984	C10H14O	2-isobutylphenol	4167-75-3	150.221	294.15	1	510.00	2	22	0.9688	2	20	1.5170	1	liquid	2
19985	C10H14O	3-isobutylphenol	30749-25-8	150.221	327.75	2	510.00	2	22	0.9688	2	---	---	---	solid	2
19986	C10H14O	4-isobutylphenol	4167-74-2	150.221	324.15	1	510.15	1	20	0.9778	1	25	1.5319	1	solid	1
19987	C10H14O	2-sec-butylphenol	89-72-5	150.221	289.15	1	501.15	1	25	0.9804	1	25	1.5200	1	liquid	1
19988	C10H14O	3-sec-butylphenol	3522-86-9	150.221	327.75	2	510.00	2	22	0.9688	2	---	---	---	solid	2
19989	C10H14O	4-sec-butylphenol	99-71-8	150.221	332.15	1	515.25	1	20	0.9860	1	21	1.5182	1	solid	1
19990	C10H14O	2-tert-butylphenol	88-18-6	150.221	267.53	1	497.23	1	20	0.9783	1	20	1.5240	1	liquid	1
19991	C10H14O	3-tert-butylphenol	585-34-2	150.221	314.15	1	513.15	1	22	0.9688	2	---	---	---	solid	1
19992	C10H14O	4-tert-butylphenol	98-54-4	150.221	371.95	1	512.88	1	80	0.9080	1	25	1.5040	1	solid	1
19993	C10H14O	2-methyl-3-propylphenol	---	150.221	326.38	2	515.00	2	22	0.9688	2	---	---	---	solid	2
19994	C10H14O	2-methyl-4-propylphenol	18441-56-0	150.221	316.15	1	515.15	1	22	0.9688	2	---	---	---	solid	1
19995	C10H14O	2-methyl-5-propylphenol	---	150.221	326.38	2	515.00	2	22	0.9688	2	---	---	---	solid	2
19996	C10H14O	2-methyl-6-propylphenol	---	150.221	326.38	2	515.00	2	22	0.9688	2	---	---	---	solid	2
19997	C10H14O	3-methyl-2-propylphenol	---	150.221	326.38	2	535.00	2	22	0.9688	2	---	---	---	solid	2
19998	C10H14O	3-methyl-4-propylphenol	30388-40-0	150.221	289.15	1	535.00	2	22	0.9688	2	25	1.5240	2	liquid	2
19999	C10H14O	3-methyl-5-propylphenol	36186-96-6	150.221	284.15	1	531.15	1	22	0.9688	2	25	1.5240	2	liquid	1
20000	C10H14O	4-methyl-2-propylphenol	4074-46-8	150.221	326.38	2	547.87	2	22	0.9688	2	---	---	---	solid	2

Table 1 Physical Properties - Organic Compounds

				Mol Wt	Freezing Point		Boiling Point		Density			Refractive Index			State	
NO	FORMULA	NAME	CAS No	g/mol	T_F, K	code	T_B, K	code	T, C	g/cm3	code	T, C	n_D	code	@25C,1 atm	code
20001	C10H14O	4-methyl-3-propylphenol	---	150.221	326.38	2	547.87	2	22	0.9688	2	---	---	---	solid	2
20002	C10H14O	5-methyl-2-propylphenol	---	150.221	326.38	2	547.87	2	22	0.9688	2	---	---	---	solid	2
20003	C10H14O	2-methyl-3-isopropylphenol	4371-48-6	150.221	311.38	2	547.43	2	22	0.9688	2	---	---	---	solid	2
20004	C10H14O	2-methyl-4-isopropylphenol	1740-97-2	150.221	281.75	1	547.00	2	25	0.9793	1	20	1.5253	1	liquid	2
20005	C10H14O	2-methyl-5-isopropylphenol	499-75-2	150.221	273.65	1	510.15	1	25	0.9750	1	20	1.5230	1	liquid	1
20006	C10H14O	2-methyl-6-isopropylphenol	3228-04-4	150.221	258.65	1	498.65	1	25	0.9782	1	15	1.5239	1	liquid	1
20007	C10H14O	3-methyl-2-isopropylphenol	3228-01-1	150.221	342.15	1	501.15	1	22	0.9688	2	---	---	---	solid	1
20008	C10H14O	3-methyl-4-isopropylphenol	3228-02-2	150.221	385.15	1	510.00	2	22	0.9688	2	---	---	---	solid	1
20009	C10H14O	3-methyl-5-isopropylphenol	3228-03-3	150.221	322.15	1	514.15	1	22	0.9688	2	---	---	---	solid	1
20010	C10H14O	4-methyl-2-isopropylphenol	4427-56-9	150.221	308.15	1	501.15	1	20	0.9910	1	20	1.5275	1	solid	1
20011	C10H14O	5-methyl-2-isopropylphenol	89-83-8	150.221	322.85	1	505.65	1	25	0.9700	1	20	1.5227	1	solid	1
20012	C10H14O	2,3-diethylphenol	---	150.221	326.38	2	505.00	2	22	0.9688	2	---	---	---	solid	2
20013	C10H14O	2,4-diethylphenol	936-89-0	150.221	326.38	2	501.15	1	22	0.9688	2	---	---	---	solid	2
20014	C10H14O	2,5-diethylphenol	---	150.221	326.38	2	500.00	2	22	0.9688	2	---	---	---	solid	2
20015	C10H14O	2,6-diethylphenol	1006-59-3	150.221	310.65	1	491.15	1	22	0.9688	2	---	---	---	solid	1
20016	C10H14O	3,4-diethylphenol	---	150.221	326.38	2	547.87	2	22	0.9688	2	---	---	---	solid	2
20017	C10H14O	3,5-diethylphenol	1197-34-8	150.221	349.15	1	521.15	1	22	0.9688	2	---	---	---	solid	1
20018	C10H14O	2,3-dimethyl-4-ethylphenol	---	150.221	310.01	2	510.00	2	22	0.9688	2	---	---	---	solid	2
20019	C10H14O	2,3-dimethyl-5-ethylphenol	---	150.221	310.01	2	510.00	2	22	0.9688	2	---	---	---	solid	2
20020	C10H14O	2,3-dimethyl-6-ethylphenol	---	150.221	326.15	1	510.00	2	22	0.9688	2	---	---	---	solid	1
20021	C10H14O	2,4-dimethyl-3-ethylphenol	62126-74-3	150.221	343.15	1	515.00	2	22	0.9688	2	---	---	---	solid	1
20022	C10H14O	2,4-dimethyl-5-ethylphenol	18441-55-9	150.221	312.15	1	515.15	1	22	0.9688	2	---	---	---	solid	1
20023	C10H14O	2,4-dimethyl-6-ethylphenol	2219-79-6	150.221	310.01	2	500.15	1	22	0.9688	2	---	---	---	solid	2
20024	C10H14O	2,5-dimethyl-3-ethylphenol	---	150.221	310.01	2	500.00	2	22	0.9688	2	---	---	---	solid	2
20025	C10H14O	2,5-dimethyl-4-ethylphenol	32018-76-1	150.221	312.15	1	500.00	2	22	0.9688	2	---	---	---	solid	1
20026	C10H14O	2,5-dimethyl-6-ethylphenol	---	150.221	310.01	2	500.00	2	22	0.9688	2	---	---	---	solid	2
20027	C10H14O	2,6-dimethyl-3-ethylphenol	---	150.221	310.01	2	500.00	2	22	0.9688	2	---	---	---	solid	2
20028	C10H14O	2,6-dimethyl-4-ethylphenol	10570-69-1	150.221	309.15	1	501.15	1	22	0.9688	2	---	---	---	solid	1
20029	C10H14O	3,4-dimethyl-2-ethylphenol	---	150.221	310.01	2	515.00	2	22	0.9688	2	---	---	---	solid	2
20030	C10H14O	3,4-dimethyl-5-ethylphenol	62126-75-4	150.221	351.15	1	515.15	1	22	0.9688	2	---	---	---	solid	1
20031	C10H14O	3,4-dimethyl-6-ethylphenol	2219-78-5	150.221	324.15	1	515.00	2	22	0.9688	2	---	---	---	solid	1
20032	C10H14O	3,5-dimethyl-2-ethylphenol	62126-76-5	150.221	353.15	1	535.00	2	22	0.9688	2	---	---	---	solid	1
20033	C10H14O	3,5-dimethyl-4-ethylphenol	62126-77-6	150.221	363.65	1	532.15	1	22	0.9688	2	---	---	---	solid	1
20034	C10H14O	2,3,4,5-tetramethylphenol	488-70-0	150.221	355.15	1	533.15	1	22	0.9688	2	---	---	---	solid	1
20035	C10H14O	2,3,4,6-tetramethylphenol	3238-38-8	150.221	353.15	1	523.15	1	22	0.9688	2	---	---	---	solid	1
20036	C10H14O	2,3,5,6-tetramethylphenol	527-35-5	150.221	390.15	1	521.15	1	22	0.9688	2	---	---	---	solid	1
20037	C10H14O	2-butylphenol	3180-09-4	150.221	253.15	1	508.15	1	20	0.9750	1	25	1.5180	1	liquid	1
20038	C10H14O	butyl phenyl ether	1126-79-0	150.221	253.75	1	483.15	1	20	0.9351	1	20	1.4969	1	liquid	1
20039	C10H14O	(1,1-dimethylethoxy)benzene	6669-13-2	150.221	249.15	1	458.65	1	20	0.9214	1	---	---	---	liquid	1
20040	C10H14O	1-ethoxy-4-ethylbenzene	1585-06-4	150.221	---	---	483.15	1	17	0.9385	1	---	---	---	---	---
20041	C10H14O	1-methoxy-4-propylbenzene	104-45-0	150.221	---	---	484.65	1	20	0.9472	1	20	1.5045	1	---	---
20042	C10H14O	1-methyl-3-(1-methylethoxy)benzene	19177-04-9	150.221	288.00	2	469.65	1	20	0.9310	1	20	1.4959	1	---	---
20043	C10H14O	(1-methylpropoxy)benzene	10574-17-1	150.221	---	---	467.65	1	20	0.9415	1	25	1.4926	1	---	---
20044	C10H14O	(2-methylpropoxy)benzene	1126-75-6	150.221	---	---	470.65	1	24	0.9232	1	14	1.4932	1	---	---
20045	C10H14O	1-methyl-4-propoxybenzene	5349-18-8	150.221	---	---	483.55	1	25	0.9496	1	---	---	---	---	---
20046	C10H14O	carvone, (±)	22327-39-5	150.221	---	---	504.15	1	15	0.9636	1	20	1.5003	1	---	---
20047	C10H14O	(S)-carvone	2244-16-8	150.221	---	---	504.15	1	20	0.9650	1	20	1.4989	1	---	---
20048	C10H14O	2-cyclopentylidenecyclopentanone	825-25-2	150.221	---	---	503.64	2	18	1.0179	1	18	1.5215	1	---	---
20049	C10H14O	2-ethylbenzeneethanol	22545-12-6	150.221	---	---	522.85	1	20	0.9972	1	20	1.5304	1	---	---
20050	C10H14O	4-ethylbenzeneethanol	22545-13-7	150.221	281.05	1	523.15	1	20	0.9907	1	20	1.5229	1	liquid	1
20051	C10H14O	beta-ethylbenzeneethanol	2035-94-1	150.221	---	---	503.64	2	16	0.9890	1	16	1.4300	1	---	---
20052	C10H14O	alpha-ethyl-alpha-methylbenzenemethanol	1006-06-0	150.221	260.15	1	484.15	1	25	0.9840	1	20	1.5185	1	liquid	1
20053	C10H14O	4-isopropylbenzenemethanol	536-60-7	150.221	301.15	1	522.15	1	20	0.9818	1	20	1.5210	1	solid	1
20054	C10H14O	alpha-isopropylbenzenemethanol	611-69-8	150.221	---	---	496.15	1	14	0.9869	1	14	1.5193	1	---	---
20055	C10H14O	alpha-methylbenzenepropanol	2344-70-9	150.221	---	---	512.15	1	16	0.9899	1	16	1.5170	1	---	---
20056	C10H14O	gamma-methylbenzenepropanol	2722-36-3	150.221	---	---	503.64	2	20	0.9832	1	20	1.4965	1	---	---
20057	C10H14O	1-phenyl-2-methyl-2-propanol	100-86-7	150.221	297.15	1	488.15	1	16	0.9787	1	16	1.5173	1	liquid	1
20058	C10H14O	alpha-propylbenzenemethanol, (R)	22144-60-1	150.221	289.15	1	505.15	1	20	0.9740	1	20	1.5139	1	liquid	1
20059	C10H14O	4-methyl-1-isopropylbicyclo[3.1.0]hex-3-en	24545-81-1	150.221	---	---	493.15	1	15	0.9572	1	---	1.4833	1	---	---
20060	C10H14O	3-methyl-6-(1-methylethylidene)-2-cyclohe	491-09-8	150.221	---	---	503.64	2	20	0.9774	1	20	1.5294	1	---	---
20061	C10H14O	2,7,7-trimethylbicyclo[3.1.1]hept-2-en-6-on	473-06-3	150.221	---	---	503.64	2	22	0.9688	2	22	1.4720	1	---	---
20062	C10H14O	2,6,6-trimethyl-2,4-cycloheptadien-1-one	503-93-5	150.221	---	---	483.15	1	20	0.9490	1	20	1.5087	1	---	---
20063	C10H14O	3-(4-methyl-3-pentenyl)furan	539-52-6	150.221	---	---	458.65	1	20	0.9017	1	21	1.4705	1	---	---
20064	C10H14O	4,5,6,7-tetrahydro-3,6-dimethylbenzofuran	494-90-6	150.221	359.15	1	503.64	2	15	0.9720	1	---	---	---	solid	1
20065	C10H14O	4-(1-methylvinyl)-1-cyclohexene-1-carboxa	2111-75-3	150.221	---	---	503.64	2	22	0.9688	2	---	---	---	---	---
20066	C10H14O	4-(1-methylvinyl)-1-cyclohexene-1-carboxa	5503-12-8	150.221	---	---	511.15	1	20	0.9530	1	20	1.5058	1	---	---
20067	C10H14O	trans-pinocarvone, (-)	19890-00-7	150.221	272.25	1	503.64	2	15	0.9875	1	20	1.4950	1	liquid	2
20068	C10H14O	safranal	116-26-7	150.221	---	---	503.64	2	19	0.9734	1	19	1.5281	1	---	---
20069	C10H14O	d-verbenone	18309-32-5	150.221	282.95	1	500.65	1	20	0.9978	1	18	1.4993	1	liquid	1
20070	C10H14O	2-adamantanone	700-58-3	150.221	557.15	1	---	---	22	0.9688	2	---	---	---	solid	1
20071	C10H14O	butylphenol	28805-86-9	150.221	372.05	1	512.65	1	22	0.9688	2	---	---	---	solid	1
20072	C10H14O	(R)-(-)-carvone	6485-40-1	150.221	298.15	1	502.20	1	25	0.9580	1	---	1.4970	1	---	---
20073	C10H14O	carvone	99-49-0	150.221	---	---	503.20	1	25	0.9210	1	---	1.4990	1	---	---
20074	C10H14O	2-cyclopenten-1-yl ether	15131-55-2	150.221	199.45	1	503.64	2	25	0.9720	1	---	1.4890	1	liquid	2
20075	C10H14O	2,5-dimethylphenethylalcohol	6972-51-6	150.221	---	---	503.64	2	22	0.9688	2	---	1.5310	1	---	---
20076	C10H14O	a-ethylphenethyl alcohol	701-70-2	150.221	---	---	398.65	1	25	0.9890	1	---	1.5160	1	---	---
20077	C10H14O	4-isopropylanisole	4132-48-3	150.221	---	---	483.15	1	25	0.9350	1	---	1.5040	1	---	---
20078	C10H14O	(R)-(+)-2-methyl-1-phenylpropanol	14898-86-3	150.221	---	---	503.64	2	25	0.9640	1	---	1.5130	1	---	---
20079	C10H14O	(1R)-(-)-myrtenal	564-94-3	150.221	---	---	493.65	1	25	0.9870	1	---	1.5040	1	---	---
20080	C10H14O	8-oxotricyclo(5.2.1.02,6)decane	13380-94-4	150.221	---	---	503.64	2	25	1.0600	1	---	---	---	---	---

Table 1 Physical Properties - Organic Compounds

				Mol Wt	Freezing Point		Boiling Point		Density			Refractive Index			State	
NO	FORMULA	NAME	CAS No	g/mol	T_F, K	code	T_B, K	code	T, C	g/cm3	code	T, C	n_D	code	@25C,1 atm	code
20081	C10H14O	(S)-(-)-perillaldehyde	18031-40-8	150.221	298.15	1	377.65	1	25	0.9650	1	---	1.5070	1	---	---
20082	C10H14O	2-phenyl-2-butanol	1565-75-9	150.221	---	---	503.64	2	25	0.9770	1	---	1.5190	1	---	---
20083	C10H14O	(S)-(-)-1-phenyl-1-butanol	22135-49-5	150.221	319.15	1	503.64	2	22	0.9688	2	---	---	---	solid	1
20084	C10H14O	4-phenylbutanol	3360-41-6	150.221	---	---	503.64	2	25	0.9750	1	---	1.5210	1	---	---
20085	C10H14O	2,3,5-trimethylanisole	20469-61-8	150.221	---	---	487.65	1	22	0.9688	2	---	1.5190	1	---	---
20086	C10H14O	2,4,6-trimethylbenzyl alcohol	4170-90-5	150.221	360.15	1	413.15	1	22	0.9688	2	---	---	---	solid	1
20087	C10H14O	(1S)-(-)-verbenone	1196-01-6	150.221	---	---	500.65	1	25	0.9740	1	---	1.4960	1	---	---
20088	C10H14O	carquejol	23734-06-7	150.221	---	---	503.64	2	22	0.9688	2	---	---	---	---	---
20089	C10H14O2	p-tert-butylcatechol	98-29-3	166.220	330.15	1	558.00	1	22	1.0338	2	---	---	---	solid	1
20090	C10H14O2	2-butoxyphenol	39075-90-6	166.220	---	---	505.65	1	25	1.0260	1	25	1.5113	1	---	---
20091	C10H14O2	cyclohexyl 2-furyl ether	99172-57-3	166.220	---	---	514.35	2	28	1.0200	1	28	1.4861	1	---	---
20092	C10H14O2	1,2-diethoxybenzene	2050-46-6	166.220	317.15	1	492.15	1	20	1.0075	1	25	1.5083	1	solid	1
20093	C10H14O2	1,3-diethoxybenzene	2049-73-2	166.220	285.55	1	508.15	1	15	1.0170	1	---	---	---	liquid	1
20094	C10H14O2	1,4-diethoxybenzene	122-95-2	166.220	345.15	1	519.15	1	22	1.0338	2	---	---	---	solid	1
20095	C10H14O2	7,7-dimethyltricyclo[2.2.1.02,6]heptane-1-c	512-60-7	166.220	424.45	1	536.15	1	22	1.0338	2	---	---	---	solid	1
20096	C10H14O2	(2-ethoxyethoxy)benzene	19594-02-6	166.220	---	---	503.15	1	11	1.0180	1	---	---	---	---	---
20097	C10H14O2	alpha-ethyl-4-methoxybenzenemethanol	5349-60-0	166.220	---	---	514.35	2	22	1.0338	2	20	1.5277	1	---	---
20098	C10H14O2	4-isobutyl-1,3-benzenediol	18979-62-9	166.220	335.65	1	514.35	2	22	1.0338	2	---	---	---	solid	1
20099	C10H14O2	2-methyl-5-isopropyl-1,4-benzenediol	2217-60-9	166.220	421.15	1	563.15	1	22	1.0338	2	---	---	---	solid	1
20100	C10H14O2	3-methyl-6-isopropyl-1,2-benzenediol	490-06-2	166.220	321.15	1	540.15	1	22	1.0338	2	---	---	---	solid	1
20101	C10H14O2	2,3,5,6-tetramethyl-1,4-benzenediol	527-18-4	166.220	506.15	1	514.35	2	22	1.0338	2	---	---	---	solid	1
20102	C10H14O2	4-methoxybenzenepropanol	5406-18-8	166.220	299.15	1	514.35	2	22	1.0338	2	20	1.5315	1	solid	1
20103	C10H14O2	nepetalactone	490-10-8	166.220	---	---	514.35	2	25	1.0663	1	25	1.4859	1	---	---
20104	C10H14O2	1-phenylbutane-1,3-diol	65469-88-7	166.220	346.65	1	514.35	2	25	1.0720	1	---	---	---	solid	1
20105	C10H14O2	2-phenyl-1,2-butanediol	90925-48-7	166.220	329.15	1	514.35	2	22	1.0338	2	---	---	---	solid	1
20106	C10H14O2	3-phenyl-1,3-butanediol	7133-68-8	166.220	---	---	514.35	2	20	1.0865	1	20	1.5341	1	---	---
20107	C10H14O2	3-(phenylmethoxy)-1-propanol	4799-68-2	166.220	---	---	514.35	2	20	1.0474	1	---	---	---	---	---
20108	C10H14O2	1,7,7-trimethylbicyclo[2.2.1]heptane-2,3-di	10334-26-6	166.220	472.15	1	514.35	2	22	1.0338	2	---	---	---	solid	1
20109	C10H14O2	4-n-butoxyphenol	122-94-1	166.220	338.65	1	514.35	2	22	1.0338	2	---	---	---	solid	1
20110	C10H14O2	tert-butylhydroquinone	1948-33-0	166.220	400.65	1	557.15	1	22	1.0338	2	---	---	---	solid	1
20111	C10H14O2	DL-camphoroquinone	10373-78-1	166.220	473.15	1	514.35	2	22	1.0338	2	---	---	---	solid	1
20112	C10H14O2	(1S)-(+)-camphorquinone	2767-84-2	166.220	475.15	1	396.15	1	22	1.0338	2	---	---	---	solid	1
20113	C10H14O2	(1,1-dimethoxyethyl)benzene	4316-35-2	166.220	---	---	514.35	2	25	1.0080	1	---	1.4900	1	---	---
20114	C10H14O2	cis-1,5-dimethylbicyclo[3.3.0]octane-3,7-di	21170-10-5	166.220	493.15	1	514.35	2	22	1.0338	2	---	---	---	solid	1
20115	C10H14O2	2-methoxy-4-propylphenol	2785-87-7	166.220	289.15	1	514.35	2	22	1.0338	2	---	---	---	liquid	2
20116	C10H14O2	3-noradamantanecarboxylic acid	16200-53-6	166.220	379.15	1	514.35	2	22	1.0338	2	---	---	---	solid	1
20117	C10H14O2	L(-)-perillic acid	7694-45-3	166.220	405.15	1	514.35	2	22	1.0338	2	---	---	---	solid	1
20118	C10H14O2	phenylacetaldehyde dimethyl acetal	101-48-4	166.220	---	---	493.15	1	25	1.0030	1	---	1.4930	1	---	---
20119	C10H14O2	1,7,7-trimethylbicyclo[2.2.1]heptane-2,3-di	465-29-2	166.220	472.00	1	514.35	2	22	1.0338	2	---	---	---	solid	1
20120	C10H14O2	ethyl o-methoxybenzyl ether	64988-06-3	166.220	---	---	514.35	2	22	1.0338	2	---	---	---	---	---
20121	C10H14O2	4-ethylveratrole	5888-51-7	166.220	---	---	514.35	2	22	1.0338	2	---	---	---	---	---
20122	C10H14O2	1-ethynylcyclohexanol acetate	5240-32-4	166.220	---	---	514.35	2	22	1.0338	2	---	---	---	---	---
20123	C10H14O2	2-methyl-1-phenyl-2-propyl hydroperoxide	1944-83-8	166.220	---	---	514.35	2	22	1.0338	2	---	---	---	---	---
20124	C10H14O2	perilla ketone	553-84-4	166.220	---	---	514.35	2	22	1.0338	2	---	---	---	---	---
20125	C10H14O2	vitacampher	20231-45-2	166.220	---	---	514.35	2	22	1.0338	2	---	---	---	---	---
20126	C10H14O3	butyl 2-furanacetate	4915-23-5	182.219	---	---	516.15	2	25	1.0232	1	25	1.4558	1	---	---
20127	C10H14O3	2,5-dimethoxybenzeneethanol	7417-19-8	182.219	---	---	516.15	2	25	1.0550	1	20	1.5395	1	---	---
20128	C10H14O3	2-furanylmethyl pentanoate	36701-01-6	182.219	---	---	501.15	1	20	1.0284	1	---	---	---	---	---
20129	C10H14O3	4-hydroxy-3-methoxybenzenepropanol	2305-13-7	182.219	338.15	1	516.15	2	24	1.0675	2	25	1.5545	1	solid	1
20130	C10H14O3	3-(2-methylphenoxy)-1,2-propanediol	59-47-2	182.219	343.15	dec	516.15	2	24	1.0675	2	---	---	---	solid	1
20131	C10H14O3	pentyl 2-furancarboxylate	4996-48-9	182.219	---	---	516.15	2	20	1.0335	1	---	---	---	---	---
20132	C10H14O3	1,8,8-trimethyl-3-oxabicyclo[3.2.1]octane-2	595-30-2	182.219	494.15	1	543.15	1	20	1.1940	1	---	---	---	solid	1
20133	C10H14O3	p-anisaldehyde dimethyl acetal	2186-92-7	182.219	---	---	516.15	2	25	1.0680	1	---	1.5065	1	---	---
20134	C10H14O3	(R)-(+)-1-benzylglycerol	56552-80-8	182.219	298.65	1	516.15	2	24	1.0675	2	---	1.5320	1	solid	1
20135	C10H14O3	2-benzyloxy-1,3-propanediol	14690-00-7	182.219	314.15	1	516.15	2	24	1.0675	2	---	---	---	solid	1
20136	C10H14O3	(S)-3-benzyloxy-1,2-propanediol	17325-85-8	182.219	300.15	1	534.15	1	24	1.0675	2	---	---	---	solid	1
20137	C10H14O3	2-(3,4-dimethoxyphenyl)ethanol	7417-21-2	182.219	319.65	1	516.15	2	24	1.0675	2	---	---	---	solid	1
20138	C10H14O3	4-ethoxy-3-methoxybenzyl alcohol	61813-58-9	182.219	329.65	1	459.15	1	24	1.0675	2	---	---	---	solid	1
20139	C10H14O3	ethyl 2-methyl-4-oxo-2-cyclohexenecarbox	487-51-4	182.219	---	---	543.15	1	25	1.0780	1	---	1.4880	1	---	---
20140	C10H14O3	ethyl 6-methyl-2-oxo-3-cyclohexene-1-carb	3419-32-7	182.219	---	---	516.15	2	25	1.0660	1	---	1.4770	1	---	---
20141	C10H14O3	(+)-hexahydro-3a-hydroxy-7a-methyl-1H-in	33879-04-8	182.219	387.15	1	516.15	2	24	1.0675	2	---	---	---	solid	1
20142	C10H14O3	4-pentenoic anhydride	63521-92-6	182.219	---	---	516.15	2	25	0.9970	1	---	1.4470	1	---	---
20143	C10H14O3	phenoxyacetaldehyde dimethyl acetal	67874-68-4	182.219	---	---	516.15	2	25	1.0760	1	---	1.4980	1	---	---
20144	C10H14O3	phenyl carbitol	104-68-7	182.219	223.25	1	516.15	2	25	1.1160	1	---	---	---	liquid	2
20145	C10H14O3	3,4,5-trimethoxytoluene	6443-69-2	182.219	298.15	1	516.15	2	25	1.0820	1	---	1.5230	1	---	---
20146	C10H14O3	trimethyl orthobenzoate	707-07-3	182.219	---	---	516.15	2	25	1.0610	1	---	1.4890	1	---	---
20147	C10H14O3	bis(2,3-epoxycyclopentyl) ether	2386-90-5	182.219	---	---	516.15	2	24	1.0675	2	---	---	---	---	---
20148	C10H14O3	3-cyclohexyl-4-hydroxy-2(5H)furanone	78128-81-1	182.219	---	---	516.15	2	24	1.0675	2	---	---	---	---	---
20149	C10H14O3	ethyl-3-oxatricyclo-(3.2.1.02,4)octane-6-ca	97-81-4	182.219	---	---	516.15	2	24	1.0675	2	---	---	---	---	---
20150	C10H14O3S	sec-butyl benzenesulfonate	103275-78-1	214.285	287.65	1	524.15	dec	15	1.3830	1	---	---	---	liquid	1
20151	C10H14O3S	propyl 4-toluenesulfonate	599-91-7	214.285	---	---	524.15	2	20	1.1440	1	20	1.4998	1	---	---
20152	C10H14O4	dimethyl 1-cyclohexene-1,4-dicarboxylate	22646-79-3	198.219	312.15	1	490.03	2	24	1.0891	2	---	---	---	solid	1
20153	C10H14O4	ethylene glycol dimethacrylate	97-90-5	198.219	233.15	1	533.15	1	20	1.0530	1	25	1.4532	1	liquid	1
20154	C10H14O4	3-(2-methoxyphenoxy)-1,2-propanediol	93-14-1	198.219	351.65	1	490.03	2	24	1.0891	2	---	---	---	solid	1
20155	C10H14O4	3,4,5-trimethoxybenzenemethanol	3840-31-1	198.219	276.15	1	490.03	2	20	1.1427	1	20	1.5439	1	liquid	2
20156	C10H14O4	1,4-butanediol diacrylate	1070-70-8	198.219	---	---	490.03	2	25	1.0510	1	---	1.4560	1	---	---
20157	C10H14O4	1,3-butanediol diacrylate	19485-03-1	198.219	---	---	490.03	2	25	1.0300	1	---	1.4500	1	---	---
20158	C10H14O4	(-)-camphanic acid	13429-83-9	198.219	473.15	1	490.03	2	24	1.0891	2	---	---	---	solid	1
20159	C10H14O4	diallyl succinate	925-16-6	198.219	---	---	378.15	1	25	1.0510	1	---	1.4540	1	---	---
20160	C10H14O4	3,4-diisopropoxy-3-cyclobutene-1,2-dione	61699-62-5	198.219	317.15	1	490.03	2	24	1.0891	2	---	---	---	solid	1

Table 1 Physical Properties - Organic Compounds

				Mol Wt	Freezing Point		Boiling Point		Density			Refractive Index			State	
NO	FORMULA	NAME	CAS No	g/mol	T_F, K	code	T_B, K	code	T, C	g/cm3	code	T, C	n_D	code	@25C,1 atm	code
20161	C10H14O4	dimethyl cis-1,2,3,6-tetrahydrophthalate	4841-84-3	198.219	---	---	490.03	2	25	1.1450	1	---	1.4720	1	---	---
20162	C10H14O4	hydroquinone bis(2-hydroxyethyl) ether	104-38-1	198.219	376.65	1	465.65	1	24	1.0891	2	---	---	---	solid	1
20163	C10H14O4	O,O'-bis(2-hydroxyethoxy)benzene	10234-40-9	198.219	353.15	1	490.03	2	24	1.0891	2	---	---	---	solid	1
20164	C10H14O4	2,3,4-trimethoxybenzyl alcohol	71989-96-3	198.219	---	---	490.03	2	25	1.1510	1	---	1.5320	1	---	---
20165	C10H14O4	adipic acid divinyl ester	4074-90-2	198.219	---	---	490.03	2	24	1.0891	2	---	---	---	---	---
20166	C10H14O4	dimethyl tetrahydrophthalate	4336-19-0	198.219	---	---	583.15	1	24	1.0891	2	---	---	---	---	---
20167	C10H14O4Mn	manganese acetylacetonate	14024-58-9	253.157	---	---	403.45	1	---	---	---	---	---	---	---	---
20168	C10H14O4Pb	lead acetylacetonate	15282-88-9	405.419	415.65	1	---	---	---	---	---	---	---	---	solid	1
20169	C10H14O4Pd	bis(acetylacetonato)palladium	14024-61-4	304.639	463.15	1	---	---	---	---	---	---	---	---	solid	1
20170	C10H14O4Pt	platinum bis(acetylacetonate)	15170-57-7	393.297	523.65	1	---	---	---	---	---	---	---	---	solid	1
20171	C10H14O4Zn	bis(acetylacetonato)zinc	14024-63-6	263.609	400.50	1	---	---	---	---	---	---	---	---	solid	1
20172	C10H14O5	3,4-di-o-acetyl-6-deoxy-l-glucal	34819-86-8	214.218	---	---	454.15	2	25	1.1160	1	---	1.4540	1	---	---
20173	C10H14O5	di(ethylene glycol) diacrylate	4074-88-8	214.218	---	---	454.15	1	25	1.1180	1	---	1.4630	1	---	---
20174	C10H14O5	2-(methacryloyloxy)ethyl acetoacetate	21282-97-3	214.218	---	---	575.00	2	25	1.1210	1	---	1.4560	1	---	---
20175	C10H14O5Ti	bis(acetylacetonato) titanium oxide	14024-64-7	262.085	473.15	1	432.65	1	---	---	---	---	---	---	solid	1
20176	C10H14O5V	vanadyl(iv)-acetylacetonate	3153-26-2	265.160	530.65	1	---	---	---	---	---	---	---	---	solid	1
20177	C10H14O8S4	(ethanediylidenetetrathio)tetraacetic acid	10003-69-7	390.480	471.65	1	---	---	25	1.4980	2	---	---	---	solid	1
20178	C10H14S	4-tert-butylthiophenol	2396-68-1	166.287	262.25	1	511.15	1	25	0.9836	2	---	---	---	liquid	1
20179	C10H14S	2,4,6-trimethylbenzyl mercaptan	21411-42-7	166.287	320.15	1	511.15	2	25	0.9836	2	---	---	---	solid	1
20180	C10H14S2	durene-alpha1,alpha2-dithiol	10230-61-2	198.353	339.65	1	---	---	25	1.0744	2	---	---	---	solid	1
20181	C10H14S3	2,3-dimercaptopropyl-p-tolysulfide	27292-46-2	230.419	---	---	378.65	1	25	1.1510	2	---	---	---	---	---
20182	C10H14Si	dimethylphenylvinylsilane	1125-26-4	162.306	190.70	---	---	---	25	0.8920	1	---	1.5070	1	---	---
20183	C10H15AsN2O4	N-(1-carbamoylpropyl)arsanilic acid	64046-99-7	302.162	---	---	---	---	---	---	---	---	---	---	---	---
20184	C10H15BO2	4-tert-butylbenzeneboronic acid	123324-71-0	178.039	---	---	---	---	---	---	---	---	---	---	---	---
20185	C10H15Br	2-bromoadamantane	7314-85-4	215.133	412.15	1	---	---	25	1.2097	2	---	---	---	solid	1
20186	C10H15Br	1-bromoadamantane	768-90-1	215.133	391.65	1	---	---	25	1.2097	2	---	---	---	solid	1
20187	C10H15BrO	1-(bromomethyl)-7,7-dimethylbicyclo[2.2.1]	64161-50-8	231.133	351.15	1	538.15	dec	25	1.2598	2	---	---	---	solid	1
20188	C10H15BrO	3-bromo-1,7,7-trimethylbicyclo[2.2.1]hepta	10293-06-8	231.133	349.15	1	547.15	dec	25	1.4490	1	---	---	---	solid	1
20189	C10H15BrO	3-bromo-d-camphor	76-29-9	231.133	349.15	1	547.15	1	25	1.2598	2	---	---	---	solid	1
20190	C10H15Cl	1-chloroadamantane	935-56-8	170.682	437.65	1	---	---	25	0.9743	2	---	---	---	solid	1
20191	C10H15ClO3S	D(+)-10-camphorsulfonyl chloride	21286-54-4	250.746	338.65	1	---	---	25	1.2078	2	---	---	---	solid	1
20192	C10H15ClSi	chlorodimethyl(2-phenylethyl)silane	17146-08-6	198.767	---	---	---	---	25	0.9970	1	---	---	---	---	---
20193	C10H15Cl3O2	ethyl 3,3-dimethyl-4,6,6-trichloro-5-hexeno	59897-92-6	273.585	---	---	---	---	25	1.2390	2	---	---	---	---	---
20194	C10H15I	1-iodoadamantane	768-93-4	262.134	347.00	1	---	---	25	1.4052	2	---	---	---	solid	1
20195	C10H15N	N,N-dietyhlaniline	91-66-7	149.236	235.15	1	489.42	1	25	0.9310	1	25	1.5418	1	liquid	1
20196	C10H15N	2,6-diethylaniline	579-66-8	149.236	276.65	1	508.65	1	25	0.9020	1	20	1.5456	1	liquid	1
20197	C10H15N	2-sec-butylaniline	55751-54-7	149.236	274.23	2	502.03	2	20	0.9574	1	---	---	---	liquid	2
20198	C10H15N	2-tert-butylaniline	6310-21-0	149.236	274.23	2	507.15	1	15	0.9770	1	20	1.5453	1	liquid	1
20199	C10H15N	4-butylaniline	104-13-2	149.236	274.23	2	534.15	1	20	0.9450	1	---	---	---	liquid	1
20200	C10H15N	4-sec-butylaniline	30273-11-1	149.236	274.23	2	511.15	1	15	0.9490	1	29	1.5360	1	liquid	1
20201	C10H15N	4-tert-butylaniline	769-92-6	149.236	290.15	1	514.15	1	15	0.9525	1	20	1.5380	1	liquid	1
20202	C10H15N	N-sec-butylaniline	6068-69-5	149.236	274.23	2	498.15	1	21	0.9285	2	20	1.5333	1	liquid	1
20203	C10H15N	N-tert-butylaniline	937-33-7	149.236	274.23	2	488.15	1	21	0.9285	2	20	1.5270	1	liquid	1
20204	C10H15N	N-butylaniline	1126-78-9	149.236	258.75	1	516.65	1	20	0.9323	1	20	1.5341	1	liquid	1
20205	C10H15N	4-isobutylaniline	30090-17-6	149.236	274.23	2	510.15	1	15	0.9490	1	---	---	---	liquid	1
20206	C10H15N	N-isobutylaniline	588-47-6	149.236	274.23	2	505.15	1	18	0.9400	1	20	1.5328	1	liquid	1
20207	C10H15N	4-methyl-N-isopropylaniline	10436-75-6	149.236	274.23	2	493.15	1	20	0.9226	1	---	1.5332	1	liquid	1
20208	C10H15N	2-methyl-5-isopropylaniline	2051-53-8	149.236	257.15	1	514.15	1	20	0.9942	1	20	1.5387	1	liquid	1
20209	C10H15N	4-methyl-N-propylaniline	54837-90-0	149.236	274.23	2	508.15	1	20	0.9243	1	---	1.5367	1	liquid	1
20210	C10H15N	2,3,4,5-tetramethylaniline	2217-45-0	149.236	342.15	1	532.65	1	21	0.9285	2	---	---	---	solid	1
20211	C10H15N	2,3,4,6-tetramethylaniline	488-71-1	149.236	296.65	1	528.15	1	24	0.9780	1	---	---	---	liquid	1
20212	C10H15N	N,N,2,6-tetramethylaniline	769-06-2	149.236	237.15	1	469.15	1	20	0.9147	1	---	---	---	liquid	1
20213	C10H15N	benzylisopropylamine	102-97-6	149.236	---	---	473.15	1	25	0.8920	1	20	1.5025	1	---	---
20214	C10H15N	alpha,alpha-dimethylbenzeneethanamine	122-09-8	149.236	---	---	478.15	1	21	0.9285	2	---	---	---	---	---
20215	C10H15N	N,beta-dimethylbenzeneethanamine	93-88-9	149.236	---	---	480.65	1	25	0.9150	1	---	---	---	---	---
20216	C10H15N	(4-isopropylbenzyl)amine	4395-73-7	149.236	---	---	500.15	1	21	0.9285	2	17	1.5182	1	---	---
20217	C10H15N	methamphetamine	537-46-2	149.236	---	---	485.15	1	21	0.9285	2	---	---	---	---	---
20218	C10H15N	alpha-methylbenzenepropanamine	22374-89-6	149.236	416.15	1	496.15	1	15	0.9289	1	20	1.5152	1	solid	1
20219	C10H15N	alpha-propylbenzenemethanamine	2941-19-7	149.236	---	---	494.15	1	20	0.9366	1	---	---	---	---	---
20220	C10H15N	2-(1-ethylpropyl)pyridine	7399-50-0	149.236	---	---	468.55	1	20	0.8981	1	25	1.4850	1	---	---
20221	C10H15N	4-(1-ethylpropyl)pyridine	35182-51-5	149.236	398.65	1	490.15	1	25	0.9085	1	25	1.4091	1	solid	1
20222	C10H15N	3,7-dimethyl-2,6-octadienenitrile, isomers	5146-66-7	149.236	---	---	502.03	2	25	0.8500	1	---	1.4740	1	---	---
20223	C10H15N	N,N-dimethylphenethylamine	1126-71-2	149.236	---	---	480.40	1	25	0.8900	1	---	1.5020	1	---	---
20224	C10H15N	(S)-(-)-N,N-dimethyl-1-phenylethylamine	17279-31-1	149.236	---	---	502.03	2	25	0.8990	1	---	1.5030	1	---	---
20225	C10H15N	(R)-(+)-N,N-dimethyl-1-phenylethylamine	19342-01-9	149.236	---	---	502.03	2	25	0.9080	1	---	1.5030	1	---	---
20226	C10H15N	2-isopropyl-6-methylaniline	5266-85-3	149.236	---	---	511.15	1	25	0.9480	1	---	1.5440	1	---	---
20227	C10H15N	(S)-(+)-1-methyl-3-phenylpropylamine	4187-57-9	149.236	---	---	502.03	2	21	0.9285	2	---	---	---	---	---
20228	C10H15N	(R)-(-)-1-methyl-3-phenylpropylamine	937-52-0	149.236	---	---	502.03	2	21	0.9285	2	---	1.5135	1	---	---
20229	C10H15N	4-phenylbutylamine	13214-66-9	149.236	---	---	502.03	2	25	0.9440	1	---	1.5190	1	---	---
20230	C10H15N	3,5,N,N-tetramethylaniline	4913-13-7	149.236	274.23	2	500.15	1	25	0.9110	1	---	1.5440	1	liquid	1
20231	C10H15N	aniline, p-isopropyl-N-methyl-,	6950-79-4	149.236	274.23	2	502.03	2	21	0.9285	2	---	---	---	liquid	2
20232	C10H15N	desoxyn	7632-10-2	149.236	---	---	574.65	1	21	0.9285	2	---	---	---	---	---
20233	C10H15N	N,N-dimethyl-a-methylbenzylamine	2449-49-2	149.236	---	---	502.03	2	21	0.9285	2	---	---	---	---	---
20234	C10H15N	N-ethyl(a-methylbenzyl)amine	10137-87-8	149.236	---	---	502.03	2	21	0.9285	2	---	---	---	---	---
20235	C10H15N	geranyl nitrile	5585-39-7	149.236	---	---	502.03	2	21	0.9285	2	---	---	---	---	---
20236	C10H15NO	alpha-(1-aminopropyl)benzenemethanol	5897-76-7	165.236	352.65	1	515.82	2	24	0.9947	2	---	---	---	solid	1
20237	C10H15NO	3-(diethylamino)phenol	91-68-9	165.236	351.15	1	549.15	1	24	0.9947	2	---	---	---	solid	1
20238	C10H15NO	4-[2-(dimethylamino)ethyl]phenol	539-15-1	165.236	390.65	1	515.82	2	24	0.9947	2	---	---	---	solid	1
20239	C10H15NO	ephedrine, (±)	90-81-3	165.236	349.65	1	515.82	2	20	1.1220	1	---	---	---	solid	1
20240	C10H15NO	d-ephedrine	321-98-2	165.236	313.15	1	498.15	1	24	0.9947	2	---	---	---	solid	1

Table 1 Physical Properties - Organic Compounds

				Mol Wt	Freezing Point		Boiling Point		Density			Refractive Index			State	
NO	FORMULA	NAME	CAS No	g/mol	T_F, K	code	T_B, K	code	T, C	g/cm3	code	T, C	n_D	code	@25C,1 atm	code
20241	C10H15NO	L-ephedrine	299-42-3	165.236	313.15	1	498.15	1	22	1.0085	1	---	---	---	solid	1
20242	C10H15NO	4-[2-(methylamino)propyl]phenol	370-14-9	165.236	434.15	1	515.82	2	24	0.9947	2	---	---	---	solid	1
20243	C10H15NO	2-[2-(1-methylethoxy)ethyl]pyridine	70715-19-4	165.236	---	---	515.82	2	25	0.9502	1	25	1.4820	1	---	---
20244	C10H15NO	cis-3-acetyl-2,2-dimethylcyclobutane aceto	28353-00-6	165.236	---	---	515.82	2	25	0.9600	1	---	---	---	---	---
20245	C10H15NO	(1S,3S)-3-acetyl-2,2-dimethylcyclobutanea	39863-94-0	165.236	---	---	515.82	2	25	0.9600	1	---	1.4640	1	---	---
20246	C10H15NO	2-amino-4-tert-butylphenol	1199-46-8	165.236	435.15	1	515.82	2	24	0.9947	2	---	---	---	solid	1
20247	C10H15NO	N-benzyl-N-methylethanolamine	101-98-4	165.236	---	---	515.82	2	25	1.0170	1	---	1.5290	1	---	---
20248	C10H15NO	4-butoxyaniline	4344-55-2	165.236	---	---	515.82	2	25	0.9910	1	---	1.5380	1	---	---
20249	C10H15NO	(1R,3S)-2,2-dimethyl-3-(2-oxopropyl)-cyclo	110847-02-4	165.236	---	---	515.82	2	25	0.9600	1	---	1.4592	1	---	---
20250	C10H15NO	2-(N-ethylanilino)ethanol	92-50-2	165.236	308.65	1	545.15	1	24	0.9947	2	---	---	---	solid	1
20251	C10H15NO	(S)-(-)-N-(2-hydroxyethyl)-a-phenylethylam	66849-29-4	165.236	---	---	515.82	2	24	0.9947	2	---	1.5335	1	---	---
20252	C10H15NO	(R)-(+)-N-(2-hydroxyethyl)-a-phenylethylan	80548-31-8	165.236	---	---	515.82	2	24	0.9947	2	---	1.5335	1	---	---
20253	C10H15NO	3-methoxy-N,N-dimethylbenzylamine	15184-99-3	165.236	---	---	515.82	2	25	0.9840	1	---	1.5140	1	---	---
20254	C10H15NO	DL-3-(1-methyl-1-ethenyl)-6-oxoheptanenit	---	165.236	---	---	515.82	2	24	0.9947	2	---	1.4630	1	---	---
20255	C10H15NO	1-perillaldehyde-a-antioxime	30950-27-7	165.236	375.15	1	515.82	2	24	0.9947	2	---	---	---	solid	1
20256	C10H15NO	anatoxin I	64285-06-9	165.236	---	---	515.82	2	24	0.9947	2	---	---	---	---	---
20257	C10H15NO	4-(butylamino)phenol	103-62-8	165.236	---	---	515.82	2	24	0.9947	2	---	---	---	---	---
20258	C10H15NO	compound 48/80	4091-50-3	165.236	---	---	515.82	2	24	0.9947	2	---	---	---	---	---
20259	C10H15NO	4-dimethylamino-3,5-xylenol	6120-10-1	165.236	---	---	475.15	1	24	0.9947	2	---	---	---	---	---
20260	C10H15NO	N,N-dimethyl-b-hydroxyphenethylamine	66634-53-5	165.236	---	---	515.82	2	24	0.9947	2	---	---	---	---	---
20261	C10H15NO	4-ethyl-3,5-dimethylpyrrol-2-yl methyl ketor	1500-91-0	165.236	---	---	529.15	1	24	0.9947	2	---	---	---	---	---
20262	C10H15NO	N-hydroxyethyl-a-methylbenzylamine	1331-41-5	165.236	---	---	515.82	2	24	0.9947	2	---	---	---	---	---
20263	C10H15NO	2-phenylethylaminoethanol	2842-37-7	165.236	---	---	515.82	2	24	0.9947	2	---	---	---	---	---
20264	C10H15NO	L-(+)-pseudoephedrine	90-82-4	165.236	390.65	1	515.82	2	24	0.9947	2	---	---	---	solid	1
20265	C10H15NO2	3,4-diethoxyaniline	39052-12-5	181.235	321.15	1	506.65	2	43	1.1450	2	---	---	---	solid	1
20266	C10H15NO2	3,4-dimethoxybenzeneethanamine	120-20-7	181.235	---	---	506.65	2	43	1.1450	2	20	1.5464	1	---	---
20267	C10H15NO2	N-phenyl-N,N-diethanolamine	120-07-0	181.235	330.15	1	506.65	2	60	1.2010	1	---	---	---	solid	1
20268	C10H15NO2	(R)-(+)-2-amino-3-benzyloxy-1-propanol	58577-87-0	181.235	308.65	1	580.15	1	43	1.1450	2	---	---	---	solid	1
20269	C10H15NO2	3-amino-3-(p-methoxyphenyl)-1-propanol	68208-24-2	181.235	355.65	1	506.65	2	43	1.1450	2	---	---	---	solid	1
20270	C10H15NO2	(3R-cis)-(-)-2,3-dihydro-3-isopropyl-7a-met	---	181.235	321.15	1	506.65	2	43	1.1450	2	---	---	---	solid	1
20271	C10H15NO2	2,5-diethoxyaniline	94-85-9	181.235	358.15	1	506.65	2	43	1.1450	2	---	---	---	solid	1
20272	C10H15NO2	(3S-cis)-(+)-2,3-dihydro-3-isopropyl-7a-me	116910-11-3	181.235	321.15	1	506.65	2	43	1.1450	2	---	---	---	solid	1
20273	C10H15NO2	2,5-dimethoxyphenethylamine	3600-86-0	181.235	---	---	433.15	1	25	1.0890	1	---	---	---	---	---
20274	C10H15NO2	a-((ethylamino)methyl)-m-hydroxybenzyl al	709-55-7	181.235	420.65	1	506.65	2	43	1.1450	2	---	---	---	solid	1
20275	C10H15NO2	p-hydroxyephedrine	365-26-4	181.235	426.15	1	506.65	2	43	1.1450	2	---	---	---	solid	1
20276	C10H15NO2	1-(2-propynyl)cyclohexyl carbamate	358-52-1	181.235	372.15	1	506.65	2	43	1.1450	2	---	---	---	solid	1
20277	C10H15NO2S	N-butylbenzenesulfonamide	3622-84-2	213.301	---	---	587.15	1	25	1.1500	1	---	1.5250	1	---	---
20278	C10H15NO2S	ethyl cis-2-isothiocyanato-1-cyclohexaneca	---	213.301	---	---	587.15	2	25	1.1283	2	---	1.5060	1	---	---
20279	C10H15NO2S	N,N-diethylbenzenesulfonamide	1709-50-8	213.301	---	---	587.15	2	25	1.1283	2	---	---	---	---	---
20280	C10H15NO3	N-carbethoxy-4-tropinone	32499-64-2	197.234	---	---	---	---	25	1.1013	2	---	1.4886	1	---	---
20281	C10H15NO3	(N-crotonyl)-(4S)-isopropyl-2-oxazolidinon	90719-30-5	197.234	329.15	1	---	---	25	1.1013	2	---	---	---	solid	1
20282	C10H15NO3	3,4,5-trimethoxybenzylamine	18638-99-8	197.234	---	---	---	---	25	1.1550	1	---	1.5480	1	---	---
20283	C10H15NO3	N-methylepinephrine	554-99-4	197.234	---	---	---	---	25	1.1013	2	---	---	---	---	---
20284	C10H15NO3	vivotoxin	610-88-8	197.234	347.65	1	---	---	25	1.1013	2	---	---	---	solid	1
20285	C10H15NO3S	(-)-(2S,8aR)-(camphorylsulfonyl)oxaziridine	104372-31-8	229.300	444.15	1	---	---	25	1.1780	2	---	---	---	solid	1
20286	C10H15NO3S	(+)-(2R,8aS)-(camphorylsulfonyl)oxaziridin	104322-63-6	229.300	444.15	1	---	---	25	1.1780	2	---	---	---	solid	1
20287	C10H15NO4	diethyl (2-cyanoethyl)malonate	17216-62-5	213.234	---	---	---	---	20	1.0881	1	20	1.4368	1	---	---
20288	C10H15NO4	kainic acid	487-79-6	213.234	---	---	---	---	25	1.1544	2	---	---	---	---	---
20289	C10H15NO4	(R)-N-boc-propargylglycine	63039-46-3	213.234	---	---	---	---	25	1.1544	2	---	---	---	---	---
20290	C10H15NO4	(S)-N-boc-propargylglycine	63039-48-5	213.234	358.65	1	---	---	25	1.1544	2	---	---	---	solid	1
20291	C10H15NO5S	ethyl-m-aminobenzoate methane sulfonate	886-86-2	261.299	---	---	---	---	25	1.2691	2	---	---	---	---	---
20292	C10H15N2Na3O7	N-(2-hydroxyethyl)ethylenedinitrilotriacetic	139-89-9	344.208	561.15	2	---	---	---	---	---	---	---	---	solid	2
20293	C10H15N2O4	3,10-diaminotricyclo(5.2.1.02,6)decane	6818-18-4	227.241	---	---	---	---	25	1.2026	2	---	---	---	---	---
20294	C10H15N2P	1,3-dimethyl-2-phenyl-1,3,2-diazaphospho	22429-12-5	194.217	---	---	---	---	25	1.0540	1	---	1.5650	1	---	---
20295	C10H15N3	bethanidine	55-73-2	177.250	469.15	1	---	---	25	1.0381	2	---	---	---	solid	1
20296	C10H15N3	1-phenyl-3,3-diethyltriazene	13056-98-9	177.250	---	---	---	---	25	1.0381	2	---	---	---	---	---
20297	C10H15N3O2	4-(methylnitrosamino)-1-(3-pyridyl)-1-butar	76014-81-8	209.249	---	---	---	---	25	1.1499	2	---	---	---	---	---
20298	C10H15N3S	2-(p-methylphenethyl)-3-thiosemicarbazide	2598-74-5	209.316	---	---	---	---	25	1.1235	2	---	---	---	---	---
20299	C10H15N5	b-phenethylbiguanide	114-86-3	205.264	---	---	388.15	1	25	1.1452	2	---	---	---	---	---
20300	C10H15N5O5	2-amino-9-[[2,3-dihydroxy-1-(hydroxymethy	---	285.261	---	---	---	---	25	1.3760	2	---	---	---	---	---
20301	C10H15N5O10P2	adenosine diphosphate	58-64-0	427.206	---	---	469.15	1	---	---	---	---	---	---	---	---
20302	C10H15N7OS	nitrosocimetidine	73785-40-7	281.344	---	---	---	---	25	1.3467	2	---	---	---	---	---
20303	C10H15NaO4S	DL-10-camphorsulfonic acid, sodium salt	34850-66-3	254.282	560.15	1	---	---	---	---	---	---	---	---	solid	1
20304	C10H15OPS2	fonofos	944-22-9	246.335	---	---	---	---	25	1.1600	1	---	---	---	---	---
20305	C10H15OPS2	ethyl phosphonodithioic acid O-methyl-S-(p	2984-65-8	246.335	---	---	---	---	---	---	---	---	---	---	---	---
20306	C10H15OPS2	O-phenyl-S-propyl methyl phosphonodithic	3239-63-2	246.335	---	---	---	---	---	---	---	---	---	---	---	---
20307	C10H15O2	trans-(+)-chrysanthemic acid	4638-92-0	167.228	292.15	1	---	---	25	0.9882	2	---	1.4778	1	---	---
20308	C10H15O2P	diethyl phenylphosphonite	1638-86-4	198.202	---	---	---	---	25	1.0300	1	---	1.5100	1	---	---
20309	C10H15O2PS2	1-(ethoxy-methyl-phosphinothioyl)oxy-4-me	2703-13-1	262.334	---	---	---	---	---	---	---	---	---	---	---	---
20310	C10H15O3PS	O,O-diethyl-O-phenylphosphorothioate	32345-29-2	246.267	---	---	---	---	---	---	---	---	---	---	---	---
20311	C10H15O3PS2	fenthion	55-38-9	278.333	280.65	1	---	---	20	1.2460	1	---	---	---	---	---
20312	C10H15O4PS2	O,O-dimethyl-O-(4-(methylsulfinyl)-m-tolyl)	3761-41-9	294.333	---	---	---	---	---	---	---	---	---	---	---	---
20313	C10H15O5PS2	O,O-dimethyl-o-(4-(methylsulfonyl)-m-tolyl)	3761-42-0	310.332	---	---	---	---	---	---	---	---	---	---	---	---
20314	C10H15P	diethylphenylphosphine	1605-53-4	166.203	---	---	---	---	25	0.9540	1	---	1.5460	1	---	---
20315	C10H16	camphene	79-92-5	136.237	320.15	1	433.65	1	24	0.8455	2	55	1.4562	1	solid	1
20316	C10H16	D-limonene	5989-27-5	136.237	199.00	1	449.65	1	25	0.8390	1	25	1.4701	1	liquid	1
20317	C10H16	limonene	138-86-3	136.237	178.15	1	451.15	1	21	0.8402	1	19	1.4727	1	liquid	1
20318	C10H16	L-limonene	5989-54-8	136.237	188.58	2	451.15	1	20	0.8430	1	20	1.4746	1	liquid	1
20319	C10H16	alpha-phellandrene	99-83-2	136.237	---	---	448.15	1	25	0.8430	1	25	1.4691	1	---	---
20320	C10H16	beta-phellandrene	555-10-2	136.237	---	---	447.15	1	25	0.8370	1	25	1.4851	1	---	---

Table 1 Physical Properties - Organic Compounds

				Mol Wt	Freezing Point		Boiling Point		Density			Refractive Index			State	
NO	FORMULA	NAME	CAS No	g/mol	T_F, K	code	T_B, K	code	T, C	g/cm3	code	T, C	n_D	code	@25C,1 atm	code
20321	C10H16	alpha-pinene	80-56-8	136.237	209.15	1	429.29	1	25	0.8570	1	25	1.4632	1	liquid	1
20322	C10H16	alpha-pinene, (-)	7785-26-4	136.237	209.15	1	428.15	1	20	0.8590	1	20	1.4660	1	liquid	1
20323	C10H16	beta-pinene	127-91-3	136.237	211.61	1	439.19	1	25	0.8670	1	25	1.4768	1	liquid	1
20324	C10H16	beta-pinene, (1R)	19902-08-0	136.237	223.15	1	437.75	1	20	0.8654	1	20	1.4789	1	liquid	1
20325	C10H16	alpha-terpinene	99-86-5	136.237	214.12	2	448.15	1	25	0.8300	1	25	1.4760	1	liquid	1
20326	C10H16	gamma-terpinene	99-85-4	136.237	214.12	2	456.15	1	25	0.8450	1	25	1.4712	1	liquid	1
20327	C10H16	terpinolene	586-62-9	136.237	---	---	460.00	1	25	0.8580	1	20	1.4861	1	---	---
20328	C10H16	4-carene, (1S,3R,6R)-(-)	5208-49-1	136.237	---	---	442.15	1	20	0.8616	1	30	1.4740	1	---	---
20329	C10H16	3-carene, (+)	498-15-7	136.237	---	---	444.15	1	30	0.8549	1	3	1.4690	1	---	---
20330	C10H16	cyclodecyne	3022-41-1	136.237	---	---	477.15	1	20	0.8975	1	20	1.4903	1	---	---
20331	C10H16	1-decen-3-yne	33622-26-3	136.237	---	---	439.95	2	20	0.7873	1	20	1.4620	1	---	---
20332	C10H16	1-decen-4-yne	24948-66-1	136.237	---	---	439.95	2	20	0.7880	1	20	1.4450	1	---	---
20333	C10H16	2-decen-4-yne	116668-40-7	136.237	---	---	439.95	2	25	0.7850	1	25	1.4609	1	---	---
20334	C10H16	2,2-dimethyl-5-methylenebicyclo[2.2.1]hep	497-32-5	136.237	---	---	425.15	1	20	0.8591	1	25	1.4645	1	---	---
20335	C10H16	7,7-dimethyl-2-methylenebicyclo[2.2.1]hep	2623-54-3	136.237	---	---	428.15	1	20	0.8660	1	20	1.4705	1	---	---
20336	C10H16	3,7-dimethyl-1,3,6-octatriene	13877-91-3	136.237	245.98	2	450.15	2	20	0.8000	1	20	1.4862	1	liquid	2
20337	C10H16	3,7-dimethyl-1,3,7-octatriene	502-99-8	136.237	245.98	2	450.15	2	20	0.8000	1	20	1.4862	1	liquid	2
20338	C10H16	cis,trans-2,6-dimethyl-2,4,6-octatriene	7216-56-0	136.237	252.55	1	439.95	2	20	0.8060	1	20	1.5446	1	liquid	2
20339	C10H16	trans,trans-2,6-dimethyl-2,4,6-octatriene	3016-19-1	136.237	237.75	1	461.15	1	20	0.8118	1	20	1.5446	1	liquid	1
20340	C10H16	cis, cis-2,6-dimethyl-2,4,6-octatriene	17202-20-9	136.237	245.98	2	439.95	2	24	0.8455	2	---	---	---	liquid	2
20341	C10H16	dipentene	7705-14-8	136.237	177.65	1	451.15	1	21	0.8402	1	20	1.4727	1	liquid	1
20342	C10H16	4-methylene-1-isopropylbicyclo[3.1.0]hexa	15826-80-9	136.237	---	---	437.15	1	20	0.8437	1	20	1.4676	1	---	---
20343	C10H16	2-methyl-5-isopropylbicyclo[3.1.0]hex-2-en	2867-05-2	136.237	---	---	424.15	1	20	0.8301	1	20	1.4515	1	---	---
20344	C10H16	3-methylene-6-isopropylcyclohexene, (+)	6153-16-8	136.237	---	---	444.65	1	20	0.8520	1	20	1.4788	1	---	---
20345	C10H16	4-methylene-1-isopropylcyclohexene	99-84-3	136.237	---	---	446.65	1	22	0.8380	1	22	1.4754	1	---	---
20346	C10H16	1-methyl-3-(1-methylvinyl)cyclohexene	38738-60-2	136.237	---	---	448.15	1	18	0.8479	1	18	1.4760	1	---	---
20347	C10H16	1-methyl-5-(1-methylvinyl)cyclohexene	13898-73-2	136.237	---	---	448.15	1	20	0.8470	1	20	1.4804	1	---	---
20348	C10H16	5-methyl-1-(1-methylvinyl)cyclohexene, (±)	105065-24-5	136.237	---	---	457.15	1	20	0.8594	1	---	1.4975	1	---	---
20349	C10H16	2-methyl-5-isopropyl-1,3-cyclohexadiene, (	13811-01-3	136.237	---	---	448.65	1	22	0.8410	1	19	1.4772	1	---	---
20350	C10H16	beta-myrcene	123-35-3	136.237	---	---	440.15	1	15	0.8013	1	20	1.4722	1	---	---
20351	C10H16	4(10)-thujene, (+)	2514-91-2	136.237	---	---	437.15	1	20	0.8420	1	20	1.4678	1	---	---
20352	C10H16	tricyclene	508-32-7	136.237	340.65	1	425.65	1	80	0.8668	1	80	1.4296	1	solid	1
20353	C10H16	tricyclo[3.3.1.13,7]decane	281-23-2	136.237	541.15	1	461.00	2	25	1.0700	1	---	1.5680	1	solid	1
20354	C10H16	1,7,7-trimethylbicyclo[2.2.1]hept-2-ene	464-17-5	136.237	386.15	1	419.15	1	24	0.8455	2	---	---	---	solid	1
20355	C10H16	1,3,3-trimethyltricyclo[2.2.1.02,6]heptane	488-97-1	136.237	---	---	418.15	1	20	0.8590	1	22	1.4503	1	---	---
20356	C10H16	(+)-camphene	5794-03-6	136.237	319.15	1	432.65	1	25	0.8500	1	---	---	---	solid	1
20357	C10H16	(-)-camphene	5794-04-7	136.237	310.15	1	439.95	2	25	0.8400	1	---	---	---	solid	1
20358	C10H16	3-carene	13466-78-9	136.237	298.15	1	444.30	1	25	0.8570	1	---	1.4730	1	---	---
20359	C10H16	(+)-2-carene	4497-92-1	136.237	---	---	440.65	1	25	0.8620	1	---	1.4750	1	---	---
20360	C10H16	2-carene	554-61-0	136.237	298.15	1	440.65	1	24	0.8455	2	---	1.4740	1	---	---
20361	C10H16	1,5,9-decatriene	13393-64-1	136.237	245.98	2	439.95	2	25	0.7650	1	---	1.4480	1	liquid	2
20362	C10H16	dimethyloctatriene	29714-87-2	136.237	298.15	1	439.95	2	24	0.8455	2	---	1.4860	1	---	---
20363	C10H16	2,6-dimethyl-2,4,6-octatriene, isomers	673-84-7	136.237	247.65	1	439.95	2	25	0.8110	1	---	1.5430	1	liquid	2
20364	C10H16	1,2,3,4,5-pentamethylcyclopentadiene	4045-44-7	136.237	---	---	331.15	1	25	0.8700	1	---	1.4740	1	---	---
20365	C10H16	(-)-a-pinene	1330-16-1	136.237	218.25	1	429.35	1	25	0.8580	1	---	---	---	liquid	1
20366	C10H16	(1S)-(-)-b-pinene	18172-67-3	136.237	212.25	1	439.15	1	25	0.8630	1	---	1.4780	1	liquid	1
20367	C10H16	(±)-a-pinene	2437-95-8	136.237	218.25	1	428.75	1	25	0.8580	1	---	1.4660	1	liquid	1
20368	C10H16	(+)-a-pinene	7785-70-8	136.237	211.15	1	428.65	1	25	0.8570	1	---	1.4660	1	liquid	1
20369	C10H16	tricyclo[5.2.1.0-(2,6)-]decane	6004-38-2	136.237	351.15	1	466.15	1	24	0.8455	2	---	---	---	solid	1
20370	C10H16	1,5-dimethyl-1,5-cyclooctadiene	3760-14-3	136.237	---	---	439.95	2	24	0.8455	2	---	---	---	---	---
20371	C10H16	4-methylene-1-(1-methylethyl)bicyclo[3.1.0	3387-41-5	136.237	---	---	436.85	1	24	0.8455	2	---	---	---	---	---
20372	C10H16	tricyclo[5.2.1.02,6]decane	2825-82-3	136.237	---	---	455.15	1	24	0.8455	2	---	---	---	---	---
20373	C10H16AsNO3	N,N-diethyl-p-arsanilic acid	5185-76-2	273.164	---	---	---	---	---	---	---	---	---	---	---	---
20374	C10H16AsNO5	N,N-bis(2-hydroxyethyl)-p-arsanilic acid	5185-70-6	305.163	---	---	---	---	---	---	---	---	---	---	---	---
20375	C10H16Br2N2O2	1,4-bis(3-bromopropionyl)-piperazine	54-91-1	356.058	379.65	1	---	---	25	1.6044	2	---	---	---	solid	1
20376	C10H16Br2O4	diethyl meso-2,5-dibromoadipate	869-10-3	360.043	339.15	1	---	---	25	1.6026	2	---	---	---	solid	1
20377	C10H16ClN	benzyltrimethylammonium chloride	56-93-9	185.697	512.15	2	---	---	25	1.0700	1	---	---	---	solid	2
20378	C10H16ClNO	edrophonium chloride	116-38-1	201.696	---	---	---	---	25	1.0640	2	---	---	---	---	---
20379	C10H16ClNO	N-(chloroacetyl)-3-azabicyclo(3.2.1)nonan	1132-20-3	201.696	---	---	---	---	25	1.0640	2	---	---	---	---	---
20380	C10H16ClN3O2	1-(2-chloroethyl)-1-nitroso-3-(2-norbornyl)u	13909-13-2	245.709	---	---	---	---	25	1.2064	2	---	---	---	---	---
20381	C10H16ClN5S	2-amino-4-(N-methylpiperazino)-5-methylth	55921-66-9	273.791	---	---	---	---	25	1.2646	2	---	---	---	---	---
20382	C10H16Cl2IN	benzyltrimethylammonium dichloroiodate	114971-52-7	348.054	399.65	1	---	---	25	1.5154	2	---	---	---	solid	1
20383	C10H16Cl2O2	decanedioyl dichloride	111-19-3	239.141	271.85	1	---	---	20	1.1212	1	18	1.4684	1	---	---
20384	C10H16Cl2O4	1,1'-(2-butynylenedioxy)bis(3-chloro)-2-pro	1606-83-3	271.140	---	---	---	---	25	1.2361	2	---	---	---	---	---
20385	C10H16HgN2O2S4	bis(4-morpholinecarbodithioato)mercury	14024-75-0	525.104	---	---	---	---	---	---	---	---	---	---	---	---
20386	C10H16INO	N-(iodoacetyl)-3-azabicyclo(3.2.2)nonane	18312-12-4	293.148	---	---	523.65	1	25	1.4591	2	---	---	---	---	---
20387	C10H16Cl3NOS	triallate	2303-17-5	304.667	302.15	1	---	---	25	1.2730	1	---	---	---	solid	1
20388	C10H16NO4P	D-ephedrine phosphate (ester)	7234-08-4	245.216	---	---	601.15	2	---	---	---	---	---	---	---	---
20389	C10H16NO4P	L-ephedrine phosphate (ester)	7234-07-3	245.216	---	---	601.15	2	---	---	---	---	---	---	---	---
20390	C10H16NO4P	DL-ephedrine phosphate (ester)	7234-09-5	245.216	---	---	601.15	1	---	---	---	---	---	---	---	---
20391	C10H16NO5PS2	famphur	52-85-7	325.347	326.15	1	---	---	---	---	---	---	---	---	solid	1
20392	C10H16N2	decanedinitrile	1871-96-1	164.251	280.75	1	519.35	2	20	0.9130	1	20	1.4474	1	liquid	2
20393	C10H16N2	N,N-diethyl-1,3-benzenediamine	26513-20-2	164.251	425.15	1	550.15	1	20	0.9345	2	---	---	---	solid	1
20394	C10H16N2	N,N-diethyl-1,4-benzenediamine	93-05-0	164.251	---	---	534.15	1	20	0.9345	2	---	---	---	---	---
20395	C10H16N2	N,N,N',N'-tetramethyl-1,2-benzenediamine	704-01-8	164.251	282.05	1	488.65	1	20	0.9560	1	---	---	---	liquid	1
20396	C10H16N2	N,N,N',N'-tetramethyl-1,4-benzenediamine	100-22-1	164.251	324.15	1	533.15	1	20	0.9345	2	---	---	---	solid	1
20397	C10H16N2	N,N-diethyl-p-phenylenediamine hydrochlo	2198-58-5	164.251	507.65	1	490.65	1	20	0.9345	2	---	---	---	solid	1
20398	C10H16N2	2,3,5,6-tetramethyl-p-phenylenediamine	3102-87-2	164.251	424.65	1	519.35	2	20	0.9345	2	---	---	---	solid	1
20399	C10H16N2	p-amino-N,a-dimethylphenethylamine	4302-87-8	164.251	---	---	519.35	2	20	0.9345	2	---	---	---	---	---
20400	C10H16N2Na2O6	disodium-1,3-dihydroxy-1,3-bis-(aci-nitrom	---	306.227	---	---	---	---	---	---	---	---	---	---	---	---

Table 1 Physical Properties - Organic Compounds

				Mol Wt	Freezing Point		Boiling Point		Density			Refractive Index			State	
NO	FORMULA	NAME	CAS No	g/mol	T_F, K	code	T_B, K	code	T, C	g/cm3	code	T, C	n_D	code	@25C,1 atm	code
20401	C10H16N2OS	5-isobutyl-3-allyl-2-thioxo-4-imidazolidinon	830-89-7	212.316	483.65	1	---	---	25	1.1048	2	---	---	---	solid	1
20402	C10H16N2O2	1,8-diisocyanatooctane	10124-86-4	196.250	---	---	---	---	25	1.0070	1	---	1.4550	1	---	---
20403	C10H16N2O2S	5-ethyldihydro-5-sec-butyl-2-thioxo-4,6(1H	2095-57-0	228.316	442.15	1	---	---	25	1.1543	2	---	---	---	solid	1
20404	C10H16N2O2S4	4-morpholinethiocarbonyl disulfide	729-46-4	324.514	---	---	---	---	25	1.3273	2	---	---	---	---	---
20405	C10H16N2O3	5-butyl-5-ethyl-2,4,6(1H,3H,5H)-pyrimidine	77-28-1	212.249	401.65	1	---	---	25	1.1299	2	---	---	---	solid	1
20406	C10H16N2O3	butisol	125-40-6	212.249	439.65	1	---	---	25	1.1299	2	---	---	---	solid	1
20407	C10H16N2O3S	biotin	58-85-5	244.315	505.15	dec	---	---	25	1.2011	2	---	---	---	solid	1
20408	C10H16N2O4	N,N'-diallyltartardiamide	28843-34-7	228.249	457.65	1	---	---	25	1.1798	2	---	---	---	solid	1
20409	C10H16N2O4	N,N'-diallyl-L-tartardiamide	58477-85-3	228.249	457.65	1	---	---	25	1.1798	2	---	---	---	solid	1
20410	C10H16N2O4	tetraacetylethylenediamine	10543-57-4	228.249	424.65	1	---	---	25	0.9000	1	---	---	---	solid	1
20411	C10H16N2O7	g-L-glutamyl-L-glutamic acid	1116-22-9	276.247	453.65	1	---	---	25	1.3135	2	---	---	---	solid	1
20412	C10H16N2O8	ethylenediaminetetraacetic acid	60-00-4	292.246	513.00	dec	661.15	---	25	1.3535	2	---	---	---	solid	1
20413	C10H16N2O8Zn	zinc(ii) edta complex	15954-98-0	357.636	---	---	---	---	---	---	---	---	---	---	---	---
20414	C10H16N4	2,2'-azobis(2-methylbutyronitrile)	13472-08-7	192.265	321.15	1	---	---	25	1.0711	2	---	---	---	solid	1
20415	C10H16N4O2S	ravage	55511-98-3	256.330	---	---	---	---	25	1.2426	2	---	---	---	---	---
20416	C10H16N4O3	dimetilan	644-64-4	240.263	342.65	1	478.15	1	25	1.2237	2	---	---	---	solid	1
20417	C10H16N4O7	vicine	152-93-2	304.261	513.65	dec	---	---	25	1.3906	2	---	---	---	solid	1
20418	C10H16N4O7S	S-nitroso-L-glutathione	57564-91-7	336.327	---	---	---	---	25	1.4350	2	---	---	---	---	---
20419	C10H16N5O13P3	ATP	56-65-5	507.186	417.15	dec	---	---	---	---	---	---	---	---	solid	1
20420	C10H16N5O13P3	2'-deoxyguanosine 5'-triphosphate	2564-35-4	507.186	---	---	---	---	---	---	---	---	---	---	---	---
20421	C10H16N6S	tagamet	51481-61-9	252.345	415.15	1	---	---	25	1.2397	2	---	---	---	solid	1
20422	C10H16N8O2S	dinitrosocimetidine	82038-92-4	312.358	---	---	---	---	25	1.3989	2	---	---	---	---	---
20423	C10H16O	camphor	76-22-2	152.236	453.25	1	480.57	1	23	0.9454	2	---	---	---	solid	1
20424	C10H16O	camphor, (±)	21368-68-3	152.236	451.95	1	489.51	2	23	0.9454	2	---	---	---	solid	1
20425	C10H16O	camphor, (+)	464-49-3	152.236	451.95	1	480.55	1	25	0.9900	1	---	1.5462	1	solid	1
20426	C10H16O	[1,1'-bicyclopentyl]-2-one	4884-24-6	152.236	260.15	1	505.65	1	21	0.9745	1	---	1.4763	1	liquid	1
20427	C10H16O	3-methyl-6-isopropyl-2-cyclohexen-1-one,	6091-52-7	152.236	254.15	1	505.65	1	20	0.9331	1	20	1.4845	1	liquid	1
20428	C10H16O	6-methyl-3-isopropyl-2-cyclohexen-1-one,	23733-68-8	152.236	---	---	508.65	1	20	0.9263	1	20	1.4826	1	---	---
20429	C10H16O	2,6,6-trimethylbicyclo[3.1.1]heptan-3-one,	14575-93-0	152.236	---	---	485.15	1	25	0.9640	1	25	1.4735	1	---	---
20430	C10H16O	4,6,6-trimethylbicyclo[3.1.1]heptan-2-one,	515-90-2	152.236	---	---	495.15	1	20	0.9610	1	20	1.4752	1	---	---
20431	C10H16O	4,7,7-trimethylbicyclo[2.2.1]heptan-2-one,	10292-98-5	152.236	459.65	1	486.15	1	23	0.9454	2	---	---	---	solid	1
20432	C10H16O	2-butylidenecyclohexanone	7153-14-2	152.236	---	---	489.51	2	20	0.9350	1	20	1.4800	1	---	---
20433	C10H16O	5-methyl-2-(1-methylethylidene)cyclohexar	15932-80-6	152.236	---	---	489.51	2	20	0.9367	1	20	1.4869	1	---	---
20434	C10H16O	5-methyl-2-(1-methylvinyl)cyclohexanone	529-00-0	152.236	---	---	489.51	2	20	0.9198	1	20	1.4675	1	---	---
20435	C10H16O	trans-2-methyl-5-(1-methylvinyl)cyclohexar	619-02-3	152.236	262.15	1	494.65	1	20	0.9253	1	20	1.4717	1	liquid	1
20436	C10H16O	trans-5-methyl-2-(1-methylvinyl)cyclohexar	29606-79-9	152.236	---	---	489.51	2	20	0.9198	1	20	1.4675	1	---	---
20437	C10H16O	carvenone, (S)	10395-45-6	152.236	---	---	506.15	1	20	0.9289	1	20	1.4805	1	---	---
20438	C10H16O	cis-3,7-dimethyl-2,6-octadienal	106-26-3	152.236	---	---	489.51	2	20	0.8869	1	20	1.4869	1	---	---
20439	C10H16O	trans-3,7-dimethyl-2,6-octadienal	141-27-5	152.236	---	---	502.15	1	20	0.8888	1	20	1.4898	1	---	---
20440	C10H16O	DL-fenchone	18492-37-0	152.236	255.15	1	466.65	1	15	0.9492	1	20	1.4702	1	liquid	1
20441	C10H16O	4-isopropyl-1-cyclohexene-1-carboxaldehy	21391-98-0	152.236	---	---	496.15	1	20	0.9300	1	20	1.4911	1	---	---
20442	C10H16O	2,6,6-trimethyl-1-cyclohexene-1-carboxald	432-25-7	152.236	---	---	489.51	2	15	0.9590	1	15	1.4971	1	---	---
20443	C10H16O	4-methylene-1-isopropylbicyclo[3.1.0]hexa	59905-55-4	152.236	---	---	481.15	1	25	0.9461	1	25	1.4871	1	---	---
20444	C10H16O	4-methylene-1-isopropylbicyclo[3.1.0]hexa	471-16-9	152.236	---	---	481.15	1	19	0.9488	1	25	1.4871	1	---	---
20445	C10H16O	4,6,6-trimethylbicyclo[3.1.1]hept-3-en-2-ol,	1820-09-3	152.236	297.15	1	489.51	2	25	0.9657	1	25	1.4908	1	liquid	2
20446	C10H16O	4,6,6-trimethylbicyclo[3.1.1]hept-3-en-2-ol,	1845-30-3	152.236	288.65	1	489.51	2	25	0.9684	1	25	1.4912	1	liquid	2
20447	C10H16O	2-methyl-5-(1-methylvinyl)-2-cyclohexen-1-	99-48-9	152.236	---	---	501.15	1	25	0.9484	1	25	1.4942	1	---	---
20448	C10H16O	4-(1-methylvinyl)-1-cyclohexene-1-methan	536-59-4	152.236	---	---	517.15	1	20	0.9690	1	20	1.5005	1	---	---
20449	C10H16O	cis-octahydro-1(2H)-naphthalenone	32166-40-8	152.236	274.15	1	489.51	2	20	1.0080	1	20	1.4936	1	liquid	2
20450	C10H16O	octahydro-2(1H)-naphthalenone	4832-17-1	152.236	---	---	489.51	2	25	0.9790	1	20	1.4900	1	---	---
20451	C10H16O	trans-octahydro-1(2H)-naphthalenone	21370-71-8	152.236	306.15	1	489.51	2	20	0.9860	1	21	1.4849	1	solid	1
20452	C10H16O	pulegone	89-82-7	152.236	---	---	497.15	1	45	0.9346	1	20	1.4894	1	---	---
20453	C10H16O	4,7,7-trimethyl-6-oxabicyclo[3.2.1]oct-3-en	60761-04-8	152.236	---	---	456.65	1	20	0.9515	1	20	1.4695	1	---	---
20454	C10H16O	2-adamantanol	700-57-2	152.236	535.65	1	---	---	23	0.9454	2	---	---	---	solid	1
20455	C10H16O	1-adamantanol	768-95-6	152.236	>513.15	1	489.51	2	23	0.9454	2	---	---	---	solid	1
20456	C10H16O	(1S)-(-)-camphor	464-48-2	152.236	452.20	1	477.15	1	25	0.9920	1	---	---	---	solid	1
20457	C10H16O	citral	5392-40-5	152.236	263.25	1	501.20	1	25	0.8930	1	---	1.4880	1	liquid	1
20458	C10H16O	trans,trans-2,4-decadienal	25152-84-5	152.236	---	---	489.51	2	25	0.8410	1	---	1.5130	1	---	---
20459	C10H16O	1-decalone, cis and trans	4832-16-0	152.236	---	---	489.51	2	25	0.9860	1	---	1.4920	1	---	---
20460	C10H16O	(+)-dihydrocarvone	5524-05-0	152.236	---	---	360.65	1	25	0.9250	1	---	---	---	---	---
20461	C10H16O	(+)-dihydrocarvone	7764-50-3	152.236	---	---	489.51	2	25	0.9260	1	---	1.4720	1	---	---
20462	C10H16O	D-fenchone	4695-62-9	152.236	279.25	1	466.55	1	23	0.9454	2	---	1.4620	1	liquid	1
20463	C10H16O	(1R)-(-)-fenchone	7787-20-4	152.236	278.15	1	466.15	1	25	0.9480	1	---	1.4620	1	liquid	1
20464	C10H16O	(+)-limonene oxide	1195-92-2	152.236	---	---	489.51	2	25	0.9250	1	---	1.4660	1	---	---
20465	C10H16O	(-)-limonene oxide	---	152.236	---	---	489.51	2	25	0.9200	1	---	1.4664	1	---	---
20466	C10H16O	p-menth-1-en-3-one	89-81-6	152.236	298.15	1	506.15	1	25	0.9260	1	---	---	---	---	---
20467	C10H16O	(1R)-(-)-myrtenol	19894-97-4	152.236	---	---	494.65	1	25	0.9540	1	---	1.4960	1	---	---
20468	C10H16O	(-)-myrtenol	515-00-4	152.236	---	---	494.65	1	25	0.9820	1	---	1.4965	1	---	---
20469	C10H16O	(R)-(+)-perillyl alcohol	57717-97-2	152.236	---	---	489.51	2	25	0.9580	1	---	1.5010	1	---	---
20470	C10H16O	a-pinene oxide	1686-14-2	152.236	---	---	489.51	2	25	0.9640	1	---	1.4690	1	---	---
20471	C10H16O	(-)-a-pinene oxide	19894-99-6	152.236	---	---	489.51	2	25	0.9600	1	---	1.4690	1	---	---
20472	C10H16O	(+)-b-pinene oxide	6931-54-0	152.236	---	---	489.51	2	25	0.9700	1	---	1.4785	1	---	---
20473	C10H16O	(S)-(-)-pulegone	3391-90-0	152.236	---	---	496.65	1	25	0.9370	1	---	1.4880	1	---	---
20474	C10H16O	thujone	546-80-5	152.236	298.15	1	476.15	1	23	0.9454	2	---	---	---	---	---
20475	C10H16O	(1S)-6,6-dimethylbicyclo[3.1.1]hept-2-ene-	6712-78-3	152.236	---	---	489.51	2	23	0.9454	2	---	---	---	---	---
20476	C10H16O	(S)-3-methyl-6-(1-methylethyl)-2-cyclohexe	6091-50-5	152.236	---	---	489.51	2	23	0.9454	2	---	---	---	---	---
20477	C10H16O	2-pentyl-2-cyclopenten-1-one	25564-22-1	152.236	---	---	489.51	2	23	0.9454	2	---	---	---	---	---
20478	C10H16O	1,3,3-trimethyl-2-norbornanone	1195-79-5	152.236	---	---	597.65	1	23	0.9454	2	---	---	---	---	---
20479	C10H16OSi	benzyloxytrimethylsilane	14642-79-6	180.321	---	---	366.15	2	25	0.9160	1	---	1.4770	1	---	---
20480	C10H16OSi	ethoxydimethyl phenylsilane	1825-58-7	180.321	---	---	366.15	1	---	---	---	---	---	---	---	---

Table 1 Physical Properties - Organic Compounds

				Mol Wt	Freezing Point		Boiling Point		Density			Refractive Index			State	
NO	FORMULA	NAME	CAS No	g/mol	T_F, K	code	T_B, K	code	T, C	g/cm3	code	T, C	n_D	code	@25C,1 atm	code
20481	C10H16O2	9-decynoic acid	1642-49-5	168.230	295.15	1	503.75	2	22	0.9936	2	---	---	---	liquid	2
20482	C10H16O2	ascaridole	512-85-6	168.236	276.45	1	503.75	2	20	1.0103	1	20	1.4769	1	liquid	2
20483	C10H16O2	1,2-cyclodecanedione	96-01-5	168.236	313.65	1	503.75	2	22	0.9936	2	---	---	---	solid	1
20484	C10H16O2	3-cyclohexyl-2-butenoic acid	25229-42-9	168.236	358.65	1	503.75	2	22	0.9936	2	---	---	---	solid	1
20485	C10H16O2	cyclohexyl methacrylate	101-43-9	168.236	---	---	483.15	1	20	0.9626	1	20	1.4578	1	---	---
20486	C10H16O2	trans,trans-2,4-decadienoic acid	30361-33-2	168.236	322.65	1	503.75	2	22	0.9936	2	31	1.5058	1	solid	1
20487	C10H16O2	3,3-dimethyl-delta1,alpha-cyclohexaneacet	6790-47-2	168.236	310.15	1	503.75	2	17	0.9921	1	17	1.4765	1	solid	1
20488	C10H16O2	cis-2,2-dimethyl-3-(2-methyl-1-propenyl)cy	26771-11-9	168.236	314.15	1	503.75	2	22	0.9936	2	---	---	---	solid	1
20489	C10H16O2	3,7-dimethyl-2,4-octadienoic acid	101715-60-0	168.236	---	---	503.75	2	17	0.9590	1	---	1.4919	1	---	---
20490	C10H16O2	3-hydroxycamphor	10373-81-6	168.236	478.65	1	503.75	2	22	0.9936	2	---	---	---	solid	1
20491	C10H16O2	2-hydroxy-3-methyl-6-isopropyl-2-cyclohex	490-03-9	168.236	356.15	1	503.75	2	22	0.9936	2	---	---	---	solid	1
20492	C10H16O2	methyl 2,2,3-trimethyl-1-cyclopentene-1-ca	1460-88-4	168.236	---	---	476.65	1	20	0.9656	1	20	1.4571	1	---	---
20493	C10H16O2	(1R)-chrysanthemolactone	14087-70-8	168.236	354.65	1	503.75	2	22	0.9936	2	---	---	---	solid	1
20494	C10H16O2	(1S)-chrysanthemolactone	14087-71-9	168.236	354.65	1	503.75	2	22	0.9936	2	---	---	---	solid	1
20495	C10H16O2	geranic acid	459-80-3	168.236	---	---	522.65	1	25	0.9700	1	---	1.4860	1	---	---
20496	C10H16O2	(S)-(+)-5-(1-hydroxy-1-methylethyl)-2-meth	60593-11-5	168.236	314.15	1	503.75	2	25	1.0430	1	---	1.5070	1	solid	1
20497	C10H16O2	(1S,2S,5S)-(-)-2-hydroxy-3-pinanone	1845-25-6	168.236	310.15	1	518.15	1	25	1.0590	1	---	---	---	solid	1
20498	C10H16O2	(1R,2R,5R)-(+)-2-hydroxy-3-pinanone	24047-72-1	168.236	311.15	1	518.15	1	25	1.0590	1	---	---	---	solid	1
20499	C10H16O2	3-isobutoxy-2-cyclohexen-1-one	23074-59-1	168.236	---	---	503.75	2	22	0.9936	2	---	1.4890	1	---	---
20500	C10H16O2	methyl 2-nonynoate	111-80-8	168.236	---	---	503.75	2	25	0.9150	1	---	1.4480	1	---	---
20501	C10H16O2	ethyl 2-octynate	10519-20-7	168.236	---	---	503.75	2	22	0.9936	2	---	---	---	---	---
20502	C10H16O2	chrysanthemic acid	10453-89-1	168.236	---	---	503.75	2	22	0.9936	2	---	---	---	---	---
20503	C10H16O2	2,4-hexadienyl butyrate	16930-93-1	168.236	---	---	503.75	2	22	0.9936	2	---	---	---	---	---
20504	C10H16O2	2,4-hexadienyl isobutyrate	16491-24-0	168.236	---	---	503.75	2	22	0.9936	2	---	---	---	---	---
20505	C10H16O2	limonene dioxide	96-08-2	168.236	---	---	503.75	2	22	0.9936	2	---	---	---	---	---
20506	C10H16O2	endo-2-norbornanecarboxylic acid ethyl es	61242-71-5	168.236	---	---	503.75	2	22	0.9936	2	---	---	---	---	---
20507	C10H16O3	dihydro-5,5-dimethyl-4-(3-oxobutyl)-2(3H)-	4436-81-1	184.235	---	---	390.15	2	25	1.0272	2	---	---	---	---	---
20508	C10H16O3	pinonic acid	61826-55-9	184.235	378.65	1	390.15	2	25	1.0272	2	---	---	---	solid	1
20509	C10H16O3	cyclohexyl 3-oxobutanoate	6947-02-0	184.235	---	---	390.15	2	25	1.0272	2	---	---	---	---	---
20510	C10H16O3	1,2,4,5,9,10-triepoxydecane	52338-90-6	184.235	---	---	390.15	1	25	1.0272	2	---	---	---	---	---
20511	C10H16O4	camphoric acid, trans-(±)-	560-08-7	200.235	468.15	1	491.15	2	25	1.2490	1	---	---	---	solid	1
20512	C10H16O4	diethyl 2-allylmalonate	2049-80-1	200.235	---	---	495.65	1	20	1.0098	1	20	1.4305	1	---	---
20513	C10H16O4	diethyl 1,1-cyclobutanedicarboxylate	3779-29-1	200.235	---	---	497.15	1	20	1.0456	1	26	1.4330	1	---	---
20514	C10H16O4	diethyl isopropylidenemalonate	6802-75-1	200.235	---	---	449.65	1	18	1.0282	1	17	1.4486	1	---	---
20515	C10H16O4	diisopropyl fumarate	7283-70-7	200.235	274.25	1	553.15	1	21	1.0828	2	---	---	---	liquid	1
20516	C10H16O4	dimethyl cis-1,3-cyclohexanedicarboxylate	6998-82-9	200.235	---	---	536.15	1	20	1.0997	1	20	1.4568	1	---	---
20517	C10H16O4	dimethyl cis-1,4-cyclohexanedicarboxylate	3399-21-1	200.235	287.15	1	491.15	2	20	1.1112	1	---	---	---	liquid	2
20518	C10H16O4	dimethyl trans-1,3-cyclohexanedicarboxyla	10021-92-8	200.235	---	---	491.15	2	20	1.1095	1	25	1.4577	1	---	---
20519	C10H16O4	dimethyl 2,2-dimethyl-1,3-cyclobutanedica	91057-79-3	200.235	---	---	502.15	1	14	1.0700	1	17	1.4459	1	---	---
20520	C10H16O4	dipropyl fumarate	14595-35-8	200.235	---	---	491.15	2	20	1.0129	1	20	1.4435	1	---	---
20521	C10H16O4	dipropyl maleate	2432-63-5	200.235	---	---	521.00	2	20	1.0245	1	20	1.4434	1	---	---
20522	C10H16O4	cis-1,2,2-trimethyl-1,3-cyclopentanedicarb	124-83-4	200.235	462.25	1	491.15	2	20	1.1860	1	---	---	---	solid	1
20523	C10H16O4	1,1-cyclohexanediacetic acid	4355-11-7	200.235	456.15	1	491.15	2	21	1.0828	2	---	---	---	solid	1
20524	C10H16O4	1,4-cyclohexanedione bis(ethylene ketal)	183-97-1	200.235	351.55	1	491.15	2	21	1.0828	2	---	---	---	solid	1
20525	C10H16O4	dimethyl trans-1,4-cyclohexanedicarboxyla	3399-22-2	200.235	341.65	1	491.15	2	21	1.0828	2	---	---	---	solid	1
20526	C10H16O4	dimethyl cyclohexane-1,4-dicarboxylate; (c	94-60-0	200.235	343.15	1	539.15	1	25	1.1110	1	---	1.4580	1	solid	1
20527	C10H16O4	ethyl 4-acetyl-5-oxohexanoate	2832-10-2	200.235	---	---	491.15	2	25	1.0670	1	---	1.4570	1	---	---
20528	C10H16O4	ethyl (S)-(+)-3-(2,2-dimethyl-1,3-dioxolan-4	64520-58-7	200.235	---	---	491.15	2	25	1.0350	1	---	1.4500	1	---	---
20529	C10H16O4	3,3,6,6-tetramethoxy-1,4-cyclohexadiene	15791-03-4	200.235	319.65	1	491.15	2	21	1.0828	2	---	---	---	solid	1
20530	C10H16O4	2-butenedioic acid (Z)-, bis(1-methylethyl)	10099-70-4	200.235	243.00	1	491.15	2	21	1.0828	2	---	---	---	liquid	2
20531	C10H16O4S	camphorsulfonic acid, (1S)	3144-16-9	232.301	468.15	dec	---	---	25	1.1584	2	---	---	---	solid	1
20532	C10H16O4S	(1R)-(-)-camphorsulfonic acid	35963-20-3	232.301	471.15	1	---	---	25	1.1584	2	---	---	---	solid	1
20533	C10H16O4S	(±)-camphor-10-sulfonic acid (b)	5872-08-2	232.301	473.65	1	---	---	25	1.1584	2	---	---	---	solid	1
20534	C10H16O5	diethyl 2-acetylsuccinate	1115-30-6	216.234	---	---	528.15	1	20	1.0810	1	20	1.4346	1	---	---
20535	C10H16O5	diethyl (ethoxymethylene)malonate	87-13-8	216.234	---	---	553.15	dec	25	1.1346	2	20	1.4600	1	---	---
20536	C10H16O6	triethyl methanetricarboxylate	6279-86-3	232.233	302.15	1	526.15	1	16	1.1084	1	20	1.4243	1	solid	1
20537	C10H16O6	2,3-bis(2,3-epoxypropoxy)-1,4-dioxane	10043-09-1	232.233	---	---	526.15	2	25	1.1837	2	---	---	---	---	---
20538	C10H16O6	di(2-methoxyethyl) maleate	10232-93-6	232.233	---	---	526.15	2	25	1.1837	2	---	---	---	---	---
20539	C10H16O6P2	1,2-bis(dimethoxyphosphoryl)benzene	15104-46-8	294.181	354.65	1	---	---	---	---	---	---	---	---	solid	1
20540	C10H16S	3-hexylthiophene	1693-86-3	168.303	---	---	502.15	2	25	0.9360	1	---	1.4960	1	---	---
20541	C10H16S	(1R)-(-)-thiocamphor	53402-10-1	168.303	410.15	1	502.15	1	25	0.9452	2	---	---	---	solid	1
20542	C10H16SSi	trimethyl(phenylthiomethyl)silane	17873-08-4	196.388	---	---	---	---	25	0.9670	1	---	1.5390	1	---	---
20543	C10H16SeSi	trimethyl(phenylselenomethyl)silane	56253-60-2	243.282	---	---	---	---	25	1.1760	1	---	1.5520	1	---	---
20544	C10H16Si	trimethylbenzylsilane	770-09-2	164.322	---	---	463.65	1	20	0.8933	1	20	1.4941	1	---	---
20545	C10H16Si	trimethyl(4-methylphenyl)silane	3728-43-6	164.322	311.15	1	465.15	1	20	0.8666	1	20	1.4900	1	solid	1
20546	C10H16Si	dimethylphenethylsilane	17873-13-1	164.322	---	---	464.40	2	25	0.8690	1	---	1.4940	1	---	---
20547	C10H16Si	2,7-dimethyl-5-silaspiro[4.4]nona-2,7-diene	54767-28-1	164.322	---	---	464.40	2	25	0.9390	1	---	1.5100	1	---	---
20548	C10H17AgO2	silver cyclohexanebutyrate	62638-04-4	277.110	527.15	1	---	---	---	---	---	---	---	---	solid	1
20549	C10H17BF4N4O3	O-[(ethoxycarbonyl)cyanomethylenamino]-	136849-72-4	328.076	418.15	1	---	---	---	---	---	---	---	---	solid	1
20550	C10H17Br	trans-1-bromo-3,7-dimethyl-2,6-octadiene	6138-90-5	217.149	---	---	---	---	22	1.0940	1	20	1.5027	1	---	---
20551	C10H17Cl	bornyl chloride	464-41-5	172.697	405.15	1	480.65	1	23	0.9866	2	---	---	---	solid	1
20552	C10H17Cl	2-chlorodecahydronaphthalene	5597-81-9	172.697	---	---	480.40	2	20	1.0421	1	20	1.5020	1	---	---
20553	C10H17Cl	2-chlorobornane	6120-13-4	172.697	405.95	1	480.15	1	23	0.9866	2	---	---	---	solid	1
20554	C10H17Cl	geranyl chloride	5389-87-7	172.697	---	---	480.40	2	25	0.9310	1	---	1.4810	1	---	---
20555	C10H17ClO4	diethyl (3-chloropropyl)malonate	18719-43-2	236.695	---	---	---	---	25	1.1453	2	20	1.4429	1	---	---
20556	C10H17Cl2NOS	diallate	2303-16-4	270.222	---	---	---	---	25	1.1913	2	---	---	---	---	---
20557	C10H17N	tricyclo[3.3.1.13,7]decan-1-amine	768-94-5	151.252	453.15	1	---	---	25	0.8832	2	---	---	---	solid	1
20558	C10H17N	1-pyrrolidino-1-cyclohexene	1125-99-1	151.252	---	---	---	---	25	0.9400	1	---	1.5220	1	---	---
20559	C10H17N	3-methyl-2(3)-nonenenitrile	53153-66-5	151.252	---	---	---	---	25	0.8832	2	---	---	---	---	---
20560	C10H17NO	camphor, (-), oxime	36065-15-3	167.251	391.15	1	525.15	dec	116	1.0100	1	---	---	---	solid	1

Table 1 Physical Properties - Organic Compounds

				Mol Wt	Freezing Point		Boiling Point		Density			Refractive Index			State	
NO	FORMULA	NAME	CAS No	g/mol	T_F, K	code	T_B, K	code	T, C	g/cm3	code	T, C	n_D	code	@25C,1 atm	code
20561	C10H17NO	1-cyclohexyl-2-pyrrolidone	6837-24-7	167.251	356.65	1	497.65	2	25	1.0070	1	---	1.4980	1	solid	1
20562	C10H17NO	1-morpholinocyclohexene	670-80-4	167.251	---	---	392.65	1	25	0.9950	1	---	1.5150	1	---	---
20563	C10H17NO	8-allyl-(±)-1a-H,5a-H-northropan-3a-ol	22235-85-4	167.251	---	---	575.15	1	55	1.0040	2	---	---	---	---	---
20564	C10H17NO	1-(4-ethoxy-2-butynyl)pyrrolidine	3921-98-0	167.251	---	---	497.65	2	55	1.0040	2	---	---	---	---	---
20565	C10H17NO2	(3R-cis)-(-)-3-isopropyl-7a-methyltetrahydr	123808-97-9	183.251	---	---	---	---	25	1.0042	2	---	---	---	---	---
20566	C10H17NO2	(3S-cis)-(+)-tetrahydro-3-isopropyl-7a-metl	98203-44-2	183.251	---	---	---	---	25	1.0270	1	---	1.4730	1	---	---
20567	C10H17NO2	dimerin	125-64-4	183.251	---	---	---	---	25	1.0042	2	---	---	---	---	---
20568	C10H17NO2S	(2S)-bornane-10,2-sultam	108448-77-7	215.317	456.15	1	---	---	25	1.0872	2	---	---	---	solid	1
20569	C10H17NO2S	(2R)-bornane-10,2-sultam	94594-90-8	215.317	456.15	1	---	---	25	1.0872	2	---	---	---	solid	1
20570	C10H17NO3	boc-L-prolinal	69610-41-9	199.250	---	---	484.15	1	25	1.0630	1	---	1.4620	1	---	---
20571	C10H17NO3	N-(tert-butoxycarbonyl)-D-prolinal	73365-02-3	199.250	---	---	501.15	1	25	1.0590	1	---	1.4610	1	---	---
20572	C10H17NO3	N-(tert-butoxycarbonyl)-4-piperidone	79099-07-3	199.250	348.15	1	492.65	2	25	1.0610	2	---	---	---	solid	1
20573	C10H17NO4	(R)-N-boc-allylglycine	170899-08-8	215.250	---	---	---	---	25	1.1111	2	---	---	---	---	---
20574	C10H17NO4	(S)-N-boc-allylglycine	90600-20-7	215.250	---	---	---	---	25	1.1111	2	---	---	---	---	---
20575	C10H17NO4	boc-L-proline	15761-39-4	215.250	407.65	1	---	---	25	1.1111	2	---	---	---	solid	1
20576	C10H17NO4	boc-D-proline	37784-17-1	215.250	407.15	1	---	---	25	1.1111	2	---	---	---	solid	1
20577	C10H17NO5	N,N-bis(acetoxyethyl)acetamide	5338-18-1	231.249	---	---	345.55	1	25	1.1601	2	---	---	---	---	---
20578	C10H17NO5S	diethylammonium-2,5-dihydroxybenzene si	2624-44-4	263.315	398.15	1	332.75	1	25	1.2253	2	---	---	---	solid	1
20579	C10H17NO6	N,N-bis(ethoxycarbonyl)glycine, ethyl este	127665-32-1	247.248	309.65	1	---	---	25	1.2064	2	---	---	---	solid	1
20580	C10H17NO6	2-(beta-D-glucopyranosyloxy)-2-methylpro	554-35-8	247.248	418.15	1	---	---	25	1.2064	2	---	---	---	solid	1
20581	C10H17NO6	boc-L-glutamic acid	2419-94-5	247.248	384.65	1	---	---	25	1.2064	2	---	---	---	solid	1
20582	C10H17N2OS	3-(isothiocyanatomethyl)-proxyl, free radic	78140-52-0	213.324	---	---	---	---	25	1.0846	2	---	---	---	---	---
20583	C10H17N2OS	4-isothiocyanato-tempo, free radical	36410-81-8	213.324	402.15	1	---	---	25	1.0846	2	---	---	---	solid	1
20584	C10H17N2O2PS2	S-(4,6-dimethyl-2-pyrimidinyl)-O,O-diethyl	333-40-4	292.364	---	---	---	---	---	---	---	---	---	---	---	---
20585	C10H17N2O4PS	etrimfos	38260-54-7	292.297	271.45	1	---	---	20	1.1950	1	---	---	---	---	---
20586	C10H17N2O14P3	2'-deoxythymidine-5'-triphosphate	18423-43-3	482.173	>273.15	1	---	---	---	---	---	---	---	---	---	---
20587	C10H17N3	4-cyclohexyl-3-ethyl-4H-1,2,4-triazole	4671-03-8	179.266	362.65	1	---	---	25	0.9973	2	---	---	---	solid	1
20588	C10H17N3O2	dimethyl-5-(1-isopropyl-3-methylpyrazolyl)(	119-38-0	211.265	---	---	---	---	25	1.1062	2	---	---	---	---	---
20589	C10H17N3O2	isouron	55861-78-4	211.265	---	---	---	---	25	1.1062	2	---	---	---	---	---
20590	C10H17N3O6S	L-glutathione	70-18-8	307.328	468.15	1	---	---	25	1.3420	2	---	---	---	solid	1
20591	C10H17N7O4	saxitoxin hydrate	35523-89-8	299.292	---	---	356.15	1	25	1.3653	2	---	---	---	---	---
20592	C10H17N7OS	mononitrosocimetidine	77893-24-4	283.359	---	---	342.65	1	25	1.3003	2	---	---	---	---	---
20593	C10H18	1-decyne	764-93-2	138.253	229.16	1	447.16	1	25	0.7620	1	25	1.4249	1	liquid	1
20594	C10H18	2-decyne	2384-70-5	138.253	308.06	2	457.75	1	22	0.8102	2	---	---	---	solid	2
20595	C10H18	3-decyne	2384-85-2	138.253	308.06	2	452.45	1	25	0.7619	1	20	1.4315	1	solid	2
20596	C10H18	4-decyne	2384-86-3	138.253	261.36	2	443.65	2	17	0.7720	1	17	1.4360	1	liquid	2
20597	C10H18	5-decyne	1942-46-7	138.253	200.15	1	450.15	1	20	0.7690	1	20	1.4331	1	liquid	1
20598	C10H18	2,2-dimethyl-3-octyne	19482-57-6	138.253	261.36	2	443.65	2	20	0.7491	1	20	1.4270	1	liquid	2
20599	C10H18	8-methyl-4-nonyne	70732-43-3	138.253	261.36	2	443.65	2	20	0.7681	1	20	1.4311	1	liquid	2
20600	C10H18	5-ethyl-5-methyl-3-heptyne	61228-10-2	138.253	261.36	2	443.65	2	20	0.7714	1	20	1.4386	1	liquid	2
20601	C10H18	cis-decahydronaphthalene	493-01-6	138.253	230.20	1	468.97	1	25	0.8940	1	25	1.4788	1	liquid	1
20602	C10H18	trans-decahydronaphthalene	493-02-7	138.253	242.79	1	460.46	1	25	0.8680	1	25	1.4674	1	liquid	1
20603	C10H18	1-pentylcyclopentene	4291-98-9	138.253	190.15	1	452.15	1	25	0.8085	1	25	1.4494	1	liquid	1
20604	C10H18	1,5-dimethyl-4-isopropylcyclopentene	6912-05-6	138.253	190.15	2	436.15	1	22	0.8085	1	22	1.4503	1	liquid	1
20605	C10H18	1,1'-bicyclopentyl	1636-39-1	138.253	---	---	443.65	2	22	0.8102	2	---	---	---	---	---
20606	C10H18	cis-cyclodecene	935-31-9	138.253	---	---	468.15	1	20	0.8760	1	20	1.4854	1	---	---
20607	C10H18	trans-cyclodecene	2198-20-1	138.253	---	---	471.15	1	20	0.8672	1	20	1.4822	1	---	---
20608	C10H18	1,3-decadiene	2051-25-4	138.253	203.55	2	442.15	1	30	0.7520	1	---	---	---	liquid	1
20609	C10H18	1,9-decadiene	1647-16-1	138.253	203.55	2	440.15	1	25	0.7500	1	20	1.4325	1	liquid	1
20610	C10H18	2,6-dimethyl-2,5-octadiene	116668-48-5	138.253	203.55	2	443.65	2	20	0.7730	1	20	1.4500	1	liquid	2
20611	C10H18	2,7-dimethyl-2,6-octadiene	16736-42-8	138.253	198.75	1	439.15	1	20	0.7849	1	20	1.4481	1	liquid	1
20612	C10H18	3,6-dimethyl-2,6-octadiene	116668-49-6	138.253	203.55	2	427.15	1	20	0.7767	1	20	1.4445	1	liquid	1
20613	C10H18	3,7-dimethyl-2,4-octadiene	56523-26-3	138.253	203.55	2	438.65	1	20	0.7933	1	20	1.4560	1	liquid	1
20614	C10H18	4,5-dimethyl-2,6-octadiene	18476-57-8	138.253	208.35	1	426.65	1	25	0.7611	1	25	1.4375	1	liquid	1
20615	C10H18	cis-2,6-dimethyl-2,6-octadiene	2492-22-0	138.253	203.55	2	441.15	1	21	0.7750	1	20	1.4498	1	liquid	1
20616	C10H18	p-menth-3-ene, (S)-(-)	22564-83-6	138.253	---	---	440.15	1	19	0.8099	1	20	1.4511	1	---	---
20617	C10H18	4-methyl-1-isopropylbicyclo[3.1.0]hexane	471-12-5	138.253	---	---	430.15	1	20	0.8139	1	20	1.4376	1	---	---
20618	C10H18	1,3,3-trimethylbicyclo[2.2.1]heptane, (+)	116435-30-4	138.253	---	---	424.15	1	20	0.8345	1	20	1.4471	1	---	---
20619	C10H18	1,7,7-trimethylbicyclo[2.2.1]heptane	464-15-3	138.253	---	---	434.15	1	22	0.8102	2	---	---	---	---	---
20620	C10H18	2,2,3-trimethylbicyclo[2.2.1]heptane	473-19-8	138.253	335.65	1	439.15	1	67	0.8276	1	---	---	---	solid	1
20621	C10H18	2,6,6-trimethylbicyclo[3.1.1]heptane, (1alpl	112456-46-9	138.253	---	---	437.65	1	20	0.8551	1	20	1.4609	1	---	---
20622	C10H18	2,6,6-trimethylbicyclo[3.1.1]heptane, [1R-(	4795-86-2	138.253	220.15	1	442.15	1	20	0.8560	1	20	1.4629	1	liquid	1
20623	C10H18	3,7,7-trimethylbicyclo[4.1.0]heptane, [1S-(	2778-68-9	138.253	---	---	442.15	1	20	0.8410	1	---	1.4569	1	---	---
20624	C10H18	3,7,7-trimethylbicyclo[4.1.0]heptane, [1S-(	6069-97-2	138.253	---	---	442.15	1	20	0.8410	1	---	1.4560	1	---	---
20625	C10H18	1-methyl-4-isopropylcyclohexene	5502-88-5	138.253	181.60	2	447.65	1	15	0.8457	1	20	1.4735	1	liquid	1
20626	C10H18	1-methyl-4-isopropylcyclohexene, (R)	1195-31-9	138.253	181.60	2	446.15	1	18	0.8246	1	18	1.4563	1	liquid	1
20627	C10H18	4-methyl-1-isopropylcyclohexene, (R)	619-52-3	138.253	181.60	2	440.65	1	20	0.8078	1	15	1.4503	1	liquid	1
20628	C10H18	trans-3-methyl-6-isopropylcyclohexene, (3l	5113-93-9	138.253	181.60	2	440.15	1	20	0.8102	1	20	1.4610	1	liquid	1
20629	C10H18	1-methyl-3-(1-methylethylidene)cyclohexar	13828-34-7	138.253	---	---	447.15	1	20	0.8214	1	20	1.4670	1	---	---
20630	C10H18	1-methyl-4-(1-methylethylidene)cyclohexar	1124-27-2	138.253	---	---	446.15	1	21	0.8190	1	21	1.4568	1	---	---
20631	C10H18	1-methyl-3-(1-methylvinyl)cyclohexane	16605-36-0	138.253	---	---	443.15	1	20	0.8178	1	---	1.4546	1	---	---
20632	C10H18	pinane	473-55-2	138.253	---	---	442.15	1	21	0.8467	1	21	1.4605	1	---	---
20633	C10H18	thujane, (1S,4R,5S)-(+)	7712-66-5	138.253	---	---	430.15	1	20	0.8139	1	20	1.4376	1	---	---
20634	C10H18	1,4,4-trimethyl-1-cycloheptene	4755-36-6	138.253	---	---	440.15	1	20	0.8185	1	20	1.4561	1	---	---
20635	C10H18	1-tert-butyl-1-cyclohexene	3419-66-7	138.253	181.60	2	440.65	1	25	0.8300	1	---	1.4610	1	liquid	1
20636	C10H18	decahydronaphthalene; (cis+trans)	91-17-8	138.253	242.59	2	446.40	1	25	0.8930	1	---	1.4750	1	liquid	1
20637	C10H18	3,7-dimethyl-1,6-octadiene	2436-90-0	138.253	203.55	2	429.60	1	25	0.7570	1	---	---	---	liquid	1
20638	C10H18	4-methyl-1-(1-methylethyl)cyclohexene	500-00-5	138.253	181.60	2	440.00	1	22	0.8102	2	---	---	---	liquid	1
20639	C10H18	spiro(4-5)decane	176-63-6	138.253	---	---	458.00	1	22	0.8102	2	---	---	---	---	---
20640	C10H18	o-1-menthene	11028-39-0	138.253	---	---	443.65	2	22	0.8102	2	---	---	---	---	---

Table 1 Physical Properties - Organic Compounds

				Mol Wt	Freezing Point		Boiling Point		Density			Refractive Index			State	
NO	FORMULA	NAME	CAS No	g/mol	T_F, K	code	T_B, K	code	T, C	g/cm3	code	T, C	n_D	code	@25C,1 atm	code
20641	C10H18BN	(N,N-diethylaniline)trihydroboron	13289-97-9	163.071	244.75	1	---	---	25	0.9170	1	---	---	---	---	---
20642	C10H18BrNO4S	D(+)-a-bromocamphor-p-sulfonic acid amm	14575-84-9	328.228	557.65	1	---	---	25	1.4048	2	---	---	---	solid	1
20643	C10H18BrNO4S	L(-)-a-bromocamphor-p-sulfonic acid, amm	55870-50-3	328.228	560.65	1	---	---	25	1.4048	2	---	---	---	solid	1
20644	C10H18ClHgNO2	chloro(2-(3-methoxypropionamido)cyclohe:	73926-89-3	420.301	---	---	349.45	1	---	---	---	---	---	---	---	---
20645	C10H18ClN	1-adamantanamine hydrochloride	665-66-7	187.712	---	---	---	---	25	0.9728	2	---	---	---	---	---
20646	C10H18ClN3O2	1-(2-chloroethyl)-3-(4-methylcyclohexyl)-1-	13909-09-6	247.725	337.15	dec	---	---	25	1.1648	2	---	---	---	solid	1
20647	C10H18ClN3O2	trans-1-(2-chloroethyl)-3-(3-methylcyclohe:	61137-63-1	247.725	---	---	---	---	25	1.1648	2	---	---	---	---	---
20648	C10H18Cl2N2	N,N,N',N'-tetramethyl-p-phenyl-p-phenylen	637-01-4	237.172	496.15	1	---	---	25	1.1062	2	---	---	---	solid	1
20649	C10H18Cl2N6O4	1,1'-tetramethylenebis(3-(2-chloroethyl)-3-(	60784-43-2	357.198	---	---	349.15	1	25	1.4071	2	---	---	---	---	---
20650	C10H18Cl2N6O4S2	N,N'-bis((2-chloroethyl)-N-nitrosocarbamoy	77469-44-4	421.330	---	---	---	---	25	1.4785	2	---	---	---	---	---
20651	C10H18F3O6P	3,3,3-trifluorolactic acid methyl ester dipro	108698-12-0	322.219	---	---	---	---	---	---	---	---	---	---	---	---
20652	C10H18F6O6S2Si	di-tert-butylsilyl bis(trifluoromethanesulfona	85272-31-7	440.457	---	---	---	---	25	1.2080	1	---	---	---	---	---
20653	C10H18IN2O2	3-(2-iodoacetamido)-proxyl, free radical	27048-01-7	325.170	435.65	1	---	---	25	1.4794	2	---	---	---	solid	1
20654	C10H18N2Na2O10	disodium ethylenediamine tetraacetate dih	6381-92-6	372.240	515.15	dec	---	---	---	---	---	---	---	---	solid	1
20655	C10H18N2O2	diepoxypiperazine	---	198.266	---	---	---	---	25	1.0367	2	---	---	---	---	---
20656	C10H18N2O3	desthiobiotin	533-48-2	214.265	430.15	1	---	---	25	1.0884	2	---	---	---	solid	1
20657	C10H18N2O4	diethyl 1,4-piperazinedicarboxylate	5470-28-0	230.265	320.15	1	588.15	1	25	1.1372	2	---	---	---	solid	1
20658	C10H18N2O4	ethyl N-butyl-N-nitrososuccinamate	---	230.265	---	---	572.15	1	25	1.1372	2	---	---	---	---	---
20659	C10H18N2O5	Na-boc-L-glutamine	13726-85-7	246.264	388.65	1	575.15	2	25	1.1834	2	---	---	---	solid	1
20660	C10H18N2O5	Na-boc-D-glutamine	61348-28-5	246.264	---	---	575.15	2	25	1.1834	2	---	---	---	---	---
20661	C10H18N2O5	N-(2-methoxycarbonylethyl)-N-(1-acetoxyb	79448-03-6	246.264	---	---	575.15	1	25	1.1834	2	---	---	---	---	---
20662	C10H18N2O5	N-nitrosobis(2-acetoxypropyl)amine	60414-81-5	246.264	---	---	575.15	2	25	1.1834	2	---	---	---	---	---
20663	C10H18N2O7	N-(2-hydroxyethyl)ethylenediaminetriacetic	150-39-0	278.263	486.15	1	---	---	25	1.2687	2	---	---	---	solid	1
20664	C10H18N4O	2-amino-4-diethylaminoethoxypyrimidine	102207-75-0	210.280	---	---	---	---	25	1.0832	2	---	---	---	---	---
20665	C10H18N4O2	N,N'-tetramethylenebis(1-aziridinecarboxar	6611-01-4	226.280	---	---	---	---	25	1.1329	2	---	---	---	---	---
20666	C10H18N4O2S	1-amino-3-(2,2-dimethylpropyl)-6-(ethylthic	78168-93-1	258.346	---	---	---	---	25	1.1999	2	---	---	---	---	---
20667	C10H18N4O4S3	thiodicarb	59669-26-0	354.477	446.15	1	---	---	20	1.4000	1	---	---	---	solid	1
20668	C10H18N4O5	L-argininosuccinic acid	2387-71-5	274.278	---	---	---	---	25	1.2664	2	---	---	---	---	---
20669	C10H18N4S8Zn2	bis(dimethylcarbamodithioato)((1,2-ethane	60605-72-3	581.589	---	---	---	---	---	---	---	---	---	---	---	---
20670	C10H18O	[1,1'-bicyclopentyl]-2-ol	4884-25-7	154.252	293.15	1	508.65	1	15	0.9785	1	17	1.4884	1	liquid	1
20671	C10H18O	6,6-dimethylbicyclo[3.1.1]heptane-2-metha	51152-12-6	154.252	---	---	480.98	2	25	0.9720	1	20	1.4890	1	---	---
20672	C10H18O	4-methyl-1-isopropylbicyclo[3.1.0]hexan-3-	513-23-5	154.252	---	---	482.15	1	20	0.9210	1	25	1.4621	1	---	---
20673	C10H18O	1,3,3-trimethylbicyclo[2.2.1]heptan-2-ol, (1	512-13-0	154.252	321.15	1	480.98	2	84	0.9034	1	---	---	---	solid	1
20674	C10H18O	1,3,3-trimethylbicyclo[2.2.1]heptan-2-ol, en	36386-49-9	154.252	312.15	1	472.65	1	40	0.9420	1	---	---	---	solid	1
20675	C10H18O	1,7,7-trimethylbicyclo[2.2.1]heptan-2-ol, ex	24393-70-2	154.252	485.15	1	---	---	20	1.1000	1	---	---	---	solid	1
20676	C10H18O	4,6,6-trimethylbicyclo[3.1.1]heptan-2-ol, [1	515-88-8	154.252	331.15	1	491.15	1	20	0.9400	1	20	1.4702	1	solid	1
20677	C10H18O	borneol, (±)	6627-72-1	154.252	481.15	1	---	---	20	1.0110	1	---	---	---	solid	1
20678	C10H18O	2-butylcyclohexanone	1126-18-7	154.252	300.33	2	481.15	1	20	0.9060	1	20	1.4545	1	solid	2
20679	C10H18O	4-isobutylcyclohexanone	42061-72-3	154.252	300.33	2	491.15	1	24	0.8914	1	24	1.4502	1	solid	2
20680	C10H18O	cis-5-methyl-2-isopropylcyclohexanone, (2	1196-31-2	154.252	300.33	2	477.15	1	20	0.8947	1	20	1.4503	1	solid	2
20681	C10H18O	trans-2-methyl-5-isopropylcyclohexanone,	13163-73-0	154.252	300.33	2	493.15	1	20	0.9040	1	20	1.4553	1	solid	2
20682	C10H18O	trans-5-methyl-2-isopropylcyclohexanone,	14073-97-3	154.252	267.15	1	480.15	1	20	0.8954	1	20	1.4505	1	liquid	1
20683	C10H18O	cyclodecanone	1502-06-3	154.252	301.15	1	480.98	2	20	0.9654	1	20	1.4806	1	solid	1
20684	C10H18O	1-cyclohexyl-1-butanone	1462-27-7	154.252	---	---	480.98	2	20	0.9030	1	20	1.4537	1	---	---
20685	C10H18O	2,2,6-trimethylcycloheptanone	1686-41-5	154.252	---	---	464.15	1	14	0.8780	1	16	1.4421	1	---	---
20686	C10H18O	2,6,6-trimethylcycloheptanone	4436-59-3	154.252	---	---	481.65	1	18	0.9095	1	18	1.4568	1	---	---
20687	C10H18O	decahydro-2-naphthalenol	825-51-4	154.252	---	---	480.98	2	25	0.9960	1	20	1.4992	1	---	---
20688	C10H18O	2-decenal	3913-71-1	154.252	---	---	503.15	1	17	0.8450	1	17	1.4533	1	---	---
20689	C10H18O	3-decenal	58474-80-9	154.252	---	---	480.98	2	15	0.8500	1	15	1.4462	1	---	---
20690	C10H18O	3,7-dimethyl-6-octenal	106-23-0	154.252	---	---	480.98	2	20	0.8500	1	---	---	---	---	---
20691	C10H18O	3-decen-2-one	10519-33-2	154.252	---	---	480.98	2	20	0.8473	1	20	1.4480	1	---	---
20692	C10H18O	3-ethyl-4-methyl-3-hepten-2-one	54244-90-5	154.252	---	---	463.15	1	20	0.8559	1	20	1.4535	1	---	---
20693	C10H18O	3-ethyl-4-methyl-4-hepten-2-one	53252-08-7	154.252	---	---	480.98	2	20	0.8450	1	20	1.4405	1	---	---
20694	C10H18O	4-ethyl-6-methyl-5-hepten-2-one	104035-66-7	154.252	---	---	480.98	2	20	0.8430	1	20	1.4546	1	---	---
20695	C10H18O	5-ethyl-4-methyl-4-hepten-3-one	22319-28-4	154.252	---	---	480.98	2	10	0.8622	1	19	1.4545	1	---	---
20696	C10H18O	5-ethyl-4-methyl-5-hepten-3-one	74764-56-0	154.252	347.65	1	480.98	2	21	0.8564	1	21	1.4452	1	solid	1
20697	C10H18O	6-methyl-5-nonen-4-one	7036-98-8	154.252	---	---	468.15	1	20	0.8608	1	20	1.4518	1	---	---
20698	C10H18O	6-methyl-6-nonen-4-one	53252-20-3	154.252	---	---	480.98	2	21	0.8413	1	21	1.4429	1	---	---
20699	C10H18O	2,2-dimethyl-3-(2-methyl-1-propenyl)cyclop	5617-92-5	154.252	---	---	480.98	2	25	0.8880	1	20	1.4757	1	---	---
20700	C10H18O	3-methyl-6-isopropyl-2-cyclohexen-1-ol	491-04-3	154.252	---	---	480.98	2	25	0.9119	1	25	1.4729	1	---	---
20701	C10H18O	4-methyl-1-isopropyl-3-cyclohexen-1-ol	562-74-3	154.252	---	---	482.15	1	20	0.9260	1	19	1.4785	1	---	---
20702	C10H18O	6-methyl-3-isopropyl-2-cyclohexen-1-ol	586-27-6	154.252	---	---	493.15	1	22	0.9250	1	---	1.4790	1	---	---
20703	C10H18O	2,4,4-trimethyl-1-cyclohexene-1-methanol	103985-40-6	154.252	---	---	480.98	2	20	0.9153	1	20	1.4814	1	---	---
20704	C10H18O	2,6,6-trimethyl-1-cyclohexene-1-methanol	472-20-8	154.252	316.65	1	480.98	2	19	0.9450	1	19	1.4870	1	solid	1
20705	C10H18O	2,6,6-trimethyl-2-cyclohexene-1-methanol	6627-74-3	154.252	---	---	488.15	1	20	0.9382	1	20	1.4843	1	---	---
20706	C10H18O	cis-3,7-dimethyl-2,6-octadien-1-ol	106-25-2	154.252	---	---	498.15	1	20	0.8756	1	20	1.4746	1	---	---
20707	C10H18O	eucalyptol	470-82-6	154.252	273.95	1	449.55	1	20	0.9267	1	20	1.4586	1	liquid	1
20708	C10H18O	trans-geraniol	106-24-1	154.252	<258	1	503.15	1	20	0.8894	1	20	1.4766	1	liquid	1
20709	C10H18O	linalol	22564-99-4	154.252	---	---	471.15	1	15	0.8700	1	---	1.4627	1	---	---
20710	C10H18O	1-methyl-4-isopropyl-7-oxabicyclo[2.2.1]he	470-67-7	154.252	274.15	1	446.65	1	20	0.8997	1	20	1.4562	1	liquid	1
20711	C10H18O	1-methyl-4-(1-methylvinyl)cyclohexanol	138-87-4	154.252	305.65	1	483.15	1	20	0.9170	1	20	1.4747	1	solid	1
20712	C10H18O	2-methyl-5-(1-methylvinyl)cyclohexanol, [1	22567-21-1	154.252	---	---	498.15	1	20	0.9274	1	20	1.4780	1	---	---
20713	C10H18O	5-methyl-2-(1-methylvinyl)cyclohexanol, [1	89-79-2	154.252	351.15	1	480.98	2	20	0.9110	1	20	1.4723	1	solid	1
20714	C10H18O	alpha-terpineol	10482-56-1	154.252	313.65	1	493.15	1	20	0.9337	1	20	1.4831	1	solid	1
20715	C10H18O	borneol	507-70-0	154.252	476.10	1	485.80	1	25	1.0100	1	---	---	---	solid	1
20716	C10H18O	2-tert-butylcyclohexanone	1728-46-7	154.252	311.70	1	480.98	2	25	0.8930	1	---	1.4570	1	solid	1
20717	C10H18O	4-tert-butylcyclohexanone	98-53-3	154.252	322.15	1	480.98	2	23	0.9060	2	---	---	---	solid	1
20718	C10H18O	chrysanthemyl alcohol	18383-59-0	154.252	---	---	480.98	2	25	0.8800	1	---	---	---	---	---
20719	C10H18O	(R)-(+)-citronellal	2385-77-5	154.252	298.15	1	480.60	1	25	0.8510	1	---	1.4480	1	---	---
20720	C10H18O	(S)-(-)-citronellal	5949-05-3	154.252	---	---	358.15	1	25	0.8510	1	---	1.4460	1	---	---

Table 1 Physical Properties - Organic Compounds

				Mol Wt	Freezing Point		Boiling Point		Density			Refractive Index			State	
NO	FORMULA	NAME	CAS No	g/mol	T_F, K	code	T_B, K	code	T, C	g/cm3	code	T, C	n_D	code	@25C,1 atm	code
20721	C10H18O	2,4-decadien-1-ol	14507-02-9	154.252	---	---	480.98	2	23	0.9060	2	---	---	---	---	---
20722	C10H18O	cis-decahydro-1-naphthol	529-32-8	154.252	363.65	1	511.15	1	23	0.9060	2	---	---	---	solid	1
20723	C10H18O	cis-4-decenal	21662-09-9	154.252	---	---	480.98	2	25	0.8520	1	---	1.4430	1	---	---
20724	C10H18O	3-decyn-1-ol	51721-39-2	154.252	---	---	480.98	2	25	0.8770	1	---	1.4590	1	---	---
20725	C10H18O	dihydrocarveol	619-01-2	154.252	---	---	497.65	1	25	0.9230	1	---	1.4790	1	---	---
20726	C10H18O	[(1S)-endo]-(-)-borneol	464-45-9	154.252	479.15	1	484.85	1	23	0.9060	2	---	---	---	solid	1
20727	C10H18O	(1R)-endo-(+)-fenchyl alcohol	2217-02-9	154.252	315.15	1	474.15	1	23	0.9060	2	---	---	---	solid	1
20728	C10H18O	(R)-(+)-1,2-epoxy-9-decene	137310-67-9	154.252	---	---	480.98	2	25	0.8600	1	---	---	---	---	---
20729	C10H18O	1,2-epoxy-9-decene	85721-25-1	154.252	298.15	1	485.15	1	25	0.8420	1	---	1.4420	1	---	---
20730	C10H18O	grandisol	26532-22-9	154.252	298.15	1	480.98	2	23	0.9060	2	---	---	---	---	---
20731	C10H18O	DL-isoborneol	124-76-5	154.252	484.15	1	---	---	23	0.9060	2	---	---	---	solid	1
20732	C10H18O	(1R,2R,3R,5S)-(-)-isopinocampheol	25465-65-0	154.252	325.15	1	492.15	1	23	0.9060	2	---	---	---	solid	1
20733	C10H18O	(1S,2S,3S,5R)-(+)-isopinocampheol	27779-29-9	154.252	325.15	1	492.15	1	23	0.9060	2	---	---	---	solid	1
20734	C10H18O	(+)-isopulegol	104870-56-6	154.252	---	---	480.98	2	25	0.9120	1	---	1.4710	1	---	---
20735	C10H18O	(±)-linalool	78-70-6	154.252	298.15	1	470.15	1	25	0.8640	1	---	1.4620	1	---	---
20736	C10H18O	p-menthan-3-one	10458-14-7	154.252	374.20	1	480.95	1	25	0.8900	1	---	1.4510	1	solid	1
20737	C10H18O	p-menth-1-ene-9-ol	13835-75-1	154.252	---	---	480.98	2	25	0.9410	1	---	---	---	---	---
20738	C10H18O	(+)-p-menth-1-en-9-ol, isomers	18479-68-0	154.252	---	---	480.98	2	25	0.9410	1	---	1.4860	1	---	---
20739	C10H18O	menthone	89-80-5	154.252	---	---	483.15	1	25	0.8915	1	---	1.4500	1	---	---
20740	C10H18O	2-(4-methyl-cyclohex-3-enyl)-propan-2-ol	2438-12-2	154.252	313.65	1	493.15	1	23	0.9060	2	---	---	---	solid	1
20741	C10H18O	(1S,2S,5S)-(-)-myrtanol	53369-17-8	154.252	---	---	480.98	2	25	0.9660	1	---	1.4890	1	---	---
20742	C10H18O	(-)-terpinen-4-ol	20126-76-5	154.252	---	---	480.98	2	25	0.9330	1	---	1.4790	1	---	---
20743	C10H18O	(+)-terpinen-4-ol	2438-10-0	154.252	---	---	480.98	2	25	0.9320	1	---	1.4790	1	---	---
20744	C10H18O	a-terpineol	98-55-5	154.252	309.65	1	492.95	1	25	0.9350	1	---	---	---	solid	1
20745	C10H18O	2,2,6,6-tetramethylcyclohexanone	1195-93-3	154.252	300.33	2	480.98	2	23	0.9060	2	---	1.4480	1	solid	2
20746	C10H18O	3,3,5,5-tetramethylcyclohexanone	14376-79-5	154.252	300.33	2	474.65	1	25	0.8810	1	---	1.4510	1	solid	2
20747	C10H18O	4-ethyl-1-octyn-3-ol	5877-42-9	154.252	---	---	480.98	2	23	0.9060	2	---	---	---	---	---
20748	C10H18O	1,3,3-trimethylbicyclo[2.2.1]heptan-2-ol	1632-73-1	154.252	316.90	1	480.98	2	23	0.9060	2	---	---	---	solid	1
20749	C10H18O	cyclopentyl ether	10137-73-2	154.252	---	---	480.98	2	23	0.9060	2	---	---	---	---	---
20750	C10H18O	2,6-dimethyl-5,7-octadien-2-ol	5986-38-9	154.252	---	---	480.98	2	23	0.9060	2	---	---	---	---	---
20751	C10H18O	(E)-3-ethyl-2,2-dimethylcyclobutyl methyl k	67465-27-4	154.252	---	---	480.98	2	23	0.9060	2	---	---	---	---	---
20752	C10H18O	(Z)-3-ethyl-2,2-dimethylcyclobutyl methyl k	4951-97-7	154.252	---	---	480.98	2	23	0.9060	2	---	---	---	---	---
20753	C10H18O	isodihydrolavandulyl aldehyde	35158-25-9	154.252	---	---	480.98	2	23	0.9060	2	---	---	---	---	---
20754	C10H18O	isomenthone	491-07-6	154.252	---	---	480.98	2	23	0.9060	2	---	---	---	---	---
20755	C10H18O	isotrimethyltetrahydro benzyl alcohol	72812-40-9	154.252	---	---	480.98	2	23	0.9060	2	---	---	---	---	---
20756	C10H18O	p-linalool	126-91-0	154.252	---	---	480.98	2	23	0.9060	2	---	---	---	---	---
20757	C10H18O	p-menthan-3-one racemic	1074-95-9	154.252	---	---	480.98	2	23	0.9060	2	---	---	---	---	---
20758	C10H18O	p-menth-8-en-3-ol	7786-67-6	154.252	---	---	480.98	2	23	0.9060	2	---	---	---	---	---
20759	C10H18O	2-methyl-6-methylene-7-octen-2-ol	543-39-5	154.252	---	---	480.98	2	23	0.9060	2	---	---	---	---	---
20760	C10H18O	2-(1-methylpropyl)cyclohexanone	14765-30-1	154.252	300.33	2	480.98	2	23	0.9060	2	---	---	---	solid	2
20761	C10H18O	cis-2-pinanol	4948-28-1	154.252	---	---	480.98	2	23	0.9060	2	---	---	---	---	---
20762	C10H18O	rose oxide levo	16409-43-1	154.252	---	---	480.98	2	23	0.9060	2	---	---	---	---	---
20763	C10H18O	terpineol	8006-39-1	154.252	---	---	480.98	2	23	0.9060	2	---	---	---	---	---
20764	C10H18O	3,3,5-trimethylcyclohexanecarboxaldehyde	1845-38-1	154.252	---	---	480.98	2	23	0.9060	2	---	---	---	---	---
20765	C10H18OS	8-mercaptomenthone, isomers	38462-22-5	186.318	---	---	544.15	1	25	1.0000	1	---	1.4960	1	---	---
20766	C10H18OSi2	1,3-dimethyltetravinyldisiloxane	16045-78-6	210.422	---	---	---	---	25	0.8520	1	---	1.4410	1	---	---
20767	C10H18O2	cyclohexyl butanoate	1551-44-6	170.252	---	---	486.15	1	25	0.9572	1	---	---	---	---	---
20768	C10H18O2	cyclohexyl 2-methylpropanoate	1129-47-1	170.252	---	---	477.15	1	25	0.9489	1	---	---	---	---	---
20769	C10H18O2	2-decenoic acid	3913-85-7	170.252	285.15	1	540.00	2	18	0.9280	1	20	1.4616	1	liquid	2
20770	C10H18O2	3-decenoic acid	15469-77-9	170.252	291.15	1	540.00	2	15	0.9140	1	18	1.4510	1	liquid	2
20771	C10H18O2	4-decenoic acid	26303-90-2	170.252	291.98	2	540.00	2	20	0.9197	1	20	1.4497	1	liquid	2
20772	C10H18O2	9-decenoic acid	14436-32-9	170.252	299.65	1	540.00	2	15	0.9238	1	15	1.4507	1	solid	1
20773	C10H18O2	ethyl cycloheptanecarboxylate	32777-26-7	170.252	---	---	486.24	2	20	0.9515	1	20	1.4482	1	---	---
20774	C10H18O2	propyl cyclohexanecarboxylate	6739-34-0	170.252	---	---	488.65	1	15	0.9530	1	15	1.4486	1	---	---
20775	C10H18O2	ethyl cyclohexylacetate	5452-75-5	170.252	---	---	484.15	1	14	0.9537	1	14	1.4510	1	---	---
20776	C10H18O2	hexyl methacrylate	142-09-6	170.252	---	---	435.15	1	25	0.8800	1	25	1.4290	1	---	---
20777	C10H18O2	2-hydroxycyclodecanone	96-00-4	170.252	311.65	1	486.24	2	22	0.9293	2	---	---	---	solid	1
20778	C10H18O2	2-methyl-5-isopropylcyclopentanecarboxyli	528-23-4	170.252	255.15	1	486.24	2	20	0.9642	1	24	1.4524	1	liquid	2
20779	C10H18O2	1,2,2,3-tetramethylcyclopentanecarboxylic	464-88-0	170.252	379.15	1	527.15	1	22	0.9293	2	---	---	---	solid	1
20780	C10H18O2	2,2,5,5-tetramethyl-3,4-hexanedione	4388-88-9	170.252	272.15	1	442.15	1	20	0.8776	1	20	1.4157	1	liquid	1
20781	C10H18O2	allyl heptylate	142-19-8	170.252	---	---	483.15	1	25	0.8800	1	---	1.4260	1	---	---
20782	C10H18O2	(R)-(+)-citronellic acid	18951-85-4	170.252	---	---	486.24	2	25	0.9260	1	---	1.4540	1	---	---
20783	C10H18O2	citronellic acid	502-47-6	170.252	---	---	486.24	2	25	0.9270	1	---	1.4520	1	---	---
20784	C10H18O2	cyclohexanebutyric acid	4441-63-8	170.252	302.15	1	486.24	2	22	0.9293	2	---	---	---	solid	1
20785	C10H18O2	1,4-cyclohexanedimethanol vinyl ether	114651-37-5	170.252	285.15	1	535.15	1	25	0.9860	1	---	1.4820	1	liquid	1
20786	C10H18O2	g-decalactone	706-14-9	170.252	---	---	486.24	2	25	0.9540	1	---	1.4490	1	---	---
20787	C10H18O2	(±)-5-decanolide	705-86-2	170.252	246.25	1	486.24	2	25	0.9540	1	---	1.4580	1	liquid	2
20788	C10H18O2	trans-2-decenoic acid	334-49-6	170.252	291.98	2	540.00	2	25	0.9250	1	---	1.4620	1	liquid	2
20789	C10H18O2	(R,R)-(+)-1,2,9,10-diepoxydecane	144741-95-7	170.252	---	---	486.24	2	25	0.9600	1	---	---	---	---	---
20790	C10H18O2	3,6-dimethyl-4-octyn-3,6-diol	78-66-0	170.252	406.65	1	486.24	2	22	0.9293	2	---	---	---	solid	1
20791	C10H18O2	1,6-hexanediol divinyl ether	19763-13-4	170.252	---	---	478.15	1	25	0.8870	1	---	1.4460	1	---	---
20792	C10H18O2	trans-p-menth-6-ene-2,8-diol	32226-54-3	170.252	404.15	1	543.65	1	22	0.9293	2	---	---	---	solid	1
20793	C10H18O2	(1S,2S,3R,5S)-(+)-2,3-pinanediol	18680-27-8	170.252	328.15	1	486.24	2	22	0.9293	2	---	---	---	solid	1
20794	C10H18O2	(1R,2R,3S,5R)-(-)-pinanediol	22422-34-0	170.252	330.15	1	486.24	2	22	0.9293	2	---	---	---	solid	1
20795	C10H18O2	vinyl 2-ethylhexanoate	94-04-2	170.252	183.25	1	454.25	1	25	0.8750	1	---	1.4260	1	liquid	1
20796	C10H18O2	cyclohexaneethanol, acetate	21722-83-8	170.252	---	---	486.24	2	22	0.9293	2	---	---	---	---	---
20797	C10H18O2	7-butyl-2-oxepanone	5579-78-2	170.252	---	---	486.24	2	22	0.9293	2	---	---	---	---	---
20798	C10H18O2	1,2,9,10-diepoxydecane	24854-67-9	170.252	---	---	486.24	2	22	0.9293	2	---	---	---	---	---
20799	C10H18O2	diepoxydihydromyrcene	63869-17-0	170.252	---	---	486.24	2	22	0.9293	2	---	---	---	---	---
20800	C10H18O2	heptyl acrylate	2499-58-3	170.252	183.25	2	486.24	2	22	0.9293	2	---	---	---	liquid	2

Table 1 Physical Properties - Organic Compounds

				Mol Wt	Freezing Point		Boiling Point		Density			Refractive Index			State	
NO	FORMULA	NAME	CAS No	g/mol	T_F, K	code	T_B, K	code	T, C	g/cm3	code	T, C	n_D	code	@25C,1 atm	code
20801	C10H18O2	3-hexenyl isobutyrate	57859-47-9	170.252	183.25	2	486.24	2	22	0.9293	2	---	---	---	liquid	2
20802	C10H18O2	cis-3-hexenyl isobutyrate	41519-23-7	170.252	183.25	2	486.24	2	22	0.9293	2	---	---	---	liquid	2
20803	C10H18O2	hexyl-2-butenoate	19089-92-0	170.252	183.25	2	486.24	2	22	0.9293	2	---	---	---	liquid	2
20804	C10H18O2	linalool oxide	60047-17-8	170.252	---	---	486.24	2	22	0.9293	2	---	---	---	---	---
20805	C10H18O2	methyl nonylenate	111-79-5	170.252	183.25	2	486.24	2	22	0.9293	2	---	---	---	liquid	2
20806	C10H18O2	1-octen-3-ol acetate	2442-10-6	170.252	183.25	2	486.24	2	22	0.9293	2	---	---	---	liquid	2
20807	C10H18O2S4	butylxanthic disulfide	105-77-1	298.516	---	---	---	---	25	1.2184	2	---	---	---	---	---
20808	C10H18O3	ethyl 2-acetylhexanoate	1540-29-0	186.251	---	---	494.65	1	20	0.9523	1	20	1.4301	1	---	---
20809	C10H18O3	ethyl 2,2-diethylacetoacetate	1619-57-4	186.251	---	---	489.15	1	18	0.9717	1	17	1.4326	1	---	---
20810	C10H18O3	alpha-ethyl-1-hydroxycyclohexaneacetic a	512-16-3	186.251	354.65	1	462.94	2	18	1.0010	1	18	1.4680	1	solid	1
20811	C10H18O3	1,3,3,4,6,6-hexamethyl-2,5,7-trioxabicyclo[	7045-89-8	186.251	---	---	439.15	1	17	0.9702	1	---	---	---	---	---
20812	C10H18O3	3-methylbutanoic anhydride	1468-39-9	186.251	---	---	488.15	1	20	0.9327	1	20	1.4043	1	---	---
20813	C10H18O3	pentanoic anhydride	2082-59-9	186.251	217.05	1	500.15	1	20	0.9240	1	26	1.4171	1	liquid	1
20814	C10H18O3	2-butoxyethyl methacrylate	13532-94-0	186.251	---	---	363.15	1	25	0.9390	1	---	1.4340	1	---	---
20815	C10H18O3	(S)-(+)-2-methylbutyric anhydride	84131-91-9	186.251	---	---	462.94	2	25	0.9340	1	---	1.4180	1	---	---
20816	C10H18O3	pivalic anhydride	1538-75-6	186.251	---	---	466.15	1	25	0.9140	1	---	1.4090	1	---	---
20817	C10H18O3	2-(tetrahydrofurfuryloxy)tetrahydropyran	710-14-5	186.251	---	---	462.94	2	25	1.0300	1	---	1.4613	1	---	---
20818	C10H18O3	3-hydroxy-2,2,5,5-tetramethyltetrahydro-3-	24282-51-7	186.251	---	---	462.94	2	21	0.9569	2	---	---	---	---	---
20819	C10H18O3S	3-(acetylthio)hexyl acetate	136954-25-1	218.317	---	---	---	---	25	1.0706	2	---	---	---	---	---
20820	C10H18O4	sebacic acid	111-20-6	202.251	407.65	1	642.09	1	20	1.2705	1	113	1.4220	1	solid	1
20821	C10H18O4	1,4-butanediol diglycidyl ether	2425-79-8	202.251	---	---	539.15	1	25	1.1000	1	20	1.4611	1	---	---
20822	C10H18O4	dibutyl oxalate	2050-60-4	202.251	242.65	1	514.15	1	20	0.9873	1	20	1.4234	1	liquid	1
20823	C10H18O4	diethyl adipate	141-28-6	202.251	253.35	1	518.15	1	20	1.0076	1	20	1.4272	1	liquid	1
20824	C10H18O4	diethyl isopropylmalonate	759-36-4	202.251	---	---	488.15	1	20	0.9961	1	21	1.4188	1	---	---
20825	C10H18O4	diethyl 2-propylmalonate	2163-48-6	202.251	---	---	494.15	1	20	0.9890	1	20	1.4197	1	---	---
20826	C10H18O4	diisobutyl oxalate	2050-61-5	202.251	---	---	502.15	1	20	0.9737	1	20	1.4180	1	---	---
20827	C10H18O4	dimethyl octanedioate	1732-09-8	202.251	271.55	1	541.15	1	20	1.0217	1	20	1.4341	1	liquid	1
20828	C10H18O4	dipropyl succinate	925-15-5	202.251	267.25	1	523.95	1	20	1.0020	1	20	1.4250	1	liquid	1
20829	C10H18O4	ethylene glycol dibutanoate	105-72-6	202.251	193.15	1	513.15	1	20	1.0005	1	20	1.4262	1	liquid	1
20830	C10H18O4	3-methylnonanedioic acid	76078-85-8	202.251	317.15	1	537.22	2	21	1.0308	2	19	1.4670	1	solid	1
20831	C10H18O4	mono-methyl azelate	2104-19-0	202.251	296.15	1	537.22	2	21	1.0308	2	---	1.4470	1	liquid	2
20832	C10H18O4	3-tert-butyl adipic acid	10347-88-3	202.251	388.65	1	537.22	2	21	1.0308	2	---	---	---	solid	1
20833	C10H18O4	tri(ethylene glycol) divinyl ether	765-12-8	202.251	---	---	537.22	2	25	0.9900	1	---	1.4530	1	---	---
20834	C10H18O4	di-2-methylbutyryl peroxide	1607-30-3	202.251	---	---	633.15	1	21	1.0308	2	---	---	---	---	---
20835	C10H18O4	ethylene glycol bis(2,3-epoxy-2-methylprop	3775-85-7	202.251	---	---	537.22	2	21	1.0308	2	---	---	---	---	---
20836	C10H18O4	hexylene glycol diacetate	1637-24-7	202.251	---	---	537.22	2	21	1.0308	2	---	---	---	---	---
20837	C10H18O4S	diethyl thiodipropionate	673-79-0	234.317	---	---	---	---	20	1.1034	1	20	1.4655	1	---	---
20838	C10H18O5	di-tert-butyl dicarbonate	24424-99-5	218.250	296.15	1	509.90	2	25	0.9500	1	---	1.4090	1	liquid	2
20839	C10H18O5	diisopropyl (R)-(+)-malate	83540-97-0	218.250	---	---	510.15	1	25	1.0550	1	---	1.4300	1	---	---
20840	C10H18O5	diisopropyl (S)-(-)-malate	83541-68-8	218.250	---	---	509.65	1	25	1.0550	1	---	1.4300	1	---	---
20841	C10H18O5	diethylene glycol diglycidyl ether	4206-61-5	218.250	---	---	509.90	2	25	1.0200	2	---	---	---	---	---
20842	C10H18O6	diisopropyl tartrate, (±)	58167-01-4	234.249	307.15	1	548.15	1	20	1.1166	1	---	---	---	solid	1
20843	C10H18O6	dipropyl tartrate, (+)	2217-14-3	234.249	---	---	576.15	1	20	1.1390	1	---	---	---	---	---
20844	C10H18O6	triethylene glycol diacetate	111-21-7	234.249	223.15	1	559.15	1	20	1.1153	1	---	---	---	liquid	1
20845	C10H18O6	(-)-diisopropyl D-tartrate	62961-64-2	234.249	---	---	548.15	1	25	1.1030	1	---	1.4390	1	---	---
20846	C10H18O6	(+)-diisopropyl l-tartrate	2217-15-4	234.249	---	---	548.15	1	25	1.1140	1	---	1.4390	1	---	---
20847	C10H18O6	butyl peroxydicarbonate	16215-49-9	234.249	---	---	555.95	2	22	1.1176	2	---	---	---	---	---
20848	C10H18O6	sec-butyl peroxydicarbonate	19910-65-7	234.249	---	---	555.95	2	22	1.1176	2	---	---	---	---	---
20849	C10H18O6	di-tert-butyl diperoxyoxalate	14666-77-4	234.249	---	---	555.95	2	22	1.1176	2	---	---	---	---	---
20850	C10H18Pb	2-buten-1-ynyl triethyl lead	---	345.453	---	---	---	---	---	---	---	---	---	---	---	---
20851	C10H18Pt	dimethyl(1,5-cyclooctadiene)platinum(ii)	12266-92-1	333.331	376.15	1	---	---	---	---	---	---	---	---	solid	1
20852	C10H18Si	methyltriallylsilane	1112-91-0	166.338	---	---	368.15	1	---	---	---	---	1.4671	1	---	---
20853	C10H18Si2	1,2-bis(dimethylsilyl)benzene	17985-72-7	194.423	---	---	---	---	25	0.8980	1	---	1.5140	1	---	---
20854	C10H18Si2	1,4-bis(trimethylsilyl)-1,3-butadiyne	4526-07-2	194.423	384.15	1	---	---	---	---	---	---	---	---	solid	1
20855	C10H18Si2	1,4-phenylenebis(dimethylsilane)	2488-01-9	194.423	---	---	---	---	---	---	---	---	---	---	---	---
20856	C10H19Br	cis-1-bromo-1-decene	66291-72-3	219.165	256.68	2	498.15	1	25	1.0730	1	25	1.4610	1	liquid	1
20857	C10H19Br	trans-1-bromo-1-decene	66291-73-4	219.165	256.68	2	498.15	1	25	1.0730	1	25	1.4610	1	liquid	1
20858	C10H19Br	1-bromo-2-decene	14304-30-4	219.165	256.68	2	498.15	2	25	1.0688	1	18	1.4716	1	liquid	2
20859	C10H19Br	2-bromo-1-decene	3017-67-2	219.165	256.68	2	498.15	2	20	1.0844	1	20	1.4629	1	liquid	2
20860	C10H19Br	1-bromo-4-methyl-1-isopropylcyclohexane	116836-10-3	219.165	---	---	498.15	2	20	1.1650	1	20	1.4872	1	---	---
20861	C10H19Br	(R)-(-)-citronellyl bromide	10340-84-8	219.165	---	---	498.15	2	25	1.1100	1	---	1.4740	1	---	---
20862	C10H19Br	(S)-(+)-citronellyl bromide	143615-81-0	219.165	---	---	498.15	2	25	1.1100	1	---	1.4740	1	---	---
20863	C10H19BrN	4-bromo-1,2,2,6,6-pentamethylpiperidine	63867-64-1	233.172	---	---	---	---	25	1.1652	2	---	---	---	---	---
20864	C10H19BrO2	2-bromodecanoic acid	2623-95-2	251.164	275.15	1	---	---	24	1.1912	1	24	1.4595	1	---	---
20865	C10H19BrO2	ethyl 2-bromocaprylate	5445-29-4	251.164	---	---	---	---	25	1.1670	1	---	1.4520	1	---	---
20866	C10H19BrO2	10-bromodecanoic acid	50530-12-6	251.164	315.00	1	---	---	25	1.1791	2	---	---	---	solid	1
20867	C10H19Br3	1,1,1-tribromodecane	62127-67-7	378.973	383.78	2	585.15	1	25	1.6088	2	---	---	---	solid	2
20868	C10H19Cl	cis-1-chloro-1-decene	66291-47-2	174.713	226.80	2	496.15	1	25	0.8810	1	25	1.4420	1	liquid	1
20869	C10H19Cl	trans-1-chloro-1-decene	66291-48-3	174.713	226.80	2	496.15	1	25	0.8810	1	25	1.4420	1	liquid	1
20870	C10H19Cl	(1R)-(-)-menthyl chloride	16052-42-9	174.713	255.00	1	496.15	2	25	0.9360	1	---	1.4630	1	liquid	2
20871	C10H19ClNO5P	phosphamidon	13171-21-6	299.691	228.25	1	435.15	1	25	1.2100	1	---	1.4720	1	liquid	1
20872	C10H19ClNO5P	trans-phosphamidon	297-99-4	299.691	---	---	435.15	2	---	---	---	---	---	---	---	---
20873	C10H19ClO	decanoyl chloride	112-13-0	190.713	238.65	1	368.15	1	25	0.9190	1	20	1.4410	1	liquid	1
20874	C10H19ClO2	4-(chloromethyl)-2-methyl-2-pentyl-1,3-dio	36236-73-4	206.712	---	---	---	---	25	1.0111	2	---	---	---	---	---
20875	C10H19ClSi	chloro[2-(3-cyclohexen-1-yl)ethyl]dimethyls	5089-25-8	202.798	---	---	---	---	25	0.9560	1	---	1.4740	1	---	---
20876	C10H19Cl3	1,1,1-trichlorodecane	62108-56-9	245.618	294.14	2	535.15	1	25	1.0620	1	25	1.4590	1	liquid	1
20877	C10H19F	cis-1-fluoro-1-decene	66291-49-4	158.259	229.03	2	431.63	2	25	0.8280	1	25	1.4370	1	liquid	2
20878	C10H19F	trans-1-fluoro-1-decene	66291-50-7	158.259	229.03	2	431.63	2	25	0.8280	1	25	1.4370	1	liquid	2
20879	C10H19FO2	10-fluorodecanoic acid	334-59-8	190.258	322.15	1	380.15	2	25	0.9651	2	---	---	---	solid	1
20880	C10H19FO2	ethyl-8-fluoro octanoate	332-97-8	190.258	---	---	380.15	2	25	0.9651	2	---	---	---	---	---

Table 1 Physical Properties - Organic Compounds

				Mol Wt	Freezing Point		Boiling Point		Density			Refractive Index			State	
NO	FORMULA	NAME	CAS No	g/mol	T_F, K	code	T_B, K	code	T, C	g/cm3	code	T, C	n_D	code	@25C,1 atm	code
20881	C10H19FO2	fluoroacetic acid (2-ethylhexyl) ester	331-87-3	190.258	---	---	380.15	1	25	0.9651	2	---	---	---	---	---
20882	C10H19F3	1,1,1-trifluorodecane	26288-16-4	196.256	300.83	2	442.15	1	25	0.9542	2	---	---	---	solid	2
20883	C10H19I	cis-1-iodo-1-decene	66291-51-8	266.165	254.94	2	523.15	1	25	1.2550	1	25	1.4880	1	liquid	1
20884	C10H19I	trans-1-iodo-1-decene	66291-52-9	266.165	254.94	2	523.15	1	25	1.2550	1	25	1.4880	1	liquid	1
20885	C10H19I3	1,1,1-triiododecane	---	519.974	378.56	2	704.39	2	25	1.9872	2	---	---	---	solid	2
20886	C10H19N	decanenitrile	1975-78-6	153.268	258.65	1	516.15	1	25	0.8160	1	25	1.4275	1	liquid	1
20887	C10H19N	bornylamine	32511-34-5	153.268	436.15	1	488.05	2	23	0.8913	2	---	---	---	solid	1
20888	C10H19N	alpha-camphylamine	54131-44-1	153.268	---	---	468.15	1	20	0.8688	1	18	1.4728	1	---	---
20889	C10H19N	decahydro-1-naphthalenamine	7250-95-5	153.268	286.65	1	500.75	1	21	0.9508	1	---	---	---	liquid	1
20890	C10H19N	cis-myrtanylamine, (-)	73522-42-6	153.268	---	---	488.05	2	19	0.9327	1	20	1.4877	1	---	---
20891	C10H19N	neobornylamine	2223-67-8	153.268	457.15	1	488.05	2	23	0.8913	2	---	---	---	solid	1
20892	C10H19N	geranylamine	6246-48-6	153.268	---	---	488.05	2	25	0.8290	1	---	1.4760	1	---	---
20893	C10H19N	(1S,2S,3S,5R)-(+)-isopinocampheylamine	13293-47-5	153.268	---	---	488.05	2	25	0.9090	1	---	1.4810	1	---	---
20894	C10H19N	(1R,2R,3R,5S)-(-)-isopinocampheylamine	69460-11-3	153.268	---	---	488.05	2	25	0.9090	1	---	1.4800	1	---	---
20895	C10H19N	(-)-cis-myrtanylamine	38235-68-6	153.268	---	---	488.05	2	25	0.9150	1	---	1.4880	1	---	---
20896	C10H19N	1,3,3-trimethyl-6-azabicyclo[3.2.1]octane	53460-46-1	153.268	366.15	1	467.15	1	23	0.8913	2	---	---	---	solid	1
20897	C10H19NO	trans-octahydro-2H-quinolizine-1-methano	486-70-4	169.267	343.15	1	543.15	1	25	0.9106	2	---	---	---	solid	1
20898	C10H19NO2	N-tert-butylaminoethyl methacrylate	3775-90-4	185.267	---	---	490.15	2	25	0.9424	2	---	---	---	---	---
20899	C10H19NO2	ethyl 1-piperidinepropanoate	19653-33-9	185.267	---	---	490.15	1	25	0.9627	1	25	1.4525	1	---	---
20900	C10H19NO2	2-(diethylamino)ethyl methacrylate	105-16-8	185.267	207.55	1	490.15	2	25	0.9220	1	---	1.4440	1	liquid	2
20901	C10H19NO3	N-tert-butoxycarbonyl-L-prolinol	69610-40-8	201.266	334.15	1	---	---	25	1.0210	2	---	---	---	solid	1
20902	C10H19NO3Si	(4R)-N-(tert-butyldimethylsilyl)azetidin-2-or	162856-35-1	229.351	412.15	1	---	---	---	---	---	---	---	---	solid	1
20903	C10H19NO3Si	(4S)-N-(tert-butyldimethylsilyl)azetidin-2-or	82938-50-9	229.351	409.15	1	---	---	---	---	---	---	---	---	solid	1
20904	C10H19NO4	boc-5-ava-oh	27219-07-4	217.265	321.15	1	---	---	25	1.0717	2	---	---	---	solid	1
20905	C10H19NO4	boc-L-norvaline	53308-95-5	217.265	318.15	1	---	---	25	1.0717	2	---	---	---	solid	1
20906	C10H19NO4	boc-L-valine	13734-41-3	217.265	351.65	1	---	---	25	1.0717	2	---	---	---	solid	1
20907	C10H19NO4	boc-D-valine	22838-58-0	217.265	437.65	1	---	---	25	1.0717	2	---	---	---	solid	1
20908	C10H19N2O3	2,2,6,6-tetramethylpiperidine-1-oxyl-4-amir	15871-57-5	215.273	503.15	1	---	---	25	1.0691	2	---	---	---	solid	1
20909	C10H19N2O4PS	phosphorothioic acid S-(((1-cyano-1-methy	3734-95-0	294.312	---	---	428.15	1	---	---	---	---	---	---	---	---
20910	C10H19O4P	diethyl 3-methylcyclopent-1-enylphosphon	---	234.232	---	---	---	---	25	1.1000	1	---	1.4430	1	---	---
20911	C10H19O5P	ethyl 2-(diethoxyphosphinyl)but-2-enoate	20345-62-4	250.232	---	---	408.15	2	25	1.1200	1	---	---	---	---	---
20912	C10H19O5P	triethyl 4-phosphonocrotonate, isomers	10236-14-3	250.232	---	---	408.15	1	25	1.1280	1	---	1.4550	1	---	---
20913	C10H19O6P	2-carboethoxy-1-methylvinyl-diethylphosph	5675-57-0	266.231	---	---	403.65	1	---	---	---	---	---	---	---	---
20914	C10H19N5O	sec-bumeton	26259-45-0	225.295	360.15	1	---	---	25	1.1105	2	---	---	---	solid	1
20915	C10H19N5O	2-methoxy-4,6-bis(isopropylamino)-1,3,5-tr	1610-18-0	225.295	364.48	1	---	---	25	1.1105	2	---	---	---	solid	1
20916	C10H19N5O	2-tert-butylamino-4-ethylamino-6-methoxy-	33693-04-8	225.295	396.65	1	---	---	25	1.1105	2	---	---	---	solid	1
20917	C10H19N5S	prometryn	7287-19-6	241.362	392.15	1	---	---	20	1.1570	1	---	---	---	solid	1
20918	C10H19N5S	terbutryn	886-50-0	241.362	377.15	1	---	---	20	1.1150	1	---	---	---	solid	1
20919	C10H19O6PS2	malathion	121-75-5	330.363	276.00	1	654.00	2	20	1.2076	1	20	1.4960	1	---	---
20920	C10H19O6PS2	isomalathion	3344-12-5	330.363	---	---	---	---	---	---	---	---	---	---	---	---
20921	C10H19O7PS	malaoxon	1634-78-2	314.297	293.15	1	---	---	---	---	---	---	---	---	---	---
20922	C10H20	pentylcyclopentane	3741-00-2	140.269	190.16	1	453.76	1	25	0.7870	1	25	1.4336	1	liquid	1
20923	C10H20	butylcyclohexane	1678-93-9	140.269	198.42	1	454.13	1	25	0.7960	1	25	1.4385	1	liquid	1
20924	C10H20	tert-butylcyclohexane	3178-22-1	140.269	231.95	1	444.65	1	20	0.8127	1	20	1.4469	1	liquid	1
20925	C10H20	sec-butylcyclohexane	7058-01-7	140.269	191.06	2	452.45	1	20	0.8131	1	20	1.4467	1	liquid	1
20926	C10H20	isobutylcyclohexane	1678-98-4	140.269	178.15	1	444.45	1	20	0.7952	1	20	1.4386	1	liquid	1
20927	C10H20	1-methyl-1-propylcyclohexane	4258-93-9	140.269	191.06	2	445.15	1	20	0.8101	1	20	1.4440	1	liquid	1
20928	C10H20	1-methyl-2-propylcyclohexane	4291-79-6	140.269	191.06	2	449.15	1	19	0.8130	1	19	1.4468	1	liquid	1
20929	C10H20	1-methyl-3-propylcyclohexane	4291-80-9	140.269	191.06	2	437.65	1	21	0.7895	1	20	1.4377	1	liquid	1
20930	C10H20	1-methyl-4-propylcyclohexane	4291-81-0	140.269	191.06	2	448.65	1	20	0.7970	1	20	1.4393	1	liquid	1
20931	C10H20	1-methyl-2-isopropylcyclohexane	16580-23-7	140.269	191.06	2	444.15	1	22	0.8134	1	21	1.4470	1	liquid	1
20932	C10H20	1-methyl-3-isopropylcyclohexane	16580-24-8	140.269	191.06	2	439.65	1	20	0.7963	1	24	1.4400	1	liquid	1
20933	C10H20	1-methyl-4-isopropylcyclohexane	99-82-1	140.269	185.55	1	443.85	1	25	0.7970	1	20	1.4373	1	liquid	1
20934	C10H20	cis-1-methyl-4-isopropylcyclohexane	6069-98-3	140.269	183.25	1	445.15	1	20	0.8039	1	20	1.4431	1	liquid	1
20935	C10H20	trans-1-methyl-4-isopropylcyclohexane	1678-82-6	140.269	186.85	1	443.75	1	20	0.7928	1	20	1.4366	1	liquid	1
20936	C10H20	1,1,3,4-tetramethylcyclohexane	24612-75-7	140.269	191.06	2	433.15	1	20	0.7976	1	20	1.4380	1	liquid	1
20937	C10H20	trans-1,1,3,5-tetramethylcyclohexane	50876-31-8	140.269	191.06	2	429.55	1	21	0.7848	2	---	---	---	liquid	1
20938	C10H20	cis-1,1,3,5-tetramethylcyclohexane	50876-32-9	140.269	191.06	2	425.65	1	20	0.7813	1	20	1.4319	1	liquid	1
20939	C10H20	diethylcyclohexane; (mixed isomers)	1331-43-7	140.269	173.25	1	447.15	1	25	0.8040	1	---	---	---	liquid	1
20940	C10H20	1,1,2-trimethylcycloheptane	35099-89-9	140.269	---	---	439.96	2	20	0.8243	1	20	1.4527	1	---	---
20941	C10H20	1,1,4-trimethylcycloheptane	2158-55-6	140.269	---	---	437.15	1	20	0.8063	1	20	1.4420	1	---	---
20942	C10H20	cyclodecane	293-96-9	140.269	284.15	1	475.15	1	25	0.8538	1	25	1.4695	1	liquid	1
20943	C10H20	1-decene	872-05-9	140.269	206.89	1	443.75	1	25	0.7370	1	25	1.4191	1	liquid	1
20944	C10H20	4-decene	19689-18-0	140.269	219.00	2	443.75	1	20	0.7404	1	20	1.4243	1	liquid	1
20945	C10H20	cis-5-decene	7433-78-5	140.269	161.15	1	444.15	1	20	0.7445	1	20	1.4258	1	liquid	1
20946	C10H20	trans-5-decene	7433-56-9	140.269	200.15	1	444.15	1	20	0.7401	1	20	1.4243	1	liquid	1
20947	C10H20	2-methyl-1-nonene	2980-71-4	140.269	208.33	1	441.55	1	25	0.7412	1	25	1.4217	1	liquid	1
20948	C10H20	2-methyl-3-nonene	53966-53-3	140.269	219.00	2	434.15	1	20	0.7340	1	20	1.4202	1	liquid	1
20949	C10H20	5-methyl-4-nonene	15918-07-7	140.269	219.00	2	439.96	2	21	0.7848	2	---	---	---	liquid	2
20950	C10H20	3,7-dimethyl-1-octene	4984-01-4	140.269	219.00	2	427.15	1	20	0.7396	1	20	1.4212	1	liquid	1
20951	C10H20	2,6-dimethyl-2-octene	4057-42-5	140.269	219.00	2	436.15	1	22	0.7460	1	22	1.4250	1	liquid	1
20952	C10H20	4-propyl-3-heptene	4485-13-6	140.269	219.00	2	433.65	1	17	0.7518	1	18	1.4302	1	liquid	1
20953	C10H20	2,4,6-trimethyl-3-heptene, isomer	123434-07-1	140.269	219.00	2	439.96	2	21	0.7848	2	---	---	---	liquid	2
20954	C10H20	2,2,5,5-tetramethylhex-3-ene	22808-06-6	140.269	268.65	1	397.45	1	21	0.7848	2	---	---	---	liquid	1
20955	C10H20	cis-1,2-di-tert-butylethene	692-47-7	140.269	219.00	2	439.96	2	21	0.7848	2	---	---	---	liquid	2
20956	C10H20	(E)-2,2,5,5-tetramethylhex-3-ene	692-48-8	140.269	268.25	1	398.35	1	21	0.7848	2	---	---	---	liquid	1
20957	C10H20BrF	1-bromo-10-fluorodecane	334-61-2	239.171	---	---	---	---	20	1.1520	1	25	1.4512	1	---	---
20958	C10H20Br2	1,1-dibromodecane	59104-80-2	300.077	306.56	2	550.15	1	25	1.3417	2	---	---	---	solid	2
20959	C10H20Br2	1,10-dibromodecane	4101-68-2	300.077	301.15	1	550.15	2	30	1.3350	1	25	1.4927	1	solid	1
20960	C10H20Br2	5,6-dibromodecane	77928-86-0	300.077	303.86	2	550.15	2	20	1.3484	1	20	1.4912	1	solid	2

Table 1 Physical Properties - Organic Compounds

				Mol Wt	Freezing Point		Boiling Point		Density			Refractive Index			State	
NO	FORMULA	NAME	CAS No	g/mol	T_F, K	code	T_B, K	code	T, C	g/cm3	code	T, C	n_D	code	@25C,1 atm	code
20961	C10H20ClF	1-chloro-10-fluorodecane	334-62-3	194.720	---	---	---	---	20	0.9570	1	25	1.4333	1	---	---
20962	C10H20Cl2	1,1-dichlorodecane	3162-62-7	211.174	246.80	2	520.15	1	25	0.9680	1	25	1.4450	1	liquid	1
20963	C10H20Cl2	1,10-dichlorodecane	2162-98-3	211.174	288.75	1	520.15	2	25	0.9945	1	25	1.4586	1	liquid	2
20964	C10H20CdN2S4	bis(diethyldithiocarbamato)cadmium	14239-68-0	408.958	---	---	367.45	1	---	---	---	---	---	---	---	---
20965	C10H20FN	1-fluoro-2-methyl-N,N-bis(1-methylethyl)-1	---	173.274	---	---	---	---	25	0.8901	2	---	1.4240	1	---	---
20966	C10H20F2	1,1-difluorodecane	62127-43-9	178.266	251.26	2	456.15	1	25	0.8900	1	25	1.3900	1	liquid	1
20967	C10H20HgN2S4	bis(diethyldithiocarbamato)mercury	14239-51-1	497.137	401.65	1	361.90	1	---	---	---	---	---	---	solid	1
20968	C10H20I2	1,1-diiododecane	66291-57-4	394.078	303.08	2	614.04	2	25	1.6584	2	---	---	---	solid	2
20969	C10H20I2	1,10-diiododecane	16355-92-3	394.078	304.65	1	614.04	2	25	1.6584	2	---	---	---	solid	1
20970	C10H20NO4PS	propetamphos	31218-83-4	281.313	---	---	---	---	20	1.1294	1	---	---	---	---	---
20971	C10H20NO4PS	isopropyl 3-(((ethylamino)methoxyphosphir	---	281.313	---	---	---	---	---	---	---	---	---	---	---	---
20972	C10H20NO5PS2	mecarbam	2595-54-2	329.379	298.15	1	417.15	1	25	1.2230	1	---	---	---	---	---
20973	C10H20N2	2,3'-bipiperidine	2467-09-6	168.283	341.65	1	542.65	1	25	0.8903	2	---	---	---	solid	1
20974	C10H20N2	1-cyclohexylpiperazine	17766-28-8	168.283	303.15	1	542.65	2	25	0.8903	2	---	1.6011	1	solid	1
20975	C10H20N2	4-piperidinopiperidine	4897-50-1	168.283	337.65	1	542.65	2	25	0.8903	2	---	---	---	solid	1
20976	C10H20N2O	N,N-diethylnipecotamide	3367-95-1	184.282	---	---	392.65	1	25	0.9890	1	---	1.4890	1	---	---
20977	C10H20N2O	1,2,2,5,5-pentamethyl-4-ethyl-3-imidazolin	75491-38-2	184.282	306.15	1	373.15	1	25	0.9468	2	---	---	---	solid	1
20978	C10H20N2O	1-((1,1-dimethylethyl)azo)cyclohexanol	54043-65-1	184.282	---	---	382.90	2	25	0.9468	2	---	---	---	---	---
20979	C10H20N2O2	1,2-bis(N-morpholino)ethane	1723-94-0	200.282	348.15	1	558.15	1	25	1.0001	2	---	---	---	solid	1
20980	C10H20N2O2	1-boc-homopiperazine	112275-50-0	200.282	---	---	558.15	2	25	1.0290	1	---	1.4710	1	---	---
20981	C10H20N2O2	N,N'-hexamethylenebisacetamide	3073-59-4	200.282	401.65	1	558.15	2	25	1.0001	2	---	---	---	solid	1
20982	C10H20N2O3	N-butyl-N-(1-acetoxybutyl)nitrosamine	56986-35-7	216.281	---	---	395.15	2	25	1.0506	2	---	---	---	---	---
20983	C10H20N2O3	4-(butylnitrosamino)butyl acetate	52731-39-2	216.281	---	---	395.15	1	25	1.0506	2	---	---	---	---	---
20984	C10H20N2O4	hexanedioic acid, compound with piperazir	142-88-1	232.280	529.65	1	---	---	25	1.0983	2	---	---	---	solid	1
20985	C10H20N2O4	mebutamate	64-55-1	232.280	351.15	1	---	---	25	1.0983	2	---	---	---	solid	1
20986	C10H20N2S2	dipiperidino disulfide	10220-20-9	232.415	337.35	1	---	---	25	1.0557	2	---	---	---	solid	1
20987	C10H20N2S2	N,N-di-sec-butyl dithiooxamide	26818-53-1	232.415	---	---	---	---	25	1.0557	2	---	---	---	---	---
20988	C10H20N2S3	tetraethylthiodicarbonic diamide	95-05-6	264.481	---	---	---	---	20	1.1200	1	---	---	---	---	---
20989	C10H20N2S4	disulfiram	97-77-8	296.547	344.65	1	---	---	25	1.1801	2	---	---	---	solid	1
20990	C10H20N2S4Zn	zinc diethyldithiocarbamate	14324-55-1	361.937	449.65	1	---	---	25	1.4700	1	---	---	---	solid	1
20991	C10H20N8OP2S	SOAz	77680-87-6	362.338	---	---	---	---	---	---	---	---	---	---	---	---
20992	C10H20O	decanal	112-31-2	156.268	267.15	1	488.15	1	25	0.8210	1	25	1.4251	1	liquid	1
20993	C10H20O	2-decanone	693-54-9	156.268	276.25	1	483.35	1	25	0.8198	1	25	1.4232	1	liquid	1
20994	C10H20O	3-decanone	928-80-3	156.268	274.45	1	476.15	1	20	0.8251	1	20	1.4252	1	liquid	1
20995	C10H20O	4-decanone	624-16-8	156.268	264.15	1	479.65	1	20	0.8240	1	21	1.4240	1	liquid	1
20996	C10H20O	2-methyl-5-nonanone	22287-02-1	156.268	269.70	2	476.65	1	20	0.8213	1	20	1.4239	1	liquid	1
20997	C10H20O	2-tert-butylcyclohexanol	13491-79-7	156.268	318.15	1	480.78	2	25	0.9020	1	---	---	---	solid	1
20998	C10H20O	trans-2-butylcyclohexanol	35242-05-8	156.268	339.96	2	480.78	2	20	0.9020	1	20	1.4641	1	solid	2
20999	C10H20O	citronellol, (±)	26489-01-0	156.268	---	---	497.15	1	20	0.8560	1	20	1.4543	1	---	---
21000	C10H20O	cyclodecanol	1502-05-2	156.268	313.65	1	480.78	2	20	0.9606	1	20	1.4926	1	solid	1
21001	C10H20O	cyclohexanebutanol	4441-57-0	156.268	---	---	480.78	2	25	0.9020	1	20	1.4660	1	---	---
21002	C10H20O	alpha-methylcyclohexanepropanol	10528-67-3	156.268	---	---	480.78	2	21	0.9030	1	21	1.4640	1	---	---
21003	C10H20O	2,6,6-trimethylcycloheptanol	33515-82-1	156.268	---	---	489.15	1	24	0.9096	1	---	1.4369	1	---	---
21004	C10H20O	9-decen-1-ol	13019-22-2	156.268	---	---	509.15	1	25	0.8760	1	20	1.4480	1	---	---
21005	C10H20O	3,7-dimethyl-6-octen-3-ol	18479-51-1	156.268	---	---	480.78	2	15	0.8695	1	15	1.4569	1	---	---
21006	C10H20O	3,7-dimethyl-7-octen-1-ol, (S)	6812-78-8	156.268	---	---	480.78	2	20	0.8549	1	20	1.4556	1	---	---
21007	C10H20O	2-ethylhexyl vinyl ether	103-44-6	156.268	173.15	1	480.78	2	20	0.8108	1	25	1.4247	1	liquid	2
21008	C10H20O	octyl vinyl ether	929-62-4	156.268	173.15	2	459.15	1	20	0.8020	1	20	1.4268	1	liquid	1
21009	C10H20O	m-menthan-6-ol	1490-05-7	156.268	---	---	480.78	2	20	0.9150	1	20	1.4666	1	---	---
21010	C10H20O	menthol, (±)	15356-70-4	156.268	311.15	1	489.15	1	15	0.9030	1	20	1.4615	1	solid	1
21011	C10H20O	1-methyl-4-isopropylcyclohexanol	21129-27-1	156.268	339.96	2	481.65	1	20	0.9000	1	20	1.4619	1	solid	2
21012	C10H20O	2-methyl-5-isopropylcyclohexanol, [1R-(1a	5563-78-0	156.268	339.96	2	490.65	1	20	0.9012	1	20	1.4632	1	solid	2
21013	C10H20O	2-methyl-1-propylcyclohexanol	24580-48-1	156.268	339.96	2	480.78	2	20	0.9128	1	20	1.4800	1	solid	2
21014	C10H20O	3-methyl-1-propylcyclohexanol	24580-52-7	156.268	339.96	2	472.15	1	21	0.8903	1	24	1.4566	1	solid	2
21015	C10H20O	4-tert-butylcyclohexanol; (cis+trans)	98-52-2	156.268	338.15	1	480.78	2	22	0.8668	2	---	---	---	solid	1
21016	C10H20O	(±)-b-citronellol	106-22-9	156.268	298.15	1	496.40	1	25	0.8550	1	---	1.4580	1	---	---
21017	C10H20O	(R)-(+)-b-citronellol	1117-61-9	156.268	---	---	480.78	2	25	0.8570	1	---	1.4560	1	---	---
21018	C10H20O	(-)-b-citronellol	7540-51-4	156.268	---	---	498.65	1	25	0.8560	1	---	1.4560	1	---	---
21019	C10H20O	5-decanone	820-29-1	156.268	263.95	1	477.05	1	22	0.8668	2	---	---	---	liquid	1
21020	C10H20O	trans-5-decen-1-ol	56578-18-8	156.268	---	---	480.78	2	22	0.8668	2	---	1.4500	1	---	---
21021	C10H20O	cis-4-decen-1-ol	57074-37-0	156.268	---	---	480.78	2	25	0.8500	1	---	---	---	---	---
21022	C10H20O	dihydromyrcenol	18479-58-8	156.268	---	---	480.78	2	25	0.7840	1	---	1.4430	1	---	---
21023	C10H20O	1,2-epoxydecane	2404-44-6	156.268	---	---	480.78	2	25	0.8400	1	---	1.4290	1	---	---
21024	C10H20O	(R)-(+)-1,2-epoxydecane	67210-36-0	156.268	---	---	480.78	2	25	0.8400	1	---	1.4290	1	---	---
21025	C10H20O	isodecanal	1321-89-7	156.268	269.47	2	470.15	1	25	0.8290	1	---	---	---	liquid	1
21026	C10H20O	(1S,2R,5R)-(+)-isomenthol	23283-97-8	156.268	353.15	1	491.65	1	22	0.8668	2	---	---	---	solid	1
21027	C10H20O	(1S,2R,5S)-(+)-menthol	15356-60-2	156.268	316.65	1	480.78	2	22	0.8668	2	---	---	---	solid	1
21028	C10H20O	(1R,2S,5R)-(-)-menthol	2216-51-5	156.268	315.65	1	489.55	1	25	0.8900	1	---	---	---	solid	1
21029	C10H20O	menthol	89-78-1	156.268	312.15	1	487.45	1	15	0.8900	1	---	1.4590	1	solid	1
21030	C10H20O	(1S,2S,5R)-(+)-neomenthol	2216-52-6	156.268	251.25	1	480.78	2	25	0.8990	1	---	1.4610	1	liquid	2
21031	C10H20O	trans-4-(1,1-dimethylethyl)cyclohexanol	21862-63-5	156.268	348.45	1	480.78	2	22	0.8668	2	---	---	---	solid	1
21032	C10H20O	cis-4-(1,1-dimethylethyl)cyclohexanol	937-05-3	156.268	355.10	1	480.78	2	22	0.8668	2	---	---	---	solid	1
21033	C10H20O	[1R-(1a,2a,5b)]-5-methyl-2-(1-methylethyl)	20747-49-3	156.268	339.96	2	480.78	2	22	0.8668	2	---	---	---	solid	2
21034	C10H20O	2-methyl-3-nonanone	5445-31-8	156.268	269.70	2	473.00	1	22	0.8668	2	---	---	---	liquid	1
21035	C10H20O	2,6-dimethyl-1-octen-8-ol	141-25-3	156.268	---	---	480.78	2	22	0.8668	2	---	---	---	---	---
21036	C10H20O	2-isopropyl-5-methyl-2-hexen-1-ol	40853-53-0	156.268	---	---	480.78	2	22	0.8668	2	---	---	---	---	---
21037	C10H20O	p-menthan-8-ol	498-81-7	156.268	---	---	480.78	2	22	0.8668	2	---	---	---	---	---
21038	C10H20O	tetrahydroneral	5988-91-0	156.268	---	---	403.15	1	22	0.8668	2	---	---	---	---	---
21039	C10H20OSi	1-triethylsiloxy-1,3-butadiene; (cis+trans)	79746-17-1	184.353	---	---	395.65	1	25	0.8530	1	---	1.4650	1	---	---
21040	C10H20O2	decanoic acid	334-48-5	172.268	304.75	1	543.15	1	40	0.8858	1	25	1.4343	1	solid	1

Table 1 Physical Properties - Organic Compounds

				Mol Wt	Freezing Point		Boiling Point		Density			Refractive Index			State	
NO	FORMULA	NAME	CAS No	g/mol	T_F, K	code	T_B, K	code	T, C	g/cm3	code	T, C	n_D	code	@25C,1 atm	code
21041	C10H20O2	2,2-dimethyloctanoic acid	29662-90-6	172.268	314.78	2	473.73	2	22	0.8715	2	---	---	---	solid	2
21042	C10H20O2	3-methylnonanoic acid	35205-79-9	172.268	314.78	2	473.73	2	20	0.9000	1	20	1.4342	1	solid	2
21043	C10H20O2	nonyl formate	5451-92-3	172.268	240.00	2	487.00	2	22	0.8715	2	20	1.4216	1	liquid	2
21044	C10H20O2	2-ethylhexyl acetate	103-09-3	172.268	180.15	1	472.92	1	25	0.8690	1	25	1.4173	1	liquid	1
21045	C10H20O2	octyl acetate	112-14-1	172.268	234.65	1	484.45	1	25	0.8630	1	25	1.4180	1	liquid	1
21046	C10H20O2	6-methyl-2-heptyl acetate	67952-57-2	172.268	207.40	2	460.15	1	20	0.8474	1	20	1.4130	1	liquid	1
21047	C10H20O2	6-methyl-3-heptyl acetate	32764-34-4	172.268	207.40	2	457.65	1	20	0.8554	1	20	1.4160	1	liquid	1
21048	C10H20O2	2-methylheptyl acetate, (±)	74112-36-0	172.268	207.40	2	468.15	1	14	0.8626	1	20	1.4146	1	liquid	1
21049	C10H20O2	heptyl propanoate	2216-81-1	172.268	222.25	1	483.15	1	25	0.8636	1	25	1.4137	1	liquid	1
21050	C10H20O2	hexyl butanoate	2639-63-6	172.268	195.15	1	479.15	1	25	0.8609	1	25	1.4150	1	liquid	1
21051	C10H20O2	1-methylpentyl butanoate, (S)	116723-96-7	172.268	195.15	2	473.73	2	21	0.8744	1	---	---	---	liquid	2
21052	C10H20O2	isopentyl isovalerate	659-70-1	172.268	215.00	1	467.15	1	25	0.8540	1	25	1.4100	1	liquid	1
21053	C10H20O2	1,1-dimethylpropyl 3-methylbutanoate	542-37-0	172.268	195.15	2	446.65	1	25	0.8729	1	---	---	---	liquid	1
21054	C10H20O2	isopentyl pentanoate	2050-09-1	172.268	211.58	2	473.73	2	22	0.8715	2	---	---	---	liquid	2
21055	C10H20O2	pentyl pentanoate	2173-56-0	172.268	194.35	1	476.85	1	20	0.8638	1	20	1.4164	1	liquid	1
21056	C10H20O2	butyl hexanoate	626-82-4	172.268	208.85	1	481.15	1	20	0.8653	1	20	1.4152	1	liquid	1
21057	C10H20O2	isobutyl 4-methylpentanoate	25415-70-7	172.268	211.58	2	445.15	1	20	0.8536	1	20	1.4135	1	liquid	1
21058	C10H20O2	propyl heptanoate	7778-87-2	172.268	209.65	1	481.15	1	15	0.8641	1	15	1.4183	1	liquid	1
21059	C10H20O2	ethyl 2-ethylhexanoate	2983-37-1	172.268	211.58	2	473.73	2	25	0.8586	1	25	1.4123	1	liquid	2
21060	C10H20O2	ethyl octanoate	106-32-1	172.268	230.05	1	481.65	1	18	0.8660	1	20	1.4178	1	liquid	1
21061	C10H20O2	7-hydroxy-3,7-dimethyloctanal	107-75-5	172.268	---	---	473.73	2	20	0.9220	1	20	1.4494	1	---	---
21062	C10H20O2	4-hydroxy-2,2,5,5-tetramethyl-3-hexanone	815-66-7	172.268	354.15	1	473.73	2	22	0.8715	2	---	---	---	solid	1
21063	C10H20O2	methyl nonanoate	1731-84-6	172.268	211.58	2	486.65	1	15	0.8799	1	20	1.4214	1	liquid	1
21064	C10H20O2	(R)-(+)-glycidyl heptyl ether	121906-44-3	172.268	---	---	473.73	2	25	0.8950	1	---	1.4320	1	---	---
21065	C10H20O2	2-hexenal diethyl acetal; predominantly tra	54306-00-2	172.268	---	---	473.73	2	25	0.8480	1	---	1.4210	1	---	---
21066	C10H20O2	8-methylnonanoic acid	5963-14-4	172.268	314.78	2	473.73	2	22	0.8715	2	---	1.4340	1	solid	2
21067	C10H20O2	neodecanoic acid	26896-20-8	172.268	314.78	2	528.15	1	25	0.9200	1	---	---	---	solid	2
21068	C10H20O2	tert-decanoic acid	52627-73-3	172.268	314.78	2	473.73	2	22	0.8715	2	---	---	---	solid	2
21069	C10H20O2	ethyl cis-3-hexenyl acetal	28069-74-1	172.268	---	---	473.73	2	22	0.8715	2	---	---	---	---	---
21070	C10H20O2	trans-2-hexenal diethyl acetal	67746-30-9	172.268	---	---	473.73	2	22	0.8715	2	---	---	---	---	---
21071	C10H20O2	n-hexyl isobutyrate	2349-07-7	172.268	211.58	2	473.73	2	22	0.8715	2	---	---	---	liquid	2
21072	C10H20O2	2-hexyl-4-methyl-1,3-dioxolane	4351-10-4	172.268	---	---	419.65	1	22	0.8715	2	---	---	---	---	---
21073	C10H20O2	isobutyl hexanoate	105-79-3	172.268	211.58	2	427.05	1	22	0.8715	2	---	---	---	liquid	1
21074	C10H20O2	2-(4-isobutylphenyl)butyric acid	55837-18-8	172.268	325.15	1	473.73	2	22	0.8715	2	---	---	---	solid	1
21075	C10H20O2	1-isopropyl-4-methylcyclohane hydroperox	52061-60-6	172.268	---	---	473.73	2	22	0.8715	2	---	---	---	---	---
21076	C10H20O2	p-menthane-8-hydroperoxide	80-47-7	172.268	---	---	532.00	2	22	0.8715	2	---	---	---	---	---
21077	C10H20O2	4-nonanecarboxylic acid	31080-39-4	172.268	314.78	2	473.73	2	22	0.8715	2	---	---	---	solid	2
21078	C10H20O2S	isooctyl thioglycolate	25103-09-7	204.334	---	---	---	---	25	0.9740	1	---	---	---	---	---
21079	C10H20O2S	2-ethylhexyl mercaptoacetate	7659-86-1	204.334	---	---	---	---	25	0.9856	2	---	---	---	---	---
21080	C10H20O2SSn	2,2-dibutyl-1,3,2-oxathiastannolane-5-oxid	78-20-6	323.044	---	---	392.15	1	---	---	---	---	---	---	---	---
21081	C10H20O3	1,1,3-triethoxy-2-butene	69190-65-4	188.267	---	---	465.65	1	21	0.9080	1	21	1.4300	1	---	---
21082	C10H20O3	heptanal-1,2-glyceryl acetal	1708-35-6	188.267	---	---	465.65	2	25	0.9538	2	---	---	---	---	---
21083	C10H20O4	diethylene glycol monobutyl ether acetate	124-17-4	204.266	240.95	1	518.45	1	20	0.9850	1	20	1.4262	1	liquid	1
21084	C10H20O4	1,1,2,2-tetramethoxycyclohexane	163125-34-6	204.266	---	---	518.15	2	25	1.0063	2	---	1.4570	1	---	---
21085	C10H20O4Sn	dibutyl(diformyloxy)stannane	7392-96-3	322.976	---	---	---	---	---	---	---	---	---	---	---	---
21086	C10H20O5	lead ionophore v	33100-27-5	220.266	---	---	274.95	1	25	1.1050	1	---	1.4650	1	gas	1
21087	C10H20O5Si	3-(trimethoxysilyl)propyl methacrylate	2530-85-0	248.351	---	---	463.15	1	25	1.0450	1	---	1.4310	1	---	---
21088	C10H20S	thiacycloundecane	408-32-2	172.335	279.43	2	527.15	1	25	0.9209	1	---	---	---	liquid	1
21089	C10H20Si	(3-methylcyclopent-1-enylmethyl)trimethyls	---	168.354	---	---	---	---	---	---	---	---	1.4510	1	---	---
21090	C10H21Br	1-bromodecane	112-29-8	221.181	243.95	1	513.75	1	25	1.0656	1	25	1.4538	1	liquid	1
21091	C10H21Br	2-bromodecane	39563-53-6	221.181	243.95	2	513.75	2	25	1.0510	1	---	1.4530	1	liquid	2
21092	C10H21BrO	10-bromodecanol	53463-68-6	237.180	---	---	---	---	25	1.1900	1	---	1.4760	1	---	---
21093	C10H21Cl	1-chlorodecane	1002-69-3	176.729	241.85	1	499.02	1	25	0.8657	1	25	1.4358	1	liquid	1
21094	C10H21Cl	decyl chloride (mixed isomers)	28519-06-4	176.729	241.85	2	499.02	2	25	0.8739	2	---	---	---	liquid	2
21095	C10H21ClO	10-chloro-1-decanol	51309-10-5	192.729	285.65	1	---	---	25	0.9630	1	20	1.4578	1	---	---
21096	C10H21Cl3Si	decyltrichlorosilane	13829-21-5	275.719	---	---	---	---	25	1.0540	1	---	1.4520	1	---	---
21097	C10H21F	1-fluorodecane	334-56-5	160.275	238.15	1	459.35	1	25	0.8150	1	25	1.4066	1	liquid	1
21098	C10H21FO	10-fluoro-1-decanol	334-64-5	176.275	295.15	1	---	---	20	0.9190	1	25	1.4322	1	---	---
21099	C10H21F3O3SSi	triisopropylsilyl trifluoromethanesulfonate	80522-42-5	306.421	---	---	---	---	25	1.1400	1	---	1.4140	1	---	---
21100	C10H21I	1-iododecane	2050-77-3	268.181	256.85	1	536.85	1	25	1.2494	1	25	1.4836	1	liquid	1
21101	C10H21N	butylcyclohexylamine	10108-56-2	155.284	481.45	1	---	---	23	0.8429	2	---	---	---	solid	1
21102	C10H21N	cyclohexyldiethylamine	91-65-6	155.284	---	---	465.15	1	25	0.8443	1	---	---	---	---	---
21103	C10H21N	N,alpha-dimethylcyclohexaneethanamine	101-40-6	155.284	---	---	478.15	1	20	0.8501	1	20	1.4600	1	---	---
21104	C10H21N	1,2,2,6,6-pentamethylpiperidine	79-55-0	155.284	293.90	2	420.15	1	25	0.8580	1	21	1.4550	1	liquid	1
21105	C10H21N	1-pentylpiperidine	10324-58-0	155.284	293.90	2	471.35	1	20	0.8282	1	20	1.4498	1	liquid	1
21106	C10H21N	N-tert-butylcyclohexylamine	51609-06-4	155.284	---	---	446.15	1	25	0.8340	1	---	1.4480	1	---	---
21107	C10H21NO	3-(aminomethyl)-3,5,5-trimethylcyclohexan	15647-11-7	171.283	318.65	1	538.15	1	25	0.9690	1	20	1.4904	1	solid	1
21108	C10H21NO	decanamide	2319-29-1	171.283	381.15	1	524.65	2	130	0.8220	1	110	1.4621	1	solid	1
21109	C10H21NO	N,N-dibutylacetamide	1563-90-2	171.283	---	---	524.65	2	78	0.8955	2	---	---	---	---	---
21110	C10H21NO	2-isopropyl-N,2,3-trimethylbutyramide	51115-67-4	171.283	332.65	1	524.65	2	78	0.8955	2	---	---	---	solid	1
21111	C10H21NO	N,N-diisopropylisobutyramide	6282-98-0	171.283	---	---	524.65	2	78	0.8955	2	---	---	---	---	---
21112	C10H21NO	1,2,2,6,6-pentamethylpiperidin-4-ol	2403-89-6	171.283	346.15	1	511.15	1	78	0.8955	2	---	---	---	solid	1
21113	C10H21NO	N,N-dimethyloctanamide	1118-92-9	171.283	---	---	524.65	2	78	0.8955	2	---	---	---	---	---
21114	C10H21NOS	pebulate	1114-71-2	203.349	---	---	---	---	20	0.9458	1	20	1.4752	1	---	---
21115	C10H21NOS	vernolate	1929-77-7	203.349	---	---	---	---	20	0.9520	1	---	---	---	---	---
21116	C10H21NSSn	tripropyltin isothiocyanate	31709-32-7	306.060	---	---	481.15	1	---	---	---	---	---	---	---	---
21117	C10H21NO2	1-nitrodecane	4609-87-4	187.283	345.57	2	539.15	1	25	0.9340	2	20	1.4337	1	solid	2
21118	C10H21NO2	decyl nitrite	1653-57-2	187.283	---	---	470.15	2	25	0.9340	2	20	1.4247	1	---	---
21119	C10H21NO2	7-aminoheptanoic acid, isopropyl ester	7790-12-7	187.283	---	---	470.15	2	25	0.9340	2	---	---	---	---	---
21120	C10H21NO2	N,N-di(2-hydroxyethyl)cyclohexylamine	4500-29-2	187.283	---	---	401.15	1	25	0.9340	2	---	---	---	---	---

Table 1 Physical Properties - Organic Compounds

NO	FORMULA	NAME	CAS No	Mol Wt g/mol	Freezing Point T_F, K	code	Boiling Point T_B, K	code	Density T, C	g/cm3	code	Refractive Index T, C	n_D	code	State @25C,1 atm	code
21121	C10H21NO2S	1-butylsulfonimidocyclohexamethylene	64910-63-0	219.349	---	---	461.15	1	25	1.0151	2	---	---	---	---	---
21122	C10H21NO3	decyl nitrate	2050-78-4	203.282	---	---	500.00	2	25	0.9510	1	---	---	---	---	---
21123	C10H21NO3	N-(tert-butoxycarbonyl)-L-valinol	79069-14-0	203.282	---	---	481.15	1	25	0.9950	1	---	1.4490	1	---	---
21124	C10H21NO3Si	3-cyanopropyltriethoxysilane	1067-47-6	231.367	---	---	---	---	25	0.9660	1	---	1.4170	1	---	---
21125	C10H21NO4	N-methoxymethylaza-12-crown-4	156731-04-3	219.281	---	---	---	---	25	1.0356	2	---	1.4690	1	---	---
21126	C10H21NO4	1,4,7,10-tetraoxa-13-azacyclopentadecane	66943-05-3	219.281	309.15	1	---	---	25	1.0356	2	---	---	---	solid	1
21127	C10H21NO4Si	triethoxy(3-isocyanatopropyl)silane	24801-88-5	247.366	---	---	556.15	1	25	0.9990	1	---	1.4200	1	---	---
21128	C10H21N3O	N,N-diethyl-4-methyl-1-piperazinecarboxar	90-89-1	199.297	321.15	1	---	---	25	0.9798	2	---	---	---	solid	1
21129	C10H21NaO3S	1-decanesulfonic acid, sodium salt	13419-61-9	244.331	>573.15	1	---	---	---	---	---	---	---	---	solid	1
21130	C10H21O5P	tert-butyl diethylphosphonoacetate	27784-76-5	252.248	---	---	---	---	25	1.0740	1	---	1.4310	1	---	---
21131	C10H21O5P	diisopropyl (ethoxycarbonylmethyl)phosph	24074-26-8	252.248	---	---	---	---	25	1.0600	1	---	1.4270	1	---	---
21132	C10H21O5P	triethyl 2-phosphonobutyrate	17145-91-4	252.248	---	---	---	---	25	1.0640	1	---	1.4320	1	---	---
21133	C10H22	decane	124-18-5	142.285	243.51	1	447.30	1	25	0.7280	1	25	1.4097	1	liquid	1
21134	C10H22	2-methylnonane	871-83-0	142.285	198.50	1	440.15	1	25	0.7230	1	25	1.4075	1	liquid	1
21135	C10H22	3-methylnonane	5911-04-6	142.285	188.35	1	440.95	1	25	0.7290	1	25	1.4103	1	liquid	1
21136	C10H22	4-methylnonane	17301-94-9	142.285	174.45	1	438.85	1	25	0.7280	1	25	1.4095	1	liquid	1
21137	C10H22	5-methylnonane	15869-85-9	142.285	185.45	1	438.30	1	25	0.7290	1	25	1.4100	1	liquid	1
21138	C10H22	3-ethyloctane	5881-17-4	142.285	185.46	1	439.66	1	25	0.7360	1	25	1.4136	1	liquid	1
21139	C10H22	4-ethyloctane	15869-86-0	142.285	185.46	1	436.80	1	25	0.7340	1	25	1.4131	1	liquid	1
21140	C10H22	2,2-dimethyloctane	15869-87-1	142.285	204.38	2	430.05	1	25	0.7210	1	25	1.4060	1	liquid	1
21141	C10H22	2,3-dimethyloctane	7146-60-3	142.285	190.00	1	437.47	1	25	0.7340	1	25	1.4127	1	liquid	1
21142	C10H22	2,4-dimethyloctane	4032-94-4	142.285	190.00	1	429.05	1	25	0.7230	1	25	1.4069	1	liquid	1
21143	C10H22	2,5-dimethyloctane	15869-89-3	142.285	188.65	1	431.65	1	25	0.7260	1	25	1.4089	1	liquid	1
21144	C10H22	2,6-dimethyloctane	2051-30-1	142.285	220.00	1	433.53	1	25	0.7230	1	25	1.4084	1	liquid	1
21145	C10H22	2,7-dimethyloctane	1072-16-8	142.285	219.15	1	433.03	1	25	0.7200	1	25	1.4062	1	liquid	1
21146	C10H22	3,3-dimethyloctane	4110-44-5	142.285	219.16	1	434.36	1	25	0.7350	1	25	1.4142	1	liquid	1
21147	C10H22	3,4-dimethyloctane	15869-92-8	142.285	219.16	1	436.56	1	25	0.7410	1	25	1.4159	1	liquid	1
21148	C10H22	3,5-dimethyloctane	15869-93-9	142.285	219.16	1	432.56	1	25	0.7330	1	25	1.4115	1	liquid	1
21149	C10H22	3,6-dimethyloctane	15869-94-0	142.285	219.16	1	433.96	1	25	0.7320	1	25	1.4115	1	liquid	1
21150	C10H22	4,4-dimethyloctane	15869-95-1	142.285	219.16	1	430.66	1	25	0.7310	1	25	1.4122	1	liquid	1
21151	C10H22	4,5-dimethyloctane	15869-96-2	142.285	219.16	1	435.29	1	25	0.7430	1	25	1.4167	1	liquid	1
21152	C10H22	4-propylheptane	3178-29-8	142.285	219.16	1	430.66	1	25	0.7320	1	25	1.4113	1	liquid	1
21153	C10H22	4-isopropylheptane	52896-87-4	142.285	219.16	1	432.06	1	25	0.7350	1	25	1.4132	1	liquid	1
21154	C10H22	3-ethyl-2-methylheptane	14676-29-0	142.285	219.16	1	434.36	1	25	0.7400	1	25	1.4151	1	liquid	1
21155	C10H22	4-ethyl-2-methylheptane	52896-88-5	142.285	219.16	1	429.36	1	25	0.7320	1	25	1.4114	1	liquid	1
21156	C10H22	5-ethyl-2-methylheptane	13475-78-0	142.285	219.16	1	432.86	1	25	0.7320	1	25	1.4111	1	liquid	1
21157	C10H22	3-ethyl-3-methylheptane	17302-01-1	142.285	219.16	1	436.96	1	25	0.7460	1	25	1.4185	1	liquid	1
21158	C10H22	4-ethyl-3-methylheptane	52896-89-6	142.285	219.16	1	435.36	1	25	0.7460	1	25	1.4183	1	liquid	1
21159	C10H22	3-ethyl-5-methylheptane	52896-90-9	142.285	219.16	1	431.36	1	25	0.7370	1	25	1.4141	1	liquid	1
21160	C10H22	3-ethyl-4-methylheptane	52896-91-0	142.285	219.16	1	436.16	1	25	0.7470	1	25	1.4184	1	liquid	1
21161	C10H22	4-ethyl-4-methylheptane	17302-04-4	142.285	219.16	1	433.96	1	25	0.7470	1	25	1.4187	1	liquid	1
21162	C10H22	2,2,3-trimethylheptane	52896-92-1	142.285	219.16	1	430.76	1	25	0.7380	1	25	1.4145	1	liquid	1
21163	C10H22	2,2,4-trimethylheptane	14720-74-2	142.285	219.16	1	421.46	1	25	0.7240	1	25	1.4069	1	liquid	1
21164	C10H22	2,2,5-trimethylheptane	20291-95-6	142.285	219.16	1	423.96	1	25	0.7240	1	25	1.4078	1	liquid	1
21165	C10H22	2,2,6-trimethylheptane	1190-83-6	142.285	219.16	1	422.09	1	25	0.7200	1	25	1.4055	1	liquid	1
21166	C10H22	2,3,3-trimethylheptane	52896-93-2	142.285	219.16	1	433.36	1	25	0.7450	1	25	1.4179	1	liquid	1
21167	C10H22	2,3,4-trimethylheptane	52896-95-4	142.285	219.16	1	433.06	1	25	0.7450	1	25	1.4172	1	liquid	1
21168	C10H22	2,3,5-trimethylheptane	20278-85-7	142.285	219.16	1	433.86	1	25	0.7410	1	25	1.4146	1	liquid	1
21169	C10H22	2,3,6-trimethylheptane	4032-93-3	142.285	219.16	1	429.16	1	25	0.7310	1	25	1.4108	1	liquid	1
21170	C10H22	2,4,4-trimethylheptane	4032-92-2	142.285	219.16	1	424.16	1	25	0.7310	1	25	1.4120	1	liquid	1
21171	C10H22	2,4,5-trimethylheptane	20278-84-6	142.285	219.16	1	429.66	1	25	0.7370	1	25	1.4137	1	liquid	1
21172	C10H22	2,4,6-trimethylheptane	2613-61-8	142.285	219.16	1	420.76	1	25	0.7190	1	25	1.4048	1	liquid	1
21173	C10H22	2,5,5-trimethylheptane	1189-99-7	142.285	219.16	1	425.96	1	25	0.7360	1	25	1.4126	1	liquid	1
21174	C10H22	3,3,4-trimethylheptane	20278-87-9	142.285	219.16	1	435.06	1	25	0.7520	1	25	1.4213	1	liquid	1
21175	C10H22	3,3,5-trimethylheptane	7154-80-5	142.285	165.00	1	428.85	1	25	0.7390	1	25	1.4147	1	liquid	1
21176	C10H22	3,4,4-trimethylheptane	20278-88-0	142.285	219.16	1	434.26	1	25	0.7530	1	25	1.4212	1	liquid	1
21177	C10H22	3,4,5-trimethylheptane	20278-89-1	142.285	219.16	1	435.66	1	25	0.7520	1	25	1.4206	1	liquid	1
21178	C10H22	3-isopropyl-2-methylhexane	62016-13-1	142.285	219.16	1	439.86	1	25	0.7440	1	25	1.4172	1	liquid	1
21179	C10H22	3,3-diethylhexane	17302-02-2	142.285	219.16	1	439.46	1	25	0.7570	1	25	1.4235	1	liquid	1
21180	C10H22	3,4-diethylhexane	19398-77-7	142.285	219.16	1	437.06	1	25	0.7470	1	25	1.4167	1	liquid	1
21181	C10H22	3-ethyl-2,2-dimethylhexane	20291-91-2	142.285	219.16	1	429.26	1	25	0.7450	1	25	1.4174	1	liquid	1
21182	C10H22	4-ethyl-2,2-dimethylhexane	52896-99-8	142.285	219.16	1	420.16	1	25	0.7300	1	25	1.4107	1	liquid	1
21183	C10H22	3-ethyl-2,3-dimethylhexane	52897-00-4	142.285	219.16	1	436.86	1	25	0.7600	1	25	1.4247	1	liquid	1
21184	C10H22	4-ethyl-2,3-dimethylhexane	52897-01-5	142.285	219.16	1	434.06	1	25	0.7520	1	25	1.4203	1	liquid	1
21185	C10H22	3-ethyl-2,4-dimethylhexane	7220-26-0	142.285	219.16	1	433.26	1	25	0.7510	1	25	1.4202	1	liquid	1
21186	C10H22	4-ethyl-2,4-dimethylhexane	52897-03-7	142.285	219.16	1	434.26	1	25	0.7520	1	25	1.4212	1	liquid	1
21187	C10H22	3-ethyl-2,5-dimethylhexane	52897-04-8	142.285	219.16	1	427.26	1	25	0.7370	1	25	1.4134	1	liquid	1
21188	C10H22	4-ethyl-3,3-dimethylhexane	52897-05-9	142.285	219.16	1	436.06	1	25	0.7600	1	25	1.4246	1	liquid	1
21189	C10H22	3-ethyl-3,4-dimethylhexane	52897-06-0	142.285	219.16	1	435.26	1	25	0.7600	1	25	1.4244	1	liquid	1
21190	C10H22	2,2,3,3-tetramethylhexane	13475-81-5	142.285	219.16	1	433.48	1	25	0.7610	1	25	1.4260	1	liquid	1
21191	C10H22	2,2,3,4-tetramethylhexane	52897-08-2	142.285	219.16	1	431.96	1	25	0.7510	1	25	1.4193	1	liquid	1
21192	C10H22	2,2,3,5-tetramethylhexane	52897-09-3	142.285	219.16	1	421.56	1	25	0.7330	1	25	1.4119	1	liquid	1
21193	C10H22	2,2,4,4-tetramethylhexane	51750-65-3	142.285	219.16	1	426.96	1	25	0.7420	1	25	1.4185	1	liquid	1
21194	C10H22	2,2,4,5-tetramethylhexane	16747-42-5	142.285	219.16	1	421.04	1	25	0.7310	1	25	1.4110	1	liquid	1
21195	C10H22	2,2,5,5-tetramethylhexane	1071-81-4	142.285	260.55	1	410.61	1	25	0.7150	1	25	1.4032	1	liquid	1
21196	C10H22	2,3,3,4-tetramethylhexane	52897-10-6	142.285	260.56	1	437.75	1	25	0.7650	1	25	1.4275	1	liquid	1
21197	C10H22	2,3,3,5-tetramethylhexane	52897-11-7	142.285	260.56	1	426.26	1	25	0.7450	1	25	1.4173	1	liquid	1
21198	C10H22	2,3,4,4-tetramethylhexane	52897-12-8	142.285	260.56	1	434.76	1	25	0.7790	1	25	1.4244	1	liquid	1
21199	C10H22	2,3,4,5-tetramethylhexane	52897-15-1	142.285	260.56	1	429.36	1	25	0.7460	1	25	1.4181	1	liquid	1
21200	C10H22	3,3,4,4-tetramethylhexane	5171-84-6	142.285	260.56	1	443.16	1	25	0.7790	1	25	1.4346	1	liquid	1

Table 1 Physical Properties - Organic Compounds

				Mol Wt	Freezing Point		Boiling Point		Density			Refractive Index			State	
NO	FORMULA	NAME	CAS No	g/mol	T_F, K	code	T_B, K	code	T, C	g/cm3	code	T, C	n_D	code	@25C,1 atm	code
21201	C10H22	2,4-dimethyl-3-isopropylpentane	13475-79-1	142.285	191.46	1	430.20	1	25	0.7540	1	25	1.4225	1	liquid	1
21202	C10H22	3,3-diethyl-2-methylpentane	52897-16-2	142.285	191.46	1	442.86	1	25	0.7750	1	25	1.4320	1	liquid	1
21203	C10H22	3-ethyl-2,2,3-trimethylpentane	52897-17-3	142.285	191.46	1	442.66	1	25	0.7780	1	25	1.4397	1	liquid	1
21204	C10H22	3-ethyl-2,2,4-trimethylpentane	52897-18-4	142.285	191.46	1	428.46	1	25	0.7530	1	25	1.4199	1	liquid	1
21205	C10H22	3-ethyl-2,3,4-trimethylpentane	52897-19-5	142.285	191.46	1	442.60	1	25	0.7730	1	25	1.4310	1	liquid	1
21206	C10H22	2,2,3,3,4-pentamethylpentane	16747-44-7	142.285	236.71	1	439.21	1	25	0.7770	1	25	1.4341	1	liquid	1
21207	C10H22	2,2,3,4,4-pentamethylpentane	16747-45-8	142.285	234.41	1	432.45	1	25	0.7640	1	25	1.4287	1	liquid	1
21208	C10H22Cl2N2O4	mannomustine	576-68-1	305.201	551.15	dec	---	---	25	1.1974	2	---	---	---	solid	1
21209	C10H22Cl2N2Pt	cis-bis(cyclopentylammine)platinum(ii)	38780-36-8	436.282	---	---	---	---	---	---	---	---	---	---	---	---
21210	C10H22Cl2Sn	dipentyltin dichloride	1118-42-9	331.900	---	---	---	---	---	---	---	---	---	---	---	---
21211	C10H22Hg	diisopentylmercury	24423-68-5	342.875	---	---	---	---	---	---	---	---	---	---	---	---
21212	C10H22NO5P	L(+)-2-amino-6-(O,O'-diethylphosphono)he	---	267.263	---	---	---	---	---	---	---	---	---	---	---	---
21213	C10H22N2	4-amino-1,2,2,6,6-pentamethylpiperidine	---	170.299	---	---	489.65	1	25	0.9180	2	---	1.4805	1	---	---
21214	C10H22N2	5-amino-1,3,3-trimethylcyclohexanemethyl	2855-13-2	170.299	283.15	1	520.15	1	25	0.9220	1	---	1.4880	1	liquid	1
21215	C10H22N2	cis-1,8-diamino-p-menthane	54166-24-4	170.299	---	---	506.15	1	25	0.9180	1	---	1.4800	1	---	---
21216	C10H22N2	1,8-diamino-p-menthane	80-52-4	170.299	228.25	1	505.32	2	25	0.9140	1	---	1.4800	1	liquid	2
21217	C10H22N2O	1-amino-3-aminomethyl-3,5,5-trimethyl cyc	25724-35-0	186.298	---	---	389.15	2	25	0.9148	2	---	---	---	---	---
21218	C10H22N2O	di-n-amylnitrosamine	13256-06-9	186.298	---	---	389.15	2	25	0.9148	2	---	---	---	---	---
21219	C10H22N2O	nitroso-N-methyl-n-nonylamine	75881-19-5	186.298	---	---	389.15	1	25	0.9148	2	---	---	---	---	---
21220	C10H22N2O3	1,4,10-trioxa-7,13-diaza-cyclopentadecane	31249-95-3	218.297	363.15	1	---	---	25	1.0159	2	---	---	---	solid	1
21221	C10H22N4	guanethidine	55-65-2	198.313	---	---	---	---	25	0.9602	2	---	---	---	---	---
21222	C10H22N4O2	sebacic acid, dihydrazide	925-83-7	230.311	---	---	---	---	25	1.0576	2	---	---	---	---	---
21223	C10H22N4O4	D-N,N'-(1-hydroxymethylpropyl)ethylenedir	65229-18-7	262.310	---	---	---	---	25	1.1455	2	---	---	---	---	---
21224	C10H22O	1-decanol	112-30-1	158.284	280.05	1	504.07	1	25	0.8250	1	25	1.4350	1	liquid	1
21225	C10H22O	isodecanol	25339-17-7	158.284	213.15	1	493.00	1	25	0.8370	1	20	1.4352	1	liquid	1
21226	C10H22O	2-decanol	1120-06-5	158.284	270.75	1	490.15	1	25	0.8214	1	25	1.4321	1	liquid	1
21227	C10H22O	2-decanol, (±)	74742-10-2	158.284	271.95	1	484.15	1	20	0.8250	1	25	1.4326	1	liquid	1
21228	C10H22O	3-decanol	1565-81-7	158.284	268.15	1	483.00	2	25	0.8230	1	25	1.4320	1	liquid	2
21229	C10H22O	4-decanol	2051-31-2	158.284	261.75	1	483.15	1	25	0.8200	1	25	1.4310	1	liquid	1
21230	C10H22O	5-decanol	5205-34-5	158.284	281.85	1	474.15	1	25	0.8200	1	25	1.4310	1	liquid	1
21231	C10H22O	2-methyl-1-nonanol	40589-14-8	158.284	247.78	2	495.15	1	24	0.8299	2	25	1.4340	2	liquid	1
21232	C10H22O	4-methyl-1-nonanol	1489-47-0	158.284	247.78	2	489.15	1	25	0.8280	1	25	1.4360	1	liquid	1
21233	C10H22O	5-methyl-1-nonanol	2768-16-3	158.284	247.78	2	487.00	2	25	0.8300	1	25	1.4360	1	liquid	2
21234	C10H22O	7-methyl-1-nonanol	33234-93-4	158.284	247.78	2	487.00	2	25	0.8280	1	25	1.4360	1	liquid	2
21235	C10H22O	3-methyl-1-nonanol	22663-64-5	158.284	247.78	2	487.00	2	25	0.8300	1	25	1.4350	1	liquid	2
21236	C10H22O	2-methyl-2-nonanol	10297-57-1	158.284	265.20	2	487.00	2	24	0.8299	2	25	1.4300	1	liquid	2
21237	C10H22O	3-methyl-2-nonanol	60671-32-1	158.284	232.78	2	487.00	2	25	0.8310	1	25	1.4360	1	liquid	2
21238	C10H22O	5-methyl-2-nonanol	66731-95-1	158.284	232.78	2	487.00	2	24	0.8299	2	25	1.4320	1	liquid	2
21239	C10H22O	6-methyl-2-nonanol	66256-60-8	158.284	232.78	2	487.00	2	25	0.8290	1	25	1.4390	1	liquid	2
21240	C10H22O	7-methyl-2-nonanol	66256-61-9	158.284	232.78	2	487.00	2	24	0.8299	2	25	1.4300	1	liquid	2
21241	C10H22O	8-methyl-2-nonanol	14779-92-1	158.284	232.78	2	487.00	2	25	0.8210	1	25	1.4310	2	liquid	2
21242	C10H22O	2-methyl-3-nonanol	26533-33-5	158.284	232.78	2	481.55	1	25	0.8245	1	25	1.4320	1	liquid	1
21243	C10H22O	3-methyl-3-nonanol	21078-72-8	158.284	265.20	2	482.00	2	25	0.8270	1	25	1.4360	1	liquid	2
21244	C10H22O	5-methyl-3-nonanol	66719-43-5	158.284	232.78	2	482.00	2	24	0.8299	2	25	1.4330	1	liquid	2
21245	C10H22O	2-methyl-4-nonanol	26533-31-3	158.284	232.78	2	482.00	2	25	0.8200	1	25	1.4300	1	liquid	2
21246	C10H22O	4-methyl-4-nonanol	23418-38-4	158.284	265.20	2	482.00	2	25	0.8260	1	25	1.4330	1	liquid	2
21247	C10H22O	5-methyl-4-nonanol	66719-44-6	158.284	232.78	2	482.00	2	25	0.8280	1	25	1.4340	1	liquid	2
21248	C10H22O	7-methyl-4-nonanol	26981-98-6	158.284	232.78	2	482.00	2	24	0.8299	2	25	1.4300	1	liquid	2
21249	C10H22O	2-methyl-5-nonanol	29843-62-7	158.284	232.78	2	482.00	2	25	0.8170	1	25	1.4290	1	liquid	2
21250	C10H22O	3-methyl-5-nonanol	66779-42-4	158.284	232.78	2	482.00	2	25	0.8210	1	25	1.4310	1	liquid	2
21251	C10H22O	5-methyl-5-nonanol	33933-78-7	158.284	265.20	2	475.15	1	25	0.8250	1	25	1.4326	1	liquid	1
21252	C10H22O	2-ethyl-1-octanol	20592-10-3	158.284	247.78	2	482.00	2	24	0.8299	2	25	1.4360	1	liquid	2
21253	C10H22O	3-ethyl-1-octanol	66719-36-6	158.284	247.78	2	482.00	2	25	0.8210	1	25	1.4360	2	liquid	2
21254	C10H22O	2,2-dimethyl-1-octanol	2370-14-1	158.284	265.20	2	481.15	1	25	0.8260	1	25	1.4350	1	liquid	1
21255	C10H22O	2,6-dimethyl-1-octanol	62417-08-7	158.284	232.78	2	483.00	2	25	0.8240	1	25	1.4350	1	liquid	2
21256	C10H22O	3,7-dimethyl-1-octanol	106-21-8	158.284	232.78	2	485.15	1	25	0.8320	1	25	1.4380	1	liquid	1
21257	C10H22O	4,5-dimethyl-1-octanol	66719-32-2	158.284	232.78	2	485.00	2	24	0.8299	2	25	1.4420	1	liquid	2
21258	C10H22O	4,6-dimethyl-1-octanol	66719-33-3	158.284	232.78	2	485.00	2	24	0.8299	2	25	1.4390	1	liquid	2
21259	C10H22O	4,7-dimethyl-1-octanol	66719-34-4	158.284	232.78	2	485.00	2	24	0.8299	2	25	1.4380	1	liquid	2
21260	C10H22O	7,7-dimethyl-1-octanol	66719-35-5	158.284	265.20	2	485.00	2	24	0.8299	2	25	1.4380	1	liquid	2
21261	C10H22O	2,4-dimethyl-2-octanol	18675-20-2	158.284	250.20	2	485.00	2	25	0.8220	1	25	1.4310	1	liquid	2
21262	C10H22O	2,6-dimethyt-2-octanol	18479-57-7	158.284	250.20	2	485.00	2	25	0.8240	1	25	1.4280	1	liquid	2
21263	C10H22O	2,7-dimethyl-2-octanol	42007-73-8	158.284	250.20	2	485.00	2	24	0.8299	2	25	1.4290	1	liquid	2
21264	C10H22O	3,7-dimethyl-2-octanol	15340-96-2	158.284	217.78	2	485.00	2	25	0.8250	1	25	1.4340	1	liquid	2
21265	C10H22O	3-ethyl-3-octanol	2051-32-3	158.284	265.20	2	472.15	1	25	0.8360	1	25	1.4370	1	liquid	1
21266	C10H22O	6-ethyl-3-octanol	19781-27-2	158.284	232.78	2	472.00	2	24	0.8299	2	25	1.4370	1	liquid	2
21267	C10H22O	2,2-dimethyl-3-octanol	19841-72-6	158.284	250.20	2	467.00	2	24	0.8299	2	25	1.4320	1	liquid	2
21268	C10H22O	2,3-dimethyl-3-octanol	19781-10-3	158.284	250.20	2	462.25	1	25	0.8249	1	25	1.4351	1	liquid	1
21269	C10H22O	2,7-dimethyl-3-octanol	66719-55-9	158.284	217.78	2	467.15	1	25	0.8110	1	25	1.4280	1	liquid	1
21270	C10H22O	3,5-dimethyl-3-octanol	56065-42-0	158.284	250.20	2	466.00	2	25	0.8370	1	25	1.4360	1	liquid	2
21271	C10H22O	3,6-dimethyl-3-octanol	151-19-9	158.284	205.65	1	465.15	1	25	0.8290	1	25	1.4370	1	liquid	1
21272	C10H22O	3,7-dimethyl-3-octanol	78-69-3	158.284	250.20	2	469.15	1	25	0.8260	1	25	1.4330	1	liquid	1
21273	C10H22O	3-ethyl-4-octanol	63126-48-7	158.284	232.78	2	466.00	2	24	0.8299	2	25	1.4390	1	liquid	2
21274	C10H22O	4-ethyl-4-octanol	38395-42-5	158.284	265.20	2	466.00	2	25	0.8340	1	25	1.4360	1	liquid	2
21275	C10H22O	2,2-dimethyl-4-octanol	66719-52-6	158.284	250.20	2	463.15	1	25	0.8170	1	25	1.4280	1	liquid	1
21276	C10H22O	2,4-dimethyl-4-octanol	33933-79-8	158.284	250.20	2	464.00	2	25	0.8190	1	25	1.4310	1	liquid	2
21277	C10H22O	2,5-dimethyl-4-octanol	66719-53-7	158.284	217.78	2	464.00	2	25	0.8120	1	25	1.4260	1	liquid	2
21278	C10H22O	2,6-dimethyl-4-octanol	66719-54-8	158.284	217.78	2	468.15	1	20	0.8114	1	25	1.4290	1	liquid	1
21279	C10H22O	2,7-dimethyl-4-octanol	19781-11-4	158.284	217.78	2	475.15	1	25	0.8120	1	25	1.4270	1	liquid	1
21280	C10H22O	3,4-dimethyl-4-octanol	66719-30-0	158.284	250.20	2	464.00	2	24	0.8299	2	25	1.4400	1	liquid	2

Table 1 Physical Properties - Organic Compounds

				Mol Wt	Freezing Point		Boiling Point		Density			Refractive Index			State	
NO	FORMULA	NAME	CAS No	g/mol	T_F, K	code	T_B, K	code	T, C	g/cm3	code	T, C	n_D	code	@25C,1 atm	code
21281	C10H22O	3,6-dimethyl-4-octanol	66719-31-1	158.284	217.78	2	464.00	2	25	0.8330	1	25	1.4470	1	liquid	2
21282	C10H22O	4,6-dimethyl-4-octanol	56065-43-1	158.284	250.20	2	464.00	2	25	0.8280	1	25	1.4330	1	liquid	2
21283	C10H22O	4,7-dimethyl-4-octanol	19781-13-6	158.284	250.20	2	465.15	1	25	0.8220	1	25	1.4350	2	liquid	1
21284	C10H22O	2-propyl-1-heptanol	10042-59-8	158.284	247.78	2	491.05	1	25	0.8280	1	25	1.4360	1	liquid	1
21285	C10H22O	3-isopropyl-1-heptanol	38514-15-7	158.284	232.78	2	488.35	1	25	0.8380	1	25	1.4400	1	liquid	1
21286	C10H22O	2,4,6-trimethyl-2-heptanol	66256-47-1	158.284	235.20	2	466.00	2	24	0.8299	2	25	1.4340	1	liquid	2
21287	C10H22O	2,5,6-trimethyl-2-heptanol	66256-48-2	158.284	235.20	2	466.15	1	25	0.8270	1	25	1.4340	1	liquid	1
21288	C10H22O	4,6,6-trimethyl-2-heptanol	51079-79-9	158.284	235.20	2	466.00	2	24	0.8299	2	25	1.4310	1	liquid	2
21289	C10H22O	2-methyl-3-ethyl-3-heptanol	66719-37-7	158.284	250.20	2	466.15	1	25	0.8420	1	25	1.4360	1	liquid	1
21290	C10H22O	4-methyl-5-ethyl-3-heptanol	66731-94-0	158.284	217.78	2	466.00	2	25	0.8590	1	25	1.4530	1	liquid	2
21291	C10H22O	5-methyl-3-ethyl-3-heptanol	---	158.284	250.20	2	466.00	2	25	0.8320	1	25	1.4350	1	liquid	2
21292	C10H22O	2,2,3-trimethyl-3-heptanol	29772-40-5	158.284	267.62	2	459.15	1	25	0.8410	1	25	1.4390	1	liquid	1
21293	C10H22O	2,2,6-trimethyl-3-heptanol	66256-43-7	158.284	235.20	2	463.00	2	25	0.8200	1	25	1.4300	1	liquid	2
21294	C10H22O	2,3,6-trimethyl-3-heptanol	58046-40-5	158.284	235.20	2	463.00	2	25	0.8360	1	25	1.4360	1	liquid	2
21295	C10H22O	3,5,5-trimethyl-3-heptanol	66256-50-6	158.284	267.62	2	468.75	1	25	0.8520	1	25	1.4430	1	liquid	1
21296	C10H22O	4-propyl-4-heptanol	2198-72-3	158.284	265.20	2	467.15	1	25	0.8270	1	25	1.4330	1	liquid	1
21297	C10H22O	4-isopropyl-4-heptanol	51200-82-9	158.284	250.20	2	463.15	1	25	0.8410	1	25	1.4370	1	liquid	1
21298	C10H22O	2,2,4-trimethyl-4-heptanol	57233-31-5	158.284	267.62	2	454.15	1	25	0.8290	1	25	1.4350	1	liquid	1
21299	C10H22O	2,2,5-trimethyl-4-heptanol	66256-42-6	158.284	235.20	2	455.00	2	25	0.8320	1	25	1.4300	2	liquid	2
21300	C10H22O	2,2,6-trimethyl-4-heptanol	66256-44-8	158.284	235.20	2	455.00	2	24	0.8299	2	25	1.4220	1	liquid	2
21301	C10H22O	2,4,5-trimethyl-4-heptanol	66256-46-0	158.284	235.20	2	455.00	2	24	0.8299	2	25	1.4360	1	liquid	2
21302	C10H22O	2,4,6-trimethyl-4-heptanol	60836-07-9	158.284	235.20	2	455.15	1	25	0.8150	1	25	1.4290	1	liquid	1
21303	C10H22O	3,3,6-trimethyl-4-heptanol	---	158.284	235.20	2	455.00	2	25	0.8380	1	25	1.4380	1	liquid	2
21304	C10H22O	4-methyl-2-propyl-1-hexanol	66256-62-0	158.284	232.78	2	481.15	1	25	0.8250	1	25	1.4340	1	liquid	1
21305	C10H22O	4-methyl-2-isopropyl-1-hexanol	66719-41-3	158.284	216.41	2	474.15	1	24	0.8299	2	25	1.4350	2	liquid	1
21306	C10H22O	5-methyl-2-isopropyl-1-hexanol	2051-33-4	158.284	217.78	2	486.15	1	25	0.8290	1	25	1.4360	1	liquid	1
21307	C10H22O	5,5-dimethyl-2-ethyl-1-hexanol	---	158.284	250.20	2	486.00	2	25	0.8350	1	25	1.4330	1	liquid	2
21308	C10H22O	2,3,4,4-tetramethyl-2-hexanol	66256-66-4	158.284	252.62	2	463.15	1	24	0.8299	2	25	1.4480	1	liquid	1
21309	C10H22O	3,3,5,5-tetramethyl-2-hexanol	66256-69-7	158.284	252.62	2	463.00	2	24	0.8299	2	25	1.4440	1	liquid	2
21310	C10H22O	2-methyl-3-isopropyl-3-hexanol	51200-81-8	158.284	233.83	2	465.15	1	25	0.8460	1	25	1.4410	1	liquid	1
21311	C10H22O	2,2-dimethyl-4-ethyl-3-hexanol	66719-47-9	158.284	235.20	2	460.15	1	25	0.8300	1	25	1.4360	1	liquid	1
21312	C10H22O	2,4-dimethyl-4-ethyl-3-hexanol	66719-48-0	158.284	235.20	2	460.00	2	25	0.8570	1	25	1.4440	1	liquid	2
21313	C10H22O	5,5-dimethyl-3-ethyl-3-hexanol	5340-62-5	158.284	267.62	2	460.00	2	25	0.8360	1	25	1.4380	1	liquid	2
21314	C10H22O	2,2,3,4-tetramethyl-3-hexanol	66256-63-1	158.284	252.62	2	465.15	1	25	0.8540	1	25	1.4450	1	liquid	1
21315	C10H22O	2,2,3,5-tetramethyl-3-hexanol	66256-64-2	158.284	252.62	2	513.48	2	25	0.8350	1	25	1.4350	1	liquid	2
21316	C10H22O	2,2,4,4-tetramethyl-3-hexanol	66256-65-3	158.284	277.15	1	463.15	1	25	0.8510	1	25	1.4440	1	liquid	1
21317	C10H22O	2,2,5,5-tetramethyl-3-hexanol	55073-86-4	158.284	325.15	1	443.15	1	24	0.8299	2	---	---	---	solid	1
21318	C10H22O	2,3,4,4-tetramethyl-3-hexanol	66256-67-5	158.284	252.62	2	474.15	1	25	0.8700	1	25	1.4510	1	liquid	1
21319	C10H22O	2,3,5,5-tetramethyl-3-hexanol	5396-09-8	158.284	252.62	2	475.00	2	25	0.8340	1	25	1.4350	1	liquid	2
21320	C10H22O	2,4,4,5-tetramethyl-3-hexanol	66256-68-6	158.284	220.20	2	475.00	2	24	0.8299	2	25	1.4470	1	liquid	2
21321	C10H22O	3,4,4,5-tetramethyl-3-hexanol	66256-39-1	158.284	252.62	2	475.15	1	25	0.8700	1	25	1.4510	1	liquid	1
21322	C10H22O	3,4,5,5-tetramethyl-3-hexanol	66256-40-4	158.284	252.62	2	468.15	1	25	0.8580	1	25	1.4470	1	liquid	1
21323	C10H22O	4-methyl-2-isobutyl-1-pentanol	22417-45-4	158.284	216.41	2	477.15	1	25	0.8300	1	25	1.4470	2	liquid	1
21324	C10H22O	4,4-dimethyl-3-isopropyl-1-pentanol	66719-51-5	158.284	235.20	2	456.00	2	24	0.8299	2	25	1.4600	1	liquid	2
21325	C10H22O	3,4-dimethyl-3-isopropyl-2-pentanol	66719-50-4	158.284	218.83	2	456.00	2	24	0.8299	2	25	1.4600	1	liquid	2
21326	C10H22O	2,4-dimethyl-3-propyl-3-pentanol	---	158.284	235.20	2	457.15	1	25	0.8500	1	25	1.4420	1	liquid	1
21327	C10H22O	2,4-dimethyl-3-isopropyl-3-pentanol	51200-83-0	158.284	258.45	1	467.65	1	25	0.8591	1	25	1.4450	1	liquid	1
21328	C10H22O	2,2,4-trimethyl-3-ethyl-3-pentanol	66256-41-5	158.284	252.62	2	464.15	1	25	0.8580	1	25	1.4460	1	liquid	1
21329	C10H22O	2,2,3,4,4-pentamethyl-3-pentanol	5857-69-2	158.284	315.25	1	467.55	1	24	0.8299	2	---	---	---	solid	1
21330	C10H22O	2,3-dimethyl-2-tert-butyl-1-butanol	81931-81-9	158.284	327.15	1	466.00	2	24	0.8299	2	---	---	---	solid	1
21331	C10H22O	3,7-dimethyl-3-octanol, (±)	57706-88-4	158.284	304.65	1	469.65	1	20	0.8280	1	20	1.4335	1	solid	1
21332	C10H22O	3,7-dimethyl-1-octanol, (±)	59204-02-3	158.284	246.36	2	485.65	1	10	0.8308	1	20	1.4367	1	liquid	1
21333	C10H22O	3-ethyl-6-methyl-3-heptanol	66719-40-2	158.284	246.36	2	472.78	2	10	0.8440	1	---	1.4409	1	liquid	2
21334	C10H22O	8-methyl-1-nonanol	55505-26-5	158.284	213.15	1	493.00	2	24	0.8299	2	---	---	---	liquid	2
21335	C10H22O	di-pentyl ether	693-65-2	158.284	203.72	1	459.90	1	25	0.7800	1	20	1.4119	1	liquid	1
21336	C10H22O	diisopentyl ether	544-01-4	158.284	244.69	2	445.65	1	20	0.7777	1	20	1.4085	1	liquid	1
21337	C10H22O	ethyl octyl ether	929-61-3	158.284	285.65	1	459.45	1	20	0.7847	1	20	1.4127	1	liquid	1
21338	C10H22O	(S)-(+)-2-decanol	33758-16-6	158.284	246.36	2	484.15	1	25	0.8270	1	---	1.4340	1	liquid	1
21339	C10H22O	(R)-3,7-dimethyl-1-octanol	1117-60-8	158.284	246.36	2	485.70	1	24	0.8299	2	---	---	---	liquid	1
21340	C10H22O	s-3,7-dimethyl-1-octanol	68680-98-8	158.284	246.36	2	485.00	2	24	0.8299	2	---	---	---	liquid	2
21341	C10H22O	decyl alcohol (mixed isomers)	85566-12-7	158.284	246.36	2	472.78	2	24	0.8299	2	---	---	---	liquid	2
21342	C10H22OS	dipentyl sulfoxide	1986-90-9	190.350	331.15	1	---	---	25	0.9033	2	---	---	---	solid	1
21343	C10H22OS	2-(octylthio)ethanol	3547-33-9	190.350	273.15	1	---	---	25	0.9300	1	---	---	---	---	---
21344	C10H22OSSn	2,2-dibutyl-1,3,2-oxathiastannolane	27371-95-5	309.060	---	---	---	---	---	---	---	---	---	---	---	---
21345	C10H22OSn	diisopentyloxostannane	63979-62-4	276.994	---	---	---	---	---	---	---	---	---	---	---	---
21346	C10H22OSn	dipentyloxostannane	2273-46-3	276.994	---	---	---	---	---	---	---	---	---	---	---	---
21347	C10H22O2	1,2-decanediol	1119-86-4	174.283	322.15	1	553.15	2	21	0.8674	2	---	---	---	solid	1
21348	C10H22O2	1,4-decanediol	37810-94-9	174.283	301.15	1	585.15	2	21	0.8674	2	---	---	---	solid	1
21349	C10H22O2	1,10-decanediol	112-47-0	174.283	345.70	1	574.00	1	21	0.8674	2	---	---	---	solid	1
21350	C10H22O2	2,9-decanediol	14021-92-2	174.283	306.15	1	503.47	2	21	0.8674	2	21	1.4505	1	solid	1
21351	C10H22O2	3,7-dimethyl-1,7-octanediol	107-74-4	174.283	320.44	2	538.15	1	20	0.9370	1	20	1.4599	1	solid	2
21352	C10H22O2	3,4-diethyl-3,4-hexanediol	6931-71-1	174.283	301.15	1	503.15	1	13	0.9602	1	13	1.4670	1	solid	1
21353	C10H22O2	1,1-diisobutoxyethane	5669-09-0	174.283	---	---	444.45	1	20	0.8200	1	20	1.4021	1	---	---
21354	C10H22O2	di-tert-pentyl peroxide	10508-09-5	174.283	218.15	1	503.47	2	20	0.8080	1	20	1.4095	1	liquid	2
21355	C10H22O2	ethylene glycol dibutyl ether	112-48-1	174.283	204.05	1	476.45	1	25	0.8319	1	---	---	---	liquid	1
21356	C10H22O2	ethylene glycol diisobutyl ether	54922-86-0	174.283	204.05	2	444.45	1	20	0.8200	1	20	1.4021	1	liquid	1
21357	C10H22O2	(S)-1,2-decanediol	84276-14-2	174.283	333.15	1	503.47	2	21	0.8674	2	---	---	---	solid	1
21358	C10H22O2	(R)-1,2-decanediol	87827-60-9	174.283	334.15	1	503.47	2	21	0.8674	2	---	---	---	solid	1
21359	C10H22O2	2-(2-ethylhexyloxy)ethanol	1559-35-9	174.283	204.05	2	501.15	1	25	0.8820	1	---	1.4350	1	liquid	1
21360	C10H22O2	2-(octyloxy)ethanol	10020-43-6	174.283	204.05	2	503.47	2	25	0.8800	1	---	1.4360	1	liquid	2

Table 1 Physical Properties - Organic Compounds

				Mol Wt	Freezing Point		Boiling Point		Density			Refractive Index			State	
NO	FORMULA	NAME	CAS No	g/mol	T_F, K	code	T_B, K	code	T, C	g/cm3	code	T, C	n_D	code	@25C,1 atm	code
21361	C10H22O2	6-methyl-5,7-dioxaundecane	871-22-7	174.283	---	---	415.43	1	21	0.8674	2	---	---	---	---	---
21362	C10H22O2	1,3-decanediol	6071-27-8	174.283	320.44	2	503.47	2	21	0.8674	2	---	---	---	solid	2
21363	C10H22O2	ethyl hexyl acetal	54484-73-0	174.283	---	---	503.47	2	21	0.8674	2	---	---	---	---	---
21364	C10H22O2Si2	2,3-bis(trimethylsiloxy)-1,3-butadiene	31411-71-9	230.453	---	---	---	---	25	0.8780	1	---	1.4340	1	---	---
21365	C10H22O2Si2	1,2-bis(trimethylsiloxy)cyclobutene	17082-61-0	230.453	---	---	---	---	25	0.8970	1	---	1.4350	1	---	---
21366	C10H22O2Si2	1,1-bis(trimethylsilyloxy)-1,3-butadiene	87121-06-0	230.453	---	---	---	---	25	0.8875	2	---	---	---	---	---
21367	C10H22O3	triisopropoxymethane	4447-60-3	190.283	---	---	440.15	1	20	0.8621	1	20	1.4000	1	---	---
21368	C10H22O3	tripropoxymethane	621-76-1	190.283	---	---	467.15	1	20	0.8820	1	20	1.4072	1	---	---
21369	C10H22O3	di(ethylene glycol) hexyl ether	112-59-4	190.283	239.55	1	532.25	1	25	0.9350	1	---	1.4380	1	liquid	1
21370	C10H22O3	di(propylene glycol) tert-butyl ether, isomer	132739-31-2	190.283	---	---	515.00	1	25	0.9000	1	---	1.4240	1	---	---
21371	C10H22O3	di(propylene glycol) butyl ether, isomers	35884-42-5	190.283	---	---	500.15	1	25	0.9130	1	---	1.4260	1	---	---
21372	C10H22O3	diethylene glycol-mono-2-methylpentyl eth	10143-56-3	190.283	---	---	486.78	2	23	0.8984	2	---	---	---	---	---
21373	C10H22O3	dipropylene glycol butyl ether	29911-28-2	190.283	---	---	486.78	2	23	0.8984	2	---	---	---	---	---
21374	C10H22O3	hexoxyacetaldehyde dimethylacetal	17597-95-4	190.283	---	---	486.78	2	23	0.8984	2	---	---	---	---	---
21375	C10H22O3S	dipentyl sulfite	2051-05-0	222.349	273.15	2	524.65	2	25	0.9688	1	25	1.4341	1	liquid	2
21376	C10H22O4	2-[2-(2-butoxyethoxy)ethoxy]ethanol	143-22-6	206.282	264.00	2	551.15	1	20	0.9890	1	20	1.4389	1	---	---
21377	C10H22O4	propasol solvent tm	20324-33-8	206.282	298.15	1	519.25	1	25	0.9670	1	---	---	---	---	---
21378	C10H22O4	(2-(2-methoxy methyl ethoxy)methyl ethoxy	25498-49-1	206.282	231.15	1	515.55	1	23	0.9780	2	---	---	---	---	---
21379	C10H22O4S	dipentyl sulfate	5867-98-1	238.348	286.65	1	551.31	2	25	1.0250	1	25	1.4270	1	liquid	2
21380	C10H22O5	tetraethylene glycol dimethyl ether	143-24-8	222.282	243.45	1	548.95	1	25	1.0060	1	20	1.4325	1	liquid	1
21381	C10H22O5S2	D(-)-glucose diethyl mercaptal	1941-52-2	286.414	400.15	1	---	---	25	1.1514	2	---	---	---	solid	1
21382	C10H22O6	pentaethylene glycol	4792-15-8	238.281	264.55	1	---	---	25	1.1260	1	---	1.4620	1	---	---
21383	C10H22O7	dipentaerythritol	126-58-9	254.280	493.15	1	---	---	25	1.1111	2	---	---	---	solid	1
21384	C10H22O14S4	mannosulfan	7518-35-6	494.540	387.65	1	---	---	25	1.4967	2	---	---	---	solid	1
21385	C10H22S	decyl mercaptan	143-10-2	174.351	247.56	1	512.35	1	25	0.8410	1	25	1.4549	1	liquid	1
21386	C10H22S	2-decanethiol	13402-60-3	174.351	231.15	1	501.45	1	25	0.8348	1	25	1.4517	1	liquid	1
21387	C10H22S	dipentyl sulfide	872-10-6	174.351	221.85	1	500.00	2	25	0.8410	1	20	1.4561	1	liquid	2
21388	C10H22S	methyl nonyl sulfide	59973-07-8	174.351	238.16	2	500.00	2	25	0.8410	1	25	1.4556	1	liquid	2
21389	C10H22S	ethyl octyl sulfide	3698-94-0	174.351	241.00	2	505.54	1	25	0.8410	1	---	---	---	liquid	2
21390	C10H22S	propyl heptyl sulfide	24768-46-5	174.351	238.16	2	500.00	2	25	0.8410	1	---	---	---	liquid	2
21391	C10H22S	butyl hexyl sulfide	16967-04-7	174.351	238.16	2	500.00	2	25	0.8410	1	---	---	---	liquid	2
21392	C10H22S	bis(2-methylbutyl) sulfide	96034-00-3	174.351	228.84	2	438.15	1	20	0.8348	1	20	1.4506	1	liquid	1
21393	C10H22S	diisopentyl sulfide	544-02-5	174.351	198.55	1	489.20	1	20	0.8323	1	20	1.4520	1	liquid	1
21394	C10H22S2	dipentyl disulfide	112-51-6	206.417	214.16	1	537.06	1	25	0.9180	1	25	1.4867	1	liquid	1
21395	C10H22S2	diisopentyl disulfide	2051-04-9	206.417	214.16	2	520.15	1	20	0.9192	1	20	1.4864	1	liquid	1
21396	C10H23AlO	ethoxydiisobutylaluminum	15769-72-9	186.274	---	---	---	---	---	---	---	---	---	---	---	---
21397	C10H23BO2	butyldiisopropoxyborane	86595-32-6	186.102	---	---	419.15	1	25	0.7940	1	---	1.3950	1	---	---
21398	C10H23ClOSi	tert-butyl(4-chlorobutoxy)dimethylsilane	89031-83-4	222.830	---	---	474.15	1	25	0.8700	1	---	1.4390	1	---	---
21399	C10H23ClSi	chloro(dimethyl)octylsilane	18162-84-0	206.830	---	---	496.60	1	25	0.8710	1	---	1.4350	1	---	---
21400	C10H23N	decylamine	2016-57-1	157.300	288.85	1	493.65	1	25	0.7910	1	25	1.4352	1	liquid	1
21401	C10H23N	methylnonylamine	39093-27-1	157.300	234.65	2	480.15	1	25	0.7790	1	25	1.4317	1	liquid	1
21402	C10H23N	dimethyloctylamine	7378-99-6	157.300	198.15	1	464.15	1	25	0.7623	1	25	1.4224	1	liquid	1
21403	C10H23N	diethylhexylamine	44979-90-0	157.300	198.15	2	452.15	1	25	0.7660	1	25	1.4220	1	liquid	1
21404	C10H23N	ethyloctylamine	4088-36-2	157.300	234.65	2	475.15	1	25	0.7744	1	25	1.4286	1	liquid	1
21405	C10H23N	dipentylamine	2050-92-2	157.300	240.15	1	476.15	1	25	0.7741	1	25	1.4249	1	liquid	1
21406	C10H23N	diisopentylamine	544-00-3	157.300	229.15	1	461.15	1	21	0.7672	1	20	1.4235	1	liquid	1
21407	C10H23N	N,N-diisopropylisobutylamine	44976-81-0	157.300	198.15	2	445.00	2	25	0.7670	1	---	1.4210	1	liquid	2
21408	C10H23NO	N,N-diisobutylethanolamine	4535-66-4	173.299	---	---	487.15	1	20	0.8407	1	20	1.4355	1	---	---
21409	C10H23NO	2-dibutylaminoethanol	102-81-8	173.299	---	---	487.15	2	25	0.8499	2	---	---	---	---	---
21410	C10H23NO2	2,2-diethoxy-N,N-diethylethanamine	3616-57-7	189.298	---	---	467.65	1	25	0.8630	1	20	1.4189	1	---	---
21411	C10H23NO2Si2	ethyl 2,2,5,5-tetramethyl-1,2,5-azadisilolidi	78605-23-9	245.468	---	---	---	---	25	0.9500	1	---	1.4500	1	---	---
21412	C10H23NO3	bis-homotris	116747-79-6	205.298	382.15	1	---	---	25	0.9542	2	---	---	---	solid	1
21413	C10H23O2PS2	O-ethyl-S,S-di-sec-butylphosphorodithioate	95465-99-9	270.397	---	---	440.15	1	---	---	---	---	---	---	---	---
21414	C10H23O5P	diethyl 2,2-diethoxyethylphosphonate	7598-61-0	254.264	---	---	---	---	25	1.0520	1	---	1.4300	1	---	---
21415	C10H24NO2PSe	selenophos	10161-84-9	300.240	---	---	---	---	---	---	---	---	---	---	---	---
21416	C10H24NO3PS	amitron	78-53-5	269.346	298.15	1	383.15	1	---	---	---	---	1.4660	1	---	---
21417	C10H24NO3PSe	O,O-diethyl Se-(2-diethylaminoethyl)phosp	10161-85-0	316.240	---	---	---	---	---	---	---	---	---	---	---	---
21418	C10H24N2	N,N,N',N'-tetraethyl-1,2-ethanediamine	150-77-6	172.315	---	---	465.15	1	25	0.8080	1	20	1.4343	1	---	---
21419	C10H24N2	N,N,N',N'-tetramethyl-1,6-hexanediamine	111-18-2	172.315	---	---	482.65	1	25	0.8060	1	20	1.4359	1	---	---
21420	C10H24N2	N,N'-di-tert-butylethylenediamine	4062-60-6	172.315	326.50	1	462.15	1	25	0.7990	1	---	1.4300	1	---	---
21421	C10H24N2	1,10-diaminodecane	646-25-3	172.315	335.65	1	485.03	2	25	0.7955	2	---	---	---	solid	1
21422	C10H24N2	N,N'-dimethyl-1,8-octanediamine	33563-54-1	172.315	306.65	1	522.15	1	25	0.7690	1	---	---	---	solid	1
21423	C10H24N2	N-butyl-1,6-hexanediamine	38615-43-9	172.315	---	---	485.03	2	25	0.7955	2	---	---	---	---	---
21424	C10H24N2O2	(R,R)-(-)-2,3-dimethoxy-1,4-bis(dimethylam	26549-22-4	204.313	---	---	336.15	1	25	0.8900	1	---	1.4355	1	---	---
21425	C10H24N2O2	4,9-dioxa-1,12-dodecanediamine	7300-34-7	204.313	277.65	1	571.15	1	25	0.9590	1	---	1.4610	1	liquid	1
21426	C10H24N2O2	bis(2-dimethylaminoethoxy)ethane	3065-46-1	204.313	---	---	453.65	2	25	0.9245	2	---	---	---	---	---
21427	C10H24N2O2	tibutol	74-55-5	204.313	362.65	1	453.65	2	25	0.9245	2	---	---	---	solid	1
21428	C10H24N2O3	4,7,10-trioxa-1,13-tridecanediamine	4246-51-9	220.313	---	---	---	---	25	1.0050	1	---	1.4640	1	---	---
21429	C10H24N2O3	3-[2-[2-(3-aminopropoxy)ethoxy]ethoxy]pro	4246-51-9	220.313	---	---	---	---	25	0.9840	2	---	---	---	---	---
21430	C10H24N2O4	N,N,N',N'-tetrakis(2-hydroxyethyl)ethylene	140-07-8	236.312	---	---	---	---	25	1.1300	1	---	1.5000	1	---	---
21431	C10H24N2O8S2	lycurim	4148-16-7	364.442	---	---	610.65	1	25	1.2873	2	---	---	---	---	---
21432	C10H24N2Si	N-methyl-N-trimethylsilylmethyl-N'-tert-buty	80376-66-5	200.400	---	---	---	---	---	---	---	---	1.4510	1	---	---
21433	C10H24N4	1,4-piperazinedipropanamine	7209-38-3	200.329	288.15	1	---	---	25	0.9730	1	20	1.5015	1	---	---
21434	C10H24N4	N,N'-bis(3-aminopropyl)-2-butene-1,4-diam	110319-68-1	200.329	---	---	---	---	25	0.9480	1	---	1.5060	1	---	---
21435	C10H24N4	1,4,8,11-tetraazacyclotetradecane	295-37-4	200.329	459.65	1	---	---	25	0.9273	2	---	---	---	solid	1
21436	C10H24N4	tetrakis(dimethylamino)ethylene	996-70-3	200.329	---	---	---	---	25	0.8610	1	---	1.4800	1	---	---
21437	C10H24O2Si2	1,1-bis(trimethylsilyloxy)-1-butene	85287-67-8	232.469	---	---	---	---	---	---	---	---	---	---	---	---
21438	C10H24O3Si	methyl-tripropoxysilane	5581-66-8	220.384	---	---	463.65	2	25	0.8780	1	---	1.4000	1	---	---
21439	C10H24O3Si	triethoxy(isobutyl)silane	17980-47-1	220.384	---	---	463.65	1	25	0.8800	1	---	1.4000	1	---	---
21440	C10H24O4P2S5	phosphorodithioic acid, O,O-diethyl ester,	3772-51-8	430.576	---	---	458.55	1	---	---	---	---	---	---	---	---

Table 1 Physical Properties - Organic Compounds

				Mol Wt	Freezing Point		Boiling Point		Density			Refractive Index			State	
NO	FORMULA	NAME	CAS No	g/mol	T_F, K	code	T_B, K	code	T, C	g/cm3	code	T, C	n_D	code	@25C,1 atm	code
21441	C10H24O6P2	tetraethyl ethylenediphosphonate	995-32-4	302.245	---	---	---	---	25	1.1460	1	---	1.4440	1	---	---
21442	C10H24O6S2Sn	di-n-butyltin bismethanesulfonate	73927-86-3	423.139	---	---	---	---	---	---	---	---	---	---	---	---
21443	C10H24P2	1,2-bis(diethylphosphino)ethane	6411-21-8	206.249	---	---	397.15	1	---	---	---	---	---	---	---	---
21444	C10H24S2Sn	bis(butylthio)dimethyltin	1000-40-4	327.143	---	---	459.65	1	---	---	---	---	---	---	---	---
21445	C10H25NO3Si	(3-diethylaminopropyl)trimethoxysilane	41051-80-3	235.399	---	---	---	---	25	0.9500	1	---	1.4230	1	---	---
21446	C10H25NO3Si	(4-aminobutyl)triethoxysilane	3069-30-5	235.399	---	---	---	---	---	---	---	---	---	---	---	---
21447	C10H25N3	3,3'-iminobis(N,N-dimethylpropylamine)	6711-48-4	187.330	195.25	1	---	---	25	0.8410	1	---	1.4490	1	---	---
21448	C10H25NbO5	niobium(v) ethoxide	3236-82-6	318.212	279.15	1	---	---	25	1.2680	1	---	1.5160	1	---	---
21449	C10H25O5Ta	tantalum(v) ethoxide	6074-84-6	406.253	294.15	1	---	---	25	1.5660	1	---	1.4880	1	---	---
21450	C10H26N4	N,N'-bis(3-aminopropyl)-1,4-butanediamine	71-44-3	202.344	302.15	1	---	---	25	0.9011	2	---	---	---	solid	1
21451	C10H26N6O2	spermine nonoate	---	262.357	363.15	1	---	---	25	1.0740	2	---	---	---	solid	1
21452	C10H27N4P	tert-butylimino-tris(dimethylamino)phospho	81675-81-2	234.326	---	---	448.15	1	25	0.9210	1	---	1.4620	1	---	---
21453	C10H28B2S2	1,2-bis(tert-butylthio)ethane : diborane con	---	234.086	345.65	1	---	---	---	---	---	---	---	---	solid	1
21454	C10H28N2OSi2	oxybis((3-aminopropyl)dimethylsilane)	2469-55-8	248.516	---	---	---	---	---	---	---	---	---	---	---	---
21455	C10H28N2O16	(1,6-hexanediylbis(nitrilobis(methylene)))te	23605-74-5	432.337	---	---	---	---	25	1.3728	2	---	---	---	---	---
21456	C10H28N2Si2	1,2-bis[(dimethylamino)dimethylsilyl]ethane	91166-50-6	232.516	---	---	---	---	25	0.8240	1	---	1.4460	1	---	---
21457	C10H28N6	pentaethylenehexamine	4067-16-7	232.374	243.15	1	659.00	1	25	0.9600	2	---	---	---	---	---
21458	C10H28Si3	tris(trimethylsilyl)methane	1068-69-5	232.587	---	---	---	---	25	0.8270	1	---	1.4650	1	---	---
21459	C10H30N5Ta	pentakis(dimethylamino)tantalum	19824-59-0	401.331	398.15	1	---	---	---	---	---	---	---	---	solid	1
21460	C10H30N6OP2	1,1,3,3,3-pentakis(dimethylamino)-1l5,3l5-	91241-12-2	312.338	---	---	621.15	1	25	1.0700	1	---	1.4950	1	---	---
21461	C10H30O3Si4	decamethyltetrasiloxane	141-62-8	310.686	205.15	1	467.15	1	25	0.8536	1	20	1.3895	1	liquid	1
21462	C10H30O3Si4	1,1,1,3,5,5,5-heptamethyl-3-[(trimethylsilyl)	17928-28-8	310.686	197.15	1	467.15	2	---	---	---	---	---	---	liquid	2
21463	C10H30O5Si5	decamethylcyclopentasiloxane	541-02-6	370.770	235.15	1	484.10	1	20	0.9593	1	20	1.3982	1	liquid	1
21464	C10Mn2O10	manganese carbonyl	10170-69-1	389.980	427.15	1	---	---	25	1.7500	1	---	---	---	solid	1
21465	C10O10Re2	rhenium carbonyl	14285-68-8	652.518	443.15	dec	---	---	25	2.8700	1	---	---	---	solid	1
21466	C11F20	perfluoro(methyldecalin), isomers	51294-16-7	512.091	233.25	1	421.65	1	25	1.9500	1	---	1.3170	1	liquid	1
21467	C11F20	perfluoro-1-methyldecalin	306-92-3	512.096	---	---	432.50	1	25	1.7331	2	---	---	---	---	---
21468	C11HF21O2	perfluoroundecanoic acid	2058-94-8	564.096	365.15	1	---	---	25	1.7568	2	---	---	---	solid	1
21469	C11H2F20O2	eicosafluoroundecanoic acid	1765-48-6	546.106	373.65	1	---	---	25	1.7297	2	---	---	---	solid	1
21470	C11H3F19O2	methyl nonadecafluorodecanoate	307-79-9	528.115	---	---	466.15	1	25	1.7620	1	---	1.3080	1	---	---
21471	C11H3F21O	2,2,3,3,4,4,5,5,6,6,7,7,8,8,9,9,10,10,11,11,	307-46-0	550.113	376.65	1	---	---	25	1.6953	2	---	---	---	solid	1
21472	C11H4ClF6N	4-chloro-2,8-bis(trifluoromethyl)quinoline	83012-13-9	299.603	320.15	1	---	---	25	1.5242	2	---	---	---	solid	1
21473	C11H5F6NO	2,8-bis(trifluoromethyl)-4-quinolinol	35853-41-9	281.158	405.15	1	---	---	25	1.4837	2	---	---	---	solid	1
21474	C11H5F17O	(2,2,3,3,4,4,5,5,6,6,7,7,8,8,9,9,9-heptadeca	38565-53-6	476.135	---	---	---	---	25	1.7120	1	---	1.3200	1	---	---
21475	C11H6Cl2N2	fenpiclonil	74738-17-3	237.088	---	---	---	---	25	1.4136	2	---	---	---	---	---
21476	C11H6F3NO3	4-hydroxy-7-trifluoromethyl-3-quinolinecarb	574-92-5	257.169	532.65	1	---	---	25	1.4646	2	---	---	---	solid	1
21477	C11H6I2O3	3,5-diiodo-4-hydroxyphenyl 2-furyl ketone	4568-82-5	439.976	---	---	---	---	25	2.2134	2	---	---	---	---	---
21478	C11H6O3	2H-furo(2,3-h)(1)benzopyran-2-one	523-50-2	186.167	411.90	1	---	---	25	1.3139	2	---	---	---	solid	1
21479	C11H6O3	7H-furo(3,2-g)(1)benzopyran-7-one	66-97-7	186.167	444.15	1	---	---	25	1.3139	2	---	---	---	solid	1
21480	C11H6O10	benzenepentacarboxylic acid	1585-40-6	298.163	---	---	---	---	25	1.6473	2	---	---	---	---	---
21481	C11H7BrO2	2-bromo-3-methyl-1,4-naphthalenedione	3129-39-3	251.079	425.95	1	---	---	25	1.5651	2	---	---	---	solid	1
21482	C11H7BrO2	5-bromo-1-naphthalenecarboxylic acid	16726-67-3	251.079	534.15	1	---	---	25	1.5651	2	---	---	---	solid	1
21483	C11H7BrO2	5-bromo-2-naphthalenecarboxylic acid	1013-83-8	251.079	543.15	1	---	---	25	1.5651	2	---	---	---	solid	1
21484	C11H7ClO	2-naphthalenecarbonyl chloride	2243-83-6	190.628	324.15	1	578.15	1	25	1.2529	2	---	---	---	solid	1
21485	C11H7ClO	1-naphthoyl chloride	879-18-5	190.628	299.15	1	570.75	1	25	1.2650	1	---	1.6530	1	solid	1
21486	C11H7ClO2	5-chloro-1-naphthalenecarboxylic acid	16650-52-5	206.628	518.15	1	---	---	25	1.3097	2	---	---	---	solid	1
21487	C11H7ClO2	8-chloro-1-naphthalenecarboxylic acid	4537-00-2	206.628	444.65	1	---	---	25	1.3097	2	---	---	---	solid	1
21488	C11H7ClO2	1-naphthyl chloroformate	3759-61-3	206.628	---	---	---	---	25	1.3097	2	---	---	---	---	---
21489	C11H7Cl2NO3	pyoluteorin	25683-07-2	272.087	---	---	---	---	25	1.4721	2	---	---	---	---	---
21490	C11H7Cl6HgNO2	ethylmercurichlorendimide	2597-93-5	598.487	---	---	---	---	---	---	---	---	---	---	---	---
21491	C11H7FOS	(4-fluorophenyl)-(2-thienyl) ketone	579-49-7	206.240	369.65	1	---	---	25	1.2857	2	---	---	---	solid	1
21492	C11H7FO5S	4-fluorosulfonyl-1-hydroxy-2-naphthoic aci	839-78-1	270.238	573.15	1	---	---	25	1.4777	2	---	---	---	solid	1
21493	C11H7F3O3S	1-naphthyl trifluoromethanesulfonate	99747-74-7	276.236	---	---	---	---	25	1.4050	1	---	1.5200	1	---	---
21494	C11H7F5O3	ethyl (pentafluorobenzoyl)acetate	3516-87-8	282.167	---	---	---	---	25	1.4300	1	---	1.4640	1	---	---
21495	C11H7F13O2	3,3,4,4,5,5,6,6,7,7,8,8,8-tridecafluorooctyl	17527-29-6	418.156	---	---	---	---	25	1.5540	1	---	1.3380	1	---	---
21496	C11H7N	1-naphthalenecarbonitrile	86-53-3	153.184	310.65	1	572.15	1	25	1.1080	1	18	1.6298	1	solid	1
21497	C11H7N	2-naphthalenecarbonitrile	613-46-7	153.184	339.15	1	579.65	1	60	1.0755	1	---	---	---	solid	1
21498	C11H7NO	1-isocyanatonaphthalene	86-84-0	169.183	---	---	542.15	1	20	1.1774	1	---	---	---	---	---
21499	C11H7NO	2-naphthyl isocyanate	2243-54-1	169.183	327.65	1	542.15	2	25	1.2153	2	---	---	---	solid	1
21500	C11H7NO	1,8-naphtholactam	130-00-7	169.183	---	---	542.15	2	25	1.2153	2	---	---	---	---	---
21501	C11H7NO3	N-(propargyloxy)phthalimide	4616-63-1	201.182	423.65	1	---	---	25	1.3373	2	---	---	---	solid	1
21502	C11H7NO4	5-nitro-1-naphthalenecarboxylic acid	1975-44-6	217.181	514.65	1	---	---	25	1.3917	2	---	---	---	solid	1
21503	C11H7NO4	5-(2-nitrophenyl)furfural	20000-96-8	217.181	368.65	1	---	---	25	1.3917	2	---	---	---	solid	1
21504	C11H7NS	1-naphthyl isothiocyanate	551-06-4	185.250	331.15	1	---	---	25	1.2420	2	---	---	---	solid	1
21505	C11H7N3O3	3-(5-nitro-2-furyl)-imidazo(1,2-a)pyridine	75198-31-1	229.196	---	---	---	---	25	1.4421	2	---	---	---	---	---
21506	C11H8ClNO2S	2-(p-chlorophenyl)-4-thiazole acetic acid	17969-20-9	253.709	428.65	1	418.15	1	25	1.3933	2	---	---	---	solid	1
21507	C11H8Cl2Hg2N2O2S	4,5-bis(chloromercuri)-2-thiazolecarbamic	64050-46-0	704.348	---	---	403.15	1	---	---	---	---	---	---	---	---
21508	C11H8Cl2N2O	6-(3,5-dichloro-4-methylphenyl)-3(2H)-pyri	62865-36-5	255.103	---	---	---	---	25	1.3990	2	---	---	---	---	---
21509	C11H8Cl2N2S	4,6-dichloro-2-methylthio-5-phenylpyrimidi	64415-11-8	271.170	382.15	1	---	---	25	1.4102	2	---	---	---	solid	1
21510	C11H8CrO5	(h6-methylbenzoate) chromium tricarbonyl	12125-87-0	272.178	---	---	---	---	---	---	---	---	---	---	---	---
21511	C11H8F6O2	ethyl 3,5-bis(trifluoromethyl)benzoate	96617-71-9	286.174	---	---	---	---	25	1.4002	2	---	1.4155	1	---	---
21512	C11H8FeO3	cyclooctatetraene iron tricarbonyl	12093-05-9	244.028	367.15	1	---	---	---	---	---	---	---	---	solid	1
21513	C11H8I3N2NaO4	sodium iothalamate	1225-20-3	635.899	---	---	---	---	---	---	---	---	---	---	---	---
21514	C11H8I3N2NaO4	sodium diatrizoate	737-31-5	635.899	---	---	---	---	---	---	---	---	---	---	---	---
21515	C11H8MoO4	tetracarbonyl(2,5-norbornadiene)molybden	12146-37-1	300.122	353.15	1	---	---	---	---	---	---	---	---	solid	1
21516	C11H8N2	1H-perimidine	204-02-4	168.199	496.15	1	---	---	25	1.1816	2	---	---	---	solid	1
21517	C11H8N2	4-amino-1-naphthalenecarbonitrile	58728-64-6	168.199	448.65	1	---	---	25	1.1816	2	---	---	---	solid	1
21518	C11H8N2	norharman	244-63-3	168.199	473.15	1	---	---	25	1.1816	2	---	---	---	solid	1
21519	C11H8N2O	5-cyano-3-indolylmethyl ketone	17380-19-7	184.198	---	---	365.15	1	25	1.2449	2	---	---	---	---	---
21520	C11H8N2O	2-(2-furyl)benzimidazole	3878-19-1	184.198	559.15	dec	---	---	25	1.2449	2	---	---	---	solid	1

Table 1 Physical Properties - Organic Compounds

NO	FORMULA	NAME	CAS No	Mol Wt g/mol	Freezing Point T_F, K	code	Boiling Point T_B, K	code	Density T, C	g/cm3	code	Refractive Index T, C	n_D	code	State @25C,1 atm	code
21521	C11H8N2O2	2-(2-quinoxalinyl)malondialdehyde	---	200.197	471.15	1	---	---	25	1.3035	2	---	---	---	solid	1
21522	C11H8N2O3S2	D(-)-luciferin	2591-17-5	280.329	473.15	1	---	---	25	1.4729	2	---	---	---	solid	1
21523	C11H8N2O5	2-(2-furyl)-3-(5-nitro-2-furyl)acrylamide	3688-53-7	248.196	---	---	430.35	2	25	1.4563	2	---	---	---	---	---
21524	C11H8N2O5	trans-2-(2-furyl)-3-(5-nitro-2-furyl)acrylamic	---	248.196	---	---	430.35	1	25	1.4563	2	---	---	---	---	---
21525	C11H8O	1-naphthalenecarboxaldehyde	66-77-3	156.184	306.65	1	565.15	1	20	1.1503	1	20	1.6507	1	solid	1
21526	C11H8O	2-naphthalenecarboxaldehyde	66-99-9	156.184	335.15	1	565.15	2	99	1.0775	1	99	1.6211	1	solid	1
21527	C11H8OS	phenyl-2-thienylmethanone	135-00-2	188.250	329.65	1	573.15	1	54	1.1890	1	54	1.6181	1	solid	1
21528	C11H8OS	phenyl-3-thienylmethanone	6453-99-2	188.250	336.65	1	573.15	2	25	1.2143	2	---	---	---	solid	1
21529	C11H8O2	2-furanylphenylmethanone	2689-59-0	172.183	---	---	558.15	1	20	1.1732	1	20	1.6055	1	---	---
21530	C11H8O2	2-hydroxy-1-naphthalenecarboxaldehyde	708-06-5	172.183	356.15	1	558.15	2	48	1.2161	2	---	---	---	solid	1
21531	C11H8O2	2-methyl-1,4-naphthalenedione	58-27-5	172.183	380.15	1	558.15	2	48	1.2161	2	---	---	---	solid	1
21532	C11H8O2	1-naphthalenecarboxylic acid	86-55-5	172.183	434.15	1	558.15	2	25	1.3980	1	---	1.4600	1	solid	1
21533	C11H8O2	2-naphthalenecarboxylic acid	93-09-4	172.183	458.65	1	558.15	2	100	1.0770	1	---	---	---	solid	1
21534	C11H8O2	3-furyl phenyl ketone	6453-98-1	172.183	---	---	558.15	2	48	1.2161	2	---	---	---	---	---
21535	C11H8O3	2-hydroxy-3-methyl-1,4-naphthalenedione	483-55-6	188.183	446.65	1	---	---	25	1.2487	2	---	---	---	solid	1
21536	C11H8O3	5-hydroxy-2-methyl-1,4-naphthalenedione	481-42-5	188.183	351.65	1	---	---	25	1.2487	2	---	---	---	solid	1
21537	C11H8O3	1-hydroxy-2-naphthalenecarboxylic acid	86-48-6	188.183	468.15	1	---	---	25	1.2487	2	---	---	---	solid	1
21538	C11H8O3	3-hydroxy-2-naphthalenecarboxylic acid	92-70-6	188.183	495.65	1	---	---	25	1.2487	2	---	---	---	solid	1
21539	C11H8O3	3-acetylcoumarin	3949-36-8	188.183	395.65	1	---	---	25	1.2487	2	---	---	---	solid	1
21540	C11H8O3	6-hydroxy-2-naphthoic acid	16712-64-4	188.183	517.65	1	---	---	25	1.2487	2	---	---	---	solid	1
21541	C11H8O3	2-furyl p-hydroxyphenyl ketone	4682-94-4	188.183	---	---	341.65	2	25	1.2487	2	---	---	---	---	---
21542	C11H8O3	2-hydroxy-1-naphthoic acid	2283-08-1	188.183	429.65	dec	---	---	25	1.2487	2	---	---	---	solid	1
21543	C11H8O3	2-methoxy-1,4-naphthalenedione	2348-82-5	188.183	---	---	341.65	1	25	1.2487	2	---	---	---	---	---
21544	C11H8O4	3,5-dihydroxy-2-methyl-1,4-naphthalenedic	478-40-0	204.182	454.15	1	---	---	25	1.3062	2	---	---	---	solid	1
21545	C11H8O5	2,3,4,6-tetrahydroxy-5H-benzocyclohepten	569-77-7	220.182	547.65	dec	---	---	25	1.3597	2	---	---	---	solid	1
21546	C11H9Br	1-(bromomethyl)naphthalene	3163-27-7	221.096	329.15	1	569.15	2	25	1.4165	2	---	---	---	solid	1
21547	C11H9Br	2-(bromomethyl)naphthalene	939-26-4	221.096	329.15	1	569.15	2	25	1.4165	2	---	---	---	solid	1
21548	C11H9Br	1-bromo-2-methylnaphthalene	2586-62-1	221.096	---	---	569.15	1	25	1.4140	1	---	1.6490	1	---	---
21549	C11H9Br	1-bromo-4-methylnaphthalene	6627-78-7	221.096	---	---	569.15	2	25	1.4190	1	---	1.6510	1	---	---
21550	C11H9BrO	2-bromo-6-methoxynaphthalene	5111-65-9	237.096	382.65	1	---	---	25	1.4473	2	---	---	---	solid	1
21551	C11H9Cl	1-(chloromethyl)naphthalene	86-52-2	176.645	305.15	1	564.65	1	20	1.1813	1	20	1.6380	1	solid	1
21552	C11H9Cl	1-chloro-2-methylnaphthalene	5859-45-0	176.645	313.40	2	564.65	2	25	1.1356	2	20	1.6265	1	solid	2
21553	C11H9Cl	2-(chloromethyl)naphthalene	2506-41-4	176.645	321.65	1	564.65	2	25	1.1356	2	---	---	---	solid	1
21554	C11H9ClNO3	7-chloro-2-methyl-3,3a-dihydro-2H,9H-isox	29053-27-8	238.650	421.15	1	404.95	1	25	1.3510	2	---	---	---	solid	1
21555	C11H9ClN2O	5-chloro-3-methyl-1-phenylpyrazole-4-carb	947-95-5	220.658	417.15	1	---	---	25	1.3006	2	---	---	---	solid	1
21556	C11H9Cl2NO2	barban	101-27-9	258.103	348.15	1	---	---	25	1.3713	2	---	---	---	solid	1
21557	C11H9Cl5O3	erbon	136-25-4	366.453	322.65	1	---	---	25	1.5195	2	---	---	---	solid	1
21558	C11H9F3O3	methyl 4-trifluoromethylbenzoylacetate	212755-76-5	246.186	332.65	1	---	---	25	1.3318	2	---	---	---	solid	1
21559	C11H9F11O2	3,3,4,4,5,6,6,6-octafluoro-5-(trifluoromethy	65195-44-0	382.175	---	---	472.15	1	25	1.4810	1	---	1.3540	1	---	---
21560	C11H9F11O3	4,4,5,5,6,7,7,7-octafluoro-2-hydroxy-6-(trifl	16083-76-4	398.174	---	---	---	---	25	1.5160	1	---	1.3680	1	---	---
21561	C11H9I3N2O4	diatrizoic acid	117-96-4	613.917	---	---	395.65	1	25	2.4079	2	---	---	---	---	---
21562	C11H9I3N2O4	iothalamic acid	2276-90-6	613.917	---	---	395.65	2	25	2.4079	2	---	---	---	---	---
21563	C11H9N	2-phenylpyridine	1008-89-5	155.199	---	---	544.15	1	25	1.0833	1	20	1.6210	1	---	---
21564	C11H9N	3-phenylpyridine	1008-88-4	155.199	437.15	1	545.15	1	25	1.0567	2	25	1.6123	1	solid	1
21565	C11H9N	4-phenylpyridine	939-23-1	155.199	350.65	1	554.15	1	25	1.0567	2	---	---	---	solid	1
21566	C11H9N	2-vinylquinoline, stabilized	772-03-2	155.199	---	---	547.82	2	25	1.0300	1	---	---	---	---	---
21567	C11H9NO	1-naphthalenecarboxamide	2243-81-4	171.199	478.95	1	578.15	2	25	1.1550	2	---	---	---	solid	1
21568	C11H9NO	phenyl-1H-pyrrol-2-ylmethanone	7697-46-3	171.199	352.15	1	578.15	1	25	1.1550	2	---	---	---	solid	1
21569	C11H9NO	4-phenylpyridine-N-oxide	1131-61-9	171.199	425.65	1	578.15	2	25	1.1550	2	---	---	---	solid	1
21570	C11H9NO2	3-amino-2-naphthalenecarboxylic acid	5959-52-4	187.198	489.65	1	---	---	25	1.2168	2	---	---	---	solid	1
21571	C11H9NO2	5-amino-1-naphthalenecarboxylic acid	32018-88-5	187.198	485.45	1	---	---	25	1.2168	2	---	---	---	solid	1
21572	C11H9NO2	1-methyl-4-nitronaphthalene	880-93-3	187.198	344.65	1	396.65	2	25	1.2168	2	---	---	---	solid	1
21573	C11H9NO2	2-methyl-1-nitronaphthalene	881-03-8	187.198	354.65	1	396.65	2	25	1.2168	2	---	---	---	solid	1
21574	C11H9NO2	6-amino-2-naphthoic acid	116668-47-4	187.198	497.65	1	---	---	25	1.2168	2	---	---	---	solid	1
21575	C11H9NO2	3-indoleacrylic acid	1204-06-4	187.198	456.15	1	---	---	25	1.2168	2	---	---	---	solid	1
21576	C11H9NO2	trans-3-indoleacrylic acid	29953-71-7	187.198	458.65	1	---	---	25	1.2168	2	---	---	---	solid	1
21577	C11H9NO2	methyl 3-isoquinolinecarboxylate	27104-73-0	187.198	358.65	1	396.65	2	25	1.2168	2	---	---	---	solid	1
21578	C11H9NO2	2-methyl-N-phenylmaleimide	3120-04-5	187.198	370.15	1	396.65	2	25	1.2168	2	---	---	---	solid	1
21579	C11H9NO2	3-hydroxy-2-naphthamide	3665-51-8	187.198	---	---	396.65	2	25	1.2168	2	---	---	---	---	---
21580	C11H9NO2	8-hydroxy-5-quinolyl methyl ketone	2598-31-4	187.198	---	---	396.65	1	25	1.2168	2	---	---	---	---	---
21581	C11H9NO2	2-naphthohydroxamic acid	10335-79-2	187.198	441.15	1	---	---	25	1.2168	2	---	---	---	solid	1
21582	C11H9NO3	6-methoxy-4-quinolinecarboxylic acid	86-68-0	203.198	558.15	dec	---	---	25	1.2743	2	---	---	---	solid	1
21583	C11H9NO3	3-hydroxy-2-methyl-4-quinolinecarboxylic a	117-57-7	203.198	494.65	1	523.15	2	25	1.2743	2	---	---	---	solid	1
21584	C11H9NO3	indole-3-pyruvic acid	392-12-1	203.198	488.15	1	523.15	2	25	1.2743	2	---	---	---	solid	1
21585	C11H9NO3	1-methoxy-4-nitronaphthalene	4900-63-4	203.198	357.15	1	523.15	2	25	1.2743	2	---	---	---	solid	1
21586	C11H9NO3	methyl 4-(cyanoacetyl)benzoate	69316-08-1	203.198	445.15	1	523.15	2	25	1.2743	2	---	---	---	solid	1
21587	C11H9NO3	methyl 3-formylindole-6-carboxylate	133831-28-4	203.198	494.65	1	523.15	2	25	1.2743	2	---	---	---	solid	1
21588	C11H9NO3	N-(2,3-epoxypropyl)-phthalimide	5455-98-1	203.198	---	---	523.15	2	25	1.2743	2	---	---	---	---	---
21589	C11H9NO3	5-methyl-3-phenylisoxazole-4-carboxylic ac	1136-45-4	203.198	465.15	1	523.15	1	25	1.2743	2	---	---	---	solid	1
21590	C11H9NO4	N-carbethoxyphthalimide	22509-74-6	219.197	>353.15	1	---	---	25	1.3279	2	---	---	---	solid	1
21591	C11H9NO4	N-tosyl-3-pyrrolecarboxylic acid	106058-86-0	219.197	477.15	1	---	---	25	1.3279	2	---	---	---	solid	1
21592	C11H9NO4	4-hydroxy-8-methoxyquinaldic acid	2929-14-8	219.197	513.65	1	---	---	25	1.3279	2	---	---	---	solid	1
21593	C11H9NO5	ethyl 5-nitrobenzofuran-2-carboxylate	69604-00-8	235.196	423.15	1	---	---	25	1.3780	2	---	---	---	solid	1
21594	C11H9NO5S	4-aminosulfonyl-1-hydroxy-2-naphthoic aci	64415-15-2	267.262	498.15	1	---	---	25	1.4350	2	---	---	---	solid	1
21595	C11H9N3	amino-a-carboline	26148-68-5	183.213	475.65	1	363.15	1	25	1.2125	2	---	---	---	solid	1
21596	C11H9N3	3-aminonorharman	73834-77-2	183.213	---	---	375.85	1	25	1.2125	2	---	---	---	---	---
21597	C11H9N3	aminoperimidine	28832-64-6	183.213	512.15	1	444.65	1	25	1.2125	2	---	---	---	solid	1
21598	C11H9N3	3-amino-5H-pyrido(4,3-b)indole	69901-70-8	183.213	---	---	394.55	2	25	1.2125	2	---	---	---	---	---
21599	C11H9N3	4-phenylazopyridine	2569-58-6	183.213	---	---	394.55	2	25	1.2125	2	---	---	---	---	---
21600	C11H9N3O2	4-(2-pyridylazo)resorcinol	1141-59-9	215.212	461.15	1	---	---	25	1.3257	2	---	---	---	solid	1

Table 1 Physical Properties - Organic Compounds

NO	FORMULA	NAME	CAS No	Mol Wt	Freezing Point		Boiling Point		Density			Refractive Index			State	
				g/mol	T_F, K	code	T_B, K	code	T, C	g/cm3	code	T, C	n_D	code	@25C,1 atm	code
21601	C11H10	1-methylnaphthalene	90-12-0	142.200	242.67	1	517.83	1	25	1.0170	1	25	1.6151	1	liquid	1
21602	C11H10	2-methylnaphthalene	91-57-6	142.200	307.73	1	514.26	1	20	1.0058	1	42	1.6019	1	solid	1
21603	C11H10	methylnaphthalene	1321-94-4	142.200	307.15	1	515.15	1	23	1.0114	2	---	---	---	solid	1
21604	C11H10BrNO2	N-(3-bromopropyl)phthalimide	5460-29-7	268.110	346.15	1	---	---	25	1.5046	2	---	---	---	solid	1
21605	C11H10BrNO2	methyl 2-cyano-3-(2-bromophenyl)acrylate	109460-96-0	268.110	---	---	---	---	25	1.5046	2	---	---	---	---	---
21606	C11H10ClNO2	ethyl 5-chloro-2-indolecarboxylate	4792-67-0	223.659	441.65	1	---	---	25	1.2741	2	---	---	---	solid	1
21607	C11H10ClNO2	methyl 2-chloro-a-cyanohydrocinnamate	7346-46-5	223.659	329.15	1	---	---	25	1.2741	2	---	---	---	solid	1
21608	C11H10ClNO2	m-chlorocarbanilic acid 1-methyl-2-propyn	1967-16-4	223.659	318.65	1	---	---	25	1.2741	2	---	---	---	solid	1
21609	C11H10Cl2N2O	a-(2,4-dichlorophenyl)-1H-imidazole-1-etha	24155-42-8	257.119	409.15	1	---	---	25	1.3436	2	---	---	---	solid	1
21610	C11H10Cl2N2O4	D-threo-2-(dichloromethyl)-a-(p-nitropheny	76738-28-8	305.117	---	---	---	---	25	1.4654	2	---	---	---	---	---
21611	C11H10Cl2N4	metoprine	7761-45-7	269.133	548.65	1	---	---	25	1.3856	2	---	---	---	solid	1
21612	C11H10Cl2O	3,5-bis(chloromethyl)-2,4,6-trimethylpheno	33919-18-5	229.105	410.65	1	---	---	25	1.2529	2	---	---	---	solid	1
21613	C11H10Cl6O2	6,7,8,9,10,10-hexachloro-1,5,5a,6,9,9a-he	2592-62-3	386.914	---	---	---	---	25	1.5040	2	---	---	---	---	---
21614	C11H10F3NO	1-[4-(trifluoromethyl)phenyl]-2-pyrrolidinon	73081-88-6	229.202	408.15	1	---	---	25	1.2567	2	---	---	---	solid	1
21615	C11H10F3NO3	N-trifluoroacetyl-L-phenylalanine	---	261.201	399.65	1	---	---	25	1.3491	2	---	---	---	solid	1
21616	C11H10FeO	ferrocenecarboxaldehyde	12093-10-6	214.045	395.15	1	---	---	---	---	---	---	---	---	solid	1
21617	C11H10I3NO3	2-(3-acetamido-2,4,6-triiodophenyl)propior	23217-81-4	584.919	---	---	470.15	1	25	2.3434	2	---	---	---	---	---
21618	C11H10NO3	4-(2-hydroxybenzoyl)morpholine	3202-84-4	204.206	---	---	---	---	25	1.2455	2	---	---	---	---	---
21619	C11H10N2	2-amino-5-phenylpyridine	33421-40-8	170.214	---	---	---	---	25	1.1246	2	---	---	---	---	---
21620	C11H10N2O	1-naphthylurea	6950-84-1	186.214	492.65	1	---	---	25	1.1862	2	---	---	---	solid	1
21621	C11H10N2O	2-naphthylurea	13114-62-0	186.214	492.15	1	---	---	25	1.1862	2	---	---	---	solid	1
21622	C11H10N2O	N-4-quinolinylacetamide	32433-28-6	186.214	449.15	1	---	---	25	1.1862	2	---	---	---	solid	1
21623	C11H10N2O	4'-(imidazol-1-yl)acetophenone	10041-06-2	186.214	385.15	1	---	---	25	1.1862	2	---	---	---	solid	1
21624	C11H10N2O	furaldehyde phenylhydrazone	2216-75-3	186.214	---	---	---	---	25	1.1862	2	---	---	---	---	---
21625	C11H10N2O	1-(3-aminophenyl)-2-pyridone	134-37-2	186.214	456.65	1	---	---	25	1.1862	2	---	---	---	solid	1
21626	C11H10N2O2	3-hydroxy-2-naphthoic acid hydrazide	5341-58-2	202.213	480.15	1	---	---	25	1.2437	2	---	---	---	solid	1
21627	C11H10N2O2	2,4,6-trimethyl-1,3-phenylene diisocyanate	16959-10-7	202.213	331.65	1	---	---	25	1.2437	2	---	---	---	solid	1
21628	C11H10N2O2	2-acetamido-4-phenyloxazole	35629-38-0	202.213	---	---	---	---	25	1.2437	2	---	---	---	---	---
21629	C11H10N2O2	2-hydroxymethyl-6-phenyl-3-pyridazone	32949-37-4	202.213	---	---	---	---	25	1.2437	2	---	---	---	---	---
21630	C11H10N2O2	3-methyl-2,3-dihydro-9H-isoxazolo(3,2-b)q	37795-71-4	202.213	---	---	---	---	25	1.2437	2	---	---	---	---	---
21631	C11H10N2O2	N-(4-quinolyl)acetohydroxamic acid	63040-20-0	202.213	---	---	---	---	25	1.2437	2	---	---	---	---	---
21632	C11H10N2O2S	N-(2-benzothiazolyl)-acetoacetamide	4692-94-8	234.279	---	---	354.15	1	25	1.3150	2	---	---	---	---	---
21633	C11H10N2O3	5-methyl-5-phenyl-2,4,6(1H,3H,5H)-pyrimi	76-94-8	218.213	493.15	1	---	---	25	1.2973	2	---	---	---	solid	1
21634	C11H10N2O3	4-(3-methyl-5-oxo-2-pyrazolin-1-yl)benzoic	60875-16-3	218.213	559.15	1	---	---	25	1.2973	2	---	---	---	solid	1
21635	C11H10N2O3	4-nitro-2-ethylquinoline-N-oxide	3741-14-8	218.213	---	---	---	---	25	1.2973	2	---	---	---	---	---
21636	C11H10N2O4	ethyl 5-nitroindole-2-carboxylate	16732-57-3	234.212	495.65	1	---	---	25	1.3474	2	---	---	---	solid	1
21637	C11H10N2O4	ethyl 7-nitroindole-2-carboxylate	6960-46-9	234.212	366.15	1	---	---	25	1.3474	2	---	---	---	solid	1
21638	C11H10N2S	1-naphthalenylthiourea	86-88-4	202.280	471.15	1	---	---	25	1.2118	2	---	---	---	solid	1
21639	C11H10N4	2-amino-6-methyldipyrido(1,2-a:3',2'-d)imic	67730-11-4	198.228	---	---	337.85	1	25	1.2400	2	---	---	---	---	---
21640	C11H10N4	2-amino-3-methylimidazo(4,5-f)quinoline	76180-96-6	198.228	---	---	344.65	1	25	1.2400	2	---	---	---	---	---
21641	C11H10N4O	2-hydroxyamino-3-methylimidazolo(4,5-f)q	77314-23-9	214.228	---	---	---	---	25	1.2946	2	---	---	---	---	---
21642	C11H10N4O4	2-formylquinoxaline-1,4-dioxide carbometh	6804-07-5	262.226	512.90	1	337.65	1	25	1.4383	2	---	---	---	solid	1
21643	C11H10N4O6	3-hydroxymethyl-1-((3-(5-nitro-2-furyl)allyli	18857-59-5	294.225	469.65	1	---	---	25	1.5201	2	---	---	---	solid	1
21644	C11H10N4S	isoquinaldehyde thiosemicarbazone	2365-26-6	230.294	---	---	344.95	1	25	1.3128	2	---	---	---	---	---
21645	C11H10N6O5	2,4-diacetamido-6-(5-nitro-2-furyl)-S-triazir	51325-35-0	306.239	---	---	335.15	1	25	1.5590	2	---	---	---	---	---
21646	C11H10O	1-methoxynaphthalene	2216-69-5	158.200	---	---	542.15	1	14	1.0963	1	25	1.6940	1	---	---
21647	C11H10O	2-methoxynaphthalene	93-04-9	158.200	346.65	1	547.15	1	38	1.0571	2	---	---	---	solid	1
21648	C11H10O	1-methyl-2-naphthalenol	1076-26-2	158.200	385.15	1	543.45	2	38	1.0571	2	---	---	---	solid	1
21649	C11H10O	4-methyl-1-naphthalenol	10240-08-1	158.200	358.95	1	543.45	2	38	1.0571	2	---	---	---	solid	1
21650	C11H10O	1-naphthalenemethanol	4780-79-4	158.200	337.15	1	577.15	1	80	1.1039	1	---	---	---	solid	1
21651	C11H10O	2-naphthalenemethanol	1592-38-7	158.200	354.45	1	543.45	2	38	1.0571	2	---	---	---	solid	1
21652	C11H10O	3-phenyl-2-cyclopenten-1-one	3810-26-2	158.200	250.15	1	507.35	1	20	0.9711	1	20	1.5440	1	liquid	1
21653	C11H10O	5-phenyl-2,4-pentadienal	13466-40-5	158.200	315.65	1	543.45	2	38	1.0571	2	---	---	---	solid	1
21654	C11H10O2	3,4-dihydro-1-naphthalenecarboxylic acid	3333-23-1	174.199	398.15	1	579.15	1	21	1.0890	2	---	---	---	solid	1
21655	C11H10O2	3-ethyl-2H-1-benzopyran-2-one	66898-39-3	174.199	345.45	1	572.15	1	21	1.0890	2	---	---	---	solid	1
21656	C11H10O2	ethyl 3-phenylpropynoate	2216-94-6	174.199	---	---	538.15	1	25	1.0550	1	20	1.5520	1	---	---
21657	C11H10O2	furfuryl phenyl ether	4437-23-4	174.199	---	---	504.15	2	17	1.1230	1	17	1.5535	1	---	---
21658	C11H10O2	4-methoxy-1-naphthol	84-85-5	174.199	402.15	1	504.15	2	21	1.0890	2	---	---	---	solid	1
21659	C11H10O2	1,4,4-alpha,8-alpha-tetrahydro-endo-1,4-m	1200-89-1	174.199	---	---	504.15	2	21	1.0890	2	---	---	---	---	---
21660	C11H10O2	pentacyclo[5.4.0.02,6.03,10.05,9]undecan-	2958-72-7	174.199	514.15	1	---	---	21	1.0890	2	---	---	---	solid	1
21661	C11H10O2	1-(2H-1-benzopyran-3-yl)ethanone	51593-70-5	174.199	---	---	504.15	2	21	1.0890	2	---	---	---	---	---
21662	C11H10O2	2-methyl-1,4-naphthalenediol	481-85-6	174.199	450.65	1	504.15	2	21	1.0890	2	---	---	---	solid	1
21663	C11H10O2	propylidene phthalide	17369-59-4	174.199	---	---	327.15	1	21	1.0890	2	---	---	---	---	---
21664	C11H10O3	dihydro-3-phenyl-2H-pyran-2,6(3H)-dione	2959-96-8	190.199	368.15	1	403.85	2	25	1.1909	2	---	---	---	solid	1
21665	C11H10O3	dihydro-4-phenyl-2H-pyran-2,6(3H)-dione	4160-80-9	190.199	378.75	1	403.85	2	25	1.1909	2	---	---	---	solid	1
21666	C11H10O3	ethyl 2-benzofurancarboxylate	3199-61-9	190.199	303.65	1	549.15	1	28	1.1656	1	27	1.5640	1	solid	1
21667	C11H10O3	7-ethoxycoumarin	31005-02-4	190.199	361.65	1	403.85	2	25	1.1909	2	---	---	---	solid	1
21668	C11H10O3	7-methoxy-4-methylcoumarin	2555-28-4	190.199	432.65	1	---	---	25	1.1909	2	---	---	---	solid	1
21669	C11H10O3	1-(6-methoxy-2-benzofuranyl)ethanone	52814-92-3	190.199	---	---	403.85	2	25	1.1909	2	---	---	---	---	---
21670	C11H10O3	1-(7-methoxy-2-benzofuranyl)ethanone	43071-52-9	190.199	---	---	331.15	1	25	1.1909	2	---	---	---	---	---
21671	C11H10O3	5-methoxy-2-benzofuranyl methyl ketone	21587-39-3	190.199	---	---	331.25	1	25	1.1909	2	---	---	---	---	---
21672	C11H10O3	3,4-methylenedioxybenzyl acetone	3160-37-0	190.199	---	---	403.85	2	25	1.1909	2	---	---	---	---	---
21673	C11H10O4	5,7-dimethoxy-2H-1-benzopyran-2-one	487-06-9	206.198	422.15	1	473.15	dec	25	1.2472	2	---	---	---	solid	1
21674	C11H10O4	2-acetoxycinnamic acid	5562-18-3	206.198	430.15	1	473.15	2	25	1.2472	2	---	---	---	solid	1
21675	C11H10O4	6,7-dimethylesculetin	120-08-1	206.198	417.15	1	473.15	2	25	1.2472	2	---	---	---	solid	1
21676	C11H10S	2-methyl-5-phenylthiophene	5069-26-1	174.266	324.15	1	544.15	1	25	1.1000	2	---	---	---	solid	1
21677	C11H11BrN2O	4-bromo-1,2-dihydro-1,5-dimethyl-2-pheny	5426-65-3	267.126	395.15	1	---	---	20	1.5900	1	---	---	---	solid	1
21678	C11H11BrN2O2	5-bromo-DL-tryptophan	6548-09-0	283.125	538.65	1	---	---	25	1.5145	2	---	---	---	solid	1
21679	C11H11BrO2	ethyl 2-bromo-3-phenylacrylate	57296-00-1	255.111	---	---	568.15	1	25	1.3885	1	25	1.5845	1	---	---
21680	C11H11BrO2	ethyl cis-3-bromo-3-phenylacrylate	1504-70-7	255.111	---	---	568.15	2	10	1.4044	1	10	1.5841	1	---	---

Table 1 Physical Properties - Organic Compounds

NO	FORMULA	NAME	CAS No	Mol Wt g/mol	Freezing Point T_F, K	code	Boiling Point T_B, K	code	Density T, C	g/cm3	code	Refractive Index T, C	n_D	code	State @25C,1 atm	code
21681	C11H11BrO2	ethyl trans-4-bromocinnamate	24393-53-1	255.111	---	---	568.15	2	25	1.3590	1	---	1.5960	1	---	---
21682	C11H11ClFeO4	n-benzene-n-cyclopentadienyl iron(ii)perch	---	298.503	---	---	---	---	---	---	---	---	---	---	---	---
21683	C11H11ClN2O2	ethyl-5-chloro-3(1H)-indazolylacetate	27512-72-7	238.674	---	---	---	---	25	1.2951	2	---	---	---	---	---
21684	C11H11ClO2	1-(4-chlorophenyl)-1-cyclobutanecarboxyli	50921-39-6	210.660	356.15	1	---	---	25	1.1983	2	---	---	---	solid	1
21685	C11H11ClO3	3-(p-chlorobenzoyl)-butyric acid	36978-49-1	226.659	414.15	1	---	---	25	1.2494	2	---	---	---	solid	1
21686	C11H11ClO3	3-(p-chlorobenzoyl)-2-methylpropionic acid	52240-20-7	226.659	411.15	1	---	---	25	1.2494	2	---	---	---	solid	1
21687	C11H11ClO3	(4-allyloxy-3-chlorophenyl)acetic acid	22131-79-9	226.659	365.65	1	---	---	25	1.2494	2	---	---	---	solid	1
21688	C11H11ClO4	alclofenac epoxide	70319-10-7	242.658	---	---	---	---	25	1.2975	2	---	---	---	---	---
21689	C11H11Cl2NO2	(±)-4-(dichloroacetyl)-3,4-dihydro-3-methyl	98730-04-2	260.119	---	---	513.15	1	25	1.3188	2	---	---	---	---	---
21690	C11H11Cl2NO3S	dichlormethazanone	5571-97-1	308.185	397.45	1	---	---	25	1.4110	2	---	---	---	solid	1
21691	C11H11Cl2N3O	edrul	55294-15-0	272.134	401.15	1	---	---	25	1.3599	2	---	---	---	solid	1
21692	C11H11Cl3O3	isopropyl (2,4,5-trichlorophenoxy)acetate	93-78-7	297.564	318.15	1	---	---	25	1.3789	2	---	---	---	solid	1
21693	C11H11FN2O2	5-fluoro-DL-tryptophan	154-08-5	222.220	523.15	1	---	---	25	1.2556	2	---	---	---	solid	1
21694	C11H11FN2O2	6-fluoro-DL-tryptophan	7730-20-3	222.220	14663.15	1	---	---	25	1.2556	2	---	---	---	solid	1
21695	C11H11FO	cyclobutyl-4-fluorophenyl ketone	31431-13-7	178.206	---	---	---	---	25	1.0942	2	---	1.5275	1	---	---
21696	C11H11FO	8-fluoro-1-benzosuberone	24484-21-7	178.206	---	---	---	---	25	1.1600	1	---	1.5410	1	---	---
21697	C11H11F3N2O3	flutamide	13311-84-7	276.216	385.15	1	---	---	25	1.3649	2	---	---	---	solid	1
21698	C11H11F3O	2,2,2-trifluoro-2',4',6'-trimethylacetophenon	313-56-4	216.203	---	---	---	---	25	1.1360	1	---	1.4560	1	---	---
21699	C11H11F3O4	2,2,2-trifluoro-2',4',6'-trimethoxyacetophen	314-98-7	264.201	333.15	1	---	---	25	1.3244	2	---	---	---	solid	1
21700	C11H11Hg2NO8	guaimercol	---	686.391	---	---	460.95	1	---	---	---	---	---	---	---	---
21701	C11H11I3O3	iophenoxic acid	96-84-4	571.920	416.65	1	---	---	25	2.2890	2	---	---	---	solid	1
21702	C11H11N	3-ethylquinoline	1873-54-7	157.215	305.55	2	539.15	1	20	1.0508	1	20	1.6160	1	solid	2
21703	C11H11N	6-ethylquinoline	19655-60-8	157.215	316.82	2	536.00	2	25	1.0430	1	25	1.6009	1	solid	2
21704	C11H11N	8-ethylquinoline	19655-56-2	157.215	316.82	2	529.15	1	21	1.0491	2	---	---	---	solid	2
21705	C11H11N	2,3-dimethylquinoline	1721-89-7	157.215	343.15	1	536.15	1	25	1.1013	1	---	---	---	solid	1
21706	C11H11N	2,4-dimethylquinoline	1198-37-4	157.215	288.00	1	540.36	1	25	1.0460	1	25	1.5960	1	liquid	1
21707	C11H11N	2,6-dimethylquinoline	877-43-0	157.215	330.45	1	538.56	1	21	1.0491	2	---	---	---	solid	1
21708	C11H11N	2,7-dimethylquinoline	93-37-8	157.215	334.15	1	537.65	1	21	1.0491	2	---	---	---	solid	1
21709	C11H11N	2,8-dimethylquinoline	1463-17-8	157.215	334.15	1	523.15	1	20	1.0394	1	20	1.6022	1	solid	1
21710	C11H11N	3,4-dimethylquinoline	2436-92-2	157.215	347.15	1	564.15	1	21	1.0491	2	---	---	---	solid	1
21711	C11H11N	3,6-dimethylquinoline	20668-26-2	157.215	330.15	1	543.15	1	21	1.0491	2	---	---	---	solid	1
21712	C11H11N	3,7-dimethylquinoline	20668-28-4	157.215	352.15	1	544.15	1	21	1.0491	2	---	---	---	solid	1
21713	C11H11N	3,8-dimethylquinoline	20668-29-5	157.215	300.45	2	534.15	1	20	1.0510	1	20	1.6063	1	solid	2
21714	C11H11N	4,5-dimethylquinoline	59129-74-7	157.215	351.15	1	538.00	2	21	1.0491	2	---	---	---	solid	1
21715	C11H11N	4,6-dimethylquinoline	826-77-7	157.215	295.15	1	545.15	1	20	1.0577	1	20	1.6100	1	liquid	1
21716	C11H11N	4,8-dimethylquinoline	13362-80-6	157.215	330.15	1	546.00	2	21	1.0491	2	---	---	---	solid	1
21717	C11H11N	5,6-dimethylquinoline	20668-30-8	157.215	323.15	1	546.00	2	21	1.0491	2	---	---	---	solid	1
21718	C11H11N	5,7-dimethylquinoline	20150-89-4	157.215	295.15	1	547.15	1	21	1.0491	2	25	1.5960	2	liquid	1
21719	C11H11N	6,7-dimethylquinoline	20668-33-1	157.215	331.15	1	547.00	2	21	1.0491	2	---	---	---	solid	1
21720	C11H11N	2,5-dimethylquinoline	26190-82-9	157.215	334.15	1	537.65	1	21	1.0491	2	---	---	---	solid	1
21721	C11H11N	5,8-dimethylquinoline	2623-50-9	157.215	275.45	1	539.15	1	21	1.0700	1	---	---	---	liquid	1
21722	C11H11N	6,8-dimethylquinoline	2436-93-3	157.215	321.72	2	541.65	1	4	1.0665	1	---	---	---	solid	2
21723	C11H11N	2-ethylquinoline	1613-34-9	157.215	321.72	2	518.65	1	17	1.0500	1	23	1.5979	1	solid	2
21724	C11H11N	1-benzyl-1H-pyrrole	2051-97-0	157.215	288.15	1	520.15	1	20	1.0183	1	24	1.5655	1	liquid	1
21725	C11H11N	4-methyl-1-naphthalenamine	4523-45-9	157.215	324.65	1	537.36	2	21	1.0491	2	---	---	---	solid	1
21726	C11H11N	N-methyl-2-naphthalenamine	2216-67-3	157.215	---	---	590.15	1	21	1.0491	2	20	1.6722	1	---	---
21727	C11H11N	methyl-1-naphthylamine	2216-68-4	157.215	447.15	1	567.65	1	21	1.0491	2	20	1.6722	1	solid	1
21728	C11H11N	2-naphthalenemethanamine	2018-90-8	157.215	332.65	1	537.36	2	21	1.0491	2	---	---	---	solid	1
21729	C11H11N	1-(4-methylphenyl)-1-cyclopropanecarboni	---	157.215	---	---	537.36	2	25	0.9900	1	---	1.5343	1	---	---
21730	C11H11N	1-(4-methylphenyl)-1H-pyrrole	827-60-1	157.215	356.15	1	537.36	2	21	1.0491	2	---	---	---	solid	1
21731	C11H11N	1-naphthylmethylamine	118-31-0	157.215	---	---	564.65	1	25	1.0730	1	---	1.6430	1	---	---
21732	C11H11N	1-phenylcyclobutanecarbonitrile	14377-68-5	157.215	---	---	366.65	1	25	1.0300	1	---	1.5323	1	---	---
21733	C11H11N	4,7-dimethylquinoline	40941-54-6	157.215	---	---	556.20	1	21	1.0491	2	---	---	---	---	---
21734	C11H11N	4-ethylquinoline	19020-26-9	157.215	---	---	545.70	1	21	1.0491	2	---	---	---	---	---
21735	C11H11N	3-methyl-2-naphthylamine	10546-24-4	157.215	408.40	1	537.36	2	21	1.0491	2	---	---	---	solid	1
21736	C11H11NO	2,4-dimethyl-6-quinolinol	64165-34-0	173.215	487.15	1	633.15	dec	25	1.1016	2	---	---	---	solid	1
21737	C11H11NO	2,4-dimethyl-8-quinolinol	115310-98-0	173.215	338.15	1	554.15	1	25	1.1016	2	---	---	---	solid	1
21738	C11H11NO	2,8-dimethyl-4-quinolinol	15644-80-1	173.215	535.45	1	593.65	2	25	1.1016	2	---	---	---	solid	1
21739	C11H11NO	1-(1H-indol-3-yl)-2-propanone	1201-26-9	173.215	389.15	1	593.65	2	25	1.1016	2	---	---	---	solid	1
21740	C11H11NO	6-methoxyquinaldine	1078-28-0	173.215	336.15	1	593.65	2	25	1.1016	2	---	---	---	solid	1
21741	C11H11NO	4-amino-2-methyl-1-naphthol	83-70-5	173.215	---	---	593.65	2	25	1.1016	2	---	---	---	---	---
21742	C11H11NO	indol-1-yl ethyl ketone	73747-53-2	173.215	---	---	593.65	2	25	1.1016	2	---	---	---	---	---
21743	C11H11NO	1-methoxy-2-naphthylamine	3178-03-8	173.215	---	---	593.65	2	25	1.1016	2	---	---	---	---	---
21744	C11H11NO	2-quinolineethanol	1011-50-3	173.215	---	---	593.65	2	25	1.1016	2	---	---	---	---	---
21745	C11H11NO2	1-methyl-3-phenyl-2,5-pyrrolidinedione	86-34-0	189.214	345.15	1	607.15	2	25	1.1619	2	---	---	---	solid	1
21746	C11H11NO2	1-benzyl-2,5-pyrrolidinedione	2142-06-5	189.214	376.15	1	666.15	1	25	1.1619	2	---	---	---	solid	1
21747	C11H11NO2	ethyl 2-cyano-2-phenylacetate	4553-07-5	189.214	---	---	548.15	dec	20	1.0910	1	25	1.5012	1	---	---
21748	C11H11NO2	3,4-dimethoxycinnamonitrile, cis and trans	6443-72-7	189.214	---	---	607.15	2	25	1.1619	2	---	---	---	---	---
21749	C11H11NO2	ethyl indole-2-carboxylate	3770-50-1	189.214	395.15	1	607.15	2	25	1.1619	2	---	---	---	solid	1
21750	C11H11NO2	3-indolepropionic acid	830-96-6	189.214	406.15	1	607.15	2	25	1.1619	2	---	---	---	solid	1
21751	C11H11NO2	2-(hydroxyacetyl)-1-methylindole	52098-14-3	189.214	---	---	607.15	2	25	1.1619	2	---	---	---	---	---
21752	C11H11NO2	2-(hydroxyacetyl)-3-methylindole	52098-15-4	189.214	---	---	607.15	2	25	1.1619	2	---	---	---	---	---
21753	C11H11NO2	3-(hydroxyacetyl)-1-methylindole	23518-13-0	189.214	---	---	607.15	2	25	1.1619	2	---	---	---	---	---
21754	C11H11NO2	3-(2-hydroxyacetyl)-2-methylindole	27463-04-3	189.214	---	---	607.15	2	25	1.1619	2	---	---	---	---	---
21755	C11H11NO2	N-isopropylphthalimide	304-17-6	189.214	---	---	607.15	2	25	1.1619	2	---	---	---	---	---
21756	C11H11NO2S	N-tosylpyrrole	17639-64-4	221.280	373.15	1	---	---	25	1.2403	2	---	---	---	solid	1
21757	C11H11NO3	5-methoxyindole-3-acetic acid	3471-31-6	205.214	422.15	1	517.15	2	25	1.2181	2	---	---	---	solid	1
21758	C11H11NO3	methyl (S)-(-)-2-isocyanato-3-phenylpropio	40203-94-9	205.214	---	---	517.15	1	25	1.1300	1	---	1.5130	1	---	---
21759	C11H11NO3	methylcarbamic acid o-(2-propynyloxy)phe	3279-46-7	205.214	---	---	517.15	2	25	1.2181	2	---	---	---	---	---
21760	C11H11NO3	3-propargloxyphenyl-N-methyl-carbamate	3692-90-8	205.214	---	---	517.15	2	25	1.2181	2	---	---	---	---	---

Table 1 Physical Properties - Organic Compounds

NO	FORMULA	NAME	CAS No	Mol Wt g/mol	Freezing Point T_F, K	code	Boiling Point T_B, K	code	Density T, C	g/cm3	code	Refractive Index T, C	n_D	code	State @25C,1 atm	code
21761	C11H11NO4	(+/-)-1-aminoindane-1,5-dicarboxylic acid	---	221.213	---	---	---	---	25	1.2707	2	---	---	---	---	---
21762	C11H11NO4	ethyl 4-nitrocinnamate, predominantly tran	953-26-4	221.213	411.65	1	---	---	25	1.2707	2	---	---	---	solid	1
21763	C11H11NO4S	8-ethoxy-5-quinolinesulfonic acid	15301-40-3	253.279	559.15	dec	---	---	25	1.3355	2	---	---	---	solid	1
21764	C11H11NO4S	2-ethyl-5-(3-sulfophenyl)isoxazolium hydro	4156-16-5	253.279	480.15	dec	---	---	25	1.3355	2	---	---	---	solid	1
21765	C11H11NO4S	methyl 5-methylsulphonylindole-2-carboxyl	---	253.279	450.15	1	---	---	25	1.3355	2	---	---	---	solid	1
21766	C11H11NO4S	4-hydroxy-7-(methylamino)-2-naphthalene	22346-43-6	253.279	---	---	---	---	25	1.3355	2	---	---	---	---	---
21767	C11H11NO5	ethyl 4-nitrobenzoylacetate	838-57-3	237.212	342.15	1	404.65	2	25	1.3201	2	---	---	---	solid	1
21768	C11H11NO5	1,3-benzodioxol-4-yl acetylmethylcarbama	40373-39-5	237.212	---	---	404.65	2	25	1.3201	2	---	---	---	---	---
21769	C11H11NO5	(2R,3R)-(+)-(2,3-epoxy butyl ester)-4-nitro	141782-32-3	237.212	---	---	404.65	2	25	1.3201	2	---	---	---	---	---
21770	C11H11NO5	(2S,3S)-(-)-(2,3-epoxy butyl ester)-4-nitrob	106268-97-7	237.212	---	---	404.65	1	25	1.3201	2	---	---	---	---	---
21771	C11H11NO5	(2R)-(-)-(2,3-epoxy-2-methyl propyl ester)-	106268-96-6	237.212	---	---	404.65	2	25	1.3201	2	---	---	---	---	---
21772	C11H11NO5	(2S)-(+)-(2,3-epoxy-2-methyl propyl ester)-	118200-96-7	237.212	---	---	404.65	2	25	1.3201	2	---	---	---	---	---
21773	C11H11NO6	3-nitrobenzaldehyde diacetate	29949-19-7	253.212	345.15	1	---	---	25	1.3930	1	---	---	---	solid	1
21774	C11H11NO6	4,5-dimethoxy-2-nitrocinnamic acid	20567-38-8	253.212	>543.15	1	---	---	25	1.3664	2	---	---	---	solid	1
21775	C11H11NO6S2	6-amino-5-sulfomethyl-2-naphthalenesulfo	29727-70-6	317.344	---	---	---	---	25	1.4662	2	---	---	---	---	---
21776	C11H11N2OS	2-amino-4-methyl-5-carboxanilidothiazole	21452-14-2	219.288	---	---	---	---	25	1.2386	2	---	---	---	---	---
21777	C11H11N3O	4-amino-5-phenyl-3-pyrazolyl methyl keton	---	201.229	---	---	---	---	25	1.2142	2	---	---	---	---	---
21778	C11H11N3O2S	4-amino-N-2-pyridinylbenzenesulfonamide	144-83-2	249.294	465.15	1	---	---	25	1.3338	2	---	---	---	solid	1
21779	C11H11N3O3	3-benzyl-4-carbamoylmethylsydnone	14504-15-5	233.228	---	---	513.15	1	25	1.3180	2	---	---	---	---	---
21780	C11H11N3O4	3-ethoxy-1-(4-nitrophenyl)-2-pyrazolin-5-or	4105-90-2	249.227	415.15	1	---	---	25	1.3650	2	---	---	---	solid	1
21781	C11H11N3O4S	1-methyl-5-nitro-2-((phenylsulfonyl)methyl)	116248-39-6	281.293	---	---	---	---	25	1.4197	2	---	---	---	---	---
21782	C11H11N3OS	1-methyl-3-(4-phenyl-2-thiazolyl)urea	52968-02-2	233.295	---	---	---	---	25	1.2868	2	---	---	---	---	---
21783	C11H11N3OS2	4-amino-5-carbamyl-3-benzylthiazole-2(3H	64686-82-4	265.361	---	---	---	---	25	1.3480	2	---	---	---	---	---
21784	C11H11N5	2-amino-3,8-dimethylimidazo(4,5-f)quinoxa	77500-04-0	213.243	570.65	1	---	---	25	1.2647	2	---	---	---	solid	1
21785	C11H11N5	3-(phenylazo)-2,6-pyridinediamine	94-78-0	213.243	412.15	1	---	---	25	1.2647	2	---	---	---	solid	1
21786	C11H11N5O5	bis(hydroxymethyl)furatrizine	794-93-4	293.240	434.15	dec	---	---	25	1.4909	2	---	---	---	solid	1
21787	C11H12	1,2-dihydro-3-methylnaphthalene	2717-44-4	144.216	---	---	492.63	2	20	0.9830	1	20	1.5751	1	---	---
21788	C11H12	1,2-dihydro-4-methylnaphthalene	4373-13-1	144.216	---	---	492.63	2	20	0.9895	1	20	1.5758	1	---	---
21789	C11H12	2,3-dimethylindene	4773-82-4	144.216	284.15	1	498.15	1	23	0.9599	2	---	---	---	liquid	1
21790	C11H12	2-ethyl-1H-indene	17059-50-6	144.216	---	---	492.63	2	25	0.9640	1	---	1.5590	1	---	---
21791	C11H12	1-phenyl-1-pentyne	4250-81-1	144.216	---	---	487.10	1	25	0.9030	1	---	1.5410	1	---	---
21792	C11H12AsNO5S2	thioacetarsamide	531-72-6	377.274	441.65	1	---	---	---	---	---	---	---	---	solid	1
21793	C11H12ClN	2-(p-chlorophenyl)-3-methylbutyronitrile	2012-81-9	193.676	---	---	---	---	25	1.1175	2	---	---	---	---	---
21794	C11H12ClNO2	acetoacet-4-chloro-2-methylanilide	20139-55-3	225.675	---	---	447.15	1	25	1.2228	2	---	---	---	---	---
21795	C11H12ClNO3S	2-(4-chlorophenyl)-3-methyl-4-metathiazar	80-77-3	273.740	---	---	---	---	25	1.3306	2	---	---	---	---	---
21796	C11H12ClNO4	N-(2-chloroacetyl)-L-tyrosine	1145-56-8	257.673	426.65	1	---	---	25	1.3161	2	---	---	---	solid	1
21797	C11H12ClNO4	methyl 4-acetamido-5-chloro-2-methoxybe	4093-31-6	257.673	427.65	1	---	---	25	1.3161	2	---	---	---	solid	1
21798	C11H12ClN3O4	actinomycin K	6980-13-8	285.687	---	---	---	---	25	1.3985	2	---	---	---	---	---
21799	C11H12ClN5	azodine	136-40-3	249.704	380.65	1	---	---	25	1.3121	2	---	---	---	solid	1
21800	C11H12Cl2N2O	2,6-dichloro-N-cyclopropyl-N-ethyl isonicot	20373-56-2	259.135	---	---	---	---	25	1.2933	2	---	---	---	---	---
21801	C11H12Cl2N2O5	chloramphenicol	56-75-7	323.132	423.65	1	---	---	25	1.4501	2	---	---	---	solid	1
21802	C11H12Cl2O3	isopropyl (2,4-dichlorophenoxy)acetate	94-11-1	263.119	278.15	1	---	---	25	1.2600	1	25	1.5209	1	---	---
21803	C11H12Cl3N	amphecloral	5581-35-1	264.581	---	---	---	---	25	1.2738	2	---	1.5300	1	---	---
21804	C11H12FNO3	N-acetyl-4-fluoro-DL-phenylalanine	17481-06-0	225.220	424.65	1	---	---	25	1.2317	2	---	---	---	solid	1
21805	C11H12FNO3	N-acetyl-2-fluoro-DL-phenylalanine	66574-84-3	225.220	427.15	1	---	---	25	1.2317	2	---	---	---	solid	1
21806	C11H12F3NO	4-methyl-5-phenyl-2-trifluoromethoxazolidi	31185-58-7	231.218	---	---	---	---	25	1.2081	2	---	---	---	---	---
21807	C11H12F3NO	2-(a,a,a-trifluoro-m-tolyl)morpholine	30914-89-7	231.218	---	---	---	---	25	1.2081	2	---	---	---	---	---
21808	C11H12HgO2	(2,4-pentanedionato-O,O')phenylmercury	64025-06-5	376.805	---	---	---	---	---	---	---	---	---	---	---	---
21809	C11H12I2N3O2P	N-2,5-diiodobenzoyl-N',N',N",N"-diethylene	4460-32-6	503.019	---	---	---	---	---	---	---	---	---	---	---	---
21810	C11H12I3NO2	2-(3-amino-2,4,6-triiodophenyl)valeric acid	23217-86-9	570.935	---	---	---	---	25	2.2567	2	---	---	---	---	---
21811	C11H12I3NO2	iopanoic acid	96-83-3	570.935	429.25	1	---	---	25	2.2567	2	---	---	---	solid	1
21812	C11H12NO2	2-indolyl methoxymethyl ketone	34559-71-2	190.222	---	---	---	---	25	1.1366	2	---	---	---	---	---
21813	C11H12NO4PS	methyl isoxathion	18853-26-4	285.261	---	---	---	---	---	---	---	---	---	---	---	---
21814	C11H12NO4PS2	phosmet	732-11-6	317.327	345.15	1	---	---	---	---	---	---	---	---	solid	1
21815	C11H12NO5PS	phosphorothioic acid, S-((1,3-dihydro-1,3-	3735-33-9	301.260	---	---	---	---	---	---	---	---	---	---	---	---
21816	C11H12N2	3,5-dimethyl-1-phenyl-1H-pyrazole	1131-16-4	172.230	---	---	545.15	1	20	1.0566	1	19	1.5738	1	---	---
21817	C11H12N2	2-methyl-1,4-naphthalenediamine	83-68-1	172.230	386.65	1	545.15	2	23	1.0808	2	---	---	---	solid	1
21818	C11H12N2	1-benzyl-2-methylimidazole	13750-62-4	172.230	330.15	1	545.15	2	25	1.1050	1	---	1.5650	1	solid	1
21819	C11H12N2O	1,2-dihydro-1,5-dimethyl-2-phenyl-3H-pyra	60-80-0	188.230	387.15	1	592.15	1	25	1.1340	2	---	---	---	solid	1
21820	C11H12N2O	vasicine	6159-55-3	188.230	484.65	1	592.15	2	25	1.1340	2	---	---	---	solid	1
21821	C11H12N2O	2,2-dimethyl-4-phenyl-2H-imidazole-1-oxid	---	188.230	382.65	1	592.15	2	25	1.1340	2	---	---	---	solid	1
21822	C11H12N2O	1-(p-tolyl)-3-methylpyrazolone-5	86-92-0	188.230	---	---	592.15	2	25	1.1340	2	---	---	---	---	---
21823	C11H12N2OS3	2-benzothiazolyl morpholinodisulfide	95-32-9	284.428	408.65	1	---	---	25	1.3374	2	---	---	---	solid	1
21824	C11H12N2OS2	4-(2-benzothiazolylthio)morpholine	102-77-2	252.362	359.75	1	---	---	25	1.2803	2	---	---	---	solid	1
21825	C11H12N2O2	L-tryptophan	73-22-3	204.229	562.15	dec	---	---	25	1.1901	2	---	---	---	solid	1
21826	C11H12N2O2	D(+)-tryptophan	153-94-6	204.229	556.65	1	---	---	25	1.1901	2	---	---	---	solid	1
21827	C11H12N2O2	ethylphenylhydantoin	631-07-2	204.229	472.65	1	---	---	25	1.1901	2	---	---	---	solid	1
21828	C11H12N2O2	L-5-ethyl-5-phenylhydantoin	65567-32-0	204.229	509.15	1	---	---	25	1.1901	2	---	---	---	solid	1
21829	C11H12N2O2	3-ethyl-5-phenylhydantoin	86-35-1	204.229	367.15	1	---	---	25	1.1901	2	---	---	---	solid	1
21830	C11H12N2O2	2-(nitromethylene)-2,3,4,5-tetrahydro-1H-3	58350-08-6	204.229	---	---	---	---	25	1.1901	2	---	---	---	---	---
21831	C11H12N2O2	DL-tryptophan	54-12-6	204.229	551.65	1	---	---	25	1.1901	2	---	---	---	solid	1
21832	C11H12N2O3	DL-5-hydroxytryptophan	114-03-4	220.228	572.15	1	---	---	25	1.2427	2	---	---	---	solid	1
21833	C11H12N2O3	L-5-hydroxytryptophan	4350-09-8	220.228	543.15	1	---	---	25	1.2427	2	---	---	---	solid	1
21834	C11H12N2O3	5-hydroxytryptophane	56-69-9	220.228	---	---	---	---	25	1.2427	2	---	---	---	---	---
21835	C11H12N2O3	methylnitrosocarbamic acid o-(1,3-dioxolar	100836-61-1	220.228	---	---	---	---	25	1.2427	2	---	---	---	---	---
21836	C11H12N2O4	3-(aminomethyl)indole oxalate	---	236.228	---	---	---	---	25	1.2920	2	---	---	---	---	---
21837	C11H12N2O5	2-cyclopentyl-4,6-dinitrophenol	40202-39-9	252.227	---	---	---	---	25	1.3384	2	---	---	---	---	---
21838	C11H12N2O6	butyl 3,5-dinitrobenzoate	10478-02-1	268.227	335.65	1	---	---	25	1.3821	2	---	1.4880	1	solid	1
21839	C11H12N2S	levamisole	6649-23-6	204.296	---	---	---	---	25	1.1612	2	---	---	---	---	---
21840	C11H12N4	2,4-diamino-6-methyl-5-phenylpyrimidine	18588-50-6	200.244	---	---	---	---	25	1.1858	2	---	---	---	---	---

Table 1 Physical Properties - Organic Compounds

				Mol Wt	Freezing Point		Boiling Point		Density			Refractive Index			State	
NO	FORMULA	NAME	CAS No	g/mol	T_F, K	code	T_B, K	code	T, C	g/cm3	code	T, C	n_D	code	@25C,1 atm	code
21841	C11H12N4	3,3-dimethyl-1(3-quinolyl)triazene	70324-23-1	200.244	---	---	---	---	25	1.1858	2	---	---	---	---	---
21842	C11H12N4	1-hydrazinophthalazine acetone hydrazone	56173-18-3	200.244	---	---	---	---	25	1.1858	2	---	---	---	---	---
21843	C11H12N4O2	N1-carboethoxy-N2-phthalazino hydrazine	14679-73-3	232.243	---	---	---	---	25	1.2895	2	---	---	---	---	---
21844	C11H12N4O2S	sulfamerazine	127-79-7	264.309	509.15	1	---	---	25	1.3508	2	---	---	---	solid	1
21845	C11H12N4O3S	sulfamethoxypyridazine	80-35-3	280.308	455.65	1	---	---	25	1.3926	2	---	---	---	solid	1
21846	C11H12N4O3S	N1-(3-methoxy-2-pyrazinyl)sulfanilamide	152-47-6	280.308	449.15	1	---	---	25	1.3926	2	---	---	---	solid	1
21847	C11H12N4O3S	sulfamonomethoxin	1220-83-3	280.308	478.15	1	---	---	25	1.3926	2	---	---	---	solid	1
21848	C11H12N4O4S	1-(mesitylene-2-sulfonyl)-3-nitro-1,2,4-triaz	74257-00-4	296.308	406.15	1	---	---	25	1.4322	2	---	---	---	solid	1
21849	C11H12N5O4	trans-2-((dimethylamino)methylimino)-5-(2-	55738-54-0	278.249	---	---	---	---	25	1.4227	2	---	---	---	---	---
21850	C11H12N6O3	chinoin-170	88338-63-0	276.256	---	---	---	---	25	1.4225	2	---	---	---	---	---
21851	C11H12O	cyclobutylphenylmethanone	5407-98-7	160.216	---	---	533.15	1	25	1.0426	1	20	1.5472	1	---	---
21852	C11H12O	6,7,8,9-tetrahydro-5H-benzocyclohepten-5	826-73-3	160.216	---	---	535.65	2	20	1.0800	1	20	1.5698	1	---	---
21853	C11H12O	2,3-dihydro-3,3-dimethyl-1H-inden-1-one	26465-81-6	160.216	---	---	535.65	2	14	1.0320	1	14	1.5453	1	---	---
21854	C11H12O	3,4-dihydro-2-methyl-1(2H)-naphthalenone	1590-08-5	160.216	288.15	1	535.65	2	25	1.0570	1	20	1.5535	1	liquid	2
21855	C11H12O	3,4-dihydro-4-methyl-1(2H)-naphthalenone	19832-98-5	160.216	---	---	535.65	2	20	1.1520	1	19	1.5620	1	---	---
21856	C11H12O	2-(phenylmethylene)butanal	28467-92-7	160.216	291.15	1	516.15	1	22	1.0201	1	20	1.5780	1	liquid	1
21857	C11H12O	1-phenyl-1-penten-3-one	3152-68-9	160.216	311.65	1	535.65	2	20	0.8697	1	20	1.5684	1	solid	1
21858	C11H12O	2-ethyl-1-indanone	22351-56-0	160.216	---	---	535.65	2	25	1.0380	1	---	1.5450	1	---	---
21859	C11H12O	1-methyl-2-tetralone	4024-14-0	160.216	---	---	534.15	1	25	1.0200	1	---	1.5530	1	---	---
21860	C11H12O	2,2-dimethyl-2H-1-benzopyran	2513-25-9	160.216	---	---	535.65	2	22	1.0346	2	---	---	---	---	---
21861	C11H12O	3-methyl-4-phenyl-3-buten-2-one	1901-26-4	160.216	---	---	559.15	1	22	1.0346	2	---	---	---	---	---
21862	C11H12O2	3,4-dihydro-6-methoxy-1(2H)-naphthalenon	1078-19-9	176.215	351.15	1	533.71	2	24	1.0695	2	---	---	---	solid	1
21863	C11H12O2	ethyl trans-cinnamate	4192-77-2	176.215	283.15	1	544.65	1	20	1.0491	1	20	1.5598	1	liquid	1
21864	C11H12O2	1-phenyl-1,4-pentanedione	583-05-1	176.215	---	---	533.71	2	24	1.0695	2	30	1.5250	1	---	---
21865	C11H12O2	trans-3-phenyl-2-propen-1-ol acetate	21040-45-9	176.215	---	---	538.15	1	20	1.0567	1	20	1.5425	1	---	---
21866	C11H12O2	5,6,7,8-tetrahydro-2-naphthalenecarboxylic	1131-63-1	176.215	428.65	1	533.71	2	24	1.0695	2	---	---	---	solid	1
21867	C11H12O2	1,2,3,4-tetrahydro-2-naphthalenecarboxylic	53440-12-3	176.215	370.85	1	533.71	2	24	1.0695	2	---	---	---	solid	1
21868	C11H12O2	benzyl methacrylate	2495-37-6	176.215	---	---	504.15	1	25	1.0400	1	---	1.5120	1	---	---
21869	C11H12O2	cinnamyl acetate	103-54-8	176.215	---	---	536.70	1	25	1.0520	1	---	1.5410	1	---	---
21870	C11H12O2	cyclopropyl 4-methoxyphenyl ketone	7152-03-6	176.215	313.15	1	533.71	2	24	1.0695	2	---	---	---	solid	1
21871	C11H12O2	4,7-dihydro-2-phenyl-1,3-dioxepin	2568-24-3	176.215	---	---	533.71	2	25	1.1100	1	---	1.5430	1	---	---
21872	C11H12O2	3,6-dihydroxybenzonorbornane	16144-91-5	176.215	448.15	1	533.71	2	24	1.0695	2	---	---	---	solid	1
21873	C11H12O2	ethyl cinnamate	103-36-6	176.215	280.90	1	544.90	1	25	1.0490	1	---	1.5580	1	liquid	1
21874	C11H12O2	6-methoxy-2-tetralone	2472-22-2	176.215	304.65	1	533.71	2	24	1.0695	2	---	1.5650	1	solid	1
21875	C11H12O2	7-methoxy-2-tetralone	4133-34-0	176.215	---	---	533.71	2	25	1.1300	1	---	1.5600	1	---	---
21876	C11H12O2	1-(4-methylphenyl)-1-cyclopropanecarboxy	---	176.215	384.65	1	533.71	2	24	1.0695	2	---	---	---	solid	1
21877	C11H12O2	4-(4-methoxyphenyl)-3-buten-2-one	943-88-4	176.215	---	---	533.71	2	24	1.0695	2	---	---	---	---	---
21878	C11H12O2	5-methoxy-1-tetralone	33892-75-0	176.215	---	---	533.71	2	24	1.0695	2	---	---	---	---	---
21879	C11H12O2	3,4-dihydroxy-3-methyl-4-phenyl-1-butyne	2033-94-5	176.215	---	---	533.71	2	24	1.0695	2	---	---	---	---	---
21880	C11H12O2	2-propenyl phenylacetate	1797-74-6	176.215	---	---	533.71	2	24	1.0695	2	---	---	---	---	---
21881	C11H12O2	tolualdehyde glyceryl acetal	73987-51-6	176.215	---	---	533.71	2	24	1.0695	2	---	---	---	---	---
21882	C11H12O3	tetrahydro-2-furanol benzoate	3333-44-6	192.214	---	---	575.15	1	20	1.1370	1	---	---	---	---	---
21883	C11H12O3	methyl 3-(2-methoxyphenyl)-2-propenoate	15854-58-7	192.214	---	---	577.15	1	17	1.1366	1	16	1.5854	1	---	---
21884	C11H12O3	myristicin	607-91-0	192.214	---	---	549.65	1	20	1.1416	1	20	1.5403	1	---	---
21885	C11H12O3	2-phenoxyethyl acrylate	48145-04-6	192.214	---	---	507.15	2	25	1.0900	1	---	---	---	---	---
21886	C11H12O3	ethyl benzoylacetate	94-02-0	192.214	---	---	540.15	dec	15	1.1202	1	15	1.5317	1	---	---
21887	C11H12O3	allyl phenoxyacetate	7493-74-5	192.214	---	---	389.65	1	25	1.1000	1	---	---	---	---	---
21888	C11H12O3	benzyl acetoacetate	5396-89-4	192.214	---	---	549.15	1	25	1.1120	1	---	1.5120	1	---	---
21889	C11H12O3	5,6-dimethoxy-1-indanone	2107-69-9	192.214	393.15	1	507.15	2	22	1.1235	2	---	---	---	solid	1
21890	C11H12O3	ethyl 4-hydroxycinnamate	17041-46-2	192.214	339.65	1	507.15	2	22	1.1235	2	---	---	---	solid	1
21891	C11H12O3	ethyl 3-phenylglycidate	121-39-1	192.214	---	---	369.15	1	25	1.1120	1	---	1.5190	1	---	---
21892	C11H12O3	1-(4-methoxyphenyl)-1-cyclopropanecarbo	16728-01-1	192.214	400.15	1	507.15	2	22	1.1235	2	---	---	---	solid	1
21893	C11H12O3	3-(4-methylbenzoyl)propionic acid	4619-20-9	192.214	401.65	1	507.15	2	22	1.1235	2	---	---	---	solid	1
21894	C11H12O3	methyl 4-methoxycinnamate	---	192.214	362.65	1	507.15	2	22	1.1235	2	---	---	---	solid	1
21895	C11H12O3	2-methyl-3-(3,4-methylenedioxyphenyl)pro	1205-17-0	192.214	---	---	507.15	2	25	1.1620	1	---	1.5340	1	---	---
21896	C11H12O3	eugenol formate	10031-96-6	192.214	---	---	507.15	2	22	1.1235	2	---	---	---	---	---
21897	C11H12O3	methyl-3-methoxy-4-hydroxy styryl ketone	1080-12-2	192.214	---	---	507.15	2	22	1.1235	2	---	---	---	---	---
21898	C11H12O3S	3-butyn-1-yl-p-toluene sulfonate	---	224.280	---	---	---	---	25	1.2170	2	---	---	---	---	---
21899	C11H12O4	dimethyl phenylmalonate	37434-59-6	208.214	324.75	1	493.15	2	23	1.1300	2	---	---	---	solid	1
21900	C11H12O4	benzylidene diacetate	581-55-5	208.214	319.15	1	493.15	1	20	1.1100	1	---	---	---	solid	1
21901	C11H12O4	benzyl methyl malonate	52267-39-7	208.214	---	---	493.15	2	25	1.1500	1	---	1.5020	1	---	---
21902	C11H12O4	2,5-dimethoxycinnamic acid	10538-51-9	208.214	421.65	1	493.15	2	23	1.1300	2	---	---	---	solid	1
21903	C11H12O4	3,4-dimethoxycinnamic acid	2316-26-9	208.214	455.65	1	493.15	2	23	1.1300	2	---	---	---	solid	1
21904	C11H12O4	3,5-dimethoxycinnamic acid	16909-11-8	208.214	447.65	1	493.15	2	23	1.1300	2	---	---	---	solid	1
21905	C11H12O4	3-(4-methoxybenzoyl)propionic acid	3153-44-4	208.214	422.15	1	493.15	2	23	1.1300	2	---	---	---	solid	1
21906	C11H12O4	3-phenylglutaric acid	4165-96-2	208.214	413.15	1	493.15	2	23	1.1300	2	---	---	---	solid	1
21907	C11H12O4	ethyl vanillin acetate	72207-94-4	208.214	---	---	493.15	2	23	1.1300	2	---	---	---	---	---
21908	C11H12O5	3,5-dimethoxy-4-hydroxycinnamic acid, pre	530-59-6	224.213	477.15	1	555.15	2	25	1.2459	2	---	---	---	solid	1
21909	C11H12O5	methoxyethyl phthalate	16501-01-2	224.213	---	---	555.15	1	25	1.2459	2	---	---	---	---	---
21910	C11H12O7	(p-hydroxybenzyl)tartaric acid	469-65-8	256.212	---	---	---	---	25	1.3401	2	---	---	---	---	---
21911	C11H13AsN2O5S2	4-carbamidophenyl bis(carboxymethylthio)	120-02-5	392.289	---	---	---	---	---	---	---	---	---	---	---	---
21912	C11H13BrN3O2P	N-(bis(1-aziridinyl)phosphinyl)-p-bromober	27807-50-7	330.122	---	---	---	---	---	---	---	---	---	---	---	---
21913	C11H13BrO	4'-bromovalerophenone	7295-44-5	241.128	308.15	1	---	---	25	1.3260	2	---	---	---	solid	1
21914	C11H13BrO2	(4S)-4-bromomethyl-2-phenyl-1,3-dioxane	201743-52-4	257.127	---	---	---	---	25	1.3716	2	---	---	---	---	---
21915	C11H13BrSi	(2-bromophenylethynyl)trimethylsilane	38274-16-7	253.213	---	---	---	---	25	1.1900	1	---	1.5540	1	---	---
21916	C11H13Br2NO2	p-(bis(2-bromoethyl)amino)benzoic acid	2045-18-3	351.038	---	---	---	---	25	1.6593	2	---	---	---	---	---
21917	C11H13ClF3N3O4S3	polythiazide	346-18-9	439.889	487.15	1	---	---	25	1.5428	2	---	---	---	solid	1
21918	C11H13ClN3O2P	N-(bis(1-aziridinyl)phosphinyl)-p-chlorober	27807-69-8	285.671	---	---	---	---	---	---	---	---	---	---	---	---
21919	C11H13ClO	4-butylbenzoyl chloride	28788-62-7	196.676	---	---	539.15	2	25	1.0510	1	20	1.5351	1	---	---
21920	C11H13ClO	4-tert-butylbenzoyl chloride	1710-98-1	196.676	---	---	539.15	1	25	1.0070	1	20	1.5364	1	---	---

Table 1 Physical Properties - Organic Compounds

				Mol Wt	Freezing Point		Boiling Point		Density			Refractive Index			State	
NO	FORMULA	NAME	CAS No	g/mol	T_F, K	code	T_B, K	code	T, C	g/cm3	code	T, C	n_D	code	@25C,1 atm	code
21921	C11H13ClO	4-chloro-2-cyclopentylphenol	13347-42-7	196.676	---	---	539.15	2	25	1.0290	2	---	---	---	---	---
21922	C11H13ClO	4-chloro-4'-methylbutyrophenone	38425-26-2	196.676	304.65	1	539.15	2	25	1.0290	2	---	---	---	solid	1
21923	C11H13ClO	p-chlorovalerophenone	25017-08-7	196.676	304.15	1	539.15	2	25	1.0290	2	---	---	---	solid	1
21924	C11H13ClO2	4-butoxybenzoyl chloride	33863-86-4	212.676	---	---	---	---	25	1.1220	1	---	1.5500	1	---	---
21925	C11H13ClO2	4-chlorobutyl benzoate	946-02-1	212.676	---	---	---	---	25	1.1430	1	---	1.5190	1	---	---
21926	C11H13ClO2	4-chloro-4'-methoxybutyrophenone	40877-19-8	212.676	303.15	1	---	---	25	1.1325	2	---	---	---	solid	1
21927	C11H13ClO2	3-phenylpropyl chloroacetate	64046-48-6	212.676	---	---	---	---	25	1.1325	2	---	---	---	---	---
21928	C11H13ClO2S	3(and 4)-(vinylbenzyl)-2-chloroethyl sulfon	---	244.742	---	---	---	---	25	1.2214	2	---	---	---	---	---
21929	C11H13ClO2S	mcpa-thioethyl	25319-90-8	244.742	314.65	1	---	---	25	1.2214	2	---	---	---	solid	1
21930	C11H13ClO3	4-(4-chloro-2-methylphenoxy)butanoic acid	94-81-5	228.675	373.15	1	---	---	25	1.2009	2	---	---	---	solid	1
21931	C11H13ClO3	ethyl-2-methyl-4-chlorophenoxyacetate	2698-38-6	228.675	---	---	---	---	25	1.2009	2	---	---	---	---	---
21932	C11H13Cl2NO2	4-(bis(2-chloroethyl)amino)benzoic acid	1141-37-3	262.135	---	---	---	---	25	1.2710	2	---	---	---	---	---
21933	C11H13Cl2NO2	methylcarbamic acid 2,4-dichloro-5-ethyl-m	672-06-0	262.135	---	---	---	---	25	1.2710	2	---	---	---	---	---
21934	C11H13FO	4-fluorovalerophenone	29114-66-7	180.222	297.15	1	---	---	25	1.0485	2	---	---	---	---	---
21935	C11H13FO2	1,2-dimethoxy-4-(2-fluoro-2-propenyl)benz	161436-13-1	196.222	---	---	---	---	25	1.1055	2	---	---	---	---	---
21936	C11H13F3N2	1-(a,a,a-trifluoro-m-tolyl)piperazine	15532-75-9	230.234	---	---	---	---	25	1.2230	1	---	1.5210	1	---	---
21937	C11H13F3N2O3S	mefluidide	53780-34-0	310.298	457.15	1	---	---	25	1.3673	2	---	---	---	solid	1
21938	C11H13F3N4O4	dinitramine	29091-05-2	322.245	371.15	1	---	---	25	1.4291	2	---	---	---	solid	1
21939	C11H13IN3O2P	N-(bis(1-aziridinyl)phosphinyl)-m-iodobenz	4119-82-8	377.122	---	---	---	---	---	---	---	---	---	---	---	---
21940	C11H13IN3O2P	N-(bis(1-aziridinyl)phosphinyl)-o-iodobenz	4119-81-7	377.122	---	---	---	---	---	---	---	---	---	---	---	---
21941	C11H13IN3O2P	N-(bis(1-aziridinyl)phosphinyl)-p-iodobenz	27807-51-8	377.122	---	---	---	---	---	---	---	---	---	---	---	---
21942	C11H13IO3	ethyl p-iodophenylethyl carbonate	60075-76-5	320.127	---	---	---	---	25	1.5865	2	---	---	---	---	---
21943	C11H13IO5	bis(acetato-O)(3-methoxyphenyl)iodine	69180-50-3	352.126	409.15	1	---	---	25	1.6531	2	---	---	---	solid	1
21944	C11H13N	4-(3-cyclohexen-1-yl)pyridine	70644-46-1	159.231	295.25	1	499.15	1	25	1.0222	1	25	1.5466	1	liquid	1
21945	C11H13N	3-ethyl-2-methyl-1H-indole	35246-18-5	159.231	317.65	1	565.15	1	25	1.0414	1	---	---	---	solid	1
21946	C11H13N	1,2,3-trimethyl-1H-indole	1971-46-6	159.231	291.15	1	556.15	1	23	0.9567	2	---	---	---	liquid	1
21947	C11H13N	2,3,5-trimethyl-1H-indole	21296-92-4	159.231	394.65	1	570.15	1	23	0.9567	2	---	---	---	solid	1
21948	C11H13N	3-methyl-2-phenylbutyronitrile	5558-29-2	159.231	---	---	519.15	1	15	0.9670	1	25	1.5038	1	---	---
21949	C11H13N	alpha-propylbenzeneacetonitrile	5558-78-1	159.231	---	---	528.15	1	20	0.9425	1	20	1.5000	1	---	---
21950	C11H13N	N-methyl-N-2-propynylbenzenemethanami	555-57-7	159.231	---	---	533.83	2	25	0.9440	1	20	1.5213	1	---	---
21951	C11H13N	1-benzyl-3-pyrroline	6913-92-4	159.231	---	---	533.83	2	25	0.8370	1	---	1.5420	1	---	---
21952	C11H13N	4-butylbenzonitrile	20651-73-4	159.231	---	---	533.83	2	25	0.9240	1	---	1.5150	1	---	---
21953	C11H13N	4-tert-butylbenzonitrile	4210-32-6	159.231	---	---	531.15	1	25	0.9400	1	---	1.5180	1	---	---
21954	C11H13N	2,4,6-trimethylbenzylcyanide	34688-71-6	159.231	352.15	1	533.83	2	23	0.9567	2	---	---	---	solid	1
21955	C11H13N	2,3,7-trimethylindole	27505-78-8	159.231	---	---	533.83	2	23	0.9567	2	---	---	---	---	---
21956	C11H13N	2,3,3-trimethylindolenine	1640-39-7	159.231	---	---	501.60	1	25	0.9920	1	---	1.5490	1	---	---
21957	C11H13N	2-propyl-1H-indole	13228-41-6	159.231	---	---	533.83	2	23	0.9567	2	---	---	---	---	---
21958	C11H13NO	1-ethyl-1,3-dihydro-3-methyl-2H-indol-2-on	84258-49-1	175.231	---	---	556.15	1	25	1.0340	2	25	1.5570	1	---	---
21959	C11H13NO	3-methyl-4-phenyl-3-butenamide	7236-47-7	175.231	406.15	1	521.82	2	25	1.0340	2	---	---	---	solid	1
21960	C11H13NO	(S)-(-)-4-benzyl-2-methyl-2-oxazoline	75866-72-7	175.231	---	---	494.15	1	25	1.0500	1	---	1.5250	1	---	---
21961	C11H13NO	1-benzyl-2-pyrrolidinone	5291-77-0	175.231	---	---	521.82	2	25	1.0930	1	---	1.5520	1	---	---
21962	C11H13NO	1-benzyl-3-pyrrolidinone	775-16-6	175.231	---	---	521.82	2	25	1.0910	1	---	1.5380	1	---	---
21963	C11H13NO	4-butoxybenzonitrile	5203-14-5	175.231	---	---	515.15	1	25	0.9990	1	---	1.5260	1	---	---
21964	C11H13NO	4-butylphenyl isocyanate	69342-47-8	175.231	---	---	521.82	2	25	0.9920	1	---	1.5170	1	---	---
21965	C11H13NO	2,6-diethylphenyl isocyanate	20458-99-5	175.231	---	---	521.82	2	25	1.0140	1	---	1.5280	1	---	---
21966	C11H13NO	4-dimethylaminocinnamaldehyde	6203-18-5	175.231	412.65	1	521.82	2	25	1.0340	2	---	---	---	solid	1
21967	C11H13NO	4,4-dimethyl-2-phenyl-2-oxazoline	19312-06-2	175.231	295.15	1	521.82	2	25	1.0250	1	---	1.5320	1	liquid	2
21968	C11H13NO	2-isopropyl-6-methylphenyl isocyanate	102561-43-3	175.231	---	---	521.82	2	25	1.0080	1	---	1.5260	1	---	---
21969	C11H13NO	1-(4-methylphenyl)-2-pyrrolidinone	3063-79-4	175.231	360.15	1	521.82	2	25	1.0340	2	---	---	---	solid	1
21970	C11H13NO	O-methyl-1-acetylbenzocyclobutene oxime	6813-91-8	175.231	---	---	521.82	2	25	1.0340	2	---	---	---	---	---
21971	C11H13NO2	hydrohydrastinine	494-55-3	191.230	339.15	1	576.15	1	25	1.1775	2	---	---	---	solid	1
21972	C11H13NO2	o-acetoacetotoluidide	93-68-5	191.230	377.65	1	576.15	2	25	1.3000	1	---	---	---	solid	1
21973	C11H13NO2	2-aminotetralin-2-carboxylic acid	74444-77-2	191.230	---	---	576.15	2	25	1.1775	2	---	---	---	---	---
21974	C11H13NO2	4-butoxyphenyl isocyanate	28439-86-3	191.230	---	---	576.15	2	25	1.0550	1	---	1.5220	1	---	---
21975	C11H13NO2	4-(dimethylamino)cinnamic acid	1552-96-1	191.230	499.65	1	576.15	2	25	1.1775	2	---	---	---	solid	1
21976	C11H13NO2	1-methyl-7-hydroxy-6-methoxy-3,4-dihydro	4602-70-4	191.230	456.65	1	576.15	2	25	1.1775	2	---	---	---	solid	1
21977	C11H13NO2	DL-5-methyl-1,2,3,4-tetrahydroisoquinoline	151637-59-1	191.230	590.00	1	---	---	25	1.1775	2	---	---	---	solid	1
21978	C11H13NO2	(2S,3R)-3-phenylpyrrolidine-2-carboxylic a	---	191.230	508.15	1	576.15	2	25	1.1775	2	---	---	---	solid	1
21979	C11H13NO2	(S)-phenyl superquat	168297-84-5	191.230	430.15	1	576.15	2	25	1.1775	2	---	---	---	solid	1
21980	C11H13NO2	(R)-phenyl superquat	170918-42-0	191.230	430.15	1	576.15	2	25	1.1775	2	---	---	---	solid	1
21981	C11H13NO2	1,2,3,4-tetrahydroisoquinoline-1-acetic aci	105400-81-5	191.230	522.65	1	576.15	2	25	1.1775	2	---	---	---	solid	1
21982	C11H13NO2	5-methoxytryptophol	712-09-4	191.230	---	---	576.15	2	25	1.1775	2	---	---	---	---	---
21983	C11H13NO2S	6,7-dimethoxy-1,2,3,4-tetrahydroisoquinoli	24456-59-5	223.296	497.65	1	---	---	25	1.1914	2	---	---	---	solid	1
21984	C11H13NO2S	phenoxymethyl-6-tetrahydroxazine-1,3-thic	39754-64-8	223.296	---	---	---	---	25	1.1914	2	---	---	---	---	---
21985	C11H13NO3	3,4-dihydro-6,7-dimethoxy-1(2H)-isoquinol	493-49-2	207.229	448.15	1	---	---	25	1.1676	2	---	---	---	solid	1
21986	C11H13NO3	hydrastinine	6592-85-4	207.229	389.65	1	---	---	25	1.1676	2	---	---	---	solid	1
21987	C11H13NO3	p-acetoacetaniside	5437-98-9	207.229	389.65	1	---	---	25	1.1676	2	---	---	---	solid	1
21988	C11H13NO3	o-acetoacetanisidide	92-15-9	207.229	358.65	1	---	---	87	1.1320	1	---	---	---	solid	1
21989	C11H13NO3	N-acetyl-L-phenylalanine	2018-61-3	207.229	439.15	1	---	---	25	1.1676	2	---	---	---	solid	1
21990	C11H13NO3	N-benzoyl-L-alanine methyl ester	7244-67-9	207.229	335.15	1	---	---	25	1.1676	2	---	---	---	solid	1
21991	C11H13NO3	3,4,5-trimethoxyphenylacetonitrile	13338-63-1	207.229	350.65	1	---	---	25	1.1676	2	---	---	---	solid	1
21992	C11H13NO3	2,3-dihydro-2-methylbenzopyranyl-7,N-me	1563-67-3	207.229	---	---	---	---	25	1.1676	2	---	---	---	---	---
21993	C11H13NO3	N-isopropyl terephthalamic acid	779-47-5	207.229	---	---	---	---	25	1.1676	2	---	---	---	---	---
21994	C11H13NO3S	N-tosylpyrrolidone	10019-95-1	239.295	---	---	---	---	25	1.2396	2	---	---	---	---	---
21995	C11H13NO4	bendiocarb	22781-23-3	223.229	403.15	1	---	---	20	1.2500	1	---	---	---	solid	1
21996	C11H13NO4	butyl 4-nitrobenzoate	120-48-9	223.229	308.45	1	---	---	23	1.1975	2	---	---	---	solid	1
21997	C11H13NO4	5-[(2-methoxyphenoxy)methyl]-2-oxazolidir	70-07-5	223.229	417.15	1	---	---	23	1.1975	2	---	---	---	solid	1
21998	C11H13NO4	N-acetyl-L-tyrosine	537-55-3	223.229	423.65	1	---	---	23	1.1975	2	---	---	---	solid	1
21999	C11H13NO4	DL-N-benzoyl-2-methylserine	7508-82-9	223.229	428.15	1	---	---	23	1.1975	2	---	---	---	solid	1
22000	C11H13NO4	N-carbobenzyloxy-L-alanine	1142-20-7	223.229	356.15	1	---	---	23	1.1975	2	---	---	---	solid	1

Table 1 Physical Properties - Organic Compounds

NO	FORMULA	NAME	CAS No	Mol Wt g/mol	Freezing Point T_F, K	code	Boiling Point T_B, K	code	Density T, C	g/cm3	code	Refractive Index T, C	n_D	code	State @25C,1 atm	code
22001	C11H13NO4	N-carbobenzyloxy-DL-alanine	4132-86-9	223.229	385.65	1	---	---	23	1.1975	2	---	---	---	solid	1
22002	C11H13NO4	diethyl 3,4-pyridinedicarboxylate	1678-52-0	223.229	---	---	---	---	25	1.1450	1	---	1.4960	1	---	---
22003	C11H13NO4	4-nitrophenyl trimethylacetate	4195-17-9	223.229	367.15	1	---	---	23	1.1975	2	---	---	---	solid	1
22004	C11H13NO4	o-(1,3-dioxolan-2-yl)phenyl methylcarbama	6988-21-2	223.229	387.65	1	---	---	23	1.1975	2	---	---	---	solid	1
22005	C11H13NO4	N-piperonylalanine	3201-30-7	223.229	---	---	---	---	23	1.1975	2	---	---	---	---	---
22006	C11H13NO5	N-carbobenzyloxy-L-serine	1145-80-8	239.228	390.65	1	---	---	25	1.2677	2	---	---	---	solid	1
22007	C11H13NO5	N-carbobenzyloxy-DL-serine	2768-56-1	239.228	397.15	1	---	---	25	1.2677	2	---	---	---	solid	1
22008	C11H13NO5	tert-butyl-p-nitro peroxy benzoate	---	239.228	---	---	---	---	25	1.2677	2	---	---	---	---	---
22009	C11H13NS2	2-butylthiobenzothiazole	2314-17-2	223.363	---	---	---	---	25	1.1648	2	---	---	---	---	---
22010	C11H13N3	2,3,5-trimethyl-6-quinoxalinamine	161697-03-6	187.245	---	---	---	---	25	1.1071	2	---	---	---	---	---
22011	C11H13N3	N,2,5-trimethyl-6-quinoxalinamine	161696-99-7	187.245	---	---	---	---	25	1.1071	2	---	---	---	---	---
22012	C11H13N3	N,3,5-trimethyl-6-quinoxalinamine	156243-44-6	187.245	---	---	---	---	25	1.1071	2	---	---	---	---	---
22013	C11H13N3O	ampyrone	83-07-8	203.245	382.15	1	---	---	25	1.1631	2	---	---	---	solid	1
22014	C11H13N3O2S	1-(2-mesitylsulfonyl)-1H-1,2,4-triazole	54230-59-0	251.310	405.15	1	---	---	25	1.2827	2	---	---	---	solid	1
22015	C11H13N3O3S	sulfisoxazole	127-69-5	267.309	464.15	1	---	---	25	1.3263	2	---	---	---	solid	1
22016	C11H13N3O3S	2-(p-aminobenzenesulfonamido)-4,5-dimet	729-99-7	267.309	466.65	1	---	---	25	1.3263	2	---	---	---	solid	1
22017	C11H13N3O3S	N-tosyl-b-alanine diazomethyl ketone	32065-38-6	267.309	---	---	---	---	25	1.3263	2	---	---	---	---	---
22018	C11H13N3O3S	N-tosyl-L-alanine diazomethyl ketone	31981-99-4	267.309	---	---	---	---	25	1.3263	2	---	---	---	---	---
22019	C11H13N3O5	7-deazainosine	2862-16-0	267.242	515.65	1	---	---	25	1.3551	2	---	---	---	solid	1
22020	C11H13N3O7	N-nitroso-N-p-nitrophenyl-D-ribosylamine	111955-14-7	299.241	---	---	---	---	25	1.4356	2	---	---	---	---	---
22021	C11H13N4O5	2,6-pyridinedimethanol, methyl carbamate	---	281.249	---	---	---	---	25	1.3961	2	---	---	---	---	---
22022	C11H13N5O6	pyridinol nitrosocarbamate	71799-98-9	311.256	---	---	---	---	25	1.4729	2	---	---	---	---	---
22023	C11H13OP	3-methyl-1-phenyl-2-phospholene 1-oxide	707-61-9	192.198	335.15	1	---	---	---	---	---	---	1.5710	1	solid	1
22024	C11H13O2	isopropyl mandelate	4118-51-8	177.223	---	---	---	---	25	1.0573	2	---	---	---	---	---
22025	C11H14	1-methyl-[1,2,3,4-tetrahydronaphthalene]	1559-81-5	146.232	232.30	2	493.74	1	25	0.9548	1	25	1.5333	1	liquid	1
22026	C11H14	2-methyl-[1,2,3,4-tetrahydronaphthalene]	3877-19-8	146.232	230.15	1	493.15	1	25	0.9395	1	25	1.5243	1	liquid	1
22027	C11H14	1,2,3,4-tetrahydro-5-methylnaphthalene	2809-64-5	146.232	250.15	1	507.15	1	20	0.9720	1	20	1.5439	1	liquid	1
22028	C11H14	1,2,3,4-tetrahydro-6-methylnaphthalene	1680-51-9	146.232	233.15	1	502.15	1	20	0.9537	1	20	1.5357	1	liquid	1
22029	C11H14	cyclopentylbenzene	700-88-9	146.232	---	---	492.15	1	20	0.9462	1	20	1.5280	1	---	---
22030	C11H14	2,3-dihydro-1,2-dimethyl-1H-indene	17057-82-8	146.232	271.65	2	479.15	1	20	0.9270	1	20	1.5186	1	liquid	1
22031	C11H14	2,3-dihydro-4,7-dimethyl-1H-indene	6682-71-9	146.232	271.65	1	496.15	1	20	0.9490	1	20	1.5342	1	liquid	1
22032	C11H14	2,3-dihydro-5,6-dimethyl-1H-indene	1075-22-5	146.232	271.65	2	483.57	2	20	0.9449	1	20	1.5360	1	liquid	2
22033	C11H14	1-ethyl-2,3-dihydro-1H-indene	4830-99-3	146.232	271.65	2	485.15	1	25	0.9348	1	25	1.5121	1	liquid	1
22034	C11H14	1,1-dimethylindan	4912-92-9	146.232	227.35	1	464.15	1	20	0.9190	1	25	1.5135	1	liquid	1
22035	C11H14	(1-ethylallyl)benzene	19947-22-9	146.232	236.15	2	464.65	1	23	0.8458	1	21	1.5030	1	liquid	1
22036	C11H14	(1-ethyl-1-propenyl)benzene	4701-36-4	146.232	236.15	2	470.15	1	20	0.9075	1	15	1.5266	1	liquid	1
22037	C11H14	4-isopropylstyrene	2055-40-5	146.232	228.45	1	477.25	1	20	0.8850	1	20	1.5289	1	liquid	1
22038	C11H14	(1-methyl-1-butenyl)benzene	53172-84-2	146.232	236.15	2	475.15	1	26	0.8950	1	26	1.5196	1	liquid	1
22039	C11H14	1-pentenylbenzene	826-18-6	146.232	236.15	2	490.15	1	22	0.8782	1	20	1.5158	1	liquid	1
22040	C11H14	3-pentenylbenzene	1745-16-0	146.232	236.15	2	474.15	1	16	0.8884	1	16	1.5089	1	liquid	1
22041	C11H14	4-pentenylbenzene	1075-74-7	146.232	236.15	2	474.15	1	20	0.8889	1	20	1.5065	1	liquid	1
22042	C11H14	2-vinyl-1,3,5-trimethylbenzene	769-25-5	146.232	236.15	1	482.15	1	20	0.9057	1	20	1.5296	1	liquid	1
22043	C11H14	propyl-1,3,5,7-cyclooctatetraene	13402-36-3	146.232	---	---	483.57	2	25	0.8870	1	25	1.5131	1	---	---
22044	C11H14	2,3-dihydro-4,6-dimethyl-1H-indene	1685-82-1	146.232	271.65	2	483.57	2	21	0.9170	2	---	---	---	liquid	2
22045	C11H14BrNO	4-(4-bromophenyl)-4-piperidinol	57988-58-6	256.143	438.65	1	---	---	25	1.3439	2	---	---	---	solid	1
22046	C11H14ClNO	propachlor	1918-16-7	211.691	350.15	1	---	---	25	1.2420	1	---	---	---	solid	1
22047	C11H14ClNO	4-(4-chlorophenyl)-4-hydroxypiperidine, cr	39512-49-7	211.691	412.15	1	---	---	25	1.1263	2	---	---	---	solid	1
22048	C11H14ClNO2	N-butyl-4-chloro-2-hydroxybenzamide	575-74-6	227.690	364.65	1	---	---	25	1.1763	2	---	---	---	solid	1
22049	C11H14ClNO3	N-tosyl-b-alanine chloromethyl ketone	31984-14-2	243.690	---	---	---	---	25	1.2235	2	---	---	---	---	---
22050	C11H14ClNO3S	N-tosyl-L-alanine chloromethyl ketone	31982-00-0	275.756	---	---	379.20	1	25	1.2841	2	---	---	---	---	---
22051	C11H14ClNO4	lance	51487-69-5	259.689	---	---	---	---	25	1.2681	2	---	---	---	---	---
22052	C11H14ClN3O3S	glycolpyramide	631-27-6	303.770	473.15	1	434.65	1	25	1.3608	2	---	---	---	solid	1
22053	C11H14ClN5	cycloguanyl	516-21-2	251.720	419.15	1	390.15	1	25	1.2629	2	---	---	---	solid	1
22054	C11H14Cl2	2,4-bis(chloromethyl)-1,3,5-trimethylbenze	1585-17-7	217.137	378.65	1	570.00	2	25	1.1120	2	---	---	---	solid	1
22055	C11H14Cl3O3PS	O-ethyl-S-propyl-O-(2,4,6-trichlorophenyl)p	38524-82-2	363.628	---	---	---	---	---	---	---	---	---	---	---	---
22056	C11H14F3N	a,N-dimethyl-m-trifluoromethylphenethylam	61471-62-3	217.235	---	---	404.15	1	25	1.1152	2	---	---	---	---	---
22057	C11H14N2	N,N-dimethyl-1H-indole-3-methanamine	87-52-5	174.246	411.65	1	---	---	25	1.0287	2	---	---	---	solid	1
22058	C11H14N2	DL-a-methyltryptamine	299-26-3	174.246	372.15	1	398.75	2	25	1.0287	2	---	---	---	solid	1
22059	C11H14N2	N-methyltryptamine	61-49-4	174.246	362.15	1	398.75	2	25	1.0287	2	---	---	---	solid	1
22060	C11H14N2	cis-2-amino-5-methyl-4-phenyl-1-pyrroline	50901-84-3	174.246	---	---	398.75	2	25	1.0287	2	---	---	---	---	---
22061	C11H14N2	trans-2-amino-5-methyl-4-phenyl-1-pyrrolir	50901-87-6	174.246	---	---	400.35	1	25	1.0287	2	---	---	---	---	---
22062	C11H14N2	2-tert-butylbenzimidazole	24425-13-6	174.246	---	---	397.15	1	25	1.0287	2	---	---	---	---	---
22063	C11H14N2O	5-methoxy-1H-indole-3-ethanamine	608-07-1	190.246	394.65	1	510.15	2	25	1.0871	2	---	---	---	solid	1
22064	C11H14N2O	cytisine	485-35-8	190.246	427.15	1	510.15	2	25	1.0871	2	---	---	---	solid	1
22065	C11H14N2O	4,4-dimethyl-1-phenyl-3-pyrazolidone	2654-58-2	190.246	440.65	1	510.15	2	25	1.0871	2	---	---	---	solid	1
22066	C11H14N2O	3-[(2-hydroxyethyl)phenylamino]propionitril	92-64-8	190.246	---	---	588.15	1	25	1.0600	1	---	1.5700	1	---	---
22067	C11H14N2O	6-methoxytryptamine	3610-36-4	190.246	417.65	1	510.15	2	25	1.0871	2	---	---	---	solid	1
22068	C11H14N2O	cyanoethyl-p-phenetidine	23609-20-3	190.246	---	---	510.15	2	25	1.0871	2	---	---	---	---	---
22069	C11H14N2O	1-(indolyl-3)-2-methylaminoethanol-1 racer	35412-68-1	190.246	---	---	510.15	2	25	1.0871	2	---	---	---	---	---
22070	C11H14N2O	4-phenylnitrosopiperidine	6652-04-6	190.246	---	---	432.15	1	25	1.0871	2	---	---	---	---	---
22071	C11H14N2O2	4-hydroxymethyl-4-methyl-1-phenyl-3-pyra	13047-13-7	206.245	397.15	1	410.05	2	25	1.1419	2	---	---	---	solid	1
22072	C11H14N2O2	p-amidinobenzoic acid propyl ester	---	206.245	---	---	410.05	2	25	1.1419	2	---	---	---	---	---
22073	C11H14N2O2	L-pheneturide	6192-36-5	206.245	---	---	430.15	1	25	1.1419	2	---	---	---	---	---
22074	C11H14N2O2	phenylethylacetylurea	90-49-3	206.245	422.65	1	389.95	1	25	1.1419	2	---	---	---	solid	1
22075	C11H14N2O3	N-acetyl-L-tyrosinamide	1948-71-6	222.244	497.15	1	---	---	25	1.1934	2	---	---	---	solid	1
22076	C11H14N2O3	N-tert-butyl-alpha-(4-nitrophenyl)nitrone	3585-88-4	222.244	421.15	1	---	---	25	1.1934	2	---	---	---	solid	1
22077	C11H14N2O3	5-allyl-5-(1-methylpropenyl)barbituric acid	66941-81-9	222.244	---	---	356.20	2	25	1.1934	2	---	---	---	---	---
22078	C11H14N2O3	methylnitrosocarbamic acid o-isopropylphe	58139-32-5	222.244	---	---	356.20	1	25	1.1934	2	---	---	---	---	---
22079	C11H14N2O3	nitrosotrimethylphenyl-N-methylcarbamate	62178-60-3	222.244	---	---	356.20	2	25	1.1934	2	---	---	---	---	---
22080	C11H14N2O3S	methylnitrosocarbamic acid a-(ethylthio)-o-	100836-62-2	254.310	---	---	385.15	1	25	1.2602	2	---	---	---	---	---

Table 1 Physical Properties - Organic Compounds

				Mol Wt	Freezing Point		Boiling Point		Density			Refractive Index			State	
NO	FORMULA	NAME	CAS No	g/mol	T_F, K	code	T_B, K	code	T, C	g/cm3	code	T, C	n_D	code	@25C,1 atm	code
22081	C11H14N2O4	N-(5-nitro-2-propoxyphenyl)acetamide	553-20-8	238.244	375.65	1	---	---	25	1.2418	2	---	---	---	solid	1
22082	C11H14N2O4	propoxur nitroso	38777-13-8	238.244	---	---	---	---	25	1.2418	2	---	---	---	---	---
22083	C11H14N2O5	N-(o-veratroyl)glycinohydroxamic acid	97805-00-0	254.243	---	---	394.15	1	25	1.2875	2	---	---	---	---	---
22084	C11H14N2O5	5-vinyl-deoxyuridine	55520-67-7	254.243	---	---	394.15	2	25	1.2875	2	---	---	---	---	---
22085	C11H14N2O7S	2,4-dinitro-6-tert-butylphenyl methanesulfo	29110-68-7	318.308	---	---	367.35	1	25	1.4194	2	---	---	---	---	---
22086	C11H14N2S	N-tert-butyl-2-benzothiazolesulfenamide	95-31-8	206.312	381.40	1	403.55	1	25	1.1155	2	---	---	---	solid	1
22087	C11H14N3O2P	N-(bis(1-aziridinyl)phosphinyl)benzamide	4110-66-1	251.226	---	---	399.15	1	---	---	---	---	---	---	---	---
22088	C11H14N4O2	1-butyl theobromine	63906-57-0	234.259	---	---	385.15	1	25	1.2387	2	---	---	---	---	---
22089	C11H14N4O2	mepirizol	18694-40-1	234.259	364.15	1	370.65	1	25	1.2387	2	---	---	---	solid	1
22090	C11H14N4O4	3-((1-(2-hydroxyethyl)-5-nitro-1H-imidazol-	123794-12-7	266.258	---	---	437.15	1	25	1.3290	2	---	---	---	---	---
22091	C11H14N4O4	2-(7'-theophyllinemethyl)-1,3-dioxolane	69975-86-6	266.258	417.65	1	463.15	1	25	1.3290	2	---	---	---	solid	1
22092	C11H14N4O4	tubercidin	69-33-0	266.258	---	---	390.65	1	25	1.3290	2	---	---	---	---	---
22093	C11H14N4O4S	methylthioinosine	342-69-8	298.324	439.15	1	---	---	25	1.3817	2	---	---	---	solid	1
22094	C11H14O	2,2-dimethyl-1-phenyl-1-propanone	938-16-9	162.232	---	---	493.15	1	26	0.9630	1	19	1.5086	1	---	---
22095	C11H14O	1-(4-isopropylphenyl)ethanone	645-13-6	162.232	---	---	527.15	1	15	0.9753	1	20	1.5235	1	---	---
22096	C11H14O	1-(4-methylphenyl)-1-butanone	4160-52-5	162.232	285.15	1	524.65	1	20	0.9745	1	20	1.5232	1	liquid	1
22097	C11H14O	3-methyl-1-phenyl-1-butanone	582-62-7	162.232	---	---	509.65	1	16	0.9701	1	15	1.5139	1	---	---
22098	C11H14O	1-phenyl-1-pentanone	1009-14-9	162.232	263.75	1	518.15	1	20	0.9860	1	20	1.5158	1	liquid	1
22099	C11H14O	1-(2,4,5-trimethylphenyl)ethanone	2040-07-5	162.232	283.65	1	519.65	1	15	1.0039	1	15	1.5410	1	liquid	1
22100	C11H14O	1-(2,4,6-trimethylphenyl)ethanone	1667-01-2	162.232	---	---	514.15	1	20	0.9754	1	20	1.5175	1	---	---
22101	C11H14O	1-(3,4,5-trimethylphenyl)ethanone	2047-21-4	162.232	275.55	1	498.05	2	25	1.0037	1	25	1.5420	1	liquid	2
22102	C11H14O	(3-ethoxy-1-propenyl)benzene	1476-07-9	162.232	---	---	504.15	1	25	0.9857	1	15	1.5470	1	---	---
22103	C11H14O	1-ethoxy-2-(1-propenyl)benzene	67191-37-1	162.232	---	---	504.15	1	24	0.9731	1	24	1.5440	1	---	---
22104	C11H14O	1-phenylcyclopentanol	10487-96-4	162.232	---	---	498.05	2	20	1.0530	1	20	1.5479	1	---	---
22105	C11H14O	2,3,5,6-tetramethylbenzaldehyde	17432-37-0	162.232	293.15	1	498.05	2	22	0.9882	2	30	1.5560	1	liquid	2
22106	C11H14O	4-butylbenzaldehyde	1200-14-2	162.232	---	---	498.05	2	25	0.9680	1	---	1.5220	1	---	---
22107	C11H14O	4-tert-butylbenzaldehyde	939-97-9	162.232	---	---	498.05	2	25	0.9700	1	---	1.5270	1	---	---
22108	C11H14O	4-cyclopentylphenol	1518-83-8	162.232	338.15	1	498.05	2	22	0.9882	2	---	---	---	solid	1
22109	C11H14O	2-cyclopentylphenol	1518-84-9	162.232	307.65	1	498.05	2	22	0.9882	2	---	1.5550	1	solid	1
22110	C11H14O	6-methoxy-1,2,3,4-tetrahydronaphthalene	1730-48-9	162.232	---	---	365.65	1	25	1.0330	1	---	1.5400	1	---	---
22111	C11H14O	3,4-dihydro-2,2-dimethyl-2H-1-benzopyran	1198-96-5	162.232	---	---	498.05	2	22	0.9882	2	---	---	---	---	---
22112	C11H14O	4-isopropyl phenylacetaldehyde	4395-92-0	162.232	---	---	498.05	2	22	0.9882	2	---	---	---	---	---
22113	C11H14O2	butyl benzoate	136-60-7	178.231	251.65	1	523.15	1	25	1.0010	1	25	1.4940	1	liquid	1
22114	C11H14O2	isobutyl benzoate	120-50-3	178.231	---	---	515.15	1	20	0.9990	1	---	---	---	---	---
22115	C11H14O2	methyl 4-isopropylbenzoate	20185-55-1	178.231	---	---	480.16	2	19	1.0180	1	19	1.5150	1	---	---
22116	C11H14O2	benzenepentanoic acid	2270-20-4	178.231	330.65	1	480.16	2	22	1.0291	2	---	---	---	solid	1
22117	C11H14O2	benzyl butanoate	103-37-7	178.231	---	---	512.15	1	20	1.0111	1	20	1.4920	1	---	---
22118	C11H14O2	benzyl 2-methylpropanoate	103-28-6	178.231	---	---	501.15	1	18	1.0159	1	20	1.4883	1	---	---
22119	C11H14O2	benzoic acid, p-tert-butyl-	98-73-7	178.231	437.65	1	480.16	2	22	1.0291	2	---	---	---	solid	1
22120	C11H14O2	1,2-dimethoxy-4-allylbenzene	93-15-2	178.231	271.15	1	527.85	1	20	1.0396	1	20	1.5340	1	liquid	1
22121	C11H14O2	cis-1,2-dimethoxy-4-(1-propenyl)benzene	6380-24-1	178.231	343.15	1	543.65	1	20	1.0521	1	20	1.5616	1	solid	1
22122	C11H14O2	beta,beta-dimethylbenzenepropanoic acid	1010-48-6	178.231	333.15	1	480.16	2	22	1.0291	2	20	1.5182	1	solid	1
22123	C11H14O2	3-ethoxy-1-phenyl-1-propanone	34008-71-4	178.231	284.65	1	480.16	2	20	1.0386	1	20	1.5190	1	liquid	2
22124	C11H14O2	ethyl 3-phenylpropanoate	2021-28-5	178.231	---	---	520.35	1	20	1.0147	1	20	1.4954	1	---	---
22125	C11H14O2	1-(2-hydroxy-5-methylphenyl)-2-methyl-1-p	64207-03-0	178.231	---	---	524.15	1	16	1.0460	1	16	1.5380	1	---	---
22126	C11H14O2	1-(4-hydroxy-3-methylphenyl)-2-methyl-1-p	73206-57-2	178.231	395.15	1	480.16	2	22	1.0291	2	---	---	---	solid	1
22127	C11H14O2	alpha-isopropylbenzeneacetic acid	3508-94-9	178.231	336.15	1	480.16	2	22	1.0291	2	---	---	---	solid	1
22128	C11H14O2	gamma-methylbenzenebutanoic acid	16433-43-5	178.231	286.15	1	480.16	2	15	1.0554	1	20	1.5167	1	liquid	2
22129	C11H14O2	methyl 2-phenylbutanoate	2294-71-5	178.231	350.65	1	501.15	1	22	1.0291	2	---	---	---	solid	1
22130	C11H14O2	4-methyl-4-phenyl-1,3-dioxane	1200-73-3	178.231	310.65	1	529.15	1	20	1.0864	1	20	1.5240	1	solid	1
22131	C11H14O2	2-phenylethyl propanoate	122-70-3	178.231	---	---	480.16	2	22	1.0291	2	---	---	---	---	---
22132	C11H14O2	phenyl pentanoate	20115-23-5	178.231	---	---	480.16	2	22	1.0291	2	---	---	---	---	---
22133	C11H14O2	alpha-propylbenzeneacetic acid, (±)	7782-21-0	178.231	331.15	1	553.15	1	22	1.0291	2	---	---	---	solid	1
22134	C11H14O2	2,4,5-trimethylphenyl acetate	69305-42-6	178.231	307.15	1	518.65	1	22	1.0291	2	---	---	---	solid	1
22135	C11H14O2	cis-4-benzyloxy-2-buten-1-ol	81028-03-7	178.231	---	---	480.16	2	25	1.0580	1	---	1.5340	1	---	---
22136	C11H14O2	4-butoxybenzaldehyde	5736-88-9	178.231	---	---	480.16	2	25	1.0310	1	---	1.5390	1	---	---
22137	C11H14O2	4-butylbenzoic acid	20651-71-2	178.231	374.65	1	480.16	2	22	1.0291	2	---	---	---	solid	1
22138	C11H14O2	3-tert-butyl-2-hydroxybenzaldehyde	24623-65-2	178.231	---	---	480.16	2	25	1.0410	1	---	1.5440	1	---	---
22139	C11H14O2	5-tert-butyl-2-hydroxybenzaldehyde	2725-53-3	178.231	---	---	480.16	2	25	1.0390	1	---	1.5390	1	---	---
22140	C11H14O2	ethyl p-tolylacetate	14062-19-2	178.231	---	---	480.16	2	25	1.0040	1	---	1.4970	1	---	---
22141	C11H14O2	ethyl m-tolylacetate	40061-55-0	178.231	---	---	510.65	1	25	1.0100	1	---	---	---	---	---
22142	C11H14O2	ethyl o-tolylacetate	40291-39-2	178.231	---	---	480.16	2	25	0.9940	1	---	1.5010	1	---	---
22143	C11H14O2	p-hydroxyvalerophenone	2589-71-1	178.231	336.65	1	455.65	1	22	1.0291	2	---	---	---	solid	1
22144	C11H14O2	4'-methoxybutyrophenone	4160-51-4	178.231	---	---	480.16	2	22	1.0291	2	---	1.5388	1	---	---
22145	C11H14O2	4-(4-methoxyphenyl)-2-butanone	104-20-1	178.231	281.15	1	480.16	2	25	1.0440	1	---	1.5190	1	liquid	2
22146	C11H14O2	9-methyl-d-5(10)-octaline-1,6-dione	20007-72-1	178.231	321.65	1	480.16	2	22	1.0291	2	---	---	---	solid	1
22147	C11H14O2	4-(4-methylphenyl)butyric acid	4521-22-6	178.231	329.15	1	480.16	2	22	1.0291	2	---	---	---	solid	1
22148	C11H14O2	3-methyl-N-phenylmaleimide	93-16-3	178.231	291.15	1	539.40	1	25	1.0510	1	---	1.5670	1	liquid	1
22149	C11H14O2	1-phenylethyl propionate	120-45-6	178.231	213.25	1	479.15	1	25	1.0070	1	---	1.4920	1	liquid	1
22150	C11H14O2	3-phenyl-1-propanol acetate	122-72-5	178.231	213.25	1	512.75	1	25	1.0120	1	---	1.4960	1	liquid	1
22151	C11H14O2	2,4,6-trimethylphenylacetic acid	4408-60-0	178.231	440.15	1	480.16	2	22	1.0291	2	---	---	---	solid	1
22152	C11H14O2	4-phenylbutanoic acid methyl ester	2046-17-5	178.231	---	---	405.15	1	22	1.0291	2	---	---	---	---	---
22153	C11H14O2	4-tert-butylbenzoic acid	1077-58-3	178.231	347.70	1	480.16	2	22	1.0291	2	---	---	---	solid	1
22154	C11H14O2	3-tert-butylbenzoic acid	7498-54-6	178.231	386.67	2	480.16	2	22	1.0291	2	---	---	---	solid	2
22155	C11H14O2	2-acetoxy-1-phenylpropane	2114-33-2	178.231	---	---	480.16	2	22	1.0291	2	---	---	---	---	---
22156	C11H14O2	bicyclo(2.2.1)hept-5-ene-2-methylol acrylat	95-39-6	178.231	---	---	405.15	1	22	1.0291	2	---	---	---	---	---
22157	C11H14O2	2,4-dimethylbenzyl acetate	62346-96-7	178.231	---	---	394.75	1	22	1.0291	2	---	---	---	---	---
22158	C11H14O2	isosafroeugenol	94-86-0	178.231	---	---	390.15	1	22	1.0291	2	---	---	---	---	---
22159	C11H14O2	2-methyl-3-(p-methoxyphenyl)propanal	5462-06-6	178.231	---	---	383.65	1	22	1.0291	2	---	---	---	---	---
22160	C11H14O2	9-oxo-8-oxatricyclo(5.3.1.02,6)undecane	55764-18-6	178.231	---	---	478.15	1	22	1.0291	2	---	---	---	---	---

Table 1 Physical Properties - Organic Compounds

				Mol Wt	Freezing Point		Boiling Point		Density			Refractive Index			State	
NO	FORMULA	NAME	CAS No	g/mol	T_F, K	code	T_B, K	code	T, C	g/cm3	code	T, C	n_D	code	@25C,1 atm	code
22161	C11H14O2	3-phenyl-2-propenal dimethyl acetal	4364-06-1	178.231	---	---	396.45	1	22	1.0291	2	---	---	---	---	---
22162	C11H14O2	2-phenylpropyl acetate	10402-52-5	178.231	---	---	391.15	1	22	1.0291	2	---	---	---	---	---
22163	C11H14O2	p-tolyl isobutyrate	103-93-5	178.231	---	---	472.25	1	22	1.0291	2	---	---	---	---	---
22164	C11H14O3	butyl 2-hydroxybenzoate	2052-14-4	194.230	267.25	1	544.15	1	20	1.0728	1	20	1.5115	1	liquid	1
22165	C11H14O3	butyl 4-hydroxybenzoate	94-26-8	194.230	341.65	1	491.51	2	22	1.0913	2	---	---	---	solid	1
22166	C11H14O3	tert-butyl peroxybenzoate	614-45-9	194.230	---	---	491.51	2	25	1.0210	1	20	1.4990	1	---	---
22167	C11H14O3	3,4-diethoxybenzaldehyde	2029-94-9	194.230	295.15	1	552.15	1	22	1.0100	1	---	---	---	liquid	1
22168	C11H14O3	ethyl 2-ethoxybenzoate	6290-24-0	194.230	---	---	524.15	1	20	1.1005	1	---	---	---	---	---
22169	C11H14O3	ethyl 4-ethoxybenzoate	23676-09-7	194.230	---	---	548.15	1	12	1.0760	1	---	---	---	---	---
22170	C11H14O3	ethyl (4-methoxyphenyl)acetate	14062-18-1	194.230	---	---	491.51	2	25	1.0970	1	20	1.5075	1	---	---
22171	C11H14O3	ethyl 2-phenoxypropanoate	42412-84-0	194.230	---	---	516.65	1	17	1	1	17	1.3600	1	---	---
22172	C11H14O3	ethyl 3-phenoxypropanoate	22409-91-2	194.230	297.15	1	491.51	2	20	1.0745	1	18	1.5007	1	liquid	2
22173	C11H14O3	4-(4-hydroxy-3-methoxyphenyl)-2-butanon	122-48-5	194.230	313.65	1	491.51	2	22	1.0913	2	---	---	---	solid	1
22174	C11H14O3	2-hydroxy-3-methyl-6-isopropylbenzoic aci	4389-53-1	194.230	409.15	1	491.51	2	22	1.0913	2	---	---	---	solid	1
22175	C11H14O3	2-hydroxy-6-methyl-3-isopropylbenzoic aci	548-51-6	194.230	400.15	1	491.51	2	22	1.0913	2	---	---	---	solid	1
22176	C11H14O3	isobutyl 2-hydroxybenzoate	87-19-4	194.230	279.05	1	534.15	1	20	1.0639	1	20	1.5087	1	liquid	1
22177	C11H14O3	4-allyl-2,6-dimethoxyphenol	6627-88-9	194.230	---	---	491.51	2	25	1.0920	1	---	1.5480	1	---	---
22178	C11H14O3	4-benzyloxybutyric acid	10385-30-5	194.230	---	---	491.51	2	25	1.0970	1	---	1.5120	1	---	---
22179	C11H14O3	4-butoxybenzoic acid	1498-96-0	194.230	420.65	1	491.51	2	22	1.0913	2	---	---	---	solid	1
22180	C11H14O3	tert-butyl phenyl carbonate	6627-89-0	194.230	---	---	491.51	2	25	1.0470	1	---	---	---	---	---
22181	C11H14O3	(3,4-dimethoxyphenyl)acetone	776-99-8	194.230	---	---	491.51	2	25	1.1150	1	---	1.5360	1	---	---
22182	C11H14O3	(2,4-dimethoxyphenyl)acetone	831-29-8	194.230	---	---	491.51	2	25	1.0700	1	---	1.5290	1	---	---
22183	C11H14O3	ethyl (2-methylphenoxy)acetate	93917-68-1	194.230	---	---	392.65	1	25	1.0730	1	---	1.5030	1	---	---
22184	C11H14O3	3-hydroxy-2,2-dimethyl-3-phenylpropionic a	---	194.230	408.65	1	491.51	2	22	1.0913	2	---	---	---	solid	1
22185	C11H14O3	ethyleneglycol monophenyl ether propiona	23495-12-7	194.230	---	---	351.35	1	22	1.0913	2	---	---	---	---	---
22186	C11H14O3	1'-hydroxymethyleugenol	31706-95-3	194.230	---	---	491.51	2	22	1.0913	2	---	---	---	---	---
22187	C11H14O3	phenylacetaldehyde glyceryl acetal	5694-72-4	194.230	---	---	491.51	2	22	1.0913	2	---	---	---	---	---
22188	C11H14O3	b-phenylethyl ester hydracrylic acid	10138-63-3	194.230	---	---	460.15	1	22	1.0913	2	---	---	---	---	---
22189	C11H14O3	propioveratrone	1835-04-7	194.230	---	---	491.51	2	22	1.0913	2	---	---	---	---	---
22190	C11H14O4	ethyl 3,4-dimethoxybenzoate	3943-77-9	210.230	316.65	1	568.65	1	25	1.1466	2	---	---	---	solid	1
22191	C11H14O4	1-(2,3,4-trimethoxyphenyl)ethanone	13909-73-4	210.230	288.95	1	569.15	1	25	1.1466	2	20	1.5384	1	liquid	1
22192	C11H14O4	(-)-2,3-O-benzylidene-L-threitol	35572-34-0	210.230	344.65	1	520.32	2	25	1.1466	2	---	---	---	solid	1
22193	C11H14O4	(+)-2,3-O-benzylidene-D-threitol	58383-35-0	210.230	344.65	1	520.32	2	25	1.1466	2	---	---	---	solid	1
22194	C11H14O4	3,4-diethoxybenzoic acid	5409-31-4	210.230	441.65	1	520.32	2	25	1.1466	2	---	---	---	solid	1
22195	C11H14O4	3-(3,4-dimethoxyphenyl)propionic acid	2107-70-2	210.230	369.65	1	520.32	2	25	1.1466	2	---	---	---	solid	1
22196	C11H14O4	dimethyl carbate	5826-73-3	210.230	311.15	1	423.15	1	25	1.1466	2	---	---	---	solid	1
22197	C11H14O4	ethyl homovanillate	60563-13-5	210.230	318.65	1	520.32	2	25	1.1466	2	---	---	---	solid	1
22198	C11H14O4	methyl 4-formylbenzoate dimethyl acetal	42228-16-0	210.230	---	---	520.32	2	25	1.1466	2	---	1.5075	1	---	---
22199	C11H14O4	3',4',5'-trimethoxyacetophenone	1136-86-3	210.230	353.15	1	520.32	2	25	1.1466	2	---	---	---	solid	1
22200	C11H14O4S	(S)-2-hydroxy-3-buten-1-yl p-tosylate	133095-74-6	242.296	---	---	---	---	25	1.2181	2	---	---	---	---	---
22201	C11H14O4S	(R)-2-hydroxy-3-buten-1-yl p-tosylate	138249-07-7	242.296	---	---	---	---	25	1.2181	2	---	---	---	---	---
22202	C11H14O5	methyl 3,4,5-trimethoxybenzoate	1916-07-0	226.229	356.15	1	547.65	1	25	1.1972	2	---	---	---	solid	1
22203	C11H14O5	3,4,5-trimethoxyphenylacetic acid	951-82-6	226.229	392.15	1	547.65	2	25	1.1972	2	---	---	---	solid	1
22204	C11H14O5	genipin	6902-77-8	226.229	393.65	1	547.65	2	25	1.1972	2	---	---	---	solid	1
22205	C11H14O6	crotonyloxymethyl-4,5,6-trihydrooxycyclohe	57449-30-6	242.229	454.15	1	---	---	25	1.2448	2	---	---	---	solid	1
22206	C11H14Si	1-phenyl-2-(trimethylsilyl)acetylene	2170-06-1	174.317	---	---	---	---	25	0.8860	1	---	1.5280	1	---	---
22207	C11H14Sn	trimethyl(phenylethynyl)tin	1199-95-7	264.942	335.15	1	---	---	---	---	---	---	---	---	solid	1
22208	C11H15Br	4-tert-butylbenzyl bromide	18880-00-7	227.144	283.15	1	529.00	2	25	1.2360	1	---	1.5450	1	liquid	2
22209	C11H15BrClO3PS	profenofos	41198-08-7	373.635	---	---	---	---	20	1.4550	1	---	---	---	---	---
22210	C11H15BrN2O	bromanylpromide	332-69-4	271.158	388.65	1	---	---	25	1.3602	2	---	---	---	solid	1
22211	C11H15BrN2O3	5-(2-bromoallyl)-5-sec-butylbarbituric acid	1142-70-7	303.156	404.65	1	---	---	25	1.4396	2	---	---	---	solid	1
22212	C11H15BrN2O3	narcobarbital	125-55-3	303.156	388.15	1	---	---	25	1.4396	2	---	---	---	solid	1
22213	C11H15BrO	benzyl 4-bromobutyl ether	60789-54-0	243.144	---	---	---	---	25	1.2750	1	---	1.5290	1	---	---
22214	C11H15BrO2	4-bromobenzaldehyde diethyl acetal	34421-94-8	259.143	---	---	---	---	25	1.2740	1	---	1.5130	1	---	---
22215	C11H15BrO2	3-bromobenzaldehyde diethyl acetal	75148-49-1	259.143	---	---	---	---	25	1.2710	1	---	1.5120	1	---	---
22216	C11H15Cl	4-tert-butylbenzyl chloride	19692-45-6	182.693	332.40	2	500.00	2	25	0.9450	1	---	1.5220	1	solid	2
22217	C11H15ClNO4PS	o-(2-chloro-4-nitrophenyl)-o-isopropyl ethy	328-04-1	323.737	---	---	---	---	---	---	---	---	---	---	---	---
22218	C11H15ClN2	1-(5-chloro-2-methylphenyl)-piperazine	76835-20-6	210.707	---	---	---	---	25	1.1027	2	---	1.5749	1	---	---
22219	C11H15ClN2O2	p-chlorophenoxyacetic acid 2-isopropylhyd	3544-35-2	242.705	366.65	1	553.15	1	25	1.1996	2	---	---	---	solid	1
22220	C11H15ClN2O3	N-(2-chloroethyl)-2-ethoxy-5-nitrobenzylam	56538-02-4	258.705	---	---	---	---	25	1.2442	2	---	---	---	---	---
22221	C11H15ClO	1-adamantanecarbonyl chloride	2094-72-6	198.692	324.15	1	---	---	25	1.0557	2	---	---	---	solid	1
22222	C11H15ClO2	2-p-chlorophenyl-3-methyl-2,3-butanediol	79-93-6	214.691	---	---	---	---	25	1.1077	2	---	---	---	---	---
22223	C11H15Cl2N	N,N-bis(2-chloroethyl)benzylamine	55-51-6	232.152	---	---	---	---	25	1.1378	2	---	---	---	---	---
22224	C11H15Cl2NO	3,4-dichloro-a-((isopropylamino)methyl)ber	59-61-0	248.152	---	---	395.55	1	25	1.1837	2	---	---	---	---	---
22225	C11H15Cl2NO2S	N,N-bis-(2-chloroethyl)-p-toluenesulfonami	42137-88-2	296.217	319.65	1	---	---	25	1.2833	2	---	---	---	solid	1
22226	C11H15Cl2O2PS2	O-(2,4-dichlorophenyl)-O-ethyl-S-propylph	34643-46-4	345.250	298.15	1	---	---	25	1.3000	1	---	---	---	---	---
22227	C11H15Cl2O2PS3	O,O-diethyl-S-(3,4-dichlorophenyl-thio)met	3152-41-8	377.316	---	---	---	---	---	---	---	---	---	---	---	---
22228	C11H15Cl2O2PS3	phencapton	2275-14-1	377.316	---	---	---	---	---	---	---	---	---	---	---	---
22229	C11H15Cl2O3PS2	chlorthiophos	60238-56-4	361.249	---	---	---	---	---	---	---	---	---	---	---	---
22230	C11H15N	1-benzylpyrrolidine	29897-82-3	161.247	---	---	510.15	1	25	0.9650	1	20	1.5270	1	---	---
22231	C11H15N	1-phenylpiperidine	4096-20-2	161.247	277.85	1	531.15	1	25	0.9944	1	25	1.5598	1	liquid	1
22232	C11H15N	3-phenylpiperidine	3973-62-4	161.247	287.65	1	530.15	1	25	1.0010	1	25	1.5473	1	liquid	1
22233	C11H15N	4-phenylpiperidine	771-99-3	161.247	333.65	1	530.15	1	16	0.9996	1	---	---	---	solid	1
22234	C11H15N	1-adamantanecarbonitrile	23074-42-2	161.247	468.15	1	516.75	2	23	0.9732	2	---	---	---	solid	1
22235	C11H15N	N-benzylidene-tert-butylamine	6852-58-0	161.247	---	---	482.15	1	25	0.9060	1	---	1.5200	1	---	---
22236	C11H15N	N-benzylpyrrolidine	---	161.247	---	---	516.75	2	23	0.9732	2	---	1.5265	1	---	---
22237	C11H15N	N-(4-vinylbenzyl)-N,N-dimethylamine, stab	2245-52-5	161.247	---	---	516.75	2	23	0.9732	2	---	1.5380	1	---	---
22238	C11H15NO	1-(4-aminophenyl)-1-pentanone	38237-74-0	177.247	347.65	1	537.32	2	24	1.0622	2	---	---	---	solid	1
22239	C11H15NO	4-benzylmorpholine	10316-00-4	177.247	467.15	1	533.65	1	20	1.0387	1	20	1.5302	1	solid	1
22240	C11H15NO	4-(diethylamino)benzaldehyde	120-21-8	177.247	314.15	1	537.32	2	24	1.0622	2	---	---	---	solid	1

Table 1 Physical Properties - Organic Compounds

				Mol Wt	Freezing Point		Boiling Point		Density			Refractive Index			State	
NO	FORMULA	NAME	CAS No	g/mol	T_F, K	code	T_B, K	code	T, C	g/cm3	code	T, C	n_D	code	@25C,1 atm	code
22241	C11H15NO	N-isopropyl-N-phenylacetamide	5461-51-8	177.247	313.65	1	537.15	1	24	1.0622	2	---	---	---	solid	1
22242	C11H15NO	3-methyl-2-phenylbutanamide	5470-47-3	177.247	384.65	1	537.32	2	24	1.0622	2	---	---	---	solid	1
22243	C11H15NO	3-methyl-2-phenylmorpholine	134-49-6	177.247	---	---	537.32	2	24	1.0622	2	---	---	---	---	---
22244	C11H15NO	4-(4-methylphenyl)morpholine	3077-16-5	177.247	324.15	1	537.32	2	24	1.0622	2	---	---	---	solid	1
22245	C11H15NO	N-phenyl-N-propylacetamide	2437-98-1	177.247	322.15	1	541.15	1	24	1.0622	2	---	---	---	solid	1
22246	C11H15NO	1-adamantyl isocyanate	4411-25-0	177.247	418.15	1	537.32	2	24	1.0622	2	---	---	---	solid	1
22247	C11H15NO	(S)-(-)-1-benzyl-3-pyrrolidinol	101385-90-4	177.247	---	---	537.32	2	25	1.0700	1	---	1.5480	1	---	---
22248	C11H15NO	(R)-(+)-1-benzyl-3-pyrrolidinol	101930-07-8	177.247	---	---	537.32	2	25	1.0700	1	---	1.5480	1	---	---
22249	C11H15NO	1-benzyl-3-pyrrolidinol	775-15-5	177.247	---	---	537.32	2	25	1.0700	1	---	1.5480	1	---	---
22250	C11H15NO	N-tert-butyl-a-phenylnitrone	3376-24-7	177.247	346.15	1	537.32	2	24	1.0622	2	---	---	---	solid	1
22251	C11H15NO	2-(dimethylamino)-1-phenyl-1-propanone	15351-09-4	177.247	---	---	537.32	2	24	1.0622	2	---	---	---	---	---
22252	C11H15NO	benzoic acid N,N-diethylamide	1696-17-9	177.247	---	---	537.32	2	24	1.0622	2	---	---	---	---	---
22253	C11H15NO	2-tert-butyl-3-phenyl oxazirane	---	177.247	---	---	537.32	2	24	1.0622	2	---	---	---	---	---
22254	C11H15NO	4-hexanoylpyridine	23389-74-4	177.247	---	---	537.32	2	24	1.0622	2	---	---	---	---	---
22255	C11H15NO	2,4,6-trimethylacetanilide	5096-21-9	177.247	489.65	1	537.32	2	24	1.0622	2	---	---	---	solid	1
22256	C11H15NO2	butyl 4-aminobenzoate	94-25-7	193.246	331.15	1	489.15	2	22	1.0463	2	---	---	---	solid	1
22257	C11H15NO2	ethyl N-benzylglycinate	6436-90-4	193.246	---	---	489.15	2	22	1.0463	2	20	1.5041	1	---	---
22258	C11H15NO2	isobutyl 4-aminobenzoate	94-14-4	193.246	337.65	1	489.15	2	22	1.0463	2	---	---	---	solid	1
22259	C11H15NO2	isobutyl N-phenylcarbamate	2291-80-7	193.246	359.15	1	489.15	1	22	1.0463	2	---	---	---	solid	1
22260	C11H15NO2	L-phenylalanine, ethyl ester	3081-24-1	193.246	409.15	1	489.15	2	15	1.0650	1	---	---	---	solid	1
22261	C11H15NO2	salsoline	89-31-6	193.246	494.65	1	---	---	22	1.0463	2	---	---	---	solid	1
22262	C11H15NO2	3-amino-5-phenylpentanoic acid	91247-38-0	193.246	498.15	1	---	---	22	1.0463	2	---	---	---	solid	1
22263	C11H15NO2	3-benzylaminobutyric acid	14676-01-8	193.246	460.15	1	489.15	2	22	1.0463	2	---	---	---	solid	1
22264	C11H15NO2	(3R,4R)-(-)-1-benzyl-3,4-pyrrolidindiol	163439-82-5	193.246	368.15	1	489.15	2	22	1.0463	2	---	---	---	solid	1
22265	C11H15NO2	(3S,4S)-(+)-1-benzyl-3,4-pyrrolidindiol	90365-74-5	193.246	368.15	1	489.15	2	22	1.0463	2	---	---	---	solid	1
22266	C11H15NO2	4-(diethylamino)benzoic acid	5429-28-7	193.246	466.65	1	489.15	2	22	1.0463	2	---	---	---	solid	1
22267	C11H15NO2	4-(diethylamino)salicylaldehyde	17754-90-4	193.246	335.15	1	489.15	2	22	1.0463	2	---	---	---	solid	1
22268	C11H15NO2	2-(dimethylamino)ethyl benzoate	2208-05-1	193.246	---	---	489.15	2	25	1.0140	1	---	1.5080	1	---	---
22269	C11H15NO2	ethyl 4-(dimethylamino)benzoate	10287-53-3	193.246	337.15	1	489.15	2	25	1.0600	1	---	---	---	solid	1
22270	C11H15NO2	methylcarbamic acid-o-cumenyl ester	2631-40-5	193.246	365.55	1	489.15	2	22	1.0463	2	---	---	---	solid	1
22271	C11H15NO2	carbamic acid, ethylphenyl-, ethyl ester	1013-75-8	193.246	---	---	489.15	2	22	1.0463	2	---	---	---	---	---
22272	C11H15NO2	2-N-butoxybenzamide	60444-92-0	193.246	---	---	489.15	2	22	1.0463	2	---	---	---	---	---
22273	C11H15NO2	m-cumenol methylcarbamate	64-00-6	193.246	---	---	489.15	2	22	1.0463	2	---	---	---	---	---
22274	C11H15NO2	N,N-diethylsalicylamide	19311-91-2	193.246	---	---	489.15	2	22	1.0463	2	---	---	---	---	---
22275	C11H15NO2	N-methylpropham	3295-92-9	193.246	---	---	489.15	2	22	1.0463	2	---	---	---	---	---
22276	C11H15NO2	trimethylphenyl methylcarbamate	12407-86-2	193.246	---	---	489.15	2	22	1.0463	2	---	---	---	---	---
22277	C11H15NO2	3,4,5-trimethylphenyl methylcarbamate	2686-99-9	193.246	---	---	489.15	2	22	1.0463	2	---	---	---	---	---
22278	C11H15NO2S	methiocarb	2032-65-7	225.312	393.15	1	---	---	25	1.1470	2	---	---	---	solid	1
22279	C11H15NO2S	(2-ethylthiomethylphenyl)-N-methylcarbam	29973-13-5	225.312	306.55	1	---	---	25	1.1470	1	---	---	---	solid	1
22280	C11H15NO3	anhalamine	643-60-7	209.245	460.65	1	---	---	25	1.1220	2	---	---	---	solid	1
22281	C11H15NO3	N-(4-ethoxyphenyl)-2-hydroxypropanamide	539-08-2	209.245	391.15	1	---	---	25	1.1220	2	---	---	---	solid	1
22282	C11H15NO3	propoxur	114-26-1	209.245	360.15	1	---	---	20	1.1200	1	---	---	---	solid	1
22283	C11H15NO3	(R)-2-aminobut-3-en-1-ol, benzoate salt	---	209.245	363.65	1	---	---	25	1.1220	2	---	---	---	solid	1
22284	C11H15NO3	(S)-2-aminobut-3-en-1-ol, benzoate salt	261360-75-2	209.245	364.55	1	---	---	25	1.1220	2	---	---	---	solid	1
22285	C11H15NO3	N-[(1S)-2-hydroxy-1-phenethyl)]ethoxycarb	---	209.245	---	---	---	---	25	1.1220	2	---	---	---	---	---
22286	C11H15NO3	4-acetyl-3,5-dimethyl-1H-pyrrole-2-carboxy	2386-26-7	209.245	---	---	---	---	25	1.1220	2	---	---	---	---	---
22287	C11H15NO3	2-hydroxy-2-phenylbutyl carbamate	50-19-1	209.245	328.90	1	---	---	25	1.1220	2	---	---	---	solid	1
22288	C11H15NO4	2,2-dimethyl-5-(2-hexahydropyridylidene)-1	---	225.245	394.15	1	---	---	25	1.1725	2	---	---	---	solid	1
22289	C11H15NO4	1-carbamoyloxy-2-hydroxy-3(o-methylpher	533-06-2	225.245	---	---	---	---	25	1.1725	2	---	---	---	---	---
22290	C11H15NO4	salicylic acid, compounded with morpholine	147-90-0	225.245	---	---	---	---	25	1.1725	2	---	---	---	---	---
22291	C11H15NO4S	N-boc-amino-(3-thienyl)acetic acid	---	257.311	---	---	---	---	25	1.2390	2	---	---	---	---	---
22292	C11H15NO4S	diethyl 5-amino-3-methyl-2,4-thiophenedic	4815-30-9	257.311	378.65	1	---	---	25	1.2390	2	---	---	---	solid	1
22293	C11H15NO5	methyl 3,4,5-trimethoxyanthranilate	5035-82-5	241.244	317.65	1	546.15	2	25	1.2201	2	---	---	---	solid	1
22294	C11H15NO5	guaiacol glyceryl ether carbamate	532-03-6	241.244	366.15	1	546.15	1	25	1.2201	2	---	---	---	solid	1
22295	C11H15NS	1-adamantyl isothiocyanate	4411-26-1	193.313	440.15	1	---	---	25	1.0438	2	---	---	---	solid	1
22296	C11H15N2NaO2S	buthalital sodium	510-90-7	262.309	---	---	---	---	---	---	---	---	---	---	---	---
22297	C11H15N3	2-amino-5-butylbenzimidazole	30486-72-7	189.261	---	---	---	---	25	1.0624	2	---	---	---	---	---
22298	C11H15N3O2	1(4-carbethoxyphenyl)-3,3-dimethyltriazen	21600-51-1	221.260	---	---	419.15	1	25	1.1684	2	---	---	---	---	---
22299	C11H15N3O4	2-((2,2-dimethyl-1,3-dioxan-5-ylidene)meth	139157-69-0	253.259	---	---	348.15	1	25	1.2625	2	---	---	---	---	---
22300	C11H15N3O4	pyridinol carbamate	1882-26-4	253.259	409.65	1	429.55	1	25	1.2625	2	---	---	---	solid	1
22301	C11H15N3O7	2,3,4-tri-O-acetyl-b-D-xylopyranosyl azide	53784-33-1	301.257	357.15	1	---	---	25	1.3854	2	---	---	---	solid	1
22302	C11H15N5S	3-(isopropylideneaminoamidino)-1-phenylt	63467-30-1	249.341	443.15	1	---	---	25	1.2331	2	---	---	---	solid	1
22303	C11H15O4P	diethyl benzoylphosphonate	3277-27-8	242.212	---	---	459.15	1	25	1.1560	1	---	1.5080	1	---	---
22304	C11H16	pentylbenzene	538-68-1	148.248	198.15	1	478.61	1	25	0.8550	1	25	1.4856	1	liquid	1
22305	C11H16	2-phenylpentane	2719-52-0	148.248	224.65	2	463.15	1	25	0.8546	1	25	1.4853	1	liquid	1
22306	C11H16	3-phenylpentane	1196-58-3	148.248	224.65	2	464.15	1	25	0.8500	1	25	1.4854	1	liquid	1
22307	C11H16	1-phenyl-2-methylbutane	3968-85-2	148.248	224.65	2	470.15	1	25	0.8550	1	25	1.4840	1	liquid	1
22308	C11H16	1-phenyl-3-methylbutane	2049-94-7	148.248	224.65	2	472.05	1	25	0.8520	1	25	1.4820	1	liquid	1
22309	C11H16	2-phenyl-2-methylbutane	2049-95-8	148.248	242.07	2	465.53	1	25	0.8709	1	25	1.4935	1	liquid	1
22310	C11H16	2-phenyl-3-methylbutane	4481-30-5	148.248	209.65	2	461.15	1	25	0.8660	1	25	1.4840	1	liquid	1
22311	C11H16	1-phenyl-2,2-dimethylpropane	1007-26-7	148.248	242.07	2	459.15	1	25	0.8510	1	25	1.4860	1	liquid	1
22312	C11H16	1-methyl-2-butylbenzene	1595-11-5	148.248	252.17	2	481.15	1	25	0.8670	1	25	1.4940	1	liquid	1
22313	C11H16	1-methyl-3-butylbenzene	1595-04-6	148.248	252.17	2	478.15	1	25	0.8550	1	25	1.4890	1	liquid	1
22314	C11H16	1-methyl-4-butylbenzene	1595-05-7	148.248	188.15	1	480.15	1	25	0.8590	1	25	1.4880	1	liquid	1
22315	C11H16	1-methyl-2-sec-butylbenzene	1595-06-8	148.248	237.17	2	469.15	1	25	0.8690	1	25	1.4950	1	liquid	1
22316	C11H16	1-methyl-3-sec-butylbenzene	1772-10-7	148.248	237.17	2	467.15	1	25	0.8540	1	25	1.4880	1	liquid	1
22317	C11H16	1-methyl-4-sec-butylbenzene	1595-16-0	148.248	237.17	2	470.15	1	25	0.8620	1	25	1.4910	1	liquid	1
22318	C11H16	1-methyl-2-isobutylbenzene	36301-29-8	148.248	199.85	1	469.15	1	25	0.8610	1	25	1.4912	1	liquid	1
22319	C11H16	1-methyl-3-isobutylbenzene	5160-99-6	148.248	237.17	2	467.15	1	25	0.8497	1	25	1.4865	1	liquid	1
22320	C11H16	1-methyl-4-isobutylbenzene	5161-04-6	148.248	237.17	2	469.15	1	25	0.8478	1	25	1.4851	1	liquid	1

Table 1 Physical Properties - Organic Compounds

				Mol Wt	Freezing Point		Boiling Point		Density			Refractive Index			State	
NO	FORMULA	NAME	CAS No	g/mol	T_F, K	code	T_B, K	code	T, C	g/cm3	code	T, C	n_D	code	@25C,1 atm	code
22321	C11H16	1-methyl-2-tert-butyl benzene	1074-92-6	148.248	222.83	1	473.60	1	25	0.8858	1	25	1.5053	1	liquid	1
22322	C11H16	1-methyl-3-tert-butylbenzene	1075-38-3	148.248	231.78	1	462.41	1	25	0.8618	1	25	1.4921	1	liquid	1
22323	C11H16	1-methyl-4-tert-butylbenzene	98-51-1	148.248	220.64	1	465.91	1	25	0.8573	1	25	1.4895	1	liquid	1
22324	C11H16	1-ethyl-2-propylbenzene	16021-20-8	148.248	252.17	2	476.15	1	25	0.8705	1	25	1.4969	1	liquid	1
22325	C11H16	1-ethyl-3-propylbenzene	20024-91-3	148.248	252.17	2	474.15	1	25	0.8568	1	25	1.4907	1	liquid	1
22326	C11H16	1-ethyl-4-propylbenzene	20024-90-2	148.248	252.17	2	478.15	1	25	0.8555	1	25	1.4898	1	liquid	1
22327	C11H16	1-ethyl-2-isopropylbenzene	18970-44-0	148.248	223.00	2	466.15	1	25	0.8840	1	25	1.5060	1	liquid	1
22328	C11H16	1-ethyl-3-isopropylbenzene	4920-99-4	148.248	237.17	2	465.15	1	25	0.8550	1	25	1.4900	1	liquid	1
22329	C11H16	1-ethyl-4-isopropylbenzene	4218-48-8	148.248	237.17	2	469.75	1	25	0.8546	1	25	1.4900	1	liquid	1
22330	C11H16	1,2-dimethyl-3-propylbenzene	17059-44-8	148.248	264.69	2	483.85	1	25	0.8825	1	25	1.5053	1	liquid	1
22331	C11H16	1,2-dimethyl-4-propylbenzene	3982-66-9	148.248	253.15	1	482.05	1	25	0.8676	1	25	1.4978	1	liquid	1
22332	C11H16	1,3-dimethyl-2-propylbenzene	17059-45-9	148.248	264.69	2	480.75	1	25	0.8817	1	25	1.5041	1	liquid	1
22333	C11H16	1,3-dimethyl-4-propylbenzene	61827-85-8	148.248	264.69	2	479.75	1	25	0.8684	1	25	1.4976	1	liquid	1
22334	C11H16	1,3-dimethyl-5-propylbenzene	3982-64-7	148.248	214.05	1	475.39	1	25	0.8568	1	25	1.4930	1	liquid	1
22335	C11H16	1,4-dimethyl-2-propylbenzene	3042-50-0	148.248	264.69	2	477.45	1	25	0.8678	1	25	1.4977	1	liquid	1
22336	C11H16	1,2-dimethyl-3-isopropylbenzene	22539-65-7	148.248	249.69	2	475.75	1	25	0.8840	1	25	1.5660	1	liquid	1
22337	C11H16	1,2-dimethyl-4-isopropylbenzene	4132-77-8	148.248	249.69	2	474.95	1	25	0.8660	1	25	1.4971	1	liquid	1
22338	C11H16	1,3-dimethyl-2-isopropylbenzene	14411-75-7	148.248	249.69	2	472.15	1	25	0.8860	1	25	1.5070	1	liquid	1
22339	C11H16	1,3-dimethyl-4-isopropylbenzene	4706-89-2	148.248	191.15	1	472.25	1	25	0.8690	1	25	1.4980	1	liquid	1
22340	C11H16	1,3-dimethyl-5-isopropylbenzene	4706-90-5	148.248	249.69	2	467.65	1	25	0.8580	1	25	1.4930	1	liquid	1
22341	C11H16	1,4-dimethyl-2-isopropylbenzene	4132-72-3	148.248	249.69	2	469.35	1	25	0.8699	1	25	1.4988	1	liquid	1
22342	C11H16	1-methyl-2,3-diethylbenzene	13632-93-4	148.248	264.69	2	479.75	1	25	0.8871	1	25	1.5083	1	liquid	1
22343	C11H16	1-methyl-2,4-diethylbenzene	1758-85-6	148.248	264.69	2	478.15	1	25	0.8709	1	25	1.5005	1	liquid	1
22344	C11H16	1-methyl-2,5-diethylbenzene	13632-94-5	148.248	264.69	2	480.25	1	25	0.8719	1	25	1.5012	1	liquid	1
22345	C11H16	1-methyl-2,6-diethyl benzene	13632-95-6	148.248	264.69	2	481.95	1	25	0.8868	1	25	1.5084	1	liquid	1
22346	C11H16	1-methyl-3,4-diethylbenzene	13732-80-4	148.248	264.69	2	476.75	1	25	0.8723	1	25	1.5017	1	liquid	1
22347	C11H16	1-methyl-3,5-diethylbenzene	2050-24-0	148.248	199.03	1	473.85	1	25	0.8591	1	25	1.4947	1	liquid	1
22348	C11H16	1,2,3-trimethyl-4-ethylbenzene	61827-86-9	148.248	277.21	2	493.55	1	25	0.8980	1	25	1.5158	1	liquid	1
22349	C11H16	1,2,3-trimethyl-5-ethylbenzene	31366-00-4	148.248	277.21	2	488.95	1	25	0.8824	1	25	1.5079	1	liquid	1
22350	C11H16	1,2,4-trimethyl-3-ethylbenzene	61827-87-0	148.248	277.21	2	489.75	1	25	0.8910	1	25	1.5111	1	liquid	1
22351	C11H16	1,2,4-trimethyl-5-ethylbenzene	---	148.248	259.65	1	486.15	1	25	0.8790	1	25	1.5053	1	liquid	1
22352	C11H16	1,2,4-trimethyl-6-ethylbenzene	17851-27-3	148.248	259.65	1	486.15	1	25	0.8858	1	25	1.5096	1	liquid	1
22353	C11H16	1,3,5-trimethyl-2-ethylbenzene	3982-67-0	148.248	257.65	1	485.55	1	25	0.8790	1	25	1.5052	1	liquid	1
22354	C11H16	pentamethylbenzene	700-12-9	148.248	327.45	1	504.55	1	20	0.9170	1	20	1.5270	1	solid	1
22355	C11H16	1-ethyl-2,3,5-trimethylbenzene	18262-85-6	148.248	243.06	2	486.15	1	20	0.8897	1	20	1.5118	1	liquid	1
22356	C11H16	sec-pentylbenzene	29316-05-0	148.248	203.25	1	473.15	1	25	0.8669	2	---	---	---	liquid	1
22357	C11H16	5-propyl-1,5-octadien-3-yne	70732-44-4	148.248	---	---	475.28	2	20	0.8047	1	20	1.4949	1	---	---
22358	C11H16	1,10-undecadiyne	4117-15-1	148.248	256.15	1	475.28	2	21	0.8182	1	21	1.4530	1	liquid	2
22359	C11H16ClN3O2	formetanate hydrochloride	23422-53-9	257.720	---	---	---	---	25	1.2210	2	---	---	---	---	---
22360	C11H16ClN3O4S2	buthiazide	2043-38-1	353.851	494.65	1	---	---	25	1.3963	2	---	---	---	solid	1
22361	C11H16ClN5	1-(p-chlorophenyl)-5-isopropylbiguanide	500-92-5	253.736	403.65	1	---	---	25	1.2179	2	---	---	---	solid	1
22362	C11H16ClO2PS3	carbophenothion	786-19-6	342.871	---	---	---	---	20	1.2710	1	---	---	---	---	---
22363	C11H16ClO3P	diethyl 4-chlorobenzylphosphonate	39225-17-7	262.673	---	---	435.15	1	25	1.1900	1	---	1.5090	1	---	---
22364	C11H16ClO3PS2	O,O-diethyl-S-p-chlorophenyl thiomethylph	7173-84-4	326.805	---	---	---	---	---	---	---	---	---	---	---	---
22365	C11H16Cl2O6	1,1,5-triacetoxy-2,2-dichloropentane	---	315.149	---	---	---	---	25	1.3243	2	---	1.4597	1	---	---
22366	C11H16FN3O3	carmofur	61422-45-5	257.266	383.65	1	---	---	25	1.2287	2	---	---	---	solid	1
22367	C11H16NO5P	diethyl(4-nitrobenzyl)phosphonate	---	273.226	---	---	---	---	---	---	---	---	---	---	---	---
22368	C11H16N2	1-benzylpiperazine	2759-28-6	176.262	---	---	---	---	25	0.9880	2	28	1.5430	1	---	---
22369	C11H16N2	(S)-(+)-2-(anilinomethyl)pyrrolidine	64030-44-0	176.262	---	---	---	---	25	1.0460	1	---	---	---	---	---
22370	C11H16N2	1-(3-methylphenyl)-piperazine	41186-03-2	176.262	---	---	---	---	25	0.9880	2	---	1.5760	1	---	---
22371	C11H16N2	1-methyl-4-phenylpiperazine	3074-43-9	176.262	---	---	---	---	25	0.9880	2	---	---	---	---	---
22372	C11H16N2O	1-(3-methoxyphenyl)piperazine	16015-71-7	192.261	---	---	---	---	25	1.1140	1	---	1.5810	1	---	---
22373	C11H16N2O	1-(2-methoxyphenyl)piperazine	35386-24-4	192.261	310.65	1	---	---	25	1.0950	1	---	1.5750	1	solid	1
22374	C11H16N2O	1-(4-methoxyphenyl)piperazine	38212-30-5	192.261	---	---	---	---	25	1.1045	2	---	---	---	---	---
22375	C11H16N2O	4-phenyl-1-piperidinecarboxamide	---	192.261	---	---	---	---	25	1.1045	2	---	---	---	---	---
22376	C11H16N2O	tocainide	41708-72-9	192.261	---	---	---	---	25	1.1045	2	---	---	---	---	---
22377	C11H16N2O2	pilocarpine	92-13-7	208.261	307.15	1	---	---	25	1.0982	2	---	---	---	solid	1
22378	C11H16N2O2	aminocarb	2032-59-9	208.261	368.00	1	---	---	25	1.0982	2	---	---	---	solid	1
22379	C11H16N2O2	anhydro-piperidino hexose reductone	63937-31-5	208.261	---	---	---	---	25	1.0982	2	---	---	---	---	---
22380	C11H16N2O2	5-dimethylamino-4-tolyl methylcarbamate	14144-91-3	208.261	---	---	---	---	25	1.0982	2	---	---	---	---	---
22381	C11H16N2O2	safrasin	33419-68-0	208.261	---	---	---	---	25	1.0982	2	---	---	---	---	---
22382	C11H16N2O2S	allyl-sec-butyl thiobarbituric acid	2095-58-1	240.327	---	---	---	---	25	1.1712	2	---	---	---	---	---
22383	C11H16N2O3	butalbital	77-26-9	224.260	411.65	1	430.30	2	25	1.1486	2	---	---	---	solid	1
22384	C11H16N2O3	enallylpropymal	1861-21-8	224.260	329.65	1	430.30	2	25	1.1486	2	---	---	---	solid	1
22385	C11H16N2O3	5-allyl-5-sec-butylbarbituric acid	115-44-6	224.260	---	---	430.30	2	25	1.1486	2	---	---	---	---	---
22386	C11H16N2O3	5-(1-butenyl)-5-isopropylbarbituric acid	67050-04-8	224.260	---	---	432.15	1	25	1.1486	2	---	---	---	---	---
22387	C11H16N2O3	5-ethyl-5-(1-methyl-1-butenyl)barbiturate	125-42-8	224.260	435.65	1	---	---	25	1.1486	2	---	---	---	solid	1
22388	C11H16N2O3	5-ethyl-5-(1-methyl-2-butenyl)barbituric aci	17013-35-3	224.260	---	---	430.30	2	25	1.1486	2	---	---	---	---	---
22389	C11H16N2O3	5-ethyl-1-methyl-5-(1-methylpropenyl)barbi	66968-89-6	224.260	---	---	430.30	2	25	1.1486	2	---	---	---	---	---
22390	C11H16N2O3	a-(isopropylaminomethyl)-4-nitrobenzyl alc	5054-57-9	224.260	---	---	428.45	1	25	1.1486	2	---	---	---	---	---
22391	C11H16N2O3	5-methyl-5-(1-methyl-1-pentenyl)barbituric	66843-04-7	224.260	---	---	430.30	2	25	1.1486	2	---	---	---	---	---
22392	C11H16N2O4	N,N'-diglycidyl-5,5-dimethylhydantoin	15336-81-9	240.260	---	---	---	---	25	1.1961	2	---	---	---	---	---
22393	C11H16N2O4S	(S)-N-boc-4-thiazoylalanine	119434-75-2	272.326	---	---	---	---	25	1.2583	2	---	---	---	---	---
22394	C11H16N2O4S2	S-((N-(2-benzyloxyethyl)amidino)methyl) h	40283-91-8	304.392	---	---	---	---	25	1.3121	2	---	---	---	---	---
22395	C11H16N4O4	pentostatin	53910-25-1	268.274	495.65	1	464.65	1	25	1.2814	2	---	---	---	solid	1
22396	C11H16N4O4	2,6-piperazinedione-4,4'-propylene dioxopi	21416-87-5	268.274	506.65	1	---	---	25	1.2814	2	---	---	---	solid	1
22397	C11H16N4O4	razoxane	21416-67-1	268.274	---	---	364.65	1	25	1.2814	2	---	---	---	---	---
22398	C11H16N8O8	germall 115	39236-46-9	388.299	---	---	---	---	25	1.5606	2	---	---	---	---	---
22399	C11H16O	p-tert-amylphenol	80-46-6	164.247	366.00	1	535.65	1	28	0.9590	2	---	---	---	solid	1
22400	C11H16O	2-butyl-4-methylphenol	6891-45-8	164.247	292.15	1	501.15	1	20	0.9680	1	---	---	---	liquid	1

Table 1 Physical Properties - Organic Compounds

				Mol Wt	Freezing Point		Boiling Point		Density			Refractive Index			State	
NO	FORMULA	NAME	CAS No	g/mol	T_F, K	code	T_B, K	code	T, C	g/cm3	code	T, C	n_D	code	@25C,1 atm	code
22401	C11H16O	2-tert-butyl-4-methylphenol	2409-55-4	164.247	324.65	1	510.15	1	75	0.9247	1	75	1.4969	1	solid	1
22402	C11H16O	2-tert-butyl-5-methylphenol	88-60-8	164.247	319.65	1	486.71	2	80	0.9220	1	20	1.5250	1	solid	1
22403	C11H16O	2-tert-butyl-6-methylphenol	2219-82-1	164.247	304.15	1	503.15	1	80	0.9240	1	20	1.5195	1	solid	1
22404	C11H16O	4-tert-butyl-2-methylphenol	98-27-1	164.247	300.65	1	510.15	1	20	0.9650	1	20	1.5230	1	solid	1
22405	C11H16O	4-isopentylphenol	1805-61-4	164.247	302.15	1	528.15	1	23	0.9562	1	27	1.5050	1	solid	1
22406	C11H16O	5-methyl-2-sec-butylphenol	29472-95-5	164.247	322.97	2	519.15	1	25	0.9369	1	20	1.5188	1	solid	2
22407	C11H16O	pentamethylphenol	2819-86-5	164.247	401.15	1	540.15	1	28	0.9590	2	---	---	---	solid	1
22408	C11H16O	4-pentylphenol	14938-35-3	164.247	296.15	1	523.65	1	20	0.9600	1	25	1.5272	1	liquid	1
22409	C11H16O	benzenepentanol	10521-91-2	164.247	---	---	486.71	2	20	0.9725	1	20	1.5156	1	---	---
22410	C11H16O	4-tert-butylbenzenemethanol	877-65-6	164.247	---	---	509.15	1	25	0.9280	1	20	1.5179	1	---	---
22411	C11H16O	alpha-tert-butylbenzenemethanol	3835-64-1	164.247	318.15	1	486.71	2	28	0.9590	2	---	---	---	solid	1
22412	C11H16O	alpha,alpha-diethylbenzenemethanol	1565-71-5	164.247	---	---	496.65	1	20	0.9831	1	20	1.5165	1	---	---
22413	C11H16O	alpha,alpha-dimethylbenzenepropanol	103-05-9	164.247	297.65	1	486.71	2	21	0.9626	1	21	1.5077	1	liquid	2
22414	C11H16O	beta,beta-dimethylbenzenepropanol	13351-61-6	164.247	307.65	1	486.71	2	28	0.9590	2	---	---	---	solid	1
22415	C11H16O	alpha-ethylbenzenepropanol, (S)	71747-37-0	164.247	311.15	1	486.71	2	20	0.9687	1	---	---	---	solid	1
22416	C11H16O	alpha-ethyl-alpha-methylbenzeneethanol, (	116783-12-1	164.247	---	---	508.15	1	25	1.0610	1	25	1.4397	1	---	---
22417	C11H16O	alpha-isobutylbenzenemethanol	1565-86-2	164.247	---	---	509.15	1	19	0.9537	1	18	1.5080	1	---	---
22418	C11H16O	beta-isopropylbenzeneethanol	90499-41-5	164.247	---	---	486.71	2	25	0.9694	1	20	1.5137	1	---	---
22419	C11H16O	alpha-methylbenzenebutanol	2344-71-0	164.247	---	---	486.71	2	25	0.9643	1	19	1.5180	1	---	---
22420	C11H16O	beta-methylbenzenebutanol, (±)	116783-11-0	164.247	---	---	486.71	2	20	0.9719	1	16	1.5173	1	---	---
22421	C11H16O	alpha-methyl-alpha-propylbenzenemethan	4383-18-0	164.247	---	---	489.15	1	22	0.9723	1	---	---	---	---	---
22422	C11H16O	1-phenyl-1-pentanol	583-03-9	164.247	---	---	486.71	2	20	0.9655	1	25	1.4086	1	---	---
22423	C11H16O	alpha,alpha,beta-trimethylbenzeneethanol	3280-08-8	164.247	319.15	1	470.15	1	20	0.9794	1	20	1.5193	1	solid	1
22424	C11H16O	alpha,beta,beta-trimethylbenzeneethanol	2977-31-3	164.247	---	---	470.15	1	28	0.9590	2	13	1.5161	1	---	---
22425	C11H16O	(butoxymethyl)benzene	588-67-0	164.247	---	---	496.15	1	20	0.9227	1	20	1.4833	1	---	---
22426	C11H16O	1-butoxy-3-methylbenzene	23079-65-4	164.247	---	---	502.35	1	70	0.9406	1	20	1.4970	1	---	---
22427	C11H16O	1-butoxy-4-methylbenzene	10519-06-9	164.247	---	---	502.65	1	25	0.9205	1	20	1.4970	1	---	---
22428	C11H16O	1-tert-butyl-4-methoxybenzene	5396-38-3	164.247	292.15	1	511.15	1	20	0.9383	1	20	1.5039	1	liquid	1
22429	C11H16O	1-ethoxy-2-propylbenzene	101144-90-5	164.247	---	---	486.15	1	20	0.9240	1	20	1.4940	1	---	---
22430	C11H16O	[(2-methylpropoxy)methyl]benzene	940-49-8	164.247	---	---	485.15	1	20	0.9233	1	20	1.4826	1	---	---
22431	C11H16O	pentyl phenyl ether	2050-04-6	164.247	---	---	502.15	1	20	0.9270	1	20	1.4947	1	---	---
22432	C11H16O	3-isopropyl-2-methylanisole	31202-12-7	164.247	272.65	1	486.71	2	25	0.9540	1	20	1.5148	1	liquid	2
22433	C11H16O	cis-3-methyl-2-(2-pentenyl)-2-cyclopenten-	488-10-8	164.247	---	---	531.15	1	22	0.9437	1	22	1.4979	1	---	---
22434	C11H16O	3-acetylnoradamantane	58275-58-4	164.247	---	---	485.15	1	25	1.0440	1	---	1.5020	1	---	---
22435	C11H16O	(R)-(-)-4,4a,5,6,7,8-hexahydro-4a-methyl-2	63975-59-7	164.247	---	---	486.71	2	25	1.0130	1	---	1.5250	1	---	---
22436	C11H16O	7-tert-butoxy-2,5-norbornadiene	877-06-5	164.247	---	---	343.15	1	25	0.9360	1	---	1.4690	1	---	---
22437	C11H16O	(S)-(+)-10-methyl-1(9)-octal-2-one	4087-39-2	164.247	---	---	486.71	2	25	1.0100	1	---	1.5245	1	---	---
22438	C11H16O	2,4,6-trimethylphenethylalcohol	6950-92-1	164.247	---	---	486.71	2	28	0.9590	2	---	---	---	---	---
22439	C11H16O	2-(1-methylbutyl)phenol	87-26-3	164.247	322.97	2	515.74	1	28	0.9590	2	---	---	---	solid	2
22440	C11H16O	o-amylphenol	136-81-2	164.247	322.97	2	486.71	2	28	0.9590	2	---	---	---	solid	2
22441	C11H16O	2-sec-amylphenol	---	164.247	322.97	2	407.65	1	28	0.9590	2	---	---	---	solid	2
22442	C11H16O	4-sec-amylphenol	25735-67-5	164.247	322.97	2	409.65	1	28	0.9590	2	---	---	---	solid	2
22443	C11H16O	chrysanthal	39067-39-5	164.247	---	---	380.15	1	28	0.9590	2	---	---	---	---	---
22444	C11H16O	isojasmone	11050-62-7	164.247	---	---	486.71	2	28	0.9590	2	---	---	---	---	---
22445	C11H16O	p-isopropylphenylethyl alcohol	10099-57-7	164.247	---	---	486.71	2	28	0.9590	2	---	---	---	---	---
22446	C11H16O	methyl thymol ether	1076-56-8	164.247	---	---	406.15	1	28	0.9590	2	---	---	---	---	---
22447	C11H16OSi	1-phenyl-1-trimethylsiloxyethylene	13735-81-4	192.332	---	---	---	---	25	0.9380	1	---	1.5020	1	---	---
22448	C11H16O2	tert-butyl-4-hydroxyanisole	25013-16-5	180.247	324.15	1	541.15	1	25	1.0121	2	---	---	---	solid	1
22449	C11H16O2	1,4-diethoxy-2-methylbenzene	41901-72-8	180.247	297.65	1	521.15	1	15	1.0134	1	---	---	---	liquid	1
22450	C11H16O2	1,4-dimethoxy-2-isopropylbenzene	4132-71-2	180.247	---	---	532.78	2	17	1.0129	1	17	1.5103	1	---	---
22451	C11H16O2	4-isopentyl-1,3-benzenediol	15116-17-3	180.247	340.15	1	532.78	2	25	1.0121	2	---	---	---	solid	1
22452	C11H16O2	4-pentyl-1,3-benzenediol	533-24-4	180.247	345.65	1	532.78	2	25	1.0121	2	---	---	---	solid	1
22453	C11H16O2	4-methoxybenzenebutanol	52244-70-9	180.247	274.95	1	532.78	2	25	1.0121	2	20	1.5267	1	liquid	2
22454	C11H16O2	methyl 7,7-dimethyltricyclo[2.2.1.02,6]hept	56694-97-4	180.247	318.65	1	532.78	2	42	1.0255	1	42	1.4695	1	solid	1
22455	C11H16O2	1-adamantanecarboxylic acid	828-51-3	180.247	447.15	1	532.78	2	25	1.0121	2	---	---	---	solid	1
22456	C11H16O2	4-benzyloxy-1-butanol	4541-14-4	180.247	---	---	509.15	1	25	1.0250	1	---	1.5130	1	---	---
22457	C11H16O2	4-butoxybenzyl alcohol	6214-45-5	180.247	303.65	1	532.78	2	25	1.0121	2	---	---	---	solid	1
22458	C11H16O2	2,2-dimethyl-1-phenyl-1,3-propanediol	33950-46-8	180.247	351.15	1	559.65	1	25	1.0121	2	---	---	---	solid	1
22459	C11H16O2	methyl perillate	26460-67-3	180.247	---	---	532.78	2	25	0.9990	1	---	1.4910	1	---	---
22460	C11H16O2	4-pentyloxyphenol	18979-53-8	180.247	320.65	1	532.78	2	25	1.0121	2	---	---	---	solid	1
22461	C11H16O2	2-phenylpropionaldehyde dimethyl acetal	90-87-9	180.247	---	---	532.78	2	25	0.9970	1	---	1.4930	1	---	---
22462	C11H16O2	bovolide	774-64-1	180.247	---	---	532.78	2	25	1.0121	2	---	---	---	---	---
22463	C11H16O2	3-tert-butylated hydroxyanisole	88-32-4	180.247	---	---	532.78	2	25	1.0121	2	---	---	---	---	---
22464	C11H16O2	3-tert-butyl-4-hydroxyanisole	121-00-6	180.247	335.65	1	532.78	2	25	1.0121	2	---	---	---	solid	1
22465	C11H16O3	d-camphocarboxylic acid	18530-30-8	196.246	400.65	1	---	---	23	1.0564	2	---	---	---	solid	1
22466	C11H16O3	(diethoxymethoxy)benzene	14444-77-0	196.246	---	---	378.15	2	25	1.0140	1	20	1.4822	1	---	---
22467	C11H16O3	ethyl 2,6-dimethyl-4-oxo-2-cyclohexene-1-(	6102-15-4	196.246	---	---	378.15	2	20	1.0493	1	20	1.4773	1	---	---
22468	C11H16O3	hexyl 2-furancarboxylate	39251-86-0	196.246	---	---	378.15	2	20	1.0170	1	---	---	---	---	---
22469	C11H16O3	di(ethylene glycol) benzyl ether	2050-25-1	196.246	---	---	378.15	2	25	1.0940	1	---	1.5100	1	---	---
22470	C11H16O3	3-(3,4-dimethoxyphenyl)-1-propanol	3929-47-3	196.246	---	---	378.15	2	25	1.0810	1	---	1.5400	1	---	---
22471	C11H16O3	methyl 1-methoxybicyclo[2.2.2]oct-5-ene-2	5259-50-7	196.246	---	---	378.15	1	25	1.0830	1	---	1.4890	1	---	---
22472	C11H16O3	allyl-3,4-epoxy-6-methylcyclohexanecarbo	10138-39-3	196.246	---	---	378.15	2	23	1.0564	2	---	---	---	---	---
22473	C11H16O3	isobutyl furylpropionate	105-01-1	196.246	---	---	378.15	2	23	1.0564	2	---	---	---	---	---
22474	C11H16O3S	butyl 4-toluenesulfonate	778-28-9	228.312	---	---	---	---	20	1.1319	1	20	1.5050	1	---	---
22475	C11H16O4	diethyl 1-cyclopentene-1,2-dicarboxylate	70202-92-5	212.246	---	---	---	---	20	1.0805	1	20	1.4652	1	---	---
22476	C11H16O4	diethyl 1-cyclopentene-1,3-dicarboxylate	30689-41-9	212.246	---	---	---	---	24	1.1121	1	---	1.4564	1	---	---
22477	C11H16O4	3,9-divinyl-2,4,8,10-tetraoxaspiro[5.5]unde	78-19-3	212.246	316.15	1	---	---	25	1.2510	1	---	---	---	solid	1
22478	C11H16O4	2,2-dimethyltrimethylene acrylate	2223-82-7	212.246	---	---	---	---	23	1.1479	2	---	---	---	---	---
22479	C11H16O4	methyl eugenol glycol	26509-45-5	212.246	---	---	---	---	23	1.1479	2	---	---	---	---	---
22480	C11H16O4S	(R)-2-hydroxybutyl p-tosylate	103745-07-9	244.312	---	---	---	---	25	1.1750	2	---	---	---	---	---

Table 1 Physical Properties - Organic Compounds

				Mol Wt	Freezing Point		Boiling Point		Density			Refractive Index			State	
NO	FORMULA	NAME	CAS No	g/mol	T_F, K	code	T_B, K	code	T, C	g/cm3	code	T, C	n_D	code	@25C,1 atm	code
22481	C11H16O4S	(S)-2-hydroxybutyl p-tosylate	143731-32-2	244.312	---	---	---	---	25	1.1750	2	---	---	---	---	---
22482	C11H16O5	glycerol dimethacrylate, isomers	1830-78-0	228.245	---	---	478.15	1	25	1.1200	1	---	1.4720	1	---	---
22483	C11H16O5	butyl 2,3-epoxypropyl fumarate	25876-07-7	228.245	---	---	478.15	2	25	1.1529	2	---	---	---	---	---
22484	C11H16O5	3-(3,5-dimethoxyphenoxy)-1,2-propanediol	27318-87-2	228.245	---	---	478.15	2	25	1.1529	2	---	---	---	---	---
22485	C11H16O6	diethylethoxymethyleneoxalacetate	52942-64-0	244.244	---	---	---	---	25	1.1996	2	---	---	---	---	---
22486	C11H16S	2-methyl-5-tert-butylthiophenol	7340-90-1	180.314	263.25	1	533.15	1	25	0.9800	1	---	---	---	liquid	1
22487	C11H17ClNO2PS	o-(4-tert-butyl-2-chlorophenyl)-o-methyl ph	5902-52-3	293.754	---	---	---	---	---	---	---	---	---	---	---	---
22488	C11H17ClO7P2	claniclor	76541-72-5	358.652	---	---	---	---	---	---	---	---	---	---	---	---
22489	C11H17Cl3N2O2S	chlordantoin	5588-20-5	347.692	---	---	---	---	25	1.3307	2	---	---	---	---	---
22490	C11H17F3N6O	3-((imino((2,2,2-trifluoroethyl)amino)methyl	84545-30-2	306.293	---	---	453.15	1	25	1.3025	2	---	---	---	---	---
22491	C11H17IO2	iodo-undecinic acid	---	308.159	---	---	---	---	25	1.4387	2	---	---	---	---	---
22492	C11H17N	N,N-diethyl-2-methylaniline	606-46-2	163.263	213.15	1	482.15	1	20	0.9286	1	20	1.5153	1	liquid	1
22493	C11H17N	N,N-diethyl-4-methylaniline	613-48-9	163.263	319.40	2	502.15	1	16	0.9242	1	---	---	---	solid	2
22494	C11H17N	4-isopentylaniline	104177-72-2	163.263	319.40	2	530.15	1	15	0.9280	1	20	1.5305	1	solid	2
22495	C11H17N	N-isopentylaniline	2051-84-5	163.263	319.40	2	527.65	1	55	0.8912	1	20	1.5305	1	solid	2
22496	C11H17N	2,3,4,5,6-pentamethylaniline	2243-30-3	163.263	425.65	1	550.65	1	26	0.9137	2	---	---	---	solid	1
22497	C11H17N	p-tert-pentylaniline	2049-92-5	163.263	319.40	2	533.65	1	26	0.9137	2	---	---	---	solid	2
22498	C11H17N	N-ethyl-alpha-methylbenzeneethanamine	457-87-4	163.263	---	---	515.00	2	26	0.9137	2	25	1.4986	1	---	---
22499	C11H17N	N-benzyl-tert-butylamine	3378-72-1	163.263	---	---	515.00	2	25	0.8810	1	---	1.4970	1	---	---
22500	C11H17N	N-butylbenzylamine	2403-22-7	163.263	---	---	515.00	2	25	0.9110	1	---	1.5010	1	---	---
22501	C11H17N	N,N-diethyl-m-toluidine	91-67-8	163.263	319.40	2	504.65	1	25	0.9210	1	---	1.5360	1	solid	2
22502	C11H17N	N-ethyl-N-isopropylaniline	54813-77-3	163.263	319.40	2	497.15	1	25	0.9260	1	---	1.5340	1	solid	2
22503	C11H17N	N,N,2,4,6-pentamethylaniline	13021-15-3	163.263	319.40	2	487.15	1	25	0.9070	1	---	1.5120	1	solid	2
22504	C11H17N	4-pentylaniline	33228-44-3	163.263	319.40	2	535.00	2	25	0.9190	1	---	1.5300	1	solid	2
22505	C11H17N	N-pentylaniline	2655-27-8	163.263	319.40	2	531.15	1	26	0.9137	2	---	---	---	solid	2
22506	C11H17N	lemonile	61792-11-8	163.263	---	---	493.15	2	26	0.9137	2	---	---	---	---	---
22507	C11H17NO	alpha-[1-(ethylamino)ethyl]benzenemethar	37025-57-3	179.262	324.65	1	467.15	2	25	0.9863	2	---	---	---	solid	1
22508	C11H17NO	2-[ethyl(3-methylphenyl)amino]ethanol	91-88-3	179.262	---	---	467.15	2	25	0.9863	2	20	1.5540	1	---	---
22509	C11H17NO	3-(methylbenzylamino)-1-propanol	5814-42-6	179.262	---	---	467.15	2	25	1.0010	1	20	1.5230	1	---	---
22510	C11H17NO	N-methylephedrine, [R-(R*,S*)]	552-79-4	179.262	360.65	1	467.15	2	25	0.9863	2	---	---	---	solid	1
22511	C11H17NO	1-adamantanecarboxamide	5511-18-2	179.262	463.15	1	467.15	2	25	0.9863	2	---	---	---	solid	1
22512	C11H17NO	(R)-(-)-2-amino-1-benzyloxybutane	142559-11-3	179.262	---	---	467.15	2	25	0.9863	2	---	1.5065	1	---	---
22513	C11H17NO	5-tert-butyl-o-anisidine	3535-88-4	179.262	302.65	1	479.15	1	25	0.9880	1	---	---	---	solid	1
22514	C11H17NO	(+)-N-methylephedrine	42151-56-4	179.262	360.15	1	467.15	2	25	0.9863	2	---	---	---	solid	1
22515	C11H17NO	(1S,2S)-(+)-N-methylpseudoephedrine	51018-28-1	179.262	303.15	1	467.15	2	25	0.9863	2	---	---	---	solid	1
22516	C11H17NO	4-(pentyloxy)aniline	39905-50-5	179.262	---	---	455.15	1	25	0.9700	1	---	1.5320	1	---	---
22517	C11H17NO	methylephedrine	17605-71-9	179.262	337.15	1	467.15	2	25	0.9863	2	---	---	---	solid	1
22518	C11H17NO	1-phenyl-2-(b-hydroxyethyl)aminopropane	63918-85-4	179.262	---	---	467.15	2	25	0.9863	2	---	---	---	---	---
22519	C11H17NO2	3-(N-benzyl-N-methylamino)propane-1,2-d	60278-98-0	195.262	---	---	479.15	1	25	1.0800	1	---	---	---	---	---
22520	C11H17NO2	(-)-chiracamphox	165038-32-4	195.262	501.15	1	545.65	2	25	1.0695	2	---	---	---	solid	1
22521	C11H17NO2	N-methylhomoveratrylamine	3490-06-0	195.262	---	---	545.65	2	25	1.0590	1	---	1.5330	1	---	---
22522	C11H17NO2	2,2'-(4-methylphenylimino)diethanol	3077-12-1	195.262	324.15	1	612.15	1	25	1.0695	2	---	---	---	solid	1
22523	C11H17NO2	diethanol-m-toluidine	91-99-6	195.262	---	---	545.65	2	25	1.0695	2	---	---	---	---	---
22524	C11H17NO2	di-(hydroxyethyl)-o-tolylamine	28005-74-5	195.262	---	---	545.65	2	25	1.0695	2	---	---	---	---	---
22525	C11H17NO2	ethylcyanocyclohexyl acetate	1331-45-9	195.262	---	---	545.65	2	25	1.0695	2	---	---	---	---	---
22526	C11H17NO2	4-hydroxy-a-isopropylaminomethylbenzyl a	7376-66-1	195.262	---	---	545.65	2	25	1.0695	2	---	---	---	---	---
22527	C11H17NO3	isoproterenol	7683-59-2	211.261	443.65	1	---	---	25	1.0806	2	---	---	---	solid	1
22528	C11H17NO3	3,4,5-trimethoxybenzeneethanamine	54-04-6	211.261	308.65	1	---	---	25	1.0806	2	---	---	---	solid	1
22529	C11H17NO3	5,5-dimethyldihydroresorcinol dimethylcarb	122-15-6	211.261	318.65	1	---	---	25	1.0806	2	---	---	---	solid	1
22530	C11H17NO3	N,N-bis(2-hydroxyethyl)-3-methoxyaniline	17126-75-9	211.261	328.15	1	---	---	25	1.0806	2	---	1.5718	1	solid	1
22531	C11H17NO3	3,5-dihydroxy-a-((isopropylamino)methyl)b	586-06-1	211.261	---	---	---	---	25	1.0806	2	---	---	---	---	---
22532	C11H17NO3	2-(2,5-dimethoxyphenyl)isopropylamine	2801-68-5	211.261	---	---	---	---	25	1.0806	2	---	---	---	---	---
22533	C11H17NO4	(1S,4R)-N-boc-1-aminocyclopent-2-ene-4-(	108999-93-5	227.261	425.15	1	---	---	25	1.1300	2	---	---	---	solid	1
22534	C11H17NO4	(1R,4S)-N-boc-1-aminocyclopent-2-ene-4-(	151907-79-8	227.261	426.05	1	---	---	25	1.1300	2	---	---	---	solid	1
22535	C11H17NO4S	N,N-bis-(2-hydroxyethyl)-p-toluenesulfonar	7146-67-0	259.327	370.15	1	---	---	25	1.1968	2	---	---	---	solid	1
22536	C11H17N2O4PS	amiprofos-methyl	36001-88-4	304.308	---	---	419.75	1	---	---	---	---	---	---	---	---
22537	C11H17N3O2	chinoin-127	71392-29-5	223.276	---	---	411.15	1	25	1.1255	2	---	---	---	---	---
22538	C11H17N3O2	2-n-propyl-4-methylpyrimidyl-(6)-N,N-dime	2532-49-2	223.276	---	---	411.15	2	25	1.1255	2	---	---	---	---	---
22539	C11H17N3O3	5-ethyl-5-(1-piperidinyl)-2,4,6(1H,3H,5H)-p	509-87-5	239.275	488.15	1	---	---	25	1.1729	2	---	---	---	solid	1
22540	C11H17N3O3	emorfazone	38957-41-4	239.275	363.15	1	---	---	25	1.1729	2	---	---	---	solid	1
22541	C11H17N3O3S	4-amino-N-[(butylamino)carbonyl]benzenes	339-43-5	271.341	417.65	1	---	---	25	1.2358	2	---	---	---	solid	1
22542	C11H17N3O4	Na-boc-L-histidine	17791-52-5	255.275	470.65	1	---	---	25	1.2178	2	---	---	---	solid	1
22543	C11H17N3O4	Na-boc-D-histidine	50654-94-9	255.275	468.15	1	---	---	25	1.2178	2	---	---	---	solid	1
22544	C11H17N3O4	N',N'-bis(2-hydroxyethyl)-N-methyl-2-nitro-	2784-94-3	255.275	---	---	---	---	25	1.2178	2	---	---	---	---	---
22545	C11H17N3O8	fugu poison	4368-28-9	319.272	---	---	---	---	25	1.3757	2	---	---	---	---	---
22546	C11H17O3P	diethyl benzylphosphonate	1080-32-6	228.228	---	---	---	---	---	---	---	20	1.4930	1	---	---
22547	C11H17O3P	benzyl diethyl phosphite	2768-31-2	228.228	---	---	---	---	---	---	---	---	---	---	---	---
22548	C11H17O3PS	O,O-diethyl-S-benzyl thiophosphate	13286-32-3	260.294	---	---	---	---	25	1.1600	1	---	---	---	---	---
22549	C11H17O3PS	diethyl(phenylthiomethyl)phosphonate	38066-16-9	260.294	---	---	---	---	25	1.1700	1	---	1.5340	1	---	---
22550	C11H17O3PS2	phosphorothioic acid, O,O-diethyl O-(p-me	3070-15-3	292.360	---	---	---	---	25	1.1900	1	---	---	---	---	---
22551	C11H17O3PS2	O,O-dimethyl-O-4-(methylthio)-3,5-xylyl ph	55-37-8	292.360	---	---	---	---	---	---	---	---	---	---	---	---
22552	C11H17O4PS2	fensulfothion	115-90-2	308.360	---	---	---	---	20	1.2020	1	---	---	---	---	---
22553	C11H18	trans-decahydro-2-methylenenaphthalene	7787-72-6	150.264	---	---	474.15	1	20	0.8897	1	22	1.4841	1	---	---
22554	C11H18	1-undecen-3-yne	74744-28-8	150.264	---	---	474.15	2	20	0.7962	1	20	1.4606	1	---	---
22555	C11H18	ethyl-tetramethylcyclopentadiene	57693-77-3	150.264	---	---	474.15	2	25	0.8410	1	---	1.4760	1	---	---
22556	C11H18	1,3,5-undecatriene	16356-11-9	150.264	---	---	474.15	2	22	0.8423	2	---	---	---	---	---
22557	C11H18ClNO4	isoprenaline hydrochloride	51-30-9	263.721	443.65	1	465.15	1	25	1.1836	2	---	---	---	solid	1
22558	C11H18F3O2Tl	2-nonen-2-ol-4-one-1,1,1-trifluorodimethylt	67292-57-3	443.642	---	---	---	---	---	---	---	---	---	---	---	---
22559	C11H18IN2O2	4-(3-iodo-2-oxopropylidene)-2,2,3,5,5-pent	70723-34-1	337.181	399.65	1	---	---	25	1.4841	2	---	---	---	solid	1
22560	C11H18NO2PS2	O-ethyl-O-(4-methylthio-m-tolyl) methylpho	3568-56-7	291.376	---	---	---	---	---	---	---	---	---	---	---	---

Table 1 Physical Properties - Organic Compounds

				Mol Wt	Freezing Point		Boiling Point		Density			Refractive Index			State	
NO	FORMULA	NAME	CAS No	g/mol	T_F, K	code	T_B, K	code	T, C	g/cm3	code	T, C	n_D	code	@25C,1 atm	code
22561	C11H18NO3P	diethyl 4-aminobenzylphosphonate	20074-79-7	243.243	365.15	1	---	---	---	---	---	---	---	---	solid	1
22562	C11H18NO3P	methylphenylphosphoramidic acid diethyl e	52670-78-7	243.243	---	---	---	---	---	---	---	---	---	---	---	---
22563	C11H18N2	N,N-dimethyl-N'-benzyl-1,2-ethanediamine	103-55-9	178.278	---	---	533.15	2	20	0.9343	1	20	1.5089	1	---	---
22564	C11H18N2	1-isopentyl-1-phenylhydrazine	636-10-2	178.278	509.15	1	533.15	1	15	0.9588	1	---	---	---	solid	1
22565	C11H18N2	2,4(or 4,6)-diethyl-6(or 2)-methyl-1,3-benz	75389-89-8	178.278	---	---	533.15	2	18	0.9466	2	---	---	---	---	---
22566	C11H18N2O	N-(1-adamantyl)urea	13072-69-0	194.277	>523.15	1	---	---	25	1.0065	2	---	---	---	solid	1
22567	C11H18N2O2	trimethyl-1,6-diisocyanatohexane, isomers	34992-02-4	210.277	---	---	422.15	1	25	1.0120	1	---	1.4620	1	---	---
22568	C11H18N2O2S	pentothal	76-75-5	242.343	---	---	---	---	25	1.1313	2	---	---	---	---	---
22569	C11H18N2O3	amobarbital	57-43-2	226.276	430.15	1	482.15	2	25	1.1078	2	---	---	---	solid	1
22570	C11H18N2O3	4,5-bis(2-butenyloxy)-2-imidazolidinone	91216-69-2	226.276	---	---	482.15	2	25	1.1078	2	---	---	---	---	---
22571	C11H18N2O3	5-sec-butyl-5-ethyl-1-methylbarbituric acid	67050-26-4	226.276	---	---	465.65	1	25	1.1078	2	---	---	---	---	---
22572	C11H18N2O3	1,5-dimethyl-5-(1-methylbutyl)barbituric ac	66941-08-0	226.276	---	---	482.15	2	25	1.1078	2	---	---	---	---	---
22573	C11H18N2O3	nembutal	76-74-4	226.276	---	---	482.15	2	25	1.1078	2	---	---	---	---	---
22574	C11H18N2O3	pentobarbital	115-58-2	226.276	---	---	482.15	2	25	1.1078	2	---	---	---	---	---
22575	C11H18N2O3	piperidino hexose reductone	63937-29-1	226.276	---	---	498.65	1	25	1.1078	2	---	---	---	---	---
22576	C11H18N2O8	1,2-diaminopropane-N,N,N',N'-tetraacetic a	4408-81-5	306.273	515.15	1	---	---	25	1.3182	2	---	---	---	solid	1
22577	C11H18N2O9	1,3-diamino-2-hydroxypropane-N,N,N',N'-te	3148-72-9	322.273	467.65	1	---	---	25	1.3544	2	---	---	---	solid	1
22578	C11H18N3O3	5-ethyl-5-(1-ethylpropyl)barbituric acid	17013-37-5	240.283	---	---	---	---	25	1.1524	2	---	---	---	---	---
22579	C11H18N4O2	pirimicarb	23103-98-2	238.291	363.65	1	---	---	25	1.1504	2	---	---	---	solid	1
22580	C11H18N6	2-amino-4,6-dipyrrolidinotriazine	16268-87-4	234.306	---	---	---	---	25	1.1463	2	---	---	---	---	---
22581	C11H18O	6,6-dimethylbicyclo[3.1.1]hept-2-ene-2-eth	128-50-7	166.263	---	---	508.15	1	25	0.9730	1	20	1.4930	1	---	---
22582	C11H18O	3-methyl-2-pentyl-2-cyclopenten-1-one	1128-08-1	166.263	---	---	466.65	2	18	0.9165	1	20	1.4767	1	---	---
22583	C11H18O	1,4,7,7-tetramethylbicyclo[2.2.1]heptan-2-c	10309-50-9	166.263	441.15	1	486.15	1	24	0.9331	2	---	---	---	solid	1
22584	C11H18O	1-adamantanemethanol	770-71-8	166.263	389.65	1	466.65	2	24	0.9331	2	---	---	---	solid	1
22585	C11H18O	2,4-diethyl-2,6-heptadienal, isomers	85136-07-8	166.263	---	---	364.15	1	25	0.8620	1	---	1.4680	1	---	---
22586	C11H18O	2-heptylfuran	3777-71-7	166.263	---	---	466.65	2	24	0.9331	2	---	---	---	---	---
22587	C11H18O	2-methyl-2-adamantanol	702-98-7	166.263	489.15	1	---	---	24	0.9331	2	---	---	---	solid	1
22588	C11H18O	(1R)-(-)-nopol	35836-73-8	166.263	---	---	508.15	1	25	0.9730	1	---	1.4930	1	---	---
22589	C11H18O	2,6,6-trimethyl-1-cyclohexene-1-acetaldeh	472-66-2	166.263	---	---	466.65	2	25	0.9410	1	---	1.4850	1	---	---
22590	C11H18O	ethyl citral	41448-29-7	166.263	---	---	466.65	2	24	0.9331	2	---	---	---	---	---
22591	C11H18O	2-(2-hexenyl cyclopentanone)	34687-46-2	166.263	---	---	466.65	2	24	0.9331	2	---	---	---	---	---
22592	C11H18O	2-n-hexyl-2-cyclopenten-1-one	95-41-0	166.263	---	---	466.65	2	24	0.9331	2	---	---	---	---	---
22593	C11H18O	2-pentylidenecyclohexanone	25677-40-1	166.263	---	---	466.65	2	24	0.9331	2	---	---	---	---	---
22594	C11H18O2	3-bornanecarboxylic acid	91965-23-0	182.263	363.65	1	502.15	2	24	0.9286	2	---	---	---	solid	1
22595	C11H18O2	borneol formate, (d)	74219-20-8	182.263	---	---	502.15	2	22	1.0090	1	15	1.4708	1	---	---
22596	C11H18O2	3,7-dimethyl-1,6-octadien-3-ol formate	115-99-1	182.263	---	---	502.15	2	25	0.9150	1	20	1.4560	1	---	---
22597	C11H18O2	trans-3,7-dimethyl-2,6-octadien-1-ol formal	105-86-2	182.263	---	---	502.15	dec	25	0.9086	1	20	1.4659	1	---	---
22598	C11H18O2	methyl cis-2,cis-4-decadienoate	108965-86-2	182.263	---	---	502.15	2	23	0.9095	1	23	1.4830	1	---	---
22599	C11H18O2	methyl cis-2,trans-4-decadienoate	108965-84-0	182.263	---	---	502.15	2	23	0.9131	1	23	1.4876	1	---	---
22600	C11H18O2	methyl trans-2,cis-4-decadienoate	4493-42-9	182.263	---	---	502.15	2	22	0.9128	1	22	1.4874	1	---	---
22601	C11H18O2	methyl trans-2,trans-4-decadienoate	7328-33-8	182.263	---	---	502.15	2	22	0.9082	1	22	1.4918	1	---	---
22602	C11H18O2	methyl trans-chrysanthemummonocarboxyl	15543-70-1	182.263	---	---	502.15	2	25	0.9274	1	25	1.4614	1	---	---
22603	C11H18O2	6-undecynoic acid	55182-83-7	182.263	274.15	1	502.15	2	25	0.9537	1	25	1.4566	1	liquid	2
22604	C11H18O2	9-undecynoic acid	22202-65-9	182.263	334.15	1	502.15	2	24	0.9286	2	---	---	---	solid	1
22605	C11H18O2	10-undecynoic acid	2777-65-3	182.263	314.80	1	502.15	2	24	0.9286	2	---	---	---	solid	1
22606	C11H18O2	allyl cyclohexaneacetate	4728-82-9	182.263	---	---	502.15	2	24	0.9286	2	---	---	---	---	---
22607	C11H18O2	decahydro-b-naphthyl formate	10519-12-7	182.263	---	---	502.15	2	24	0.9286	2	---	---	---	---	---
22608	C11H18O2	formic acid, neryl ester	2142-94-1	182.263	---	---	502.15	2	24	0.9286	2	---	---	---	---	---
22609	C11H18O2	cis-3-hexenyl tiglate	67883-79-8	182.263	---	---	502.15	2	24	0.9286	2	---	---	---	---	---
22610	C11H18O2	methylcamphenoate	52557-97-8	182.263	---	---	502.15	2	24	0.9286	2	---	---	---	---	---
22611	C11H18O2	4-methyl-cis-decene g-lactone	70851-61-5	182.263	---	---	502.15	2	24	0.9286	2	---	---	---	---	---
22612	C11H18O2	terpinyl formate	2153-26-6	182.263	---	---	502.15	2	24	0.9286	2	---	---	---	---	---
22613	C11H18O2SSi	phenyl 2-(trimethylsilyl)ethyl sulfone	73476-18-3	242.414	324.65	1	---	---	---	---	---	---	---	---	solid	1
22614	C11H18O2Si	diethoxymethylphenylsilane	775-56-4	210.348	---	---	491.15	1	20	0.9627	1	20	1.4690	1	---	---
22615	C11H18O3	ethyl 2-oxo-1-cyclooctane carboxylate	4017-56-5	198.262	---	---	554.65	2	25	1.0400	1	---	---	---	---	---
22616	C11H18O3	ethyl 2-oxo-1-cyclooctanecarboxylate	774-05-0	198.262	---	---	554.65	2	25	1.0400	1	---	1.4830	1	---	---
22617	C11H18O3	methyl (S)-(-)-1-methyl-2-oxocyclohexanep	112898-44-9	198.262	---	---	554.65	1	25	1.0550	1	---	1.4690	1	---	---
22618	C11H18O3	(+)-methyl (R)-3-(1-methyl-2-oxocyclohexy	94089-47-1	198.262	---	---	554.65	1	25	1.0550	1	---	1.4690	1	---	---
22619	C11H18O3Pb	triethyl lead furoate	73928-18-4	405.462	---	---	322.85	1	---	---	---	---	---	---	---	---
22620	C11H18O3Si	tris(allyloxy)vinylsilane	17988-31-7	226.347	---	---	---	---	25	0.9440	1	20	1.4380	1	---	---
22621	C11H18O3Si	trimethoxy(2-phenylethyl)silane	49539-88-0	226.347	---	---	---	---	25	1.0330	1	---	1.4750	1	---	---
22622	C11H18O4	diethyl 1,1-cyclopentanedicarboxylate	4167-77-5	214.262	---	---	483.15	1	20	1.0490	1	25	1.4370	1	---	---
22623	C11H18O4	(S)-2-cyclohexylsuccinic acid-1-methyl est	213270-44-1	214.262	321.05	1	483.15	2	25	1.0640	2	---	---	---	solid	1
22624	C11H18O4	(R)-2-cyclohexyl succinic acid-1-methyl es	220498-07-7	214.262	319.25	1	483.15	2	25	1.0640	2	---	---	---	solid	1
22625	C11H18O4	trans-diethyl caronate	---	214.262	---	---	483.15	2	25	1.0640	2	---	1.4435	1	---	---
22626	C11H18O4	lactic acid, acetate, cyclohexyl ester	64058-36-2	214.262	---	---	483.15	2	25	1.0640	2	---	---	---	---	---
22627	C11H18O4P2S4	benzylidenemethylphosphorodithioate	2782-70-9	404.474	---	---	331.15	1	---	---	---	---	---	---	---	---
22628	C11H18O5	diethyl 2-acetylpentanedioate	1501-06-0	230.261	---	---	544.15	dec	20	1.0712	1	15	1.4420	1	---	---
22629	C11H18O5	diethyl butyrylmalonate	21633-79-4	230.261	---	---	522.65	1	20	1.0560	1	20	1.4451	1	---	---
22630	C11H18O5	diethyl 3-oxopimelate	40420-22-2	230.261	---	---	404.15	1	25	1.0800	1	---	1.4437	1	---	---
22631	C11H18O5	1,2:3,5-di-o-isopropylidene-a-d-xylofurano	20881-04-3	230.261	317.15	1	490.32	2	22	1.0691	2	---	---	---	solid	1
22632	C11H18O6	triethyl 1,1,2-ethanetricarboxylate	7459-46-3	246.260	---	---	551.15	1	20	1.0900	1	20	1.4290	1	---	---
22633	C11H18O6	(4R,5R)-4,5-diethoxycarbonyl-2,2-dimethyl	59779-75-8	246.260	---	---	365.65	1	25	1.1583	2	---	1.4355	1	---	---
22634	C11H18S	3-heptylthiophene	65016-61-7	182.330	---	---	519.15	2	25	0.9160	1	---	1.4935	1	---	---
22635	C11H19ClO	10-undecenoyl chloride	38460-95-6	202.724	---	---	---	---	20	0.9440	1	20	1.4540	1	---	---
22636	C11H19ClO2	(+)-menthyl chloroformate	7635-54-3	218.723	---	---	---	---	25	1.0200	1	---	1.4580	1	---	---
22637	C11H19ClO3	methyl 10-chloro-10-oxodecanoate	14065-32-8	234.723	---	---	---	---	25	1.0520	1	---	1.4530	1	---	---
22638	C11H19ClSi	chlorodimethyl(2,3,4,5-tetramethyl-2,4-cycl	125542-03-2	214.809	---	---	---	---	25	0.9720	1	---	1.4960	1	---	---
22639	C11H19N	1-adamantanemethylamine	17768-41-1	165.279	---	---	357.15	1	25	0.9310	1	---	1.5140	1	---	---
22640	C11H19N	3-amino-4-homoisotwistane	60145-64-4	165.279	---	---	357.15	2	25	0.8807	2	---	---	---	---	---

Table 1 Physical Properties - Organic Compounds

				Mol Wt	Freezing Point		Boiling Point		Density			Refractive Index			State	
NO	FORMULA	NAME	CAS No	g/mol	T_F, K	code	T_B, K	code	T, C	g/cm3	code	T, C	n_D	code	@25C,1 atm	code
22641	C11H19NO	1-morpholino-1-cycloheptene	7182-08-3	181.278	---	---	---	---	25	0.9940	1	---	1.5090	1	---	---
22642	C11H19NOS	octhilinone	26530-20-1	213.344	---	---	---	---	25	1.0215	2	---	---	---	---	---
22643	C11H19NO2	methyl 9-cyanononanoate	53663-26-6	197.278	274.95	1	---	---	20	0.9340	1	25	1.4398	1	---	---
22644	C11H19NO2	tert-butyl N,N-diallylcarbamate	151259-38-0	197.278	---	---	---	---	25	0.9140	1	---	1.4420	1	---	---
22645	C11H19NO2	2-ethylhexyl cyanoacetate	13361-34-7	197.278	---	---	---	---	25	0.9580	1	---	1.4380	1	---	---
22646	C11H19NO2	octyl cyanoacetate	15666-97-4	197.278	---	---	---	---	25	0.9340	1	---	1.4490	1	---	---
22647	C11H19NO4	(1R,3R)-N-boc-3-aminocyclopentane carbo	---	229.276	390.45	1	---	---	25	1.0600	2	---	---	---	solid	1
22648	C11H19NO4	(1S,3R)-N-boc-1-aminocyclopentane-3-car	161660-94-2	229.276	369.25	1	---	---	25	1.0600	2	---	---	---	solid	1
22649	C11H19NO4	(1R,3S)-N-boc-1-aminocyclopentane-3-car	261165-05-3	229.276	384.95	1	---	---	25	1.0600	2	---	---	---	solid	1
22650	C11H19NO4	(S)-(-)-3-boc-2,2-dimethyloxazolidine-4-car	102308-32-7	229.276	---	---	---	---	25	1.0600	1	---	1.4450	1	---	---
22651	C11H19NO4	tert-butyl (R)-(+)-4-formyl-2,2-dimethyl-3-o:	95715-87-0	229.276	---	---	---	---	25	1.0600	1	---	1.4450	1	---	---
22652	C11H19NO4	cis-2-(tert-butoxycarbonylamino)-1-cyclope	---	229.276	365.15	1	---	---	25	1.0600	2	---	---	---	solid	1
22653	C11H19NO4S	4-N-boc-amino-4-carboxytetrahydrothiopyr	108329-81-3	261.342	---	---	---	---	25	1.1579	2	---	---	---	---	---
22654	C11H19NO5	4-N-boc-amino-4-carboxytetrahydropyran	172843-97-9	245.276	---	---	---	---	25	1.1369	2	---	---	---	---	---
22655	C11H19NO5Si	1-(hydroxymethyl)-2,8,9-trioxa-5-aza-1-sila	23395-20-2	273.361	---	---	333.45	1	---	---	---	---	---	---	---	---
22656	C11H19NO6S	4-N-boc-amino-4-carboxy-1,1-dioxo-tetrah	---	293.341	---	---	---	---	25	1.2381	2	---	---	---	---	---
22657	C11H19NO8	N-acetylmuramic acid	10597-89-4	293.274	398.15	1	---	---	25	1.2609	2	---	---	---	solid	1
22658	C11H19NO9	N-acetylneuraminic acid	131-48-6	309.273	459.15	1	---	---	25	1.2983	2	---	---	---	solid	1
22659	C11H19NSi	N-(trimethylsilylmethyl)benzylamine	53215-95-5	193.364	---	---	---	---	25	0.8800	1	---	1.4960	1	---	---
22660	C11H19N3O	ethirimol	23947-60-6	209.292	433.15	1	---	---	25	1.2100	1	---	---	---	solid	1
22661	C11H19N3O	(((2-((2-aminoethyl)amino)ethyl)amino)met	51505-90-9	209.292	---	---	342.15	2	25	1.0372	2	---	---	---	---	---
22662	C11H19N3O	5-butyl-2-(dimethylamino)-6-methyl-4(1H)-|	5221-53-4	209.292	---	---	342.15	1	25	1.0372	2	---	---	---	---	---
22663	C11H19N3O5	N-acetyl-L-alanyl-L-alanyl-L-alanine	19245-85-3	273.290	521.15	1	---	---	25	1.2187	2	---	---	---	solid	1
22664	C11H19O2Tl	2,2,6,6-tetramethyl-3,5-heptanedionatothal	56713-38-3	387.654	434.65	1	---	---	---	---	---	---	---	---	solid	1
22665	C11H20	1-methyl-cis-decahydronaphthalene	---	152.280	225.04	2	516.15	1	25	0.8924	1	---	---	---	liquid	1
22666	C11H20	1-methyl-trans-decahydronaphthalene	---	152.280	237.65	2	508.15	1	25	0.8924	1	25	1.4698	1	liquid	1
22667	C11H20	2-methyl-cis-decahydronaphthalene	---	152.280	225.04	2	489.15	1	25	0.8924	1	---	---	---	liquid	1
22668	C11H20	2-methyl-trans-decahydronaphthalene	4683-94-7	152.280	237.65	2	481.15	1	25	0.8924	1	---	---	---	liquid	1
22669	C11H20	4a-methyl-cis-decahydronaphthalene	2547-26-4	152.280	225.04	2	488.15	1	25	0.8924	1	25	1.4791	1	liquid	1
22670	C11H20	4a-methyl-trans-decahydronaphthalene	2547-27-5	152.280	237.65	2	478.15	1	25	0.8856	1	25	1.4764	1	liquid	1
22671	C11H20	1-hexylcyclopentene	4291-99-0	152.280	189.32	2	473.15	1	25	0.8125	1	25	1.4518	1	liquid	1
22672	C11H20	1-undecyne	2243-98-3	152.280	248.16	1	468.16	1	25	0.7690	1	25	1.4292	1	liquid	1
22673	C11H20	2-undecyne	60212-29-5	152.280	243.05	1	479.15	1	20	0.7827	1	20	1.4391	1	liquid	1
22674	C11H20	3-undecyne	60212-30-8	152.280	319.33	2	473.15	1	23	0.8417	2	---	---	---	solid	2
22675	C11H20	4-undecyne	60212-31-9	152.280	198.45	1	471.65	1	20	0.7752	1	---	1.4369	1	liquid	1
22676	C11H20	5-undecyne	2294-72-6	152.280	199.05	1	471.15	1	20	0.7753	1	20	1.4369	1	liquid	1
22677	C11H20	3,3-dimethyl-4-nonyne	29022-31-9	152.280	241.61	2	483.34	2	20	0.7667	1	20	1.4317	1	liquid	2
22678	C11H20	cyclopentylcyclohexane	1606-08-2	152.280	---	---	488.25	1	20	0.8758	1	20	1.4725	1	---	---
22679	C11H20	spiro[5.5]undecane	180-43-8	152.280	---	---	481.15	1	20	0.8783	1	---	1.4731	1	---	---
22680	C11H20BrN2O2	4-(2-bromoacetamido)-tempo, free radical	24567-97-3	292.197	393.15	1	---	---	25	1.2844	2	---	---	---	solid	1
22681	C11H20ClN5	6-chloro-N,N,N',N'-tetraethyl-1,3,5-triazine-	580-48-3	257.767	300.15	1	---	---	20	1.0956	1	20	1.5320	1	solid	1
22682	C11H20Cl2N6O4	1,1'-pentamethylenebis(3-(2-chloroethyl))-:	60784-44-3	371.224	---	---	336.45	1	25	1.3736	2	---	---	---	---	---
22683	C11H20IN2O2	4-(2-iodoacetamido)-tempo, free radical	25713-24-0	339.197	388.65	1	---	---	25	1.4360	2	---	---	---	solid	1
22684	C11H20N2O	1,1'-carbonyldipiperidine	5395-04-0	196.293	318.65	1	570.15	1	25	0.9716	2	---	---	---	solid	1
22685	C11H20N2O	piperidino 3-piperidyl ketone	40576-21-4	196.293	---	---	570.15	2	25	0.9716	2	---	---	---	---	---
22686	C11H20N2O3	desthiobiotin, methyl ester	6020-51-5	228.292	342.65	1	---	---	25	1.0704	2	---	---	---	solid	1
22687	C11H20N2O4	N-boc-amino-piperidinyl-1,1-carboxylic aci	---	244.291	---	---	---	---	25	1.1161	2	---	---	---	---	---
22688	C11H20N2O4	4-N-boc-1,1-amino-piperidinyl carboxylic a	183673-71-4	244.291	---	---	---	---	25	1.1161	2	---	---	---	---	---
22689	C11H20N2O4	(4R,5R)-4,5-di(dimethylaminocarbonyl)-2,2	63126-29-4	244.291	362.65	1	---	---	25	1.1161	2	---	---	---	solid	1
22690	C11H20N2O5	N-(3-methoxycarbonylpropyl)-N-(1-acetoxy	100700-29-6	260.291	---	---	---	---	25	1.1594	2	---	---	---	---	---
22691	C11H20N3O3PS	pirimiphos-methyl	29232-93-7	305.339	288.15	1	---	---	20	1.1700	1	---	---	---	---	---
22692	C11H20O	4-(1,1-dimethylpropyl)cyclohexanone	16587-71-6	168.279	369.15	1	476.22	2	25	0.9200	1	20	1.4677	1	solid	1
22693	C11H20O	3-methyl-2-isopentylcyclopentanone	52033-97-3	168.279	---	---	476.22	2	20	0.8938	1	20	1.4537	1	---	---
22694	C11H20O	cycloundecanone	878-13-7	168.279	---	---	520.35	1	25	0.8980	1	---	1.4800	1	---	---
22695	C11H20O	undecylenic aldehyde	112-45-8	168.279	280.15	1	508.15	1	25	0.8300	1	---	1.4440	1	liquid	1
22696	C11H20O	ethyl linalool	10339-55-6	168.279	---	---	476.22	2	24	0.8855	2	---	---	---	---	---
22697	C11H20O	5-ethyl-3-nonen-2-one	10137-90-3	168.279	---	---	400.15	1	24	0.8855	2	---	---	---	---	---
22698	C11H20O	gyrane	24237-00-1	168.279	---	---	476.22	2	24	0.8855	2	---	---	---	---	---
22699	C11H20O	2-hexylcyclopentanone	13074-65-2	168.279	---	---	476.22	2	24	0.8855	2	---	---	---	---	---
22700	C11H20O	isoborneol methyl ether	5331-32-8	168.279	---	---	476.22	2	24	0.8855	2	---	---	---	---	---
22701	C11H20O2	2-ethylhexyl acrylate	103-11-7	184.279	183.15	1	489.15	1	25	0.8800	1	20	1.4365	1	liquid	1
22702	C11H20O2	5-heptyldihydro-2(3H)-furanone	104-67-6	184.279	---	---	559.15	1	20	0.9494	1	20	1.4512	1	---	---
22703	C11H20O2	2,2,6,6-tetramethyl-3,5-heptanedione	1118-71-4	184.279	---	---	512.58	2	25	0.8830	1	20	1.4589	1	---	---
22704	C11H20O2	cis-9-undecenoic acid	116836-30-7	184.279	275.65	1	545.00	2	20	0.9150	1	20	1.4530	1	liquid	2
22705	C11H20O2	trans-9-undecenoic acid	37973-84-5	184.279	292.15	1	546.15	1	25	0.9118	1	20	1.4519	1	liquid	1
22706	C11H20O2	10-undecenoic acid	112-38-9	184.279	297.65	1	548.15	1	24	0.9072	1	24	1.4486	1	liquid	1
22707	C11H20O2	vinyl nonanoate	6280-03-1	184.279	214.45	2	512.58	2	30	0.8689	1	30	1.4447	1	liquid	2
22708	C11H20O2	allyl octanoate	4230-97-1	184.279	214.45	2	498.15	1	25	0.8550	1	---	1.4250	1	liquid	1
22709	C11H20O2	cyclohexanepentanoic acid	5962-88-9	184.279	289.65	1	512.58	2	25	0.9600	1	---	1.4660	1	liquid	2
22710	C11H20O2	3,3,5-trimethylcyclohexyl acetate, isomers	---	184.279	213.15	1	484.15	1	25	0.9100	1	---	1.4400	1	liquid	1
22711	C11H20O2	undecanoic d-lactone	710-04-3	184.279	---	---	512.58	2	25	0.9690	1	---	1.4590	1	---	---
22712	C11H20O2	11-undecanolide	1725-03-7	184.279	275.65	1	512.58	2	25	0.9920	1	---	1.4700	1	liquid	2
22713	C11H20O2	N-octyl acrylate	2499-59-4	184.279	214.45	2	512.58	2	25	0.9168	2	---	---	---	liquid	2
22714	C11H20O2	citronellyl formate	105-85-1	184.279	214.45	2	512.58	2	25	0.9168	2	---	---	---	liquid	2
22715	C11H20O2	cis-3-hexenyl 2-methylbutyrate	---	184.279	214.45	2	512.58	2	25	0.9168	2	---	---	---	liquid	2
22716	C11H20O2	cis-3-hexenyl valerate	35852-46-1	184.279	214.45	2	512.58	2	25	0.9168	2	---	---	---	liquid	2
22717	C11H20O2	hexyl tilglate	16930-96-4	184.279	---	---	512.58	2	25	0.9168	2	---	---	---	---	---
22718	C11H20O2	isooctyl acrylate	29590-42-9	184.279	214.45	2	512.58	2	25	0.9168	2	---	---	---	liquid	2
22719	C11H20O2	(Z)-isovaleric acid 3-hexenyl	35154-45-1	184.279	---	---	512.58	2	25	0.9168	2	---	---	---	---	---
22720	C11H20O2	4-methyldecanolide	7011-83-8	184.279	---	---	512.58	2	25	0.9168	2	---	---	---	---	---

Table 1 Physical Properties - Organic Compounds

				Mol Wt	Freezing Point		Boiling Point		Density			Refractive Index			State	
NO	FORMULA	NAME	CAS No	g/mol	T_F, K	code	T_B, K	code	T, C	g/cm3	code	T, C	n_D	code	@25C,1 atm	code
22721	C11H20O2	2-nonynal dimethylacetal	13257-44-8	184.279	---	---	512.58	2	25	0.9168	2	---	---	---	---	---
22722	C11H20O2	propionaldehyde, dicrotyl acetal	5749-78-0	184.279	---	---	463.15	1	25	0.9168	2	---	---	---	---	---
22723	C11H20O2	g-undecalactone	---	184.279	---	---	512.58	2	25	0.9168	2	---	---	---	---	---
22724	C11H20O2Si	(R)-4-tert-butyldimethylsilyloxy-2-cyclopent	61305-35-9	212.364	---	---	---	---	---	---	---	---	---	---	---	---
22725	C11H20O2Si	(S)-4-tert-butyldimethylsilyloxy-2-cyclopent	61305-36-0	212.364	---	---	---	---	---	---	---	---	---	---	---	---
22726	C11H20O3	ethyl 2-methyl-3-oxooctanoate	10488-94-5	200.278	---	---	---	---	25	0.9630	1	---	---	---	---	---
22727	C11H20O3	(5S)-5,6-isopropylidenedioxy-6-methyl-hep	61262-94-0	200.278	---	---	---	---	25	0.9780	2	---	1.4340	1	---	---
22728	C11H20O4	di-tert-butyl malonate	541-16-2	216.277	267.15	1	519.45	2	21	1.0133	2	29	1.4184	1	liquid	2
22729	C11H20O4	dibutyl malonate	1190-39-2	216.277	190.15	1	524.65	1	20	0.9824	1	20	1.4262	1	liquid	1
22730	C11H20O4	diethyl 2-butylmalonate	133-08-4	216.277	---	---	511.15	1	20	0.9764	1	20	1.4250	1	---	---
22731	C11H20O4	diethyl sec-butylmalonate	83-27-2	216.277	---	---	519.45	2	15	0.9880	1	20	1.4248	1	---	---
22732	C11H20O4	diethyl heptanedioate	2050-20-6	216.277	249.15	1	527.15	1	20	0.9945	1	20	1.4305	1	liquid	1
22733	C11H20O4	diethyl isobutylmalonate	10203-58-4	216.277	---	---	519.45	2	20	0.9804	1	20	1.4236	1	---	---
22734	C11H20O4	diethyl 3-methylhexanedioate	55877-01-5	216.277	---	---	531.15	1	20	0.9948	1	---	1.4335	1	---	---
22735	C11H20O4	dimethyl nonanedioate	1732-10-1	216.277	272.35	1	519.45	2	20	1.0082	1	20	1.4367	1	liquid	2
22736	C11H20O4	ethyl diethylmalonate	77-25-8	216.277	---	---	503.15	1	30	0.9643	1	20	1.4240	1	---	---
22737	C11H20O4	octylpropanedioic acid	760-55-4	216.277	389.15	1	519.45	2	17	1.1730	1	---	---	---	solid	1
22738	C11H20O4	diethyl tert-butylmalonate	759-24-0	216.277	---	---	519.45	2	25	1.0140	1	---	1.4250	1	---	---
22739	C11H20O4	mono-methyl sebacate	818-88-2	216.277	315.65	1	519.45	2	21	1.0133	2	---	---	---	solid	1
22740	C11H20O4	neopentyl glycol diglycidyl ether	17557-23-2	216.277	---	---	519.45	2	25	1.0700	1	---	---	---	---	---
22741	C11H20O4	a, a, a', a'-tetramethylheptanedioic acid	2941-45-9	216.277	443.15	1	519.45	2	21	1.0133	2	---	---	---	solid	1
22742	C11H20O4	undecanedioic acid	1852-04-6	216.277	385.00	1	519.45	2	21	1.0133	2	---	---	---	solid	1
22743	C11H20O4	butyl butyrolactate	7492-70-8	216.277	---	---	519.45	2	21	1.0133	2	---	---	---	---	---
22744	C11H20O4	pentamethylene glycol dipropionate	10025-09-9	216.277	---	---	519.45	2	21	1.0133	2	---	---	---	---	---
22745	C11H20O10	6-O-alpha-L-arabinopyranosyl-D-glucose	14116-69-9	312.274	483.15	dec	---	---	25	1.2794	2	---	---	---	solid	1
22746	C11H20O10	6-O-beta-D-xylopyranosyl-D-glucose	26531-85-1	312.274	483.15	1	---	---	25	1.2794	2	---	---	---	solid	1
22747	C11H20Pb	3-methyl-3-buten-1-ynyltriethyllead	---	359.480	---	---	---	---	---	---	---	---	---	---	---	---
22748	C11H20SiSn	trimethylstannyldimethylphenylsilan	94397-44-1	299.075	---	---	---	---	---	---	---	---	1.5476	1	---	---
22749	C11H21Br	cis-1-bromo-1-undecene	66142-59-4	233.192	267.95	2	517.15	1	25	1.0510	1	25	1.4520	1	liquid	1
22750	C11H21Br	trans-1-bromo-1-undecene	66142-60-7	233.192	267.95	2	517.15	1	25	1.0510	1	25	1.4520	1	liquid	1
22751	C11H21Br	11-bromo-1-undecene	7766-50-9	233.192	267.95	2	517.15	2	25	1.0630	1	---	1.4680	1	liquid	2
22752	C11H21BrO2	11-bromoundecanoic acid	2834-05-1	265.191	330.15	1	459.15	2	25	1.1478	2	---	---	---	solid	1
22753	C11H21BrO2	2-bromoundecanoic acid	2623-84-9	265.191	283.15	1	459.15	2	24	1.1586	1	---	---	---	liquid	2
22754	C11H21BrO2	methyl 10-bromodecanoate	26825-94-5	265.191	---	---	459.15	1	25	1.1370	1	---	1.4640	1	---	---
22755	C11H21Br3	1,1,1-tribromoundecane	62127-68-8	393.000	395.05	2	599.15	1	25	1.5597	2	---	---	---	solid	2
22756	C11H21Cl	cis-1-chloro-1-undecene	66172-73-4	188.740	238.07	2	517.15	1	25	0.8780	1	25	1.4450	1	liquid	1
22757	C11H21Cl	trans-1-chloro-1-undecene	66142-61-8	188.740	238.07	2	517.15	1	25	0.8780	1	25	1.4450	1	liquid	1
22758	C11H21ClO	(+)-chloromethyl isomenthyl ether	144177-48-0	204.740	---	---	479.15	1	25	0.9880	1	---	1.4680	1	---	---
22759	C11H21ClO	(+)-chloromethyl menthyl ether	103128-76-3	204.740	---	---	408.15	2	25	0.9870	1	---	1.4670	1	---	---
22760	C11H21ClO	(-)-chloromethyl menthyl ether	26127-08-2	204.740	---	---	337.15	1	25	0.9850	1	---	1.4670	1	---	---
22761	C11H21ClO2	2-(6-chlorohexyloxy)tetrahydro-2H-pyran	2009-84-9	220.739	---	---	---	---	25	1.0300	1	---	1.4620	1	---	---
22762	C11H21Cl3	1,1,1-trichloroundecane	3922-25-6	259.645	305.41	2	553.15	1	25	1.0641	2	---	---	---	solid	2
22763	C11H21Cl3O2Sn	tripropyltin trichloroacetate	73927-99-8	410.354	---	---	---	---	---	---	---	---	---	---	---	---
22764	C11H21F	cis-1-fluoro-1-undecene	66172-74-5	172.286	240.30	2	454.51	2	25	0.8300	1	25	1.4400	1	liquid	2
22765	C11H21F	trans-1-fluoro-1-undecene	66142-62-9	172.286	240.30	2	454.51	2	25	0.8300	1	25	1.4400	1	liquid	2
22766	C11H21FO2	11-fluoroundecanoic acid	463-17-2	204.285	309.15	1	---	---	25	0.9566	2	---	---	---	solid	1
22767	C11H21F3	1,1,1-trifluoroundecane	62126-97-0	210.283	312.10	2	462.15	1	25	0.9468	2	---	---	---	solid	2
22768	C11H21I	cis-1-iodo-1-undecene	66142-63-0	280.192	266.21	2	541.15	1	25	1.2250	1	25	1.4860	1	liquid	1
22769	C11H21I	trans-1-iodo-1-undecene	66142-64-1	280.192	266.21	2	541.15	1	25	1.2250	1	25	1.4860	1	liquid	1
22770	C11H21I3	1,1,1-triiodoundecane	---	534.001	389.83	2	727.27	2	25	1.9203	2	---	---	---	solid	2
22771	C11H21N	undecanenitrile	2244-07-7	167.295	267.35	1	533.15	1	25	0.8182	1	25	1.4309	1	liquid	1
22772	C11H21N	versamine	60-40-2	167.295	298.15	1	345.15	1	25	0.8506	2	---	---	---	---	---
22773	C11H21N	N,N,2,3-tetramethyl-2-norbornanamine	63907-04-0	167.295	---	---	439.15	2	25	0.8506	2	---	---	---	---	---
22774	C11H21NO	3-(2-ethylhexyloxy)propionitrile	10213-75-9	183.294	---	---	477.35	2	25	0.9061	2	---	---	---	---	---
22775	C11H21NO	1-nonanoylaziridine	63021-51-2	183.294	---	---	477.35	1	25	0.9061	2	---	---	---	---	---
22776	C11H21NOS	cycloate	1134-23-2	215.360	284.65	1	---	---	30	1.0156	1	---	---	---	---	---
22777	C11H21NO2	ethyl hexahydro-1H-azepine-1-propanoate	---	199.294	---	---	---	---	25	0.9600	1	---	1.4617	1	---	---
22778	C11H21NO2	ethyl 3-methyl-1-piperidinepropionate	70644-49-4	199.294	---	---	---	---	25	0.9450	1	---	1.4530	1	---	---
22779	C11H21NO3	propyl-N,N-diethylsuccinamate	5834-84-4	215.293	---	---	---	---	25	1.0083	2	---	---	---	---	---
22780	C11H21NO4	N-(3-ethoxy-3-oxopropyl)-N-methyl-beta-al	6315-60-2	231.292	---	---	467.15	2	20	1.0172	1	20	1.4421	1	---	---
22781	C11H21NO4	boc-L-isoleucine	13139-16-7	231.292	332.65	1	467.15	2	23	1.0106	2	---	---	---	solid	1
22782	C11H21NO4	boc-L-norleucine	6404-28-0	231.292	---	---	467.15	2	23	1.0106	2	---	---	---	---	---
22783	C11H21NO4	N-(tert-butoxycarbonyl)-L-valine methyl est	58561-04-9	231.292	---	---	467.15	1	25	1.0040	1	---	1.4400	1	---	---
22784	C11H21N2O2	4-acetylamino-2,2,6,6-tetramethylpiperidin	14691-89-5	213.301	416.65	1	---	---	25	1.0054	2	---	---	---	solid	1
22785	C11H21N3O	(1,4'-bipiperidine)-4'-carboxamide	39633-82-4	211.308	388.65	1	---	---	25	1.0024	2	---	---	---	solid	1
22786	C11H21N5OS	2-isopropylamino-4-(3-methoxypropylamin	841-06-5	271.388	342.15	1	---	---	25	1.1556	2	---	---	---	solid	1
22787	C11H21N5S	dipropetryn	4147-51-7	255.389	378.15	1	---	---	25	1.1141	2	---	---	---	solid	1
22788	C11H21N5S	avirosan	22936-75-0	255.389	338.15	1	---	---	25	1.1141	2	---	---	---	solid	1
22789	C11H21O4P	diethyl 3,3-dimethylcyclopent-1-enylphospl	---	248.259	---	---	---	---	25	1.1000	1	---	1.4400	1	---	---
22790	C11H21O4P	diethyl 3-methylcyclohex-1-enylphosphona	126424-00-8	248.259	---	---	---	---	25	1.1000	1	---	1.4500	1	---	---
22791	C11H22	hexylcyclopentane	4457-00-5	154.296	200.16	1	476.26	1	25	0.7930	1	25	1.4370	1	liquid	1
22792	C11H22	pentylcyclohexane	4292-92-6	154.296	215.66	1	476.87	1	25	0.8000	1	25	1.4416	1	liquid	1
22793	C11H22	isopentylcyclohexane	54105-76-9	154.296	215.66	2	469.65	1	20	0.8023	1	20	1.4420	1	liquid	1
22794	C11H22	cycloundecane	294-41-7	154.296	251.45	1	494.15	1	25	0.8590	1	25	1.4740	1	liquid	1
22795	C11H22	1-undecene	821-95-4	154.296	223.99	1	465.82	1	25	0.7470	1	25	1.4238	1	liquid	1
22796	C11H22	cis-2-undecene	821-96-5	154.296	206.65	1	469.25	1	20	0.7576	1	---	---	---	liquid	1
22797	C11H22	trans-2-undecene	693-61-8	154.296	224.85	1	465.65	1	20	0.7528	1	20	1.4292	1	liquid	1
22798	C11H22	3-undecene	60669-40-1	154.296	211.15	1	466.65	1	20	0.7516	1	20	1.4290	1	liquid	1
22799	C11H22	cis-4-undecene	821-98-7	154.296	176.15	1	465.75	1	20	0.7541	1	20	1.4302	1	liquid	1
22800	C11H22	trans-4-undecene	693-62-9	154.296	209.45	1	466.15	1	20	0.7508	1	20	1.4285	1	liquid	1

Table 1 Physical Properties - Organic Compounds

				Mol Wt	Freezing Point		Boiling Point		Density			Refractive Index			State	
NO	FORMULA	NAME	CAS No	g/mol	T_F, K	code	T_B, K	code	T, C	g/cm3	code	T, C	n_D	code	@25C,1 atm	code
22801	C11H22	cis-5-undecene	764-96-5	154.296	166.65	1	465.45	1	20	0.7537	1	20	1.4302	1	liquid	1
22802	C11H22	trans-5-undecene	764-97-6	154.296	212.05	1	465.15	1	20	0.7497	1	20	1.4285	1	liquid	1
22803	C11H22	2-methyl-1-decene	13151-27-4	154.296	221.67	1	463.85	1	25	0.7506	1	25	1.4263	1	liquid	1
22804	C11H22BrF	1-bromo-11-fluoroundecane	463-33-2	253.198	---	---	---	---	25	1.1170	2	25	1.4518	1	---	---
22805	C11H22Br2	1,1-dibromoundecane	62168-28-9	314.104	317.83	2	567.15	1	25	1.3274	2	---	---	---	solid	2
22806	C11H22Br2	1,11-dibromoundecane	16696-65-4	314.104	439.15	1	567.15	2	15	1.3320	1	---	---	---	solid	1
22807	C11H22Cl2	1,1-dichloroundecane	822-01-5	225.201	258.07	2	539.15	1	25	0.9590	1	25	1.4470	1	liquid	1
22808	C11H22Cl2O4	1,1'-(pentamethylenedioxy)bis(3-chloro-2-p	24771-52-6	289.198	---	---	---	---	25	1.1395	2	---	---	---	---	---
22809	C11H22F2	1,1-difluoroundecane	62127-44-0	192.293	262.53	2	475.15	1	25	0.8800	1	25	1.4000	1	liquid	1
22810	C11H22I2	1,1-diiodoundecane	66142-53-8	408.105	314.35	2	636.92	2	25	1.6065	2	---	---	---	solid	2
22811	C11H22N2	1,1'-dipiperidinomethane	880-09-1	182.310	---	---	503.15	1	20	0.9269	1	20	1.4820	1	---	---
22812	C11H22N2	3-(dibutylamino)propionitrile	25726-99-2	182.310	---	---	503.15	2	25	0.8510	1	---	---	---	---	---
22813	C11H22N2	(S)-1-[(1-methyl-2-pyrrolidinyl)methyl]piper	84466-85-3	182.310	---	---	503.15	2	25	0.9090	1	---	1.4780	1	---	---
22814	C11H22N2O	4-acetamido-2,2,6,6-tetramethylpiperidine	40908-37-0	198.309	376.15	1	---	---	25	0.9396	2	---	---	---	solid	1
22815	C11H22N2O	3-cyclooctyl-1,1-dimethylurea	2163-69-1	198.309	411.15	1	---	---	25	0.9396	2	---	---	---	solid	1
22816	C11H22N2O2	bis(dimethylamino)isopropylmethacrylate	21476-57-3	214.308	---	---	---	---	25	0.9891	2	---	---	---	---	---
22817	C11H22N2O2	1,1-dimethyl-1-(2,3-dimethyl-2-hydroxy-3-b	83483-14-1	214.308	---	---	---	---	25	0.9891	2	---	---	---	---	---
22818	C11H22N2O2Si2	O,O'-bis(trimethylsilyl)thymine	7288-28-0	270.478	347.15	1	---	---	---	---	---	---	---	---	solid	1
22819	C11H22N2O4	boc-lys-oh	13734-28-6	246.307	479.15	1	---	---	25	1.0808	2	---	---	---	solid	1
22820	C11H22N2O4	lys(boc)-oh	2418-95-3	246.307	523.15	1	---	---	25	1.0808	2	---	---	---	solid	1
22821	C11H22N2S2	N-(1-butylpentylideneamino)-1-methylsulfa	60273-78-1	246.442	---	---	513.15	1	25	1.0418	2	---	---	---	---	---
22822	C11H22O	undecanal	112-44-7	170.295	273.15	1	506.15	1	25	0.8230	1	25	1.4288	1	liquid	1
22823	C11H22O	2-undecanone	112-12-9	170.295	285.95	1	500.98	1	25	0.8220	1	25	1.4271	1	liquid	1
22824	C11H22O	3-undecanone	2216-87-7	170.295	285.15	1	500.15	1	20	0.8272	1	20	1.4296	1	liquid	1
22825	C11H22O	4-undecanone	14476-37-0	170.295	275.45	1	507.63	2	25	0.8274	1	24	1.4248	1	liquid	2
22826	C11H22O	5-undecanone	33083-83-9	170.295	274.15	1	500.15	1	19	0.8278	1	18	1.4275	1	liquid	1
22827	C11H22O	6-undecanone	927-49-1	170.295	287.65	1	501.15	1	20	0.8308	1	20	1.4270	1	liquid	1
22828	C11H22O	10-undecen-1-ol	112-43-6	170.295	272.15	1	523.15	1	15	0.8495	1	20	1.4500	1	liquid	1
22829	C11H22O	2-undecen-4-ol	22381-86-8	170.295	---	---	507.63	2	22	0.8430	1	22	1.4485	1	---	---
22830	C11H22O	9-undecen-1-ol	112-46-9	170.295	279.15	1	521.65	1	15	0.8507	1	19	1.4535	1	liquid	1
22831	C11H22O	4-tert-amylcyclohexanol	5349-51-9	170.295	298.65	1	507.63	2	25	0.9030	1	---	---	---	solid	1
22832	C11H22O	(R)-(+)-1,2-epoxyundecane	123493-71-0	170.295	---	---	507.63	2	25	0.8420	1	---	---	---	---	---
22833	C11H22O	2-heptyl-tetrahydrofuran	2435-16-7	170.295	---	---	507.63	2	21	0.8406	2	---	---	---	---	---
22834	C11H22O	2-methyl-1-decanal	19009-56-4	170.295	273.15	2	507.63	2	21	0.8406	2	---	---	---	liquid	2
22835	C11H22O2	undecanoic acid	112-37-8	186.294	301.65	1	557.35	1	20	0.8907	1	45	1.4294	1	solid	1
22836	C11H22O2	decyl formate	5451-52-5	186.294	250.00	2	506.00	2	22	0.8669	2	20	1.4271	1	liquid	2
22837	C11H22O2	nonyl acetate	143-13-5	186.294	247.15	1	497.10	1	25	0.8612	1	25	1.4225	1	liquid	1
22838	C11H22O2	octyl propanoate	142-60-9	186.294	231.55	1	501.15	1	25	0.8622	1	15	1.4221	1	liquid	1
22839	C11H22O2	heptyl butanoate	5870-93-9	186.294	215.65	1	498.25	1	25	0.8601	1	25	1.4193	1	liquid	1
22840	C11H22O2	butyl heptanoate	5454-28-4	186.294	205.65	1	499.35	1	20	0.8638	1	20	1.4204	1	liquid	1
22841	C11H22O2	ethyl nonanoate	123-29-5	186.294	236.45	1	500.15	1	20	0.8657	1	20	1.4220	1	liquid	1
22842	C11H22O2	hexyl pentanoate	1117-59-5	186.294	210.05	1	499.45	1	20	0.8635	1	15	1.4228	1	liquid	1
22843	C11H22O2	isopentyl hexanoate	2198-61-0	186.294	226.73	2	498.65	1	20	0.8610	1	---	---	---	liquid	1
22844	C11H22O2	pentyl hexanoate	540-07-8	186.294	226.15	1	499.15	1	25	0.8612	1	25	1.4202	1	liquid	1
22845	C11H22O2	isobutyl heptanoate	7779-80-8	186.294	226.73	2	481.15	1	20	0.8593	1	---	---	---	liquid	1
22846	C11H22O2	isopropyl octanoate	5458-59-3	186.294	226.73	2	489.73	2	20	0.8555	1	25	1.4147	1	liquid	2
22847	C11H22O2	propyl octanoate	624-13-5	186.294	226.95	1	499.55	1	20	0.8659	1	25	1.4191	1	liquid	1
22848	C11H22O2	methyl decanoate	110-42-9	186.294	255.15	1	505.00	1	20	0.8730	1	20	1.4259	1	liquid	1
22849	C11H22O2	2-ethylhexyl glycidyl ether	2461-15-6	186.294	---	---	489.73	2	25	0.8910	1	---	1.4340	1	---	---
22850	C11H22O2	7-methoxy-3,7-dimethyloctanal	3613-30-7	186.294	---	---	333.15	1	25	0.8700	1	---	---	---	---	---
22851	C11H22O2	6-methyldecanoic acid	53696-14-3	186.294	301.65	2	489.73	2	22	0.8669	2	---	---	---	solid	2
22852	C11H22O2	2-butyl-4,4,6-trimethyl-1,3-dioxane	54546-26-8	186.294	---	---	489.73	2	22	0.8669	2	---	---	---	---	---
22853	C11H22O2	hexyl 2,2-dimethylpropanoate	5434-57-1	186.294	231.55	2	489.73	2	22	0.8669	2	---	---	---	liquid	2
22854	C11H22O2	hexyl isovalerate	10032-13-0	186.294	226.73	2	489.73	2	22	0.8669	2	---	---	---	liquid	2
22855	C11H22O2	hexyl 2-methylbutyrate	10032-15-2	186.294	226.73	2	489.73	2	22	0.8669	2	---	---	---	liquid	2
22856	C11H22O2	3,5,5-trimethylhexyl acetate	58430-94-7	186.294	247.15	2	480.00	2	22	0.8669	2	---	---	---	liquid	2
22857	C11H22O2SSn	dibutyltin mercaptopropionate	78-06-8	337.070	---	---	---	---	---	---	---	---	---	---	---	---
22858	C11H22O2Si	6-(tert-butyldimethylsilyloxy)-3,4-dihydro-2	130650-09-8	214.379	---	---	---	---	25	0.9350	1	---	1.4550	1	---	---
22859	C11H22O3	diisopentyl carbonate	2050-95-5	202.294	---	---	507.15	1	20	0.9067	1	20	1.4174	1	---	---
22860	C11H22O3	11-hydroxyundecanoic acid	3669-80-5	202.294	338.65	1	507.15	2	25	0.9462	2	---	---	---	solid	1
22861	C11H22O3	1-methylhexyl-b-oxybutyrate	30956-43-5	202.294	---	---	507.15	2	25	0.9462	2	---	---	---	---	---
22862	C11H22O3Si	1-[2-(trimethoxysilyl)ethyl]-3-cyclohexane	67592-36-3	230.379	---	---	382.15	1	---	---	---	---	---	---	---	---
22863	C11H22O4Si	2-(3,4-epoxycyclohexyl)ethyl-trimethoxysila	3388-04-3	246.378	---	---	583.05	1	25	1.0650	1	---	1.4510	1	---	---
22864	C11H22O6	methyl 2,3,4,6-tetra-O-methyl-	605-81-2	250.292	---	---	---	---	20	1.1082	1	20	1.4466	1	---	---
22865	C11H22O6	2-hydroxymethyl-15-crown-5	75507-25-4	250.292	---	---	---	---	25	1.1750	1	---	1.4790	1	---	---
22866	C11H22S	thiacyclododecane	294-65-5	186.362	287.18	2	541.15	1	25	0.9089	1	---	---	---	liquid	1
22867	C11H22Si	(3,3-dimethylcyclopent-1-enylmethyl)trimet	---	182.381	---	---	---	---	---	---	---	---	1.4560	1	---	---
22868	C11H22Si	(3-methylcyclohex-1-enylmethyl)trimethylsi	---	182.381	---	---	---	---	---	---	---	---	1.4595	1	---	---
22869	C11H22Si	(triisopropylsilyl)acetylene	89343-06-6	182.381	---	---	---	---	25	0.8130	1	---	1.4530	1	---	---
22870	C11H23Br	1-bromoundecane	693-67-4	235.208	263.45	1	531.95	1	25	1.0494	1	25	1.4552	1	liquid	1
22871	C11H23BrO	11-bromoundecanol	1611-56-9	251.207	318.65	1	---	---	25	1.1071	2	---	---	---	solid	1
22872	C11H23Cl	1-chloroundecane	2473-03-2	190.756	256.25	1	518.49	1	25	0.8643	1	25	1.4385	1	liquid	1
22873	C11H23ClOS	3-chloropropyl-n-octylsulfoxide	3569-57-1	238.822	---	---	---	---	25	0.9958	2	---	---	---	---	---
22874	C11H23ClSn	allyldibutyltin chloride	64549-05-9	309.466	---	---	---	---	25	1.2000	1	---	---	---	---	---
22875	C11H23F	1-fluoroundecane	506-05-8	174.302	257.15	1	479.15	1	25	0.8181	1	25	1.4119	1	liquid	1
22876	C11H23I	1-iodoundecane	4282-44-4	282.208	275.15	1	554.65	1	25	1.2203	1	25	1.4827	1	liquid	1
22877	C11H23IO2Sn	tripropyltin iodoacetate	73927-92-1	432.917	---	---	---	---	---	---	---	---	---	---	---	---
22878	C11H23N	1-(1-ethyl-1-methylpropyl)piperidine	14045-26-2	169.311	293.90	2	487.15	1	20	0.8614	1	20	1.4637	1	liquid	1
22879	C11H23N	1-hexylpiperidine	7335-01-5	169.311	293.90	2	492.35	1	20	0.8292	1	20	1.4522	1	liquid	1
22880	C11H23NO	4-ethyl-2-methyl-2-(3-methylbutyl)oxazolidi	137796-06-6	185.310	---	---	467.15	1	25	0.8770	1	---	1.4420	1	---	---

Table 1 Physical Properties - Organic Compounds

NO	FORMULA	NAME	CAS No	Mol Wt	Freezing Point		Boiling Point		Density			Refractive Index			State	
				g/mol	T_F, K	code	T_B, K	code	T, C	g/cm3	code	T, C	n_D	code	@25C,1 atm	code
22881	C11H23NO	3-ethyl-2-methyl-2-(3-methylbutyl)oxazolidi	143860-04-2	185.310	---	---	482.15	1	25	0.8720	1	---	1.4420	1	---	---
22882	C11H23NO	N,N-dibutylpropionamide	1187-33-3	185.310	---	---	474.65	2	25	0.8745	2	---	---	---	---	---
22883	C11H23NO	N-hexylvaleramide	10264-25-2	185.310	---	---	474.65	2	25	0.8745	2	---	---	---	---	---
22884	C11H23NOS	sutan	2008-41-5	217.376	---	---	---	---	25	0.9402	1	---	---	---	---	---
22885	C11H23NO2	1-nitroundecane	2216-25-3	201.309	356.84	2	555.15	1	25	0.9280	2	---	---	---	solid	2
22886	C11H23NO2	11-aminoundecanoic acid	2432-99-7	201.309	461.65	1	555.15	2	25	0.9280	2	---	---	---	solid	1
22887	C11H23NO3	boc-l-leucinol	82010-31-9	217.309	---	---	486.15	1	25	0.9830	1	---	1.4490	1	---	---
22888	C11H23NO5	2-aminomethyl-15-crown-5	83585-56-2	249.308	---	---	---	---	25	1.1340	1	---	1.4800	1	---	---
22889	C11H23NSi	4-trimethylsilyl-N-tert-butylcrotonaldimine	---	197.396	---	---	---	---	---	---	---	---	1.4690	1	---	---
22890	C11H24	undecane	1120-21-4	156.312	247.57	1	469.08	1	25	0.7370	1	25	1.4151	1	liquid	1
22891	C11H24	2-methyldecane	6975-98-0	156.312	224.31	1	462.34	1	25	0.7331	1	25	1.4131	1	liquid	1
22892	C11H24	3-methyldecane	13151-34-3	156.312	180.25	1	463.15	1	25	0.7396	1	25	1.4163	1	liquid	1
22893	C11H24	4-methyldecane	2847-72-5	156.312	181.15	1	461.05	1	25	0.7385	1	25	1.4155	1	liquid	1
22894	C11H24	5-methyldecane	13151-35-4	156.312	198.23	2	459.15	1	25	0.7392	1	25	1.4158	1	liquid	1
22895	C11H24	3-ethylnonane	17302-11-3	156.312	198.23	2	461.15	1	25	0.7456	1	25	1.4187	1	liquid	1
22896	C11H24	4-ethylnonane	5911-05-7	156.312	198.23	2	457.15	1	25	0.7448	1	25	1.4182	1	liquid	1
22897	C11H24	5-ethylnonane	17302-12-4	156.312	198.23	2	453.15	1	25	0.7445	1	25	1.4180	1	liquid	1
22898	C11H24	2,2-dimethylnonane	17302-14-6	156.312	215.65	2	453.15	1	25	0.7315	1	25	1.4122	1	liquid	1
22899	C11H24	2,3-dimethylnonane	2884-06-2	156.312	183.23	2	459.15	1	25	0.7438	1	25	1.4177	1	liquid	1
22900	C11H24	2,4-dimethylnonane	17302-24-8	156.312	183.23	2	451.15	1	25	0.7348	1	25	1.4136	1	liquid	1
22901	C11H24	2,5-dimethylnonane	17302-27-1	156.312	183.23	2	452.15	1	25	0.7365	1	25	1.4142	1	liquid	1
22902	C11H24	2,6-dimethylnonane	17302-28-2	156.312	183.23	2	452.15	1	25	0.7368	1	25	1.4143	1	liquid	1
22903	C11H24	2,7-dimethylnonane	17302-29-3	156.312	183.23	2	453.15	1	25	0.7373	1	25	1.4147	1	liquid	1
22904	C11H24	2,8-dimethylnonane	17302-30-6	156.312	183.23	2	456.15	1	25	0.7297	1	25	1.4109	1	liquid	1
22905	C11H24	3,3-dimethylnonane	17302-15-7	156.312	215.65	2	455.15	1	25	0.7436	1	25	1.4178	1	liquid	1
22906	C11H24	3,4-dimethylnonane	17302-22-6	156.312	183.23	2	458.15	1	25	0.7475	1	25	1.4192	1	liquid	1
22907	C11H24	3,5-dimethylnonane	17302-25-9	156.312	183.23	2	453.15	1	25	0.7426	1	25	1.4170	1	liquid	1
22908	C11H24	3,6-dimethylnonane	17302-31-7	156.312	183.23	2	455.15	1	25	0.7429	1	25	1.4172	1	liquid	1
22909	C11H24	3,7-dimethylnonane	17302-32-8	156.312	183.23	2	457.15	1	25	0.7435	1	25	1.4176	1	liquid	1
22910	C11H24	4,4-dimethylnonane	17302-18-0	156.312	215.65	2	451.15	1	25	0.7431	1	25	1.4174	1	liquid	1
22911	C11H24	4,5-dimethylnonane	17302-23-7	156.312	183.23	2	455.15	1	25	0.7475	1	25	1.4192	1	liquid	1
22912	C11H24	4,6-dimethylnonane	17302-26-0	156.312	183.23	2	452.15	1	25	0.7424	1	25	1.4168	1	liquid	1
22913	C11H24	5,5-dimethylnonane	6414-96-6	156.312	215.65	2	450.15	1	25	0.7428	1	25	1.4172	1	liquid	1
22914	C11H24	4-propyloctane	17302-13-5	156.312	198.23	2	453.15	1	25	0.7410	1	25	1.4168	1	liquid	1
22915	C11H24	4-isopropyloctane	62016-15-3	156.312	183.23	2	451.15	1	25	0.7483	1	25	1.4196	1	liquid	1
22916	C11H24	2-methyl-3-ethyloctane	62016-16-4	156.312	183.23	2	455.15	1	25	0.7492	1	25	1.4201	1	liquid	1
22917	C11H24	2-methyl-4-ethyloctane	62016-17-5	156.312	183.23	2	449.15	1	25	0.7418	1	25	1.4165	1	liquid	1
22918	C11H24	2-methyl-5-ethyloctane	62016-18-6	156.312	183.23	2	451.15	1	25	0.7421	1	25	1.4167	1	liquid	1
22919	C11H24	2-methyl-6-ethyloctane	62016-19-7	156.312	183.23	2	455.15	1	25	0.7429	1	25	1.4172	1	liquid	1
22920	C11H24	3-methyl-3-ethyloctane	17302-16-8	156.312	215.65	2	458.85	1	25	0.7533	1	25	1.4228	1	liquid	1
22921	C11H24	3-methyl-4-ethyloctane	62016-20-0	156.312	183.23	2	455.15	1	25	0.7552	1	25	1.4229	1	liquid	1
22922	C11H24	3-methyl-5-ethyloctane	62016-21-1	156.312	183.23	2	449.15	1	25	0.7449	1	25	1.4182	1	liquid	1
22923	C11H24	3-methyl-6-ethyloctane	62016-22-2	156.312	183.23	2	455.15	1	25	0.7492	1	25	1.4201	1	liquid	1
22924	C11H24	4-methyl-3-ethyloctane	62016-23-3	156.312	183.23	2	456.15	1	25	0.7555	1	25	1.4231	1	liquid	1
22925	C11H24	4-methyl-4-ethyloctane	17302-19-1	156.312	215.65	2	453.15	1	25	0.7557	1	25	1.4233	1	liquid	1
22926	C11H24	4-methyl-5-ethyloctane	62016-24-4	156.312	183.23	2	453.15	1	25	0.7549	1	25	1.4227	1	liquid	1
22927	C11H24	4-methyl-6-ethyloctane	62016-25-5	156.312	183.23	2	453.15	1	25	0.7486	1	25	1.4199	1	liquid	1
22928	C11H24	2,2,3-trimethyloctane	62016-26-6	156.312	200.65	2	452.15	1	25	0.7481	1	25	1.4197	1	liquid	1
22929	C11H24	2,2,4-trimethyloctane	18932-14-4	156.312	200.65	2	444.65	1	25	0.7344	1	25	1.4129	1	liquid	1
22930	C11H24	2,2,5-trimethyloctane	62016-27-7	156.312	200.65	2	444.15	1	25	0.7344	1	25	1.4131	1	liquid	1
22931	C11H24	2,2,6-trimethyloctane	62016-28-8	156.312	200.65	2	447.15	1	25	0.7349	1	25	1.4134	1	liquid	1
22932	C11H24	2,2,7-trimethyloctane	62016-29-9	156.312	200.65	2	443.15	1	25	0.7289	1	25	1.4106	1	liquid	1
22933	C11H24	2,3,3-trimethyloctane	62016-30-2	156.312	200.65	2	455.15	1	25	0.7547	1	25	1.4228	1	liquid	1
22934	C11H24	2,3,4-trimethyloctane	62016-31-3	156.312	168.23	2	453.15	1	25	0.7536	1	25	1.4221	1	liquid	1
22935	C11H24	2,3,5-trimethyloctane	62016-32-4	156.312	168.23	2	450.15	1	25	0.7467	1	25	1.4187	1	liquid	1
22936	C11H24	2,3,6-trimethyloctane	62016-33-5	156.312	168.23	2	453.15	1	25	0.7473	1	25	1.4191	1	liquid	1
22937	C11H24	2,3,7-trimethyloctane	62016-34-6	156.312	168.23	2	452.15	1	25	0.7411	1	25	1.4162	1	liquid	1
22938	C11H24	2,4,4-trimethyloctane	62016-35-7	156.312	200.65	2	444.15	1	25	0.7385	1	25	1.4177	1	liquid	1
22939	C11H24	2,4,5-trimethyloctane	62016-36-8	156.312	168.23	2	449.15	1	25	0.7465	1	25	1.4186	1	liquid	1
22940	C11H24	2,4,6-trimethyloctane	62016-37-9	156.312	168.23	2	447.15	1	25	0.7400	1	25	1.4155	1	liquid	1
22941	C11H24	2,4,7-trimethyloctane	62016-38-0	156.312	168.23	2	444.15	1	25	0.7298	1	25	1.4116	1	liquid	1
22942	C11H24	2,5,5-trimethyloctane	62016-39-1	156.312	200.65	2	445.15	1	25	0.7405	1	25	1.4159	1	liquid	1
22943	C11H24	2,5,6-trimethyloctane	62016-14-2	156.312	168.23	2	451.15	1	25	0.7470	1	25	1.4189	1	liquid	1
22944	C11H24	2,6,6-trimethyloctane	54166-32-4	156.312	200.65	2	449.15	1	25	0.7413	1	25	1.4164	1	liquid	1
22945	C11H24	3,3,4-trimethyloctane	62016-40-4	156.312	200.65	2	455.15	1	25	0.7611	1	25	1.4259	1	liquid	1
22946	C11H24	3,3,5-trimethyloctane	62016-41-5	156.312	200.65	2	447.15	1	25	0.7470	1	25	1.4190	1	liquid	1
22947	C11H24	3,3,6-trimethyloctane	62016-42-6	156.312	200.65	2	450.15	1	25	0.7475	1	25	1.4193	1	liquid	1
22948	C11H24	3,4,4-trimethyloctane	62016-43-7	156.312	200.65	2	454.15	1	25	0.7609	1	25	1.4257	1	liquid	1
22949	C11H24	3,4,5-trimethyloctane	62016-44-8	156.312	168.23	2	454.15	1	25	0.7600	1	25	1.4250	1	liquid	1
22950	C11H24	3,4,6-trimethyloctane	62016-45-9	156.312	168.23	2	452.15	1	25	0.7533	1	25	1.4219	1	liquid	1
22951	C11H24	3,5,5-trimethyloctane	61868-94-8	156.312	200.65	2	443.15	1	25	0.7467	1	25	1.4188	1	liquid	1
22952	C11H24	4,4,5-trimethyloctane	61868-95-9	156.312	200.65	2	453.15	1	25	0.7606	1	25	1.4255	1	liquid	1
22953	C11H24	4-tert-butylheptane	60302-21-8	156.312	200.65	2	447.15	1	25	0.7530	1	25	1.4217	1	liquid	1
22954	C11H24	2-methyl-4-propylheptane	61868-96-0	156.312	183.23	2	447.15	1	25	0.7412	1	25	1.4161	1	liquid	1
22955	C11H24	3-methyl-4-propylheptane	61868-97-1	156.312	183.23	2	452.15	1	25	0.7546	1	25	1.4225	1	liquid	1
22956	C11H24	4-methyl-4-propylheptane	17302-20-4	156.312	215.65	2	451.15	1	25	0.7552	1	25	1.4229	1	liquid	1
22957	C11H24	2-methyl-3-isopropylheptane	6876-18-2	156.312	168.23	2	451.45	1	25	0.7522	1	25	1.4215	1	liquid	1
22958	C11H24	2-methyl-4-isopropylheptane	61868-98-2	156.312	168.23	2	445.15	1	25	0.7456	1	25	1.4180	1	liquid	1
22959	C11H24	3-methyl-4-isopropylheptane	61868-99-3	156.312	168.23	2	450.15	1	25	0.7592	1	25	1.4244	1	liquid	1
22960	C11H24	4-methyl-4-isopropylheptane	61869-00-9	156.312	200.65	2	453.15	1	25	0.7671	1	25	1.4285	1	liquid	1

Table 1 Physical Properties - Organic Compounds

				Mol Wt	Freezing Point		Boiling Point		Density			Refractive Index			State	
NO	FORMULA	NAME	CAS No	g/mol	T_F, K	code	T_B, K	code	T, C	g/cm3	code	T, C	n_D	code	@25C,1 atm	code
22961	C11H24	3,3-diethylheptane	17302-17-9	156.312	215.65	2	460.05	1	25	0.7666	1	25	1.4279	1	liquid	1
22962	C11H24	3,4-diethylheptane	61869-01-0	156.312	183.23	2	453.15	1	25	0.7614	1	25	1.4257	1	liquid	1
22963	C11H24	3,5-diethylheptane	61869-02-1	156.312	183.23	2	452.15	1	25	0.7549	1	25	1.4227	1	liquid	1
22964	C11H24	4,4-diethylheptane	17302-21-5	156.312	215.65	2	453.45	1	25	0.7636	1	25	1.4265	1	liquid	1
22965	C11H24	2,2-dimethyl-3-ethylheptane	61869-03-2	156.312	200.65	2	449.15	1	25	0.7596	1	25	1.4221	1	liquid	1
22966	C11H24	2,2-dimethyl-4-ethylheptane	62016-46-0	156.312	200.65	2	441.15	1	25	0.7396	1	25	1.4154	1	liquid	1
22967	C11H24	2,2-dimethyl-5-ethylheptane	62016-47-1	156.312	200.65	2	445.15	1	25	0.7405	1	25	1.4159	1	liquid	1
22968	C11H24	2,3-dimethyl-3-ethylheptane	61868-21-1	156.312	200.65	2	453.15	1	25	0.7677	1	25	1.4289	1	liquid	1
22969	C11H24	2,3-dimethyl-4-ethylheptane	61868-22-2	156.312	168.23	2	452.15	1	25	0.7594	1	25	1.4246	1	liquid	1
22970	C11H24	2,3-dimethyl-5-ethylheptane	61868-23-3	156.312	168.23	2	451.15	1	25	0.7530	1	25	1.4217	1	liquid	1
22971	C11H24	2,4-dimethyl-3-ethylheptane	61868-24-4	156.312	168.23	2	452.15	1	25	0.7594	1	25	1.4246	1	liquid	1
22972	C11H24	2,4-dimethyl-4-ethylheptane	61868-25-5	156.312	247.15	1	443.15	1	25	0.7530	1	25	1.4217	1	liquid	1
22973	C11H24	2,4-dimethyl-5-ethylheptane	61868-26-6	156.312	168.23	2	449.15	1	25	0.7528	1	25	1.4215	1	liquid	1
22974	C11H24	2,5-dimethyl-3-ethylheptane	61868-27-7	156.312	168.23	2	449.15	1	25	0.7528	1	25	1.4715	1	liquid	1
22975	C11H24	2,5-dimethyl-4-ethylheptane	61868-28-8	156.312	168.23	2	448.15	1	25	0.7525	1	25	1.4213	1	liquid	1
22976	C11H24	2,5-dimethyl-5-ethylheptane	61868-29-9	156.312	200.65	2	451.15	1	25	0.7538	1	25	1.4223	1	liquid	1
22977	C11H24	2,6-dimethyl-3-ethylheptane	61868-30-2	156.312	168.23	2	449.15	1	25	0.7465	1	25	1.4186	1	liquid	1
22978	C11H24	2,6-dimethyl-4-ethylheptane	61868-31-3	156.312	168.23	2	443.15	1	25	0.7391	1	25	1.4149	1	liquid	1
22979	C11H24	3,3-dimethyl-4-ethylheptane	61868-32-4	156.312	200.65	2	453.15	1	25	0.7671	1	25	1.4286	1	liquid	1
22980	C11H24	3,3-dimethyl-5-ethylheptane	61868-33-5	156.312	200.65	2	448.15	1	25	0.7533	1	25	1.4219	1	liquid	1
22981	C11H24	3,4-dimethyl-3-ethylheptane	61868-34-6	156.312	200.65	2	458.15	1	25	0.7747	1	25	1.4322	1	liquid	1
22982	C11H24	3,4-dimethyl-4-ethylheptane	61868-35-7	156.312	200.65	2	454.15	1	25	0.7581	1	25	1.4267	1	liquid	1
22983	C11H24	3,4-dimethyl-5-ethylheptane	61868-36-8	156.312	168.23	2	455.15	1	25	0.7666	1	25	1.4280	1	liquid	1
22984	C11H24	3,5-dimethyl-3-ethylheptane	61868-37-9	156.312	200.65	2	453.15	1	25	0.7591	1	25	1.4263	1	liquid	1
22985	C11H24	3,5-dimethyl-4-ethylheptane	61868-38-0	156.312	168.23	2	454.15	1	25	0.7663	1	25	1.4278	1	liquid	1
22986	C11H24	4,4-dimethyl-3-ethylheptane	61868-39-1	156.312	200.65	2	449.15	1	25	0.7671	1	25	1.4285	1	liquid	1
22987	C11H24	2,2,3,3-tetramethylheptane	61868-40-4	156.312	218.07	2	453.15	1	25	0.7644	1	25	1.4260	1	liquid	1
22988	C11H24	2,2,3,4-tetramethylheptane	61868-41-5	156.312	185.65	2	449.15	1	25	0.7583	1	25	1.4242	1	liquid	1
22989	C11H24	2,2,3,5-tetramethylheptane	61868-42-6	156.312	185.65	2	447.15	1	25	0.7517	1	25	1.4210	1	liquid	1
22990	C11H24	2,2,3,6-tetramethylheptane	61868-43-7	156.312	185.65	2	443.15	1	25	0.7454	1	25	1.4182	1	liquid	1
22991	C11H24	2,2,4,4-tetramethylheptane	61868-44-8	156.312	218.07	2	443.15	1	25	0.7511	1	25	1.4230	1	liquid	1
22992	C11H24	2,2,4,5-tetramethylheptane	61868-45-9	156.312	185.65	2	442.15	1	25	0.7445	1	25	1.4176	1	liquid	1
22993	C11H24	2,2,4,6-tetramethylheptane	61868-46-0	156.312	185.65	2	435.35	1	25	0.7298	1	25	1.4101	1	liquid	1
22994	C11H24	2,2,5,5-tetramethylheptane	61868-47-1	156.312	218.07	2	439.15	1	25	0.7388	1	25	1.4151	1	liquid	1
22995	C11H24	2,2,5,6-tetramethylheptane	61868-48-2	156.312	185.65	2	442.15	1	25	0.7386	1	25	1.4149	1	liquid	1
22996	C11H24	2,2,6,6-tetramethylheptane	40117-45-1	156.312	218.07	2	436.15	1	25	0.7265	1	25	1.4094	1	liquid	1
22997	C11H24	2,3,3,4-tetramethylheptane	61868-49-3	156.312	185.65	2	455.15	1	25	0.7727	1	25	1.4311	1	liquid	1
22998	C11H24	2,3,3,5-tetramethylheptane	61868-50-6	156.312	185.65	2	449.15	1	25	0.7583	1	25	1.4242	1	liquid	1
22999	C11H24	2,3,3,6-tetramethylheptane	61868-51-7	156.312	185.65	2	448.15	1	25	0.7520	1	25	1.4212	1	liquid	1
23000	C11H24	2,3,4,4-tetramethylheptane	61868-52-8	156.312	185.65	2	451.15	1	25	0.7651	1	25	1.4296	1	liquid	1
23001	C11H24	2,3,4,5-tetramethylheptane	61868-53-9	156.312	153.23	2	452.15	1	25	0.7646	1	25	1.4270	1	liquid	1
23002	C11H24	2,3,4,6-tetramethylheptane	61868-54-0	156.312	153.23	2	447.15	1	25	0.7509	1	25	1.4204	1	liquid	1
23003	C11H24	2,3,5,5-tetramethylheptane	61868-55-1	156.312	185.65	2	445.15	1	25	0.7514	1	25	1.4208	1	liquid	1
23004	C11H24	2,3,5,6-tetramethylheptane	52670-32-3	156.312	153.23	2	448.15	1	25	0.7512	1	25	1.4206	1	liquid	1
23005	C11H24	2,4,4,5-tetramethylheptane	61868-56-2	156.312	185.65	2	447.15	1	25	0.7580	1	25	1.4240	1	liquid	1
23006	C11H24	2,4,4,6-tetramethylheptane	61868-57-3	156.312	185.65	2	437.15	1	25	0.7377	1	25	1.4173	1	liquid	1
23007	C11H24	2,4,5,5-tetramethylheptane	61868-58-4	156.312	185.65	2	449.15	1	25	0.7583	1	25	1.4242	1	liquid	1
23008	C11H24	3,3,4,4-tetramethylheptane	61868-59-5	156.312	218.07	2	457.15	1	25	0.7806	1	25	1.4351	1	liquid	1
23009	C11H24	3,3,4,5-tetramethylheptane	61868-60-8	156.312	185.65	2	454.15	1	25	0.7724	1	25	1.4309	1	liquid	1
23010	C11H24	3,3,5,5-tetramethylheptane	61868-61-9	156.312	218.07	2	453.15	1	25	0.7651	1	25	1.4298	1	liquid	1
23011	C11H24	3,4,4,5-tetramethylheptane	61868-62-0	156.312	185.65	2	458.15	1	25	0.7798	1	25	1.4345	1	liquid	1
23012	C11H24	2,2-dimethyl-3-isopropylhexane	61868-63-1	156.312	185.65	2	445.15	1	25	0.7575	1	25	1.4236	1	liquid	1
23013	C11H24	2,3-dimethyl-3-isopropylhexane	61868-64-2	156.312	185.65	2	453.15	1	25	0.7794	1	25	1.4343	1	liquid	1
23014	C11H24	2,4-dimethyl-3-isopropylhexane	61868-65-3	156.312	153.23	2	448.15	1	25	0.7637	1	25	1.4264	1	liquid	1
23015	C11H24	2,5-dimethyl-3-isopropylhexane	61868-66-4	156.312	153.23	2	443.15	1	25	0.7500	1	25	1.4198	1	liquid	1
23016	C11H24	2-methyl-3,3-diethylhexane	61868-67-5	156.312	200.65	2	459.15	1	25	0.7815	1	25	1.4354	1	liquid	1
23017	C11H24	2-methyl-3,4-diethylhexane	61868-68-6	156.312	168.23	2	452.15	1	25	0.7660	1	25	1.4276	1	liquid	1
23018	C11H24	2-methyl-4,4-diethylhexane	61868-69-7	156.312	200.65	2	452.15	1	25	0.7668	1	25	1.4283	1	liquid	1
23019	C11H24	3-methyl-3,4-diethylhexane	61868-70-0	156.312	200.65	2	459.15	1	25	0.7815	1	25	1.4354	1	liquid	1
23020	C11H24	3-methyl-4,4-diethylhexane	61868-71-1	156.312	200.65	2	463.15	1	25	0.7890	1	25	1.4390	1	liquid	1
23021	C11H24	2,2,3-trimethyl-3-ethylhexane	61868-72-2	156.312	218.07	2	453.15	1	25	0.7803	1	25	1.4349	1	liquid	1
23022	C11H24	2,2,3-trimethyl-4-ethylhexane	61868-73-3	156.312	185.65	2	449.15	1	25	0.7648	1	25	1.4272	1	liquid	1
23023	C11H24	2,2,4-trimethyl-3-ethylhexane	61868-74-4	156.312	185.65	2	448.15	1	25	0.7645	1	25	1.4270	1	liquid	1
23024	C11H24	2,2,4-trimethyl-4-ethylhexane	61868-75-5	156.312	218.07	2	451.15	1	25	0.7648	1	25	1.4296	1	liquid	1
23025	C11H24	2,2,5-trimethyl-3-ethylhexane	61868-76-6	156.312	185.65	2	443.15	1	25	0.7508	1	25	1.4204	1	liquid	1
23026	C11H24	2,2,5-trimethyl-4-ethylhexane	61868-77-7	156.312	185.65	2	439.15	1	25	0.7440	1	25	1.4172	1	liquid	1
23027	C11H24	2,3,3-trimethyl-4-ethylhexane	61868-78-8	156.312	185.65	2	456.15	1	25	0.7794	1	25	1.4343	1	liquid	1
23028	C11H24	2,3,4-trimethyl-3-ethylhexane	61868-79-9	156.312	185.65	2	460.15	1	25	0.7869	1	25	1.4379	1	liquid	1
23029	C11H24	2,3,4-trimethyl-4-ethylhexane	61868-80-2	156.312	185.65	2	453.15	1	25	0.7794	1	25	1.4343	1	liquid	1
23030	C11H24	2,3,5-trimethyl-3-ethylhexane	61868-81-3	156.312	185.65	2	449.15	1	25	0.7648	1	25	1.4272	1	liquid	1
23031	C11H24	2,3,5-trimethyl-4-ethylhexane	61868-82-4	156.312	153.23	2	450.15	1	25	0.7640	1	25	1.4266	1	liquid	1
23032	C11H24	2,4,4-trimethyl-3-ethylhexane	61868-83-5	156.312	185.65	2	451.15	1	25	0.7718	1	25	1.4305	1	liquid	1
23033	C11H24	3,3,4-trimethyl-4-ethylhexane	61868-84-6	156.312	218.07	2	463.15	1	25	0.7955	1	25	1.4423	1	liquid	1
23034	C11H24	2,2,3,3,4-pentamethylhexane	61868-85-7	156.312	203.07	2	457.15	1	25	0.7858	1	25	1.4374	1	liquid	1
23035	C11H24	2,2,3,3,5-pentamethylhexane	61868-86-8	156.312	203.07	2	443.65	1	25	0.7696	1	25	1.4282	1	liquid	1
23036	C11H24	2,2,3,4,4-pentamethylhexane	61868-87-9	156.312	203.07	2	459.15	1	25	0.7849	1	25	1.4392	1	liquid	1
23037	C11H24	2,2,3,4,5-pentamethylhexane	61868-88-0	156.312	170.65	2	447.15	1	25	0.7629	1	25	1.4261	1	liquid	1
23038	C11H24	2,2,3,5,5-pentamethylhexane	14739-73-2	156.312	203.07	2	439.15	1	25	0.7482	1	25	1.4194	1	liquid	1
23039	C11H24	2,2,4,4,5-pentamethylhexane	60302-23-0	156.312	203.07	2	449.15	1	25	0.7629	1	25	1.4285	1	liquid	1
23040	C11H24	2,3,3,4,4-pentamethylhexane	61868-89-1	156.312	203.07	2	460.15	1	25	0.7934	1	25	1.4411	1	liquid	1

Table 1 Physical Properties - Organic Compounds

				Mol Wt	Freezing Point		Boiling Point		Density			Refractive Index			State	
NO	FORMULA	NAME	CAS No	g/mol	T_F, K	code	T_B, K	code	T, C	g/cm3	code	T, C	n_D	code	@25C,1 atm	code
23041	C11H24	2,3,3,4,5-pentamethylhexane	52670-33-4	156.312	170.65	2	454.15	1	25	0.7774	1	25	1.4332	1	liquid	1
23042	C11H24	2,2,4-trimethyl-3-isopropylpentane	61868-90-4	156.312	170.65	2	443.15	1	25	0.7620	1	25	1.4256	1	liquid	1
23043	C11H24	2,3,4-trimethyl-3-isopropylpentane	61868-91-5	156.312	170.65	2	459.15	1	25	0.7922	1	25	1.4402	1	liquid	1
23044	C11H24	2,2-dimethyl-3,3-diethylpentane	60302-28-5	156.312	218.07	2	462.15	1	25	0.7951	1	25	1.4421	1	liquid	1
23045	C11H24	2,4-dimethyl-3,3-diethylpentane	61868-92-6	156.312	185.65	2	462.15	1	25	0.7943	1	25	1.4414	1	liquid	1
23046	C11H24	2,2,3,4-tetramethyl-3-ethylpentane	61868-93-7	156.312	203.07	2	459.15	1	25	0.7930	1	25	1.4409	1	liquid	1
23047	C11H24	2,2,4,4-tetramethyl-3-ethylpentane	---	156.312	203.07	2	453.15	1	25	0.7768	1	25	1.4351	1	liquid	1
23048	C11H24	2,2,3,3,4,4-hexamethylpentane	60302-27-4	156.312	220.49	2	467.15	1	25	0.8069	1	25	1.4501	1	liquid	1
23049	C11H24BrN	2,6-dimethyl-1,1-diethylpiperidinium bromi	19072-57-2	250.223	---	---	---	---	25	1.0877	2	---	---	---	---	---
23050	C11H24NO2PS3	N,N-diethylthiocarbamyl-O,O-diisopropyldi	5827-03-2	329.489	---	---	---	---	---	---	---	---	---	---	---	---
23051	C11H24N2	6-methyl-2-heptylisopropylidenhydrazine	91336-54-8	184.326	---	---	---	---	25	0.8595	2	---	---	---	---	---
23052	C11H24N2O	2-t-butylazo-2-hydroxy-5-methylhexane	64819-51-8	200.325	---	---	---	---	25	0.9103	2	---	---	---	---	---
23053	C11H24N2O	N-methyl-N-nitrosodecylamine	75881-22-0	200.325	---	---	---	---	25	0.9103	2	---	---	---	---	---
23054	C11H24N2O2	N-tert-butoxycarbonyl-1,6-hexanediamine	---	216.324	---	---	---	---	25	0.9585	2	---	1.4600	1	---	---
23055	C11H24O	1-undecanol	112-42-5	172.311	288.45	1	518.15	1	25	0.8310	1	25	1.4386	1	liquid	1
23056	C11H24O	2-undecanol	1653-30-1	172.311	273.15	1	508.15	1	25	0.8234	1	25	1.4352	1	liquid	1
23057	C11H24O	2-undecanol, (±)	113666-64-1	172.311	285.15	1	501.15	1	19	0.8268	1	20	1.4369	1	liquid	1
23058	C11H24O	3-undecanol, (R)-	107494-37-1	172.311	290.15	1	502.15	1	20	0.8295	1	20	1.4367	1	liquid	1
23059	C11H24O	5-undecanol	37493-70-2	172.311	271.35	1	502.15	1	20	0.8292	1	24	1.4354	1	liquid	1
23060	C11H24O	6-undecanol	23708-56-7	172.311	298.15	1	501.15	1	20	0.8334	1	20	1.4374	1	---	---
23061	C11H24O	2,8-dimethyl-5-nonanol	19780-96-2	172.311	285.15	2	506.13	2	12	0.8305	1	12	1.4380	1	liquid	2
23062	C11H24O	undecanol	30207-98-8	172.311	289.05	1	518.15	1	20	0.8291	2	---	---	---	liquid	1
23063	C11H24O	5-ethyl-2-nonanol	103-08-2	172.311	285.15	2	498.00	1	20	0.8291	2	---	---	---	liquid	1
23064	C11H24O	1-methoxydecane	7289-52-3	172.311	---	---	506.13	2	20	0.8291	2	---	---	---	---	---
23065	C11H24O2	1,2-undecanediol	---	188.310	319.87	2	567.15	2	25	0.8670	2	---	---	---	solid	2
23066	C11H24O2	1,3-undecanediol	---	188.310	319.87	2	578.15	2	25	0.8670	2	---	---	---	solid	2
23067	C11H24O2	1,4-undecanediol	---	188.310	319.87	2	599.15	2	25	0.8670	2	---	---	---	solid	2
23068	C11H24O2	1,11-undecanediol	765-04-8	188.310	335.15	1	586.15	2	25	0.8670	2	---	---	---	solid	1
23069	C11H24O2	2,2-dibutyl-1,3-propanediol	24765-57-9	188.310	315.15	1	570.00	2	25	0.8670	2	---	---	---	solid	1
23070	C11H24O2	dihydromethoxyelgenol	41890-92-0	188.310	---	---	553.53	2	25	0.8670	2	---	---	---	---	---
23071	C11H24O2	2-(isobutyl-3-methylbutoxy)ethanol	10086-50-7	188.310	---	---	553.53	2	25	0.8670	2	---	---	---	---	---
23072	C11H24O2Pb	acetoxytripropylplumbane	13266-07-4	395.510	401.15	1	---	---	---	---	---	---	---	---	solid	1
23073	C11H24O2Si2	1,1-bis(trimethylsilyloxy)-3-methyl-1,3-buta	87121-05-9	244.480	---	---	---	---	---	---	---	---	---	---	---	---
23074	C11H24O2Sn	triisopropyltin acetate	19464-55-2	307.020	---	---	---	---	---	---	---	---	---	---	---	---
23075	C11H24O2Sn	tripropyltin acetate	3267-78-5	307.020	---	---	---	---	---	---	---	---	---	---	---	---
23076	C11H24O3	2-(2-(1-ethylamyloxy)ethoxy)ethanol	10138-87-1	204.310	---	---	553.53	2	25	0.9170	2	---	---	---	---	---
23077	C11H24O3	2-(2-(heptyloxy)ethoxy)ethanol	25961-87-9	204.310	---	---	553.53	2	25	0.9170	2	---	---	---	---	---
23078	C11H24O3Si	triisopropoxyvinylsilane	18023-33-1	232.395	---	---	452.65	1	25	0.8627	1	20	1.3981	1	---	---
23079	C11H24O3Si	ethyl (S)-(-)-2-(tert-butyldimethylsilyloxy)pr	106513-42-2	232.395	---	---	460.15	1	25	0.8750	1	---	1.4250	1	---	---
23080	C11H24O3Si	trimethoxy(7-octen-1-yl)silane	52217-57-9	232.395	---	---	456.40	2	25	0.9280	1	---	1.4300	1	---	---
23081	C11H24O4	1,1,3,3-tetraethoxypropane	122-31-6	220.309	183.25	1	493.15	1	25	0.9150	1	---	1.4100	1	liquid	1
23082	C11H24O4Si	diethoxy(3-glycidyloxypropyl)methylsilane	2897-60-1	248.394	---	---	---	---	25	0.9780	1	---	1.4320	1	---	---
23083	C11H24O6Si	tris(2-methoxyethoxy)vinylsilane	1067-53-4	280.393	-36.45	1	558.15	1	25	1.0340	1	---	1.4300	1	liquid	1
23084	C11H24S	1-undecanethiol	5332-52-5	188.378	270.15	1	530.55	1	25	0.8410	1	25	1.4564	1	liquid	1
23085	C11H24S	2-undecanethiol	62155-02-6	188.378	239.15	1	520.45	1	25	0.8358	1	25	1.4532	1	liquid	1
23086	C11H24S	methyl decyl sulfide	22438-39-7	188.378	254.66	2	520.00	2	25	0.8410	1	25	1.4569	1	liquid	2
23087	C11H24S	ethyl nonyl sulfide	59973-08-9	188.378	254.66	2	520.00	2	25	0.8410	1	---	---	---	liquid	2
23088	C11H24S	propyl octyl sulfide	3698-93-9	188.378	254.66	2	520.00	2	25	0.8410	1	---	---	---	liquid	2
23089	C11H24S	butyl heptyl sulfide	40813-84-1	188.378	254.66	2	520.00	2	25	0.8410	1	---	---	---	liquid	2
23090	C11H25N	undecylamine	7307-55-3	171.327	288.26	1	514.75	1	25	0.7951	1	25	1.4381	1	liquid	1
23091	C11H25N	methyldecylamine	7516-82-7	171.327	277.15	1	499.35	1	25	0.7850	1	25	1.4341	1	liquid	1
23092	C11H25N	ethylnonylamine	66563-84-6	171.327	277.15	2	495.15	1	25	0.7810	1	25	1.4323	1	liquid	1
23093	C11H25N	dimethylnonylamine	17373-27-2	171.327	215.00	2	488.15	1	25	0.7692	1	25	1.4264	1	liquid	1
23094	C11H25N	diethylheptylamine	26981-81-7	171.327	215.00	2	471.15	1	25	0.7730	1	25	1.4265	1	liquid	1
23095	C11H25N	4-ethyl-1-methyloctylamine	10024-78-9	171.327	288.26	2	493.99	2	25	0.7807	2	---	---	---	liquid	2
23096	C11H25NO	N,N-dibutyl(2-hydroxypropyl)amine	2109-64-0	187.326	---	---	---	---	25	0.8502	2	---	---	---	---	---
23097	C11H25NO2	N,N-dimethylformamide di-tert-butyl acetal	36805-97-7	203.325	---	---	---	---	25	0.8480	1	---	1.4130	1	---	---
23098	C11H26NO2PS	N-[2-(ethoxy-methyl-phosphinoyl)sulfanylethyl]-I	50782-69-9	267.373	234.25	1	572.15	1	25	1.0080	1	---	---	---	liquid	1
23099	C11H26NO3P	methylphosphonic acid, (2-(bis(1-methyletl	71840-26-1	251.307	---	---	---	---	---	---	---	---	---	---	---	---
23100	C11H25NSi	allyl(diisopropylamino)dimethylsilane	106948-24-7	199.412	---	---	---	---	25	0.8150	1	---	1.4470	1	---	---
23101	C11H26N2	2-butyl-2-ethyl-1,5-pentanediamine	137605-95-9	186.341	---	---	542.15	1	25	0.8760	1	---	1.4700	1	---	---
23102	C11H26N2	3-(dibutylamino)propylamine	102-83-0	186.341	223.25	1	478.15	1	25	0.8230	1	---	1.4460	1	liquid	1
23103	C11H26N2	N,N,N',N'-tetraethyl-1,3-propanediamine	60558-96-5	186.341	---	---	510.15	2	25	0.8100	1	---	1.4380	1	---	---
23104	C11H26N4	1,4,8,12-tetraazacyclopentadecane	15439-16-4	214.355	373.15	1	---	---	25	0.9241	2	---	---	---	solid	1
23105	C11H26OSi	methoxy(dimethyl)octylsilane	93804-29-6	202.412	---	---	495.15	1	25	0.8130	1	---	1.4230	1	---	---
23106	C11H26O2Si	5-(tert-butyldimethylsilyloxy)-1-pentanol	83067-20-3	218.411	---	---	---	---	25	0.8850	1	---	1.4420	1	---	---
23107	C11H26O2Si2	1,1-bis(trimethylsilyloxy)-3-methyl-1-butene	88246-66-6	246.496	---	---	---	---	---	---	---	---	1.4160	1	---	---
23108	C11H26O3Si	triethoxypentylsilane	2761-24-2	234.411	---	---	---	---	20	0.8862	1	20	1.4059	1	---	---
23109	C11H26O3Si	trimethoxy(octyl)silane	3069-40-7	234.411	---	---	---	---	25	0.9070	1	---	1.4160	1	---	---
23110	C11H26O6P2	tetraethyl propane-1,3-diphosphonate	22401-25-8	316.272	---	---	---	---	20	1.1240	1	20	1.4500	1	---	---
23111	C11H27NSi	N,N-dimethyltriisopropylsilylamine	181231-66-3	201.427	301.65	1	---	---	25	0.8330	1	---	1.4510	1	solid	1
23112	C11H28Br2N2	pentamethonium bromide	541-20-8	348.165	574.15	1	---	---	25	1.2792	2	---	---	---	solid	1
23113	C11H28O2Si3	(trimethylsilyl)ketene bis(trimethylsilyl) ace	65946-59-0	276.597	---	---	---	---	25	0.8480	1	---	1.4280	1	---	---
23114	C11H28O3Si3	tris(trimethylsiloxy)ethylene	69097-20-7	292.597	---	---	---	---	25	0.8860	1	---	1.4200	1	---	---
23115	C11H30O3Si4	tris(trimethylsiloxy)vinylsilane	5356-84-3	322.697	---	---	---	---	25	0.8610	1	---	1.3950	1	---	---
23116	C12AlBrF10	bis(penta fluoro phenyl)aluminum bromide	---	441.003	---	---	470.25	1	---	---	---	---	---	---	---	---
23117	C12Br10O	decabromodiphenyl ether	1163-19-5	959.171	573.15	1	803.15	1	25	3.1012	2	---	---	---	solid	1
23118	C12Cl8O2	octachlorodibenzo-p-dioxin	3268-87-9	459.751	604.15	1	783.15	1	25	1.8103	2	---	---	---	solid	1
23119	C12Cl10	decachlorobiphenyl	2051-24-3	498.657	---	---	---	---	25	1.7994	2	---	---	---	---	---
23120	C12Cl10S2Zn	bis(pentachlorophenol), zinc salt	117-97-5	628.179	---	---	430.65	1	---	---	---	---	---	---	---	---

Table 1 Physical Properties - Organic Compounds

NO	FORMULA	NAME	CAS No	Mol Wt	Freezing Point		Boiling Point		Density			Refractive Index			State	
				g/mol	T_F, K	code	T_B, K	code	T, C	g/cm3	code	T, C	n_D	code	@25C,1 atm	code
23121	C12Co4O12	cobalt dodecacarbonyl	17786-31-1	571.858	333.15	dec	---	---	25	2.0900	1	---	---	---	solid	1
23122	C12F4N4	2,3,5,6-tetrafluoro-7,7,8,8-tetracyanoquino	29261-33-4	276.154	564.15	1	---	---	25	1.7075	2	---	---	---	solid	1
23123	C12F10	2,2',3,3',4,4',5,5',6,6'-decafluoro-1,1'-biphe	434-90-2	334.117	340.65	1	479.15	1	20	1.7850	1	---	---	---	solid	1
23124	C12F25I	pentacosafluoro-1-iodododecane	307-60-8	745.999	373.15	1	---	---	25	1.9588	2	---	---	---	solid	1
23125	C12F26	n-perfluorododecane	307-59-5	638.093	347.90	1	---	---	25	1.7618	2	---	---	---	solid	1
23126	C12F27N	tris(perfluorobutyl)amine	311-89-7	671.099	---	---	451.15	1	25	1.8840	1	25	1.2910	1	---	---
23127	C12Fe3O12	iron dodecacarbonyl	12088-65-2	503.660	413.15	1	---	---	25	2.0000	1	---	---	---	solid	1
23128	C12Fe3O12	triiron dodecacarbonyl	17685-52-8	503.660	---	---	---	---	---	---	---	---	---	---	---	---
23129	C12Fe3O12	dodecacarbonyltriiron	---	503.660	---	---	---	---	---	---	---	---	---	---	---	---
23130	C12N6O12Pb3	lead(ii) trinitrosophloroglucinolate	---	1041.767	---	---	353.24	1	---	---	---	---	---	---	---	---
23131	C12HBr9	nonabromobiphenyl	27753-52-2	864.276	---	---	---	---	25	2.9975	2	---	---	---	---	---
23132	C12HCl7O2	1,2,3,4,6,7,8-heptachlorodibenzo-p-dioxin	35822-46-9	425.306	---	---	---	---	25	1.7627	2	---	---	---	---	---
23133	C12HCl7O2	1,2,3,4,6,7,9-heptachlorodibenzo-p-dioxin	58200-70-7	425.306	---	---	---	---	25	1.7627	2	---	---	---	---	---
23134	C12HCl9	2,2',3,3',4,5,5',6,6'-nonachlorobiphenyl	52663-77-1	464.212	---	---	---	---	25	1.7555	2	---	---	---	---	---
23135	C12HF23O2	tricosafluorododecanoic acid	307-55-1	614.104	381.15	1	518.15	1	25	1.7633	2	---	---	---	solid	1
23136	C12H2Br8	octabromodiphenyl	27858-07-7	785.380	---	---	448.15	1	25	2.8769	2	---	---	---	---	---
23137	C12H2Cl6O	1,2,3,4,7,8-hexachlorodibenzofuran	70648-26-9	374.862	---	---	429.35	1	25	1.6811	2	---	---	---	---	---
23138	C12H2Cl6O	1,2,3,6,7,8-hexachlorodibenzofuran	57117-44-9	374.862	---	---	429.35	2	25	1.6811	2	---	---	---	---	---
23139	C12H2Cl6O	2,3,4,6,7,8-hexachlorodibenzofuran	60851-34-5	374.862	---	---	429.35	2	25	1.6811	2	---	---	---	---	---
23140	C12H2Cl6O2	HCDD	39227-28-6	390.862	512.15	1	---	---	25	1.7098	2	---	---	---	solid	1
23141	C12H2Cl6O2	1,2,3,4,7,8-hexachlorodibenzo-p-dioxin	57653-85-7	390.862	---	---	458.00	2	25	1.7098	2	---	---	---	---	---
23142	C12H2Cl6O2	1,2,3,6,7,9-hexachlorodibenzo-p-dioxin	64461-98-9	390.862	---	---	511.15	1	25	1.7098	2	---	---	---	---	---
23143	C12H2Cl6O2	1,2,3,7,8,9-hexachlorodibenzo-p-dioxin	19408-74-3	390.862	---	---	458.00	2	25	1.7098	2	---	---	---	---	---
23144	C12H2Cl6O2	1,2,4,6,7,9-hexachlorodibenzo-p-dioxin	39227-62-8	390.862	---	---	404.85	1	25	1.7098	2	---	---	---	---	---
23145	C12H2Cl8	2,2',3,3',5,5',6,6'-octachlorobiphenyl	2136-99-4	429.768	---	---	---	---	25	1.7071	2	---	---	---	---	---
23146	C12H3Br5O	1,2,3,7,8-pentabromodibenzofuran	107555-93-1	562.675	---	---	524.15	1	25	2.5167	2	---	---	---	---	---
23147	C12H3Cl5O	1,2,3,7,8-pentachlorodibenzofuran	57117-41-6	340.418	---	---	---	---	25	1.6188	2	---	---	---	---	---
23148	C12H3Cl5O	2,3,4,7,8-pentachlorodibenzofuran	57117-31-4	340.418	---	---	---	---	25	1.6188	2	---	---	---	---	---
23149	C12H3Cl5O2	1,2,3,4,7-pentachlorodibenzo-p-dioxin	39227-61-7	356.417	---	---	---	---	25	1.6508	2	---	---	---	---	---
23150	C12H3Cl5O2	1,2,4,7,8-pentachlorodibenzo-p-dioxin	58802-08-7	356.417	---	---	---	---	25	1.6508	2	---	---	---	---	---
23151	C12H3Cl5O2	1,2,3,7,8-pentachlorodibenzo-p-dioxin	40321-76-4	356.417	513.65	1	---	---	25	1.6508	2	---	---	---	solid	1
23152	C12H3Cl7	2,2',3,3',4,4',6-heptachlorobiphenyl	52663-71-5	395.323	---	---	---	---	25	1.6536	2	---	---	---	---	---
23153	C12H4Cl4O2	2,3,7,8-tetrachloro-dibenzo-p-dioxin	1746-01-6	321.973	573.15	1	---	---	25	1.5843	2	---	---	---	solid	1
23154	C12H4Cl4O2	1,2,3,4-tetrachlorodibenzo-p-dioxin	30746-58-8	321.973	---	---	474.15	2	25	1.5843	2	---	---	---	---	---
23155	C12H4Cl4O2	1,2,3,8-tetrachlorodibenzo-p-dioxin	53555-02-5	321.973	---	---	474.15	2	25	1.5843	2	---	---	---	---	---
23156	C12H4Cl4O2	1,2,7,8-tetrachlorodibenzo-p-dioxin	34816-53-0	321.973	---	---	474.15	2	25	1.5843	2	---	---	---	---	---
23157	C12H4Cl4O2	1,3,6,8-tetrachlorodibenzo-p-dioxin	33423-92-6	321.973	---	---	474.15	2	25	1.5843	2	---	---	---	---	---
23158	C12H4Cl4O2	1,3,7,8-tetrachlorodibenzo-p-dioxin	50585-46-1	321.973	---	---	474.15	1	25	1.5843	2	---	---	---	---	---
23159	C12H4Cl6	2,2',3,3',4,4'-hexachlorobiphenyl	38380-07-3	360.879	---	---	650.65	2	25	1.5941	2	---	---	---	---	---
23160	C12H4Cl6	2,2',4,4',6,6'-hexachlorobiphenyl	33979-03-2	360.879	---	---	650.65	2	25	1.5941	2	---	---	---	---	---
23161	C12H4Cl6	2,2',3,3',6,6'-hexachlorobiphenyl	38411-22-2	360.879	---	---	650.65	2	25	1.5941	2	---	---	---	---	---
23162	C12H4Cl6	2,3,3',4,4',5-hexachlorobiphenyl	38380-08-4	360.879	---	---	650.65	2	25	1.5941	2	---	---	---	---	---
23163	C12H4Cl6	2,2',4,4',5'5'-hexachloro-1,1'-biphenyl	35065-27-1	360.879	---	---	650.65	2	25	1.5941	2	---	---	---	---	---
23164	C12H4Cl6	3,3',4,4',5,5'-hexachlorobiphenyl	32774-16-6	360.879	---	---	650.65	2	25	1.5941	2	---	---	---	---	---
23165	C12H4Cl6N4O	bis-2,4,5-trichloro benzene diazo oxide	---	432.906	---	---	---	---	25	1.7387	2	---	---	---	---	---
23166	C12H4Cl6O	chlorinated diphenyl oxide	31242-93-0	376.878	---	---	---	---	25	1.6245	2	---	---	---	---	---
23167	C12H4Cl6S2	2,4,5-trichlorophenyl disulfide	3808-87-5	425.011	415.15	1	---	---	25	1.6505	2	---	---	---	solid	1
23168	C12H4Cl6S2Zn	bis(2,3,5-trichlorophenylthio)zinc	63885-02-9	490.401	---	---	---	---	---	---	---	---	---	---	---	---
23169	C12H4F8N2	4,4'-diaminooctafluorobiphenyl	1038-66-0	328.166	450.15	1	---	---	25	1.5568	2	---	---	---	solid	1
23170	C12H4N4	7,7,8,8-tetracyanoquinodimethane	1518-16-7	204.192	561.15	1	---	---	25	1.4563	2	---	---	---	solid	1
23171	C12H4N6O12S	bis(2,4,6-trinitrophenyl) sulfide	2217-06-3	456.265	---	---	---	---	25	1.9695	2	---	---	---	---	---
23172	C12H4N6O12S	bis(trinitrophenyl)sulfide	28930-30-5	456.265	---	---	---	---	25	1.9695	2	---	---	---	---	---
23173	C12H4N6O14Pb	lead dipicrate	16824-81-0	663.397	---	---	---	---	---	---	---	---	---	---	---	---
23174	C12H5ClO3	4-chloronaphthalic anhydride	4053-08-1	232.622	---	---	485.15	1	25	1.4380	2	---	---	---	---	---
23175	C12H5Cl3O2	1,2,4-trichlorodibenzodioxin	39227-58-2	287.528	---	---	---	---	25	1.5090	2	---	---	---	---	---
23176	C12H5Cl3O2	2,3,7-trichlorodibenzo-p-dioxin	33857-28-2	287.528	---	---	---	---	25	1.5090	2	---	---	---	---	---
23177	C12H5Cl5	2,3,4,5,6-pentachlorobiphenyl	18259-05-7	326.434	---	---	650.65	2	25	1.5276	2	---	---	---	---	---
23178	C12H5Cl5	2,2',4,5,5'-pentachlorobiphenyl	37680-73-2	326.434	---	---	650.65	2	25	1.5276	2	---	---	---	---	---
23179	C12H5Cl5	alochlor 1254	11097-69-1	326.434	283.15	1	650.65	1	25	1.5276	2	---	---	---	liquid	1
23180	C12H5Cl5	pentachlorobiphenyl	25429-29-2	326.434	---	---	650.65	2	25	1.5276	2	---	---	---	---	---
23181	C12H5Cl5	2,2',3,4,5'-pentachlorobiphenyl	38380-02-8	326.434	---	---	650.65	2	25	1.5276	2	---	---	---	---	---
23182	C12H5Cl5	2,3',4,4',5-pentachlorobiphenyl	31508-00-6	326.434	---	---	650.65	2	25	1.5276	2	---	---	---	---	---
23183	C12H5Cl5	2,3,3',4,4'-pentachlorobiphenyl	32598-14-4	326.434	---	---	650.65	2	25	1.5276	2	---	---	---	---	---
23184	C12H5Cl5	3,3',4,4',5-pentachlorobiphenyl	57465-28-8	326.434	---	---	650.65	2	25	1.5276	2	---	---	---	---	---
23185	C12H5Cl5O	pentachloro diphenyl oxide	42279-29-8	342.434	---	---	---	---	25	1.5614	2	---	---	---	---	---
23186	C12H5Cl5O2	4,5,6-trichloro-2-(2,4-dichlorophenoxy)phe	53555-01-4	358.433	---	---	448.05	1	25	1.5936	2	---	---	---	---	---
23187	C12H5Cl10NO2	N-(1,1a,3,3a,4,5,5,5a,5b,6-decachloroocta	4715-23-5	549.703	---	---	---	---	25	1.7444	2	---	---	---	---	---
23188	C12H5F19O	[2,2,3,3,4,4,5,5,6,6,7,7,8,9,9,9-hexadecaflu	41925-33-1	526.143	---	---	---	---	25	1.7570	1	---	1.3240	1	---	---
23189	C12H5FeO	a-methylferrocenemethanol	1277-49-2	221.016	348.15	1	---	---	---	---	---	---	---	---	solid	1
23190	C12H5NO5	3-nitro-1,8-naphthalic anhydride	3027-38-1	243.176	526.15	1	---	---	25	1.5193	2	---	---	---	solid	1
23191	C12H5N5O8	1,3,6,8-tetranitrokarbazol	4543-33-3	347.202	---	---	493.15	1	25	1.7907	2	---	---	---	---	---
23192	C12H5N7O12	2,4,6-trinitro-N-(2,4,6-trinitrophenyl)aniline	131-73-7	439.214	517.15	dec	---	---	25	1.9533	2	---	---	---	solid	1
23193	C12H6Br4O	tetrabromodiphenyl ether	40088-47-9	485.795	---	---	536.15	1	25	2.2362	2	---	---	---	---	---
23194	C12H6Br4O2	dephosphate bromofenofos	21987-62-2	501.794	479.15	1	420.15	1	25	2.2516	2	---	---	---	solid	1
23195	C12H6Cl2N2O6	5,5'-dichloro-2,2'-dihydroxy-3,3'-dinitrobiph	10331-57-4	345.095	---	---	524.65	1	25	1.6527	2	---	---	---	---	---
23196	C12H6Cl2O2	1,8-naphthalenedicarbonyl dichloride	6423-29-6	253.083	358.15	1	505.15	2	25	1.4230	2	---	---	---	solid	1
23197	C12H6Cl2O2	2,7-dichlorodibenzodioxin	33857-26-0	253.083	474.65	1	505.15	2	25	1.4230	2	---	---	---	solid	1
23198	C12H6Cl2O2	1,3-dichlorodibenzo-p-dioxin	50585-39-2	253.083	---	---	505.15	2	25	1.4230	2	---	---	---	---	---
23199	C12H6Cl2O2	1,6-dichlorodibenzo-p-dioxin	38178-38-0	253.083	---	---	505.15	1	25	1.4230	2	---	---	---	---	---
23200	C12H6Cl2O2	2,3-dichlorodibenzo-p-dioxin	29446-15-9	253.083	---	---	505.15	2	25	1.4230	2	---	---	---	---	---

Table 1 Physical Properties - Organic Compounds

				Mol Wt	Freezing Point		Boiling Point		Density			Refractive Index			State	
NO	FORMULA	NAME	CAS No	g/mol	T_F, K	code	T_B, K	code	T, C	g/cm3	code	T, C	n_D	code	@25C,1 atm	code
23201	C12H6Cl2O2	2,8-dichlorodibenzo-p-dioxin	38964-22-6	253.083	---	---	505.15	2	25	1.4230	2	---	---	---	---	---
23202	C12H6Cl2O8	2,6-diperchloryl-4,4'-diphenoquinone	---	349.080	---	---	---	---	25	1.6501	2	---	---	---	---	---
23203	C12H6Cl3NO3	p-nitrophenyl-2,4,6-trichlorophenyl ether	1836-77-7	318.542	---	---	479.15	1	25	1.5545	2	---	---	---	---	---
23204	C12H6Cl4	2,3,4,5-tetrachlorobiphenyl	33284-53-6	291.990	---	---	498.72	2	25	1.4526	2	---	---	---	---	---
23205	C12H6Cl4	2,2',4',5-tetrachlorobiphenyl	41464-40-8	291.990	---	---	498.72	2	25	1.4526	2	---	---	---	---	---
23206	C12H6Cl4	chlorodiphenyl	53469-21-9	291.990	254.25	1	618.65	1	25	1.4526	2	---	---	---	liquid	1
23207	C12H6Cl4	3,3',4,4'-tetrachlorobiphenyl	32598-13-3	291.990	456.15	1	519.15	1	25	1.4526	2	---	---	---	solid	1
23208	C12H6Cl4	2,2',3,3'-tetrachlorobiphenyl	38444-93-8	291.990	---	---	498.72	2	25	1.4526	2	---	---	---	---	---
23209	C12H6Cl4	2,2',5,5'-tetrachlorobiphenyl	35693-99-3	291.990	---	---	498.72	2	25	1.4526	2	---	---	---	---	---
23210	C12H6Cl4	2,2',6,6'-tetrachlorobiphenyl	15968-05-5	291.990	---	---	358.35	1	25	1.4526	2	---	---	---	---	---
23211	C12H6Cl4N2	3,3',4,4'-tetrachloroazobenzene	14047-09-7	320.004	---	---	---	---	25	1.5274	2	---	---	---	---	---
23212	C12H6Cl4N2O	3,3',4,4'-tetrachloroazoxybenzene	21232-47-3	336.003	---	---	374.65	1	25	1.5619	2	---	---	---	---	---
23213	C12H6Cl4N2S	chlorfensulfide	2274-74-0	352.070	---	---	369.75	1	25	1.5643	2	---	---	---	---	---
23214	C12H6Cl4O	tetrachlorodiphenyl oxide	31242-94-1	307.989	---	---	---	---	25	1.4906	2	---	---	---	---	---
23215	C12H6Cl4O2S	bithionol	97-18-7	356.054	461.15	1	---	---	25	1.7300	1	---	---	---	solid	1
23216	C12H6Cl4O2S	tetradifon	116-29-0	356.054	419.15	1	---	---	25	1.5630	2	---	---	---	solid	1
23217	C12H6Cl4S	tetrasul	2227-13-6	324.056	---	---	---	---	25	1.4963	2	---	---	---	---	---
23218	C12H6CoK4	potassium hexaethynylcobaltate	---	365.506	---	---	---	---	---	---	---	---	---	---	---	---
23219	C12H6F2N2O6S	4,4'-difluoro-3,3-dinitrodiphenyl sulfone	312-30-1	344.253	---	---	462.15	1	25	1.6412	2	---	---	---	---	---
23220	C12H6F12O2	a,a,a',a'-tetrakis(trifluoromethyl)-1,3-benze	802-93-7	410.160	---	---	482.15	1	25	1.6590	1	---	1.3870	1	---	---
23221	C12H6NNaO4	resazurin	62758-13-8	251.174	---	---	---	---	---	---	---	---	---	---	---	---
23222	C12H6N2	2,3-naphthalenedicarbonitrile	22856-30-0	178.194	528.15	1	---	---	25	1.2662	2	---	---	---	solid	1
23223	C12H6N2O2	1,5-diisocyanatonaphthalene	3173-72-6	210.192	403.65	1	603.00	1	25	1.3832	2	---	---	---	solid	1
23224	C12H6N2O2	4,7-phenanthroline-5,6-dione	84-12-8	210.192	568.15	dec	---	---	25	1.3832	2	---	---	---	solid	1
23225	C12H6N2O6	2,7-dinitrodibenzo-p-dioxin	71400-33-4	274.190	---	---	482.15	1	25	1.5719	2	---	---	---	---	---
23226	C12H6N2O6	2,8-dinitrodibenzo-p-dioxin	71400-34-5	274.190	---	---	482.15	2	25	1.5719	2	---	---	---	---	---
23227	C12H6N2Pt	trans-dichlorodiammineplatinum(ii)	14913-33-8	373.272	543.15	dec	---	---	---	---	---	---	---	---	solid	1
23228	C12H6N4O4	1,7-dinitrophenazine	105836-99-5	270.205	---	---	461.15	1	25	1.5738	2	---	---	---	---	---
23229	C12H6N6S3	1,3,5-tris(1,2,3-thiadiazol-4-yl)benzene	---	330.420	521.65	1	---	---	25	1.6164	2	---	---	---	solid	1
23230	C12H6O2	1,2-acenaphthylenedione	82-86-0	182.178	534.15	1	---	---	20	1.4800	1	---	---	---	solid	1
23231	C12H6O3	1,8-naphthalic anhydride	81-84-5	198.178	>542.15	1	---	---	25	1.3293	2	---	---	---	solid	1
23232	C12H6O12	benzenehexacarboxylic acid	517-60-2	342.172	560.15	dec	---	---	25	1.7141	2	---	---	---	solid	1
23233	C12H7AsCl2OS	2-dichloroarsinophenoxathiin	63834-20-8	345.080	---	---	---	---	---	---	---	---	---	---	---	---
23234	C12H7BrClNO2	7-bromo-5-chloroquinolin-8-yl acrylate	34462-96-9	312.550	---	---	---	---	25	1.6514	2	---	---	---	---	---
23235	C12H7BrN6O	1,8-dihydro-8-(4-bromophenyl)-4H-pyrazol	141300-30-3	331.133	---	---	---	---	25	1.7642	2	---	---	---	---	---
23236	C12H7BrO	2-bromodibenzofuran	86-76-0	247.091	383.15	1	---	---	25	1.5233	2	---	---	---	solid	1
23237	C12H7BrO	3-bromodibenzofuran	26608-06-0	247.091	394.15	1	---	---	25	1.5233	2	---	---	---	solid	1
23238	C12H7Br4O5P	bromophenophos	21466-07-9	581.775	---	---	459.65	1	---	---	---	---	---	---	---	---
23239	C12H7ClF3NO2S	benzyl 2-chloro-4-(trifluoromethyl)-5-thiazo	72850-64-7	321.707	---	---	---	---	25	1.4989	2	---	---	---	---	---
23240	C12H7ClO2	1-chlorodibenzo-p-dioxin	39227-53-7	218.639	378.00	1	---	---	25	1.3237	2	---	---	---	solid	1
23241	C12H7ClO2	2-chlorodibenzo-p-dioxin	39227-54-8	218.639	362.00	1	---	---	25	1.3237	2	---	---	---	solid	1
23242	C12H7F6N3O2	2-cyano-2-oxoacetic acid methyl ester2-(3,	28313-53-3	339.198	---	---	---	---	25	1.5417	2	---	---	---	---	---
23243	C12H7F15O2	3,3,4,4,5,5,6,6,7,7,8,8,8-dodecafluoro-7-(trifl	50836-65-2	468.164	---	---	489.15	1	25	1.6070	1	---	1.3410	1	---	---
23244	C12H7NO2	1,8-naphthalimide	81-83-4	197.193	572.65	1	---	---	25	1.2954	2	---	---	---	solid	1
23245	C12H7Cl2NO3	nitrofen	1836-75-5	284.098	343.15	1	---	---	25	1.4780	2	---	---	---	solid	1
23246	C12H7Cl2NO3	4-chloro-2-nitrophenyl p-chlorophenyl ethe	135-12-6	284.098	---	---	---	---	25	1.4780	2	---	---	---	---	---
23247	C12H7Cl3	2,4,5-trichlorobiphenyl	15862-07-4	257.545	---	---	---	---	25	1.3676	2	---	---	---	---	---
23248	C12H7Cl3	2,4,6-trichlorobiphenyl	35693-92-6	257.545	---	---	---	---	25	1.3676	2	---	---	---	---	---
23249	C12H7Cl3	2,2',5-trichlorobiphenyl	37680-65-2	257.545	---	---	---	---	25	1.3676	2	---	---	---	---	---
23250	C12H7Cl3	2,3',4'-trichlorobiphenyl	38444-86-9	257.545	---	---	---	---	25	1.3676	2	---	---	---	---	---
23251	C12H7Cl3	2,3,5-trichlorobiphenyl	38444-81-4	257.545	---	---	---	---	25	1.3676	2	---	---	---	---	---
23252	C12H7Cl3	2,4,4'-trichlorobiphenyl	7012-37-5	257.545	---	---	---	---	25	1.3676	2	---	---	---	---	---
23253	C12H7Cl3	2,4',5-trichlorobiphenyl	16606-02-3	257.545	---	---	---	---	25	1.3676	2	---	---	---	---	---
23254	C12H7Cl3	trichlorodiphenyl	25323-68-6	257.545	---	---	---	---	25	1.3676	2	---	---	---	---	---
23255	C12H7Cl3O2	2,4,4'-trichloro-2'-hydroxydiphenyl ether	3380-34-5	289.544	328.65	1	---	---	25	1.4510	2	---	---	---	solid	1
23256	C12H7NO3	3-nitrodibenzofuran	5410-97-9	213.193	454.65	1	---	---	25	1.3507	2	---	---	---	solid	1
23257	C12H7NO3	N-hydroxynaphthalimide	7797-81-1	213.193	518.15	1	---	---	25	1.3507	2	---	---	---	solid	1
23258	C12H7NO3	2-nitronaphtho(2,1-b)furan	69267-51-2	213.193	---	---	---	---	25	1.3507	2	---	---	---	---	---
23259	C12H7IN2O4	2-iodo-3,5-dinitrobiphenyl	---	370.104	---	---	---	---	25	1.8859	2	---	---	---	---	---
23260	C12H7N3O2	5-nitro-1,10-phenanthroline	4199-88-6	225.207	474.15	1	---	---	25	1.4012	2	---	---	---	solid	1
23261	C12H8	acenaphthylene	208-96-8	152.196	362.60	1	543.15	1	16	0.8987	1	---	---	---	solid	1
23262	C12H8	1-ethynylnaphthalene	15727-65-8	152.196	274.15	1	553.15	2	20	1.0513	1	20	1.6360	1	liquid	2
23263	C12H8	biphenylene	259-79-0	152.196	383.65	1	553.15	2	18	0.9750	2	---	---	---	solid	1
23264	C12H8AsClO	10-chlorophenoxarsine	2865-70-5	278.569	395.15	1	---	---	---	---	---	---	---	---	solid	1
23265	C12H8BrNO2	4-bromo-3-nitrobiphenyl	27701-66-2	278.105	312.15	1	---	---	25	1.5750	2	---	---	---	solid	1
23266	C12H8Br2	4,4'-dibromo-1,1'-biphenyl	92-86-4	312.004	437.15	1	630.65	1	25	1.7243	2	---	---	---	solid	1
23267	C12H8Br2O	bis(4-bromophenyl) ether	2050-47-7	328.003	333.65	1	612.15	1	25	1.8000	1	---	---	---	solid	1
23268	C12H8Br2S	bis(4-bromophenyl) sulfide	3393-78-0	344.070	388.15	1	---	---	25	1.8400	1	---	---	---	solid	1
23269	C12H8Br2O2S	bis(4-bromophenyl) sulfone	2050-48-8	376.068	445.15	1	---	---	25	1.8800	1	---	---	---	solid	1
23270	C12H8ClNO	4-(4-chlorobenzoyl)pyridine	14548-48-2	217.654	381.65	1	---	---	25	1.2932	2	---	---	---	solid	1
23271	C12H8ClNS	2-chlorophenothiazine	92-39-7	233.721	472.65	1	---	---	25	1.3112	2	---	---	---	solid	1
23272	C12H8Cl2	2,5-dichlorobiphenyl	34883-39-1	223.101	---	---	591.65	2	25	1.2702	2	---	---	---	---	---
23273	C12H8Cl2	2,6-dichlorobiphenyl	33146-45-1	223.101	---	---	591.65	2	25	1.2702	2	---	---	---	---	---
23274	C12H8Cl2	3,3'-dichloro-1,1'-biphenyl	2050-67-1	223.101	302.15	1	593.15	1	25	1.2702	2	---	---	---	solid	1
23275	C12H8Cl2	4,4'-dichloro-1,1'-biphenyl	2050-68-2	223.101	422.45	1	590.15	1	25	1.4420	1	---	---	---	solid	1
23276	C12H8Cl2	2,2'-dichloro-1,1'-biphenyl	13029-08-8	223.101	---	---	591.65	2	25	1.2702	2	---	---	---	---	---
23277	C12H8Cl2	3,4-dichloro-1,1'-biphenyl	2974-92-7	223.101	---	---	591.65	2	25	1.2702	2	---	---	---	---	---
23278	C12H8Cl2	dichloro-1,1'-biphenyl	25512-42-9	223.101	---	---	591.65	2	25	1.2702	2	---	---	---	---	---
23279	C12H8Cl2	2,4'-dichloro-1,1'-biphenyl	34883-43-7	223.101	---	---	591.65	2	25	1.2702	2	---	---	---	---	---
23280	C12H8Cl2N2O	4,4'-dichloroazoxybenzene	614-26-6	267.114	---	---	---	---	25	1.4077	2	---	---	---	---	---

Table 1 Physical Properties - Organic Compounds

NO	FORMULA	NAME	CAS No	Mol Wt g/mol	Freezing Point T_F, K	code	Boiling Point T_B, K	code	Density T, C	g/cm3	code	Refractive Index T, C	n_D	code	State @25C,1 atm	code
23281	C12H8Cl2N2O4S2	3,3'-azobenzenedisulfonyl chloride	104115-88-0	379.244	439.65	1	---	---	25	1.5953	2	---	---	---	solid	1
23282	C12H8Cl2O	bis(4-chlorophenyl) ether	2444-89-5	239.100	303.15	1	586.15	1	20	1.1231	1	20	1.6110	1	solid	1
23283	C12H8Cl2O	dichlorodiphenyl oxide	28675-08-3	239.100	---	---	586.15	2	25	1.3192	2	---	---	---	---	---
23284	C12H8Cl2OS	4-chlorophenyl sulfoxide	3085-42-5	271.166	415.65	1	---	---	25	1.3778	2	---	---	---	solid	1
23285	C12H8Cl2O2S	bis(4-chlorophenyl) sulfone	80-07-9	287.165	421.05	1	---	---	25	1.4186	2	---	---	---	solid	1
23286	C12H8Cl2O2S	bis(2-hydroxy-5-chlorophenyl) sulfide	97-24-5	287.165	447.15	1	---	---	25	1.4186	2	---	---	---	solid	1
23287	C12H8Cl2O3S	4-chlorophenyl 4-chlorobenzenesulfonate	80-33-1	303.165	359.65	1	---	---	25	1.4572	2	---	---	---	solid	1
23288	C12H8Cl2O3S	2,4-dichlorophenyl benzenesulfonate	97-16-5	303.165	318.65	1	---	---	25	1.4572	2	---	---	---	solid	1
23289	C12H8Cl2Se2	bis(4-chlorophenyl)diselenide	20541-49-5	381.021	359.15	1	---	---	---	---	---	---	---	---	solid	1
23290	C12H8Cl4N2	tetrachlorobenzidine	15721-02-5	322.020	410.65	1	---	---	25	1.4737	2	---	---	---	solid	1
23291	C12H8Cl6	aldrin	309-00-2	364.911	377.15	1	---	---	25	1.4931	2	---	---	---	solid	1
23292	C12H8Cl6	isodrin	465-73-6	364.911	514.15	1	---	---	25	1.4931	2	---	---	---	solid	1
23293	C12H8Cl6O	dieldrin	60-57-1	380.910	448.65	1	---	---	25	1.7500	1	---	---	---	solid	1
23294	C12H8Cl6O	endrin	72-20-8	380.910	518.15	dec	---	---	25	1.5235	2	---	---	---	solid	1
23295	C12H8Cl6O	D-ketoendrin	53494-70-5	380.910	---	---	---	---	25	1.5235	2	---	---	---	---	---
23296	C12H8Cl6O	photodieldrin	13366-73-9	380.910	---	---	---	---	25	1.5235	2	---	---	---	---	---
23297	C12H8F2	2,2'-difluoro-1,1'-biphenyl	388-82-9	190.193	391.65	1	527.65	2	20	1.3930	1	---	---	---	solid	1
23298	C12H8F2	3,3'-difluoro-1,1'-biphenyl	396-64-5	190.193	281.15	1	527.65	2	25	1.1920	1	20	1.5678	1	liquid	2
23299	C12H8F2	4,4'-difluoro-1,1'-biphenyl	398-23-2	190.193	367.65	1	527.65	1	23	1.2925	2	---	---	---	solid	1
23300	C12H8F2O2S	4-fluorophenyl sulfone	383-29-9	254.257	371.65	1	---	---	25	1.3538	2	---	---	---	solid	1
23301	C12H8F4N2	3,3',5,5'-tetrafluorobenzidine	42794-87-6	256.204	---	---	---	---	25	1.3536	2	---	---	---	---	---
23302	C12H8F16O2	glycidyl 2,2,3,3,4,4,5,5,6,6,7,7,8,8,9,9-hexa	125370-60-7	488.170	---	---	524.15	1	25	1.6820	1	---	1.3420	1	---	---
23303	C12H8HgN2O6	mercuribis-o-nitrophenol	66499-61-4	476.796	---	---	---	---	---	---	---	---	---	---	---	---
23304	C12H8NNaO2	indophenol sodium salt	5418-32-6	221.191	---	---	---	---	---	---	---	---	---	---	---	---
23305	C12H8N2	1,10-phenanthroline	66-71-7	180.210	390.15	1	633.15	2	25	1.2034	2	---	---	---	solid	1
23306	C12H8N2	1,7-phenanthroline	230-46-6	180.210	351.15	1	633.15	1	25	1.2034	2	---	---	---	solid	1
23307	C12H8N2	4,7-phenanthroline	230-07-9	180.210	450.15	1	633.15	2	25	1.2034	2	---	---	---	solid	1
23308	C12H8N2	phenazine	92-82-0	180.210	447.89	1	633.15	2	25	1.2034	2	---	---	---	solid	1
23309	C12H8N2	benzo[c]cinnoline	230-17-1	180.210	429.00	1	633.15	2	25	1.2034	2	---	---	---	solid	1
23310	C12H8N2O	1-phenazinol	528-71-2	196.209	431.15	1	---	---	25	1.2629	2	---	---	---	solid	1
23311	C12H8N2O	phenazine, 5-oxide	304-81-4	196.209	499.65	1	---	---	25	1.2629	2	---	---	---	solid	1
23312	C12H8N2O2	4-amino-1,8-naphthalimide	1742-95-6	212.208	>633.15	1	---	---	25	1.3182	2	---	---	---	solid	1
23313	C12H8N2O2	2-nitro-9H-carbazole	14191-22-1	212.208	---	---	---	---	25	1.3182	2	---	---	---	---	---
23314	C12H8N2O2	questiomycin A	1916-59-2	212.208	---	---	---	---	25	1.3182	2	---	---	---	---	---
23315	C12H8N2O2	tricyclodecane(5.2.1.02,6)-3,10-diisocyana	4747-82-4	212.208	---	---	---	---	25	1.3182	2	---	---	---	---	---
23316	C12H8N2O3	isonicotinic anhydride, remainder picolinic	7082-71-5	228.208	406.15	1	---	---	25	1.3698	2	---	---	---	solid	1
23317	C12H8N2O4	2,2'-dinitro-1,1'-biphenyl	2436-96-6	244.207	399.15	1	578.15	1	25	1.4500	1	---	---	---	solid	1
23318	C12H8N2O4	2,4'-dinitro-1,1'-biphenyl	606-81-5	244.207	366.65	1	578.15	2	26	1.4740	1	---	---	---	solid	1
23319	C12H8N2O4	4,4'-dicarboxy-2,2'-bipyridine	6813-38-3	244.207	---	---	578.15	2	25	1.4620	2	---	---	---	---	---
23320	C12H8N2O4	4,4'-dinitrobiphenyl	1528-74-1	244.207	512.40	1	578.15	2	25	1.4620	2	---	---	---	solid	1
23321	C12H8N2O4	N-phthalyl-DL-aspartimide	3982-20-5	244.207	---	---	578.15	2	25	1.4620	2	---	---	---	---	---
23322	C12H8N2O4S	bis(p-nitrophenyl)sulfide	1223-31-0	276.273	429.65	1	---	---	25	1.4713	2	---	---	---	solid	1
23323	C12H8N2O4S2	bis(3-nitrophenyl) disulfide	537-91-7	308.339	357.15	1	---	---	25	1.5164	2	---	---	---	solid	1
23324	C12H8N2O4S2	3-nitrophenyl disulfide	1155-00-6	308.339	464.65	1	---	---	25	1.5164	2	---	---	---	solid	1
23325	C12H8N2O4S2	bis(p-nitrophenyl)disulfide	100-32-3	308.339	455.15	1	---	---	25	1.5164	2	---	---	---	solid	1
23326	C12H8N2O4Se2	bis(2-nitrophenyl)diselenide	35350-43-7	402.127	485.65	1	---	---	---	---	---	---	---	---	solid	1
23327	C12H8N2O5	2,4-dinitro-1-phenoxybenzene	2486-07-9	260.207	344.15	1	---	---	25	1.4633	2	---	---	---	solid	1
23328	C12H8N2O5	4,4'-dinitrodiphenyl ether	101-63-3	260.207	---	---	---	---	25	1.4633	2	---	---	---	---	---
23329	C12H8N2O6	3-hydroxy-2-(5-nitro-2-furyl)-2H-1,3-benzo:	---	276.206	---	---	---	---	25	1.5057	2	---	---	---	---	---
23330	C12H8N4	1,4-bis(dicyanomethylene)cyclohexane	1518-15-6	208.224	---	---	---	---	25	1.3159	2	---	---	---	---	---
23331	C12H8N4O6S	2,3-dihydroxy-6-nitro-7-sulphamoylbenzo[f	118876-58-7	336.286	---	---	---	---	25	1.6207	2	---	---	---	---	---
23332	C12H8N4S	2,5-bis(4-pyridyl)-1,3,4-thiadiazole	15311-09-8	240.290	513.65	1	---	---	25	1.3825	2	---	---	---	solid	1
23333	C12H8N6O2S	3,3'-diazido-diphenylsulfone	75742-13-1	300.302	385.65	1	---	---	25	1.5517	2	---	---	---	solid	1
23334	C12H8N6O4S	bis-p-nitro benzene diazo sulfide	---	332.301	---	---	---	---	25	1.6229	2	---	---	---	---	---
23335	C12H8O	dibenzofuran	132-64-9	168.195	355.31	1	558.31	1	99	1.0886	1	99	1.6480	1	solid	1
23336	C12H8OS	phenoxathiin	262-20-4	200.261	328.78	1	584.25	1	25	1.2329	2	---	---	---	solid	1
23337	C12H8O2	phenyl-p-benzoquinone	363-03-1	184.194	383.65	1	---	---	25	1.2080	2	---	---	---	solid	1
23338	C12H8O2	dibenzo-p-dioxin	262-12-4	184.194	394.38	1	---	---	25	1.2080	2	---	---	---	solid	1
23339	C12H8O2S	dibenzothiophene sulfone	1016-05-3	216.260	506.65	1	---	---	25	1.2869	2	---	---	---	solid	1
23340	C12H8O3	4,5-dihydronaphtho[1,2-c]furan-1,3-dione	37845-14-0	200.194	399.65	1	---	---	25	1.2663	2	---	---	---	solid	1
23341	C12H8O3	4-hydroxy-6-methyl-5-benzofuranacrylic ac	73459-03-7	200.194	---	---	---	---	25	1.2663	2	---	---	---	---	---
23342	C12H8O4	methoxsalen	298-81-7	216.193	421.15	1	---	---	25	1.3206	2	---	---	---	solid	1
23343	C12H8O4	1,8-naphthalenedicarboxylic acid	518-05-8	216.193	533.15	1	---	---	25	1.3206	2	---	---	---	solid	1
23344	C12H8O4	2,6-naphthalenedicarboxylic acid	1141-38-4	216.193	640.15	1	695.00	2	25	1.3206	2	---	---	---	solid	1
23345	C12H8O4	2,3-naphthalenedicarboxylic acid	2169-87-1	216.193	512.15	1	---	---	25	1.3206	2	---	---	---	solid	1
23346	C12H8O4	5-methoxy psoralen	484-20-8	216.193	461.15	1	---	---	25	1.3206	2	---	---	---	solid	1
23347	C12H8O6	bicyclo[2.2.2]oct-7-ene-2,3,5,6-tetracarbox	1719-83-1	248.192	>573.15	1	---	---	25	1.4187	2	---	---	---	solid	1
23348	C12H8S	dibenzothiophene	132-65-0	184.262	371.82	1	604.61	1	25	1.1750	2	---	---	---	solid	1
23349	C12H8S2	thianthrene	92-85-3	216.328	429.58	1	638.15	1	20	1.4420	1	---	---	---	solid	1
23350	C12H8S3	2,2':5',2''-terthiophene	1081-34-1	248.394	---	---	---	---	25	1.3217	2	---	---	---	---	---
23351	C12H8Se2	selenanthrene	262-30-6	310.116	454.15	1	---	---	---	---	---	---	---	---	solid	1
23352	C12H9AsClN	diphenylamine chloroarsine	578-94-9	277.585	468.15	1	683.15	1	25	1.6500	1	---	---	---	solid	1
23353	C12H9BO2S	dibenzothiophene-4-boronic acid	108847-20-7	228.079	---	---	---	---	---	---	---	---	---	---	---	---
23354	C12H9BO2S2	thianthrene-1-boronic acid	108847-76-3	260.145	419.15	1	---	---	---	---	---	---	---	---	solid	1
23355	C12H9BO3S	phenoxathiin-4-boronic acid	100124-07-0	244.079	---	---	---	---	---	---	---	---	---	---	---	---
23356	C12H9Br	2-bromo-1,1'-biphenyl	2052-07-5	233.107	273.95	1	570.15	1	26	1.2175	1	25	1.6248	1	liquid	1
23357	C12H9Br	3-bromo-1,1'-biphenyl	2113-57-7	233.107	---	---	573.15	1	34	1.1965	2	20	1.6411	1	---	---
23358	C12H9Br	4-bromobiphenyl	92-66-0	233.107	364.65	1	583.15	1	25	1	1	---	---	---	solid	1
23359	C12H9Br	5-bromo-1,2-dihydroacenaphthylene	2051-98-1	233.107	325.15	1	608.15	1	52	1.4392	1	54	1.6565	1	solid	1
23360	C12H9Br	5-bromo-[1,1'-biphenyl]-2-ol	16434-97-2	233.107	326.50	1	583.65	2	34	1.1965	2	---	---	---	solid	1

Table 1 Physical Properties - Organic Compounds

NO	FORMULA	NAME	CAS No	Mol Wt g/mol	Freezing Point T_F, K	code	Boiling Point T_B, K	code	Density T, C	g/cm3	code	Refractive Index T, C	n_D	code	State @25C,1 atm	code
23361	C12H9BrN2O	4-bromoazoxybenzene	16109-68-5	277.121	366.65	1	---	---	100	1.4138	1	---	---	---	solid	1
23362	C12H9BrO	1-bromo-4-phenoxybenzene	101-55-3	249.107	291.87	1	---	---	20	1.6088	1	20	1.6084	1	---	---
23363	C12H9BrO	a-bromo-2'-acetonaphthone	613-54-7	249.107	356.65	1	---	---	25	1.4549	2	---	---	---	solid	1
23364	C12H9BrO	4-(4-bromophenyl)phenol	29558-77-8	249.107	439.65	1	---	---	25	1.4549	2	---	---	---	solid	1
23365	C12H9Cl	2-chlorobiphenyl	2051-60-7	188.656	304.94	1	547.15	1	32	1.1499	1	---	---	---	solid	1
23366	C12H9Cl	3-chlorobiphenyl	2051-61-8	188.656	289.15	1	557.65	1	25	1.1579	1	25	1.6181	1	liquid	1
23367	C12H9Cl	4-chlorobiphenyl	2051-62-9	188.656	348.55	1	566.05	1	42	1.1677	2	---	---	---	solid	1
23368	C12H9Cl	5-chloro-1,2-dihydroacenaphthylene	5209-33-6	188.656	343.65	1	592.15	1	70	1.1954	1	100	1.6169	1	solid	1
23369	C12H9ClFNO3	7-chloro-1-ethyl-6-fluoro-4-oxohydroquinol	68077-26-9	269.660	---	---	---	---	25	1.3905	2	---	---	---	---	---
23370	C12H9ClF3N3O	norflurazon	27314-13-2	303.672	457.15	1	---	---	25	1.4395	2	---	---	---	solid	1
23371	C12H9ClN2O2	5-chloro-2-nitrodiphenylamine	25781-92-4	248.669	385.15	1	---	---	25	1.3612	2	---	---	---	solid	1
23372	C12H9ClN2O3	2-chloro-6-nitro-3-phenoxyaniline	74070-46-5	264.668	---	---	---	---	25	1.4056	2	---	---	---	---	---
23373	C12H9ClO	3-chloro-[1,1'-biphenyl]-2-ol	85-97-2	204.655	279.15	1	590.15	dec	25	1.2400	1	30	1.6237	1	liquid	1
23374	C12H9ClO	1-chloro-4-phenoxybenzene	7005-72-3	204.655	---	---	557.65	1	15	1.2026	1	---	1.5990	1	---	---
23375	C12H9ClO	3-chloro-4-hydroxybiphenyl	92-04-6	204.655	348.75	1	595.15	1	20	1.2213	2	---	---	---	solid	1
23376	C12H9ClO	5-chloro-[1,1'-biphenyl]-2-ol	607-12-5	204.655	---	---	580.98	2	20	1.2213	2	---	---	---	---	---
23377	C12H9ClO	monochlorodiphenyl oxide	55398-86-2	204.655	---	---	580.98	2	20	1.2213	2	---	---	---	---	---
23378	C12H9ClO2S	1-chloro-4-(phenylsulfonyl)benzene	80-00-2	252.721	367.15	1	---	---	25	1.3319	2	---	---	---	solid	1
23379	C12H9ClO2S2	4-chlorobenzenesulfonothioic acid, s-phen	1142-97-8	284.787	186.35	1	391.65	1	20	1	1	14	1.4087	1	liquid	1
23380	C12H9ClO3S	4-chlorophenyl benzenesulfonate	80-38-6	268.720	335.15	1	---	---	25	1.3755	2	---	---	---	solid	1
23381	C12H9ClO4	7-[(chlorocarbonyl)methoxy]-4-methylcoum	91454-65-8	252.654	402.15	1	---	---	25	1.3627	2	---	---	---	solid	1
23382	C12H9Cl2N	3,3'-dichlorodiphenylamine	32113-77-2	238.115	---	---	---	---	25	1.2914	2	---	---	---	---	---
23383	C12H9Cl2NO3	vinclozolin	50471-44-8	286.114	381.15	1	---	---	25	1.5100	1	---	---	---	solid	1
23384	C12H9Cl3Si	[1,1'-biphenyl]-4-yltrichlorosilane	18030-61-0	287.646	---	---	---	---	20	1.3190	1	---	---	---	---	---
23385	C12H9F	2-fluoro-1,1'-biphenyl	321-60-8	172.202	346.65	1	521.15	1	25	1.2452	1	---	---	---	solid	1
23386	C12H9F	4-fluoro-1,1'-biphenyl	324-74-3	172.202	347.35	1	526.15	1	25	1.2470	1	---	---	---	solid	1
23387	C12H9FO	4'-fluoro-1'-acetonaphthone	316-68-7	188.201	307.15	1	---	---	25	1.2030	1	---	1.6080	1	solid	1
23388	C12H9F13O2	3,3,4,4,5,5,6,6,7,7,8,8,8-tridecafluorooctyl	2144-53-8	432.183	---	---	---	---	25	1.4960	1	---	1.3460	1	---	---
23389	C12H9F13O3	4,4,5,5,6,6,7,7,8,8,9,9,9-tridecafluoro-2-hy	127377-12-2	448.182	---	---	523.15	1	25	1.5400	1	---	1.3580	1	---	---
23390	C12H9I	2-iodo-1,1'-biphenyl	2113-51-1	280.108	---	---	593.15	2	25	1.5511	1	20	1.6620	1	---	---
23391	C12H9I	3-iodo-1,1'-biphenyl	20442-79-9	280.108	299.65	1	593.15	2	25	1.5967	1	---	---	---	solid	1
23392	C12H9I	4-iodo-1,1'-biphenyl	1591-31-7	280.108	386.65	1	593.15	1	23	1.5493	2	---	---	---	solid	1
23393	C12H9I	5-iodo-1,2-dihydroacenaphthylene	6861-64-9	280.108	337.45	1	593.15	2	20	1.5000	1	65	1.6909	1	solid	1
23394	C12H9N	dibenzopyrrole	86-74-8	167.210	517.95	1	627.86	1	25	1.1147	2	---	---	---	solid	1
23395	C12H9N	1-naphthaleneacetonitrile	132-75-2	167.210	305.65	1	602.01	2	25	1.1147	2	20	1.6192	1	solid	1
23396	C12H9N	2-naphthaleneacetonitrile	7498-57-9	167.210	356.15	1	576.15	1	25	1.0920	1	---	---	---	solid	1
23397	C12H9NO	10H-phenoxazine	135-67-1	183.210	429.15	1	588.13	2	25	1.1773	2	---	---	---	solid	1
23398	C12H9NO	phenyl-2-pyridinylmethanone	91-02-1	183.210	315.15	1	590.15	1	20	1.1556	1	---	---	---	solid	1
23399	C12H9NO	phenyl-4-pyridinylmethanone	14548-46-0	183.210	345.15	1	588.15	1	25	1.1773	2	---	---	---	solid	1
23400	C12H9NO	3-benzoylpyridine	5424-19-1	183.210	312.10	1	586.10	1	25	1.1773	2	---	---	---	solid	1
23401	C12H9NO	2-hydroxycarbazole	86-79-3	183.210	547.15	1	588.13	2	25	1.1773	2	---	---	---	solid	1
23402	C12H9NO	2-methoxy-1-naphthonitrile	16000-39-8	183.210	368.15	1	588.13	2	25	1.1773	2	---	---	---	solid	1
23403	C12H9NO	4-methoxy-1-naphthonitrile	5961-55-7	183.210	374.15	1	588.13	2	25	1.1773	2	---	---	---	solid	1
23404	C12H9NO	6-methoxy-2-naphthonitrile	67886-70-8	183.210	379.65	1	588.13	2	25	1.1773	2	---	---	---	solid	1
23405	C12H9NO	2-dibenzofuranamine	3693-22-9	183.210	401.15	1	588.13	2	25	1.1773	2	---	---	---	solid	1
23406	C12H9NO	3-dibenzofuranamine	4106-66-5	183.210	367.15	1	588.13	2	25	1.1773	2	---	---	---	solid	1
23407	C12H9NO	3-nitrosobiphenyl	105361-86-2	183.210	---	---	588.13	2	25	1.1773	2	---	---	---	---	---
23408	C12H9NO	4-nitrosobiphenyl	10125-76-5	183.210	---	---	588.13	2	25	1.1773	2	---	---	---	---	---
23409	C12H9NO2	4-methoxyfuro[2,3-b]quinoline	484-29-7	199.209	406.65	1	586.15	2	25	1.2355	2	---	---	---	solid	1
23410	C12H9NO2	o-nitrobiphenyl	86-00-0	199.209	310.35	1	593.15	1	25	1.4400	1	---	---	---	solid	1
23411	C12H9NO2	3-nitrobiphenyl	2113-58-8	199.209	335.15	1	586.15	2	25	1.2355	2	---	---	---	solid	1
23412	C12H9NO2	p-nitrobiphenyl	92-93-3	199.209	387.15	1	613.15	1	25	1.2355	2	---	---	---	solid	1
23413	C12H9NO2	5-nitroacenaphthene	602-87-9	199.209	374.40	1	552.15	1	25	1.2355	2	---	---	---	solid	1
23414	C12H9NO2	phenyl nicotinate	3468-53-9	199.209	344.15	1	586.15	2	25	1.2355	2	---	---	---	solid	1
23415	C12H9NO2	2-quinaldylmalondialdehyde	40070-84-6	199.209	473.15	1	586.15	2	25	1.2355	2	---	---	---	solid	1
23416	C12H9NO2	N-(4-vinylphenyl)maleimide	19007-91-1	199.209	---	---	586.15	2	25	1.2355	2	---	---	---	---	---
23417	C12H9NO2	2-(p-hydroxybenzoyl)pyridine	33077-70-2	199.209	---	---	586.15	2	25	1.2355	2	---	---	---	---	---
23418	C12H9NO2S	1-nitro-2-(phenylthio)benzene	4171-83-9	231.275	355.15	1	---	---	25	1.3081	2	---	---	---	solid	1
23419	C12H9NO2S	1-nitro-4-(phenylthio)benzene	952-97-6	231.275	329.15	1	---	---	25	1.3081	2	---	---	---	solid	1
23420	C12H9NO3	1-nitro-2-phenoxybenzene	2216-12-8	215.209	---	---	593.15	2	22	1.2539	1	20	1.5750	1	---	---
23421	C12H9NO3	1-nitro-4-phenoxybenzene	620-88-2	215.209	334.15	1	593.15	1	25	1.2898	2	---	---	---	solid	1
23422	C12H9NO3	2-phenoxynicotinic acid	35620-71-4	215.209	450.15	1	593.15	2	25	1.2898	2	---	---	---	solid	1
23423	C12H9NO6	miloxacin	37065-29-5	263.207	537.15	dec	---	---	25	1.4328	2	---	---	---	solid	1
23424	C12H9NO6	N-phthaloyl-L-aspartic acid	66968-12-5	263.207	---	---	487.65	1	25	1.4328	2	---	---	---	---	---
23425	C12H9NS	10H-phenothiazine	92-84-2	199.276	460.65	1	644.15	1	25	1.2036	2	---	---	---	solid	1
23426	C12H9NS	2-methyl-b-naphthothiazole	2682-45-3	199.276	368.15	1	644.15	2	25	1.2036	2	---	---	---	solid	1
23427	C12H9N2O8P	bis(4-nitrophenyl)hydrogen phosphate	645-15-8	340.187	---	---	---	---	---	---	---	---	---	---	---	---
23428	C12H9N3	2-(2-pyridyl)benzimidazole	1137-68-4	195.224	495.65	1	---	---	25	1.2317	2	---	---	---	solid	1
23429	C12H9N3	1-phenazinamine	2876-22-4	195.224	---	---	---	---	25	1.2317	2	---	---	---	---	---
23430	C12H9N3O	3-aminobenzo-6,7-quinazoline-4-one	65793-50-2	211.224	---	---	483.65	2	25	1.2870	2	---	---	---	---	---
23431	C12H9N3O	3-amino-2-phenazinol	4569-77-1	211.224	---	---	483.65	1	25	1.2870	2	---	---	---	---	---
23432	C12H9N3O	milrinone	78415-72-2	211.224	---	---	483.65	2	25	1.2870	2	---	---	---	---	---
23433	C12H9N3O3	4-hydroxy-4'-nitroazobenzene	1435-60-5	243.223	---	---	---	---	25	1.3871	2	---	---	---	---	---
23434	C12H9N3O3S	1,2-dihydro-2-(5-nitro-2-thienyl)quinazolin-	33389-33-2	275.289	---	---	---	---	25	1.4420	2	---	---	---	---	---
23435	C12H9N3O4	4-[(4-nitrophenyl)azo]-1,3-benzenediol	74-39-5	259.222	473.15	1	---	---	25	1.4325	2	---	---	---	solid	1
23436	C12H9N3O4	2-(2,4-dinitrobenzyl)pyridine	1151-97-9	259.222	364.65	1	---	---	25	1.4325	2	---	---	---	solid	1
23437	C12H9N3O4	2,4-dinitrodiphenylamine	961-68-2	259.222	433.15	1	---	---	25	1.4325	2	---	---	---	solid	1
23438	C12H9N3O5	N-(2,4-dinitrophenyl)-N-(4-hydroxyphenyl)a	119-15-3	275.221	464.15	1	---	---	25	1.4751	2	---	---	---	solid	1
23439	C12H9N3O5	dicoferin	965-52-6	275.221	571.15	1	---	---	25	1.4751	2	---	---	---	solid	1
23440	C12H9N3O5	1,2-dihydro-2-(5'-nitrofuryl)-4-hydroxyquina	17247-77-7	275.221	---	---	---	---	25	1.4751	2	---	---	---	---	---

Table 1 Physical Properties - Organic Compounds

				Mol Wt	Freezing Point		Boiling Point		Density			Refractive Index			State	
NO	FORMULA	NAME	CAS No	g/mol	T_F, K	code	T_B, K	code	T, C	g/cm3	code	T, C	n_D	code	@25C,1 atm	code
23441	C12H9N5	5-amino-4-cyano-1-phenyl-3-pyrazoleacetc	7152-40-1	223.238	439.15	1	---	---	25	1.3368	2	---	---	---	solid	1
23442	C12H9O3P	tri(2-furyl)phosphine	5518-52-5	232.176	336.15	1	---	---	---	---	---	---	---	---	solid	1
23443	C12H9PS3	tris(2-thienyl)phosphine	24171-89-9	280.375	302.15	1	---	---	---	---	---	---	---	---	solid	1
23444	C12H10	acenaphthene	83-32-9	154.211	366.56	1	550.54	1	20	1.2220	1	20	1.6420	1	solid	1
23445	C12H10	phenylbenzene (biphenyl)	92-52-4	154.211	342.20	1	528.15	1	20	1.0400	1	25	1.5873	1	solid	1
23446	C12H10	1-vinylnaphthalene	826-74-4	154.211	---	---	539.35	2	20	1.0656	1	20	1.6440	1	---	---
23447	C12H10	2-vinylnaphthalene	827-54-3	154.211	339.15	1	539.35	2	20	1.1092	2	---	---	---	solid	1
23448	C12H10AsCl	diphenylarsinous chloride	712-48-1	264.586	317.15	1	610.15	1	16	1.4820	1	56	1.6332	1	solid	1
23449	C12H10BrI	diphenyliodonium bromide	1483-73-4	361.020	497.15	1	---	---	25	1.8173	2	---	---	---	solid	1
23450	C12H10BrNO3	5-bromoindoxyl diacetate	33588-54-4	296.121	---	---	---	---	25	1.5487	2	---	---	---	---	---
23451	C12H10Br2Sn	dibromodiphenylstannane	4713-59-1	432.729	311.15	1	---	---	---	---	---	---	---	---	solid	1
23452	C12H10ClI	diphenyliodonium chloride	1483-72-3	316.568	504.15	1	---	---	25	1.6151	2	---	---	---	solid	1
23453	C12H10ClN	4'-chloro-[1,1'-biphenyl]-4-amine	135-68-2	203.671	407.15	1	610.15	2	25	1.2500	2	---	---	---	solid	1
23454	C12H10ClN	3-chloro-N-phenylaniline	101-17-7	203.671	---	---	612.15	1	25	1.2000	1	20	1.6513	1	---	---
23455	C12H10ClN	4-chloro-N-phenylaniline	1205-71-6	203.671	347.15	1	608.15	1	25	1.2500	2	---	---	---	solid	1
23456	C12H10ClN	2-[(4-chlorophenyl)methyl]pyridine	4350-41-8	203.671	---	---	610.15	2	25	1.3900	1	20	1.5868	1	---	---
23457	C12H10ClN	4-(4-chlorobenzyl)pyridine	4409-11-4	203.671	---	---	610.15	2	25	1.1600	1	---	---	---	---	---
23458	C12H10ClN	3-chloro-4-aminodiphenyl	5730-85-8	203.671	---	---	610.15	2	25	1.2500	2	---	---	---	---	---
23459	C12H10ClNO	4-chloro-4'-aminodiphenyl ether	101-79-1	219.670	---	---	448.15	1	25	1.2388	2	---	---	---	---	---
23460	C12H10ClNO2	cis-N-(4-chlorobutenyl)phthalimide	84347-67-1	235.670	352.15	1	---	---	25	1.2883	2	---	---	---	solid	1
23461	C12H10ClNO5	N-(2-chlorobenzyloxycarbonyloxy)succinim	65853-65-8	283.668	377.15	1	---	---	25	1.4199	2	---	---	---	solid	1
23462	C12H10ClN3	4-chloro-6-ethyleneimino-2-phenylpyrimidi	63019-51-2	231.685	---	---	422.95	1	25	1.2857	2	---	---	---	---	---
23463	C12H10ClOP	diphenylphosphinic chloride	1499-21-4	236.637	---	---	---	---	25	1.2400	1	---	1.6090	1	---	---
23464	C12H10ClO3P	diphenyl chlorophosphonate	2524-64-3	268.636	---	---	---	---	25	1.2960	1	20	1.5500	1	---	---
23465	C12H10ClP	p-chlorodiphenylphosphine	1079-66-9	220.638	---	---	593.15	1	25	1.2290	1	---	1.6360	1	---	---
23466	C12H10Cl2F3NO	flurochloridone	61213-25-0	312.118	340.80	1	---	---	25	1.3924	2	---	---	---	solid	1
23467	C12H10Cl2Ge	diphenylgermanium dichloride	1613-66-7	297.726	282.15	1	---	---	25	1.4150	1	---	1.5970	1	---	---
23468	C12H10Cl2N2	2,2'-dichloro-p-benzidine	84-68-4	253.130	438.15	1	---	---	25	1.3106	2	---	---	---	solid	1
23469	C12H10Cl2N2	3,3'-dichloro-p-benzidine	91-94-1	253.130	405.65	1	---	---	25	1.3106	2	---	---	---	solid	1
23470	C12H10Cl2N2O	bis(4-amino-3-chlorophenyl) ether	28434-86-8	269.130	---	---	---	---	25	1.3540	2	---	---	---	---	---
23471	C12H10Cl2Se	diphenylselenium dichloride	2217-81-4	304.076	453.65	1	---	---	---	---	---	---	---	---	solid	1
23472	C12H10Cl2Si	dichlorodiphenylsilane	80-10-4	253.201	251.15	1	577.25	1	25	1.2040	1	20	1.5800	1	---	---
23473	C12H10Cl2Sn	diphenyltin dichloride	1135-99-5	343.826	315.15	1	608.15	1	---	---	---	---	---	---	solid	1
23474	C12H10Cl4N4Zn	di(benzenediazonium)zinc tetrachloride	15727-43-2	417.439	---	---	---	---	---	---	---	---	---	---	---	---
23475	C12H10FN	4-amino-4'-fluorodiphenyl	324-93-6	187.217	394.15	1	---	---	25	1.1388	2	---	---	---	solid	1
23476	C12H10FNO4S2	N-fluorobenzenesulfonimide	133745-75-2	315.347	385.65	1	---	---	25	1.4466	2	---	---	---	solid	1
23477	C12H10F2Si	difluorodiphenylsilane	312-40-3	220.293	---	---	519.15	1	17	1.1450	1	25	1.5221	1	---	---
23478	C12H10F3NO2	coumarin 500	52840-38-7	257.213	431.65	1	---	---	25	1.3164	2	---	---	---	solid	1
23479	C12H10F6O2	(3,3,3-trifluoro-2-hydroxy-2-(trifluoromethyl	101931-68-4	300.201	---	---	435.15	1	25	1.3596	2	---	---	---	---	---
23480	C12H10FeNa4O14	tetrasodium bis(citrate(3-)ferrate(4-))	---	526.007	---	---	475.05	1	---	---	---	---	---	---	---	---
23481	C12H10FeO4	1,1'-ferrocenedicarboxylic acid	1293-87-4	274.054	>573.15	1	---	---	---	---	---	---	---	---	solid	1
23482	C12H10Hg	diphenylmercury	587-85-9	354.801	---	---	---	---	25	2.3180	1	---	---	---	---	---
23483	C12H10HgO2	phenylmercuripyrocatechin	27360-58-3	386.800	---	---	---	---	---	---	---	---	---	---	---	---
23484	C12H10HgO2	phenylmercury catecholate	3688-11-7	386.800	---	---	---	---	---	---	---	---	---	---	---	---
23485	C12H10IN	4-amino-4'-iodobiphenyl	7285-77-0	295.123	---	---	504.95	1	25	1.6122	2	---	---	---	---	---
23486	C12H10INO3	diphenyliodonium nitrate	722-56-5	343.121	>420.15	1	---	---	25	1.7164	2	---	---	---	solid	1
23487	C12H10NNaO3S	diphenylamine-4-sulfonic acid, sodium salt	6152-67-6	271.272	---	---	---	---	---	---	---	---	---	---	---	---
23488	C12H10N2	azobenzene	17082-12-1	182.225	340.50	1	566.15	1	20	1.2030	1	78	1.6266	1	solid	1
23489	C12H10N2	cis-azobenzene	1080-16-6	182.225	344.15	1	566.15	2	25	1.1478	2	---	---	---	solid	1
23490	C12H10N2	1-methyl-9H-pyrido[3,4-b]indole	486-84-0	182.225	509.65	1	566.15	2	25	1.1478	2	---	---	---	solid	1
23491	C12H10N2	1,2-bis(2-pyridyl)ethylene	1437-15-6	182.225	391.65	1	566.15	2	25	1.1478	2	---	---	---	solid	1
23492	C12H10N2O	cis-azoxybenzene	20972-43-4	198.225	360.15	1	---	---	20	1.1660	1	20	1.6330	1	solid	1
23493	C12H10N2O	trans-azoxybenzene	495-48-7	198.225	307.75	1	---	---	26	1.1590	1	---	---	---	solid	1
23494	C12H10N2O	N-nitrosodiphenylamine	86-30-6	198.225	339.65	1	---	---	23	1.1625	2	---	---	---	solid	1
23495	C12H10N2O	4-nitroso-N-phenylaniline	156-10-5	198.225	416.15	1	---	---	23	1.1625	2	---	---	---	solid	1
23496	C12H10N2O	4-(phenylazo)phenol	1689-82-3	198.225	428.15	1	---	---	23	1.1625	2	---	---	---	solid	1
23497	C12H10N2O	N-trans-cinnamoylimidazole	1138-15-4	198.225	403.15	1	---	---	23	1.1625	2	---	---	---	solid	1
23498	C12H10N2OS	thenylidenehydrazon benzoic acide	16371-55-4	230.291	---	---	---	---	25	1.2798	2	---	---	---	---	---
23499	C12H10N2O2	2,2'-dihydroxyazobenzene	2050-14-8	214.224	446.15	1	588.65	2	25	1.2602	2	---	---	---	solid	1
23500	C12H10N2O2	4-nitro-N-phenylaniline	836-30-6	214.224	408.55	1	600.00	2	25	1.2602	2	---	---	---	solid	1
23501	C12H10N2O2	4-(4-nitrobenzyl)pyridine	1083-48-3	214.224	343.65	1	588.65	2	25	1.2602	2	---	---	---	solid	1
23502	C12H10N2O2	2-nitro-N-phenylaniline	119-75-5	214.224	348.15	1	616.00	1	25	1.3600	1	---	---	---	solid	1
23503	C12H10N2O2	a-pyridoin	1141-06-6	214.224	427.65	1	588.65	2	25	1.2602	2	---	---	---	solid	1
23504	C12H10N2O2	4-amino-4'-nitrobiphenyl	1211-40-1	214.224	476.65	1	588.65	2	25	1.2602	2	---	---	---	solid	1
23505	C12H10N2O2	1-benzoyl-2-(furfurylidene)hydrazine	62214-31-7	214.224	---	---	558.15	1	25	1.2602	2	---	---	---	---	---
23506	C12H10N2O2	p-phenylazoresorcinol	2051-85-6	214.224	---	---	588.65	2	25	1.2602	2	---	---	---	---	---
23507	C12H10N2O2S	anilino (p-nitrophenyl) sulfide	101-59-7	246.290	419.65	1	398.15	1	25	1.3273	2	---	---	---	solid	1
23508	C12H10N2O3	1-naphthyl methylnitrosocarbamate	7090-25-7	230.224	---	---	---	---	25	1.3110	2	---	---	---	---	---
23509	C12H10N2O4	nifurpirinol	13411-16-0	246.223	443.65	1	378.15	1	25	1.3587	2	---	---	---	solid	1
23510	C12H10N2O5	cinoxacin	28657-80-9	262.222	534.65	dec	---	---	25	1.4035	2	---	---	---	solid	1
23511	C12H10N3O3P	diphenyl phosphoryl azide	26386-88-9	275.205	---	---	---	---	25	1.2730	1	---	1.5520	1	---	---
23512	C12H10N4	2,3-phenazinediamine	655-86-7	210.239	537.15	1	---	---	25	1.2570	2	---	---	---	solid	1
23513	C12H10N4O	bis benzene diazo oxide	---	226.239	---	---	---	---	25	1.3087	2	---	---	---	---	---
23514	C12H10N4O2	7,8-dimethylbenzo[g]pteridine-2,4(1H,3H)-(	1086-80-2	242.238	---	---	---	---	25	1.3572	2	---	---	---	---	---
23515	C12H10N4O2	disperse orange 3	730-40-5	242.238	---	---	---	---	25	1.3572	2	---	---	---	---	---
23516	C12H10N4O2S	2-(4-thiazolyl)-5-benzimidazolecarbamic ac	27146-15-2	274.304	---	---	---	---	25	1.4136	2	---	---	---	---	---
23517	C12H10N4S	6-benzothiopurine	724-34-5	242.305	---	---	---	---	25	1.3254	2	---	---	---	---	---
23518	C12H10N4S	di(benzenediazo)sulfide	22755-07-3	242.305	---	---	---	---	25	1.3254	2	---	---	---	---	---
23519	C12H10O	diphenyl ether	101-84-8	170.211	300.03	1	531.46	1	30	1.0661	1	25	1.5781	1	solid	1
23520	C12H10O	1-acetonaphthone	941-98-0	170.211	307.15	1	570.15	1	21	1.1171	1	22	1.6280	1	solid	1

Table 1 Physical Properties - Organic Compounds

				Mol Wt	Freezing Point		Boiling Point		Density			Refractive Index			State	
NO	FORMULA	NAME	CAS No	g/mol	T_F, K	code	T_B, K	code	T, C	g/cm3	code	T, C	n_D	code	@25C,1 atm	code
23521	C12H10O	2-acetonaphthone	93-08-3	170.211	329.15	1	575.15	1	29	1.1304	2	---	---	---	solid	1
23522	C12H10O	o-phenylphenol	90-43-7	170.211	332.15	1	559.15	1	25	1.2130	1	---	---	---	solid	1
23523	C12H10O	m-phenylphenol	580-51-8	170.211	351.15	1	562.81	2	29	1.1304	2	---	---	---	solid	1
23524	C12H10O	p-phenylphenol	92-69-3	170.211	439.15	1	578.15	1	29	1.1304	2	---	---	---	solid	1
23525	C12H10O	4-methyl-1-naphthalenecarboxaldehyde	33738-48-6	170.211	306.65	1	562.81	2	38	1.1252	1	---	---	---	solid	1
23526	C12H10O	2,6-diallylphenol	3382-99-8	170.211	---	---	562.81	2	29	1.1304	2	---	---	---	---	---
23527	C12H10OS	diphenyl sulfoxide	945-51-7	202.277	344.35	1	---	---	25	1.1798	2	---	---	---	solid	1
23528	C12H10OSn	diphenyltin oxide	2273-51-0	288.921	593.15	1	---	---	---	---	---	---	---	---	solid	1
23529	C12H10O2	[1,1'-biphenyl]-2,2'-diol	1806-29-7	186.210	382.15	1	593.15	1	20	1.3420	1	---	---	---	solid	1
23530	C12H10O2	[1,1'-biphenyl]-2,4'-diol	611-62-1	186.210	435.65	1	615.15	1	26	1.2035	2	---	---	---	solid	1
23531	C12H10O2	[1,1'-biphenyl]-3,3'-diol	612-76-0	186.210	397.95	1	564.25	2	26	1.2035	2	---	---	---	solid	1
23532	C12H10O2	1-(1-hydroxy-2-naphthyl)ethanone	711-79-5	186.210	374.15	1	598.15	dec	26	1.2035	2	---	---	---	solid	1
23533	C12H10O2	4-methoxy-1-naphthalenecarboxaldehyde	15971-29-6	186.210	307.95	1	564.25	2	39	1.1879	1	---	---	---	solid	1
23534	C12H10O2	methyl 1-naphthalenecarboxylate	2459-24-7	186.210	332.65	1	564.25	2	20	1.1290	1	20	1.6086	1	solid	1
23535	C12H10O2	methyl 2-naphthalenecarboxylate	2459-25-8	186.210	350.15	1	563.15	1	26	1.2035	2	---	---	---	solid	1
23536	C12H10O2	1-naphthaleneacetic acid	86-87-3	186.210	408.15	1	564.25	2	26	1.2035	2	---	---	---	solid	1
23537	C12H10O2	2-naphthaleneacetic acid	581-96-4	186.210	416.15	1	564.25	2	26	1.2035	2	---	---	---	solid	1
23538	C12H10O2	1-acetyl-2-naphthol	574-19-6	186.210	336.65	1	564.25	2	26	1.2035	2	---	---	---	solid	1
23539	C12H10O2	4,4'-biphenol	92-88-6	186.210	553.65	1	564.25	2	26	1.2035	2	---	---	---	solid	1
23540	C12H10O2	2-methoxy-1-naphthaldehyde	5392-12-1	186.210	356.15	1	564.25	2	26	1.2035	2	---	---	---	solid	1
23541	C12H10O2	2-naphthyl acetate	1523-11-1	186.210	342.65	1	564.25	2	26	1.2035	2	---	---	---	solid	1
23542	C12H10O2	1-naphthyl acetate	830-81-9	186.210	317.65	1	564.25	2	26	1.2035	2	---	---	---	solid	1
23543	C12H10O2	3-phenoxyphenol	713-68-8	186.210	314.65	1	564.25	2	25	1.1550	1	---	1.6010	1	solid	1
23544	C12H10O2	4-phenoxyphenol	831-82-3	186.210	357.15	1	451.65	1	26	1.2035	2	---	---	---	solid	1
23545	C12H10O2	phenylhydroquinone	1079-21-6	186.210	372.15	1	564.25	2	26	1.2035	2	---	---	---	solid	1
23546	C12H10O2	4-phenylpyrocatechol	92-05-7	186.210	412.50	1	564.25	2	26	1.2035	2	---	---	---	solid	1
23547	C12H10O2S	diphenyl sulfone	127-63-9	218.276	401.65	1	652.15	1	20	1.2520	1	---	---	---	solid	1
23548	C12H10O2S	2-(4-methoxybenzoyl)thiophene	4160-63-8	218.276	347.65	1	652.15	2	25	1.2328	2	---	---	---	solid	1
23549	C12H10O2S	bis(dihydroxyphenyl)sulfide	52578-56-0	218.276	---	---	652.15	2	25	1.2328	2	---	---	---	---	---
23550	C12H10O2S	4,4'-thiodiphenol	2664-63-3	218.276	425.15	1	652.15	2	25	1.2328	2	---	---	---	solid	1
23551	C12H10O2Se	diphenylselenone	10504-99-1	265.170	---	---	430.15	1	---	---	---	---	---	---	---	---
23552	C12H10O2Ti	dicarbonylbis(h5-2,4-cyclopentadien-1-yl)ti	12129-51-0	234.077	---	---	---	---	---	---	---	---	---	---	---	---
23553	C12H10O3	benzyl 2-furancarboxylate	5380-40-5	202.210	---	---	473.15	2	22	1.1623	1	20	1.5550	1	---	---
23554	C12H10O3	methyl 3-hydroxy-2-naphthalenecarboxylat	883-99-8	202.210	348.65	1	479.15	1	24	1.1697	2	---	---	---	solid	1
23555	C12H10O3	(2-naphthyloxy)acetic acid	120-23-0	202.210	429.15	1	473.15	2	24	1.1697	2	---	---	---	solid	1
23556	C12H10O3	furfuryl benzoate	34171-46-5	202.210	---	---	473.15	2	25	1.1770	1	---	1.5440	1	---	---
23557	C12H10O3	1-naphthoxyacetic acid	2976-75-2	202.210	468.65	1	473.15	2	24	1.1697	2	---	---	---	solid	1
23558	C12H10O3	4,4'-oxydiphenol	1965-09-9	202.210	438.65	1	473.15	2	24	1.1697	2	---	---	---	solid	1
23559	C12H10O3	phenyl-1,2,4-benzenetriol	29222-39-7	202.210	---	---	473.15	2	24	1.1697	2	---	---	---	---	---
23560	C12H10O3	spizofurone	---	202.210	---	---	467.15	1	24	1.1697	2	---	---	---	---	---
23561	C12H10O3Se2	benzeneseleninic anhydride	17697-12-0	360.130	444.65	1	---	---	---	---	---	---	---	---	solid	1
23562	C12H10O4	trans,trans-5-(1,3-benzodioxol-5-yl)-2,4-pe	136-72-1	218.209	488.95	1	---	---	25	1.2633	2	---	---	---	solid	1
23563	C12H10O4	5-(1,3-benzodioxol-5-yl)-2,4-pentadienoic a	5285-18-7	218.209	488.15	1	---	---	25	1.2633	2	---	---	---	solid	1
23564	C12H10O4	[1,1'-biphenyl]-3,3',5,5'-tetrol	531-02-2	218.209	583.15	1	---	---	25	1.2633	2	---	---	---	solid	1
23565	C12H10O4	7-acetoxy-4-methylcoumarin	2747-05-9	218.209	427.15	1	---	---	25	1.2633	2	---	---	---	solid	1
23566	C12H10O4	ethyl 3-coumarincarboxylate	1846-76-0	218.209	365.65	1	---	---	25	1.2633	2	---	---	---	solid	1
23567	C12H10O4	1-phenyenediacrylic acid	16323-43-6	218.209	>573.15	1	---	---	25	1.2633	2	---	---	---	solid	1
23568	C12H10O4	quinhydrone	106-34-3	218.209	444.15	1	---	---	25	1.4000	1	---	---	---	solid	1
23569	C12H10O4S	bis(4-hydroxyphenyl) sulfone	80-09-1	250.275	513.65	1	---	---	15	1.3663	1	---	---	---	solid	1
23570	C12H10O4S	resorcinol sulfide	97-29-0	250.275	448.15	1	---	---	25	1.3292	2	---	---	---	solid	1
23571	C12H10O4S3	bis(phenylsulfonyl)sulfide	---	314.407	404.65	1	---	---	25	1.4329	2	---	---	---	solid	1
23572	C12H10O6S2	[1,1'-biphenyl]-4,4'-disulfonic acid	5314-37-4	314.340	345.65	1	---	---	25	1.4615	2	---	---	---	solid	1
23573	C12H10O6S2	dibenzenesulfonyl peroxide	29342-61-8	314.340	339.15	1	---	---	25	1.4615	2	---	---	---	solid	1
23574	C12H10O7	echinochrome a	517-82-8	266.207	493.15	dec	---	---	25	1.4042	2	---	---	---	solid	1
23575	C12H10O7	6-ethyl-2,3,5,7,8-pentahydroxy-1,4-naphth	1471-96-1	266.207	493.15	dec	---	---	25	1.4042	2	---	---	---	solid	1
23576	C12H10S	diphenyl sulfide	139-66-2	186.277	247.25	1	569.15	1	20	1.1136	1	20	1.6334	1	liquid	1
23577	C12H10S2	diphenyldisulfide	882-33-7	218.343	335.15	1	583.15	1	20	1.3530	1	---	---	---	solid	1
23578	C12H10Se	diphenyl selenide	1132-39-4	233.171	274.45	1	574.65	1	20	1.3510	1	20	1.5500	1	liquid	1
23579	C12H10Se2	diphenyl diselenide	1666-13-3	312.131	336.65	1	---	---	80	1.5570	1	20	1.7430	1	solid	1
23580	C12H10Te2	diphenyl ditelluride	32294-60-3	409.411	338.65	1	---	---	---	---	---	---	---	---	solid	1
23581	C12H10Zn	diphenylzinc	1078-58-6	219.601	377.60	1	555.65	1	---	---	---	---	---	---	solid	1
23582	C12H11As	diphenylarsine	829-83-4	230.141	256.15	1	---	---	25	1.3000	1	---	---	---	---	---
23583	C12H11AsO	diphenylarsinous acid	6217-24-9	246.140	---	---	---	---	---	---	---	---	---	---	---	---
23584	C12H11BO	diphenylborinic acid	2622-89-1	182.030	330.65	1	---	---	20	1.0740	1	---	---	---	solid	1
23585	C12H11BO2	biphenyl-3-boronic acid	5122-95-2	198.029	450.15	1	---	---	---	---	---	---	---	---	solid	1
23586	C12H11BO3	4-phenoxyphenylboronic acid	51067-38-0	214.029	414.15	1	---	---	---	---	---	---	---	---	solid	1
23587	C12H11BrN4O	4-(p-bromophenyl)semicarbazone-1H-pyrr	119034-20-7	307.151	---	---	---	---	25	1.5574	2	---	---	---	---	---
23588	C12H11BrO4	4-bromomethyl-6,7-dimethoxycoumarin	88404-25-5	299.121	486.65	1	---	---	25	1.5178	2	---	---	---	solid	1
23589	C12H11ClFN	1-(2-chloro-4-fluorophenyl)cyclopentaneca	---	223.677	323.65	1	---	---	25	1.2020	2	---	---	---	solid	1
23590	C12H11ClFN	1-(2-chloro-6-fluorophenyl)cyclopentaneca	---	223.677	---	---	---	---	25	1.2020	2	---	---	---	---	---
23591	C12H11ClF3NO3	fluxofenim	88485-37-4	309.673	298.15	1	---	---	25	1.3905	2	---	---	---	---	---
23592	C12H11ClN2O5S	4-chloro-N-furfuryl-5-sulfamoylanthranilic a	54-31-9	330.749	479.15	1	---	---	25	1.4759	2	---	---	---	solid	1
23593	C12H11ClN4O	4-(m-chlorophenyl)semicarbazone-1H-pyrr	119033-98-6	262.699	---	---	368.15	1	25	1.3502	2	---	---	---	---	---
23594	C12H11ClN4O	4-(p-chlorophenyl)semicarbazone-1H-pyrr	119034-17-2	262.699	---	---	368.15	2	25	1.3502	2	---	---	---	---	---
23595	C12H11ClN4S	4-(p-chlorophenyl)thiosemicarbazone-1H-p	119033-84-0	278.766	---	---	393.15	1	25	1.3630	2	---	---	---	---	---
23596	C12H11ClN6O2S2	azosemide	27589-33-9	370.845	492.65	1	494.15	1	25	1.5464	2	---	---	---	solid	1
23597	C12H11ClNO2P	phenyl N-phenylphosphoramidochloridate	51766-21-3	267.652	406.15	1	---	---	---	---	---	---	---	---	solid	1
23598	C12H11ClSi	chloro-diphenylsilane	1631-83-0	218.757	---	---	---	---	25	1.1180	1	---	1.5790	1	---	---
23599	C12H11Cl2NO	propyzamide	23950-58-5	256.131	428.15	1	---	---	25	1.2870	2	---	---	---	solid	1
23600	C12H11Cl2NO3	1-((2,4-dichlorophenyl)methyl)-5-oxo-L-pro	59749-24-5	288.130	---	---	---	---	25	1.3704	2	---	---	---	---	---

Table 1 Physical Properties - Organic Compounds

				Mol Wt	Freezing Point		Boiling Point		Density			Refractive Index			State	
NO	FORMULA	NAME	CAS No	g/mol	T_F, K	code	T_B, K	code	T, C	g/cm3	code	T, C	n_D	code	@25C,1 atm	code
23601	C12H11Cl2NO3	1-((2,6-dichlorophenyl)methyl)-5-oxo-L-pro	59749-37-0	288.130	---	---	---	---	25	1.3704	2	---	---	---	---	---
23602	C12H11Cl2NO3	1-((3,4-dichlorophenyl)methyl)-5-oxo-L-pro	59749-23-4	288.130	---	---	---	---	25	1.3704	2	---	---	---	---	---
23603	C12H11F11O3	4,4,5,5,6,7,7,7-octafluoro-2-hydroxy-6-(trifl	16083-79-7	412.201	---	---	---	---	25	1.4800	1	---	1.3740	1	---	---
23604	C12H11Hg2NO4	phenylmercuric nitrate	8003-05-2	634.404	---	---	---	---	---	---	---	---	---	---	---	---
23605	C12H11I3N2O4	3-acetamido-5-(acetamidomethyl)-2,4,6-tri	440-58-4	627.944	---	---	---	---	25	2.3140	2	---	---	---	---	---
23606	C12H11I3N2O4	metrizoic acid	1949-45-7	627.944	554.65	1	---	---	25	2.3140	2	---	---	---	solid	1
23607	C12H11N	p-aminodiphenyl	92-67-1	169.226	326.00	1	610.00	1	24	1.0751	2	---	---	---	solid	1
23608	C12H11N	2-aminobiphenyl	90-41-5	169.226	324.15	1	572.15	1	24	1.0751	2	---	---	---	solid	1
23609	C12H11N	diphenylamine	122-39-4	169.226	326.15	1	575.15	1	22	1.1580	1	---	---	---	solid	1
23610	C12H11N	1,2-dihydro-1-acenaphthylenamine	40745-44-6	169.226	408.15	1	560.13	2	24	1.0751	2	---	---	---	solid	1
23611	C12H11N	2-benzylpyridine	101-82-6	169.226	285.65	1	550.15	1	25	1.0670	1	20	1.5785	1	liquid	1
23612	C12H11N	3-benzylpyridine	620-95-1	169.226	307.15	1	560.15	1	25	1.0610	1	---	---	---	solid	1
23613	C12H11N	4-benzylpyridine	2116-65-6	169.226	285.55	1	561.15	1	20	1.0612	1	20	1.5818	1	liquid	1
23614	C12H11N	2-methyl-5-phenylpyridine	3256-88-0	169.226	---	---	560.13	2	25	1.0590	1	25	1.6055	1	---	---
23615	C12H11N	3-methyl-2-phenylpyridine	10273-90-2	169.226	---	---	560.13	2	25	1.0650	1	20	1.6026	1	---	---
23616	C12H11N	2-(4-methylphenyl)pyridine	4467-06-5	169.226	---	---	560.13	2	25	1.0548	1	20	1.6125	1	---	---
23617	C12H11N	3-aminobiphenyl	2243-47-2	169.226	306.60	1	527.15	1	24	1.0751	2	---	---	---	solid	1
23618	C12H11N	1,2-dihydro-5-acenaphthylenamine	4657-93-6	169.226	381.00	1	560.13	2	24	1.0751	2	---	---	---	solid	1
23619	C12H11NO	1-naphthaleneacetamide	86-86-2	185.226	---	---	524.90	2	25	1.1251	2	---	---	---	---	---
23620	C12H11NO	N-1-naphthylenylacetamide	575-36-0	185.226	433.15	1	524.90	2	25	1.1251	2	---	---	---	solid	1
23621	C12H11NO	2-phenoxyaniline	2688-84-8	185.226	318.95	1	581.15	1	25	1.1251	2	---	---	---	solid	1
23622	C12H11NO	3-phenoxyaniline	3586-12-7	185.226	310.15	1	588.15	1	25	1.1583	1	---	---	---	solid	1
23623	C12H11NO	2-(phenylamino)phenol	644-71-3	185.226	342.65	1	524.90	2	25	1.1251	2	---	---	---	solid	1
23624	C12H11NO	3-(phenylamino)phenol	101-18-8	185.226	354.65	1	613.15	1	25	1.1251	2	---	---	---	solid	1
23625	C12H11NO	4-(phenylamino)phenol	122-37-2	185.226	346.15	1	603.15	1	25	1.1251	2	---	---	---	solid	1
23626	C12H11NO	4-phenoxyaniline	139-59-3	185.226	357.15	1	524.90	2	25	1.1251	2	---	---	---	solid	1
23627	C12H11NO	4-amino-3-biphenylol	4363-03-5	185.226	456.15	1	524.90	2	25	1.1251	2	---	---	---	solid	1
23628	C12H11NO	4'-amino-4-biphenylol	1204-79-1	185.226	546.15	1	380.65	1	25	1.1251	2	---	---	---	solid	1
23629	C12H11NO	4-biphenylhydroxylamine	6810-26-0	185.226	---	---	383.15	1	25	1.1251	2	---	---	---	---	---
23630	C12H11NOS	2-mercapto-N-2-naphthylacetamide	93-42-5	217.292	384.65	1	---	---	25	1.2059	2	---	---	---	solid	1
23631	C12H11NOS	1-naphthyl thioacetamide	17518-47-7	217.292	---	---	---	---	25	1.2059	2	---	---	---	---	---
23632	C12H11NO2	carbaryl	63-25-2	201.225	418.15	1	---	---	25	1.2280	1	---	---	---	solid	1
23633	C12H11NO2	2,3-dihydro-1H,5H-benzo[ij]quinolizine-1,6	39052-57-8	201.225	418.65	1	---	---	25	1.1375	2	---	---	---	solid	1
23634	C12H11NO2	ethyl 2-cyano-3-phenyl-2-propenoate	2025-40-3	201.225	324.15	1	388.45	2	25	1.1076	1	---	1.5033	1	solid	1
23635	C12H11NO2	ethyl 2-isocyano-3-phenyl-2-propenoate	52744-85-1	201.225	324.15	1	388.45	2	25	1.0762	1	---	1.5033	1	solid	1
23636	C12H11NO2	N-(2-hydroxy-1-naphthyl)acetamide	117-93-1	201.225	508.15	dec	---	---	25	1.1375	2	---	---	---	solid	1
23637	C12H11NO2	ethyl trans-a-cyanocinnamate	2169-69-9	201.225	325.15	1	388.45	2	25	1.1375	2	---	---	---	solid	1
23638	C12H11NO2	(R)-(+)-N-(1-phenylethyl)maleimide	6129-15-3	201.225	---	---	388.45	2	25	1.1380	1	---	1.5560	1	---	---
23639	C12H11NO2	2-dimethylamino-1,4-naphthoquinone	2348-79-0	201.225	---	---	388.45	2	25	1.1375	2	---	---	---	---	---
23640	C12H11NO2	2,4-dimethylphenylmaleimide	---	201.225	---	---	398.15	1	25	1.1375	2	---	---	---	---	---
23641	C12H11NO2	4,4'-iminodiphenol	1752-24-5	201.225	---	---	388.45	2	25	1.1375	2	---	---	---	---	---
23642	C12H11NO2	N-methyl naphthylcarbamate	27636-33-5	201.225	---	---	404.55	1	25	1.1375	2	---	---	---	---	---
23643	C12H11NO2	N-2-naphthylacetohydroxamic acid	2508-23-8	201.225	---	---	362.65	1	25	1.1375	2	---	---	---	---	---
23644	C12H11NO2S	benzenesulfonanilide	1678-25-7	233.291	383.15	1	493.55	1	25	1.2555	2	---	---	---	solid	1
23645	C12H11NO2S	chuanghsinmycin	63339-68-4	233.291	---	---	493.55	2	25	1.2555	2	---	---	---	---	---
23646	C12H11NO3	4-ethoxymethylene-2-phenyl-2-oxazolin-5-	15646-46-5	217.225	370.15	1	---	---	25	1.2352	2	---	---	---	solid	1
23647	C12H11NO3S	4-(phenylamino)benzenesulfonic acid	101-57-5	249.291	479.15	1	---	---	25	1.3023	2	---	---	---	solid	1
23648	C12H11NO3S	3-acetyl-1-(phenylsulfonyl)pyrrole	81453-98-7	249.291	363.65	1	---	---	25	1.3023	2	---	---	---	solid	1
23649	C12H11NO3S	N-hydroxybenzenesulfonanilide	7340-50-3	249.291	---	---	---	---	25	1.3023	2	---	---	---	---	---
23650	C12H11NO4	casimiroin	477-89-4	233.224	---	---	573.15	2	25	1.2851	2	---	---	---	---	---
23651	C12H11NO4	ethyl phthalimidoacetate	6974-10-3	233.224	385.65	1	573.15	1	25	1.2851	2	---	---	---	solid	1
23652	C12H11NO4	dimethyl indole-2,3-dicarboxylate	54781-93-0	233.224	386.65	1	573.15	2	25	1.2851	2	---	---	---	solid	1
23653	C12H11NO5	N-(benzyloxycarbonyloxy)succinimide	13139-17-8	249.223	352.65	1	---	---	25	1.3321	2	---	---	---	solid	1
23654	C12H11NO5	(2S)-4-(1,3-dioxoisoindolin-2-yl)-2-hydroxy	48172-10-7	249.223	431.15	1	---	---	25	1.3321	2	---	---	---	solid	1
23655	C12H11NS	4-(phenylthio)benzenamine	1135-14-4	201.292	369.00	1	---	---	25	1.1530	2	---	---	---	solid	1
23656	C12H11N3	p-aminoazobenzene	60-09-3	197.240	401.00	1	633.00	1	25	1.1775	2	---	---	---	solid	1
23657	C12H11N3	1,3-diphenyltriazene	136-35-6	197.240	372.00	1	610.00	1	25	1.1775	2	---	---	---	solid	1
23658	C12H11N3	3-amino-1-methyl-5H-pyrido(4,3-b)indole	62450-07-1	197.240	---	---	621.50	2	25	1.1775	2	---	---	---	---	---
23659	C12H11N3	2-amino-3-methyl-9H-pyrido(2,3-b)indole	68006-83-7	197.240	489.65	1	621.50	2	25	1.1775	2	---	---	---	solid	1
23660	C12H11N3O	4-amino-4'-hydroxyazobenzene	103-18-4	213.240	---	---	483.15	1	25	1.2317	2	---	---	---	---	---
23661	C12H11N3O2	furonazide	3460-67-1	229.239	475.45	1	---	---	25	1.2825	2	---	---	---	solid	1
23662	C12H11N3O2	2-nitro-4-aminodiphenylamine	2784-89-6	229.239	---	---	---	---	25	1.2825	2	---	---	---	---	---
23663	C12H11N3O3S	4'-aminoazobenzene-4-sulfonic acid	104-23-4	277.305	---	---	398.15	1	25	1.3870	2	---	---	---	---	---
23664	C12H11N3O6S2	4-amino-3,4'-disulfoazobenzene	101-50-8	357.369	---	---	415.75	1	25	1.5382	2	---	---	---	---	---
23665	C12H11N5	6-benzylaminopurine	1214-39-7	225.254	504.15	1	---	---	25	1.2798	2	---	---	---	solid	1
23666	C12H11N5	9-benzyladenine	4261-14-7	225.254	---	---	457.15	2	25	1.2798	2	---	---	---	---	---
23667	C12H11N5	1,5-diphenyl-1,4-pentazdiene	---	225.254	---	---	457.15	1	25	1.2798	2	---	---	---	---	---
23668	C12H11N5O3	4-(p-nitrophenyl)semicarbazone-1H-pyrrol	119034-08-1	273.253	---	---	356.65	1	25	1.4169	2	---	---	---	---	---
23669	C12H11N5S	benzylthioguanine	1874-58-4	257.320	---	---	---	---	25	1.3432	2	---	---	---	---	---
23670	C12H11N7	6-phenyl-2,4,7-pteridinetriamine	396-01-0	253.268	---	---	---	---	25	1.3727	2	---	---	---	---	---
23671	C12H11OP	diphenylphosphine oxide	4559-70-0	202.193	326.65	1	---	---	---	---	---	---	1.6090	1	solid	1
23672	C12H11O2P	diphenylphosphinic acid	1707-03-5	218.192	467.65	1	---	---	---	---	---	---	---	---	solid	1
23673	C12H11O3P	diphenyl phosphonate	4712-55-4	234.192	285.15	1	---	---	25	1.2230	1	20	1.5575	1	---	---
23674	C12H11O4P	diphenyl phosphate	838-85-7	250.191	341.65	1	---	---	---	---	---	---	---	---	solid	1
23675	C12H12	1,2-dimethylnaphthalene	573-98-8	156.227	272.16	1	539.46	1	25	1.0140	1	25	1.6143	1	liquid	1
23676	C12H12	1,3-dimethylnaphthalene	575-41-7	156.227	269.16	1	538.36	1	25	1.0030	1	25	1.6080	1	liquid	1
23677	C12H12	1,4-dimethylnaphthalene	571-58-4	156.227	280.82	1	540.46	1	25	1.0130	1	25	1.6114	1	liquid	1
23678	C12H12	1,5-dimethylnaphthalene	571-61-9	156.227	355.16	1	538.16	1	23	1.0035	2	---	---	---	solid	1
23679	C12H12	1,6-dimethylnaphthalene	575-43-9	156.227	259.16	1	536.16	1	25	0.9990	1	25	1.6050	1	liquid	1
23680	C12H12	1,7-dimethylnaphthalene	575-37-1	156.227	260.16	1	536.16	1	25	0.9990	1	25	1.6054	1	liquid	1

Table 1 Physical Properties - Organic Compounds

NO	FORMULA	NAME	CAS No	Mol Wt g/mol	Freezing Point T_F, K	code	Boiling Point T_B, K	code	Density T, C	g/cm3	code	Refractive Index T, C	n_D	code	State @25C,1 atm	code
23681	C12H12	1,8-dimethylnaphthalene	569-41-5	156.227	337.15	1	543.15	1	20	1.0030	1	---	---	---	solid	1
23682	C12H12	2,3-dimethylnaphthalene	581-40-8	156.227	378.16	1	541.16	1	20	1.0030	1	20	1.5060	1	solid	1
23683	C12H12	2,6-dimethylnaphthalene	581-42-0	156.227	384.55	1	535.15	1	20	1.0030	1	---	---	---	solid	1
23684	C12H12	2,7-dimethylnaphthalene	582-16-1	156.227	370.15	1	536.15	1	20	1.0030	1	---	---	---	solid	1
23685	C12H12	1-ethylnaphthalene	1127-76-0	156.227	259.34	1	531.48	1	25	1.0040	1	25	1.6040	1	liquid	1
23686	C12H12	2-ethylnaphthalene	939-27-5	156.227	265.76	1	531.05	1	25	0.9880	1	25	1.5977	1	liquid	1
23687	C12H12	dimethylnaphthalene, isomers	28804-88-8	156.227	307.53	2	537.28	2	25	1.0100	1	---	1.6088	1	solid	2
23688	C12H12AsN3O3	4-(4'-aminophenylazo)phenylarsonic acid	6966-64-9	321.168	>633.15	1	---	---	---	---	---	---	---	---	solid	1
23689	C12H12BKN8	tetrakis(1-pyrazolyl)borate, potassium salt	14782-58-2	318.193	526.65	1	---	---	---	---	---	---	---	---	solid	1
23690	C12H12BrNO2	N-(4-bromobutyl)phthalimide	5394-18-3	282.137	351.15	1	---	---	25	1.4498	2	---	---	---	solid	1
23691	C12H12Br2N2	diquat dibromide	85-00-7	344.049	610.15	1	---	---	20	1.2400	1	---	---	---	solid	1
23692	C12H12ClCuN4O4	tetraacrylonitrilecopper(i) perchlorate	---	375.251	---	---	473.15	1	---	---	---	---	---	---	---	---
23693	C12H12ClFO2	1-(2-chloro-4-fluorophenyl)cyclopentaneca	---	242.677	---	---	---	---	25	1.2282	2	---	---	---	---	---
23694	C12H12ClFO2	1-(2-chloro-6-fluorophenyl)cyclopentaneca	---	242.677	397.15	1	---	---	25	1.2282	2	---	---	---	solid	1
23695	C12H12ClN	3-chloro-4-stilbenamine	73928-01-5	205.687	---	---	435.15	1	25	1.1382	2	---	---	---	---	---
23696	C12H12ClNO	chloretin	21267-72-1	221.686	---	---	522.15	1	25	1.1897	2	---	---	---	---	---
23697	C12H12ClNO2S	5-(dimethylamino)-1-naphthalenesulfonyl c	605-65-2	269.752	343.15	1	---	---	25	1.2999	2	---	---	---	solid	1
23698	C12H12ClNO3	1-((4-chlorophenyl)methyl)-5-oxo-L-proline	59749-22-3	253.685	---	---	---	---	25	1.2841	2	---	---	---	---	---
23699	C12H12ClN3O2	1-(3-chlorophenyl-5-methoxy-N-methyl)-1H	54708-68-8	265.700	---	---	---	---	25	1.3256	2	---	---	---	---	---
23700	C12H12ClN5O4S	chlorsulfuron	64902-72-3	357.778	449.15	1	---	---	25	1.5177	2	---	---	---	solid	1
23701	C12H12Cl2CuN4O8	tetraacrylonitrilecopper(ii) perchlorate	---	474.701	---	---	---	---	---	---	---	---	---	---	---	---
23702	C12H12Cl2N2O4	5,6-dichloro-1b-D-ribofuranosylbenzimidaz	53-85-0	319.144	---	---	---	---	25	1.4208	2	---	---	---	---	---
23703	C12H12Cl2O	1-(4-chlorophenyl)-1-cyclopentanecarbony	71501-44-5	243.132	---	---	---	---	25	1.2201	2	---	1.5555	1	---	---
23704	C12H12Cl2O3	2,4-D crotyl ester	14600-07-8	275.130	---	---	---	---	25	1.3070	2	---	---	---	---	---
23705	C12H12Cr	bis(h6-benzene)chromium	1271-54-1	208.223	557.65	1	---	---	---	---	---	---	---	---	solid	1
23706	C12H12CrO3	chromium, tricarbonyl[h6-1,3,5-trimethylbe	12129-67-8	256.222	444.15	1	---	---	---	---	---	---	---	---	solid	1
23707	C12H12FN	1-(2-fluorophenyl)cyclopentanecarbonitrile	214262-89-2	189.233	---	---	---	---	25	1.0913	2	---	---	---	---	---
23708	C12H12FN	1-(3-fluorophenyl)cyclopentanecarbonitrile	214262-90-5	189.233	---	---	---	---	25	1.0913	2	---	1.5165	1	---	---
23709	C12H12FN	1-(4-fluorophenyl)cyclopentanecarbonitrile	83706-50-7	189.233	---	---	---	---	25	1.0913	2	---	1.5150	1	---	---
23710	C12H12FNO3	1-((4-fluorophenyl)methyl)-5-oxo-L-proline	59749-21-2	237.231	---	---	---	---	25	1.2469	2	---	---	---	---	---
23711	C12H12FN3O	5-amino-1,3-dimethyl-4-pyrazolyl o-fluorop	31272-21-6	233.246	---	---	522.15	1	25	1.2438	2	---	---	---	---	---
23712	C12H12Fe	vinylferrocene	1271-51-8	212.072	325.15	1	---	---	---	---	---	---	---	---	solid	1
23713	C12H12Fe	bis(n-benzene)iron(O)	---	212.072	---	---	---	---	---	---	---	---	---	---	---	---
23714	C12H12FeO	acetylferrocene	1271-55-2	228.072	357.05	1	---	---	---	---	---	---	---	---	solid	1
23715	C12H12HgN2	dianilinomercury	73928-11-7	384.831	---	---	---	---	---	---	---	---	---	---	---	---
23716	C12H12Hg2N2O7	2,6-bis(acetoxymercuri)-4-nitroacetanilide	64058-74-8	697.417	---	---	633.15	1	---	---	---	---	---	---	---	---
23717	C12H12I3NO3	2-(3-acetamido-2,4,6-triiodophenyl)butyric	23279-53-0	598.946	---	---	411.15	1	25	2.2516	2	---	---	---	---	---
23718	C12H12N2	p-aminodiphenylamine	101-54-2	184.241	339.15	1	627.15	1	17	1.2190	2	---	---	---	solid	1
23719	C12H12N2	hydrazobenzene	122-66-7	184.241	400.50	1	679.00	1	16	1.1580	1	---	---	---	solid	1
23720	C12H12N2	p-benzidine	92-87-5	184.241	402.15	1	674.85	1	17	1.2190	2	---	---	---	solid	1
23721	C12H12N2	[1,1'-biphenyl]-2,2'-diamine	1454-80-4	184.241	354.15	1	582.21	2	20	1.3090	1	---	---	---	solid	1
23722	C12H12N2	[1,1'-biphenyl]-2,4'-diamine	492-17-1	184.241	327.65	1	636.15	1	17	1.2190	2	---	---	---	solid	1
23723	C12H12N2	[1,1'-biphenyl]-3,3'-diamine	2050-89-7	184.241	366.65	1	582.21	2	17	1.2190	2	---	---	---	solid	1
23724	C12H12N2	N-phenyl-1,2-benzenediamine	534-85-0	184.241	352.65	1	586.15	1	17	1.2190	2	---	---	---	solid	1
23725	C12H12N2	1,1-diphenylhydrazine	530-50-7	184.241	323.65	1	582.21	2	16	1.1900	1	---	---	---	solid	1
23726	C12H12N2	2-benzylaminopyridine	6935-27-9	184.241	369.15	1	396.65	1	17	1.2190	2	---	---	---	solid	1
23727	C12H12N2	1,2-bis(4-pyridyl)ethane	4916-57-8	184.241	383.15	1	582.21	2	17	1.2190	2	---	---	---	solid	1
23728	C12H12N2	4-tert-butylphthalonitrile	32703-80-3	184.241	323.15	1	582.21	2	17	1.2190	2	---	---	---	solid	1
23729	C12H12N2	4,4'-dimethyl-2,2'-bipyridine	1134-35-6	184.241	448.15	1	582.21	2	17	1.2190	2	---	---	---	solid	1
23730	C12H12N2O	4,4'-diaminodiphenyl ether	101-80-4	200.241	462.15	dec	---	---	25	1.1549	2	---	---	---	solid	1
23731	C12H12N2O	2-amino-3-benzyloxypyridine	24016-03-3	200.241	369.15	1	---	---	25	1.1549	2	---	---	---	solid	1
23732	C12H12N2O	3,5-dimethyl-1-phenylpyrazole-4-carboxald	22042-79-1	200.241	399.65	1	---	---	25	1.1549	2	---	---	---	solid	1
23733	C12H12N2O	3,4'-oxydianiline	2657-87-6	200.241	342.15	1	---	---	25	1.1549	2	---	---	---	solid	1
23734	C12H12N2OS	di(p-aminophenyl) sulfoxide	119-59-5	232.307	448.15	dec	---	---	25	1.2295	2	---	---	---	solid	1
23735	C12H12N2OS2	p-(dimethylamino)benzalrhodanine	536-17-4	264.373	543.15	dec	---	---	25	1.2927	2	---	---	---	solid	1
23736	C12H12N2O2	4,4'-dimethoxy-2,2'-bipyridine	17217-57-1	216.240	443.15	1	---	---	25	1.2080	2	---	---	---	solid	1
23737	C12H12N2O2	3,3'-dihydroxybenzidine	2373-98-0	216.240	433.15	1	---	---	25	1.2080	2	---	---	---	solid	1
23738	C12H12N2O2	8-(methylquinolyl)-N-methyl carbamate	14628-06-9	216.240	---	---	---	---	25	1.2080	2	---	---	---	---	---
23739	C12H12N2O2S	bis(4-aminophenyl) sulfone	80-08-0	248.306	448.65	1	---	---	25	1.2762	2	---	---	---	solid	1
23740	C12H12N2O2S	3-aminophenyl sulfone	599-61-1	248.306	445.15	1	---	---	25	1.2762	2	---	---	---	solid	1
23741	C12H12N2O3	nalidixic acid	389-08-2	232.239	502.65	1	---	---	25	1.2579	2	---	---	---	solid	1
23742	C12H12N2O3	5-ethyl-5-phenyl-2,4,6(1H,3H,5H)-pyrimidi	50-06-6	232.239	447.15	1	---	---	25	1.2579	2	---	---	---	solid	1
23743	C12H12N2O3	oxabetrinil	74782-23-3	232.239	---	---	---	---	25	1.2579	2	---	---	---	---	---
23744	C12H12N2O3S	benzidine-3-sulfuric acid	2051-89-0	264.305	---	---	---	---	25	1.3203	2	---	---	---	---	---
23745	C12H12N2O4S	benzidin-3-yl ester sulfuric acid	3365-94-4	280.305	---	---	---	---	25	1.3620	2	---	---	---	---	---
23746	C12H12N2O6S2	4,4'-diamino-2,2'-biphenyldisulfonic acid	117-61-3	344.370	---	---	---	---	25	1.4806	2	---	---	---	---	---
23747	C12H12N2S	4,4'-diaminodiphenyl sulfide	139-65-1	216.307	381.65	1	---	---	25	1.1798	2	---	---	---	solid	1
23748	C12H12N2S2	4-aminophenyl disulfide	722-27-0	248.373	---	---	429.15	1	25	1.2487	2	---	---	---	---	---
23749	C12H12N2S2	2,2'-dithiobisaniline	1141-88-4	248.373	366.15	1	429.15	2	25	1.2487	2	---	---	---	solid	1
23750	C12H12N2S2Zn	bis(2-aminothiophenol), zinc salt	14650-81-8	313.763	---	---	---	---	---	---	---	---	---	---	---	---
23751	C12H12N2Se2	bis(2-aminophenyl)diselenide	63870-44-0	342.161	349.65	1	---	---	---	---	---	---	---	---	solid	1
23752	C12H12N2Se2	p,p'-diselenodianiline	35507-35-8	342.161	---	---	---	---	---	---	---	---	---	---	---	---
23753	C12H12N4	p-diaminoazobenzene	538-41-0	212.255	523.65	1	559.15	2	25	1.2042	2	---	---	---	solid	1
23754	C12H12N4	2,4-diaminoazobenzene	495-54-5	212.255	---	---	559.15	1	25	1.1390	1	---	---	---	---	---
23755	C12H12N4	2-amino-3,4-dimethylimidazo(4,5-f)quinolin	77094-11-2	212.255	570.15	1	---	---	25	1.2042	2	---	---	---	solid	1
23756	C12H12N4O	4-phenylsemicarbazone-1H-pyrrole-2-carb	119034-14-9	228.255	---	---	---	---	25	1.2549	2	---	---	---	---	---
23757	C12H12N4O2	2,6-diamino-3,4-dimethyl-7-oxopyrano(4,3-	137027-51-1	244.254	---	---	---	---	25	1.3027	2	---	---	---	---	---
23758	C12H12N4S	4-phenylthiosemicarbazone-1H-pyrrole-2-c	16431-49-5	244.321	---	---	---	---	25	1.2736	2	---	---	---	---	---
23759	C12H12O	1,4-dimethyl-2-naphthalenol	4705-94-6	172.227	408.65	1	588.65	1	18	1.0810	2	---	---	---	solid	1
23760	C12H12O	alpha-methyl-1-naphthalenemethanol, (±)	57605-95-5	172.227	339.15	1	540.15	2	14	1.1190	1	25	1.6188	1	solid	1

Table 1 Physical Properties - Organic Compounds

				Mol Wt	Freezing Point		Boiling Point		Density			Refractive Index			State	
NO	FORMULA	NAME	CAS No	g/mol	T_F, K	code	T_B, K	code	T, C	g/cm3	code	T, C	n_D	code	@25C,1 atm	code
23761	C12H12O	1-ethoxynaphthalene	5328-01-8	172.227	278.65	1	553.65	1	20	1.0600	1	25	1.5953	1	liquid	1
23762	C12H12O	2-ethoxynaphthalene	93-18-5	172.227	310.65	1	555.15	1	20	1.0640	1	36	1.5975	1	solid	1
23763	C12H12O	6-phenyl-3,5-hexadien-2-one	4173-44-8	172.227	341.15	1	540.15	2	18	1.0810	2	---	---	---	solid	1
23764	C12H12O	2-naphthaleneethanol	1485-07-0	172.227	340.15	1	540.15	2	18	1.0810	2	---	---	---	solid	1
23765	C12H12O	1-naphthaleneethanol	773-99-9	172.227	336.65	1	463.15	1	18	1.0810	2	---	---	---	solid	1
23766	C12H12OS	2-[(phenylthio)methyl]-2-cyclopenten-1-one	76047-52-4	204.293	---	---	---	---	25	1.1700	1	---	1.6090	1	---	---
23767	C12H12O2	2-acetyl-3,4-dihydro-1(2H)-naphthalenone	17216-08-9	188.226	329.15	1	541.15	2	25	1.1039	2	---	---	---	solid	1
23768	C12H12O2	allyl cinnamate	1866-31-5	188.226	---	---	541.15	dec	23	1.0480	1	20	1.5300	1	---	---
23769	C12H12O2	1,8-bis(hydroxymethyl)naphthalene	2026-08-6	188.226	429.65	1	541.15	2	25	1.1039	2	---	---	---	solid	1
23770	C12H12O2	3-butylidene phthalide	551-08-6	188.226	355.65	1	541.15	2	25	1.1039	2	---	---	---	solid	1
23771	C12H12O2	2,7-dimethoxynaphthalene	3469-26-9	188.226	411.15	1	541.15	2	25	1.1039	2	---	---	---	solid	1
23772	C12H12O2	2-methoxy-1-naphthalenemethanol	40696-22-8	188.226	374.65	1	541.15	2	25	1.1039	2	---	---	---	solid	1
23773	C12H12O2	5-phenyl-1,3-cyclohexanedione	493-72-1	188.226	461.15	1	541.15	2	25	1.1039	2	---	---	---	solid	1
23774	C12H12O2	(2,2-diacetylvinyl)benzene	4335-90-4	188.226	---	---	541.15	2	25	1.1039	2	---	---	---	---	---
23775	C12H12O2Si	dihydroxydiphenylsilane	947-42-2	216.311	---	---	---	---	---	---	---	---	---	---	---	---
23776	C12H12O3	ethyl 3-benzoylacrylate	17450-56-5	204.225	---	---	457.15	1	25	1.1120	1	---	1.5430	1	---	---
23777	C12H12O3	1,3,5-triacetylbenzene	779-90-8	204.225	435.15	1	448.98	2	25	1.1596	2	---	---	---	solid	1
23778	C12H12O3	3-acetyl-6-methoxy-2H-1-benzopyran	57543-56-3	204.225	---	---	448.98	2	25	1.1596	2	---	---	---	---	---
23779	C12H12O3	3-acetyl-7-methoxy-2H-1-benzopyran	57543-55-2	204.225	---	---	448.98	2	25	1.1596	2	---	---	---	---	---
23780	C12H12O3	3-acetyl-8-methoxy-2H-1-benzopyran	57543-54-1	204.225	---	---	488.65	1	25	1.1596	2	---	---	---	---	---
23781	C12H12O3	a-ethynyl-p-methoxybenzyl alcohol acetate	---	204.225	---	---	448.98	2	25	1.1596	2	---	---	---	---	---
23782	C12H12O3	1-(5-methoxy-2H-1-benzopyran-3-yl)ethan	57543-57-4	204.225	---	---	401.15	1	25	1.1596	2	---	---	---	---	---
23783	C12H12O3W	tricarbonyl[(1,2,3,4,5,6-h)-1,3,5-trimethylbe	12129-69-0	388.065	487.15	1	---	---	---	---	---	---	---	---	solid	1
23784	C12H12O4	2,2-dimethyl-5-phenyl-1,3-dioxane-4,6-dior	15231-78-4	220.225	413.15	1	434.55	2	25	1.2118	2	---	---	---	solid	1
23785	C12H12O4	cubane-1,4-dicarbolic acid dimethyl ester	29412-62-2	220.225	437.80	1	---	---	25	1.2118	2	---	---	---	solid	1
23786	C12H12O4	5-(1-acetyloxy-2-propenyl)-1,3-benzodioxo	34627-78-6	220.225	---	---	434.55	2	25	1.2118	2	---	---	---	---	---
23787	C12H12O4	4,7-dimethoxy-2-benzofuranyl methyl ketor	64466-47-3	220.225	---	---	434.55	1	25	1.2118	2	---	---	---	---	---
23788	C12H12O4	6,7-dimethoxy-2-benzofuranyl methyl ketor	64466-48-4	220.225	---	---	434.55	2	25	1.2118	2	---	---	---	---	---
23789	C12H12O5	radicinin	10088-95-6	236.224	494.65	1	---	---	25	1.2608	2	---	---	---	solid	1
23790	C12H12O5	6,7,8-trimethoxy-2H-1-benzopyran-2-one	6035-49-0	236.224	377.35	1	---	---	25	1.2608	2	---	---	---	solid	1
23791	C12H12O5	3',5'-diacetoxyacetophenone	35086-59-0	236.224	366.65	1	---	---	25	1.2608	2	---	---	---	solid	1
23792	C12H12O5	methyl 4-methoxycarbonylbenzoylacetate	22027-52-7	236.224	356.65	1	---	---	25	1.2608	2	---	---	---	solid	1
23793	C12H12O5	1'-acetoxysafrole-2',3'-oxide	59901-90-5	236.224	---	---	---	---	25	1.2608	2	---	---	---	---	---
23794	C12H12O5	diethylene glycol bisphthalate	13988-26-6	236.224	---	---	---	---	25	1.2608	2	---	---	---	---	---
23795	C12H12O6	1,2,4-benzenetriol triacetate	613-03-6	252.224	372.15	1	573.15	1	25	1.3071	2	---	---	---	solid	1
23796	C12H12O6	trimethyl 1,2,4-benzenetricarboxylate	2459-10-1	252.224	312.15	1	467.15	1	25	1.2610	1	---	1.5230	1	solid	1
23797	C12H12O6	trimethyl 1,3,5-benzenetricarboxylate	2672-58-4	252.224	418.65	1	520.15	2	25	1.3071	2	---	---	---	solid	1
23798	C12H12O8S2Zn	zinc-1,4-phenolsulfonate	127-82-2	413.744	---	---	---	---	---	---	---	---	---	---	---	---
23799	C12H12Si	diphenylsilane	775-12-2	184.312	---	---	---	---	20	0.9969	1	20	1.5800	1	---	---
23800	C12H12Sn	diphenylstannane	1011-95-6	274.937	499.15	1	---	---	---	---	---	---	---	---	solid	1
23801	C12H13BrN2O3	Br-dmeq	100595-07-1	313.151	---	---	---	---	25	1.4985	2	---	---	---	---	---
23802	C12H13Br2NO4	N-carbobenzoxyglycine-1,2-dibromoethyl e	64187-25-3	395.048	330.15	1	---	---	25	1.7162	2	---	---	---	solid	1
23803	C12H13ClF3NO	4-[4-chloro-3-(trifluoromethyl)phenyl]-4-pip	21928-50-7	279.690	410.65	1	---	---	25	1.2685	2	---	---	---	solid	1
23804	C12H13ClF3N3O4	fluchloralin	33245-39-5	355.702	315.15	1	---	---	25	1.4469	2	---	---	---	solid	1
23805	C12H13ClN2O	3-(p-chlorophenyl)-1-methyl-1-(1-methyl-2-	3766-60-7	236.701	---	---	---	---	25	1.2133	2	---	---	---	---	---
23806	C12H13ClN4	5-(4-chlorophenyl)-6-ethyl-2,4-pyrimidinedi	58-14-0	248.716	506.65	1	---	---	25	1.2564	2	---	---	---	solid	1
23807	C12H13ClN4	4-(phenylazo)-1,3-benzenediamine monoh	532-82-1	248.716	391.65	1	---	---	25	1.2564	2	---	---	---	solid	1
23808	C12H13ClO2	1-(4-chlorophenyl)-1-cyclopentanecarboxy	80789-69-1	224.687	435.15	1	---	---	25	1.1690	2	---	---	---	solid	1
23809	C12H13Cl3O3	butyl (2,4,5-trichlorophenoxy)acetate	93-79-8	311.591	301.65	1	610.15	1	25	1.3419	2	---	---	---	solid	1
23810	C12H13Cl3O3	sec-butyl (2,4,5-trichlorophenoxy)acetate	61792-07-2	311.591	312.15	1	610.15	2	25	1.3419	2	---	---	---	solid	1
23811	C12H13FN2O2	N-(p-fluorobenzyl)pyroglutamide	59749-46-1	236.247	---	---	422.65	1	25	1.2216	2	---	---	---	---	---
23812	C12H13FO2	1-(2-fluorophenyl)cyclopentanecarboxylic a	214262-96-1	208.233	373.15	1	---	---	25	1.1262	2	---	---	---	solid	1
23813	C12H13FO2	1-(3-fluorophenyl)cyclopentanecarboxylic a	214262-97-2	208.233	424.15	1	---	---	25	1.1262	2	---	---	---	solid	1
23814	C12H13FO2	1-(4-fluorophenyl)cyclopentanecarboxylic a	214262-99-4	208.233	435.65	1	---	---	25	1.1262	2	---	---	---	solid	1
23815	C12H13I3N2O3	4-((3-amino-2,4,6-triiodophenyl)ethylamino	1634-73-7	613.961	---	---	478.15	1	25	2.2345	2	---	---	---	---	---
23816	C12H13N	1,4-dimethyl-2-naphthylamine	878-93-3	171.242	348.15	1	606.15	1	24	1.0420	2	---	---	---	solid	1
23817	C12H13N	N,N-dimethyl-1-naphthylamine	86-56-6	171.242	---	---	523.15	1	20	1.0423	1	15	1.6240	1	---	---
23818	C12H13N	N,N-dimethyl-2-naphthylamine	2436-85-3	171.242	325.65	1	578.15	1	60	1.0279	1	53	1.6443	1	solid	1
23819	C12H13N	N-ethyl-1-naphthalenamine	118-44-5	171.242	---	---	578.15	1	15	1.0652	1	15	1.6477	1	---	---
23820	C12H13N	N-ethyl-2-naphthalenamine	2437-03-8	171.242	509.15	1	589.65	1	21	1.0545	1	21	1.6544	1	solid	1
23821	C12H13N	2-ethyl-3-methylquinoline	27356-52-1	171.242	330.15	1	542.15	1	24	1.0420	2	---	---	---	solid	1
23822	C12H13N	2-ethyl-4-methylquinoline	33357-44-7	171.242	341.90	2	545.65	1	20	1.0250	1	20	1.5941	1	solid	2
23823	C12H13N	3-ethyl-6-methylquinoline	105688-74-2	171.242	341.90	2	557.65	1	20	1.0280	1	20	1.5955	1	solid	2
23824	C12H13N	2-propylquinoline	1613-32-7	171.242	341.90	2	562.38	2	17	1.0380	1	23	1.5886	1	solid	2
23825	C12H13N	2,3,6-trimethylquinoline	2437-73-2	171.242	359.65	1	558.15	1	24	1.0420	2	---	---	---	solid	1
23826	C12H13N	2,3,8-trimethylquinoline	4945-28-2	171.242	341.90	2	556.15	1	20	1.0069	1	---	---	---	solid	2
23827	C12H13N	2,4,6-trimethylquinoline	2243-89-2	171.242	341.15	1	553.15	1	24	1.0420	2	---	---	---	solid	1
23828	C12H13N	2,4,7-trimethylquinoline	71633-43-7	171.242	336.65	1	553.65	1	20	1.0337	1	24	1.5973	1	solid	1
23829	C12H13N	2,5,7-trimethylquinoline	102871-67-0	171.242	341.90	2	560.15	1	24	1.0420	2	20	1.5980	1	solid	2
23830	C12H13N	2,3,4,9-tetrahydro-1H-carbazole	942-01-8	171.242	393.15	1	600.65	1	24	1.0420	2	---	---	---	solid	1
23831	C12H13N	(S)-(-)-1-(1-naphthyl)ethylamine	10420-89-0	171.242	---	---	562.38	2	25	1.0600	1	---	1.6230	1	---	---
23832	C12H13N	(R)-(+)-1-(1-naphthyl)ethylamine	3886-70-2	171.242	---	---	562.38	2	25	1.0600	1	---	1.6230	1	---	---
23833	C12H13N	(±)-1-(1-naphthyl)ethylamine	42882-31-5	171.242	---	---	562.38	2	25	1.0630	1	---	1.6230	1	---	---
23834	C12H13N	2,6,8-trimethylquinoline	2243-90-5	171.242	319.05	1	533.05	1	24	1.0420	2	---	---	---	solid	1
23835	C12H13N	isopropyl quinoline	1333-53-5	171.242	---	---	562.38	2	24	1.0420	2	---	---	---	---	---
23836	C12H13NO	2-(2-naphthylamino)ethanol	36190-77-9	187.242	325.15	1	---	---	25	1.0783	2	---	---	---	solid	1
23837	C12H13NO2	1,3-dimethyl-3-phenyl-2,5-pyrrolidinedione	77-41-8	203.241	325.65	1	407.65	2	25	1.1338	2	---	---	---	solid	1
23838	C12H13NO2	1H-indole-3-butanoic acid	133-32-4	203.241	397.65	1	407.65	2	25	1.1338	2	---	---	---	solid	1
23839	C12H13NO2	1-benzoyl-4-piperidone	24686-78-0	203.241	330.15	1	407.65	2	25	1.1338	2	---	---	---	solid	1
23840	C12H13NO2	benzyl 3-pyrroline-1-carboxylate	31970-04-4	203.241	---	---	407.65	2	25	1.1320	1	---	1.5440	1	---	---

Table 1 Physical Properties - Organic Compounds

				Mol Wt	Freezing Point		Boiling Point		Density			Refractive Index			State	
NO	FORMULA	NAME	CAS No	g/mol	T_F, K	code	T_B, K	code	T, C	g/cm3	code	T, C	n_D	code	@25C,1 atm	code
23841	C12H13NO2	(3S-cis)-(-)-3-phenyltetrahydropyrrolo-[2,1-	122383-34-0	203.241	351.15	1	407.65	2	25	1.1338	2	---	---	---	solid	1
23842	C12H13NO2	(3R-cis)-(-)-3-phenyltetrahydropyrrolo-[2,1-	133007-27-9	203.241	351.15	1	407.65	2	25	1.1338	2	---	---	---	solid	1
23843	C12H13NO2	ethyl 3-indoleacetate	778-82-5	203.241	316.65	1	407.65	2	25	1.1338	2	---	---	---	solid	1
23844	C12H13NO2	(R)-1-(2-hydroxy-1-phenylethyl)-1,5-dihydr	158271-95-5	203.241	376.15	1	407.65	2	25	1.1338	2	---	---	---	solid	1
23845	C12H13NO2	N-(n-butyl)phthalimide	1515-72-6	203.241	305.15	1	407.65	2	25	1.1338	2	---	---	---	solid	1
23846	C12H13NO2	4-methyl-7-dimethylaminocoumarin	87-01-4	203.241	---	---	407.65	2	25	1.1338	2	---	---	---	---	---
23847	C12H13NO2	bicyclo(4.2.0)octa-1,3,5-trien-7-yl methyl k	6813-93-0	203.241	---	---	407.65	2	25	1.1338	2	---	---	---	---	---
23848	C12H13NO2	N-sec-butylphthalimide	10108-61-9	203.241	---	---	407.65	1	25	1.1338	2	---	---	---	---	---
23849	C12H13NO2	1-carbethoxy-1,2-dihydroquinoline	16322-14-8	203.241	---	---	407.65	2	25	1.1338	2	---	---	---	---	---
23850	C12H13NO2	1-ethyl-3-(hydroxyacetyl)indole	38692-98-7	203.241	---	---	407.65	2	25	1.1338	2	---	---	---	---	---
23851	C12H13NO2	2-(methoxyacetyl)-1-methylindole	52098-17-6	203.241	---	---	407.65	2	25	1.1338	2	---	---	---	---	---
23852	C12H13NO2	2-(methoxyacetyl)-3-methylindole	52098-18-7	203.241	---	---	407.65	2	25	1.1338	2	---	---	---	---	---
23853	C12H13NO2S	carboxin	5234-68-4	235.307	367.15	1	---	---	25	1.2078	2	---	---	---	solid	1
23854	C12H13NO3	butyl 4-isocyanatobenzoate	102561-47-7	219.240	---	---	568.15	1	25	1.1050	1	---	1.5260	1	---	---
23855	C12H13NO3	butyl 2-isocyanatobenzoate	51310-19-1	219.240	---	---	568.15	2	25	1.1230	1	---	1.5270	1	---	---
23856	C12H13NO3	ethyl 5-hydroxy-2-methylindole-3-carboxyla	7598-91-6	219.240	481.15	1	568.15	2	25	1.1140	2	---	---	---	solid	1
23857	C12H13NO3	5-methoxy-2-methyl-3-indoleacetic acid	2882-15-7	219.240	436.65	1	568.15	2	25	1.1140	2	---	---	---	solid	1
23858	C12H13NO3	methyl (4S,5S)-dihydro-5-methyl-2-phenyl-	82659-84-5	219.240	348.15	1	568.15	2	25	1.1140	2	---	---	---	solid	1
23859	C12H13NO3	(N-acetyl)-(4R)-benzyl-2-oxazolidinone	132836-66-9	219.240	378.15	1	568.15	2	25	1.1140	2	---	---	---	solid	1
23860	C12H13NO3S	pyridinium p-toluenesulfonate	24057-28-1	251.306	391.15	1	---	---	25	1.2538	2	---	---	---	solid	1
23861	C12H13NO4	DL-5-benzoylamino-5-methyl-4-oxo-1,3-dic	---	235.240	429.65	1	---	---	25	1.2349	2	---	---	---	solid	1
23862	C12H13NO4	N-carbobenzoxyglycine vinyl ester	64187-24-2	235.240	---	---	---	---	25	1.2349	2	---	---	---	---	---
23863	C12H13NO4S	5-amino-6-ethoxy-2-naphthalenesulfonic a	118-28-5	267.306	---	---	---	---	25	1.2972	2	---	---	---	---	---
23864	C12H13NO4S	5,6-dihydro-2-methyl-1,4-oxathiin-3-carbox	5259-88-1	267.306	---	---	---	---	25	1.2972	2	---	---	---	---	---
23865	C12H13NO4S2	4-(ethylsulfonyl)-1-naphthalene sulfonamid	842-00-2	299.372	---	---	---	---	25	1.3508	2	---	---	---	---	---
23866	C12H13NO6	N-carbobenzyloxy-L-aspartic acid	1152-61-0	267.239	391.15	1	---	---	25	1.3248	2	---	---	---	solid	1
23867	C12H13N2P	bis(2-cyanoethyl)phenylphosphine	15909-92-9	216.223	398.15	1	---	---	---	---	---	---	---	---	solid	1
23868	C12H13N3	N-(4-aminophenyl)-1,4-benzenediamine	537-65-5	199.256	431.15	1	---	---	25	1.1288	2	---	---	---	solid	1
23869	C12H13N3	N-(2-pyridinylmethyl)-2-pyridinemethanami	1539-42-0	199.256	---	---	---	---	25	1.1074	1	25	1.5757	1	---	---
23870	C12H13N3	N,N-bis(cyanoethyl)aniline	1555-66-4	199.256	357.15	1	---	---	25	1.1288	2	---	---	---	solid	1
23871	C12H13N3O	1,3-dihydro-1-(1,2,3,6-tetrahydro-4-pyridin	2147-83-3	215.256	470.65	1	---	---	25	1.1818	2	---	---	---	solid	1
23872	C12H13N3O2	5-amino-4-carbethoxy-1-phenylpyrazole	16078-71-0	231.255	373.15	1	630.65	2	25	1.2317	2	---	---	---	solid	1
23873	C12H13N3O2	2,3,5-tris(1-aziridinyl)-p-benzoquinone	68-76-8	231.255	435.90	1	630.65	1	25	1.2317	2	---	---	---	solid	1
23874	C12H13N3O2	1-benzyl-2-(3-methylisoxazol-5-yl)carbonyl	1085-32-1	231.255	---	---	630.65	2	25	1.2317	2	---	---	---	---	---
23875	C12H13N3O2	isocarboxazid	59-63-2	231.255	379.15	1	630.65	2	25	1.2317	2	---	---	---	solid	1
23876	C12H13N3O4	N-(2-hydroxyethyl)-3-methyl-2-quinoxaline	23696-28-8	263.254	---	---	---	---	25	1.3230	2	---	---	---	---	---
23877	C12H13N3O4S2	n4-sulfanilylsulfanilamide	547-52-4	327.386	410.15	1	---	---	25	1.4227	2	---	---	---	solid	1
23878	C12H13N3O4S2	6-(p-anilinosulfonyl)metanilamide	17615-73-5	327.386	---	---	---	---	25	1.4227	2	---	---	---	---	---
23879	C12H13N3O6	galatone	3691-74-5	295.253	---	---	394.15	1	25	1.4045	2	---	---	---	---	---
23880	C12H13N5	2-amino-3,4,5-trimethylimidazo(4,5-f)quino	146177-59-5	227.270	---	---	---	---	25	1.2283	2	---	---	---	---	---
23881	C12H13N5	2-amino-3,5,7-trimethylimidazo(4,5-f)quino	115609-71-7	227.270	---	---	---	---	25	1.2283	2	---	---	---	---	---
23882	C12H13N5	7,8-dihydro-N-benzyladenine	102366-79-0	227.270	---	---	---	---	25	1.2283	2	---	---	---	---	---
23883	C12H13N5O3S	4-(p-sulfamoylphenyl)semicarbazone-1H-p	119034-23-0	307.334	---	---	---	---	25	1.4135	2	---	---	---	---	---
23884	C12H13N5O4	vengicide	606-58-6	291.268	516.15	1	387.15	1	25	1.4038	2	---	---	---	solid	1
23885	C12H13N5O4S2	p,p'-triazenylenedibenzenesulfonamide	5433-44-3	355.400	---	---	---	---	25	1.4895	2	---	---	---	---	---
23886	C12H13N7O18	pentolite	8066-33-9	543.273	---	---	---	---	25	1.8441	2	---	---	---	---	---
23887	C12H14	1,2,3-trimethylindene	4773-83-5	158.243	344.65	1	509.00	1	21	0.9425	2	15	1.5541	1	solid	1
23888	C12H14	1-cyclohexen-1-ylbenzene	771-98-2	158.243	262.15	1	525.15	1	20	0.9939	1	20	1.5718	1	liquid	1
23889	C12H14	2-cyclohexen-1-ylbenzene	15232-96-9	158.243	---	---	508.15	1	20	0.9800	1	20	1.5530	1	---	---
23890	C12H14	1,3-hexadienylbenzene	41635-77-2	158.243	---	---	510.46	2	12	0.9253	1	12	1.6025	1	---	---
23891	C12H14	1,5-hexadienylbenzene	1009-81-0	158.243	---	---	510.46	2	25	0.9005	1	25	1.5421	1	---	---
23892	C12H14	3,5-hexadienylbenzene	39669-95-9	158.243	---	---	510.46	2	13	0.9304	1	13	1.5446	1	---	---
23893	C12H14	(1-vinyl-3-butenyl)benzene	1076-66-0	158.243	---	---	510.46	2	25	0.8911	1	25	1.5141	1	---	---
23894	C12H14	1,2,2a,3,4,5-hexahydroacenaphthylene	480-72-8	158.243	285.95	1	522.15	1	20	1.0290	1	---	---	---	liquid	1
23895	C12H14	1,3-diisopropenylbenzene	3748-13-8	158.243	---	---	504.15	1	25	0.9250	1	---	1.5570	1	---	---
23896	C12H14	1-phenyl-1-hexyne	1129-65-3	158.243	---	---	503.60	1	25	0.9000	1	---	1.5350	1	---	---
23897	C12H14	2-propyl-1H-indene	92013-11-1	158.243	---	---	510.46	2	25	0.9500	1	---	1.5510	1	---	---
23898	C12H14	1,4-bis(1-methylethenyl)benzene	1605-18-1	158.243	---	---	501.00	1	21	0.9425	2	---	---	---	---	---
23899	C12H14	4-phenylcyclohexene	4994-16-5	158.243	---	---	510.46	2	21	0.9425	2	---	---	---	---	---
23900	C12H14BP	borane-diphenylphosphine complex	41593-58-2	200.028	321.65	1	---	---	---	---	---	---	---	---	solid	1
23901	C12H14Cl2N2	paraquat dichloride	1910-42-5	257.162	573.15	1	---	---	25	1.2178	2	---	---	---	solid	1
23902	C12H14BrCl2O4P	bromfenvinfos	33399-00-7	404.024	---	---	---	---	---	---	---	---	---	---	---	---
23903	C12H14BrNO3	3-(2-carboxyethyl)-2,5-dimethylbenzoxazol	32353-63-2	300.152	465.65	1	---	---	25	1.4345	2	---	---	---	solid	1
23904	C12H14ClFO2	2-(3-chloropropyl)-2-(4-fluorophenyl)-1,3-d	3308-94-9	244.693	---	---	---	---	25	1.2190	1	---	1.5063	1	---	---
23905	C12H14ClNO2	clomazone	81777-89-1	239.701	---	---	---	---	20	1.1920	1	---	---	---	---	---
23906	C12H14ClN5O2S	4-[(2,4-diaminophenyl)azo]benzenesulfona	103-12-8	327.795	522.65	1	---	---	25	1.4037	2	---	---	---	solid	1
23907	C12H14Cl2	cyclohexyldichlorobenzene	59330-98-2	229.148	---	---	---	---	25	1.1306	2	---	---	---	---	---
23908	C12H14Cl2N2O2	3-(bis(2-chloroethyl)aminomethyl)-2-benzo	7751-31-7	289.161	---	---	---	---	25	1.3002	2	---	---	---	---	---
23909	C12H14Cl2O3	butyl (2,4-dichlorophenoxy)acetate	94-80-4	277.146	282.15	1	---	---	25	1.2625	2	---	---	---	---	---
23910	C12H14Cl3O3PS	O,O-diethyl-O-(2-chloro-1,2,5-dichlorophen	1757-18-2	375.639	---	---	---	---	---	---	---	---	---	---	---	---
23911	C12H14Cl3O4P	chlorfenvinphos	470-90-6	359.572	---	---	---	---	---	---	---	---	---	---	---	---
23912	C12H14F3NO	4- 3-(trifluoromethyl)phenyl]-4-piperidinol	2249-28-7	245.245	366.15	1	---	---	25	1.1802	2	---	---	---	solid	1
23913	C12H14Fe	ethylferrocene	1273-89-8	214.088	---	---	537.15	1	25	1.2560	1	---	1.6010	1	---	---
23914	C12H14IN	1-ethylquinaldinium iodide	606-55-3	299.155	507.15	1	---	---	25	1.4877	2	---	---	---	solid	1
23915	C12H14NO4PS	O,O-diethylphthalimidophosphonothioate	5131-24-8	299.288	355.65	1	---	---	---	---	---	---	---	---	solid	1
23916	C12H14N2	N-1-naphthyl-1,2-ethanediamine	551-09-7	186.257	---	---	592.15	2	25	1.1140	1	25	1.6648	1	---	---
23917	C12H14N2	paraquat	4685-14-7	186.257	---	---	592.15	2	25	1.0536	2	---	---	---	---	---
23918	C12H14N2	N,N,2-trimethyl-6-quinolinamine	92-99-9	186.257	374.15	1	592.15	1	25	1.0536	2	---	---	---	solid	1
23919	C12H14N2	7-amino-2,4,6-trimethylquinoline	122349-91-1	186.257	---	---	592.15	2	25	1.0536	2	---	---	---	---	---
23920	C12H14N2Na	bis(2-methyl pyridine)sodium	---	209.247	---	---	---	---	---	---	---	---	---	---	---	---

Table 1 Physical Properties - Organic Compounds

				Mol Wt	Freezing Point		Boiling Point		Density			Refractive Index			State	
NO	FORMULA	NAME	CAS No	g/mol	T_F, K	code	T_B, K	code	T, C	g/cm3	code	T, C	n_D	code	@25C,1 atm	code
23921	C12H14N2O	carbostyril 165	26078-23-9	202.257	---	---	---	---	25	1.1089	2	---	---	---	---	---
23922	C12H14N2O	2,3-dimethyl-1-(4-methylphenyl)-3-pyrazoli	56430-08-1	202.257	408.65	1	---	---	25	1.1089	2	---	---	---	solid	1
23923	C12H14N2O2	5-ethyldihydro-5-phenyl-4,6(1H,5H)-pyrimi	125-33-7	218.256	554.65	1	---	---	25	1.1608	2	---	---	---	solid	1
23924	C12H14N2O2	N-methyl-L-tryptophan	526-31-8	218.256	568.15	dec	---	---	25	1.1608	2	---	---	---	solid	1
23925	C12H14N2O2	N-acetyl-5-hydroxytryptamine	17994-17-1	218.256	394.15	1	---	---	25	1.1608	2	---	---	---	solid	1
23926	C12H14N2O2	5-methyl-DL-tryptophan	951-55-3	218.256	554.15	1	---	---	25	1.1608	2	---	---	---	solid	1
23927	C12H14N2O2	5-ethyl-1-methyl-5-phenylhydantoin	5696-06-0	218.256	483.15	1	---	---	25	1.1608	2	---	---	---	solid	1
23928	C12H14N2O2	3-methyl-5-ethyl-5-phenylhydantoin	50-12-4	218.256	---	---	---	---	25	1.1608	2	---	---	---	---	---
23929	C12H14N2O2	L-5-methyltryptophan	154-06-3	218.256	---	---	---	---	25	1.1608	2	---	---	---	---	---
23930	C12H14N2O2S	dansylamide	1431-39-6	250.322	492.65	1	---	---	25	1.2296	2	---	---	---	solid	1
23931	C12H14N2O2S	N-mesitylenesulfonylimidazole	50257-39-1	250.322	370.15	1	---	---	25	1.2296	2	---	---	---	solid	1
23932	C12H14N2O2S	5-allyl-5-(2-cyclopentenyl)-2-thiobarbituric	66941-60-4	250.322	---	---	---	---	25	1.2296	2	---	---	---	---	---
23933	C12H14N2O3	cyclopentobarbital	76-68-6	234.255	412.65	1	---	---	25	1.2098	2	---	---	---	solid	1
23934	C12H14N2O3	DL-5-methoxytryptophan	28052-84-8	234.255	532.65	1	---	---	25	1.2098	2	---	---	---	solid	1
23935	C12H14N2O4	N-(4-nitro)benzoyloxypiperidine	38860-52-5	250.255	---	---	---	---	25	1.2560	2	---	---	---	---	---
23936	C12H14N2O4	nitrosocarbofuran	62593-23-1	250.255	---	---	---	---	25	1.2560	2	---	---	---	---	---
23937	C12H14N2O4	ruvazone	20228-27-7	250.255	458.15	1	---	---	25	1.2560	2	---	---	---	solid	1
23938	C12H14N2O4S	benzidine sulfate	531-86-2	282.321	---	---	---	---	25	1.3143	2	---	---	---	---	---
23939	C12H14N2O5	N-(4-aminobenzoyl)-L-glutamic acid	4271-30-1	266.254	446.15	1	---	---	25	1.2997	2	---	---	---	solid	1
23940	C12H14N2O5	2-cyclohexyl-4,6-dinitrophenol	131-89-5	266.254	---	---	---	---	25	1.2997	2	---	---	---	---	---
23941	C12H14N2O5	Na-carbobenzyloxy-L-asparagine	2304-96-3	266.254	435.65	1	---	---	25	1.2997	2	---	---	---	solid	1
23942	C12H14N2O5	3-hydroxynitrosocarbofuran	100836-60-0	266.254	---	---	---	---	25	1.2997	2	---	---	---	---	---
23943	C12H14N2O6	dinoseb acetate	2813-95-8	282.254	299.65	1	443.15	1	25	1.3410	2	---	---	---	solid	1
23944	C12H14N2O6	dinoterb acetate	3204-27-1	282.254	---	---	554.35	1	25	1.3410	2	---	---	---	---	---
23945	C12H14N2S3	2-benzothiazolyl-N,N-diethylthiocarbamyl s	95-30-7	282.455	---	---	---	---	25	1.2639	2	---	---	---	---	---
23946	C12H14N4	3,3'-diaminobenzidine	91-95-2	214.271	448.15	1	---	---	25	1.1565	2	---	---	---	solid	1
23947	C12H14N4	2,4-diamino-5-phenyl-6-ethylpyrimidine	27653-49-2	214.271	---	---	---	---	25	1.1565	2	---	---	---	---	---
23948	C12H14N4OS	2,7-dimethylthiachromine-8-ethanol	92-35-3	262.337	501.95	1	---	---	25	1.2706	2	---	---	---	solid	1
23949	C12H14N4O2S	sulfamethazine	57-68-1	278.336	471.65	1	567.15	2	25	1.3124	2	---	---	---	solid	1
23950	C12H14N4O2S	sulfaisodimerazine	515-64-0	278.336	516.15	1	567.15	1	25	1.3124	2	---	---	---	solid	1
23951	C12H14N4O3S	methofadin	3772-76-7	294.335	446.15	1	411.15	1	25	1.3521	2	---	---	---	solid	1
23952	C12H14N4O4	cyclohexanone 2,4-dinitrophenylhydrazone	1589-62-4	278.269	433.15	1	---	---	25	1.3395	2	---	---	---	solid	1
23953	C12H14N4O4S	sulfadimethoxine	122-11-2	310.335	476.65	1	538.65	2	25	1.3897	2	---	---	---	solid	1
23954	C12H14N4O4S	6-(4-aminobenzenesulfonamido)-4,5-dimet	2447-57-6	310.335	465.15	1	571.15	1	25	1.3897	2	---	---	---	solid	1
23955	C12H14N4O4S	3,6-dimethoxy-4-sulfanilamidopyridazine	1230-33-7	310.335	---	---	506.15	1	25	1.3897	2	---	---	---	---	---
23956	C12H14N4O4S	sulfadimethoxypyrimidine	155-91-9	310.335	445.65	1	538.65	2	25	1.3897	2	---	---	---	solid	1
23957	C12H14N4O4S2	thiophanate-methyl	23564-05-8	342.401	445.15	dec	---	---	25	1.4334	2	---	---	---	solid	1
23958	C12H14N4O5S2	4,4'-oxydibenzenesulfonyl hydrazide	80-51-3	358.400	---	---	398.15	1	25	1.4659	2	---	---	---	---	---
23959	C12H14N4O6	N,N',N'',N'''-tetraacetylglycoluril	10543-60-9	310.268	503.65	1	---	---	25	1.4169	2	---	---	---	solid	1
23960	C12H14N8O27	sucrose, octanitrate	30236-29-4	702.283	---	---	---	---	25	1.9844	2	---	---	---	---	---
23961	C12H14Ni	bis(methylcyclopentadienyl)nickel	1293-95-4	216.937	308.15	1	---	---	---	---	---	---	---	---	solid	1
23962	C12H14O	2-benzylcyclopentanone	2867-63-2	174.243	---	---	461.90	2	20	1.0380	1	13	1.5340	1	---	---
23963	C12H14O	7-ethyl-3,4-dihydro-1(2H)-naphthalenone	22531-06-2	174.243	---	---	461.90	2	17	1.0556	1	17	1.5599	1	---	---
23964	C12H14O	4-methyl-7-isopropylbenzofuran	95835-77-1	174.243	---	---	514.65	1	18	1.0145	1	16	1.5363	1	---	---
23965	C12H14O	4-phenylcyclohexanone	4894-75-1	174.243	352.15	1	461.90	2	22	1.0165	2	---	---	---	solid	1
23966	C12H14O	4-phenyl-5-hexen-2-one	50552-30-2	174.243	---	---	461.90	2	25	0.9860	1	25	1.5193	1	---	---
23967	C12H14O	6-phenyl-5-hexen-2-one	69371-59-1	174.243	---	---	461.90	2	25	0.9980	1	25	1.5458	1	---	---
23968	C12H14O	3-(phenylmethylene)-2-pentanone	3437-89-6	174.243	---	---	461.90	2	22	1.0005	1	22	1.5650	1	---	---
23969	C12H14O	5,7-dimethyl-1-tetralone	13621-25-5	174.243	322.15	1	461.90	2	22	1.0165	2	---	---	---	solid	1
23970	C12H14O	2-phenylcyclohexanone	1444-65-1	174.243	330.65	1	461.90	2	22	1.0165	2	---	---	---	solid	1
23971	C12H14O	2-propyl-1-indanone	92013-10-0	174.243	---	---	461.90	2	25	1.0230	1	---	1.5370	1	---	---
23972	C12H14O	cyclopentylphenylmethanone	5422-88-8	174.243	---	---	409.15	1	22	1.0165	2	---	---	---	---	---
23973	C12H14O	isopropyl styryl ketone	3160-32-5	174.243	---	---	461.90	2	22	1.0165	2	---	---	---	---	---
23974	C12H14O2	2,2'-sec-butylidenedifuran	100121-73-1	190.242	---	---	496.65	2	20	1.0330	1	20	1.4970	1	---	---
23975	C12H14O2	isopropyl trans-cinnamate	60512-85-8	190.242	---	---	542.15	1	20	1.0320	1	20	1.5455	1	---	---
23976	C12H14O2	propyl cinnamate	74513-58-9	190.242	---	---	558.15	1	25	1.0433	1	---	---	---	---	---
23977	C12H14O2	beta-propylcinnamic acid	4362-01-0	190.242	367.15	1	496.65	2	23	1.0403	2	---	---	---	solid	1
23978	C12H14O2	ethyl trans-b-methylcinnamate	945-93-7	190.242	---	---	496.65	2	25	1.0420	1	---	1.5460	1	---	---
23979	C12H14O2	1-phenylcyclopentanecarboxylic acid	77-55-4	190.242	432.15	1	496.65	2	23	1.0403	2	---	---	---	solid	1
23980	C12H14O2	precocene i	17598-02-6	190.242	---	---	341.15	1	25	1.0510	1	---	1.5600	1	---	---
23981	C12H14O2	3-n-butylphthalide	6066-49-5	190.242	---	---	496.65	2	23	1.0403	2	---	---	---	---	---
23982	C12H14O2	cinnamyl propionate	103-56-0	190.242	---	---	545.15	1	23	1.0403	2	---	---	---	---	---
23983	C12H14O2	isopropyl cinnamate	7780-06-5	190.242	---	---	496.65	2	23	1.0403	2	---	---	---	---	---
23984	C12H14O2	3-methyl-2-butenyl benzoate	5205-11-8	190.242	---	---	496.65	2	23	1.0403	2	---	---	---	---	---
23985	C12H14O2	phenylmethacrylate	3683-12-3	190.242	---	---	496.65	2	23	1.0403	2	---	---	---	---	---
23986	C12H14O2	n-propyl cinnamate	7778-83-8	190.242	---	---	496.65	2	23	1.0403	2	---	---	---	---	---
23987	C12H14O3	4-allyl-2-methoxyphenyl acetate	93-28-7	206.241	303.65	1	554.15	1	20	1.0806	1	20	1.5205	1	solid	1
23988	C12H14O3	benzyl 4-oxopentanoate	6939-75-9	206.241	---	---	508.95	2	20	1.0935	1	20	1.5090	1	---	---
23989	C12H14O3	ethyl 3-methyl-3-phenyloxiranecarboxylate	77-83-8	206.241	---	---	546.65	1	20	1.0440	1	20	1.5182	1	---	---
23990	C12H14O3	ethyl 2-phenylacetoacetate	5413-05-8	206.241	---	---	508.95	2	20	1.0855	1	20	1.5176	1	---	---
23991	C12H14O3	cis-2-methoxy-4-(1-propenyl)phenol acetat	97412-23-2	206.241	---	---	508.95	2	19	1.0947	1	20	1.5418	1	---	---
23992	C12H14O3	trans-2-methoxy-4-(1-propenyl)phenol ace	5912-87-8	206.241	353.65	1	555.65	1	100	1.0251	1	100	1.5052	1	solid	1
23993	C12H14O3	methyl 4-benzoylbutanoate	1501-04-8	206.241	271.15	1	508.95	2	31	1.0767	2	---	---	---	liquid	2
23994	C12H14O3	ethyl 2-oxo-4-phenylbutyrate	64920-29-2	206.241	---	---	514.15	1	25	1.0910	1	---	1.5050	1	---	---
23995	C12H14O3	4-(3-oxobutyl)phenyl acetate	3572-06-3	206.241	---	---	508.95	2	25	1.0990	1	---	1.5090	1	---	---
23996	C12H14O3	acetisoeugenol	93-29-8	206.241	---	---	508.95	2	31	1.0767	2	---	---	---	---	---
23997	C12H14O3	1'-acetoxyestragole	61691-82-5	206.241	---	---	374.15	1	31	1.0767	2	---	---	---	---	---
23998	C12H14O3	cyclopentyl 3,4-dihydroxyphenyl ketone	67239-27-4	206.241	---	---	508.95	2	31	1.0767	2	---	---	---	---	---
23999	C12H14O3	prenyl salicylate	68555-58-8	206.241	---	---	508.95	2	31	1.0767	2	---	---	---	---	---
24000	C12H14O3S	trans-2-(2-thiophenecarbonyl)-1-cyclohexa	---	238.307	454.65	1	---	---	25	1.1874	2	---	---	---	solid	1

Table 1 Physical Properties - Organic Compounds

				Mol Wt	Freezing Point		Boiling Point		Density			Refractive Index			State	
NO	FORMULA	NAME	CAS No	g/mol	T_F, K	code	T_B, K	code	T, C	g/cm3	code	T, C	n_D	code	@25C,1 atm	code
24001	C12H14O3S	cis-2-(2-thiophenecarbonyl)-1-cyclohexane	---	238.307	445.65	1	---	---	25	1.1874	2	---	---	---	solid	1
24002	C12H14O4	diethyl phthalate	84-66-2	222.241	269.87	1	567.15	1	25	1.1130	1	21	1.5000	1	liquid	1
24003	C12H14O4	1,3-bis(2,3-epoxypropoxy)benzene	101-90-6	222.241	315.65	1	527.09	2	30	1.2183	1	20	1.5408	1	solid	1
24004	C12H14O4	diethyl isophthalate	636-53-3	222.241	284.65	1	575.15	1	17	1.1239	1	18	1.5080	1	liquid	1
24005	C12H14O4	diethyl terephthalate	636-09-9	222.241	317.15	1	575.15	1	45	1.0989	1	---	---	---	solid	1
24006	C12H14O4	4,7-dimethoxy-5-allyl-1,3-benzodioxole	523-80-8	222.241	302.65	1	567.15	1	20	1.0150	1	20	1.5360	1	solid	1
24007	C12H14O4	trans-4,7-dimethoxy-5-(1-propenyl)-1,3-ber	17672-88-7	222.241	329.15	1	576.65	1	27	1.1094	2	---	---	---	solid	1
24008	C12H14O4	dimethyl p-phenylenediacetate	36076-25-2	222.241	324.65	1	527.09	2	27	1.1094	2	---	---	---	solid	1
24009	C12H14O4	1-allyl-2,3-dimethoxy-4,5-(methylenedioxy)	484-31-1	222.241	302.65	1	558.15	1	27	1.1094	2	---	---	---	solid	1
24010	C12H14O4	benzyl ethyl malonate	42998-51-6	222.241	---	---	411.65	1	25	1.0870	1	---	1.5000	1	---	---
24011	C12H14O4	(R)-2-benzylsuccinic acid-1-methyl ester	119807-84-0	222.241	---	---	527.09	2	27	1.1094	2	---	---	---	---	---
24012	C12H14O4	(S)-2-benzylsuccinic acid-1-methyl ester	182247-45-6	222.241	---	---	527.09	2	27	1.1094	2	---	---	---	---	---
24013	C12H14O4	ethyl 4-hydroxy-3-methoxycinnamate	4046-02-0	222.241	337.15	1	527.09	2	27	1.1094	2	---	---	---	solid	1
24014	C12H14O4	1-phenyenepropionic acid	4251-21-2	222.241	505.65	1	527.09	2	27	1.1094	2	---	---	---	solid	1
24015	C12H14O4	monobutyl phthalate	131-70-4	222.241	---	---	527.09	2	27	1.1094	2	---	---	---	---	---
24016	C12H14O4	mono-iso-butyl phthalate	30833-53-5	222.241	338.15	1	527.09	2	27	1.1094	2	---	---	---	solid	1
24017	C12H14O4	3,4,5-trimethoxycinnamaldehyde	34346-90-2	222.241	---	---	385.65	1	27	1.1094	2	---	---	---	---	---
24018	C12H14O5	trans-2,4,5-trimethoxycinnamic acid	24160-53-0	238.240	438.65	1	---	---	25	1.2132	2	---	---	---	solid	1
24019	C12H14O5	trans-2,3,4-trimethoxycinnamic acid	33130-03-9	238.240	446.15	1	---	---	25	1.2132	2	---	---	---	solid	1
24020	C12H14O5	3,4,5-trimethoxycinnamic acid	90-50-6	238.240	400.15	1	---	---	25	1.2132	2	---	---	---	solid	1
24021	C12H14O5S	(R)-(-)-g-toluenesulfonylmethyl-g-butyrolac	58879-33-7	270.306	359.65	1	---	---	25	1.2754	2	---	---	---	solid	1
24022	C12H14O5S	(S)-(+)-g-toluenesulfonylmethyl-g-butyrolac	58879-34-8	270.306	359.65	1	---	---	25	1.2754	2	---	---	---	solid	1
24023	C12H14O7	4-ethoxycarbonyloxy-3,5-dimethoxybenzoi	18780-67-1	270.239	455.65	1	---	---	25	1.3017	2	---	---	---	solid	1
24024	C12H14O16Zn3	zinc citrate dihydrate	546-46-3	610.404	---	---	---	---	---	---	---	---	---	---	---	---
24025	C12H15Br	1-bromo-4-cyclohexylbenzene	25109-28-8	239.155	---	---	---	---	25	1.2830	1	20	1.5584	1	---	---
24026	C12H15BrN2O	1-(3-bromoadamantyl)-2-diazo-1-ethanone	52917-87-0	283.169	---	---	455.15	1	25	1.3696	2	---	---	---	---	---
24027	C12H15ClNO4PS2	phosalone	2310-17-0	367.814	319.15	1	---	---	---	---	---	---	---	---	solid	1
24028	C12H15ClN2O	3-chloroadamantyl diazomethyl ketone	52917-86-9	238.717	---	---	---	---	25	1.1696	2	---	---	---	---	---
24029	C12H15ClN4O2S	7-chloro-3-(4-methyl-1-piperazinyl)-4H-1,2	59943-31-6	314.796	---	---	---	---	25	1.3466	2	---	---	---	---	---
24030	C12H15ClO	2-chloro-4-cyclohexylphenol	3964-61-2	210.703	313.65	1	---	---	15	1.1600	1	---	---	---	solid	1
24031	C12H15ClO	4-pentylbenzoyl chloride	49763-65-7	210.703	---	---	---	---	25	1.0360	1	20	1.5300	1	---	---
24032	C12H15ClO	4-chloro-3',4'-dimethylbutyrophenone	74298-66-1	210.703	320.65	1	---	---	20	1.0980	2	---	---	---	solid	1
24033	C12H15ClO2	4-(pentyloxy)benzoyl chloride	36823-84-4	226.702	---	---	---	---	25	1.0870	1	20	1.5434	1	---	---
24034	C12H15ClO3	clofibrate	637-07-0	242.702	---	---	---	---	25	1.1734	2	---	---	---	---	---
24035	C12H15Cl2FN2O	4'-(bis(2-chloroethyl)amino)-2-fluoro aceta	1492-93-9	293.168	---	---	---	---	25	1.2682	2	---	---	---	---	---
24036	C12H15Cl2NO2	alkyrom	5977-35-5	276.162	---	---	398.15	1	25	1.2403	2	---	---	---	---	---
24037	C12H15Cl2NO2	phenacid	10477-72-2	276.162	---	---	398.15	2	25	1.2403	2	---	---	---	---	---
24038	C12H15Cl2NO5S	methylsulfonyl chloramphenicol	15318-45-3	356.226	438.45	1	---	---	25	1.3966	2	---	---	---	solid	1
24039	C12H15FN2O4	1,3-bis(tetrahydro-2-furyl)-5-fluorouracil	62987-05-7	270.261	---	---	---	---	25	1.2650	2	---	---	---	---	---
24040	C12H15F3O2	3-(trifluoroacetyl)-d-camphor	51800-98-7	248.245	---	---	373.65	1	25	1.1810	1	---	1.4510	1	---	---
24041	C12H15HgNO6	hydroxymercuripropanolamide of m-carbox	63868-96-2	469.845	---	---	422.15	2	---	---	---	---	---	---	---	---
24042	C12H15HgNO6	hydroxymercuripropanolamide of p-carbox	63868-98-4	469.845	---	---	422.15	1	---	---	---	---	---	---	---	---
24043	C12H15HgNO6	neptal	26552-50-1	469.845	---	---	422.15	2	---	---	---	---	---	---	---	---
24044	C12H15IO3	p-iodobenzyl isobutyl carbonate	60075-65-2	334.154	---	---	---	---	25	1.5315	2	---	---	---	---	---
24045	C12H15N	N-3-butynyl-N-methylbenzenemethanamin	15240-91-2	173.258	---	---	509.45	2	20	0.9372	1	20	1.5202	1	---	---
24046	C12H15N	alpha-isobutylbenzeneacetonitrile	5558-31-6	173.258	---	---	537.15	1	16	0.9420	1	---	---	---	---	---
24047	C12H15N	2,3,6,7-tetrahydro-1H,5H-benzo[ij]quinolizi	479-59-4	173.258	313.15	1	553.15	dec	20	1.0030	1	25	1.5680	1	solid	1
24048	C12H15N	acetonanil	26780-96-1	173.258	628.15	1	405.15	1	20	0.9653	2	---	---	---	solid	1
24049	C12H15N	1,2-dihydro-2,2,4-trimethylquinoline	147-47-7	173.258	---	---	530.65	1	20	0.9653	2	---	---	---	---	---
24050	C12H15N	1,3,3-trimethyl-2-methyleneindoline	118-12-7	173.258	324.70	1	521.15	1	25	0.9790	1	---	1.5780	1	solid	1
24051	C12H15N2O3PS	baythion	14816-18-3	298.303	278.70	1	---	---	25	1.1760	1	---	---	---	---	---
24052	C12H15N2O3PS	O,O-diethyl-O-2-quinoxalylthiophosphate	13593-03-8	298.303	304.65	1	---	---	---	---	---	---	---	---	solid	1
24053	C12H15N3	N,2,3,5-tetramethyl-6-quinoxalinamine	161697-00-3	201.272	---	---	---	---	25	1.0848	2	---	---	---	---	---
24054	C12H15N3O	4-(2-keto-1-benzimidazolinyl)piperidine	20662-53-7	217.272	457.15	1	---	---	25	1.1366	2	---	---	---	solid	1
24055	C12H15N3O2S	methyl 5-propylthio-2-benzimidazolecarbar	54965-21-8	265.337	482.15	1	---	---	25	1.2496	2	---	---	---	solid	1
24056	C12H15N3O2S2	gludiase	1492-02-0	297.403	436.15	1	---	---	25	1.3050	2	---	---	---	solid	1
24057	C12H15NO	1-benzoylpiperidine	776-75-0	189.258	322.15	1	593.65	1	25	1.0160	2	---	---	---	solid	1
24058	C12H15NO	1-benzyl-4-piperidone	3612-20-2	189.258	---	---	546.03	2	25	1.0210	1	---	1.5400	1	---	---
24059	C12H15NO	2-tert-butyl-6-methylphenyl isocyanate	13680-30-3	189.258	309.15	1	515.15	1	25	1.0160	2	---	---	---	solid	1
24060	C12H15NO	2-ethyl-6-isopropylphenyl isocyanate	102561-41-1	189.258	---	---	514.15	1	25	1.0110	1	---	1.5230	1	---	---
24061	C12H15NO	4-(cyclohexylcarbonyl)pyridine	32921-23-6	189.258	---	---	546.03	2	25	1.0160	2	---	---	---	---	---
24062	C12H15NO	(±)-5-ethyl-5-phenylpyrrolid-2-one	5556-57-0	189.258	---	---	561.15	1	25	1.0160	2	---	---	---	---	---
24063	C12H15NO	4-phenyl-4-piperidinecarboxaldehyde	6952-94-9	189.258	---	---	546.03	2	25	1.0160	2	---	---	---	---	---
24064	C12H15NO2	1-cyclohexyl-2-nitrobenzene	7137-56-6	205.257	318.15	1	435.90	2	23	1.1110	1	25	1.5472	1	solid	1
24065	C12H15NO2	1-cyclohexyl-4-nitrobenzene	5458-48-0	205.257	331.65	1	435.90	2	24	1.1403	2	---	---	---	solid	1
24066	C12H15NO2	(4S,5S)-(-)-4,5-dihydro-4-methoxymethyl-2	52075-14-6	205.257	---	---	353.65	1	25	1.0700	1	---	1.5160	1	---	---
24067	C12H15NO2	2',4'-dimethylacetoacetanilide	97-36-9	205.257	361.15	1	435.90	2	25	1.2400	1	---	---	---	solid	1
24068	C12H15NO2	1-methyl-6,7-dimethoxy-3,4-dihydroisoquin	4721-98-6	205.257	377.65	1	435.90	2	24	1.1403	2	---	---	---	solid	1
24069	C12H15NO2	4-morpholinoacetophenone	39910-98-0	205.257	369.15	1	435.90	2	24	1.1403	2	---	---	---	solid	1
24070	C12H15NO2	acrylic acid 2-(5'-ethyl-2-pyridyl)ethyl ester	122-93-0	205.257	---	---	435.90	2	24	1.1403	2	---	---	---	---	---
24071	C12H15NO2	o-allyloxy-N,N-dimethylbenzamide	63887-52-5	205.257	---	---	435.90	2	24	1.1403	2	---	---	---	---	---
24072	C12H15NO2	diglycidylaniline	32144-31-3	205.257	---	---	435.90	2	24	1.1403	2	---	---	---	---	---
24073	C12H15NO2	N-N-diglycidylaniline	2095-06-9	205.257	---	---	435.90	2	24	1.1403	2	---	---	---	---	---
24074	C12H15NO2	5,6,7,8-tetrahydro-1-naphthyl methylcarbar	1136-84-1	205.257	---	---	518.15	1	24	1.1403	2	---	---	---	---	---
24075	C12H15NO2Si	N-(trimethylsilylmethyl)phthalimide	18042-62-1	233.342	299.15	1	---	---	---	---	---	---	---	---	solid	1
24076	C12H15NO3	carbofuran	1563-66-2	221.256	424.15	1	---	---	25	1.1800	1	---	---	---	solid	1
24077	C12H15NO3	hydrocotarnine	550-10-7	221.256	329.15	1	---	---	25	1.2000	2	---	---	---	solid	1
24078	C12H15NO3	acetoacet-p-phenetidide	122-82-7	221.256	381.65	1	---	---	25	1.2200	1	---	---	---	solid	1
24079	C12H15NO3	o-allyloxy-N-(b-hydroxyethyl)benzamide	63887-17-2	221.256	---	---	---	---	25	1.2000	2	---	---	---	---	---
24080	C12H15NO3	5-((3,5-xylyloxy)methyl)-2-oxazolidinone	1665-48-1	221.256	---	---	---	---	25	1.2000	2	---	---	---	---	---

Table 1 Physical Properties - Organic Compounds

				Mol Wt	Freezing Point		Boiling Point		Density			Refractive Index			State	
NO	FORMULA	NAME	CAS No	g/mol	T_F, K	code	T_B, K	code	T, C	g/cm3	code	T, C	n_D	code	@25C,1 atm	code
24081	C12H15NO3S	N-acetyl-S-benzyl-L-cysteine	19542-77-9	253.322	414.15	1	---	---	25	1.2094	2	---	---	---	solid	1
24082	C12H15NO3S	N-benzoyl-DL-methionine	4703-38-2	253.322	425.15	1	---	---	25	1.2094	2	---	---	---	solid	1
24083	C12H15NO3S	KM-1146	82697-73-2	253.322	---	---	---	---	25	1.2094	2	---	---	---	---	---
24084	C12H15NO4	cotarnine	82-54-2	237.256	405.65	dec	---	---	25	1.1892	2	---	---	---	solid	1
24085	C12H15NO4	g-benzyl L-glutamate	1676-73-9	237.256	437.65	1	---	---	25	1.1892	2	---	---	---	solid	1
24086	C12H15NO4	N-carbobenzyloxy-2-methylalanine	15030-72-5	237.256	351.65	1	---	---	25	1.1892	2	---	---	---	solid	1
24087	C12H15NO4	isopropyl-N-acetoxy-N-phenylcarbamate	4212-94-6	237.256	---	---	---	---	25	1.1892	2	---	---	---	---	---
24088	C12H15NO5	(S)-N-carbobenzyloxy-4-amino-2-hydroxyb	40371-50-4	253.255	350.15	1	---	---	25	1.2347	2	---	---	---	solid	1
24089	C12H15NO5	N-carbobenzyloxy-L-serine methyl ester	1676-81-9	253.255	315.15	1	---	---	25	1.2347	2	---	---	---	solid	1
24090	C12H15NO5	N-carbobenzyloxy-D-serine methyl ester	93204-36-5	253.255	315.15	1	---	---	25	1.2347	2	---	---	---	solid	1
24091	C12H15NO5	N-carbobenzyloxy-L-threonine	19728-63-3	253.255	375.15	1	---	---	25	1.2347	2	---	---	---	solid	1
24092	C12H15NO6S	(+)-N-tosyl-L-glutamic acid	---	301.321	---	---	---	---	25	1.3315	2	---	---	---	---	---
24093	C12H15NO7S	2-nitrophenyl-b-D-thiogalactopyranoside	1158-17-4	317.320	474.65	1	---	---	25	1.3682	2	---	---	---	solid	1
24094	C12H15NO8	4-nitrophenyl-b-D-galactopyranoside	3150-24-1	301.253	452.65	1	---	---	25	1.3572	2	---	---	---	solid	1
24095	C12H15NO8	2-nitrophenyl-b-D-galactopyranoside	369-07-3	301.253	468.15	1	---	---	25	1.3572	2	---	---	---	solid	1
24096	C12H15NO8	4-nitrophenyl-b-D-glucopyranoside	2492-87-7	301.253	439.65	1	---	---	25	1.3572	2	---	---	---	solid	1
24097	C12H15NO8	4-nitrophenyl-a-D-glucopyranoside	3767-28-0	301.253	484.15	1	---	---	25	1.3572	2	---	---	---	solid	1
24098	C12H15N3O3	1,3,5-triallyl-1,3,5-triazine-2,4,6(1H,3H,5H)	1025-15-6	249.270	293.65	1	---	---	20	1.1590	1	---	---	---	---	---
24099	C12H15N3O3	2,4,6-triallyloxy-1,3,5-triazine	101-37-1	249.270	300.55	1	---	---	25	1.1130	1	---	---	---	solid	1
24100	C12H15N3O3	1,3,5-triacryloylhexahydrotriazine	959-52-4	249.270	---	---	---	---	23	1.1360	2	---	---	---	---	---
24101	C12H15N3O5	N2-(g-L-(+)-glutamyl)-4-carboxyphenylhydr	69644-85-5	281.269	---	---	---	---	25	1.3167	2	---	---	---	---	---
24102	C12H15N3O6	1-tert-butyl-3,5-dimethyl-2,4,6-trinitrobenze	81-15-2	297.269	383.15	1	---	---	25	1.3559	2	---	---	---	solid	1
24103	C12H15N3O6	glycidyl isocyanurate	2451-62-9	297.269	---	---	---	---	25	1.3559	2	---	---	---	---	---
24104	C12H15N3O6	teroxirone	59653-73-5	297.269	---	---	---	---	25	1.3559	2	---	---	---	---	---
24105	C12H15N3O6	triglycidyl cyanurate	2589-01-7	297.269	---	---	---	---	25	1.3559	2	---	---	---	---	---
24106	C12H15N5O2	KT 136	28557-25-7	261.285	---	---	---	---	25	1.2729	2	---	---	---	---	---
24107	C12H15N5O5	sangivamycin	18417-89-5	309.283	533.15	1	---	---	25	1.3925	2	---	---	---	solid	1
24108	C12H15O2N	acetoacet-m-xylidide	---	205.257	362.65	1	---	---	25	1.0902	2	---	---	---	solid	1
24109	C12H15O3P	propyl-2-propynylphenylphosphonate	18705-22-1	238.223	---	---	---	---	---	---	---	---	---	---	---	---
24110	C12H15P	diallylphenylphosphine	29949-75-5	190.225	---	---	---	---	25	0.9690	1	---	1.5680	1	---	---
24111	C12H16	cyclohexylbenzene	827-52-1	160.259	280.14	1	513.27	1	25	0.9390	1	25	1.5239	1	liquid	1
24112	C12H16	1-ethyl-[1,2,3,4-tetrahydronaphthalene]	13556-58-6	160.259	243.57	2	512.72	1	25	0.9494	1	25	1.5298	1	liquid	1
24113	C12H16	2-ethyl-[1,2,3,4-tetrahydronaphthalene]	32367-54-7	160.259	224.75	1	515.75	1	25	0.9383	1	25	1.5231	1	liquid	1
24114	C12H16	5-ethyl-1,2,3,4-tetrahydronaphthalene	42775-75-7	160.259	228.65	1	518.15	1	20	0.9730	1	20	1.5400	1	liquid	1
24115	C12H16	6-ethyl-1,2,3,4-tetrahydronaphthalene	22531-20-0	160.259	203.15	1	517.15	1	17	0.9632	1	16	1.5414	1	liquid	1
24116	C12H16	1,2,3,4-tetrahydro-1,3-dimethylnaphthalen	5195-37-9	160.259	253.92	2	507.15	1	20	0.9400	1	20	1.5250	1	liquid	1
24117	C12H16	1,2,3,4-tetrahydro-1,4-dimethylnaphthalen	4175-54-6	160.259	253.92	2	499.15	1	20	0.9400	1	20	1.5250	1	liquid	1
24118	C12H16	1,2,3,4-tetrahydro-1,5-dimethylnaphthalen	21564-91-0	160.259	253.92	2	512.15	1	20	0.9410	1	20	1.5260	1	liquid	1
24119	C12H16	1,2,3,4-tetrahydro-2,2-dimethylnaphthalen	13556-55-3	160.259	253.92	2	503.15	1	20	0.9350	1	20	1.5200	1	liquid	1
24120	C12H16	1,2,3,4-tetrahydro-2,3-dimethylnaphthalen	21564-92-1	160.259	270.65	1	506.74	2	20	0.9400	1	20	1.5230	1	liquid	2
24121	C12H16	1,2,3,4-tetrahydro-2,5-dimethylnaphthalen	25419-37-8	160.259	253.92	2	509.15	1	20	0.9460	1	20	1.5260	1	liquid	1
24122	C12H16	1,2,3,4-tetrahydro-2,6-dimethylnaphthalen	7524-63-2	160.259	293.15	1	513.15	1	20	0.9410	1	20	1.5260	1	liquid	1
24123	C12H16	1,2,3,4-tetrahydro-2,7-dimethylnaphthalen	13065-07-1	160.259	253.92	2	510.15	1	20	0.9410	1	20	1.5260	1	liquid	1
24124	C12H16	1,2,3,4-tetrahydro-2,8-dimethylnaphthalen	25419-36-7	160.259	253.92	2	509.15	1	20	0.9410	1	20	1.5260	1	liquid	1
24125	C12H16	1,2,3,4-tetrahydro-5,6-dimethylnaphthalen	20027-77-4	160.259	253.92	2	525.15	1	20	0.9750	1	20	1.5520	1	liquid	1
24126	C12H16	1,2,3,4-tetrahydro-5,7-dimethylnaphthalen	21693-54-9	160.259	267.15	1	526.15	1	20	0.9583	1	20	1.5405	1	liquid	1
24127	C12H16	1,2,3,4-tetrahydro-5,8-dimethylnaphthalen	14108-88-4	160.259	271.05	1	527.15	1	20	0.9670	1	20	1.5470	1	liquid	1
24128	C12H16	1,2,3,4-tetrahydro-6,7-dimethylnaphthalen	1076-61-5	160.259	283.15	1	525.15	1	20	0.9540	1	20	1.5380	1	liquid	1
24129	C12H16	1,2,3,4-tetrahydro-1,1-dimethylnaphthalen	1985-59-7	160.259	253.92	2	494.15	1	20	0.9500	1	20	1.5292	1	liquid	1
24130	C12H16	1,2,3,4-tetrahydro-1,2-dimethylnaphthalen	5195-40-4	160.259	253.92	2	508.15	1	20	0.9470	1	20	1.5286	1	liquid	1
24131	C12H16	1-butyl-1,3,5,7-cyclooctatetraene	13402-37-4	160.259	---	---	506.74	2	25	0.8876	1	25	1.5083	1	---	---
24132	C12H16	2,3-dihydro-1,1,5-trimethyl-1H-indene	40650-41-7	160.259	271.00	2	506.74	2	20	0.9119	1	20	1.5126	1	liquid	2
24133	C12H16	2,3-dihydro-1,4,7-trimethyl-1H-indene	54340-87-3	160.259	271.00	2	506.74	2	20	0.9380	1	20	1.5252	1	liquid	2
24134	C12H16	2-hexenylbenzene	67590-77-6	160.259	242.55	2	506.74	2	16	0.8898	1	16	1.5058	1	liquid	2
24135	C12H16	3-hexenylbenzene	35008-86-7	160.259	242.55	2	495.15	1	20	0.8790	1	20	1.5039	1	liquid	1
24136	C12H16	5-hexenylbenzene	1588-44-9	160.259	242.55	2	489.15	1	20	0.8839	1	20	1.5033	1	liquid	1
24137	C12H16	p-isopropenylisopropylbenzene	2388-14-9	160.259	242.55	1	493.95	1	20	0.8936	1	20	1.5238	1	liquid	1
24138	C12H16	(1-methyl-1-pentenyl)benzene	20247-89-6	160.259	242.55	2	496.15	1	20	0.9100	1	20	1.5200	1	liquid	1
24139	C12H16	4-tert-butylstyrene	1746-23-2	160.259	236.25	1	500.00	2	25	0.8750	1	---	1.5260	1	---	---
24140	C12H16	methylcyclopentadiene dimer	26472-00-4	160.259	220.00	1	473.00	1	25	0.9400	1	---	1.4980	1	liquid	1
24141	C12H16	2-(2,4,6-trimethylphenyl)propene	14679-13-1	160.259	241.65	1	474.75	1	25	0.8850	1	---	1.5130	1	liquid	1
24142	C12H16AsCl2NS2	2-(p-bis(2-chloroethyl)aminophenyl)-1,3,2-	5185-77-3	384.225	---	---	---	---	---	---	---	---	---	---	---	---
24143	C12H16BrNO	1-[2-(4-bromophenoxy)ethyl]pyrrolidine	1081-73-8	270.169	---	---	---	---	25	1.3040	1	---	1.5570	1	---	---
24144	C12H16BrNO4S	(S)-N-boc-2-(5-bromothienyl)alanine	190319-95-0	350.234	343.45	1	---	---	25	1.4628	2	---	---	---	solid	1
24145	C12H16BrNO4S	(R)-N-boc-2-(5-bromothienyl)alanine	261380-16-9	350.234	341.95	1	---	---	25	1.4628	2	---	---	---	solid	1
24146	C12H16ClNO2	2-(4-chloro-2-methylphenoxy)-N,N-dimethy	13791-92-9	241.717	---	---	429.65	2	25	1.1512	2	---	---	---	---	---
24147	C12H16ClNO2	3-(1-methylpropyl)-6-chlorophenyl methylc	2917-19-3	241.717	---	---	429.65	1	25	1.1512	2	---	---	---	---	---
24148	C12H16ClNO3	dimethylaminoethyl-4-chlorophenoxyacetic	51-68-3	257.717	---	---	---	---	25	1.1954	2	---	---	---	---	---
24149	C12H16ClNO3Si	1-(p-chlorophenyl)-2,8,9-trioxa-5-aza-1-sila	29025-67-0	285.802	---	---	---	---	---	---	---	---	---	---	---	---
24150	C12H16ClNOS	thiobencarb	28249-77-6	257.784	274.85	1	---	---	20	1.1600	1	---	---	---	---	---
24151	C12H16Cl2N2O	4'-(bis(2-chloroethyl)amino)acetanilide	1215-16-3	275.177	---	---	---	---	25	1.2187	2	---	---	---	---	---
24152	C12H16Cl2N2O	1-butyl-3-(3,4-dichlorophenyl)-1-methylure	555-37-3	275.177	375.40	1	---	---	25	1.2187	2	---	---	---	solid	1
24153	C12H16Cl2NO6P	phosphoric acid, bis(2-chloropropyl) p-nitro	14663-72-0	372.141	---	---	---	---	---	---	---	---	---	---	---	---
24154	C12H16Cl2NO6P	phosphoric acid, bis(3-chloropropyl) p-nitro	14663-71-9	372.141	---	---	---	---	---	---	---	---	---	---	---	---
24155	C12H16F3N	fenfluramine	458-24-2	231.262	443.15	1	---	---	25	1.0950	2	---	---	---	solid	1
24156	C12H16HgO2	(acetato)(2,3,5,6-tetramethylphenyl)mercu	21450-81-7	392.848	---	---	---	---	---	---	---	---	---	---	---	---
24157	C12H16N2	N,N-dimethyl-1H-indole-3-ethanamine	61-50-7	188.273	319.15	1	---	---	25	1.0133	2	---	---	---	solid	1
24158	C12H16N2O	caulophylline	486-86-2	204.272	410.15	1	---	---	25	1.0672	2	---	---	---	solid	1
24159	C12H16N2O	3-[2-(dimethylamino)ethyl]-1H-indol-5-ol	487-93-4	204.272	419.65	1	---	---	25	1.0672	2	---	---	---	solid	1
24160	C12H16N2O	5-methoxygramine	16620-52-3	204.272	399.15	1	---	---	25	1.0672	2	---	---	---	solid	1

Table 1 Physical Properties - Organic Compounds

				Mol Wt	Freezing Point		Boiling Point		Density			Refractive Index			State	
NO	FORMULA	NAME	CAS No	g/mol	T_F, K	code	T_B, K	code	T, C	g/cm3	code	T, C	n_D	code	@25C,1 atm	code
24161	C12H16N2O	4-piperazinoacetophenone	51639-48-6	204.272	382.65	1	---	---	25	1.0672	2	---	---	---	solid	1
24162	C12H16N2O	damantoyldiazomethane	5934-69-0	204.272	---	---	---	---	25	1.0672	2	---	---	---	---	---
24163	C12H16N2O	4-hydroxy-N,N-dimethyltryptamine	520-53-6	204.272	447.65	dec	---	---	25	1.0672	2	---	---	---	solid	1
24164	C12H16N2O2	1-acetyl-4-(4-hydroxyphenyl)piperazine	67914-60-7	220.272	455.65	1	---	---	25	1.1180	2	---	---	---	solid	1
24165	C12H16N2O2	1-Z-piperazine	31166-44-6	220.272	---	---	---	---	25	1.1420	1	---	1.5460	1	---	---
24166	C12H16N2O2	1-piperonylpiperazine	32231-06-4	220.272	312.15	1	---	---	25	1.1180	2	---	---	---	solid	1
24167	C12H16N2O2	4-dimethylamino-3,5-xylyl methylcarbamate	315-18-4	220.272	362.06	1	---	---	25	1.1180	2	---	---	---	solid	1
24168	C12H16N2O2	p-amidinobenzoic acid butyl ester	---	220.272	---	---	---	---	25	1.1180	2	---	---	---	---	---
24169	C12H16N2O2	phenylacetylglycine dimethylamide	25439-20-7	220.272	---	---	---	---	25	1.1180	2	---	---	---	---	---
24170	C12H16N2O3	cyclobarbital	52-31-3	236.271	446.15	1	---	---	25	1.1659	2	---	---	---	solid	1
24171	C12H16N2O3	hexobarbital	56-29-1	236.271	419.65	1	---	---	25	1.1659	2	---	---	---	solid	1
24172	C12H16N2O3	D-(-)-carbanilic acid (1-ethylcarbamoyl)eth	16118-49-3	236.271	---	---	---	---	25	1.1659	2	---	---	---	---	---
24173	C12H16N2O5	1-tert-butyl-2-methoxy-4-methyl-3,5-dinitro	83-66-9	268.270	358.15	1	---	---	25	1.2543	2	---	---	---	solid	1
24174	C12H16N2O6	2',3'-O-isopropylideneuridine	362-43-6	284.269	437.65	1	---	---	25	1.2951	2	---	---	---	solid	1
24175	C12H16N2S	5,6-dihydro-2-(2,6-xylidino)-4H-1,3-thiazine	7361-61-7	220.339	---	---	---	---	25	1.0942	2	---	---	---	---	---
24176	C12H16N3O2	2-(bicyclo(2.2.1)hept-2-ylidenemethyl)-1-m	97945-32-9	234.279	---	---	---	---	25	1.1640	2	---	---	---	---	---
24177	C12H16N3O2S	oxythiamine	136-16-3	266.345	---	---	---	---	25	1.2283	2	---	---	---	---	---
24178	C12H16N3O3PS	triazofos	24017-47-8	313.318	276.65	1	533.15	1	25	1.2500	1	---	---	---	liquid	1
24179	C12H16N3O3PS2	azinphos-ethyl	2642-71-9	345.384	325.30	1	384.15	1	25	1.2840	1	---	---	---	solid	1
24180	C12H16N4O	3-amino-4-(2-(2,6-xylyloxy)ethyl)-4H-1,2,4-	5369-84-6	232.286	---	---	---	---	25	1.1620	2	---	---	---	---	---
24181	C12H16N4O2S2	glipasol	535-65-9	312.418	495.15	1	---	---	25	1.3202	2	---	---	---	solid	1
24182	C12H16N4O4	4,4'-azobis(4-cyanovaleric acid)	2638-94-0	280.285	398.15	1	---	---	25	1.2931	2	---	---	---	solid	1
24183	C12H16N4O18	collodion	9004-70-0	504.276	---	---	---	---	25	1.7072	2	---	---	---	---	---
24184	C12H16N6O5	adenosine-5'-(N-ethyl)carboxamide-N'-oxid	72209-27-9	324.298	---	---	---	---	25	1.4047	2	---	---	---	---	---
24185	C12H16N6O5	adenosine-5'-(N-(2-hydroxyethyl))carboxar	35788-28-4	324.298	---	---	---	---	25	1.4047	2	---	---	---	---	---
24186	C12H16O	1-(4-tert-butylphenyl)ethanone	943-27-1	176.258	290.85	1	536.15	1	20	0.9635	1	15	1.5180	1	liquid	1
24187	C12H16O	1-(2-methyl-5-isopropylphenyl)ethanone	1202-08-0	176.258	---	---	522.65	1	20	0.9560	1	20	1.5181	1	---	---
24188	C12H16O	3-methyl-1-(2-methylphenyl)-1-butanone	58138-81-1	176.258	---	---	521.15	1	20	0.9578	1	20	1.5104	1	---	---
24189	C12H16O	3-methyl-1-(4-methylphenyl)-1-butanone	61971-91-3	176.258	---	---	532.15	1	20	0.9560	1	20	1.5081	1	---	---
24190	C12H16O	3-methyl-1-phenyl-2-pentanone	27993-42-6	176.258	---	---	534.40	2	20	0.9640	1	20	1.5019	1	---	---
24191	C12H16O	4-methyl-1-phenyl-1-pentanone	2050-07-9	176.258	272.15	1	528.65	1	15	0.9623	1	20	1.5330	1	liquid	1
24192	C12H16O	1-phenyl-1-hexanone	942-92-7	176.258	300.15	1	538.15	1	20	0.9576	1	25	1.5027	1	solid	1
24193	C12H16O	2-phenyl-3-hexanone	65248-43-3	176.258	---	---	514.15	1	25	0.9410	1	25	1.4988	1	---	---
24194	C12H16O	3-phenyl-2-hexanone	6306-30-5	176.258	---	---	508.65	1	25	0.9700	1	20	1.5020	1	---	---
24195	C12H16O	(cyclohexyloxy)benzene	2206-38-4	176.258	---	---	534.15	1	20	1.0077	1	22	1.5200	1	---	---
24196	C12H16O	2-cyclohexylphenol	119-42-6	176.258	329.65	1	534.40	2	21	0.9755	2	---	---	---	solid	1
24197	C12H16O	4-cyclohexylphenol	1131-60-8	176.258	406.15	1	567.15	1	21	0.9755	2	---	---	---	solid	1
24198	C12H16O	1-phenylcyclohexanol	1589-60-2	176.258	336.65	1	534.40	2	16	1.0350	1	16	1.5415	1	solid	1
24199	C12H16O	cis-2-phenylcyclohexanol, (±)	40960-73-4	176.258	314.65	1	534.40	2	16	1.0350	1	16	1.5415	1	solid	1
24200	C12H16O	trans-2-phenylcyclohexanol, (±)	40960-69-8	176.258	329.65	1	534.40	2	21	0.9755	2	---	---	---	solid	1
24201	C12H16O	4-tert-butoxystyrene	95418-58-9	176.258	235.25	1	534.40	2	25	0.9360	1	---	1.5240	1	liquid	2
24202	C12H16O	4'-butylacetophenone	37920-25-5	176.258	---	---	534.40	2	25	0.9570	1	---	1.5170	1	---	---
24203	C12H16O	pentamethylbenzaldehyde	17432-38-1	176.258	421.65	1	534.40	2	21	0.9755	2	---	---	---	solid	1
24204	C12H16O	2-phenyl cyclohexanol	1444-64-0	176.258	---	---	551.65	1	25	1.0330	1	---	---	---	---	---
24205	C12H16O	(±)-trans-2-phenyl-1-cyclohexanol	2362-61-0	176.258	327.15	1	534.40	2	21	0.9755	2	---	---	---	solid	1
24206	C12H16O	(1S,2R)-(+)-trans-2-phenyl-1-cyclohexanol	34281-92-0	176.258	338.15	1	551.65	1	21	0.9755	2	---	---	---	solid	1
24207	C12H16O	(1R,2S)-trans-2-phenyl-1-cyclohexanol	98919-68-7	176.258	338.15	1	551.65	1	21	0.9755	2	---	---	---	solid	1
24208	C12H16O	benzyl isobutyl ketone	5349-62-2	176.258	---	---	523.70	1	21	0.9755	2	---	---	---	---	---
24209	C12H16O	5,7,11-dodecatriyn-1-ol	76379-66-3	176.258	---	---	534.40	2	21	0.9755	2	---	---	---	---	---
24210	C12H16O2	benzenehexanoic acid	5581-75-9	192.258	296.15	1	516.50	2	20	1.0039	2	21	1.5164	1	liquid	2
24211	C12H16O2	benzyl 3-methylbutanoate	103-38-8	192.258	---	---	518.15	1	15	0.9983	1	20	1.4884	1	---	---
24212	C12H16O2	alpha-butylbenzeneacetic acid	24716-09-4	192.258	---	---	516.50	2	19	1.0225	1	19	1.5071	1	---	---
24213	C12H16O2	butyl 3-methylbenzoate	6640-77-3	192.258	---	---	535.45	1	20	1.0040	1	20	1.4950	1	---	---
24214	C12H16O2	3-methylbutyl benzoate	94-46-2	192.258	---	---	534.15	1	15	0.9930	1	---	---	---	---	---
24215	C12H16O2	pentyl benzoate	2049-96-9	192.258	---	---	516.50	2	20	1.0039	2	---	---	---	---	---
24216	C12H16O2	beta-ethyl-beta-methylhydrocinnamic acid	105401-59-0	192.258	557.15	1	---	---	25	1.0500	1	25	1.5197	1	solid	1
24217	C12H16O2	isobutyl phenylacetate	102-13-6	192.258	---	---	520.15	1	18	0.9990	1	---	---	---	---	---
24218	C12H16O2	isopropyl 3-phenylpropanoate	22767-95-9	192.258	---	---	516.50	2	25	0.9860	1	---	---	---	---	---
24219	C12H16O2	1-(3-methoxyphenyl)-1-pentanone	20359-55-1	192.258	---	---	516.50	2	20	1.0120	1	31	1.5242	1	---	---
24220	C12H16O2	methyl alpha,alpha-dimethylbenzenepropa	14248-22-7	192.258	---	---	516.50	2	25	1.0043	1	25	1.4945	1	---	---
24221	C12H16O2	2-methyl-5-isopropylphenyl acetate	6380-28-5	192.258	---	---	519.65	1	25	0.9896	1	28	1.4913	1	---	---
24222	C12H16O2	5-methyl-2-isopropylphenyl acetate	528-79-0	192.258	---	---	518.15	1	9	1.0090	1	---	---	---	---	---
24223	C12H16O2	pentamethylbenzoic acid	2243-32-5	192.258	483.65	1	516.50	2	20	1.0039	2	---	---	---	solid	1
24224	C12H16O2	2-phenylethyl 2-methylpropanoate	103-48-0	192.258	---	---	523.15	1	15	0.9950	1	20	1.4871	1	---	---
24225	C12H16O2	beta-propylbenzenepropanoic acid	5703-52-6	192.258	---	---	516.50	2	25	1.0250	1	---	1.5078	1	---	---
24226	C12H16O2	methyl 4-tert-butylbenzoate	26537-19-9	192.258	---	---	516.50	2	25	0.9920	1	---	1.5100	1	---	---
24227	C12H16O2	4-pentylbenzoic acid	26311-45-5	192.258	359.65	1	533.85	1	14	0.9920	1	---	---	---	solid	1
24228	C12H16O2	4-phenylbut-2-yl acetate	10415-88-0	192.258	---	---	516.50	2	25	0.9900	1	---	---	---	---	---
24229	C12H16O2	4'-butoxyacetophenone	5736-89-0	192.258	---	---	445.15	1	20	1.0039	2	---	---	---	---	---
24230	C12H16O2	benzyldimethyl carbinyl acetate	151-05-3	192.258	---	---	516.50	2	20	1.0039	2	---	---	---	---	---
24231	C12H16O2	butylbenzeneacetate	122-43-0	192.258	---	---	516.50	2	20	1.0039	2	---	---	---	---	---
24232	C12H16O2	dihydronordicyclopentadienyl acetate	5413-60-5	192.258	---	---	516.50	2	20	1.0039	2	---	---	---	---	---
24233	C12H16O2	dimethyl benzyl carbinyl acetate	---	192.258	---	---	516.50	2	20	1.0039	2	---	---	---	---	---
24234	C12H16O2	hydrocinnamyl propionate	122-74-7	192.258	---	---	517.15	1	20	1.0039	2	---	---	---	---	---
24235	C12H16O2	4-isobutylphenylacetic acid	1553-60-2	192.258	359.15	1	516.50	2	20	1.0039	2	---	---	---	solid	1
24236	C12H16O2	4-isopropylbenzyl acetate	59230-57-8	192.258	---	---	516.50	2	20	1.0039	2	---	---	---	---	---
24237	C12H16O2	phenylethyl butyrate	103-52-6	192.258	---	---	516.50	2	20	1.0039	2	---	---	---	---	---
24238	C12H16O3	1,2,4-trimethoxy-5-(1-propenyl)benzene	494-40-6	208.257	340.15	1	569.15	1	20	1.1650	1	20	1.5683	1	solid	1
24239	C12H16O3	butyl 4-methoxybenzoate	6946-35-6	208.257	---	---	546.50	2	16	1.0540	1	16	1.5141	1	---	---
24240	C12H16O3	1-(2,4-dihydroxyphenyl)-1-hexanone	3144-54-5	208.257	330.15	1	616.15	1	23	1.0595	2	---	---	---	solid	1

Table 1 Physical Properties - Organic Compounds

				Mol Wt	Freezing Point		Boiling Point		Density			Refractive Index			State	
NO	FORMULA	NAME	CAS No	g/mol	T_F, K	code	T_B, K	code	T, C	g/cm3	code	T, C	n_D	code	@25C,1 atm	code
24241	C12H16O3	ethyl 4-phenoxybutanoate	2364-59-2	208.257	---	---	546.50	2	33	1.0475	1	35	1.4910	1	---	---
24242	C12H16O3	isopentyl salicylate	87-20-7	208.257	---	---	551.15	1	20	1.0535	1	20	1.5080	1	---	---
24243	C12H16O3	2-methoxyphenyl pentanoate	531-39-5	208.257	---	---	538.15	1	25	1.0500	1	---	---	---	---	---
24244	C12H16O3	pentyl 3-(2-furyl)acrylate	2438-19-9	208.257	---	---	546.50	2	20	1.0322	1	14	1.5289	1	---	---
24245	C12H16O3	pentyl salicylate	2050-08-0	208.257	---	---	543.15	1	15	1.0640	1	20	1.5060	1	---	---
24246	C12H16O3	2-phenoxyethyl butanoate	23511-70-8	208.257	---	---	524.15	1	21	1.0388	1	---	---	---	---	---
24247	C12H16O3	4-n-amyloxybenzoic acid	15872-41-0	208.257	399.15	1	546.50	2	23	1.0595	2	---	---	---	solid	1
24248	C12H16O3	a-asarone	2883-98-9	208.257	335.15	1	569.15	1	23	1.0595	2	---	---	---	solid	1
24249	C12H16O3	2,2-diethoxyacetophenone	6175-45-7	208.257	---	---	546.50	2	25	1.0320	1	---	1.5000	1	---	---
24250	C12H16O3	4-(diethoxymethyl)benzaldehyde	81172-89-6	208.257	---	---	546.50	2	25	1.0470	1	---	1.5060	1	---	---
24251	C12H16O3	2,4-diethoxy-m-tolualdehyde	162976-08-1	208.257	305.65	1	546.50	2	25	1.0550	1	---	1.5350	1	solid	1
24252	C12H16O3	2,2-dimethyl-3-hydroxy-3-(p-tolyl)propionic	---	208.257	387.65	1	546.50	2	23	1.0595	2	---	---	---	solid	1
24253	C12H16O3	ethyl (R)-(-)-2-hydroxy-4-phenylbutyrate	90315-82-5	208.257	---	---	485.15	1	25	1.0750	1	---	1.5040	1	---	---
24254	C12H16O3	cis-b-asarone	5273-86-9	208.257	---	---	546.50	2	23	1.0595	2	---	---	---	---	---
24255	C12H16O3	p-methoxybenzyl butyrate	14617-95-9	208.257	---	---	540.15	1	23	1.0595	2	---	---	---	---	---
24256	C12H16O3	oudenone	31323-50-9	208.257	350.65	1	528.65	1	23	1.0595	2	---	---	---	solid	1
24257	C12H16O3	phenoxyethyl isobutyrate	103-60-6	208.257	---	---	546.50	2	23	1.0595	2	---	---	---	---	---
24258	C12H16O4	isobutyl 4-hydroxy-3-methoxybenzoate	7152-88-7	224.257	329.65	1	486.15	2	25	1.1226	2	---	---	---	solid	1
24259	C12H16O4	benzo-12-crown-4	14174-08-4	224.257	322.15	1	486.15	2	25	1.1226	2	---	---	---	solid	1
24260	C12H16O4	4-(3,4-dimethoxyphenyl)butyric acid	13575-74-1	224.257	335.65	1	486.15	2	25	1.1226	2	---	---	---	solid	1
24261	C12H16O4	2,2-dimethyl-3-hydroxy-3-(p-methoxypheny	64284-35-1	224.257	389.15	1	486.15	2	25	1.1226	2	---	---	---	solid	1
24262	C12H16O4	ethyl 2,5-dimethoxyphenylacetate	66469-86-1	224.257	---	---	486.15	2	25	1.1200	1	---	1.5130	1	---	---
24263	C12H16O4	3-(allyloxyphenoxy)-1,2-propanediol	6452-54-6	224.257	---	---	486.15	2	25	1.1226	2	---	---	---	---	---
24264	C12H16O4	crotylidene dicrotonate	10141-07-8	224.257	---	---	486.15	2	25	1.1226	2	---	---	---	---	---
24265	C12H16O4	monobenzalpentaerythritol	2425-41-4	224.257	---	---	486.15	2	25	1.1226	2	---	---	---	---	---
24266	C12H16O4	piperonal diethyl acetal	40527-42-2	224.257	---	---	486.15	1	25	1.1226	2	---	---	---	---	---
24267	C12H16O4S2	malotilate	59937-28-9	288.389	333.65	1	---	---	25	1.2490	2	---	---	---	solid	1
24268	C12H16O5	3-(3,4,5-trimethoxyphenyl)propionic acid	25173-72-2	240.256	375.65	1	---	---	25	1.1698	2	---	---	---	solid	1
24269	C12H16O6	phenyl-b-D-glucopyranoside	1464-44-4	256.255	450.15	1	---	---	25	1.2145	2	---	---	---	solid	1
24270	C12H16O6	phenyl-b-D-galactopyranoside	2818-58-8	256.255	427.15	1	---	---	25	1.2145	2	---	---	---	solid	1
24271	C12H16O7	4-hydroxyphenyl-beta-D-glucopyranoside	497-76-7	272.255	472.65	1	---	---	25	1.2569	2	---	---	---	solid	1
24272	C12H16O7	tri-O-acetyl-D-glucal	2873-29-2	272.255	325.15	1	---	---	25	1.2569	2	---	---	---	solid	1
24273	C12H16O8	1,6-anhydro-b-D-glucose-2,3,4-tri-O-acetat	13242-55-2	288.254	384.15	1	---	---	25	1.2971	2	---	---	---	solid	1
24274	C12H16O17Pb3	lead(ii) citrate trihydrate	512-26-5	1053.849	---	---	---	---	---	---	---	---	---	---	---	---
24275	C12H16Si	1H-inden-1-yltrimethylsilane	18053-75-3	188.344	---	---	---	---	25	0.9400	1	---	1.5430	1	---	---
24276	C12H17Br	1-bromo-4-n-hexylbenzene	23703-22-2	241.171	---	---	549.00	2	25	1.1959	2	---	---	---	---	---
24277	C12H17BrN3O3PS	bay 75546	7682-90-8	394.230	---	---	---	---	---	---	---	---	---	---	---	---
24278	C12H17BrO	1-bromo-4-(hexyloxy)benzene	30752-19-3	257.170	---	---	---	---	20	1.2306	1	20	1.5262	1	---	---
24279	C12H17BrO2	1-bromo-3-adamantyl hydroxymethyl keton	73599-91-4	273.170	---	---	526.15	1	25	1.2832	2	---	---	---	---	---
24280	C12H17Cl	pentamethylbenzyl chloride	484-65-1	196.719	355.65	1	510.00	2	25	0.9885	2	---	---	---	solid	1
24281	C12H17ClN2O2	2-(p-chlorophenoxy)-N-(2-(dimethylamino)	1145-90-0	256.732	---	---	517.65	1	25	1.1738	2	---	---	---	---	---
24282	C12H17ClN4	myclobutanil	88671-89-0	252.747	338.65	1	---	---	25	1.1702	2	---	---	---	solid	1
24283	C12H17ClN4OS	vitamin B1	59-43-8	300.813	---	---	398.15	1	25	1.4000	1	---	---	---	---	---
24284	C12H17ClO	4-chloro-2-hexylphenol	18979-94-7	212.719	---	---	---	---	25	1.0396	2	---	---	---	---	---
24285	C12H17ClO2	1-chloro-3-adamantyl hydroxymethyl keton	73599-90-3	228.718	---	---	533.15	2	25	1.0879	2	---	---	---	---	---
24286	C12H17ClO2	2-(p-chlorophenyl)-4-methylpentane-2,4-di	15687-18-0	228.718	---	---	533.15	1	25	1.0879	2	---	---	---	---	---
24287	C12H17Cl2NO2	N,N-bis(2-chloroethyl)-2,3-dimethoxyanilin	4213-41-6	278.178	---	---	525.15	1	25	1.2007	2	---	---	---	---	---
24288	C12H17Cl2NO3	meclofenoxate hydrochloride	3685-84-5	294.177	408.15	1	---	---	25	1.2397	2	---	---	---	solid	1
24289	C12H17IO2	hydroxymethyl 1-iodo-3-adamantyl ketone	73599-92-5	320.170	---	---	---	---	25	1.4449	2	---	---	---	---	---
24290	C12H17KO4	(2R,3S)-1-carboxy-4-pentyl-2,3-dihydroxyc	---	264.363	---	---	---	---	---	---	---	---	---	---	---	---
24291	C12H17N	1-benzylpiperidine	2905-56-8	175.274	---	---	518.15	1	16	0.9625	1	20	1.5227	1	---	---
24292	C12H17N	2-benzylpiperidine	32838-55-4	175.274	305.15	1	540.65	1	25	0.9660	1	---	---	---	solid	1
24293	C12H17N	4-benzylpiperidine	31252-42-3	175.274	289.95	1	543.15	1	20	0.9970	1	25	1.5337	1	liquid	1
24294	C12H17N	N-cyclohexylaniline	1821-36-9	175.274	289.15	1	552.15	1	20	1.0155	1	20	1.5610	1	liquid	1
24295	C12H17N	4-cyclohexylaniline	6373-50-8	175.274	327.65	1	439.15	1	20	0.9853	2	---	---	---	solid	1
24296	C12H17N	2-methyl-1-phenylpiperidine	14142-16-6	175.274	---	---	518.65	2	20	0.9853	2	---	---	---	---	---
24297	C12H17NO	N-butyl-N-phenylacetamide	91-49-6	191.273	297.65	1	554.15	1	20	0.9912	1	20	1.5146	1	liquid	1
24298	C12H17NO	N,N-diethyl-3-methylbenzamide	134-62-3	191.273	---	---	551.15	2	20	0.9960	1	20	1.5212	1	---	---
24299	C12H17NO	N-phenylhexanamide	621-15-8	191.273	368.15	1	551.15	2	25	1.1120	1	---	---	---	solid	1
24300	C12H17NO	1-benzyl-4-hydroxypiperidine	4727-72-4	191.273	335.65	1	551.15	2	23	1.0422	2	---	---	---	solid	1
24301	C12H17NO	4-benzyl-4-hydroxypiperidine	51135-96-7	191.273	355.65	1	551.15	2	23	1.0422	2	---	---	---	solid	1
24302	C12H17NO	(R)-(-)-1-benzyl-3-hydroxypiperidine	91599-81-4	191.273	---	---	548.15	1	25	1.0700	1	---	1.5470	1	---	---
24303	C12H17NO	N-benzyl-l-prolinol	53912-80-4	191.273	---	---	551.15	2	25	1.0800	1	---	1.5410	1	---	---
24304	C12H17NO	N,N-diethyl-2-phenylacetamide	2431-96-1	191.273	---	---	551.15	2	25	1.0040	1	---	1.5220	1	---	---
24305	C12H17NO	2-cis-hydroxymethyl-4-trans-phenyl-1-cycl	---	191.273	392.15	1	551.15	2	23	1.0422	2	---	---	---	solid	1
24306	C12H17NO	(R)-(-)-2-(2-isoindolinyl)butan-1-ol	135711-18-1	191.273	330.65	1	551.15	2	23	1.0422	2	---	---	---	solid	1
24307	C12H17NO	N-pivaloyl-o-toluidine	61495-04-3	191.273	386.15	1	551.15	2	23	1.0422	2	---	---	---	solid	1
24308	C12H17NO	p-amino caprophenone	38237-76-2	191.273	---	---	551.15	2	23	1.0422	2	---	---	---	---	---
24309	C12H17NO	N,N-diethyl-o-toluamide	2728-04-3	191.273	---	---	551.15	2	23	1.0422	2	---	---	---	---	---
24310	C12H17NO	5,5-dimethyl-2-phenylmorpholine	42013-48-9	191.273	---	---	551.15	2	23	1.0422	2	---	---	---	---	---
24311	C12H17NO	4-heptanoylpyridine	32941-30-3	191.273	---	---	551.15	2	23	1.0422	2	---	---	---	---	---
24312	C12H17NO2	promecarb	2631-37-0	207.273	360.15	1	---	---	25	1.0506	2	---	---	---	solid	1
24313	C12H17NO2	4-butoxyacetanilide	23563-26-0	207.273	384.15	1	---	---	25	1.0506	2	---	---	---	solid	1
24314	C12H17NO2	2-(1-methylpropyl)phenyl methylcarbamate	3766-81-2	207.273	304.90	1	---	---	25	1.0506	2	---	---	---	solid	1
24315	C12H17NO2	b-acetoxy-N,N-dimethylphenethylamine	66827-45-0	207.273	---	---	---	---	25	1.0506	2	---	---	---	---	---
24316	C12H17NO2	o-sec-butylphenyl carbamate	61005-12-7	207.273	---	---	---	---	25	1.0506	2	---	---	---	---	---
24317	C12H17NO2	m-sec-butylphenyl-N-methylcarbamate	673-19-8	207.273	---	---	---	---	25	1.0506	2	---	---	---	---	---
24318	C12H17NO2	3-tert-butylphenyl N-methylcarbamate	780-11-0	207.273	---	---	---	---	25	1.0506	2	---	---	---	---	---
24319	C12H17NO2	N-butyl-1,2,3,6-tetrahydronaphthalimide	2021-19-4	207.273	---	---	---	---	25	1.0506	2	---	---	---	---	---
24320	C12H17NO2	N,N-diethyl-a-hydroxybenzeneacetamide	2019-69-4	207.273	---	---	---	---	25	1.0506	2	---	---	---	---	---

Table 1 Physical Properties - Organic Compounds

				Mol Wt	Freezing Point		Boiling Point		Density			Refractive Index			State	
NO	FORMULA	NAME	CAS No	g/mol	T_F, K	code	T_B, K	code	T, C	g/cm3	code	T, C	n_D	code	@25C,1 atm	code
24321	C12H17NO2	N,N-dimethylcarbamic acid, m-isopropyl ph	3938-45-2	207.273	---	---	---	---	25	1.0506	2	---	---	---	---	---
24322	C12H17NO2	ethylphenacetin	66922-67-6	207.273	---	---	---	---	25	1.0506	2	---	---	---	---	---
24323	C12H17NO2S	ethyl 2-aminocyclohepta[b]thiophene-3-car	---	239.339	361.15	1	---	---	25	1.1244	2	---	---	---	solid	1
24324	C12H17NO2S	methylcarbamic acid 4-methylthio-m-cumer	14285-43-9	239.339	---	---	---	---	25	1.1244	2	---	---	---	---	---
24325	C12H17NO3	anhalonidine	17627-77-9	223.272	433.65	1	434.65	2	25	1.1004	2	---	---	---	solid	1
24326	C12H17NO3	4-butoxy-N-hydroxybenzeneacetamide	2438-72-4	223.272	427.15	1	434.65	2	25	1.1004	2	---	---	---	solid	1
24327	C12H17NO3	N,N-diethyl-4-hydroxy-3-methoxybenzamid	304-84-7	223.272	368.15	1	434.65	2	25	1.1004	2	---	---	---	solid	1
24328	C12H17NO3	calycotomine	4356-47-2	223.272	410.15	1	434.65	2	25	1.1004	2	---	---	---	solid	1
24329	C12H17NO3	2,3-epoxy-4-oxo-7,10-dodecadienamide	17397-89-6	223.272	366.40	1	393.15	1	25	1.1004	2	---	---	---	solid	1
24330	C12H17NO3	p-nitrophenyl hexyl ether	15440-98-9	223.272	---	---	476.15	1	25	1.1004	2	---	---	---	---	---
24331	C12H17NO3	2-allyl-3-methyl-4-hydroxy-2-cyclopenten-1	63937-27-9	223.272	---	---	434.65	2	25	1.1004	2	---	---	---	---	---
24332	C12H17NO3	3-hydroxy-p-butyrophenetidide	1083-57-4	223.272	---	---	434.65	2	25	1.1004	2	---	---	---	---	---
24333	C12H17NO3Si	phenylsilatrane	2097-19-0	251.357	481.65	1	---	---	---	---	---	---	---	---	solid	1
24334	C12H17NO4	diethyl 3,5-dimethylpyrrole-2,4-dicarboxyla	2436-79-5	239.272	410.95	1	---	---	25	1.1475	2	---	---	---	solid	1
24335	C12H17NO4	2,2-dimethyl-5-(2-hexahydroazepinylidene)	70912-54-8	239.272	421.15	1	---	---	25	1.1475	2	---	---	---	solid	1
24336	C12H17NO4S	(R)-N-boc-3-thienylalanine	226880-86-0	271.338	---	---	---	---	25	1.2109	2	---	---	---	---	---
24337	C12H17NO4S	(S)-N-boc-2-thienylalanine	56675-37-7	271.338	344.15	1	---	---	25	1.2109	2	---	---	---	solid	1
24338	C12H17NO4S	(R)-N-boc-2-thienylalanine	78452-55-8	271.338	---	---	---	---	25	1.2109	2	---	---	---	---	---
24339	C12H17NO4S	(S)-N-boc-3-thienylalanine	83825-42-7	271.338	---	---	---	---	25	1.2109	2	---	---	---	---	---
24340	C12H17NO4S2	N-(p-toluenesulfonyl)-DL-methionine	4703-33-7	303.404	379.65	1	---	---	25	1.2660	2	---	---	---	solid	1
24341	C12H17NO5	(S)-N-boc-2-furylalanine	145206-40-2	255.271	---	---	---	---	25	1.1921	2	---	---	---	---	---
24342	C12H17NO5	(R)-N-boc-2-furylalanine	261380-18-1	255.271	---	---	---	---	25	1.1921	2	---	---	---	---	---
24343	C12H17N2NaO3	seconal sodium	309-43-3	260.269	---	---	---	---	---	---	---	---	---	---	---	---
24344	C12H17N2O4P	O-phosphoryl-4-hydroxy-N,N-dimethyltrypt	520-52-5	284.253	497.15	1	---	---	---	---	---	---	---	---	solid	1
24345	C12H17N3O	N-isopropyl-a-(2-methylazo)-p-toluamide	2235-59-8	219.287	---	---	---	---	25	1.0955	2	---	---	---	---	---
24346	C12H17N3O2	formparanate	17702-57-7	235.287	---	---	---	---	25	1.1434	2	---	---	---	---	---
24347	C12H17N3O3	L-leucine-4-nitroanilide	4178-93-2	251.286	362.65	1	---	---	25	1.1887	2	---	---	---	solid	1
24348	C12H17N3O3	1,2,3-tris(2-cyanoethoxy)propane	2465-93-2	251.286	---	---	---	---	25	1.1100	1	---	---	---	---	---
24349	C12H17N3O4	agaritine	2757-90-6	267.286	480.15	dec	---	---	25	1.2316	2	---	---	---	solid	1
24350	C12H17N3O6	glucose isonicotinoylhydrazone	4241-73-0	299.284	---	---	588.15	dec	25	1.3112	2	---	---	---	---	---
24351	C12H17N3O7	2,3,4-tri-O-acetyl-b-L-fucopyranosyl azide	95581-07-0	315.284	398.15	1	---	---	25	1.3482	2	---	---	---	solid	1
24352	C12H17N5	2,4-diamino-5-methyl-6-sec-butylpyrido(2,3	7319-47-3	231.302	---	---	---	---	25	1.1392	2	---	---	---	---	---
24353	C12H17N5O4	nifurpipone	24632-47-1	295.300	440.65	dec	---	---	25	1.3095	2	---	---	---	solid	1
24354	C12H17O4P	diethyl (2-oxo-2-phenylethyl)phosphonate	3453-00-7	256.239	---	---	---	---	25	1.1790	1	---	1.5130	1	---	---
24355	C12H17O4PS2	phenthoate	2597-03-7	320.371	290.65	1	348.15	1	---	---	---	---	---	---	liquid	1
24356	C12H17O5PS	phenthoate oxon	3690-28-6	304.304	---	---	---	---	---	---	---	---	---	---	---	---
24357	C12H18	hexylbenzene	1077-16-3	162.275	212.00	1	499.26	1	25	0.8550	1	25	1.4842	1	liquid	1
24358	C12H18	1,4-dipropylbenzene	4815-57-0	162.275	249.75	2	481.77	2	19	0.8563	1	19	1.4917	1	liquid	2
24359	C12H18	diisopropylbenzene	25321-09-9	162.275	249.75	2	473.60	1	25	0.8600	1	---	---	---	liquid	1
24360	C12H18	1,2-diisopropylbenzene	577-55-9	162.275	216.15	1	477.15	1	20	0.8701	1	20	1.4960	1	liquid	1
24361	C12H18	m-diisopropylbenzene	99-62-7	162.275	210.02	1	476.33	1	25	0.8520	1	25	1.4875	1	liquid	1
24362	C12H18	p-diisopropylbenzene	100-18-5	162.275	256.08	1	483.65	1	25	0.8530	1	25	1.4876	1	liquid	1
24363	C12H18	triethylbenzene; (mixed isomers)	25340-18-5	162.275	249.75	2	490.70	1	24	0.8680	2	---	---	---	liquid	1
24364	C12H18	1,2,3-triethylbenzene	---	162.275	206.66	1	490.66	1	25	0.8700	1	---	---	---	liquid	1
24365	C12H18	1,2,4-triethylbenzene	877-44-1	162.275	195.15	1	491.15	1	25	0.8700	1	20	1.5024	1	liquid	1
24366	C12H18	1,3,5-triethylbenzene	102-25-0	162.275	206.74	1	489.05	1	25	0.8870	1	20	1.4969	1	liquid	1
24367	C12H18	1-tert-butyl-3,5-dimethylbenzene	98-19-1	162.275	255.15	1	480.15	1	20	0.8668	1	---	---	---	liquid	1
24368	C12H18	(1,1-dimethylbutyl)benzene	1985-57-5	162.275	249.75	2	478.65	1	10	0.8796	1	16	1.4955	1	liquid	1
24369	C12H18	2,4-dimethyl-1-sec-butylbenzene	1483-60-9	162.275	249.75	2	481.77	2	20	0.8664	1	25	1.4939	1	liquid	2
24370	C12H18	(1-ethylbutyl)benzene	4468-42-2	162.275	217.75	1	482.15	1	25	0.8239	1	20	1.4859	1	liquid	1
24371	C12H18	(1-ethyl-1-methylpropyl)benzene	1985-97-3	162.275	249.75	2	478.15	1	15	0.8773	1	16	1.4972	1	liquid	1
24372	C12H18	(1-methylpentyl)benzene	6031-02-3	162.275	249.75	2	481.15	1	15	0.8690	1	15	1.4920	1	liquid	1
24373	C12H18	(3-methylpentyl)benzene	54410-69-4	162.275	249.75	2	493.15	1	14	0.8644	1	---	1.4896	1	liquid	1
24374	C12H18	(4-methylpentyl)benzene	4215-86-5	162.275	249.75	2	490.15	1	16	0.8568	1	---	---	---	liquid	1
24375	C12H18	1,2,4-trimethyl-5-isopropylbenzene	10222-95-4	162.275	294.15	1	494.15	1	21	0.8795	1	21	1.5065	1	liquid	1
24376	C12H18	4-tert-butyl-o-xylene	7397-06-0	162.275	249.75	2	478.15	1	25	0.8710	1	---	1.4980	1	liquid	1
24377	C12H18	hexamethyldewarbenzene	7641-77-2	162.275	277.00	1	440.00	2	25	0.8020	1	---	1.4480	1	liquid	2
24378	C12H18	hexamethylbenzene	87-85-4	162.275	438.65	1	536.60	1	25	1.0630	1	25	1.4842	1	solid	1
24379	C12H18	1,5,9-cyclododecatriene	4904-61-4	162.275	256.15	1	513.15	1	100	0.8400	1	---	---	---	liquid	1
24380	C12H18	cis,cis,cis-1,5,9-cyclododecatriene	4736-48-5	162.275	272.35	1	481.77	2	24	0.8680	2	25	1.5100	1	liquid	2
24381	C12H18	cis,trans,trans-1,5,9-cyclododecatriene	53859-78-2	162.275	255.15	1	481.77	2	20	0.8910	1	20	1.5058	1	liquid	2
24382	C12H18	3,6-diethyl-2,6-octadien-4-yne	100319-48-0	162.275	---	---	443.15	1	20	0.8196	1	20	1.4965	1	---	---
24383	C12H18	3,9-dodecadiyne	61827-89-2	162.275	263.90	2	481.77	2	24	0.8680	2	---	---	---	liquid	2
24384	C12H18	5,7-dodecadiyne	1120-29-2	162.275	263.90	2	481.77	2	24	0.8680	2	---	---	---	liquid	2
24385	C12H18	trans,trans,cis-1,5,9-cyclododecatriene	2765-29-9	162.275	255.25	1	507.15	1	25	0.8900	1	---	1.5120	1	liquid	1
24386	C12H18	trans,trans,trans-1,5,9-cyclododecatriene	676-22-2	162.275	309.15	1	510.65	1	24	0.8680	2	---	---	---	solid	1
24387	C12H18	1,2,4-trivinylcyclohexane, isomers	2855-27-8	162.275	---	---	481.77	2	25	0.8330	1	---	1.4820	1	---	---
24388	C12H18AsNS2	2-(p-(diethylaminophenyl))-1,3,2-dithiarsen	5185-78-4	315.336	---	---	---	---	---	---	---	---	---	---	---	---
24389	C12H18Be4O13	beryllium basic acetate	1332-52-1	406.316	558.15	1	603.15	1	25	1.2500	1	---	---	---	solid	1
24390	C12H18Be4O13	beryllium oxide acetate	19049-40-2	406.316	557.15	1	604.15	1	---	---	---	---	---	---	solid	1
24391	C12H18BrNO2	hemicholinium-15	4303-88-2	288.185	460.15	1	---	---	25	1.3002	2	---	---	---	solid	1
24392	C12H18ClN	vinylbenzyl trimethylammonium chloride	26616-35-3	211.734	---	---	---	---	25	1.0192	2	---	---	---	---	---
24393	C12H18ClNO2S	dimethenamid	87674-68-8	275.799	298.15	1	---	---	25	1.1759	2	---	---	---	---	---
24394	C12H18ClN3	N'-methyl-N'-b-chloroethyl-(p-dimethylamin	62258-26-8	239.748	---	---	---	---	25	1.1087	2	---	---	---	---	---
24395	C12H18ClN3O2	4-amino-5-chloro-N-(2-(ethylaminoethyl)-o-	27260-19-1	271.747	---	---	---	---	25	1.1946	2	---	---	---	---	---
24396	C12H18F6O4Sn	bis(trifluoroacetoxy)dibutyltin	52112-09-1	458.974	---	---	---	---	---	---	---	---	---	---	---	---
24397	C12H18NO5P	butyl-p-nitrophenyl ester of ethylphosphoni	71002-67-0	287.253	---	---	---	---	---	---	---	---	---	---	---	---
24398	C12H18NO5P	p-nitrophenyl ethylbutylphosphonate	3015-74-5	287.253	---	---	---	---	---	---	---	---	---	---	---	---
24399	C12H18NO6P	diisopropyl paraoxon	3254-66-8	303.252	---	---	---	---	---	---	---	---	---	---	---	---
24400	C12H18Cl2N4OS	thiamine hydrochloride	67-03-8	337.273	521.15	dec	---	---	25	1.3029	2	---	---	---	solid	1

Table 1 Physical Properties - Organic Compounds

NO	FORMULA	NAME	CAS No	Mol Wt	Freezing Point		Boiling Point		Density			Refractive Index			State	
				g/mol	T_F, K	code	T_B, K	code	T, C	g/cm3	code	T, C	n_D	code	@25C,1 atm	code
24401	C12H18N2	4-amino-1-benzylpiperidine	50541-93-0	190.289	---	---	---	---	25	0.9310	1	---	1.5430	1	---	---
24402	C12H18N2	1-(2,3-dimethylphenyl)piperazine	1013-22-5	190.289	---	---	---	---	25	0.9768	2	---	1.5586	1	---	---
24403	C12H18N2	1-(2,5-dimethylphenyl)piperazine	1013-25-8	190.289	317.15	1	---	---	25	0.9768	2	---	---	---	solid	1
24404	C12H18N2	1-(2,4-dimethylphenyl)piperazine	1013-76-9	190.289	---	---	---	---	25	0.9768	2	---	1.5540	1	---	---
24405	C12H18N2	1-(3,4-dimethylphenyl)piperazine	1014-05-7	190.289	335.65	1	---	---	25	0.9768	2	---	---	---	solid	1
24406	C12H18N2	2-methyl-1-(3-methylphenyl)piperazine	35947-10-5	190.289	---	---	---	---	25	0.9768	2	---	1.5670	1	---	---
24407	C12H18N2	1-(4-methylphenyl)-2-methylpiperazine, 1:1	35947-11-6	190.289	---	---	---	---	25	0.9768	2	---	1.5590	1	---	---
24408	C12H18N2	1-(2,3-xylyl)piperazine monohydrochloride	80836-96-0	190.289	>573.15	1	---	---	25	0.9768	2	---	---	---	solid	1
24409	C12H18N2O	1-[4-(1-pyrrolidinyl)-2-butynyl]-2-pyrrolidinc	70-22-4	206.288	---	---	---	---	25	0.9910	1	20	1.5160	1	---	---
24410	C12H18N2O	1-(4-methoxyphenyl)-2-methylpiperazine, 1	35947-12-7	206.288	---	---	---	---	25	1.0292	2	---	1.5640	1	---	---
24411	C12H18N2O	2-(diethylamino)acetanilide	3213-15-8	206.288	---	---	---	---	25	1.0292	2	---	---	---	---	---
24412	C12H18N2O2	isophorone diisocyanate	4098-71-9	222.288	213.15	1	562.00	2	25	1.0788	2	---	---	---	---	---
24413	C12H18N2O2	N-ethyl-N-(2-methoxyethyl)-3-methyl-4-nitr	63134-20-3	222.288	---	---	510.15	2	25	1.0788	2	---	---	---	---	---
24414	C12H18N2O2	2-(2-methoxyethylamino)propionanilide	67262-60-6	222.288	---	---	510.15	explo	25	1.0788	2	---	---	---	---	---
24415	C12H18N2O2S	5-allyl-5-(1-methylbutyl)-2-thiobarbituric ac	77-27-0	254.354	405.65	1	---	---	25	1.1478	2	---	---	---	solid	1
24416	C12H18N2O3	nealbarbital	561-83-1	238.287	429.15	1	---	---	25	1.1258	2	---	---	---	solid	1
24417	C12H18N2O3	5-(1,3-dimethyl-2-butenyl)-5-ethyl barbituri	3625-18-1	238.287	---	---	---	---	25	1.1258	2	---	---	---	---	---
24418	C12H18N2O3	5-ethyl-5-(1-methyl-1-pentenyl)barbituric a	67526-05-0	238.287	---	---	---	---	25	1.1258	2	---	---	---	---	---
24419	C12H18N2O3	5-(1-isopentenyl)-5-isopropylbarbituric acid	67051-25-6	238.287	---	---	---	---	25	1.1258	2	---	---	---	---	---
24420	C12H18N2O3	5-(1-methyl-1-butenyl)-5-propylbarbituric a	6966-40-1	238.287	---	---	---	---	25	1.1258	2	---	---	---	---	---
24421	C12H18N2O3	seconal	76-73-3	238.287	---	---	---	---	25	1.1258	2	---	---	---	---	---
24422	C12H18N2O3S	tolbutamide	64-77-7	270.353	401.65	1	---	---	25	1.2450	1	---	---	---	solid	1
24423	C12H18N2O4	5-ethyl-1,3-diglycidyl-5-methylhydantoin	15336-82-0	254.287	---	---	---	---	25	1.1704	2	---	---	---	---	---
24424	C12H18N2O4S2	S-((N-(3-benzyloxypropyl)amidino)methyl)	40283-92-9	318.419	---	---	---	---	25	1.2819	2	---	---	---	---	---
24425	C12H18N2O5	bacilysin	29393-20-2	270.286	---	---	---	---	25	1.2126	2	---	---	---	---	---
24426	C12H18N2O5	hypoglycine B	502-37-4	270.286	467.65	1	---	---	25	1.2126	2	---	---	---	solid	1
24427	C12H18N2O7Pt	PHIC	80611-44-5	497.363	---	---	---	---	---	---	---	---	---	---	---	---
24428	C12H18N4O	phenylhydrazine hemihydrate	6152-31-4	234.302	297.15	1	---	---	25	1.0938	1	20	1.6081	1	---	---
24429	C12H18N4O2	1-isoamyl theobromine	1024-65-3	250.302	---	---	573.15	1	25	1.1667	2	---	---	---	---	---
24430	C12H18N4O6S	oryzalin	19044-88-3	346.365	414.15	1	---	---	25	1.3714	2	---	---	---	solid	1
24431	C12H18N6	2,4,6-tris((1-(2-methylaziridinyl))-1,3,5-triaz	13009-91-1	246.317	443.15	1	425.15	1	25	1.1630	2	---	---	---	solid	1
24432	C12H18N6O3	aminonucleoside puromycin	58-60-6	294.315	---	---	425.15	1	25	1.2872	2	---	---	---	---	---
24433	C12H18O	2-tert-butyl-4,5-dimethylphenol	1445-23-4	178.274	319.15	1	531.65	1	80	0.9200	1	20	1.5222	1	solid	1
24434	C12H18O	2-tert-butyl-4,6-dimethylphenol	1879-09-0	178.274	295.45	1	522.15	1	80	0.9170	1	20	1.5183	1	liquid	1
24435	C12H18O	4-tert-butyl-2,5-dimethylphenol	17696-37-6	178.274	344.35	1	537.15	1	80	0.9390	1	20	1.5311	1	solid	1
24436	C12H18O	4-tert-butyl-2,6-dimethylphenol	879-97-0	178.274	355.55	1	521.15	1	80	0.9160	1	---	---	---	solid	1
24437	C12H18O	alpha-butyl-alpha-methylbenzenemethanol	4396-98-9	178.274	---	---	524.28	2	20	0.9625	1	20	1.5091	1	---	---
24438	C12H18O	alpha-ethyl-alpha-propylbenzenemethanol	20731-93-5	178.274	---	---	524.28	2	20	0.9650	1	20	1.5100	1	---	---
24439	C12H18O	alpha-methylbenzenepentanol	38487-94-4	178.274	---	---	524.28	2	20	0.9567	1	20	1.5079	1	---	---
24440	C12H18O	alpha-pentylbenzenemethanol	4471-05-0	178.274	---	---	524.28	2	25	0.9490	1	20	1.5105	1	---	---
24441	C12H18O	1-phenyl-3-hexanol	2180-43-0	178.274	307.15	1	524.28	2	20	0.9525	1	---	---	---	solid	1
24442	C12H18O	gamma-propylbenzenepropanol	67700-22-5	178.274	---	---	524.28	2	25	0.9550	1	25	1.5101	1	---	---
24443	C12H18O	1-(1,1-dimethylpropyl)-4-methoxybenzene	2050-03-5	178.274	---	---	511.15	1	20	0.9436	1	20	1.5039	1	---	---
24444	C12H18O	hexyl phenyl ether	1132-66-7	178.274	254.15	1	513.15	1	20	0.9174	1	20	1.4921	1	liquid	1
24445	C12H18O	[(3-methylbutoxy)methyl]benzene	122-73-6	178.274	---	---	509.15	1	20	0.9090	1	20	1.4792	1	---	---
24446	C12H18O	4-(1,1-dimethylpropyl)-2-methylphenol	71745-63-6	178.274	288.15	1	533.15	1	20	0.9690	1	20	1.5240	1	liquid	1
24447	C12H18O	2,6-dipropylphenol	6626-32-0	178.274	300.15	1	529.15	1	25	0.9620	1	---	---	---	solid	1
24448	C12H18O	5-methyl-2-pentylphenol	1300-94-3	178.274	297.15	1	524.28	2	34	0.9414	2	---	---	---	liquid	2
24449	C12H18O	propofol	2078-54-8	178.274	291.15	1	529.15	1	25	0.9620	1	20	1.5140	1	liquid	1
24450	C12H18O	1-adamantyl methyl ketone	1660-04-4	178.274	327.15	1	524.28	2	34	0.9414	2	---	---	---	solid	1
24451	C12H18O	6-n-amyl-m-cresol	53043-14-4	178.274	297.15	1	531.15	1	25	0.9700	1	---	---	---	liquid	1
24452	C12H18O	2-tert-butyl-4-ethylphenol	96-70-8	178.274	303.15	1	523.15	1	25	0.9390	1	---	---	---	solid	1
24453	C12H18O	2-(1-cyclohexen-1-yl)cyclohexanone	1502-22-3	178.274	195.25	1	524.28	2	34	0.9414	2	---	---	---	liquid	2
24454	C12H18O	5,7-dimethyl-3,5,9-decatrien-2-one	111317-19-2	178.274	---	---	524.28	2	25	0.8730	1	---	1.5050	1	---	---
24455	C12H18O	3-methyl-1-phenyl-3-pentanol	10415-87-9	178.274	---	---	524.28	2	25	0.9380	1	---	1.5110	1	---	---
24456	C12H18O	6-phenyl-1-hexanol	2430-16-2	178.274	---	---	524.28	2	25	0.9530	1	---	1.5110	1	---	---
24457	C12H18O	3,5-bis(1-methylethyl)phenol	26886-05-5	178.274	311.14	2	524.28	2	34	0.9414	2	---	---	---	solid	2
24458	C12H18O	2,4-bis(1-methylethyl)phenol	2934-05-6	178.274	311.14	2	524.28	2	34	0.9414	2	---	---	---	solid	2
24459	C12H18O	2-cyclohexylidenecyclohexanone	1011-12-7	178.274	---	---	524.28	2	34	0.9414	2	---	---	---	---	---
24460	C12H18O	acetyl carene	62501-24-0	178.274	---	---	524.28	2	34	0.9414	2	---	---	---	---	---
24461	C12H18O	2-hexylphenol	3226-32-2	178.274	311.14	2	524.28	2	34	0.9414	2	---	---	---	solid	2
24462	C12H18OSi	allyl(4-methoxyphenyl)dimethylsilane	68469-60-3	206.359	---	---	526.15	1	25	0.9350	1	---	1.5190	1	---	---
24463	C12H18O2	3-acetylcamphor	15068-90-3	194.274	---	---	482.15	2	19	1.0314	1	17	1.4949	1	---	---
24464	C12H18O2	1,2-dipropoxybenzene	6280-98-4	194.274	---	---	508.65	1	33	0.9554	1	27	1.4950	1	---	---
24465	C12H18O2	1,3-dipropoxybenzene	56106-37-7	194.274	---	---	526.15	1	20	1.0330	1	83	1.5138	1	---	---
24466	C12H18O2	ethyl 7,7-dimethyltricyclo[2.2.1.02,6]heptar	56694-98-5	194.274	---	---	482.15	2	20	1.0150	1	20	1.4230	1	---	---
24467	C12H18O2	4-hexyl-1,3-benzenediol	136-77-6	194.274	341.15	1	607.15	1	24	1.0026	2	---	---	---	solid	1
24468	C12H18O2	1-adamantaneacetic acid	4942-47-6	194.274	410.15	1	482.15	2	24	1.0026	2	---	---	---	solid	1
24469	C12H18O2	5-benzyloxy-1-pentanol	4541-15-5	194.274	---	---	482.15	2	25	1.0080	1	---	1.5050	1	---	---
24470	C12H18O2	(-)-carvyl acetate	97-42-7	194.274	---	---	351.15	1	25	0.9730	1	---	1.4750	1	---	---
24471	C12H18O2	3,5-diisopropylcatechol	2138-49-0	194.274	355.15	1	482.15	2	24	1.0026	2	---	---	---	solid	1
24472	C12H18O2	4-hexyloxyphenol	18979-55-0	194.274	318.65	1	482.15	2	24	1.0026	2	---	---	---	solid	1
24473	C12H18O2	a,a,a',a'-tetramethyl-1,4-benzenedimethan	2948-46-1	194.274	418.15	1	482.15	2	24	1.0026	2	---	---	---	solid	1
24474	C12H18O2	(2-(1-ethoxyethoxy)ethyl)benzene	2556-10-7	194.274	---	---	482.15	2	24	1.0026	2	---	---	---	---	---
24475	C12H18O2	isobergamate	68683-20-5	194.274	---	---	482.15	2	24	1.0026	2	---	---	---	---	---
24476	C12H18O2	myrtenyl acetate	1079-01-2	194.274	---	---	446.15	1	24	1.0026	2	---	---	---	---	---
24477	C12H18O2	octahydro-5-methoxy-4,7-methano-1H-inde	86803-90-9	194.274	---	---	453.65	1	24	1.0026	2	---	---	---	---	---
24478	C12H18O2Sn	diethyl phenyltin acetate	64036-46-0	312.984	---	---	447.15	1	---	---	---	---	---	---	---	---
24479	C12H18O3	1,3,5-triethoxybenzene	2437-88-9	210.273	316.65	1	---	---	25	1.0350	2	---	---	---	solid	1
24480	C12H18O3	3,5-dipropoxyphenol	28334-99-8	210.273	318.65	1	---	---	25	1.0350	2	---	---	---	solid	1

Table 1 Physical Properties - Organic Compounds

NO	FORMULA	NAME	CAS No	Mol Wt g/mol	Freezing Point T_F, K	code	Boiling Point T_B, K	code	Density T, C	g/cm3	code	Refractive Index T, C	n_D	code	State @25C,1 atm	code
24481	C12H18O3	2-octen-1-ylsuccinic anhydride, cis and tra	26680-54-6	210.273	283.15	1	---	---	25	1.0000	1	---	1.4690	1	---	---
24482	C12H18O4	diethyl 1-cyclohexene-1,2-dicarboxylate	92687-41-7	226.273	---	---	469.65	2	19	1.0803	1	19	1.4747	1	---	---
24483	C12H18O4	diethyl 1-cyclohexene-1,3-dicarboxylate	38511-07-8	226.273	---	---	469.65	2	20	1.0772	1	20	1.4722	1	---	---
24484	C12H18O4	diethyl (2-cyclopenten-1-yl)malonate	53608-93-8	226.273	---	---	469.65	2	17	1.0579	1	20	1.4536	1	---	---
24485	C12H18O4	diethyl cyclopentylidenemalonate	41589-42-8	226.273	---	---	469.65	2	20	1.0616	1	20	1.4724	1	---	---
24486	C12H18O4	1,4-butanediol dimethacrylate	2082-81-7	226.273	499.45	1	---	---	25	1.0230	1	---	1.4560	1	solid	1
24487	C12H18O4	butopyronoxyl	532-34-3	226.273	298.15	1	536.15	1	25	1.0560	1	---	1.4760	1	---	---
24488	C12H18O4	di-tert-butyl acetylenedicarboxylate	66086-33-7	226.273	308.15	1	469.65	2	22	1.0516	2	---	---	---	solid	1
24489	C12H18O4	3,4-dibutoxy-3-cyclobutene-1,2-dione	2892-62-8	226.273	---	---	469.65	2	25	1.0470	1	---	1.4940	1	---	---
24490	C12H18O4	1,6-hexanediol diacrylate	13048-33-4	226.273	---	---	403.15	1	25	1.0100	1	---	1.4560	1	---	---
24491	C12H18O4	adipic acid diallyl ester	2998-04-1	226.273	---	---	469.65	2	22	1.0516	2	---	---	---	---	---
24492	C12H18O4	1,3-butylene dimethacrylate	63869-10-3	226.273	---	---	469.65	2	22	1.0516	2	---	---	---	---	---
24493	C12H18O4S2	isoprothiolane	50512-35-1	290.405	327.15	1	---	---	25	1.2105	2	---	---	---	solid	1
24494	C12H18O5	diethylene glycol dimethacrylate	2358-84-1	242.272	---	---	---	---	20	1.0821	1	25	1.4571	1	---	---
24495	C12H18O5	3,4,5-trimethoxybenzaldehyde dimethyl ac	59276-37-8	242.272	---	---	---	---	25	1.1470	1	---	1.5140	1	---	---
24496	C12H18O5	dipropylene glycol diacrylate	57472-68-1	242.272	---	---	---	---	23	1.1146	2	---	---	---	---	---
24497	C12H18O6	triethyl trans-1-propene-1,2,3-tricarboxylat	68077-28-1	258.271	---	---	548.15	dec	25	1.0961	1	---	---	---	---	---
24498	C12H18O6	1,2:5,6-di-O-isopropylidene-a-D-ribo-3-hex	2847-00-9	258.271	382.15	1	548.15	2	25	1.1739	2	---	---	---	solid	1
24499	C12H18O6	triethylene glycol diacrylate	1680-21-3	258.271	---	---	548.15	2	25	1.1739	2	---	---	---	---	---
24500	C12H18O7	diallyl diglycol carbonate	142-22-3	274.271	269.25	1	435.15	1	25	1.1400	1	---	---	---	liquid	1
24501	C12H19BrN2O2	neostigmine bromide	114-80-7	303.200	445.15	1	---	---	25	1.3160	2	---	---	---	solid	1
24502	C12H19BrOSi	(4-bromophenoxy)-tert-butyldimethylsilane	67963-68-2	287.271	---	---	---	---	25	1.1740	1	---	1.5110	1	---	---
24503	C12H19ClNO3P	crufomate	299-86-5	291.715	333.15	1	---	---	---	---	---	---	---	---	solid	1
24504	C12H19IN2	1,1-dimethyl-4-phenylpiperazinium iodide	54-77-3	318.201	509.15	1	---	---	25	1.3965	2	---	---	---	solid	1
24505	C12H19N	2,6-diisopropylaniline	24544-04-5	177.290	228.15	1	530.15	1	25	0.9400	1	20	1.5332	1	liquid	1
24506	C12H19N	N,N-dipropylaniline	2217-07-4	177.290	228.15	2	515.15	1	20	0.9104	1	20	1.5271	1	liquid	1
24507	C12H19N	4-tert-butyl-N,N-dimethylaniline	2909-79-7	177.290	228.15	2	524.65	1	25	0.9060	1	---	1.5290	1	liquid	1
24508	C12H19N	N,N-diisopropylaniline	4107-98-6	177.290	228.15	2	531.28	2	25	0.9100	1	---	1.5200	1	liquid	2
24509	C12H19N	4-hexylaniline	33228-45-4	177.290	228.15	2	555.15	1	25	0.9150	1	---	1.5250	1	liquid	1
24510	C12H19N	n-butyl-a-methylbenzylamine	5412-64-6	177.290	---	---	531.28	2	24	0.9163	2	---	---	---	---	---
24511	C12H19NO	3-ethoxy-N,N-diethylaniline	1864-92-2	193.289	---	---	559.15	1	25	0.9631	2	25	1.5325	1	---	---
24512	C12H19NO	4-(hexyloxy)aniline	39905-57-2	193.289	317.65	1	559.15	2	25	0.9631	2	---	---	---	solid	1
24513	C12H19NO	N-(1-adamantyl)acetamide	880-52-4	193.289	---	---	559.15	2	25	0.9631	2	---	---	---	---	---
24514	C12H19NO2	a-((butylamino)methyl)-p-hydroxybenzyl al	3703-79-5	209.289	---	---	---	---	25	1.0145	2	---	---	---	---	---
24515	C12H19NO3	DL-3-(1-acetoxy-1-methylethyl)-6-oxohepta	131447-89-7	225.288	---	---	483.15	2	25	1.0300	1	---	1.4596	1	---	---
24516	C12H19NO3	a-methylmescaline	1082-88-8	225.288	---	---	483.15	2	25	1.0631	2	---	---	---	---	---
24517	C12H19NO3	terbutaline	23031-25-6	225.288	---	---	483.15	1	25	1.0631	2	---	---	---	---	---
24518	C12H19NO3S	(N-acetyl)-(2R)-bornane-10,2-sultam	141993-16-0	257.354	---	---	---	---	25	1.1313	2	---	---	---	---	---
24519	C12H19NO4	choline salicylate	2016-36-6	241.287	322.90	1	---	---	25	1.1092	2	---	---	---	solid	1
24520	C12H19N2O2	neostigmine	59-99-4	223.296	---	---	---	---	25	1.0605	2	---	---	---	---	---
24521	C12H19N2O4PS	amiprophos	33857-23-7	318.334	---	---	---	---	---	---	---	---	---	---	---	---
24522	C12H19N3O	procarbazine	671-16-9	221.303	---	---	---	---	25	1.0580	2	---	---	---	---	---
24523	C12H19N3O5	2,2'-((4-((2-hydroxyethyl)amino)-3-nitrophe	33229-34-4	285.301	---	---	---	---	25	1.2316	2	---	---	---	---	---
24524	C12H19N6OP	triamiphos	1031-47-6	294.298	440.65	1	---	---	---	---	---	---	---	---	solid	1
24525	C12H19O2	diisopropylphenylhydroperoxide (solution)	26762-93-6	195.282	---	---	492.65	1	25	0.9665	2	---	---	---	---	---
24526	C12H19O2	fenchyl acetate	13851-11-1	195.282	---	---	492.65	2	25	0.9665	2	---	---	---	---	---
24527	C12H19O2PS3	sulprofos	35400-43-2	322.454	---	---	---	---	20	1.2000	1	---	1.5859	1	---	---
24528	C12H19O3P	diethyl-4-methylbenzylphosphonate	3762-25-2	242.255	---	---	---	---	25	1.0700	1	---	1.4970	1	---	---
24529	C12H19O3PS2	lucijet	1716-09-2	306.387	---	---	---	---	---	---	---	---	---	---	---	---
24530	C12H19O4P	diethyl 4-methoxybenzylphosphonate	1145-93-3	258.254	---	---	---	---	25	1.5000	1	---	1.5040	1	---	---
24531	C12H20	1-dodecen-3-yne	74744-36-8	164.291	---	---	471.05	2	20	0.7964	1	25	1.4510	1	---	---
24532	C12H20	1,3-dimethyladamantane	702-79-4	164.291	247.59	1	476.44	1	25	0.8860	1	---	1.4770	1	liquid	1
24533	C12H20As2Cl2O5	salvarsan	139-93-5	465.036	463.15	dec	---	---	---	---	---	---	---	---	solid	1
24534	C12H20ClN3O4	trans-4-(3-(2-chloroethyl))-3-nitrosoureidoc	33073-60-8	305.762	---	---	---	---	25	1.2343	2	---	---	---	---	---
24535	C12H20ClN5	sodium 3,5-dinitrosalicylate	46506-88-1	269.778	526.15	1	---	---	25	1.1541	2	---	---	---	solid	1
24536	C12H20ClN5OS	4-chloro-6-(2-hydroxyethylpiperazino-2-me	55477-27-5	317.844	---	---	---	---	25	1.2468	2	---	---	---	---	---
24537	C12H20Cl2O2	dodecanedioyl dichloride	4834-98-4	267.195	---	---	---	---	25	1.0650	1	---	1.4680	1	---	---
24538	C12H20Cl2O2Si2	1,4-bis(chloromethyldimethylsilyloxy)benze	18057-24-4	323.365	---	---	---	---	25	1.0950	1	---	1.5030	1	---	---
24539	C12H20Cl4N2O2	N,N'-octamethylenebis(dichloroacetamide)	1477-57-2	366.114	392.15	1	---	---	25	1.2899	2	---	---	---	solid	1
24540	C12H20Cl4Se	dichlorobis(2-chlorocyclohexyl)selenium	70134-26-8	385.061	---	---	---	---	---	---	---	---	---	---	---	---
24541	C12H20HgN2O5	N-(2-methoxy-3-hydroxymercuripropyl)bart	67465-44-5	472.892	---	---	---	---	---	---	---	---	---	---	---	---
24542	C12H20IN	triethylphenylammonium iodide	1010-19-1	305.202	---	---	---	---	25	1.3379	2	---	---	---	---	---
24543	C12H20NO5	3-[(ethoxycarbonyl)oxycarbonyl]-2,5-dihydr	19187-50-9	258.295	337.65	1	---	---	25	1.1346	2	---	---	---	solid	1
24544	C12H20NO5PS2	O,O-diethyl-O-(4-dimethylsulfamonylpheny	3078-97-5	353.401	---	---	---	---	---	---	---	---	---	---	---	---
24545	C12H20N2	1,4-dipyrrolidinyl-2-butyne	51-73-0	192.305	298.15	1	---	---	25	0.9435	2	---	---	---	---	---
24546	C12H20N2	1-(1-piperidinyl)cyclohexanecarbonitrile	3867-15-0	192.305	---	---	---	---	25	0.9435	2	---	---	---	---	---
24547	C12H20N2	N,N-diethyl-N'-phenylethylenediamine	1665-59-4	192.305	---	---	---	---	25	0.9435	2	---	---	---	---	---
24548	C12H20N2O	(Z)-1-(4-(1-pyrrolidinyl)-2-butenyl)-2-pyrroli	3922-00-7	208.304	---	---	---	---	25	0.9946	2	---	---	---	---	---
24549	C12H20N2O2	aspergillic acid	490-02-8	224.304	371.15	1	---	---	25	1.0430	2	---	---	---	solid	1
24550	C12H20N2O3	diberal	2964-06-9	240.303	---	---	503.15	1	25	1.0890	2	---	---	---	---	---
24551	C12H20N2O3	5,5-dibutylbarbituric acid	17013-41-1	240.303	---	---	503.15	2	25	1.0890	2	---	---	---	---	---
24552	C12H20N2O4	ethylene 1-aziridinepropionate	4128-83-0	256.302	---	---	---	---	25	1.1326	2	---	---	---	---	---
24553	C12H20N2O4S	soterenol	13642-52-9	288.368	---	---	---	---	25	1.1923	2	---	---	---	---	---
24554	C12H20N2S4	dicyclopentamethylenethiuram disulfide	94-37-1	320.569	>388.15	1	---	---	25	1.2048	2	---	---	---	solid	1
24555	C12H20N2S6	tetrone A	120-54-7	384.701	---	---	---	---	25	1.2944	2	---	---	---	---	---
24556	C12H20N4O2	hexazinone	51235-04-2	252.318	372.15	1	---	---	25	1.2500	1	---	---	---	solid	1
24557	C12H20N6O7	hexaglycine	3887-13-6	360.329	---	---	---	---	25	1.3852	2	---	---	---	---	---
24558	C12H20Na4O12Zr	sodium zirconium lactate	10377-98-7	539.467	---	---	---	---	25	1.2900	1	---	---	---	---	---
24559	C12H20O	[1,1'-bicyclohexyl]-2-one	90-42-6	180.290	241.15	1	537.15	1	25	0.9696	1	25	1.4877	1	liquid	1
24560	C12H20O	2,5-di-tert-butylfuran	4789-40-6	180.290	---	---	483.15	1	20	0.8370	1	20	1.4369	1	---	---

Table 1 Physical Properties - Organic Compounds

NO	FORMULA	NAME	CAS No	Mol Wt g/mol	Freezing Point T_F, K	code	Boiling Point T_B, K	code	Density T, C	g/cm3	code	Refractive Index T, C	n_D	code	State @25C,1 atm	code
24561	C12H20O	1-adamantaneethanol	6240-11-5	180.290	343.15	1	510.15	2	23	0.9033	2	---	---	---	solid	1
24562	C12H20OSn	triethyltin phenoxide	1529-30-2	299.000	---	---	---	---	---	---	---	---	---	---	---	---
24563	C12H20O2	borneol acetate, (±)	36386-52-4	196.290	<256	1	496.65	1	23	0.9319	2	20	1.4630	1	liquid	1
24564	C12H20O2	l-bornyl acetate	5655-61-8	196.290	300.15	1	496.65	1	25	0.9820	1	20	1.4626	1	solid	1
24565	C12H20O2	isoborneol acetate, (±)	17283-45-3	196.290	280.15	1	505.75	2	20	0.9841	1	20	1.4640	1	liquid	2
24566	C12H20O2	alpha-terpineol acetate	80-26-2	196.290	---	---	505.75	2	21	0.9659	1	21	1.4689	1	---	---
24567	C12H20O2	3,7-dimethyl-1,6-octadien-3-ol acetate, (R)	16509-46-9	196.290	---	---	493.15	1	20	0.8951	1	21	1.4544	1	---	---
24568	C12H20O2	cis-3,7-dimethyl-2,6-octadien-1-ol acetate	141-12-8	196.290	---	---	505.75	2	15	0.9050	1	20	1.4520	1	---	---
24569	C12H20O2	2-furyl octyl ether	100314-90-7	196.290	---	---	505.75	2	28	0.9214	1	20	1.4520	1	---	---
24570	C12H20O2	5-methyl-2-(1-methylvinyl)cyclohexanol ac	57576-09-7	196.290	358.15	1	505.75	2	25	0.9250	1	20	1.4566	1	solid	1
24571	C12H20O2	methyl 10-undecynoate	2777-66-4	196.290	315.15	1	505.75	2	20	0.9237	1	21	1.4421	1	solid	1
24572	C12H20O2	methyl 9-undecynoate	18937-76-3	196.290	---	---	505.75	2	17	0.9245	1	19	1.4732	1	---	---
24573	C12H20O2	4,7,7-trimethylbicyclo[2.2.1]heptan-2-ol ace	22621-74-5	196.290	---	---	505.75	2	14	0.9872	1	14	1.4651	1	---	---
24574	C12H20O2	1,7,7-trimethylbicyclo[2.2.1]heptan-2-ol ace	76-49-3	196.290	302.15	1	494.15	1	23	0.9319	2	---	---	---	solid	1
24575	C12H20O2	allyl cyclohexanepropionate	2705-87-5	196.290	---	---	505.75	2	25	0.9480	1	---	1.4600	1	---	---
24576	C12H20O2	1,4-cyclohexanedimethanol divinyl ether	17351-75-6	196.290	279.15	1	526.15	1	25	0.9190	1	---	1.4720	1	liquid	1
24577	C12H20O2	(-)-dihydrocarvyl acetate	20777-49-5	196.290	---	---	506.15	1	25	0.9440	1	---	1.4590	1	---	---
24578	C12H20O2	ethyl chrysanthemate	97-41-6	196.290	---	---	505.75	2	25	0.9030	1	---	1.4600	1	---	---
24579	C12H20O2	ethyl (e,z)-2,4-decadienoate	3025-30-7	196.290	213.25	1	533.15	1	25	0.9050	1	---	1.4880	1	liquid	1
24580	C12H20O2	geranyl acetate	105-87-3	196.290	298.15	1	513.15	1	25	0.9130	1	---	1.4610	1	---	---
24581	C12H20O2	isobornyl acetate	125-12-2	196.290	>223.25	1	493.15	1	23	0.9319	2	---	---	---	liquid	1
24582	C12H20O2	isopulegyl acetate, isomers	89-49-6	196.290	---	---	505.15	1	25	0.9230	1	---	1.4560	1	---	---
24583	C12H20O2	linalyl acetate	115-95-7	196.290	298.15	1	505.75	2	25	0.9050	1	---	1.4480	1	---	---
24584	C12H20O2	acetic acid myrcenyl ester	1118-39-4	196.290	---	---	505.75	2	23	0.9319	2	---	---	---	---	---
24585	C12H20O2	citral ethylene glycol acetal	66408-78-4	196.290	---	---	505.75	2	23	0.9319	2	---	---	---	---	---
24586	C12H20O2	decahydro-b-naphthyl acetate	10519-11-6	196.290	---	---	505.75	2	23	0.9319	2	---	---	---	---	---
24587	C12H20O2	geranyl oxyacetaldehyde	65405-73-4	196.290	---	---	505.75	2	23	0.9319	2	---	---	---	---	---
24588	C12H20O2	lavandulyl acetate	20777-39-3	196.290	---	---	505.75	2	23	0.9319	2	---	---	---	---	---
24589	C12H20O2Sn	stannacyclopent-3-ene-2,5-dione	15465-08-4	315.000	---	---	509.15	1	---	---	---	---	---	---	---	---
24590	C12H20O3	6-carbethoxy-2,2,6-trimethylcyclohexanone	7507-68-8	212.289	---	---	518.65	2	25	1.0005	2	---	1.4550	1	---	---
24591	C12H20O3	1-hydroxycyclopentyl cyclohexane carboxy	16508-97-7	212.289	---	---	518.65	2	25	1.0005	2	---	---	---	---	---
24592	C12H20O3	4-hydroxy-5-octyl-2(5H)furanone	78128-84-4	212.289	---	---	518.65	1	25	1.0005	2	---	---	---	---	---
24593	C12H20O3Si	triethoxyphenylsilane	780-69-8	240.374	---	---	505.15	1	25	0.9960	1	20	1.4604	1	---	---
24594	C12H20O4	dibutyl maleate	105-76-0	228.288	188.15	1	553.15	1	25	0.9910	1	25	1.4435	1	liquid	1
24595	C12H20O4	dibutyl fumarate	105-75-9	228.288	259.65	1	558.15	1	20	0.9775	1	20	1.4469	1	liquid	1
24596	C12H20O4	diethyl trans-1,2-cyclohexanedicarboxylate	96836-97-4	228.288	---	---	543.32	2	20	1.0400	1	13	1.4522	1	---	---
24597	C12H20O4	diethyl cis-1,3-cyclohexanedicarboxylate	62059-56-7	228.288	---	---	561.15	1	20	1.0450	1	20	1.4520	1	---	---
24598	C12H20O4	diethyl cis-1,4-cyclohexanedicarboxylate	116724-15-3	228.288	---	---	543.32	2	21	1.0516	1	---	---	---	---	---
24599	C12H20O4	diethyl trans-1,4-cyclohexanedicarboxylate	19145-96-1	228.288	316.65	1	543.32	2	20	1.0110	1	64	1.4337	1	solid	1
24600	C12H20O4	diisobutyl fumarate	7283-69-4	228.288	---	---	543.32	2	20	0.9760	1	20	1.4432	1	---	---
24601	C12H20O4	dimethyl camphorate, (+)	15797-21-4	228.288	---	---	537.15	1	20	1.0150	1	19	1.4627	1	---	---
24602	C12H20O4	trans-2-dodecenedioic acid	6402-36-4	228.288	438.65	1	543.32	2	21	1.0091	2	---	---	---	solid	1
24603	C12H20O4	di-sec-butyl fumarate	2210-32-4	228.288	---	---	535.15	1	25	0.9750	1	---	1.4420	1	---	---
24604	C12H20O4	(R)-2-(cyclohexylmethyl)succinic acid-1-me	130165-88-7	228.288	---	---	543.32	2	21	1.0091	2	---	---	---	---	---
24605	C12H20O4	(S)-2-(cyclohexylmethyl)succinic acid-1-me	220497-69-8	228.288	---	---	543.32	2	21	1.0091	2	---	---	---	---	---
24606	C12H20O4	3,6-di(spirocyclohexane)tetraoxane	---	228.288	---	---	543.32	2	21	1.0091	2	---	---	---	---	---
24607	C12H20O4	hexahydrophthalic acid diethyl ester	10138-59-7	228.288	---	---	543.32	2	21	1.0091	2	---	---	---	---	---
24608	C12H20O4	humidin	101670-43-3	228.288	---	---	515.15	1	21	1.0091	2	---	---	---	---	---
24609	C12H20O4Si	triethyl phenyl silicate	18023-36-4	256.373	---	---	509.15	1	20	1.0283	1	20	1.4525	1	---	---
24610	C12H20O4Sn	dibutyltin maleate	78-04-6	346.998	---	---	---	---	---	---	---	---	---	---	---	---
24611	C12H20O6	1,2,3-propanetriol tripropanoate	139-45-7	260.287	---	---	---	---	15	1.1080	1	19	1.4318	1	---	---
24612	C12H20O6	1,2-O-cyclohexylidene-a-D-glucofuranose	16832-21-6	260.287	427.15	1	---	---	20	1.1250	2	---	---	---	solid	1
24613	C12H20O6	diacetone-D-glucose	582-52-5	260.287	381.65	1	---	---	20	1.1250	2	---	---	---	solid	1
24614	C12H20O6	1,2:3,4-di-o-isopropylidene-a-d-galactopyra	4064-06-6	260.287	394.15	1	---	---	25	1.1420	1	---	1.4660	1	solid	1
24615	C12H20O6	2,3:5,6-di-o-isopropylidene-a-D-mannofura	14131-84-1	260.287	395.15	1	---	---	20	1.1250	2	---	---	---	solid	1
24616	C12H20O6	1,2:5,6-di-O-isopropylidene-a-D-allofurano	2595-05-3	260.287	348.15	1	---	---	20	1.1250	2	---	---	---	solid	1
24617	C12H20O7	triethyl citrate	77-93-0	276.287	---	---	567.15	1	20	1.1369	1	20	1.4455	1	---	---
24618	C12H20O8Rh2	rhodium(ii) propionate	31126-81-5	498.097	---	---	---	---	---	---	---	---	---	---	---	---
24619	C12H20S	3-octylthiophene	65016-62-8	196.357	---	---	536.15	2	25	0.9200	1	---	1.4920	1	---	---
24620	C12H20Si	triethylphenylsilane	2987-77-1	192.376	---	---	509.15	1	20	0.8915	1	20	1.4999	1	---	---
24621	C12H20Si	tetraallylsilane	1112-66-9	192.376	353.15	1	509.15	2	25	0.8310	1	---	1.4850	1	solid	1
24622	C12H20Sn	tetraallylstannane	7393-43-3	283.001	---	---	---	---	25	1.1790	1	---	1.5390	1	---	---
24623	C12H21Al	3-buten-1-ynyl diisobutyl aluminum	---	192.281	---	---	---	---	---	---	---	---	---	---	---	---
24624	C12H21BrN3O3	3-[2-(2-bromoacetamido)acetamide]-proxyl	100900-13-8	335.222	419.15	1	---	---	25	1.3448	2	---	---	---	solid	1
24625	C12H21ClO2	t-butyl-chloro-2-methyl-cyclohexanecarbox	12002-53-8	232.750	298.15	1	383.15	1	25	1.0197	2	---	---	---	---	---
24626	C12H21ClO3	n-octyl 4-chloroacetoacetate	41051-21-2	248.749	---	---	389.65	1	25	1.0600	1	---	1.4585	1	---	---
24627	C12H21F9O3Si3	1,3,5-tris[(3,3,3-trifluoropropyl)methyl]cyclo	2374-14-3	468.538	---	---	368.15	1	---	---	---	---	---	---	---	---
24628	C12H21IN3O3	3-[2-(2-iodoacetamido)acetamido]-proxyl, f	74648-17-2	382.222	---	---	---	---	25	1.4816	2	---	---	---	---	---
24629	C12H21N	tris(2-methylallyl)amine	6321-40-0	179.306	---	---	357.15	1	25	0.7940	1	---	1.4570	1	---	---
24630	C12H21NO	2-(1-piperidinylmethyl)cyclohexanone	534-84-9	195.305	---	---	---	---	25	0.9314	2	---	---	---	---	---
24631	C12H21NO	2-ethyl-1-(3-methyl-1-oxo-2-butenyl)piperid	95524-59-7	195.305	---	---	---	---	25	0.9314	2	---	---	---	---	---
24632	C12H21NO4	(1S,3S)-N-boc-1-aminocyclopentane-3-car	329910-39-6	243.303	---	---	---	---	25	1.0740	2	---	---	---	---	---
24633	C12H21NO4	cis-2-(tert-butoxycarbonylamino)-cyclohexa	---	243.303	403.15	1	---	---	25	1.0740	2	---	---	---	solid	1
24634	C12H21NO5	N-boc-amino-(4-hydroxycyclohexyl)carbox	---	259.303	---	---	---	---	25	1.0815	2	---	---	---	---	---
24635	C12H21NO5	(1S,2S,4R)-N-boc-1-amino-2-hydroxycyclo	262280-14-8	259.303	---	---	---	---	25	1.0815	2	---	---	---	---	---
24636	C12H21NO5	(1R,2S,4S)-N-boc-1-amino-2-hydroxycyclo	321744-14-3	259.303	---	---	---	---	25	1.0815	2	---	---	---	---	---
24637	C12H21NO5	(1R,2R,4S)-N-boc-1-amino-2-hydroxycyclo	321744-16-5	259.303	---	---	---	---	25	1.0815	2	---	---	---	---	---
24638	C12H21NO5	(1R,2S,4R)-N-boc-1-amino-2-hydroxycyclo	321744-17-6	259.303	---	---	---	---	25	1.0815	2	---	---	---	---	---
24639	C12H21NO5	(1R,2R,4R)-N-boc-1-amino-2-hydroxycyclo	321744-18-7	259.303	---	---	---	---	25	1.0815	2	---	---	---	---	---
24640	C12H21NO5	(1S,2S,4S)-N-boc-1-amino-2-hydroxycyclo	321744-19-8	259.303	---	---	---	---	25	1.0815	2	---	---	---	---	---

Table 1 Physical Properties - Organic Compounds

				Mol Wt	Freezing Point		Boiling Point		Density			Refractive Index			State	
NO	FORMULA	NAME	CAS No	g/mol	T_F, K	code	T_B, K	code	T, C	g/cm3	code	T, C	n_D	code	@25C,1 atm	code
24641	C12H21NO5	(1S,2R,4S)-N-boc-1-amino-2-hydroxycyclo	321744-21-2	259.303	---	---	---	---	25	1.0815	2	---	---	---	---	---
24642	C12H21NO5	(1S,2R,4R)-N-boc-1-amino-2-hydroxycyclo	321744-23-4	259.303	---	---	---	---	25	1.0815	2	---	---	---	---	---
24643	C12H21NO5	(2S,4R)-N-boc-4-hydroxypiperidine-2-carb	---	259.303	---	---	---	---	25	1.0815	2	---	---	---	---	---
24644	C12H21NO5	(2R,4S)-N-boc-4-hydroxypiperidine-2-carb	321744-26-7	259.303	---	---	---	---	25	1.0815	2	---	---	---	---	---
24645	C12H21NO5	methyl (S)-(-)-3-(tert-butoxycarbonyl)-2,2-d	108149-60-6	259.303	---	---	---	---	25	1.0810	1	---	1.4430	1	---	---
24646	C12H21NO5	methyl (R)-(+)-3-(tert-butoxycarbonyl)-2,2-(	95715-86-9	259.303	---	---	---	---	25	1.0820	1	---	1.4440	1	---	---
24647	C12H21NO6	diethyl (boc-amino)malonate	102831-44-7	275.302	---	---	491.15	1	25	1.0790	1	---	1.4390	1	---	---
24648	C12H21NS	2-(1-sec-butyl-2-(dimethylamino)ethyl)thiop	34548-72-6	211.372	---	---	356.15	1	25	0.9623	2	---	---	---	---	---
24649	C12H21N2O3PS	diazinon	333-41-5	304.351	---	---	---	---	20	1.1088	1	20	1.4922	1	---	---
24650	C12H21N2O3PS	diethyl propylmethylpyrimidyl thiophosphat	5826-91-5	304.351	---	---	---	---	---	---	---	---	---	---	---	---
24651	C12H21N5O3	cadralazine	64241-34-5	283.332	---	---	---	---	25	1.1909	2	---	---	---	---	---
24652	C12H22	bicyclohexyl	92-51-3	166.307	276.78	1	512.19	1	25	0.8830	1	25	1.4777	1	liquid	1
24653	C12H22	1-dodecyne	765-03-7	166.307	254.16	1	488.16	1	25	0.7750	1	25	1.4328	1	liquid	1
24654	C12H22	2-dodecyne	629-49-2	166.307	264.15	1	499.15	1	15	0.7917	1	20	1.4828	1	liquid	1
24655	C12H22	3-dodecyne	6790-27-8	166.307	330.60	2	492.55	1	20	0.7871	1	20	1.4442	1	solid	2
24656	C12H22	6-dodecyne	6975-99-1	166.307	282.97	2	483.15	1	20	0.7850	1	20	1.4442	1	liquid	1
24657	C12H22	3,3-dimethyl-4-decyne	70732-45-5	166.307	282.97	2	500.93	2	20	0.7731	1	20	1.4399	1	liquid	2
24658	C12H22	4a-ethyl-cis-decahydronaphthalene	66553-61-5	166.307	236.31	2	506.15	1	25	0.8830	1	25	1.4780	1	liquid	1
24659	C12H22	4a-ethyl-trans-decahydronaphthalene	66553-62-6	166.307	248.92	2	498.15	1	25	0.8570	1	25	1.4640	1	liquid	1
24660	C12H22	1-ethyl,cis-decahydronaphthalene	---	166.307	236.31	2	533.15	1	25	0.8570	1	---	---	---	liquid	1
24661	C12H22	1-ethyl-trans-decahydronaphthalene	---	166.307	248.92	2	528.15	1	25	0.8570	1	---	---	---	liquid	1
24662	C12H22	2-ethyl-cis-decahydronaphthalene	---	166.307	236.31	2	508.15	1	25	0.8801	1	25	1.4751	1	liquid	1
24663	C12H22	2-ethyl-trans-decahydronaphthalene	---	166.307	248.92	2	501.15	1	25	0.8621	1	25	1.4671	1	liquid	1
24664	C12H22	1,4a-dimethyl-cis-decahydronaphthalene	---	166.307	219.94	2	493.15	1	25	0.8856	1	25	1.4790	1	liquid	1
24665	C12H22	1,4a-dimethyl-trans-decahydronaphthalene	---	166.307	232.55	2	486.15	1	25	0.8593	1	25	1.4637	1	liquid	1
24666	C12H22	1-heptylcyclopentene	4292-00-6	166.307	200.59	2	492.15	1	25	0.8160	1	25	1.4540	1	liquid	1
24667	C12H22	cis-cyclododecene	1129-89-1	166.307	---	---	500.93	2	23	0.8348	2	20	1.4840	1	---	---
24668	C12H22	trans-cyclododecene	1486-75-5	166.307	---	---	500.93	2	23	0.8348	2	20	1.4850	1	---	---
24669	C12H22	1,11-dodecadiene	5876-87-9	166.307	---	---	481.65	1	20	0.7702	1	20	1.4400	1	---	---
24670	C12H22	cyclododecene; (cis+trans)	1501-82-2	166.307	264.25	1	511.60	1	25	0.8690	1	---	1.4860	1	liquid	1
24671	C12H22	spiro[5.6]dodecane	181-15-7	166.307	---	---	500.93	2	23	0.8348	2	---	---	---	---	---
24672	C12H22BI	dicyclohexyliodoborane	55382-85-9	304.022	---	---	---	---	25	1.3250	1	---	---	---	---	---
24673	C12H22BrNSi2	4-bromo-N,N-bis(trimethylsilyl)aniline	5089-33-8	316.388	---	---	---	---	25	1.1210	1	---	---	---	---	---
24674	C12H22Br3N3O3	pyrrolidone hydrotribromide	52215-12-0	496.038	362.15	1	---	---	25	1.6902	2	---	---	---	solid	1
24675	C12H22CaO14	D-gluconic acid, calcium salt	299-28-5	430.376	---	---	---	---	---	---	---	---	---	---	---	---
24676	C12H22ClHgNO	trans-chloro(2-hexanamidocyclohexyl)merc	73926-88-2	432.356	---	---	362.15	1	---	---	---	---	---	---	---	---
24677	C12H22ClP	chlorodicyclohexylphosphine	16523-54-9	232.733	---	---	---	---	25	1.0540	1	---	1.5330	1	---	---
24678	C12H22CuO14	D-gluconic acid, copper(ii)salt	13005-35-1	453.844	429.15	1	---	---	---	---	---	---	---	---	solid	1
24679	C12H22FN	12-fluoro dodecano nitrile	334-71-4	199.312	---	---	---	---	25	0.9123	2	---	---	---	---	---
24680	C12H22FO3P	dicyclohexyl fluorophosphonate	587-15-5	264.277	---	---	488.15	1	---	---	---	---	---	---	---	---
24681	C12H22F3O6P	3,3,3-trifluorolactic acid methyl ester dibuty	108682-53-7	350.273	---	---	---	---	---	---	---	---	---	---	---	---
24682	C12H22F3O6P	3,3,3-trifluorolactic acid methyl ester diisob	108682-57-1	350.273	---	---	---	---	---	---	---	---	---	---	---	---
24683	C12H22FeO14	ferrous gluconate	299-29-6	446.143	---	---	---	---	---	---	---	---	---	---	---	---
24684	C12H22N2O	1-methyl-3-(piperidinocarbonyl)piperidine	40576-23-6	210.320	---	---	559.65	2	25	0.9628	2	---	---	---	---	---
24685	C12H22N2O	N-nitrosodicyclohexylamine	947-92-2	210.320	---	---	559.65	1	25	0.9628	2	---	---	---	---	---
24686	C12H22N2O3S2	S-((N-bornylamidin)methyl) hydrogen thios	40283-68-9	306.451	---	---	---	---	25	1.1750	2	---	---	---	---	---
24687	C12H22N2O4	N-(tert-butoxycarbonyl)-L-proline n'-methox	115186-37-3	258.318	---	---	526.15	1	25	1.0590	1	---	1.4710	1	---	---
24688	C12H22N3O	4-tert-butyliminomethyl-2,2,5,5-tetramethyl	1973-36-0	224.327	377.15	1	---	---	25	1.0073	2	---	---	---	solid	1
24689	C12H22N4O2	1,6-hexamethylenebis(ethyleneurea)	2271-93-4	254.333	---	---	---	---	25	1.0936	2	---	---	---	---	---
24690	C12H22O	cyclododecanone	830-13-7	182.306	332.15	1	467.90	2	66	0.9059	1	60	1.4571	1	solid	1
24691	C12H22O	dicyclohexyl ether	4645-15-2	182.306	237.15	1	515.65	1	20	0.9227	1	20	1.4741	1	liquid	1
24692	C12H22O	codlelure	33956-49-9	182.306	305.15	1	467.90	2	34	0.9044	2	---	---	---	solid	1
24693	C12H22O	cyclododecene oxide; (cis+trans)	286-99-7	182.306	266.25	1	420.15	1	25	0.9390	1	---	1.4800	1	liquid	1
24694	C12H22O	trans-2-dodecenal	4826-62-4	182.306	---	---	467.90	2	25	0.8500	1	---	1.4580	1	---	---
24695	C12H22O	geranyl ethyl ether	40267-72-9	182.306	---	---	467.90	2	34	0.9044	2	---	---	---	---	---
24696	C12H22O	a-heptyl cyclopentanone	137-03-1	182.306	---	---	467.90	2	34	0.9044	2	---	---	---	---	---
24697	C12H22OSi2	trimethyl[4-[(trimethylsilyl)oxy]phenyl]silane	18036-81-2	238.476	---	---	---	---	25	0.9000	1	25	1.4794	1	---	---
24698	C12H22OSn	dicyclohexyltin oxide	22771-17-1	301.016	---	---	---	---	---	---	---	---	---	---	---	---
24699	C12H22O2	cyclohexanehexanoic acid	4354-56-7	198.305	307.15	1	508.57	2	20	0.9626	1	20	1.4750	1	solid	1
24700	C12H22O2	2-dodecenoic acid	4412-16-2	198.305	290.25	1	560.00	2	20	0.9265	1	25	1.4629	1	liquid	2
24701	C12H22O2	4-dodecenoic acid	505-92-0	198.305	273.85	1	560.00	2	15	0.9081	1	20	1.4529	1	liquid	2
24702	C12H22O2	5-dodecenoic acid	2761-84-4	198.305	273.85	1	560.00	2	20	0.9081	1	---	---	---	liquid	2
24703	C12H22O2	11-dodecenoic acid	65423-25-8	198.305	293.15	1	560.00	2	20	0.9014	1	20	1.4510	1	liquid	2
24704	C12H22O2	2-ethylhexyl methacrylate	688-84-6	198.305	291.03	2	508.57	2	25	0.8800	1	25	1.4360	1	liquid	2
24705	C12H22O2	ethyl 2-isopropyl-5-methylcyclopentanecar	116530-99-5	198.305	---	---	508.57	2	12	0.9178	1	12	1.4405	1	---	---
24706	C12H22O2	3-isopropyl-1-methylcyclopentanecarboxyli	104068-42-0	198.305	291.65	1	530.15	1	19	0.9698	1	20	1.4563	1	liquid	1
24707	C12H22O2	5-methyl-2-isopropylcyclohexanol acetate,	2623-23-6	198.305	---	---	495.15	1	20	0.9244	1	20	1.4469	1	---	---
24708	C12H22O2	methyl 10-undecenoate	111-81-9	198.305	245.65	1	521.15	1	15	0.8890	1	20	1.4393	1	liquid	1
24709	C12H22O2	2,2,7,7-tetramethyl-3,6-octanedione	27610-88-4	198.305	274.45	1	508.57	2	27	0.9000	1	20	1.4400	1	liquid	2
24710	C12H22O2	4-tert-butylcyclohexyl acetate	32210-23-4	198.305	---	---	508.57	2	25	0.9340	1	---	1.4520	1	---	---
24711	C12H22O2	citral dimethyl acetal	7549-37-3	198.305	---	---	508.57	2	25	0.8900	1	---	1.4540	1	---	---
24712	C12H22O2	citronellyl acetate	150-84-5	198.305	291.03	2	502.15	1	25	0.8880	1	---	1.4450	1	liquid	1
24713	C12H22O2	(±)-5-dodecanolide	713-95-1	198.305	261.25	1	508.57	2	25	0.9420	1	---	1.4600	1	liquid	2
24714	C12H22O2	cis-5-dodecenoic acid	2430-94-6	198.305	282.78	2	560.00	2	25	0.9060	1	---	1.4540	1	liquid	2
24715	C12H22O2	(1S)-(+)-menthyl acetate	5157-89-1	198.305	---	---	501.65	1	25	0.9250	1	---	1.4460	1	---	---
24716	C12H22O2	menthyl acetate	89-48-5	198.305	298.15	1	501.15	1	25	0.9220	1	---	1.4470	1	---	---
24717	C12H22O2	(1R)-(-)-neomenthyl acetate	146502-80-9	198.305	310.15	1	508.57	2	25	0.9120	1	---	---	---	solid	1
24718	C12H22O2	(1S)-(+)-neomenthyl acetate	2552-91-2	198.305	310.15	1	508.57	2	25	0.9120	1	---	1.6520	1	solid	1
24719	C12H22O2	2-octynal diethyl acetal	16387-55-6	198.305	---	---	508.57	2	25	0.8810	1	---	1.4360	1	---	---
24720	C12H22O2	oxacyclotridecan-2-one	947-05-7	198.305	275.65	1	508.57	2	25	0.9810	1	---	1.4720	1	liquid	2

				Mol Wt	Freezing Point		Boiling Point		Density			Refractive Index			State	
NO	FORMULA	NAME	CAS No	g/mol	T_F, K	code	T_B, K	code	T, C	g/cm3	code	T, C	n_D	code	@25C,1 atm	code
24721	C12H22O2	trans-4-n-pentylcyclohexanecarboxylic aci	38289-29-1	198.305	327.15	1	508.57	2	22	0.9159	2	---	---	---	solid	1
24722	C12H22O2	vinyl decanoate	4704-31-8	198.305	291.03	2	508.57	2	25	0.8860	1	---	1.4350	1	liquid	2
24723	C12H22O2	acetic acid 2-isopropyl-5-methyl-2-hexen-1	40853-56-3	198.305	282.78	2	560.00	2	22	0.9159	2	---	---	---	liquid	2
24724	C12H22O2	allyl 3,5,5-trimethylhexanoate	71500-21-5	198.305	291.03	2	508.57	2	22	0.9159	2	---	---	---	liquid	2
24725	C12H22O2	2-tert-butylcyclohexyl acetate	88-41-5	198.305	---	---	508.57	2	22	0.9159	2	---	---	---	---	---
24726	C12H22O2	citronelloxyacetaldehyde	7492-67-3	198.305	---	---	508.57	2	22	0.9159	2	---	---	---	---	---
24727	C12H22O2	9-decenyl acetate	50816-18-7	198.305	---	---	508.57	2	22	0.9159	2	---	---	---	---	---
24728	C12H22O2	dihydromyrcenyl acetate	88969-41-9	198.305	---	---	508.57	2	22	0.9159	2	---	---	---	---	---
24729	C12H22O2	dihydroterpinyl acetate	80-25-1	198.305	---	---	508.57	2	22	0.9159	2	---	---	---	---	---
24730	C12H22O2	D-dodecalactone	---	198.305	---	---	508.57	2	22	0.9159	2	---	---	---	---	---
24731	C12H22O2	cis-3-hexenyl caproate	31501-11-8	198.305	291.03	2	508.57	2	22	0.9159	2	---	---	---	liquid	2
24732	C12H22O2	g-n-octyl-g-n-butyrolactone	2305-05-7	198.305	---	---	508.57	2	22	0.9159	2	---	---	---	---	---
24733	C12H22O2	rhodinyl acetate	141-11-7	198.305	---	---	508.57	2	22	0.9159	2	---	---	---	---	---
24734	C12H22O2	9-undecenoic acid, methyl ester	5760-50-9	198.305	---	---	508.57	2	22	0.9159	2	---	---	---	---	---
24735	C12H22O2Si2	1,3-bis(trimethylsiloxy)benzene	4520-29-0	254.475	---	---	513.15	1	20	0.9480	1	20	1.4748	1	---	---
24736	C12H22O3	hexanoic anhydride	2051-49-2	214.305	232.15	1	528.15	dec	15	0.9240	1	20	1.4297	1	liquid	1
24737	C12H22O3	[(5-methyl-2-isopropylcyclohexyl)oxy]acetic	40248-63-3	214.305	327.15	1	550.15	2	22	0.9663	2	---	---	---	solid	1
24738	C12H22O3	(+)-menthyloxyacetic acid	94133-41-2	214.305	---	---	550.15	2	25	1.0200	1	---	1.4650	1	---	---
24739	C12H22O3	trimethylolpropane diallyl ether	682-09-7	214.305	---	---	558.15	1	25	0.9550	1	---	1.4580	1	---	---
24740	C12H22O3	butyl-2-butoxycyclopropane-1-carboxylate	63937-32-6	214.305	---	---	550.15	2	22	0.9663	2	---	---	---	---	---
24741	C12H22O3	ethyl-2-hexyl acetoacetate	29214-60-6	214.305	---	---	550.15	2	22	0.9663	2	---	---	---	---	---
24742	C12H22O3	5-methyl-3-butyltetrahydropyran-4-yl aceta	38285-49-3	214.305	---	---	564.15	1	22	0.9663	2	---	---	---	---	---
24743	C12H22O4	di-sec-butyl succinate	626-31-3	230.304	---	---	529.15	1	20	0.9735	1	25	1.4238	1	---	---
24744	C12H22O4	di-tert-butyl succinate	926-26-1	230.304	309.65	1	532.42	2	21	0.9879	2	---	---	---	solid	1
24745	C12H22O4	dibutyl succinate	141-03-7	230.304	243.95	1	547.65	1	20	0.9752	1	20	1.4299	1	liquid	1
24746	C12H22O4	diethyl sec-butylsuccinate	69248-35-7	230.304	---	---	532.42	2	25	0.9745	1	25	1.4293	1	---	---
24747	C12H22O4	diethyl ethylisopropylmalonate	2049-66-3	230.304	---	---	507.15	1	21	0.9879	2	25	1.4280	1	---	---
24748	C12H22O4	diethyl isopentylmalonate	5398-08-3	230.304	---	---	514.15	1	25	0.9580	1	25	1.4255	1	---	---
24749	C12H22O4	diethyl octanedioate	2050-23-9	230.304	279.05	1	555.75	1	20	0.9811	1	20	1.4328	1	liquid	1
24750	C12H22O4	diethyl pentylmalonate	6065-59-4	230.304	---	---	532.42	2	20	0.9630	1	20	1.4253	1	---	---
24751	C12H22O4	diisopentyl oxalate	2051-00-5	230.304	264.15	1	540.65	1	11	0.9680	1	---	---	---	liquid	1
24752	C12H22O4	diisopropyl adipate	6938-94-9	230.304	272.55	1	532.42	2	20	0.9569	1	20	1.4247	1	liquid	2
24753	C12H22O4	dimethyl sebacate	106-79-6	230.304	311.15	1	532.42	2	28	0.9882	1	28	1.4355	1	solid	1
24754	C12H22O4	dipropyl adipate	106-19-4	230.304	257.45	1	532.42	2	20	0.9790	1	20	1.4314	1	liquid	2
24755	C12H22O4	dodecanedioic acid	693-23-2	230.304	401.15	1	532.42	2	25	1.1500	1	---	---	---	solid	1
24756	C12H22O4	cyclohexano-12-crown-4	17454-42-1	230.304	---	---	532.42	2	21	0.9879	2	---	1.4815	1	---	---
24757	C12H22O4	1,1,4,4-tetraethoxy-2-butyne	3975-08-4	230.304	290.65	1	532.42	2	21	0.9879	2	---	---	---	liquid	2
24758	C12H22O4	dihexanoyl peroxide	2400-59-1	230.304	---	---	532.42	2	21	0.9879	2	---	---	---	---	---
24759	C12H22O4Zn	zinc gluconate	4468-02-4	295.694	---	---	592.15	1	---	---	---	---	---	---	---	---
24760	C12H22O5	di-tert-amyl dicarbonate	68835-89-2	246.304	---	---	572.15	2	25	1.0060	1	---	1.4220	1	---	---
24761	C12H22O5	tetra(ethylene glycol) divinyl ether	83416-06-2	246.304	---	---	572.15	2	25	1.0300	1	---	1.4560	1	---	---
24762	C12H22O5	cyclohexanone peroxide	78-18-2	246.304	---	---	572.15	2	25	1.0180	2	---	---	---	---	---
24763	C12H22O5	DL-dibutyl malate	6280-99-5	246.304	---	---	572.15	1	25	1.0180	2	---	---	---	---	---
24764	C12H22O5Sn	dibutylmaloyloxystannane	15535-69-0	365.014	---	---	---	---	---	---	---	---	---	---	---	---
24765	C12H22O6	dibutyl tartrate	87-92-3	262.303	295.15	1	593.15	1	20	1.0909	1	20	1.4451	1	liquid	1
24766	C12H22O6	bis(2-methoxyethyl) adipate	106-00-3	262.303	---	---	593.15	2	23	1.1110	2	---	1.4420	1	---	---
24767	C12H22O6	(-)-dibutyl-D-tartrate	---	262.303	294.15	1	593.15	2	23	1.1110	2	---	---	---	liquid	2
24768	C12H22O6	triethylene glycol diglycidyl ether	1954-28-5	262.303	259.25	1	593.15	2	25	1.1310	1	---	1.4580	1	liquid	2
24769	C12H22O6	bis(1-hydroperoxy cyclohexyl)peroxide	---	262.303	---	---	593.15	2	23	1.1110	2	---	---	---	---	---
24770	C12H22O6P2S	2,5-bis(diethoxyphosphoryl)thiophene	100651-98-7	356.317	---	---	445.15	1	---	---	---	---	1.4990	1	---	---
24771	C12H22O10	rutinose	90-74-4	326.301	463.65	dec	---	---	25	1.2526	2	---	---	---	solid	1
24772	C12H22O11	beta-D-lactose	5965-66-2	342.300	527.15	1	---	---	20	1.5900	1	---	---	---	solid	1
24773	C12H22O11	alpha-maltose	4482-75-1	342.300	435.65	1	---	---	20	1.5460	1	---	---	---	solid	1
24774	C12H22O11	sucrose	57-50-1	342.300	459.15	1	751.00	2	25	1.5900	1	---	1.5376	1	solid	1
24775	C12H22O11	trehalose	99-20-7	342.300	476.15	1	---	---	24	1.5800	1	---	---	---	solid	1
24776	C12H22O11	turanose	547-25-1	342.300	441.15	1	---	---	23	1.5280	2	---	---	---	solid	1
24777	C12H22O11	D(+)-cellobiose	528-50-7	342.300	512.15	1	---	---	23	1.5280	2	---	---	---	solid	1
24778	C12H22O11	gentiobiose	554-91-6	342.300	481.65	1	---	---	23	1.5280	2	---	---	---	solid	1
24779	C12H22O11	lactose	63-42-3	342.300	485.05	1	---	---	25	1.5300	1	---	---	---	solid	1
24780	C12H22O11	lactulose	4618-18-2	342.300	442.15	1	---	---	25	1.3200	1	---	---	---	solid	1
24781	C12H22O11	D-maltose	69-79-4	342.300	379.15	1	---	---	25	1.5400	1	---	---	---	solid	1
24782	C12H22O12	4-O-beta-D-galactopyranosyl-D-gluconic a	96-82-2	358.299	---	---	---	---	25	1.3186	2	---	---	---	---	---
24783	C12H22S2	cyclohexyl disulfide	2550-40-5	230.439	---	---	---	---	25	0.9786	2	---	---	---	---	---
24784	C12H22Si	trimethyl(2,3,4,5-tetramethyl-2,4-cyclopent	134695-74-2	194.392	---	---	---	---	25	0.8520	1	---	1.4860	1	---	---
24785	C12H22Si2	1,4-bis(trimethylsilyl)benzene	13183-70-5	222.477	366.65	1	467.15	1	---	---	---	---	---	---	solid	1
24786	C12H22Si2	1,2-bis(trimethylsilyl)benzene	17151-09-6	222.477	---	---	467.15	2	---	---	---	---	1.5140	1	---	---
24787	C12H23Br	cis-1-bromo-1-dodecene	66553-39-7	247.219	279.22	2	534.15	1	25	1.0420	1	25	1.4630	1	liquid	1
24788	C12H23Br	trans-1-bromo-1-dodecene	66553-40-0	247.219	279.22	2	534.15	1	25	1.0420	1	25	1.4630	1	liquid	1
24789	C12H23BrO2	2-bromododecanoic acid	111-56-8	279.217	305.15	1	---	---	74	1.1474	1	24	1.4585	1	solid	1
24790	C12H23BrO2	methyl 11-bromoundecanoate	6287-90-7	279.217	---	---	---	---	25	1.1570	1	---	1.4650	1	---	---
24791	C12H23Br3	1,1,1-tribromododecane	62127-69-9	407.027	406.32	2	613.15	1	25	1.5165	2	---	---	---	solid	2
24792	C12H23Cl	cis-1-chloro-1-dodecene	66553-41-1	202.767	249.34	2	536.15	1	25	0.8760	1	25	1.4470	1	liquid	1
24793	C12H23Cl	trans-1-chloro-1-dodecene	66553-42-2	202.767	249.34	2	536.15	1	25	0.8760	1	25	1.4470	1	liquid	1
24794	C12H23ClO	dodecanoyl chloride	112-16-3	218.767	256.15	1	---	---	25	0.9169	1	20	1.4458	1	---	---
24795	C12H23Cl3	1,1,1-trichlorododecane	62108-57-0	273.672	316.68	2	570.15	1	25	1.0509	2	---	---	---	solid	2
24796	C12H23F	cis-1-fluoro-1-dodecene	66553-43-3	186.313	251.57	2	477.39	2	25	0.8320	1	25	1.4430	1	liquid	2
24797	C12H23F	trans-1-fluoro-1-dodecene	66553-44-4	186.313	251.57	2	477.39	2	25	0.8320	1	25	1.4430	1	liquid	2
24798	C12H23FO2	ethyl-10-fluorodecanoate	353-03-7	218.312	---	---	---	---	25	0.9493	2	---	---	---	---	---
24799	C12H23F3	1,1,1-trifluorododecane	764-84-1	224.310	323.37	2	481.15	1	25	0.9405	2	---	---	---	solid	2
24800	C12H23I	cis-1-iodo-1-dodecene	66553-45-5	294.219	277.48	2	558.15	1	25	1.1990	1	25	1.4850	1	liquid	1

				Mol Wt	Freezing Point		Boiling Point		Density			Refractive Index			State	
NO	FORMULA	NAME	CAS No	g/mol	T_F, K	code	T_B, K	code	T, C	g/cm3	code	T, C	n_D	code	@25C,1 atm	code
24801	C12H23I	trans-1-iodo-1-dodecene	66553-46-6	294.219	277.48	2	558.15	1	25	1.1990	1	25	1.4850	1	liquid	1
24802	C12H23I3	1,1,1-triiodododecane	---	548.028	401.10	2	750.15	2	25	1.8609	2	---	---	---	solid	2
24803	C12H23KO2	potassium laurate	10124-65-9	238.412	---	---	---	---	---	---	---	---	---	---	---	---
24804	C12H23N	dicyclohexylamine	101-83-7	181.322	273.05	1	529.00	1	25	0.9090	1	25	1.4823	1	liquid	1
24805	C12H23N	dodecanenitrile	2437-25-4	181.322	277.15	1	550.15	1	25	0.8203	1	25	1.4340	1	liquid	1
24806	C12H23NO	1-octyl-2-pyrrolidone	2687-94-7	197.321	249.25	1	---	---	25	0.9200	1	---	1.4650	1	---	---
24807	C12H23NO	undecyl isocyanate	2411-58-7	197.321	---	---	---	---	25	0.8680	1	---	1.4400	1	---	---
24808	C12H23NO	cyclododecalactam	947-04-6	197.321	---	---	---	---	25	0.8940	2	---	---	---	---	---
24809	C12H23NO3	N,N-dipropyl succinamic acid ethyl ester	10143-31-4	229.320	---	---	---	---	25	0.9973	2	---	---	---	---	---
24810	C12H23NO3	hexyl N,N-diethyloxamate	60254-65-1	229.320	---	---	---	---	25	0.9973	2	---	---	---	---	---
24811	C12H23NO3S2	S-2-((4-cyclohexen-3-ylbutyl)amino)ethyl th	19143-00-1	293.452	---	---	---	---	25	1.1240	2	---	---	---	---	---
24812	C12H23NO4	N-(tert-butoxycarbonyl)-L-leucine methyl es	63096-02-6	245.319	---	---	478.15	1	25	0.9910	1	---	1.4400	1	---	---
24813	C12H23NSi2	1,1,1-trimethyl-N-phenyl-N-(trimethylsilyl)si	4147-89-1	237.492	289.65	1	---	---	23	0.8951	1	20	1.4855	1	---	---
24814	C12H23N3O	2-(2,2,6,6-tetramethyl-4-piperidinyl)-2-oxaz	102071-44-3	225.335	---	---	---	---	25	0.9918	2	---	---	---	---	---
24815	C12H23NaO2	lauric acid sodium salt	629-25-4	222.303	---	---	---	---	---	---	---	---	---	---	---	---
24816	C12H23O4P	diethyl 3,3-dimethylcyclohex-1-enylphosph	109467-69-8	262.286	---	---	371.15	1	25	1.1000	1	---	1.4490	1	---	---
24817	C12H23P	dicyclohexylphosphine	829-84-5	198.289	---	---	554.15	1	25	0.9040	1	20	1.5163	1	---	---
24818	C12H24	heptylcyclopentane	5617-42-5	168.323	220.00	1	497.30	1	25	0.8060	1	25	1.4400	1	liquid	1
24819	C12H24	hexylcyclohexane	4292-75-5	168.323	263.60	1	497.86	1	25	0.8920	1	25	1.4441	1	liquid	1
24820	C12H24	1-methyl-2-pentylcyclohexane	54411-01-7	168.323	263.60	2	490.65	1	20	0.8150	1	20	1.4487	1	liquid	1
24821	C12H24	cyclododecane	294-62-2	168.323	333.85	1	512.15	1	80	0.8200	1	---	---	---	solid	1
24822	C12H24	butylcyclooctane	16538-93-5	168.323	---	---	488.99	2	25	0.8260	1	25	1.4585	1	---	---
24823	C12H24	1-dodecene	112-41-4	168.323	237.93	1	486.50	1	25	0.7560	1	25	1.4278	1	liquid	1
24824	C12H24	2-methyl-1-undecene	18516-37-5	168.323	232.38	1	484.75	1	25	0.7584	1	25	1.43d0	1	liquid	1
24825	C12H24	4,4-dimethyl-2-neopentyl-1-pentene	141-70-8	168.323	271.55	1	488.99	2	32	0.8105	2	---	---	---	liquid	2
24826	C12H24	2,2,4,6,6-pentamethyl-3-heptene	123-48-8	168.323	234.75	2	453.70	1	32	0.8105	2	---	---	---	liquid	1
24827	C12H24	trans-2,2,4,6,6-pentamethyl-3-heptene	27656-50-4	168.323	234.75	2	453.70	2	32	0.8105	2	---	---	---	liquid	2
24828	C12H24	isobutene, trimer	7756-94-7	168.323	197.15	1	453.15	1	20	0.7590	1	20	1.4314	1	liquid	1
24829	C12H24B2O4	bis(pinacolato)diboron	73183-34-3	253.942	410.65	1	---	---	---	---	---	---	---	---	solid	1
24830	C12H24BrF	1-bromo-12-fluorododecane	353-29-7	267.225	---	---	---	---	25	1.0993	2	25	1.4524	1	---	---
24831	C12H24Br2	1,1-dibromododecane	62168-29-0	328.131	329.10	2	583.15	1	25	1.2967	2	---	---	---	solid	2
24832	C12H24Br2	1,12-dibromododecane	3344-70-5	328.131	314.15	1	583.15	2	25	1.2967	2	---	---	---	solid	1
24833	C12H24Cl2	1,1-dichlorododecane	62017-17-8	239.228	269.34	2	556.15	1	25	0.9520	1	25	1.4490	1	liquid	1
24834	C12H24Cl2	1,12-dichlorododecane	3922-28-9	239.228	302.15	1	572.15	1	25	0.9656	2	---	---	---	solid	1
24835	C12H24CaN2O6S2	calcium cyclamate	139-06-0	396.543	---	---	---	---	---	---	---	---	---	---	---	---
24836	C12H24Co2N12O24S6	di[tris-1,2-diaminoethanecobalt(iii)]triperox	---	1030.655	---	---	---	---	---	---	---	---	---	---	---	---
24837	C12H24Cr2N12O24S6	di[tris-1,2-diaminoethanechromium(iii)]tripe	---	1016.780	---	---	---	---	---	---	---	---	---	---	---	---
24838	C12H24F2	1,1-difluorododecane	62127-45-1	206.320	273.80	2	492.15	1	25	0.8800	1	25	1.4100	1	liquid	1
24839	C12H24I2	1,1-diiodododecane	66553-33-1	422.132	325.62	2	659.80	2	25	1.5609	2	---	---	---	solid	2
24840	C12H24MgO14	magnesium gluconate	3632-91-5	416.619	---	---	---	---	---	---	---	---	---	---	---	---
24841	C12H24N2	1,2-dipiperidinoethane	1932-04-3	196.337	272.65	1	538.15	1	25	0.9160	1	25	1.4853	1	liquid	1
24842	C12H24N2	1,4-bis(diethylamino)-2-butyne	105-18-0	196.337	---	---	538.15	2	25	0.8850	2	---	---	---	---	---
24843	C12H24N2O	1-nitrosoazacyclotridecane	40580-89-0	212.336	---	---	---	---	25	0.9335	2	---	---	---	---	---
24844	C12H24N2OSi2	1,3-bis(3-cyanopropyl)tetramethyldisiloxan	18027-80-0	268.506	---	---	---	---	25	0.9340	1	---	1.4440	1	---	---
24845	C12H24N2O2	dicyclohexyl ammonium nitrite	3129-91-7	228.335	452.65	1	---	---	25	0.9796	2	---	---	---	solid	1
24846	C12H24N2O4	N-(tert-butoxycarbonyl)-L-valine n'-methoxy	87694-52-8	260.334	---	---	521.15	1	25	1.0290	1	---	1.4560	1	---	---
24847	C12H24N2O4	isopropyl meprobamate	78-44-4	260.334	365.65	1	521.15	2	25	1.0656	2	---	---	---	solid	1
24848	C12H24N3P	tripyrrolidinophosphine	5666-12-6	241.318	---	---	---	---	25	1.0490	1	---	1.5300	1	---	---
24849	C12H24N4S8Se	selenium dimethyldithiocarbamate	144-34-3	559.839	429.15	1	---	---	25	1.5800	1	---	---	---	solid	1
24850	C12H24N6O2P2	1,4-bis(N,N'-diethylene phosphamide)piper	738-99-8	346.311	461.15	1	---	---	---	---	---	---	---	---	solid	1
24851	C12H24N9P3	apholate	52-46-0	387.308	423.15	1	---	---	---	---	---	---	---	---	solid	1
24852	C12H24O	dodecanal	112-54-9	184.322	285.15	1	523.15	1	25	0.8260	1	25	1.4320	1	liquid	1
24853	C12H24O	2-methylundecanal	110-41-8	184.322	285.15	2	519.25	2	15	0.8320	1	20	1.4321	1	liquid	2
24854	C12H24O	2-dodecanone	6175-49-1	184.322	293.65	1	519.85	1	25	0.8237	1	25	1.4303	1	liquid	1
24855	C12H24O	6-dodecanone	6064-27-3	184.322	283.15	1	519.25	2	23	0.8284	2	20	1.4302	1	liquid	2
24856	C12H24O	decyl vinyl ether	765-05-9	184.322	232.15	1	489.15	2	20	0.8120	1	20	1.4346	1	liquid	2
24857	C12H24O	cyclododocanol	1724-39-6	184.322	350.15	1	545.85	1	23	0.8284	2	---	---	---	solid	1
24858	C12H24O	(R)-(+)-1,2-epoxydodecane	109856-85-1	184.322	---	---	519.25	2	25	0.8440	1	---	1.4360	1	---	---
24859	C12H24O	1,2-epoxydodecane	2855-19-8	184.322	---	---	519.25	2	25	0.8440	1	---	1.4360	1	---	---
24860	C12H24O	trimethyl nonanone	1331-50-6	184.322	198.25	1	488.15	1	25	0.8170	1	---	---	---	liquid	1
24861	C12H24O	3-dodecanone	1534-27-6	184.322	292.58	1	519.25	2	23	0.8284	2	---	---	---	liquid	2
24862	C12H24O	5-dodecanone	19780-10-0	184.322	282.85	1	519.25	2	23	0.8284	2	---	---	---	liquid	2
24863	C12H24O	4-dodecanone	6137-26-4	184.322	284.65	1	519.25	2	23	0.8284	2	---	---	---	liquid	2
24864	C12H24O	(Z)-7-dodecen-1-ol	20056-92-2	184.322	285.00	2	519.25	2	23	0.8284	2	---	---	---	liquid	2
24865	C12H24O	8-ethoxy-2,6-dimethyloctene-2	69929-16-4	184.322	---	---	519.25	2	23	0.8284	2	---	---	---	---	---
24866	C12H24O	triisobutylene oxide	68955-06-6	184.322	---	---	519.25	2	23	0.8284	2	---	---	---	---	---
24867	C12H24O2	dodecanoic acid	143-07-7	200.321	316.98	1	571.85	1	50	0.8679	1	25	1.4401	1	solid	1
24868	C12H24O2	undecyl formate	5454-24-0	200.321	283.20	2	531.48	2	24	0.8658	2	20	1.4300	2	liquid	2
24869	C12H24O2	decyl acetate	112-17-4	200.321	258.12	1	517.15	1	20	0.8671	1	25	1.4250	1	liquid	1
24870	C12H24O2	nonyl propanoate	53184-67-1	200.321	266.83	2	532.18	2	25	0.8597	1	25	1.4240	1	liquid	2
24871	C12H24O2	octyl butanoate	110-39-4	200.321	217.15	1	517.15	1	25	0.8593	1	25	1.4229	1	liquid	1
24872	C12H24O2	heptyl pentanoate	5451-80-9	200.321	226.75	1	518.35	1	20	0.8623	1	15	1.4254	1	liquid	1
24873	C12H24O2	hexyl hexanoate	6378-65-0	200.321	218.15	1	519.15	1	18	0.8650	1	15	1.4264	1	liquid	1
24874	C12H24O2	pentyl heptanoate	7493-82-5	200.321	223.15	1	518.55	1	20	0.8623	1	15	1.4263	1	liquid	1
24875	C12H24O2	butyl octanoate	589-75-3	200.321	230.25	1	513.65	1	20	0.8628	1	25	1.4232	1	liquid	1
24876	C12H24O2	ethyl decanoate	110-38-3	200.321	253.15	1	514.65	1	20	0.8650	1	20	1.4256	1	liquid	1
24877	C12H24O2	ethyl 3-methylnonanoate	86051-37-8	200.321	230.29	2	523.39	2	20	0.8653	1	20	1.4240	1	liquid	2
24878	C12H24O2	methyl undecanoate	1731-86-8	200.321	230.29	2	523.39	2	24	0.8658	2	---	---	---	liquid	2
24879	C12H24O2	2-butyloctanoic acid	27610-92-0	200.321	316.90	2	503.15	1	25	0.8870	1	---	1.4380	1	solid	2
24880	C12H24O2	3,7-dimethyloctanyl acetate	20780-49-8	200.321	258.12	2	505.00	2	24	0.8658	2	---	---	---	liquid	2

Table 1 Physical Properties - Organic Compounds

				Mol Wt	Freezing Point		Boiling Point		Density			Refractive Index			State	
NO	FORMULA	NAME	CAS No	g/mol	T_F, K	code	T_B, K	code	T, C	g/cm3	code	T, C	n_D	code	@25C,1 atm	code
24881	C12H24O3	methyl 11-hydroxyundecanoate	24724-07-0	216.321	300.65	1	517.15	2	20	0.9542	1	---	---	---	solid	1
24882	C12H24O3	2,2,4-trimethyl-1,3-pentanediol monoisobut	25265-77-4	216.321	223.25	1	517.15	1	25	0.9500	1	---	1.4410	1	liquid	1
24883	C12H24O3	12-hydroxydodecanoic acid	505-95-3	216.321	357.00	1	517.15	2	23	0.9521	2	---	---	---	solid	1
24884	C12H24O3	tert-butyl peroxyoctoate	13467-82-8	216.321	---	---	517.15	2	23	0.9521	2	---	---	---	---	---
24885	C12H24O3	2,4,6-tripropyl-S-trioxane	2396-43-2	216.321	---	---	517.15	2	23	0.9521	2	---	---	---	---	---
24886	C12H24O4Pb	dibutyl lead diacetate	2587-84-0	439.520	---	---	---	---	---	---	---	---	---	---	---	---
24887	C12H24O4Si4	2,4,6,8-tetravinyl-2,4,6,8-tetramethylcyclote	2554-06-5	344.660	229.65	1	497.15	1	20	0.9875	1	---	---	---	liquid	1
24888	C12H24O4Sn	dibutyltin diacetate	1067-33-0	351.030	280.65	1	416.65	1	---	---	---	---	---	---	liquid	1
24889	C12H24O6	18-crown-6	17455-13-9	264.319	313.65	1	---	---	25	1.0699	2	---	---	---	solid	1
24890	C12H24O11	maltitol	585-88-6	344.316	423.15	1	---	---	25	1.2515	2	---	---	---	solid	1
24891	C12H24O12	alpha-lactose monohydrate	5989-81-1	360.315	474.65	dec	---	---	20	1.5470	1	---	---	---	solid	1
24892	C12H24S	thiacyclotridecane	295-05-6	200.389	294.93	2	555.15	1	25	0.8969	1	---	---	---	liquid	1
24893	C12H24Si	(3,3-dimethylcyclohex-1-enylmethyl)trimeth	---	196.408	---	---	---	---	---	---	---	---	1.4400	1	---	---
24894	C12H25Br	1-bromododecane	143-15-7	249.235	263.65	1	549.05	1	25	1.0355	1	25	1.4564	1	liquid	1
24895	C12H25Br	2-bromododecane	13187-99-0	249.235	177.25	1	549.05	2	25	1.0200	1	---	1.4580	1	liquid	2
24896	C12H25BrO	12-bromododecanol	3344-77-2	265.234	308.15	1	---	---	25	1.0900	2	---	---	---	solid	1
24897	C12H25Cl	1-chlorododecane	112-52-7	204.783	263.85	1	536.33	1	25	0.8636	1	25	1.4412	1	liquid	1
24898	C12H25Cl3Si	trichlorododecylsilane	4484-72-4	303.773	---	---	---	---	---	---	---	20	1.4581	1	---	---
24899	C12H25F	1-fluorododecane	334-68-9	188.329	260.15	1	498.15	1	25	0.8208	1	25	1.4165	1	liquid	1
24900	C12H25I	1-iodododecane	4292-19-7	296.235	273.45	1	571.35	1	25	1.1951	1	25	1.4819	1	liquid	1
24901	C12H25N	cyclododecylamine	1502-03-0	183.338	302.15	1	396.15	1	25	0.8254	2	---	---	---	solid	1
24902	C12H25NO	dodecanamide	1120-16-7	199.337	383.15	1	383.15	2	25	0.8753	2	110	1.4287	1	solid	1
24903	C12H25NO	N,N-dimethyldecanamide	14433-76-2	199.337	---	---	383.15	1	25	0.8753	2	---	---	---	---	---
24904	C12H25NO	N-pentylheptanamide	64891-12-9	199.337	---	---	383.15	2	25	0.8753	2	---	---	---	---	---
24905	C12H25NO2	1-nitrododecane	16891-99-9	215.336	368.11	2	570.15	1	25	0.9228	2	---	---	---	solid	2
24906	C12H25NO3	nitric acid, dodecyl ester	13277-59-3	231.336	---	---	---	---	25	0.9681	2	---	---	---	---	---
24907	C12H25NO3S2	S-2-((5-cyclopentylpentyl)amino)ethyl thios	21208-99-1	295.468	---	---	---	---	25	1.0940	2	---	---	---	---	---
24908	C12H25NO5	aza-18-crown-6	33941-15-0	263.335	321.15	1	---	---	25	1.0526	2	---	---	---	solid	1
24909	C12H25NO5	N-methoxymethylaza-15-crown-5	91043-70-8	263.335	---	---	---	---	25	1.0526	2	---	1.4780	1	---	---
24910	C12H25NSi	3-trimethylsilylmethyl-N-tert-butylcrotonaldi	56637-75-3	211.423	---	---	---	---	---	---	---	---	1.4760	1	---	---
24911	C12H25N3O2	nitrosoundecylurea	71752-67-5	243.350	---	---	---	---	25	1.0063	2	---	---	---	---	---
24912	C12H25N3S4Zn	zinc bis(dimethyldithiocarbamate)cyclohex	16509-79-8	405.006	---	---	---	---	---	---	---	---	---	---	---	---
24913	C12H25NaO3S	1-dodecanesulfonic acid, sodium salt	2386-53-0	272.384	>573.15	1	---	---	---	---	---	---	---	---	solid	1
24914	C12H26	dodecane	112-40-3	170.338	263.59	1	489.47	1	25	0.7450	1	25	1.4151	1	liquid	1
24915	C12H26	3-methylundecane	1002-43-3	170.338	215.15	1	483.95	1	25	0.7485	1	25	1.4208	1	liquid	1
24916	C12H26	4-methylundecane	2980-69-0	170.338	209.50	2	482.15	1	25	0.7478	1	25	1.4207	1	liquid	1
24917	C12H26	5-methylundecane	1632-70-8	170.338	209.50	2	479.15	1	25	0.7476	1	25	1.4202	1	liquid	1
24918	C12H26	6-methylundecane	17302-33-9	170.338	209.50	2	479.15	1	25	0.7475	1	25	1.4201	1	liquid	1
24919	C12H26	3-ethyldecane	17085-96-0	170.338	209.50	2	481.85	1	25	0.7598	1	25	1.4228	1	liquid	1
24920	C12H26	4-ethyldecane	1636-44-8	170.338	209.50	2	477.15	1	25	0.7529	1	25	1.4225	1	liquid	1
24921	C12H26	5-ethyldecane	17302-36-2	170.338	209.50	2	475.15	1	25	0.7524	1	25	1.4222	1	liquid	1
24922	C12H26	2,2-dimethyldecane	17302-37-3	170.338	226.92	2	474.15	1	25	0.7406	1	25	1.4169	1	liquid	1
24923	C12H26	2,3-dimethyldecane	17312-44-6	170.338	194.50	2	479.15	1	25	0.7521	1	25	1.4222	1	liquid	1
24924	C12H26	2,4-dimethyldecane	2801-84-5	170.338	194.50	2	473.15	1	25	0.7420	1	25	1.4172	1	liquid	1
24925	C12H26	2,5-dimethyldecane	17312-50-4	170.338	194.50	2	471.15	1	25	0.7451	1	25	1.4187	1	liquid	1
24926	C12H26	2,6-dimethyldecane	13150-81-7	170.338	194.50	2	471.15	1	25	0.7452	1	25	1.4187	1	liquid	1
24927	C12H26	2,7-dimethyldecane	17312-51-5	170.338	194.50	2	475.15	1	25	0.7455	1	25	1.4189	1	liquid	1
24928	C12H26	2,8-dimethyldecane	17312-52-6	170.338	194.50	2	477.15	1	25	0.7461	1	25	1.4193	1	liquid	1
24929	C12H26	2,9-dimethyldecane	1002-17-1	170.338	194.50	2	477.15	1	25	0.7404	1	25	1.4166	1	liquid	1
24930	C12H26	3,3-dimethyldecane	17302-38-4	170.338	226.92	2	476.15	1	25	0.7523	1	25	1.4224	1	liquid	1
24931	C12H26	3,4-dimethyldecane	17312-45-7	170.338	194.50	2	478.15	1	25	0.7576	1	25	1.4247	1	liquid	1
24932	C12H26	3,5-dimethyldecane	17312-48-0	170.338	194.50	2	473.15	1	25	0.7509	1	25	1.4214	1	liquid	1
24933	C12H26	3,6-dimethyldecane	17312-53-7	170.338	194.50	2	474.15	1	25	0.7510	1	25	1.4214	1	liquid	1
24934	C12H26	3,7-dimethyldecane	17312-54-8	170.338	194.50	2	475.15	1	25	0.7513	1	25	1.4217	1	liquid	1
24935	C12H26	3,8-dimethyldecane	17312-55-9	170.338	194.50	2	478.15	1	25	0.7519	1	25	1.4220	1	liquid	1
24936	C12H26	4,4-dimethyldecane	17312-39-9	170.338	226.92	2	472.15	1	25	0.7514	1	25	1.4214	1	liquid	1
24937	C12H26	4,5-dimethyldecane	17312-46-8	170.338	194.50	2	475.15	1	25	0.7569	1	25	1.4243	1	liquid	1
24938	C12H26	4,6-dimethyldecane	17312-49-1	170.338	194.50	2	471.15	1	25	0.7504	1	25	1.4211	1	liquid	1
24939	C12H26	4,7-dimethyldecane	17312-56-0	170.338	194.50	2	472.15	1	25	0.7507	1	25	1.4209	1	liquid	1
24940	C12H26	5,5-dimethyldecane	17453-92-8	170.338	226.92	2	470.15	1	25	0.7510	1	25	1.4211	1	liquid	1
24941	C12H26	5,6-dimethyldecane	1636-43-7	170.338	194.50	2	474.15	1	25	0.7567	1	25	1.4241	1	liquid	1
24942	C12H26	4-propylnonane	6165-37-3	170.338	209.50	2	472.15	1	25	0.7519	1	25	1.4219	1	liquid	1
24943	C12H26	5-propylnonane	998-35-6	170.338	209.50	2	470.15	1	25	0.7511	1	25	1.4217	1	liquid	1
24944	C12H26	4-isopropylnonane	62184-71-8	170.338	194.50	2	471.15	1	25	0.7561	1	25	1.4237	1	liquid	1
24945	C12H26	5-isopropylnonane	62184-72-9	170.338	194.50	2	471.15	1	25	0.7557	1	25	1.4235	1	liquid	1
24946	C12H26	2-methyl-3-ethylnonane	62184-73-0	170.338	194.50	2	474.15	1	25	0.7571	1	25	1.4243	1	liquid	1
24947	C12H26	2-methyl-4-ethylnonane	62184-37-6	170.338	194.50	2	471.15	1	25	0.7500	1	25	1.4208	1	liquid	1
24948	C12H26	2-methyl-5-ethylnonane	62184-38-7	170.338	194.50	2	469.15	1	25	0.7500	1	25	1.4208	1	liquid	1
24949	C12H26	2-methyl-6-ethylnonane	62184-39-8	170.338	194.50	2	471.15	1	25	0.7504	1	25	1.4211	1	liquid	1
24950	C12H26	2-methyl-7-ethylnonane	62184-40-1	170.338	194.50	2	475.15	1	25	0.7513	1	25	1.4217	1	liquid	1
24951	C12H26	3-methyl-3-ethylnonane	17302-39-5	170.338	226.92	2	477.15	1	25	0.7641	1	25	1.4279	1	liquid	1
24952	C12H26	3-methyl-4-ethylnonane	62184-41-2	170.338	194.50	2	474.15	1	25	0.7626	1	25	1.4268	1	liquid	1
24953	C12H26	3-methyl-5-ethylnonane	62184-42-3	170.338	194.50	2	468.15	1	25	0.7548	1	25	1.4239	1	liquid	1
24954	C12H26	3-methyl-6-ethylnonane	62184-43-4	170.338	194.50	2	472.15	1	25	0.7563	1	25	1.4238	1	liquid	1
24955	C12H26	3-methyl-7-ethylnonane	62184-44-5	170.338	194.50	2	473.15	1	25	0.7572	1	25	1.4244	1	liquid	1
24956	C12H26	4-methyl-3-ethylnonane	62184-45-6	170.338	194.50	2	473.15	1	25	0.7629	1	25	1.4271	1	liquid	1
24957	C12H26	4-methyl-4-ethylnonane	17312-40-2	170.338	226.92	2	472.15	1	25	0.7630	1	25	1.4272	1	liquid	1
24958	C12H26	4-methyl-5-ethylnonane	62184-46-7	170.338	194.50	2	471.15	1	25	0.7620	1	25	1.4265	1	liquid	1
24959	C12H26	4-methyl-6-ethylnonane	62184-47-8	170.338	194.50	2	469.15	1	25	0.7557	1	25	1.4235	1	liquid	1
24960	C12H26	4-methyl-7-ethylnonane	62184-48-9	170.338	194.50	2	473.15	1	25	0.7566	1	25	1.4240	1	liquid	1

				Mol Wt	Freezing Point		Boiling Point		Density			Refractive Index			State	
NO	FORMULA	NAME	CAS No	g/mol	T_F, K	code	T_B, K	code	T, C	g/cm3	code	T, C	n_D	code	@25C,1 atm	code
24961	C12H26	5-methyl-3-ethylnonane	62184-49-0	170.338	194.50	2	472.15	1	25	0.7563	1	25	1.4238	1	liquid	1
24962	C12H26	5-methyl-4-ethylnonane	1632-71-9	170.338	194.50	2	472.15	1	25	0.7621	1	25	1.4266	1	liquid	1
24963	C12H26	5-methyl-5-ethylnonane	14531-16-9	170.338	226.92	2	471.15	1	25	0.7627	1	25	1.4270	1	liquid	1
24964	C12H26	2,2,3-trimethylnonane	55499-04-2	170.338	211.92	2	473.15	1	25	0.7552	1	25	1.4240	1	liquid	1
24965	C12H26	2,2,4-trimethylnonane	62184-50-3	170.338	211.92	2	464.15	1	25	0.7430	1	25	1.4177	1	liquid	1
24966	C12H26	2,2,5-trimethylnonane	62184-51-4	170.338	211.92	2	464.15	1	25	0.7430	1	25	1.4176	1	liquid	1
24967	C12H26	2,2,6-trimethylnonane	62184-52-5	170.338	211.92	2	463.15	1	25	0.7433	1	25	1.4178	1	liquid	1
24968	C12H26	2,2,7-trimethylnonane	62184-53-6	170.338	211.92	2	468.15	1	25	0.7439	1	25	1.4182	1	liquid	1
24969	C12H26	2,2,8-trimethylnonane	62184-54-7	170.338	211.92	2	468.15	1	25	0.7367	1	25	1.4155	1	liquid	1
24970	C12H26	2,3,3-trimethylnonane	62184-55-8	170.338	211.92	2	475.15	1	25	0.7623	1	25	1:4270	1	liquid	1
24971	C12H26	2,3,4-trimethylnonane	62184-56-9	170.338	179.50	2	473.15	1	25	0.7612	1	25	1.4261	1	liquid	1
24972	C12H26	2,3,5-trimethylnonane	62184-57-0	170.338	179.50	2	469.15	1	25	0.7546	1	25	1.4229	1	liquid	1
24973	C12H26	2,3,6-trimethylnonane	62184-58-1	170.338	179.50	2	471.15	1	25	0.7549	1	25	1.4231	1	liquid	1
24974	C12H26	2,3,7-trimethylnonane	62184-59-2	170.338	179.50	2	474.15	1	25	0.7555	1	25	1.4235	1	liquid	1
24975	C12H26	2,3,8-trimethylnonane	62184-60-5	170.338	179.50	2	473.15	1	25	0.7497	1	25	1.4208	1	liquid	1
24976	C12H26	2,4,4-trimethylnonane	62184-61-6	170.338	211.92	2	463.15	1	25	0.7485	1	25	1.4201	1	liquid	1
24977	C12H26	2,4,5-trimethylnonane	62184-62-7	170.338	179.50	2	468.15	1	25	0.7543	1	25	1.4227	1	liquid	1
24978	C12H26	2,4,6-trimethylnonane	62184-10-5	170.338	179.50	2	465.15	1	25	0.7480	1	25	1.4197	1	liquid	1
24979	C12H26	2,4,7-trimethylnonane	62184-11-6	170.338	179.50	2	467.15	1	25	0.7485	1	25	1.4200	1	liquid	1
24980	C12H26	2,4,8-trimethylnonane	49542-74-7	170.338	179.50	2	464.15	1	25	0.7403	1	25	1.4161	1	liquid	1
24981	C12H26	2,5,5-trimethylnonane	62184-12-7	170.338	211.92	2	463.15	1	25	0.7485	1	25	1.4201	1	liquid	1
24982	C12H26	2,5,6-trimethylnonane	62184-13-8	170.338	179.50	2	469.15	1	25	0.7545	1	25	1.4228	1	liquid	1
24983	C12H26	2,5,7-trimethylnonane	62184-14-9	170.338	179.50	2	467.15	1	25	0.7484	1	25	1.4200	1	liquid	1
24984	C12H26	2,5,8-trimethylnonane	49557-09-7	170.338	179.50	2	465.15	1	25	0.7427	1	25	1.4171	1	liquid	1
24985	C12H26	2,6,6-trimethylnonane	62184-15-0	170.338	211.92	2	463.15	1	25	0.7490	1	25	1.4204	1	liquid	1
24986	C12H26	2,6,7-trimethylnonane	62184-16-1	170.338	179.50	2	472.15	1	25	0.7552	1	25	1.4233	1	liquid	1
24987	C12H26	2,7,7-trimethylnonane	62184-17-2	170.338	211.92	2	470.15	1	25	0.7498	1	25	1.4210	1	liquid	1
24988	C12H26	3,3,4-trimethylnonane	62184-18-3	170.338	211.92	2	475.15	1	25	0.7683	1	25	1.4297	1	liquid	1
24989	C12H26	3,3,5-trimethylnonane	62184-19-4	170.338	211.92	2	463.15	1	25	0.7548	1	25	1.4231	1	liquid	1
24990	C12H26	3,3,7-trimethylnonane	62184-21-8	170.338	211.92	2	468.15	1	25	0.7551	1	25	1.4234	1	liquid	1
24991	C12H26	3,3,6-trimethylnonane	62184-20-7	170.338	211.92	2	471.15	1	25	0.7557	1	25	1.4237	1	liquid	1
24992	C12H26	3,4,4-trimethylnonane	62184-22-9	170.338	211.92	2	473.15	1	25	0.7679	1	25	1.4295	1	liquid	1
24993	C12H26	3,4,5-trimethylnonane	62184-23-0	170.338	179.50	2	473.15	1	25	0.7670	1	25	1.4288	1	liquid	1
24994	C12H26	3,4,6-trimethylnonane	62184-24-1	170.338	179.50	2	470.15	1	25	0.7605	1	25	1.4257	1	liquid	1
24995	C12H26	3,4,7-trimethylnonane	27802-85-3	170.338	179.50	2	473.15	1	25	0.7611	1	25	1.4261	1	liquid	1
24996	C12H26	3,5,5-trimethylnonane	62184-25-2	170.338	211.92	2	464.15	1	25	0.7544	1	25	1.4229	1	liquid	1
24997	C12H26	3,5,6-trimethylnonane	62184-26-3	170.338	179.50	2	470.15	1	25	0.7604	1	25	1.4256	1	liquid	1
24998	C12H26	3,5,7-trimethylnonane	62184-27-4	170.338	179.50	2	468.15	1	25	0.7543	1	25	1.4227	1	liquid	1
24999	C12H26	3,6,6-trimethylnonane	62184-28-5	170.338	211.92	2	463.15	1	25	0.7548	1	25	1.4231	1	liquid	1
25000	C12H26	4,4,5-trimethylnonane	62184-29-6	170.338	211.92	2	471.15	1	25	0.7675	1	25	1.4292	1	liquid	1
25001	C12H26	4,4,6-trimethylnonane	62184-30-9	170.338	211.92	2	464.15	1	25	0.7543	1	25	1.4228	1	liquid	1
25002	C12H26	4,5,5-trimethylnonane	62184-31-0	170.338	211.92	2	471.15	1	25	0.7673	1	25	1.4291	1	liquid	1
25003	C12H26	4,5,6-trimethylnonane	62211-85-2	170.338	179.50	2	471.15	1	25	0.7667	1	25	1.4286	1	liquid	1
25004	C12H26	4-tert-butyloctane	62184-32-1	170.338	211.92	2	464.15	1	25	0.7602	1	25	1.4256	1	liquid	1
25005	C12H26	2-methyl-4-propyloctane	62184-33-2	170.338	194.50	2	464.15	1	25	0.7491	1	25	1.4202	1	liquid	1
25006	C12H26	2-methyl-5-propyloctane	62184-34-3	170.338	194.50	2	464.15	1	25	0.7480	1	25	1.4204	1	liquid	1
25007	C12H26	3-methyl-4-propyloctane	62184-35-4	170.338	194.50	2	470.15	1	25	0.7617	1	25	1.4263	1	liquid	1
25008	C12H26	3-methyl-5-propyloctane	62184-36-5	170.338	194.50	2	467.15	1	25	0.7653	1	25	1.4232	1	liquid	1
25009	C12H26	4-methyl-4-propyloctane	17312-41-3	170.338	226.92	2	468.15	1	25	0.7621	1	25	1.4266	1	liquid	1
25010	C12H26	4-methyl-5-propyloctane	62183-85-1	170.338	194.50	2	469.15	1	25	0.7614	1	25	1.4261	1	liquid	1
25011	C12H26	2-methyl-3-isopropyloctane	13287-19-9	170.338	179.50	2	469.15	1	25	0.7603	1	25	1.4256	1	liquid	1
25012	C12H26	2-methyl-4-isopropyloctane	62183-86-2	170.338	179.50	2	463.15	1	25	0.7533	1	25	1.4221	1	liquid	1
25013	C12H26	2-methyl-5-isopropyloctane	62183-87-3	170.338	179.50	2	464.15	1	25	0.7536	1	25	1.4223	1	liquid	1
25014	C12H26	3-methyl-4-isopropyloctane	62183-88-4	170.338	179.50	2	468.15	1	25	0.7660	1	25	1.4282	1	liquid	1
25015	C12H26	3-methyl-5-isopropyloctane	62183-89-5	170.338	179.50	2	465.15	1	25	0.7595	1	25	1.4251	1	liquid	1
25016	C12H26	4-methyl-4-isopropyloctane	62183-90-8	170.338	211.92	2	471.15	1	25	0.7734	1	25	1.4320	1	liquid	1
25017	C12H26	4-methyl-5-isopropyloctane	62183-91-9	170.338	179.50	2	467.15	1	25	0.7657	1	25	1.4280	1	liquid	1
25018	C12H26	3,3-diethyloctane	17302-40-8	170.338	226.92	2	478.15	1	25	0.7675	1	25	1.4298	1	liquid	1
25019	C12H26	3,4-diethyloctane	62183-92-0	170.338	194.50	2	472.15	1	25	0.7680	1	25	1.4293	1	liquid	1
25020	C12H26	3,5-diethyloctane	62183-93-1	170.338	194.50	2	470.15	1	25	0.7617	1	25	1.4263	1	liquid	1
25021	C12H26	3,6-diethyloctane	62183-94-2	170.338	194.50	2	475.15	1	25	0.7632	1	25	1.4281	1	liquid	1
25022	C12H26	4,4-diethyloctane	17312-42-4	170.338	226.92	2	473.15	1	25	0.7711	1	25	1.4299	1	liquid	1
25023	C12H26	4,5-diethyloctane	1636-41-5	170.338	194.50	2	470.15	1	25	0.7676	1	25	1.4290	1	liquid	1
25024	C12H26	2,2-dimethyl-3-ethyloctane	62183-95-3	170.338	211.92	2	469.15	1	25	0.7611	1	25	1.4261	1	liquid	1
25025	C12H26	2,2-dimethyl-4-ethyloctane	62183-96-4	170.338	211.92	2	460.15	1	25	0.7478	1	25	1.4196	1	liquid	1
25026	C12H26	2,2-dimethyl-5-ethyloctane	62183-97-5	170.338	211.92	2	462.15	1	25	0.7482	1	25	1.4199	1	liquid	1
25027	C12H26	2,2-dimethyl-6-ethyloctane	62183-98-6	170.338	211.92	2	466.15	1	25	0.7491	1	25	1.4205	1	liquid	1
25028	C12H26	2,3-dimethyl-3-ethyloctane	62183-99-7	170.338	211.92	2	475.15	1	25	0.7743	1	25	1.4325	1	liquid	1
25029	C12H26	2,3-dimethyl-4-ethyloctane	62184-00-3	170.338	179.50	2	470.15	1	25	0.7663	1	25	1.4284	1	liquid	1
25030	C12H26	2,3-dimethyl-5-ethyloctane	62184-01-4	170.338	179.50	2	467.15	1	25	0.7600	1	25	1.4253	1	liquid	1
25031	C12H26	2,3-dimethyl-6-ethyloctane	62184-02-5	170.338	179.50	2	472.15	1	25	0.7609	1	25	1.4259	1	liquid	1
25032	C12H26	2,4-dimethyl-3-ethyloctane	62184-03-6	170.338	179.50	2	470.15	1	25	0.7664	1	25	1.4285	1	liquid	1
25033	C12H26	2,4-dimethyl-4-ethyloctane	62184-04-7	170.338	211.92	2	464.15	1	25	0.7602	1	25	1.4256	1	liquid	1
25034	C12H26	2,4-dimethyl-5-ethyloctane	62184-05-8	170.338	179.50	2	466.15	1	25	0.7596	1	25	1.4251	1	liquid	1
25035	C12H26	2,4-dimethyl-6-ethyloctane	62184-06-9	170.338	179.50	2	465.15	1	25	0.7538	1	25	1.4224	1	liquid	1
25036	C12H26	2,5-dimethyl-3-ethyloctane	62184-07-0	170.338	179.50	2	467.15	1	25	0.7600	1	25	1.4253	1	liquid	1
25037	C12H26	2,5-dimethyl-4-ethyloctane	62184-08-1	170.338	179.50	2	465.15	1	25	0.7595	1	25	1.4251	1	liquid	1
25038	C12H26	2,5-dimethyl-5-ethyloctane	62184-09-2	170.338	211.92	2	466.15	1	25	0.7605	1	25	1.4258	1	liquid	1
25039	C12H26	2,5-dimethyl-6-ethyloctane	62183-50-0	170.338	179.50	2	470.15	1	25	0.7604	1	25	1.4256	1	liquid	1
25040	C12H26	2,6-dimethyl-3-ethyloctane	62183-51-1	170.338	179.50	2	470.15	1	25	0.7605	1	25	1.4257	1	liquid	1

Table 1 Physical Properties - Organic Compounds

				Mol Wt	Freezing Point		Boiling Point		Density			Refractive Index			State	
NO	FORMULA	NAME	CAS No	g/mol	T_F, K	code	T_B, K	code	T, C	g/cm3	code	T, C	n_D	code	@25C,1 atm	code
25041	C12H26	2,6-dimethyl-4-ethyloctane	62183-52-2	170.338	179.50	2	463.15	1	25	0.7534	1	25	1.4221	1	liquid	1
25042	C12H26	2,6-dimethyl-5-ethyloctane	62183-53-3	170.338	179.50	2	468.15	1	25	0.7601	1	25	1.4254	1	liquid	1
25043	C12H26	2,6-dimethyl-6-ethyloctane	62183-54-4	170.338	211.92	2	471.15	1	25	0.7615	1	25	1.4264	1	liquid	1
25044	C12H26	2,7-dimethyl-3-ethyloctane	62183-55-5	170.338	179.50	2	469.15	1	25	0.7546	1	25	1.4229	1	liquid	1
25045	C12H26	2,7-dimethyl-4-ethyloctane	62183-56-6	170.338	179.50	2	463.15	1	25	0.7475	1	25	1.4194	1	liquid	1
25046	C12H26	3,3-dimethyl-4-ethyloctane	62183-57-7	170.338	211.92	2	471.15	1	25	0.7735	1	25	1.4320	1	liquid	1
25047	C12H26	3,3-dimethyl-5-ethyloctane	62183-58-8	170.338	211.92	2	464.15	1	25	0.7602	1	25	1.4256	1	liquid	1
25048	C12H26	3,3-dimethyl-6-ethyloctane	62183-59-9	170.338	211.92	2	469.15	1	25	0.7611	1	25	1.4261	1	liquid	1
25049	C12H26	3,4-dimethyl-3-ethyloctane	62212-28-6	170.338	211.92	2	473.15	1	25	0.7806	1	25	1.4356	1	liquid	1
25050	C12H26	3,4-dimethyl-4-ethyloctane	62183-60-2	170.338	211.92	2	474.15	1	25	0.7802	1	25	1.4353	1	liquid	1
25051	C12H26	3,4-dimethyl-5-ethyloctane	62183-61-3	170.338	179.50	2	471.15	1	25	0.7725	1	25	1.4312	1	liquid	1
25052	C12H26	3,4-dimethyl-6-ethyloctane	62183-62-4	170.338	179.50	2	471.15	1	25	0.7666	1	25	1.4285	1	liquid	1
25053	C12H26	3,5-dimethyl-3-ethyloctane	62183-63-5	170.338	211.92	2	469.15	1	25	0.7670	1	25	1.4289	1	liquid	1
25054	C12H26	3,5-dimethyl-4-ethyloctane	62183-64-6	170.338	179.50	2	470.15	1	25	0.7724	1	25	1.4312	1	liquid	1
25055	C12H26	3,5-dimethyl-5-ethyloctane	62183-65-7	170.338	211.92	2	463.15	1	25	0.7659	1	25	1.4294	1	liquid	1
25056	C12H26	3,5-dimethyl-6-ethyloctane	62183-66-8	170.338	179.50	2	470.15	1	25	0.7664	1	25	1.4285	1	liquid	1
25057	C12H26	3,6-dimethyl-3-ethyloctane	62183-67-9	170.338	211.92	2	472.15	1	25	0.7676	1	25	1.4293	1	liquid	1
25058	C12H26	3,6-dimethyl-4-ethyloctane	62183-68-0	170.338	179.50	2	469.15	1	25	0.7661	1	25	1.4282	1	liquid	1
25059	C12H26	4,4-dimethyl-3-ethyloctane	62183-69-1	170.338	211.92	2	471.15	1	25	0.7135	1	25	1.4320	1	liquid	1
25060	C12H26	4,4-dimethyl-5-ethyloctane	62183-70-4	170.338	211.92	2	469.15	1	25	0.7730	1	25	1.4317	1	liquid	1
25061	C12H26	4,4-dimethyl-6-ethyloctane	62183-71-5	170.338	211.92	2	464.15	1	25	0.7602	1	25	1.4256	1	liquid	1
25062	C12H26	4,5-dimethyl-3-ethyloctane	62183-72-6	170.338	179.50	2	472.15	1	25	0.7728	1	25	1.4314	1	liquid	1
25063	C12H26	4,5-dimethyl-4-ethyloctane	62183-73-7	170.338	211.92	2	473.15	1	25	0.7799	1	25	1.4351	1	liquid	1
25064	C12H26	2,2,3,3-tetramethyloctane	62183-74-8	170.338	229.34	2	473.15	1	25	0.7733	1	25	1.4322	1	liquid	1
25065	C12H26	2,2,3,4-tetramethyloctane	62183-75-9	170.338	196.92	2	468.15	1	25	0.7655	1	25	1.4281	1	liquid	1
25066	C12H26	2,2,3,5-tetramethyloctane	62183-76-0	170.338	196.92	2	465.15	1	25	0.7590	1	25	1.4250	1	liquid	1
25067	C12H26	2,2,3,6-tetramethyloctane	62183-77-1	170.338	196.92	2	467.15	1	25	0.7596	1	25	1.4254	1	liquid	1
25068	C12H26	2,2,3,7-tetramethyloctane	62183-78-2	170.338	196.92	2	467.15	1	25	0.7537	1	25	1.4226	1	liquid	1
25069	C12H26	2,2,4,4-tetramethyloctane	62183-79-3	170.338	229.34	2	465.15	1	25	0.7586	1	25	1.4268	1	liquid	1
25070	C12H26	2,2,4,5-tetramethyloctane	62183-80-6	170.338	196.92	2	460.15	1	25	0.7522	1	25	1.4217	1	liquid	1
25071	C12H26	2,2,4,6-tetramethyloctane	62183-81-7	170.338	196.92	2	458.15	1	25	0.7462	1	25	1.4188	1	liquid	1
25072	C12H26	2,2,4,7-tetramethyloctane	62183-82-8	170.338	196.92	2	457.95	1	25	0.7405	1	25	1:4163	1	liquid	1
25073	C12H26	2,2,5,5-tetramethyloctane	62183-83-9	170.338	229.34	2	457.15	1	25	0.7468	1	25	1.4192	1	liquid	1
25074	C12H26	2,2,5,6-tetramethyloctane	62183-84-0	170.338	196.92	2	463.15	1	25	0.7529	1	25	1.4221	1	liquid	1
25075	C12H26	2,2,5,7-tetramethyloctane	62199-19-3	170.338	196.92	2	458.15	1	25	0.7406	1	25	1.4162	1	liquid	1
25076	C12H26	2,2,6,6-tetramethyloctane	62199-20-6	170.338	229.34	2	458.15	1	25	0.7476	1	25	1.4190	1	liquid	1
25077	C12H26	2,2,6,7-tetramethyloctane	62199-21-7	170.338	196.92	2	464.15	1	25	0.7474	1	25	1.4196	1	liquid	1
25078	C12H26	2,2,7,7-tetramethyloctane	1071-31-4	170.338	229.34	2	458.15	1	25	0.7360	1	25	1.4144	1	liquid	1
25079	C12H26	2,3,3,4-tetramethyloctane	62199-22-8	170.338	196.92	2	474.15	1	25	0.7789	1	25	1.4345	1	liquid	1
25080	C12H26	2,3,3,5-tetramethyloctane	62199-23-9	170.338	196.92	2	467.15	1	25	0.7652	1	25	1.4280	1	liquid	1
25081	C12H26	2,3,3,6-tetramethyloctane	62199-24-0	170.338	196.92	2	469.15	1	25	0.7658	1	25	1.4283	1	liquid	1
25082	C12H26	2,3,3,7-tetramethyloctane	62199-25-1	170.338	196.92	2	469.15	1	25	0.7598	1	25	1.4255	1	liquid	1
25083	C12H26	2,3,4,4-tetramethyloctane	62199-26-2	170.338	196.92	2	469.15	1	25	0.7717	1	25	1.4311	1	liquid	1
25084	C12H26	2,3,4,5-tetramethyloctane	62199-27-3	170.338	164.50	2	470.15	1	25	0.7710	1	25	1.4304	1	liquid	1
25085	C12H26	2,3,4,6-tetramethyloctane	62199-28-4	170.338	164.50	2	468.15	1	25	0.7647	1	25	1.4274	1	liquid	1
25086	C12H26	2,3,4,7-tetramethyloctane	62199-29-5	170.338	164.50	2	467.15	1	25	0.7587	1	25	1.4246	1	liquid	1
25087	C12H26	2,3,5,5-tetramethyloctane	62199-30-8	170.338	196.92	2	468.15	1	25	0.7585	1	25	1.4246	1	liquid	1
25088	C12H26	2,3,5,6-tetramethyloctane	62199-31-9	170.338	164.50	2	468.15	1	25	0.7648	1	25	1.4275	1	liquid	1
25089	C12H26	2,3,5,7-tetramethyloctane	62199-32-0	170.338	164.50	2	463.15	1	25	0.7521	1	25	1.4214	1	liquid	1
25090	C12H26	2,3,6,6-tetramethyloctane	62199-33-1	170.338	196.92	2	466.15	1	25	0.7594	1	25	1.4252	1	liquid	1
25091	C12H26	2,3,6,7-tetramethyloctane	52670-34-5	170.338	164.50	2	469.15	1	25	0.7592	1	25	1.4252	1	liquid	1
25092	C12H26	2,4,4,5-tetramethyloctane	62199-34-2	170.338	196.92	2	464.15	1	25	0.7648	1	25	1.4277	1	liquid	1
25093	C12H26	2,4,4,6-tetramethyloctane	62199-35-3	170.338	196.92	2	458.15	1	25	0.7519	1	25	1.4214	1	liquid	1
25094	C12H26	2,4,4,7-tetramethyloctane	35866-96-7	170.338	196.92	2	457.15	1	25	0.7466	1	25	1.4192	1	liquid	1
25095	C12H26	2,4,5,5-tetramethyloctane	62199-36-4	170.338	196.92	2	465.15	1	25	0.7649	1	25	1.4277	1	liquid	1
25096	C12H26	2,4,5,6-tetramethyloctane	62199-37-5	170.338	164.50	2	467.15	1	25	0.7645	1	25	1.4273	1	liquid	1
25097	C12H26	2,4,5,7-tetramethyloctane	2217-17-6	170.338	164.50	2	459.45	1	25	0.7518	1	25	1.4208	1	liquid	1
25098	C12H26	2,4,6,6-tetramethyloctane	62199-38-6	170.338	196.92	2	460.15	1	25	0.7523	1	25	1.4217	1	liquid	1
25099	C12H26	2,5,5,6-tetramethyloctane	62199-39-7	170.338	196.92	2	467.15	1	25	0.7654	1	25	1.4280	1	liquid	1
25100	C12H26	2,5,6,6-tetramethyloctane	62199-40-0	170.338	196.92	2	469.15	1	25	0.7657	1	25	1.4283	1	liquid	1
25101	C12H26	3,3,4,4-tetramethyloctane	62199-41-1	170.338	229.34	2	475.15	1	25	0.7861	1	25	1.4383	1	liquid	1
25102	C12H26	3,3,4,5-tetramethyloctane	62199-42-2	170.338	196.92	2	471.15	1	25	0.7783	1	25	1.4341	1	liquid	1
25103	C12H26	3,3,4,6-tetramethyloctane	62199-43-3	170.338	196.92	2	469.15	1	25	0.7718	1	25	1.4311	1	liquid	1
25104	C12H26	3,3,5,5-tetramethyloctane	62199-44-4	170.338	229.34	2	470.15	1	25	0.7713	1	25	1.4330	1	liquid	1
25105	C12H26	3,3,5,6-tetramethyloctane	62199-45-5	170.338	196.92	2	466.15	1	25	0.7650	1	25	1.4278	1	liquid	1
25106	C12H26	3,3,6,6-tetramethyloctane	62199-46-6	170.338	199.87	1	462.85	1	25	0.7580	1	25	1.4244	1	liquid	1
25107	C12H26	3,4,4,5-tetramethyloctane	62199-47-7	170.338	196.92	2	474.15	1	25	0.7850	1	25	1.4374	1	liquid	1
25108	C12H26	3,4,4,6-tetramethyloctane	62185-19-7	170.338	196.92	2	468.15	1	25	0.7715	1	25	1.4309	1	liquid	1
25109	C12H26	3,4,5,5-tetramethyloctane	62185-20-0	170.338	196.92	2	470.15	1	25	0.7780	1	25	1.4340	1	liquid	1
25110	C12H26	3,4,5,6-tetramethyloctane	62185-21-1	170.338	164.50	2	472.15	1	25	0.7775	1	25	1.4336	1	liquid	1
25111	C12H26	4,4,5,5-tetramethyloctane	62185-22-2	170.338	229.34	2	473.15	1	25	0.7856	1	25	1.4380	1	liquid	1
25112	C12H26	2-methyl-4-tert-butylheptane	62185-23-3	170.338	196.92	2	458.15	1	25	0.7580	1	25	1.4241	1	liquid	1
25113	C12H26	3-methyl-4-tert-butylheptane	62185-24-4	170.338	196.92	2	463.15	1	25	0.7700	1	25	1.4303	1	liquid	1
25114	C12H26	4-methyl-4-tert-butylheptane	62185-25-5	170.338	229.34	2	471.15	1	25	0.7850	1	25	1.4377	1	liquid	1
25115	C12H26	3-ethyl-4-propylheptane	62185-26-6	170.338	194.50	2	469.15	1	25	0.7680	1	25	1.4290	1	liquid	1
25116	C12H26	4-ethyl-4-propylheptane	17312-43-5	170.338	226.92	2	470.15	1	25	0.7720	1	25	1.4300	1	liquid	1
25117	C12H26	3-ethyl-4-isopropylheptane	62185-27-7	170.338	179.50	2	468.15	1	25	0.7720	1	25	1.4308	1	liquid	1
25118	C12H26	4-ethyl-4-isopropylheptane	62185-28-8	170.338	211.92	2	473.15	1	25	0.7860	1	25	1.4380	1	liquid	1
25119	C12H26	2,2-dimethyl-4-propylheptane	---	170.338	211.92	2	457.15	1	25	0.7470	1	25	1.4593	1	liquid	1
25120	C12H26	2,3-dimethyl-4-propylheptane	62185-30-2	170.338	179.50	2	467.15	1	25	0.7660	1	25	1.4280	1	liquid	1

Table 1 Physical Properties - Organic Compounds

				Mol Wt	Freezing Point		Boiling Point		Density			Refractive Index			State	
NO	FORMULA	NAME	CAS No	g/mol	T_F, K	code	T_B, K	code	T, C	g/cm3	code	T, C	n_D	code	@25C,1 atm	code
25121	C12H26	2,4-dimethyl-4-propylheptane	62185-31-3	170.338	211.92	2	462.15	1	25	0.7600	1	25	1.4252	1	liquid	1
25122	C12H26	2,5-dimethyl-4-propylheptane	62185-32-4	170.338	179.50	2	463.15	1	25	0.7590	1	25	1.4248	1	liquid	1
25123	C12H26	2,6-dimethyl-4-propylheptane	62185-33-5	170.338	179.50	2	457.75	1	25	0.7430	1	25	1.4170	1	liquid	1
25124	C12H26	3,3-dimethyl-4-propylheptane	62185-34-6	170.338	211.92	2	469.15	1	25	0.7730	1	25	1.4316	1	liquid	1
25125	C12H26	3,4-dimethyl-4-propylheptane	62185-35-7	170.338	211.92	2	471.15	1	25	0.7800	1	25	1.4349	1	liquid	1
25126	C12H26	3,5-dimethyl-4-propylheptane	62185-36-8	170.338	179.50	2	469.15	1	25	0.7720	1	25	1.4310	1	liquid	1
25127	C12H26	2,2-dimethyl-3-isopropylheptane	62185-37-9	170.338	196.92	2	463.15	1	25	0.7640	1	25	1.4275	1	liquid	1
25128	C12H26	2,2-dimethyl-4-isopropylheptane	62185-38-0	170.338	196.92	2	455.15	1	25	0.7510	1	25	1.4211	1	liquid	1
25129	C12H26	2,3-dimethyl-3-isopropylheptane	62185-39-1	170.338	196.92	2	474.15	1	25	0.7850	1	25	1.4373	1	liquid	1
25130	C12H26	2,3-dimethyl-4-isopropylheptane	62185-40-4	170.338	164.50	2	465.15	1	25	0.7700	1	25	1.4299	1	liquid	1
25131	C12H26	2,4-dimethyl-3-isopropylheptane	62185-41-5	170.338	164.50	2	465.15	1	25	0.7700	1	25	1.4299	1	liquid	1
25132	C12H26	2,4-dimethyl-4-isopropylheptane	62185-42-6	170.338	196.92	2	465.15	1	25	0.7710	1	25	1.4305	1	liquid	1
25133	C12H26	2,5-dimethyl-3-isopropylheptane	62185-43-7	170.338	164.50	2	463.15	1	25	0.7640	1	25	1.4268	1	liquid	1
25134	C12H26	2,5-dimethyl-4-isopropylheptane	62185-44-8	170.338	164.50	2	462.15	1	25	0.7630	1	25	1.4266	1	liquid	1
25135	C12H26	2,6-dimethyl-3-isopropylheptane	62185-45-9	170.338	164.50	2	463.95	1	25	0.7561	1	25	1.4236	1	liquid	1
25136	C12H26	2,6-dimethyl-4-isopropylheptane	35866-89-8	170.338	164.50	2	456.15	1	25	0.7510	1	25	1.4206	1	liquid	1
25137	C12H26	3,3-dimethyl-4-isopropylheptane	62185-46-0	170.338	196.92	2	467.15	1	25	0.7770	1	25	1.4335	1	liquid	1
25138	C12H26	3,4-dimethyl-4-isopropylheptane	62185-47-1	170.338	196.92	2	474.15	1	25	0.7910	1	25	1.4404	1	liquid	1
25139	C12H26	3,5-dimethyl-4-isopropylheptane	62198-89-4	170.338	164.50	2	467.15	1	25	0.7760	1	25	1.4329	1	liquid	1
25140	C12H26	2-methyl-3,3-diethylheptane	62198-90-7	170.338	211.92	2	476.15	1	25	0.7870	1	25	1.4384	1	liquid	1
25141	C12H26	2-methyl-3,4-diethylheptane	62198-91-8	170.338	179.50	2	468.15	1	25	0.7720	1	25	1.4309	1	liquid	1
25142	C12H26	2-methyl-3,5-diethylheptane	62198-92-9	170.338	179.50	2	468.15	1	25	0.7660	1	25	1.4282	1	liquid	1
25143	C12H26	2-methyl-4,4-diethylheptane	62198-93-0	170.338	211.92	2	467.15	1	25	0.7720	1	25	1.4314	1	liquid	1
25144	C12H26	2-methyl-4,5-diethylheptane	62198-94-1	170.338	179.50	2	466.15	1	25	0.7660	1	25	1.4279	1	liquid	1
25145	C12H26	2-methyl-5,5-diethylheptane	62198-95-2	170.338	211.92	2	471.15	1	25	0.7740	1	25	1.4320	1	liquid	1
25146	C12H26	3-methyl-3,4-diethylheptane	62198-96-3	170.338	211.92	2	474.15	1	25	0.7860	1	25	1.4382	1	liquid	1
25147	C12H26	3-methyl-3,5-diethylheptane	62198-97-4	170.338	211.92	2	470.15	1	25	0.7730	1	25	1.4318	1	liquid	1
25148	C12H26	3-methyl-4,4-diethylheptane	62198-98-5	170.338	211.92	2	477.15	1	25	0.7930	1	25	1.4415	1	liquid	1
25149	C12H26	3-methyl-4,5-diethylheptane	62198-99-6	170.338	179.50	2	471.15	1	25	0.7790	1	25	1.4341	1	liquid	1
25150	C12H26	3-methyl-5,5-diethylheptane	62199-00-2	170.338	211.92	2	472.15	1	25	0.7800	1	25	1.4350	1	liquid	1
25151	C12H26	4-methyl-3,3-diethylheptane	62199-01-3	170.338	211.92	2	478.15	1	25	0.7940	1	25	1.4418	1	liquid	1
25152	C12H26	4-methyl-3,4-diethylheptane	62199-02-4	170.338	211.92	2	474.15	1	25	0.7860	1	25	1.4381	1	liquid	1
25153	C12H26	4-methyl-3,5-diethylheptane	62199-03-5	170.338	179.50	2	473.15	1	25	0.7790	1	25	1.4343	1	liquid	1
25154	C12H26	2,2,3-trimethyl-3-ethylheptane	62199-04-6	170.338	229.34	2	473.15	1	25	0.7860	1	25	1.4381	1	liquid	1
25155	C12H26	2,2,3-trimethyl-4-ethylheptane	62199-05-7	170.338	196.92	2	466.15	1	25	0.7710	1	25	1.4306	1	liquid	1
25156	C12H26	2,2,3-trimethyl-5-ethylheptane	62199-06-8	170.338	196.92	2	465.15	1	25	0.7650	1	25	1.4278	1	liquid	1
25157	C12H26	2,2,4-trimethyl-3-ethylheptane	62199-07-9	170.338	196.92	2	465.15	1	25	0.7710	1	25	1.4305	1	liquid	1
25158	C12H26	2,2,4-trimethyl-4-ethylheptane	62199-08-0	170.338	229.34	2	467.15	1	25	0.7710	1	25	1.4327	1	liquid	1
25159	C12H26	2,2,4-trimethyl-5-ethylheptane	62199-09-1	170.338	196.92	2	460.15	1	25	0.7580	1	25	1.4244	1	liquid	1
25160	C12H26	2,2,5-trimethyl-3-ethylheptane	62199-10-4	170.338	196.92	2	463.15	1	25	0.7650	1	25	1.4215	1	liquid	1
25161	C12H26	2,2,5-trimethyl-4-ethylheptane	62199-11-5	170.338	196.92	2	459.15	1	25	0.7580	1	25	1.4242	1	liquid	1
25162	C12H26	2,2,5-trimethyl-5-ethylheptane	62199-12-6	170.338	229.34	2	462.15	1	25	0.7590	1	25	1.4252	1	liquid	1
25163	C12H26	2,2,6-trimethyl-3-ethylheptane	62199-13-7	170.338	196.92	2	463.15	1	25	0.7590	1	25	1.4247	1	liquid	1
25164	C12H26	2,2,6-trimethyl-4-ethylheptane	62199-14-8	170.338	196.92	2	453.15	1	25	0.7450	1	25	1.4183	1	liquid	1
25165	C12H26	2,2,6-trimethyl-5-ethylheptane	62199-15-9	170.338	196.92	2	460.15	1	25	0.7520	1	25	1.4217	1	liquid	1
25166	C12H26	2,3,3-trimethyl-4-ethylheptane	62199-16-0	170.338	196.92	2	472.15	1	25	0.7850	1	25	1.4371	1	liquid	1
25167	C12H26	2,3,3-trimethyl-5-ethylheptane	62199-17-1	170.338	196.92	2	467.15	1	25	0.7710	1	25	1.4308	1	liquid	1
25168	C12H26	2,3,4-trimethyl-3-ethylheptane	62199-18-2	170.338	196.92	2	476.15	1	25	0.7920	1	25	1.4406	1	liquid	1
25169	C12H26	2,3,4-trimethyl-4-ethylheptane	62198-55-4	170.338	196.92	2	471.15	1	25	0.7840	1	25	1.4370	1	liquid	1
25170	C12H26	2,3,4-trimethyl-5-ethylheptane	62198-56-5	170.338	164.50	2	470.15	1	25	0.7770	1	25	1.4334	1	liquid	1
25171	C12H26	2,3,5-trimethyl-3-ethylheptane	62198-57-6	170.338	196.92	2	470.65	1	25	0.7784	1	25	1.4360	1	liquid	1
25172	C12H26	2,3,5-trimethyl-4-ethylheptane	62198-58-7	170.338	164.50	2	469.15	1	25	0.7770	1	25	1.4331	1	liquid	1
25173	C12H26	2,3,5-trimethyl-5-ethylheptane	62198-59-8	170.338	196.92	2	467.15	1	25	0.7710	1	25	1.4308	1	liquid	1
25174	C12H26	2,3,6-trimethyl-3-ethylheptane	62198-60-1	170.338	196.92	2	469.15	1	25	0.7720	1	25	1.4311	1	liquid	1
25175	C12H26	2,3,6-trimethyl-4-ethylheptane	62198-61-2	170.338	164.50	2	463.15	1	25	0.7640	1	25	1.4268	1	liquid	1
25176	C12H26	2,3,6-trimethyl-5-ethylheptane	62198-62-3	170.338	164.50	2	466.15	1	25	0.7640	1	25	1.4271	1	liquid	1
25177	C12H26	2,4,4-trimethyl-3-ethylheptane	62198-63-4	170.338	196.92	2	467.15	1	25	0.7710	1	25	1.4336	1	liquid	1
25178	C12H26	2,4,4-trimethyl-5-ethylheptane	62198-64-5	170.338	196.92	2	465.15	1	25	0.7710	1	25	1.4305	1	liquid	1
25179	C12H26	2,4,5-trimethyl-3-ethylheptane	62198-65-6	170.338	164.50	2	469.15	1	25	0.7770	1	25	1.4332	1	liquid	1
25180	C12H26	2,4,5-trimethyl-4-ethylheptane	62198-66-7	170.338	196.92	2	468.15	1	25	0.7780	1	25	1.4337	1	liquid	1
25181	C12H26	2,4,5-trimethyl-5-ethylheptane	62198-67-8	170.338	196.92	2	470.15	1	25	0.7780	1	25	1.4340	1	liquid	1
25182	C12H26	2,4,6-trimethyl-3-ethylheptane	62198-68-9	170.338	164.50	2	464.15	1	25	0.7640	1	25	1.4269	1	liquid	1
25183	C12H26	2,4,6-trimethyl-4-ethylheptane	62198-69-0	170.338	196.92	2	458.15	1	25	0.7580	1	25	1.4241	1	liquid	1
25184	C12H26	2,5,5-trimethyl-3-ethylheptane	62198-70-3	170.338	196.92	2	463.15	1	25	0.7640	1	25	1.4275	1	liquid	1
25185	C12H26	2,5,5-trimethyl-4-ethylheptane	62198-71-4	170.338	196.92	2	465.15	1	25	0.7710	1	25	1.4305	1	liquid	1
25186	C12H26	3,3,4-trimethyl-4-ethylheptane	62198-72-5	170.338	229.34	2	478.15	1	25	0.7990	1	25	1.4445	1	liquid	1
25187	C12H26	3,3,4-trimethyl-5-ethylheptane	62198-73-6	170.338	196.92	2	472.15	1	25	0.7850	1	25	1.4371	1	liquid	1
25188	C12H26	3,3,5-trimethyl-4-ethylheptane	62198-74-7	170.338	196.92	2	470.15	1	25	0.7840	1	25	1.4369	1	liquid	1
25189	C12H26	3,3,5-trimethyl-5-ethylheptane	62198-75-8	170.338	229.34	2	475.15	1	25	0.7850	1	25	1.4395	1	liquid	1
25190	C12H26	3,4,4-trimethyl-3-ethylheptane	62198-76-9	170.338	229.34	2	478.15	1	25	0.8000	1	25	1.4446	1	liquid	1
25191	C12H26	3,4,4-trimethyl-5-ethylheptane	62198-77-0	170.338	196.92	2	475.15	1	25	0.7920	1	25	1.4405	1	liquid	1
25192	C12H26	3,4,5-trimethyl-3-ethylheptane	62198-78-1	170.338	196.92	2	475.15	1	25	0.7920	1	25	1.4406	1	liquid	1
25193	C12H26	3,4,5-trimethyl-4-ethylheptane	62198-79-2	170.338	196.92	2	478.15	1	25	0.7980	1	25	1.4439	1	liquid	1
25194	C12H26	2,2,3,3,4-pentamethylheptane	62198-80-5	170.338	214.34	2	473.15	1	25	0.7910	1	25	1.4403	1	liquid	1
25195	C12H26	2,2,3,3,5-pentamethylheptane	62198-81-6	170.338	214.34	2	467.15	1	25	0.7770	1	25	1.4335	1	liquid	1
25196	C12H26	2,2,3,3,6-pentamethylheptane	62198-82-7	170.338	214.34	2	466.15	1	25	0.7710	1	25	1.4306	1	liquid	1
25197	C12H26	2,2,3,4,4-pentamethylheptane	62185-83-8	170.338	214.34	2	475.15	1	25	0.7900	1	25	1.4418	1	liquid	1
25198	C12H26	2,2,3,4,5-pentamethylheptane	62198-84-9	170.338	181.92	2	467.15	1	25	0.7760	1	25	1.4328	1	liquid	1
25199	C12H26	2,2,3,4,6-pentamethylheptane	62198-85-0	170.338	181.92	2	461.15	1	25	0.7630	1	25	1.4266	1	liquid	1
25200	C12H26	2,2,3,5,5-pentamethylheptane	62198-86-1	170.338	214.34	2	460.15	1	25	0.7640	1	25	1.4271	1	liquid	1

Table 1 Physical Properties - Organic Compounds

				Mol Wt	Freezing Point		Boiling Point		Density			Refractive Index			State	
NO	FORMULA	NAME	CAS No	g/mol	T_F, K	code	T_B, K	code	T, C	g/cm3	code	T, C	n_D	code	@25C,1 atm	code
25201	C12H26	2,2,3,5,6-pentamethylheptane	62198-87-2	170.338	181.92	2	461.95	1	25	0.7630	1	25	1.4262	1	liquid	1
25202	C12H26	2,2,3,6,6-pentamethylheptane	62198-88-3	170.338	214.34	2	458.15	1	25	0.7510	1	25	1.4214	1	liquid	1
25203	C12H26	2,2,4,4,5-pentamethylheptane	62199-61-5	170.338	214.34	2	469.15	1	25	0.7760	1	25	1.4350	1	liquid	1
25204	C12H26	2,2,4,4,6-pentamethylheptane	62199-62-6	170.338	214.34	2	458.75	1	25	0.7566	1	25	1.4254	1	liquid	1
25205	C12H26	2,2,4,5,5-pentamethylheptane	62199-63-7	170.338	214.34	2	459.15	1	25	0.7630	1	25	1.4270	1	liquid	1
25206	C12H26	2,2,4,5,6-pentamethylheptane	62199-64-8	170.338	181.92	2	458.15	1	25	0.7560	1	25	1.4234	1	liquid	1
25207	C12H26	2,2,4,6,6-pentamethylheptane	13475-82-6	170.338	206.15	1	451.10	1	25	0.7414	1	25	1.4167	1	liquid	1
25208	C12H26	2,2,5,5,6-pentamethylheptane	62199-65-9	170.338	214.34	2	459.15	1	25	0.7580	1	25	1.4243	1	liquid	1
25209	C12H26	2,3,3,4,4-pentamethylheptane	62199-66-0	170.338	214.34	2	476.15	1	25	0.7980	1	25	1.4436	1	liquid	1
25210	C12H26	2,3,3,4,5-pentamethylheptane	62199-67-1	170.338	181.92	2	473.15	1	25	0.7900	1	25	1.4395	1	liquid	1
25211	C12H26	2,3,3,4,6-pentamethylheptane	62199-68-2	170.338	181.92	2	468.15	1	25	0.7760	1	25	1.4330	1	liquid	1
25212	C12H26	2,3,3,5,5-pentamethylheptane	62199-69-3	170.338	214.34	2	473.15	1	25	0.7830	1	25	1.4384	1	liquid	1
25213	C12H26	2,3,3,5,6-pentamethylheptane	52670-35-6	170.338	181.92	2	465.15	1	25	0.7700	1	25	1.4298	1	liquid	1
25214	C12H26	2,3,4,4,5-pentamethylheptane	62199-70-6	170.338	181.92	2	473.15	1	25	0.7900	1	25	1.4395	1	liquid	1
25215	C12H26	2,3,4,4,6-pentamethylheptane	62199-71-7	170.338	181.92	2	463.15	1	25	0.7690	1	25	1.4295	1	liquid	1
25216	C12H26	2,3,4,5,5-pentamethylheptane	62199-72-8	170.338	181.92	2	470.15	1	25	0.7830	1	25	1.4361	1	liquid	1
25217	C12H26	2,3,4,5,6-pentamethylheptane	27574-98-7	170.338	149.50	2	468.15	1	25	0.7750	1	25	1.4324	1	liquid	1
25218	C12H26	2,4,4,5,5-pentamethylheptane	62199-73-9	170.338	214.34	2	469.15	1	25	0.7840	1	25	1.4367	1	liquid	1
25219	C12H26	3,3,4,4,5-pentamethylheptane	62199-74-0	170.338	214.34	2	479.15	1	25	0.8050	1	25	1.4471	1	liquid	1
25220	C12H26	3,3,4,5,5-pentamethylheptane	62199-75-1	170.338	214.34	2	482.15	1	25	0.8040	1	25	1.4487	1	liquid	1
25221	C12H26	2,2-dimethyl-3-tert-butylhexane	62199-76-2	170.338	214.34	2	469.15	1	25	0.7820	1	25	1.4380	1	liquid	1
25222	C12H26	2-methyl-3-ethyl-3-isopropylhexane	62199-77-3	170.338	211.92	2	473.15	1	25	0.7980	1	25	1.4440	1	liquid	1
25223	C12H26	2-methyl-4-ethyl-3-isopropylhexane	62199-78-4	170.338	179.50	2	463.15	1	25	0.7760	1	25	1.4330	1	liquid	1
25224	C12H26	2,2,3-trimethyl-3-isopropylhexane	62199-79-5	170.338	214.34	2	474.15	1	25	0.7970	1	25	1.4430	1	liquid	1
25225	C12H26	2,2,4-trimethyl-3-isopropylhexane	62199-80-8	170.338	181.92	2	462.15	1	25	0.7750	1	25	1.4320	1	liquid	1
25226	C12H26	2,2,5-trimethyl-3-isopropylhexane	62199-81-9	170.338	181.92	2	453.15	1	25	0.7620	1	25	1.4260	1	liquid	1
25227	C12H26	2,2,5-trimethyl-4-isopropylhexane	62199-82-0	170.338	181.92	2	453.15	1	25	0.7560	1	25	1.4230	1	liquid	1
25228	C12H26	2,3,4-trimethyl-3-isopropylhexane	62199-83-1	170.338	181.92	2	477.15	1	25	0.8040	1	25	1.4460	1	liquid	1
25229	C12H26	2,3,5-trimethyl-3-isopropylhexane	62199-84-2	170.338	181.92	2	467.15	1	25	0.7820	1	25	1.4360	1	liquid	1
25230	C12H26	2,3,5-trimethyl-4-isopropylhexane	62199-85-3	170.338	149.50	2	463.15	1	25	0.7740	1	25	1.4320	1	liquid	1
25231	C12H26	2,4,4-trimethyl-3-isopropylhexane	62199-86-4	170.338	181.92	2	465.15	1	25	0.7820	1	25	1.4360	1	liquid	1
25232	C12H26	3,3,4-triethylhexane	62199-87-5	170.338	211.92	2	479.15	1	25	0.8000	1	25	1.4450	1	liquid	1
25233	C12H26	2,2-dimethyl,3,3-diethylhexane	62199-88-6	170.338	229.34	2	473.15	1	25	0.7990	1	25	1.1440	1	liquid	1
25234	C12H26	2,2-dimethyl-3,4-diethylhexane	62199-89-7	170.338	196.92	2	463.15	1	25	0.7770	1	25	1.4330	1	liquid	1
25235	C12H26	2,2-dimethyl-4,4-diethylhexane	62184-89-8	170.338	229.34	2	473.15	1	25	0.7840	1	25	1.4390	1	liquid	1
25236	C12H26	2,3-dimethyl-3,4-diethylhexane	62184-90-1	170.338	196.92	2	477.15	1	25	0.7980	1	25	1.6640	1	liquid	1
25237	C12H26	2,3-dimethyl-4,4-diethylhexane	62184-91-2	170.338	196.92	2	477.15	1	25	0.7980	1	25	1.4440	1	liquid	1
25238	C12H26	2,4-dimethyl-3,3-diethylhexane	62184-92-3	170.338	196.92	2	473.15	1	25	0.8050	1	25	1.4470	1	liquid	1
25239	C12H26	2,4-dimethyl-3,4-diethylhexane	62184-93-4	170.338	196.92	2	473.15	1	25	0.7910	1	25	1.4400	1	liquid	1
25240	C12H26	2,5-dimethyl-3,3-diethylhexane	62184-94-5	170.338	196.92	2	463.15	1	25	0.7840	1	25	1.4370	1	liquid	1
25241	C12H26	2,5-dimethyl-3,4-diethylhexane	62184-95-6	170.338	164.50	2	463.15	1	25	0.7760	1	25	1.4330	1	liquid	1
25242	C12H26	3,3-dimethyl-4,4-diethylhexane	62184-96-7	170.338	229.34	2	483.15	1	25	0.8140	1	25	1.4520	1	liquid	1
25243	C12H26	3,4-dimethyl-3,4-diethylhexane	62184-97-8	170.338	229.34	2	483.15	1	25	0.8140	1	25	1.4520	1	liquid	1
25244	C12H26	2,2,3,3-tetramethyl-4-ethylhexane	62184-98-9	170.338	214.34	2	474.15	1	25	0.7970	1	25	1.4430	1	liquid	1
25245	C12H26	2,2,3,4-tetramethyl-3-ethylhexane	62184-99-0	170.338	214.34	2	477.15	1	25	0.8040	1	25	1.4470	1	liquid	1
25246	C12H26	2,2,3,4-tetramethyl-4-ethylhexane	62185-00-6	170.338	214.34	2	481.15	1	25	0.8040	1	25	1.4490	1	liquid	1
25247	C12H26	2,2,3,5-tetramethyl-3-ethylhexane	62185-01-7	170.338	214.34	2	467.15	1	25	0.7830	1	25	1.4360	1	liquid	1
25248	C12H26	2,2,3,5-tetramethyl-4-ethylhexane	62185-02-8	170.338	181.92	2	464.15	1	25	0.7750	1	25	1.4320	1	liquid	1
25249	C12H26	2,2,4,4-tetramethyl-3-ethylhexane	62185-03-9	170.338	214.34	2	473.15	1	25	0.7960	1	25	1.4450	1	liquid	1
25250	C12H26	2,2,4,5-tetramethyl-3-ethylhexane	62185-04-0	170.338	181.92	2	463.15	1	25	0.7750	1	25	1.4320	1	liquid	1
25251	C12H26	2,2,4,5-tetramethyl-4-ethylhexane	62185-05-1	170.338	214.34	2	470.15	1	25	0.7820	1	25	1.4380	1	liquid	1
25252	C12H26	2,2,5,5-tetramethyl-3-ethylhexane	62185-06-2	170.338	214.34	2	453.15	1	25	0.7560	1	25	1.4240	1	liquid	1
25253	C12H26	2,3,3,4-tetramethyl-4-ethylhexane	62185-07-3	170.338	214.34	2	481.15	1	25	0.8120	1	25	1.4500	1	liquid	1
25254	C12H26	2,3,3,5-tetramethyl-4-ethylhexane	62185-08-4	170.338	181.92	2	470.15	1	25	0.7890	1	25	1.4390	1	liquid	1
25255	C12H26	2,3,4,4-tetramethyl-3-ethylhexane	62185-09-5	170.338	214.34	2	481.15	1	25	0.8120	1	25	1.4500	1	liquid	1
25256	C12H26	2,3,4,5-tetramethyl-3-ethylhexane	62185-10-8	170.338	181.92	2	474.15	1	25	0.7960	1	25	1.4430	1	liquid	1
25257	C12H26	2,2,3,3,4,4-hexamethylhexane	62185-11-9	170.338	231.76	2	489.15	1	25	0.8260	1	25	1.4590	1	liquid	1
25258	C12H26	2,2,3,3,4,5-hexamethylhexane	62185-12-0	170.338	199.34	2	472.15	1	25	0.7950	1	25	1.4420	1	liquid	1
25259	C12H26	2,2,3,3,5,5-hexamethylhexane	60302-24-1	170.338	231.76	2	468.15	1	25	0.7810	1	25	1.4380	1	liquid	1
25260	C12H26	2,2,3,4,4,5-hexamethylhexane	62185-13-1	170.338	199.34	2	479.15	1	25	0.8020	1	25	1.4480	1	liquid	1
25261	C12H26	2,2,3,4,5,5-hexamethylhexane	62185-14-2	170.338	199.34	2	463.15	1	25	0.7800	1	25	1.4350	1	liquid	1
25262	C12H26	2,3,3,4,4,5-hexamethylhexane	52670-36-7	170.338	199.34	2	479.15	1	25	0.8100	1	25	1.4500	1	liquid	1
25263	C12H26	2,4-dimethyl-3-ethyl-3-isopropylpentane	62185-16-4	170.338	181.92	2	479.15	1	25	0.8100	1	25	1.4500	1	liquid	1
25264	C12H26	2,2,4-trimethyl-3,3-diethylpentane	62185-15-3	170.338	214.34	2	479.15	1	25	0.8110	1	25	1.4500	1	liquid	1
25265	C12H26	2,2,3,4-tetramethyl-3-isopropylpentane	62185-17-5	170.338	199.34	2	477.15	1	25	0.8090	1	25	1.4490	1	liquid	1
25266	C12H26	2,2,4,4-tetramethyl-3-isopropylpentane	62185-18-6	170.338	199.34	2	467.15	1	25	0.7860	1	25	1.4400	1	liquid	1
25267	C12H26	2,2,3,4,4-pentamethyl-3-ethylpentane	66576-21-4	170.338	231.76	2	487.15	1	25	0.8290	1	25	1.4590	1	liquid	1
25268	C12H26	2-methylundecane	7045-71-8	170.338	227.00	1	484.00	2	25	0.7673	2	---	---	---	liquid	2
25269	C12H26Cl2N2Pt	cis-dicyclohexylamminedichloroplatinum(ii)	38780-35-7	464.335	---	---	---	---	---	---	---	---	---	---	---	---
25270	C12H26Cl2Sn	dichlorodihexylstannane	2767-41-1	359.953	---	---	378.65	1	---	---	---	---	---	---	---	---
25271	C12H26N2O	nitrosomethylundecylamine	68107-26-6	214.352	---	---	---	---	25	0.9064	2	---	---	---	---	---
25272	C12H26N2O4	diaza-18-crown-6	23978-55-4	262.350	386.15	1	---	---	25	1.0356	2	---	---	---	solid	1
25273	C12H26N2O4	N,N'-bis(methoxymethyl)diaza-12-crown-4	142273-75-4	262.350	---	---	---	---	25	1.0356	2	---	1.4855	1	---	---
25274	C12H26N4O6	neomycin A	3947-65-7	322.363	498.65	dec	---	---	25	1.1806	2	---	---	---	solid	1
25275	C12H26N4S2	N,N'-bis(3-dimethylaminopropyl)dithiooxam	62778-13-6	290.498	---	---	---	---	25	1.0740	2	---	---	---	---	---
25276	C12H26NaO4S	sodium lauryl sulfate	151-21-3	289.392	---	---	---	---	---	---	---	---	---	---	---	---
25277	C12H26O	1-dodecanol	112-53-8	186.338	296.95	1	536.95	1	25	0.8300	1	25	1.4413	1	liquid	1
25278	C12H26O	2-dodecanol	10203-28-8	186.338	292.15	1	525.15	1	25	0.8251	1	25	1.4380	1	liquid	1
25279	C12H26O	3-dodecanol	10203-30-2	186.338	298.15	1	512.53	2	32	0.8223	1	---	---	---	---	---
25280	C12H26O	6-dodecanol	6836-38-0	186.338	303.15	1	498.15	1	40	0.8201	1	---	---	---	solid	1

Table 1 Physical Properties - Organic Compounds

				Mol Wt	Freezing Point		Boiling Point		Density			Refractive Index			State	
NO	FORMULA	NAME	CAS No	g/mol	T_F, K	code	T_B, K	code	T, C	g/cm3	code	T, C	n_D	code	@25C,1 atm	code
25281	C12H26O	2-methyl-1-undecanol	10522-26-6	186.338	280.73	2	512.53	2	15	0.8300	1	20	1.4382	1	liquid	2
25282	C12H26O	2-methyl-3-undecanol	60671-36-5	186.338	280.73	2	512.53	2	20	0.8327	1	20	1.4405	1	liquid	2
25283	C12H26O	2-methyl-5-undecanol	33978-71-1	186.338	280.73	2	512.53	2	20	0.8240	1	20	1.4346	1	liquid	2
25284	C12H26O	2-butyl-1-octanol	3913-02-8	186.338	280.73	2	519.65	1	20	0.8910	1	---	---	---	liquid	1
25285	C12H26O	dihexyl ether	112-58-3	186.338	230.15	1	498.85	1	25	0.7900	1	25	1.4187	1	liquid	1
25286	C12H26O	2,6,8-trimethylnonanol-4	123-17-1	186.338	213.25	1	498.40	1	25	0.8190	1	---	---	---	liquid	1
25287	C12H26O2	1,2-dodecanediol	1119-87-5	202.337	334.15	1	581.15	2	25	0.8662	2	---	---	---	solid	1
25288	C12H26O2	1,3-dodecanediol	39516-24-0	202.337	331.14	2	592.15	2	25	0.8662	2	---	---	---	solid	2
25289	C12H26O2	1,4-dodecanediol	38146-95-1	202.337	320.15	1	613.15	2	25	0.8662	2	---	---	---	solid	1
25290	C12H26O2	1,12-dodecanediol	5675-51-4	202.337	352.35	1	600.15	2	25	0.8662	2	---	---	---	solid	1
25291	C12H26O2	(R)-1,2-dodecanediol	85514-84-7	202.337	336.29	2	596.65	2	25	0.8662	2	---	---	---	solid	2
25292	C12H26O2	(S)-1,2-dodecanediol	85514-85-8	202.337	343.65	1	596.65	2	25	0.8662	2	---	---	---	solid	1
25293	C12H26O2	aldehyde C-10 dimethylacetal	7779-41-1	202.337	---	---	596.65	2	25	0.8662	2	---	---	---	---	---
25294	C12H26O3	diethylene glycol dibutyl ether	112-73-2	218.337	212.95	1	529.15	1	25	0.8810	1	20	1.4235	1	liquid	1
25295	C12H26O3	di(ethylene glycol) 2-ethylhexyl ether	1559-36-0	218.337	---	---	545.15	1	25	0.9180	1	---	1.4420	1	---	---
25296	C12H26O3	n-octyl-dioxyethylene	19327-37-8	218.337	---	---	537.15	2	25	0.9100	1	---	---	---	---	---
25297	C12H26O3	1,1,3-triethoxyhexane	101-33-7	218.337	173.25	1	537.15	2	25	0.8750	1	---	---	---	liquid	2
25298	C12H26O3	hydroxycitronellal dimethyl acetal	---	218.337	---	---	537.15	2	25	0.8960	2	---	---	---	---	---
25299	C12H26O3	laurine dimethyl acetal	141-92-4	218.337	---	---	537.15	2	25	0.8960	2	---	---	---	---	---
25300	C12H26O3Si4	tris(dimethylsiloxy)phenylsilane	18027-45-7	330.677	---	---	---	---	25	0.9420	1	---	1.4420	1	---	---
25301	C12H26O4	2,2-di-(tert-butylperoxy)butane	2167-23-9	234.336	259.25	1	355.15	1	25	0.9571	2	---	---	---	liquid	1
25302	C12H26O4	tri(propylene glycol) propyl ether, isomers	96077-04-2	234.336	---	---	534.15	1	25	0.9350	1	---	1.4300	1	---	---
25303	C12H26O4S	monododecyl ester sulfuric acid	151-41-7	266.402	---	---	---	---	25	1.0231	2	---	---	---	---	---
25304	C12H26O4Se2	bis(2,2-diethoxyethyl)diselenide	90466-79-8	392.256	---	---	---	---	---	---	---	---	---	---	---	---
25305	C12H26O5	di(trimethylolpropane)	23235-61-2	250.335	382.65	1	---	---	25	0.9996	2	---	---	---	solid	1
25306	C12H26O5	3,6,9,12,15-pentaoxaheptadecane	4353-28-0	250.335	---	---	---	---	25	0.9996	2	---	---	---	---	---
25307	C12H26O6P2S4	dioxathion	78-34-2	456.547	253.15	1	513.15	2	26	1.2570	1	---	---	---	liquid	2
25308	C12H26O6P2S4	cis-2,3-p-dioxanedithiol-S,S-bis(O,O-diethy	16088-56-5	456.547	---	---	513.15	1	---	---	---	---	---	---	---	---
25309	C12H26O7	hexaethylene glycol	2615-15-8	282.334	277.30	1	---	---	25	1.1270	1	---	1.4640	1	---	---
25310	C12H26S	1-dodecanethiol	112-55-0	202.404	265.15	1	547.75	1	25	0.8420	1	25	1.4576	1	liquid	1
25311	C12H26S	2-dodecanethiol	14402-50-7	202.404	256.15	1	538.35	1	25	0.8366	1	25	1.4546	1	liquid	1
25312	C12H26S	dihexyl sulfide	6294-31-1	202.404	259.16	2	503.15	1	25	0.8420	1	20	1.4586	1	liquid	1
25313	C12H26S	methyl undecyl sulfide	7289-44-3	202.404	259.16	2	537.00	2	25	0.8420	1	25	1.4580	1	liquid	2
25314	C12H26S	ethyl decyl sulfide	19313-61-2	202.404	259.16	2	537.00	2	25	0.8420	1	---	---	---	liquid	2
25315	C12H26S	propyl nonyl sulfide	62103-66-6	202.404	259.16	2	537.00	2	25	0.8420	1	---	---	---	liquid	2
25316	C12H26S	butyl octyl sulfide	16900-07-5	202.404	259.16	2	537.00	2	25	0.8420	1	---	---	---	liquid	2
25317	C12H26S	tert-dodecylmercaptan	25103-58-6	202.404	265.75	1	515.65	1	25	0.8550	1	---	---	---	liquid	1
25318	C12H26S2	dihexyl disulfide	10496-15-8	234.470	225.16	1	566.66	1	25	0.9080	1	25	1.4850	1	liquid	1
25319	C12H26Si	allyltriisopropylsilane	24400-84-8	198.423	---	---	---	---	25	0.8240	1	---	1.4670	1	---	---
25320	C12H27Al	tri-n-butylaluminum	1116-70-7	198.328	246.35	2	371.15	1	---	---	---	---	---	---	liquid	1
25321	C12H27Al	triisobutyl aluminum	100-99-2	198.328	276.65	1	359.15	1	25	0.7860	1	---	---	---	liquid	1
25322	C12H27AlO3	aluminium tri-tert-butanolate	556-91-2	246.327	482.15	1	---	---	---	---	---	---	---	---	solid	1
25323	C12H27AlO3	aluminum sec-butoxide	2269-22-9	246.327	---	---	---	---	25	0.9670	1	---	---	---	---	---
25324	C12H27AlO3	aluminum tributoxide	3085-30-1	246.327	379.15	1	---	---	---	---	---	---	---	---	solid	1
25325	C12H27B	triisobutylborane	1116-39-8	182.157	---	---	461.15	1	25	0.7380	1	23	1.4188	1	---	---
25326	C12H27B	tri-n-butyl borane	122-56-5	182.157	302.65	1	492.65	1	25	0.7470	1	---	1.4260	1	solid	1
25327	C12H27BO3	tributyl borate	688-74-4	230.156	203.15	1	506.65	1	25	0.8540	1	25	1.4071	1	liquid	1
25328	C12H27BO3	tri-tert-butyl borate	7397-43-5	230.156	291.65	1	493.40	2	25	0.8110	1	---	1.3880	1	liquid	2
25329	C12H27BO3	triisobutyl borate	13195-76-1	230.156	---	---	480.15	1	25	0.8430	1	---	---	---	---	---
25330	C12H27BO3	tri-sec-butyl borate	22238-17-1	230.156	---	---	493.40	2	25	0.8360	2	---	---	---	---	---
25331	C12H27Bi	tributylbismuthine	3692-81-7	380.327	---	---	---	---	25	1.4560	1	---	1.5260	1	---	---
25332	C12H27BrSn	tributyltin bromide	1461-23-0	369.960	---	---	436.15	1	25	1.3370	1	---	1.5030	1	---	---
25333	C12H27ClGe	tributylgermanium chloride	2117-36-4	279.409	---	---	543.15	1	25	1.0540	1	---	1.4650	1	---	---
25334	C12H27ClSi	tributylchlorosilane	995-45-9	234.884	---	---	---	---	25	0.8790	1	---	1.4460	1	---	---
25335	C12H27ClSn	tributyltin chloride	1461-22-9	325.509	259.25	1	445.15	1	25	1.2050	1	---	1.4900	1	liquid	1
25336	C12H27ClSn	chloro(triisobutyl)stannane	7342-38-3	325.509	303.35	1	445.15	2	---	---	---	---	---	---	solid	1
25337	C12H27DSn	tri-n-butyltin deuteride	6180-99-0	292.070	---	---	---	---	25	1.0800	1	---	---	---	---	---
25338	C12H27FSn	fluorotributylstannane	1983-10-4	309.055	---	---	558.15	dec	---	---	---	---	---	---	---	---
25339	C12H27ISn	tributyltin iodide	7342-47-4	416.961	---	---	---	---	25	1.4600	1	---	1.5300	1	---	---
25340	C12H27N	dodecylamine	124-22-1	185.353	301.47	1	532.35	1	20	0.8015	1	25	1.4406	1	solid	1
25341	C12H27N	methylundecylamine	66553-53-5	185.353	260.09	2	517.15	1	25	0.7899	1	25	1.4376	1	liquid	1
25342	C12H27N	ethyldecylamine	66553-52-4	185.353	260.09	2	514.15	1	25	0.7864	1	25	1.4355	1	liquid	1
25343	C12H27N	dihexylamine	143-16-8	185.353	260.09	1	512.95	1	25	0.7852	1	25	1.4325	1	liquid	1
25344	C12H27N	dimethyldecylamine	1120-24-7	185.353	229.15	1	508.15	1	25	0.7750	1	25	1.4297	1	liquid	1
25345	C12H27N	diethyloctylamine	4088-37-3	185.353	227.83	2	486.15	1	25	0.7780	1	25	1.4300	1	liquid	1
25346	C12H27N	tributylamine	102-82-9	185.353	203.00	1	487.15	1	25	0.7750	1	25	1.4286	1	liquid	1
25347	C12H27N	triisobutylamine	1116-40-1	185.353	251.35	1	464.65	1	20	0.7684	1	17	1.4252	1	liquid	1
25348	C12H27NO	N,N-diisopentylethanolamine	3574-43-4	201.353	---	---	521.15	1	20	0.8492	1	20	1.4435	1	---	---
25349	C12H27NO2	2,2'-dimethyl-2,2'-dihydroxydipentylamine	85733-97-7	217.352	---	---	---	---	20	0.9264	1	20	1.4584	1	---	---
25350	C12H27OP	tributylphosphine oxide	814-29-9	218.320	339.65	1	573.15	1	---	---	---	---	---	---	solid	1
25351	C12H27OPS3	S,S,S-tributyl phosphorotrothioate	78-48-8	314.518	---	---	---	---	20	1.0570	1	---	---	---	---	---
25352	C12H27O3P	tributyl phosphite	102-85-2	250.319	---	---	556.15	2	20	0.9259	1	19	1.4321	1	---	---
25353	C12H27O3P	dibutyl butylphosphonate	78-46-6	250.319	---	---	556.15	1	25	0.9460	1	---	1.4320	1	---	---
25354	C12H27O3P	1-dodecanephosphonic acid	5137-70-2	250.319	---	---	556.15	2	23	0.9360	2	---	---	---	---	---
25355	C12H27O4P	tributyl phosphate	126-73-8	266.318	---	---	562.15	1	25	0.9727	1	25	1.4224	1	---	---
25356	C12H27O4P	triisobutyl phosphate	126-71-6	266.318	---	---	537.15	1	20	0.9681	1	20	1.4193	1	---	---
25357	C12H27O4V	vanadium oxide triisobutoxide	19120-62-8	286.285	---	---	---	---	---	---	---	---	---	---	---	---
25358	C12H27P	tributylphosphine	998-40-3	202.320	---	---	513.15	1	25	0.8120	1	20	1.4619	1	---	---
25359	C12H27P	tri-tert-butylphosphine	13716-12-6	202.320	305.65	1	513.15	2	25	0.8115	2	---	---	---	solid	1
25360	C12H27P	triisobutylphosphine	4125-25-1	202.320	---	---	513.15	2	25	0.8110	1	---	1.4510	1	---	---

Table 1 Physical Properties - Organic Compounds

NO	FORMULA	NAME	CAS No	Mol Wt g/mol	Freezing Point T_F, K	code	Boiling Point T_B, K	code	Density T, C	g/cm3	code	Refractive Index T, C	n_D	code	State @25C,1 atm	code
25361	C12H27PS	tributylphosphine sulfide	3084-50-2	234.386	---	---	---	---	---	---	---	---	---	---	---	---
25362	C12H27PS3	merphos	150-50-5	298.518	373.15	1	---	---	20	1.0200	1	---	---	---	solid	1
25363	C12H28AlLiO3	lithium tri-tert-butoxyaluminohydride	17476-04-9	254.276	592.15	1	---	---	---	---	---	---	---	---	solid	1
25364	C12H28BrN	nonyltrimethylammonium bromide	1943-11-9	266.265	497.65	1	---	---	25	1.0422	2	---	---	---	solid	1
25365	C12H28BrN	tetrapropylammonium bromide	1941-30-6	266.265	542.15	1	---	---	25	1.0422	2	---	---	---	solid	1
25366	C12H28ClN	tetrapropylammonium chloride	5810-42-4	221.814	496.15	1	---	---	25	0.8774	2	---	---	---	solid	1
25367	C12H28ClNO4	tetrapropylammonium perchlorate	15780-02-6	285.811	---	---	---	---	25	1.0383	2	---	---	---	---	---
25368	C12H28ClN2P	bis(diisopropylamino)chlorophosphine	56183-63-2	266.795	378.15	1	---	---	---	---	---	---	---	---	solid	1
25369	C12H28Cl2OSi2	1,3-dichloro-1,1,3,3-tetraisopropyldisiloxan	69304-37-6	315.429	---	---	---	---	25	0.9930	1	---	1.4540	1	---	---
25370	C12H28Ge	tetrapropylgermanium	994-65-0	244.964	---	---	---	---	25	0.9460	1	---	1.4510	1	---	---
25371	C12H28Ge	tributylgermanium hydride	998-39-0	244.964	---	---	---	---	25	0.9490	1	---	1.4500	1	---	---
25372	C12H28Ge	tetraisopropyl germane	4593-82-2	244.964	---	---	---	---	25	0.9475	2	---	---	---	---	---
25373	C12H28GeO4	germanium(iv) isopropoxide	21154-48-3	308.962	---	---	440.15	1	25	1.0330	1	---	---	---	---	---
25374	C12H28IN	tetrapropylammonium iodide	631-40-3	313.266	553.15	dec	---	---	25	1.3138	1	---	---	---	solid	1
25375	C12H28NO2P	di-tert-butyl N,N-diethylphosphoramidite	117924-33-1	249.334	---	---	---	---	25	0.8960	1	---	1.4330	1	---	---
25376	C12H28N2	N,N,N',N'-tetraethyl-1,4-butanediamine	69704-44-5	200.368	---	---	---	---	25	0.8353	2	25	1.4383	1	---	---
25377	C12H28N2	dodecyldiamine	2783-17-7	200.368	---	---	---	---	25	0.8353	2	---	---	---	---	---
25378	C12H28N2S2	N,N,N',N'-tetraethylcystamine	589-32-2	264.500	---	---	---	---	25	0.9760	2	---	---	---	---	---
25379	C12H28N3O12	phleomycin	11006-33-0	406.368	---	---	---	---	25	1.3045	2	---	---	---	---	---
25380	C12H28OSn	tributyltin hydroxide	1067-97-6	307.064	288.65	1	---	---	---	---	---	---	---	---	---	---
25381	C12H28O2Si2	1,1-bis(trimethylsilyloxy)-3,3-dimethyl-1-bu	31469-23-5	260.523	---	---	---	---	---	---	---	---	1.4200	1	---	---
25382	C12H28O4Si	tetrapropoxysilane	682-01-9	264.437	---	---	499.15	1	20	0.9158	1	20	1.4012	1	---	---
25383	C12H28O4Ti	titanium(iv) isopropoxide	546-68-9	284.219	290.65	1	503.15	1	25	0.9560	1	---	1.4640	1	liquid	1
25384	C12H28O4Ti	titanium(iv) propoxide	3087-37-4	284.219	---	---	443.15	1	25	1.0330	1	---	1.4990	1	---	---
25385	C12H28O5P2S2	aspon	3244-90-4	378.431	228.25	1	---	---	25	1.1200	1	---	---	---	---	---
25386	C12H28O5P2S2	tetraisopropyl dithionopyrophosphate	61614-71-9	378.431	---	---	---	---	---	---	---	---	---	---	---	---
25387	C12H28O6P2	tetraethylbutylene-1,4-diphosphonate	7203-67-0	330.299	---	---	---	---	---	---	---	---	1.4475	1	---	---
25388	C12H28O7P2	tetraisopropyl pyrophosphate	5836-28-2	346.298	287.65	1	---	---	25	1.0900	1	---	---	---	---	---
25389	C12H28Pb	tetrapropyl lead	3440-75-3	379.554	---	---	---	---	---	---	---	---	---	---	---	---
25390	C12H28Si	tributylsilane	998-41-4	200.439	---	---	494.15	1	20	0.7794	1	20	1.4380	1	---	---
25391	C12H28Si	triisobutylsilane	6485-81-0	200.439	---	---	478.15	1	25	0.7640	1	---	1.4350	1	---	---
25392	C12H28Sn	tetrapropylstannane	2176-98-9	291.064	164.05	1	501.15	1	20	1.1065	1	20	1.4745	1	liquid	1
25393	C12H28Sn	tributyltin hydride	688-73-3	291.064	---	---	353.15	1	25	1.0930	1	---	1.4730	1	---	---
25394	C12H28Sn	tetrakis(1-methylethyl)stannane	2949-42-0	291.064	---	---	362.15	1	23	1.0998	2	---	---	---	---	---
25395	C12H29NO	tetrapropylammonium hydroxide	4499-86-9	203.369	---	---	375.15	1	25	1.0120	1	---	1.3720	1	---	---
25396	C12H29NSi2	bis(trimethylsilyl)-N-tert-butylacetaldimine	127896-07-5	243.539	---	---	---	---	---	---	---	---	---	---	---	---
25397	C12H29N3	bis(6-aminohexyl)amine	143-23-7	215.383	307.15	1	437.15	1	25	0.9260	1	---	---	---	solid	1
25398	C12H29N3	N,N,N',N'-tetraethyldiethylenetriamine	123-12-6	215.383	---	---	405.65	1	25	0.8370	1	---	1.4480	1	---	---
25399	C12H29O6PSi	diethyl (2-(triethoxysilyl)ethyl)phosphonic a	757-44-8	328.418	---	---	---	---	---	---	---	---	---	---	---	---
25400	C12H30BP	borane-tributylphosphine complex	4259-20-5	216.155	---	---	---	---	25	0.8130	1	---	1.4700	1	---	---
25401	C12H30Cl2N2	hexamethonium chloride	60-25-3	273.289	563.65	dec	---	---	25	0.9648	2	---	---	---	solid	1
25402	C12H30Ge2	hexaethyldigermanium	993-62-4	319.590	---	---	492.15	1	25	1.1420	1	---	1.4980	1	---	---
25403	C12H30N3P	tris(diethylamino)phosphine	2283-11-6	247.365	---	---	---	---	25	0.9030	1	---	1.4740	1	---	---
25404	C12H30N4	1,1,4,7,10,10-hexamethyltriethylenetetrami	3083-10-1	230.398	---	---	---	---	25	0.8470	1	---	1.4560	1	---	---
25405	C12H30OSi2	hexaethyldisiloxane	994-49-0	246.540	---	---	506.15	1	20	0.8457	1	20	1.4340	1	---	---
25406	C12H30OSi2	1,1,3,3-tetraisopropyldisiloxane	18043-71-5	246.540	---	---	506.15	2	25	0.8900	1	---	1.4330	1	---	---
25407	C12H30OSn2	hexaethyldistannoxane	1112-63-6	427.790	---	---	545.05	1	25	1.3770	1	---	---	---	---	---
25408	C12H30O4SSn2	bis(triethyl tin) sulfate	57-52-3	507.854	---	---	---	---	---	---	---	---	---	---	---	---
25409	C12H30O13P4	hexaethyl tetraphosphate	757-58-4	506.258	233.15	1	423.15	dec	27	1.2917	1	27	1.4273	1	liquid	1
25410	C12H30SSn2	hexaethyldistannthiane	994-50-3	443.856	---	---	---	---	---	---	---	---	---	---	---	---
25411	C12H30Si2	1,1,2,2-tetraisopropyldisilane	19753-69-6	230.540	---	---	---	---	25	0.8150	1	---	1.4770	1	---	---
25412	C12H31NO6Si2	bis[3-(trimethoxysilyl)propyl]amine	82985-35-1	341.552	---	---	---	---	25	1.0400	1	---	1.4320	1	---	---
25413	C12H32O2Si3	1-(trimethylsilyl)-2,3-bis(trimethylsilyloxy)pr	154557-38-7	292.640	---	---	455.15	1	25	0.8480	1	---	1.4240	1	---	---
25414	C12H32O4Si4	2,4,6,8-tetraethyl-2,4,6,8-tetramethylcyclot	7623-01-0	352.724	229.65	1	518.15	1	20	0.9600	1	---	---	---	liquid	1
25415	C12H34Cl2Cu2N4O2	di-micron-hydroxo-bis-[(N,N,N',N'-tetrameth	30698-64-7	464.426	410.15	1	---	---	---	---	---	---	---	---	solid	1
25416	C12H35N7P2	phosphazene base p2-et	165535-45-5	339.407	---	---	---	---	25	1.0200	1	---	1.4920	1	---	---
25417	C12H36N2SSi4	2,2'-thiobis(hexamethyldisilazane)	18243-89-5	352.838	339.15	1	---	---	---	---	---	---	---	---	solid	1
25418	C12H36N2Si4Sn	bis[bis(trimethylsilyl)amino]tin(ii)	59863-13-7	439.482	295.65	1	---	---	---	---	---	---	---	---	---	---
25419	C12H36N2Si4Zn	zinc bis[bis(trimethylsilyl)amide]	14760-26-0	386.162	285.65	1	---	---	25	0.9570	1	---	---	---	---	---
25420	C12H36O4Si5	dodecamethylpentasiloxane	141-63-9	384.840	192.00	1	503.00	1	20	0.8755	1	20	1.3925	1	liquid	1
25421	C12H36O4Si5	tetrakis(trimethylsilyloxy)silane	3555-47-3	384.840	270.15	1	518.15	1	25	0.8700	1	---	1.3890	1	liquid	2
25422	C12H36O6Si6	dodecamethylcyclohexasiloxane	540-97-6	444.924	271.65	1	518.15	1	25	0.9672	1	20	1.4015	1	liquid	1
25423	C12H36Si5	tetrakis(trimethylsilyl)silane	4098-98-0	320.843	540.15	1	---	---	---	---	---	---	---	---	solid	1
25424	C12H4Br4O	2,3,7,8-tetrabromodibenzofuran	67733-57-7	483.779	---	---	---	---	25	2.3233	2	---	---	---	---	---
25425	C12H4Br4O2	2,3,7,8-tetrabromodibenzo-p-dioxin	50585-41-6	499.779	---	---	---	---	25	2.3371	2	---	---	---	---	---
25426	C12H4Br6	polybrominated biphenyls	67774-32-7	627.588	345.15	2	573.15	1	25	2.5900	2	---	---	---	solid	2
25427	C12H4Br6	hexabromobiphenyl	36355-01-8	627.588	---	---	573.15	2	25	2.5900	2	---	---	---	---	---
25428	C12H4Br6O	hexabromodiphenyl ether	36483-60-0	643.587	---	---	---	---	25	2.5959	2	---	---	---	---	---
25429	C12H4Cl4O	2,3,7,8-tetrachlorodibenzofuran	51207-31-9	305.973	500.65	1	---	---	25	1.5484	2	---	---	---	solid	1
25430	C12O6Sr	strontium chlorate	7791-10-8	327.748	---	---	---	---	---	---	---	---	---	---	---	---
25431	C12O12Os3	osmium carbonyl	15696-40-9	906.815	---	---	---	---	25	3.4800	1	---	---	---	---	---
25432	C12O12Rh4	rhodium dodecacarbonyl	19584-30-6	747.747	---	---	---	---	25	2.5200	1	---	---	---	---	---
25433	C12O12Ru3	ruthenium dodecacarbonyl	15243-33-1	639.335	423.15	dec	---	---	---	---	---	---	---	---	solid	1
25434	C12O12V2	dodecacarbonyldivanadium	---	438.008	---	---	---	---	---	---	---	---	---	---	---	---
25435	C13F10O	decafluorobenzophenone	853-39-4	362.127	366.15	1	---	---	25	1.6684	2	---	---	---	solid	1
25436	C13F28	perfluorotridecane	376-03-4	688.101	362.65	1	467.65	1	25	1.7673	2	---	---	---	solid	1
25437	C13H2F10O	decafluorobenzhydrol	1766-76-3	364.143	351.15	1	---	---	25	1.6108	2	---	---	---	solid	1
25438	C13H4Cl6O	1,2,4,5,7,8-hexachloro-9H-xanthene	38178-99-3	388.889	---	---	---	---	25	1.6245	2	---	---	---	---	---
25439	C13H4Cl8N2O	N,N'-dichlorobis(2,4,6-trichlorophenyl) urea	2899-02-7	487.808	---	---	---	---	25	1.7281	2	---	---	---	---	---
25440	C13H4N4O9	2,4,5,7-tetranitrofluorenone	746-53-2	360.197	---	---	---	---	25	1.8177	2	---	---	---	---	---

Table 1 Physical Properties - Organic Compounds

				Mol Wt	Freezing Point		Boiling Point		Density			Refractive Index			State	
NO	FORMULA	NAME	CAS No	g/mol	T_F, K	code	T_B, K	code	T, C	g/cm3	code	T, C	n_D	code	@25C,1 atm	code
25441	C13H5Br3F3N3O4	desmethylbromethalin	57729-86-9	563.909	---	---	478.15	1	25	2.1728	2	---	---	---	---	---
25442	C13H5F5O	2,3,4,5,6-pentafluorobenzophenone	1536-23-8	272.175	310.15	1	---	---	25	1.4312	2	---	---	---	solid	1
25443	C13H5F21O	(2,2,3,3,4,4,5,5,6,6,7,7,8,8,9,9,10,10,11,11	38565-54-7	576.151	336.65	1	---	---	25	1.7580	1	---	1.3190	1	solid	1
25444	C13H5N3O7	2,4,7-trinitro-9H-fluoren-9-one	129-79-3	315.200	449.15	1	---	---	25	1.6839	2	---	---	---	solid	1
25445	C13H6Cl5NO3	2,2'-dihydroxy-3,3',5,5',6-pentachlorobenza	2277-92-1	401.458	483.15	1	---	---	25	1.6274	2	---	---	---	solid	1
25446	C13H6Cl6O2	hexachlorophene	70-30-4	406.904	439.65	1	---	---	25	1.6019	2	---	---	---	solid	1
25447	C13H6N2O5	2,7-dinitro-9-fluorenone	31551-45-8	270.202	566.65	1	---	---	25	1.5334	2	---	---	---	solid	1
25448	C13H7BrO	2-bromo-9-fluorenone	3096-56-8	259.102	416.15	1	---	---	25	1.5277	2	---	---	---	solid	1
25449	C13H7Br2N3O6	bromofenoxim	13181-17-4	461.024	---	---	---	---	25	2.0020	2	---	---	---	---	---
25450	C13H7ClO	2-chloro-9H-fluoren-9-one	3096-47-7	214.650	398.65	1	---	---	25	1.2857	2	---	---	---	solid	1
25451	C13H7ClF3NO3	nitrofluorfen	42874-01-1	317.652	341.15	1	---	---	25	1.4978	2	---	---	---	solid	1
25452	C13H7Cl4NO2	3,3',4',5-tetrachlorosalicylanilide	1154-59-2	351.014	434.15	1	---	---	25	1.5369	2	---	---	---	solid	1
25453	C13H7FO	2-fluoro-9-fluorenone	343-01-1	198.196	389.15	1	---	---	25	1.2415	2	---	---	---	solid	1
25454	C13H7F3N2O5	fluorodifen	15457-05-3	328.205	367.15	1	---	---	25	1.5601	2	---	---	---	solid	1
25455	C13H7F17O2	3,3,4,4,5,5,6,6,7,7,8,8,9,9,10,10,10-heptad	27905-45-9	518.172	---	---	---	---	25	1.6370	1	---	1.3370	1	---	---
25456	C13H7NO3	2-nitro-9H-fluoren-9-one	3096-52-4	225.204	497.45	1	---	---	25	1.3629	2	---	---	---	solid	1
25457	C13H7NO3	3-nitro-9-fluorenone	42135-22-8	225.204	512.65	1	---	---	25	1.3629	2	---	---	---	solid	1
25458	C13H7NO4	2-nitro-6H-dibenzo(b,d)pyran-6-one	6623-66-1	241.203	---	---	---	---	25	1.4117	2	---	---	---	---	---
25459	C13H8Br2	2,7-dibromofluorene	16433-88-8	324.015	437.15	1	---	---	25	1.7203	2	---	---	---	solid	1
25460	C13H8Br2O	4,4'-dibromobenzophenone	3988-03-2	340.014	450.15	1	668.15	1	25	1.7530	2	---	---	---	solid	1
25461	C13H8Br3N	1,3,7-tribromo-2-fluorenamine	724-31-2	417.926	---	---	---	---	25	1.9673	2	---	---	---	---	---
25462	C13H8Br3NO2	3,5-dibromo-N-(4-bromophenyl)-2-hydroxyl	87-10-5	449.924	500.15	1	---	---	25	2.0115	2	---	---	---	solid	1
25463	C13H8Br3NO2	tribromosalicylanilide	1322-38-9	449.924	---	---	---	---	25	2.0115	2	---	---	---	---	---
25464	C13H8ClN	9-chloroacridine	1207-69-8	213.666	394.15	1	---	---	25	1.2562	2	---	---	---	solid	1
25465	C13H8ClNOS	phenothiazine-10-carbonyl chloride	18956-87-1	261.731	443.15	1	---	---	25	1.3684	2	---	---	---	solid	1
25466	C13H8ClNO3	2-chloro-5-nitrobenzophenone	34052-37-4	261.664	357.65	1	508.15	2	25	1.3997	2	---	---	---	solid	1
25467	C13H8ClNO3	4-chloro-3-nitrobenzophenone	56107-02-9	261.664	378.65	1	508.15	1	25	1.3997	2	---	---	---	solid	1
25468	C13H8Cl2	2,7-dichloro-9H-fluorene	7012-16-0	235.112	401.15	1	---	---	25	1.2845	2	---	---	---	solid	1
25469	C13H8Cl2N2O4	2',5-dichloro-4'-nitrosalicylanilide	50-65-7	327.123	500.65	1	---	---	25	1.5287	2	---	---	---	solid	1
25470	C13H8Cl2O	(2-chlorophenyl)(4-chlorophenyl)methanon	85-29-0	251.111	340.15	1	626.15	2	14	1.3930	1	---	---	---	solid	1
25471	C13H8Cl2O	3,3'-dichlorobenzophenone	7094-34-0	251.111	397.15	1	626.15	2	17	1.4215	2	---	---	---	solid	1
25472	C13H8Cl2O	4,4'-dichlorobenzophenone	90-98-2	251.111	420.65	1	626.15	1	20	1.4500	1	---	---	---	solid	1
25473	C13H8Cl2O	3,4-dichlorobenzophenone	6284-79-3	251.111	374.65	1	626.15	2	17	1.4215	2	---	---	---	solid	1
25474	C13H8Cl2O2	3-(3,4-dichlorophenoxy)benzaldehyde	79124-76-8	267.110	---	---	---	---	25	1.3480	1	---	1.6190	1	---	---
25475	C13H8Cl2O2	3-(3,5-dichlorophenoxy)benzaldehyde	81028-92-4	267.110	324.65	1	---	---	25	1.3750	2	---	---	---	solid	1
25476	C13H8Cl2O3	dichlorolawsone	36417-16-0	283.110	---	---	---	---	25	1.4164	2	---	---	---	---	---
25477	C13H8Cl2O4S	tienilic acid	40180-04-9	331.175	421.65	1	---	---	25	1.4981	2	---	---	---	solid	1
25478	C13H8Cl3NO2	5-chloro-N-(3,4-dichlorophenyl)-2-hydroxyt	642-84-2	316.570	520.15	1	---	---	25	1.4676	2	---	---	---	solid	1
25479	C13H8Cl4N2	banomite	---	334.031	371.15	1	431.25	1	25	1.4786	2	---	---	---	solid	1
25480	C13H8Cl4N2	a-(2,4,6-trichlorophenyl)hydrazono benzoy	25939-05-3	334.031	---	---	431.25	2	25	1.4786	2	---	---	---	---	---
25481	C13H8CrO3	tricarbonyl(naphthalene)chromium	12110-37-1	264.201	411.15	1	---	---	---	---	---	---	---	---	solid	1
25482	C13H8F2O	2,4'-difluorobenzophenone	342-25-6	218.203	296.15	1	---	---	25	1.2610	1	---	1.5680	1	---	---
25483	C13H8F2O	4,4'-difluorobenzophenone	345-92-6	218.203	378.65	1	---	---	25	1.2543	2	---	---	---	solid	1
25484	C13H8F2O	2,6-difluorobenzophenone	59189-51-4	218.203	---	---	---	---	25	1.2420	1	---	1.5650	1	---	---
25485	C13H8F2O	2,4-difluorobenzophenone	85068-35-5	218.203	---	---	---	---	25	1.2600	1	---	---	---	---	---
25486	C13H8F2O	3,4-difluorobenzophenone	85118-07-6	218.203	327.15	1	---	---	25	1.2543	2	---	---	---	solid	1
25487	C13H8F2O3	5-(2,4-difluorophenyl)salicylic acid	22494-42-4	250.202	483.65	1	---	---	25	1.3505	2	---	---	---	solid	1
25488	C13H8F3NS	2-(trifluoromethyl)phenothiazine	92-30-8	267.275	462.15	1	---	---	25	1.3491	2	---	---	---	solid	1
25489	C13H8F16O2	2,2,3,3,4,4,5,5,6,6,7,7,8,8,9,9-hexadecaflu	1841-46-9	500.181	---	---	507.15	1	25	1.6180	1	---	1.3440	1	---	---
25490	C13H8I2O	4,4'-diiodobenzophenone	5630-56-8	434.015	511.65	1	---	---	20	2.2600	1	---	---	---	solid	1
25491	C13H8N2O3S	lopatol	19881-18-6	272.285	---	---	475.15	1	25	1.4364	2	---	---	---	---	---
25492	C13H8N2O4	2,7-dinitrofluorene	5405-53-8	256.218	425.15	1	---	---	25	1.4265	2	---	---	---	solid	1
25493	C13H8N3NaO5	alizarin yellow r sodium salt	1718-34-9	309.214	526.65	1	---	---	---	---	---	---	---	---	solid	1
25494	C13H8N3NaO5	metachrome yellow	584-42-9	309.214	---	---	---	---	---	---	---	---	---	---	---	---
25495	C13H8N4O4	N,N'-bis(4-nitrophenyl)carbodiimide	51128-83-7	284.232	440.15	1	---	---	25	1.5110	2	---	---	---	solid	1
25496	C13H8O	9H-fluoren-9-one	486-25-9	180.206	357.15	1	614.65	1	99	1.1300	1	99	1.6309	1	solid	1
25497	C13H8O	perinaphthenone	548-39-0	180.206	424.65	1	614.65	2	25	1.1681	2	---	---	---	solid	1
25498	C13H8OS	9H-thioxanthen-9-one	492-22-8	212.272	482.15	1	646.15	1	25	1.2499	2	---	---	---	solid	1
25499	C13H8OTe	telluroxanthone	72294-67-8	307.806	389.65	1	---	---	---	---	---	---	---	---	solid	1
25500	C13H8O2	xanthone	90-47-1	196.205	449.63	1	624.15	1	25	1.2272	2	---	---	---	solid	1
25501	C13H8O2	1-hydroxy-9-fluorenone	6344-60-1	196.205	390.65	1	624.15	2	25	1.2272	2	---	---	---	solid	1
25502	C13H8O2	2-hydroxy-9-fluorenone	6949-73-1	196.205	477.65	1	624.15	2	25	1.2272	2	---	---	---	solid	1
25503	C13H8O2	3-hydroxy-1H-phenalen-1-one	5472-84-4	196.205	535.65	1	624.15	2	25	1.2272	2	---	---	---	solid	1
25504	C13H8O4	1,3-dihydroxy-9H-xanthen-9-one	3875-68-1	228.204	532.15	1	---	---	25	1.3336	2	---	---	---	solid	1
25505	C13H8O4	2,7-dihydroxy-9H-xanthen-9-one	64632-72-0	228.204	603.15	1	---	---	25	1.3336	2	---	---	---	solid	1
25506	C13H8O4	3,6-dihydroxy-9H-xanthen-9-one	1214-24-0	228.204	623.15	dec	---	---	25	1.3336	2	---	---	---	solid	1
25507	C13H8O4	7,2-dihydroxy-1H-benz[f]indene-1,3(2H)-di	38627-57-5	228.204	423.15	1	---	---	25	1.3336	2	---	---	---	solid	1
25508	C13H9Br	2-bromo-9H-fluorene	1133-80-8	245.118	386.65	1	474.15	2	25	1.4168	2	---	---	---	solid	1
25509	C13H9Br	9-bromofluorene	1940-57-4	245.118	376.15	1	474.15	2	25	1.4168	2	---	---	---	solid	1
25510	C13H9Br	1-bromo-12-cyclotridecadien-4,8,10-triyne	---	245.118	---	---	474.15	1	25	1.4168	2	---	---	---	---	---
25511	C13H9BrFNO	2-amino-2'-fluoro-5-bromobenzophenone	---	294.123	375.15	1	---	---	25	1.5259	2	---	---	---	solid	1
25512	C13H9BrO	(2-bromophenyl)phenylmethanone	13047-06-8	261.118	315.15	1	618.15	1	25	1.4619	2	---	---	---	solid	1
25513	C13H9BrO	(3-bromophenyl)phenylmethanone	1016-77-9	261.118	354.15	1	620.65	2	25	1.4619	2	---	---	---	solid	1
25514	C13H9BrO	(4-bromophenyl)phenylmethanone	90-90-4	261.118	355.65	1	623.15	1	25	1.4619	2	---	---	---	solid	1
25515	C13H9Br2NO2	5-bromosalicyl-4-bromoanilide	87-12-7	371.028	---	---	---	---	25	1.7810	2	---	---	---	---	---
25516	C13H9Cl	2-chlorofluorene	2523-44-6	200.667	---	---	---	---	25	1.1780	2	---	---	---	---	---
25517	C13H9ClFNO	2-amino-5-chloro-2'-fluorobenzophenone	784-38-3	249.672	368.15	1	---	---	25	1.3134	2	---	---	---	solid	1
25518	C13H9ClF2	chlorobis(4-fluorophenyl)methane	27064-94-4	238.664	---	---	---	---	25	1.2650	1	---	1.5570	1	---	---
25519	C13H9ClN2O	4-phenylazobenzoyl chloride	104-24-5	244.680	368.15	1	---	---	25	1.3265	2	---	---	---	solid	1
25520	C13H9ClN2O4	3'-chloro-5-nitrosalicylanilide	6505-75-5	292.679	---	---	---	---	25	1.4539	2	---	---	---	---	---

Table 1 Physical Properties - Organic Compounds

				Mol Wt	Freezing Point		Boiling Point		Density			Refractive Index			State	
NO	FORMULA	NAME	CAS No	g/mol	T_F, K	code	T_B, K	code	T, C	g/cm3	code	T, C	n_D	code	@25C,1 atm	code
25521	C13H9ClO	(4-chlorophenyl)phenylmethanone	134-85-0	216.666	350.65	1	605.15	1	25	1.2313	2	---	---	---	solid	1
25522	C13H9ClO	4-biphenylcarbonyl chloride	14002-51-8	216.666	385.15	1	604.15	2	25	1.2313	2	---	---	---	solid	1
25523	C13H9ClO	3-chlorobenzophenone	1016-78-0	216.666	356.65	1	604.15	2	25	1.2313	2	---	---	---	solid	1
25524	C13H9ClO	2-chlorobenzophenone	5162-03-8	216.666	317.65	1	603.15	1	25	1.2313	2	---	---	---	solid	1
25525	C13H9ClO2	4-chloro-4'-hydroxybenzophenone	42019-78-3	232.666	451.15	1	---	---	25	1.2813	2	---	---	---	solid	1
25526	C13H9ClO2	3-(4-chlorophenoxy)benzaldehyde	69770-20-3	232.666	---	---	398.15	1	25	1.2120	1	---	1.6080	1	---	---
25527	C13H9Cl2FN2S	loflucarban	790-69-2	315.198	436.65	1	---	---	25	1.4231	2	---	---	---	solid	1
25528	C13H9Cl2NO	2-amino-2',5-dichlorobenzophenone	2958-36-3	266.126	360.65	1	---	---	25	1.3481	2	---	---	---	solid	1
25529	C13H9Cl2NOS	p-chlorophenyl-N-(4'-chlorophenyl)thiocarb	17710-62-2	298.192	---	---	---	---	25	1.4002	2	---	---	---	---	---
25530	C13H9Cl2NO4	chlomethoxynil	32861-85-1	314.124	386.65	1	---	---	25	1.4661	2	---	---	---	solid	1
25531	C13H9Cl3N2O	3,4,4'-trichlorocarbanilide	101-20-2	315.585	528.75	1	---	---	25	1.4421	2	---	---	---	solid	1
25532	C13H9FO	2-fluorobenzophenone	342-24-5	200.212	---	---	---	---	25	1.1800	1	---	1.5855	1	---	---
25533	C13H9FO	4-fluorobenzophenone	345-83-5	200.212	321.15	1	---	---	25	1.1871	2	---	---	---	solid	1
25534	C13H9F2NO4	9,10-difl-2,3-dihydro-2-methyl-7-oxo-7H-py	107358-77-0	281.216	---	---	---	---	25	1.4087	2	---	---	---	---	---
25535	C13H9F3N2O2	niflumic acid	4394-00-7	282.223	476.65	1	---	---	25	1.3935	2	---	---	---	solid	1
25536	C13H9F15O2	3,3,4,4,5,5,6,6,7,8,8,8-dodecafluoro-7-(trifl	50836-66-3	482.191	---	---	---	---	25	1.5670	1	---	1.3470	1	---	---
25537	C13H9N	acridine	260-94-6	179.221	383.24	1	619.15	1	20	1.0050	1	---	---	---	solid	---
25538	C13H9N	phenanthridine	229-87-8	179.221	380.55	1	622.05	1	20	1.1195	2	---	---	---	solid	1
25539	C13H9N	benzo[f]quinoline	85-02-9	179.221	367.15	1	625.15	1	20	1.1195	2	---	---	---	solid	1
25540	C13H9N	benzo[g]quinoline	260-36-6	179.221	387.15	1	619.34	2	20	1.1195	2	---	---	---	solid	1
25541	C13H9N	benzo[h]quinoline	230-27-3	179.221	325.15	1	612.15	1	20	1.2340	1	---	---	---	solid	1
25542	C13H9N	[1,1'-biphenyl]-2-carbonitrile	24973-49-7	179.221	314.15	1	619.34	2	20	1.1195	2	---	---	---	solid	1
25543	C13H9N	4-cyanobiphenyl	2920-38-9	179.221	359.15	1	619.34	2	20	1.1195	2	---	---	---	solid	1
25544	C13H9NO	2-amino-9-fluorenone	3096-57-9	195.221	427.65	1	538.15	2	25	1.1975	2	---	---	---	solid	1
25545	C13H9NO	2-biphenylyl isocyanate	17337-13-2	195.221	---	---	538.15	2	25	1.1340	1	---	1.6060	1	---	---
25546	C13H9NO	4-biphenylyl isocyanate	92-95-5	195.221	333.65	1	538.15	2	25	1.1975	2	---	---	---	solid	1
25547	C13H9NO	4'-hydroxy-4-biphenylcarbonitrile	19812-93-2	195.221	468.65	1	538.15	2	25	1.1975	2	---	---	---	solid	1
25548	C13H9NO	2-phenylbenzoxazole	833-50-1	195.221	374.65	1	538.15	2	25	1.1975	2	---	---	---	solid	1
25549	C13H9NO	9,l0-dihydro-9-oxoacridine	578-95-0	195.221	629.15	1	---	---	25	1.1975	2	---	---	---	solid	1
25550	C13H9NO	4-aminofluorenone	4269-15-2	195.221	413.15	1	538.15	1	25	1.1975	2	---	---	---	solid	1
25551	C13H9NO	dibenz(b,f)(1,4)oxazepine	257-07-8	195.221	---	---	538.15	2	25	1.1975	2	---	---	---	---	---
25552	C13H9NO	2-nitrosofluorene	2508-20-5	195.221	---	---	538.15	2	25	1.1975	2	---	---	---	---	---
25553	C13H9NOS	2-(2-benzothiazolyl)phenol	3411-95-8	227.287	404.15	1	---	---	25	1.2727	2	---	---	---	solid	1
25554	C13H9NOSe	ebselen	60940-34-3	274.181	452.65	1	---	---	---	---	---	---	---	---	solid	1
25555	C13H9NO2	2-(2-benzoxazolyl)phenol	835-64-3	211.220	396.65	1	611.15	1	25	1.1685	2	---	---	---	solid	1
25556	C13H9NO2	2-nitrofluorene	607-57-8	211.220	429.65	1	464.15	2	25	1.1685	2	---	---	---	solid	1
25557	C13H9NO2	4-phenoxyphenyl isocyanate	59377-19-4	211.220	---	---	464.15	2	25	1.1690	1	---	1.5950	1	---	---
25558	C13H9NO2	2-phenoxyphenyl isocyanate	59377-20-7	211.220	---	---	464.15	2	25	1.1680	1	---	1.5880	1	---	---
25559	C13H9NO2	9H-fluorene, nitro	55345-04-5	211.220	---	---	317.15	1	25	1.1685	2	---	---	---	---	---
25560	C13H9NO2	3-nitro-9H-fluorene	5397-37-5	211.220	---	---	464.15	2	25	1.1685	2	---	---	---	---	---
25561	C13H9NO3	(3-nitrophenyl)phenylmethanone	2243-80-3	227.220	368.15	1	491.65	2	25	1.3040	2	---	---	---	solid	1
25562	C13H9NO3	(4-nitrophenyl)phenylmethanone	1144-74-7	227.220	411.15	1	491.65	2	9	1.4060	1	---	---	---	solid	1
25563	C13H9NO3	9-hydroxy-2-nitrofluorene	28149-15-7	227.220	---	---	491.65	1	25	1.3040	2	---	---	---	---	---
25564	C13H9NO4	9-methoxy-1,3-dioxolo(4,5-g)furo(2,3-b)qui	524-89-0	243.219	---	---	---	---	25	1.3522	2	---	---	---	---	---
25565	C13H9NO4	7-methoxy-2-nitronaphtho(2,1-b)furan	75965-74-1	243.219	---	---	---	---	25	1.3522	2	---	---	---	---	---
25566	C13H9NO4	8-methoxy-2-nitronaphtho(2,1-b)furan	75965-75-2	243.219	---	---	---	---	25	1.3522	2	---	---	---	---	---
25567	C13H9NO5	2-phthalimidoglutaric acid anhydride	3343-28-0	259.218	---	---	---	---	25	1.3975	2	---	---	---	---	---
25568	C13H9NS	2-phenylbenzothiazole	883-93-2	211.287	388.15	1	644.15	1	25	1.2215	2	---	---	---	solid	1
25569	C13H9N2O3	2-(2,6-dioxopiperiden-3-yl) phthalimidine	26581-81-7	241.227	---	---	---	---	25	1.3514	2	---	---	---	---	---
25570	C13H9N3O2S	amoscanate	26328-53-0	271.300	478.15	1	---	---	25	1.4079	2	---	---	---	solid	1
25571	C13H9N3O3	4-isocyano-4'-nitrodiphenylamine	62967-27-5	255.234	---	---	---	---	25	1.3967	2	---	---	---	---	---
25572	C13H9N3O5	alizarin yellow r	2243-76-7	287.232	526.65	dec	---	---	25	1.4807	2	---	---	---	solid	1
25573	C13H9N4O3S	IP-10	89367-92-0	301.307	---	---	---	---	25	1.4875	2	---	---	---	---	---
25574	C13H9O4	4-hydroxy-3-nitrobenzophenone	5464-98-2	229.212	365.65	1	---	---	25	1.3052	2	---	---	---	solid	1
25575	C13H10	fluorene	86-73-7	166.222	387.94	1	570.44	1	25	1.2030	1	20	1.6470	1	solid	1
25576	C13H10BrCl2O2PS	o-(4-bromo-2,5-dichlorophenyl) o-methyl p	21609-90-5	412.070	347.14	1	---	---	---	---	---	---	---	---	solid	1
25577	C13H10Br2	2,2'-dibromodiphenylmethane	61592-89-0	326.030	---	---	---	---	20	1.6197	1	20	1.6300	1	---	---
25578	C13H10ClNO	2-amino-5-chlorobenzophenone	719-59-5	231.681	371.15	1	480.15	1	25	1.2542	2	---	---	---	solid	1
25579	C13H10ClNO	diphenylcarbamyl chloride	83-01-2	231.681	356.15	1	480.15	2	25	1.2542	2	---	---	---	solid	1
25580	C13H10ClN3O	1-methyl-3-phenyl-5-chloroimidazo(4,5-b)p	---	259.695	---	---	361.15	1	25	1.3441	2	---	---	---	---	---
25581	C13H10Cl2	bis(4-chlorophenyl)methane	101-76-8	237.127	328.65	1	578.15	2	17	1.3650	1	---	---	---	solid	1
25582	C13H10Cl2	dichlorodiphenylmethane	2051-90-3	237.127	---	---	578.15	dec	18	1.2350	1	---	---	---	---	---
25583	C13H10Cl2	chloro(4-chlorophenyl)phenylmethane	134-83-8	237.127	---	---	578.15	2	25	1.2390	1	---	1.6030	1	---	---
25584	C13H10Cl2O	4,4'-dichlorobenzhydrol	90-97-1	253.127	366.15	1	---	---	25	1.2806	2	---	---	---	solid	1
25585	C13H10Cl2O2	dichlorophene	97-23-4	269.126	450.65	1	---	---	25	1.3239	2	---	---	---	solid	1
25586	C13H10Cl2O2	bis(4-chlorophenoxy)methane	555-89-5	269.126	343.65	1	---	---	25	1.3239	2	---	---	---	solid	1
25587	C13H10Cl2S	chlorbenside	103-17-3	269.193	348.15	1	---	---	20	1.4210	1	---	---	---	solid	1
25588	C13H10Cl3N3O2S	((3-amino-2,4,6-trichlorophenyl)methylene)	53516-81-7	378.666	---	---	356.65	1	25	1.5221	2	---	---	---	---	---
25589	C13H10F2	4,4'-difluorodiphenylmethane	457-68-1	204.219	302.65	1	532.15	1	25	1.1450	1	---	1.5360	1	solid	1
25590	C13H10F2O	bis(4-fluorophenyl)methanol	365-24-2	220.219	320.15	1	---	---	25	1.2031	2	---	---	---	solid	1
25591	C13H10I2O3	3,5-diiodo-4-hydroxyphenyl 2,5-dimethyl-3-	4662-17-3	468.030	---	---	---	---	25	2.0208	2	---	---	---	---	---
25592	C13H10I2O3	ethyl-2-(diiodo-3,5 hydroxy-4 benzoyl)5-fur	4568-83-6	468.030	---	---	---	---	25	2.0208	2	---	---	---	---	---
25593	C13H10N2	4-acridinamine	578-07-4	194.236	381.15	1	456.65	1	25	1.1690	2	---	---	---	solid	1
25594	C13H10N2	9-acridinamine	90-45-9	194.236	514.15	1	561.32	2	25	1.1690	2	---	---	---	solid	1
25595	C13H10N2	N,N'-diphenylcarbodiimide	622-16-2	194.236	442.15	1	604.15	1	25	1.1690	2	---	---	---	solid	1
25596	C13H10N2	diphenylcyanamide	27779-01-7	194.236	346.65	1	561.32	2	25	1.1690	2	---	---	---	solid	1
25597	C13H10N2	2-methylphenazine	1016-94-0	194.236	391.65	1	623.15	1	25	1.1690	2	---	---	---	solid	1
25598	C13H10N2	1-phenyl-1H-benzimidazole	2622-60-8	194.236	370.15	1	561.32	2	25	1.1690	2	---	---	---	solid	1
25599	C13H10N2	2-phenylbenzimidazole	716-79-0	194.236	566.15	1	---	---	25	1.1690	2	---	---	---	solid	1
25600	C13H10N2	5-methyl-1,10-phenanthroline	3002-78-6	194.236	384.15	1	561.32	2	25	1.1690	2	---	---	---	solid	1

Table 1 Physical Properties - Organic Compounds

NO	FORMULA	NAME	CAS No	Mol Wt g/mol	Freezing Point T_F, K	code	Boiling Point T_B, K	code	Density T, C	g/cm3	code	Refractive Index T, C	n_D	code	State @25C,1 atm	code
25601	C13H10N2	3-acridinamine	581-29-3	194.236	497.15	1	561.32	2	25	1.1690	2	---	---	---	solid	1
25602	C13H10N2	2-aminoacridine	581-28-2	194.236	486.65	1	561.32	2	25	1.1690	2	---	---	---	solid	1
25603	C13H10N2	4-amino-4'-cyanobiphenyl	4854-84-6	194.236	---	---	561.32	2	25	1.1690	2	---	---	---	---	---
25604	C13H10N2	1,1'-diphenyldiazomethane	883-40-9	194.236	---	---	561.32	2	25	1.1690	2	---	---	---	---	---
25605	C13H10N2O	pyocyanine	85-66-5	210.236	406.15	dec	---	---	25	1.2239	2	---	---	---	solid	1
25606	C13H10N2O2	benzal-m-nitroaniline	5341-44-6	226.235	---	---	---	---	25	1.2754	2	---	---	---	---	---
25607	C13H10N2O3	2-amino-5-nitrobenzophenone	1775-95-7	242.235	434.65	1	---	---	25	1.3236	2	---	---	---	solid	1
25608	C13H10N2O3	4-amino-3-nitrobenzophenone	31431-19-3	242.235	414.65	1	---	---	25	1.3236	2	---	---	---	solid	1
25609	C13H10N2O3	2-(4-hydroxyphenylazo)benzoic acid	1634-82-8	242.235	478.65	1	---	---	25	1.3236	2	---	---	---	solid	1
25610	C13H10N2O3S	2-phenylbenzimidazole-5-sulfonic acid	27503-81-7	274.301	>573.15	1	---	---	25	1.3814	2	---	---	---	solid	1
25611	C13H10N2O4	thalidomide	50-35-1	258.234	543.15	1	---	---	25	1.3691	2	---	---	---	solid	1
25612	C13H10N2O4	(±)-N-(2,6-dioxo-3-piperidyl)phthalimide	731-40-8	258.234	543.15	1	---	---	25	1.3691	2	---	---	---	solid	1
25613	C13H10N2O4	1-hydroxy-6-methoxyphenazine 5,10-dioxide	13925-12-7	258.234	---	---	---	---	25	1.3691	2	---	---	---	---	---
25614	C13H10N2O4	3-(5-nitro-2-furyl)-2-phenylacrylamide	53757-31-6	258.234	---	---	---	---	25	1.3691	2	---	---	---	---	---
25615	C13H10N2O4	2-(2-nitrophenylamino)benzoic acid	5933-35-7	258.234	---	---	---	---	25	1.3691	2	---	---	---	---	---
25616	C13H10N2O4	(+)-thalidomide	2614-06-4	258.234	517.15	1	---	---	25	1.3691	2	---	---	---	solid	1
25617	C13H10N2O4	(-)-thalidomide	841-67-8	258.234	517.15	1	---	---	25	1.3691	2	---	---	---	solid	1
25618	C13H10N2S	5-amino-2-phenylbenzothiazole	43087-91-8	226.302	---	---	---	---	25	1.2453	2	---	---	---	---	---
25619	C13H10N4	1,5-diphenyl-1H-tetrazole	7477-73-8	222.250	---	---	---	---	25	1.2725	2	---	---	---	---	---
25620	C13H10N4O2S3	S-2-benzothiazoyl-2-amino-a-methoxyimin	80756-85-0	350.447	401.15	1	---	---	25	1.5068	2	---	---	---	solid	1
25621	C13H10N4O3	bbd	18378-20-6	270.249	480.65	1	---	---	25	1.4112	2	---	---	---	solid	1
25622	C13H10N4O5	N,N'-bis(4-nitrophenyl)urea	587-90-6	302.247	585.15	dec	---	---	25	1.4909	2	---	---	---	solid	1
25623	C13H10O	benzophenone	119-61-9	182.222	321.35	1	579.24	1	25	1.1160	2	45	1.5975	1	solid	1
25624	C13H10O	9H-xanthene	92-83-1	182.222	373.65	1	584.15	1	25	1.1160	2	---	---	---	solid	1
25625	C13H10O	biphenyl-4-carboxaldehyde	3218-36-8	182.222	331.65	1	581.70	2	25	1.1160	2	---	---	---	solid	1
25626	C13H10O	9-hydroxyfluorene	1689-64-1	182.222	427.65	1	581.70	2	25	1.1160	2	---	---	---	solid	1
25627	C13H10O2	3-(2-furanyl)-1-phenyl-2-propen-1-one	717-21-5	198.221	320.15	1	590.15	1	20	1.1140	1	---	---	---	solid	1
25628	C13H10O2	(2-hydroxyphenyl)phenylmethanone	117-99-7	198.221	313.15	1	552.88	2	23	1.1016	2	---	---	---	solid	1
25629	C13H10O2	trans-3-(1-naphthyl)-2-propenoic acid	2006-14-6	198.221	484.65	1	552.88	2	23	1.1016	2	---	---	---	solid	1
25630	C13H10O2	3-phenoxybenzaldehyde	39515-51-0	198.221	287.15	1	552.88	2	25	1.1470	1	20	1.5954	1	liquid	2
25631	C13H10O2	phenyl benzoate	93-99-2	198.221	344.15	1	587.15	1	20	1.2350	1	---	---	---	solid	1
25632	C13H10O2	o-phenoxybenzoic acid	947-84-2	198.221	387.45	1	616.65	1	23	1.1016	2	---	---	---	solid	1
25633	C13H10O2	[1,1'-biphenyl]-4-carboxylic acid	92-92-2	198.221	501.15	1	552.88	2	23	1.1016	2	---	---	---	solid	1
25634	C13H10O2	4-hydroxybenzophenone	1137-42-4	198.221	406.65	1	552.88	2	23	1.1016	2	---	---	---	solid	1
25635	C13H10O2	3-hydroxybenzophenone	13020-57-0	198.221	391.15	1	552.88	2	23	1.1016	2	---	---	---	solid	1
25636	C13H10O2	4-phenoxybenzaldehyde	67-36-7	198.221	297.65	1	552.88	2	25	1.1320	1	---	1.6110	1	liquid	2
25637	C13H10O2	xanthydrol	90-46-0	198.221	399.15	1	417.55	1	25	0.8800	1	---	---	---	solid	1
25638	C13H10O2S	2-(phenylthio)benzoic acid	1527-12-4	230.287	---	---	---	---	25	1.2485	2	---	---	---	---	---
25639	C13H10O3	1,5-di-2-furanyl-1,4-pentadien-3-one	886-77-1	214.221	333.65	1	591.28	2	65	1.1842	2	---	---	---	solid	1
25640	C13H10O3	2,2'-dihydroxybenzophenone	835-11-0	214.221	332.65	1	606.15	1	65	1.1842	2	---	---	---	solid	1
25641	C13H10O3	4,4'-dihydroxybenzophenone	611-99-4	214.221	483.15	1	591.28	2	131	1.1330	1	---	---	---	solid	1
25642	C13H10O3	(2,4-dihydroxyphenyl)phenylmethanone	131-56-6	214.221	417.15	1	591.28	2	65	1.1842	2	---	---	---	solid	1
25643	C13H10O3	phenyl carbonate	102-09-0	214.221	356.15	1	579.15	1	87	1.1215	1	---	---	---	solid	1
25644	C13H10O3	2-phenoxybenzoic acid	2243-42-7	214.221	386.15	1	628.15	1	50	1.1553	1	---	---	---	solid	1
25645	C13H10O3	phenyl salicylate	118-55-8	214.221	403.65	1	591.28	2	30	1.2614	1	---	---	---	solid	1
25646	C13H10O3	3,4-dihydroxybenzophenone	10425-11-3	214.221	406.15	1	591.28	2	65	1.1842	2	---	---	---	solid	1
25647	C13H10O3	4'-hydroxy-4-biphenylcarboxylic acid	58574-03-1	214.221	589.15	1	591.28	2	65	1.1842	2	---	---	---	solid	1
25648	C13H10O3	4-phenoxybenzoic acid	2215-77-2	214.221	433.15	1	591.28	2	65	1.1842	2	---	---	---	solid	1
25649	C13H10O3	3-phenoxybenzoic acid	3739-38-6	214.221	421.65	1	591.28	2	65	1.1842	2	---	---	---	solid	1
25650	C13H10O3	3-phenylsalicylic acid	304-06-3	214.221	314.55	1	591.28	2	25	1.2500	1	---	---	---	solid	1
25651	C13H10O3	resorcinol monobenzoate	136-36-7	214.221	407.15	1	591.28	2	65	1.1842	2	---	---	---	solid	1
25652	C13H10O3	4,5'-dimethyl angelicin	4063-41-6	214.221	---	---	551.65	1	65	1.1842	2	---	---	---	---	---
25653	C13H10O3	4,9-dimethyl-2H-furo(2,3-h)(1)benzopyran-	22975-76-4	214.221	---	---	591.28	2	65	1.1842	2	---	---	---	---	---
25654	C13H10O4	visnagin	82-57-5	230.220	417.65	1	---	---	25	1.2781	2	---	---	---	solid	1
25655	C13H10O4	2,4,4'-trihydroxybenzophenone	1470-79-7	230.220	470.65	1	---	---	25	1.2781	2	---	---	---	solid	1
25656	C13H10O5	2,2',4,4'-tetrahydroxybenzophenone	131-55-5	246.219	474.65	1	---	---	25	1.3256	2	---	---	---	solid	1
25657	C13H10O6	maclurin	519-34-6	262.219	495.65	1	---	---	25	1.3703	2	---	---	---	solid	1
25658	C13H10S	diphenylmethanethione	1450-31-3	198.288	326.65	1	592.65	2	25	1.1447	2	---	---	---	solid	1
25659	C13H10S	9H-thioxanthene	261-31-4	198.288	401.65	1	614.15	1	25	1.1447	2	---	---	---	solid	1
25660	C13H10S	4-methyldibenzothiophene	7372-88-5	198.288	339.15	1	571.15	1	25	1.1447	2	---	---	---	solid	1
25661	C13H10Te	telluroxanthene	261-42-7	293.822	426.65	1	---	---	---	---	---	---	---	---	solid	1
25662	C13H11AsO3	o-(phenyldroxyarsino)benzoic acid	100482-34-6	290.150	---	---	---	---	25	---	---	---	---	---	---	---
25663	C13H11Br	alpha-bromodiphenylmethane	776-74-9	247.134	318.15	1	---	---	25	1.3578	2	---	---	---	solid	1
25664	C13H11Br	2-phenylbenzyl bromide	19853-09-9	247.134	---	---	---	---	25	1.3530	1	---	1.6290	1	---	---
25665	C13H11BrN2O	p-bromobenzoic acid 2-phenylhydrazide	25938-97-0	291.148	---	---	---	---	25	1.4845	2	---	---	---	---	---
25666	C13H11BrO	benzyl 4-bromophenyl ether	6793-92-6	263.134	334.65	1	---	---	25	1.4024	2	---	---	---	solid	1
25667	C13H11BrO	3-phenoxybenzyl bromide	51632-16-7	263.134	---	---	---	---	25	1.4024	2	---	---	---	---	---
25668	C13H11Cl	1-chloro-4-benzylbenzene	831-81-2	202.683	280.65	1	572.15	1	20	1.1247	1	---	---	---	liquid	1
25669	C13H11Cl	2-chloro-2'-methylbiphenyl	19493-31-3	202.683	290.15	1	549.15	1	23	1.1339	2	25	1.5880	1	liquid	1
25670	C13H11Cl	chlorodiphenylmethane	90-99-3	202.683	289.15	1	560.65	2	25	1.1400	1	20	1.5951	1	liquid	2
25671	C13H11Cl	3-chloro-2-methylbiphenyl	20261-24-9	202.683	316.15	2	560.65	2	25	1.1370	1	---	1.6010	1	solid	2
25672	C13H11Cl	4-methylchlorobiphenyl	1667-11-4	202.683	342.15	1	560.65	2	23	1.1339	2	---	---	---	solid	1
25673	C13H11ClN2	benzoyl chloride, phenylhydrazone	15424-14-3	230.697	---	---	---	---	25	1.2280	2	---	---	---	---	---
25674	C13H11ClN2O	p-chlorobenzoic acid 2-phenylhydrazide	15089-07-3	246.696	---	---	---	---	25	1.2751	2	---	---	---	---	---
25675	C13H11ClN2O2	clonixic acid	17737-65-4	262.696	507.15	1	---	---	25	1.3195	2	---	---	---	solid	1
25676	C13H11ClO	clorophene	120-32-1	218.682	321.65	1	---	---	58	1.1850	1	---	---	---	solid	1
25677	C13H11ClO	4-chlorobenzhydrol	119-56-2	218.682	332.15	1	---	---	25	1.1822	2	---	---	---	solid	1
25678	C13H11ClO	2-benzyl-4-chlorophenol	1322-48-1	218.682	322.15	1	---	---	25	1.1822	2	---	---	---	solid	1
25679	C13H11ClO	3-phenoxybenzyl chloride	53874-66-1	218.682	---	---	---	---	25	1.1822	2	---	---	---	---	---
25680	C13H11ClO2S	2-(8-chloromethyl-1-naphthylthio)acetic aci	64059-42-3	266.748	---	---	---	---	25	1.2939	2	---	---	---	---	---

323

				Mol Wt	Freezing Point		Boiling Point		Density			Refractive Index			State	
NO	FORMULA	NAME	CAS No	g/mol	T_F, K	code	T_B, K	code	T, C	g/cm3	code	T, C	n_D	code	@25C,1 atm	code
25681	C13H11Cl2NO2	procymidone	32809-16-8	284.141	439.15	1	---	---	25	1.4520	1	---	---	---	solid	1
25682	C13H11KO4	(2R,3S)-1-carboxy-4-phenyl-2,3-dihydroxy	---	270.326	---	---	---	---	---	---	---	---	---	---	---	---
25683	C13H11N	3-methyl-9H-carbazole	4630-20-0	181.237	481.65	1	638.15	1	58	1.0458	2	---	---	---	solid	1
25684	C13H11N	9-methylcarbazole	1484-12-4	181.237	362.49	1	616.79	1	58	1.0458	2	---	---	---	solid	1
25685	C13H11N	alpha-phenylbenzenemethanimine	1013-88-3	181.237	---	---	555.15	1	19	1.0847	1	19	1.6191	1	---	---
25686	C13H11N	N-(phenylmethylene)aniline	538-51-2	181.237	327.15	1	583.15	1	55	1.0380	1	100	1.6000	1	solid	1
25687	C13H11N	cis-2-(2-phenylvinyl)pyridine	1519-59-1	181.237	223.15	1	598.28	2	58	1.0458	2	---	---	---	liquid	2
25688	C13H11N	trans-2-(2-phenylvinyl)pyridine	538-49-8	181.237	364.65	1	598.15	1	100	1.0147	1	---	---	---	solid	1
25689	C13H11N	trans-4-(2-phenylvinyl)pyridine	5097-93-8	181.237	404.15	1	598.28	2	58	1.0458	2	---	---	---	solid	1
25690	C13H11N	2-aminofluorene	153-78-6	181.237	401.65	1	598.28	2	58	1.0458	2	---	---	---	solid	1
25691	C13H11N	fluoren-9-amine	525-03-1	181.237	337.00	1	598.28	2	58	1.0458	2	---	---	---	solid	1
25692	C13H11N	acridan	92-81-9	181.237	---	---	598.28	2	58	1.0458	2	---	---	---	---	---
25693	C13H11NO	N,N-diphenylformamide	607-00-1	197.237	346.65	1	610.65	1	25	1.1658	2	---	---	---	solid	1
25694	C13H11NO	N-phenylbenzamide	93-98-1	197.237	436.15	1	548.60	2	25	1.3150	1	---	---	---	solid	1
25695	C13H11NO	2-[(phenylimino)methyl]phenol	779-84-0	197.237	322.65	1	548.60	2	25	1.0870	1	---	---	---	solid	1
25696	C13H11NO	4-aminobenzophenone	1137-41-3	197.237	395.15	1	548.60	2	25	1.1658	2	---	---	---	solid	1
25697	C13H11NO	2-aminobenzophenone	2835-77-0	197.237	379.65	1	553.15	1	25	1.1658	2	---	---	---	solid	1
25698	C13H11NO	4-biphenylcarboxamide	3815-20-1	197.237	500.15	1	548.60	2	25	1.1658	2	---	---	---	solid	1
25699	C13H11NO	carbazol-9-yl-methanol	2409-36-1	197.237	---	---	548.60	2	25	1.1658	2	---	---	---	---	---
25700	C13H11NO	(R)-(-)-1-(1-naphthyl)ethyl isocyanate	42340-98-7	197.237	---	---	548.60	2	25	1.1330	1	---	1.6050	1	---	---
25701	C13H11NO	(S)-(+)-1-(1-naphthyl)ethyl isocyanate	73671-79-1	197.237	---	---	548.60	2	25	1.1280	1	---	1.6050	1	---	---
25702	C13H11NO	benzenamine, N-(phenylmethylene)-, N-ox	1137-96-8	197.237	---	---	548.60	2	25	1.1658	2	---	---	---	---	---
25703	C13H11NO	benzophenone oxime	574-66-3	197.237	415.15	1	548.60	2	25	1.1658	2	---	---	---	solid	1
25704	C13H11NO	3-fluorenylhydroxylamine	51029-30-2	197.237	---	---	548.60	2	25	1.1658	2	---	---	---	---	---
25705	C13H11NO	N-hydroxy-2-aminofluorene	53-94-1	197.237	453.15	dec	548.60	2	25	1.1658	2	---	---	---	solid	1
25706	C13H11NO	1-(2-naphthoyl)-aziridine	63021-45-4	197.237	---	---	481.99	1	25	1.1658	2	---	---	---	---	---
25707	C13H11NO2	benzyl 3-pyridinecarboxylate	94-44-0	213.236	---	---	504.40	2	25	1.2003	2	---	---	---	---	---
25708	C13H11NO2	2-hydroxy-N-phenylbenzamide	87-17-2	213.236	409.65	1	504.40	2	25	1.2003	2	---	---	---	solid	1
25709	C13H11NO2	2-(phenylamino)benzoic acid	91-40-7	213.236	456.65	1	504.40	2	25	1.2003	2	---	---	---	solid	1
25710	C13H11NO2	N-phenylbenzohydroxamic acid	304-88-1	213.236	391.65	1	504.40	2	25	1.2003	2	---	---	---	solid	1
25711	C13H11NO2	2-amino-3-methoxydiphenylene oxide	951-39-3	213.236	---	---	504.40	2	25	1.2003	2	---	---	---	---	---
25712	C13H11NO2	4-(p-hydroxyanilino)benzaldehyde	69766-36-5	213.236	---	---	503.65	1	25	1.2003	2	---	---	---	---	---
25713	C13H11NO2	N-hydroxy-4-formylaminobiphenyl	78281-06-8	213.236	---	---	505.15	1	25	1.2003	2	---	---	---	---	---
25714	C13H11NO2	2-methoxy-3-aminodibenzofuran	5834-17-3	213.236	---	---	504.40	2	25	1.2003	2	---	---	---	---	---
25715	C13H11NO2	3-(4-methoxybenzoyl)pyridine	23826-71-3	213.236	---	---	504.40	2	25	1.2003	2	---	---	---	---	---
25716	C13H11NO2	p-methoxyphenyl 2-pyridyl ketone	6305-18-6	213.236	---	---	504.40	2	25	1.2003	2	---	---	---	---	---
25717	C13H11NO2	p-methoxyphenyl 4-pyridyl ketone	14548-47-1	213.236	---	---	504.40	2	25	1.2003	2	---	---	---	---	---
25718	C13H11NO3	4,8-dimethoxyfuro[2,3-b]quinoline	524-15-2	229.236	415.15	1	---	---	25	1.2508	2	---	---	---	solid	1
25719	C13H11NO3	1-methyl-2-(2-nitrophenoxy)benzene	54106-40-0	229.236	312.65	1	---	---	20	1.1950	1	---	---	---	solid	1
25720	C13H11NO3	1-methyl-4-(4-nitrophenoxy)benzene	3402-74-2	229.236	342.15	1	---	---	25	1.2508	2	---	---	---	solid	1
25721	C13H11NO3	phenyl 4-amino-3-hydroxybenzoate	133-11-9	229.236	426.15	1	---	---	25	1.2508	2	---	---	---	solid	1
25722	C13H11NO3	o-acetyl-N-(2-naphthoyl)hydroxylamine	76749-37-6	229.236	---	---	---	---	25	1.2508	2	---	---	---	---	---
25723	C13H11NO3	driol	526-18-1	229.236	452.15	1	---	---	25	1.2508	2	---	---	---	solid	1
25724	C13H11NO5	oxolinic acid	14698-29-4	261.234	588.15	dec	---	---	25	1.3431	2	---	---	---	solid	1
25725	C13H11NO6	N-phthaloyl-L-glutamic acid	2301-52-2	277.234	---	---	---	---	25	1.3854	2	---	---	---	---	---
25726	C13H11NS	N-phenylbenzenecarbothioamide	636-04-4	213.303	375.15	1	---	---	25	1.1721	2	---	---	---	solid	1
25727	C13H11NS	10-methylphenothiazine	1207-72-3	213.303	372.15	1	---	---	25	1.1721	2	---	---	---	solid	1
25728	C13H11N3	3,6-acridinediamine	92-62-6	209.251	558.15	1	---	---	25	1.1963	2	---	---	---	solid	1
25729	C13H11N3	9-hydrazinoacridine	3407-93-0	209.251	450.15	1	---	---	25	1.1963	2	---	---	---	solid	1
25730	C13H11N3	3,9-acridinediamine	951-80-4	209.251	419.15	1	---	---	25	1.1963	2	---	---	---	solid	1
25731	C13H11N3	2,6-diaminoacridine	3407-94-1	209.251	628.15	1	---	---	25	1.1963	2	---	---	---	solid	1
25732	C13H11N3O	2-(2H-benzotriazol-2-yl)-4-methylphenol	2440-22-4	225.251	404.65	1	---	---	25	1.2477	2	---	---	---	solid	1
25733	C13H11N3O	N-(5H-pyrido(4,3-b)indol-3-yl)acetamide	101651-44-9	225.251	---	---	---	---	25	1.2477	2	---	---	---	---	---
25734	C13H11N3O2	1,4-benzoquinone-N'-benzoylhydrazone ox	495-73-8	241.250	---	---	---	---	25	1.2960	2	---	---	---	---	---
25735	C13H11N3O3	3-methoxy-4-nitroazobenzene	58683-84-4	257.250	---	---	---	---	25	1.3415	2	---	---	---	---	---
25736	C13H11N3O3	p-nitrobenzoic acid 2-phenylhydrazide	39718-99-5	257.250	---	---	---	---	25	1.3415	2	---	---	---	---	---
25737	C13H11N3O4S2	tenoxicam	59804-37-4	337.381	484.15	dec	---	---	25	1.4765	2	---	---	---	solid	1
25738	C13H12	diphenylmethane	101-81-5	168.238	298.39	1	537.42	1	26	1.0010	1	25	1.5752	1	solid	1
25739	C13H12	1-methylbiphenyl	---	168.238	273.15	1	528.45	1	25	1.0073	1	25	1.5890	1	liquid	1
25740	C13H12	3-methylbiphenyl	643-93-6	168.238	277.85	1	545.85	1	25	1.0093	1	25	1.6016	1	liquid	1
25741	C13H12	4-methylbiphenyl	644-08-6	168.238	321.15	1	543.15	1	27	1.0150	1	---	---	---	solid	1
25742	C13H12	2-methylbiphenyl	643-58-3	168.238	272.95	1	528.65	1	22	1.0100	1	20	1.5914	1	liquid	1
25743	C13H12	1-allylnaphthalene	2489-86-3	168.238	---	---	539.15	1	20	1.0228	1	20	1.6140	1	---	---
25744	C13H12	2,3-dihydro-1H-benz[e]indene	4944-94-9	168.238	---	---	567.65	1	20	1.0660	1	20	1.6290	1	---	---
25745	C13H12	methylbiphenyl	28652-72-4	168.238	297.20	1	536.65	1	24	1.0188	2	---	---	---	liquid	1
25746	C13H12BrCl2N3O	bromoconazole	116255-48-2	377.068	---	---	---	---	25	1.5759	2	---	---	---	---	---
25747	C13H12BrNO4	(R)-5-phthalimido-2-bromovaleric acid	179090-36-9	326.147	---	---	---	---	25	1.5295	2	---	---	---	---	---
25748	C13H12Cl2N2	bis(4-amino-3-chlorophenyl)methane	101-14-4	267.157	---	---	---	---	25	1.2749	2	---	---	---	---	---
25749	C13H12Cl2N2O	1-(4-amino-5-(3,4-dichlorophenyl)-2-methy	91480-92-1	283.157	---	---	---	---	25	1.3160	2	---	---	---	---	---
25750	C13H12Cl2N2OPt	(4-benzoyl-o-phenylenediammine)dichloro	72596-00-0	478.235	---	---	458.15	1	---	---	---	---	---	---	---	---
25751	C13H12Cl2O4	ethacrynic acid	58-54-8	303.141	395.65	1	---	---	25	1.3562	2	---	---	---	solid	1
25752	C13H12FNO	N-methyl-N-(1-naphthyl)fluoroacetamide	5903-13-9	217.243	---	---	---	---	25	1.1653	2	---	---	---	---	---
25753	C13H12F3NO2	coumarin 307	55804-70-1	271.240	457.15	1	---	---	25	1.2806	2	---	---	---	solid	1
25754	C13H12F3N5O5S	flazasulfuron	104040-78-0	407.332	---	---	---	---	25	1.5594	2	---	---	---	---	---
25755	C13H12NO4PS	methyl-(4-nitrophenoxy)-phosphinothioyl-o	2665-30-7	309.283	---	---	---	---	---	---	---	---	---	---	---	---
25756	C13H12N2	N,N'-diphenylmethanimidamide	622-15-1	196.252	415.15	1	585.15	2	25	1.1203	2	---	---	---	solid	1
25757	C13H12N2	9H-fluorene-2,7-diamine	525-64-4	196.252	439.15	1	585.15	2	25	1.1203	2	---	---	---	solid	1
25758	C13H12N2	(3-methylphenyl)phenyldiazene	17478-66-9	196.252	291.65	1	585.15	2	20	1.0650	1	---	---	---	liquid	2
25759	C13H12N2	(4-methylphenyl)phenyldiazene	949-87-1	196.252	344.65	1	585.15	1	25	1.1203	2	---	---	---	solid	1
25760	C13H12N2	benzophenone hydrazone	5350-57-2	196.252	370.15	1	585.15	2	25	1.1203	2	---	---	---	solid	1

Table 1 Physical Properties - Organic Compounds

NO	FORMULA	NAME	CAS No	Mol Wt g/mol	Freezing Point T_F, K	code	Boiling Point T_B, K	code	Density T, C	g/cm3	code	Refractive Index T, C	n_D	code	State @25C,1 atm	code
25761	C13H12N2	benzaldehyde, phenylhydrazone	588-64-7	196.252	---	---	585.15	2	25	1.1203	2	---	---	---	---	---
25762	C13H12N2O	benzo-2-phenylhydrazide	532-96-7	212.252	441.15	1	587.15	1	56	1.1620	2	---	---	---	solid	1
25763	C13H12N2O	3,3'-diaminobenzophenone	611-79-0	212.252	446.65	1	578.48	2	56	1.1620	2	---	---	---	solid	1
25764	C13H12N2O	N,N'-diphenylurea	102-07-8	212.252	509.15	1	535.15	1	25	1.2390	1	---	---	---	solid	1
25765	C13H12N2O	N,N-diphenylurea	603-54-3	212.252	462.15	1	578.48	2	25	1.2760	1	---	---	---	solid	1
25766	C13H12N2O	7-methoxy-1-methyl-9H-pyrido[3,4-b]indole	442-51-3	212.252	546.15	1	578.48	2	56	1.1620	2	---	---	---	solid	1
25767	C13H12N2O	(2-methoxyphenyl)phenyldiazene	6319-21-7	212.252	314.15	1	578.48	2	100	1.0728	1	---	---	---	solid	1
25768	C13H12N2O	(3-methoxyphenyl)phenyldiazene	34238-81-8	212.252	306.45	1	578.48	2	53	1.1023	1	---	---	---	solid	1
25769	C13H12N2O	(4-methoxyphenyl)phenyldiazene	2396-60-3	212.252	329.15	1	613.15	1	75	1.1200	1	---	---	---	solid	1
25770	C13H12N2O	4-methyl-2-(phenylazo)phenol	952-47-6	212.252	381.65	1	578.48	2	56	1.1620	2	---	---	---	solid	1
25771	C13H12N2O	2-aminobenzanilide	4424-17-3	212.252	404.15	1	578.48	2	56	1.1620	2	---	---	---	solid	1
25772	C13H12N2O	3,4-diaminobenzophenone	39070-63-8	212.252	390.65	1	578.48	2	56	1.1620	2	---	---	---	solid	1
25773	C13H12N2O	benzylphenyl nitrosamine	612-98-6	212.252	---	---	578.48	2	56	1.1620	2	---	---	---	---	---
25774	C13H12N2O	5-cyano-3-indolyl isopropyl ketone	17380-21-1	212.252	---	---	578.48	2	56	1.1620	2	---	---	---	---	---
25775	C13H12N2O2S	3,6-thioxanthenediamine-10,10-dioxide	10215-25-5	260.317	487.15	1	---	---	25	1.2889	2	---	---	---	solid	1
25776	C13H12N2O3	5-phenyl-5-allyl-2,4,6(1H,3H,5H)-pyrimidin	115-43-5	244.250	429.65	1	---	---	25	1.2720	2	---	---	---	solid	1
25777	C13H12N2O3	1-naphthyl-N-ethyl-N-nitrosocarbamate	76206-36-5	244.250	---	---	---	---	25	1.2720	2	---	---	---	---	---
25778	C13H12N2O3	N-(2-oxo-3-piperidyl)phthalimide	42472-96-8	244.250	---	---	---	---	25	1.2720	2	---	---	---	---	---
25779	C13H12N2O3S	N-[(4-aminophenyl)sulfonyl]benzamide	127-71-9	276.316	454.65	1	---	---	25	1.3311	2	---	---	---	solid	1
25780	C13H12N2O4	a-(1,2,3,6-tetrahydrophthalimido)glutarimid	69352-90-5	260.250	---	---	---	---	25	1.3168	2	---	---	---	---	---
25781	C13H12N2O5	N-phthalylisoglutamine	69352-40-5	276.249	---	---	---	---	25	1.3592	2	---	---	---	---	---
25782	C13H12N2S	N,N'-diphenylthiourea	102-08-9	228.318	427.65	1	---	---	25	1.3200	1	---	---	---	solid	1
25783	C13H12N2S	dimethylamino-1-naphthylisothiocyanate	29711-79-3	228.318	340.15	1	---	---	25	1.1970	2	---	---	---	solid	1
25784	C13H12N2S	1,1-diphenyl-2-thiourea	3898-08-6	228.318	---	---	---	---	25	1.1970	2	---	---	---	---	---
25785	C13H12N4	2-amino-1-methyl-6-phenylimidazo(4,5-b)p	105650-23-5	224.266	---	---	---	---	25	1.2211	2	---	---	---	---	---
25786	C13H12N4	2-(4-aminophenyl)-5-aminobenzimidazole	7621-86-5	224.266	---	---	---	---	25	1.2211	2	---	---	---	---	---
25787	C13H12N4O	diphenylcarbazone	538-62-5	240.266	430.15	dec	---	---	25	1.2694	2	---	---	---	solid	1
25788	C13H12N4O	N-methyl-N-nitroso-4-(phenylazo)aniline	16339-01-8	240.266	---	---	---	---	25	1.2694	2	---	---	---	---	---
25789	C13H12N4O3	pyriminil	53558-25-1	272.264	---	---	396.65	1	25	1.3578	2	---	---	---	---	---
25790	C13H12N4S	dithizone	60-10-6	256.332	440.15	dec	---	---	25	1.2866	2	---	---	---	solid	1
25791	C13H12O	2-benzylphenol	28994-41-4	184.238	294.15	1	585.15	1	54	1.0494	2	20	1.5994	1	liquid	1
25792	C13H12O	4-benzylphenol	101-53-1	184.238	357.15	1	595.15	1	54	1.0494	2	---	---	---	solid	1
25793	C13H12O	benzyl phenyl ether	946-80-5	184.238	313.15	1	559.65	1	54	1.0494	2	---	---	---	solid	1
25794	C13H12O	2-methoxy-1,1'-biphenyl	86-26-0	184.238	302.15	1	547.15	1	99	1.0233	1	99	1.5641	1	solid	1
25795	C13H12O	4-methoxy-1,1'-biphenyl	613-37-6	184.238	363.15	1	547.45	2	100	1.0278	1	100	1.5744	1	solid	1
25796	C13H12O	1-methyl-2-phenoxybenzene	3991-61-5	184.238	294.85	1	536.65	1	25	1.0480	1	---	---	---	liquid	1
25797	C13H12O	1-methyl-3-phenoxybenzene	3586-14-9	184.238	---	---	545.15	1	25	1.0510	1	20	1.5727	1	---	---
25798	C13H12O	diphenylmethanol	91-01-0	184.238	342.15	1	571.15	1	54	1.0494	2	---	---	---	solid	1
25799	C13H12O	1-(1-naphthyl)-1-propanone	2876-63-3	184.238	---	---	579.15	1	20	1.0971	1	20	1.6108	1	---	---
25800	C13H12O	1-(2-naphthyl)-1-propanone	6315-96-4	184.238	333.15	1	586.15	1	54	1.0494	2	---	---	---	solid	1
25801	C13H12O	1,2,3,4-tetrahydro-9H-fluoren-9-one	634-19-5	184.238	354.65	1	547.45	2	54	1.0494	2	---	---	---	solid	1
25802	C13H12O	2-biphenylmethanol	2928-43-0	184.238	320.15	1	369.15	1	54	1.0494	2	---	---	---	solid	1
25803	C13H12O	4-biphenylmethanol	3597-91-9	184.238	376.15	1	547.45	2	54	1.0494	2	---	---	---	solid	1
25804	C13H12O	6-methoxy-2-vinylnaphthalene	63444-51-9	184.238	---	---	547.45	2	54	1.0494	2	---	---	---	---	---
25805	C13H12O2	2-benzyl-1,4-benzenediol	1706-73-6	200.237	378.95	1	522.48	2	21	1.1359	2	---	---	---	solid	1
25806	C13H12O2	bis(4-hydroxyphenyl)methane	620-92-8	200.237	435.65	1	522.48	2	21	1.1359	2	---	---	---	solid	1
25807	C13H12O2	3,3'-dihydroxydiphenylmethane	10193-50-7	200.237	375.65	1	522.48	2	21	1.1359	2	---	---	---	solid	1
25808	C13H12O2	2-ethoxy-1-naphthalenecarboxaldehyde	19523-57-0	200.237	388.15	1	522.48	2	21	1.1359	2	---	---	---	solid	1
25809	C13H12O2	ethyl 1-naphthalenecarboxylate	3007-97-4	200.237	---	---	583.15	1	15	1.1264	1	15	1.5966	1	---	---
25810	C13H12O2	ethyl 2-naphthalenecarboxylate	3007-91-8	200.237	305.15	1	581.65	1	23	1.1143	1	23	1.5951	1	solid	1
25811	C13H12O2	1-methoxy-2-phenoxybenzene	1695-04-1	200.237	352.15	1	561.15	1	21	1.1359	2	---	---	---	solid	1
25812	C13H12O2	1-naphthalenepropanoic acid	3243-42-3	200.237	429.65	1	522.48	2	21	1.1359	2	---	---	---	solid	1
25813	C13H12O2	2-(phenylmethoxy)phenol	6272-38-4	200.237	---	---	522.48	2	22	1.1540	1	18	1.5906	1	---	---
25814	C13H12O2	3-(phenylmethoxy)phenol	3769-41-3	200.237	342.35	1	522.48	2	21	1.1359	2	---	---	---	solid	1
25815	C13H12O2	4-(phenylmethoxy)phenol	103-16-2	200.237	395.15	1	522.48	2	21	1.1359	2	---	---	---	solid	1
25816	C13H12O2	2-acetyl-6-methoxynaphthalene	3900-45-6	200.237	380.65	1	522.48	2	21	1.1359	2	---	---	---	solid	1
25817	C13H12O2	3-phenoxybenzyl alcohol	13826-35-2	200.237	---	---	410.65	1	25	1.1490	1	---	1.5930	1	---	---
25818	C13H12O2	1-naphthaleneacetic acid, methyl ester	2876-78-0	200.237	---	---	429.15	1	21	1.1359	2	---	---	---	---	---
25819	C13H12O2	4-benzyl resorcinol	2284-30-2	200.237	---	---	569.15	1	21	1.1359	2	---	---	---	---	---
25820	C13H12O2S	(benzylsulfonyl)benzene	3112-88-7	232.303	419.15	1	---	---	153	1.1261	1	---	---	---	solid	1
25821	C13H12O2S2	o-toluenethiosulfonic acid, s-phenyl ester	96097-69-7	264.369	332.65	1	514.75	1	25	1.2647	2	20	1.5341	1	solid	1
25822	C13H12O3	ethyl 3-hydroxy-2-naphthalenecarboxylate	7163-25-9	216.236	358.15	1	564.15	1	25	1.1783	2	---	---	---	solid	1
25823	C13H12O3	euparin	532-48-9	216.236	394.65	1	564.15	2	25	1.1783	2	---	---	---	solid	1
25824	C13H12O3	6-hydroxy-2-naphthalenepropanoic acid	553-39-9	216.236	453.65	1	564.15	2	25	1.1783	2	---	---	---	solid	1
25825	C13H12O3	2-ethoxynaphthoic acid	2224-00-2	216.236	416.15	1	564.15	2	25	1.1783	2	---	---	---	solid	1
25826	C13H12O3	2,5-dimethyl-3-furyl p-hydroxyphenyl keton	4568-81-4	216.236	---	---	564.15	2	25	1.1783	2	---	---	---	---	---
25827	C13H12S	(benzylthio)benzene	831-91-4	200.304	316.65	1	581.40	2	18	1.0915	2	---	---	---	solid	1
25828	C13H12S	1-methyl-2-(phenylthio)benzene	13963-35-4	200.304	---	---	580.15	1	20	1.0893	1	---	---	---	---	---
25829	C13H12S	1-methyl-3-(phenylthio)benzene	13865-48-0	200.304	266.65	1	582.65	1	15	1.0937	1	---	---	---	liquid	1
25830	C13H12S	1-methyl-4-(phenylthio)benzene	3699-01-2	200.304	---	---	581.40	2	18	1.0915	2	---	---	---	---	---
25831	C13H12S2	bis(phenylthio)methane	3561-67-9	232.370	308.15	1	---	---	25	1.1748	2	---	---	---	solid	1
25832	C13H12S2O4	bis(phenylsulfonyl)methane	3406-02-8	296.368	393.15	1	---	---	25	1.3455	2	---	---	---	solid	1
25833	C13H13BO3	4-benzyloxybenzeneboronic acid	146631-00-7	228.055	471.15	1	---	---	---	---	---	---	---	---	solid	1
25834	C13H13BO3	3-benzyloxybenzeneboronic acid	156682-54-1	228.055	395.15	1	---	---	---	---	---	---	---	---	solid	1
25835	C13H13BrN4O	4-(p-bromophenyl)semicarbazone 1-methy	119034-21-8	321.178	---	---	---	---	25	1.5034	2	---	---	---	---	---
25836	C13H13ClFN	1-(2-chloro-6-fluorophenyl)cyclohexanecar	---	237.704	---	---	---	---	25	1.1738	2	---	---	---	---	---
25837	C13H13ClFN	1-(2-chloro-4-fluorophenyl)cyclohexanecar	---	237.704	---	---	---	---	25	1.1738	2	---	---	---	---	---
25838	C13H13ClN2O	1-(4-amino-5-(2-chlorophenyl)-2-methyl-1H	91481-02-6	248.712	---	---	---	---	25	1.2283	2	---	---	---	---	---
25839	C13H13ClN2O	1-(4-amino-5-(p-chlorophenyl)-2-methyl-1H	56463-73-1	248.712	---	---	---	---	25	1.2283	2	---	---	---	---	---
25840	C13H13ClN2O3	1-[(3-nitrobenzyloxy)methyl]pyridinium chlo	3009-13-0	280.711	---	---	---	---	25	1.3135	2	---	---	---	---	---

Table 1 Physical Properties - Organic Compounds

				Mol Wt	Freezing Point		Boiling Point		Density			Refractive Index			State	
NO	FORMULA	NAME	CAS No	g/mol	T_F, K	code	T_B, K	code	T, C	g/cm3	code	T, C	n_D	code	@25C,1 atm	code
25841	C13H13ClN4O	4-(m-chlorophenyl)semicarbazone 1-methy	119033-99-7	276.726	---	---	---	---	25	1.3116	2	---	---	---	---	---
25842	C13H13ClN4O	4-(p-chlorophenyl)semicarbazone 1-methyl	119034-18-3	276.726	---	---	---	---	25	1.3116	2	---	---	---	---	---
25843	C13H13ClN4S	4-(p-chlorophenyl)thiosemicarbazone 1-me	119033-85-1	292.793	---	---	---	---	25	1.3253	2	---	---	---	---	---
25844	C13H13ClSi	chloromethyldiphenylsilane	144-79-6	232.784	---	---	568.15	1	20	1.1277	1	20	1.5742	1	---	---
25845	C13H13Cl2NO3	1-((2,6-dichlorophenyl)methyl)-5-oxo-L-pro	59749-20-1	302.156	---	---	---	---	25	1.3331	2	---	---	---	---	---
25846	C13H13Cl2NO3	1-((3,4-dichlorophenyl)methyl)-5-oxo-L-pro	59749-19-8	302.156	---	---	---	---	25	1.3331	2	---	---	---	---	---
25847	C13H13Cl2N3O3	iprodione	36734-19-7	330.170	409.15	1	---	---	25	1.4040	2	---	---	---	solid	1
25848	C13H13FN2O	1-(4-amino-5-(3-fluorophenyl)-2-methyl-1H	91480-89-6	232.258	---	---	---	---	25	1.1900	2	---	---	---	---	---
25849	C13H13FN2O	1-(4-amino-5-(4-fluorophenyl)-2-methyl-1H	56463-65-1	232.258	---	---	---	---	25	1.1900	2	---	---	---	---	---
25850	C13H13IO8	dess-martin periodinane	87413-09-0	424.146	404.65	1	313.15	1	25	1.3690	1	---	---	---	solid	1
25851	C13H13N	p-benzylaniline	1135-12-2	183.253	307.65	1	573.15	1	25	1.0380	1	---	---	---	solid	1
25852	C13H13N	N-benzylaniline	103-32-2	183.253	310.65	1	579.65	1	65	1.0298	1	25	1.6118	1	solid	1
25853	C13H13N	3-methyl-N-phenylaniline	1205-64-7	183.253	303.15	1	589.15	1	31	1.0450	2	20	1.6350	1	solid	1
25854	C13H13N	3-methyl-[1,1'-biphenyl]-4-amine	63019-98-7	183.253	316.15	1	582.29	2	31	1.0450	2	---	---	---	solid	1
25855	C13H13N	4'-methyl-[1,1'-biphenyl]-4-amine	1204-78-0	183.253	372.15	1	582.29	2	31	1.0450	2	---	---	---	solid	1
25856	C13H13N	6-methyl-[1,1'-biphenyl]-2-amine	76472-83-8	183.253	316.65	1	628.15	1	31	1	2	---	---	---	solid	1
25857	C13H13N	methyldiphenylamine	552-82-9	183.253	265.65	1	566.65	1	20	1.0476	1	20	1.6193	1	liquid	1
25858	C13H13N	alpha-phenylbenzenemethanamine	91-00-9	183.253	307.15	1	577.15	1	20	1.0633	1	---	1.5963	1	solid	1
25859	C13H13N	2-(2-phenylethyl)pyridine	2116-62-3	183.253	271.65	1	562.15	1	25	1.0465	1	---	---	---	liquid	1
25860	C13H13N	2-benzylaniline	28059-64-5	183.253	327.60	1	582.29	2	31	1.0450	2	---	---	---	solid	1
25861	C13H13N	4-methyl-N-phenylbenzenamine	620-84-8	183.253	---	---	582.29	2	31	1.0450	2	---	---	---	---	---
25862	C13H13N	2-methyl-4-aminodiphenyl	63019-97-6	183.253	---	---	582.29	2	31	1.0450	2	---	---	---	---	---
25863	C13H13NO	4-cyano-4-phenylcyclohexanone	25115-74-6	199.253	389.65	1	---	---	25	1.1006	2	---	---	---	solid	1
25864	C13H13NO	5-phenyl-o-anisidine	39811-17-1	199.253	355.65	1	---	---	25	1.1006	2	---	---	---	solid	1
25865	C13H13NO	4-(benzylamino)phenol	103-14-0	199.253	---	---	---	---	25	1.1006	2	---	---	---	---	---
25866	C13H13NO	3-methoxy-4-aminodiphenyl	56970-24-2	199.253	---	---	---	---	25	1.1006	2	---	---	---	---	---
25867	C13H13NO	p-((p-methoxyphenyl)azo)aniline	2592-28-1	199.253	---	---	---	---	25	1.1006	2	---	---	---	---	---
25868	C13H13NO	1-(2-methyl-5-phenyl-1H-pyrrol-3-yl)ethanc	13219-97-1	199.253	---	---	---	---	25	1.1006	2	---	---	---	---	---
25869	C13H13NO	2-(o-tolyloxy)aniline	3840-18-4	199.253	---	---	---	---	25	1.1006	2	---	---	---	---	---
25870	C13H13NO2	(S)-(-)-2-amino-3-(1-naphthyl)propanoic ac	55516-54-6	215.252	525.15	1	538.15	2	25	1.1532	2	---	---	---	solid	1
25871	C13H13NO2	(3R-cis)-2,3-dihydro-7a-methyl-3-phenylpy	---	215.252	363.15	1	538.15	2	25	1.1532	2	---	---	---	solid	1
25872	C13H13NO2	(3S-cis)-2,3-dihydro-7a-methyl-3-phenylpy	143140-06-1	215.252	363.15	1	538.15	2	25	1.1532	2	---	---	---	solid	1
25873	C13H13NO2	ethyl 2-cyano-3-phenyl-2-butenoate	18300-89-5	215.252	---	---	538.15	2	25	1.0920	1	---	1.5480	1	---	---
25874	C13H13NO2	3-(2-naphthyl)-L-alanine	---	215.252	---	---	538.15	2	25	1.1532	2	---	---	---	---	---
25875	C13H13NO2	3-(2-naphthyl)-D-alanine	76985-09-6	215.252	---	---	538.15	2	25	1.1532	2	---	---	---	---	---
25876	C13H13NO2	3-hydroxy-4'-methoxy-4-aminodiphenyl	63040-24-4	215.252	---	---	538.15	1	25	1.1532	2	---	---	---	---	---
25877	C13H13NO2	1-(4-hydroxy-2-methyl-5-phenyl-1H-pyrrol-	91480-97-6	215.252	---	---	538.15	2	25	1.1532	2	---	---	---	---	---
25878	C13H13NO2S	p-toluenesulfonanilide	68-34-8	247.318	---	---	---	---	25	1.2230	2	---	---	---	---	---
25879	C13H13NO5	3-(4-hydroxyphenyl)propionic acid N-hydro	34071-95-9	263.250	407.15	1	---	---	25	1.2936	2	---	---	---	solid	1
25880	C13H13NS	a-(phenylthio)-p-toluidine	13738-70-0	215.319	---	---	---	---	25	1.1274	2	---	---	---	---	---
25881	C13H13N2O4	1-acetoxy-1,4-dihydro-4-(hydroxyamino)qu	38539-23-0	261.258	---	---	---	---	25	1.2925	2	---	---	---	---	---
25882	C13H13N3	N,N'-diphenylguanidine	102-06-7	211.267	423.15	1	443.15	dec	20	1.1300	1	---	---	---	solid	1
25883	C13H13N3	3-ethylamino-5H-pyrido(4,3-b)indole	102206-99-5	211.267	---	---	451.48	2	25	1.1487	2	---	---	---	---	---
25884	C13H13N3	N-methyl-p-(phenylazo)aniline	621-90-9	211.267	---	---	451.48	2	25	1.1487	2	---	---	---	---	---
25885	C13H13N3	p-(3-methylphenylazo)aniline	722-23-6	211.267	---	---	428.15	1	25	1.1487	2	---	---	---	---	---
25886	C13H13N3	p-(p-tolylazo)-aniline	722-25-8	211.267	---	---	451.48	2	25	1.1487	2	---	---	---	---	---
25887	C13H13N3	tryptophan P1	62450-06-0	211.267	---	---	483.15	1	25	1.1487	2	---	---	---	---	---
25888	C13H13N3O	4,4-diphenylsemicarbazide	603-51-0	227.267	422.15	1	568.60	2	25	1.1990	2	---	---	---	solid	1
25889	C13H13N3O	2',4-diaminobenzanilide	58338-59-3	227.267	453.65	1	568.60	2	25	1.1990	2	---	---	---	solid	1
25890	C13H13N3O	N-hydroxy-N-methyl-4-aminoazobenzene	1910-36-7	227.267	---	---	579.55	1	25	1.1990	2	---	---	---	---	---
25891	C13H13N3O	2-methoxy-4-phenylazoaniline	3544-23-8	227.267	---	---	557.65	1	25	1.1990	2	---	---	---	---	---
25892	C13H13N3O2	N-hydroxy-3-methoxy-4-aminoazobenzene	78265-95-9	243.266	---	---	605.15	1	25	1.2465	2	---	---	---	---	---
25893	C13H13N3O2	1-methyl-5-nitro-2-(2-phenyl-1-propenyl)-1	105555-81-5	243.266	---	---	605.15	2	25	1.2465	2	---	---	---	---	---
25894	C13H13N3O3	5-(cyclopropylcarbonyl)-2-benzimidazoleca	31431-43-3	259.265	523.65	1	---	---	25	1.2913	2	---	---	---	solid	1
25895	C13H13N3O5S2	succinylsulphathiazole	116-43-8	355.396	466.65	1	---	---	25	1.4618	2	---	---	---	solid	1
25896	C13H13N5O3	4-(p-nitrophenyl)semicarbazone 1-methyl-1	119034-09-2	287.279	---	---	---	---	25	1.3728	2	---	---	---	---	---
25897	C13H13O	a-(2,2-dimethylvinyl)-a-ethynyl-p-cresol	63141-79-7	185.246	---	---	---	---	25	1.0478	2	---	---	---	---	---
25898	C13H13OP	methyl diphenyl phosphine oxide	2129-89-7	216.220	386.15	1	---	---	---	---	---	---	---	---	solid	1
25899	C13H13OP	methyl diphenylphosphinite	4020-99-9	216.220	---	---	---	---	25	1.0780	1	---	1.6040	1	---	---
25900	C13H13O3P	diphenyl methylphosphonate	7526-26-3	248.218	308.15	1	---	---	20	1.2051	1	---	---	---	solid	1
25901	C13H13O4P	diphenyl methyl phosphate	115-89-9	264.218	---	---	---	---	25	1.2300	1	---	1.5370	1	---	---
25902	C13H13P	methyldiphenylphosphine	1486-28-8	200.220	---	---	556.15	1	25	1.0760	1	---	1.6260	1	---	---
25903	C13H14	1-propylnaphthalene	2765-18-6	170.254	264.55	1	545.96	1	25	0.9870	1	25	1.5901	1	liquid	1
25904	C13H14	2-propylnaphthalene	2027-19-2	170.254	270.16	1	546.66	1	25	0.9730	1	25	1.5850	1	liquid	1
25905	C13H14	1-isopropylnaphthalene	6158-45-8	170.254	257.61	1	540.94	1	25	0.9921	1	25	1.6930	1	liquid	1
25906	C13H14	2-isopropylnaphthalene	2027-17-0	170.254	288.31	1	541.35	1	25	0.9727	1	25	1.5839	1	liquid	1
25907	C13H14	1-methyl-2-ethylnaphthalene	25607-16-3	170.254	338.14	2	549.15	1	24	0.9924	2	---	---	---	solid	2
25908	C13H14	1-methyl-3-ethylnaphthalene	17179-41-8	170.254	338.14	2	546.15	1	24	0.9924	2	---	---	---	solid	2
25909	C13H14	1-methyl-4-ethylnaphthalene	27424-87-9	170.254	338.14	2	547.15	1	24	0.9924	2	---	---	---	solid	2
25910	C13H14	1-methyl-5-ethylnaphthalene	17057-92-0	170.254	313.15	1	543.15	1	24	0.9924	2	30	1.6000	1	solid	1
25911	C13H14	1-methyl-6-ethylnaphthalene	17059-53-9	170.254	338.14	2	546.15	1	24	0.9924	2	---	---	---	solid	2
25912	C13H14	1-methyl-7-ethylnaphthalene	2451-00-5	170.254	370.15	1	544.15	1	24	0.9924	2	---	---	---	solid	1
25913	C13H14	1-methyl-8-ethylnaphthalene	61886-71-3	170.254	338.14	2	548.15	1	24	0.9924	2	---	---	---	solid	2
25914	C13H14	2-methyl-1-ethylnaphthalene	---	170.254	338.14	2	546.15	1	24	0.9924	2	---	---	---	solid	2
25915	C13H14	2-methyl-3-ethylnaphthalene	31032-94-7	170.254	344.16	1	550.16	1	24	0.9924	2	---	---	---	solid	1
25916	C13H14	2-methyl-4-ethylnaphthalene	17057-94-2	170.254	338.14	2	547.15	1	24	0.9924	2	---	---	---	solid	2
25917	C13H14	2-methyl-5-ethylnaphthalene	---	170.254	338.14	2	543.15	1	24	0.9924	2	---	---	---	solid	2
25918	C13H14	2-methyl-6-ethylnaphthalene	7372-86-3	170.254	318.16	1	543.16	1	24	0.9924	2	---	---	---	solid	1
25919	C13H14	2-methyl-7-ethylnaphthalene	17059-55-1	170.254	318.16	1	543.16	1	24	0.9924	2	---	---	---	solid	1
25920	C13H14	2-methyl-8-ethylnaphthalene	---	170.254	338.14	2	543.15	1	24	0.9924	2	---	---	---	solid	2

Table 1 Physical Properties - Organic Compounds

				Mol Wt	Freezing Point		Boiling Point		Density			Refractive Index			State	
NO	FORMULA	NAME	CAS No	g/mol	T_F, K	code	T_B, K	code	T, C	g/cm3	code	T, C	n_D	code	@25C,1 atm	code
25921	C13H14	1,2,3-trimethylnaphthalene	879-12-9	170.254	301.15	1	556.15	1	24	0.9924	2	---	---	---	solid	1
25922	C13H14	1,2,4-trimethylnaphthalene	2717-42-2	170.254	325.15	1	555.15	1	24	0.9924	2	---	---	---	solid	1
25923	C13H14	1,2,5-trimethylnaphthalene	641-91-8	170.254	306.65	1	553.15	1	22	1.0103	1	22	1.6093	1	solid	1
25924	C13H14	1,2,6-trimethylnaphthalene	3031-05-8	170.254	287.15	1	553.15	1	24	0.9924	2	25	1.5990	1	liquid	1
25925	C13H14	1,2,7-trimethylnaphthalene	486-34-0	170.254	416.15	1	551.15	1	20	1.0087	1	20	1.6097	1	solid	1
25926	C13H14	1,2,8-trimethylnaphthalene	3876-97-9	170.254	417.15	1	558.15	1	24	0.9924	2	---	---	---	solid	1
25927	C13H14	1,3,5-trimethylnaphthalene	2131-39-7	170.254	319.15	1	557.65	1	24	0.9924	2	---	---	---	solid	1
25928	C13H14	1,3,6-trimethylnaphthalene	3031-08-1	170.254	338.14	2	553.15	1	24	0.9924	2	---	---	---	solid	2
25929	C13H14	1,3,7-trimethylnaphthalene	2131-38-6	170.254	286.15	1	553.15	1	25	1.0030	1	25	1.5930	1	liquid	1
25930	C13H14	1,3,8-trimethylnaphthalene	17057-91-9	170.254	321.15	1	558.15	1	24	0.9924	2	---	---	---	solid	1
25931	C13H14	1,4,5-trimethylnaphthalene	2131-41-1	170.254	335.15	1	558.15	1	24	0.9924	2	---	---	---	solid	1
25932	C13H14	1,4,6-trimethylnaphthalene	2131-42-2	170.254	338.14	2	551.15	1	24	0.9924	2	---	---	---	solid	2
25933	C13H14	1,6,7-trimethylnaphthalene	2245-38-7	170.254	298.15	1	553.15	1	24	0.9924	2	---	---	---	---	---
25934	C13H14	2,3,6-trimethylnaphthalene	829-26-5	170.254	375.15	1	550.15	1	24	0.9924	2	---	---	---	solid	1
25935	C13H14ClFO2	1-(2-chloro-6-fluorophenyl)cyclohexanecar	---	256.704	---	---	---	---	25	1.1996	2	---	---	---	---	---
25936	C13H14ClFO2	1-(2-chloro-4-fluorophenyl)cyclohexanecar	---	256.704	---	---	---	---	25	1.1996	2	---	---	---	---	---
25937	C13H14ClN	1-(4-chlorophenyl)-1-cyclohexanecarbonitr	---	219.714	363.15	1	---	---	25	1.1146	2	---	---	---	solid	1
25938	C13H14ClNO2	pirprofen	31793-07-4	251.712	372.15	1	---	---	25	1.2081	2	---	---	---	solid	1
25939	C13H14ClNO3	1-((4-chlorophenyl)methyl)-5-oxo-L-proline	59749-18-7	267.712	---	---	---	---	25	1.2511	2	---	---	---	---	---
25940	C13H14ClN3O2	1-(m-chlorophenyl)-3-N,N-dimethylcarbam	54708-51-9	279.726	---	---	---	---	25	1.2899	2	---	---	---	---	---
25941	C13H14Cl2O3	ciprofibrate	52214-84-3	289.157	388.15	1	---	---	25	1.2743	2	---	---	---	solid	1
25942	C13H14FN	1-(2-fluorophenyl)cyclohexanecarbonitrile	106795-72-6	203.260	---	---	---	---	25	1.0708	2	---	1.5205	1	---	---
25943	C13H14FN	1-(3-fluorophenyl)cyclohexanecarbonitrile	214262-91-6	203.260	---	---	---	---	25	1.0708	2	---	1.5180	1	---	---
25944	C13H14FN	1-(4-fluorophenyl)cyclohexanecarbonitrile	71486-43-6	203.260	308.65	1	---	---	25	1.0708	2	---	---	---	solid	1
25945	C13H14FNO3	1-((4-fluorophenyl)methyl)-5-oxo-L-proline	59749-17-6	251.258	---	---	---	---	25	1.2158	2	---	---	---	---	---
25946	C13H14FN3O	1,3-dimethyl-5-(methylamino)-4-pyrazolyl c	56877-15-7	247.273	---	---	---	---	25	1.2125	2	---	---	---	---	---
25947	C13H14F3N3O4	ethalfluralin	55283-68-6	333.268	330.15	1	529.15	dec	25	1.3855	2	---	---	---	solid	1
25948	C13H14I3NO3	2-(3-acetamido-2,4,6-triiodophenyl)valeric	23217-87-0	612.973	---	---	---	---	25	2.1704	2	---	---	---	---	---
25949	C13H14I3NO3	2-(3-butyramido-2,4,6-triiodophenyl)propio	29067-70-7	612.973	---	---	---	---	25	2.1704	2	---	---	---	---	---
25950	C13H14N2	4,4'-diaminodiphenylmethane	101-77-9	198.268	365.65	1	671.15	1	25	1.0765	2	---	---	---	solid	1
25951	C13H14N2	3-methylhydrazobenzene	621-25-0	198.268	334.15	1	671.15	2	100	1.0265	1	---	---	---	solid	1
25952	C13H14N2	2,4'-methylenedianiline	1208-52-2	198.268	361.65	1	671.15	2	25	1.0765	2	---	---	---	solid	1
25953	C13H14N2	tetrahydroaminocrine	321-64-2	198.268	456.65	1	671.15	2	25	1.0765	2	---	---	---	solid	1
25954	C13H14N2O	alpha-[(2-pyridinylamino)methyl]benzenem	553-69-5	214.268	356.65	1	525.65	2	25	1.1289	2	---	---	---	solid	1
25955	C13H14N2O	p-anisyl(2-pyridyl)amine	52818-63-0	214.268	424.15	1	525.65	1	25	1.1289	2	---	---	---	solid	1
25956	C13H14N2O	N-(p-methoxyphenyl)-p-phenylenediamine	101-64-4	214.268	375.15	1	525.65	2	25	1.1289	2	---	---	---	solid	1
25957	C13H14N2O	p-(4-amino-m-toluidino)phenol	6219-89-2	214.268	---	---	525.65	2	25	1.1289	2	---	---	---	---	---
25958	C13H14N2O2	2-amino-4-[(3-amino-4-hydroxy-phenyl)me	16523-28-7	230.267	---	---	---	---	25	1.1783	2	---	---	---	---	---
25959	C13H14N2O2	metomidate	5377-20-8	230.267	---	---	---	---	25	1.1783	2	---	---	---	---	---
25960	C13H14N2O2S	4-(benzylamino)benzenesulfonamide	104-22-3	262.333	444.15	1	---	---	25	1.2434	2	---	---	---	solid	1
25961	C13H14N2O3	mephobarbital	115-38-8	246.266	449.15	1	---	---	25	1.2250	2	---	---	---	solid	1
25962	C13H14N2O3	N-acetyl-DL-tryptophan	87-32-1	246.266	478.15	1	---	---	25	1.2250	2	---	---	---	solid	1
25963	C13H14N2O3	N-boc-3-(4-cyanophenyl)oxaziridine	150884-56-3	246.266	332.15	1	---	---	25	1.2250	2	---	---	---	solid	1
25964	C13H14N2O3	boc-ON	58632-95-4	246.266	360.65	1	---	---	25	1.2250	2	---	---	---	solid	1
25965	C13H14N2O3	acetyltryptophan	1218-34-4	246.266	---	---	---	---	25	1.2250	2	---	---	---	---	---
25966	C13H14N2O3	benzylbarbital	36226-64-9	246.266	---	---	---	---	25	1.2250	2	---	---	---	---	---
25967	C13H14N2O3	6-butyl-4-nitroquinoline-1-oxide	21070-32-6	246.266	---	---	---	---	25	1.2250	2	---	---	---	---	---
25968	C13H14N2O4	neothramycin	67298-49-1	262.266	---	---	---	---	25	1.2692	2	---	---	---	---	---
25969	C13H14N2O4	(3S-cis)-1,2,3,11a-tetrahydro-3,8-dihydrox	---	262.266	---	---	---	---	25	1.2692	2	---	---	---	---	---
25970	C13H14N2O4S2	aspergillin	67-99-2	326.398	494.15	dec	---	---	25	1.3727	2	---	---	---	solid	1
25971	C13H14N2S	1-ethyl-1-(1-naphthyl)-2-thiourea	4366-50-1	230.334	---	---	---	---	25	1.1531	2	---	---	---	---	---
25972	C13H14N2O13	harmaline	304-21-2	406.260	523.15	dec	---	---	25	1.5796	2	---	---	---	solid	1
25973	C13H14N4	C.I. basic orange 1	5042-54-6	226.282	---	---	392.65	1	25	1.1744	2	---	---	---	---	---
25974	C13H14N4	2-methyl-4-(phenylazo)-1,3-benzenediamir	84434-42-4	226.282	---	---	452.90	2	25	1.1744	2	---	---	---	---	---
25975	C13H14N4	pyridine-3-azo-p-dimethylaniline	156-25-2	226.282	---	---	513.15	1	25	1.1744	2	---	---	---	---	---
25976	C13H14N4	pyridine-4-azo-p-dimethylaniline	63019-82-9	226.282	---	---	452.90	2	25	1.1744	2	---	---	---	---	---
25977	C13H14N4O	2,2'-diphenylcarbonic dihydrazide	140-22-7	242.282	443.15	1	553.65	2	25	1.2218	2	---	---	---	solid	1
25978	C13H14N4O	4-phenylsemicarbazone 1-methyl-1H-pyrro	119034-15-0	242.282	---	---	553.65	2	25	1.2218	2	---	---	---	---	---
25979	C13H14N4O	pyridine-1-oxide-3-azo-p-dimethylaniline	59405-47-9	242.282	---	---	553.65	2	25	1.2218	2	---	---	---	---	---
25980	C13H14N4O	pyridine-1-oxide-4-azo-p-dimethylaniline	13520-96-2	242.282	---	---	553.65	2	25	1.2218	2	---	---	---	---	---
25981	C13H14N4O	1-((1,2,4-benzotriazin-3-yl)acetyl)pyrrolidin	80722-69-6	242.282	---	---	553.65	1	25	1.2218	2	---	---	---	---	---
25982	C13H14N4OS	4-(m-methoxyphenyl)thiosemicarbazone-1I	126936-19-4	274.348	---	---	496.15	1	25	1.2828	2	---	---	---	---	---
25983	C13H14N4OS	4-(p-methoxyphenyl)thiosemicarbazone-1H	19015-11-3	274.348	---	---	496.15	2	25	1.2828	2	---	---	---	---	---
25984	C13H14N4O2	4-(m-methoxyphenyl)semicarbazone-1H-py	119033-91-9	258.281	---	---	---	---	25	1.2666	2	---	---	---	---	---
25985	C13H14N4O2	4-(p-methoxyphenyl)semicarbazone-1H-py	119034-00-3	258.281	---	---	---	---	25	1.2666	2	---	---	---	---	---
25986	C13H14N4O2S	4-sulfonamido-3'-methyl-4'-aminoazobenze	63019-42-1	290.347	---	---	---	---	25	1.3229	2	---	---	---	---	---
25987	C13H14N4S	1,5-diphenyl-3-thiocarbohydrazide	622-03-7	258.348	430.15	dec	454.15	2	25	1.2406	2	---	---	---	solid	1
25988	C13H14N4S	4-phenylthiosemicarbazone 1-methyl-1H-p	31397-22-5	258.348	---	---	454.15	1	25	1.2406	2	---	---	---	---	---
25989	C13H14O	propyl 1-naphthyl ether	20009-26-1	186.254	---	---	566.65	1	18	1.0447	1	18	1.5928	1	---	---
25990	C13H14O	propyl 2-naphthyl ether	19718-45-7	186.254	314.15	1	578.15	1	25	1.0273	2	---	---	---	solid	1
25991	C13H14OSi	methyldiphenylsilanol	778-25-6	214.339	440.15	1	---	---	25	1.0840	1	---	---	---	solid	1
25992	C13H14O2	ethyl 5-phenyl-2,4-pentadienoate	1552-95-0	202.253	299.15	1	---	---	20	1.0467	1	80	1.5768	1	solid	1
25993	C13H14O2	DL-6-methoxy-a-methyl-2-napthalenemeth	77301-42-9	202.253	385.65	1	---	---	25	1.0820	2	---	---	---	solid	1
25994	C13H14O2	dicyclopentenyl acrylate	50976-02-8	202.253	---	---	---	---	25	1.0820	2	---	---	---	---	---
25995	C13H14O3	ethyl 2-benzylideneacetoacetate	620-80-4	218.252	333.65	1	569.15	1	25	1.1336	2	---	---	---	solid	1
25996	C13H14O3	3-(3-phenylpropyl)-4-hydroxy-2(5H)furanor	78128-85-5	218.252	---	---	569.15	2	25	1.1336	2	---	---	---	---	---
25997	C13H14O4	1-(5,8-dimethoxy-2H-1-benzopyran-3-yl)etl	64466-49-5	234.252	---	---	---	---	25	1.1822	2	---	---	---	---	---
25998	C13H14O4	1-(7,8-dimethoxy-2H-1-benzopyran-3-yl)etl	64466-50-8	234.252	---	---	---	---	25	1.1822	2	---	---	---	---	---
25999	C13H14O5	citrinin	518-75-2	250.251	451.65	dec	---	---	25	1.2281	2	---	---	---	solid	1
26000	C13H14O6	methyl phthalyl ethyl glycolate	85-71-2	266.251	---	---	583.15	1	25	1.2200	1	---	---	---	---	---

Table 1 Physical Properties - Organic Compounds

				Mol Wt	Freezing Point		Boiling Point		Density			Refractive Index			State	
NO	FORMULA	NAME	CAS No	g/mol	T_F, K	code	T_B, K	code	T, C	g/cm3	code	T, C	n_D	code	@25C,1 atm	code
26001	C13H14Si	methyldiphenylsilane	776-76-1	198.339	---	---	---	---	20	0.9960	1	20	1.5694	1	---	---
26002	C13H15ClO2	1-(4-chlorophenyl)-1-cyclohexanecarboxyli	58880-37-8	238.713	426.15	1	---	---	25	1.1443	2	---	---	---	solid	1
26003	C13H15Cl2N3	penconazole	66246-88-6	284.188	---	---	---	---	25	1.2502	2	---	---	---	---	---
26004	C13H15FO2	1-(2-fluorophenyl)cyclohexanecarboxylic a	106795-66-8	222.259	401.15	1	---	---	25	1.1041	2	---	---	---	solid	1
26005	C13H15FO2	1-(3-fluorophenyl)cyclohexanecarboxylic a	214262-98-3	222.259	407.65	1	---	---	25	1.1041	2	---	---	---	solid	1
26006	C13H15FO2	1-(4-fluorophenyl)cyclohexanecarboxylic a	214263-00-0	222.259	411.15	1	---	---	25	1.1041	2	---	---	---	solid	1
26007	C13H15IN2O7	3',5'-diacetyl-5-iodo-2'-deoxyuridine	1956-30-5	438.176	435.15	1	---	---	25	1.7080	2	---	---	---	solid	1
26008	C13H15N	2-butylquinoline	7661-39-4	185.269	341.90	2	555.15	1	20	1.0030	1	20	1.5699	1	solid	2
26009	C13H15N	(R)-(+)-N-methyl-1-(1-naphthyl)ethylamine	15297-33-3	185.269	---	---	534.15	1	25	1.0410	1	---	1.6050	1	---	---
26010	C13H15N	(S)-(-)-N-methyl-1-(1-naphthyl)ethylamine	20218-55-7	185.269	---	---	476.15	1	25	1.0400	1	---	1.6050	1	---	---
26011	C13H15N	1-(4-methylphenyl)cyclopentane-1-carboni	68983-70-0	185.269	---	---	521.82	2	25	1.0400	1	---	---	---	---	---
26012	C13H15N	1-phenyl-1-cyclohexanecarbonitrile	2201-23-2	185.269	---	---	521.82	2	25	1.0100	1	---	1.5342	1	---	---
26013	C13H15N	a-isobutylquinoline	93-19-6	185.269	341.90	2	521.82	2	24	1.0268	2	---	---	---	solid	2
26014	C13H15NO	3-isopropenyl-a,a-dimethylbenzyl isocyana	2094-99-7	201.269	---	---	542.65	1	25	1.0180	1	---	1.5300	1	---	---
26015	C13H15NO	bicyclo(4.2.0)octa-1,3,5-trien-7-yl methyl k	6813-95-2	201.269	---	---	542.65	2	25	1.0590	2	---	---	---	---	---
26016	C13H15NO	fischers aldehyde	84-83-3	201.269	---	---	542.65	2	25	1.0590	2	---	---	---	---	---
26017	C13H15NO	1-(1-isocyanato-1-methylethyl)-4-(1-methyl	2889-58-9	201.269	---	---	542.65	2	25	1.0590	2	---	---	---	---	---
26018	C13H15NO2	(3R-cis)-7a-methyl-3-phenyltetrahydropyrr	137869-70-6	217.268	>398.15	1	---	---	25	1.1104	2	---	---	---	solid	1
26019	C13H15NO2	(3S-cis)-(+)-7a-methyl-3-phenyltetrahydrop	153745-22-3	217.268	>398.15	1	---	---	25	1.1104	2	---	---	---	solid	1
26020	C13H15NO2	coumarin 2	26078-25-1	217.268	442.15	1	---	---	25	1.1104	2	---	---	---	solid	1
26021	C13H15NO2	doriden	77-21-4	217.268	357.15	1	---	---	25	1.1104	2	---	---	---	solid	1
26022	C13H15NO2	(-)-securinine	5610-40-2	217.268	415.65	1	---	---	25	1.1104	2	---	---	---	solid	1
26023	C13H15NO3	benzyl 4-oxo-1-piperazinecarboxylate	19099-93-5	233.267	---	---	---	---	25	1.1720	1	---	1.5420	1	---	---
26024	C13H15NO3	(4S)-(+)-4-benzyl-3-propionyl-2-oxazolidin	101711-78-8	233.267	316.15	1	---	---	25	1.1589	2	---	---	---	solid	1
26025	C13H15NO3	methyl 1-benzyl-5-oxo-3-pyrrolidine-carbo	51535-00-3	233.267	337.15	1	---	---	25	1.1589	2	---	---	---	solid	1
26026	C13H15NO4	benzyl 1,2-pyrrolidinedicarboxylate, (S)	1148-11-4	249.267	351.65	1	---	---	25	1.2047	2	20	1.5310	1	solid	1
26027	C13H15NO4S2	fentiapril	80830-42-8	313.399	420.15	dec	---	---	25	1.3166	2	---	---	---	solid	1
26028	C13H15NO6	N-benzyloxycarbonyl-L-glutamic acid	1155-62-0	281.266	392.65	1	---	---	25	1.2894	2	---	---	---	solid	1
26029	C13H15N3O2	pyrolan	87-47-8	245.282	323.15	1	---	---	25	1.2014	2	---	---	---	solid	1
26030	C13H15N3O2	4-acetamidoantipyrine	83-15-8	245.282	474.65	1	---	---	25	1.2014	2	---	---	---	solid	1
26031	C13H15N3O2	N-acetyl-L-tryptophanamide	2382-79-8	245.282	468.15	1	---	---	25	1.2014	2	---	---	---	solid	1
26032	C13H15N3O3	imazapyr	81334-34-1	261.281	444.15	1	---	---	25	1.2455	2	---	---	---	solid	1
26033	C13H15N3O3	5-(p-aminophenyl)-5-ethyl-1-methylbarbitu	64038-09-1	261.281	---	---	---	---	25	1.2455	2	---	---	---	---	---
26034	C13H15N3O5	4-(isonicotinoylhydrazone)pimelic acid	63041-19-0	293.280	---	---	582.15	1	25	1.3270	2	---	---	---	---	---
26035	C13H15N5	2-amino-3,4,5,8-tetramethylimidazo(4,5-f)q	146177-60-8	241.297	---	---	---	---	25	1.1979	2	---	---	---	---	---
26036	C13H15N5	2-amino-3,4,7,8-tetramethylimidazo(4,5-f)q	132898-07-8	241.297	---	---	---	---	25	1.1979	2	---	---	---	---	---
26037	C13H15N5O2S	N,N-diethyl-4-((5-nitro-2-thiazolyl)azo)ben	54289-46-2	305.362	---	---	---	---	25	1.3380	2	---	---	---	---	---
26038	C13H15N5O3	N-(1-carbamoyl-4-(nitrosocyanamido)butyl	42242-72-8	289.295	---	---	---	---	25	1.3253	2	---	---	---	---	---
26039	C13H15N5O3S	4-(p-sulfamoylphenyl)semicarbazone 1-me	119034-24-1	321.361	---	---	---	---	25	1.3743	2	---	---	---	---	---
26040	C13H16	1-ethynyl-4-pentylbenzene	79887-10-8	172.270	---	---	445.15	1	25	0.8850	1	---	1.5230	1	---	---
26041	C13H16	1-phenyl-1-heptyne	14374-45-9	172.270	---	---	445.15	2	25	0.9327	2	---	---	---	---	---
26042	C13H16ClNO	ketamine	6740-88-1	237.729	365.65	1	---	---	25	1.1227	2	---	---	---	solid	1
26043	C13H16ClO6P	p-chlorobenzyl-3-hydroxycrotonate dimeth	3309-77-1	334.693	---	---	---	---	---	---	---	---	---	---	---	---
26044	C13H16Cl2N2O	1-aziridinyl m-(bis(2-chloroethyl)amino)phe	4638-44-2	287.188	---	---	---	---	25	1.2315	2	---	---	---	---	---
26045	C13H16Cl2N6O4	1,1'-(4-methyl-1,3-phenylene)bis(3-(2-chlo	56713-63-4	391.215	---	---	486.65	1	25	1.4650	2	---	---	---	---	---
26046	C13H16Cl3NO3	N-(L-butoxy-2,2,2-trichloroethyl)salicylamic	70193-21-4	340.633	---	---	442.65	1	25	1.3235	2	---	---	---	---	---
26047	C13H16Cl12O8	1,1',1'',1'''-(neopentane tetrayltetraoxy)tetr	78-12-6	725.695	326.15	1	---	---	25	1.6647	2	---	---	---	solid	1
26048	C13H16F3N3O4	balan	1861-40-1	335.284	339.15	1	---	---	25	1.3435	2	---	---	---	solid	1
26049	C13H16F3N3O4	trifluralin	1582-09-8	335.284	322.15	1	---	---	25	1.3435	2	---	---	---	solid	1
26050	C13H16FNO4	(S)-N-boc-4-fluorophenylglycine	142186-36-5	269.273	542.65	1	---	---	25	1.2168	2	---	---	---	solid	1
26051	C13H16FNO4	(R)-N-boc-4-fluorophenylglycine	196707-32-1	269.273	358.85	1	---	---	25	1.2168	2	---	---	---	solid	1
26052	C13H16NNaO4	2-[[(1E)-2-(methoxycarbonyl)-1-Me-vinyl]ar	85896-06-6	273.264	---	---	---	---	---	---	---	---	---	---	---	---
26053	C13H16NO4PS	O,O-diethyl-O-(5-phenyl-3-isoxazolyl) phos	18854-01-8	313.315	298.15	1	---	---	---	---	---	---	---	---	---	---
26054	C13H16NO5P	diethyl(phthalimidomethyl)phosphonate	33512-26-4	297.248	335.15	1	---	---	---	---	---	---	---	---	solid	1
26055	C13H16N2	3-(1-methyl-2-pyrrolidinyl)indole	7236-83-1	200.284	---	---	---	---	25	1.0367	2	---	---	---	---	---
26056	C13H16N2	3-(1-methyl-3-pyrrolidinyl)indole	3671-00-9	200.284	---	---	---	---	25	1.0367	2	---	---	---	---	---
26057	C13H16N2O	1-benzyl-4-cyano-4-hydroxypiperidine	6094-60-6	216.283	365.65	1	---	---	25	1.0879	2	---	---	---	solid	1
26058	C13H16N2O	1-methyl-6-methoxy-1,2,3,4-tetrahydro-b-c	1210-56-6	216.283	---	---	---	---	25	1.0879	2	---	---	---	---	---
26059	C13H16N2O2	N-[2-(5-methoxy-1H-indol-3-yl)ethyl]acetan	73-31-4	232.283	390.15	1	---	---	25	1.1363	2	---	---	---	solid	1
26060	C13H16N2O2	dihydro-5-phenyl-5-propyl-4,6(1H,5H)-pyri	59026-31-2	232.283	---	---	---	---	25	1.1363	2	---	---	---	---	---
26061	C13H16N2O2	6,7-dimethoxy-1,2,3,4-tetrahydro-1-isoquin	---	232.283	385.15	1	---	---	25	1.1363	2	---	---	---	solid	1
26062	C13H16N2O2	4-methylprimidone	59026-32-3	232.283	567.15	1	---	---	25	1.1363	2	---	---	---	solid	1
26063	C13H16N2O2	aminoglutethimide	125-84-8	232.283	---	---	---	---	25	1.1363	2	---	---	---	---	---
26064	C13H16N2O2	6-butyl-4-hydroxyaminoquinoline-1-oxide	21070-33-7	232.283	---	---	---	---	25	1.1363	2	---	---	---	---	---
26065	C13H16N2O2	mobutazon	2210-63-1	232.283	375.65	1	---	---	25	1.1363	2	---	---	---	solid	1
26066	C13H16N2O2S	(±)-5-allyl-5-(1-methyl-2-pentynyl)-2-thioba	7651-40-3	264.349	---	---	---	---	25	1.2016	2	---	---	---	---	---
26067	C13H16N2O2S	thialpenton	467-36-7	264.349	422.15	1	---	---	25	1.2016	2	---	---	---	solid	1
26068	C13H16N2O3	1-acetyl-3-phenylethylacetylurea	13402-08-9	248.282	---	---	---	---	25	1.1820	2	---	---	---	---	---
26069	C13H16N2O5	L-aspartyl-L-phenylalanine	13433-09-5	280.281	510.65	1	---	---	25	1.2667	2	---	---	---	solid	1
26070	C13H16N2O5	N-carbobenzyloxy-L-glutamine	2650-64-8	280.281	409.15	1	---	---	25	1.2667	2	---	---	---	solid	1
26071	C13H16N2O6	2-tert-butyl-5-methyl-4,6-dinitrophenyl acet	2487-01-6	296.280	---	---	---	---	25	1.3058	2	---	---	---	---	---
26072	C13H16N2S2	N-cyclohexyl-2-benzothiazolesulfenamide	95-33-0	264.416	374.15	1	---	---	25	1.2700	1	---	---	---	solid	1
26073	C13H16N4	2,4-diamino-5-phenyl-6-propylpyrimidine	27653-50-5	228.298	---	---	---	---	25	1.1319	2	---	---	---	---	---
26074	C13H16N4O6	furaltadone	139-91-3	324.294	---	---	---	---	25	1.3777	2	---	---	---	---	---
26075	C13H16N6O4	adenosine-5'-(N-cyclopropyl)carboxamide	50908-62-8	320.310	---	---	---	---	25	1.3768	2	---	---	---	---	---
26076	C13H16N6O4	triciribine	35943-35-2	320.310	---	---	---	---	25	1.3768	2	---	---	---	---	---
26077	C13H16N6O5	adenosine-5'-(N-cyclopropyl)carboxamide-	72209-26-8	336.309	---	---	---	---	25	1.4115	2	---	---	---	---	---
26078	C13H16O	4,4-dimethyl-1-phenyl-1-penten-3-one	538-44-3	188.269	316.15	1	---	---	46	0.9508	1	25	1.5523	1	solid	1
26079	C13H16O	5-methyl-1-phenyl-1-hexen-3-one	2892-18-4	188.269	316.15	1	---	---	46	0.9509	1	25	1.5523	1	solid	1
26080	C13H16O	2-phenylcycloheptanone	14996-78-2	188.269	295.35	1	---	---	39	0.9679	2	20	1.5395	1	---	---

Table 1 Physical Properties - Organic Compounds

				Mol Wt	Freezing Point		Boiling Point		Density			Refractive Index			State	
NO	FORMULA	NAME	CAS No	g/mol	T_F, K	code	T_B, K	code	T, C	g/cm3	code	T, C	n_D	code	@25C,1 atm	code
26081	C13H16O	benzoylcyclohexane	712-50-5	188.269	330.15	1	---	---	39	0.9679	2	---	---	---	solid	1
26082	C13H16O	2-butyl-1-indanone	76937-26-3	188.269	---	---	---	---	25	1.0020	1	---	1.5310	1	---	---
26083	C13H16O	a,a-dicyclopropylbenzenemethanol	5689-19-0	188.269	---	---	---	---	39	0.9679	2	---	1.5435	1	---	---
26084	C13H16O	1-benzocyclobutenyl n-butyl ketone	6809-93-4	188.269	---	---	---	---	39	0.9679	2	---	---	---	---	---
26085	C13H16O	a-butylcinnamaldehyde	7492-44-6	188.269	---	---	---	---	39	0.9679	2	---	---	---	---	---
26086	C13H16O2	cyclohexyl benzoate	2412-73-9	204.269	---	---	558.15	1	20	1.0429	1	20	1.5200	1	---	---
26087	C13H16O2	(3,3-diethoxy-1-propynyl)benzene	6142-95-6	204.269	---	---	482.28	2	25	0.9910	1	20	1.5170	1	---	---
26088	C13H16O2	2,3:4,5-di(2-butenyl)tetrahydrofurfural	126-15-8	204.269	193.25	1	580.15	1	25	1.1200	1	---	---	---	liquid	1
26089	C13H16O2	1-hydroxycyclohexyl phenyl ketone	947-19-3	204.269	321.65	1	482.28	2	24	1.0506	2	---	---	---	solid	1
26090	C13H16O2	2-(3-methoxyphenyl)cyclohexanone	15547-89-4	204.269	---	---	482.28	2	25	1.1000	1	---	1.5470	1	---	---
26091	C13H16O2	1-phenyl-1-cyclohexanecarboxylic acid	1135-67-7	204.269	394.65	1	482.28	2	24	1.0506	2	---	---	---	solid	1
26092	C13H16O2	a-phenylcyclopentaneacetic acid	3900-93-4	204.269	372.15	1	482.28	2	24	1.0506	2	---	---	---	solid	1
26093	C13H16O2	1-(p-tolyl)-1-cyclopentanecarboxylic acid	80789-75-9	204.269	455.65	1	482.28	2	24	1.0506	2	---	---	---	solid	1
26094	C13H16O2	vinyl 4-tert-butylbenzoate	15484-80-7	204.269	---	---	482.28	2	25	0.9990	1	---	1.5180	1	---	---
26095	C13H16O2	n-butyl cinnamate	538-65-8	204.269	---	---	482.28	2	24	1.0506	2	---	---	---	---	---
26096	C13H16O2	cinnamyl butyrate	103-61-7	204.269	---	---	457.55	1	24	1.0506	2	---	---	---	---	---
26097	C13H16O2	cinnamyl isobutyrate	103-59-3	204.269	---	---	402.15	1	24	1.0506	2	---	---	---	---	---
26098	C13H16O2	cis-3-hexenyl benzoate	25152-85-6	204.269	---	---	418.15	1	24	1.0506	2	---	---	---	---	---
26099	C13H16O2	isobutyl cinnamate	122-67-8	204.269	---	---	416.65	1	24	1.0506	2	---	---	---	---	---
26100	C13H16O2	phenylethyl-a-methylbutenoate	55719-85-2	204.269	---	---	543.15	1	24	1.0506	2	---	---	---	---	---
26101	C13H16O2	propylene glycol-sec-butyl phenyl ether	---	204.269	253.15	1	482.28	2	24	1.0506	2	---	---	---	liquid	2
26102	C13H16O3	ethyl 2-benzoylbutanoate	24346-56-3	220.268	---	---	501.78	2	15	1.0706	1	15	1.5090	1	---	---
26103	C13H16O3	tert-butyl 4-vinylphenyl carbonate	87188-51-0	220.268	301.15	1	460.15	1	22	1.0555	2	---	---	---	solid	1
26104	C13H16O3	ethyl 2-benzylacetoacetate	620-79-1	220.268	---	---	549.15	1	25	1.0360	1	---	1.5000	1	---	---
26105	C13H16O3	1-(4-methoxyphenyl)-1-cyclopentanecarbo	43050-28-8	220.268	426.65	1	501.78	2	22	1.0555	2	---	---	---	solid	1
26106	C13H16O3	precocene ii	644-06-4	220.268	320.15	1	420.65	1	22	1.0555	2	---	---	---	solid	1
26107	C13H16O3	4-(vinyloxy)butyl benzoate	144429-21-0	220.268	---	---	577.15	1	25	1.0600	1	---	1.5090	1	---	---
26108	C13H16O3	phenacylpivalate	2522-81-8	220.268	335.65	1	501.78	2	22	1.0555	2	---	---	---	solid	1
26109	C13H16O3	salicylic acid 3-hexen-1-yl ester	65405-77-8	220.268	---	---	501.78	2	22	1.0555	2	---	---	---	---	---
26110	C13H16O4	diethyl dipropargylmalonate	2689-88-5	236.268	318.65	1	478.15	2	25	1.1405	2	---	---	---	solid	1
26111	C13H16O4	diethyl phenylmalonate	83-13-6	236.268	289.65	1	478.15	dec	20	1.0950	1	20	1.4977	1	liquid	1
26112	C13H16O5	ethyl 4-(cyclopropylhydroxymethylene)-3,5	95266-40-3	252.267	309.15	1	543.15	1	25	1.1856	2	---	---	---	solid	1
26113	C13H16O5	phenylglyceryl ether diacetate	7250-71-7	252.267	---	---	543.15	2	25	1.1856	2	---	---	---	---	---
26114	C13H16O7	2-(beta-D-glucopyranosyloxy)benzaldehyd	618-65-5	284.266	448.15	1	---	---	25	1.2690	2	---	---	---	solid	1
26115	C13H17ClN2O3	N-(2-chloroethyl)-N-ethylcarbamic acid 4-n	63884-90-2	284.743	---	---	---	---	25	1.2287	2	---	---	---	---	---
26116	C13H17ClN2O3S	chlorcyclohexamide	963-03-1	316.809	---	---	---	---	25	1.2810	2	---	---	---	---	---
26117	C13H17ClO	4-hexylbenzoyl chloride	50606-95-6	224.730	---	---	---	---	25	1.0250	1	---	1.5260	1	---	---
26118	C13H17ClO2	4-(hexyloxy)benzoyl chloride	39649-71-3	240.729	---	---	---	---	25	1.0810	1	---	1.5380	1	---	---
26119	C13H17ClO3	ethyl-4-(4-chloro-2-methylphenoxy)butyrate	10443-70-6	256.729	272.25	1	---	---	25	1.1500	2	---	---	---	---	---
26120	C13H17F3N4O4	prodiamine	29091-21-2	350.299	397.15	1	---	---	25	1.4700	1	---	---	---	solid	1
26121	C13H17FeN	(dimethylaminomethyl)ferrocene	1271-86-9	243.130	---	---	---	---	25	1.2280	1	---	1.5900	1	---	---
26122	C13H17IO3	N-amyl-p-iodobenzyl carbonate	60075-67-4	348.181	---	---	---	---	25	1.4841	2	---	---	---	---	---
26123	C13H17NO	4-benzoyl-N-methylpiperidine	92040-00-1	203.284	309.15	1	408.65	2	25	0.9690	2	23	1.5430	1	solid	1
26124	C13H17NO	1-benzyl-3-methyl-4-piperidone	34737-89-8	203.284	---	---	408.65	2	25	0.9690	2	---	1.5325	1	---	---
26125	C13H17NO	2,6-diisopropylphenyl isocyanate	28178-42-9	203.284	---	---	390.15	1	25	0.9510	1	---	1.5190	1	---	---
26126	C13H17NO	N-ethyl-o-crotonotoluidide; predominantly t	483-63-6	203.284	298.15	1	427.15	1	25	0.9870	1	---	1.5400	1	---	---
26127	C13H17NO	1-(b-phenethyl)-4-piperidone	39742-60-4	203.284	332.15	1	408.65	2	25	0.9690	2	---	---	---	solid	1
26128	C13H17NO	4-piperidinoacetophenone	10342-85-5	203.284	360.15	1	408.65	2	25	0.9690	2	---	---	---	solid	1
26129	C13H17NO	bicyclo(4.2.0)octa-1,3,5-trien-7-yl pentyl ke	73747-51-0	203.284	---	---	408.65	2	25	0.9690	2	---	---	---	---	---
26130	C13H17NO2	ethyl N-benzyl-N-cyclopropylcarbamate	2521-01-9	219.284	---	---	---	---	25	0.9970	1	---	1.5100	1	---	---
26131	C13H17NO2	3-hexen-1-yl 2-aminobenzoate	65405-76-7	219.284	---	---	---	---	25	1.0713	2	---	---	---	---	---
26132	C13H17NO2	O-(2-hydroxypropyl)-1-acetylbenzocyclobu	6813-92-9	219.284	---	---	---	---	25	1.0713	2	---	---	---	---	---
26133	C13H17NO2	2-(4-(methallylamino)phenyl)propionic acid	39718-89-3	219.284	---	---	---	---	25	1.0713	2	---	---	---	---	---
26134	C13H17NO2S	6,7-diethoxy-3,4-dihydroisoquinoline-1(2H)	---	251.350	424.15	1	---	---	25	1.1412	2	---	---	---	solid	1
26135	C13H17NO3	N-(4-methoxy)benzoyloxypiperidine	38860-48-9	235.283	---	---	---	---	25	1.1188	2	---	---	---	---	---
26136	C13H17NO3S	N-acetyl-S-benzyl-L-cysteine methyl ester	77549-14-5	267.349	343.15	1	---	---	25	1.1837	2	---	---	---	solid	1
26137	C13H17NO4	diethyl 2,6-dimethyl-3,5-pyridinedicarboxyl	1149-24-2	251.283	344.15	1	574.15	1	25	1.1638	2	---	---	---	solid	1
26138	C13H17NO4	DL-N-benzoyl-2-isopropylserine	52421-46-2	251.283	421.15	1	574.15	2	25	1.1638	2	---	---	---	solid	1
26139	C13H17NO4	N-carbobenzyloxy-L-valine	1149-26-4	251.283	332.15	1	574.15	2	25	1.1638	2	---	---	---	solid	1
26140	C13H17NO4	6,7-dimethoxy-1,2,3,4-tetrahydro-1-isoquin	---	251.283	508.15	1	574.15	2	25	1.1638	2	---	---	---	solid	1
26141	C13H17NO4	N-(p-butoxyphenyl acetyl)-o-formylhydroxy	76790-19-7	251.283	---	---	574.15	2	25	1.1638	2	---	---	---	---	---
26142	C13H17NO4	2-(4,5-dimethyl-1,3-dioxolan-2-yl)phenyl-N	7122-04-5	251.283	---	---	574.15	2	25	1.1638	2	---	---	---	---	---
26143	C13H17NO4	2-acetylamino-3-(4-hydroxyphenyl)-propan	840-97-1	251.283	---	---	574.15	2	25	1.1638	2	---	---	---	---	---
26144	C13H17NO4	isocinchomeronic acid, diisopropyl ester	3737-22-2	251.283	---	---	574.15	2	25	1.1638	2	---	---	---	---	---
26145	C13H17NO4S	N-acetyl-S-(2-hydroxyphenylethyl)-L-cystei	152155-79-8	283.349	---	---	557.15	dec	25	1.2241	2	---	---	---	---	---
26146	C13H17NO4S	N,N-diglycidyl-p-toluenesulphonamide	63040-98-2	283.349	---	---	557.15	2	25	1.2241	2	---	---	---	---	---
26147	C13H17NO5	N-carbobenzyloxy-L-threonine methyl este	57224-63-2	267.282	366.15	1	---	---	25	1.2065	2	---	1.4365	1	solid	1
26148	C13H17N2O2	2,2,5,5-Tetramethyl-4-phenyl-3-imidazoline	18796-03-7	233.291	377.15	1	---	---	25	1.1166	2	---	---	---	solid	1
26149	C13H17N3	N,N,2,3,5-pentamethyl-6-quinoxalinamine	161697-04-7	215.299	---	---	---	---	25	1.0661	2	---	---	---	---	---
26150	C13H17N3O	aminopyrine	58-15-1	231.298	407.65	1	---	---	25	1.1143	2	---	---	---	solid	1
26151	C13H17N3O	1-phenyl-1,3,8-triazaspiro[4.5]decan-4-one	1021-25-6	231.298	457.15	1	---	---	25	1.1143	2	---	---	---	solid	1
26152	C13H17N3O2	5-butyl-2-benzimidazolecarbamic acid met	14255-87-9	247.298	499.15	dec	---	---	25	1.1600	2	---	---	---	solid	1
26153	C13H17N3O3	dioxypyramidon	519-65-3	263.297	378.65	1	---	---	25	1.2034	2	---	---	---	solid	1
26154	C13H17N3O3S2	5-isobutyl-2-p-methoxybenzenesulfonamid	3567-08-6	327.429	---	---	---	---	25	1.3101	2	---	---	---	---	---
26155	C13H17N5O4	2',3'-O-isopropylideneadenosine	362-75-4	307.311	494.65	1	---	---	25	1.3194	2	---	---	---	solid	1
26156	C13H17N5O8S2	azactam	78110-38-0	435.440	---	---	---	---	25	1.5199	2	---	---	---	---	---
26157	C13H17O3P	phenylphosphonic acid isobutyl 2-propynyl	27442-58-6	252.250	---	---	---	---	---	---	---	---	---	---	---	---
26158	C13H18	1-propyl-[1,2,3,4-tetrahydronaphthalene]	66324-83-2	174.286	254.84	2	529.55	1	25	0.9405	1	25	1.5255	1	liquid	1
26159	C13H18	2-propyl-[1,2,3,4-tetrahydronaphthalene]	66324-84-3	174.286	265.65	1	534.15	1	25	0.9294	1	25	1.5182	1	liquid	1
26160	C13H18	1,2,3,4-tetrahydro-1,1,6-trimethylnaphthale	475-03-6	174.286	260.25	2	513.15	1	20	0.9303	1	20	1.5257	1	liquid	1

Table 1 Physical Properties - Organic Compounds

				Mol Wt	Freezing Point		Boiling Point		Density			Refractive Index			State	
NO	FORMULA	NAME	CAS No	g/mol	T_F, K	code	T_B, K	code	T, C	g/cm3	code	T, C	n_D	code	@25C,1 atm	code
26161	C13H18	2,3-dihydro-1,1,4,7-tetramethyl-1H-indene	1078-04-2	174.286	260.25	2	525.62	2	25	0.9340	1	25	1.5216	1	liquid	2
26162	C13H18	2,3-dihydro-1,1,4,6-tetramethyl-1H-indene	941-60-6	174.286	260.25	2	525.62	2	24	0.9336	2	---	---	---	liquid	2
26163	C13H18	1,2,3,4-tetrahydro-2,5,8-trimethylnaphthale	30316-17-7	174.286	260.25	2	525.62	2	24	0.9336	2	---	---	---	liquid	2
26164	C13H18	verdoracine	14374-92-6	174.286	---	---	525.62	2	24	0.9336	2	---	---	---	---	---
26165	C13H18Br2N2O	ambroxol	18683-91-5	378.107	---	---	---	---	25	1.5276	2	---	---	---	---	---
26166	C13H18ClNO	4'-chloro-2,2-dimethylvaleranilide	7287-36-7	239.745	360.65	1	483.15	1	25	1.0860	2	---	---	---	solid	1
26167	C13H18ClNO	solan	2307-68-8	239.745	358.65	1	483.15	2	25	1.0860	2	---	---	---	solid	1
26168	C13H18ClNO2	2,6-dimethyl-N-(2-methoxyethyl)chloroacet	50563-36-5	255.744	319.15	1	593.15	1	25	1.1297	2	---	---	---	solid	1
26169	C13H18ClNO2	methylcarbamic acid 2-chloro-5-tert-pentylp	15942-48-0	255.744	---	---	593.15	2	25	1.1297	2	---	---	---	---	---
26170	C13H18ClNO3S	N-tosyl-L-valine chloromethyl ketone	26020-35-9	303.810	---	---	---	---	25	1.2272	2	---	---	---	---	---
26171	C13H18ClN3O2	desbenzyl clebopride	57645-49-5	283.758	---	---	---	---	25	1.2081	2	---	---	---	---	---
26172	C13H18ClN3O4S2	cyclopenthiazide	742-20-1	379.889	511.15	1	---	---	25	1.3703	2	---	---	---	solid	1
26173	C13H18Cl2N2O2	benzyl bis(2-chloroethyl)aminomethylcarba	58050-46-7	305.204	---	---	---	---	25	1.2315	2	---	---	---	---	---
26174	C13H18Cl2N2O2	3-(o-(bis-(b-chloroethyl)amino)phenyl)-DL-	342-95-0	305.204	---	---	---	---	25	1.2315	2	---	---	---	---	---
26175	C13H18Cl2N2O2	DL-3-(p-(bis(2-chloroethyl)amino)phenyl)al	531-76-0	305.204	453.65	1	---	---	25	1.2315	2	---	---	---	solid	1
26176	C13H18Cl2N2O2	L-phenylalanine mustard	148-82-3	305.204	455.65	dec	---	---	25	1.2315	2	---	---	---	solid	1
26177	C13H18Cl2N2O2	D-sarcolysine	13045-94-8	305.204	454.90	dec	---	---	25	1.2315	2	---	---	---	solid	1
26178	C13H18Cl2N2O2	m-L-sarcolysine	1088-80-8	305.204	---	---	---	---	25	1.2315	2	---	---	---	---	---
26179	C13H18N2	trans-1-cinnamylpiperazine	87179-40-6	202.300	314.65	1	---	---	25	0.9890	1	---	---	---	solid	1
26180	C13H18N2	N,N-dimethyl-5-methyltryptamine	22120-39-4	202.300	---	---	---	---	25	1.0004	2	---	---	---	---	---
26181	C13H18N2O	4-(4-methylpiperazino)acetophenone	26586-55-0	218.299	371.15	1	---	---	25	1.0504	2	---	---	---	solid	1
26182	C13H18N2O	N,N-dimethyl-5-methoxytryptamine	1019-45-0	218.299	342.65	1	---	---	25	1.0504	2	---	---	---	solid	1
26183	C13H18N2O	cephedrine	67055-59-8	218.299	---	---	---	---	25	1.0504	2	---	---	---	---	---
26184	C13H18N2O2	lenacil	2164-08-1	234.299	563.15	1	---	---	25	1.3200	1	---	---	---	solid	1
26185	C13H18N2O2	1-hydroxy-2,2,5,5-tetramethyl-4-phenyl-3-i	18796-01-5	234.299	462.25	1	---	---	25	1.0977	2	---	---	---	solid	1
26186	C13H18N2O2	p-amidinobenzoic acid pentyl ester	---	234.299	---	---	---	---	25	1.0977	2	---	---	---	---	---
26187	C13H18N2O2	2-dimethylaminoethanol-p-acetamidobenzo	3635-74-3	234.299	433.40	1	---	---	25	1.0977	2	---	---	---	solid	1
26188	C13H18N2O3	N-caffeoylputrescine	29554-26-5	250.298	527.65	1	---	---	25	1.1426	2	---	---	---	solid	1
26189	C13H18N2O3	cycloheptenyl ethylbarbituric acid	509-86-4	250.298	---	---	---	---	25	1.1426	2	---	---	---	---	---
26190	C13H18N2O3	N-(2-methylbenzodioxan)-N'-ethyl-b-alanin	102128-78-9	250.298	---	---	---	---	25	1.1426	2	---	---	---	---	---
26191	C13H18N2O3	m-(3-pentyl)phenyl-N-methyl-N-nitrosocarb	62573-57-3	250.298	---	---	---	---	25	1.1426	2	---	---	---	---	---
26192	C13H18N2O4	(S)-N-boc-(3-pyridyl)alanine	117142-26-4	266.298	408.15	1	---	---	25	1.1853	2	---	---	---	solid	1
26193	C13H18N2O4	(S)-N-boc-(4-pyridyl)alanine	37535-57-2	266.298	---	---	---	---	25	1.1853	2	---	---	---	---	---
26194	C13H18N2O4	(R)-N-boc-(4-pyridyl)alanine	37535-58-3	266.298	498.15	1	---	---	25	1.1853	2	---	---	---	solid	1
26195	C13H18N2O4	(S)-N-boc-(2-pyridyl)alanine	71239-85-5	266.298	---	---	---	---	25	1.1853	2	---	---	---	---	---
26196	C13H18N2O4	(R)-N-boc-(3-pyridyl)alanine	98266-33-2	266.298	409.95	1	---	---	25	1.1853	2	---	---	---	solid	1
26197	C13H18N2O4	musk tibetene	145-39-1	266.298	---	---	---	---	25	1.1853	2	---	---	---	---	---
26198	C13H18N2O4S2	allylmercaptomethylpenicillin	87-09-2	330.430	---	---	500.35	1	25	1.2918	2	---	---	---	---	---
26199	C13H18N2S2	N,N-diisopropyl-2-benzothiazolesulfenamid	95-29-4	266.432	---	---	---	---	25	1.1418	2	---	---	---	---	---
26200	C13H18N3O2	1-nitroso-4-benzoyl-3,5-dimethylpiperazine	61034-40-0	248.306	---	---	---	---	25	1.1406	2	---	---	---	---	---
26201	C13H18N4O3	Na-benzoyl-L-arginine	154-92-7	278.312	556.65	1	733.15	2	25	1.2231	2	---	---	---	solid	1
26202	C13H18N4O3	pentoxifylline	6493-05-6	278.312	378.15	1	733.15	1	25	1.2231	2	---	---	---	solid	1
26203	C13H18N4O4	3-((1-(2-ethoxyethyl)-5-nitro-1H-imidazol-2	123794-11-6	294.312	---	---	---	---	25	1.2622	2	---	---	---	---	---
26204	C13H18N6O4	adenosine-5'-(N-isopropyl)carboxamide	35788-29-5	322.326	---	---	---	---	25	1.3338	2	---	---	---	---	---
26205	C13H18N6O4	adenosine-5'-(N-propyl)carboxamide	57872-80-7	322.326	---	---	---	---	25	1.3338	2	---	---	---	---	---
26206	C13H18O	1-cyclohexyl-2-methoxybenzene	2206-48-6	190.285	301.15	1	541.15	1	18	1.0070	1	18	1.5365	1	solid	1
26207	C13H18O	alpha-methyl-4-isopropylbenzenepropanal	103-95-7	190.285	---	---	543.15	1	20	0.9459	1	20	1.5068	1	---	---
26208	C13H18O	1-phenyl-1-heptanone	1671-75-6	190.285	289.55	1	556.45	1	20	0.9516	1	20	1.5060	1	liquid	1
26209	C13H18O	bourgeonal	18127-01-0	190.285	---	---	485.61	2	19	0.9682	2	---	---	---	---	---
26210	C13H18O	cyclohexylhydroxymethylbenzene	95719-26-9	190.285	---	---	433.65	1	19	0.9682	2	---	---	---	---	---
26211	C13H18O	ethyl dimethylhydrocinnamaldehyde	67634-15-5	190.285	---	---	353.65	1	19	0.9682	2	---	---	---	---	---
26212	C13H18O2	[(4-tert-butylphenoxy)methyl]oxirane	3101-60-8	206.285	---	---	463.18	2	25	1.0360	1	20	1.5145	1	---	---
26213	C13H18O2	hexyl benzoate	6789-88-4	206.285	---	---	545.15	1	20	0.9793	1	---	---	---	---	---
26214	C13H18O2	a-(tert-butyl)hydrocinnamic acid	53483-12-8	206.285	340.15	1	463.18	2	24	0.9943	2	---	---	---	solid	1
26215	C13H18O2	4-hexylbenzoic acid	21643-38-9	206.285	369.65	1	463.18	2	24	0.9943	2	---	---	---	solid	1
26216	C13H18O2	4-(hexyloxy)benzaldehyde	5736-94-7	206.285	---	---	463.18	2	25	0.9920	1	---	1.5290	1	---	---
26217	C13H18O2	ibuprofen	15687-27-1	206.285	348.40	1	588.00	2	24	0.9943	2	---	---	---	solid	1
26218	C13H18O2	(S)-(+)-ibuprofen	51146-56-6	206.285	324.15	1	463.18	2	24	0.9943	2	---	---	---	solid	1
26219	C13H18O2	isobutyric acid, 3-phenylpropyl ester	103-58-2	206.285	213.25	1	544.75	1	24	0.9943	2	---	---	---	liquid	1
26220	C13H18O2	phenylethyl isovalerate	140-26-1	206.285	---	---	463.18	2	25	0.9700	1	---	1.4850	1	---	---
26221	C13H18O2	2-phenylpropyl butyrate	80866-83-7	206.285	---	---	463.18	2	24	0.9943	2	---	1.4885	1	---	---
26222	C13H18O2	2-phenylpropyl isobutyrate	65813-53-8	206.285	---	---	463.18	2	24	0.9943	2	---	1.4860	1	---	---
26223	C13H18O2	2-(hexyloxy)benzaldehyde	7162-59-6	206.285	---	---	403.15	1	24	0.9943	2	---	---	---	---	---
26224	C13H18O2	dimethyl benzyl carbinyl propionate	67785-77-7	206.285	---	---	463.18	2	24	0.9943	2	---	---	---	---	---
26225	C13H18O2	isoamyl phenylacetate	102-19-2	206.285	---	---	359.65	1	24	0.9943	2	---	---	---	---	---
26226	C13H18O2	2-methyl-4-phenyl-2-butyl acetate	103-07-1	206.285	---	---	463.18	2	24	0.9943	2	---	---	---	---	---
26227	C13H18O2	phenethyl 2-methylbutyrate	24817-51-4	206.285	---	---	463.18	2	24	0.9943	2	---	---	---	---	---
26228	C13H18O2	2-phenethyl 2-methylbutyrate	---	206.285	---	---	463.18	2	24	0.9943	2	---	---	---	---	---
26229	C13H18O2	tricyclodecenyl propionate	17511-60-3	206.285	---	---	463.18	2	24	0.9943	2	---	---	---	---	---
26230	C13H18O3	isopentyl alpha-hydroxybenezeneacetate	5421-04-5	222.284	---	---	423.15	2	25	1.0557	2	---	---	---	---	---
26231	C13H18O3	1-benzyl-2,3-isopropylidene-rac-glycerol	15028-56-5	222.284	---	---	423.15	2	25	1.0510	1	---	1.4940	1	---	---
26232	C13H18O3	3,5-diisopropylsalicylic acid	2215-21-6	222.284	387.15	1	423.15	2	25	1.0557	2	---	---	---	solid	1
26233	C13H18O3	4-(hexyloxy)benzoic acid	1142-39-8	222.284	377.15	1	423.15	1	25	1.0557	2	---	---	---	solid	1
26234	C13H18O4	1,2,3,4-tetramethoxy-5-allylbenzene	15361-99-6	238.284	298.15	1	---	---	25	1.0870	1	25	1.5146	1	---	---
26235	C13H18O4	ethyl 3-(3,4-dimethoxyphenyl)propionate	63307-08-4	238.284	286.15	1	---	---	25	1.1120	1	---	1.5130	1	---	---
26236	C13H18O5	3,4,5-triethoxybenzoic acid	6970-19-0	254.283	383.65	1	---	---	25	1.1465	2	---	---	---	solid	1
26237	C13H18O5S	ethofumesate	26225-79-6	286.349	344.15	1	---	---	25	1.1400	1	---	---	---	solid	1
26238	C13H18O5S	(S)-(+)-2,2-dimethyl-1,3-dioxolan-4-ylmeth	23735-43-5	286.349	303.15	1	---	---	25	1.2080	1	---	1.5060	1	solid	1
26239	C13H18O5S	(R)-(-)-2,2-dimethyl-1,3-dioxolan-4-ylmeth	23788-74-1	286.349	315.15	1	---	---	25	1.2080	1	---	1.5060	1	solid	1
26240	C13H18O5S	2-ethoxy-2-(2'-phenylsulfonylethyl)-1,3-dio	149099-23-0	286.349	---	---	---	---	25	1.1853	2	---	---	---	---	---

Table 1 Physical Properties - Organic Compounds

				Mol Wt	Freezing Point		Boiling Point		Density			Refractive Index			State	
NO	FORMULA	NAME	CAS No	g/mol	T_F, K	code	T_B, K	code	T, C	g/cm3	code	T, C	n_D	code	@25C,1 atm	code
26241	C13H18O7	2-(hydroxymethyl)phenyl-beta-D-glucopyra	138-52-3	286.282	480.15	1	513.15	dec	25	1.4340	1	---	---	---	solid	1
26242	C13H18O9	b-D-ribofuranose 1,2,3,5-tetraacetate	13035-61-5	318.281	353.15	1	---	---	25	1.3031	2	---	---	---	solid	1
26243	C13H19ClN2O2	2-(diethylamino)ethyl-4-amino-2-chloroben	133-16-4	270.759	315.15	1	---	---	25	1.1515	2	---	---	---	solid	1
26244	C13H19ClN2O5S2	mefruside	7195-27-9	382.889	422.65	1	---	---	25	1.3524	2	---	---	---	solid	1
26245	C13H19ClN2OS	6'-chloro-2-(2-(dimethylamino)ethylthio)-o-a	100620-36-8	286.826	---	---	---	---	25	1.1703	2	---	---	---	---	---
26246	C13H19N	1-(1-phenylethyl)piperidine	7529-63-7	189.301	260.15	1	545.15	1	25	0.9450	1	25	1.5218	1	liquid	1
26247	C13H19N	1,2,3,4-tetrahydro-2,2,4,7-tetramethylquino	59388-58-8	189.301	---	---	545.18	2	25	0.9750	1	---	1.5490	1	---	---
26248	C13H19N	1-(2-phenylethyl)piperidine	332-14-9	189.301	---	---	545.20	1	25	0.9600	2	---	---	---	---	---
26249	C13H19N	b-allyl-N,N-dimethylphenethylamine	33132-87-5	189.301	---	---	545.18	2	25	0.9600	2	---	---	---	---	---
26250	C13H19NO	2-(diethylamino)-1-phenyl-1-propanone	90-84-6	205.300	---	---	421.15	2	25	0.9866	2	---	---	---	---	---
26251	C13H19NO	trans-2-benzylamino-1-cyclohexanol	40571-86-6	205.300	343.65	1	421.15	2	25	0.9866	2	---	---	---	solid	1
26252	C13H19NO	N,N-diisopropylbenzamide	20383-28-2	205.300	343.15	1	421.15	1	25	0.9866	2	---	---	---	solid	1
26253	C13H19NO	4-methyl-2-(1-piperidinylmethyl)phenol	21236-74-8	205.300	---	---	421.15	2	25	0.9866	2	---	---	---	---	---
26254	C13H19NO	1,2,3,6-tetrahydro-1-((6-methyl-3-cyclohexe	69462-56-2	205.300	---	---	421.15	2	25	0.9866	2	---	---	---	---	---
26255	C13H19NO2	1,2,3,4-tetrahydro-6,7-dimethoxy-1,2-dimet	71783-56-7	221.300	535.65	1	---	---	25	1.0356	2	---	---	---	solid	1
26256	C13H19NO2	1,2,3,4-tetrahydro-6,7-dimethoxy-1,2-dimet	490-53-9	221.300	---	---	---	---	25	1.0356	2	---	---	---	---	---
26257	C13H19NO2	(S,S)-(+)-2,2-dimethyl-5-methylamino-4-ph	---	221.300	---	---	---	---	25	1.0356	2	---	1.5175	1	---	---
26258	C13H19NO2	ethyl 4-(butylamino)benzoate	94-32-6	221.300	342.15	1	---	---	25	1.0356	2	---	---	---	solid	1
26259	C13H19NO2	ethyl 4-(N,N-diethylamino)benzoate	12087-54-4	221.300	314.15	1	---	---	25	1.0356	2	---	---	---	solid	1
26260	C13H19NO2	3-sec-amylphenyl-N-methylcarbamate	2282-34-0	221.300	---	---	---	---	25	1.0356	2	---	---	---	---	---
26261	C13H19NO2	o-hexyloxybenzamide	53370-90-4	221.300	344.15	1	---	---	25	1.0356	2	---	---	---	solid	1
26262	C13H19NO2S	fenothiocarb	62850-32-2	253.366	313.65	1	---	---	25	1.1051	2	---	---	---	solid	1
26263	C13H19NO2S	thanite	115-31-1	253.366	---	---	---	---	25	1.1470	1	---	1.5120	1	---	---
26264	C13H19NO2S	N-cyclohexyl-p-toluenesulfonamide	80-30-8	253.366	---	---	---	---	25	1.1051	2	---	---	---	---	---
26265	C13H19NO3	pellotine	83-14-7	237.299	384.65	1	438.15	2	25	1.0820	2	---	---	---	solid	1
26266	C13H19NO3	3-amino-3-(3-t-butoxyphenyl)propionic acid	---	237.299	---	---	438.15	2	25	1.0820	2	---	---	---	---	---
26267	C13H19NO3	homocalycotomine	14029-02-8	237.299	379.15	1	438.15	2	25	1.0820	2	---	---	---	solid	1
26268	C13H19NO3	p-nitrophenyl heptyl ether	13565-36-1	237.299	---	---	438.15	1	25	1.0820	2	---	---	---	---	---
26269	C13H19NO3	monoglycidyl ether of N-phenyldiethanolan	63041-07-6	237.299	---	---	438.15	2	25	1.0820	2	---	---	---	---	---
26270	C13H19NO3	viloxazine	46817-91-8	237.299	---	---	438.15	2	25	1.0820	2	---	---	---	---	---
26271	C13H19NO4	ethyl-4-hydroxy-3-morpholinomethylbenzoa	78330-02-6	253.298	---	---	---	---	25	1.1261	2	---	---	---	---	---
26272	C13H19NO4S	4-[(dipropylamino)sulfonyl]benzoic acid	57-66-9	285.364	468.15	1	---	---	25	1.1866	2	---	---	---	solid	1
26273	C13H19NO4S	ethyl O-mesitylsulfonylaceto-hydroxamate	38202-27-6	285.364	330.15	1	---	---	25	1.1866	2	---	---	---	solid	1
26274	C13H19N2O3	3-(maleimidomethyl)-proxyl, free radical	54060-41-2	251.306	422.15	1	---	---	25	1.1241	2	---	---	---	solid	1
26275	C13H19N3O4	pendimethalin	40487-42-1	281.312	329.15	1	---	---	25	1.1900	1	---	---	---	solid	1
26276	C13H19N3O5S	(Z)-2-amino-a-[1-(tert-butoxycarbonyl)]-1-1	86299-47-0	329.378	453.15	1	---	---	25	1.2937	2	---	---	---	solid	1
26277	C13H19N3O5S2	sparsomycin	1404-64-4	361.444	481.65	dec	---	---	25	1.3378	2	---	---	---	solid	1
26278	C13H19N3O6S	nitralin	4726-14-1	345.377	423.15	1	---	---	25	1.3272	2	---	---	---	solid	1
26279	C13H19N5	2-cyano-3-(4-pyridyl)-1-(1,2,3,trimethylprop	60560-33-0	245.329	---	---	---	---	25	1.1179	2	---	---	---	---	---
26280	C13H19N5S	1-phenyl-1H-tetrazole-5-thiol cyclohexylam	102853-44-1	277.395	423.65	1	---	---	25	1.1803	2	---	---	---	solid	1
26281	C13H19O2Rh	(1,5-cyclooctadiene)(2,4-pentanedionato)rh	12245-39-5	310.198	399.65	dec	---	---	---	---	---	---	---	---	solid	1
26282	C13H19O4PS2	isopropyl-O,O-dimethyldithiophosphoryl-1-	14211-01-9	334.397	---	---	---	---	---	---	---	---	---	---	---	---
26283	C13H20	heptylbenzene	1078-71-3	176.302	225.15	1	519.25	1	25	0.8530	1	25	1.4832	1	liquid	1
26284	C13H20	1-methyl-2,4-diisopropylbenzene	1460-98-6	176.302	228.72	2	497.15	1	20	0.8640	1	20	1.4912	1	liquid	1
26285	C13H20	1-methyl-3,5-diisopropylbenzene	3055-14-9	176.302	212.35	1	489.65	1	20	0.8668	1	20	1.4950	1	liquid	1
26286	C13H20	[2-methyl-1-isopropylpropyl]benzene	21777-84-4	176.302	248.65	1	493.85	1	10	0.8821	1	---	1.5120	1	liquid	1
26287	C13H20	1,12-tridecadiyne	38628-39-6	176.302	271.65	1	498.41	2	21	0.8262	1	20	1.4540	1	liquid	2
26288	C13H20	(2,4-dimethylpentyl)benzene	54518-00-2	176.302	228.72	2	492.16	1	19	0.8584	2	---	---	---	liquid	1
26289	C13H20BrN	4-bromo-N,N-diisopropylbenzylamine	98816-61-6	270.213	---	---	---	---	25	1.1570	1	---	1.5240	1	---	---
26290	C13H20ClNO	cis-2-benzylaminomethyl-1-cyclopentanol h	20520-98-3	241.761	438.15	1	---	---	25	1.0521	2	---	---	---	solid	1
26291	C13H20ClNO3P	dowco 183	4492-96-0	304.734	---	---	---	---	---	---	---	---	---	---	---	---
26292	C13H20NO5P	ethyl-p-nitrophenylpentylphosphonate	3015-75-6	301.280	---	---	---	---	---	---	---	---	---	---	---	---
26293	C13H20N2O	prilocaine	721-50-6	220.315	310.65	1	---	---	25	1.0160	2	---	---	---	solid	1
26294	C13H20N2O	N-(2-(diethylamino)ethyl)benzamide	3690-53-7	220.315	---	---	---	---	25	1.0160	2	---	---	---	---	---
26295	C13H20N2O2	butethamine	2090-89-3	236.315	---	---	---	---	25	1.0623	2	---	---	---	---	---
26296	C13H20N2O2	2-diethylaminoethyl 4-aminobenzoate	59-46-1	236.315	334.15	1	---	---	25	1.0623	2	---	---	---	solid	1
26297	C13H20N2O2	2-(2-methoxyethylamino)-o-propionotoluidi	67262-61-7	236.315	---	---	---	---	25	1.0623	2	---	---	---	---	---
26298	C13H20N2O2	1-veratrylpiperazine dihydrochloride	93088-18-7	236.315	---	---	---	---	25	1.0623	2	---	---	---	---	---
26299	C13H20N2O3	diethylaminoethanol-p-aminosalicylate	487-53-6	252.314	---	---	568.15	1	25	1.1063	2	---	---	---	---	---
26300	C13H20N2O3	5-ethyl-5-(1-propyl-1-butenyl)barbituric aci	67050-97-9	252.314	---	---	531.25	2	25	1.1063	2	---	---	---	---	---
26301	C13H20N2O3	5-(2-isopentenyl)-5-isopropyl-1-methylbarb	67051-27-8	252.314	---	---	494.35	1	25	1.1063	2	---	---	---	---	---
26302	C13H20N2O3S	(3-methyl-4-oxo-5-piperidino-2-thiazolidiny	73-09-6	284.380	---	---	504.05	1	25	1.1672	2	---	---	---	---	---
26303	C13H20N2O4S	Ne-tosyl-L-lysine	2130-76-9	300.379	505.65	1	---	---	25	1.2051	2	---	---	---	solid	1
26304	C13H20N2O6	actinobolin	24397-89-5	300.312	---	---	487.55	1	25	1.2262	2	---	---	---	---	---
26305	C13H20N4O3	4-(2-(2-(2-methyl-1-propenyl)-5-nitro-1H-im	141363-24-8	280.328	---	---	---	---	25	1.1850	2	---	---	---	---	---
26306	C13H20O	2,4-dimethyl-3-phenyl-3-pentanol	4397-05-1	192.301	---	---	502.15	1	20	0.9755	1	20	1.5239	1	---	---
26307	C13H20O	alpha,alpha-dipropylbenzenemethanol	4436-96-8	192.301	---	---	484.92	2	15	0.9470	1	10	1.5160	1	---	---
26308	C13H20O	alpha-ethylbenzenepentanol	60012-63-7	192.301	---	---	550.65	1	20	0.9680	1	20	1.5115	1	---	---
26309	C13H20O	alpha-hexylbenzenemethanol	614-54-0	192.301	---	---	548.15	1	25	0.9460	1	20	1.5024	1	---	---
26310	C13H20O	6,10-dimethyl-3,5,9-undecatrien-2-one	141-10-6	192.301	---	---	484.92	2	20	0.8984	1	20	1.5335	1	---	---
26311	C13H20O	heptyl phenyl ether	32395-96-3	192.301	239.65	1	540.15	1	15	0.9170	1	20	1.4912	1	liquid	1
26312	C13H20O	trans-alpha-ionone, (±)	30685-95-1	192.301	---	---	484.92	2	21	0.9298	1	20	1.5041	1	---	---
26313	C13H20O	trans-beta-ionone	79-77-6	192.301	---	---	484.92	2	20	0.9450	1	20	1.5198	1	---	---
26314	C13H20O	2-methyl-4-(3-methylpentyl)phenol	882-25-7	192.301	308.15	1	484.92	2	21	0.9402	2	25	1.5200	1	solid	1
26315	C13H20O	4-heptylphenol	1987-50-4	192.301	297.15	1	429.15	1	21	0.9402	2	---	---	---	liquid	1
26316	C13H20O	a-ionone	127-41-3	192.301	298.15	1	404.15	1	25	0.9300	1	---	1.4950	1	---	---
26317	C13H20O	b-ionone	14901-07-6	192.301	298.15	1	411.15	1	25	0.9450	1	---	1.5170	1	---	---
26318	C13H20O	2-sec-butyl-6-isopropylphenol	74926-97-9	192.301	297.15	2	484.92	2	21	0.9402	2	---	---	---	liquid	2
26319	C13H20O	o-heptylphenol	5284-22-0	192.301	297.15	2	430.15	1	21	0.9402	2	---	---	---	liquid	1
26320	C13H20O	ionone	8013-90-9	192.301	---	---	428.15	1	21	0.9402	2	---	---	---	---	---

Table 1 Physical Properties - Organic Compounds

				Mol Wt	Freezing Point		Boiling Point		Density			Refractive Index			State	
NO	FORMULA	NAME	CAS No	g/mol	T_F, K	code	T_B, K	code	T, C	g/cm3	code	T, C	n_D	code	@25C,1 atm	code
26321	C13H20O	iritone	67801-38-1	192.301	---	---	560.15	1	21	0.9402	2	---	---	---	---	---
26322	C13H20O	isoamyl phenylethyl ether	56011-02-0	192.301	---	---	530.15	1	21	0.9402	2	---	---	---	---	---
26323	C13H20O2	(-)-carvyl propionate, isomers	97-45-0	208.301	---	---	352.15	1	25	0.9510	1	---	1.4740	1	---	---
26324	C13H20O2	4-heptyloxyphenol	13037-86-0	208.301	334.65	1	469.65	2	25	0.9455	2	---	---	---	solid	1
26325	C13H20O2	tert-butyl cumyl peroxide	3457-61-2	208.301	279.65	1	469.65	2	25	0.9400	1	---	1.4210	1	liquid	2
26326	C13H20O2	bicyclo(2.2.1)heptan-2,5-diol, diallyl ether	22590-50-7	208.301	---	---	469.65	2	25	0.9455	2	---	---	---	---	---
26327	C13H20O2	tert-butyl isopropyl benzene hydroperoxide	30026-92-7	208.301	---	---	540.15	1	25	0.9455	2	---	---	---	---	---
26328	C13H20O2	6,6-dimethyl-2-norpinene-2-ethanol acetat	128-51-8	208.301	---	---	516.65	dec	25	0.9455	2	---	---	---	---	---
26329	C13H20O2	1-phenethoxy-1-propoxyethane	7493-57-4	208.301	---	---	469.65	2	25	0.9455	2	---	---	---	---	---
26330	C13H20O2Pb	triethyl lead phenyl acetate	73928-21-9	415.501	---	---	---	---	---	---	---	---	---	---	---	---
26331	C13H20O3	octyl 2-furancarboxylate	39251-88-2	224.300	---	---	513.15	2	20	0.9885	1	---	---	---	---	---
26332	C13H20O3	benzyloxyacetaldehyde diethyl acetal	42783-78-8	224.300	---	---	513.15	2	25	0.9870	1	---	1.4780	1	---	---
26333	C13H20O3	3-n-butoxy-1-phenoxy-2-propanol	3102-00-9	224.300	298.15	1	513.15	2	24	1.0057	2	---	---	---	---	---
26334	C13H20O3	methyl jasmonate	1211-29-6	224.300	---	---	513.15	2	25	1.0300	1	---	1.4740	1	---	---
26335	C13H20O3	(2-nonen-1-yl)succinic anhydride	28928-97-4	224.300	---	---	513.15	2	25	1.0320	1	---	1.4760	1	---	---
26336	C13H20O3	triethyl orthobenzoate	1663-61-2	224.300	---	---	513.15	1	25	0.9910	1	---	1.4720	1	---	---
26337	C13H20O3	acetoacetic acid 3,7-dimethyl-2,6-octadien	10032-00-5	224.300	---	---	513.15	2	24	1.0057	2	---	---	---	---	---
26338	C13H20O4	diethyl diallylmalonate	3195-24-2	240.299	---	---	516.65	1	20	0.9943	1	22	1.4445	1	---	---
26339	C13H20O4	4-methoxyphenoxyacetaldehyde diethyl ac	69034-13-5	240.299	---	---	566.15	1	25	1.0300	1	---	1.4940	1	---	---
26340	C13H20O8	pentaerythritol tetraacetate	597-71-7	304.297	356.65	1	---	---	18	1.2730	1	---	---	---	solid	1
26341	C13H21ClN2O2	procaine hydrochloride	51-05-8	272.775	427.65	1	---	---	25	1.1172	2	---	---	---	solid	1
26342	C13H21ClN4O7S	S-((2-chloroethyl)carbamoyl)glutathione	38134-58-6	412.852	---	---	---	---	25	1.3934	2	---	---	---	---	---
26343	C13H21N	2,6-di-tert-butylpyridine	585-48-8	191.317	---	---	418.15	2	25	0.9047	2	---	---	---	---	---
26344	C13H21N	4-heptylaniline	37529-27-4	191.317	245.15	2	557.00	2	25	0.9100	1	---	1.5200	1	liquid	2
26345	C13H21NO	N,N-dimethyl-1-adamantylcarboxamide	1502-00-7	207.316	---	---	---	---	25	0.9549	2	---	---	---	---	---
26346	C13H21NO	1-(2-cyclohexen-1-ylcarbonyl)-2-methylpip	77251-47-9	207.316	---	---	---	---	25	0.9549	2	---	---	---	---	---
26347	C13H21NO	1-(3-cyclohexen-1-ylcarbonyl)-2-methylpip	69462-43-7	207.316	---	---	---	---	25	0.9549	2	---	---	---	---	---
26348	C13H21NO	1-((6-methyl-3-cyclohexen-1-yl)carbonyl)pi	72299-02-6	207.316	---	---	---	---	25	0.9549	2	---	---	---	---	---
26349	C13H21NO	1,2,3,6-tetrahydro-1-((2-methylcyclohexyl)c	69462-48-2	207.316	---	---	---	---	25	0.9549	2	---	---	---	---	---
26350	C13H21NO2	deacetyldemethylthymoxamine	72732-50-4	223.316	---	---	---	---	25	1.0027	2	---	---	---	---	---
26351	C13H21NO3	a'-((tert-butyl amino)methyl)-4-hydroxy-m-x	18559-94-9	239.315	---	---	---	---	25	1.0481	2	---	---	---	---	---
26352	C13H21NO4S2	S-2-((4-(p-tolyloxy)butyl)amino)ethyl thiosu	21224-81-7	319.446	---	---	---	---	25	1.2051	2	---	---	---	---	---
26353	C13H21NO6	triethanolamine salicylate	---	287.313	---	---	---	---	25	1.1719	2	---	---	---	---	---
26354	C13H21N3O	procainamide	51-06-9	235.330	320.15	1	---	---	25	1.0432	2	---	---	---	solid	1
26355	C13H21N5O2	corafil	314-35-2	279.344	348.15	1	---	---	25	1.1654	2	---	---	---	solid	1
26356	C13H21O3PS	O,O-bis(1-methylethyl)-S-(phenylmethyl)ph	26087-47-8	288.348	298.15	1	399.15	1	---	---	---	---	---	---	---	---
26357	C13H21O3PS2	O,O-diethyl-O-(4-(methylthio)-3,5-xylyl)phc	52-60-8	320.414	---	---	---	---	---	---	---	---	---	---	---	---
26358	C13H21O4PS	propaphos	7292-16-2	304.347	298.15	1	---	---	---	---	---	---	---	---	---	---
26359	C13H21O4PS	O,O-di-n-propyl-O-(4-methylthiophenyl)phc	60580-30-5	304.347	---	---	---	---	---	---	---	---	---	---	---	---
26360	C13H21O4PS2	phosphorothioic acid, O,O-diisopropyl O-(p	74-60-2	336.413	---	---	---	---	---	---	---	---	---	---	---	---
26361	C13H22	dodecahydro-1H-fluorene	5744-03-6	178.318	---	---	533.15	1	25	0.9200	1	20	1.5012	1	---	---
26362	C13H22BrN	benzyltriethylammonium bromide	5197-95-5	272.229	466.65	1	---	---	25	1.1543	2	---	---	---	solid	1
26363	C13H22ClCrNO3	benzyltriethylammonium chlorochromate	106542-73-8	327.771	362.15	1	---	---	---	---	---	---	---	---	solid	1
26364	C13H22ClN	benzyltriethylammonium chloride	56-37-1	227.777	458.15	1	---	---	25	0.9768	2	---	---	---	solid	1
26365	C13H22ClN3O	procainamide hydrochloride	614-39-1	271.791	440.15	1	---	---	25	1.0991	2	---	---	---	solid	1
26366	C13H22HgN2O5	N-(2-ethoxy-3-hydroxymercuripropyl)barbit	67465-42-3	486.919	---	---	---	---	---	---	---	---	---	---	---	---
26367	C13H22NO3PS	fenamiphos	22224-92-6	303.363	322.15	1	---	---	20	1.1500	1	---	---	---	solid	1
26368	C13H22N2	dicyclohexylcarbodiimide	538-75-0	206.332	307.65	1	---	---	25	0.9369	2	---	---	---	solid	1
26369	C13H22N2O	norea	18530-56-8	222.331	450.15	1	---	---	25	0.9844	2	---	---	---	solid	1
26370	C13H22N2O3	4,5-bis(4-pentenyloxy)-2-imidazolidinone	93431-23-3	254.330	---	---	---	---	25	1.0728	2	---	---	---	---	---
26371	C13H22N2O4	1-(tert-butylamino)3-(3-methyl-2-nitrophen	86166-58-7	270.329	---	---	---	---	25	1.1139	2	---	---	---	---	---
26372	C13H22N4O3S	triazamate	112143-82-5	314.410	326.15	1	553.15	1	25	1.2040	2	---	---	---	solid	1
26373	C13H22O	dicyclohexylmethanone	119-60-8	194.317	330.15	1	---	---	25	0.9860	1	20	1.4860	1	solid	1
26374	C13H22O	solanone	1937-54-8	194.317	---	---	---	---	20	0.8700	1	20	1.4755	1	---	---
26375	C13H22O	4-(2,6,6-trimethyl-1-cyclohexen-1-yl)-3-but	22029-76-1	194.317	---	---	---	---	20	0.9243	1	20	1.4969	1	---	---
26376	C13H22O	4-(2,6,6-trimethyl-2-cyclohexen-1-yl)-3-but	25312-34-9	194.317	---	---	---	---	20	0.9189	1	20	1.4735	1	---	---
26377	C13H22O	geranylacetone	3796-70-1	194.317	---	---	---	---	25	0.8730	1	---	1.4670	1	---	---
26378	C13H22O	dihydro-a-ionone	31499-72-6	194.317	---	---	---	---	22	0.9144	2	---	---	---	---	---
26379	C13H22O	geranyl acetone	689-67-8	194.317	---	---	---	---	22	0.9144	2	---	---	---	---	---
26380	C13H22O	menthenyl ketone	31375-17-4	194.317	---	---	---	---	22	0.9144	2	---	---	---	---	---
26381	C13H22OS	2,5,6-trimethyl-7-propylthiohept-1-en-3-yn-	77922-38-4	226.383	---	---	---	---	25	0.9719	2	---	---	---	---	---
26382	C13H22O2	3,3,5-trimethylcyclohexyl methacrylate, iso	7779-31-9	210.316	258.25	1	---	---	25	0.9300	1	---	1.4560	1	---	---
26383	C13H22O2	geranyl propionate	105-90-8	210.316	---	---	---	---	25	0.9432	2	---	---	---	---	---
26384	C13H22O2	homolinalyl acetate	61931-80-4	210.316	---	---	---	---	25	0.9432	2	---	---	---	---	---
26385	C13H22O2	linalyl propionate	---	210.316	---	---	---	---	25	0.9432	2	---	---	---	---	---
26386	C13H22O2	lyral	31906-04-4	210.316	---	---	---	---	25	0.9432	2	---	---	---	---	---
26387	C13H22O2	neryl propionate	105-91-9	210.316	---	---	---	---	25	0.9432	2	---	---	---	---	---
26388	C13H22O2	3-(2-oxopropyl)-2-pentylcyclopentanone	40942-73-2	210.316	---	---	---	---	25	0.9432	2	---	---	---	---	---
26389	C13H22O2	terpinyl propionate	---	210.316	---	---	---	---	25	0.9432	2	---	---	---	---	---
26390	C13H22O3	ethyl-6-(2-oxocyclopentyl)hexanoate	63135-03-5	226.316	---	---	---	---	25	0.9901	2	---	1.4580	1	---	---
26391	C13H22O3	hedione	24851-98-7	226.316	---	---	---	---	25	0.9901	2	---	---	---	---	---
26392	C13H22O4	diethyl cyclohexylmalonate	2163-44-2	242.315	---	---	557.15	2	25	1.0228	1	25	1.4478	1	---	---
26393	C13H22O4	ethyl 3-(ethoxycarbonyl)-2,2-dimethylcyclo	28664-03-1	242.315	---	---	557.15	2	20	1.0104	1	70	1.4496	1	---	---
26394	C13H22O4	dibutyl itaconate	2155-60-4	242.315	---	---	557.15	1	25	0.9850	1	---	1.4440	1	---	---
26395	C13H22O6	1,2-O-cyclohexylidene-3-O-methyl-a-D-glu	13322-87-7	274.314	373.15	1	---	---	25	1.1177	2	---	---	---	solid	1
26396	C13H23NO	1-(cyclohexylcarbonyl)-3-methylpiperidine	63441-20-3	209.332	---	---	393.15	explo	25	0.9258	2	---	---	---	---	---
26397	C13H23NOSi	N-(methoxymethyl)-N-(trimethylsilylmethyl)	93102-05-7	237.417	---	---	---	---	25	0.9280	1	---	1.4920	1	---	---
26398	C13H23NO4S	2-N-boc-amino-3-(4-tetrahydrothiopyranyl)	---	289.396	---	---	---	---	25	1.1194	2	---	---	---	---	---
26399	C13H23NO5	2-N-boc-amino-3-(4-tetrahydropyranyl)pro	182287-51-0	273.330	---	---	---	---	25	1.0996	2	---	---	---	---	---
26400	C13H23NO6S	2-N-boc-amino-3[4-(1,1-dioxo-tetrahydro-tl	---	321.395	---	---	---	---	25	1.1915	2	---	---	---	---	---

Table 1 Physical Properties - Organic Compounds

				Mol Wt	Freezing Point		Boiling Point		Density			Refractive Index			State	
NO	FORMULA	NAME	CAS No	g/mol	T_F, K	code	T_B, K	code	T, C	g/cm3	code	T, C	n_D	code	@25C,1 atm	code
26401	C13H23O2	amylcyclohexyl acetate, isomers	---	211.324	---	---	---	---	25	0.9290	2	---	---	---	---	---
26402	C13H24	1-tridecyne	26186-02-7	180.334	268.16	1	507.16	1	25	0.7810	1	25	1.4359	1	liquid	1
26403	C13H24	2-tridecyne	28467-75-6	180.334	341.87	2	518.15	1	25	0.8243	2	---	---	---	solid	2
26404	C13H24	3-tridecyne	60186-78-9	180.334	341.87	2	511.15	1	25	0.8243	2	---	---	---	solid	2
26405	C13H24	dicyclohexylmethane	3178-23-2	180.334	254.51	1	525.95	1	25	0.8730	1	25	1.4743	1	liquid	1
26406	C13H24	1-octylcyclopentene	52315-44-3	180.334	211.86	2	510.15	1	25	0.8188	1	25	1.4557	1	liquid	1
26407	C13H24MnN2O7	manganese g-aminobutyratopantothenate	85625-90-7	375.281	---	---	428.65	1	---	---	---	---	---	---	---	---
26408	C13H24N2O	cuscohygrine	454-14-8	224.347	---	---	---	---	20	0.9733	1	20	1.4832	1	---	---
26409	C13H24N2O	N,N'-dicyclohexylurea	2387-23-7	224.347	506.15	1	---	---	25	0.9552	2	---	---	---	solid	1
26410	C13H24N2O3	(R)-(+)-1-(tert-butoxycarbonyl)-2-tert-butyl-	119838-44-7	256.346	342.15	1	---	---	25	1.0417	2	---	1.4365	1	solid	1
26411	C13H24N2O4	2-N-boc-amino-3-(4-piperidinyl)propionic a	---	272.345	---	---	---	---	25	1.0820	2	---	---	---	---	---
26412	C13H24N2S	dicyclohexyl thiourea	1212-29-9	240.414	---	---	443.15	1	25	0.9820	2	---	---	---	---	---
26413	C13H24N3O3PS	pirimiphos-ethyl	23505-41-1	333.393	---	---	---	---	20	1.1400	1	---	---	---	---	---
26414	C13H24N4O3S	5-butyl-2-ethylamino-6-methylpyrimidin-4-y	41483-43-6	316.426	323.65	1	---	---	25	1.1713	2	---	---	---	solid	1
26415	C13H24O	cyclotridecanone	832-10-0	196.333	301.15	1	380.15	2	25	0.9270	1	---	1.4790	1	solid	1
26416	C13H24O	dicyclohexylmethanol	4453-82-1	196.333	334.15	1	380.15	2	25	0.8673	2	---	---	---	solid	1
26417	C13H24O	isobutyl linalol	56105-46-5	196.333	---	---	393.15	1	25	0.8673	2	---	---	---	---	---
26418	C13H24O	6-isopropyldecalol	34131-99-2	196.333	---	---	367.15	1	25	0.8673	2	---	---	---	---	---
26419	C13H24O	2-tridecenal	7774-82-5	196.333	---	---	380.15	2	25	0.8673	2	---	---	---	---	---
26420	C13H24O2	ethyl 10-undecenoate	692-86-4	212.332	235.15	1	537.65	1	15	0.8827	1	25	1.4449	1	liquid	1
26421	C13H24O2	methyl 11-dodecenoate	29972-79-0	212.332	204.15	2	537.65	2	22	0.8789	1	20	1.4414	1	liquid	2
26422	C13H24O2	isodecyl acrylate	1330-61-6	212.332	173.15	1	537.65	2	20	0.8850	1	20	1.4416	1	liquid	2
26423	C13H24O2	2-tridecenoic acid	6969-16-0	212.332	309.15	1	575.00	2	30	0.8995	1	20	1.4612	1	solid	1
26424	C13H24O2	12-tridecenoic acid	6006-06-0	212.332	311.65	1	575.00	2	22	0.8792	2	---	---	---	solid	1
26425	C13H24O2	(2E,6Z)-1,1-diethoxynona-2,6-diene	67674-36-6	212.332	---	---	537.65	2	25	0.8500	1	---	---	---	---	---
26426	C13H24O2	citronellyl propionate	---	212.332	204.15	2	537.65	2	22	0.8792	2	---	---	---	liquid	2
26427	C13H24O2	decyl acrylate	2156-96-9	212.332	204.15	2	537.65	2	22	0.8792	2	---	---	---	liquid	2
26428	C13H24O2	undecenyl acetate	112-19-6	212.332	204.15	2	537.65	2	22	0.8792	2	---	---	---	liquid	2
26429	C13H24O3	1,5-bis(2-tetrahydrofuryl)-3-pentanol	6265-26-5	228.332	---	---	---	---	25	0.9610	2	25	1.4541	1	---	---
26430	C13H24O3	(6S,2E)-6,7-isopropylidenedioxy-3,7-dimet	---	228.332	---	---	---	---	25	0.9610	2	---	1.4635	1	---	---
26431	C13H24O3	(-)-menthyl lactate	59259-38-0	228.332	>313.15	1	---	---	25	0.9610	2	---	---	---	solid	1
26432	C13H24O3	(6S,2Z)-6,7-isopropylidenedioxy-3,7-dimet	61262-96-2	228.332	---	---	---	---	25	0.9610	2	---	1.4627	1	---	---
26433	C13H24O3	glycidyl neodecanoate	26761-45-5	228.332	---	---	---	---	25	0.9610	2	---	---	---	---	---
26434	C13H24O4	diethyl hexylmalonate	5398-10-7	244.331	---	---	542.15	1	21	0.9577	1	21	1.4278	1	---	---
26435	C13H24O4	diethyl nonanedioate	624-17-9	244.331	254.65	1	564.65	1	20	0.9729	1	20	1.4351	1	liquid	1
26436	C13H24O4	tridecanedioic acid	505-52-2	244.331	387.15	1	553.40	2	21	0.9653	2	---	---	---	solid	1
26437	C13H24O4	1,3-nonanediol acetate	39864-15-8	244.331	---	---	553.40	2	21	0.9653	2	---	---	---	---	---
26438	C13H24Si	trimethyl(1,2,3,4,5-pentamethyl-2,4-cyclop	87778-95-8	208.419	---	---	---	---	25	0.8640	1	---	1.4880	1	---	---
26439	C13H25Br	cis-1-bromo-1-tridecene	66324-50-3	261.246	290.49	2	551.15	1	25	1.0290	1	25	1.4530	1	liquid	1
26440	C13H25Br	trans-1-bromo-1-tridecene	66324-51-4	261.246	290.49	2	551.15	1	25	1.0290	1	25	1.4530	1	liquid	1
26441	C13H25BrO2	methyl 2-bromododecanoate	617-60-7	293.244	---	---	---	---	15	1.1130	1	25	1.4572	1	---	---
26442	C13H25Br3	1,1,1-tribromotridecane	62127-70-2	421.054	417.59	2	627.15	1	25	1.4784	2	---	---	---	solid	2
26443	C13H25Cl	cis-1-chloro-1-tridecene	66324-52-5	216.794	260.61	2	554.15	1	25	0.8750	1	25	1.4490	1	liquid	1
26444	C13H25Cl	trans-1-chloro-1-tridecene	66324-53-6	216.794	260.61	2	554.15	1	25	0.8750	1	25	1.4490	1	liquid	1
26445	C13H25Cl3	1,1,1-trichlorotridecane	3922-24-5	287.699	327.95	2	586.15	1	25	1.0392	2	---	---	---	solid	2
26446	C13H25F	cis-1-fluoro-1-tridecene	66324-54-7	200.340	262.84	2	500.27	2	25	0.8340	1	25	1.4450	1	liquid	2
26447	C13H25F	trans-1-fluoro-1-tridecene	66324-55-8	200.340	262.84	2	500.27	2	25	0.8340	1	25	1.4450	1	liquid	2
26448	C13H25F3	1,1,1-trifluorotridecane	62126-98-1	238.337	334.64	2	498.15	1	25	0.9350	2	---	---	---	solid	2
26449	C13H25I	cis-1-iodo-1-tridecene	66324-56-9	308.246	288.75	2	574.15	1	25	1.1770	1	25	1.4840	1	liquid	1
26450	C13H25I	trans-1-iodo-1-tridecene	66324-57-0	308.246	288.75	2	574.15	1	25	1.1770	1	25	1.4840	1	liquid	1
26451	C13H25I3	1,1,1-triiodotridecane	---	562.055	412.37	2	773.03	2	25	1.8078	2	---	---	---	solid	2
26452	C13H25N	tridecanenitrile	629-60-7	195.349	283.05	1	566.15	1	25	0.8223	1	25	1.4367	1	liquid	1
26453	C13H25N	N,N-dicyclohexylmethylamine	7560-83-0	195.349	---	---	566.15	2	25	0.9120	1	---	1.4900	1	---	---
26454	C13H25NO	dodecyl isocyanate	4202-38-4	211.348	---	---	---	---	25	0.8770	1	---	1.4410	1	---	---
26455	C13H25NO	N-ethyl-p-menthane-3-carboxamide	39711-79-0	211.348	362.15	1	---	---	25	0.8989	2	---	---	---	solid	1
26456	C13H25NO	1-(2-propylvaleryl)piperidine	3116-33-4	211.348	---	---	---	---	25	0.8989	2	---	---	---	---	---
26457	C13H25NO2	N-nonanoylmorpholine	5299-64-9	227.347	---	---	398.15	1	25	0.9444	2	---	---	---	---	---
26458	C13H25NO3	heptyl N,N-diethyloxamate	60254-66-2	243.347	---	---	424.45	1	25	0.9878	2	---	---	---	---	---
26459	C13H25NO3S	3-(3-ethylsulfonyl)pentyl piperidino ketone	67465-28-5	275.413	---	---	---	---	25	1.0515	2	---	---	---	---	---
26460	C13H25NS	n-dodecyl thiocyanate	765-15-1	227.415	---	---	---	---	25	0.9280	2	---	---	---	---	---
26461	C13H25NSi	1-(triisopropylsilyl)pyrrole	87630-35-1	223.434	---	---	---	---	25	0.9040	1	---	1.4920	1	---	---
26462	C13H25NSi	6-trimethylsilyl-N-tert-butyl-2,4-hexadienal	---	223.434	---	---	---	---	---	---	---	---	1.5135	1	---	---
26463	C13H25N3OS	1-cyclohexyl-3-(2-morpholinoethyl)thiourea	21545-54-0	271.428	398.65	1	---	---	25	1.0473	2	---	---	---	solid	1
26464	C13H25N5	2-amino-4g-diethylaminopropylamino-5,6-c	63731-93-1	251.377	---	---	---	---	25	1.0198	2	---	---	---	---	---
26465	C13H26	octylcyclopentane	1795-20-6	182.349	229.16	1	516.86	1	25	0.8010	1	25	1.4425	1	liquid	1
26466	C13H26	heptylcyclohexane	5617-41-4	182.349	242.66	1	518.06	1	25	0.8070	1	20	1.4486	1	liquid	1
26467	C13H26	2-butyl-1,1,3-trimethylcyclohexane	54676-39-0	182.349	242.66	2	510.52	2	19	0.8292	1	19	1.4563	1	liquid	2
26468	C13H26	cyclotridecane	295-02-3	182.349	298.05	1	529.15	1	25	0.8590	1	25	1.4750	1	liquid	1
26469	C13H26	1-tridecene	2437-56-1	182.349	250.08	1	505.93	1	25	0.7620	1	25	1.4312	1	liquid	1
26470	C13H26	2-methyl-1-dodecene	16435-49-7	182.349	241.94	1	504.45	1	25	0.7651	1	25	1.4333	1	liquid	1
26471	C13H26	5-butyl-4-nonene	7367-38-6	182.349	246.01	2	488.65	1	20	0.7745	1	20	1.4375	1	liquid	1
26472	C13H26Br2	1,1-dibromotridecane	62168-30-3	342.157	340.37	2	598.15	1	25	1.2698	2	---	---	---	solid	2
26473	C13H26Br2	1,13-dibromotridecane	31772-05-1	342.157	282.15	1	598.15	2	15	1.2760	1	27	1.4880	1	liquid	2
26474	C13H26Cl2	1,1-dichlorotridecane	821-93-2	253.254	280.61	2	572.15	1	25	0.9450	1	25	1.4500	1	liquid	1
26475	C13H26F2	1,1-difluorotridecane	62127-02-0	220.346	285.07	2	509.15	1	25	0.8800	1	25	1.4100	1	liquid	1
26476	C13H26I2	1,1-diiodotridecane	66324-43-4	436.158	336.89	2	682.68	2	25	1.5205	2	---	---	---	solid	2
26477	C13H26N2	cis,cis-bis(4-aminocyclohexyl)methane	6693-31-8	210.363	334.15	1	597.65	2	25	0.9239	2	27	1.5014	1	solid	1
26478	C13H26N2	cis,trans-bis(4-aminocyclohexyl)methane	6693-30-7	210.363	309.65	1	597.65	2	25	0.9608	1	25	1.5046	1	solid	1
26479	C13H26N2	trans,trans-bis(4-aminocyclohexyl)methane	6693-29-4	210.363	337.85	1	597.65	2	25	0.9239	2	25	1.5032	1	solid	1
26480	C13H26N2	1,3-di-4-piperidylpropane	16898-52-5	210.363	340.25	1	602.15	1	25	0.9239	2	---	---	---	solid	1

Table 1 Physical Properties - Organic Compounds

NO	FORMULA	NAME	CAS No	Mol Wt g/mol	Freezing Point T_F, K	code	Boiling Point T_B, K	code	Density T, C	g/cm3	code	Refractive Index T, C	n_D	code	State @25C,1 atm	code
26481	C13H26N2	4,4'-methylene-bis-cyclohexylamine	1761-71-3	210.363	288.15	1	593.15	1	25	0.9239	2	---	---	---	liquid	1
26482	C13H26N2	1,1'-methylenebis(3-methylpiperidine)	68922-17-8	210.363	---	---	597.65	2	25	0.8870	1	---	1.4730	1	---	---
26483	C13H26N2O3	elaiomycin	23315-05-1	258.362	---	---	---	---	25	1.0128	2	---	---	---	---	---
26484	C13H26N2O4	tybamate	4268-36-4	274.361	---	---	508.15	2	25	1.0523	2	---	---	---	---	---
26485	C13H26N2O4	N-(tert-butoxycarbonyl)-L-leucine n'-metho	87694-50-6	274.361	---	---	508.15	1	25	1.4600	1	---	1.4540	1	---	---
26486	C13H26O	1-tridecanal	10486-19-8	198.349	288.15	1	540.15	1	25	0.8270	1	25	1.4348	1	liquid	1
26487	C13H26O	2-tridecanone	593-08-8	198.349	300.65	1	535.73	1	30	0.8217	1	20	1.4318	1	solid	1
26488	C13H26O	3-tridecanone	1534-26-5	198.349	304.15	1	538.47	2	27	0.8449	2	---	---	---	solid	1
26489	C13H26O	7-tridecanone	462-18-0	198.349	306.15	1	534.15	1	30	0.8250	1	---	---	---	solid	1
26490	C13H26O	(R)-(+)-1,2-epoxytridecane	59829-81-1	198.349	---	---	538.47	2	25	0.8410	1	---	1.4380	1	---	---
26491	C13H26O	methoxycyclododecane	2986-54-1	198.349	281.15	1	543.85	1	25	0.9100	1	---	1.5000	1	liquid	1
26492	C13H26O2	tridecanoic acid	638-53-9	214.348	315.01	1	585.25	1	80	0.8458	1	60	1.4286	1	solid	1
26493	C13H26O2	2-methyldodecanoic acid	2874-74-0	214.348	295.15	1	542.21	2	18	0.8900	1	---	---	---	liquid	2
26494	C13H26O2	dodecyl formate	28303-42-6	214.348	294.47	2	554.36	2	26	0.8745	2	20	1.4334	1	liquid	2
26495	C13H26O2	undecyl acetate	1731-81-3	214.348	266.35	1	520.00	2	26	0.8745	2	25	1.4280	2	liquid	2
26496	C13H26O2	decyl propanoate	5454-19-3	214.348	278.10	2	555.06	2	25	0.8590	1	25	1.4273	1	liquid	2
26497	C13H26O2	nonyl butanoate	2639-64-7	214.348	278.10	2	535.15	1	25	0.8586	1	25	1.4260	1	liquid	1
26498	C13H26O2	octyl pentanoate	5451-85-4	214.348	230.85	1	534.75	1	20	0.8615	1	15	1.4273	1	liquid	1
26499	C13H26O2	heptyl hexanoate	6976-72-3	214.348	238.75	1	534.15	1	20	0.8611	1	15	1.4293	1	liquid	1
26500	C13H26O2	hexyl heptanoate	1119-06-8	214.348	225.15	1	534.15	1	20	0.8611	1	15	1.4290	1	liquid	1
26501	C13H26O2	pentyl octanoate	638-25-5	214.348	238.35	1	533.35	1	20	0.8613	1	25	1.4262	1	liquid	1
26502	C13H26O2	butyl nonanoate	50623-57-9	214.348	235.15	1	503.00	1	25	0.8510	1	25	1.4262	1	liquid	1
26503	C13H26O2	propyl decanoate	30673-60-0	214.348	243.51	2	542.21	2	20	0.8623	1	20	1.4280	1	liquid	2
26504	C13H26O2	isopropyl decanoate	2311-59-3	214.348	243.51	2	542.21	2	20	0.8543	1	25	1.4221	1	liquid	2
26505	C13H26O2	methyl dodecanoate	111-82-0	214.348	278.15	1	540.00	1	25	1.0390	1	20	1.4292	1	liquid	1
26506	C13H26O2	ethyl undecanoate	627-90-7	214.348	258.15	1	542.21	2	20	0.8633	1	20	1.4285	1	liquid	2
26507	C13H26O2	isoamyl caprylate	2035-99-6	214.348	243.51	2	542.21	2	26	0.8745	2	---	---	---	liquid	2
26508	C13H26O3	tert-butyl peroxy-3,5,5-trimethylhexanoate	13122-18-4	230.348	243.15	1	---	---	25	0.8970	1	---	1.4305	1	---	---
26509	C13H26O4	tert-butylperoxy 2-ethylhexyl carbonate	34443-12-4	246.347	223.25	1	---	---	25	0.9270	1	---	1.4280	1	---	---
26510	C13H26O4	decanoic acid, 2,3-dihydroxypropyl ester	2277-23-8	246.347	---	---	---	---	25	0.9767	2	---	---	---	---	---
26511	C13H26O4	decanoic acid, 2-hydroxy-1-(hydroxymethy	3376-48-5	246.347	---	---	---	---	25	0.9767	2	---	---	---	---	---
26512	C13H26O4Si4	heptamethylphenylcyclotetrasiloxane	10448-09-6	358.687	---	---	---	---	---	---	---	---	---	---	---	---
26513	C13H26O7	2-hydroxymethyl-18-crown-6	70069-04-4	294.345	---	---	---	---	25	1.1740	1	---	1.4790	1	---	---
26514	C13H26S	thiacyclotetradecane	295-20-5	214.415	302.68	2	568.15	1	25	0.8740	2	---	---	---	solid	2
26515	C13H27Br	1-bromotridecane	765-09-3	263.261	279.35	1	565.15	1	25	1.0234	1	25	1.4574	1	liquid	1
26516	C13H27Cl	1-chlorotridecane	822-13-9	218.810	273.85	1	553.15	1	25	0.8627	1	25	1.4433	1	liquid	1
26517	C13H27F	1-fluorotridecane	1536-21-6	202.356	276.15	1	515.15	1	25	0.8230	1	25	1.4205	1	liquid	1
26518	C13H27I	1-iodotridecane	35599-77-0	310.262	285.45	1	587.15	1	25	1.1731	1	25	1.4812	1	liquid	1
26519	C13H27N	1-octylpiperidine	7335-02-6	197.364	---	---	---	---	20	0.8330	1	20	1.4544	1	---	---
26520	C13H27NOSn	cyanatotributylstannane	4027-17-2	332.074	---	---	---	---	---	---	---	---	---	---	---	---
26521	C13H27NOSn	tributylisocyanatostannane	681-99-2	332.074	---	---	---	---	---	---	---	---	---	---	---	---
26522	C13H27NO2	1-nitrotridecane	26817-31-2	229.363	379.38	2	584.15	1	25	0.9184	2	---	---	---	solid	2
26523	C13H27NO3S2	S-2-((4-(4-methylcyclohexyl)butyl)amino)et	21209-02-9	309.495	---	---	---	---	25	1.0803	2	---	---	---	---	---
26524	C13H27NO6	2-aminomethyl-18-crown-6	83585-61-9	293.361	---	---	---	---	25	1.1260	1	---	1.4790	1	---	---
26525	C13H27NSn	tri-n-butyltin cyanide	2179-92-2	316.074	378.65	1	---	---	---	---	---	---	---	---	solid	1
26526	C13H28	tridecane	629-50-5	184.365	267.76	1	508.62	1	25	0.7540	1	25	1.4235	1	liquid	1
26527	C13H28	2-methyldodecane	1560-97-0	184.365	247.15	1	502.65	1	25	0.7498	1	25	1.4219	1	liquid	1
26528	C13H28	3-methyldodecane	17312-57-1	184.365	220.15	1	503.45	1	25	0.7563	1	25	1.4249	1	liquid	1
26529	C13H28	2,2-dimethylundecane	17312-64-0	184.365	238.19	2	494.15	1	25	0.7485	1	25	1.4204	1	liquid	1
26530	C13H28	2,3-dimethylundecane	17312-77-5	184.365	205.77	2	501.15	1	25	0.7650	1	25	1.4297	1	liquid	1
26531	C13H28	2,4-dimethylundecane	17312-80-0	184.365	205.77	2	489.15	1	25	0.7540	1	25	1.4239	1	liquid	1
26532	C13H28	5-butylnonane	17312-63-9	184.365	230.80	2	490.65	1	18	0.7635	1	18	1.4273	1	liquid	1
26533	C13H28N2O	nitrosomethyl-n-dodecylamine	55090-44-3	228.379	---	---	---	---	25	0.9031	2	---	---	---	---	---
26534	C13H28N2S	n-butyl-2-dibutylthiourea	2422-88-0	244.445	---	---	501.15	dec	25	0.9300	2	---	---	---	---	---
26535	C13H28O	1-tridecanol	112-70-9	200.365	303.75	1	553.60	1	31	0.8223	1	25	1.4433	1	solid	1
26536	C13H28O	2-tridecanol	1653-31-2	200.365	295.15	1	541.15	1	25	0.8267	1	25	1.4403	1	liquid	1
26537	C13H28O	3-tridecanol	10289-68-6	200.365	305.15	1	531.15	2	46	0.8139	1	---	---	---	solid	1
26538	C13H28O	5-butyl-5-nonanol	597-93-3	200.365	293.15	1	531.15	2	20	0.8408	1	20	1.4445	1	liquid	2
26539	C13H28O2	1,2-tridecanediol	---	216.364	342.41	2	595.15	2	25	0.8654	2	---	---	---	solid	2
26540	C13H28O2	1,3-tridecanediol	---	216.364	342.41	2	606.15	2	25	0.8654	2	---	---	---	solid	2
26541	C13H28O2	1,4-tridecanediol	61828-34-0	216.364	319.15	1	627.15	2	25	0.8654	2	---	---	---	solid	1
26542	C13H28O2	1,13-tridecanediol	13362-52-2	216.364	349.75	1	614.15	2	25	0.8654	2	---	---	---	solid	1
26543	C13H28O2	1,12-tridecanediol	99706-68-0	216.364	333.65	1	610.65	2	25	0.8654	2	---	---	---	solid	1
26544	C13H28O2SSn	isooctyl ((trimethylstannyl)thio)acetate	54849-39-7	367.140	---	---	---	---	---	---	---	---	---	---	---	---
26545	C13H28O3	triisobutoxymethane	16754-49-7	232.364	---	---	496.15	1	20	0.8582	1	20	1.4120	1	---	---
26546	C13H28O3	2-(2-(1-isobutyl-3-methylbutoxy)ethoxy)eth	63980-62-1	232.364	---	---	478.15	1	25	0.9090	2	---	---	---	---	---
26547	C13H28O4	tetrapropoxymethane	597-72-8	248.363	---	---	497.35	1	20	0.8970	1	20	1.4100	1	---	---
26548	C13H28O4	4,4'-(2-ethyl-2-nitro-1,3-propanediyl)bismo	1854-23-5	248.363	---	---	497.35	2	25	0.9507	2	---	---	---	---	---
26549	C13H28S	1-tridecanethiol	19484-26-5	216.431	282.04	1	563.96	1	25	0.8420	1	25	1.4586	1	liquid	1
26550	C13H28S	2-tridecanethiol	62155-03-7	216.431	263.15	1	555.15	1	25	0.8374	1	25	1.4558	1	liquid	1
26551	C13H28S	methyl dodecyl sulfide	---	216.431	271.16	2	553.00	2	25	0.8420	1	25	1.4590	1	liquid	2
26552	C13H28S	ethyl undecyl sulfide	66577-30-8	216.431	271.16	2	553.00	2	25	0.8420	1	---	---	---	liquid	2
26553	C13H28S	propyl decyl sulfide	66577-31-9	216.431	271.16	2	553.00	2	25	0.8420	1	---	---	---	liquid	2
26554	C13H28S	butyl nonyl sulfide	66577-32-0	216.431	271.16	2	553.00	2	25	0.8420	1	---	---	---	liquid	2
26555	C13H29N	tridecylamine	2869-34-3	199.380	299.15	1	553.15	1	20	0.8049	1	20	1.4443	1	solid	1
26556	C13H29N	methyldodecylamine	7311-30-0	199.380	291.15	1	534.15	1	25	0.7940	1	25	1.4402	1	liquid	1
26557	C13H29N	ethylundecylamine	59570-04-6	199.380	291.15	2	532.15	1	25	0.7910	1	25	1.4384	1	liquid	1
26558	C13H29N	dimethylundecylamine	17373-28-3	199.380	299.15	2	526.15	1	25	0.7802	1	25	1.4328	1	solid	2
26559	C13H29N	diethylnonylamine	45124-35-4	199.380	299.15	2	504.15	1	25	0.7830	1	25	1.4340	1	solid	2
26560	C13H29N	6-methyl-N-isopentyl-2-heptanamine	502-59-0	199.380	291.15	2	520.48	2	24	0.7909	2	---	---	---	liquid	2

Table 1 Physical Properties - Organic Compounds

				Mol Wt	Freezing Point		Boiling Point		Density			Refractive Index			State	
NO	FORMULA	NAME	CAS No	g/mol	T_F, K	code	T_B, K	code	T, C	g/cm3	code	T, C	n_D	code	@25C,1 atm	code
26561	C13H29N	tert-amyl-tert-octylamine	150285-07-7	199.380	291.15	2	473.15	1	25	0.8080	1	---	1.4430	1	liquid	1
26562	C13H29N	N-methyldihexylamine	37615-53-5	199.380	299.15	2	520.48	2	25	0.7750	1	---	1.4330	1	solid	2
26563	C13H29NO2	N,N-dimethylformamide dineopentyl acetal	4909-78-8	231.379	---	---	---	---	25	0.8250	1	---	1.4120	1	---	---
26564	C13H29NO4	N,N-bis(2,2-diethoxyethyl)methylamine	6948-86-3	263.378	---	---	494.15	1	25	0.9420	1	---	1.4260	1	---	---
26565	C13H30BrN	decyltrimethylammonium bromide	2082-84-0	280.292	507.15	1	---	---	25	1.0309	2	---	---	---	solid	1
26566	C13H30OSn	tributyltin methoxide	1067-52-3	321.091	---	---	---	---	25	1.1150	1	---	1.4720	1	---	---
26567	C13H30O3SSn	tri-n-butyltin methanesulfonate	13302-06-2	385.155	---	---	---	---	---	---	---	---	---	---	---	---
26568	C13H30O6P2	tetraisopropyl methylenediphosphonate	1660-95-3	344.326	---	---	428.15	1	25	1.0800	1	---	1.4310	1	---	---
26569	C13H30SSn	tripropyl(butylthio)stannane	67445-50-5	337.157	---	---	---	---	---	---	---	---	---	---	---	---
26570	C13H31N2OP	methyl N,N,N',N'-tetraisopropylphosphorod	92611-10-4	262.377	---	---	---	---	25	0.9150	1	---	1.4610	1	---	---
26571	C13H31N4P	2-tert-butylimino-2-diethylamino-1,3-dimeth	98015-45-3	274.391	---	---	---	---	25	0.9480	1	---	1.4770	1	---	---
26572	C13H32OSi2	n-octylpentamethyldisiloxane	180006-15-9	260.566	---	---	---	---	---	---	---	---	1.4180	1	---	---
26573	C14N22O	zylofuramine	3563-92-6	492.307	---	---	---	---	25	2.2473	2	---	---	---	---	---
26574	C14HF27O2	perfluorotetradecanoic acid	376-06-7	714.120	406.65	1	543.15	1	25	1.7738	2	---	---	---	solid	1
26575	C14H4Cl6O4	bis(2,4,6-trichlorophenyl)oxalate	1165-91-9	448.898	463.15	1	---	---	25	1.7027	2	---	---	---	solid	1
26576	C14H4F4N2O4	tetrafluoro-m-phenylene dimaleimide	56973-16-1	340.191	---	---	---	---	25	1.6315	2	---	---	---	---	---
26577	C14H4N2O2S2	dithianone	3347-22-6	296.331	493.15	1	---	---	25	1.5689	2	---	---	---	solid	1
26578	C14H4N4O12	chrysamminic acid	517-92-0	420.207	---	---	---	---	25	1.8894	2	---	---	---	---	---
26579	C14H4O6	[2]benzopyrano[6,5,4-def][2]benzopyran-1,	81-30-1	268.182	723.15	1	---	---	25	1.5618	2	---	---	---	solid	1
26580	C14H47Al3B3N7	heptakis (dimethylamino)trialuminum tribor	28016-59-3	426.955	---	---	---	---	---	---	---	---	---	---	---	---
26581	C14H6Br2O2	2,7-dibromo-9,10-anthracenedione	605-42-5	366.008	522.15	1	---	---	25	1.8489	2	---	---	---	solid	1
26582	C14H6ClF3NNaO5	acifluorfen sodium	62476-59-9	383.643	373.15	1	---	---	---	---	---	---	---	---	solid	1
26583	C14H6ClF6N3O4	flufenamine	62441-54-7	429.664	---	---	---	---	25	1.6606	2	---	---	---	---	---
26584	C14H6ClNO4	1-chloro-5-nitroanthraquinone	129-40-8	287.659	587.15	1	---	---	25	1.5066	2	---	---	---	solid	1
26585	C14H6Cl2N2O4	1-amino-4-nitro-5,8-dichloroanthraquinone	66121-41-3	337.118	---	---	---	---	25	1.5873	2	---	---	---	---	---
26586	C14H6Cl2O2	1,5-dichloroanthraquinone	82-46-2	277.105	520.65	1	---	---	25	1.4384	2	---	---	---	solid	1
26587	C14H6Cl2O2	1,8-dichloro-9,10-anthraquinone	82-43-9	277.105	474.65	1	---	---	25	1.4384	2	---	---	---	solid	1
26588	C14H6Cl2O4	4,8-dichloro-1,5-dihydroxyanthraquinone	6837-97-4	309.104	---	---	---	---	25	1.5161	2	---	---	---	---	---
26589	C14H6Cl4NiO4	bis(3,4-dichlorobenzoato)nickel	15442-77-0	438.703	---	---	---	---	---	---	---	---	---	---	---	---
26590	C14H6Cl4O4	bis(2,4-dichlorobenzoyl) peroxide	133-14-2	380.009	379.15	1	---	---	25	1.5949	2	---	---	---	solid	1
26591	C14H6F6N2O4S2	bis(2-nitro-4-trifluoromethylphenyl) disulfid	860-39-9	444.336	---	---	---	---	25	1.6554	2	---	---	---	---	---
26592	C14H6F8	4,4'-dimethyloctafluorobiphenyl	26475-18-3	326.190	423.15	1	---	---	25	1.4426	2	---	---	---	solid	1
26593	C14H6F8O2	4,4'-dimethoxyoctafluorodiphenyl	2200-71-7	358.188	359.65	1	---	---	25	1.5092	2	---	---	---	solid	1
26594	C14H6F20O2	2,2,3,3,4,4,5,5,6,6,7,7,8,8,9,9,10,10,11,11-	4998-38-3	586.170	321.65	1	---	---	25	1.6468	2	---	---	---	solid	1
26595	C14H6N2O6	1,5-dinitro-9,10-anthracenedione	82-35-9	298.212	658.15	1	---	---	25	1.5760	2	---	---	---	solid	1
26596	C14H6N2O8	1,8-dihydroxy-4,5-dinitroanthracene-9,10-c	81-55-0	330.211	---	---	---	---	25	1.6473	2	---	---	---	---	---
26597	C14H6N6O12	1,1'-(1,2-ethenediyl)bis[2,4,6-trinitrobenzer	20062-22-0	450.236	---	---	---	---	25	1.8767	2	---	---	---	---	---
26598	C14H6N8O14	hexanitrooxanilide	29135-62-4	510.249	---	---	---	---	25	1.9652	2	---	---	---	---	---
26599	C14H6Na2O8S2	anthraquinone-1,5-disulfonic acid, disodiur	853-35-0	412.308	>573.15	1	---	---	---	---	---	---	---	---	solid	1
26600	C14H6Na2O8S2	anthraquinone-2,6-disulfonic acid, disodiur	84-50-4	412.308	598.15	1	---	---	---	---	---	---	---	---	solid	1
26601	C14H6O8	eleagic acid	476-66-4	302.197	---	---	---	---	25	1.5743	2	---	---	---	---	---
26602	C14H7BrO2	1-bromo-9,10-anthracenedione	632-83-7	287.112	459.65	1	---	---	25	1.5722	2	---	---	---	solid	1
26603	C14H7BrO2	2-bromo-9,10-anthracenedione	572-83-8	287.112	478.95	1	---	---	25	1.5722	2	---	---	---	solid	1
26604	C14H7Br2NO2	1-amino-2,4-dibromoanthraquinone	81-49-2	381.023	---	---	---	---	25	1.8432	2	---	---	---	---	---
26605	C14H7Br3F3N3O4	bromethaline	63333-35-7	577.936	---	---	463.15	1	25	2.0944	2	---	---	---	---	---
26606	C14H7ClF3NO5	acifluorfen	50594-66-6	361.662	423.15	1	---	---	25	1.5676	2	---	---	---	solid	1
26607	C14H7ClO2	1-chloro-9,10-anthracenedione	82-44-0	242.661	436.15	1	---	---	25	1.3484	2	---	---	---	solid	1
26608	C14H7ClO2	2-chloro-9,10-anthracenedione	131-09-9	242.661	484.15	1	---	---	25	1.3484	2	---	---	---	solid	1
26609	C14H7F19O2	3,3,4,4,5,5,6,6,7,7,8,8,9,10,10,10-hexadec	15577-26-1	568.180	---	---	516.15	1	25	1.6670	1	---	1.3400	1	---	---
26610	C14H7NO	4-cyano-9-fluorenone	---	205.216	517.15	1	---	---	25	1.2714	2	---	---	---	solid	1
26611	C14H7NO3	5H-furo(3',2':6,7)(1)benzopyrano(3,4-c)pyr	85878-62-2	237.215	---	---	---	---	25	1.3741	2	---	---	---	---	---
26612	C14H7NO4	1-nitro-9,10-anthracenedione	82-34-8	253.214	504.65	1	---	---	25	1.4205	2	---	---	---	solid	1
26613	C14H7NO4	2-nitro-9,10-anthracenedione	605-27-6	253.214	457.65	1	---	---	25	1.4205	2	---	---	---	solid	1
26614	C14H7NO6	1,2-dihydroxy-3-nitro-9,10-anthracenedion	568-93-4	285.213	517.15	dec	---	---	25	1.5052	2	---	---	---	solid	1
26615	C14H7NO6	1,2-dihydroxy-4-nitro-9,10-anthracenedion	2243-71-2	285.213	562.15	dec	---	---	25	1.5052	2	---	---	---	solid	1
26616	C14H7NO7S	9,10-dioxo-9,10-dihydro-1-nitro-6-anthrace	6483-86-9	333.278	---	---	---	---	25	1.5820	2	---	---	---	---	---
26617	C14H7NO7S	9,10-dioxo-1-nitro-9,10-dihydro-5-anthrace	82-50-8	333.278	---	---	---	---	25	1.5820	2	---	---	---	---	---
26618	C14H7N3O6	1,6,9-trinitrophenanthrene	159092-78-1	313.227	---	---	490.50	2	25	1.5821	2	---	---	---	---	---
26619	C14H7N3O6	1,5,9-trinitrophenanthrene	159092-76-9	313.227	---	---	419.05	1	25	1.5821	2	---	---	---	---	---
26620	C14H7N3O6	1,7,9-trinitrophenanthrene	159092-79-2	313.227	---	---	490.50	2	25	1.5821	2	---	---	---	---	---
26621	C14H7N3O6	2,5,10-trinitrophenanthrene	159092-80-5	313.227	---	---	522.15	1	25	1.5821	2	---	---	---	---	---
26622	C14H7N3O6	2,6,9-trinitrophenanthrene	159092-81-6	313.227	---	---	573.15	dec	25	1.5821	2	---	---	---	---	---
26623	C14H7N3O6	3,5,10-trinitrophenanthrene	159092-85-0	313.227	---	---	447.65	1	25	1.5821	2	---	---	---	---	---
26624	C14H7N3O6	3,6,9-trinitrophenanthrene	159092-84-9	313.227	---	---	490.50	2	25	1.5821	2	---	---	---	---	---
26625	C14H7NaO7S	alizarin red s	130-22-3	342.261	---	---	---	---	---	---	---	---	---	---	---	---
26626	C14H8BrNO3	1-amino-2-bromo-4-hydroxyanthraquinone	116-82-5	318.127	---	---	---	---	25	1.6149	2	---	---	---	---	---
26627	C14H8BrNO2	N-(p-bromophenyl)phthalimide	40101-31-3	302.127	---	---	---	---	25	1.5787	2	---	---	---	---	---
26628	C14H8Br2	9,10-dibromoanthracene	523-27-3	336.026	499.15	1	---	---	25	1.7167	2	---	---	---	solid	1
26629	C14H8Br2O2	4,4'-dibromobenzil	35578-47-3	368.024	497.15	1	---	---	25	1.7781	2	---	---	---	solid	1
26630	C14H8Br6O2	1,1'-(1,2-ethanediylbis(oxy))bis(2,4,6-tribro	37853-59-1	687.640	---	---	---	---	25	2.4013	2	---	---	---	---	---
26631	C14H8ClF3O3	3-(2-chloro-4-(trifluoromethyl)phenoxy)ben	63734-62-3	316.664	---	---	---	---	25	1.4411	2	---	---	---	---	---
26632	C14H8ClNO2	1-amino-5-chloroanthraquinone	117-11-3	257.676	---	---	---	---	25	1.3654	2	---	---	---	---	---
26633	C14H8ClNO3	1-amino-5-chloro-4-hydroxyanthraquinone	116-84-7	273.675	---	---	---	---	25	1.4083	2	---	---	---	---	---
26634	C14H8Cl2	9,10-dichloroanthracene	605-48-1	247.123	486.15	1	---	---	25	1.0800	1	---	---	---	solid	1
26635	C14H8Cl2N4	clofentezine	74115-24-5	303.151	455.15	1	---	---	25	1.4615	2	---	---	---	solid	1
26636	C14H8Cl2O4	bis(p-chlorobenzoyl) peroxide	94-17-7	311.120	---	---	---	---	25	1.4614	2	---	---	---	---	---
26637	C14H8Cl4	2,2-dichloro-1,1-bis(4-chlorophenyl)ethene	72-55-9	318.028	362.15	1	---	---	25	1.4146	2	---	---	---	solid	1
26638	C14H8Cl4	o,p'-DDE	3424-82-6	318.028	351.47	1	---	---	25	1.4146	2	---	---	---	solid	1
26639	C14H8F2O2	4,4'-difluorobenzil	579-39-5	246.213	392.15	1	---	---	25	1.3163	2	---	---	---	solid	1
26640	C14H8N2	4,4'-biphenyldicarbonitrile	1591-30-6	204.232	507.15	1	---	---	25	1.2412	2	---	---	---	solid	1

Table 1 Physical Properties - Organic Compounds

				Mol Wt	Freezing Point		Boiling Point		Density			Refractive Index			State	
NO	FORMULA	NAME	CAS No	g/mol	T_F, K	code	T_B, K	code	T, C	g/cm3	code	T, C	n_D	code	@25C,1 atm	code
26641	C14H8N2O	anthra(1,9-cd)pyrazol-6(2H)-one	129-56-6	220.231	---	---	---	---	25	1.2943	2	---	---	---	---	---
26642	C14H8N2O3	4,4'-oxybis(phenyl isocyanate)	4128-73-8	252.230	338.15	1	469.15	1	25	1.3905	2	---	---	---	solid	1
26643	C14H8N2O4	N,N'-o-phenylenedimaleimide	13118-04-2	268.229	519.65	1	---	---	25	1.4343	2	---	---	---	solid	1
26644	C14H8N2O4	N,N'-m-phenylenedimaleimide	3006-93-7	268.229	>477.15	1	---	---	25	1.4343	2	---	---	---	solid	1
26645	C14H8N2O4	N,N'-p-phenylenedimaleimide	3278-31-7	268.229	>573.15	1	---	---	25	1.4343	2	---	---	---	solid	1
26646	C14H8N2O4	1,6-dinitrophenanthrene	159092-67-8	268.229	---	---	---	---	25	1.4343	2	---	---	---	---	---
26647	C14H8N2O4	2,6-dinitrophenanthrene	159092-69-0	268.229	---	---	---	---	25	1.4343	2	---	---	---	---	---
26648	C14H8N2O4	3,5-dinitrophenanthrene	159092-72-5	268.229	---	---	---	---	25	1.4343	2	---	---	---	---	---
26649	C14H8N2O4	3,6-dinitrophenanthrene	100527-20-6	268.229	---	---	---	---	25	1.4343	2	---	---	---	---	---
26650	C14H8N2O4	3,10-dinitrophenanthrene	159092-73-6	268.229	---	---	---	---	25	1.4343	2	---	---	---	---	---
26651	C14H8N2O8S2	5,5'-dithiobis(2-nitrobenzoic acid)	69-78-3	396.359	515.65	1	---	---	25	1.6474	2	---	---	---	solid	1
26652	C14H8N2S4	2,2'-dithiobis(benzothiazole)	120-78-5	332.496	450.05	1	---	---	25	1.5200	1	---	---	---	solid	1
26653	C14H8N6O4	bis-o-azido benzoyl peroxide	---	324.257	---	---	440.65	1	25	1.5895	2	---	---	---	---	---
26654	C14H8O2	anthraquinone	84-65-1	208.216	559.15	1	653.05	1	20	1.4380	1	---	---	---	solid	1
26655	C14H8O2	9,10-phenanthrenedione	84-11-7	208.216	482.15	1	653.05	2	22	1.4050	1	---	---	---	solid	1
26656	C14H8O2	9H-fluorene-4-carboxylic acid	6954-55-8	208.216	465.65	1	653.05	2	21	1.4215	2	---	---	---	solid	1
26657	C14H8O3	dibenz[c,e]oxepin-5,7-dione	6050-13-1	224.216	490.15	1	---	---	25	1.2968	2	---	---	---	solid	1
26658	C14H8O3	1-hydroxy-9,10-anthracenedione	129-43-1	224.216	466.95	1	---	---	25	1.2968	2	---	---	---	solid	1
26659	C14H8O3	2-hydroxy-9,10-anthracenedione	605-32-3	224.216	579.15	1	---	---	25	1.2968	2	---	---	---	solid	1
26660	C14H8O3	2-hydroxy-9,10-phenanthrenedione	4088-81-7	224.216	557.15	1	---	---	25	1.2968	2	---	---	---	solid	1
26661	C14H8O3	3-hydroxy-9,10-phenanthrenedione	57404-54-3	224.216	603.15	dec	---	---	25	1.2968	2	---	---	---	solid	1
26662	C14H8O3	9-oxo-9H-fluorene-2-carboxylic acid	784-50-9	224.216	614.15	1	---	---	25	1.2968	2	---	---	---	solid	1
26663	C14H8O4	alizarin	72-48-0	240.215	562.65	1	---	---	25	1.3457	2	---	---	---	solid	1
26664	C14H8O4	1,4-dihydroxy-9,10-anthracenedione	81-64-1	240.215	473.15	1	---	---	25	1.3457	2	---	---	---	solid	1
26665	C14H8O4	1,5-dihydroxy-9,10-anthracenedione	117-12-4	240.215	553.15	1	---	---	25	1.3457	2	---	---	---	solid	1
26666	C14H8O4	1,7-dihydroxy-9,10-anthracenedione	569-08-4	240.215	566.45	1	---	---	25	1.3457	2	---	---	---	solid	1
26667	C14H8O4	1,8-dihydroxy-9,10-anthracenedione	117-10-2	240.215	466.15	1	---	---	25	1.3457	2	---	---	---	solid	1
26668	C14H8O4	2,7-dihydroxy-9,10-anthracenedione	572-93-0	240.215	626.95	1	---	---	25	1.3457	2	---	---	---	solid	1
26669	C14H8O4	2,6-dihydroxyanthraquinone	84-60-6	240.215	>593.15	1	---	---	25	1.3457	2	---	---	---	solid	1
26670	C14H8O4	2,2-biphenyl dicarbonyl peroxide	---	240.215	---	---	---	---	25	1.3457	2	---	---	---	---	---
26671	C14H8O5	1,2,3-trihydroxy-9,10-anthracenedione	602-64-2	256.215	586.15	1	733.65	2	25	1.3915	2	---	---	---	solid	1
26672	C14H8O5	1,2,4-trihydroxy-9,10-anthracenedione	81-54-9	256.215	532.15	1	733.65	2	25	1.3915	2	---	---	---	solid	1
26673	C14H8O5	1,2,6-trihydroxy-9,10-anthracenedione	82-29-1	256.215	603.15	1	732.15	1	25	1.3915	2	---	---	---	solid	1
26674	C14H8O5	1,2,7-trihydroxy-9,10-anthracenedione	602-65-3	256.215	647.15	1	735.15	1	25	1.3915	2	---	---	---	solid	1
26675	C14H8O6	1,2,5,6-tetrahydroxy-9,10-anthracenedione	632-77-9	272.214	613.15	1	---	---	25	1.4346	2	---	---	---	solid	1
26676	C14H8O6	1,2,5,8-tetrahydroxy-9,10-anthracenedione	81-61-8	272.214	>548	1	---	---	25	1.4346	2	---	---	---	solid	1
26677	C14H8O6	1,3,5,7-tetrahydroxy-9,10-anthracenedione	632-82-6	272.214	633.15	1	---	---	25	1.4346	2	---	---	---	solid	1
26678	C14H8O6	1,4,5,8-tetrahydroxyanthraquinone	81-60-7	272.214	>548	1	---	---	25	1.4346	2	---	---	---	solid	1
26679	C14H8O8	1,2,3,5,6,7-hexahydroxy-9,10-anthracened	82-12-2	304.213	---	---	---	---	25	1.5137	2	---	---	---	---	---
26680	C14H8O8	1,4,5,8-naphthalenetetracarboxylic acid	128-97-2	304.213	---	---	---	---	25	1.5137	2	---	---	---	---	---
26681	C14H8O8S2	1,5-anthraquinonedisulfonic acid	117-14-6	368.345	583.65	1	---	---	25	1.5870	2	---	---	---	solid	1
26682	C14H8O8S2	1,8-anthraquinonedisulfinic acid	82-48-4	368.345	566.65	1	418.65	1	25	1.5870	2	---	---	---	solid	1
26683	C14H9Br	9-bromophenanthrene	573-17-1	257.129	337.65	1	---	---	10	1.4093	1	---	---	---	solid	1
26684	C14H9Br	9-bromoanthracene	1564-64-3	257.129	372.15	1	---	---	25	1.4253	2	---	---	---	solid	1
26685	C14H9BrN2O4	2-bromo-1,5-diamino-4,8-dihydroxyanthrac	27312-17-0	349.141	---	---	417.65	2	25	1.6519	2	---	---	---	---	---
26686	C14H9BrN2O4	2-bromo-1,8-diamino-4,5-dihydroxyanthrac	65235-63-4	349.141	---	---	417.65	2	25	1.6519	2	---	---	---	---	---
26687	C14H9BrN2O4	1,5-diaminobromo-4,8-dihydroxy-9,10-anth	31810-89-6	349.141	---	---	417.65	1	25	1.6519	2	---	---	---	---	---
26688	C14H9Cl	1-chloroanthracene	4985-70-0	212.678	356.65	1	---	---	100	1.1707	1	100	1.6959	1	solid	1
26689	C14H9Cl	2-chloroanthracene	17135-78-3	212.678	495.15	1	---	---	25	1.1965	2	---	---	---	solid	1
26690	C14H9Cl	9-chlorophenanthrene	947-72-8	212.678	321.15	1	---	---	25	1.1965	2	---	---	---	solid	1
26691	C14H9ClF2N2O2	diflubenzuron	35367-38-5	310.688	512.15	1	---	---	25	1.4301	2	---	---	---	solid	1
26692	C14H9ClN2	4-chloro-2-phenylquinazoline	6484-25-9	240.692	398.65	1	---	---	25	1.2924	2	---	---	---	solid	1
26693	C14H9ClN2O4	9,10-anthracenedione	12217-79-7	304.690	---	---	402.15	1	25	1.4599	2	---	---	---	---	---
26694	C14H9ClO3	chlorflurecol	2464-37-1	260.676	---	---	---	---	20	1.4960	1	---	---	---	---	---
26695	C14H9Cl2NO5	bifenox	42576-02-3	342.134	358.15	1	---	---	25	1.5054	2	---	---	---	solid	1
26696	C14H9Cl3	1,1-bis(p-chlorophenyl)-2-chloroethylene	1022-22-6	283.583	---	---	---	---	25	1.3368	2	---	---	---	---	---
26697	C14H9Cl3F2	fluoro-ddt	475-26-3	321.580	318.15	1	---	---	25	1.3867	2	---	---	---	solid	1
26698	C14H9Cl3N2OS	6-chloro-5-(2,3-dichlorophenoxy)-2-methylt	68786-66-3	359.662	448.65	1	513.75	1	25	1.4874	2	---	---	---	solid	1
26699	C14H9Cl5	1,1,1-trichloro-2,2-bis(4-chlorophenyl)etha	50-29-3	354.488	381.65	1	533.15	1	25	1.4380	2	---	---	---	solid	1
26700	C14H9Cl5	o,p'-DDT	789-02-6	354.488	347.99	1	533.15	2	25	1.4380	2	---	---	---	solid	1
26701	C14H9Cl5O	1,1-bis(4-chlorophenyl)-2,2,2-trichloroetha	115-32-2	370.487	350.65	1	---	---	25	1.4694	2	---	---	---	solid	1
26702	C14H9F3N2O3	1-(m-trifluoromethylphenyl)-N-nitrosoanthr	23595-00-8	310.233	---	---	---	---	25	1.4393	2	---	---	---	---	---
26703	C14H9F3O	2-(trifluoromethyl)benzophenone	727-99-1	250.220	334.15	1	---	---	25	1.2778	2	---	---	---	solid	1
26704	C14H9F3O	3-(trifluoromethyl)benzophenone	728-81-4	250.220	324.65	1	---	---	25	1.2778	2	---	---	---	solid	1
26705	C14H9F3O	4-(trifluoromethyl)benzophenone	728-86-9	250.220	387.65	1	---	---	25	1.2778	2	---	---	---	solid	1
26706	C14H9F3O2	3-[3-(trifluoromethyl)phenoxy]benzaldehyd	78725-46-9	266.220	---	---	403.15	1	25	1.2840	1	---	1.5380	1	---	---
26707	C14H9F3O2	4,4,4-trifluoro-1-(2-naphthyl)-1,3-butanedic	893-33-4	266.220	347.15	1	403.15	2	25	1.3216	2	---	---	---	solid	1
26708	C14H9F17O2	3,3,4,4,5,5,6,6,7,7,8,8,9,9,10,10,10-heptad	1996-88-9	532.199	253.15	1	---	---	25	1.5960	1	---	1.3430	1	---	---
26709	C14H9N	4-cyanofluorene	---	191.232	351.15	1	---	---	25	1.1604	2	---	---	---	solid	1
26710	C14H9NO	4-cyanobenzophenone	1503-49-7	207.232	385.15	1	---	---	25	1.2160	2	---	---	---	solid	1
26711	C14H9NO	2-nitrosophenanthrene	38241-20-2	207.232	---	---	---	---	25	1.2160	2	---	---	---	---	---
26712	C14H9NO2	1-amino-9,10-anthracenedione	82-45-1	223.231	526.65	1	---	---	25	1.2681	2	---	---	---	solid	1
26713	C14H9NO2	9-nitroanthracene	602-60-8	223.231	419.15	1	---	---	25	1.2681	2	---	---	---	solid	1
26714	C14H9NO2	2-phenyl-1H-isoindole-1,3(2H)-dione	520-03-6	223.231	483.15	1	---	---	25	1.2681	2	---	---	---	solid	1
26715	C14H9NO2	2-amino-9,10-anthracenedione	117-79-3	223.231	577.65	1	---	---	25	1.2681	2	---	---	---	solid	1
26716	C14H9NO2	bentranil	1022-46-4	223.231	397.15	1	---	---	25	1.2681	2	---	---	---	solid	1
26717	C14H9NO2	2-nitroanthracene	3586-69-4	223.231	453.65	1	---	---	25	1.2681	2	---	---	---	solid	1
26718	C14H9NO2	1-nitrophenanthrene	17024-17-8	223.231	---	---	---	---	25	1.2681	2	---	---	---	---	---
26719	C14H9NO2	2-nitrophenanthrene	17024-18-9	223.231	372.15	1	---	---	25	1.2681	2	---	---	---	solid	1
26720	C14H9NO2	3-nitrophenanthrene	17024-19-0	223.231	---	---	---	---	25	1.2681	2	---	---	---	---	---

Table 1 Physical Properties - Organic Compounds

				Mol Wt	Freezing Point		Boiling Point		Density			Refractive Index			State	
NO	FORMULA	NAME	CAS No	g/mol	T_F, K	code	T_B, K	code	T, C	g/cm3	code	T, C	n_D	code	@25C,1 atm	code
26721	C14H9NO3	2-amino-1-hydroxy-9,10-anthracenedione	568-99-0	239.231	531.15	1	---	---	25	1.3170	2	---	---	---	solid	1
26722	C14H9NO3	1-amino-4-hydroxyanthraquinone	116-85-8	239.231	481.15	1	---	---	25	1.3170	2	---	---	---	solid	1
26723	C14H9NO3	7-acetyl-5-oxo-5H-(1)benzopyrano(2,3-b)p	---	239.231	---	---	---	---	25	1.3170	2	---	---	---	---	---
26724	C14H9NO4	3-amino-1,2-dihydroxy-9,10-anthracenedio	3963-78-8	255.230	>633	1	---	---	25	1.3629	2	---	---	---	solid	1
26725	C14H9NO4	1-(2-nitronaphtho(2,1-b)furan-7-yl)ethanon	101688-07-7	255.230	---	---	---	---	25	1.3629	2	---	---	---	---	---
26726	C14H9N3O4	1,4-diamino-5-nitro anthraquinone	82-33-7	283.244	---	---	---	---	25	1.4469	2	---	---	---	---	---
26727	C14H9N3S2	p,p-dithiocyanatodiphenylamine	5339-39-9	283.378	---	---	---	---	25	1.3862	2	---	---	---	---	---
26728	C14H10	anthracene	120-12-7	178.233	488.93	1	615.18	1	25	1.2800	1	20	1.7290	1	solid	1
26729	C14H10	diphenylacetylene	501-65-5	178.233	335.65	1	573.00	1	100	0.9657	1	---	---	---	solid	1
26730	C14H10	phenanthrene	85-01-8	178.233	372.38	1	610.03	1	4	0.9800	1	25	1.5480	1	solid	1
26731	C14H10BrN3O	bromazepam	1812-30-2	316.158	514.15	dec	---	---	25	1.5554	2	---	---	---	solid	1
26732	C14H10CdO6	cadmium salicylate	19010-79-8	386.641	515.15	1	---	---	---	---	---	---	---	---	solid	1
26733	C14H10ClNO4	(3-chlorophenyl)(4-methoxy-3-nitrophenyl)	66938-41-8	291.691	384.65	1	583.15	1	25	1.3959	2	---	---	---	solid	1
26734	C14H10Cl2	cis-alpha,beta-dichlorostilbene	5216-32-0	249.138	340.65	1	---	---	25	1.2492	2	---	---	---	solid	1
26735	C14H10Cl2	trans-alpha,beta-dichlorostilbene	951-86-0	249.138	416.65	1	---	---	25	1.2492	2	---	---	---	solid	1
26736	C14H10Cl2N2Pd	bis(benzonitrile)palladium(ii) chloride	14220-64-5	383.572	404.15	1	---	---	---	---	---	---	---	---	solid	1
26737	C14H10Cl2O	2-chloro-2,2-diphenylacetyl chloride	2902-98-9	265.138	322.65	1	---	---	25	1.2930	2	---	---	---	solid	1
26738	C14H10Cl2O2	bis(p-chlorophenyl)acetic acid	83-05-6	281.137	---	---	---	---	25	1.3344	2	---	---	---	---	---
26739	C14H10Cl4	1,1-dichloro-2,2-bis(p-chlorophenyl)ethane	72-54-8	320.043	382.65	1	---	---	25	1.3687	2	---	---	---	solid	1
26740	C14H10Cl4	o,p'-DDD	53-19-0	320.043	349.40	1	---	---	25	1.3687	2	---	---	---	solid	1
26741	C14H10FNO4	(2-fluorophenyl)(4-methoxy-3-nitrophenyl)r	66938-39-4	275.237	409.15	1	---	---	25	1.3649	2	---	---	---	solid	1
26742	C14H10F3NO2	2-[[3-(trifluoromethyl)phenyl]amino]benzoic	530-78-9	281.235	406.65	1	---	---	25	1.3380	2	---	---	---	solid	1
26743	C14H10F4	1,1'-(1,1,2,2-tetrafluoro-1,2-ethanediyl)bisb	425-32-1	254.227	---	---	---	---	25	1.2426	2	---	---	---	---	---
26744	C14H10Fe2O4	cyclopentadienyliron dicarbonyl dimer	38117-54-3	353.921	467.15	1	---	---	---	---	---	---	---	---	solid	1
26745	C14H10HgO4	mercuric benzoate	583-15-3	442.821	438.15	1	---	---	---	---	---	---	---	---	solid	1
26746	C14H10HgO6	mercuric peroxybenzoate	---	474.820	---	---	---	---	---	---	---	---	---	---	---	---
26747	C14H10N2O	3,5-diphenyl-1,2,4-oxadiazole	888-71-1	222.247	382.15	1	563.15	1	25	1.2404	2	---	---	---	solid	1
26748	C14H10N2O	2,5-diphenyl-1,3,4-oxadiazole	725-12-2	222.247	412.15	1	563.15	2	25	1.2404	2	---	---	---	solid	1
26749	C14H10N2O	diphenyl-1,2,5-oxadiazole	19768-02-6	222.247	---	---	563.15	2	25	1.2404	2	---	---	---	---	---
26750	C14H10N2O	1,1-benzoyl phenyl diazomethane	---	222.247	---	---	563.15	2	25	1.2404	2	---	---	---	---	---
26751	C14H10N2O10S2	4,4'-dinitro-2,2'-stilbenedisulfonic acid	128-42-7	430.373	---	---	---	---	25	1.6499	2	---	---	---	---	---
26752	C14H10N2O2	1,5-diamino-9,10-anthracenedione	129-44-2	238.246	592.15	1	---	---	25	1.2893	2	---	---	---	solid	1
26753	C14H10N2O2	diphenyl N-cyanocarbonimidate	79463-77-7	238.246	430.65	1	---	---	25	1.2893	2	---	---	---	solid	1
26754	C14H10N2O2	1,4-diaminoanthraquinone	128-95-0	238.246	484.00	1	---	---	25	1.2893	2	---	---	---	solid	1
26755	C14H10N2O2	2,6-anthraquinonyldiamine	131-14-6	238.246	588.15	1	---	---	25	1.2893	2	---	---	---	solid	1
26756	C14H10N2O2	1,2-diaminoanthraquinone	1758-68-5	238.246	---	---	---	---	25	1.2893	2	---	---	---	---	---
26757	C14H10N2O2	1,8-diaminoanthraquinone	129-42-0	238.246	538.15	1	---	---	25	1.2893	2	---	---	---	solid	1
26758	C14H10N2O2	2,7-diaminoanthraquinone	605-44-7	238.246	---	---	---	---	25	1.2893	2	---	---	---	---	---
26759	C14H10N2O4	trans-2,4-dinitro-1-(2-phenylvinyl)benzene	56456-42-9	270.245	417.15	1	604.15	2	25	1.3787	2	---	---	---	solid	1
26760	C14H10N2O4	cis-1,2-diphenyl-1,2-dinitroethene	1796-05-0	270.245	381.65	1	604.15	2	25	1.3787	2	---	---	---	solid	1
26761	C14H10N2O4	benzene, 1,1'-(1,2-ethenediyl)bis[4-nitro-, (	619-93-2	270.245	---	---	604.15	2	25	1.3787	2	---	---	---	---	---
26762	C14H10N2O4	benzene, 1,1'-(1,2-ethenediyl)bis[4-nitro-, (	736-31-2	270.245	---	---	604.15	2	25	1.3787	2	---	---	---	---	---
26763	C14H10N2O4	1,5-diaminoanthrarufin	145-49-3	270.245	---	---	604.15	1	25	1.3787	2	---	---	---	---	---
26764	C14H10N2O4	4,5-diaminochrysazin	128-94-9	270.245	---	---	604.15	2	25	1.3787	2	---	---	---	---	---
26765	C14H10N4O5	dantrolene	7261-97-4	314.258	552.65	1	---	---	25	1.4955	2	---	---	---	solid	1
26766	C14H10O	1-anthracenol	610-50-4	194.233	431.15	1	540.65	2	25	1.1380	2	---	---	---	solid	1
26767	C14H10O	9-anthracenol	529-86-2	194.233	425.15	1	540.65	2	25	1.1380	2	---	---	---	solid	1
26768	C14H10O	9(10H)-anthracenone	90-44-8	194.233	428.15	1	540.65	2	25	1.1380	2	---	---	---	solid	1
26769	C14H10O	diphenylketene	525-06-4	194.233	---	---	540.65	1	13	1.1107	1	14	1.6150	1	---	---
26770	C14H10O	2-fluorenecarboxaldehyde	30084-90-3	194.233	357.15	1	540.65	2	25	1.1380	2	---	---	---	solid	1
26771	C14H10O	9-phenanthrol	484-17-3	194.233	414.15	1	540.65	2	25	1.1380	2	---	---	---	solid	1
26772	C14H10O	9,10-phenanthrene oxide	585-08-0	194.233	421.15	1	540.65	2	25	1.1380	2	---	---	---	solid	1
26773	C14H10OS	6,11-dihydrodibenzo[b,e]thiepin-11-one	1531-77-7	226.299	360.15	1	---	---	25	1.2151	2	---	---	---	solid	1
26774	C14H10OS	2-acetyldibenzothiophene	22439-58-3	226.299	---	---	---	---	25	1.2151	2	---	---	---	---	---
26775	C14H10O2	benzil	134-81-6	210.232	368.02	1	620.15	1	102	1.0840	1	---	---	---	solid	1
26776	C14H10O2	3,4-phenanthrenediol	478-71-7	210.232	416.15	1	620.15	2	25	1.1925	2	---	---	---	solid	1
26777	C14H10O2	9H-fluorene-9-carboxylic acid	1989-33-9	210.232	502.65	1	620.15	2	25	1.1925	2	---	---	---	solid	1
26778	C14H10O2	anthracene transannular peroxide	220-42-8	210.232	---	---	620.15	2	25	1.1925	2	---	---	---	---	---
26779	C14H10O2	9-anthronol	1715-81-7	210.232	---	---	620.15	2	25	1.1925	2	---	---	---	---	---
26780	C14H10O2	diphenaldehyde	1210-05-5	210.232	---	---	620.15	2	25	1.1925	2	---	---	---	---	---
26781	C14H10O2S2	dibenzoyldisulfide	644-32-6	274.364	407.65	1	---	---	25	1.3227	2	---	---	---	solid	1
26782	C14H10O3	1,2,10-anthracenetriol	577-33-3	226.232	481.15	1	583.65	2	25	1.2437	2	---	---	---	solid	1
26783	C14H10O3	benzoic anhydride	93-97-0	226.232	315.65	1	633.15	1	25	1.1990	1	15	1.5767	1	solid	1
26784	C14H10O3	3-benzoylbenzoic acid	579-18-0	226.232	436.45	1	583.65	2	25	1.2437	2	---	---	---	solid	1
26785	C14H10O3	4-benzoylbenzoic acid	611-95-0	226.232	472.15	1	583.65	2	25	1.2437	2	---	---	---	solid	1
26786	C14H10O3	2-benzoylbenzoic acid	85-52-9	226.232	401.15	1	534.15	1	25	1.2437	2	---	---	---	solid	1
26787	C14H10O3	1,8,9-anthracenetriol	480-22-8	226.232	452.15	1	583.65	2	25	1.2437	2	---	---	---	solid	1
26788	C14H10O4	benzoyl peroxide	94-36-0	242.231	378.00	1	669.00	2	25	1.2917	2	---	1.5430	1	solid	1
26789	C14H10O4	[1,1'-biphenyl]-2,2'-dicarboxylic acid	482-05-3	242.231	506.65	1	---	---	25	1.2917	2	---	---	---	solid	1
26790	C14H10O4	5,5'-bi-p-toluquinone	4388-07-2	242.231	---	---	---	---	25	1.2917	2	---	---	---	---	---
26791	C14H10O4	leucoquinizarin	476-60-8	242.231	---	---	---	---	25	1.2917	2	---	---	---	---	---
26792	C14H10O4S2	2,2'-dithiosalicylic acid	119-80-2	306.363	561.65	1	---	---	25	1.4011	2	---	---	---	solid	1
26793	C14H10O4Se2	2,2'-selenobis(benzoic acid)	6512-83-0	400.151	570.15	dec	---	---	---	---	---	---	---	---	solid	1
26794	C14H10O5	2-carboxyphenyl 2-hydroxybenzoate	552-94-3	258.230	420.15	1	---	---	25	1.3370	2	---	---	---	solid	1
26795	C14H10O5	1,7-dihydroxy-3-methoxy-9H-xanthen-9-on	437-50-3	258.230	539.65	1	---	---	25	1.3370	2	---	---	---	solid	1
26796	C14H10O5	alternariol	641-38-3	258.230	623.15	dec	---	---	25	1.3370	2	---	---	---	solid	1
26797	C14H10O6	phenicin	128-68-7	274.230	503.65	1	---	---	25	1.3797	2	---	---	---	solid	1
26798	C14H10O9	3,4-dihydroxy-5-[(3,4,5-trihydroxybenzoyl)c	536-08-3	322.228	542.15	dec	---	---	25	1.4945	2	---	---	---	solid	1
26799	C14H11Br	2-bromo-1,1-diphenylethene	13249-58-6	259.145	314.65	1	---	---	25	1.3681	2	---	---	---	solid	1
26800	C14H11Br	cis-1-bromo-2-(2-phenylvinyl)benzene	4877-77-4	259.145	---	---	---	---	25	1.3681	2	25	1.6404	1	---	---

Table 1 Physical Properties - Organic Compounds

				Mol Wt	Freezing Point		Boiling Point		Density			Refractive Index			State	
NO	FORMULA	NAME	CAS No	g/mol	T_F, K	code	T_B, K	code	T, C	g/cm3	code	T, C	n_D	code	@25C,1 atm	code
26801	C14H11Br	trans-1-bromo-2-(2-phenylvinyl)benzene	54737-45-0	259.145	307.15	1	---	---	25	1.3681	2	25	1.6822	1	solid	1
26802	C14H11BrN2S2	2-(4-bromophenyl)-4,4-bis(methylthio)buta	---	351.291	413.15	1	---	---	25	1.5338	2	---	---	---	solid	1
26803	C14H11BrO	2-bromo-4'-phenylacetophenone	135-73-9	275.145	398.15	1	---	---	25	1.4108	2	---	---	---	solid	1
26804	C14H11BrO	2-bromo-2-phenylacetophenone	1484-50-0	275.145	328.65	1	---	---	25	1.4108	2	---	---	---	solid	1
26805	C14H11Cl	1-chloro-2-(trans-2-phenylvinyl)benzene	1657-52-9	214.694	312.65	1	595.15	2	25	1.1496	2	---	---	---	solid	1
26806	C14H11Cl	1-chloro-3-(trans-2-phenylvinyl)benzene	14064-43-8	214.694	346.65	1	595.15	2	25	1.1496	2	---	---	---	solid	1
26807	C14H11Cl	cis-alpha-chlorostilbene	948-99-2	214.694	---	---	595.15	2	25	1.1496	2	19	1.6281	1	---	---
26808	C14H11Cl	trans-alpha-chlorostilbene	948-98-1	214.694	326.65	1	595.15	1	25	1.1496	2	---	---	---	solid	1
26809	C14H11ClN2	4-amino-2-chlorodiphenylacetonitrile	4760-53-6	242.708	356.15	1	---	---	25	1.2430	2	---	---	---	solid	1
26810	C14H11ClN2O4S	chlorphthalidolone	77-36-1	338.771	---	---	---	---	25	1.4522	2	---	---	---	---	---
26811	C14H11ClN2S2	2-(4-chlorophenyl)-4,4-bis(methylthio)-buta	---	306.840	381.15	1	---	---	25	1.3554	2	---	---	---	solid	1
26812	C14H11ClN4O2S	chlorsulfaquinoxaline	97919-22-7	334.787	---	---	---	---	25	1.4521	2	---	---	---	---	---
26813	C14H11ClO	2-chloro-1,2-diphenylethanone	447-31-4	230.693	341.65	1	---	---	25	1.1992	2	---	---	---	solid	1
26814	C14H11ClO	alpha-phenylbenzeneacetyl chloride	1871-76-7	230.693	329.65	1	---	---	25	1.1992	2	---	---	---	solid	1
26815	C14H11ClO2	5-chloro-2-hydroxy-4-methylbenzophenone	68751-90-6	246.693	413.15	1	---	---	25	1.2460	2	---	---	---	solid	1
26816	C14H11Cl2NO2	N-(2,6-dichloro-m-tolyl)anthranilic acid	644-62-2	296.152	562.15	1	---	---	25	1.3496	2	---	---	---	solid	1
26817	C14H11Cl3	2,2-diphenyl-1,1,1-trichloroethane	2971-22-4	285.599	---	---	423.15	2	25	1.2915	2	---	---	---	---	---
26818	C14H11Cl3O2	2,2-bis(p-hydroxyphenyl)-1,1,1-trichloroeth	2971-36-0	317.598	---	---	---	---	25	1.3667	2	---	---	---	---	---
26819	C14H11F4N3	N,N-dimethyl-2,5-difluoro-p-(2,5-difluoroph	578-32-5	297.256	---	---	577.15	1	25	1.3399	2	---	---	---	---	---
26820	C14H11F15O3	4,4,5,5,6,6,7,7,8,9,9,9-dodecafluoro-2-hyd	16083-81-1	512.217	---	---	543.15	1	25	1.5610	1	---	1.3680	1	---	---
26821	C14H11N	2-anthracenamine	613-13-8	193.248	511.95	1	566.15	2	25	1.1118	2	---	---	---	solid	1
26822	C14H11N	9-phenanthrenamine	947-73-9	193.248	411.45	1	566.15	2	25	1.1118	2	---	---	---	solid	1
26823	C14H11N	alpha-phenylbenzeneacetonitrile	86-29-3	193.248	347.45	1	566.15	2	25	1.1118	2	---	---	---	solid	1
26824	C14H11N	2-phenyl-1H-indole	948-65-2	193.248	463.65	1	566.15	2	25	1.1118	2	---	---	---	solid	1
26825	C14H11N	iminostilbene	256-96-2	193.248	472.15	1	566.15	2	25	1.1118	2	---	---	---	solid	1
26826	C14H11N	9-methylacridine	611-64-3	193.248	389.65	1	566.15	2	25	1.1118	2	---	---	---	solid	1
26827	C14H11N	2-phenylindolizine	25379-20-8	193.248	485.65	1	566.15	2	25	1.1118	2	---	---	---	solid	1
26828	C14H11N	9-vinylcarbazole	1484-13-5	193.248	338.15	1	566.15	2	25	1.1118	2	---	---	---	solid	1
26829	C14H11N	1-aminophenanthrene	4176-53-8	193.248	418.65	1	566.15	2	25	1.1118	2	---	---	---	solid	1
26830	C14H11N	1-anthracenamine	610-49-1	193.248	403.15	1	566.15	2	25	1.1118	2	---	---	---	solid	1
26831	C14H11N	2-phenanthrylamine	3366-65-2	193.248	358.15	1	549.15	1	25	1.1118	2	---	---	---	solid	1
26832	C14H11N	3-phenanthrylamine	1892-54-2	193.248	360.65	1	583.15	dec	25	1.1118	2	---	---	---	solid	1
26833	C14H11NO	9-acetyl-9H-carbazole	574-39-0	209.248	342.15	1	---	---	100	1.1580	1	100	1.6400	1	solid	1
26834	C14H11NO	10-methyl-9(10H)-acridone	719-54-0	209.248	478.65	1	---	---	63	1.1410	2	---	---	---	solid	1
26835	C14H11NO	2-methyl-5-phenylbenzoxazole	61931-68-8	209.248	335.65	1	---	---	63	1.1410	2	---	---	---	solid	1
26836	C14H11NO	3-phenoxyphenylacetonitrile	51632-29-2	209.248	---	---	---	---	25	1.1240	1	---	1.5780	1	---	---
26837	C14H11NO	N-fluoren-2-yl formamide	6957-71-7	209.248	---	---	---	---	63	1.1410	2	---	---	---	---	---
26838	C14H11NO	4-nitroso-trans-stilbene	38241-21-3	209.248	---	---	---	---	63	1.1410	2	---	---	---	---	---
26839	C14H11NO	N-phenylphthalimidine	5388-42-1	209.248	435.65	1	---	---	63	1.1410	2	---	---	---	solid	1
26840	C14H11NOS	N-2-dibenzothienylacetamide	54818-88-1	241.314	---	---	---	---	25	1.2375	2	---	---	---	---	---
26841	C14H11NOS	N-3-dibenzothienylacetamide	64057-52-9	241.314	---	---	---	---	25	1.2375	2	---	---	---	---	---
26842	C14H11NO2	9H-carbazole-9-acetic acid	524-80-1	225.247	488.15	1	---	---	25	1.2172	2	---	---	---	solid	1
26843	C14H11NO2	cis-1-nitro-2-(2-phenylvinyl)benzene	52208-62-5	225.247	337.95	1	416.15	2	25	1.2172	2	---	---	---	solid	1
26844	C14H11NO2	trans-1-nitro-2-(2-phenylvinyl)benzene	4264-29-3	225.247	346.15	1	416.15	2	25	1.2172	2	---	---	---	solid	1
26845	C14H11NO2	4-benzyloxyphenyl isocyanate	50528-73-9	225.247	333.65	1	416.15	2	25	1.2172	2	---	---	---	solid	1
26846	C14H11NO2	9-hydroxy-4-methoxyacridine	35308-00-0	225.247	558.65	1	---	---	25	1.2172	2	---	---	---	solid	1
26847	C14H11NO2	trans-4-mononitrostilbene	1694-20-8	225.247	---	---	416.15	2	25	1.2172	2	---	---	---	---	---
26848	C14H11NO2	cis-4-mononitrostilbene	6624-53-9	225.247	---	---	416.15	2	25	1.2172	2	---	---	---	---	---
26849	C14H11NO2	N-3-dibenzofuranylacetamide	5834-25-3	225.247	---	---	416.15	2	25	1.2172	2	---	---	---	---	---
26850	C14H11NO2	N-(2-fluorenyl)formohydroxamic acid	67176-33-4	225.247	---	---	416.15	1	25	1.2172	2	---	---	---	---	---
26851	C14H11NO2	4-nitrostilbene	4003-94-5	225.247	---	---	416.15	2	25	1.2172	2	---	---	---	---	---
26852	C14H11NO2S	N-3-dibenzothienylacetamide-5-oxide	63020-21-3	257.313	---	---	---	---	25	1.2826	2	---	---	---	---	---
26853	C14H11NO3	3-(benzoylamino)benzoic acid	587-54-2	241.247	525.65	1	---	---	4	1.5100	1	---	---	---	solid	1
26854	C14H11NO3	(4-methyl-2-nitrophenyl)phenylmethanone	100224-75-7	241.247	399.65	1	---	---	25	1.2653	2	---	---	---	solid	1
26855	C14H11NO3	(4-methylphenyl)(4-nitrophenyl)methanone	5350-47-0	241.247	397.15	1	---	---	25	1.2653	2	---	---	---	solid	1
26856	C14H11NO3	2-((phenylamino)carbonyl)benzoic acid	4727-29-1	241.247	---	---	---	---	25	1.2653	2	---	---	---	---	---
26857	C14H11NO3	4-methoxy-N-methylnaphthalimide	3271-05-4	241.247	---	---	---	---	25	1.2653	2	---	---	---	---	---
26858	C14H11NO4	4-(benzoylamino)-2-hydroxybenzoic acid	13898-58-3	257.246	533.65	1	---	---	25	1.3106	2	---	---	---	solid	1
26859	C14H11NO4	diphenylamine-2,2'-dicarboxylic acid	579-92-0	257.246	569.65	dec	---	---	25	1.3106	2	---	---	---	solid	1
26860	C14H11NO4	7-methoxy-1-methyl-2-nitronaphtho(2,1-b)f	86539-71-1	257.246	---	---	---	---	25	1.3106	2	---	---	---	---	---
26861	C14H11NS	2-methyl-6-phenylbenzothiazole	107559-02-4	225.314	363.15	1	467.85	1	25	1.1898	2	---	---	---	solid	1
26862	C14H11N3	3,5-diphenyl-S-triazole	2039-06-7	221.262	465.15	1	---	---	25	1.2137	2	---	---	---	solid	1
26863	C14H11N3O	2-amino-6-benzimidazolyl phenyl ketone	52329-60-9	237.262	---	---	---	---	25	1.2625	2	---	---	---	---	---
26864	C14H11N3O3S	nocodazole	31430-18-9	301.327	573.15	1	---	---	25	1.4033	2	---	---	---	solid	1
26865	C14H11N5O2	2-(2-amino-4-pyrimidinylvinyl)quinoxaline-l	59985-27-2	281.275	---	---	---	---	25	1.3922	2	---	---	---	---	---
26866	C14H12	cis-stilbene	645-49-8	180.249	275.65	1	554.00	1	25	1.0110	1	20	1.6130	1	liquid	1
26867	C14H12	trans-stilbene	103-30-0	180.249	397.35	1	579.65	1	20	0.9707	1	17	1.6264	1	solid	1
26868	C14H12	1,1-diphenylethene	530-48-3	180.249	281.41	1	550.25	1	25	1.0203	1	25	1.6061	1	liquid	1
26869	C14H12	9,10-dihydroanthracene	613-31-0	180.249	382.18	1	578.15	1	20	1.2150	1	---	---	---	solid	1
26870	C14H12	9,10-dihydrophenanthrene	776-35-2	180.249	307.65	1	568.98	2	40	1.0757	1	20	1.6415	1	solid	1
26871	C14H12	1-methylfluorene	1730-37-6	180.249	360.15	1	568.98	2	32	1.0414	2	---	---	---	solid	1
26872	C14H12	9-methyl-9H-fluorene	2523-37-7	180.249	319.65	1	568.98	2	66	1.0263	1	66	1.6100	1	solid	1
26873	C14H12	stilbene	588-59-0	180.249	397.55	1	579.65	1	25	0.9710	1	---	---	---	solid	1
26874	C14H12	2-methyl-9H-fluorene	1430-97-3	180.249	---	---	591.20	1	32	1.0414	2	---	---	---	---	---
26875	C14H12	1,2-dihydrophenanthrene	56179-83-0	180.249	---	---	568.98	2	32	1.0414	2	---	---	---	---	---
26876	C14H12Br2	1,2-dibromo-1,2-diphenylethane	5789-30-0	340.057	511.15	1	---	---	25	1.5908	2	---	---	---	solid	1
26877	C14H12ClNO2	N-(3-chloro-o-tolyl)anthranilic acid	13710-19-5	261.708	480.40	1	---	---	25	1.2658	2	---	---	---	solid	1
26878	C14H12ClNO3	4-chloro-N-(p-methoxyphenyl)anthranilic a	91-38-3	277.707	---	---	---	---	25	1.3077	2	---	---	---	---	---
26879	C14H12BrCl2O2PS	o-(4-bromo-2,5-dichlorophenyl)-o-ethyl ph	18936-66-8	426.097	---	---	---	---	---	---	---	---	---	---	---	---
26880	C14H12Cl2	1,1-bis(4-chlorophenyl)ethane	3547-04-4	251.154	329.15	1	593.15	1	25	1.2048	2	---	---	---	solid	1

Table 1 Physical Properties - Organic Compounds

				Mol Wt	Freezing Point		Boiling Point		Density			Refractive Index			State	
NO	FORMULA	NAME	CAS No	g/mol	T_F, K	code	T_B, K	code	T, C	g/cm3	code	T, C	n_D	code	@25C,1 atm	code
26881	C14H12Cl2N2	2,2'-dichloro-4,4'-stilbenediamine	73926-91-7	279.168	---	---	---	---	25	1.2868	2	---	---	---	---	---
26882	C14H12Cl2N2	3,3'-dichloro-4,4'-stilbenediamine	73926-92-8	279.168	---	---	---	---	25	1.2868	2	---	---	---	---	---
26883	C14H12Cl2N2O	2',4'-dichloro-2-(3-pyridyl)acetophenone O	88283-41-4	295.168	298.15	1	485.25	1	25	1.3262	2	---	---	---	---	---
26884	C14H12Cl2O	1,1-bis(4-chlorophenyl)ethanol	80-06-8	267.154	343.15	1	---	---	25	1.2479	2	---	---	---	solid	1
26885	C14H12Cl2O2S	2,2'-dihydroxy-3,3'-dimethyl-5,5'-dichlorodi	4418-66-0	315.219	---	---	496.15	1	25	1.3399	2	---	---	---	---	---
26886	C14H12Cl3O4P	(2,2,2-trichloro-1-hydroxyethyl)phosphoric	38457-67-9	381.578	---	---	---	---	---	---	---	---	---	---	---	---
26887	C14H12Cl6N4Zn	bis-5-chloro toluene diazonium zinc tetrach	---	514.382	---	---	---	---	---	---	---	---	---	---	---	---
26888	C14H12FN	4'-fluoro-4-stilbenamine	10010-36-3	213.255	---	---	---	---	25	1.1331	2	---	---	---	---	---
26889	C14H12FNO	4'-(4-fluorophenyl)acetanilide	398-32-3	229.254	479.15	1	---	---	25	1.1828	2	---	---	---	solid	1
26890	C14H12FNO	2'-fluoro-4'-phenylacetanilide	725-04-2	229.254	---	---	---	---	25	1.1828	2	---	---	---	---	---
26891	C14H12FNO	4'-(m-fluorophenyl)acetanilide	725-06-4	229.254	---	---	---	---	25	1.1828	2	---	---	---	---	---
26892	C14H12F3N3	N,N-dimethyl-p-(2,4,6-trifluorophenylazo)a	343-75-9	279.266	---	---	---	---	25	1.2901	2	---	---	---	---	---
26893	C14H12F3NO4S2	perfluidone	37924-13-3	379.381	416.15	1	---	---	25	1.4504	2	---	---	---	solid	1
26894	C14H12NO2PS	4-(methyl-phenoxy-phosphinothioyl)oxyber	5954-90-5	289.295	---	---	---	---	---	---	---	---	---	---	---	---
26895	C14H12NO6P	2-((dimethoxyphosphinyl)oxy)-1H-benz(d,e	64050-54-0	321.227	---	---	---	---	---	---	---	---	---	---	---	---
26896	C14H12N2	2-benzyl-1H-benzimidazole	621-72-7	208.263	460.15	1	---	---	25	1.1407	2	---	---	---	solid	1
26897	C14H12N2	3,4-dihydro-3-phenylquinazoline	612-97-5	208.263	369.65	1	---	---	4	1.2900	1	---	---	---	solid	1
26898	C14H12N2	2,9-dimethyl-1,10-phenanthroline	484-11-7	208.263	432.65	1	---	---	25	1.1407	2	---	---	---	solid	1
26899	C14H12N2	benzalazine	28867-76-7	208.263	365.65	1	---	---	25	1.1407	2	---	---	---	solid	1
26900	C14H12N2O	benzil monohydrazone	5344-88-7	224.263	422.15	1	---	---	25	1.1917	2	---	---	---	solid	1
26901	C14H12N2O2	N,N'-diphenylethanediamide	620-81-5	240.262	527.15	1	---	---	25	1.2397	2	---	---	---	solid	1
26902	C14H12N2O2	4-hydroxyazobenzene acetate	13102-31-3	240.262	362.15	1	633.15	dec	25	1.2397	2	---	---	---	solid	1
26903	C14H12N2O2	sym-dibenzoylhydrazine	787-84-8	240.262	512.65	1	---	---	25	1.2397	2	---	---	---	solid	1
26904	C14H12N2O2	diphenylglyoxime	23873-81-6	240.262	512.15	1	---	---	25	1.2397	2	---	---	---	solid	1
26905	C14H12N2O2	glyoxalbis(2-hydroxyanil)	1149-16-2	240.262	476.15	1	---	---	25	1.2397	2	---	---	---	solid	1
26906	C14H12N2O2	1,4-diaminoanthracene-9,10-diol	5327-72-0	240.262	---	---	454.65	2	25	1.2397	2	---	---	---	---	---
26907	C14H12N2O2	1,4-diamino-2,3-dihydroanthraquinone	81-63-0	240.262	---	---	354.65	1	25	1.2397	2	---	---	---	---	---
26908	C14H12N2O2	N,N-difurfural-n-phenylenediamine	19247-68-8	240.262	---	---	376.15	1	25	1.2397	2	---	---	---	---	---
26909	C14H12N2O2	4-(2-(4-nitrophenyl)ethenyl)benzenamine	4629-58-7	240.262	---	---	454.65	2	25	1.2397	2	---	---	---	---	---
26910	C14H12N2O2S	zoliridine	1222-57-7	272.328	516.15	1	---	---	25	1.3007	2	---	---	---	solid	1
26911	C14H12N2O3S2	2-(p-aminophenyl)-6-methylbenzothiazolyl-	130-17-6	320.393	---	---	---	---	25	1.3897	2	---	---	---	---	---
26912	C14H12N2O4	4,4'-dinitrobibenzyl	736-30-1	272.261	454.15	1	---	---	25	1.3279	2	---	---	---	solid	1
26913	C14H12N2O4	5,5'-bianthranilic acid	2130-56-5	272.261	573.15	1	---	---	25	1.3279	2	---	---	---	solid	1
26914	C14H12N2O4	N-methyl-2-phthalimidoglutarimide	42472-93-5	272.261	---	---	---	---	25	1.3279	2	---	---	---	---	---
26915	C14H12N2O4	3-nitro-p-anisanilide	97-32-5	272.261	---	---	---	---	25	1.3279	2	---	---	---	---	---
26916	C14H12N2O4S	bis(N-formyl-p-aminophenyl)sulfone	6784-25-4	304.327	---	---	---	---	25	1.3796	2	---	---	---	---	---
26917	C14H12N2O6Se2	bis(4-methoxy-2-nitrophenyl)diselenide	35350-45-9	462.180	446.15	1	---	---	---	---	---	---	---	---	solid	1
26918	C14H12N2O8S2	4-amino-4'-nitro-2,2'-stilbenedisulfonic acid	119-72-2	400.390	---	---	---	---	25	1.5482	2	---	---	---	---	---
26919	C14H12N2S	4-(6-methyl-2-benzothiazolyl)aniline	92-36-4	240.329	467.95	1	707.15	1	25	1.2130	2	---	---	---	solid	1
26920	C14H12N2S2	4,4-bis(methylthio)-2-phenyl-but-1,3-dien-1	---	272.395	392.15	1	---	---	25	1.2747	2	---	---	---	solid	1
26921	C14H12N4O	methyl 5-methyl-1-(2-quinoxalinyl)-4-pyraz	21621-73-8	252.277	---	---	---	---	25	1.2827	2	---	---	---	---	---
26922	C14H12N4O2	1,4,5,8-tetraamino-9,10-anthracenedione	2475-45-8	268.276	---	---	---	---	25	1.3262	2	---	---	---	---	---
26923	C14H12N4O2S	4-amino-N-2-quinoxalinylbenzenesulfonam	59-40-5	300.342	520.65	1	---	---	25	1.3786	2	---	---	---	solid	1
26924	C14H12N4O3S	4-(2-hydroxyethylamino)-2-(5-nitro-2-thieny	33389-36-5	316.341	---	---	---	---	25	1.4156	2	---	---	---	---	---
26925	C14H12N4O4	MBD	33984-50-8	300.275	448.65	1	---	---	25	1.4063	2	---	---	---	solid	1
26926	C14H12N4O4	p-nitrophenyl-p'-guanidinobenzoate	21658-26-4	300.275	---	---	---	---	25	1.4063	2	---	---	---	---	---
26927	C14H12N4O4S4	thioaurin	1401-63-4	428.539	---	---	---	---	25	1.5539	2	---	---	---	---	---
26928	C14H12N6O6	panazone	804-36-4	360.288	490.15	dec	---	---	25	1.5446	2	---	---	---	solid	1
26929	C14H12O	1-[1,1'-biphenyl]-4-ylethanone	92-91-1	196.249	394.15	1	599.15	1	25	1.2510	1	---	---	---	solid	1
26930	C14H12O	(2-methylphenyl)phenylmethanone	131-58-8	196.249	---	---	581.15	1	20	1.1098	1	---	---	---	---	---
26931	C14H12O	(3-methylphenyl)phenylmethanone	643-65-2	196.249	275.15	1	590.15	1	20	1.0950	1	---	---	---	liquid	1
26932	C14H12O	(4-methylphenyl)phenylmethanone	134-84-9	196.249	332.65	1	590.35	2	25	0.9926	1	---	---	---	solid	1
26933	C14H12O	2-phenylacetophenone	451-40-1	196.249	333.15	1	593.15	1	25	1.2010	1	---	---	---	solid	1
26934	C14H12O	alpha-phenylbenzeneacetaldehyde	947-91-1	196.249	---	---	588.15	dec	21	1.1061	1	21	1.5920	1	---	---
26935	C14H12O	2,3-epoxy-1,2,3,4-tetrahydroanthracene	176236-88-7	196.249	432.65	1	590.35	2	23	1.1259	2	---	---	---	solid	1
26936	C14H12O	9-fluorenemethanol	24324-17-2	196.249	378.65	1	590.35	2	23	1.1259	2	---	---	---	solid	1
26937	C14H12O	trans-4-hydroxystilbene	6554-98-9	196.249	460.15	1	590.35	2	23	1.1259	2	---	---	---	solid	1
26938	C14H12O	trans-stilbene oxide	1439-07-2	196.249	341.65	1	590.35	2	23	1.1259	2	---	---	---	solid	1
26939	C14H12O	1,2-epoxy-1,2,3,4-tetrahydrophenanthrene	56179-80-7	196.249	---	---	590.35	2	23	1.1259	2	---	---	---	---	---
26940	C14H12O	3,4-epoxy-1,2,3,4-tetrahydrophenanthrene	66997-69-1	196.249	---	---	590.35	2	23	1.1259	2	---	---	---	---	---
26941	C14H12OS	S-benzyl thiobenzoate	13402-51-2	228.315	312.65	1	---	---	25	1.1693	2	---	---	---	solid	1
26942	C14H12O2	benzyl benzoate	120-51-4	212.248	292.55	1	596.65	1	25	1.1150	1	21	1.5681	1	liquid	1
26943	C14H12O2	2-methylphenyl benzoate	617-02-7	212.248	---	---	582.15	1	19	1.1140	1	---	---	---	---	---
26944	C14H12O2	4-methylphenyl benzoate	614-34-6	212.248	344.65	1	589.15	1	22	1.2062	2	---	---	---	solid	1
26945	C14H12O2	benzoin	579-44-2	212.248	410.15	1	617.15	1	20	1.3100	1	---	---	---	solid	1
26946	C14H12O2	2-benzylbenzoic acid	612-35-1	212.248	391.15	1	604.08	2	22	1.2062	2	---	---	---	solid	1
26947	C14H12O2	4-benzylbenzoic acid	620-86-0	212.248	431.95	1	604.08	2	22	1.2062	2	---	---	---	solid	1
26948	C14H12O2	[1,1'-biphenyl]-4-acetic acid	5728-52-9	212.248	433.65	1	604.08	2	22	1.2062	2	---	---	---	solid	1
26949	C14H12O2	(1,1'-biphenyl)-4-ol acetate	148-86-7	212.248	362.15	1	604.08	2	22	1.2062	2	---	---	---	solid	1
26950	C14H12O2	(2-methoxyphenyl)phenylmethanone	2553-04-0	212.248	314.15	1	604.08	2	22	1.2062	2	---	---	---	solid	1
26951	C14H12O2	(3-methoxyphenyl)phenylmethanone	6136-67-0	212.248	317.15	1	616.15	1	22	1.2062	2	---	---	---	solid	1
26952	C14H12O2	(4-methoxyphenyl)phenylmethanone	611-94-9	212.248	334.65	1	628.15	1	22	1.2062	2	---	---	---	solid	1
26953	C14H12O2	alpha-phenylbenzeneacetic acid	117-34-0	212.248	420.44	1	604.08	2	15	1.2570	1	---	---	---	solid	1
26954	C14H12O2	trans-5-(2-phenylvinyl)-1,3-benzenediol	22139-77-1	212.248	429.15	1	604.08	2	22	1.2062	2	---	---	---	solid	1
26955	C14H12O2	3-benzyloxybenzaldehyde	1700-37-4	212.248	330.15	1	604.08	2	22	1.2062	2	---	---	---	solid	1
26956	C14H12O2	4-benzyloxybenzaldehyde	4397-53-9	212.248	345.15	1	604.08	2	22	1.2062	2	---	---	---	solid	1
26957	C14H12O2	2-benzyloxybenzaldehyde, 98%	5896-17-3	212.248	---	---	599.15	1	25	1.3390	1	---	1.6000	1	---	---
26958	C14H12O2	2-hydroxy-5-methylbenzophenone	1470-57-1	212.248	357.15	1	604.08	2	22	1.2062	2	---	---	---	solid	1
26959	C14H12O2	3-(4-methylphenoxy)benzaldehyde	79124-75-7	212.248	---	---	604.08	2	25	1.1020	1	---	1.5900	1	---	---
26960	C14H12O2	4'-phenoxyacetophenone	5031-78-7	212.248	325.15	1	604.08	2	22	1.2062	2	---	---	---	solid	1

Table 1 Physical Properties - Organic Compounds

NO	FORMULA	NAME	CAS No	Mol Wt g/mol	Freezing Point T_F, K	code	Boiling Point T_B, K	code	Density T, C	g/cm3	code	Refractive Index T, C	n_D	code	State @25C,1 atm	code
26961	C14H12O2	phenyl phenylacetate	722-01-0	212.248	314.15	1	604.08	2	22	1.2062	2	---	---	---	solid	1
26962	C14H12O2	7-norbornadienyl benzoate	4796-68-3	212.248	---	---	604.08	2	22	1.2062	2	---	---	---	---	---
26963	C14H12O2	1,2-dihydro-1,2-phenanthrenediol	28622-66-4	212.248	---	---	604.08	2	22	1.2062	2	---	---	---	---	---
26964	C14H12O2	phenanthrene-3,4-dihydrodiol	20057-09-4	212.248	---	---	604.08	2	22	1.2062	2	---	---	---	---	---
26965	C14H12O2	3-phenoxyacetophenone	32852-92-9	212.248	---	---	604.08	2	22	1.2062	2	---	---	---	---	---
26966	C14H12O2S	2-phenylmercaptomethylbenzoic acid	1699-03-2	244.314	384.15	1	---	---	25	1.2163	2	---	---	---	solid	1
26967	C14H12O3	benzyl salicylate	118-58-1	228.247	---	---	593.15	1	20	1.1799	1	20	1.5805	1	---	---
26968	C14H12O3	(2-hydroxy-4-methoxyphenyl)phenylmethar	131-57-7	228.247	338.65	1	502.90	2	23	1.1345	2	---	---	---	solid	1
26969	C14H12O3	alpha-hydroxy-alpha-phenylbenzeneaceti	76-93-7	228.247	423.15	1	453.15	dec	23	1.1345	2	---	---	---	solid	1
26970	C14H12O3	2-methoxyphenol benzoate	531-37-3	228.247	330.65	1	502.90	2	23	1.1345	2	---	---	---	solid	1
26971	C14H12O3	xanthyletin	553-19-5	228.247	404.65	1	502.90	2	23	1.1345	2	---	---	---	solid	1
26972	C14H12O3	benzyl 4-hydroxybenzoate	94-18-8	228.247	385.15	1	502.90	2	23	1.1345	2	---	---	---	solid	1
26973	C14H12O3	3-(4-methoxyphenoxy)benzaldehyde	62373-80-2	228.247	---	---	418.15	1	25	1.0890	1	---	1.5960	1	---	---
26974	C14H12O3	4-phenoxyphenylacetic acid	6328-74-1	228.247	352.15	1	502.90	2	23	1.1345	2	---	---	---	solid	1
26975	C14H12O3	4,5',8-trimethylpsoralen	3902-71-4	228.247	505.15	1	---	---	23	1.1345	2	---	---	---	solid	1
26976	C14H12O3	(±)-1,b,2,b-dihydroxy-3,a,4,a-epoxy-1,2,3,4	72074-68-1	228.247	---	---	502.90	2	23	1.1345	2	---	---	---	---	---
26977	C14H12O3	(±)-3a,4a-epoxy-1,2,3,4-tetrahydro-1b,2a-p	72074-69-2	228.247	---	---	502.90	2	23	1.1345	2	---	---	---	---	---
26978	C14H12O3	2H-furo(2,3-H)(1)benzopyran-2-one, 4,6,9-	90370-29-9	228.247	---	---	547.15	1	23	1.1345	2	---	---	---	---	---
26979	C14H12O3	p-tolyl salicylate	607-88-5	228.247	---	---	502.90	2	23	1.1345	2	---	---	---	---	---
26980	C14H12O3S	2-(phenylsulfonyl)acetophenone	3406-03-9	260.313	366.65	1	538.15	2	25	1.2607	2	---	---	---	solid	1
26981	C14H12O3S	surgam	33005-95-7	260.313	369.15	1	538.15	2	25	1.2607	2	---	---	---	solid	1
26982	C14H12O3S	p-(2-thenoyl)hydratropic acid	40828-46-4	260.313	---	---	538.15	1	25	1.2607	2	---	---	---	---	---
26983	C14H12O4	(2,6-dihydroxy-4-methoxyphenyl)phenylme	479-21-0	244.247	403.65	1	---	---	25	1.2428	2	---	---	---	solid	1
26984	C14H12O4	dioxybenzone	131-53-3	244.247	---	---	---	---	25	1.2428	2	---	---	---	---	---
26985	C14H12O4	dimethyl 2,3-naphthalenedicarboxylate	13728-34-2	244.247	325.10	1	---	---	25	1.2428	2	---	---	---	solid	1
26986	C14H12O4	piceatannol	10083-24-6	244.247	498.15	1	---	---	25	1.2428	2	---	---	---	solid	1
26987	C14H12O4	2,6-naphthalenedicarboxylic acid, dimethyl	840-65-3	244.247	464.45	1	---	---	25	1.2428	2	---	---	---	solid	1
26988	C14H12O5	khellin	82-02-0	260.246	427.65	dec	---	---	25	1.2874	2	---	---	---	solid	1
26989	C14H12O6S	2-hydroxy-4-methoxybenzophenone-5-sulf	4065-45-6	308.312	---	---	---	---	25	1.3805	2	---	---	---	---	---
26990	C14H12S	4,6-dimethyldibenzothiophene	---	212.315	423.15	1	---	---	25	1.1196	2	---	---	---	solid	1
26991	C14H12S2	2,7-dimethylthianthrene	135-58-0	244.381	396.15	1	---	---	25	1.1909	2	---	---	---	solid	1
26992	C14H13AsN2O4S2	(3-(p-arsonophenyl)ureido)dithiobenzoic a	---	412.322	---	---	---	---	---	---	---	---	---	---	---	---
26993	C14H13ClN4O3	4-methyl-6-(((2-chloro-4-nitro)phenyl)azo)-	4274-06-0	320.736	---	---	---	---	25	1.3969	2	---	---	---	---	---
26994	C14H13ClSi	vinyldiphenylchlorosilane	18419-53-9	244.795	---	---	398.15	1	---	---	---	---	---	---	---	---
26995	C14H13Cl2N2O2PS	O,O-bis(p-chlorophenyl)acetimidoylphosph	4104-14-7	375.215	---	---	---	---	---	---	---	---	---	---	---	---
26996	C14H13Cl2N3	p-(bis-(b-chloroethyl)amino)benzylidene m	4213-30-3	294.183	---	---	---	---	25	1.3034	2	---	---	---	---	---
26997	C14H13Cl2N3	3',4'-dichloro-4-dimethylaminoazobenzene	17010-61-6	294.183	---	---	---	---	25	1.3034	2	---	---	---	---	---
26998	C14H13Cl2O2PS	EPBP	3792-59-4	347.201	---	---	---	---	---	---	---	---	---	---	---	---
26999	C14H13Cl3N2	2,2-bis(p-aminophenyl)-1,1,1-trichloroetha	4485-25-0	315.629	---	---	---	---	25	1.3225	2	---	---	---	---	---
27000	C14H13F2N3	2',4'-difluoro-4-dimethylaminoazobenzene	351-63-3	261.275	---	---	---	---	25	1.2377	2	---	---	---	---	---
27001	C14H13F2N3	2',5'-difluoro-4-dimethylaminoazobenzene	349-37-1	261.275	---	---	---	---	25	1.2377	2	---	---	---	---	---
27002	C14H13F2N3	3',5'-difluoro-4-dimethylaminoazobenzene	350-87-8	261.275	---	---	---	---	25	1.2377	2	---	---	---	---	---
27003	C14H13F2N3	N,N-dimethyl-p-(3,4-difluorophenylazo)anil	351-65-5	261.275	---	---	---	---	25	1.2377	2	---	---	---	---	---
27004	C14H13N	9-ethyl-9H-carbazole	86-28-2	195.264	341.15	1	588.82	2	80	1.0590	1	80	1.6394	1	solid	1
27005	C14H13N	2-methyl-N-(phenylmethylene)aniline	5877-55-4	195.264	---	---	587.15	1	20	1.0410	1	25	1.6310	1	---	---
27006	C14H13N	3-methyl-N-(phenylmethylene)aniline	5877-58-7	195.264	304.15	1	588.15	1	25	1.0390	1	25	1.6353	1	solid	1
27007	C14H13N	4-methyl-N-(phenylmethylene)aniline	2272-45-9	195.264	308.15	1	591.15	1	38	1.0443	2	---	---	---	solid	1
27008	C14H13N	N-benzylidenebenzylamine	780-25-6	195.264	---	---	588.82	2	25	1.0380	1	---	1.6000	1	---	---
27009	C14H13N	iminodibenzyl	494-19-9	195.264	379.65	1	588.82	2	38	1.0443	2	---	---	---	solid	1
27010	C14H13N	trans-4-aminostilbene	4309-66-4	195.264	424.15	1	588.82	2	38	1.0443	2	---	---	---	solid	1
27011	C14H13N	2-fluorenylmonomethylamine	63019-68-1	195.264	---	---	588.82	2	38	1.0443	2	---	---	---	---	---
27012	C14H13N	4-stilbenamine	834-24-2	195.264	---	---	588.82	2	38	1.0443	2	---	---	---	---	---
27013	C14H13NO	N-(1,1'-biphenyl)-2-ylacetamide	2113-47-5	211.264	394.15	1	628.15	1	15	1.1923	2	---	---	---	solid	1
27014	C14H13NO	N,N-diphenylacetamide	519-87-9	211.264	376.15	1	540.15	2	15	1.1923	2	---	---	---	solid	1
27015	C14H13NO	[2-(methylamino)phenyl]phenylmethanone	1859-76-3	211.264	342.15	1	555.15	1	15	1.1923	2	---	---	---	solid	1
27016	C14H13NO	N-(2-methylphenyl)benzamide	584-70-3	211.264	418.65	1	540.15	2	15	1.2050	1	---	---	---	solid	1
27017	C14H13NO	N-(3-methylphenyl)benzamide	582-77-4	211.264	398.15	1	540.15	2	15	1.1700	1	---	---	---	solid	1
27018	C14H13NO	N-(4-methylphenyl)benzamide	582-78-5	211.264	431.15	1	540.15	2	15	1.2020	1	---	---	---	solid	1
27019	C14H13NO	2-amino-4'-methylbenzophenone	36192-63-9	211.264	365.65	1	540.15	2	15	1.1923	2	---	---	---	solid	1
27020	C14H13NO	N-benzylbenzamide	1485-70-7	211.264	378.65	1	540.15	2	15	1.1923	2	---	---	---	solid	1
27021	C14H13NO	3,2'-dimethyl-4-nitrosobiphenyl	70786-64-0	211.264	---	---	540.15	2	15	1.1923	2	---	---	---	---	---
27022	C14H13NO	trans-N-hydroxy-4-aminostilbene	60462-51-3	211.264	---	---	540.15	2	15	1.1923	2	---	---	---	---	---
27023	C14H13NO	2-methyl-N-phenylbenzamide	7055-03-0	211.264	398.15	1	540.15	2	15	1.1923	2	---	---	---	solid	1
27024	C14H13NO	3'-phenylacetanilide	2113-54-4	211.264	421.15	1	437.15	1	15	1.1923	2	---	---	---	solid	1
27025	C14H13NO	4'-phenylacetanilide	4075-79-0	211.264	444.15	1	540.15	2	15	1.1923	2	---	---	---	solid	1
27026	C14H13NO2	a-benzoin oxime	441-38-3	227.263	425.65	1	---	---	25	1.1711	2	---	---	---	solid	1
27027	C14H13NO2	a,a-diphenylglycine	3060-50-2	227.263	518.65	1	---	---	25	1.1711	2	---	---	---	solid	1
27028	C14H13NO2	benzenamine, N-[(4-methoxyphenyl)methy	3585-93-1	227.263	---	---	---	---	25	1.1711	2	---	---	---	---	---
27029	C14H13NO2	N-acetyl-4-biphenylhydroxylamine	4463-22-3	227.263	---	---	---	---	25	1.1711	2	---	---	---	---	---
27030	C14H13NO2	4-(p-ethoxybenzoyl)pyridine	33077-69-9	227.263	---	---	---	---	25	1.1711	2	---	---	---	---	---
27031	C14H13NO2	p-ethoxyphenyl 2-pyridyl ketone	32941-23-4	227.263	---	---	---	---	25	1.1711	2	---	---	---	---	---
27032	C14H13NO2	p-ethoxyphenyl 3-pyridyl ketone	32921-15-6	227.263	---	---	---	---	25	1.1711	2	---	---	---	---	---
27033	C14H13NO2	4-(phenylmethyl)phenol carbamate	101-71-3	227.263	---	---	---	---	25	1.1711	2	---	---	---	---	---
27034	C14H13NO2	N-(p-tolyl)anthranilic acid	16524-23-5	227.263	469.15	1	---	---	25	1.1711	2	---	---	---	solid	1
27035	C14H13NO3	1-benzyloxy-3-methyl-2-nitrobenzene	61535-21-5	243.262	---	---	---	---	25	2	1	---	1.5770	1	---	---
27036	C14H13NO3	N-acetoxy-N-(1-napthyl)-acetamide	38105-25-8	243.262	---	---	---	---	25	1.2183	2	---	---	---	---	---
27037	C14H13NO3	N-(2-naphthoyl)-o-propionylhydroxylamine	76790-18-6	243.262	---	---	---	---	25	1.2183	2	---	---	---	---	---
27038	C14H13NO4	4,7,8-trimethoxyfuro[2,3-b]quinoline	83-95-4	259.262	450.15	1	---	---	25	1.2629	2	---	---	---	solid	1
27039	C14H13NO4	aniline hydrogen phthalate	50930-79-5	259.262	427.65	1	---	---	25	1.2629	2	---	---	---	solid	1
27040	C14H13NO4S	4-[(benzylsulfonyl)amino]benzoic acid	536-95-8	291.328	502.65	1	---	---	25	1.3191	2	---	---	---	solid	1

Table 1 Physical Properties - Organic Compounds

				Mol Wt	Freezing Point		Boiling Point		Density			Refractive Index			State	
NO	FORMULA	NAME	CAS No	g/mol	T_F, K	code	T_B, K	code	T, C	g/cm3	code	T, C	n_D	code	@25C,1 atm	code
27041	C14H13NO7	lycorcidinol	29477-83-6	307.260	506.15	dec	483.65	1	25	1.3832	2	---	---	---	solid	1
27042	C14H13N3	2-amino-1-benzylbenzimidazole	43182-10-1	223.278	469.65	1	---	---	25	1.1670	2	---	---	---	solid	1
27043	C14H13N3O	N-formyl-N-methyl-p-(phenylazo)aniline	4845-14-1	239.278	---	---	---	---	25	1.2150	2	---	---	---	---	---
27044	C14H13N3O	4'-phenylazoacetanilide	4128-71-6	239.278	418.15	1	---	---	25	1.2150	2	---	---	---	solid	1
27045	C14H13N3O2	1H-imidazole, 2-((2,3-dihydro-1H-inden-1-y	141363-21-5	255.277	---	---	---	---	25	1.2603	2	---	---	---	---	---
27046	C14H13N3O3	vancide	149-17-7	271.276	---	---	---	---	25	1.3031	2	---	---	---	---	---
27047	C14H13N3O4S	2-nitrobenzaldehyde tosylhydrazone	58809-90-8	319.342	427.65	1	---	---	25	1.3924	2	---	---	---	solid	1
27048	C14H13N3S	2-mercapto-1-(b-4-pyridylethyl) benzimidaz	13083-37-9	255.344	---	---	---	---	25	1.2342	2	---	---	---	---	---
27049	C14H13N5O8	griseolic acid	79030-08-3	379.287	---	---	---	---	25	1.5497	2	---	---	---	---	---
27050	C14H13N7	5b-naphthyl-2:4:6-triaminoazopyrimidine	32524-44-0	279.306	---	---	---	---	25	1.3408	2	---	---	---	---	---
27051	C14H13P	diphenylvinylphosphine	2155-96-6	212.231	---	---	---	---	25	1.0670	1	---	1.6260	1	---	---
27052	C14H14	1,1-diphenylethane	612-00-0	182.265	255.20	1	545.78	1	25	0.9960	1	25	1.5702	1	liquid	1
27053	C14H14	1,2-diphenylethane	103-29-7	182.265	324.34	1	553.65	1	25	0.9780	1	51	1.5704	1	solid	1
27054	C14H14	2-methyldiphenylmethane	713-36-0	182.265	279.79	1	553.65	1	25	0.9982	1	25	1.5740	1	liquid	1
27055	C14H14	3-methyldiphenylmethane	620-47-3	182.265	245.35	1	552.39	1	25	0.9876	1	25	1.5689	1	liquid	1
27056	C14H14	4-methyldiphenylmethane	620-83-7	182.265	277.76	1	555.11	1	25	0.9836	1	25	1.5670	1	liquid	1
27057	C14H14	2,2'-dimethylbiphenyl	605-39-0	182.265	291.15	1	531.15	1	25	0.9930	1	20	1.5752	1	liquid	1
27058	C14H14	2,3'-trimethylbiphenyl	611-43-8	182.265	322.15	2	547.15	1	20	0.9924	1	20	1.5810	1	solid	2
27059	C14H14	2,4'-dimethlbiphenyl	611-61-0	182.265	322.15	2	547.15	1	20	0.9924	1	20	1.5826	1	solid	2
27060	C14H14	3,3'-dimethylbiphenyl	612-75-9	182.265	280.15	1	559.15	1	25	0.9921	1	20	1.5946	1	liquid	1
27061	C14H14	3,4'-dimethylbiphenyl	7383-90-6	182.265	288.15	1	556.15	1	25	0.9940	1	25	1.5946	1	liquid	1
27062	C14H14	4,4'-dimethylbiphenyl	613-33-2	182.265	394.15	1	566.15	1	121	0.9170	1	---	---	---	solid	1
27063	C14H14	2-ethylbiphenyl	1812-51-7	182.265	267.05	1	539.12	1	25	0.9927	1	25	1.5780	1	liquid	1
27064	C14H14	3-ethylbiphenyl	5668-93-9	182.265	245.65	1	559.11	1	25	0.9953	1	25	1.5905	1	liquid	1
27065	C14H14	4-ethylbiphenyl	5707-44-8	182.265	320.15	1	556.15	1	29	0.9900	2	---	---	---	solid	1
27066	C14H14	2,3-dimethylbiphenyl	3864-18-4	182.265	315.15	1	551.15	1	29	0.9900	2	23	1.5845	1	solid	1
27067	C14H14	3,4-dimethylbiphenyl	4433-11-8	182.265	302.65	1	555.15	1	20	1.0087	1	20	1.6036	1	solid	1
27068	C14H14	2,6-dimethylbiphenyl	3976-34-9	182.265	270.65	1	536.15	1	20	0.9907	1	20	1.5745	1	liquid	1
27069	C14H14	1,3-dimethyl-4-phenyl benzene	---	182.265	322.15	2	543.15	1	29	0.9900	2	---	---	---	solid	2
27070	C14H14	1,3-dimethyl-5-phenyl benzene	---	182.265	322.15	2	548.15	1	29	0.9900	2	---	---	---	solid	2
27071	C14H14	1,4-dimethyl-2-phenyl benzene	---	182.265	322.15	2	540.15	1	29	0.9900	2	---	---	---	solid	2
27072	C14H14	2,5-dimethylbiphenyl	7372-85-2	182.265	301.14	2	549.48	2	20	0.9931	1	20	1.5819	1	solid	2
27073	C14H14	2,4-dimethylbiphenyl	4433-10-7	182.265	301.14	2	545.15	1	20	0.9470	1	20	1.5844	1	solid	2
27074	C14H14	3,5-dimethylbiphenyl	17057-88-4	182.265	295.65	1	547.65	1	20	0.9990	1	20	1.5952	1	liquid	1
27075	C14H14	1,2,3,4-tetrahydrophenanthrene	1013-08-7	182.265	306.65	1	549.48	2	40	1.0601	1	---	---	---	solid	1
27076	C14H14	1,2,3,4-tetrahydroanthracene	2141-42-6	182.265	---	---	549.48	2	29	0.9900	2	---	---	---	---	---
27077	C14H14AsClO3	(m-chlorophenyl)hydroxy(b-hydroxyphenetl	21905-40-8	340.637	---	---	---	---	---	---	---	---	---	---	---	---
27078	C14H14BrN3	3'-bromo-4-dimethylaminoazobenzene	17576-88-4	304.190	---	---	---	---	25	1.4104	2	---	---	---	---	---
27079	C14H14BrN3	p-(p-bromophenylazo)-N,N-dimethylaniline	3805-65-0	304.190	---	---	---	---	25	1.4104	2	---	---	---	---	---
27080	C14H14ClN2O3PS	O-(p-(p-chlorophenylazo)phenyl) O,O-dime	5834-96-8	356.770	---	---	---	---	---	---	---	---	---	---	---	---
27081	C14H14ClN3	p-chloro dimethylaminoazobenzene	2491-76-1	259.739	---	---	---	---	25	1.2193	2	---	---	---	---	---
27082	C14H14ClN3	N,N-dimethyl-p-((m-chlorophenyl)azo)anilir	3789-77-3	259.739	---	---	---	---	25	1.2193	2	---	---	---	---	---
27083	C14H14ClN3	N,N-dimethyl-p-((o-chlorophenyl)azo)anilin	3010-47-7	259.739	---	---	---	---	25	1.2193	2	---	---	---	---	---
27084	C14H14ClN3O2S	(4-chloro-6-(2,3-xylidino)-2-pyrimidinylthio)	50892-23-4	323.803	424.65	1	---	---	25	1.3502	2	---	---	---	solid	1
27085	C14H14Cl2N2O	imazalil	35554-44-0	297.184	323.15	1	---	---	23	1.2430	1	---	---	---	solid	1
27086	C14H14Cl2S2Sn	bis(p-chlorophenylthio)dimethyltin	55216-04-1	436.012	---	---	---	---	---	---	---	---	---	---	---	---
27087	C14H14Cl3O6P	O,O-di(2-chloroethyl)-O-(3-chloro-4-methyl	321-55-1	415.593	364.15	1	422.15	1	---	---	---	---	---	---	solid	1
27088	C14H14FeO2	1,1'-diacetylferrocene	1273-94-5	270.109	403.70	1	---	---	---	---	---	---	---	---	solid	1
27089	C14H14FN3	N,N-dimethyl-p-((p-fluorophenyl)azo)anilin	150-74-3	243.285	---	---	---	---	25	1.1826	2	---	---	---	---	---
27090	C14H14FN3	2-fluoro-4-dimethylaminoazobenzene	321-25-5	243.285	---	---	---	---	25	1.1826	2	---	---	---	---	---
27091	C14H14FN3	2'-fluoro-4-dimethylaminoazobenzene	331-91-9	243.285	---	---	---	---	25	1.1826	2	---	---	---	---	---
27092	C14H14FN3	3'-fluoro-4-dimethylaminoazobenzene	332-54-7	243.285	---	---	---	---	25	1.1826	2	---	---	---	---	---
27093	C14H14Hg	bis(4-methylphenyl)mercury	537-64-4	382.855	518.85	1	---	---	---	---	---	---	---	---	solid	1
27094	C14H14Hg	dibenzylmercury	780-24-5	382.855	384.15	1	---	---	---	---	---	---	---	---	solid	1
27095	C14H14NO2	2,6-xylidide of 2-pyridone-3-carboxylic acid	57021-61-1	228.271	---	---	---	---	25	1.1496	2	---	---	---	---	---
27096	C14H14NO4PS	ethyl p-nitrophenyl benzenethiophosphate	2104-64-5	323.310	309.15	1	---	---	25	1.2700	1	30	1.5978	1	solid	1
27097	C14H14N2	trans-bis(3-methylphenyl)diazene	51437-67-3	210.279	327.15	1	---	---	66	1.0123	1	66	1.6152	1	solid	1
27098	C14H14N2	trans-4,4'-diaminostilbene	7314-06-9	210.279	504.15	1	---	---	66	1.0169	2	---	---	---	solid	1
27099	C14H14N2	2,2'-dimethylazobenzene	584-90-7	210.279	328.65	1	---	---	65	1.0215	1	65	1.6180	1	solid	1
27100	C14H14N2	3-amino-9-ethylcarbazole	132-32-1	210.279	372.15	1	---	---	66	1.0169	2	---	---	---	solid	1
27101	C14H14N2	3,4'-diaminostilbene	79305-82-1	210.279	---	---	---	---	66	1.0169	2	---	---	---	---	---
27102	C14H14N2	3,6'-dimethylazobenzene	28842-05-9	210.279	---	---	---	---	66	1.0169	2	---	---	---	---	---
27103	C14H14N2	N,N'-diphenylacetamidine	621-09-0	210.279	---	---	---	---	66	1.0169	2	---	---	---	---	---
27104	C14H14N2	naphazoline	835-31-4	210.279	---	---	---	---	66	1.0169	2	---	---	---	---	---
27105	C14H14N2	4,4'-stilbenediamine	621-96-5	210.279	---	---	---	---	66	1.0169	2	---	---	---	---	---
27106	C14H14N2O	cis-bis(2-methylphenyl)diazene 1-oxide	51284-68-5	226.279	333.15	1	544.40	2	65	1.0215	1	65	1.6180	1	solid	1
27107	C14H14N2O	trans-bis(2-methylphenyl)diazene 1-oxide	116723-89-8	226.279	---	---	544.40	2	65	1.0215	1	65	1.6180	1	---	---
27108	C14H14N2O	cis-bis(3-methylphenyl)diazene 1-oxide	71297-97-7	226.279	312.15	1	544.40	2	66	1.0123	1	66	1.6152	1	solid	1
27109	C14H14N2O	trans-bis(3-methylphenyl)diazene 1-oxide	116723-90-1	226.279	312.15	1	544.40	2	66	1.0123	1	66	1.6152	1	solid	1
27110	C14H14N2O	(4-ethoxyphenyl)phenyldiazene	7466-38-8	226.279	358.15	1	612.65	1	100	1.0400	1	100	1.6419	1	solid	1
27111	C14H14N2O	N-methyl-N,N'-diphenylurea	612-01-1	226.279	379.15	1	476.15	1	72	1.0215	2	---	---	---	solid	1
27112	C14H14N2O	2-methyl-1,2-di-3-pyridinyl-1-propanone	54-36-4	226.279	323.65	1	544.40	2	72	1.0215	2	---	---	---	solid	1
27113	C14H14N2O	N,N-dimethylindoaniline	2150-58-5	226.279	401.15	1	544.40	2	72	1.0215	2	---	---	---	solid	1
27114	C14H14N2O	1-methyl-3,3-diphenylurea	13114-72-2	226.279	444.40	1	544.40	2	72	1.0215	2	---	---	---	solid	1
27115	C14H14N2O	N-acetylbenzidine	3366-61-8	226.279	472.15	1	544.40	2	72	1.0215	2	---	---	---	solid	1
27116	C14H14N2O	4'-ethyl-4-hydroxyazobenzene	2497-34-9	226.279	---	---	544.40	2	72	1.0215	2	---	---	---	---	---
27117	C14H14N2O	4'-hydroxy-2,3'-azotoluene	57598-00-2	226.279	405.15	1	544.40	2	72	1.0215	2	---	---	---	solid	1
27118	C14H14N2O	N-nitrosodibenzylamine	5336-53-8	226.279	---	---	544.40	2	72	1.0215	2	---	---	---	---	---
27119	C14H14N2O	oil yellow HA	6370-43-0	226.279	371.15	1	544.40	2	72	1.0215	2	---	---	---	solid	1
27120	C14H14N2O2	bis(4-methoxyphenyl)diazene	501-58-6	242.278	---	---	---	---	25	1.1946	2	---	---	---	---	---

Table 1 Physical Properties - Organic Compounds

NO	FORMULA	NAME	CAS No	Mol Wt g/mol	Freezing Point T_F, K	code	Boiling Point T_B, K	code	Density T, C	g/cm3	code	Refractive Index T, C	n_D	code	State @25C,1 atm	code
27121	C14H14N2O2	3-amino-4-methoxy benzanilide	120-35-4	242.278	---	---	---	---	25	1.1946	2	---	---	---	---	---
27122	C14H14N2O2S2	N,N-dimethyl-3-phenothiazinesulfonamide	27691-62-9	306.410	---	---	---	---	25	1.3098	2	---	---	---	---	---
27123	C14H14N2O3	4,4'-azoxyanisole	1562-94-3	258.277	405.15	1	---	---	25	1.2392	2	---	---	---	solid	1
27124	C14H14N2O3	1-naphthyl-N-propyl-N-nitrosocarbamate	76206-37-6	258.277	---	---	---	---	25	1.2392	2	---	---	---	---	---
27125	C14H14N2O4	2,3-quinoxalinedimethanol, diacetate	20128-12-5	274.277	---	---	---	---	25	1.2814	2	---	---	---	---	---
27126	C14H14N2O4S	phenazine methosulfate	299-11-6	306.343	432.15	1	---	---	25	1.3342	2	---	---	---	solid	1
27127	C14H14N2O5	methyl-4-phthalimido-DL-glutaramate	19143-28-3	290.276	---	---	---	---	25	1.3215	2	---	---	---	---	---
27128	C14H14N2O6S2	4,4'-diaminostilbene-2,2'-disulfonic acid	81-11-8	370.408	---	---	---	---	25	1.4446	2	---	---	---	---	---
27129	C14H14N3	3-methyl-4-monomethylaminoazobenzene	64-01-7	224.286	---	---	---	---	25	1.1453	2	---	---	---	---	---
27130	C14H14N3NaO3S	methyl orange	547-58-0	327.340	---	---	---	---	---	---	---	---	---	---	---	---
27131	C14H14N4	2,7-diamino-3,8-dimethylphenazine	107564-21-6	238.293	---	---	---	---	25	1.1910	2	---	---	---	---	---
27132	C14H14N4	rolodine	1866-43-9	238.293	479.15	1	---	---	25	1.1910	2	---	---	---	solid	1
27133	C14H14N4O	bistoluene diazo oxide	---	254.293	---	---	---	---	25	1.2363	2	---	---	---	---	---
27134	C14H14N4O2	N,N-dimethyl-p-((m-nitrophenyl)azo)aniline	3837-55-6	270.292	---	---	---	---	25	1.2791	2	---	---	---	---	---
27135	C14H14N4O2	N,N-dimethyl-p-((o-nitrophenyl)azo)aniline	3010-38-6	270.292	---	---	---	---	25	1.2791	2	---	---	---	---	---
27136	C14H14N4O2S	cambendazole	26097-80-3	302.358	512.15	dec	---	---	25	1.3327	2	---	---	---	solid	1
27137	C14H14N4O4S	fast garnet gbc salt	101-89-3	334.357	---	---	---	---	25	1.4042	2	---	---	---	---	---
27138	C14H14O	dibenzyl ether	103-50-4	198.265	276.75	1	561.45	1	25	1.0420	1	25	1.5385	1	liquid	1
27139	C14H14O	bis(2-methylphenyl) ether	4731-34-4	198.265	---	---	544.15	1	24	1.0470	1	---	---	---	---	---
27140	C14H14O	bis(3-methylphenyl) ether	19814-71-2	198.265	---	---	557.15	1	21	1.0323	1	---	---	---	---	---
27141	C14H14O	bis(4-methylphenyl) ether	1579-40-4	198.265	324.15	1	558.15	1	34	1.0591	2	---	---	---	solid	1
27142	C14H14O	3-ethoxy-1,1'-biphenyl	54852-73-2	198.265	308.15	1	578.15	1	34	1.0591	2	---	---	---	solid	1
27143	C14H14O	2-methyl-1-(1-naphthyl)-1-propanone	61838-78-6	198.265	---	---	580.15	1	25	1.0761	1	20	1.5948	1	---	---
27144	C14H14O	2-methyl-1-(2-naphthyl)-1-propanone	107574-57-2	198.265	---	---	586.15	1	25	1.0617	1	---	---	---	---	---
27145	C14H14O	1-(1-naphthyl)-1-butanone	2876-62-2	198.265	---	---	590.15	1	25	1.0861	1	27	1.5960	1	---	---
27146	C14H14O	alpha-phenylbenzeneethanol, (±)	63180-94-9	198.265	341.15	1	574.78	2	70	1.0360	1	---	---	---	solid	1
27147	C14H14O	alpha-phenylbenzeneethanol, (S)	5773-56-8	198.265	340.65	1	574.78	2	70	1.0358	1	---	---	---	solid	1
27148	C14H14O	beta-phenylbenzeneethanol	1883-32-5	198.265	337.65	1	574.78	2	34	1.0591	2	---	---	---	solid	1
27149	C14H14O	2-benzoyl-5-norbornene	6056-35-5	198.265	---	---	574.78	2	25	1.1150	1	---	1.5680	1	---	---
27150	C14H14O	2-benzylbenzyl alcohol	1586-00-1	198.265	312.15	1	574.78	2	34	1.0591	2	---	---	---	solid	1
27151	C14H14O	1,1-diphenylethanol	599-67-7	198.265	352.15	1	574.78	2	34	1.0591	2	---	---	---	solid	1
27152	C14H14O	4-methylbenzhydrol	1517-63-1	198.265	325.65	1	574.78	2	34	1.0591	2	---	---	---	solid	1
27153	C14H14O	2-methylbenzhydrol	7111-76-4	198.265	367.15	1	596.15	1	34	1.0591	2	---	---	---	solid	1
27154	C14H14O	a-o-tolylbenzyl alcohol	5472-13-9	198.265	367.15	1	596.15	1	34	1.0591	2	---	---	---	solid	1
27155	C14H14O	4-(1-phenylethyl)phenol	1988-89-2	198.265	---	---	574.78	2	34	1.0591	2	---	---	---	---	---
27156	C14H14OS	dibenzyl sulfoxide	621-08-9	230.331	407.15	1	483.15	dec	25	1.1276	2	---	---	---	solid	1
27157	C14H14O2	2,2'-dimethoxy-1,1'-biphenyl	4877-93-4	214.264	428.15	1	580.65	1	25	1.2680	1	---	---	---	solid	1
27158	C14H14O2	3,3'-dimethoxy-1,1'-biphenyl	6161-50-8	214.264	309.15	1	601.15	1	25	1.1790	2	---	---	---	solid	1
27159	C14H14O2	4,4'-dimethoxy-1,1'-biphenyl	2132-80-1	214.264	448.15	1	563.32	2	25	1.1790	2	---	---	---	solid	1
27160	C14H14O2	3,3'-dimethyl-[1,1'-biphenyl]-2,2'-diol	32750-14-4	214.264	386.15	1	563.32	2	25	1.1790	2	---	---	---	solid	1
27161	C14H14O2	5,5'-dimethyl-[1,1'-biphenyl]-2,2'-diol	15519-73-0	214.264	426.65	1	563.32	2	25	1.1790	2	---	---	---	solid	1
27162	C14H14O2	1,2-diphenoxyethane	104-66-5	214.264	371.15	1	563.32	2	25	1.1790	2	---	---	---	solid	1
27163	C14H14O2	1,2-diphenylethanediol, (R*,R*)-(±)	655-48-1	214.264	395.65	1	563.32	2	25	1.1790	2	---	---	---	solid	1
27164	C14H14O2	ethyl 1-naphthylacetate	2122-70-5	214.264	361.65	1	563.32	2	25	1.1790	2	---	---	---	solid	1
27165	C14H14O2	3-benzyloxybenzyl alcohol	1700-30-7	214.264	322.65	1	563.32	2	25	1.1790	2	---	---	---	solid	1
27166	C14H14O2	4-benzyloxybenzyl alcohol	836-43-1	214.264	358.65	1	563.32	2	25	1.1790	2	---	---	---	solid	1
27167	C14H14O2	(S,S)-(-)-1,2-diphenyl-1,2-ethanediol	2325-10-2	214.264	421.65	1	563.32	2	25	1.1790	2	---	---	---	solid	1
27168	C14H14O2	(R,R)-(+)-1,2-diphenyl-1,2-ethanediol	52340-78-0	214.264	421.65	1	563.32	2	25	1.1790	2	---	---	---	solid	1
27169	C14H14O2	6'-methoxy-2'-propiononaphthone	2700-47-2	214.264	384.15	1	563.32	2	25	1.1790	2	---	---	---	solid	1
27170	C14H14O2	1-naphthyl butyrate	3121-70-8	214.264	---	---	563.32	2	25	1.0900	1	---	---	---	---	---
27171	C14H14O2	dicresol	27134-24-3	214.264	---	---	508.15	1	25	1.1790	2	---	---	---	---	---
27172	C14H14O2	1-naphthylmethyl glycidyl ether	66931-57-5	214.264	---	---	563.32	2	25	1.1790	2	---	---	---	---	---
27173	C14H14O2P2S4	lawesson's	19172-47-5	404.476	502.65	1	---	---	---	---	---	---	---	---	solid	1
27174	C14H14O2S	bis(4-methylphenyl) sulfone	599-66-6	246.330	432.15	1	679.15	1	25	1.1737	2	---	---	---	solid	1
27175	C14H14O2S	dibenzyl sulfone	620-32-6	246.330	425.15	1	563.15	dec	25	1.1737	2	---	---	---	solid	1
27176	C14H14O2Te2	4,4'-dimethoxydiphenyl ditelluride	56821-76-2	469.464	330.15	1	---	---	---	---	---	---	---	---	solid	1
27177	C14H14O3	bis(2-methoxyphenyl) ether	1655-70-5	230.263	352.65	1	603.65	1	25	1.1517	2	---	---	---	solid	1
27178	C14H14O3	equol	531-95-3	230.263	462.65	1	512.28	2	25	1.1517	2	---	---	---	solid	1
27179	C14H14O3	1-methoxy-2-(3-methoxyphenoxy)benzene	1655-71-6	230.263	327.95	1	600.65	1	25	1.1517	2	---	---	---	solid	1
27180	C14H14O3	2-pivaloyl-1,3-indandione	83-26-1	230.263	382.15	1	512.28	2	25	1.1517	2	---	---	---	solid	1
27181	C14H14O3	gonosan	500-64-1	230.263	378.90	1	469.15	1	25	1.1517	2	---	---	---	solid	1
27182	C14H14O3	2-isovalerylindan-1,3-dione	83-28-3	230.263	---	---	512.28	2	25	1.1517	2	---	---	---	---	---
27183	C14H14O3	(+)-2-(methoxy-2-naphthyl)-propionic acid	22204-53-1	230.263	428.45	1	375.65	1	25	1.1517	2	---	---	---	solid	1
27184	C14H14O3S	benzyl sulfite	35506-85-5	262.329	---	---	---	---	25	1.2173	2	---	---	---	---	---
27185	C14H14O4	diallyl phthalate	131-17-9	246.263	203.25	1	---	---	25	1.1210	1	---	1.5190	1	---	---
27186	C14H14O4	isophthalic acid, diallyl ester	1087-21-4	246.263	---	---	---	---	25	1.1981	2	---	---	---	---	---
27187	C14H14O6	diglycidyl phthalate	7195-45-1	278.262	---	---	---	---	25	1.2836	2	---	---	---	---	---
27188	C14H14O8	tetramethyl 1,2,4,5-benzenetetracarboxylat	635-10-9	310.260	417.15	1	---	---	25	1.3607	2	---	---	---	solid	1
27189	C14H14S	benzyl sulfide	538-74-9	214.331	322.65	1	558.15	2	50	1.0583	1	---	---	---	solid	1
27190	C14H14S	bis(2-methylphenyl) sulfide	4537-05-7	214.331	337.15	1	558.15	1	33	1.0679	2	---	---	---	solid	1
27191	C14H14S	bis(4-methylphenyl) sulfide	620-94-0	214.331	330.45	1	558.15	2	33	1.0679	2	---	---	---	solid	1
27192	C14H14S	3,4'-ditolyl sulfide	107770-92-3	214.331	301.15	1	558.15	2	33	1.0679	2	---	---	---	solid	1
27193	C14H14S	1-methyl-2-[(4-methylphenyl)thio]benzene	4279-70-3	214.331	---	---	558.15	2	15	1.0774	1	---	---	---	---	---
27194	C14H14S2	bis(3-methylphenyl) disulfide	20333-41-9	246.397	252.15	1	---	---	25	1.1502	2	---	---	---	---	---
27195	C14H14S2	bis(4-methylphenyl) disulfide	103-19-5	246.397	320.65	1	---	---	51	1.1140	1	---	---	---	solid	1
27196	C14H14S2	dibenzyl disulfide	150-60-7	246.397	344.65	1	---	---	25	1.1502	2	---	---	---	solid	1
27197	C14H14S3	benzyl trisulfide	6493-73-8	278.463	320.15	1	---	---	25	1.2119	2	---	---	---	solid	1
27198	C14H14Se	di(p-tolyl) selenide	22077-55-0	261.225	342.65	1	---	---	---	---	---	---	---	---	solid	1
27199	C14H14Se2	dibenzyldiselenide	1482-82-2	340.185	365.65	1	---	---	---	---	---	---	---	---	solid	1
27200	C14H14Te2	4,4'-dimethyldiphenyl ditelluride	32294-57-8	437.465	329.15	1	---	---	---	---	---	---	---	---	solid	1

Table 1 Physical Properties - Organic Compounds

				Mol Wt	Freezing Point		Boiling Point		Density			Refractive Index			State	
NO	FORMULA	NAME	CAS No	g/mol	T_F, K	code	T_B, K	code	T, C	g/cm3	code	T, C	n_D	code	@25C,1 atm	code
27201	C14H15BrClNO6	5-bromo-4-chloro-3-indolyl-b-D-galactoside	7240-90-6	408.633	503.15	1	---	---	25	1.5563	2	---	---	---	solid	1
27202	C14H15BrClNO6	5-bromo-4-chloro-3-indoxyl-a-D-glucopyra	108789-36-2	408.633	---	---	---	---	25	1.5563	2	---	---	---	---	---
27203	C14H15ClSi	biphenyldimethylsilyl chloride	---	246.811	333.65	1	---	---	---	---	---	---	---	---	solid	1
27204	C14H15Cl2N	chlornaphazine	494-03-1	268.185	328.15	1	---	---	25	1.1855	2	---	---	---	solid	1
27205	C14H15Cl2N3	2-(bis(b-chloroethyl)aminomethyl)benzimid	3689-77-8	296.199	---	---	---	---	25	1.2619	2	---	---	---	---	---
27206	C14H15Cl2N3O2	etaconazole	60207-93-4	328.198	---	---	---	---	25	1.3344	2	---	---	---	---	---
27207	C14H15Cl2O6P	7-hydroxy-4-methylcoumarin, bis(2-chloroe	4394-77-8	381.149	---	---	---	---	---	---	---	---	---	---	---	---
27208	C14H15F7O2	(+)-3-(heptafluorobutyryl)-d-camphor	51800-99-8	348.261	---	---	---	---	25	1.2180	1	---	1.4210	1	---	---
27209	C14H15IN2O4S	N-iodoacetyl-N'-(5-sulfo-1-naphthyl)ethyler	36930-63-9	434.255	>573.15	1	---	---	25	1.6533	2	---	---	---	solid	1
27210	C14H15N	dibenzylamine	103-49-1	197.280	247.15	1	573.15	dec	22	1.0256	1	20	1.5781	1	liquid	1
27211	C14H15N	N-(2-methylphenyl)benzenemethanamine	5405-13-0	197.280	333.15	1	575.65	1	65	1.0142	1	65	1.5861	1	solid	1
27212	C14H15N	N-(3-methylphenyl)benzenemethanamine	5405-17-4	197.280	---	---	585.15	1	65	1.0083	1	65	1.5845	1	---	---
27213	C14H15N	N-(4-methylphenyl)benzenemethanamine	5405-15-2	197.280	292.65	1	592.15	1	65	1.0064	1	65	1.5832	1	liquid	1
27214	C14H15N	alpha-phenylbenzeneethanamine	25611-78-3	197.280	---	---	584.15	1	15	1.0310	1	---	---	---	---	---
27215	C14H15N	N-ethyl-N-phenylaniline	606-99-5	197.280	---	---	568.65	1	20	1.0377	1	20	1.6095	1	---	---
27216	C14H15N	2-methyl-N-(2-methylphenyl)aniline	617-00-5	197.280	325.65	1	589.15	1	36	1.0256	2	---	---	---	solid	1
27217	C14H15N	3-methyl-N-(3-methylphenyl)aniline	626-13-1	197.280	261.15	1	592.65	1	36	1.0256	2	---	---	---	liquid	1
27218	C14H15N	4-methyl-N-(4-methylphenyl)aniline	620-93-9	197.280	352.95	1	603.65	1	36	1.0256	2	---	---	---	solid	1
27219	C14H15N	2-(2-phenylethyl)aniline	5697-85-8	197.280	306.15	1	586.42	2	20	1.0430	1	---	---	---	solid	1
27220	C14H15N	4-(3-phenylpropyl)pyridine	2057-49-0	197.280	---	---	595.15	1	25	1.0240	1	25	1.5616	1	---	---
27221	C14H15N	2,2-diphenylethylamine	3963-62-0	197.280	319.15	1	586.42	2	36	1.0256	2	---	---	---	solid	1
27222	C14H15N	N-methyl-N-phenylbenzylamine	614-30-2	197.280	282.45	1	591.15	1	25	1.0400	1	---	1.6050	1	liquid	1
27223	C14H15N	4-biphenyldimethylamine	1137-79-7	197.280	---	---	586.42	2	36	1.0256	2	---	---	---	---	---
27224	C14H15N	(m,o'-bitolyl)-4-amine	13394-86-0	197.280	---	---	586.42	2	36	1.0256	2	---	---	---	---	---
27225	C14H15N	3,3'-dimethyl-4-aminobiphenyl	13629-82-8	197.280	---	---	586.42	2	36	1.0256	2	---	---	---	---	---
27226	C14H15NO	N,N-dibenzylhydroxylamine	621-07-8	213.280	397.15	1	---	---	25	1.0801	2	---	---	---	solid	1
27227	C14H15NO	4-(dimethylamino)-3-biphenylol	63019-93-2	213.280	---	---	---	---	25	1.0801	2	---	---	---	---	---
27228	C14H15NO	1-(2,4-dimethyl-5-phenyl-1H-pyrrol-3-yl)eth	91481-04-8	213.280	---	---	---	---	25	1.0801	2	---	---	---	---	---
27229	C14H15NO	N-hydroxy-3,2'-dimethyl-4-aminobiphenyl	70786-72-0	213.280	---	---	---	---	25	1.0801	2	---	---	---	---	---
27230	C14H15NO2	coumarin 138	62669-74-3	229.279	426.15	1	---	---	25	1.1290	2	---	---	---	solid	1
27231	C14H15NO2	bis(4-methoxyphenyl)amine	101-70-2	229.279	---	---	---	---	25	1.1290	2	---	---	---	---	---
27232	C14H15NO2	1-(4-methoxy-2-methyl-5-phenyl-1H-pyrrol-	91480-98-7	229.279	---	---	---	---	25	1.1290	2	---	---	---	---	---
27233	C14H15NO2S	N-(cyclohexylthio)phthalimide	17796-82-6	261.345	---	---	---	---	25	1.1953	2	---	---	---	---	---
27234	C14H15NO3	(N-crotonyl)-(4S)-benzyl-2-oxazolidinone	---	245.278	357.65	1	---	---	25	1.1753	2	---	---	---	solid	1
27235	C14H15NO4S2	di-p-toluenesulfonamide	3695-00-9	325.410	---	---	---	---	25	1.3259	2	---	---	---	---	---
27236	C14H15NO7	laetrile	1332-94-1	309.276	488.15	1	416.15	1	25	1.3380	2	---	---	---	solid	1
27237	C14H15N3	p-(dimethylamino)azobenzene	60-11-7	225.294	390.15	1	---	---	25	1.1246	2	---	---	---	solid	1
27238	C14H15N3	2',3-dimethyl-4-aminoazobenzene	97-56-3	225.294	375.15	1	---	---	25	1.1246	2	---	---	---	solid	1
27239	C14H15N3	p-amino-2':3-azotoluene	3398-09-2	225.294	353.15	1	---	---	25	1.1246	2	---	---	---	solid	1
27240	C14H15N3	4'-amino-4,2'-azotoluene	3963-79-9	225.294	400.15	1	---	---	25	1.1246	2	---	---	---	solid	1
27241	C14H15N3	1-biphenylyl-3,3-dimethyltriazene	7203-95-4	225.294	---	---	---	---	25	1.1246	2	---	---	---	---	---
27242	C14H15N3	2,3-dimethyl-4-(phenylazo)benzenamine	36576-23-5	225.294	371.15	1	---	---	25	1.1246	2	---	---	---	solid	1
27243	C14H15N3	N-ethyl-p-(phenylazo)aniline	2058-67-5	225.294	---	---	---	---	25	1.1246	2	---	---	---	---	---
27244	C14H15N3	N-methyl-p-(m-tolylazo)aniline	2058-62-0	225.294	---	---	---	---	25	1.1246	2	---	---	---	---	---
27245	C14H15N3	N-methyl-p-(o-tolylazo)aniline	17018-24-5	225.294	---	---	---	---	25	1.1246	2	---	---	---	---	---
27246	C14H15N3	N-methyl-p-(p-tolylazo)aniline	28149-22-6	225.294	---	---	---	---	25	1.1246	2	---	---	---	---	---
27247	C14H15N3	2-(o-tolylazo)-p-toluidine	63980-19-8	225.294	---	---	---	---	25	1.1246	2	---	---	---	---	---
27248	C14H15N3	4-(p-tolylazo)-o-toluidine	63980-18-7	225.294	---	---	---	---	25	1.1246	2	---	---	---	---	---
27249	C14H15N3O	4-amino-3',5'-dimethyl-4'-hydroxyazobenze	21554-20-1	241.294	---	---	438.20	2	25	1.1716	2	---	---	---	---	---
27250	C14H15N3O	N,N-dimethyl-p-phenylazoaniline-N-oxide	2747-31-1	241.294	---	---	438.15	1	25	1.1716	2	---	---	---	---	---
27251	C14H15N3O	N-hydroxy-N-ethyl-p-(phenylazo) aniline	58989-02-9	241.294	---	---	438.25	1	25	1.1716	2	---	---	---	---	---
27252	C14H15N3O	N-methyl-4-(phenylazo)-o-anisidine	10121-94-5	241.294	---	---	438.20	2	25	1.1716	2	---	---	---	---	---
27253	C14H15N3O2	3,4'-dimethoxy-4-aminoazobenzene	17210-48-9	257.293	---	---	443.15	1	25	1.2161	2	---	---	---	---	---
27254	C14H15N5O2S	1-amino-2-(4-thiazolyl)-5-benzimidazoleca	49850-29-5	317.373	---	---	---	---	25	1.3469	2	---	---	---	---	---
27255	C14H15N5O6S	metsulfuron-methyl	74223-64-6	381.371	---	---	454.15	1	25	1.4777	2	---	---	---	---	---
27256	C14H15OP	ethyl diphenylphosphinite	719-80-2	230.247	---	---	---	---	25	1.0660	1	---	1.5900	1	---	---
27257	C14H15O2PS2	O-ethyl-S,S-diphenyl dithiophosphate	17109-49-8	310.378	298.15	1	---	---	25	1.2300	1	---	---	---	---	---
27258	C14H15O3Br	trans-2-(4-bromobenzoyl)-1-cyclohexane-c	---	311.175	428.15	1	---	---	25	1.3874	2	---	---	---	solid	1
27259	C14H15O3Br	cis-2-(4-bromobenzoyl)-1-cyclohexane-car	---	311.175	446.15	1	---	---	25	1.3874	2	---	---	---	solid	1
27260	C14H15O3Cl	trans-2-(p-chlorobenzoyl)-1-cyclohexaneca	---	266.724	432.15	1	---	---	25	1.2034	2	---	---	---	solid	1
27261	C14H15O3Cl	cis-2-(p-chlorobenzoyl)-1-cyclohexanecarb	---	266.724	422.15	1	---	---	25	1.2034	2	---	---	---	solid	1
27262	C14H15O3F	cis-2-(4-fluorobenzoyl)-1-cyclohexane-carb	---	250.270	410.65	1	---	---	25	1.1677	2	---	---	---	solid	1
27263	C14H15O3F	trans-2-(4-fluorobenzoyl)-1-cyclohexane-ca	---	250.270	439.65	1	---	---	25	1.1677	2	---	---	---	solid	1
27264	C14H15O3P	dibenzyl phosphite	17176-77-1	262.245	270.65	1	---	---	---	---	---	18	1.5521	1	---	---
27265	C14H15O4P	dibenzyl phosphate	1623-08-1	278.245	351.65	1	---	---	---	---	---	---	---	---	solid	1
27266	C14H15P	ethyldiphenylphosphine	607-01-2	214.247	---	---	566.15	1	25	1.0480	1	---	1.6140	1	---	---
27267	C14H16	1-butylnaphthalene	1634-09-9	184.281	253.43	1	562.54	1	25	0.9730	1	25	1.5797	1	liquid	1
27268	C14H16	2-butylnaphthalene	1134-62-9	184.281	268.16	1	562.16	1	25	0.9620	1	25	1.5747	1	liquid	1
27269	C14H16	1-sec-butylnaphthalene	1680-58-6	184.281	333.04	2	575.00	2	20	0.9742	1	20	1.5701	1	solid	2
27270	C14H16	2-sec-butylnaphthalene	4614-03-3	184.281	333.04	2	585.41	2	23	0.9799	2	---	---	---	solid	2
27271	C14H16	1-isobutylnaphthalene	16727-91-6	184.281	263.75	1	552.65	1	25	0.9680	1	25	1.5770	1	liquid	1
27272	C14H16	2-isobutylnaphthalene	26490-07-3	184.281	333.04	2	585.41	2	23	0.9799	2	---	---	---	solid	2
27273	C14H16	1-tert-butylnaphthalene	17085-91-5	184.281	262.15	1	551.45	1	25	0.9888	1	25	1.5842	1	liquid	1
27274	C14H16	2-tert-butylnaphthalene	2876-35-9	184.281	268.15	1	553.25	1	25	0.9648	1	25	1.5740	1	liquid	1
27275	C14H16	1-methyl-2-propylnaphthalene	39036-65-2	184.281	333.04	2	585.41	2	23	0.9799	2	---	---	---	solid	2
27276	C14H16	2-methyl-1-propylnaphthalene	54774-89-9	184.281	333.04	2	585.41	2	23	0.9799	2	---	---	---	solid	2
27277	C14H16	3-methyl-2-propylnaphthalene	66577-19-3	184.281	333.04	2	585.41	2	23	0.9799	2	---	---	---	solid	2
27278	C14H16	2-methyl-1-isopropylnaphthalene	32114-79-7	184.281	333.04	2	585.41	2	23	0.9799	2	---	---	---	solid	2
27279	C14H16	3-methyl-2-isopropylnaphthalene	66577-18-2	184.281	333.04	2	585.41	2	23	0.9799	2	---	---	---	solid	2
27280	C14H16	1-methyl-3-isopropylnaphthalene	66577-16-0	184.281	333.04	2	585.41	2	23	0.9799	2	---	---	---	solid	2

Table 1 Physical Properties - Organic Compounds

NO	FORMULA	NAME	CAS No	Mol Wt g/mol	Freezing Point T_F, K	code	Boiling Point T_B, K	code	Density T, C	g/cm3	code	Refractive Index T, C	n_D	code	State @25C,1 atm	code
27281	C14H16	1-methyl-4-isopropylnaphthalene	1680-53-1	184.281	333.04	2	585.41	2	14	0.9934	1	14	1.5907	1	solid	2
27282	C14H16	1-methyl-6-isopropylnaphthalene	10136-83-1	184.281	333.04	2	585.41	2	23	0.9799	2	---	---	---	solid	2
27283	C14H16	1-methyl-7-isopropylnaphthalene	490-65-3	184.281	333.04	2	554.15	1	20	0.9740	1	20	1.5833	1	solid	2
27284	C14H16	2-methyl-8-isopropylnaphthalene	---	184.281	333.04	2	555.15	1	23	0.9799	2	---	---	---	solid	2
27285	C14H16	1,2-diethylnaphthalene	19182-11-7	184.281	333.04	2	585.41	2	23	0.9799	2	---	---	---	solid	2
27286	C14H16	1,4-diethylnaphthalene	37796-58-0	184.281	293.15	1	585.41	2	25	0.9890	1	25	1.5920	1	liquid	2
27287	C14H16	1,6-diethylnaphthalene	19182-13-9	184.281	333.04	2	585.41	2	23	0.9799	2	---	---	---	solid	2
27288	C14H16	1,7-diethylnaphthalene	66577-37-5	184.281	333.04	2	585.41	2	23	0.9799	2	---	---	---	solid	2
27289	C14H16	2,3-diethylnaphthalene	66610-91-1	184.281	333.04	2	585.41	2	23	0.9799	2	---	---	---	solid	2
27290	C14H16	2,4-dimethyl-1-ethylnaphthalene	66577-14-8	184.281	333.04	2	585.41	2	23	0.9799	2	---	---	---	solid	2
27291	C14H16	4,6-dimethyl-1-ethylnaphthalene	66577-15-9	184.281	333.04	2	585.41	2	23	0.9799	2	---	---	---	solid	2
27292	C14H16	2,5-dimethyl-3-ethylnaphthalene	---	184.281	333.04	2	585.41	2	23	0.9799	2	---	---	---	solid	2
27293	C14H16	1,2-dimethyl-4-ethylnaphthalene	66577-38-6	184.281	333.04	2	585.41	2	23	0.9799	2	---	---	---	solid	2
27294	C14H16	1,3-dimethyl-5-ethylnaphthalene	66577-40-0	184.281	303.15	1	585.41	2	23	0.9799	2	---	---	---	solid	1
27295	C14H16	1,4-dimethyl-5-ethylnaphthalene	66309-90-8	184.281	265.15	1	585.41	2	23	0.9799	2	25	1.6070	1	liquid	2
27296	C14H16	1,3-dimethyl-6-ethylnaphthalene	39622-45-2	184.281	333.04	2	585.41	2	23	0.9799	2	---	---	---	solid	2
27297	C14H16	1,4-dimethyl-6-ethylnaphthalene	66610-92-2	184.281	333.04	2	585.41	2	23	0.9799	2	---	---	---	solid	2
27298	C14H16	1,2-dimethyl-7-ethylnaphthalene	66577-39-7	184.281	333.04	2	585.41	2	23	0.9799	2	---	---	---	solid	2
27299	C14H16	1,2,3,4-tetramethylnaphthalene	3031-15-0	184.281	379.15	1	585.41	2	23	0.9799	2	---	---	---	solid	1
27300	C14H16	1,2,3,6-tetramethylnaphthalene	66577-20-6	184.281	332.15	1	585.41	2	23	0.9799	2	---	---	---	solid	1
27301	C14H16	1,2,4,6-tetramethylnaphthalene	66577-21-7	184.281	317.15	1	585.41	2	23	0.9799	2	---	---	---	solid	1
27302	C14H16	1,2,4,7-tetramethylnaphthalene	16020-17-0	184.281	270.15	1	585.41	2	25	1.0080	1	25	1.6050	1	liquid	2
27303	C14H16	1,2,4,8-tetramethylnaphthalene	66577-22-8	184.281	329.15	1	585.41	2	23	0.9799	2	---	---	---	solid	1
27304	C14H16	1,2,5,6-tetramethylnaphthalene	2131-43-3	184.281	387.15	1	585.41	2	23	0.9799	2	---	---	---	solid	1
27305	C14H16	1,2,5,8-tetramethylnaphthalene	3031-16-1	184.281	333.04	2	585.41	2	23	0.9799	2	---	---	---	solid	2
27306	C14H16	1,2,6,8-tetramethylnaphthalene	66577-00-2	184.281	333.04	2	585.41	2	23	0.9799	2	---	---	---	solid	2
27307	C14H16	1,3,5,8-tetramethylnaphthalene	14558-12-4	184.281	329.15	1	585.41	2	23	0.9799	2	---	---	---	solid	1
27308	C14H16	1,3,6,7-tetramethylnaphthalene	7435-50-9	184.281	318.15	1	585.41	2	23	0.9799	2	---	---	---	solid	1
27309	C14H16	1,4,5,8-tetramethylnaphthalene	2717-39-7	184.281	404.15	1	585.41	2	23	0.9799	2	---	---	---	solid	1
27310	C14H16	1,4,6,7-tetramethylnaphthalene	13764-18-6	184.281	336.15	1	585.41	2	23	0.9799	2	---	---	---	solid	1
27311	C14H16	2,3,6,7-tetramethylnaphthalene	1134-40-3	184.281	464.15	1	585.41	2	23	0.9799	2	---	---	---	solid	1
27312	C14H16	1,2,3,4,5,6-hexahydroanthracene	6109-22-4	184.281	341.65	1	576.21	2	23	0.9799	2	---	---	---	solid	1
27313	C14H16	7-methyl-1-isopropylnaphthalene	66577-17-1	184.281	327.40	2	555.15	1	20	0.9833	1	20	1.5884	1	solid	2
27314	C14H16	1,3,6,8-tetramethylnaphthalene	14558-14-6	184.281	357.65	1	576.21	2	23	0.9799	2	---	---	---	solid	1
27315	C14H16	1,4-dimethyl-7-ethylazulene	529-05-5	184.281	298.15	1	576.21	2	23	0.9799	2	---	---	---	---	---
27316	C14H16	1,4,5,8,9,10-hexahydroanthracene	5910-28-1	184.281	285.15	1	429.15	1	23	0.9799	2	---	---	---	liquid	1
27317	C14H16BNO	diphenylborinic acid 2-aminoethyl ester	524-95-8	225.098	465.15	1	---	---	---	---	---	---	---	---	solid	1
27318	C14H16BrN	1-phenethyl-2-picolinium bromide	10551-21-0	278.192	468.15	1	---	---	25	1.2868	2	---	---	---	solid	1
27319	C14H16ClNO3	2-chloro-N-(2,6-dimethylphenyl)-N-(tetrahy	58810-48-3	281.739	---	---	---	---	25	1.2229	2	---	---	---	---	---
27320	C14H16ClN3O2	bayleton	43121-43-3	293.753	355.15	1	---	---	20	1.2200	1	---	---	---	solid	1
27321	C14H16ClN3O4S2	cyclothiazide	2259-96-3	389.884	507.15	1	---	---	25	1.4145	2	---	---	---	solid	1
27322	C14H16ClN5O5S	triasulfuron	82097-50-5	401.832	459.15	1	---	---	25	1.4656	2	---	---	---	solid	1
27323	C14H16ClO5PS	coumaphos	56-72-4	362.771	366.15	1	---	---	25	1.4740	1	---	---	---	solid	1
27324	C14H16ClO6P	3-chloro-4-methyl-7-coumarinyl diethylpho	321-54-0	346.704	---	---	499.65	1	---	---	---	---	---	---	---	---
27325	C14H16Cl5N3O6S	1-(glutathion-S-yl)-1,2,3,4,4-pentachloro-1,	89021-88-5	531.627	---	---	---	---	25	1.5633	2	---	---	---	---	---
27326	C14H16F3N3O4	profluralin	26399-36-0	347.295	307.15	1	---	---	25	1.3516	2	---	---	---	solid	1
27327	C14H16FeO	butyrylferrocene	1271-94-9	256.125	311.65	1	602.15	1	25	1.2540	1	---	---	---	solid	1
27328	C14H16I3NO3	2-(3-(N-ethylacetamido)-2,4,6-triiodopheny	23279-54-1	627.000	---	---	---	---	25	2.0981	2	---	---	---	---	---
27329	C14H16KN2O4	carboxy-ptio	148819-94-7	315.391	---	---	---	---	---	---	---	---	---	---	---	---
27330	C14H16N2	4,4'-diaminostilbene	621-95-4	212.295	410.15	1	474.65	2	25	1.0583	2	---	---	---	solid	1
27331	C14H16N2	N,N'-diphenyl-1,2-ethanediamine	150-61-8	212.295	347.15	1	474.65	2	25	1.0583	2	---	---	---	solid	1
27332	C14H16N2	1,2-di(m-tolyl)hydrazine	621-26-1	212.295	311.15	1	497.15	1	25	1.0583	2	---	---	---	solid	1
27333	C14H16N2	1,2-di(p-tolyl)hydrazine	637-47-8	212.295	408.15	1	474.65	2	20	0.9570	1	---	---	---	solid	1
27334	C14H16N2	o-tolidine	119-93-7	212.295	404.65	1	474.65	2	25	1.0583	2	---	---	---	solid	1
27335	C14H16N2	2,2'-diaminobibenzyl	34124-14-6	212.295	347.65	1	474.65	2	25	1.0583	2	---	---	---	solid	1
27336	C14H16N2	(1S,2S)-(-)-1,2-diphenyl-1,2-ethanediamine	29841-69-8	212.295	355.65	1	474.65	2	25	1.0583	2	---	---	---	solid	1
27337	C14H16N2	(1R,2R)-(+)-1,2-diphenyl-1,2-ethanediamin	35132-20-8	212.295	355.65	1	474.65	2	25	1.0583	2	---	---	---	solid	1
27338	C14H16N2	N,N-di(p-tolyl)hydrazine	27758-60-7	212.295	---	---	452.15	1	25	1.0583	2	---	---	---	---	---
27339	C14H16N2O	(-)-2-cyano-6-phenyloxazolopiperidine	88056-92-2	228.294	354.15	1	411.15	2	25	1.1071	2	---	---	---	solid	1
27340	C14H16N2O	1-(4-amino-1,2-dimethyl-5-phenyl-1H-pyrro	56464-19-8	228.294	---	---	411.15	2	25	1.1071	2	---	---	---	---	---
27341	C14H16N2O	1-(4-amino-2-methyl-5-(2-methylphenyl)-1H	56463-76-4	228.294	---	---	411.15	2	25	1.1071	2	---	---	---	---	---
27342	C14H16N2O	1-(4-amino-2-methyl-5-(3-methylphenyl)-1H	56463-70-8	228.294	---	---	411.15	2	25	1.1071	2	---	---	---	---	---
27343	C14H16N2O	1-(4-amino-2-methyl-5-(4-methylphenyl)-1H	56463-61-7	228.294	---	---	411.15	2	25	1.1071	2	---	---	---	---	---
27344	C14H16N2O	3-isonipecotylindole	5275-02-5	228.294	---	---	411.15	1	25	1.1071	2	---	---	---	---	---
27345	C14H16N2O2	3,3'-dimethoxybenzidine	119-90-4	244.294	410.15	1	---	---	25	1.1533	2	---	---	---	solid	1
27346	C14H16N2O2	1,3-bis(1-isocyanato-1-methylethyl)benzen	2778-42-9	244.294	---	---	---	---	25	1.0600	1	---	1.5110	1	---	---
27347	C14H16N2O2	1,4-bis-(1-isocyanato-1-methylethyl)benze	2778-41-8	244.294	353.00	1	---	---	25	1.1533	2	---	---	---	solid	1
27348	C14H16N2O2	1-(4-amino-5-(3-methoxyphenyl)-2-methyl-	91480-86-3	244.294	---	---	---	---	25	1.1533	2	---	---	---	---	---
27349	C14H16N2O2	1-(4-amino-5-(4-methoxyphenyl)-2-methyl-	56463-62-8	244.294	---	---	---	---	25	1.1533	2	---	---	---	---	---
27350	C14H16N2O2	1-(4-amino-5-(o-methoxyphenyl)-2-methyl-	91481-03-7	244.294	---	---	---	---	25	1.1533	2	---	---	---	---	---
27351	C14H16N2O2	N,N'-bispropyleneisophthalamide	7652-64-4	244.294	---	---	---	---	25	1.1533	2	---	---	---	---	---
27352	C14H16N2O2	indolyl-3-morpholinomethyl ketone	30256-74-7	244.294	---	---	---	---	25	1.1533	2	---	---	---	---	---
27353	C14H16N2O3	5,5-diethyl-1-phenyl-2,4,6(1H,3H,5H)-pyrin	357-67-5	260.293	451.15	1	---	---	25	1.1971	2	---	---	---	solid	1
27354	C14H16N2O4	N,N'-hexamethylenebis(maleimide)	4856-87-5	276.293	---	---	---	---	25	1.2387	2	---	---	---	---	---
27355	C14H16N2O4	phthalazinol	56611-65-5	276.293	447.15	1	---	---	25	1.2387	2	---	---	---	solid	1
27356	C14H16N2O6	bis(2-isocyanatoethyl)-4-cyclohexene-1,2-c	15481-65-9	308.291	---	---	478.65	1	25	1.3159	2	---	---	---	---	---
27357	C14H16N2S2	2,2'-(ethylenedithio)dianiline	52411-33-3	276.427	---	---	---	---	25	1.1929	2	---	---	---	---	---
27358	C14H16N4	N,N-dimethyl-4,4'-azodianiline	539-17-3	240.309	462.15	1	472.05	2	25	1.1493	2	---	---	---	solid	1
27359	C14H16N4	1-(2-(1,3-dimethyl-2-butenylidene)hydrazin	36798-79-5	240.309	405.65	1	472.05	2	25	1.1493	2	---	---	---	solid	1
27360	C14H16N4	2'-methyl-2,4-diamino-3-methylazobenzene	84434-45-7	240.309	---	---	472.05	1	25	1.1493	2	---	---	---	---	---

Table 1 Physical Properties - Organic Compounds

				Mol Wt	Freezing Point		Boiling Point		Density			Refractive Index			State	
NO	FORMULA	NAME	CAS No	g/mol	T_F, K	code	T_B, K	code	T, C	g/cm3	code	T, C	n_D	code	@25C,1 atm	code
27361	C14H16N4	4-methyl-6-((2-methylphenyl)azo)-1,3-benz	7467-29-0	240.309	---	---	472.05	2	25	1.1493	2	---	---	---	---	---
27362	C14H16N4	2-methylpyridine-4-azo-p-dimethylaniline	63019-78-3	240.309	---	---	472.05	2	25	1.1493	2	---	---	---	---	---
27363	C14H16N4O	2-amino-5-methoxy-2'(or 3')-methylindiamir	78279-15-9	256.308	---	---	553.15	1	25	1.1938	2	---	---	---	---	---
27364	C14H16N4O	4-((4-(dimethylamino)-m-tolyl)azo)-2-picoli	7347-47-9	256.308	---	---	553.15	2	25	1.1938	2	---	---	---	---	---
27365	C14H16N4O	N,N-dimethyl-4-(2-methyl-4-pyridylazo)anil	7347-46-8	256.308	---	---	553.15	2	25	1.1938	2	---	---	---	---	---
27366	C14H16N4O	N-methyl-N-ethyl-4-(4'-(pyridyl-1'oxide)azo	14551-09-8	256.308	---	---	553.15	2	25	1.1938	2	---	---	---	---	---
27367	C14H16N4O	3-methylpyridine-1-oxide-4-azo-p-dimethyl	31932-35-1	256.308	---	---	553.15	2	25	1.1938	2	---	---	---	---	---
27368	C14H16N4OS	4-(m-methoxyphenyl)thiosemicarbazone 1-	126956-10-3	288.374	---	---	---	---	25	1.2523	2	---	---	---	---	---
27369	C14H16N4OS	4-(p-methoxyphenyl)thiosemicarbazone 1-(	119033-87-3	288.374	---	---	---	---	25	1.2523	2	---	---	---	---	---
27370	C14H16N4O2	4-(m-methoxyphenyl)semicarbazone 1-met	119033-92-0	272.308	---	---	---	---	25	1.2360	2	---	---	---	---	---
27371	C14H16N4O2	4-(p-methoxyphenyl)semicarbazone 1-metl	119034-01-4	272.308	---	---	---	---	25	1.2360	2	---	---	---	---	---
27372	C14H16N4O2S	4-sulfonamide-4'-dimethylaminoazobenzer	2435-64-5	304.374	---	---	---	---	25	1.2903	2	---	---	---	---	---
27373	C14H16N4O3	panacid	19562-30-2	288.307	588.15	1	---	---	25	1.2760	2	---	---	---	solid	1
27374	C14H16O	isobutyl 2-naphthyl ether	2173-57-1	200.280	304.90	1	578.90	1	25	1.0130	2	---	---	---	solid	1
27375	C14H16O2Si	dimethoxydiphenylsilane	6843-66-9	244.365	---	---	559.15	1	20	1.0771	1	20	1.5447	1	---	---
27376	C14H16O2Si	dimethyldiphenoxysilane	3440-02-6	244.365	250.15	1	559.15	2	25	1.0599	1	20	1.5330	1	liquid	2
27377	C14H16O3	cis-2-benzoyl-1-cyclohexanecarboxylic aci	---	232.279	413.15	1	---	---	25	1.1117	2	---	---	---	solid	1
27378	C14H16O3	trans-2-benzoyl-1-cyclohexanecarboxylic a	---	232.279	424.65	1	---	---	25	1.1117	2	---	---	---	solid	1
27379	C14H16O3	dihydrokavain	587-63-3	232.279	331.15	1	393.15	2	25	1.1117	2	---	---	---	solid	1
27380	C14H16O3	fraxinellone	28808-62-0	232.279	389.15	1	393.15	1	25	1.1117	2	---	---	---	solid	1
27381	C14H16O3	mexicanine E	5945-40-4	232.279	---	---	393.15	2	25	1.1117	2	---	---	---	---	---
27382	C14H16O3	piperonyl cyclohexanone	12261-99-3	232.279	---	---	393.15	2	25	1.1117	2	---	---	---	---	---
27383	C14H16O4	diethyl benzylidenemalonate	5292-53-5	248.279	305.15	1	---	---	20	1.1045	1	20	1.5389	1	solid	1
27384	C14H16O4	4-trans-phenylcyclohexane-(1R,2-cis)-dica	---	248.279	460.65	1	---	---	25	1.1571	2	---	---	---	solid	1
27385	C14H16O9	bergenin	477-90-7	328.276	511.15	1	---	---	25	1.3529	2	---	---	---	solid	1
27386	C14H16S2Sn	bis(phenylthio)dimethyltin	4848-63-9	367.123	---	---	---	---	---	---	---	---	---	---	---	---
27387	C14H16Si	dimethyldiphenylsilane	778-24-5	212.366	---	---	550.15	1	20	0.9867	1	20	1.5644	1	---	---
27388	C14H17ClNO4PS2	dialifor	10311-84-9	393.852	341.15	1	---	---	---	---	---	---	---	---	solid	1
27389	C14H17Cl2NO4	(R)-N-boc-3,4-dichlorophenylalanine	114873-13-1	334.199	---	---	---	---	25	1.2968	2	---	---	---	---	---
27390	C14H17Cl2NO4	(S)-N-boc-3,4-dichlorophenylalanine	80741-39-5	334.199	---	---	---	---	25	1.2968	2	---	---	---	---	---
27391	C14H17Cl2N3O	hexaconazole	79983-71-4	314.214	---	---	---	---	25	1.2601	2	---	---	---	---	---
27392	C14H17Cl3O4	2-butoxyethyl (2,4,5-trichlorophenoxy)aceta	2545-59-7	355.644	---	---	---	---	20	1.2800	1	---	---	---	---	---
27393	C14H17IO5	(2-(ethoxycarbonyl)-1-methyl)ethyl carboni	60075-74-3	392.190	---	---	---	---	25	1.5487	2	---	---	---	---	---
27394	C14H17N	N,N-diethyl-1-naphnhalenamine	84-95-7	199.296	---	---	558.15	1	20	1.0130	1	20	1.5961	1	---	---
27395	C14H17N	cyclohexylphenylacetonitrile	3893-23-0	199.296	325.15	1	511.48	2	24	1.0048	2	---	---	---	solid	1
27396	C14H17N	(R)-(+)-N,N-dimethyl-1-(1-naphthyl)ethylan	119392-95-9	199.296	---	---	491.15	1	25	1.0000	1	---	1.5910	1	---	---
27397	C14H17N	(S)-(-)-N,N-dimethyl-1-(1-naphthyl)ethylam	121045-73-6	199.296	---	---	485.15	1	25	1.0060	1	---	1.5910	1	---	---
27398	C14H17N	1-(4-methylphenyl)-1-cyclohexanecarbonit	1206-13-9	199.296	---	---	511.48	2	25	1.0000	1	---	1.5312	1	---	---
27399	C14H17N2O4PS	pyridaphenthion	119-12-0	340.341	---	---	---	---	---	---	---	---	---	---	---	---
27400	C14H17N3	5-methyl-1-phenyl-2-(pyrrolidinyl)imidazole	57962-60-4	227.310	---	---	---	---	25	1.0858	2	---	---	---	---	---
27401	C14H17N3O2	1-(a-methylphenethyl)-2-(5-methyl-3-isoxa	60789-89-1	259.309	---	---	---	---	25	1.1756	2	---	---	---	---	---
27402	C14H17N3O4	10-decarbamoylmitomycin C	26909-37-5	291.308	---	---	499.15	1	25	1.2567	2	---	---	---	---	---
27403	C14H17N3O9	2-(2',3',5'-triacetyl-b-D-ribofuranosyl)-as-tri	2169-64-4	371.305	375.65	1	---	---	25	1.4287	2	---	---	---	solid	1
27404	C14H17N5O3	pipram	51940-44-4	303.322	533.15	1	---	---	25	1.2924	2	---	---	---	solid	1
27405	C14H17N5O7S2	1-(4,6-dimethoxypyrimidin-2-yl)-3-(3-ethyls	122931-48-0	431.452	---	---	---	---	25	1.4966	2	---	---	---	---	---
27406	C14H17NO	1-(4-methoxyphenyl)cyclohexanecarbonitri	36263-51-1	215.295	315.65	1	---	---	25	1.0427	2	---	---	---	solid	1
27407	C14H17NO	2-allyl-2-phenyl-4-pentenamide	3563-57-3	215.295	---	---	---	---	25	1.0427	2	---	---	---	---	---
27408	C14H17NO2	7-diethylamino-4-methylcoumarin	91-44-1	231.295	344.65	1	---	---	25	1.0906	2	---	---	---	solid	1
27409	C14H17NO3	ethyl 2-ethoxy-1(2H)-quinolinecarboxylate	16357-59-8	247.294	329.65	1	---	---	25	1.1359	2	---	---	---	solid	1
27410	C14H17NO3	2-acetyl-6,7-dimethoxy-1-methylene-1,2,3,4	57621-04-2	247.294	381.15	1	---	---	25	1.1359	2	---	---	---	solid	1
27411	C14H17NO4	DL-5-benzoylamino-5-isopropyl-4-oxo-1,3-	---	263.294	434.65	1	---	---	25	1.1790	2	---	---	---	solid	1
27412	C14H17NO5	2,2-dimethyl-1,3-benzodioxol-4-yl methyl(1	40373-42-0	279.293	---	---	489.15	1	25	1.2200	2	---	---	---	---	---
27413	C14H17NO6	mandelonitrile glucoside	138-53-4	295.292	395.15	1	---	---	25	1.2590	2	---	---	---	solid	1
27414	C14H17NO6	N-carbobenzyloxy-L-glutamic acid 1-methy	5672-83-3	295.292	342.15	1	---	---	25	1.2590	2	---	1.4365	1	solid	1
27415	C14H17O5PS	potasan	299-45-6	328.326	311.15	1	---	---	38	1.2600	1	---	---	---	solid	1
27416	C14H18	1,2,3,4,5,6,7,8-octahydroanthracene	1079-71-6	186.297	351.15	1	567.15	1	80	0.9703	1	80	1.5372	1	solid	1
27417	C14H18	1,2,3,4,4a,9,10,10a-octahydrophenanthren	16306-39-1	186.297	---	---	567.65	2	32	0.9973	1	19	1.5527	1	---	---
27418	C14H18	1,2,3,4,5,6,7,8-octahydrophenanthrene	5325-97-3	186.297	289.85	1	568.15	1	20	1.0260	1	17	1.5569	1	liquid	1
27419	C14H18	endo,endo-dihydrodi(norbornadiene)	66289-74-5	186.297	---	---	567.65	2	44	0.9979	2	---	---	---	---	---
27420	C14H18BrNO4	(S)-N-boc-3-amino-3-(4-bromophenyl)prop	261165-06-4	344.206	416.95	1	---	---	25	1.3898	2	---	---	---	solid	1
27421	C14H18BrNO4	(R)-N-boc-3-amino-3-(4-bromophenyl)prop	261380-20-5	344.206	415.25	1	---	---	25	1.3898	2	---	---	---	solid	1
27422	C14H18BrNO4	(S)-N-boc-2-bromophenylalanine	261165-02-0	344.206	415.25	1	---	---	25	1.3898	2	---	---	---	solid	1
27423	C14H18BrNO4	(R)-N-boc-2-bromophenylalanine	261360-76-3	344.206	459.55	1	---	---	25	1.3898	2	---	---	---	solid	1
27424	C14H18BrNO4	(R)-N-boc-3-bromophenylalanine	261360-77-4	344.206	---	---	---	---	25	1.3898	2	---	---	---	---	---
27425	C14H18BrNO4	(S)-N-boc-4-bromophenylalanine	62129-39-9	344.206	391.15	1	---	---	25	1.3898	2	---	---	---	solid	1
27426	C14H18BrNO4	(R)-N-boc-4-bromophenylalanine	79561-82-3	344.206	385.65	1	---	---	25	1.3898	2	---	---	---	solid	1
27427	C14H18ClNO4	3-N-boc-amino-3-(3-chlorophenyl)propioni	---	299.754	---	---	---	---	25	1.2234	2	---	---	---	---	---
27428	C14H18ClNO4	3-N-boc-amino-3-(4-chlorophenyl)propioni	284493-65-8	299.754	---	---	---	---	25	1.2234	2	---	---	---	---	---
27429	C14H18ClNO4	(R)-N-boc-4-chlorophenylalanine	57292-44-1	299.754	383.15	1	---	---	25	1.2234	2	---	---	---	solid	1
27430	C14H18ClNO4	(S)-N-boc-4-chlorophenylalanine	68090-88-0	299.754	383.15	1	---	---	25	1.2234	2	---	---	---	solid	1
27431	C14H18ClNO4S	2-chloro-5-(3,5-dimethylpiperidino sulphon	24358-29-0	331.820	---	---	---	---	25	1.2734	2	---	---	---	---	---
27432	C14H18ClN3O2	2-(4-chlorophenoxy)-1-tert-butyl-2-(1H-1,2,	55219-65-3	295.769	---	---	---	---	25	1.2208	2	---	---	---	---	---
27433	C14H18ClN3S	chloropyrilene	148-65-2	295.836	298.15	1	428.65	1	25	1.1996	2	---	---	---	---	---
27434	C14H18ClN2O3PS	pyraclofos	77458-01-6	360.802	298.15	1	---	---	---	---	---	---	---	---	---	---
27435	C14H18FNO4	3-N-boc-amino-3-(4-fluorophenyl)propionic	---	283.300	---	---	---	---	25	1.1918	2	---	---	---	---	---
27436	C14H18FNO4	(S)-N-boc-2-fluorophenylalanine	114873-00-6	283.300	365.15	1	---	---	25	1.1918	2	---	---	---	solid	1
27437	C14H18FNO4	(S)-N-boc-3-fluorophenylalanine	114873-01-7	283.300	348.15	1	---	---	25	1.1918	2	---	---	---	solid	1
27438	C14H18FNO4	(R)-N-boc-2-fluorophenylalanine	114873-10-8	283.300	367.15	1	---	---	25	1.1918	2	---	---	---	solid	1
27439	C14H18FNO4	(R)-N-boc-3-fluorophenylalanine	114873-11-9	283.300	348.15	1	---	---	25	1.1918	2	---	---	---	solid	1
27440	C14H18FNO4	(S)-N-boc-4-fluorophenylalanine	41153-30-4	283.300	356.15	1	---	---	25	1.1918	2	---	---	---	solid	1

Table 1 Physical Properties - Organic Compounds

				Mol Wt	Freezing Point		Boiling Point		Density			Refractive Index			State	
NO	FORMULA	NAME	CAS No	g/mol	T_F, K	code	T_B, K	code	T, C	g/cm3	code	T, C	n_D	code	@25C,1 atm	code
27441	C14H18FNO4	(R)-N-boc-4-fluorophenylalanine	57292-45-2	283.300	403.35	1	---	---	25	1.1918	2	---	---	---	solid	1
27442	C14H18FN4O5	3-(5-fluoro-2,4-dinitroanilino)-proxyl, free ra	73784-45-9	341.320	478.15	1	---	---	25	1.3329	2	---	---	---	solid	1
27443	C14H18F3NO	4-isopropyl-2-(a,a,a-trifluoro-m-tolyl)morph	26629-87-8	273.299	---	---	---	---	25	1.1358	2	---	---	---	---	---
27444	C14H18Fe	tert-butylferrocene	1316-98-9	242.142	---	---	557.15	2	25	1.2010	1	---	1.5780	1	---	---
27445	C14H18Fe	butylferrocene	31904-29-7	242.142	---	---	557.15	2	25	1.1720	1	---	1.5770	1	---	---
27446	C14H18Fe	1,1'-diethylferrocene	1273-97-8	242.142	---	---	557.15	1	25	1.1800	1	---	1.5800	1	---	---
27447	C14H18HgNO7	o-(N-3-hydroxymercuri-2-hydroxyethoxypro	67466-58-4	512.890	---	---	---	---	---	---	---	---	---	---	---	---
27448	C14H18N2	8-((isopropylmethylamino)methyl)quinoline	---	214.311	---	---	---	---	25	1.0224	2	---	---	---	---	---
27449	C14H18N2O	4-isopropylantipyrine	479-92-5	230.310	376.15	1	---	---	25	1.0701	2	---	---	---	solid	1
27450	C14H18N2O	KC-404	50847-11-5	230.310	---	---	---	---	25	1.0701	2	---	---	---	---	---
27451	C14H18N2O2	methyl 4-amino-1-benzyl-1,2,5,6-tetrahydro	---	246.310	361.15	1	---	---	25	1.1153	2	---	---	---	solid	1
27452	C14H18N2O2	5-amino-N-butyl-2-propargyloxybenzamide	30653-83-9	246.310	359.15	1	---	---	25	1.1153	2	---	---	---	solid	1
27453	C14H18N2O3	N-(2,6-dimethylphenyl)-2-hydroxy-5-oxo-1-	131147-89-2	262.309	---	---	---	---	25	1.1583	2	---	---	---	---	---
27454	C14H18N2O3S2	2-(2-anilinovinyl)-3-(3-sulfopropyl)-2-thiazo	42825-73-0	326.441	448.15	1	---	---	25	1.2673	2	---	---	---	solid	1
27455	C14H18BrNO4	(S)-N-boc-3-bromophenylalanine	82278-73-7	344.206	379.25	1	---	---	25	1.3898	2	---	---	---	solid	1
27456	C14H18Cl2N2O	1-(3-(bis(2-chloroethyl)amino-4-methylbenz	21447-86-9	301.215	---	---	---	---	25	1.2068	2	---	---	---	---	---
27457	C14H18Cl2N2O3	L-3-(p-(bis(2-chloroethyl)amino)phenyl)-N-	35849-41-3	333.214	---	---	---	---	25	1.2775	2	---	---	---	---	---
27458	C14H18Cl2N2O3S	5,6-dichloro-1-ethyl-2-methyl-3-(3-sulfobut	63175-96-2	365.280	585.65	1	---	---	25	1.3216	2	---	---	---	solid	1
27459	C14H18Cl2O4	2-butoxyethyl (2,4-dichlorophenoxy)acetate	1929-73-3	321.200	---	---	---	---	20	1.2320	1	---	---	---	---	---
27460	C14H18N2O4	oxadixyl	77732-09-3	278.309	377.15	1	---	---	25	1.1992	2	---	---	---	solid	1
27461	C14H18N2O4	4-((2-((2,6-dimethylphenyl)amino)-2-oxoeth	131147-93-8	278.309	---	---	---	---	25	1.1992	2	---	---	---	---	---
27462	C14H18N2O4	2,10-dinitrophenanthrene	159092-71-4	278.309	---	---	---	---	25	1.1992	2	---	---	---	---	---
27463	C14H18N2O4	2-methyl-1-(3,4,5-trimethoxybenzoyl)-2-imi	50916-04-6	278.309	---	---	---	---	25	1.1992	2	---	---	---	---	---
27464	C14H18N2O4	moskene	116-66-5	278.309	---	---	---	---	25	1.1992	2	---	---	---	---	---
27465	C14H18N2O5	aspartame	22839-47-0	294.308	519.65	1	---	---	25	1.2382	2	---	---	---	solid	1
27466	C14H18N2O5	N-(2,6-dimethylphenylcarbamoylmethyl) im	59160-29-1	294.308	487.65	1	---	---	25	1.2382	2	---	---	---	solid	1
27467	C14H18N2O5	2-acetyl-5-tert-butyl-4,6-dinitroxylene	81-14-1	294.308	---	---	---	---	25	1.2382	2	---	---	---	---	---
27468	C14H18N2O7	dessin	973-21-7	326.307	331.65	1	376.55	1	25	1.3109	2	---	---	---	solid	1
27469	C14H18N2O8	2'-nitrophenyl-2-acetamido-2-deoxy-a-D-gl	10139-01-2	342.306	479.15	1	---	---	25	1.3448	2	---	---	---	solid	1
27470	C14H18N2O8	4'-nitrophenyl-2-acetamido-2-deoxy-a-D-gl	10139-02-3	342.306	537.15	1	---	---	25	1.3448	2	---	---	---	solid	1
27471	C14H18N2O8	4-nitrophenyl-2-acetamido-2-deoxy-b-D-glu	3459-18-5	342.306	484.15	1	---	---	25	1.3448	2	---	---	---	solid	1
27472	C14H18N3Na5O10	detapac	140-01-2	503.261	233.25	1	379.15	1	---	---	---	---	---	---	liquid	1
27473	C14H18N3O3P	m-(allyloxy)-N-(bis(1-aziridinyl)phosphinyl)	15044-98-1	307.290	---	---	463.35	1	---	---	---	---	---	---	---	---
27474	C14H18N3O3P	p-(allyloxy)-N-(bis(1-aziridinyl)phosphinyl)b	15044-99-2	307.290	---	---	463.35	2	---	---	---	---	---	---	---	---
27475	C14H18N3O3S	N-tosyl-D,L-isoleucine diazomethyl ketone	72676-74-5	308.382	---	---	---	---	25	1.2522	2	---	---	---	---	---
27476	C14H18N4O3	benomyl	17804-35-2	290.323	---	---	435.15	2	25	1.2357	2	---	---	---	---	---
27477	C14H18N4O3	5-(3,4,5-trimethoxybenzyl)-2,4-diaminopyri	738-70-5	290.323	474.15	1	435.15	1	25	1.2357	2	---	---	---	solid	1
27478	C14H18N4O4S2	diethyl-4,4'-o-phenylenebis(3-thioallophan	23564-06-9	370.455	468.15	1	392.15	1	25	1.3635	2	---	---	---	solid	1
27479	C14H18N6O4	adenosine-5'-(N-cyclobutyl)carboxamide	---	334.337	---	---	376.65	1	25	1.3424	2	---	---	---	---	---
27480	C14H18N6O4	adenosine-5'-(N-cyclopropylmethyl)carbox	58048-25-2	334.337	---	---	366.75	1	25	1.3424	2	---	---	---	---	---
27481	C14H18O	2-(phenylmethylene)heptanal	122-40-7	202.296	353.15	1	---	---	20	0.9711	1	20	1.5381	1	solid	1
27482	C14H18O	4'-cyclohexylacetophenone	18594-05-3	202.296	341.15	1	---	---	23	0.9856	2	---	---	---	solid	1
27483	C14H18O	a,a-dicyclopropyl-4-methylbenzenemethan	71172-47-9	202.296	---	---	---	---	25	1.0000	1	---	1.5397	1	---	---
27484	C14H18O2	pentyl cinnamate	3487-99-8	218.296	---	---	371.32	2	25	1.0280	2	---	---	---	---	---
27485	C14H18O2	cyclohexylphenylacetic acid	3894-09-5	218.296	422.65	1	---	---	25	1.0280	2	---	---	---	solid	1
27486	C14H18O2	1-(4-methylphenyl)-1-cyclohexanecarboxyl	84682-27-9	218.296	441.15	1	---	---	25	1.0280	2	---	---	---	solid	1
27487	C14H18O2	amyl cinnamate	---	218.296	T_F, K	---	371.32	2	25	1.0280	2	---	---	---	---	---
27488	C14H18O2	cinnamyl isovalerate	---	218.296	---	---	371.35	1	25	1.0280	2	---	---	---	---	---
27489	C14H18O2	cis-3-hexenyl phenylacetate	42436-07-7	218.296	---	---	369.15	1	25	1.0280	2	---	---	---	---	---
27490	C14H18O2	3-phenylallyl isovalerate	140-27-2	218.296	---	---	373.45	1	25	1.0280	2	---	---	---	---	---
27491	C14H18O3	4-amyloxycinnamic acid	62718-63-2	234.295	---	---	---	---	25	1.0749	2	---	---	---	---	---
27492	C14H18O3	7-ethoxy-6-methoxy-2,2-dimethylchromene	65383-73-5	234.295	---	---	---	---	25	0.9200	1	---	1.5557	1	---	---
27493	C14H18O3	1-(4-methoxyphenyl)-1-cyclohexanecarbox	7469-83-2	234.295	447.65	1	---	---	25	1.0749	2	---	---	---	solid	1
27494	C14H18O4	diethyl benzylmalonate	607-81-8	250.295	---	---	573.15	1	15	1.0760	1	20	1.4872	1	---	---
27495	C14H18O4	cinnamic acid, p-methoxy, 2-ethoxyethyl es	104-28-9	250.295	248.25	1	578.70	2	22	1.0693	2	---	1.5670	1	liquid	2
27496	C14H18O4	diethyl 2-(p-tolyl)malonate	29148-27-4	250.295	---	---	578.70	2	25	1.0540	1	---	1.4920	1	---	---
27497	C14H18O4	dipropyl phthalate	131-16-8	250.295	242.15	1	590.65	1	25	1.0780	1	---	1.4970	1	solid	1
27498	C14H18O4	6-hydroxy-2,5,7,8-tetramethylchroman-2-ca	53188-07-1	250.295	463.65	1	578.70	2	22	1.0693	2	---	---	---	solid	1
27499	C14H18O4	phthalic acid, diisopropyl ester	605-45-8	250.295	---	---	578.70	2	22	1.0693	2	---	---	---	---	---
27500	C14H18O4	6-hydroxy-2,5,7,8-tetramethylchroman-3-ca	---	250.295	463.65	2	578.70	2	22	1.0693	2	---	---	---	---	---
27501	C14H18O5	3,4,5-trimethoxy-a-vinylbenzyl alcohol acet	110011-81-9	266.294	---	---	---	---	25	1.1619	2	---	---	---	---	---
27502	C14H18O6	(+)-(4,6-O-benzylidene)methyl-a-D-glucopy	3162-96-7	282.293	437.65	1	---	---	25	1.2022	2	---	1.4365	1	solid	1
27503	C14H18O6	bis(2-methoxyethyl) phthalate	117-82-8	282.293	230.75	1	---	---	25	1.1710	1	---	---	---	---	---
27504	C14H18O6	ethyl 3,4,5-trimethoxybenzoylacetate	---	282.293	361.65	1	---	---	25	1.2022	2	---	---	---	solid	1
27505	C14H18O7	1-[4-(beta-D-glucopyranosyloxy)phenyl]eth	530-14-3	298.293	468.65	1	---	---	25	1.2407	2	---	---	---	solid	1
27506	C14H18O7	pentaerythritol triacrylate	3524-68-3	298.293	---	---	---	---	25	1.2407	2	---	---	---	---	---
27507	C14H19BrO5	4'-bromobenzo-15-crown-5	60835-72-5	347.206	341.65	1	---	---	25	1.3694	2	---	---	---	solid	1
27508	C14H19BrO9	2,3,4,6-tetra-O-acetyl-a-D-galactopyranosy	3068-32-4	411.203	356.15	1	---	---	25	1.4898	2	---	---	---	solid	1
27509	C14H19ClN2O2	2-chloro-6-methylcarbanilic acid N-methyl-	33531-34-9	282.770	---	---	---	---	25	1.1659	2	---	---	---	---	---
27510	C14H19ClO	4'-tert-butyl-4-chlorobutyrophenone	43076-61-5	238.757	319.65	1	---	---	25	1.0452	2	---	---	---	solid	1
27511	C14H19ClO	4-heptylbenzoyl chloride	50606-96-7	238.757	---	---	---	---	25	1.0020	1	---	1.5220	1	---	---
27512	C14H19ClO2	4-(heptyloxy)benzoyl chloride	40782-54-5	254.756	---	---	---	---	25	1.0610	1	---	1.5330	1	---	---
27513	C14H19Cl2NO2	chlorambucil	305-03-3	304.216	338.15	1	---	---	25	1.1908	2	---	---	---	solid	1
27514	C14H19IO3	carbonic acid 3-(p-iodophenyl)-3-methylpro	60075-83-4	362.208	---	---	419.65	2	25	1.4430	2	---	---	---	---	---
27515	C14H19IO3	3-hexyl-p-iodobenzyl carbonate	60075-69-6	362.208	---	---	419.65	2	25	1.4430	2	---	---	---	---	---
27516	C14H19IO3	N-hexyl-p-iodobenzyl carbonate	60075-68-5	362.208	---	---	419.65	1	25	1.4430	2	---	---	---	---	---
27517	C14H19IO3	p-iodobenzyl-4-methyl-2-pentyl carbonate	60075-70-9	362.208	---	---	419.65	2	25	1.4430	2	---	---	---	---	---
27518	C14H19NO	6-ethoxy-1,2-dihydro-2,2,4-trimethylquinoli	91-53-2	217.311	---	---	---	---	25	1.0260	1	25	1.5690	1	---	---
27519	C14H19NO	bicyclo(4.2.0)octa-1,3,5-trien-7-yl methyl ke	7315-27-7	217.311	---	---	---	---	25	1.0085	2	---	---	---	---	---
27520	C14H19NO2	4-(heptyloxy)phenyl isocyanate	55792-37-5	233.311	---	---	---	---	25	1.0070	1	---	1.5110	1	---	---

Table 1 Physical Properties - Organic Compounds

				Mol Wt	Freezing Point		Boiling Point		Density			Refractive Index			State	
NO	FORMULA	NAME	CAS No	g/mol	T_F, K	code	T_B, K	code	T, C	g/cm3	code	T, C	n_D	code	@25C,1 atm	code
27521	C14H19NO2	(+)-2-methylbutyl-p-aminocinnamate	62742-50-1	233.311	351.15	1	---	---	25	1.0552	2	---	---	---	solid	1
27522	C14H19NO2	1-methyl-6,7-diethoxy-3,4-dihydroisoquinol	99155-80-3	233.311	342.65	1	---	---	25	1.0552	2	---	---	---	solid	1
27523	C14H19NO2	methylphenidate	113-45-1	233.311	347.65	1	---	---	25	1.0552	2	---	---	---	solid	1
27524	C14H19NO2	o-allyloxy-N,N-diethylbenzamide	63887-51-4	233.311	---	---	---	---	25	1.0552	2	---	---	---	---	---
27525	C14H19NO2	4-(m-hydroxyphenyl)-1-methylisonipecotin	64058-44-2	233.311	---	---	---	---	25	1.0552	2	---	---	---	---	---
27526	C14H19NO3	ethyl 3-(m-hydroxyphenyl)-1-methyl-3-pyro	38906-58-0	249.310	---	---	---	---	25	1.0997	2	---	---	---	---	---
27527	C14H19NO4	(S)-N-boc-3-amino-3-phenylpropanoic acid	103365-47-5	265.309	396.05	1	---	---	25	1.1420	2	---	---	---	solid	1
27528	C14H19NO4	(R)-N-boc-3-amino-3-phenylpropanoic acid	161024-80-2	265.309	396.55	1	---	---	25	1.1420	2	---	---	---	solid	1
27529	C14H19NO4	DL-N-benzoyl-2-isobutylserine	52421-47-3	265.309	425.65	1	---	---	25	1.1420	2	---	---	---	solid	1
27530	C14H19NO4	boc-L-phenylalanine	13734-34-4	265.309	359.65	1	---	---	25	1.1420	2	---	---	---	solid	1
27531	C14H19NO4	boc-D-phenylalanine	18942-49-9	265.309	359.65	1	---	---	25	1.1420	2	---	---	---	solid	1
27532	C14H19NO4	6-(carbobenzyloxyamino)caproic acid	1947-00-8	265.309	325.65	1	---	---	25	1.1420	2	---	---	---	solid	1
27533	C14H19NO4	N-carbobenzyloxy-l-isoleucine	---	265.309	326.15	1	---	---	25	1.1420	2	---	---	---	solid	1
27534	C14H19NO4	N-carbobenzyloxy-L-leucine	2018-66-8	265.309	---	---	---	---	25	1.1420	2	---	---	---	---	---
27535	C14H19NO4	N-phenyldiethanolamine diacetate	19249-34-4	265.309	---	---	---	---	25	1.1200	1	---	1.5230	1	---	---
27536	C14H19NO4	o-acetyl-N-(p-butoxyphenylacetyl)hydroxyl	77372-67-9	265.309	---	---	---	---	25	1.1420	2	---	---	---	---	---
27537	C14H19NO4	anisomycin	22862-76-6	265.309	---	---	---	---	25	1.1420	2	---	---	---	---	---
27538	C14H19NO4S	methyl((methylthio)acetyl)carbamic acid o-	17959-12-5	297.375	---	---	---	---	25	1.1996	2	---	---	---	---	---
27539	C14H19NO4S	tritiozine	35619-65-9	297.375	415.15	1	---	---	25	1.1996	2	---	---	---	solid	1
27540	C14H19NO5	boc-L-tyrosine	3978-80-1	281.309	410.65	1	---	---	25	1.1822	2	---	---	---	solid	1
27541	C14H19NO5	boc-D-tyrosine	70642-86-3	281.309	410.65	1	---	---	25	1.1822	2	---	---	---	solid	1
27542	C14H19NO5	(methoxyacetyl)methylcarbamic acid o-isop	17959-11-4	281.309	---	---	---	---	25	1.1822	2	---	---	---	---	---
27543	C14H19NO5	trimethoxazine	635-41-6	281.309	394.15	1	---	---	25	1.1822	2	---	---	---	solid	1
27544	C14H19NO7	nitrobenzo-18-crown-6	53408-96-1	313.308	359.65	1	---	---	25	1.2574	2	---	---	---	solid	1
27545	C14H19NO7	nitrobenzo-15-crown-5	60835-69-0	313.308	369.65	1	---	---	25	1.2574	2	---	---	---	solid	1
27546	C14H19N2O	[(3S)-(3-1,2,3,4-tetrahydroisoquinolyl)]-N-(	149182-72-9	231.318	---	---	---	---	25	1.0527	2	---	---	---	---	---
27547	C14H19N3	2,3-diethyl-5-methyl-6-methylaminoquinox	161697-01-4	229.326	---	---	---	---	25	1.0502	2	---	---	---	---	---
27548	C14H19N3O	oxolamine	959-14-8	245.325	298.15	1	---	---	25	1.0953	2	---	---	---	---	---
27549	C14H19N3O	4-(isopropylamino)antipyrine	3615-24-5	245.325	353.15	1	---	---	25	1.0953	2	---	---	---	solid	1
27550	C14H19N3O	xilobam	50528-97-7	245.325	392.65	1	---	---	25	1.0953	2	---	---	---	solid	1
27551	C14H19N3O3S	6-(N-tosyl)aminocaproic acid diazomethyl k	72676-77-8	309.390	---	---	---	---	25	1.2337	2	---	---	---	---	---
27552	C14H19N3O3S	N-tosyl-L-leucine diazomethyl ketone	72676-73-4	309.390	---	---	---	---	25	1.2337	2	---	---	---	---	---
27553	C14H19N3O5	3',5'-dinitro-4'-(di-n-propylamino)acetopher	52129-71-2	309.323	---	---	---	---	25	1.2552	2	---	---	---	---	---
27554	C14H19N3O9	2,3,4,6-tetra-O-acetyl-b-D-glucopyranosyla	13992-25-1	373.320	401.15	1	---	---	25	1.3883	2	---	---	---	solid	1
27555	C14H19N3O9	2,3,4,6-tetra-O-acetyl-a-D-glucopyranosyla	20369-61-3	373.320	373.65	1	---	---	25	1.3883	2	---	---	---	solid	1
27556	C14H19N3S	methapyrilene	91-80-5	261.392	---	---	---	---	25	1.1174	2	20	1.5915	1	---	---
27557	C14H19N3S	2-((2-dimethylaminoethyl)-3-thenylamino)p	91-79-2	261.392	---	---	---	---	25	1.1174	2	---	---	---	---	---
27558	C14H19N3Se	2-((2-(dimethylamino)ethyl)(selenophene-2	96811-96-0	308.286	---	---	---	---	---	---	---	---	---	---	---	---
27559	C14H19O6P	ciodrin	7700-17-6	314.275	---	---	---	---	25	1.1900	1	---	---	---	---	---
27560	C14H20	1-butyl-[1,2,3,4-tetrahydronaphthalene]	38857-76-0	188.313	266.11	2	546.28	1	25	0.9307	1	25	1.5198	1	liquid	1
27561	C14H20	2-butyl-[1,2,3,4-tetrahydronaphthalene]	36230-28-1	188.313	243.05	1	551.65	1	25	0.9236	1	25	1.5141	1	liquid	1
27562	C14H20	1,2,3,4-tetrahydro-1,1,2,6-tetramethylnaph	1681-22-7	188.313	247.92	2	546.31	2	20	0.9332	1	20	1.5217	1	liquid	2
27563	C14H20	(1-cyclohexylethyl)benzene	4413-16-5	188.313	---	---	538.15	1	17	0.9773	1	17	1.5490	1	---	---
27564	C14H20	(3-cyclopentylpropyl)benzene	2883-12-7	188.313	---	---	545.15	1	19	0.9233	1	19	1.5130	1	---	---
27565	C14H20	5-butyl-1,2,3,4-tetrahydronaphthalene	66325-42-6	188.313	224.05	1	553.05	1	21	0.9376	2	---	---	---	liquid	1
27566	C14H20	1,2,3,4-tetrahydro-5-isobutylnaphthalene	5458-54-8	188.313	258.45	1	543.55	1	21	0.9376	2	---	---	---	liquid	1
27567	C14H20Cl2N2O	phenamide	40068-20-0	303.231	---	---	---	---	25	1.1725	2	---	---	---	---	---
27568	C14H20Cl2N2O2	aminochlorambucil	3688-35-5	319.231	---	---	---	---	25	1.2081	2	---	---	---	---	---
27569	C14H20Cl2N2O3	3-(4-(bis(2-chloroethyl)amino)-3-methoxypl	66902-62-3	335.230	---	---	---	---	25	1.2423	2	---	---	---	---	---
27570	C14H20Cl2O	2,6-dichloro-4-octylphenol	73986-52-4	275.217	---	---	---	---	25	1.1003	2	---	---	---	---	---
27571	C14H20ClNO2	acetochlor	34256-82-1	269.771	---	---	---	---	25	1.1111	2	20	1.5272	1	---	---
27572	C14H20ClNO2	alachlor	15972-60-8	269.771	313.15	1	---	---	25	1.1330	1	---	---	---	solid	1
27573	C14H20ClNO2	2-chloro-N-(2,6-dimethyl)phenyl-N-isoprop	17493-73-1	269.771	---	---	---	---	25	1.1111	2	---	---	---	---	---
27574	C14H20ClNO3	N-tosyl-D,L-isoleucine chloromethyl ketone	72676-78-9	285.771	---	---	---	---	25	1.1504	2	---	---	---	---	---
27575	C14H20Cl6N2	chlorisondamine chloride	69-27-2	429.042	---	---	---	---	25	1.3334	2	---	---	---	---	---
27576	C14H20FO4PS2	fluoroethyl-O,O-diethyldithiophosphoryl-1-p	4681-36-1	366.415	---	---	---	---	---	---	---	---	---	---	---	---
27577	C14H20N2O	2-methyl-5-methoxy-N-dimethyltryptamine	67292-68-6	232.326	---	---	---	---	25	1.0361	2	---	---	---	---	---
27578	C14H20N2O	b-methyl-1-pyrrolidinepropionanilide	3690-18-4	232.326	---	---	---	---	25	1.0361	2	---	---	---	---	---
27579	C14H20N2O2	p-amidinobenzoic acid hexyl ester	---	248.326	---	---	---	---	25	1.0804	2	---	---	---	---	---
27580	C14H20N2O2	visken	13523-86-9	248.326	---	---	---	---	25	1.0804	2	---	---	---	---	---
27581	C14H20N2O3	4-((2-((2,6-dimethylphenyl)amino)-2-oxoetl	123941-02-6	264.325	---	---	---	---	25	1.1226	2	---	---	---	---	---
27582	C14H20N2O3S	1-cyclohexyl-3-p-tolysulfonylurea	664-95-9	296.391	448.15	1	---	---	25	1.1807	2	---	---	---	solid	1
27583	C14H20N2O4	Ne-carbobenzyloxy-L-lysine	1155-64-2	280.324	532.15	1	---	---	25	1.1628	2	---	---	---	solid	1
27584	C14H20N2O4	1,4-bis(methylcarbamyloxy)-2-isopropyl-5-i	63982-52-5	280.324	---	---	---	---	25	1.1628	2	---	---	---	---	---
27585	C14H20N2O6S	p-methylaminophenolsulfate	55-55-0	344.389	533.15	dec	---	---	25	1.2856	2	---	---	---	solid	1
27586	C14H20N4O4	Na-carbobenzyloxy-L-arginine	1234-35-1	308.338	447.15	1	---	---	25	1.2354	2	---	---	---	solid	1
27587	C14H20N4O4	Na-carbobenzyloxy-D-arginine	6382-93-0	308.338	442.65	1	---	---	25	1.2354	2	---	---	---	solid	1
27588	C14H20N4O8	2-acetamido-3,4,6-tri-O-acetyl-2-deoxy-b-D	6205-69-2	372.336	438.65	1	---	---	25	1.3687	2	---	---	---	solid	1
27589	C14H20N6O2	1,1'-(p-xylylene)bis(3-(1-aziridinyl)urea)	102584-86-1	304.354	---	---	---	---	25	1.2330	2	---	---	---	---	---
27590	C14H20O	1-phenyl-1-octanone	1674-37-9	204.312	295.95	1	558.15	1	30	0.9360	1	---	---	---	liquid	1
27591	C14H20O	4'-tert-butyl-2',6'-dimethylacetophenone	2040-10-0	204.312	321.15	1	558.15	2	25	0.9470	2	---	---	---	solid	1
27592	C14H20O	a-amylcinnamic alcohol	101-85-9	204.312	---	---	558.15	2	25	0.9470	2	---	---	---	---	---
27593	C14H20O	1-benzyl dipropyl ketone	7492-37-7	204.312	---	---	558.15	2	25	0.9470	2	---	---	---	---	---
27594	C14H20O	lilial	80-54-6	204.312	---	---	558.15	2	25	0.9470	2	---	---	---	---	---
27595	C14H20O	4-(octahydro-4,7-methano-5H-inden-5-ylid	30168-23-1	204.312	---	---	558.15	2	25	0.9470	2	---	---	---	---	---
27596	C14H20O2	isobutyl 4-isopropylbenzoate	6315-03-3	220.312	---	---	379.15	2	19	0.9780	1	19	1.4970	1	---	---
27597	C14H20O2	2,6-di-tert-butyl-1,4-benzoquinone	719-22-2	220.312	339.15	1	333.15	1	25	0.9953	2	---	---	---	solid	1
27598	C14H20O2	4-heptylbenzoic acid	38350-87-7	220.312	376.00	1	---	---	25	0.9953	2	---	---	---	---	---
27599	C14H20O2	3,5-di-tert-butyl-o-benzoquinone	3383-21-9	220.312	388.65	1	---	---	25	0.9953	2	---	---	---	solid	1
27600	C14H20O2	4-(heptyloxy)benzaldehyde	27893-41-0	220.312	---	---	425.15	1	25	0.9953	2	---	---	---	---	---

Table 1 Physical Properties - Organic Compounds

				Mol Wt	Freezing Point		Boiling Point		Density			Refractive Index			State	
NO	FORMULA	NAME	CAS No	g/mol	T_F, K	code	T_B, K	code	T, C	g/cm3	code	T, C	n_D	code	@25C,1 atm	code
27601	C14H20O2	benzyl dimethylcarbinyl n-butyrate	10094-34-5	220.312	---	---	379.15	2	25	0.9953	2	---	---	---	---	---
27602	C14H20O2	2,5-di-tert-butyl-1,4-benzoquinone	2460-77-7	220.312	---	---	379.15	2	25	0.9953	2	---	---	---	---	---
27603	C14H20O2	1-phenyl-3-methyl-3-pentanyl acetate	72007-81-9	220.312	---	---	379.15	2	25	0.9953	2	---	---	---	---	---
27604	C14H20O2	2-(phenylmethyl)-4,4,6-trimethyl-1,3-dioxar	67633-94-7	220.312	---	---	379.15	2	25	0.9953	2	---	---	---	---	---
27605	C14H20O3	n-heptyl 4-hydroxybenzoate	1085-12-7	236.311	322.15	1	---	---	25	1.0411	2	---	---	---	solid	1
27606	C14H20O3	4-n-heptyloxybenzoic acid	15872-42-1	236.311	419.15	1	---	---	25	1.0411	2	---	---	---	solid	1
27607	C14H20O3	4-(4,4-dimethyl-3-hydroxy-1-pentenyl)-2-m	58344-42-6	236.311	---	---	---	---	25	1.0411	2	---	---	---	---	---
27608	C14H20O3	hexyl mandelate	5431-31-2	236.311	---	---	---	---	25	1.0411	2	---	---	---	---	---
27609	C14H20O4	3,4-epoxycyclohexylmethyl 3,4-epoxycyclo	2386-87-0	252.310	---	---	---	---	25	1.0848	2	---	---	---	---	---
27610	C14H20O5	benzo-15-crown-5	14098-44-3	268.310	353.65	1	---	---	25	1.1264	2	---	---	---	solid	1
27611	C14H20O5	a-hydroxybenzeneacetic acid 2-(2-ethoxye	66267-67-2	268.310	---	---	---	---	25	1.1264	2	---	---	---	---	---
27612	C14H20O6	diglycidyl hexahydrophthalate	5493-45-8	284.309	---	---	398.15	1	25	1.1661	2	---	---	---	---	---
27613	C14H20O8	tetraethyl ethylenetetracarboxylate	6174-95-4	316.308	331.15	1	601.15	dec	25	1.2402	2	---	---	---	solid	1
27614	C14H20O8	(-)-bis[(S)-1-(ethoxycarbonyl)ethyl] fumarat	111293-23-3	316.308	---	---	601.15	2	25	1.1440	1	---	---	---	---	---
27615	C14H20O9S	b-D-thioglucose tetraacetate	28878-90-2	364.373	389.65	1	---	---	25	1.3191	2	---	---	---	solid	1
27616	C14H20Si	phenyltriallylsilane	2633-57-0	216.398	---	---	415.15	1	---	---	---	---	---	---	---	---
27617	C14H21BrO	4-bromo-2,6-di-tert-butylphenol	1139-52-2	285.224	353.65	1	---	---	25	1.1880	2	---	---	---	solid	1
27618	C14H21Cl	3,5-di-tert-butyl chlorobenzene	80438-67-1	224.773	---	---	530.00	2	25	0.9696	2	---	---	---	---	---
27619	C14H21ClN2O2	2-(p-chlorophenoxy)-N-(2-(diethylamino)etl	1223-36-5	284.786	---	---	397.65	1	25	1.1321	2	---	---	---	---	---
27620	C14H21ClN2O3S	N-a-tosyl-L-lysyl-chloromethyl ketone	2364-87-6	332.851	---	---	417.15	1	25	1.2204	2	---	---	---	---	---
27621	C14H21NO	N-benzyl-4-(2-hydroxyethyl)piperidine	---	219.327	---	---	---	---	25	0.9770	2	---	1.5385	1	---	---
27622	C14H21NOS	S-(phenylmethyl) dipropylcarbamothioate	52888-80-9	251.393	298.15	1	---	---	25	1.0472	2	---	---	---	---	---
27623	C14H21NO2	amyl-p-dimethylaminobenzoate	14779-78-3	235.327	---	---	438.15	1	25	1.0227	2	---	---	---	---	---
27624	C14H21NO2	amylocaine	644-26-8	235.327	---	---	408.65	1	25	1.0227	2	---	---	---	---	---
27625	C14H21NO2	3,5-diisopropylphenyl-N-methylcarbamate	330-64-3	235.327	---	---	417.15	1	25	1.0227	2	---	---	---	---	---
27626	C14H21NO3	2-nitrophenyl octyl ether	37682-29-4	251.326	---	---	393.15	2	25	1.0410	1	---	1.5095	1	---	---
27627	C14H21NO3	4-nitrophenyl octyl ether	49562-76-7	251.326	---	---	393.15	2	25	1.0662	2	---	1.5280	1	---	---
27628	C14H21NO3	(R)-(+)-2-(tert-butoxycarbonylamino)-3-phe	106454-69-7	251.326	369.65	1	393.15	2	25	1.0662	2	---	---	---	solid	1
27629	C14H21NO3	(S)-(-)-2-(tert-butoxycarbonylamino)3-phen	66605-57-0	251.326	369.65	1	393.15	2	25	1.0662	2	---	---	---	solid	1
27630	C14H21NO3	butyl-3-((dimethylamino)methyl)-4-hydroxy	6279-54-5	251.326	---	---	393.15	2	25	1.0662	2	---	---	---	---	---
27631	C14H21NO3	2,6-di-tert-butyl-4-nitrophenol	728-40-5	251.326	430.65	dec	---	---	25	1.0662	2	---	---	---	solid	1
27632	C14H21NO3	ethyl-3-((diethylamino)methyl)-4-hydroxybe	78329-97-2	251.326	---	---	393.15	1	25	1.0662	2	---	---	---	---	---
27633	C14H21NO4	benzoaza-15-crown-5	54533-83-4	267.325	421.15	1	---	---	25	1.1077	2	---	---	---	solid	1
27634	C14H21NO4	diethyl 1,4-dihydro-2,4,6-trimethyl-3,5-pyri	632-93-9	267.325	408.65	1	---	---	25	1.1077	2	---	---	---	solid	1
27635	C14H21N2O4P	dimorpholinophosphinic acid phenyl ester	4881-17-8	312.306	---	---	423.65	1	---	---	---	---	---	---	---	---
27636	C14H21N3O2S	3-(2-(dimethylamino)ethyl)-N-methyl-1H-in	103628-46-2	295.407	---	---	425.95	1	25	1.1622	2	---	---	---	---	---
27637	C14H21N3O3	m-(3,3-dimethylureido)phenyl-tert-butyl car	4849-32-5	279.340	---	---	424.65	2	25	1.1438	2	---	---	---	---	---
27638	C14H21N3O3	oxamniquine	21738-42-1	279.340	424.65	1	424.65	1	25	1.1438	2	---	---	---	solid	1
27639	C14H21N3O3S	tolazamide	1156-19-0	311.406	444.65	1	573.15	1	25	1.1987	2	---	---	---	solid	1
27640	C14H21N3O3S	3-amino-4-methylbenzenesulfonylcyclohex	565-33-3	311.406	424.15	1	573.15	2	25	1.1987	2	---	---	---	solid	1
27641	C14H21N3O4	butralin	33629-47-9	295.339	333.15	1	---	---	25	1.1821	2	---	---	---	solid	1
27642	C14H21N5O3	1-(3-(dimethylamino)propyl)-3-((1-methyl-5	123794-07-0	307.354	---	---	440.65	1	25	1.2162	2	---	---	---	---	---
27643	C14H21N7O4	adenosine-5'-(N-(2-(dimethylamino)ethyl))	35788-31-9	351.367	---	---	---	---	25	1.3168	2	---	---	---	---	---
27644	C14H22	octylbenzene	2189-60-8	190.329	237.15	1	537.55	1	25	0.8530	1	25	1.4824	1	liquid	1
27645	C14H22	1,2,3,4-tetraethylbenzene	642-32-0	190.329	284.96	1	524.16	1	25	0.8830	1	20	1.5125	1	liquid	1
27646	C14H22	1,2,3,5-tetraethylbenzene	38842-05-6	190.329	252.15	1	522.00	1	25	0.8780	1	---	---	---	liquid	1
27647	C14H22	1,2,4,5-tetraethylbenzene	635-81-4	190.329	283.16	1	523.16	1	25	0.8750	1	20	1.5054	1	liquid	1
27648	C14H22	1,4-di-tert-butylbenzene	1012-72-2	190.329	350.76	1	510.43	1	20	0.9850	1	---	---	---	solid	1
27649	C14H22	(1-methylheptyl)benzene	777-22-0	190.329	234.25	1	523.94	2	25	0.8685	1	20	1.4837	1	liquid	2
27650	C14H22	1,3-di-tert-butylbenzene	1014-60-4	190.329	283.65	1	523.94	2	25	0.8590	1	---	1.4880	1	liquid	2
27651	C14H22	dodecahydrophenanthrene	1322-67-4	190.329	---	---	523.94	2	20	0.9674	1	20	1.5102	1	---	---
27652	C14H22	6,8-tetradecadiyne	16387-72-7	190.329	274.15	1	523.94	2	16	0.8699	1	---	---	---	liquid	2
27653	C14H22BrNO2	2-(5-bromo-2-methoxybenzyloxy)triethylam	102433-83-0	316.238	---	---	---	---	25	1.2428	2	---	---	---	---	---
27654	C14H22BrN3O2	valopride	4093-35-0	344.252	422.15	1	---	---	25	1.3091	2	---	---	---	solid	1
27655	C14H22BrO2	1-bromo-3-adamantyl ethoxymethyl ketone	73599-95-8	302.231	---	---	---	---	25	1.2079	2	---	---	---	---	---
27656	C14H22ClN	b-sec-butyl-p-chloro-N,N-dimethylphenethy	33132-71-7	239.788	---	---	418.55	1	25	0.9967	2	---	---	---	---	---
27657	C14H22ClNO	clobutinol	14860-49-2	255.788	---	---	406.65	1	25	1.0390	2	---	---	---	---	---
27658	C14H22ClNO2	1-chloro-3-adamantyl ethoxymethyl ketone	73599-94-7	271.787	---	---	496.15	1	25	1.0793	2	---	---	---	---	---
27659	C14H22ClNO2S	N,N-di-N-butyl-p-chlorobenzenesulfonamid	127-59-3	303.853	---	---	---	---	25	1.1364	2	---	---	---	---	---
27660	C14H22ClN3O2	4-amino-5-chloro-N-(2-(diethylamino)ethyl)	364-62-5	299.801	---	---	---	---	25	1.1517	2	---	---	---	---	---
27661	C14H22NO4P	p-nitrophenyldi-N-butylphosphinate	1224-64-2	299.307	---	---	482.25	1	---	---	---	---	---	---	---	---
27662	C14H22N2	p-amino-b-sec-butyl-N,N-dimethylphenethy	33132-75-1	218.343	---	---	415.15	1	25	0.9592	2	---	---	---	---	---
27663	C14H22N2O	2-(diethylamino)-N-(2,6-dimethylphenyl)ac	137-58-6	234.342	341.65	1	---	---	25	1.0047	2	---	---	---	solid	1
27664	C14H22N2O2	2',6'-dimethyl-2-(2-ethoxyethylamino)aceta	67262-78-6	250.341	---	---	408.15	1	25	1.0480	2	---	---	---	---	---
27665	C14H22N2O2	2',6'-dimethyl-2-(2-methoxypropylamino)ac	67262-79-7	250.341	---	---	409.15	2	25	1.0480	2	---	---	---	---	---
27666	C14H22N2O2	2-(2-ethoxyethylamino)-o-propionotoluidide	67262-62-8	250.341	---	---	409.15	2	25	1.0480	2	---	---	---	---	---
27667	C14H22N2O2	2'-ethyl-2-(2-methoxyethylamino)propionar	67262-64-0	250.341	---	---	409.15	2	25	1.0480	2	---	---	---	---	---
27668	C14H22N2O2	2-(2-methoxyethylamino)-2',6'-propionoxyli	67262-80-0	250.341	---	---	410.15	1	25	1.0480	2	---	---	---	---	---
27669	C14H22N2O2	2,N-pentylaminoethyl-p-aminobenzoate	2188-67-2	250.341	339.15	1	409.15	2	25	1.0480	2	---	---	---	solid	1
27670	C14H22N2O2	tutocaine	891-33-8	250.341	---	---	409.15	2	25	1.0480	2	---	---	---	---	---
27671	C14H22N2O3	bucolome	841-73-6	266.341	357.15	1	---	---	25	1.0894	2	---	---	---	solid	1
27672	C14H22N2O3	eraldin	6673-35-4	266.341	408.15	1	---	---	25	1.0894	2	---	---	---	solid	1
27673	C14H22N2O3	tenormin	29122-68-7	266.341	420.15	1	---	---	25	1.0894	2	---	---	---	solid	1
27674	C14H22N2O4	3'-(bis(2-hydroxyethyl)amino)-p-acetophen	21615-29-2	282.340	---	---	---	---	25	1.1289	2	---	---	---	---	---
27675	C14H22N2O4S2	butylmercaptomethylpenicillin	6192-29-6	346.472	---	---	443.25	1	25	1.2320	2	---	---	---	---	---
27676	C14H22N2O5	5,5-dimethyl-3-(2-(oxiranylmethoxy)propyl)	32568-89-1	298.340	---	---	408.15	1	25	1.1667	2	---	---	---	---	---
27677	C14H22N2O8	1,2-cyclohexanediaminetetraacetic acid	482-54-2	346.338	---	---	---	---	25	1.2707	2	---	---	---	---	---
27678	C14H22N4O2	oxalic acid bis(cyclohexylidenehydrazide)	370-81-0	278.355	484.15	1	---	---	25	1.1253	2	---	---	---	solid	1
27679	C14H22O	p-tert-octylphenol	140-66-9	206.328	358.55	1	563.60	1	21	0.9389	2	---	---	---	solid	1
27680	C14H22O	2,4-di-tert-butylphenol	96-76-4	206.328	329.65	1	536.65	1	21	0.9389	2	20	1.5080	1	solid	1

Table 1 Physical Properties - Organic Compounds

				Mol Wt	Freezing Point		Boiling Point		Density			Refractive Index			State	
NO	FORMULA	NAME	CAS No	g/mol	T_F, K	code	T_B, K	code	T, C	g/cm3	code	T, C	n_D	code	@25C,1 atm	code
27681	C14H22O	2,6-di-sec-butylphenol	5510-99-6	206.328	231.15	1	530.65	1	21	0.9389	2	20	1.5080	1	liquid	1
27682	C14H22O	2,6-di-tert-butylphenol	128-39-2	206.328	312.15	1	527.81	2	21	0.9389	2	20	1.5001	1	solid	1
27683	C14H22O	alpha-irone	79-69-6	206.328	---	---	527.81	2	20	0.9362	1	20	1.5002	1	---	---
27684	C14H22O	beta-irone	79-70-9	206.328	---	---	527.81	2	21	0.9434	1	25	1.5162	1	---	---
27685	C14H22O	octyl phenyl ether	1818-07-1	206.328	281.15	1	558.15	1	15	0.9131	1	20	1.4875	1	liquid	1
27686	C14H22O	g-irone	79-68-5	206.328	298.15	1	527.81	2	21	0.9389	2	---	---	---	---	---
27687	C14H22O	4-octylphenol	1806-26-4	206.328	316.15	1	423.15	1	25	0.9610	1	---	---	---	solid	1
27688	C14H22O	tert-octylphenol	27193-28-8	206.328	346.15	1	554.65	1	25	0.9410	1	---	---	---	solid	1
27689	C14H22O	3,5-bis(1,1-dimethylethyl)phenol	1138-52-9	206.328	361.15	1	527.81	2	21	0.9389	2	---	---	---	solid	1
27690	C14H22O	2,6-dimethyldodeca-2,6,8-trien-10-one	26651-96-7	206.328	---	---	527.81	2	21	0.9389	2	---	---	---	---	---
27691	C14H22O	2-isopropyl-6-(1-methylbutyl)phenol	74926-98-0	206.328	322.14	2	527.81	2	21	0.9389	2	---	---	---	solid	2
27692	C14H22O	3,6,10-trimethyl-3,5,9-undecatrien-2-one	1117-41-5	206.328	---	---	527.81	2	21	0.9389	2	---	---	---	---	---
27693	C14H22O2	bis(1-hydroxycyclohexyl)acetylene	78-54-6	222.327	385.65	1	528.15	2	22	0.9400	2	---	---	---	solid	1
27694	C14H22O2	1,4-dibutoxybenzene	104-36-9	222.327	318.65	1	528.15	2	22	0.9400	2	---	---	---	solid	1
27695	C14H22O2	1-(diethoxymethyl)-4-isopropylbenzene	35364-90-0	222.327	---	---	538.15	1	19	0.9440	1	19	1.4840	1	---	---
27696	C14H22O2	3,5-di-tert-butylcatechol	1020-31-1	222.327	371.15	1	528.15	2	22	0.9400	2	---	---	---	solid	1
27697	C14H22O2	isobornyl methacrylate	7534-94-3	222.327	213.25	1	518.15	1	22	0.9400	2	---	---	---	liquid	1
27698	C14H22O2	4-(n-octyloxy)phenol	3780-50-5	222.327	---	---	528.15	2	22	0.9400	2	---	---	---	---	---
27699	C14H22O2	4-propylbenzaldehyde diethyl acetal	89557-35-7	222.327	---	---	528.15	2	25	0.9360	1	---	1.4780	1	---	---
27700	C14H22O2	2,5-di-tert-butylhydroquinone	88-58-4	222.327	490.65	1	528.15	2	22	0.9400	2	---	---	---	solid	1
27701	C14H22O2	3,7-dimethyl-2-trans-6-octadienyl crotonate	56172-46-4	222.327	---	---	528.15	2	22	0.9400	2	---	---	---	---	---
27702	C14H22O2	1-ethynyl-2-(1-methylpropyl)cyclohexyl ace	37172-05-7	222.327	---	---	528.15	2	22	0.9400	2	---	---	---	---	---
27703	C14H22O2	lactoscatone	21280-29-5	222.327	---	---	528.15	2	22	0.9400	2	---	---	---	---	---
27704	C14H22O3	(R)-5-[(1R)-menthyloxy]-2(5H)-furanone	77934-87-3	238.327	352.15	1	---	---	25	1.0099	2	---	---	---	solid	1
27705	C14H22O3S	5-((2-ethylthio)propyl)-2-(1-oxopropyl)-1,3-	99422-01-2	270.393	---	---	---	---	25	1.0749	2	---	---	---	---	---
27706	C14H22O4	dicyclohexyl oxalate	620-82-6	254.326	316.65	1	---	---	25	1.0527	2	---	---	---	solid	1
27707	C14H22O4	1,6-hexanediol dimethacrylate, stabilized	6606-59-3	254.326	---	---	---	---	25	0.9900	1	---	1.4580	1	---	---
27708	C14H22O4	bis(3-methylcyclohexyl peroxide)	66903-23-9	254.326	---	---	---	---	25	1.0527	2	---	---	---	---	---
27709	C14H22O4	dicyclohexylcarbonyl peroxide	---	254.326	---	---	---	---	25	1.0527	2	---	---	---	---	---
27710	C14H22O4	1,1,2,2-tetrakis(allyloxy)ethane	16646-44-9	254.326	---	---	---	---	25	1.0527	2	---	---	---	---	---
27711	C14H22O5	tetraethylene glycol monophenyl ether	36366-93-5	270.326	---	---	---	---	25	1.0935	2	---	---	---	---	---
27712	C14H22O6	triethylene glycol dimethacrylate	109-16-0	286.325	---	---	---	---	20	1.0920	1	25	1.4595	1	---	---
27713	C14H22O6	peroxydicarbonic acid dicyclohexyl ester	1561-49-5	286.325	---	---	---	---	25	1.1325	2	---	---	---	---	---
27714	C14H22O7	3-O-acetyl-1,2:5,6-di-O-isopropylidene-a-D	16713-80-7	302.324	334.15	1	---	---	25	1.1698	2	---	---	---	solid	1
27715	C14H22O7	acrylic acid, diester with tetraethylene glyc	17831-71-9	302.324	---	---	---	---	25	1.1698	2	---	---	---	---	---
27716	C14H22O8	tetraethyl 1,1,2,2-ethanetetracarboxylate	632-56-4	318.324	350.15	1	578.15	dec	80	1.0640	1	80	1.4105	1	solid	1
27717	C14H22O8	triethyl 2-acetoxy-1,2,3-propanetricarboxyl	77-89-4	318.324	---	---	578.15	2	25	1.1350	1	---	1.4380	1	---	---
27718	C14H23ClN2O2	tutocaine hydrochloride	532-62-7	286.802	---	---	---	---	25	1.1007	2	---	---	---	---	---
27719	C14H23Cl2N3O2	spiromustine	56605-16-4	336.261	398.65	1	---	---	25	1.1924	2	---	---	---	solid	1
27720	C14H23N	4-(1-butylpentyl)pyridine	2961-47-9	205.344	---	---	538.15	1	25	0.8878	1	25	1.4846	1	---	---
27721	C14H23N	N,N-dibutylaniline	613-29-6	205.344	240.95	1	547.95	1	20	0.9037	1	20	1.5186	1	liquid	1
27722	C14H23N	4-octylaniline	16245-79-7	205.344	293.15	1	583.15	1	20	0.9128	1	---	---	---	liquid	1
27723	C14H23N	2,6-di-tert-butyl-4-methylpyridine	38222-83-2	205.344	307.65	1	506.15	1	23	0.8979	2	---	1.4760	1	solid	1
27724	C14H23N	2,6-diisopropyl-N,N-dimethylaniline	2909-77-5	205.344	262.15	2	543.85	2	25	0.8730	1	---	1.5000	1	liquid	2
27725	C14H23N	N-(2-ethylhexyl)aniline	10137-80-1	205.344	262.15	2	543.85	2	25	0.9120	1	---	---	---	liquid	2
27726	C14H23N	b-sec-butyl-N,N-dimethylphenethylamine	33132-61-5	205.344	---	---	543.85	2	23	0.8979	2	---	---	---	---	---
27727	C14H23NO	4-(octyloxy)aniline	39905-45-8	221.343	310.15	1	410.15	2	25	0.9479	2	---	---	---	solid	1
27728	C14H23NO	4-(1-sec-butyl-2-(dimethylamino)ethyl)pher	69745-66-0	221.343	---	---	410.15	2	25	0.9479	2	---	---	---	---	---
27729	C14H23NO	deacetylthymoxamine	35231-36-8	221.343	---	---	410.15	2	25	0.9479	2	---	---	---	---	---
27730	C14H23NO	2-methyl-1-((6-methyl-3-cyclohexen-1-yl)ca	69462-51-7	221.343	---	---	401.15	1	25	0.9479	2	---	---	---	---	---
27731	C14H23NO	3-methyl-1-((6-methyl-3-cyclohexen-1-yl)ca	69462-52-8	221.343	---	---	410.15	2	25	0.9479	2	---	---	---	---	---
27732	C14H23NO	4-methyl-1-((6-methyl-3-cyclohexen-1-yl)ca	69462-53-9	221.343	---	---	419.15	1	25	0.9479	2	---	---	---	---	---
27733	C14H23NO3S2	S-2-((4-(p-ethylphenyl)butyl)amino)ethyl th	21224-57-7	317.474	---	---	---	---	25	1.1508	2	---	---	---	---	---
27734	C14H23NO4S2	S-2-((4-(p-ethoxyphenyl)butyl)amino)ethyl	21224-77-1	333.473	---	---	---	---	25	1.1847	2	---	---	---	---	---
27735	C14H23NO6	(1S,3R,4S,6R)-N-boc-6-amino-2,2-dimethy	220497-93-8	301.340	---	---	---	---	25	1.1520	2	---	---	---	---	---
27736	C14H23NO6	(1R,3S,4R,6S)-N-boc-6-amino-2,2-dimethy	220497-94-9	301.340	---	---	---	---	25	1.1520	2	---	---	---	---	---
27737	C14H24NO4PS3	bensulide	741-58-2	397.521	307.55	1	---	---	20	1.2240	1	---	---	---	solid	1
27738	C14H23N2OP	N,N'-bis(ethylene)-p-(1-adamantyl)phosph	64693-33-0	266.324	---	---	---	---	---	---	---	---	---	---	---	---
27739	C14H23N3O10	glycine, N,N-bis[2-[bis(carboxymethyl)amir	67-43-6	393.352	---	---	---	---	25	1.3446	2	---	---	---	---	---
27740	C14H23N5OS	6-allyloxy-2-methylamino-4-(N-methylpiper	63731-92-0	309.437	---	---	---	---	25	1.1630	2	---	---	---	---	---
27741	C14H23OPS2	S-p-tert-butylphenyl-o-ethyl ethylphosphon	329-21-5	302.442	---	---	---	---	---	---	---	---	---	---	---	---
27742	C14H23O4P	dibutylphenyl phosphate	2528-36-1	286.308	---	---	---	---	---	---	---	---	---	---	---	---
27743	C14H24	dispiro[5.1.5.1]tetradecane	184-97-4	192.345	283.15	1	543.15	2	26	0.8720	1	27	1.4735	1	liquid	2
27744	C14H24	tetradecahydrophenanthrene	5743-97-5	192.345	270.15	1	543.15	1	20	0.9440	1	20	1.5011	1	liquid	1
27745	C14H24ClN4S	4-chloro-2-diethylamino-6-(4-methylpipera:	63673-37-0	315.891	---	---	---	---	25	1.1367	2	---	---	---	---	---
27746	C14H24ClN5S	4-chloro-2-(tert-butylamino)-6-(4-methylpip	55477-20-8	329.898	---	---	---	---	25	1.1693	2	---	---	---	---	---
27747	C14H24Cl4N2O2	N,N'-hexamethylenebis(2,2-dichloro-N-eth	3613-89-6	394.167	---	---	---	---	25	1.2448	2	---	---	---	---	---
27748	C14H24HgN2O5	N-(2-isopropoxy-3-hydroxymercuripropyl)b	67465-43-4	500.946	---	---	---	---	---	---	---	---	---	---	---	---
27749	C14H24N2	N,N,N',N'-tetraethyl-1,3-benzenediamine	64287-26-9	220.359	---	---	383.15	2	12	0.9522	1	12	1.5537	1	---	---
27750	C14H24N2	N,N'-di-sec-butyl-p-phenylenediamine	101-96-2	220.359	291.05	1	383.15	1	25	0.9450	1	---	---	---	liquid	1
27751	C14H24N2	tetradecanedinitrile	---	220.359	306.65	1	383.15	2	19	0.9486	2	---	---	---	solid	1
27752	C14H24N2O	1-(butylamino)-3-p-toluidino-2-propanol	7532-60-7	236.358	---	---	---	---	25	0.9756	2	---	---	---	---	---
27753	C14H24N2O	1-(4-(dipropylamino)-2-butynyl)-2-pyrrolidir	3921-99-1	236.358	---	---	---	---	25	0.9756	2	---	---	---	---	---
27754	C14H24N2O2	1,12-diisocyanatododecane	13879-35-1	252.357	---	---	---	---	25	0.9400	1	---	1.4590	1	---	---
27755	C14H24N2O8	1,6-diaminohexane-N,N,N',N'-tetraacetic a	1633-00-7	348.354	512.15	1	---	---	25	1.2372	2	---	---	---	solid	1
27756	C14H24N2O10	(ethylenebis(oxyethylenenitrilo))tetraacetic	67-42-5	380.353	---	---	---	---	25	1.2990	2	---	---	---	---	---
27757	C14H24O	2-ethyl-4-(2,2,3-trimethyl-3-cyclopenten-1-	28219-61-6	208.344	---	---	---	---	25	0.9100	1	---	---	---	---	---
27758	C14H24O	a-2,2,6-tetramethylcyclohexenebutanal	65405-84-7	208.344	---	---	---	---	25	0.8912	2	---	---	---	---	---
27759	C14H24O	1-(2,6,6-trimethyl-2-cyclohexen-1-yl)-3-per	68480-17-1	208.344	---	---	---	---	25	0.8912	2	---	---	---	---	---
27760	C14H24O	vernaldehyde	66327-54-6	208.344	---	---	---	---	25	0.8912	2	---	---	---	---	---

Table 1 Physical Properties - Organic Compounds

				Mol Wt	Freezing Point		Boiling Point		Density			Refractive Index			State	
NO	FORMULA	NAME	CAS No	g/mol	T_F, K	code	T_B, K	code	T, C	g/cm3	code	T, C	n_D	code	@25C,1 atm	code
27761	C14H24O2	geranol 2-methylpropanoate	2345-26-8	224.343	---	---	468.65	2	15	0.8997	1	20	1.4576	1	---	---
27762	C14H24O2	geranyl N-butyrate	106-29-6	224.343	---	---	468.65	2	25	0.9372	2	---	---	---	---	---
27763	C14H24O2	citronellyl-2-butenoate	68039-38-3	224.343	---	---	468.65	2	25	0.9372	2	---	---	---	---	---
27764	C14H24O2	4-(1-ethoxyethenyl)-3,3,5,5-tetramethylcyc	36306-87-3	224.343	---	---	468.65	1	25	0.9372	2	---	---	---	---	---
27765	C14H24O2	linalyl isobutyrate	78-35-3	224.343	---	---	468.65	2	25	0.9372	2	---	---	---	---	---
27766	C14H24O2	p-menth-1-en-8-yl isobutyrate	7774-65-4	224.343	---	---	468.65	2	25	0.9372	2	---	---	---	---	---
27767	C14H24O2	neryl isobutyrate	2345-24-6	224.343	---	---	468.65	2	25	0.9372	2	---	---	---	---	---
27768	C14H24O3	n-decylsuccinic anhydride	18470-76-3	240.343	---	---	---	---	25	0.9810	2	---	---	---	---	---
27769	C14H24O3	menthyl acetoacetate	59557-05-0	240.343	---	---	---	---	25	0.9810	2	---	---	---	---	---
27770	C14H24O4	pentaerythritol triallyl ether	1471-17-6	256.342	---	---	---	---	25	0.9850	1	---	1.4650	1	---	---
27771	C14H24O4	maleic acid, dipentyl ester	10099-71-5	256.342	---	---	---	---	25	1.0229	2	---	---	---	---	---
27772	C14H24S	3-decylthiophene	65016-55-9	224.411	---	---	570.15	2	25	0.9120	1	---	1.4890	1	---	---
27773	C14H25NO	2-methyl-1-((2-methylcyclohexyl)carbonyl)p	68162-93-6	223.359	---	---	362.95	2	25	0.9210	2	---	---	---	---	---
27774	C14H25NO	3-methyl-1-((2-methylcyclohexyl)carbonyl)p	64387-78-6	223.359	---	---	362.95	1	25	0.9210	2	---	---	---	---	---
27775	C14H25NO	4-methyl-1-((2-methylcyclohexyl)carbonyl)p	64387-77-5	223.359	---	---	362.95	2	25	0.9210	2	---	---	---	---	---
27776	C14H25N3O9	kasugamycin	6980-18-3	379.368	---	---	---	---	25	1.2819	2	---	---	---	---	---
27777	C14H26	1,1-dicyclohexylethane	2319-61-1	194.360	252.33	1	544.32	1	25	0.8897	1	25	1.4825	1	liquid	1
27778	C14H26	1,2-dicyclohexylethane	3321-50-4	194.360	284.65	1	545.65	1	24	0.8728	1	24	1.4745	1	liquid	1
27779	C14H26	1-nonylcyclopentene	62184-74-1	194.360	223.13	2	527.15	1	25	0.8212	1	25	1.4571	1	liquid	1
27780	C14H26	1-tetradecyne	765-10-6	194.360	294.01	2	525.15	1	25	0.7874	1	25	1.4387	1	liquid	1
27781	C14H26	3-tetradecyne	60212-32-0	194.360	353.14	2	528.15	1	24	0.8429	2	---	---	---	solid	2
27782	C14H26	7-tetradecyne	35216-11-6	194.360	323.58	2	535.60	2	20	0.7991	1	25	1.4330	1	solid	2
27783	C14H26	(3-cyclopentylpropyl)cyclohexane	2883-07-0	194.360	248.55	1	543.15	1	25	0.8810	1	20	1.4765	1	liquid	1
27784	C14H26	1,13-tetradecadiene	21964-49-8	194.360	---	---	535.60	2	25	0.8490	1	---	1.4440	1	---	---
27785	C14H26Cl2O	2,2-dichlorotetradecanal	119450-45-2	281.265	---	---	---	---	25	1.0148	2	---	1.4580	1	---	---
27786	C14H26Cl2O2	2,2-dichlorotetradecanoic acid	93347-74-1	297.264	299.65	1	---	---	25	1.0512	2	---	---	---	solid	1
27787	C14H26F3O6P	3,3,3-trifluorolactic acid methyl ester dipen	108682-54-8	378.326	---	---	371.67	1	---	---	---	---	---	---	---	---
27788	C14H26N2	1-decyl-2-methylimidazole	42032-30-4	222.374	---	---	---	---	25	0.9000	1	---	1.4750	1	---	---
27789	C14H26N2	2-undecylimidazole	16731-68-3	222.374	344.65	1	---	---	25	0.9052	2	---	---	---	solid	1
27790	C14H26N2O	[(3S)-4-azabicyclo[4.4.0]dec-3-yl]-N-(tert-b	136465-81-1	238.374	386.65	1	---	---	25	0.9487	2	---	---	---	solid	1
27791	C14H26N4O	2-amino-4-dibutylaminoethoxypyrimidine	102207-73-8	266.388	---	---	363.15	1	25	1.0255	2	---	---	---	---	---
27792	C14H26N4O	2-amino-4-di-isobutylaminoethoxypyrimidir	102207-76-1	266.388	---	---	363.15	2	25	1.0255	2	---	---	---	---	---
27793	C14H26N4O11P2	choline cytidine diphosphate	987-78-0	488.330	---	---	---	---	---	---	---	---	---	---	---	---
27794	C14H26N4S4	bis(4-methyl-1-piperazinylthiocarbonyl) dis	26087-98-9	378.652	415.15	1	---	---	25	1.1967	2	---	---	---	solid	1
27795	C14H26O	2,6,10-trimethyl-5,9-undecadien-1-ol, isom	24048-14-4	210.360	---	---	---	---	25	0.8700	1	---	1.4765	1	---	---
27796	C14H26O	2,6,10-trimethyl-9-undecenal	141-13-9	210.360	---	---	---	---	25	0.8665	2	---	---	---	---	---
27797	C14H26O2	methyl 12-tridecenoate	29780-00-5	226.359	250.75	2	513.00	2	20	0.8810	1	20	1.4438	1	liquid	2
27798	C14H26O2	4-tetradecenoic acid	544-65-0	226.359	291.65	1	590.00	2	20	0.9024	1	20	1.4559	1	liquid	2
27799	C14H26O2	5-tetradecenoic acid	544-66-1	226.359	293.15	1	590.00	2	20	0.9046	1	20	1.4552	1	liquid	2
27800	C14H26O2	9-tetradecenoic acid	13147-06-3	226.359	269.15	1	590.00	2	20	0.9018	1	20	1.4519	1	liquid	2
27801	C14H26O2	decyl methacrylate	3179-47-3	226.359	250.75	1	513.00	2	21	0.8936	2	---	---	---	liquid	2
27802	C14H26O2	(R,R)-(-)-1,2-dicyclohexyl-1,2-ethanediol	120850-92-2	226.359	411.65	1	513.00	2	21	0.8936	2	---	---	---	solid	1
27803	C14H26O2	isodecyl methacrylate	29964-84-9	226.359	250.75	2	513.00	2	25	0.8780	1	---	1.4430	1	liquid	2
27804	C14H26O2	myristoleic acid	544-64-9	226.359	269.00	1	513.00	2	21	0.8936	2	---	1.4560	1	liquid	2
27805	C14H26O2	2,4,7,9-tetramethyl-5-decyne-4,7-diol, (±) a	126-86-3	226.359	315.15	1	528.15	1	21	0.8936	2	---	---	---	solid	1
27806	C14H26O2	citral diethyl acetal	7492-66-2	226.359	---	---	513.00	2	21	0.8936	2	---	---	---	---	---
27807	C14H26O2	citronellyl butyrate	---	226.359	250.75	2	513.00	2	21	0.8936	2	---	---	---	liquid	2
27808	C14H26O2	citronellyl isobutyrate	---	226.359	250.75	2	513.00	2	21	0.8936	2	---	---	---	liquid	2
27809	C14H26O2	2,6-dimethyl-2-octen-8-yl butyrate	141-16-2	226.359	250.75	2	513.00	2	21	0.8936	2	---	---	---	liquid	2
27810	C14H26O2	cis-7-dodecenyl acetate	14959-86-5	226.359	250.75	2	513.00	2	21	0.8936	2	---	---	---	liquid	2
27811	C14H26O2	ethyllinalyl acetal	40910-49-4	226.359	---	---	497.85	1	21	0.8936	2	---	---	---	---	---
27812	C14H26O2	grapemone	16974-11-1	226.359	---	---	513.00	2	21	0.8936	2	---	---	---	---	---
27813	C14H26O3	heptanoic anhydride	626-27-7	242.359	260.75	1	542.65	1	20	0.9321	1	15	1.4335	1	liquid	1
27814	C14H26O3	5-methyl-2-isopropylcyclohexyl ethoxyacet	579-94-2	242.359	---	---	542.65	2	20	0.9545	1	---	---	---	---	---
27815	C14H26O4	dibutyl adipate	105-99-7	258.358	240.75	1	572.15	2	20	0.9613	1	20	1.4369	1	liquid	2
27816	C14H26O4	diethyl sebacate	110-40-7	258.358	275.65	1	578.15	1	20	0.9646	1	20	1.4306	1	liquid	1
27817	C14H26O4	diisobutyl adipate	141-04-8	258.358	---	---	566.15	1	19	0.9543	1	20	1.4301	1	---	---
27818	C14H26O4	dimethyl 1,12-dodecanedioate	1731-79-9	258.358	305.05	1	572.15	2	20	0.9605	2	---	---	---	solid	1
27819	C14H26O4	dipentyl succinate	645-69-2	258.358	262.35	1	572.15	2	20	0.9616	1	---	---	---	liquid	2
27820	C14H26O4	1,12-dodecanedicarboxylic acid	821-38-5	258.358	400.15	1	572.15	2	20	0.9605	2	---	---	---	solid	1
27821	C14H26O4S	bis(3-methylbutyl) mercaptosuccinate	68084-03-7	290.424	---	---	418.15	1	25	1.0100	1	---	---	---	---	---
27822	C14H26O4SSn	2,2-dibutyl-1,3-dioxa-2-stanna-7-thiacycloc	4981-24-2	409.134	---	---	---	---	---	---	---	---	---	---	---	---
27823	C14H26O5	cyclohexano-15-crown-5	17454-48-7	274.357	---	---	---	---	25	1.0344	2	---	1.4825	1	---	---
27824	C14H26O6	bis(2-ethoxyethyl) adipate	109-44-4	290.357	---	---	---	---	25	1.0720	2	---	1.4413	1	---	---
27825	C14H27Br	cis-1-bromo-1-tetradecene	66827-02-9	275.272	301.76	2	567.15	1	25	1.0526	2	---	---	---	solid	2
27826	C14H27Br	trans-1-bromo-1-tetradecene	66827-03-0	275.272	301.76	2	567.15	1	25	1.0526	2	---	---	---	solid	2
27827	C14H27BrO2	2-bromoethyl dodecanoate	6309-50-8	307.271	---	---	---	---	25	1.0880	1	25	1.4547	1	---	---
27828	C14H27Br3	1,1,1-tribromotetradecane	62155-25-3	435.080	428.86	2	640.15	1	25	1.4444	2	---	---	---	solid	2
27829	C14H27Cl	cis-1-chloro-1-tetradecene	66827-04-1	230.821	271.88	2	571.15	1	25	0.8730	1	25	1.4500	1	liquid	1
27830	C14H27Cl	trans-1-chloro-1-tetradecene	66827-05-2	230.821	271.88	2	571.15	1	25	0.8730	1	25	1.4500	1	liquid	1
27831	C14H27ClO	tetradecanoyl chloride	112-64-1	246.820	272.15	1	---	---	25	0.9078	1	---	---	---	---	---
27832	C14H27Cl3	1,1,1-trichlorotetradecane	62108-58-1	301.726	339.22	2	601.15	1	25	1.0289	2	---	---	---	solid	2
27833	C14H27F	cis-1-fluoro-1-tetradecene	66827-06-3	214.367	274.11	2	523.15	2	25	0.8350	1	25	1.4470	1	liquid	2
27834	C14H27F	trans-1-fluoro-1-tetradecene	66827-07-4	214.367	274.11	2	523.15	2	25	0.8350	1	25	1.4470	1	liquid	2
27835	C14H27F3	1,1,1-trifluorotetradecane	62126-99-2	252.364	345.91	2	515.15	1	25	0.9301	2	---	---	---	solid	2
27836	C14H27I	cis-1-iodo-1-tetradecene	66827-08-5	322.273	300.02	2	590.15	1	25	1.1926	2	---	---	---	solid	2
27837	C14H27I	trans-1-iodo-1-tetradecene	66827-09-6	322.273	300.02	2	590.15	1	25	1.1926	2	---	---	---	solid	2
27838	C14H27I3	1,1,1-triiodotetradecane	---	576.082	423.64	2	795.91	2	25	1.7600	2	---	---	---	solid	2
27839	C14H27N	tetradecanenitrile	629-63-0	209.375	292.45	1	581.15	1	25	0.8243	1	25	1.4393	1	liquid	1
27840	C14H27N	ethyldicyclohexylamine	7175-49-7	209.375	---	---	581.15	2	25	0.9090	1	---	1.4850	1	---	---

Table 1 Physical Properties - Organic Compounds

				Mol Wt	Freezing Point		Boiling Point		Density			Refractive Index			State	
NO	FORMULA	NAME	CAS No	g/mol	T_F, K	code	T_B, K	code	T, C	g/cm3	code	T, C	n_D	code	@25C,1 atm	code
27841	C14H27NO	N-Decyl-2-pyrrolidone	55257-88-0	225.375	---	---	476.65	1	25	0.8900	1	---	---	---	---	---
27842	C14H27NO	lauroylethyleneimine	48163-10-6	225.375	---	---	476.65	2	25	0.8960	2	---	---	---	---	---
27843	C14H27NO2	N-decanoylmorpholine	5299-65-0	241.374	---	---	445.15	1	25	0.9387	2	---	---	---	---	---
27844	C14H27NO3	(S)-(-)-2-(tert-butoxycarbonylamino)-3-cycl	103322-56-1	257.374	---	---	487.15	1	25	1.1260	1	---	1.4640	1	---	---
27845	C14H27NO3	octyl N,N-diethyloxamate	60254-67-3	257.374	---	---	487.15	2	25	0.9795	2	---	---	---	---	---
27846	C14H27NS	dodecylthioacetonitrile	51956-42-4	241.441	---	---	448.15	1	25	0.9234	2	---	---	---	---	---
27847	C14H28	nonylcyclopentane	2882-98-6	196.376	244.16	1	535.26	1	25	0.8040	1	25	1.4446	1	liquid	1
27848	C14H28	octylcyclohexane	1795-15-9	196.376	253.46	1	536.76	1	25	0.8100	1	25	1.4484	1	liquid	1
27849	C14H28	cyclotetradecane	295-17-0	196.376	328.75	1	544.15	1	24	0.7861	2	---	---	---	solid	1
27850	C14H28	1-tetradecene	1120-36-1	196.376	260.30	1	524.25	1	25	0.7680	1	25	1.4341	1	liquid	1
27851	C14H28	2-tetradecene	638-60-8	196.376	279.65	1	536.15	1	20	0.8000	1	---	---	---	liquid	1
27852	C14H28	2-methyl-1-tridecene	18094-01-4	196.376	251.37	1	523.15	1	25	0.7708	1	25	1.4361	1	liquid	1
27853	C14H28	trans-7-tetradecene	41446-63-3	196.376	263.77	2	523.15	1	25	0.7640	1	---	1.4390	1	liquid	1
27854	C14H28Br2	1,1-dibromotetradecane	62168-31-4	356.184	351.64	2	612.15	1	25	1.2460	2	---	---	---	solid	2
27855	C14H28Br2	1,14-dibromotetradecane	37688-96-3	356.184	323.55	1	612.15	2	25	1.2460	2	---	---	---	solid	1
27856	C14H28Cl2	1,1-dichlorotetradecane	4168-40-5	267.281	291.88	2	588.15	1	25	0.9390	1	25	1.4510	1	liquid	1
27857	C14H28F2	1,1-difluorotetradecane	62127-03-1	234.373	296.34	2	524.15	1	25	0.8800	1	25	1.4100	1	liquid	1
27858	C14H28I2	1,1-diiodotetradecane	66826-79-7	450.185	348.16	2	705.56	2	25	1.4844	2	---	---	---	solid	2
27859	C14H28NO3PS2	piperophos	24151-93-7	353.488	298.15	1	523.15	1	---	---	---	---	---	---	---	---
27860	C14H28N2O4	4,7,13,18-tetraoxa-1,10-diazabicyclo[8.5.5]	31250-06-3	288.388	---	---	---	---	25	1.0970	1	---	1.5060	1	---	---
27861	C14H28N9OP3	fotrin	37132-72-2	431.361	394.15	1	---	---	---	---	---	---	---	---	solid	1
27862	C14H28O	tetradecanal	124-25-4	212.376	298.15	1	556.15	1	25	0.8278	1	25	1.4372	1	---	---
27863	C14H28O	2-tetradecanone	2345-27-9	212.376	306.70	1	551.15	1	24	0.8389	2	---	---	---	solid	1
27864	C14H28O	7-ethyl-2-methyl-4-undecanone	6976-00-7	212.376	311.33	2	525.65	1	20	0.8362	1	20	1.4370	1	solid	2
27865	C14H28O	2-methyl-3-tridecanone	40239-35-8	212.376	320.15	1	540.15	1	20	0.8314	1	---	---	---	solid	1
27866	C14H28O	3-tetradecanone	629-23-2	212.376	307.15	1	512.95	2	24	0.8389	2	---	---	---	solid	1
27867	C14H28O	dodecyl vinyl ether	765-14-0	212.376	---	---	510.00	2	25	0.8170	1	---	1.4380	1	---	---
27868	C14H28O	(R)-(+)-1,2-epoxytetradecane	116619-64-8	212.376	---	---	512.95	2	25	0.8450	1	---	1.4410	1	---	---
27869	C14H28O	1,2-epoxytetradecane	3234-28-4	212.376	---	---	512.95	2	25	0.8450	1	---	1.4410	1	---	---
27870	C14H28O	cis-9-tetradecenol	35153-15-2	212.376	295.00	2	512.95	2	25	0.8700	1	---	1.4570	1	liquid	2
27871	C14H28O	1-methoxy-1-methylcyclododecane	37514-30-0	212.376	---	---	512.95	2	24	0.8389	2	---	---	---	---	---
27872	C14H28O	vinyl-2,6,8-trimethylnonyl ether	10141-19-2	212.376	183.15	1	512.95	2	24	0.8389	2	---	---	---	liquid	2
27873	C14H28O2	tetradecanoic acid	544-63-8	228.375	327.37	1	599.35	1	54	0.8622	1	25	1.4445	1	solid	1
27874	C14H28O2	tridecyl formate	42875-41-2	228.375	305.74	2	577.24	2	26	0.8608	2	---	---	---	solid	2
27875	C14H28O2	dodecyl acetate	112-66-3	228.375	274.25	1	538.15	1	25	0.8593	1	25	1.4300	1	liquid	1
27876	C14H28O2	undecyl propanoate	5458-33-3	228.375	289.37	2	577.94	2	26	0.8608	2	25	1.4290	2	liquid	2
27877	C14H28O2	decyl butanoate	5454-09-1	228.375	289.37	2	553.15	1	25	0.8578	1	25	1.4285	1	liquid	1
27878	C14H28O2	octyl hexanoate	4887-30-3	228.375	245.15	1	548.15	1	20	0.8603	1	15	1.4326	1	liquid	1
27879	C14H28O2	heptyl heptanoate	624-09-9	228.375	240.15	1	550.15	1	20	0.8649	1	20	1.4320	1	liquid	1
27880	C14H28O2	hexyl octanoate	1117-55-1	228.375	242.55	1	550.55	1	20	0.8603	1	25	1.4323	1	liquid	1
27881	C14H28O2	pentyl nonanoate	61531-45-1	228.375	246.15	1	559.87	2	25	0.8506	1	20	1.4318	1	liquid	2
27882	C14H28O2	ethyl laurate	106-33-2	228.375	271.45	1	544.15	1	20	0.8618	1	20	1.4311	1	liquid	1
27883	C14H28O2	methyl tridecanoate	1731-88-0	228.375	279.65	1	559.87	2	26	0.8608	2	20	1.4405	1	liquid	2
27884	C14H28O2	(R)-(+)-glycidyl undecyl ether	122608-92-8	228.375	---	---	559.87	2	25	0.8700	1	---	---	---	---	---
27885	C14H28O2	3,7-dimethyloctanyl butyrate	67874-80-0	228.375	289.37	2	559.87	2	26	0.8608	2	---	---	---	liquid	2
27886	C14H28O2	formaldehyde cyclododecyl methyl acetal	42604-12-6	228.375	---	---	559.87	2	26	0.8608	2	---	---	---	---	---
27887	C14H28O4Pb	dipentyl lead diacetate	18279-20-4	467.574	---	---	---	---	---	---	---	---	---	---	---	---
27888	C14H28O4Sn	dibutyldipropionyloxystannane	3465-73-4	379.084	---	---	---	---	---	---	---	---	---	---	---	---
27889	C14H28O5S	1-S-octyl-b-D-thioglucopyranoside	85618-21-9	308.439	---	---	---	---	25	1.0643	2	---	---	---	---	---
27890	C14H28O6	1-O-n-octyl-b-D-glucopyranoside	29836-26-8	292.373	378.15	1	---	---	25	1.0447	2	---	---	---	solid	1
27891	C14H28P2	(+)-1,2-bis((2R,5R)-2,5-dimethylphosphola	129648-07-3	258.324	---	---	---	---	---	---	---	---	---	---	---	---
27892	C14H28P2	(-)-1,2-bis((2S,5S)-2,5-dimethylphospholar	136779-26-5	258.324	---	---	---	---	---	---	---	---	---	---	---	---
27893	C14H28S	thiacyclopentadecane	295-51-2	228.442	310.43	2	580.15	1	25	0.8728	2	---	---	---	solid	2
27894	C14H28Sn	ethynyltributylstannane	994-89-8	315.086	---	---	---	---	25	1.0850	1	---	1.4760	1	---	---
27895	C14H29Br	1-bromotetradecane	112-71-0	277.288	278.75	1	580.15	1	25	1.0129	1	25	1.4584	1	liquid	1
27896	C14H29Br	1-bromo-12-methyltridecane	111772-90-8	277.288	278.75	2	580.15	2	20	1.0241	1	20	1.4598	1	liquid	2
27897	C14H29Cl	1-chlorotetradecane	2425-54-9	232.837	278.05	1	569.99	1	25	0.8619	1	25	1.4452	1	liquid	1
27898	C14H29ClO2Sn	tributyltin chloroacetate	5847-52-9	383.546	---	---	---	---	---	---	---	---	---	---	---	---
27899	C14H29F	1-fluorotetradecane	73180-09-3	216.383	277.15	1	531.15	1	25	0.8250	1	25	1.4240	1	liquid	1
27900	C14H29HgO5P	(acetato)bis(hexyloxy)phosphinylmercury	63868-94-0	508.945	---	---	---	---	---	---	---	---	---	---	---	---
27901	C14H29I	1-iodotetradecane	19218-94-1	324.289	286.75	1	603.15	1	25	1.1538	1	25	1.4806	1	liquid	1
27902	C14H29IO2Sn	tributyltin iodoacetate	73927-91-0	474.998	---	---	---	---	---	---	---	---	---	---	---	---
27903	C14H29N	N-(2-ethylhexyl)cyclohexanamine	5432-61-1	211.391	---	---	543.15	1	20	0.8473	1	---	---	---	---	---
27904	C14H29N	1-nonylpiperidine	30538-80-8	211.391	---	---	543.15	2	25	0.8313	1	25	1.4538	1	---	---
27905	C14H29NO	tetradecanamide	638-58-4	227.391	377.15	1	453.15	2	25	0.8727	2	---	---	---	solid	1
27906	C14H29NO	N,N-dimethyldodecanamide	3007-53-2	227.391	---	---	453.15	1	25	0.8727	2	---	---	---	---	---
27907	C14H29NO	N-laurylacetamide	3886-80-4	227.391	---	---	453.15	2	25	0.8727	2	---	---	---	---	---
27908	C14H29NO2	1-nitrotetradecane	31241-42-6	243.390	390.65	2	598.15	1	25	0.9144	2	---	---	---	solid	2
27909	C14H29NO6	N-methoxymethylaza-18-crown-6	156731-05-4	307.388	---	---	---	---	25	1.0650	2	---	1.4735	1	---	---
27910	C14H29N3O2	nitrosotridecylurea	71752-68-6	271.404	---	---	---	---	25	0.9882	2	---	---	---	---	---
27911	C14H29NaO4S	tetradecyl sodium sulfate	1191-50-0	316.438	---	---	---	---	---	---	---	---	---	---	---	---
27912	C14H30	tetradecane	629-59-4	198.392	279.01	1	526.73	1	25	0.7580	1	25	1.4269	1	liquid	1
27913	C14H30	2-methyltridecane	1560-96-9	198.392	248.15	1	521.05	1	25	0.7564	1	25	1.4254	1	liquid	1
27914	C14H30	3-methyltridecane	6418-41-3	198.392	235.65	1	521.85	1	25	0.7627	1	25	1.4283	1	liquid	1
27915	C14H30	2,2-dimethyldodecane	49598-54-1	198.392	249.46	2	513.15	1	25	0.7554	1	25	1.4241	1	liquid	1
27916	C14H30	2,3-dimethyldodecane	6117-98-2	198.392	217.04	2	520.15	1	25	0.7719	1	25	1.4335	1	liquid	1
27917	C14H30	2,4-dimethyldodecane	6117-99-3	198.392	217.04	2	507.15	1	25	0.7612	1	25	1.4278	1	liquid	1
27918	C14H30	7-methyltridecane	26730-14-3	198.392	235.95	1	518.35	2	20	0.7634	1	20	1.4291	1	liquid	2
27919	C14H30Hg	diheptylmercury	51622-02-7	398.982	---	---	---	---	---	---	---	---	---	---	---	---
27920	C14H30N2O4	choline succinate (2:1) (ester)	306-40-1	290.404	---	---	---	---	25	1.0149	2	---	---	---	---	---

Table 1 Physical Properties - Organic Compounds

NO	FORMULA	NAME	CAS No	Mol Wt g/mol	Freezing Point T_F, K	code	Boiling Point T_B, K	code	Density T, C	g/cm3	code	Refractive Index T, C	n_D	code	State @25C,1 atm	code
27921	C14H30N2O5	N,N'-bis(methoxymethyl)diaza-15-crown-5	213920-49-1	306.403	---	---	---	---	25	1.0502	2	---	1.4835	1	---	---
27922	C14H30O	1-tetradecanol	112-72-1	214.392	310.65	1	568.80	1	38	0.8236	1	25	1.4454	1	solid	1
27923	C14H30O	2-tetradecanol	4706-81-4	214.392	307.15	1	557.15	1	20	0.8315	1	20	1.4444	1	solid	1
27924	C14H30O	3-tetradecanol	1653-32-3	214.392	304.65	1	552.35	2	53	0.8098	1	45	1.4340	1	solid	1
27925	C14H30O	12-methyl-1-tridecanol	21987-21-3	214.392	283.65	1	552.35	2	20	0.8414	1	20	1.4437	1	liquid	2
27926	C14H30O	2-methyl-3-tridecanol	98930-89-3	214.392	293.15	1	547.15	1	20	0.8390	1	20	1.4460	1	liquid	1
27927	C14H30O	2-methyl-4-tridecanol	36691-77-7	214.392	301.79	2	552.35	2	29	0.8238	2	25	1.4404	1	solid	2
27928	C14H30O	diheptyl ether	629-64-1	214.392	269.27	2	535.15	1	25	0.7972	1	25	1.4255	1	liquid	1
27929	C14H30O	tetradecanol; mixed isomers	27196-00-5	214.392	311.15	1	562.15	1	29	0.8238	2	---	---	---	solid	1
27930	C14H30O2	1,2-tetradecanediol	21129-09-9	230.391	341.15	1	609.15	2	25	0.8648	2	---	---	---	solid	1
27931	C14H30O2	1,3-tetradecanediol	---	230.391	353.68	2	620.15	2	25	0.8648	2	---	---	---	solid	2
27932	C14H30O2	1,4-tetradecanediol	---	230.391	353.68	2	641.15	2	25	0.8648	2	---	---	---	solid	2
27933	C14H30O2	1,14-tetradecanediol	19812-64-7	230.391	357.95	1	628.15	2	25	0.8648	2	---	---	---	solid	1
27934	C14H30O2	1,1-dimethoxydodecane	14620-52-1	230.391	---	---	624.65	2	25	0.8648	2	25	1.4310	1	---	---
27935	C14H30O2	1,12-dimethoxydodecane	73120-52-2	230.391	284.65	1	624.65	2	22	0.8563	1	22	1.4360	1	liquid	2
27936	C14H30O2	ethylene glycol mono-2,6,8-trimethyl-4-nor	10137-98-1	230.391	---	---	624.65	2	25	0.8648	2	---	---	---	---	---
27937	C14H30O2	methyl nonyl acetaldehyde dimethyl acetal	68141-17-3	230.391	---	---	624.65	2	25	0.8648	2	---	---	---	---	---
27938	C14H30O2	2,2,9,9-tetramethyl-1,10-decanediol	35449-36-6	230.391	334.65	1	624.65	2	25	0.8648	2	---	---	---	solid	1
27939	C14H30O2Pb	tributyllead acetate	2587-82-8	437.591	---	---	---	---	---	---	---	---	---	---	---	---
27940	C14H30O2Sn	(acetyloxy)tributylstannane	56-36-0	349.101	357.85	1	---	---	---	---	---	---	---	---	solid	1
27941	C14H30O3S	1-tetradecanesulfonic acid	7314-37-6	278.456	338.15	1	---	---	25	0.9996	1	---	---	---	solid	1
27942	C14H30O3Si	silyl peroxide	5356-88-7	274.475	---	---	---	---	---	---	---	---	---	---	---	---
27943	C14H30O3Sn	(glycoloyloxy)tributylstannane	5847-48-3	365.100	---	---	---	---	---	---	---	---	---	---	---	---
27944	C14H30O4	n-octyl-tioxyethylene	19327-38-9	262.390	---	---	---	---	25	0.9400	1	---	---	---	---	---
27945	C14H30O4	triethyleneglycol dibutylether	---	262.390	---	---	---	---	25	0.9450	2	---	1.4300	1	---	---
27946	C14H30S	1-tetradecanethiol	2079-95-0	230.458	279.26	1	579.36	1	25	0.8420	1	25	1.4595	1	liquid	1
27947	C14H30S	2-tetradecanethiol	62155-04-8	230.458	274.15	1	571.15	1	25	0.8381	1	25	1.4569	1	liquid	1
27948	C14H30S	diheptyl sulfide	629-65-2	230.458	343.15	1	571.15	1	25	0.8430	1	20	1.4606	1	solid	1
27949	C14H30S	methyl tridecyl sulfide	62155-09-3	230.458	276.16	2	569.00	2	25	0.8430	1	25	1.4599	1	liquid	2
27950	C14H30S	ethyl dodecyl sulfide	2851-83-4	230.458	276.16	2	569.00	2	25	0.8430	1	---	---	---	liquid	2
27951	C14H30S	propyl undecyl sulfide	66826-84-4	230.458	276.16	2	569.00	2	25	0.8430	1	---	---	---	liquid	2
27952	C14H30S	butyl decyl sulfide	19313-57-6	230.458	276.16	2	569.00	2	25	0.8430	1	---	---	---	liquid	2
27953	C14H30S2	diheptyl disulfide	10496-16-9	262.524	235.16	1	593.86	1	25	0.9000	1	25	1.4840	1	liquid	1
27954	C14H30Sn	tributyl(vinyl)stannane	7486-35-3	317.102	---	---	---	---	25	1.0850	1	---	1.4780	1	---	---
27955	C14H30Sn2	bis(triethyl tin)acetylene	---	435.812	---	---	433.55	1	---	---	---	---	---	---	---	---
27956	C14H31N	tetradecylamine	2016-42-4	213.407	311.34	1	564.45	1	20	0.8079	1	25	1.4447	1	solid	1
27957	C14H31N	methyltridecylamine	45165-81-9	213.407	274.15	2	550.15	1	24	0.7933	2	---	---	---	liquid	1
27958	C14H31N	ethyldodecylamine	35902-57-9	213.407	274.15	2	549.15	1	24	0.7933	2	---	---	---	liquid	1
27959	C14H31N	diheptylamine	2470-68-0	213.407	274.15	1	545.15	1	25	0.7937	1	25	1.4373	1	liquid	1
27960	C14H31N	dimethyldodecylamine	112-18-5	213.407	252.85	1	544.15	1	25	0.7846	1	25	1.4354	1	liquid	1
27961	C14H31N	diethyldecylamine	6308-94-7	213.407	252.85	2	520.15	1	25	0.7870	1	25	1.4357	1	liquid	1
27962	C14H31NO	dimethyldodecylamine-N-oxide	1643-20-5	229.407	403.65	1	429.35	1	25	0.8510	2	---	---	---	solid	1
27963	C14H31O3P	tetradecyl phosphonic acid	4671-75-4	278.372	---	---	448.95	1	---	---	---	---	---	---	---	---
27964	C14H32NO2P	di-tert-butyl N,N-diisopropylphosphoramidi	137348-86-8	277.388	---	---	---	---	25	0.8790	1	---	1.4440	1	---	---
27965	C14H32N2	N,N'-dibutyl-1,6-hexanediamine	4835-11-4	228.422	---	---	---	---	25	0.8376	2	25	1.4470	1	---	---
27966	C14H32N2O4	N,N,N',N'-tetra(2-hydroxypropyl)ethylenedi	102-60-3	292.420	---	---	---	---	25	1.0300	1	25	1.4780	1	---	---
27967	C14H32N4	1,4,8,11-tetramethyl-1,4,8,11-tetraazacyclo	41203-22-9	256.436	315.15	1	---	---	25	0.9120	2	---	---	---	solid	1
27968	C14H32OSn	tributyltin ethoxide	36253-76-6	335.117	---	---	---	---	25	1.0980	1	---	1.4670	1	---	---
27969	C14H32O3Si	triethoxy(octyl)silane	2943-75-1	276.491	---	---	371.15	1	25	0.8800	1	---	1.4170	1	---	---
27970	C14H32Si	diisopropyloctylsilane	129536-19-2	228.493	---	---	---	---	25	0.7890	1	---	1.4450	1	---	---
27971	C14H34O6Si2	1,2-bis(triethoxysilyl)ethane	16068-37-4	354.590	---	---	392.15	1	25	0.9580	1	---	1.4110	1	---	---
27972	C14H40N6Si2	1,2-(trisdimethylaminosilyl)ethane	20248-45-7	348.684	---	---	---	---	---	---	---	---	---	---	---	---
27973	C14H42O5Si6	tetradecamethylhexasiloxane	107-52-8	458.994	214.15	1	532.90	1	20	0.8910	1	20	1.3948	1	liquid	1
27974	C14H42O7Si7	tetradecamethylcycloheptasiloxane	107-50-6	519.078	247.15	1	---	---	20	0.9703	1	20	1.4040	1	---	---
27975	C15H7Cl2F2N2O2	5,6-dichloro-1-phenoxycarbonyl-2-trifluoro	14255-88-0	356.135	376.15	1	---	---	25	1.5297	2	---	---	---	solid	1
27976	C15H7Cl6HgNO2	N-(phenylmercuri)-1,4,5,6,7,7-hexachlorob	5834-81-1	646.531	---	---	---	---	---	---	---	---	---	---	---	---
27977	C15H7F21O2	3,3,4,4,5,5,6,6,7,7,8,8,9,9,10,10,11,11,12,1	17741-60-5	618.188	323.65	1	---	---	25	1.3200	1	---	---	---	solid	1
27978	C15H7NO3S	1,9-isothiazoleanthrone-2-carboxylic acid	82-63-3	281.292	---	---	---	---	25	1.4381	2	---	---	---	---	---
27979	C15H7NO6	1-nitro-2-carboxyanthraquinone	128-67-6	297.224	---	---	---	---	25	1.5096	2	---	---	---	---	---
27980	C15H8Cl2O2	chlorketone	79482-06-7	291.132	---	---	---	---	25	1.3926	2	---	---	---	---	---
27981	C15H8Cl5N3O	3-(2,4-dichloroanilino)-1-(2,4,6-trichlorophe	3182-02-3	423.511	---	---	---	---	25	1.5816	2	---	---	---	---	---
27982	C15H8FNS	2-fluoro-(1)benzothiopyrano(4,3-b)indole	52831-39-7	253.300	---	---	---	---	25	1.3115	2	---	---	---	---	---
27983	C15H8FNS	4-fluoro-(1)benzothiopyrano(4,3-b)indole	52831-62-6	253.300	---	---	---	---	25	1.3115	2	---	---	---	---	---
27984	C15H8F3NO2	2,2,2-trifluoro-N-(9-oxofluoren-2-yl)acetam	318-22-9	291.230	---	---	---	---	25	1.3963	2	---	---	---	---	---
27985	C15H8F6O	3,3'-bis(trifluoromethyl)benzophenone	1868-00-4	318.219	373.15	1	---	---	25	1.3935	2	---	---	---	solid	1
27986	C15H8F6O	3,4'-bis(trifluoromethyl)benzophenone	21084-22-0	318.219	368.65	1	---	---	25	1.3935	2	---	---	---	solid	1
27987	C15H8O4	9,10-dihydro-9,10-dioxo-2-anthracenecarb	117-78-2	252.226	564.15	1	---	---	25	1.3567	2	---	---	---	solid	1
27988	C15H8O5	coumestrol	479-13-0	268.226	658.15	dec	---	---	25	1.4005	2	---	---	---	solid	1
27989	C15H8O6	rhein	478-43-3	284.225	594.15	1	---	---	25	1.4417	2	---	---	---	solid	1
27990	C15H9BrO2	2-(4-bromophenyl)-1H-indene-1,3(2H)-dior	1146-98-1	301.139	411.15	1	---	---	25	1.5130	2	---	---	---	solid	1
27991	C15H9BrO2	4-bromo-2-phenyl-1,3-indandione	1470-37-7	301.139	---	---	---	---	25	1.5130	2	---	---	---	---	---
27992	C15H9BrO2	uridion	1470-35-5	301.139	---	---	---	---	25	1.5130	2	---	---	---	---	---
27993	C15H9ClO2	2-(4-chlorophenyl)-1H-indene-1,3(2H)-dior	1146-99-2	256.688	418.65	1	---	---	25	1.3071	2	---	---	---	solid	1
27994	C15H9Cl3N4O3	1-(2,4,6-trichlorophenyl)-3-(p-nitroanilino)-	34320-82-6	399.620	---	---	---	---	25	1.5772	2	---	---	---	---	---
27995	C15H9F19O2	3,3,4,4,5,5,6,6,7,7,8,8,9,10,10,10-hexadec	15166-00-4	582.207	---	---	---	---	25	1.6290	1	---	1.3450	1	---	---
27996	C15H9I3O4	3,5,3'-triiodo-4'-acetylthyroformic acid	1160-36-7	633.947	---	---	---	---	25	2.2964	2	---	---	---	---	---
27997	C15H9I3O5	acetyltriiodothyronine formic acid	2260-08-4	649.947	511.15	1	---	---	25	2.3074	2	---	---	---	solid	1
27998	C15H9N	9-cyanophenanthrene	2510-55-6	203.243	384.15	1	---	---	25	1.1803	2	---	---	---	solid	1
27999	C15H9NO2	1,3-dioxo-2-(3-pyridylmethylene)indan	31083-55-3	235.242	---	---	471.15	1	25	1.2824	2	---	---	---	---	---
28000	C15H9NO3	5H-furo(3',2':6,7)(1)benzopyrano(3,4-c)pyr	85878-63-3	251.242	---	---	---	---	25	1.3290	2	---	---	---	---	---

Table 1 Physical Properties - Organic Compounds

				Mol Wt	Freezing Point		Boiling Point		Density			Refractive Index			State	
NO	FORMULA	NAME	CAS No	g/mol	T_F, K	code	T_B, K	code	T, C	g/cm3	code	T, C	n_D	code	@25C,1 atm	code
28001	C15H9NO4	1-amino-9,10-dioxo-9,10-dihydro-2-anthra	82-24-6	267.241	564.15	1	---	---	25	1.3728	2	---	---	---	solid	1
28002	C15H9NO4	2-methyl-1-nitroanthraquinone	129-15-7	267.241	---	---	---	---	25	1.3728	2	---	---	---	---	---
28003	C15H9NS	phenanthro(2,1-d)thiazole	14635-33-7	235.309	---	---	---	---	25	1.2532	2	---	---	---	---	---
28004	C15H9N3O3	3-methoxy-1H-pyrido(3',4':4,5)pyrrolo(3,2-c	126983-60-6	279.256	---	---	---	---	25	1.4136	2	---	---	---	---	---
28005	C15H10	cyclopenta[def]phenanthrene	203-64-5	190.244	387.65	1	626.15	1	25	1.1031	2	---	---	---	solid	1
28006	C15H10BrCl	9-(bromomethyl)-10-chloroanthracene	25855-92-9	305.601	---	---	---	---	25	1.4587	2	---	---	---	---	---
28007	C15H10BrClN4S	lendormin	57801-81-7	393.695	486.15	1	---	---	25	1.6265	2	---	---	---	solid	1
28008	C15H10BrNO2	1-bromo-4-(methylamino)anthraquinone	128-93-8	316.154	468.65	1	---	---	25	1.5215	2	---	---	---	solid	1
28009	C15H10Br2ClNO2S	brotianide	23233-88-7	463.577	454.15	1	---	---	25	1.7803	2	---	---	---	solid	1
28010	C15H10ClFO	2-chloro-4'-fluorochalcone	28081-11-0	260.695	361.15	1	407.15	2	25	1.2707	2	---	---	---	solid	1
28011	C15H10ClFO	4-chloro-4'-fluorochalcone	28081-12-1	260.695	---	---	407.15	1	25	1.2707	2	---	---	---	---	---
28012	C15H10ClF3N2O6S	fomesafen	72178-02-0	438.769	493.15	1	---	---	20	1.2800	1	---	---	---	solid	1
28013	C15H10ClF3O3	2-chloro-4-trifluoromethyl-3'-acetoxydipher	50594-77-9	330.691	---	---	---	---	25	1.4003	2	---	---	---	---	---
28014	C15H10ClI2NO3	4'-chloro-3,5-diiodosalicylanilide acetate	14437-41-3	541.511	488.65	1	---	---	25	2.0218	2	---	---	---	solid	1
28015	C15H10ClN	alpha-(p-chlorophenyl)cinnamonitrile	3695-93-0	239.704	---	---	---	---	25	1.2362	2	---	---	---	---	---
28016	C15H10ClN3	4'-chloro-2,2':6',2''-terpyridine	128143-89-5	267.718	422.15	1	---	---	25	1.3227	2	---	---	---	solid	1
28017	C15H10ClN3O3	cloazepam	1622-61-3	315.716	510.65	1	---	---	25	1.4400	2	---	---	---	solid	1
28018	C15H10Cl2	9-chloro-10-chloromethyl anthracene	19996-03-3	261.149	---	---	---	---	25	1.2625	2	---	---	---	---	---
28019	C15H10Cl2N2O2	7-chloro-5-(o-chlorophenyl)-1,3-dihydro-3-l	846-49-1	321.162	---	---	---	---	25	1.4175	2	---	---	---	---	---
28020	C15H10Cl2N2O2	1-(2,4-dichlorbenzyl)indazole-3-carboxylic	50264-69-2	321.162	480.15	1	---	---	25	1.4175	2	---	---	---	solid	1
28021	C15H10FNO3	3-nitro-4'-fluorochalcone	28081-18-7	271.248	439.65	1	---	---	25	1.3333	2	---	---	---	solid	1
28022	C15H10FNS	6,11-dihydro-2-fluoro(1)benzothiopyrano(4	22298-04-0	255.316	---	---	---	---	25	1.2630	2	---	---	---	---	---
28023	C15H10FNS	6,11-dihydro-4-fluoro(1)benzothiopyrano(4	21243-26-5	255.316	---	---	---	---	25	1.2630	2	---	---	---	---	---
28024	C15H10F3NO	N-fluoren-2-yl-2,2,2-trifluoroacetamide	363-17-7	277.246	---	---	---	---	25	1.3079	2	---	---	---	---	---
28025	C15H10F6	3,3'-methylenebis(a,a,a-trifluorotoluene)	86845-35-4	304.235	314.15	1	---	---	25	1.3127	2	---	---	---	solid	1
28026	C15H10F6O2	4,4'-(hexafluoroisopropylidene)diphenol	1478-61-1	336.234	434.65	1	---	---	25	1.3837	2	---	---	---	solid	1
28027	C15H10NO3	N-6-(3,4-benzocoumarinyl)acetamide	5096-19-5	252.250	---	---	---	---	25	1.3032	2	---	---	---	---	---
28028	C15H10N2	11H-benzo(g)pyrido(4,3-b)indole	318-03-6	218.258	---	---	---	---	25	1.2061	2	---	---	---	---	---
28029	C15H10N2O2	diphenylmethane-4,4'-diisocyanate	101-68-8	250.257	311.20	1	609.00	1	70	1.1970	1	50	1.5906	1	solid	1
28030	C15H10N2O4	2,4-tolylenebis(maleimide)	6422-83-9	282.256	---	---	---	---	25	1.3876	2	---	---	---	---	---
28031	C15H10N2O5	methyl 3-(5-nitro-2-furyl)-5-phenyl-4-isoxaz	17960-21-3	298.255	---	---	---	---	25	1.4268	2	---	---	---	---	---
28032	C15H10N2S2	2,2'-methylenebisbenzothiazole	1945-78-4	282.390	367.15	1	---	---	25	1.3315	2	---	---	---	solid	1
28033	C15H10O	9-anthracenecarboxaldehyde	642-31-9	206.244	377.15	1	---	---	25	1.1582	2	---	---	---	solid	1
28034	C15H10O	dibenzosuberenone	2222-33-5	206.244	361.15	1	---	---	25	1.1582	2	---	---	---	solid	1
28035	C15H10O	diphenylcyclopropenone	886-38-4	206.244	393.15	1	---	---	25	1.2020	1	---	---	---	solid	1
28036	C15H10O2	1-anthracenecarboxylic acid	607-42-1	222.243	524.65	1	633.15	2	25	1.2099	2	---	---	---	solid	1
28037	C15H10O2	2-anthracenecarboxylic acid	613-08-1	222.243	554.15	1	633.15	2	25	1.2099	2	---	---	---	solid	1
28038	C15H10O2	9-anthracenecarboxylic acid	723-62-6	222.243	490.15	dec	633.15	2	25	1.2099	2	---	---	---	solid	1
28039	C15H10O2	2-benzofuranylphenylmethanone	6272-40-8	222.243	364.15	1	633.15	1	25	1.2099	2	---	---	---	solid	1
28040	C15H10O2	2-methyl-9,10-anthracenedione	84-54-8	222.243	450.15	1	633.15	2	25	1.2099	2	---	---	---	solid	1
28041	C15H10O2	9-phenanthrenecarboxylic acid	837-45-6	222.243	530.45	1	633.15	2	25	1.2099	2	---	---	---	solid	1
28042	C15H10O2	2-phenyl-4H-1-benzopyran-4-one	525-82-6	222.243	373.15	1	633.15	2	25	1.2099	2	---	---	---	solid	1
28043	C15H10O2	3-phenyl-4H-1-benzopyran-4-one	574-12-9	222.243	421.15	1	633.15	2	25	1.2099	2	---	---	---	solid	1
28044	C15H10O2	2-phenyl-1H-indene-1,3(2H)-dione	83-12-5	222.243	423.15	1	633.15	2	25	1.2099	2	---	---	---	solid	1
28045	C15H10O2	benzalphthalide	575-61-1	222.243	375.15	1	633.15	2	25	1.2099	2	---	---	---	solid	1
28046	C15H10O3	diphenylpropanetrione	643-75-4	238.243	343.15	1	---	---	25	1.2585	2	---	---	---	solid	1
28047	C15H10O3	3-hydroxyflavone	577-85-5	238.243	443.65	1	---	---	25	1.2585	2	---	---	---	solid	1
28048	C15H10O3	6-hydroxyflavone	6665-83-4	238.243	508.65	1	---	---	25	1.2585	2	---	---	---	solid	1
28049	C15H10O3	7-hydroxyflavone	6665-86-7	238.243	518.15	1	---	---	25	1.2585	2	---	---	---	solid	1
28050	C15H10O3	2-(hydroxymethyl)anthraquinone	17241-59-7	238.243	467.65	1	---	---	25	1.2585	2	---	---	---	solid	1
28051	C15H10O3	1-methoxyanthraquinone	82-39-3	238.243	---	---	---	---	25	1.2585	2	---	---	---	---	---
28052	C15H10O4	daidzein	486-66-8	254.242	596.15	dec	---	---	25	1.3043	2	---	---	---	solid	1
28053	C15H10O4	1,8-dihydroxy-3-methyl-9,10-anthracenedi	481-74-3	254.242	469.15	1	---	---	25	0.9200	1	---	---	---	solid	1
28054	C15H10O4	5,7-dihydroxy-2-phenyl-4H-1-benzopyran-4	480-40-0	254.242	558.65	1	---	---	25	1.3043	2	---	---	---	solid	1
28055	C15H10O5	apigenin	520-36-5	270.241	620.65	1	---	---	25	1.3476	2	---	---	---	solid	1
28056	C15H10O5	4,4'-benzophenonedicarboxylic acid	964-68-1	270.241	638.15	1	---	---	25	1.3476	2	---	---	---	solid	1
28057	C15H10O5	3-benzoyl-1,2-benzenedicarboxylic acid	602-82-4	270.241	413.65	1	---	---	25	1.3476	2	---	---	---	solid	1
28058	C15H10O5	1,8-dihydroxy-3-(hydroxymethyl)-9,10-anth	481-72-1	270.241	496.65	1	---	---	25	1.3476	2	---	---	---	solid	1
28059	C15H10O5	genistein	446-72-0	270.241	574.65	dec	---	---	25	1.3476	2	---	---	---	solid	1
28060	C15H10O5	1,3,8-trihydroxy-6-methyl-9,10-anthracene	518-82-1	270.241	530.15	1	---	---	25	1.3476	2	---	---	---	solid	1
28061	C15H10O5	5,6,7-trihydroxy-2-phenyl-4H-1-benzopyra	491-67-8	270.241	537.65	dec	---	---	25	1.3476	2	---	---	---	solid	1
28062	C15H10O5	funiculosin (pigment)	476-56-2	270.241	---	---	---	---	25	1.3476	2	---	---	---	---	---
28063	C15H10O5	galangin	548-83-4	270.241	487.65	1	---	---	25	1.3476	2	---	---	---	solid	1
28064	C15H10O5	lucidin	478-08-0	270.241	---	---	---	---	25	1.3476	2	---	---	---	---	---
28065	C15H10O6	datiscetin	480-15-9	286.241	550.65	1	---	---	25	1.3885	2	---	---	---	solid	1
28066	C15H10O6	fisetin	528-48-3	286.241	603.15	1	---	---	25	1.3885	2	---	---	---	solid	1
28067	C15H10O6	kaempferol	520-18-3	286.241	550.15	1	---	---	25	1.3885	2	---	---	---	solid	1
28068	C15H10O6	luteolin	491-70-3	286.241	602.65	dec	---	---	25	1.3885	2	---	---	---	solid	1
28069	C15H10O7	morin	480-16-0	302.240	576.65	1	---	---	25	1.4272	2	---	---	---	solid	1
28070	C15H10O7	quercetin	117-39-5	302.240	589.65	1	---	---	25	1.4272	2	---	---	---	solid	1
28071	C15H10O7	robinetin	490-31-3	302.240	600.65	dec	---	---	25	1.4272	2	---	---	---	solid	1
28072	C15H10O8	myricetin	529-44-2	318.240	>573.15	1	---	---	25	1.4639	2	---	---	---	solid	1
28073	C15H11Br	9-bromomethylanthracene	2417-77-8	271.156	419.15	dec	---	---	25	1.3777	2	---	---	---	solid	1
28074	C15H11BrO2	2-bromo-1,3-diphenyl-1,3-propanedione	728-84-7	303.155	---	---	---	---	25	1.4572	2	---	---	---	---	---
28075	C15H11Cl	9-(chloromethyl)anthracene	24463-19-2	226.705	411.65	1	---	---	25	1.1676	2	---	---	---	solid	1
28076	C15H11ClF3NO4	oxyfluorfen	42874-03-3	361.705	357.15	1	631.35	dec	73	1.3500	1	---	---	---	solid	1
28077	C15H11ClNO	N-(7-chloro-2-fluorenyl)acetamide	5096-17-3	256.711	---	---	---	---	25	1.2583	2	---	---	---	---	---
28078	C15H11ClN2O	nordazepam	1088-11-5	270.718	489.65	1	---	---	25	1.2998	2	---	---	---	solid	1
28079	C15H11ClN2O	2-methyl-3-(4-chlorophenyl)-4(3H)-quinazo	1788-93-8	270.718	---	---	---	---	25	1.2998	2	---	---	---	---	---
28080	C15H11ClN2O2	1-p-chlorobenzyl-1H-indazole-3-carboxylic	50264-86-3	286.718	---	---	---	---	25	1.3405	2	---	---	---	---	---

Table 1 Physical Properties - Organic Compounds

				Mol Wt	Freezing Point		Boiling Point		Density			Refractive Index			State	
NO	FORMULA	NAME	CAS No	g/mol	T_F, K	code	T_B, K	code	T, C	g/cm3	code	T, C	n_D	code	@25C,1 atm	code
28081	C15H11ClN2O2	7-chloro-1,3-dihydro-3-hydroxy-5-phenyl-2	604-75-1	286.718	---	---	---	---	25	1.3405	2	---	---	---	---	---
28082	C15H11ClO	2-chloroacetylfluorene	24040-34-4	242.704	---	---	440.65	1	25	1.2149	2	---	---	---	---	---
28083	C15H11ClO	4-chlorostyryl phenyl ketone	956-04-7	242.704	---	---	440.65	2	25	1.2149	2	---	---	---	---	---
28084	C15H11ClO	o-chlorostyryl phenyl ketone	3300-67-2	242.704	---	---	440.65	2	25	1.2149	2	---	---	---	---	---
28085	C15H11ClO2	9-fluorenylmethyl chloroformate	28920-43-6	258.704	335.15	1	---	---	25	1.2596	2	---	---	---	solid	1
28086	C15H11ClO3	chlorflurenol methyl ester	2536-31-4	274.703	425.15	1	---	---	25	1.3019	2	---	---	---	solid	1
28087	C15H11ClO5	pelargonidin chloride	134-04-3	306.702	>623	1	---	---	25	1.3801	2	---	---	---	solid	1
28088	C15H11ClO7	delphinidin	528-53-0	338.701	>623	1	---	---	25	1.4507	2	---	---	---	solid	1
28089	C15H11Cl2F5O2	fenfluthrin	75867-00-4	389.149	---	---	---	---	25	1.4307	2	---	---	---	---	---
28090	C15H11FO	4'-fluorochalcone	399-10-0	226.250	352.65	1	---	---	25	1.1755	2	---	---	---	solid	1
28091	C15H11FO3	(2,3-dihydro-1,4-benzodioxin-6-yl)(4-fluoro	101018-97-7	258.249	---	---	---	---	25	1.2678	2	---	---	---	---	---
28092	C15H11HgNO	phenylmercuric-8-hydroxyquinolinate	14354-56-4	421.849	435.65	dec	---	---	---	---	---	---	---	---	solid	1
28093	C15H11I3NNaO4	3,3',5-triiodo-L-thyronine, sodium salt	55-06-1	672.960	478.15	1	---	---	---	---	---	---	---	---	solid	1
28094	C15H11I3O4	3,3',5-triiodothyropropionic acid	51-26-3	635.963	---	---	---	---	25	2.2309	2	---	---	---	---	---
28095	C15H11I4NO4	L-thyroxine	51-48-9	776.875	508.15	1	---	---	25	2.4440	2	---	---	---	solid	1
28096	C15H11I4NO4	D-thyroxine	51-49-0	776.875	498.15	1	---	---	25	2.4440	2	---	---	---	solid	1
28097	C15H11I4NO4	thyroxine	7488-70-2	776.875	---	---	382.15	1	25	2.4440	2	---	---	---	---	---
28098	C15H11N	2-phenylquinoline	612-96-4	205.259	359.15	1	636.15	1	25	1.1327	2	---	---	---	solid	1
28099	C15H11N	3-phenylquinoline	1666-96-2	205.259	325.15	1	636.15	2	25	1.1327	2	---	---	---	solid	1
28100	C15H11N	4-phenylquinoline	605-03-8	205.259	334.65	1	636.15	2	25	1.1327	2	---	---	---	solid	1
28101	C15H11N	6-phenylquinoline	612-95-3	205.259	383.15	1	636.15	2	20	1.1945	1	---	---	---	solid	1
28102	C15H11N	cis-4-(2-phenylvinyl)benzonitrile	14064-68-7	205.259	317.65	1	636.15	2	25	1.1327	2	---	---	---	solid	1
28103	C15H11N	1-phenylisoquinoline	3297-72-1	205.259	---	---	636.15	2	25	1.1327	2	---	---	---	---	---
28104	C15H11N	a-(phenylmethylene)benzeneacetonitrile	2510-95-4	205.259	359.15	1	636.15	2	25	1.1327	2	---	---	---	solid	1
28105	C15H11NO	2,4-diphenyloxazole	838-41-5	221.259	376.15	1	612.15	1	25	1.1843	2	---	---	---	solid	1
28106	C15H11NO	2,5-diphenyloxazole	92-71-7	221.259	347.15	1	633.15	1	100	1.0940	1	100	1.6231	1	solid	1
28107	C15H11NO	4,5-diphenyloxazole	4675-18-7	221.259	317.15	1	622.65	2	25	1.1843	2	100	1.6283	1	solid	1
28108	C15H11NO	b-oxo-a-phenylbenzenepropanenitrile	5415-07-6	221.259	---	---	622.65	2	25	1.1843	2	---	---	---	---	---
28109	C15H11NOS	4,5-diphenyl-4-oxazoline-2-thione	6670-13-9	253.325	531.15	1	---	---	25	1.2516	2	---	---	---	solid	1
28110	C15H11NO2	1-amino-2-methyl-9,10-anthracenedione	82-28-0	237.258	478.65	1	---	---	25	1.2329	2	---	---	---	solid	1
28111	C15H11NO2	2-benzyl-1H-isoindole-1,3(2H)-dione	2142-01-0	237.258	389.15	1	---	---	18	1.3430	1	---	---	---	solid	1
28112	C15H11NO2	2-acetylaminofluorenone	3096-50-2	237.258	---	---	---	---	25	1.2329	2	---	---	---	---	---
28113	C15H11NO2S	2-phenyl-5-benzothiazoleacetic acid	36774-74-0	269.324	---	---	---	---	25	1.2948	2	---	---	---	---	---
28114	C15H11NO3	4-nitrochalcone	1222-98-6	253.258	432.15	1	---	---	25	1.2787	2	---	---	---	solid	1
28115	C15H11NO3	3-nitrochalcone	614-48-2	253.258	417.15	1	---	---	25	1.2787	2	---	---	---	solid	1
28116	C15H11NO3	1-amino-2-methoxyanthraquinone	10165-33-0	253.258	494.65	1	---	---	25	1.2787	2	---	---	---	solid	1
28117	C15H11NO3	5,5-diphenyl-1-oxazolidin-2,4-dione	4171-11-3	253.258	---	---	---	---	25	1.2787	2	---	---	---	---	---
28118	C15H11NO4	1-amino-2-methoxy-4-oxyanthraquinone	2379-90-0	269.257	---	---	---	---	25	1.3220	2	---	---	---	---	---
28119	C15H11NS	2,4-diphenylthiazole	1826-14-8	237.325	365.65	1	---	---	98	1.1554	1	---	---	---	solid	1
28120	C15H11NS	2-(phenylthio)quinoline	22190-12-1	237.325	321.15	1	---	---	25	1.2061	2	---	---	---	solid	1
28121	C15H11N3	2,2':6',2''-terpyridine	1148-79-4	233.273	361.65	1	---	---	25	1.2296	2	---	---	---	solid	1
28122	C15H11N3	2-phenyl-5H-1,2,4-triazolo(5,1-a)isoindole	---	233.273	---	---	---	---	25	1.2296	2	---	---	---	---	---
28123	C15H11N3O	1-(2-pyridylazo)-2-naphthol, indicator	85-85-8	249.273	412.65	1	493.15	2	25	1.2762	2	---	---	---	solid	1
28124	C15H11N3O	5,6-diphenyl-as-triazin-3-ol	34177-12-3	249.273	---	---	493.15	dec	25	1.2762	2	---	---	---	---	---
28125	C15H11N3O3	1,3-dihydro-7-nitro-5-phenyl-2H-1,4-benzo	146-22-5	281.272	498.15	1	---	---	25	1.3617	2	---	---	---	solid	1
28126	C15H11N3O7	(R)-(-)-N-(3,5-dinitrobenzoyl)-a-phenylglyc	74927-72-3	345.269	489.65	1	---	---	25	1.5076	2	---	---	---	solid	1
28127	C15H11O6	cyanidol	528-58-5	287.249	---	---	---	---	25	1.3636	2	---	---	---	---	---
28128	C15H11O7	3,3',4',5,5',7-hexahydroxyflavylium	13270-61-6	303.248	---	---	---	---	25	1.4021	2	---	---	---	---	---
28129	C15H12	1-methylanthracene	610-48-0	192.260	358.65	1	631.18	2	99	1.0471	1	99	1.6802	1	solid	1
28130	C15H12	2-methylanthracene	613-12-7	192.260	482.15	1	631.18	2	99	1	2	---	---	---	solid	1
28131	C15H12	9-methylanthracene	779-02-2	192.260	354.65	1	631.18	2	99	1.0650	1	99	1.6959	1	solid	1
28132	C15H12	1-methylphenanthrene	832-69-9	192.260	396.15	1	627.15	1	99	1.0561	2	---	---	---	solid	1
28133	C15H12	3-methylphenanthrene	832-71-3	192.260	338.15	1	623.15	1	99	1.0561	2	---	---	---	solid	1
28134	C15H12	4-methylphenanthrene	832-64-4	192.260	326.65	1	625.00	2	99	1.0561	2	---	---	---	solid	1
28135	C15H12	2-methylphenanthrene	2531-84-2	192.260	330.10	1	625.00	2	99	1.0561	2	---	---	---	solid	1
28136	C15H12Br4O2	3,3',5,5'-tetrabromobisphenol a	79-94-7	543.875	453.65	1	589.15	1	25	1.9988	2	---	---	---	solid	1
28137	C15H12ClNO2	carprofen	53716-49-7	273.719	470.65	1	---	---	25	1.2782	2	---	---	---	solid	1
28138	C15H12ClN3	5-(o-chlorophenyl)-3-(o-tolyl)-S-triazole	69095-74-5	269.734	---	---	---	---	25	1.2759	2	---	---	---	---	---
28139	C15H12Cl2N2	4-amino-2-chloro-a-(4-chlorophenyl)-5-met	61437-85-2	291.179	423.65	1	---	---	25	1.2979	2	---	---	---	solid	1
28140	C15H12Cl4O2	4,4'-isopropylidenebis(2,6-dichlorophenol)	79-95-8	366.069	408.15	1	392.95	1	25	1.4000	2	---	---	---	solid	1
28141	C15H12FNO	7-fluoro-2-acetamido-fluorene	343-89-5	241.265	---	---	408.65	2	25	1.1990	2	---	---	---	---	---
28142	C15H12FNO	1-fluoro-2-acetylaminofluorene	2824-10-4	241.265	---	---	408.65	2	25	1.1990	2	---	---	---	---	---
28143	C15H12FNO	3-fluoro-2-acetylaminofluorene	2823-93-0	241.265	---	---	408.65	2	25	1.1990	2	---	---	---	---	---
28144	C15H12FNO	4-fluoro-2-acetylaminofluorene	2823-91-8	241.265	---	---	408.65	2	25	1.1990	2	---	---	---	---	---
28145	C15H12FNO	5-fluoro-2-acetylaminofluorene	2823-90-7	241.265	---	---	408.65	2	25	1.1990	2	---	---	---	---	---
28146	C15H12FNO	6-fluoro-2-acetylaminofluorene	2823-94-1	241.265	---	---	408.65	1	25	1.1990	2	---	---	---	---	---
28147	C15H12FNO	8-fluoro-2-acetylaminofluorene	2823-95-2	241.265	---	---	408.65	2	25	1.1990	2	---	---	---	---	---
28148	C15H12FNO2	7-fluoro-2-N-(fluorenyl)acethydroxamic aci	2508-18-1	257.265	---	---	479.15	1	25	1.2438	2	---	---	---	---	---
28149	C15H12F6N2	4,4'-(hexafluoroisopropylidene)dianiline	1095-78-9	334.265	470.15	1	---	---	25	1.3410	2	---	---	---	solid	1
28150	C15H12INO	N-(3-iodo-2-fluorenyl)acetamide	14722-22-6	349.171	---	---	496.15	1	25	1.5880	2	---	---	---	---	---
28151	C15H12I2O3	4-hydroxy-3,5-diiodo-alpha-phenylbenzene	577-91-3	494.067	437.15	1	---	---	25	1.9344	2	---	---	---	solid	1
28152	C15H12I3NO4	liothyronine	6893-02-3	650.978	509.65	dec	505.15	1	25	2.2155	2	---	---	---	solid	1
28153	C15H12N2	1,3-diphenyl-1H-pyrazole	4492-01-7	220.274	358.95	1	558.40	2	101	1.0794	1	---	---	---	solid	1
28154	C15H12N2	1,5-diphenyl-1H-pyrazole	6831-89-6	220.274	328.65	1	611.15	1	100	1.0696	1	---	---	---	solid	1
28155	C15H12N2	4,5-diphenylimidazole	668-94-0	220.274	504.15	1	558.40	2	101	1.0745	2	---	---	---	solid	1
28156	C15H12N2	N-(diphenylmethylene)aminoacetonitrile	70591-20-7	220.274	357.65	1	558.40	2	101	1.0745	2	---	---	---	solid	1
28157	C15H12N2	3,5-diphenylpyrazole	1145-01-3	220.274	474.65	1	558.40	2	101	1.0745	2	---	---	---	solid	1
28158	C15H12N2	2-cyano-4-stilbenamine	41427-34-3	220.274	---	---	505.65	1	101	1.0745	2	---	---	---	---	---
28159	C15H12N2O	5H-dibenz[b,f]azepine-5-carboxamide	298-46-4	236.274	463.35	1	558.25	2	25	1.2080	2	---	---	---	solid	1
28160	C15H12N2O	1-benzyl-2(1H)-cycloheptimidazolone	363-13-3	236.274	454.15	1	558.25	1	25	1.2080	2	---	---	---	solid	1

Table 1 Physical Properties - Organic Compounds

				Mol Wt	Freezing Point		Boiling Point		Density			Refractive Index			State	
NO	FORMULA	NAME	CAS No	g/mol	T_F, K	code	T_B, K	code	T, C	g/cm3	code	T, C	n_D	code	@25C,1 atm	code
28161	C15H12N2O	1,3-diphenyl-5-pyrazolone	4845-49-2	236.274	---	---	558.25	2	25	1.2080	2	---	---	---	---	---
28162	C15H12N2OS	5,5-diphenyl-2-thiohydantoin	21083-47-6	268.340	---	---	477.15	1	25	1.2709	2	---	---	---	---	---
28163	C15H12N2O2	1,4-diphenyl-3,5-pyrazolidinedione	3426-01-5	252.273	506.65	1	554.15	2	25	1.2538	2	---	---	---	solid	1
28164	C15H12N2O2	phenytoin	57-41-0	252.273	559.15	1	---	---	25	1.2538	2	---	---	---	solid	1
28165	C15H12N2O2	4-amino-1-methylaminoanthraquinone	1220-94-6	252.273	---	---	554.15	1	25	1.2538	2	---	---	---	---	---
28166	C15H12N2O2	N-9H-fluoren-2-yl-N-nitrosoacetamide	114119-92-5	252.273	---	---	554.15	2	25	1.2538	2	---	---	---	---	---
28167	C15H12N2O3	hydrofuramide	494-47-3	268.272	390.15	1	---	---	25	1.2972	2	---	---	---	solid	1
28168	C15H12N2O3	1,4-diamino-2-methoxyanthraquinone	2872-48-2	268.272	---	---	---	---	25	1.2972	2	---	---	---	---	---
28169	C15H12N2O3S	p-(3-phenyl-1-pyrazolyl)benzenesulfonic a	78109-90-7	300.338	---	---	---	---	25	1.3506	2	---	---	---	---	---
28170	C15H12N2S	4,5-diphenyl-2-imidazolethiol	2349-58-8	252.340	>573.15	1	---	---	25	1.2277	2	---	---	---	solid	1
28171	C15H12N3Sb	(tri-2-pyridyl)stibine	64011-26-3	356.041	---	---	---	---	---	---	---	---	---	---	---	---
28172	C15H12N6O4	rhizopterin	119-20-0	340.300	>573	1	---	---	25	1.4833	2	---	---	---	solid	1
28173	C15H12O	10,11-dihydro-5H-dibenzo[a,d]cyclohepten	1210-35-1	208.260	303.15	1	618.48	2	20	1.1635	1	20	1.6324	1	solid	1
28174	C15H12O	5,11-dihydro-10H-dibenzo[a,d]cyclohepten	6374-70-5	208.260	303.15	1	618.48	2	20	1.1635	1	20	1.6324	1	solid	1
28175	C15H12O	2,3-dihydro-2-phenyl-1H-inden-1-one	16619-12-8	208.260	350.65	1	617.15	1	41	1.1174	2	---	---	---	solid	1
28176	C15H12O	1,3-diphenyl-2-propen-1-one	94-41-7	208.260	332.15	1	619.15	dec	62	1.0712	1	---	---	---	solid	1
28177	C15H12O	trans-1,3-diphenyl-2-propen-1-one	614-47-1	208.260	332.15	1	619.15	dec	62	1.0712	1	---	---	---	solid	1
28178	C15H12O	2-acetylfluorene	781-73-7	208.260	403.15	1	618.48	2	41	1.1174	2	---	---	---	solid	1
28179	C15H12O	9-anthracenemethanol	1468-95-7	208.260	435.15	1	618.48	2	41	1.1174	2	---	---	---	solid	1
28180	C15H12O	1,1-diphenyl-2-propyn-1-ol	3923-52-2	208.260	321.15	1	618.48	2	41	1.1174	2	---	---	---	solid	1
28181	C15H12O	3-phenyl-1-indanone	16618-72-7	208.260	349.65	1	618.48	2	41	1.1174	2	---	---	---	solid	1
28182	C15H12O	5,7-dihydro-6H-dibenzo(a,c)cyclohepten-6-	1139-82-8	208.260	---	---	618.48	2	41	1.1174	2	---	---	---	---	---
28183	C15H12O	a-(phenylmethylene)benzeneacetaldehyde	13702-35-7	208.260	---	---	618.48	2	41	1.1174	2	---	---	---	---	---
28184	C15H12O	bicyclo(4.2.0)octa-1,3,5-trien-7-yl phenyl k	6809-94-5	208.260	---	---	618.48	2	41	1.1174	2	---	---	---	---	---
28185	C15H12O2	1,3-diphenyl-1,3-propanedione	120-46-7	224.259	343.65	1	---	---	25	1.1637	2	---	---	---	solid	1
28186	C15H12O2	3-hydroxy-1,3-diphenyl-2-propen-1-one	1704-15-0	224.259	352.95	1	---	---	25	1.1637	2	---	---	---	solid	1
28187	C15H12O2	phenyl trans-cinnamate	25695-77-6	224.259	347.45	1	---	---	100	1.0650	1	---	---	---	solid	1
28188	C15H12O2	alpha-(phenylmethylene)benezeneacetic a	3368-16-9	224.259	445.65	1	---	---	25	1.1637	2	---	---	---	solid	1
28189	C15H12O2	flavanone	487-26-3	224.259	349.65	1	---	---	25	1.1637	2	---	---	---	solid	1
28190	C15H12O2	9H-fluorene-9-acetic acid	6284-80-6	224.259	405.15	1	---	---	25	1.1637	2	---	---	---	solid	1
28191	C15H12O2	a-phenylcinnamic acid	91-48-5	224.259	446.15	1	---	---	25	1.1637	2	---	---	---	solid	1
28192	C15H12O2	3,3-diphenyl-2-oxetanone	16230-71-0	224.259	---	---	---	---	25	1.1637	2	---	---	---	---	---
28193	C15H12O3	methyl 2-benzoylbenzoate	606-28-0	240.258	325.15	1	624.15	1	19	1.1903	1	20	1.5910	1	solid	1
28194	C15H12O3	2-(4-methylbenzoyl)benzoic acid	85-55-2	240.258	419.15	1	551.15	2	25	1.2115	2	---	---	---	solid	1
28195	C15H12O3	2-acetyl-7-methoxynaphtho(2,1-b)furan	77523-56-9	240.258	---	---	551.15	2	25	1.2115	2	---	---	---	---	---
28196	C15H12O3	o-benzoyl phenylacetic acid	23107-96-2	240.258	---	---	551.15	2	25	1.2115	2	---	---	---	---	---
28197	C15H12O3	chrysarobin	491-59-8	240.258	---	---	478.15	1	25	1.2115	2	---	---	---	---	---
28198	C15H12O4	2-(4-methoxybenzoyl)benzoic acid	1151-15-1	256.258	419.15	1	498.15	2	25	1.2566	2	---	---	---	solid	1
28199	C15H12O4	methylene glycol dibenzoate	5342-31-4	256.258	372.15	1	498.15	dec	22	1.2750	1	---	---	---	solid	1
28200	C15H12O4	phenyl 2-(acetyloxy)benzoate	134-55-4	256.258	369.15	1	498.15	2	25	1.2566	2	---	---	---	solid	1
28201	C15H12O4	mono(phenylmethyl) 1,2-benzenedicarbox	2528-16-7	256.258	---	---	498.15	2	25	1.2566	2	---	---	---	---	---
28202	C15H12O4	3-oxo-3H-naphtho(2,1-b)pyran-2-carboxyli	734-88-3	256.258	---	---	498.15	2	25	1.2566	2	---	---	---	---	---
28203	C15H12O5	naringenin	480-41-1	272.257	524.15	1	---	---	25	1.2992	2	---	---	---	solid	1
28204	C15H12O5	alternariol-9-methyl ether	23452-05-3	272.257	---	---	---	---	25	1.2992	2	---	---	---	---	---
28205	C15H12O5	o-(2-hydroxy-4-methoxybenzoyl)benzoic a	4756-45-0	272.257	---	---	---	---	25	1.2992	2	---	---	---	---	---
28206	C15H12O6	eriodictyol	552-58-9	288.257	540.15	dec	---	---	25	1.3397	2	---	---	---	solid	1
28207	C15H12O6	5,5'-methylenedisalicylic acid	122-25-8	288.257	516.65	1	---	---	25	1.3397	2	---	---	---	solid	1
28208	C15H12O7	2,3-dihydroquercetin	480-18-2	304.256	---	---	---	---	25	1.3781	2	---	---	---	---	---
28209	C15H12O8	2,3,3',4,4'5,7-heptahydroxyflavan	64296-43-1	320.255	---	---	---	---	25	1.4146	2	---	---	---	---	---
28210	C15H13ClN2	chlormidazole	3689-76-7	256.735	340.65	1	514.15	1	25	1.2129	2	---	---	---	solid	1
28211	C15H13ClN2O5	gallocyanine	1562-85-2	336.732	---	---	---	---	25	1.4045	2	---	---	---	---	---
28212	C15H13ClO4	2-(4-(4-chlorophenoxy)phenoxy)propionic	26129-32-8	292.718	---	---	475.95	1	25	1.2973	2	---	---	---	---	---
28213	C15H13Cl2N5	robenidine	25875-51-8	334.208	562.65	1	---	---	25	1.3833	2	---	---	---	solid	1
28214	C15H13Cl2NO2	1,1-bis(p-chlorophenyl)-2-nitropropane	117-27-1	310.179	355.15	1	---	---	25	1.3152	2	---	---	---	solid	1
28215	C15H13FO2	3-fluoro-4-phenylhydratropic acid	5104-49-4	244.266	---	---	---	---	25	1.1795	2	---	---	---	---	---
28216	C15H13N	1-benzyl-1H-indole	3377-71-7	207.275	318.95	1	---	---	25	1.0896	2	---	---	---	solid	1
28217	C15H13N	3-methyl-2-phenyl-1H-indole	10257-92-8	207.275	364.65	1	---	---	25	1.0896	2	---	---	---	solid	1
28218	C15H13N	2,2-diphenylpropionitrile	5558-67-8	207.275	---	---	---	---	25	1.1090	1	---	1.5720	1	---	---
28219	C15H13N	1-methyl-2-phenylindole	3558-24-5	207.275	372.15	1	---	---	25	1.0896	2	---	---	---	solid	1
28220	C15H13NO	2-(acetylamino)fluorene	53-96-3	223.275	466.15	1	---	---	25	1.1401	2	---	---	---	solid	1
28221	C15H13NO	4-benzyloxyindole	---	223.275	330.15	1	---	---	25	1.1401	2	---	---	---	solid	1
28222	C15H13NO	5-benzyloxyindole	1215-59-4	223.275	372.15	1	---	---	25	1.1401	2	---	---	---	solid	1
28223	C15H13NO	N-ethyl-3-carbazolecarboxaldehyde	7570-45-8	223.275	361.15	1	---	---	25	1.1401	2	---	---	---	solid	1
28224	C15H13NO	5,6,11,12-tetrahydrodibenz[b,f]azocin-6-on	6047-29-6	223.275	520.15	1	---	---	25	1.1401	2	---	---	---	solid	1
28225	C15H13NO	4-acetylaminofluorene	28322-02-3	223.275	---	---	---	---	25	1.1401	2	---	---	---	---	---
28226	C15H13NO	dibenzosuberone oxime	1785-74-6	223.275	---	---	---	---	25	1.1401	2	---	---	---	---	---
28227	C15H13NO	N-fluoren-1-yl acetamide	28314-03-6	223.275	---	---	---	---	25	1.1401	2	---	---	---	---	---
28228	C15H13NO	3-fluorenyl acetamide	6292-55-3	223.275	---	---	---	---	25	1.1401	2	---	---	---	---	---
28229	C15H13NO2	2-benzoylacetanilide	85-99-4	239.274	380.15	1	558.90	2	25	1.1877	2	---	---	---	solid	1
28230	C15H13NO2	2-acetylamino-9-fluorenol	57229-41-1	239.274	---	---	567.15	1	25	1.1877	2	---	---	---	---	---
28231	C15H13NO2	1-fluorenyl acethydroxamic acid	22251-01-0	239.274	352.15	1	558.90	2	25	1.1877	2	---	---	---	solid	1
28232	C15H13NO2	3-fluorenyl acethydroxamic acid	22225-32-7	239.274	406.15	1	558.90	2	25	1.1877	2	---	---	---	solid	1
28233	C15H13NO2	1-hydroxy-2-acetamidofluorene	2784-86-3	239.274	---	---	558.90	2	25	1.1877	2	---	---	---	---	---
28234	C15H13NO2	7-hydroxy-2-acetaminofluorene	363-49-5	239.274	---	---	558.90	2	25	1.1877	2	---	---	---	---	---
28235	C15H13NO2	3-hydroxy-N-acetyl-2-aminofluorene	1838-56-8	239.274	---	---	550.65	1	25	1.1877	2	---	---	---	---	---
28236	C15H13NO2	N-hydroxy-N-acetyl-2-aminofluorene	53-95-2	239.274	---	---	558.90	2	25	1.1877	2	---	---	---	---	---
28237	C15H13NO2	5-hydroxy-N-2-fluorenylacetamine	1147-55-3	239.274	---	---	558.90	2	25	1.1877	2	---	---	---	---	---
28238	C15H13NO2S	10-methyl-10H-phenothiazine-2-acetic aci	13993-65-2	271.340	417.15	1	---	---	25	1.2503	2	---	---	---	solid	1
28239	C15H13NO3	2-amino-3-benzoylphenylacetic acid	51579-82-9	255.273	395.15	dec	---	---	25	1.2328	2	---	---	---	solid	1
28240	C15H13NO3	N-(7-hydroxyfluoren-2-yl)acetohydroxamic	14461-87-1	255.273	---	---	---	---	25	1.2328	2	---	---	---	---	---

Table 1 Physical Properties - Organic Compounds

				Mol Wt	Freezing Point		Boiling Point		Density			Refractive Index			State	
NO	FORMULA	NAME	CAS No	g/mol	T_F, K	code	T_B, K	code	T, C	g/cm3	code	T, C	n_D	code	@25C,1 atm	code
28241	C15H13NO3	pranoprofen	52549-17-4	255.273	455.65	1	---	---	25	1.2328	2	---	---	---	solid	1
28242	C15H13NO4	3-(2-(1,3-dioxo-2-methylindanyl))glutarimid	76059-11-5	271.273	---	---	---	---	25	1.2754	2	---	---	---	---	---
28243	C15H13NO5S	N-fluoren-2-yl acetohydroxamic acid sulfat	16808-85-8	319.338	---	---	---	---	25	1.3655	2	---	---	---	---	---
28244	C15H13N3	5-phenyl-3-(o-tolyl)-S-triazole	60510-57-8	235.289	---	---	---	---	25	1.1840	2	---	---	---	---	---
28245	C15H13N3O	7-amino-1,3-dihydro-5-phenyl-2H-1,4-benz	4928-02-3	251.289	---	---	501.15	2	25	1.2298	2	---	---	---	---	---
28246	C15H13N3O	1-(2-isoquinolyl)-5-methyl-4-pyrazolyl meth	21621-78-3	251.289	---	---	501.15	1	25	1.2298	2	---	---	---	---	---
28247	C15H13N3O	methyl 5-methyl-1-(2-quinolyl)-4-pyrazolyl	21621-75-0	251.289	---	---	501.15	2	25	1.2298	2	---	---	---	---	---
28248	C15H13N3O2S	fenbendazole	43210-67-9	299.354	506.15	dec	---	---	25	1.3274	2	---	---	---	solid	1
28249	C15H13N3O3S	oxfendazole	53716-50-0	315.353	526.15	dec	---	---	25	1.3644	2	---	---	---	solid	1
28250	C15H14	1,1-diphenyl-1-propene	778-66-5	194.276	322.15	1	562.15	1	20	1.0250	1	20	1.5880	1	solid	1
28251	C15H14	1,2-diphenyl-1-propene	779-51-1	194.276	355.15	1	558.65	1	17	0.9857	1	17	1.5635	1	solid	1
28252	C15H14	1,3-diphenyl-1-propene	5209-18-7	194.276	289.15	1	575.15	1	20	1.0120	1	---	---	---	liquid	1
28253	C15H14	2,3-diphenyl-1-propene	948-97-0	194.276	321.15	1	562.15	1	20	1.1014	1	20	1.5903	1	solid	1
28254	C15H14	2,3-dihydro-2-phenyl-1H-indene	22253-11-8	194.276	---	---	523.65	2	16	1.0821	1	15	1.5955	1	---	---
28255	C15H14	dibenzosuberane	833-48-7	194.276	347.15	1	435.65	1	19	1.0412	2	---	---	---	solid	1
28256	C15H14	trans-a-methylstilbene	833-81-8	194.276	355.15	1	558.65	1	19	1.0412	2	---	---	---	solid	1
28257	C15H14	trans-1,2-diphenylcyclopropane	1138-47-2	194.276	---	---	523.65	2	19	1.0412	2	---	---	---	---	---
28258	C15H14	cis-1,2-diphenylcyclopropane	1138-48-3	194.276	---	---	523.65	2	19	1.0412	2	---	---	---	---	---
28259	C15H14	1,2-diphenylcyclopropane	29881-14-9	194.276	---	---	413.15	1	19	1.0412	2	---	---	---	---	---
28260	C15H14	9-ethylfluorene	2294-82-8	194.276	---	---	523.65	2	19	1.0412	2	---	---	---	---	---
28261	C15H14	1,9-dimethylfluorene	17057-98-6	194.276	---	---	523.65	2	19	1.0412	2	---	---	---	---	---
28262	C15H14AsCl3O4	3-(2,4-dichlorophenoxy)-2-hydroxypropyl-c	73791-41-0	439.553	---	---	---	---	---	---	---	---	---	---	---	---
28263	C15H14ClNO3S	1-chloro-4-(4-nitrophenoxy)-2-(propylthio)b	49828-25-3	323.800	---	---	---	---	25	1.3252	2	---	---	---	---	---
28264	C15H14ClN3O4S	panoral	53994-73-3	367.813	---	---	---	---	25	1.4232	2	---	---	---	---	---
28265	C15H14ClN3O4S3	benzothiazide	91-33-8	431.945	---	---	---	---	25	1.4917	2	---	---	---	---	---
28266	C15H14Cl2F3N3O2	cis-furconazole	112839-32-4	396.196	---	---	---	---	25	1.4226	2	---	---	---	---	---
28267	C15H14Cl2F3N3O3	carfentrazone-ethyl	128639-02-1	412.196	251.15	1	625.65	1	25	1.4508	2	---	---	---	liquid	1
28268	C15H14Cl2O	proclonol	14088-71-2	281.181	333.15	1	---	---	25	1.2199	2	---	---	---	solid	1
28269	C15H14F3N3	N,N-dimethyl-4-[[3-(trifluoromethyl)phenyl]a	328-96-1	293.293	353.15	1	---	---	25	1.2594	2	---	---	---	solid	1
28270	C15H14F3N3	3'-trifluoromethyl-4-dimethylaminoazobenz	---	293.293	---	---	---	---	25	1.2594	2	---	---	---	---	---
28271	C15H14F3N3O4S2	benzylhydroflumethiazide	73-48-3	421.422	501.15	1	---	---	25	1.4711	2	---	---	---	solid	1
28272	C15H14NO2PS	cyanofenphos	13067-93-1	303.322	356.15	1	---	---	---	---	---	---	---	---	solid	1
28273	C15H14N2	di(p-tolyl)carbodiimide	726-42-1	222.290	331.65	1	---	---	20	1.1500	1	---	---	---	solid	1
28274	C15H14N2O	5,5-diphenyl-4-imidazolidinone	3254-93-1	238.290	456.15	1	---	---	25	1.1647	2	---	---	---	solid	1
28275	C15H14N2O	2-amino-N-fluoren-2-ylacetamide	63019-67-0	238.290	---	---	---	---	25	1.1647	2	---	---	---	---	---
28276	C15H14N2OS2	2-(4-methoxyphenyl)-4,4-bis(methylthio)-1,	---	302.422	423.65	1	---	---	25	1.2829	2	---	---	---	solid	1
28277	C15H14N2O2	5-methoxy-a-(3-pyridyl)-3-indolemethanol	55042-51-8	254.289	---	---	---	---	25	1.2097	2	---	---	---	---	---
28278	C15H14N3NaO2	4-(4-dimethylaminophenylazo)benzoic acic	845-46-5	291.286	---	---	---	---	---	---	---	---	---	---	---	---
28279	C15H14N4O	p-N-cyclo-ethyleneureidoazobenzene	64058-30-6	266.304	---	---	---	---	25	1.2497	2	---	---	---	---	---
28280	C15H14N4O2S	sulfaphenazole	526-08-9	314.369	---	---	---	---	25	1.3419	2	---	---	---	---	---
28281	C15H14N4O4S	4-(2,3-dihydroxypropylamino)-2-(5-nitro-2-t	33372-40-6	346.368	---	---	---	---	25	1.4109	2	---	---	---	---	---
28282	C15H14N4S	4-N,N-dimethylaminoazobenzene-4'-isothic	7612-98-8	282.370	442.15	1	---	---	25	1.2660	2	---	---	---	solid	1
28283	C15H14N4S	6-((p-(dimethylamino)phenyl)azo)benzothia	18463-85-9	282.370	---	---	---	---	25	1.2660	2	---	---	---	---	---
28284	C15H14N4S	7-((p-(dimethylamino)phenyl)azo)benzothia	18559-92-7	282.370	---	---	---	---	25	1.2660	2	---	---	---	---	---
28285	C15H14O	3,4-dihydro-2-phenyl-2H-1-benzopyran	494-12-2	210.276	319.45	1	605.15	1	21	1.1133	2	---	---	---	solid	1
28286	C15H14O	4,4'-dimethylbenzophenone	611-97-2	210.276	369.65	1	607.15	1	21	1.1133	2	---	---	---	solid	1
28287	C15H14O	(2,4-dimethylphenyl)phenylmethanone	1140-14-3	210.276	---	---	594.65	1	20	1.0710	1	---	---	---	---	---
28288	C15H14O	(3,4-dimethylphenyl)phenylmethanone	2571-39-3	210.276	320.65	1	614.15	1	21	1.1133	2	---	---	---	solid	1
28289	C15H14O	1,1-diphenyl-2-propanone	781-35-1	210.276	319.15	1	580.15	1	21	1.1133	2	16	1.5361	1	solid	1
28290	C15H14O	1,3-diphenyl-2-propanone	102-04-5	210.276	308.15	1	604.15	1	25	1.1950	1	---	---	---	solid	1
28291	C15H14O	(2-methylphenyl)(4-methylphenyl)methanol	1140-16-5	210.276	---	---	590.15	1	19	1.0740	1	---	---	---	---	---
28292	C15H14O	trans-1-methoxy-4-(2-phenylvinyl)benzene	1694-19-5	210.276	409.65	1	599.36	2	21	1.1133	2	---	---	---	solid	1
28293	C15H14O	dibenzosuberol	1210-34-0	210.276	365.65	1	599.36	2	21	1.1133	2	---	---	---	solid	1
28294	C15H14O	3,4'-dimethylbenzophenone	13152-94-8	210.276	345.15	1	599.36	2	21	1.1133	2	---	---	---	solid	1
28295	C15H14O	9,9-dimethylxanthene	19814-75-6	210.276	309.65	1	599.36	2	21	1.1133	2	---	---	---	solid	1
28296	C15H14O	4-ethylbenzophenone	18220-90-1	210.276	---	---	599.36	2	21	1.1133	2	---	---	---	---	---
28297	C15H14O	4-methoxystilbene	1142-15-0	210.276	409.65	1	599.36	2	21	1.1133	2	---	---	---	solid	1
28298	C15H14O	4-biphenylyl ethylketone	37940-57-1	210.276	---	---	599.36	2	21	1.1133	2	---	---	---	---	---
28299	C15H14O	phenyl xylyl ketone	1322-78-7	210.276	---	---	599.36	2	21	1.1133	2	---	---	---	---	---
28300	C15H14O2	2-methoxy-1,2-diphenylethanone	3524-62-7	226.275	322.65	1	571.40	2	14	1.1278	1	---	---	---	solid	1
28301	C15H14O2	alpha-methyl-alpha-phenylbenzeneacetic a	5558-66-7	226.275	449.15	1	571.40	2	55	1.1387	2	---	---	---	solid	1
28302	C15H14O2	alpha-phenylbenzenepropanoic acid, (±)	94942-89-9	226.275	361.15	a	610.65	1	96	1.1495	1	---	---	---	solid	a
28303	C15H14O2	3-benzyloxyacetophenone	34068-01-4	226.275	---	---	571.40	2	55	1.1387	2	---	---	---	---	---
28304	C15H14O2	2-bibenzylcarboxylic acid	4890-85-1	226.275	402.65	1	532.15	1	55	1.1387	2	---	---	---	solid	1
28305	C15H14O2	2-biphenylyl glycidyl ether	7144-65-2	226.275	304.15	1	571.40	2	55	1.1387	2	---	---	---	solid	1
28306	C15H14O2	3,3-diphenylpropionic acid	606-83-7	226.275	425.65	1	571.40	2	55	1.1387	2	---	---	---	solid	1
28307	C15H14O2	4-ethylbiphenyl-4'-carboxylic acid	5731-13-5	226.275	494.15	1	571.40	2	55	1.1387	2	---	---	---	solid	1
28308	C15H14O2	benzyl phenylacetate	---	226.275	---	---	571.40	2	55	1.1387	2	---	---	---	---	---
28309	C15H14O2	2-phenylethyl benzoate	94-47-3	226.275	---	---	571.40	2	55	1.1387	2	---	---	---	---	---
28310	C15H14O3	(2,4-dimethoxyphenyl)phenylmethanone	3555-84-8	242.274	360.65	1	---	---	25	1.1685	2	---	---	---	solid	1
28311	C15H14O3	di(o-tolyl) carbonate	617-09-4	242.274	333.15	1	---	---	25	1.1685	2	---	---	---	solid	1
28312	C15H14O3	lapachol	84-79-7	242.274	412.65	1	---	---	25	1.1685	2	---	---	---	solid	1
28313	C15H14O3	methyl alpha-hydroxydiphenylacetate	76-89-1	242.274	348.95	1	---	---	25	1.1685	2	---	---	---	solid	1
28314	C15H14O3	4-benzyloxy-3-methoxybenzaldehyde	2426-87-1	242.274	336.15	1	---	---	25	1.1685	2	---	---	---	solid	1
28315	C15H14O3	3-benzyloxy-4-methoxybenzaldehyde	6346-05-0	242.274	330.15	1	---	---	25	1.1685	2	---	---	---	solid	1
28316	C15H14O3	dibenzyl carbonate	3459-92-5	242.274	304.15	1	---	---	25	1.1685	2	---	---	---	solid	1
28317	C15H14O3	4,4'-dimethoxybenzophenone	90-96-0	242.274	416.65	1	---	---	25	1.1685	2	---	---	---	solid	1
28318	C15H14O3	fenoprofen	31879-05-7	242.274	298.15	1	---	---	25	1.1685	2	---	1.5740	1	---	---
28319	C15H14O3	2-hydroxy-4-methoxy-4'-methylbenzophen	164-17-4	242.274	373.65	1	---	---	25	1.1685	2	---	---	---	solid	1
28320	C15H14O3	phenethyl salicylate	---	242.274	---	---	---	---	25	1.1685	2	---	---	---	---	---

Table 1 Physical Properties - Organic Compounds

NO	FORMULA	NAME	CAS No	Mol Wt g/mol	Freezing Point T$_F$, K	code	Boiling Point T$_B$, K	code	Density T, C	g/cm3	code	Refractive Index T, C	n$_D$	code	State @25C,1 atm	code
28321	C15H14O4	2-methyl-1,4-naphthalenediol diacetate	573-20-6	258.274	386.15	1	---	---	25	1.2128	2	---	---	---	solid	1
28322	C15H14O4	peucedanin	133-26-6	258.274	358.15	1	---	---	25	1.2128	2	---	---	---	solid	1
28323	C15H14O4	xanthoxyletin	84-99-1	258.274	406.15	1	---	---	25	1.2128	2	---	---	---	solid	1
28324	C15H14O4	3-(4-methoxy-1-naphthoyl)propionic acid	---	258.274	---	---	---	---	25	1.2128	2	---	---	---	---	---
28325	C15H14O5	bis(2-hydroxy-4-methoxyphenyl)methanone	131-54-4	274.273	412.65	1	---	---	25	1.2549	2	---	---	---	solid	1
28326	C15H14O5	2-methoxyphenol carbonate (2:1)	553-17-3	274.273	362.15	1	---	---	25	1.2549	2	---	---	---	solid	1
28327	C15H14O5	methysticin	495-85-2	274.273	410.15	1	---	---	25	1.2549	2	---	---	---	solid	1
28328	C15H14O5	phloretin	60-82-2	274.273	536.65	dec	---	---	25	1.2549	2	---	---	---	solid	1
28329	C15H14O6	catechin, (2S-cis)	35323-91-2	290.273	515.15	1	---	---	4	1.3440	1	---	---	---	solid	1
28330	C15H14O6	diethyl 1,3-dihydro-1,3-dioxo-2H-indene-2,	116836-20-5	290.273	---	---	---	---	83	1.1896	1	84	1.5410	1	---	---
28331	C15H14O6	javanicin	476-45-9	290.273	481.15	dec	---	---	44	1.2668	2	---	---	---	solid	1
28332	C15H14O6	plumericin	77-16-7	290.273	---	---	---	---	44	1.2668	2	---	---	---	---	---
28333	C15H14O6	D-catechol	154-23-4	290.273	487.15	1	---	---	44	1.2668	2	---	---	---	solid	1
28334	C15H14Si	(methyldiphenylsilyl)acetylene	17156-65-9	222.361	---	---	---	---	25	1.0100	1	---	1.5750	1	---	---
28335	C15H15Br	1-bromo-3,3-diphenylpropane	20017-68-9	275.188	313.65	1	---	---	25	1.2809	2	---	---	---	solid	1
28336	C15H15Ce	tris(cyclopentadienyl)cerium	1298-53-9	335.400	573.15	1	---	---	---	---	---	---	---	---	solid	1
28337	C15H15Cl	1-(4-chloromethylphenyl)-2-phenylethane	80676-35-3	230.737	314.15	1	---	---	25	1.0874	2	---	---	---	solid	1
28338	C15H15Cl	phenylmonochlorotolylethane	95719-25-8	230.737	---	---	---	---	25	1.0874	2	---	---	---	---	---
28339	C15H15ClF3N3O	triflumizole	68694-11-1	345.753	336.65	1	---	---	25	1.3288	2	---	---	---	solid	1
28340	C15H15ClN2O2	chloroxuron	1982-47-4	290.749	424.15	1	---	---	25	1.2537	2	---	---	---	solid	1
28341	C15H15ClN2O4S	4-chloro-5-sulfamoyl-2',6'-salicyloxylidide	14293-44-8	354.814	529.15	1	---	---	25	1.3715	2	---	---	---	solid	1
28342	C15H15ClN4O6S	chlorimuron	90982-32-4	414.827	459.15	1	---	---	25	1.4899	2	---	---	---	solid	1
28343	C15H15ClO	benzhydryl 2-chloroethyl ether	32669-06-0	246.736	---	---	---	---	25	1.1329	2	---	---	---	---	---
28344	C15H15Er	tris(cyclopentadienyl)erbium	39330-74-0	362.544	560.15	1	---	---	---	---	---	---	---	---	solid	1
28345	C15H15F3N2O2	a-isopropyl-a-(p-(trifluoromethoxy)phenyl)-	56425-91-3	312.292	368.15	1	537.15	1	25	1.2779	2	---	---	---	solid	1
28346	C15H15La	tris(h(5)-2,4-cyclopentadien-1-yl)lanthanun	1272-23-7	334.190	548.15	1	---	---	---	---	---	---	---	---	solid	1
28347	C15H15N	9-isopropylcarbazole	1484-09-9	209.291	391.15	1	---	---	25	1.0504	2	---	---	---	solid	1
28348	C15H15N	1,1,2-trimethyl-1H-benz[e]indole	41532-84-7	209.291	387.15	1	---	---	25	1.0504	2	---	---	---	solid	1
28349	C15H15N	N,N-dimethyl-9H-fluoren-2-amine	13261-62-6	209.291	453.15	1	---	---	25	1.0504	2	---	---	---	solid	1
28350	C15H15N	2-methyl-4-stilbenamine	73928-03-7	209.291	---	---	---	---	25	1.0504	2	---	---	---	---	---
28351	C15H15N	3-methyl-4-stilbenamine	73928-04-8	209.291	---	---	---	---	25	1.0504	2	---	---	---	---	---
28352	C15H15NO	3-(dimethylamino)benzophenone	31766-07-1	225.291	320.15	1	---	---	25	1.0998	2	---	---	---	solid	1
28353	C15H15NO	[4-(dimethylamino)phenyl]phenylmethanon	530-44-9	225.291	365.65	1	---	---	25	1.0998	2	---	---	---	solid	1
28354	C15H15NO	3-methoxy-4-stilbenamine	73928-02-6	225.291	---	---	---	---	25	1.0998	2	---	---	---	---	---
28355	C15H15NO	4'-phenyl-o-acetotoluide	63040-30-2	225.291	---	---	---	---	25	1.0998	2	---	---	---	---	---
28356	C15H15NO2	ethyl diphenylcarbamate	603-52-1	241.290	345.15	1	633.15	1	25	1.1464	2	---	---	---	solid	1
28357	C15H15NO2	anthranilic acid, phenethyl ester	133-18-6	241.290	---	---	633.15	2	25	1.1464	2	---	---	---	---	---
28358	C15H15NO2	N-(2,3-xylyl)anthranilic acid	61-68-7	241.290	503.65	1	633.15	2	25	1.1464	2	---	---	---	solid	1
28359	C15H15NO3	(R)-N-acetyl-2-naphthylalanine	37440-01-0	257.289	---	---	---	---	25	1.1907	2	---	---	---	---	---
28360	C15H15NO3	tolmetine	26171-23-3	257.289	429.15	dec	---	---	25	1.1907	2	---	---	---	solid	1
28361	C15H15NO3S2	2-methyl-1-(3-sulfopropyl)naphtho[1,2-d]th	3176-77-0	321.421	534.15	1	---	---	25	1.3002	2	---	---	---	solid	1
28362	C15H15N2O2	diphenyldiketopyrazolidine	2652-77-9	255.297	451.65	1	---	---	25	1.1890	2	---	---	---	solid	1
28363	C15H15N3	3,6-diamino-2,7-dimethylacridine	92-26-2	237.305	598.15	1	---	---	25	1.1423	2	---	---	---	solid	1
28364	C15H15N3O	7-ethoxy-3,9-acridinediamine	442-16-0	253.305	499.15	1	---	---	25	1.1873	2	---	---	---	solid	1
28365	C15H15N3O	3'-formyl-N,N-dimethyl-4-aminoazobenzen	69321-17-1	253.305	---	---	---	---	25	1.1873	2	---	---	---	---	---
28366	C15H15N3O2	methyl red	493-52-7	269.304	456.15	1	---	---	25	1.2299	2	---	---	---	solid	1
28367	C15H15N3O2	disperse yellow 3,ci 11855	2832-40-8	269.304	542.15	1	---	---	25	1.2299	2	---	---	---	solid	1
28368	C15H15N3O2	N-acetoxy-N-methyl-4-aminoazobenzene	55936-77-1	269.304	---	---	---	---	25	1.2299	2	---	---	---	---	---
28369	C15H15N3O2	3'-carboxy-4-(dimethylamino)azobenzene	20691-84-3	269.304	---	---	---	---	25	1.2299	2	---	---	---	---	---
28370	C15H15N3O2	2-((3,4-dihydro-1(2H)-naphthalenylidene)m	141363-22-6	269.304	---	---	---	---	25	1.2299	2	---	---	---	---	---
28371	C15H15N3O3	4'-methoxycarbonyl-N-hydroxy-N-methyl-4-	55936-78-2	285.303	---	---	---	---	25	1.2704	3	---	---	---	---	---
28372	C15H15N5	N,N-dimethyl-p-(4-benzimidazolyazo)anilin	18463-86-0	265.319	---	---	494.15	2	25	1.2270	2	---	---	---	---	---
28373	C15H15N5	N,N-dimethyl-p-(6-indazylazo)aniline	17309-87-4	265.319	---	---	494.15	1	25	1.2270	2	---	---	---	---	---
28374	C15H15Nd	tris(cyclopentadienyl)neodymium	1273-98-9	339.524	508.15	2	---	---	---	---	---	---	---	---	solid	2
28375	C15H15OP	allyldiphenylphosphine oxide	4141-48-4	242.258	372.50	1	---	---	---	---	---	---	---	---	solid	1
28376	C15H15P	allyldiphenylphosphine	2741-38-0	226.258	---	---	---	---	25	1.0490	1	---	1.6190	1	---	---
28377	C15H15Pr	tris(cyclopentadienyl)praseodymium	11077-59-1	336.192	693.15	1	---	---	---	---	---	---	---	---	solid	1
28378	C15H15Yb	tris(h5-cyclopentadienyl) ytterbium	1295-20-1	368.324	546.15	1	---	---	---	---	---	---	---	---	solid	1
28379	C15H16	1,1-diphenylpropane	1530-03-6	196.292	286.85	1	556.37	1	25	0.9828	1	25	1.5620	1	liquid	1
28380	C15H16	1,2-diphenylpropane	5814-85-7	196.292	273.40	1	556.81	1	25	0.9736	1	25	1.5562	1	liquid	1
28381	C15H16	1,3-diphenylpropane	1081-75-0	196.292	252.40	1	571.85	1	25	0.9762	1	25	1.5571	1	liquid	1
28382	C15H16	2,2-diphenylpropane	778-22-3	196.292	302.35	1	554.34	1	20	0.9980	1	---	---	---	solid	1
28383	C15H16	2-methyl-1,1-diphenylethane	32341-92-7	196.292	304.56	2	562.15	1	24	0.9811	2	---	---	---	solid	2
28384	C15H16	3-methyl-1,1-diphenylethane	32341-91-6	196.292	304.56	2	561.15	1	24	0.9811	2	---	---	---	solid	2
28385	C15H16	4-methyl-1,1-diphenylethane	3717-68-8	196.292	304.56	2	563.15	1	24	0.9811	2	---	---	---	solid	2
28386	C15H16	2-methyl-1,2-diphenylethane	34403-05-9	196.292	304.56	2	570.15	1	24	0.9811	2	---	---	---	solid	2
28387	C15H16	3-methyl-1,2-diphenylethane	34403-06-0	196.292	304.56	2	569.15	1	24	0.9811	2	---	---	---	solid	2
28388	C15H16	4-methyl-1,2-diphenylethane	14310-20-4	196.292	304.56	2	561.15	1	24	0.9811	2	---	---	---	solid	2
28389	C15H16	2-ethyldiphenylmethane	28122-25-0	196.292	262.03	1	564.01	1	25	0.9883	1	25	1.5678	1	liquid	1
28390	C15H16	3-ethyldiphenylmethane	28122-24-9	196.292	263.95	1	564.69	1	25	0.9760	1	25	1.5611	1	liquid	1
28391	C15H16	4-ethyldiphenylmethane	620-85-9	196.292	249.65	1	570.18	1	25	0.9739	1	25	1.5607	1	liquid	1
28392	C15H16	2',3'-dimethyldiphenylmethane	62155-16-2	196.292	304.56	2	570.15	1	24	0.9811	2	---	---	---	solid	2
28393	C15H16	2',4'-dimethyldiphenylmethane	28122-28-3	196.292	304.56	2	569.15	1	24	0.9811	2	---	---	---	solid	2
28394	C15H16	2',5'-dimethyldiphenylmethane	13540-50-6	196.292	304.56	2	568.15	1	24	0.9811	2	---	---	---	solid	2
28395	C15H16	2',6'-dimethyldiphenylmethane	---	196.292	304.56	2	570.15	1	24	0.9811	2	---	---	---	solid	2
28396	C15H16	3',4'-dimethyldiphenylmethane	13540-56-2	196.292	304.56	2	571.15	1	24	0.9811	2	---	---	---	solid	2
28397	C15H16	3',5'-dimethyldiphenylmethane	28122-27-2	196.292	304.56	2	567.15	1	24	0.9811	2	---	---	---	solid	2
28398	C15H16	2',2''-dimethyldiphenylmethane	28122-29-4	196.292	304.56	2	570.15	1	24	0.9811	2	---	---	---	solid	2
28399	C15H16	2',3''-dimethyldiphenylmethane	21895-13-6	196.292	304.56	2	568.15	1	24	0.9811	2	---	---	---	solid	2
28400	C15H16	2',4''-dimethyldiphenylmethane	21895-17-0	196.292	304.56	2	571.15	1	24	0.9811	2	---	---	---	solid	2

Table 1 Physical Properties - Organic Compounds

NO	FORMULA	NAME	CAS No	Mol Wt g/mol	Freezing Point T_F, K	code	Boiling Point T_B, K	code	Density T, C	g/cm3	code	Refractive Index T, C	n_D	code	State @25C,1 atm	code
28401	C15H16	3',3"-dimethyldiphenylmethane	---	196.292	304.56	2	567.15	1	24	0.9811	2	---	---	---	solid	2
28402	C15H16	3',4"-dimethyldiphenylmethane	21895-16-9	196.292	304.56	2	570.15	1	24	0.9811	2	---	---	---	solid	2
28403	C15H16	4',4"-dimethyldiphenylmethane	4957-14-6	196.292	302.15	1	573.15	1	20	0.9800	1	---	---	---	solid	1
28404	C15H16	4-isopropylbiphenyl	7116-95-2	196.292	391.05	1	559.05	1	24	0.9811	2	---	---	---	solid	1
28405	C15H16	2-(1-methylethyl)-1,1'-biphenyl	19486-60-3	196.292	297.65	1	542.95	1	24	0.9811	2	---	---	---	liquid	1
28406	C15H16	4-n-propylbiphenyl	10289-45-9	196.292	288.15	1	564.76	2	24	0.9811	2	---	---	---	liquid	2
28407	C15H16	2-propyl-1,1'-biphenyl	20282-28-4	196.292	261.95	1	550.35	1	24	0.9811	2	---	---	---	liquid	1
28408	C15H16	isopropylbiphenyl	25640-78-2	196.292	309.70	2	564.76	2	24	0.9811	2	---	---	---	solid	2
28409	C15H16BrN3	3'-bromo-4'-methyl-4-dimethylaminoazober	---	318.217	---	---	---	---	25	1.3711	2	---	---	---	---	---
28410	C15H16BrN3	4'-bromo-3'-methyl-4-dimethylaminoazober	---	318.217	---	---	---	---	25	1.3711	2	---	---	---	---	---
28411	C15H16ClN3	3'-chloro-4'-methyl-4-dimethylaminoazober	63951-11-1	273.766	---	---	---	---	25	1.1932	2	---	---	---	---	---
28412	C15H16ClN3	4'-chloro-3'-methyl-4-dimethylaminoazober	17010-59-2	273.766	---	---	---	---	25	1.1932	2	---	---	---	---	---
28413	C15H16Cl2N2O8	chloramphenicol succinate	3544-94-3	423.206	---	---	---	---	25	1.4730	2	---	---	---	---	---
28414	C15H16Cl3N3O2	N-propyl-N-(2-(2,4,6-trichlorophenoxy)ethy	67747-09-5	376.669	321.15	1	---	---	25	1.3695	2	---	---	---	solid	1
28415	C15H16F5NO2S2	dithiopyr	97886-45-8	401.422	338.15	1	---	---	25	1.3583	2	---	---	---	solid	1
28416	C15H16N2O	N,N'-dimethyl-N,N'-diphenylurea	611-92-7	240.305	395.15	1	623.15	1	25	1.1250	2	---	---	---	solid	1
28417	C15H16N2O	N'-ethyl-N,N-diphenylurea	18168-01-9	240.305	346.25	1	623.15	2	25	1.1250	2	---	---	---	solid	1
28418	C15H16N2O	2-(p-aminophenyl)-2-phenylpropionamide	61706-44-3	240.305	---	---	623.15	2	25	1.1250	2	---	---	---	---	---
28419	C15H16N2O	neuralex	7654-03-7	240.305	510.65	1	623.15	2	25	1.1250	2	---	---	---	solid	1
28420	C15H16N2O	phenylacetic acid 2-benzylhydrazide	---	240.305	---	---	623.15	2	25	1.1250	2	---	---	---	---	---
28421	C15H16N2O3	N-butyl-N-nitrosocarbamic acid 1-naphthyl	76206-38-7	272.304	---	---	---	---	25	1.2111	2	---	---	---	---	---
28422	C15H16N2O6	bis(2-isocyanatoethyl)-5-norbornene-2,3-di	22637-13-4	320.302	---	---	---	---	25	1.3253	2	---	---	---	---	---
28423	C15H16N2S	1,3-di-o-tolyl-2-thiourea	137-97-3	256.372	434.65	1	---	---	25	1.1468	2	---	---	---	solid	1
28424	C15H16N3O	m-tolylazoacetanilide	64046-59-9	254.312	---	---	---	---	25	1.1673	2	---	---	---	---	---
28425	C15H16N4	methylenediphenyl-4,4'-diamidine	63690-09-5	252.320	---	---	---	---	25	1.1655	2	---	---	---	---	---
28426	C15H16N4O	p-N,N-dimethylureidoazobenzene	63019-76-1	268.319	---	---	---	---	25	1.2081	2	---	---	---	---	---
28427	C15H16N4O	pyrazapon	26308-28-1	268.319	487.15	1	---	---	25	1.2081	2	---	---	---	solid	1
28428	C15H16N4O5S	sulfometuron methyl	74222-97-2	364.383	473.15	1	470.15	1	25	1.4008	2	---	---	---	solid	1
28429	C15H16O	p-cumylphenol	599-64-4	212.291	346.30	1	608.15	1	23	1.0618	2	---	---	---	solid	1
28430	C15H16O	1-methoxy-4-(1-phenylethyl)benzene	2605-18-7	212.291	---	---	585.00	2	20	1.0600	1	20	1.5725	1	---	---
28431	C15H16O	beta-phenylbenzenepropanol	3536-29-6	212.291	324.15	1	583.15	1	24	1.0585	1	19	1.5742	1	solid	1
28432	C15H16O	3,3-diphenyl-1-propanol	20017-67-8	212.291	---	---	585.00	2	25	1.0670	1	---	1.5840	1	---	---
28433	C15H16O	1,1-diphenyl-2-propanol	29338-49-6	212.291	334.15	1	585.00	2	23	1.0618	2	---	---	---	solid	1
28434	C15H16O	a-methyl-a-phenylbenzeneethanol	5342-87-0	212.291	---	---	563.70	1	23	1.0618	2	---	---	---	---	---
28435	C15H16O	a-(phenylmethyl)benzeneethanol	5381-92-0	212.291	---	---	585.00	2	23	1.0618	2	---	---	---	---	---
28436	C15H16O2	bisphenol a	80-05-7	228.291	430.15	1	633.65	1	25	1.0833	2	---	---	---	solid	1
28437	C15H16O2	1,1-bis(4-hydroxyphenyl)propane	1576-13-2	228.291	405.15	1	622.90	2	25	1.0833	2	---	---	---	solid	1
28438	C15H16O2	1,2-diphenoxypropane	69813-63-4	228.291	305.15	1	622.90	2	33	1.0748	1	33	1.5542	1	solid	1
28439	C15H16O2	1,3-diphenoxypropane	726-44-3	228.291	335.15	1	612.15	1	25	1.0833	2	---	---	---	solid	1
28440	C15H16O2	4-(6-methoxy-2-naphthyl)-2-butanone	42924-53-8	228.291	353.65	1	622.90	2	25	1.0833	2	---	---	---	solid	1
28441	C15H16O3	1,3-diphenoxy-2-propanol	622-04-8	244.290	354.65	1	---	---	24	1.1790	1	---	---	---	solid	1
28442	C15H16O3	4-benzyloxy-3-methoxybenzyl alcohol	33693-48-0	244.290	345.15	1	---	---	25	1.1292	2	---	---	---	solid	1
28443	C15H16O3	diendo-3-benzoylbicyclo[2.2.1]heptane-2-c	---	244.290	454.65	1	---	---	25	1.1292	2	---	---	---	solid	1
28444	C15H16O3	4,4'-dimethoxybenzhydrol	728-87-0	244.290	343.15	1	---	---	25	1.1292	2	---	---	---	solid	1
28445	C15H16O5	(-)-6b-hydroxymethyl-7a-benzoyloxy-cis-2-	39746-00-4	276.289	391.15	1	---	---	25	1.2140	2	---	---	---	solid	1
28446	C15H16O6	picrotoxinin	17617-45-7	292.288	482.65	1	486.65	1	25	1.2534	2	---	---	---	solid	1
28447	C15H16O8	7-(beta-D-glucopyranosyloxy)-2H-1-benzo	93-39-0	324.287	493.15	1	---	---	25	1.3267	2	---	---	---	solid	1
28448	C15H16O9	esculin	531-75-9	340.287	478.15	1	---	---	25	1.3609	2	---	---	---	solid	1
28449	C15H16S2	1,3-bis(phenylthio)propane	28118-53-8	260.424	---	---	---	---	25	1.1300	1	---	1.6280	1	---	---
28450	C15H17AsN2O3S	3-(((3-amino-4-hydroxyphenyl)phenylarsin	102516-61-0	380.300	---	---	---	---	---	---	---	---	---	---	---	---
28451	C15H17Br2NO2	2,6-dibromo-4-cyanophenyl octanoate	1689-99-2	403.114	---	---	---	---	25	1.5553	2	---	---	---	---	---
28452	C15H17Br2NO4	N-carbobenzoxy-L-proline-1,2-dibromoeth	---	435.113	---	---	---	---	25	1.6091	2	---	---	---	---	---
28453	C15H17BrN2O3	2-(m-bromophenyl)-N-(4-morpholinomethyl	60050-37-5	353.216	---	---	---	---	25	1.4174	2	---	---	---	---	---
28454	C15H17ClN4	neutral red	553-24-2	288.780	---	---	---	---	25	1.2124	2	---	---	---	---	---
28455	C15H17Cl2N3O	(E)-1-(2,4-dichlorophenyl)-4,4-dimethyl-2-(	76714-88-0	326.225	---	---	---	---	25	1.2706	2	---	---	---	---	---
28456	C15H17Cl2N3O	(R-(E))-b-((2,4-dichlorophenyl)methylene)-	83657-18-5	326.225	---	---	---	---	25	1.2706	2	---	---	---	---	---
28457	C15H17Cl2N3O2	propiconazole	60207-90-1	342.225	---	---	---	---	20	1.2700	1	---	---	---	---	---
28458	C15H17HgNO2S	ethylmercury-p-toluene sulfonamide	517-16-8	475.962	429.15	1	---	---	---	---	---	---	---	---	solid	1
28459	C15H17HgNO4S2	N-bis(p-tolylsulfonyl)amidomethyl mercury	63869-05-6	540.027	---	---	---	---	---	---	---	---	---	---	---	---
28460	C15H17HgNO4S2	methylmercury dimercaptopropanol	72066-32-1	540.027	---	---	---	---	---	---	---	---	---	---	---	---
28461	C15H17FN4O3	enoxacin	74011-58-8	320.325	520.15	1	---	---	25	1.2931	2	---	---	---	solid	1
28462	C15H17I2NO2	octanoic acid, 4-cyano-2,6-diiodophenyl es	3861-47-0	497.115	332.65	1	---	---	25	1.7974	2	---	---	---	solid	1
28463	C15H17N	N-benzyl-N-ethylaniline	92-59-1	211.307	308.15	1	561.15	1	55	1.0010	1	23	1.5943	1	solid	1
28464	C15H17N	(S)-(-)-N-benzyl-a-methylbenzylamine	17480-69-2	211.307	---	---	580.90	2	25	1.0050	1	---	1.5630	1	---	---
28465	C15H17N	(R)-(+)-N-benzyl-a-methylbenzylamine	38235-77-7	211.307	---	---	580.90	2	25	1.0050	1	---	1.5640	1	---	---
28466	C15H17N	N-benzyl-2-phenethylamine	3647-71-0	211.307	---	---	600.65	1	25	1.0030	1	---	1.5660	1	---	---
28467	C15H17N	3,3-diphenylpropylamine	5586-73-2	211.307	303.15	1	580.90	2	33	1.0035	2	---	1.5830	1	solid	1
28468	C15H17N	3,2',5'-trimethyl-4-aminodiphenyl	73728-79-7	211.307	---	---	580.90	2	33	1.0035	2	---	---	---	---	---
28469	C15H17NO	p-hydroxydiphenylamine isopropyl ether	101-73-5	227.306	---	---	---	---	25	1.0628	2	---	---	---	---	---
28470	C15H17NO4	cis-2-(benzyloxycarbonylamino)-4-cyclohe:	124753-65-7	275.305	394.15	1	---	---	25	1.1933	2	---	---	---	solid	1
28471	C15H17NO4	N-carbobenzoxy-L-proline vinyl ester	---	275.305	---	---	---	---	25	1.1933	2	---	---	---	---	---
28472	C15H17NS2	bitiodin	5169-78-8	275.439	337.65	1	---	---	25	1.1506	2	---	---	---	solid	1
28473	C15H17N3	N,N'-di(o-tolyl)guanidine	97-39-2	239.321	452.15	1	---	---	20	1.1000	1	---	---	---	solid	1
28474	C15H17N3	4-dimethylamino-2-methylazobenzene	54-88-6	239.321	339.65	1	---	---	25	1.1041	2	---	---	---	solid	1
28475	C15H17N3	3-diethylamino-5H-pyrido(4,3-b)indole	102206-93-9	239.321	---	---	---	---	25	1.1041	2	---	---	---	---	---
28476	C15H17N3	N,N-dimethyl-4-((p-tolyl)azo)aniline	3010-57-9	239.321	---	---	---	---	25	1.1041	2	---	---	---	---	---
28477	C15H17N3	N,N-dimethyl-p-((m-tolyl)azo)aniline	55-80-1	239.321	---	---	---	---	25	1.1041	2	---	---	---	---	---
28478	C15H17N3	N,N-dimethyl-p-((o-tolyl)azo)aniline	3731-39-3	239.321	---	---	---	---	25	1.1041	2	---	---	---	---	---
28479	C15H17N3	N-ethyl-N-methyl-p-(phenylazo)aniline	2058-66-4	239.321	---	---	---	---	25	1.1041	2	---	---	---	---	---
28480	C15H17N3	p-(4-ethylphenylazo)-N-methylaniline	55398-27-1	239.321	---	---	---	---	25	1.1041	2	---	---	---	---	---

Table 1 Physical Properties - Organic Compounds

NO	FORMULA	NAME	CAS No	Mol Wt g/mol	Freezing Point T_F, K	code	Boiling Point T_B, K	code	Density T, C	g/cm3	code	Refractive Index T, C	n_D	code	State @25C,1 atm	code
28481	C15H17N3	3-methyl-4-dimethylaminoazobenzene	3732-90-9	239.321	---	---	---	---	25	1.1041	2	---	---	---	---	---
28482	C15H17N3O	4-amino-4'-hydroxy-2,3',5'-trimethylazoben	21644-95-1	255.320	---	---	464.15	2	25	1.1482	2	---	---	---	---	---
28483	C15H17N3O	N,N-dimethyl-p-(2-methoxyphenylazo)anili	3009-55-0	255.320	---	---	464.15	2	25	1.1482	2	---	---	---	---	---
28484	C15H17N3O	N,N-dimethyl-p-(3-methoxyphenylazo)anili	20691-83-2	255.320	---	---	464.15	2	25	1.1482	2	---	---	---	---	---
28485	C15H17N3O	N,N-dimethyl-p-(4-methoxyphenylazo)anili	3009-50-5	255.320	---	---	464.15	2	25	1.1482	2	---	---	---	---	---
28486	C15H17N3O	N,N-dimethyl-4-phenylazo-o-anisidine	2438-49-5	255.320	---	---	464.15	2	25	1.1482	2	---	---	---	---	---
28487	C15H17N3O	2'-hydroxymethyl-N,N-dimethyl-4-aminoaz	35282-68-9	255.320	---	---	464.15	2	25	1.1482	2	---	---	---	---	---
28488	C15H17N3O	3'-hydroxymethyl-N,N-dimethyl-4-aminoaz	35282-69-0	255.320	---	---	464.15	1	25	1.1482	2	---	---	---	---	---
28489	C15H17N3O5	(2R)-2-[(4-ethyl-2,3-dioxopiperazinyl)carbo	63422-71-9	319.318	444.15	1	---	---	25	1.3043	2	---	---	---	solid	1
28490	C15H17N3O6	(2R)-2-[(4-ethyl-2,3-dioxopiperazinyl)carbo	62893-24-7	335.317	478.15	1	---	---	25	1.3389	2	---	---	---	solid	1
28491	C15H17N5O6S	tribenuron methyl	101200-48-0	395.397	---	---	---	---	25	1.4404	2	---	---	---	---	---
28492	C15H17N7O5S2	cefmetazole	56796-20-4	439.478	---	---	---	---	25	1.5002	2	---	---	---	---	---
28493	C15H17P	diphenylpropylphosphine	7650-84-2	228.274	---	---	---	---	25	1.0080	1	---	1.6030	1	---	---
28494	C15H17P	isopropyldiphenylphosphine	6372-40-3	228.274	314.65	1	---	---	---	---	---	---	---	---	solid	1
28495	C15H18	2-pentylnaphthalene	93-22-1	198.308	269.16	1	583.16	1	25	0.9530	1	25	1.5675	1	liquid	1
28496	C15H18	1,6-dimethyl-4-isopropylnaphthalene	483-78-3	198.308	260.16	2	567.15	1	25	0.9667	1	25	1.5785	1	liquid	1
28497	C15H18	1-pentylnaphthalene	86-89-5	198.308	248.79	1	579.15	1	20	0.9656	1	20	1.5725	1	liquid	1
28498	C15H18	1,4-dimethyl-7-isopropylazulene	489-84-9	198.308	304.65	1	576.82	2	20	0.9730	1	---	---	---	solid	1
28499	C15H18	4,8-dimethyl-2-isopropylazulene	529-08-8	198.308	305.45	1	576.82	2	19	0.9735	1	---	---	---	solid	1
28500	C15H18ClN3O	cyproconazole	94361-06-5	291.781	380.65	1	523.15	1	25	1.1955	2	---	---	---	solid	1
28501	C15H18Cl2N2O3	oxadiazon	19666-30-9	345.225	363.15	1	---	---	25	1.2870	2	---	---	---	solid	1
28502	C15H18I3NO5	iopronic acid	37723-78-7	673.025	---	---	---	---	25	2.0615	2	---	---	---	---	---
28503	C15H18N2	N-isopropyl-N'-phenyl-1,4-phenylenediami	101-72-4	226.322	350.15	1	434.15	1	25	1.0429	2	---	---	---	solid	1
28504	C15H18N2	4,4'-methylenebis(N-methylaniline)	1807-55-2	226.322	---	---	434.15	2	25	1.0429	2	---	---	---	---	---
28505	C15H18N2	4,4'-methylenebis(2-methylaniline)	838-88-0	226.322	431.65	1	434.15	2	25	1.0429	2	---	---	---	solid	1
28506	C15H18N2O	1-(4-amino-1-ethyl-2-methyl-5-phenyl-1H-p	56464-20-1	242.321	---	---	513.15	2	25	1.0885	2	---	---	---	---	---
28507	C15H18N2O	1-(4-(dimethylamino)-2-methyl-5-phenyl-1H	56464-05-2	242.321	---	---	513.15	2	25	1.0885	2	---	---	---	---	---
28508	C15H18N2O	indolyl-3-piperidinomethyl ketone	30256-73-6	242.321	---	---	513.15	2	25	1.0885	2	---	---	---	---	---
28509	C15H18N2O	quinpyrrolidine	32226-69-0	242.321	---	---	513.15	explo	25	1.0885	2	---	---	---	---	---
28510	C15H18N2O2	1-(4-amino-5-(4-methoxy-3-methylphenyl)-	91480-88-5	258.321	---	---	---	---	25	1.1318	2	---	---	---	---	---
28511	C15H18N2O3	N-acetyl-L-tryptophan ethyl ester	2382-80-1	274.320	383.15	1	---	---	25	1.1730	2	---	---	---	solid	1
28512	C15H18N2O3	1-(4-amino-5-(3,4-dimethoxyphenyl)-2-met	91480-90-9	274.320	---	---	---	---	25	1.1730	2	---	---	---	---	---
28513	C15H18N2O4	1-cyano-2-ethoxycarbonyl-6,7-dimethoxy-1	68881-59-4	290.320	384.15	1	---	---	25	1.2123	2	---	---	---	solid	1
28514	C15H18N2O4	(S)-N-boc-4-cyanophenylalanine	131724-45-3	290.320	425.45	1	---	---	25	1.2123	2	---	---	---	solid	1
28515	C15H18N2O4	(S)-N-boc-3-cyanophenylalanine	131980-30-8	290.320	397.25	1	---	---	25	1.2123	2	---	---	---	solid	1
28516	C15H18N2O4	(R)-N-boc-4-cyanophenylalanine	146727-62-0	290.320	425.75	1	---	---	25	1.2123	2	---	---	---	solid	1
28517	C15H18N2O6	binapacryl	485-31-4	322.318	343.15	1	---	---	20	1.2700	1	---	---	---	solid	1
28518	C15H18N2O6Pt	4-carboxyphthalato(1,2-diaminocyclohexar	65296-81-3	517.396	---	---	423.15	explo	---	---	---	---	---	---	---	---
28519	C15H18N2O8	4'-isocyanato-5'-nitrobenzo-15-crown-5	83935-64-2	354.317	390.15	1	---	---	25	1.3527	2	---	---	---	solid	1
28520	C15H18N4O	4-((4-(diethylamino)phenyl)azo)pyridine-1-	7347-49-1	270.335	---	---	443.65	2	25	1.1697	2	---	---	---	---	---
28521	C15H18N4O	4-((p-(dimethylamino)phenyl)azo)-2,5-lutidi	19471-27-3	270.335	---	---	443.65	2	25	1.1697	2	---	---	---	---	---
28522	C15H18N4O	4-((p-(dimethylamino)phenyl)azo)-3,5-lutidi	19456-77-0	270.335	---	---	460.15	explo	25	1.1697	2	---	---	---	---	---
28523	C15H18N4O	4-((4-(dimethylamino)phenyl)azo)-2,6-lutidi	7349-99-7	270.335	---	---	456.15	1	25	1.1697	2	---	---	---	---	---
28524	C15H18N4O	4-((4-(dimethylamino)-o-tolyl)azo)-2-picolin	7347-48-0	270.335	---	---	422.15	1	25	1.1697	2	---	---	---	---	---
28525	C15H18N4O	4-((4-(dimethylamino)-m-tolyl)azo)-3-picoli	19456-74-7	270.335	---	---	436.15	1	25	1.1697	2	---	---	---	---	---
28526	C15H18N4O	4-((4-(dimethylamino)-o-tolyl)azo)-3-picolin	19471-28-4	270.335	---	---	443.65	2	25	1.1697	2	---	---	---	---	---
28527	C15H18N4O	4-((4-(dimethylamino)-2,3-xylyl)azo)pyridin	19456-73-6	270.335	---	---	443.65	2	25	1.1697	2	---	---	---	---	---
28528	C15H18N4O	4-((4-(dimethylamino)-2,5-xylyl)azo)pyridin	19456-75-8	270.335	---	---	443.65	2	25	1.1697	2	---	---	---	---	---
28529	C15H18N4O	4-((4-(dimethylamino)-3,5-xylyl)azo)pyridin	19595-66-5	270.335	---	---	443.65	2	25	1.1697	2	---	---	---	---	---
28530	C15H18N4O5	mitomycin c	50-07-7	334.333	633.15	1	807.15	1	25	1.3184	2	---	---	---	solid	1
28531	C15H18N6O6S	nicosulfuron	111991-09-4	410.412	445.15	1	---	---	25	1.4489	2	---	---	---	solid	1
28532	C15H18O	1-(3-methylbutoxy)naphthalene	20213-30-3	214.307	263.15	1	591.15	1	14	1.0069	1	16	1.5705	1	liquid	1
28533	C15H18O	2-(3-methylbutoxy)naphthalene	635-88-1	214.307	299.65	1	598.15	dec	12	1.0155	1	12	1.5768	1	solid	1
28534	C15H18O	1-naphthyl pentyl ether	108438-40-0	214.307	303.15	1	595.15	1	13	1.0112	2	---	---	---	solid	1
28535	C15H18O	2-(pentyloxy)naphthalene	31059-19-5	214.307	297.65	1	608.15	1	13	1.0112	2	30	1.5587	1	liquid	1
28536	C15H18OSi	2-(methyldiphenylsilyl)ethanol	40438-48-0	242.392	---	---	---	---	25	1.0630	1	---	1.5800	1	---	---
28537	C15H18O2	1-phenylbicyclo[2.2.1]heptane-2-ol acetate	71173-15-4	230.307	317.15	1	---	---	25	1.0481	2	---	---	---	solid	1
28538	C15H18O3	alpha-santonin	481-06-1	246.306	448.15	1	---	---	25	2	1	---	---	---	solid	1
28539	C15H18O3	trans-2-(4-methylbenzoyl)-1-cyclohexanec	---	246.306	442.65	1	---	---	25	1.0930	2	---	---	---	solid	1
28540	C15H18O3	cis-2-(4-methylbenzoyl)-1-cyclohexanecart	107147-13-7	246.306	409.65	1	---	---	25	1.0930	2	---	---	---	solid	1
28541	C15H18O4	bis(2,6-(2,3-epoxypropyl))phenyl glycidyl e	13561-08-5	262.306	---	---	---	---	25	1.1356	2	---	---	---	---	---
28542	C15H18O4	helenalin	6754-13-8	262.306	499.65	1	---	---	25	1.1356	2	---	---	---	solid	1
28543	C15H18O4	parthenicin	508-59-8	262.306	437.65	1	---	---	25	1.1356	2	---	---	---	solid	1
28544	C15H18O5	coriamyrtin	2571-86-0	278.305	502.65	1	---	---	25	1.1763	2	---	---	---	solid	1
28545	C15H18O6	cedrin	6040-62-6	294.304	539.15	1	---	---	25	1.2151	2	---	---	---	solid	1
28546	C15H18O6	triallyl aconitate	13675-27-9	294.304	---	---	---	---	25	1.2151	2	---	---	---	---	---
28547	C15H18O6	tutin	2571-22-4	294.304	485.65	1	---	---	25	1.2151	2	---	---	---	solid	1
28548	C15H19BrN2O5	N-(3-bromo-2,4,6-trimethylphenylcarbamo	78266-06-5	387.231	468.65	1	---	---	25	1.4372	2	---	---	---	solid	1
28549	C15H19ClN4O3	3-(4-(2-tert-butyl-5-oxo-D2)-1,3,4-(oxadiaz	34205-21-5	338.795	---	---	---	---	25	1.2831	2	---	---	---	---	---
28550	C15H19ClO4	1-p-chlorophenyl pentyl succinate	3818-90-4	298.766	---	---	---	---	25	1.1824	2	---	---	---	---	---
28551	C15H19Cl3O4	2,4,5-T propylene glycol butyl ether ester	3084-62-6	369.671	---	---	---	---	25	1.2878	2	---	---	---	---	---
28552	C15H19NO	a-((isopropylamino)methyl)-2-naphthalene	54-80-8	229.322	---	---	494.15	1	25	1.0289	2	---	---	---	---	---
28553	C15H19NO2	o-benzoyltropine	19145-60-9	245.322	314.65	1	450.65	1	25	1.0736	2	---	---	---	solid	1
28554	C15H19NO2	tropacocaine	537-26-8	245.322	322.15	1	450.65	2	100	1.0426	1	100	1.5080	1	solid	1
28555	C15H19NO4	N-boc-2-aminoindane-2-carboxylic acid	---	277.320	---	---	---	---	25	1.1568	2	---	---	---	---	---
28556	C15H19NO4	DL-5-benzoylamino-5-isobutyl-4-oxo-1,3-d	---	277.320	374.15	1	---	---	25	1.1568	2	---	---	---	solid	1
28557	C15H19NO4	cis-2-(benzyloxycarbonylamino)-cyclohexa	54867-08-2	277.320	406.65	1	---	---	25	1.1568	2	---	---	---	solid	1
28558	C15H19NO4	N-boc-DL-1-aminoindane-1-carboxylic acid	---	277.320	430.65	1	---	---	25	1.1568	2	---	---	---	solid	1
28559	C15H19NO4	(1S,2R)-N-boc-1-amino-2-phenylcycloprop	151910-11-1	277.320	362.15	1	---	---	25	1.1568	2	---	---	---	solid	1
28560	C15H19NO4	(1S,2S)-N-boc-1-amino-2-phenylcycloprop	180322-79-6	277.320	452.15	1	---	---	25	1.1568	2	---	---	---	solid	1

Table 1 Physical Properties - Organic Compounds

				Mol Wt	Freezing Point		Boiling Point		Density			Refractive Index			State	
NO	FORMULA	NAME	CAS No	g/mol	T_F, K	code	T_B, K	code	T, C	g/cm3	code	T, C	n_D	code	@25C,1 atm	code
28561	C15H19NO4	(1R,2R)-N-boc-1-amino-2-phenylcycloprop	180322-86-5	277.320	453.15	1	---	---	25	1.1568	2	---	---	---	solid	1
28562	C15H19NO4	(1R,2S)-N-boc-1-amino-2-phenylcycloprop	244205-60-5	277.320	363.15	1	---	---	25	1.1568	2	---	---	---	solid	1
28563	C15H19NO4	N-boc-L-1,2,3,4-tetrahydroisoquinoline-3-c	---	277.320	398.90	1	---	---	25	1.1568	2	---	---	---	solid	1
28564	C15H19NO4	N-boc-D-1,2,3,4-tetrahydroisoquinoline-3-c	---	277.320	---	---	---	---	25	1.1568	2	---	---	---	---	---
28565	C15H19NO4	N,N,N-glycidyl p-aminophenol	5026-74-4	277.320	---	---	---	---	25	1.1568	2	---	---	---	---	---
28566	C15H19NO5	4-[bis[2-(acetyloxy)ethyl]amino]benzaldehy	41313-77-3	293.320	334.65	1	---	---	25	1.1955	2	---	---	---	solid	1
28567	C15H19NO5	methyl(1-oxobutyl)carbamic acid 2,2-dimet	40373-43-1	293.320	---	---	---	---	25	1.1955	2	---	---	---	---	---
28568	C15H19NO6	4'-isocyanatobenzo-15-crown-5	83935-62-0	309.319	310.15	1	---	---	25	1.2325	2	---	---	---	solid	1
28569	C15H19NO7	3',5'-diacetylthymidine	6979-97-1	325.319	400.15	1	---	---	25	1.2679	2	---	---	---	solid	1
28570	C15H19N2O2	2,2,5,5-tetramethyl-4-phenacetyliden-imida	84271-26-1	259.329	454.15	1	---	---	25	1.1142	2	---	---	---	solid	1
28571	C15H19N2O5	3-(4-nitrophenoxycarbonyl)-proxyl, free rad	21913-97-3	307.327	351.65	1	---	---	25	1.2313	2	---	---	---	solid	1
28572	C15H19N3O	(4-aminopiperidino)methyl indol-3-yl keton	26844-49-5	257.336	---	---	---	---	25	1.1122	2	---	---	---	---	---
28573	C15H19N3O3	imazethapyr	81335-77-5	289.335	446.15	1	---	---	25	1.1926	2	---	---	---	solid	1
28574	C15H19N3O5	2,5-bis(1-aziridinyl)-3-(2-carbamoyloxy-1-n	24279-91-2	321.334	475.15	dec	---	---	25	1.2659	2	---	---	---	solid	1
28575	C15H19N3O8	1b-D-arabinofuranosyl-2',3',5'-triacetate	6742-07-0	369.332	---	---	---	---	25	1.3644	2	---	---	---	---	---
28576	C15H19N5O7S	cinosulfuron	94593-91-6	413.413	---	---	497.15	1	25	1.4299	2	---	---	---	---	---
28577	C15H20BrNO5	(S)-N-boc-(5-bromo-2-methoxyphenyl)alan	261165-03-1	374.232	401.75	1	---	---	25	1.3876	2	---	---	---	solid	1
28578	C15H20BrNO5	(R)-N-boc-(5-bromo-2-methoxyphenyl)alan	261380-17-0	374.232	405.45	1	---	---	25	1.3876	2	---	---	---	solid	1
28579	C15H20Cl2N2O2	m-(bis(2-chloroethyl)amino)phenyl morpho	4587-15-9	331.242	---	---	---	---	25	1.2194	2	---	---	---	---	---
28580	C15H20Cl2O4	2,4-dichlorophenoxyacetic acid propylene	1928-45-6	335.226	---	---	---	---	25	1.2218	2	---	---	---	---	---
28581	C15H20N2O	anagyrine	486-89-5	244.337	---	---	---	---	25	1.0548	2	---	---	---	---	---
28582	C15H20N2O	5-methoxy-3-(2-pyrrolidinoethyl)indole	3949-14-2	244.337	---	---	---	---	25	1.0548	2	---	---	---	---	---
28583	C15H20N2O2	6,7-diethoxy-1,2,3,4-tetrahydro-1-isoquinol	---	260.337	373.65	1	---	---	25	1.0973	2	---	---	---	solid	1
28584	C15H20N2O2	N-(2,6-dimethylphenyl)-3-methyl-2-oxo-1-p	157928-98-8	260.337	---	---	---	---	25	1.0973	2	---	---	---	---	---
28585	C15H20N2O2	N-(2,6-dimethylphenyl)-4-methyl-2-oxo-1-p	157928-99-9	260.337	---	---	---	---	25	1.0973	2	---	---	---	---	---
28586	C15H20N2O2	3-methyl-4-(N-(2-dimethylaminoethyl)-N-ph	78128-83-3	260.337	---	---	---	---	25	1.0973	2	---	---	---	---	---
28587	C15H20N2O3	2,4,6(1H,3H,5H)-pyrimidinetrione,5-(1-cycl	14357-94-9	276.336	---	---	---	---	25	1.1378	2	---	---	---	---	---
28588	C15H20N2O4S	acetohexamide	968-81-0	324.401	461.65	1	---	---	25	1.2286	2	---	---	---	solid	1
28589	C15H20N2O5	N-(2,4,6-trimethylphenylcarbamoylmethyl)i	65717-98-8	308.335	492.65	1	---	---	25	1.2134	2	---	---	---	solid	1
28590	C15H20N6O4	adenosine-5'-(N-cyclopentyl)carboxamide	35920-40-2	348.363	---	---	487.15	1	25	1.3122	2	---	---	---	---	---
28591	C15H20N6O5	alazopeptin	1397-84-8	364.363	---	---	---	---	25	1.3441	2	---	---	---	---	---
28592	C15H20O	a-hexylcinnamaldehyde	101-86-0	216.323	---	---	---	---	25	0.9540	1	---	1.5500	1	---	---
28593	C15H20O2	alantolactone	546-43-0	232.323	349.15	1	548.15	1	25	1.0156	2	---	---	---	solid	1
28594	C15H20O2	helenine	1407-14-3	232.323	351.15	1	548.15	1	25	1.0156	2	---	---	---	solid	1
28595	C15H20O4	abscisic acid	21293-29-8	264.321	433.15	1	---	---	25	1.1014	2	---	---	---	solid	1
28596	C15H20O4	diethyl ethylphenylmalonate	76-67-5	264.321	---	---	---	---	20	1.0710	1	25	1.4896	1	---	---
28597	C15H20O4	dihydrohelenalin	34257-95-9	264.321	497.65	1	---	---	25	1.1014	2	---	---	---	solid	1
28598	C15H20O4	lunamycin	1149-99-1	264.321	---	---	---	---	25	1.1014	2	---	---	---	---	---
28599	C15H20O5	gemfibrozil M3	63257-54-5	280.321	---	---	---	---	25	1.1414	2	---	---	---	---	---
28600	C15H20O6	trimethylolpropane triacrylate	15625-89-5	296.320	---	---	---	---	25	1.1795	2	---	---	---	---	---
28601	C15H20O6	vomitoxin	51481-10-8	296.320	425.15	1	---	---	25	1.1795	2	---	---	---	solid	1
28602	C15H20O7	4-carboxybenzo-15-crown-5	56683-55-7	312.320	462.65	1	---	---	25	1.2160	2	---	---	---	solid	1
28603	C15H20O7	nivalenol	23282-20-4	312.320	497.15	1	---	---	25	1.2160	2	---	---	---	solid	1
28604	C15H21AlO6	aluminum acetylacetonate	13963-57-0	324.310	466.70	1	588.15	1	---	---	---	---	---	---	solid	1
28605	C15H21ClN2O2	N-((acetylamino)methyl)-2-chloro-N-(2,6-di	40164-67-8	296.797	---	---	---	---	25	1.1462	2	---	---	---	---	---
28606	C15H21ClO	4-octylbenzoyl chloride	50606-97-8	252.784	---	---	---	---	25	1.0325	2	---	1.5185	1	---	---
28607	C15H21Cl2NO2	5-(p-(bis(2-chloroethyl)amino)phenyl)valer	64508-90-3	318.243	---	---	---	---	25	1.1705	2	---	---	---	---	---
28608	C15H21CoO6	tris(2,4-pentanedionato-o,o')-cobalt	21679-46-9	356.261	487.15	1	---	---	---	---	---	---	---	---	solid	1
28609	C15H21CrO6	chromium acetylacetonate	21679-31-2	349.324	481.90	1	618.15	1	25	1.3400	1	---	---	---	solid	1
28610	C15H21FO	8-fluorooctyl phenyl ketone	326-52-3	236.330	---	---	---	---	25	0.9949	2	---	---	---	---	---
28611	C15H21FeO6	iron(iii) acetylacetonate	14024-18-1	353.173	452.15	1	---	---	25	5.2400	1	---	---	---	solid	1
28612	C15H21GaO6	gallium(iii) acetylacetonate	14405-43-7	367.051	466.15	1	---	---	25	1.4200	1	---	---	---	solid	1
28613	C15H21InO6	indium acetylacetonate	14405-45-9	412.146	459.15	1	---	---	---	---	---	---	---	---	solid	1
28614	C15H21MnO6	manganese(iii)acetylacetonate	14284-89-0	352.266	433.15	1	---	---	---	---	---	---	---	---	solid	1
28615	C15H21NO	4-(octyloxy)benzonitrile	88374-55-4	231.338	---	---	---	---	25	0.9670	1	---	1.5130	1	---	---
28616	C15H21NOS	S-1-methyl-1-phenylethyl piperidine 1-carb	61432-55-1	263.404	312.15	1	---	---	25	1.0644	2	---	---	---	solid	1
28617	C15H21NO2	meperidine	57-42-1	247.338	543.15	1	---	---	25	1.0414	2	---	---	---	solid	1
28618	C15H21NO2	1,2-dimethyl-3-phenyl-3-pyrrolidyl propiona	3734-17-6	247.338	---	---	---	---	25	1.0414	2	---	---	---	---	---
28619	C15H21NO2	b-eucaine	500-34-5	247.338	343.65	1	---	---	25	1.0414	2	---	---	---	solid	1
28620	C15H21NO2	heptylidene methyl anthranilate	---	247.338	---	---	---	---	25	1.0414	2	---	---	---	---	---
28621	C15H21NO2	ketobemidone	469-79-4	247.338	474.65	1	---	---	25	1.0414	2	---	---	---	solid	1
28622	C15H21NO3	8-(2-hydroxy-3-isopropylamino)propoxy-2H	---	263.337	---	---	---	---	25	1.0831	2	---	---	---	---	---
28623	C15H21NO4	metalaxyl	57837-19-1	279.336	344.15	1	---	---	25	1.1230	2	---	---	---	solid	1
28624	C15H21NO4	(2S,3R)-N-boc-2-amino-3-phenylbutyric ac	145432-51-5	279.336	---	---	---	---	25	1.1230	2	---	---	---	---	---
28625	C15H21NO4	boc-DL-2'-methylphenylalanine	139558-50-2	279.336	400.15	1	---	---	25	1.1230	2	---	---	---	solid	1
28626	C15H21NO4	6,7-diethoxy-1,2,3,4-tetrahydroisoquinoline	---	279.336	532.65	1	---	---	25	1.1230	2	---	---	---	solid	1
28627	C15H21NO4	N-[(S)-(+)-1-ethoxycarbonyl)-3-phenylprop	82717-96-2	279.336	423.65	1	---	---	25	1.1230	2	---	---	---	solid	1
28628	C15H21NO4	metalaxyl-m	70630-17-0	279.336	234.55	1	---	---	25	1.1230	2	---	---	---	---	---
28629	C15H21NO4	4-N-butoxyphenylacetohydroxamic acid o-p	77372-68-0	279.336	---	---	---	---	25	1.1230	2	---	---	---	---	---
28630	C15H21NO4S	boc-S-benzyl-L-cysteine	5068-28-0	311.402	359.65	1	---	---	25	1.1782	2	---	---	---	solid	1
28631	C15H21NO5	3-N-boc-amino-3-(3-methoxyphenyl)propio	---	295.336	---	---	---	---	25	1.1611	2	---	---	---	---	---
28632	C15H21NO5	3-N-boc-amino-3-(4-methoxyphenyl)propio	---	295.336	---	---	---	---	25	1.1611	2	---	---	---	---	---
28633	C15H21NO5	N-boc-O-benzyl-L-serine	23680-31-1	295.336	332.65	1	---	---	25	1.1611	2	---	---	---	solid	1
28634	C15H21NO5	N-boc-O-benzyl-D-serine	47173-80-8	295.336	332.65	1	---	---	25	1.1611	2	---	---	---	solid	1
28635	C15H21NO6	(-)-domoic acid	14277-97-5	311.335	---	---	---	---	25	1.1976	2	---	---	---	---	---
28636	C15H21NO9S2	2-phenethylglucosinolate	499-30-9	423.465	---	---	---	---	25	1.3751	2	---	---	---	---	---
28637	C15H21N3O	primaquine	90-34-6	259.352	298.15	1	450.15	1	25	1.0789	2	---	---	---	---	---
28638	C15H21N3O	5-(3-(dimethylamino)propoxy)-3-methyl-1-p	15083-53-1	259.352	---	---	450.15	2	25	1.0789	2	---	---	---	---	---
28639	C15H21N3O2	physostigmine	57-47-6	275.352	378.65	1	---	---	25	1.1193	2	---	---	---	solid	1
28640	C15H21N3O2	2-(N-cyclohexyl-N-isopropylaminomethyl)-1	3687-61-4	275.352	---	---	---	---	25	1.1193	2	---	---	---	---	---

Table 1 Physical Properties - Organic Compounds

				Mol Wt	Freezing Point		Boiling Point		Density			Refractive Index			State	
NO	FORMULA	NAME	CAS No	g/mol	T_F, K	code	T_B, K	code	T, C	g/cm3	code	T, C	n_D	code	@25C,1 atm	code
28641	C15H21N3O3S	diamicron	21187-98-4	323.417	454.15	1	---	---	25	1.2105	2	---	---	---	solid	1
28642	C15H21N5O5	trans-zeatin-riboside	6025-53-2	351.364	452.65	1	---	---	25	1.2949	2	---	---	---	solid	1
28643	C15H21N5O7S	cylindro-spropsin	143545-90-8	415.429	---	---	---	---	25	1.3934	2	---	---	---	---	---
28644	C15H21O6Rh	rhodium(iii) acetylacetonate	14284-92-5	400.234	536.65	1	---	---	---	---	---	---	---	---	solid	1
28645	C15H21O6Ru	ruthenium(iii) acetylacetonate	14284-93-6	398.398	503.15	1	---	---	---	---	---	---	---	---	solid	1
28646	C15H21O6V	vanadium(iii) acetylacetonate	13476-99-8	348.270	---	---	---	---	---	»1.0	1	---	---	---	---	---
28647	C15H22	1-pentyl-[1,2,3,4-tetrahydronaphthalene]	66359-06-6	202.340	277.38	2	562.78	1	25	0.9235	1	25	1.5158	1	liquid	1
28648	C15H22	2-pentyl-[1,2,3,4-tetrahydronaphthalene]	66359-07-7	202.340	277.38	2	568.15	1	25	0.9185	1	25	1.5111	1	liquid	1
28649	C15H22	1-(1,5-dimethyl-4-hexenyl)-4-methylbenzer	644-30-4	202.340	---	---	565.39	2	20	0.8805	1	20	1.4989	1	---	---
28650	C15H22	5-hexyl-2,3-dihydro-1H-indene	54889-55-3	202.340	239.15	1	565.25	1	20	0.9114	1	20	1.5122	1	liquid	1
28651	C15H22BKN6	potassium tris(3,5-dimethyl-1-pyrazolyl)bor	17567-17-8	336.291	560.15	1	---	---	---	---	---	---	---	---	solid	1
28652	C15H22ClNO2	meperidine hydrochloride	50-13-5	283.798	---	---	555.15	2	25	1.0949	2	---	---	---	---	---
28653	C15H22ClNO2	metolachlor	51218-45-2	283.798	---	---	555.15	2	20	1.1200	1	---	---	---	---	---
28654	C15H22ClNO2	S-metolachlor	87392-12-9	283.798	233.25	1	555.15	1	25	1.0949	2	---	---	---	liquid	1
28655	C15H22ClNO2	N-isobutoxymethyl-2-chloro-2',6'-dimethyla	24353-58-0	283.798	---	---	555.15	2	25	1.0949	2	---	---	---	---	---
28656	C15H22ClN3O10	rpcnu	55102-43-7	439.807	---	---	---	---	25	1.4068	2	---	---	---	---	---
28657	C15H22N2O	mepivacaine	96-88-8	246.353	---	---	---	---	25	1.0237	2	---	---	---	---	---
28658	C15H22N2O2	methylene bis(4-cyclohexylisocyanate)	5124-30-1	262.352	---	---	---	---	25	1.0653	2	---	---	---	---	---
28659	C15H22N2O2	1-amino-2-(o-cyclohexylphenoxy)propional	---	262.352	---	---	---	---	25	1.0653	2	---	---	---	---	---
28660	C15H22N2O2	o-methylcarbanilic acid N-ethyl-3-piperdiny	33531-59-8	262.352	---	---	---	---	25	1.0653	2	---	---	---	---	---
28661	C15H22N2O6	aspirin-DL-lysine	---	326.350	---	---	---	---	25	1.2144	2	---	---	---	---	---
28662	C15H22N2O6	nipradilol	81486-22-8	326.350	---	---	---	---	25	1.2144	2	---	---	---	---	---
28663	C15H22N3O4	3-(2-maleimidoethylcarbamoyl)-proxyl, free	66641-27-8	308.358	413.15	1	---	---	25	1.1781	2	---	---	---	solid	1
28664	C15H22O	alpha-vetivone	15764-04-2	218.339	324.65	1	573.15	2	20	1.0035	1	20	1.5370	1	solid	1
28665	C15H22O	beta-vetivone	18444-79-6	218.339	317.65	1	573.15	2	20	1.0001	1	20	1.5309	1	solid	1
28666	C15H22O	3,5-bis(tert-butyl)benzaldehyde	17610-00-3	218.339	355.15	1	573.15	2	23	1.0094	2	---	---	---	solid	1
28667	C15H22O	(1R,2S)-(-)-trans-2-(1-methyl-1-phenylethy	109527-43-7	218.339	---	---	573.15	1	25	1.0260	1	---	1.5410	1	---	---
28668	C15H22O	(1S,2R)-(+)-trans-2-(1-methyl-1-phenylethy	109527-45-9	218.339	---	---	573.15	1	25	1.0080	1	---	1.5410	1	---	---
28669	C15H22O	n-nonaphenone	6008-36-2	218.339	---	---	573.15	2	23	1.0094	2	---	1.5015	1	---	---
28670	C15H22O	4-octylbenzaldehyde	49763-66-8	218.339	---	---	573.15	2	23	1.0094	2	---	1.5113	1	---	---
28671	C15H22O2	4-octylbenzoic acid	3575-31-3	234.338	362.65	1	462.15	2	25	0.9856	2	---	---	---	solid	1
28672	C15H22O2	p-(octyloxy)benzaldehyde	24083-13-4	234.338	---	---	462.15	2	25	0.9800	1	---	---	---	---	---
28673	C15H22O2	3,5-di-tert-butyl-4-hydroxybenzaldehyde	1620-98-0	234.338	461.15	1	462.15	2	25	0.9856	2	---	---	---	solid	1
28674	C15H22O2	3,5-di-tert-butylbenzoic acid	16225-26-6	234.338	447.15	1	462.15	2	25	0.9856	2	---	---	---	solid	1
28675	C15H22O2	amylisoeugenol	10484-36-3	234.338	---	---	462.15	2	25	0.9856	2	---	---	---	---	---
28676	C15H22O2	3-(3-cyclohexenyl)-2,4-dioxaspiro(5.5)unde	1820-50-4	234.338	---	---	462.15	2	25	0.9856	2	---	---	---	---	---
28677	C15H22O2	eudesma-3,11(13)-dien-12-oic acid	28399-17-9	234.338	---	---	462.15	1	25	0.9856	2	---	---	---	---	---
28678	C15H22O2	p-tolyl octanoate	59558-23-5	234.338	---	---	462.15	2	25	0.9856	2	---	---	---	---	---
28679	C15H22O3	2-[2-(benzyloxy)ethyl]-5,5-dimethyl-1,3-dio	116376-29-5	250.338	---	---	446.90	2	25	1.0180	1	---	1.4960	1	---	---
28680	C15H22O3	ethyl 3-(1-adamantyl)-3-oxopropionate	19386-06-2	250.338	---	---	446.90	2	25	1.0370	1	---	1.4990	1	---	---
28681	C15H22O3	2-ethylhexyl salicylate	118-60-5	250.338	---	---	462.15	1	25	1.0140	1	---	1.5020	1	---	---
28682	C15H22O3	gemfibrozil	25812-30-0	250.338	335.15	1	431.65	1	25	1.0230	2	---	---	---	solid	1
28683	C15H22O3	4-octyloxybenzoic acid	2493-84-7	250.338	375.15	1	446.90	2	25	1.0230	2	---	---	---	solid	1
28684	C15H22O3	3,5-di-tert-butyl-4-hydroxybenzoic acid	1421-49-4	250.338	480.65	1	---	---	25	1.0230	2	---	---	---	solid	1
28685	C15H22O3	all-trans-fecapentaene 12	91423-46-0	250.338	---	---	446.90	2	25	1.0230	2	---	---	---	---	---
28686	C15H22O3	salicylic acid octyl ester	6969-49-9	250.338	---	---	446.90	2	25	1.0230	2	---	---	---	---	---
28687	C15H22O5	artemisinine	63968-64-9	282.337	429.65	1	548.90	2	25	1.1089	2	---	---	---	solid	1
28688	C15H22O5	hymenovin	57074-51-8	282.337	---	---	548.90	2	25	1.1089	2	---	---	---	---	---
28689	C15H22O5	hymenoxon	57377-32-9	282.337	---	---	562.15	1	25	1.1089	2	---	---	---	---	---
28690	C15H22O5	octyl gallate	1034-01-1	282.337	---	---	535.65	1	25	1.1089	2	---	---	---	---	---
28691	C15H22O6	2-(3,4-methylenedioxyphenoxy)-3,6,9-triox	51-14-9	298.336	298.15	1	---	---	25	1.1464	2	---	---	---	---	---
28692	C15H23ClO2S	2,4,6-triisopropylbenzenesulfonyl chloride	6553-96-4	302.865	368.15	1	---	---	25	1.1012	2	---	---	---	solid	1
28693	C15H23ClO4S	aramite	140-57-8	334.864	235.85	1	---	---	20	1.1430	1	20	1.5100	1	---	---
28694	C15H23N	2,3-cyclododecenopyridine	6571-43-3	217.355	295.65	1	---	---	25	0.9990	1	---	1.5380	1	---	---
28695	C15H23N	2,4-cyclododecenopyridine	---	217.355	---	---	---	---	25	0.9990	2	---	---	---	---	---
28696	C15H23NO	4-(dibutylamino)benzaldehyde	90134-10-4	233.354	---	---	---	---	25	0.9780	1	---	1.5870	1	---	---
28697	C15H23NO	(2R,3S)-1,1-dimethyl-2-(3-oxobutyl)-3-(3-c	---	233.354	---	---	---	---	25	0.9500	1	---	1.4754	1	---	---
28698	C15H23NOS	S-(phenylmethyl) (1,2-dimethylpropyl)ethyl	85785-20-2	265.420	298.15	1	---	---	25	1.0349	2	---	---	---	---	---
28699	C15H23NO2	alprenolol	13655-52-2	249.353	330.65	1	---	---	25	1.0115	2	---	---	---	solid	1
28700	C15H23NO3	4-nitrophenyl nonyl ether	86702-46-7	265.353	---	---	449.15	1	25	1.0290	1	---	1.5250	1	---	---
28701	C15H23NO3	coretal	6452-71-7	265.353	---	---	449.15	2	25	1.0524	2	---	---	---	---	---
28702	C15H23NO4	cycloheximide	66-81-9	281.352	392.15	1	---	---	25	1.0916	2	---	---	---	solid	1
28703	C15H23NO5	p-iodobenzoic acid sodium salt	1005-30-7	297.352	---	---	---	---	25	1.1290	2	---	---	---	---	---
28704	C15H24ClNO	b-sec-butyl-3-chloro-N,N-dimethyl-4-metho	27778-78-5	269.814	---	---	573.15	1	25	1.0275	2	---	---	---	---	---
28705	C15H24ClNO	b-sec-butyl-5-chloro-N,N-dimethyl-2-metho	33132-85-3	269.814	---	---	573.15	2	25	1.0275	2	---	---	---	---	---
28706	C15H24ClN3O	1-(6-chloro-o-tolyl)-3-(2-(diethylamino)ethy	78371-93-4	297.828	---	---	---	---	25	1.0986	2	---	---	---	---	---
28707	C15H24ClN3O	1-(6-chloro-o-tolyl)-3-(3-(diethylamino)prop	78371-96-7	297.828	---	---	---	---	25	1.0986	2	---	---	---	---	---
28708	C15H24FNO	b-sec-butyl-N,N-dimethyl-5-fluoro-2-metho	27684-90-8	253.360	---	---	---	---	25	0.9924	2	---	---	---	---	---
28709	C15H24N2O3	N-(2-(diethylamino)ethyl)-2-(p-methoxyphe	1227-61-8	280.368	---	---	---	---	25	1.0747	2	---	---	---	---	---
28710	C15H24N4O2S2	dithiopropylthiamine	59-58-5	356.514	401.65	dec	---	---	25	1.2089	2	---	---	---	solid	1
28711	C15H24N4O3	7-(5-hydroxyhexyl)-3-methyl-1-propylxanth	56395-66-5	308.382	---	---	---	---	25	1.1448	2	---	---	---	---	---
28712	C15H24N6	2,4,6-tris-(1-(2-ethylaziridinyl))-1,3,5-triazir	18924-91-9	288.398	---	---	---	---	25	1.1048	2	---	---	---	---	---
28713	C15H24O3	tert-butyl-1-adamantane peroxycarboxylate	---	252.354	---	---	---	---	25	0.9998	2	---	---	---	---	---
28714	C15H24O6	patrinoside-aglycone	76319-15-8	300.352	---	---	---	---	25	1.1155	2	---	---	---	---	---
28715	C15H24O6	tripropyleneglycol diacrylate	42978-66-5	300.352	---	---	---	---	25	1.1155	2	---	---	---	---	---
28716	C15H25NO3	metoprolol	37350-58-6	267.369	---	---	---	---	25	1.0238	2	---	---	---	---	---
28717	C15H25NO4	supinine	551-58-6	283.368	421.65	1	---	---	25	1.0622	2	---	---	---	solid	1
28718	C15H25NO6	indicine-N-oxide	41708-76-3	315.367	403.65	dec	---	---	25	1.1344	2	---	---	---	solid	1
28719	C15H23NO5	streptovitacin A	523-86-4	297.352	430.65	1	---	---	25	1.1290	2	---	---	---	solid	1
28720	C15H23NO5	vanilol	78100-57-9	297.352	---	---	---	---	25	1.1290	2	---	---	---	---	---

				Mol Wt	Freezing Point		Boiling Point		Density			Refractive Index			State	
NO	FORMULA	NAME	CAS No	g/mol	T_F, K	code	T_B, K	code	T, C	g/cm3	code	T, C	n_D	code	@25C,1 atm	code
28721	C15H23N3O4	isopropalin	33820-53-0	309.366	---	---	---	---	25	1.1619	2	---	---	---	---	---
28722	C15H23N3O4S	(1-aminocyclohexyl)penicillin	3485-14-1	341.432	455.65	1	---	---	25	1.2116	2	---	---	---	solid	1
28723	C15H23N3O4S	N-((1-ethyl-2-pyrrolidinyl)methyl)-5-sulfamo	15676-16-1	341.432	451.65	dec	---	---	25	1.2116	2	---	---	---	solid	1
28724	C15H23N3O5S	ethyl 2-(2-aminothiazol-4-yl)-2-(1-tert- buto	86299-46-9	357.432	444.15	1	---	---	25	1.2436	2	---	---	---	solid	1
28725	C15H24	nonylbenzene	1081-77-2	204.356	249.00	1	555.20	1	25	0.8520	1	25	1.4817	1	liquid	1
28726	C15H24	1,2,4-triisopropylbenzene	948-32-3	204.356	273.13	2	517.15	1	25	0.8574	1	25	1.4896	1	liquid	1
28727	C15H24	1,3,5-triisopropylbenzene	717-74-8	204.356	265.75	1	511.15	1	20	0.8545	1	20	1.4882	1	liquid	1
28728	C15H24	3,5-di-tert-butyltoluene	15181-11-0	204.356	304.65	1	517.15	1	25	0.8600	1	---	1.4900	1	solid	1
28729	C15H24	gamma-cadinene	39029-41-9	204.356	---	---	530.01	2	15	0.9182	1	20	1.3166	1	---	---
28730	C15H24	caryophyllene	87-44-5	204.356	---	---	530.01	2	20	0.9075	1	20	1.4986	1	---	---
28731	C15H24	cedrene	11028-42-5	204.356	---	---	535.65	1	20	0.9342	1	20	1.5034	1	---	---
28732	C15H24	copaene	3856-25-5	204.356	---	---	521.65	1	20	0.8996	1	20	1.4894	1	---	---
28733	C15H24	alpha-farnesene	502-61-4	204.356	---	---	530.01	2	20	0.8410	1	20	1.4836	1	---	---
28734	C15H24	beta-farnesene	18794-84-8	204.356	---	---	530.01	2	20	0.8363	1	20	1.4899	1	---	---
28735	C15H24	1,2,4a,5,8,8a-hexahydro-4,7-dimethyl-1-iso	523-47-7	204.356	---	---	547.15	1	20	0.9230	1	20	1.5059	1	---	---
28736	C15H24	cis-1,2,3,5,6,8a-hexahydro-4,7-dimethyl-1-	483-76-1	204.356	---	---	530.01	2	15	0.9160	1	15	1.5089	1	---	---
28737	C15H24	humulene	6753-98-6	204.356	---	---	530.01	2	20	0.8905	1	20	1.5038	1	---	---
28738	C15H24	longifolene	475-20-7	204.356	---	---	531.15	1	18	0.9319	1	20	1.5040	1	---	---
28739	C15H24	1-methyl-4-(5-methyl-1-methylene-4-hexen	495-61-4	204.356	---	---	530.01	2	20	0.8673	1	20	1.4880	1	---	---
28740	C15H24	6-vinyl-6-methyl-1-isopropyl-3-(1-methyleth	5951-67-7	204.356	---	---	530.01	2	20	0.8782	1	26	1.5130	1	---	---
28741	C15H24	thujopsene	470-40-6	204.356	---	---	530.01	2	21	0.8895	2	---	---	---	---	---
28742	C15H24	1-vinyl-1-methyl-2,4-bis(1-methylvinyl)cycl	33880-83-0	204.356	---	---	530.01	2	20	0.8749	1	20	1.4935	1	---	---
28743	C15H24	(-)-a-cubebene	17699-14-8	204.356	---	---	518.65	1	25	0.8890	1	---	1.4820	1	---	---
28744	C15H24	(+)-cyclosativene	22469-52-9	204.356	---	---	530.01	2	25	0.9290	1	---	1.4880	1	---	---
28745	C15H24	(-)-isocaryophyllene	118-65-0	204.356	298.15	1	545.15	1	25	0.8940	1	---	1.4960	1	---	---
28746	C15H24	trimethyl-1,5,9-cyclododecatriene, isomers	27193-69-7	204.356	---	---	530.01	2	25	0.8800	1	---	1.5116	1	---	---
28747	C15H24	valencene	4630-07-3	204.356	---	---	530.01	2	25	0.9355	1	---	1.5075	1	---	---
28748	C15H24	a-cedrene	469-61-4	204.356	---	---	530.01	2	21	0.8895	2	---	---	---	---	---
28749	C15H24	guaia-1(5),7(11)-diene	88-84-6	204.356	---	---	530.01	2	21	0.8895	2	---	---	---	---	---
28750	C15H24NO4PS	isofenphos	25311-71-1	345.400	---	---	---	---	20	1.1340	1	---	---	---	---	---
28751	C15H24N2O	aphylline	577-37-7	248.369	327.65	1	473.15	dec	25	0.9948	2	---	---	---	solid	1
28752	C15H24N2O	matridin-15-one	519-02-8	248.369	---	---	468.90	2	25	0.9948	2	25	1.5286	1	---	---
28753	C15H24N2O	lupanine	550-90-3	248.369	371.65	1	464.65	1	25	0.9948	2	---	---	---	solid	1
28754	C15H24N2O2	hydroxylupanine	15358-48-2	264.368	442.65	1	---	---	25	1.0356	2	---	---	---	solid	1
28755	C15H24N2O2	p-(butylamino)benzoic acid-2-(dimethylami	94-24-6	264.368	316.15	1	---	---	25	1.0356	2	---	---	---	solid	1
28756	C15H24O	2,6-di-tert-butyl-p-cresol	128-37-0	220.355	342.90	1	541.15	1	75	0.8937	1	75	1.4859	1	solid	1
28757	C15H24O	nonylphenol	25154-52-3	220.355	329.76	2	590.76	1	25	0.9490	1	20	1.5116	1	solid	2
28758	C15H24O	2,4-di-tert-butyl-5-methylphenol	497-39-2	220.355	335.25	1	555.15	1	80	0.9120	1	---	---	---	solid	1
28759	C15H24O	2,4-di-tert-butyl-6-methylphenol	616-55-7	220.355	324.15	1	542.15	1	80	0.8910	1	---	---	---	solid	1
28760	C15H24O	alpha-santalol	115-71-9	220.355	---	---	574.65	1	20	0.9679	1	20	1.5023	1	---	---
28761	C15H24O	beta-santalol	77-42-9	220.355	---	---	553.43	2	20	0.9750	1	20	1.5115	1	---	---
28762	C15H24O	3,7,11-trimethyl-2,6,10-dodecatrienal	19317-11-4	220.355	---	---	553.43	2	18	0.8930	1	---	1.4995	1	---	---
28763	C15H24O	(-)-caryophyllene oxide	1139-30-6	220.355	332.65	1	553.43	2	25	0.9600	1	---	---	---	solid	1
28764	C15H24O	4-nonylphenol	104-40-5	220.355	315.65	1	568.15	1	41	0.9313	2	---	---	---	solid	1
28765	C15H24O	4-nonylphenol isomers	84852-15-3	220.355	329.76	2	568.15	1	25	0.9400	1	---	1.5150	1	solid	2
28766	C15H24O	(-)-8-phenylmenthol	65253-04-5	220.355	---	---	553.43	2	41	0.9313	2	---	1.5305	1	---	---
28767	C15H24O	a-cyclocitrylidene-4-methylbutan-3-one	72117-72-7	220.355	---	---	500.15	1	41	0.9313	2	---	---	---	---	---
28768	C15H24O	epoxyguaiene	68071-23-8	220.355	---	---	553.43	2	41	0.9313	2	---	---	---	---	---
28769	C15H24O	oil of sandalwood, east indian	8006-87-9	220.355	---	---	553.43	2	41	0.9313	2	---	---	---	---	---
28770	C15H24O2	4-butylbenzaldehyde diethyl acetal	83803-80-9	236.354	---	---	523.15	1	25	1.0450	1	---	1.4780	1	---	---
28771	C15H24O2	3,5-di-tert-butyl-4-hydroxybenzyl alcohol	88-26-6	236.354	412.65	1	523.15	2	25	0.9577	2	---	---	---	solid	1
28772	C15H24O2	2,6-di-tert-butyl-4-methoxyphenol	489-01-0	236.354	377.65	1	523.15	2	25	0.9577	2	---	---	---	solid	1
28773	C15H24O2	cyclamen aldehyde dimethyl acetal	29886-96-2	236.354	---	---	523.15	2	25	0.9577	2	---	---	---	---	---
28774	C15H24O2	geranyl tiglate	7785-33-3	236.354	---	---	523.15	2	25	0.9577	2	---	---	---	---	---
28775	C15H24O2	germacr-1(10)-ene-5,8-dione	13657-68-6	236.354	---	---	523.15	2	25	0.9577	2	---	---	---	---	---
28776	C15H24O2	a-ionyl acetate	52210-18-1	236.354	---	---	523.15	2	25	0.9577	2	---	---	---	---	---
28777	C15H24O5S	triethyl 3-phenylsulfonylorthopropionate	38435-09-5	316.419	---	---	---	---	25	1.1333	2	---	---	---	---	---
28778	C15H24O8	tetraethyl 1,1,2,3-propanetetracarboxylate	635-03-0	332.351	---	---	578.15	2	20	1.1184	1	20	1.4395	1	---	---
28779	C15H24O8	tetraethyl 1,1,3,3-propanetetracarboxylate	2121-66-6	332.351	243.15	1	578.15	dec	20	1.1160	1	20	1.4398	1	liquid	1
28780	C15H25Br	trans,trans-farnesyl bromide	28290-41-7	285.268	---	---	---	---	25	1.0520	1	---	1.5090	1	---	---
28781	C15H25Cl	trans,trans-farnesyl chloride	67023-84-1	240.816	---	---	---	---	25	0.9160	1	---	1.4930	1	---	---
28782	C15H25ClN2O2	tetracaine hydrochloride	136-47-0	300.829	420.15	1	---	---	25	1.0861	2	---	---	---	solid	1
28783	C15H25HgNO6	phenylmercuritriethanolammonium lactate	23319-66-6	515.957	---	---	---	---	---	---	---	---	---	---	---	---
28784	C15H26	1,3-dicyclopentylcyclopentane	6051-40-7	206.371	---	---	---	---	25	0.8438	2	---	---	---	---	---
28785	C15H26N2	sparteine	90-39-1	234.385	303.65	1	598.15	1	20	1.0196	1	20	1.5312	1	solid	1
28786	C15H26N2	pachycarpine	492-08-0	234.385	---	---	598.15	2	25	0.9262	2	---	---	---	---	---
28787	C15H26O	cedrol	77-53-2	222.371	359.15	1	510.98	2	90	0.9479	1	90	1.4824	1	solid	1
28788	C15H26O	2-cis,6-trans-farnesol	3790-71-4	222.371	---	---	510.98	2	20	0.8908	1	20	1.4877	1	---	---
28789	C15H26O	2-trans,6-trans-farnesol	106-28-5	222.371	---	---	510.98	2	20	0.8880	1	20	1.4877	1	---	---
28790	C15H26O	guaiol	489-86-1	222.371	364.15	1	561.15	dec	100	0.9074	1	100	1.4716	1	solid	1
28791	C15H26O	juniperol	465-24-7	222.371	385.15	1	560.15	dec	20	1.0441	1	---	1.5190	1	solid	1
28792	C15H26O	ledol	577-27-5	222.371	378.15	1	565.15	1	100	0.9078	1	110	1.4667	1	solid	1
28793	C15H26O	cis-nerolidol	142-50-7	222.371	---	---	549.15	1	20	0.8778	1	20	1.4898	1	---	---
28794	C15H26O	patchouli alcohol	5986-55-0	222.371	329.15	1	510.98	2	65	0.9906	1	65	1.5029	1	solid	1
28795	C15H26O	bisabolol	515-69-5	222.371	298.15	1	427.15	1	46	0.9172	2	---	---	---	---	---
28796	C15H26O	farnesol	4602-84-0	222.371	298.15	1	403.15	1	25	0.8860	1	---	1.4900	1	---	---
28797	C15H26O	trans-nerolidol	40716-66-3	222.371	---	---	510.98	2	25	0.8760	1	---	1.4790	1	---	---
28798	C15H26O	nerolidol	7212-44-4	222.371	298.15	1	510.98	2	25	0.8730	1	---	1.4770	1	---	---
28799	C15H26O2	bornyl 3-methylbutanoate, (1R)	53022-14-3	238.370	---	---	530.65	1	25	0.9550	1	---	---	---	---	---
28800	C15H26O2	geranyl isovalerate	109-20-6	238.370	---	---	530.65	2	25	0.9319	2	---	---	---	---	---

Table 1 Physical Properties - Organic Compounds

				Mol Wt	Freezing Point		Boiling Point		Density			Refractive Index			State	
NO	FORMULA	NAME	CAS No	g/mol	T_F, K	code	T_B, K	code	T, C	g/cm3	code	T, C	n_D	code	@25C,1 atm	code
28801	C15H26O2	hysterol	76-50-6	238.370	---	---	530.65	2	25	0.9319	2	---	---	---	---	---
28802	C15H26O2	isoamyl geranate	68133-73-3	238.370	---	---	530.65	2	25	0.9319	2	---	---	---	---	---
28803	C15H26O2	linalyl isovalerate	1118-27-0	238.370	---	---	530.65	2	25	0.9319	2	---	---	---	---	---
28804	C15H26O2	neryl isovalerianate	3915-83-1	238.370	---	---	530.65	2	25	0.9319	2	---	---	---	---	---
28805	C15H26O4	prostaglandin viii	---	270.369	356.15	1	---	---	25	1.0125	2	---	---	---	solid	1
28806	C15H26O4	ethylene undecane dicarboxylate	105-95-3	270.369	---	---	---	---	25	1.0125	2	---	---	---	---	---
28807	C15H26O4S2	2,3-dimercapto-1-propanol tributyrate	58428-97-0	334.501	---	---	---	---	25	1.0830	1	---	1.4950	1	---	---
28808	C15H26O6	tributyrin	60-01-5	302.368	198.15	1	580.65	1	20	1.0350	1	20	1.4359	1	liquid	1
28809	C15H26Si	phenyltripropylsilane	78938-11-1	234.456	---	---	---	---	20	0.8799	1	20	1.4950	1	---	---
28810	C15H27NO	2,6-dimethyl-1-((2-methylcyclohexyl)carbor	69462-47-1	237.386	---	---	---	---	25	0.9168	2	---	---	---	---	---
28811	C15H27NO2S	lauric acid, 2-thiocyanatoethyl ester	301-11-1	285.451	---	---	452.15	1	25	1.0191	2	---	---	---	---	---
28812	C15H27NO3S	tetraethylammonium p-toluenesulfonate	733-44-8	301.451	384.15	1	---	---	25	1.0550	2	---	---	---	solid	1
28813	C15H27N3O	2,4,6-tris(dimethylaminomethyl)phenol	90-72-2	265.400	---	---	405.65	1	25	0.9690	1	---	1.5160	1	---	---
28814	C15H27O7P	furfuryl alcohol phosphate (3:1)	10427-00-6	350.349	---	---	522.15	1	---	---	---	---	---	---	---	---
28815	C15H28	1,1-dicyclohexylpropane	54934-91-7	208.387	249.75	1	556.71	1	25	0.8896	1	25	1.4829	1	liquid	1
28816	C15H28	1,2-dicyclohexylpropane	41851-34-7	208.387	251.15	1	557.65	1	21	0.8724	1	21	1.4790	1	liquid	1
28817	C15H28	1,3-dicyclohexylpropane	3178-24-3	208.387	256.15	1	564.65	1	24	0.8728	1	24	1.4736	1	liquid	1
28818	C15H28	2,2-dicyclohexylpropane	54934-90-6	208.387	288.75	1	559.15	1	23	0.9001	1	23	1.4900	1	liquid	1
28819	C15H28	1-decylcyclopentene	62184-75-2	208.387	234.40	2	542.15	1	25	0.8233	1	25	1.4584	1	liquid	1
28820	C15H28	1-pentadecyne	765-13-9	208.387	283.16	1	541.16	1	25	0.7890	1	25	1.4410	1	liquid	1
28821	C15H28	2-pentadecyne	52112-25-1	208.387	364.41	2	553.15	1	24	0.8579	2	---	---	---	solid	2
28822	C15H28	3-pentadecyne	61886-61-1	208.387	364.41	2	544.15	1	24	0.8579	2	---	---	---	solid	2
28823	C15H28ClN3O2	1-(2-chloroethyl)-3-cyclododecyl-1-nitrosou	13909-14-3	317.860	---	---	---	---	25	1.0784	2	---	---	---	---	---
28824	C15H28NNaO3	gardol	137-16-6	293.382	---	---	---	---	---	---	---	---	---	---	---	---
28825	C15H28N2	N-dodecylimidazole	4303-67-7	236.401	---	---	---	---	25	0.9021	2	---	---	---	---	---
28826	C15H28O	cyclopentadecanone	502-72-7	224.387	336.15	1	---	---	25	0.8895	1	60	1.4637	1	solid	1
28827	C15H28O2	menthol 3-methylbutanoate	16409-46-4	240.386	274.45	2	547.08	2	15	0.9080	1	20	1.4486	1	liquid	2
28828	C15H28O2	oxacyclohexadecan-2-one	106-02-5	240.386	---	---	---	---	25	0.9078	2	---	---	---	---	---
28829	C15H28O2	butyl 10-undecenoate	109-42-2	240.386	274.45	2	547.08	2	25	0.9078	2	---	---	---	liquid	2
28830	C15H28O3	lauric acid 2,3-epoxypropyl ester	1984-77-6	256.386	---	---	445.65	2	25	0.9481	2	---	---	---	---	---
28831	C15H28O3	11-oxahexadecanolide	3391-83-1	256.386	---	---	445.65	2	25	0.9481	2	---	---	---	---	---
28832	C15H28O3	12-oxahexadecanolide	6707-60-4	256.386	---	---	445.65	2	25	0.9481	2	---	---	---	---	---
28833	C15H28O3	oxalide	1725-01-5	256.386	---	---	445.65	1	25	0.9481	2	---	---	---	---	---
28834	C15H28O4	diethyl dibutylmalonate	596-75-8	272.385	---	---	602.10	2	20	0.9457	1	20	1.4341	1	---	---
28835	C15H28O4	dimethyl brassylate	1472-87-3	272.385	309.15	1	602.10	1	25	0.9868	2	---	---	---	solid	1
28836	C15H28O4S2Sn	2,2-dibutyl-1,3-dioxa-2-stanna-7,9-dithiacy	3231-93-4	455.227	---	---	469.65	1	---	---	---	---	---	---	---	---
28837	C15H29Br	cis-1-bromo-1-pentadecene	66374-76-3	289.299	313.03	2	582.15	1	25	1.0409	2	---	---	---	solid	2
28838	C15H29Br	trans-1-bromo-1-pentadecene	66374-77-4	289.299	313.03	2	582.15	1	25	1.0409	2	---	---	---	solid	2
28839	C15H29Br3	1,1,1-tribromopentadecane	62127-71-3	449.107	440.13	2	652.15	1	25	1.4140	2	---	---	---	solid	2
28840	C15H29Cl	cis-1-chloro-1-pentadecene	66374-78-5	244.848	283.15	2	587.15	1	25	0.8720	1	25	1.4520	1	liquid	1
28841	C15H29Cl	trans-1-chloro-1-pentadecene	66374-79-6	244.848	283.15	2	587.15	1	25	0.8720	1	25	1.4520	1	liquid	1
28842	C15H29Cl3	1,1,1-trichloropentadecane	62108-59-2	315.753	350.49	2	616.15	1	25	1.0197	2	---	---	---	solid	2
28843	C15H29F	cis-1-fluoro-1-pentadecene	66291-42-7	228.394	285.38	2	546.03	2	25	0.8360	1	25	1.4490	1	liquid	2
28844	C15H29F	trans-1-fluoro-1-pentadecene	66291-43-8	228.394	285.38	2	546.03	2	25	0.8360	1	25	1.4490	1	liquid	2
28845	C15H29F3	1,1,1-trifluoropentadecane	62127-00-8	266.391	357.18	2	530.15	1	25	0.9258	2	---	---	---	solid	2
28846	C15H29I	cis-1-iodo-1-pentadecene	66291-44-9	336.300	311.29	2	604.15	1	25	1.1733	2	---	---	---	solid	2
28847	C15H29I	trans-1-iodo-1-pentadecene	66291-45-0	336.300	311.29	2	604.15	1	25	1.1733	2	---	---	---	solid	2
28848	C15H29I3	1,1,1-triiodopentadecane	---	590.109	434.91	2	818.79	2	25	1.7168	2	---	---	---	solid	2
28849	C15H29N	pentadecanenitrile	18300-91-9	223.402	295.85	1	595.15	1	25	0.8257	1	25	1.4412	1	liquid	1
28850	C15H29NO	tetradecyl isocyanate	4877-14-9	239.402	---	---	---	---	25	0.8690	1	---	1.4460	1	---	---
28851	C15H29NO2	N,N-dimethylformamide dicyclohexyl aceta	2016-05-9	255.401	---	---	---	---	25	0.9500	1	---	---	---	---	---
28852	C15H29NO3	nonyl N,N-diethyloxamate	60254-68-4	271.400	---	---	---	---	25	0.9721	2	---	---	---	---	---
28853	C15H29NO7	methyl-6-O-(N-heptylcarbamoyl)-a-D-gluco	115457-83-5	335.398	377.15	1	---	---	25	1.1119	2	---	---	---	solid	1
28854	C15H29NSi	N-tert-butyl-1,1-dimethyl-1-(2,3,4,5-tetrame	125542-04-3	251.487	---	---	---	---	25	0.8780	1	---	1.4850	1	---	---
28855	C15H30	decylcyclopentane	1795-21-7	210.403	251.02	1	552.54	1	25	0.8070	1	25	1.4466	1	liquid	1
28856	C15H30	nonylcyclohexane	2883-02-5	210.403	262.96	1	554.66	1	25	0.8130	1	20	1.4522	1	liquid	1
28857	C15H30	1-ethyl-1-methyl-2,4-diisopropylcyclohexar	515-12-8	210.403	262.96	2	549.62	2	20	0.8440	1	20	1.4640	1	liquid	2
28858	C15H30	cyclopentadecane	295-48-7	210.403	337.35	1	559.15	1	61	0.8364	1	61	1.4592	1	solid	1
28859	C15H30	1-pentadecene	13360-61-7	210.403	269.42	1	541.61	1	25	0.7730	1	25	1.4367	1	liquid	1
28860	C15H30	2-methyl-1-tetradecene	52254-38-3	210.403	258.08	1	540.15	1	25	0.7759	1	25	1.4385	1	liquid	1
28861	C15H30	7-pentadecene	15430-98-5	210.403	263.75	2	549.62	2	20	0.7750	1	20	1.4420	1	liquid	2
28862	C15H30	8-pentadecene	---	210.403	263.75	2	549.62	2	29	0.8035	2	20	1.4420	2	liquid	2
28863	C15H30Al3N3S3	hexaethyltrialuminum trithiocyanate	17548-36-6	429.568	---	---	---	---	---	---	---	---	---	---	---	---
28864	C15H30Br2	1,1-dibromopentadecane	62168-32-5	370.211	362.91	2	626.15	1	25	1.2247	2	---	---	---	solid	2
28865	C15H30Cl2	1,1-dichloropentadecane	822-15-1	281.308	303.15	2	603.15	1	25	0.9473	2	---	---	---	solid	2
28866	C15H30F2	1,1-difluoropentadecane	62127-04-2	248.400	307.61	2	539.15	1	25	0.8797	2	---	---	---	solid	2
28867	C15H30I2	1,1-diiodopentadecane	66325-78-8	464.212	359.43	2	728.44	2	25	1.4521	2	---	---	---	solid	2
28868	C15H30N2	1,3-bis(1-methyl-4-piperidyl)propane	64168-11-2	238.417	286.85	1	369.65	2	25	0.8962	1	25	1.4804	1	liquid	2
28869	C15H30N2	4,4'-methylenebis(2-methylcyclohexylamin	6864-37-5	238.417	---	---	369.65	1	25	0.9400	1	---	1.4990	1	---	---
28870	C15H30N3OP	tripiperidinophosphine oxide	4441-17-2	299.398	348.65	1	---	---	---	---	---	---	---	---	solid	1
28871	C15H30N3PSe	tripiperidinophosphine selenide	68541-88-8	362.358	---	---	---	---	---	---	---	---	---	---	---	---
28872	C15H30N6O6	N,N,N',N',N'',N''-hexakis(methoxymethyl)-1	3089-11-0	390.442	---	---	---	---	25	1.2134	2	---	---	---	---	---
28873	C15H30O	pentadecanal	2765-11-9	226.403	300.15	1	570.15	1	31	0.8492	2	---	---	---	solid	1
28874	C15H30O	2-pentadecanone	2345-28-0	226.403	312.20	1	565.15	1	39	0.8182	1	---	---	---	solid	1
28875	C15H30O	8-pentadecanone	818-23-5	226.403	316.15	1	564.15	1	39	0.8180	1	---	---	---	solid	1
28876	C15H30O	cyclopentadecanol	4727-17-7	226.403	353.65	1	566.48	2	20	0.9300	1	98	1.4555	1	solid	1
28877	C15H30O	1-pentadecen-3-ol	99814-65-0	226.403	300.65	1	566.48	2	32	0.8340	1	32	1.4481	1	solid	1
28878	C15H30O	(R)-(+)-1,2-epoxypentadecane	96938-06-6	226.403	---	---	566.48	2	25	0.8460	1	---	---	---	---	---
28879	C15H30O2	pentadecanoic acid	1002-84-2	242.402	325.68	1	612.05	1	80	0.8423	1	80	1.4463	1	solid	1
28880	C15H30O2	tetradecyl formate	5451-63-8	242.402	317.01	2	600.12	2	29	0.8566	2	---	---	---	solid	2

Table 1 Physical Properties - Organic Compounds

				Mol Wt	Freezing Point		Boiling Point		Density			Refractive Index			State	
NO	FORMULA	NAME	CAS No	g/mol	T_F, K	code	T_B, K	code	T, C	g/cm3	code	T, C	n_D	code	@25C,1 atm	code
28881	C15H30O2	tridecyl acetate	1072-33-9	242.402	281.55	1	555.00	2	29	0.8566	2	25	1.4350	1	liquid	2
28882	C15H30O2	dodecyl propanoate	6221-93-8	242.402	300.64	2	600.82	2	29	0.8566	2	---	---	---	solid	2
28883	C15H30O2	undecyl butanoate	5461-02-9	242.402	300.64	2	600.82	2	29	0.8566	2	---	---	---	solid	2
28884	C15H30O2	octyl heptanoate	5132-75-2	242.402	250.65	1	563.15	1	20	0.8596	1	15	1.4349	1	liquid	1
28885	C15H30O2	heptyl octanoate	4265-97-8	242.402	262.55	1	563.65	1	20	0.8596	1	20	1.4340	1	liquid	1
28886	C15H30O2	propyl dodecanoate	3681-78-5	242.402	268.45	2	588.70	2	20	0.8610	1	20	1.4335	1	liquid	2
28887	C15H30O2	isopropyl dodecanoate	10233-13-3	242.402	268.45	2	588.70	2	20	0.8536	1	25	1.4280	1	liquid	2
28888	C15H30O2	methyl tetradecanoate	124-10-7	242.402	292.15	1	568.15	1	20	0.8671	1	45	1.4250	1	liquid	1
28889	C15H30O2	ethyl tridecanoate	28267-29-0	242.402	268.45	2	588.70	2	25	0.8530	1	---	1.4340	1	liquid	2
28890	C15H30O2	formaldehyde cyclododecyl ethyl acetal	58567-11-6	242.402	---	---	588.70	2	29	0.8566	2	---	---	---	---	---
28891	C15H30O3	3,3,5-trimethylcyclohexyl dipropylene glyco	73987-16-3	258.401	---	---	---	---	25	0.9247	2	---	---	---	---	---
28892	C15H30O4	glycerol 1-monododecanoate, (±)	40738-26-9	274.401	336.15	1	---	---	97	0.9248	1	86	1.4350	1	solid	1
28893	C15H30O4	dodecanoic acid, 2,3-dihydroxypropyl este	142-18-7	274.401	---	---	---	---	25	0.9626	2	---	---	---	---	---
28894	C15H30O4	dodecanoic acid, 2-hydroxy-1-(hydroxymet	1678-45-1	274.401	---	---	---	---	25	0.9626	2	---	---	---	---	---
28895	C15H30S	thiacyclohexadecane	295-68-1	242.469	318.18	2	592.15	1	25	0.8717	2	---	---	---	solid	2
28896	C15H30Sn	allenyltributyltin	53915-69-8	329.113	---	---	538.15	1	25	1.1070	1	---	1.5000	1	---	---
28897	C15H30Sn	tributyl(1-propynyl)tin	64099-82-7	329.113	---	---	550.15	1	25	1.0810	1	---	1.4830	1	---	---
28898	C15H31Br	1-bromopentadecane	629-72-1	291.315	292.15	1	595.15	1	25	1.0035	1	25	1.4592	1	liquid	1
28899	C15H31Cl	1-chloropentadecane	4862-03-1	246.864	287.85	1	585.15	1	25	0.8610	1	25	1.4468	1	liquid	1
28900	C15H31F	1-fluoropentadecane	1555-17-5	230.410	290.15	1	547.15	1	25	0.8267	1	25	1.4271	1	liquid	1
28901	C15H31I	1-iodopentadecane	35599-78-1	338.316	297.15	1	617.15	1	25	1.1366	1	25	1.4801	1	liquid	1
28902	C15H31IO2Sn	tributyltin-b-iodopropionate	73927-95-4	489.024	---	---	363.15	explo	---	---	---	---	---	---	---	---
28903	C15H31NO2	1-nitropentadecane	39220-65-0	257.417	401.92	2	611.15	1	25	0.9110	2	---	---	---	solid	2
28904	C15H32	pentadecane	629-62-9	212.419	283.07	1	543.83	1	25	0.7650	1	25	1.4298	1	liquid	1
28905	C15H32	2-methyltetradecane	1560-95-8	212.419	264.85	1	538.35	1	25	0.7623	1	25	1.4284	1	liquid	1
28906	C15H32	3-methyltetradecane	18435-22-8	212.419	241.15	1	539.45	1	25	0.7682	1	25	1.4313	1	liquid	1
28907	C15H32	2,2-dimethyltridecane	61869-04-3	212.419	260.73	2	530.15	1	25	0.7614	1	25	1.4272	1	liquid	1
28908	C15H32	2,3-dimethyltridecane	18435-20-6	212.419	228.31	2	538.15	1	25	0.7779	1	25	1.4361	1	liquid	1
28909	C15H32	2,4-dimethyltridecane	61868-05-1	212.419	228.31	2	524.15	1	25	0.7676	1	25	1.4312	1	liquid	1
28910	C15H32N2O	N-nitroso-N-methyl-n-tetradecylamine	75881-20-8	256.432	---	---	---	---	25	0.8975	2	---	---	---	---	---
28911	C15H32N3OP	2-cyanoethyl N,N,N',N'-tetraisopropylphosp	102691-36-1	301.413	---	---	---	---	25	0.9490	1	---	1.4700	1	---	---
28912	C15H32O	1-pentadecanol	629-76-5	228.418	317.05	1	583.40	1	25	0.8347	1	---	---	---	solid	1
28913	C15H32O	2-pentadecanol	1653-34-5	228.418	308.15	1	572.15	1	20	0.8328	1	20	1.4463	1	solid	1
28914	C15H32O	3-pentadecanol	53346-71-7	228.418	311.95	1	661.15	1	23	0.8338	2	80	1.4227	1	solid	1
28915	C15H32O	2,8-dimethyl-6-isobutylnonanol-4	10143-20-1	228.418	312.38	2	603.77	2	23	0.8338	2	---	---	---	solid	2
28916	C15H32O2	1,2-pentadecanediol	---	244.418	364.95	2	623.15	2	25	0.8642	2	---	---	---	solid	2
28917	C15H32O2	1,3-pentadecanediol	---	244.418	364.95	2	634.15	2	25	0.8642	2	---	---	---	solid	2
28918	C15H32O2	1,4-pentadecanediol	---	244.418	364.95	2	655.15	2	25	0.8642	2	---	---	---	solid	2
28919	C15H32O2	1,15-pentadecanediol	14722-40-8	244.418	360.15	1	642.15	2	25	0.8642	2	---	---	---	solid	1
28920	C15H32O10	tripentaerythritol, hydroxyl content min.	78-24-0	372.413	>493.15	1	---	---	25	1.1362	2	---	---	---	solid	1
28921	C15H32S	1-pentadecanethiol	25276-70-4	244.485	290.93	1	593.86	1	25	0.8430	1	25	1.4604	1	liquid	1
28922	C15H32S	2-pentadecanethiol	62155-05-9	244.485	280.15	1	586.15	1	25	0.8387	1	25	1.4579	1	liquid	1
28923	C15H32S	methyl tetradecyl sulfide	7289-45-4	244.485	284.16	2	583.00	2	25	0.8430	1	25	1.4607	1	liquid	2
28924	C15H32S	ethyl tridecyl sulfide	66271-81-6	244.485	284.16	2	583.00	2	25	0.8430	1	---	---	---	liquid	2
28925	C15H32S	propyl dodecyl sulfide	66271-82-7	244.485	284.16	2	583.00	2	25	0.8430	1	---	---	---	liquid	2
28926	C15H32S	butyl undecyl sulfide	66271-83-8	244.485	284.16	2	583.00	2	25	0.8430	1	---	---	---	liquid	2
28927	C15H32Sn	allyltributylstannane	24850-33-7	331.129	---	---	---	---	25	1.0680	1	---	1.4860	1	---	---
28928	C15H33B	triisopentylborane	3062-81-5	224.238	---	---	---	---	25	0.7600	1	---	1.4321	1	---	---
28929	C15H33BO3	tri-n-pentyl borate	621-78-3	272.236	---	---	283.15	1	25	0.8520	1	---	1.4200	1	gas	1
28930	C15H33BrSn	bromotripentylstannane	3091-18-7	412.041	---	---	---	---	---	---	---	---	---	---	---	---
28931	C15H33N	pentadecylamine	2570-26-5	227.434	309.65	1	586.15	1	20	0.8104	1	20	1.4480	1	solid	1
28932	C15H33N	methyltetradecylamine	29369-63-9	227.434	301.15	1	566.15	1	21	0.8103	2	---	---	---	solid	1
28933	C15H33N	ethyltridecylamine	59570-06-8	227.434	305.40	2	565.15	1	21	0.8103	2	---	---	---	solid	2
28934	C15H33N	dimethyltridecylamine	17373-29-4	227.434	260.00	2	560.15	1	25	0.7886	1	25	1.4378	1	liquid	1
28935	C15H33N	diethylundecylamine	54334-64-4	227.434	260.00	2	536.15	1	25	0.7910	1	25	1.4377	1	liquid	1
28936	C15H33N	tripentylamine	621-77-2	227.434	315.63	2	516.15	1	25	0.7871	1	25	1.4355	1	solid	2
28937	C15H33N	triisopentylamine	645-41-0	227.434	260.00	2	508.15	1	20	0.7848	1	20	1.4331	1	liquid	1
28938	C15H33N	tris(2-methylbutyl)amine	620-43-9	227.434	260.00	2	505.15	1	13	0.9000	1	20	1.4330	1	liquid	1
28939	C15H33NO	laurixamine	7617-74-5	243.433	286.15	1	588.15	1	25	0.8450	1	---	---	---	liquid	1
28940	C15H33NO6	tris[2-(2-methoxyethoxy)ethyl]amine	70384-51-9	323.430	---	---	603.15	1	25	1.0100	1	---	1.4490	1	---	---
28941	C15H33NS2Sn	tributyltin dimethyldithiocarbamate	20369-63-5	410.276	---	---	---	---	---	---	---	---	---	---	---	---
28942	C15H33NSi2	3-trimethylsilylmethyl-4-trimethylsilyl-N-tert	---	283.604	---	---	---	---	---	---	---	---	---	---	---	---
28943	C15H33N3O2	n-dodecylguanidine acetate	2439-10-3	287.447	---	---	---	---	25	0.9579	2	---	---	---	---	---
28944	C15H33OP	tris(isoamyl)phosphine oxide	23079-28-9	260.400	---	---	---	---	---	---	---	---	---	---	---	---
28945	C15H33N2OP	allyl tetraisopropylphosphorodiamidite	108554-72-9	288.414	---	---	---	---	25	0.9030	1	---	1.4660	1	---	---
28946	C15H33O3P	tri-neopentylphosphite	14540-52-4	292.399	329.15	1	---	---	---	---	---	---	---	---	solid	1
28947	C15H33O4P	tripentyl phosphate	2528-38-3	308.399	---	---	---	---	25	0.9497	1	20	1.4319	1	---	---
28948	C15H33P	triisopentylphosphine	45173-31-7	244.401	---	---	---	---	---	---	---	---	---	---	---	---
28949	C15H34BrN	dodecyltrimethylammonium bromide	1119-94-4	308.346	519.15	1	---	---	25	1.0119	2	---	---	---	solid	1
28950	C15H34ClN	dodecyltrimethylammonium chloride	112-00-5	263.894	508.15	1	---	---	25	0.8737	2	---	---	---	solid	1
28951	C15H36B3N3	N-tri-isopropyl-B-triethyl borazole	7739-33-5	290.905	---	---	---	---	---	---	---	---	---	---	---	---
28952	C15H36SiSn	tributyl(trimethylsilyl)stannane	17955-46-3	363.246	---	---	---	---	25	1.0400	1	---	1.4880	1	---	---
28953	C16H5N5O6	(2,4,7-trinitro-9-fluorenylidene)malononitril	1172-02-7	363.247	539.15	1	---	---	25	1.7113	2	---	---	---	solid	1
28954	C16H6Br4N2O2	1,2-dihydro-5,7-dibromo-2-(5,7-dibromo-1,	2475-31-2	577.852	---	---	---	---	25	2.2144	2	---	---	---	---	---
28955	C16H6N4O8	1,3,6,8-tetranitropyrene	28767-61-5	382.247	---	---	---	---	25	1.7084	2	---	---	---	---	---
28956	C16H6Na4O12S4	1,3,6,8-pyrenetetrasulfonic acid tetrasodiu	59572-10-0	610.440	---	---	---	---	---	---	---	---	---	---	---	---
28957	C16H6O7	bis-(3-phthalyl anhydride) ether	1823-59-2	310.219	500.15	1	---	---	25	1.5423	2	---	---	---	solid	1
28958	C16H7N3O6	1,3,6-trinitropyrene	75321-19-6	337.249	---	---	---	---	25	1.5850	2	---	---	---	---	---
28959	C16H7Na3O10S3	8-hydroxy-1,3,6-pyrenetrisulfonic acid triso	6358-69-6	524.393	---	---	---	---	---	---	---	---	---	---	---	---
28960	C16Fe2H8O6	bicyclopentadienylbis(tricarbonyliron)	---	407.926	---	---	---	---	---	---	---	---	---	---	---	---

Table 1 Physical Properties - Organic Compounds

				Mol Wt	Freezing Point		Boiling Point		Density			Refractive Index			State	
NO	FORMULA	NAME	CAS No	g/mol	T_F, K	code	T_B, K	code	T, C	g/cm3	code	T, C	n_D	code	@25C,1 atm	code
28961	C16H8N2	9,10-anthracenedicarbonitrile	1217-45-4	228.254	610.15	1	---	---	25	1.2727	2	---	---	---	solid	1
28962	C16H8N2Na2O6S4	DIDS	67483-13-0	498.493	---	---	---	---	---	---	---	---	---	---	---	---
28963	C16H8N2Na2O8S2	5,5'-indigodisulfonic acid, disodium salt	860-22-0	466.360	---	---	---	---	---	---	---	---	---	---	---	---
28964	C16H8N2O4	3,7-dinitrofluoranthene	105735-71-5	292.251	---	---	1060.15	2	25	1.4482	2	---	---	---	---	---
28965	C16H8N2O4	3,9-dinitrofluoranthene	22506-53-2	292.251	---	---	1060.15	2	25	1.4482	2	---	---	---	---	---
28966	C16H8N2O4	1,3-dinitropyrene	75321-20-9	292.251	548.15	1	1060.15	2	25	1.4482	2	---	---	---	solid	1
28967	C16H8N2O4	1,6-dinitropyrene	42397-64-8	292.251	---	---	1060.15	2	25	1.4482	2	---	---	---	---	---
28968	C16H8N2O4	1,8-dinitropyrene	42397-65-9	292.251	---	---	1060.15	2	25	1.4482	2	---	---	---	---	---
28969	C16H8N2O4	2,7-dinitropyrene	117929-15-4	292.251	---	---	1060.15	dec	25	1.4482	2	---	---	---	---	---
28970	C16H8O2	aceanthrenequinone	6373-11-1	232.238	542.65	1	---	---	25	1.2755	2	---	---	---	solid	1
28971	C16H8O2	1,6-pyrenedione	1785-51-9	232.238	---	---	---	---	25	1.2755	2	---	---	---	---	---
28972	C16H8O2	1,8-pyrenedione	2304-85-0	232.238	---	---	---	---	25	1.2755	2	---	---	---	---	---
28973	C16H8O2S2	delta2,2'(3H,3'H)-bibenzo[b]thiophene-3,3'	522-75-8	296.370	632.15	1	---	---	25	1.3901	2	---	---	---	solid	1
28974	C16H9Br	1-bromopyrene	1714-29-0	281.151	368.15	1	---	---	25	1.4403	2	---	---	---	solid	1
28975	C16H9Cl	1-chloropyrene	34244-14-9	236.700	392.15	1	---	---	25	1.2293	2	---	---	---	solid	1
28976	C16H9F3O	9-(trifluoroacetyl)-anthracene	53531-31-0	274.242	358.15	1	---	---	25	1.3021	2	---	---	---	solid	1
28977	C16H9F21O2	3,3,4,4,5,5,6,6,7,7,8,8,9,9,10,10,11,11,12,1	2144-54-9	632.215	317.15	1	---	---	25	1.6040	2	---	---	---	solid	1
28978	C16H9NO2	3-nitrofluoranthene; (purity)	892-21-7	247.253	429.15	1	431.15	1	25	1.2957	2	---	---	---	solid	1
28979	C16H9NO2	1-nitropyrene	5522-43-0	247.253	428.65	1	431.15	2	25	1.2957	2	---	---	---	solid	1
28980	C16H9NO2	2-nitrofluoranthene	13177-29-2	247.253	---	---	431.15	2	25	1.2957	2	---	---	---	---	---
28981	C16H9NO2	4-nitropyrene	57835-92-4	247.253	469.90	1	---	---	25	1.2957	2	---	---	---	solid	1
28982	C16H9N3Na2O10S2	chromotrope 2B	548-80-1	513.374	---	---	---	---	---	---	---	---	---	---	---	---
28983	C16H9N4Na3O9S2	tartrazine	1934-21-0	534.371	>573.15	1	---	---	---	---	---	---	---	---	solid	1
28984	C16H10	fluoranthene	206-44-0	202.255	383.36	1	655.95	1	25	1.2520	1	---	---	---	solid	1
28985	C16H10	pyrene	129-00-0	202.255	423.81	1	667.95	1	23	1.2710	1	---	---	---	solid	1
28986	C16H10	1,4-diphenylbutadiyne	886-66-8	202.255	359.65	1	661.95	2	24	1.2615	2	---	---	---	solid	1
28987	C16H10ClN3	2-(p-chlorophenyl)-S-triazolo(5,1-a)isoquin	66535-86-2	279.729	512.15	1	---	---	25	1.3333	2	---	---	---	solid	1
28988	C16H10ClN3O3	1-((2-chloro-4-nitrophenyl)azo)-2-naphthol	2814-77-9	327.727	---	---	---	---	25	1.4460	2	---	---	---	---	---
28989	C16H10Cl4O5	diploicin	527-93-5	424.062	505.15	1	---	---	25	1.5325	2	---	---	---	solid	1
28990	C16H10Cr2HgO6	bis(cyclopentadienylchromium tricarbonyl)r	12194-11-5	602.834	475.15	1	---	---	---	---	---	---	---	---	solid	1
28991	C16H10FNS	4-fluoro-6H-(1)benzothiopyrano(4,3-b)quin	52831-58-0	267.327	---	---	432.15	1	25	1.2757	2	---	---	---	---	---
28992	C16H10Mo2O6	cyclopentadienylmolybdenum tricarbonyl d	12091-64-4	490.132	495.15	1	---	---	---	---	---	---	---	---	solid	1
28993	C16H10N2	benzo[a]phenazine	225-61-6	230.269	415.65	1	---	---	25	1.2225	2	---	---	---	solid	1
28994	C16H10N2O2	indigo	482-89-3	262.268	663.15	dec	---	---	25	1.3141	2	---	---	---	solid	1
28995	C16H10N2O4	4,5-dihydro-2,7-dinitropyrene	117929-12-1	294.267	---	---	---	---	25	1.3958	2	---	---	---	---	---
28996	C16H10N2Na2O7S2	FD&C yellow No. 6	2783-94-0	452.377	---	---	435.55	1	---	---	---	---	---	---	---	---
28997	C16H10N4O5	1-((2,4-dinitrophenyl)azo)-2-naphthol	3468-63-1	338.280	---	---	---	---	25	1.5039	2	---	---	---	---	---
28998	C16H10O	benzo[b]naphtho[2,3-d]furan	243-42-5	218.255	477.65	1	---	---	25	1.1767	2	---	---	---	solid	1
28999	C16H10O	1-hydroxypyrene	5315-79-7	218.255	451.65	1	---	---	25	1.1767	2	---	---	---	solid	1
29000	C16H10O2	9,10-anthracenedicarboxaldehyde	7044-91-9	234.254	518.15	1	---	---	25	1.2259	2	---	---	---	solid	1
29001	C16H10O4	4-hydroxymethyl-4',5'-benzopsoralen	123577-48-0	266.253	---	---	---	---	25	1.3160	2	---	---	---	---	---
29002	C16H10S	benzo[b]naphtho[2,3-d]thiophene	243-46-9	234.321	433.15	1	673.15	1	25	1.1990	2	---	---	---	solid	1
29003	C16H11ClN4	8-chloro-6-phenyl-4H-S-triazolo(4,3-a)(1,4	29975-16-4	294.744	501.65	1	---	---	25	1.3486	2	---	---	---	solid	1
29004	C16H11F3O	(-)-2,2,2-trifluoro-1-(9-anthryl)ethanol	53531-34-3	276.258	406.65	1	---	---	25	1.2578	2	---	---	---	solid	1
29005	C16H11F3O	(S)-(+)-2,2,2-trifluoro-1-(9-anthryl)ethanol	60646-30-2	276.258	405.65	1	---	---	25	1.2578	2	---	---	---	solid	1
29006	C16H11F19O3	4,4,5,5,6,6,7,7,8,8,9,9,10,11,11,11-hexade	88752-37-8	612.233	325.15	1	---	---	25	1.5738	2	---	---	---	solid	1
29007	C16H11N	7H-benzo[c]carbazole	205-25-4	217.270	407.15	1	721.15	1	25	1.1519	2	---	---	---	solid	1
29008	C16H11N	3-aminofluoranthene	2693-46-1	217.270	389.15	1	721.15	2	25	1.1519	2	---	---	---	solid	1
29009	C16H11N	1-aminopyrene	1606-67-3	217.270	389.15	1	721.15	2	25	1.1519	2	---	---	---	solid	1
29010	C16H11N	11H-benzo(a)carbazole	239-01-0	217.270	499.15	1	721.15	2	25	1.1519	2	---	---	---	solid	1
29011	C16H11N	1-fluoranthenamine	13177-25-8	217.270	---	---	721.15	2	25	1.1519	2	---	---	---	---	---
29012	C16H11NS	2-methylphenanthro(2,1-d)thiazole	21917-91-9	249.336	---	---	---	---	25	1.2212	2	---	---	---	---	---
29013	C16H11NO	phenyl-4-quinolinylmethanone	54885-00-6	233.270	333.15	1	---	---	25	1.2010	2	---	---	---	solid	1
29014	C16H11NO2	2-(phenylamino)-1,4-naphthalenedione	6628-97-3	249.269	466.15	1	---	---	25	1.2473	2	---	---	---	solid	1
29015	C16H11NO2	2-phenyl-4-quinolinecarboxylic acid	132-60-5	249.269	487.65	1	---	---	25	1.2473	2	---	---	---	solid	1
29016	C16H11NO2	8-quinolinol benzoate	86-75-9	249.269	---	---	---	---	25	1.2473	2	---	---	---	---	---
29017	C16H11NO2	2-nitro-4,5-dihydropyrene	117929-14-3	249.269	---	---	---	---	25	1.2473	2	---	---	---	---	---
29018	C16H11NO3	3-hydroxy-2-phenyl-4-quinolinecarboxylic a	485-89-2	265.269	479.65	dec	---	---	25	1.2911	2	---	---	---	solid	1
29019	C16H11N3	2-phenyl-S-triazolo(5,1-a)isoquinoline	35257-18-2	245.284	---	---	---	---	25	1.2444	2	---	---	---	---	---
29020	C16H11N3O3	4-(4-nitrophenylazo)-1-naphthol	5290-62-0	293.283	543.15	1	---	---	25	1.3708	2	---	---	---	solid	1
29021	C16H11N3O3	para red, dye content ca.	6410-10-2	293.283	523.15	1	---	---	25	1.3708	2	---	---	---	solid	1
29022	C16H11N3O3	3-methoxy-6-methyl-11H-pyrido(3',4':4,5)p	126983-61-7	293.283	---	---	---	---	25	1.3708	2	---	---	---	---	---
29023	C16H11O4	9-acetyl-1,7,8-anthracenetriol	73637-16-8	267.261	---	---	---	---	25	1.2922	2	---	---	---	---	---
29024	C16H12	1-phenylnaphthalene	605-02-7	204.271	318.15	1	607.15	1	20	1.0960	1	20	1.6664	1	solid	1
29025	C16H12	2-phenylnaphthalene	612-94-2	204.271	376.65	1	618.65	1	20	1.2180	1	---	---	---	solid	1
29026	C16H12	9-vinylanthracene	2444-68-0	204.271	338.15	1	612.90	2	20	1.1570	2	---	---	---	solid	1
29027	C16H12BNO4	2-(4-dihydroxyborane)phenyl-4-carboxyqui	---	293.087	---	---	---	---	---	---	---	---	---	---	---	---
29028	C16H12ClFN2O	fludiazepam	3900-31-0	302.736	363.15	1	---	---	25	1.3159	2	---	---	---	solid	1
29029	C16H12ClF4N3O4	flumetraline	62924-70-3	421.736	---	---	496.65	1	25	1.5019	2	---	---	---	---	---
29030	C16H12ClNO2	1-(p-chlorophenyl)-1-phenyl-2-propyn-1-ol	---	285.730	---	---	---	---	25	1.2897	2	---	---	---	---	---
29031	C16H12ClNO2	1-(4-chlorophenyl)-1-phenyl-2-propynyl ca	10473-70-8	285.730	---	---	---	---	25	1.2897	2	---	---	---	---	---
29032	C16H12ClNO3	oraflex	51234-28-7	301.729	462.65	1	---	---	25	1.3283	2	---	---	---	solid	1
29033	C16H12ClN3O5	cresyl violet perchlorate	41830-80-2	361.742	---	---	---	---	25	1.4652	2	---	---	---	---	---
29034	C16H12Cl2	9,10-bis(chloromethyl)anthracene	10387-13-0	275.176	532.15	dec	---	---	25	1.2326	2	---	---	---	solid	1
29035	C16H12Cl2N2O2	N-methyllorazepam	848-75-9	335.189	479.15	1	---	---	25	1.3795	2	---	---	---	solid	1
29036	C16H12Cl3NO3	1-(3-chlorophenyl)-2-((4-(dichloroacetyl)ph	27695-55-2	372.634	---	---	508.15	1	25	1.4248	2	---	---	---	---	---
29037	C16H12CoF2N2O2	N,N'-ethylene bis(3-fluorosalicylideneimina	62207-76-5	361.214	---	---	---	---	---	---	---	---	---	---	---	---
29038	C16H12FN3O3	flubendazole	31430-15-6	313.289	533.15	1	---	---	25	1.3720	2	---	---	---	solid	1
29039	C16H12FN3O3	flunitrazepam	1622-62-4	313.289	439.65	1	442.15	1	25	1.3720	2	---	---	---	solid	1
29040	C16H12NO3	1,2,3,3a,6,7,12b,12c-octadehydro-2-hydro:	2121-12-2	266.276	544.15	dec	---	---	25	1.2682	2	---	---	---	solid	1

Table 1 Physical Properties - Organic Compounds

				Mol Wt	Freezing Point		Boiling Point		Density			Refractive Index			State	
NO	FORMULA	NAME	CAS No	g/mol	T_F, K	code	T_B, K	code	T, C	g/cm3	code	T, C	n_D	code	@25C,1 atm	code
29041	C16H12N2	4,4'-dicyanobibenzyl	---	232.285	473.65	1	---	---	25	1.1769	2	---	---	---	solid	1
29042	C16H12N2	2-phenyl-8H-pyrazolo(5,1-a)isoindole	61001-42-1	232.285	---	---	---	---	25	1.1769	2	---	---	---	---	---
29043	C16H12N2O	1-(phenylazo)-2-naphthalenol	842-07-9	248.285	---	---	---	---	25	1.2232	2	---	---	---	---	---
29044	C16H12N2O	2-(phenylazo)-1-naphthalenol	3375-23-3	248.285	411.15	1	---	---	25	1.2232	2	---	---	---	solid	1
29045	C16H12N2O	4-(phenylazo)-1-naphthalenol	3651-02-3	248.285	---	---	---	---	25	1.2232	2	---	---	---	---	---
29046	C16H12N2O2	3,3'-dimethyl-4,4'-biphenylene diisocyanate	91-97-4	264.284	343.15	1	---	---	25	1.2669	2	---	---	---	solid	1
29047	C16H12N2O4	dianisidine diisocyanate	91-93-0	296.283	---	---	389.65	2	25	1.3478	2	---	---	---	---	---
29048	C16H12N2O4	4,5,9,10-tetrahydro-2,7-dinitropyrene	117929-13-2	296.283	---	---	389.65	1	25	1.3478	2	---	---	---	---	---
29049	C16H12O	2,5-diphenylfuran	955-83-9	220.271	364.15	1	617.15	1	25	1.1326	2	---	---	---	solid	1
29050	C16H12O	1-phenoxynaphthalene	3402-76-4	220.271	328.65	1	622.65	1	25	1.1326	2	---	---	---	solid	1
29051	C16H12O	2-phenoxynaphthalene	19420-29-2	220.271	319.15	1	608.15	1	25	1.1326	2	---	---	---	solid	1
29052	C16H12O	9-acetylanthracene	784-04-3	220.271	347.15	1	615.98	2	25	1.1326	2	---	---	---	solid	1
29053	C16H12O	10-methylanthracene-9-carboxaldehyde	7072-00-6	220.271	443.65	1	615.98	2	25	1.1326	2	---	---	---	solid	1
29054	C16H12O2	1,4-dimethyl-9,10-anthracenedione	1519-36-4	236.270	413.65	1	---	---	25	1.1807	2	---	---	---	solid	1
29055	C16H12O2	2,3-dimethyl-9,10-anthracenedione	6531-35-7	236.270	483.95	1	---	---	25	1.1807	2	---	---	---	solid	1
29056	C16H12O2	2,6-dimethyl-9,10-anthracenedione	3837-38-5	236.270	515.15	1	---	---	25	1.1807	2	---	---	---	solid	1
29057	C16H12O2	trans-1,2-dibenzoylethylene	959-28-4	236.270	383.15	1	---	---	25	1.1807	2	---	---	---	solid	1
29058	C16H12O2	2-ethylanthraquinone	84-51-5	236.270	382.65	1	---	---	25	1.1807	2	---	---	---	solid	1
29059	C16H12O2	1,4-diphenyl-2-butene-1,4-dione	4070-75-1	236.270	---	---	---	---	25	1.1807	2	---	---	---	---	---
29060	C16H12O3	2-(4-methoxyphenyl)-1H-indene-1,3(2H)-di	117-37-3	252.269	429.65	1	---	---	25	1.2263	2	---	---	---	solid	1
29061	C16H12O4	diphenyl maleate	7242-17-3	268.269	346.15	1	---	---	25	1.2694	2	---	---	---	solid	1
29062	C16H12O4	formononetin	485-72-3	268.269	529.65	1	---	---	25	1.2694	2	---	---	---	solid	1
29063	C16H12O4	1,5-dimethoxyanthraquinone	6448-90-4	268.269	509.15	1	---	---	25	1.2694	2	---	---	---	solid	1
29064	C16H12O4	oxepinac	55689-65-1	268.269	384.15	1	---	---	25	1.2694	2	---	---	---	solid	1
29065	C16H12O5	acacetin	480-44-4	284.268	536.15	1	---	---	25	1.3103	2	---	---	---	solid	1
29066	C16H12O5	oroxylin a	480-11-5	284.268	504.65	1	---	---	25	1.3103	2	---	---	---	solid	1
29067	C16H12O5	prunetin	552-59-0	284.268	512.65	1	---	---	25	1.3103	2	---	---	---	solid	1
29068	C16H12O6	hematein	475-25-2	300.268	523.15	dec	---	---	25	1.3491	2	---	---	---	solid	1
29069	C16H12O6	acetylsalicylsalicylic acid	530-75-6	300.268	428.65	1	---	---	25	1.3491	2	---	---	---	solid	1
29070	C16H12O6	6-methoxy-3-methyl-1,7,8-trihydroxyanthra	7213-59-4	300.268	509.15	1	---	---	25	1.3491	2	---	---	---	solid	1
29071	C16H12O6	4',5,7-trihydroxy-6-methoxyisoflavone	548-77-6	300.268	---	---	---	---	25	1.3491	2	---	---	---	---	---
29072	C16H12O7	rhamnetin	90-19-7	316.267	568.15	1	---	---	25	1.3860	2	---	---	---	solid	1
29073	C16H12S	1-(phenylthio)naphthalene	7570-98-1	236.337	314.95	1	---	---	15	1.1670	1	---	---	---	solid	1
29074	C16H13Cl	10-chloromethyl-9-methylanthracene	25148-26-9	240.732	---	---	---	---	25	1.1432	2	---	---	---	---	---
29075	C16H13ClF3NO4	haloxyfop-methyl	69806-40-2	375.732	---	---	---	---	25	1.4076	2	---	---	---	---	---
29076	C16H13ClN2O	7-chloro-1,3-dihydro-1-methyl-5-phenyl-2H	439-14-5	284.745	405.15	1	---	---	25	1.2673	2	---	---	---	solid	1
29077	C16H13ClN2O	mazindol	22232-71-9	284.745	471.65	1	---	---	25	1.2673	2	---	---	---	solid	1
29078	C16H13ClN2O2	7-chloro-1,3-dihydro-3-hydroxy-1-methyl-5-	846-50-4	300.745	393.15	1	484.15	1	25	1.3059	2	---	---	---	solid	1
29079	C16H13ClN2O2	7-chloro-1-methyl-5-phenyl-1H-1,5-benzod	22316-47-8	300.745	454.15	1	484.15	2	25	1.3059	2	---	---	---	solid	1
29080	C16H13ClN2O2	tolnidamide	50454-68-7	300.745	493.15	dec	---	---	25	1.3059	2	---	---	---	solid	1
29081	C16H13Cl2NO3	2-((4-(dichloroacetyl)phenyl)amino)-2-hydr	27695-57-4	338.189	---	---	---	---	25	1.3590	2	---	---	---	---	---
29082	C16H13Cl3N2OS	tioconazole	65899-73-2	387.716	---	---	---	---	25	1.4118	2	---	---	---	---	---
29083	C16H13FO2	4-methoxy-4'-fluorochalcone	2965-64-2	256.277	380.65	1	---	---	25	1.1948	2	---	---	---	solid	1
29084	C16H13F2N3O	a-a-bis(4-fluorophenyl)-1H-1,2,4-triazole-1	76674-14-1	301.297	---	---	---	---	25	1.3015	2	---	---	---	---	---
29085	C16H13F2N3O	flutriafol	76674-21-0	301.297	---	---	---	---	25	1.3015	2	---	---	---	---	---
29086	C16H13I3N2O3	N-(3-amino-2,4,6-triiodobenzoyl)-N-(2-carb	3115-05-7	662.005	406.90	1	---	---	25	2.1751	2	---	---	---	solid	1
29087	C16H13N	3-benzylisoquinoline	90210-56-3	219.286	377.15	1	638.40	2	25	1.1096	2	---	---	---	solid	1
29088	C16H13N	N-phenyl-2-naphthalenamine	135-88-6	219.286	381.15	1	668.65	1	25	1.1096	2	---	---	---	solid	1
29089	C16H13N	N-phenyl-1-naphthylamine	90-30-2	219.286	333.25	1	608.15	1	25	1.2000	1	---	---	---	solid	1
29090	C16H13N	6-benzylquinoline	54884-99-0	219.286	352.50	1	638.40	2	25	1.1096	2	---	---	---	solid	1
29091	C16H13N	1-(phenylmethyl)isoquinoline	6907-59-1	219.286	329.00	1	638.40	2	25	1.1096	2	---	---	---	solid	1
29092	C16H13NO	2-methyl-4,5-diphenyloxazole	14224-99-8	235.286	301.15	1	---	---	25	1.1160	1	---	1.6280	1	solid	1
29093	C16H13NO	2-acetamidophenathrene	4120-77-8	235.286	---	---	---	---	25	1.1577	2	---	---	---	---	---
29094	C16H13NO	p-(2-naphthylamino)phenol	93-45-8	235.286	---	---	---	---	25	1.1577	2	---	---	---	---	---
29095	C16H13NO	N-3-phenanthrylacetamide	4120-78-9	235.286	---	---	---	---	25	1.1577	2	---	---	---	---	---
29096	C16H13NO	N-9-phenanthrylacetamide	4235-09-0	235.286	---	---	---	---	25	1.1577	2	---	---	---	---	---
29097	C16H13NO2	N-2-phenanthrylacetohydroxamic acid	2438-51-9	251.285	---	---	---	---	25	1.2031	2	---	---	---	---	---
29098	C16H13NO5	(2-naphthoxy)acetic acid, N-hydroxysuccin	81012-92-2	299.283	424.15	1	---	---	25	1.3260	2	---	---	---	solid	1
29099	C16H13NS	4-(4-biphenylyl)-2-methylthiazole	24864-19-5	251.352	388.65	1	---	---	25	1.1790	2	---	---	---	solid	1
29100	C16H13N3	1-(phenylazo)-2-naphthalenamine	85-84-7	247.300	376.15	1	---	---	25	1.1998	2	---	---	---	solid	1
29101	C16H13N3	4-phenylazo-1-naphthylamine	131-22-6	247.300	---	---	---	---	25	1.1998	2	---	---	---	---	---
29102	C16H13N3	2-phenyl-5,6-dihydro-S-triazolo(5,1-a)isoq	55308-57-1	247.300	---	---	---	---	25	1.1998	2	---	---	---	---	---
29103	C16H13N3O	2-(3-methoxyphenyl)-5H-S-triazolo(5,1-a)is	57170-08-8	263.300	---	---	---	---	25	1.2435	2	---	---	---	---	---
29104	C16H13N3O3	1,3-dihydro-1-methyl-7-nitro-5-phenyl-2H-1	2011-67-8	295.298	430.15	1	---	---	25	1.3244	2	---	---	---	solid	1
29105	C16H13N3O3	methyl-5-benzoyl benzimidazole-2-carbam	31431-39-7	295.298	561.65	1	---	---	25	1.3244	2	---	---	---	solid	1
29106	C16H13O7	petunidol	1429-30-7	317.275	---	---	---	---	25	1.3635	2	---	---	---	---	---
29107	C16H14	1,3-dimethylanthracene	610-46-8	206.287	356.15	1	647.18	2	76	1.0426	2	---	---	---	solid	1
29108	C16H14	2,10-dimethylanthracene	27532-76-9	206.287	357.15	1	647.18	2	76	1.0426	2	---	---	---	solid	1
29109	C16H14	9,10-dimethylanthracene	781-43-1	206.287	456.75	1	647.18	2	76	1.0426	2	---	---	---	solid	1
29110	C16H14	9-ethylanthracene	605-83-4	206.287	333.15	1	647.18	2	99	1.0413	1	99	1.6767	1	solid	1
29111	C16H14	9,10-dimethylphenanthrene	604-83-1	206.287	417.15	1	641.00	2	76	1.0426	2	---	---	---	solid	1
29112	C16H14	9-ethylphenanthrene	3674-75-7	206.287	335.65	1	641.00	2	78	1.0603	1	78	1.6582	1	solid	1
29113	C16H14	cis,cis-1,4-diphenyl-1,3-butadiene	5807-76-1	206.287	343.65	1	629.43	2	100	0.9697	1	100	1.6183	1	solid	1
29114	C16H14	trans,trans-1,4-diphenyl-1,3-butadiene	538-81-8	206.287	427.45	1	625.15	1	76	1.0426	2	---	---	---	solid	1
29115	C16H14	3,6-dimethylphenanthrene	1576-67-6	206.287	418.15	1	641.00	2	76	1.0426	2	---	---	---	solid	1
29116	C16H14	1,4-dimethylphenanthrene	22349-59-3	206.287	323.55	1	641.00	2	76	1.0426	2	---	---	---	solid	1
29117	C16H14	1,4-diphenylbuta-1,3-diene	886-65-7	206.287	426.10	1	623.15	1	76	1.0426	2	---	---	---	solid	1
29118	C16H14	2-methyl-7-phenyl-1H-indene	153733-75-6	206.287	321.15	1	629.43	2	76	1.0426	2	---	---	---	solid	1
29119	C16H14	1-phenyl-3,4-dihydronaphthalene	7469-40-1	206.287	---	---	629.43	2	25	1.0990	1	---	1.6300	1	---	---
29120	C16H14	2,7-dimethylphenanthrene	1576-69-8	206.287	373.63	2	641.00	2	76	1.0426	2	---	---	---	solid	2

Table 1 Physical Properties - Organic Compounds

				Mol Wt	Freezing Point		Boiling Point		Density			Refractive Index			State	
NO	FORMULA	NAME	CAS No	g/mol	T_F, K	code	T_B, K	code	T, C	g/cm3	code	T, C	n_D	code	@25C,1 atm	code
29121	C16H14	2,5-dimethylphenanthrene	3674-66-6	206.287	373.63	2	641.00	2	76	1.0426	2	---	---	---	solid	2
29122	C16H14	4,5-dimethylphenanthrene	3674-69-9	206.287	373.63	2	641.00	2	76	1.0426	2	---	---	---	solid	2
29123	C16H14	4,5,9,10-tetrahydropyrene	781-17-9	206.287	---	---	629.43	2	76	1.0426	2	---	---	---	---	---
29124	C16H14	dimethylanthracene	29063-00-1	206.287	375.80	2	647.18	2	76	1.0426	2	---	---	---	solid	2
29125	C16H14BrN	4-bromo-2,2-diphenylbutyronitrile	39186-58-8	300.198	339.65	1	---	---	25	1.3524	2	---	---	---	solid	1
29126	C16H14Br2N2O2	N,N'-bis-(5-bromosalicylidene)ethylenediar	17937-38-1	426.108	465.15	1	---	---	25	1.6560	2	---	---	---	solid	1
29127	C16H14ClN3O	chlorodiazepoxide	58-25-3	299.760	509.35	1	---	---	25	1.2841	2	---	---	---	solid	1
29128	C16H14ClN3O	3-(4-chloro-o-tolyl)-5-(m-methoxyphenyl)-S	75318-76-2	299.760	---	---	---	---	25	1.2841	2	---	---	---	---	---
29129	C16H14Cl2O3	chlorobenzilate	510-15-6	325.190	310.15	1	---	---	20	1.2816	1	---	---	---	solid	1
29130	C16H14Cl2O4	diclofop-methyl	51338-27-3	341.190	313.15	1	---	---	25	1.3394	2	---	---	---	solid	1
29131	C16H14Cl3O5P	O,O-diphenyl (1-acetoxy-2,2,2-trichloroeth	74548-80-4	423.616	---	---	---	---	---	---	---	---	---	---	---	---
29132	C16H14CoN2O2	bis(salicylaldehyde)ethylenediimine cobalt	14167-18-1	325.233	---	---	---	---	---	---	---	---	---	---	---	---
29133	C16H14FN3O	afloqualone	56287-74-2	283.306	468.65	1	---	---	25	1.2529	2	---	---	---	solid	1
29134	C16H14Hg3N2O8	2,2'-mercuribis(6-acetoxymercuri-4-nitro)ar	64049-28-1	964.066	---	---	---	---	---	---	---	---	---	---	---	---
29135	C16H14N2	N,N'-bis(phenylmethylene)-1,2-ethylenedia	---	234.301	326.15	1	---	---	25	1.1353	2	---	---	---	solid	1
29136	C16H14N2O	1-methyl-2-benzyl-4(1H)-quinazolinone	6873-15-0	250.301	434.65	1	---	---	25	1.1807	2	---	---	---	solid	1
29137	C16H14N2O	2-methyl-3-(2-methylphenyl)-4(3H)-quinaz	72-44-6	250.301	393.15	1	---	---	25	1.1807	2	---	---	---	solid	1
29138	C16H14N2O	2-methyl-5H-dibenz[b,f]azepine-5-carboxa	70401-32-0	250.301	---	---	---	---	25	1.1807	2	---	---	---	---	---
29139	C16H14N2O2	coumarin 337	55804-68-7	266.300	523.15	1	529.15	2	25	1.2237	2	---	---	---	solid	1
29140	C16H14N2O2	5-(4-methylphenyl)-5-phenylhydantoin	51169-17-6	266.300	499.65	1	529.15	2	25	1.2237	2	---	---	---	solid	1
29141	C16H14N2O2	1,4-bis(methylamino)-9,10-anthracenedion	2475-44-7	266.300	---	---	529.15	1	25	1.2237	2	---	---	---	---	---
29142	C16H14N2O2	4-imidazo(1,2-a)pyridin-2-yl-a-methylbenz	55843-86-2	266.300	---	---	529.15	2	25	1.2237	2	---	---	---	---	---
29143	C16H14N2O2	2-(p-(2H-indazol-2-yl)phenyl)propionic acic	81265-54-5	266.300	---	---	529.15	2	25	1.2237	2	---	---	---	---	---
29144	C16H14N2O2S	2-(1,3-benzothiazol-2-yloxy)-N-methylacet	73250-68-7	298.366	---	---	---	---	25	1.2796	2	---	---	---	---	---
29145	C16H14N2O3	bendazolic acid	20187-55-7	282.299	433.15	1	---	---	25	1.2646	2	---	---	---	solid	1
29146	C16H14N2O3	8,9,10,11-tetrahydro-3-methoxy-1H-indole(	113124-69-9	282.299	---	---	---	---	25	1.2646	2	---	---	---	---	---
29147	C16H14N2O4	dibenzyl azodicarboxylate	2449-05-0	298.299	321.15	1	---	---	25	1.3035	2	---	---	---	solid	1
29148	C16H14N2O6	monomethyl 2,6-dimethyl-4-(2-nitrophenyl)	73372-63-1	330.298	---	---	---	---	25	1.3758	2	---	---	---	---	---
29149	C16H14N4	4-(1-naphthylazo)-m-phenylenediamine	6416-57-5	262.315	---	---	493.15	1	25	1.2208	2	---	---	---	---	---
29150	C16H14N4O2	oxalic acid bis(benzylidenehydrazide)	6629-10-3	294.314	---	---	---	---	25	1.3017	2	---	---	---	---	---
29151	C16H14N4O3S	4-morpholino-2-(5-nitro-2-thienyl)quinazoli	58139-48-3	342.379	---	---	---	---	25	1.3845	2	---	---	---	---	---
29152	C16H14O	1,3-diphenyl-2-buten-1-one	495-45-4	222.287	---	---	615.65	1	15	1.1080	1	20	1.6343	1	---	---
29153	C16H14O	bicyclo(4.2.0)octa-1,3,5-trien-7-yl benzyl k	6809-95-6	222.287	---	---	615.65	2	25	1.0923	2	---	---	---	---	---
29154	C16H14O	4-methylchalcone	4224-87-7	222.287	---	---	615.65	2	25	1.0923	2	---	---	---	---	---
29155	C16H14O	methyl styrylphenyl ketone	1322-90-3	222.287	243.15	1	615.65	2	25	1.0923	2	---	---	---	liquid	2
29156	C16H14O2	benzyl trans-cinnamate	78277-23-3	238.286	312.15	1	623.15	dec	15	1.1090	1	---	---	---	solid	1
29157	C16H14O2	3-(3-methoxyphenyl)-1-phenyl-2-propen-1-	5470-91-7	238.286	338.15	1	623.15	2	25	1.1395	2	---	---	---	solid	1
29158	C16H14O2	3-(4-methoxyphenyl)-1-phenyl-2-propen-1-	959-33-1	238.286	352.15	1	623.15	2	25	1.1395	2	---	---	---	solid	1
29159	C16H14O2	benzyl cinnamate	103-41-3	238.286	311.15	1	623.15	2	25	1.1395	2	---	---	---	solid	1
29160	C16H14O2	4,4'-diacetylbiphenyl	787-69-9	238.286	467.15	1	623.15	2	25	1.1395	2	---	---	---	solid	1
29161	C16H14O2	1,4-dimethoxyanthracene	13076-29-4	238.286	408.65	1	623.15	2	25	1.1395	2	---	---	---	solid	1
29162	C16H14O2	4,4'-dimethylbenzil	3457-48-5	238.286	376.65	1	623.15	2	25	1.1395	2	---	---	---	solid	1
29163	C16H14O2	benz(a)anthracene-5,6-cis-dihydrodiol	32373-17-4	238.286	---	---	623.15	2	25	1.1395	2	---	---	---	---	---
29164	C16H14O2	cinnamyl benzoate	5320-75-2	238.286	---	---	623.15	2	25	1.1395	2	---	---	---	---	---
29165	C16H14O3	benzeneacetic anhydride	1555-80-2	254.285	346.45	1	561.15	2	25	1.1842	2	---	---	---	solid	1
29166	C16H14O3	ethyl 2-benzoylbenzoate	604-61-5	254.285	332.65	1	561.15	2	64	1.2210	1	64	1.5600	1	solid	1
29167	C16H14O3	2-methylbenzoic anhydride	607-86-3	254.285	311.65	1	561.15	2	25	1.1842	2	---	---	---	solid	1
29168	C16H14O3	3-methylbenzoic anhydride	21436-44-2	254.285	344.15	1	561.15	2	25	1.1842	2	---	---	---	solid	1
29169	C16H14O3	4-methylbenzoic acid anhydride	13222-85-0	254.285	---	---	561.15	2	25	1.1842	2	---	---	---	---	---
29170	C16H14O3	2-(m-benzoylphenyl)propionic acid	22071-15-4	254.285	---	---	561.15	2	25	1.1842	2	---	---	---	---	---
29171	C16H14O3	3-(4-biphenylylcarbonyl)propionic acid	36330-85-5	254.285	459.15	1	561.15	dec	25	1.1842	2	---	---	---	solid	1
29172	C16H14O3	trans-3-(o-methoxyphenyl)-2-phenylacrylic	21140-85-2	254.285	459.65	1	561.15	2	25	1.1842	2	---	---	---	solid	1
29173	C16H14O3	xyloltenin	13164-03-9	254.285	---	---	561.15	2	25	1.1842	2	---	---	---	---	---
29174	C16H14O4	dimethyl diphenate	5807-64-7	270.285	347.15	1	618.15	2	25	1.2266	2	---	---	---	solid	1
29175	C16H14O4	diphenyl succinate	621-14-7	270.285	394.15	1	603.15	1	25	1.2266	2	---	---	---	solid	1
29176	C16H14O4	ethylene glycol dibenzoate	94-49-5	270.285	346.65	1	633.15	dec	25	1.2266	2	---	---	---	solid	1
29177	C16H14O4	imperatorin	482-44-0	270.285	375.15	1	618.15	2	25	1.2266	2	---	---	---	solid	1
29178	C16H14O4	dibenzyl oxalate	7579-36-4	270.285	354.15	1	618.15	2	25	1.2266	2	---	---	---	solid	1
29179	C16H14O4	4,4'-dimethoxybenzil	1226-42-2	270.285	405.65	1	618.15	2	25	1.2266	2	---	---	---	solid	1
29180	C16H14O4	dimethyl biphenyl-4,4'-dicarboxylate	792-74-5	270.285	485.15	1	618.15	2	25	1.2266	2	---	---	---	solid	1
29181	C16H14O4	phenylhydroquinone diacetate	58244-28-3	270.285	341.65	1	618.15	2	25	1.2266	2	---	---	---	solid	1
29182	C16H14O4	bis(4-methylbenzoyl)peroxide	895-85-2	270.285	---	---	618.15	2	25	1.2266	2	---	---	---	---	---
29183	C16H14O4	peroxide, bis(2-methylbenzoyl)	3034-79-5	270.285	---	---	618.15	2	25	1.2266	2	---	---	---	---	---
29184	C16H14O5	dibenzyldicarbonate	31139-36-3	286.284	303.65	1	---	---	25	1.1700	1	---	---	---	solid	1
29185	C16H14O5	4-methoxybenzoic anhydride	794-95-5	286.284	371.15	1	---	---	25	1.2670	2	---	---	---	solid	1
29186	C16H14O5	limawood extract	474-07-7	286.284	---	---	---	---	25	1.2670	2	---	---	---	---	---
29187	C16H14O6	2,3-dihydro-5,7-dihydroxy-3-(3-hydroxy-4-r	99365-26-1	302.284	500.65	1	---	---	25	1.3053	2	---	---	---	solid	1
29188	C16H14O6	hematoxylin	517-28-2	302.284	413.15	1	---	---	25	1.3053	2	---	---	---	solid	1
29189	C16H14O6	hesperetin	520-33-2	302.284	500.65	1	---	---	25	1.3053	2	---	---	---	solid	1
29190	C16H14O6	dibenzyl peroxydicarbonate	2144-45-8	302.284	---	---	---	---	25	1.3053	2	---	---	---	---	---
29191	C16H14O6	rosanomycin A	52934-83-5	302.284	452.15	1	---	---	25	1.3053	2	---	---	---	solid	1
29192	C16H14O6S	4,4'-sulfonylbis-(methylbenzoate)	3965-53-5	334.350	469.65	1	---	---	25	1.3529	2	---	---	---	solid	1
29193	C16H15ClF2	1,1'-(4-chlorobutylidene)bis(4-fluorobenze	3312-04-7	280.745	---	---	---	---	25	1.2000	1	---	---	---	---	---
29194	C16H15ClN2	7-chloro-2,3-dihydro-1-methyl-5-phenyl-1H	2898-12-6	270.762	369.15	1	---	---	25	1.1871	2	---	---	---	solid	1
29195	C16H15ClN2OS	5-(2-chlorophenyl)-7-ethyl-1-methyl-1,3-dil	33671-46-4	318.827	517.65	1	---	---	25	1.2791	2	---	---	---	solid	1
29196	C16H15ClO2	ethyl chlorodiphenylacetate	52460-86-3	274.746	316.65	1	---	---	25	1.1903	2	---	---	---	solid	1
29197	C16H15Cl3	p,p-methylchlor	4413-31-4	313.653	---	---	---	---	25	1.2350	2	---	---	---	---	---
29198	C16H15Cl3O2	methoxychlor	72-43-5	345.651	360.15	1	---	---	25	1.4100	1	---	---	---	solid	1
29199	C16H15FO2	fluenetil	4301-50-2	258.292	---	---	---	---	25	1.1556	2	---	---	---	---	---
29200	C16H15FO2	b-fluoroethylic ester of xenylacetic acid	4242-33-5	258.292	333.75	1	---	---	25	1.1556	2	---	---	---	solid	1

Table 1 Physical Properties - Organic Compounds

NO	FORMULA	NAME	CAS No	Mol Wt g/mol	Freezing Point T_F, K	code	Boiling Point T_B, K	code	Density T, C	g/cm3	code	Refractive Index T, C	n_D	code	State @25C,1 atm	code
29201	C16H15F2N3Si	1-((bis(4-fluorophenyl)methylsilyl)methyl)-1	85509-19-9	315.398	---	---	---	---	---	---	---	---	---	---	---	---
29202	C16H15F3N2O4	(+/-)-bay K 8644	71145-03-4	356.302	442.15	1	---	---	25	1.3548	2	---	---	---	solid	1
29203	C16H15NO	bicyclo(4.2.0)octa-1,3,5-trien-7-yl benzyl ke	6813-90-7	237.302	---	---	543.15	1	25	1.1180	2	---	---	---	---	---
29204	C16H15NO	cyheptamide	7199-29-3	237.302	466.65	1	543.15	2	25	1.1180	2	---	---	---	solid	1
29205	C16H15NO	N-(9,10-dihydro-2-phenanthryl)acetamide	18264-88-5	237.302	---	---	543.15	2	25	1.1180	2	---	---	---	---	---
29206	C16H15NO	trans-4'-styrylacetanilide	841-18-9	237.302	---	---	543.15	2	25	1.1180	2	---	---	---	---	---
29207	C16H15NO2	cinnamyl anthranilate	87-29-6	253.301	333.90	1	605.15	1	25	1.1626	2	---	---	---	solid	1
29208	C16H15NO2	N-(2-fluorenyl)propionohydroxamic acid	52663-84-0	253.301	---	---	605.15	2	25	1.1626	2	---	---	---	---	---
29209	C16H15NO2	trans-4'-hydroxy-4-acetamidostilbene	843-34-5	253.301	---	---	605.15	2	25	1.1626	2	---	---	---	---	---
29210	C16H15NO2	N-(1-methoxyfluoren-2-yl)acetamide	6893-20-5	253.301	---	---	605.15	2	25	1.1626	2	---	---	---	---	---
29211	C16H15NO2	N-(7-methoxy-2-fluorenyl)acetamide	16690-44-1	253.301	---	---	605.15	2	25	1.1626	2	---	---	---	---	---
29212	C16H15NO2	N-(p-styrylphenyl)acetohydroxamic acid	18559-95-0	253.301	---	---	605.15	2	25	1.1626	2	---	---	---	---	---
29213	C16H15NO2	trans-N-(p-styrylphenyl)acetohydroxamic a	843-23-2	253.301	---	---	605.15	2	25	1.1626	2	---	---	---	---	---
29214	C16H15NO3	N-acetoxy-4-acetamidobiphenyl	26541-56-0	269.300	---	---	---	---	25	1.2050	2	---	---	---	---	---
29215	C16H15NO3	benzoylacet-o-anisidide	92-16-0	269.300	---	---	---	---	25	1.2050	2	---	---	---	---	---
29216	C16H15NO3S	(2S-cis)-(+)-2,3-dihydro-3-hydroxy-2-(4-me	42399-49-5	301.366	477.65	1	---	---	25	1.2607	2	---	---	---	solid	1
29217	C16H15NO7	3-(5-nitro-2-furyl)-3',4',5'-trimethoxyacrylop	63421-88-5	333.298	---	---	---	---	25	1.3552	2	---	---	---	---	---
29218	C16H15N3	3,5-bis(o-tolyl)-S-triazole	85681-49-8	249.316	---	---	477.15	1	25	1.1589	2	---	---	---	---	---
29219	C16H15N3	N,5-dimethyl-3-phenyl-6-quinoxalinamine	161697-02-5	249.316	---	---	505.05	1	25	1.1589	2	---	---	---	---	---
29220	C16H15N3O	6-aminomethaqualone	963-34-8	265.316	---	---	503.45	2	25	1.2019	2	---	---	---	---	---
29221	C16H15N3O	p-(5-benzofurylazo)-N,N-dimethylaniline	42242-59-1	265.316	---	---	495.45	1	25	1.2019	2	---	---	---	---	---
29222	C16H15N3O	p-(7-benzofurylazo)-N,N-dimethylaniline	42242-58-0	265.316	---	---	511.45	1	25	1.2019	2	---	---	---	---	---
29223	C16H15N3O	5-(m-methoxyphenyl-3-(o-tolyl))-S-triazole	69095-72-3	265.316	---	---	503.45	2	25	1.2019	2	---	---	---	---	---
29224	C16H15N3O	N-nicotinoyltryptamide	29876-14-0	265.316	---	---	503.45	2	25	1.2019	2	---	---	---	---	---
29225	C16H15N3O3	5-(a-hydroxybenzyl)-2-benzimidazolecarba	60254-95-7	297.314	---	---	---	---	25	1.2816	2	---	---	---	---	---
29226	C16H15N3O3	oxalyl-o-aminoazotoluene	63042-11-5	297.314	---	---	---	---	25	1.2816	2	---	---	---	---	---
29227	C16H15N3O4	2'-carbomethoxyphenyl 4-guanidinobenzoa	89022-11-7	313.314	---	---	---	---	25	1.3187	2	---	---	---	---	---
29228	C16H15N3O4	N,N-dimethyl-2',4'-dinitro-4-stilbenamine	---	313.314	271.96	1	---	---	25	1.3187	2	---	---	---	---	---
29229	C16H15N5	N,N-dimethyl-p-(5-quinoxalylazo)aniline	23521-13-3	277.330	---	---	550.15	2	25	1.2401	2	---	---	---	---	---
29230	C16H15N5	N,N-dimethyl-p-(6-quinoxalyazo)aniline	23521-14-4	277.330	---	---	550.15	1	25	1.2401	2	---	---	---	---	---
29231	C16H15N5O4	4-nitro-5-(4-phenyl-1-piperazinyl)benzofura	61785-70-4	341.328	---	---	---	---	25	1.3870	2	---	---	---	---	---
29232	C16H16	1,1-diphenyl-1-butene	1726-14-3	208.303	---	---	567.85	1	25	0.9901	1	25	1.5874	1	---	---
29233	C16H16	1,3-diphenyl-1-butene	7614-93-9	208.303	320.65	1	584.15	1	20	0.9996	1	15	1.5900	1	solid	1
29234	C16H16	cis-2,3-diphenyl-2-butene	782-05-8	208.303	340.65	1	582.82	2	20	1.0040	1	78	1.5612	1	solid	1
29235	C16H16	trans-2,3-diphenyl-2-butene	782-06-9	208.303	380.15	1	582.82	2	20	0.9870	1	---	---	---	solid	1
29236	C16H16	2,2'-dimethylstilbene	10311-74-7	208.303	356.15	1	582.82	2	19	1.0102	2	---	---	---	solid	1
29237	C16H16	9-ethyl-9,10-dihydroanthracene	605-82-3	208.303	---	---	594.65	1	18	1.0480	1	---	---	---	---	---
29238	C16H16	alpha-ethylstilbene	22692-70-2	208.303	330.15	1	569.65	1	18	1.0124	1	18	1.5930	1	solid	1
29239	C16H16	1,2,3,6,7,8-hexahydropyrene	1732-13-4	208.303	407.15	1	582.82	2	19	1.0102	2	---	---	---	solid	1
29240	C16H16	[2.2]paracyclophane	1633-22-3	208.303	559.65	1	582.82	2	19	1.0102	2	---	---	---	solid	1
29241	C16H16	2,3,9-trimethylfluorene	96563-06-3	208.303	---	---	582.82	2	19	1.0102	2	---	---	---	---	---
29242	C16H16ClN	2'-chloro-N,N-dimethyl-4-stilbenamine	63020-91-7	257.763	---	---	363.45	2	25	1.1289	2	---	---	---	---	---
29243	C16H16ClN	3'-chloro-N,N-dimethyl-4-stilbenamine	63040-27-7	257.763	---	---	363.45	2	25	1.1289	2	---	---	---	---	---
29244	C16H16ClN	4'-chloro-N,N-dimethyl-4-stilbenamine	7378-50-9	257.763	---	---	363.45	1	25	1.1289	2	---	---	---	---	---
29245	C16H16ClN3O3S	indapamide	26807-65-8	365.841	434.15	1	383.55	1	25	1.3588	2	---	---	---	solid	1
29246	C16H16ClN3O3S	metolazone	17560-51-9	365.841	529.15	1	---	---	25	1.3588	2	---	---	---	solid	1
29247	C16H16Cl5O6P	3-chloro-7-hydroxy-4-methylcoumarin bis(2	14663-70-8	512.536	---	---	---	---	---	---	---	---	---	---	---	---
29248	C16H16FN	2'-fluoro-N,N-dimethyl-4-stilbenamine	959-73-9	241.309	---	---	---	---	25	1.0918	2	---	---	---	---	---
29249	C16H16FN	4'-fluoro-N,N-dimethyl-4-stilbenamine	405-86-7	241.309	---	---	---	---	25	1.0918	2	---	---	---	---	---
29250	C16H16NO5PS	naphthaloximidodiethyl thiophosphate	2668-92-0	365.347	---	---	---	---	---	---	---	---	---	---	---	---
29251	C16H16NO6P	N-hydroxynaphthalimide, diethyl phosphate	1491-41-4	349.280	450.15	1	---	---	---	---	---	---	---	---	solid	1
29252	C16H16N2	3,4,7,8-tetramethyl-1,10-phenanthroline	1660-93-1	236.317	551.65	1	---	---	25	1.0971	2	---	---	---	solid	1
29253	C16H16N2OS	10-[(dimethylamino)acetyl]-10H-phenothiaz	518-61-6	284.382	417.65	1	---	---	25	1.2021	2	---	---	---	solid	1
29254	C16H16N2S2	N,N'-dibenzyldithiooxamide	122-65-6	300.449	---	---	---	---	25	1.2188	2	---	---	---	---	---
29255	C16H16N4	4,4'-stilbenedicarboxamidine	122-06-5	264.331	---	---	---	---	25	1.1806	2	---	---	---	---	---
29256	C16H16N4O4S	4-bis(2-hydroxyethyl)amino-2-(5-nitro-2-thi	33372-39-3	360.395	---	---	---	---	25	1.3760	2	---	---	---	---	---
29257	C16H16N4O5	4-bis(2-hydroxyethyl)amino-2-(5-nitro-2-fur	5055-20-9	344.328	440.65	1	---	---	25	1.3666	2	---	---	---	solid	1
29258	C16H16N4O8S	cefuroxim	55268-75-2	424.392	---	---	---	---	25	1.4924	2	---	---	---	---	---
29259	C16H16N6O6	2-(4-nitrophenyl)adenosine	37151-16-9	388.341	---	---	---	---	25	1.4595	2	---	---	---	---	---
29260	C16H16N2O2	isolysergic acid	478-95-5	268.316	491.15	dec	---	---	25	1.1840	2	---	---	---	solid	1
29261	C16H16N2O2	lysergic acid	82-58-6	268.316	513.15	dec	---	---	25	1.1840	2	---	---	---	solid	1
29262	C16H16N2O2	N,N'-bis(salicylidene)ethylenediamine	94-93-9	268.316	400.15	1	486.15	2	25	1.1840	2	---	---	---	solid	1
29263	C16H16N2O2	4',4'''-biacetanilide	613-35-4	268.316	590.15	1	486.15	1	25	1.1840	2	---	---	---	solid	1
29264	C16H16N2O2Se2	2,2'-diselenobis(N-phenylacetamide)	64046-56-6	426.236	---	---	478.15	1	---	---	---	---	---	---	---	---
29265	C16H16N2O3	N-a-acetoxybenzyl-N-benzylnitrosamine	70490-99-2	284.315	---	---	518.15	1	25	1.2242	2	---	---	---	---	---
29266	C16H16N2O3	4'-carbomethoxy-2,3'-dimethylazobenzene	63042-08-0	284.315	---	---	514.53	2	25	1.2242	2	---	---	---	---	---
29267	C16H16N2O3	N-hydroxy-N,N'-diacetylbenzidine	71609-22-8	284.315	---	---	510.90	1	25	1.2242	2	---	---	---	---	---
29268	C16H16N2O4	desmedipham	13684-56-5	300.315	393.15	1	---	---	25	1.2626	2	---	---	---	solid	1
29269	C16H16N2O4	phenmedipham	13684-63-4	300.315	416.15	1	---	---	25	1.2626	2	---	---	---	solid	1
29270	C16H16N2O4	vanillin azine	1696-60-2	300.315	453.15	1	---	---	25	1.2626	2	---	---	---	solid	1
29271	C16H16N2O4S	acedapsone	77-46-3	332.381	563.15	1	---	---	25	1.3116	2	---	---	---	solid	1
29272	C16H16N2O6S2	cephalothin	153-61-7	396.445	433.40	1	---	---	25	1.4148	2	---	---	---	solid	1
29273	C16H16N2O8Se2	bis(4,5-dimethoxy-2-nitrophenyl)diselenide	58257-01-5	522.232	485.65	1	---	---	---	---	---	---	---	---	solid	1
29274	C16H16O	3,3-diphenyl-2-butanone	2575-20-4	224.302	314.15	1	583.65	1	20	1.0690	1	20	1.5748	1	solid	1
29275	C16H16O	cyclopropyl diphenyl carbinol	5785-66-0	224.302	356.65	1	583.65	2	25	1.0555	2	---	---	---	solid	1
29276	C16H16O	1,4-diphenyl-1-butanone	5407-91-0	224.302	330.15	1	583.65	2	25	1.0555	2	---	---	---	solid	1
29277	C16H16O2	alpha-benzylbenzenepropanoic acid	618-68-8	240.302	363.15	1	598.15	2	19	1.1137	2	---	---	---	solid	1
29278	C16H16O2	benzyl 3-phenylpropanoate	22767-96-0	240.302	---	---	598.15	1	15	1.0900	1	---	---	---	---	---
29279	C16H16O2	[1,1'-biphenyl]-4-butanoic acid	6057-60-9	240.302	392.65	1	598.15	2	19	1.1137	2	---	---	---	solid	1
29280	C16H16O2	4,4'-dimethoxystilbene	4705-34-4	240.302	487.65	1	598.15	2	19	1.1137	2	---	---	---	solid	1

Table 1 Physical Properties - Organic Compounds

				Mol Wt	Freezing Point		Boiling Point		Density			Refractive Index			State	
NO	FORMULA	NAME	CAS No	g/mol	T_F, K	code	T_B, K	code	T, C	g/cm3	code	T, C	n_D	code	@25C,1 atm	code
29281	C16H16O2	2-ethoxy-1,2-diphenylethanone	574-09-4	240.302	335.15	1	598.15	2	17	1.1016	1	17	1.5727	1	solid	1
29282	C16H16O2	ethyl diphenylacetate	3468-99-3	240.302	333.15	1	598.15	2	20	1.1860	1	---	---	---	solid	1
29283	C16H16O2	2-phenylethyl phenylacetate	102-20-5	240.302	299.65	1	598.15	2	25	1.0770	1	---	---	---	solid	1
29284	C16H16O2	4-benzyloxy-3,5-dimethylbenzaldehyde	144896-51-5	240.302	---	---	598.15	2	19	1.1137	2	---	---	---	---	---
29285	C16H16O2	4-benzyloxy-3-methoxystyrene	55708-65-1	240.302	324.65	1	598.15	2	19	1.1137	2	---	---	---	solid	1
29286	C16H16O2	4'-benzyloxypropiophenone	4495-66-3	240.302	373.65	1	598.15	2	19	1.1137	2	---	---	---	solid	1
29287	C16H16O2	4-n-propylbiphenyl-4'-carboxylic acid	88038-94-2	240.302	497.15	1	598.15	2	19	1.1137	2	---	---	---	solid	1
29288	C16H16O2	dimethylstilbestrol	552-80-7	240.302	---	---	598.15	2	19	1.1137	2	---	---	---	---	---
29289	C16H16O2	a-ethyl-4,4'-stilbenediol	3691-71-2	240.302	---	---	598.15	2	19	1.1137	2	---	---	---	---	---
29290	C16H16O2	2-ethyl-5,6,7,8-tetrahydroanthraquinone	15547-17-8	240.302	---	---	598.15	2	19	1.1137	2	---	---	---	---	---
29291	C16H16O3	ethyl alpha-hydroxydiphenylacetate	52182-15-7	256.301	307.15	1	568.48	2	23	1.1363	2	---	---	---	solid	1
29292	C16H16O3	phenyl 2-phenoxybutanoate	116836-19-2	256.301	321.65	1	568.48	2	15	1.1350	1	---	---	---	solid	1
29293	C16H16O3	benzyl (S)-(-)-2-hydroxy-3-phenylpropionat	7622-21-1	256.301	---	---	561.15	1	25	1.1420	1	---	1.5580	1	---	---
29294	C16H16O3	benzyl (R)-(+)-2-hydroxy-3-phenylpropiona	7622-22-2	256.301	298.15	1	501.15	1	25	1.1400	1	---	1.5590	1	---	---
29295	C16H16O3	4-benzyloxy-3,5-dimethylbenzoic acid	97888-80-7	256.301	433.65	1	568.48	2	23	1.1363	2	---	---	---	solid	1
29296	C16H16O3	desoxyanisoin	120-44-5	256.301	383.65	1	568.48	2	23	1.1363	2	---	---	---	solid	1
29297	C16H16O3	2,2-dimethoxy-2-phenylacetophenone	24650-42-8	256.301	339.15	1	568.48	2	23	1.1363	2	---	---	---	solid	1
29298	C16H16O3	4-methoxybenzyl phenylacetate	102-17-0	256.301	---	---	643.15	1	25	1.1280	1	---	1.5590	1	---	---
29299	C16H16O3	ethoxydiphenylacetic acid	7495-45-6	256.301	387.65	1	568.48	2	23	1.1363	2	---	---	---	solid	1
29300	C16H16O3	salicylic acid 3-phenylpropyl ester	24781-13-3	256.301	---	---	568.48	2	23	1.1363	2	---	---	---	---	---
29301	C16H16O4	diethyl 1,8-naphthalenedicarboxylate	58618-39-6	272.301	332.65	1	---	---	70	1.1399	1	---	---	---	solid	1
29302	C16H16O4	anisoin	119-52-8	272.301	384.65	1	---	---	25	1.1872	2	---	---	---	solid	1
29303	C16H16O4	(R)-2-(2-naphthylmethyl)succinic acid-1-me	---	272.301	---	---	---	---	25	1.1872	2	---	---	---	---	---
29304	C16H16O4	(S)-2-(1-naphthylmethyl)succinic acid-1-me	130693-96-8	272.301	386.25	1	---	---	25	1.1872	2	---	---	---	solid	1
29305	C16H16O4	(S)-2-(2-naphthylmethyl)succinic acid-1-me	220497-75-6	272.301	337.85	1	---	---	25	1.1872	2	---	---	---	solid	1
29306	C16H16O5	alkannin	23444-65-7	288.300	422.15	1	---	---	25	1.2269	2	---	---	---	solid	1
29307	C16H16O6	cerulignone	493-74-3	304.299	---	---	---	---	25	1.2648	2	---	---	---	---	---
29308	C16H16Si	divinyldiphenylsilane	17937-68-7	236.388	---	---	---	---	25	1.0092	1	25	1.5350	1	---	---
29309	C16H16U	bis(n-cyclooctatetranene)uranium(O)	---	446.332	---	---	---	---	---	---	---	---	---	---	---	---
29310	C16H17BrN2	zimelidine	56775-88-3	317.229	466.15	1	---	---	25	1.3232	2	---	---	---	solid	1
29311	C16H17BrO6	6-bromo-2-naphthyl-b-D-galactopyranoside	15572-30-2	385.211	492.15	1	---	---	25	1.4539	2	---	---	---	solid	1
29312	C16H17BrO6	6-bromo-2-naphthyl-b-D-glucopyranoside	15548-61-5	385.211	484.15	1	---	---	25	1.4539	2	---	---	---	solid	1
29313	C16H17Cl	monochlorophenylxylylethane	95719-24-7	244.763	---	---	---	---	25	1.0707	2	---	---	---	---	---
29314	C16H17ClN2O	7-chloro-5-(cyclohexen-1-yl)-1,3-dihydro-1	10379-14-3	288.777	417.15	1	---	---	25	1.1898	2	---	---	---	solid	1
29315	C16H17ClN4O3	4-(N-ethyl-N-2-hydroxyethylamino)4'-nitro-2	3180-81-2	348.790	---	---	---	---	25	1.3291	2	---	---	---	---	---
29316	C16H17KN2O4S	potassium penicillin G	113-98-4	372.487	488.65	dec	---	---	---	---	---	---	---	---	solid	1
29317	C16H17KN2O5S	potassium phenoxymethylpenicillin	132-98-9	388.486	---	---	---	---	---	---	---	---	---	---	---	---
29318	C16H17N	9-butyl-9H-carbazole	1484-08-8	223.318	331.15	1	---	---	25	1.0355	2	---	---	---	solid	1
29319	C16H17N	trans-N,N-dimethyl-4-(2-phenylvinyl)aniline	838-95-9	223.318	423.15	1	---	---	25	1.0355	2	---	---	---	solid	1
29320	C16H17N	N,N-dimethyl-4-stilbenamine	1145-73-9	223.318	---	---	---	---	25	1.0355	2	---	---	---	---	---
29321	C16H17N	(Z)-N,N-dimethyl-4-stilbenamine	14301-11-2	223.318	---	---	---	---	25	1.0355	2	---	---	---	---	---
29322	C16H17NO	diphenamid	957-51-7	239.317	408.15	1	---	---	23	1.1700	1	---	---	---	solid	1
29323	C16H17NO	6,7-dihydro-6-(2-hydroxyethyl)-5H-dibenz(	63918-74-1	239.317	---	---	---	---	25	1.0816	2	---	---	---	---	---
29324	C16H17NO2	coumarin 102	41267-76-9	255.317	---	---	---	---	25	1.1253	2	---	---	---	---	---
29325	C16H17NO2	2',5'-dimethoxystilbenamine	23435-31-6	255.317	---	---	---	---	25	1.1253	2	---	---	---	---	---
29326	C16H17NO2	p-(2,3-epoxypropoxy)-N-phenylbenzylamin	63991-57-1	255.317	---	---	---	---	25	1.1253	2	---	---	---	---	---
29327	C16H17NO2	N-(p-phenethyl)phenylacetohydroxamic ac	33384-03-1	255.317	---	---	---	---	25	1.1253	2	---	---	---	---	---
29328	C16H17NO3	normorphine	466-97-7	271.316	546.15	1	---	---	25	1.1670	2	---	---	---	solid	1
29329	C16H17NO3	O-benzyl-L-tyrosine	16652-64-5	271.316	532.15	1	---	---	25	1.1670	2	---	---	---	solid	1
29330	C16H17NO4	lycorine	476-28-8	287.316	553.15	1	---	---	25	1.2066	2	---	---	---	solid	1
29331	C16H17NO4	3-endo-(benzyloxycarbonylamino)bicyclo[2	---	287.316	396.15	1	---	---	25	1.2066	2	---	---	---	solid	1
29332	C16H17NO4	3-exo-(benzyloxycarbonylamino)bicyclo]2.2	109853-34-1	287.316	394.15	1	---	---	25	1.2066	2	---	---	---	solid	1
29333	C16H17NO5	2-hydroxy-3-(o-methoxyphenoxy)propyl nic	25395-41-9	303.315	---	---	---	---	25	1.2445	2	---	---	---	---	---
29334	C16H17NO7	2-amino-1-naphthylglucosiduronic acid	63976-07-8	335.314	---	---	---	---	25	1.3152	2	---	---	---	---	---
29335	C16H17N2NaO4S	benzylpenicillin sodium	69-57-8	356.378	---	---	---	---	---	---	---	---	---	---	---	---
29336	C16H17N3O	lysergamide	478-94-4	267.331	410.65	1	---	---	25	1.1635	2	---	---	---	solid	1
29337	C16H17N3O3	nocardicin complex	76631-42-0	299.330	---	---	---	---	25	1.2421	2	---	---	---	---	---
29338	C16H17N3O4	anthramycin	4803-27-4	315.330	464.15	1	---	---	25	1.2787	2	---	---	---	solid	1
29339	C16H17N3O4S	7-(D-a-aminophenylacetamido)desacetoxy	15686-71-2	347.396	---	---	---	---	25	1.3251	2	---	---	---	---	---
29340	C16H17N3O5S	duricef	50370-12-2	363.395	470.15	dec	511.15	1	25	1.3570	2	---	---	---	solid	1
29341	C16H17N3O7S2	cefoxitin	35607-66-0	427.460	422.65	1	---	---	25	1.4511	2	---	---	---	solid	1
29342	C16H18	1,1-diphenylbutane	719-79-9	210.319	247.95	1	557.44	1	25	0.9712	1	25	1.5546	1	liquid	1
29343	C16H18	1,2-diphenylbutane	5223-59-6	210.319	302.63	2	564.15	1	20	0.9673	1	20	1.5554	1	solid	2
29344	C16H18	1,4-diphenylbutane	1083-56-3	210.319	325.65	1	590.15	1	20	0.9880	1	---	---	---	solid	1
29345	C16H18	1-benzyl-4-propylbenzene	62155-41-3	210.319	295.65	1	584.15	1	20	0.9662	1	20	1.3552	1	liquid	1
29346	C16H18	1,3-diphenylbutane, (±)	116783-21-2	210.319	302.63	2	566.15	1	20	0.9722	1	20	1.5525	1	solid	2
29347	C16H18	1,3-diphenyl-2-methylpropane	1520-46-3	210.319	239.45	1	576.15	1	20	0.9669	1	---	---	---	liquid	1
29348	C16H18	2-butyl-1,1'-biphenyl	54532-97-7	210.319	319.40	2	570.25	2	21	0.9761	2	---	---	---	solid	2
29349	C16H18	2,2',4,4'-tetramethyl-1,1'-biphenyl	3976-36-1	210.319	314.15	1	560.15	1	21	0.9761	2	---	---	---	solid	1
29350	C16H18	2,2',5,5'-tetramethyl-1,1'-biphenyl	3075-84-1	210.319	324.65	1	558.15	1	21	0.9761	2	---	---	---	solid	1
29351	C16H18	1,2-di(m-tolyl)ethane	4662-96-8	210.319	---	---	571.15	1	22	0.9703	1	22	1.5566	1	---	---
29352	C16H18	1,2-di(p-tolyl)ethane	538-39-6	210.319	358.15	1	570.25	2	21	0.9761	2	---	---	---	solid	1
29353	C16H18	1-isopropyl-4-benzylbenzene	886-58-8	210.319	286.55	1	583.15	1	18	1.0070	1	---	---	---	liquid	1
29354	C16H18	1,1'-(1-methylpropylidene)bisbenzene	5223-61-0	210.319	294.85	1	569.35	1	21	0.9761	2	---	---	---	liquid	1
29355	C16H18	1,1-di-p-tolylethane	530-45-0	210.319	253.25	1	555.85	1	21	0.9761	2	---	---	---	liquid	1
29356	C16H18	DL-2,3-diphenylbutane	2726-21-8	210.319	302.63	2	577.20	1	21	0.9761	2	---	---	---	solid	2
29357	C16H18	1,1'-(1,2-ethanediyl)bis[2-methylbenzene	952-80-7	210.319	335.00	1	570.25	2	21	0.9761	2	---	---	---	solid	1
29358	C16H18	meso-2,3-diphenylbutane	4613-11-0	210.319	397.45	1	570.25	2	21	0.9761	2	---	---	---	solid	1
29359	C16H18	ditolylethane	27755-15-3	210.319	---	---	570.25	2	21	0.9761	2	---	---	---	---	---
29360	C16H18BrN3	4'-bromo-3'-ethyl-4-dimethylaminoazobenz	---	332.244	---	---	---	---	25	1.3370	2	---	---	---	---	---

Table 1 Physical Properties - Organic Compounds

				Mol Wt	Freezing Point		Boiling Point		Density			Refractive Index			State	
NO	FORMULA	NAME	CAS No	g/mol	T_F, K	code	T_B, K	code	T, C	g/cm3	code	T, C	n_D	code	@25C,1 atm	code
29361	C16H18BrN3	p-((3-bromo-4-ethylphenyl)azo)-N,N-dimetl	---	332.244	---	---	---	---	25	1.3370	2	---	---	---	---	---
29362	C16H18ClN	dibenzamine	51-50-3	259.778	---	---	---	---	25	1.0945	2	---	---	---	---	---
29363	C16H18ClN3	3'-chloro-4'-ethyl-4-dimethylaminoazobenz	---	287.792	---	---	---	---	25	1.1706	2	---	---	---	---	---
29364	C16H18ClN3	4'-chloro-3'-ethyl-4-dimethylaminoazobenz	---	287.792	---	---	---	---	25	1.1706	2	---	---	---	---	---
29365	C16H18ClN3S	methylene blue	61-73-4	319.858	---	---	---	---	25	1.2236	2	---	---	---	---	---
29366	C16H18Cl2F6N2O3	hexaflumuron	86479-06-3	471.227	---	---	---	---	25	1.4069	2	---	---	---	---	---
29367	C16H18FN3O3	baccidal	70458-96-7	319.337	500.65	1	---	---	25	1.2504	2	---	---	---	solid	1
29368	C16H18Cl3O6P	3-chloro-7-hydroxy-4-methylcoumarin bis(3	4467-21-4	443.647	---	---	---	---	---	---	---	---	---	---	---	---
29369	C16H18HgN8O4	mercuric-8,8-dicaffeine	6937-66-2	586.963	---	---	---	---	---	---	---	---	---	---	---	---
29370	C16H18Cl4O4Sn	dibutyl(tetrachlorophthalato)stannane	23535-89-9	534.837	---	---	---	---	---	---	---	---	---	---	---	---
29371	C16H18N2	1,4-diphenylpiperazine	613-39-8	238.333	438.15	1	573.15	dec	25	1.0621	2	---	---	---	solid	1
29372	C16H18N2	agroclavine	548-42-5	238.333	481.65	dec	573.15	2	25	1.0621	2	---	---	---	solid	1
29373	C16H18N2	nomifensine	24526-64-5	238.333	453.15	1	573.15	2	25	1.0621	2	---	---	---	solid	1
29374	C16H18N2O	lysergol	602-85-7	254.332	521.15	1	---	---	25	1.1057	2	---	---	---	solid	1
29375	C16H18N2O	elymoclavine	548-43-6	254.332	524.15	dec	---	---	25	1.1057	2	---	---	---	solid	1
29376	C16H18N2O2	2,2'-diethoxyazobenzene	613-43-4	270.332	404.15	1	513.15	dec	25	1.1472	2	---	---	---	solid	1
29377	C16H18N2O2	4,4'-diethoxyazobenzene	588-52-3	270.332	435.15	1	513.15	2	25	1.1472	2	---	---	---	solid	1
29378	C16H18N2O3	isopilosine	491-88-3	286.331	460.15	1	---	---	25	1.1869	2	---	---	---	solid	1
29379	C16H18N2O3	4,4'-azoxydiphenetole	4792-83-0	286.331	424.15	1	---	---	25	1.1869	2	---	---	---	solid	1
29380	C16H18N2O3	lironion	14214-32-5	286.331	---	---	---	---	25	1.1869	2	---	---	---	---	---
29381	C16H18N2O4S	benzyl-6-aminopenicillinic acid	61-33-6	334.397	---	---	---	---	25	1.2742	2	---	---	---	---	---
29382	C16H18N2O5S	phenoxymethylpenicillin	87-08-1	350.396	397.15	dec	---	---	25	1.3072	2	---	---	---	solid	1
29383	C16H18N3NaO3S	ethyl orange sodium salt	62758-12-7	355.394	---	---	---	---	---	---	---	---	---	---	---	---
29384	C16H18N4O	N-methyl-4'-(p-methylaminophenylazo)ace	53499-68-6	282.346	---	---	---	---	25	1.1838	2	---	---	---	---	---
29385	C16H18N4O2	nialamide	51-12-7	298.346	424.75	1	---	---	25	1.2221	2	---	---	---	solid	1
29386	C16H18N4O2	trivastan	3605-01-4	298.346	371.15	1	---	---	25	1.2221	2	---	---	---	solid	1
29387	C16H18N4O3	2-[ethyl[4-[(4-nitrophenyl)azo]phenyl]amino	2872-52-8	314.345	440.00	1	---	---	25	1.2586	2	---	---	---	solid	1
29388	C16H18N4O7S	bensulfuron-methyl	83055-99-6	410.409	460.15	1	---	---	25	1.4262	2	---	---	---	solid	1
29389	C16H18O	bis(2-ethylphenyl) ether	56911-77-4	226.318	---	---	591.65	1	18	1.0141	1	18	1.5488	1	---	---
29390	C16H18O	bis(1-phenylethyl)ether, (±)	53776-69-5	226.318	---	---	553.35	1	15	1.0058	1	21	1.5454	1	---	---
29391	C16H18O	bis(2-phenylethyl)ether	2396-53-4	226.318	---	---	591.65	1	18	1.0141	1	18	1.5488	1	---	---
29392	C16H18O	beta-phenylbenzenebutanol, (R)	17297-04-0	226.318	324.65	1	560.36	2	19	1.0090	2	25	1.5686	1	solid	1
29393	C16H18O	a-methyl benzyl ether	93-96-9	226.318	243.25	1	504.80	1	25	1.0020	1	---	1.5420	1	liquid	1
29394	C16H18O	3-(1,1-dimethylethyl)-[1,1'-biphenyl]-2-ol	2416-98-0	226.318	---	---	560.36	2	19	1.0090	2	---	---	---	---	---
29395	C16H18OSi	ethoxydiphenylvinylsilane	17933-85-6	254.403	---	---	---	---	25	1.0170	1	---	1.5530	1	---	---
29396	C16H18O2	1,1-bis(4-hydroxyphenyl)butane	4731-84-4	242.318	410.15	1	---	---	25	1.0668	2	---	---	---	solid	1
29397	C16H18O2	bisphenol b	77-40-7	242.318	393.65	1	---	---	25	1.0668	2	---	---	---	solid	1
29398	C16H18O2	2,2'-dimethoxy-5,5'-dimethyl-1,1'-biphenyl	7168-55-0	242.318	344.15	1	---	---	25	1.0668	2	---	---	---	solid	1
29399	C16H18O2	2,5'-dimethoxy-2',5-dimethyl-1,1'-biphenyl	72935-12-7	242.318	339.15	1	---	---	25	1.0668	2	---	---	---	solid	1
29400	C16H18O2	3,3',5,5'-tetramethyl-[1,1'-biphenyl]-4,4'-dio	2417-04-1	242.318	494.95	1	---	---	25	1.0668	2	---	---	---	solid	1
29401	C16H18O3	dimethyl ethyl allenolic acid methyl ether	63021-00-1	258.317	---	---	---	---	25	1.1098	2	---	---	---	---	---
29402	C16H18O8	4-methylumbelliferyl-b-D-glucopyranoside	18997-57-4	338.314	484.15	1	---	---	25	1.2970	2	---	---	---	solid	1
29403	C16H18O9	chlorogenic acid	327-97-9	354.314	481.15	1	---	---	25	1.3298	2	---	---	---	solid	1
29404	C16H18O10	fraxin	524-30-1	370.313	478.15	1	---	---	25	1.3611	2	---	---	---	solid	1
29405	C16H19BrN2	brompheniramine	86-22-6	319.245	298.15	1	---	---	25	1.2833	2	---	---	---	---	---
29406	C16H19ClN2	chlorpheniramine	132-22-9	274.793	---	---	---	---	25	1.1166	2	---	---	---	---	---
29407	C16H19ClN4O2S	2-((4-chloro-6-(2,3-xylidino)-2-pyrimidinyl)t	65089-17-0	366.872	418.15	1	---	---	25	1.3038	2	---	---	---	solid	1
29408	C16H19ClO2	6-chloro-5-cyclohexyl-1-indancarboxylic ac	28968-07-2	278.778	424.65	1	424.65	1	25	1.1203	2	---	---	---	solid	1
29409	C16H19ClO2	clidanac	34148-01-1	278.778	---	---	424.65	2	25	1.1203	2	---	---	---	---	---
29410	C16H19ClO3	4-(4-cyclohexyl-3-chlorophenyl)-4-oxobuty	32808-51-8	294.778	364.15	1	---	---	25	1.1585	2	---	---	---	solid	1
29411	C16H19ClSi	tert-butyl(chloro)diphenylsilane	58479-61-1	274.864	---	---	---	---	25	1.0570	1	---	1.5680	1	---	---
29412	C16H19Cl2N	N-(2-chloroethyl)dibenzylamine hydrochlor	55-43-6	296.239	---	---	---	---	25	1.1436	2	---	---	---	---	---
29413	C16H19N	bis(1-phenylethyl)amine	10024-74-5	225.334	---	---	569.65	1	15	1.0180	1	---	1.5730	1	---	---
29414	C16H19N	bis(2-phenylethyl)amine	6308-98-1	225.334	302.15	1	633.15	1	25	1.0030	2	25	1.5550	1	solid	1
29415	C16H19N	2-ethyl-N-(2-ethylphenyl)aniline	64653-59-4	225.334	302.15	1	601.40	2	25	1.0030	2	25	1.5550	1	solid	1
29416	C16H19N	3,2',4',6'-tetramethylaminodiphenyl	73728-78-6	225.334	---	---	601.40	2	25	1.0030	2	---	---	---	---	---
29417	C16H19NO	1-nitrosopyrene	86674-51-3	241.333	---	---	436.15	1	25	1.0480	2	---	---	---	---	---
29418	C16H19NO3	beta-erythroidine	466-81-9	273.332	372.65	1	---	---	25	1.1318	2	---	---	---	solid	1
29419	C16H19NO3	lunacrine	82-40-6	273.332	---	---	---	---	25	1.1318	2	---	---	---	---	---
29420	C16H19NO4	benzoylecgonine	519-09-5	289.331	468.15	1	---	---	25	1.1708	2	---	---	---	solid	1
29421	C16H19N3	2,4'-dimethyl-4-dimethylaminoazobenzene	35653-70-4	253.348	---	---	458.52	2	25	1.0866	2	---	---	---	---	---
29422	C16H19N3	N,N-dimethyl-p-(2,3,xylylazo)aniline	18997-62-1	253.348	---	---	458.52	2	25	1.0866	2	---	---	---	---	---
29423	C16H19N3	N,N-dimethyl-p-(3,4-xylylazo)aniline	3025-73-8	253.348	---	---	458.52	2	25	1.0866	2	---	---	---	---	---
29424	C16H19N3	2'-ethyl-4-dimethylaminoazobenzene	93023-34-8	253.348	---	---	458.52	2	25	1.0866	2	---	---	---	---	---
29425	C16H19N3	p-((m-ethylphenyl)azo)-N,N-dimethylaniline	17010-65-0	253.348	---	---	426.95	1	25	1.0866	2	---	---	---	---	---
29426	C16H19N3	p-((p-ethylphenyl)azo)-N,N-dimethylaniline	5302-41-0	253.348	---	---	478.45	1	25	1.0866	2	---	---	---	---	---
29427	C16H19N3	oil yellow DEA	2481-94-9	253.348	370.65	1	470.15	1	25	1.0866	2	---	---	---	solid	1
29428	C16H19N3O	2-(benzhydryloxyethyl)guanidine	16136-32-6	269.347	---	---	475.95	1	25	1.1280	2	---	---	---	---	---
29429	C16H19N3O	N,N-dimethyl-p-((3-ethoxyphenyl)azo)anili	3837-54-5	269.347	---	---	464.15	1	25	1.1280	2	---	---	---	---	---
29430	C16H19N3O3S	ethyl orange	6287-12-3	333.412	---	---	---	---	25	1.2555	2	---	---	---	---	---
29431	C16H19N3O4S	aminobenzylpenicillin	69-53-4	349.411	473.65	dec	474.95	1	25	1.2885	2	---	---	---	solid	1
29432	C16H19N3O4S	sefril	38821-53-3	349.411	414.15	dec	474.95	2	25	1.2885	2	---	---	---	solid	1
29433	C16H19N3O5S	cefroxadin	51762-05-1	365.411	443.15	dec	524.15	1	25	1.3201	2	---	---	---	solid	1
29434	C16H19N3O5S	3-(4-diethylamino-2-hydroxyphenylazo)-4-l	1563-01-5	365.411	---	---	478.65	1	25	1.3201	2	---	---	---	---	---
29435	C16H19N3O6	mitomycin A	4055-39-4	349.344	---	---	519.15	2	25	1.3091	2	---	---	---	---	---
29436	C16H19N3O6	mitomycin B	4055-40-7	349.344	---	---	519.15	1	25	1.3091	2	---	---	---	---	---
29437	C16H19N3S	dominal	303-69-5	285.414	298.15	1	---	---	25	1.1475	2	---	---	---	---	---
29438	C16H19N3S	odantol	482-15-5	285.414	---	---	---	---	25	1.1475	2	---	---	---	---	---
29439	C16H19N5O8	2',3',5'-triacetylguanosine	6979-94-8	409.357	501.65	1	---	---	25	1.4284	2	---	---	---	solid	1
29440	C16H20	1-hexylnaphthalene	2876-53-1	212.335	255.15	1	595.15	1	25	0.9470	1	25	1.5626	1	liquid	1

Table 1 Physical Properties - Organic Compounds

				Mol Wt	Freezing Point		Boiling Point		Density			Refractive Index			State	
NO	FORMULA	NAME	CAS No	g/mol	T_F, K	code	T_B, K	code	T, C	g/cm3	code	T, C	n_D	code	@25C,1 atm	code
29441	C16H20	2-hexylnaphthalene	2876-46-2	212.335	267.65	1	596.15	1	25	0.9446	1	25	1.5601	1	liquid	1
29442	C16H20	1-isopropyl-2,4,7-trimethylnaphthalene	6995-30-8	212.335	303.85	2	581.25	2	30	0.9721	1	30	1.5840	1	solid	2
29443	C16H20	1,2,5-trimethyl-8-isopropylnaphthalene	6897-76-3	212.335	360.15	1	581.25	2	30	0.9847	1	30	1.5926	1	solid	1
29444	C16H20	1,3,8-trimethyl-5-isopropylnaphthalene	6897-88-7	212.335	294.65	1	581.25	2	30	0.9800	1	30	1.5876	1	liquid	2
29445	C16H20	2,6-diisopropylnaphthalene	24157-81-1	212.335	341.65	1	552.45	1	28	0.9657	2	---	---	---	solid	1
29446	C16H20	bis(isopropyl)naphthalene	38640-62-9	212.335	303.85	2	581.25	2	28	0.9657	2	---	---	---	solid	2
29447	C16H20ClN3	chloropyramine	59-32-5	289.808	298.15	1	427.65	1	25	1.1371	2	---	---	---	---	---
29448	C16H20N2	N,N'-dibenzyl-1,2-ethanediamine	140-28-3	240.349	299.15	1	---	---	20	1.0240	1	20	1.5635	1	solid	1
29449	C16H20N2	tetramethyl-[1,1'-biphenyl]-4,4'-diamine	34314-06-2	240.349	471.15	1	---	---	23	1.0161	2	---	---	---	solid	1
29450	C16H20N2	N,N-dimethyl-gamma-phenyl-2-pyridinepro	86-21-5	240.349	---	---	---	---	25	1.0081	1	25	1.5519	1	---	---
29451	C16H20N2	(1R,2R)-(+)-N,N'-dimethyl-1,2-diphenyl-1,2	118628-68-5	240.349	322.65	1	---	---	23	1.0161	2	---	---	---	solid	1
29452	C16H20N2	(1S,2S)-(-)-N,N'-dimethyl-1,2-diphenyl-1,2-	70749-06-3	240.349	322.65	1	---	---	23	1.0161	2	---	---	---	solid	1
29453	C16H20N2	N,N,N',N'-tetramethylbenzidine	366-29-0	240.349	467.15	1	---	---	23	1.0161	2	---	---	---	solid	1
29454	C16H20N2	3,3',5,5'-tetramethylbenzidine	54827-17-7	240.349	441.65	1	---	---	23	1.0161	2	---	---	---	solid	1
29455	C16H20N2O4	nalpha-boc-L-tryptophane	13139-14-5	304.346	409.65	1	---	---	25	1.1894	2	---	---	---	solid	1
29456	C16H20N2O4	nalpha-boc-D-tryptophane	5241-64-5	304.346	406.65	1	---	---	25	1.1894	2	---	---	---	solid	1
29457	C16H20N2O4	tomaymycin	35050-55-6	304.346	418.65	1	---	---	25	1.1894	2	---	---	---	solid	1
29458	C16H20N2O7	N-(4-nitrobenzoyl)-L-glutamic acid diethyle	7148-24-5	352.345	366.65	1	---	---	25	1.2919	2	---	---	---	solid	1
29459	C16H20N4	3,3'-bis(dimethylamino)azobenzene	21232-53-1	268.363	391.15	1	---	---	25	1.1093	2	---	---	---	solid	1
29460	C16H20N4O2	apazone	13539-59-8	300.362	501.15	1	561.65	2	25	1.1865	2	---	---	---	solid	1
29461	C16H20N4O2	4-(p-butoxyphenyl)semicarbazone-1H-pyrr	119034-03-6	300.362	---	---	561.65	1	25	1.1865	2	---	---	---	---	---
29462	C16H20N4O5	N-methylmitomycin C	801-52-5	348.360	474.40	dec	517.15	1	25	1.2903	2	---	---	---	solid	1
29463	C16H20N4O6	aziridinylquinone	57998-68-2	364.359	503.15	1	---	---	25	1.3220	2	---	---	---	solid	1
29464	C16H20N6O6	1-(6-amino-9H-purin-9-yl)-1-deoxy-2,3-dihy	58048-26-3	392.373	---	---	---	---	25	1.3811	2	---	---	---	---	---
29465	C16H20O2	4,4,10-trimethyl-tricyclo[7,3,1,0(1-6)]-6,10-(	---	244.334	386.65	1	488.15	2	25	1.0346	2	---	---	---	solid	1
29466	C16H20O2	fenestrel	7698-97-7	244.334	433.65	1	488.15	1	25	1.0346	2	---	---	---	solid	1
29467	C16H20O2Si	diethoxydiphenylsilane	2553-19-7	272.419	---	---	575.15	1	20	1.0329	1	20	1.5269	1	---	---
29468	C16H20O4	marasmic acid	2212-99-9	276.332	446.65	1	468.15	1	25	1.1170	2	---	---	---	solid	1
29469	C16H20O4	methyl marasmate	2213-00-5	276.332	---	---	468.15	2	25	1.1170	2	---	---	---	---	---
29470	C16H20O6P2S3	abate	3383-96-8	466.477	304.42	1	---	---	25	1.3200	1	---	---	---	solid	1
29471	C16H20O8P2S3	phosphorothioic acid, O,O'-(sulfonyldi-p-ph	1174-83-0	498.476	---	---	---	---	---	---	---	---	---	---	---	---
29472	C16H21Br2NO4	N-carbobenzoxy-L-leucine-1,2-dibromoeth	---	451.155	---	---	---	---	25	1.5250	2	---	---	---	---	---
29473	C16H21Cl2NO2	3-(2-methylpiperidino)propyl-3,4-dichlorob	3478-94-2	330.254	298.15	1	---	---	25	1.1825	2	---	---	---	---	---
29474	C16H21Cl3O3	2,4,5-T isooctyl ester	25168-15-4	367.698	---	---	---	---	25	1.2345	2	---	---	---	---	---
29475	C16H21Cl3O4	2-(2,4,5-trichlorophenoxy)propionic acid pr	6047-17-2	383.698	---	---	---	---	25	1.2644	2	---	---	---	---	---
29476	C16H21NO2	inderal	525-66-6	259.349	---	---	---	---	25	1.0590	2	---	---	---	---	---
29477	C16H21NO2	DL-propranolol	13013-17-7	259.349	369.15	1	---	---	25	1.0590	2	---	---	---	solid	1
29478	C16H21NO3	homatropine	87-00-3	275.348	372.65	1	---	---	25	1.0991	2	---	---	---	solid	1
29479	C16H21NO3	norhyoscyamine	537-29-1	275.348	413.65	1	---	---	25	1.0991	2	---	---	---	solid	1
29480	C16H21NO3	rolipram	61413-54-5	275.348	405.15	1	---	---	25	1.0991	2	---	---	---	solid	1
29481	C16H21NO4	N-boc-DL-2-aminotetralin-2-carboxylic acid	---	291.347	451.65	1	---	---	25	1.1375	2	---	---	---	solid	1
29482	C16H21NO4	boc-DL-5-methyl-1,2,3,4-tetrahydroisoquin	---	291.347	416.20	1	---	---	25	1.1375	2	---	---	---	solid	1
29483	C16H21NO4	(S)-N-boc-styrylalanine	261165-04-2	291.347	---	---	---	---	25	1.1375	2	---	---	---	---	---
29484	C16H21NO4	(R)-N-boc-styrylalanine	261380-19-2	291.347	---	---	---	---	25	1.1375	2	---	---	---	---	---
29485	C16H21NO4	2-(tert-butoxycarbonylamino)-1,2,3,4-tetrah	98569-12-1	291.347	459.15	1	---	---	25	1.1375	2	---	---	---	solid	1
29486	C16H21NO4	N-carbobenzoxy-L-leucine vinyl ester	64187-27-5	291.347	---	---	---	---	25	1.1375	2	---	---	---	---	---
29487	C16H21NO4	7-(2-hydroxy-3-(isopropylamino)propoxy)-2	39552-01-7	291.347	---	---	---	---	25	1.1375	2	---	---	---	---	---
29488	C16H21NO5	methyl(1-oxopentyl)carbamic acid 2,2-dime	40373-44-2	307.347	---	---	---	---	25	1.1742	2	---	---	---	---	---
29489	C16H21NO6	boc-L-aspartic acid 4-benzylester	7536-58-5	323.346	369.65	1	---	---	25	1.2094	2	---	---	---	solid	1
29490	C16H21NO6	dehydromonocrotaline	23291-96-5	323.346	---	---	---	---	25	1.2094	2	---	---	---	---	---
29491	C16H21N3	N,N-dimethyl-N'-benzyl-N'-2-pyridinyl-1,2-e	91-81-6	255.364	---	---	---	---	25	1.0545	2	---	---	---	---	---
29492	C16H22ClN3O4	plafibride	63394-05-8	355.822	424.15	1	---	---	25	1.2427	2	---	---	---	solid	1
29493	C16H22ClNO3	diethatyl-ethyl	38727-55-8	311.808	---	---	---	---	25	1.1454	2	---	---	---	---	---
29494	C16H22ClNO4	lipenan	26717-47-5	327.808	307.15	1	468.15	1	25	1.1799	2	---	---	---	solid	1
29495	C16H22Cl2N2O	1-((bis(2-chloroethyl)amino)benzoyl)piperi	24813-03-4	329.269	---	---	468.15	1	25	1.1658	2	---	---	---	---	---
29496	C16H22Cl2N2O2	1-(3-(bis(2-chloroethyl)amino)-4-methylber	21447-39-2	345.268	---	---	467.95	1	25	1.1987	2	---	---	---	---	---
29497	C16H22Cl2O3	2,4-d, isooctyl ester	25168-26-7	333.254	285.15	1	590.15	1	25	1.1686	2	---	---	---	liquid	1
29498	C16H22Cl2O3	2,4-D 2-ethylhexyl ester	1928-43-4	333.254	---	---	516.15	1	25	1.1686	2	---	---	---	---	---
29499	C16H22Cl2Zr	bis(isopropylcyclopentadienyl)zirconium di	58628-40-3	376.480	407.15	1	---	---	---	---	---	---	---	---	solid	1
29500	C16H22HgN6O7	theophylline methoxyoximercuripropyl succ	8069-64-5	610.978	---	---	459.15	1	---	---	---	---	---	---	---	---
29501	C16H22N2	N,N-dimethyl-N'-ethyl-N'-1-naphthylethylen	---	242.365	---	---	---	---	25	0.9997	2	---	---	---	---	---
29502	C16H22N2	N,N-dimethyl-N'-ethyl-N'-2-naphthylethylen	---	242.365	---	---	---	---	25	0.9997	2	---	---	---	---	---
29503	C16H22N2O2	4-diallylamino-3,5-dimethylphenyl-N-methy	6392-46-7	274.363	---	---	---	---	25	1.0816	2	---	---	---	---	---
29504	C16H22N2O4	2,5-diazirino-3,6-dipropoxy-p-benzoquinon	436-40-8	306.362	376.90	1	---	---	25	1.1565	2	---	---	---	solid	1
29505	C16H22N2O4	N-morpholino-b-(2-aminomethylbenzodioxa	102071-88-5	306.362	---	---	---	---	25	1.1565	2	---	---	---	---	---
29506	C16H22N2O4S	N-(morpholinosulfenyl)carbofuran	55285-05-7	338.428	---	---	446.65	1	25	1.2067	2	---	---	---	---	---
29507	C16H22N2O5	N-(4-aminobenzoyl)-L-glutamic acid diethy	13726-52-8	322.362	413.65	1	---	---	25	1.1917	2	---	---	---	solid	1
29508	C16H22N2O5	N-(2,6-diethylphenylcarbamoylmethyl)imin	63245-28-3	322.362	461.65	1	---	---	25	1.1917	2	---	---	---	solid	1
29509	C16H22N2O6	benzoquinone aziridine	800-24-8	338.361	---	---	---	---	25	1.2254	2	---	---	---	---	---
29510	C16H22N2O7	dinocton-O	8069-76-9	354.360	---	---	458.15	1	25	1.2578	2	---	---	---	---	---
29511	C16H22N4O	neohetramine	91-85-0	286.378	---	---	---	---	25	1.1163	2	---	---	---	---	---
29512	C16H22N4O2	aminopropylon	3690-04-8	302.377	454.15	1	---	---	25	1.1534	2	---	---	---	solid	1
29513	C16H22N6O4	TRH	24305-27-9	362.390	---	---	---	---	25	1.2856	2	---	---	---	---	---
29514	C16H22OSi2	1,1,3,3-tetramethyl-1,3-diphenyldisiloxane	56-33-7	286.520	193.15	1	565.15	1	20	0.9763	1	20	1.5176	1	liquid	1
29515	C16H22O2	amyl cinnamic acetate	7493-78-9	246.349	---	---	429.35	1	25	1.0048	2	---	---	---	---	---
29516	C16H22O3	dicyclopentenyloxyethyl methacrylate	75662-22-5	262.349	---	---	---	---	25	1.0461	2	---	---	---	---	---
29517	C16H22O3Si3	trans-2,4-diphenyl-2,4,6,6-tetramethylcyclo	31751-59-4	346.604	---	---	437.15	1	---	---	---	---	---	---	---	---
29518	C16H22O4	dibutyl phthalate	84-74-2	278.348	238.15	1	613.15	1	25	1.0430	1	25	1.4901	1	liquid	1
29519	C16H22O4	diisobutyl phthalate	84-69-5	278.348	223.15	1	593.15	1	15	1.0490	1	---	---	---	---	---
29520	C16H22O4	diisobutyl terephthalate	18699-48-4	278.348	328.15	1	550.48	2	22	1.0440	2	---	---	---	solid	1

Table 1 Physical Properties - Organic Compounds

				Mol Wt	Freezing Point		Boiling Point		Density			Refractive Index			State	
NO	FORMULA	NAME	CAS No	g/mol	T_F, K	code	T_B, K	code	T, C	g/cm3	code	T, C	n_D	code	@25C,1 atm	code
29521	C16H22O4	diethyl 2-ethyl-2-(p-tolyl)malonate	68692-80-8	278.348	---	---	550.48	2	25	1.0400	1	---	---	---	---	---
29522	C16H22O4	1,4-benzenedicarboxylic acid, dibutyl ester	1962-75-0	278.348	289.00	1	550.48	2	22	1.0440	2	---	---	---	liquid	2
29523	C16H22O4	dibutyl isophthalate	3126-90-7	278.348	---	---	550.48	2	22	1.0440	2	---	---	---	---	---
29524	C16H22O4	monoethylhexyl phthalate	4376-20-9	278.348	---	---	468.65	1	22	1.0440	2	---	---	---	---	---
29525	C16H22O5	4-vinylbenzo-15-crown-5	31943-70-1	294.348	309.15	1	---	---	25	1.1234	2	---	---	---	solid	1
29526	C16H22O6	bis(2-ethoxyethyl) phthalate	605-54-9	310.347	307.15	1	618.15	1	21	1.1229	1	---	---	---	solid	1
29527	C16H22O6	colibil	41826-92-0	310.347	423.65	1	618.15	2	25	1.1596	2	---	---	---	solid	1
29528	C16H22O6	di-tert-butyl diperoxyphthalate	2155-71-7	310.347	---	---	618.15	2	25	1.1596	2	---	---	---	---	---
29529	C16H22O8	coniferin	531-29-3	342.346	459.15	1	---	---	25	1.2277	2	---	---	---	solid	1
29530	C16H22O11	alpha-D-glucose pentaacetate	604-68-2	390.344	386.45	1	---	---	25	1.3200	2	---	---	---	solid	1
29531	C16H22O11	beta-D-glucose pentaacetate	604-69-3	390.344	407.15	1	---	---	20	1.2740	1	---	---	---	solid	1
29532	C16H22O11	b-D-galactose pentaacetate	4163-60-4	390.344	416.65	1	---	---	25	1.3200	2	---	---	---	solid	1
29533	C16H22O11	D-glucose, 2,3,4,5,6-pentaacetate	3891-59-6	390.344	---	---	---	---	25	1.3200	2	---	---	---	---	---
29534	C16H22Si2	diphenyltetramethyldisilane	1145-98-8	270.521	305.15	1	419.65	1	---	---	---	---	---	---	solid	1
29535	C16H22SiSn	trimethylstannylmethyldiphenylsilan	149013-84-3	361.146	---	---	400.65	1	---	---	---	---	---	---	---	---
29536	C16H23BrO6	4'-bromobenzo-18-crown-6	75460-28-5	391.259	353.15	1	---	---	25	1.3400	2	---	---	---	solid	1
29537	C16H23ClN2O2	alloclamide	5486-77-1	310.824	399.15	1	474.15	1	25	1.1288	2	---	---	---	solid	1
29538	C16H23ClN3O	tebuconazole	107534-96-3	308.832	375.55	1	---	---	25	1.1272	2	---	---	---	solid	1
29539	C16H23ClN4O	thonzylamine hydrochloride	63-56-9	322.839	447.65	1	---	---	25	1.1603	2	---	---	---	solid	1
29540	C16H23Cl2NO2	2-(N,N-bis(2-chloroethyl)aminophenyl) ace	66232-25-5	332.269	---	---	476.45	1	25	1.1525	2	---	---	---	---	---
29541	C16H23FO	9-fluorononyl phenyl ketone	399-24-6	250.357	---	---	---	---	25	0.9859	2	---	---	---	---	---
29542	C16H23IO3	carbonic acid, butyl ester, ester with 2-(p-io	60075-86-7	390.261	---	---	---	---	25	1.3750	2	---	---	---	---	---
29543	C16H23IO3	2-ethylhexyl-p-iodobenzyl carbonate	60075-72-1	390.261	---	---	---	---	25	1.3750	2	---	---	---	---	---
29544	C16H23NO	tolperisone	728-88-1	245.365	449.65	1	---	---	25	0.9882	2	---	---	---	solid	1
29545	C16H23NO2	ethoheptazine	77-15-6	261.364	298.15	1	---	---	25	1.0293	2	---	---	---	---	---
29546	C16H23NO2	apothesine	4361-80-2	261.364	---	---	---	---	25	1.0293	2	---	---	---	---	---
29547	C16H23NO2	nisentil	77-20-3	261.364	---	---	---	---	25	1.0293	2	---	---	---	---	---
29548	C16H23NO2	piperocaine	32248-37-6	261.364	---	---	---	---	25	1.0293	2	---	---	---	---	---
29549	C16H23NO4	N,N-bis(2-(2,3-epoxypropoxy)ethyl)aniline	7329-29-5	293.363	---	---	---	---	25	1.1064	2	---	---	---	---	---
29550	C16H23NO4	2-(1-hydroxyethyl)-7-(2-hydroxy-3-isopropy	55636-92-5	293.363	---	---	---	---	25	1.1064	2	---	---	---	---	---
29551	C16H23NO5	fulvine	6029-87-4	309.363	485.65	1	---	---	25	1.1425	2	---	---	---	solid	1
29552	C16H23NO5	2-isoxazolidinyl 3,4,5-triethoxyphenyl ketor	50916-11-5	309.363	---	---	---	---	25	1.1425	2	---	---	---	---	---
29553	C16H23NO5	3-oxazolidinyl 3,4,5-triethoxyphenyl ketone	50916-12-6	309.363	---	---	---	---	25	1.1425	2	---	---	---	---	---
29554	C16H23NO6	monocrotaline	315-22-0	325.362	473.65	1	---	---	25	1.1772	2	---	---	---	solid	1
29555	C16H23NO6	N,N-bis(2-(2,3-epoxypropoxy)ethoxy)anilin	63951-08-6	325.362	---	---	---	---	25	1.1772	2	---	---	---	---	---
29556	C16H23N3	2-(1-sec-butyl-2-(dimethylamino)ethyl)quin	33098-27-0	257.380	---	---	---	---	25	1.0247	2	---	---	---	---	---
29557	C16H23N3O	1-benzyl-5-(3-(dimethylamino)propoxy)-3-r	15090-13-8	273.379	---	---	---	---	25	1.0646	2	---	---	---	---	---
29558	C16H23N3O	5-(2-(diethylamino)ethoxy)-3-methyl-1-phe	5372-13-4	273.379	---	---	---	---	25	1.0646	2	---	---	---	---	---
29559	C16H24	1-hexyl-[1,2,3,4-tetrahydronaphthalene]	66325-11-9	216.367	288.65	2	578.15	1	25	0.9176	1	25	1.5127	1	liquid	1
29560	C16H24	2-hexyl-[1,2,3,4-tetrahydronaphthalene]	66325-09-5	216.367	288.65	2	583.15	1	25	0.9140	1	25	1.5084	1	liquid	1
29561	C16H24	1,2,3,4-tetrahydro-6-ethyl-1,1,4,4-tetramet	80-81-9	216.367	288.65	2	580.65	2	25	0.9158	2	---	---	---	liquid	2
29562	C16H24ClNO2	piperocaine hydrochloride	533-28-8	297.825	446.65	1	---	---	25	1.0806	2	---	---	---	solid	1
29563	C16H24ClNO3	5-chloro-2-(2-(2-(diethylamino)ethoxy)ethy	56287-41-3	313.824	---	---	---	---	25	1.1159	2	---	---	---	---	---
29564	C16H24Cl4N2O2	2,5-bis(bis-(2-chloroethyl)aminomethyl)hyd	4420-79-5	418.189	---	---	---	---	25	1.2617	2	---	---	---	---	---
29565	C16H24N2	4-(diethylamino)-2-isopropyl-2-phenylvaler	77-51-0	244.381	---	---	---	---	25	0.9719	2	---	---	---	---	---
29566	C16H24N2O	1-dipropylaminoacetylindoline	64140-51-8	260.380	---	---	508.65	2	25	1.0129	2	---	---	---	---	---
29567	C16H24N2O	oxymethazoline	1491-59-4	260.380	455.15	1	498.15	1	25	1.0129	2	---	---	---	solid	1
29568	C16H24N2O	tochergamine	---	260.380	---	---	519.15	1	25	1.0129	2	---	---	---	---	---
29569	C16H24N2O2	N,N,N',N'-tetraethyl-1,2-benzenedicarboxa	83-81-8	276.379	309.15	1	---	---	25	1.0522	2	---	---	---	solid	1
29570	C16H24N2O2	N,N,N',N'-tetraethyl-1,3-benzenedicarboxa	13698-87-8	276.379	359.15	1	---	---	25	1.0522	2	---	---	---	solid	1
29571	C16H24N2O3	carteolol	51781-06-7	292.379	---	---	---	---	25	1.0898	2	---	---	---	---	---
29572	C16H24N2O3	O-ethoxy-N-(3-morpholinopropyl)benzamid	78109-88-3	292.379	---	---	---	---	25	1.0898	2	---	---	---	---	---
29573	C16H24N2O4	N-[(2S,3R)-3-amino-2-hydroxy-4-phenylbut	58970-76-6	308.378	---	---	---	---	25	1.1259	2	---	---	---	---	---
29574	C16H24N2O5	tricetamide	363-20-2	324.378	406.65	1	---	---	25	1.1605	2	---	---	---	solid	1
29575	C16H24O	decanophenone	6048-82-4	232.366	309.65	1	425.15	2	25	0.9348	2	---	---	---	solid	1
29576	C16H24O	p-octylacetophenone	10541-56-7	232.366	---	---	425.15	1	25	0.9348	2	---	---	---	---	---
29577	C16H24O	allyl a-ionone	79-78-7	232.366	---	---	425.15	2	25	0.9348	2	---	---	---	---	---
29578	C16H24O2	10-phenyldecanoic acid	18017-73-7	248.365	---	---	---	---	25	0.9771	2	---	---	---	---	---
29579	C16H24O3	4-nonyloxybenzoic acid	15872-43-2	264.365	416.15	1	---	---	25	1.0176	2	---	---	---	solid	1
29580	C16H24O4	3,4-epoxy-6-methylcyclohexylmethyl-3',4'-e	141-37-7	280.364	---	---	---	---	25	1.0563	2	---	---	---	---	---
29581	C16H24O6	benzo-18-crown-6	14098-24-9	312.363	315.65	1	---	---	25	1.1291	2	---	---	---	solid	1
29582	C16H24O8	bis(3-allyloxy-2-hydroxypropyl) fumarate	5975-73-5	344.362	---	---	---	---	25	1.1962	2	---	---	---	---	---
29583	C16H25Cl2NO4	fumigachlorin	11085-39-5	366.284	---	---	---	---	25	1.1871	2	---	---	---	---	---
29584	C16H25IO2Sn	(o-iodobenzoyloxy)tripropylstannane	73927-94-3	494.988	---	---	---	---	---	---	---	---	---	---	---	---
29585	C16H25NOS	tiocarbazil	36756-79-3	279.447	298.15	1	---	---	25	1.0241	2	---	---	---	---	---
29586	C16H25NO2	2-(diethylamino)ethyl 2-phenylbutanoate	14007-64-8	263.380	---	---	---	---	25	1.0017	2	20	1.4909	1	---	---
29587	C16H25NO2	3,5-di-tert-butylphenylmethylcarbamate	2655-19-8	263.380	---	---	---	---	25	1.0017	2	---	---	---	---	---
29588	C16H25NO2	2-dimethylaminomethyl-1-(m-methoxyphen	2914-77-4	263.380	---	---	---	---	25	1.0017	2	---	---	---	---	---
29589	C16H25NO2	tramadol	27203-92-5	263.380	---	---	---	---	25	1.0017	2	---	---	---	---	---
29590	C16H25NO2	tramadol (2)	46941-74-6	263.380	---	---	---	---	25	1.0017	2	---	---	---	---	---
29591	C16H25NO4	phenylaza-15-crown-5	66750-10-5	295.379	---	---	---	---	25	1.0774	2	---	---	---	---	---
29592	C16H25NO5	dehydroheliotrine	23107-11-1	311.379	---	---	---	---	25	1.1129	2	---	---	---	---	---
29593	C16H25N5O3	RGH-5526	69579-13-1	335.408	---	---	---	---	25	1.1746	2	---	---	---	---	---
29594	C16H25N7O8	aspiculamycin	2096-42-6	443.419	487.15	dec	---	---	25	1.3766	2	---	---	---	solid	1
29595	C16H26	decylbenzene	104-72-3	218.382	258.77	1	571.04	1	25	0.8520	1	25	1.4811	1	liquid	1
29596	C16H26	pentaethylbenzene	605-01-6	218.382	205.00	1	550.16	1	19	0.8971	1	20	1.5127	1	solid	1
29597	C16H26	6,9-dimethyl-5,9-tetradecadien-7-yne	101427-54-7	218.382	---	---	561.28	2	20	0.8241	1	20	1.4866	1	---	---
29598	C16H26	6,10-hexadecadiyne	10160-99-3	218.382	---	---	561.28	2	18	0.8450	1	20	1.4523	1	---	---
29599	C16H26	(1-methylnonyl)benzene	4537-13-7	218.382	272.65	1	562.65	1	21	0.8546	2	---	---	---	liquid	1
29600	C16H26Br2S	2,5-dibromo-3-dodecylthiophene	148256-63-7	410.256	---	---	---	---	25	1.3210	1	---	1.5300	1	---	---

Table 1 Physical Properties - Organic Compounds

				Mol Wt	Freezing Point		Boiling Point		Density			Refractive Index			State	
NO	FORMULA	NAME	CAS No	g/mol	T_F, K	code	T_B, K	code	T, C	g/cm3	code	T, C	n_D	code	@25C,1 atm	code
29601	C16H26ClNO	b-sec-butyl-3-chloro-N,N-dimethyl-4-ethoxy	27778-80-9	283.841	---	---	---	---	25	1.0173	2	---	---	---	---	---
29602	C16H26Cl4N2O2	N,N'-(p-phenylenedimethylene)bis(2,2-dich	1477-20-9	420.205	---	---	---	---	25	1.2342	2	---	---	---	---	---
29603	C16H26FNO	b-sec-butyl-N,N-dimethyl-2-ethoxy-5-fluoro	27778-82-1	267.387	---	---	---	---	25	0.9841	2	---	---	---	---	---
29604	C16H26N2O2	alypin	963-07-5	278.395	---	---	---	---	25	1.0247	2	---	---	---	---	---
29605	C16H26N2O2	dimethocaine	94-15-5	278.395	---	---	---	---	25	1.0247	2	---	---	---	---	---
29606	C16H26N2O2	2'-ethyl-2-(2-methoxy butylamino) propiona	102504-44-9	278.395	---	---	---	---	25	1.0247	2	---	---	---	---	---
29607	C16H26N2O3	(p-aminobenzoic acid 3-(b-diethylamino)eth	63917-76-0	294.395	---	---	---	---	25	1.0616	2	---	---	---	---	---
29608	C16H26O	2,6-di-tert-butyl-4-ethylphenol	4130-42-1	234.382	317.15	1	545.15	1	25	0.9260	2	---	---	---	solid	1
29609	C16H26O	2,4-di-tert-amylphenol	120-95-6	234.382	298.15	1	545.15	2	25	0.9300	1	---	---	---	---	---
29610	C16H26O	(S)-(-)-1-phenyl-1-decanol	112419-76-8	234.382	---	---	545.15	2	25	0.9220	1	---	1.4970	1	---	---
29611	C16H26O	2,6-bis(1-methylbutyl)phenol	74927-02-9	234.382	---	---	545.15	2	25	0.9260	2	---	---	---	---	---
29612	C16H26O	diamylphenol	28652-04-2	234.382	---	---	545.15	2	25	0.9260	2	---	---	---	---	---
29613	C16H26O2	2,5-bis(1,1-dimethylpropyl)-1,4-benzenedi	79-74-3	250.381	453.15	1	---	---	25	0.9513	2	---	---	---	solid	1
29614	C16H26O2	6,10,14-hexadecatrienoic acid	4444-12-6	250.381	---	---	---	---	20	0.9296	1	50	1.4850	1	---	---
29615	C16H26O2	cedrol formate	39900-38-4	250.381	---	---	---	---	25	0.9513	2	---	---	---	---	---
29616	C16H26O2	2,6-di-tert-butyl-4-methoxymethylphenol	87-97-8	250.381	---	---	---	---	25	0.9513	2	---	---	---	---	---
29617	C16H26O3	(2-dodecen-1-yl)succinic anhydride	19780-11-1	266.381	315.15	1	568.00	2	25	0.9910	2	---	---	---	solid	1
29618	C16H26O3	dodecenylsuccinic anhydride	25377-73-5	266.381	---	---	568.00	2	25	1.0030	1	---	1.4790	1	---	---
29619	C16H26O3	2-dodecen-1-ylsuccinic anhydride, isomers	26544-38-7	266.381	---	---	568.00	2	25	0.9910	2	---	1.4780	1	---	---
29620	C16H26O5	artemisininelactol methyl ether	71963-77-4	298.379	---	---	---	---	25	1.0655	2	---	---	---	---	---
29621	C16H26O7	tetraethylene glycol dimethacrylate	109-17-1	330.378	---	---	---	---	25	1.1343	2	---	---	---	---	---
29622	C16H27N	4-decylaniline	37529-30-9	233.397	298.15	1	568.00	2	25	0.8952	2	---	---	---	---	---
29623	C16H27N	bis(2,5-endomethylenecyclohexylmethyl)ar	10171-76-3	233.397	---	---	568.00	2	25	0.8952	2	---	---	---	---	---
29624	C16H27NO5	heliotrine	303-33-3	313.394	401.15	1	---	---	25	1.0852	2	---	---	---	solid	1
29625	C16H27N3O8	o-sec-butyl-4,6-dinitrophenoltriethanolamir	6420-47-9	389.407	---	---	---	---	25	1.2396	2	---	---	---	---	---
29626	C16H28N2O6	N-boc-amino-(4-N-boc-piperidinyl)carboxyl	189321-65-1	344.409	---	---	---	---	25	1.1361	2	---	---	---	---	---
29627	C16H28N4O2	N,N'-(1,4-cyclohexylenedimethylene)bis(2-	10328-51-5	308.425	---	---	---	---	25	1.0665	2	---	---	---	---	---
29628	C16H28O	cedrol methyl ether	67874-81-1	236.398	---	---	---	---	25	0.8867	2	---	---	---	---	---
29629	C16H28O2	2-cyclopentene-1-undecanoic acid, (R)	459-67-6	252.397	333.65	1	---	---	25	0.9272	2	---	---	---	solid	1
29630	C16H28O2	ferodin sl	50767-79-8	252.397	298.15	1	---	---	25	0.9272	2	---	---	---	---	---
29631	C16H28O2	geranyl caproate	10032-02-7	252.397	---	---	---	---	25	0.9272	2	---	---	---	---	---
29632	C16H28O2	(Z)-oxacycloheptadec-8-en-2-one	123-69-3	252.397	---	---	---	---	25	0.9272	2	---	---	---	---	---
29633	C16H28O2	9Z,12E-tetradecadienyl acetate	30507-70-1	252.397	---	---	---	---	25	0.9272	2	---	---	---	---	---
29634	C16H28O4	dihexyl fumarate	19139-31-2	284.396	---	---	469.15	1	25	1.0034	2	---	---	---	---	---
29635	C16H28O4	dihexyl maleate	105-52-2	284.396	---	---	469.15	2	25	1.0034	2	---	---	---	---	---
29636	C16H28O5Si	6-O-(triisopropylsilyl)-D-galactal cyclic cart	149625-80-9	328.480	221.25	1	---	---	25	1.0870	1	---	1.4820	1	---	---
29637	C16H28S	3-dodecylthiophene	104934-52-3	252.464	---	---	563.15	1	25	0.9020	1	---	1.4880	1	---	---
29638	C16H29NO5	butoctamide semisuccinate	32838-28-1	315.410	---	---	---	---	25	1.0591	2	---	---	---	---	---
29639	C16H29N3O8	diethylcarbamazine citrate	1642-54-2	391.422	409.65	1	---	---	25	1.2113	2	---	---	---	solid	1
29640	C16H30	1-hexadecyne	629-74-3	222.414	288.16	1	557.16	1	25	0.7930	1	25	1.4430	1	liquid	1
29641	C16H30	2-hexadecyne	629-75-4	222.414	293.15	1	569.15	1	20	0.8039	1	---	---	---	liquid	1
29642	C16H30	3-hexadecyne	61886-62-2	222.414	375.68	2	559.15	1	23	0.8429	2	---	---	---	solid	2
29643	C16H30	1,1-dicyclohexylbutane	54890-00-5	222.414	262.75	1	566.12	1	25	0.8868	1	25	1.4824	1	liquid	1
29644	C16H30	1,4-dicyclohexylbutane	6165-44-2	222.414	285.15	1	578.15	1	21	0.8771	1	21	1.4750	1	liquid	1
29645	C16H30	1,3-dicyclohexyl-2-methylpropane	2883-08-1	222.414	273.75	1	568.35	1	20	0.8715	1	20	1.4756	1	liquid	1
29646	C16H30	1-undecylcyclopentene	62184-76-3	222.414	245.67	2	557.15	1	25	0.8251	1	25	1.4594	1	liquid	1
29647	C16H30	1,1'-(1-methylpropylidene)biscyclohexane	54890-02-7	222.414	288.55	1	575.35	1	23	0.8429	2	---	1.4960	1	liquid	1
29648	C16H30	1,3-dicyclohexylbutane	41851-35-8	222.414	273.88	2	576.34	1	23	0.8429	2	---	---	---	liquid	1
29649	C16H30B2	9-bbn dimer, crystalline	21205-91-4	244.036	425.15	1	---	---	---	---	---	---	---	---	solid	1
29650	C16H30CaO4	calcium 2-ethylhexanoate	136-51-6	326.490	---	---	---	---	---	---	---	---	---	---	---	---
29651	C16H30Cl2O2Se	dichlorobis(2-ethoxycyclohexyl)selenium	74037-18-6	404.278	---	---	---	---	---	---	---	---	---	---	---	---
29652	C16H30F3O6P	3,3,3-trifluorolactic acid methyl ester dihex	108682-55-9	406.380	---	---	---	---	---	---	---	---	---	---	---	---
29653	C16H30N2O8	N,N'-dicarboxymethyldiaza-18-crown-6	72912-01-7	378.423	447.15	1	---	---	25	1.1701	2	---	---	---	solid	1
29654	C16H30N4O2	N,N'-bis(aziridinylacetyl)-1,8-octamethylen	1553-36-2	310.441	---	---	---	---	25	1.0410	2	---	---	---	---	---
29655	C16H30O	2-methylcyclopentadecanone	52914-66-6	238.414	---	---	602.15	2	16	0.9213	1	16	1.4812	1	---	---
29656	C16H30O	3-methylcyclopentadecanone	541-91-3	238.414	---	---	602.15	1	17	0.9221	1	17	1.4802	1	---	---
29657	C16H30O	2-dodecylcyclobutanone	35493-46-0	238.414	302.65	1	602.15	2	17	0.9217	2	---	1.4530	1	solid	1
29658	C16H30O	(Z)-11-hexadecenal	53939-28-9	238.414	---	---	602.15	2	17	0.9217	2	---	---	---	---	---
29659	C16H30OSn	2-(tributylstannyl)furan	118486-94-5	357.124	---	---	---	---	25	1.1340	1	---	1.4940	1	---	---
29660	C16H30O2	7-hexadecenoic acid	1191-75-9	254.413	306.15	1	610.00	2	25	0.8690	2	---	---	---	solid	1
29661	C16H30O2	9-hexadecenoic acid	2091-29-4	254.413	273.65	1	610.00	2	25	0.8690	2	---	---	---	liquid	2
29662	C16H30O2	cis-9-hexadecenoic acid	373-49-9	254.413	273.05	1	610.00	2	25	0.8690	2	---	---	---	liquid	2
29663	C16H30O2	lauryl methacrylate	142-90-5	254.413	298.15	2	581.15	1	25	0.8680	1	---	1.4450	1	---	---
29664	C16H30O2	oxacycloheptadecan-2-one	109-29-5	254.413	306.65	1	581.15	2	25	0.8690	2	---	---	---	solid	1
29665	C16H30O2	cis-9-tetradecenyl acetate	16725-53-4	254.413	298.15	2	581.15	2	25	0.8700	1	---	1.4465	1	---	---
29666	C16H30O2	cis-tetradec-11-en-1-yl acetate	20711-10-8	254.413	298.15	1	581.15	2	25	0.8690	2	---	---	---	---	---
29667	C16H30O2	trans-tetradec-11-en-1-yl acetate	33189-72-9	254.413	298.15	1	581.15	2	25	0.8690	2	---	---	---	---	---
29668	C16H30O2	acrylic acid tridecyl ester	3076-04-8	254.413	---	---	581.15	2	25	0.8690	2	---	---	---	---	---
29669	C16H30O2	2-butyloctyl ester methacrylic acid	10097-26-4	254.413	---	---	581.15	2	25	0.8690	2	---	---	---	---	---
29670	C16H30O3	octanoic anhydride	623-66-5	270.412	272.15	1	555.65	1	18	0.9065	1	18	1.4358	1	liquid	1
29671	C16H30O3	2-ethylhexanoic anhydride	36765-89-6	270.412	---	---	521.65	2	25	0.9427	2	---	---	---	---	---
29672	C16H30O3	tridecanoic acid 2,3-epoxypropyl ester	63978-73-4	270.412	---	---	487.65	1	25	0.9427	2	---	---	---	---	---
29673	C16H30O4	dibutyl suberate	16090-77-0	286.412	---	---	472.40	2	25	0.9480	1	---	1.4390	1	---	---
29674	C16H30O4	diethyl dodecanedioate	10471-28-0	286.412	288.15	1	472.40	2	25	0.9510	1	---	1.4400	1	liquid	2
29675	C16H30O4	hexadecanedioic acid	505-54-4	286.412	398.15	1	472.40	2	25	0.9397	2	---	---	---	solid	1
29676	C16H30O4	2,2,4-trimethyl-1,3-pentanediol diisobutyra	6846-50-0	286.412	203.25	1	553.15	1	25	0.9200	1	---	1.4340	1	liquid	1
29677	C16H30O4	adipic acid diisopentyl ester	6624-70-0	286.412	---	---	472.40	2	25	0.9397	2	---	---	---	---	---
29678	C16H30O4	caprolyl peroxide	762-16-3	286.412	---	---	472.40	2	25	0.9397	2	---	---	---	---	---
29679	C16H30O4	2,5-dimethyl-2,5-di(tert-butylperoxy)hexyne	1068-27-5	286.412	---	---	391.65	1	25	0.9397	2	---	---	---	---	---
29680	C16H30O4Zn	zinc caprylate	557-09-5	351.802	409.15	1	---	---	---	---	---	---	---	---	solid	1

				Mol Wt	Freezing Point		Boiling Point		Density			Refractive Index			State	
NO	FORMULA	NAME	CAS No	g/mol	T_F, K	code	T_B, K	code	T, C	g/cm3	code	T, C	n_D	code	@25C,1 atm	code
29681	C16H30O6	cyclohexano-18-crown-6	17454-53-4	318.411	---	---	---	---	25	1.0485	2	---	1.4795	1	---	---
29682	C16H30O6	decanedioic acid, bis(2-methoxyethyl) este	71850-03-8	318.411	---	---	---	---	25	1.0485	2	---	---	---	---	---
29683	C16H30SSn	2-(tributylstannyl)thiophene	54663-78-4	373.190	---	---	---	---	25	1.1750	1	---	1.5180	1	---	---
29684	C16H31Br	cis-1-bromo-1-hexadecene	66271-67-8	303.326	324.30	2	596.15	1	25	1.0305	2	---	---	---	solid	2
29685	C16H31Br	trans-1-bromo-1-hexadecene	66271-68-9	303.326	324.30	2	596.15	1	25	1.0305	2	---	---	---	solid	2
29686	C16H31BrO2	2-bromohexadecanoic acid	18263-25-7	335.325	327.15	1	---	---	25	1.0974	2	---	---	---	solid	1
29687	C16H31BrO2	ethyl 2-bromomyristate	14980-92-8	335.325	---	---	---	---	25	1.0620	1	---	1.4590	1	---	---
29688	C16H31Br3	1,1,1-tribromohexadecane	62127-72-4	463.134	451.40	2	664.15	1	25	1.3865	2	---	---	---	solid	2
29689	C16H31Cl	cis-1-chloro-1-hexadecene	66271-69-0	258.875	294.42	2	603.15	1	25	0.8710	1	25	1.4530	1	liquid	1
29690	C16H31Cl	trans-1-chloro-1-hexadecene	66271-70-3	258.875	294.42	2	603.15	1	25	0.8710	1	25	1.4530	1	liquid	1
29691	C16H31ClO	hexadecanoyl chloride	112-67-4	274.874	285.15	1	---	---	25	0.9016	1	20	1.4514	1	---	---
29692	C16H31Cl3	1,1,1-trichlorohexadecane	62108-60-5	329.780	361.76	2	630.15	1	25	1.0114	2	---	---	---	solid	2
29693	C16H31F	cis-1-fluoro-1-hexadecene	66271-71-4	242.421	296.65	2	568.91	2	25	0.8370	1	25	1.4500	1	liquid	2
29694	C16H31F	trans-1-fluoro-1-hexadecene	66271-72-5	242.421	296.65	2	568.91	2	25	0.8370	1	25	1.4500	1	liquid	2
29695	C16H31F3	1,1,1-trifluorohexadecane	62127-01-9	280.418	368.45	2	545.15	1	25	0.9220	2	---	---	---	solid	2
29696	C16H31I	cis-1-iodo-1-hexadecene	66271-73-6	350.327	322.56	2	618.15	1	25	1.1560	2	---	---	---	solid	2
29697	C16H31I	trans-1-iodo-1-hexadecene	66271-74-7	350.327	322.56	2	618.15	1	25	1.1560	2	---	---	---	solid	2
29698	C16H31I3	1,1,1-triiodohexadecane	---	604.136	446.18	2	841.67	2	25	1.6775	2	---	---	---	solid	2
29699	C16H31N	hexadecanenitrile	629-79-8	237.429	304.65	1	609.15	1	20	0.8303	1	20	1.4450	1	solid	1
29700	C16H31NO	1-dodecyl-2-pyrrolidinone	2687-96-9	253.429	277.15	1	---	---	25	0.8900	1	---	1.4660	1	---	---
29701	C16H31NO	1-myristoylaziridine	63021-43-2	253.429	---	---	---	---	25	0.8912	2	---	---	---	---	---
29702	C16H31NO4	diglycidyl ether of N,N-bis(2-hydroxypropyl	63041-01-0	301.427	---	---	409.35	1	25	1.0007	2	---	---	---	---	---
29703	C16H31NaO2	palmitic acid sodium salt	408-35-5	278.411	---	---	---	---	---	---	---	---	---	---	---	---
29704	C16H32	undecylcyclopentane	6785-23-5	224.430	263.16	1	568.76	1	25	0.8100	1	25	1.4482	1	liquid	1
29705	C16H32	decylcyclohexane	1795-16-0	224.430	271.43	1	570.75	1	25	0.8150	1	25	1.4514	1	liquid	1
29706	C16H32	cyclohexadecane	295-65-8	224.430	335.25	1	573.15	1	24	0.7954	2	---	---	---	solid	1
29707	C16H32	1-hexadecene	629-73-2	224.430	277.51	1	558.02	1	25	0.7770	1	25	1.4391	1	liquid	1
29708	C16H32	2-methyl-1-pentadecene	29833-69-0	224.430	266.58	1	557.15	1	25	0.7804	1	25	1.4405	1	liquid	1
29709	C16H32	2-methyl-1-propene, tetramer	15220-85-6	224.430	175.15	1	517.15	1	20	0.7944	1	20	1.4482	1	liquid	1
29710	C16H32Br2	1,16-dibromohexadecane	45223-18-5	384.238	329.15	1	639.15	2	25	1.2057	2	---	---	---	solid	1
29711	C16H32Br2	1,1-dibromohexadecane	62168-33-6	384.238	374.18	2	639.15	1	25	1.2057	2	---	---	---	solid	2
29712	C16H32Cl2	1,1-dichlorohexadecane	62017-19-0	295.335	314.42	2	617.15	1	25	0.9424	2	---	---	---	solid	2
29713	C16H32F2	1,1-difluorohexadecane	62127-05-3	262.427	318.88	2	553.15	1	25	0.8784	2	---	---	---	solid	2
29714	C16H32I2	1,1-diiodohexadecane	66271-75-8	478.239	370.70	2	751.32	2	25	1.4229	2	---	---	---	solid	2
29715	C16H32N2O	a,a,4,4-tetramethyl-2-(1-methylethyl)-N-(2-	148348-13-4	268.443	---	---	---	---	25	0.9080	1	---	1.4600	1	---	---
29716	C16H32N3O10P	4-nitrophenyl phosphate bis(2-amino-2-eth	62796-28-5	457.419	---	---	---	---	---	---	---	---	---	---	---	---
29717	C16H32O	hexadecanal	629-80-1	240.429	309.15	1	584.15	1	25	0.8448	2	---	---	---	solid	1
29718	C16H32O	2-hexadecanone	18787-63-8	240.429	317.15	1	580.15	1	25	0.8448	2	---	---	---	solid	1
29719	C16H32O	3-hexadecanone	18787-64-9	240.429	316.15	1	569.98	2	25	0.8448	2	---	---	---	solid	1
29720	C16H32O	1,2-epoxyhexadecane	7320-37-8	240.429	294.65	1	545.65	1	25	0.8460	1	---	1.4460	1	liquid	1
29721	C16H32O2	hexadecanoic acid	57-10-3	256.429	335.66	1	624.15	1	62	0.8527	1	60	1.4335	1	solid	1
29722	C16H32O2	2-hexyldecanoic acid	25354-97-6	256.429	336.00	2	586.63	2	29	0.8573	2	24	1.4432	1	solid	2
29723	C16H32O2	pentadecyl formate	66271-76-9	256.429	286.83	1	623.00	2	25	0.8618	1	20	1.4399	1	liquid	2
29724	C16H32O2	tetradecyl acetate	638-59-5	256.429	287.15	1	570.00	2	25	0.8581	1	25	1.4350	1	liquid	2
29725	C16H32O2	tridecyl propanoate	66271-77-0	256.429	272.73	1	623.70	2	25	0.8574	1	25	1.4350	1	liquid	2
29726	C16H32O2	dodecyl butanoate	3724-61-6	256.429	259.15	1	623.70	2	25	0.8562	1	25	1.4331	1	liquid	2
29727	C16H32O2	octyl octanoate	2306-88-9	256.429	255.05	1	579.95	1	20	0.8554	1	20	1.4352	1	liquid	1
29728	C16H32O2	heptyl nonanoate	71605-85-1	256.429	257.65	1	586.63	2	25	0.8553	1	20	1.4350	1	liquid	2
29729	C16H32O2	ethyl myristate	124-06-1	256.429	285.45	1	568.15	1	25	0.8573	1	20	1.4362	1	liquid	1
29730	C16H32O2	methyl pentadecanoate	7132-64-1	256.429	291.65	1	426.65	1	25	0.8618	1	25	1.4390	1	liquid	1
29731	C16H32O2	n-butyl laurate	106-18-3	256.429	266.31	1	586.63	2	29	0.8573	2	---	---	---	liquid	2
29732	C16H32O2	2-ethylhexyl-2-ethylhexanoate	7425-14-1	256.429	271.22	2	586.63	2	29	0.8573	2	---	---	---	liquid	2
29733	C16H32O2Sn	tributyl(methacryloxy)stannane	2155-70-6	375.139	---	---	411.65	1	---	---	---	---	---	---	---	---
29734	C16H32O4	diethylene glycol monododecanoate	141-20-8	288.428	290.65	1	---	---	25	0.9600	1	---	---	---	---	---
29735	C16H32O4Pb	dihexyl lead diacetate	18279-21-5	495.628	---	---	412.15	1	---	---	---	---	---	---	---	---
29736	C16H32O4Sn	di-n-butyl(dibutyryloxy)stannane	28660-63-1	407.138	---	---	417.55	1	---	---	---	---	---	---	---	---
29737	C16H32O5	aleuritic acid	533-87-9	304.427	375.65	1	---	---	25	0.9914	2	---	---	---	solid	1
29738	C16H32S	thiacycloheptadecane	296-00-4	256.496	325.93	2	603.15	1	25	0.8708	2	---	---	---	solid	2
29739	C16H33Br	1-bromohexadecane	112-82-3	305.342	291.05	1	609.15	1	25	0.9951	1	25	1.4600	1	liquid	1
29740	C16H33Cl	1-chlorohexadecane	4860-03-1	260.891	291.05	1	599.75	1	25	0.8602	1	25	1.4481	1	liquid	1
29741	C16H33ClO2S	1-hexadecanesulfonyl chloride	38775-38-1	324.955	330.15	1	---	---	25	0.9923	2	---	---	---	solid	1
29742	C16H33ClO2Sn	tributyltin-g-chlorobutyrate	33550-22-0	411.599	---	---	411.45	1	---	---	---	---	---	---	---	---
29743	C16H33Cl3Si	hexadecyltrichlorosilane	5894-60-0	359.881	293.15	1	542.15	1	25	0.9960	1	---	---	---	liquid	1
29744	C16H33F	1-fluorohexadecane	408-38-8	244.437	291.15	1	562.15	1	25	0.8282	1	25	1.4298	1	liquid	1
29745	C16H33HgO5P	(acetato)bis(heptyloxy)phosphinylmercury	63868-93-9	536.999	---	---	---	---	---	---	---	---	---	---	---	---
29746	C16H33I	1-iodohexadecane	544-77-4	352.342	297.85	1	630.15	1	25	1.1213	1	25	1.4797	1	liquid	1
29747	C16H33NO	N,N-diethyldodecanamide	3352-87-2	255.444	---	---	---	---	25	0.8470	1	20	1.4545	1	---	---
29748	C16H33NO	hexadecanamide	629-54-9	255.444	380.15	1	---	---	20	1.0000	1	---	---	---	solid	1
29749	C16H33NO	N,N-dimethylmyristamide	3015-65-4	255.444	---	---	---	---	23	0.9235	2	---	---	---	---	---
29750	C16H33NO2	1-nitrohexadecane	66271-50-9	271.444	413.19	2	623.15	1	25	0.9079	2	---	---	---	solid	2
29751	C16H33NO2	4-dodecylmorpholine-4-oxide	2530-46-3	271.444	---	---	526.45	1	25	0.9079	2	---	---	---	---	---
29752	C16H33NO2	lauryl-N-betaine	683-10-3	271.444	---	---	574.80	2	25	0.9079	2	---	---	---	---	---
29753	C16H33NO3	N,N-bis(2-hydroxyethyl)dodecan amide	120-40-1	287.443	309.15	1	537.15	1	25	0.9437	2	---	---	---	solid	1
29754	C16H34	hexadecane	544-76-3	226.446	291.31	1	560.01	1	25	0.7700	1	25	1.4325	1	liquid	1
29755	C16H34	2-methylpentadecane	1560-93-6	226.446	266.15	1	554.75	1	25	0.7673	1	25	1.4312	1	liquid	1
29756	C16H34	3-methylpentadecane	2882-96-4	226.446	250.85	1	555.15	1	25	0.7730	1	25	1.4339	1	liquid	1
29757	C16H34	2,2-dimethyltetradecane	59222-86-5	226.446	272.00	2	547.15	1	25	0.7668	1	25	1.4302	1	liquid	1
29758	C16H34	2,3-dimethyltetradecane	18435-23-9	226.446	239.58	2	555.15	1	25	0.7829	1	25	1.4395	1	liquid	1
29759	C16H34	2,4-dimethyltetradecane	61868-06-2	226.446	239.58	2	539.15	1	25	0.7729	1	25	1.4341	1	liquid	1
29760	C16H34	2,2,4,4,6,8,8-heptamethylnonane	4390-04-9	226.446	259.92	2	519.50	1	25	0.7722	2	---	---	---	liquid	1

Table 1 Physical Properties - Organic Compounds

				Mol Wt	Freezing Point		Boiling Point		Density			Refractive Index			State	
NO	FORMULA	NAME	CAS No	g/mol	T_F, K	code	T_B, K	code	T, C	g/cm3	code	T, C	n_D	code	@25C,1 atm	code
29761	C16H34Cl2Sn	di-n-octyltindichloride	3542-36-7	416.061	320.15	1	500.15	2	---	---	---	---	---	---	solid	1
29762	C16H34Cl2Sn	di-2-ethylhexyltin dichloride	25430-97-1	416.061	---	---	500.15	1	---	---	---	---	---	---	---	---
29763	C16H34N2O	nitrosodioctylamine	---	270.459	---	---	---	---	25	0.8952	2	---	---	---	---	---
29764	C16H34N2O6	N,N'-bis(methoxymethyl)diaza-18-crown-6	83809-94-3	350.456	308.65	1	---	---	25	1.0613	2	---	---	---	solid	1
29765	C16H34NaO6S	diethylene glycol monolauryl ether sodium	3088-31-1	377.498	---	---	---	---	25	1.0500	1	---	---	---	---	---
29766	C16H34O	1-hexadecanol	36653-82-4	242.445	322.35	1	597.23	1	50	0.8187	1	79	1.4283	1	solid	1
29767	C16H34O	2-hexadecanol	14852-31-4	242.445	317.15	1	587.15	1	20	0.8338	1	20	1.4479	1	solid	1
29768	C16H34O	3-hexadecanol	593-03-3	242.445	323.15	1	568.53	2	67	0.8000	1	---	---	---	solid	1
29769	C16H34O	2-methyl-1-pentadecanol	25354-98-7	242.445	285.65	1	568.53	2	25	0.8320	1	25	1.4453	1	liquid	2
29770	C16H34O	6-methyl-6-pentadecanol	108836-86-8	242.445	312.08	2	568.53	2	25	0.8316	1	25	1.4446	1	solid	2
29771	C16H34O	dioctyl ether	629-82-3	242.445	265.55	1	559.65	1	25	0.8030	1	25	1.4305	1	liquid	1
29772	C16H34O	bis(2-ethylhexyl) ether	10143-60-9	242.445	265.55	2	542.15	1	34	0.8222	2	20	1.4325	1	liquid	1
29773	C16H34O	2-hexyl-1-decanol	2425-77-6	242.445	312.08	2	568.53	2	25	0.8360	1	---	1.4490	1	solid	2
29774	C16H34OSn	tributyl(1-ethoxyvinyl)tin	97674-02-7	361.155	---	---	---	---	25	1.0690	1	---	1.4760	1	---	---
29775	C16H34OSn	dioctyloxostannane	870-08-6	361.155	---	---	---	---	---	---	---	---	---	---	---	---
29776	C16H34O2	1,2-hexadecanediol	6920-24-7	258.445	347.15	1	637.15	2	25	0.8637	2	---	---	---	solid	1
29777	C16H34O2	1,3-hexadecanediol	34014-79-4	258.445	376.22	2	648.15	2	25	0.8637	2	---	---	---	solid	2
29778	C16H34O2	1,4-hexadecanediol	---	258.445	376.22	2	669.15	2	25	0.8637	2	---	---	---	solid	2
29779	C16H34O2	1,1-dimethoxytetradecane	14620-53-2	258.445	---	---	651.48	2	25	0.8637	2	25	1.4342	1	---	---
29780	C16H34O2	1,16-hexadecanediol	7735-42-4	258.445	365.65	1	651.48	2	25	0.8637	2	---	---	---	solid	1
29781	C16H34O2	octylperoxide	7530-07-6	258.445	---	---	651.48	2	25	0.8637	2	---	---	---	---	---
29782	C16H34O3	triisopentyl orthoformate	5337-70-2	274.444	---	---	541.15	dec	20	0.8628	1	20	1.4238	1	---	---
29783	C16H34O4	2,5-bis(tert-butylperoxy)-2,5-dimethylhexar	78-63-7	290.444	280.15	1	---	---	25	0.8630	1	---	1.4230	1	---	---
29784	C16H34O4S	1-hexadecanol, hydrogen sulfate	143-02-2	322.510	---	---	---	---	25	0.9892	2	---	---	---	---	---
29785	C16H34O5	3,6,9,12-tetraoxaeicosan-1-ol	19327-39-0	306.443	---	---	498.35	2	25	0.9600	1	---	---	---	---	---
29786	C16H34O5	tetraethylene glycol, dibutyl ether	112-98-1	306.443	---	---	498.35	1	25	0.9695	2	---	---	---	---	---
29787	C16H34O6Si2	(+)-diisopropyl O,O'-bis(trimethylsilyl)-L-tar	130678-42-1	378.612	---	---	---	---	25	0.9720	1	---	1.4280	1	---	---
29788	C16H34O6Si2	(-)-diisopropyl O,O'-bis(trimethylsilyl)-D-tar	197013-45-9	378.612	---	---	---	---	25	0.9720	1	---	1.4280	1	---	---
29789	C16H34S	1-hexadecanethiol	2917-26-2	258.512	290.93	1	607.16	1	25	0.8430	1	25	1.4611	1	liquid	1
29790	C16H34S	2-hexadecanethiol	66271-53-2	258.512	288.15	1	600.15	1	25	0.8393	1	25	1.4588	1	liquid	1
29791	C16H34S	dioctyl sulfide	2690-08-6	258.512	285.00	2	601.00	2	25	0.8430	1	20	1.4610	1	liquid	2
29792	C16H34S	methyl pentadecyl sulfide	62155-10-6	258.512	288.16	2	597.00	2	25	0.8430	1	25	1.4615	1	liquid	2
29793	C16H34S	ethyl tetradecyl sulfide	66271-54-3	258.512	288.16	2	597.00	2	25	0.8440	1	---	---	---	liquid	2
29794	C16H34S	propyl tridecyl sulfide	66271-55-4	258.512	288.16	2	597.00	2	25	0.8430	1	---	---	---	liquid	2
29795	C16H34S	butyl dodecyl sulfide	16900-08-6	258.512	288.16	2	597.00	2	25	0.8430	1	---	---	---	liquid	2
29796	C16H34SSn	dioctylthioxostannane	3572-47-2	377.222	---	---	---	---	---	---	---	---	---	---	---	---
29797	C16H34S2	dioctyl disulfide	822-27-5	290.578	244.16	1	619.16	1	25	0.8940	1	25	1.4820	1	liquid	1
29798	C16H35N	hexadecylamine	143-27-1	241.461	319.92	1	601.15	1	20	0.8129	1	20	1.4496	1	solid	1
29799	C16H35N	ethyltetradecylamine	66271-56-5	241.461	287.77	2	580.15	1	23	0.8027	2	---	---	---	liquid	1
29800	C16H35N	dioctylamine	1120-48-5	241.461	287.77	1	580.81	1	25	0.8003	1	25	1.4413	1	liquid	1
29801	C16H35N	methylpentadecylamine	29664-53-7	241.461	287.77	2	580.15	1	23	0.8027	2	---	---	---	liquid	1
29802	C16H35N	N-(1-methylheptyl)-2-octanamine	5412-92-0	241.461	287.77	2	556.15	1	20	0.8056	1	---	---	---	liquid	1
29803	C16H35N	dimethyltetradecylamine	112-75-4	241.461	270.15	1	575.15	1	25	0.7921	1	25	1.4399	1	liquid	1
29804	C16H35N	diethyldodecylamine	4271-27-6	241.461	270.15	2	550.15	1	23	0.8027	2	---	---	---	liquid	1
29805	C16H35N	bis(2-ethylhexyl)amine	106-20-7	241.461	290.00	2	554.25	1	23	0.8027	2	---	---	---	liquid	2
29806	C16H35NO2	ammonium palmitate	593-26-0	273.460	345.15	1	---	---	25	0.8879	2	---	---	---	solid	1
29807	C16H35O2PS2	O,O'-di(2-ethylhexyl) dithiophosphoric acid	5810-88-8	354.559	---	---	---	---	---	---	---	---	---	---	---	---
29808	C16H35O3P	bis(2-ethylhexyl) phosphite	3658-48-8	306.426	---	---	---	---	25	0.9230	1	---	1.4420	1	---	---
29809	C16H35O4P	bis(2-ethylhexyl) phosphate	298-07-7	322.426	213.25	1	321.15	1	25	0.9710	1	---	1.4430	1	liquid	1
29810	C16H35O4P	diisooctyl acid phosphate	27215-10-7	322.426	---	---	529.15	1	---	---	---	---	---	---	---	---
29811	C16H35O9P3	ethenylphosphonic acid bis(2-((butoxymeth	53529-45-6	464.371	---	---	---	---	---	---	---	---	---	---	---	---
29812	C16H36BrN	tetrabutylammonium bromide	1643-19-2	322.373	375.15	1	---	---	25	1.0039	2	---	---	---	solid	1
29813	C16H36BrP	tetrabutylphosphonium bromide	3115-68-2	339.340	374.65	1	---	---	---	---	---	---	---	---	solid	1
29814	C16H36Br3N	tetra-n-butylammonium tribromide	38932-80-8	482.181	346.15	1	---	---	25	1.3364	2	---	---	---	solid	1
29815	C16H36ClNO4	tetrabutylammonium perchlorate, contains	1923-70-2	341.919	485.15	1	---	---	25	1.0029	2	---	---	---	solid	1
29816	C16H36Cl2OSn2	tetrabutyl dichlorostannoxane	10428-19-0	552.786	385.65	1	---	---	---	---	---	---	---	---	solid	1
29817	C16H36F6NP	tetrabutylammonium hexafluorophosphate	3109-63-5	387.434	518.15	1	---	---	---	---	---	---	---	---	solid	1
29818	C16H36Ge	tetrabutylgermanium	1067-42-1	301.072	199.05	1	---	---	25	0.9300	1	---	1.4560	1	---	---
29819	C16H36HgO4P2S4	mercury-O,O-di-n-butyl phosphorodithioate	30366-55-3	683.261	---	---	---	---	---	---	---	---	---	---	---	---
29820	C16H36IN	tetrabutyl ammonium iodide	311-28-4	369.373	421.15	1	---	---	25	1.1199	2	---	---	---	solid	1
29821	C16H36INO4	tetrabutylammonium periodate	65201-77-6	433.371	448.15	1	---	---	25	1.2302	2	---	---	---	solid	1
29822	C16H36N2O3	tetrabutylammonium nitrate	1941-27-1	304.474	391.15	1	---	---	25	0.9445	2	---	---	---	solid	1
29823	C16H36OZr	zirconium(iv) tert-butoxide	2081-12-1	335.685	---	---	---	---	25	0.9850	1	---	1.4240	1	---	---
29824	C16H36O4Si	tetrabutyl silicate	4766-57-8	320.544	---	---	529.15	1	20	0.8990	1	20	1.4128	1	---	---
29825	C16H36O4Sn	tin(iv) tert-butoxide	36809-75-3	411.169	315.15	1	---	---	---	---	---	---	---	---	solid	1
29826	C16H36O4Ti	titanium(iv) butoxide	5593-70-4	340.326	218.25	1	585.15	1	25	0.9920	1	---	1.4900	1	liquid	1
29827	C16H36O4Ti	titanium(iv)tert-butoxide	119279-48-0	340.326	---	---	585.15	2	---	---	---	---	---	---	---	---
29828	C16H36Sn	tetrabutylstannane	1461-25-2	347.172	---	---	---	---	---	---	---	---	---	---	---	---
29829	C16H36Sn	tetraisobutyltin	3531-43-9	347.172	260.25	1	---	---	25	1.0500	1	---	---	---	---	---
29830	C16H37NO	tetrabutylammonium hydroxide	2052-49-5	259.476	303.05	1	373.15	1	25	0.9840	1	---	1.4120	1	solid	1
29831	C16H37N3	4-dodecyldiethylenetriamine	4182-44-9	271.491	---	---	---	---	25	0.8639	2	---	1.4660	1	---	---
29832	C16H38NO4P	tetrabutylammonium phosphate monobasic	5574-97-0	339.456	425.65	1	373.15	1	---	---	---	---	---	---	solid	1
29833	C16H38N4	N,N'-bis(4-(ethylamino)butyl)-1,4-butanedia	119422-08-1	286.506	---	---	---	---	25	0.8869	2	---	---	---	---	---
29834	C16H38O5Si4	3-[tris(trimethylsiloxy)silyl]propyl methacryl	17096-07-0	422.815	---	---	---	---	25	0.9180	1	---	1.4190	1	---	---
29835	C16H38O6Si2	1,10-bis-trimethoxysilyldecane	122185-09-5	382.644	---	---	---	---	---	---	---	---	---	---	---	---
29836	C16H40BN	tetrabutylammonium borohydride	33725-74-5	257.312	401.65	1	---	---	---	---	---	---	---	---	solid	1
29837	C16H40N4Ti	tetrakis(diethylamino)titanium	4419-47-0	336.389	277.15	1	---	---	25	0.9310	1	---	1.5370	1	---	---
29838	C16H40N4Zr	tetrakis(diethylamino)zirconium	13801-49-5	379.746	---	---	---	---	25	1.0260	1	---	---	---	---	---
29839	C16H48O6Si7	hexadecamethylheptasiloxane	541-01-5	533.149	195.15	1	559.94	1	20	0.9012	1	20	1.3965	1	liquid	1
29840	C16H48O8Si8	hexadecamethylcyclooctasiloxane	556-68-3	593.232	304.65	1	563.15	1	25	1.1770	1	20	1.4060	1	solid	1

Table 1 Physical Properties - Organic Compounds

				Mol Wt	Freezing Point		Boiling Point		Density			Refractive Index			State	
NO	FORMULA	NAME	CAS No	g/mol	T_F, K	code	T_B, K	code	T, C	g/cm3	code	T, C	n_D	code	@25C,1 atm	code
29841	C17H6O7	bis-(3-phthalyl anhydride) ketone	2421-28-5	322.230	495.15	1	---	---	25	1.5452	2	---	---	---	solid	1
29842	C17H7N11O16	3,5-dinitro-N,N'-bis(2,4,6-trinitrophenyl)-2,6	38082-89-2	621.310	---	---	---	---	25	2.0022	2	---	---	---	---	---
29843	C17H9BrO	3-bromo-7H-benz[de]anthracen-7-one	81-96-9	309.162	448.05	1	---	---	25	1.4848	2	---	---	---	solid	1
29844	C17H9F23O2	3,3,4,4,5,5,6,6,7,7,8,8,9,9,10,10,11,12,12,1	74256-14-7	682.223	303.15	1	---	---	25	1.6193	2	---	---	---	solid	1
29845	C17H9NO3	(E)-1a,2a-epoxybenz(c)acridine-3a,4b-diol	---	275.264	---	---	---	---	25	1.3503	2	---	---	---	---	---
29846	C17H9NO3	(Z)-1b,2b-epoxybenz(c)acridine-3a,4b-diol	---	275.264	---	---	---	---	25	1.3503	2	---	---	---	---	---
29847	C17H9NO4	5,6-dihydroxynaphtho[2,3-f]quinoline-7,12-	568-02-5	291.263	542.15	1	---	---	25	1.3905	2	---	---	---	solid	1
29848	C17H10ClF3N2O3	ethyl 1-(2,4-difluorophenyl)-7-Cl-6-F-4-O-h	100491-29-0	382.727	486.65	1	---	---	25	1.4752	2	---	---	---	solid	1
29849	C17H10F6N2O2	N,N'-fluoren-2,7-ylene bis(trifluoroacetamid	391-57-1	388.270	---	---	---	---	25	1.4581	2	---	---	---	---	---
29850	C17H10F6N4S	flubenzimine	37893-02-0	416.351	---	---	---	---	25	1.4917	2	---	---	---	---	---
29851	C17H10N2	1,8-naphthalene-1,2-benzimidazole	20620-82-0	242.280	---	---	---	---	25	1.2377	2	---	---	---	---	---
29852	C17H10N2O3	N-[4-(2-benzoxazolyl)phenyl]maleimide	16707-41-8	290.279	485.15	1	---	---	25	1.3654	2	---	---	---	solid	1
29853	C17H10O	benzanthrone	82-05-3	230.266	443.15	1	---	---	25	1.1939	2	---	---	---	solid	1
29854	C17H10O	1-pyrenecarboxaldehyde	3029-19-4	230.266	398.15	1	---	---	25	1.1939	2	---	---	---	solid	1
29855	C17H10O2	1-pyrenecarboxylic acid	19694-02-1	246.265	547.15	1	---	---	25	1.2407	2	---	---	---	solid	1
29856	C17H10O4	fluorescamine	38183-12-9	278.264	429.15	1	---	---	25	1.3268	2	---	---	---	solid	1
29857	C17H11ClN2	2-(p-chlorophenyl)imidazo(2,1-a)isoquinoli	---	278.741	---	---	---	---	25	1.2819	2	---	---	---	---	---
29858	C17H11N	benz[c]acridine	225-51-4	229.281	405.15	1	---	---	25	1.1697	2	---	---	---	solid	1
29859	C17H11N	naphtho(2,3-f)quinoline	224-98-6	229.281	443.15	1	---	---	25	1.1697	2	---	---	---	solid	1
29860	C17H11NO4	1-(2-naphthalenyl)-3-(5-nitro-2-furanyl)-2-p	63421-91-0	293.279	---	---	---	---	25	1.3424	2	---	---	---	---	---
29861	C17H11NO7	aristolochine	313-67-7	341.277	556.65	dec	---	---	25	1.4503	2	---	---	---	solid	1
29862	C17H12	11H-benzo[a]fluorene	238-84-6	216.282	462.80	1	678.15	1	25	1.1020	2	---	---	---	solid	1
29863	C17H12	11H-benzo[b]fluorene	243-17-4	216.282	489.70	1	674.15	1	25	1.1020	2	---	---	---	solid	1
29864	C17H12	benzo[a]fluorene	30777-18-5	216.282	462.65	1	686.15	1	25	1.1020	2	---	---	---	solid	1
29865	C17H12	1-methylpyrene	2381-21-7	216.282	345.65	1	683.15	1	25	1.1020	2	---	---	---	solid	1
29866	C17H12	2-methylpyrene	3442-78-2	216.282	416.15	1	683.15	1	25	1.1020	2	---	---	---	solid	1
29867	C17H12	benzo(b)fluorene	30777-19-6	216.282	---	---	680.95	2	25	1.1020	2	---	---	---	---	---
29868	C17H12	7H-benzo(c)fluorene	205-12-9	216.282	---	---	680.95	2	25	1.1020	2	---	---	---	---	---
29869	C17H12	3H-cyclopenta(c)phenanthrene	183249-37-8	216.282	---	---	680.95	2	25	1.1020	2	---	---	---	---	---
29870	C17H12	2-methylfluoranthene	33543-31-6	216.282	---	---	680.95	2	25	1.1020	2	---	---	---	---	---
29871	C17H12	3-methylfluoranthene	1706-01-0	216.282	---	---	680.95	2	25	1.1020	2	---	---	---	---	---
29872	C17H12Br2O3	3,5-dibromo-4-hydroxyphenyl-2-ethyl-3-be	3562-84-3	424.088	424.15	1	---	---	25	1.6775	2	---	---	---	solid	1
29873	C17H12ClFN2O	nuarimol	63284-71-9	314.747	399.15	1	---	---	25	1.3255	2	---	---	---	solid	1
29874	C17H12ClNO2S	4-(p-chlorophenyl)-2-phenyl-5-thiazoleacet	18046-21-4	329.807	434.65	1	---	---	25	1.3489	2	---	---	---	solid	1
29875	C17H12ClN2	2-(4-chlorophenyl)imidazo(5,1-a)isoquinoli	---	279.749	---	---	---	---	25	1.2604	2	---	---	---	---	---
29876	C17H12Cl2N2O	fenarimol	60168-88-9	331.201	391.15	1	---	---	25	1.3531	2	---	---	---	solid	1
29877	C17H12Cl2N2O	triarimol	26766-27-8	331.201	---	---	---	---	25	1.3531	2	---	---	---	---	---
29878	C17H12Cl2N4	triazolam	28911-01-5	343.215	507.15	1	---	---	25	1.3859	2	---	---	---	solid	1
29879	C17H12Cl2O6	aflatoxin B1-2,3-dichloride	58209-98-6	383.184	---	---	---	---	25	1.4495	2	---	---	---	---	---
29880	C17H12Cl10O4	1,1a,3,3a,4,5,5a,5b,6-decachlorooctahydro	4234-79-1	634.805	---	---	---	---	25	1.6250	2	---	---	---	---	---
29881	C17H12FNS	4-fluoro-7-methyl-6H-(1)benzothiopyrano(4	52831-60-4	281.354	---	---	---	---	25	1.2451	2	---	---	---	---	---
29882	C17H12F2N2O3	1,4-dihydro-6,8-difluoro-1-ethyl-4-oxo-7-(4	100325-51-7	330.291	---	---	---	---	25	1.3683	2	---	---	---	---	---
29883	C17H12I2O3	2-ethyl-3-(3',5'-diiodo-4'-hydroxybenzoyl)-c	68-90-6	518.089	---	---	---	---	25	1.9173	2	---	---	---	---	---
29884	C17H12N2	10-aminobenz(a)acridine	18936-75-9	244.296	---	---	---	---	25	1.1931	2	---	---	---	---	---
29885	C17H12N2	2-phenyl-pyrazolo(5,1-a)isoquinoline	61001-36-3	244.296	---	---	---	---	25	1.1931	2	---	---	---	---	---
29886	C17H12N2O3	3-methoxy-6-methylindolo(3,2-c)quinoline-	113698-22-9	292.294	---	---	---	---	25	1.3189	2	---	---	---	---	---
29887	C17H12N6O	1,5-bis(p-azidophenyl)-1,4-pentadien-3-on	5284-80-0	316.324	---	---	---	---	25	1.3912	2	---	---	---	---	---
29888	C17H12N6O	1,5-bis(4-(2,3-didehydrotriaziridinyl)phenyl	73771-52-5	316.324	---	---	---	---	25	1.3912	2	---	---	---	---	---
29889	C17H12O	2-naphthyl phenyl ketone	644-13-3	232.282	349.15	1	---	---	25	1.1506	2	---	---	---	solid	1
29890	C17H12O	2-hydroxymethylpyrene	24471-48-5	232.282	---	---	---	---	25	1.1506	2	---	---	---	---	---
29891	C17H12O2	2-naphthyl benzoate	93-44-7	248.281	380.15	1	---	---	25	1.1965	2	---	---	---	solid	1
29892	C17H12O2	benzoic acid, 1-naphthyl ester	607-55-6	248.281	329.00	1	---	---	25	1.1965	2	---	---	---	solid	1
29893	C17H12O2	6-benzoyl-2-naphthol	52222-87-4	248.281	---	---	---	---	25	1.1965	2	---	---	---	---	---
29894	C17H12O2	15,16-dihydro-11-hydroxycyclopenta(a)phe	83053-63-8	248.281	---	---	---	---	25	1.1965	2	---	---	---	---	---
29895	C17H12O3	1-naphthyl 2-hydroxybenzoate	550-97-0	264.280	356.15	1	532.15	2	25	1.2401	2	---	---	---	solid	1
29896	C17H12O3	2-naphthyl salicylate	613-78-5	264.280	368.65	1	532.15	2	116	1.1100	1	---	---	---	solid	1
29897	C17H12O3	phenyl 1-hydroxy-2-naphthoate	132-54-7	264.280	368.15	1	532.15	2	25	1.2401	2	---	---	---	solid	1
29898	C17H12O3	phenyl 3-hydroxy-2-naphthoate	7260-11-9	264.280	403.65	1	532.15	1	25	1.2401	2	---	---	---	solid	1
29899	C17H12O5	aristolic acid	35142-05-3	296.279	565.15	1	---	---	25	1.3206	2	---	---	---	solid	1
29900	C17H12O6	aflatoxin B1	1162-65-8	312.279	541.15	1	---	---	25	1.3579	2	---	---	---	solid	1
29901	C17H12O7	aflatoxin G1	1165-39-5	328.278	518.15	1	---	---	25	1.3935	2	---	---	---	solid	1
29902	C17H12O7	aflatoxin M1	6795-23-9	328.278	572.15	dec	---	---	25	1.3935	2	---	---	---	solid	1
29903	C17H13ClN4	xanax	28981-97-7	308.771	501.40	1	---	---	25	1.3141	2	---	---	---	solid	1
29904	C17H13F3N2O3	1-(m-trifluoromethylphenyl)-3-(2'-hydroxyet	34929-08-3	350.298	---	---	---	---	25	1.3696	2	---	---	---	---	---
29905	C17H13N	2,6-diphenylpyridine	3558-69-8	231.297	355.15	1	670.15	1	25	1.1281	2	---	---	---	solid	1
29906	C17H13N	N-benzylidene-1-napthylamine	890-51-7	231.297	347.15	1	670.15	2	25	1.1281	2	---	---	---	solid	1
29907	C17H13N	6-methyl-3,4-benzocarbazole	21064-50-6	231.297	---	---	670.15	2	25	1.1281	2	---	---	---	---	---
29908	C17H13N	9-methyl-1:2-benzocarbazole	13127-50-9	231.297	---	---	670.15	2	25	1.1281	2	---	---	---	---	---
29909	C17H13NO2	naphthol AS	92-77-3	263.296	>516.15	1	490.65	2	25	1.2175	2	---	---	---	solid	1
29910	C17H13NO2	N-2-naphthylanthranilic acid	4800-34-4	263.296	---	---	490.65	1	25	1.2175	2	---	---	---	---	---
29911	C17H13NS	7-methyl-6H-(1)benzothiopyrano(4,3-b)qui	1541-60-2	263.363	---	---	493.15	1	25	1.1939	2	---	---	---	---	---
29912	C17H13N3O	2-(m-methoxyphenyl)-S-triazolo(5,1-a)isoq	55309-14-3	275.311	---	---	448.65	1	25	1.2563	2	---	---	---	---	---
29913	C17H13N3O3	1-((4-methyl-2-nitrophenyl)azo)-2-naphthal	2425-85-6	307.309	---	---	490.15	1	25	1.3340	2	---	---	---	---	---
29914	C17H13N3O5S2	phthalylsulphathiazole	85-73-4	403.440	546.15	1	---	---	25	1.4793	2	---	---	---	solid	1
29915	C17H14	1-benzylnaphthalene	611-45-0	218.298	332.65	1	623.15	1	17	1.1660	1	---	---	---	solid	1
29916	C17H14	2-benzylnaphthalene	613-59-2	218.298	331.15	1	623.15	1	12	1.1760	1	---	---	---	solid	1
29917	C17H14	16,17-dihydro-15H-cyclopenta[a]phenanth	482-66-6	218.298	408.65	1	555.15	2	15	1.1710	2	---	---	---	solid	1
29918	C17H14	9-(1-methylvinyl)phenanthrene	58873-44-2	218.298	311.15	1	555.15	2	15	1.1710	2	22	1.6765	1	solid	1
29919	C17H14	2,3-dihydro-1H-cyclopenta(c)phenanthrene	7258-52-8	218.298	---	---	419.15	1	15	1.1710	2	---	---	---	---	---
29920	C17H14BrFN2O2	haloxazolam	59128-97-1	377.213	458.15	1	477.15	1	25	1.4808	2	---	---	---	solid	1

Table 1 Physical Properties - Organic Compounds

				Mol Wt	Freezing Point		Boiling Point		Density			Refractive Index			State	
NO	FORMULA	NAME	CAS No	g/mol	T_F, K	code	T_B, K	code	T, C	g/cm3	code	T, C	n_D	code	@25C,1 atm	code
29921	C17H14ClF7O2	force	79538-32-2	418.739	317.75	1	---	---	25	1.3825	2	---	---	---	solid	1
29922	C17H14ClFN2O3	1,3-dihydro-7-chloro-5-(o-fluorophenyl)-3-h	40762-15-0	348.761	412.15	1	477.67	1	25	1.3534	2	---	---	---	solid	1
29923	C17H14Cl2N2O2	cloxazolazepam	24166-13-0	349.216	473.15	dec	445.15	1	25	1.3463	2	---	---	---	solid	1
29924	C17H14Cl2O4	bisphenol A bis(chloroformate)	2024-88-6	353.201	364.65	1	---	---	25	1.3474	2	---	---	---	solid	1
29925	C17H14F6	4,4'-(hexafluoroisopropylidene)ditoluene	1095-77-8	332.289	354.65	1	---	---	25	1.2559	2	---	---	---	solid	1
29926	C17H14I3NO3	(3-(N-benzylacetamido)-2,4,6-triiodopheny	29193-35-9	661.017	---	---	---	---	25	2.1185	2	---	---	---	---	---
29927	C17H14N2	elliptisine	519-23-3	246.312	586.15	dec	491.15	1	25	1.1522	2	---	---	---	solid	1
29928	C17H14N2	2-phenyl-5,6-dihydropyrazolo(5,1-a)isoquir	61001-31-8	246.312	---	---	491.15	2	25	1.1522	2	---	---	---	---	---
29929	C17H14N2O	9-hydroxyellipticine	51131-85-2	262.312	---	---	485.65	1	25	1.1956	2	---	---	---	---	---
29930	C17H14N2O	1-(4-N-methyl-N-nitrosaminobenzylidene)ir	16699-07-3	262.312	---	---	476.15	1	25	1.1956	2	---	---	---	---	---
29931	C17H14N2O	1-(o-tolylazo)-2-naphthol	2646-17-5	262.312	405.65	1	498.15	1	25	1.1956	2	---	---	---	solid	1
29932	C17H14N2O2	4-benzoyl-3-methyl-1-phenyl-2-pyrazolin-5	4551-69-3	278.311	364.15	1	492.65	2	25	1.2369	2	---	---	---	solid	1
29933	C17H14N2O2	2-acetamido-4,5-diphenyloxazole	35629-39-1	278.311	---	---	492.65	2	25	1.2369	2	---	---	---	---	---
29934	C17H14N2O2	C.I. solvent red	1229-55-6	278.311	---	---	492.65	1	25	1.2369	2	---	---	---	---	---
29935	C17H14N2O2	5,5'-methylenebis(2-isocyanato)toluene	139-25-3	278.311	---	---	492.65	2	25	1.2369	2	---	---	---	---	---
29936	C17H14N2O4	2-acetyloxy-N-(3,4-dimethyl-5-isoxazolyl)-1	141723-90-2	310.310	---	---	485.75	1	25	1.3135	2	---	---	---	---	---
29937	C17H14O	1-benzyl-2-naphthalenol	36441-31-3	234.298	387.15	1	633.15	2	25	1.1109	2	---	---	---	solid	1
29938	C17H14O	2-benzyl-1-naphthalenol	36441-32-4	234.298	346.65	1	633.15	2	25	1.1109	2	---	---	---	solid	1
29939	C17H14O	alpha-phenyl-1-naphthalenemethanol	642-28-4	234.298	360.95	1	633.15	1	25	1.1109	2	---	---	---	solid	1
29940	C17H14O	1,5-diphenyl-1,4-pentadien-3-one	538-58-9	234.298	386.15	dec	633.15	2	25	1.1109	2	---	---	---	solid	1
29941	C17H14O	dibenzylideneacetone	35225-79-7	234.298	383.15	1	633.15	2	25	1.1109	2	---	---	---	solid	1
29942	C17H14OFe	benzoylferrocene	1272-44-2	290.143	380.15	1	---	---	---	---	---	---	---	---	solid	1
29943	C17H14N4OS4	N,N'-bis(2-benzothiazolylthiomethylene)ure	95-35-2	418.590	---	---	---	---	25	1.4427	2	---	---	---	---	---
29944	C17H14N4O4	2,3-dihydro-N-methyl-7-nitro-2-oxo-5-phen	27016-91-7	338.324	---	---	---	---	25	1.3824	2	---	---	---	---	---
29945	C17H14N4O11	2,4-dinitrophenyl-2,4-dinitro-6-sec-butylphe	2600-55-7	450.320	---	---	---	---	25	1.5854	2	---	---	---	---	---
29946	C17H14O3	5-methyl-7-methoxyisoflavone	82517-12-2	266.296	---	---	503.15	2	25	1.1988	2	---	---	---	---	---
29947	C17H14O3	methyl 4-(3-oxo-3-phenyl-1-propenyl) benz	98258-72-1	266.296	392.65	1	503.15	2	25	1.1988	2	---	---	---	solid	1
29948	C17H14O3	benzarone	1477-19-6	266.296	399.65	1	503.15	1	25	1.1988	2	---	---	---	solid	1
29949	C17H14O4	10-propionyl dithranol	75464-10-7	282.296	---	---	519.65	1	25	1.2395	2	---	---	---	---	---
29950	C17H14O5	3-(a-acetonylfurfuryl)-4-hydroxycoumarin	117-52-2	298.295	397.15	1	476.15	1	25	1.2783	2	---	---	---	solid	1
29951	C17H14O5	1,3-dihydroxy-2-ethoxymethylanthraquinon	17526-17-9	298.295	455.65	dec	476.15	2	25	1.2783	2	---	---	---	solid	1
29952	C17H14O6	aflatoxin B2	7220-81-7	314.295	560.65	1	---	---	25	1.3152	2	---	---	---	solid	1
29953	C17H14O6	aflatoxin Ro	29611-03-8	314.295	498.15	1	461.15	1	25	1.3152	2	---	---	---	solid	1
29954	C17H14O7	aflatoxin G2	7241-98-7	330.294	511.65	1	493.15	1	25	1.3504	2	---	---	---	solid	1
29955	C17H15ClF3NO4	haloxyfop-(2-ethoxyethyl)	87237-48-7	389.759	333.15	1	---	---	25	1.3400	1	---	---	---	solid	1
29956	C17H15ClFNO3	flufenprop-methyl	52756-25-9	335.762	---	---	---	---	25	1.3016	2	---	---	---	---	---
29957	C17H15ClN4S	etizolam	40054-69-1	342.853	418.15	1	537.65	1	25	1.3210	2	---	---	---	solid	1
29958	C17H15ClO7	malvidin chloride	643-84-5	366.754	>573	1	---	---	25	1.3773	2	---	---	---	solid	1
29959	C17H15Cl2N	6-allyl-6,7-dihydro-3,9-dichloro-5H-dibenz(	63918-66-1	304.218	---	---	515.15	1	25	1.2246	2	---	---	---	---	---
29960	C17H15Cl2NO3	2-((4-(dichloroacetyl)phenyl)amino)-2-hydr	27695-58-5	352.216	---	---	---	---	25	1.3278	2	---	---	---	---	---
29961	C17H15Cl2NO4	2-((4-(dichloroacetyl)phenyl)amino)-2-hydr	27695-59-6	368.216	---	---	---	---	25	1.3593	2	---	---	---	---	---
29962	C17H15Cl2NO4	DL-N-(2,4-dichloro-phenoxyacetyl)-3-phen	63905-33-9	368.216	---	---	---	---	25	1.3593	2	---	---	---	---	---
29963	C17H15FO3	2,4-dimethoxy-4'-fluorochalcone	---	286.303	392.65	1	392.15	1	25	1.2105	2	---	---	---	solid	1
29964	C17H15FO3	3,4-dimethoxy-4'-fluorochalcone	28081-14-3	286.303	363.65	1	366.15	1	25	1.2105	2	---	---	---	solid	1
29965	C17H15N	N-benzyl-2-naphthalenamine	13672-18-9	233.313	341.15	1	678.15	1	25	1.0901	2	---	---	---	solid	1
29966	C17H15N	N-(2-methylphenyl)-1-naphthalenamine	634-41-3	233.313	367.65	1	676.90	2	25	1.0901	2	---	---	---	solid	1
29967	C17H15N	N-(2-methylphenyl)-2-naphthalenamine	644-15-5	233.313	368.65	1	675.65	1	25	1.0901	2	---	---	---	solid	1
29968	C17H15N	N-(4-methylphenyl)-1-naphthalenamine	634-43-5	233.313	352.15	1	676.90	2	25	1.0901	2	---	---	---	solid	1
29969	C17H15NO2	1-benzyl-2-indolyl hydroxymethyl ketone	52098-16-5	265.312	---	---	---	---	25	1.1778	2	---	---	---	---	---
29970	C17H15NO2	N-1-diacetamidofluorene	63019-65-8	265.312	---	---	---	---	25	1.1778	2	---	---	---	---	---
29971	C17H15NO2	2-diacetamidofluorene	642-65-9	265.312	---	---	---	---	25	1.1778	2	---	---	---	---	---
29972	C17H15NO3	N-acetoxy-N-acetyl-2-aminofluorene	6098-44-8	281.311	---	---	---	---	25	1.2184	2	---	---	---	---	---
29973	C17H15NO3	N-acetoxyfluorenylacetamide	38105-27-0	281.311	---	---	---	---	25	1.2184	2	---	---	---	---	---
29974	C17H15NO3	N-acetoxy-4-fluorenylacetamide	55080-20-1	281.311	---	---	---	---	25	1.2184	2	---	---	---	---	---
29975	C17H15NO3	N-2-fluorenyl succinamic acid	59935-47-6	281.311	---	---	---	---	25	1.2184	2	---	---	---	---	---
29976	C17H15NO3	indoprofen	31842-01-0	281.311	486.65	1	---	---	25	1.2184	2	---	---	---	solid	1
29977	C17H15NO4	fmoc-glycine	29022-11-5	297.311	449.15	1	---	---	25	1.2571	2	---	---	---	solid	1
29978	C17H15NO5	salipran	5003-48-5	313.310	448.65	1	---	---	25	1.2941	2	---	---	---	solid	1
29979	C17H15NO9S3	4-amino-5-hydroxy-2,7-naphthalenedisulfo	6837-93-0	473.506	---	---	---	---	25	1.5212	2	---	---	---	---	---
29980	C17H15N3	9-aminoellipticine	54779-53-2	261.327	---	---	---	---	25	1.1743	2	---	---	---	---	---
29981	C17H15N3	FD&C yellow No. 4	131-79-3	261.327	---	---	---	---	25	1.1743	2	---	---	---	---	---
29982	C17H15N3O	2-(3-methoxyphenyl)-5,6-dihydro-S-triazolo	55308-37-7	277.327	---	---	---	---	25	1.2156	2	---	---	---	---	---
29983	C17H15N3O2	3-(o-ethylphenyl)-5-piperonyl-S-triazole	85303-87-3	293.326	---	---	---	---	25	1.2548	2	---	---	---	---	---
29984	C17H15N3O2	2-(3-methoxyphenyl)-8-methoxy-5H-S-triaz	---	293.326	---	---	---	---	25	1.2548	2	---	---	---	---	---
29985	C17H15O7	malvidol	---	331.302	---	---	---	---	25	1.3300	2	---	---	---	---	---
29986	C17H16	2,9,10-trimethylanthracene	63018-94-0	220.314	376.65	2	663.18	2	25	1.0281	2	---	---	---	solid	2
29987	C17H16Br2O3	bromopropylate	18181-80-1	428.120	350.15	1	---	---	20	1.5900	1	---	---	---	solid	1
29988	C17H16ClFN2O2	4-(((4-chlorophenyl)(5-fluoro-2-hydroxyphe	62666-20-0	334.778	---	---	---	---	25	1.2822	2	---	---	---	---	---
29989	C17H16ClN3O	amoxapine	14028-44-5	313.787	452.15	1	---	---	25	1.2559	2	---	---	---	solid	1
29990	C17H16BrCl2NO2	p-(bis(2-chloroethyl)amino)phenyl-p-bromo	22953-53-3	417.129	---	---	---	---	25	1.4687	2	---	---	---	---	---
29991	C17H16Cl2O3	chloropropylate	5836-10-2	339.217	345.55	1	422.15	1	25	1.2775	2	---	---	---	solid	1
29992	C17H16Cl3NO2	p-(bis(2-chloroethyl)amino)phenyl-m-chlor	22953-54-4	372.677	---	---	---	---	25	1.3246	2	---	---	---	---	---
29993	C17H16D3NO3	deuteriomorphine	67293-88-3	288.361	---	---	---	---	---	---	---	---	---	---	---	---
29994	C17H16F3NO2	a-a-a-trifluoro-3'-isopropoxy-o-toluanilide	66332-96-5	323.315	---	---	---	---	25	1.2463	2	---	---	---	---	---
29995	C17H16F17NO4S	2-(N-butylperfluorooctanesulfonamido)ethy	383-07-3	653.359	---	---	---	---	25	1.5388	2	---	---	---	---	---
29996	C17H16N2	2-(4-dimethylaminophenyl)quinoline	16032-41-0	248.328	---	---	---	---	25	1.1146	2	---	---	---	---	---
29997	C17H16N2O	5-dimethylamino-3-benzoylindole	6843-30-7	264.327	---	---	---	---	25	1.1573	2	---	---	---	---	---
29998	C17H16N2O	(E)-1,3-dihydro-3-(((2-phenylethyl)amino)m	159212-35-8	264.327	---	---	---	---	25	1.1573	2	---	---	---	---	---
29999	C17H16N2OS	bentazepam	29462-18-8	296.393	522.65	1	470.65	1	25	1.2149	2	---	---	---	solid	1
30000	C17H16N2O2	2,7-bis(acetamido)fluorene	304-28-9	280.327	---	---	466.25	1	25	1.1979	2	---	---	---	---	---

Table 1 Physical Properties - Organic Compounds

				Mol Wt	Freezing Point		Boiling Point		Density			Refractive Index			State	
NO	FORMULA	NAME	CAS No	g/mol	T_F, K	code	T_B, K	code	T, C	g/cm3	code	T, C	n_D	code	@25C,1 atm	code
30001	C17H16N2O2	2,5-bis(acetylamino)fluorene	22750-65-8	280.327	---	---	477.15	1	25	1.1979	2	---	---	---	---	---
30002	C17H16N2O2	3-(3,5-dimethyl-4-hydroxyphenyl)-2-methyl	27945-43-3	280.327	---	---	488.15	1	25	1.1979	2	---	---	---	---	---
30003	C17H16N2O2	lonethyl	1897-96-7	280.327	---	---	486.65	1	25	1.1979	2	---	---	---	---	---
30004	C17H16N2O3	3-methoxy-6-methyl-7,8,9,10-tetrahydro-11	113698-18-3	296.326	---	---	447.15	2	25	1.2366	2	---	---	---	---	---
30005	C17H16N2O3	1-methylamino-4-ethanolaminoanthraquino	2475-46-9	296.326	---	---	447.15	1	25	1.2366	2	---	---	---	---	---
30006	C17H16N2O6	griseolutein B	2072-68-6	344.324	---	---	---	---	25	1.3425	2	---	---	---	---	---
30007	C17H16N2S	2-(p-(dimethylamino)styryl)benzothiazole	1628-58-6	280.394	---	---	---	---	25	1.1764	2	---	---	---	---	---
30008	C17H16N4	4-((p-(dimethylamino)phenyl)azo)isoquinol	63040-63-1	276.342	---	---	492.65	1	25	1.1948	2	---	---	---	---	---
30009	C17H16N4	5-((p-(dimethylamino)phenyl)azo)isoquinol	63040-64-2	276.342	---	---	493.15	1	25	1.1948	2	---	---	---	---	---
30010	C17H16N4	7-((p-(dimethylamino)phenyl)azo)isoquinol	63040-65-3	276.342	---	---	487.15	1	25	1.1948	2	---	---	---	---	---
30011	C17H16N4	5-((p-(dimethylamino)phenyl)azo)quinoline	17416-17-0	276.342	---	---	487.15	1	25	1.1948	2	---	---	---	---	---
30012	C17H16N4	6-((p-(dimethylamino)phenyl)azo)quinoline	30041-69-1	276.342	---	---	489.65	1	25	1.1948	2	---	---	---	---	---
30013	C17H16N4	N,N-dimethyl-4-(4'-quinolylazo)aniline	17025-30-8	276.342	---	---	499.15	1	25	1.1948	2	---	---	---	---	---
30014	C17H16N4O	5-((p-(dimethylamino)phenyl)azo)isoquinol	10318-23-7	292.341	---	---	494.65	1	25	1.2340	2	---	---	---	---	---
30015	C17H16N4O	5-((p-(dimethylamino)phenyl)azo)quinoline	22750-85-2	292.341	---	---	494.65	2	25	1.2340	2	---	---	---	---	---
30016	C17H16N4O	6-((p-(dimethylamino)phenyl)azo)quinoline	22750-86-3	292.341	---	---	494.65	2	25	1.2340	2	---	---	---	---	---
30017	C17H16N4O	N,N-dimethyl-4-((4'-quinolyl-1'-oxide)azo)a	63042-68-2	292.341	---	---	494.65	2	25	1.2340	2	---	---	---	---	---
30018	C17H16O2	ethyl 2,3-diphenylacrylate	24446-63-7	252.313	306.65	1	480.15	2	18	1.0971	1	18	1.5972	1	solid	1
30019	C17H16O2	1,5-diphenyl-1,5-pentanedione	6263-83-8	252.313	338.65	1	480.15	2	25	1.1188	2	---	---	---	solid	1
30020	C17H16O2	benzylcarbinyl cinnamate	103-53-7	252.313	---	---	480.15	1	25	1.1188	2	---	---	---	---	---
30021	C17H16O4	dibenzyl malonate	15014-25-2	284.312	---	---	---	---	25	1.1370	1	20	1.5447	1	---	---
30022	C17H16O4	diphenyl glutarate	47172-89-4	284.312	327.15	1	---	---	25	1.1485	2	---	---	---	solid	1
30023	C17H16O4	1,2-propanediol dibenzoate	19224-26-1	284.312	270.25	1	---	---	25	1.1600	1	---	1.5450	1	---	---
30024	C17H16O8	gunacin	73341-70-5	348.309	---	---	---	---	25	1.3437	2	---	---	---	---	---
30025	C17H17ClN2O	6-chloro-2-ethylamino-4-methyl-4-phenyl-4	21715-46-8	300.788	---	---	---	---	25	1.2026	2	---	---	---	---	---
30026	C17H17ClN2O4S	1-(4-chloro-3-nitrophenyl)-2-ethoxy-2-((4-(	42069-72-7	380.852	---	---	---	---	25	1.3481	2	---	---	---	---	---
30027	C17H17ClO3	methyl clofenapate	21340-68-1	304.773	---	---	---	---	25	1.2054	2	---	---	---	---	---
30028	C17H17ClO6	griseofulvin, (+)-	126-07-8	352.771	493.15	1	---	---	25	1.3081	2	---	---	---	solid	1
30029	C17H17Cl2NO2	p-(bis(2-chloroethyl)amino)phenyl benzoat	1233-89-2	338.233	---	---	---	---	25	1.2589	2	---	---	---	---	---
30030	C17H17Cl2NO3	N-(2,6-dichloro-m-tolyl)anthranilic acid eth	29098-15-5	354.232	346.65	1	---	---	25	1.2915	2	---	---	---	solid	1
30031	C17H17NO	desmethyldoxepin	5626-16-4	251.328	---	---	---	---	25	1.0991	2	---	---	---	---	---
30032	C17H17N	azapetine	146-36-1	235.329	---	---	---	---	25	1.0550	2	---	---	---	---	---
30033	C17H17N	3,3-diphenyl-2-methyl-1-pyrroline	102280-81-9	235.329	---	---	---	---	25	1.0550	2	---	---	---	---	---
30034	C17H17NO2	apomorphine	58-00-4	267.328	468.15	dec	---	---	25	1.1411	2	---	---	---	solid	1
30035	C17H17NO2	ethyl N-(diphenylmethylene)glycinate	69555-14-2	267.328	326.15	1	---	---	25	1.1411	2	---	---	---	solid	1
30036	C17H17NO2	4-morpholinobenzophenone	24758-49-4	267.328	416.65	1	---	---	25	1.1411	2	---	---	---	solid	1
30037	C17H17NO2	1-phenyl-6,7-dimethoxy-3,4-dihydroisoquin	10172-39-1	267.328	396.15	1	---	---	25	1.1411	2	---	---	---	solid	1
30038	C17H17NO2	2-(3-benzoylphenyl)-N,N-dimethylacetamic	24026-35-5	267.328	---	---	---	---	25	1.1411	2	---	---	---	---	---
30039	C17H17NO2	2,3-bis(p-hydroxyphenyl)valeronitrile	65-14-5	267.328	---	---	---	---	25	1.1411	2	---	---	---	---	---
30040	C17H17NO3	coumarin 334	55804-67-6	283.327	455.65	1	---	---	25	1.1810	2	---	---	---	solid	1
30041	C17H17NO3S	protizinic acid	54323-85-2	315.393	397.65	1	---	---	25	1.2346	2	---	---	---	solid	1
30042	C17H17NO4	DL-N-benzoyl-2-benzylserine	52421-48-4	299.327	434.15	1	---	---	25	1.2192	2	---	---	---	solid	1
30043	C17H17NO4	N-carbobenzyloxy-L-phenylalanine	1161-13-3	299.327	359.65	1	---	---	25	1.2192	2	---	---	---	solid	1
30044	C17H17NO4	N-carbobenzyloxy-D-phenylalanine	28709-70-8	299.327	359.65	1	---	---	25	1.2192	2	---	---	---	solid	1
30045	C17H17NO4S	N-carbobenzyloxy-S-phenyl-L-cysteine	159453-24-4	331.393	---	---	---	---	25	1.2693	2	---	---	---	---	---
30046	C17H17NO6	2-(3,4-(methylenedioxy)phenoxy)-1-((3,4-(	64245-99-4	331.325	---	---	541.15	1	25	1.2905	2	---	---	---	---	---
30047	C17H17N3O	5-(2-ethylphenyl)-3-(3-methoxyphenyl)-S-tr	69095-83-6	279.342	---	---	---	---	25	1.1779	2	---	---	---	---	---
30048	C17H17N3O	5-(m-methoxyphenyl)-3-(2,4-xylyl)-S-triazol	85303-91-9	279.342	---	---	---	---	25	1.1779	2	---	---	---	---	---
30049	C17H17N3O3	imazaquin	81335-37-7	311.341	494.15	1	---	---	25	1.2534	2	---	---	---	solid	1
30050	C17H17N3O4	4'-methoxycarbonyl-N-acetoxy-N-methyl-4-	55936-76-0	327.341	---	---	---	---	25	1.2887	2	---	---	---	---	---
30051	C17H17N3O6S2	cephapirin	21593-23-7	423.471	428.15	1	---	---	25	1.4289	2	---	---	---	solid	1
30052	C17H17N5O4	7-(4-(m-tolyl)-1-piperazinyl)-4-nitro-benzofu	61785-73-7	355.355	---	---	---	---	25	1.3537	2	---	---	---	---	---
30053	C17H17N5O5	7-(4-(3-methoxyphenyl)-1-piperazinyl)-4-ni	61785-72-6	371.354	---	---	---	---	25	1.3850	2	---	---	---	---	---
30054	C17H17N5O6S	S-(4-nitrobenzyl)-6-thioinosine	38048-32-7	419.419	468.15	1	---	---	25	1.4498	2	---	---	---	solid	1
30055	C17H17N7O8S4	cefotetan	69712-56-7	575.630	---	---	---	---	25	1.6182	2	---	---	---	---	---
30056	C17H18	1,1-diphenyl-1-pentene	1530-11-6	222.330	266.11	2	581.91	1	25	0.9776	1	25	1.5788	1	liquid	1
30057	C17H18ClNO3S	L-1-4'-tosylamino-2-phenylethyl chlorometh	402-71-1	351.854	380.15	1	---	---	25	1.2695	2	---	---	---	solid	1
30058	C17H18ClN3O	1-(2-keto-2-(3'-pyridyl)ethyl)-4-(2'-chloroph	58013-13-1	315.803	---	---	---	---	25	1.2200	2	---	---	---	---	---
30059	C17H18F2N2	1-[bis(4-fluorophenyl)methyl]piperazine	27469-60-9	288.341	364.65	1	---	---	25	1.1462	2	---	---	---	solid	1
30060	C17H18F3N	N-benzyl-a-methyl-m-trifluoromethylphenet	62064-66-8	293.332	---	---	451.15	1	25	1.1404	2	---	---	---	---	---
30061	C17H18NO	2-methylpiperidine b-naphthoamide	101831-65-6	252.336	---	---	---	---	25	1.0822	2	---	---	---	---	---
30062	C17H18N2	amphetaminil	17590-01-1	250.344	---	---	---	---	25	1.0800	2	---	---	---	---	---
30063	C17H18N2O2	a,a'-dipropylenedinitrilodi-o-cresol	94-91-7	282.343	---	---	---	---	25	1.1617	2	---	---	---	---	---
30064	C17H18N2O2	2-methyldiacetylbenzidine	63991-70-8	282.343	---	---	---	---	25	1.1617	2	---	---	---	---	---
30065	C17H18N2O4	1,3-propanediol bis(4-aminobenzoate)	57609-64-0	314.342	398.65	1	508.15	2	25	1.1400	1	---	---	---	solid	1
30066	C17H18N2O4	4-ethyl-6,7-dimethoxy-9H-pyrido(3,4-b)indo	82499-00-1	314.342	---	---	508.15	2	25	1.2363	2	---	---	---	---	---
30067	C17H18N2O4	methylenedianthranilic acid dimethyl ester	34481-84-0	314.342	---	---	508.15	1	25	1.2363	2	---	---	---	---	---
30068	C17H18N2O5S	4-phenoxy-3-(pyrrolidinyl)-5-sulfamoylbenz	55837-27-9	362.407	499.15	1	526.15	1	25	1.3157	2	---	---	---	solid	1
30069	C17H18N2O6	adalat	21829-25-4	346.340	446.15	1	---	---	25	1.3045	2	---	---	---	solid	1
30070	C17H18N6O6S	S-(4-nitrobenzyl)-6-thioguanosine	13153-27-0	434.434	477.15	1	---	---	25	1.4576	2	---	---	---	solid	1
30071	C17H18O	1,5-diphenyl-3-pentanone	5396-91-8	238.329	286.65	1	625.15	1	25	1.0356	1	---	---	---	liquid	1
30072	C17H18O	2,2',4,4'-tetramethylbenzophenone	3478-88-4	238.329	---	---	610.15	1	15	1.0430	1	25	1.5790	1	---	---
30073	C17H18O2	3-(4-tert-butylphenoxy)benzaldehyde	69770-23-6	254.329	---	---	425.15	1	25	0.9840	1	---	1.5700	1	---	---
30074	C17H18O2	tert-butyl 4-phenoxyphenyl ketone	55814-54-5	254.329	326.15	1	425.15	2	25	1.0844	2	---	---	---	solid	1
30075	C17H18O2	cyclopropyl-4-methoxydiphenylcarbinol	---	254.329	---	---	425.15	2	25	1.0844	2	---	1.5890	1	---	---
30076	C17H18O2	benzyl isoeugenol ether	120-11-6	254.329	---	---	425.15	2	25	1.0844	2	---	---	---	---	---
30077	C17H18O3	2,4-dihydroxy-5-tert-butylbenzophenone	4211-67-0	270.328	419.15	1	---	---	25	1.1256	2	---	---	---	solid	1
30078	C17H18O3	p-tert-butylphenyl salicylate	87-18-3	270.328	---	---	---	---	25	1.1256	2	---	---	---	---	---
30079	C17H18O4	diethyl (1-naphthyl)malonate	6341-60-2	286.328	334.45	1	---	---	25	1.1650	2	---	---	---	solid	1
30080	C17H18O4	diphenolic acid	126-00-1	286.328	444.65	1	---	---	25	1.1650	2	---	---	---	solid	1

Table 1 Physical Properties - Organic Compounds

NO	FORMULA	NAME	CAS No	Mol Wt g/mol	Freezing Point T_F, K	code	Boiling Point T_B, K	code	Density T, C	g/cm3	code	Refractive Index T, C	n_D	code	State @25C,1 atm	code
30081	C17H18O4	1,3-diphenoxy-2-propanol acetate	71159-31-4	286.328	306.15	1	---	---	25	1.1650	2	---	---	---	solid	1
30082	C17H18O5	2,3,3',4'-tetramethoxybenzophenone	50625-53-1	302.327	392.15	1	---	---	25	1.2026	2	---	---	---	solid	1
30083	C17H18O5	methyl 4-((5-acetyl-2-furanyl)oxy)-a-ethylbe	99834-93-2	302.327	---	---	---	---	25	1.2026	2	---	---	---	---	---
30084	C17H19ClN2	1-(4-chlorobenzhydryl)piperazine	303-26-4	286.804	343.15	1	---	---	25	1.1314	2	---	---	---	solid	1
30085	C17H19ClN2S	chlorpromazine	50-53-3	318.870	---	---	---	---	25	1.1851	2	---	---	---	---	---
30086	C17H19N	dimethyl fandane	5581-40-8	237.345	---	---	---	---	25	1.0228	2	---	---	---	---	---
30087	C17H19N	N,N,2'-trimethyl-4-stilbenamine	63019-09-0	237.345	---	---	---	---	25	1.0228	2	---	---	---	---	---
30088	C17H19N	N,N,3'-trimethyl-4-stilbenamine	63040-32-4	237.345	---	---	---	---	25	1.0228	2	---	---	---	---	---
30089	C17H19N	N,N,4'-trimethyl-4-stilbenamine	7378-54-3	237.345	---	---	---	---	25	1.0228	2	---	---	---	---	---
30090	C17H19NO	(S)-(-)-a,a-diphenyl-2-pyrrolidinemethanol	112068-01-6	253.344	351.65	1	---	---	25	1.0659	2	---	---	---	solid	1
30091	C17H19NO	(R)-(+)-a,a-diphenyl-2-pyrrolidinemethanol	22348-32-9	253.344	352.15	1	---	---	25	1.0659	2	---	---	---	solid	1
30092	C17H19NO	fenazoxine	13669-70-0	253.344	---	---	---	---	25	1.0659	2	---	---	---	---	---
30093	C17H19NO	3-pyrrolidinomethyl-4-hydroxybiphenyl	66839-97-2	253.344	---	---	---	---	25	1.0659	2	---	---	---	---	---
30094	C17H19NO2	3'-isopropoxy-2-methylbenzanilide	55814-41-0	269.344	---	---	---	---	25	1.1071	2	---	---	---	---	---
30095	C17H19NO3	chavicine	495-91-0	285.343	---	---	521.15	2	25	1.1464	2	---	---	---	---	---
30096	C17H19NO3	coclaurine	486-39-5	285.343	493.65	1	521.15	2	25	1.1464	2	---	---	---	solid	1
30097	C17H19NO3	morphine	57-27-2	285.343	528.15	1	---	---	25	1.1464	2	---	---	---	solid	1
30098	C17H19NO3	piperine	94-62-2	285.343	404.65	1	521.15	2	25	1.1464	2	---	---	---	solid	1
30099	C17H19NO3	(R)-(+)-carbobenzyloxyamino-3-phenyl-1-p	58917-85-4	285.343	366.65	1	521.15	2	25	1.1464	2	---	---	---	solid	1
30100	C17H19NO3	(S)-(-)-2-(carbobenzyloxyamino)-3-phenyl-	6372-14-1	285.343	364.15	1	521.15	2	25	1.1464	2	---	---	---	solid	1
30101	C17H19NO3	dihydromorphinone	466-99-9	285.343	539.65	1	521.15	1	25	1.1464	2	---	---	---	solid	1
30102	C17H19NO3S2	3-ethyl-2-methylbenzothiazolium p-toluene	14933-76-7	349.475	428.15	1	---	---	25	1.2480	2	---	---	---	solid	1
30103	C17H19NO4	fenoxycarb	79127-80-3	301.342	326.15	1	489.65	2	25	1.1839	2	---	---	---	solid	1
30104	C17H19NO4	morphine N-oxide	639-46-3	301.342	547.65	1	---	---	25	1.1839	2	---	---	---	solid	1
30105	C17H19NO4	4,5a-epoxy-3-hydroxy-17-methylmorphinar	37764-28-6	301.342	---	---	489.65	1	25	1.1839	2	---	---	---	---	---
30106	C17H19NO4	ethyl (2-(4-phenoxyphenoxy)ethyl)carbama	72490-01-8	301.342	---	---	489.65	2	25	1.1839	2	---	---	---	---	---
30107	C17H19NS	4-(3'-methylaminopropylidene)-9,10-dihydr	10083-53-1	269.411	---	---	---	---	25	1.0880	2	---	---	---	---	---
30108	C17H19N2	D-6-methyl-8-cyanomethylergoline	18051-18-8	251.352	---	---	---	---	25	1.0636	2	---	---	---	---	---
30109	C17H19N3	3,6-bis(dimethylamino)acridine	494-38-2	265.359	453.65	1	---	---	25	1.1031	2	---	---	---	solid	1
30110	C17H19N3	phenazoline	91-75-8	265.359	394.65	1	---	---	25	1.1031	2	---	---	---	solid	1
30111	C17H19N3O	1-nicotinoylmethyl-4-phenyl-piperazine	58013-12-0	281.358	---	---	---	---	25	1.1429	2	---	---	---	---	---
30112	C17H19N3O	phentalamine	50-60-2	281.358	447.65	1	---	---	25	1.1429	2	---	---	---	solid	1
30113	C17H19N3O2	ethyl red	76058-33-8	297.358	408.15	1	---	---	25	1.1810	2	---	---	---	solid	1
30114	C17H19N5O	6-benzylamino-9-tetrahydropyran-2-yl-9H-	2312-73-4	309.372	---	---	---	---	25	1.2148	2	---	---	---	---	---
30115	C17H19N5O4	6-benzylaminopurine riboside	4294-16-0	357.370	458.15	1	---	---	25	1.3162	2	---	---	---	solid	1
30116	C17H19N5O6S	5'-tosyladenosine	5135-30-8	421.435	425.15	1	---	---	25	1.4127	2	---	---	---	solid	1
30117	C17H20	1,1-diphenylpentane	1726-12-1	224.346	261.13	1	581.04	1	25	0.9623	1	25	1.5489	1	liquid	1
30118	C17H20	1,3-diphenylpentane	838-45-9	224.346	263.14	2	577.15	1	21	0.9734	1	21	1.5530	1	liquid	1
30119	C17H20	1,5-diphenylpentane	1718-50-9	224.346	265.15	1	600.15	1	19	0.9812	1	19	1.5590	1	liquid	1
30120	C17H20	1,1-dibenzylpropane	1520-45-2	224.346	---	---	577.65	1	21	0.9734	1	21	1.5530	1	---	---
30121	C17H20	4-pentylbiphenyl	7116-96-3	224.346	213.15	2	584.00	2	25	0.9400	1	---	1.5706	1	liquid	2
30122	C17H20	amyl biphenyl	63990-96-5	224.346	213.15	1	584.00	2	22	0.9661	1	---	---	---	liquid	2
30123	C17H20ClNO3	dilaudid	71-68-1	321.804	---	---	---	---	25	1.1892	2	---	---	---	---	---
30124	C17H20Cl2N2S	chlorpromazine hydrochloride	69-09-0	355.331	471.00	1	---	---	25	1.2221	2	---	---	---	solid	1
30125	C17H20Cl6O4	chlorendic acid dibutyl ester	1770-80-5	501.058	---	---	---	---	25	1.3999	2	---	---	---	---	---
30126	C17H20N2	1-(diphenylmethyl)piperazine	841-77-0	252.360	363.65	1	---	---	25	1.0479	2	---	---	---	solid	1
30127	C17H20N2O	N,N'-diethylcarbanilide	85-98-3	268.359	352.15	1	633.15	2	25	1.0890	2	---	---	---	solid	1
30128	C17H20N2O	N,N,N',N'-tetramethyl-4,4'-diaminobenzoph	90-94-8	268.359	452.15	1	633.15	dec	25	1.0890	2	---	---	---	solid	1
30129	C17H20N2O	1-(a,a-dimethylbenzyl)-3-methyl-3-phenylu	42609-52-9	268.359	---	---	633.15	2	25	1.0890	2	---	---	---	---	---
30130	C17H20N2O2	b-4-aminobenzoyloxy-b-phenylethyl dimeth	67031-48-5	284.359	---	---	---	---	25	1.1282	2	---	---	---	---	---
30131	C17H20N2O3	fast blue BB	120-00-3	300.358	372.15	1	---	---	25	1.1657	2	---	---	---	solid	1
30132	C17H20N2O4	N-boc-D-1,2,3,4-tetrahydro-b-carboline-3-c	---	316.357	---	---	---	---	25	1.2016	2	---	---	---	---	---
30133	C17H20N2O4	N-boc-L-1,2,3,4-tetrahydro-b-carboline-3-c	---	316.357	561.65	1	---	---	25	1.2016	2	---	---	---	solid	1
30134	C17H20N2O5S	bumetanide	28395-03-1	364.423	503.65	1	---	---	25	1.2811	2	---	---	---	solid	1
30135	C17H20N2S	promethazine	60-87-7	284.426	333.15	1	479.65	2	25	1.1094	2	---	---	---	solid	1
30136	C17H20N2S	promazine	58-40-2	284.426	298.15	1	479.65	1	25	1.1094	2	---	---	---	---	---
30137	C17H20N4O	4-((p-(dimethylamino)phenyl)azo)-N-methy	33804-48-7	296.373	---	---	---	---	25	1.1626	2	---	---	---	---	---
30138	C17H20N4O2	azidomorphine	22952-87-0	312.373	---	---	---	---	25	1.1989	2	---	---	---	---	---
30139	C17H20N4O3	14-hydroxyazidomorphine	54301-19-8	328.372	---	---	---	---	25	1.2337	2	---	---	---	---	---
30140	C17H20N4O6	riboflavin	83-88-5	376.370	553.15	dec	---	---	25	1.3299	2	---	---	---	solid	1
30141	C17H20N6O6	1-(6-amino-9H-purin-9-yl)-N-cyclopropyl-1-	58048-24-1	404.384	---	---	465.15	1	25	1.3872	2	---	---	---	---	---
30142	C17H20O2	2,2-bis(4-hydroxy-3-methylphenyl)propane	79-97-0	256.345	411.65	1	---	---	25	1.0525	2	---	---	---	solid	1
30143	C17H20O2	bisphenol A dimethylether	1568-83-8	256.345	329.65	1	---	---	25	1.0525	2	---	---	---	solid	1
30144	C17H20O3	1,3-di-o-benzylglycerol	6972-79-8	272.344	---	---	---	---	25	1.1010	1	---	1.5490	1	---	---
30145	C17H20O6	mycophenolic acid	24280-93-1	320.342	414.15	1	---	---	25	1.2042	2	---	---	---	solid	1
30146	C17H20O6	PR toxin	56299-00-4	320.342	429.15	1	---	---	25	1.2042	2	---	---	---	solid	1
30147	C17H20O6S2	(S)-(-)-1,2-propanediol di-p-tosylate	60434-71-1	384.474	342.15	1	---	---	25	1.2939	2	---	---	---	solid	1
30148	C17H20O10	tetramethyl 2,6-dihydroxybicyclo[3.3.1]non	6966-22-9	384.340	440.15	1	---	---	25	1.3323	2	---	---	---	solid	1
30149	C17H20Si	1,1-diphenylsilacyclohexane	18002-79-4	252.431	---	---	---	---	25	1.0319	1	20	1.5779	1	---	---
30150	C17H21ClN2O2S	trans-5-(4-chlorophenyl)-N-cyclohexyl-4-m	78587-05-0	352.885	---	---	401.15	1	25	1.2197	2	---	---	---	---	---
30151	C17H21ClN2S	promazine hydrochloride	53-60-1	320.886	---	---	---	---	25	1.1539	2	---	---	---	---	---
30152	C17H21N	benzphetamine	156-08-1	239.361	---	---	---	---	25	0.9929	2	19	1.5515	1	---	---
30153	C17H21N	N,N-diethyl-alpha-phenylbenzenemethana	519-72-2	239.361	331.65	1	---	---	25	0.9929	2	---	---	---	solid	1
30154	C17H21NO	2-(diphenylmethoxy)-N,N-dimethylethanam	58-73-1	255.360	---	---	---	---	25	1.0351	2	---	---	---	---	---
30155	C17H21NO	(S)-(+)-2-(dibenzylamino)-1-propanol	60479-65-4	255.360	320.15	1	---	---	25	1.0351	2	---	---	---	solid	1
30156	C17H21NO2	apoatropine	500-55-0	271.360	335.15	1	562.15	2	25	1.0755	2	---	---	---	solid	1
30157	C17H21NO2	napropamide	15299-99-7	271.360	348.15	1	562.15	2	25	1.0755	2	---	---	---	solid	1
30158	C17H21NO2	(S)-(-)-(3,4-dimethoxy)benzyl-1-phenylethy	---	271.360	---	---	562.15	2	25	1.0755	2	---	1.5675	1	---	---
30159	C17H21NO2	(R)-(+)-(3,4-dimethoxy)benzyl-1-phenyleth	134430-93-6	271.360	---	---	562.15	2	25	1.0755	2	---	---	---	---	---
30160	C17H21NO2	dihydrodeoxymorphine	427-00-9	271.360	436.15	1	562.15	dec	25	1.0755	2	---	---	---	solid	1

Table 1 Physical Properties - Organic Compounds

				Mol Wt	Freezing Point		Boiling Point		Density			Refractive Index			State	
NO	FORMULA	NAME	CAS No	g/mol	T_F, K	code	T_B, K	code	T, C	g/cm3	code	T, C	n_D	code	@25C,1 atm	code
30161	C17H21NO2	1-methyl-1-phenyl-2-propynyl cyclohexane	20921-41-9	271.360	---	---	562.15	2	25	1.0755	2	---	---	---	---	---
30162	C17H21NO3	galanthamine	357-70-0	287.359	399.65	1	---	---	25	1.1141	2	---	---	---	solid	1
30163	C17H21NO4	cocaine	50-36-2	303.358	371.15	1	---	---	25	1.1511	2	98	1.5022	1	solid	1
30164	C17H21NO4	scopolamine	51-34-3	303.358	---	---	---	---	25	1.1511	2	---	---	---	---	---
30165	C17H21NO4S4	nereistoxin dibenzenesulfonate	17606-31-4	431.622	---	---	---	---	25	1.3248	2	---	---	---	---	---
30166	C17H21N3	4,4'-dimethylaminobenzophenonimide	492-80-8	267.375	409.15	1	424.65	2	25	1.0713	2	---	---	---	solid	1
30167	C17H21N3	N,N-dimethyl-p-((p-propylphenyl)azo)anilin	24690-46-8	267.375	---	---	424.65	2	25	1.0713	2	---	---	---	---	---
30168	C17H21N3	N,N-dimethyl-4-(3,4,5-trimethylphenyl)azoa	34522-40-2	267.375	---	---	424.65	1	25	1.0713	2	---	---	---	---	---
30169	C17H21N3	4'-ethyl-2-methyl-4-dimethylaminoazobenz	6030-03-1	267.375	---	---	424.65	2	25	1.0713	2	---	---	---	---	---
30170	C17H21N3	p-((3-ethyl-p-tolyl)azo)-N,N-dimethylaniline	17010-63-8	267.375	---	---	424.65	2	25	1.0713	2	---	---	---	---	---
30171	C17H21N3	p-((4-ethyl-m-tolyl)azo)-N,N-dimethylaniline	17010-62-7	267.375	---	---	424.65	2	25	1.0713	2	---	---	---	---	---
30172	C17H21N3	4'-isopropyl-4-dimethylaminoazobenzene	24596-38-1	267.375	---	---	424.65	2	25	1.0713	2	---	---	---	---	---
30173	C17H21N3O	2-(ethyl(3-methyl-4-(phenylazo)phenyl)ami	68214-81-3	283.374	---	---	---	---	25	1.1105	2	---	---	---	---	---
30174	C17H21N3O4S	4-(2-thiazolyl)piperazinyl 3,4,5-trimethoxyp	17766-79-9	363.438	---	---	---	---	25	1.2637	2	---	---	---	---	---
30175	C17H21N5O2	3,7-dihydro-1,3-dimethyl-7-(3-(methylphen	161559-34-8	327.388	---	---	---	---	25	1.2157	2	---	---	---	---	---
30176	C17H21O5PS	dithion	572-48-5	368.391	361.15	1	---	---	---	---	---	---	---	---	solid	1
30177	C17H22	1-heptylnaphthalene	2876-52-0	226.362	265.15	1	610.15	1	25	0.9460	1	25	1.5565	1	liquid	1
30178	C17H22	2-heptylnaphthalene	2876-45-1	226.362	274.15	1	612.15	1	25	0.9378	1	25	1.5541	1	liquid	1
30179	C17H22ClNO	diphenhydramine hydrochloride	147-24-0	291.821	441.15	1	---	---	25	1.0873	2	---	---	---	solid	1
30180	C17H22ClN3O	metconazole	125116-23-6	319.835	384.65	1	558.15	1	25	1.1551	2	---	---	---	solid	1
30181	C17H22I3N3O8	iopamidol	60166-93-0	777.091	---	---	535.15	1	25	2.0203	2	---	---	---	---	---
30182	C17H22N2	bis[4-(dimethylamino)phenyl]methane	101-61-1	254.376	364.65	1	663.15	dec	25	1.0182	2	---	---	---	solid	1
30183	C17H22N2	N,N-dimethyl-N'-phenyl-N'-benzyl-1,2-etha	961-71-7	254.376	---	---	663.15	2	25	1.0160	1	25	1.5794	1	---	---
30184	C17H22N2	4,4'-methylenebis(2-ethylbenzenamine)	19900-65-3	254.376	---	---	663.15	2	25	1.0182	2	---	---	---	---	---
30185	C17H22N2	1-(a-methylphenethyl)-2-phenethylhydrazir	2598-76-7	254.376	---	---	663.15	2	25	1.0182	2	---	---	---	---	---
30186	C17H22N2O	4,4'-bis(dimethylamino)benzhydrol	119-58-4	270.375	374.65	1	---	---	25	1.0584	2	---	---	---	solid	1
30187	C17H22N2O	doxylamine	469-21-6	270.375	298.15	1	---	---	25	1.0584	2	---	---	---	---	---
30188	C17H22N2O2	5-(2-(3,6-dihydro-4-phenyl-1(2H)-pyridyl)et	21820-82-6	286.374	---	---	---	---	25	1.0970	2	---	---	---	---	---
30189	C17H22N2O3	1,1-diallyl-3-(1,4-benzodioxan-2-ylmethyl)-	13988-24-4	302.374	---	---	---	---	25	1.1339	2	---	---	---	---	---
30190	C17H22N4O2	4-(p-butoxyphenyl)semicarbazone 1-methy	119034-04-7	314.388	---	---	---	---	25	1.1663	2	---	---	---	---	---
30191	C17H22N4O6	7,8-dimethyl-10-(d-ribo-2,3,4,5-tetrahydrox	101652-10-2	378.386	---	---	---	---	25	1.2958	2	---	---	---	---	---
30192	C17H22O2	cicutoxin	505-75-9	258.360	327.15	1	437.15	2	25	1.0229	2	---	---	---	solid	1
30193	C17H22O2	enanthotoxin	20311-78-8	258.360	---	---	411.15	1	25	1.0229	2	---	---	---	---	---
30194	C17H22O2	geranyl benzoate	---	258.360	---	---	463.15	1	25	1.0229	2	---	---	---	---	---
30195	C17H22O2	linalyl benzoate	126-64-7	258.360	---	---	437.15	2	25	1.0229	2	---	---	---	---	---
30196	C17H22O3	carbestrol	1755-52-8	274.360	430.65	1	519.65	1	25	1.0627	2	---	---	---	solid	1
30197	C17H22O5	tenulin	19202-92-7	306.359	470.15	1	---	---	25	1.1371	2	---	---	---	solid	1
30198	C17H22O7	3-acetyldeoxynivalenol	50722-38-8	338.357	458.90	1	---	---	25	1.2056	2	---	---	---	solid	1
30199	C17H22O8	fusarenon X	23255-69-8	354.357	455.65	1	---	---	25	1.2379	2	---	---	---	solid	1
30200	C17H23ClO3	zopiclone	43200-80-2	310.820	451.15	1	---	---	25	1.1105	2	---	---	---	solid	1
30201	C17H23F3N2O	(a-methyl-m-trifluoromethylphenethylaminc	73747-54-3	328.379	---	---	---	---	25	1.1339	2	---	---	---	---	---
30202	C17H23F3N2O2	flualamide	5107-49-3	344.378	---	---	---	---	25	1.1665	2	---	---	---	---	---
30203	C17H23NO	dextrorphan	125-73-5	257.376	471.65	1	---	---	25	1.0065	2	---	---	---	solid	1
30204	C17H23NO	levorphanol	77-07-6	257.376	---	---	---	---	25	1.0065	2	---	---	---	---	---
30205	C17H23NO	N-methyl-3-hydroxymorphinan	297-90-5	257.376	525.15	1	---	---	25	1.0065	2	---	---	---	solid	1
30206	C17H23NO2	8-hydroxy-1,1,7,7-tetramethyljulolidine-9-ca	115662-09-4	273.375	348.65	1	573.15	2	25	1.0461	2	---	---	---	solid	1
30207	C17H23NO2	anthranilic acid, linalyl ester	7149-26-0	273.375	---	---	573.15	1	25	1.0461	2	---	---	---	---	---
30208	C17H23NO2	1-butylamino-3-(naphthyloxy)-2-propanol	4618-24-0	273.375	---	---	573.15	2	25	1.0461	2	---	---	---	---	---
30209	C17H23NO3	atropine	51-55-8	289.375	391.65	1	---	---	25	1.0841	2	---	---	---	solid	1
30210	C17H23NO3	hyoscyamine	101-31-5	289.375	381.65	1	---	---	25	1.0841	2	---	---	---	solid	1
30211	C17H23NO4	2-acetyl-4-(2-hydroxy-3-tert-butylaminopro	39543-84-5	305.374	---	---	---	---	25	1.1204	2	---	---	---	---	---
30212	C17H23NO4	2-acetyl-7-(2-hydroxy-3-sec-butylaminopro	39543-94-7	305.374	---	---	---	---	25	1.1204	2	---	---	---	---	---
30213	C17H23NO4	2-acetyl-7-(2-hydroxy-3-tert-butylaminopro	39543-80-1	305.374	---	---	---	---	25	1.1204	2	---	---	---	---	---
30214	C17H23NO4	cetraxate	34675-84-8	305.374	---	---	---	---	25	1.1204	2	---	---	---	---	---
30215	C17H23NO6	4-acryloylamidobenzo-15-crown-5	68865-30-5	337.373	413.15	1	---	---	25	1.1888	2	---	---	---	solid	1
30216	C17H23NO6	boc-L-glutamic acid 5-benzylester	13574-13-5	337.373	339.65	1	---	---	25	1.1888	2	---	---	---	solid	1
30217	C17H23NO7	4'-isocyanatobenzo-18-crown-6	83935-63-1	353.372	335.15	1	---	---	25	1.2211	2	---	---	---	solid	1
30218	C17H23N3O	pyrilamine	91-84-9	285.390	---	---	---	---	25	1.0802	2	---	---	---	---	---
30219	C17H23N7O8	azotomycin	7644-67-9	453.414	---	---	---	---	25	1.4147	2	---	---	---	---	---
30220	C17H24Cl2N2O	3-(bis(2-chloroethyl)amino)-p-tolyl piperidy	21447-87-0	343.296	---	---	---	---	25	1.1488	2	---	---	---	---	---
30221	C17H24N2	2-(1-sec-butyl-2-(dimethylamino)ethyl)quin	33098-26-9	256.392	---	---	---	---	25	0.9905	2	---	---	---	---	---
30222	C17H24N2O	dimethisoquin	86-80-6	272.391	419.15	1	---	---	25	1.0300	2	20	1.5486	1	solid	1
30223	C17H24O	formylethyltetramethyltetralin	58243-85-9	244.377	---	---	453.15	2	25	0.9547	2	---	---	---	---	---
30224	C17H24O	1,1,2,3,3,6-hexamethylindan-5-yl methyl ke	64058-43-1	244.377	---	---	453.15	1	25	0.9547	2	---	---	---	---	---
30225	C17H24O3	cyclandelate	456-59-7	276.376	326.15	1	466.15	1	25	1.0344	2	---	---	---	solid	1
30226	C17H24O3	terallethrin	15589-31-8	276.376	---	---	466.15	2	25	1.0344	2	---	---	---	---	---
30227	C17H24O8	4-carboxybenzo-18-crown-6	60835-75-8	356.373	396.65	1	---	---	25	1.2069	2	---	---	---	solid	1
30228	C17H24O9	syringin	118-34-3	372.372	465.15	1	---	---	25	1.2376	2	---	---	---	solid	1
30229	C17H25ClN2O	dimethisoquin hydrochloride	2773-92-4	308.851	418.65	1	---	---	25	1.0793	2	---	---	---	solid	1
30230	C17H25ClO	4-decylbenzoyl chloride	54256-43-8	280.837	---	---	---	---	25	1.0114	2	---	1.5130	1	---	---
30231	C17H25N	1-(1-phenylcyclohexyl)piperidine	77-10-1	243.393	319.65	1	---	---	25	0.9394	2	---	---	---	solid	1
30232	C17H25NO	(E)-5-((3,7-dimethyl-2,6-octadienyl)oxy)-2-(	61750-69-4	259.392	---	---	442.15	1	25	0.9799	2	---	---	---	---	---
30233	C17H25NO	2-octanoyl-1,2,3,4-tetrahydroisoquinoline	63937-47-3	259.392	---	---	442.15	2	25	0.9799	2	---	---	---	---	---
30234	C17H25NO2	MGK 264	113-48-4	275.391	---	---	430.15	1	25	1.0400	1	---	---	---	---	---
30235	C17H25NO2	menthyl anthranilate	134-09-8	275.391	---	---	430.15	2	25	1.0400	1	---	1.5420	1	---	---
30236	C17H25NO2	isopromedol	64-39-1	275.391	---	---	430.15	2	25	1.0400	2	---	---	---	---	---
30237	C17H25NO6	acetoxycycloheximide	2885-39-4	339.389	413.15	1	---	---	25	1.1591	2	---	---	---	solid	1
30238	C17H25N3O	plasmocid	551-01-9	287.406	---	---	---	---	24	1.0569	1	24	1.5855	1	---	---
30239	C17H25N3O	1-benzyl-5-(2-(diethylamino)ethoxy)-3-metl	5372-17-8	287.406	---	---	---	---	25	1.0520	2	---	---	---	---	---
30240	C17H25N5O13	polyoxin AL	19396-06-6	507.413	---	---	---	---	25	1.4535	2	---	---	---	---	---

				Mol Wt	Freezing Point		Boiling Point		Density			Refractive Index			State	
NO	FORMULA	NAME	CAS No	g/mol	T_F, K	code	T_B, K	code	T, C	g/cm3	code	T, C	n_D	code	@25C,1 atm	code
30241	C17H26	1-heptyl-[1,2,3,4-tetrahydronaphthalene]	66563-99-3	230.393	299.92	2	594.15	1	25	0.8883	2	---	---	---	solid	2
30242	C17H26	2-heptyl-[1,2,3,4-tetrahydronaphthalene]	26438-24-4	230.393	299.92	2	598.15	1	25	0.8883	2	---	---	---	solid	2
30243	C17H26ClNO2	butachlor	23184-66-9	311.852	---	---	408.15	2	25	1.0700	1	---	---	---	---	---
30244	C17H26ClNO2	pretilachlor	51218-49-6	311.852	298.15	1	408.15	1	25	1.0679	2	---	---	---	---	---
30245	C17H26ClNO3S	clethodim	110429-62-4	359.917	---	---	---	---	25	1.1491	2	---	---	---	---	---
30246	C17H26N2O4S	N-((1-ethyl-2-pyrrolidinyl)methyl)-5-(ethylsu	53583-79-2	354.471	---	---	---	---	25	1.1589	2	---	---	---	---	---
30247	C17H26N4O3S2	fursultiamin	804-30-8	398.552	422.15	1	---	---	25	1.2289	2	---	---	---	solid	1
30248	C17H26N8O5	blasticidin S	2079-00-7	422.446	508.15	1	---	---	25	1.3143	2	---	---	---	solid	1
30249	C17H26O	2',4',6'-triisopropylacetophenone	2234-14-2	246.393	358.15	1	---	---	25	0.9299	2	---	---	---	solid	1
30250	C17H26O	undecanophenone	4433-30-1	246.393	302.15	1	---	---	25	0.9299	2	---	---	---	solid	1
30251	C17H26O2	4-decyloxybenzaldehyde	24083-16-7	262.392	---	---	---	---	25	0.9500	1	---	---	---	---	---
30252	C17H26O2	phenylundecanoic acid isomers	3343-24-6	262.392	---	---	---	---	25	0.9697	2	---	1.4995	1	---	---
30253	C17H26O3	11-phenoxyundecanoic acid	7170-44-7	278.392	349.65	1	490.15	1	25	1.0079	2	---	---	---	solid	1
30254	C17H26O4	embelin	550-24-3	294.391	415.65	1	---	---	25	1.0446	2	---	---	---	solid	1
30255	C17H27BN2	myborin	34513-77-4	270.226	---	---	432.15	1	---	---	---	---	---	---	---	---
30256	C17H27NO	1-[2-(3-methylbutoxy)-2-phenylethyl]pyrroli	24622-72-8	261.408	---	---	---	---	25	0.9550	2	22	1.4978	1	---	---
30257	C17H27NO2	2-ethylhexyl 4-(dimethylamino)benzoate	21245-02-3	277.407	---	---	598.15	1	25	0.9950	1	---	1.5420	1	---	---
30258	C17H27NO2	amyldimethyl-p-amino benzoic acid	58817-05-3	277.407	---	---	598.15	2	25	0.9931	2	---	---	---	---	---
30259	C17H27NO3	4-[3-(4-butoxyphenoxy)propyl]morpholine	140-65-8	293.407	---	---	---	---	25	1.0296	2	---	---	---	---	---
30260	C17H27NO3	(1S,2S,3R,6S)-3-acetoxy-3-methyl-6-(1-me	131447-90-0	293.407	380.65	1	---	---	25	1.0296	2	---	---	---	solid	1
30261	C17H27NO4	2,3-bistrimethylacetoxymethyl-1-methylpyri	---	309.406	---	---	500.15	1	25	1.0648	2	---	---	---	---	---
30262	C17H27NO4	corgard	42200-33-9	309.406	403.15	1	500.15	2	25	1.0648	2	---	---	---	solid	1
30263	C17H27O2	acetic acid vetiverol ester	117-98-6	263.400	---	---	---	---	25	0.9575	2	---	---	---	---	---
30264	C17H28	undecylbenzene	6742-54-7	232.409	268.00	1	586.40	1	25	0.8510	1	25	1.4807	1	liquid	1
30265	C17H28N2O2	dibutamide	519-88-0	292.422	407.15	1	---	---	25	1.0150	2	---	---	---	solid	1
30266	C17H28N2O2	leucinocaine	92-23-9	292.422	---	---	---	---	25	1.0150	2	---	---	---	---	---
30267	C17H28O	2,6-di-tert-pentyl-4-methylphenol	56103-67-4	248.409	351.15	2	556.15	1	25	0.9310	1	20	1.4950	1	solid	2
30268	C17H28O2	trans,trans-farnesyl acetate	4128-17-0	264.408	---	---	494.90	2	25	0.9140	1	---	1.4770	1	---	---
30269	C17H28O2	caryophyllene acetate	57082-24-3	264.408	---	---	494.90	2	25	0.9457	2	---	---	---	---	---
30270	C17H28O2	8b-H-cedran-8-ol acetate	77-54-3	264.408	---	---	491.65	1	25	0.9457	2	---	---	---	---	---
30271	C17H28O2	cyclamen aldehyde diethyl acetal	7149-24-8	264.408	---	---	498.15	1	25	0.9457	2	---	---	---	---	---
30272	C17H28O2	5-(1-methylethenyl)-b,b,2-trimethyl-1-cyclo	84012-64-6	264.408	---	---	494.90	2	25	0.9457	2	---	---	---	---	---
30273	C17H28O2	nerolidyl acetate	56001-43-5	264.408	---	---	494.90	2	25	0.9457	2	---	---	---	---	---
30274	C17H28O8	pentaerythritol glycidyl ether	3126-63-4	360.405	---	---	---	---	25	1.1504	2	---	---	---	---	---
30275	C17H29N	2,4,6-tri-tert-butylpyridine	20336-15-6	247.424	342.15	1	---	---	25	0.8928	2	---	---	---	solid	1
30276	C17H29NO	2,6-di-tert-butyl-4-(dimethylaminomethyl)ph	88-27-7	263.424	366.65	1	---	---	25	0.9440	2	---	---	---	solid	1
30277	C17H29NO	(1S,2R)-(-)-2-(dibutylamino)-1-phenyl-1-pr	114389-70-7	263.424	---	---	---	---	25	0.9480	1	---	1.5020	1	---	---
30278	C17H29NO	(1R,2S)-(+)-2-(dibutylamino)-1-phenyl-1-pr	115651-77-9	263.424	---	---	---	---	25	0.9400	1	---	1.5010	1	---	---
30279	C17H29NO3S	sethoxydim	74051-80-2	327.488	---	---	---	---	25	1.0430	1	---	---	---	---	---
30280	C17H30N2O5	(2S-(2a,3b(R*)))-3-(((3-methyl-1-(((3-methy	88321-09-9	342.436	399.35	1	---	---	25	1.0907	2	---	---	---	solid	1
30281	C17H30O	9-cycloheptadecene-1-one	74244-64-7	250.425	305.65	1	616.15	1	33	0.9170	1	33	1.4830	1	solid	1
30282	C17H30O	cis-9-cycloheptadecen-1-one	542-46-1	250.425	305.65	1	616.15	1	25	0.8849	2	---	---	---	solid	1
30283	C17H30O2	hydroprene	41096-46-2	266.424	---	---	---	---	20	0.8955	1	---	---	---	---	---
30284	C17H32	1-heptadecyne	26186-00-5	236.441	295.16	1	572.16	1	25	0.7960	1	25	1.4410	1	liquid	1
30285	C17H32	2-heptadecyne	61847-96-9	236.441	386.95	2	584.15	1	23	0.8527	2	---	---	---	solid	2
30286	C17H32	3-heptadecyne	61886-63-3	236.441	386.95	2	573.15	1	23	0.8527	2	---	---	---	solid	2
30287	C17H32	1,1-dicyclohexylpentane	54833-30-6	236.441	288.52	1	580.15	1	25	0.8846	1	25	1.4819	1	liquid	1
30288	C17H32	1,3-dicyclohexyl-2-ethylpropane	54833-34-0	236.441	274.04	2	579.15	1	20	0.8845	1	21	1.4830	1	liquid	1
30289	C17H32	1,5-dicyclohexylpentane	54833-31-7	236.441	259.55	1	598.15	1	21	0.8718	1	21	1.4790	1	liquid	1
30290	C17H32	1-dodecylcyclopentene	62184-77-4	236.441	256.94	2	571.15	1	25	0.8267	1	25	1.4603	1	liquid	1
30291	C17H32O	cycloheptadecanone	3661-77-6	252.440	---	---	---	---	25	0.8645	2	---	---	---	---	---
30292	C17H32O2	9-heptadecenoic acid	10136-52-4	268.440	285.65	1	620.00	2	20	0.8942	1	20	1.4598	1	liquid	2
30293	C17H32O2	methyl palmitoleate	1120-25-8	268.440	273.20	1	---	---	25	0.8750	1	---	1.4510	1	---	---
30294	C17H33Br	cis-1-bromo-1-heptadecene	66563-89-1	317.353	335.57	2	610.15	1	25	1.0212	2	---	---	---	solid	2
30295	C17H33Br	trans-1-bromo-1-heptadecene	66563-90-4	317.353	335.57	2	610.15	1	25	1.0212	2	---	---	---	solid	2
30296	C17H33Br3	1,1,1-tribromoheptadecane	62127-73-5	477.161	462.67	2	676.15	1	25	1.3616	2	---	---	---	solid	2
30297	C17H33Cl	cis-1-chloro-1-heptadecene	66563-91-5	272.902	305.69	2	617.15	1	25	0.8858	2	---	---	---	solid	2
30298	C17H33Cl	trans-1-chloro-1-heptadecene	66563-92-6	272.902	305.69	2	617.15	1	25	0.8858	2	---	---	---	solid	2
30299	C17H33ClO	heptadecanoyl chloride	40480-10-2	288.901	---	---	---	---	25	0.8830	1	---	1.4530	1	---	---
30300	C17H33Cl3	1,1,1-trichloroheptadecane	62108-61-6	343.807	373.03	2	643.15	1	25	1.0039	2	---	---	---	solid	2
30301	C17H33F	cis-1-fluoro-1-heptadecene	66577-63-7	256.448	307.92	2	591.79	2	25	0.8526	2	---	---	---	solid	2
30302	C17H33F	trans-1-fluoro-1-heptadecene	66577-51-3	256.448	307.92	2	591.79	2	25	0.8526	2	---	---	---	solid	2
30303	C17H33F3	1,1,1-trifluoroheptadecane	62126-84-5	294.445	379.72	2	560.15	1	25	0.9185	2	---	---	---	solid	2
30304	C17H33I	cis-1-iodo-1-heptadecene	66577-52-4	364.353	333.83	2	632.15	1	25	1.1406	2	---	---	---	solid	2
30305	C17H33I	trans-1-iodo-1-heptadecene	66577-53-5	364.353	333.83	2	632.15	1	25	1.1406	2	---	---	---	solid	2
30306	C17H33I3	1,1,1-triiocloheptadecane	---	618.162	457.45	2	864.55	2	25	1.6417	2	---	---	---	solid	2
30307	C17H33N	heptadecanenitrile	5399-02-0	251.456	306.45	1	622.15	1	20	0.8315	1	20	1.4467	1	solid	1
30308	C17H33NO	hexadecyl isocyanate	1943-84-6	267.455	---	---	---	---	25	0.8610	1	---	1.4480	1	---	---
30309	C17H33N3	6-(dibutylamino)-1,8-diazabicyclo[5.4.0]un	106847-76-1	279.470	---	---	585.15	1	25	0.9420	1	---	1.5000	1	---	---
30310	C17H34	dodecylcyclopentane	5634-30-0	238.457	268.16	1	584.06	1	25	0.8120	1	25	1.4497	1	liquid	1
30311	C17H34	undecylcyclohexane	54105-66-7	238.457	278.96	1	586.26	1	25	0.8170	1	20	1.4547	1	liquid	1
30312	C17H34	cycloheptadecane	295-97-6	238.457	338.35	1	586.15	1	25	0.7988	2	---	---	---	solid	1
30313	C17H34	1-heptadecene	6765-39-5	238.457	284.40	1	573.48	1	25	0.7820	1	25	1.4410	1	liquid	1
30314	C17H34	2-methyl-1-hexadecene	61868-19-7	238.457	274.65	1	573.15	1	25	0.7842	1	25	1.4427	1	liquid	1
30315	C17H34Br2	1,1-dibromoheptadecane	62168-34-7	398.265	385.45	2	652.15	1	25	1.1885	2	---	---	---	solid	2
30316	C17H34Br2	1,17-dibromoheptadecane	81726-82-1	398.265	311.15	1	652.15	2	25	1.1885	2	---	---	---	solid	1
30317	C17H34Cl2	1,1-dichloroheptadecane	62046-36-0	309.362	325.69	2	630.15	1	25	0.9380	2	---	---	---	solid	2
30318	C17H34F2	1,1-difluoroheptadecane	62127-06-4	276.454	330.15	2	566.15	1	25	0.8771	2	---	---	---	solid	2
30319	C17H34I2	1,1-diiodoheptadecane	66577-55-7	492.266	381.97	2	774.20	2	25	1.3965	2	---	---	---	solid	2
30320	C17H34N2O2	4,4'-trimethylenebis(1-piperidineethanol)	18073-84-2	298.470	368.15	1	---	---	25	0.9471	2	---	---	---	solid	1

Table 1 Physical Properties - Organic Compounds

				Mol Wt	Freezing Point		Boiling Point		Density			Refractive Index			State	
NO	FORMULA	NAME	CAS No	g/mol	T_F, K	code	T_B, K	code	T, C	g/cm3	code	T, C	n_D	code	@25C,1 atm	code
30321	C17H34N4O10	xylostatin	25546-65-0	454.479	466.65	1	---	---	25	1.2331	2	---	---	---	solid	1
30322	C17H34O	9-heptadecanone	540-08-9	254.456	326.15	1	524.65	1	48	0.8140	1	---	---	---	solid	1
30323	C17H34O	2-heptadecanone	2922-51-2	254.456	321.15	1	592.15	1	48	0.8049	1	---	---	---	solid	1
30324	C17H34O	heptadecanal	629-90-3	254.456	310.15	1	598.15	1	48	0.8095	2	---	---	---	solid	1
30325	C17H34O2	heptadecanoic acid	506-12-7	270.456	334.25	1	635.75	1	60	0.8532	1	60	1.4342	1	solid	1
30326	C17H34O2	hexadecyl formate	4113-08-0	270.456	339.55	2	645.88	2	44	0.8461	2	---	---	---	solid	2
30327	C17H34O2	pentadecyl acetate	629-58-3	270.456	291.65	1	585.00	2	44	0.8461	2	25	1.4370	2	liquid	2
30328	C17H34O2	tetradecyl propanoate	6221-95-0	270.456	323.18	2	646.58	2	44	0.8461	2	---	---	---	solid	2
30329	C17H34O2	tridecyl butanoate	56164-20-6	270.456	323.18	2	646.58	2	44	0.8461	2	---	---	---	solid	2
30330	C17H34O2	isopropyl tetradecanoate	110-27-0	270.456	268.15	1	588.00	2	20	0.8532	1	25	1.4325	1	solid	2
30331	C17H34O2	propyl tetradecanoate	14303-70-9	270.456	302.20	2	651.92	2	20	0.8532	1	25	1.4356	1	solid	2
30332	C17H34O2	methyl palmitate	112-39-0	270.456	302.20	1	690.15	1	75	0.8247	1	---	---	---	solid	1
30333	C17H34O4	1,1-bis(tert-butylperoxy)-3,3,5-trimethylcycl	6731-36-8	302.455	253.25	1	---	---	25	0.9040	1	---	1.4410	1	---	---
30334	C17H34O4	2-monomyristin	3443-83-2	302.455	---	---	---	---	25	0.9515	2	---	---	---	---	---
30335	C17H34O4	tetradecanoic acid, 2,3-dihydroxypropyl es	589-68-4	302.455	---	---	---	---	25	0.9515	2	---	---	---	---	---
30336	C17H34S	thiacyclooctadecane	296-21-9	270.523	333.68	2	614.15	1	25	0.8699	2	---	---	---	solid	2
30337	C17H35Br	1-bromoheptadecane	3508-00-7	319.369	302.75	1	622.15	1	20	0.9916	1	20	1.4625	1	solid	1
30338	C17H35Cl	1-chloroheptadecane	62016-75-5	274.917	299.35	1	613.15	1	25	0.8669	2	---	---	---	solid	1
30339	C17H35F	1-fluoroheptadecane	1545-17-1	258.463	302.15	1	576.15	1	25	0.8343	2	---	---	---	solid	1
30340	C17H35I	1-iodoheptadecane	26825-83-2	366.369	306.85	1	644.15	1	25	1.1154	2	---	---	---	solid	1
30341	C17H35N	1-dodecylpiperidine	5917-47-5	253.472	---	---	---	---	20	0.8378	1	20	1.4588	1	---	---
30342	C17H35NO	1-dodecylpiperidine-N-oxide	56501-35-0	269.471	---	---	---	---	25	0.8699	2	---	---	---	---	---
30343	C17H35NO2	1-nitroheptadecane	39220-66-1	285.471	424.46	2	635.15	1	25	0.9051	2	---	---	---	solid	2
30344	C17H35N5O5	sporaricin A	68743-79-3	389.497	393.15	1	---	---	25	1.1153	2	---	---	---	solid	1
30345	C17H35N5O6	fortimicin A	55779-06-1	405.496	---	---	---	---	25	1.1427	2	---	---	---	---	---
30346	C17H36	heptadecane	629-78-7	240.473	295.13	1	575.30	1	25	0.7730	1	25	1.4348	1	liquid	1
30347	C17H36	2-methylhexadecane	1560-92-5	240.473	277.15	1	570.15	1	25	0.7720	1	25	1.4335	1	liquid	1
30348	C17H36	3-methylhexadecane	6418-43-5	240.473	258.15	1	571.15	1	25	0.7775	1	25	1.4362	1	liquid	1
30349	C17H36	2,2-dimethylpentadecane	61869-05-4	240.473	283.27	2	563.15	1	25	0.7715	1	25	1.4326	1	liquid	1
30350	C17H36	2,3-dimethylpentadecane	2882-97-5	240.473	250.85	2	571.15	1	25	0.7873	1	25	1.4418	1	liquid	1
30351	C17H36	2,4-dimethylpentadecane	61868-07-3	240.473	250.85	2	554.15	1	25	0.7776	1	25	1.4366	1	liquid	1
30352	C17H36O	1-heptadecanol	1454-85-9	256.472	327.05	1	610.50	1	20	0.8475	1	---	---	---	solid	1
30353	C17H36O	2-heptadecanol	16813-18-6	256.472	317.65	1	601.15	1	25	0.8272	2	37	1.4407	1	solid	1
30354	C17H36O	9-heptadecanol	624-08-8	256.472	334.15	1	599.15	2	25	0.8272	2	80	1.4262	1	solid	1
30355	C17H36O	heptadecanol (mixed primary isomers)	52783-44-5	256.472	327.15	1	599.15	2	25	0.8272	2	---	---	---	solid	1
30356	C17H36O2	1,2-heptadecanediol	---	272.472	387.49	2	651.15	2	25	0.8632	2	---	---	---	solid	2
30357	C17H36O2	1,3-heptadecanediol	---	272.472	387.49	2	662.15	2	25	0.8632	2	---	---	---	solid	2
30358	C17H36O2	1,4-heptadecanediol	---	272.472	387.49	2	683.15	2	25	0.8632	2	---	---	---	solid	2
30359	C17H36O2	1,17-heptadecanediol	---	272.472	402.49	2	670.15	2	25	0.8632	2	---	---	---	solid	2
30360	C17H36O2Sn	acetoxytripentylstannane	2587-75-9	391.182	---	---	---	---	---	---	---	---	---	---	---	---
30361	C17H36O6	bis(butylcarbitol)formal	143-29-3	336.469	---	---	353.15	1	25	0.9951	2	---	---	---	---	---
30362	C17H36S	1-heptadecanethiol	53193-22-9	272.539	300.37	1	621.16	1	25	0.8432	2	---	---	---	solid	1
30363	C17H36S	2-heptadecanethiol	66577-60-4	272.539	293.15	1	614.15	1	25	0.8398	1	25	1.4596	1	liquid	1
30364	C17H36S	methyl hexadecyl sulfide	27563-68-4	272.539	294.16	2	611.00	2	25	0.8440	1	25	1.4621	1	liquid	2
30365	C17H36S	ethyl pentadecyl sulfide	64919-20-6	272.539	294.16	2	611.00	2	25	0.8440	1	---	---	---	liquid	2
30366	C17H36S	propyl tetradecyl sulfide	66577-61-5	272.539	294.16	2	611.00	2	25	0.8440	1	---	---	---	liquid	2
30367	C17H36S	butyl tridecyl sulfide	66577-62-6	272.539	294.16	2	611.00	2	25	0.8440	1	---	---	---	liquid	2
30368	C17H36Sn	tributyl(3-methyl-2-butenyl)tin	53911-92-5	359.183	---	---	556.15	1	25	1.0690	1	---	1.4880	1	---	---
30369	C17H37N	heptadecylamine	4200-95-7	255.488	317.15	1	616.15	1	20	0.8510	1	20	1.4510	1	solid	1
30370	C17H37N	methylhexadecylamine	13417-08-8	255.488	309.15	1	594.15	1	25	0.8158	2	---	---	---	solid	1
30371	C17H37N	ethylpentadecylamine	56392-13-3	255.488	309.15	2	595.15	1	25	0.8158	2	---	---	---	solid	2
30372	C17H37N	dimethylpentadecylamine	17678-60-3	255.488	277.65	2	590.15	1	25	0.8158	2	---	---	---	liquid	1
30373	C17H37N	diethyltridecylamine	66577-48-8	255.488	260.35	2	564.15	1	25	0.8158	2	---	---	---	liquid	1
30374	C17H37N	methyldioctylamine	4455-26-9	255.488	243.05	1	591.95	2	25	0.8158	2	20	1.4424	1	liquid	2
30375	C17H38BrN	myristyltrimethylammonium bromide	1119-97-7	336.400	520.65	1	---	---	25	0.9966	2	---	---	---	solid	1
30376	C18BF15	tris(pentafluorophenyl)borane	1109-15-5	511.987	399.15	1	---	---	---	---	---	---	---	---	solid	1
30377	C18F15P	tris(pentafluorophenyl)phosphine	1259-35-4	532.150	382.15	1	---	---	---	---	---	---	---	---	solid	1
30378	C18H5F10P	bis(pentafluorophenyl)phenylphosphine	5074-71-5	442.197	332.15	1	---	---	---	---	---	---	---	---	solid	1
30379	C18H6Cl12O3	tetrachlorophenol	25167-83-3	695.674	323.15	1	---	---	25	1.6500	1	---	---	---	solid	1
30380	C18H10	2,13-benzofluoranthene	203-12-3	226.277	---	---	---	---	25	1.1624	2	---	---	---	---	---
30381	C18H10	cyclopenta(cd)pyrene	27208-37-3	226.277	448.15	1	---	---	25	1.1624	2	---	---	---	solid	1
30382	C18H10F5P	diphenyl(pentafluorophenyl)phosphine	5525-95-1	352.244	343.15	1	---	---	---	---	---	---	---	---	solid	1
30383	C18H10N2	acenaphtho[1,2-b]quinoxaline	207-11-4	254.291	512.15	1	---	---	25	1.2517	2	---	---	---	solid	1
30384	C18H10N2	benz(c)acridine-7-carbonitrile	3123-27-1	254.291	---	---	---	---	25	1.2517	2	---	---	---	---	---
30385	C18H10N2O2	8-oxo-8H-isochromeno(4',3':4,5)pyrrolo(2,3	5100-91-4	286.290	---	---	---	---	25	1.3354	2	---	---	---	---	---
30386	C18H10O	benz(a)oxireno(c)anthracene	790-60-3	242.277	---	---	---	---	25	1.2097	2	---	---	---	---	---
30387	C18H10O	cyclopenta(cd)pyrene-3,4-oxide	73473-54-8	242.277	---	---	---	---	25	1.2097	2	---	---	---	---	---
30388	C18H10O2	5,6-chrysenedione	2051-10-7	258.276	512.65	1	---	---	25	1.2544	2	---	---	---	solid	1
30389	C18H10O2	1,2-naphthacenedione	29276-40-2	258.276	567.15	1	---	---	25	1.2544	2	---	---	---	solid	1
30390	C18H10O2	benz[a]anthracene-7,12-dione	2498-66-0	258.276	442.15	1	---	---	25	1.2544	2	---	---	---	solid	1
30391	C18H10O2	5,12-naphthacenedione	1090-13-7	258.276	557.15	1	---	---	25	1.2544	2	---	---	---	solid	1
30392	C18H10O3	(+)-(3S,4S)trans-benz(a)anthracene-3,4-di	67335-43-7	274.276	---	---	---	---	25	1.2968	2	---	---	---	---	---
30393	C18H10O3	(-)(3R,4R)-trans-benz(a)anthracene-3,4-di	67335-42-6	274.276	---	---	---	---	25	1.2968	2	---	---	---	---	---
30394	C18H10O3	(±)-cis-3,4-dihydroxy-1,2-epoxy-1,2,3,4-tet	64551-89-9	274.276	---	---	---	---	25	1.2968	2	---	---	---	---	---
30395	C18H10O3	(+)-trans-3,4-dihydroxy-1,2-epoxy-1,2,3,4-t	63438-26-6	274.276	---	---	---	---	25	1.2968	2	---	---	---	---	---
30396	C18H10O3	2-(3-oxo-1-indanylidene)-1,3-indandione	1707-95-5	274.276	482.15	1	---	---	25	1.2968	2	---	---	---	solid	1
30397	C18H10O6	hydrindantin	5103-42-4	322.274	523.15	dec	---	---	25	1.4113	2	---	---	---	solid	1
30398	C18H10O6	6-deoxyversicolorin A	30517-65-8	322.274	517.65	1	---	---	25	1.4113	2	---	---	---	solid	1
30399	C18H10O7	Z-(-)-4,6,8-trihydroxy-3a,12a-dihydroanthra	6807-96-1	338.273	562.15	dec	389.15	1	25	1.4458	2	---	---	---	solid	1
30400	C18H11Br	10-bromo-1,2-benzanthracene	32795-84-9	307.189	---	---	---	---	25	1.4026	2	---	---	---	---	---

Table 1 Physical Properties - Organic Compounds

NO	FORMULA	NAME	CAS No	Mol Wt g/mol	Freezing Point T_F, K	code	Boiling Point T_B, K	code	Density T, C	g/cm3	code	Refractive Index T, C	n_D	code	State @25C,1 atm	code
30401	C18H11Cl	10-chloro-1,2-benzanthracene	20268-52-4	262.738	420.15	1	---	---	25	1.2144	2	---	---	---	solid	1
30402	C18H11F	4-fluorobenzanthracene	388-72-7	246.284	---	---	---	---	25	1.1781	2	---	---	---	---	---
30403	C18H11NO	benz(c)acridine-7-carboxaldehyde	3301-75-5	257.292	---	---	402.15	1	25	1.2309	2	---	---	---	---	---
30404	C18H11NO2	6-nitrochrysene	7496-02-8	273.291	487.60	1	---	---	25	1.2732	2	---	---	---	solid	1
30405	C18H11NO2	7-nitro benz(a)anthracene	20268-51-3	273.291	---	---	---	---	25	1.2732	2	---	---	---	---	---
30406	C18H12	chrysene	218-01-9	228.293	531.15	1	714.15	1	20	1.2740	1	---	---	---	solid	1
30407	C18H12	benz[a]anthracene	56-55-3	228.293	433.55	1	710.75	1	25	1.1209	2	---	---	---	solid	1
30408	C18H12	benzo[c]phenanthrene	195-19-7	228.293	341.15	1	707.82	2	25	1.1209	2	---	---	---	solid	1
30409	C18H12	naphthacene	92-24-0	228.293	630.15	1	716.15	1	25	1.1209	2	---	---	---	solid	1
30410	C18H12	triphenylene	217-59-4	228.293	471.01	1	698.15	1	25	1.1209	2	---	---	---	solid	1
30411	C18H12	1-ethenyl pyrene	17088-21-0	228.293	---	---	707.82	2	25	1.1209	2	---	---	---	---	---
30412	C18H12	4-ethenyl pyrene	73529-25-6	228.293	---	---	707.82	2	25	1.1209	2	---	---	---	---	---
30413	C18H12BCl3O3	tri-o-chlorophenyl borate	5337-60-0	393.460	321.15	1	---	---	---	---	---	---	---	---	solid	1
30414	C18H12Br3Cl6NSb	tris(4-bromophenyl)aminium hexachloroant	24964-91-8	816.487	412.15	1	---	---	---	---	---	---	---	---	solid	1
30415	C18H12Cl3FSn	tris(p-chlorophenyl)tin fluoride	427-45-2	472.359	---	---	---	---	---	---	---	---	---	---	---	---
30416	C18H12Cl3P	tris(4-chlorophenyl)phosphine	1159-54-2	365.625	371.65	1	---	---	---	---	---	---	---	---	solid	1
30417	C18H12Cl12	dechlorane plus	13560-89-9	653.723	>598	1	---	---	25	1.5946	2	---	---	---	solid	1
30418	C18H12CuN2O2	bis(8-oxyquinoline)copper	10380-28-6	351.852	---	---	---	---	---	---	---	---	---	---	---	---
30419	C18H12FN	7-methyl-9-fluorobenz(c)acridine	482-41-7	261.299	---	---	---	---	25	1.1997	2	---	---	---	---	---
30420	C18H12FN	7-methyl-11-fluorobenz(c)acridine	439-25-8	261.299	---	---	---	---	25	1.1997	2	---	---	---	---	---
30421	C18H12FN	10-methyl-3-fluoro-5,6-benzacridine	436-30-6	261.299	---	---	---	---	25	1.1997	2	---	---	---	---	---
30422	C18H12F3P	tris(4-fluorophenyl)phosphine	18437-78-0	316.263	353.65	1	---	---	---	---	---	---	---	---	solid	1
30423	C18H12NNaO3	naptalam	132-67-2	313.288	476.15	1	---	---	25	1.4000	1	---	---	---	solid	1
30424	C18H12N2	2,2'-biquinoline	119-91-5	256.307	469.15	1	---	---	25	1.2081	2	---	---	---	solid	1
30425	C18H12N2	2,3'-biquinoline	612-81-7	256.307	448.95	1	---	---	25	1.2081	2	---	---	---	solid	1
30426	C18H12N2O2	1,4-di-p-oxyphenyl-2,3-di-isonitrilo-1,3-buta	580-74-5	288.306	---	---	---	---	25	1.2906	2	---	---	---	---	---
30427	C18H12N2O3	xanthocillin Y 1	38965-69-4	304.305	---	---	---	---	25	1.3288	2	---	---	---	---	---
30428	C18H12N2O4	xanthocillin Y 2	38965-70-7	320.305	---	---	---	---	25	1.3652	2	---	---	---	---	---
30429	C18H12N6	2,4,6-tri-2-pyridinyl-1,3,5-triazine	3682-35-7	312.335	483.15	1	---	---	25	1.3630	2	---	---	---	solid	1
30430	C18H12O	benz(a)anthracen-5-ol	960-92-9	244.293	476.15	dec	---	---	25	1.1673	2	---	---	---	solid	1
30431	C18H12O	chrysene-5,6-epoxide	15131-84-7	244.293	---	---	---	---	25	1.1673	2	---	---	---	---	---
30432	C18H12O	2,3-dihydrodicyclopenta(c,lmn)phenanthre	72041-34-0	244.293	---	---	---	---	25	1.1673	2	---	---	---	---	---
30433	C18H12O	5,6-epoxy-5,6-dihydrobenz(a)anthracene	962-32-3	244.293	---	---	---	---	25	1.1673	2	---	---	---	---	---
30434	C18H12O	1-oxiranylpyrene	61695-74-7	244.293	---	---	---	---	25	1.1673	2	---	---	---	---	---
30435	C18H12O	4-pyrenyloxirane	73529-24-5	244.293	---	---	---	---	25	1.1673	2	---	---	---	---	---
30436	C18H12O2	benz(a)anthracene-3,9-diol	56614-97-2	260.292	540.65	dec	469.15	1	25	1.2112	2	---	---	---	solid	1
30437	C18H12O2	3-methoxybenzanthrone	3688-79-7	260.292	---	---	469.15	2	25	1.2112	2	---	---	---	---	---
30438	C18H12O6	sterigmatocystin	10048-13-2	324.290	---	---	---	---	25	1.3662	2	---	---	---	---	---
30439	C18H12O7	versicolorin B	4331-22-0	340.289	571.15	dec	448.15	1	25	1.4005	2	---	---	---	solid	1
30440	C18H12S	benz(a)anthracene-7-thiol	63018-57-5	260.359	---	---	---	---	25	1.1876	2	---	---	---	---	---
30441	C18H13ClFN3	midazolam	59467-70-8	325.773	432.15	1	---	---	25	1.3136	2	---	---	---	solid	1
30442	C18H13ClF3NO7	fluoroglycofen	77501-90-7	447.752	---	---	446.65	1	25	1.4996	2	---	---	---	---	---
30443	C18H13ClN2O	pinazepam	52463-83-9	308.767	414.15	1	---	---	25	1.2893	2	---	---	---	solid	1
30444	C18H13I	9-phenyl-9-iodofluorene	---	356.206	---	---	---	---	25	1.5047	2	---	---	---	---	---
30445	C18H13N	6-chrysenamine	2642-98-0	243.308	483.65	1	---	---	25	1.1454	2	---	---	---	solid	1
30446	C18H13N	benz(a)anthracen-7-amine	2381-18-2	243.308	448.15	1	466.65	2	25	1.1454	2	---	---	---	solid	1
30447	C18H13N	benz(a)anthracen-8-amine	56961-60-5	243.308	---	---	450.15	1	25	1.1454	2	---	---	---	---	---
30448	C18H13N	7-methylbenz(c)acridine	3340-94-1	243.308	399.15	1	466.65	2	25	1.1454	2	---	---	---	solid	1
30449	C18H13N	12-methylbenz(a)acridine	3340-93-0	243.308	417.65	1	483.15	1	25	1.1454	2	---	---	---	solid	1
30450	C18H13NO	3-acetamidofluoranthene	19361-41-2	259.308	---	---	---	---	25	1.1893	2	---	---	---	---	---
30451	C18H13NO	N-pyren-2-ylacetamide	1732-14-5	259.308	---	---	---	---	25	1.1893	2	---	---	---	---	---
30452	C18H13NO2	4-nitro-4-terphenyl	10355-53-0	275.307	480.65	1	---	---	25	1.2309	2	---	---	---	solid	1
30453	C18H13NO2	tetrophine	83-93-2	275.307	---	---	---	---	25	1.2309	2	---	---	---	---	---
30454	C18H13NO3	2-[(1-naphthylamino)carbonyl]benzoic acid	132-66-1	291.306	458.15	1	---	---	20	1.4000	1	---	---	---	solid	1
30455	C18H13NO8	6-methoxyaristolochic acid D	15918-62-4	371.303	---	---	---	---	25	1.4428	2	---	---	---	---	---
30456	C18H13N3O	rutecarpine	84-26-4	287.322	532.65	1	---	---	25	1.2683	2	---	---	---	solid	1
30457	C18H14	m-terphenyl	92-06-8	230.309	360.00	1	648.15	1	20	1.1990	1	---	---	---	solid	1
30458	C18H14	o-terphenyl	84-15-1	230.309	329.35	1	609.15	1	25	1.0829	2	---	---	---	solid	1
30459	C18H14	p-terphenyl	92-94-4	230.309	485.00	1	655.15	1	25	1.0829	2	---	---	---	solid	1
30460	C18H14	(2,4-cyclopentadien-1-ylidenephenylmethy	2175-90-8	230.309	355.40	1	586.08	2	25	1.0829	2	---	---	---	solid	1
30461	C18H14	5,12-dihydronaphthacene	959-02-4	230.309	---	---	586.08	2	25	1.0829	2	---	---	---	---	---
30462	C18H14	1,2-dihydrobenzo(a)anthracene	60968-08-3	230.309	---	---	586.08	2	25	1.0829	2	---	---	---	---	---
30463	C18H14	3,4-dihydrobenzo(a)anthracene	60968-01-6	230.309	---	---	586.08	2	25	1.0829	2	---	---	---	---	---
30464	C18H14	1,2-dihydrochrysene	41593-31-1	230.309	---	---	586.08	2	25	1.0829	2	---	---	---	---	---
30465	C18H14	3,4-dihydrochrysene	71435-43-3	230.309	---	---	586.08	2	25	1.0829	2	---	---	---	---	---
30466	C18H14	16,17-dihydro-17-methylene-15H-cyclopen	5837-17-2	230.309	---	---	586.08	2	25	1.0829	2	---	---	---	---	---
30467	C18H14	2,3-dimethylfluoranthene	23339-04-0	230.309	---	---	586.08	2	25	1.0829	2	---	---	---	---	---
30468	C18H14	7,8-dimethylfluoranthene	38048-87-2	230.309	---	---	586.08	2	25	1.0829	2	---	---	---	---	---
30469	C18H14	8,9-dimethylfluoranthene	25889-63-8	230.309	---	---	586.08	2	25	1.0829	2	---	---	---	---	---
30470	C18H14	17-methyl-15H-cyclopenta(a)phenanthrene	3353-08-0	230.309	---	---	436.15	1	25	1.0829	2	---	---	---	---	---
30471	C18H14	terphenyls	26140-60-3	230.309	---	---	586.08	2	25	1.0829	2	---	---	---	---	---
30472	C18H14ClFN2O3	ethyl fluclozepate	29177-84-2	360.772	466.65	dec	---	---	25	1.3609	2	---	---	---	solid	1
30473	C18H14Cl2O4	indacrinone	57296-63-6	365.212	440.65	1	---	---	25	1.3550	2	---	---	---	solid	1
30474	C18H14Cl2Zr	dichlorobis(indenyl)zirconium(iv)	12148-49-1	392.438	512.15	1	---	---	---	---	---	---	---	---	solid	1
30475	C18H14Cl4N2O	miconazole	22916-47-8	416.133	408.45	1	---	---	25	1.4079	2	---	---	---	solid	1
30476	C18H14F3NO2	(±)-5-(methylamino)-2-phenyl-4-(3-(trifluoro	96525-23-4	333.310	---	---	---	---	25	1.2928	2	---	---	---	---	---
30477	C18H14Mo2O6	Di[(methylcyclopentadienyl)molybdenum tr	33056-03-0	518.186	423.15	1	---	---	---	---	---	---	---	---	solid	1
30478	C18H14N2O	4-(3-carbazolylamino)phenol	86-72-6	274.323	---	---	487.15	1	25	1.2096	2	---	---	---	---	---
30479	C18H14N2O	2,3-dihydro-2-(1-naphthyl)-4(1H)-quinazoli	31785-60-1	274.323	---	---	487.15	2	25	1.2096	2	---	---	---	---	---
30480	C18H14N2O	2-(m-methoxyphenyl)-pyrazolo(5,1-a)isoqu	61001-40-9	274.323	---	---	487.15	2	25	1.2096	2	---	---	---	---	---

Table 1 Physical Properties - Organic Compounds

				Mol Wt	Freezing Point		Boiling Point		Density			Refractive Index			State	
NO	FORMULA	NAME	CAS No	g/mol	T_F, K	code	T_B, K	code	T, C	g/cm3	code	T, C	n_D	code	@25C,1 atm	code
30481	C18H14N3NaO3S	orange iv	554-73-4	375.384	---	---	---	---	---	---	---	---	---	---	---	---
30482	C18H14N3NaO3S	metanil yellow	587-98-4	375.384	---	---	---	---	---	---	---	---	---	---	---	---
30483	C18H14N4O2	4-((p-nitrophenyl)azo)diphenylamine	2581-69-3	318.336	---	---	---	---	25	1.3214	2	---	---	---	---	---
30484	C18H14N4O5S	sulfasalazine	599-79-1	398.400	493.15	dec	---	---	25	1.4577	2	---	---	---	solid	1
30485	C18H14N6O2	1-(4-nitrophenyl)-3-(4-phenylazophenyl)tria	5392-67-6	346.350	462.15	1	---	---	25	1.3887	2	---	---	---	solid	1
30486	C18H14O	(2-methylphenyl)-1-naphthylmethanone	68723-25-1	246.309	337.15	1	638.15	1	25	1.1283	2	---	---	---	solid	1
30487	C18H14O	1-(1-naphthyl)-2-phenylethanone	605-85-6	246.309	339.65	1	638.15	2	25	1.1283	2	---	---	---	solid	1
30488	C18H14O	2,6-diphenylphenol	2432-11-3	246.309	373.65	1	638.15	2	25	1.1283	2	---	---	---	solid	1
30489	C18H14O	15,16-dihydro-7-methylcyclopenta(a)phena	30835-65-5	246.309	---	---	638.15	2	25	1.1283	2	---	---	---	---	---
30490	C18H14O	16,17-dihydro-11-methylcyclopenta(a)pher	24684-42-2	246.309	---	---	638.15	2	25	1.1283	2	---	---	---	---	---
30491	C18H14O	trans-1,2-dihydroxy-anti-3,4-epoxy-1,2,3,4-	---	246.309	---	---	638.15	2	25	1.1283	2	---	---	---	---	---
30492	C18H14O	1,2-epoxy-1,2,3,4-tetrahydrobenz(a)anthra	64521-16-0	246.309	---	---	638.15	2	25	1.1283	2	---	---	---	---	---
30493	C18H14O	3,4-epoxy-1,2,3,4-tetrahydrochrysene	67694-88-6	246.309	---	---	638.15	2	25	1.1283	2	---	---	---	---	---
30494	C18H14O	1,2-epoxy-1,2,3,4-tetrahydrotriphenylene	74444-59-0	246.309	---	---	638.15	2	25	1.1283	2	---	---	---	---	---
30495	C18H14O	1-(1-hydroxyethyl)pyrene	65954-42-9	246.309	---	---	638.15	2	25	1.1283	2	---	---	---	---	---
30496	C18H14O	11-methyl-15,16-dihydro-17-oxocyclopenta	892-17-1	246.309	---	---	638.15	2	25	1.1283	2	---	---	---	---	---
30497	C18H14O	a-methyl-2-pyrenemethanol	86470-99-7	246.309	---	---	638.15	2	25	1.1283	2	---	---	---	---	---
30498	C18H14O2	1,4-dipenoxybenzene	3061-36-7	262.308	345.65	1	455.15	1	25	1.1715	2	---	---	---	solid	1
30499	C18H14O2	1,3-diphenoxybenzene	3379-38-2	262.308	332.65	1	473.00	2	25	1.1715	2	---	---	---	solid	1
30500	C18H14O2	benz(a)anthracene-1,2-dihydrodiol	60967-88-6	262.308	---	---	473.00	2	25	1.1715	2	---	---	---	---	---
30501	C18H14O2	benz(a)anthracene-3,4-dihydrodiol	60967-89-7	262.308	---	---	473.00	2	25	1.1715	2	---	---	---	---	---
30502	C18H14O2	benz(a)anthracene-5,6-dihydrodiol	3719-37-7	262.308	---	---	490.85	1	25	1.1715	2	---	---	---	---	---
30503	C18H14O2	trans-benz(a)anthracene-8,9-dihydrodiol	34501-24-1	262.308	---	---	473.00	2	25	1.1715	2	---	---	---	---	---
30504	C18H14O2	benz(a)anthracene-10,11-dihydrodiol	60967-90-0	262.308	---	---	473.00	2	25	1.1715	2	---	---	---	---	---
30505	C18H14O2	trans-1,2-dihydro-1,2-dihydroxychrysene	64920-31-6	262.308	---	---	473.00	2	25	1.1715	2	---	---	---	---	---
30506	C18H14O2	15,16-dihydro-16-hydroxy-11-methylcyclop	24684-56-8	262.308	---	---	473.00	2	25	1.1715	2	---	---	---	---	---
30507	C18H14O2	15,16-dihydro-11-methoxycyclopenta(a)ph	5836-85-1	262.308	---	---	473.00	2	25	1.1715	2	---	---	---	---	---
30508	C18H14O2	trans-1,2,-dihydroxy-1,2-dihydrotriphenyler	68151-04-2	262.308	---	---	473.00	2	25	1.1715	2	---	---	---	---	---
30509	C18H14O3	3-phenyl-2-propenoic anhydride	538-56-7	278.307	409.15	1	444.15	2	25	1.2125	2	---	---	---	solid	1
30510	C18H14O3	ethyl 2-(9-anthryl)-2-oxoacetate	---	278.307	---	---	444.15	2	25	1.2125	2	---	---	---	---	---
30511	C18H14O3	(+)-benzo(c)phenanthrene-3,4-diol-1,2-epo	---	278.307	---	---	444.15	2	25	1.2125	2	---	---	---	---	---
30512	C18H14O3	(+)-benzo(c)phenanthrene-3,4-diol-1,2-epo	---	278.307	---	---	444.15	2	25	1.2125	2	---	---	---	---	---
30513	C18H14O3	(-)-benzo(c)phenanthrene-3,4-diol-1,2-epo	---	278.307	---	---	444.15	2	25	1.2125	2	---	---	---	---	---
30514	C18H14O3	B(c)PH diol epoxide-1	75410-89-8	278.307	---	---	444.15	2	25	1.2125	2	---	---	---	---	---
30515	C18H14O3	B(c)PH diol epoxide-2	---	278.307	---	---	444.15	2	25	1.2125	2	---	---	---	---	---
30516	C18H14O3	syn-chrysene-3,4-diol 1,2-oxide	77255-40-4	278.307	---	---	444.15	2	25	1.2125	2	---	---	---	---	---
30517	C18H14O3	(±)-(1R,2S,3R,4R)-3,4-dihydro-3,4-dihydro	64598-80-7	278.307	---	---	444.15	2	25	1.2125	2	---	---	---	---	---
30518	C18H14O3	(±)-(1S,2R,3R,4R)-3,4-dihydro-3,4-dihydro	64598-81-8	278.307	---	---	444.15	2	25	1.2125	2	---	---	---	---	---
30519	C18H14O3	(±)trans-8b,9a-dihydroxy-10a,11a-epoxy-8,	64598-83-0	278.307	---	---	444.15	2	25	1.2125	2	---	---	---	---	---
30520	C18H14O3	(±)-trans-1,b,2,a-dihydroxy-3,a,4,a-epoxy-1	64838-75-1	278.307	---	---	444.15	1	25	1.2125	2	---	---	---	---	---
30521	C18H14O3	(±)-trans-8b,9a-dihydroxy-10b,11b-epoxy-8	64598-82-9	278.307	---	---	444.15	2	25	1.2125	2	---	---	---	---	---
30522	C18H14O3	(±)-1,b,2,a-dihydroxy-3,a,4,a-epoxy-1,2,3,4	72074-67-0	278.307	---	---	444.15	2	25	1.2125	2	---	---	---	---	---
30523	C18H14O3	(±)-1,b,2,a-dihydroxy-3,b,4,b-epoxy-1,2,3,4	72074-66-9	278.307	---	---	444.15	2	25	1.2125	2	---	---	---	---	---
30524	C18H14O3	(±)-1,b,2,a-dihydroxy-3,a,4,a-epoxy-1,2,3,4	74465-39-7	278.307	---	---	444.15	2	25	1.2125	2	---	---	---	---	---
30525	C18H14O3	(±)-1,b,2,a-dihydroxy-3,b,4,b-epoxy-1,2,3,4	74465-38-6	278.307	---	---	444.15	2	25	1.2125	2	---	---	---	---	---
30526	C18H14O3	(1aa,2b,3a,11ba)-1a,2,3,11b-tetrahydrochr	70951-83-6	278.307	---	---	444.15	2	25	1.2125	2	---	---	---	---	---
30527	C18H14O5	methyl aristolate	35142-06-4	310.306	445.15	1	---	---	25	1.2889	2	---	---	---	solid	1
30528	C18H14O8	(+)-dibenzoyl-D-tartaric acid	17026-42-5	358.304	425.65	1	---	---	25	1.3909	2	---	---	---	solid	1
30529	C18H14O8	hydrindantin dihydrate	5950-69-6	358.304	>513.15	1	---	---	25	1.3909	2	---	---	---	solid	1
30530	C18H14O8	dibenzoyltartaric acid	2743-38-6	358.304	363.65	1	---	---	25	1.3909	2	---	---	---	solid	1
30531	C18H14S	4,9-dimethyl-2,3-benzthiophanthrene	32362-68-8	262.375	---	---	---	---	25	1.1495	2	---	---	---	---	---
30532	C18H15As	triphenylarsine	603-32-7	306.239	334.15	1	633.15	1	18	1.2634	1	21	1.6888	1	solid	1
30533	C18H15AsClN	10-chloro-6,9-dimethyl-5,10-dihydro-3,4-be	64050-23-3	355.698	---	---	---	---	---	---	---	---	---	---	---	---
30534	C18H15B	triphenylborane	960-71-4	242.128	420.15	1	---	---	---	---	---	---	---	---	solid	1
30535	C18H15Bi	triphenylbismuthine	603-33-8	440.297	350.75	1	---	---	75	1.7150	1	75	1.7040	1	solid	1
30536	C18H15BO3	triphenyl borate	1095-03-0	290.126	364.15	1	---	---	---	---	---	---	---	---	solid	1
30537	C18H15BrGe	triphenylgermanium bromide	3005-32-1	383.831	406.15	1	---	---	---	---	---	---	---	---	solid	1
30538	C18H15BrNO6P	naphthol AS-BI phosphate	1919-91-1	452.199	---	---	---	---	---	---	---	---	---	---	---	---
30539	C18H15ClGe	triphenylgermanium chloride	1626-24-0	339.380	386.65	1	---	---	---	---	---	---	---	---	solid	1
30540	C18H15ClN2O	1-cyclopropylmethyl-4-phenyl-6-chloro-2(1	33453-19-9	310.783	---	---	---	---	25	1.2507	2	---	---	---	---	---
30541	C18H15ClN4	phenosafranin	81-93-6	322.798	>573.15	1	---	---	25	1.2841	2	---	---	---	solid	1
30542	C18H15ClSi	chlorotriphenylsilane	76-86-8	294.855	366.15	1	651.15	1	---	---	---	---	---	---	solid	1
30543	C18H15ClSn	chlorotriphenylstannane	639-58-7	385.480	376.65	1	---	---	---	---	---	---	---	---	solid	1
30544	C18H15Cl2Sb	triphenylantimony dichloride	594-31-0	423.982	417.15	1	---	---	---	---	---	---	---	---	solid	1
30545	C18H15FSi	fluorotriphenylsilane	379-50-0	278.401	336.15	1	---	---	---	---	---	---	---	---	solid	1
30546	C18H15FSn	triphenyltin fluoride	379-52-2	369.026	---	---	---	---	---	---	---	---	---	---	---	---
30547	C18H15ISn	iodotriphenylstannane	894-09-7	476.932	---	---	---	---	---	---	---	---	---	---	---	---
30548	C18H15N	triphenylamine	603-34-9	245.324	399.65	1	638.15	1	25	1	1	16	1.3530	1	solid	1
30549	C18H15N	diphenyl-2-pyridylmethane	3678-70-4	245.324	332.65	1	638.15	2	25	1.1079	2	---	---	---	solid	1
30550	C18H15NO2	ethyl 2-cyano-3,3-diphenylacrylate	5232-99-5	277.323	370.15	1	---	---	25	1.1919	2	---	---	---	solid	1
30551	C18H15NO2	cis-5,6-dihydro-5,6-dihydroxy-12-methylbe	83876-50-0	277.323	---	---	---	---	25	1.1919	2	---	---	---	---	---
30552	C18H15NO2	7-methylbenz(c)acridine 3,4-dihydrodiol	92145-26-1	277.323	---	---	---	---	25	1.1919	2	---	---	---	---	---
30553	C18H15NO2S	N-4-biphenylylbenzenesulfonamide	13607-48-2	309.389	---	---	---	---	25	1.2464	2	---	---	---	---	---
30554	C18H15NO3	N-acetoxy-2-acetamidophenanthrene	26541-57-1	293.322	---	---	459.15	1	25	1.2310	2	---	---	---	---	---
30555	C18H15NO3	oxaprozin	21256-18-8	293.322	434.15	1	459.15	2	25	1.2310	2	---	---	---	solid	1
30556	C18H15NO3S	N-4-biphenylyl-N-hydroxybenzenesulfonan	29968-68-1	325.388	---	---	---	---	25	1.2818	2	---	---	---	---	---
30557	C18H15NO4S2	3-(2-(1,3-dioxo-2-phenyl-4,5,6,7-tetrahydro	76059-14-8	373.454	---	---	---	---	25	1.3579	2	---	---	---	---	---
30558	C18H15N3	4-phenylazodiphenylamine	101-75-7	273.338	357.15	1	---	---	25	1.1888	2	---	---	---	solid	1
30559	C18H15N3O	4-(4-N-methyl-N-nitrosaminostyryl)quinolin	16699-10-8	289.338	---	---	468.15	1	25	1.2284	2	---	---	---	---	---
30560	C18H15N3O4	p-guanidinobenzoic acid 4-methyl-2-oxo-2l	---	337.336	---	---	---	---	25	1.3365	2	---	---	---	---	---

Table 1 Physical Properties - Organic Compounds

				Mol Wt	Freezing Point		Boiling Point		Density			Refractive Index			State	
NO	FORMULA	NAME	CAS No	g/mol	T_F, K	code	T_B, K	code	T, C	g/cm3	code	T, C	n_D	code	@25C,1 atm	code
30561	C18H15N3O4S	kayalon fast yellow yl	5124-25-4	369.402	---	---	---	---	25	1.3786	2	---	---	---	---	---
30562	C18H15OP	triphenylphosphine oxide	791-28-6	278.291	432.15	1	---	2	23	1.2124	1	---	---	---	solid	1
30563	C18H15OSb	triphenylantimony oxide	4756-75-6	369.077	---	---	---	---	---	---	---	---	---	---	---	---
30564	C18H15O3P	triphenyl phosphite	101-02-0	310.289	298.15	1	633.15	1	20	1.1842	1	20	1.5900	1	---	---
30565	C18H15O3P	triphenyl phosphonate	3049-24-9	310.289	---	---	633.15	2	---	---	---	---	---	---	---	---
30566	C18H15O4P	triphenyl phosphate	115-86-6	326.289	322.44	1	686.65	1	50	1.2055	1	---	---	---	solid	1
30567	C18H15P	triphenylphosphine	603-35-0	262.291	354.40	1	650.15	1	80	1.0749	1	80	1.6358	1	solid	1
30568	C18H15PS	triphenylphosphine sulfide	3878-45-3	294.357	436.15	1	---	---	---	---	---	---	---	---	solid	1
30569	C18H15PSe	triphenylphosphine selenide	3878-44-2	341.251	461.15	1	---	---	---	---	---	---	---	---	solid	1
30570	C18H15SSb	triphenyl antimony sulfide	3958-19-8	385.143	393.15	1	---	---	---	---	---	---	---	---	solid	1
30571	C18H15S3Sb	triphenylthioantimonate	28609-58-7	449.275	338.15	1	---	---	---	---	---	---	---	---	solid	1
30572	C18H15Sb	triphenylstibine	603-36-1	353.077	326.65	1	---	---	25	1.4343	1	42	1.6948	1	solid	1
30573	C18H15Sb	antimony triphenyl	---	353.077	---	---	---	---	---	---	---	---	---	---	---	---
30574	C18H16	1,6-diphenyl-1,3,5-hexatriene	1720-32-7	232.325	474.15	1	---	---	25	1.0479	2	---	---	---	solid	1
30575	C18H16	10-methyl-1,2-cyclopentenophenanthrene	63020-76-8	232.325	---	---	---	---	25	1.0479	2	---	---	---	---	---
30576	C18H16	11-methyl-15,16-dihydro-17H-cyclopenta(a	24684-41-1	232.325	399.65	1	---	---	25	1.0479	2	---	---	---	solid	1
30577	C18H16BrN5S	thiazolyl blue	298-93-1	414.330	468.15	1	---	---	25	1.4886	2	---	---	---	solid	1
30578	C18H16BrP	triphenylphosphonium bromide	6399-81-1	343.203	470.65	1	---	---	---	---	---	---	---	---	solid	1
30579	C18H16Br2F3NO2	p-(bis(2-bromoethyl)amino)phenol-m-(a,a,a	22953-41-9	495.134	---	---	---	---	25	1.6153	2	---	---	---	---	---
30580	C18H16Br2N2O5	2-((4-(dibromoacetyl)phenyl)amino)-2-etho	27695-54-1	500.144	---	---	---	---	25	1.6785	2	---	---	---	---	---
30581	C18H16ClFN2O3S	3-(2-chloro-6-fluorophenyl)-N-(2-[(2-furylm	---	394.854	---	---	---	---	25	1.3631	2	---	---	---	---	---
30582	C18H16ClNO4S	ethyl 2-(4-((6-chloro-2-benzothiazolyl)oxy)p	66441-11-0	377.848	---	---	---	---	25	1.3439	2	---	---	---	---	---
30583	C18H16ClNO5	fenoxaprop-ethyl	66441-23-4	361.782	357.65	1	573.15	1	25	1.3339	2	---	---	---	solid	1
30584	C18H16Cl2N2O2	mexazolam	31868-18-5	363.243	446.65	1	---	---	25	1.3170	2	---	---	---	solid	1
30585	C18H16Cl2N2O5	2-((4-(dichloroacetyl)phenyl)amino)-2-etho	24518-45-4	411.241	---	---	---	---	25	1.4052	2	---	---	---	---	---
30586	C18H16F4O2	3,5,3',5'-tetrafluorodiethylstilbestrol	71292-84-7	340.318	---	---	392.65	1	25	1.2491	2	---	---	---	---	---
30587	C18H16I4O2	tetraiodo-a,a'-diethyl-4,4'-stilbenediol	64043-55-6	771.942	---	---	---	---	25	2.2239	2	---	---	---	---	---
30588	C18H16N2	N,N'-diphenyl-p-phenylenediamine	74-31-7	260.339	425.15	1	772.00	1	25	1.1310	2	---	---	---	solid	1
30589	C18H16N2	triphenylhydrazine	606-88-2	260.339	415.15	dec	688.00	2	70	0.8690	1	---	---	---	solid	1
30590	C18H16N2O	1-[(2,4-dimethylphenyl)azo]-2-naphthaleno	3118-97-6	276.338	439.15	1	---	---	25	1.1719	2	---	---	---	solid	1
30591	C18H16N2O	1-[(2,5-dimethylphenyl)azo]-2-naphthaleno	85-82-5	276.338	426.15	1	---	---	25	1.1719	2	---	---	---	solid	1
30592	C18H16N2O	methoxyellipticine	10371-86-5	276.338	559.65	dec	---	---	25	1.1719	2	---	---	---	solid	1
30593	C18H16N2O2	resorcinol oxydianiline	2479-46-1	292.338	---	---	---	---	25	1.2109	2	---	---	---	---	---
30594	C18H16N2O3	1-((2,5-dimethoxyphenyl)azo)-2-naphthol	6358-53-8	308.337	429.15	1	393.15	1	25	1.2481	2	---	---	---	solid	1
30595	C18H16N6	1,3-bis((phenyl)triazeno)benzene	---	316.367	---	---	377.65	1	25	1.2799	2	---	---	---	---	---
30596	C18H16OSi	triphenylsilanol	791-31-1	276.409	427.95	1	---	---	20	1.1777	1	---	---	---	solid	1
30597	C18H16OSn	triphenyltin hydroxide	76-87-9	367.034	392.15	1	---	---	20	1.5400	1	---	---	---	solid	1
30598	C18H16Si	triphenylsilane	789-25-3	260.410	318.15	1	---	---	---	---	---	---	---	---	solid	1
30599	C18H16Sn	triphenyltin	892-20-6	351.035	302.40	1	---	---	---	---	---	---	---	---	solid	1
30600	C18H17ClN2O	isoquinazepon	7492-29-7	312.799	---	---	---	---	25	1.2147	2	---	---	---	---	---
30601	C18H17ClN2O2	oxazolazepam	24143-17-7	328.798	460.15	1	---	---	25	1.2496	2	---	---	---	solid	1
30602	C18H17ClN2O4	b-glyceryl 1-p-chlorobenzyl-1H-indazole-3-	50264-96-5	360.797	---	---	---	---	25	1.3151	2	---	---	---	---	---
30603	C18H17Cl2NO3	ethyl-N-benzoyl-N-(3,4-dichlorophenyl)-2-a	22212-55-1	366.243	---	---	---	---	25	1.3002	2	---	---	---	---	---
30604	C18H17Cl2NO3	karakhol	33878-50-1	366.243	---	---	---	---	25	1.3002	2	---	---	---	---	---
30605	C18H17FN2O	tormosyl	40507-23-1	296.345	446.15	1	---	---	25	1.1845	2	---	---	---	solid	1
30606	C18H17N	1-(4-dimethylaminobenzal)indene	443-30-1	247.340	---	---	---	---	25	1.0733	2	---	---	---	---	---
30607	C18H17NO	cyclobutyl-N-(2-fluorenyl)formamide	60550-91-6	263.339	---	---	---	---	25	1.1155	2	---	---	---	---	---
30608	C18H17NO	3,3-diphenyl-3-dimethylcarbamoyl-1-propyl	56767-15-8	263.339	---	---	---	---	25	1.1155	2	---	---	---	---	---
30609	C18H17NO2	(3R-cis)-3,7a-diphenyltetrahydropyrrolo-[2,	132959-39-8	279.339	>351.15	1	423.15	2	25	1.1558	2	---	---	---	solid	1
30610	C18H17NO2	(3S-cis)-(+)-3,7a-diphenyltetrahydropyrrolo	161970-71-4	279.339	>351.15	1	423.15	2	25	1.1558	2	---	---	---	solid	1
30611	C18H17NO2	1,1-diphenyl-2-propynyl-N-ethylcarbamate	10473-64-0	279.339	---	---	423.15	dec	25	1.1558	2	---	---	---	---	---
30612	C18H17NO2	2-nitro-7,8,9,10,11,12-hexahydrochrysene	141511-29-7	279.339	---	---	423.15	2	25	1.1558	2	---	---	---	---	---
30613	C18H17NO3	trans-N-acetoxy-4-acetyl-aminostilbene	26488-34-6	295.338	---	---	---	---	25	1.1943	2	---	---	---	---	---
30614	C18H17NO3	N-acetoxy-N-(4-stilbenyl) acetamide	26594-44-5	295.338	---	---	---	---	25	1.1943	2	---	---	---	---	---
30615	C18H17NO3S	7-diethylamino-3-thenoylcoumarin	77820-11-2	327.404	413.15	1	---	---	25	1.2455	2	---	---	---	solid	1
30616	C18H17NO4	DL-5-benzoylamino-5-benzyl-4-oxo-1,3-dic	---	311.338	450.15	1	---	---	25	1.2310	2	---	---	---	solid	1
30617	C18H17NO4	(3S)-2-[benzyloxycarbonyl]-1,2,3,4-tetrahy	79261-58-8	311.338	412.15	1	---	---	25	1.2310	2	---	---	---	solid	1
30618	C18H17NO4	fmoc-L-a-alanine	35661-39-3	311.338	429.15	1	---	---	25	1.2310	2	---	---	---	solid	1
30619	C18H17NO4	fmoc-b-alanine	35737-10-1	311.338	419.15	1	---	---	25	1.2310	2	---	---	---	solid	1
30620	C18H17NO5	rizaben	53902-12-8	327.337	541.15	1	---	---	25	1.2662	2	---	---	---	solid	1
30621	C18H17N2	N,N-dimethyl-4(2'-naphthylazo)aniline	613-65-0	261.347	---	---	---	---	25	1.1136	2	---	---	---	---	---
30622	C18H17N3	N,N-dimethyl-p-(1-naphthylazo)aniline	607-59-0	275.354	---	---	---	---	25	1.1524	2	---	---	---	---	---
30623	C18H17N3O	5-(o-(allyloxy)phenyl)-3-(o-tolyl)-S-triazole	69095-81-4	291.353	---	---	---	---	25	1.1913	2	---	---	---	---	---
30624	C18H17N3O	2-(3-ethoxyphenyl)-5,6-dihydro-S-triazolo(5	55308-64-0	291.353	375.65	1	---	---	25	1.1913	2	---	---	---	solid	1
30625	C18H17N3O4	M 12210	54824-20-3	339.352	---	---	---	---	25	1.2982	2	---	---	---	---	---
30626	C18H16O	15,16-dihydro-11-methyl-17H-cyclopenta(a	40951-13-1	248.324	---	---	---	---	25	1.0924	2	---	---	---	---	---
30627	C18H16O2	cinnamyl cinnamate	122-69-0	264.324	317.15	1	---	---	4	1.1565	1	---	---	---	solid	1
30628	C18H16O2	1-methyl-7-isopropyl-9,10-phenanthrenedi	5398-75-4	264.324	470.65	1	---	---	25	1.1348	2	---	---	---	solid	1
30629	C18H16O2	2-tert-butylanthraquinone	84-47-9	264.324	373.65	1	---	---	25	1.1348	2	---	---	---	solid	1
30630	C18H16O2	trans-8,9-dihydro-8,9-dihydroxy-7-methylbe	64521-15-9	264.324	---	---	---	---	25	1.1348	2	---	---	---	---	---
30631	C18H16O2	trans-1,2-dihydroxy-1,2,3,4-tetrahydrochrys	73771-79-6	264.324	---	---	---	---	25	1.1348	2	---	---	---	---	---
30632	C18H16O2	trans-1,2-dihydroxy-1,2,3,4-tetrahydrotriph	74444-58-9	264.324	---	---	---	---	25	1.1348	2	---	---	---	---	---
30633	C18H16O2	7-MBA-3,4-dihydrodiol	64521-14-8	264.324	---	---	---	---	25	1.1348	2	---	---	---	---	---
30634	C18H16O2Sn	triphenyltin hydroperoxide	4150-34-9	383.034	---	---	---	---	---	---	---	---	---	---	---	---
30635	C18H16O3	ipriflavone	35212-22-7	280.323	389.15	1	---	---	25	1.1752	2	---	---	---	solid	1
30636	C18H16O4	benzyl fumarate	538-64-7	296.323	332.15	1	---	---	25	1.2137	2	---	---	---	solid	1
30637	C18H16O4	10,11-dihydro-a-8-dimethyl-11-oxo-dibenz(	78499-27-1	296.323	---	---	---	---	25	1.2137	2	---	---	---	---	---
30638	C18H16O7	usnein	125-46-2	344.321	---	---	---	---	25	1.3192	2	---	---	---	---	---
30639	C18H16O7	usnic acid,	7562-61-0	344.321	476.65	1	---	---	25	1.3192	2	---	---	---	solid	1
30640	C18H18	1-methyl-7-isopropylphenanthrene	483-65-8	234.341	374.15	1	673.00	2	25	1.0350	1	---	---	---	solid	1

Table 1 Physical Properties - Organic Compounds

				Mol Wt	Freezing Point		Boiling Point		Density			Refractive Index			State	
NO	FORMULA	NAME	CAS No	g/mol	T_F, K	code	T_B, K	code	T, C	g/cm3	code	T, C	n_D	code	@25C,1 atm	code
30641	C18H18	2-(tert-butyl)anthracene	18801-00-8	234.341	420.15	1	663.18	2	25	1.0157	2	---	---	---	solid	1
30642	C18H18	2,3,9,10-tetramethylanthracene	66552-77-0	234.341	420.15	2	663.18	2	25	1.0157	2	---	---	---	solid	2
30643	C18H18	1:2:3:4-tetramethylphenanthrene	4466-77-7	234.341	365.65	1	673.00	2	25	1.0157	2	---	---	---	solid	1
30644	C18H18BP	borane-triphenylphosphine complex	2049-55-0	276.126	461.15	1	---	---	---	---	---	---	---	---	solid	1
30645	C18H18ClNO3	N-carbobenzyloxy-L-phenylalanyl chlorome	26049-94-5	331.799	380.65	1	---	---	25	1.2335	2	---	---	---	solid	1
30646	C18H18ClNO5	benzoic-3-chloro-N-ethoxy-2,6-dimethoxyb	67011-39-6	363.797	---	---	---	---	25	1.2982	2	---	---	---	---	---
30647	C18H18ClNO5S	tosyl-L-phenylalanylchloromethyl ketone	102516-65-4	395.863	---	---	---	---	25	1.3383	2	---	---	---	---	---
30648	C18H18ClNOS	zotepine	26615-21-4	331.866	363.15	1	---	---	25	1.2142	2	---	---	---	solid	1
30649	C18H18ClNS	tarasan	113-59-7	315.866	370.65	1	---	---	25	1.1799	2	---	---	---	solid	1
30650	C18H18ClN2O2P	fosazepam	35322-07-7	360.780	447.65	1	---	---	---	---	---	---	---	---	solid	1
30651	C18H18ClN3O	dibenzacepin	1977-10-2	327.814	382.65	1	---	---	25	1.2312	2	---	---	---	solid	1
30652	C18H18ClN3S	2-chloro-11-(4-methylpiperazino)dibenzo(b	2058-52-8	343.880	392.15	1	436.55	1	25	1.2450	2	---	---	---	solid	1
30653	C18H18ClOSi	7-chloro-1,3-dihydro-5-phenyl-1-trimethylsi	55299-24-6	313.878	---	---	432.65	1	---	---	---	---	---	---	---	---
30654	C18H18Cl2N2O4	p-carboxycarbanilic acid 4-bis(2-chloroethy	148-78-7	397.258	---	---	---	---	25	1.3419	2	---	---	---	---	---
30655	C18H18F3NO2	butyl flufenamate	67330-25-0	337.342	---	---	---	---	25	1.2230	2	---	---	---	---	---
30656	C18H18F3NO4	2-(2-hydroxyethoxy)ethyl-N-(a,a,a-trifluoro-	30544-47-9	369.341	298.15	1	---	---	25	1.2866	2	---	---	---	---	---
30657	C18H18F6N2	(1R,2R)-(+)-N,N'-dimethyl-1,2-bis[3-(trifluo	---	376.346	387.15	1	---	---	25	1.2608	2	---	---	---	solid	1
30658	C18H18F6N2	(1S,2S)-(-)-N,N'-dimethyl-1,2-bis[3-(trifluor	---	376.346	387.15	1	---	---	25	1.2608	2	---	---	---	solid	1
30659	C18H18N2O2	proquazone	22760-18-5	294.354	410.65	1	---	---	25	1.1754	2	---	---	---	solid	1
30660	C18H18N2O4S	2,5-bis(3,4-dimethoxyphenyl)-1,3,4-thiadia	49773-64-0	358.419	---	---	436.55	1	25	1.2929	2	---	---	---	---	---
30661	C18H18N2O6	5,8-dihydroxy-1,4-dihydroxyethylaminoanth	3179-90-6	358.351	---	---	446.65	1	25	1.3131	2	---	---	---	---	---
30662	C18H18N3O4P	triaminophenyl phosphate	4232-84-2	371.334	---	---	432.65	1	---	---	---	---	---	---	---	---
30663	C18H18N4	5-((p-(dimethylamino)phenyl)azo)-7-methyl	17400-65-6	290.369	---	---	469.40	2	25	1.1723	2	---	---	---	---	---
30664	C18H18N4	5-((p-(dimethylamino)phenyl)azo)quinaldin	17416-18-1	290.369	---	---	469.40	2	25	1.1723	2	---	---	---	---	---
30665	C18H18N4	5-((4-(dimethylamino)-m-tolyl)azo)quinoline	17400-68-9	290.369	---	---	469.40	2	25	1.1723	2	---	---	---	---	---
30666	C18H18N4	5-((4-(dimethylamino)-o-tolyl)azo)quinoline	17416-21-6	290.369	---	---	439.15	1	25	1.1723	2	---	---	---	---	---
30667	C18H18N4	3'-methyl-5'-(p-dimethylaminophenylazo)qu	17400-69-0	290.369	---	---	499.65	1	25	1.1723	2	---	---	---	---	---
30668	C18H18N4	6'-methyl-5'-(p-dimethylaminophenylazo)qu	17400-70-3	290.369	---	---	469.40	2	25	1.1723	2	---	---	---	---	---
30669	C18H18N4	8'-methyl-5'-(p-dimethylaminophenylazo)qu	17416-20-5	290.369	---	---	469.40	2	25	1.1723	2	---	---	---	---	---
30670	C18H18N4O4S2	(2-mercaptocarbamoyl)di-acetanilide	5428-95-5	418.499	421.15	1	---	---	25	1.3890	2	---	---	---	solid	1
30671	C18H18N6O5S2	antibiotic BL-640	51627-14-6	462.512	---	---	436.15	1	25	1.4664	2	---	---	---	---	---
30672	C18H18N6O5S2	cephamandole	34444-01-4	462.512	---	---	436.15	2	25	1.4664	2	---	---	---	---	---
30673	C18H18O2	dienestrol	84-17-3	266.340	500.65	1	545.15	2	25	1.1009	2	---	---	---	solid	1
30674	C18H18O2	3-hydroxyestra-1,3,5,7,9-pentaen-17-one	517-09-9	266.340	531.65	1	545.15	2	25	1.1009	2	---	---	---	solid	1
30675	C18H18O2	9,10-diethoxyanthracene	68818-86-0	266.340	422.15	1	545.15	2	25	1.1009	2	---	---	---	solid	1
30676	C18H18O2	(E,E)-dienestrol	13029-44-2	266.340	500.65	1	545.15	1	25	1.1009	2	---	---	---	solid	1
30677	C18H18O2	3-phenylpropyl cinnamate	122-68-9	266.340	---	---	545.15	2	25	1.1009	2	---	---	---	---	---
30678	C18H18O3	4-allyl-2-methoxyphenylphenylacetate	10402-33-2	282.339	---	---	444.65	1	25	1.1405	2	---	---	---	---	---
30679	C18H18O3	3,4-bis(p-methoxyphenyl)-3-buten-2-one	56622-38-9	282.339	---	---	419.45	1	25	1.1405	2	---	---	---	---	---
30680	C18H18O4	dibenzyl succinate	103-43-5	298.339	322.65	1	---	---	25	1.2560	1	---	1.5960	1	solid	1
30681	C18H18O5	diethylene glycol dibenzoate	120-55-8	314.338	306.65	1	---	---	15	1.1690	1	---	---	---	solid	1
30682	C18H18O6	dibenzyl tartrate	622-00-4	330.337	323.15	1	2377.65	2	72	1.2036	1	---	---	---	solid	1
30683	C18H18O6	triallyl 1,3,5-benzenetricarboxylate	17832-16-5	330.337	305.65	1	2377.65	2	49	1.1823	2	---	---	---	solid	1
30684	C18H18O6	triallyl trimellitate	2694-54-4	330.337	---	---	2377.65	1	25	1.1610	1	---	1.5250	1	---	---
30685	C18H18O6	succinic acid, (4-ethoxy-1-napthylcarbonyl	60634-59-5	330.337	---	---	2377.65	2	49	1.1823	2	---	---	---	---	---
30686	C18H18O12	benzenehexacarboxylic acid, hexamethyl e	6237-59-8	426.334	463.70	1	---	---	25	1.4302	2	---	---	---	solid	1
30687	C18H19ClN4	clozapine	5786-21-0	326.829	456.65	1	---	---	25	1.2132	2	---	---	---	solid	1
30688	C18H19Cl2N3O2	o-(4-bis(b-chloroethyl)amino-o-tolylazo)be	4213-40-5	380.274	---	---	420.65	1	25	1.2953	2	---	---	---	---	---
30689	C18H19F2NO5	ryodipine	71653-63-9	367.350	430.15	1	---	---	25	1.2786	2	---	---	---	solid	1
30690	C18H19F3N2S	triflupromazine	146-54-3	352.424	---	---	---	---	25	1.2198	2	---	---	---	---	---
30691	C18H19N	4'-pentyl-4-biphenylcarbonitrile	40817-08-1	249.356	295.75	1	---	---	25	1.0080	1	---	1.5320	1	---	---
30692	C18H19N	3,3-diphenyl-2-ethyl-1-pyrroline	53067-74-6	249.356	---	---	---	---	25	1.0413	2	---	---	---	---	---
30693	C18H19NO2	apocodeine	641-36-1	281.355	396.65	1	---	---	25	1.1223	2	---	---	---	solid	1
30694	C18H19NO2	2-(3-benzoylphenyl)-N,N-dimethylpropiona	59512-21-9	281.355	---	---	---	---	25	1.1223	2	---	---	---	---	---
30695	C18H19NO2	3-methoxy-4-pyrrolidinylmethyldibenzofura	42840-17-5	281.355	---	---	---	---	25	1.1223	2	---	---	---	---	---
30696	C18H19NO3	tsuduranine	517-97-5	297.354	477.15	1	---	---	25	1.1601	2	---	---	---	solid	1
30697	C18H19NO4	hydroxycodeinone	508-54-3	313.353	548.15	dec	---	---	25	1.1964	2	---	---	---	solid	1
30698	C18H19NO4	N-benzoyl-L-tyrosine ethylester	3483-82-7	313.353	392.65	1	---	---	25	1.1964	2	---	---	---	solid	1
30699	C18H19NO4	coumarin 314	55804-66-5	313.353	415.15	1	---	---	25	1.1964	2	---	---	---	solid	1
30700	C18H19NO4	laurolitsine	5890-18-6	313.353	412.15	1	---	---	25	1.1964	2	---	---	---	solid	1
30701	C18H19N3	3-(o-butylphenyl)-5-phenyl-S-triazole	85303-88-4	277.370	---	---	513.15	1	25	1.1186	2	---	---	---	---	---
30702	C18H19N3O	N-(2-(dimethylamino)ethyl)-1-acridinecarb	106626-55-5	293.369	---	---	494.65	2	25	1.1569	2	---	---	---	---	---
30703	C18H19N3O	5-(m-ethoxyphenyl)-3-(o-ethylphenyl)-S-tri	85303-98-6	293.369	---	---	494.65	1	25	1.1569	2	---	---	---	---	---
30704	C18H19N3O	ondansetron	99614-02-5	293.369	---	---	494.65	2	25	1.1569	2	---	---	---	---	---
30705	C18H19N3O2	N-acetyl-N-(2-methyl-4-((2-methylphenyl)a	83-63-6	309.369	338.15	1	---	---	25	1.1936	2	---	---	---	solid	1
30706	C18H19N3O3	2'-methoxy-4'-allylphenyl 4-guanidinobenz	89022-12-8	325.368	---	---	483.15	1	25	1.2287	2	---	---	---	---	---
30707	C18H19N3O3	4'-succinylamino-2,3'-dimethylazobenzol	63042-13-7	325.368	---	---	465.45	1	25	1.2287	2	---	---	---	---	---
30708	C18H19N3O4	3,5-bis(3,4-dimethoxyphenyl)-1H-1,2,4-tria	107572-59-8	341.367	---	---	---	---	25	1.2624	2	---	---	---	---	---
30709	C18H19N3O5	morpholino-thalidomide	10329-95-0	357.367	---	---	---	---	25	1.2946	2	---	---	---	---	---
30710	C18H19N3O6S	cefaloglycin	3577-01-3	405.432	509.65	dec	490.55	1	25	1.3641	2	---	---	---	solid	1
30711	C18H19O2	b-estra-1,3,5,7,9-pentane-3,17-diol	1423-97-8	267.348	---	---	---	---	25	1.0848	2	---	---	---	---	---
30712	C18H19O2	a-estra-1,3,5,7,9-pentane-3,17-diol	6639-99-2	267.348	489.15	1	---	---	25	1.0848	2	---	---	---	solid	1
30713	C18H20	2,3-dihydro-1,1,3-trimethyl-3-phenyl-1H-in	3910-35-8	236.357	325.65	1	581.65	1	20	1.0009	1	20	1.5681	1	solid	1
30714	C18H20	1,1-diphenyl-1-hexene	1530-19-4	236.357	261.01	2	594.95	1	25	0.9674	1	25	1.5704	1	liquid	1
30715	C18H20	2,4-diphenyl-4-methyl-1-pentene	6362-80-7	236.357	261.01	2	614.00	2	25	0.9900	1	---	1.5690	1	liquid	2
30716	C18H20BrNO	dihydro-N,N-dimethyl-3,3-diphenyl-2(3H)-f	---	346.267	446.75	1	---	---	25	1.2852	2	---	---	---	solid	1
30717	C18H20ClN2	N-(9-acridinyl)-N'-(2-chloroethyl)-1,3-propa	72667-36-8	299.823	---	---	---	---	25	1.1297	2	---	---	---	---	---
30718	C18H20ClN3O	clodazone	4755-59-3	329.830	---	---	474.65	1	25	1.1982	2	---	---	---	---	---
30719	C18H20FN3O4	ofloxacin	82419-36-1	361.374	526.65	dec	446.05	1	25	1.2688	2	---	---	---	solid	1
30720	C18H20NO3PS	diethyl-4-(benzothiazol-2-yl)benzylphosph	75889-62-2	361.402	369.65	1	---	---	---	---	---	---	---	---	solid	1

Table 1 Physical Properties - Organic Compounds

				Mol Wt	Freezing Point		Boiling Point		Density			Refractive Index			State	
NO	FORMULA	NAME	CAS No	g/mol	T_F, K	code	T_B, K	code	T, C	g/cm3	code	T, C	n_D	code	@25C,1 atm	code
30721	C18H20N2	mianserine	24219-97-4	264.371	---	---	---	---	25	1.0651	2	---	---	---	---	---
30722	C18H20Cl2	perthane	72-56-0	307.262	329.15	1	---	---	25	1.1210	2	---	---	---	solid	1
30723	C18H20Cl2N4O	10-((2-chloroethylamino)propylamino)-2-m	36167-69-8	379.289	---	---	---	---	25	1.2783	2	---	---	---	---	---
30724	C18H20N2O2	4,4'-bis(dimethylamino)benzil	17078-27-2	296.370	475.15	1	---	---	25	1.1423	2	---	---	---	solid	1
30725	C18H20N2O2	ethyl 4-[[(ethylphenylamino)methylene]ami	65816-20-8	296.370	336.65	1	---	---	25	1.1423	2	---	---	---	solid	1
30726	C18H20N2O2	3,3'-dimethyl-N,N'-diacetylbenzidine	3546-11-0	296.370	---	---	---	---	25	1.1423	2	---	---	---	---	---
30727	C18H20N2O2	4-morpholinocarbonyl-2,3-tetramethyleneq	7157-29-1	296.370	---	---	---	---	25	1.1423	2	---	---	---	---	---
30728	C18H20N2O6	syringaldazine	14414-32-5	360.367	484.15	1	498.15	2	25	1.2783	2	---	---	---	solid	1
30729	C18H20N2O6	ethylenediamine-di(o-hydroxyphenyl)acetic	1170-02-1	360.367	---	---	498.15	2	25	1.2783	2	---	---	---	---	---
30730	C18H20N2O6	ethyl methyl 1,4-dihydro-2,6-dimethyl-4-(m	39562-70-4	360.367	431.65	1	498.15	1	25	1.2783	2	---	---	---	solid	1
30731	C18H20N2S	10-((1-methyl-3-pyrrolidinyl)methyl)-phenot	1982-37-2	296.437	---	---	---	---	25	1.1238	2	---	---	---	---	---
30732	C18H20N2S	parathiazine	84-08-2	296.437	---	---	---	---	25	1.1238	2	---	---	---	---	---
30733	C18H20N2S4	N,N-diethyl-N,N-diphenylthiuramdisulfide	41365-24-6	392.635	---	---	---	---	25	1.2647	2	---	---	---	---	---
30734	C18H20N2S4Zn	zinc ethylphenylthiocarbamate	14634-93-6	458.025	---	---	---	---	---	---	---	---	---	---	---	---
30735	C18H20N4O2	N,N'-dimethyl-4,4'-azodiacetanilide	35077-51-1	324.384	---	---	437.15	2	25	1.2106	2	---	---	---	---	---
30736	C18H20N4O2	1-nitro-9-(3'-dimethylaminopropylamino)-ac	4533-39-5	324.384	407.65	1	437.15	2	25	1.2106	2	---	---	---	solid	1
30737	C18H20N4O2	3-nitro-9-(3'-dimethylaminopropylamino)ac	6237-24-7	324.384	---	---	437.15	1	25	1.2106	2	---	---	---	---	---
30738	C18H20O2	diethylstilbestrol	56-53-1	268.356	443.65	1	---	---	25	1.0155	2	---	---	---	solid	1
30739	C18H20O2	3-hydroxyestra-1,3,5(10),7-tetraen-17-one	474-86-2	268.356	512.15	1	---	---	25	1.0155	2	---	---	---	solid	1
30740	C18H20O2	benzoin isobutyl ether	22499-12-3	268.356	---	---	---	---	25	0.9850	1	---	1.5490	1	---	---
30741	C18H20O2	bisphenol Z	843-55-0	268.356	462.65	1	---	---	25	1.0155	2	---	---	---	solid	1
30742	C18H20O2	cis-1,4-dibenzyloxy-2-butene	68972-96-3	268.356	---	---	---	---	25	1.0460	1	---	1.5510	1	---	---
30743	C18H20O3	3,4-bis(p-hydroxyphenyl)-2-hexanone	101564-54-9	284.355	---	---	439.40	2	25	1.1083	2	---	---	---	---	---
30744	C18H20O3	diethylstilboestrol-3,4-oxide	6052-82-0	284.355	---	---	439.40	1	25	1.1083	2	---	---	---	---	---
30745	C18H20O4	diofenolan	63837-33-2	300.354	298.15	1	523.15	1	25	1.1456	2	---	---	---	---	---
30746	C18H20O5	dibenzo-15-crown-5	14262-60-3	316.354	385.15	1	---	---	25	1.1813	2	---	---	---	solid	1
30747	C18H20O7	4,4'(5')-dihydroxydibenzo-15-crown-5	---	348.353	385.15	1	---	---	25	1.2484	2	---	---	---	solid	1
30748	C18H20Si	diallyl-diphenylsilane	10519-88-7	264.442	---	---	---	---	25	0.9930	1	---	1.5740	1	---	---
30749	C18H21ClN2	chlorcyclizine	82-93-9	300.831	298.15	1	414.15	1	25	1.1145	2	---	---	---	---	---
30750	C18H21ClN4O9	rfcnu	55102-44-8	472.840	374.65	1	397.65	1	25	1.4374	2	---	---	---	solid	1
30751	C18H21N	N,N-diethyl-4-stilbenamine	40193-47-3	251.372	---	---	---	---	25	1.0117	2	---	---	---	---	---
30752	C18H21N	4-diphenylmethylpiperidine	19841-73-7	251.372	---	---	---	---	25	1.0117	2	---	---	---	---	---
30753	C18H21NO	alpha,alpha-diphenyl-2-piperidinemethanol	467-60-7	267.371	---	---	448.15	2	25	1.0523	2	---	---	---	---	---
30754	C18H21NO	a,a-diphenyl-4-piperidinomethanol	115-46-8	267.371	434.65	1	448.15	2	25	1.0523	2	---	---	---	solid	1
30755	C18H21NO	N-(4-methoxybenzylidene)-4-butylaniline	26227-73-6	267.371	294.25	1	448.15	1	25	1.0270	1	---	1.5500	1	liquid	1
30756	C18H21NO	N-pivaloyl-o-benzylaniline	85864-33-1	267.371	361.15	1	448.15	2	25	1.0523	2	---	---	---	solid	1
30757	C18H21NO	1-((4-methoxy(1,1'-biphenyl)-3-yl)methyl)py	66839-98-3	267.371	---	---	448.15	2	25	1.0523	2	---	---	---	---	---
30758	C18H21NO3	codeine	76-57-3	299.370	430.65	1	---	---	25	1.3200	1	---	---	---	solid	1
30759	C18H21NO3	hydrocodone	125-29-1	299.370	471.15	1	---	---	53	1.3050	2	---	---	---	solid	1
30760	C18H21NO3	6-isocodeine	509-64-8	299.370	444.65	1	---	---	53	1.3050	2	---	1.6750	1	solid	1
30761	C18H21NO3	neopine	467-14-1	299.370	400.65	1	---	---	53	1.3050	2	---	---	---	solid	1
30762	C18H21NO3	pseudocodeine	466-96-6	299.370	454.65	1	---	---	80	1.2900	1	---	1.5740	1	solid	1
30763	C18H21NO3	thebainone	467-98-1	299.370	424.65	1	---	---	53	1.3050	2	---	---	---	solid	1
30764	C18H21NO4	(S)-N-boc-1-naphthylalanine	55447-00-2	315.369	---	---	---	---	25	1.1640	2	---	---	---	---	---
30765	C18H21NO4	(S)-N-boc-2-naphthylalanine	58438-04-3	315.369	368.15	1	---	---	25	1.1640	2	---	---	---	solid	1
30766	C18H21NO4	(R)-N-boc-1-naphthylalanine	76932-48-4	315.369	418.15	1	---	---	25	1.1640	2	---	---	---	solid	1
30767	C18H21NO4	(R)-N-boc-2-naphthylalanine	76985-10-9	315.369	363.15	1	---	---	25	1.1640	2	---	---	---	solid	1
30768	C18H21NO4	percodan	76-42-6	315.369	492.15	1	---	---	25	1.1640	2	---	---	---	solid	1
30769	C18H21NO5	7,8-didehydro-4,5a-epoxy-14-hydroxy-3-m	19763-77-0	331.369	---	---	---	---	25	1.1982	2	---	---	---	---	---
30770	C18H21NO8	4-methylumbelliferyl-N-acetyl-b-D-glucosar	37067-30-4	379.367	482.15	1	---	---	25	1.2930	2	---	---	---	solid	1
30771	C18H21N3	4'-ethyl-4-N-pyrrolidinylazobenzene	75236-19-0	279.386	---	---	---	---	25	1.0872	2	---	---	---	---	---
30772	C18H21N3O	dibenzepin	4498-32-2	295.385	389.65	1	385.65	1	25	1.1249	2	---	---	---	solid	1
30773	C18H21N3O	D-lysergic acid dimethylamide	4238-84-0	295.385	---	---	385.65	2	25	1.1249	2	---	---	---	---	---
30774	C18H21N3O	lysergic acid ethylamide	478-99-9	295.385	---	---	385.65	2	25	1.1249	2	---	---	---	---	---
30775	C18H21N3O2	1-(2-keto-2-(3'-pyridyl)ethyl)-4-(2'-methoxy	58013-14-2	311.385	---	---	---	---	25	1.1610	2	---	---	---	---	---
30776	C18H21N3O4	ethodin	1837-57-6	343.383	508.15	1	---	---	25	1.2289	2	---	---	---	solid	1
30777	C18H22	2,2',4,4',6,6'-hexamethyl-1,1'-biphenyl	4482-03-5	238.373	376.65	1	570.15	1	50	1.0230	1	---	---	---	solid	1
30778	C18H22	1,1-diphenylhexane	1530-04-7	238.373	261.61	1	594.18	1	25	0.9528	1	25	1.5428	1	liquid	1
30779	C18H22	2,3-dimethyl-2,3-diphenylbutane	1889-67-4	238.373	392.15	1	589.00	1	33	0.9859	2	---	---	---	solid	1
30780	C18H22	1,1-bis(3,4-dimethylphenyl)ethane	1742-14-9	238.373	---	---	593.05	2	25	0.9820	1	---	1.5640	1	---	---
30781	C18H22	1,1'-(1,6-hexanediyl)bisbenzene	1087-49-6	238.373	270.70	1	618.85	1	33	0.9859	2	---	---	---	liquid	1
30782	C18H22	4-hexylbiphenyl	59662-31-6	238.373	304.10	1	593.05	2	33	0.9859	2	---	---	---	solid	1
30783	C18H22ClNO	N-phenoxyisopropyl-N-benzyl-b-chloroethy	59-96-1	303.832	316.65	1	---	---	25	1.1017	2	---	---	---	solid	1
30784	C18H22ClN3O5	oxazine 4 perchlorate	41830-81-3	395.843	---	---	---	---	25	1.2905	2	---	---	---	---	---
30785	C18H22ClN3S	new methylene blue N	1934-16-3	347.912	---	---	---	---	25	1.1824	2	---	---	---	---	---
30786	C18H22ClO3	benzacine hydrochloride	71-79-4	321.823	460.15	1	---	---	25	1.1381	2	---	---	---	solid	1
30787	C18H22Cl3O6P	3-chloro-7-hydroxy-4-methylcoumarin bis(4	14745-61-0	471.701	---	---	---	---	---	---	---	---	---	---	---	---
30788	C18H22D2O2	2,4-dideuterioestradiol	53866-33-4	274.399	---	---	---	---	---	---	---	---	---	---	---	---
30789	C18H22FNO5	1-((4-fluorophenyl)methyl)-5-oxo-L-proline	59749-40-5	351.375	---	---	---	---	25	1.2077	2	---	---	---	---	---
30790	C18H22I3N3O8	metrizamide	31112-62-6	789.102	496.15	1	---	---	25	2.0128	2	---	---	---	solid	1
30791	C18H22N2	N,N'-di(a-methylbenzyl)ethylenediamine	6280-75-7	266.387	---	---	---	---	25	1.0356	2	---	---	---	---	---
30792	C18H22N2	dimethylimipramine	50-47-5	266.387	---	---	---	---	25	1.0356	2	---	---	---	---	---
30793	C18H22N2	emoquil	82-92-8	266.387	379.65	1	---	---	25	1.0356	2	---	---	---	solid	1
30794	C18H22N2	N-phenyl-N'-cyclohexyl-p-phenylenediamir	101-87-1	266.387	---	---	---	---	25	1.0356	2	---	---	---	---	---
30795	C18H22N2O	N,N-diethyl-1,2,3,4-tetrahydroacridine-9-ca	7101-57-7	282.386	---	---	389.15	1	25	1.0743	2	---	---	---	---	---
30796	C18H22N2O	(3,5-di-tert-butyl-4-hydroxybenzylidene)ma	10537-47-0	282.386	413.65	1	382.15	1	25	1.0743	2	---	---	---	solid	1
30797	C18H22N2OS	2-methoxypromazine	61-01-8	314.452	319.15	1	---	---	25	1.1295	2	---	---	---	solid	1
30798	C18H22N2O2	N,N'-bis(p-ethoxyphenyl)acetamidine	101-93-9	298.385	390.15	1	398.95	1	25	1.1115	2	---	---	---	solid	1
30799	C18H22N2O2S	alimemazine-S,S-dioxide	3689-50-7	330.451	388.15	1	372.35	1	25	1.1635	2	---	---	---	solid	1
30800	C18H22N2O2S	pyributicarb	88678-67-5	330.451	---	---	372.35	2	25	1.1635	2	---	---	---	---	---

Table 1 Physical Properties - Organic Compounds

				Mol Wt	Freezing Point		Boiling Point		Density			Refractive Index			State	
NO	FORMULA	NAME	CAS No	g/mol	T_F, K	code	T_B, K	code	T, C	g/cm3	code	T, C	n_D	code	@25C,1 atm	code
30801	C18H22N2O3	N'-4-(4-methylphenethyloxy)phenyl-N-meth	68358-79-2	314.385	---	---	---	---	25	1.1471	2	---	---	---	---	---
30802	C18H22N2S	N,N-diethyl-10H-phenonhiazine-10-ethana	60-91-3	298.453	---	---	---	---	25	1.0941	2	---	---	---	---	---
30803	C18H22N2S	alimemazine	84-96-8	298.453	341.15	1	---	---	25	1.0941	2	---	---	---	solid	1
30804	C18H22N4O2	azidocodeine	22958-08-3	326.399	---	---	---	---	25	1.1785	2	---	---	---	---	---
30805	C18H22N4O4	1-(2-pyrimidyl)-4-(trimethoxybenzoyl)pipera	67479-04-3	358.398	---	---	---	---	25	1.2436	2	---	---	---	---	---
30806	C18H22O2	dicumyl peroxide	80-43-3	270.371	311.15	1	669.00	1	25	1.0400	2	---	---	---	solid	1
30807	C18H22O2	estrone	53-16-7	270.371	533.35	1	669.00	2	25	1.2360	1	---	---	---	solid	1
30808	C18H22O2	hexestrol	84-16-2	270.371	459.65	1	669.00	2	25	1.0400	2	---	---	---	solid	1
30809	C18H22O2	8-isoestrone	517-06-6	270.371	527.15	1	669.00	2	25	1.0400	2	---	---	---	solid	1
30810	C18H22O2	hydroxymethyl 1-phenyl-3-adamantyl ketor	73599-93-6	270.371	---	---	669.00	2	25	1.0400	2	---	---	---	---	---
30811	C18H22O2	5,7,11,13-octadecatetrayne-1,18-diol	76379-67-4	270.371	---	---	669.00	2	25	1.0400	2	---	---	---	---	---
30812	C18H22O3	prothrin	23031-38-1	286.371	---	---	---	---	25	1.0783	2	---	---	---	---	---
30813	C18H22O4	nordihydroguaiaretic acid	500-38-9	302.370	458.65	1	---	---	25	1.1150	2	---	---	---	solid	1
30814	C18H22O4	4,4'-(1,2-diethylethylene)diresorcinol	85720-47-4	302.370	---	---	---	---	25	1.1150	2	---	---	---	---	---
30815	C18H22O5	zearalenone	17924-92-4	318.370	437.65	1	---	---	25	1.1501	2	---	---	---	solid	1
30816	C18H22O8P2	a,a'-diethyl-(E)-4,4'-stilbenediol bis(dihydro	522-40-7	428.316	523.65	1	---	---	---	---	---	---	---	---	solid	1
30817	C18H23ClN2	cyclizine hydrochloride	303-25-3	302.847	558.15	dec	---	---	25	1.0858	2	---	---	---	solid	1
30818	C18H23ClN2O2	N,N'-bis(4-ethoxyphenyl)ethanimidamide m	620-99-5	334.846	464.15	1	---	---	25	1.1540	2	---	---	---	solid	1
30819	C18H23ClSi	biphenyldiisopropylsilyl chloride	---	302.918	---	---	---	---	---	---	---	---	---	---	---	---
30820	C18H23FO2	4-fluoroestradiol	1881-37-4	290.378	463.40	1	---	---	25	1.0584	2	---	---	---	solid	1
30821	C18H23HgNO2S	methyl(5-isopropyl-N-(p-tolyl)-o-toluenesul	63869-07-8	518.042	---	---	---	---	---	---	---	---	---	---	---	---
30822	C18H23NO	orphenadrine	83-98-7	269.387	298.15	1	468.15	1	25	1.0239	2	---	---	---	---	---
30823	C18H23NO	N,N-dimethyl-2-(a-methyl-a-phenylbenzylo	3572-74-5	269.387	---	---	468.15	2	25	1.0239	2	---	---	---	---	---
30824	C18H23NO2	citral methylanthranilate, schiffs base	---	285.386	---	---	508.15	1	25	1.0620	2	---	---	---	---	---
30825	C18H23NO3	dihydrocodeine	125-28-0	301.386	385.65	1	---	---	25	1.0986	2	---	---	---	solid	1
30826	C18H23NO3	vasodilian	395-28-8	301.386	376.15	1	---	---	25	1.0986	2	---	---	---	solid	1
30827	C18H23NO4	denopamine	71771-90-9	317.385	408.15	1	---	---	25	1.1337	2	---	---	---	solid	1
30828	C18H23NO5	seneciphylline	480-81-9	333.385	490.65	dec	---	---	25	1.1675	2	---	---	---	solid	1
30829	C18H23NO6	riddelline	23246-96-0	349.384	470.65	dec	---	---	25	1.1999	2	---	---	---	solid	1
30830	C18H23N3	4'-n-butyl-4-dimethylaminoazobenzene	24596-39-2	281.402	---	---	---	---	25	1.0580	2	---	---	---	---	---
30831	C18H23N3	4'-tert-butyl-4-dimethylaminoazobenzene	24596-41-6	281.402	---	---	---	---	25	1.0580	2	---	---	---	---	---
30832	C18H23N3	3',4'-diethyl-4-dimethylaminoazobenzene	17010-64-9	281.402	---	---	---	---	25	1.0580	2	---	---	---	---	---
30833	C18H23N3	4'-ethyl-N,N-diethyl-p-(phenylazo)aniline	4928-41-0	281.402	---	---	---	---	25	1.0580	2	---	---	---	---	---
30834	C18H23N3O4	pefurazoate	101903-30-4	345.399	298.15	1	---	---	25	1.1975	2	---	---	---	---	---
30835	C18H23N5O	4-amino-N-(2-(4-(2-pyridinyl)-1-piperazinyl	30194-63-9	325.415	---	---	---	---	25	1.1618	2	---	---	---	---	---
30836	C18H24	1-octylnaphthalene	2876-51-9	240.389	271.15	1	625.15	1	25	0.9393	1	25	1.5506	1	liquid	1
30837	C18H24	2-octylnaphthalene	2876-44-0	240.389	285.15	1	628.15	1	25	0.9318	1	25	1.5486	1	liquid	1
30838	C18H24	2,6-bis(1,1-dimethylethyl)-naphthalene	3905-64-4	240.389	419.05	1	603.05	1	25	0.9356	2	---	---	---	solid	1
30839	C18H24	dodecahydrotriphenylene	1610-39-5	240.389	503.65	1	618.78	2	25	0.9356	2	---	---	---	solid	1
30840	C18H24ClN3O	4-chloro-N-((4-(1,1-dimethylethyl)phenyl)m	119168-77-3	333.861	---	---	---	---	25	1.1383	2	---	---	---	---	---
30841	C18H24I3N3O7	5-acetylamino-2,4,6-triiodo isophthalic acid	---	775.119	---	---	---	---	25	1.9601	2	---	---	---	---	---
30842	C18H24NO7P	codeine phosphate	52-28-8	397.365	500.65	dec	---	---	---	---	---	---	---	---	solid	1
30843	C18H24N2	santoflex 13	793-24-8	268.403	323.15	1	533.15	1	25	1.0081	2	---	---	---	solid	1
30844	C18H24N2O2	4,4'-(1,2-diethylethylene)bis(2-aminophen	66877-41-6	300.401	---	---	---	---	25	1.0826	2	---	---	---	---	---
30845	C18H24N2O4	N-(3-(1-ethyl-1-methylpropyl)-5-isoxazolyl)	82558-50-7	332.400	---	---	---	---	25	1.1514	2	---	---	---	---	---
30846	C18H24N2O6	dinocap	6119-92-2	364.399	---	---	---	---	25	1.2149	2	---	---	---	---	---
30847	C18H24N2O6	arathane	39300-45-3	364.399	---	---	---	---	25	1.2149	2	---	---	---	---	---
30848	C18H24N5O8P	cyclic AMP dibutyrate	362-74-3	469.393	---	---	---	---	---	---	---	---	---	---	---	---
30849	C18H24O	bakuchiol	10309-37-2	256.388	---	---	---	---	25	0.9735	2	---	---	---	---	---
30850	C18H24O2	estra-1,3,5(10)-triene-3,17-diol (17beta)-	50-28-2	272.387	451.65	1	---	---	25	1.0127	2	---	---	---	solid	1
30851	C18H24O2	estra-1,3,5(10)-triene-3,17-diol, (17alpha)	57-91-0	272.387	494.65	1	---	---	25	1.0127	2	---	---	---	solid	1
30852	C18H24O2	estra-1,3,5(10)-triene-3,17-diol, (8alpha,17	517-04-4	272.387	454.15	1	---	---	25	1.0127	2	---	---	---	solid	1
30853	C18H24O2	estra-5,7,9-triene-3,17-diol, (3beta,17beta)	517-07-7	272.387	441.65	1	---	---	25	1.0127	2	---	---	---	solid	1
30854	C18H24O2	geranyl phenylacetate	102-22-7	272.387	---	---	---	---	25	1.0127	2	---	---	---	---	---
30855	C18H24O2	linalyl phenylacetate	7143-69-3	272.387	---	---	---	---	25	1.0127	2	---	---	---	---	---
30856	C18H24O3	estra-1,3,5(10)-triene-3,16,17-triol, (16alph	50-27-1	288.387	561.15	dec	---	---	25	1.2700	1	---	---	---	solid	1
30857	C18H24O3	estra-1,3,5(10)-triene-3,16,17-triol, (16beta	547-81-9	288.387	563.15	1	---	---	25	1.0502	2	---	---	---	solid	1
30858	C18H24O3	doisynolic acid	482-49-5	288.387	---	---	---	---	25	1.0502	2	---	---	---	---	---
30859	C18H24O3	2-hydroxyestradiol	362-05-0	288.387	---	---	---	---	25	1.0502	2	---	---	---	---	---
30860	C18H24O3	4-hydroxyestradiol	5976-61-4	288.387	488.15	1	---	---	25	1.0502	2	---	---	---	solid	1
30861	C18H24O4	butyl cyclohexyl phthalate	84-64-0	304.386	298.15	1	478.65	1	25	1.0863	2	---	---	---	---	---
30862	C18H24O5	b-(2,4-dimethoxy-5-cyclohexylbenzoyl)prop	---	320.386	---	---	---	---	25	1.1209	2	---	---	---	---	---
30863	C18H24O6	butyl glycolyl butyl phthalate	85-70-1	336.385	298.15	1	618.15	1	25	1.0970	1	---	---	---	---	---
30864	C18H25BBr3KN6	hydrotris(3-isopropyl-4-bromopyrazol-1-yl)l	119009-98-2	615.060	378.15	1	---	---	---	---	---	---	---	---	solid	1
30865	C18H25NO	2-allyl-5-ethyl-2'-hydroxy-9-methyl-6,7-ben	6654-31-5	271.403	---	---	436.40	2	25	0.9974	2	---	---	---	---	---
30866	C18H25NO	cyclazocine	3572-80-3	271.403	475.65	1	415.15	1	25	0.9974	2	---	---	---	solid	1
30867	C18H25NO	dextromethorphan	125-71-3	271.403	---	---	436.40	2	25	0.9974	2	---	---	---	---	---
30868	C18H25NO	indolene	68527-79-7	271.403	---	---	457.65	1	25	0.9974	2	---	---	---	---	---
30869	C18H25NO	phenyl (1-piperidinocyclohexyl) ketone	13441-36-6	271.403	---	---	436.40	2	25	0.9974	2	---	---	---	---	---
30870	C18H25NO3	IIDQ	38428-14-7	303.402	---	---	---	---	25	1.0200	1	---	1.5230	1	---	---
30871	C18H25NO4	1-(2-ethyl-7-(2-hydroxy-3-((1-methylethyl)a	39544-02-0	319.401	---	---	---	---	25	1.1053	2	---	---	---	---	---
30872	C18H25NO5	aureine	130-01-8	335.401	505.65	1	---	---	25	1.1386	2	---	---	---	solid	1
30873	C18H25NO5	integerrimine	480-79-5	335.401	445.15	1	---	---	25	1.1386	2	---	---	---	solid	1
30874	C18H25NO6	jacobine	6870-67-3	351.400	501.15	1	449.90	1	25	1.1706	2	---	---	---	solid	1
30875	C18H25NO6	retrorsine	480-54-6	351.400	490.15	1	---	---	25	1.1706	2	---	---	---	solid	1
30876	C18H25NO7	retrorsine-N-oxide	15503-86-3	367.399	418.15	1	467.65	1	25	1.2014	2	---	---	---	solid	1
30877	C18H25N3	N-benzyl-4-cyano-4-(1-piperidino)-piperidi	---	283.418	377.15	1	---	---	25	1.0306	2	---	---	---	solid	1
30878	C18H26	1,4-dicyclohexylbenzene	1087-02-1	242.404	376.65	1	---	---	25	0.9087	2	---	---	---	solid	1
30879	C18H26ClN3	chloroquine	54-05-7	319.878	---	---	---	---	25	1.0781	2	---	---	---	---	---
30880	C18H26ClN3O	plaquenil	118-42-3	335.877	---	---	---	---	25	1.1110	2	---	---	---	---	---

Table 1 Physical Properties - Organic Compounds

				Mol Wt	Freezing Point		Boiling Point		Density			Refractive Index			State	
NO	FORMULA	NAME	CAS No	g/mol	T_F, K	code	T_B, K	code	T, C	g/cm3	code	T, C	n_D	code	@25C,1 atm	code
30881	C18H26I3N3O9	meglumine diatrizoate	131-49-7	809.133	---	---	---	---	25	1.9465	2	---	---	---	---	---
30882	C18H26N2	N-1-naphthyl-N,N',N'-triethylethylenediami	---	270.418	---	---	---	---	25	0.9824	2	---	---	---	---	---
30883	C18H26N2O4	binoside	6620-60-6	334.416	416.65	1	---	---	25	1.1233	2	---	---	---	solid	1
30884	C18H26N2O4S	glutril	26944-48-9	366.482	466.65	1	---	---	25	1.1698	2	---	---	---	solid	1
30885	C18H26N2O5S	furathiocarb	65907-30-4	382.481	---	---	470.15	1	25	1.1994	2	---	---	---	---	---
30886	C18H26N4O	1-benzyl-3-methyl-5-(2-(4-methyl-1-piperaz	15090-12-7	314.432	---	---	---	---	25	1.0866	2	---	---	---	---	---
30887	C18H26N4O4	N,N-dimethyl-p-phenylenediamine oxalate	62778-12-5	362.430	473.15	1	---	---	25	1.1836	2	---	---	---	solid	1
30888	C18H26N10O3	netropsin	1438-30-8	430.473	---	---	---	---	25	1.3201	2	---	---	---	---	---
30889	C18H26O	acetyl ethyl tetramethyl tetralin	88-29-9	258.404	319.65	1	---	---	25	0.9487	2	---	---	---	solid	1
30890	C18H26O	galoxolide	1222-05-5	258.404	---	---	---	---	25	0.9487	2	---	---	---	---	---
30891	C18H26O2	cinmethylin	87818-31-3	274.403	298.15	1	586.15	1	25	0.9871	2	---	---	---	---	---
30892	C18H26O2	(R,S)-(E)-1-ethynyl-2-methyl-2-pentenyl(1F	54406-48-3	274.403	298.15	1	568.65	1	25	0.9871	2	---	---	---	---	---
30893	C18H26O2	citronellyl phenylacetate	139-70-8	274.403	---	---	538.13	2	25	0.9871	2	---	---	---	---	---
30894	C18H26O2	(-)-menthyl phenylacetate	26171-78-8	274.403	---	---	516.25	1	25	0.9871	2	---	---	---	---	---
30895	C18H26O2	nortestonate	434-22-0	274.403	385.15	1	481.45	1	25	0.9871	2	---	---	---	solid	1
30896	C18H26O3	2-ethylhexyl 4-methoxycinnamate	5466-77-3	290.403	---	---	471.15	1	25	1.0070	1	---	---	---	---	---
30897	C18H26O3	2-ethylhexyl trans-4-methoxycinnamate	83834-59-7	290.403	---	---	471.15	2	25	1.0110	1	---	1.5450	1	---	---
30898	C18H26O4	diisopentyl phthalate	605-50-5	306.402	---	---	607.15	dec	16	1.0209	1	20	1.4871	1	---	---
30899	C18H26O4	dipentyl phthalate	131-18-0	306.402	---	---	607.15	2	25	1.0594	2	---	---	---	---	---
30900	C18H26O5	zeranol	26538-44-3	322.401	456.15	1	---	---	25	1.0935	2	---	---	---	solid	1
30901	C18H26O6	2,3:5,6-di-O-cyclohexylidene-D-mannolact	---	338.401	384.65	1	---	---	25	1.1263	2	---	---	---	solid	1
30902	C18H26O6	trimethylolpropane trimethacrylate	3290-92-4	338.401	263.25	1	---	---	25	0.9700	1	---	1.4700	1	---	---
30903	C18H26O6	4-vinylbenzo-18-crown-6	39557-71-6	338.401	331.65	1	---	---	25	1.1263	2	---	---	---	solid	1
30904	C18H26O7	anguidin	2270-40-8	354.400	434.65	1	---	---	25	1.1579	2	---	---	---	solid	1
30905	C18H26O8	neosolaniol	36519-25-2	370.400	444.65	1	---	---	25	1.1884	2	---	---	---	solid	1
30906	C18H27ClO2	2,4-di-2-amylphenoxyacetyl chloride	63990-57-8	310.864	---	---	462.15	1	25	1.0373	2	---	---	---	---	---
30907	C18H27NO2	(±)-1-(2-(1-cyclopenten-1-yl)phenoxy)-3-((1	121010-10-4	289.418	---	---	503.75	1	25	1.0093	2	---	---	---	---	---
30908	C18H27NO3	capsaicin	404-86-4	305.418	338.15	1	---	---	25	1.0447	2	---	---	---	solid	1
30909	C18H27NO3	2-(2-(dimethylamino)ethoxy)ethyl-1-phenyl	13877-99-1	305.418	---	---	---	---	25	1.0447	2	---	---	---	---	---
30910	C18H27NO4	diethyl 3,3'-(phenethylimino)dipropionate	57958-47-1	321.417	---	---	---	---	25	1.0320	1	---	1.4950	1	---	---
30911	C18H27NO5	propanidid	1421-14-3	337.416	---	---	---	---	25	1.1114	2	---	---	---	---	---
30912	C18H27N3O	N-(6-methoxy-8-quinolinyl)-N'-isopropyl-1,5	86-78-2	301.433	---	---	---	---	25	1.0408	2	25	1.5785	1	---	---
30913	C18H28	1-octyl-[1,2,3,4-tetrahydronaphthalene]	29138-91-8	244.420	311.19	2	608.15	1	25	0.8863	2	---	---	---	solid	2
30914	C18H28	2-octyl-[1,2,3,4-tetrahydronaphthalene]	66553-10-4	244.420	311.19	2	612.15	1	25	0.8863	2	---	---	---	solid	2
30915	C18H28BrNO3	4-(2-(5-bromo-2-pentyloxybenzyloxy)ethyl)	---	386.330	---	---	---	---	25	1.2198	2	---	---	---	---	---
30916	C18H28F6N6OP2	PYBOP	128625-52-5	520.401	425.65	1	---	---	---	---	---	---	---	---	solid	1
30917	C18H28N2	N,N'-dicyclohexyl-1,4-benzenediamine	4175-38-6	272.434	---	---	---	---	25	0.9584	2	---	---	---	---	---
30918	C18H28N2O	d(+)-bupivacaine	27262-45-9	288.434	---	---	483.90	2	25	0.9950	2	---	---	---	---	---
30919	C18H28N2O	l(-)-bupivacaine	27262-47-1	288.434	---	---	534.15	1	25	0.9950	2	---	---	---	---	---
30920	C18H28N2O	1-butyl-2',6'-pipecoloxylidide	2180-92-9	288.434	---	---	433.65	1	25	0.9950	2	---	---	---	---	---
30921	C18H28N2O4	acebutolol	37517-30-9	336.432	394.15	1	---	---	25	1.0968	2	---	---	---	solid	1
30922	C18H28N2O4S	dextroamphetamine sulfate	51-63-8	368.498	>573	1	---	---	25	1.1500	1	---	---	---	solid	1
30923	C18H28N2O5	(2S,4S)-N-boc-4-hydroxypiperidine-2-carb	---	352.431	---	---	---	---	25	1.1283	2	---	---	---	---	---
30924	C18H28O	1-phenyl-1-dodecanone	1674-38-0	260.420	320.15	1	---	---	18	0.8794	1	18	1.4700	1	solid	1
30925	C18H28O2	phenyl laurate	4228-00-6	276.419	297.65	1	508.85	2	30	0.9354	1	---	---	---	liquid	2
30926	C18H28O2	4'-decyloxyacetophenone	18099-59-7	276.419	309.15	1	508.85	2	25	0.9631	2	---	---	---	solid	1
30927	C18H28O2	kinoprene	42588-37-4	276.419	298.15	1	508.85	2	25	0.9631	2	---	---	---	---	---
30928	C18H28O2	carvacryl 2-propylvalerate	30129-30-7	276.419	---	---	508.85	2	25	0.9631	2	---	---	---	---	---
30929	C18H28O2	2-propynyl(2E,4E)-3,7,11-trimethyl-2,4-doc	37882-31-8	276.419	---	---	528.55	1	25	0.9631	2	---	---	---	---	---
30930	C18H28O2	2-propylvaleric acid thymyl ester	30129-29-4	276.419	---	---	489.15	1	25	0.9631	2	---	---	---	---	---
30931	C18H28O2Si3	3,3-diphenylhexamethyltrisiloxane	797-77-3	360.674	---	---	---	---	25	0.9800	1	---	1.4915	1	---	---
30932	C18H28O3	4-undecyloxybenzoic acid	15872-44-3	292.419	---	---	---	---	25	0.9993	2	---	---	---	---	---
30933	C18H28O3S	piperonyl sulfoxide	120-62-7	324.485	---	---	---	---	25	1.0750	1	---	---	---	---	---
30934	C18H28O4Si4	cisobitan	33204-76-1	420.758	---	---	---	---	---	---	---	---	---	---	---	---
30935	C18H28O4Si4	2,6-diphenyl-2,4,6,6,8,8-hexamethylcyclote	4657-20-9	420.758	---	---	---	---	---	---	---	---	---	---	---	---
30936	C18H28O6	1,2:5,6-di-O-cyclohexylidene-a-D-glucofura	23397-76-4	340.417	405.15	1	---	---	25	1.1000	2	---	---	---	solid	1
30937	C18H28O6	2,3:5,6-di-O-cyclohexylidene-a-D-mannofu	61489-23-4	340.417	395.15	1	---	---	25	1.1000	2	---	---	---	solid	1
30938	C18H28O8Sn	bis(methoxymaleoyloxy)dibutylstannane	15546-11-9	491.126	---	---	---	---	---	---	---	---	---	---	---	---
30939	C18H28P2	(+)-1,2-bis((2S,5S)-2,5-dimethylphospholal	136735-95-0	306.368	---	---	---	---	---	---	---	---	---	---	---	---
30940	C18H28P2	(-)-1,2-bis((2R,5R)-2,5-dimethylphospholar	147253-67-6	306.368	---	---	---	---	---	---	---	---	---	---	---	---
30941	C18H29Br2NO2	2-(3,5-dibromo-2-pentyloxybenzyloxy)trieth	---	451.242	---	---	600.45	1	25	1.3452	2	---	---	---	---	---
30942	C18H29Cl3OSn	tributyl(2,4,5-trichlorophenoxy)tin	73927-98-7	486.495	---	---	---	---	---	---	---	---	---	---	---	---
30943	C18H29NO	2,4,6-tri-tert-butylnitrosobenzene	24973-59-9	275.435	445.65	1	---	---	25	0.9493	2	---	---	---	solid	1
30944	C18H29NO2	2,4,6-tri-tert-butylnitrobenzene	4074-25-3	291.434	478.65	1	---	---	25	0.9854	2	---	---	---	solid	1
30945	C18H29NO2	penbutolol	38363-40-5	291.434	343.15	1	---	---	25	0.9854	2	---	---	---	solid	1
30946	C18H29NaO3S	dodecylbenzenesulfonic acid, sodium salt	25155-30-0	348.482	---	---	---	---	---	---	---	---	---	---	---	---
30947	C18H30	dodecylbenzene	123-01-3	246.436	275.93	1	600.76	1	25	0.8490	1	25	1.4803	1	liquid	1
30948	C18H30	hexaethylbenzene	604-88-6	246.436	403.15	1	571.16	1	130	0.8305	1	130	1.4736	1	solid	1
30949	C18H30	1,2,4,5-tetraisopropylbenzene	635-11-0	246.436	391.55	1	532.15	1	150	0.7580	1	---	---	---	solid	1
30950	C18H30	7,11-octadecadiyne	103697-14-9	246.436	---	---	570.29	2	19	0.8410	1	19	1.4698	1	---	---
30951	C18H30	octadecahydrochrysene	2090-14-4	246.436	388.15	1	626.15	1	81	0.8196	2	---	---	---	solid	1
30952	C18H30	1,3,5-tri-tert-butylbenzene	1460-02-2	246.436	344.65	1	521.25	1	81	0.8196	2	---	---	---	solid	1
30953	C18H30	1,2,4-tri-tert-butylbenzene	1459-11-6	246.436	321.15	1	570.29	2	81	0.8196	2	---	---	---	solid	1
30954	C18H30BrNO2	2-(5-bromo-2-pentyloxybenzyloxy)triethylar	---	372.346	---	---	---	---	25	1.1632	2	---	---	---	---	---
30955	C18H30Cl2O7PSb	(a-(diethoxyphosphinyl)-p-methoxybenzyl)t	74038-45-2	582.071	---	---	---	---	---	---	---	---	---	---	---	---
30956	C18H30Cl2OSn	(2,4-dichlorophenoxy)tributylstannane	39637-16-6	452.051	---	---	---	---	---	---	---	---	---	---	---	---
30957	C18H30HgS	(dodecylthio)phenylmercury	5416-74-0	479.092	---	---	458.40	1	---	---	---	---	---	---	---	---
30958	C18H30N2	5',6',7',8'-tetrahydrodispiro(cyclohexane-1,:	53378-71-5	274.450	---	---	435.65	1	25	0.9358	2	---	---	---	---	---
30959	C18H30N2O2	butacaine	149-16-6	306.449	298.15	1	---	---	25	1.0064	2	---	---	---	---	---
30960	C18H30O	2,4,6-tri-tert-butylphenol	732-26-3	262.436	404.15	1	551.15	1	27	0.8640	1	---	---	---	solid	1

Table 1 Physical Properties - Organic Compounds

NO	FORMULA	NAME	CAS No	Mol Wt	Freezing Point		Boiling Point		Density			Refractive Index			State	
				g/mol	T_F, K	code	T_B, K	code	T, C	g/cm3	code	T, C	n_D	code	@25C,1 atm	code
30961	C18H30O	4-sec-butyl-2,6-di-tert-butylphenol	17540-75-9	262.436	298.15	1	562.15	2	25	0.9020	1	---	---	---	---	---
30962	C18H30O	4-dodecylphenol	104-43-8	262.436	351.15	2	573.15	1	25	0.9500	1	---	---	---	solid	2
30963	C18H30O	dodecylphenols	27193-86-8	262.436	351.15	2	562.15	2	25	0.9300	1	---	---	---	solid	2
30964	C18H30O2	linolenic acid	463-40-1	278.435	262.05	1	632.00	2	20	0.9164	1	20	1.4800	1	---	---
30965	C18H30O2	cis,cis,cis-9,11,13-octadecanetrienoic acid	3884-88-6	278.435	321.65	1	---	---	43	0.9015	2	---	---	---	solid	1
30966	C18H30O2	cis,cis,trans-9,11,13-octadecatrienoic acid	544-72-9	278.435	335.15	1	---	---	20	0.9027	1	50	1.5114	1	solid	1
30967	C18H30O2	trans,cis,trans-9,11,13-octadecatrienoic ac	506-23-0	278.435	322.15	1	---	---	50	0.9028	1	50	1.5112	1	solid	1
30968	C18H30O2	trans,trans,trans-9,11,13-octadecatrienoic	544-73-0	278.435	344.65	1	---	---	80	0.8839	1	80	1.5000	1	solid	1
30969	C18H30O2	4-dodecylresorcinol	24305-56-4	278.435	353.65	1	---	---	43	0.9015	2	---	---	---	solid	1
30970	C18H30O3	peroxylinolenic acid	19356-22-0	294.434	---	---	---	---	25	0.9761	2	---	---	---	---	---
30971	C18H30O3S	dodecylbenzenesulfonic acid	27176-87-0	326.500	283.15	1	---	---	25	1.0293	2	---	---	---	---	---
30972	C18H30O3S	dodecyl benzenesulfonate	1886-81-3	326.500	---	---	---	---	25	1.0293	2	---	---	---	---	---
30973	C18H30O3S	tetrapropylene benzenesulfonate	11067-81-5	326.500	---	---	---	---	25	1.0293	2	---	---	---	---	---
30974	C18H30O4	auxin b	53109-18-5	310.434	456.15	1	---	---	20	1.2690	1	---	---	---	solid	1
30975	C18H30O4	dicyclohexyl adipate	849-99-0	310.434	308.15	1	---	---	25	1.0104	2	---	---	---	solid	1
30976	C18H30O5	mycoticin (1:1)	1404-01-9	326.433	---	---	---	---	25	1.0434	2	---	---	---	---	---
30977	C18H31B	S-alpine-borane	42371-63-1	258.255	---	---	---	---	25	0.9470	1	---	---	---	---	---
30978	C18H31B	R-alpine-borane	73624-47-2	258.255	---	---	---	---	25	0.9470	1	---	---	---	---	---
30979	C18H31ClO	(9Z,12Z)-octadeca-9,12-dienoyl chloride	7459-33-8	298.896	---	---	---	---	25	0.9300	1	---	---	---	---	---
30980	C18H31N	4-dodecylaniline	104-42-7	261.451	313.65	1	---	---	25	0.8907	2	---	---	---	solid	1
30981	C18H31NO3Sn	p-nitrophenoxytributyltin	3644-32-4	428.159	---	---	---	---	---	---	---	---	---	---	---	---
30982	C18H32	1,3-cyclooctadecadiene	6568-58-7	248.452	---	---	---	---	25	0.8814	1	20	1.4899	1	---	---
30983	C18H32	1,1':2',1''-tercyclohexane	2456-43-1	248.452	270.00	1	---	---	25	0.8457	2	---	---	---	---	---
30984	C18H32	p-tercylcohexyl	1795-19-3	248.452	---	---	---	---	25	0.8457	2	---	---	---	---	---
30985	C18H32CaN2O10	D-calcium pantothenate	137-08-6	476.538	463.15	1	---	---	---	---	---	---	---	---	solid	1
30986	C18H32I2O2	4,5-diiodo-6-octadecenoic acid	---	534.260	---	---	---	---	25	1.4754	2	---	---	---	---	---
30987	C18H32I2O2	6,7-diiodo-6-octadecenoic acid	533-86-8	534.260	323.45	1	---	---	25	1.4754	2	---	---	---	solid	1
30988	C18H32NO7P	amprotropine phosphate	134-53-2	405.429	416.15	1	---	---	---	---	---	---	---	---	solid	1
30989	C18H32N2O5S	panthesin	135-44-4	388.529	431.15	1	---	---	25	1.1231	2	---	---	---	solid	1
30990	C18H32N9O9P3	bis(1-aziridinyl)phosphinylcarbamic acid 1,	28613-21-0	611.432	---	---	---	---	---	---	---	---	---	---	---	---
30991	C18H32O2	linoleic acid	60-33-3	280.451	268.15	1	628.00	1	25	0.9020	1	20	1.4699	1	liquid	1
30992	C18H32O2	2-cyclopentene-1-tridecanoic acid, (S)	29106-32-9	280.451	341.65	1	628.00	2	48	0.8853	2	---	---	---	solid	1
30993	C18H32O2	trans,trans-10,12-octadecadienoic acid	1072-36-2	280.451	329.65	1	628.00	2	70	0.8686	1	40	1.4689	1	solid	1
30994	C18H32O2	9-octadecynoic acid	506-24-1	280.451	321.15	1	628.00	2	48	0.8853	2	54	1.4510	1	solid	1
30995	C18H32O2	gossyplure	53042-79-8	280.451	298.15	1	628.00	2	48	0.8853	2	---	---	---	---	---
30996	C18H32O4	9,10:12,13-diepoxyoctadecanoic acid	3012-69-9	312.450	---	---	---	---	25	0.9880	2	---	---	---	---	---
30997	C18H32O4Sn	dibutyltin bis(acetylacetonate)	22673-19-4	431.160	299.60	1	423.15	1	25	1.2200	1	---	1.5170	1	solid	1
30998	C18H32O5	5-c-[3,5-di-sec-butyl-1-cyclopenten-1-yl]-4-	491-14-5	328.449	469.15	1	---	---	14	1.2920	1	---	---	---	solid	1
30999	C18H32O6	glycerol tri-3-methylbutanoate	620-63-3	344.448	---	---	605.65	1	20	0.9984	1	20	1.4354	1	---	---
31000	C18H32O7	butyl citrate	77-94-1	360.448	253.15	1	---	---	20	1.0430	1	20	1.4460	1	---	---
31001	C18H32O16	melezitose	597-12-6	504.442	426.15	1	---	---	25	1.5565	1	---	---	---	solid	1
31002	C18H32O16	raffinose	512-69-6	504.442	353.15	1	---	---	25	1.4650	1	---	---	---	solid	1
31003	C18H32O16	maltotriose	1109-28-0	504.442	406.65	1	---	---	25	1.5108	2	---	---	---	solid	1
31004	C18H32SSn	phenyl tributyltin sulfide	17314-33-9	399.228	---	---	---	---	25	1.1720	1	---	1.5440	1	---	---
31005	C18H32Si	tributylphenylsilane	18510-29-7	276.537	---	---	---	---	20	0.8740	1	20	1.4915	1	---	---
31006	C18H32Sn	tributylphenylstannane	960-16-7	367.162	---	---	---	---	25	1.1250	1	---	1.5160	1	---	---
31007	C18H33ClN2O5S	clindamycin	18323-44-9	424.990	---	---	407.15	1	25	1.1560	2	---	---	---	---	---
31008	C18H33ClO	oleoyl chloride	112-77-6	300.912	---	---	---	---	25	0.9100	1	---	1.4630	1	---	---
31009	C18H33N	cis-9-octadecenenitrile	112-91-4	263.467	272.15	1	605.15	2	17	0.8470	1	20	1.4566	1	liquid	2
31010	C18H33NaO2	sodium oleate	143-19-1	304.449	506.65	1	---	---	---	---	---	---	---	---	solid	1
31011	C18H33NaO3	sodium ricinoleate	5323-95-5	320.448	---	---	---	---	---	---	---	---	---	---	---	---
31012	C18H33P	tricyclohexylphosphine	2622-14-2	280.434	352.65	1	383.15	1	---	---	---	---	---	---	solid	1
31013	C18H34	9-octadecyne	35365-59-4	250.468	274.65	1	593.12	2	20	0.8012	1	25	1.4488	1	liquid	2
31014	C18H34	1-octadecyne	629-89-0	250.468	300.16	1	586.16	1	20	0.8025	1	20	1.4774	1	solid	1
31015	C18H34	2-octadecyne	61847-97-0	250.468	303.15	1	598.15	1	30	0.8016	1	---	---	---	solid	1
31016	C18H34	3-octadecyne	61886-64-4	250.468	275.55	1	587.15	1	25	0.7940	1	25	1.4448	1	liquid	1
31017	C18H34	1,1-dicyclohexylhexane	55030-20-1	250.468	282.05	1	593.15	1	25	0.8815	1	25	1.4808	1	liquid	1
31018	C18H34	1-tridecylcyclopentene	62184-78-5	250.468	268.21	2	584.15	1	25	0.8281	1	25	1.4612	1	liquid	1
31019	C18H34	1,1'-(1,6-hexanediyl)bis(cyclohexane)	1610-23-7	250.468	281.75	1	613.75	1	24	0.8274	2	---	1.4750	1	liquid	1
31020	C18H34	1,1'-(1,1,3-trimethyl-1,3-propanediyl)biscyc	38970-72-8	250.468	243.25	1	593.12	2	25	0.8830	1	---	1.4900	1	liquid	2
31021	C18H34	1,1'-(2-propyl-1,3-propanediyl)biscyclohex	55030-21-2	250.468	---	---	589.30	1	24	0.8274	2	---	---	---	---	---
31022	C18H34ClN2O8PS	clindamycin-2-phosphate	24729-96-2	504.970	384.65	1	432.15	1	---	---	---	---	---	---	solid	1
31023	C18H34Cl2O	2,2-dichlorooctadecanal	59117-78-1	337.372	---	---	---	---	25	0.9841	2	---	1.4615	1	---	---
31024	C18H34Cl2O2	2,2-dichlorooctadecanoic acid	56279-50-6	353.372	315.65	1	---	---	25	1.0142	2	---	---	---	solid	1
31025	C18H34KO2	potassium oleate	143-18-0	321.565	---	---	---	---	---	---	---	---	---	---	---	---
31026	C18H34N2O6S	lincomycin	154-21-2	406.544	---	---	412.15	1	25	1.1275	2	---	---	---	---	---
31027	C18H34O	9-octadecenal	5090-41-5	266.467	---	---	---	---	20	0.8509	1	20	1.4558	1	---	---
31028	C18H34O	cis-9-octadecenal	2423-10-1	266.467	---	---	---	---	20	0.8509	1	20	1.4558	1	---	---
31029	C18H34OSn	cyhexatin	13121-70-5	385.177	469.15	1	---	---	---	---	---	---	---	---	solid	1
31030	C18H34O2	oleic acid	112-80-1	282.467	286.53	1	633.00	1	25	0.8880	1	20	1.4582	1	liquid	1
31031	C18H34O2	elaidic acid	112-79-8	282.467	318.15	1	630.00	2	45	0.8734	1	45	1.4499	1	solid	1
31032	C18H34O2	trans-2-octadecenoic acid	2825-79-8	282.467	331.65	1	630.00	2	90	0.8484	1	---	---	---	solid	1
31033	C18H34O2	trans-11-octadecenoic acid	693-72-1	282.467	317.15	1	630.00	2	53	0.8699	2	60	1.4499	1	solid	1
31034	C18H34O2	petroselinic acid	593-39-5	282.467	302.30	1	630.00	2	53	0.8699	2	---	---	---	solid	1
31035	C18H34O2	g-stearolactone	502-26-1	282.467	---	---	633.00	2	53	0.8699	2	---	---	---	---	---
31036	C18H34O3	12-hydroxy-cis-9-octadecenoic acid, (R)	141-22-0	298.466	---	---	499.95	2	21	0.9450	1	21	1.4716	1	---	---
31037	C18H34O3	castor oil	8001-79-4	298.466	264.87	1	586.15	1	25	0.9500	1	---	---	---	liquid	1
31038	C18H34O3	nonan-1-oic anhydride	1680-36-0	298.466	287.95	1	543.15	1	25	0.9080	1	---	---	---	liquid	1
31039	C18H34O3	4-ketostearic acid	16694-30-7	298.466	370.15	1	442.35	1	24	0.9343	2	---	---	---	solid	1
31040	C18H34O3	cis-9,10-epoxyoctadecanoic acid	24560-98-3	298.466	---	---	428.15	1	24	0.9343	2	---	---	---	---	---

				Mol Wt	Freezing Point		Boiling Point		Density			Refractive Index			State	
NO	FORMULA	NAME	CAS No	g/mol	T_F, K	code	T_B, K	code	T, C	g/cm3	code	T, C	n_D	code	@25C,1 atm	code
31041	C18H34O4	dibutyl sebacate	109-43-3	314.466	263.95	1	622.15	1	25	0.9320	1	25	1.4397	1	liquid	1
31042	C18H34O4	dihexyl adipate	110-33-8	314.466	259.35	1	621.15	1	25	0.9320	1	25	1.4397	1	liquid	1
31043	C18H34O4	bis(2-ethylbutyl) adipate	10022-60-3	314.466	258.15	1	621.65	2	25	0.9340	1	20	1.4434	1	liquid	2
31044	C18H34O4	diethyl tetradecanedioate	19812-63-6	314.466	302.65	1	621.65	2	25	0.9327	2	---	---	---	solid	1
31045	C18H34O4	nonanoyl peroxide	762-13-0	314.466	---	---	621.65	2	25	0.9327	2	---	---	---	---	---
31046	C18H34O6	9,10-dihydroxyoctadecanedioic acid, (R*,R	23843-52-9	346.464	399.15	1	459.15	2	25	1.0296	2	---	---	---	solid	1
31047	C18H34O6	bis(2-ethoxyethyl) sebacate	624-10-2	346.464	272.15	1	459.15	2	25	1.0296	2	---	1.4450	1	liquid	2
31048	C18H34O6	triethylene glycol bis(2-ethylbutyrate)	95-08-9	346.464	---	---	459.15	2	25	0.9950	1	---	---	---	---	---
31049	C18H34O6	bis(2-butoxyethyl) adipate	141-18-4	346.464	---	---	459.15	2	25	1.0296	2	---	---	---	---	---
31050	C18H34O6	di(2-ethylhexyl) peroxydicarbonate	16111-62-9	346.464	---	---	459.15	2	25	1.0296	2	---	---	---	---	---
31051	C18H34O6	sorbitan monolaurate	1338-39-2	346.464	---	---	459.15	1	25	1.0296	2	---	---	---	---	---
31052	C18H34O7	1-oxododecyl-D-glucopyranoside	60415-67-0	362.464	397.15	1	---	---	25	1.0595	2	---	---	---	solid	1
31053	C18H34O7	1-oxododecyl-b-D-glucopyranoside	64395-92-2	362.464	397.15	1	---	---	25	1.0595	2	---	---	---	solid	1
31054	C18H35Br	cis-1-bromo-1-octadecene	66292-44-2	331.380	346.84	2	623.15	1	25	1.0129	2	---	---	---	solid	2
31055	C18H35Br	trans-1-bromo-1-octadecene	66292-45-3	331.380	346.84	2	623.15	1	25	1.0129	2	---	---	---	solid	2
31056	C18H35BrO2	18-bromooctadecanoic acid	2536-38-1	363.379	348.65	1	---	---	25	1.0738	2	---	---	---	solid	1
31057	C18H35Br3	1,1,1-tribromooctadecane	62127-74-6	491.188	473.94	2	687.15	1	25	1.3389	2	---	---	---	solid	2
31058	C18H35Cl	cis-1-chloro-1-octadecene	66292-46-4	286.928	316.96	2	631.15	1	25	0.8842	2	---	---	---	solid	2
31059	C18H35Cl	trans-1-chloro-1-octadecene	66292-47-5	286.928	316.96	2	631.15	1	25	0.8842	2	---	---	---	solid	2
31060	C18H35ClO	octadecanoyl chloride	112-76-5	302.928	296.15	1	---	---	25	0.8969	1	24	1.4523	1	---	---
31061	C18H35Cl3	1,1,1-trichlorooctadecane	62108-62-7	357.833	384.30	2	656.15	1	25	0.9971	2	---	---	---	solid	2
31062	C18H35F	cis-1-fluoro-1-octadecene	66292-48-6	270.474	319.19	2	614.67	2	25	0.8527	2	---	---	---	solid	2
31063	C18H35F	trans-1-fluoro-1-octadecene	66292-49-7	270.474	319.19	2	614.67	2	25	0.8527	2	---	---	---	solid	2
31064	C18H35F3	1,1,1-trifluorooctadecane	1511-82-6	308.471	390.99	2	569.15	1	25	0.9154	2	---	---	---	solid	2
31065	C18H35I	cis-1-iodo-1-octadecene	66292-50-0	378.380	345.10	2	645.15	1	25	1.1266	2	---	---	---	solid	2
31066	C18H35I	trans-1-iodo-1-octadecene	66292-51-1	378.380	345.10	2	645.15	1	25	1.1266	2	---	---	---	solid	2
31067	C18H35I3	1,1,1-triiodooctadecane	---	632.189	468.72	2	887.43	2	25	1.6088	2	---	---	---	solid	2
31068	C18H35LiO2	lithium stearate	4485-12-5	290.416	493.15	1	---	---	---	---	---	---	---	---	solid	1
31069	C18H35N	octadecanenitrile	638-65-3	265.483	314.65	1	635.15	1	20	0.8325	1	45	1.4389	1	solid	1
31070	C18H35NaO2	stearic acid, sodium salt	822-16-2	306.464	---	---	---	---	---	---	---	---	---	---	---	---
31071	C18H36	1-octadecene	112-88-9	252.484	290.76	1	587.97	1	25	0.7850	1	25	1.4428	1	liquid	1
31072	C18H36	9-octadecene	5557-31-3	252.484	242.65	1	594.74	2	20	0.7916	1	20	1.4470	1	liquid	2
31073	C18H36	2-methyl-1-heptadecene	42764-74-9	252.484	281.65	1	588.15	1	25	0.7877	1	25	1.4444	1	liquid	1
31074	C18H36	tridecylcyclopentane	6006-34-4	252.484	278.16	1	598.56	1	25	0.8140	1	25	1.4510	1	liquid	1
31075	C18H36	dodecylcyclohexane	1795-17-1	252.484	258.80	1	600.86	1	25	0.8190	1	20	1.4560	1	liquid	1
31076	C18H36	cyclooctadecane	296-18-4	252.484	345.15	1	598.15	1	24	0.7995	2	---	---	---	solid	1
31077	C18H36B2	bis(dibutylborino)acetylene	---	274.106	---	---	---	---	---	---	---	---	---	---	---	---
31078	C18H36B2O6	trihexylene glycol biborate	100-89-0	370.102	---	---	---	---	25	0.9820	1	---	---	---	---	---
31079	C18H36Br2	1,1-dibromooctadecane	62168-35-8	412.292	396.72	2	664.15	1	25	1.1729	2	---	---	---	solid	2
31080	C18H36Cl2	1,1-dichlorooctadecane	62017-20-3	323.389	336.96	2	643.15	1	25	0.9341	2	---	---	---	solid	2
31081	C18H36Cl2N4O2	prospidin	23476-83-7	411.416	---	---	---	---	25	1.0988	2	---	---	---	---	---
31082	C18H36Cl4Cr2O3	chromic chloride stearate	15242-96-3	546.284	---	---	547.15	1	---	---	---	---	---	---	---	---
31083	C18H36F2	1,1-difluorooctadecane	62127-07-5	290.481	341.42	2	579.15	1	25	0.8760	2	---	---	---	solid	2
31084	C18H36I2	1,1-diiodooctadecane	66292-27-1	506.293	393.24	2	797.08	2	25	1.3724	2	---	---	---	solid	2
31085	C18H36N2NiS4	bis(dibutyldithiocarbamate)nickel complex	13927-77-0	467.455	---	---	---	---	---	---	---	---	---	---	---	---
31086	C18H36N2O6	kryptofix(r) 222	23978-09-8	376.494	343.15	1	---	---	25	1.0635	2	---	---	---	solid	1
31087	C18H36N2S4	tetrabutylthiuram disulphide	1634-02-2	408.762	---	---	---	---	25	1.0685	2	---	---	---	---	---
31088	C18H36N2S4Zn	zinc dibutyldithiocarbamate	136-23-2	474.152	380.15	1	---	---	25	1.2400	1	---	---	---	solid	1
31089	C18H36N4O11	kanamycin	59-01-8	484.505	---	---	---	---	25	1.2405	2	---	---	---	---	---
31090	C18H36O	octadecanal	638-66-4	268.483	316.15	1	610.15	1	29	0.8346	2	---	---	---	solid	1
31091	C18H36O	2-octadecanone	7373-13-9	268.483	325.15	1	606.15	1	29	0.8346	2	---	---	---	solid	1
31092	C18H36O	3-octadecanone	18261-92-2	268.483	324.15	1	607.48	2	29	0.8346	2	---	---	---	solid	1
31093	C18H36O	hexadecyl vinyl ether	822-28-6	268.483	289.15	1	607.48	2	27	0.8210	1	25	1.4444	1	liquid	2
31094	C18H36O	cis-9-octadecen-1-ol	143-28-2	268.483	279.65	1	607.48	2	20	0.8489	1	20	1.4606	1	liquid	2
31095	C18H36O	trans-9-octadecen-1-ol	506-42-3	268.483	309.65	1	606.15	1	40	0.8338	1	40	1.4552	1	solid	1
31096	C18H36O	1,2-epoxyoctadecane	7390-81-0	268.483	303.70	1	607.48	2	29	0.8346	2	---	---	---	solid	1
31097	C18H36O2	octadecanoic acid	57-11-4	284.483	342.75	1	648.35	1	20	0.9408	1	80	1.4299	1	solid	1
31098	C18H36O2	2-octyldecanoic acid	619-39-6	284.483	311.65	1	665.10	2	70	0.8447	1	---	---	---	solid	1
31099	C18H36O2	heptadecyl formate	66292-28-2	284.483	350.82	2	668.76	2	35	0.8751	2	---	---	---	solid	2
31100	C18H36O2	hexadecyl acetate	629-70-9	284.483	297.35	1	600.00	2	25	0.8573	1	25	1.4390	1	liquid	2
31101	C18H36O2	pentadecyl propanoate	66292-29-3	284.483	334.45	2	669.46	2	35	0.8751	2	---	---	---	solid	2
31102	C18H36O2	tetradecyl butanoate	6221-98-3	284.483	334.45	2	669.46	2	35	0.8751	2	---	---	---	solid	2
31103	C18H36O2	ethyl palmitate	628-97-7	284.483	296.35	1	665.10	2	25	0.8577	1	34	1.4347	1	liquid	2
31104	C18H36O2	methyl heptadecanoate	1731-92-6	284.483	303.15	1	665.10	2	35	0.8751	2	---	---	---	solid	1
31105	C18H36O2	n-butyl myristate	110-36-1	284.483	279.95	1	665.10	2	35	0.8751	2	---	---	---	liquid	2
31106	C18H36O2SSn	2,2-dioctyl-1,3,2-oxathiastannolane-5-oxide	15535-79-2	435.259	---	---	---	---	---	---	---	---	---	---	---	---
31107	C18H36O3	ethylene glycol monopalmitate	4219-49-2	300.482	324.15	1	---	---	60	0.8768	1	---	---	---	solid	1
31108	C18H36O3	12-hydroxystearic acid	106-14-9	300.482	---	---	---	---	25	0.9142	2	---	---	---	---	---
31109	C18H36O4	9,10-dihydroxyoctadecanoic acid	120-87-6	316.481	363.15	1	---	---	25	0.9467	2	---	---	---	solid	1
31110	C18H36O4Sn	dibutyldipentanoyloxystannane	3465-74-5	435.191	---	---	---	---	---	---	---	---	---	---	---	---
31111	C18H36O5	9,10,18-trihydroxyoctadecanoic acid, (R*,R	583-86-8	332.481	374.65	1	---	---	25	0.9782	2	---	---	---	solid	1
31112	C18H36O6	dodecyl-b-D-glucopyranoside	59122-55-3	348.480	---	---	---	---	25	1.0086	2	---	---	---	---	---
31113	C18H36S	thiacyclononadecane	296-47-9	284.550	341.43	2	624.15	1	25	0.8692	2	---	---	---	solid	2
31114	C18H37AlO4	aluminum dextran	7047-84-9	344.471	---	---	---	---	---	---	---	---	---	---	---	---
31115	C18H37Br	1-bromooctadecane	112-89-0	333.396	301.35	1	635.15	1	20	0.9848	1	20	1.4631	1	solid	1
31116	C18H37Cl	1-chlorooctadecane	3386-33-2	288.944	301.75	1	625.15	1	20	0.8616	1	20	1.4531	1	solid	1
31117	C18H37Cl3Si	trichlorooctadecylsilane	112-04-9	387.934	---	---	---	---	25	0.9840	1	20	1.4602	1	---	---
31118	C18H37F	1-fluorooctadecane	1649-73-6	272.490	302.15	1	589.15	1	25	0.8353	2	---	---	---	solid	1
31119	C18H37I	1-iodooctadecane	629-93-6	380.396	307.15	1	656.15	1	20	1.0994	1	20	1.4810	1	solid	1
31120	C18H37N	oleylamine	112-90-3	267.499	293.15	1	612.15	1	25	0.8130	1	---	1.4600	1	liquid	1

Table 1 Physical Properties - Organic Compounds

NO	FORMULA	NAME	CAS No	Mol Wt g/mol	Freezing Point T_F, K	code	Boiling Point T_B, K	code	Density T, C	g/cm3	code	Refractive Index T, C	n_D	code	State @25C,1 atm	code
31121	C18H37NO	octadecanamide	124-26-5	283.498	382.15	1	---	---	25	0.8691	2	---	---	---	solid	1
31122	C18H37NO	N,N-dimethylpalmitamide	3886-91-7	283.498	---	---	---	---	25	0.8691	2	---	---	---	---	---
31123	C18H37NO	1-dodecylhexahydro-1H-azepine-1-oxide	56501-36-1	283.498	---	---	---	---	25	0.8691	2	---	---	---	---	---
31124	C18H37NO2	1-nitrooctadecane	66292-30-6	299.498	435.73	2	646.15	1	25	0.9026	2	---	---	---	solid	2
31125	C18H37NO2	ammonium oleate	544-60-5	299.498	344.15	1	646.15	2	25	0.9026	2	---	---	---	solid	1
31126	C18H37NO2	D-erythro-spinghosine, synthetical	123-78-4	299.498	354.65	1	646.15	2	25	0.9026	2	---	---	---	solid	1
31127	C18H37NO3P	aminophon	51249-05-9	346.471	---	---	---	---	---	---	---	---	---	---	---	---
31128	C18H37N5O8	dibekacin	34493-98-6	451.522	---	---	---	---	25	1.1805	2	---	---	---	---	---
31129	C18H37N5O9	tobramycin	32986-56-4	467.521	---	---	---	---	25	1.2046	2	---	---	---	---	---
31130	C18H37N5O10	bekanamycin	4696-76-8	483.521	453.15	dec	---	---	25	1.2281	2	---	---	---	solid	1
31131	C18H38	octadecane	593-45-3	254.500	301.31	1	589.86	1	28	0.7768	1	20	1.4390	1	solid	1
31132	C18H38	9-methylheptadecane	18869-72-2	254.500	277.73	2	582.27	2	20	0.7810	1	20	1.4388	1	liquid	2
31133	C18H38	2-methylheptadecane	1560-89-0	254.500	279.15	1	585.15	1	25	0.7761	1	25	1.4357	1	liquid	1
31134	C18H38	3-methylheptadecane	6418-44-6	254.500	266.95	1	586.15	1	25	0.7814	1	25	1.4382	1	liquid	1
31135	C18H38	2,2-dimethylhexadecane	19486-08-9	254.500	294.54	2	578.15	1	25	0.7758	1	25	1.4349	1	liquid	1
31136	C18H38	2,3-dimethylhexadecane	61868-02-8	254.500	262.12	2	586.15	1	25	0.7913	1	25	1.4439	1	liquid	1
31137	C18H38	2,4-dimethylhexadecane	61868-08-4	254.500	262.12	2	568.15	1	25	0.7819	1	25	1.4388	1	liquid	1
31138	C18H38Cl2Sn	bis(trimethylhexyl)tin dichloride	64011-39-8	444.115	---	---	---	---	---	---	---	---	---	---	---	---
31139	C18H38N4O15S	kanamycin sulfate	25389-94-0	582.585	---	---	---	---	25	1.3312	2	---	---	---	---	---
31140	C18H38O	1-octadecanol	112-92-5	270.499	331.05	1	624.00	1	59	0.8124	1	---	---	---	solid	1
31141	C18H38O	2-octadecanol	593-32-8	270.499	325.15	1	614.15	1	55	0.8021	2	---	---	---	solid	1
31142	C18H38O	3-octadecanol, (±)	111897-18-8	270.499	324.15	1	604.43	2	80	0.7858	1	80	1.4290	1	solid	1
31143	C18H38O	dinonyl ether	2456-27-1	270.499	314.35	2	591.00	1	25	0.8080	1	20	1.4356	1	solid	2
31144	C18H38O2	1,2-octadecanediol	20294-76-2	286.499	354.15	1	665.15	2	25	0.8628	2	---	---	---	solid	1
31145	C18H38O2	1,3-octadecanediol	---	286.499	398.76	2	676.15	2	25	0.8628	2	---	---	---	solid	2
31146	C18H38O2	1,4-octadecanediol	---	286.499	398.76	2	697.15	2	25	0.8628	2	---	---	---	solid	2
31147	C18H38O2	1,18-octadecanediol	3155-43-9	286.499	364.15	1	684.15	2	25	0.8628	2	---	---	---	solid	1
31148	C18H38O2	1,1-dimethoxyhexadecane	2791-29-9	286.499	283.15	1	680.65	2	20	0.8542	1	25	1.4382	1	liquid	2
31149	C18H38S	1-octadecanethiol	2885-00-9	286.566	300.93	1	633.16	1	20	0.8475	1	20	1.4645	1	solid	1
31150	C18H38S	2-octadecanethiol	62155-06-0	286.566	299.15	1	627.15	1	23	0.8458	2	---	---	---	solid	1
31151	C18H38S	2-thianonadecane	62155-11-7	286.566	298.15	1	646.15	1	25	0.8441	1	25	1.4621	1	---	---
31152	C18H38S	dinonyl sulfide	929-98-6	286.566	298.16	2	625.00	2	23	0.8458	2	---	---	---	solid	2
31153	C18H38S	methyl heptadecyl sulfide	---	286.566	298.16	2	625.00	2	23	0.8458	2	---	---	---	solid	2
31154	C18H38S	ethyl hexadecyl sulfide	66292-31-7	286.566	298.16	2	625.00	2	23	0.8458	2	---	---	---	solid	2
31155	C18H38S	propyl pentadecyl sulfide	66292-32-8	286.566	298.16	2	625.00	2	23	0.8458	2	---	---	---	solid	2
31156	C18H38S	butyl tetradecyl sulfide	66292-33-9	286.566	298.16	2	625.00	2	23	0.8458	2	---	---	---	solid	2
31157	C18H38S2	dinonyl disulfide	4485-77-2	318.632	252.16	1	642.16	1	25	0.8890	1	25	1.4810	1	liquid	1
31158	C18H39Al	trihexylaluminium	1116-73-0	282.490	196.25	1	---	---	---	---	---	---	---	---	---	---
31159	C18H39BO3	trihexyl borate	5337-36-0	314.317	---	---	---	---	---	---	---	---	---	---	---	---
31160	C18H39BO3	boric acid, tris(4-methyl-2-pentyl) ester	5337-37-1	314.317	---	---	---	---	---	---	---	---	---	---	---	---
31161	C18H39ClSi	chlorotrihexylsilane	3634-67-1	319.045	---	---	---	---	25	0.8710	1	---	1.4540	1	---	---
31162	C18H39N	octadecylamine	124-30-1	269.515	326.23	1	630.15	1	20	0.8618	1	20	1.4522	1	solid	1
31163	C18H39N	methylheptadecylamine	66292-34-0	269.515	298.15	2	607.15	1	23	0.8157	2	---	---	---	---	---
31164	C18H39N	ethylhexadecylamine	5877-76-9	269.515	298.15	2	608.15	1	23	0.8157	2	---	---	---	---	---
31165	C18H39N	dinonylamine	2044-21-5	269.515	298.15	1	607.15	1	25	0.8055	1	25	1.4445	1	---	---
31166	C18H39N	dimethylhexadecylamine	112-69-6	269.515	285.15	1	603.15	1	25	0.7980	1	25	1.4433	1	liquid	1
31167	C18H39N	diethyltetradecylamine	7307-58-6	269.515	285.15	2	577.15	1	23	0.8157	2	---	---	---	liquid	1
31168	C18H39N	trihexylamine	102-86-3	269.515	285.15	2	537.15	1	21	0.7976	1	---	---	---	liquid	1
31169	C18H39NO	2-di-(2-ethylhexyl)aminoethanol	101-07-5	285.514	---	---	---	---	25	0.8518	2	---	---	---	---	---
31170	C18H39NO2	ammonium stearate	1002-89-7	301.513	295.15	1	---	---	25	0.8900	1	---	---	---	---	---
31171	C18H39OP	tri-n-hexylphosphine oxide	3084-48-8	302.481	---	---	436.15	1	---	---	---	---	---	---	---	---
31172	C18H39O6P	1,1',1"-(phosphinidynetris((1-methylethyler	25727-08-6	382.478	---	---	460.65	1	---	---	---	---	---	---	---	---
31173	C18H39O7P	tris(2-butoxyethyl) phosphate	78-51-3	398.477	203.25	1	---	---	25	1.0100	1	---	1.4380	1	---	---
31174	C18H39O9P	oxydipropanol phosphite (3:1)	36788-39-3	430.476	---	---	---	---	---	---	---	---	---	---	---	---
31175	C18H40Si	octadecylsilane	18623-11-5	284.601	302.15	1	433.90	2	25	0.7950	1	---	---	---	solid	1
31176	C18H40Si	trihexylsilane	2929-52-4	284.601	---	---	433.90	1	25	0.7990	1	---	1.4480	1	---	---
31177	C18H41NO7S	triethanolamine lauryl sulfate	139-96-8	415.592	---	---	---	---	25	1.0562	2	---	---	---	---	---
31178	C18H42N6	1,4,7,10,13,16-hexamethyl-1,4,7,10,13,16-	79676-97-4	342.573	---	---	---	---	25	0.9440	1	---	1.4940	1	---	---
31179	C18H42N6	N,N',N"-tris(dimethylaminopropyl)-S-hexah	15875-13-5	342.573	---	---	---	---	25	0.9402	2	---	---	---	---	---
31180	C18H42OSn2	bis(tripropyltin) oxide	1067-29-4	511.951	---	---	---	---	---	---	---	---	---	---	---	---
31181	C18H42SSn2	hexapropyldistannthiane	7328-05-4	528.017	---	---	---	---	---	---	---	---	---	---	---	---
31182	C18H48Cr4N12O32	hexamethylenetetrammonium tetraperoxoc	---	1152.628	---	---	---	---	---	---	---	---	---	---	---	---
31183	C18H54O7Si8	octadecamethyloctasiloxane	556-69-4	607.303	210.15	1	583.60	1	25	0.9130	1	20	1.3970	1	---	---
31184	C18H54O9Si9	octadecamethylcyclononasiloxane	556-71-8	667.386	---	---	---	---	---	---	---	20	1.4070	1	---	---
31185	C19H10Br4O5S	bromophenol blue	115-39-9	669.967	552.15	dec	---	---	25	2.0609	2	---	---	---	solid	1
31186	C19H10ClNS	2-chlorobenzo(e)(1)benzothiopyrano(4,3-b	32226-65-6	319.814	---	---	---	---	25	1.3378	2	---	---	---	---	---
31187	C19H10FNS	2-fluoro-benzo(e)(1)benzothiopyrano(4,3-b	52831-45-5	303.360	---	---	454.15	2	25	1.3090	2	---	---	---	---	---
31188	C19H10FNS	3-fluoro-benzo(e)(1)benzothiopyrano(4,3-b	52831-56-8	303.360	---	---	454.15	2	25	1.3090	2	---	---	---	---	---
31189	C19H10FNS	3-fluoro-benzo(g)(1)benzothiopyrano(4,3-b	52831-53-5	303.360	---	---	454.15	2	25	1.3090	2	---	---	---	---	---
31190	C19H10FNS	4-fluoro-benzo(e)(1)benzothiopyrano(4,3-b	52831-68-2	303.360	---	---	454.15	2	25	1.3090	2	---	---	---	---	---
31191	C19H10FNS	4-fluoro-benzo(g)(1)benzothiopyrano(4,3-b	52831-65-9	303.360	---	---	454.15	1	25	1.3090	2	---	---	---	---	---
31192	C19H10NO6	6-aminocoumarin coumarin-3-carboxylic ac	2448-39-7	348.292	---	---	---	---	25	1.4512	2	---	---	---	---	---
31193	C19H11ClO2	dibenzofuran-2-yl (4-chlorophenyl) ketone	50468-61-6	306.748	---	---	438.65	1	25	1.3054	2	---	---	---	---	---
31194	C19H11Cl2N7O10S2	4-(4,6-dichloro-S-triazin-2-ylamino)-5-hydr	73826-58-1	632.376	---	---	431.15	1	25	1.7666	2	---	---	---	---	---
31195	C19H11F5N2O2	2',4'-difluoro-2-(a-a-a-trifluoro-m-tolyloxy)n	83164-33-4	394.302	---	---	---	---	25	1.4301	2	---	---	---	---	---
31196	C19H11N	benz(e)indeno(1,2-b)indole	208-07-1	253.303	---	---	380.15	2	25	1.2016	2	---	---	---	---	---
31197	C19H11N	10-cyano-1,2-benzanthracene	7476-08-6	253.303	---	---	380.15	2	25	1.2016	2	---	---	---	---	---
31198	C19H11N	fluoreno(9,1-gh)quinoline	206-00-8	253.303	---	---	380.15	1	25	1.2016	2	---	---	---	---	---
31199	C19H11N	phenaleno(1,9-gh)quinoline	189-92-4	253.303	425.65	1	---	---	25	1.2016	2	---	---	---	solid	1
31200	C19H11NO	1,2-benzanthryl-10-isocyanate	63018-56-4	269.303	---	---	---	---	25	1.2443	2	---	---	---	---	---

Table 1 Physical Properties - Organic Compounds

NO	FORMULA	NAME	CAS No	Mol Wt	Freezing Point		Boiling Point		Density			Refractive Index			State	
				g/mol	T_F, K	code	T_B, K	code	T, C	g/cm3	code	T, C	n_D	code	@25C,1 atm	code
31201	C19H11NO2	5,13-dihydro-5-oxobenzo(e)(2)benzopyran	7374-66-5	285.302	---	---	473.15	1	25	1.2849	2	---	---	---	---	---
31202	C19H11NO3S	2-dibenzothienyl p-nitrophenyl ketone	91100-28-6	333.368	---	---	454.15	1	25	1.3706	2	---	---	---	---	---
31203	C19H11NS	benzo(f)(1)benzothieno(3,2-b)quinoline	1491-10-7	285.369	---	---	---	---	25	1.2606	2	---	---	---	---	---
31204	C19H11NS	benzo(h)(1)benzothieno(3,2-b)quinoline	1491-09-4	285.369	---	---	---	---	25	1.2606	2	---	---	---	---	---
31205	C19H11NS	benzo(e)(1)benzothiopyrano(4,3-b)indole	846-35-5	285.369	---	---	---	---	25	1.2606	2	---	---	---	---	---
31206	C19H11N3Na2O7S2	8-hydroxy-7-(6-sulfo-2-naphthylazo)-5-quir	56932-43-5	503.425	---	---	---	---	---	---	---	---	---	---	---	---
31207	C19H12	4H-cyclopenta(def)chrysene	202-98-2	240.304	448.15	1	---	---	25	1.1385	2	---	---	---	solid	1
31208	C19H12	1,12-methylenebenz(a)anthracene	202-94-8	240.304	---	---	---	---	25	1.1385	2	---	---	---	---	---
31209	C19H12BrCl	7-bromomethyl-4-chlorobenz(a)anthracene	34346-99-1	355.661	---	---	---	---	25	1.4335	2	---	---	---	---	---
31210	C19H12BrF	7-bromomethyl-6-fluorobenz(a)anthracene	34346-97-9	339.207	---	---	606.15	1	25	1.4087	2	---	---	---	---	---
31211	C19H12Br2	4-bromo-7-bromomethylbenz(a)anthracene	34346-98-0	400.112	---	---	---	---	25	1.5956	2	---	---	---	---	---
31212	C19H12Cl2N6O7S2	5-(3,5-dichloro-S-triazinylamino)-4-hydroxy	6522-86-7	571.379	---	---	599.85	1	25	1.6738	2	---	---	---	---	---
31213	C19H12Cl2O5S	chlorophenol red	4430-20-0	423.272	---	---	---	---	25	1.4641	2	---	---	---	---	---
31214	C19H12Cl3NO2	4',4'',5-trichloro-2-hydroxy-3-biphenylcarbo	4019-40-3	392.668	---	---	---	---	25	1.4118	2	---	---	---	---	---
31215	C19H12FNS	6,13-dihydro-2-fluorobenzo(g)(1)benzothio	52831-41-1	305.376	---	---	---	---	25	1.2684	2	---	---	---	---	---
31216	C19H12FNS	6,13-dihydro-3-fluorobenzo(e)(1)benzothio	52831-55-7	305.376	---	---	---	---	25	1.2684	2	---	---	---	---	---
31217	C19H12FNS	6,13-dihydro-4-fluorobenzo(e)(1)benzothio	52831-67-1	305.376	---	---	---	---	25	1.2684	2	---	---	---	---	---
31218	C19H12N2	7H-benzo(a)pyrido(3,2-g)carbazole	207-89-6	268.318	---	---	---	---	25	1.2221	2	---	---	---	---	---
31219	C19H12N2	7H-benzo(c)pyrido(2,3-g)carbazole	194-62-7	268.318	---	---	---	---	25	1.2221	2	---	---	---	---	---
31220	C19H12N2	7H-benzo(c)pyrido(3,2-g)carbazole	194-60-5	268.318	---	---	---	---	25	1.2221	2	---	---	---	---	---
31221	C19H12N2	13H-benzo(a)pyrido(3,2-i)carbazole	239-67-8	268.318	---	---	---	---	25	1.2221	2	---	---	---	---	---
31222	C19H12N2	13H-benzo(g)pyrido(2,3-a)carbazole	207-88-5	268.318	---	---	---	---	25	1.2221	2	---	---	---	---	---
31223	C19H12N2	13H-benzo(g)pyrido(3,2-a)carbazole	207-85-2	268.318	641.15	1	---	---	25	1.2221	2	---	---	---	solid	1
31224	C19H12N2O	10-methyl-7H-benzimidazol(2,1-a)benz(de)	5504-68-7	284.318	---	---	---	---	25	1.2626	2	---	---	---	---	---
31225	C19H12O	benz(a)anthracene-7-carboxaldehyde	7505-62-6	256.304	---	---	---	---	25	1.1828	2	---	---	---	---	---
31226	C19H12O	benzo(c)phenathrene-8-carboxaldehyde	4466-76-6	256.304	---	---	---	---	25	1.1828	2	---	---	---	---	---
31227	C19H12O2	a-naphthoflavone	604-59-1	272.303	429.15	1	---	---	25	1.2249	2	---	---	---	solid	1
31228	C19H12O2	b-naphthoflavone	6051-87-2	272.303	436.15	1	---	---	25	1.2249	2	---	---	---	solid	1
31229	C19H12O2	2-dibenzofuranylphenyl methanone	6407-29-0	272.303	---	---	---	---	25	1.2249	2	---	---	---	---	---
31230	C19H12O6	dicumarol	66-76-2	336.301	563.15	1	---	---	25	1.3740	2	---	---	---	solid	1
31231	C19H12O8S	pyrogallol red	32638-88-3	400.365	573.15	1	422.15	1	25	1.4743	2	---	---	---	solid	1
31232	C19H13Br	7-bromomethylbenz(a)anthracene	24961-39-5	321.216	---	---	---	---	25	1.3644	2	---	---	---	---	---
31233	C19H13Cl	5-chloro-10-methyl-1,2-benzanthracene	63018-67-7	276.765	---	---	549.15	1	25	1.1890	2	---	---	---	---	---
31234	C19H13Cl	7-chloromethyl benz(a)anthracene	6325-54-8	276.765	---	---	539.15	1	25	1.1890	2	---	---	---	---	---
31235	C19H13Cl	7-chloro-10-methyl-1,2-benzanthracene	6366-24-1	276.765	---	---	544.15	2	25	1.1890	2	---	---	---	---	---
31236	C19H13F	2-fluoro-7-methylbenz(a)anthracene	1994-57-6	260.311	---	---	389.30	2	25	1.1546	2	---	---	---	---	---
31237	C19H13F	3-fluoro-7-methylbenz(a)anthracene	2606-87-3	260.311	---	---	389.30	2	25	1.1546	2	---	---	---	---	---
31238	C19H13F	6-fluoro-7-methylbenz(a)anthracene	2541-68-6	260.311	---	---	389.30	2	25	1.1546	2	---	---	---	---	---
31239	C19H13F	9-fluoro-7-methylbenz(a)anthracene	1881-75-0	260.311	---	---	389.30	2	25	1.1546	2	---	---	---	---	---
31240	C19H13F	7-fluoro-10-methyl-1,2-benzanthracene	1881-76-1	260.311	---	---	389.30	2	25	1.1546	2	---	---	---	---	---
31241	C19H13F	1-fluoro-5-methylchrysene	64977-44-2	260.311	---	---	389.30	2	25	1.1546	2	---	---	---	---	---
31242	C19H13F	6-fluoro-5-methylchrysene	64977-46-4	260.311	---	---	389.30	2	25	1.1546	2	---	---	---	---	---
31243	C19H13F	7-fluoro-5-methylchrysene	64977-47-5	260.311	---	---	389.30	1	25	1.1546	2	---	---	---	---	---
31244	C19H13F	9-fluoro-5-methylchrysene	64977-48-6	260.311	---	---	389.30	2	25	1.1546	2	---	---	---	---	---
31245	C19H13F	11-fluoro-5-methylchrysene	64977-49-7	260.311	---	---	389.30	2	25	1.1546	2	---	---	---	---	---
31246	C19H13F	12-fluoro-5-methylchrysene	61413-38-5	260.311	---	---	389.30	2	25	1.1546	2	---	---	---	---	---
31247	C19H13N	9-phenylacridine	602-56-2	255.319	457.15	1	677.15	1	25	1.1615	2	---	---	---	solid	1
31248	C19H13NO	7-formyl-9-methylbenz(c)acridine	2732-09-4	271.319	---	---	---	---	25	1.2035	2	---	---	---	---	---
31249	C19H13NO	7-formyl-11-methylbenz(c)acridine	18936-78-2	271.319	---	---	---	---	25	1.2035	2	---	---	---	---	---
31250	C19H13NS	6,13-dihydrobenzo(e)(1)benzothiopyrano(4	10023-25-3	287.385	---	---	---	---	25	1.2209	2	---	---	---	---	---
31251	C19H13N3O7	tris(4-nitrotriphenyl)methanol	596-48-5	395.329	---	---	---	---	25	1.4772	2	---	---	---	---	---
31252	C19H14	3-methylbenz[a]anthracene	2498-75-1	242.320	429.65	1	---	---	25	1.1011	2	---	---	---	solid	1
31253	C19H14	8-methylbenz[a]anthracene	2381-31-9	242.320	429.65	1	---	---	25	1.2310	1	---	---	---	solid	1
31254	C19H14	9-methylbenz[a]anthracene	2381-16-0	242.320	425.65	1	---	---	25	1.1011	2	---	---	---	solid	1
31255	C19H14	10-methylbenz[a]anthracene	2381-15-9	242.320	457.15	1	---	---	25	1.1011	2	---	---	---	solid	1
31256	C19H14	11-methylbenz[a]anthracene	6111-78-0	242.320	391.15	1	---	---	25	1.1011	2	---	---	---	solid	1
31257	C19H14	1-methylchrysene	3351-28-8	242.320	529.65	1	730.15	2	25	1.1011	2	---	---	---	solid	1
31258	C19H14	5-methylchrysene	3697-24-3	242.320	391.45	1	730.15	2	25	1.1011	2	---	---	---	solid	1
31259	C19H14	6-methyl-3:4-benzphenanthrene	2606-85-1	242.320	354.90	1	574.98	2	25	1.1011	2	---	---	---	solid	1
31260	C19H14	1-methylbenz(a)anthracene	2498-77-3	242.320	412.15	1	---	---	25	1.1011	2	---	---	---	solid	1
31261	C19H14	2-methylbenz(a)anthracene	2498-76-2	242.320	423.15	1	---	---	25	1.1011	2	---	---	---	solid	1
31262	C19H14	4-methylbenz(a)anthracene	316-49-4	242.320	471.15	1	---	---	25	1.1011	2	---	---	---	solid	1
31263	C19H14	5-methylbenz(a)anthracene	2319-96-2	242.320	433.15	1	---	---	25	1.1011	2	---	---	---	solid	1
31264	C19H14	6-methylbenz(a)anthracene	316-14-3	242.320	400.15	1	---	---	25	1.1011	2	---	---	---	solid	1
31265	C19H14	10-methyl-1,2-benzanthracene	2541-69-7	242.320	413.15	1	---	---	25	1.1011	2	---	---	---	solid	1
31266	C19H14	12-methylbenz(a)anthracene	2422-79-9	242.320	413.15	1	---	---	25	1.1011	2	---	---	---	solid	1
31267	C19H14	5-methylbenzo(c)phenanthrene	652-04-0	242.320	344.65	1	574.98	2	25	1.1011	2	---	---	---	solid	1
31268	C19H14	6-methylbenzo(c)phenanthrene	2381-34-2	242.320	354.90	1	557.15	1	25	1.1011	2	---	---	---	solid	1
31269	C19H14	7-methyl-3,4-benzphenanthrene	2381-19-3	242.320	326.65	1	574.98	2	25	1.1011	2	---	---	---	solid	1
31270	C19H14	8-methyl-3:4-benzphenanthrene	4076-40-8	242.320	338.65	1	574.98	2	25	1.1011	2	---	---	---	solid	1
31271	C19H14	2-methylchrysene	3351-32-4	242.320	502.65	1	730.15	2	25	1.1011	2	---	---	---	solid	1
31272	C19H14	3-methylchrysene	3351-31-3	242.320	446.65	1	730.15	2	25	1.1011	2	---	---	---	solid	1
31273	C19H14	4-methylchrysene	3351-30-2	242.320	424.65	1	730.15	2	25	1.1011	2	---	---	---	solid	1
31274	C19H14	6-methylchrysene	1705-85-7	242.320	434.65	1	730.15	2	25	1.1011	2	---	---	---	solid	1
31275	C19H14ClN	9-chloro-8,12-dimethylbenz(a)acridine	63019-52-3	291.780	---	---	---	---	25	1.2081	2	---	---	---	---	---
31276	C19H14ClN	7,11-dimethyl-10-chlorobenz(c)acridine	64038-38-6	291.780	---	---	---	---	25	1.2081	2	---	---	---	---	---
31277	C19H14Cl2O8	8-dichloroacetoxy-9-hydroxy-8,9-dihydro-a	75084-25-2	441.220	---	---	---	---	25	1.4737	2	---	---	---	---	---
31278	C19H14FN	10-fluoro-9,12-dimethylbenz(a)acridine	64038-39-7	275.326	---	---	---	---	25	1.1755	2	---	---	---	---	---
31279	C19H14F3NO	fluridone	59756-60-4	329.322	428.15	1	---	---	25	1.2686	2	---	---	---	solid	1
31280	C19H14NO5P	1,2-benzisoxazol-3-yl-diphenyl phosphate	---	367.298	339.15	1	---	---	---	---	---	---	---	---	solid	1

Table 1 Physical Properties - Organic Compounds

				Mol Wt	Freezing Point		Boiling Point		Density			Refractive Index			State	
NO	FORMULA	NAME	CAS No	g/mol	T_F, K	code	T_B, K	code	T, C	g/cm3	code	T, C	n_D	code	@25C,1 atm	code
31281	C19H14O	4-benzoylbiphenyl	2128-93-0	258.320	374.15	1	692.65	1	25	1.1445	2	---	---	---	solid	1
31282	C19H14O	9-phenyl-9-fluorenol	25603-67-2	258.320	381.65	1	692.65	2	25	1.1445	2	---	---	---	solid	1
31283	C19H14O	benz(a)anthracene-7-methanol	16110-13-7	258.320	---	---	692.65	2	25	1.1445	2	---	---	---	---	---
31284	C19H14O	3-methoxy-1,2-benzanthracene	56183-20-1	258.320	---	---	692.65	2	25	1.1445	2	---	---	---	---	---
31285	C19H14O	5-methoxy-1,2-benzanthracene	63019-69-2	258.320	---	---	692.65	2	25	1.1445	2	---	---	---	---	---
31286	C19H14O	10-methoxy-1,2-benzanthracene	6366-20-7	258.320	---	---	692.65	2	25	1.1445	2	---	---	---	---	---
31287	C19H14O	5-methoxychrysene	61413-39-6	258.320	415.65	1	692.65	2	25	1.1445	2	---	---	---	solid	1
31288	C19H14O	7-methylbenz(a)anthracene-5,6-oxide	1155-38-0	258.320	---	---	692.65	2	25	1.1445	2	---	---	---	---	---
31289	C19H14O2	9-phenylxanthen-9-ol	596-38-3	274.319	433.15	1	---	---	25	1.1859	2	---	---	---	solid	1
31290	C19H14O3	aurin	603-45-2	290.318	582.15	dec	---	---	25	1.2253	2	---	---	---	solid	1
31291	C19H14O3	11-acetoxy-15-dihydrocyclopenta(a)phena	24684-58-0	290.318	---	---	---	---	25	1.2253	2	---	---	---	---	---
31292	C19H14O5	tetrangomycin	7351-08-8	322.317	456.15	1	---	---	25	1.2988	2	---	---	---	solid	1
31293	C19H14O5S	phenol red	143-74-8	354.383	>573	1	---	---	25	1.3438	2	---	---	---	solid	1
31294	C19H14S	benz(a)anthracene-7-methanethiol	63018-59-7	274.386	---	---	---	---	25	1.1644	2	---	---	---	---	---
31295	C19H15Br	bromotriphenylmethane	596-43-0	323.232	426.15	1	---	---	20	1.5500	1	---	---	---	solid	1
31296	C19H15Br2F2P	(bromodifluoromethyl)triphenylphosphoniu	58201-66-4	472.107	454.65	1	---	---	---	---	---	---	---	---	solid	1
31297	C19H15Cl	chlorotriphenylmethane	76-83-5	278.781	376.80	1	583.15	1	25	1.1530	2	---	---	---	solid	1
31298	C19H15ClF3NO7	lactofen	77501-63-4	461.779	---	---	---	---	25	1.4660	2	---	---	---	---	---
31299	C19H15ClN2O2	4'-chloro-2'-(a-hydroxybenzyl)isonicotinani	82211-24-3	338.793	---	---	---	---	25	1.2955	2	---	---	---	---	---
31300	C19H15ClN2O5	7-chloro-1,3-dihydro-3-hemisuccinyloxy-2H	4700-56-5	386.792	---	---	---	---	25	1.3896	2	---	---	---	---	---
31301	C19H15ClN4	triphenyltetrazolium chloride	298-96-4	334.809	516.15	dec	---	---	25	1.2938	2	---	---	---	solid	1
31302	C19H15ClO4	DL-3-(a-acetonyl-4'-chlorobenzyl)-4-hydro	81-82-3	342.778	442.15	1	---	---	25	1.2972	2	---	---	---	solid	1
31303	C19H15Cl5Sn	triphenylcarbenium pentachlorostannate	15414-98-9	539.301	---	---	---	---	---	---	---	---	---	---	---	---
31304	C19H15Cl6Sb	triphenylcarbenium hexachloroantimonate	1586-91-0	577.803	491.15	1	---	---	---	---	---	---	---	---	solid	1
31305	C19H15FN2O4	7-fluoro-6-(3,4,5,6-tetrahydrophthalimido)-	103361-09-7	354.338	---	---	---	---	25	1.3350	2	---	---	---	---	---
31306	C19H15N	9-benzyl-9H-carbazole	19402-87-0	257.335	392.15	1	---	---	25	1.1245	2	---	---	---	solid	1
31307	C19H15N	7,9-dimethylbenz(c)acridine	963-89-3	257.335	432.75	1	---	---	25	1.1245	2	---	---	---	solid	1
31308	C19H15N	benzenecarboxaldehyde	63021-32-9	257.335	---	---	---	---	25	1.1245	2	---	---	---	---	---
31309	C19H15N	1,10-dimethyl-5,6-benzacridine	3518-05-6	257.335	---	---	---	---	25	1.1245	2	---	---	---	---	---
31310	C19H15N	2,10-dimethyl-5,6-benzacridine	17401-48-8	257.335	---	---	---	---	25	1.1245	2	---	---	---	---	---
31311	C19H15N	7,11-dimethylbenz(c)acridine	32740-01-5	257.335	---	---	---	---	25	1.1245	2	---	---	---	---	---
31312	C19H15N	5,7-dimethyl-1,2-benzacridine	53-69-0	257.335	---	---	---	---	25	1.1245	2	---	---	---	---	---
31313	C19H15N	6,9-dimethyl-1,2-benzacridine	2381-40-0	257.335	---	---	---	---	25	1.1245	2	---	---	---	---	---
31314	C19H15N	N-phenyl-2-fluorenamine	32228-97-0	257.335	---	---	---	---	25	1.1245	2	---	---	---	---	---
31315	C19H15NO	N-4-biphenylbenzamide	20743-57-1	273.335	---	---	---	---	25	1.1659	2	---	---	---	---	---
31316	C19H15NO	3-methoxy-7-methylbenz(c)acridine	83876-56-6	273.335	---	---	---	---	25	1.1659	2	---	---	---	---	---
31317	C19H15NO	N-phenyl-2-fluorenylhydroxylamine	31874-15-4	273.335	---	---	---	---	25	1.1659	2	---	---	---	---	---
31318	C19H15NO2	allyl 2-phenylcinchoninate	524-34-5	289.334	304.65	1	---	---	25	1.2052	2	---	---	---	solid	1
31319	C19H15NO2	N-hydroxy-4-biphenylylbenzamide	26690-77-7	289.334	---	---	---	---	25	1.2052	2	---	---	---	---	---
31320	C19H15NO3S	N-hydroxy-2-fluorenylbenzenesulfonamide	26630-60-4	337.399	---	---	415.15	1	25	1.2915	2	---	---	---	---	---
31321	C19H15NO5	N-(9H-fluoren-2-ylmethoxycarbonyloxy)suc	82911-69-1	337.332	422.15	1	---	---	25	1.3130	2	---	---	---	solid	1
31322	C19H15NO5	atheriline	5140-35-2	337.332	528.15	dec	---	---	25	1.3130	2	---	---	---	solid	1
31323	C19H15NO6	3-(a-acetonyl-p-nitrobenzyl)-4-hydroxy-cou	152-72-7	353.332	---	---	---	---	25	1.3459	2	---	---	---	---	---
31324	C19H15NO8	alizarin fluorine blue	3952-78-1	385.330	---	---	---	---	25	1.4075	2	---	---	---	---	---
31325	C19H15NSSn	triphenylthiocyanatostannane	7224-23-9	408.111	---	---	---	---	---	---	---	---	---	---	---	---
31326	C19H16	2-benzyl-1,1'-biphenyl	606-97-3	244.336	328.15	1	573.65	2	62	1.0925	2	---	---	---	solid	1
31327	C19H16	4-benzyl-1,1'-biphenyl	613-42-3	244.336	358.15	1	573.65	2	25	1.1710	1	---	---	---	solid	1
31328	C19H16	triphenylmethane	519-73-3	244.336	365.30	1	632.15	1	99	1.0140	1	99	1.5839	1	solid	1
31329	C19H16	1,2-cyclopenteno-5,10-aceanthrene	7129-91-1	244.336	---	---	573.65	2	62	1.0925	2	---	---	---	---	---
31330	C19H16	11,17-dimethyl-15H-cyclopenta(a)phenant	5831-10-7	244.336	---	---	573.65	2	62	1.0925	2	---	---	---	---	---
31331	C19H16	12,17-dimethyl-15H-cyclopenta(a)phenant	5831-09-4	244.336	---	---	515.15	1	62	1.0925	2	---	---	---	---	---
31332	C19H16ClFN2O	flutoprazepam	25967-29-7	342.800	360.15	1	---	---	25	1.2683	2	---	---	---	solid	1
31333	C19H16ClNO4	indomethacin	53-86-1	357.793	---	---	---	---	25	1.3106	2	---	---	---	---	---
31334	C19H16Cl2N2O4S	pyrazolate	58011-68-0	439.319	---	---	---	---	25	1.4172	2	---	---	---	---	---
31335	C19H16F4N2O2	1-((4-fluorophenyl)methyl)-5-oxo-N-(3-(trifl	59749-51-8	380.343	---	---	---	---	25	1.3190	2	---	---	---	---	---
31336	C19H16HgN4S	(diphenylthiocarbazono)phenylmercury	56724-82-4	533.020	451.15	1	---	---	---	---	---	---	---	---	solid	1
31337	C19H16N2	1-[(2-methylphenyl)methyl]-9H-pyrido[3,4-b	525-15-5	272.350	490.95	1	---	---	25	1.1463	2	---	---	---	solid	1
31338	C19H16N2	methanone, diphenyl-, phenylhydrazone	574-61-8	272.350	---	---	---	---	25	1.1463	2	---	---	---	---	---
31339	C19H16N2O3	N-acetyl-N-(4,5-diphenyl-2-oxazolyl)acetar	35629-40-4	320.348	---	---	522.15	dec	25	1.2591	2	---	---	---	---	---
31340	C19H16N2O3	5-allyl-1,3-diphenylbarbituric acid	743-45-3	320.348	---	---	522.15	2	25	1.2591	2	---	---	---	---	---
31341	C19H16N2O4	benzoylphenobarbital	744-80-9	336.348	407.65	1	---	---	25	1.2934	2	---	---	---	solid	1
31342	C19H16N4	triphenylformazan	531-52-2	300.364	---	---	---	---	25	1.2206	2	---	---	---	---	---
31343	C19H16N4O	C.I. disperse yellow 7	6300-37-4	316.363	---	---	---	---	25	1.2569	2	---	---	---	---	---
31344	C19H16O	triphenylmethanol	76-84-6	260.335	437.35	1	653.15	1	25	1.1990	1	---	---	---	solid	1
31345	C19H16O	15,16-dihydro-7,11-dimethyl-17H-cyclopen	85616-56-4	260.335	---	---	653.15	2	25	1.1092	2	---	---	---	---	---
31346	C19H16O	15,16-dihydro-11,12-dimethylcyclopenta(a	894-52-0	260.335	---	---	653.15	2	25	1.1092	2	---	---	---	---	---
31347	C19H16O	15,16-dihydro-11-ethylcyclopenta(a)phena	42028-27-3	260.335	---	---	653.15	2	25	1.1092	2	---	---	---	---	---
31348	C19H16O	3-methoxy-17-methyl-15H-cyclopentaphen	5831-08-3	260.335	---	---	653.15	2	25	1.1092	2	---	---	---	---	---
31349	C19H16O	11-methoxy-17-methyl-15H-cyclopenta(a)p	5831-12-9	260.335	---	---	653.15	2	25	1.1092	2	---	---	---	---	---
31350	C19H16O	11-methyl-1-oxo-1,2,3,4-tetrahydrochrysen	27343-29-9	260.335	---	---	653.15	2	25	1.1092	2	---	---	---	---	---
31351	C19H16O2	trans-(±)-1,2-dihydro-5-methyl-1,2-chrysen	96741-20-7	276.335	---	---	500.40	2	25	1.1498	2	---	---	---	---	---
31352	C19H16O2	trans-(±)-1,2-dihydro-11-methyl-1,2-chryse	96741-21-8	276.335	---	---	500.40	2	25	1.1498	2	---	---	---	---	---
31353	C19H16O2	1,2-dihydro-1,2-dihydroxy-5-methylchryser	67411-81-8	276.335	---	---	500.40	2	25	1.1498	2	---	---	---	---	---
31354	C19H16O2	7,8-dihydro-7,8-dihydroxy-5-methylchryser	67523-22-2	276.335	---	---	500.40	2	25	1.1498	2	---	---	---	---	---
31355	C19H16O2	15,16-dihydro-11-methoxy-7-methylcyclop	30835-61-1	276.335	---	---	500.40	2	25	1.1498	2	---	---	---	---	---
31356	C19H16O2	15,16-dihydro-11-methyl-15-methoxycyclo	83053-62-7	276.335	---	---	502.15	1	25	1.1498	2	---	---	---	---	---
31357	C19H16O2	11-ethoxy-15,16-dihydro-17-cyclopenta(a)	83053-57-0	276.335	---	---	498.65	1	25	1.1498	2	---	---	---	---	---
31358	C19H16O2	6-methoxy-11-methyl-15,16-dihydro-17H-c	24684-49-9	276.335	---	---	500.40	2	25	1.1498	2	---	---	---	---	---
31359	C19H16O3	triphenoxymethane	16737-44-3	292.334	349.65	1	610.15	2	25	1.1886	2	---	---	---	solid	1
31360	C19H16O3	(1a,2b,2aa,3aa)-(±)-1,2,2a,3a-tetrahydro-4	96790-39-5	292.334	---	---	610.15	2	25	1.1886	2	---	---	---	---	---

Table 1 Physical Properties - Organic Compounds

NO	FORMULA	NAME	CAS No	Mol Wt g/mol	Freezing Point T_F, K	code	Boiling Point T_B, K	code	Density T, C	g/cm3	code	Refractive Index T, C	n_D	code	State @25C,1 atm	code
31361	C19H16O3	(1a,2b,2ab,3ab)-1,2,2a,3a-tetrahydro-4-me	97170-07-5	292.334	---	---	610.15	2	25	1.1886	2	---	---	---	---	---
31362	C19H16O3	(1a,2b,2ab,3ab)-(±)-1,2,2a,3a-tetrahydro-4	96790-40-8	292.334	---	---	610.15	2	25	1.1886	2	---	---	---	---	---
31363	C19H16O3	(1a,2b,2ab,3ab)-1,2,2a,3a-tetrahydro-10-m	97170-08-6	292.334	---	---	610.15	1	25	1.1886	2	---	---	---	---	---
31364	C19H16O3	endrocide	5836-29-3	292.334	---	---	610.15	2	25	1.1886	2	---	---	---	---	---
31365	C19H16O3	anti-5-methylchrysene-1,2-diol-3,4-epoxide	81851-68-5	292.334	---	---	610.15	2	25	1.1886	2	---	---	---	---	---
31366	C19H16O4	warfarin	81-81-2	308.334	434.15	1	---	---	25	1.2257	2	---	---	---	solid	1
31367	C19H16O5	efloxate	119-41-5	324.333	396.85	1	---	---	25	1.2612	2	---	---	---	solid	1
31368	C19H16O7	5-methoxydihydrosterigmatocystin	101489-25-2	356.332	---	---	---	---	25	1.3276	2	---	---	---	---	---
31369	C19H16S	triphenylmethyl mercaptan	3695-77-0	276.402	378.15	1	---	---	25	1.1298	2	---	---	---	solid	1
31370	C19H17	16,17-dihydro-11,17-dimethylcyclopenta(a)	5831-16-3	245.344	---	---	---	---	25	1.0503	2	---	---	---	---	---
31371	C19H17Br2P	(bromomethyl)triphenylphosphonium bromi	1034-49-7	436.126	505.65	1	---	---	---	---	---	---	---	---	solid	1
31372	C19H17Cl2N3O3	difenoconazole	119446-68-3	406.268	349.15	1	---	---	25	1.3653	2	---	---	---	solid	1
31373	C19H17Cl2P	(chloromethyl)triphenylphosphonium chlori	5293-84-5	347.223	534.65	1	---	---	---	---	---	---	---	---	solid	1
31374	C19H17ClN2O	demetrin	2955-38-6	324.810	418.65	1	---	---	25	1.2261	2	---	---	---	solid	1
31375	C19H17ClN2O4	quizalofop-ethyl	76578-14-8	372.808	365.15	1	---	---	25	1.3232	2	---	---	---	solid	1
31376	C19H17ClN2O4	oxamethacin	27035-30-9	372.808	454.65	dec	---	---	25	1.3232	2	---	---	---	solid	1
31377	C19H17N	4-(diphenylmethyl)aniline	603-38-3	259.351	357.65	1	---	---	25	1.0904	2	---	---	---	solid	1
31378	C19H17N	triphenylmethylamine	5824-40-8	259.351	375.65	1	---	---	25	1.0904	2	---	---	---	solid	1
31379	C19H17N	N,N-diphenylbenzenemethanamine	606-87-1	259.351	---	---	---	---	25	1.0904	2	---	---	---	---	---
31380	C19H17NOS	tinactin	2398-96-1	307.416	384.15	1	---	---	25	1.1868	2	---	---	---	solid	1
31381	C19H17NO2	a-(2-naphthoxy)propionanilide	52570-16-8	291.350	---	---	---	---	25	1.1697	2	---	---	---	---	---
31382	C19H17NO3	cusparine	529-92-0	307.349	365.15	a	---	---	25	1.2067	2	---	---	---	solid	a
31383	C19H17NO4	(R)-N-fmoc-azetidine-2-carboxylic acid	---	323.349	412.55	1	---	---	25	1.2422	2	---	---	---	solid	1
31384	C19H17NO4	(S)-N-fmoc-azetidine-2-carboxylic acid	136552-06-2	323.349	408.15	1	---	---	25	1.2422	2	---	---	---	solid	1
31385	C19H17N3	N,N',N''-triphenylguanidine	101-01-9	287.365	419.65	1	---	---	20	1.1630	1	---	---	---	solid	1
31386	C19H17N3O	evodiamine	518-17-2	303.364	301.15	1	---	---	25	1.2040	2	---	---	---	solid	1
31387	C19H17N3O	4-(dicyanomethylene)-2-methyl-6-(p-dimetl	51325-91-8	303.364	---	---	---	---	25	1.2040	2	---	---	---	---	---
31388	C19H17N3O4S2	7-((2-thienyl)acetamido)-3-(1-pyridylmethyl	50-59-9	415.495	---	---	---	---	25	1.3853	2	---	---	---	---	---
31389	C19H17O2	trans-1,2-dihydro-1,2-dihydroxy-7-methylbe	64521-13-7	277.343	---	---	---	---	25	1.1328	2	---	---	---	---	---
31390	C19H17O2	trans-5,6-dihydro-5,6-dihydroxy-7-methylbe	16053-71-7	277.343	---	---	---	---	25	1.1328	2	---	---	---	---	---
31391	C19H17O4P	p-cresyl diphenyl phosphate	78-31-9	340.316	233.25	1	---	---	25	1.2080	1	---	---	---	---	---
31392	C19H17O4P	tolyl diphenyl phosphate	26444-49-5	340.316	---	---	---	---	---	---	---	---	---	---	---	---
31393	C19H17P	diphenyl(p-tolyl)phosphine	1031-93-2	276.318	340.15	1	---	---	---	---	---	---	---	---	solid	1
31394	C19H18	3,4-dimethyl-1,2-cyclopentenophenanthrer	63020-69-9	246.352	---	---	---	---	25	1.0346	2	---	---	---	---	---
31395	C19H18	6-methyl-1,2,3,4-tetrahydrobenz(a)anthrac	63020-37-1	246.352	---	---	---	---	25	1.0346	2	---	---	---	---	---
31396	C19H18AsI	methyl triphenylarsonium iodide	1499-33-8	448.178	448.15	1	---	---	---	---	---	---	---	---	solid	1
31397	C19H18BrP	methyltriphenylphosphonium bromide	1779-49-3	357.230	505.15	1	---	---	---	---	---	---	---	---	solid	1
31398	C19H18ClFN2O3	flutazolam	27060-91-9	376.815	456.65	1	---	---	25	1.2970	2	---	---	---	solid	1
31399	C19H18ClN3	pararosaniline chloride	569-61-9	323.825	---	---	---	---	25	1.2081	2	---	---	---	---	---
31400	C19H18ClN3O3	7-chloro-1,3-dihydro-3-(N,N-dimethylcarba	36104-80-0	371.824	---	---	---	---	25	1.3052	2	---	---	---	---	---
31401	C19H18ClN3O5S	syntarpen	61-72-3	435.888	---	---	---	---	25	1.3985	2	---	---	---	---	---
31402	C19H18IO3P	methyltriphenoxyphosphonium iodide	17579-99-6	452.229	416.65	1	---	---	---	---	---	---	---	---	solid	1
31403	C19H18IP	methyltriphenylphosphonium iodide	2065-66-9	404.230	458.65	1	---	---	---	---	---	---	---	---	solid	1
31404	C19H18N2	4-(4-(dimethylamino)styryl)quinoline	897-55-2	274.366	---	---	---	---	25	1.1126	2	---	---	---	---	---
31405	C19H18N2O2	2,2'-methylenebis[(4S)-4-phenyl-2-oxazolir	132098-59-0	306.365	---	---	---	---	25	1.2800	1	---	1.5860	1	---	---
31406	C19H18N2O3	2-benzoyl-1-cyano-6,7-dimethoxy-1,2,3,4-t	---	322.364	488.65	1	---	---	25	1.2236	2	---	---	---	solid	1
31407	C19H18N2O3	1',3',3'-trimethylspiro-8-nitro(2H-1-benzopy	5150-50-5	322.364	421.15	1	---	---	25	1.2236	2	---	---	---	solid	1
31408	C19H18N2O3	ketophenylbutazone	853-34-9	322.364	---	---	---	---	25	1.2236	2	---	---	---	---	---
31409	C19H18N2O3	1,3,3-trimethyl-6'-nitroindoline-2-spiro-2'-be	1498-88-0	322.364	---	---	---	---	25	1.2236	2	---	---	---	---	---
31410	C19H18N2O4	Na-carbobenzyloxy-L-tryptophan	7432-21-5	338.364	397.15	1	---	---	25	1.2576	2	---	---	---	solid	1
31411	C19H18N2O4	3-((4-(5-(methoxymethyl)-2-oxo-3-oxazolidi	73815-11-9	338.364	---	---	---	---	25	1.2576	2	---	---	---	---	---
31412	C19H18N2O5	Na-fmoc-L-asparagine	71989-16-7	354.363	453.15	1	---	---	25	1.2901	2	---	---	---	solid	1
31413	C19H16N2Na2O7S2	ponceau 3R	3564-09-8	494.457	---	---	---	---	---	---	---	---	---	---	---	---
31414	C19H18N4O2	(-)-pimobendan	118428-37-8	334.379	---	---	---	---	25	1.2555	2	---	---	---	---	---
31415	C19H18N4O2	(+)-pimobendan	118428-38-9	334.379	---	---	---	---	25	1.2555	2	---	---	---	---	---
31416	C19H18N6O6	nicarbazin	330-95-0	426.390	---	---	---	---	25	1.4343	2	---	---	---	---	---
31417	C19H18N8O7	nitrosofolic acid	29291-35-8	470.404	---	---	---	---	25	1.5106	2	---	---	---	---	---
31418	C19H18N8O7	N-nitroso-N-pteroyl-L-glutamic acid	29291-35-0	470.404	---	---	---	---	25	1.5106	2	---	---	---	---	---
31419	C19H18O3	trans,trans-1,3-bis(4-methoxybenzylidene)	2051-07-2	294.350	401.65	1	---	---	25	1.1545	2	---	---	---	solid	1
31420	C19H18O3Si	methyltriphenoxysilane	3439-97-2	322.435	---	---	---	---	20	1.1350	1	20	1.5599	1	---	---
31421	C19H18O3SSn	triphenyltin methanesulfonate	13302-08-4	445.126	---	---	---	---	---	---	---	---	---	---	---	---
31422	C19H18O5	2-(1,3-benzodioxol-5-yl)-7-methoxy-5-benz	530-22-3	326.349	391.15	1	---	---	25	1.2260	2	---	---	---	solid	1
31423	C19H18Si	methyltriphenylsilane	791-29-7	274.437	342.65	1	---	---	20	1.0880	1	---	---	---	solid	1
31424	C19H19Br2NO4	N-carbobenzoxy-L-phenylalanine-1,2-dibro	64187-43-5	485.172	---	---	---	---	25	1.5700	2	---	---	---	---	---
31425	C19H19FO4	2-fluoro-a-methyl-(1,1'-biphenyl)-4-acetic a	91503-79-6	330.356	---	---	---	---	25	1.2015	2	---	---	---	---	---
31426	C19H19NO2	1',3',3'-trimethyl-6-hydroxyspiro(2H-1-benz	23001-29-8	293.366	---	---	---	---	25	1.1367	2	---	---	---	---	---
31427	C19H19NO2	2,3-bis(p-methoxyphenyl)-2-pentenonitrile	53-64-5	293.366	---	---	---	---	25	1.1367	2	---	---	---	---	---
31428	C19H19NO3	laureline	81-38-9	309.365	387.15	1	---	---	25	1.1731	2	---	---	---	solid	1
31429	C19H19NO4	bulbocapnine	298-45-3	325.364	472.65	1	---	---	25	1.2081	2	---	---	---	solid	1
31430	C19H19NO4	N-carbobenzoxy-L-phenylalanine vinyl este	64187-42-4	325.364	---	---	---	---	25	1.2081	2	---	---	---	---	---
31431	C19H19NO7	N-hydroxy-N-glucuronosyl-2-aminofluorene	89947-76-2	373.363	---	---	---	---	25	1.3047	2	---	---	---	---	---
31432	C19H19NO8	N-fluoren-2-yl-hydroxylamine-o-glucuronid	34461-49-9	389.362	---	---	519.65	1	25	1.3344	2	---	---	---	---	---
31433	C19H19NS	9-(1-methyl-4-piperidylidene)thioxanthene	314-03-4	293.433	394.15	1	---	---	25	1.1182	2	---	---	---	solid	1
31434	C19H19N3	triaminotriphenylmethane	548-61-8	289.381	481.15	1	---	---	25	1.1332	2	---	---	---	solid	1
31435	C19H19N3O	pararosaniline base	25620-78-4	305.380	478.15	1	---	---	25	1.1702	2	---	---	---	solid	1
31436	C19H19N3O6	nilvadipine	75530-68-6	385.377	422.15	1	---	---	25	1.3333	2	---	---	---	solid	1
31437	C19H19N7O6	folic acid	59-30-3	441.405	523.15	dec	---	---	25	1.4423	2	---	---	---	solid	1
31438	C19H20Br4O4	4,4'-isopropylidenebis[2-(2,6-dibromophen	4162-45-2	631.981	384.15	1	---	---	25	1.8110	2	---	---	---	solid	1
31439	C19H20Cl2N6O4	1,3-bis(2-chloroethyl)-1-nitrosourea-dipher	68060-50-4	467.312	---	---	---	---	25	1.4185	2	---	---	---	---	---
31440	C19H20FNO3	paroxetine	61869-08-7	329.372	---	---	---	---	25	1.1844	2	---	---	---	---	---

Table 1 Physical Properties - Organic Compounds

				Mol Wt	Freezing Point		Boiling Point		Density			Refractive Index			State	
NO	FORMULA	NAME	CAS No	g/mol	T_F, K	code	T_B, K	code	T, C	g/cm3	code	T, C	n_D	code	@25C,1 atm	code
31441	C19H20F3NO4	fluazipop-butyl	69806-50-4	383.368	286.15	1	---	---	20	1.2100	1	---	---	---	---	---
31442	C19H20F3NO4	fluazipop-p-butyl	79241-46-6	383.368	275.65	1	---	---	25	1.2632	2	---	---	---	---	---
31443	C19H20N2	mebhydroline	524-81-2	276.382	368.15	1	536.15	2	25	1.0812	2	---	---	---	solid	1
31444	C19H20N2	N,N-dimethyl-N'-ethyl-N'-phenylethylenedia	27692-91-7	276.382	---	---	536.15	2	25	1.0812	2	---	---	---	---	---
31445	C19H20N2	mebhydrolin napadisylate	6153-33-9	276.382	553.15	dec	536.15	1	25	1.0812	2	---	---	---	solid	1
31446	C19H20N2O	sarpagan-17-al	6874-98-2	292.381	578.65	1	---	---	25	1.1192	2	---	---	---	solid	1
31447	C19H20N2O	luzindole	117946-91-5	292.381	---	---	---	---	25	1.1192	2	---	---	---	---	---
31448	C19H20N2O2	phenylbutazone	50-33-9	308.381	378.65	1	---	---	25	1.1557	2	---	---	---	solid	1
31449	C19H20N2O3	p-hydroxyphenylbutazone	129-20-4	324.380	---	---	---	---	25	1.1906	2	---	---	---	---	---
31450	C19H20N6OS	10,11-dihydro-2-(4-methyl-1-piperazinyl)-1	70301-54-1	380.475	---	---	428.15	dec	25	1.2951	2	---	---	---	---	---
31451	C19H20N8O5	aminopteridine	54-62-6	440.421	---	---	---	---	25	1.4245	2	---	---	---	---	---
31452	C19H20O4	benzyl butyl phthalate	85-68-7	312.365	298.15	1	643.15	1	25	1.1100	1	---	1.5400	1	---	---
31453	C19H20O4	bisphenol A diacetate	10192-62-8	312.365	361.65	1	643.15	2	25	1.1587	2	---	---	---	solid	1
31454	C19H20O4S	2-thiophenecarboxylic acid, 3-(1,3-benzodi	58344-24-4	344.431	---	---	---	---	25	1.2079	2	---	---	---	---	---
31455	C19H21ClN2O	N-((4-chlorophenyl)methyl)-N-cyclopentyl-N	66063-05-6	328.842	---	---	---	---	25	1.1623	2	---	---	---	---	---
31456	C19H21ClN2S	octoclothepine	13448-22-1	344.908	---	---	---	---	25	1.1777	2	---	---	---	---	---
31457	C19H21ClN4O	2-chloro-a-cyano-6-methylergoline-8-propi	---	356.856	---	---	---	---	25	1.2245	2	---	---	---	---	---
31458	C19H21ClN4O5	1-(theophyllin-7-yl)ethyl-2-(2-(p-chlorophen	54504-70-0	420.853	407.15	1	---	---	25	1.3408	2	---	---	---	solid	1
31459	C19H21Cl2NO2	p-(bis(2-chloroethyl)amino)phenyl-2,6-dime	21667-01-6	366.287	---	---	---	---	25	1.2149	2	---	---	---	---	---
31460	C19H21N	N-3-(5H-dibenzo(a,d)cyclohepten-5-yl)prop	438-60-8	263.383	---	---	461.75	1	25	1.0293	2	---	---	---	---	---
31461	C19H21N	nortriptyline	72-69-5	263.383	---	---	461.75	2	25	1.0293	2	---	---	---	---	---
31462	C19H21NO	doxepin	1668-19-5	279.382	298.15	1	---	---	25	1.0684	2	---	---	---	---	---
31463	C19H21NO2	1-nuciferine	475-83-2	295.382	438.65	1	---	---	25	1.1059	2	---	---	---	solid	1
31464	C19H21NO3	isothebaine	568-21-8	311.381	476.65	1	---	---	25	1.1418	2	---	---	---	solid	1
31465	C19H21NO3	thebaine	115-37-7	311.381	466.15	1	---	---	20	1.3050	1	---	---	---	solid	1
31466	C19H21NO3	allorphine	62-67-9	311.381	481.65	1	---	---	25	1.1418	2	---	---	---	solid	1
31467	C19H21NO4	boldine	476-70-0	327.380	436.15	1	---	---	25	1.1762	2	---	---	---	solid	1
31468	C19H21NO4	6-acetylmorphine	2784-73-8	327.380	---	---	---	---	25	1.1762	2	---	---	---	---	---
31469	C19H21NO4	laurotetanin	128-76-7	327.380	398.15	1	---	---	25	1.1762	2	---	---	---	solid	1
31470	C19H21NO4	L-naloxone	465-65-6	327.380	450.65	1	---	---	25	1.1762	2	---	---	---	solid	1
31471	C19H21NO5	trimethylcolchicinic acid	3482-37-9	343.380	428.15	1	---	---	25	1.2093	2	---	---	---	solid	1
31472	C19H21NS	dosulepin	113-53-1	295.449	329.15	1	---	---	25	1.0885	2	---	---	---	solid	1
31473	C19H21N3	hypnodin	1977-11-3	291.397	410.15	1	---	---	25	1.1022	2	---	---	---	solid	1
31474	C19H21N3O	3-(o-butylphenyl)-5-(m-methoxyphenyl)-S-t	85303-89-5	307.396	---	---	---	---	25	1.1386	2	---	---	---	---	---
31475	C19H21N3S	metiapine	5800-19-1	323.463	376.15	1	---	---	25	1.1555	2	---	---	---	solid	1
31476	C19H21N5O4	1-(4-amino-6,7-dimethoxy-2-quinazolinyl-4	19216-56-9	383.408	552.15	1	---	---	25	1.2983	2	---	---	---	solid	1
31477	C19H22	1,1-diphenyl-1-heptene	1530-20-7	250.384	255.91	2	613.15	1	25	0.9591	1	25	1.5635	1	liquid	1
31478	C19H22ClN5O	trazodone	19794-93-5	371.871	359.65	1	---	---	25	1.2388	2	---	---	---	solid	1
31479	C19H22Cl2N2O3	o-(4-(bis(2-chloroethyl)amino)phenyl)-DL-t	857-95-4	397.301	---	---	---	---	25	1.2578	2	---	---	---	---	---
31480	C19H22FNO4S	4-(4-fluorobenzoyl)piperidine p-toluenesulf	132442-43-4	379.453	461.25	1	---	---	25	1.2308	2	---	---	---	solid	1
31481	C19H22FN3O	4'-fluoro-4-(4-(2-pyridyl)-1-piperazinyl)buty	1649-18-9	327.403	347.15	1	509.15	1	25	1.1513	2	---	---	---	solid	1
31482	C19H22N2	5-(3-(dimethylamino)propyl)-5H-dibenz(b,f)	303-54-8	278.398	---	---	---	---	25	1.0520	2	---	---	---	---	---
31483	C19H22N2	9-(methyl-2-piperidyl)methylcarbazole	60706-49-2	278.398	---	---	---	---	25	1.0520	2	---	---	---	---	---
31484	C19H22N2O	cinchonidine	485-71-2	294.397	483.65	1	---	---	25	1.0894	2	---	---	---	solid	1
31485	C19H22N2O	cinchonine	118-10-5	294.397	538.15	1	---	---	25	1.0894	2	---	---	---	solid	1
31486	C19H22N2O	cinchotoxine	69-24-9	294.397	332.15	1	---	---	25	1.0894	2	---	---	---	solid	1
31487	C19H22N2O	(-)-eburnamonine	4880-88-0	294.397	448.15	1	---	---	25	1.0894	2	---	---	---	solid	1
31488	C19H22N2O	4-(1-piperidyl)carbonyl-2,3-tetramethylene	7101-58-8	294.397	---	---	---	---	25	1.0894	2	---	---	---	---	---
31489	C19H22N2OS	acepromazine	61-00-7	326.463	---	---	---	---	25	1.1423	2	---	---	---	---	---
31490	C19H22N2OS	aceprometazine	13461-01-3	326.463	---	---	---	---	25	1.1423	2	---	---	---	---	---
31491	C19H22N2S	1-(1-methyl-2-piperidyl)methylphenothiazin	60706-52-7	310.464	---	---	---	---	25	1.1080	2	---	---	---	---	---
31492	C19H22N2S	(N-methyl-3-piperidyl)methylphenothiazine	60-89-9	310.464	---	---	---	---	25	1.1080	2	---	---	---	---	---
31493	C19H22N2S3	phenothiazine-10-carbodithioic acid 2-(diet	13764-35-7	374.596	---	---	---	---	25	1.2033	2	---	---	---	---	---
31494	C19H22N2O2	cupreine	524-63-0	310.396	475.15	1	---	---	25	1.1252	2	---	---	---	solid	1
31495	C19H22N2O2	sarpagan-10,17-diol	482-68-8	310.396	593.15	1	---	---	25	1.1252	2	---	---	---	solid	1
31496	C19H22N2O2	morpholino(7,8,9,10-tetrahydro-11-(6H-cyc	7101-65-7	310.396	---	---	---	---	25	1.1252	2	---	---	---	---	---
31497	C19H22N2O3	1-(4-cyclopropylcarbonylphenoxy)-3-(1,2-d	67239-28-5	326.396	---	---	488.15	1	25	1.1596	2	---	---	---	---	---
31498	C19H22O2	4-[1-ethyl-2-(4-methoxyphenyl)-1-butenyl]p	7773-60-6	282.382	390.65	1	---	---	25	1.0562	2	---	---	---	solid	1
31499	C19H22O2	trans-4-[1-ethyl-2-(4-methoxyphenyl)-1-but	18839-90-2	282.382	390.15	1	---	---	25	1.0562	2	---	---	---	solid	1
31500	C19H22O3	DL-cis-bisdehydrodoisynolic acid methyl et	15372-34-6	298.382	---	---	---	---	25	1.0931	2	---	---	---	---	---
31501	C19H22O3	bisdehydroisynolic acid methyl ester	5684-13-9	298.382	---	---	---	---	25	1.0931	2	---	---	---	---	---
31502	C19H22O3	bisdehydrodoisynolic acid 7-methyl ether	---	298.382	---	---	---	---	25	1.0931	2	---	---	---	---	---
31503	C19H22O6	gibberellic acid	77-06-5	346.380	507.15	1	---	---	25	1.1951	2	---	---	---	solid	1
31504	C19H23BrN2O2	2-(2-(diethylamino)ethoxy)-5-bromobenzar	5014-35-7	391.308	---	---	---	---	25	1.3034	2	---	---	---	---	---
31505	C19H23ClN2	homochlorocyclizine	848-53-3	314.858	---	---	---	---	25	1.0997	2	---	---	---	---	---
31506	C19H23ClN2	chlorimipramine	303-49-1	314.858	462.65	1	---	---	25	1.0997	2	---	---	---	solid	1
31507	C19H23ClN2O2	5-chloro-2-(2-(diethylamino)ethoxy)benzan	7432-27-1	346.857	---	---	516.40	2	25	1.1657	2	---	---	---	---	---
31508	C19H23ClN2O2	2-(2-(diethylamino)ethoxy)-2'-chloro-benza	17822-72-9	346.857	---	---	516.40	2	25	1.1657	2	---	---	---	---	---
31509	C19H23ClN2O2	2-(2-(diethylamino)ethoxy)-3'-chloro-benza	17822-73-0	346.857	---	---	526.15	1	25	1.1657	2	---	---	---	---	---
31510	C19H23ClN2O2	2-(2-(diethylamino)ethoxy)-4'-chloro-benza	17822-71-8	346.857	---	---	506.65	1	25	1.1657	2	---	---	---	---	---
31511	C19H23ClN2O2S	pyridate	55512-33-9	378.923	300.15	1	---	---	25	1.2102	2	---	---	---	solid	1
31512	C19H23ClN2S	chlorproethazine	84-01-5	346.924	---	---	484.15	1	25	1.1492	2	---	---	---	---	---
31513	C19H23FN2O3	8-(4-p-fluoro phenyl-4-oxobutyl)-2-methyl-2	2804-00-4	346.402	---	---	478.35	1	25	1.1708	2	---	---	---	---	---
31514	C19H23NO	cinnamedrine	90-86-8	281.398	348.15	1	---	---	25	1.0403	2	---	---	---	solid	1
31515	C19H23NO	N-p-ethoxybenzylidene-p'-butylaniline	29743-08-6	281.398	305.62	1	---	---	25	1.0403	2	---	---	---	solid	1
31516	C19H23NO	lyssipoll	147-20-6	281.398	---	---	---	---	25	1.0403	2	---	---	---	---	---
31517	C19H23NO2	ibuprofen piconol	64622-45-3	297.397	---	---	---	---	25	1.0771	2	---	---	---	---	---
31518	C19H23NO3	dihydrothebaine	561-25-1	313.397	435.65	1	---	---	25	1.1124	2	---	---	---	solid	1
31519	C19H23NO3	ethylmorphine	76-58-4	313.397	473.15	1	---	---	25	1.1124	2	---	---	---	solid	1
31520	C19H23NO4	sinomenine	115-53-7	329.396	435.15	1	---	---	25	1.1463	2	---	---	---	solid	1

Table 1 Physical Properties - Organic Compounds

NO	FORMULA	NAME	CAS No	Mol Wt g/mol	Freezing Point T_F, K	code	Boiling Point T_B, K	code	Density T, C	g/cm3	code	Refractive Index T, C	n_D	code	State @25C,1 atm	code
31521	C19H23NS	hydrothiadene	1886-45-9	297.465	320.15	1	443.15	dec	25	1.0607	2	---	---	---	solid	1
31522	C19H23N2O	7,8,9,10-tetrahydro-N,N-diethyl-6H-cyclohe	7101-64-6	295.405	---	---	490.75	1	25	1.0752	2	---	---	---	---	---
31523	C19H23N3	amitraz	33089-61-1	293.413	359.15	1	---	---	20	1.1280	1	---	---	---	solid	1
31524	C19H23N3O	benzindamine	642-72-8	309.412	---	---	---	---	25	1.1090	2	---	---	---	---	---
31525	C19H23N3O	1-methyllysergic acid ethylamide	7240-57-5	309.412	---	---	---	---	25	1.1090	2	---	---	---	---	---
31526	C19H23N3O2	ergometrinine	479-00-5	325.411	469.15	dec	---	---	25	1.1433	2	---	---	---	solid	1
31527	C19H23N3O2	propyl red	2641-01-2	325.411	---	---	---	---	25	1.1433	2	---	---	---	---	---
31528	C19H23N3O2	N-allyl-3-methyl-N-a-methylphenethyl-6-ox	55902-04-0	325.411	---	---	---	---	25	1.1433	2	---	---	---	---	---
31529	C19H23N3O2	D-lysergic acid L,2-propanolamide	60-79-7	325.411	---	---	---	---	25	1.1433	2	---	---	---	---	---
31530	C19H23N3O4	1-(3,4,5-trimethoxybenzoyl)-4-(2-pyridyl)pi	17766-77-7	357.410	---	---	---	---	25	1.2081	2	---	---	---	---	---
31531	C19H23N3S	10-(2-(4-methyl-1-piperazinyl)ethyl)phenot	60706-43-6	325.479	---	---	---	---	25	1.1264	2	---	---	---	---	---
31532	C19H23N5O2	epiroprim	73090-70-7	353.425	---	---	---	---	25	1.2058	2	---	---	---	---	---
31533	C19H23N7O3	4-amino-N-(2-methoxyethyl)-7-((2-methoxy	6504-77-4	397.439	---	---	---	---	25	1.2937	2	---	---	---	---	---
31534	C19H23N7O6	5,6,7,8-tetrahydrofolic acid	135-16-0	445.437	---	---	---	---	25	1.3745	2	---	---	---	---	---
31535	C19H24	1,1-diphenylheptane	1530-05-8	252.400	286.15	1	607.15	1	25	0.9463	1	25	1.5381	1	liquid	1
31536	C19H24	dicumylmethane	25566-92-1	252.400	---	---	607.15	2	25	0.9519	2	---	---	---	---	---
31537	C19H24ClNO3	ethylmorphine hydrochloride	125-30-4	349.857	396.15	dec	---	---	25	1.1530	2	---	---	---	solid	1
31538	C19H24N2	1-methyl-N-phenyl-N-benzyl-4-piperidinam	4945-47-5	280.414	388.15	1	---	---	25	1.0248	2	---	---	---	solid	1
31539	C19H24N2	imipramine	50-49-7	280.414	447.15	1	---	---	25	1.0248	2	---	---	---	solid	1
31540	C19H24N2O	cinchonamine	482-28-0	296.413	459.15	1	496.40	2	25	1.0614	2	---	---	---	solid	1
31541	C19H24N2O	hydrocinchonidine	485-64-3	296.413	502.15	1	---	---	25	1.0614	2	---	---	---	solid	1
31542	C19H24N2O	hydrocinchonine	485-65-4	296.413	541.65	1	---	---	25	1.0614	2	---	---	---	solid	1
31543	C19H24N2O	4-(dimethylamino)-2,2-diphenylvaleramide	60-46-8	296.413	---	---	519.15	1	25	1.0614	2	---	---	---	---	---
31544	C19H24N2O	5-(3-(dimethylamino)propyl)-2-hydroxy-10,	303-70-8	296.413	---	---	473.65	1	25	1.0614	2	---	---	---	---	---
31545	C19H24N2O	impiramine-N-oxide	2207-85-4	296.413	394.65	dec	496.40	2	25	1.0614	2	---	---	---	solid	1
31546	C19H24N2OS	phencarbamide	3735-90-8	328.479	321.65	1	---	---	25	1.1142	2	---	---	---	solid	1
31547	C19H24N2OS	mepromazine	851-68-3	328.479	---	---	---	---	25	1.1142	2	---	---	---	---	---
31548	C19H24N2OS	3-methoxy-N,N,b-trimethyl-10H-phenothiaz	15904-73-1	328.479	---	---	---	---	25	1.1142	2	---	---	---	---	---
31549	C19H24N2S	10-(2-diethylaminopropyl)phenothiazine	522-00-9	312.480	327.15	1	---	---	25	1.0805	2	---	---	---	solid	1
31550	C19H24N4O2	4,4'-diamidinodiphenoxypentane	100-33-4	340.426	459.15	dec	---	---	25	1.1604	2	---	---	---	solid	1
31551	C19H24N2O2	conquinamine	464-86-8	312.412	396.15	1	---	---	25	1.0967	2	---	---	---	solid	1
31552	C19H24N2O2	quinamine	464-85-7	312.412	458.65	1	---	---	25	1.0967	2	---	---	---	solid	1
31553	C19H24N2O2	biltricide	55268-74-1	312.412	410.15	1	---	---	25	1.0967	2	---	---	---	solid	1
31554	C19H24N2O2	o-(diethylaminoethoxy)benzanilide	6376-26-7	312.412	317.15	1	---	---	25	1.0967	2	---	---	---	solid	1
31555	C19H24O2	linalyl cinnamate	78-37-5	284.398	---	---	475.15	1	25	1.0290	2	---	---	---	---	---
31556	C19H24O3	androst-4-ene-3,11,17-trione	382-45-6	300.398	495.15	1	586.65	2	25	1.0653	2	---	---	---	solid	1
31557	C19H24O3	prallethrin	23031-36-9	300.398	298.15	1	586.65	2	25	1.0653	2	---	---	---	---	---
31558	C19H24O3	proparthrin	27223-49-0	300.398	---	---	586.65	2	25	1.0653	2	---	---	---	---	---
31559	C19H24O5	crotocin	21284-11-7	332.397	399.15	1	---	---	25	1.1336	2	---	---	---	solid	1
31560	C19H24O5	trichothecin	6379-69-7	332.397	391.15	1	---	---	25	1.1336	2	---	---	---	solid	1
31561	C19H25ClN5O2	basic red 18	14097-03-1	390.894	---	---	---	---	25	1.2242	2	---	---	---	---	---
31562	C19H25Cl2N7	N-[N-(3,4-dichlorophenyl)carbamimidoyl]-N'-[(1-	21062-28-2	422.362	---	---	---	---	25	1.2654	2	---	---	---	---	---
31563	C19H25FO3	fluorohydroxyandrostenedione	357-09-5	320.404	---	---	---	---	25	1.0811	2	---	---	---	---	---
31564	C19H25NO	N-allyl-3-hydroxymorphinan	152-02-3	283.414	454.15	1	---	---	25	1.0140	2	---	---	---	solid	1
31565	C19H25NO	a-DL-propoxyphene carbinol	63957-11-9	283.414	---	---	---	---	25	1.0140	2	---	---	---	---	---
31566	C19H25NO4	tetramethrin	7696-12-0	331.412	342.15	1	---	---	25	1.1183	2	---	1.5180	1	solid	1
31567	C19H25N3O2S2	dimethylsulfamido-3-(dimethylamino-2-prop	7456-24-8	391.559	---	---	---	---	25	1.2057	2	---	---	---	---	---
31568	C19H26	1-nonylnaphthalene	26438-26-6	254.415	284.15	1	639.00	1	25	0.9340	1	25	1.5455	1	liquid	1
31569	C19H26	2-nonylnaphthalene	61886-67-7	254.415	284.15	1	642.15	1	25	0.9211	1	25	1.5442	1	liquid	1
31570	C19H26FeO	3,5,5-trimethylhexanoyl ferrocene	65606-61-3	326.260	---	---	---	---	---	---	---	---	---	---	---	---
31571	C19H26N2	N-(1,4-dimethylpentyl)-N'-phenyl-1,4-benze	3081-01-4	282.429	---	---	---	---	25	0.9992	2	---	---	---	---	---
31572	C19H26N2O	curan-17-ol, (16alpha)	18397-07-4	298.429	408.15	dec	---	---	25	1.0352	2	---	---	---	solid	1
31573	C19H26N2O	a-isopropyl-a-(2-dimethylaminoethyl)-1-nap	1505-95-9	298.429	---	---	---	---	25	1.0352	2	---	---	---	---	---
31574	C19H26N2S2	N,N-dicyclohexyl-2-benzothiazolesulfenam	4979-32-2	346.561	---	---	503.15	1	25	1.1045	2	---	---	---	---	---
31575	C19H26OS	17b-(methylthio)estra-1,3,5(10)-trien-3-ol	---	302.481	---	---	419.15	1	25	1.0242	2	---	---	---	---	---
31576	C19H26O2	androst-4-ene-3,17-dione	63-05-8	286.414	416.15	a	---	---	25	1.0036	2	---	---	---	solid	a
31577	C19H26O2	boldenone	846-48-0	286.414	438.15	1	---	---	25	1.0036	2	---	---	---	solid	1
31578	C19H26O2	3-methoxyoestradiol	1035-77-4	286.414	---	---	---	---	25	1.0036	2	---	---	---	---	---
31579	C19H26O3	allethrin	584-79-2	302.414	---	---	476.65	2	20	1.0100	1	---	---	---	---	---
31580	C19H26O3	(+)-cis-allethrin	34624-48-1	302.414	---	---	476.65	2	25	1.0392	2	---	---	---	---	---
31581	C19H26O3	trans-(+)-allethrin	28434-00-6	302.414	---	---	503.15	1	25	1.0392	2	---	---	---	---	---
31582	C19H26O3	bioallethrin	---	302.414	---	---	476.65	2	25	1.0392	2	---	---	---	---	---
31583	C19H26O3	E 785	55620-97-8	302.414	---	---	511.15	1	25	1.0392	2	---	---	---	---	---
31584	C19H26O3	18-homo-oestriol	19882-03-2	302.414	---	---	476.65	2	25	1.0392	2	---	---	---	---	---
31585	C19H26O3	4-hydroxy-4-androstene-3,17-dione	566-48-3	302.414	478.65	1	415.65	1	25	1.0392	2	---	---	---	solid	1
31586	C19H26O3	4-(methyloxymethyl)benzyl chrysanthemun	34388-29-9	302.414	---	---	476.65	2	25	1.0392	2	---	---	---	---	---
31587	C19H26O4S	propargite	2312-35-8	350.479	---	---	---	---	25	1.1000	1	---	---	---	---	---
31588	C19H27ClO2	4-chloro-17-hydroxyandrost-4-en-3-one, (1	1093-58-9	322.875	462.15	1	---	---	25	1.0514	2	---	---	---	solid	1
31589	C19H27FN2O3	1-(3-(4-fluorobenzoyl)propyl)-4-piperidyl-N	20977-50-8	350.434	378.30	1	---	---	25	1.1164	2	---	---	---	solid	1
31590	C19H27NO	2-(3,3-dimethylallyl)cyclazocine	359-83-1	285.430	---	---	---	---	25	0.9893	2	---	---	---	---	---
31591	C19H27NO3	tetrabenazine	58-46-8	317.429	401.15	1	---	---	25	1.0589	2	---	---	---	solid	1
31592	C19H27NO4	oxymethebanol	3176-03-2	333.428	439.15	1	---	---	25	1.0919	2	---	---	---	solid	1
31593	C19H27NO6	1,2:5,6-di-O-cyclohexylidene-3-cyano-a-D-	62293-19-0	365.427	383.15	1	---	---	25	1.1542	2	---	---	---	solid	1
31594	C19H27NO7	4-acrylamidobenzo-18-crown-6	68865-32-7	381.426	383.15	1	---	---	25	1.1837	2	---	---	---	solid	1
31595	C19H27NO7	hydroxysenkirkine	26782-43-4	381.426	---	---	---	---	25	1.1837	2	---	---	---	---	---
31596	C19H27NO7	petasitenine	60102-37-6	381.426	402.65	1	---	---	25	1.1837	2	---	---	---	solid	1
31597	C19H27N3O	1-benzyl-3-methyl-5-(2-(2-methylpiperidino	15090-10-5	313.444	---	---	---	---	25	1.0553	2	---	---	---	---	---
31598	C19H28BrNO3	glycopyrrolate	596-51-0	398.341	465.65	1	---	---	25	1.2290	2	---	---	---	solid	1
31599	C19H28ClNO5	ethyl morphine hydrochloride dihydrate	6746-59-4	385.888	398.15	1	---	---	25	1.1599	2	---	---	---	solid	1
31600	C19H28NO6	2,12-dihydroxy-4-methyl-11,16-dioxosened	2318-18-5	366.435	470.15	1	527.15	1	25	1.1411	2	---	---	---	solid	1

397

Table 1 Physical Properties - Organic Compounds

				Mol Wt	Freezing Point		Boiling Point		Density			Refractive Index			State	
NO	FORMULA	NAME	CAS No	g/mol	T_F, K	code	T_B, K	code	T, C	g/cm3	code	T, C	n_D	code	@25C,1 atm	code
31601	C19H28N2	5-(3-(dimethylamino)propyl)-6,7,8,9,10,11-	5560-72-5	284.445	---	---	---	---	25	0.9752	2	---	---	---	---	---
31602	C19H28N2O	2-methyl-2-nonyl-4-phenyl-2H-imidazole-1-	---	300.445	317.65	1	---	---	25	1.0106	2	---	---	---	solid	1
31603	C19H28N2O	1-phenethyl-3-(piperidinocarbonyl)piperidi	40576-25-8	300.445	---	---	---	---	25	1.0106	2	---	---	---	---	---
31604	C19H28N2O3	ethyl 1-[[4-(tert-butyl)anilino]carbonyl)-4-pi	25331-92-4	332.444	---	---	---	---	25	1.0776	2	---	---	---	---	---
31605	C19H28O2	17-hydroxyandrost-4-en-3-one, (17beta)	58-22-0	288.430	428.15	1	513.15	2	25	0.9797	2	---	---	---	solid	1
31606	C19H28O2	(+)-dehydroisoandrosterone	53-43-0	288.430	421.65	1	513.15	2	25	0.9797	2	---	---	---	solid	1
31607	C19H28O2	metalutin	514-61-4	288.430	430.15	1	513.15	2	25	0.9797	2	---	---	---	solid	1
31608	C19H28O2	17a-methyl-B-nortestosterone	3570-10-3	288.430	428.65	1	513.15	1	25	0.9797	2	---	---	---	solid	1
31609	C19H28O4	3,9,di-(3-cyclohexenyl)-2,4,8,10-tetraoxasp	6600-31-3	320.429	---	---	515.65	1	25	1.0484	2	---	---	---	---	---
31610	C19H28O5S	3-o-sulfodehydroepiandrosterone	651-48-9	368.494	---	---	495.15	1	25	1.1275	2	---	---	---	---	---
31611	C19H28O8	artesunic acid	88495-63-0	384.427	360.15	1	---	---	25	1.1717	2	---	---	---	solid	1
31612	C19H29BrO3	BOMT	24543-59-7	385.341	499.40	1	---	---	25	1.1880	2	---	---	---	solid	1
31613	C19H29ClNO3	4-(p-chloro-N-2,6-xylylbenzamido)butyric a	30544-72-0	354.897	---	---	---	---	25	1.0888	2	---	---	---	---	---
31614	C19H29IO2	ethyl-10-(p-iodophenyl)undecylate	99-79-6	416.343	298.15	1	---	---	25	1.2515	1	---	---	---	---	---
31615	C19H29NO6S	(2R)-2-boc-amino-3-phenylsulfonyl-1-(2-te	116611-45-1	399.509	375.15	1	---	---	25	1.1710	2	---	---	---	solid	1
31616	C19H29NO6S	(2S)-2-boc-amino-3-phenylsulfonyl-1-(2-te	116696-85-6	399.509	375.15	1	---	---	25	1.1710	2	---	---	---	solid	1
31617	C19H29NO	1-cyclohexyl-1-phenyl-3-pyrrolidino-1-prop	77-37-2	287.446	---	---	---	---	25	0.9661	2	---	---	---	---	---
31618	C19H29NO2	2-(2-(diethylamino)ethyl)-2-phenyl-4-pente	14557-50-7	303.445	---	---	---	---	25	1.0010	2	---	---	---	---	---
31619	C19H29NO4	2-phenethylmalonic acid 2-diethylaminoeth	14436-50-1	335.444	---	---	---	---	25	1.0670	2	---	---	---	---	---
31620	C19H29N3O	rhodoquine	491-92-9	315.460	298.15	1	---	---	25	1.0308	2	---	---	---	---	---
31621	C19H30	1-nonyl-[1,2,3,4-tetrahydronaphthalene]	33425-49-9	258.447	322.46	2	621.15	1	25	0.8845	2	---	---	---	solid	2
31622	C19H30	2-nonyl-[1,2,3,4-tetrahydronaphthalene]	26437-45-6	258.447	322.46	2	624.15	1	25	0.8845	2	---	---	---	solid	2
31623	C19H30ClNO	1-(b-sec-butyl-5-chloro-2-ethoxyphenethyl)	29122-60-9	323.906	---	---	---	---	25	1.0146	2	---	---	---	---	---
31624	C19H30N2O	1-ethyl-2,2,6,6-tetramethyl-4-(N-acetyl-N-p	101651-73-4	302.461	---	---	---	---	25	0.9875	2	---	---	---	---	---
31625	C19H30N2O2	camiverine	54063-28-4	318.460	---	---	---	---	25	1.0210	2	---	---	---	---	---
31626	C19H30N2O3	feldene	4551-59-1	334.459	472.15	1	458.15	1	25	1.0533	2	---	---	---	solid	1
31627	C19H30N2O4	3,8-bis(1-piperidinylmethyl)-2,7-dioxaspiro	60012-89-7	350.459	---	---	---	---	25	1.0845	2	---	---	---	---	---
31628	C19H30OS	2a,3a-epithio-5a-androstan-17b-ol	2363-58-8	306.513	400.65	1	---	---	25	0.9781	2	---	---	---	solid	1
31629	C19H30O2	benzyl dodecanoate	140-25-0	290.446	281.65	1	438.15	2	25	0.9429	1	24	1.4812	1	liquid	2
31630	C19H30O2	17-hydroxyandrostan-3-one, (5alpha,17be	521-18-6	290.446	454.15	1	---	---	25	0.9573	2	---	---	---	solid	1
31631	C19H30O2	3-hydroxyandrostan-17-one, (3alpha,5alph	53-41-8	290.446	458.15	1	---	---	25	0.9573	2	---	---	---	solid	1
31632	C19H30O2	3-hydroxyandrostan-17-one, (3beta,5alpha	481-29-8	290.446	451.15	1	---	---	25	0.9573	2	---	---	---	solid	1
31633	C19H30O2	4-dodecyloxybenzaldehyde	24083-19-0	290.446	299.65	1	438.15	1	25	0.9573	2	---	---	---	solid	1
31634	C19H30O2	17b-hydroxy-5b-androstan-3-one	571-22-2	290.446	416.15	1	438.15	2	25	0.9573	2	---	---	---	solid	1
31635	C19H30O3	4-dodecyloxybenzoic acid	2312-15-4	306.445	407.65	1	---	---	25	0.9916	2	---	---	---	solid	1
31636	C19H30O3	anavar	53-39-4	306.445	509.65	1	---	---	25	0.9916	2	---	---	---	solid	1
31637	C19H30O5	piperonyl butoxide	51-03-6	338.444	---	---	---	---	25	1.0500	1	---	---	---	---	---
31638	C19H30O5	lauryl gallate	1166-52-5	338.444	370.65	1	---	---	25	1.0568	2	---	---	---	solid	1
31639	C19H30O6	1,2:5,6-di-O-cyclohexylidene-3-O-methyl-a	13440-19-2	354.444	309.65	1	---	---	25	1.0877	2	---	---	---	solid	1
31640	C19H30O7	deacetyl-HT-2 toxin	34114-98-2	370.443	---	---	---	---	25	1.1175	2	---	---	---	---	---
31641	C19H31Cl	dodecylbenzyl chloride	28061-21-4	294.908	---	---	580.00	2	25	0.9396	2	---	---	---	---	---
31642	C19H31IO2Sn	tributyltin-o-iodobenzoate	73927-93-2	537.068	---	---	---	---	---	---	---	---	---	---	---	---
31643	C19H31IO2Sn	tributyltin-p-iodobenzoate	73940-88-2	537.068	---	---	---	---	---	---	---	---	---	---	---	---
31644	C19H31N	fenpropidin	67306-00-7	273.462	298.15	1	523.15	1	25	0.9087	2	---	---	---	---	---
31645	C19H31NO4	4-n-decyloxy-3,5-dimethoxybenzoic acid a	14817-09-5	337.460	346.15	1	---	---	25	1.0435	2	---	---	---	solid	1
31646	C19H32	tridecylbenzene	123-02-4	260.463	283.15	1	614.43	1	25	0.8510	1	25	1.4800	1	liquid	1
31647	C19H32	(1-hexylheptyl)benzene	2400-01-3	260.463	244.95	1	614.43	2	20	0.8528	1	18	1.4931	1	liquid	2
31648	C19H32	androstane	24887-75-0	260.463	323.15	1	614.43	2	23	0.8519	2	---	---	---	solid	1
31649	C19H32Cl3P	tributyl(2,4-dichlorobenzyl)phosphonium ch	115-78-6	397.795	---	---	---	---	---	---	---	---	---	---	---	---
31650	C19H32N2O2	novospasmin	54-30-8	320.476	298.15	1	---	---	25	0.9986	2	---	---	---	---	---
31651	C19H32N2O2	N-(2-aminoethyl)-3,5-bis(1,1-dimethylethyl)	64604-91-7	320.476	---	---	---	---	25	0.9986	2	---	---	---	---	---
31652	C19H32O2	methyl linolenate	301-00-8	292.462	227.65	1	---	---	25	0.8950	1	20	1.4709	1	---	---
31653	C19H32O2	5a-androstane-3b,17b-diol	571-20-0	292.462	---	---	---	---	25	0.9361	2	---	---	---	---	---
31654	C19H32O2	3a,17b-dihydroxy-5a-androstane	---	292.462	---	---	---	---	25	0.9361	2	---	---	---	---	---
31655	C19H32O2Sn	tributyltin benzoate	4342-36-3	411.172	---	---	---	---	25	1.1930	1	---	1.5180	1	---	---
31656	C19H32O3Sn	salicyloyloxytributylstannane	4342-30-7	427.171	---	---	---	---	---	---	---	---	---	---	---	---
31657	C19H34	tricyclohexylmethane	1610-24-8	262.479	321.15	1	598.65	1	50	0.9273	1	40	1.4986	1	solid	1
31658	C19H34Br4O2	methyl 9,10,12,13-tetrabromooctadecanoa	62080-86-8	614.094	336.15	1	---	---	25	1.5321	2	45	1.4346	1	solid	1
31659	C19H34BrN	benzyltributylammonium bromide	25316-59-0	356.390	449.15	1	---	---	25	1.0661	2	---	---	---	solid	1
31660	C19H34ClN	benzyltributylammonium chloride	23616-79-7	311.938	432.15	1	---	---	25	0.9406	2	---	---	---	solid	1
31661	C19H34N2	17-butylspartein	52670-52-7	290.493	---	---	---	---	25	0.9115	2	---	---	---	---	---
31662	C19H34N8O8	racemomycin A	3808-42-2	502.530	---	---	---	---	25	1.2915	2	---	---	---	---	---
31663	C19H34O	tricyclohexylmethanol	17687-74-0	278.478	368.15	1	---	---	25	0.8818	2	---	---	---	solid	1
31664	C19H34O2	methyl linoleate	112-63-0	294.478	238.15	1	---	---	10	0.8886	1	20	1.4638	1	---	---
31665	C19H34O2	methyl 9,12-octadecadienoate	2462-85-3	294.478	238.15	1	---	---	18	0.8886	1	20	1.4638	1	---	---
31666	C19H34O3	methoprene	40596-69-8	310.477	---	---	---	---	20	0.9260	1	---	---	---	---	---
31667	C19H34O3	methyl hydroxyoctadecadienoate	23324-72-3	310.477	---	---	---	---	25	0.9493	2	---	---	---	---	---
31668	C19H34O3	methyl-12-oxo-trans-10-octadecenoate	21308-79-2	310.477	285.65	1	---	---	25	0.9493	2	---	---	---	---	---
31669	C19H34O4Si	methyl (R)-(+)-3-(tert-butyldimethylsilyloxy)	41138-69-6	354.562	---	---	483.15	1	25	0.9770	1	---	1.4670	1	---	---
31670	C19H36	1-nonadecyne	26186-01-6	264.495	306.16	1	600.16	1	20	0.8054	1	20	1.4488	1	solid	1
31671	C19H36	2-nonadecyne	61847-98-1	264.495	409.49	2	612.15	1	23	0.8174	2	---	---	---	solid	2
31672	C19H36	3-nonadecyne	61886-65-5	264.495	409.49	2	600.15	1	23	0.8174	2	---	---	---	solid	2
31673	C19H36	1,1-dicyclohexylheptane	2090-15-5	264.495	318.15	2	605.15	1	23	0.8174	2	---	---	---	solid	2
31674	C19H36	1-tetradecylcyclopentene	62184-79-6	264.495	279.48	2	596.15	1	25	0.8293	1	25	1.4619	1	liquid	1
31675	C19H36O2	methyl oleate	112-62-9	296.494	293.05	1	617.00	1	25	0.8700	1	20	1.4521	1	liquid	1
31676	C19H36O2	methyl trans-9-octadecenoate	1937-62-8	296.494	286.65	1	617.00	2	20	0.8730	1	20	1.4513	1	liquid	2
31677	C19H36O3	methyl 12-oxooctadecanoate	2380-27-0	312.493	320.15	1	---	---	25	0.9299	2	---	---	---	solid	1
31678	C19H37Br	cis-1-bromo-1-nonadecene	66359-51-1	345.407	358.11	2	636.15	1	25	1.0053	2	---	---	---	solid	2
31679	C19H37Br	trans-1-bromo-1-nonadecene	66359-52-2	345.407	358.11	2	636.15	1	25	1.0053	2	---	---	---	solid	2
31680	C19H37Br3	1,1,1-tribromononadecane	62127-75-7	505.215	485.21	2	697.15	1	25	1.3182	2	---	---	---	solid	2

Table 1 Physical Properties - Organic Compounds

				Mol Wt	Freezing Point		Boiling Point		Density			Refractive Index			State	
NO	FORMULA	NAME	CAS No	g/mol	T_F, K	code	T_B, K	code	T, C	g/cm3	code	T, C	n_D	code	@25C,1 atm	code
31681	C19H37Cl	cis-1-chloro-1-nonadecene	66359-53-3	300.955	328.23	2	644.15	1	25	0.8828	2	---	---	---	solid	2
31682	C19H37Cl	trans-1-chloro-1-nonadecene	66359-54-4	300.955	328.23	2	644.15	1	25	0.8828	2	---	---	---	solid	2
31683	C19H37Cl3	1,1,1-trichlorononadecane	62108-63-8	371.860	395.57	2	668.15	1	25	0.9908	2	---	---	---	solid	2
31684	C19H37F	cis-1-fluoro-1-nonadecene	66359-55-5	284.501	330.46	2	637.55	2	25	0.8528	2	---	---	---	solid	2
31685	C19H37F	trans-1-fluoro-1-nonadecene	66359-56-6	284.501	330.46	2	637.55	2	25	0.8528	2	---	---	---	solid	2
31686	C19H37F3	1,1,1-trifluorononadecane	62126-85-6	322.498	402.26	2	585.15	1	25	0.9126	2	---	---	---	solid	2
31687	C19H37I	cis-1-iodo-1-nonadecene	66359-57-7	392.407	356.37	2	657.15	1	25	1.1139	2	---	---	---	solid	2
31688	C19H37I	trans-1-iodo-1-nonadecene	66359-58-8	392.407	356.37	2	657.15	1	25	1.1139	2	---	---	---	solid	2
31689	C19H37I3	1,1,1-triiodododononadecane	---	646.216	479.99	2	910.31	2	25	1.5786	2	---	---	---	solid	2
31690	C19H37N	nonadecanenitrile	28623-46-3	279.510	315.85	1	647.15	1	25	0.8522	2	---	---	---	solid	1
31691	C19H37NO	octadecyl isocyanate	112-96-9	295.509	289.65	1	---	---	25	0.8600	1	---	---	---	---	---
31692	C19H37NS	octadecyl isothiocyanate	2877-26-1	311.576	304.15	1	---	---	25	0.9070	2	---	---	---	solid	1
31693	C19H37N5O7	5-episisomicin	55870-64-9	447.534	---	---	---	---	25	1.1646	2	---	---	---	---	---
31694	C19H37N5O7	sisomicin	32385-11-8	447.534	472.65	1	---	---	25	1.1646	2	---	---	---	solid	1
31695	C19H38	tetradecylcyclopentane	1795-22-8	266.511	282.00	1	612.16	1	25	0.8160	1	25	1.4522	1	liquid	1
31696	C19H38	tridecylcyclohexane	6006-33-3	266.511	291.66	1	614.66	1	25	0.8210	1	20	1.4573	1	liquid	1
31697	C19H38	cyclononadecane	296-44-6	266.511	269.25	2	610.15	1	25	0.8480	1	25	1.4684	1	liquid	1
31698	C19H38	1-nonadecene	18435-45-5	266.511	296.55	1	602.17	1	25	0.7880	1	25	1.4450	1	liquid	1
31699	C19H38	2-methyl-1-octadecene	61868-20-0	266.511	287.15	1	602.15	1	25	0.7909	1	25	1.4459	1	liquid	1
31700	C19H38Br2	1,1-dibromononadecane	62168-36-9	426.319	407.99	2	675.15	1	25	1.1587	2	---	---	---	solid	2
31701	C19H38Cl2	1,1-dichlorononadecane	62017-21-4	337.416	348.23	2	655.15	1	25	0.9305	2	---	---	---	solid	2
31702	C19H38F2	1,1-difluorononadecane	62127-08-6	304.508	352.69	2	591.15	1	25	0.8750	2	---	---	---	solid	2
31703	C19H38I2	1,1-diiodononadecane	66359-60-2	520.320	404.51	2	819.96	2	25	1.3503	2	---	---	---	solid	2
31704	C19H38O	nonadecanal	17352-32-8	282.510	317.15	1	623.15	1	25	0.8462	2	---	---	---	solid	1
31705	C19H38O	2-nonadecanone	629-66-3	282.510	329.15	1	616.15	1	56	0.8108	1	---	---	---	solid	1
31706	C19H38O	10-nonadecanone	504-57-4	282.510	338.65	1	619.65	2	25	0.8462	2	---	---	---	solid	1
31707	C19H38O	cis-7,8-epoxy-2-methyloctadecane	29804-22-6	282.510	---	---	619.65	2	25	0.8462	2	---	---	---	---	---
31708	C19H38O2	nonadecanoic acid	646-30-0	298.510	341.23	1	659.15	1	70	0.8468	1	---	---	---	solid	1
31709	C19H38O2	14-methyloctadecanoic acid	94434-64-7	298.510	310.65	1	690.66	2	20	0.9400	1	---	---	---	solid	1
31710	C19H38O2	17-methyloctadecanoic acid	2724-59-6	298.510	340.65	1	690.66	2	70	0.8420	1	70	1.4336	1	solid	1
31711	C19H38O2	9-methyloctadecanoic acid	86073-38-3	298.510	313.15	1	690.66	2	20	0.9980	1	---	---	---	solid	1
31712	C19H38O2	octadecyl formate	5451-75-2	298.510	362.09	2	691.64	2	40	0.8768	2	---	---	---	solid	2
31713	C19H38O2	heptadecyl acetate	822-20-8	298.510	303.39	1	615.00	2	40	0.8768	2	---	---	---	solid	1
31714	C19H38O2	hexadecyl propanoate	6221-96-1	298.510	345.72	2	692.34	2	40	0.8768	2	---	---	---	solid	2
31715	C19H38O2	pentadecyl butanoate	125164-51-4	298.510	345.72	2	692.34	2	40	0.8768	2	---	---	---	solid	2
31716	C19H38O2	ethyl heptadecanoate	14010-23-2	298.510	301.15	1	690.66	2	30	0.8517	1	---	---	---	solid	1
31717	C19H38O2	isopropyl palmitate	142-91-6	298.510	286.65	1	690.66	2	38	0.8404	1	25	1.4364	1	liquid	2
31718	C19H38O2	propyl palmitate	2239-78-3	298.510	293.55	1	690.66	2	33	0.8455	1	25	1.4392	1	liquid	2
31719	C19H38O2	methyl stearate	112-61-8	298.510	310.93	1	716.15	1	40	0.8498	1	40	1.4367	1	solid	1
31720	C19H38O2SSn	di-n-octyltin b-mercaptopropionate	3033-29-2	449.286	---	---	---	---	---	---	---	---	---	---	---	---
31721	C19H38O2Sn	tributyltin cyclohexanecarboxylate	2669-35-4	417.220	---	---	---	---	---	---	---	---	---	---	---	---
31722	C19H38O3	hexadecyl 2-hydroxypropanoate	35274-05-6	314.509	314.15	1	---	---	25	0.9114	2	40	1.4410	1	solid	1
31723	C19H38O3	methyl 12-hydroxystearate	141-23-1	314.509	326.65	1	---	---	25	0.9114	2	---	---	---	solid	1
31724	C19H38O4	glycerol 2-hexadecanoate	23470-00-0	330.508	---	---	---	---	25	0.9424	2	---	---	---	---	---
31725	C19H38O4Sn	tributyltin isopropylsuccinate	53404-82-3	449.218	---	---	---	---	---	---	---	---	---	---	---	---
31726	C19H38S	thiacycloeicosane	66359-61-3	298.577	349.18	2	634.15	1	25	0.8685	2	---	---	---	solid	2
31727	C19H39Br	1-bromononadecane	4434-66-6	347.423	311.65	1	647.15	1	25	0.9854	2	---	---	---	solid	1
31728	C19H39Cl	1-chlorononadecane	62016-76-6	302.971	308.85	1	636.15	1	25	0.8658	2	---	---	---	solid	1
31729	C19H39F	1-fluorononadecane	1480-63-3	286.517	312.15	1	602.15	1	25	0.8362	2	---	---	---	solid	1
31730	C19H39I	1-iodononadecane	62127-51-9	394.423	315.15	1	668.15	1	25	1.0917	2	---	---	---	solid	1
31731	C19H39NO	tridemorph	24602-86-6	297.525	---	---	---	---	25	0.8600	1	---	---	---	---	---
31732	C19H39NO2	1-nitrononadecane	66359-36-2	313.524	447.00	2	656.15	1	25	0.9004	2	---	---	---	solid	2
31733	C19H40	7-hexyltridecane	7225-66-3	268.527	244.85	1	592.14	2	20	0.7877	1	20	1.4409	1	liquid	2
31734	C19H40	2,6,10,14-tetramethylpentadecane	1921-70-6	268.527	280.65	2	569.15	1	25	0.7791	1	25	1.4370	1	liquid	1
31735	C19H40	nonadecane	629-92-5	268.527	305.04	1	603.05	1	20	0.7855	1	20	1.4409	1	solid	1
31736	C19H40	2-methyloctadecane	1560-88-9	268.527	288.15	1	599.15	1	25	0.7798	1	25	1.4376	1	liquid	1
31737	C19H40	3-methyloctadecane	6561-44-0	268.527	273.65	1	600.15	1	25	0.7849	1	25	1.4400	1	liquid	1
31738	C19H40	2,2-dimethylheptadecane	53594-82-4	268.527	305.81	2	592.15	1	24	0.7853	2	---	---	---	solid	2
31739	C19H40	2,3-dimethylheptadecane	61868-03-9	268.527	273.39	2	600.15	1	25	0.7947	1	25	1.4458	1	liquid	1
31740	C19H40	2,4-dimethylheptadecane	61868-09-5	268.527	273.39	2	581.15	1	25	0.7856	1	25	1.4409	1	liquid	1
31741	C19H40Cl2Si	dichloromethyloctadecylsilane	5157-75-5	367.517	---	---	---	---	25	0.9300	1	---	---	---	---	---
31742	C19H40O	1-nonadecanol	1454-84-8	284.526	334.85	1	634.60	1	25	0.8299	2	75	1.4328	1	solid	1
31743	C19H40O	2-nonadecanol	26533-36-8	284.526	325.15	1	627.15	1	25	0.8299	2	---	---	---	solid	1
31744	C19H40O2	1,2-nonadecanediol	---	300.525	410.03	2	679.15	2	25	0.8624	2	---	---	---	solid	2
31745	C19H40O2	1,3-nonadecanediol	66359-38-4	300.525	348.15	1	690.15	2	25	0.8624	2	---	---	---	solid	1
31746	C19H40O2	1,4-nonadecanediol	---	300.525	410.03	2	711.15	2	25	0.8624	2	---	---	---	solid	2
31747	C19H40O2	1,19-nonanecanediol	---	300.525	425.03	2	698.15	2	25	0.8624	2	---	---	---	solid	2
31748	C19H40O3	3-(hexadecyloxy)-1,2-propanediol	53584-29-5	316.525	337.15	1	---	---	25	0.8939	2	---	---	---	solid	1
31749	C19H40O3	3-(hexadecyloxy)-1,2-propanediol, (S)	506-03-6	316.525	337.15	1	---	---	25	0.8939	2	---	---	---	solid	1
31750	C19H40S	1-nonadecanethiol	62155-07-1	300.593	307.04	1	645.16	1	25	0.8520	2	---	---	---	solid	1
31751	C19H40S	2-nonadecanethiol	---	300.593	304.15	1	639.15	1	25	0.8520	2	---	---	---	solid	1
31752	C19H40S	methyl octadecyl sulfide	40289-98-3	300.593	303.16	2	635.00	2	25	0.8520	2	---	---	---	solid	2
31753	C19H40S	ethyl heptadecyl sulfide	66359-40-8	300.593	303.16	2	635.00	2	25	0.8520	2	---	---	---	solid	2
31754	C19H40S	propyl hexadecyl sulfide	66359-41-9	300.593	303.16	2	635.00	2	25	0.8520	2	---	---	---	solid	2
31755	C19H40S	butyl pentadecyl sulfide	66359-42-0	300.593	303.16	2	635.00	2	25	0.8520	2	---	---	---	solid	2
31756	C19H41N	nonadecylamine	14130-05-3	283.542	325.15	1	643.15	1	25	0.8195	2	---	---	---	solid	1
31757	C19H41N	methyloctadecylamine	2439-55-6	283.542	315.15	1	620.15	1	25	0.8195	2	---	---	---	solid	1
31758	C19H41N	ethylheptadecylamine	66359-43-1	283.542	315.15	2	621.15	1	25	0.8195	2	---	---	---	solid	2
31759	C19H41N	dimethylheptadecylamine	3002-57-1	283.542	290.00	2	617.15	1	25	0.8195	2	---	---	---	liquid	1
31760	C19H41N	diethylpentadecylamine	36555-73-4	283.542	290.00	2	590.15	1	25	0.8195	2	---	---	---	liquid	1

Table 1 Physical Properties - Organic Compounds

				Mol Wt	Freezing Point		Boiling Point		Density			Refractive Index			State	
NO	FORMULA	NAME	CAS No	g/mol	T_F, K	code	T_B, K	code	T, C	g/cm3	code	T, C	n_D	code	@25C,1 atm	code
31761	C19H42BrN	cetyltrimethylammonium bromide	57-09-0	364.453	513.15	1	---	---	25	0.9841	2	---	---	---	solid	1
31762	C19H42ClN	hexadecyltrimethylammonium chloride	112-02-7	320.002	330.65	1	355.35	1	25	0.8703	2	---	---	---	solid	1
31763	C20D16	7,12-dimethylbenz(a)anthracene, deuterate	32976-87-7	272.444	---	---	---	---	---	---	---	---	---	---	---	---
31764	C20F15Br	12-bromomethyl-7-methylbenz(a)anthracer	59230-81-8	605.102	---	---	---	---	25	1.8199	2	---	---	---	---	---
31765	C20H2Cl4I4Na2O5	rose bengal	632-69-9	1017.640	---	---	---	---	---	---	---	---	---	---	---	---
31766	C20H4F24O8Zr	zirconium hexafluoroacetylacetonate	19530-02-0	919.435	315.05	1	498.05	1	---	---	---	---	---	---	solid	1
31767	C20H8Br4Na2O10S2	sodium sulfobromophthalein	71-67-0	838.005	---	---	---	---	---	---	---	---	---	---	---	---
31768	C20H6Br4Na2O5	2',4',5',7'-tetrabromofluorescein	17372-87-1	691.860	568.65	1	---	---	---	---	---	---	---	---	solid	1
31769	C20H8Br4O5	eosin Y, free acid	15086-94-9	647.897	---	---	---	---	25	2.1042	2	---	---	---	---	---
31770	C20H8Cl12	naphthalene-bis(hexachlorocyclopentadier	5696-92-4	673.714	491.65	1	---	---	25	1.6564	2	---	---	---	solid	1
31771	C20H8I4O5	erythrosin, disodium salt	16423-68-0	835.898	---	---	---	---	25	2.4391	2	---	---	---	---	---
31772	C20H8I4O5	erythrosin B, spirit soluble	15905-32-5	835.898	576.15	1	---	---	25	2.4391	2	---	---	---	solid	1
31773	C20H9BrClNO2S	C.I. vat black 1	3687-67-0	442.720	---	---	---	---	25	1.6215	2	---	---	---	---	---
31774	C20H9Cl3F3N3O3	chlorfluazuron	71422-67-8	502.664	---	---	---	---	25	1.5919	2	---	---	---	---	---
31775	C20H10Br2O5	4',5'-dibromofluorescein	596-03-2	490.104	544.65	1	---	---	25	1.7679	2	---	---	---	solid	1
31776	C20H10Br4O4	3',3",5',5"-tetrabromophenolphthalein	76-62-0	633.913	569.15	1	---	---	25	2.0363	2	---	---	---	solid	1
31777	C20H10Cl2O3	3',6'-dichlorofluoran	630-88-6	369.203	---	---	---	---	25	1.4163	2	---	---	---	---	---
31778	C20H10Cl2O5	2',7'-dichlorofluorescein	76-54-0	401.201	---	---	---	---	25	1.4755	2	---	---	---	---	---
31779	C20H10I2O5	4,4'-diiodofluorescein	38577-97-8	584.105	---	---	---	---	25	1.9825	2	---	---	---	---	---
31780	C20H10I4O4	3',3",5',5"-tetraiodophenolphthalein	386-17-4	821.915	581.15	1	---	---	22	2.0201	1	---	---	---	solid	1
31781	C20H10N2	acridino(2,1,9,8-klmna)acridine	191-27-5	278.313	---	---	---	---	25	1.2770	2	---	---	---	---	---
31782	C20H10Na2O5	uranine	518-47-8	376.276	---	---	---	---	---	---	---	---	---	---	---	---
31783	C20H10O2	peri-xanthenoxanthene	191-28-6	282.298	516.65	1	---	---	25	1.2792	2	---	---	---	solid	1
31784	C20H10O2	benzo(a)pyrene-1,6-dione	3067-13-8	282.298	568.15	dec	---	---	25	1.2792	2	---	---	---	solid	1
31785	C20H10O2	benzo(a)pyrene-3,6-dione	3067-14-9	282.298	564.15	dec	---	---	25	1.2792	2	---	---	---	solid	1
31786	C20H10O2	benzo(a)pyrene-6,12-dione	3067-12-7	282.298	594.15	1	---	---	25	1.2792	2	---	---	---	solid	1
31787	C20H11Br	6-bromobenzo(a)pyrene	21248-00-0	331.211	496.65	1	---	---	25	1.4166	2	---	---	---	solid	1
31788	C20H11Cl	6-chlorobenzeno(a)pyrene	21248-01-1	286.760	482.65	1	---	---	25	1.2406	2	---	---	---	solid	1
31789	C20H11Cl3O	10-trichloroacetyl-1,2-benzanthracene	63041-25-8	373.664	---	---	473.15	1	25	1.3781	2	---	---	---	---	---
31790	C20H11Cl5N2O3	2',2",4',4",5-pentachloro-4-hydroxy-isophth	102395-72-2	504.582	---	---	---	---	25	1.5513	2	---	---	---	---	---
31791	C20H11F	4-fluorobenzo(j)fluoranthene	129286-36-8	270.306	---	---	---	---	25	1.2076	2	---	---	---	---	---
31792	C20H11F	10-fluorobenzo(j)fluoranthene	129286-37-9	270.306	---	---	---	---	25	1.2076	2	---	---	---	---	---
31793	C20H11F	6-fluorobenzo(a)pyrene	59417-86-6	270.306	---	---	---	---	25	1.2076	2	---	---	---	---	---
31794	C20H11NO2	N-(1-pyrenyl)maleimide	42189-56-0	297.313	509.15	1	---	---	25	1.2958	2	---	---	---	solid	1
31795	C20H11NO2	1-nitrobenzo(a)pyrene	70021-99-7	297.313	523.40	1	---	---	25	1.2958	2	---	---	---	solid	1
31796	C20H11NO2	3-nitrobenz(a)pyrene	70021-98-6	297.313	484.65	1	---	---	25	1.2958	2	---	---	---	solid	1
31797	C20H11NO2	6-nitrobenz(a)pyrene	63041-90-7	297.313	528.65	1	---	---	25	1.2958	2	---	---	---	solid	1
31798	C20H11NO2	3-nitroperylene	20589-63-3	297.313	---	---	---	---	25	1.2958	2	---	---	---	---	---
31799	C20H11N2Na3O10S3	amaranth	915-67-3	604.483	---	---	---	---	---	---	---	---	---	---	---	---
31800	C20H12	perylene	198-55-0	252.315	551.29	1	668.65	2	25	1.3500	1	---	---	---	solid	1
31801	C20H12	benzo[j]fluoranthene	205-82-3	252.315	439.15	1	668.65	2	25	1.1549	2	---	---	---	solid	1
31802	C20H12	benzo[k]fluoranthene	207-08-9	252.315	490.15	1	753.15	1	25	1.1549	2	---	---	---	solid	1
31803	C20H12	benzo[b]fluoranthene	205-99-2	252.315	441.15	1	668.65	2	25	1.1549	2	---	---	---	solid	1
31804	C20H12	benzo[a]pyrene	50-32-8	252.315	454.25	1	668.65	2	25	1.1549	2	---	---	---	solid	1
31805	C20H12	benzo[e]pyrene	192-97-2	252.315	454.55	1	584.15	1	25	1.1549	2	---	---	---	solid	1
31806	C20H12	azuleno(5,6,7-cd)phenalene	6580-41-2	252.315	457.15	1	668.65	2	25	1.1549	2	---	---	---	solid	1
31807	C20H12	benz(1)aceanthrylene	211-91-6	252.315	435.40	1	668.65	2	25	1.1549	2	---	---	---	solid	1
31808	C20H12	benz(a)aceanthrylene	203-33-8	252.315	---	---	668.65	2	25	1.1549	2	---	---	---	---	---
31809	C20H12	benzo(de)cyclopent(a)anthracene	198-46-9	252.315	---	---	668.65	2	25	1.1549	2	---	---	---	---	---
31810	C20H12	naphth(2,1-d)acenaphthylene	202-33-5	252.315	---	---	668.65	2	25	1.1549	2	---	---	---	---	---
31811	C20H12Br2O2	6,6'-dibromo-1,1'-bi-2-naphthol	13185-00-7	444.122	478.15	1	---	---	25	1.6486	2	---	---	---	solid	1
31812	C20H12Br2O2	(R)-(-)-6,6'-dibromo-1,1'-bi-2-naphthol	65283-60-5	444.122	467.65	1	---	---	25	1.6486	2	---	---	---	solid	1
31813	C20H12Br2O2	(S)-(+)-6,6'-dibromo-1,1'-bi-2-naphthol	80655-81-8	444.122	367.15	1	---	---	25	1.6486	2	---	---	---	solid	1
31814	C20H12F3NS	4-trifluoromethyl-6H-benzo(e)(1)benzothio	52833-75-7	355.384	---	---	---	---	25	1.3264	2	---	---	---	---	---
31815	C20H12N2	dibenzo(a,c)phenazine	215-64-5	280.329	490.15	1	---	---	25	1.2351	2	---	---	---	solid	1
31816	C20H12N2	dibenzo(a,h)phenazine	226-47-1	280.329	557.15	1	---	---	25	1.2351	2	---	---	---	solid	1
31817	C20H12N2	dinaphthazine	258-76-4	280.329	---	---	---	---	25	1.2351	2	---	---	---	---	---
31818	C20H12N2Na2O11S3	hydroxy naphthol blue, disodium salt	165660-27-5	598.500	---	---	---	---	---	---	---	---	---	---	---	---
31819	C20H12Na2O4	phenolphthalein disodium salt	518-51-4	362.292	---	---	---	---	---	---	---	---	---	---	---	---
31820	C20H12O	benz(j)aceanthrylen-10-ol	93673-39-3	268.315	---	---	493.65	2	25	1.1974	2	---	---	---	---	---
31821	C20H12O	benzo(a)pyrene-4,5-oxide	37574-47-3	268.315	---	---	493.65	2	25	1.1974	2	---	---	---	---	---
31822	C20H12O	benzo(a)pyrene-7,8-oxide	36504-65-1	268.315	---	---	493.65	2	25	1.1974	2	---	---	---	---	---
31823	C20H12O	benzo(a)pyrene-9,10-oxide	36504-66-2	268.315	---	---	493.65	2	25	1.1974	2	---	---	---	---	---
31824	C20H12O	benzo(a)pyrene-11,12-oxide	60448-19-3	268.315	---	---	493.65	2	25	1.1974	2	---	---	---	---	---
31825	C20H12O	benzo(a)pyren-1-ol	13345-23-8	268.315	---	---	493.65	2	25	1.1974	2	---	---	---	---	---
31826	C20H12O	benzo(a)pyren-2-ol	56892-30-9	268.315	500.65	1	---	---	25	1.1974	2	---	---	---	solid	1
31827	C20H12O	benzo(a)pyren-3-ol	13345-21-6	268.315	499.65	dec	475.45	1	25	1.1974	2	---	---	---	solid	1
31828	C20H12O	benzo(a)pyren-5-ol	24027-84-7	268.315	468.65	dec	493.65	2	25	1.1974	2	---	---	---	solid	1
31829	C20H12O	benzo(a)pyren-6-ol	33953-73-0	268.315	481.15	1	467.35	1	25	1.1974	2	---	---	---	solid	1
31830	C20H12O	benzo(a)pyren-7-ol	37994-82-4	268.315	491.65	1	493.65	2	25	1.1974	2	---	---	---	solid	1
31831	C20H12O	benzo(a)pyren-9-ol	17573-21-6	268.315	469.15	1	493.65	2	25	1.1974	2	---	---	---	solid	1
31832	C20H12O	benzo(a)pyren-10-ol	56892-31-0	268.315	473.65	1	493.65	2	25	1.1974	2	---	---	---	solid	1
31833	C20H12O	benzo(a)pyren-11-ol	56892-32-1	268.315	493.15	dec	493.65	2	25	1.1974	2	---	---	---	solid	1
31834	C20H12O	benzo(a)pyren-12-ol	56892-33-2	268.315	---	---	511.15	1	25	1.1974	2	---	---	---	---	---
31835	C20H12O	9,10-epoxy-9,10-dihydrobenz(j)aceanthryle	130933-92-5	268.315	---	---	520.65	1	25	1.1974	2	---	---	---	---	---
31836	C20H12O2	benz(a)anthracene-7,12-dicarboxaldehyde	19926-22-8	284.314	---	---	---	---	25	1.2378	2	---	---	---	---	---
31837	C20H12O2	trans-9,10-dihydro-9,10-dihydroxybenzo(a)	58886-98-9	284.314	---	---	---	---	25	1.2378	2	---	---	---	---	---
31838	C20H12O2S	1-(phenylthio)anthraquinone	13354-35-3	316.380	---	---	---	---	25	1.2900	2	---	---	---	---	---
31839	C20H12O3	3-benzoylbenzo[f]coumarin	4852-81-7	300.313	---	---	---	---	25	1.2200	1	---	---	---	---	---
31840	C20H12O3	7,8-dihydro-7,8-dihydroxybenzo(a)pyrene-!	72485-26-8	300.313	---	---	---	---	25	1.2762	2	---	---	---	---	---

Table 1 Physical Properties - Organic Compounds

				Mol Wt	Freezing Point		Boiling Point		Density			Refractive Index			State	
NO	FORMULA	NAME	CAS No	g/mol	T_F, K	code	T_B, K	code	T, C	g/cm3	code	T, C	n_D	code	@25C,1 atm	code
31841	C20H12O3	anti-diolepoxide	63323-30-8	300.313	---	---	---	---	25	1.2762	2	---	---	---	---	---
31842	C20H12O5	fluorescein	2321-07-5	332.312	588.15	dec	---	---	25	1.3479	2	---	---	---	solid	1
31843	C20H12O5	gallein	2103-64-2	332.312	>573	1	---	---	25	1.3479	2	---	---	---	solid	1
31844	C20H13Br2NO3	8-quinolinolium-4',7'-dibromo-3'-hydroxy-2'	63716-63-2	475.136	---	---	---	---	25	1.6744	2	---	---	---	---	---
31845	C20H13Cl	9-[(2-chlorophenyl)methylene]-9H-fluorene	1643-49-8	288.776	342.65	1	---	---	25	1.2024	2	---	---	---	solid	1
31846	C20H13ClO	(3-chlorophenyl)-9H-fluoren-2-ylmethanone	62093-52-1	304.775	---	---	472.75	1	25	1.2400	2	---	---	---	---	---
31847	C20H13N	13H-dibenzo[a,i]carbazole	239-64-5	267.330	494.45	1	498.48	2	25	1.1765	2	---	---	---	solid	1
31848	C20H13N	benz(a)anthracen-7-acetonitrile	63018-69-9	267.330	---	---	498.48	2	25	1.1765	2	---	---	---	---	---
31849	C20H13N	benzo(a)pyrene-4,5-imine	71382-50-8	267.330	---	---	498.48	2	25	1.1765	2	---	---	---	---	---
31850	C20H13N	7H-dibenzo(a,g)carbazole	207-84-1	267.330	---	---	488.15	dec	25	1.1765	2	---	---	---	---	---
31851	C20H13N	7H-dibenzo(c,g)carbazole	194-59-2	267.330	431.15	1	468.65	1	25	1.1765	2	---	---	---	solid	1
31852	C20H13N	7-methylbenz(a)anthracene-10-carbonitrile	6366-23-0	267.330	---	---	538.65	1	25	1.1765	2	---	---	---	---	---
31853	C20H13NO2	phenyl acridine-9-carboxylate	109392-90-7	299.329	463.15	1	---	---	25	1.2553	2	---	---	---	solid	1
31854	C20H13NO4	1-amino-4-hydroxy-2-phenoxyanthraquinor	17418-58-5	331.328	---	---	546.15	1	25	1.3270	2	---	---	---	---	---
31855	C20H13NO5	fluoresceinamine isomer I	3326-34-9	347.327	496.15	1	---	---	25	1.3605	2	---	---	---	solid	1
31856	C20H13NO5	fluoresceinamine isomer II	51649-83-3	347.327	558.15	1	---	---	25	1.3605	2	---	---	---	solid	1
31857	C20H13PO4	(S)-(+)-1,1'-binaphthyl-2,2'-diyl hydrogenpl	35193-64-7	348.295	593.15	1	---	---	---	---	---	---	---	---	solid	1
31858	C20H13PO4	(R)-(-)-1,1'-binaphthyl-2,2'-diyl hydrogenph	39648-67-4	348.295	---	---	---	---	---	---	---	---	---	---	---	---
31859	C20H14	1,1'-binaphthalene	604-53-5	254.331	433.15	1	654.32	2	20	1.3000	1	---	---	---	solid	1
31860	C20H14	2,2'-binaphthalene	612-78-2	254.331	461.05	1	725.15	1	25	1.1180	2	---	---	---	solid	1
31861	C20H14	1,2-dihydrobenz[j]aceanthrylene	479-23-2	254.331	447.15	1	654.32	2	25	1.1180	2	---	---	---	solid	1
31862	C20H14	9,10-dihydro-9,10[1',2']-benzenoanthracen	477-75-8	254.331	---	---	654.32	2	25	1.1180	2	---	---	---	---	---
31863	C20H14	9-phenylanthracene	602-55-1	254.331	429.15	1	690.15	1	25	1.1180	2	---	---	---	solid	1
31864	C20H14	4,10-ace-1,2-benzanthracene	3697-25-4	254.331	---	---	654.32	2	25	1.1180	2	---	---	---	---	---
31865	C20H14	acenaphthanthracene	5779-79-3	254.331	---	---	654.32	2	25	1.1180	2	---	---	---	---	---
31866	C20H14	benz(1)aceanthrene	7093-10-9	254.331	449.90	1	547.65	1	25	1.1180	2	---	---	---	solid	1
31867	C20H14	7,8-dihydrobenzo(a)pyrene	17573-23-8	254.331	401.15	1	654.32	2	25	1.1180	2	---	---	---	solid	1
31868	C20H14	9,10-dihydrobenzo(e)pyrene	66788-01-0	254.331	---	---	654.32	2	25	1.1180	2	---	---	---	---	---
31869	C20H14	10-methyl-1',9-methylene-1,2-benzanthrac	63041-88-3	254.331	---	---	654.32	2	25	1.1180	2	---	---	---	---	---
31870	C20H14	7-vinylbenz(a)anthracene	61695-70-3	254.331	---	---	654.32	2	25	1.1180	2	---	---	---	---	---
31871	C20H14BrCl	1-bromo-1-(p-chlorophenyl)-2,2-diphenylet	796-13-4	369.688	---	---	---	---	25	1.3976	2	---	---	---	---	---
31872	C20H14ClF	5-fluoro-7-chloromethyl-12-methylbenz(a)a	67639-45-6	308.782	---	---	---	---	25	1.2130	2	---	---	---	---	---
31873	C20H14Cl2FNO2	5-chloro-3-(4-chlorophenyl)-4'-fluoro-2'-me	24283-57-6	390.240	---	---	---	---	25	1.3587	2	---	---	---	---	---
31874	C20H14I6N2O6	iodipamide	606-17-7	1139.768	580.15	dec	---	---	25	2.5848	2	---	---	---	solid	1
31875	C20H14N	9-methyl-10-cyano-1,2-benzanthracene	63020-25-7	268.338	---	---	---	---	25	1.1580	2	---	---	---	---	---
31876	C20H14N2	2,2'-azonaphthalene	582-08-1	282.345	481.15	1	---	---	25	1.1965	2	---	---	---	solid	1
31877	C20H14N2	di-1-naphthyldiazene	487-10-5	282.345	463.15	1	---	---	25	1.1965	2	---	---	---	solid	1
31878	C20H14N2	2,3-diphenylquinoxaline	1684-14-6	282.345	399.65	1	---	---	25	1.1965	2	---	---	---	solid	1
31879	C20H14N2O	2-phenyl-5-(4-phenylphenyl)-1,3,4-oxadiaz	852-38-0	298.345	443.15	1	---	---	25	1.2349	2	---	---	---	solid	1
31880	C20H14N2O	1-phenylazo-2-anthrol	36368-30-6	298.345	---	---	---	---	25	1.2349	2	---	---	---	---	---
31881	C20H14N2O2	N-(1-anilinonaphthyl-4)-maleimide	50539-45-2	314.344	480.15	1	---	---	25	1.2716	2	---	---	---	solid	1
31882	C20H14N2S2Sn	(2,3-quinoxalinyldithio)diphenyltin	73927-96-5	465.187	---	---	---	---	---	---	---	---	---	---	---	---
31883	C20H14N4	21H,23H-porphine	101-60-0	310.359	633.15	1	---	---	25	1.3360	1	---	---	---	solid	1
31884	C20H14N4	3-(2-pyridyl)-5,6-diphenyl-1,2,4-triazine	1046-56-6	310.359	465.15	1	---	---	25	1.2695	2	---	---	---	solid	1
31885	C20H14O	bis(1-naphthyl) ether	607-52-3	270.331	383.15	1	539.73	2	25	1.1597	2	---	---	---	solid	1
31886	C20H14O	di-2-naphthyl ether	613-80-9	270.331	378.15	1	539.73	2	25	1.1597	2	---	---	---	solid	1
31887	C20H14O	1-(2-naphthyloxy)naphthalene	611-49-4	270.331	354.15	1	539.73	2	25	1.1597	2	---	---	---	solid	1
31888	C20H14O	9,10-dihydrobenzo[a]pyren-7(8H)-one	3331-46-2	270.331	448.65	1	539.73	2	25	1.1597	2	---	---	---	solid	1
31889	C20H14O	1,3-diphenylisobenzofuran	5471-63-6	270.331	404.15	1	539.73	2	25	1.1597	2	---	---	---	solid	1
31890	C20H14O	2-acetyl-3:4-benzphenanthrene	63018-98-4	270.331	---	---	539.73	2	25	1.1597	2	---	---	---	---	---
31891	C20H14O	7,8-epoxy-7,8,9,10-tetrahydrobenzo(a)pyre	36504-67-3	270.331	---	---	548.15	1	25	1.1597	2	---	---	---	---	---
31892	C20H14O	9,10-epoxy-7,8,9,10-tetrahydrobenzo(a)py	36504-68-4	270.331	---	---	539.73	2	25	1.1597	2	---	---	---	---	---
31893	C20H14O	9,10-epoxy-9,10,11,12-tetrahydrobenzo(e)	66788-11-2	270.331	---	---	539.73	2	25	1.1597	2	---	---	---	---	---
31894	C20H14O	1-fluorenyl phenyl ketone	15860-31-8	270.331	---	---	539.73	2	25	1.1597	2	---	---	---	---	---
31895	C20H14O	7-formyl-12-methylbenz(a)anthracene	13345-61-4	270.331	---	---	496.45	1	25	1.1597	2	---	---	---	---	---
31896	C20H14O	7-methylbenz(a)anthracene-12-carboxalde	17513-40-5	270.331	---	---	558.15	dec	25	1.1597	2	---	---	---	---	---
31897	C20H14O	7-oxiranylbenz(a)anthracene	61695-72-5	270.331	---	---	556.15	1	25	1.1597	2	---	---	---	---	---
31898	C20H14O2	[1,1'-binaphthalene]-4,4'-diol	1446-34-0	286.330	573.15	1	---	---	25	1.1995	2	---	---	---	solid	1
31899	C20H14O2	3,3-diphenyl-1(3H)-isobenzofuranone	596-29-2	286.330	393.15	1	528.98	2	25	1.1995	2	---	---	---	solid	1
31900	C20H14O2	1,2-dibenzoylbenzene	1159-86-0	286.330	418.65	1	528.98	2	25	1.1995	2	---	---	---	solid	1
31901	C20H14O2	(R)-(+)-1,1'-bi-2-naphthol	18531-94-7	286.330	481.15	1	528.98	2	25	1.1995	2	---	---	---	solid	1
31902	C20H14O2	(S)-(-)-1,1'-bi-2-naphthol	18531-99-2	286.330	481.15	1	528.98	2	25	1.1995	2	---	---	---	solid	1
31903	C20H14O2	1,1'-bi-2-naphthol	602-09-5	286.330	489.65	1	528.98	2	25	1.1995	2	---	---	---	solid	1
31904	C20H14O2	chiral binaphthol	41024-90-2	286.330	---	---	528.98	2	25	1.1995	2	---	---	---	---	---
31905	C20H14O2	4,5-dihydrobenzo(j)fluoranthene-4,5-diol	151258-40-1	286.330	---	---	558.15	1	25	1.1995	2	---	---	---	---	---
31906	C20H14O2	4,5-dihydro-4,5-dihydroxybenzo(a)pyrene	28622-84-6	286.330	---	---	528.98	2	25	1.1995	2	---	---	---	---	---
31907	C20H14O2	trans-4,5-dihydro-4,5-dihydroxybenzo(a)py	37571-88-3	286.330	---	---	528.98	2	25	1.1995	2	---	---	---	---	---
31908	C20H14O2	9,10-dihydro-9,10-dihydroxybenzo(a)pyren	24909-09-9	286.330	---	---	528.98	2	25	1.1995	2	---	---	---	---	---
31909	C20H14O2	(±)-trans-9,10-dihydro-9,10-dihydroxybenz	58030-91-4	286.330	---	---	542.15	1	25	1.1995	2	---	---	---	---	---
31910	C20H14O2	trans-7,8-dihydro-7,8-dihydroxybenzo(a)py	57404-88-3	286.330	---	---	528.98	2	25	1.1995	2	---	---	---	---	---
31911	C20H14O2	trans-4,5-dihydroxy-4,5-dihydrobenzo(e)py	24961-49-7	286.330	---	---	528.98	2	25	1.1995	2	---	---	---	---	---
31912	C20H14O2	trans-9,10-dihydroxy-9,10-dihydrobenzo(e)	66788-06-5	286.330	---	---	528.98	2	25	1.1995	2	---	---	---	---	---
31913	C20H14O2	(+,-)-trans-7,8-dihydroxy-7,8-dihydrobenzo	61443-57-0	286.330	---	---	528.98	2	25	1.1995	2	---	---	---	---	---
31914	C20H14O2	(-)-trans-7,8-dihydroxy-7,8-dihydrobenzo(a	60864-95-1	286.330	---	---	528.98	2	25	1.1995	2	---	---	---	---	---
31915	C20H14O2	(+)-trans-7,8-dihydroxy-7,8-dihydrobenzo(a	62314-67-4	286.330	---	---	486.65	1	25	1.1995	2	---	---	---	---	---
31916	C20H14O3	anti-benzo(a)pyrene-7,8-dihydrodiol-9,10-c	60268-85-1	302.329	---	---	477.73	2	25	1.2374	2	---	---	---	---	---
31917	C20H14O3	bindon ethyl ether	69382-20-3	302.329	---	---	477.73	2	25	1.2374	2	---	---	---	---	---
31918	C20H14O3	(+)-BP-7b,8a-diol-9a,10a-epoxide 2	63323-31-9	302.329	500.15	dec	464.15	1	25	1.2374	2	---	---	---	solid	1
31919	C20H14O3	gamma-oxo-1-pyrenebutyric acid	7499-60-7	302.329	---	---	457.45	1	25	1.2374	2	---	---	---	---	---
31920	C20H14O3	R-4,T-5-dihydroxy-C-6,6a-epoxy-4,5,6,6a-t	151378-32-4	302.329	---	---	474.15	1	25	1.2374	2	---	---	---	---	---

Table 1 Physical Properties - Organic Compounds

				Mol Wt	Freezing Point		Boiling Point		Density			Refractive Index			State	
NO	FORMULA	NAME	CAS No	g/mol	T_F, K	code	T_B, K	code	T, C	g/cm3	code	T, C	n_D	code	@25C,1 atm	code
31921	C20H14O3	R-4,T-5-dihydroxy-T-6,6a-epoxy-4,5,6,6a-t	151378-31-3	302.329	---	---	477.73	2	25	1.2374	2	---	---	---	---	---
31922	C20H14O3	(+)cis-7,a,8,b-dihydroxy-9,a,10,a-epoxy-7,8	63323-29-5	302.329	---	---	515.15	1	25	1.2374	2	---	---	---	---	---
31923	C20H14O3	(-)-cis-7,b,8,a-dihydroxy-9,b,10,b-epoxy-7,8	63357-09-5	302.329	487.15	1	---	---	25	1.2374	2	---	---	---	solid	1
31924	C20H14O3	(±)-(E)-7,8-dihydroxy-9,10-epoxy-7,8,9,10-	58917-67-2	302.329	---	---	477.73	2	25	1.2374	2	---	---	---	---	---
31925	C20H14O3	(±)-7,b,8,a-dihydroxy-9,b,10,b-epoxy-7,8,9,	58917-91-2	302.329	---	---	477.73	2	25	1.2374	2	---	---	---	---	---
31926	C20H14O3	(±)-9a-10b-dihydroxy-11b,12b-epoxy-9,10,	---	302.329	---	---	477.73	2	25	1.2374	2	---	---	---	---	---
31927	C20H14O3	(±)-9,b,10,a-dihydroxy-11,a,12,a-epoxy-9,1	---	302.329	---	---	477.73	2	25	1.2374	2	---	---	---	---	---
31928	C20H14O3	(±)-9,b,10,a-dihydroxy-11,b,12,b-epoxy-9,1	74465-36-4	302.329	---	---	477.73	2	25	1.2374	2	---	---	---	---	---
31929	C20H14O3	1,3-diphenyl-1,3-epidioxy-1,3-dihydroisobe	---	302.329	---	---	477.73	2	25	1.2374	2	---	---	---	---	---
31930	C20H14O4	diphenyl phthalate	84-62-8	318.329	346.15	1	489.15	2	25	1.2736	2	---	---	---	solid	1
31931	C20H14O4	phenolphthalein	77-09-8	318.329	534.00	1	---	---	32	1.2770	1	---	---	---	solid	1
31932	C20H14O4	1,3-bis(benzoyloxy)benzene	94-01-9	318.329	389.15	1	430.15	1	25	1.2736	2	---	---	---	solid	1
31933	C20H14O4	diphenyl isophthalate	744-45-6	318.329	410.65	1	548.15	1	25	1.2736	2	---	---	---	solid	1
31934	C20H14O5	2-(3,6-dihydroxy-9H-xanthen-9-yl)benzoic	518-44-5	334.328	399.15	1	---	---	25	1.3082	2	---	---	---	solid	1
31935	C20H14O7	o-acetylsterigmatocystin	58086-32-1	366.327	---	---	---	---	25	1.3731	2	---	---	---	---	---
31936	C20H14O7	6,8-o-dimethylversicolorin A	33499-84-2	366.327	---	---	---	---	25	1.3731	2	---	---	---	---	---
31937	C20H14O7	6,8-o-dimethylversicolorin B	---	366.327	---	---	---	---	25	1.3731	2	---	---	---	---	---
31938	C20H14O8	8-hydroxy-6,10,11-trimethoxy-3a,12c-dihyd	65176-75-2	382.326	---	---	---	---	25	1.4035	2	---	---	---	---	---
31939	C20H14O8	lycopersin	33390-21-5	382.326	595.65	dec	---	---	25	1.4035	2	---	---	---	solid	1
31940	C20H14O10	C.I. natural red 25	60687-93-6	414.325	---	---	---	---	25	1.4608	2	---	---	---	---	---
31941	C20H14S	di-1-naphthyl sulfide	607-53-4	286.397	383.15	1	---	---	25	1.1784	2	---	---	---	solid	1
31942	C20H14S	di-2-naphthyl sulfide	613-81-0	286.397	424.15	1	---	---	25	1.1784	2	---	---	---	solid	1
31943	C20H14S	1,3-diphenylbenzo[c]thiophene	16587-39-6	286.397	389.65	1	---	---	25	1.1784	2	---	---	---	solid	1
31944	C20H14S2	di-1-naphthyl disulfide	39178-11-5	318.463	364.15	1	---	---	20	1.1440	1	---	---	---	solid	1
31945	C20H14S2	di-2-naphthyl disulfide	5586-15-2	318.463	412.65	1	---	---	145	1.1440	1	20	1.4555	1	solid	1
31946	C20H14S2	6,12-dimethylbenzo(1,2-b:5,4-b')bis(1)ben	4699-26-7	318.463	---	---	---	---	83	1.1440	2	---	---	---	---	---
31947	C20H14S2	6,12-dimethylbenzo(1,2-b:4,5-b')dithionaph	37750-86-0	318.463	---	---	---	---	83	1.1440	2	---	---	---	---	---
31948	C20H15Br	bromotriphenylethylene	1607-57-4	335.243	389.15	1	---	---	25	1.3312	2	---	---	---	solid	1
31949	C20H15Br	3-bromo-7,12-dimethylbenz(a)anthracene	78302-38-2	335.243	---	---	---	---	25	1.3312	2	---	---	---	---	---
31950	C20H15Br	4-bromo-7,12-dimethylbenz(a)anthracene	78302-39-3	335.243	---	---	---	---	25	1.3312	2	---	---	---	---	---
31951	C20H15Br	5-bromo-9,10-dimethyl-1,2-benzanthracene	63018-63-3	335.243	---	---	---	---	25	1.3312	2	---	---	---	---	---
31952	C20H15Br	7-bromomethyl-1-methylbenz(a)anthracene	34346-96-8	335.243	---	---	---	---	25	1.3312	2	---	---	---	---	---
31953	C20H15Br	7-bromomethyl-12-methylbenz(a)anthracen	16238-56-5	335.243	---	---	---	---	25	1.3312	2	---	---	---	---	---
31954	C20H15Cl	7-chloromethyl-12-methyl benz(a)anthrace	13345-62-5	290.792	---	---	---	---	25	1.1670	2	---	---	---	---	---
31955	C20H15ClN2O3	rhodamine 110	13558-31-1	366.804	---	---	---	---	25	1.3362	2	---	---	---	---	---
31956	C20H15F	7,12-dimethyl-4-fluorobenz(a)anthracene	737-22-4	274.338	---	---	578.15	2	25	1.1342	2	---	---	---	---	---
31957	C20H15F	7,12-dimethyl-5-fluorobenz(a)anthracene	794-00-3	274.338	---	---	578.15	2	25	1.1342	2	---	---	---	---	---
31958	C20H15F	7,12-dimethyl-8-fluorobenz(a)anthracene	2023-60-1	274.338	---	---	578.15	2	25	1.1342	2	---	---	---	---	---
31959	C20H15F	7,12-dimethyl-11-fluorobenz(a)anthracene	2023-61-2	274.338	---	---	578.15	2	25	1.1342	2	---	---	---	---	---
31960	C20H15F	1-fluoro-7,12-dimethylbenz(a)anthracene	68141-57-1	274.338	---	---	578.15	1	25	1.1342	2	---	---	---	---	---
31961	C20H15I	7-iodomethyl-12-methylbenz(a)anthracene	27018-50-4	382.244	---	---	---	---	25	1.4672	2	---	---	---	---	---
31962	C20H15N	N-1-naphthyl-1-naphthalenamine	737-89-3	269.346	388.15	1	744.15	2	25	1.1402	2	---	---	---	solid	1
31963	C20H15N	N-2-naphthyl-2-naphthalenamine	532-18-3	269.346	445.35	1	744.15	1	25	1.1402	2	---	---	---	solid	1
31964	C20H15N	3,4-dihydro-1,2,5,6-dibenzcarbazole	63077-00-9	269.346	---	---	744.15	2	25	1.1402	2	---	---	---	---	---
31965	C20H15NO	N-(2-fluorenyl)benzamide	3671-78-1	285.346	---	---	524.15	1	25	1.1798	2	---	---	---	---	---
31966	C20H15NO	10-methyl-1,2-benzanthracene-5-carbonar	64082-43-5	285.346	---	---	524.15	1	25	1.1798	2	---	---	---	---	---
31967	C20H15NO2	4-acetoxy-7-methylbenz(c)acridine	83876-62-4	301.345	---	---	564.15	1	25	1.2177	2	---	---	---	---	---
31968	C20H15NO2	N-fluoren-1-yl benzohydroxamic acid	29968-64-7	301.345	420.15	dec	564.15	2	25	1.2177	2	---	---	---	solid	1
31969	C20H15NO2	N-fluoren-2-yl benzohydroxamic acid	3671-71-4	301.345	461.65	1	564.15	2	25	1.2177	2	---	---	---	solid	1
31970	C20H15NO4	3-(2-(1,3-dioxo-2-phenylindanyl))glutarimid	76059-13-7	333.344	---	---	---	---	25	1.2886	2	---	---	---	---	---
31971	C20H15NO5	sanguinarine	2447-54-3	349.343	539.15	1	---	---	25	1.3217	2	---	---	---	solid	1
31972	C20H15NO8S2	5,6'-iminobis(1-hydroxy-2-naphthalenesulfo	73816-77-0	461.473	---	---	---	---	25	1.4777	2	---	---	---	---	---
31973	C20H15N3	1,3,4-triphenyl-4,5-dihydro-1H-1,2,4-triazol	---	297.360	423.15	1	---	---	25	1.2151	2	---	---	---	solid	1
31974	C20H15N3	4-(1-naphthylazo)-2-naphthylamine	63978-93-8	297.360	---	---	---	---	25	1.2151	2	---	---	---	---	---
31975	C20H15N3O8S2	sulfoparablue	81-69-6	489.487	---	---	567.15	1	25	1.5259	2	---	---	---	---	---
31976	C20H16	triphenylethylene	58-72-0	256.347	342.15	1	669.00	1	78	1.0373	1	78	1.6292	1	solid	1
31977	C20H16	7,12-dimethylbenz[a]anthracene	57-97-6	256.347	395.65	1	---	---	25	1.0840	2	---	---	---	solid	1
31978	C20H16	5,6-dimethylchrysene	3697-27-6	256.347	402.45	1	746.15	2	25	1.0840	2	---	---	---	solid	1
31979	C20H16	1,12-dimethylbenz[a]anthracene	313-74-6	256.347	405.15	1	---	---	25	1.0840	2	---	---	---	solid	1
31980	C20H16	1,12-dimethylbenzo[c]phenanthrene	4076-43-1	256.347	---	---	559.60	2	25	1.0840	2	---	---	---	---	---
31981	C20H16	5,8-dimethylbenzo[c]phenanthrene	54986-63-9	256.347	---	---	559.60	2	25	1.0840	2	---	---	---	---	---
31982	C20H16	meso-dihydrocholanthrene	63041-49-6	256.347	---	---	559.60	2	25	1.0840	2	---	---	---	---	---
31983	C20H16	4,5-dimethylbenz(a)anthracene	18429-70-4	256.347	411.65	1	---	---	25	1.0840	2	---	---	---	solid	1
31984	C20H16	6,7-dimethylbenz(a)anthracene	20627-28-5	256.347	387.15	1	---	---	25	1.0840	2	---	---	---	solid	1
31985	C20H16	6,8-dimethylbenz(a)anthracene	317-64-6	256.347	411.65	1	---	---	25	1.0840	2	---	---	---	solid	1
31986	C20H16	6,12-dimethylbenz(a)anthracene	568-81-0	256.347	348.15	1	---	---	25	1.0840	2	---	---	---	solid	1
31987	C20H16	7,11-dimethylbenz(a)anthracene	35187-28-1	256.347	419.15	1	---	---	25	1.0840	2	---	---	---	solid	1
31988	C20H16	5,6-dimethyl-1,2-benzanthracene	58430-00-5	256.347	460.65	1	---	---	25	1.0840	2	---	---	---	solid	1
31989	C20H16	5,9-dimethyl-1,2-benzanthracene	20627-31-0	256.347	408.15	1	---	---	25	1.0840	2	---	---	---	solid	1
31990	C20H16	5,10-dimethyl-1,2-benzanthracene	604-81-9	256.347	420.15	1	---	---	25	1.0840	2	---	---	---	solid	1
31991	C20H16	6,7-dimethyl-1,2-benzanthracene	58429-99-5	256.347	447.15	1	---	---	25	1.0840	2	---	---	---	solid	1
31992	C20H16	1,2-dimethylchrysene	15914-23-5	256.347	536.65	1	746.15	2	25	1.0840	2	---	---	---	solid	1
31993	C20H16	1,11-dimethylchrysene	52171-92-3	256.347	469.55	2	746.15	2	25	1.0840	2	---	---	---	solid	2
31994	C20H16	4,5-dimethylchrysene	63019-23-8	256.347	469.55	2	746.15	2	25	1.0840	2	---	---	---	solid	2
31995	C20H16	5,11-dimethylchrysene	14207-78-4	256.347	469.55	2	746.15	2	25	1.0840	2	---	---	---	solid	2
31996	C20H16	5-ethyl-1,2-benzanthracene	56961-62-7	256.347	406.35	2	---	---	25	1.0840	2	---	---	---	solid	2
31997	C20H16	10-ethyl-1,2-benzanthracene	3697-30-1	256.347	386.90	1	---	---	25	1.0840	2	---	---	---	solid	1
31998	C20H16	12-ethylbenz(a)anthracene	18868-66-1	256.347	381.05	1	---	---	25	1.0840	2	---	---	---	solid	1
31999	C20H16	2-ethyl-3:4-benzphenanthrene	59965-27-4	256.347	---	---	559.60	2	25	1.0840	2	---	---	---	---	---
32000	C20H16	7,8,9,10-tetrahydrobenzo(a)pyrene	17750-93-5	256.347	---	---	559.60	2	25	1.0840	2	---	---	---	---	---

Table 1 Physical Properties - Organic Compounds

				Mol Wt	Freezing Point		Boiling Point		Density			Refractive Index			State	
NO	FORMULA	NAME	CAS No	g/mol	T_F, K	code	T_B, K	code	T, C	g/cm3	code	T, C	n_D	code	@25C,1 atm	code
32001	C20H16ClN	7-ethyl-10-chloro-11-methylbenz(c)acridine	63019-53-4	305.807	---	---	---	---	25	1.1856	2	---	---	---	---	---
32002	C20H16BrN3O2S	4'-(3-bromo-9-acridinylamino)methanesulfo	58682-45-4	442.337	---	---	---	---	25	1.4950	2	---	---	---	---	---
32003	C20H16ClN3O2S	4'-(2-chloro-9-acridinylamino)methanesulfo	61462-73-5	397.885	---	---	---	---	25	1.3569	2	---	---	---	---	---
32004	C20H16ClN3O2S	4'-(3-chloro-9-acridinylamino)methanesulfo	61417-08-1	397.885	---	---	---	---	25	1.3569	2	---	---	---	---	---
32005	C20H16Cl2N2O3	2-((4-(2,4-dichlorobenzoyl)-1,3-dimethyl-1H	71561-11-0	403.264	---	---	---	---	25	1.3614	2	---	---	---	---	---
32006	C20H16Cl2Zr	rac-ethylenebis(indenyl)zirconium(iv)dichlo	100080-82-8	418.476	---	---	---	---	---	---	---	---	---	---	---	---
32007	C20H16N2	(S)-(-)-2,2'-diamino-1,1-binaphthalene	18531-95-8	284.361	515.15	1	---	---	25	1.1607	2	---	---	---	solid	1
32008	C20H16N2	(R)-(+)-2,2'-diamino-1,1-binaphthalene	18741-85-0	284.361	515.15	1	---	---	25	1.1607	2	---	---	---	solid	1
32009	C20H16N2	(1,1'-binaphthalene)-2,2'-diamine	4488-22-6	284.361	464.15	1	---	---	25	1.1607	2	---	---	---	solid	1
32010	C20H16N2	(1,2'-binaphthalene)-1,2'-diamine	795-95-9	284.361	---	---	---	---	25	1.1607	2	---	---	---	---	---
32011	C20H16N2O4	(+)-camptothecin	7689-03-4	348.359	530.15	1	537.15	1	25	1.3025	2	---	---	---	solid	1
32012	C20H16N3O4S	5-carboxymethyl-3-p-tolyl-thiazolidine-2,4-(	---	394.432	---	---	---	---	25	1.3731	2	---	---	---	---	---
32013	C20H16N4	nitron	2218-94-2	312.375	462.15	1	---	---	25	1.2323	2	---	---	---	solid	1
32014	C20H16N4O4S	4'-(9-acridinylamino)-2'-nitromethanesulfon	72738-98-8	408.439	---	---	---	---	25	1.4011	2	---	---	---	---	---
32015	C20H16N4O4S	4'-(3-nitro-9-acridinylamino)methanesulfon	59748-51-5	408.439	---	---	---	---	25	1.4011	2	---	---	---	---	---
32016	C20H16O	benz(a)anthracene-7-ethanol	63020-45-1	272.346	---	---	445.65	2	25	1.1249	2	---	---	---	---	---
32017	C20H16O	7,12-dimethylbenz(a)anthracene-5,6-oxide	39834-38-3	272.346	---	---	445.65	2	25	1.1249	2	---	---	---	---	---
32018	C20H16O	9:10-dimethyl-1:2-benzanthracene-9:10-ox	63019-25-0	272.346	---	---	445.65	2	25	1.1249	2	---	---	---	---	---
32019	C20H16O	7-hydroxymethyl-12-methylbenz(a)anthrac	568-75-2	272.346	---	---	449.65	1	25	1.1249	2	---	---	---	---	---
32020	C20H16O	12-hydroxymethyl-7-methylbenz(a)anthrac	568-70-7	272.346	---	---	441.65	1	25	1.1249	2	---	---	---	---	---
32021	C20H16O	3-methoxy-10-methyl-1,2-benzanthracene	966-48-3	272.346	---	---	445.65	2	25	1.1249	2	---	---	---	---	---
32022	C20H16O	5-methoxy-10-methyl-1,2-benzanthracene	63020-61-1	272.346	---	---	445.65	2	25	1.1249	2	---	---	---	---	---
32023	C20H16O	7-methoxy-12-methylbenz(a)anthracene	16354-47-5	272.346	---	---	445.65	2	25	1.1249	2	---	---	---	---	---
32024	C20H16O	1,2,2-triphenylethanone	1733-63-7	272.346	---	---	445.65	2	25	1.1249	2	---	---	---	---	---
32025	C20H16O2	naphthol	1321-67-1	288.346	395.65	1	558.65	1	25	1.2170	1	---	---	---	solid	1
32026	C20H16O2	1-pyrenebutyric acid	3443-45-6	288.346	460.65	1	558.65	2	25	1.1640	2	---	---	---	solid	1
32027	C20H16O2	triphenylacetic acid	595-91-5	288.346	543.15	1	558.65	2	25	1.1640	2	---	---	---	solid	1
32028	C20H16O2	benz(a)anthracene-7,12-dimethanol	2564-65-0	288.346	---	---	558.65	2	25	1.1640	2	---	---	---	---	---
32029	C20H16O2	trans-9,10-dihydroxy-9,10,11,12-tetrahydro	66788-03-2	288.346	---	---	558.65	2	25	1.1640	2	---	---	---	---	---
32030	C20H16O2	7,12-dimethoxybenz(a)anthracene	16354-53-3	288.346	---	---	558.65	2	25	1.1640	2	---	---	---	---	---
32031	C20H16O2	7,12-dimethylbenz(a)anthracene-3,4-diol	71964-72-2	288.346	---	---	558.65	2	25	1.1640	2	---	---	---	---	---
32032	C20H16O4	phenolphthalin	81-90-3	320.345	503.65	1	---	---	25	1.2371	2	---	---	---	solid	1
32033	C20H16O4	7b,8a,9b,10b-tetrahydroxy-7,8,9,10-tetrahy	61490-68-4	320.345	---	---	---	---	25	1.2371	2	---	---	---	---	---
32034	C20H16O4S2	C.I. vat orange 5	3263-31-8	384.477	---	---	---	---	25	1.3254	2	---	---	---	---	---
32035	C20H16O6	1,8,9-anthracenetriol triacetate	16203-97-7	352.343	482.65	1	---	---	25	1.3041	2	---	---	---	solid	1
32036	C20H16O10P2	phenolphthalein diphosphate	2090-82-6	478.289	471.15	1	---	---	---	---	---	---	---	---	solid	1
32037	C20H17ClNP	cyanomethyl triphenylphosphonium chlorid	4336-70-3	337.788	542.15	1	---	---	---	---	---	---	---	---	solid	1
32038	C20H17ClO	p-anisylchlorodiphenylmethane	14470-28-1	308.807	396.15	1	---	---	25	1.1706	2	---	---	---	solid	1
32039	C20H17FO3S	sulindac	38194-50-2	356.418	460.65	dec	---	---	25	1.2581	2	---	---	---	solid	1
32040	C20H17F3N2O4	2-(8'-trifluoromethyl-4'-quinolylamino)benz	23779-99-9	406.362	---	---	---	---	25	1.3473	2	---	---	---	---	---
32041	C20H17N	7-ethyl-9-methylbenz(c)acridine	63039-89-4	271.362	---	---	---	---	25	1.1065	2	---	---	---	---	---
32042	C20H17N	7-methyl-9-ethylbenz(c)acridine	56961-65-0	271.362	---	---	---	---	25	1.1065	2	---	---	---	---	---
32043	C20H17N	3,5,9-trimethyl-1:2-benzacridine	63040-05-1	271.362	---	---	---	---	25	1.1065	2	---	---	---	---	---
32044	C20H17N	3,8,12-trimethylbenz(a)acridine	63040-01-7	271.362	---	---	---	---	25	1.1065	2	---	---	---	---	---
32045	C20H17N	5,7,8-trimethyl-3:4-benzacridine	63040-02-8	271.362	---	---	---	---	25	1.1065	2	---	---	---	---	---
32046	C20H17N	7,8,11-trimethylbenz(c)acridine	64038-40-0	271.362	---	---	---	---	25	1.1065	2	---	---	---	---	---
32047	C20H17N	7,9,10-trimethylbenz(c)acridine	58430-01-6	271.362	---	---	---	---	25	1.1065	2	---	---	---	---	---
32048	C20H17N	7,9,11-trimethylbenz(c)acridine	51787-42-9	271.362	---	---	---	---	25	1.1065	2	---	---	---	---	---
32049	C20H17N	8,10,12-trimethylbenz(a)acridine	51787-43-0	271.362	---	---	---	---	25	1.1065	2	---	---	---	---	---
32050	C20H17NO	p-terphenyl-4-ylacetamide	64058-92-0	287.361	---	---	---	---	25	1.1455	2	---	---	---	---	---
32051	C20H17NO4	(S)-N-fmoc-propargylglycine	---	335.360	448.15	1	---	---	25	1.2527	2	---	---	---	solid	1
32052	C20H17NO4	(R)-N-fmoc-proparylglycine	---	335.360	448.15	1	---	---	25	1.2527	2	---	---	---	solid	1
32053	C20H17NO6	(+)-bicuculline	485-49-4	367.358	470.15	1	---	---	25	1.3170	2	---	---	---	solid	1
32054	C20H17N3Na2O9S3	acid fuchsin	3244-88-0	585.548	---	---	---	---	---	---	---	---	---	---	---	---
32055	C20H17N3O2	N-benzoyloxy-N-methyl-4-aminoazobenzer	6098-46-0	331.375	---	---	---	---	25	1.2506	2	---	---	---	---	---
32056	C20H17N3Sn	triphenyl-1H-1,2,4-triazol-1-yl tin	974-29-8	418.086	---	---	---	---	---	---	---	---	---	---	---	---
32057	C20H17OP	(triphenylphosphoranylidene)acetaldehyde	2136-75-6	304.328	459.65	1	---	---	---	---	---	---	---	---	solid	1
32058	C20H18	1,4-dibenzylbenzene	793-23-7	258.363	360.65	1	630.15	2	25	1.0524	2	---	---	---	solid	1
32059	C20H18	diphenyl-m-tolylmethane	603-26-9	258.363	335.15	1	630.15	1	16	1.0700	1	---	---	---	solid	1
32060	C20H18	1,1,1-triphenylethane	5271-39-6	258.363	368.15	1	630.15	2	25	1.0524	2	---	---	---	solid	1
32061	C20H18	1,1',1''-(1-ethanyl-2-ylidene)trisbenzene	1520-42-9	258.363	327.75	1	622.00	2	25	1.0524	2	---	---	---	solid	1
32062	C20H18	5,6-dihydro-7,12-dimethylbenz(a)anthracer	35281-29-9	258.363	---	---	630.15	2	25	1.0524	2	---	---	---	---	---
32063	C20H18	3,4-dihydro-1,11-dimethylchrysene	52171-93-4	258.363	---	---	630.15	2	25	1.0524	2	---	---	---	---	---
32064	C20H18	1,2,4,5,6,7-hexahydrobenz(e)aceanthrylen	63041-92-9	258.363	---	---	630.15	2	25	1.0524	2	---	---	---	---	---
32065	C20H18	11,12-17-trimethyl-15H-cyclopenta(a)phen	5831-11-8	258.363	---	---	630.15	2	25	1.0524	2	---	---	---	---	---
32066	C20H18BrNO4	(S)-N-fmoc-(2-bromoallyl)glycine	220497-60-9	416.272	392.75	1	---	---	25	1.4253	2	---	---	---	solid	1
32067	C20H18BrNO4	(R)-N-fmoc-(2-bromoallyl)glycine	220497-92-7	416.272	383.65	1	---	---	25	1.4253	2	---	---	---	solid	1
32068	C20H18BrP	vinyltriphenylphosphonium bromide	5044-52-0	369.241	449.15	1	---	---	---	---	---	---	---	---	solid	1
32069	C20H18ClNO6	ochratoxin A	303-47-9	403.819	---	---	---	---	25	1.3432	2	---	---	---	---	---
32070	C20H18ClOP	(formylmethyl)triphenylphosphonium chlori	62942-43-2	340.789	488.15	1	---	---	---	---	---	---	---	---	solid	1
32071	C20H18N2O2	nile red	7385-67-3	318.376	477.15	1	---	---	25	1.2004	2	---	---	---	solid	1
32072	C20H18N2O2S	coumarin 6	38215-36-0	350.442	479.65	1	---	---	25	1.2480	2	---	---	---	solid	1
32073	C20H18N4O2	3,3'-dimethyl-1,1'-diphenyl[4,4'-bi-2-pyrazo	7477-67-0	346.390	628.15	1	---	---	25	1.2655	2	---	---	---	solid	1
32074	C20H18N4O2S	4'-(9-acridinylamino)-2'-aminomethanesulfo	72739-00-5	378.456	---	---	---	---	25	1.3082	2	---	---	---	---	---
32075	C20H18N4O2S	4'-(9-acridinylamino)-3'-aminomethanesulfo	61417-10-5	378.456	---	---	---	---	25	1.3082	2	---	---	---	---	---
32076	C20H18N4O2S	4'-((3-amino-9-acridinyl)amino)methanesul	58658-27-8	378.456	---	---	---	---	25	1.3082	2	---	---	---	---	---
32077	C20H18N4O2S	4'-(2-amino-9-acridinylamino)methanesulfo	---	378.456	---	---	---	---	25	1.3082	2	---	---	---	---	---
32078	C20H18O	2,6-dibenzylidenecyclohexanone	897-78-9	274.362	390.65	1	---	---	25	1.0926	2	---	---	---	solid	1
32079	C20H18O	alpha,alpha-diphenylbenzeneethanol	4428-13-1	274.362	362.65	1	---	---	25	1.0926	2	---	---	---	solid	1
32080	C20H18O2	trans-3,4-dihydro-3,4-dihydroxy-7,12-dimet	68162-13-0	290.362	---	---	---	---	25	1.1310	2	---	---	---	---	---

Table 1 Physical Properties - Organic Compounds

				Mol Wt	Freezing Point		Boiling Point		Density			Refractive Index			State	
NO	FORMULA	NAME	CAS No	g/mol	T_F, K	code	T_B, K	code	T, C	g/cm3	code	T, C	n_D	code	@25C,1 atm	code
32081	C20H18O2	trans-8,9-dihydro-8,9-dihydroxy-7,12-dimet	65763-32-8	290.362	---	---	---	---	25	1.1310	2	---	---	---	---	---
32082	C20H18O2	trans-10,11-dihydro-10,11-dihydroxy-7,12-	68162-14-1	290.362	---	---	---	---	25	1.1310	2	---	---	---	---	---
32083	C20H18O2	11-isopropoxy-15,16-dihydro-17-cyclopent	83053-59-2	290.362	---	---	---	---	25	1.1310	2	---	---	---	---	---
32084	C20H18O2Pb	triphenyllead acetate	1162-06-7	497.562	479.65	1	---	---	---	---	---	---	---	---	solid	1
32085	C20H18O2Sn	(acetyloxy)triphenylstannane	900-95-8	409.072	394.65	1	---	---	---	---	---	---	---	---	solid	1
32086	C20H18O3	phenolphthalol	81-92-5	306.361	474.65	1	---	---	25	1.1677	2	---	---	---	solid	1
32087	C20H18O3	(E)-3,4-dihydroxy-7-methyl-3,4-dihydroben	69260-83-9	306.361	---	---	---	---	25	1.1677	2	---	---	---	---	---
32088	C20H18O4	trans-3,4-dihydroxy-3,4-dihydro-7,12-dihyd	69260-85-1	322.361	---	---	---	---	25	1.2030	2	---	---	---	---	---
32089	C20H18O5V	oxobis(1-phenylbutane-1,3-dionato-O,O')v	14767-37-4	389.301	491.15	1	---	---	---	---	---	---	---	---	solid	1
32090	C20H18O6S2	2,4-hexadiyn-1,6-bis-p-toluenesulfonate	32527-15-4	418.491	---	---	---	---	25	1.3486	2	---	---	---	---	---
32091	C20H18O8	(-)-di-p-toluoyl-L-tartaric acid	32634-66-5	386.358	440.15	1	---	---	25	1.3303	2	---	---	---	solid	1
32092	C20H18O8	(+)-di-1,4-toluoyl-D-tartaric acid	32634-68-7	386.358	439.15	1	---	---	25	1.3303	2	---	---	---	solid	1
32093	C20H18Si	triphenylvinylsilane	18666-68-7	286.448	341.15	1	---	---	---	---	---	---	---	---	solid	1
32094	C20H19	16,17-dihydro-11,12,17-trimethylcyclopent	5831-17-4	259.371	---	---	---	---	25	1.0374	2	---	---	---	---	---
32095	C20H19ClN4	fenbuconazole	114369-43-6	350.851	398.15	1	---	---	25	1.2345	2	---	---	---	solid	1
32096	C20H19ClN4	safranine O, high purity biological stain	477-73-6	350.851	---	---	---	---	25	1.2345	2	---	---	---	---	---
32097	C20H19Cl2NO5	2-(4-carboxyphenoxy)-2-pivaloyl-2',4'-dichl	58161-93-6	424.280	---	---	---	---	25	1.3396	2	---	---	---	---	---
32098	C20H19N	N-phenyl-N-benzylbenzenemethanamine	91-73-6	273.378	342.15	1	612.15	2	80	1.0444	1	80	1.6065	1	solid	1
32099	C20H19N	N,N-dimethyl-p-(2-(1-naphthyl)vinyl)aniline	63019-14-7	273.378	---	---	612.15	1	25	1.0752	2	---	---	---	---	---
32100	C20H19NO2	1,1-diphenyl-2-propynyl 1-pyrrolidinecarbo	10473-98-0	305.377	---	---	---	---	25	1.1502	2	---	---	---	---	---
32101	C20H19NO3	acronycine	7008-42-6	321.376	448.65	1	---	---	25	1.1854	2	---	---	---	solid	1
32102	C20H19NO4	(S)-N-fmoc-allylglycine	146549-21-5	337.375	410.25	1	---	---	25	1.2192	2	---	---	---	solid	1
32103	C20H19NO4	(R)-N-fmoc-allylglycine	170642-28-1	337.375	407.15	1	---	---	25	1.2192	2	---	---	---	solid	1
32104	C20H19NO4	fmoc-L-proline	71989-31-6	337.375	386.65	1	---	---	25	1.2192	2	---	---	---	solid	1
32105	C20H19NO5	berberine	2086-83-1	353.375	418.15	1	---	---	25	1.2516	2	---	---	---	solid	1
32106	C20H19NO5	chelidonine	476-32-4	353.375	408.65	1	---	---	25	1.2516	2	---	---	---	solid	1
32107	C20H19NO5	papaveraldine	522-57-6	353.375	483.65	1	---	---	25	1.2516	2	---	---	---	solid	1
32108	C20H19NO5	protopine	130-86-9	353.375	481.15	1	---	---	25	1.2516	2	---	---	---	solid	1
32109	C20H19N3	magenta base	3248-93-9	301.392	---	---	---	---	25	1.1470	2	---	---	---	---	---
32110	C20H19N3	p-rosaniline	---	301.392	---	---	---	---	25	1.1470	2	---	---	---	---	---
32111	C20H19N3O2	coumarin 7	27425-55-4	333.391	---	---	---	---	25	1.2168	2	---	---	---	---	---
32112	C20H20	2,3-dihydro-3-ethyl-6-methyl-1H-cyclopent	5096-24-2	260.379	---	---	---	---	25	1.0230	2	---	---	---	---	---
32113	C20H20	7,12-dimethyl-8,9,10,11-tetrahydrobenz(a)	25486-91-3	260.379	---	---	---	---	25	1.0230	2	---	---	---	---	---
32114	C20H20	1,11-dimethyl-1,2,3,4-tetrahydrochrysene	52171-94-5	260.379	---	---	---	---	25	1.0230	2	---	---	---	---	---
32115	C20H20	1,2,3,4-tetrahydro-7,12-dimethylbenz(a)an	67242-54-0	260.379	---	---	---	---	25	1.0230	2	---	---	---	---	---
32116	C20H20BrOP	(2-hydroxyethyl)triphenylphosphonium bro	7237-34-5	387.256	490.15	1	---	---	---	---	---	---	---	---	solid	1
32117	C20H20BrP	(ethyl)triphenylphosphonium bromide	1530-32-1	371.257	480.65	1	---	---	---	---	---	---	---	---	solid	1
32118	C20H20ClN3	magenta	632-99-5	337.852	473.15	dec	---	---	25	1.1877	2	---	---	---	solid	1
32119	C20H20ClN3O5	nile blue A perchlorate	53340-16-2	417.849	---	---	---	---	25	1.3370	2	---	---	---	---	---
32120	C20H20ClOP	(2-hydroxyethyl)triphenylphosphonium chlo	23250-03-5	342.805	509.15	1	---	---	---	---	---	---	---	---	solid	1
32121	C20H20ClOP	(methoxymethyl)triphenylphosphonium chl	4009-98-7	342.805	469.15	1	---	---	---	---	---	---	---	---	solid	1
32122	C20H20ClP	(ethyl)triphenylphosphonium chloride	896-33-3	326.805	515.15	1	---	---	---	---	---	---	---	---	solid	1
32123	C20H20Cl2N8O5	3'5'-dichloromethotrexate	528-74-5	523.337	---	---	---	---	25	1.4912	2	---	---	---	---	---
32124	C20H20CuF14O4	bis(1,1,1,2,2,3,3-heptafluoro-7,7-dimethyl-	80289-21-0	653.901	341.05	1	---	---	---	---	---	---	---	---	solid	1
32125	C20H20IP	ethyltriphenylphosphonium iodide	4736-60-1	418.257	440.15	1	---	---	---	---	---	---	---	---	solid	1
32126	C20H20I2N2O5	N-acetyl-L-phenylalanyl-3,5-diiodo-L-tyrosi	3786-08-1	622.199	493.15	1	---	---	25	1.7870	2	---	---	---	solid	1
32127	C20H20N2	N,N'-di-o-tolyl-p-phenylene diamine	15017-02-4	288.393	---	---	---	---	25	1.0965	2	---	---	---	---	---
32128	C20H20N2O2	4-phenyl-1,2-diphenyl-3,5-pyrazolidinedior	30748-29-9	320.392	---	---	---	---	25	1.1683	2	---	---	---	---	---
32129	C20H20N2O3	cyclopiazonic acid	18172-33-3	336.391	518.65	1	---	---	25	1.2020	2	---	---	---	solid	1
32130	C20H20N2O4S2	N,N'-1,4-phenylenebis(4-methylbenzenesu	41595-29-3	416.522	---	---	392.65	1	25	1.3156	2	---	---	---	---	---
32131	C20H20N2O5	Na-fmoc-L-glutamine	71989-20-3	368.390	493.65	1	---	---	25	1.2655	2	---	---	---	solid	1
32132	C20H20O	1,2,3,6,7,8,11,12-octahydrobenzo[e]pyren-	68151-08-6	276.378	420.65	1	---	---	25	1.0624	2	---	---	---	solid	1
32133	C20H20OSi	ethoxytriphenylsilane	1516-80-9	304.463	338.15	1	617.15	1	---	---	---	---	---	---	solid	1
32134	C20H20O3	2-trans-benzoyl-5-trans-phenyl-1-cyclohex	---	308.377	458.65	1	---	---	25	1.1364	2	---	---	---	solid	1
32135	C20H20O4	3-(4-carboxyphenyl)-2,3-dihydro-1,1,3-trim	3569-18-4	324.376	566.15	1	---	---	25	1.1711	2	---	---	---	solid	1
32136	C20H20O4	phaseollidin	37831-70-2	324.376	---	---	---	---	25	1.1711	2	---	---	---	---	---
32137	C20H20O6	cubebin	18423-69-3	356.375	404.65	1	---	---	25	1.2365	2	---	---	---	solid	1
32138	C20H20O6	1,1-bis(benzoylperoxy)cyclohexane	---	356.375	---	---	---	---	25	1.2365	2	---	---	---	---	---
32139	C20H20O7	aurantine	522-16-7	372.375	---	---	---	---	25	1.2673	2	---	---	---	---	---
32140	C20H20Zr	bis(indenyl)dimethylzirconium	49596-04-5	351.603	379.15	1	---	---	---	---	---	---	---	---	solid	1
32141	C20H21AlCl2O7	aluminum clofibrate	24818-79-9	471.270	---	---	503.15	1	---	---	---	---	---	---	---	---
32142	C20H21F3N2OS	fluoracizine	30223-48-4	394.462	---	---	466.65	1	25	1.2391	2	---	---	---	---	---
32143	C20H21NOS	N-methyl-N-(m-tolyl)carbamothioic acid (1,	50838-36-3	323.459	366.15	1	---	---	25	1.1371	2	---	---	---	solid	1
32144	C20H21N	proheptatriene	303-53-7	275.394	---	---	523.15	1	25	1.0460	2	---	---	---	---	---
32145	C20H21NO3	dimefline	1165-48-6	323.392	382.65	1	---	---	25	1.1545	2	---	---	---	solid	1
32146	C20H21NO3	galipine	525-68-8	323.392	388.65	1	---	---	25	1.1545	2	---	---	---	solid	1
32147	C20H21NO4	dicentrine	517-66-8	339.391	---	---	---	---	25	1.1878	2	---	---	---	---	---
32148	C20H21NO4	papaverine	58-74-2	339.391	420.65	1	---	---	20	1.3370	1	---	1.6250	1	solid	1
32149	C20H21NO4	fmoc-L-valine	68858-20-8	339.391	418.15	1	---	---	25	1.1878	2	---	---	---	solid	1
32150	C20H21NO4	tetrahydroberberine	5096-57-1	339.391	405.15	1	---	---	25	1.1878	2	---	---	---	solid	1
32151	C20H21NO4S	fmoc-L-methionine	71989-28-1	371.457	407.15	1	---	---	25	1.2329	2	---	---	---	solid	1
32152	C20H21NO5	isoamyl 5,6-dihydro-7,8-dimethyl-4,5-dioxo	73080-51-0	355.391	511.65	1	498.15	1	25	1.2198	2	---	---	---	solid	1
32153	C20H21N3	2,4-bis((4-aminophenyl)methyl)benzenami	25834-80-4	303.408	---	---	---	---	25	1.1164	2	---	---	---	---	---
32154	C20H21N3O3	moquizone	19395-58-5	351.406	409.15	1	---	---	25	1.2176	2	---	---	---	solid	1
32155	C20H21N7O5	x-methylfolic acid	70114-87-3	439.433	---	---	---	---	25	1.3869	2	---	---	---	---	---
32156	C20H21N7O6	bremfol	2179-16-0	455.432	---	---	491.15	1	25	1.4124	2	---	---	---	---	---
32157	C20H21N7O6	homofolate	3566-25-4	455.432	---	---	495.65	1	25	1.4124	2	---	---	---	---	---
32158	C20H22Br2O6	4,4'(5')-dibromodibenzo-18-crown-6	87016-67-9	518.199	457.65	1	---	---	25	1.5381	2	---	---	---	solid	1
32159	C20H22BrNO2	1-bromoacetyl-a-a-diphenyl-4-piperidinem	143-84-0	388.304	---	---	---	---	25	1.2993	2	---	---	---	---	---
32160	C20H22ClNO2	1-chloroacetyl-a-a-diphenyl-4-piperidinem	143-85-1	343.853	---	---	---	---	25	1.1609	2	---	---	---	---	---

Table 1 Physical Properties - Organic Compounds

				Mol Wt	Freezing Point		Boiling Point		Density			Refractive Index			State	
NO	FORMULA	NAME	CAS No	g/mol	T_F, K	code	T_B, K	code	T, C	g/cm3	code	T, C	n_D	code	@25C,1 atm	code
32161	C20H22ClN3O2	4-(p-chlorophenyl)-1-piperazineethanol-2-p	4415-51-4	371.867	---	---	---	---	25	1.2204	2	---	---	---	---	---
32162	C20H22ClN3O2S	8-chloro-2-(2-(diethylamino)ethyl)-2H-(1)be	54484-91-2	403.933	---	---	---	---	25	1.2613	2	---	---	---	---	---
32163	C20H22F3NO4	ftorin	23191-75-5	397.395	---	---	---	---	25	1.2423	2	---	---	---	---	---
32164	C20H22INO2	1-iodoacetyl-a-a-diphenyl-4-piperidinemeth	143-86-2	435.305	---	---	---	---	25	1.4154	2	---	---	---	---	---
32165	C20H22N2O	5-benzyloxy-3-(1-methyl-2-pyrrolidinyl)indo	14226-68-7	306.408	---	---	521.15	1	25	1.1036	2	---	---	---	---	---
32166	C20H22N2O	fenazaquin	120928-09-8	306.408	---	---	486.55	1	25	1.1036	2	---	---	---	---	---
32167	C20H22N2O2	gelsemine	509-15-9	322.407	451.15	1	---	---	25	1.1382	2	---	---	---	solid	1
32168	C20H22N2O2	quininone	84-31-1	322.407	381.15	1	---	---	25	1.1382	2	---	---	---	solid	1
32169	C20H22N2S	mequitazine	29216-28-2	322.475	403.65	1	---	---	25	1.1213	2	---	---	---	solid	1
32170	C20H22N4O	pasalin	20170-20-1	334.422	---	---	---	---	25	1.1687	2	---	---	---	---	---
32171	C20H22N4O6S	N-(2-(2,3-bis-(methoxycarbonyl)-guanidino	58306-30-2	446.485	402.65	1	488.15	1	25	1.3539	2	---	---	---	solid	1
32172	C20H22N8O5	D(-)-amethopterin	51865-79-3	454.448	468.15	1	---	---	25	1.3958	2	---	---	---	solid	1
32173	C20H22N8O5	methotrexate	59-05-2	454.448	---	---	---	---	25	1.3958	2	---	---	---	---	---
32174	C20H22N8O6	7-hydroxymethotrexate	5939-37-7	470.447	---	---	485.65	1	25	1.4204	2	---	---	---	---	---
32175	C20H22N4O10S	cefuroxime axetil	64544-07-6	510.483	---	---	523.15	1	25	1.4492	2	---	---	---	---	---
32176	C20H22O	6,6'-butylidenebis(2,4-xylenol)	3772-23-4	278.394	---	---	490.15	1	25	1.0344	2	---	---	---	---	---
32177	C20H22O2	norgestrienone	848-21-5	294.393	442.15	1	---	---	25	1.0714	2	---	---	---	solid	1
32178	C20H22O3	ethyl 2,2-dibenzyl-3-oxobutanoate	42597-26-2	310.393	330.15	1	506.15	1	25	1.1071	2	---	---	---	solid	1
32179	C20H22O3	MB pyrethroid	---	310.393	---	---	506.15	2	25	1.1071	2	---	---	---	---	---
32180	C20H22O3	nafenopin	3771-19-5	310.393	---	---	506.15	2	25	1.1071	2	---	---	---	---	---
32181	C20H22O5	di(propylene glycol) dibenzoate	27138-31-4	342.392	---	---	---	---	25	1.1200	1	---	1.5280	1	---	---
32182	C20H22O5	dipropylene glycol dibenzoate	94-51-9	342.392	---	---	---	---	25	1.1741	2	---	---	---	---	---
32183	C20H22O6	columbin	546-97-4	358.391	---	---	450.15	2	25	1.2058	2	---	---	---	---	---
32184	C20H22O6	4-ethoxyphenyl 4-[(butoxycarbonyl)oxy]ber	16494-24-9	358.391	208.25	1	450.15	1	25	0.8470	1	---	---	---	liquid	1
32185	C20H22O8	populin	99-17-2	390.390	453.15	1	---	---	25	1.2656	2	---	---	---	solid	1
32186	C20H23ClN2O4	4-(p-chlorophenyl)piperazinyl 3,4,5-trimeth	17766-66-4	390.867	---	---	---	---	25	1.2362	2	---	---	---	---	---
32187	C20H23ClN2O4	chlorpheniramine maleate	113-92-8	390.867	405.65	1	---	---	25	1.2362	2	---	---	---	solid	1
32188	C20H23ClO2	21-chloro-17-hydroxy-19-nor-17a-pregna-4	3124-93-4	330.854	424.15	1	---	---	25	1.1160	2	---	---	---	solid	1
32189	C20H23FN2O	4'-fluoro-4-(1-(4-phenyl)piperazino)butyrop	2354-61-2	326.415	---	---	---	---	25	1.1177	2	---	---	---	---	---
32190	C20H23N	elavil	50-48-6	277.410	---	---	528.65	1	25	1.0188	2	---	---	---	---	---
32191	C20H23N	ludiomil	10262-69-8	277.410	366.15	1	528.65	2	25	1.0188	2	---	---	---	solid	1
32192	C20H23NO	amitriptyline-N-oxide	4317-14-0	293.409	502.15	1	---	---	25	1.0558	2	---	---	---	solid	1
32193	C20H23NO2	amolanone	76-65-3	309.408	316.55	1	---	---	25	1.0913	2	25	1.5614	1	solid	1
32194	C20H23NO2	carbofluorene amino ester	4425-78-9	309.408	---	---	---	---	25	1.0913	2	---	---	---	---	---
32195	C20H23NO3	benalaxyl	71626-11-4	325.408	352.15	1	---	---	25	1.2700	1	---	---	---	solid	1
32196	C20H23NO3	N-methyl-3-piperidyl benzilate	3321-80-0	325.408	---	---	---	---	25	1.1255	2	---	---	---	---	---
32197	C20H23NO4	corydine	476-69-7	341.407	422.15	1	---	---	25	1.1583	2	---	---	---	solid	1
32198	C20H23NO4	isocorydine	475-67-2	341.407	458.15	1	---	---	25	1.1583	2	---	---	---	solid	1
32199	C20H23NO4	coumarin 338	62669-75-4	341.407	444.15	1	---	---	25	1.1583	2	---	---	---	solid	1
32200	C20H23NO4	b-acetylmandeloyloxy-b-phenylethyl dimeth	73118-22-6	341.407	---	---	---	---	25	1.1583	2	---	---	---	---	---
32201	C20H23NO4	N-cyclopropylmethylnoroxymorphone	16590-41-3	341.407	---	---	---	---	25	1.1583	2	---	---	---	---	---
32202	C20H23NO4	norglaucine	21848-62-4	341.407	---	---	---	---	25	1.1583	2	---	---	---	---	---
32203	C20H23NO4	1,2,10-trimethoxy-6a-a-aporphin-9-ol	2169-44-0	341.407	375.65	1	---	---	25	1.1583	2	---	---	---	solid	1
32204	C20H23NO4S	N-desacetylthiocolchicine	2731-16-0	373.473	---	---	---	---	25	1.2035	2	---	---	---	---	---
32205	C20H23NO5	N-acetyl colchinol	38838-26-5	357.407	---	---	554.15	2	25	1.1899	2	---	---	---	---	---
32206	C20H23NO5	trimethylcolchicinic acid methyl ether	3476-50-4	357.407	---	---	554.15	1	25	1.1899	2	---	---	---	---	---
32207	C20H23NO8	4-nitrodibenzo-18-crown-6	118060-27-8	405.405	465.65	1	---	---	25	1.2780	2	---	---	---	solid	1
32208	C20H23N3O	lysergic acid pyrolidate	2385-87-7	321.423	---	---	---	---	25	1.1223	2	---	---	---	---	---
32209	C20H23N3O2	D-1-acetyllysergic acid monoethylamide	50485-03-5	337.422	---	---	570.65	1	25	1.1555	2	---	---	---	---	---
32210	C20H23N3O2	lysergic acid morpholide	4314-63-0	337.422	---	---	570.65	1	25	1.1555	2	---	---	---	---	---
32211	C20H23N3O2	sibutol	55179-31-2	337.422	---	---	349.65	1	25	1.1555	2	---	---	---	---	---
32212	C20H23N3O4	p-aminobenzoylaminomethylhydrocotarnin	---	369.421	---	---	---	---	25	1.2182	2	---	---	---	---	---
32213	C20H23N7O7	folinic acid	58-05-9	473.447	518.15	dec	---	---	25	1.4046	2	---	---	---	solid	1
32214	C20H24	1,1-diphenyl-1-octene	1530-21-8	264.411	250.81	2	629.15	1	25	0.9513	1	25	1.5570	1	liquid	1
32215	C20H24	trans-4,4'-dimethyl-a-a'-diethylstilbene	34983-45-4	264.411	---	---	629.15	2	25	0.9702	2	---	---	---	---	---
32216	C20H24	a-ethyl-a',sec-butylstilbene	63019-12-5	264.411	---	---	629.15	2	25	0.9702	2	---	---	---	---	---
32217	C20H24ClNO	1-(2-(a-(p-chlorophenyl)-a-methylbenzylox	102584-42-9	329.869	---	---	---	---	25	1.1010	2	---	---	---	---	---
32218	C20H24ClNO	cloperastine	3703-76-2	329.869	---	---	---	---	25	1.1010	2	---	---	---	---	---
32219	C20H24ClNO2	methopholine	2154-02-1	345.869	---	---	---	---	25	1.1332	2	---	---	---	---	---
32220	C20H24ClN3S	prochlorperazine	58-38-8	373.950	501.15	1	---	---	25	1.1758	2	---	---	---	solid	1
32221	C20H24N2O2	epiquinidine	572-59-8	324.423	386.15	1	---	---	25	1.1100	2	---	---	---	solid	1
32222	C20H24N2O2	quinidine	56-54-2	324.423	447.15	1	---	---	25	1.1100	2	---	---	---	solid	1
32223	C20H24N2O2	quinine	130-95-0	324.423	330.15	1	---	---	25	1.1100	2	15	1.6250	1	solid	1
32224	C20H24N2O2	viquidil	84-55-9	324.423	333.15	1	---	---	25	1.1100	2	---	---	---	solid	1
32225	C20H24N2O2S	lucanthone metabolite	3105-97-3	356.489	374.85	1	---	---	25	1.1581	2	---	---	---	solid	1
32226	C20H24N2O4	pheniramine maleate	132-20-7	356.422	379.15	1	---	---	25	1.1744	2	---	---	---	solid	1
32227	C20H24N2O4	4-phenylpiperazinyl 3,4,5-trimethoxypheny	17766-63-1	356.422	---	---	---	---	25	1.1744	2	---	---	---	---	---
32228	C20H24N2O6	dicarboxydine	73758-56-2	388.421	---	---	---	---	25	1.2341	2	---	---	---	---	---
32229	C20H24N2OS	1-(2'-diethylamino)ethylamino-4-methylthio	479-50-5	340.490	337.65	1	---	---	25	1.1266	2	---	---	---	solid	1
32230	C20H24N4O	a-cyano-2,6-dimethylergoline-8-propionam	---	336.438	---	---	---	---	25	1.1399	2	---	---	---	---	---
32231	C20H24O2	ethinylestradiol	57-63-6	296.409	---	---	---	---	25	1.0445	2	---	---	---	---	---
32232	C20H24O2	a,a'-diethyl-4,4'-dimethoxystilbene	7773-34-4	296.409	---	---	---	---	25	1.0445	2	---	---	---	---	---
32233	C20H24O3	17b-hydroxyestra-4,9,11-trien-3-one aceta	10161-34-9	312.409	---	---	---	---	25	1.0795	2	---	---	---	---	---
32234	C20H24O4	8,8'-diapo-psi,psi-carotenedioic acid	27876-94-4	328.408	559.15	1	---	---	25	1.1132	2	---	---	---	solid	1
32235	C20H24O5	4'-(3-(4'-tert-butylphenoxy)-2-hydroxypropo	56488-59-6	344.408	---	---	---	---	25	1.1457	2	---	---	---	---	---
32236	C20H24O6	dibenzo-18-crown-6	14187-32-7	360.407	435.15	1	---	---	25	1.1769	2	---	---	---	solid	1
32237	C20H24O6	[2,4]-dibenzo-18-crown-6	14262-61-4	360.407	391.65	1	---	---	25	1.1769	2	---	---	---	solid	1
32238	C20H24O6	triptolide	38748-32-2	360.407	499.65	1	---	---	25	1.1769	2	---	---	---	solid	1
32239	C20H24O8	vermiculin	37244-00-1	392.406	---	---	---	---	25	1.2360	2	---	---	---	---	---
32240	C20H25ClN2O2	6'methoxycinchonan-9-ol monohydrochlori	130-89-2	360.884	432.15	1	---	---	25	1.1494	2	---	---	---	solid	1

Table 1 Physical Properties - Organic Compounds

				Mol Wt	Freezing Point		Boiling Point		Density			Refractive Index			State	
NO	FORMULA	NAME	CAS No	g/mol	T_F, K	code	T_B, K	code	T, C	g/cm3	code	T, C	n_D	code	@25C,1 atm	code
32241	C20H25N	1-(3,3-diphenylpropyl)piperidine	3540-95-2	279.426	314.65	1	---	---	25	0.9933	2	---	---	---	solid	1
32242	C20H25NO	6-(dimethylamino)-4,4-diphenyl-3-hexanon	467-85-6	295.425	---	---	---	---	25	1.0297	2	---	---	---	---	---
32243	C20H25NO	2-(diphenylmethyl)-1-piperidineethanol	13862-07-2	295.425	379.65	1	---	---	25	1.0297	2	---	---	---	solid	1
32244	C20H25NO2	4-(3-(p-phenoxymethylphenyl)propyl)morpl	17692-39-6	311.424	325.65	1	---	---	25	1.0646	2	---	---	---	solid	1
32245	C20H25NO2	2-diethylaminoethyl diphenylacetate	64-95-9	311.424	---	---	---	---	25	1.0646	2	---	---	---	---	---
32246	C20H25NO2	STS 557	65928-58-7	311.424	484.15	1	---	---	25	1.0646	2	---	---	---	solid	1
32247	C20H25NO3	diethylaminoethyl benzilate	302-40-9	327.424	324.15	1	---	---	25	1.0982	2	---	---	---	solid	1
32248	C20H25NO4	codamine	21040-59-5	343.423	400.15	1	---	---	25	1.1306	2	---	---	---	solid	1
32249	C20H25NO4	laudanidine	301-21-3	343.423	457.65	1	---	---	25	1.1306	2	---	---	---	solid	1
32250	C20H25NO4	laudanine	85-64-3	343.423	440.15	1	---	---	20	1.2600	1	---	---	---	solid	1
32251	C20H25O3	2-(p-isobutylphenyl)propionic acid o-metho	66332-77-2	313.417	---	---	---	---	25	1.0664	2	---	---	---	---	---
32252	C20H25N2O2	2-(2-(diethylamino)ethoxy)-3-methylbenzar	17822-74-1	325.431	---	---	---	---	25	1.0966	2	---	---	---	---	---
32253	C20H25N3O	N,N-diethyllysergamide	50-37-3	323.439	---	---	---	---	25	1.0949	2	---	---	---	---	---
32254	C20H25N3O	D-lysergic acid diethylamide	---	323.439	---	---	---	---	25	1.0949	2	---	---	---	---	---
32255	C20H25N3O2	a-acetyl-6-methylergoline-8b-propionamide	---	339.438	---	---	---	---	25	1.1276	2	---	---	---	---	---
32256	C20H25N3O2	partergin	113-42-8	339.438	445.15	1	---	---	25	1.1276	2	---	---	---	solid	1
32257	C20H25N3O3S	5,10-dihydro-10-(2-(dimethylamino)ethyl)-8	22797-20-2	387.504	---	---	---	---	25	1.2027	2	---	---	---	---	---
32258	C20H25N3S	pernazine	84-97-9	339.506	326.65	1	---	---	25	1.1118	2	---	---	---	solid	1
32259	C20H26	1,1-diphenyloctane	1530-06-9	266.426	269.15	1	619.15	1	25	0.9393	1	25	1.5336	1	liquid	1
32260	C20H26	2,5-dimethyl-2,5-diphenylhexane	17648-05-4	266.426	334.95	1	619.15	2	25	0.9463	2	---	---	---	solid	1
32261	C20H26	4,4'-di-tert-butyl-biphenyl	1625-91-8	266.426	396.60	1	619.15	2	25	0.9463	2	---	---	---	solid	1
32262	C20H26	3,4-dimethyl-3,4-diphenylhexane	10192-93-5	266.426	302.05	2	619.15	2	25	0.9463	2	---	---	---	solid	2
32263	C20H26BrClN2O7	5-bromo-4-chloro-3-indolyl-b-d-glucuronide	114162-64-0	521.793	503.15	1	---	---	25	1.4241	2	---	---	---	solid	1
32264	C20H26BrN3O	2-bromo-D-lysergic acid diethylamide	478-84-2	404.351	---	---	---	---	25	1.2645	2	---	---	---	---	---
32265	C20H26ClNO	2-(a-(p-chlorophenyl)-a-methylbenzyloxy)-l	511-46-6	331.885	---	---	---	---	25	1.0754	2	---	---	---	---	---
32266	C20H26ClNO2	adiphenine hydrochloride	50-42-0	347.885	567.15	1	---	---	25	1.1071	2	---	---	---	solid	1
32267	C20H26ClN3O5	oxazine 1 perchlorate	24796-94-9	423.897	---	---	---	---	25	1.2483	2	---	---	---	---	---
32268	C20H26N2	10,11-dihydro-5-(3-dimethylamino-2-methy	739-71-9	294.440	---	---	---	---	25	1.0151	2	---	---	---	---	---
32269	C20H26N2	dimetacrine	4757-55-5	294.440	---	---	---	---	25	1.0151	2	---	---	---	---	---
32270	C20H26N2O	12-methoxyibogamine	83-74-9	310.440	421.15	1	---	---	25	1.0500	2	---	---	---	solid	1
32271	C20H26N2O2	ajmalan-17,21-diol, (17R,21alpha)-	4360-12-7	326.439	479.15	1	---	---	25	1.0835	2	---	---	---	solid	1
32272	C20H26N2O2	hydroquinidine	1435-55-8	326.439	441.65	1	---	---	25	1.0835	2	---	---	---	solid	1
32273	C20H26N2O2	hydroquinine	522-66-7	326.439	445.65	1	---	---	25	1.0835	2	---	---	---	solid	1
32274	C20H26N4O5S	diabenor	24477-37-0	434.517	471.15	1	---	---	25	1.2698	2	---	---	---	solid	1
32275	C20H26O2	benzestrol	85-95-0	298.425	437.15	1	---	---	25	1.0193	2	---	---	---	solid	1
32276	C20H26O2	methestrol	130-73-4	298.425	418.15	1	---	---	25	1.0193	2	---	---	---	solid	1
32277	C20H26O2	7,8-didehydroretinoic acid	74193-14-9	298.425	---	---	---	---	25	1.0193	2	---	---	---	---	---
32278	C20H26O2	4,4'-(1,2-diethylethylene)di-m-cresol	85720-57-6	298.425	---	---	---	---	25	1.0193	2	---	---	---	---	---
32279	C20H26O2	4,4'-(1,2-diethylethylene)di-o-cresol	10465-10-8	298.425	---	---	---	---	25	1.0193	2	---	---	---	---	---
32280	C20H26O2	17a-ethinyl-5,10-estrenolone	68-23-5	298.425	453.90	1	---	---	25	1.0193	2	---	---	---	solid	1
32281	C20H26O2	2,2'-isobutylidenebis(4,6-dimethylphenol)	33145-10-7	298.425	---	---	---	---	25	1.0193	2	---	---	---	---	---
32282	C20H26O2	19-norethisterone	68-22-4	298.425	476.65	1	---	---	25	1.0193	2	---	---	---	solid	1
32283	C20H26O4	dicyclohexyl phthalate	84-61-7	330.424	339.15	1	---	---	20	1.3830	1	20	1.4310	1	solid	1
32284	C20H26O4	10b-hydroperoxy-17a-ethynyl-4-estren-17b	1238-54-6	330.424	---	---	---	---	25	1.0869	2	---	---	---	---	---
32285	C20H26O6	eupatoriopicrin	6856-01-5	362.423	---	---	---	---	25	1.1496	2	---	---	---	---	---
32286	C20H26O6	n-propyl isomer	83-59-0	362.423	---	---	---	---	25	1.1496	2	---	---	---	---	---
32287	C20H26O8S2	triethylene glycol di-p-tosylate	19249-03-7	458.554	354.15	1	---	---	25	1.2823	2	---	---	---	solid	1
32288	C20H27FO3	9a-fluoro-17a-methyl-17-hydroxy-4-andros	465-69-0	334.431	---	---	---	---	25	1.0692	2	---	---	---	---	---
32289	C20H27NO	cyclorphan	4163-15-9	297.441	---	---	---	---	25	1.0051	2	---	---	---	---	---
32290	C20H27NO2	4-(cyclohexylamino)-1-(naphthalenyloxy)-2	57281-35-3	313.440	---	---	---	---	25	1.0395	2	---	---	---	---	---
32291	C20H27NO2	(-)-17-cyclopropylmethylmorphinan-3,4-dio	42281-59-4	313.440	447.15	1	---	---	25	1.0395	2	---	---	---	solid	1
32292	C20H27NO3	4a-5-epoxy-17b-hydroxy-3-oxo-5a-androst	13647-35-3	329.440	537.15	dec	---	---	25	1.0725	2	---	---	---	solid	1
32293	C20H27NO3	grasp	87820-88-0	329.440	---	---	---	---	25	1.0725	2	---	---	---	---	---
32294	C20H27NO11	amygdalin	29883-15-6	457.435	497.65	1	---	---	25	1.2992	2	---	---	---	solid	1
32295	C20H27N3O2	ethyl N-((5R,8S,10R)-6-propyl-8-ergolinyl)c	---	341.454	---	---	---	---	25	1.1013	2	---	---	---	---	---
32296	C20H27N3O3	calpurnine	6874-80-2	357.454	426.15	1	505.65	1	25	1.1324	2	---	---	---	solid	1
32297	C20H27N5O2	cilostazol	73963-72-1	369.468	431.65	1	---	---	25	1.1599	2	---	---	---	solid	1
32298	C20H27N5O5S	N-[2-[4-(azepan-1-ylcarbamoylsulfamoyl)pl	25046-79-1	449.532	462.15	1	---	---	25	1.2809	2	---	---	---	solid	1
32299	C20H27O3P	2-ethylhexyl diphenyl phosphite	15647-08-2	346.407	---	---	---	---	20	1.0540	1	27	1.5207	1	---	---
32300	C20H27O4P	diphenyl 2-ethylhexyl phosphate	1241-94-7	362.406	---	---	---	---	25	1.0900	1	25	1.5100	1	---	---
32301	C20H27P	2-(di-tert-butylphosphino)biphenyl	224311-51-7	298.408	358.15	1	---	---	---	---	---	---	---	---	solid	1
32302	C20H28	1-decylnaphthalene	26438-27-7	268.442	288.15	1	652.00	1	25	0.9280	1	25	1.5412	1	liquid	1
32303	C20H28	2-decylnaphthalene	14188-79-5	268.442	296.15	1	656.15	1	25	0.9221	1	25	1.5393	1	liquid	1
32304	C20H28Cl4Ru2	di-µ-chlorobis(p-cymene)chlororuthenium(i	52462-29-0	612.392	523.15	1	---	---	---	---	---	---	---	---	solid	1
32305	C20H28ClNO6	cloquinozine tartrate	34255-03-3	413.898	---	---	---	---	25	1.1973	2	---	---	---	---	---
32306	C20H28I3N3O8	5-(acetyl(2-hydroxyethyl)amino)-N,N'-bis(2	31122-82-4	819.172	---	---	---	---	25	1.8880	2	---	---	---	---	---
32307	C20H28N3O3S	3-[5-(dimethylamino)-1-naphthalenesulfona	76841-99-1	390.528	432.15	1	---	---	25	1.1632	2	---	---	---	solid	1
32308	C20H28I3N3O13	ioglucomide	63941-74-2	899.169	419.15	1	---	---	25	1.9464	2	---	---	---	solid	1
32309	C20H28N4O	9,10a-dihydrolisuride	37686-84-3	340.470	476.15	1	---	---	25	1.0872	2	---	---	---	solid	1
32310	C20H28N4O2	4-(p-octyloxyphenyl)semicarbazone-1H-py	119034-06-9	356.469	---	---	---	---	25	1.1182	2	---	---	---	---	---
32311	C20H28O	13-cis-retinal	472-86-6	284.442	351.15	1	---	---	25	0.9604	2	---	---	---	solid	1
32312	C20H28O	19-nor-17a-pregn-4-en-20-yn-17-ol	52-76-6	284.442	436.15	1	---	---	25	0.9604	2	---	---	---	solid	1
32313	C20H28O	9-cis-retinal	514-85-2	284.442	---	---	---	---	25	0.9604	2	---	---	---	---	---
32314	C20H28O	trans-retinal	116-31-4	284.442	---	---	---	---	25	0.9604	2	---	---	---	---	---
32315	C20H28O2	methandrostenolone	72-63-9	300.441	439.15	1	569.15	2	25	0.9955	2	---	---	---	solid	1
32316	C20H28O2	all-trans-retinoic acid	302-79-4	300.441	454.65	1	569.15	2	25	0.9955	2	---	---	---	solid	1
32317	C20H28O2	13-cis-retinoic acid	4759-48-2	300.441	448.65	1	569.15	2	25	0.9955	2	---	---	---	solid	1
32318	C20H28O2	11b-ethylestradiol	64109-72-4	300.441	---	---	569.15	2	25	0.9955	2	---	---	---	---	---
32319	C20H28O2	ethynodiol	1231-93-2	300.441	485.65	1	569.15	2	25	0.9955	2	---	---	---	solid	1
32320	C20H28O2	neoprogestin	6795-60-4	300.441	443.15	1	569.15	2	25	0.9955	2	---	---	---	solid	1

Table 1 Physical Properties - Organic Compounds

				Mol Wt	Freezing Point		Boiling Point		Density			Refractive Index			State	
NO	FORMULA	NAME	CAS No	g/mol	T_F, K	code	T_B, K	code	T, C	g/cm3	code	T, C	n_D	code	@25C,1 atm	code
32321	C20H28O2	19-norpregn-4-ene-3,20-dione	472-54-8	300.441	417.65	1	569.15	2	25	0.9955	2	---	---	---	solid	1
32322	C20H28O2	19-nor-17a-pregn-5(10)-en-20-yne-3a,17-c	21466-08-0	300.441	408.15	1	569.15	2	25	0.9955	2	---	---	---	solid	1
32323	C20H28O2	19-nor-17a-pregn-5(10)-en-20-yne-3b, 17-	2307-97-3	300.441	405.15	1	569.15	1	25	0.9955	2	---	---	---	solid	1
32324	C20H28O3S	ethyl 3,6-di(tert-butyl)-1-naphthalenesulfon	5560-69-0	348.507	---	---	---	---	25	1.0790	2	---	---	---	---	---
32325	C20H28O6	phorbol	17673-25-5	364.439	---	---	---	---	25	1.1239	2	---	---	---	---	---
32326	C20H28O8Zr	tetrakis(2,4-pentanedionato-o,o')-zirconium	17501-44-9	487.662	470.80	1	---	---	---	---	---	---	---	---	solid	1
32327	C20H28O9	8-acetylneosolaniol	65041-92-1	412.437	---	---	580.15	1	25	1.2091	2	---	---	---	---	---
32328	C20H28Sn	di-n-butyldiphenyltin	6452-61-5	387.152	---	---	543.15	1	25	1.1700	1	---	1.5620	1	---	---
32329	C20H29FO3	fluoxymesterone	76-43-7	336.447	543.15	1	---	---	25	1.0455	2	---	---	---	solid	1
32330	C20H29NO	2-(3,3-dimethylallyl)-5-ethyl-2'-hydroxy-9-m	3639-66-5	299.457	---	---	---	---	25	0.9820	2	---	---	---	---	---
32331	C20H29NO3	1-methyl-3-piperidyl-a-phenylcyclohexaneg	4354-45-4	331.455	---	---	526.15	1	25	1.0483	2	---	---	---	---	---
32332	C20H29N3O2	dibucaine	85-79-0	343.470	337.15	1	---	---	25	1.0765	2	---	---	---	solid	1
32333	C20H29N5O3	urapidil	34661-75-1	387.483	430.15	1	---	---	25	1.1631	2	---	---	---	solid	1
32334	C20H30ClN3O2	dibucaine hydrochloride	61-12-1	379.931	367.15	dec	---	---	25	1.1150	2	---	---	---	solid	1
32335	C20H30ClNO4	2-(4-nitrophenoxy)tetradecanoyl chloride	116526-84-2	383.915	---	---	---	---	25	1.1177	2	---	---	---	---	---
32336	C20H30Cl2Zr	bis(pentamethylcyclopentadienyl)zirconium	54039-38-2	432.587	>573.15	1	---	---	---	---	---	---	---	---	solid	1
32337	C20H30Fe	bis(pentamethylcyclopentadienyl)iron	12126-50-0	326.303	550.15	1	---	---	---	---	---	---	---	---	solid	1
32338	C20H30Mn	bis(pentamethylcyclopentadienyl)mangane	67506-86-9	325.396	503.15	1	---	---	---	---	---	---	---	---	solid	1
32339	C20H30N2O2	androfurazanol	1239-29-8	330.471	425.65	1	---	---	25	1.0350	2	---	---	---	solid	1
32340	C20H30N2O3	morpheridine dihydrochloride	469-81-8	346.470	298.15	1	---	---	25	2	1	---	---	---	---	---
32341	C20H30N2O4	calpeptin	117591-20-5	362.470	340.65	1	---	---	25	1.0966	2	---	---	---	solid	1
32342	C20H30N2O4	cis-N-(decahydro-2-methyl-5-isoquinolyl)-3	19590-85-3	362.470	---	---	---	---	25	1.0966	2	---	---	---	---	---
32343	C20H30N2O4	trans-N-(decahydro-2-methyl-5-isoquinolyl)	27460-73-7	362.470	---	---	---	---	25	1.0966	2	---	---	---	---	---
32344	C20H30N2O5S	aminofuracarb	82560-54-1	410.535	298.15	1	---	---	25	1.1672	2	---	---	---	---	---
32345	C20H30O	retinol	68-26-8	286.458	336.65	1	---	---	25	0.9386	2	---	---	---	solid	1
32346	C20H30O2	abietic acid	514-10-3	302.457	446.65	1	649.70	1	25	0.9731	2	---	---	---	solid	1
32347	C20H30O2	17-hydroxy-17-methylandrost-4-en-3-one,	58-18-4	302.457	436.65	1	579.33	2	25	0.9731	2	---	---	---	solid	1
32348	C20H30O2	levopimaric acid	79-54-9	302.457	423.15	1	579.33	2	25	0.9731	2	---	---	---	solid	1
32349	C20H30O2	palustric acid	1945-53-5	302.457	441.65	1	616.00	2	25	0.9731	2	---	---	---	solid	1
32350	C20H30O2	pimaric acid	127-27-5	302.457	491.65	1	623.10	2	25	0.9731	2	---	---	---	solid	1
32351	C20H30O2	cis-5,8,11,14,17-eicosapentaenoic acid	10417-94-4	302.457	219.75	1	579.33	2	25	0.9430	1	---	1.4980	1	liquid	2
32352	C20H30O2	7,8-dihydroretinoic acid	51077-50-0	302.457	---	---	579.33	2	25	0.9731	2	---	---	---	---	---
32353	C20H30O2	2b,17b-dihydroxy-2a-ethinyl-A-nor(5a)andr	1038-19-3	302.457	---	---	579.33	2	25	0.9731	2	---	---	---	---	---
32354	C20H30O2	16-ethyl-17-hydroxyester-4-en-3-one	33765-68-3	302.457	425.65	1	577.15	1	25	0.9731	2	---	---	---	solid	1
32355	C20H30O2	17-ethyl-19-nortestosterone	52-78-8	302.457	413.65	1	579.33	2	25	0.9731	2	---	---	---	solid	1
32356	C20H30O2	17b-hydroxy-7a-methylandrost-5-ene-3-on	50880-57-4	302.457	481.15	1	511.15	dec	25	0.9731	2	---	---	---	solid	1
32357	C20H30O2	mibolerone	3704-09-4	302.457	---	---	579.33	2	25	0.9731	2	---	---	---	---	---
32358	C20H30O2	neoabietic acid	471-77-2	302.457	446.40	1	631.00	2	25	0.9731	2	---	---	---	solid	1
32359	C20H30O4	dihexyl phthalate	84-75-3	334.456	233.15	1	640.00	2	25	1.0385	2	---	---	---	---	---
32360	C20H30O4	2-ethylhexyl butyl phthalate	85-69-8	334.456	298.15	1	623.15	1	25	0.9930	1	---	---	---	---	---
32361	C20H30O4	adipic acid 3-cyclohexenylmethanol dieste	63905-29-3	334.456	---	---	623.15	2	25	1.0385	2	---	---	---	---	---
32362	C20H30O4	medullin	13345-50-1	334.456	---	---	623.15	2	25	1.0385	2	---	---	---	---	---
32363	C20H30O6	bis(2-butoxyethyl) phthalate	117-83-9	366.455	218.25	1	543.15	1	25	1.0996	2	---	---	---	liquid	1
32364	C20H30O6	bis((3,4-epoxycyclohexyl)methyl)adipate	3130-19-6	366.455	---	---	543.15	2	25	1.0996	2	---	---	---	---	---
32365	C20H30O7	(8S-(8R*,16R*))-8,16-bis(2-oxopropyl)-1,9-	154869-43-9	382.454	---	---	---	---	25	1.1285	2	---	---	---	---	---
32366	C20H30Ru	bis(pentamethylcyclopentadienyl)rutheniur	84821-53-4	371.528	533.15	1	---	---	---	---	---	---	---	---	solid	1
32367	C20H31N	dehydroabietylamine	1446-61-3	285.473	317.65	1	660.00	1	25	0.9259	2	---	---	---	solid	1
32368	C20H31NO	parkopan	144-11-6	301.473	---	---	---	---	25	0.9603	2	---	---	---	---	---
32369	C20H31NO3	p-isobutyoxybenzoic acid 3-(2'-methylpiper	63916-90-5	333.471	---	---	---	---	25	1.0255	2	---	---	---	---	---
32370	C20H31NO4	SCH 5802 B	---	349.471	---	---	---	---	25	1.0564	2	---	---	---	---	---
32371	C20H31NO6	symphytine	22571-95-5	381.470	---	---	528.15	1	25	1.1153	2	---	---	---	---	---
32372	C20H31NO7	echimidine	520-68-3	397.469	---	---	---	---	25	1.1433	2	---	---	---	---	---
32373	C20H31N3O	1-benzyl-5-(3-(dipropylamino)propoxy)-3-m	15090-16-1	329.487	---	---	---	---	25	1.0218	2	---	---	---	---	---
32374	C20H31N3O6S	bacmecillinam	50846-45-2	441.550	---	---	529.15	1	25	1.2061	2	---	---	---	---	---
32375	C20H31NaO5	(5-Z)-9-deoxy-6,9a-epoxy-pgf1a, sodium sa	61849-14-7	374.453	442.15	1	---	---	---	---	---	---	---	---	solid	1
32376	C20H32	1-decyl-[1,2,3,4-tetrahydronaphthalene]	55255-57-7	272.474	333.73	2	634.15	1	25	0.8830	2	---	---	---	solid	2
32377	C20H32	2-decyl-[1,2,3,4-tetrahydronaphthalene]	66455-67-2	272.474	333.73	2	636.15	1	25	0.8830	2	---	---	---	solid	2
32378	C20H32	cembrene	1898-13-1	272.474	333.15	1	635.15	2	25	0.8830	2	---	---	---	solid	1
32379	C20H32ClNO	trihexyphenidyl hydrochloride	52-49-3	337.933	531.65	1	---	---	25	1.0068	2	---	---	---	solid	1
32380	C20H32N2O3S	carbosulfan	55285-14-8	380.552	---	---	399.15	1	20	1.0560	1	---	---	---	---	---
32381	C20H32N6O12S2	L(-)-glutathione, oxidized	27025-41-8	612.641	451.15	1	---	---	25	1.4162	2	---	---	---	solid	1
32382	C20H32N6O12S2Se	selenodiglutathione	33944-90-0	691.601	---	---	---	---	---	---	---	---	---	---	---	---
32383	C20H32O	tetradecanophenone	4497-05-6	288.473	322.15	1	---	---	25	0.9181	2	---	---	---	solid	1
32384	C20H32O	ethylestrenol	965-90-2	288.473	350.15	1	---	---	25	0.9181	2	---	---	---	solid	1
32385	C20H32O	17-methyl-5a-androst-2-en-17b-ol	3275-64-7	288.473	---	---	---	---	25	0.9181	2	---	---	---	---	---
32386	C20H32O2	androstane-17-carboxylic acid, (5beta,17b	438-08-4	304.473	501.65	1	---	---	20	0.9151	2	---	---	---	solid	1
32387	C20H32O2	5,8,11,14-eicosatetraenoic acid	7771-44-0	304.473	223.65	1	---	---	20	0.9219	1	20	1.4824	1	---	---
32388	C20H32O2	5,8,11,14-eicosatetraenoic acid, (all-trans)	506-32-1	304.473	223.65	1	---	---	20	0.9082	1	20	1.4824	1	---	---
32389	C20H32O2	17-hydroxy-17-methylandrostan-3-one, (5a	521-11-9	304.473	465.65	1	---	---	20	0.9151	2	---	---	---	solid	1
32390	C20H32O2	4'-dodecyloxyacetophenone	2175-80-6	304.473	318.65	1	---	---	20	0.9151	2	---	---	---	solid	1
32391	C20H32O2	androstestone-M	521-10-8	304.473	479.15	1	---	---	20	0.9151	2	---	---	---	solid	1
32392	C20H32O4	prostaglandin A1	14152-28-4	336.472	316.15	1	---	---	25	1.0164	2	---	---	---	solid	1
32393	C20H32O5	prostaglandin E2	363-24-6	352.471	340.15	1	---	---	25	1.0469	2	---	---	---	solid	1
32394	C20H32O5	prostaglandin D2	41598-07-6	352.471	341.15	1	---	---	25	1.0469	2	---	---	---	solid	1
32395	C20H33NO	4-(3-(4-(1,1-dimethylethyl)phenyl)-2-methy	67306-03-0	303.488	298.15	1	573.15	2	25	0.9397	2	---	---	---	---	---
32396	C20H33NO	cis-fenpropimorph	67564-91-4	303.488	298.15	1	573.15	1	25	0.9397	2	---	---	---	---	---
32397	C20H33NO	myristanilide	622-56-0	303.488	357.65	1	573.15	2	25	0.9397	2	---	---	---	solid	1
32398	C20H33NO3	2-(2-diethylaminoethoxy)ethyl-2-ethyl-2-ph	468-61-1	335.487	298.15	1	---	---	25	1.0039	2	---	---	---	---	---
32399	C20H34	1-phenyltetradecane	1459-10-5	274.490	289.15	1	627.15	1	25	0.8510	1	25	1.4797	1	liquid	1
32400	C20H34AuO9PS	auranofin	34031-32-8	678.491	383.65	1	---	---	---	---	---	---	---	---	solid	1

Table 1 Physical Properties - Organic Compounds

				Mol Wt	Freezing Point		Boiling Point		Density			Refractive Index			State	
NO	FORMULA	NAME	CAS No	g/mol	T_F, K	code	T_B, K	code	T, C	g/cm3	code	T, C	n_D	code	@25C,1 atm	code
32401	C20H34BaO4	barium cyclohexanebutyrate	62669-65-2	475.815	---	---	---	---	---	---	---	---	---	---	---	---
32402	C20H34ClNO	b-sec-butyl-5-chloro-2-ethoxy-N,N-diisopro	29122-56-3	339.949	---	---	---	---	25	0.9863	2	---	---	---	---	---
32403	C20H34HgO4	mercury cyclohexanebutyrate	62638-02-2	539.078	351.15	1	---	---	---	---	---	---	---	---	solid	1
32404	C20H34MgO4	magnesium cyclohexanebutyrate	62669-64-1	362.793	---	---	---	---	---	---	---	---	---	---	---	---
32405	C20H34N2O4	N-(2-ethylbutoxyethoxypropyl)-5-norborner	63907-07-3	366.502	---	---	---	---	25	1.0515	2	---	---	---	---	---
32406	C20H34O	geranyl linalool	1113-21-9	290.489	---	---	523.15	1	25	0.8800	1	---	---	---	---	---
32407	C20H34O2	ethyl cis,cis,cis-9,12,15-octadecatrienoate	1191-41-9	306.489	---	---	---	---	20	0.8919	1	20	1.4694	1	---	---
32408	C20H34O4	aphidicolin	38966-21-1	338.488	---	---	---	---	25	0.9953	2	---	---	---	---	---
32409	C20H34O4	di(tert-butylperoxyisopropyl)benzene	2212-81-9	338.488	318.65	1	---	---	25	0.9953	2	---	---	---	solid	1
32410	C20H34O4	peroxide, [1,4-phenylenebis(1-methylethyli	2781-00-2	338.488	---	---	---	---	25	0.9953	2	---	---	---	---	---
32411	C20H34O4	a-a'-bis(tert-butylperoxy)diisopropylbenzen	25155-25-3	338.488	---	---	---	---	25	0.9953	2	---	---	---	---	---
32412	C20H34O5	prostaglandin E1	745-65-3	354.487	388.65	1	---	---	25	1.0255	2	---	---	---	solid	1
32413	C20H34O5	2-[[4-(5-hydroxy-4,8-dimethyl-non-7-enyl)-4	83796-99-0	354.487	---	---	---	---	25	1.0255	2	---	---	---	---	---
32414	C20H34O5	prostaglandin F2-a	551-11-1	354.487	303.15	1	---	---	25	1.0255	2	---	---	---	solid	1
32415	C20H34O5	DL-prostaglandin F2-a	23518-25-4	354.487	---	---	---	---	25	1.0255	2	---	---	---	---	---
32416	C20H34O8	tributyl 2-acetylcitrate	77-90-7	402.485	203.75	1	446.15	1	25	1.0500	1	---	1.4430	1	liquid	1
32417	C20H35NOS	suloctidyl	54767-75-8	337.570	335.65	1	---	---	25	0.9713	2	---	---	---	solid	1
32418	C20H36N2	N,N'-bis(1,4-dimethylpentyl)-p-phenylenedi	3081-14-9	304.520	---	---	---	---	25	0.9087	2	---	---	---	---	---
32419	C20H36N2O	kurchicine	1400-17-5	320.519	---	---	---	---	25	0.9407	2	---	---	---	---	---
32420	C20H35N3Sn	(1H-1,2,4-triazolyl-1-yl)tricyclohexylstanna	41083-11-8	436.229	---	---	---	---	---	---	---	---	---	---	---	---
32421	C20H36O2	cis,cis-ethyl 9,12-octadecadienoate	544-35-4	308.505	---	---	---	---	20	0.8865	1	---	---	---	---	---
32422	C20H36O2	ethyl 9,12-octadecadienoate	7619-08-1	308.505	---	---	---	---	20	0.8865	1	---	---	---	---	---
32423	C20H36O2	2-cyclopentene-1-tridecanoic acid, ethyl es	623-32-5	308.505	---	---	---	---	20	0.8865	2	---	---	---	---	---
32424	C20H36O2Sn	acetoxytricyclohexylstannane	13121-71-6	427.215	335.15	1	425.15	1	---	---	---	---	---	---	solid	1
32425	C20H36O4	bis(2-ethylhexyl) maleate	142-16-5	340.503	213.25	1	488.65	2	25	0.9440	1	---	1.4550	1	liquid	2
32426	C20H36O4	dioctyl fumarate	141-02-6	340.503	---	---	488.65	1	25	0.9420	1	---	---	---	---	---
32427	C20H36O4	dioctyl maleate	2915-53-9	340.503	---	---	488.65	2	25	0.9430	2	---	---	---	---	---
32428	C20H36O4Sn	2,2-dioctyl-1,3,2-dioxastannepin-4,7-dione	16091-18-2	459.213	---	---	---	---	---	---	---	---	---	---	---	---
32429	C20H36O5	prostaglandin F1-a	745-62-0	356.503	375.65	1	437.25	1	25	1.0051	2	---	---	---	solid	1
32430	C20H36O6	dicyclohexano-18-crown-6	16069-36-6	372.502	341.15	1	617.15	1	25	1.0338	2	---	---	---	solid	1
32431	C20H37NO	1-oleoylaziridine	63021-11-4	307.520	---	---	---	---	25	0.9018	2	---	---	---	---	---
32432	C20H37N3O4	calpain inhibitor I	110044-82-1	383.532	---	---	---	---	25	1.0470	2	---	---	---	---	---
32433	C20H37N3O13	antihelmycin	31282-04-9	527.527	443.15	dec	435.35	1	25	1.2654	2	---	---	---	solid	1
32434	C20H37N3O13	destomycin A	14918-35-5	527.527	458.15	dec	432.35	1	25	1.2654	2	---	---	---	solid	1
32435	C20H37NaO7S	dioctyl sulfosuccinate sodium salt	577-11-7	444.565	439.15	1	355.85	1	25	1.1000	1	---	---	---	solid	1
32436	C20H38	1-eicosyne	765-27-5	278.522	309.16	1	613.16	1	20	0.8073	1	20	1.4501	1	solid	1
32437	C20H38	2-eicosyne	61847-99-2	278.522	420.76	2	625.15	1	23	0.8189	2	---	---	---	solid	2
32438	C20H38	3-eicosyne	61886-66-6	278.522	420.76	2	603.15	1	23	0.8189	2	---	---	---	solid	2
32439	C20H38	1,1-dicyclohexyloctane	62016-87-9	278.522	329.42	2	617.15	1	23	0.8189	2	---	---	---	solid	2
32440	C20H38	1-pentadecylcyclopentene	62184-80-9	278.522	290.75	2	608.15	1	25	0.8304	1	25	1.4626	1	liquid	1
32441	C20H38N4O4	dimorpholamine	119-48-2	398.547	314.65	1	---	---	25	1.0625	2	---	---	---	solid	1
32442	C20H38N6O4	(S)-2-(2-acetamido-4-methylvaleramido)-N	55123-66-5	426.561	---	---	449.25	2	25	1.1121	2	---	---	---	---	---
32443	C20H38N6O4	leupeptin Ac-LL	24365-47-7	426.561	---	---	449.25	1	25	1.1121	2	---	---	---	---	---
32444	C20H38O2	cycloprate	54460-46-7	310.521	---	---	---	---	24	0.8801	2	---	---	---	---	---
32445	C20H38O2	cis-9-eicosenoic acid	29204-02-2	310.521	297.65	1	650.00	2	25	0.8882	1	---	---	---	liquid	2
32446	C20H38O2	9-eicosenoic acid	506-31-0	310.521	296.15	1	650.00	2	25	0.8882	1	25	1.4597	1	liquid	2
32447	C20H38O2	11-eicosenoic acid	2462-94-4	310.521	297.15	1	650.00	2	25	0.8826	1	---	---	---	liquid	2
32448	C20H38O2	ethyl trans-9-octadecenoate	6114-18-7	310.521	278.95	1	---	---	25	0.8664	1	25	1.4480	1	---	---
32449	C20H38O2	ethyl oleate	111-62-6	310.521	---	---	---	---	20	0.8720	1	20	1.4515	1	---	---
32450	C20H38O2	cis-11-eicosenoic acid	5561-99-9	310.521	296.65	1	650.00	2	25	0.8830	1	---	1.4610	1	liquid	2
32451	C20H38O3	decanoic anhydride	2082-76-0	326.520	297.85	1	---	---	25	0.8865	1	25	1.4000	1	---	---
32452	C20H38O3	ethyl cis-12-hydroxy-9-octadecenoate, (R)	55066-53-0	326.520	---	---	---	---	20	0.9180	1	22	1.4618	1	---	---
32453	C20H38O3	ethyl 12-oxooctadecanoate	88472-61-1	326.520	311.15	1	---	---	23	0.9023	2	---	---	---	solid	1
32454	C20H38O4	eicosanedioic acid	2424-92-2	342.519	398.65	1	---	---	25	0.9565	2	---	---	---	solid	1
32455	C20H38O6	bis(2-(2-ethoxybutoxy)ethyl) succinic acid (	25724-60-1	374.518	---	---	442.04	1	25	1.0141	2	---	---	---	---	---
32456	C20H38O6	succinic acid, bis(2-(hexyloxy)ethyl) ester	10058-20-5	374.518	---	---	437.85	1	25	1.0141	2	---	---	---	---	---
32457	C20H39Br	cis-1-bromo-1-eicosene	66455-60-5	359.434	369.38	2	648.15	1	25	0.9985	2	---	---	---	solid	2
32458	C20H39Br	trans-1-bromo-1-eicosene	66455-61-6	359.434	369.38	2	648.15	1	25	0.9985	2	---	---	---	solid	2
32459	C20H39Br3	1,1,1-tribromoeicosane	62127-76-8	519.242	496.48	2	708.15	1	25	1.2991	2	---	---	---	solid	2
32460	C20H39Cl	cis-1-chloro-1-eicosene	66455-62-7	314.982	339.50	2	656.15	1	25	0.8815	2	---	---	---	solid	2
32461	C20H39Cl	trans-1-chloro-1-eicosene	66455-41-2	314.982	339.50	2	656.15	1	25	0.8815	2	---	---	---	solid	2
32462	C20H39Cl3	1,1,1-trichloroeicosane	62108-64-9	385.887	406.84	2	680.15	1	25	0.9851	2	---	---	---	solid	2
32463	C20H39F	cis-1-fluoro-1-eicosene	66455-42-3	298.528	341.73	2	660.43	2	25	0.8529	2	---	---	---	solid	2
32464	C20H39F	trans-1-fluoro-1-eicosene	66455-43-4	298.528	341.73	2	660.43	2	25	0.8529	2	---	---	---	solid	2
32465	C20H39F3	1,1,1-trifluoroeicosane	62126-86-7	336.525	413.53	2	597.15	1	25	0.9100	2	---	---	---	solid	2
32466	C20H39I	cis-1-iodo-1-eicosene	66455-45-6	406.434	367.64	2	669.15	1	25	1.1024	2	---	---	---	solid	2
32467	C20H39I	trans-1-iodo-1-eicosene	66455-44-5	406.434	367.64	2	669.15	1	25	1.1024	2	---	---	---	solid	2
32468	C20H39I3	1,1,1-triiodoeicosane	---	660.243	491.26	2	933.19	2	25	1.5507	2	---	---	---	solid	2
32469	C20H39N	eicosanenitrile	4616-73-3	293.537	323.75	1	659.15	1	25	0.8523	2	---	---	---	solid	1
32470	C20H39NO	1-stearoylaziridine	3891-30-3	309.536	---	---	---	---	25	0.8844	2	---	---	---	---	---
32471	C20H39NO3	N-ethanoyl-D-erythro-sphingosine, synthet	3102-57-6	341.535	---	---	---	---	25	0.9455	2	---	---	---	---	---
32472	C20H39N5O7	G-52	51909-61-6	461.560	---	---	410.15	1	25	1.1519	2	---	---	---	---	---
32473	C20H40	pentadecylcyclopentane	4669-01-6	280.538	290.00	1	625.00	1	25	0.8180	1	25	1.4533	1	liquid	1
32474	C20H40	tetradecylcyclohexane	1795-18-2	280.538	297.16	1	627.16	1	25	0.8220	1	20	1.4586	1	liquid	1
32475	C20H40	cycloeicosane	296-56-0	280.538	277.00	2	621.15	1	25	0.8464	1	25	1.4664	1	liquid	1
32476	C20H40	1-eicosene	3452-07-1	280.538	301.76	1	615.54	1	30	0.7882	1	30	1.4440	1	solid	1
32477	C20H40	2-methyl-1-nonadecene	52254-50-9	280.538	292.65	1	615.15	1	25	0.7938	1	25	1.4473	1	liquid	1
32478	C20H40Au4N4	tetracyanooctaethyltetragold	---	1124.432	---	---	---	---	---	---	---	---	---	---	---	---
32479	C20H40Br2	1,1-dibromoeicosane	62168-37-0	440.346	419.26	2	686.15	1	25	1.1457	2	---	---	---	solid	2
32480	C20H40Cl2	1,1-dichloroeicosane	62017-22-5	351.443	359.50	2	667.15	1	25	0.9272	2	---	---	---	solid	2

Table 1 Physical Properties - Organic Compounds

				Mol Wt	Freezing Point		Boiling Point		Density			Refractive Index			State	
NO	FORMULA	NAME	CAS No	g/mol	T_F, K	code	T_B, K	code	T, C	g/cm3	code	T, C	n_D	code	@25C,1 atm	code
32481	C20H40F2	1,1-difluoroeicosane	62127-09-7	318.535	363.96	2	603.15	1	25	0.8741	2	---	---	---	solid	2
32482	C20H40I2	1,1-diiodoeicosane	66455-47-8	534.347	415.78	2	842.84	2	25	1.3301	2	---	---	---	solid	2
32483	C20H40N2	glyoxide	105-28-2	308.552	---	---	---	---	25	0.8737	2	---	---	---	---	---
32484	C20H40N4S8Se	selenium diethyldithiocarbamate	5456-28-0	672.054	---	---	---	---	20	1.3200	1	---	---	---	---	---
32485	C20H40N4S8Te	ethyl tellurac	20941-65-5	720.694	386.15	1	---	---	25	1.4400	1	---	---	---	solid	1
32486	C20H40O	eicosanal	2400-66-0	296.537	324.15	1	634.15	1	28	0.8386	2	---	---	---	solid	1
32487	C20H40O	2-eicosanone	29703-52-4	296.537	332.15	1	625.00	2	28	0.8386	2	---	---	---	solid	1
32488	C20H40O	octadecyl vinyl ether	930-02-9	296.537	303.15	1	629.58	2	40	0.8138	1	---	---	---	solid	1
32489	C20H40O	3,7,11,15-tetramethyl-1-hexadecen-3-ol	505-32-8	296.537	---	---	629.58	2	20	0.8519	1	20	1.4571	1	---	---
32490	C20H40O	phytol	7541-49-3	296.537	---	---	629.58	2	25	0.8500	1	---	1.4630	1	---	---
32491	C20H40O2	eicosanoic acid	506-30-9	312.536	348.23	1	670.15	1	100	0.8240	1	100	1.4250	1	solid	1
32492	C20H40O2	3,7,11,15-tetramethylhexadecanoic acid	14721-66-5	312.536	208.15	1	706.07	2	43	0.8977	2	---	---	---	liquid	2
32493	C20H40O2	nonadecyl formate	66455-49-0	312.536	373.36	2	714.52	2	43	0.8977	2	---	---	---	solid	2
32494	C20H40O2	octadecyl acetate	822-23-1	312.536	305.99	1	630.00	2	30	0.8510	1	---	---	---	solid	1
32495	C20H40O2	heptadecyl propanoate	---	312.536	356.99	2	715.22	2	43	0.8977	2	---	---	---	solid	2
32496	C20H40O2	hexadecyl butanoate	6221-99-4	312.536	356.99	2	715.22	2	43	0.8977	2	---	---	---	solid	2
32497	C20H40O2	decyl decanoate	1654-86-0	312.536	282.85	1	706.07	2	20	0.8586	1	20	1.4423	1	liquid	2
32498	C20H40O2	butyl palmitate	111-06-8	312.536	290.05	1	706.07	2	43	0.8977	2	50	1.4312	1	liquid	2
32499	C20H40O2	ethyl stearate	111-61-5	312.536	306.15	1	706.07	2	20	1.0570	1	40	1.4349	1	solid	1
32500	C20H40O2	methyl nonadecanoate	1731-94-8	312.536	314.45	1	706.07	2	43	0.8977	2	---	---	---	solid	1
32501	C20H40O3	ethylene glycol monostearate	111-60-4	328.536	333.65	1	---	---	60	0.8780	1	60	1.4310	1	solid	1
32502	C20H40O4Sn	bis(hexanoyloxy)di-n-butylstannane	19704-60-0	463.245	---	---	367.65	1	---	---	---	---	---	---	---	---
32503	C20H40O4Sn	diethylbis(octanoyloxy)stannane	2641-56-7	463.245	---	---	367.65	2	---	---	---	---	---	---	---	---
32504	C20H40S	thiacycloheneicosane	42425-07-0	312.604	356.93	2	644.15	1	25	0.8678	2	---	---	---	solid	2
32505	C20H41Br	1-bromoeicosane	4276-49-7	361.450	310.05	1	659.15	1	25	0.9795	2	---	---	---	solid	1
32506	C20H41Cl	1-chloroeicosane	42217-02-7	316.998	310.75	1	646.15	1	25	0.8653	2	---	---	---	solid	1
32507	C20H41F	1-fluoroeicosane	676-44-8	300.544	311.15	1	614.15	1	25	0.8371	2	---	---	---	solid	1
32508	C20H41I	1-iodoeicosane	34994-81-5	408.450	315.05	1	680.15	1	25	1.0814	2	---	---	---	solid	1
32509	C20H41NO	nonadecanoic acid N-methylamide	6212-93-7	311.552	365.65	1	---	---	25	0.8678	2	---	---	---	solid	1
32510	C20H41NO	N,N-dimethyloctadecanamide	3886-90-6	311.552	---	---	---	---	25	0.8678	2	---	---	---	---	---
32511	C20H41NO2	1-nitroeicosane	66455-50-3	327.551	458.27	2	667.15	1	25	0.8983	2	---	---	---	solid	2
32512	C20H41NO2	g-aminobutyric acid cetyl ester	34562-99-7	327.551	---	---	667.15	2	25	0.8983	2	---	---	---	---	---
32513	C20H41NO2	cetyl betaine	693-33-4	327.551	---	---	667.15	2	25	0.8983	2	---	---	---	---	---
32514	C20H41N5O7	micromycin	52093-21-7	463.576	533.15	dec	---	---	25	1.1315	2	---	---	---	solid	1
32515	C20H42	eicosane	112-95-8	282.553	309.58	1	616.93	1	20	0.7886	1	20	1.4425	1	solid	1
32516	C20H42	2-methylnonadecane	1560-86-7	282.553	291.45	1	612.15	1	25	0.7831	1	25	1.4394	1	liquid	1
32517	C20H42	3-methylnonadecane	6418-45-7	282.553	281.15	1	613.15	1	25	0.7880	1	25	1.4417	1	liquid	1
32518	C20H42	2,2-dimethyloctadecane	61869-06-5	282.553	317.08	2	606.15	1	24	0.7893	2	---	---	---	solid	2
32519	C20H42	2,3-dimethyloctadecane	61868-04-0	282.553	284.66	2	614.15	1	25	0.7977	1	25	1.4475	1	liquid	1
32520	C20H42	2,4-dimethyloctadecane	61868-10-8	282.553	284.66	2	594.15	1	25	0.7889	1	25	1.4426	1	liquid	1
32521	C20H42N2S4Sn	bis(dibutyldithiocarbamato)dimethylstanna	66009-08-3	557.541	---	---	---	---	---	---	---	---	---	---	---	---
32522	C20H42O	1-eicosanol	629-96-9	298.553	338.55	1	645.50	1	20	0.8405	1	20	1.4350	1	solid	1
32523	C20H42O	2-eicosanol	4340-76-5	298.553	333.15	1	639.15	1	20	0.8378	1	80	1.4912	1	solid	1
32524	C20H42O	didecyl ether	2456-28-2	298.553	257.15	1	590.00	2	25	0.8157	1	25	1.4400	1	liquid	2
32525	C20H42O	2-octyl-1-dodecanol	5333-42-6	298.553	273.20	1	619.43	2	25	0.8380	1	---	1.4530	1	liquid	2
32526	C20H42O2	1,2-eicosanediol	39825-93-9	314.552	358.15	1	693.15	2	25	0.8620	2	---	---	---	solid	1
32527	C20H42O2	1,3-eicosanediol	---	314.552	421.30	2	704.15	2	25	0.8620	2	---	---	---	solid	2
32528	C20H42O2	1,4-eicosanediol	---	314.552	421.30	2	725.15	2	25	0.8620	2	---	---	---	solid	2
32529	C20H42O2	1,20-eicosanediol	---	314.552	436.30	2	712.15	2	25	0.8620	2	---	---	---	solid	2
32530	C20H42O2	1,1-dimethoxyoctadecane	14620-55-4	314.552	---	---	708.65	2	25	0.8620	2	25	1.4410	1	---	---
32531	C20H42O2Sn	acetoxytrihexylstannane	2897-46-3	433.262	---	---	543.15	1	---	---	---	---	---	---	---	---
32532	C20H42O2Sn	tributyltin-2-ethylhexanoate	5035-67-6	433.262	---	---	543.15	2	---	---	---	---	---	---	---	---
32533	C20H42O2Sn	triisopropyltin undecylenate	73928-00-4	433.262	---	---	543.15	2	---	---	---	---	---	---	---	---
32534	C20H42O5	3,6,9,12-tetraoxatetracosan-1-ol	5274-68-0	362.550	287.15	1	---	---	25	0.9500	1	---	---	---	---	---
32535	C20H42O5	2-hexyloxy-2-ethoxyethyl ether	63918-91-2	362.550	---	---	---	---	25	0.9497	2	---	---	---	---	---
32536	C20H42O5Sn2	bis(acetoxydibutylstannane) oxide	5967-09-9	599.970	---	---	---	---	---	---	---	---	---	---	---	---
32537	C20H42S	1-eicosanethiol	13373-97-2	314.619	310.37	1	656.16	1	25	0.8521	2	---	---	---	solid	1
32538	C20H42S	2-eicosanethiol	62155-08-2	314.619	308.15	1	651.15	1	25	0.8521	2	---	---	---	solid	1
32539	C20H42S	didecyl sulfide	693-83-4	314.619	308.16	2	645.00	2	25	0.8521	2	---	---	---	solid	2
32540	C20H42S	methyl nonadecyl sulfide	62155-12-8	314.619	308.16	2	645.00	2	25	0.8521	2	---	---	---	solid	2
32541	C20H42S	ethyl octadecyl sulfide	41947-84-6	314.619	308.16	2	645.00	2	25	0.8521	2	---	---	---	solid	2
32542	C20H42S	propyl heptadecyl sulfide	66455-35-4	314.619	308.16	2	645.00	2	25	0.8521	2	---	---	---	solid	2
32543	C20H42S	butyl hexadecyl sulfide	18437-89-3	314.619	308.16	2	645.00	2	25	0.8521	2	---	---	---	solid	2
32544	C20H42S2	didecyl disulfide	10496-18-1	346.685	259.16	1	663.16	1	25	0.8850	1	25	1.4800	1	liquid	1
32545	C20H43ClSi	chloro(dimethyl)octadecylsilane	18643-08-8	347.099	301.65	1	573.15	1	---	---	---	---	---	---	solid	1
32546	C20H43N	eicosylamine	10525-37-8	297.568	332.15	1	656.15	1	25	0.8039	2	---	---	---	solid	1
32547	C20H43N	methylnonadecylamine	66455-36-5	297.568	311.15	2	632.15	1	25	0.8039	2	---	---	---	solid	2
32548	C20H43N	ethyloctadecylamine	7317-85-3	297.568	309.15	2	634.15	1	25	0.8039	2	---	---	---	solid	2
32549	C20H43N	didecylamine	1120-49-6	297.568	307.15	1	632.15	1	25	0.8039	2	---	---	---	solid	1
32550	C20H43N	dimethyloctadecylamine	124-28-7	297.568	296.04	1	629.15	1	25	0.8028	1	25	1.4461	1	liquid	1
32551	C20H43N	diethylhexadecylamine	30951-88-3	297.568	280.15	1	602.15	1	25	0.8050	1	25	1.4470	1	liquid	1
32552	C20H44BrN	cetyldimethylethylammonium bromide	124-03-8	378.480	463.15	1	---	---	25	0.9786	2	---	---	---	solid	1
32553	C20H44BrN	tetrapentylammonium bromide	866-97-7	378.480	374.15	1	---	---	25	0.9786	2	---	---	---	solid	1
32554	C20H44Sn	tetrapentyltin	3765-65-9	403.279	---	---	---	---	25	1.0120	1	---	1.4730	1	---	---
32555	C20H44Sn	tetraisoamylstannane	26562-01-6	403.279	---	---	---	---	---	---	---	---	---	---	---	---
32556	C20H45O5Ta	tantalum(v) butoxide	51094-78-1	546.522	---	---	---	---	25	1.3100	1	---	1.4830	1	---	---
32557	C20H46BN	(N,N-dimethyl-1-octadecanamine)trihydrob	13362-04-4	311.403	---	---	---	---	---	---	---	---	---	---	---	---
32558	C20H46N8O4S	guanethidine sulfate	60-02-6	494.705	---	---	---	---	25	1.1150	2	---	---	---	---	---
32559	C20H48O4Si4	2,4,6,8-tetrabutyl-2,4,6,8-tetramethylcyclot	14685-29-1	464.939	---	---	564.15	1	20	0.9230	1	20	1.4300	1	---	---
32560	C20H60O8Si9	eicosamethylnonasiloxane	2652-13-3	681.457	---	---	580.65	1	20	0.9173	1	20	1.3980	1	---	---

Table 1 Physical Properties - Organic Compounds

				Mol Wt	Freezing Point		Boiling Point		Density			Refractive Index			State	
NO	FORMULA	NAME	CAS No	g/mol	T_F, K	code	T_B, K	code	T, C	g/cm3	code	T, C	n_D	code	@25C,1 atm	code
32561	C21H10Cl12	2-methylnaphthalene-bis(hexachlorocyclop	4605-91-8	687.740	435.65	1	---	---	25	1.6253	2	---	---	---	solid	1
32562	C21H10F2N4	3,8-difluorotricycloquinazoline	314-04-5	356.335	---	---	---	---	25	1.4050	2	---	---	---	---	---
32563	C21H11BrN4	3-bromotricycloquinazoline	63041-00-9	399.250	---	---	---	---	25	1.5463	2	---	---	---	---	---
32564	C21H11ClF6N2O3	flufenoxuron	101463-69-8	488.774	---	---	---	---	25	1.5123	2	---	---	---	---	---
32565	C21H11FN4	2-fluorotricycloquinazoline	313-95-1	338.345	---	---	---	---	25	1.3630	2	---	---	---	---	---
32566	C21H11FN4	3-fluorotricycloquinazoline	803-57-6	338.345	---	---	---	---	25	1.3630	2	---	---	---	---	---
32567	C21H11F5O3	9-fluorenylmethyl pentafluorophenyl carbo	88744-04-1	406.309	358.15	1	---	---	25	1.4126	2	---	---	---	solid	1
32568	C21H11NO5S	5-fluorescein isothiocyanate, isomer I	3326-32-7	389.388	>633.15	1	---	---	25	1.4462	2	---	---	---	solid	1
32569	C21H12ClNO3	5-benzoylamino-1-chloroanthraquinone	117-05-5	361.784	---	---	---	---	25	1.3696	2	---	---	---	---	---
32570	C21H12ClNO3	chlorobenzone	81-45-8	361.784	---	---	---	---	25	1.3696	2	---	---	---	---	---
32571	C21H12F9P	tris(4-trifluoromethylphenyl)phosphine	13406-29-6	466.287	347.15	1	---	---	---	---	---	---	---	---	solid	1
32572	C21H12N4	tricycloquinazoline	195-84-6	320.354	595.65	1	---	---	25	1.3191	2	---	---	---	solid	1
32573	C21H12O	13H-dibenzo[a,h]fluoren-13-one	4599-94-4	280.326	487.15	1	---	---	25	1.2110	2	---	---	---	solid	1
32574	C21H12O	benzo(a)pyrene-6-carboxyaldehyde	13312-42-0	280.326	---	---	---	---	25	1.2110	2	---	---	---	---	---
32575	C21H12O7	4(5)-carboxyfluorescein	72088-94-9	376.322	548.15	1	---	---	25	1.4191	2	---	---	---	solid	1
32576	C21H13Br	6-bromomethylbenzo(a)pyrene	49852-85-9	345.238	---	---	---	---	25	1.3797	2	---	---	---	---	---
32577	C21H13Cl	6-chloromethyl benzo(a)pyrene	49852-84-8	300.787	---	---	---	---	25	1.2150	2	---	---	---	---	---
32578	C21H13N	dibenz[a,j]acridine	224-42-0	279.341	489.15	1	---	---	25	1.1906	2	---	---	---	solid	1
32579	C21H13N	benzo(h)naphtho(1,2-f,s-3)quinoline	196-79-2	279.341	400.65	1	---	---	25	1.1906	2	---	---	---	solid	1
32580	C21H13N	dibenz(a,h)acridine	226-36-8	279.341	501.15	1	---	---	25	1.1906	2	---	---	---	solid	1
32581	C21H13N	dibenz(c,h)acridine	224-53-3	279.341	462.15	1	---	---	25	1.1906	2	---	---	---	solid	1
32582	C21H14	13H-dibenzo[a,g]fluorene	207-83-0	266.342	447.65	1	485.78	2	25	1.1340	2	---	---	---	solid	1
32583	C21H14	1,2-dehydro-3-methylcholanthrene	3343-10-0	266.342	---	---	485.78	2	25	1.1340	2	---	---	---	---	---
32584	C21H14	1,2,3,4-dibenzfluorene	201-65-0	266.342	---	---	485.78	2	25	1.1340	2	---	---	---	---	---
32585	C21H14	13H-dibenzo(a,i)fluorene	239-60-1	266.342	507.15	1	---	---	25	1.1340	2	---	---	---	solid	1
32586	C21H14	13H-indeno(1,2-c)phenanthrene	212-54-4	266.342	---	---	485.78	2	25	1.1340	2	---	---	---	---	---
32587	C21H14	methyl-azuleno(5,6,7-c,d)phenalene	28390-42-3	266.342	---	---	485.78	2	25	1.1340	2	---	---	---	---	---
32588	C21H14	3-methylbenz(e)acephenanthrylene	---	266.342	---	---	485.78	2	25	1.1340	2	---	---	---	---	---
32589	C21H14	7-methylbenz(e)acephenanthrylene	---	266.342	---	---	485.78	2	25	1.1340	2	---	---	---	---	---
32590	C21H14	8-methylbenz(e)acephenanthrylene	---	266.342	---	---	485.78	2	25	1.1340	2	---	---	---	---	---
32591	C21H14	12-methylbenz(e)acephenanthrylene	---	266.342	---	---	485.78	2	25	1.1340	2	---	---	---	---	---
32592	C21H14	1-methylbenzo(a)pyrene	40568-90-9	266.342	463.55	1	---	---	25	1.1340	2	---	---	---	solid	1
32593	C21H14	2-methylbenzo(a)pyrene	16757-82-7	266.342	411.65	1	---	---	25	1.1340	2	---	---	---	solid	1
32594	C21H14	4-methylbenzo(a)pyrene	16757-83-8	266.342	490.90	1	---	---	25	1.1340	2	---	---	---	solid	1
32595	C21H14	4'-methylbenzo(a)pyrene	63041-77-0	266.342	450.06	2	---	---	25	1.1340	2	---	---	---	solid	2
32596	C21H14	5-methylbenzo(a)pyrene	31647-36-6	266.342	489.10	1	---	---	25	1.1340	2	---	---	---	solid	1
32597	C21H14	10-methylbenzo(a)pyrene	63104-32-5	266.342	451.40	1	---	---	25	1.1340	2	---	---	---	solid	1
32598	C21H14	11-methylbenzo(a)pyrene	16757-80-5	266.342	428.90	1	---	---	25	1.1340	2	---	---	---	solid	1
32599	C21H14	12-methylbenzo(a)pyrene	4514-19-6	266.342	450.06	2	---	---	25	1.1340	2	---	---	---	solid	2
32600	C21H14	5-methyl-3,4-benzpyrene	2381-39-7	266.342	444.40	1	---	---	25	1.1340	2	---	---	---	solid	1
32601	C21H14	8-methyl-3,4-benzpyrene	16757-81-6	266.342	420.55	1	---	---	25	1.1340	2	---	---	---	solid	1
32602	C21H14Br4O5S	bromocresol green	76-60-8	698.021	491.65	1	---	---	25	1.9503	2	---	---	---	solid	1
32603	C21H14N2O4	1,1'-(methylenedi-4,1-phenylene)bismalein	13676-54-5	358.354	430.15	1	---	---	25	1.3480	2	---	---	---	solid	1
32604	C21H14O	1-naphthyl-2-naphthylmethanone	605-79-8	282.342	409.65	1	488.90	2	25	1.1740	2	---	---	---	solid	1
32605	C21H14O	2,3-diphenyl-1-indenone	1801-42-9	282.342	426.15	1	488.90	2	25	1.1740	2	---	---	---	solid	1
32606	C21H14O	9-anthracenyl phenyl ketone	1564-53-0	282.342	---	---	488.90	2	25	1.1740	2	---	---	---	---	---
32607	C21H14O	benzo(a)pyrene-6-methanol	21247-98-3	282.342	543.65	1	496.65	1	25	1.1740	2	---	---	---	solid	1
32608	C21H14O	11,12-epoxy-3-methylcholanthrene	67195-51-1	282.342	---	---	504.15	1	25	1.1740	2	---	---	---	---	---
32609	C21H14O	6-methoxybenzo(a)pyrene	52351-96-9	282.342	---	---	462.65	1	25	1.1740	2	---	---	---	---	---
32610	C21H14O	8-methoxy-3,4-benzpyrene	63059-68-7	282.342	---	---	492.15	1	25	1.1740	2	---	---	---	---	---
32611	C21H14O	3-methylcholanthrene-2-one	3343-08-6	282.342	---	---	488.90	2	25	1.1740	2	---	---	---	---	---
32612	C21H14O	20-methylcholanthren-15-one	3343-07-5	282.342	---	---	488.90	2	25	1.1740	2	---	---	---	---	---
32613	C21H14O4	7-hydroxy-4-phenyl-3-(4-hydroxyphenyl)co	100242-24-8	330.340	---	---	---	---	25	1.2837	2	---	---	---	---	---
32614	C21H14O7	3,3'-carbonylbis(7-methoxycoumarin)	64267-17-0	378.338	544.15	1	---	---	25	1.3798	2	---	---	---	solid	1
32615	C21H15F	2-fluoro-3-methylcholanthrene	73771-72-9	286.349	---	---	426.15	1	25	1.1488	2	---	---	---	---	---
32616	C21H15F	6-fluoro-3-methylcholanthrene	73771-73-0	286.349	---	---	544.15	1	25	1.1488	2	---	---	---	---	---
32617	C21H15F	9-fluoro-3-methylcholanthrene	73771-74-1	286.349	---	---	485.15	2	25	1.1488	2	---	---	---	---	---
32618	C21H15FN2O	N-(9-(p-fluorophenylimino)fluoren-2-yl)ace	317-97-5	330.362	---	---	---	---	25	1.2543	2	---	---	---	---	---
32619	C21H15N	5-cyano-9,10-dimethyl-1,2-benzanthracen	63018-68-8	281.357	---	---	---	---	25	1.1548	2	---	---	---	---	---
32620	C21H15N	N-methyl-3:4:5:6-dibenzcarbazole	27093-62-5	281.357	---	---	---	---	25	1.1548	2	---	---	---	---	---
32621	C21H15N	2,3,3-triphenylacrylonitrile	6304-33-2	281.357	---	---	---	---	25	1.1548	2	---	---	---	---	---
32622	C21H15NO3	11R,10S-dihydroxy-9S,8R-epoxide-8,9,10,	140460-98-6	329.355	---	---	528.15	1	25	1.2644	2	---	---	---	---	---
32623	C21H15NO3	11S,10R-dihydroxy-9S,8R-epoxide-8,9,10,	140461-57-0	329.355	---	---	528.15	2	25	1.2644	2	---	---	---	---	---
32624	C21H15NO3	11R,10S-dihydroxy-9R,8S-epoxide-8,9,10,	140460-97-5	329.355	---	---	528.15	2	25	1.2644	2	---	---	---	---	---
32625	C21H15NO3	11S,10R-dihydroxy-9R,8S-epoxide-8,9,10,	140460-96-4	329.355	---	---	528.15	2	25	1.2644	2	---	---	---	---	---
32626	C21H15NO3	N-fluorenyl-2-phthalimic acid	2485-10-1	329.355	---	---	528.15	2	25	1.2644	2	---	---	---	---	---
32627	C21H15NO3	1-hydroxy-4-(p-toluidino)anthraquinone	81-48-1	329.355	---	---	528.15	2	25	1.2644	2	---	---	---	---	---
32628	C21H15N2O3	N-(4-aminoanthraquinonyl)benzamide	81-46-9	343.362	---	---	---	---	25	1.2970	2	---	---	---	---	---
32629	C21H15N3	2,4,6-triphenyl-s-triazine	493-77-6	309.371	506.65	1	---	---	25	1.2270	2	---	---	---	solid	1
32630	C21H15N3O3	2,4,6-triphenoxy-s-triazine	1919-48-8	357.369	507.65	1	---	---	25	1.3286	2	---	---	---	solid	1
32631	C21H15N3O3	1,3,5-triphenyl-s-triazine-2,4,6(1H,3H,5H)-	1785-02-0	357.369	---	---	---	---	25	1.3286	2	---	---	---	---	---
32632	C21H16	1,2-dihydro-3-methylbenz[j]aceanthrylene	56-49-5	268.358	453.15	1	---	---	20	1.2800	1	---	---	---	solid	1
32633	C21H16	di-1-naphthylmethane	607-50-1	268.358	382.15	1	---	---	25	1.1003	2	---	---	---	solid	1
32634	C21H16	1,3-diphenyl-1H-indene	4467-88-3	268.358	358.15	1	---	---	25	1.1003	2	---	---	---	solid	1
32635	C21H16	2,3-diphenyl-1H-indene	5324-00-5	268.358	382.45	1	---	---	25	1.1003	2	---	---	---	solid	1
32636	C21H16	1H-benzo(a)cyclopent(b)anthracene	240-44-8	268.358	---	---	---	---	25	1.1003	2	---	---	---	---	---
32637	C21H16	2,3-dihydro-1H-benzo(h,i)chrysene	100466-04-4	268.358	---	---	---	---	25	1.1003	2	---	---	---	---	---
32638	C21H16	9,10-dihydro-7-methylbenzo(a)pyrene	7499-32-3	268.358	---	---	---	---	25	1.1003	2	---	---	---	---	---
32639	C21H16	5-methylcholanthrene	63041-78-1	268.358	450.15	1	---	---	25	1.1003	2	---	---	---	solid	1
32640	C21H16	22-methylcholanthrene	17012-89-4	268.358	427.90	1	---	---	25	1.1003	2	---	---	---	solid	1

Table 1 Physical Properties - Organic Compounds

				Mol Wt	Freezing Point		Boiling Point		Density			Refractive Index			State	
NO	FORMULA	NAME	CAS No	g/mol	T_F, K	code	T_B, K	code	T, C	g/cm3	code	T, C	n_D	code	@25C,1 atm	code
32641	C21H16BKN6S3	hydrotris[3-(2-thienyl)pyrazol-1-yl]borate, p	134030-70-9	498.507	550.15	1	---	---	---	---	---	---	---	---	solid	1
32642	C21H16BN6S3Tl	hydrotris[3-(2-thienyl)pyrazol-1-yl]borate, t	134030-71-0	663.792	492.15	1	---	---	---	---	---	---	---	---	solid	1
32643	C21H16Br2O5S	bromocresol purple	115-40-2	540.229	514.65	1	---	---	25	1.6509	2	---	---	---	solid	1
32644	C21H16N2	2,4,5-triphenyl-1H-imidazole	484-47-9	296.372	548.15	1	---	---	25	1.1743	2	---	---	---	solid	1
32645	C21H16N2O	N,N'-di-1-naphthylurea	607-56-7	312.371	569.15	1	---	---	25	1.2107	2	---	---	---	solid	1
32646	C21H16N2O3	1,2-benzanthryl-3-carbamidoacetic acid	63018-49-5	344.370	---	---	---	---	25	1.2791	2	---	---	---	---	---
32647	C21H16N2O3	1,2-benzanthryl-10-carbamidoacetic acid	63018-50-8	344.370	---	---	---	---	25	1.2791	2	---	---	---	---	---
32648	C21H16N2O4S	5,5-diphenyl-1-phenylsulfonylhydantoin	21413-28-5	392.436	---	---	---	---	25	1.3513	2	---	---	---	---	---
32649	C21H16N2O5	1,5-diamino-4,8-dihydroxy-3-(p-methoxyph	4702-64-1	376.369	---	---	---	---	25	1.3419	2	---	---	---	---	---
32650	C21H16NaO2	sonar	38827-66-6	323.347	405.15	1	---	---	---	---	---	---	---	---	solid	1
32651	C21H16O	1-hydroxy-3-methylcholanthrene	3342-98-1	284.357	---	---	476.15	2	25	1.1397	2	---	---	---	---	---
32652	C21H16O	2-hydroxy-3-methylcholanthrene	3308-64-3	284.357	---	---	476.15	2	25	1.1397	2	---	---	---	---	---
32653	C21H16O	3-methylcholanthrene-11,12-oxide	3416-21-5	284.357	---	---	476.15	1	25	1.1397	2	---	---	---	---	---
32654	C21H16O2	1,1-methylene-di-2-naphthol	1096-84-0	300.357	462.15	1	---	---	25	1.1773	2	---	---	---	solid	1
32655	C21H16O2	1,2-benzanthracene-10-acetic acid, methyl	63018-40-6	300.357	---	---	456.05	2	25	1.1773	2	---	---	---	---	---
32656	C21H16O2	benz(a)anthracene-7-methanol acetate	17526-24-8	300.357	---	---	456.05	2	25	1.1773	2	---	---	---	---	---
32657	C21H16O2	2-(4'-methoxybenzoyl)fluorene	33207-59-9	300.357	---	---	454.15	1	25	1.1773	2	---	---	---	---	---
32658	C21H16O2	cis-3-methylcholanthrene-1,2-diol	3342-99-2	300.357	---	---	457.95	1	25	1.1773	2	---	---	---	---	---
32659	C21H16O2Sn	triphenyltin propiolate	67410-20-2	419.067	---	---	---	---	---	---	---	---	---	---	---	---
32660	C21H17AsN2O5S2	thiocarbamizine	91-71-4	516.431	---	---	---	---	---	---	---	---	---	---	---	---
32661	C21H17ClN2O3	rhodamine 123	62669-70-9	380.831	---	---	---	---	25	1.3090	2	---	---	---	---	---
32662	C21H17FN2O4	1-((4-fluorophenyl)methyl)-5-oxo-N-(4-oxo-	59749-50-7	380.376	---	---	480.15	1	25	1.3151	2	---	---	---	---	---
32663	C21H17NO2Sn	triphenyltin cyanoacetate	73927-89-6	434.082	---	---	---	---	---	---	---	---	---	---	---	---
32664	C21H18	5:6-cyclopenteno-1:2-benzanthracene	7099-43-6	270.374	---	---	495.15	1	25	1.0691	2	---	---	---	---	---
32665	C21H18	meso-dihydro-3-methylcholanthrene	63041-50-9	270.374	---	---	502.82	2	25	1.0691	2	---	---	---	---	---
32666	C21H18	11,12-dihydro-3-methylcholanthrene	25486-92-4	270.374	---	---	507.65	1	25	1.0691	2	---	---	---	---	---
32667	C21H18	7-ethyl-12-methylbenz(a)anthracene	16354-50-0	270.374	---	---	505.65	1	25	1.0691	2	---	---	---	---	---
32668	C21H18	12-ethyl-7-methylbenz(a)anthracene	16354-55-5	270.374	---	---	---	---	25	1.0691	2	---	---	---	---	---
32669	C21H18	5-isopropyl-1:2-benzanthracene	63020-47-3	270.374	---	---	---	---	25	1.0691	2	---	---	---	---	---
32670	C21H18	6-isopropyl-1:2-benzanthracene	63020-48-4	270.374	---	---	---	---	25	1.0691	2	---	---	---	---	---
32671	C21H18	2-isopropyl-3:4-benzphenanthrene	63020-53-1	270.374	---	---	502.82	2	25	1.0691	2	---	---	---	---	---
32672	C21H18	5-n-propyl-1,2-benzanthracene	54889-82-6	270.374	---	---	---	---	25	1.0691	2	---	---	---	---	---
32673	C21H18	5-propylbenzo(c)phenanthrene	63020-32-6	270.374	---	---	502.82	2	25	1.0691	2	---	---	---	---	---
32674	C21H18	4,5,10-trimethylbenz(a)anthracene	18429-71-5	270.374	---	---	---	---	25	1.0691	2	---	---	---	---	---
32675	C21H18	4,7,12-trimethylbenz(a)anthracene	35187-24-7	270.374	---	---	---	---	25	1.0691	2	---	---	---	---	---
32676	C21H18	4,9,10-trimethyl-1,2-benzanthracene	20627-33-2	270.374	---	---	---	---	25	1.0691	2	---	---	---	---	---
32677	C21H18	6,7,8-trimethylbenz(a)anthracene	20627-32-1	270.374	---	---	---	---	25	1.0691	2	---	---	---	---	---
32678	C21H18	6,8,12-trimethylbenz(a)anthracene	20627-34-3	270.374	---	---	---	---	25	1.0691	2	---	---	---	---	---
32679	C21H18	6,9,12-trimethyl-1,2-benzanthracene	24891-41-6	270.374	---	---	---	---	25	1.0691	2	---	---	---	---	---
32680	C21H18	7,8,12-trimethylbenz(a)anthracene	13345-64-7	270.374	---	---	---	---	25	1.0691	2	---	---	---	---	---
32681	C21H18	7,10,12-trimethylbenz(a)anthracene	35187-27-0	270.374	---	---	---	---	25	1.0691	2	---	---	---	---	---
32682	C21H18BrP	propargyltriphenylphosphonium bromide	2091-46-5	381.252	436.15	1	---	---	---	---	---	---	---	---	solid	1
32683	C21H18ClNO6	acemetacin	53164-05-9	415.830	424.65	1	---	---	25	1.3499	2	---	---	---	solid	1
32684	C21H18F3N3O3	temafloxacin	108319-06-8	417.389	---	---	---	---	25	1.3372	2	---	---	---	---	---
32685	C21H18N2	cis-4,5-dihydro-2,4,5-triphenyl-1H-imidazol	573-33-1	298.388	407.65	1	471.15	dec	25	1.1415	2	---	---	---	solid	1
32686	C21H18N2O4S	(S)-N-fmoc-4-thiazoylalanine	205528-32-1	394.452	451.35	1	---	---	25	1.3174	2	---	---	---	solid	1
32687	C21H18N2O4S	(R)-N-fmoc-4-thiazoylalanine	205528-33-2	394.452	453.35	1	---	---	25	1.3174	2	---	---	---	solid	1
32688	C21H18N3	naphthopyrin	72017-28-8	312.395	---	---	---	---	25	1.1760	2	---	---	---	---	---
32689	C21H18O	1,9-diphenyl-1,3,6,8-nonatetraen-5-one	622-21-9	286.373	417.15	1	---	---	25	1.1077	2	---	---	---	solid	1
32690	C21H18O	10-ethoxymethyl-1:2-benzanthracene	63019-29-4	286.373	---	---	---	---	25	1.1077	2	---	---	---	---	---
32691	C21H18O	7-(2-hydroxyethyl)-12-methylbenz(a)anthra	13345-58-9	286.373	---	---	---	---	25	1.1077	2	---	---	---	---	---
32692	C21H18O	2-methoxy-7,12-dimethylbenz(a)anthracen	66240-30-0	286.373	---	---	---	---	25	1.1077	2	---	---	---	---	---
32693	C21H18O	3-methoxy-7,12-dimethylbenz(a)anthracen	66240-02-6	286.373	---	---	---	---	25	1.1077	2	---	---	---	---	---
32694	C21H18O	4-methoxy-7,12-dimethylbenz(a)anthracen	16277-49-9	286.373	---	---	---	---	25	1.1077	2	---	---	---	---	---
32695	C21H18O	7-methoxymethyl-12-methylbenz(a)anthrac	13345-60-3	286.373	---	---	---	---	25	1.1077	2	---	---	---	---	---
32696	C21H18O	9-methyl-10-ethoxymethyl-1,2-benzanthrac	16354-48-6	286.373	---	---	---	---	25	1.1077	2	---	---	---	---	---
32697	C21H18O2	11,12-dihydroxy-11,12-dihydro-3-methylch	3343-12-2	302.373	---	---	---	---	25	1.1448	2	---	---	---	---	---
32698	C21H18O2	trans-3-methyl-7,8-dihydrocholanthrene-7,	68688-86-8	302.373	---	---	---	---	25	1.1448	2	---	---	---	---	---
32699	C21H18O2	trans-3-methyl-9,10-dihydrocholanthrene-9	68688-87-9	302.373	---	---	---	---	25	1.1448	2	---	---	---	---	---
32700	C21H18O3	benzyl 4-benzyloxybenzoate	56442-22-9	318.372	391.15	1	---	---	25	1.1802	2	---	---	---	solid	1
32701	C21H18O3	9,10-dihydro-3-methylcholanthrene-1,9,10-	---	318.372	---	---	---	---	25	1.1802	2	---	---	---	---	---
32702	C21H18O3	3-MCA-anti-9,10-diol-7,8-epoxide	79647-25-9	318.372	---	---	---	---	25	1.1802	2	---	---	---	---	---
32703	C21H18O3	1,9,10-trihydroxy-9,10-dihydro-3-methylch	68780-95-0	318.372	---	---	---	---	25	1.1802	2	---	---	---	---	---
32704	C21H18O5S	cresol red	1733-12-6	382.437	>573	1	---	---	25	1.2896	2	---	---	---	solid	1
32705	C21H18O6	hexaphenol	1506-76-9	366.370	561.15	1	---	---	25	1.2783	2	---	---	---	solid	1
32706	C21H18S3	1,1,3-tris(phenylthio)-1-propene	102070-37-1	366.572	---	---	---	---	25	1.1880	1	---	1.6700	1	---	---
32707	C21H19ClO2	3,4-dibenzyloxybenzyl chloride	1699-59-8	338.833	315.65	1	---	---	25	1.1854	2	---	---	---	solid	1
32708	C21H19ClO2	4,4'-dimethoxytrityl chloride	40615-36-9	338.833	396.15	1	---	---	25	1.1854	2	---	---	---	solid	1
32709	C21H19N	7,8,9,11-tetramethylbenz(c)acridine	51787-44-1	285.389	---	---	---	---	25	1.0907	2	---	---	---	---	---
32710	C21H19NO4	(1S,4R)-N-fmoc-1-aminocyclopent-2-ene-4	220497-64-3	349.386	453.65	1	---	---	25	1.2297	2	---	---	---	solid	1
32711	C21H19NO4	(1R,4S)-N-fmoc-1-aminocyclopent-2-ene-4	220497-65-4	349.386	502.95	1	---	---	25	1.2297	2	---	---	---	solid	1
32712	C21H19NO4	cindomet	20168-99-4	349.386	444.15	1	---	---	25	1.2297	2	---	---	---	solid	1
32713	C21H19NO5	chelerythrine	34316-15-9	365.386	---	---	480.15	1	25	1.2611	2	---	---	---	---	---
32714	C21H19N3	9-(p-dimethylaminoanilino)acridine	13365-38-3	313.403	---	---	---	---	25	1.1601	2	---	---	---	---	---
32715	C21H19N3O2	N-benzoyloxy-N-ethyl-4-aminoazobenzene	55398-24-8	345.402	---	---	570.25	1	25	1.2275	2	---	---	---	---	---
32716	C21H19N3O2	N-benzoyloxy-3'-methyl-4-methylaminoazo	67371-65-7	345.402	---	---	570.25	2	25	1.2275	2	---	---	---	---	---
32717	C21H19N3O2	N-benzoyloxy-4'-methyl-N-methyl-4-amino	55398-25-9	345.402	---	---	570.25	2	25	1.2275	2	---	---	---	---	---
32718	C21H19N3O2S	4'-(9-acridinylamino)-2-methylmethanesulf	57164-87-1	377.468	---	---	---	---	25	1.2712	2	---	---	---	---	---
32719	C21H19N3O2S	4'-(9 acridinylamino)-3'-methylmethanesulf	57164-89-3	377.468	---	---	---	---	25	1.2712	2	---	---	---	---	---
32720	C21H19N3O2S	N-(p-(9-acridinylamino)phenyl)-1-ethanesu	53221-86-6	377.468	---	---	---	---	25	1.2712	2	---	---	---	---	---

Table 1 Physical Properties - Organic Compounds

				Mol Wt	Freezing Point		Boiling Point		Density			Refractive Index			State	
NO	FORMULA	NAME	CAS No	g/mol	T_F, K	code	T_B, K	code	T, C	g/cm3	code	T, C	n_D	code	@25C,1 atm	code
32721	C21H19N3O2S	4'-(2-methyl-9-acridinylamino)methanesulf	53222-10-9	377.468	---	---	---	---	25	1.2712	2	---	---	---	---	---
32722	C21H19N3O2S	4'-(3-methyl-9-acridinylamino)methanesulf	53478-39-0	377.468	---	---	---	---	25	1.2712	2	---	---	---	---	---
32723	C21H19N3O2S	4'-(4-methyl-9-acridinylamino)methanesulf	53221-79-7	377.468	---	---	---	---	25	1.2712	2	---	---	---	---	---
32724	C21H19N3O3S	4'-(9-acridinylamino)methanesulphon-m-ar	51264-14-3	393.467	---	---	---	---	25	1.3004	2	---	---	---	---	---
32725	C21H19N3O3S	4'-(9-acridinylamino)-2'-methoxymethanesu	---	393.467	---	---	---	---	25	1.3004	2	---	---	---	---	---
32726	C21H19N3O3S	4'-(9-acridinylamino)-3'-methoxymethanesu	---	393.467	---	---	---	---	25	1.3004	2	---	---	---	---	---
32727	C21H19N3O3S	4'-(1-methoxy-9-acridinylamino)methanesu	61417-04-7	393.467	---	---	---	---	25	1.3004	2	---	---	---	---	---
32728	C21H19N3O3S	4'-(3-methoxy-9-acridinylamino)methanesu	59748-95-7	393.467	---	---	---	---	25	1.3004	2	---	---	---	---	---
32729	C21H19N3O3S	4'-(4-methoxy-9-acridinylamino)methanesu	61417-05-8	393.467	---	---	---	---	25	1.3004	2	---	---	---	---	---
32730	C21H19OP	1-triphenylphosphoranylidene-2-propanone	1439-36-7	318.355	478.15	1	---	---	---	---	---	---	---	---	solid	1
32731	C21H20	phenyldi(p-tolyl)methane	603-39-4	272.390	329.15	1	---	---	25	1.0400	2	---	---	---	solid	1
32732	C21H20BrN3	ethidium bromide	1239-45-8	394.315	534.15	1	---	---	25	1.3389	2	---	---	---	solid	1
32733	C21H20BrO2P	(carbomethoxymethyl)triphenylphosphoniu	1779-58-4	415.267	445.15	1	---	---	---	---	---	---	---	---	solid	1
32734	C21H20BrP	allyltriphenylphosphonium bromide	1560-54-9	383.268	496.65	1	---	---	---	---	---	---	---	---	solid	1
32735	C21H20BrP	cyclopropyltriphenylphosphonium bromide	14114-05-7	383.268	457.15	1	---	---	---	---	---	---	---	---	solid	1
32736	C21H20Br2O3	(1R-cis)-3-(2,2-dibromoethenyl)-2,2-dimeth	55700-98-6	480.196	---	---	---	---	25	1.5079	2	---	---	---	---	---
32737	C21H20ClOP	acetonyltriphenylphosphonium chloride	1235-21-8	354.816	523.15	1	---	---	---	---	---	---	---	---	solid	1
32738	C21H20Cl2O3	permethrin	52645-53-1	391.293	307.15	1	---	---	20	1.2300	1	---	---	---	solid	1
32739	C21H20Cl2O3	cis-permethrin	61949-76-6	391.293	---	---	---	---	25	1.2495	2	---	---	---	---	---
32740	C21H20Cl2O3	(-)-cis-permethrin	54774-46-8	391.293	---	---	---	---	25	1.2495	2	---	---	---	---	---
32741	C21H20Cl2O3	(±)-cis-permethrin	52341-33-0	391.293	---	---	---	---	25	1.2495	2	---	---	---	---	---
32742	C21H20Cl2O3	(+)-cis-permethrin	54774-45-7	391.293	---	---	---	---	25	1.2495	2	---	---	---	---	---
32743	C21H20Cl2O3	trans-permethrin	61949-77-7	391.293	---	---	---	---	25	1.2495	2	---	---	---	---	---
32744	C21H20Cl2O3	(+)-trans-permethrin	51877-74-8	391.293	---	---	---	---	25	1.2495	2	---	---	---	---	---
32745	C21H20Cl2O3	trans-(±)-permethrin	52341-32-9	391.293	---	---	---	---	25	1.2495	2	---	---	---	---	---
32746	C21H20Cl2O3	1S-trans-permethrin	54774-47-9	391.293	---	---	---	---	25	1.2495	2	---	---	---	---	---
32747	C21H20ClO2P	(carbomethoxymethyl)triphenylphosphoniu	2181-97-7	370.815	428.15	1	---	---	---	---	---	---	---	---	solid	1
32748	C21H20N2O	tomoxiprole	76145-76-1	316.403	433.65	1	---	---	25	1.1463	2	---	---	---	solid	1
32749	C21H20N2O3	serpentine alkaloid	18786-24-8	348.402	448.15	1	---	---	25	1.2129	2	---	---	---	solid	1
32750	C21H20N2O3	N-(2-acetamidophenethyl)-1-hydroxy-2-nap	5254-41-1	348.402	499.15	1	---	---	25	1.2129	2	---	---	---	solid	1
32751	C21H20N2O4S	2-biphenylpenicillin sodium	304-43-8	396.467	---	---	---	---	25	1.2854	2	---	---	---	---	---
32752	C21H20O2	15,16-dihydro-11-N-butoxycyclopenta(A)ph	83053-60-5	304.389	---	---	---	---	25	1.1144	2	---	---	---	---	---
32753	C21H20O3	3,5-dibenzyloxybenzyl alcohol	24131-31-5	320.388	353.15	1	---	---	25	1.1493	2	---	---	---	solid	1
32754	C21H20O5	(-)-corey lactone 4-phenylbenzoate alcoho	31752-99-5	352.387	406.65	1	---	---	25	1.2151	2	---	---	---	solid	1
32755	C21H20O6	curcumin	458-37-7	368.386	456.15	1	---	---	25	1.2462	2	---	---	---	solid	1
32756	C21H20O10	sophoricoside	152-95-4	432.384	547.15	1	---	---	25	1.3594	2	---	---	---	solid	1
32757	C21H20O11	quercitrin	522-12-3	448.383	443.15	1	---	---	25	1.3852	2	---	---	---	solid	1
32758	C21H20O13	3'-(glucopyranosyloxy)-3,4',5,5',7-pentahyc	520-14-9	480.382	---	---	---	---	25	1.4343	2	---	---	---	---	---
32759	C21H20Sn	allyltriphenyltin	76-63-1	391.100	346.90	1	---	---	---	---	---	---	---	---	solid	1
32760	C21H21As	tribenzylarsine	5888-61-9	348.319	377.15	1	---	---	---	---	---	---	---	---	solid	1
32761	C21H21BiO3	tris(2-methoxyphenyl)bismuthine	83724-41-8	530.376	436.65	1	---	---	---	---	---	---	---	---	solid	1
32762	C21H21BO6	tri-o-cresyl borate	2665-12-5	380.205	---	---	---	---	---	---	---	---	---	---	---	---
32763	C21H21Br2P	(3-bromopropyl)triphenylphosphonium bror	3607-17-8	464.180	500.15	1	---	---	---	---	---	---	---	---	solid	1
32764	C21H21ClN2O8	methylchlortetracycline	127-33-3	464.859	449.15	dec	---	---	25	1.3793	2	---	---	---	solid	1
32765	C21H21ClSn	chlorotribenzylstannane	3151-41-5	427.560	416.15	1	---	---	---	---	---	---	---	---	solid	1
32766	C21H21F3N4O4	7-trifluoromethyl-4-(4-methyl-1-piperazinyl)	109028-10-6	450.419	---	---	---	---	25	1.3424	2	---	---	---	---	---
32767	C21H21N	tribenzylamine	620-40-6	287.405	364.65	1	658.15	1	95	0.9912	1	---	---	---	solid	1
32768	C21H21N	N,N-dimethyl-4-(diphenylmethyl)aniline	13865-57-1	287.405	---	---	683.15	dec	25	1.0618	2	---	---	---	---	---
32769	C21H21N	periactinol	129-03-3	287.405	386.15	1	670.65	2	25	1.0618	2	---	---	---	solid	1
32770	C21H21NO3S2	1-ethyl-2-methylnaphtho[1,2-d]thiazolium p	42952-29-4	399.535	421.15	1	---	---	25	1.2539	2	---	---	---	solid	1
32771	C21H21NO4	(1R,3S)-N-fmoc-1-aminocyclopentane-3-ca	220497-66-5	351.402	437.85	1	---	---	25	1.1988	2	---	---	---	solid	1
32772	C21H21NO4	(1S,3R)-N-fmoc-1-aminocyclopentane-3-ca	220497-67-6	351.402	436.95	1	---	---	25	1.1988	2	---	---	---	solid	1
32773	C21H21NO4S	4-N-fmoc-amino-4-carboxytetrahydrothiopy	---	383.468	---	---	---	---	25	1.2422	2	---	---	---	---	---
32774	C21H21NO5	corycavamine	521-85-7	367.402	422.15	1	---	---	25	1.2298	2	---	---	---	solid	1
32775	C21H21NO6	hydrastine	118-08-1	383.401	405.15	1	---	---	25	1.2597	2	---	---	---	solid	1
32776	C21H21NO6	rheadine	2718-25-4	383.401	530.15	1	---	---	25	1.2597	2	---	---	---	solid	1
32777	C21H21NO6S	4-N-fmoc-amino-4-carboxy-1,1-dioxa-tetral	---	415.467	---	---	---	---	25	1.2986	2	---	---	---	---	---
32778	C21H21NO9	N-hydroxy-2-acetylaminofluorene-o-glucur	2495-54-7	431.399	---	---	---	---	25	1.3430	2	---	---	---	---	---
32779	C21H21N2O2	5-benzyloxy-3-isonipecotoylindole	101670-78-4	333.411	---	---	---	---	25	1.1652	2	---	---	---	---	---
32780	C21H21N3	hexahydro-1,3,5-triphenyl-1,3,5-triazine	91-78-1	315.419	417.15	1	458.15	1	25	1.1299	2	---	---	---	solid	1
32781	C21H21N3	hydroethidine	38483-26-0	315.419	---	---	458.15	2	25	1.1299	2	---	---	---	---	---
32782	C21H21N3O2	pararosaniline acetate	6035-94-5	347.418	478.15	1	---	---	25	1.1964	2	---	---	---	solid	1
32783	C21H21N3O7	cacotheline	561-20-6	427.415	>573	1	---	---	25	1.3421	2	---	---	---	solid	1
32784	C21H21O3P	tri(o-tolyl) phosphite	2622-08-4	352.370	284.15	1	---	---	20	1.1423	1	28	1.5740	1	---	---
32785	C21H21O3P	tri(p-tolyl) phosphite	620-42-8	352.370	325.15	1	---	---	25	1.1280	1	28	1.5703	1	solid	1
32786	C21H21O3P	tris(4-methoxyphenyl)phosphine	855-38-9	352.370	405.65	1	---	---	23	1.1352	2	---	---	---	solid	1
32787	C21H21O4P	tri-o-cresyl phosphate	78-30-8	368.369	245.65	1	683.15	1	25	1.1650	1	25	1.5587	1	liquid	1
32788	C21H21O4P	tri-m-cresyl phosphate	563-04-2	368.369	298.65	1	642.65	2	25	1.1500	1	20	1.5575	1	solid	1
32789	C21H21O4P	tri-p-cresyl phosphate	78-32-0	368.369	350.65	1	642.65	2	25	1.2470	1	---	---	---	solid	1
32790	C21H21O4P	tricresyl phosphate	1330-78-5	368.369	240.25	1	602.15	1	25	1.1520	1	---	1.5530	1	liquid	1
32791	C21H21O4P	O-isopropylphenyl diphenyl phosphate	64532-94-1	368.369	---	---	642.65	2	25	1.1785	2	---	---	---	---	---
32792	C21H21O4P	p-isopropylphenyl diphenyl phosphate	55864-04-5	368.369	---	---	642.65	2	25	1.1785	2	---	---	---	---	---
32793	C21H21O7P	2-methoxyphenol phosphate (3:1)	563-03-1	416.368	364.15	1	---	---	---	---	---	---	---	---	solid	1
32794	C21H21P	tri-p-tolylphosphine	1038-95-5	304.372	420.65	1	---	---	---	---	---	---	---	---	solid	1
32795	C21H21P	tri-o-tolylphosphine	6163-58-2	304.372	398.15	1	---	---	---	---	---	---	---	---	solid	1
32796	C21H21P	tri-m-tolylphosphine	6224-63-1	304.372	374.65	1	---	---	---	---	---	---	---	---	solid	1
32797	C21H21Sb	tris(3-methylphenyl)stibine	35569-54-1	395.158	345.15	1	---	---	16	1.3957	1	---	---	---	solid	1
32798	C21H21Sb	tris(4-methylphenyl)stibine	5395-43-7	395.158	400.65	1	---	---	16	1.3595	1	---	---	---	solid	1
32799	C21H22	6,7,8,9,10,12b-hexahydro-3-methyl cholan	35281-27-7	274.406	---	---	---	---	25	1.0128	2	---	---	---	---	---
32800	C21H22BrP	(n-propyl)triphenylphosphonium bromide	15912-75-1	385.284	510.15	1	---	---	---	---	---	---	---	---	solid	1

Table 1 Physical Properties - Organic Compounds

NO	FORMULA	NAME	CAS No	Mol Wt g/mol	Freezing Point T_F, K	code	Boiling Point T_B, K	code	Density T, C	g/cm3	code	Refractive Index T, C	n_D	code	State @25C,1 atm	code
32801	C21H22ClN3O5	5,9-bis(ethylamino)-10-methylbenzo[a]phe	62669-60-7	431.876	533.15	1	---	---	25	1.3129	2	---	---	---	solid	1
32802	C21H22Cl2N3O	N-phenyl-N-(1-(phenylimino)ethyl)-N'-2,5-c	63504-15-4	403.331	---	---	---	---	25	1.2461	2	---	---	---	---	---
32803	C21H22IP	isopropyltriphenylphosphonium iodide	24470-78-8	432.284	467.65	1	---	---	---	---	---	---	---	---	solid	1
32804	C21H22N2	4-(p-(dimethylamino)styryl)-6,8-dimethylqu	19716-21-3	302.420	---	---	---	---	25	1.0823	2	---	---	---	---	---
32805	C21H22N2O2	strychnine	57-24-9	334.418	560.15	1	---	---	20	1.3600	1	---	---	---	solid	1
32806	C21H22N2O2	(S)-(-)-2,2'-isopropylidenebis(4-phenyl-2-o	131457-46-0	334.418	312.15	1	---	---	25	1.0000	1	---	---	---	solid	1
32807	C21H22N2O2S	(1R,2R)-(-)-N-(4-toluenesulfonyl)-1,2-diphe	144222-34-4	366.484	401.15	1	---	---	25	1.1968	2	---	---	---	solid	1
32808	C21H22N2O2S	(1S,2S)-(+)-N-(4-toluenesulfonyl)-1,2-diphe	167316-27-0	366.484	---	---	---	---	25	1.1968	2	---	---	---	---	---
32809	C21H22N6O5	N-(4-(((2,4-diamino-5-methyl-6-quinazoliny	18921-70-5	438.445	543.15	dec	---	---	25	1.3512	2	---	---	---	solid	1
32810	C21H22O	dimesitylcyclopropenone	61440-88-8	290.405	---	---	---	---	25	1.0501	2	---	---	---	---	---
32811	C21H22O9	barbaloin	1415-73-2	418.400	421.15	1	---	---	25	1.3015	2	---	---	---	solid	1
32812	C21H23BrFNO2	bromoperidol	10457-90-6	420.322	429.65	1	488.35	1	25	1.3109	2	---	---	---	solid	1
32813	C21H23ClFNO2	haloperidol	52-86-8	375.870	424.65	1	---	---	25	1.1820	2	---	---	---	solid	1
32814	C21H23ClFN3O	flurazepam	17617-23-1	387.885	352.65	1	---	---	25	1.2089	2	---	---	---	solid	1
32815	C21H23F3O2	17-(3,3,3-trifluoro-1-propynyl)estra-1,3,5(1	2061-56-5	364.408	---	---	471.65	1	25	1.1520	2	---	---	---	---	---
32816	C21H23IN2	quinaldine red	117-92-0	430.332	---	---	---	---	25	1.3772	2	---	---	---	---	---
32817	C21H23NO2	4-cyanophenyl 4-heptylbenzoate	38690-76-5	321.419	317.15	1	---	---	25	1.1049	2	---	---	---	solid	1
32818	C21H23NO3	3-quinuclidinol benzilate	6581-06-2	337.419	437.65	1	---	---	25	1.1379	2	---	---	---	solid	1
32819	C21H23NO4	fmoc-L-isoleucine	71989-23-6	353.418	420.65	1	---	---	25	1.1697	2	---	---	---	solid	1
32820	C21H23NO4	fmoc-L-leucine	35661-60-0	353.418	428.15	1	---	---	25	1.1697	2	---	---	---	solid	1
32821	C21H23NO5	cryptopine	482-74-6	369.418	496.15	1	---	---	20	1.3150	1	---	---	---	solid	1
32822	C21H23NO5	diacetylmorphine	561-27-3	369.418	446.15	1	---	---	25	1.5600	1	---	---	---	solid	1
32823	C21H23NO6	colchiceine	477-27-0	385.417	451.65	1	---	---	25	1.2400	1	---	---	---	solid	1
32824	C21H23N3O5	strychnidin-10-one mononitrate	66-32-0	397.432	568.15	1	---	---	25	1.6270	1	---	---	---	solid	1
32825	C21H23N3OS	piperocyanomazine	2622-26-6	365.500	389.65	1	---	---	25	1.1815	2	---	---	---	solid	1
32826	C21H23N7O4	7-(2-((3-pyridylmethyl)amino)ethyl)theophy	10058-07-8	437.460	432.65	1	---	---	25	1.3352	2	---	---	---	solid	1
32827	C21H24Br4O4	2,2-bis(3,5-dibromo-4-(2,3-epoxypropoxy)p	3072-84-2	660.035	---	---	---	---	25	1.7288	2	---	---	---	---	---
32828	C21H24ClN3OS	1-(3-(3-chlorophenothiazin-10-yl)propyl)-is	84-04-8	401.960	412.15	1	---	---	25	1.2142	2	---	---	---	solid	1
32829	C21H24Cl4O4	2,2-bis(3,5-dichloro-4-(2,3-epoxypropoxy)p	2589-02-8	482.229	---	---	---	---	25	1.2992	2	---	---	---	---	---
32830	C21H24F3N	cis-(±)-9,10-dihydro-N,N,10-trimethyl-2-(tri	35764-73-9	347.424	---	---	---	---	25	1.1070	2	---	---	---	---	---
32831	C21H24F3N3S	trifluoromethylperazine	117-89-5	407.504	---	---	---	---	25	1.2060	2	---	---	---	---	---
32832	C21H24F3NO2	2-((3,4-dihydro-2-methyl-4-(3-(trifluorometh	147241-85-8	379.423	---	---	---	---	25	1.1672	2	---	---	---	---	---
32833	C21H24NO6	2-demethylcolchicine	7336-36-9	386.425	398.15	1	---	---	25	1.2156	2	---	---	---	solid	1
32834	C21H24N2	N-benzyl-N',N'-dimethyl-N-1-naphthylethyl	---	304.436	---	---	---	---	25	1.0555	2	---	---	---	---	---
32835	C21H24N2	N-benzyl-N',N'-dimethyl-N-2-naphthylethyl	---	304.436	---	---	---	---	25	1.0555	2	---	---	---	---	---
32836	C21H24N2O2	(+)-catharanthine	2468-21-5	336.434	---	---	531.15	1	25	1.1227	2	---	---	---	---	---
32837	C21H24N2O2S	methyl 10-(3-morpholinopropyl)phenothiaz	110147-48-3	368.500	---	---	---	---	25	1.1690	2	---	---	---	---	---
32838	C21H24N2O3	raubasine	483-04-5	352.434	531.15	dec	---	---	25	1.1544	2	---	---	---	solid	1
32839	C21H24N4O	6-allyl-a-cyanoergoline-8-propionamide	---	348.449	---	---	---	---	25	1.1517	2	---	---	---	---	---
32840	C21H24N4O4	Na-fmoc-L-arginine	91000-69-0	396.447	---	---	---	---	25	1.2412	2	---	---	---	---	---
32841	C21H24OSi2	1,1,1-trimethyl-3,3,3-triphenyldisiloxane	799-53-1	348.591	324.15	1	622.15	1	25	1.0320	1	---	---	---	solid	1
32842	C21H24O2	ethyinorgestrienone	16320-04-0	308.420	427.15	1	---	---	25	1.0592	2	---	---	---	solid	1
32843	C21H24O3Si3	2,4,6-trimethyl-2,4,6-triphenylcyclotrisiloxa	546-45-2	408.675	373.15	1	---	---	20	1.1062	1	20	1.5397	1	solid	1
32844	C21H24O4	diethyl dibenzylmalonate	597-55-7	340.419	287.15	1	---	---	20	1.0930	1	---	---	---	---	---
32845	C21H24O4	diphenylol propane dicylcidyl ether	1675-54-3	340.419	316.15	1	---	---	25	1.1600	1	---	---	---	solid	1
32846	C21H24O7	visnadine	477-32-7	388.417	358.65	1	---	---	25	1.2166	2	---	---	---	solid	1
32847	C21H24O9	rhapontin	155-58-8	420.416	509.15	1	---	---	25	1.2721	2	---	---	---	solid	1
32848	C21H24O10	phlorizoside	60-81-1	436.416	---	---	---	---	25	1.2985	2	---	---	---	---	---
32849	C21H25FN2O2	haloanisone	1480-19-9	356.441	341.15	1	---	---	25	1.1349	2	---	---	---	solid	1
32850	C21H25N	adaptol	5118-29-6	291.437	---	---	---	---	25	1.0095	2	---	---	---	---	---
32851	C21H25NO	benzotropine	86-13-5	307.436	---	---	509.65	1	25	1.0446	2	---	---	---	---	---
32852	C21H25NO4	corybulbine	518-77-4	355.434	510.65	1	---	---	25	1.1423	2	---	---	---	solid	1
32853	C21H25NO4	D-glaucine	475-81-0	355.434	393.15	1	---	---	25	1.1423	2	---	---	---	solid	1
32854	C21H25NO4	isocorybulbine	22672-74-8	355.434	460.65	1	---	---	20	1.0450	1	---	---	---	solid	1
32855	C21H25NO5	N-methyl-N-desacetylcolchicine	477-30-5	371.434	459.15	1	---	---	25	1.1725	2	---	---	---	solid	1
32856	C21H25NO5	DL-2,3,9,10-tetramethoxyberbin-1-ol	478-15-9	371.434	481.15	1	---	---	25	1.1725	2	---	---	---	solid	1
32857	C21H25N2O2	3-(2-(diethylamino)ethyl)-5,5-diphenylhyda	---	337.442	---	---	---	---	25	1.1094	2	---	---	---	---	---
32858	C21H25N3	2,3,4,5-tetrahydro-2,8-dimethyl-5-(2-(6-me	3613-73-8	319.451	---	---	---	---	25	1.0749	2	---	---	---	---	---
32859	C21H25N5O2	N-((antipyrinylisopropylamino)methyl)nicot	15387-10-7	379.463	438.65	1	---	---	25	1.1974	2	---	---	---	solid	1
32860	C21H26	1,1-diphenyl-1-nonene	1530-26-3	278.437	245.71	2	642.15	1	25	0.9448	1	25	1.5516	1	liquid	1
32861	C21H26BrNO3	methantheline bromide	53-46-3	420.347	447.65	1	---	---	25	1.2742	2	---	---	---	solid	1
32862	C21H26ClNO	clemastine fumarate	14976-57-9	343.896	450.65	1	427.15	1	25	1.0882	2	---	---	---	solid	1
32863	C21H26N2OS2	10-(2-(1-methyl-2-piperidyl)ethyl)-2-methyl	5588-33-0	386.583	---	---	---	---	25	1.1568	2	---	---	---	---	---
32864	C21H26ClN3OS	perphenazine	58-39-9	403.976	370.15	1	---	---	25	1.1879	2	---	---	---	solid	1
32865	C21H26ClN3S	2-chloro-10-((2-methyl-3-(4-methyl-1-piper	67293-64-5	387.977	---	---	---	---	25	1.1600	2	---	---	---	---	---
32866	C21H26N2O3	vincamine	1617-90-9	354.450	504.65	1	---	---	25	1.1278	2	---	---	---	solid	1
32867	C21H26N2O3	yohimbine	146-48-5	354.450	514.15	1	---	---	25	1.1278	2	---	---	---	solid	1
32868	C21H26N2O4	quinine formate	130-90-5	370.449	422.65	1	423.65	2	25	1.1580	2	---	---	---	solid	1
32869	C21H26N2O4	1-(m-tolyl)-4-(3,4,5-trimethoxybenzoyl)pipe	17766-74-4	370.449	---	---	423.65	2	25	1.1580	2	---	---	---	---	---
32870	C21H26N2O4	1-(p-tolyl)-4-(3,4,5-trimethoxybenzoyl)pipe	17766-75-5	370.449	---	---	423.65	1	25	1.1580	2	---	---	---	---	---
32871	C21H26N2O5	4-(o-methoxyphenyl)piperazinyl 3,4,5-trime	17766-68-6	386.448	---	---	---	---	25	1.1871	2	---	---	---	---	---
32872	C21H26N2O5	4-(p-methoxyphenyl)piperazinyl 3,4,5-trime	17766-70-0	386.448	---	---	---	---	25	1.1871	2	---	---	---	---	---
32873	C21H26N2O7	nimodipine	66085-59-4	418.447	---	---	---	---	25	1.2426	2	---	---	---	---	---
32874	C21H26N2S2	thioridazine	50-52-2	370.583	346.15	1	---	---	25	1.1278	2	---	---	---	solid	1
32875	C21H26O2	cannabinol	521-35-7	310.436	350.15	1	---	---	25	1.0341	2	---	---	---	solid	1
32876	C21H26O2	ethynylestradiol 3-methyl ether	72-33-3	310.436	425.15	1	---	---	25	1.0341	2	---	---	---	solid	1
32877	C21H26O2	altrenogest	850-52-2	310.436	393.15	1	---	---	25	1.0341	2	---	---	---	solid	1
32878	C21H26O2	compound 78/702	74886-24-1	310.436	---	---	---	---	25	1.0341	2	---	---	---	---	---
32879	C21H26O2	11b-methyl-17a-ethinylestradiol	13655-95-3	310.436	---	---	---	---	25	1.0341	2	---	---	---	---	---
32880	C21H26O3	[2-hydroxy-4-(octyloxy)phenyl]phenylmetha	1843-05-6	326.436	321.65	1	546.65	2	25	1.0675	2	---	---	---	solid	1

Table 1 Physical Properties - Organic Compounds

				Mol Wt	Freezing Point		Boiling Point		Density			Refractive Index			State	
NO	FORMULA	NAME	CAS No	g/mol	T_F, K	code	T_B, K	code	T, C	g/cm3	code	T, C	n_D	code	@25C,1 atm	code
32881	C21H26O3	4-octylphenyl salicylate	2512-56-3	326.436	---	---	546.65	2	25	1.0675	2	---	---	---	---	---
32882	C21H26O3	4-(2-ethylhexyloxy)-2-hydroxybenzophenon	2549-90-8	326.436	---	---	546.65	1	25	1.0675	2	---	---	---	---	---
32883	C21H26O3	moxestrol	34816-55-2	326.436	553.15	1	---	---	25	1.0675	2	---	---	---	solid	1
32884	C21H26O3	retinoid etretin	55079-83-9	326.436	---	---	546.65	2	25	1.0675	2	---	---	---	---	---
32885	C21H26O4	19-acetoxy-D1,4-androstadiene-3,17-dione	95282-98-7	342.435	---	---	---	---	25	1.0996	2	---	---	---	---	---
32886	C21H26O5	17,21-dihydroxypregna-1,4-diene-3,11,20-	53-03-2	358.434	507.15	dec	---	---	25	1.1306	2	---	---	---	solid	1
32887	C21H26O8S2	trans-(-)-1,4-di-O-tosyl-2,3-O-isopropylider	37002-45-2	470.565	364.65	1	---	---	25	1.2892	2	---	---	---	solid	1
32888	C21H26O8S2	(2R,3R)-1,4-di-O-tosyl-2,3-O-isopropyliden	51064-65-4	470.565	362.65	1	---	---	25	1.2892	2	---	---	---	solid	1
32889	C21H27BrO3	braxorone	---	407.348	---	---	---	---	25	1.2338	2	---	---	---	---	---
32890	C21H27Ce	tris(ethylcyclopentadienyl)cerium	---	419.561	---	---	---	---	---	---	---	---	---	---	---	---
32891	C21H27ClN2	1,3-bis(2,4,6-trimethylphenyl)-4,5-dihydroi	141556-45-8	342.912	---	---	---	---	25	1.0745	2	---	---	---	---	---
32892	C21H27ClN2O2	hydroxyzine	68-88-2	374.911	---	---	---	---	25	1.1348	2	---	---	---	---	---
32893	C21H27ClN2S2	thioridazine hydrochloride	130-61-0	407.044	---	---	503.15	1	25	1.1621	2	---	---	---	---	---
32894	C21H27ClO3	chlormadinon	1961-77-9	362.896	486.15	1	---	---	25	1.1081	2	---	---	---	solid	1
32895	C21H27FN2O2	halvisol	13382-33-7	358.457	---	---	---	---	25	1.1095	2	---	---	---	---	---
32896	C21H27FO6	aristocort	124-94-7	394.440	543.15	1	---	---	25	1.1703	2	---	---	---	solid	1
32897	C21H27N	budipine	57982-78-2	293.452	381.65	1	---	---	25	0.9857	2	---	---	---	solid	1
32898	C21H27N	butriptyline	35941-65-2	293.452	---	---	---	---	25	0.9857	2	---	---	---	---	---
32899	C21H27NO	isomethadone	466-40-0	309.452	298.15	1	---	---	25	1.0202	2	---	---	---	---	---
32900	C21H27NO	dextromethadone	5653-80-5	309.452	373.65	1	---	---	25	1.0202	2	---	---	---	solid	1
32901	C21H27NO	a,a-diphenyl-1-piperidinebutanol	972-02-1	309.452	377.65	1	---	---	25	1.0202	2	---	---	---	solid	1
32902	C21H27NO	methadone	76-99-3	309.452	---	---	---	---	25	1.0202	2	---	---	---	---	---
32903	C21H27NO	DL-methadone	297-88-1	309.452	353.15	1	---	---	25	1.0202	2	---	---	---	solid	1
32904	C21H27NO	L-methadone	125-58-6	309.452	372.15	1	---	---	25	1.0202	2	---	---	---	solid	1
32905	C21H27NO	1-(1-methyl-2-((a-phenyl-o-tolyl)oxy)ethyl)p	2156-27-6	309.452	---	---	---	---	25	1.0202	2	---	---	---	---	---
32906	C21H27NO2	ifenprodil	23210-56-2	325.451	387.15	1	---	---	25	1.0534	2	---	---	---	solid	1
32907	C21H27NO3S	pridinol mesilate	53639-82-0	373.517	---	---	---	---	25	1.1315	2	---	---	---	---	---
32908	C21H27NO4	laudanosine	2688-77-9	357.450	362.15	1	---	---	25	1.1164	2	---	---	---	solid	1
32909	C21H27NO4	DL-laudanosine	1699-51-0	357.450	387.15	1	---	---	25	1.1164	2	---	---	---	solid	1
32910	C21H27N3O2	1-methyllysergic acid butanolamide	361-37-5	353.465	468.15	1	---	---	25	1.1135	2	---	---	---	solid	1
32911	C21H27N3O3	HX-868	7722-73-8	369.465	---	---	---	---	25	1.1437	2	---	---	---	---	---
32912	C21H27N7Na2O14P2	b-nicotinamide adenine dinucleotide, disoc	606-68-8	709.414	---	---	---	---	---	---	---	---	---	---	---	---
32913	C21H27N7O14P2	codehydrogenase I	53-84-9	663.434	---	---	---	---	---	---	---	---	---	---	---	---
32914	C21H28	1,1-diphenylnonane	1726-13-2	280.453	288.15	1	630.15	1	25	0.9338	1	25	1.5299	1	liquid	1
32915	C21H28ClNO	methadone hydrochloride	1095-90-5	345.912	508.15	1	---	---	25	1.0643	2	---	---	---	solid	1
32916	C21H28NO7	clivorine	33979-15-6	406.456	422.15	1	---	---	25	1.1901	2	---	---	---	solid	1
32917	C21H28N2O	a-prenyl-a-(2-dimethylaminoethyl)-1-napht	50765-87-2	324.467	---	---	---	---	25	1.0397	2	---	---	---	---	---
32918	C21H28N2O2	1-benzhydryl-4-(2-(2-hydroxyethoxy)ethyl)	3733-63-9	340.466	---	---	---	---	25	1.0717	2	---	---	---	---	---
32919	C21H28N2O2	hydrocupreine ethyl ether	522-60-1	340.466	398.65	1	---	---	25	1.0717	2	---	---	---	solid	1
32920	C21H28N2O8	deisovaleryl blastmycin	60504-95-2	436.463	460.15	1	---	---	25	1.2421	2	---	---	---	solid	1
32921	C21H28N7O17P3	codehydrogenase II	53-59-8	743.414	---	---	---	---	---	---	---	---	---	---	---	---
32922	C21H28O	4,6-di-tert-butyl-a-phenyl-o-cresol	3286-98-4	296.453	---	---	---	---	25	0.9765	2	---	---	---	---	---
32923	C21H28O2	ethisterone	434-03-7	312.452	545.15	1	---	---	25	1.0105	2	---	---	---	solid	1
32924	C21H28O2	dydrogesterone	152-62-5	312.452	442.65	1	---	---	25	1.0105	2	---	---	---	solid	1
32925	C21H28O2	21-methylnorethisterone	7359-79-7	312.452	---	---	---	---	25	1.0105	2	---	---	---	---	---
32926	C21H28O2	2a-methyl-A-nor-17a-pregn-20-yne-2b,17b	53-38-3	312.452	---	---	---	---	25	1.0105	2	---	---	---	---	---
32927	C21H28O2	norgestrel	6533-00-2	312.452	479.15	1	---	---	25	1.0105	2	---	---	---	solid	1
32928	C21H28O2	d(-)-norgestrel	797-63-7	312.452	513.15	1	---	---	25	1.0105	2	---	---	---	solid	1
32929	C21H28O2	L-norgestrel	797-64-8	312.452	513.15	1	---	---	25	1.0105	2	---	---	---	solid	1
32930	C21H28O3	pyrethrin i	121-21-1	328.452	---	---	---	---	18	1.5192	1	18	1.5192	1	---	---
32931	C21H28O4	21-hydroxypregn-4-ene-3,11,20-trione	72-23-1	344.451	456.65	1	595.15	2	25	1.0750	2	---	---	---	solid	1
32932	C21H28O4	formyldienolone	2454-11-7	344.451	483.65	1	595.15	dec	25	1.0750	2	---	---	---	solid	1
32933	C21H28O5	aldosterone	52-39-1	360.450	439.65	1	---	---	25	1.1055	2	---	---	---	solid	1
32934	C21H28O5	17,21-dihydroxypregn-4-ene-3,11,20-trione	53-06-5	360.450	495.15	1	---	---	25	1.1055	2	---	---	---	solid	1
32935	C21H28O5	prednisolone	50-24-8	360.450	508.15	1	---	---	25	1.1055	2	---	---	---	solid	1
32936	C21H29ClN2O4	19-nortestosterone-17-N-(2-chloroethyl)-N-	54025-36-4	408.925	---	---	---	---	25	1.1663	2	---	---	---	---	---
32937	C21H29FN2O3	4-(4-(4-fluorophenyl)-4-oxobutyl)-1-piperaz	54063-38-6	376.472	---	---	---	---	25	1.1148	2	---	---	---	---	---
32938	C21H29FO5	fluorocortisone	127-31-1	380.457	534.15	dec	---	---	25	1.1176	2	---	---	---	solid	1
32939	C21H29NO	biperiden	514-65-8	311.468	---	---	---	---	25	0.9972	2	---	---	---	---	---
32940	C21H29NS2	p-butylmercaptobenzhydryl-b-dimethylamir	486-17-9	359.600	---	---	---	---	25	1.0644	2	---	---	---	---	---
32941	C21H29N2O3	serpentine	131-07-7	357.473	---	---	---	---	25	1.0905	2	---	---	---	---	---
32942	C21H29N3O	a-(2-(diisopropylamino)ethyl)-a-phenyl-2-p	3737-09-5	339.482	---	---	---	---	25	1.0581	2	---	---	---	---	---
32943	C21H29N3O3S	N-ethyl-6-methyla-(methylsulfonyl)ergoline	---	403.546	---	---	---	---	25	1.1609	2	---	---	---	---	---
32944	C21H30	1-undecylnaphthalene	7225-71-0	282.469	296.15	1	664.15	1	25	0.9245	1	25	1.5379	1	liquid	1
32945	C21H30	2-undecylnaphthalene	61886-68-8	282.469	293.15	1	669.15	1	25	0.9189	1	25	1.5360	1	liquid	1
32946	C21H30FN3O2	fluorobutyrophenone	1893-33-0	375.488	---	---	---	---	25	1.1017	2	---	---	---	---	---
32947	C21H30N2	4,4'-methylenebis(2-isopropyl-6-methyl ani	16298-38-7	310.483	---	---	---	---	25	0.9900	1	---	1.5892	1	---	---
32948	C21H30N2O4S2	N-(3-(2-hydroxy-4,5-dimethylphenyl)adama	155622-18-7	438.613	---	---	---	---	25	1.1884	2	---	---	---	---	---
32949	C21H30N4O2	4-(p-octyloxyphenyl)semicarbazone 1-meth	119034-07-0	370.496	---	---	460.15	1	25	1.1053	2	---	---	---	---	---
32950	C21H30O2	cannabidiol	13956-29-1	314.468	340.15	1	---	---	40	1.0400	1	20	1.5404	1	solid	1
32951	C21H30O2	progesterone	57-83-0	314.468	399.65	1	---	---	25	1.1660	1	---	---	---	solid	1
32952	C21H30O2	17a-allyl-19-nortestosterone	---	314.468	---	---	---	---	33	1.1030	2	---	---	---	---	---
32953	C21H30O2	dehydroabietic acid	1740-19-8	314.468	445.65	1	645.00	2	33	1.1030	2	---	---	---	solid	1
32954	C21H30O2	1-hydroxy-3-n-pentyl-D8-tetrahydrocannab	101565-05-3	314.468	---	---	---	---	33	1.1030	2	---	---	---	---	---
32955	C21H30O2	19-norspiroxenone	1235-13-8	314.468	---	---	---	---	33	1.1030	2	---	---	---	---	---
32956	C21H30O2	pentylcannabichromene	20675-51-8	314.468	418.15	1	---	---	33	1.1030	2	---	---	---	solid	1
32957	C21H30O2	1-trans-D8-tetrahydrocannabinol	5957-75-5	314.468	---	---	---	---	33	1.1030	2	---	---	---	---	---
32958	C21H30O2	1-trans-D9-tetrahydrocannabinol	1972-08-3	314.468	---	---	---	---	33	1.1030	2	---	---	---	---	---
32959	C21H30O3	17-hydroxypregn-4-ene-3,20-dione	68-96-2	330.467	---	---	---	---	25	1.0205	2	---	---	---	---	---
32960	C21H30O3	21-hydroxypregn-4-ene-3,20-dione	64-85-7	330.467	414.65	1	---	---	25	1.0205	2	---	---	---	solid	1

Table 1 Physical Properties - Organic Compounds

				Mol Wt	Freezing Point		Boiling Point		Density			Refractive Index			State	
NO	FORMULA	NAME	CAS No	g/mol	T_F, K	code	T_B, K	code	T, C	g/cm3	code	T, C	n_D	code	@25C,1 atm	code
32961	C21H30O3	11a-hydroxyprogesterone	80-75-1	330.467	437.15	1	---	---	25	1.0205	2	---	---	---	solid	1
32962	C21H30O3	3b-hydroxyandrost-5-en-17-one acetate	853-23-6	330.467	---	---	---	---	25	1.0205	2	---	---	---	---	---
32963	C21H30O4	corticosterone	50-22-6	346.467	454.15	1	---	---	25	1.0517	2	---	---	---	solid	1
32964	C21H30O4	17,21-dihydroxypregn-4-ene-3,20-dione	152-58-9	346.467	488.15	1	---	---	25	1.0517	2	---	---	---	solid	1
32965	C21H30O5	humulon	26472-41-3	362.466	339.65	1	---	---	25	1.0818	2	---	---	---	solid	1
32966	C21H30O5	hydrocortisone	50-23-7	362.466	493.15	1	---	---	25	1.0818	2	---	---	---	solid	1
32967	C21H31NO	all-trans-retinylidene methyl nitrone	---	313.484	---	---	---	---	25	0.9755	2	---	---	---	---	---
32968	C21H31NO3	4a,5a-epoxy-17b-hydroxy-4,17-dimethyl-3-	71507-79-4	345.482	---	---	---	---	25	1.0388	2	---	---	---	---	---
32969	C21H31NO4	furethidine	2385-81-1	361.482	301.15	1	---	---	25	1.0689	2	---	---	---	solid	1
32970	C21H31N5O2	8-(4-(4-(2-pyrimidinyl)-1-piperizinyl)butyl)-8	36505-84-7	385.511	---	---	---	---	25	1.1208	2	---	---	---	---	---
32971	C21H31O8P	hydrocortisone-21-phosphate	3863-59-0	442.446	---	---	---	---	---	---	---	---	---	---	---	---
32972	C21H32N2O	androstanazol	302-96-5	328.498	---	---	---	---	25	0.9951	2	---	---	---	---	---
32973	C21H32O	allylestrenol	432-60-0	300.484	352.90	1	---	---	25	0.9343	2	---	---	---	solid	1
32974	C21H32O2	methyl abietate	127-25-3	316.484	---	---	---	---	20	1.0490	1	---	1.5344	1	---	---
32975	C21H32O2	pregnane-3,20-dione, (5beta)	128-23-4	316.484	396.15	1	---	---	25	0.9672	2	---	---	---	solid	1
32976	C21H32O2	pregnenolone	145-13-1	316.484	465.15	1	---	---	25	0.9672	2	---	---	---	solid	1
32977	C21H32O2	norbolethone	797-58-0	316.484	---	---	---	---	25	0.9672	2	---	---	---	---	---
32978	C21H32O3	alfaxalone	23930-19-0	332.483	446.15	1	---	---	25	0.9989	2	---	---	---	solid	1
32979	C21H32O3	pavisoid	434-07-1	332.483	460.65	1	---	---	25	0.9989	2	---	---	---	solid	1
32980	C21H32O5	tetrahydrocortisone	53-05-4	364.482	463.15	1	---	---	25	1.0593	2	---	---	---	solid	1
32981	C21H32O5	11,17,20,21-tetrahydroxypregn-4-en-3-one	116-58-5	364.482	398.15	dec	---	---	25	1.0593	2	---	---	---	solid	1
32982	C21H32O8	toxin C21	---	412.480	---	---	---	---	25	1.1429	2	---	---	---	---	---
32983	C21H33Cl3O3Sn	tributyltin-a-(2,4,5-trichlorophenoxy)propio	73940-89-3	558.559	---	---	---	---	---	---	---	---	---	---	---	---
32984	C21H33NO7	lasiocarpine	303-34-4	411.496	369.40	1	---	---	25	1.1303	2	---	---	---	solid	1
32985	C21H33NOSn	tributyl(8-quinolinolato)tin	5488-45-9	434.209	---	---	---	---	---	---	---	---	---	---	---	---
32986	C21H33N3O2	(-)-heptylphysostigmine	101246-68-8	359.513	---	---	---	---	25	1.0437	2	---	---	---	---	---
32987	C21H33N3O4S	1-cyclohexyl-3-(2-morpholinoethyl)-carbod	2491-17-0	423.578	386.15	1	---	---	25	1.1409	2	---	---	---	solid	1
32988	C21H33N5O2	hexahydro-1,3-dicyclohexyl-5-((1-methyl-5-	139157-71-4	387.527	---	---	---	---	25	1.0979	2	---	---	---	---	---
32989	C21H34BN6Tl	hydrotris(3-tert-butylpyrazol-1-yl)borate,tha	106210-01-9	585.737	464.15	1	---	---	---	---	---	---	---	---	solid	1
32990	C21H34BrNO3	oxyphenonium bromide	50-10-2	428.410	464.65	1	---	---	25	1.1707	2	---	---	---	solid	1
32991	C21H34N2O	1-ethyl-2,2,6,6-tetramethyl-4-(N-propionyl-(	52098-56-3	330.514	---	---	---	---	25	0.9746	2	---	---	---	---	---
32992	C21H34O2	benzyl tetradecanoate	31161-71-4	318.500	293.65	1	---	---	25	0.9293	1	---	---	---	---	---
32993	C21H34O2	pregnan-3alpha-ol-20-one	128-20-1	318.500	422.65	1	---	---	25	0.9472	2	---	---	---	solid	1
32994	C21H34O5	arbaprostil	55028-70-1	366.498	---	---	---	---	25	1.0380	2	---	---	---	---	---
32995	C21H34O5	15(S)-15-methyl-prostaglandin E2	35700-27-7	366.498	---	---	---	---	25	1.0380	2	---	---	---	---	---
32996	C21H34O11	patrinoside	53962-20-2	462.494	---	---	---	---	25	1.1958	2	---	---	---	---	---
32997	C21H35NO3Sn	tributyltin-p-acetamidobenzoate	2857-03-6	468.224	---	---	---	---	---	---	---	---	---	---	---	---
32998	C21H36	pentadecylbenzene	2131-18-2	288.517	295.15	1	639.15	1	25	0.8510	1	25	1.4791	1	liquid	1
32999	C21H36	pregnane, (5alpha)	641-85-0	288.517	357.65	1	639.16	2	20	0.9415	2	---	---	---	solid	1
33000	C21H36	pregnane, (5beta)	481-26-5	288.517	356.65	1	639.16	2	15	1.0320	1	---	---	---	solid	1
33001	C21H36N2	irehdiamine A	3614-57-1	316.531	421.15	1	---	---	25	0.9241	2	---	---	---	solid	1
33002	C21H36N2O5S	hexocyclium methyl sulfate	115-63-9	428.594	---	---	---	---	25	1.1099	2	---	---	---	---	---
33003	C21H36N2O5S	hexocyclium	6004-98-4	428.594	478.15	1	---	---	25	1.1099	2	---	---	---	solid	1
33004	C21H36N7O16P3S	coenzyme A, free acid, lyophilized	85-61-0	767.544	---	---	---	---	---	---	---	---	---	---	---	---
33005	C21H36O	3-pentadecylphenol	501-24-6	304.516	326.65	1	627.85	2	25	0.8966	2	---	---	---	solid	1
33006	C21H36O	1-(8-methoxy-4,8-dimethylnonyl)-4-(1-meth	53905-38-7	304.516	---	---	627.85	1	25	0.8966	2	---	---	---	---	---
33007	C21H36O2	3-pentadecyl-1,2-benzenediol	492-89-7	320.516	332.65	1	---	---	25	0.9284	2	---	---	---	solid	1
33008	C21H36O2	pregnane-3,20-diol, (3alpha,5beta,20S)	80-92-2	320.516	516.65	1	---	---	25	1.1500	1	---	---	---	solid	1
33009	C21H36O5	carboprost	35700-23-3	368.514	---	---	---	---	25	1.0177	2	---	---	---	---	---
33010	C21H36O5	dinoprost methyl ester	33854-16-9	368.514	---	---	---	---	25	1.0177	2	---	---	---	---	---
33011	C21H37NO5	anhydromyriocin	35891-69-1	383.529	---	---	---	---	25	1.0342	2	---	---	---	---	---
33012	C21H37N5O14	anthelmycin	12706-94-4	583.551	---	---	---	---	25	1.3311	2	---	---	---	---	---
33013	C21H38ClN	1-hexadecylpyridinium, chloride	123-03-5	339.992	353.15	1	---	---	25	0.9328	2	---	---	---	solid	1
33014	C21H38NO4	methyl acetyl ricinoleate	140-03-4	368.537	---	---	---	---	25	0.9967	2	---	---	---	---	---
33015	C21H38O3	2,3-epoxypropyl oleate	5431-33-4	338.531	---	---	---	---	25	0.9407	2	---	---	---	---	---
33016	C21H38O3	9,10-epoxystearic acid allyl ester	123-36-4	338.531	---	---	---	---	25	0.9407	2	---	---	---	---	---
33017	C21H38O6	1,2,3-propanetriyl hexanoate	621-70-5	386.529	213.15	1	---	---	20	0.9867	1	20	1.4427	1	---	---
33018	C21H39Cl2FeN7O8	acetonitrile imidazole-5,7,7,12,14,14-hexar	---	644.335	---	---	---	---	---	---	---	---	---	---	---	---
33019	C21H39N7O12	streptomycin	57-92-1	581.582	---	---	---	---	25	1.3079	2	---	---	---	---	---
33020	C21H39N7O13	streptomycin C	485-19-8	597.582	---	---	---	---	25	1.3272	2	---	---	---	---	---
33021	C21H40	1,1-dicyclohexylnonane	62155-19-5	292.549	340.69	2	629.15	1	25	0.8310	2	---	---	---	solid	2
33022	C21H40	1-hexadecylcyclopentene	62184-81-0	292.549	302.02	2	619.15	1	25	0.8310	2	---	---	---	solid	2
33023	C21H40	1-heneicosyne	61847-81-2	292.549	314.15	1	627.15	1	25	0.8310	2	---	---	---	solid	1
33024	C21H40NNaO4S	sodium-n-methyl-n-oleoyl taurate	137-20-2	425.609	---	---	---	---	---	---	---	---	---	---	---	---
33025	C21H40O2	octadecyl acrylate	4813-57-4	324.547	305.65	1	---	---	25	0.8000	1	---	---	---	solid	1
33026	C21H40O3	methoxyethyl oleate	111-10-4	340.547	253.25	1	436.15	2	25	0.9020	1	---	---	---	liquid	2
33027	C21H40O3	stearic acid 2,3-epoxypropyl ester	7460-84-6	340.547	---	---	436.15	1	25	0.9232	2	---	---	---	---	---
33028	C21H40O4	bis(2-ethylbutyl) nonanedioate	105-03-3	356.546	228.15	1	555.15	2	25	0.9280	1	25	1.4430	1	liquid	2
33029	C21H40O4	glycerol 1-monooleate	111-03-5	356.546	309.15	1	714.00	2	20	0.9420	1	20	1.4626	1	solid	1
33030	C21H40O4	dihexyl azelate	109-31-9	356.546	265.25	1	555.15	1	25	0.9300	1	---	1.4440	1	liquid	1
33031	C21H40O4	glyceryl monooleate	25496-72-4	356.546	---	---	555.15	2	23	0.9333	2	---	---	---	---	---
33032	C21H41N	heneicosanenitrile	66326-13-4	307.564	324.15	1	670.15	1	25	0.8525	2	---	---	---	solid	1
33033	C21H41N5O7	SCH 20569	56391-56-1	475.587	---	---	---	---	25	1.1402	2	---	---	---	---	---
33034	C21H41N5O12	butyrosin A	34291-02-6	555.584	---	---	---	---	25	1.2480	2	---	---	---	---	---
33035	C21H41N7O12	dihydrostreptomycin	128-46-1	583.598	---	---	---	---	25	1.2864	2	---	---	---	---	---
33036	C21H42	hexadecylcyclopentane	6812-39-1	294.564	294.16	1	637.16	1	25	0.8190	1	25	1.4543	1	liquid	1
33037	C21H42	pentadecylcyclohexane	6006-95-7	294.564	302.16	1	640.16	1	20	0.8267	1	20	1.4588	1	solid	1
33038	C21H42	1-heneicosene	1599-68-4	294.564	306.45	1	628.15	1	23	0.8229	2	---	---	---	solid	1
33039	C21H42Br2	1,1-dibromoheneicosane	62168-38-1	454.372	430.53	2	697.15	1	25	1.1338	2	---	---	---	solid	2
33040	C21H42Cl2	1,1-dichloroheneicosane	62017-23-6	365.469	370.77	2	678.15	1	25	0.9242	2	---	---	---	solid	2

Table 1 Physical Properties - Organic Compounds

				Mol Wt	Freezing Point		Boiling Point		Density			Refractive Index			State	
NO	FORMULA	NAME	CAS No	g/mol	T_F, K	code	T_B, K	code	T, C	g/cm3	code	T, C	n_D	code	@25C,1 atm	code
33041	C21H42F2	1,1-difluoroheneicosane	62127-10-0	332.561	375.23	2	614.15	1	25	0.8733	2	---	---	---	solid	2
33042	C21H42I2	1,1-diiodoheneicosane	66326-14-5	548.373	427.05	2	865.72	2	25	1.3114	2	---	---	---	solid	2
33043	C21H42O2	eicosyl formate	66326-15-6	326.563	384.63	2	737.40	2	38	0.8428	2	---	---	---	solid	2
33044	C21H42O2	nonadecyl acetate	53939-51-8	326.563	310.75	1	645.00	2	38	0.8428	2	---	---	---	solid	1
33045	C21H42O2	octadecyl propanoate	52663-48-6	326.563	303.95	1	738.10	2	38	0.8428	2	---	---	---	solid	1
33046	C21H42O2	heptadecyl butanoate	84869-41-0	326.563	368.26	2	738.10	2	38	0.8428	2	---	---	---	solid	2
33047	C21H42O2	isopropyl stearate	112-10-7	326.563	301.15	1	737.93	2	38	0.8403	1	---	---	---	solid	1
33048	C21H42O2	propyl stearate	3634-92-2	326.563	302.05	1	737.93	2	38	0.8452	1	30	1.4400	1	solid	1
33049	C21H42O2	methyl eicosanoate	1120-28-1	326.563	318.56	1	737.93	2	38	0.8428	2	60	1.4317	1	solid	1
33050	C21H42O2	heneicosanoic acid	2363-71-5	326.563	348.15	1	737.93	2	38	0.8428	2	---	---	---	solid	1
33051	C21H42O2	isopropyl isostearate	68171-33-5	326.563	307.25	2	737.93	2	38	0.8428	2	---	---	---	solid	2
33052	C21H42O3	stearic acid, monoester with 1,2-propanedi	1323-39-3	342.563	---	---	---	---	25	0.9065	2	---	---	---	---	---
33053	C21H42O4	glycerol 1-stearate, (±)	22610-63-5	358.562	347.15	1	---	---	20	0.9841	1	86	1.4400	1	solid	1
33054	C21H42O4	glyceryl monostearate	31566-31-1	358.562	337.90	1	---	---	25	0.9700	1	---	---	---	solid	1
33055	C21H43Br	1-bromoheneicosane	4276-50-0	375.476	319.25	1	670.15	1	25	0.9742	2	---	---	---	solid	1
33056	C21H43Cl	1-chloroheneicosane	66326-16-7	331.025	317.15	1	657.15	1	25	0.8648	2	---	---	---	solid	1
33057	C21H43F	1-fluoroheneicosane	62126-78-7	314.571	320.15	1	626.15	1	25	0.8379	2	---	---	---	solid	1
33058	C21H43I	1-iodoheneicosane	62127-52-0	422.477	322.25	1	691.15	1	25	1.0720	2	---	---	---	solid	1
33059	C21H44	heneicosane	629-94-7	296.580	313.35	1	629.65	1	20	0.7919	1	20	1.4441	1	solid	1
33060	C21H44N2O4S	ammonium sulfobetaine-1	---	420.658	---	---	---	---	25	1.0098	2	---	---	---	---	---
33061	C21H44N3O6P	phosphoenolpyruvic acid tri-(cyclohexylam	35556-70-8	465.572	470.65	1	---	---	---	---	---	---	---	---	solid	1
33062	C21H44O	henicosanol	15594-90-8	312.580	342.65	1	642.00	2	25	0.8320	2	---	---	---	solid	1
33063	C21H44O2Sn	tributyltin nonanoate	4027-14-9	447.289	---	---	---	---	---	---	---	---	---	---	---	---
33064	C21H44O3	3-(octadecyloxy)-1,2-propanediol	544-62-7	344.579	343.65	1	---	---	25	0.8906	2	---	---	---	solid	1
33065	C21H45N	heneicosylamine	14130-15-5	311.595	331.15	1	668.15	1	25	0.8225	2	---	---	---	solid	1
33066	C21H45N	methyleicosylamine	66326-20-3	311.595	319.15	1	643.15	1	25	0.8225	2	---	---	---	solid	1
33067	C21H45N	ethylnonadecylamine	66326-79-0	311.595	319.15	2	646.15	1	25	0.8225	2	---	---	---	solid	2
33068	C21H45N	isopropyloctadecylamine	13329-71-0	311.595	319.15	2	635.98	2	25	0.8225	2	---	---	---	solid	2
33069	C21H45N	dimethylnonadecylamine	49859-87-2	311.595	300.00	2	641.15	1	25	0.8225	2	---	---	---	solid	2
33070	C21H45N	diethylheptadecylamine	66326-18-9	311.595	300.00	2	614.15	1	25	0.8225	2	---	---	---	solid	2
33071	C21H45N	triheptylamine	2411-36-1	311.595	300.00	2	603.15	1	25	0.8225	2	---	---	---	solid	2
33072	C21H45NS2Sn	dibutyldithiocarbamic acid S-tributylstannyl	67057-34-5	494.437	---	---	401.90	1	---	---	---	---	---	---	---	---
33073	C21H45N3	hexetidine	141-94-6	339.609	298.15	1	---	---	25	0.8768	2	---	---	---	---	---
33074	C21H45OP	dioctylisopentylphosphine oxide	53521-41-8	344.562	---	---	---	---	---	---	---	---	---	---	---	---
33075	C21H46NO4P	N-hexadecylphosphorylcholine	58066-85-6	407.575	---	---	---	---	---	---	---	---	---	---	---	---
33076	C21H46O2Si	dimethoxymethyl-n-octadecylsilane	70851-50-2	358.680	---	---	---	---	---	---	---	---	---	---	---	---
33077	C21H46O3Si	trimethoxy(octadecyl)silane	3069-42-9	374.679	289.65	1	---	---	25	0.8830	1	---	1.4390	1	---	---
33078	C21H8O	3-methoxy-10-ethyl-1,2-benzanthracene	63020-60-0	276.294	---	---	---	---	25	1.2944	2	---	---	---	---	---
33079	C22H10N2	7,12-dicyanobenzo[k]fluoranthene	---	302.335	---	---	---	---	25	1.2990	2	---	---	---	---	---
33080	C22H12	benzo[ghi]perylene	191-24-2	276.337	---	---	809.15	2	25	1.1847	2	---	---	---	---	---
33081	C22H12	indeno[1,2,3-cd]pyrene	193-39-5	276.337	435.45	1	809.15	1	25	1.1847	2	---	---	---	solid	1
33082	C22H12	dibenzo[def,mno]chrysene	191-26-4	276.337	530.90	1	809.15	2	25	1.1847	2	---	---	---	solid	1
33083	C22H12	benzo(def)cyclopenta(hi)chrysene	196-77-0	276.337	---	---	809.15	2	25	1.1847	2	---	---	---	---	---
33084	C22H12	benzo(L)cyclopenta(cd)pyrene	113779-16-1	276.337	---	---	809.15	2	25	1.1847	2	---	---	---	---	---
33085	C22H12F6O6S2	(R)-(-)-1,1'-binaphthol-2,2'-bis(trifluorometh	126613-06-7	550.457	357.15	1	---	---	25	1.5402	2	---	---	---	solid	1
33086	C22H12F6O6S2	(S)-(+)-1,1'-binaphthol-2,2'-bis(trifluoromet	128544-05-8	550.457	357.15	1	---	---	25	1.5402	2	---	---	---	solid	1
33087	C22H12N2	anthra(9,1,2-cde)benzo(h)cinnoline	189-58-2	304.351	---	---	---	---	25	1.2589	2	---	---	---	---	---
33088	C22H12N2	dibenz(c,f)indeno(1,2,3-ij)(2,7)naphthyridin	193-40-8	304.351	544.15	1	---	---	25	1.2589	2	---	---	---	solid	1
33089	C22H12N2	naphtho(1,8-gh:4,5-g'h')diquinoline	16566-64-6	304.351	---	---	---	---	25	1.2589	2	---	---	---	---	---
33090	C22H12N2	naphtho(1,8-gh:5,4-g'h')diquinoline	16566-62-4	304.351	---	---	---	---	25	1.2589	2	---	---	---	---	---
33091	C22H12N4Na4O14S4	sulfonazo iii, tetrasodium salt	68504-35-8	776.580	---	---	---	---	---	---	---	---	---	---	---	---
33092	C22H12O	1,2-dihydro-1,2-epoxyindeno(1,2,3-cd)pyre	99520-64-6	292.337	---	---	---	---	25	1.2238	2	---	---	---	---	---
33093	C22H12O	indeno(1,2,3-cd)pyren-8-ol	99520-58-8	292.337	494.90	dec	---	---	25	1.2238	2	---	---	---	solid	1
33094	C22H12O2	6,13-pentacenedione	3029-32-1	308.336	---	---	---	---	25	1.2611	2	---	---	---	---	---
33095	C22H13Br4KO4	tetrabromophenolphthalein ethyl ester, pot	62637-91-6	700.057	483.15	1	---	---	---	---	---	---	---	---	solid	1
33096	C22H13F	6-fluorodibenz(a,h)anthracene	1764-39-2	296.344	---	---	---	---	25	1.1966	2	---	---	---	---	---
33097	C22H14	benzo[b]triphenylene	215-58-7	278.353	478.15	1	792.15	2	25	1.1489	2	---	---	---	solid	1
33098	C22H14	dibenz[a,h]anthracene	53-70-3	278.353	542.65	1	792.15	2	25	1.1489	2	---	---	---	solid	1
33099	C22H14	dibenz[a,j]anthracene	224-41-9	278.353	470.65	1	792.15	2	25	1.1489	2	---	---	---	solid	1
33100	C22H14	pentacene	135-48-8	278.353	>573	1	792.15	2	25	1.1489	2	---	---	---	solid	1
33101	C22H14	pentaphene	222-93-5	278.353	530.15	1	792.15	2	25	1.1489	2	---	---	---	solid	1
33102	C22H14	picene	213-46-7	278.353	641.15	1	792.15	1	25	1.1489	2	---	---	---	solid	1
33103	C22H14	benzo[a]naphthacene	226-88-0	278.353	537.00	1	792.15	2	25	1.1489	2	---	---	---	solid	1
33104	C22H14	benzo[b]chrysene	214-17-5	278.353	567.00	1	792.15	2	25	1.1489	2	---	---	---	solid	1
33105	C22H14	1,2:5,6-dibenzophenanthrene	194-69-4	278.353	399.65	1	792.15	2	25	1.1489	2	---	---	---	solid	1
33106	C22H14	1,2:3,4-dibenzophenanthrene	196-78-1	278.353	387.65	1	792.15	2	25	1.1489	2	---	---	---	solid	1
33107	C22H14Br4O4	tetrabromophenolphthalein ethyl ester	1176-74-5	661.967	482.65	1	---	---	25	1.9236	2	---	---	---	solid	1
33108	C22H14ClNO4	N-(5-chloro-4-methoxyanthraquinonyl)benz	116-80-3	391.810	---	---	---	---	25	1.3691	2	---	---	---	---	---
33109	C22H14Cl2I2N2O2	N-(5-chloro-4-((4-chlorophenyl)cyanometh	57808-65-8	663.080	490.15	1	---	---	25	1.8759	2	---	---	---	solid	1
33110	C22H14N4	1-methyltricycloquinazoline	63041-14-5	334.381	---	---	---	---	25	1.2897	2	---	---	---	---	---
33111	C22H14N4	3-methyltricycloquinazoline	28522-57-8	334.381	---	---	---	---	25	1.2897	2	---	---	---	---	---
33112	C22H14N4	4-methyltricycloquinazoline	63041-15-6	334.381	---	---	---	---	25	1.2897	2	---	---	---	---	---
33113	C22H14N4O	2-methoxytricycloquinazoline	313-96-2	350.381	---	---	---	---	25	1.3228	2	---	---	---	---	---
33114	C22H14N4O	3-methoxytricycloquinazoline	2642-50-4	350.381	---	---	---	---	25	1.3228	2	---	---	---	---	---
33115	C22H14O	dibenz(a,h)anthracen-5-ol	4002-76-0	294.353	536.65	1	---	---	25	1.1874	2	---	---	---	solid	1
33116	C22H14O	5,6-epoxy-5,6-dihydrodibenz(a,h)anthracer	1421-85-8	294.353	---	---	439.15	1	25	1.1874	2	---	---	---	---	---
33117	C22H14O	6-oxiranylbenzo(a)pyrene	61695-69-0	294.353	---	---	439.15	2	25	1.1874	2	---	---	---	---	---
33118	C22H14O2	trans-1,2-dihydro-1,2-dihydroxyindeno(1,2,	102420-56-4	310.352	---	---	---	---	25	1.2242	2	---	---	---	---	---
33119	C22H14O4	di-(1-naphthoyl)peroxide	29903-04-6	342.351	371.15	dec	---	---	25	1.2932	2	---	---	---	solid	1
33120	C22H14O9	aurintricarboxylic acid	4431-00-9	422.348	573.15	1	---	---	25	1.4424	2	---	---	---	solid	1

Table 1 Physical Properties - Organic Compounds

				Mol Wt	Freezing Point		Boiling Point		Density			Refractive Index			State	
NO	FORMULA	NAME	CAS No	g/mol	T_F, K	code	T_B, K	code	T, C	g/cm3	code	T, C	n_D	code	@25C,1 atm	code
33121	C22H15N	9-amino-1,2,5,6-dibenzanthracene	63041-30-5	293.368	---	---	464.15	2	25	1.1687	2	---	---	---	---	---
33122	C22H15N	7-methyldibenz(c,h)acridine	59652-21-0	293.368	---	---	464.15	2	25	1.1687	2	---	---	---	---	---
33123	C22H15N	14-methyldibenz(a,h)acridine	79543-29-6	293.368	---	---	464.15	2	25	1.1687	2	---	---	---	---	---
33124	C22H15N	14-methyldibenz(a,j)acridine	59652-20-9	293.368	---	---	464.15	1	25	1.1687	2	---	---	---	---	---
33125	C22H15N2NaO7S2	uniblue A sodium salt	14541-90-3	506.493	---	---	---	---	---	---	---	---	---	---	---	---
33126	C22H15N3	2-(4-biphenylyl)-S-triazolo(5,1-a)isoquinoli	75318-62-6	321.382	---	---	467.15	1	25	1.2383	2	---	---	---	---	---
33127	C22H15N3S	benzo(a)pyrene-6-carboxyaldehyde thiose	64048-70-0	353.448	---	---	454.65	1	25	1.2848	2	---	---	---	---	---
33128	C22H16	5,6-dihydrodibenz(a,h)anthracene	153-34-4	280.369	467.65	1	471.15	1	25	1.1157	2	---	---	---	solid	1
33129	C22H16	5,6-dihydrodibenz(a,j)anthracene	16361-01-6	280.369	429.15	1	456.25	2	25	1.1157	2	---	---	---	solid	1
33130	C22H16	7,14-dihydrodibenz(a,h)anthracene	57816-08-7	280.369	---	---	459.55	1	25	1.1157	2	---	---	---	---	---
33131	C22H16	1,2-dimethylbenzo(a)pyrene	16757-85-0	280.369	---	---	---	---	25	1.1157	2	---	---	---	---	---
33132	C22H16	1,3-dimethylbenzo(a)pyrene	16757-86-1	280.369	---	---	---	---	25	1.1157	2	---	---	---	---	---
33133	C22H16	1,4-dimethylbenzo(a)pyrene	16757-88-3	280.369	---	---	---	---	25	1.1157	2	---	---	---	---	---
33134	C22H16	1,6-dimethylbenzo(a)pyrene	16757-90-7	280.369	---	---	---	---	25	1.1157	2	---	---	---	---	---
33135	C22H16	2,3-dimethylbenzo(a)pyrene	16757-87-2	280.369	---	---	---	---	25	1.1157	2	---	---	---	---	---
33136	C22H16	3,6-dimethylbenzo(a)pyrene	16757-91-8	280.369	---	---	---	---	25	1.1157	2	---	---	---	---	---
33137	C22H16	3,12-dimethylbenzo(a)pyrene	16757-84-9	280.369	---	---	---	---	25	1.1157	2	---	---	---	---	---
33138	C22H16	4,5-dimethylbenzo(a)pyrene	16757-89-4	280.369	---	---	---	---	25	1.1157	2	---	---	---	---	---
33139	C22H16	1,2,5,6-tetrahydrobenzo(j)cyclopent(fg)ace	3570-54-5	280.369	---	---	456.25	2	25	1.1157	2	---	---	---	---	---
33140	C22H16F10Zr	bis(cyclopentadienyl)bis(pentafluoropheny	---	561.578	---	---	---	---	---	---	---	---	---	---	---	---
33141	C22H16N2O7	C.I. disperse blue 27	15791-78-3	420.379	---	---	527.15	1	25	1.4055	2	---	---	---	---	---
33142	C22H16N4O	1-[[4-(phenylazo)phenyl]azo]-2-naphthalen	85-86-9	352.396	468.15	1	---	---	25	1.2866	2	---	---	---	solid	1
33143	C22H16O2	trans-(±)-3,4-dihydrodibenz(a,h)anthracene	74634-56-3	312.368	---	---	---	---	25	1.1899	2	---	---	---	---	---
33144	C22H16O2	trans-3,4-dihydro-3,4-dihydroxydibenz(a,h)	66267-19-4	312.368	---	---	---	---	25	1.1899	2	---	---	---	---	---
33145	C22H16O2	trans-1,2-dihydroxy-1,2-dihydrobenzo(a,h)	66267-18-3	312.368	---	---	---	---	25	1.1899	2	---	---	---	---	---
33146	C22H16O3	1a,2,3,13c-tetrahydronaphtho(2',1':6,7)phe	86541-62-0	328.367	---	---	---	---	25	1.2246	2	---	---	---	---	---
33147	C22H16O5	5,7-dimethoxy-3-(1-naphthoyl)coumarin	86548-40-5	360.366	483.15	1	---	---	25	1.2899	2	---	---	---	solid	1
33148	C22H16O6	heliomycin	20004-62-0	376.365	---	---	---	---	25	1.3207	2	---	---	---	---	---
33149	C22H16O8	bis(4-hydroxy-3-coumarin) acetic acid ethy	548-00-5	408.364	424.15	1	---	---	25	1.3786	2	---	---	---	solid	1
33150	C22H16S	4,9-dimethyl-2,3,5,6-dibenzothiophenthren	63042-50-2	312.435	---	---	---	---	25	1.1708	2	---	---	---	---	---
33151	C22H17ClN2	mycosporin	23593-75-1	344.843	421.15	1	---	---	25	1.2251	2	---	---	---	solid	1
33152	C22H17Cl2NO3	1-(1,1'-biphenyl)-4-yl-2-((4-(dichloroacetyl)	27695-61-0	414.287	---	---	---	---	25	1.3309	2	---	---	---	---	---
33153	C22H17Cl2NO3S	2-((4-(dichloroacetyl)phenyl)amino)-2-hydr	27700-43-2	446.353	---	---	403.15	1	25	1.3657	2	---	---	---	---	---
33154	C22H17Cl2NO4	2-((4-(dichloroacetyl)phenyl)amino)-2-hydr	27695-60-9	430.287	---	---	---	---	25	1.3578	2	---	---	---	---	---
33155	C22H17N	N,N-diphenyl-1-naphthalenamine	61231-45-6	295.384	415.15	1	---	---	25	1.1359	2	---	---	---	solid	1
33156	C22H17NO	2-(p-methoxyphenyl)-3,3-diphenylacrylonit	16143-89-8	311.383	---	---	---	---	25	1.1721	2	---	---	---	---	---
33157	C22H17NO3	N-acetoxy-2-fluorenylbenzamide	29968-75-0	343.382	---	---	---	---	25	1.2401	2	---	---	---	---	---
33158	C22H17O3P	2-(triphenylphosphoranylidene)succinic an	906-65-0	360.349	440.15	1	---	---	---	---	---	---	---	---	solid	1
33159	C22H18	1,3-dimethylbenz(e)acephenanthrylene	---	282.385	---	---	466.65	2	25	1.0848	2	---	---	---	---	---
33160	C22H18	2,3-dimethylcholanthrene	63041-62-3	282.385	---	---	425.15	1	25	1.0848	2	---	---	---	---	---
33161	C22H18	3,6-dimethylcholanthrene	85923-37-1	282.385	---	---	425.15	2	25	1.0848	2	---	---	---	---	---
33162	C22H18	15,20-dimethylcholanthrene	63041-61-2	282.385	---	---	425.15	2	25	1.0848	2	---	---	---	---	---
33163	C22H18	3-ethylcholanthrene	7511-54-8	282.385	---	---	425.15	2	25	1.0848	2	---	---	---	---	---
33164	C22H18	1,2,3,4-tetrahydrodibenz(a,h)anthracene	153-39-9	282.385	---	---	466.65	2	25	1.0848	2	---	---	---	---	---
33165	C22H18	1,2,3,4-tetrahydrodibenz(a,j)anthracene	16310-68-2	282.385	---	---	508.15	1	25	1.0848	2	---	---	---	---	---
33166	C22H18BrNO4S	(S)-N-fmoc-2-(5-bromothienyl)alanine	220497-50-7	472.360	423.55	1	---	---	25	1.4650	2	---	---	---	solid	1
33167	C22H18BrNO4S	(R)-N-fmoc-2-(5-bromothienyl)alanine	220497-83-6	472.360	431.25	1	---	---	25	1.4650	2	---	---	---	solid	1
33168	C22H18Cl2FNO3	cyfluthrin	68359-37-5	434.294	333.15	1	---	---	25	1.3336	2	---	---	---	solid	1
33169	C22H18FNO5	1-((4-fluorophenyl)methyl)-5-oxo-L-proline(	59749-45-0	395.387	---	---	---	---	25	1.3070	2	---	---	---	---	---
33170	C22H18I6N2O9	iotroxic acid	51022-74-3	1215.820	---	---	---	---	25	2.4781	2	---	---	---	---	---
33171	C22H18N2	bifonazole	---	310.399	---	---	---	---	25	1.1548	2	---	---	---	---	---
33172	C22H18O2	2,2'-dimethoxy-1,1'-binaphthyl	2960-93-2	314.384	473.15	1	---	---	25	1.1578	2	---	---	---	solid	1
33173	C22H18O2	7-acetoxymethyl-12-methylbenz(a)anthrac	2517-98-8	314.384	---	---	---	---	25	1.1578	2	---	---	---	---	---
33174	C22H18O2	trans-3,4-dihydroxy-1,2,3,4-tetrahydrodibe	70443-38-8	314.384	---	---	---	---	25	1.1578	2	---	---	---	---	---
33175	C22H18O4	o-cresolphthalein	596-27-0	346.383	496.15	1	---	---	25	1.2250	2	---	---	---	solid	1
33176	C22H18O4	dibenzyl phthalate	523-31-9	346.383	317.15	1	---	---	25	1.2250	2	---	---	---	solid	1
33177	C22H18O4	dibenzyl terephthalate	19851-61-7	346.383	369.15	1	---	---	25	1.2250	2	---	---	---	solid	1
33178	C22H18O4	diospyrol	17667-23-1	346.383	---	---	---	---	25	1.2250	2	---	---	---	---	---
33179	C22H19Br2NO3	deltamethrin	52918-63-5	505.206	372.15	1	---	---	25	1.5516	2	---	---	---	solid	1
33180	C22H19Br2NO3	trans-deltamethrin	64363-96-8	505.206	---	---	---	---	25	1.5516	2	---	---	---	---	---
33181	C22H19Br4NO3	tralomethrin	66841-25-6	665.014	---	---	---	---	25	1.8205	2	---	---	---	---	---
33182	C22H19Cl2NO3	cypermethrin	52315-07-8	416.303	343.15	1	473.15	2	20	1.2500	1	---	---	---	solid	1
33183	C22H19Cl2NO3	a-cypermethrin	67375-30-8	416.303	352.65	1	473.15	1	25	1.2998	2	---	---	---	solid	1
33184	C22H19N	7-methyl-1,2,3,4-tetrahydrodibenz(c,h)acri	101607-49-2	297.400	---	---	---	---	25	1.1053	2	---	---	---	---	---
33185	C22H19N	14-methyl-8,9,10,11-tetrahydrodibenz(a,h)	101607-48-1	297.400	---	---	---	---	25	1.1053	2	---	---	---	---	---
33186	C22H19NO4	bisacodyl	603-50-9	361.397	406.65	1	---	---	25	1.2397	2	---	---	---	solid	1
33187	C22H19NO4S	(S)-N-fmoc-2-thienylalanine	130309-35-2	393.463	491.65	1	---	---	25	1.2813	2	---	---	---	solid	1
33188	C22H19NO4S	(S)-N-fmoc-3-thienylalanine	186320-06-9	393.463	461.55	1	---	---	25	1.2813	2	---	---	---	solid	1
33189	C22H19NO4S	(R)-N-fmoc-2-thienylalanine	201532-42-5	393.463	442.15	1	---	---	25	1.2813	2	---	---	---	solid	1
33190	C22H19NO4S	(R)-N-fmoc-3-thienylalanine	220497-90-5	393.463	457.35	1	---	---	25	1.2813	2	---	---	---	solid	1
33191	C22H19NO5	(S)-N-fmoc-(2-furyl)alanine	159611-02-6	377.397	402.85	1	---	---	25	1.2701	2	---	---	---	solid	1
33192	C22H19NO5	(R)-N-fmoc-(2-furyl)alanine	220497-85-8	377.397	394.75	1	---	---	25	1.2701	2	---	---	---	solid	1
33193	C22H19N3O4	4'-methoxycarbonyl-N-benzoyloxy-N-methy	55936-75-9	389.411	---	---	392.15	1	25	1.2980	2	---	---	---	---	---
33194	C22H20	5-n-butyl-1,2-benzanthracene	63018-64-4	284.401	---	---	---	---	25	1.0560	2	---	---	---	---	---
33195	C22H20	6,8-diethylbenz(a)anthracene	36911-94-1	284.401	---	---	---	---	25	1.0560	2	---	---	---	---	---
33196	C22H20	8,12-diethylbenz(a)anthracene	36911-95-2	284.401	---	---	---	---	25	1.0560	2	---	---	---	---	---
33197	C22H20	9,10-diethyl-1,2-benzanthracene	16354-52-2	284.401	---	---	---	---	25	1.0560	2	---	---	---	---	---
33198	C22H20	1,2,3,7,8,9-hexahydroanthanthrene	35281-34-6	284.401	---	---	409.15	1	25	1.0560	2	---	---	---	---	---
33199	C22H20	1,2,3,4,12,13-hexahydrodibenz(a,h)anthra	153-32-2	284.401	---	---	---	---	25	1.0560	2	---	---	---	---	---
33200	C22H20	12-methyl-7-propylbenz(a)anthracene	16354-54-4	284.401	---	---	---	---	25	1.0560	2	---	---	---	---	---

Table 1 Physical Properties - Organic Compounds

NO	FORMULA	NAME	CAS No	Mol Wt g/mol	Freezing Point T_F, K	code	Boiling Point T_B, K	code	Density T, C	g/cm3	code	Refractive Index T, C	n_D	code	State @25C,1 atm	code
33201	C22H20	5,6,9,10-tetramethyl-1,2-benzanthracene	63020-39-3	284.401	---	---	---	---	25	1.0560	2	---	---	---	---	---
33202	C22H20	6,7,9,10-tetramethyl-1,2-benzanthracene	63019-70-5	284.401	---	---	---	---	25	1.0560	2	---	---	---	---	---
33203	C22H20Cl2N2O3	2-(4-(2,4-dichloro-m-toluoyl)-1,3-dimethylp	82692-44-2	431.318	---	---	415.55	1	25	1.3108	2	---	---	---	---	---
33204	C22H20Cl2N2Sn	diphenyldichloro tin dipyridine complex	25868-47-7	502.030	---	---	423.85	1	---	---	---	---	---	---	---	---
33205	C22H20N2Na4O10	1,2-bis(2-aminophenoxy)-ethane-N,N,N',N'	126824-24-6	564.368	---	---	---	---	---	---	---	---	---	---	---	---
33206	C22H20N4O3S	N-(p-(9-(3-acetamidoacridinyl)amino)phen	53222-14-3	420.493	---	---	---	---	25	1.3193	2	---	---	---	---	---
33207	C22H20N4O4S	9-(p-(methylsulfonamido)anilino)-3-acridine	72738-90-0	436.492	---	---	---	---	25	1.3458	2	---	---	---	---	---
33208	C22H20O	7-ethoxy methyl-12-methyl benz(a)anthrac	63020-27-9	300.400	---	---	---	---	25	1.0926	2	---	---	---	---	---
33209	C22H20O3	3,5-dibenzyloxyacetophenone	28924-21-2	332.399	335.15	1	---	---	25	1.1616	2	---	---	---	solid	1
33210	C22H20O3	(R)-(+)-2-hydroxy-1,2,2-triphenylethyl acet	95061-47-5	332.399	523.15	1	---	---	25	1.1616	2	---	---	---	solid	1
33211	C22H20O3	(S)-(-)-2-hydroxy-1,2,2-triphenylethyl aceta	95061-51-1	332.399	523.15	1	---	---	25	1.1616	2	---	---	---	solid	1
33212	C22H20O4	methyl 3,5-dibenzyloxybenzoate	58605-10-0	348.398	341.65	1	---	---	25	1.1941	2	---	---	---	solid	1
33213	C22H20O10	granaticin	19879-06-2	444.395	497.15	1	---	---	25	1.3654	2	---	---	---	solid	1
33214	C22H20O13	carminic acid	1260-17-9	492.393	409.15	dec	---	---	25	1.4384	2	---	---	---	solid	1
33215	C22H21NO	cetocyline	29144-42-1	315.415	---	---	---	---	25	1.1119	2	---	---	---	---	---
33216	C22H21NO2	benzylimidobis(p-methoxyphenyl)methane	524-96-9	331.415	363.15	1	---	---	25	1.1456	2	---	---	---	solid	1
33217	C22H21NO2S	S-trityl-L-cysteine	2799-07-7	363.481	455.65	1	---	---	25	1.1923	2	---	---	---	solid	1
33218	C22H21NO5	N-fmoc-amino-4-ketocyclohexylcarboxylic	---	379.413	---	---	---	---	25	1.2393	2	---	---	---	---	---
33219	C22H21N3O2	N-benzoyloxy-4'-ethyl-N-methyl-4-aminoaz	55398-26-0	359.429	---	---	---	---	25	1.2070	2	---	---	---	---	---
33220	C22H21N3O2S	N-(p-(9-acridinylamino)phenyl)-1-propanes	53221-88-8	391.495	---	---	---	---	25	1.2493	2	---	---	---	---	---
33221	C22H21O2P	(carbethoxymethylene)triphenylphosphora	1099-45-2	348.382	399.65	1	---	---	---	---	---	---	---	---	solid	1
33222	C22H22	octahydro-1:2:5:6-dibenzanthracene	63021-67-0	286.417	---	---	---	---	25	1.0291	2	---	---	---	---	---
33223	C22H22BrO2P	(carbethoxymethyl)triphenylphosphonium b	1530-45-6	429.293	431.15	1	---	---	---	---	---	---	---	---	solid	1
33224	C22H22BrO2P	3-carboxypropyl triphenylphosphonium bro	17857-14-6	429.293	521.65	1	---	---	---	---	---	---	---	---	solid	1
33225	C22H22BrO2P	(1,3-dioxolan-2-ylmethyl)triphenylphospho	52509-14-5	429.293	464.15	1	---	---	---	---	---	---	---	---	solid	1
33226	C22H22ClN3OS	b-(p-chlorophenyl)phenethyl 4-(2-thiazolyl)	23920-57-2	411.956	---	---	---	---	25	1.2505	2	---	---	---	---	---
33227	C22H22ClN3O5	2-isopropylideneamino-oxyethyl (R)-2-(4-(	111479-05-1	443.887	---	---	---	---	25	1.3198	2	---	---	---	---	---
33228	C22H22FN3O2	droperidol	548-73-2	379.435	418.90	1	---	---	25	1.2154	2	---	---	---	solid	1
33229	C22H22N2O2S	1,3-diphenylacetone p-tosylhydrazone	19816-88-7	378.495	458.65	1	---	---	25	1.2069	2	---	---	---	solid	1
33230	C22H22N6O2S	4'-(3-(3,3-dimethyl-1-triazeno)-9-acridinyla	80266-48-4	434.523	---	---	452.15	1	25	1.3143	2	---	---	---	---	---
33231	C22H22O4	bis(1-hydroxycyclohexyl)peroxide	---	350.414	---	---	479.15	2	25	1.1650	2	---	---	---	---	---
33232	C22H22O4	dienestrol diacetate	84-19-5	350.414	392.65	1	479.15	1	25	1.1650	2	---	---	---	solid	1
33233	C22H22O8	picropodophyllin	477-47-4	414.412	501.15	1	---	---	25	1.2820	2	---	---	---	solid	1
33234	C22H22O8	podophyllotoxin	518-28-5	414.412	456.15	1	---	---	25	1.2820	2	---	---	---	solid	1
33235	C22H22O8	austocystin D	55256-53-6	414.412	388.15	1	---	---	25	1.2820	2	---	---	---	solid	1
33236	C22H22O8	epipodophyllotoxin	4375-07-9	414.412	433.45	1	---	---	25	1.2820	2	---	---	---	solid	1
33237	C22H23Br2P	4-bromobutyl triphenylphosphonium bromi	7333-63-3	478.207	484.65	1	---	---	---	---	---	---	---	---	solid	1
33238	C22H23ClN2O8	chlortetracycline	57-62-5	478.886	441.65	1	---	---	25	1.3549	2	---	---	---	solid	1
33239	C22H23F4NO2	trifluperidol	749-13-3	409.424	---	---	---	---	25	1.2119	2	---	---	---	---	---
33240	C22H23NO2	1,1-diphenyl-2-propynyl-N-cyclohexylcarba	10087-89-5	333.430	433.65	1	---	---	25	1.1177	2	---	---	---	solid	1
33241	C22H23NO3	fenpropathrin	64257-84-7	349.430	320.15	1	---	---	25	1.1500	1	---	---	---	solid	1
33242	C22H23NO3	danitol	39515-41-8	349.430	---	---	---	---	25	1.1497	2	---	---	---	---	---
33243	C22H23NO6	aureothin	2825-00-5	397.428	431.15	1	---	---	25	1.2390	2	---	---	---	solid	1
33244	C22H23NO7	noscapine	128-62-1	413.427	449.15	1	---	---	25	1.2667	2	---	---	---	solid	1
33245	C22H23NO7	narcotine	6035-40-1	413.427	505.15	dec	---	---	25	1.2667	2	---	---	---	solid	1
33246	C22H23N3	3-(1,3-dimethyl-(4S,5S)-diphenylimidazolid	---	329.446	373.65	1	---	---	25	1.1146	2	---	---	---	solid	1
33247	C22H23N3O9	aluminon	569-58-4	473.440	495.65	1	---	---	25	1.3679	2	---	---	---	solid	1
33248	C22H23O4P	p-tert-butylphenyl diphenylphosphate	981-40-8	382.396	---	---	---	---	---	---	---	---	---	---	---	---
33249	C22H24BrP	isobutyl-triphenylphosphonium bromide	22884-29-3	399.311	474.65	1	---	---	---	---	---	---	---	---	solid	1
33250	C22H24BrP	(n-butyl)triphenylphosphonium bromide	1779-51-7	399.311	514.65	1	---	---	---	---	---	---	---	---	solid	1
33251	C22H24ClN3O	azelastine	58581-89-8	381.905	---	---	---	---	25	1.1828	2	---	---	---	---	---
33252	C22H24ClN5O2	domperidone	57808-66-9	425.919	515.65	1	---	---	25	1.2638	2	---	---	---	solid	1
33253	C22H24ClP	butyltriphenyl phosphonium chloride	13371-17-0	354.859	496.15	1	---	---	---	---	---	---	---	---	solid	1
33254	C22H24FN3OS	timiperone	57648-21-2	397.517	475.15	1	---	---	25	1.2004	2	---	---	---	solid	1
33255	C22H24FN3O2	1-(1-(4-(4-fluorophenyl)-4-oxobutyl)-4-pipe	2062-84-2	381.451	444.05	1	503.45	1	25	1.1876	2	---	---	---	solid	1
33256	C22H24N2O	3-(1-(1H-indol-3-yl)ethyl)-1-(phenylmethyl)	39032-87-6	332.446	---	---	---	---	25	1.1028	2	---	---	---	---	---
33257	C22H24N2O	3-((2-methyl-1H-indol-3-yl)methyl)-1-(phen	37125-93-2	332.446	---	---	---	---	25	1.1028	2	---	---	---	---	---
33258	C22H24N2O3	1,5-bis(o-methoxyphenyl)-3,7-diazaadman	69352-67-6	364.445	---	---	540.15	1	25	1.1655	2	---	---	---	---	---
33259	C22H24N2O4	alstonidine	25394-75-6	380.444	462.15	1	---	---	25	1.1952	2	---	---	---	solid	1
33260	C22H24N2O4	4,4'-bis(acetoacetamido)-3,3'-dimethyl-1,1'	91-96-3	380.444	485.15	1	---	---	25	1.1952	2	---	---	---	solid	1
33261	C22H24N2O4	vomicine	125-15-5	380.444	555.15	1	---	---	25	1.1952	2	---	---	---	solid	1
33262	C22H24N2O8	tetracycline	60-54-8	444.442	445.65	dec	---	---	25	1.3043	2	---	---	---	solid	1
33263	C22H24N2O8	doxycycline	564-25-0	444.442	---	---	---	---	25	1.3043	2	---	---	---	---	---
33264	C22H24N2O9	oxytetracycline	79-57-2	460.441	457.65	1	---	---	20	1.6340	1	---	---	---	solid	1
33265	C22H24N2O9	4-epioxytetracycline, 'can be used as seco	35259-39-3	460.441	441.15	1	---	---	25	1.3293	2	---	---	---	solid	1
33266	C22H24N2O10	1,2-bis(2-aminophenoxy)-ethane-N,N,N'N'-	85233-19-8	476.441	451.15	1	---	---	25	1.3536	2	---	---	---	solid	1
33267	C22H24O2	4,4'-(octahydro-4,7-methano-5H-inden-5-y	1943-97-1	320.431	493.15	1	---	---	25	1.0732	2	---	---	---	solid	1
33268	C22H24Si	methyltri(p-tolyl)silane	18752-92-6	316.518	365.15	1	---	---	---	---	---	---	---	---	solid	1
33269	C22H25BrNP	(2-dimethylaminoethyl)triphenylphosphoni	21331-80-6	414.326	474.15	1	---	---	---	---	---	---	---	---	solid	1
33270	C22H25N	piroheptine	16378-21-5	303.448	---	---	---	---	25	1.0248	2	---	---	---	---	---
33271	C22H25NO2	lobelanine	579-21-5	335.446	372.15	1	---	---	25	1.0915	2	---	---	---	solid	1
33272	C22H25NO2	amyl cinnamylidene methyl anthranilate	68527-78-6	335.446	---	---	---	---	25	1.0915	2	---	---	---	---	---
33273	C22H25NO3	(S)-(+)-2-methylbutyl p-[(p-methoxybenzyli	24140-30-5	351.446	---	---	---	---	25	1.1230	2	---	---	---	---	---
33274	C22H25NO3	4-((5,6,7,8-tetrahydro-5,5,8,8-tetramethyl-2	102121-60-8	351.446	---	---	---	---	25	1.1230	2	---	---	---	---	---
33275	C22H25NO5	fmoc-O-t-butyl-L-serine	71989-33-8	383.445	402.15	1	---	---	25	1.1828	2	---	---	---	solid	1
33276	C22H25NO6	colchicine	64-86-8	399.444	429.15	1	---	---	25	1.2112	2	---	---	---	solid	1
33277	C22H25N3O	benzpiperylon	53-89-4	347.461	455.15	dec	---	---	25	1.1201	2	---	---	---	solid	1
33278	C22H25N3O4	3,4-dihydro-6-(4-(3,4-dimethoxybenzoyl)-1-	81840-15-5	395.459	511.90	1	356.15	1	25	1.2092	2	---	---	---	solid	1
33279	C22H25O2PS2Sn	3-ethoxy-1,1,1-triphenyl-4-oxa-2-thia-3-pho	2117-78-4	535.255	---	---	414.85	1	---	---	---	---	---	---	---	---
33280	C22H26F3N3OS	fluphenazine	69-23-8	437.530	298.15	1	---	---	25	1.2156	2	---	---	---	---	---

Table 1 Physical Properties - Organic Compounds

				Mol Wt	Freezing Point		Boiling Point		Density			Refractive Index			State	
NO	FORMULA	NAME	CAS No	g/mol	T_F, K	code	T_B, K	code	T, C	g/cm3	code	T, C	n_D	code	@25C,1 atm	code
33281	C22H26N2O	N-(p-cyanobenzylidene)-p-octyloxyaniline	41335-35-7	334.462	---	---	---	---	25	1.0773	2	---	---	---	---	---
33282	C22H26N2O	4-dimethylaminophenyl-2-((4-phenyl-1,2,5,	102504-71-2	334.462	---	---	---	---	25	1.0773	2	---	---	---	---	---
33283	C22H26N2O2	ethyl apovincaminate	42971-09-5	350.461	423.15	dec	449.15	1	25	1.1088	2	---	---	---	solid	1
33284	C22H26N2O2	methyl 10-(3-piperidinopropyl)phenoxazin-	106742-36-3	350.461	---	---	406.15	1	25	1.1088	2	---	---	---	---	---
33285	C22H26N2O2S	10-(3-(4-hydroxypiperidino)propyl)phenoth	62822-49-5	382.527	---	---	---	---	25	1.1534	2	---	---	---	---	---
33286	C22H26N2O3	corynantheine	18904-54-6	366.461	438.65	1	---	---	25	1.1392	2	---	---	---	solid	1
33287	C22H26N2O4	grandaxin	22345-47-7	382.460	429.65	1	---	---	25	1.1685	2	---	---	---	solid	1
33288	C22H26N2O5	methylaminocolchicide	63917-71-5	398.459	---	---	451.15	1	25	1.1968	2	---	---	---	---	---
33289	C22H26N2OS	methyl 10-(3-piperidinopropyl)phenothiazir	98271-51-3	366.528	---	---	535.15	1	25	1.1242	2	---	---	---	---	---
33290	C22H26N3O3S2	2-methylsulfonyl-10-(3-(4'-carbamoylpiperi	---	444.600	---	---	432.75	1	25	1.2451	2	---	---	---	---	---
33291	C22H26N4O5	cyanocycline A	82423-05-0	426.473	---	---	429.15	1	25	1.2491	2	---	---	---	---	---
33292	C22H26O3	cis-resmethrin, (-)	10453-86-8	338.447	348.15	1	---	---	25	1.0806	2	---	---	---	solid	1
33293	C22H26O3	bioresmethrin	28434-01-7	338.447	305.65	1	---	---	25	1.0806	2	---	1.5350	1	solid	1
33294	C22H26O3	(+)-cis-resmethrin	35764-59-1	338.447	---	---	---	---	25	1.0806	2	---	---	---	---	---
33295	C22H26O3	(-)-trans-resmethrin	33911-28-3	338.447	---	---	---	---	25	1.0806	2	---	---	---	---	---
33296	C22H26O4	2-ethylhexanediol dibenzoate	25724-54-3	354.446	---	---	---	---	25	1.1118	2	---	---	---	---	---
33297	C22H27NO	3-(diphenylmethoxy)-8-ethylnortropane	524-83-4	321.463	---	---	---	---	25	1.0346	2	---	---	---	---	---
33298	C22H27NO2	lobeline	90-69-7	337.462	403.65	1	---	---	25	1.0668	2	---	---	---	solid	1
33299	C22H27NO2	danocrine	17230-88-5	337.462	498.75	1	---	---	25	1.0668	2	---	---	---	solid	1
33300	C22H27NO2	lilial-methylanthranilate, Schiffs base	91-51-0	337.462	---	---	---	---	25	1.0668	2	---	---	---	---	---
33301	C22H27NO2	RC 72-02	35133-59-6	337.462	---	---	---	---	25	1.0668	2	---	---	---	---	---
33302	C22H27NO4	corydaline	518-69-4	369.461	409.15	1	481.15	2	25	1.1279	2	---	---	---	solid	1
33303	C22H27NO4	coumarin 314t	113869-06-0	369.461	399.15	1	481.15	1	25	1.1279	2	---	---	---	solid	1
33304	C22H27BrO2	BDH 6140	7548-46-1	403.359	---	---	466.15	1	25	1.2152	2	---	---	---	---	---
33305	C22H27ClN2O2	1-(3-(p-chlorophenyl)-3-phenylpropionyl)-4	23902-87-6	386.922	---	---	---	---	25	1.1455	2	---	---	---	---	---
33306	C22H27ClO2	BDH 2700	7548-44-9	358.908	---	---	578.15	1	25	1.0900	2	---	---	---	---	---
33307	C22H27N3O3S2	metopimazine	14008-44-7	445.608	443.65	1	---	---	25	1.2324	2	---	---	---	solid	1
33308	C22H27N3O4	diothane	101-08-6	397.475	---	---	---	---	25	1.1827	2	---	---	---	---	---
33309	C22H27N3O7S	griseoviridin	53216-90-3	477.539	435.15	dec	---	---	25	1.2960	2	---	---	---	solid	1
33310	C22H27N3OS	3-acetyl-10-(3'-N-methyl-piperazino-N'-pro	1053-74-3	381.543	---	---	---	---	25	1.1397	2	---	---	---	---	---
33311	C22H27N9O4	stallimycin	636-47-5	481.517	428.15	1	---	---	25	1.3318	2	---	---	---	solid	1
33312	C22H27N9O7S2	T-2588	82547-81-7	593.647	---	---	---	---	25	1.4496	2	---	---	---	---	---
33313	C22H28	1,1-diphenyl-1-decene	1530-27-4	292.464	240.61	2	655.15	1	25	0.9391	1	25	1.5471	1	liquid	1
33314	C22H28Cl2	(R*,S*)-1,1'-(1,2-bis(1,1-dimethylethyl)-1,2-	68525-41-7	363.369	---	---	---	---	25	1.0695	2	---	---	---	---	---
33315	C22H28F2O5	flumethasone	2135-17-3	410.458	---	---	---	---	25	1.1621	2	---	---	---	---	---
33316	C22H28N2O	fentanyl	437-38-7	336.478	360.65	1	---	---	25	1.0532	2	---	---	---	solid	1
33317	C22H28N2O2	N-b-(p-aminophenyl)ethylnormeperidine	144-14-9	352.477	356.15	1	---	---	25	1.0842	2	---	---	---	solid	1
33318	C22H28N2O2S	leptryl	13093-88-4	384.543	---	---	---	---	25	1.1288	2	---	---	---	---	---
33319	C22H28N2O5	reserpic acid	83-60-3	400.475	515.15	1	---	---	25	1.1712	2	---	---	---	solid	1
33320	C22H28N4O	a-cyano-6-isobutylergoline-8-propionamide	---	364.492	---	---	---	---	25	1.1113	2	---	---	---	---	---
33321	C22H28N4O4	1,4-bis((2-((2-hydroxyethyl)amino)ethyl)am	64862-96-0	412.490	---	---	---	---	25	1.1962	2	---	---	---	---	---
33322	C22H28N4O6	mitoxantrone	65271-80-9	444.489	434.15	1	490.15	1	25	1.2484	2	---	---	---	solid	1
33323	C22H28O2	11b-ethyl-17a-ethinylestradiol	39845-47-1	324.463	---	---	505.15	1	25	1.0248	2	---	---	---	---	---
33324	C22H28O3	canrenone	976-71-6	340.463	423.15	1	---	---	25	1.0566	2	---	---	---	solid	1
33325	C22H28O3	17-acetoxy-19-nor-17a-pregn-4-en-20-yn-3	51-98-9	340.463	435.15	1	---	---	25	1.0566	2	---	---	---	solid	1
33326	C22H28O6	pseudolaric acid A	82508-32-5	388.461	---	---	---	---	25	1.1457	2	---	---	---	---	---
33327	C22H28O7	[2,5]-dibenzo-21-crown-7	133560-78-8	404.460	323.15	1	---	---	25	1.1735	2	---	---	---	solid	1
33328	C22H28O7	[3,4]-dibenzo-21-crown-7	14098-41-0	404.460	379.15	1	---	---	25	1.1735	2	---	---	---	solid	1
33329	C22H29ClO6	cloprostenol	40665-92-7	424.921	---	---	---	---	25	1.1779	2	---	---	---	---	---
33330	C22H29FO4	desoxymetasone	382-67-2	376.468	490.15	1	---	---	25	1.1001	2	---	---	---	solid	1
33331	C22H29FO4	flucortolone	152-97-6	376.468	462.40	1	---	---	25	1.1001	2	---	---	---	solid	1
33332	C22H29FO5	dexamethasone	50-02-2	392.468	535.15	1	---	---	25	1.1283	2	---	---	---	solid	1
33333	C22H29FO5	betamethasone	378-44-9	392.468	---	---	---	---	25	1.1283	2	---	---	---	---	---
33334	C22H29FO6	racemic-ici 79,939	40666-04-4	408.467	---	---	---	---	25	1.1557	2	---	---	---	---	---
33335	C22H29NO2	lobelanidine	552-72-7	339.478	423.15	1	---	---	25	1.0434	2	---	---	---	solid	1
33336	C22H29NO2	4-benzyl-a-(4-methoxyphenyl)-b-methyl-1-p	35133-55-2	339.478	---	---	---	---	25	1.0434	2	---	---	---	---	---
33337	C22H29NO2	darvon	469-62-5	339.478	348.65	1	---	---	25	1.0434	2	---	---	---	solid	1
33338	C22H29NO2	propoxyphene	77-50-9	339.478	348.65	1	---	---	25	1.0434	2	---	---	---	solid	1
33339	C22H29NO5	trimebutine	39133-31-8	387.476	352.15	1	---	---	25	1.1323	2	---	---	---	solid	1
33340	C22H29N3S2	ethylthioperazine	1420-55-9	399.625	336.15	1	500.15	1	25	1.1297	2	---	---	---	solid	1
33341	C22H29N7O5	adenosine-3'-(a-amino-p-methoxyhydrocin	53-79-2	471.518	449.40	1	---	---	25	1.2824	2	---	---	---	solid	1
33342	C22H29P	(S)-(+)-neomenthyldiphenylphosphine	43077-29-8	324.446	369.15	1	---	---	---	---	---	---	---	---	solid	1
33343	C22H30	1,1-diphenyldecane	1530-07-0	294.480	276.15	1	634.15	1	25	0.9291	1	25	1.5266	1	liquid	1
33344	C22H30Cl2N10	1,6-bis(5-(p-chlorophenyl)biguanidino)hexa	55-56-1	505.455	407.15	1	---	---	25	1.2919	2	---	---	---	solid	1
33345	C22H30FO8P	betnelan phosphate	312-93-6	472.448	---	---	---	---	---	---	---	---	---	---	---	---
33346	C22H30N2O2	1-acetyl-17-methoxyaspidospermidine	466-49-9	354.493	481.15	1	---	---	25	1.0610	2	---	---	---	solid	1
33347	C22H30N2O2	eupneron	32665-36-4	354.493	---	---	---	---	25	1.0610	2	---	---	---	---	---
33348	C22H30N2O3	diazene, bis[4-(pentyloxy)phenyl]-, 1-oxide	19482-05-4	370.492	---	---	---	---	25	1.0906	2	---	---	---	---	---
33349	C22H30N2O5	echitamine	6871-44-9	402.491	479.15	1	---	---	25	1.1469	2	---	---	---	solid	1
33350	C22H30N4O2S2	thioperazine	316-81-4	446.639	413.15	1	---	---	25	1.1951	2	---	---	---	solid	1
33351	C22H30N4O4S3	N,N-dimethyl-10-(3-(4-(methylsulfonyl)-1-p	3773-37-3	510.704	---	---	---	---	25	1.2751	2	---	---	---	---	---
33352	C22H30O	2,4-bis(1,1-dimethylethyl)-6-(1-phenylethyl	63428-98-8	310.480	---	---	---	---	25	0.9703	2	---	---	---	---	---
33353	C22H30O	desogestrel	54024-22-5	310.480	382.65	1	---	---	25	0.9703	2	---	---	---	solid	1
33354	C22H30O2	17a-ethylethynyl-19-nortestosterone	---	326.479	---	---	---	---	25	1.0027	2	---	---	---	---	---
33355	C22H30O2	2a-ethynyl-a-nor-17a-pregn-20-yne-2b,17b	1045-29-0	326.479	---	---	---	---	25	1.0027	2	---	---	---	---	---
33356	C22H30O2S	4,4'-thiobis(6-tert-butyl-m-cresol)	96-69-5	358.545	436.15	1	---	---	25	1.0509	2	---	---	---	solid	1
33357	C22H30O2S	4,4'-thiobis(6-tert-butyl-o-cresol)	96-66-2	358.545	400.15	1	---	---	25	1.1000	1	---	---	---	solid	1
33358	C22H30O5	methylprednisolone	83-43-2	374.477	505.65	1	---	---	25	1.0935	2	---	---	---	solid	1
33359	C22H31NO3	epostane	80471-63-2	357.493	465.65	1	---	---	25	1.0515	2	---	---	---	solid	1
33360	C22H31O4P	isodecyl diphenyl phosphate	29761-21-5	390.460	238.25	1	---	---	---	---	---	---	---	---	---	---

Table 1 Physical Properties - Organic Compounds

				Mol Wt	Freezing Point		Boiling Point		Density			Refractive Index			State	
NO	FORMULA	NAME	CAS No	g/mol	T_F, K	code	T_B, K	code	T, C	g/cm3	code	T, C	n_D	code	@25C,1 atm	code
33361	C22H32	1-dodecylnaphthalene	26438-28-8	296.496	301.15	1	676.15	1	20	0.9240	1	20	1.5364	1	solid	1
33362	C22H32	2-dodecylnaphthalene	60899-39-0	296.496	305.15	1	682.15	1	20	0.9177	1	20	1.5343	1	solid	1
33363	C22H32N2O5	benzoguanamine	23844-24-8	404.507	500.15	1	---	---	25	1.1237	2	---	---	---	solid	1
33364	C22H32N4O	N,N-diethyl-N'-((8a)-6-propylergolin-8-yl)ur	77650-95-4	368.523	406.15	1	---	---	25	1.0651	2	---	---	---	solid	1
33365	C22H32N4O8	3,3'-(2-(oxiranylmethoxy)-1,3-(propanediyl)	38304-52-8	480.519	---	---	---	---	25	1.2471	2	---	---	---	---	---
33366	C22H32O2	20-(hydroxymethyl)pregna-1,4-dien-3-one	35525-27-0	328.495	454.15	1	593.15	2	25	0.9817	2	---	---	---	solid	1
33367	C22H32O2	retinol, acetate	127-47-9	328.495	330.65	1	593.15	2	25	0.9817	2	---	---	---	solid	1
33368	C22H32O2	3-homotetra hydro cannibinol	117-51-1	328.495	---	---	593.15	1	25	0.9817	2	---	---	---	---	---
33369	C22H32O2	methallyl-19-nortestosterone	2529-46-6	328.495	---	---	593.15	2	25	0.9817	2	---	---	---	---	---
33370	C22H32O2	17a-(1-methallyl)-19-nortestosterone	7359-80-0	328.495	---	---	593.15	2	25	0.9817	2	---	---	---	---	---
33371	C22H32O3	medroxyprogesterone	520-85-4	344.494	487.65	1	496.65	2	25	1.0125	2	---	---	---	solid	1
33372	C22H32O3	17-(1-oxopropoxy)-androst-4-en-3-one, (17	57-85-2	344.494	393.15	1	496.65	2	25	1.0125	2	---	---	---	solid	1
33373	C22H32O3	16b-ethyl-17b-hydroxyester-4-en-3-one ac	33765-80-9	344.494	---	---	496.65	1	25	1.0125	2	---	---	---	---	---
33374	C22H32O3	17b-hydroxy-5b,14b-androstan-3-one acryl	66964-26-9	344.494	---	---	496.65	2	25	1.0125	2	---	---	---	---	---
33375	C22H32O3	primobolan	434-05-9	344.494	411.65	1	496.65	2	25	1.0125	2	---	---	---	solid	1
33376	C22H32O10	1,2-O-cyclohexylidene-a-D-xylopentodiald	22250-05-1	456.490	456.15	1	---	---	25	1.2027	2	---	---	---	solid	1
33377	C22H33Cl2N3O4	asalin	13425-94-0	474.428	---	---	---	---	25	1.1936	2	---	---	---	---	---
33378	C22H33NO	retinoic acid ethyl amide	33631-41-3	327.510	---	---	---	---	25	0.9697	2	---	---	---	---	---
33379	C22H33NO2	atisine	466-43-3	343.510	331.65	1	---	---	25	1.0004	2	---	---	---	solid	1
33380	C22H33NO2	denudatine	26166-37-0	343.510	521.65	1	---	---	25	1.0004	2	---	---	---	solid	1
33381	C22H33NO2	retinoic acid 2-hydroxyethylamide	33631-47-9	343.510	---	---	---	---	25	1.0004	2	---	---	---	---	---
33382	C22H34N4O4	N,N-diethyl-p-phenylenediamine oxalate	62637-92-7	418.538	---	---	---	---	25	1.1255	2	---	---	---	---	---
33383	C22H34O3	5a-dihydrotestosterone propionate	855-22-1	346.510	---	---	---	---	25	0.9922	2	---	---	---	---	---
33384	C22H34O4	diheptyl phthalate	3648-21-3	362.510	240.00	2	663.00	1	25	0.9880	1	---	1.4860	1	---	---
33385	C22H34O4	bis((6-methyl-3-cyclohexen-1-yl)methyl) es	68555-34-0	362.510	---	---	468.15	2	25	1.0215	2	---	---	---	---	---
33386	C22H34O4	butyl decyl phthalate	89-19-0	362.510	---	---	468.15	2	25	1.0215	2	---	---	---	---	---
33387	C22H34O4	di(3-methylhexyl)phthalate	53306-53-9	362.510	---	---	468.15	2	25	1.0215	2	---	---	---	---	---
33388	C22H34O6	adipic acid bis(3,4-epoxy-6-methylcyclohex	1985-84-8	394.508	---	---	---	---	25	1.0776	2	---	---	---	---	---
33389	C22H34O7	forskolin	66575-29-9	410.508	530.15	1	---	---	25	1.1044	2	---	---	---	solid	1
33390	C22H34O7	lyoniatoxin	31136-61-5	410.508	524.65	1	---	---	25	1.1044	2	---	---	---	solid	1
33391	C22H35Cl2NO2	2-(N,N-bis(2-chloroethyl)aminophenyl)acet	66276-87-7	416.431	---	---	---	---	25	1.0767	2	---	---	---	---	---
33392	C22H35NO2	(+)-himbacine	6879-74-9	345.526	406.15	1	---	---	25	0.9805	2	---	---	---	solid	1
33393	C22H35NO2	RC 72-01	35133-58-5	345.526	---	---	---	---	25	0.9805	2	---	---	---	---	---
33394	C22H35NO3	luciculine	5008-52-6	361.525	422.15	1	644.15	2	25	1.0098	2	---	---	---	solid	1
33395	C22H35NO3	p-hexoxybenzoic acid 3-(2'-methylpiperidin	63916-83-6	361.525	---	---	644.15	1	25	1.0098	2	---	---	---	---	---
33396	C22H36FeP2	1,1'-bis(diisopropylphosphino)ferrocene	97239-80-0	418.321	---	---	---	---	---	---	---	---	---	---	---	---
33397	C22H36O	1-phenyl-1-hexadecanone	6697-12-7	316.527	332.15	1	---	---	76	0.8692	1	76	1.4675	1	solid	1
33398	C22H36O7	andromedotoxin	4720-09-6	412.524	541.65	1	---	---	25	1.0835	2	---	---	---	solid	1
33399	C22H36P2	(-)-1,2-bis((2R,5R)-2,5-diethylphospholano	136705-64-1	362.476	---	---	---	---	---	---	---	---	---	---	---	---
33400	C22H37NO	N-phenylhexadecanamide	6832-98-0	331.542	364.95	1	---	---	25	0.9319	2	---	---	---	solid	1
33401	C22H38	1-phenylhexadecane	1459-09-2	302.544	300.15	1	651.15	1	20	0.8547	1	20	1.4813	1	solid	1
33402	C22H38BaO4	barium bis(2,2,6,6-tetramethyl-3,5-heptane	17594-47-7	503.868	470.60	1	---	---	---	---	---	---	---	---	solid	1
33403	C22H38CaO4	calcium bis(2,2,6,6-tetramethyl-3,5-heptan	118448-18-3	406.619	389.65	1	---	---	---	---	---	---	---	---	solid	1
33404	C22H38Cl2O4Ti	dichlorobis(2,2,6,6-tetramethyl-3,5-heptan	53293-32-6	485.313	401.15	1	488.15	1	---	---	---	---	---	---	solid	1
33405	C22H38CuO4	copper bis(2,2,6,6-tetramethyl-3,5-heptane	14040-05-2	430.087	469.15	1	588.15	1	---	---	---	---	---	---	solid	1
33406	C22H38O	(hexadecyloxy)benzene	35021-70-6	318.543	314.95	1	---	---	82	0.8434	1	82	1.4556	1	solid	1
33407	C22H38O2	1,2-(dioctyloxy)benzene	67399-94-4	334.543	296.65	1	---	---	25	0.9250	2	---	---	---	---	---
33408	C22H38O4	phthalic acid, decyl hexyl ester	25724-58-7	366.541	---	---	---	---	25	0.9830	2	---	---	---	---	---
33409	C22H38O4Pb	lead bis(2,2,6,6-tetramethyl-3,5-heptanedi	21319-43-7	573.741	402.65	1	---	---	---	---	---	---	---	---	solid	1
33410	C22H38O4Zn	bis(2,2,6,6-tetramethyl-3,5-heptanedionato	14363-14-5	431.931	406.15	1	523.15	1	---	---	---	---	---	---	solid	1
33411	C22H38O5	20-ethylprostaglandin F2-a	36950-85-3	382.541	---	---	---	---	25	1.0107	2	---	---	---	---	---
33412	C22H38O5	methyl (±)-11a-16-dihydroxy-16-methyl-9-c	59122-46-2	382.541	---	---	---	---	25	1.0107	2	---	---	---	---	---
33413	C22H38O5	15-methyl-PGF2a-methyl ester	35700-21-1	382.541	328.65	1	---	---	25	1.0107	2	---	---	---	solid	1
33414	C22H39N	4-hexadecylaniline	79098-13-8	317.559	327.65	1	---	---	25	0.8841	2	---	---	---	solid	1
33415	C22H39NO2S	4-hexadecylsulfonylaniline	6052-20-6	381.623	389.15	1	---	---	25	0.9887	2	---	---	---	solid	1
33416	C22H39O3P	dioctyl phenylphosphonate	1754-47-8	382.524	---	---	---	---	25	0.9490	1	---	1.4780	1	---	---
33417	C22H39O3P	2-ethylhexyl octylphenylphosphite	7346-61-4	382.524	---	---	---	---	---	---	---	---	---	---	---	---
33418	C22H39O4P	bis(2-ethylhexyl) phenyl phosphate	16368-97-1	398.523	---	---	---	---	---	---	---	---	---	---	---	---
33419	C22H40BrNO	domiphen bromide	538-71-6	414.470	385.15	1	---	---	25	1.0651	2	---	---	---	solid	1
33420	C22H40N2	N,N'-bis(1-ethyl-3-methylpentyl)-p-phenyle	139-60-6	332.574	---	---	---	---	25	0.9039	2	---	---	---	---	---
33421	C22H40N2S10Zn	bis(tetraethylammonium)bis(thioxo-1,3-dith	72022-68-5	718.624	476.65	1	---	---	---	---	---	---	---	---	solid	1
33422	C22H40O12	sucrose monocaprate	31835-06-0	496.552	406.15	1	---	---	25	1.1633	2	---	---	---	solid	1
33423	C22H40O7	2-hydroxy-1,2,3-nonadecanetricarboxylic a	666-99-9	416.555	415.15	dec	---	---	25	1.0446	2	---	---	---	solid	1
33424	C22H41NO3	N,N-bis(2-hydroxyethyl)-9,12-octadecadier	56863-02-6	367.573	---	---	---	---	25	0.9546	2	---	---	---	---	---
33425	C22H42	1,1-dicyclohexyldecane	62155-20-8	306.575	351.96	2	640.15	1	25	0.8321	2	---	---	---	solid	2
33426	C22H42	1-docosyne	61847-82-3	306.575	318.15	1	639.15	1	25	0.8321	2	---	---	---	solid	1
33427	C22H42MgO6	magnesium bis(2,2,6,6-tetramethyl-3,5-hep	21361-35-3	426.877	420.65	1	---	---	---	---	---	---	---	---	solid	1
33428	C22H42N2O	amine 220	95-38-5	350.589	---	---	---	---	25	0.9300	1	---	---	---	---	---
33429	C22H42N4O8S2	D-pantethine	16816-67-4	554.731	---	---	---	---	25	1.2020	2	---	---	---	---	---
33430	C22H42O2	butyl oleate	142-77-8	338.574	246.75	1	---	---	15	0.8704	1	25	1.4480	1	---	---
33431	C22H42O2	cis-13-docosenoic acid	112-86-7	338.574	307.85	1	665.00	2	55	0.8600	1	20	1.4758	1	solid	1
33432	C22H42O2	trans-13-docosenoic acid	506-33-2	338.574	335.05	1	665.00	2	57	0.8585	1	100	1.4347	1	solid	1
33433	C22H42O2	13-docosenoic acid	1072-39-5	338.574	307.85	1	665.00	2	20	0.8532	1	70	1.4444	1	solid	1
33434	C22H42O2	octadecyl methacrylate	32360-05-7	338.574	---	---	---	---	25	0.8800	1	25	1.4290	1	---	---
33435	C22H42O3	butyl cis-12-hydroxy-9-octadecenoate, (R)	151-13-3	354.574	---	---	---	---	22	0.9058	1	22	1.4566	1	---	---
33436	C22H42O3	butyl-9,10-epoxystearate	106-83-2	354.574	---	---	---	---	25	0.9202	2	---	---	---	---	---
33437	C22H42O4	bis(2-ethylhexyl) adipate	103-23-1	370.573	161.50	1	690.15	1	25	0.9220	1	20	1.4474	1	liquid	2
33438	C22H42O4	diethyl octadecanedioate	1472-90-8	370.573	327.65	1	633.15	2	25	0.9480	2	---	---	---	solid	1
33439	C22H42O4	docosanedioic acid	505-56-6	370.573	396.15	1	633.15	2	25	0.9480	2	---	---	---	solid	1
33440	C22H42O4	di-n-octyl adipate	123-79-5	370.573	280.65	1	678.00	1	25	0.9480	2	---	---	---	liquid	1

Table 1 Physical Properties - Organic Compounds

				Mol Wt	Freezing Point		Boiling Point		Density			Refractive Index			State	
NO	FORMULA	NAME	CAS No	g/mol	T_F, K	code	T_B, K	code	T, C	g/cm3	code	T, C	n_D	code	@25C,1 atm	code
33441	C22H42O4	di-n-hexyl sebacate	2449-10-7	370.573	274.00	1	633.15	2	25	0.9480	2	---	---	---	liquid	2
33442	C22H42O4SSn	dioctyltin-3,3'-thiodipropionate	3594-15-8	521.349	---	---	---	---	---	---	---	---	---	---	---	---
33443	C22H42O4S2Sn	di-n-octyltin ethyleneglycol dithioglycolate	69226-44-4	553.415	---	---	---	---	---	---	---	---	---	---	---	---
33444	C22H42O6	tri(ethylene glycol) bis(2-ethylhexanoate)	94-28-0	402.572	223.25	1	617.15	1	25	0.9700	1	---	1.4450	1	liquid	1
33445	C22H42O6	adipic acid (di-2-(2-ethylbutoxy)ethyl) ester	7790-07-0	402.572	---	---	617.15	2	25	1.0011	2	---	---	---	---	---
33446	C22H42O6	adipic acid, di(2-hexyloxyethyl) ester	110-32-7	402.572	---	---	617.15	2	25	1.0011	2	---	---	---	---	---
33447	C22H42O6	monopalmitate sorbitan	26266-57-9	402.572	---	---	617.15	2	25	1.0011	2	---	---	---	---	---
33448	C22H42O7	tetraethylene glycol-di-n-heptanoate	70729-68-9	418.571	---	---	---	---	25	1.0265	2	---	---	---	---	---
33449	C22H42O8	bis(2-(2-butoxyethoxy)ethyl) adipate	141-17-3	434.571	226.25	1	513.15	1	25	1.0513	2	---	---	---	liquid	1
33450	C22H43NO	erucylamide	112-84-5	337.590	352.40	1	463.15	1	25	0.8818	2	---	---	---	solid	1
33451	C22H43NO3	N-butanoyl-D-erythro-sphingosine, synthet	74713-58-9	369.589	---	---	---	---	25	0.9379	2	---	---	---	---	---
33452	C22H43N5O12	1-N-(S-3-amino-2-hydroxypropionyl)betam	58152-03-7	569.611	---	---	---	---	25	1.2340	2	---	---	---	---	---
33453	C22H43N5O13	antibiotic BB-K 8	37517-28-5	585.611	476.65	dec	---	---	25	1.2534	2	---	---	---	solid	1
33454	C22H44	heptadecylcyclopentane	62016-52-8	308.591	300.15	1	650.15	1	23	0.8110	2	---	---	---	solid	1
33455	C22H44	hexadecylcyclohexane	6812-38-0	308.591	306.76	1	652.16	1	20	0.8279	1	20	1.4596	1	solid	1
33456	C22H44	1-docosene	1599-67-3	308.591	310.95	1	640.15	1	25	0.7940	1	---	---	---	solid	1
33457	C22H44Br2	1,1-dibromodocosane	62168-39-2	468.399	441.80	2	707.15	1	25	1.1228	2	---	---	---	solid	2
33458	C22H44Cl2	1,1-dichlorodocosane	62017-24-7	379.496	382.04	2	689.15	1	25	0.9214	2	---	---	---	solid	2
33459	C22H44F2	1,1-difluorodocosane	62127-11-1	346.588	386.50	2	624.15	1	25	0.8725	2	---	---	---	solid	2
33460	C22H44I2	1,1-diiododocosane	66326-05-4	562.400	438.32	2	888.60	2	25	1.2942	2	---	---	---	solid	2
33461	C22H44N2O2	glyodin	556-22-9	368.604	338.15	1	---	---	25	1.0350	1	---	---	---	solid	1
33462	C22H44O	cis-13-docosen-1-ol	629-98-1	324.591	308.15	1	652.58	2	33	0.8416	1	---	---	---	solid	1
33463	C22H44O2	eicosyl acetate	822-24-2	340.590	313.15	1	650.00	2	45	0.8420	2	---	---	---	solid	1
33464	C22H44O2	nonadecyl propanoate	66326-06-5	340.590	379.53	2	760.98	2	45	0.8420	2	---	---	---	solid	2
33465	C22H44O2	octadecyl butanoate	13373-83-6	340.590	379.53	2	760.98	2	45	0.8420	2	---	---	---	solid	2
33466	C22H44O2	butyl stearate	123-95-5	340.590	299.45	1	623.15	1	25	0.8540	1	50	1.4328	1	solid	1
33467	C22H44O2	isobutyl stearate	646-13-9	340.590	302.05	1	726.52	2	20	0.8498	1	---	---	---	solid	1
33468	C22H44O2	docosanoic acid	112-85-6	340.590	354.65	1	726.52	2	90	0.8223	1	100	1.4270	1	solid	1
33469	C22H44O2	ethyl eicosanoate	18281-05-5	340.590	323.15	1	726.52	2	45	0.8420	2	---	---	---	solid	1
33470	C22H44O2	methyl heneicosanoate	6064-90-0	340.590	322.15	1	726.52	2	45	0.8420	2	---	---	---	solid	1
33471	C22H44O4	2-(2-hydroxyethoxy)ethyl ester stearic acid	106-11-6	372.589	---	---	---	---	25	0.9316	2	---	---	---	---	---
33472	C22H44O4S2Sn	bis(isooctyloxycarbonylmethylthio)dimethyl	26636-01-1	555.431	---	---	---	---	---	---	---	---	---	---	---	---
33473	C22H45Br	1-bromodocosane	6938-66-5	389.503	317.45	1	681.15	1	25	0.9693	2	---	---	---	solid	1
33474	C22H45Cl	1-chlorodocosane	42217-03-8	345.052	318.15	1	668.15	1	25	0.8644	2	---	---	---	solid	1
33475	C22H45F	1-fluorodocosane	62126-79-8	328.598	319.15	1	637.15	1	25	0.8386	2	---	---	---	solid	1
33476	C22H45I	1-iododocosane	62127-53-1	436.504	321.95	1	701.15	1	25	1.0633	2	---	---	---	solid	1
33477	C22H46	docosane	629-97-0	310.607	317.15	1	641.75	1	20	0.7944	1	20	1.4455	1	solid	1
33478	C22H46N2O	2-heptadecyl-2-imidazoline-1-ethanol	95-19-2	354.621	337.15	1	533.15	1	25	0.8852	2	---	---	---	solid	1
33479	C22H46O	1-docosanol	661-19-8	326.607	345.65	1	653.00	2	25	0.8330	2	---	---	---	solid	1
33480	C22H46O2SSn	isooctyl ((tributylstannyl)thio)acetate	26896-31-1	493.382	---	---	---	---	---	---	---	---	---	---	---	---
33481	C22H46O2SSn	(2-(2,2,3,3-tetramethylbutylthio)acetoxy)trit	73927-97-6	493.382	---	---	---	---	---	---	---	---	---	---	---	---
33482	C22H46O2Sn	tributyltin neodecanoate	28801-69-6	461.316	---	---	---	---	---	---	---	---	---	---	---	---
33483	C22H47N	docosylamine	14130-06-4	325.622	336.15	1	680.15	1	25	0.8239	2	---	---	---	solid	1
33484	C22H47N	methylheneicosylamine	66326-08-7	325.622	321.15	1	654.15	1	25	0.8239	2	---	---	---	solid	1
33485	C22H47N	ethyleicosylamine	66326-07-6	325.622	318.15	2	657.15	1	25	0.8239	2	---	---	---	solid	2
33486	C22H47N	diundecylamine	16165-33-6	325.622	315.15	1	655.15	1	25	0.8239	2	---	---	---	solid	1
33487	C22H47N	dimethyleicosylamine	45275-74-9	325.622	306.15	1	652.15	1	25	0.8239	2	---	---	---	solid	1
33488	C22H47N	diethyloctadecylamine	30427-51-1	325.622	306.15	2	625.15	1	25	0.8239	2	---	---	---	solid	2
33489	C22H48N2	N,N,N',N'-tetrabutyl-1,6-hexanediamine	27090-63-7	340.637	---	---	---	---	25	0.8200	1	---	1.4510	1	---	---
33490	C22H48O7	milbemycin D	77855-81-3	424.619	460.15	1	---	---	25	0.9766	2	---	---	---	solid	1
33491	C22H66O9Si10	docosamethyldecasiloxane	556-70-7	755.611	---	---	---	---	20	0.9250	1	20	1.3988	1	---	---
33492	C23H14	13H-dibenz(bc,j)aceanthrylene	201-42-3	290.364	539.65	1	---	---	25	1.1630	2	---	---	---	solid	1
33493	C23H14	6-methylanthanthrene	31927-64-7	290.364	---	---	---	---	25	1.1630	2	---	---	---	---	---
33494	C23H14	methyl-1,12-benzoperylene	41699-09-6	290.364	---	---	---	---	25	1.1630	2	---	---	---	---	---
33495	C23H14Cl2N6O8S2	C.I. reactive blue 4	13324-20-4	637.438	---	---	564.15	1	25	1.6531	2	---	---	---	---	---
33496	C23H14F5NO4	N-(9-fluorenylmethoxycarbonyl)glycine per	86060-85-7	463.361	432.65	1	---	---	25	1.4222	2	---	---	---	solid	1
33497	C23H14Na2O6	pamoic acid, disodium salt	6640-22-8	432.340	>573.15	1	---	---	---	---	---	---	---	---	solid	1
33498	C23H14O	6-hydroxymethylanthanthrene	105708-72-3	306.364	---	---	---	---	25	1.2001	2	---	---	---	---	---
33499	C23H15ClO3	chlorophacinone	3691-35-8	374.823	---	---	---	---	25	1.3005	2	---	---	---	---	---
33500	C23H16	2-methyldibenz(a,h)anthracene	63041-83-8	292.380	---	---	---	---	25	1.1302	2	---	---	---	---	---
33501	C23H16	3-methyldibenz(a,h)anthracene	63041-84-9	292.380	---	---	---	---	25	1.1302	2	---	---	---	---	---
33502	C23H16	4-methyl-1,2,5,6-dibenzanthracene	63041-85-0	292.380	---	---	---	---	25	1.1302	2	---	---	---	---	---
33503	C23H16	10-methyldibenz(a,c)anthracene	17278-93-2	292.380	---	---	---	---	25	1.1302	2	---	---	---	---	---
33504	C23H16N2	2-(p-bromophenyl)imidazo(2,1-a)isoquinoli	---	320.394	---	---	---	---	25	1.1992	2	---	---	---	---	---
33505	C23H16N4	3-ethyltricycloquinazoline	313-93-9	348.408	---	---	---	---	25	1.2638	2	---	---	---	---	---
33506	C23H16O	5-methoxydibenz(a,h)anthracene	63019-72-7	308.379	---	---	---	---	25	1.1668	2	---	---	---	---	---
33507	C23H16O	7-methoxydibenz(a,h)anthracene	63041-72-5	308.379	---	---	---	---	25	1.1668	2	---	---	---	---	---
33508	C23H16O2	6-acetyloxymethylbenzo(a)pyrene	42978-43-8	324.379	---	---	---	---	25	1.2018	2	---	---	---	---	---
33509	C23H16O3	2-(diphenylacetyl)-1H-indene-1,3(2H)-dion	82-66-6	340.378	419.65	1	---	---	25	1.2353	2	---	1.6700	1	solid	1
33510	C23H16O6	pamoic acid	130-85-8	388.376	588.15	1	---	---	25	1.3283	2	---	---	---	solid	1
33511	C23H17ClN4	tetrazolium violet	1719-71-7	384.868	521.15	1	---	---	25	1.2942	2	---	---	---	solid	1
33512	C23H17ClO	2,4,6-triphenylpyrylium chloride	40836-01-9	344.840	---	---	---	---	25	1.2057	2	---	---	---	---	---
33513	C23H17N	1-ethyldibenz(a,h)acridine	63021-33-0	307.395	---	---	---	---	25	1.1494	2	---	---	---	---	---
33514	C23H17N	1-ethyldibenz(a,j)acridine	63021-35-2	307.395	---	---	---	---	25	1.1494	2	---	---	---	---	---
33515	C23H17N	8-ethyldibenz(a,h)acridine	73927-60-3	307.395	---	---	---	---	25	1.1494	2	---	---	---	---	---
33516	C23H18	5,5a,6,7-tetrahydro-4H-dibenz(f,g,j)aceantl	517-85-1	294.396	---	---	---	---	25	1.0997	2	---	---	---	---	---
33517	C23H18	1,3,6-trimethylbenzo(a)pyrene	16757-92-9	294.396	---	---	---	---	25	1.0997	2	---	---	---	---	---
33518	C23H18FNO4	(R)-N-fmoc-4-fluorophenylglycine	---	391.399	---	---	---	---	25	1.2862	2	---	---	---	---	---
33519	C23H18FNO4	(S)-N-fmoc-4-fluorophenylglycine	---	391.399	441.25	1	---	---	25	1.2862	2	---	---	---	solid	1
33520	C23H18N2O2	2-diphenylacetyl-1,3-indandione-1-hydrazo	5102-79-4	354.409	515.15	1	---	---	25	1.2330	2	---	---	---	solid	1

Table 1 Physical Properties - Organic Compounds

				Mol Wt	Freezing Point		Boiling Point		Density			Refractive Index			State	
NO	FORMULA	NAME	CAS No	g/mol	T_F, K	code	T_B, K	code	T, C	g/cm3	code	T, C	n_D	code	@25C,1 atm	code
33521	C23H18O	alpha,alpha-diphenyl-1-naphthalenemetha	630-95-5	310.395	409.65	1	---	---	25	1.1357	2	---	---	---	solid	1
33522	C23H18O4	benz(a)anthracene-7-methanedioldiacetate	17012-91-8	358.394	---	---	---	---	25	1.2351	2	---	---	---	---	---
33523	C23H19ClF3NO3	cyhalothrin	91465-08-6	449.857	322.35	1	---	---	25	1.3225	2	---	---	---	solid	1
33524	C23H19NO2	1-(2,4,6-trimethylphenylamino)anthraquino	73791-32-9	341.410	---	---	---	---	25	1.1867	2	---	---	---	---	---
33525	C23H20	20-isopropylcholanthrene	63041-70-3	296.412	---	---	506.15	1	25	1.0712	2	---	---	---	---	---
33526	C23H20BrN3O5S	1-amino-2-bromo-4-(2-(2-hydroxyethyl)sulf	73791-29-4	530.400	---	---	---	---	25	1.5028	2	---	---	---	---	---
33527	C23H20ClNiP	chloro(cyclopentadienyl)(triphenylphosphir	31904-79-7	421.532	448.15	1	---	---	---	---	---	---	---	---	solid	1
33528	C23H20Fe2O	1,3-bis(di-n-cyclopentadienyl iron)-2-prope	---	424.101	---	---	516.15	1	---	---	---	---	---	---	---	---
33529	C23H20N2O2S	1,2-diphenyl-4-phenylthioethyl-3,5-pyrazoli	3736-92-3	388.491	384.65	1	510.85	1	25	1.2451	2	---	---	---	solid	1
33530	C23H20N2O3S	diphenylpyrazone	57-96-5	404.490	---	---	---	---	25	1.2735	2	---	---	---	---	---
33531	C23H20N2O4	(R)-N-fmoc-(3-pyridyl)alanine	142994-45-4	388.423	439.65	1	---	---	25	1.2625	2	---	---	---	solid	1
33532	C23H20N2O4	(S)-N-fmoc-(3-pyridyl)alanine	175453-07-3	388.423	428.45	1	---	---	25	1.2625	2	---	---	---	solid	1
33533	C23H20N2O4	(R)-N-fmoc-(2-pyridyl)alanine	185379-39-9	388.423	427.65	1	---	---	25	1.2625	2	---	---	---	solid	1
33534	C23H20N2O4	(S)-N-fmoc-(2-pyridyl)alanine	185379-40-2	388.423	424.15	1	---	---	25	1.2625	2	---	---	---	solid	1
33535	C23H20N2O5	chymex	37106-97-1	404.423	514.15	1	---	---	25	1.2909	2	---	---	---	solid	1
33536	C23H21ClO3	tris(4-methoxyphenyl)chloroethene	569-57-3	380.870	388.15	1	---	---	25	1.2081	2	---	---	---	solid	1
33537	C23H21N2NaO6S	carbenicillin phenyl sodium	21649-57-0	476.486	---	---	---	---	---	---	---	---	---	---	---	---
33538	C23H21N5S	2-(m-aminophenyl)-3-indolecarboxaldehyd	66471-17-8	399.521	---	---	---	---	25	1.2563	2	---	---	---	---	---
33539	C23H22	5-n-amyl-1:2-benzanthracene	63018-99-5	298.428	---	---	---	---	25	1.0445	2	---	---	---	---	---
33540	C23H22	5-n-propyl-9,10-dimethyl-1,2-benzanthrace	63020-33-7	298.428	---	---	---	---	25	1.0445	2	---	---	---	---	---
33541	C23H22ClF3O2	bifenthrin	82657-04-3	422.874	342.15	1	---	---	125	1.2000	1	---	---	---	solid	1
33542	C23H22N2O3	5-(N,N-dibenzylglycyl)salicylamide	30566-92-8	374.440	441.15	1	---	---	25	1.2037	2	---	---	---	solid	1
33543	C23H22N2O5	l(+)-threo-chloramphenicol	134-90-7	406.439	---	---	---	---	25	1.2611	2	---	---	---	---	---
33544	C23H22N2O6S	carbenicillin phenyl	27025-49-6	454.504	---	---	---	---	25	1.3232	2	---	---	---	---	---
33545	C23H22O3Sn	triphenyltin levulinate	23292-85-5	465.136	---	---	---	---	---	---	---	---	---	---	---	---
33546	C23H22O6	rotenone	83-79-4	394.424	449.15	1	---	---	25	1.2348	2	---	---	---	solid	1
33547	C23H22O7	tephrosin	76-80-2	410.423	471.15	1	---	---	25	1.2627	2	---	---	---	solid	1
33548	C23H23ClN4O	b-(p-chlorophenyl)phenethyl 4-(2-pyrimidyl	33656-20-1	406.916	---	---	---	---	25	1.2330	2	---	---	---	---	---
33549	C23H23F2NO2	1,1-bis(4-fluorophenyl)-2-propynyl-N-cyclo	20929-99-1	383.438	---	---	---	---	25	1.1781	2	---	---	---	---	---
33550	C23H23IN2	1,1'-diethyl-2,2'-cyanine iodide	977-96-8	454.354	546.15	1	---	---	25	1.3883	2	---	---	---	solid	1
33551	C23H23N2S2	dithiazanine	7187-55-5	391.582	---	---	540.15	1	25	1.1871	2	---	---	---	---	---
33552	C23H23O2P	(carbethoxyethylidene)triphenylphosphorai	5717-37-3	362.408	431.15	1	---	---	---	---	---	---	---	---	solid	1
33553	C23H24BrO2P	(4-carboxybutyl)triphenylphosphonium broi	17814-85-6	443.320	480.15	1	---	---	---	---	---	---	---	---	solid	1
33554	C23H24N4O2	diantipyrylmethane	1251-85-0	388.470	452.15	1	---	---	25	1.2028	2	---	---	---	solid	1
33555	C23H24N4O9	antibiotic FR 1923	39391-39-4	500.466	488.15	dec	---	---	25	1.3815	2	---	---	---	solid	1
33556	C23H24O	4-methyl-2,6-bis(1-phenylethyl)phenol	1817-68-1	316.443	---	---	---	---	25	1.0536	2	---	---	---	---	---
33557	C23H24O2Sn	formyloxytribenzylstannane	17977-68-3	451.152	---	---	540.15	1	---	---	---	---	---	---	---	---
33558	C23H24O4	bisphenol A dimethacrylate	3253-39-2	364.441	346.15	1	---	---	25	1.1489	2	---	---	---	solid	1
33559	C23H24O4	fertodur	2624-43-3	364.441	408.65	1	---	---	25	1.1489	2	---	---	---	solid	1
33560	C23H24O8	wortmannin	19545-26-7	428.439	510.15	1	---	---	25	1.2614	2	---	---	---	solid	1
33561	C23H25ClN2	malachite green	569-64-2	364.918	---	---	---	---	25	1.1231	2	---	---	---	---	---
33562	C23H25FN2O2	2-(3-(N-phenylpiperazino)-propyl)-3-methy	69103-97-5	380.463	---	---	---	---	25	1.1569	2	---	---	---	---	---
33563	C23H25F3N2OS	cis-(Z)-flupenthixol	2709-56-0	434.526	---	---	---	---	25	1.2118	2	---	---	---	---	---
33564	C23H25NO2	1,1-diphenyl-2-butynyl-N-cyclohexylcarbar	20930-10-3	347.457	---	---	---	---	25	1.1040	2	---	---	---	---	---
33565	C23H25N3	4-(diethylamino)benzaldehyde-1,1-dipheny	68189-23-1	343.473	366.65	1	---	---	25	1.1009	2	---	---	---	solid	1
33566	C23H25N3O4	N-(4-propylphenazol-5-yl)-2-acetoxybenza	74512-62-2	407.470	---	---	---	---	25	1.2183	2	---	---	---	---	---
33567	C23H25N5O2	10,11-dihydro-11-(p-methoxyphenyl)-2-(4-I	70301-64-3	403.485	---	---	---	---	25	1.2164	2	---	---	---	---	---
33568	C23H26BrO2P	2-(1,3-dioxolan-2-yl)ethyltriphenylphospho	86608-70-0	445.336	418.15	1	---	---	---	---	---	---	---	---	solid	1
33569	C23H26BrP	n-pentyl-triphenylphosphonium bromide	21406-61-1	413.337	439.65	1	---	---	---	---	---	---	---	---	solid	1
33570	C23H26ClN3O6	7-chloro-1,3-dihydro-3-hemisuccinyloxy-5-(	16327-90-5	475.929	---	---	---	---	25	1.2955	2	---	---	---	---	---
33571	C23H26Cl2O6	sinifibrate	14929-11-4	469.361	325.15	1	---	---	25	1.2623	2	---	---	---	solid	1
33572	C23H26FN3O2	spiroperidol	749-02-0	395.478	464.95	1	---	---	25	1.1714	2	---	---	---	solid	1
33573	C23H26N2O	malachite green carbinol	510-13-4	346.473	---	---	---	---	25	1.0900	2	---	---	---	---	---
33574	C23H26N2O2	2-(3-(N-phenylpiperazino)-propyl)-3-methy	69103-95-3	362.472	---	---	---	---	25	1.1205	2	---	---	---	---	---
33575	C23H26N2O4	brucine	357-57-3	394.471	451.15	1	---	---	25	1.1785	2	---	---	---	solid	1
33576	C23H26N2O5	fmoc-L-aspartic acid b -t-butyl ester	71989-14-5	410.470	422.15	1	---	---	25	1.2061	2	---	---	---	solid	1
33577	C23H26O3	D-phenothrin	26002-80-2	350.458	298.15	1	603.65	1	25	1.0931	2	---	1.5480	1	---	---
33578	C23H27ClN2O9	N'-methylol-o-chlortetracycline	1181-54-0	510.928	430.65	dec	---	---	25	1.3289	2	---	---	---	solid	1
33579	C23H27NO3	etabenzarone	15686-63-2	365.473	---	---	---	---	25	1.1097	2	---	---	---	---	---
33580	C23H27NO5	fmoc-O-t-butyl-L-threonine	71989-35-0	397.471	405.65	1	---	---	25	1.1670	2	---	---	---	solid	1
33581	C23H27NO8	narceine	131-28-2	445.470	411.15	1	---	---	25	1.2463	2	---	---	---	solid	1
33582	C23H27N3O6	ergot	129-51-1	441.485	---	---	---	---	25	1.2447	2	---	---	---	---	---
33583	C23H27N3O7	minocycline	10118-90-8	457.484	---	---	---	---	25	1.2697	2	---	---	---	---	---
33584	C23H28ClN3O	prenoxdiazine hydrochloride	982-43-4	397.948	459.65	1	---	---	25	1.1425	2	---	---	---	solid	1
33585	C23H28Cl3N3O	quinacrine mustard	64046-79-3	468.853	---	---	454.75	1	25	1.2251	2	---	---	---	---	---
33586	C23H28ClN3O5S	1-((p-(2-(chloro-o-anisamido)ethyl)phenyl)s	10238-21-8	494.012	446.15	1	---	---	25	1.2787	2	---	---	---	solid	1
33587	C23H28N2	N-benzyl-N',N'-diethyl-N-1-naphthylethyler	---	332.489	---	---	---	---	25	1.0350	2	---	---	---	---	---
33588	C23H28N2	N-benzyl-N',N'-diethyl-N-2-naphthylethyler	---	332.489	---	---	---	---	25	1.0350	2	---	---	---	---	---
33589	C23H28N2O	leiopyrrole	5633-16-9	348.489	---	---	---	---	25	1.0661	2	---	---	---	---	---
33590	C23H28N2O2S	10-(3-(4-methoxypiperidino)propyl)phenoth	31817-29-5	396.554	---	---	---	---	25	1.1393	2	---	---	---	---	---
33591	C23H28N4O	6-methyl-a-(1-pyrrolidinylcarbonyl)ergoline	---	376.503	---	---	---	---	25	1.1226	2	---	---	---	---	---
33592	C23H28O6	prednisone 21-acetate	125-10-0	400.472	---	---	---	---	25	1.1559	2	---	---	---	---	---
33593	C23H28O7	schisandrol B	58546-54-6	416.471	361.65	1	---	---	25	1.1829	2	---	---	---	solid	1
33594	C23H28O8	pseudolaric acid B	82508-31-4	432.471	439.15	1	---	---	25	1.2091	2	---	---	---	solid	1
33595	C23H28O11	paeoniflorin	23180-57-6	480.469	---	---	---	---	25	1.2828	2	---	---	---	---	---
33596	C23H29ClN2O2	4-(4-(p-chlorophenyl)-4-hydroxypiperidino)	24671-21-4	400.949	---	---	---	---	25	1.1320	2	---	---	---	---	---
33597	C23H29ClO4	CAP	302-22-7	404.933	484.65	1	---	---	25	1.1345	2	---	---	---	solid	1
33598	C23H29Cl2N4O	N-(2-butoxy-7-chlorobenzo)(b)-1,5-naphthy	38915-40-1	448.416	---	---	---	---	25	1.1981	2	---	---	---	---	---
33599	C23H29NO	2-phenyl-6-piperidinohexynophenone	38940-46-4	335.490	373.65	1	---	---	25	1.0255	2	---	---	---	solid	1
33600	C23H29NO3	benzethidine	3691-78-9	367.488	379.65	1	---	---	25	1.0861	2	---	---	---	solid	1

Table 1 Physical Properties - Organic Compounds

NO	FORMULA	NAME	CAS No	Mol Wt g/mol	Freezing Point T_F, K	code	Boiling Point T_B, K	code	Density T, C	g/cm3	code	Refractive Index T, C	n_D	code	State @25C,1 atm	code
33601	C23H29N3O	4-(3-(5H-dibenz(b,f)azepin-5-yl)propyl)-1-p	315-72-0	363.504	---	---	---	---	25	1.0830	2	---	---	---	---	---
33602	C23H29N3O2	amidoline	21590-92-1	379.503	---	---	---	---	25	1.1121	2	---	---	---	---	---
33603	C23H29N3O2	equipertine	153-87-7	379.503	---	---	---	---	25	1.1121	2	---	---	---	---	---
33604	C23H29N3O2S	10-(2-(dimethylamino)propyl)phenothiazin-	13082-24-1	411.569	389.15	1	---	---	25	1.1535	2	---	---	---	solid	1
33605	C23H29N3O2S	10-(3-(dimethylamino)propyl)phenothiazin-	13065-64-0	411.569	---	---	---	---	25	1.1535	2	---	---	---	---	---
33606	C23H29N3O2S2	navaron	5591-45-7	443.635	---	---	---	---	25	1.1914	2	---	---	---	---	---
33607	C23H30	1,1-diphenyl-1-undecene	1530-28-5	306.491	235.51	2	666.15	1	25	0.9342	1	25	1.5430	1	liquid	1
33608	C23H30BrNO3	propantheline bromide	50-34-0	448.400	432.65	1	---	---	25	1.2362	2	---	---	---	solid	1
33609	C23H30ClN3O	atabrine	83-89-6	399.964	521.15	dec	---	---	25	1.1193	2	---	---	---	solid	1
33610	C23H30ClN3O2	1-(6-chloro-o-tolyl)-3-(4-methoxybenzyl)-3-	78372-00-6	415.964	---	---	---	---	25	1.1461	2	---	---	---	---	---
33611	C23H30N2O4	tetrahydro-1,4-oxazinylmethylcodeine	509-67-1	398.503	364.15	1	---	---	25	1.1297	2	---	---	---	solid	1
33612	C23H30N2O5	methyl reserpate	2901-66-8	414.502	517.65	1	---	---	25	1.1567	2	---	---	---	solid	1
33613	C23H30N4O2	1-(2-(diethylamino)ethyl)-2-p-phenetidino-5	15451-93-1	394.518	---	---	---	---	25	1.1272	2	---	---	---	---	---
33614	C23H30N4O5	potassium isoamyl xanthate	928-70-1	442.516	---	---	---	---	25	1.2063	2	---	---	---	---	---
33615	C23H30N6O4	teoprolol	65184-10-3	454.531	419.15	1	---	---	25	1.2294	2	---	---	---	solid	1
33616	C23H30O2Si3	1,1,3,5,5-pentamethyl-1,3,5-triphenyltrisilo	80-14-8	422.745	---	---	---	---	20	1.0227	1	20	1.5280	1	---	---
33617	C23H30O3	ethyl all-trans-9-(4-methoxy-2,3,6-trimethyl	54350-48-0	354.489	377.65	1	---	---	25	1.0469	2	---	---	---	solid	1
33618	C23H30O3	ethyl (13-cis)-9-(4-methoxy-2,3,6-trimethyl	69427-41-4	354.489	---	---	---	---	25	1.0469	2	---	---	---	---	---
33619	C23H30O4	17-hydroxy-16-methylene-19-norpregn-4-e	7759-35-5	370.489	---	---	---	---	25	1.0763	2	---	---	---	---	---
33620	C23H30O6	citreoviridin	25425-12-1	402.488	382.15	1	---	---	25	1.1323	2	---	---	---	solid	1
33621	C23H30O6	cortisone-21-acetate	50-04-4	402.488	513.15	1	---	---	25	1.1323	2	---	---	---	solid	1
33622	C23H30O6	supercortyl	52-21-1	402.488	---	---	---	---	25	1.1323	2	---	---	---	---	---
33623	C23H30O7	asteltoxin	79663-49-3	418.487	---	---	---	---	25	1.1590	2	---	---	---	---	---
33624	C23H31ClO4	6a-chloro-17a-acetoxyprogesterone	---	406.949	---	---	519.15	dec	25	1.1121	2	---	---	---	---	---
33625	C23H31NO	3,3-dimethyl-4-(dimethylamino)-4-(m-tolyl)t	3215-88-1	337.506	---	---	---	---	25	1.0040	2	---	---	---	---	---
33626	C23H31NO	3,3-dimethyl-4-(dimethylamino)-4-(o-tolyl)b	3215-89-2	337.506	---	---	---	---	25	1.0040	2	---	---	---	---	---
33627	C23H31NO	3,3-dimethyl-4-(dimethylamino)-4-(p-tolyl)b	3215-87-0	337.506	---	---	---	---	25	1.0040	2	---	---	---	---	---
33628	C23H31NO2	a-1-acetylmethadol	1477-40-3	353.505	---	---	573.15	1	25	1.0344	2	---	---	---	---	---
33629	C23H31NO2	2-diethylaminoethylpropyldiphenyl acetate	302-33-0	353.505	---	---	573.15	2	25	1.0344	2	---	---	---	---	---
33630	C23H31NO3	3,3-dimethyl-4-(dimethylamino)-4-(o-methc	3215-85-8	369.504	---	---	545.15	1	25	1.0637	2	---	---	---	---	---
33631	C23H31NO3	3,3-dimethyl-4-(dimethylamino)-4-(p-methc	3215-84-7	369.504	---	---	495.15	1	25	1.0637	2	---	---	---	---	---
33632	C23H31NO7S	sulprostone	60325-46-4	465.568	352.40	1	347.15	1	25	1.2080	2	---	---	---	solid	1
33633	C23H32	1,1-diphenylundecane	1530-08-1	308.507	294.15	1	650.15	1	25	0.9249	1	25	1.5238	1	liquid	1
33634	C23H32Cl3N3O	quinacrine dihydrochloride	69-05-6	472.885	---	---	---	---	25	1.1801	2	---	---	---	---	---
33635	C23H32FN5O2	N-(4-(2-fluorobenzoyl)-1,3-dimethyl-1H-pyr	85723-21-3	429.539	---	---	---	---	25	1.1511	2	---	---	---	---	---
33636	C23H32NO2	oxoaminophenanthrene	---	354.513	---	---	---	---	25	1.0238	2	---	---	---	---	---
33637	C23H32N2OS	1-tert-butyl-3-(2,6-di-isopropyl-4-phenoxyp	80060-09-9	384.586	---	---	---	---	25	1.0669	2	---	---	---	---	---
33638	C23H32N2O2	1,5-dimorpholino-3-(1-naphthyl)-pentane	13071-27-7	368.520	---	---	---	---	25	1.0514	2	---	---	---	---	---
33639	C23H32N2O2S	tiocarlide	910-86-1	400.586	419.15	1	---	---	25	1.0943	2	---	---	---	solid	1
33640	C23H32N2O3	diethylaminoethylmorphine	---	384.519	---	---	---	---	25	1.0797	2	---	---	---	---	---
33641	C23H32O2	antioxidant 2246	119-47-1	340.506	400.15	1	---	---	25	0.9956	2	---	---	---	solid	1
33642	C23H32O2	6a,21-dimethylethisterone	79-64-1	340.506	375.15	1	---	---	25	0.9956	2	---	---	---	solid	1
33643	C23H32O2	4,4'-isopropylidene-bis(2-tert-butylphenol)	79-96-9	340.506	---	---	---	---	25	0.9956	2	---	---	---	---	---
33644	C23H32O2	medrogestone	977-79-7	340.506	418.15	1	---	---	25	0.9956	2	---	---	---	solid	1
33645	C23H32O2	5a,17a-pregna-2-en-20-yn-17-ol, acetate	124-85-6	340.506	---	---	---	---	25	0.9956	2	---	---	---	---	---
33646	C23H32O3	estra-1,3,5(10)-triene-17b-diol-17-tetrahyd	---	356.505	---	---	---	---	25	1.0255	2	---	---	---	---	---
33647	C23H32O4	11-deoxycorticosterone acetate	56-47-3	372.505	433.15	1	---	---	25	1.0545	2	---	---	---	solid	1
33648	C23H32O4	prodox acetate	302-23-8	372.505	---	---	---	---	25	1.0545	2	---	---	---	---	---
33649	C23H32O5	corticosterone acetate	1173-26-8	388.504	426.15	1	---	---	25	1.0826	2	---	---	---	solid	1
33650	C23H32O6	hydrocortisone 21-acetate	50-03-3	404.503	496.15	dec	---	---	20	1.2890	1	---	---	---	solid	1
33651	C23H32O6	strophanthidin	66-28-4	404.503	446.15	dec	---	---	25	1.1098	2	---	---	---	solid	1
33652	C23H33FN2O2	4'-fluoro-4-(4-piperidino-4-propionylpiperid	3781-28-0	388.526	---	---	---	---	25	1.0647	2	---	---	---	---	---
33653	C23H33IN2O	isopropamide iodide	71-81-8	480.433	463.15	1	---	---	25	1.2711	2	---	---	---	solid	1
33654	C23H33NO	3-(1-pyrrolidinyl)androsta-3,5-dien-17-one	905-30-6	339.521	---	---	---	---	25	0.9837	2	---	---	---	---	---
33655	C23H33NO2	cyanotrimethylandrostenolone	4248-66-2	355.521	---	---	---	---	25	1.0135	2	---	---	---	---	---
33656	C23H33NO2	17b-hydroxy-4,4,17a-trimethyl-androst-5-e	13074-00-5	355.521	451.65	1	---	---	25	1.0135	2	---	---	---	solid	1
33657	C23H33N2O2	N-propylajmaline	35080-11-6	369.528	---	---	366.15	1	25	1.0409	2	---	---	---	---	---
33658	C23H34O3	pregnenolone acetate	1778-02-5	358.521	423.65	1	---	---	25	1.0052	2	---	---	---	solid	1
33659	C23H34O4	digitoxigenin	143-62-4	374.521	526.15	1	---	---	25	1.0338	2	---	---	---	solid	1
33660	C23H34O4	17-hydroxy-6-methylpregn-4-ene-3,20-dior	1172-82-3	374.521	---	---	---	---	25	1.0338	2	---	---	---	---	---
33661	C23H34O5	digoxigenin	1672-46-4	390.520	495.15	1	---	---	25	1.0615	2	---	---	---	solid	1
33662	C23H34O5	gitoxigenin	545-26-6	390.520	507.15	1	---	---	25	1.0615	2	---	---	---	solid	1
33663	C23H34O5	sarmentogenin	76-28-8	390.520	553.15	1	---	---	25	1.0615	2	---	---	---	solid	1
33664	C23H36N2S	2-amino-4-phenyl-5-n-tetradecylthiazole	64415-14-1	372.619	344.65	1	---	---	25	0.9993	2	---	---	---	solid	1
33665	C23H36N4O5S3	gerostop	137-86-0	544.762	380.65	1	---	---	25	1.2365	2	---	---	---	solid	1
33666	C23H36O3	dromostanolone propionate	521-12-0	360.537	401.15	1	---	---	25	0.9860	2	---	---	---	solid	1
33667	C23H38N6O5	tris(isocyanatohexyl)biuret	4035-89-6	478.594	---	---	---	---	25	1.1633	2	---	---	---	---	---
33668	C23H38O2	benzyl palmitate	41755-60-6	346.554	309.15	1	---	---	35	0.9109	1	50	1.4689	1	solid	1
33669	C23H38O2	24-norcholan-23-oic acid, (5beta)	511-18-2	346.554	450.15	1	---	---	25	0.9390	2	---	---	---	solid	1
33670	C23H38O3	3',4'-(dioctyloxy)benzaldehyde	131525-50-3	362.553	328.15	1	---	---	25	0.9676	2	---	---	---	solid	1
33671	C23H38O3	4-hexadecyloxybenzoic acid	15872-48-7	362.553	405.15	1	---	---	25	0.9676	2	---	---	---	solid	1
33672	C23H38O4	9-deoxo-16,16-dimethyl-9-methylene-PGE	---	378.552	---	---	---	---	25	0.9954	2	---	---	---	---	---
33673	C23H38O5	cervagem	64318-79-2	394.552	---	---	---	---	25	1.0224	2	---	---	---	---	---
33674	C23H40	heptadecylbenzene	14752-75-1	316.571	305.15	1	662.15	1	20	0.8546	1	20	1.4810	1	solid	1
33675	C23H42N2O12	pentolinium tartrate	52-62-0	538.593	486.15	1	---	---	25	1.1923	2	---	---	---	solid	1
33676	C23H42O5	methyl cellosolve acetylricinoleate	140-05-6	398.583	213.15	1	---	---	25	0.9868	2	---	---	---	---	---
33677	C23H44	1,1-dicyclohexylundecane	62155-21-9	320.602	363.23	2	650.15	1	25	0.8330	2	---	---	---	solid	2
33678	C23H44	1-tricosyne	61847-83-4	320.602	322.15	1	651.15	1	25	0.8330	2	---	---	---	solid	1
33679	C23H44O2	isopentyl oleate	627-89-4	352.601	---	---	---	---	15	0.8970	1	---	---	---	---	---
33680	C23H44O3	tetrahydrofurfuryl stearate	6940-09-6	368.601	295.15	1	---	---	25	0.9140	1	---	---	---	---	---

423

Table 1 Physical Properties - Organic Compounds

NO	FORMULA	NAME	CAS No	Mol Wt g/mol	T_F, K	code	T_B, K	code	T, C	g/cm3	code	T, C	n_D	code	State @25C,1 atm	code
33681	C23H44O4	diethyl hexadecylmalonate	41433-81-2	384.600	---	---	---	---	20	0.9118	1	20	1.4433	1	---	---
33682	C23H45N5O13	3'-deoxyparomomycin I	37636-51-4	599.638	454.15	dec	---	---	25	1.2399	2	---	---	---	solid	1
33683	C23H45N5O14	neomycin E	7542-37-2	615.637	---	---	---	---	25	1.2584	2	---	---	---	---	---
33684	C23H46	octadecylcyclopentane	62016-53-9	322.618	303.15	1	662.15	1	20	0.8254	1	20	1.4581	1	solid	1
33685	C23H46	heptadecylcyclohexane	19781-73-8	322.618	310.95	1	664.15	1	20	0.8290	1	20	1.4603	1	solid	1
33686	C23H46	1-tricosene	18835-32-0	322.618	314.75	1	652.15	1	22	0.8201	2	---	---	---	solid	1
33687	C23H46	cis-9-tricosene	27519-02-4	322.618	273.15	1	612.15	1	20	0.8060	1	---	1.4520	1	liquid	1
33688	C23H46Br2	1,1-dibromotricosane	62168-40-5	482.426	453.07	2	717.15	1	25	1.1127	2	---	---	---	solid	2
33689	C23H46Cl2	1,1-dichlorotricosane	62017-25-8	393.523	393.31	2	699.15	1	25	0.9189	2	---	---	---	solid	2
33690	C23H46F2	1,1-difluorotricosane	62127-12-2	360.615	397.77	2	635.15	1	25	0.8718	2	---	---	---	solid	2
33691	C23H46I2	1,1-diiodotricosane	66325-82-4	576.427	449.59	2	911.48	2	25	1.2782	2	---	---	---	solid	2
33692	C23H46N6O13	neomycin B	119-04-0	614.652	---	---	534.15	2	25	1.2484	2	---	---	---	---	---
33693	C23H46N6O13	neomycin C	66-86-4	614.652	---	---	534.15	2	25	1.2484	2	---	---	---	---	---
33694	C23H46O	12-tricosanone	540-09-0	338.618	343.35	1	673.00	2	69	0.8086	1	80	1.4283	1	solid	1
33695	C23H46O2	eicosyl propanoate	65591-14-2	354.617	390.80	2	783.86	2	25	0.8754	2	---	---	---	solid	2
33696	C23H46O2	nonadecyl butanoate	84869-42-1	354.617	390.80	2	783.86	2	25	0.8754	2	---	---	---	solid	2
33697	C23H46O2	isopentyl stearate	627-88-3	354.617	298.65	1	783.86	2	20	0.8550	1	50	1.4330	1	solid	2
33698	C23H46O2	pentyl stearate	6382-13-4	354.617	303.15	1	783.86	2	25	0.8754	2	50	1.4342	1	solid	2
33699	C23H46O2	methyl docosanoate	929-77-1	354.617	327.15	1	783.86	2	25	0.8754	2	60	1.4339	1	solid	1
33700	C23H46O2	tricosanoic acid	2433-96-7	354.617	352.65	1	783.86	2	25	0.8754	2	---	---	---	solid	1
33701	C23H46O2	isostearyl neopentanoate	58958-60-4	354.617	309.65	2	783.86	2	25	0.8754	2	---	---	---	solid	2
33702	C23H47Br	1-bromotricosane	62108-44-5	403.530	328.85	1	691.15	1	25	0.9648	2	---	---	---	solid	1
33703	C23H47Cl	1-chlorotricosane	62016-77-7	359.079	324.15	1	678.15	1	25	0.8640	2	---	---	---	solid	1
33704	C23H47F	1-fluorotricosane	62126-80-1	342.625	327.15	1	648.15	1	25	0.8392	2	---	---	---	solid	1
33705	C23H47I	1-iodotricosane	62127-54-2	450.531	328.35	1	712.15	1	25	1.0553	2	---	---	---	solid	1
33706	C23H48	tricosane	638-67-5	324.634	320.65	1	653.35	1	48	0.7785	1	20	1.4468	1	solid	1
33707	C23H48	9-hexylheptadecane	55124-79-3	324.634	253.75	1	653.35	2	20	0.7976	1	20	1.4465	1	liquid	2
33708	C23H48O	1-tricosanol	3133-01-5	340.634	348.15	1	664.00	2	25	0.8338	2	---	---	---	solid	1
33709	C23H48O2Sn	tributyl(undecanoyloxy)stannane	69226-47-7	475.343	---	---	---	---	---	---	---	---	---	---	---	---
33710	C23H49N	tricosylamine	14130-07-5	339.649	337.15	1	691.15	1	25	0.8251	2	---	---	---	solid	1
33711	C23H49N	methyldocosylamine	66375-05-1	339.649	324.15	1	665.15	1	25	0.8251	2	---	---	---	solid	1
33712	C23H49N	ethylheneicosylamine	66375-04-0	339.649	324.15	2	663.15	1	25	0.8251	2	---	---	---	solid	2
33713	C23H49N	dimethylheneicosylamine	66375-03-9	339.649	311.00	2	663.15	1	25	0.8251	2	---	---	---	solid	2
33714	C23H49N	diethylnonadecylamine	66375-02-8	339.649	311.00	2	636.15	1	25	0.8251	2	---	---	---	solid	2
33715	C24F45N3	2,4,6-tris(perfluoroheptyl)-1,3,5-triazine	21674-38-4	1185.218	303.15	1	---	---	25	1.8192	2	---	---	---	solid	1
33716	C24H8O6	3,4,9,10-perylenetetracarboxylic dianhydride	128-69-8	392.324	>623.15	1	---	---	25	1.4876	2	---	---	---	solid	1
33717	C24H12	coronene	191-07-1	300.359	710.55	1	798.15	1	25	1.3710	1	---	---	---	solid	1
33718	C24H12F2	2,10-difluorobenzo(rst)pentaphene	61735-78-2	338.356	---	---	---	---	25	1.2633	2	---	---	---	---	---
33719	C24H12O2	dibenzo(b,def)chrysene-7,14-dione	128-66-5	332.358	---	---	---	---	25	1.2818	2	---	---	---	---	---
33720	C24H13F	3-fluorobenzo(rst)pentaphene	61735-77-1	320.366	---	---	---	---	25	1.2207	2	---	---	---	---	---
33721	C24H14	dibenzo[a,e]pyrene	192-65-4	302.375	506.65	1	---	---	25	1.1762	2	---	---	---	solid	1
33722	C24H14	dibenzo[a,i]pyrene	189-55-9	302.375	554.65	1	---	---	25	1.1762	2	---	---	---	solid	1
33723	C24H14	dibenzo[b,def]chrysene	189-64-0	302.375	590.15	1	---	---	25	1.1762	2	---	---	---	solid	1
33724	C24H14	1,2:9,1o-dibenzopyrene	191-30-0	302.375	501.20	1	---	---	25	1.1762	2	---	---	---	solid	1
33725	C24H14	dibenz(a,e)aceanthrylene	5385-75-1	302.375	505.15	1	---	---	25	1.1762	2	---	---	---	solid	1
33726	C24H14	dibenz(a,j)aceanthrylene	203-20-3	302.375	454.30	1	---	---	25	1.1762	2	---	---	---	solid	1
33727	C24H16	tetraphenylene	212-74-8	304.391	506.15	1	---	---	25	1.1440	2	---	---	---	solid	1
33728	C24H16	5,8-dihydrodibenzo(a,def)chrysene		304.391	---	---	---	---	25	1.1440	2	---	---	---	---	---
33729	C24H16	7,14-dihydrodibenzo(b,def)chrysene	7350-86-9	304.391	---	---	---	---	25	1.1440	2	---	---	---	---	---
33730	C24H16	6,12-dimethylanthanthrene	41217-05-4	304.391	---	---	---	---	25	1.1440	2	---	---	---	---	---
33731	C24H16	phenanthra-acenaphthene	7258-91-5	304.391	---	---	---	---	25	1.1440	2	---	---	---	---	---
33732	C24H16	5-phenyl-1:2-benzanthracene	19383-97-2	304.391	---	---	---	---	25	1.1440	2	---	---	---	---	---
33733	C24H16AsO3	phenarsazine oxide	58-36-6	427.311	457.65	1	505.65	1	---	---	---	---	---	---	solid	---
33734	C24H16Cl2N6O10S3	2-(6-(4,6-dichloro-S-triazinyl)methylamino-	73816-75-8	715.530	---	---	---	---	25	1.6687	2	---	---	---	---	---
33735	C24H16Hg2O9	fluorescein mercuric acetate	3570-80-7	849.566	>573.15	1	---	---	---	---	---	---	---	---	solid	1
33736	C24H16N2	4,7-diphenyl-1,10-phenanthroline	1662-01-7	332.405	492.65	1	---	---	25	1.2106	2	---	---	---	solid	1
33737	C24H16N4O2	7-((p-nitrophenylazo)methylbenz(c)acridine	63019-77-2	392.418	---	---	---	---	25	1.3334	2	---	---	---	---	---
33738	C24H16O2	trans-benz(a,e)fluoranthene-3,4-dihydrodiol		336.390	273.15	1	---	---	25	1.2130	2	---	---	---	---	---
33739	C24H16O2	trans-benz(a,e)fluoranthene-12,13-dihydro	---	336.390	---	---	---	---	25	1.2130	2	---	---	---	---	---
33740	C24H16O2	trans-1,2-dihydrodibenz(a,e)aceanthrylene	74339-98-3	336.390	---	---	---	---	25	1.2130	2	---	---	---	---	---
33741	C24H16O2	trans-10,11-dihydrodibenz(a,e)aceanthrylene	74340-04-8	336.390	---	---	---	---	25	1.2130	2	---	---	---	---	---
33742	C24H16O3	(±)-1b,2a-dihydroxy-3a,4a-epoxy-1,2,3,4-te	78919-11-6	352.389	---	---	564.65	1	25	1.2455	2	---	---	---	---	---
33743	C24H16O4	trans-7,8-diacetoxy-7,8-dihydrobenzo(a)py	73785-34-9	368.389	---	---	---	---	25	1.2767	2	---	---	---	---	---
33744	C24H16O7	fluorescein diacetate	596-09-8	416.387	475.65	1	---	---	25	1.3634	2	---	---	---	solid	1
33745	C24H17N	5-methyl-7-phenyl-1:2-benzacridine	21075-41-2	319.406	---	---	---	---	25	1.1621	2	---	---	---	---	---
33746	C24H17N3O7	N-(carbonamido-2 chromone)-1-((chromon	59749-49-4	459.416	---	---	---	---	25	1.4239	2	---	---	---	---	---
33747	C24H17N5O7	naphthol red B	6471-49-4	487.430	---	---	---	---	25	1.4720	2	---	---	---	---	---
33748	C24H18	5'-phenyl-1,1':3',1''-terphenyl	612-71-5	306.407	449.15	1	735.15	1	30	1.1990	1	---	---	---	solid	1
33749	C24H18	1,1':2',1'':2''',1'''-quaterphenyl	641-96-3	306.407	391.65	1	693.15	1	25	1.1138	2	---	---	---	solid	1
33750	C24H18	1,1':4',1'':4'',1'''-quaterphenyl	135-70-6	306.407	593.15	1	714.15	2	25	1.1138	2	---	---	---	solid	1
33751	C24H18	m-quaterphenyl	1166-18-3	306.407	---	---	714.15	2	25	1.1138	2	---	---	---	---	---
33752	C24H18	9,10-dimethyl-1,2,5,6-dibenzanthracene	35335-07-0	306.407	477.65	1	714.15	2	25	1.1138	2	---	---	---	solid	1
33753	C24H18Br2O3	3,5-dibromo-4-hydroxyphenyl 2-mesityl-3-b	73343-74-5	514.213	---	---	---	---	25	1.5505	2	---	---	---	---	---
33754	C24H18I2O3	3,5-diiodo-4-hydroxyphenyl 2-mesityl-3-be	73343-72-3	608.214	---	---	---	---	25	1.7425	2	---	---	---	---	---
33755	C24H18N4	3,8,13-trimethylcycloquinazoline	63041-23-6	362.435	---	---	---	---	25	1.2408	2	---	---	---	---	---
33756	C24H18O2	5,6-dimethoxydibenz(a,h)anthracene	63040-49-3	338.406	---	---	---	---	25	1.1819	2	---	---	---	---	---
33757	C24H18O4	DL-1,1'-Bi(2-naphthyl diacetate)	100569-82-2	370.405	379.15	1	---	---	25	1.2448	2	---	---	---	solid	1
33758	C24H19N	14-isopropyldibenz(a,j)acridine	10457-59-7	321.422	---	---	---	---	25	1.1323	2	---	---	---	---	---
33759	C24H19O4P	o-xenyl diphenyl phosphate	132-29-6	402.386	---	---	---	---	---	---	---	---	---	---	---	---
33760	C24H20BaN2O6S2	barium diphenylamine-4-sulfonate	6211-24-1	633.892	573.15	1	---	---	---	---	---	---	---	---	solid	1

Table 1 Physical Properties - Organic Compounds

				Mol Wt	Freezing Point		Boiling Point		Density			Refractive Index			State	
NO	FORMULA	NAME	CAS No	g/mol	T_F, K	code	T_B, K	code	T, C	g/cm3	code	T, C	n_D	code	@25C,1 atm	code
33761	C24H20BrNO4	(S)-N-fmoc-3-amino-3-(4-bromophenyl)pro	220497-68-7	466.331	461.75	1	---	---	25	1.4103	2	---	---	---	solid	1
33762	C24H20BrNO4	(R)-N-fmoc-3-amino-3-(4-bromophenyl)pro	220498-04-4	466.331	465.15	1	---	---	25	1.4103	2	---	---	---	solid	1
33763	C24H20BrNO4	(R)-N-fmoc-4-bromophenylalanine	198545-76-5	466.331	---	---	---	---	25	1.4103	2	---	---	---	---	---
33764	C24H20BrNO4	(S)-N-fmoc-4-bromophenylalanine	198561-04-5	466.331	424.65	1	---	---	25	1.4103	2	---	---	---	solid	1
33765	C24H20BrNO4	(S)-N-fmoc-2-bromophenylalanine	220497-47-2	466.331	440.95	1	---	---	25	1.4103	2	---	---	---	solid	1
33766	C24H20BrNO4	(S)-N-fmoc-3-bromophenylalanine	220497-48-3	466.331	417.35	1	---	---	25	1.4103	2	---	---	---	solid	1
33767	C24H20BrNO4	(R)-N-fmoc-2-bromophenylalanine	220497-79-0	466.331	431.25	1	---	---	25	1.4103	2	---	---	---	solid	1
33768	C24H20BrNO4	(R)-N-fmoc-3-bromophenylalanine	220497-81-4	466.331	363.05	1	---	---	25	1.4103	2	---	---	---	solid	1
33769	C24H20BrP	tetraphenylphosphonium bromide	2751-90-8	419.301	570.15	1	---	---	---	---	---	---	---	---	solid	1
33770	C24H20ClNO4	(R)-N-fmoc-4-chlorophenylalanine	142994-19-2	421.880	420.35	1	---	---	25	1.2862	2	---	---	---	solid	1
33771	C24H20ClNO4	(S)-N-fmoc-4-chlorophenylalanine	175453-08-4	421.880	411.15	1	---	---	25	1.2862	2	---	---	---	solid	1
33772	C24H20ClP	tetraphenylphosphonium chloride	2001-45-8	374.849	550.65	1	---	---	---	---	---	---	---	---	solid	1
33773	C24H20Cl2OSi2	1,3-dichlorotetraphenyldisiloxane	7756-87-8	451.497	311.65	1	---	---	25	1.1940	1	---	1.5950	1	solid	1
33774	C24H20FNO4	(S)-N-fmoc-4-fluorophenylalanine	169243-86-1	405.426	458.55	1	---	---	25	1.2642	2	---	---	---	solid	1
33775	C24H20FNO4	(R)-N-fmoc-4-fluorophenylalanine	177966-64-2	405.426	---	---	---	---	25	1.2642	2	---	---	---	---	---
33776	C24H20FNO4	(R)-N-fmoc-2-fluorophenylalanine	198545-46-9	405.426	418.45	1	---	---	25	1.2642	2	---	---	---	solid	1
33777	C24H20FNO4	(R)-N-fmoc-3-fluorophenylalanine	198545-72-1	405.426	426.65	1	---	---	25	1.2642	2	---	---	---	solid	1
33778	C24H20FNO4	(S)-N-fmoc-3-fluorophenylalanine	198560-68-8	405.426	428.95	1	---	---	25	1.2642	2	---	---	---	solid	1
33779	C24H20FNO4	(S)-N-fmoc-2-fluorophenylalanine	205526-26-7	405.426	386.55	1	---	---	25	1.2642	2	---	---	---	solid	1
33780	C24H20F24O4	bis(2,2,3,3,4,4,5,5,6,6,7,7-dodecafluorohe	2355-57-9	828.384	---	---	---	---	25	1.6240	1	---	1.3720	1	---	---
33781	C24H20Ge	tetraphenylgermanium	1048-05-1	381.033	505.15	1	673.15	1	---	---	---	---	---	---	solid	1
33782	C24H20IP	tetraphenylphosphonium iodide	2065-67-0	466.301	618.65	1	---	---	---	---	---	---	---	---	solid	1
33783	C24H20I6N4O8	5,5'-(tetramethylenebis(carbonylimino))bis(	10397-75-8	1253.873	575.15	dec	---	---	25	2.4238	2	---	---	---	solid	1
33784	C24H20N2	N,N'-diphenyl-[1,1'-biphenyl]-4,4'-diamine	531-91-9	336.437	520.15	1	---	---	25	1.1498	2	---	---	---	solid	1
33785	C24H20N2	tetraphenylhydrazine	632-52-0	336.437	---	---	---	---	25	1.1498	2	---	---	---	---	---
33786	C24H20N2O	2-(m-(benzyloxy)phenyl)pyrazolo(1,5-a)qui	---	352.436	---	---	---	---	25	1.1818	2	---	---	---	---	---
33787	C24H20N2O4S	4,4'-bis(3-aminophenoxy)diphenyl sulfone	30203-11-3	432.500	405.15	1	---	---	25	1.3081	2	---	---	---	solid	1
33788	C24H20N2O4S	4,4'-sulfonylbis(4-phenyleneoxy)dianiline	13080-89-2	432.500	---	---	---	---	25	1.3081	2	---	---	---	---	---
33789	C24H20N2O6	(S)-N-fmoc-3-amino-3-(3-nitrophenyl)propa	206060-42-6	432.433	413.15	1	---	---	25	1.3253	2	---	---	---	solid	1
33790	C24H20N4O	scarlet red	85-83-6	380.450	457.65	1	---	---	25	1.2404	2	---	---	---	solid	1
33791	C24H20N4O	1-((4-tolylazo)tolylazo)-2-naphthol	63980-27-8	380.450	---	---	---	---	25	1.2404	2	---	---	---	---	---
33792	C24H20O3	p-hydroxyphenyl 2-mesitylbenzofuran-3-yl	73343-70-1	356.421	---	---	---	---	25	1.1843	2	---	---	---	---	---
33793	C24H20O3	p-hydroxyphenyl 2-mesitylbenzofuran-4-yl	73343-69-8	356.421	---	---	---	---	25	1.1843	2	---	---	---	---	---
33794	C24H20O4	benz(a)anthracene-7,12-dimethanoldiacet	63018-62-2	372.420	---	---	---	---	25	1.2148	2	---	---	---	---	---
33795	C24H20O4	7,14-dimethyl-7,14-ethanodibenz(a,b)anth	---	372.420	---	---	---	---	25	1.2148	2	---	---	---	---	---
33796	C24H20O4Si	tetraphenoxysilane	1174-72-7	400.505	322.15	1	690.15	1	60	1.1412	1	---	---	---	solid	1
33797	C24H20O6	1,2,3-propanetriol tribenzoate	614-33-5	404.419	349.15	1	---	---	12	1.2280	1	---	---	---	solid	1
33798	C24H20P2	tetraphenylbisphosphine	1101-41-3	370.371	394.15	1	---	---	---	---	---	---	---	---	solid	1
33799	C24H20Pb	tetraphenylplumbane	595-89-1	515.623	501.45	1	---	---	20	1.5298	1	---	---	---	solid	1
33800	C24H20S2Sn	diphenylbis(phenylthio)tin	1103-05-5	491.265	338.65	1	417.15	1	---	---	---	---	---	---	solid	1
33801	C24H20Si	tetraphenylsilane	1048-08-4	336.508	509.65	1	---	---	20	1.0780	1	---	---	---	solid	1
33802	C24H20Sn	tetraphenylstannane	595-90-4	427.133	501.15	1	693.15	1	---	---	---	---	---	---	solid	1
33803	C24H21I6N5O8	ioxaglic acid	59017-64-0	1268.888	575.15	1	---	---	25	2.4120	2	---	---	---	solid	1
33804	C24H21NO4	(S)-N-fmoc-3-amino-3-phenylpropanoic aci	209252-15-3	387.435	460.45	1	---	---	25	1.2287	2	---	---	---	solid	1
33805	C24H21NO4	(R)-N-fmoc-3-amino-3-phenylpropanoic ac	220498-02-2	387.435	454.85	1	---	---	25	1.2287	2	---	---	---	solid	1
33806	C24H21NO4	fmoc-L-phenylalanine	35661-40-6	387.435	458.15	1	---	---	25	1.2287	2	---	---	---	solid	1
33807	C24H21N5	N-ethyl-1-((p-(phenylazo)phenyl)azo)-2-na	6368-72-5	379.466	---	---	---	---	25	1.2246	2	---	---	---	---	---
33808	C24H22	bis(msb), scintillation	13280-61-0	310.439	453.15	1	---	---	25	1.0591	2	---	---	---	solid	1
33809	C24H22	tert-20-butylcholanthrene	67195-50-0	310.439	---	---	445.00	2	25	1.0591	2	---	---	---	---	---
33810	C24H22ClNO	decarboxyfenvalerate	66753-10-4	375.898	---	---	---	---	25	1.1740	2	---	---	---	---	---
33811	C24H22N4P2	N,N',1,3-tetraphenyl-1,3,2,4-diazadiphosph	18440-21-6	428.415	---	---	---	---	---	---	---	---	---	---	---	---
33812	C24H22O3	(S)-(+)-g-(trityloxymethyl)-g-butyrolactone	73968-62-4	358.437	423.15	1	---	---	25	1.1564	2	---	---	---	solid	1
33813	C24H23BrO2	a-bromo-b,b-bis(p-ethoxyphenyl)styrene	60883-74-1	423.349	---	---	---	---	25	1.2879	2	---	---	---	---	---
33814	C24H23NO2S	S-(12-methyl-7-benz(a)anthrylmethyl)homo	66964-37-2	389.518	---	---	---	---	25	1.1851	2	---	---	---	---	---
33815	C24H23O3P	ethyl 3-oxo-4-(triphenylphosphoranylidene	13148-05-5	390.419	374.15	1	---	---	---	---	---	---	---	---	solid	1
33816	C24H24	5-n-hexyl-1,2-benzanthracene	63019-34-1	312.455	---	---	---	---	25	1.0341	2	---	---	---	---	---
33817	C24H24ClN3O	b-(p-chlorophenyl)phenethyl 4-(2-pyridyl)p	23904-74-7	405.927	---	---	---	---	25	1.2021	2	---	---	---	---	---
33818	C24H24Cr4O7	bis(di-n-benzene chromium(iv))dichromate	---	632.435	---	---	---	---	---	---	---	---	---	---	---	---
33819	C24H24NOP	(4S)-(-)-4,5-dihydro-2-[2'-(diphenylphosphi	148461-12-5	373.435	---	---	---	---	---	---	---	---	---	---	---	---
33820	C24H24NOP	(4R)-(+)-4,5-dihydro-2-[2'-(diphenylphosph	164858-78-0	373.435	---	---	---	---	---	---	---	---	---	---	---	---
33821	C24H24N2O4	codeine nicotinate (ester)	3688-66-2	404.466	407.65	1	470.65	1	25	1.2143	2	---	---	---	solid	1
33822	C24H25ClFNO3	2-(3-(4-hydroxy-4-p-chlorophenylpiperidin	69103-96-4	429.919	---	---	---	---	25	1.2117	2	---	---	---	---	---
33823	C24H25ClO2	3-(3-methylphenoxy)benzyl 2-(4-chlorophe	80843-78-3	380.914	---	---	---	---	25	1.1368	2	---	---	---	---	---
33824	C24H25F2NO2	1,1-bis(4-fluorophenyl)-2-propynyl-N-cyclo	20930-00-1	397.465	---	---	---	---	25	1.1625	2	---	---	---	---	---
33825	C24H25NO3	cyphenothrin	39515-40-7	375.468	298.15	1	---	---	25	1.1456	2	---	---	---	---	---
33826	C24H25NO6	N-fmoc-amino-4-(ethylene ketal)cyclohexyl	---	423.466	---	---	---	---	25	1.2289	2	---	---	---	---	---
33827	C24H26BrN3O3	nicotergoline	27848-84-6	484.394	410.15	1	---	---	25	1.3433	2	---	---	---	solid	1
33828	C24H26BrO2P	[2-(1,3-dioxan-2-yl)ethyl]triphenylphospho	69891-92-5	457.347	467.15	1	---	---	---	---	---	---	---	---	solid	1
33829	C24H26BrPSi	(trimethylsilylpropargyl)triphenylphosphoni	42134-49-6	453.433	432.65	1	---	---	---	---	---	---	---	---	solid	1
33830	C24H26FN3O	centbutindole	41510-23-0	391.489	---	---	---	---	25	1.1535	2	---	---	---	---	---
33831	C24H26N2O	1-benzyl-4-ethynyl-3-(1-(3-indolyl)ethyl)-4-	39002-10-3	358.484	---	---	---	---	25	1.1021	2	---	---	---	---	---
33832	C24H26N2O4S	4',4''-bis(dimethylamino)-4-methoxy-3-sulf	63148-81-2	438.548	---	---	---	---	25	1.2261	2	---	---	---	---	---
33833	C24H26N2O6	suxibuzone	27470-51-5	438.481	399.65	1	---	---	25	1.2410	2	---	---	---	solid	1
33834	C24H26O	2,4-bis(a,a-dimethylbenzyl)phenol	2772-45-4	330.470	337.15	1	---	---	25	1.0433	2	---	---	---	solid	1
33835	C24H26OS2Sn	O-neopentyl-S-triphenylstannyl xanthate	143037-51-8	513.312	368.15	1	---	---	---	---	---	---	---	---	solid	1
33836	C24H26O4	bis(p-acetoxyphenyl)-2-methylcyclohexylid	21327-74-2	378.468	---	---	---	---	25	1.1345	2	---	---	---	---	---
33837	C24H26O4	estrofurate	10322-73-3	378.468	440.15	1	---	---	25	1.1345	2	---	---	---	solid	1
33838	C24H27Cl5O6	agent orange	39277-47-9	588.737	---	---	---	---	25	1.3525	2	---	---	---	---	---
33839	C24H27FO2	(Z)-p-(1-fluoro-2-(5,6,7,8-tetrahydro-5,5,8,8	127697-56-7	366.476	---	---	---	---	25	1.0882	2	---	---	---	---	---
33840	C24H27N	1-phenyl-2-(1',1'-diphenylpropyl-3'-amino)p	390-64-7	329.485	---	---	---	---	25	1.0299	2	---	---	---	---	---

Table 1 Physical Properties - Organic Compounds

				Mol Wt	Freezing Point		Boiling Point		Density			Refractive Index			State	
NO	FORMULA	NAME	CAS No	g/mol	T_F, K	code	T_B, K	code	T, C	g/cm3	code	T, C	n_D	code	@25C,1 atm	code
33841	C24H27NO2	2-ethylhexyl 2-cyano-3,3-diphenylacrylate	6197-30-4	361.484	263.25	1	---	---	25	1.0510	1	---	1.5670	1	---	---
33842	C24H27NO2	1-phenyl-1-(3,4-xylyl)-2-propynyl N-cyclohe	20921-50-0	361.484	---	---	---	---	25	1.0916	2	---	---	---	---	---
33843	C24H27NO4	(S)-N-fmoc-amino-2-cyclohexyl-propanoic	135673-97-1	393.483	---	---	---	---	25	1.1493	2	---	---	---	---	---
33844	C24H27NO6	mecinarone	26225-59-2	425.482	361.15	1	---	---	25	1.2033	2	---	---	---	solid	1
33845	C24H27N2O3	serpentinic acid isobutyl ester	---	391.491	---	---	---	---	25	1.1481	2	---	---	---	---	---
33846	C24H27N3	1,3,5-tribenzylhexahydro-1,3,5-triazine	2547-66-2	357.499	323.15	1	---	---	25	1.0886	2	---	---	---	solid	1
33847	C24H27O4P	3,4-dimethylphenol phosphate (3:1)	3862-11-1	410.450	345.15	1	516.90	2	32	1.1695	2	---	---	---	solid	1
33848	C24H27O4P	tris(2,4-dimethylphenyl) phosphate	3862-12-2	410.450	---	---	506.65	1	38	1.1420	1	20	1.5550	1	---	---
33849	C24H27O4P	tris(2,5-dimethylphenyl) phosphate	19074-59-0	410.450	352.95	1	516.90	2	25	1.1970	1	---	---	---	solid	1
33850	C24H27O4P	tris(2,6-dimethylphenyl) phosphate	121-06-2	410.450	410.95	1	516.90	2	32	1.1695	2	---	---	---	solid	1
33851	C24H27O4P	trixylyl phosphate	25155-23-1	410.450	253.25	1	527.15	1	32	1.1695	2	---	---	---	liquid	1
33852	C24H27O4P	p-hexylphenyl diphenyl phosphate	64532-96-3	410.450	---	---	516.90	2	32	1.1695	2	---	---	---	---	---
33853	C24H28BrP	n-hexyltriphenylphosphonium bromide	4762-26-9	427.364	474.65	1	---	---	---	---	---	---	---	---	solid	1
33854	C24H28ClN3	methyl violet	8004-87-3	393.960	---	---	---	---	25	1.1253	2	---	---	---	---	---
33855	C24H28ClN5O3	dramamine	523-87-5	469.972	---	---	---	---	25	1.2518	2	---	---	---	---	---
33856	C24H28FNO2	2-(3-(p-fluorobenzoyl)-1-propyl)-5a,9a-dim	56390-16-0	381.491	---	---	---	---	25	1.1041	2	---	---	---	---	---
33857	C24H28N2O3	4-(2-methoxyphenyl)-a-((1-naphthalenylox	57149-07-2	392.499	---	---	---	---	25	1.1360	2	---	---	---	---	---
33858	C24H28O2	arotinoic acid	71441-28-6	348.485	---	---	---	---	25	1.0516	2	---	---	---	---	---
33859	C24H28O2	(1S-trans)-2,2-dimethyl-3-(2-methyl-1-prop	27695-88-1	348.485	---	---	---	---	25	1.0516	2	---	---	---	---	---
33860	C24H28O2	4-(diphenylmethylene)-2-ethyl-3-methylcyc	52236-34-7	348.485	---	---	---	---	25	1.0516	2	---	---	---	---	---
33861	C24H28O4	diethylstilbestrol dipropanoate	130-80-3	380.484	377.15	1	---	---	25	1.1105	2	---	---	---	solid	1
33862	C24H28O8	4',4pi(5pi)-diacetyldibenzo-18-crown-6	68817-65-2	444.482	467.15	1	---	---	25	1.2175	2	---	---	---	solid	1
33863	C24H29ClO4	cyprosterone acetate	427-51-0	416.944	473.65	1	---	---	25	1.1444	2	---	---	---	solid	1
33864	C24H29NO4	ethaverine	486-47-5	395.499	373.15	1	---	---	25	1.1256	2	---	---	---	solid	1
33865	C24H29N3O3	N-(2,6-dimethylphenyl)-N-(2-((2,6-dimethyl	157928-97-7	407.513	---	---	---	---	25	1.1503	2	---	---	---	---	---
33866	C24H29N3O6	methylergonovine maleate	57432-61-8	455.512	---	---	---	---	25	1.2274	2	---	---	---	---	---
33867	C24H29NO6S	N-(ethoxyacetyl)deacetylthiocolchicine	97043-02-2	459.564	---	---	---	---	25	1.2152	2	---	---	---	---	---
33868	C24H30Cl2N5O7	cyclochlorotine	12663-46-6	571.438	528.15	1	522.15	1	25	1.3474	2	---	---	---	solid	1
33869	C24H30F2O6	synsac	67-73-2	452.496	538.65	1	---	---	25	1.1826	2	---	---	---	solid	1
33870	C24H30N2O	(-)-17-(p-aminophenethyl)-morphinan-3-ol	63307-29-9	362.516	---	---	---	---	25	1.0560	2	---	---	---	---	---
33871	C24H30N2O2	1-ethyl-4-(2-morpholinoethyl)-3,3-diphenyl-	309-29-5	378.515	---	---	---	---	25	1.0849	2	---	---	---	---	---
33872	C24H30N2O2S	piperacetazine	3819-00-9	410.581	372.15	1	---	---	25	1.1265	2	---	---	---	solid	1
33873	C24H30O	arotinoic methanol	71441-30-0	334.502	---	---	---	---	25	0.9991	2	---	---	---	---	---
33874	C24H30O3Si3	2,4,6-triethyl-2,4,6-triphenylcyclotrisiloxane	546-33-8	450.755	450.65	1	---	---	25	1.0952	1	25	1.5402	1	solid	1
33875	C24H30O4	3b,17b-diacetoxy-17a-ethinyl-19-nor-D3,5-	2205-78-9	382.500	---	---	553.65	1	25	1.0878	2	---	---	---	---	---
33876	C24H30O8	flavaspidic acid	114-42-1	446.497	365.15	1	---	---	25	1.1935	2	---	---	---	solid	1
33877	C24H31ClO	trans-4-octyl-a-chloro-4'-ethoxystilbene	33468-15-4	370.962	305.15	1	---	---	25	1.0406	2	---	---	---	solid	1
33878	C24H31ClO4	6-chloro-17a-hydroxy-16a-methylpregna-4,	---	418.960	---	---	---	---	25	1.1222	2	---	---	---	---	---
33879	C24H31FO6	dexamethasone acetate	1177-87-3	434.505	---	---	---	---	25	1.1517	2	---	---	---	---	---
33880	C24H31FO6	flunisolide	3385-03-3	434.505	---	---	---	---	25	1.1517	2	---	---	---	---	---
33881	C24H31FO6	parmathasone acetate	1597-82-6	434.505	453.15	1	---	---	25	1.1517	2	---	---	---	solid	1
33882	C24H31N3O2	1-(2-(diethylamino)ethyl)-2-(p-ethoxybenzy	13406-60-5	393.530	---	---	---	---	25	1.1003	2	---	---	---	---	---
33883	C24H31N3O7	sibiromycin	12684-33-2	473.527	>393	dec	---	---	25	1.2276	2	---	---	---	solid	1
33884	C24H31N5O	6-methyl-a-(4-methyl-1-piperazinylcarbony	---	405.545	---	---	---	---	25	1.1248	2	---	---	---	---	---
33885	C24H31O6F	aristocort acetonide	76-25-5	434.505	---	---	---	---	25	1.1517	2	---	---	---	---	---
33886	C24H31P	2-(dicyclohexylphosphino)biphenyl	247940-06-3	350.484	376.15	1	---	---	---	---	---	---	---	---	solid	1
33887	C24H32	1,1-diphenyl-1-dodecene	1530-29-6	320.518	230.41	2	677.15	1	25	0.9299	1	25	1.5394	1	liquid	1
33888	C24H32ClFO5	halciderm	3093-35-4	454.966	549.15	1	---	---	25	1.1567	2	---	---	---	solid	1
33889	C24H32ClN3O2S	2-(2-(4-(2-((2-chloro-10-phenothiazinyl)me	19142-68-8	462.056	---	---	---	---	25	1.1700	2	---	---	---	---	---
33890	C24H32N2O2	1-(2-phenyl-2-ethoxyethyl)-4-(2-benzyloxyp	10402-90-1	380.531	---	---	---	---	25	1.0632	2	---	---	---	---	---
33891	C24H32N2O3	piperidinylethylmorphine	---	396.530	---	---	---	---	25	1.0908	2	---	---	---	---	---
33892	C24H32O3	estradiol-17-valerate	979-32-8	368.516	417.65	1	---	---	25	1.0380	2	---	---	---	solid	1
33893	C24H32O4	bufogenin	465-39-4	384.516	387.15	1	---	---	25	1.0662	2	---	---	---	solid	1
33894	C24H32O4	estradiol dipropionate	113-38-2	384.516	377.65	1	---	---	25	1.0662	2	---	---	---	solid	1
33895	C24H32O4	ethynodiol acetate	297-76-7	384.516	403.65	1	---	---	25	1.0662	2	---	---	---	solid	1
33896	C24H32O4	volidan	595-33-5	384.516	488.15	1	---	---	25	1.0662	2	---	---	---	solid	1
33897	C24H32O4S	spironolactone	52-01-7	416.582	444.15	1	---	---	25	1.1073	2	---	---	---	solid	1
33898	C24H32O6	depo-medrate	53-36-1	416.514	---	---	---	---	25	1.1200	2	---	---	---	---	---
33899	C24H32O7	schisandrin	7432-28-2	432.514	401.65	1	---	---	25	1.1457	2	---	---	---	solid	1
33900	C24H32O8	[4,4]-dibenzo-24-crown-8	14174-09-5	448.513	376.65	1	---	---	25	1.1707	2	---	---	---	solid	1
33901	C24H32O8	[3,5]-dibenzo-24-crown-8	75832-82-5	448.513	334.15	1	---	---	25	1.1707	2	---	---	---	solid	1
33902	C24H32O8	phorbol-12,13-diacetate	24928-15-2	448.513	---	---	---	---	25	1.1707	2	---	---	---	---	---
33903	C24H33Ce	tris(isopropylcyclopentadienyl)cerium	122528-16-9	461.642	---	---	---	---	---	---	---	---	---	---	---	---
33904	C24H33NO3	naftidrofuryl	31329-57-4	383.531	---	---	---	---	25	1.0543	2	---	---	---	---	---
33905	C24H33N3O2S	(2-methyl-3-(1-hydroxyethoxyethyl-4-pipera	2470-73-7	427.612	---	---	---	---	25	1.1187	2	---	---	---	---	---
33906	C24H34	1,1-diphenyldodecane	1603-53-8	322.534	283.15	1	659.15	1	25	0.9211	1	25	1.5213	1	liquid	1
33907	C24H34NO4	3b-hydroxy-20-oxo-17a-pregn-5-ene-16b-c	---	400.539	---	---	---	---	25	1.0712	2	---	---	---	---	---
33908	C24H34N2O3	4,4'-bis(hexyloxy)azoxybenzene	2587-42-0	398.546	377.15	1	---	---	25	1.0698	2	---	---	---	solid	1
33909	C24H34N8O4S2	thiamine disulfide	67-16-3	562.720	---	---	---	---	25	1.2943	2	---	---	---	---	---
33910	C24H34O4	medroxyprogesterone acetate	71-58-9	386.532	481.15	1	---	---	25	1.0456	2	---	---	---	solid	1
33911	C24H34O4S2	thiomesterone	2205-73-4	450.664	478.65	1	---	---	25	1.1244	2	---	---	---	solid	1
33912	C24H34O5	3,7,12-trioxocholan-24-oic acid, (5beta)	81-23-2	402.531	510.15	1	---	---	25	1.0726	2	---	---	---	solid	1
33913	C24H34O5	bufogenin B	465-19-0	402.531	489.65	dec	---	---	25	1.0726	2	---	---	---	solid	1
33914	C24H34O5	3-formyl-digitoxigenin	---	402.531	---	---	---	---	25	1.0726	2	---	---	---	---	---
33915	C24H34O9	fusariotoxin T 2	21259-20-1	466.529	424.65	1	---	---	25	1.1729	2	---	---	---	solid	1
33916	C24H35BrClNO2	5-bromo-4-chloro-3-indoxyl palmitate	341972-98-3	484.904	326.15	1	---	---	25	1.1996	2	---	---	---	solid	1
33917	C24H36N2O8S	terbutaline sulphate	23031-32-5	512.625	520.15	1	---	---	25	1.2056	2	---	---	---	solid	1
33918	C24H36O3	anagestone acetate mixed with mestranol (	---	372.548	---	---	---	---	25	0.9986	2	---	---	---	---	---
33919	C24H36O4	3b-acetoxy-bis nor-D5-cholenic acid	---	388.547	---	---	534.15	1	25	1.0261	2	---	---	---	---	---
33920	C24H37N3O5	2-cyclohexyl-4,6-dinitrophenol dicyclohexy	317-83-9	447.576	---	---	---	---	25	1.1146	2	---	---	---	---	---

Table 1 Physical Properties - Organic Compounds

NO	FORMULA	NAME	CAS No	Mol Wt g/mol	Freezing Point T_F, K	code	Boiling Point T_B, K	code	Density T, C	g/cm3	code	Refractive Index T, C	n_D	code	State @25C,1 atm	code
33921	C24H37OSn	(2-biphenyloxy)tributyltin	3644-37-9	460.267	---	---	---	---	---	---	---	---	---	---	---	---
33922	C24H38Br2N2	N,N'-diheptyl-4,4'-bipyridinium dibromide	6159-05-3	514.388	---	---	---	---	25	1.2442	2	---	---	---	---	---
33923	C24H38HgO2	phenylmercury oleate	104-60-9	559.155	---	---	---	---	---	---	---	---	---	---	---	---
33924	C24H38O4	diisooctyl phthalate	27554-26-3	390.563	---	---	694.00	1	25	0.9830	1	25	1.4860	1	---	---
33925	C24H38O4	dioctyl phthalate	117-84-0	390.563	223.15	1	657.15	1	25	0.9800	1	25	1.4845	1	liquid	1
33926	C24H38O4	bis(2-ethylhexyl) phthalate	117-81-7	390.563	223.15	1	657.15	1	25	0.9810	1	20	1.4853	1	liquid	1
33927	C24H38O4	dioctyl terephthalate	6422-86-2	390.563	305.15	1	664.65	1	25	0.9840	1	---	1.4900	1	solid	1
33928	C24H38O4	apocholic acid	641-81-6	390.563	449.65	1	627.88	2	25	0.9820	2	---	---	---	solid	1
33929	C24H38O4	bis(2-ethylhexyl) isophthalate	137-89-3	390.563	---	---	627.88	2	25	0.9820	2	---	---	---	---	---
33930	C24H38O4	bis(2-ethylhexyl) terephthalate	4654-26-6	390.563	---	---	698.00	2	25	0.9820	2	---	---	---	---	---
33931	C24H38O4	bis(2-octyl)phthalate	131-15-7	390.563	---	---	568.15	1	25	0.9820	2	---	---	---	---	---
33932	C24H38O6	1,2:3,4:5,6-tri-O-cyclohexylidene-D-mannit	70167-57-6	422.562	356.15	1	---	---	25	1.0593	2	---	---	---	solid	1
33933	C24H38O8	di(ethylene glycol monobutyl ether)phthala	16672-39-2	454.561	---	---	536.15	1	25	1.1083	2	---	---	---	---	---
33934	C24H39N	santoflex DD	89-28-1	341.581	---	---	---	---	25	0.9134	2	---	---	---	---	---
33935	C24H39NaO4	deoxycholic acid, sodium salt	302-95-4	414.561	---	---	---	---	---	---	---	---	---	---	---	---
33936	C24H39NO	cis-N-phenyl-9-octadecenamide	5429-85-6	357.580	314.15	1	---	---	25	0.9420	2	---	---	---	solid	1
33937	C24H40N2	conessine	546-06-5	356.596	398.65	1	---	---	25	0.9317	2	---	---	---	solid	1
33938	C24H40N2O2	N,N-diethyl-4-methyl-3-oxo-5a-4-azaandro	73671-86-0	388.594	---	---	504.90	1	25	0.9864	2	---	---	---	---	---
33939	C24H40N8O4	dipyridamole	58-32-2	504.635	436.15	1	---	---	25	1.1717	2	---	---	---	solid	1
33940	C24H40O	octadecanophenone	6786-36-3	344.581	339.15	1	698.15	1	25	0.9071	2	---	---	---	solid	1
33941	C24H40O2	cholan-24-oic acid	25312-65-6	360.580	436.65	1	---	---	25	0.9311	2	---	---	---	solid	1
33942	C24H40O2	q-nonylbenzenenonanoic acid	1938-22-3	360.580	310.15	1	---	---	25	0.9312	1	20	1.4891	1	solid	1
33943	C24H40O2	i-octylbenzenedecanoic acid	1938-17-6	360.580	313.65	1	---	---	25	0.9310	1	20	1.4894	1	solid	1
33944	C24H40O2	phenyl stearate	637-55-8	360.580	325.15	1	---	---	25	0.9311	2	---	---	---	solid	1
33945	C24H40O3	3-hydroxycholan-24-oic acid, (3alpha,5bet	434-13-9	376.580	459.15	1	---	---	25	0.9629	2	---	---	---	solid	1
33946	C24H40O3	3',4'-(dioctyloxy)acetophenone	111195-33-6	376.580	333.15	1	---	---	25	0.9629	2	---	---	---	solid	1
33947	C24H40O4	3,12-dihydroxycholan-24-oic acid, (3alpha,	83-44-3	392.579	450.15	1	---	---	25	0.9896	2	---	---	---	solid	1
33948	C24H40O4	3,6-dihydroxycholan-24-oic acid, (3alpha,5	83-49-8	392.579	471.65	1	---	---	25	0.9896	2	---	---	---	solid	1
33949	C24H40O4	3,7-dihydroxycholan-24-oic acid, (3alpha,5	474-25-9	392.579	392.15	1	---	---	25	0.9896	2	---	---	---	solid	1
33950	C24H40O4	3,7-dihydroxycholan-24-oic acid, (3alpha,5	128-13-2	392.579	476.15	1	---	---	25	0.9896	2	---	---	---	solid	1
33951	C24H40O4	(-)-di[(1R)-menthyl] fumarate	34675-24-6	392.579	333.15	1	---	---	25	0.9896	2	---	---	---	solid	1
33952	C24H40O5	cholic acid	81-25-4	408.579	471.15	1	---	---	25	1.0156	2	---	---	---	solid	1
33953	C24H40O7	hydrocortisone-17-butyrate-21-propionate	72590-77-3	440.577	395.15	1	---	---	25	1.0654	2	---	---	---	solid	1
33954	C24H40O8	piprotal	5281-13-0	456.577	---	---	---	---	25	1.0893	2	---	---	---	---	---
33955	C24H40O8S2Sn	diethyltin di(10-camphorsulfonate)	73940-85-9	639.419	---	---	---	---	---	---	---	---	---	---	---	---
33956	C24H40O8Sn	bis(butoxymaleoyloxy)dibutylstannane	15546-16-4	575.287	---	---	---	---	---	---	---	---	---	---	---	---
33957	C24H41NO2	N-(4-hydroxyphenyl)octadecanamide	103-99-1	375.595	406.95	1	---	---	25	0.9527	2	---	---	---	solid	1
33958	C24H42	cholane	548-98-1	330.597	363.15	1	673.15	2	25	0.8626	2	---	---	---	solid	1
33959	C24H42	octadecylbenzene	4445-07-2	330.597	309.00	1	673.15	1	20	0.8546	1	20	1.4809	1	solid	1
33960	C24H42O	dinonylphenol	1323-65-5	346.597	---	---	735.00	1	25	0.8913	2	---	---	---	---	---
33961	C24H42O20	maltotetraose	34612-38-9	650.585	---	---	---	---	25	1.3128	2	---	---	---	---	---
33962	C24H42O4	(-)-di[(1R)-menthyl] succinate	34212-59-4	394.595	336.15	1	---	---	25	0.9726	2	---	---	---	solid	1
33963	C24H42O4	(1S)-(+)-dimenthyl succinate	96149-05-2	394.595	336.15	1	---	---	25	0.9726	2	---	---	---	solid	1
33964	C24H44O6	sorbitan monooleate	1338-43-8	428.610	---	---	555.55	1	25	1.0062	2	---	---	---	---	---
33965	C24H44O8	dicyclohexano-24-crown-8	17455-23-1	460.609	---	---	---	---	25	1.1020	1	---	1.4885	1	---	---
33966	C24H44O12	1-oxododecyl-b-D-maltoside	---	524.606	468.15	1	---	---	25	1.1413	2	---	---	---	solid	1
33967	C24H46	1,1-dicyclohexyldodecane	18254-57-4	334.629	300.58	2	660.15	1	25	0.8339	2	---	---	---	solid	2
33968	C24H46	1-tetracosyne	61847-84-5	334.629	325.15	1	662.15	1	25	0.8339	2	---	---	---	solid	1
33969	C24H46O2	cyclohexyl stearate	104-07-4	366.628	317.15	1	---	---	15	0.8890	1	---	---	---	solid	1
33970	C24H46O2	cis-15-tetracosenoic acid	506-37-6	366.628	316.15	1	680.00	2	25	0.8888	2	---	---	---	solid	1
33971	C24H46O2	trans-15-tetracosenoic acid	14490-79-0	366.628	334.15	1	680.00	2	25	0.8888	2	---	---	---	solid	1
33972	C24H46O3	dodecanoic anhydride	645-66-9	382.627	314.95	1	---	---	70	0.8533	1	70	1.4292	1	solid	1
33973	C24H46O4	didodecanoyl peroxide	105-74-8	398.627	322.15	1	---	---	25	0.9407	2	---	---	---	solid	1
33974	C24H46O4	diethyl eicosanedioate	42235-39-2	398.627	327.65	1	---	---	25	0.9407	2	---	---	---	solid	1
33975	C24H46O4	n-decyl n-octyl adipate	110-29-2	398.627	223.25	1	---	---	25	0.9407	2	---	---	---	---	---
33976	C24H46O4	dinonyl adipate	151-32-6	398.627	298.15	1	---	---	25	0.9407	2	---	---	---	---	---
33977	C24H46O4S2Sn	di-n-octyltin-1,4-butanediol-bis-mercaptoac	69226-46-6	581.469	---	---	557.15	1	---	---	---	---	---	---	---	---
33978	C24H46O4Zn	zinc laurate	2452-01-9	464.017	401.15	1	---	---	---	---	---	---	---	---	solid	1
33979	C24H46O6	sorbitan monostearate	1338-41-6	430.626	---	---	---	---	25	0.9900	2	---	---	---	---	---
33980	C24H46O7	flexol 4GO	18268-70-7	446.625	---	---	---	---	25	1.0137	2	---	---	---	---	---
33981	C24H47NO3	6-hexanoyl-D-erythro-sphingosine, synthet	124753-97-5	397.642	---	---	---	---	25	0.9315	2	---	---	---	---	---
33982	C24H47O2PS2Sn	O,O-diisopropyl-S-tricyclohexyltin phosphc	49538-98-9	581.452	---	---	---	---	---	---	---	---	---	---	---	---
33983	C24H48	nonadecylcyclopentane	62016-54-0	336.645	308.15	1	673.15	1	25	0.8205	2	---	---	---	solid	1
33984	C24H48	octadecylcyclohexane	4445-06-1	336.645	313.65	1	675.15	1	20	0.8300	1	20	1.4610	1	solid	1
33985	C24H48	1-tetracosene	10192-32-2	336.645	318.45	1	663.15	1	25	0.8205	2	---	---	---	solid	1
33986	C24H48Br2	1,1-dibromotetracosane	62168-03-0	496.453	464.34	2	726.15	1	25	1.1033	2	---	---	---	solid	2
33987	C24H48Cl2	1,1-dichlorotetracosane	62017-26-9	407.550	404.58	2	709.15	1	25	0.9165	2	---	---	---	solid	2
33988	C24H48F2	1,1-difluorotetracosane	62127-13-3	374.642	409.04	2	644.15	1	25	0.8711	2	---	---	---	solid	2
33989	C24H48I2	1,1-diiodotetracosane	66374-96-7	590.454	460.86	2	934.36	2	25	1.2633	2	---	---	---	solid	2
33990	C24H48O2	eicosyl butanoate	41927-66-6	368.644	402.07	2	806.74	2	25	0.8746	2	---	---	---	solid	2
33991	C24H48O2	ethyl docosanoate	5908-87-2	368.644	323.15	1	806.74	2	25	0.8746	2	---	---	---	solid	1
33992	C24H48O2	tetracosanoic acid	557-59-5	368.644	360.65	1	806.74	2	100	0.8207	1	100	1.4287	1	solid	1
33993	C24H48O2	hexadecyl 2-ethylhexanoate	59130-69-7	368.644	323.15	2	806.74	2	25	0.8746	2	---	---	---	solid	2
33994	C24H48O2	octyl palmitate	29806-73-3	368.644	323.15	2	806.74	2	25	0.8746	2	---	---	---	solid	2
33995	C24H48O2Pb	triethyl lead oleate	63916-98-3	575.844	---	---	551.15	1	---	---	---	---	---	---	---	---
33996	C24H48O4Sn	dibutyltin bis(2-ethylhexanoate)	2781-10-4	519.353	331.15	1	---	---	---	---	---	---	---	---	solid	1
33997	C24H48O4Sn	bis(octanoyloxy)di-n-butyl stannane	4731-77-5	519.353	---	---	---	---	---	---	---	---	---	---	---	---
33998	C24H49Br	1-bromotetracosane	6946-24-3	417.557	323.85	1	701.15	1	25	0.9607	2	---	---	---	solid	1
33999	C24H49Cl	1-chlorotetracosane	6422-18-0	373.106	325.15	1	688.15	1	25	0.8637	2	---	---	---	solid	1
34000	C24H49F	1-fluorotetracosane	62126-81-2	356.652	326.15	1	658.15	1	25	0.8398	2	---	---	---	solid	1

Table 1 Physical Properties - Organic Compounds

				Mol Wt	Freezing Point		Boiling Point		Density			Refractive Index			State	
NO	FORMULA	NAME	CAS No	g/mol	T_F, K	code	T_B, K	code	T, C	g/cm3	code	T, C	n_D	code	@25C,1 atm	code
34001	C24H49I	1-iodotetracosane	62127-55-3	464.558	327.85	1	722.15	1	25	1.0478	2	---	---	---	solid	1
34002	C24H50	tetracosane	646-31-1	338.661	323.75	1	664.45	1	20	0.7991	1	70	1.4283	1	solid	1
34003	C24H50	2-methyltricosane	1928-30-9	338.661	310.75	1	664.45	2	90	0.7539	1	90	1.4201	1	solid	1
34004	C24H50O	2-decyl-1-tetradecanol	58670-89-6	354.660	291.65	1	675.00	2	25	0.8420	1	---	1.4570	1	liquid	2
34005	C24H50O	tetracosanol	506-51-4	354.660	349.15	1	675.00	1	25	0.8347	2	---	---	---	solid	1
34006	C24H50O2	dioxybis(2,2'-di-tert-butylbutane	---	370.660	---	---	---	---	25	0.8609	2	---	---	---	---	---
34007	C24H50O2Sn	tributyltin laurate	3090-36-6	489.370	---	---	---	---	---	---	---	---	---	---	---	---
34008	C24H50S	dodecyl sulfide	2469-45-6	370.727	312.65	1	680.00	2	25	0.8525	2	---	---	---	solid	1
34009	C24H51BO3	tri-n-octyl borate	2467-12-1	398.478	---	---	623.15	2	25	0.8460	1	---	1.4380	1	---	---
34010	C24H51BO3	tri(2-ethylhexyl) borate	2467-13-2	398.478	---	---	623.15	1	25	0.8570	1	---	---	---	---	---
34011	C24H51BO3	tri(2-octyl)borate	24848-81-5	398.478	---	---	623.15	2	25	0.8515	2	---	---	---	---	---
34012	C24H51N	tetracosylamine	14130-08-6	353.676	340.15	1	702.15	1	25	0.8262	2	---	---	---	solid	1
34013	C24H51N	methyltricosylamine	66374-99-0	353.676	326.15	1	675.15	1	25	0.8262	2	---	---	---	solid	1
34014	C24H51N	ethyldocosylamine	66374-98-9	353.676	325.15	2	678.15	1	25	0.8262	2	---	---	---	solid	2
34015	C24H51N	didodecylamine	3007-31-6	353.676	324.15	1	676.15	1	25	0.8262	2	---	---	---	solid	1
34016	C24H51N	dimethyldocosylamine	21542-96-1	353.676	317.15	1	673.15	1	25	0.8262	2	---	---	---	solid	1
34017	C24H51N	diethyleicosylamine	66374-97-8	353.676	277.85	2	646.15	1	25	0.8262	2	---	---	---	liquid	1
34018	C24H51N	trioctylamine	1116-76-3	353.676	238.55	1	639.15	1	25	0.8088	1	25	1.4486	1	liquid	1
34019	C24H51N	triisooctylamine	2757-28-0	353.676	277.85	2	668.72	2	25	0.8262	2	---	---	---	liquid	2
34020	C24H51OP	trioctylphosphine oxide	78-50-2	386.642	325.65	1	---	---	---	---	---	---	---	---	solid	1
34021	C24H51O3P	dilauryl phosphite	21302-90-9	418.641	297.15	1	---	---	25	0.9460	1	---	---	---	---	---
34022	C24H51O3P	tris(2-ethylhexyl)phosphite	301-13-3	418.641	---	---	---	---	---	---	---	---	---	---	---	---
34023	C24H51O4P	trioctyl phosphate	1806-54-8	434.641	199.35	1	503.65	1	---	---	---	---	---	---	liquid	1
34024	C24H51O4P	tris(2-ethylhexyl) phosphate	78-42-2	434.641	193.15	1	489.15	1	25	0.9250	1	---	1.4440	1	liquid	1
34025	C24H51P	trioctylphosphine	4731-53-7	370.643	---	---	---	---	25	0.8310	1	---	1.4680	1	---	---
34026	C24H52BrN	tetrahexylammonium bromide	4328-13-6	434.588	372.15	1	---	---	25	0.9606	2	---	---	---	solid	1
34027	C24H52ClN	tetrahexylammonium chloride	5922-92-9	390.136	385.15	1	---	---	25	0.8674	2	---	---	---	solid	1
34028	C24H52IN	tetrahexylammonium iodide	2138-24-1	481.588	375.65	1	---	---	25	1.0444	2	---	---	---	solid	1
34029	C24H52N8O2	eulicin	534-76-9	484.732	---	---	---	---	25	1.0237	2	---	---	---	---	---
34030	C24H52O4Si	tetra(2-ethylbutyl) silicate	78-13-7	432.759	---	---	---	---	20	0.8920	1	20	1.4307	1	---	---
34031	C24H52O4Si3	tri-O-(tert-butyldimethylsilyl)-D-glucal	79999-47-6	488.929	---	---	---	---	25	0.9280	1	---	1.4560	1	---	---
34032	C24H52Si	trioctylsilane	18765-09-8	368.762	---	---	---	---	25	0.8210	1	---	1.4540	1	---	---
34033	C24H54OSn2	hexabutyldistannoxane	56-35-9	596.112	318.15	1	---	---	---	---	---	---	---	---	solid	1
34034	C24H54O3P	triisooctyl phosphite	25103-12-2	421.665	---	---	---	---	---	---	---	---	---	---	---	---
34035	C24H54O4SSn2	tributyltin sulfate	26377-04-8	676.176	---	---	---	---	---	---	---	---	---	---	---	---
34036	C24H54P2Pd	bis(tri-t-butylphosphine)palladium	53199-31-8	511.061	---	---	---	---	---	---	---	---	---	---	---	---
34037	C24H54SSn2	1,1,1,3,3,3-hexabutyldistannthiane	4808-30-4	612.179	---	---	---	---	---	---	---	---	---	---	---	---
34038	C24H54Sn2	hexabutyldistannane	813-19-4	580.113	---	---	---	---	25	1.1480	1	---	1.5120	1	---	---
34039	C24H54Sn2	hexaisobutylditin	3750-18-3	580.113	---	---	---	---	---	---	---	---	---	---	---	---
34040	C24H56Al2MgO8	magnesium aluminum isopropoxide	69207-83-6	550.973	313.15	1	---	---	---	---	---	---	---	---	solid	1
34041	C24H72O10Si11	tetracosamethylundecasiloxane	107-53-9	829.765	---	---	595.95	1	25	0.9247	1	20	1.3994	1	---	---
34042	C25H14O	benzo(rst)pentaphene-5-carboxaldehyde	63040-53-9	330.386	---	---	---	---	25	1.2232	2	---	---	---	---	---
34043	C25H14O	dibenzo(b,def)chrysene-7-carboxaldehyde	63040-54-0	330.386	---	---	---	---	25	1.2232	2	---	---	---	---	---
34044	C25H14O	dibenzo(def,p)chrysene-10-carboxaldehyd	2869-59-2	330.386	---	---	---	---	25	1.2232	2	---	---	---	---	---
34045	C25H14O	6-formylanthanthrene	63040-55-1	330.386	---	---	---	---	25	1.2232	2	---	---	---	---	---
34046	C25H16	5-methylbenzo(rat)pentaphene	33942-88-0	316.402	---	---	---	---	25	1.1569	2	---	---	---	---	---
34047	C25H16	5-methyl-dibenzo(b,def)chrysene	33942-87-9	316.402	---	---	---	---	25	1.1569	2	---	---	---	---	---
34048	C25H16	5-methyl-1,2,3,4-dibenzopyrene	2869-60-5	316.402	---	---	---	---	25	1.1569	2	---	---	---	---	---
34049	C25H16	7-methyl-1:2:3:4-dibenzpyrene	63041-95-2	316.402	---	---	---	---	25	1.1569	2	---	---	---	---	---
34050	C25H16	5-methylnaphtho(1,2,3,4-def)chrysene	2869-09-2	316.402	---	---	---	---	25	1.1569	2	---	---	---	---	---
34051	C25H16	6-methylnaphtho(1,2,3,4-def)chrysene	2869-10-5	316.402	---	---	---	---	25	1.1569	2	---	---	---	---	---
34052	C25H16N2O2	7-(m-nitrostyryl)benz(c)acridine	63021-48-7	376.415	---	---	---	---	25	1.2838	2	---	---	---	---	---
34053	C25H16N2O2	7-(o-nitrostyryl)benz(c)acridine	63021-49-8	376.415	---	---	---	---	25	1.2838	2	---	---	---	---	---
34054	C25H16N2O2	7-(p-nitrostyryl)benz(c)acridine	63021-50-1	376.415	---	---	---	---	25	1.2838	2	---	---	---	---	---
34055	C25H16N2O2	12-(m-nitrostyryl)benz(a)acridine	63021-46-5	376.415	---	---	---	---	25	1.2838	2	---	---	---	---	---
34056	C25H16N2O2	12-(o-nitrostyryl)benz(a)acridine	63021-47-6	376.415	---	---	---	---	25	1.2838	2	---	---	---	---	---
34057	C25H16N2O2	12-(p-nitrostyryl)benz(a)acridine	22188-15-4	376.415	---	---	---	---	25	1.2838	2	---	---	---	---	---
34058	C25H17NO	2-(4-biphenylyl)-6-phenylbenzoxazole	17064-47-0	347.416	471.65	1	---	---	25	1.2069	2	---	---	---	solid	1
34059	C25H18N2O3	dibenzanthranyl glycine complex	63041-44-1	394.430	---	---	---	---	25	1.2813	2	---	---	---	---	---
34060	C25H19NO3	fendosal	53597-27-6	381.431	497.15	dec	---	---	25	1.2380	2	---	---	---	solid	1
34061	C25H20	tetraphenylmethane	630-76-2	320.434	561.15	1	743.00	1	25	1.0992	2	---	---	---	solid	1
34062	C25H20ClN5O3	2-chloro-6H-indolo(2,3-b)quinoxaline-6-ac	109322-04-5	473.920	---	---	---	---	25	1.3666	2	---	---	---	---	---
34063	C25H20N2O	tetraphenylurea	632-89-3	364.447	456.15	1	---	---	25	1.2220	1	---	---	---	solid	1
34064	C25H20N2O4	(S)-N-fmoc-4-cyanophenylalanine	173963-93-4	412.445	462.15	1	---	---	25	1.2790	2	---	---	---	solid	1
34065	C25H20N2O4	(R)-N-fmoc-4-cyanophenylalanine	205526-34-7	412.445	461.25	1	---	---	25	1.2790	2	---	---	---	solid	1
34066	C25H20N2O4	(S)-N-fmoc-3-cyanophenylalanine	205526-36-9	412.445	452.55	1	---	---	25	1.2790	2	---	---	---	solid	1
34067	C25H20N2O4	(R)-N-fmoc-3-cyanophenylalanine	205526-37-0	412.445	---	---	---	---	25	1.2790	2	---	---	---	---	---
34068	C25H20O	4-tritylphenol	978-86-9	336.433	559.15	1	---	---	25	1.1323	2	---	---	---	solid	1
34069	C25H20O2Sn	triphenylstannyl benzoate	910-06-5	471.143	---	---	---	---	---	---	---	---	---	---	---	---
34070	C25H21Br2P	(4-bromobenzyl)triphenylphosphonium bro	51044-13-4	512.224	543.15	1	---	---	---	---	---	---	---	---	solid	1
34071	C25H21Br2P	(4-bromomethylbenzyl)triphenylphosphoniu	---	512.224	544.65	1	---	---	---	---	---	---	---	---	solid	1
34072	C25H21ClFP	4-fluorobenzyl triphenyl phosphoniumchlor	---	406.867	---	---	---	---	---	---	---	---	---	---	---	---
34073	C25H21Cl2P	(4-chlorobenzyl)triphenylphosphonium chl	1530-39-8	423.321	554.65	1	---	---	---	---	---	---	---	---	solid	1
34074	C25H21N	14-n-butyl dibenz(a,h)acridine	10457-58-6	335.449	---	---	---	---	25	1.1172	2	---	---	---	---	---
34075	C25H21NO4	N-fmoc-DL-1-aminoindane-1-carboxylic ac	---	399.446	---	---	---	---	25	1.2377	2	---	---	---	---	---
34076	C25H21NO4	N-fmoc-2-aminoindane-2-carboxylic acid	135944-07-9	399.446	473.15	1	---	---	25	1.2377	2	---	---	---	solid	1
34077	C25H21NO4	N-fmoc-D-1,2,3,4-tetrahydroisoquinoline-3-	---	399.446	---	---	---	---	25	1.2377	2	---	---	---	---	---
34078	C25H21NO4	N-fmoc-L-1,2,3,4-tetrahydroisoquinoline-3-	---	399.446	420.65	1	---	---	25	1.2377	2	---	---	---	solid	1
34079	C25H21N3O3S	tetramethylrhodamine-5(6)isothiocyanate	80724-20-5	443.527	---	---	---	---	25	1.3000	2	---	---	---	---	---
34080	C25H21N3O3S	tetramethyl rhodamine isothiocyanate	6749-36-6	443.527	---	---	---	---	25	1.3000	2	---	---	---	---	---

Table 1 Physical Properties - Organic Compounds

				Mol Wt	Freezing Point		Boiling Point		Density			Refractive Index			State	
NO	FORMULA	NAME	CAS No	g/mol	T_F, K	code	T_B, K	code	T, C	g/cm3	code	T, C	n_D	code	@25C,1 atm	code
34081	C25H21N4	3-tert-butyltricycloquinazoline	313-94-0	377.470	---	---	---	---	25	1.2059	2	---	---	---	---	---
34082	C25H22BrOP	(2-hydroxybenzyl)triphenylphosphonium br	70340-04-4	449.327	515.15	1	---	---	---	---	---	---	---	---	solid	1
34083	C25H22BrP	benzyltriphenylphosphonium bromide	1449-46-3	433.328	568.15	1	---	---	---	---	---	---	---	---	solid	1
34084	C25H22ClNO3	fenvalerate	51630-58-1	419.907	---	---	432.15	2	25	1.1500	1	---	---	---	---	---
34085	C25H22ClNO3	esfenvalerate	66230-04-4	419.907	332.75	1	432.15	1	25	1.2394	2	---	---	---	solid	1
34086	C25H22ClP	benzyltriphenylphosphonium chloride	1100-88-5	388.876	600.65	1	---	---	---	---	---	---	---	---	solid	1
34087	C25H22ClN3O3S	2-(2-tritylaminothiazole-4-yl)-2-methoxyimi	123333-74-4	479.987	443.15	1	---	---	25	1.3228	2	---	---	---	solid	1
34088	C25H22IP	benzyltriphenylphosphonium iodide	15853-35-7	480.328	535.15	1	---	---	---	---	---	---	---	---	solid	1
34089	C25H22N4O8	streptonigran	3930-19-6	506.473	548.15	dec	---	---	25	1.3974	2	---	---	---	solid	1
34090	C25H22O3	3-anisoyl-2-mesitylbenzofuran	73343-67-6	370.448	---	---	---	---	25	1.1672	2	---	---	---	---	---
34091	C25H22O3	equilenin benzoate	604-58-0	370.448	496.15	1	---	---	25	1.1672	2	---	---	---	solid	1
34092	C25H22OSi	(2-methylphenoxy)triphenylsilane	18858-65-6	366.534	---	---	465.15	1	20	0.9287	1	20	1.4830	1	---	---
34093	C25H22P2	bis(diphenylphosphino)methane	2071-20-7	384.398	393.15	1	---	---	---	---	---	---	---	---	solid	1
34094	C25H23BrNO2P	4-nitrobenzyl triphenylphosphonium bromid	2767-70-6	480.341	545.65	1	---	---	---	---	---	---	---	---	solid	1
34095	C25H23NO	(S)-di-2-naphthylprolinol	127986-84-9	353.464	410.65	1	---	---	25	1.1225	2	---	---	---	solid	1
34096	C25H23NO	(R)-di-2-naphthylprolinol	130798-48-0	353.464	410.65	1	---	---	25	1.1225	2	---	---	---	solid	1
34097	C25H23NO4	DL-N-fmoc-2'-methylphenylalanine	135944-06-8	401.462	431.65	1	---	---	25	1.2102	2	---	---	---	solid	1
34098	C25H23N3O3S	cis-2-acetyl-3-phenyl-5-tosyl-3,3a,4,5-tetra	76298-68-5	445.543	---	---	---	---	25	1.2723	2	---	---	---	---	---
34099	C25H24Cl2N2O	b-(p-chlorophenyl)phenethyl 4-(o-chloroph	25174-66-7	439.384	---	---	---	---	25	1.2272	2	---	---	---	---	---
34100	C25H24F6N4	hydramethylnon	67485-29-4	494.485	463.15	1	---	---	25	1.2816	2	---	---	---	solid	1
34101	C25H24N2O2	(S)-2-[N'-(N-benzylprolyl)amino]benzopher	96293-17-3	384.478	374.65	1	---	---	25	1.1677	2	---	---	---	solid	1
34102	C25H24N4O4S	trans-3,3a,4,5-tetrahydro-2-acetyl-8-metho	78431-47-7	476.557	---	---	---	---	25	1.3072	2	---	---	---	---	---
34103	C25H24O3	equilin benzoate	6030-80-4	372.464	---	---	---	---	25	1.1412	2	---	---	---	---	---
34104	C25H25BP	benzyltriphenylphosphonium borohydride	---	367.259	434.65	1	---	---	---	---	---	---	---	---	solid	1
34105	C25H25ClN2	pinacyanol chloride	2768-90-3	388.940	543.15	1	---	---	25	1.1448	2	---	---	---	solid	1
34106	C25H25ClN2O4S2	3,3'-diethylthiatricarbocyanine perchlorate	22268-66-2	517.070	457.15	1	---	---	25	1.3146	2	---	---	---	solid	1
34107	C25H25IN2	1,1'-diethyl-4,4'-carbocyanine iodide	4727-50-8	480.392	---	---	---	---	25	1.3683	2	---	---	---	---	---
34108	C25H25IN2O2	3,3'-diethyloxatricarbocyanine iodide	15185-43-0	512.391	---	---	---	---	25	1.4142	2	---	---	---	---	---
34109	C25H26	8-heptylbenz(a)anthracene	63019-32-9	326.481	---	---	---	---	25	1.0249	2	---	---	---	---	---
34110	C25H26O3	estrone benzoate	2393-53-5	374.480	---	---	---	---	25	1.1165	2	---	---	---	---	---
34111	C25H27ClN2	meclizine	569-65-3	390.956	---	---	503.15	1	25	1.1210	2	---	---	---	---	---
34112	C25H27Cl3N6O	bisbenzimide h 33258	23491-45-4	533.888	---	---	---	---	25	1.3159	2	---	---	---	---	---
34113	C25H27NO	(S)-2-piperidinyl-1,1,2-triphenylethanol	---	357.496	431.15	1	---	---	25	1.0738	2	---	---	---	solid	1
34114	C25H27NO	(R)-2-piperidinyl-1,1,2-triphenylethanol	213995-12-1	357.496	431.15	1	---	---	25	1.0738	2	---	---	---	solid	1
34115	C25H27N2NaO7S2	xylene cyanol FF	4463-44-9	554.621	---	---	---	---	---	---	---	---	---	---	---	---
34116	C25H27N2O6S2Na	xylene cyanole ff, dye content	2650-17-1	538.622	568.15	1	---	---	---	---	---	---	---	---	solid	1
34117	C25H27N3O2S	4'(9-acridinylamino)hexanesulfonanilide	72738-89-7	433.575	---	---	---	---	25	1.1958	2	---	---	---	---	---
34118	C25H28Cl2N2	meclizine hydrochloride	36236-67-6	427.416	---	---	---	---	25	1.1538	2	---	---	---	---	---
34119	C25H28Cl3N7O2S	nuclear yellow	74681-68-8	596.969	---	---	---	---	25	1.3702	2	---	---	---	---	---
34120	C25H28O3	estra-1,3,5(10)-triene-3,17-diol 3-benzoate	50-50-0	376.496	469.15	1	---	---	25	1.0932	2	---	---	---	solid	1
34121	C25H28O3	etofenprox	80844-07-1	376.496	310.15	1	---	---	25	1.0932	2	---	---	---	solid	1
34122	C25H29BrF2O7	halopredone acetate	57781-14-3	559.402	564.15	dec	---	---	25	1.3611	2	---	---	---	solid	1
34123	C25H29I2NO3	aminodarone	1951-25-3	645.319	---	---	---	---	25	1.5730	2	---	---	---	---	---
34124	C25H29N3O	2-(3,3-diphenyl-3-(5-methyl-1,3,4-oxadiazo	57726-65-5	387.526	395.15	1	---	---	25	1.1059	2	---	---	---	solid	1
34125	C25H30BrP	n-heptyl-triphenylphosphonium bromide	13423-48-8	441.391	449.65	1	---	---	---	---	---	---	---	---	solid	1
34126	C25H30ClN3	crystal violet	548-62-9	407.987	488.15	dec	---	---	25	1.1132	2	---	---	---	solid	1
34127	C25H30N2	MTDQ	41208-07-5	358.527	357.65	1	---	---	25	1.0390	2	---	---	---	solid	1
34128	C25H30N2O4	2-((3-o-methoxyphenylpiperazino)-propyl)-	69103-91-9	422.525	---	---	439.75	1	25	1.1496	2	---	---	---	---	---
34129	C25H30O4	bixin	6983-79-5	394.511	471.15	1	---	---	25	1.0988	2	---	---	---	solid	1
34130	C25H31NO4	(S)-N-fmoc-octylglycine	193885-59-5	409.526	415.75	1	---	---	25	1.1135	2	---	---	---	solid	1
34131	C25H31NO4	(R)-N-fmoc-octylglycine	220497-96-1	409.526	409.65	1	---	---	25	1.1135	2	---	---	---	solid	1
34132	C25H31FO8	aristocort diacetate	67-78-7	478.515	460.15	1	464.65	1	25	1.2087	2	---	---	---	solid	1
34133	C25H31N3	leuco crystal violet	603-48-5	373.542	450.65	1	---	---	25	1.0557	2	---	---	---	solid	1
34134	C25H31N3O	tri(p-dimethylaminophenyl)methanol	467-63-0	389.542	---	---	480.35	1	25	1.0837	2	---	---	---	---	---
34135	C25H32ClFO5	clobetasol propionate	25122-46-7	466.977	469.40	1	---	---	25	1.1653	2	---	---	---	solid	1
34136	C25H32O2	quinestrol	152-43-2	364.528	380.65	1	---	---	25	1.0216	2	---	---	---	solid	1
34137	C25H32O4	melengestrol acetate	2919-66-6	396.527	498.15	1	---	---	25	1.0774	2	---	---	---	solid	1
34138	C25H32O8	prednisolone succinate	2920-86-7	460.524	479.15	1	---	---	25	1.1793	2	---	---	---	solid	1
34139	C25H33NO4	7a-etorphine	14521-96-1	411.542	488.65	1	---	---	25	1.0922	2	---	---	---	solid	1
34140	C25H34	1,1-diphenyl-1-tridecene	62155-37-7	334.545	225.31	2	687.15	1	25	0.9259	1	25	1.5362	1	liquid	1
34141	C25H34N2O4	4-(p-tert-butylbenzyl)piperazinyl 3,4,5-trim	17766-62-0	426.557	---	---	---	---	25	1.1063	2	---	---	---	---	---
34142	C25H34N2O8	niludipine	22609-73-0	490.554	---	---	---	---	25	1.2023	2	---	---	---	---	---
34143	C25H34N2O9	antimycin A4	27220-59-3	506.554	---	---	---	---	25	1.2246	2	---	---	---	---	---
34144	C25H34O6	budesonide	51333-22-3	430.541	499.65	dec	---	---	25	1.1088	2	---	---	---	solid	1
34145	C25H34O6	12-deoxyphorbol-13-angelate	65700-60-9	430.541	---	---	---	---	25	1.1088	2	---	---	---	---	---
34146	C25H34O6	12-deoxy-phorbol-13-tiglate	28152-96-7	430.541	---	---	---	---	25	1.1088	2	---	---	---	---	---
34147	C25H34O7	3-12-formyl-digoxigenin	---	446.541	---	---	---	---	25	1.1336	2	---	---	---	---	---
34148	C25H35NO9	ryanodine	15662-33-6	493.555	---	---	---	---	25	1.1925	2	---	---	---	---	---
34149	C25H35N5O4	diisobutylaminobenzoyloxypropyl theophyll	102367-57-7	469.586	---	---	---	---	25	1.1658	2	---	---	---	---	---
34150	C25H36	1,1-diphenyltridecane	62155-14-0	336.561	300.15	1	668.15	1	25	0.9256	2	---	---	---	solid	1
34151	C25H36Cl6O4	bis(2-ethylhexyl) chlorendate	4827-55-8	613.273	---	---	---	---	25	1.2400	1	---	1.5000	1	---	---
34152	C25H36O2	2,2'-methylenebis(4-ethyl-6-tert-butylphenc	88-24-4	368.560	---	---	---	---	25	0.9832	2	---	---	---	---	---
34153	C25H36O4	cochliobolin	4611-05-6	400.558	455.15	1	---	---	25	1.0375	2	---	---	---	solid	1
34154	C25H36O6	12-deoxy-phorbol-13a-methylbutyrate	28152-97-8	432.557	---	---	---	---	25	1.0887	2	---	---	---	---	---
34155	C25H36O6	hydrocortisone-17-butyrate	13609-67-1	432.557	482.15	1	---	---	25	1.0887	2	---	---	---	solid	1
34156	C25H36O10	glarubin	1448-23-3	496.555	525.65	dec	---	---	25	1.1829	2	---	---	---	solid	1
34157	C25H37NO10	aureofuscin	58194-38-0	511.570	443.15	dec	---	---	25	1.1938	2	---	---	---	solid	1
34158	C25H38N2	4,4'-methylenebis(2,6-diisopropylaniline)	19900-69-7	366.591	328.65	1	---	---	25	0.9619	2	---	---	---	solid	1
34159	C25H38O4	androstenediol dipropionate	2297-30-5	402.574	388.65	1	---	---	25	1.0189	2	---	---	---	solid	1
34160	C25H39NO7	14-dehydrobrowniine	4829-56-5	465.587	---	---	---	---	25	1.1067	2	---	---	---	---	---

Table 1 Physical Properties - Organic Compounds

				Mol Wt	Freezing Point		Boiling Point		Density			Refractive Index			State	
NO	FORMULA	NAME	CAS No	g/mol	T_F, K	code	T_B, K	code	T, C	g/cm3	code	T, C	n_D	code	@25C,1 atm	code
34161	C25H40O2	benzyl oleate	55130-16-0	372.591	---	---	---	---	25	0.9302	1	25	1.4875	1	---	---
34162	C25H40O2S	mepitiostane	21362-69-6	404.657	372.65	1	---	---	25	0.9908	2	---	---	---	solid	1
34163	C25H41NO7	browniine	5140-42-1	467.603	---	---	---	---	25	1.0882	2	---	---	---	---	---
34164	C25H41NO7	lycoctonine	26000-17-9	467.603	---	---	---	---	25	1.0882	2	---	---	---	---	---
34165	C25H41NO9	aconine	509-20-6	499.602	405.15	1	---	---	25	1.1331	2	---	---	---	solid	1
34166	C25H42O3S	(((3,5-bis(1,1-dimethylethyl)-4-hydroxypher	80387-97-9	422.673	---	---	---	---	25	0.9991	2	---	---	---	---	---
34167	C25H43NO18	acarbose	56180-94-0	645.613	---	---	---	---	25	1.2900	2	---	---	---	---	---
34168	C25H43N3O6	N-[[1-[3,4-dihydroxy-5-(hydroxymethyl)tetra	55726-45-9	481.634	---	---	---	---	25	1.0907	2	---	---	---	---	---
34169	C25H43N3O6	palmitoyl cytarabine	31088-06-9	481.634	---	---	---	---	25	1.0907	2	---	---	---	---	---
34170	C25H43N13O10	viomycin	32988-50-4	685.701	---	---	---	---	25	1.3537	2	---	---	---	---	---
34171	C25H44	nonadecylbenzene	29136-19-4	344.624	313.15	1	683.15	1	20	0.8545	1	20	1.4807	1	solid	1
34172	C25H44	(3-octylundecyl)benzene	5637-96-7	344.624	246.45	1	683.15	2	20	0.8560	1	20	1.4806	1	liquid	2
34173	C25H44	9-(4-tolyl)octadecane	4445-08-3	344.624	233.15	1	683.15	2	25	0.8683	1	20	1.4811	1	liquid	2
34174	C25H44N14O8	capreomycin IA	37280-35-6	668.718	520.15	1	---	---	25	1.3267	2	---	---	---	solid	1
34175	C25H46ClN	cetyldimethylbenzylammonium chloride	122-18-9	396.100	---	---	---	---	25	0.9209	2	---	---	---	---	---
34176	C25H46ClNO8	griseomycin	1393-89-1	524.095	---	---	---	---	25	1.1033	2	---	---	---	---	---
34177	C25H46N2O2	2-dodecyl-N-(2,2,6,6-tetramethyl-4-piperidi	79720-19-7	406.653	258.25	1	---	---	25	0.9600	1	---	1.4840	1	---	---
34178	C25H48	1,1-dicyclohexyltridecane	62155-22-0	348.656	385.77	2	670.15	1	25	0.8347	2	---	---	---	solid	2
34179	C25H48	1-pentacosyne	61847-85-6	348.656	328.15	1	672.15	1	25	0.8347	2	---	---	---	solid	1
34180	C25H48N6O8	deferoxamine	70-51-9	560.693	412.15	1	---	---	25	1.1487	2	---	---	---	solid	1
34181	C25H48O4	bis(2-ethylhexyl) azelate	103-24-2	412.654	195.15	1	---	---	25	0.9150	1	25	1.4460	1	---	---
34182	C25H50	eicosylcyclopentane	22331-38-0	350.672	311.15	1	683.15	1	20	0.8276	1	20	1.4595	1	solid	1
34183	C25H50	nonadecylcyclohexane	22349-03-7	350.672	318.35	1	685.15	1	20	0.8310	1	20	1.4616	1	solid	1
34184	C26H52	heneicosylcyclopentane	6703-82-8	364.699	315.15	1	693.15	1	20	0.8286	1	20	1.4602	1	solid	1
34185	C25H50	1-pentacosene	16980-85-1	350.672	321.85	1	674.15	1	25	0.8218	2	---	---	---	solid	1
34186	C25H50	9-octyl-8-heptadecene	24306-18-1	350.672	233.15	1	674.15	2	20	0.8086	1	20	1.4554	1	liquid	2
34187	C25H50Br2	1,1-dibromopentacosane	62168-04-1	510.480	475.61	2	736.15	1	25	1.0945	2	---	---	---	solid	2
34188	C25H50Cl2	1,1-dichloropentacosane	62017-27-0	421.577	415.85	2	719.15	1	25	0.9143	2	---	---	---	solid	2
34189	C25H50F2	1,1-difluoropentacosane	62127-14-4	388.669	420.31	2	654.15	1	25	0.8705	2	---	---	---	solid	2
34190	C25H50I2	1,1-diiodopentacosane	66359-84-0	604.481	472.13	2	957.24	2	25	1.2495	2	---	---	---	solid	2
34191	C25H50N6O6	(4,6-bis(bis(butoxymethyl)amino)-S-triazin-	74037-60-8	530.710	---	---	---	---	25	1.0923	2	---	---	---	---	---
34192	C25H50O2	methyl tetracosanoate	2442-49-1	382.671	334.15	1	817.00	2	25	0.8738	2	---	---	---	solid	1
34193	C25H51Br	1-bromopentacosane	62108-45-6	431.584	331.45	1	710.15	1	25	0.9568	2	---	---	---	solid	1
34194	C25H51Cl	1-chloropentacosane	62016-78-8	387.132	330.15	1	698.15	1	25	0.8634	2	---	---	---	solid	1
34195	C25H51F	1-fluoropentacosane	62126-82-3	370.678	333.15	1	668.15	1	25	0.8404	2	---	---	---	solid	1
34196	C25H51I	1-iodopentacosane	62127-56-4	478.584	333.75	1	731.15	1	25	1.0410	2	---	---	---	solid	1
34197	C25H52	pentacosane	629-99-2	352.688	326.65	1	675.05	1	20	0.8012	1	20	1.4491	1	solid	1
34198	C25H52	9-octylheptadecane	7225-64-1	352.688	259.35	1	675.05	2	20	0.8020	1	20	1.4487	1	liquid	2
34199	C25H53N	pentacosylamine	14130-09-7	367.703	341.15	1	712.15	1	25	0.8273	2	---	---	---	solid	1
34200	C25H53N	methyltetracosylamine	66359-78-2	367.703	327.15	1	684.15	1	25	0.8273	2	---	---	---	solid	1
34201	C25H53N	ethyltricosylamine	66359-77-1	367.703	327.15	2	688.15	1	25	0.8273	2	---	---	---	solid	2
34202	C25H53N	dimethyltricosylamine	66359-76-0	367.703	320.00	2	683.15	1	25	0.8273	2	---	---	---	solid	2
34203	C25H53N	diethylheneicosylamine	66359-75-9	367.703	320.00	2	656.15	1	25	0.8273	2	---	---	---	solid	2
34204	C25H54ClN	methyltrioctylammonium chloride	5137-55-3	404.163	253.25	1	498.15	1	25	0.8800	1	---	---	---	liquid	1
34205	C26H4F20P2	1,2-bis(dipentafluorophenylphosphino)etha	76858-94-1	758.236	465.15	1	---	---	---	---	---	---	---	---	solid	1
34206	C26H12N4O2	C.I. vat orange 7	4424-06-0	412.408	---	---	---	---	25	1.4168	2	---	---	---	---	---
34207	C26H14	dibenzo(cd,lm)perylene	188-96-5	326.397	653.65	1	---	---	25	1.2006	2	---	---	---	solid	1
34208	C26H14	rubicene	197-61-5	326.397	---	---	---	---	25	1.2006	2	---	---	---	---	---
34209	C26H16	hexacene	258-31-1	328.413	653.15	1	---	---	25	1.1692	2	---	---	---	solid	1
34210	C26H16	dibenzo[g,p]chrysene	191-68-4	328.413	491.00	1	---	---	25	1.1692	2	---	---	---	solid	1
34211	C26H16	9h-fluorene, 9-(9h-fluoren-9-ylidene)-	746-47-4	328.413	---	---	---	---	25	1.1692	2	---	---	---	---	---
34212	C26H16Cl2N2	2,3-dichloro-6,12-diphenyl-dibenzo(b,f)(1,5	3646-61-5	427.332	---	---	---	---	25	1.3199	2	---	---	---	---	---
34213	C26H16O	6-formyl-12-methylanthanthrene	63040-58-4	344.412	---	---	---	---	25	1.2021	2	---	---	---	---	---
34214	C26H16O	5-formyl-8-methyl-3,4:9,10-dibenzopyrene	63040-56-2	344.412	---	---	---	---	25	1.2021	2	---	---	---	---	---
34215	C26H16O	5-formyl-10-methyl-3,4:8,9-dibenzopyrene	63040-57-3	344.412	---	---	---	---	25	1.2021	2	---	---	---	---	---
34216	C26H16O4	1,5-diphenoxyanthraquinone	82-21-3	392.411	---	---	---	---	25	1.2936	2	---	---	---	---	---
34217	C26H18	9,10-diphenylanthracene	1499-10-1	330.429	519.65	1	---	---	25	1.1398	2	---	---	---	solid	1
34218	C26H18	9,9'-bi-9H-fluorene	1530-12-7	330.429	518.35	1	---	---	25	1.1398	2	---	---	---	solid	1
34219	C26H18N4Na2O8S2	brilliant yellow	3051-11-4	624.564	---	---	---	---	---	---	---	---	---	---	---	---
34220	C26H18O4	1,2:5,6-dibenzanthracene-9,10-endo-a,b-s	4665-48-9	394.427	---	---	---	---	25	1.2627	2	---	---	---	---	---
34221	C26H20	tetraphenylethylene	632-51-9	332.445	496.15	1	760.00	1	25	1.1550	1	---	---	---	solid	1
34222	C26H20F5NO4	N-(9-fluorenylmethoxycarbonyl)-L-valine p	86060-87-9	505.442	394.65	1	---	---	25	1.3477	2	---	---	---	solid	1
34223	C26H20N2	2,9-dimethyl-4,7-diphenyl-1,10-phenanthro	4733-39-5	360.459	553.15	1	---	---	25	1.1726	2	---	---	---	solid	1
34224	C26H20N2	2-naphthyl-p-phenylenediamine	93-46-9	360.459	---	---	---	---	25	1.1726	2	---	---	---	---	---
34225	C26H20N2O2	dimethyl popop, scintillation	3073-87-8	392.458	505.15	1	---	---	25	1.2317	2	---	---	---	solid	1
34226	C26H20N2O2S2	o-(benzoylamino)phenyl disulfide	135-57-9	456.590	---	---	---	---	25	1.3054	2	---	---	---	---	---
34227	C26H20O	2,2,2-triphenylacetophenone	466-37-5	348.444	455.65	1	---	---	25	1.1442	2	---	---	---	solid	1
34228	C26H20P2	bis(diphenylphosphino)acetylene	5112-95-8	394.393	359.15	1	---	---	---	---	---	---	---	---	solid	1
34229	C26H21ClNP	4-cyanobenzyl-triphenylphosphonium chlo	20430-33-5	413.886	601.65	1	---	---	---	---	---	---	---	---	solid	1
34230	C26H21NO6	1-acetyl-3,3-bis(p-hydroxyphenyl)oxindole	18869-73-3	443.456	474.65	1	---	---	25	1.2991	2	---	---	---	solid	1
34231	C26H21N3O	a-(benz(c)acridin-7-yl)-N-(p-(dimethylamin	63019-50-1	391.473	---	---	---	---	25	1.2166	2	---	---	---	---	---
34232	C26H21O2P	(2-hydroxybenzoyl)methylenetriphenylphos	---	396.426	483.15	1	---	---	---	---	---	---	---	---	solid	1
34233	C26H22	1,1,1,2-tetraphenylethane	2294-94-2	334.461	417.95	1	633.15	2	25	1.0862	2	---	---	---	solid	1
34234	C26H22	1,1,2,2-tetraphenylethane	632-50-8	334.461	485.15	1	633.15	1	25	1.0862	2	---	---	---	solid	1
34235	C26H22BrOP	phenacyltriphenylphosphonium bromide	6048-29-9	461.338	538.65	1	---	---	---	---	---	---	---	---	solid	1
34236	C26H22ClF3N2O3	fluvalinate	102851-06-9	502.921	---	---	---	---	25	1.2900	1	---	---	---	---	---
34237	C26H22N2O4	Na-fmoc-L-tryptophan	35737-15-6	426.472	439.65	1	---	---	25	1.2585	2	---	---	---	solid	1
34238	C26H22O2	1,1,2,2-tetraphenyl-1,2-ethanediol	464-72-2	366.459	455.15	1	---	---	25	1.1482	2	---	---	---	solid	1
34239	C26H22P2	cis-1,2-bis(diphenylphosphino)ethylene	983-80-2	396.409	397.15	1	---	---	---	---	---	---	---	---	solid	1
34240	C26H22P2	trans-1,2-bis(diphenylphosphino)ethylene	983-81-3	396.409	398.65	1	---	---	---	---	---	---	---	---	solid	1

Table 1 Physical Properties - Organic Compounds

				Mol Wt	Freezing Point		Boiling Point		Density			Refractive Index			State	
NO	FORMULA	NAME	CAS No	g/mol	T_F, K	code	T_B, K	code	T, C	g/cm3	code	T, C	n_D	code	@25C,1 atm	code
34241	C26H23F2NO4	flucythrinate	70124-77-5	451.470	---	---	---	---	22	1.1890	1	---	---	---	---	---
34242	C26H23NO4	N-fmoc-DL-2-aminotetralin-2-carboxylic ac	---	413.473	---	---	---	---	25	1.2192	2	---	---	---	---	---
34243	C26H23NO4	(S)-N-fmoc-styrylalanine	159610-82-9	413.473	414.85	1	---	---	25	1.2192	2	---	---	---	solid	1
34244	C26H23NO4	(R)-N-fmoc-styrylalanine	215190-23-1	413.473	412.65	1	---	---	25	1.2192	2	---	---	---	solid	1
34245	C26H24As2	ethylenebis-(diphenylarsine)	4431-24-7	486.320	374.65	1	---	---	---	---	---	---	---	---	solid	1
34246	C26H24ClOP	4-methoxybenzyltriphenylphosphonium chl	3462-97-3	418.902	---	---	---	---	---	---	---	---	---	---	---	---
34247	C26H24ClP	4-methylbenzyltriphenylphosphonium chlor	1530-37-6	402.903	535.15	1	---	---	---	---	---	---	---	---	solid	1
34248	C26H24ClP	2-methylbenzyltriphenylphosphonium chlor	63368-36-5	402.903	548.15	1	---	---	---	---	---	---	---	---	solid	1
34249	C26H24ClP	3-methylbenzyltriphenylphosphonium chlor	63368-37-6	402.903	---	---	---	---	---	---	---	---	---	---	---	---
34250	C26H24N2O	1-((2,2',3,3'-tetramethyl(1,1'-biphenyl)-4-yl)	150151-21-6	380.490	---	---	---	---	25	1.1494	2	---	---	---	---	---
34251	C26H24N4O8	streptonigrin methyl ester	3398-48-9	520.500	---	---	---	---	25	1.3739	2	---	---	---	---	---
34252	C26H24P2	ethylenebis(diphenylphosphine)	1663-45-2	398.425	413.15	1	---	---	---	---	---	---	---	---	solid	1
34253	C26H25N3O4S	cis-3,3a,4,5-tetrahydro-2-acetyl-8-methoxy	76263-73-5	475.569	---	---	---	---	25	1.2777	2	---	---	---	---	---
34254	C26H26N2O2S	2,5-bis(5-tert-butylbenzoxazol-2-yl)thiophe	7128-64-5	430.571	---	---	---	---	25	1.1919	2	---	---	---	---	---
34255	C26H26OSi2	1,3-dimethyl-1,1,3,3-tetraphenyldisiloxane	807-28-3	410.662	322.15	1	---	---	---	---	---	---	---	---	solid	1
34256	C26H26Si2	tetraphenyldimethyldisilane	1172-76-5	394.662	412.15	1	---	---	---	---	---	---	---	---	solid	1
34257	C26H27ClN2O	4-benzylpiperazinyl b-(p-chlorophenyl)phe	25174-65-6	418.966	---	---	---	---	25	1.1581	2	---	---	---	---	---
34258	C26H27ClN2O	b-(p-chlorophenyl)phenethyl 4-(m-tolyl)pip	23904-88-3	418.966	---	---	---	---	25	1.1581	2	---	---	---	---	---
34259	C26H27ClN2O	b-(p-chlorophenyl)phenethyl 4-(o-tolyl)pipe	23904-87-2	418.966	---	---	---	---	25	1.1581	2	---	---	---	---	---
34260	C26H27ClN2O	1-(3-(p-chlorophenyl)-3-phenylpropionyl)-4	23904-72-5	418.966	---	---	---	---	25	1.1581	2	---	---	---	---	---
34261	C26H27ClN2O2	1-(3-(p-chlorophenyl)-3-phenylpropionyl)-4	23902-91-2	434.966	---	---	---	---	25	1.1840	2	---	---	---	---	---
34262	C26H27ClN2O7	rhodamine 19 perchlorate	62669-66-3	514.963	>573.15	1	---	---	25	1.3022	2	---	---	---	solid	1
34263	C26H27ClN4O8S	C.I. pigment yellow 97	12225-18-2	591.042	---	---	---	---	25	1.3903	2	---	---	---	---	---
34264	C26H27NO9	4-demethoxydaunomycin	58957-92-9	497.502	---	---	---	---	25	1.2914	2	---	---	---	---	---
34265	C26H27NSi2	1,3-dimethyl-1,1,3,3-tetraphenyldisilazane	7453-26-1	409.677	362.15	1	---	---	---	---	---	---	---	---	solid	1
34266	C26H27NO10	carminomycin I	50935-04-1	513.501	---	---	---	---	25	1.3138	2	---	---	---	---	---
34267	C26H27NO10	4-demethoxyadriamycin	64314-52-9	513.501	---	---	---	---	25	1.3138	2	---	---	---	---	---
34268	C26H28ClNO	clomiphene	911-45-5	405.967	390.40	1	---	---	25	1.1214	2	---	---	---	solid	1
34269	C26H28N2	1-cinnamyl-4-(diphenylmethyl)piperazine	298-57-7	368.522	---	---	---	---	25	1.0730	2	---	---	---	---	---
34270	C26H28N6	TPEN	16858-02-9	424.550	---	---	---	---	25	1.1778	2	---	---	---	---	---
34271	C26H28O11	ketorubratoxin B	30213-35-5	516.502	---	---	---	---	25	1.3019	2	---	---	---	---	---
34272	C26H29F2N7	1-(4,6-bisallylamino-S-triazinyl)-4-(p,p'-diflu	27469-53-0	477.562	450.65	1	---	---	25	1.2278	2	---	---	---	solid	1
34273	C26H29NO	novadex	10540-29-1	371.523	370.15	1	---	---	25	1.0635	2	---	---	---	solid	1
34274	C26H29NO	tamoxifen (E)	13002-65-8	371.523	---	---	---	---	25	1.0635	2	---	---	---	---	---
34275	C26H29NO2	4-hydroxytamoxifen	68047-06-3	387.522	---	---	---	---	25	1.0918	2	---	---	---	---	---
34276	C26H29N3O2	crystal violet lactone	1552-42-7	415.536	454.65	1	---	---	25	1.1433	2	---	---	---	solid	1
34277	C26H30N2O6	N-boc-amino-(4-N-fmoc-piperidinyl)carbox	---	466.535	---	---	---	---	25	1.2081	2	---	---	---	---	---
34278	C26H30N2O6	N-fmoc-amino-(3-N-boc-piperidinyl)carbox	---	466.535	---	---	---	---	25	1.2081	2	---	---	---	---	---
34279	C26H30N2O6	N-fmoc-amino-(4-N-boc-piperidinyl)carbox	183673-66-7	466.535	---	---	---	---	25	1.2081	2	---	---	---	---	---
34280	C26H30O11	rubratoxin B	21794-01-4	518.518	456.65	1	---	---	25	1.2779	2	---	---	---	solid	1
34281	C26H31NO3	17b-phenylaminocarbonyloxyoestra-1,3,5(	43085-16-1	405.537	---	---	---	---	25	1.0973	2	---	---	---	---	---
34282	C26H32ClFO5	clobetasone butyrate	25122-57-0	478.988	368.15	1	---	---	25	1.1736	2	---	---	---	solid	1
34283	C26H32Cl2O4	ketoconazole	65277-42-1	479.443	419.15	1	---	---	25	1.1698	2	---	---	---	solid	1
34284	C26H32F2O7	diflorasone diacetate	33564-31-7	494.533	495.15	dec	508.15	2	25	1.2001	2	---	---	---	solid	1
34285	C26H32F2O7	fluocinolide	356-12-7	494.533	582.65	1	508.15	1	25	1.2001	2	---	---	---	solid	1
34286	C26H32N2O2	alcoid	357-56-2	404.553	455.15	1	508.45	1	25	1.0854	2	---	---	---	solid	1
34287	C26H32N2O6	Na-fmoc-Ne-boc-L-lysine	71989-26-9	468.550	408.65	1	---	---	25	1.1857	2	---	---	---	solid	1
34288	C26H32N4O2	N,N'''-(2,6-anthraquinonylene)bis(N,N-diet	61907-23-1	432.567	---	---	---	---	25	1.1347	2	---	---	---	---	---
34289	C26H32O2	arotinoid ethyl ester	71441-09-3	376.539	---	---	509.65	1	25	1.0338	2	---	---	---	---	---
34290	C26H32O11	dihydrorubratoxin B	31924-91-1	520.533	---	---	---	---	25	1.2550	2	---	---	---	---	---
34291	C26H34O7	fumidil	23110-15-8	458.552	464.65	1	---	---	25	1.1426	2	---	---	---	solid	1
34292	C26H34O9	aurovertin	11002-90-7	490.551	---	---	548.65	1	25	1.1891	2	---	---	---	---	---
34293	C26H35NO7	nafronyl oxalate salt	3200-06-4	473.567	---	---	---	---	25	1.1549	2	---	---	---	---	---
34294	C26H35N3O17	hepta-O-acetyl-cellobiosyl-b-azide	33012-50-9	661.575	448.15	1	---	---	25	1.3936	2	---	---	---	solid	1
34295	C26H35N3O5	2-(dimethylamino) reserpilinate	5585-67-1	469.582	---	---	413.15	1	25	1.1528	2	---	---	---	---	---
34296	C26H36	1,1-diphenyl-1-tetradecene	62155-38-8	348.572	220.21	2	696.15	1	25	0.9225	1	25	1.5338	1	liquid	1
34297	C26H36N2O7S2	4-(N-ethyl-N-2-methoxyethyl)-2-methylphe	50928-80-8	552.714	---	---	---	---	25	1.2284	2	---	---	---	---	---
34298	C26H36N2O9	blastomycin	522-70-3	520.580	447.90	1	---	---	25	1.2105	2	---	---	---	solid	1
34299	C26H36O3	depofemin	313-06-4	396.570	424.65	1	536.15	1	25	1.0225	2	---	---	---	solid	1
34300	C26H36O6	bufotalin	471-95-4	444.568	496.15	dec	---	---	25	1.0985	2	---	---	---	solid	1
34301	C26H36O7	12-deoxyphorbol-20-acetate-13-isobutyrat	25090-71-5	460.568	---	---	---	---	25	1.1225	2	---	---	---	---	---
34302	C26H38	1,1-diphenyltetradecane	55268-63-8	350.588	291.15	1	676.15	1	25	0.9153	1	25	1.5182	1	liquid	1
34303	C26H38	1,1-di(p-tolyl)dodecane	55268-62-7	350.588	267.95	1	676.15	2	20	0.9117	1	20	1.5001	1	liquid	2
34304	C26H38N2O3	4,4'-bis(heptyloxy)azoxybenzene	2635-26-9	426.600	370.65	1	---	---	25	1.0524	2	---	---	---	solid	1
34305	C26H38N8O4S4	methylsulfinyl ethylthiamine disulfide	49575-13-5	654.905	---	---	---	---	25	1.3132	2	---	---	---	---	---
34306	C26H38O2	4,4'-butylidenebis(3-methyl-6-tert-butylphe	85-60-9	382.587	---	---	501.15	1	25	0.9778	2	---	---	---	---	---
34307	C26H38O3	estradiol-17-caprylate	63042-22-8	398.586	---	---	500.15	1	25	1.0043	2	---	---	---	---	---
34308	C26H38O4	lupulon	468-28-0	414.585	366.15	1	---	---	25	1.0301	2	---	---	---	solid	1
34309	C26H38O4	4-methylumbelliferyl palmitate	17695-48-6	414.585	349.65	1	---	---	25	1.0301	2	---	---	---	solid	1
34310	C26H38O4	gestronol caproate	1253-28-7	414.585	396.65	1	---	---	25	1.0301	2	---	---	---	solid	1
34311	C26H39NO3	12,b,13,a-dihydrojervine	21842-58-0	413.601	---	---	521.15	1	25	1.0197	2	---	---	---	---	---
34312	C26H39NO8	dictyocarpinine 6-acetate	59989-92-3	493.598	---	---	---	---	25	1.1381	2	---	---	---	---	---
34313	C26H40NO3	11-deoxo-12b,13a-dihydro-11a-hydroxyjen	73825-59-9	414.609	---	---	---	---	25	1.0109	2	---	---	---	---	---
34314	C26H40NO3	11-deoxo-12b,13a-dihydro-11b-hydroxyjen	51340-26-2	414.609	---	---	---	---	25	1.0109	2	---	---	---	---	---
34315	C26H40O3	testosterone heptanoate	315-37-7	400.602	309.90	1	---	---	25	0.9870	2	---	---	---	solid	1
34316	C26H42O4	diisononyl phthalate	28553-12-0	418.617	320.00	1	682.00	1	25	0.9750	1	---	---	---	---	---
34317	C26H42O4	dinonyl phthalate	84-76-4	418.617	240.00	1	707.00	1	25	0.9700	1	---	1.4840	1	---	---
34318	C26H42O4	isodecyl octyl phthalate	1330-96-7	418.617	371.15	1	720.15	1	25	0.9750	2	---	---	---	solid	1
34319	C26H42O4	octyl decyl phthalate	119-07-3	418.617	298.15	1	512.15	1	25	0.9800	1	---	---	---	---	---
34320	C26H43Cl2NO2	2-(N,N-bis(2-chloroethyl)aminophenyl)acet	66232-28-8	472.538	---	---	539.15	1	25	1.0445	2	---	---	---	---	---

Table 1 Physical Properties - Organic Compounds

				Mol Wt	Freezing Point		Boiling Point		Density			Refractive Index			State	
NO	FORMULA	NAME	CAS No	g/mol	T_F, K	code	T_B, K	code	T, C	g/cm3	code	T, C	n_D	code	@25C,1 atm	code
34321	C26H43NO4	N-((3a,5b)-3-hydroxy-24-oxocholan-24-yl)g	474-74-8	433.632	---	---	492.15	1	25	1.0102	2	---	---	---	---	---
34322	C26H43NO6	glycocholic acid	475-31-0	465.631	439.65	1	---	---	25	1.0571	2	---	---	---	solid	1
34323	C26H44O8Sn	bis(methoxymaleoyloxy)dioctylstannane	60494-19-1	603.341	---	---	505.15	1	---	---	---	---	---	---	---	---
34324	C26H45NO5S	lithocholic acid taurine conjugate	516-90-5	483.713	---	---	---	---	25	1.0528	2	---	---	---	---	---
34325	C26H45NO7S	taurocholic acid	81-24-3	515.712	398.15	dec	---	---	25	1.0957	2	---	---	---	solid	1
34326	C26H46	eicosylbenzene	2398-68-7	358.651	317.15	1	693.15	1	20	0.8545	1	20	1.4805	1	solid	1
34327	C26H46	(1-butylhexadecyl)benzene	2400-04-6	358.651	303.35	1	693.15	2	20	0.8549	1	20	1.4796	1	solid	1
34328	C26H46	(1-ethyloctadecyl)benzene	2400-02-4	358.651	302.45	1	693.15	2	20	0.8546	1	20	1.4796	1	solid	1
34329	C26H46	(1-methylnonadecyl)benzene	2398-66-5	358.651	302.15	1	693.15	2	20	0.8547	1	20	1.4795	1	solid	1
34330	C26H46	(1-octyldodecyl)benzene	2398-65-4	358.651	291.05	1	693.15	2	20	0.8534	1	20	1.4790	1	liquid	2
34331	C26H46	(1-propylheptadecyl)benzene	2400-03-5	358.651	304.55	1	693.15	2	20	0.8546	1	20	1.4794	1	solid	1
34332	C26H46B2N2O6	1,2-bis(3,7-dimethyl-5-n-butoxy-1-aza-5-bo	69402-04-6	504.284	---	---	---	---	---	---	---	---	---	---	---	---
34333	C26H46N2O	cyclovirobuxine D	860-79-7	402.665	---	---	---	---	25	0.9360	2	---	---	---	---	---
34334	C26H46O2	1,2-(didecyloxy)benzene	25934-47-8	390.650	313.65	1	---	---	25	0.9142	2	---	---	---	solid	1
34335	C26H48N2O7Sn2	(S-(R*,R*))-5,5'-((1,1,3,3-tetrabutyl-1,3-dist	149849-42-3	738.097	---	---	---	---	---	---	---	---	---	---	---	---
34336	C26H48O4	fatty acid, tall oil, epoxidized-2-ethylhexyl e	61789-01-3	424.665	---	---	---	---	25	0.9489	2	---	---	---	---	---
34337	C26H48P2	1,2-bis(dicyclohexylphosphino)ethane	23743-26-2	422.615	---	---	---	---	---	---	---	---	---	---	---	---
34338	C26H50	1,1-dicyclohexyltetradecane	55334-08-2	362.683	310.75	1	679.15	1	20	0.8735	1	20	1.4799	1	solid	1
34339	C26H50	1-hexacosyne	61847-86-7	362.683	330.15	1	682.15	1	25	0.8355	2	---	---	---	solid	1
34340	C26H50	7-hexadecylspiro[4.5]decane	2307-06-4	362.683	---	---	680.65	2	25	0.8355	2	---	---	---	---	---
34341	C26H50O3	2-ethylhexyl epoxystearate	141-38-8	410.681	---	---	496.75	1	25	0.9107	2	---	---	---	---	---
34342	C26H50O4	bis(2-ethylhexyl) sebacate	122-62-3	426.681	225.15	1	---	---	25	0.9120	1	25	1.4510	1	---	---
34343	C26H50O4	dioctyl sebacate	2432-87-3	426.681	291.15	1	---	---	25	0.9074	1	---	---	---	---	---
34344	C26H50O4	ethylene glycol didodecanoate	624-04-4	426.681	329.75	1	---	---	25	0.9097	2	---	---	---	solid	1
34345	C26H50O4	adipic acid didecyl ester (mixed isomers)	---	426.681	---	---	---	---	25	0.9097	2	---	---	---	---	---
34346	C26H50O6	decanoic acid, diester with triethylene glyc	10024-58-5	458.679	---	---	---	---	25	0.9805	2	---	---	---	---	---
34347	C26H51NO3	N-octanoyl-D-erythro-sphingosine, synthet	74713-59-0	425.696	---	---	---	---	25	0.9260	2	---	---	---	---	---
34348	C26H52	eicosylcyclohexane	4443-55-4	364.699	321.65	1	695.15	1	20	0.8318	1	20	1.4622	1	solid	1
34349	C26H52	1-hexacosene	18835-33-1	364.699	324.95	1	684.15	1	25	0.8230	2	---	---	---	solid	1
34350	C26H52	3-cyclohexyleicosane	4443-57-6	364.699	295.88	1	689.65	2	25	0.8230	2	---	---	---	liquid	2
34351	C26H52	9-cyclohexyleicosane	4443-61-2	364.699	314.00	1	689.65	2	25	0.8230	2	---	---	---	solid	1
34352	C26H52Br2	1,1-dibromohexacosane	62168-05-2	524.507	486.88	2	744.15	1	25	1.0864	2	---	---	---	solid	2
34353	C26H52Cl2	1,1-dichlorohexacosane	62017-28-1	435.604	427.12	2	728.15	1	25	0.9123	2	---	---	---	solid	2
34354	C26H52F2	1,1-difluorohexacosane	62127-15-5	402.696	431.58	2	663.15	1	25	0.8700	2	---	---	---	solid	2
34355	C26H52I2	1,1-diiodohexacosane	66291-94-9	618.508	483.40	2	980.12	2	25	1.2365	2	---	---	---	solid	2
34356	C26H52O2	hexacosanoic acid	506-46-7	396.698	361.65	1	832.74	2	100	0.8198	1	100	1.4301	1	solid	1
34357	C26H52O2	hexadecyl neodecanoate	67749-11-5	396.698	323.15	2	827.00	2	25	0.8731	2	---	---	---	solid	2
34358	C26H52O2	octyl stearate	22047-49-0	396.698	323.15	2	827.00	2	25	0.8731	2	---	---	---	solid	2
34359	C26H52O6	tetraethylene glycol monostearate	106-07-0	460.695	313.15	1	601.15	1	15	1.1285	1	20	1.4593	1	solid	1
34360	C26H53Br	1-bromohexacosane	4276-51-1	445.611	329.55	1	720.15	1	25	0.9532	2	---	---	---	solid	1
34361	C26H53Cl	1-chlorohexacosane	56134-53-3	401.159	331.15	1	707.15	1	25	0.8631	2	---	---	---	solid	1
34362	C26H53F	1-fluorohexacosane	62126-83-4	384.705	332.15	1	677.15	1	25	0.8409	2	---	---	---	solid	1
34363	C26H53I	1-iodohexacosane	52644-81-2	492.611	333.05	1	740.15	1	25	1.0345	2	---	---	---	solid	1
34364	C26H54	hexacosane	630-01-3	366.715	329.55	1	685.35	1	60	0.7783	1	60	1.4357	1	solid	1
34365	C26H54	5-butyldocosane	55282-16-1	366.715	481.15	1	685.35	2	20	0.8058	1	20	1.4503	1	solid	1
34366	C26H54	7-butyldocosane	55282-15-0	366.715	274.75	1	685.35	2	20	0.8046	1	20	1.4499	1	liquid	2
34367	C26H54	9-butyldocosane	55282-14-9	366.715	273.85	1	685.35	2	20	0.8044	1	20	1.4498	1	liquid	2
34368	C26H54	11-butyldocosane	13475-76-8	366.715	299.23	2	685.35	2	20	0.8041	1	20	1.4499	1	solid	2
34369	C26H54	11-(2,2-dimethylpropyl)heneicosane	55282-10-5	366.715	252.15	1	685.35	2	20	0.8031	1	20	1.4491	1	liquid	2
34370	C26H54	6,11-dipentylhexadecane	15874-03-0	366.715	256.95	1	685.35	2	20	0.8072	1	20	1.4502	1	liquid	2
34371	C26H54	3-ethyl-5-(2-ethylbutyl)octadecane	55282-12-7	366.715	222.15	1	685.35	2	20	0.8115	1	20	1.4524	1	liquid	2
34372	C26H54	3-ethyltetracosane	55282-17-2	366.715	303.25	1	685.35	2	40	0.7949	1	40	1.4436	1	solid	1
34373	C26H54O	1-hexacosanol	506-52-5	382.714	353.15	1	697.00	2	25	0.8361	2	---	---	---	solid	1
34374	C26H54O2Sn	acetoxytrioctylstannane	919-28-8	517.424	---	---	---	---	---	---	---	---	---	---	---	---
34375	C26H54Sn2	bis(tributylstannyl)acetylene	994-71-8	604.135	---	---	---	---	25	1.1470	1	---	1.4930	1	---	---
34376	C26H55ClSi	chlorodiisobutyloctadecylsilane	162578-86-1	431.260	---	---	---	---	25	0.8600	1	---	1.4590	1	---	---
34377	C26H55N	hexacosylamine	14130-10-0	381.730	344.15	1	722.15	1	25	0.8283	2	---	---	---	solid	1
34378	C26H55N	methylpentacosylamine	66291-92-7	381.730	329.15	1	694.15	1	25	0.8283	2	---	---	---	solid	1
34379	C26H55N	ethyltetracosylamine	66291-91-6	381.730	329.15	2	698.15	1	25	0.8283	2	---	---	---	solid	2
34380	C26H55N	ditridecylamine	5910-75-8	381.730	329.65	1	695.15	1	25	0.8283	2	---	---	---	solid	1
34381	C26H55N	dimethyltetracosylamine	66291-90-5	381.730	322.15	1	693.15	1	25	0.8283	2	---	---	---	solid	1
34382	C26H55N	diethyldocosylamine	66291-89-2	381.730	325.90	2	665.15	1	25	0.8283	2	---	---	---	solid	2
34383	C26H56BrN	didodecyldimethylammonium bromide	3282-73-3	462.642	435.65	1	---	---	25	0.9534	2	---	---	---	solid	1
34384	C26H56SSn	(ethylthio)trioctylstannane	70303-46-7	519.507	---	---	---	---	---	---	---	---	---	---	---	---
34385	C26H58ClNO3Si	dimethyloctadecyl[3-(trimethoxysilyl)propyl	27668-52-6	496.289	---	---	341.15	1	25	0.9440	1	---	---	---	---	---
34386	C27H15N	benzo(a)phenaleno(1,9-h,i)acridine	190-07-8	353.423	---	---	---	---	25	1.2271	2	---	---	---	---	---
34387	C27H15N	benzo(a)phenaleno(1,9-i,j)acridine	190-03-4	353.423	---	---	---	---	25	1.2271	2	---	---	---	---	---
34388	C27H18O	9-benzhydrylidene-10-anthrone	667-91-4	358.439	477.65	1	---	---	25	1.1833	2	---	---	---	solid	1
34389	C27H18O2	p-naphtholbenzein	145-50-6	374.439	396.15	1	---	---	25	1.2136	2	---	---	---	solid	1
34390	C27H18O3	1,3,5-tribenzoylbenzene	25871-69-6	390.438	393.15	1	---	---	25	1.2429	2	---	---	---	solid	1
34391	C27H20F6N2O2	2,2-bis[4-(4-aminophenoxy)phenyl]-hexaflu	69563-88-8	518.460	434.15	1	---	---	25	1.3455	2	---	---	---	solid	1
34392	C27H20O12	collinomycin	27267-69-2	536.449	554.15	1	---	---	25	1.4355	2	---	---	---	solid	1
34393	C27H20O2	7-benzoyloxymethyl-12-methylbenz(a)anth	31012-29-0	376.455	---	---	536.15	1	25	1.1855	2	---	---	---	---	---
34394	C27H20O3	bis-(4-hydroxy-1-naphtyl)phenylmethanol	6948-88-5	392.454	396.15	1	---	---	25	1.2144	2	---	---	---	solid	1
34395	C27H21FO	1-(p-(benzyloxy)phenyl)-2-(o-fluorophenyl)	1252-18-2	380.462	---	---	---	---	25	1.1659	2	---	---	---	---	---
34396	C27H22BKN6	hydrotris(3-phenylpyrazol-1-yl)borate, pota	106209-98-7	480.423	541.15	1	---	---	---	---	---	---	---	---	solid	1
34397	C27H22BN6Tl	hydrotris(3-phenylpyrazol-1-yl)borate, thall	106210-02-0	645.708	459.15	1	---	---	---	---	---	---	---	---	solid	1
34398	C27H22N2	7-(p-(dimethylamino)styryl)benz(c)acridine	63019-60-3	374.486	---	---	---	---	25	1.1565	2	---	---	---	---	---
34399	C27H22N2	12-(p-(dimethylamino)styryl)benz(a)acridin	63019-59-0	374.486	---	---	---	---	25	1.1565	2	---	---	---	---	---
34400	C27H23NO2	2-anilino-4'-(benzyloxy)-2-phenylacetophe	14293-15-3	393.485	---	---	---	---	25	1.1735	2	---	---	---	---	---

Table 1 Physical Properties - Organic Compounds

NO	FORMULA	NAME	CAS No	Mol Wt g/mol	Freezing Point T_F, K	code	Boiling Point T_B, K	code	Density T, C	g/cm3	code	Refractive Index T, C	n_D	code	State @25C,1 atm	code
34401	C27H23NO3Sn	triphenyltin p-acetamidobenzoate	2847-65-6	528.195	---	---	---	---	---	---	---	---	---	---	---	---
34402	C27H24BrP	cinnamyltriphenylphosphonium bromide	7310-74-9	459.366	523.15	1	---	---	---	---	---	---	---	---	solid	1
34403	C27H24O3	1,3,5-tris(4-methoxyphenyl)benzene	7509-20-8	396.486	416.15	1	---	---	25	1.1621	2	---	---	---	solid	1
34404	C27H25ClN6	acriflavine	8048-52-0	468.990	---	---	---	---	25	1.2624	2	---	---	---	---	---
34405	C27H25NO5	14-cinnamoyloxycodeinone	751-01-9	443.500	---	---	---	---	25	1.2280	2	---	---	---	---	---
34406	C27H25N3NiO3	(S)-[O-[(N-benzylprolyl)amino](phenyl)metl	96293-19-5	498.208	493.65	1	---	---	---	---	---	---	---	---	solid	1
34407	C27H26BrOP	4-ethoxybenzyl-triphenylphosphonium bron	82105-88-2	477.381	497.15	1	---	---	---	---	---	---	---	---	solid	1
34408	C27H26O9	gilvocarcin V	77879-90-4	494.498	538.65	1	363.15	1	25	1.2881	2	---	---	---	solid	1
34409	C27H26P2	1,3-bis(diphenylphosphino)propane	6737-42-4	412.451	333.15	1	---	---	---	---	---	---	---	---	solid	1
34410	C27H26P2	(R)-(+)-bis-(1,2-diphenylphosphino)propan	67884-32-6	412.451	343.65	1	---	---	---	---	---	---	---	---	solid	1
34411	C27H27IN2	1,1'-diethyl-2,2'-dicarbocyanine iodide	14187-31-6	506.430	---	---	---	---	25	1.3509	2	---	---	---	---	---
34412	C27H27NO6	N-benzoyl trimethyl colchicinic acid methyl	63989-75-3	461.515	---	---	---	---	25	1.2281	2	---	---	---	---	---
34413	C27H28Br2O5S	bromothymol blue	76-59-5	624.390	474.15	1	---	---	25	1.4668	2	---	---	---	solid	1
34414	C27H28N2O5	3,3'-carbonylbis(7-diethylaminocoumarin)	63226-13-1	460.530	487.15	1	---	---	25	1.2153	2	---	---	---	solid	1
34415	C27H28O4	1,5-anhydro-3,4,6-tri-O-benzyl-2-deoxy-D-(	55628-54-1	416.517	328.65	1	---	---	25	1.1417	2	---	---	---	solid	1
34416	C27H29ClN2O	b-(p-chlorophenyl)phenethyl 4-(m-methylbe	23917-55-7	432.993	---	---	565.15	2	25	1.1450	2	---	---	---	---	---
34417	C27H29ClN2O	b-(p-chlorophenyl)phenethyl 4-phenethylpi	23902-89-8	432.993	---	---	565.15	1	25	1.1450	2	---	---	---	---	---
34418	C27H29ClN2O6S2	lissamine rhodamine B sulfonyl chloride	62796-29-6	577.122	---	---	---	---	25	1.3195	2	---	---	---	---	---
34419	C27H29NO10	daunomycin	20830-81-3	527.528	463.15	dec	---	---	25	1.2953	2	---	---	---	solid	1
34420	C27H29NO11	4'-epidoxorubicin	56420-45-2	543.528	---	---	---	---	25	1.3164	2	---	---	---	---	---
34421	C27H30N2O7S2	sulforhodamine B	2609-88-3	558.677	---	---	---	---	25	1.2983	2	---	---	---	---	---
34422	C27H30N4O	oxatimide	60607-34-3	426.563	---	---	---	---	25	1.1406	2	---	---	---	---	---
34423	C27H30O5	2,3,4-tri-O-benzyl-L-fucopyranose	60431-34-7	434.532	---	---	---	---	25	1.1452	2	---	---	---	---	---
34424	C27H30O5S	thymol blue	76-61-9	466.598	495.65	dec	---	---	25	1.1812	2	---	---	---	solid	1
34425	C27H30O6	cyclotriveratrylene	1180-60-5	450.532	498.15	1	---	---	25	1.1700	2	---	---	---	solid	1
34426	C27H30O6	isoprenyl chalcone	64506-49-6	450.532	416.65	1	---	---	25	1.1700	2	---	---	---	solid	1
34427	C27H30O8	daphnetoxin	28164-88-7	482.530	468.15	1	---	---	25	1.2176	2	---	---	---	solid	1
34428	C27H30O16	rutin	153-18-4	610.526	487.65	dec	---	---	25	1.3837	2	---	---	---	solid	1
34429	C27H31IN2	1,1',3,3,3',3'-hexamethylindodicarbocyanin	36536-22-8	510.462	---	---	---	---	25	1.2991	2	---	---	---	---	---
34430	C27H31NO10	daunomycinol	28008-55-1	529.544	---	---	---	---	25	1.2721	2	---	---	---	---	---
34431	C27H31N5O8	tri-apn	---	553.573	---	---	---	---	25	1.3117	2	---	---	---	---	---
34432	C27H32ClNO2	triparanol	78-41-1	438.009	376.15	1	---	---	25	1.1144	2	---	---	---	solid	1
34433	C27H32N2O6	quinine salicylate	750-90-3	480.561	468.15	1	---	---	25	1.1937	2	---	---	---	solid	1
34434	C27H32N2O6	2-N-boc-amino-3-(2-N-fmoc-amino-pyrrolid	---	480.561	---	---	---	---	25	1.1937	2	---	---	---	---	---
34435	C27H32N2O6	2-N-fmoc-amino-3-(2-N-boc-amino-pyrrolid	313052-08-3	480.561	---	---	---	---	25	1.1937	2	---	---	---	---	---
34436	C27H32N4O8	pyridomycin	18791-21-4	540.574	495.15	1	437.15	1	25	1.2801	2	---	---	---	solid	1
34437	C27H32O14	naringin	10236-47-2	580.543	---	---	---	---	25	1.3224	2	---	---	---	---	---
34438	C27H33FN2O2	4'-fluoro-4-(n-(4-pyrrolidinamido)-4-m-tolyp	2266-22-0	436.570	---	---	---	---	25	1.1066	2	---	---	---	---	---
34439	C27H33NO2	2-(p-(p-methoxy-a-phenylphenethyl)pheno:	6732-77-0	403.565	---	---	---	---	25	1.0610	2	---	---	---	---	---
34440	C27H33NO3	(p-2-diethylaminoethoxyphenyl)-1-phenyl-2	67-98-1	419.564	---	---	---	---	25	1.0870	2	---	---	---	---	---
34441	C27H33NO10S	10-thiocolchicoside	602-41-5	563.626	493.15	dec	---	---	25	1.2785	2	---	---	---	solid	1
34442	C27H33NO11	3-demethylcolchicine glucoside	477-29-2	547.559	466.65	1	---	---	25	1.2707	2	---	---	---	solid	1
34443	C27H33N3O8	N-(1-pyrrolidinylmethyl)-tetracycline	751-97-3	527.575	436.65	1	---	---	25	1.2485	2	---	---	---	solid	1
34444	C27H33N3O9	morphocycline	67238-91-9	543.575	---	---	---	---	25	1.2695	2	---	---	---	---	---
34445	C27H33N9O15P2	riboflavin-adenine dinucleotide	146-14-5	785.561	---	---	---	---	---	---	---	---	---	---	---	---
34446	C27H33O4P	tris(isopropylphenyl)phosphate	26967-76-0	452.531	248.25	1	518.15	1	---	---	---	---	---	---	liquid	1
34447	C27H33P	trimesitylphosphine	23897-15-6	388.533	459.65	1	---	---	---	---	---	---	---	---	solid	1
34448	C27H34BrO2P	(3,3-diisopropoxypropyl)triphenylphosphon	---	501.444	---	---	---	---	---	---	---	---	---	---	---	---
34449	C27H34F2O7	difluprednate	23674-86-4	508.560	465.65	1	---	---	25	1.1869	2	---	---	---	solid	1
34450	C27H34I2N4	propidium iodide	25535-16-4	668.404	---	---	---	---	25	1.5072	2	---	---	---	---	---
34451	C27H34N2O4S	brilliant green	633-03-4	482.645	---	---	---	---	25	1.1604	2	---	---	---	---	---
34452	C27H34N4O	pirinitramide	302-41-0	430.594	422.65	1	---	---	25	1.0984	2	---	---	---	solid	1
34453	C27H34O3	19-nortestosterone phenylpropionate	62-90-8	406.565	---	---	---	---	25	1.0526	2	---	---	---	---	---
34454	C27H34O9	muconomycin A	3148-09-2	502.562	---	---	---	---	25	1.1967	2	---	---	---	---	---
34455	C27H35Cl4N3Zn	methyl green	7114-03-6	608.796	>573.15	1	---	---	---	---	---	---	---	---	solid	1
34456	C27H36F2O5	diflucortolone valerate	59198-70-8	478.577	468.40	1	---	---	25	1.1227	2	---	---	---	solid	1
34457	C27H36O3	quingestanol acetate	3000-39-3	408.581	456.15	1	---	---	25	1.0337	2	---	---	---	solid	1
34458	C27H36O7	12-deoxy-phorbol-20-acetate-13-tiglate	25090-72-6	472.579	---	---	---	---	25	1.1313	2	---	---	---	---	---
34459	C27H36O7	12-deoxyphorbol-13-angelate-20-acetate	65700-59-6	472.579	---	---	---	---	25	1.1313	2	---	---	---	---	---
34460	C27H36O8	5H-cyclopropa(3,4)benz(1,2-e)azulen-5-on	39071-30-2	488.578	---	---	---	---	25	1.1541	2	---	---	---	---	---
34461	C27H37FO6	dexamethasone valerate	33755-46-3	476.586	---	---	---	---	25	1.1174	2	---	---	---	---	---
34462	C27H37FO6	valisone	2152-44-5	476.586	456.65	1	---	---	25	1.1174	2	---	---	---	solid	1
34463	C27H37NO2	N-hydroxy-N-myristoyl-2-aminofluorene	32766-75-9	407.597	---	---	---	---	25	1.0231	2	---	---	---	---	---
34464	C27H38	1,1-diphenyl-1-pentadecene	62155-39-9	362.599	215.11	2	705.15	1	25	0.9192	1	25	1.5306	1	liquid	1
34465	C27H38N2O4	verapamil	52-53-9	454.610	298.15	1	517.65	1	25	1.0866	2	---	1.5450	1	---	---
34466	C27H38N3O2	allopregnan-3b-ol-20-isonicotinylhydrazon	---	436.619	---	---	---	---	25	1.0613	2	---	---	---	---	---
34467	C27H38O3	norethisterone enanthate	3836-23-5	410.597	342.65	1	---	---	25	1.0156	2	---	---	---	solid	1
34468	C27H38O7	n-butyl-k-strophanthidin	63979-65-7	474.595	---	---	---	---	25	1.1122	2	---	---	---	---	---
34469	C27H38O7	12-deoxy-phorbol-20-acetate-13-(2-methyl	25090-73-7	474.595	---	---	---	---	25	1.1122	2	---	---	---	---	---
34470	C27H39Ce	tris(tetramethylcyclopentadienyl)cerium	251984-08-4	503.723	---	---	---	---	---	---	---	---	---	---	---	---
34471	C27H39ClN2O4	(±)-verapamil hydrochloride	152-11-4	491.071	---	---	---	---	25	1.1159	2	---	---	---	---	---
34472	C27H39Er	tris(butylcyclopentadienyl)erbium	153608-51-6	530.867	---	---	---	---	25	1.3090	1	---	---	---	---	---
34473	C27H39NO2	veratramine	60-70-8	409.612	479.15	1	---	---	25	1.0054	2	---	---	---	solid	1
34474	C27H39NO3	jervine	469-59-0	425.612	516.15	dec	---	---	25	1.0305	2	---	---	---	solid	1
34475	C27H40	1,1-diphenylpentadecane	62155-15-1	364.615	306.15	1	684.15	1	25	0.9197	2	---	---	---	solid	1
34476	C27H40O3	hexadecyl 3-hydroxy-2-naphthalenecarbox	531-84-0	412.613	345.65	1	---	---	25	0.9984	2	---	---	---	solid	1
34477	C27H40O3	testosterone cyclopentylpropionate	58-20-8	412.613	374.65	1	---	---	25	0.9984	2	---	---	---	solid	1
34478	C27H40O4	hydroxyprogesterone caproate	630-56-8	428.612	393.15	1	---	---	25	1.0232	2	---	---	---	solid	1
34479	C27H41NO	funicolosin	11055-06-4	395.629	438.65	1	---	---	25	0.9631	2	---	---	---	solid	1
34480	C27H41NO2	cyclopamine	4449-51-8	411.628	510.65	1	---	---	25	0.9885	2	---	---	---	solid	1

Table 1 Physical Properties - Organic Compounds

NO	FORMULA	NAME	CAS No	Mol Wt g/mol	Freezing Point T_F, K	code	Boiling Point T_B, K	code	Density T, C	g/cm3	code	Refractive Index T, C	n_D	code	State @25C,1 atm	code
34481	C27H41NO2	11-deoxojervine-4-en-3-one	14410-98-1	411.628	---	---	---	---	25	0.9885	2	---	---	---	---	---
34482	C27H41NO8	eldeline	6836-11-9	507.625	---	---	---	---	25	1.1278	2	---	---	---	---	---
34483	C27H42ClNO2	benzethonium chloride	121-54-0	448.089	433.65	1	---	---	25	1.0228	2	---	---	---	solid	1
34484	C27H42Cl2N2O6	chloramphenicol palmitate	530-43-8	561.546	363.15	1	---	---	25	1.1650	2	---	---	---	solid	1
34485	C27H42O3	spirost-5-en-3-ol, (3beta,25R)	512-04-9	414.629	478.65	1	---	---	25	0.9818	2	---	---	---	solid	1
34486	C27H42O4	3-hydroxyspirostan-12-one, (3beta,5alpha,	467-55-0	430.628	539.65	1	---	---	25	1.0063	2	---	---	---	solid	1
34487	C27H42O6	trihexyl trimellitate	1528-49-0	462.627	227.75	1	---	---	25	1.0120	1	---	1.4870	1	---	---
34488	C27H42O8Sn	dioctyl(1,2-propylenedioxybis(maleoyldiox	69226-45-5	613.336	---	---	---	---	---	---	---	---	---	---	---	---
34489	C27H43NO2	rubijervine	79-58-3	413.644	515.15	1	---	---	25	0.9723	2	---	---	---	solid	1
34490	C27H43NO2	solanid-5-ene-3,18-diol, (3beta)	468-45-1	413.644	515.65	1	---	---	25	0.9723	2	---	---	---	solid	1
34491	C27H43NO2	spirosol-5-en-3-ol, (3beta,22alpha,25R)	126-17-0	413.644	475.15	1	---	---	25	0.9723	2	---	---	---	solid	1
34492	C27H43NO8	germine	508-65-6	509.641	493.15	1	---	---	25	1.1100	2	---	---	---	solid	1
34493	C27H43NO8	4,9-epoxycevane-3a,4b,12,14,16b,17,20-h	124-98-1	509.641	447.15	dec	---	---	25	1.1100	2	---	---	---	solid	1
34494	C27H43NO9	protoverine	76-45-9	525.640	494.15	1	---	---	25	1.1310	2	---	---	---	solid	1
34495	C27H44	cholesta-3,5-diene	747-90-0	368.646	353.15	1	---	---	100	0.9250	1	---	---	---	solid	1
34496	C27H44NO	(22S,25R)-solanid-5-en-3b-ol	566-09-6	398.653	---	---	---	---	25	0.9395	2	---	---	---	---	---
34497	C27H44N10O6	antipain hydrochloride	37682-72-7	604.713	---	---	---	---	25	1.2325	2	---	---	---	---	---
34498	C27H44O	cholesta-5,7-dien-3-ol, (3beta)	434-16-2	384.646	423.65	1	---	---	25	0.9157	2	---	---	---	solid	1
34499	C27H44O	cholesta-8,24-dien-3-ol, (3beta,5alpha)	128-33-6	384.646	383.15	1	---	---	25	0.9157	2	---	---	---	solid	1
34500	C27H44O	vitamin D3	67-97-0	384.646	357.65	1	---	---	25	0.9157	2	---	---	---	solid	1
34501	C27H44O	4-cholesten-3-one	601-57-0	384.646	353.65	1	---	---	25	0.9157	2	---	---	---	solid	1
34502	C27H44O	cholest-5-en-3-one	601-54-7	384.646	399.65	1	---	---	25	0.9157	2	---	---	---	solid	1
34503	C27H44O2	geranyl farnesyl acetate	51-77-4	400.645	298.15	1	---	---	25	0.9412	2	---	---	---	---	---
34504	C27H44O2	1-hydroxycholecalciferol	57651-82-8	400.645	408.15	1	---	---	25	0.9412	2	---	---	---	solid	1
34505	C27H44O2	6-hydroxycholest-4-en-3-one	69853-71-0	400.645	---	---	---	---	25	0.9412	2	---	---	---	---	---
34506	C27H44O2	7-oxocholesterol	566-28-9	400.645	430.15	1	---	---	25	0.9412	2	---	---	---	solid	1
34507	C27H44O3	spirostan-3-ol, (3beta,5alpha,25R)	77-60-1	416.645	478.65	1	578.55	2	25	0.9660	2	---	---	---	solid	1
34508	C27H44O3	spirostan-3-ol, (3beta,5beta,25R)	126-18-1	416.645	458.15	1	578.55	2	25	0.9660	2	---	---	---	solid	1
34509	C27H44O3	spirostan-3-ol, (3beta,5beta,25S)	126-19-2	416.645	473.65	1	578.55	2	25	0.9660	2	---	---	---	solid	1
34510	C27H44O3	1a,25-dihydroxycholecalciferol	32222-06-3	416.645	391.65	1	578.55	1	25	0.9660	2	---	---	---	solid	1
34511	C27H44O3	6-hydroperoxy-4-cholesten-3-one	2207-76-3	416.645	---	---	578.55	2	25	0.9660	2	---	---	---	---	---
34512	C27H44O3	(24R)-hydroxycalcidiol	55721-11-4	416.645	---	---	578.55	2	25	0.9660	2	---	---	---	---	---
34513	C27H44O4	spirostan-2,3-diol, (2alpha,3beta,5alpha,25	511-96-6	432.644	544.65	1	---	---	25	0.9902	2	---	---	---	solid	1
34514	C27H44O5	spirostan-2,3,15-triol, (2alpha,3beta,5alph	511-34-2	448.643	554.65	1	---	---	25	1.0138	2	---	---	---	solid	1
34515	C27H44O6	a-ecdysone	3604-87-3	464.643	---	---	---	---	25	1.0368	2	---	---	---	---	---
34516	C27H44O7	20-hydroxyecdysone	5289-74-7	480.642	511.65	1	---	---	25	1.0592	2	---	---	---	solid	1
34517	C27H44O7	inokosterone	15130-85-5	480.642	528.15	dec	---	---	25	1.0592	2	---	---	---	solid	1
34518	C27H45Cl	cholesteryl chloride	910-31-6	405.107	369.15	1	---	---	25	0.9288	2	---	---	---	solid	1
34519	C27H45NO2	spirosolan-3-ol, (3beta,5alpha,22beta,25S	77-59-8	415.660	483.65	1	---	---	25	0.9568	2	---	---	---	solid	1
34520	C27H46	11-phenyl-10-heneicosene	6703-78-2	370.662	321.35	1	---	---	20	0.8638	1	20	1.4922	1	solid	1
34521	C27H46	cholest-2-ene	15910-23-3	370.662	348.00	1	---	---	25	0.8753	2	---	---	---	solid	1
34522	C27H46	cholest-5-ene	570-74-1	370.662	366.00	1	---	---	25	0.8753	2	---	---	---	solid	1
34523	C27H46NO	(22R,25S)-5a-solanidan-3b-ol	---	400.669	---	---	---	---	25	0.9246	2	---	---	---	---	---
34524	C27H46NO	(22S,25R)-5a-solanidan-3b-ol	11004-30-1	400.669	---	---	---	---	25	0.9246	2	---	---	---	---	---
34525	C27H46NO2	deacetylmuldamine	36069-46-2	416.668	---	---	---	---	25	0.9492	2	---	---	---	---	---
34526	C27H46O	cholest-4-en-3-ol, (3beta)	517-10-2	386.662	405.15	1	610.65	2	25	0.9011	2	---	---	---	solid	1
34527	C27H46O	cholest-5-en-3-ol, (3alpha)	474-77-1	386.662	414.65	1	610.65	2	25	0.9011	2	---	---	---	solid	1
34528	C27H46O	cholesterol	57-88-5	386.662	421.65	1	771.00	dec	20	1.0670	1	---	---	---	solid	1
34529	C27H46O	5a-cholestan-3-one	15600-08-5	386.662	402.15	1	610.65	2	25	0.9011	2	---	---	---	solid	1
34530	C27H46O	5a-cholest-7-en-3b-ol	80-99-9	386.662	399.15	1	588.15	1	25	0.9011	2	---	---	---	solid	1
34531	C27H46O2	delta-tocopherol	119-13-1	402.661	---	---	---	---	25	0.9263	2	---	---	---	---	---
34532	C27H46O2	6-ketocholestanol	1175-06-0	402.661	414.15	1	---	---	25	0.9263	2	---	---	---	solid	1
34533	C27H46O2	epoxycholesterol	1250-95-9	402.661	---	---	---	---	25	0.9263	2	---	---	---	---	---
34534	C27H46O3	3',4'-(didecyloxy)benzaldehyde	118468-34-1	418.660	336.65	1	---	---	25	0.9508	2	---	---	---	solid	1
34535	C27H46O3	cholest-6-en-3b-ol-5a-hydroperoxide	3328-25-4	418.660	---	---	---	---	25	0.9508	2	---	---	---	---	---
34536	C27H48	heneicosylbenzene	40775-09-5	372.678	321.15	1	702.15	1	20	0.8545	1	20	1.4804	1	solid	1
34537	C27H48	11-phenylheneicosane	6703-80-6	372.678	294.30	1	702.15	2	20	0.8531	1	20	1.4788	1	liquid	2
34538	C27H48	cholestane, (5alpha)	481-21-0	372.678	353.15	1	702.15	2	88	0.9090	1	88	1.4887	1	solid	1
34539	C27H48	cholestane, (5beta)	481-20-9	372.678	345.15	1	702.15	2	87	0.9119	1	88	1.4884	1	solid	1
34540	C27H48O	cholestan-3-ol, (3alpha,5alpha)	516-95-0	388.678	458.65	1	---	---	25	0.8872	2	---	---	---	solid	1
34541	C27H48O	cholestan-3-ol, (3beta,5beta)	360-68-9	388.678	375.15	1	---	---	25	0.8872	2	---	---	---	solid	1
34542	C27H48O	cholestanol	80-97-7	388.678	414.65	1	---	---	25	0.8872	2	---	---	---	solid	1
34543	C27H50O6	1,2,3-propanetriyl octanoate	538-23-8	470.690	283.15	1	506.15	1	20	0.9540	1	20	1.4482	1	liquid	1
34544	C27H50P2	1,3-bis(dicyclohexylphosphino)propane	103099-52-1	436.642	---	---	---	---	25	1.0500	1	---	1.5540	1	---	---
34545	C27H51As	tris(3,3,5-trimethylcyclohexyl)arsine	64048-98-2	450.624	---	---	---	---	---	---	---	---	---	---	---	---
34546	C27H51N9O14	myomycin B	52955-41-6	725.757	---	---	531.15	1	25	1.2894	2	---	---	---	---	---
34547	C27H52	1,1-dicyclohexylpentadecane	62155-23-1	376.710	408.31	2	688.15	1	25	0.8362	2	---	---	---	solid	2
34548	C27H52	1-heptacosyne	61847-87-8	376.710	333.15	1	692.15	1	25	0.8362	2	---	---	---	solid	1
34549	C27H54	docosylcyclopentane	62016-55-1	378.726	318.15	1	703.15	1	20	0.8295	1	20	1.4608	1	solid	1
34550	C27H54	heneicosylcyclohexane	26718-82-1	378.726	324.65	1	705.15	1	25	0.8242	2	---	---	---	solid	1
34551	C27H54	(1-decylundecyl)cyclohexane	6703-99-7	378.726	272.60	1	700.82	2	25	0.8242	2	---	---	---	liquid	2
34552	C27H54	1-heptacosene	15306-27-1	378.726	327.85	1	694.15	1	25	0.8242	2	---	---	---	solid	1
34553	C27H54Br2	1,1-dibromoheptacosane	62168-06-3	538.534	498.15	2	753.15	1	25	1.0787	2	---	---	---	solid	2
34554	C27H54Cl2	1,1-dichloroheptacosane	62017-29-2	449.631	438.39	2	737.15	1	25	0.9104	2	---	---	---	solid	2
34555	C27H54F2	1,1-difluoroheptacosane	62127-16-6	416.723	442.85	2	672.15	1	25	0.8695	2	---	---	---	solid	2
34556	C27H54I2	1,1-diiodoheptacosane	66291-84-7	632.535	494.67	2	1003.00	2	25	1.2244	2	---	---	---	solid	2
34557	C27H54O	14-heptacosanone	542-50-7	394.725	350.65	1	733.00	2	81	0.7986	1	---	---	---	solid	1
34558	C27H54O2	methyl hexacosanoate	5802-82-4	410.725	336.95	1	837.00	2	25	0.8725	2	80	1.4301	1	solid	1
34559	C27H55Br	1-bromoheptacosane	62108-46-7	459.638	336.55	1	729.15	1	25	0.9499	2	---	---	---	solid	1
34560	C27H55Cl	1-chloroheptacosane	62016-79-9	415.186	335.15	1	716.15	1	25	0.8628	2	---	---	---	solid	1

Table 1 Physical Properties - Organic Compounds

				Mol Wt	Freezing Point		Boiling Point		Density			Refractive Index			State	
NO	FORMULA	NAME	CAS No	g/mol	T_F, K	code	T_B, K	code	T, C	g/cm3	code	T, C	n_D	code	@25C,1 atm	code
34561	C27H55F	1-fluoroheptacosane	62108-81-0	398.732	338.15	1	686.15	1	25	0.8414	2	---	---	---	solid	1
34562	C27H55I	1-iodoheptacosane	62127-57-5	506.638	338.45	1	743.15	1	25	1.0285	2	---	---	---	solid	1
34563	C27H56	heptacosane	593-49-7	380.742	332.15	1	695.25	1	60	0.7796	1	65	1.4345	1	solid	1
34564	C27H56N2O4S	ammonium sulfobetaine-2	---	504.819	---	---	---	---	25	0.9801	2	---	---	---	---	---
34565	C27H57BO3	tri(diisobutylcarbinyl) borate	73758-18-6	440.559	372.65	1	---	---	---	---	---	---	---	---	solid	1
34566	C27H57N	heptacosylamine	14130-11-1	395.757	345.15	1	732.15	1	25	0.8292	2	---	---	---	solid	1
34567	C27H57N	methylhexacosylamine	66291-81-4	395.757	331.15	1	703.15	1	25	0.8292	2	---	---	---	solid	1
34568	C27H57N	ethylpentacosylamine	66291-80-3	395.757	331.15	2	707.15	1	25	0.8292	2	---	---	---	solid	2
34569	C27H57N	dimethylpentacosylamine	66291-79-0	395.757	325.00	2	702.15	1	25	0.8292	2	---	---	---	solid	2
34570	C27H57N	diethyltricosylamine	66291-86-9	395.757	325.00	2	674.15	1	25	0.8292	2	---	---	---	solid	2
34571	C27H57N	trinonylamine	2044-22-6	395.757	325.00	2	655.15	1	25	0.8292	2	---	---	---	solid	2
34572	C27H58BrN	trioctylpropylammonium bromide	24298-17-7	476.669	348.65	1	---	---	25	0.9502	2	---	---	---	solid	1
34573	C27H58ClN	trioctylpropylammonium chloride	40739-43-3	432.217	---	---	---	---	25	0.8662	2	---	---	---	---	---
34574	C27H58NO6P	1-O-octadecyl-2-O-methyl-sn-glycero-3-ph	77286-66-9	523.735	---	---	---	---	---	---	---	---	---	---	---	---
34575	C27H60	tripropylene	13987-01-4	384.773	179.75	1	429.15	1	25	0.7908	2	---	---	---	liquid	1
34576	C28H4N2O9	antimycin A	1397-94-0	512.348	---	---	520.45	dec	25	1.7042	2	---	---	---	---	---
34577	C28H12Cl2N2O4	3,3'-dichloroindanthrone	130-20-1	511.320	---	---	533.05	1	25	1.4907	2	---	---	---	---	---
34578	C28H14N2O2S2	vat yellow 2	129-09-9	474.564	---	---	---	---	25	1.4060	2	---	---	---	---	---
34579	C28H14N2O4	6,15-dihydro-5,9,14,18-anthrazinetetrone	81-77-6	442.431	758.15	dec	---	---	25	1.3929	2	---	---	---	solid	1
34580	C28H15NO4	1,1'-iminodianthraquinone	82-22-4	429.432	---	---	---	---	25	1.3509	2	---	---	---	---	---
34581	C28H16	dibenzo(h,rst)pentaphene	192-47-2	352.435	608.00	1	---	---	25	1.1919	2	---	---	---	solid	1
34582	C28H16	benzo(a)naphtho(8,1,2-cde)naphthacene	192-70-1	352.435	535.65	1	---	---	25	1.1919	2	---	---	---	solid	1
34583	C28H16O2	bianthrone	434-85-5	384.434	>573.15	1	---	---	25	1.2526	2	---	---	---	solid	1
34584	C28H17N	7-methylbenzo(a)phenaleno(1,9-hi)acridine	1492-55-3	367.450	---	---	---	---	25	1.2070	2	---	---	---	---	---
34585	C28H17N	7-methylbenzo(h)phenaleno(1,9-bc)acridin	1492-54-2	367.450	---	---	---	---	25	1.2070	2	---	---	---	---	---
34586	C28H17N3O4	1,1'-iminobis(4-aminoanthraquinone)	128-87-0	459.462	---	---	516.65	1	25	1.3699	2	---	---	---	---	---
34587	C28H18	9,9'-bianthracene	1055-23-8	354.451	594.45	1	---	---	25	1.1633	2	---	---	---	solid	1
34588	C28H18	5-styryl-3,4-benzopyrene	63019-73-8	354.451	---	---	417.55	1	25	1.1633	2	---	---	---	---	---
34589	C28H18N2O2	2,2'-(1,2-ethenediyldi-4,1-phenylene)bisbe	1533-45-5	414.464	---	---	---	---	25	1.2775	2	---	---	---	---	---
34590	C28H18N3NaO6S2	azocarmine G	25641-18-3	579.590	---	---	---	---	---	---	---	---	---	---	---	---
34591	C28H18O2	6-benzoyloxymethylbenzo(a)pyrene	42978-42-7	386.450	---	---	---	---	25	1.2232	2	---	---	---	---	---
34592	C28H18O4	a-naphtholphthalein	596-01-0	418.449	---	---	---	---	25	1.2790	2	---	---	---	---	---
34593	C28H19N5Na2O6S4	clayton yellow	1829-00-1	695.734	---	---	---	---	---	---	---	---	---	---	---	---
34594	C28H20O	tetraphenylfuran	1056-77-5	372.466	448.15	1	493.15	1	25	1.1664	2	---	---	---	solid	1
34595	C28H22	9,10-dibenzylanthracene	3613-42-1	358.483	519.65	1	---	---	16	1.1787	1	---	---	---	solid	1
34596	C28H22	1,1,4,4-tetraphenyl-1,3-butadiene	1450-63-1	358.483	471.15	1	---	---	25	1.1108	2	---	---	---	solid	1
34597	C28H22N2O2	1,4-bis(p-tolylamino)anthraquinone	128-80-3	418.495	---	---	---	---	25	1.2221	2	---	---	---	---	---
34598	C28H22O3	alpha-phenylbenzeneacetic anhydride	1760-46-9	406.481	371.15	1	---	---	25	1.1971	2	---	---	---	solid	1
34599	C28H23NO4	(S)-N-fmoc-2-naphthylalanine	112883-43-9	437.495	428.15	1	---	---	25	1.2361	2	---	---	---	solid	1
34600	C28H23NO4	(R)-N-fmoc-2-naphthylalanine	138774-94-4	437.495	493.75	1	---	---	25	1.2361	2	---	---	---	solid	1
34601	C28H23NO4	(S)-N-fmoc-1-naphthylalanine	96402-49-2	437.495	---	---	---	---	25	1.2361	2	---	---	---	---	---
34602	C28H24N2O7	orcein	1400-62-0	500.508	---	---	---	---	25	1.3187	2	---	---	---	---	---
34603	C28H24O4	calix[4]arene	74568-07-3	424.496	589.65	1	---	---	25	1.1985	2	---	---	---	solid	1
34604	C28H26O2	1,1,4,4-tetraphenyl-1,4-butanediol	63469-15-8	394.513	---	---	---	---	25	1.1208	2	---	---	---	---	---
34605	C28H27ClF5NO	penfluridol	26864-56-2	523.974	379.15	1	---	---	25	1.2425	2	---	---	---	solid	1
34606	C28H27N5O7	isopropylidine azastreptonigrin	15964-31-5	545.553	---	---	---	---	25	1.3444	2	---	---	---	---	---
34607	C28H28BaO8P2	barium dibenzylphosphate	6332-68-9	691.801	---	---	---	---	---	---	---	---	---	---	---	---
34608	C28H28I6N4O8	5,5'-(octamethylenebis(carbonylimino)bis(N	5591-33-3	1309.980	552.40	1	---	---	25	2.2471	2	---	---	---	solid	1
34609	C28H28N2O4S2	(1R,2R)-N,N'-di-p-toluenesulfonyl-1,2-diph	121758-19-8	520.674	476.15	1	---	---	25	1.2643	2	---	---	---	solid	1
34610	C28H28N2O4S2	(1S,2S)-N,N'-di-p-toluenesulfonyl-1,2-diph	170709-41-8	520.674	476.15	1	---	---	25	1.2643	2	---	---	---	solid	1
34611	C28H28O2	7,14-dihydro-7,14-dipropyldibenz(a,h)anth	63041-56-5	396.529	---	---	---	---	25	1.0985	2	---	---	---	---	---
34612	C28H28O11	cleistanthin A	25047-48-7	540.524	408.65	1	---	---	25	1.3134	2	---	---	---	solid	1
34613	C28H28P2	1,4-bis(diphenylphosphino)butane	7688-25-7	426.478	406.65	1	---	---	---	---	---	---	---	---	solid	1
34614	C28H28P2	(S,S)-chiraphos	64896-28-2	426.478	379.65	1	---	---	---	---	---	---	---	---	solid	1
34615	C28H28P2	(R,R)-chiraphos	74839-84-2	426.478	379.65	1	---	---	---	---	---	---	---	---	solid	1
34616	C28H28Zr	tetrabenzylzirconium	24356-01-2	455.754	---	---	---	---	---	---	---	---	---	---	---	---
34617	C28H29F2N3O	pimozide	2062-78-4	461.556	489.15	1	---	---	25	1.1763	2	---	---	---	solid	1
34618	C28H29NO5	3-N-fmoc-amino-3-(3-t-butoxyphenyl)propi	---	459.542	---	---	---	---	25	1.1887	2	---	---	---	---	---
34619	C28H29NO5	3-N-fmoc-amino-3-(2-t-butoxyphenyl)propi	---	459.542	---	---	---	---	25	1.1887	2	---	---	---	---	---
34620	C28H30ClNO2	erythro-3-(p-chlorophenyl)-2-phenyl-4'-(2-(	31301-20-9	448.005	---	---	---	---	25	1.1445	2	---	---	---	---	---
34621	C28H30N2O3	rhodamine B base	509-34-2	442.558	---	---	---	---	25	1.1522	2	---	---	---	---	---
34622	C28H30N2O3S2	Styryl 7	114720-33-1	506.690	488.15	1	---	---	25	1.2202	2	---	---	---	solid	1
34623	C28H30O4	thymolphthalein	125-20-2	430.544	526.15	1	---	---	25	1.1293	2	---	---	---	solid	1
34624	C28H31ClN2O7	rhodamine 6G perchlorate	13161-28-9	543.016	525.15	1	---	---	25	1.2679	2	---	---	---	solid	1
34625	C28H31FN4O	astemizole	68844-77-9	458.580	422.25	1	---	---	25	1.1587	2	---	---	---	solid	1
34626	C28H31NO10	menogarol	71628-96-1	541.555	512.15	dec	---	---	25	1.2782	2	---	---	---	solid	1
34627	C28H31O7P	thymolphthalein monophosphoric acid diso	123359-43-3	510.524	---	---	---	---	---	---	---	---	---	---	---	---
34628	C28H32ClN2O3	rhodamine b	81-88-9	480.027	438.15	1	---	---	25	1.1699	2	---	---	---	solid	1
34629	C28H32ClNO	2-(p-(1,2,3,4-tetrahydro-2-(p-chlorophenyl)	13073-86-4	434.021	---	---	---	---	25	1.0992	2	---	---	---	---	---
34630	C28H32Cl2N10O10S2	4,4'-bis(4-chloro-6-bis(2-hydroxyethylamin	50570-59-7	803.663	---	---	---	---	25	1.5109	2	---	---	---	---	---
34631	C28H32ClN3O	9-(5-(4-(N-ethyl-N-(2-chloroethyl)amino)ph	155798-37-1	462.035	---	---	---	---	25	1.1455	2	---	---	---	---	---
34632	C28H32FNO6	dexamethasone isonicotinate	2265-64-7	497.564	529.15	1	---	---	25	1.1972	2	---	---	---	solid	1
34633	C28H32NO7	cytochalasin E	36011-19-5	494.565	480.15	dec	---	---	25	1.2023	2	---	---	---	solid	1
34634	C28H32N2	N,N'-terephthalylidene-bis(4-butylaniline)	29743-21-3	396.576	505.15	1	---	---	25	1.0539	2	---	---	---	solid	1
34635	C28H32O4Si4	2,4,6,8-tetramethyl-2,4,6,8-tetraphenylcycl	77-63-4	544.900	372.15	1	---	---	20	1.1183	1	20	1.5461	1	solid	1
34636	C28H32O5	methyl-2,3,4-tri-O-benzyl-L-fucopyranose	67576-77-6	448.559	---	---	---	---	25	1.1331	2	---	---	---	---	---
34637	C28H33ClN2	vibazine	82-95-1	433.037	---	---	---	---	25	1.0881	2	---	---	---	---	---
34638	C28H34N2O6	2-N-fmoc-amino-3-(4-N-boc-piperidinyl)pro	313052-02-7	494.588	---	---	---	---	25	1.1804	2	---	---	---	---	---
34639	C28H33N3O10	prolinomethyltetracycline	37106-99-3	571.585	---	---	---	---	25	1.2956	2	---	---	---	---	---
34640	C28H34N2O3	bitrex	3734-33-6	446.590	438.15	1	---	---	25	1.1105	2	---	---	---	solid	1

Table 1 Physical Properties - Organic Compounds

				Mol Wt	Freezing Point		Boiling Point		Density			Refractive Index			State	
NO	FORMULA	NAME	CAS No	g/mol	T_F, K	code	T_B, K	code	T, C	g/cm3	code	T, C	n_D	code	@25C,1 atm	code
34641	C28H34O5	prostaglandin vii	---	450.575	363.15	1	---	---	25	1.1129	2	---	---	---	solid	1
34642	C28H34O6	12-deoxyphorbol-13-phenylacetate	58821-98-0	466.574	---	---	---	---	25	1.1366	2	---	---	---	---	---
34643	C28H34O15	hesperidin	520-26-3	610.569	535.15	1	---	---	25	1.3244	2	---	---	---	solid	1
34644	C28H35FO7	cyclocort	51022-69-6	502.580	---	---	455.25	1	25	1.1674	2	---	---	---	---	---
34645	C28H36O3	tingenone	50802-21-6	420.592	476.65	1	443.65	1	25	1.0445	2	---	---	---	solid	1
34646	C28H36O4	9-myristoyl-1,7,8-anthracenetriol	64817-78-3	436.591	---	---	449.15	1	25	1.0694	2	---	---	---	---	---
34647	C28H36O11	bruceantin	41451-75-6	548.587	498.65	1	446.65	1	25	1.2257	2	---	---	---	solid	1
34648	C28H37ClO7	alclometasone dipropionate	66734-13-2	521.050	487.15	1	456.95	1	25	1.1661	2	---	---	---	solid	1
34649	C28H37ClO7	aldecin	5534-09-8	521.050	391.65	dec	454.65	1	25	1.1661	2	---	---	---	solid	1
34650	C28H37FN2O	FGIN 1-27	142720-24-9	436.614	---	---	---	---	25	1.0538	2	---	---	---	---	---
34651	C28H37FO7	betamethasone dipropionate	5593-20-4	504.596	447.65	dec	---	---	25	1.1481	2	---	---	---	solid	1
34652	C28H37FO7	dexamethasone 17,21-dipropionate	55541-30-5	504.596	---	---	443.65	1	25	1.1481	2	---	---	---	---	---
34653	C28H37NO9	isoharringtonine	26833-86-3	531.603	343.90	1	---	---	25	1.1943	2	---	---	---	solid	1
34654	C28H38O4	andordrin dipropionate	56470-64-5	438.607	425.90	1	471.05	1	25	1.0511	2	---	---	---	solid	1
34655	C28H38O7	acepreval	72064-79-0	486.606	---	---	469.15	1	25	1.1209	2	---	---	---	---	---
34656	C28H38O7	daturalactone	41093-93-0	486.606	---	---	469.15	2	25	1.1209	2	---	---	---	---	---
34657	C28H38O19	sucrose octaacetate	126-14-7	678.598	359.65	1	---	---	16	1.2700	1	---	1.4660	1	solid	1
34658	C28H38O19	a-D-cellobiose octaacetate	5346-90-7	678.598	498.15	1	---	---	25	1.3531	2	---	---	---	solid	1
34659	C28H38N2O4	7',10,11-trimethoxyemetan-6'-ol	483-17-0	466.621	388.65	1	---	---	25	1.0959	2	---	---	---	solid	1
34660	C28H38N4O	carbadipimidine	5942-95-0	446.637	---	---	---	---	25	1.0700	2	---	---	---	---	---
34661	C28H38N4O8	pactamycin	23668-11-3	558.633	---	---	478.15	1	25	1.2231	2	---	---	---	---	---
34662	C28H39NO4	N-formyljervine	66409-98-1	453.622	---	---	---	---	25	1.0647	2	---	---	---	---	---
34663	C28H40	1,1-diphenyl-1-hexadecene	13456-25-2	376.626	210.01	2	713.15	1	25	0.9163	1	25	1.5274	1	liquid	1
34664	C28H40Cl6O3Sn2	oxybis(dibutyl(2,4,5-trichlorophenoxy)tin)	74007-80-0	874.759	---	---	---	---	---	---	---	---	---	---	---	---
34665	C28H40NP	2-dicyclohexylphosphino-2'-(N,N-dimethyla	213697-53-1	421.607	388.15	1	---	---	---	---	---	---	---	---	solid	1
34666	C28H40N2O9	dimidin	642-15-9	548.634	422.65	1	---	---	25	1.1853	2	---	---	---	solid	1
34667	C28H40O4	4-methylumbelliferyl oleate	---	440.623	---	---	---	---	25	1.0336	2	---	---	---	---	---
34668	C28H40O6	4',4pi(5pi)-di-tert-butyldibenzo-18-crown-6	29471-17-8	472.622	385.15	1	---	---	25	1.0802	2	---	---	---	solid	1
34669	C28H40O8	phorbol-12-o-tiglyl-13-butyrate	37415-55-7	504.621	---	---	---	---	25	1.1245	2	---	---	---	---	---
34670	C28H40O8	phorbol-12,13-dibutyrate	37558-16-0	504.621	---	---	---	---	25	1.1245	2	---	---	---	---	---
34671	C28H40O10	dibenzo-30-crown-10	17455-25-3	536.620	379.15	1	---	---	25	1.1666	2	---	---	---	solid	1
34672	C28H41NO3	N-methyljervine	64552-25-6	439.639	---	---	504.15	1	25	1.0238	2	---	---	---	---	---
34673	C28H41NO9	14-acetyldictyocarpine	75659-26-6	535.635	---	---	---	---	25	1.1566	2	---	---	---	---	---
34674	C28H41N3O2	telocidin B	11032-05-6	451.653	504.40	1	---	---	25	1.0447	2	---	---	---	solid	1
34675	C28H41N3O3	2-di(N-methyl-N-phenyl-tert-butyl-carbamo	126-27-2	467.653	377.40	1	---	---	25	1.0679	2	---	---	---	solid	1
34676	C28H41N3O3	tiropramide	55837-29-1	467.653	339.15	1	---	---	25	1.0679	2	---	---	---	solid	1
34677	C28H42	1,1-diphenylhexadecane	13456-23-0	378.641	299.15	1	691.15	1	25	0.9171	2	---	---	---	solid	1
34678	C28H42O	ergosta-5,7,9(11),22-tetraen-3-ol, (3beta,2	516-85-8	394.641	419.15	1	---	---	25	0.9431	2	---	---	---	solid	1
34679	C28H43AsNO2PS2	S-(10-phenarsazinyl)-O,O-diisooctylphospl	73973-02-1	595.683	---	---	---	---	---	---	---	---	---	---	---	---
34680	C28H43N	4,4'-dioctyldiphenylamine	101-67-7	393.656	---	---	---	---	25	0.9337	2	---	---	---	---	---
34681	C28H43NO6	borrelidin	7184-60-3	489.653	418.15	1	---	---	25	1.0755	2	---	---	---	solid	1
34682	C28H44O	ergosta-5,7,22-trien-3-ol, (3beta,10alpha,2	128-27-8	396.657	367.15	1	---	---	25	0.9279	2	---	---	---	solid	1
34683	C28H44O	ergosta-5,7,22-trien-3-ol, (3beta,22E)	57-87-4	396.657	443.15	1	---	---	25	0.9279	2	---	---	---	solid	1
34684	C28H44O	ergosta-5,7,22-trien-3-ol, (3beta,9beta,10a	474-69-1	396.657	391.15	1	---	---	25	0.9279	2	---	---	---	solid	1
34685	C28H44O	tachysterol	115-61-7	396.657	---	---	---	---	25	0.9279	2	---	---	---	---	---
34686	C28H44O	vitamin D2	50-14-6	396.657	389.65	1	---	---	25	0.9279	2	---	---	---	solid	1
34687	C28H44O3	norandrostenolone decanoate	360-70-3	428.656	311.65	1	---	---	25	0.9771	2	---	---	---	solid	1
34688	C28H44O4	3-(1,3-benzodioxol-5-yl)-1-(1,1-dimethyleth	58344-21-1	444.655	---	---	544.15	1	25	1.0007	2	---	---	---	---	---
34689	C28H45ClO2	cholesteryl chloroformate	7144-08-3	449.117	390.15	1	---	---	25	0.9875	2	---	---	---	solid	1
34690	C28H46O	dihydrotachysterol	67-96-9	398.673	404.65	1	---	---	25	0.9134	2	---	---	---	solid	1
34691	C28H46O4	diisodecyl phthalate	26761-40-0	446.671	227.59	1	740.00	1	25	0.9730	1	25	1.4840	1	liquid	1
34692	C28H46O4	didecyl phthalate	84-77-5	446.671	220.15	1	736.00	2	25	0.9670	1	---	---	---	---	---
34693	C28H46O4	1,3-benzenedicarboxylic acid, diisodecyl e	52284-35-2	446.671	---	---	723.00	2	25	0.9700	2	---	---	---	---	---
34694	C28H47NO4S	thiamutilin	55297-95-5	493.752	420.65	1	---	---	25	1.0337	2	---	---	---	solid	1
34695	C28H48O	calusterone	17021-26-0	400.689	430.65	1	---	---	25	0.8994	2	---	---	---	solid	1
34696	C28H48O	ergost-5-en-3-ol, (3beta,24R)	474-62-4	400.689	430.65	1	---	---	25	0.8994	2	---	---	---	solid	1
34697	C28H48O	ergost-7-en-3-ol, (3beta,5alpha)	516-78-9	400.689	419.15	1	---	---	25	0.8994	2	---	---	---	solid	1
34698	C28H48O	ergost-8(14)-en-3-ol, (3beta,5alpha)	632-32-6	400.689	404.15	1	---	---	25	0.8994	2	---	---	---	solid	1
34699	C28H48O	(3b)-3-methoxycholest-5-ene	1174-92-1	400.689	---	---	---	---	25	0.8994	2	---	---	---	---	---
34700	C28H48O2	beta-tocopherol	148-03-8	416.688	---	---	---	---	25	0.9237	2	---	---	---	---	---
34701	C28H48O2	gamma-tocopherol	7616-22-0	416.688	271.65	1	---	---	25	0.9237	2	---	---	---	---	---
34702	C28H48O2	D-g-tocopherol	54-28-4	416.688	---	---	---	---	25	0.9237	2	---	---	---	---	---
34703	C28H48O3	3',4'-(didecyloxy)acetophenone	118468-33-0	432.687	336.15	1	---	---	25	0.9474	2	---	---	---	solid	1
34704	C28H50	docosylbenzene	5634-22-0	386.705	324.15	1	711.15	1	20	0.8544	1	---	---	---	solid	1
34705	C28H50	ergostane, (5alpha)	511-20-6	386.705	358.15	1	711.15	2	25	0.8615	2	---	---	---	solid	1
34706	C28H50	ergostane, (5beta)	511-21-7	386.705	337.15	1	711.15	2	25	0.8615	2	---	---	---	solid	1
34707	C28H50N2O4	carpaine	3463-92-1	478.717	394.15	1	---	---	25	0.9976	2	---	---	---	solid	1
34708	C28H50O	ergostan-3-ol, (3beta,5alpha)	6538-02-9	402.704	417.65	1	---	---	25	0.8860	2	---	---	---	solid	1
34709	C28H50O5	flexol plasticizer PEP	26401-41-2	466.702	---	---	---	---	25	0.9785	2	---	---	---	---	---
34710	C28H50O8	trihexyl o-butyrylcitrate	82469-79-2	514.700	218.25	1	---	---	25	0.9930	1	---	1.4480	1	---	---
34711	C28H52P2	1,4-bis(dicyclohexylphosphino)butane	65038-36-0	450.669	374.65	1	---	---	---	---	---	---	---	---	solid	1
34712	C28H54	1,1-dicyclohexylhexadecane	13287-09-7	390.737	419.58	2	697.15	1	25	0.8368	2	---	---	---	solid	2
34713	C28H54	1-octacosyne	61847-88-9	390.737	335.15	1	701.15	1	25	0.8368	2	---	---	---	solid	1
34714	C28H54O3	tetradecanoic anhydride	626-29-9	438.735	326.55	1	---	---	70	0.8502	1	70	1.4335	1	solid	1
34715	C28H55NO3	N-decanoyl-D-erythro-sphingosine, synthe	111122-57-7	453.750	---	---	---	---	25	0.9213	2	---	---	---	---	---
34716	C28H56	tricosylcyclopentane	62016-56-2	392.753	322.15	1	712.15	1	25	0.8252	2	---	---	---	solid	1
34717	C28H56	docosylcyclohexane	61828-07-7	392.753	327.55	1	714.15	1	20	0.8334	1	20	1.4632	1	solid	1
34718	C28H56	1-octacosene	18835-34-2	392.753	330.65	1	703.15	1	25	0.8252	2	---	---	---	solid	1
34719	C28H56Br2	1,1-dibromooctacosane	62168-07-4	552.561	509.42	2	761.15	1	25	1.0716	2	---	---	---	solid	2
34720	C28H56Cl2	1,1-dichlorooctacosane	62017-30-5	463.658	449.66	2	746.15	1	25	0.9086	2	---	---	---	solid	2

Table 1 Physical Properties - Organic Compounds

NO	FORMULA	NAME	CAS No	Mol Wt	Freezing Point		Boiling Point		Density			Refractive Index			State	
				g/mol	T_F, K	code	T_B, K	code	T, C	g/cm3	code	T, C	n_D	code	@25C,1 atm	code
34721	C28H56F2	1,1-difluorooctacosane	62127-17-7	430.750	454.12	2	680.15	1	25	0.8690	2	---	---	---	solid	2
34722	C28H56I2	1,1-diiodooctacosane	66291-74-5	646.562	505.94	2	1025.88	2	25	1.2130	2	---	---	---	solid	2
34723	C28H56O2	octacosanoic acid	506-48-9	424.751	364.05	1	858.74	2	100	0.8191	1	100	1.4313	1	solid	1
34724	C28H56O4S2Sn	bis(isooctyloxycarbonylmethylthio)dibutyl s	25168-24-5	639.592	---	---	571.15	1	---	---	---	---	---	---	---	---
34725	C28H56O4S2Sn	dibutyldi(2-ethylhexyloxycarbonylmethylthi	10584-98-2	639.592	---	---	571.15	2	---	---	---	---	---	---	---	---
34726	C28H56O4S2Sn	di-n-octyltin bis(butyl mercaptoacetate)	27107-88-6	639.592	---	---	571.15	2	---	---	---	---	---	---	---	---
34727	C28H56O4Sn	bis(decanoyloxy)di-n-butylstannane	3465-75-6	575.460	---	---	---	---	---	---	---	---	---	---	---	---
34728	C28H57Br	1-bromooctacosane	16331-21-8	473.665	334.55	1	737.15	1	25	0.9468	2	---	---	---	solid	1
34729	C28H57Cl	1-chlorooctacosane	62016-80-2	429.213	336.15	1	725.15	1	25	0.8625	2	---	---	---	solid	1
34730	C28H57F	1-fluorooctacosane	62108-82-1	412.759	337.15	1	695.15	1	25	0.8418	2	---	---	---	solid	1
34731	C28H57I	1-iodooctacosane	62154-80-7	520.665	337.75	1	758.15	1	25	1.0229	2	---	---	---	solid	1
34732	C28H58	octacosane	630-02-4	394.769	334.35	1	704.75	1	20	0.8067	1	70	1.4330	1	solid	1
34733	C28H58	2,2,4,10,12,12-hexamethyl-7-(3,5,5-trimeth	3035-75-4	394.769	301.25	2	704.75	2	20	0.8043	1	20	1.4558	1	solid	2
34734	C28H58	7-hexyldocosane	55373-86-9	394.769	292.45	1	704.75	2	20	0.8080	1	20	1.4517	1	liquid	2
34735	C28H58	9-octyleicosane	13475-77-9	394.769	273.65	1	704.75	2	20	0.8075	1	20	1.4515	1	liquid	2
34736	C28H58N2O4S	ammonium sulfobetaine-4	---	518.846	---	---	---	---	25	0.9762	2	---	---	---	---	---
34737	C28H58O	1-octacosanol	557-61-9	410.768	356.55	1	719.00	2	25	0.8373	2	---	---	---	solid	1
34738	C28H59N	octacosylamine	14130-12-2	409.783	348.15	1	741.15	1	25	0.8300	2	---	---	---	solid	1
34739	C28H59N	methylheptacosylamine	66291-78-9	409.783	332.15	1	711.15	1	25	0.8300	2	---	---	---	solid	1
34740	C28H59N	ethylhexacosylamine	66291-77-8	409.783	332.96	2	716.15	1	25	0.8300	2	---	---	---	solid	2
34741	C28H59N	ditetradecylamine	17361-44-3	409.783	333.77	1	713.15	1	25	0.8300	2	---	---	---	solid	1
34742	C28H59N	dimethylhexacosylamine	66291-76-7	409.783	328.15	1	711.15	1	25	0.8300	2	---	---	---	solid	1
34743	C28H59N	diethyltetracosylamine	66291-75-6	409.783	328.15	2	683.15	1	25	0.8300	2	---	---	---	solid	2
34744	C28H60BrN	tetraheptylammonium bromide	4368-51-8	490.695	363.15	1	---	---	25	0.9472	2	---	---	---	solid	1
34745	C28H60ClN	tetraheptylammonium chloride	10247-90-2	446.244	312.65	1	448.15	1	25	0.8658	2	---	---	---	solid	1
34746	C28H60IN	tetraheptylammonium iodide	3535-83-9	537.696	397.15	1	---	---	25	1.0208	2	---	---	---	solid	1
34747	C28H60SSn	(butylthio)trioctylstannane	70303-47-8	547.560	---	---	---	---	---	---	---	---	---	---	---	---
34748	C29H18	7-methyldibenzo(h,rst)pentaphene	2869-12-7	366.462	---	---	---	---	25	1.1742	2	---	---	---	---	---
34749	C29H20O	tetraphenylcyclopentadienone	479-33-4	384.477	491.65	1	---	---	25	1.1768	2	---	---	---	solid	1
34750	C29H22	1,2,3,4-tetraphenyl-1,3-cyclopentadiene	15570-45-3	370.494	453.65	1	---	---	25	1.1223	2	---	---	---	solid	1
34751	C29H23NO4	ethyl ester of 3-methylcholanthrene-endo-a	---	449.506	---	---	---	---	25	1.2440	2	---	---	---	---	---
34752	C29H24N4O8	niceritrol	5868-05-3	556.533	435.15	1	---	---	25	1.3877	2	---	---	---	solid	1
34753	C29H24N6	2,3-dihydro-2,2-dimethyl-6-((4-(phenylazo)	4197-25-5	456.552	---	---	---	---	25	1.2521	2	---	---	---	---	---
34754	C29H24O6	5,5'-methylenebis(2-hydroxy-4-methoxyber	68716-15-4	468.506	---	---	499.65	1	25	1	2	---	---	---	---	---
34755	C29H30N2O6	Ne-fmoc-Na-cbz-L-lysine	105751-18-6	502.568	376.15	1	---	---	25	1.2307	2	---	---	---	solid	1
34756	C29H30P2	1,5-bis(diphenylphosphino)pentane	27721-02-4	440.505	319.65	1	---	---	---	---	---	---	---	---	solid	1
34757	C29H30P2	(2S,4S)-(-)-2,4-bis(diphenylphosphino)pen	77876-39-2	440.505	---	---	---	---	---	---	---	---	---	---	---	---
34758	C29H31F2N3O	1-phenyl-4-oxo-8-(4,4-bis(4-fluorophenyl)b	1841-19-6	475.583	461.90	1	---	---	25	1.1634	2	---	---	---	solid	1
34759	C29H31NO2	nafoxidine	1845-11-0	425.571	---	---	---	---	25	1.1021	2	---	---	---	---	---
34760	C29H31NO11	7-deoxynogalarol	62422-00-8	569.566	---	---	---	---	25	1.3043	2	---	---	---	---	---
34761	C29H31NO12	mogalarol	11052-70-3	585.565	---	---	---	---	25	1.3239	2	---	---	---	---	---
34762	C29H32ClN3	victoria lake blue R	2185-86-6	458.047	---	---	---	---	25	1.1307	2	---	---	---	---	---
34763	C29H32ClN5O2	pyronaridine	74847-35-1	518.059	---	---	---	---	25	1.2194	2	---	---	---	---	---
34764	C29H32O13	EPE	33419-42-0	588.565	516.65	1	---	---	25	1.3132	2	---	---	---	solid	1
34765	C29H33FO6	betamethasone benzoate	22298-29-9	496.576	---	---	---	---	25	1.1732	2	---	---	---	---	---
34766	C29H33N4O10	mucomycin	992-21-2	597.603	465.65	1	---	---	25	1.3197	2	---	---	---	solid	1
34767	C29H34Cl2N2O2	loperamide hydrochloride	34552-83-5	513.507	---	---	---	---	25	1.1716	2	---	---	---	---	---
34768	C29H34O4	estradiol-17-benzoate-3,n-butyrate	63042-19-3	446.587	---	---	---	---	25	1.0982	2	---	---	---	---	---
34769	C29H35ClN2O4	1,1',3,3,3',3'-hexamethylindotricarbocyanin	16595-48-5	511.061	508.15	1	---	---	25	1.1699	2	---	---	---	solid	1
34770	C29H35IN2	quinolinium	523-42-2	538.515	---	---	---	---	25	1.2649	2	---	---	---	---	---
34771	C29H35NO2	17b-hydroxy-11b-(4-dimethylaminophenyl-	84371-65-3	429.603	---	---	---	---	25	1.0629	2	---	---	---	---	---
34772	C29H36N4	3,3'-methylenebis(1-(piperidinomethyl)indo	135-22-8	440.633	---	---	---	---	25	1.0742	2	---	---	---	---	---
34773	C29H36O10	10-deacetylbaccatin-iii	32981-86-5	544.599	---	---	---	---	25	1.2119	2	---	---	---	---	---
34774	C29H36O15	hesperidin methylchalcone	24292-52-2	624.596	---	---	---	---	25	1.3082	2	---	---	---	---	---
34775	C29H36O15	methylhesperidin	11013-97-1	624.596	---	---	---	---	25	1.3082	2	---	---	---	---	---
34776	C29H36O4	deladroxone	24356-94-3	448.602	423.65	1	---	---	25	1.0792	2	---	---	---	solid	1
34777	C29H36O6	clinofibrate	30299-08-2	480.601	417.65	dec	---	---	25	1.1258	2	---	---	---	solid	1
34778	C29H37IN2O2	3,3'-dihexyloxacarbocyanine iodide	53213-82-4	572.530	490.15	1	---	---	25	1.2837	2	---	---	---	solid	1
34779	C29H37NO5	cytochalasin B	14930-96-2	479.617	493.65	1	---	---	25	1.1153	2	---	---	---	solid	1
34780	C29H38ClFO8	fluderma	2825-60-7	569.067	454.15	1	---	---	25	1.2000	2	---	---	---	solid	1
34781	C29H38F3N3O2S	prolixin enanthate	2746-81-8	549.702	457.65	1	---	---	25	1.1661	2	---	---	---	solid	1
34782	C29H38INO3	N-myristoyloxy-N-acetyl-2-amino-7-iodoflu	79127-47-2	575.530	---	---	---	---	25	1.2737	2	---	---	---	---	---
34783	C29H38N4O6S	procaine penicillin G	54-35-3	570.711	---	---	---	---	25	1.2182	2	---	---	---	---	---
34784	C29H39NO3	N-acetyl-N-myristoyloxy-2-aminofluorene	63224-44-2	449.634	---	---	---	---	25	1.0510	2	---	---	---	---	---
34785	C29H39NO3	N-(2-fluorenyl)myristohydroxamic acid acet	63224-45-3	449.634	---	---	---	---	25	1.0510	2	---	---	---	---	---
34786	C29H39NO9	homoharringtonine	26833-87-4	545.630	418.15	1	---	---	25	1.1823	2	---	---	---	solid	1
34787	C29H40NO4	jervine-3-acetate	14788-78-4	466.641	513.15	1	---	---	25	1.0655	2	---	---	---	solid	1
34788	C29H40N2O4	6',7',10,11-tetramethoxyemetan	483-18-1	480.648	347.15	1	---	---	25	1.0870	2	---	---	---	solid	1
34789	C29H40N2O9	geldanamycin	30562-34-6	560.645	526.65	1	---	---	25	1.1922	2	---	---	---	solid	1
34790	C29H41NO4	temgesic	52485-79-7	467.649	482.15	1	648.15	1	25	1.0570	2	---	---	---	solid	1
34791	C29H41O2	galvinoxyl free radical	2370-18-5	421.643	431.15	1	---	---	25	0.9875	2	---	---	---	solid	1
34792	C29H42N6O9	amicetin	17650-86-1	618.689	440.15	1	---	---	25	1.2467	2	---	---	---	solid	1
34793	C29H42O9	helveticoside	630-64-8	534.647	443.15	dec	---	---	25	1.1356	2	---	---	---	solid	1
34794	C29H42O10	convallatoxin	508-75-8	550.646	511.65	1	---	---	25	1.1558	2	---	---	---	solid	1
34795	C29H42O11	a-antiarbin	23605-05-2	566.646	512.15	1	---	---	25	1.1756	2	---	---	---	solid	1
34796	C29H43N5O3	1,3-bis(2-piperidinoethyl)-5-phenyl-5-piper	1639-79-8	509.694	---	---	508.65	1	25	1.1012	2	---	---	---	---	---
34797	C29H44O2	4,4'-methylenebis(2,6-di-tert-butylphenol)	118-82-1	424.667	438.45	1	---	---	25	0.9641	2	---	---	---	solid	1
34798	C29H44O10	convallatoxol	3253-62-1	552.662	444.15	1	521.15	1	25	1.1385	2	---	---	---	solid	1
34799	C29H44O10	3b(a-L-rhamnopyranoside)-5,11a,14b-trihy	6869-51-8	552.662	528.15	1	---	---	25	1.1385	2	---	---	---	solid	1
34800	C29H44O12	ouabain	630-60-4	584.661	473.15	1	---	---	25	1.1772	2	---	---	---	solid	1

Table 1 Physical Properties - Organic Compounds

				Mol Wt	Freezing Point		Boiling Point		Density			Refractive Index			State	
NO	FORMULA	NAME	CAS No	g/mol	T_F, K	code	T_B, K	code	T, C	g/cm3	code	T, C	n_D	code	@25C,1 atm	code
34801	C29H46O2	7-dehydrocholesterol acetate	1059-86-5	426.683	402.65	1	510.15	1	25	0.9492	2	---	---	---	solid	1
34802	C29H48NO3	muldamine	36069-45-1	458.705	483.65	1	---	---	25	0.9793	2	---	---	---	solid	1
34803	C29H47NO8	sabadine	124-80-1	537.694	531.15	1	---	---	25	1.0930	2	---	---	---	solid	1
34804	C29H47N016	disnogalamycinic acid	64267-45-4	665.690	---	---	483.15	1	25	1.2399	2	---	---	---	---	---
34805	C29H48O	stigmasta-5,22-dien-3-ol, (3beta,22E)	83-48-7	412.700	443.15	1	---	---	25	0.9112	2	---	---	---	solid	1
34806	C29H48O	stigmasta-5,7-dien-3-ol, (3beta)	521-04-0	412.700	417.65	1	---	---	25	0.9112	2	---	---	---	solid	1
34807	C29H48O2	cholesteryl acetate	604-35-3	428.699	386.40	1	---	---	25	0.9350	2	---	---	---	solid	1
34808	C29H50O	stigmast-5-en-3-ol, (3beta)	83-46-5	414.715	413.15	1	778.00	2	25	0.8978	2	---	---	---	solid	1
34809	C29H50O	stigmast-5-en-3-ol, (3beta,24S)	83-47-6	414.715	---	---	---	---	25	0.8978	2	---	---	---	---	---
34810	C29H50O2	vitamin E	59-02-9	430.715	276.15	1	---	---	25	0.9500	1	25	1.5045	1	---	---
34811	C29H50O3	d-a-tocopherylquinone	7559-04-8	446.714	---	---	---	---	25	0.9441	2	---	1.4940	1	---	---
34812	C29H52	tricosylbenzene	61828-04-4	400.732	327.15	1	719.15	1	20	0.8544	1	20	1.4801	1	solid	1
34813	C29H52O	stigmastan-3-ol, (3beta,5alpha)	83-45-4	416.731	417.15	1	---	---	25	0.8849	2	---	---	---	solid	1
34814	C29H56	1-nonacosyne	61847-89-0	404.764	338.15	1	710.15	1	25	0.8374	2	---	---	---	solid	1
34815	C29H58	tetracosylcyclopentane	62016-57-3	406.780	324.15	1	720.15	1	25	0.8262	2	---	---	---	solid	1
34816	C29H58	tricosylcyclohexane	61828-08-8	406.780	330.15	1	722.15	1	20	0.8341	1	20	1.4637	1	solid	1
34817	C29H58	1-nonacosene	18835-35-3	406.780	323.15	1	713.15	1	25	0.8262	2	---	---	---	solid	1
34818	C29H58Br2	1,1-dibromononacosane	62168-08-5	566.588	520.69	2	769.15	1	25	1.0649	2	---	---	---	solid	2
34819	C29H58Cl2	1,1-dichlorononacosane	62017-31-6	477.685	460.93	2	754.15	1	25	0.9069	2	---	---	---	solid	2
34820	C29H58F2	1,1-difluorononacosane	62127-18-8	444.777	465.39	2	688.15	1	25	0.8685	2	---	---	---	solid	2
34821	C29H58I2	1,1-diiodononacosane	66213-91-0	660.588	517.21	2	1048.76	2	25	1.2023	2	---	---	---	solid	2
34822	C29H58O4Sn2	bis(tributyltin) itaconate	25711-26-6	708.197	---	---	510.65	1	---	---	---	---	---	---	---	---
34823	C29H59Br	1-bromononacosane	62108-47-8	487.691	340.95	1	746.15	1	25	0.9439	2	---	---	---	solid	1
34824	C29H59Cl	1-chlorononacosane	62016-81-3	443.240	340.15	1	733.15	1	25	0.8623	2	---	---	---	solid	1
34825	C29H59F	1-fluorononacosane	62108-83-2	426.786	343.15	1	703.15	1	25	0.8422	2	---	---	---	solid	1
34826	C29H59I	1-iodononacosane	62154-81-8	534.692	342.65	1	766.15	1	25	1.0177	2	---	---	---	solid	1
34827	C29H60	nonacosane	630-03-5	408.795	336.85	1	713.95	1	20	0.8083	1	20	1.4529	1	solid	1
34828	C29H60O	1-nonacosanol	6624-76-6	424.795	357.65	1	730.00	2	25	0.8379	2	---	---	---	solid	1
34829	C29H61N	nonacosylamine	66213-93-2	423.810	349.15	1	750.15	1	25	0.8308	2	---	---	---	solid	1
34830	C29H61N	methyloctacosylamine	66213-97-6	423.810	334.15	1	720.15	1	25	0.8308	2	---	---	---	solid	1
34831	C29H61N	ethylheptacosylamine	66213-96-5	423.810	334.15	2	725.15	1	25	0.8308	2	---	---	---	solid	2
34832	C29H61N	dimethylheptacosylamine	66213-95-4	423.810	330.00	2	719.15	1	25	0.8308	2	---	---	---	solid	2
34833	C29H61N	diethylpentacosylamine	66213-94-3	423.810	330.00	2	691.15	1	25	0.8308	2	---	---	---	solid	2
34834	C30H11Na3O14S3	sulfo-3-naphthalenefurane	---	760.576	---	---	503.15	1	---	---	---	---	---	---	---	---
34835	C30H14N4Na6O22S6	calcion	3810-39-7	1112.791	---	---	---	---	---	---	---	---	---	---	---	---
34836	C30H15FeN3Na3O15S3	naphthol green B	19381-50-1	878.473	---	---	---	---	---	---	---	---	---	---	---	---
34837	C30H16	pyranthrene	191-13-9	376.457	---	---	---	---	25	1.2125	2	---	---	---	---	---
34838	C30H16Cl2	1,8-dichloro-9,10-bis(phenylethynyl) anthra	51749-83-8	447.362	441.65	1	---	---	25	1.2972	2	---	---	---	solid	1
34839	C30H17Cl	1-chloro-9,10-bis(phenylethynyl)anthracen	41105-35-5	412.917	474.65	1	---	---	25	1.2431	2	---	---	---	solid	1
34840	C30H17Cl	2-chloro-9,10-bis(phenylethynyl)anthracen	41105-36-6	412.917	498.15	1	---	---	25	1.2431	2	---	---	---	solid	1
34841	C30H17F39Sn	tris(3,3,4,4,5,5,6,6,7,7,8,8-tridecafluorooct	---	1237.116	---	---	---	---	---	---	---	---	---	---	---	---
34842	C30H18	9,10-bis(phenylethynyl)anthracene	10075-85-1	378.473	528.15	1	---	---	25	1.1846	2	---	---	---	solid	1
34843	C30H18O4	2,2'-dimethyl-1,1'-bianthraquinone	81-26-5	442.471	---	---	503.65	1	25	1.2939	2	---	---	---	---	---
34844	C30H20Cl2O2	(+)-1,6-bis(2-chlorophenyl)-1,6-diphenyl-2,	86436-19-3	483.393	404.65	1	---	---	25	1.2921	2	---	---	---	solid	1
34845	C30H20Cl2O2	(-)-1,6-bis(2-chlorophenyl)-1,6-diphenyl-2,	86436-20-6	483.393	403.65	1	---	---	25	1.2921	2	---	---	---	solid	1
34846	C30H20O10	rugulosin	23537-16-8	540.483	---	---	519.15	1	25	1.4051	2	---	---	---	---	---
34847	C30H21NO4	ethyl ester of 1,2,5,6-dibenzanthracene-en	67466-28-8	459.501	---	---	---	---	25	1.2774	2	---	---	---	---	---
34848	C30H22	p-quinquephenyl	3073-05-0	382.505	659.60	1	---	---	25	1.1333	2	---	---	---	solid	1
34849	C30H22O12	luteoskyrin	21884-44-6	574.497	551.15	dec	---	---	25	1.4188	2	---	---	---	solid	1
34850	C30H23BrO4	bromadialone	28772-56-7	527.414	---	---	488.15	1	25	1.3723	2	---	---	---	---	---
34851	C30H24AgCl2N6O8	tris-2,2'-bipyridinesilver(ii) perchlorate	---	775.329	---	---	---	---	---	---	---	---	---	---	---	---
34852	C30H24Cl2CrN6O8	tris-2,2'-bipyridine chromium(ii) perchlorate	15388-46-2	719.459	---	---	---	---	---	---	---	---	---	---	---	---
34853	C30H24CrN6	tris-2,2'-bipyridine chromium	14751-89-4	520.559	---	---	---	---	---	---	---	---	---	---	---	---
34854	C30H24N2Na4O12	phenolphthalein complexon	62698-58-2	696.486	---	---	---	---	---	---	---	---	---	---	---	---
34855	C30H24N2O2	N-(2-acetamidofluoren-1-yl)-N-fluoren-2-yl	73106-12-4	444.533	---	---	---	---	25	1.2137	2	---	---	---	---	---
34856	C30H24N4O10	tetranicotylfructose	12041-87-1	600.543	---	---	488.65	1	25	1.4310	2	---	---	---	---	---
34857	C30H24O4	3,6,11,14-tetramethoxydibenzo(g,p)chryse	60223-52-1	448.518	---	---	506.15	1	25	1.2155	2	---	---	---	---	---
34858	C30H24P2	1,2-bis(diphenylphosphino)benzene	13991-08-7	446.469	456.15	1	---	---	---	---	---	---	---	---	solid	1
34859	C30H26N2O13	fluorexon	1461-15-0	622.543	473.15	1	---	---	25	1.4244	2	---	---	---	solid	1
34860	C30H26N4Na2O8S2	chrysophenine	2870-32-8	680.671	---	---	---	---	---	---	---	---	---	---	---	---
34861	C30H26O6	viriditoxin	35483-50-2	482.533	516.65	dec	500.65	1	25	1.2397	2	---	---	---	solid	1
34862	C30H27BrN2S2	stains-all	7423-31-6	559.594	---	---	---	---	25	1.3339	2	---	---	---	---	---
34863	C30H27CrO6	tris(1-phenyl-1,3-butanediono)chromium(iii	16432-36-3	535.537	510.65	1	---	---	---	---	---	---	---	---	solid	1
34864	C30H27NO2	2-phenyl-3-p-(b-pyrrolidinoethoxy)phenyl-(	24365-61-5	433.550	---	---	558.15	1	25	1.1545	2	---	---	---	---	---
34865	C30H28BKN6O3	hydrotris(3-anisylpyrazol-1-yl)borate, potas	143307-49-7	570.502	465.65	1	---	---	---	---	---	---	---	---	solid	1
34866	C30H28BN6Tl	hydrotris(3-p-tolylpyrazol-1-yl)borate, thalli	138072-88-5	687.789	519.65	1	---	---	---	---	---	---	---	---	solid	1
34867	C30H28N2O2	N,N'-bis(p-methoxybenzylidene)-a,a'-bi-p-t	55290-05-6	448.565	---	---	---	---	25	1.1673	2	---	---	---	---	---
34868	C30H28N2S4Zn	dibenzyldithiocarbamic acid zinc salt	14726-36-4	610.220	458.65	1	---	---	---	---	---	---	---	---	solid	1
34869	C30H28O4	25-ethoxycalix[4]arene	138240-24-1	452.550	569.65	1	---	---	25	1.1693	2	---	---	---	solid	1
34870	C30H28O8	rottlerin	82-08-6	516.548	---	---	---	---	25	1.2615	2	---	---	---	---	---
34871	C30H30	9,10-di-n-butyl-1,2,5,6-dibenzanthracene	63041-48-5	390.568	---	---	492.15	1	25	1.0455	2	---	---	---	---	---
34872	C30H30EuF21O6	tris(6,6,7,7,8,8,8-heptafluoro-2,2-dimethyl-:	17631-68-4	1037.497	478.15	1	---	---	---	---	---	---	---	---	solid	1
34873	C30H30F21O6Pr	praseodymium(fod)3	17978-77-7	1026.441	490.15	1	---	---	---	---	---	---	---	---	solid	1
34874	C30H30F21O6Yb	tris(6,6,7,7,8,8,8-heptafluoro-2,2-dimethyl-:	18323-96-1	1058.573	382.65	1	---	---	---	---	---	---	---	---	solid	1
34875	C30H30N2O6	2-(N-boc-amino)-5-(N-fmoc-amino)indan-2	---	514.579	---	---	---	---	25	1.2377	2	---	---	---	---	---
34876	C30H30O8	gossypol	303-45-7	518.563	453.15	1	---	---	25	1.2391	2	---	---	---	solid	1
34877	C30H30O8	(+)-gossypol	20300-26-9	518.563	455.15	1	---	---	25	1.2391	2	---	---	---	solid	1
34878	C30H30O8	racemic-gossypol	40112-23-0	518.563	457.15	1	---	---	25	1.2391	2	---	---	---	solid	1
34879	C30H31NO10	viridicatumtoxin	39277-41-3	565.577	508.15	dec	513.65	1	25	1.2899	2	---	---	---	solid	1
34880	C30H32N4O8	octylphenoxypolyethoxyethanol	9002-93-1	576.607	279.15	1	543.15	1	25	1.0500	1	---	1.4890	1	liquid	1

Table 1 Physical Properties - Organic Compounds

NO	FORMULA	NAME	CAS No	Mol Wt	Freezing Point		Boiling Point		Density			Refractive Index			State	
				g/mol	T_F, K	code	T_B, K	code	T, C	g/cm3	code	T, C	n_D	code	@25C,1 atm	code
34881	C30H33ClO4	4-pentylphenyl 2-chloro-4-(4-pentylbenzoy	41161-53-9	493.042	312.15	1	---	---	25	1.1554	2	---	---	---	solid	1
34882	C30H33NO12	o-methyl nogalarol	62421-98-1	599.592	---	---	---	---	25	1.3071	2	---	---	---	---	---
34883	C30H34N2O3S	2-[4-(4-dimethylaminophenyl)-1,3-butadien	---	502.678	---	---	---	---	25	1.1623	2	---	---	---	---	---
34884	C30H34O13	picrotoxin	124-87-8	602.592	476.65	1	---	---	25	1.2970	2	---	---	---	solid	1
34885	C30H35F2N3O	lidoflazine	3416-26-0	491.625	433.15	1	---	---	25	1.1322	2	---	---	---	solid	1
34886	C30H35NO3	centchroman	31477-60-8	457.613	---	---	---	---	25	1.0969	2	---	---	---	---	---
34887	C30H35NO10	1-deoxypyrromycin	60504-57-6	569.609	---	---	---	---	25	1.2478	2	---	---	---	---	---
34888	C30H36ClN2O	4-(p-tert-butylbenzyl)piperazinyl b-(p-chlor	23902-88-7	476.082	---	---	---	---	25	1.1023	2	---	---	---	---	---
34889	C30H36O7	12-deoxyphorbol-13-phenylacetate-20-ace	54662-30-5	508.612	---	---	---	---	25	1.1562	2	---	---	---	---	---
34890	C30H37NO3	2-(p-(1,2-bis(p-methoxyphenyl)-1-butenyl)p	33406-36-9	459.629	---	---	---	---	25	1.0784	2	---	---	---	---	---
34891	C30H37NO6	zygosporin A	22144-77-0	507.627	542.65	1	---	---	25	1.1457	2	---	---	---	solid	1
34892	C30H37NO6	cytochalasin c	22144-76-9	507.627	---	---	---	---	25	1.1457	2	---	---	---	---	---
34893	C30H37N5O5	ergosine	561-94-4	547.656	501.15	dec	---	---	25	1.2052	2	---	---	---	solid	1
34894	C30H38O8	sippr-113	99814-12-7	526.627	---	---	---	---	25	1.1586	2	---	---	---	---	---
34895	C30H38O11	chuanliansu	58812-37-6	574.625	---	---	---	---	25	1.2190	2	---	---	---	---	---
34896	C30H39NO5	paspalin	53760-19-3	493.644	533.65	1	---	---	25	1.1057	2	---	---	---	solid	1
34897	C30H39O4P	tri(tert-butylphenyl) phosphate	28777-70-0	494.611	---	---	---	---	---	---	---	---	---	---	---	---
34898	C30H40O2	beta-citraurin	650-69-1	432.646	420.15	1	---	---	25	1.0065	2	---	---	---	solid	1
34899	C30H40O4	pristimerin	1258-84-0	464.645	492.65	1	---	---	25	1.0534	2	---	---	---	solid	1
34900	C30H40O8	4',4pi(5pi)-divaleryldibenzo-18-crown-6	74966-25-9	528.643	390.15	1	---	---	25	1.1404	2	---	---	---	solid	1
34901	C30H40O10	altoside	73309-75-8	560.642	500.45	1	---	---	25	1.1808	2	---	---	---	solid	1
34902	C30H41FO7	aristospan	5611-51-8	532.650	568.65	dec	---	---	25	1.1277	2	---	---	---	solid	1
34903	C30H42FeO2Si4	ferrocene, 1,1'-bis(1,1,3,3-tetramethyl-3-ph	12321-04-9	602.847	291.85	1	---	---	25	1.1063	1	25	1.5473	1	---	---
34904	C30H42N6O4S	physostigmine sulfate	64-47-1	582.769	413.15	1	---	---	25	1.1865	2	---	---	---	solid	1
34905	C30H42O7	12-deoxy-phorbol-20-acetate-13-octenoate	56602-09-6	514.659	---	---	---	---	25	1.1022	2	---	---	---	---	---
34906	C30H42O7	stigmatellin	91682-96-1	514.659	402.15	1	---	---	25	1.1022	2	---	---	---	solid	1
34907	C30H42O8	proscillaridin	466-06-8	530.659	493.65	1	---	---	25	1.1229	2	---	---	---	solid	1
34908	C30H44O3	ethandrostate	---	452.678	---	---	---	---	25	0.9982	2	---	---	---	---	---
34909	C30H44O7	elatericin A	3877-86-9	516.675	424.65	1	---	---	25	1.0855	2	---	---	---	solid	1
34910	C30H44O9	cymarin	508-77-0	548.674	421.15	1	---	---	25	1.1262	2	---	---	---	solid	1
34911	C30H44O9	encordin	1182-87-2	548.674	435.65	1	---	---	25	1.1262	2	---	---	---	solid	1
34912	C30H45ClO6	senegenin	2469-34-3	537.136	564.15	1	---	---	25	1.0916	2	---	---	---	solid	1
34913	C30H46N2O2	1-(2-(2-(2,6-diethyl-a-(2,6-diethylphenyl)be	10140-08-6	466.708	---	---	---	---	25	1.0028	2	---	---	---	---	---
34914	C30H46O4	18-b-glycyrrhetinic acid	471-53-4	470.693	566.65	1	---	---	25	1.0055	2	---	---	---	solid	1
34915	C30H46O4	b-glycyrrhetinic acid	1449-05-4	470.693	605.65	1	---	---	25	1.0055	2	---	---	---	solid	1
34916	C30H46O4	gypsogenin	639-14-5	470.693	548.15	1	522.15	1	25	1.0055	2	---	---	---	solid	1
34917	C30H46O5	quillaic acid	631-01-6	486.692	567.15	1	---	---	25	1.0273	2	---	---	---	solid	1
34918	C30H46O5	quinovic acid	465-74-7	486.692	571.15	dec	---	---	25	1.0273	2	---	---	---	solid	1
34919	C30H46O9	strospeside	595-21-1	550.690	517.65	1	---	---	25	1.1098	2	---	---	---	solid	1
34920	C30H48O3	oleanolic acid	508-02-1	456.709	583.15	dec	---	---	25	0.9686	2	---	---	---	solid	1
34921	C30H48O3	ursolic acid	77-52-1	456.709	557.15	1	---	---	25	0.9686	2	---	---	---	solid	1
34922	C30H48O4	hederagenin	465-99-6	472.709	606.15	1	---	---	25	0.9907	2	---	---	---	solid	1
34923	C30H50	squalene	111-02-4	410.727	---	---	---	---	20	0.8584	1	20	1.4990	1	---	---
34924	C30H50N4O19	chitin	1398-61-4	770.744	---	---	---	---	25	1.3122	2	---	---	---	---	---
34925	C30H50O	lanosta-8,24-dien-3-ol, (3beta)	79-63-0	426.726	413.65	1	---	---	25	0.9093	2	---	---	---	solid	1
34926	C30H50O	lup-20(29)-en-3-ol, (3beta)	545-47-1	426.726	489.15	1	---	---	218	0.9457	1	218	1.4910	1	solid	1
34927	C30H50O	olean-12-en-3-ol, (3beta)	559-70-6	426.726	470.15	1	---	---	25	0.9093	2	---	---	---	solid	1
34928	C30H50O	urs-12-en-3-ol, (3beta)	638-95-9	426.726	459.15	1	---	---	25	0.9093	2	---	---	---	solid	1
34929	C30H50O	alpha1-sitosterol	474-40-8	426.726	439.15	1	---	---	25	0.9093	2	---	---	---	solid	1
34930	C30H50O2	lup-20(29)-ene-3,28-diol, (3beta)	473-98-3	442.726	523.15	1	---	---	25	0.9322	2	---	---	---	solid	1
34931	C30H50O2	cholesteryl propionate	633-31-8	442.726	367.15	1	---	---	25	0.9322	2	---	---	---	solid	1
34932	C30H50O4	diundecyl phthalate	3648-20-2	474.725	275.15	1	783.00	1	25	0.9500	1	---	1.4800	1	---	---
34933	C30H51Cl2NO2	2-(N,N-bis(2-chloroethyl)aminophenyl)acet	66232-30-2	528.646	---	---	488.65	1	25	1.0204	2	---	---	---	---	---
34934	C30H51N7O7	septacidin	62362-59-8	621.780	490.65	dec	467.65	1	25	1.1573	2	---	---	---	solid	1
34935	C30H52O26	maltopentaose, isomers	34620-76-3	828.727	---	---	---	---	25	1.3394	2	---	---	---	---	---
34936	C30H54	tetracosylbenzene	61828-05-5	414.759	330.15	1	727.15	1	20	0.8544	1	20	1.4800	1	solid	1
34937	C30H54O2	1,2-(didodecyloxy)benzene	42244-53-1	446.758	319.65	1	---	---	25	0.9063	2	---	---	---	solid	1
34938	C30H54O9	octyl phenol; EO(20)	9036-19-5	558.753	273.20	1	450.15	1	25	1.0498	2	---	---	---	liquid	1
34939	C30H57BO3	DL-menthyl borate	62697-74-9	476.592	---	---	---	---	---	---	---	---	---	---	---	---
34940	C30H58	1-triacontyne	61847-90-3	418.791	340.15	1	719.15	1	25	0.8380	2	---	---	---	solid	1
34941	C30H58O2Sn	(linoleoyloxy)tributylstannane	24124-25-2	569.499	---	---	---	---	---	---	---	---	---	---	---	---
34942	C30H58O4	ethylene glycol ditetradecanoate	627-84-9	482.788	338.15	1	---	---	80	0.8600	1	---	---	---	solid	1
34943	C30H58O4	di-n-decyl sebacate	2432-89-5	482.788	---	---	---	---	25	0.9245	2	---	---	---	---	---
34944	C30H58O4S	didodecyl 3,3'-thiodipropionate	123-28-4	514.854	314.15	1	---	---	25	0.9150	1	---	---	---	solid	1
34945	C30H59NO3	N-lauroyl-D-erythro-sphingosine, synthetic	74713-60-3	481.804	---	---	---	---	25	0.9171	2	---	---	---	---	---
34946	C30H60	pentacosylcyclopentane	62016-74-4	420.806	327.15	1	729.15	1	25	0.8271	2	---	---	---	solid	1
34947	C30H60	tetracosylcyclohexane	61828-09-9	420.806	332.65	1	731.15	1	20	0.8347	1	20	1.4641	1	solid	1
34948	C30H60	1-triacontene	18435-53-5	420.806	335.55	1	721.15	1	25	0.8271	2	---	---	---	solid	1
34949	C30H60Br2	1,1-dibromotriacontane	62168-09-6	580.614	531.96	2	777.15	1	25	1.0586	2	---	---	---	solid	2
34950	C30H60Cl2	1,1-dichlorotriacontane	62017-32-7	491.711	472.20	2	762.15	1	25	0.9053	2	---	---	---	solid	2
34951	C30H60F2	1,1-difluorotriacontane	62127-19-9	458.803	476.66	2	696.15	1	25	0.8681	2	---	---	---	solid	2
34952	C30H60I2	1,1-diiodotriacontane	66213-98-7	674.615	528.48	2	1071.64	2	25	1.1922	2	---	---	---	solid	2
34953	C30H60I3N3O3	gallamine triethiodide	65-29-2	891.539	420.65	1	---	---	25	1.4288	2	---	---	---	solid	1
34954	C30H60O2	triacontanoic acid	506-50-3	452.805	366.75	1	884.74	2	25	0.8708	2	100	1.4023	1	solid	1
34955	C30H60O2Sn	tributyl(oleoyloxy)stannane	3090-35-5	571.515	---	---	---	---	---	---	---	---	---	---	---	---
34956	C30H60O4S2Sn	2,2'-((dibutylstannylene)bis(thio))bisacetic	7399-02-2	667.646	---	---	---	---	---	---	---	---	---	---	---	---
34957	C30H61Br	1-bromotriacontane	4209-22-7	501.718	338.95	1	754.15	1	25	0.9411	2	---	---	---	solid	1
34958	C30H61Cl	1-chlorotriacontane	62016-82-4	457.267	340.15	1	741.15	1	25	0.8620	2	---	---	---	solid	1
34959	C30H61F	1-fluorotriacontane	62108-84-3	440.813	342.15	1	711.15	1	25	0.8426	2	---	---	---	solid	1
34960	C30H61I	1-iodotriacontane	62154-82-9	548.719	281.85	1	774.15	1	25	1.0054	1	25	1.4770	1	liquid	1

Table 1 Physical Properties - Organic Compounds

				Mol Wt	Freezing Point		Boiling Point		Density			Refractive Index			State	
NO	FORMULA	NAME	CAS No	g/mol	T_F, K	code	T_B, K	code	T, C	g/cm3	code	T, C	n_D	code	@25C,1 atm	code
34961	C30H62	triacontane	638-68-6	422.822	338.65	1	722.85	1	20	0.8097	1	70	1.4352	1	solid	1
34962	C30H62	2,6,10,15,19,23-hexamethyltetracosane	111-01-3	422.822	235.15	1	720.00	2	15	0.8115	1	15	1.4530	1	liquid	2
34963	C30H62	9-octyldocosane	55319-83-0	422.822	281.75	1	673.00	2	20	0.8114	1	20	1.4537	1	liquid	2
34964	C30H62O	1-triacontanol	593-50-0	438.822	361.15	1	741.00	2	95	0.7770	1	---	---	---	solid	1
34965	C30H63N	triacontylamine	66214-00-4	437.837	351.15	1	759.15	1	25	0.8316	2	---	---	---	solid	1
34966	C30H63N	methylnonacosylamine	66214-04-8	437.837	335.15	1	728.15	1	25	0.8316	2	---	---	---	solid	1
34967	C30H63N	ethyloctacosylamine	66214-03-7	437.837	335.80	2	733.15	1	25	0.8316	2	---	---	---	solid	2
34968	C30H63N	dipentadecylamine	35551-81-6	437.837	336.45	1	730.15	1	25	0.8316	2	---	---	---	solid	1
34969	C30H63N	dimethyloctacosylamine	66214-02-6	437.837	333.15	1	727.15	1	25	0.8316	2	---	---	---	solid	1
34970	C30H63N	diethylhexacosylamine	66214-01-5	437.837	302.65	2	700.15	1	25	0.8316	2	---	---	---	solid	2
34971	C30H63N	tri-N-decylamine	1070-01-5	437.837	272.15	1	679.15	1	25	0.8165	1	25	1.4533	1	liquid	1
34972	C31H15NO3	C.I. vat green 3	3271-76-9	449.465	---	---	---	---	25	1.3438	2	---	---	---	---	---
34973	C31H22NP	(S)-(-)-1-(2-diphenylphosphino-1-naphthyl)	149341-33-3	439.497	---	---	---	---	---	---	---	---	---	---	---	---
34974	C31H22NP	(R)-(+)-1-(2-diphenylphosphino-1-naphthyl	149341-34-4	439.497	---	---	---	---	---	---	---	---	---	---	---	---
34975	C31H23BrO3	talon rodenticide	56073-10-0	523.426	502.15	1	---	---	25	1.3556	2	---	---	---	solid	1
34976	C31H23NO8	eriamycin	11052-01-0	537.526	---	---	---	---	25	1.3486	2	---	---	---	---	---
34977	C31H24N2	p-dimethylaminobenzylidene-3,4,5,6-diben	63918-82-1	424.546	---	---	---	---	25	1.1714	2	---	---	---	---	---
34978	C31H24O3	3-(3-(4-biphenylyl)-1,2,3,4-tetrahydro-1-na	56073-07-5	444.530	---	---	---	---	25	1.1989	2	---	---	---	---	---
34979	C31H25NO2	2,6-bis(diphenylhydroxymethyl)pyridine	58451-82-4	443.545	---	---	---	---	25	1.1862	2	---	---	---	---	---
34980	C31H28P2	(2R,3R)-(-)-2,3-bis(diphenylphosphino)bicy	71042-54-1	462.511	393.15	1	---	---	---	---	---	---	---	---	solid	1
34981	C31H30N2O7S2	sulforhodamine 101 (free acid)	60311-02-6	606.721	---	---	---	---	25	1.3192	2	---	---	---	---	---
34982	C31H30O4	(-)-taddol	93379-48-7	466.577	466.65	1	---	---	25	1.1565	2	---	---	---	solid	1
34983	C31H31NO2	2,6-bis(diphenylhydroxymethyl)piperidine	58451-85-7	449.593	---	---	---	---	25	1.1213	2	---	---	---	---	---
34984	C31H32N2O7	5'-O-dimethoxytrityl-deoxythymidine	40615-39-2	544.605	---	---	---	---	25	1.2440	2	---	---	---	---	---
34985	C31H32N4O2	benzitramide	15301-48-1	492.622	420.15	1	---	---	25	1.1780	2	---	---	---	solid	1
34986	C31H32O2P2	(-)-2,3-O-isopropylidene-2,3-dihydroxy-1,4	32305-98-9	498.542	362.15	1	---	---	---	---	---	---	---	---	solid	1
34987	C31H32O2P2	(+)-2,3-O-isopropylidene-2,3-dihydroxy-1,4	37002-48-5	498.542	362.15	1	---	---	---	---	---	---	---	---	solid	1
34988	C31H32O3Sn	triphenyltin 3,5-di-isopropylsalicylate	143716-16-9	571.303	---	---	---	---	---	---	---	---	---	---	---	---
34989	C31H33N3O12	carzinophilin A	1403-29-8	639.617	492.65	dec	---	---	25	1.3476	2	---	---	---	solid	1
34990	C31H35NO11	morpholinodaunomycin	79867-78-0	597.619	---	---	---	---	25	1.2728	2	---	---	---	---	---
34991	C31H35N3O4S	penicillin G benethamine	751-84-8	545.704	419.65	1	---	---	25	1.2013	2	---	---	---	solid	1
34992	C31H36N2O8	raunescine	117-73-7	564.636	438.15	1	---	---	25	1.2237	2	---	---	---	solid	1
34993	C31H36N2O11	streptonivicin	303-81-1	612.634	425.15	2	---	---	25	1.3450	1	---	---	---	solid	2
34994	C31H36N2O11	14-morpholinodaunorubicin	76549-16-1	612.634	---	---	---	---	25	1.2809	2	---	---	---	---	---
34995	C31H37IN2O2	dicyanine A	20591-23-5	596.552	573.15	1	---	---	25	1.2946	2	---	---	---	solid	1
34996	C31H37NO4	(5a,7a(R))-3,6-dimethoxy-a-17-dimethyl-4,	13965-63-4	487.639	---	---	---	---	25	1.1102	2	---	---	---	---	---
34997	C31H38NO12	3'-morpholino-3'-deaminodaunorubicin	80790-68-7	616.643	---	---	498.15	dec	25	1.2619	2	---	---	---	---	---
34998	C31H38O11	baccatine iii	27548-93-2	586.636	504.65	1	---	---	25	1.2252	2	---	1.5465	1	solid	1
34999	C31H39N5O5	ergocornine	564-36-3	561.683	456.15	dec	---	---	25	1.1929	2	---	---	---	solid	1
35000	C31H39N5O5	ergocorninine	564-37-4	561.683	501.15	dec	---	---	25	1.1929	2	---	---	---	solid	1
35001	C31H40O2	vitamin MK 4	863-61-6	444.657	---	---	---	---	25	1.0169	2	---	---	---	---	---
35002	C31H41ClFNO3	haloperidol decanoate	74050-97-8	530.123	---	---	---	---	25	1.1074	2	---	---	---	---	---
35003	C31H41NO3	1-hydroxy-N-(2-tetradecyloxyphenyl)-2-nap	39163-92-3	475.672	---	---	---	---	25	1.0532	2	---	---	---	---	---
35004	C31H42ClN3	ethyl violet	2390-59-2	492.148	---	---	---	---	25	1.0584	2	---	---	---	---	---
35005	C31H42N2O6	batrachotoxin	23509-16-2	538.685	---	---	---	---	25	1.1288	2	---	---	---	---	---
35006	C31H42O10	3'-o-acetylcalotropin	36573-63-4	574.668	581.65	1	---	---	25	1.1699	2	---	---	---	solid	1
35007	C31H44O8	meproscillarin	33396-37-1	544.686	488.15	1	---	---	25	1.1139	2	---	---	---	solid	1
35008	C31H46O2	vitamin K1	84-80-0	450.705	253.15	1	---	---	25	0.9640	1	25	1.5250	1	---	---
35009	C31H46O10	verodoxin	6875-10-1	578.700	470.65	1	---	---	25	1.1364	2	---	---	---	solid	1
35010	C31H48O2	2,2-bis(3'-tert-octyl)-4'-hydroxyphenylpropa	19546-20-4	452.721	---	---	---	---	25	0.9565	2	---	---	---	---	---
35011	C31H48O2S2	probucol	23288-49-5	516.853	---	---	---	---	25	1.0246	2	---	---	---	---	---
35012	C31H48O6	fusidine	6990-06-3	516.719	465.65	1	---	---	25	1.0422	2	---	---	---	solid	1
35013	C31H51NO9	rosamicin	35834-26-5	581.748	393.65	1	---	---	25	1.0968	2	---	---	---	solid	1
35014	C31H52O3	vitamin E acetate	58-95-7	472.752	245.65	1	---	---	21	0.9533	1	20	1.4970	1	---	---
35015	C31H52O3	DL-a-tocopherol acetate	7695-91-2	472.752	---	---	---	---	25	0.9530	1	---	1.4960	1	---	---
35016	C31H54O2	undecylenic aldehyde digeranyl acetal	67785-74-4	458.769	---	---	---	---	25	0.9169	2	---	---	---	---	---
35017	C31H54O3	3',4'-(didodecyloxy)benzaldehyde	117241-25-5	474.768	344.65	1	---	---	25	0.9383	2	---	---	---	solid	1
35018	C31H55N3O6	enocitabine	55726-47-1	565.795	414.65	1	---	---	25	1.0476	2	---	---	---	solid	1
35019	C31H56	pentacosylbenzene	61828-06-6	428.786	332.15	1	735.15	1	20	0.8544	1	20	1.4799	1	solid	1
35020	C31H56	13-phenylpentacosane	6006-90-2	428.786	304.85	1	735.15	2	20	0.8537	1	20	1.4787	1	solid	1
35021	C31H56O9	23-(4-nonylphenoxy)-3,6,9,12,15,18,21-he	41506-14-3	572.780	---	---	---	---	25	1.0439	2	---	---	---	---	---
35022	C31H57NO2	tetrahexylammonium benzoate	16436-29-6	475.799	---	---	---	---	25	0.9000	1	---	---	---	---	---
35023	C31H60	1-hentriacontyne	61847-91-4	432.817	342.15	1	728.15	1	25	0.8385	2	---	---	---	solid	1
35024	C31H60O6S3Sn	methyltris(2-ethylhexyloxycarbonylmethylth	57583-34-3	743.722	---	---	---	---	---	---	---	---	---	---	---	---
35025	C31H62	hexacosylcyclopentane	62016-58-4	434.833	329.15	1	737.15	1	20	0.8326	1	20	1.4628	1	solid	1
35026	C31H62	pentacosylcyclohexane	61828-10-2	434.833	335.05	1	739.15	1	20	0.8353	1	20	1.4645	1	solid	1
35027	C31H62	1-hentriacontene	18435-54-6	434.833	327.75	1	730.15	1	20	0.8340	2	---	---	---	solid	1
35028	C31H62	13-cyclohexylpentacosane	6697-15-0	434.833	270.20	1	735.48	2	20	0.8340	2	---	---	---	liquid	2
35029	C31H62Br2	1,1-dibromohentriacontane	62168-10-9	594.641	543.23	2	785.15	1	25	1.0527	2	---	---	---	solid	2
35030	C31H62Cl2	1,1-dichlorohentriacontane	62017-33-8	505.738	483.47	2	770.15	1	25	0.9038	2	---	---	---	solid	2
35031	C31H62F2	1,1-difluorohentriacontane	62127-20-2	472.830	487.93	2	704.15	1	25	0.8677	2	---	---	---	solid	2
35032	C31H62I2	1,1-diiodohentriacontane	66214-07-1	688.642	539.75	2	1094.52	2	25	1.1827	2	---	---	---	solid	2
35033	C31H62O	16-hentriacontanone	502-73-8	450.833	356.95	1	813.00	2	91	0.7947	1	94	1.4297	1	solid	1
35034	C31H63Br	1-bromohentriacontane	62108-48-9	515.745	344.85	1	761.15	1	25	0.9385	2	---	---	---	solid	1
35035	C31H63Cl	1-chlorohentriacontane	62016-83-5	471.294	344.15	1	749.15	1	25	0.8618	2	---	---	---	solid	1
35036	C31H63F	1-fluorohentriacontane	62108-85-4	454.840	347.15	1	719.15	1	25	0.8430	2	---	---	---	solid	1
35037	C31H63I	1-iodohentriacontane	57094-91-4	562.746	346.45	1	782.15	1	25	1.0081	2	---	---	---	solid	1
35038	C31H63N3S6Sn	n-butyltin tris(dibutyldithiocarbamate)	73927-88-5	788.968	---	---	---	---	---	---	---	---	---	---	---	---
35039	C31H64	hentriacontane	630-04-6	436.849	341.05	1	731.15	1	68	0.7810	1	90	1.4278	1	solid	1
35040	C31H64	11-decylheneicosane	55320-06-4	436.849	282.34	1	731.15	2	20	0.8116	1	20	1.4540	1	liquid	2

Table 1 Physical Properties - Organic Compounds

				Mol Wt	Freezing Point		Boiling Point		Density			Refractive Index			State	
NO	FORMULA	NAME	CAS No	g/mol	T_F, K	code	T_B, K	code	T, C	g/cm3	code	T, C	n_D	code	@25C,1 atm	code
35041	C31H65N	hentriacontylamine	66214-08-2	451.864	352.15	1	768.15	1	25	0.8323	2	---	---	---	solid	1
35042	C31H65N	methyltriacontylamine	66214-12-8	451.864	336.15	1	736.15	1	25	0.8323	2	---	---	---	solid	1
35043	C31H65N	ethylnonacosylamine	66214-11-7	451.864	336.15	2	741.15	1	25	0.8323	2	---	---	---	solid	2
35044	C31H65N	dimethylnonacosylamine	66214-10-6	451.864	335.00	2	735.15	1	25	0.8323	2	---	---	---	solid	2
35045	C31H65N	diethylheptacosylamine	66214-09-3	451.864	335.00	2	707.15	1	25	0.8323	2	---	---	---	solid	2
35046	C32Br6Cl10CuN8	C.I. pigment green 36	14302-13-7	1393.903	---	---	---	---	---	---	---	---	---	---	---	---
35047	C32H12CuN8Na4O12S4	copper phthalocyanine tetrasulfonic acid te	27360-85-6	984.265	---	---	---	---	---	---	---	---	---	---	---	---
35048	C32H16Cl2N8Si	silicon phthalocyanine dichloride	19333-10-9	611.525	---	---	---	---	---	---	---	---	---	---	---	---
35049	C32H16Cl2N8Sn	tin(iv) phthalocyanine dichloride	18253-54-8	702.150	---	---	---	---	---	---	---	---	---	---	---	---
35050	C32H16CoN8	cobalt phthalocyanine	3317-67-7	571.468	---	---	---	---	---	---	---	---	---	---	---	---
35051	C32H16CuN8	copper phthalocyanine dye content ca	147-14-8	576.081	---	---	---	---	---	---	---	---	---	---	---	---
35052	C32H16FeN8	iron phthalocyanine	132-16-1	568.380	---	---	---	---	---	---	---	---	---	---	---	---
35053	C32H16MgN8	magnesium phthalocyanine	1661-03-6	536.840	---	---	---	---	---	---	---	---	---	---	---	---
35054	C32H16N8Na2	phthalocyanine sodium	25476-27-1	558.515	>573.15	1	---	---	---	---	---	---	---	---	solid	1
35055	C32H16N8Ni	nickel phthalocyanine	14055-02-8	571.228	---	---	---	---	---	---	---	---	---	---	---	---
35056	C32H16N8OV	vanadyl phthalocyanine	13930-88-6	579.476	---	---	---	---	---	---	---	---	---	---	---	---
35057	C32H16N8Pb	phthalocyanine lead	15187-16-3	719.735	---	---	---	---	---	---	---	---	---	---	---	---
35058	C32H16N8Zn	zinc phthalocyanine	14320-04-8	577.925	---	---	---	---	---	---	---	---	---	---	---	---
35059	C32H18N8	phthalocyanine	574-93-6	514.551	---	---	---	---	25	1.3972	2	---	---	---	---	---
35060	C32H20O3	tetraphenylphthalic anhydride	4741-53-1	452.509	563.65	1	---	---	25	1.2564	2	---	---	---	solid	1
35061	C32H22N4O2	C.I. vat red 13	4203-77-4	494.553	---	---	---	---	25	1.2996	2	---	---	---	---	---
35062	C32H22N6Na2O6S2	congo red	573-58-0	696.677	>633	1	---	---	---	---	---	---	---	---	solid	1
35063	C32H24Cl2N8O2	C.I. pigment orange 13	3520-72-7	623.502	---	---	---	---	25	1.4141	2	---	---	---	---	---
35064	C32H24MgN2O6S2	8-anilino-1-naphthalenesulfonic acid magn	18108-68-4	620.990	---	---	---	---	---	---	---	---	---	---	---	---
35065	C32H24N5O6S2Na	8-(phenylamino)-5-[[4-[(3-sulfophenyl)azo]-	3351-05-1	661.696	---	---	---	---	---	---	---	---	---	---	---	---
35066	C32H26	pentaphenylethane	19112-42-6	410.558	446.40	1	---	---	25	1.1086	2	---	---	---	solid	1
35067	C32H26Cl2N6O4	2,2'-((3,3'-dichloro(1,1'-biphenyl)-4,4'-diyl)-	6358-85-6	629.503	---	---	---	---	25	1.3906	2	---	---	---	---	---
35068	C32H30N2O3	rhodamine 101 inner salt	41175-43-3	490.602	544.15	1	---	---	25	1.1859	2	---	---	---	solid	1
35069	C32H30N2O4	cochliodinol	11051-88-0	506.602	487.15	1	---	---	25	1.2081	2	---	---	---	solid	1
35070	C32H30O14	ergochrome AA (2,2')-5b,6a,10b-5',6'a,10'b	35287-69-5	638.582	530.15	1	---	---	25	1.3675	2	---	---	---	solid	1
35071	C32H32O8	tetramethylcalix[4]resorcinolarene	74708-10-4	544.601	>573.15	1	---	---	25	1.2313	2	---	---	---	solid	1
35072	C32H32O13S	ETP	29767-20-2	656.664	517.15	1	---	---	25	1.3513	2	---	---	---	solid	1
35073	C32H32O14	chartreusin	6377-18-0	640.598	458.15	1	---	---	25	1.3458	2	---	---	---	solid	1
35074	C32H34N2O12	cyanomorpholinoadriamycin	88254-07-3	638.629	---	---	---	---	25	1.3242	2	---	---	---	---	---
35075	C32H36N2O5	chaetoglobosin A	50335-03-0	528.649	461.15	1	---	---	25	1.1696	2	---	---	---	solid	1
35076	C32H38N2O8	deserpidine	131-01-1	578.663	503.65	1	---	---	25	1.2110	2	---	---	---	solid	1
35077	C32H38O9	12-deoxyphorbol-13-(4-acetoxyphenylacet	69883-99-4	566.648	---	---	---	---	25	1.1931	2	---	---	---	---	---
35078	C32H40BrN5O5	bromocriptine	25614-03-3	654.606	489.65	dec	---	---	25	1.3025	2	---	---	---	solid	1
35079	C32H40O4Si4	2,4,6,8-tetraethyl-2,4,6,8-tetraphenylcyclot	18758-34-4	601.007	379.15	1	---	---	20	1.1000	1	25	1.5430	1	solid	1
35080	C32H41N5O5	ergocryptine	511-09-1	575.710	486.15	dec	---	---	25	1.1815	2	---	---	---	solid	1
35081	C32H41NO2	terfenadine	50679-08-8	471.683	419.65	1	---	---	25	1.0403	2	---	---	---	solid	1
35082	C32H42N10O16S4	4,4'-bis((4-(2-methoxyethoxy)-6-(N-methyl-	60397-73-1	951.010	---	---	432.15	1	25	1.4929	2	---	---	---	---	---
35083	C32H44N2O8	lappaconitine	32854-75-4	584.711	490.65	1	---	---	25	1.1581	2	---	---	---	solid	1
35084	C32H44O12	scilliroside	507-60-8	620.694	442.15	1	---	---	25	1.1963	2	---	---	---	solid	1
35085	C32H44O7	12-deoxy-phorbol-13-decdienoate-20-acet	56726-04-6	540.697	---	---	---	---	25	1.1017	2	---	---	---	---	---
35086	C32H44O8	cucurbitacin E	18444-66-1	556.697	---	---	---	---	25	1.1215	2	---	---	---	---	---
35087	C32H45NO10	picraconitine	466-24-0	603.710	403.15	1	448.90	1	25	1.1692	2	---	---	---	solid	1
35088	C32H45O8	12-O-acetyl-phorbol-13-deca-(D-2)-enoate	---	557.705	---	---	456.15	2	25	1.1134	2	---	---	---	---	---
35089	C32H45O8	phorbol-12,13-dihexanoate	37558-17-1	557.705	---	---	456.15	1	25	1.1134	2	---	---	---	---	---
35090	C32H46N2O8	lycoctonine, monoanthranilate (ester)	22413-78-1	586.726	---	---	---	---	25	1.1417	2	---	---	---	---	---
35091	C32H46N8O6S2	bisibutiamine	3286-46-2	702.902	---	---	450.15	1	25	1.2568	2	---	---	---	---	---
35092	C32H46O8	cucurbitacin B	6199-67-3	558.712	---	---	450.85	1	25	1.1055	2	---	---	---	---	---
35093	C32H48O8	12-O-acetyl-phorbol-13-decanoate	20839-15-0	560.728	---	---	---	---	25	1.0901	2	---	---	---	---	---
35094	C32H48O9	oleandrin	465-16-7	576.728	523.15	dec	389.15	1	25	1.1090	2	---	---	---	solid	1
35095	C32H49NO9	cevadine	62-59-9	591.743	486.65	dec	---	---	25	1.1191	2	---	---	---	solid	1
35096	C32H49O6	9a-dodecenoate	56530-48-4	529.737	---	---	428.15	1	25	1.0434	2	---	---	---	---	---
35097	C32H50N2S4Sn	bis(dibutyldithiocarbamato)dibenzylstanna	64653-03-8	709.737	---	---	---	---	---	---	---	---	---	---	---	---
35098	C32H50O6	12-deoxy-phorbol-13-dodecanoate	56530-47-3	530.745	---	---	458.15	1	25	1.0362	2	---	---	---	---	---
35099	C32H54O4	dilauryl phthalate	2432-90-8	502.778	295.65	1	---	---	25	0.9400	1	---	---	---	---	---
35100	C32H55NO11	bramycin	11011-73-7	629.789	---	---	---	---	25	1.1107	2	---	---	---	---	---
35101	C32H56O3	3',4'-(didodecyloxy)acetophenone	---	488.795	337.65	1	---	---	25	0.9357	2	---	---	---	solid	1
35102	C32H56O8Sn	bis(butoxymaleoyloxy)dioctylstannane	29575-02-8	687.502	---	---	---	---	---	---	---	---	---	---	---	---
35103	C32H56O8Sn	bis((2-(ethyl)hexyloxy)maleoyloxy) di(n-but	15546-12-0	687.502	---	---	---	---	---	---	---	---	---	---	---	---
35104	C32H57O8	phorbol-12,13-dihexa(D-2,4)-dienoate	---	569.800	---	---	---	---	25	1.0267	2	---	---	---	---	---
35105	C32H58	hexacosylbenzene	13024-80-1	442.813	335.15	1	743.15	1	20	0.8543	1	20	1.4798	1	solid	1
35106	C32H58N2O7S	chaps	75621-03-3	614.888	---	---	---	---	25	1.0640	2	---	---	---	---	---
35107	C32H58N2O8S	chapso	82473-24-3	630.888	457.15	1	---	---	25	1.0812	2	---	---	---	solid	1
35108	C32H62	1-dotriacontyne	61847-92-5	446.844	344.15	1	736.15	1	25	0.8390	2	---	---	---	solid	1
35109	C32H62O3	hexadecanoic anhydride	623-65-4	494.842	337.15	1	---	---	83	0.8388	1	68	1.4364	1	solid	1
35110	C32H63NO3	N-myristoyl-D-erythro-sphingosine, synthet	34227-72-0	509.857	---	---	---	---	25	0.9134	2	---	---	---	---	---
35111	C32H64	heptacosylcyclopentane	61827-90-5	448.860	332.15	1	745.15	1	25	0.8288	2	---	---	---	solid	1
35112	C32H64	hexacosylcyclohexane	61828-11-3	448.860	337.15	1	747.15	1	20	0.8359	1	20	1.4649	1	solid	1
35113	C32H64	1-dotriacontene	18435-55-7	448.860	329.85	1	738.15	1	25	0.8288	2	---	---	---	solid	1
35114	C32H64Br2	1,1-dibromodotriacontane	62168-11-0	608.668	554.50	2	792.15	1	25	1.0471	2	---	---	---	solid	2
35115	C32H64Cl2	1,1-dichlorodotriacontane	62017-34-9	519.765	494.74	2	778.15	1	25	0.9024	2	---	---	---	solid	2
35116	C32H64F2	1,1-difluorodotriacontane	62127-21-3	486.857	499.20	2	711.15	1	25	0.8673	2	---	---	---	solid	2
35117	C32H64I2	1,1-diiododotriacontane	66214-13-9	702.669	551.02	2	1117.40	2	25	1.1737	2	---	---	---	solid	2
35118	C32H64O2	hexadecyl hexadecanoate	540-10-3	480.859	327.15	1	---	---	20	0.9890	1	70	1.4398	1	solid	1
35119	C32H64O2	tetradecyl stearate	17661-50-6	480.859	327.15	2	---	---	25	0.8698	2	---	---	---	solid	2
35120	C32H64O4Sn	dibutyltin dilaurate	77-58-7	631.568	293.15	1	478.15	1	25	1.0660	1	---	1.4700	1	liquid	1

Table 1 Physical Properties - Organic Compounds

				Mol Wt	Freezing Point		Boiling Point		Density			Refractive Index			State	
NO	FORMULA	NAME	CAS No	g/mol	T_F, K	code	T_B, K	code	T, C	g/cm3	code	T, C	n_D	code	@25C,1 atm	code
35121	C32H64O5Sn	butyl(3-hydroxybutyl)tin dilaurate	153759-62-7	647.567	---	---	---	---	---	---	---	---	---	---	---	---
35122	C32H65Br	1-bromodotriacontane	7596-92-1	529.772	342.85	1	769.15	1	25	0.9361	2	---	---	---	solid	1
35123	C32H65Cl	1-chlorodotriacontane	62016-84-6	485.321	344.15	1	757.15	1	25	0.8616	2	---	---	---	solid	1
35124	C32H65F	1-fluorodotriacontane	62108-86-5	468.867	346.15	1	727.15	1	25	0.8433	2	---	---	---	solid	1
35125	C32H65I	1-iodododotriacontane	62154-83-0	576.773	345.55	1	789.15	1	25	1.0037	2	---	---	---	solid	1
35126	C32H66	dotriacontane	544-85-4	450.876	342.35	1	738.85	1	20	0.8124	1	20	1.4550	1	solid	1
35127	C32H66	3-methylhentriacontane	4981-99-1	450.876	342.85	2	740.15	2	20	0.8124	2	20	1.4546	2	solid	2
35128	C32H66O	dihexadecyl ether	4113-12-6	466.875	328.15	1	---	---	19	0.9780	1	---	---	---	solid	1
35129	C32H67N	dotriacontylamine	66214-14-0	465.891	354.15	1	776.15	1	25	0.8329	2	---	---	---	solid	1
35130	C32H67N	methylhentriacontylamine	66214-18-4	465.891	338.15	1	743.15	1	25	0.8329	2	---	---	---	solid	1
35131	C32H67N	ethyltriacontylamine	66214-17-3	465.891	339.17	2	749.15	1	25	0.8329	2	---	---	---	solid	2
35132	C32H67N	dihexadecylamine	16724-63-3	465.891	340.18	1	746.15	1	25	0.8329	2	---	---	---	solid	1
35133	C32H67N	dimethyltriacontylamine	66214-16-2	465.891	338.15	1	743.15	1	25	0.8329	2	---	---	---	solid	1
35134	C32H67N	diethyloctacosylamine	66214-15-1	465.891	338.15	2	714.15	1	25	0.8329	2	---	---	---	solid	2
35135	C32H68BrN	tetra-n-octylammonium bromide	14866-33-2	546.803	367.15	1	---	---	25	0.9368	2	---	---	---	solid	1
35136	C32H68O4Si	2-ethyl-1-hexanol silicate	115-82-2	544.975	183.25	1	633.15	1	---	---	---	---	---	---	liquid	1
35137	C32H68O4Ti	titanium(iv) 2-ethylhexyloxide	1070-10-6	564.757	---	---	---	---	25	0.9270	1	---	1.4790	1	---	---
35138	C32H68S2Sn	dibutylbis(dodecylthio)stannane	1185-81-5	635.734	263.25	1	---	---	---	---	---	---	---	---	---	---
35139	C32H68Sn	tetra-n-octylstannane	3590-84-9	571.602	---	---	---	---	---	---	---	---	---	---	---	---
35140	C33H24ClNO8	(2-((2-carboxyphenoxy)carbonyl)phenyl)-1-	86811-46-3	598.008	---	---	---	---	25	1.3744	2	---	---	---	---	---
35141	C33H24Hg2O6S2	phenylmercuric dinaphthylmethanedisulfon	14235-86-0	981.862	---	---	---	---	---	---	---	---	---	---	---	---
35142	C33H25N3O3	norbormide	991-42-4	511.581	467.15	1	---	---	25	1.2700	2	---	---	---	solid	1
35143	C33H28O8	pentaerythritol tetrabenzoate	4196-86-5	552.581	---	---	---	---	25	1.2801	2	---	---	---	---	---
35144	C33H31NO8	2,3,5-tri-O-benzyl-1-O-(4-nitrobenzoyl)-D-a	52522-49-3	569.611	---	---	---	---	25	1.2674	2	---	---	---	---	---
35145	C33H34N4O6	biliverdine	114-25-0	582.657	>573	1	---	---	25	1.2544	2	---	---	---	solid	1
35146	C33H34O2Si3	1,3,5-trimethyl-1,1,3,5,5-pentaphenyltrisilo:	3390-61-2	546.887	383.20	1	---	---	---	---	---	---	---	---	solid	1
35147	C33H37NO	3-(bis(3,3-diphenylpropyl)amino)propane-1	---	463.663	---	---	534.15	1	25	1.0606	2	---	---	---	---	---
35148	C33H35N5O5	ergotaminine	639-81-6	581.673	525.15	dec	---	---	25	1.2439	2	---	---	---	solid	1
35149	C33H36N4O6	bilirubin	635-65-4	584.673	---	---	---	---	25	1.2348	2	---	---	---	---	---
35150	C33H37N5O5	dihydroergotamine	511-12-6	583.689	512.15	1	533.15	1	25	1.2246	2	---	---	---	solid	1
35151	C33H38N2O8	methyl-o-(4-hydroxy-3-methoxycinnamoyl)r	35440-49-4	590.674	---	---	---	---	25	1.2173	2	---	---	---	---	---
35152	C33H38O8	a-2-guttiferin	11048-92-3	562.660	387.15	1	489.65	1	25	1.1802	2	---	---	---	solid	1
35153	C33H40N2O9	reserpine	50-55-5	608.689	537.65	1	---	---	25	1.2177	2	---	---	---	solid	1
35154	C33H40N2O9	10-methoxy-11-desmethoxyreserpine	865-04-3	608.689	444.15	1	---	---	25	1.2177	2	---	---	---	solid	1
35155	C33H41N5O5	ergocryptinine	511-10-4	587.721	518.15	dec	---	---	25	1.1882	2	---	---	---	solid	1
35156	C33H42O8	candletoxin B	64854-98-4	566.692	---	---	---	---	25	1.1454	2	---	---	---	---	---
35157	C33H44O8	helvolic acid	29400-42-8	568.708	485.15	dec	---	---	25	1.1289	2	---	---	---	solid	1
35158	C33H45N2O9Cl	ansamitocin P-4	66547-10-2	649.181	451.65	dec	---	---	25	1.2031	2	---	---	---	solid	1
35159	C33H45NO9	delphinine	561-07-9	599.722	472.15	1	---	---	25	1.1574	2	---	---	---	solid	1
35160	C33H47NO13	pimaricin	7681-93-8	665.735	473.15	1	---	---	25	1.2113	2	---	---	---	solid	1
35161	C33H48N2O9	streptolydigin	7229-50-7	616.753	420.65	1	---	---	25	1.1508	2	---	---	---	solid	1
35162	C33H49NO4	n-butyl-3,o-acetyl-12b,13a-dihydrojervine	66409-97-0	523.757	---	---	---	---	25	1.0308	2	---	---	---	---	---
35163	C33H49NO8	pseudojervine	36069-05-3	587.754	577.65	dec	---	---	25	1.1078	2	---	---	---	solid	1
35164	C33H50O4	4-decyloxy-2-hydroxyphenyl 4-decyloxyphe	6285-34-3	510.758	---	---	---	---	25	1.0047	2	---	---	---	---	---
35165	C33H50O6P2	cyclic neopentanetetrayl bis(2,4-di-tert-buty	26741-53-7	604.704	---	---	---	---	---	---	---	---	---	---	---	---
35166	C33H52O	2,2'-methylene-bis(4-methyl-6-nonylphenol	7786-17-6	464.775	---	---	---	---	25	0.9286	2	---	---	---	---	---
35167	C33H54O6	trioctyl trimellitate	3319-31-1	546.788	---	---	687.15	1	25	0.9840	1	---	1.4850	1	---	---
35168	C33H55N5O5	ergotamine	113-15-5	601.832	486.65	dec	---	---	25	1.0791	2	---	---	---	solid	1
35169	C33H57CrO6	tris(2,2,6,6-tetramethyl-3,5-heptanedionatc	14434-47-0	601.808	504.15	1	---	---	---	---	---	---	---	---	solid	1
35170	C33H57CoO6	tris(2,2,6,6-tetramethyl-3,5-heptanedionatc	14877-41-9	608.745	523.15	1	---	---	---	---	---	---	---	---	solid	1
35171	C33H57DyO6	tris(2,2,6,6-tetramethyl-3,5-heptanedionatc	15522-69-7	712.312	456.65	1	---	---	---	---	---	---	---	---	solid	1
35172	C33H57GdO6	tris(2,2,6,6-tetramethyl-3,5-heptanedionatc	14768-15-1	707.062	456.15	1	---	---	---	---	---	---	---	---	solid	1
35173	C33H57LaO6	resolve-al la	14319-13-2	688.717	502.15	1	---	---	---	---	---	---	---	---	solid	1
35174	C33H57NdO6	neodymium(iii) tris(2,2,6,6-tetramethyl-3,5-	15492-47-4	694.052	483.65	1	---	---	---	---	---	---	---	---	solid	1
35175	C33H57O6Ru	tris(2,2,6,6-tetramethyl-3,5-heptanedionatc	38625-54-6	650.882	473.15	1	---	---	---	---	---	---	---	---	solid	1
35176	C33H57O6Y	tris(2,2,6,6-tetramethyl-3,5-heptanedionatc	15632-39-0	638.718	446.15	1	---	---	---	---	---	---	---	---	solid	1
35177	C33H57O6Yb	tris(2,2,6,6-tetramethyl-3,5-heptanedionatc	15492-52-1	722.852	439.65	1	---	---	---	---	---	---	---	---	solid	1
35178	C33H60	heptacosylbenzene	61828-25-9	456.839	337.15	1	750.15	1	20	0.8543	1	20	1.4797	1	solid	1
35179	C33H64	1-tritriacontyne	61847-93-6	460.871	346.15	1	744.15	1	25	0.8395	2	---	---	---	solid	1
35180	C33H66	octacosylcyclopentane	61827-91-6	462.887	334.15	1	753.15	1	25	0.8296	2	---	---	---	solid	1
35181	C33H66	heptacosylcyclohexane	61828-12-4	462.887	339.25	1	754.15	1	25	0.8296	2	---	---	---	solid	1
35182	C33H66	1-tritriacontene	61868-11-9	462.887	331.85	1	746.15	1	25	0.8296	2	---	---	---	solid	1
35183	C33H66Br2	1,1-dibromotritriacontane	62168-12-1	622.695	565.77	2	799.15	1	25	1.0418	2	---	---	---	solid	2
35184	C33H66Cl2	1,1-dichlorotritriacontane	62017-35-0	533.792	506.01	2	785.15	1	25	0.9011	2	---	---	---	solid	2
35185	C33H66F2	1,1-difluorotritriacontane	62127-22-4	500.884	510.47	2	718.15	1	25	0.8669	2	---	---	---	solid	2
35186	C33H66I2	1,1-diiodotritriacontane	66214-19-5	716.696	562.29	2	1140.28	2	25	1.1652	2	---	---	---	solid	2
35187	C33H67Br	1-bromotritriacontane	62108-49-0	543.799	348.45	1	776.15	1	25	0.9338	2	---	---	---	solid	1
35188	C33H67Cl	1-chlorotritriacontane	62016-85-7	499.347	348.15	1	764.15	1	25	0.8614	2	---	---	---	solid	1
35189	C33H67F	1-fluorotritriacontane	62108-87-6	482.893	350.15	1	734.15	1	25	0.8437	2	---	---	---	solid	1
35190	C33H67I	1-iodotritriacontane	62154-84-1	590.799	349.85	1	797.15	1	25	0.9996	2	---	---	---	solid	1
35191	C33H68	tritriacontane	630-05-7	464.903	344.20	1	748.15	1	25	0.8199	2	---	---	---	solid	1
35192	C33H69N	tritriacontylamine	---	479.918	355.15	1	784.15	1	25	0.8335	2	---	---	---	solid	1
35193	C33H69N	methyldotriacontylamine	66214-25-3	479.918	339.15	1	751.15	1	25	0.8335	2	---	---	---	solid	1
35194	C33H69N	ethylhentriacontylamine	66214-24-2	479.918	339.15	2	756.15	1	25	0.8335	2	---	---	---	solid	2
35195	C33H69N	dimethylhentriacontylamine	66214-23-1	479.918	340.00	2	750.15	1	25	0.8335	2	---	---	---	solid	2
35196	C33H69N	diethylnonacosylamine	66214-22-0	479.918	340.00	2	722.15	1	25	0.8335	2	---	---	---	solid	2
35197	C33H69N	triundecylamine	42910-16-7	479.918	340.00	2	701.15	1	25	0.8335	2	---	---	---	solid	2
35198	C34H12Cl4O2	C.I. vat blue 22	6373-20-2	594.278	---	---	---	---	25	1.4781	2	---	---	---	---	---
35199	C34H14Cl2O2	dichloroisoviolanthrone	1324-55-6	525.389	---	---	---	---	25	1.3948	2	---	---	---	---	---
35200	C34H14N2O6	15,18-dinitroanthra(9,1,2-cde)benzo(rst)pe	67446-03-1	546.496	---	---	---	---	25	1.4642	2	---	---	---	---	---

Table 1 Physical Properties - Organic Compounds

				Mol Wt	Freezing Point		Boiling Point		Density			Refractive Index			State	
NO	FORMULA	NAME	CAS No	g/mol	T_F, K	code	T_B, K	code	T, C	g/cm3	code	T, C	n_D	code	@25C,1 atm	code
35201	C34H16O2	dibenzanthrone	116-71-2	456.500	---	---	---	---	25	1.2994	2	---	---	---	---	---
35202	C34H16O4	dihydroxydibenzanthrone	128-59-6	488.499	---	---	---	---	25	1.3474	2	---	---	---	---	---
35203	C34H18O2	4,4'-dibenzanthronil	116-90-5	458.516	---	---	---	---	25	1.2725	2	---	---	---	---	---
35204	C34H22N8Na2O10S2	4-amino-5-hydroxy-6-[[4'-[(4-hydroxypheny	4335-09-5	812.710	---	---	---	---	---	---	---	---	---	---	---	---
35205	C34H24N6Na4O14S4	evan's blue	314-13-6	960.821	---	---	---	---	---	---	---	---	---	---	---	---
35206	C34H24N6O16S4Na4	6,6'-[(3,3'-dimethoxy[1,1'-biphenyl]-4,4'-diyl	2610-05-1	992.820	---	---	---	---	---	---	---	---	---	---	---	---
35207	C34H26N6Na2O6S2	benzopurpurine 4b	992-59-6	724.730	---	---	---	---	---	---	---	---	---	---	---	---
35208	C34H26N6O6S2	4,4'-bis(4-amino-1-naphthylazo)-2,2'-stilbe	5463-64-9	678.751	---	---	---	---	25	1.4276	2	---	---	---	---	---
35209	C34H26O6S2	(S)-(+)-1,1'-bi-2-naphthyl di-p-toluenesulfo	128544-06-9	594.709	454.65	1	---	---	25	1.3217	2	---	---	---	solid	1
35210	C34H26O6S2	(R)-(-)-1,1'-bi-2-naphthyl di-p-toluenesulfor	137568-37-7	594.709	454.15	1	---	---	25	1.3217	2	---	---	---	solid	1
35211	C34H26O6S2	1,1'-bi-2-naphthyl di-p-toluenesulphonate	128575-35-9	594.709	457.65	1	---	---	25	1.3217	2	---	---	---	solid	1
35212	C34H28FeP2	1,1'-bis(diphenylphosphino)ferrocene	12150-46-8	554.389	455.15	1	---	---	---	---	---	---	---	---	solid	1
35213	C34H28O2Pd	bis(dibenzylideneacetone)palladium	32005-36-0	575.015	423.15	1	---	---	---	---	---	---	---	---	solid	1
35214	C34H30Cl2N6O4	C.I. pigment yellow 14	5468-75-7	657.557	---	---	---	---	25	1.3544	2	---	---	---	---	---
35215	C34H30N10O8S2	4,4'-bis(4-methoxy-6-phenylamino-2-S-tria:	7342-13-4	770.809	---	---	---	---	25	1.4775	2	---	---	---	---	---
35216	C34H32ClFeN4O4	hemin	16009-13-5	651.951	>573	1	---	---	---	---	---	---	---	---	solid	1
35217	C34H32N4Na2O4	protoporphyrin ix, sodium salt	50865-01-5	606.633	---	---	---	---	---	---	---	---	---	---	---	---
35218	C34H32N4O9	cholexamin	27959-26-8	640.651	451.65	1	---	---	25	1.3355	2	---	---	---	solid	1
35219	C34H33FeN4O5	hematin	15489-90-4	633.506	>473	1	---	---	---	---	---	---	---	---	solid	1
35220	C34H33P3	bis(2-diphenylphosphinoethyl)phenylphosp	23582-02-7	534.558	396.65	1	---	---	---	---	---	---	---	---	solid	1
35221	C34H34Br2O4	5,11-dibromo-25,27-dipropoxycalix[4]arene	176098-88-7	666.450	581.15	1	---	---	25	1.3788	2	---	---	---	solid	1
35222	C34H34F6IrP3	1,5-cyclooctadienebis(methyldiphenylphos	38465-86-0	841.774	497.15	1	---	---	---	---	---	---	---	---	solid	1
35223	C34H35NO6	benzyl 2-acetamido-2-deoxy-6-O-triphenyl-	33493-71-9	553.655	377.65	1	---	---	25	1.1942	2	---	---	---	solid	1
35224	C34H35N3O10	rubidazone	54083-22-6	645.667	---	---	---	---	25	1.3054	2	---	---	---	---	---
35225	C34H36F3NO13	trifluoroacetyladriamycin-14-valerate	56124-62-0	723.655	---	---	477.15	1	25	1.3473	2	---	---	---	---	---
35226	C34H36N2O6	pseudomorphine	125-24-6	568.670	555.65	1	---	---	25	1.2038	2	---	---	---	solid	1
35227	C34H36O4	25,27-dipropoxycalix[4]arene	162301-48-6	508.657	571.65	1	---	---	25	1.1237	2	---	---	---	solid	1
35228	C34H36O6	2,3,4,6-tetra-O-benzyl-D-galactopyranose	53081-25-7	540.656	333.15	1	---	---	25	1.1655	2	---	---	---	solid	1
35229	C34H36O8	phorbol-12,13-dibenzoate	25405-85-0	572.655	---	---	---	---	25	1.2053	2	---	---	---	---	---
35230	C34H37O7P	25-ethoxy-27-diethoxyphosphoryloxycalix[4	212612-16-3	588.638	446.65	1	---	---	---	---	---	---	---	---	solid	1
35231	C34H38N4O6	hematoporphyrin	14459-29-1	598.700	445.65	1	---	---	25	1.2221	2	---	---	---	solid	1
35232	C34H43NO13	baumycin A1	64314-28-9	673.715	456.65	1	477.15	2	25	1.2499	2	---	---	---	solid	1
35233	C34H43NO13	baumycin A2	64253-71-0	673.715	460.15	1	477.15	1	25	1.2499	2	---	---	---	solid	1
35234	C34H46ClN2O10	maytansine	35846-53-8	678.200	444.65	1	---	---	25	1.2174	2	---	---	---	solid	1
35235	C34H47NO10	indaconitine	4491-19-4	629.748	475.65	dec	---	---	25	1.1658	2	---	---	---	solid	1
35236	C34H47NO11	aconitine	302-27-2	645.748	477.15	1	---	---	25	1.1831	2	---	---	---	solid	1
35237	C34H47NO11	aconitine, amorphous	8006-38-0	645.748	---	---	---	---	25	1.1831	2	---	---	---	---	---
35238	C34H48N2O10S	atropine sulfate	55-48-1	676.829	323.65	1	---	---	25	1.1990	2	---	---	---	solid	1
35239	C34H50O2	cholesteryl benzoate	604-32-0	490.770	422.65	1	---	---	25	0.9727	2	---	---	---	solid	1
35240	C34H50O3	19-nortestosterone homofarnesate	38911-59-0	506.769	---	---	---	---	25	0.9934	2	---	---	---	---	---
35241	C34H50O7	biogastrone	5697-56-3	570.767	565.65	1	---	---	25	1.0717	2	---	---	---	solid	1
35242	C34H50O8	3,5-bis(1,1-dimethylethyl)-4-hydroxybenze	36443-68-2	586.766	---	---	---	---	25	1.0902	2	---	---	---	---	---
35243	C34H50O12	thapsigargin	67526-95-8	650.764	---	---	---	---	25	1.1607	2	---	---	---	---	---
35244	C34H51F2NSn	tetrabutylammonium difluorotriphenyl stann	139353-88-1	630.493	463.15	1	---	---	---	---	---	---	---	---	solid	1
35245	C34H52O4S2Sn	ergoterm TGO	28675-83-4	707.626	---	---	---	---	---	---	---	---	---	---	---	---
35246	C34H52O7	12-deoxy-phorbol-20-acetate-13-dodecanc	56530-49-5	572.783	---	---	506.15	1	25	1.0575	2	---	---	---	---	---
35247	C34H52O8	phorbol acetate, laurate	20839-16-1	588.782	---	---	---	---	25	1.0759	2	---	---	---	---	---
35248	C34H52O8	phorbol monoacetate monolaurate	16675-05-1	588.782	---	---	---	---	25	1.0759	2	---	---	---	---	---
35249	C34H54O8	isolasalocid A	54156-67-1	590.798	476.15	1	---	---	25	1.0621	2	---	---	---	solid	1
35250	C34H56N2O12	metoprolol tartrate	56392-17-7	684.825	---	---	---	---	25	1.1486	2	---	---	---	---	---
35251	C34H58O2	cholesteryl n-heptylate	1182-07-6	498.833	---	---	---	---	25	0.9228	2	---	---	---	---	---
35252	C34H58O2	cholesterol isoheptylate	63019-46-5	498.833	---	---	---	---	25	0.9228	2	---	---	---	---	---
35253	C34H58O4	ditridecyl phthalate	119-06-2	530.832	236.25	1	---	---	25	0.9510	1	---	---	---	---	---
35254	C34H59NO14	fumonisin B2	116355-84-1	705.841	---	---	---	---	25	1.1445	2	---	---	---	---	---
35255	C34H59NO15	fumonisin B1	116355-83-0	721.840	---	---	---	---	25	1.1599	2	---	---	---	---	---
35256	C34H60O10	lysocellin	55898-33-4	628.844	---	---	---	---	25	1.0578	2	---	---	---	---	---
35257	C34H62	octacosylbenzene	61828-26-0	470.866	339.15	1	757.15	1	20	0.8543	1	20	1.4796	1	solid	1
35258	C34H62FeSn2	bis((tri-n-butylstannyl)cyclopentadienyl)iror	12291-11-1	764.131	---	---	---	---	---	---	---	---	---	---	---	---
35259	C34H63N5O9	pepstatin A	26305-03-3	685.904	501.65	dec	---	---	25	1.0998	2	---	---	---	solid	1
35260	C34H66	1-tetratriacontyne	26185-83-1	474.898	347.15	1	751.15	1	25	0.8399	2	---	---	---	solid	1
35261	C34H66O4	ethylene glycol dipalmitate	624-03-3	538.896	345.15	1	---	---	78	0.8594	1	---	---	---	solid	1
35262	C34H66O6S3Sn	butyltris(isooctyloxycarbonylmethylthio)sta	25852-70-4	785.802	---	---	---	---	---	---	---	---	---	---	---	---
35263	C34H67I	1-iodotetratriacontane	62154-85-2	602.810	348.95	1	804.15	1	25	1.0073	2	---	---	---	solid	1
35264	C34H67NO3	N-palmitoyl-D-erythro-sphingosine, synthet	24696-26-2	537.911	367.65	1	---	---	25	0.9102	2	---	---	---	solid	1
35265	C34H68	nonacosylcyclopentane	61827-92-7	476.914	336.15	1	760.15	1	25	0.8303	2	---	---	---	solid	1
35266	C34H68	octacosylcyclohexane	61828-13-5	476.914	341.15	1	761.15	1	20	0.8370	1	20	1.4656	1	solid	1
35267	C34H68	1-tetratriacontene	61868-12-0	476.914	343.65	1	754.15	1	25	0.8303	2	---	---	---	solid	1
35268	C34H68Br2	1,1-dibromotetratriacontane	62168-13-2	636.722	577.04	2	806.15	1	25	1.0368	2	---	---	---	solid	2
35269	C34H68Cl2	1,1-dichlorotetratriacontane	62017-36-1	547.819	517.28	2	792.15	1	25	0.8998	2	---	---	---	solid	2
35270	C34H68F2	1,1-difluorotetratriacontane	62127-23-5	514.911	521.74	2	725.15	1	25	0.8666	2	---	---	---	solid	2
35271	C34H68I2	1,1-diiodotetratriacontane	66214-26-4	730.723	573.56	2	1163.16	2	25	1.1571	2	---	---	---	solid	2
35272	C34H68O2	hexadecyl stearate	1190-63-2	508.913	330.15	1	---	---	25	0.8690	2	70	1.4410	1	solid	1
35273	C34H68O2	isocetyl stearate	25339-09-7	508.913	330.15	2	---	---	25	0.8690	2	---	---	---	solid	2
35274	C34H69Br	1-bromotetratriacontane	62108-50-3	557.826	346.45	1	783.15	1	25	0.9316	2	---	---	---	solid	1
35275	C34H69Cl	1-chlorotetratriacontane	62016-86-8	513.374	348.15	1	771.15	1	25	0.8612	2	---	---	---	solid	1
35276	C34H69F	1-fluorotetratriacontane	62108-88-7	496.920	349.15	1	741.15	1	25	0.8440	2	---	---	---	solid	1
35277	C34H70	tetratriacontane	14167-59-0	478.930	343.25	1	755.15	1	90	0.7728	1	90	1.4296	1	solid	1
35278	C34H70	11-decyltetracosane	55429-84-0	478.930	283.95	1	755.15	2	20	0.8161	1	20	1.4556	1	liquid	2
35279	C34H70O4Sn2	bis(tributyl(sebacoyldioxy))tin	30099-72-0	780.347	---	---	---	---	---	---	---	---	---	---	---	---
35280	C34H71N	tetratriacontylamine	66214-29-7	493.945	357.15	1	791.15	1	25	0.8341	2	---	---	---	solid	1

Table 1 Physical Properties - Organic Compounds

				Mol Wt	Freezing Point		Boiling Point		Density			Refractive Index			State	
NO	FORMULA	NAME	CAS No	g/mol	T_F, K	code	T_B, K	code	T, C	g/cm3	code	T, C	n_D	code	@25C,1 atm	code
35281	C34H71N	methyltritriacontylamine	66214-33-3	493.945	340.15	1	758.15	1	25	0.8341	2	---	---	---	solid	1
35282	C34H71N	ethyldotriacontylamine	66214-32-2	493.945	342.15	2	764.15	1	25	0.8341	2	---	---	---	solid	2
35283	C34H71N	diheptadecylamine	16130-73-7	493.945	344.15	1	760.15	1	25	0.8341	2	---	---	---	solid	1
35284	C34H71N	dimethyldotriacontylamine	66214-31-1	493.945	342.15	1	758.15	1	25	0.8341	2	---	---	---	solid	1
35285	C34H71N	diethyltriacontylamine	66214-30-0	493.945	342.15	2	730.15	1	25	0.8341	2	---	---	---	solid	2
35286	C35H22Cl4FeP2Pd	1,1'-bis(diphenylphosphino)ferrocenedichl	72287-26-4	808.583	550.65	1	---	---	---	---	---	---	---	---	solid	1
35287	C35H26	1,2,3,4,5-pentaphenyl-1,3-cyclopentadiene	2519-10-0	446.591	528.65	1	---	---	25	1.1377	2	---	---	---	solid	1
35288	C35H30O5	calix[5]arene	83933-03-3	530.620	565.15	1	---	---	25	1.2097	2	---	---	---	solid	1
35289	C35H36O13	4,6-o-benzylidene-b-D-glucopyranoside po	3268-19-7	664.663	---	---	---	---	25	1.3017	2	---	---	---	---	---
35290	C35H37N5O7	5'-O-dimethoxytrityl-N-isobutyryl-deoxygua	68892-41-1	639.710	---	---	---	---	25	1.2727	2	---	---	---	---	---
35291	C35H38O6	methyl-2,3,4,6-tetra-O-benzyl-D-galactopy	195827-82-8	554.683	---	---	---	---	25	1.1549	2	---	---	---	---	---
35292	C35H39N5O5	ergocristine	511-08-0	609.727	448.15	dec	---	---	25	1.2184	2	---	---	---	solid	1
35293	C35H39N5O5	ergocristinine	511-07-9	609.727	510.65	dec	---	---	25	1.2184	2	---	---	---	solid	1
35294	C35H39NO2	2,6-bis-(dibenzylhydroxymethyl)piperidine	58451-87-9	505.700	---	---	---	---	25	1.0838	2	---	---	---	---	---
35295	C35H42N2O11	18a-hydroxy-11, 17a-dimethoxy-3b, 20a-yo	21019-39-6	666.726	---	---	---	---	25	1.2464	2	---	---	---	---	---
35296	C35H42N2O11	raunova	84-36-6	666.726	450.15	1	---	---	25	1.2464	2	---	---	---	solid	1
35297	C35H42N2O9	rescinnamine	24815-24-5	634.727	511.65	1	---	---	25	1.2121	2	---	---	---	solid	1
35298	C35H43ClO4	4-octylphenyl 2-chloro-4-(4-heptylbenzoylo	41161-57-3	563.177	314.15	1	---	---	25	1.1069	2	---	---	---	solid	1
35299	C35H43NO12	adriamycin-14-octanoatehydrochloride	51898-39-6	669.726	---	---	---	---	25	1.2384	2	---	---	---	---	---
35300	C35H44O9	candletoxin A	64854-99-5	608.729	---	---	---	---	25	1.1613	2	---	---	---	---	---
35301	C35H48N8O10S	phalloin	28227-92-1	772.882	---	---	---	---	25	1.2938	2	---	---	---	---	---
35302	C35H48N8O11S	phalloidin	17466-45-4	788.882	554.15	1	---	---	25	1.3083	2	---	---	---	solid	1
35303	C35H52O8	(E)-phorbol monodecanoate mono(2-methy	59086-92-9	600.793	---	---	---	---	25	1.0832	2	---	---	---	---	---
35304	C35H54O8	phorbol 12-myristate 13-acetate	16561-29-8	602.809	---	---	---	---	25	1.0695	2	---	---	---	---	---
35305	C35H54O8	lasalocid	11054-70-9	602.809	---	---	---	---	25	1.0695	2	---	---	---	---	---
35306	C35H54O8	phorbol monodecanoate (S)-(+)-mono(2-m	63040-43-7	602.809	---	---	---	---	25	1.0695	2	---	---	---	---	---
35307	C35H54O14	uzarin	20231-81-6	698.805	542.15	1	---	---	25	1.1699	2	---	---	---	solid	1
35308	C35H56O12	gitalin	1391-75-9	668.822	---	---	---	---	25	1.1239	2	---	---	---	---	---
35309	C35H58O9	bafilomycin A1	88899-55-2	622.840	---	---	---	---	25	1.0605	2	---	---	---	---	---
35310	C35H59Al3N10O24	aluminum aceglutamide	12607-92-0	1084.855	494.15	dec	---	---	---	---	---	---	---	---	solid	1
35311	C35H60O2	cholesteryl caprylate	1182-42-9	512.860	383.15	1	---	---	25	0.9208	2	---	---	---	solid	1
35312	C35H64	nonacosylbenzene	61828-27-1	484.893	341.15	1	764.15	1	25	0.8601	2	---	---	---	solid	1
35313	C35H68	1-pentatriacontyne	61847-94-7	488.925	349.15	1	759.15	1	25	0.8404	2	---	---	---	solid	1
35314	C35H70	triacontylcyclopentane	61827-93-8	490.941	338.15	1	767.15	1	20	0.8350	1	20	1.4644	1	solid	1
35315	C35H70	nonacosylcyclohexane	61828-14-6	490.941	343.05	1	768.15	1	25	0.8310	2	---	---	---	solid	1
35316	C35H70	1-pentatriacontene	61868-13-1	490.941	345.45	1	762.15	1	25	0.8310	2	---	---	---	solid	1
35317	C35H70Br2	1,1-dibromopentatriacontane	---	650.749	588.31	2	813.15	1	25	1.0321	2	---	---	---	solid	2
35318	C35H70Cl2	1,1-dichloropentatriacontane	62017-37-2	561.846	528.55	2	799.15	1	25	0.8987	2	---	---	---	solid	2
35319	C35H70F2	1,1-difluoropentatriacontane	62127-24-6	528.938	533.01	2	732.15	1	25	0.8663	2	---	---	---	solid	2
35320	C35H70I2	1,1-diiodopentatriacontane	66576-85-0	744.750	584.83	2	1186.04	2	25	1.1495	2	---	---	---	solid	2
35321	C35H70O	18-pentatriacontanone	504-53-0	506.940	362.15	1	893.00	2	95	0.7930	1	---	---	---	solid	1
35322	C35H71Br	1-bromopentatriacontane	62108-51-4	571.853	351.65	1	790.15	1	25	0.9296	2	---	---	---	solid	1
35323	C35H71Cl	1-chloropentatriacontane	---	527.401	351.15	1	778.15	1	25	0.8610	2	---	---	---	solid	1
35324	C35H71F	1-fluoropentatriacontane	62108-89-8	510.947	354.15	1	748.15	1	25	0.8443	2	---	---	---	solid	1
35325	C35H71I	1-iodopentatriacontane	62154-86-3	618.853	352.85	1	811.15	1	25	0.9920	2	---	---	---	solid	1
35326	C35H72	pentatriacontane	630-07-9	492.957	347.85	1	763.15	1	20	0.8157	1	20	1.4568	1	solid	1
35327	C35H73N	pentatriacontylamine	66576-87-2	507.972	358.15	1	799.15	1	25	0.8347	2	---	---	---	solid	1
35328	C35H73N	methyltetratriacontylamine	66576-91-8	507.972	341.15	1	765.15	1	25	0.8347	2	---	---	---	solid	1
35329	C35H73N	ethyltritriacontylamine	66576-90-7	507.972	341.15	2	771.15	1	25	0.8347	2	---	---	---	solid	2
35330	C35H73N	dimethyltritriacontylamine	66576-89-4	507.972	342.00	2	765.15	1	25	0.8347	2	---	---	---	solid	2
35331	C35H73N	diethylhentriacontylamine	66576-88-3	507.972	342.00	2	737.15	1	25	0.8347	2	---	---	---	solid	2
35332	C36H18Br2O4	anthraquinone brilliant green concentrate 2	25704-81-8	674.345	---	---	---	---	25	1.5828	2	---	---	---	---	---
35333	C36H18O4	C.I. vat blue 16	6424-76-6	514.537	---	---	---	---	25	1.3318	2	---	---	---	---	---
35334	C36H20O4	jade green base	128-58-5	516.552	---	---	---	---	25	1.3065	2	---	---	---	---	---
35335	C36H24FeN6O4S	o-phenanthroline ferrous sulfate complex	14634-91-4	692.537	---	---	---	---	25	1.0100	1	---	---	---	---	---
35336	C36H26	7,14-dibenzyldibenz(a,h)anthracene	59766-02-8	458.602	---	---	---	---	25	1.1467	2	---	---	---	---	---
35337	C36H27O3P	tris ortho xenyl phosphite	2752-19-4	538.583	366.15	1	---	---	---	---	---	---	---	---	solid	1
35338	C36H28O2Sn	bis(p-phenoxyphenyl)diphenyltin	17601-12-6	611.327	---	---	---	---	---	---	---	---	---	---	---	---
35339	C36H30Br2NiP2	bis(triphenylphosphine)nickel(ii)bromide	14126-37-5	743.084	494.15	1	---	---	---	---	---	---	---	---	solid	1
35340	C36H30Cl2NiP2	bis(triphenylphosphine)nickel(ii)chloride	14264-16-5	654.181	---	---	---	---	---	---	---	---	---	---	---	---
35341	C36H30Cl2P2Pd	bis(triphenylphosphine)palladium(ii)chlorid	13965-03-2	701.907	---	---	---	---	---	---	---	---	---	---	---	---
35342	C36H30CrO4Si2	bis(triphenyl silyl)chromate	1624-02-8	634.798	---	---	---	---	---	---	---	---	---	---	---	---
35343	C36H30Ge2	hexaphenyldigermanium	2816-39-9	607.854	613.15	1	---	---	---	---	---	---	---	---	solid	1
35344	C36H30O3Si3	hexaphenylcyclotrisiloxane	512-63-0	594.887	461.65	1	---	---	---	---	---	---	---	---	solid	1
35345	C36H30SSn2	bis(triphenyltin)sulfide	77-80-5	732.120	417.15	1	---	---	---	---	---	---	---	---	solid	1
35346	C36H30Si2	hexaphenyldisilane	1450-23-3	518.804	632.15	1	---	---	---	---	---	---	---	---	solid	1
35347	C36H30Sn2	hexaphenylditin	1064-10-4	700.054	505.65	1	---	---	---	---	---	---	---	---	solid	1
35348	C36H31N3O4	endo-5-(a-hydroxy-a-2-pyridylbenzyl)-N-(2-	4634-47-3	569.661	---	---	---	---	25	1.2447	2	---	---	---	---	---
35349	C36H32Cl2CoP2	bis(triphenylphosphine)cobalt(ii) chloride	14126-40-0	656.436	509.15	1	---	---	---	---	---	---	---	---	solid	1
35350	C36H34Cl2N6O4	C.I. pigment yellow 13	5102-83-0	685.611	---	---	---	---	25	1.3228	2	---	---	---	---	---
35351	C36H38N2NiS4	bis(4-diethylaminodithiobenzil)nickel	51449-18-4	685.669	---	---	---	---	---	---	---	---	---	---	---	---
35352	C36H38N2O6	bebeerine	477-60-1	594.708	494.15	1	---	---	25	1.1985	2	---	---	---	solid	1
35353	C36H38N2O6	curine	436-05-5	594.708	494.15	1	---	---	25	1.1985	2	---	---	---	solid	1
35354	C36H42Br2N2	hexafluorenium bromide	317-52-2	662.551	426.65	1	---	---	25	1.2736	2	---	---	---	solid	1
35355	C36H42EuF9O6	tris[3-(trifluoromethylhydroxymethylene)-D-	34830-11-0	893.676	470.65	1	---	---	---	---	---	---	---	---	solid	1
35356	C36H42F9O6Pr	tris[3-(trifluoromethylhydroxymethylene)-D-	38053-99-5	882.620	484.15	1	---	---	---	---	---	---	---	---	solid	1
35357	C36H42F9O6Yb	tris[3-(trifluoromethylhydroxymethylene)-D-	38054-03-4	914.752	486.15	1	---	---	---	---	---	---	---	---	solid	1
35358	C36H42O10P2	O,O-bis(diethoxyphosphoryl)calix[4]arene	145237-28-1	696.671	491.65	1	---	---	---	---	---	---	---	---	solid	1
35359	C36H44FeP2	(s)-(+)-1-[(r)-2-(dicyclohexylphosphino)ferr	162291-01-2	594.538	---	---	---	---	---	---	---	---	---	---	---	---
35360	C36H45BO3	triphenylcyclohexyl borate	63732-31-0	536.563	---	---	---	---	---	---	---	---	---	---	---	---

				Mol Wt	Freezing Point		Boiling Point		Density			Refractive Index			State	
NO	FORMULA	NAME	CAS No	g/mol	T_F, K	code	T_B, K	code	T, C	g/cm3	code	T, C	n_D	code	@25C,1 atm	code
35361	C36H45NO14	antibiotic MA 144S2	63710-09-8	715.752	435.65	1	---	---	25	1.2592	2	---	---	---	solid	1
35362	C36H46N2O10	barbinine	123497-99-4	666.769	---	---	---	---	25	1.2020	2	---	---	---	---	---
35363	C36H46N4	octaethylporphine	2683-82-1	534.789	595.15	1	---	---	25	1.0547	2	---	---	---	solid	1
35364	C36H46N4OV	vanadyl octaethylporphine	27860-55-5	601.730	---	---	---	---	---	---	---	---	---	---	---	---
35365	C36H46N8O11	octakis-O-(2-cyanoethyl)sucrose	18304-13-7	766.811	263.25	1	---	---	25	1.3090	2	---	---	---	---	---
35366	C36H48O8	12-o-tetradeca-2-cis-4-trans,6,8-tetraenoyl	64604-09-7	608.772	---	---	---	---	25	1.1191	2	---	---	---	---	---
35367	C36H51NO11	bikhaconitine	6078-26-8	673.801	437.15	1	---	---	25	1.1645	2	---	---	---	solid	1
35368	C36H51NO11	veratridine	71-62-5	673.801	453.15	1	---	---	25	1.1645	2	---	---	---	solid	1
35369	C36H51NO12	pseudoaconitine	127-29-7	689.801	487.15	1	---	---	25	1.1807	2	---	---	---	solid	1
35370	C36H52ClMnN2O2	(S,S)-jacobsen catalyst	135620-04-1	635.212	604.15	1	---	---	---	---	---	---	---	---	solid	1
35371	C36H52ClMnN2O2	(R,R)-jacobsen catalyst	138124-32-0	635.212	604.15	1	---	---	---	---	---	---	---	---	solid	1
35372	C36H52CoN2O2	(1R,2R)-(-)-N,N'-bis(3,5-di-t-butylsalicylide	176763-62-5	603.755	682.15	1	---	---	---	---	---	---	---	---	solid	1
35373	C36H52CoN2O2	(1S,2S)-(+)-N,N'-bis(3,5-di-t-butylsalicylide	188264-84-8	603.755	683.65	1	---	---	---	---	---	---	---	---	solid	1
35374	C36H52O13	glucoproscillaridin A	124-99-2	692.801	543.15	1	---	---	25	1.1740	2	---	---	---	solid	1
35375	C36H52O15	hellegrigenin glucorhamnoside	13289-18-4	724.800	556.65	1	---	---	25	1.2053	2	---	---	---	solid	1
35376	C36H53NO13	lucensomycin	13058-67-8	707.816	---	---	---	---	25	1.1819	2	---	---	---	---	---
35377	C36H54N2O2	(S,S)-(+)-N,N'-bis(3,5-di-tert-butylsalicylide	135616-36-3	546.838	478.15	1	---	---	25	1.0018	2	---	---	---	solid	1
35378	C36H54N2O2	(R,R)-(-)-N,N'-bis(3,5-di-tert-butylsalicylide	135616-40-9	546.838	479.15	1	---	---	25	1.0018	2	---	---	---	solid	1
35379	C36H54N4O2	N,N-bis(1-methyl-4-phenyl-4-piperidylmeth	13018-50-3	574.852	---	---	---	---	25	1.0370	2	---	---	---	---	---
35380	C36H54O7	phorbol-9-myristate-9a-acetate-3-aldehyde	---	598.821	---	---	427.65	1	25	1.0591	2	---	---	---	---	---
35381	C36H54O14	k-strophanthin	11005-63-3	710.816	---	---	---	---	25	1.1754	2	---	---	---	---	---
35382	C36H54O14	strophanthin K	560-53-2	710.816	468.15	1	---	---	25	1.1754	2	---	---	---	solid	1
35383	C36H56O14	Digitalum verum	752-61-4	712.832	---	---	468.75	1	25	1.1614	2	---	---	---	---	---
35384	C36H56O4	5a-stigmastane-3b,5,6b-triol 3-monobenzo	59297-18-6	552.838	---	---	---	---	25	0.9915	2	---	---	---	---	---
35385	C36H56O6	4,4'(5')-di-tert-octyldibenzo-18-crown-6	146622-68-6	584.837	---	---	---	---	25	1.0282	2	---	---	---	---	---
35386	C36H57O8	12-o-butyroyl-phorboldodecanoate	37415-56-8	617.844	---	---	---	---	25	1.0569	2	---	---	---	---	---
35387	C36H58Hg2S	phenylmercurilauryl thioether	63869-08-9	924.103	---	---	---	---	---	---	---	---	---	---	---	---
35388	C36H58O6	ingenane hexadecanoate	37394-33-5	586.853	---	---	---	---	25	1.0156	2	---	---	---	---	---
35389	C36H58O8	2,3-dihydrophorbol myristate acetate	66731-42-8	618.852	---	---	---	---	25	1.0506	2	---	---	---	---	---
35390	C36H58O8	phorbolol myristate acetate	56937-68-9	618.852	---	---	---	---	25	1.0506	2	---	---	---	---	---
35391	C36H60O2	vitamin A palmitate	79-81-2	524.871	301.65	1	---	---	25	0.9300	2	---	---	---	solid	1
35392	C36H61NO12	mycinamicin 1	73665-15-3	699.880	378.15	1	---	---	25	1.1122	2	---	---	---	solid	1
35393	C36H61NO13	mycinamicins II	73684-69-2	715.880	377.15	1	---	---	25	1.1275	2	---	---	---	solid	1
35394	C36H61NaO11	monensin, sodium salt	22373-78-0	692.864	---	---	---	---	---	---	---	---	---	---	---	---
35395	C36H62O2	cholesteryl pelargonate	1182-66-7	526.887	348.65	1	633.15	1	25	0.9189	2	---	---	---	solid	1
35396	C36H62O11	monensic acid	17090-79-8	670.882	377.15	1	---	---	25	1.0752	2	---	---	---	solid	1
35397	C36H62O31	maltohexaose	34620-77-4	990.870	---	---	---	---	25	1.3458	2	---	1.4365	1	---	---
35398	C36H63BO3	tri(2-cyclohexylcyclohexyl)borate	5440-19-7	554.705	446.65	1	---	---	---	---	---	---	---	---	solid	1
35399	C36H63N10O21S	viscotoxin	76822-96-3	1004.020	---	---	---	---	25	1.3520	2	---	---	---	---	---
35400	C36H66	triacontylbenzene	50715-02-1	498.920	343.15	1	771.15	1	25	0.8599	2	---	---	---	solid	1
35401	C36H66CuO4	copper(ii) oleate	1120-44-1	626.464	---	---	---	---	---	---	---	---	---	---	---	---
35402	C36H66HgO4	mercury oleate	1191-80-6	763.508	234.35	1	629.75	1	---	---	---	---	---	---	liquid	1
35403	C36H66O3	oleic anhydride	24909-72-6	546.918	296.15	1	---	---	25	0.8800	1	---	---	---	---	---
35404	C36H66O4Pb	lead(ii) oleate	1120-46-3	770.118	---	---	---	---	---	---	---	---	---	---	---	---
35405	C36H66O4Sn	(Z)-9-octadecenoic acid, tin (2+) salt	1912-84-1	681.628	---	---	---	---	---	---	---	---	---	---	---	---
35406	C36H66O4Zn	zinc oleate	557-07-3	628.308	343.15	dec	---	---	---	---	---	---	---	---	solid	1
35407	C36H66P2Pd	bis(tricyclohexylphosphine)palladium(0)	33309-88-5	667.288	---	---	---	---	---	---	---	---	---	---	---	---
35408	C36H70	1-hexatriacontyne	61847-95-8	502.952	350.15	1	766.15	1	25	0.8408	2	---	---	---	solid	1
35409	C36H70BaO4	barium stearate	6865-35-6	704.276	433.15	1	---	---	25	1.1450	1	---	---	---	solid	1
35410	C36H70CaO4	calcium stearate	1592-23-0	607.027	452.65	1	---	---	---	---	---	---	---	---	solid	1
35411	C36H70CuO4	copper(ii) stearate	660-60-6	630.495	---	---	---	---	---	---	---	---	---	---	---	---
35412	C36H70MgO4	magnesium stearate	557-04-0	591.254	361.65	1	---	---	25	1.0280	1	---	---	---	solid	1
35413	C36H70O3	octadecanoic anhydride	638-08-4	550.950	345.15	1	---	---	82	0.8365	1	80	1.4362	1	solid	1
35414	C36H70O4Pb	lead(ii) stearate	7428-48-0	774.149	398.15	1	---	---	25	1.4000	1	---	---	---	solid	1
35415	C36H70O4Zn	zinc stearate	557-05-1	632.339	403.15	1	---	---	25	1.0950	1	---	---	---	solid	1
35416	C36H71AlO5	aluminum distearate	300-92-5	610.939	---	---	---	---	---	---	---	---	---	---	---	---
35417	C36H71NO3	N-stearoyl-D-erythro-spinghosine, syntheti	2304-81-6	565.965	373.15	1	---	---	25	0.9073	2	---	---	---	solid	1
35418	C36H72	hentriacontylcyclopentane	61827-94-9	504.968	340.15	1	774.15	1	25	0.8316	2	---	---	---	solid	1
35419	C36H72	triacontylcyclohexane	61828-15-7	504.968	344.75	1	775.15	1	20	0.8379	1	20	1.4662	1	solid	1
35420	C36H72	1-hexatriacontene	61868-14-2	504.968	347.05	1	769.15	1	25	0.8316	2	---	---	---	solid	1
35421	C36H72Br2	1,1-dibromohexatriacontane	62168-15-4	664.776	599.58	2	819.15	1	25	1.0276	2	---	---	---	solid	2
35422	C36H72Cl2	1,1-dichlorohexatriacontane	62017-38-3	575.873	539.82	2	806.15	1	25	0.8975	2	---	---	---	solid	2
35423	C36H72CdO4	cadmium stearate	2223-93-0	681.376	---	---	---	---	---	---	---	---	---	---	---	---
35424	C36H72F2	1,1-difluorohexatriacontane	62127-25-7	542.965	544.28	2	739.15	1	25	0.8660	2	---	---	---	solid	2
35425	C36H72I2	1,1-diiodohexatriacontane	66576-72-5	758.777	596.10	2	1208.92	2	25	1.1422	2	---	---	---	solid	2
35426	C36H72N4O2S4Sn4	bis(1,3-dithiocyanato-1,1,3,3-tetrabutyldist	38998-91-3	1196.098	---	---	---	---	---	---	---	---	---	---	---	---
35427	C36H72O4S2Sn	bis(isooctyloxycarbonylmethylthio)dioctyl s	26401-97-8	751.807	---	---	---	---	---	---	---	---	---	---	---	---
35428	C36H72O4S2Sn	di-n-octyltin bis(2-ethylhexyl) mercaptoace	15571-58-1	751.807	---	---	---	---	---	---	---	---	---	---	---	---
35429	C36H72O4Sn	bis(tetradecanoyloxy)dibutylstannane	28660-67-5	687.675	---	---	---	---	---	---	---	---	---	---	---	---
35430	C36H73Br	1-bromohexatriacontane	7461-19-0	585.880	349.65	1	797.15	1	25	0.9276	2	---	---	---	solid	1
35431	C36H73Cl	1-chlorohexatriacontane	62016-88-0	541.428	351.15	1	785.15	1	25	0.8609	2	---	---	---	solid	1
35432	C36H73F	1-fluorohexatriacontane	62108-90-1	524.974	353.15	1	755.15	1	25	0.8445	2	---	---	---	solid	1
35433	C36H73I	1-iodohexatriacontane	62154-87-4	632.880	351.95	1	817.15	1	25	0.9884	2	---	---	---	solid	1
35434	C36H74	hexatriacontane	630-06-8	506.984	349.05	1	770.15	1	80	0.7803	1	80	1.4397	1	solid	1
35435	C36H74	13-undecylpentacosane	55517-89-0	506.984	282.85	1	770.15	2	20	0.8168	1	20	1.4567	1	liquid	2
35436	C36H75BO3	tri-n-dodecyl borate	2467-15-4	566.801	---	---	---	---	25	0.8450	1	---	1.4470	1	---	---
35437	C36H75N	hexatriacontylamine	45313-33-5	521.999	359.15	1	806.15	1	25	0.8352	2	---	---	---	solid	1
35438	C36H75N	methylpentatriacontylamine	66577-27-3	521.999	342.15	1	771.15	1	25	0.8352	2	---	---	---	solid	1
35439	C36H75N	ethyltetratriacontylamine	66577-26-2	521.999	345.45	2	778.15	1	25	0.8352	2	---	---	---	solid	2
35440	C36H75N	dioctadecylamine	112-99-2	521.999	345.45	1	774.15	1	25	0.8352	2	---	---	---	solid	1

Table 1 Physical Properties - Organic Compounds

NO	FORMULA	NAME	CAS No	Mol Wt	Freezing Point		Boiling Point		Density			Refractive Index			State	
				g/mol	T_F, K	code	T_B, K	code	T, C	g/cm3	code	T, C	n_D	code	@25C,1 atm	code
35441	C36H75N	dimethyltetratriacontylamine	66577-25-1	521.999	346.15	1	771.15	1	25	0.8352	2	---	---	---	solid	1
35442	C36H75N	diethyldotriacontylamine	66577-24-0	521.999	325.72	2	743.15	1	25	0.8352	2	---	---	---	solid	2
35443	C36H75N	tridodecylamine	102-87-4	521.999	288.85	1	721.15	1	25	0.8219	1	25	1.4567	1	liquid	1
35444	C36H75S3Sb	tris(dodecylthio)antimony	6939-83-9	725.950	---	---	---	---	---	---	---	---	---	---	---	---
35445	C36H78B2O6S6Sn3	tris(dibutylbis(hydroxyethylthio)tin) bis(bori	34333-07-8	1177.160	---	---	485.15	1	---	---	---	---	---	---	---	---
35446	C37H30ClIrOP2	carbonylbis(triphenylphosphine)iridium(i)ch	14871-41-1	780.262	---	---	---	---	---	---	---	---	---	---	---	---
35447	C37H30ClOP2Rh	carbonylbis(triphenylphosphine)rhodium(i)(	13938-94-8	690.951	---	---	---	---	---	---	---	---	---	---	---	---
35448	C37H32N7O8	antibiotic CC 1065	69866-21-3	702.705	---	---	---	---	25	1.3805	2	---	---	---	---	---
35449	C37H35N2O6S2Na	alphazurine a	3486-30-4	690.817	563.15	1	---	---	---	---	---	---	---	---	solid	1
35450	C37H35N3O7	5'-O-dimethoxytrityl-N-benzoyl-desoxycytid	67219-55-0	633.702	---	---	---	---	25	1.2675	2	---	---	---	---	---
35451	C37H37ClN2O4	1,1',3,3,3',3'-hexamethyl-4,4',5,5'-di-benzo-	23178-67-8	609.165	---	---	---	---	25	1.2061	2	---	---	---	---	---
35452	C37H38N2O6	cepharanthine	481-49-2	606.719	423.15	1	---	---	25	1.2048	2	---	---	---	solid	1
35453	C37H39N2NaO6S2	acid green	4680-78-8	694.849	528.15	1	---	---	---	---	---	---	---	---	solid	1
35454	C37H39N2Na5O13S	methylthymol blue, pentasodium salt	4310-80-9	866.738	---	---	---	---	---	---	---	---	---	---	---	---
35455	C37H40N2O6	6,6',7-trimethoxy-2,2'-dimethylberbaman-12	478-61-5	608.735	471.65	1	---	---	25	1.1875	2	---	---	---	solid	1
35456	C37H40N2O6	6,6',7-trimethoxy-2,2'-dimethyloxyacanthan	548-40-3	608.735	489.65	1	---	---	25	1.1875	2	---	---	---	solid	1
35457	C37H42Cl2N2O6	tubocurarine chloride	6989-98-6	681.656	543.15	1	---	---	25	1.2260	2	---	---	---	solid	1
35458	C37H42N2O7	bendacort	53716-43-1	626.750	448.15	1	449.65	1	25	1.1887	2	---	---	---	solid	1
35459	C37H42N4O9S3	peacock blue	2650-18-2	782.961	---	---	---	---	25	1.3189	2	---	---	---	---	---
35460	C37H44ClNO6	penitrem A	12627-35-9	634.212	511.15	1	---	---	25	1.1667	2	---	---	---	solid	1
35461	C37H45NO12	rifamycin S	13553-79-2	695.764	---	---	---	---	25	1.2323	2	---	---	---	---	---
35462	C37H47NO12	rifamycin SV	6998-60-3	697.780	573.15	1	---	---	25	1.2165	2	---	---	---	solid	1
35463	C37H47NO14	nogamycin	64267-46-5	729.779	485.65	dec	---	---	25	1.2478	2	---	---	---	solid	1
35464	C37H50N2O10	methyllycaconitine	21019-30-7	682.812	---	---	---	---	25	1.1770	2	---	---	---	---	---
35465	C37H50N8O13S	cyclic(L-alanyl-2-mercapto-L-tryptophyl-4,5	26645-35-2	846.918	---	---	---	---	25	1.3274	2	---	---	---	---	---
35466	C37H51NO10	taxine	12607-93-1	669.813	395.65	1	---	---	25	1.1541	2	---	---	---	solid	1
35467	C37H52O3	4,4',4''-(1-methyl-1-propanyl-3-ylidene)tris(	1843-03-4	544.818	---	---	503.15	1	25	1.0064	2	---	---	---	---	---
35468	C37H53N3O10	delsemine	6887-42-9	699.843	---	---	498.65	1	25	1.1705	2	---	---	---	---	---
35469	C37H56O8	phorbol-12-o-tiglyl-13-dodecanoate	37394-32-4	628.847	---	---	---	---	25	1.0705	2	---	---	---	---	---
35470	C37H58O8	4-o-methyl-12-o-tetradecanoylphorbol-13-a	57716-89-9	630.863	---	---	---	---	25	1.0577	2	---	---	---	---	---
35471	C37H58O8	4-o-metpa	---	630.863	---	---	---	---	25	1.0577	2	---	---	---	---	---
35472	C37H58O8	phorbol laurate, (+)-S-2-methylbutyrate	63040-44-8	630.863	---	---	---	---	25	1.0577	2	---	---	---	---	---
35473	C37H59NO11	veratensine	63951-45-1	693.876	---	---	---	---	25	1.1154	2	---	---	---	---	---
35474	C37H62O12	16-deethyl-3-o-demethyl-16-methyl-3-o-(1-	56283-74-0	698.892	425.15	1	---	---	25	1.0972	2	---	---	---	solid	1
35475	C37H67NO13	erythromycin	114-07-8	733.938	464.15	1	---	---	25	1.0965	2	---	---	---	solid	1
35476	C37H68	hentriacontylbenzene	---	512.947	345.15	1	777.15	1	25	0.8598	2	---	---	---	solid	1
35477	C37H72	1-heptatriacontyne	---	516.979	352.15	1	773.15	1	25	0.8411	2	---	---	---	solid	1
35478	C37H74	dotriacontylcyclopentane	---	518.995	342.15	1	780.15	1	25	0.8322	2	---	---	---	solid	1
35479	C37H74	hentriacontylcyclohexane	---	518.995	346.45	1	781.15	1	25	0.8322	2	---	---	---	solid	1
35480	C37H74	1-heptatriacontene	---	518.995	348.65	1	776.15	1	25	0.8322	2	---	---	---	solid	1
35481	C37H74Br2	1,1-dibromoheptatriacontane	62168-16-5	678.803	610.85	2	826.15	1	25	1.0233	2	---	---	---	solid	2
35482	C37H74Cl2	1,1-dichloroheptatriacontane	62017-39-4	589.900	551.09	2	813.15	1	25	0.8965	2	---	---	---	solid	2
35483	C37H74F2	1,1-difluoroheptatriacontane	62127-26-8	556.992	555.55	2	745.15	1	25	0.8657	2	---	---	---	solid	2
35484	C37H74I2	1,1-diiodoheptatriacontane	66577-05-7	772.804	607.37	2	1231.80	2	25	1.1353	2	---	---	---	solid	2
35485	C37H42Cl2N2O6	dl-phosphatidylethanolamine	57-94-3	681.656	---	---	---	---	25	1.2260	2	---	---	---	---	---
35486	C37H75Br	1-bromoheptatriacontane	62108-52-5	599.907	354.55	1	804.15	1	25	0.9258	2	---	---	---	solid	1
35487	C37H75Cl	1-chloroheptatriacontane	62016-89-1	555.455	354.15	1	792.15	1	25	0.8607	2	---	---	---	solid	1
35488	C37H75F	1-fluoroheptatriacontane	62108-91-2	539.001	357.15	1	762.15	1	25	0.8448	2	---	---	---	solid	1
35489	C37H75I	1-iodoheptatriacontane	62154-88-5	646.907	355.65	1	824.15	1	25	0.9851	2	---	---	---	solid	1
35490	C37H76	heptatriacontane	7194-84-5	521.010	350.85	1	777.15	1	25	0.8235	2	---	---	---	solid	1
35491	C37H77N	heptatriacontylamine	66577-08-0	536.025	360.15	1	813.15	1	25	0.8357	2	---	---	---	solid	1
35492	C37H77N	methylhexatriacontylamine	66577-12-6	536.025	343.15	1	779.15	1	25	0.8357	2	---	---	---	solid	1
35493	C37H77N	ethylpentatriacontylamine	66577-11-5	536.025	343.15	2	784.15	1	25	0.8357	2	---	---	---	solid	2
35494	C37H77N	dimethylpentatriacontylamine	66577-10-4	536.025	317.65	2	778.15	1	25	0.8357	2	---	---	---	solid	2
35495	C37H77N	diethyltritriacontylamine	66577-09-1	536.025	317.65	2	750.15	1	25	0.8357	2	---	---	---	solid	2
35496	C37H77N	N-methyldioctadecylamine	4088-22-6	536.025	317.65	1	780.95	2	25	0.8357	2	---	---	---	solid	1
35497	C37H84O12Si4	methyltris(tri-sec-butoxysilyloxy)silane	60711-47-9	833.407	---	---	---	---	25	0.9620	1	---	1.4190	1	---	---
35498	C38H26N2O10S2	4,4'-(1,4-anthraquinonylenediiminodipheny	73688-63-8	734.764	---	---	---	---	25	1.4393	2	---	---	---	---	---
35499	C38H28Cl2N8	3,3'-(4,4'-biphenylene)bis(2,5-diphenyl-2H-	298-95-3	667.601	503.15	1	---	---	25	1.3566	2	---	---	---	solid	1
35500	C38H30	hexaphenylethane	17854-07-8	486.656	---	---	---	---	25	1.1245	2	---	---	---	---	---
35501	C37H74NO8P	(+)-(s)-N,N-dimethyl-1-[(r)-1',2-bis(dipheny	923-61-5	691.971	---	---	---	---	---	---	---	---	---	---	---	---
35502	C38H30N2NiP2S2	bis(triphenyl phosphine)nickel dithiocyanat	15709-62-3	699.444	---	---	470.15	1	---	---	---	---	---	---	---	---
35503	C38H30NiO2P2	bis(triphenylphosphine)dicarbonylnickel	13007-90-4	639.296	480.65	1	---	---	---	---	---	---	---	---	solid	1
35504	C38H32O2	2,5-dimethyl-3,4-diphenylcyclopentadienor	38883-84-0	520.671	460.65	1	---	---	25	1.1494	2	---	---	---	solid	1
35505	C38H35N5O6	5'-O-dimethoxytrityl-N-benzoyl-desoxyader	---	657.727	---	---	---	---	25	1.2891	2	---	---	---	---	---
35506	C38H37I2N3	neocyanine	4846-34-8	789.542	---	---	---	---	25	1.4782	2	---	---	---	---	---
35507	C38H38O10	meserein	34807-41-5	654.714	540.15	dec	---	---	25	1.2472	2	---	---	---	solid	1
35508	C38H42N2O6	tetrandrine	518-34-3	622.762	490.65	1	---	---	25	1.1772	2	---	---	---	solid	1
35509	C38H44N2O6	curarine	22260-42-0	624.778	---	---	---	---	25	1.1612	2	---	---	---	---	---
35510	C38H44N2O6	D-tubocurarine	57-95-4	624.778	---	---	---	---	25	1.1612	2	---	---	---	---	---
35511	C38H44O8	cambogic acid	2752-65-0	628.763	361.65	1	---	---	25	1.1627	2	---	---	---	solid	1
35512	C38H59FO6	dexamethasone palmitate	14899-36-6	630.881	335.65	1	---	---	25	1.0393	2	---	---	---	solid	1
35513	C38H70	dotriacontylbenzene	---	526.974	347.15	1	783.15	1	25	0.8596	2	---	---	---	solid	1
35514	C38H74	1-octatriacontyne	---	531.006	353.15	1	780.15	1	25	0.8415	2	---	---	---	solid	1
35515	C38H74O4	ethylene glycol distearate	627-83-8	595.003	352.15	1	---	---	78	0.8581	1	---	---	---	solid	1
35516	C38H74O6S3Sn	octyltris(2-ethylhexyloxycarbonylmethylthic	27107-89-7	841.910	---	---	485.15	1	---	---	---	---	---	---	---	---
35517	C38H75NO3	N-arachidoyl-D-erythro-sphingosine, synth	7344-02-7	594.019	---	---	---	---	25	0.9046	2	---	---	---	---	---
35518	C38H76	tritriacontylcyclopentane	---	533.021	343.15	1	787.15	1	25	0.8328	2	---	---	---	solid	1
35519	C38H76	dotriacontylcyclohexane	61828-17-9	533.021	347.95	1	788.15	1	20	0.8388	1	20	1.4668	1	solid	1
35520	C38H76	1-octatriacontene	---	533.021	350.15	1	783.15	1	25	0.8328	2	---	---	---	solid	1

Table 1 Physical Properties - Organic Compounds

				Mol Wt	Freezing Point		Boiling Point		Density			Refractive Index			State	
NO	FORMULA	NAME	CAS No	g/mol	T_F, K	code	T_B, K	code	T, C	g/cm3	code	T, C	n_D	code	@25C,1 atm	code
35521	C38H76Br2	1,1-dibromooctatriacontane	62168-17-6	692.829	622.12	2	832.15	1	25	1.0192	2	---	---	---	solid	2
35522	C38H76Cl2	1,1-dichlorooctatriacontane	62017-40-7	603.926	562.36	2	819.15	1	25	0.8955	2	---	---	---	solid	2
35523	C38H76F2	1,1-difluorooctatriacontane	62126-87-8	571.018	566.82	2	751.15	1	25	0.8654	2	---	---	---	solid	2
35524	C38H76I2	1,1-diiodooctatriacontane	66577-13-7	786.830	618.64	2	1254.68	2	25	1.1286	2	---	---	---	solid	2
35525	C38H76N2O2	N,N'-ethylene bis(stearamide)	110-30-5	593.034	413.65	1	533.15	1	25	0.8988	2	---	---	---	solid	1
35526	C38H77Br	1-bromooctatriacontane	62108-53-6	613.933	352.55	1	810.15	1	25	0.9240	2	---	---	---	solid	1
35527	C38H77Cl	1-chlorooctatriacontane	62016-90-4	569.482	354.15	1	798.15	1	25	0.8606	2	---	---	---	solid	1
35528	C38H77F	1-fluorooctatriacontane	62108-92-3	553.028	355.15	1	768.15	1	25	0.8450	2	---	---	---	solid	1
35529	C38H77I	1-iodooctatriacontane	62154-89-6	660.934	354.75	1	830.15	1	25	0.9819	2	---	---	---	solid	1
35530	C38H78	octatriacontane	7194-85-6	535.037	352.15	1	784.15	1	25	0.8243	2	---	---	---	solid	1
35531	C38H78	13-dodecylhexacosane	55517-73-2	535.037	286.85	1	784.15	2	20	0.8188	1	20	1.4577	1	liquid	2
35532	C38H79N	octatriacontylamine	66576-94-1	550.052	361.15	1	820.15	1	25	0.8362	2	---	---	---	solid	1
35533	C38H79N	methylheptatriacontylamine	66576-99-6	550.052	344.15	1	784.15	1	25	0.8362	2	---	---	---	solid	1
35534	C38H79N	ethylhexatriacontylamine	66576-98-5	550.052	348.15	2	791.15	1	25	0.8362	2	---	---	---	solid	2
35535	C38H79N	dinonadecylamine	66576-97-4	550.052	351.15	1	787.15	1	25	0.8362	2	---	---	---	solid	1
35536	C38H79N	dimethylhexatriacontylamine	66576-96-3	550.052	349.15	1	784.15	1	25	0.8362	2	---	---	---	solid	1
35537	C38H79N	diethyltetratriacontylamine	66576-95-2	550.052	337.00	2	756.15	1	25	0.8362	2	---	---	---	solid	2
35538	C38H80BrN	dimethyldioctadecylammonium bromide	3700-67-2	630.964	427.15	1	432.65	1	25	0.9249	2	---	---	---	solid	1
35539	C38H80ClN	dimethyl-dioctadecyl-ammonium chloride	107-64-2	586.513	---	---	---	---	25	0.8631	2	---	---	---	---	---
35540	C39H49NO14	rifamycin	13929-35-6	755.817	573.15	1	---	---	25	1.2418	2	---	---	---	solid	1
35541	C39H49NO14	rifamycin O	14487-05-9	755.817	573.15	1	---	---	25	1.2418	2	---	---	---	solid	1
35542	C39H49O16	nogalamycin	1404-15-5	773.808	468.65	dec	---	---	25	1.2569	2	---	---	---	solid	1
35543	C39H53N3O9	1-(2-(diethylamino)ethyl)reserpine	53-18-9	707.865	---	---	492.65	1	25	1.1660	2	---	---	---	---	---
35544	C39H53N9O14S	e-amanitin	21705-02-2	903.970	---	---	---	---	25	1.3368	2	---	---	---	---	---
35545	C39H53N9O14S	a-amanitin, 1-L-aspartic acid 4-(2-mercapto	21150-21-0	903.970	---	---	---	---	25	1.3368	2	---	---	---	---	---
35546	C39H53N9O15S	a-amanitin, 1-l-aspartic acid	21150-22-1	919.970	---	---	---	---	25	1.3493	2	---	---	---	---	---
35547	C39H54N10O12S	g-amanitine	13567-11-8	886.987	---	---	474.15	1	25	1.3165	2	---	---	---	---	---
35548	C39H54N10O13S	1,2,3,5,6,7,8,9,10,12,17,18,19,20,21,22,23	21150-23-2	902.986	---	---	---	---	25	1.3292	2	---	---	---	---	---
35549	C39H54N10O14S	a-amanitine	23109-05-9	918.985	527.65	dec	---	---	25	1.3416	2	---	---	---	solid	1
35550	C39H59ClO4	tocofibrate	50465-39-9	627.348	---	---	---	---	25	1.0276	2	---	---	---	---	---
35551	C39H59Cl2NO2	fenesterin	3546-10-9	644.808	363.40	1	---	---	25	1.0388	2	---	---	---	solid	1
35552	C39H64O8	1,2-o-hexadecanoyl-16-hydroxyphorbol-13	53202-98-5	660.932	---	---	---	---	25	1.0355	2	---	---	---	---	---
35553	C39H72	tritriacontylbenzene	---	541.001	348.15	1	789.15	1	25	0.8595	2	---	---	---	solid	1
35554	C39H74O6	glycerol trilaurate	538-24-9	639.013	---	---	---	---	55	0.8986	1	60	1.4404	1	---	---
35555	C39H76	1-nonatriacontyne	---	545.032	355.15	1	786.15	1	25	0.8418	2	---	---	---	solid	1
35556	C39H78	tetratriacontylcyclopentane	---	547.048	345.15	1	793.15	1	25	0.8333	2	---	---	---	solid	1
35557	C39H78	tritriacontylcyclohexane	55517-75-4	547.048	349.45	1	794.15	1	25	0.8333	2	---	---	---	solid	1
35558	C39H78	1-nonatriacontene	---	547.048	351.55	1	790.15	1	25	0.8333	2	---	---	---	solid	1
35559	C39H78Br2	1,1-dibromononatriacontane	62168-18-7	706.856	633.39	2	838.15	1	25	1.0154	2	---	---	---	solid	2
35560	C39H78Cl2	1,1-dichlorononatriacontane	62017-41-8	617.953	573.63	2	825.15	1	25	0.8945	2	---	---	---	solid	2
35561	C39H78F2	1,1-difluorononatriacontane	62126-88-9	585.045	578.09	2	758.15	1	25	0.8652	2	---	---	---	solid	2
35562	C39H78I2	1,1-diiodononatriacontane	66576-58-7	800.857	629.91	2	1277.56	2	25	1.1223	2	---	---	---	solid	2
35563	C39H79Br	1-bromononatriacontane	62108-54-7	627.960	357.25	1	816.15	1	25	0.9224	2	---	---	---	solid	1
35564	C39H79Cl	1-chlorononatriacontane	62016-91-5	583.509	357.15	1	804.15	1	25	0.8604	2	---	---	---	solid	1
35565	C39H79F	1-fluorononatriacontane	62108-93-4	567.055	359.15	1	775.15	1	25	0.8453	2	---	---	---	solid	1
35566	C39H79I	1-iodononatriacontane	62154-90-9	674.961	358.15	1	836.15	1	25	0.9789	2	---	---	---	solid	1
35567	C39H80	nonatriacontane	7194-86-7	549.064	353.45	1	791.15	1	25	0.8251	2	---	---	---	solid	1
35568	C39H81N	nonatriacontylamine	66576-42-9	564.079	362.15	1	827.15	1	25	0.8366	2	---	---	---	solid	1
35569	C39H81N	methyloctatriacontylamine	66576-46-3	564.079	345.15	1	790.15	1	25	0.8366	2	---	---	---	solid	1
35570	C39H81N	ethylheptatriacontylamine	66576-45-2	564.079	345.15	2	797.15	1	25	0.8366	2	---	---	---	solid	2
35571	C39H81N	dimethylheptatriacontylamine	66576-44-1	564.079	347.00	2	791.15	1	25	0.8366	2	---	---	---	solid	2
35572	C39H81N	diethylpentatriacontylamine	66576-43-0	564.079	347.00	2	763.15	1	25	0.8366	2	---	---	---	solid	2
35573	C39H81N	tritridecylamine	5910-77-0	564.079	347.00	2	740.15	1	25	0.8366	2	---	---	---	solid	2
35574	C39H81N3O3Sn3	(2,4,6-trioxo)-S-triazinetriyltris(tributylstann	752-58-9	996.221	---	---	---	---	---	---	---	---	---	---	---	---
35575	C40H30Cl2N10O6	nitro blue tetrazolium	298-83-9	817.650	473.15	1	---	---	25	1.4650	2	---	---	---	solid	1
35576	C40H30Cl2O4S2	dye 26	76871-75-5	709.713	---	---	---	---	25	1.3253	2	---	---	---	---	---
35577	C40H30O4Sn2	bis(triphenyltin)acetylenedicarboxylate	73940-87-1	812.096	---	---	---	---	---	---	---	---	---	---	---	---
35578	C40H32N8O2Cl2	tetrazolium blue (chloride)	1871-22-3	727.654	528.15	1	---	---	25	1.3571	2	---	---	---	solid	1
35579	C40H36O4P2Pd	bis(triphenylphosphine)palladium(ii) acetat	14588-08-0	749.091	409.15	1	---	---	---	---	---	---	---	---	solid	1
35580	C40H44Br4O4	5,11,17,23-tetrabromo-25,26,27,28-tetrapr	---	908.403	559.65	1	---	---	25	1.4831	2	---	---	---	solid	1
35581	C40H46O8	1,3-dimethoxycalix[4]arenecrown-6	161282-95-7	654.800	469.65	1	---	---	25	1.1598	2	---	---	---	solid	1
35582	C40H47BrO4	5-bromo-25,26,27,28-tetrapropoxycalix[4]a	214399-70-9	671.715	400.15	1	---	---	25	1.1858	2	---	---	---	solid	1
35583	C40H48N2O6	o,o'-dimethyltubocurarine	5152-30-7	652.832	---	---	---	---	25	1.1436	2	---	---	---	---	---
35584	C40H48N4O3	geissospermine	427-01-0	632.847	486.65	dec	---	---	25	1.1250	2	---	---	---	solid	1
35585	C40H48N6O10	bouvardin	64755-14-2	772.857	---	---	---	---	25	1.2663	2	---	---	---	---	---
35586	C40H48O4	p-isopropylcalix[4]arene	97998-55-5	592.819	---	---	---	---	25	1.0756	2	---	---	---	---	---
35587	C40H48O4	25,26,27,28-tetrapropoxycalix[4]arene	147782-22-7	592.819	468.15	1	---	---	25	1.0756	2	---	---	---	solid	1
35588	C40H50N4O8S	quinine sulfate	804-63-7	746.926	508.35	1	---	---	25	1.2142	2	---	---	---	solid	1
35589	C40H51NO14	streptovaricin C	23344-17-4	769.844	463.15	1	---	---	25	1.2316	2	---	---	---	solid	1
35590	C40H52N4O4	5,11,17,23-tetrakis-dimethylaminomethylca	---	652.878	433.15	1	---	---	25	1.1138	2	---	---	---	solid	1
35591	C40H52O2	3',4'-didehydro-beta,psi-caroten-16'-oic aci	514-92-1	564.852	484.15	1	---	---	25	1.0124	2	---	---	---	solid	1
35592	C40H52O4	astaxanthin	472-61-7	596.850	---	---	---	---	25	1.0487	2	---	---	---	---	---
35593	C40H55O8	phorbol-12,13-didecanoate	24928-17-4	663.872	---	---	---	---	25	1.0971	2	---	---	---	---	---
35594	C40H56	alpha-carotene	7488-99-5	536.885	460.65	1	---	---	20	1.0000	1	---	---	---	solid	1
35595	C40H56	beta-carotene	7235-40-7	536.885	456.15	1	---	---	20	1.0000	1	---	---	---	solid	1
35596	C40H56	beta,psi-carotene	472-93-5	536.885	426.15	1	---	---	20	1.0000	2	---	---	---	solid	1
35597	C40H56	psi,psi-carotene	502-65-8	536.885	448.15	1	---	---	20	1.0000	2	---	---	---	solid	1
35598	C40H56O	beta,beta-caroten-3-ol, (3R)	472-70-8	552.884	433.15	1	---	---	25	0.9694	2	---	---	---	solid	1
35599	C40H56O	beta,psi-caroten-3-ol, (3R)	3763-55-1	552.884	433.15	1	---	---	25	0.9694	2	---	---	---	solid	1
35600	C40H56O	psi,psi-caroten-16-ol	19891-74-8	552.884	441.15	1	---	---	25	0.9694	2	---	---	---	solid	1

				Mol Wt	Freezing Point		Boiling Point		Density			Refractive Index			State	
NO	FORMULA	NAME	CAS No	g/mol	T_F, K	code	T_B, K	code	T, C	g/cm3	code	T, C	n_D	code	@25C,1 atm	code
35601	C40H56O2	beta,beta-carotene-3,3'-diol, (3R,3'R)	144-68-3	568.883	488.65	1	---	---	25	0.9877	2	---	---	---	solid	1
35602	C40H56O2	beta,epsilon-carotene-3,3'-diol, (3R,3'R,6'F	127-40-2	568.883	469.15	1	---	---	25	0.9877	2	---	---	---	solid	1
35603	C40H56O3	capsanthin	465-42-9	584.883	449.15	1	---	---	25	1.0057	2	---	---	---	solid	1
35604	C40H56O4	violaxanthin	126-29-4	600.882	481.15	1	---	---	25	1.0233	2	---	---	---	solid	1
35605	C40H58O4	g-oryzanol	11042-64-1	602.898	---	---	---	---	25	1.0112	2	---	---	---	---	---
35606	C40H60O6	fucoxanthin	3351-86-8	636.913	441.15	1	---	---	25	1.0332	2	---	---	---	solid	1
35607	C40H61FeN10O20S	grisein	1391-82-8	1089.893	---	---	---	---	---	---	---	---	---	---	---	---
35608	C40H62O19	sucrose acetate isobutyrate	126-13-6	846.921	---	---	---	---	25	1.2126	2	---	---	---	---	---
35609	C40H65NO15	leucomycin A6	18361-48-3	799.954	409.65	1	---	---	25	1.1531	2	---	---	---	solid	1
35610	C40H67O11Na	nigericin	28380-24-7	746.955	---	---	---	---	---	---	---	---	---	---	---	---
35611	C40H68N2O8	bistramide A	115566-02-4	704.989	---	---	---	---	25	1.0488	2	---	---	---	---	---
35612	C40H72O6Sn	butyltin trilaurate	25151-00-2	767.718	---	---	---	---	---	---	---	---	---	---	---	---
35613	C40H72O8Sn	bis(isooctyloxymaleoyloxy)dioctylstannane	33568-99-9	799.717	---	---	458.35	2	---	---	---	---	---	---	---	---
35614	C40H72O8Sn	di-n-octyltin bis(2-ethylhexyl maleate)	10039-33-5	799.717	---	---	458.35	1	---	---	---	---	---	---	---	---
35615	C40H74	tetratriacontylbenzene	---	555.028	350.15	1	795.15	1	25	0.8594	2	---	---	---	solid	1
35616	C40H78	1-tetracontyne	---	559.059	356.15	1	793.15	1	25	0.8421	2	---	---	---	solid	1
35617	C40H80	pentatriacontylcyclopentane	61827-98-3	561.075	347.15	1	799.15	1	20	0.8374	1	20	1.4660	1	solid	1
35618	C40H80	tetratriacontylcyclohexane	61828-19-1	561.075	350.85	1	800.15	1	20	0.8395	1	20	1.4673	1	solid	1
35619	C40H80	1-tetracontene	---	561.075	352.95	1	796.15	1	20	0.8385	2	---	---	---	solid	1
35620	C40H80Br2	1,1-dibromotetracontane	62168-19-8	720.883	644.66	2	844.15	1	25	1.0117	2	---	---	---	solid	2
35621	C40H80Cl2	1,1-dichlorotetracontane	62017-42-9	631.980	584.90	2	831.15	1	25	0.8936	2	---	---	---	solid	2
35622	C40H80F2	1,1-difluorotetracontane	62126-89-0	599.072	589.36	2	763.15	1	25	0.8649	2	---	---	---	solid	2
35623	C40H80I2	1,1-diiodotetracontane	66576-47-4	814.884	641.18	2	1300.44	2	25	1.1163	2	---	---	---	solid	2
35624	C40H80NO8P	L-a-dipalmitoyl phosphatidylcholine	---	734.051	502.40	1	---	---	---	---	---	---	---	---	solid	1
35625	C40H80O4Sn	dioctyldi(lauroyloxy)stannane	3648-18-8	743.783	---	---	---	---	---	---	---	---	---	---	---	---
35626	C40H81Br	1-bromotetracontane	62108-55-8	641.987	355.25	1	822.15	1	25	0.9208	2	---	---	---	solid	1
35627	C40H81Cl	1-chlorotetracontane	62016-92-6	597.536	357.15	1	810.15	1	25	0.8603	2	---	---	---	solid	1
35628	C40H81F	1-fluorotetracontane	62108-94-5	581.082	358.15	1	781.15	1	25	0.8455	2	---	---	---	solid	1
35629	C40H81I	1-iodotetracontane	62154-91-0	688.988	357.25	1	842.15	1	25	0.9760	2	---	---	---	solid	1
35630	C40H82	tetracontane	4181-95-7	563.091	354.65	1	798.15	1	25	0.8258	2	---	---	---	solid	1
35631	C40H83N	tetracontylamine	66576-50-9	578.106	363.15	1	833.15	1	25	0.8371	2	---	---	---	solid	1
35632	C40H83N	methylnonatriacontylamine	66576-36-1	578.106	346.15	1	796.15	1	25	0.8371	2	---	---	---	solid	1
35633	C40H83N	ethyloctatriacontylamine	66576-53-2	578.106	349.65	2	803.15	1	25	0.8371	2	---	---	---	solid	2
35634	C40H83N	dieicosylamine	3071-00-9	578.106	353.15	1	799.15	1	25	0.8371	2	---	---	---	solid	1
35635	C40H83N	dimethyloctatriacontylamine	66576-52-1	578.106	352.15	1	797.15	1	25	0.8371	2	---	---	---	solid	1
35636	C40H83N	diethylhexatriacontylamine	66576-51-0	578.106	352.15	2	769.15	1	25	0.8371	2	---	---	---	solid	2
35637	C41H39P3	1,1,1-tris(diphenylphosphinomethyl)ethane	22031-12-5	624.683	374.15	1	---	---	---	---	---	---	---	---	solid	1
35638	C41H32N4O4	3,3'-dimethoxytriphenylmethane-4,4'-bis(1'	6483-64-3	644.731	---	---	---	---	25	1.2807	2	---	---	---	---	---
35639	C41H46N4O5	quinine carbonate	146-06-5	674.841	462.15	1	---	---	25	1.1795	2	---	---	---	solid	1
35640	C41H47Cl2NO6	bestrabucil	75219-46-4	720.733	---	---	---	---	25	1.1935	2	---	---	---	---	---
35641	C41H48N2O8	thalicarpine	5373-42-2	696.841	433.65	1	---	---	25	1.1821	2	---	---	---	solid	1
35642	C41H49NO15	auramycin B	78173-91-8	795.838	434.15	1	---	---	25	1.2651	2	---	---	---	solid	1
35643	C41H50O5	p-isopropyldihomooxacalix[4]arene	133792-83-3	622.845	---	---	---	---	25	1.0867	2	---	---	---	---	---
35644	C41H51NO13	N-demethylaclacinomycin A	---	765.855	---	---	---	---	25	1.2218	2	---	---	---	---	---
35645	C41H51NO15	auramycin A	78173-92-9	797.854	414.15	1	---	---	25	1.2504	2	---	---	---	solid	1
35646	C41H63NO3	N-myristoyloxy-N-myristoyl-2-aminofluoren	63224-46-4	617.956	---	---	---	---	25	0.9891	2	---	---	---	---	---
35647	C41H63NO14	protoveratrine A	143-57-7	793.950	---	---	---	---	25	1.1565	2	---	---	---	---	---
35648	C41H63NO15	neoprotoveratrine	124-97-0	809.949	542.65	1	---	---	25	1.1702	2	---	---	---	solid	1
35649	C41H64O13	digitoxin	71-63-6	764.951	528.65	1	---	---	25	1.1230	2	---	---	---	solid	1
35650	C41H64O14	digoxin	20830-75-5	780.951	522.15	dec	---	---	25	1.1371	2	---	---	---	solid	1
35651	C41H64O14	gitoxin	4562-36-1	780.951	558.15	dec	---	---	25	1.1371	2	---	---	---	solid	1
35652	C41H64O14	neodigoxin	55576-67-5	780.951	---	---	---	---	25	1.1371	2	---	---	---	---	---
35653	C41H64O17	digitoxoside	1339-93-1	828.949	---	---	---	---	25	1.1781	2	---	---	---	---	---
35654	C41H67NO15	medemycin	35457-80-8	813.981	404.65	1	---	---	25	1.1462	2	---	---	---	solid	1
35655	C41H74O2	cholesteryl myristate, liquid crystal	1989-52-2	599.037	---	---	---	---	25	0.9015	2	---	---	---	---	---
35656	C41H76	pentatriacontylbenzene	61828-32-8	569.054	352.15	1	801.15	1	25	0.8593	2	---	---	---	solid	1
35657	C41H76O13	bihoromycin (crystalline)	37247-90-8	777.047	403.15	1	---	---	25	1.0568	2	---	---	---	solid	1
35658	C41H82	hexatriacontylcyclopentane	61827-99-4	575.102	348.15	1	805.15	1	25	0.8343	2	---	---	---	solid	1
35659	C41H82	pentatriacontylcyclohexane	61828-20-4	575.102	352.25	1	807.15	1	25	0.8343	2	---	---	---	solid	1
35660	C41H84	n-hentetracontane	7194-87-8	577.118	353.90	1	804.15	1	25	0.8265	2	---	---	---	solid	1
35661	C42H18N2O6	C.I. vat brown 1	2475-33-4	646.615	---	---	---	---	25	1.4354	2	---	---	---	---	---
35662	C42H22N2O6	1,1'-(anthraquinon-1,4-ylenediimino)dianth	116-76-7	650.647	---	---	---	---	25	1.3888	2	---	---	---	---	---
35663	C42H22N2O6	1,1'-(anthraquinon-1,5-ylenediimino)dianth	117-03-3	650.647	---	---	---	---	25	1.3888	2	---	---	---	---	---
35664	C42H23N3O6	C.I. vat brown 3	131-92-0	665.662	---	---	---	---	25	1.3948	2	---	---	---	---	---
35665	C42H23N3O6	6,9-dibenzamido-16H-dinaphtho(2,3-a:2',3	2379-81-9	665.662	---	---	---	---	25	1.3948	2	---	---	---	---	---
35666	C42H25N3O6	4,5'-iminobis(4-benzamidoanthraquinone)	128-89-2	667.678	---	---	---	---	25	1.3731	2	---	---	---	---	---
35667	C42H25N3O6	N,N'-(iminodi-4,1-anthraquinonylene)bisbe	128-79-0	667.678	---	---	---	---	25	1.3731	2	---	---	---	---	---
35668	C42H27AlF9N3O6	aluminum flufenamate	16449-54-0	867.662	---	---	---	---	---	---	---	---	---	---	---	---
35669	C42H28	rubrene	517-51-1	532.684	>588.15	1	---	---	25	1.1750	2	---	---	---	solid	1
35670	C42H30N6O12	hexopal	6556-11-2	810.735	527.75	1	---	---	25	1.4602	2	---	---	---	solid	1
35671	C42H36O6	calix[6]arene	96107-95-8	636.744	690.65	1	---	---	25	1.2173	2	---	---	---	solid	1
35672	C42H38O20	sennoside b	125930-50-9	862.752	---	---	---	---	25	1.4127	2	---	---	---	---	---
35673	C42H38O20	alosenn	128-57-4	862.752	---	---	---	---	25	1.4127	2	---	---	---	---	---
35674	C42H40O19	bcecf-AM	---	848.768	---	---	---	---	25	1.3821	2	---	---	---	---	---
35675	C42H42F21O6Pr	tris[3-(heptafluoropropylhydroxymethylene)	38832-94-9	1182.668	---	---	---	---	---	---	---	---	---	---	---	---
35676	C42H42O14	gossypol acetate	30719-67-6	770.787	550.65	1	---	---	25	1.2953	2	---	---	---	solid	1
35677	C42H42P4	tris[2-(diphenylphosphino)ethyl]phosphine	23582-03-8	670.691	407.65	1	---	---	---	---	---	---	---	---	solid	1
35678	C42H42SSn2	bis(tribenzylstannyl)sulfide	10347-38-3	816.281	---	---	---	---	---	---	---	---	---	---	---	---
35679	C42H46N4O8S	strychnidin-10-one sulfate (2:1)	60-41-3	766.916	473.15	dec	---	---	25	1.2533	2	---	---	---	solid	1
35680	C42H50Cl4N2O4	estradiol mustard	22966-79-6	788.681	325.65	1	---	---	25	1.2093	2	---	---	---	solid	1

NO	FORMULA	NAME	CAS No	Mol Wt	Freezing Point		Boiling Point		Density			Refractive Index			State	
				g/mol	T_F, K	code	T_B, K	code	T, C	g/cm3	code	T, C	n_D	code	@25C,1 atm	code
35681	C42H51NO15	aclacinomycin Y	66789-14-8	809.865	427.15	1	---	---	25	1.2547	2	---	---	---	solid	1
35682	C42H51NO16	tauromycetin-III	35906-51-5	825.864	446.15	1	---	---	25	1.2684	2	---	---	---	solid	1
35683	C42H53NO15	antibiotic MA 144A1	57576-44-0	811.881	405.15	dec	---	---	25	1.2405	2	---	---	---	solid	1
35684	C42H53NO16	2-hydroxyaclacinomycin A	79127-36-9	827.880	439.15	1	---	---	25	1.2542	2	---	---	---	solid	1
35685	C42H53NO16	tauromycetin-IV	34044-10-5	827.880	429.65	1	---	---	25	1.2542	2	---	---	---	solid	1
35686	C42H54O20	trioxacarcin C	81781-28-4	878.879	454.65	dec	375.65	1	25	1.2871	2	---	---	---	solid	1
35687	C42H55NO15	MA144 M1	64431-68-1	813.897	422.65	1	---	---	25	1.2267	2	---	---	---	solid	1
35688	C42H55NO16	rhodirubin A	64253-73-2	829.896	415.15	1	---	---	25	1.2403	2	---	---	---	solid	1
35689	C42H55NO17	marcellomycin	63710-10-1	845.896	419.15	1	---	---	25	1.2537	2	---	---	---	solid	1
35690	C42H62O16	glycyrrhizic acid	1405-86-3	822.945	493.15	dec	---	---	25	1.1817	2	---	---	---	solid	1
35691	C42H63N21O28	heptakis-6-azido-6-deoxy-b-cyclodextrin,1:	53958-47-7	1310.092	513.15	1	---	---	25	1.5278	2	---	---	---	solid	1
35692	C42H64O15	gitaloxin	3261-53-8	808.961	524.65	1	---	---	25	1.1560	2	---	---	---	solid	1
35693	C42H65NO16	glycyrrhizic acid monoammonium salt	53956-04-0	839.976	---	---	---	---	25	1.1762	2	---	---	---	---	---
35694	C42H65N11O12	cargutocin	33605-67-3	916.048	---	---	---	---	25	1.2477	2	---	---	---	---	---
35695	C42H66O14	b-methyldigoxin	30685-43-9	794.978	502.15	1	447.15	1	25	1.1305	2	---	---	---	solid	1
35696	C42H66O18	cerberoside	11005-70-2	858.975	---	---	---	---	25	1.1837	2	---	---	---	---	---
35697	C42H66O18	thevetin	11018-93-2	858.975	---	---	---	---	25	1.1837	2	---	---	---	---	---
35698	C42H67NO16	carbomycin	4564-87-8	841.991	485.15	dec	---	---	25	1.1643	2	---	---	---	solid	1
35699	C42H69NO15	josamycin	16846-24-5	828.008	393.65	1	---	---	25	1.1396	2	---	---	---	solid	1
35700	C42H70O35	b-cyclodextrin	7585-39-9	1134.997	---	---	---	---	25	1.3525	2	---	---	---	---	---
35701	C42H72N2O5	((3,5-bis(1,1-dimethylethyl)-4-hydroxyphen	63843-89-0	685.045	---	---	---	---	25	0.9954	2	---	---	---	---	---
35702	C42H76O8Sn	di-n-butyltin di(mononony)maleate	69239-37-8	827.771	---	---	---	---	---	---	---	---	---	---	---	---
35703	C42H78	hexatriacontylbenzene	61828-33-9	583.081	353.15	1	806.15	1	25	0.8592	2	---	---	---	solid	1
35704	C42H82O4S	distearyl 3,3'-thiodipropionate	693-36-7	683.177	---	---	---	---	25	0.9299	2	---	---	---	---	---
35705	C42H84	hexatriacontylcyclohexane	61828-21-5	589.129	353.55	1	811.15	1	20	0.8402	1	20	1.4678	1	solid	1
35706	C42H84N14O36S3	streptomycin, sulfate	3810-74-0	1457.403	---	---	---	---	25	1.4373	2	---	---	---	---	---
35707	C42H85N13O10	polymyxin E	1066-17-7	932.222	---	---	---	---	25	1.1347	2	---	---	---	---	---
35708	C42H86	n-dotetracontane	7098-20-6	591.145	356.10	1	810.15	1	25	0.8271	2	---	---	---	solid	1
35709	C42H87N	tritetradecylamine	27911-72-4	606.160	306.15	1	757.15	1	25	0.8379	2	---	---	---	solid	1
35710	C43H22F20N4	5,10,15,20-tetrakis(pentafluorophenyl)-21H	25440-14-6	974.646	---	---	---	---	25	1.5032	2	---	---	---	---	---
35711	C43H25N3O7	C.I. vat brown 25	6247-46-7	695.688	---	---	---	---	25	1.3934	2	---	---	---	---	---
35712	C43H27O7	3-methoxy-5,4'-iminobis(1-benzamido-anth	---	655.683	---	---	---	---	25	1.3232	2	---	---	---	---	---
35713	C43H30Fe5N6O13	hexapyridineiron(ii) tridecacarbonyl tetrafe	23129-50-2	1117.970	---	---	---	---	---	---	---	---	---	---	---	---
35714	C43H45AlN8O11S3	dipenicillin-G-aluminium-sulphamethoxypy	---	973.060	---	---	---	---	---	---	---	---	---	---	---	---
35715	C43H47N2NaO6S2	indocyanine green	3599-32-4	774.978	513.15	1	430.15	1	---	---	---	---	---	---	solid	1
35716	C43H51NO16	sulfurmycin B	78193-30-3	837.875	422.15	1	---	---	25	1.2724	2	---	---	---	solid	1
35717	C43H53NO16	sulfurmycin A	78173-90-7	839.891	413.15	1	---	---	25	1.2583	2	---	---	---	solid	1
35718	C43H54N2O14	tolylmycin Y	23412-26-2	822.907	>573	1	481.15	1	25	1.2374	2	---	---	---	solid	1
35719	C43H55NO15	rhodirubin B	64502-82-5	825.908	409.15	1	---	---	25	1.2311	2	---	---	---	solid	1
35720	C43H58N2O13	rifamide	2750-76-7	810.940	443.15	dec	---	---	25	1.1971	2	---	---	---	solid	1
35721	C43H58N4O12	rifamycin AMP	13292-46-1	822.954	458.65	dec	---	---	25	1.2097	2	---	---	---	solid	1
35722	C43H66N12O12S2	oxytocin	50-56-6	1007.206	---	---	---	---	25	1.2889	2	---	---	---	---	---
35723	C43H66O14	acetyldigitoxin-a	1111-39-3	806.989	492.15	1	450.65	1	25	1.1356	2	---	---	---	solid	1
35724	C43H66O14	acetyldigitoxin-b	1264-51-3	806.989	---	---	450.65	2	25	1.1356	2	---	---	---	---	---
35725	C43H66O15	acetyldigoxin-a	5511-98-8	822.988	---	---	487.15	2	25	1.1491	2	---	---	---	---	---
35726	C43H66O15	acetyldigoxin-b	5355-48-6	822.988	---	---	485.15	1	25	1.1491	2	---	---	---	---	---
35727	C43H66O15	acetylgitoxin-a	29362-48-9	822.988	---	---	487.15	2	25	1.1491	2	---	---	---	---	---
35728	C43H66O15	16-acetylgitoxin	7242-07-1	822.988	---	---	489.15	1	25	1.1491	2	---	---	---	---	---
35729	C43H66O15	e-digoxin acetate	---	822.988	---	---	487.15	2	25	1.1491	2	---	---	---	---	---
35730	C43H67N15O12S2	argiprestocin	113-80-4	1050.235	---	---	---	---	25	1.3149	2	---	---	---	---	---
35731	C43H72Cl2P2Ru	grubb's catalyst	172222-30-9	822.968	---	---	---	---	---	---	---	---	---	---	---	---
35732	C43H76O2	cholesteryl palmitate	601-34-3	625.075	349.15	1	---	---	25	0.9082	2	---	---	---	solid	1
35733	C43H82N16O12	polymyxin B	1404-26-8	1015.229	---	---	---	---	25	1.2094	2	---	---	---	---	---
35734	C43H83NO7S	dotap mesylate	144139-73-1	758.201	---	---	---	---	25	0.9876	2	---	---	---	---	---
35735	C43H88	tritetracontane	7098-21-7	605.172	358.65	1	815.65	1	90	0.7812	1	90	1.4340	1	solid	1
35736	C44H28ClFeN4	5,10,15,20-tetraphenyl-21h,23h-porphine i	16456-81-8	704.032	---	---	---	---	---	---	---	---	---	---	---	---
35737	C44H28N4Zn	5,10,15,20-tetraphenyl-21H,23H-porphine	14074-80-7	678.124	---	---	---	---	---	---	---	---	---	---	---	---
35738	C44H30N4	meso-tetraphenylporphine	917-23-7	614.750	>573.15	1	---	---	25	1.2441	2	---	---	---	solid	1
35739	C44H32P2	(R)-(+)-2,2'-bis(diphenylphosphino)-1,1'-bi	76189-55-4	622.686	513.65	1	---	---	---	---	---	---	---	---	solid	1
35740	C44H32P2	(S)-(-)-2,2'-bis(diphenylphosphino)-1,1'-bin	76189-56-5	622.686	513.65	1	---	---	---	---	---	---	---	---	solid	1
35741	C44H36N12O6S2	4,4'-bis((4,6-dianilino-S-triazin-2-yl)amino)-	88-38-0	892.982	---	---	---	---	25	1.4403	2	---	---	---	---	---
35742	C44H38Br2P2	p-xylylenebis(triphenylphosphonium bromi	10273-74-2	788.542	>573.15	1	---	---	---	---	---	---	---	---	solid	1
35743	C44H40N2O2P2	(1R,2R)-(+)-1,2-diaminocyclohexane-N,N'-	138517-61-0	690.762	---	---	---	---	---	---	---	---	---	---	---	---
35744	C44H40N2O2P2	(1S,2S)-(-)-diaminocyclohexane-N,N'-bis(2	169689-05-8	690.762	---	---	---	---	---	---	---	---	---	---	---	---
35745	C44H41ClN2O7	hydroxyzine pamoate	5978-92-7	745.272	---	---	543.15	1	25	1.2595	2	---	---	---	---	---
35746	C44H50Cl2N2O11Sb	oxybis(N,N-dimethylacetamidetriphenylstib	---	975.553	---	---	---	---	---	---	---	---	---	---	---	---
35747	C44H54O4Sn	dibutyltin dioleate	13323-62-1	765.620	---	---	---	---	---	---	---	---	---	---	---	---
35748	C44H54O8	1,3-diisopropoxycalix[4]arenecrown-6	161282-96-8	710.908	471.65	1	---	---	25	1.1280	2	---	---	---	solid	1
35749	C44H56N2O8S	lobeline sulfate	134-64-5	773.004	425.15	1	---	---	25	1.1654	2	---	---	---	solid	1
35750	C44H56O4	4-tert-butylcalix[4]arene	60705-62-6	648.926	>673.15	1	---	---	25	1.0521	2	---	---	---	solid	1
35751	C44H56O4S4	5,11,17,23-tetrakis-mercaptomethyl-25,26,	---	777.190	468.65	1	---	---	25	1.1446	2	---	---	---	solid	1
35752	C44H62Cl4MnN2O12	bis(mescalinium)tetrachloromanganate(ii)	73085-26-4	1007.731	---	---	---	---	---	---	---	---	---	---	---	---
35753	C44H68O13	okadaic acid	78111-17-8	805.016	438.15	1	---	---	25	1.1159	2	---	---	---	solid	1
35754	C44H76CeO8	tetrakis(2,2,6,6-tetramethyl-3,5-heptadiona	18960-54-8	873.199	550.65	1	---	---	---	---	---	---	---	---	solid	1
35755	C44H76NbO8	tetrakis(2,2,6,6-tetramethyl-3,5-heptanedio	41706-15-4	825.989	393.65	1	598.15	1	---	---	---	---	---	---	solid	1
35756	C44H76O8Zr	zirconium tetrakis(2,2,6,6-tetramethyl-3,5-h	18865-74-2	824.307	601.65	1	---	---	---	---	---	---	---	---	solid	1
35757	C44H76O14	lonomycin	58785-63-0	829.079	384.65	1	---	---	25	1.0865	2	---	---	---	solid	1
35758	C44H78O2	carcinolipin	19477-24-8	639.102	348.15	1	---	---	25	0.9069	2	---	---	---	solid	1
35759	C44H80N2O15	megalomicin A	28022-11-9	877.124	530.15	dec	---	---	25	1.1030	2	---	---	---	solid	1
35760	C44H88O4S2Sn	di-n-octyltin bis(dodecyl mercaptide)	22205-30-7	864.022	---	---	---	---	---	---	---	---	---	---	---	---

				Mol Wt	Freezing Point		Boiling Point		Density			Refractive Index			State	
NO	FORMULA	NAME	CAS No	g/mol	T_F, K	code	T_B, K	code	T, C	g/cm3	code	T, C	n_D	code	@25C,1 atm	code
35761	C44H88O4S2Sn	di-n-octyltin bis(laurylthioglycolate)	69226-43-3	864.022	---	---	---	---	---	---	---	---	---	---	---	---
35762	C44H88O4Sn	dibutyltin stearate	5847-55-2	799.890	---	---	---	---	---	---	---	---	---	---	---	---
35763	C44H90	n-tetratetracontane	7098-22-8	619.199	359.15	1	821.15	1	25	0.8283	2	---	---	---	solid	1
35764	C45H19N3O4	C.I. vat black 8	2278-50-4	665.664	---	---	---	---	25	1.4158	2	---	---	---	---	---
35765	C45H54N8O10	virgimycin	3131-03-1	866.974	540.15	1	463.65	1	25	1.2697	2	---	---	---	solid	1
35766	C45H58O5	4-tert-butyldihomooxacalix[4]arene	72251-68-4	678.953	---	---	---	---	25	1.0628	2	---	---	---	---	---
35767	C45H64O17	tetraformyl-digitoxin	---	876.993	---	---	---	---	25	1.1961	2	---	---	---	---	---
35768	C45H70O13	35-methylokadaic acid	81720-10-7	819.043	---	---	---	---	25	1.1101	2	---	---	---	---	---
35769	C45H73NO15	solanine	20562-02-1	868.073	559.15	1	---	---	25	1.1321	2	---	---	---	solid	1
35770	C45H77NO17	tylosin	1401-69-0	904.103	403.15	1	472.15	1	25	1.1357	2	---	---	---	solid	1
35771	C45H78O2	cholesteryl oleate	303-43-5	651.113	318.15	1	---	---	25	0.9144	2	---	---	---	solid	1
35772	C45H80O2	cholesteryl stearate	35602-69-8	653.129	354.15	1	---	---	25	0.9057	2	---	---	---	solid	1
35773	C45H86O6	glycerol tritetradecanoate	555-45-3	723.174	329.65	1	584.15	1	60	0.8848	1	60	1.4428	1	solid	1
35774	C45H92	n-pentatetracontane	---	633.225	360.00	2	827.15	1	25	0.8289	2	---	---	---	solid	2
35775	C45H93N	tripentadecylamine	66576-66-7	648.240	310.00	2	773.15	1	25	0.8389	2	---	---	---	solid	2
35776	C46H56N4O10	leurocristine	57-22-7	824.973	---	---	483.15	1	25	1.2092	2	---	---	---	---	---
35777	C46H58N2O13	acetylkidamycin	39293-24-8	846.973	---	---	---	---	25	1.2106	2	---	---	---	---	---
35778	C46H58N4O9	vincaleukoblastine	865-21-4	810.989	454.15	1	---	---	25	1.1828	2	---	---	---	solid	1
35779	C46H60O4	1,3-dimethoxy-4-tert-butylcalix[4]arene	122406-45-5	676.980	---	---	---	---	25	1.0421	2	---	---	---	---	---
35780	C46H64O19	digoxin pentaformate	---	921.003	---	---	---	---	25	1.2250	2	---	---	---	---	---
35781	C46H64O19	formiloxine	10176-39-3	921.003	---	---	---	---	25	1.2250	2	---	---	---	---	---
35782	C46H65Cl2N2PRu	grubb's second generation catalyst	246047-72-3	848.985	---	---	---	---	---	---	---	---	---	---	---	---
35783	C46H65N13O12S2	vasopressin	50-57-7	1056.238	---	---	---	---	25	1.3147	2	---	---	---	---	---
35784	C46H75NO17	candidin	1405-90-9	914.098	---	---	520.15	1	25	1.1506	2	---	---	---	---	---
35785	C46H77NO17	angolamycin	1402-83-1	916.114	407.65	1	---	---	25	1.1402	2	---	---	---	solid	1
35786	C46H80O3	cholesteryl oleyl carbonate	17110-51-9	681.139	293.15	1	---	---	25	0.9278	2	---	---	---	---	---
35787	C46H83NO18	nystatin	1400-61-9	938.161	>433.15	dec	274.95	1	25	1.1220	2	---	---	---	solid	1
35788	C46H94	n-hexatetracontane	7098-24-0	647.252	361.00	1	832.15	1	25	0.8294	2	---	---	---	solid	1
35789	C47H51NO14	paclitaxel	33069-62-4	853.921	487.65	1	---	---	25	1.2616	2	---	---	---	solid	1
35790	C47H65O14	flavensomycin	29382-82-9	854.025	425.15	1	---	---	25	1.1609	2	---	---	---	solid	1
35791	C47H68O17	bryostatin 1	83314-01-6	905.047	---	---	---	---	25	1.1814	2	---	---	---	---	---
35792	C47H71NO17	mycoheptyne	12609-89-1	922.078	---	---	---	---	25	1.1764	2	---	---	---	---	---
35793	C47H73NO17	amphotericin b	1397-89-3	924.093	443.15	2	---	---	25	1.1656	2	---	---	---	solid	2
35794	C47H74O19	deacetyllanatoside B	19855-39-1	943.093	513.15	dec	---	---	25	1.1725	2	---	---	---	solid	1
35795	C47H74O19	diacetyllanatoside	17598-65-1	943.093	---	---	---	---	25	1.1725	2	---	---	---	---	---
35796	C47H78O13	lenoremycin	51257-84-2	851.129	---	---	---	---	25	1.0792	2	---	---	---	---	---
35797	C47H78O14	dianemycin	35865-33-9	867.128	---	---	480.15	1	25	1.0917	2	---	---	---	---	---
35798	C47H96	n-heptatetracontane	---	661.279	361.20	2	837.15	1	25	0.8300	2	---	---	---	solid	2
35799	C48H102OSn2	1,1,1,3,3,3-hexaoctyldistannoxane	2787-93-1	932.757	---	---	420.15	1	---	---	---	---	---	---	---	---
35800	C48H102SSn2	hexaoctyldistannthiane	13413-18-8	948.824	---	---	---	---	---	---	---	---	---	---	---	---
35801	C48H36CoN4O4	cobalt tetramethoxyphenylporphyrin	28903-71-1	791.773	---	---	---	---	---	---	---	---	---	---	---	---
35802	C48H36O4Sn	tetrakis(p-phenoxyphenyl)tin	6452-62-6	795.521	---	---	382.90	1	---	---	---	---	---	---	---	---
35803	C48H40O4Si4	octaphenylcyclotetrasiloxane	546-56-5	793.183	473.65	1	---	---	---	---	---	---	---	---	solid	1
35804	C48H49N13O9S6	micrococcin	67401-56-3	1144.399	---	---	---	---	25	1.4458	2	---	---	---	---	---
35805	C48H60O12	calix[4]-bis-crown-6	157769-14-7	828.997	418.65	1	---	---	25	1.1687	2	---	---	---	solid	1
35806	C48H64O8	tetra-n-pentylcalix[4]resorcinolarene	118629-59-7	769.031	602.65	1	---	---	25	1.0910	2	---	---	---	solid	1
35807	C48H71NO14	virustomycin A	84777-85-5	886.090	477.65	1	---	---	25	1.1443	2	---	---	---	solid	1
35808	C48H72O14	avermectin b1a	71751-41-2	873.091	425.15	1	---	---	25	1.1271	2	---	---	---	solid	1
35809	C48H72O15	4a-hydroxyavermectin B1	86629-72-3	889.091	---	---	---	---	25	1.1395	2	---	---	---	---	---
35810	C48H74O14	22,23-dihydroavermectin B1A	71827-03-7	875.107	---	---	---	---	25	1.1167	2	---	---	---	---	---
35811	C48H78O18	lemmatoxin	53043-29-1	943.137	---	---	---	---	25	1.1444	2	---	---	---	---	---
35812	C48H78O18	oleanoglycotoxin A	50657-29-9	943.137	---	---	---	---	25	1.1444	2	---	---	---	---	---
35813	C48H83O16	septamycin	54927-63-8	916.177	374.65	1	---	---	25	1.0967	2	---	---	---	solid	1
35814	C48H88O8Sn	di-n-butyl tin di(hexadecylmaleate)	19706-58-2	911.932	---	---	---	---	---	---	---	---	---	---	---	---
35815	C48H93AlO6	aluminum palmitate	555-35-1	793.245	---	---	---	---	---	---	---	---	---	---	---	---
35816	C48H98	n-octatetracontane	7098-26-2	675.306	361.40	1	843.15	1	25	0.8305	2	---	---	---	solid	1
35817	C48H99N	trihexadecylamine	28947-77-5	690.321	316.15	1	789.15	1	25	0.8399	2	---	---	---	solid	1
35818	C49H60Cl3NO6	25,27-dimethoxy-26-(N-trichloroacetyl)carb	---	865.376	537.15	1	---	---	25	1.1712	2	---	---	---	solid	1
35819	C49H60F3NO6	25,27-dimethoxy-26-(N-trifluoroacetyl)carb	---	816.014	505.15	1	---	---	25	1.1382	2	---	---	---	solid	1
35820	C49H76O19	lanatoside A	17575-20-1	969.131	---	---	447.15	1	25	1.1703	2	---	---	---	---	---
35821	C49H76O20	lanatoside B	17575-21-2	985.130	---	---	---	---	25	1.1816	2	---	---	---	---	---
35822	C49H76O20	lanatoside C	17575-22-3	985.130	---	---	---	---	25	1.1816	2	---	---	---	---	---
35823	C49H100	n-nonatetracontane	---	689.333	363.00	2	847.15	1	25	0.8309	2	---	---	---	solid	2
35824	C50H66O6	4-tert-butyl-calix[4]arene-crown-4-complex	171058-95-0	763.070	---	---	---	---	25	1.0636	2	---	---	---	---	---
35825	C50H71N13O12	5-l-isoleucineangiotensin II	4474-91-3	1046.198	---	---	---	---	25	1.2621	2	---	---	---	---	---
35826	C50H73N15O11	bradykinin	58-82-2	1060.228	443.15	dec	---	---	25	1.2610	2	---	---	---	solid	1
35827	C50H80O4	diethylstilbestrol dipalmitate	63019-08-9	745.183	---	---	---	---	25	0.9686	2	---	---	---	---	---
35828	C50H81N7O16	aculeacin A	58814-86-1	1036.233	437.15	1	---	---	25	1.1898	2	---	---	---	solid	1
35829	C50H83NO21	tomatine	17406-45-0	1034.203	543.15	1	---	---	25	1.1718	2	---	---	---	solid	1
35830	C50H93N15O15	polymyxin D1	10072-50-1	1144.384	---	---	---	---	25	1.2003	2	---	---	---	---	---
35831	C50H102	n-pentacontane	6596-40-3	703.360	365.30	1	852.15	1	25	0.8314	2	---	---	---	solid	1
35832	C51H40N6O23S6	bayer 205	145-63-1	1297.303	---	---	---	---	25	1.5782	2	---	---	---	---	---
35833	C51H42O3Pd2	tris(dibenzylideneacetone)dipalladium(0)	51364-51-3	915.733	426.65	1	---	---	---	---	---	---	---	---	solid	1
35834	C51H64N12O12S2	echinomycin	512-64-1	1101.278	495.15	1	---	---	25	1.3242	2	---	---	---	solid	1
35835	C51H74O19	gitoxin pentaacetate	7242-04-8	991.137	426.15	1	---	---	25	1.1885	2	---	---	---	solid	1
35836	C51H77NO15	(4"R)-4"-(acetylamino)-5-o-demethyl -4"-de	156153-52-5	944.170	---	---	---	---	25	1.1386	2	---	---	---	---	---
35837	C51H98O6	glycerol tripalmitate	555-44-2	807.336	339.65	1	588.15	1	70	0.8752	1	80	1.4381	1	solid	1
35838	C51H104	n-henpentacontane	---	717.387	366.00	2	857.15	1	25	0.8318	2	---	---	---	solid	2
35839	C51H105N	triheptadecylamine	66575-83-5	732.402	325.00	2	803.15	1	25	0.8407	2	---	---	---	solid	2
35840	C52H44N2O2P2	(1R,2R)-(-)-1,2-diaminocyclohexane-N,N'-b	174810-09-4	790.882	---	---	---	---	---	---	---	---	---	---	---	---

Table 1 Physical Properties - Organic Compounds

				Mol Wt	Freezing Point		Boiling Point		Density			Refractive Index			State	
NO	FORMULA	NAME	CAS No	g/mol	T_F, K	code	T_B, K	code	T, C	g/cm3	code	T, C	n_D	code	@25C,1 atm	code
35841	C52H44N2O2P2	(1S,2S)-(-)-1,2-diaminocyclohexane-N,N'-b	205495-66-5	790.882	---	---	---	---	---	---	---	---	---	---	---	---
35842	C52H70O7	4-tert-butyl-calix[4]arene-crown-5-complex	99314-01-9	807.124	---	---	---	---	25	1.0678	2	---	---	---	---	---
35843	C52H74O10P2	O,O-bis(diethoxyphosphoryl)-tert-butylcali	174391-26-5	921.102	477.15	1	---	---	---	---	---	---	---	---	solid	1
35844	C52H76O24	mithramycin	18378-89-7	1085.161	454.65	1	---	---	25	1.2354	2	---	---	---	solid	1
35845	C52H80O17	5-o-demethyl-26-hydroxy-4"-o-((2- methox	148865-08-1	977.197	---	---	---	---	25	1.1401	2	---	---	---	---	---
35846	C52H82O17	22,23-dihydro-5-o-demethyl-26 -((2-metho	156153-56-9	979.213	---	---	---	---	25	1.1306	2	---	---	---	---	---
35847	C52H106	n-dopentacontane	7719-79-1	731.414	367.00	1	861.15	1	25	0.8323	2	---	---	---	solid	1
35848	C54H108BO3	boric acid, trioleyl ester	5337-42-8	816.261	---	---	---	---	---	---	---	---	---	---	---	---
35849	C53H108	n-tripentacontane	---	745.441	367.50	2	866.15	1	25	0.8327	2	---	---	---	solid	2
35850	C54H45ClP3Rh	tris(triphenylphosphine)rhodium(i) chloride	14694-95-2	925.231	520.65	1	---	---	25	1.3630	1	---	---	---	solid	1
35851	C54H45Cl2P3Ru	tris(triphenylphosphine)ruthenium(ii) chlori	15529-49-4	958.848	432.15	1	---	---	---	---	---	---	---	---	solid	1
35852	C54H65NO6	25,27-dimethoxy-26-(N-benzoyl)carbamoyl	---	824.114	469.15	1	---	---	25	1.1035	2	---	---	---	solid	1
35853	C54H66O12	4-tert-butylcalix[4]arene tetraacetic acid	113215-72-8	907.111	---	---	---	---	25	1.1618	2	---	---	---	---	---
35854	C54H67NO7S	25,27-dimethoxy-26-(N-tosyl)carbamoyloxy	---	874.195	525.15	1	---	---	25	1.1251	2	---	---	---	solid	1
35855	C54H74O8	1,3-dioctyloxycalix[4]arenecrown-6	161282-97-9	851.177	369.15	1	---	---	25	1.0715	2	---	---	---	solid	1
35856	C54H74O8	4-tert-butyl-calix[4]arene-crown-6-complex	129518-51-0	851.177	---	---	---	---	25	1.0715	2	---	---	---	---	---
35857	C54H78O3	1,3,5-trimethyl-2,4,6-tris(3,5-di-tert-butyl-4-	1709-70-2	775.212	517.15	1	493.15	1	25	0.9884	2	---	---	---	solid	1
35858	C54H82N14O8	L-arginyl-L-leucyl-L-isoleucyl-L-prolyl-L-pro	115722-24-2	1055.338	---	---	---	---	25	1.1860	2	---	---	---	---	---
35859	C54H83NO17	avermectin A1A, 4"-(acetylamino)-5-o-dem	148865-00-3	1018.250	---	---	460.15	1	25	1.1445	2	---	---	---	---	---
35860	C54H84O23	escin	6805-41-0	1101.247	497.65	1	---	---	25	1.1923	2	---	---	---	solid	1
35861	C54H84O23	a-escin	66795-86-6	1101.247	---	---	---	---	25	1.1923	2	---	---	---	---	---
35862	C54H84O23	escin	---	1101.247	---	---	---	---	25	1.1923	2	---	---	---	---	---
35863	C54H85NO17	avermectin A1A, 22,23-dihydro-4"-(acetyla	148865-44-5	1020.266	---	---	---	---	25	1.1353	2	---	---	---	---	---
35864	C54H90N6O18	valinomycin	2001-95-8	1111.340	462.15	1	---	---	25	1.1722	2	---	---	---	solid	1
35865	C54H92O23	panax saponin E	41753-43-9	1109.311	470.65	1	---	---	25	1.1559	2	---	---	---	solid	1
35866	C54H99AlO6	aluminum oleate	688-37-9	871.358	---	---	---	---	---	---	---	---	---	---	---	---
35867	C54H99BiO6	bismuth oleate	52951-38-9	1053.357	---	---	---	---	---	---	---	---	---	---	---	---
35868	C54H105AlO6	aluminum stearate	637-12-7	877.406	391.15	1	---	---	25	1.0700	1	---	---	---	solid	1
35869	C54H110	n-tetrapentacontane	5856-66-6	759.467	368.00	1	870.15	1	25	0.8331	2	---	---	---	solid	1
35870	C54H111BO3	trioctadecyl borate	5337-41-7	819.285	315.65	1	---	---	---	---	---	---	---	---	solid	1
35871	C54H111N	trioctadecylamine	102-88-5	774.482	327.15	1	816.15	1	25	0.8415	2	---	---	---	solid	1
35872	C55H46OP3Rh	carbonyltris(triphenylphosphine)rhodium(i)	17185-29-4	918.797	423.15	1	---	---	---	---	---	---	---	---	solid	1
35873	C55H47OP3Ru	carbonyl(dihydrido)tris(triphenylphosphine)	25360-32-1	917.970	434.15	1	---	---	---	---	---	---	---	---	solid	1
35874	C55H59N5O20	coumermycin al	4434-05-3	1110.096	532.15	dec	---	---	25	1.3492	2	---	---	---	solid	1
35875	C55H70O5	p-tert-butylcalix[5]arene	81475-22-1	811.158	584.15	1	---	---	25	1.0578	2	---	---	---	solid	1
35876	C55H72N12O12S2	quinomycin C	11001-74-4	1157.385	---	---	---	---	25	1.2899	2	---	---	---	---	---
35877	C55H75N17O13	luteinizing hormone-releasing hormone	9034-40-6	1182.312	---	---	---	---	25	1.3042	2	---	---	---	---	---
35878	C55H84N20O21S2	bleomycin B2	9060-10-0	1425.531	---	---	---	---	25	1.3761	2	---	---	---	---	---
35879	C55H97NO22	copiamycin	11078-23-2	1124.369	417.15	dec	---	---	25	1.1377	2	---	---	---	solid	1
35880	C55H112	n-pentapentacontane	5846-40-2	773.494	368.50	2	874.15	1	25	0.8335	2	---	---	---	solid	2
35881	C56H48O32S8	4-sulfonic calix[8]arene	137407-62-6	1489.506	---	---	---	---	25	1.5658	2	---	---	---	---	---
35882	C56H48O8	C-benzylcalix[4]resorcinarene	168609-07-2	848.992	---	---	---	---	25	1.2269	2	---	---	---	---	---
35883	C56H48O8	calix[8]arene	82452-93-5	848.992	>723.15	1	---	---	25	1.2269	2	---	---	---	solid	1
35884	C56H60O12	calix[4]-bis-1,2-benzo-crown-6	157769-17-0	925.085	490.65	1	---	---	25	1.2037	2	---	---	---	solid	1
35885	C56H68N6O8	vincaleukoblastine, O4-deacetyl-3-de(meth	95273-83-9	953.193	---	---	---	---	25	1.1803	2	---	---	---	---	---
35886	C56H89NO14	rapamycin	53123-88-9	1000.321	457.15	1	---	---	25	1.0936	2	---	---	---	solid	1
35887	C56H92O29	digitonin	11024-24-1	1229.329	510.65	1	---	---	25	1.2194	2	---	---	---	solid	1
35888	C56H96N12O13	circulin	9008-54-2	1145.454	---	---	531.35	1	25	1.1602	2	---	---	---	---	---
35889	C56H98N16O13	polymyxin B1	4135-11-9	1203.498	---	---	---	---	25	1.1877	2	---	---	---	---	---
35890	C56H98O35	dimethyl-b-cyclodextrin, methylated b -cycl	51166-71-3	1331.373	577.15	1	---	---	25	1.2455	2	---	---	---	solid	1
35891	C56H114	n-hexapentacontane	7719-82-6	787.521	369.00	2	878.15	1	25	0.8338	2	---	---	---	solid	2
35892	C57H60O12	crypthophane E	102683-14-7	937.096	>533.15	1	---	---	25	1.2077	2	---	---	---	solid	1
35893	C57H79NO16	(4"R)-4"-(acetylamino)-26-(benzoyloxy)-5-(	148864-94-2	1034.252	---	---	---	---	25	1.1644	2	---	---	---	---	---
35894	C57H82O26	chromomycin A3	7059-24-7	1183.262	458.15	dec	516.15	1	25	1.2407	2	---	---	---	solid	1
35895	C57H86N18O21S2	bleomycin A5	11116-32-8	1423.555	---	---	548.65	1	25	1.3542	2	---	---	---	---	---
35896	C57H89N7O15	didemnin B	77327-05-0	1112.374	---	---	---	---	25	1.1670	2	---	---	---	---	---
35897	C57H104O6	glycerol trielaidate	537-39-3	885.449	---	---	---	---	25	0.9415	2	---	---	---	---	---
35898	C57H104O6	glycerol trioleate	122-32-7	885.449	278.15	1	1200.00	2	40	0.8988	1	40	1.4621	1	---	---
35899	C57H110O6	glycerol tristearate	555-43-1	891.497	---	---	---	---	90	0.8559	1	80	1.4395	1	---	---
35900	C57H116	n-heptapentacontane	5856-67-7	801.548	369.70	1	882.15	1	25	0.8342	2	---	---	---	solid	1
35901	C57H117N	trinonadecylamine	66575-72-2	816.563	330.00	2	829.15	1	25	0.8421	2	---	---	---	solid	2
35902	C58H114O26	polyoxyethylene (20) sorbitan monolaurate	9005-64-5	1227.528	---	---	---	---	25	1.1106	2	---	---	---	---	---
35903	C58H116O21	oleylpolyoxethylene glycol ether	9004-98-2	1149.546	---	---	---	---	25	1.0583	2	---	---	---	---	---
35904	C58H118	n-octapentacontane	7667-78-9	815.575	370.00	1	886.15	1	25	0.8345	2	---	---	---	solid	1
35905	C58H84O26	olivomycin A	6988-58-5	1197.289	435.65	1	---	---	25	1.2342	2	---	---	---	solid	1
35906	C58H84O26	olivomycin D	102647-16-5	1197.289	---	---	---	---	25	1.2342	2	---	---	---	---	---
35907	C58H91N13O20	amphomycin	1402-82-0	1290.440	---	---	---	---	25	1.2612	2	---	---	---	---	---
35908	C59H120	n-nonapentacontane	7667-79-0	829.602	371.00	2	890.15	1	25	0.8349	2	---	---	---	solid	2
35909	C59H77N13O19	telomycin	19246-24-3	1272.340	---	---	483.65	1	25	1.3228	2	---	---	---	---	---
35910	C59H90O4	ubiquinone 10	303-98-0	863.361	323.05	1	495.15	1	25	0.9800	2	---	---	---	solid	1
35911	C59H91N19O26S2	talisomycin S10b	76069-32-4	1546.621	---	---	---	---	25	1.3799	2	---	---	---	---	---
35912	C59H93N13O20	tsushimycin	11054-63-0	1304.466	508.15	dec	---	---	25	1.2548	2	---	---	---	solid	1
35913	C60	carbon (fullerene-c60)	99685-96-8	720.660	>553	1	---	---	25	1.5655	2	---	---	---	solid	1
35914	C60F60	fullerene fluoride	134929-59-2	1860.570	560.15	1	---	---	25	1.7663	2	---	---	---	solid	1
35915	C60H1N	aziridino[2',3':1,2][60]fullerene	156286-12-3	735.675	---	---	---	---	25	1.5683	2	---	---	---	---	---
35916	C60H72O6	p-isopropylcalix[6]arene	104789-79-9	889.228	---	---	---	---	25	1.0864	2	---	---	---	---	---
35917	C60H78OSn2	fenbutatin oxide	13356-08-6	1052.699	411.15	1	---	---	---	---	---	---	---	---	solid	1
35918	C60H80O12	tetraester 4-tert-butylcalix[4]arene	97600-39-0	993.288	423.65	1	---	---	25	1.1183	2	---	---	---	solid	1
35919	C60H86N16O13	luteinizing hormone-releasing hormone (pi	57982-77-1	1239.447	---	---	---	---	25	1.2534	2	---	---	---	---	---
35920	C60H86O18	ciguatoxin 2	142185-85-1	1095.332	---	---	---	---	25	1.1542	2	---	---	---	---	---

Table 1 Physical Properties - Organic Compounds

NO	FORMULA	NAME	CAS No	Mol Wt g/mol	Freezing Point T_F, K	code	Boiling Point T_B, K	code	Density T, C	g/cm3	code	Refractive Index T, C	n_D	code	State @25C,1 atm	code
35921	C60H92N2O5S	N,N'-dioctadecyloxacarbocyanine p-toluen	60711-74-2	953.467	---	---	---	---	25	1.0285	2	---	---	---	---	---
35922	C60H122	n-hexacontane	7667-80-3	843.629	372.10	1	893.15	1	25	0.8352	2	---	---	---	solid	1
35923	C60H123N	trieicosylamine	45324-58-1	858.644	335.15	1	841.15	1	25	0.8427	2	---	---	---	solid	1
35924	C61H122O24	glycol; (polysorbate 80)	9005-65-6	1239.625	---	---	---	---	25	1.0800	1	---	---	---	---	---
35925	C61H124	n-henhexacontane	7667-81-4	857.656	373.00	2	897.15	1	25	0.8355	2	---	---	---	solid	2
35926	C61H88N18O21S2	bleomycin PEP	68247-85-8	1473.615	---	---	---	---	25	1.3522	2	---	---	---	---	---
35927	C61H89N12O17	actinomycin X2	1402-61-5	1262.451	523.15	1	---	---	25	1.2435	2	---	---	---	solid	1
35928	C61H96N2O24	lucknomycin	61912-76-3	1241.433	423.15	dec	---	---	25	1.1895	2	---	---	---	solid	1
35929	C62H86N12O16	actinomycin D	50-76-0	1255.439	515.15	1	---	---	25	1.2511	2	---	---	---	solid	1
35930	C62H111N11O12	cyclosporin A	59865-13-3	1202.633	422.65	1	---	---	25	1.1039	2	---	---	---	solid	1
35931	C62H122O26	polysorbate 40	9005-66-7	1283.635	273.25	1	---	---	25	1.0963	2	---	---	---	---	---
35932	C62H126	n-dohexacontane	7719-83-7	871.682	375.00	1	901.15	1	25	0.8358	2	---	---	---	solid	1
35933	C63H70O7	p-ethylcalix[7]arene	122002-00-0	939.245	>573.15	1	---	---	25	1.1218	2	---	---	---	solid	1
35934	C63H84O8	p-tert-butylcalix[5]arene-crown-5-complex	151412-40-7	969.355	---	---	---	---	25	1.0699	2	---	---	---	---	---
35935	C63H85N21O19	levorin	1403-17-4	1440.504	---	---	---	---	25	1.3571	2	---	---	---	---	---
35936	C63H88CoN14O14P	cyanocobalamin	68-19-9	1355.389	573.15	1	---	---	---	---	---	---	---	---	solid	1
35937	C62H89N11O17	actinomycin C	8052-16-2	1260.455	525.15	dec	---	---	25	1.2377	2	---	---	---	solid	1
35938	C62H98N20O26S2	tallysomycin B	65057-91-2	1603.717	---	---	---	---	25	1.3604	2	---	---	---	---	---
35939	C63H103N15O19	cerexin A	55467-31-7	1374.604	---	---	---	---	25	1.2305	2	---	---	---	---	---
35940	C63H128	n-trihexacontane	7719-84-8	885.709	375.10	2	904.15	1	25	0.8361	2	---	---	---	solid	2
35941	C64H64O12	calix[4]-bis-2,3-naphtho-crown-6	162898-44-4	1025.205	381.65	1	---	---	25	1.2122	2	---	---	---	solid	1
35942	C64H126O26	polysorbate 60	9005-67-8	1311.689	---	---	---	---	25	1.0897	2	---	---	---	---	---
35943	C64H130	n-tetrahexacontane	7719-87-1	899.736	375.20	1	907.15	1	25	0.8364	2	---	---	---	solid	1
35944	C65H132	n-pentahexacontane	7719-88-2	913.763	376.00	2	910.15	1	25	0.8366	2	---	---	---	solid	2
35945	C66H75Cl2N9O24	vancocin	1404-90-6	1449.275	---	---	---	---	25	1.3801	2	---	---	---	---	---
35946	C66H84O6	4-tert-butylcalix[6]arene	78092-53-2	973.389	>573.15	1	---	---	25	1.0615	2	---	---	---	solid	1
35947	C66H90O24P6	hexakis(diethoxyphosphoryl)calix[6]arene	188241-51-2	1453.270	429.65	1	---	---	---	---	---	---	---	---	solid	1
35948	C66H103N17O16S	bacitracin	1405-87-4	1422.719	496.15	1	---	---	25	1.2409	2	---	---	---	solid	1
35949	C66H134	n-hexahexacontane	7719-89-3	927.790	376.80	1	914.15	1	25	0.8369	2	---	---	---	solid	1
35950	C66H99Cl2NO35	everninomicin-D	39340-46-0	1537.403	---	---	---	---	25	1.2962	2	---	---	---	---	---
35951	C66H99Cl2NO36	everninomycin-B	53296-30-3	1553.402	457.65	1	---	---	25	1.3036	2	---	---	---	solid	1
35952	C67H136	n-heptahexacontane	7719-90-6	941.817	377.30	1	917.15	1	25	0.8372	2	---	---	---	solid	1
35953	C67H92N14O16	7-(((2-pyrrolyl)methyl)amino)-actinomycin [	67230-67-5	1349.556	---	---	---	---	25	1.2542	2	---	---	---	---	---
35954	C67H96N2O24	tetrocarcin A	73666-84-9	1313.499	474.65	dec	---	---	25	1.2072	2	---	---	---	solid	1
35955	C68H11N22O27S2	tallysomycin A	65057-90-1	1632.105	---	---	---	---	25	1.9308	2	---	---	---	---	---
35956	C68H138	n-octahexacontane	7719-91-7	955.844	377.70	2	920.15	1	25	0.8374	2	---	---	---	solid	2
35957	C69H91Cl2N13O16	7-((3,4-dichlorobenzyl)aminoactinomycin D	67230-61-9	1429.468	---	---	---	---	25	1.2804	2	---	---	---	---	---
35958	C69H140	n-nonahexacontane	7719-92-8	969.871	378.10	2	923.15	1	25	0.8377	2	---	---	---	solid	2
35959	C70	carbon (fullerene-c70)	115383-22-7	840.770	>553	1	---	---	25	1.5735	2	---	---	---	solid	1
35960	C70H142	n-heptacontane	7719-93-9	983.897	378.40	2	926.15	1	25	0.8379	2	---	---	---	solid	2
35961	C71H144	n-henheptacontane	7667-82-5	997.924	373.80	2	928.15	1	25	0.8381	2	---	---	---	solid	2
35962	C72H60NiP4	tetrakis(triphenylphosphine)nickel(0)	15133-82-1	1107.858	---	---	---	---	---	---	---	---	---	---	---	---
35963	C72H60P4Pd	tetrakis(triphenylphosphine)palladium(0)	14221-01-3	1155.584	---	---	---	---	---	---	---	---	---	---	---	---
35964	C72H60P4Pt	tetrakis(triphenylphosphine)platinum(0)	14221-02-4	1244.242	---	---	---	---	---	---	---	---	---	---	---	---
35965	C72H85N19O18S5	thiostrepton	1393-48-2	1664.919	524.15	dec	---	---	25	1.3970	2	---	---	---	solid	1
35966	C72H112O56	propylene glycol alginate	9005-37-2	1873.648	---	---	---	---	25	1.3693	2	---	---	---	---	---
35967	C72H133NO22	takacidin	11006-31-8	1364.842	400.15	1	---	---	25	1.0694	2	---	---	---	solid	1
35968	C72H146	n-doheptacontane	7667-83-6	1011.951	374.60	2	931.15	1	25	0.8384	2	---	---	---	solid	2
35969	C73H108O12	3,5-di-tert-butyl-4-hydroxy-hydrocinnamic a	6683-19-8	1177.653	---	---	---	---	25	1.0604	2	---	---	---	---	---
35970	C73H148	n-triheptacontane	7667-84-7	1025.978	375.40	2	934.15	1	25	0.8386	2	---	---	---	solid	2
35971	C74H119N25O14	L-arginyl-L-asparaginyl-L-arginyl-L-leucyl-l	115722-25-3	1582.925	---	---	---	---	25	1.2319	2	---	---	---	---	---
35972	C74H150	n-tetraheptacontane	7667-85-8	1040.005	376.20	2	936.15	1	25	0.8388	2	---	---	---	solid	2
35973	C75H70N6O6	pyrvinium pamoate	3546-41-6	1151.419	485.65	1	438.15	1	25	1.2172	2	---	---	---	solid	1
35974	C75H110O5	p-tert-octylcalix[5]arene	138452-84-3	1091.695	573.15	1	---	---	25	0.9969	2	---	---	---	solid	1
35975	C75H152	n-pentaheptacontane	7667-86-9	1054.032	377.00	2	939.15	1	25	0.8390	2	---	---	---	solid	2
35976	C76H52O46	tannic acid	1401-55-4	1701.221	482.65	1	473.15	1	25	1.5879	2	---	---	---	solid	1
35977	C76H154	n-hexaheptacontane	7667-87-0	1068.059	377.80	2	941.15	1	25	0.8392	2	---	---	---	solid	2
35978	C77H98O7	p-tert-butylcalix[7]arene	84161-29-5	1135.621	---	---	---	---	25	1.0643	2	---	---	---	---	---
35979	C77H156	n-heptaheptacontane	7719-94-0	1082.086	378.60	2	944.15	1	25	0.8394	2	---	---	---	solid	2
35980	C78H158	n-octaheptacontane	7719-85-9	1096.113	379.40	2	946.15	1	25	0.8396	2	---	---	---	solid	2
35981	C79H131O24S4	apamine	24345-16-2	1593.159	---	---	---	---	25	1.1476	2	---	---	---	---	---
35982	C79H160	n-nonaheptacontane	7719-86-0	1110.139	380.20	2	949.15	1	25	0.8398	2	---	---	---	solid	2
35983	C80H96O8	p-isopropylcalix[8]arene	98013-94-6	1185.637	---	---	---	---	25	1.0919	2	---	---	---	---	---
35984	C80H162	n-octacontane	7667-88-1	1124.166	381.00	2	951.15	1	25	0.8400	2	---	---	---	solid	2
35985	C81H164	n-henoctacontane	7667-89-2	1138.193	382.00	2	953.15	1	25	0.8401	2	---	---	---	solid	2
35986	C82H166	n-dooctacontane	7719-95-1	1152.220	383.50	1	955.15	1	25	0.8403	2	---	---	---	solid	1
35987	C83H168	n-trioctacontane	7667-90-5	1166.247	383.80	2	957.15	1	25	0.8405	2	---	---	---	solid	2
35988	C84H111FeN12	tris(1-dodecyl-3-methyl-2-phenylbenzimida	7276-58-6	1344.734	---	---	---	---	---	---	---	---	---	---	---	---
35989	C84H90N8O12S4	5,10,15,20-tetrakis(4-(trimethylammonio)-p	69458-20-4	1531.951	426.65	1	---	---	25	1.2691	2	---	---	---	solid	1
35990	C84H170	n-tetraoctacontane	7667-91-6	1180.274	384.10	2	959.15	1	25	0.8407	2	---	---	---	solid	2
35991	C85H172	n-pentaoctacontane	7719-96-2	1194.301	384.40	2	961.15	1	25	0.8408	2	---	---	---	solid	2
35992	C86H174	n-hexaoctacontane	7667-92-7	1208.328	384.70	2	963.15	1	25	0.8410	2	---	---	---	solid	2
35993	C87H176	n-heptaoctacontane	7667-93-8	1222.354	385.00	2	965.15	1	25	0.8411	2	---	---	---	solid	2
35994	C88H80O24S8	3,5,10,12,17,19,24,26-octakis-tosyloxy-1,8	---	1778.117	527.15	1	---	---	25	1.3813	2	---	---	---	solid	1
35995	C88H112O8	4-tert-butylcalix[8]arene	68971-82-4	1297.852	684.65	1	---	---	25	1.0663	2	---	---	---	solid	1
35996	C88H124CaO8	calcium resinate	9007-13-0	1350.026	---	---	---	---	---	---	---	---	---	---	---	---
35997	C88H124CoO8	cobalt resinate	68956-82-1	1368.881	---	---	---	---	---	---	---	---	---	---	---	---
35998	C88H178	n-octaoctacontane	7667-94-9	1236.381	385.30	2	967.15	1	25	0.8413	2	---	---	---	solid	2
35999	C89H125N23O25S3	leucopeptin	1391-36-2	2013.316	---	---	---	---	25	1.3220	2	---	---	---	---	---
36000	C89H180	n-nonaoctacontane	7719-76-8	1250.408	385.60	2	969.15	1	25	0.8414	2	---	---	---	solid	2

Table 1 Physical Properties - Organic Compounds

NO	FORMULA	NAME	CAS No	Mol Wt g/mol	Freezing Point T_F, K	code	Boiling Point T_B, K	code	Density T, C	g/cm3	code	Refractive Index T, C	n_D	code	State @25C,1 atm	code
36001	C90H120O18	4-tert-butylcalix[6]arene hexaacetic acidhe	92003-62-8	1489.932	---	---	---	---	25	1.1252	2	---	---	---	---	---
36002	C90H182	n-nonacontane	7667-51-8	1264.435	385.90	2	971.15	1	25	0.8416	2	---	---	---	solid	2
36003	C91H184	n-hennonacontane	7719-97-3	1278.462	386.20	2	973.15	1	25	0.8417	2	---	---	---	solid	2
36004	C92H186	n-dononacontane	7667-95-0	1292.489	386.50	2	975.15	1	25	0.8419	2	---	---	---	solid	2
36005	C93H188	n-trinonacontane	7667-96-1	1306.516	386.80	2	977.15	1	25	0.8420	2	---	---	---	solid	2
36006	C94H190	n-tetranonacontane	1574-32-9	1320.543	387.40	1	978.15	1	25	0.8421	2	---	---	---	solid	1
36007	C95H172N20O31	stendomycin A	102583-65-3	2090.532	---	---	---	---	25	1.1923	2	---	---	---	---	---
36008	C95H192	n-pentanonacontane	7667-97-2	1334.569	387.50	2	980.15	1	25	0.8423	2	---	---	---	solid	2
36009	C96H128O8	4-tert-amylcalix[8]arene	93503-77-6	1410.068	---	---	---	---	25	1.0457	2	---	---	---	---	---
36010	C96H194	n-hexanonacontane	7763-13-5	1348.596	387.60	2	982.15	1	25	0.8424	2	---	---	---	solid	2
36011	C97H196	n-heptanonacontane	7670-25-9	1362.623	387.70	2	983.15	1	25	0.8425	2	---	---	---	solid	2
36012	C98H198	n-octanonacontane	7670-26-0	1376.650	387.80	2	985.15	1	25	0.8426	2	---	---	---	solid	2
36013	C99H200	n-nonanonacontane	7670-27-1	1390.677	387.90	2	986.15	1	25	0.8428	2	---	---	---	solid	2
36014	C100H202	n-hectane	6703-98-6	1404.704	388.40	1	988.15	1	25	0.8429	2	---	---	---	solid	1

code: 1 - data, 2 - estimate

a - form a

b - form b

C - degrees Celsius

d - cis

dec - decomposes

e - trans

explo - explodes

K - degrees Kelvin

subl - sublimes

Chapter 2

PHYSICAL PROPERTIES – INORGANIC COMPOUNDS

Carl L. Yaws, Prasad K. Narasimhan, Chaitanya Gabbula, Bashan B. Dalvi, Prashant Bahadur, Suraj W. Deore, Preeti S. Yadav, K. Y. Li, Helen Lou and Ralph Pike

Abstract

The results for physical properties are given in Table 2 for inorganic chemical compounds. Results for chemical formula, name, CAS number, molecular weight, freezing point, boiling point, density and state are presented. The properties are displayed in an easy-to-use table which is especially applicable for rapid engineering and scientific usage. The table is based on both experimental data and estimated values.

In the data collection, a literature search was conducted to identify data source publications for chemical compounds. Both experimental values for the property under consideration and parameter values for estimation of the property are included in the source publications. The publications were screened and copies of appropriate data were made. These data were then keyed into the computer to provide a database of physical properties for compounds for which experimental data are available. The database also served as a basis to check the accuracy of the estimation methods.

References

References are given in the section near the end of the book.

Table 2 Physical Properties - Inorganic Compounds

				Mol Wt	Freezing Point		Boiling Point		Density			State	
NO	FORMULA	NAME	CAS No	g/mol	T_F, K	code	T_B, K	code	T, C	g/cm3	code	@ 25C, 1 atm	code
1	Ac	actinium	7440-34-8	227.000	1324.15	1	3471.15	1	25	10.000	1	silvery metal	1
2	AcBrO	actinium oxybromide	49848-33-1	322.903	---	---	---	---	25	7.890	1	---	---
3	AcBr3	actinium bromide	33689-81-5	466.712	---	---	---	---	25	5.850	1	white hexagonal crystals	1
4	AcClO	actinium oxychloride	49848-29-5	278.452	---	---	---	---	25	7.230	1	---	---
5	AcCl3	actinium chloride	22986-54-5	333.358	---	---	---	---	25	4.810	1	white hexagonal crystals	1
6	AcFO	actinium oxyfluoride	49848-24-0	261.998	---	---	---	---	25	8.280	1	---	---
7	AcF3	actinium fluoride	33689-80-4	283.995	---	---	---	---	25	7.880	1	white hexagonal crystals	1
8	AcH2	actinium hydride	60936-81-4	229.016	---	---	---	---	25	8.350	1	---	---
9	AcH3O3	actinium hydroxide	12249-30-8	278.022	---	---	---	---	---	---	---	---	---
10	AcI3	actinium iodide	33689-82-6	607.713	---	---	---	---	---	---	---	white crystals	1
11	Ac2O3	actinium oxide	12002-61-8	501.998	2250.15	1	---	---	25	9.190	1	white hexagonal crystals	1
12	Ac2S3	actinium sulfide	50647-18-2	550.198	---	---	---	---	25	6.750	1	---	---
13	Ag	silver	7440-22-4	107.868	1234.00	1	2485.00	1	25	10.500	1	silvery metal	1
14	AgAsF6	silver hexafluoroarsenate	12005-82-2	296.780	---	---	---	---	---	---	---	---	---
15	AgBF4	silver tetrafluoroborate	14104-20-2	194.673	---	---	---	---	---	---	---	---	---
16	AgBr	silver bromide	7785-23-1	187.772	705.15	1	1775.15	1	25	6.470	1	yellow cubic crystals	1
17	AgBrO3	silver bromate	7783-89-3	235.770	dec	1	---	---	25	5.200	1	white tetragonal crystals	1
18	AgCF3O3S	silver trifluoromethanesulfonate	2923-28-6	256.938	---	---	---	---	---	---	---	---	---
19	AgCN	silver cyanide	506-64-9	133.886	dec	1	---	---	25	3.950	1	white-gray hexagonal crystals	1
20	AgC2F3O2	silver trifluoroacetate	2966-50-9	220.884	---	---	---	---	---	---	---	---	---
21	AgC2H	silver (i) acetylide	13092-75-6	132.898	---	---	---	---	---	---	---	white powder	1
22	AgC2H3O2	silver (i) acetate	563-63-3	166.912	dec	1	---	---	25	3.260	1	white needles or powder	1
23	AgC3H7O4	silver (i) lactate monohydrate	128-00-7	214.953	---	---	---	---	---	---	---	gray crystalline powder	1
24	AgC4F7O2	silver heptafluorobutyrate	3794-64-7	320.899	---	---	---	---	---	---	---	---	---
25	AgC5H10NS2	silver diethyldithiocarbamate	1470-61-7	256.140	---	---	---	---	---	---	---	---	---
26	AgC5H7O2	silver acetylacetonate	15525-64-1	206.976	---	---	---	---	---	---	---	---	---
27	AgC6H4N3O8	silver (i) picrate monohydrate	146-84-9	353.980	---	---	---	---	---	---	---	yellow crystals	1
28	AgC7H5O2	silver benzoate	532-31-0	228.982	---	---	---	---	---	---	---	---	---
29	AgC7H7O3S	silver p-toluenesulfonate	16836-95-6	279.063	---	---	---	---	---	---	---	---	---
30	AgC8H12BF4N4	silver (i), tetrafluoroborate tetrakis(acetonit	93556-88-8	358.881	---	---	---	---	---	---	---	---	---
31	AgC8H15O2	silver 2-ethylhexanoate	26077-31-6	251.072	---	---	---	---	---	---	---	---	---
32	AgC10H10F7O2	silver (i), 6,6,7,7,8,8,8-heptafluoro-2,2-dime	76121-99-8	403.042	---	---	---	---	---	---	---	---	---
33	AgC10H17O2	silver cyclohexanebutyrate	62638-04-4	277.109	---	---	---	---	---	---	---	---	---
34	AgC13H13F6O2	silver (i), hexafluoroacetylacetonate (1,5-cy	38892-25-0	423.100	---	---	---	---	---	---	---	---	---
35	AgCl	silver (i) chloride	7783-90-6	143.321	728.15	1	1820.15	1	25	5.560	1	white cubic crystals	1
36	AgClH2O5	silver (i) perchlorate monohydrate	14242-05-8	225.334	dec	1	---	---	---	---	---	hygroscopic white crystals	1
37	AgClO2	silver chlorite	7783-91-7	175.320	---	---	---	---	---	---	---	---	---
38	AgClO3	silver (i) chlorate	7783-92-8	191.319	503.15	1	dec	1	25	4.430	1	white tetragonal crystals	1
39	AgClO4	silver (i) perchlorate	7783-93-9	207.319	dec	1	---	---	25	2.806	1	colorless cubic crystals	1
40	AgF	silver (i) fluoride	7775-41-9	126.867	708.15	1	1432.15	1	25	5.852	1	yellow-brown cubic crystals	1
41	AgF2	silver (ii) fluoride	7783-95-1	145.865	963.15	1	---	---	25	4.580	1	white or gray hygroscopic crystals	1
42	AgF6P	silver hexafluorophosphate	26042-63-7	252.832	---	---	---	---	---	---	---	---	---
43	AgF6Sb	silver hexafluoroantimonate (v)	26042-64-8	343.619	---	---	---	---	---	---	---	---	---
44	AgHF2	silver (i) hydrogen fluoride	12249-52-4	146.873	dec	1	---	---	---	---	---	hygroscopic crystals	1
45	AgI	silver (i) iodide	7783-96-2	234.773	831.15	1	1779.15	1	25	5.680	1	yellow powder	1
46	AgIO3	silver (i) iodate	7783-97-3	282.771	---	---	---	---	25	5.530	1	white orthorhombic crystals	1
47	AgMnO4	silver (i) permanganate	7783-98-4	226.804	dec	1	---	---	25	4.490	1	violet monoclinic crystals	1
48	AgNO2	silver (i) nitrite	7783-99-5	153.874	explo	1	---	---	25	4.900	1	orthorhombic crystals	1
49	AgNO3	silver (i) nitrate	7761-88-8	169.873	dec	1	---	---	25	4.453	1	yellow needles	1
50	AgN3	silver azide	13863-88-2	149.888	485.15	1	dec	1	25	4.350	1	colorless rhombohedral crystals	1
51	AgO	silver (ii) oxide	1301-96-8	123.868	dec	1	---	---	25	7.500	1	gray powder	1
52	AgSCN	silver (i) thiocyanate	1701-93-5	165.952	dec	1	---	---	---	---	---	white powder	1
53	Ag2CO3	silver (i) carbonate	534-16-7	275.745	491.15	1	---	---	25	6.077	1	yellow monoclinic crystals	1
54	Ag2C2	silver (i) acetylide	7659-31-6	239.758	---	---	---	---	---	---	---	white powder	1
55	Ag2C2O4	silver (i) oxalate	533-51-7	303.755	explo	1	---	---	25	5.030	1	white crystalline powder	1
56	Ag2C20H20Cr2N4O7	silver dichromate, tetrakis(pyridine)	89952-87-4	748.124	---	---	---	---	---	---	---	---	---
57	Ag2CrO4	silver chromate	7784-01-2	331.730	---	---	---	---	25	5.625	1	brown-red monoclinic crystals	1
58	Ag2Cr2O7	silver dichromate	7784-02-3	431.724	---	---	---	---	25	4.770	1	red crystals	1
59	Ag2F	silver subfluoride	1302-01-8	234.735	dec	1	---	---	25	8.600	1	yellow hexagonal crystals	1
60	Ag2HgI4	silver (i) tetraiodomercurate (ii)	7784-03-4	923.944	---	---	---	---	25	6.100	1	yellow tetragonal crystals	1
61	Ag2MoO4	silver (i) molybdate	13765-74-7	375.674	756.15	1	---	---	25	6.180	1	yellow cubic crystals	1
62	Ag2O	silver (i) oxide	20667-12-3	231.736	dec	1	---	---	25	7.200	1	brown-black cubic crystals	1
63	Ag2O2	silver peroxide	---	247.735	---	---	---	---	25	7.483	1	---	---
64	Ag2O3Se	silver selenite	7784-05-6	342.695	---	---	---	---	25	5.930	1	---	---
65	Ag2O4Se	silver selenate	7784-07-8	358.694	---	---	---	---	25	5.720	1	---	---
66	Ag2O4W	silver tungstate	13465-93-5	463.574	---	---	---	---	---	---	---	---	---
67	Ag2S	silver (i) sulfide	21548-73-2	247.802	1098.15	1	---	---	25	7.230	1	gray-black orthorhombic powder	1
68	Ag2SO4	silver (i) sulfate	10294-26-5	311.800	925.15	1	---	---	25	5.450	1	colorless crystals or powder	1
69	Ag2Se	silver (i) selenide	1302-09-6	294.696	1153.15	1	---	---	25	8.216	1	gray hexagonal needles	1
70	Ag2SeO3	silver (i) selenite	7784-05-6	342.695	803.15	1	dec	1	25	5.930	1	needles	1
71	Ag2SeO4	silver (i) selenate	7784-07-8	358.694	---	---	---	---	25	5.720	1	orthorhombic crystals	1
72	Ag2Te	silver (i) telluride	12002-99-2	343.336	1228.15	1	---	---	25	8.400	1	black orthorhombic crystals	1
73	Ag3C6H5O7	silver (i) citrate	126-45-4	512.704	---	---	---	---	---	---	---	white crystalline powder	1
74	Ag3N	silver nitride	20737-02-4	337.611	---	---	---	---	---	---	---	---	---
75	Ag3PO4	silver (I) phosphate	7784-09-0	418.576	1122.15	1	---	---	25	6.370	1	yellow powder	1
76	Ag4C12H36I4P4	silver, iodide complex trimethylphosphine	12389-34-3	1243.400	---	---	---	---	---	---	---	---	---
77	Al	aluminum	7429-90-5	26.982	933.45	1	2790.81	1	25	2.700	1	silvery-white metal	1
78	AlAs	aluminum arsenide	22831-42-1	101.903	2013.15	1	---	---	25	3.760	1	orange cubic crystals	1
79	AlB2	aluminum diboride	12041-50-8	48.604	dec	1	---	---	25	3.190	1	powder	1
80	AlB3H12	aluminum borohydride	16962-07-5	71.510	208.65	1	317.65	1	---	---	---	flammable liquid	1

Table 2 Physical Properties - Inorganic Compounds

				Mol Wt	Freezing Point		Boiling Point		Density			State	
NO	FORMULA	NAME	CAS No	g/mol	T_F, K	code	T_B, K	code	T, C	g/cm3	code	@ 25C, 1 atm	code
81	AlB12	aluminum dodecaboride	12041-54-2	156.714	---	---	---	---	25	2.550	1	---	---
82	AlBr3	aluminum bromide	7727-15-3	266.694	370.65	1	528.15	1	25	3.200	1	white-yellow monoclinic crystals	1
83	AlBr3H12O6	aluminum bromide hexahydrate	7784-11-4	374.785	366.15	1	---	---	25	2.540	1	colorless or yellow hygroscopic crystals	1
84	AlBr3H18O18	aluminum bromate nonahydrate	11126-81-1	572.826	335.15	1	dec	1	---	---	---	white hygroscopic crystals	1
85	AlC2H5Cl2	aluminum, ethyl dichloride	563-43-9	126.948	---	---	---	---	50	1.207	1	---	---
86	AlC2H6Cl	aluminum, dimethyl chloride	1184-58-3	92.503	---	---	---	---	25	0.996	1	---	---
87	AlC3F9O9S3	aluminum trifluoromethanesulfonate	74974-61-1	474.192	---	---	---	---	---	---	---	---	---
88	AlC3H9	aluminum, trimethyl	75-24-1	72.085	---	---	---	---	20	0.752	1	---	---
89	AlC3H12N	alane, trimethylamine	16842-00-5	89.116	---	---	---	---	---	---	---	---	---
90	AlC3N3S3	aluminum thiocyanate	538-17-0	201.232	---	---	---	---	---	---	---	yellow powder	1
91	AlC4H7O5	aluminum diacetate	142-03-0	162.077	---	---	---	---	---	---	---	white amorphous powder	1
92	AlC4H9Cl2	aluminum, isobutyl dichloride	1888-87-5	155.001	---	---	---	---	25	1.120	1	---	---
93	AlC4H10Cl	aluminum, diethyl chloride	96-10-6	120.556	---	---	---	---	25	0.961	1	---	---
94	AlC6H5O7	aluminum citrate	31142-56-0	216.081	---	---	---	---	---	---	---	---	---
95	AlC6H9O6	aluminum acetate	139-12-8	204.114	---	---	---	---	---	---	---	---	---
96	AlC6H15	aluminum, triethyl	97-93-8	114.165	---	---	---	---	25	0.835	1	---	---
97	AlC6H15O3	aluminum ethoxide	555-75-9	162.163	413.15	1	---	---	20	1.142	1	liquid, condenses to white solid	1
98	AlC8H18Cl	aluminum, diisobutyl chloride	1779-25-5	176.663	---	---	---	---	25	0.905	1	---	---
99	AlC8H18D	aluminum, diisobutyl deuteride	59231-30-0	143.224	---	---	---	---	25	0.858	1	---	---
100	AlC8H19	aluminum, diisobutyl hydride	1191-15-7	142.218	---	---	---	---	25	0.798	1	---	---
101	AlC9H15O9	aluminum lactate	18917-91-4	294.192	---	---	---	---	---	---	---	powder	1
102	AlC9H21	aluminum, tri-n-propyl	102-67-0	156.245	---	---	---	---	25	0.823	1	---	---
103	AlC9H21O3	aluminum isopropoxide	555-31-7	204.243	---	---	---	---	20	1.035	1	---	---
104	AlC12H27	aluminum, triisobutyl	100-99-2	198.324	---	---	---	---	25	0.786	1	---	---
105	AlC12H27O3	aluminum tri-n-butoxide	3085-30-1	246.323	---	---	---	---	---	---	---	---	---
106	AlC12H27O3	aluminum tri-sec-butoxide	2269-22-9	246.323	---	---	---	---	20	0.967	1	---	---
107	AlC12H27O3	aluminum tri-tert-butoxide	556-91-2	246.323	---	---	---	---	---	---	---	---	---
108	AlC15H3F18O6	aluminum hexafluoroacetylacetonate	15306-18-0	648.134	---	---	---	---	---	---	---	---	---
109	AlC15H21O6	aluminum acetylacetonate	13963-57-0	324.305	---	---	---	---	25	1.270	1	---	---
110	AlC16H31O5	aluminum basic 2-ethylhexanoate	3002-63-9	330.396	---	---	---	---	---	---	---	---	---
111	AlC18H15O9	aluminum, tris(3-hydroxy-2-methyl-4h-pyrar	---	402.288	---	---	---	---	---	---	---	---	---
112	AlC18H37O4	aluminum monostearate	7047-84-9	344.466	---	---	---	---	25	1.020	1	---	---
113	AlC20H47O5	aluminum hydroxycyclohexanebutyrate	38598-34-4	394.566	---	---	---	---	---	---	---	---	---
114	AlC21H39O2	aluminum, dimethyl(2,6-di-tert-butyl-4-meth	86803-85-2	350.515	---	---	---	---	---	---	---	---	---
115	AlC24H51	aluminum, tri-n-octyl	1070-00-4	366.643	---	---	---	---	25	0.701	1	---	---
116	AlC27H18N3O3	aluminum salt, 8-hydroxyquinoline	2085-33-8	459.432	---	---	---	---	---	---	---	---	---
117	AlC32H16ClN8	aluminum phthalocyanine chloride	38496-97-8	574.958	---	---	---	---	---	---	---	---	---
118	AlC33H57O6	aluminum tris(2,2,6,6-tetramethyl-3,5-hepta	14319-08-5	576.784	---	---	---	---	---	---	---	---	---
119	AlC36H71O5	aluminum distearate	300-92-5	610.927	---	---	---	---	25	1.009	1	---	---
120	AlC48H24ClN8	aluminum 2,3-naphthalocyanine chloride	33273-14-2	775.192	---	---	---	---	---	---	---	---	---
121	AlC48H93O6	aluminum palmitate	555-35-1	793.230	---	---	---	---	---	---	---	white-yellow powder	1
122	AlC54H105O6	aluminum stearate	637-12-7	877.389	388.15	1	---	---	25	1.070	1	white powder	1
123	AlC54H99O6	aluminum oleate	688-37-9	871.342	---	---	---	---	25	1.010	1	yellow solid	1
124	AlC70H95N8O9Si	aluminum 1,4,8,11,15,18,22,25-octabutoxy-	---	1247.619	---	---	---	---	---	---	---	---	---
125	AlC72H41N8O	aluminum 5,14,23,32-tetraphenyl-2,3-napth	132403-09-9	1061.131	---	---	---	---	---	---	---	---	---
126	AlC96H141O15	aluminum 3-acetylglycyrrhetate	29728-34-5	1562.119	---	---	---	---	---	---	---	---	---
127	AlCl3	aluminum chloride	7446-70-0	133.340	465.70	1	453.15	1	25	2.480	1	white hexagonal crystals or powder	1
128	AlCl3H2O	aluminum chloride hydrate	10124-27-3	151.355	---	---	---	---	25	2.400	1	---	---
129	AlCl3H12O6	aluminum chloride hexahydrate	7784-13-6	241.431	dec	1	---	---	25	2.398	1	colorless hygroscopic crystals	1
130	AlCl3H18O18	aluminum chlorate nonahydrate	7784-15-8	439.472	---	---	---	---	---	---	---	hygroscopic crystals	1
131	AlCl3H18O21	aluminum perchlorate nonahydrate	81029-06-3	487.470	dec	1	---	---	25	2.000	1	white hygroscopic crystals	1
132	AlCl3O9	aluminum chlorate	15477-33-5	277.334	---	---	---	---	---	---	---	---	---
133	AlCl3O12	aluminum perchlorate	14452-39-2	325.332	---	---	---	---	---	---	---	---	---
134	AlF3	aluminum fluoride	7784-18-1	83.977	1563.15	1	1549.15	1	25	3.100	1	solid	1
135	AlF3H2O	aluminum fluoride monohydrate	32287-65-3	101.992	---	---	---	---	25	2.170	1	orthorhombic crystals	1
136	AlF3H6O3	aluminum fluoride trihydrate	15098-87-0	138.023	---	---	---	---	25	1.914	1	white hygroscopic crystals	1
137	AlHO2	aluminum oxyhydroxide (alpha)	1318-23-6	59.988	---	---	---	---	25	3.070	1	---	---
138	AlHO2	aluminum oxyhydroxide (beta})	14457-84-2	59.988	---	---	---	---	25	3.440	1	orthorhombic crystals	1
139	AlH3	aluminum hydride	7784-21-6	30.005	dec	1	---	---	---	---	---	colorless hexagonal crystals	1
140	AlH3O3	aluminum hydroxide	21645-51-2	78.004	573.15	1	---	---	25	2.420	1	white amorphous powder	1
141	AlH4O6P	aluminum phosphate dihydrate	---	157.983	---	---	---	---	25	2.570	1	---	---
142	AlH6O6P3	aluminum hypophosphite	7784-22-7	221.947	dec	1	---	---	---	---	---	crystalline powder	1
143	AlH12I3O6	aluminum iodide hexahydrate	10090-53-6	515.787	---	---	---	---	25	2.630	1	yellow hygroscopic crystalline powder	1
144	AlH18N3O18	aluminum nitrate nonahydrate	7784-27-2	375.134	346.15	1	dec	1	25	1.720	1	white hygroscopic crystals	1
145	AlH28NO20S2	aluminum ammonium sulfate dodecahydrat	7784-26-1	453.331	367.65	1	dec	1	25	1.650	1	colorless crystals or powder	1
146	AlI3	aluminum iodide	7784-23-8	407.695	461.43	1	655.15	1	25	3.980	1	white leaflets	1
147	AlKO8S2	aluminum, potassium sulfate	10043-67-1	258.207	---	---	---	---	---	---	---	white hygroscopic powder	1
148	AlN	aluminum nitride	24304-00-5	40.988	3273.15	1	---	---	25	3.255	1	blue-white hexagonal crystals	1
149	AlN3O9	aluminum nitrate	13473-90-0	212.996	346.15	1	---	---	---	---	---	solid	1
150	AlO9P3	aluminum metaphosphate	32823-06-6	263.897	---	---	---	---	25	2.780	1	colorless powder	1
151	AlP	aluminum phosphide	20859-73-8	57.955	2823.15	1	---	---	25	2.400	1	green or yellow cubic crystals	1
152	AlPO4	aluminum phosphate	7784-30-7	121.953	2273.00	1	---	---	25	2.560	1	white rhombohedral plates	1
153	AlSb	aluminum antimonide	25152-52-7	148.742	1338.15	1	---	---	25	4.260	1	cubic crystals	1
154	Al2C3H9Cl3	aluminum, methyl sesquichloride	12542-85-7	205.425	---	---	---	---	25	1.151	1	---	---
155	Al2C6H15Cl3	aluminum, ethyl sesquichloride	12075-68-2	247.504	---	---	---	---	25	1.092	1	---	---
156	Al2C6H2O13	aluminum oxalate monohydrate	814-87-9	336.035	---	---	---	---	---	---	---	---	---
157	Al2C12H12O18	aluminum tartrate	815-78-1	498.176	---	---	---	---	---	---	---	---	---
158	Al2ClH9O7	aluminum hydroxychloride	1327-41-9	210.483	---	---	---	---	---	---	---	glassy solid	1
159	Al2Cr2O6	aluminum chromate	57921-51-4	253.952	---	---	---	---	---	---	---	---	---
160	Al2FeO4	aluminate, iron (ii)	12068-49-4	173.806	---	---	---	---	25	4.300	1	black cubic crystals	1

Table 2 Physical Properties - Inorganic Compounds

				Mol Wt	Freezing Point		Boiling Point		Density			State	
NO	FORMULA	NAME	CAS No	g/mol	T_F, K	code	T_B, K	code	T, C	g/cm3	code	@ 25C, 1 atm	code
161	Al2H2O4	bauxite	1318-16-7	119.977	---	---	---	---	25	2.275	1	---	---
162	Al2H3O7P	aluminum phosphate trihydroxide	12004-29-4	199.956	---	---	---	---	25	2.696	1	---	---
163	Al2H4O9Si2	aluminum silicate dihydrate	1332-58-7	258.160	---	---	---	---	25	2.590	1	white-yellow powder	1
164	Al2H36O30S3	aluminum sulfate octadecahydrate	7784-31-8	666.429	dec	1	---	---	25	1.690	1	colorless monoclinic crystals	1
165	Al2Mo3O12	aluminum molybdate	15123-80-5	533.776	---	---	---	---	---	---	---	---	---
166	Al2O12W3	aluminum tungstate	15123-82-7	797.476	---	---	---	---	---	---	---	---	---
167	Al2O3	aluminum oxide	1344-28-1	101.961	2325.00	1	3253.15	1	25	3.965	1	white powder	1
168	Al2O3	aluminum oxide (alpha)	1302-74-5	101.961	---	---	---	---	25	3.987	1	---	---
169	Al2O5Si	aluminum silicate (kyanite)	12141-46-7	162.046	---	---	---	---	25	3.247	1	---	---
170	Al2O5Ti	aluminum titanate	12004-39-6	181.827	---	---	---	---	25	3.730	1	---	---
171	Al2O7Si2	aluminum silicate (metakaolinite)	1302-76-7	222.130	---	---	---	---	25	2.600	1	---	---
172	Al2O9Te3	aluminum tellurite	58500-12-2	580.758	---	---	---	---	---	---	---	---	---
173	Al2O9Zr3	aluminum zirconate	70692-95-4	471.630	---	---	---	---	---	---	---	---	---
174	Al2S3	aluminum sulfide	1302-81-4	150.161	1373.15	1	---	---	25	2.020	1	yellow-gray powder	1
175	Al2S3O12	aluminum sulfate	10043-01-3	342.154	1043.20	1	dec	1	25	1.610	1	solid	1
176	Al2Se3	aluminum selenide	1302-82-5	290.843	1233.15	1	---	---	25	3.437	1	yellow-brown powder	1
177	Al2SiO5	aluminum silicate	12183-80-1	162.046	---	---	---	---	25	3.145	1	gray-green crystals	1
178	Al2Te3	aluminum telluride	12043-29-7	436.763	---	---	---	---	25	4.500	1	gray-black hexagonal crystals	1
179	Al2Zr	aluminum zirconium	12004-50-1	145.187	---	---	---	---	---	---	---	---	---
180	Al4B2O9	aluminum borate	11121-16-7	273.543	---	---	---	---	---	---	---	needles	1
181	Al4C3	aluminum carbide	1299-86-1	143.958	2373.15	1	dec	1	25	2.360	1	yellow hexagonal crystals	1
182	Al6O13Si2	aluminum silicate (kaolin)	1302-93-8	426.052	---	---	---	---	---	---	---	---	---
183	Am	americium	7440-35-9	243.000	1449.15	1	2284.15	1	25	12.000	1	silvery metal	1
184	AmBr2	americium (ii) bromide	39705-49-2	402.808	---	---	---	---	---	---	---	black solid	1
185	AmBr3	americium (iii) bromide	14933-38-1	482.712	---	---	---	---	25	6.850	1	white orthorhombic crystals	1
186	AmClO	americium oxychloride	37961-19-6	294.452	---	---	---	---	---	---	---	---	---
187	AmCl2	americium (ii) chloride	16601-54-0	313.905	---	---	---	---	---	---	---	black solid	1
188	AmCl3	americium (iii) chloride	13464-46-5	349.358	773.15	1	---	---	25	5.870	1	pink hexagonal crystals	1
189	AmF3	americium (iii) fluoride	13708-80-0	299.995	1666.15	1	---	---	25	9.530	1	pink hexagonal crystals	1
190	AmF4	americium (iv) fluoride	15947-41-8	318.994	---	---	---	---	25	7.230	1	tan monoclinic crystals	1
191	AmH2	americium dihydride	---	245.016	---	---	---	---	25	10.600	1	---	---
192	AmH3	americium hydride	13774-24-8	246.024	---	---	---	---	25	9.760	1	---	---
193	AmH3O3	americium hydroxide	23323-79-7	294.022	---	---	---	---	---	---	---	---	---
194	AmI2	americium diiodide	---	496.809	---	---	---	---	---	---	---	---	---
195	AmI3	americium (iii) iodide	13813-47-3	623.713	---	---	---	---	25	6.900	1	yellow orthorhombic crystals	1
196	AmO	americium (ii) oxide	12296-97-8	258.999	---	---	---	---	---	---	---	---	---
197	AmO2	americium (iv) oxide	12005-67-3	274.999	dec	1	---	---	25	11.680	1	black cubic crystals	1
198	Am2O3	americium (iii) oxide	12254-64-7	533.998	---	---	---	---	25	11.770	1	tan hexagonal crystals	1
199	Am2S3	americium sulfide	12446-46-7	582.198	---	---	---	---	---	---	---	---	---
200	Ar	argon	7440-37-1	39.948	83.80	1	87.28	1	---	---	---	colorless gas	1
201	ArF	argon fluoride	56617-31-3	58.946	---	---	---	---	---	---	---	---	---
202	As	arsenic	7440-38-3	74.922	1090.00	1	888.00	1	25	5.778	1	gray metal	1
203	AsBr3	arsenic (iii) bromide	7784-33-0	314.634	304.25	1	494.15	1	25	3.400	1	yellow orthorhombic crystals	1
204	AsCH3Cl2	arsine, methyldichloro	593-89-5	160.862	---	---	---	---	25	1.838	1	---	---
205	AsCH3F2	arsine, methyldifluoro	420-24-6	127.953	---	---	---	---	18	1.924	1	---	---
206	AsC2H7	arsine, dimethyl	---	105.999	---	---	---	---	---	---	---	---	---
207	AsC2H7O2	arsinic acid, dimethyl	75-60-5	137.997	---	---	---	---	---	---	---	---	---
208	AsC3F9	arsine, tris(trifluoromethyl)	---	281.939	---	---	---	---	---	---	---	---	---
209	AsC3H9	arsine, trimethyl	593-88-4	120.025	---	---	---	---	25	1.124	1	---	---
210	AsC3H9O3	arsine, trimethoxy	6596-95-8	168.023	---	---	---	---	---	---	---	---	---
211	AsC6H15	arsine, triethyl	617-75-4	162.105	---	---	---	---	25	1.152	1	---	---
212	AsC6H15O3	arsenic triethoxide	3141-12-6	210.103	---	---	---	---	25	1.224	1	---	---
213	AsC6H18N3	arsine, tris(dimethylamino)	6596-96-9	207.149	---	---	---	---	---	---	---	---	---
214	AsC6H5O	arsine, phenyl oxide	637-03-6	168.025	---	---	---	---	---	---	---	---	---
215	AsC6H6NO	arsine, 4-aminophenyl oxide	1122-90-3	183.040	---	---	---	---	---	---	---	---	---
216	AsC6H6NO5	arsonic, 2-nitrophenyl acid	5410-29-7	247.037	---	---	---	---	---	---	---	---	---
217	AsC6H6NO6	arsonic, 4-hydroxy-3-nitrobenzene acid	121-19-7	263.037	---	---	---	---	---	---	---	---	---
218	AsC6H7O3	arsonic, phenyl acid	98-05-5	202.040	---	---	---	---	25	1.760	1	---	---
219	AsC6H8NO3	o-arsanilic acid	2045-00-3	217.054	---	---	---	---	---	---	---	---	---
220	AsC6H8NO3	p-arsanilic acid	98-50-0	217.054	---	---	---	---	---	---	---	---	---
221	AsC7H9O3	p-tolylarsonic acid	3969-54-8	216.066	---	---	---	---	---	---	---	---	---
222	AsC12H19N3NaO7	asonic acid, 4-(4-aminophenylazo)phenyl,	---	415.207	---	---	---	---	---	---	---	---	---
223	AsC12H28F6N	arsenate, tetrapropylammonium hexafluoro	---	375.269	---	---	---	---	---	---	---	---	---
224	AsC14H17ClN3O3	arsonic acid, 4-(4-dimethylaminophenylazo	73688-85-4	385.678	---	---	---	---	---	---	---	---	---
225	AsC18H15	arsine, triphenyl	603-32-7	306.233	---	---	---	---	25	1.223	1	---	---
226	AsC18H15O	arsine, triphenyl oxide	1153-05-5	322.233	---	---	---	---	---	---	---	---	---
227	AsC24H22ClO	arsonium, tetraphenyl chloride monohydrat	507-28-8	436.805	---	---	---	---	---	---	---	---	---
228	AsCl3	arsenic trichloride	7784-34-1	181.280	257.15	1	403.15	1	25	2.150	1	colorless liquid	1
229	AsCl5	arsenic (v) chloride	22441-45-8	252.185	dec	1	---	---	---	---	---	stable at low temperature	1
230	AsF3	arsenic trifluoride	7784-35-2	131.917	267.25	1	330.95	1	25	2.700	1	colorless liquid	1
231	AsF5	arsenic pentafluoride	7784-36-3	169.914	193.35	1	220.35	1	-53	2.330	1	colorless gas	1
232	AsF6NS2	arsenate, dithianitronium hexafluoro	80485-40-1	267.051	---	---	---	---	---	---	---	---	---
233	AsFeH4O6	arsenate, iron (iii) dihydrate	10102-49-5	230.795	dec	1	---	---	25	3.180	1	green-brown powder	1
234	AsH3	arsine	7784-42-1	77.945	156.28	1	210.67	1	25	1.321	1,2	colorless gas	1
235	AsH3O4	arsenic acid	7778-39-4	141.943	---	---	---	---	---	---	---	exists only in solution	1
236	AsH4O4.5	arsenic (v) acid hemihydrate	7774-41-6	150.951	308.65	1	---	---	25	2.250	1	white hygroscopic crystals	1
237	AsH6NO4	arsenate, ammonium dihydrogen	13462-93-6	158.974	dec	1	---	---	25	2.311	1	tetragonal crystals	1
238	AsI3	arsenic triiodide	7784-45-4	455.635	414.05	1	697.15	1	25	4.730	1	red hexagonal crystals	1
239	AsH3O3	arsenious acid	13464-58-9	125.944	---	---	---	---	---	---	---	exists only in solution	1
240	AsS2	arsenic disulfide	56320-22-0	139.054	580.15	1	---	---	---	---	---	solid	1

Table 2 Physical Properties - Inorganic Compounds

NO	FORMULA	NAME	CAS No	Mol Wt	Freezing Point		Boiling Point		Density			State	
				g/mol	T_F, K	code	T_B, K	code	T, C	g/cm3	code	@ 25C, 1 atm	code
241	As2C22H18N4O14S2	arsenazo iii	1668-00-4	776.372	---	---	---	---	---	---	---	---	---
242	As2C26H24	ethylenebis(diphenylarsine)	4431-24-7	486.312	---	---	---	---	---	---	---	---	---
243	As2H4	diarsine	15942-63-9	153.875	---	---	---	---	---	---	---	unstable liquid	1
244	As2I4	arsenic diiodide	13770-56-4	657.461	410.15	1	---	---	---	---	---	red crystals	1
245	As2O3	arsenic trioxide	1327-53-3	197.841	551.00	1	740.30	1	25	3.740	1	white cubic crystals	1
246	As2O5	arsenic (v) oxide	1303-28-2	229.840	588.15	1	---	---	25	4.320	1	white amorphous powder	1
247	As2S2	arsenic (ii) sulfide	1303-32-8	213.975	---	---	---	---	---	---	---	---	---
248	As2S3	arsenic (iii) sulfide	1303-33-9	246.041	583.15	1	980.15	1	25	3.460	1	yellow-orange monoclinic crystals	1
249	As2S5	arsenic (v) sulfide	1303-34-0	310.173	dec	1	---	---	---	---	---	brown-yellow amorphous solid	1
250	As2Se	arsenic hemiselenide	1303-35-1	228.803	---	---	---	---	---	---	---	black crystals	1
251	As2Se3	arsenic (iii) selenide	1303-36-2	386.723	533.15	1	---	---	25	4.750	1	brown-black solid	1
252	As2Se5	arsenic (v) selenide	1303-37-3	544.643	dec	1	---	---	---	---	---	black solid	1
253	As2Te3	arsenic (iii) telluride	12044-54-1	532.643	894.15	1	---	---	25	6.500	1	black monoclinic crystals	1
254	As4S4	arsenic sulfide	12279-90-2	427.950	593.15	1	838.15	1	25	3.500	1	red monoclinic crystals	1
255	At	astatine	7440-68-8	210.000	575.15	1	607.00	1	---	---	---	crystals	1
256	Au	gold	7440-57-5	196.967	1337.33	1	3129.15	1	25	19.300	1	soft yellow metal	1
257	AuBr	gold (i) bromide	10294-27-6	276.871	dec	1	---	---	25	8.200	1	yellow-gray tetragonal crystals	1
258	AuBr3	gold (iii) bromide	10294-28-7	436.679	dec	1	---	---	---	---	---	red-brown monoclinic crystals	1
259	AuBr4H11O5	bromoauric acid pentahydrate	17083-68-0	607.667	300.15	1	---	---	---	---	---	red-brown hygroscopic crystals	1
260	AuCClO	gold (i) carbonyl chloride	50960-82-2	260.429	---	---	---	---	---	---	---	---	---
261	AuCN	gold (i) cyanide	506-65-0	222.984	dec	1	---	---	25	7.200	1	yellow hexagonal crystals	1
262	AuC3H6N3O3	gold (iii) cyanide trihydrate	---	329.065	dec	1	---	---	---	---	---	white hygroscopic crystals	1
263	AuC3H9ClP	gold (i), (trimethylphosphine) chloride	15278-97-4	308.497	---	---	---	---	---	---	---	---	---
264	AuC6H15ClP	gold (i), (triethylphosphine) chloride	15529-90-5	350.576	---	---	---	---	---	---	---	---	---
265	AuC9H11	gold (i), mesityl	89359-21-7	316.150	---	---	---	---	---	---	---	---	---
266	AuC18ClH15P	gold (i), chloro (triphenylphosphine)	14243-64-2	494.705	---	---	---	---	---	---	---	---	---
267	AuCl	gold (i) chloride	10294-29-8	232.419	dec	1	---	---	25	7.600	1	yellow orthorhombic crystals	1
268	AuCl3	gold (iii) chloride	13453-07-1	303.325	dec	1	---	---	25	4.700	1	red monoclinic crystals	1
269	AuF3	gold (iii) fluoride	14720-21-9	253.962	---	---	---	---	25	6.750	1	orange-yellow hexagonal crystals	1
270	AuF5	gold (v) fluoride	57542-85-5	291.959	dec	1	---	---	---	---	---	red solid	1
271	AuH3O3	gold (iii) hydroxide	1303-52-2	247.989	dec	1	---	---	---	---	---	brown powder	1
272	AuI	gold (i) iodide	10294-31-2	323.871	dec	1	---	---	25	8.250	1	yellow-green powder	1
273	AuI3	gold (iii) iodide	13453-24-2	577.680	---	---	---	---	---	---	---	---	---
274	AuSe	gold (i,iii) selenide	23331-11-5	275.927	---	---	---	---	---	---	---	black solid	1
275	AuTe2	gold ditelluride	12006-60-9	452.167	---	---	---	---	---	---	---	---	---
276	Au2O	gold monoxide	---	409.933	---	---	---	---	---	---	---	---	---
277	Au2O12Se3	gold (iii) selenate	10294-32-3	822.806	---	---	---	---	---	---	---	yellow crystals	1
278	Au2O3	gold (iii) oxide	1303-58-8	441.931	dec	1	---	---	---	---	---	brown powder	1
279	Au2S	gold (i) sulfide	1303-60-2	425.999	dec	1	---	---	25	11.000	1	brown-black cubic crystals	1
280	Au2S3	gold (iii) sulfide	1303-61-3	490.131	dec	1	---	---	25	8.750	1	unstable black powder	1
281	Au2Se3	gold (iii) selenide	1303-62-4	630.813	dec	1	---	---	25	4.650	1	black amorphous solid	1
282	Au4Cl8	gold (i,iii) chloride	62792-24-9	1071.488	---	---	---	---	---	---	---	black solid	1
283	B	boron	7440-42-8	10.811	2348.15	1	4273.15	1	25	2.340	1	black rhombohedral crystals	1
284	BAs	boron arsenide	12005-69-5	85.733	dec	1	---	---	25	5.220	1	cubic crystals	1
285	BBr3	boron tribromide	10294-33-4	250.523	228.15	1	364.15	1	25	2.600	1	colorless liquid	1
286	BCH3F2	borane, methyldifluoro	---	63.842	---	---	---	---	---	---	---	---	---
287	BCH3O	borane carbonyl	---	41.845	---	---	---	---	---	---	---	---	---
288	BCH4F3O	boron trifluoride methanol complex	373-57-9	99.848	---	---	---	---	25	1.203	1	---	---
289	BCH5O2	borane, dihydroxymethyl	---	59.860	---	---	---	---	---	---	---	---	---
290	BCH5O2	boronic, methyl acid	13061-96-6	59.860	---	---	---	---	---	---	---	---	---
291	BC2Cl2F3	borane, perfluorovinyldichloro	---	162.733	---	---	---	---	---	---	---	---	---
292	BC2F5	borane, perfluorovinyldifluoro	---	129.824	---	---	---	---	---	---	---	---	---
293	BC2H10As	borane, dimethylarsine	---	119.833	---	---	---	---	---	---	---	---	---
294	BC2H10N	borane dimethylamine complex	74-94-2	58.919	---	---	---	---	25	0.690	1	---	---
295	BC2H5O2	1,3,2-dioxaborolane	---	71.871	---	---	---	---	---	---	---	---	---
296	BC2H5S2	1,3,2-dithiaborolane	---	104.004	---	---	---	---	---	---	---	---	---
297	BC2H6Br3S	boron tribromide methyl sulfide complex	29957-59-3	312.658	---	---	---	---	---	---	---	---	---
298	BC2H6Cl2N	borane, dimethylaminodichloro	---	125.792	---	---	---	---	---	---	---	---	---
299	BC2H6Cl3S	boron trichloride methylsulfide	5523-19-3	179.304	---	---	---	---	---	---	---	---	---
300	BC2H6F	borane, dimethylfluoro	---	59.878	---	---	---	---	---	---	---	---	---
301	BC2H6F3O	boron trifluoride dimethyletherate	353-42-4	113.875	---	---	---	---	25	1.239	1	---	---
302	BC2H6F3S	boron trifluoride methylsulfide complex	353-43-5	129.941	---	---	---	---	25	1.235	1	---	---
303	BC2H7Br2S	borane, dibromomethyl sulfide complex	55671-55-1	233.762	---	---	---	---	---	---	---	---	---
304	BC2H7Cl2S	borane, dichloro methyl sulfide complex	63462-42-0	144.859	---	---	---	---	25	1.255	1	---	---
305	BC2H7F3N	boron trifluoride ethylamine complex	75-23-0	112.890	---	---	---	---	---	---	---	---	---
306	BC2H7F4O	tetrafluoroboric acid-dimethyl ether comple	6796-83-9	133.881	---	---	---	---	25	1.100	1	---	---
307	BC2H8BrS	borane, monobromo methylsulfide complex	55652-52-3	154.866	---	---	---	---	25	1.452	1	---	---
308	BC2H8ClS	borane, monochloro methylsulfide complex	63348-81-2	110.415	---	---	---	---	25	1.059	1	---	---
309	BC2H9S	borane dimethylsulfide complex	13292-87-0	75.970	---	---	---	---	25	0.801	1	---	---
310	BC3H12N	borane trimethylamine complex	75-22-9	72.945	---	---	---	---	---	---	---	---	---
311	BC3H8F3O	boron trifluoride propanol complex	762-48-1	127.901	---	---	---	---	25	0.905	1	---	---
312	BC3H9	borane, trimethyl	593-90-8	55.915	---	---	---	---	-100	0.625	1	---	---
313	BC3H9O	borane, methoxydimethyl	---	71.914	---	---	---	---	---	---	---	---	---
314	BC3H9O3	borate, trimethyl	121-43-7	103.913	---	---	---	---	20	0.915	1	---	---
315	BC4ClF6	borane, bis(perfluorovinyl)chloro	---	208.297	---	---	---	---	---	---	---	---	---
316	BC4H10F3O	boron trifluoride etherate	109-63-7	141.928	---	---	---	---	25	1.125	1	---	---
317	BC4H11F4O	tetrafluoroboric acid-diethyl ether complex	67969-82-8	161.934	---	---	---	---	25	1.100	1	---	---
318	BC4H11O	borane tetrahydrofuran complex	14044-65-6	85.941	---	---	---	---	25	0.890	1	---	---
319	BC4H11O2	1-butaneboronic acid	4426-47-5	101.940	---	---	---	---	---	---	---	---	---
320	BC4H12ClN2	borane, bis(dimethylamino)chloro	---	134.415	---	---	---	---	---	---	---	---	---

Table 2 Physical Properties - Inorganic Compounds

				Mol Wt	Freezing Point		Boiling Point		Density			State	
NO	FORMULA	NAME	CAS No	g/mol	T_F, K	code	T_B, K	code	T, C	g/cm3	code	@ 25C, 1 atm	code
321	BC4H12F4N	borate, tetramethylammonium tetrafluoro	661-36-9	160.949	---	---	---	---	---	---	---	---	---
322	BC4H12NO	borane morpholine complex	4856-95-5	100.955	---	---	---	---	---	---	---	---	---
323	BC4H13N2	borane, bis(dimethylamino)	---	99.971	---	---	---	---	---	---	---	---	---
324	BC4H14N	borane tert-butylamine complex	7337-45-3	86.972	---	---	---	---	---	---	---	---	---
325	BC4H16N	borohydride, tetramethylammonium	16883-45-7	88.988	---	---	---	---	25	0.813	1	---	---
326	BC4H8F3O4	boron trifluoride acetic acid complex	373-61-5	187.910	---	---	---	---	25	1.353	1	---	---
327	BC5H11	borane, dimethylpropenyl	---	81.952	---	---	---	---	---	---	---	---	---
328	BC5H12F3O	boron trifluoride tert-butylmethyletherate	123334-27-0	155.954	---	---	---	---	25	1.381	1	---	---
329	BC5H8N	borane pyridine complex	110-51-0	92.935	---	---	---	---	25	0.920	1	---	---
330	BC6F9O6	boron tris(trifluoroacetate)	350-70-9	349.857	---	---	---	---	25	1.521	1	---	---
331	BC6H10NO3	3-aminophenylboronic acid monohydrate	---	154.960	---	---	---	---	---	---	---	---	---
332	BC6H12NO3	borate, triethanolamine	15277-97-1	156.975	---	---	---	---	---	---	---	---	---
333	BC6H15	borane, triethyl	97-94-9	97.994	---	---	---	---	25	0.696	1	---	---
334	BC6H15F4O	borate, triethyloxonium tetrafluoro	368-39-8	189.987	---	---	---	---	25	1.328	1	---	---
335	BC6H15O3	borate, triethyl	150-46-9	145.993	---	---	---	---	25	0.858	1	---	---
336	BC6H18N	borane triethylamine complex	1722-26-5	115.025	---	---	---	---	25	0.777	1	---	---
337	BC6H18N3	borane, tris(dimethylamino)	4375-83-1	143.038	---	---	---	---	25	0.817	1	---	---
338	BC6H5Cl2	boron, phenyl dichloride	873-51-8	158.820	---	---	---	---	20	1.194	1	---	---
339	BC6H6BrO2	boric acid, 4-bromophenyl	5467-74-3	200.826	---	---	---	---	---	---	---	---	---
340	BC6H7O2	boron, phenyl dihydroxide	98-80-6	121.930	---	---	---	---	---	---	---	---	---
341	BC6H9NO4S0.5	boronic acid, 3-aminophenyl hemisulfate	66472-86-4	185.984	---	---	---	---	---	---	---	---	---
342	BC8H18F3O	boron trifluoride dibutyl etherate	593-04-4	198.034	---	---	---	---	25	0.959	1	---	---
343	BC8H20F4N	borate, dibutylammonium tetrafluoro	12107-76-5	217.056	---	---	---	---	---	---	---	---	---
344	BC8H22N	borane n,n-diisopropylethylamine complex	88996-23-0	143.078	---	---	---	---	25	0.822	1	---	---
345	BC8H24N	borohydride, tetraethylammonium	17083-85-1	145.094	---	---	---	---	25	0.926	1	---	---
346	BC9H15O3	boron allyloxide	1693-71-6	182.025	---	---	---	---	20	0.919	1	---	---
347	BC9H21O3	borate, tri-n-propyl	688-71-1	188.072	---	---	---	---	25	0.857	1	---	---
348	BC9H27O3Si3	boron, tris (trimethylsiloxy)	4325-85-3	278.376	---	---	---	---	25	0.828	1	---	---
349	BC12H27	tri-n-butylborane	122-56-5	182.154	---	---	---	---	25	0.747	1	---	---
350	BC12H27	tri-sec-butylborane	1113-78-6	182.154	---	---	---	---	25	0.766	1	---	---
351	BC12H27O3	triisobutylborate	13195-76-1	230.152	---	---	---	---	---	---	---	---	---
352	BC12H27O3	tri-n-butyl borate	688-74-4	230.152	---	---	---	---	25	0.853	1	---	---
353	BC12H30P	borane tri-n-butylphosphine complex	4259-20-5	216.151	---	---	---	---	25	0.813	1	---	---
354	BC15H33O3	borate, tri-n-pentyl	621-78-3	272.232	---	---	---	---	20	0.845	1	---	---
355	BC16H36F4N	borate, tetrabutylammonium tetrafluoro	429-42-5	329.268	---	---	---	---	---	---	---	---	---
356	BC16H40N	borohydride, tetrabutylammonium	33725-74-5	257.307	---	---	---	---	---	---	---	---	---
357	BC18H15	boron, triphenyl	960-71-4	242.123	---	---	---	---	---	---	---	---	---
358	BC18H18P	borane triphenylphosphine complex	2049-55-0	276.120	---	---	---	---	---	---	---	---	---
359	BC18H23	borane, dimesityl	51458-06-1	250.186	---	---	---	---	---	---	---	---	---
360	BC19H15F4	borate, triphenylcarbenium tetrafluoro	341-02-6	330.127	---	---	---	---	---	---	---	---	---
361	BCl3	boron trichloride	10294-34-5	117.169	166.15	1	285.65	1	12	1.350	1	colorless liquid or gas	1
362	BD3O3	boric acid-d3	14149-58-7	64.851	---	---	---	---	---	---	---	---	---
363	BF3	boron trifluoride	7637-07-2	67.806	146.05	1	173.35	1	---	---	---	colorless gas	1
364	BF3H4O2	boron trifluoride dihydrate	13319-75-0	103.837	---	---	---	---	25	1.636	1	---	---
365	BHO2	metaboric acid (a form)	13460-50-9	43.818	449.15	1	---	---	25	1.784	1	colorless orthorhombic crystals	1
366	BHO2	metaboric acid (b form)	13460-50-9	43.818	474.15	1	---	---	25	2.045	1	colorless monoclinic crystals	1
367	BHO2	metaboric acid (c form)	13460-50-9	43.818	509.15	1	---	---	25	2.487	1	colorless cubic crystals	1
368	BH2CO	borine carbonyl	---	40.837	---	---	---	---	---	---	---	---	---
369	BH3CO	borane carbonyl	13205-44-2	41.845	136.15	1	209.15	1	---	---	---	colorless gas	1
370	BH3O3	boric acid	10043-35-3	61.833	444.10	1	---	---	25	1.440	1	colorless triclinic crystals	1
371	BH3O3	boric acid-(B=10)	13813-79-1	61.833	---	---	---	---	25	1.435	---	---	---
372	BI3	boron triiodide	13517-10-7	391.524	316.15	1	483.15	1	25	3.960	1	needles	1
373	BN	boron nitride	10043-11-5	24.818	3239.15	1	---	---	25	2.180	1	white powder	1
374	BO4P	boron phosphate	13308-51-5	105.782	---	---	---	---	25	1.873	1	---	---
375	BP	boron phosphide	20205-91-8	41.785	dec	1	---	---	---	---	---	red cubic crystals or powder	1
376	B2BrH5	bromodiborane	---	106.566	---	---	---	---	---	---	---	---	---
377	B2C2H2Cl4	1,2-bis(dichloroboryl)ethene	---	189.470	---	---	---	---	---	---	---	---	---
378	B2C2H2F4	1,2-bis(difluoroboryl)ethene	---	123.653	---	---	---	---	---	---	---	---	---
379	B2C2H4Cl4	1,2-bis(dichloroboryl)ethane	---	191.486	---	---	---	---	---	---	---	---	---
380	B2C2H4F4	1,2-bis(difluoroboryl)ethane	---	125.669	---	---	---	---	---	---	---	---	---
381	B2C2H10	diborane, dimethyl	---	55.723	---	---	---	---	---	---	---	---	---
382	B2C2H11N	dimethylaminodiborane	---	70.737	---	---	---	---	---	---	---	---	---
383	B2C6H8Br2N4	2,6-dibromopyrazabole	16998-93-9	317.585	---	---	---	---	---	---	---	---	---
384	B2C6H10N4	pyrazabole	16998-91-7	159.793	---	---	---	---	---	---	---	---	---
385	B2C6H16	1,2-bis(dimethylboryl)ethane	---	109.813	---	---	---	---	---	---	---	---	---
386	B2C9H18O6	borate, trimethylene	20905-35-5	243.858	---	---	---	---	25	1.153	1	---	---
387	B2C14H24Br2N4	2,6-dibromo-4,4,8,8-tetraethylpyrazabole	14695-71-7	429.797	---	---	---	---	---	---	---	---	---
388	B2C18H18N12	4,4,8,8-tetrakis(1h-pyrazol-1-yl)pyrazabole	16243-58-6	424.038	---	---	---	---	---	---	---	---	---
389	B2CdF8	borate, cadmium tetrafluoro	14486-19-2	286.020	---	---	---	---	---	---	---	---	---
390	B2Cl4	diborane, tetrachloro	13701-67-2	163.433	180.55	1	338.15	1	---	---	---	colorless liquid	1
391	B2D6	diborane, deutero	20396-66-1	33.706	---	---	180.65	1	---	---	---	gas	1
392	B2F4	diborane, tetrafluoro	13965-73-6	97.616	217.15	1	239.15	1	---	---	---	colorless gas	1
393	B2H5Br	diborane hydrobromide	---	106.566	168.95	1	289.45	1	---	---	---	gas	1
394	B2H6	diborane	19287-45-7	27.670	107.65	1	180.66	1	---	---	---	colorless gas	1
395	B2O3	boron oxide	1303-86-2	69.620	723.15	1	---	---	25	2.550	1	colorless glassy solid or hexagonal crystals	1
396	B2S3	boron sulfide	12007-33-9	117.820	---	---	---	---	25	1.550	1	yellow amorphous solid	1
397	B3Br3H3N3	b-tribromoborazine	13703-88-3	317.189	---	---	---	---	---	---	---	---	---
398	B3CH8N3	n-methylborazine	---	94.527	---	---	---	---	---	---	---	---	---
399	B3C3H9O6	trimethoxyboroxine	102-24-9	173.533	---	---	---	---	25	1.195	1	---	---
400	B3Cl3H3N3	b-trichloroborazine	26445-82-9	183.835	---	---	---	---	25	1.580	1	---	---

Table 2 Physical Properties - Inorganic Compounds

				Mol Wt	Freezing Point		Boiling Point		Density			State	
NO	FORMULA	NAME	CAS No	g/mol	T_F, K	code	T_B, K	code	T, C	g/cm3	code	@ 25C, 1 atm	code
401	B3N3H6	borazine	6569-51-3	80.501	215.76	1	326.15	1	25	0.824	1	colorless liquid	1
402	B4C	boron carbide	12069-32-8	55.255	2623.15	1	---	---	25	2.500	1	hard black crystals	1
403	B4CH8O	tetraborane carbonyl	---	79.318	---	---	---	---	---	---	---	---	---
404	B4H10	tetraborane	18283-93-7	53.323	152.15	1	291.15	1	25	0.513	1,2	colorless gas	1
405	B5H9	pentaborane	19624-22-7	63.126	226.55	1	333.15	1	25	0.600	1	flammable liquid	1
406	B5H11	pentaborane	18433-84-6	65.142	150.15	1	336.15	1	---	---	---	colorless liquid	1
407	B6H10	hexaborane	23777-80-2	74.945	210.85	1	dec	1	25	0.670	1	colorless liquid	1
408	B6H12	hexaborane	12008-19-4	76.961	191.15	1	---	---	---	---	---	colorless liquid	1
409	B6Si	boron silicide	12008-29-6	92.952	---	---	---	---	25	2.470	1	---	---
410	B9H15	nonaborane	19465-30-6	112.418	275.75	1	---	---	---	---	---	colorless liquid	1
411	B10C2H12	m-carborane	16986-24-6	144.227	---	---	---	---	---	---	---	---	---
412	B10C2H12	o-carborane	16872-09-6	144.227	---	---	---	---	---	---	---	---	---
413	B10H14	decaborane	---	122.221	372.75	1	486.15	1	25	0.940	1	white orthorhombic crystals	1
414	B13P2	boron diphosphide	12008-82-1	202.491	---	---	---	---	---	---	---	---	---
415	B14H18	tetradecaborane	55606-55-8	169.497	---	---	---	---	---	---	---	---	---
416	Ba	barium	7440-39-3	137.327	1000.15	1	2170.15	1	25	3.620	1	silvery-yellow metal	1
417	BaAl2O4	barium aluminate	12004-04-5	255.288	2100.15	1	---	---	---	---	---	hexagonal crystals	1
418	BaAl4	barium aluminide	12672-79-6	245.253	---	---	---	---	---	---	---	---	---
419	BaB2H2O5	barium metaborate monohydrate	26124-86-7	240.962	---	---	---	---	25	3.300	1	white powder	1
420	BaB2H4O6	barium metaborate dihydrate	23436-05-7	258.977	---	---	---	---	---	---	---	---	---
421	BaB6	barium hexaboride	12046-08-1	202.193	2343.15	1	---	---	25	4.360	1	black cubic crystals	1
422	BaBiO3	barium bismuth oxide	12785-50-1	394.306	---	---	---	---	---	---	---	---	---
423	BaBr2	barium bromide	10553-31-8	297.135	1130.15	1	2108.15	1	25	4.781	1	white orthorhombic crystals	1
424	BaBr2H2O7	barium bromate monohydrate	10326-26-8	411.147	dec	1	---	---	25	3.990	1	white monoclinic crystals	1
425	BaBr2H4O2	barium bromide dihydrate	7791-28-8	333.166	dec	1	---	---	25	3.700	1	white crystals	1
426	BaBr2O6	barium bromate	13967-90-3	393.131	---	---	---	---	---	---	---	---	---
427	BaC2	barium carbide	50813-65-5	161.348	dec	1	---	---	25	3.740	1	gray tetragonal crystals	1
428	BaC2F6O6S2	barium trifluoromethanesulfonate	2794-60-7	435.467	---	---	---	---	---	---	---	---	---
429	BaC2H2O4	barium formate	541-43-5	227.362	---	---	---	---	25	3.210	1	crystals	1
430	BaC2H2O5	barium oxalate monohydrate	13463-22-4	243.361	---	---	---	---	25	2.660	1	white crystalline powder	1
431	BaC2H4N2O2S2	barium thiocyanate dihydrate	---	289.524	---	---	---	---	---	---	---	hygroscopic white crystals	1
432	BaC2H6N2O3S2	barium thiocyanate trihydrate	68016-36-4	307.540	---	---	---	---	25	2.286	1	white needles	1
433	BaC2N2	barium cyanide	542-62-1	189.362	---	---	---	---	---	---	---	white crystalline powder	1
434	BaC2N2S2	barium thiocyanate	2092-17-3	253.494	---	---	---	---	---	---	---	hygroscopic crystals	1
435	BaC2O4	barium oxalate	516-02-9	225.346	dec	1	---	---	25	2.658	1	white powder	1
436	BaC3H8NO6P	barium 2-cyanoethyl phosphate dihydrate	5015-38-3	322.400	---	---	---	---	---	---	---	---	---
437	BaC4H4O6	barium tartrate	5908-81-6	285.398	---	---	---	---	25	2.980	1	white crystals	1
438	BaC4H6O4	barium acetate	543-80-6	255.415	---	---	---	---	25	2.470	1	white powder	1
439	BaC4H8N4O4Pt	barium tetracyanoplatinate (ii) tetrahydrate	13755-32-3	508.536	---	---	---	---	25	2.076	1	yellow powder or crystals	1
440	BaC4H8O5	barium acetate monohydrate	5908-64-5	273.430	dec	1	---	---	25	2.190	1	white crystals	1
441	BaC6H14O2	barium isopropoxide	24363-37-9	255.501	---	---	---	---	---	---	---	---	---
442	BaC10H2F12O4	barium hexafluoroacetylacetonate	---	551.428	---	---	---	---	---	---	---	---	---
443	BaC10H30O12	barium acetylacetonate octahydrate	12084-29-6	479.665	---	---	---	---	---	---	---	---	---
444	BaC12F10O6S2	barium pentafluorobenzenesulfonic acid	71735-31-4	631.568	---	---	---	---	---	---	---	---	---
445	BaC16H30O4	barium 2-ethylhexanoate	2457-01-4	423.734	---	---	---	---	---	---	---	---	---
446	BaC20H20F14O4	barium, bis[1,1,1,2,2,3,3-heptafluoro-7,7-di	36885-31-1	727.675	---	---	---	---	---	---	---	---	---
447	BaC20H30	barium, bis(pentamethylcyclopentadienyl)	112379-49-4	407.779	---	---	---	---	---	---	---	---	---
448	BaC20H34O4	barium cyclohexanebutyrate	62669-65-2	475.809	---	---	---	---	---	---	---	---	---
449	BaC20H38O4	barium neodecanoate	55172-98-0	479.840	---	---	---	---	---	---	---	---	---
450	BaC22H34	barium, bis(ethyltetramethylcyclopentadien	135356-03-3	435.832	---	---	---	---	---	---	---	---	---
451	BaC24H20N2O6S2	barium diphenylamine-4-sulfonate	6211-24-1	633.884	---	---	---	---	---	---	---	---	---
452	BaC24H38	barium, bis(n-propyltetramethylcyclopentad	---	463.886	---	---	---	---	---	---	---	---	---
453	BaC36H70O4	barium stearate	6865-35-6	704.266	433.15	1	---	---	25	1.145	1	white powder	1
454	BaCl2	barium chloride	10361-37-2	208.232	1235.15	1	1833.15	1	25	3.900	1	white orthorhombic crystals	1
455	BaCl2H2O7	barium chlorate monohydrate	10294-38-9	322.244	687.15	1	---	---	25	3.179	1	white monoclinic crystals	1
456	BaCl2H4O2	barium chloride dihydrate	10326-27-9	244.263	dec	1	---	---	25	3.097	1	white monoclinic crystals	1
457	BaCl2H6O11	barium perchlorate trihydrate	10294-39-0	390.273	---	---	---	---	25	2.740	1	colorless crystals	1
458	BaCl2O6	barium chlorate	13477-00-4	304.229	---	---	---	---	---	---	---	---	---
459	BaCl2O8	barium perchlorate	13465-95-7	336.228	778.15	1	---	---	25	3.200	1	colorless hexagonal crystals	1
460	BaCO3	barium carbonate	513-77-9	197.336	1084.15	1	1723.15	1	25	4.430	1	white orthorhombic crystals	1
461	BaCrO4	barium chromate (vi)	10294-40-3	253.321	dec	1	---	---	25	4.500	1	yellow orthorhombic crystals	1
462	BaCr2H4O9	barium dichromate dihydrate	10031-16-0	389.346	dec	1	---	---	---	---	---	brown-red needles	1
463	BaCr2K2O8	barium potassium chromate	27133-66-0	447.511	---	---	---	---	25	3.630	1	yellow hexagonal crystals	1
464	BaF2	barium fluoride	7787-32-8	175.324	1641.15	1	2533.15	1	25	4.893	1	white cubic crystals	1
465	BaFe12O19	barium ferrite	11138-11-7	1111.456	---	---	---	---	---	---	---	---	---
466	BaHO4P	barium hydrogen phosphate	10048-98-3	233.306	dec	1	---	---	25	4.160	1	white crystalline powder	1
467	BaH2	barium hydride	13477-09-3	139.343	1473.15	1	---	---	25	4.160	1	gray orthorhombic crystals	1
468	BaH2I2O7	barium iodate monohydrate	7787-34-0	505.148	dec	1	---	---	25	5.000	1	crystals	1
469	BaH2N2O5	barium nitrite monohydrate	7787-38-4	247.353	dec	1	---	---	25	3.180	1	yellow-white hexagonal crystals	1
470	BaH2O2	barium hydroxide	17194-00-2	171.342	681.15	1	---	---	---	---	---	white powder	1
471	BaH2O4S2	barium thiosulfate monohydrate	7787-40-8	267.472	dec	1	---	---	25	3.500	1	white crystalline powder	1
472	BaH2S2	barium hydrosulfide	25417-81-6	203.475	---	---	---	---	---	---	---	yellow hygroscopic crystals	1
473	BaH4I2O2	barium iodide dihydrate	7787-33-9	427.167	dec	1	---	---	25	5.000	1	colorless crystals	1
474	BaH4O3	barium hydroxide monohydrate	22326-55-2	189.357	---	---	---	---	25	3.743	1	white powder	1
475	BaH4O8S2	barium dithionate dihydrate	13845-17-5	333.486	---	---	---	---	25	4.540	1	crystals	1
476	BaH6O5P2	barium hypophosphite monohydrate	14871-79-5	285.319	---	---	---	---	25	2.900	1	monoclinic plates	1
477	BaH6O6Sn	barium stannate trihydrate	---	358.081	---	---	---	---	---	---	---	white crystalline powder	1
478	BaH10O4S2	barium hydrosulfide tetrahydrate	12230-74-9	275.536	dec	1	---	---	---	---	---	yellow rhombohedral crystals	1
479	BaH18O10	barium hydroxide octahydrate	12230-71-6	315.464	dec	1	---	---	25	2.180	1	white monoclinic crystals	1
480	BaHgI4	barium tetraiodomercurate (ii)	10048-99-4	845.535	---	---	---	---	---	---	---	yellow-red hygroscopic crystals	1

Table 2 Physical Properties - Inorganic Compounds

				Mol Wt	Freezing Point		Boiling Point		Density			State	
NO	FORMULA	NAME	CAS No	g/mol	T_F, K	code	T_B, K	code	T, C	g/cm3	code	@ 25C, 1 atm	code
481	BaI2	barium iodide	13718-50-8	391.136	984.15	1	---	---	25	5.150	1	white orthorhombic crystals	1
482	BaI2O6	barium iodate	10567-69-8	487.132	dec	1	---	---	25	5.230	1	white crystalline powder	1
483	BaMnO4	barium manganate (vi)	7787-35-1	256.263	---	---	---	---	25	4.850	1	green-gray hygroscopic crystals	1
484	BaMoO4	barium molybdate	7787-37-3	297.265	1723.15	1	---	---	25	4.975	1	white powder	1
485	BaMn2O8	barium permanganate	7787-36-2	375.198	dec	1	---	---	25	3.770	1	brown-violet crystals	1
486	BaN2O4	barium nitrite	13465-94-6	229.338	540.15	1	---	---	25	3.234	1	colorless hexagonal crystals	1
487	BaN2O6	barium nitrate	10022-31-8	261.337	863.15	1	---	---	25	3.240	1	white cubic crystals	1
488	BaN6	barium azide	18810-58-7	221.367	dec	1	---	---	25	2.936	1	monoclinic crystals	1
489	BaNb2O6	barium niobate	12009-14-2	419.136	1728.15	1	---	---	25	5.440	1	yellow orthorhombic crystals	1
490	BaNb4O12Sr	barium strontium niobium oxide	37185-09-4	788.565	---	---	---	---	---	---	---	---	---
491	BaO	barium oxide	1304-28-5	153.326	2245.15	1	---	---	25	5.720	1	white-yellow powder	1
492	BaO2	barium peroxide	1304-29-6	169.326	dec	1	---	---	25	4.960	1	gray-white tetragonal crystals	1
493	BaO3Pb	barium lead oxide	12047-25-5	392.525	---	---	---	---	---	---	---	---	---
494	BaO3S	barium sulfite	7787-39-5	217.391	dec	1	---	---	25	4.440	1	white monoclinic crystals	1
495	BaO3S2	barium thiosulfate	35112-53-9	249.457	dec	1	---	---	---	---	---	white crystalline powder	1
496	BaO3Se	barium selenite	13718-59-7	264.285	---	---	---	---	---	---	---	solid	1
497	BaO3Si	barium metasilicate	13255-26-0	213.411	1878.15	1	---	---	25	4.400	1	colorless rhombohedral powder	1
498	BaO3Sn	barium stannate	12009-18-6	304.035	---	---	---	---	25	7.240	1	cubic crystals	1
499	BaO3Ti	barium titanate	12047-27-7	233.192	1898.15	1	---	---	25	6.020	1	white tetragonal crystals	1
500	BaO3Zr	barium zirconate	12009-21-1	276.549	2773.15	1	---	---	25	5.520	1	gray-white cubic crystals	1
501	BaO4S	barium sulfate	7727-43-7	233.391	1853.15	1	---	---	25	4.490	1	white orthorhombic crystals	1
502	BaO4Se	barium selenate	7787-41-9	280.285	dec	1	---	---	25	4.750	1	white rhombohedral crystals	1
503	BaO4W	barium tungstate	7787-42-0	385.165	---	---	---	---	25	5.040	1	white tetragonal crystals	1
504	BaO5Si2	barium disilicate	12650-28-1	273.495	1693.15	1	---	---	25	3.700	1	white orthorhombic crystals	1
505	BaO5Ti2	barium titanate (b form)	12009-27-5	313.058	---	---	---	---	---	---	---	---	---
506	BaO6P2	barium metaphosphate	13762-83-9	295.271	1833.15	1	---	---	---	---	---	white powder	1
507	BaO6Ta2	barium tantalate	12047-34-6	595.219	---	---	---	---	---	---	---	---	---
508	BaO7U2	barium uranium oxide	10380-31-1	725.381	---	---	---	---	---	---	---	orange-yellow powder	1
509	BaO9Si3Ti	barium titanium silicate	15491-35-7	413.445	---	---	---	---	25	3.600	1	---	---
510	BaO9Ti4	barium titanate (c form)	12009-31-3	472.790	---	---	---	---	25	4.550	1	---	---
511	BaS	barium sulfide	21109-95-5	169.393	2502.15	1	---	---	25	4.300	1	colorless cubic crystals or gray powder	1
512	BaSe	barium selenide	1304-39-8	216.287	2053.15	1	---	---	25	5.020	1	cubic crystalline powder	1
513	BaSi2	barium silicide	1304-40-1	193.498	1453.15	1	---	---	---	---	---	solid	1
514	BaSiF6	barium hexafluorosilicate	17125-80-3	279.403	dec	1	---	---	25	4.290	1	white orthorhombic needles	1
515	BaTe	barium telluride	12009-36-8	264.927	---	---	---	---	25	5.130	1	---	---
516	Ba2C6H12FeN6O6	barium ferrocyanide hexahydrate	13821-06-2	594.695	dec	1	---	---	25	2.666	1	yellow monoclinic crystals	1
517	Ba2CaO6W	barium calcium tungstate	15552-14-4	594.568	---	---	---	---	---	---	---	---	---
518	Ba2NaNb5O15	barium sodium niobate	12323-03-4	1002.167	1710.15	1	---	---	25	5.400	1	white orthorhombic crystals	1
519	Ba2O	barium monoxide	---	290.653	---	---	---	---	---	---	---	---	---
520	Ba2O6SrW	barium strontium tungsten oxide	14871-56-8	642.110	---	---	---	---	---	---	---	---	---
521	Ba2O7P2	barium pyrophosphate	13466-21-2	448.597	---	---	---	---	25	3.900	1	white powder	1
522	Ba2O8Si3	barium silicate	14871-82-0	486.906	---	---	---	---	---	---	---	---	---
523	Ba3As2	barium arsenide	12255-50-4	561.824	---	---	---	---	25	4.100	1	---	---
524	Ba3C12H12O15	barium citrate monohydrate	---	808.196	---	---	---	---	---	---	---	gray-white crystals	1
525	Ba3Cr2O8	barium chromate (v)	12345-14-1	643.968	---	---	---	---	25	5.250	1	green-black hexagonal crystals	1
526	Ba3N2	barium nitride	12047-79-9	439.994	---	---	---	---	25	4.780	1	yellow-brown crystals	1
527	Ba3O8V2	barium orthovanadate	39416-30-3	641.859	980.15	1	---	---	25	5.140	1	hexagonal crystals	1
528	Ba3O9WY3	barium yttrium tungsten oxide	37265-86-4	1006.533	---	---	---	---	---	---	---	---	---
529	Ba3Sb2	barium antimonide	55576-04-0	655.501	---	---	---	---	---	---	---	---	---
530	Be	beryllium	7440-41-7	9.012	1556.00	1	2757.00	1	25	1.850	1	hexagonal solid	1
531	BeAl2O4	beryllium aluminate	12004-06-7	126.973	---	---	---	---	25	3.650	1	orthorhombic crystals	1
532	BeB2	beryllium boride	12228-40-9	30.634	---	---	---	---	---	---	---	refractory solid	1
533	BeB2H6	beryllium borohydride	17440-85-6	36.682	dec	1	dec	1	---	---	---	solid	1
534	BeBr2	beryllium bromide	7787-46-4	168.820	781.15	1	793.15	1	25	3.465	1	orthorhombic crystals	1
535	BeCH8O7	beryllium carbonate tetrahydrate	60883-64-9	141.082	---	---	---	---	---	---	---	---	---
536	BeC2H2O4	beryllium formate	1111-71-3	99.047	dec	1	---	---	---	---	---	powder	1
537	BeC2H6O7	beryllium oxalate trihydrate	15771-43-4	151.077	---	---	---	---	---	---	---	---	---
538	BeC4H6O4	beryllium acetate	543-81-7	127.100	dec	1	---	---	---	---	---	white crystals	1
539	BeC4H10	beryllium, diethyl	542-63-2	67.134	---	---	---	---	---	---	---	---	---
540	BeC10H14O4	beryllium acetylacetonate	10210-64-7	207.228	381.15	1	543.15	1	25	1.168	1	monoclinic crystalline powder	1
541	BeCl2	beryllium chloride	7787-47-5	79.918	688.15	1	755.15	1	25	1.900	1	white-yellow orthorhombic crystals	1
542	BeCl2H8O12	beryllium perchlorate tetrahydrate	7787-48-6	279.974	---	---	---	---	---	---	---	hygroscopic crystals	1
543	BeF2	beryllium fluoride	7787-49-7	47.009	825.15	1	1442.15	1	25	2.100	1	tetragonal crystals or glass	1
544	BeH2	beryllium hydride	7787-52-2	11.028	dec	1	---	---	25	0.650	1	white amorphous solid	1
545	BeH2O2	beryllium hydroxide	13327-32-7	43.027	---	---	---	---	25	1.920	1	amorphous powder or crystals	1
546	BeH4O6S	beryllium sulfate dihydrate	14215-00-0	141.106	---	---	---	---	---	---	---	---	---
547	BeH6N2O9	beryllium nitrate trihydrate	13597-99-4	187.068	---	---	dec	1	---	---	---	yellow-white hygroscopic crystals	1
548	BeH8O8S	beryllium sulfate tetrahydrate	7787-56-6	177.137	dec	1	---	---	25	1.710	1	colorless tetragonal crystals	1
549	BeH8O8Se	beryllium selenate tetrahydrate	10039-31-3	224.031	dec	1	---	---	25	2.030	1	orthorhombic crystals	1
550	BeI2	beryllium iodide	7787-53-3	262.821	743.15	1	760.15	1	25	4.320	1	hygroscopic needles	1
551	BeO	beryllium oxide	1304-56-9	25.012	2850.15	1	---	---	25	3.010	1	white amorphous powder	1
552	BeO4S	beryllium sulfate	13510-49-1	105.076	1400.15	1	---	---	25	2.500	1	colorless tetragonal crystals	1
553	BeS	beryllium sulfide	13598-22-6	41.078	dec	1	---	---	25	2.360	1	colorless cubic crystals	1
554	BeSe	beryllium selenide	12232-25-6	87.972	---	---	---	---	---	---	---	---	---
555	BeTe	beryllium telluride	12232-27-8	136.612	---	---	---	---	---	---	---	---	---
556	Be2C	beryllium carbide	506-66-1	30.035	dec	1	---	---	25	1.900	1	red cubic crystals	1
557	Be3Al2O18Si6	beryllium aluminum metasilicate	1302-52-9	537.502	---	---	---	---	25	2.640	1	colorless or green-yellow crystals	1
558	Be3N2	beryllium nitride	1304-54-7	55.050	2473.15	1	---	---	25	2.710	1	gray refractory crystals	1
559	Be4B	beryllium borides	12536-52-6	46.860	---	---	---	---	---	---	---	---	---
560	Be4C12H18O13	beryllium basic acetate	1332-52-1	406.312	558.15	1	603.15	1	25	1.250	1	white crystals	1

Table 2 Physical Properties - Inorganic Compounds

				Mol Wt	Freezing Point		Boiling Point		Density			State	
NO	FORMULA	NAME	CAS No	g/mol	T_F, K	code	T_B, K	code	T, C	g/cm3	code	@ 25C, 1 atm	code
561	Bh	bohrium	54037-14-8	264.120	---	---	---	---	---	---	---	synthetic element	1
562	Bi	bismuth	7440-69-9	208.980	544.54	1	1837.15	1	25	9.790	1	gray-white soft metal	1
563	BiBrO	bismuth oxybromide	7787-57-7	304.884	---	---	---	---	25	8.080	1	colorless tetragonal crystals	1
564	BiBr3	bismuth tribromide	7787-58-8	448.692	491.15	1	726.15	1	25	5.720	1	yellow cubic crystals	1
565	BiC3H9	bismuthine, trimethyl	---	254.084	---	---	---	---	---	---	---	---	---
566	BiC6H5O7	bismuth citrate	813-93-4	398.080	---	---	---	---	25	3.458	1	white powder	1
567	BiC6H9O6	bismuth acetate	22306-37-2	386.112	---	---	---	---	---	---	---	---	---
568	BiC18H15	bismuth, triphenyl	603-33-8	440.292	---	---	---	---	25	1.585	1	---	---
569	BiC24H45O6	bismuth 2-ethylhexanoate	67874-71-9	638.591	---	---	---	---	---	---	---	---	---
570	BiC2H3O3	bismuth subacetate	5142-76-7	284.024	---	---	---	---	---	---	---	---	---
571	BiC30H57O6	bismuth neodecanoate	34364-26-6	722.750	---	---	---	---	---	---	---	---	---
572	BiC33H57O6	bismuth, tris(2,2,6,6-tetramethyl-3,5-heptar	---	758.782	---	---	---	---	---	---	---	---	---
573	BiC54H99O6	bismuth oleate	52951-38-9	1053.341	---	---	---	---	---	---	---	soft yellow-brown solid	1
574	BiClH2O6	bismuth oxyperchlorate monohydrate	44584-78-3	342.445	---	---	---	---	---	---	---	---	---
575	BiClO	bismuth oxychloride	7787-59-9	260.432	---	---	---	---	25	7.720	1	white tetragonal crystals	1
576	BiCl3	bismuth trichloride	7787-60-2	315.338	503.15	1	720.15	1	25	4.750	1	yellow-white cubic crystals	1
577	BiCl3H2O	bismuth chloride monohydrate	39483-74-4	333.354	---	---	---	---	25	4.750	1	---	---
578	BiF3	bismuth fluoride	7787-61-3	265.976	998.15	1	1173.15	1	25	8.300	1	white-gray cubic crystals	1
579	BiF5	bismuth pentafluoride	7787-62-4	303.972	427.15	1	503.15	1	25	5.550	1	white tetragonal needles	1
580	BiH3	bismuth hydride	18288-22-7	212.004	206.15	1	---	---	---	---	---	colorless gas	1
581	BiH3O3	bismuth hydroxide	10361-43-0	260.002	---	---	---	---	25	4.962	1	white-yellow amorphous powder	1
582	BiH10N3O14	bismuth nitrate pentahydrate	10035-06-0	485.072	dec	1	---	---	25	2.830	1	colorless triclinic crystals	1
583	BiIO	bismuth oxyiodide	7787-63-5	351.884	dec	1	---	---	25	7.920	1	red tetragonal crystals	1
584	BiI3	bismuth triiodide	7787-64-6	589.694	681.75	1	815.15	1	25	5.778	1	black hexagonal crystals	1
585	BiNO4	bismuth oxynitrate	10361-46-3	286.985	dec	1	---	---	25	4.930	1	white powder	1
586	BiN3O9	bismuth nitrate	10361-44-1	394.995	---	---	---	---	25	2.830	1	---	---
587	BiO	bismuth monoxide	---	224.980	---	---	---	---	---	---	---	---	---
588	BiO4P	bismuth phosphate	10049-01-1	303.952	---	---	---	---	25	6.320	1	monoclinic crystals	1
589	BiO4V	bismuth orthovanadate	14059-33-7	323.919	773.15	1	---	---	25	6.250	1	orange-yellow orthorhombic crystals	1
590	BiSb	bismuth antimonide	12323-19-2	330.740	---	---	---	---	---	---	---	---	---
591	Bi2CO5	bismuth basic carbonate	5892-10-4	509.968	---	---	---	---	25	6.860	1	white powder	1
592	Bi2C6O12	bismuth oxalate	6591-55-5	682.018	---	---	---	---	---	---	---	white powder	1
593	Bi2CaCu2O8Sr2	bismuth strontium calcium copper oxide (22	114901-61-0	888.366	---	---	---	---	25	6.400	1	---	---
594	Bi2H10O14Sn3	bismuth stannate pentahydrate	12777-45-6	1008.162	---	---	---	---	---	---	---	white crystals	1
595	Bi2MoO6	bismuth molybdenum oxide	13565-96-3	609.897	---	---	---	---	25	9.320	1	---	---
596	Bi2Mo3O12	bismuth molybdate	51898-99-8	897.774	---	---	---	---	25	5.950	1	monoclinic crystals	1
597	Bi2O12S3	bismuth sulfate	7787-68-0	706.152	dec	1	---	---	25	5.080	1	white needles or powder	1
598	Bi2O12W3	bismuth tungstate	13595-87-4	1161.474	---	---	---	---	---	---	---	---	---
599	Bi2O3	bismuth oxide	1304-76-3	465.959	1090.15	1	2163.15	1	25	8.900	1	yellow monoclinic crystals or powder	1
600	Bi2O4	bismuth tetroxide	12048-50-9	481.958	578.15	1	---	---	25	5.600	1	red-orange powder	1
601	Bi2O7Sn2	bismuth stannate	12338-09-9	767.377	---	---	---	---	---	---	---	---	---
602	Bi2S3	bismuth sulfide	1345-07-9	514.159	1123.15	1	---	---	25	6.780	1	black-brown orthorhombic crystals	1
603	Bi2Se3	bismuth selenide	12068-69-8	654.841	dec	1	---	---	25	7.500	1	black hexagonal crystals	1
604	Bi2Te3	bismuth telluride	1304-82-1	800.761	853.15	1	---	---	25	7.740	1	gray hexagonal plates	1
605	Bi3FeMo2O12	bismuth iron molybdenum oxide	59393-06-5	1066.659	---	---	---	---	---	---	---	---	---
606	Bi4Ge3O12	bismuth germanium oxide	12233-56-6	1245.744	---	---	---	---	---	---	---	---	---
607	Bi4O12Ti3	bismuth titanate	12048-51-0	1171.515	---	---	---	---	25	7.850	1	white orthorhombic crystals	1
608	Bi4O12Zr3	bismuth zirconate	37306-42-6	1301.586	---	---	---	---	---	---	---	---	---
609	Bi5H9N4O22	bismuth hydroxide nitrate oxide	1304-85-4	1461.987	---	---	---	---	---	---	---	---	---
610	Bi12O20Ti	dodecabismuth titanate	12441-73-5	2875.620	---	---	---	---	---	---	---	---	---
611	Bk	berkelium (a form)	7440-40-6	247.000	1323.15	1	---	---	25	14.780	1	hexagonal	1
612	Bk	berkelium (b form)	7440-40-6	247.000	1259.15	1	---	---	25	13.250	1	cubic crystals	1
613	BkBr3	berkelium tribromide	---	486.712	---	---	---	---	25	5.600	1	---	---
614	BkCl3	berkelium trichloride	---	353.358	---	---	---	---	25	5.800	1	---	---
615	BkF3	berkelium trifluoride	---	303.995	---	---	---	---	25	9.700	1	---	---
616	BkF4	berkelium tetrafluoride	---	322.994	---	---	---	---	25	7.550	1	---	---
617	BkH2	berkelium dihydride	---	249.016	---	---	---	---	---	---	---	---	---
618	BkI3	berkelium triiodide	---	627.713	---	---	---	---	---	---	---	---	---
619	BkO	berkelium oxide	70424-36-1	262.999	---	---	---	---	---	---	---	---	---
620	BkO2	berkelium dioxide	---	278.999	---	---	---	---	25	12.310	1	---	---
621	Bk2O3	berkelium trioxide	---	541.998	---	---	---	---	25	12.200	1	---	---
622	BrCl	bromine chloride	13863-41-7	115.357	---	---	---	---	---	---	---	unstable red-brown gas	1
623	BrClCH2	bromochloromethane	74-97-5	129.383	---	---	---	---	25	1.991	1	---	---
624	BrF	bromine fluoride	13863-59-7	98.902	---	---	---	---	---	---	---	unstable red-brown gas	1
625	BrF2P	bromodifluorophosphine	---	148.875	---	---	---	---	---	---	---	---	---
626	BrF3	bromine trifluoride	7787-71-5	136.899	281.92	1	398.95	1	25	2.803	1	colorless liquid	1
627	BrF3C2	bromotrifluoroethylene	598-73-2	160.921	---	---	---	---	---	---	---	---	---
628	BrF5	bromine pentafluoride	7789-30-2	174.896	---	---	313.65	1	25	2.466	1	---	---
629	BrGeH3	bromogermane	---	155.538	---	---	---	---	---	---	---	---	---
630	BrN3	bromine azide	13973-87-0	121.924	explo	1	---	---	---	---	---	red crystals	1
631	BrNO	nitrosyl bromide	13444-87-6	109.910	217.15	1	---	---	---	---	---	red gas	1
632	BrO2	bromine dioxide	21255-83-4	111.903	dec	1	---	---	---	---	---	unstable yellow crystals	1
633	Br2	bromine	7726-95-6	159.808	265.90	1	331.90	1	25	3.103	1	liquid	1
634	Br2C12H8CuN2	dibromo(1,10-phenanthroline)copper (ii)	19319-86-9	403.559	---	---	---	---	---	---	---	---	---
635	Br2H6N2Pd	dibromodiamminepalladium (ii)	14591-90-3	300.289	---	---	---	---	25	2.500	1	---	---
636	Br2O	bromine oxide	21308-80-5	175.807	dec	1	---	---	---	---	---	brown solid	1
637	C	carbon (amphorous)	7440-44-0	12.011	4300.00	1	---	---	---	---	---	solid	1
638	C	diamond	7782-40-3	12.011	4713.15	1	---	---	25	3.513	1	colorless cubic crystals	1
639	C	graphite	7782-42-5	12.011	4762.15	1	4098.15	1	25	2.200	1	soft black hexagonal crystals	1
640	CBr2O	carbonyl bromide	593-95-3	187.818	---	---	337.65	1	25	2.500	1	colorless liquid	1

Table 2 Physical Properties - Inorganic Compounds

NO	FORMULA	NAME	CAS No	Mol Wt g/mol	Freezing Point T_F, K	code	Boiling Point T_B, K	code	Density T, C	g/cm3	code	State @ 25C, 1 atm	code
641	CCl2O	carbonyl chloride	75-44-5	98.916	145.37	1	280.71	1	---	---	---	colorless gas	1
642	CF2O	carbonyl fluoride	353-50-4	66.007	159.15	1	190.05	1	---	---	---	colorless gas	1
643	CF3NO	trifluoronitrosomethane	334-99-6	99.012	---	---	---	---	---	---	---	---	---
644	CH4N2O	urea	57-13-6	60.055	405.85	1	465.00	1	---	---	---	solid	1
645	CH4N2S	thiourea	62-56-6	76.122	452.20	1	---	---	---	---	---	solid	1
646	CNBr	cyanogen bromide	506-68-3	105.921	325.15	1	334.65	1	25	2.005	1	white hygroscopic needles	1
647	CNCl	cyanogen chloride	506-77-4	61.470	266.65	1	286.00	1	25	1.172	1,2	colorless gas	1
648	CNF	cyanogen fluoride	1495-50-7	45.016	191.15	1	227.15	1	25	1.144	1,2	colorless gas	1
649	CNI	cyanogen iodide	506-78-5	152.922	419.85	1	---	---	25	1.840	1	colorless needles	1
650	CN4	cyanogen azide	764-05-6	68.038	---	---	---	---	---	---	---	---	---
651	CN4O8	tetranitromethane	509-14-8	196.033	285.65	1	398.85	1	13	1.650	1	liquid	1
652	CO	carbon monoxide	630-08-0	28.010	68.15	1	81.70	1	---	---	---	colorless gas	1
653	COS	carbonyl sulfide	463-58-1	60.076	134.31	1	223.00	1	25	1.005	1,2	colorless gas	1
654	COSe	carbon oxyselenide	1603-84-5	106.970	148.75	1	---	---	25	1.731	1,2	colorless gas	1
655	CO2	carbon dioxide	124-38-9	44.010	216.58	1	194.70	1	25	0.713	1,2	colorless gas	1
656	CS2	carbon disulfide	75-15-0	76.143	161.05	1	319.15	1	25	1.256	1	colorless or yellow liquid	1
657	C2Cl2O2	oxalyl chloride	79-37-8	126.926	---	---	---	---	25	1.455	1	---	---
658	C2D2O4	oxalic acid-d2	2065-73-8	92.047	---	---	---	---	---	---	---	---	---
659	C2H2O4	oxalic acid	144-62-7	90.035	---	---	---	---	---	---	---	---	---
660	C2H6O6	oxalic acid dihydrate	6153-56-6	126.065	---	---	---	---	25	1.653	1	---	---
661	C2N2	cyanogen	460-19-5	52.035	245.32	1	252.05	1	25	0.868	1,2	colorless gas	1
662	C3N2O	carbonyl cyanide	---	80.045	---	---	---	---	25	1.139	1	---	---
663	C3O2	carbon suboxide	504-64-3	68.031	161.85	1	279.95	1	---	---	---	colorless gas	1
664	C3S2	carbon subsulfide	---	100.164	---	---	---	---	---	---	---	---	---
665	C4F	carbon fluoride	12774-81-1	67.041	---	---	---	---	---	---	---	---	---
666	C4H12Sn	tetramethyltin	594-27-4	178.848	---	---	---	---	25	1.291	1	---	---
667	C4H9NO5	ammonium hydrogen malate	5972-71-4	151.118	433.15	1	---	---	25	1.150	1	orthorhombic crystals	1
668	C10H14N2Na2O8	ethylenediaminetetraacetic acid dihydrate d	6381-92-6	336.206	---	---	---	---	---	---	---	---	---
669	C16H37NO4S	tetrabutylammonium hydrogen sulfate	32503-27-8	339.535	444.65	1	---	---	---	---	---	solid	1
670	C54H45ClCoP3	cobalt, tris (triphenylphosphine) chloride	26305-75-9	881.242	---	---	---	---	---	---	---	---	---
671	C56H40Cl4CuN12	alcian blue, pyridine variant	123439-83-8	1086.354	---	---	---	---	---	---	---	---	---
672	C56H68Cl4CuN16S4	alcian blue 8gx	33864-99-2	1298.868	---	---	---	---	---	---	---	---	---
673	C60	fullerene-C60	99685-96-8	720.642	---	---	---	---	---	---	---	yellow needles or plates	1
674	C70	fullerene-C70	115383-22-7	840.749	---	---	---	---	---	---	---	red-brown solid	1
675	Ca	calcium	7440-70-2	40.078	1115.00	1	1757.00	1	25	1.540	1	silvery-white metal	1
676	CaAl2H8	calcium tetrahydroaluminate	16941-10-9	102.105	---	---	---	---	---	---	---	gray powder	1
677	CaAl2O4	calcium aluminate	12042-68-1	158.039	1878.15	1	---	---	25	2.980	1	white monoclinic crystals	1
678	CaAsHO3	calcium arsenite	52740-16-6	164.006	---	---	---	---	---	---	---	---	---
679	CaB4H12O13	calcium borate hexahydrate	13701-64-9	303.409	---	---	---	---	---	---	---	---	---
680	CaB4O7	calcium borate	12007-56-6	195.318	---	---	---	---	---	---	---	---	---
681	CaB6	calcium boride	12007-99-7	104.944	2508.15	1	---	---	25	2.490	1	refractory solid	1
682	CaBr2	calcium bromide	7789-41-5	199.886	1015.15	1	2088.15	1	25	3.380	1	rhombohedral crystals	1
683	CaBr2H2O7	calcium bromate monohydrate	10102-75-7	313.898	---	---	---	---	25	3.329	1	---	---
684	CaBr2H4O2	calcium bromide dihydrate	22208-73-7	235.917	---	---	---	---	---	---	---	---	---
685	CaBr2H12O6	calcium bromide hexahydrate	13477-28-6	307.978	dec	1	---	---	25	2.290	1	white hygroscopic powder	1
686	CaBr2O6	calcium bromate	---	295.882	---	---	---	---	---	---	---	---	---
687	CaCN2	calcium cyanamide	156-62-7	80.102	---	---	---	---	25	2.290	1	colorless hexagonal crystals	1
688	CaCO3	calcium carbonate (calcite)	471-34-1	100.087	1612.15	1	---	---	25	2.710	1	white crystals or powder	1
689	CaC2	calcium carbide	75-20-7	64.099	2573.15	1	---	---	25	2.220	1	gray-black orthorhombic crystals	1
690	CaC2F6O6S2	calcium trifluoromethanesulfonate	55120-75-7	338.218	---	---	---	---	---	---	---	---	---
691	CaC2H2O4	calcium formate	544-17-2	130.113	dec	1	---	---	25	2.020	1	orthorhombic crystals	1
692	CaC2H2O5	calcium oxalate monohydrate	5794-28-5	146.112	dec	1	---	---	25	2.200	1	cubic crystals	1
693	CaC2H6O2	calcium methoxide	2556-53-8	102.146	---	---	---	---	---	---	---	---	---
694	CaC2H8N2O4S2	calcium thiocyanate tetrahydrate	2092-16-2	228.306	dec	1	---	---	---	---	---	hygroscopicr crystals	1
695	CaC2N2	calcium cyanide	592-01-8	92.113	---	---	---	---	---	---	---	white rhombohedral crystals	1
696	CaC2O4	calcium oxalate	563-72-4	128.097	---	---	---	---	25	2.200	1	white crystalline powder	1
697	CaC4H10O6	calcium acetate dihydrate	14977-17-4	194.197	---	---	---	---	---	---	---	---	---
698	CaC4H10O7	calcium succinate trihydrate	140-99-8	210.196	---	---	---	---	---	---	---	---	---
699	CaC4H12O10	calcium tartrate tetrahydrate	3164-34-9	260.210	---	---	---	---	---	---	---	---	---
700	CaC4H12O7S2	calcium thioglycollate trihydrate	814-71-1	276.344	---	---	---	---	---	---	---	---	---
701	CaC4H6O4	calcium acetate	62-54-4	158.166	dec	1	---	---	25	1.500	1	white hygroscopic crystals	1
702	CaC4H8O5	calcium acetate monohydrate	5743-26-0	176.181	dec	1	---	---	---	---	---	white needles or powder	1
703	CaC6H10O4	calcium propionate	4075-81-4	186.219	---	---	---	---	---	---	---	---	---
704	CaC12H10O2	calcium phenoxide	5793-84-0	226.285	---	---	---	---	---	---	---	---	---
705	CaC14H18N3Na3O10	calcium trisodium pentetate	12111-24-9	497.354	---	---	---	---	---	---	---	---	---
706	CaC16H30O4	calcium 2-ethylhexanoate	136-51-6	326.485	---	---	---	---	---	---	---	---	---
707	CaC20H20F14O4	calcium, bis[1,1,1,2,2,3,3-heptafluoro-7,7-d	36885-29-7	630.426	---	---	---	---	---	---	---	---	---
708	CaC20H38O4	calcium neodecanoate	27253-33-4	382.591	---	---	---	---	---	---	---	---	---
709	CaC22H38O4	calcium, bis(2,2,6,6-tetramethyl-3,5-heptan	36818-89-0	406.613	494.50	1	---	---	---	---	---	solid	1
710	CaC32H62O4	calcium palmitate	542-42-7	550.910	---	---	---	---	---	---	---	---	---
711	CaC36H66O4	calcium oleate	142-17-6	602.985	---	---	---	---	---	---	---	---	---
712	CaC36H70O4	calcium stearate	1592-23-0	607.017	---	---	---	---	25	1.120	1	---	---
713	CaCl2	calcium chloride	10043-52-4	110.983	1045.00	1	2208.60	1	25	2.150	1	white cubic crystals or powder	1
714	CaCl2H2O	calcium chloride monohydrate	13477-29-7	128.999	dec	1	---	---	25	2.240	1	white hygroscopic crystals	1
715	CaCl2H4O2	calcium chloride dihydrate	10035-04-8	147.014	dec	1	---	---	25	1.850	1	hygroscopic flakes or powder	1
716	CaCl2H4O8	calcium chlorate dihydrate	10035-05-9	243.010	dec	1	---	---	25	2.711	1	white monoclinic crystals	1
717	CaCl2H8O12	calcium perchlorate tetrahydrate	15627-86-8	311.040	---	---	---	---	---	---	---	---	---
718	CaCl2H8O4	calcium chloride tetrahydrate	25094-02-4	183.045	---	---	---	---	25	1.830	1	---	---
719	CaCl2H12O6	calcium chloride hexahydrate	7774-34-7	219.075	dec	1	---	---	25	1.710	1	white hexagonal crystals	1
720	CaCl2O2	calcium hypochlorite	7778-54-3	142.982	---	---	---	---	25	2.350	1	---	---

463

Table 2 Physical Properties - Inorganic Compounds

				Mol Wt	Freezing Point		Boiling Point		Density			State	
NO	FORMULA	NAME	CAS No	g/mol	T_F, K	code	T_B, K	code	T, C	g/cm3	code	@ 25C, 1 atm	code
721	CaCl2O4	calcium chlorite	14674-72-7	174.981	---	---	---	---	25	2.710	1	---	---
722	CaCl2O6	calcium chlorate	10137-74-3	206.980	613.15	1	---	---	---	---	---	white crystals	1
723	CaCl2O8	calcium perchlorate	13477-36-6	238.979	dec	1	---	---	25	2.650	1	white crystals	1
724	CaCrO4	calcium chromate	10060-08-9	156.072	---	---	---	---	---	---	---	---	---
725	CaCrH4O6	calcium chromate dihydrate	13765-19-0	192.102	---	---	---	---	25	2.500	1	yellow orthorhombic crystals	1
726	CaCr2H6O10	calcium dichromate trihydrate	14307-33-6	310.112	---	---	---	---	25	2.370	1	red-orange crystals	1
727	CaFH4O5P	calcium fluorophosphate dihydrate	37809-19-1	174.079	---	---	---	---	---	---	---	---	---
728	CaF2	calcium fluoride	7789-75-5	78.075	1691.00	1	2806.50	1	25	3.180	1	white cubic crystals or powder	1
729	CaF6H4O2Si	calcium hexafluorosilicate dihydrate	16925-39-6	218.184	---	---	---	---	25	2.250	1	colorless tetragonal crystals	1
730	CaHO4P	calcium hydrogen phosphate	7757-93-9	136.057	dec	1	---	---	25	2.920	1	white triclinic crystals	1
731	CaHO4.5S	calcium sulfate hemihydrate	10034-76-1	145.149	---	---	---	---	---	---	---	white powder	1
732	CaH2	calcium hydride	7789-78-8	42.094	1273.15	1	---	---	25	1.700	1	gray orthorhombic crystals or powder	1
733	CaH2O2	calcium hydroxide	1305-62-0	74.093	---	---	---	---	---	---	---	soft hexagonal crystals	1
734	CaH2O6S2	calcium hydrogen sulfite	13780-03-5	202.222	---	---	---	---	25	1.060	1	---	---
735	CaH3O4P	calcium phosphite monohydrate	21056-98-4	138.073	---	---	---	---	---	---	---	---	---
736	CaH4O4P2	calcium hypophosphite	7789-79-9	170.055	dec	1	---	---	---	---	---	white monoclinic crystals	1
737	CaH4O5S	calcium sulfite dihydrate	10257-55-3	156.173	---	---	---	---	---	---	---	white powder	1
738	CaH4O6S	calcium sulfate dihydrate	10101-41-4	172.172	dec	1	---	---	25	2.320	1	monoclinic crystals or powder	1
739	CaH4O6Se	calcium selenate dihydrate	7790-74-1	219.066	---	---	---	---	25	2.750	1	white monoclinic crystals	1
740	CaH5O6P	calcium hydrogen phosphate dihydrate	7789-77-7	172.088	dec	1	---	---	25	2.310	1	monoclinic crystals	1
741	CaH6O6Sn	calcium stannate trihydrate	12013-46-6	260.832	---	---	---	---	---	---	---	---	---
742	CaH6O9P2	calcium dihydrogen phosphate monohydrat	10031-30-8	252.068	dec	1	---	---	25	2.220	1	colorless triclinic plates	1
743	CaH8N2O10	calcium nitrate tetrahydrate	13477-34-4	236.149	dec	1	---	---	25	1.820	1	white crystals	1
744	CaH12I2O6	calcium iodide hexahydrate	71626-98-7	401.979	dec	1	---	---	25	2.550	1	white hexagonal needles or powder	1
745	CaH12O9S2	calcium thiosulfate hexahydrate	10124-41-1	260.300	dec	1	---	---	25	1.870	1	triclinic crystals	1
746	CaI2	calcium iodide	10102-68-8	293.887	1056.15	1	---	---	25	3.960	1	hygroscopic hexagonal crystals	1
747	CaI2O6	calcium iodate	7789-80-2	389.883	---	---	---	---	25	4.520	1	white monoclinic crystals	1
748	CaMn2O8	calcium permanganate	10118-76-0	277.949	---	---	---	---	25	2.400	1	purple hygroscopic crystals	1
749	CaMoO4	calcium molybdate	7789-82-4	200.016	dec	1	---	---	25	4.350	1	white tetragonal crystals	1
750	CaN2O4	calcium nitrite	13780-06-8	132.089	---	---	---	---	25	2.230	1	white-yellow hexagonal crystals	1
751	CaN2O6	calcium nitrate	10124-37-5	164.088	834.15	1	---	---	25	2.500	1	white cubic crystals	1
752	CaO	calcium oxide	1305-78-8	56.077	3173.20	1	3670.00	1	25	3.340	1	gray-white cubic crystals	1
753	CaO2	calcium peroxide	1305-79-9	72.077	dec	1	---	---	25	2.900	1	white-yellow tetragonal crystals	1
754	CaO3Si	calcium metasilicate	1344-95-2	116.162	---	---	---	---	25	2.920	1	white monoclinic crystals	1
755	CaO3Ti	calcium titanate	12049-50-2	135.943	2253.15	1	---	---	25	3.980	1	cubic crystals	1
756	CaO3Zr	calcium zirconate	12013-47-7	179.300	---	---	---	---	25	4.780	1	---	---
757	CaO4S	calcium sulfate	7778-18-9	136.142	1723.20	1	---	---	25	2.960	1	orthorhombic crystals	1
758	CaO4W	calcium tungstate	7790-75-2	287.916	1893.15	1	---	---	25	6.060	1	white tetragonal crystals	1
759	CaO6V2	calcium vanadate	12135-52-3	237.957	---	---	---	---	---	---	---	---	---
760	CaS	calcium sulfide	20548-54-3	72.144	2797.15	1	---	---	25	2.590	1	white-yellow cubic crystals	1
761	CaSe	calcium selenide	1305-84-6	119.038	---	---	---	---	25	3.800	1	white-brown cubic crystals	1
762	CaSi	calcium silicide	12013-55-7	68.164	1597.15	1	---	---	25	2.390	1	orthorhombic crystals	1
763	CaSi2	calcium silicide	12013-56-8	96.249	1313.15	1	---	---	25	2.500	1	gray hexagonal crystals	1
764	CaTe	calcium telluride	12013-57-9	167.678	---	---	---	---	25	4.870	1	cubic crystals	1
765	Ca2Al2O7Si	calcium aluminum silicate	1327-39-5	274.200	---	---	---	---	25	3.048	1	---	---
766	Ca2B6H10O16	calcium hexaborate pentahydrate	12291-65-5	411.092	---	---	---	---	25	2.420	1	---	---
767	Ca2O7P2	calcium pyrophosphate	7790-76-3	254.099	1626.15	1	---	---	25	3.090	1	white powder	1
768	Ca3Al2O6	calcium aluminate (b form)	12042-78-3	270.193	1808.15	1	---	---	25	3.040	1	white cubic crystals	1
769	Ca3As2O8	calcium arsenate	7778-44-1	398.072	dec	1	---	---	25	3.600	1	white powder	1
770	Ca3C12H18O18	calcium citrate tetrahydrate	5785-44-4	570.495	---	---	---	---	---	---	---	---	---
771	Ca3N2	calcium nitride	12013-82-0	148.247	1468.15	1	---	---	25	2.670	1	red-brown cubic crystals	1
772	Ca3O8P2	calcium phosphate	7758-87-4	310.177	1943.15	1	---	---	25	3.140	1	white amorphous powder	1
773	Ca3P2	calcium phosphide	1305-99-3	182.182	---	---	---	---	25	2.510	1	red-brown hygroscopic crystals	1
774	Ca5FO12P3	calcium fluorophosphate	1306-05-4	504.302	---	---	---	---	---	---	---	---	---
775	Ca5HO13P3	calcium phosphate hydroxide	1306-06-5	502.311	---	---	---	---	---	---	---	---	---
776	Cd	cadmium	7440-43-9	112.411	594.22	1	1040.15	1	25	8.690	1	silvery-white metal	1
777	CdBr2	cadmium bromide	7789-42-6	272.219	841.15	1	1117.15	1	25	5.190	1	white hexagonal powder or flakes	1
778	CdBr2H8O4	cadmium bromide tetrahydrate	13464-92-1	344.280	---	---	---	---	---	---	---	white-yellow crystals	1
779	CdCO3	cadmium carbonate	513-78-0	172.420	dec	1	---	---	25	4.258	1	white hexagonal crystals	1
780	CdC2H6	dimethylcadmium	506-82-1	142.480	---	---	---	---	18	1.985	1	---	---
781	CdC2H6O7	cadmium oxalate trihydrate	20712-42-9	254.476	dec	1	---	---	---	---	---	white amorphous powder	1
782	CdC2N2	cadmium cyanide	542-83-6	164.446	---	---	---	---	25	2.230	1	white cubic crystals	1
783	CdC2O4	cadmium oxalate	814-88-0	200.430	---	---	---	---	25	3.320	1	white solid	1
784	CdC4H4O4	cadmium succinate	141-00-4	228.483	---	---	---	---	---	---	---	---	---
785	CdC4H6O4	cadmium acetate	543-90-8	230.499	528.15	1	---	---	25	2.340	1	colorless crystals	1
786	CdC4H10O6	cadmium acetate dihydrate	5743-04-4	266.530	dec	1	---	---	25	2.010	1	white crystals	1
787	CdC10H14O4	cadmium acetylacetonate	14689-45-3	310.627	---	---	---	---	---	---	---	---	---
788	CdC16H30O4	cadmium 2-ethylhexanoate	2420-98-6	398.818	---	---	---	---	---	---	---	---	---
789	CdC20H34O4	cadmium cyclohexanebutyrate	55700-14-6	450.893	---	---	---	---	---	---	---	---	---
790	CdC36H70O4	cadmium stearate	2223-93-0	679.350	---	---	---	---	25	1.210	1	---	---
791	CdCl2	cadmium chloride	10108-64-2	183.316	837.15	1	1233.15	1	25	4.080	1	rhombohedral crystals	1
792	CdCl2H5O2.5	cadmium chloride hemipentahydrate	7790-78-5	228.355	---	---	---	---	25	3.327	1	white rhombohedral leaflets	1
793	CdCl2H12O14	cadmium perchlorate hexahydrate	10326-28-0	419.403	---	---	---	---	25	2.370	1	white hexagonal crystals	1
794	CdCl2H2O	cadmium chloride monohydrate	34330-64-8	201.332	---	---	---	---	---	---	---	white crystals	1
795	CdCl2O8	cadmium perchlorate	79490-00-9	311.312	---	---	---	---	---	---	---	---	---
796	CdCrO4	cadmium chromate	14312-00-6	228.405	---	---	---	---	25	4.500	1	yellow orthorhombic crystals	1
797	CdCr2H2O8	cadmium dichromate monohydrate	69239-51-6	346.414	---	---	---	---	---	---	---	---	---
798	CdF2	cadmium fluoride	7790-79-6	150.408	1383.15	1	2021.15	1	25	6.330	1	cubic crystals	1
799	CdH2	cadmium hydride	72172-64-6	114.427	dec	1	---	---	---	---	---	---	---
800	CdH2O2	cadmium hydroxide	21041-95-2	146.426	dec	1	---	---	25	4.790	1	white trigonal or hexagonal crystals	1

Table 2 Physical Properties - Inorganic Compounds

				Mol Wt	Freezing Point		Boiling Point		Density			State	
NO	FORMULA	NAME	CAS No	g/mol	T_F, K	code	T_B, K	code	T, C	g/cm3	code	@ 25C, 1 atm	code
801	CdH2O5S	cadmium sulfate monohydrate	7790-84-3	226.490	378.15	1	---	---	25	3.790	1	monoclinic crystals	1
802	CdH4O6Se	cadmium selenate dihydrate	10060-09-0	291.399	dec	1	---	---	25	3.620	1	orthorhombic crystals	1
803	CdH8N2O10	cadmium nitrate tetrahydrate	10022-68-1	308.482	332.65	1	---	---	25	2.450	1	colorless orthorhombic crystals	1
804	CdI2	cadmium iodide	7790-80-9	366.220	660.15	1	1015.15	1	25	5.640	1	hexagonal flakes	1
805	CdI2O6	cadmium iodate	7790-81-0	462.216	---	---	---	---	25	6.480	1	white powder	1
806	CdMoO4	cadmium molybdate	13972-68-4	272.349	dec	1	---	---	25	5.400	1	colorless tetragonal crystals	1
807	CdN2O6	cadmium nitrate	10325-94-7	236.421	623.15	1	---	---	25	3.600	1	white cubic crystals	1
808	CdN6	cadmium azide	14215-29-3	196.451	explo	1	---	---	25	3.240	1	yellow-white orthorhombic crystals	1
809	CdO	cadmium oxide	1306-19-0	128.410	---	---	1832.15	1	25	8.150	1	brown cubic crystals	1
810	CdO3S	cadmium sulfite	13477-23-1	192.475	---	---	---	---	---	---	---	---	---
811	CdO3Se	cadmium selenite	13814-59-0	239.369	---	---	---	---	---	---	---	---	---
812	CdO3Si	cadmium metasilicate	13477-19-5	188.495	1525.15	1	---	---	25	5.100	1	green monoclinic crystals	1
813	CdO3Te	cadmium tellurite	15851-44-2	288.009	---	---	---	---	---	---	---	---	---
814	CdO3Ti	cadmium titanate	12014-14-1	208.276	---	---	---	---	25	6.500	1	orthorhombic crystals	1
815	CdO3Zr	cadmium zirconate	12139-23-0	251.633	---	---	---	---	---	---	---	---	---
816	CdO4S	cadmium sulfate	10124-36-4	208.475	1273.15	1	---	---	25	4.690	1	colorless orthorhombic crystals	1
817	CdO4W	cadmium tungstate	7790-85-4	360.249	---	---	---	---	25	8.000	1	white monoclinic crystals	1
818	CdO6V2	cadmium vanadate	12422-12-7	310.290	---	---	---	---	---	---	---	---	---
819	CdP2	cadmium phosphide (b form)	12133-44-7	174.359	---	---	---	---	---	---	---	---	---
820	CdS	cadmium sulfide	1306-23-6	144.477	2023.15	1	---	---	25	4.830	1	yellow-orange cubic crystals	1
821	CdSb	cadmium antimonide	12014-29-8	234.171	729.15	1	---	---	25	6.920	1	orthorhombic crystals	1
822	CdSe	cadmium selenide	1306-24-7	191.371	1513.15	1	---	---	25	5.810	1	white cubic crystals	1
823	CdTe	cadmium telluride	1306-25-8	240.011	1315.15	1	---	---	25	6.200	1	brown-black cubic crystals	1
824	Cd2Nb2O7	cadmium niobate	12187-14-3	522.631	---	---	---	---	25	6.280	1	cubic crystals	1
825	Cd2O7Ta2	cadmium tantalate	12050-35-0	698.714	---	---	---	---	---	---	---	---	---
826	Cd3As2	cadmium arsenide	12006-15-4	487.076	994.15	1	---	---	25	6.250	1	gray tetragonal crystals	1
827	Cd3H16O20S3	cadmium sulfate octahydrate	7790-84-3	769.546	---	---	---	---	25	3.080	1	white solid	1
828	Cd3N2	cadmium nitride	12380-95-9	365.246	---	---	---	---	---	---	---	---	---
829	Cd3P2	cadmium phosphide	12014-28-7	399.181	973.15	1	---	---	25	5.960	1	tetragonal needles	1
830	Ce	cerium	7440-45-1	140.116	1071.15	1	3716.15	1	25	6.770	1	silvery metal	1
831	CeB6	cerium boride	12008-02-5	204.982	2823.15	1	---	---	25	4.870	1	blue refractory solid	1
832	CeBr3	cerium (iii) bromide	14457-87-5	379.828	1006.15	1	1730.15	1	---	---	---	white hexagonal crystals	1
833	CeBr3H14O7	cerium (iii) bromide heptahydrate	---	505.935	1005.15	1	---	---	---	---	---	colorless hygroscopic needles	1
834	CeC2	cerium carbide	12012-32-7	164.137	2523.15	1	---	---	25	5.470	1	red hexagonal crystals	1
835	CeC6H12O7.5	cerous acetate hemitrihydrate	537-00-8	344.271	---	---	---	---	---	---	---	---	---
836	CeC12H28O4	cerium (iv) isopropoxide	63007-83-0	376.464	---	---	---	---	---	---	---	---	---
837	CeC15H12F9O6	cerium (iii) trifluoroacetylacetone	18078-37-0	599.354	---	---	---	---	---	---	---	---	---
838	CeC15H15	cerium, tris(cyclopentadienyl)	1298-53-9	335.396	---	---	---	---	---	---	---	---	---
839	CeC24H45O6	cerium (iii) 2-ethylhexanoate	56797-01-4	569.727	---	---	---	---	25	1.080	1	---	---
840	CeC44H76O8	cerium (iv), tetrakis(2,2,6,6-tetramethyl-3,5-	18960-54-8	873.185	---	---	---	---	---	---	---	---	---
841	CeC54H105O6	cerium (iii) stearate	10119-53-6	990.524	---	---	---	---	---	---	---	---	---
842	CeCl3	cerium (iii) chloride	7790-86-5	246.474	1090.15	1	---	---	25	3.970	1	white hexagonal crystals	1
843	CeCl3H12O18	cerous perchlorate hexahydrate	14017-47-1	546.559	---	---	---	---	---	---	---	---	---
844	CeCl3H14O7	cerium (iii) chloride heptahydrate	18618-55-8	372.581	dec	1	---	---	25	3.920	1	yellow orthorhombic crystals	1
845	CeF2	cerium (ii) fluoride	22655-57-8	178.113	---	---	---	---	---	---	---	solid	1
846	CeF3	cerium (iii) fluoride	7758-88-5	197.111	1703.15	1	---	---	25	6.157	1	white hexagonal crystals	1
847	CeF4	cerium (iv) fluoride	10060-10-3	216.110	dec	1	---	---	25	4.770	1	white hygroscopic powder	1
848	CeH12NO12S2	cerium (iii), ammonium sulfate tetrahydrate	---	422.343	---	---	---	---	---	---	---	monoclinic crystals	1
849	CeH12N3O15	cerous nitrate hexahydrate	10294-41-4	434.223	---	---	---	---	---	---	---	---	---
850	CeH18I3O9	cerium (iii) iodide nonahydrate	---	682.967	---	---	---	---	---	---	---	white-red crystals	1
851	CeH2	cerium (ii) hydride	13569-50-1	142.132	---	---	---	---	25	5.450	1	cubic crystals	1
852	CeH3	cerium trihydride	13864-02-3	143.140	---	---	---	---	---	---	---	---	---
853	CeH3O3	cerous hydroxide	15785-09-8	191.138	---	---	---	---	---	---	---	---	---
854	CeH4O4	ceric hydroxide	12014-56-1	208.145	---	---	---	---	---	---	---	---	---
855	CeH8O12S2	cerium (iv) sulfate tetrahydrate	10294-42-5	404.304	dec	1	---	---	25	3.910	1	yellow-orange orthorhombic crystals	1
856	CeI2	cerium (ii) iodide	19139-47-0	393.925	1081.15	1	---	---	---	---	---	bronze crystals	1
857	CeI3	cerium (iii) iodide	7790-87-6	520.829	1039.15	1	---	---	---	---	---	yellow orthorhombic crystals	1
858	CeN	cerium nitride	25764-08-3	154.123	2830.15	1	---	---	25	7.890	1	refractory cubic crystals	1
859	CeO2	cerium (iv) oxide	1306-38-3	172.115	2673.15	1	---	---	---	---	---	white-yellow powder	1
860	CeO4Sn	cerium stannate	53169-23-6	322.824	---	---	---	---	---	---	---	---	---
861	CeO4Ti	ceric titanate	52014-82-1	251.981	---	---	---	---	---	---	---	---	---
862	CeO4V	ceric vanadate	13597-19-8	255.055	---	---	---	---	---	---	---	---	---
863	CeO4Zr	ceric zirconate	53169-24-7	295.338	---	---	---	---	---	---	---	---	---
864	CeS	cerium (ii) sulfide	12014-82-3	172.182	2718.15	1	---	---	25	5.900	1	yellow cubic crystals	1
865	CeSi2	cerium silicide	12014-85-6	196.287	1893.15	1	---	---	25	5.310	1	tetragonal crystals	1
866	Ce2C3	cerium (iii) carbide	12115-63-8	316.264	1778.15	1	---	---	25	6.900	1	yellow-brown cubic crystals	1
867	Ce2C3H10O14	cerium (iii) carbonate hydrate	72520-94-6	550.335	---	---	---	---	---	---	---	white powder	1
868	Ce2C3O9	cerous carbonate	537-01-9	460.259	---	---	---	---	---	---	---	---	---
869	Ce2C6H18O21	cerous oxalate nonahydrate	13266-83-6	706.427	---	---	---	---	---	---	---	---	---
870	Ce2H16O20S3	cerous sulfate octahydrate	10450-59-6	712.545	---	---	---	---	25	2.886	1	---	---
871	Ce2O2S	cerium oxysulfide	12442-45-4	344.297	---	---	---	---	---	---	---	---	---
872	Ce2O3	cerium (iii) oxide	1345-13-7	328.230	2503.15	1	---	---	25	6.200	1	yellow-green cubic crystals	1
873	Ce2O12S3	cerium (iii) sulfate	13454-94-9	568.423	dec	1	---	---	25	3.912	1	white orthorhombic crystals	1
874	Ce2O12W3	cerous tungstate	13454-74-5	1023.745	---	---	---	---	25	6.770	1	---	---
875	Ce2S3	cerium (iii) sulfide	12014-93-6	376.430	2723.15	1	---	---	25	5.020	1	red cubic crystals	1
876	Ce2Te3	cerous telluride	12014-97-0	663.032	---	---	---	---	---	---	---	---	---
877	Cf	californium	7440-71-3	251.000	1173.15	1	---	---	25	15.100	1	hexagonal or cubic metal	1
878	Cf2O3	californium trioxide	---	549.998	---	---	---	---	25	12.690	1	---	---
879	CfBr2	californium dibromide	---	410.808	---	---	---	---	25	7.220	1	---	---
880	CfBr3	californium tribromide	---	490.712	---	---	---	---	25	5.670	1	---	---

Table 2 Physical Properties - Inorganic Compounds

NO	FORMULA	NAME	CAS No	Mol Wt g/mol	Freezing Point T_F, K	code	Boiling Point T_B, K	code	Density T, C	g/cm3	code	State @ 25C, 1 atm	code
881	CfCl2	californium dichloride	99643-99-9	321.905	---	---	---	---	---	---	---	---	---
882	CfCl3	californium trichloride	---	357.358	---	---	---	---	25	6.070	1	---	---
883	CfF3	californium trifluoride	---	307.995	---	---	---	---	25	9.880	1	---	---
884	CfF4	californium tetrafluoride	42845-08-9	326.994	---	---	---	---	25	7.570	1	---	---
885	CfI2	californium diiodide	---	504.809	---	---	---	---	---	---	---	---	---
886	CfI3	californium triiodide	---	631.713	---	---	---	---	---	---	---	---	---
887	CfO2	californium dioxide	---	282.999	---	---	---	---	25	12.460	1	---	---
888	Cf2O3	californium oxide	12050-91-8	549.998	---	---	---	---	---	---	---	---	---
889	ClC2F2NaO2	chlorodifluoroacetic acid, sodium salt	1895-39-2	152.459	---	---	---	---	---	---	---	---	---
890	ClC18H15Sn	chlorotriphenyltin	639-58-7	385.474	---	---	---	---	---	---	---	---	---
891	ClF	chlorine monofluoride	7790-89-8	54.451	117.55	1	172.05	1	---	---	---	colorless gas	1
892	ClF3	chlorine trifluoride	7790-91-2	92.448	196.81	1	284.90	1	25	1.785	1,2	gas	1
893	ClF5	chlorine pentafluoride	13637-63-3	130.445	170.15	1	260.05	1	25	1.774	1,2	colorless gas	1
894	ClFO3	perchloryl fluoride	7616-94-6	102.449	125.41	1	226.49	1	25	1.408	1,2	colorless gas	1
895	ClH15O10	chloric acid heptahydrate	7790-93-4	210.566	---	---	---	---	25	1.282	1	---	---
896	ClNO2	nitryl chloride	13444-90-1	81.458	128.15	1	258.15	1	---	---	---	colorless gas	1
897	ClNa13O17P4	chlorinated trisodium phosphate	11084-85-8	730.205	---	---	---	---	---	---	---	---	---
898	ClO2	chlorine dioxide	10049-04-4	67.452	213.55	1	284.05	1	25	1.579	1,2	orange-green gas	1
899	Cl2	chlorine	7782-50-5	70.905	172.12	1	239.12	1	25	1.398	1	green-yellow gas	1
900	Cl2O	chlorine monoxide	7791-21-1	86.905	152.55	1	275.35	1	25	1.549	1,2	yellow-brown gas	1
901	Cl2O3	chlorine trioxide	17496-59-2	118.904	explo	1	---	---	---	---	---	dark brown solid	1
902	Cl2O4	chlorine perchlorate	27218-16-2	134.903	156.15	1	---	---	0	1.810	1	unstable liquid	1
903	Cl2O5S2	pyrosulfuryl chloride	7791-27-7	215.034	---	---	419.15	1	25	1.819	1	---	---
904	Cl2O6	chlorine hexoxide	12442-63-6	166.902	276.65	1	---	---	---	---	---	red liquid	1
905	Cl2O7	chlorine heptoxide	10294-48-1	182.901	181.65	1	355.15	1	25	1.900	1	liquid	1
906	Cm	curium	7440-51-9	247.000	1618.15	1	---	---	25	13.510	1	silvery metal	1
907	CmBr3	curium tribromide	---	486.712	---	---	---	---	25	6.850	1	---	---
908	CmCl3	curium trichloride	---	353.358	---	---	---	---	25	5.810	1	---	---
909	CmF3	curium trifluoride	---	303.995	---	---	---	---	---	---	---	---	---
910	CmF4	curium tetrafluoride	24311-95-3	322.994	---	---	---	---	25	7.360	1	---	---
911	CmH2	curium dihydride	---	249.016	---	---	---	---	25	10.700	1	---	---
912	CmI3	curium triiodide	---	627.713	---	---	---	---	25	5.510	1	---	---
913	CmO	curium oxide	24762-86-5	262.999	---	---	---	---	---	---	---	---	---
914	CmO2	curium dioxide	---	278.999	---	---	---	---	25	11.920	1	---	---
915	Cm2O3	curium trioxide	---	541.998	---	---	---	---	25	11.910	1	---	---
916	Co	cobalt	7440-48-4	58.933	1768.15	1	3200.15	1	25	8.860	1	gray metal	1
917	CoAl2O4	cobalt (ii) aluminate	13820-62-7	176.894	---	---	---	---	25	4.370	1	blue cubic crystals	1
918	CoAs	cobalt arsenide	27016-73-5	133.855	1453.15	1	---	---	25	8.220	1	orthorhombic crystals	1
919	CoAs2	cobalt arsenide	12044-42-7	208.776	---	---	---	---	25	7.200	1	monoclinic crystals	1
920	CoAs3	cobalt arsenide	12256-04-1	283.698	1215.15	1	---	---	25	6.840	1	cubic crystals	1
921	CoAsS	cobalt arsenic sulfide	12254-82-9	165.921	---	---	---	---	---	---	---	silvery-white solid	1
922	CoB	cobalt boride	12006-77-8	69.744	1733.15	1	---	---	25	7.250	1	refractory solid	1
923	CoB2F8H12O6	cobalt (ii) tetrafluoroborate hexahydrate	15684-35-2	340.634	---	---	---	---	---	---	---	---	---
924	CoBr2	cobalt (ii) bromide	7789-43-7	218.741	951.15	1	---	---	25	4.910	1	green hexagonal crystals	1
925	CoBr2H12O12	cobalt (ii) bromate hexahydrate	13476-01-2	422.829	---	---	---	---	25	2.462	1	violet crystals	1
926	CoBr2H12O6	cobalt (ii) bromide hexahydrate	13762-12-4	326.833	dec	1	dec	1	25	2.460	1	red hygroscopic crystals	1
927	CoCH16N6O6.5	cobalt (iii) nitrate hemihydrate, pentaammin	15244-74-3	275.107	---	---	---	---	---	---	---	---	---
928	CoCO3	cobalt (ii) carbonate	513-79-1	118.942	---	---	---	---	25	4.200	1	pink rhombohedral crystals	1
929	CoC2H4N2O2	cobalt (ii) cyanide dihydrate	20427-11-6	146.999	---	---	---	---	---	---	---	pink-brown needles	1
930	CoC2H4O5	cobalt (ii) oxalate dihydrate	5965-38-8	166.983	dec	1	---	---	---	---	---	pink needles	1
931	CoC2H6N2O3S2	cobalt (ii) thiocyanate trihydrate	97126-35-7	229.146	---	---	---	---	---	---	---	violet rhombohedral crystals	1
932	CoC2H6O6	cobalt (ii) formate dihydrate	6424-20-0	184.999	dec	1	---	---	25	2.130	1	red crystalline powder	1
933	CoC2N2	cobalt (ii) cyanide	542-84-7	110.968	---	---	---	---	25	1.872	1	blue hygroscopic crystals	1
934	CoC2N2S2	cobalt (ii) thiocyanate	3017-60-5	175.100	---	---	---	---	---	---	---	---	---
935	CoC2NO3	cobalt nitrosodicarbonyl	12021-68-0	144.960	---	---	---	---	---	---	---	---	---
936	CoC2O4	cobalt (ii) oxalate	814-89-1	146.952	dec	1	---	---	25	3.020	1	pink powder	1
937	CoC4H6O4	cobalt (ii) acetate	71-48-7	177.021	---	---	---	---	---	---	---	pink crystals	1
938	CoC4H14O8	cobalt (ii) acetate tetrahydrate	6147-53-1	249.082	---	---	---	---	25	1.705	1	red monoclinic crystals	1
939	CoC6H9O6	cobalt (iii) acetate	917-69-1	236.065	dec	1	---	---	---	---	---	green hygroscopic crystals	1
940	CoC7H5O2	cobalt, cyclopentadienyl dicarbonyl	12078-25-0	180.047	---	---	---	---	---	---	---	---	---
941	CoC10H10	cobaltocene	1277-43-6	189.120	---	---	---	---	---	---	---	---	---
942	CoC10H10F6P	cobaltocenium hexafluorophosphate	12427-42-8	334.084	---	---	---	---	---	---	---	---	---
943	CoC10H14O4	cobalt (ii) acetylacetonate	14024-48-7	257.149	---	---	---	---	25	1.430	1	---	---
944	CoC13H19ClN5O4	cobalt (iii), chloro(pyridine)bis(dimethylglyo	23295-32-1	403.707	---	---	---	---	---	---	---	---	---
945	CoC14H14O6	cobalt (ii), bis(salicylaldehyde)dihydrate	---	337.191	---	---	---	---	---	---	---	---	---
946	CoC15H21O6	cobalt (iii) acetylacetonate	21679-46-9	356.257	---	---	---	---	---	---	---	---	---
947	CoC16H14N2O2	cobalt (ii), n,n'-bis(salicylidene)ethylenedia	14167-18-1	325.228	---	---	---	---	---	---	---	---	---
948	CoC16H40Br4N2	cobalt (ii), bis (tetraethylammonium) tetrabr	2041-04-5	639.051	---	---	---	---	---	---	---	---	---
949	CoC16H40Cl4N2	cobalt (ii), bis (tetraethylammonium) tetrach	6667-75-0	461.246	---	---	---	---	---	---	---	---	---
950	CoC20H16N2O3	cobalt (ii), n,n'-bis(salicylidene)-1,2-phenyle	---	391.286	---	---	---	---	---	---	---	---	---
951	CoC20H18O4	cobalt (ii) benzoylacetonate	14128-95-1	381.288	---	---	---	---	---	---	---	---	---
952	CoC20H22Cr2N4O8	cobalt (ii), tetrakis(pyridine)bis(chromate)	---	609.336	---	---	---	---	---	---	---	---	---
953	CoC20H34O4	cobalt (ii) cyclohexanebutyrate	38582-17-1	397.415	---	---	---	---	---	---	---	---	---
954	CoC21H25N3O2	cobalt (ii), bis(salicylideniminato-3-propyl)m	15391-24-9	410.375	---	---	---	---	---	---	---	---	---
955	CoC26H20N2O2	cobalt (ii), n,n'-bis(salicylidene)dianilino	37981-00-3	451.382	---	---	---	---	---	---	---	---	---
956	CoC26H24Cl2P2	cobalt (ii), [1,2-bis(diphenylphosphino)etha	18498-01-6	528.255	---	---	---	---	---	---	---	---	---
957	CoC32H16N8	cobalt (ii) phthalocyanine	3317-67-7	571.457	---	---	---	---	---	---	---	---	---
958	CoC36H30Cl2P2	cobalt (ii), bis (triphenylphosphine) chloride	14126-40-0	654.410	---	---	---	---	---	---	---	---	---
959	CoC36H44N4	cobalt (ii), 2,3,7,8,12,13,17,18-octaethyl-21	17632-19-8	591.695	---	---	---	---	---	---	---	---	---
960	CoC36H62O4	cobalt (ii) linoleate	14666-96-7	617.808	---	---	---	---	---	---	---	---	---

466

Table 2 Physical Properties - Inorganic Compounds

				Mol Wt	Freezing Point		Boiling Point		Density			State	
NO	FORMULA	NAME	CAS No	g/mol	T_F, K	code	T_B, K	code	T, C	g/cm3	code	@ 25C, 1 atm	code
961	CoC36H66O4	cobalt (ii) oleate	14666-94-5	621.840	---	---	---	---	---	---	---	---	---
962	CoC36H70O4	cobalt stearate	1002-88-6	625.872	---	---	---	---	25	1.130	1	---	---
963	CoC44H28N4	cobalt (ii), 5,10,15,20-tetraphenyl-21h,23h-	14172-90-8	671.653	---	---	---	---	---	---	---	---	---
964	CoC48H24N8	cobalt (ii) 2,3-naphthalocyanine	26603-20-3	771.691	---	---	---	---	---	---	---	---	---
965	CoC48H36N4O4	cobalt (ii), 5,10,15,20-tetrakis(4-methoxyph	28903-71-1	791.757	---	---	---	---	---	---	---	---	---
966	CoC63H91N13O14P	cobalamin hydrate, methyl	68-19-9	1344.383	---	---	---	---	---	---	---	---	---
967	CoC88H124O8	cobalt resinate	68956-82-1	1368.855	---	---	---	---	---	---	---	---	---
968	CoCl2	cobalt chloride	7646-79-9	129.839	1013.15	1	1322.15	1	25	3.360	1	blue hygroscopic leaflets	1
969	CoCl2H4O2	cobalt (ii) chloride dihydrate	16544-92-6	165.869	---	---	---	---	25	2.477	1	violet-blue crystals	1
970	CoCl2H12O6	cobalt (ii) chloride hexahydrate	7791-13-1	237.930	dec	1	---	---	25	1.924	1	pink-red monoclinic crystals	1
971	CoCl2H12O14	cobalt (ii) perchlorate hexahydrate	13478-33-6	365.925	---	---	---	---	---	---	---	---	---
972	CoCl2O8	cobalt (ii) perchlorate	13455-31-7	257.834	---	---	---	---	25	3.330	1	red needles	1
973	CoCl3	cobalt (iii) chloride	10241-04-0	165.291	---	---	---	---	25	2.940	1	---	---
974	CoCl3H15N5	cobalt (iii), pentamminechloro chloride	13859-51-3	250.444	---	---	---	---	---	---	---	---	---
975	CoCl3H18N6	cobalt (iii) hexammine chloride	10534-89-1	267.475	---	---	---	---	25	1.710	1	red monoclinic crystals	1
976	CoCrO4	cobalt (ii) chromate	24613-38-5	174.927	---	---	---	---	25	4.000	1	yellow-brown orthorhombic crystals	1
977	CoCr2O4	cobalt (ii) chromite	---	226.923	---	---	---	---	25	5.140	1	blue-green cubic crystals	1
978	CoF2	cobalt (ii) fluoride	10026-17-2	96.930	1400.15	1	---	---	25	4.460	1	red tetragonal crystals	1
979	CoF2H8O4	cobalt (ii) fluoride tetrahydrate	13817-37-3	168.991	dec	1	---	---	25	2.220	1	red orthorhombic crystals	1
980	CoF3	cobalt (iii) fluoride	10026-18-3	115.928	1200.15	1	---	---	25	3.880	1	brown hexagonal crystals	1
981	CoF4	cobalt (iv) fluoride	13596-45-7	134.927	---	---	---	---	---	---	---	---	---
982	CoF6H12O6Si	cobalt (ii) hexafluorosilicate hexahydrate	---	309.101	---	---	---	---	25	2.087	1	pale red crystals	1
983	CoFe2O4	cobalt (ii) diiron tetroxide	12052-28-7	234.621	---	---	---	---	---	---	---	---	---
984	CoHO2	cobalt (iii) oxide hydroxide	---	91.940	---	---	---	---	---	---	---	---	---
985	CoH2MoO5	cobalt (ii) molybdate monohydrate	18601-87-1	236.886	---	---	---	---	---	---	---	---	---
986	CoH2O2	cobalt (ii) hydroxide	21041-93-0	92.948	dec	1	---	---	25	3.600	1	blue-green crystals	1
987	CoH2O5S	cobalt (ii) sulfate monohydrate	13455-34-0	173.012	---	---	---	---	25	3.080	1	red monoclinic crystals	1
988	CoH3K3N6O13.5	cobalt (iii) potassium nitrite sesquihydrate	---	479.284	---	---	---	---	25	2.600	1	yellow cubic crystals	1
989	CoH3O3	cobalt (iii) hydroxide	1307-86-4	109.955	dec	1	---	---	---	---	---	brown powder	1
990	CoH4I2O2	cobalt (ii) iodide dihydrate	---	348.773	---	---	---	---	---	---	---	---	---
991	CoH4NO4P	ammonium cobalt (ii) phosphate	14590-13-7	171.943	---	---	---	---	---	---	---	red-violet powder	1
992	CoH4O5Se	cobalt (ii) selenite dihydrate	19034-13-0	221.922	---	---	---	---	---	---	---	blue-red powder	1
993	CoH9O6	cobalt (iii) hydroxide trihydrate	---	164.001	---	---	---	---	25	4.460	1	---	---
994	CoH10N7O8	cobalt (iii) ammonium tetranitrodiammine	13600-89-0	295.055	---	---	---	---	25	1.970	1	red-brown orthorhombic crystals	1
995	CoH10O9Se	cobalt (ii) selenate pentahydrate	14590-19-3	291.967	dec	1	---	---	25	2.510	1	red triclinic crystals	1
996	CoH12I2O6	cobalt (ii) iodide hexahydrate	---	420.834	dec	1	---	---	25	2.900	1	red hexagonal prisms	1
997	CoH12K2O14S2	cobalt (ii) potassium sulfate hexahydrate	10026-20-7	437.349	dec	1	---	---	25	2.220	1	red monoclinic crystals	1
998	CoH12N2O12	cobalt (ii) nitrate hexahydrate	10026-22-9	291.035	---	---	---	---	25	1.880	1	red monoclinic crystals	1
999	CoH14O11S	cobalt (ii) sulfate heptahydrate	10026-24-1	281.104	dec	1	---	---	25	2.030	1	pink monoclinic crystals	1
1000	CoI2	cobalt (ii) iodide	15238-00-3	312.742	793.15	1	---	---	25	5.600	1	black hexagonal crystals	1
1001	CoI2O6	cobalt (ii) iodate	13455-28-2	408.739	dec	1	---	---	25	5.090	1	black-violet needles	1
1002	CoNC3O4	cobalt nitrosyl tricarbonyl	14096-82-3	172.970	262.15	1	320.00	1	---	---	---	liquid	1
1003	CoN2O4	cobalt (ii) nitrite	18488-96-5	150.944	---	---	---	---	---	---	---	---	---
1004	CoN2O6	cobalt (ii) nitrate	10141-05-6	182.943	dec	1	---	---	25	2.490	1	pale red powder	1
1005	CoN3O9	cobalt (iii) nitrate	15520-84-0	244.948	---	---	---	---	---	---	---	green cubic crystals	1
1006	CoO	cobalt (ii) oxide	1307-96-6	74.933	2103.15	1	---	---	25	6.440	1	gray cubic crystals	1
1007	CoO3Ti	cobalt (ii) titanate	12017-01-5	154.798	---	---	---	---	25	5.000	1	green rhombohedral crystals	1
1008	CoO3Zr	cobalt zirconate	39361-25-6	198.155	---	---	---	---	---	---	---	---	---
1009	CoO4Mo	cobalt (ii) molybdate	13762-14-6	218.871	1313.15	1	---	---	25	4.700	1	black monoclinic crystals	1
1010	CoO4S	cobalt (ii) sulfate	10124-43-3	154.997	---	---	---	---	25	3.710	1	red orthorhombic crystals	1
1011	CoO4W	cobalt (ii) tungstate	12640-47-0	306.771	---	---	---	---	---	---	---	blue monoclinic crystals	1
1012	CoS	cobalt (ii) sulfide	1317-42-6	90.999	1455.15	1	---	---	25	5.450	1	black amorphous powder	1
1013	CoS2	cobalt disulfide	12013-10-4	123.065	---	---	---	---	25	4.300	1	cubic crystals	1
1014	CoSb	cobalt antimonide	12052-42-5	180.693	1475.15	1	---	---	25	8.800	1	hexagonal crystals	1
1015	CoSe	cobalt (ii) selenide	1307-99-9	137.893	1328.15	1	---	---	25	7.650	1	yellow hexagonal crystals	1
1016	CoSi2	cobalt silicide	12017-12-8	115.104	1599.15	1	---	---	25	4.900	1	gray cubic crystals	1
1017	CoTe	cobalt (ii) telluride	12017-13-9	186.533	---	---	---	---	25	8.800	1	hexagonal crystals	1
1018	Co2C8O8	cobalt carbonyl	10210-68-1	341.947	dec	1	---	---	25	1.780	1	orange crystals	1
1019	Co2F6H4O2	cobalt (iii) fluoride dihydrate	54496-71-8	267.887	---	---	---	---	25	2.192	1	---	---
1020	Co2H2O4	cobalt (iii) oxide monohydrate	12016-80-7	183.880	dec	1	---	---	---	---	---	brown-black hexagonal crystals	1
1021	Co2O3	cobalt (iii) oxide	1308-04-9	165.865	dec	1	---	---	25	5.180	1	gray-black powder	1
1022	Co2O4Si	cobalt (ii) orthosilicate	12017-08-2	209.950	1618.15	1	---	---	25	4.630	1	red-violet orthorhombic crystals	1
1023	Co2O4Sn	cobalt (ii) stannate	12139-93-4	300.574	---	---	---	---	25	6.300	1	green-blue cubic crystals	1
1024	Co2O4Ti	cobalt (iii) titanate	12017-38-8	229.731	---	---	---	---	25	5.100	1	green-black cubic crystals	1
1025	Co2P	cobalt phosphide	12134-02-0	148.840	1659.15	1	---	---	25	6.400	1	gray needles	1
1026	Co2S3	cobalt (iii) sulfide	1332-71-4	214.064	---	---	---	---	25	4.800	1	black cubic crystals	1
1027	Co3As2H16O16	cobalt (ii) arsenate octahydrate	24719-19-5	598.760	dec	1	---	---	25	3.000	1	red monoclinic needles	1
1028	Co3C12Fe2N12	cobalt (ii) ferricyanide	---	600.699	---	---	---	---	---	---	---	red needles	1
1029	Co3C12H14O16	cobalt (ii) citrate dihydrate	18727-04-3	591.030	---	---	---	---	---	---	---	---	---
1030	Co3H16O16P2	cobalt (ii) phosphate octahydrate	10294-50-5	510.865	---	---	---	---	25	2.770	1	pink amorphous powder	1
1031	Co3O4	cobalt tetroxide	1308-06-1	240.797	dec	1	---	---	25	6.110	1	black cubic crystals	1
1032	Co3O8P2	cobaltous phosphate	13455-36-2	366.742	---	---	---	---	25	2.769	1	---	---
1033	Co4C12O12	cobalt dodecacarbonyl	17786-31-1	571.854	dec	1	---	---	25	2.090	1	black crystals	1
1034	Co5C2H8O13	cobalt (ii) basic carbonate	7542-09-8	534.743	---	---	---	---	---	---	---	---	---
1035	Cr	chromium	7440-47-3	51.996	2180.15	1	2944.15	1	25	7.150	1	blue-white metal	1
1036	CrB	chromium boride	12006-79-0	62.807	2373.15	1	---	---	25	6.100	1	refractory orthorhombic crystals	1
1037	CrB2	chromium diboride	12007-16-8	73.618	2473.15	1	---	---	25	5.220	1	refractory solid	1
1038	CrBr2	chromium (ii) bromide	10049-25-9	211.804	1115.15	1	---	---	25	4.236	1	white monoclinic crystals	1
1039	CrBr3	chromium (iii) bromide	10031-25-1	291.708	1403.15	1	---	---	25	4.680	1	dark green hexagonal crystals	1
1040	CrBr3H12O6	chromium (iii) bromide hexahydrate	13478-06-3	399.800	352.15	1	---	---	25	5.400	1	solid	1

				Mol Wt	Freezing Point		Boiling Point		Density			State	
NO	FORMULA	NAME	CAS No	g/mol	T_F, K	code	T_B, K	code	T, C	g/cm3	code	@ 25C, 1 atm	code
1041	CrBr4	chromium (iv) bromide	23098-84-2	371.612	---	---	---	---	---	---	---	---	---
1042	CrC2H2O5	chromium (ii) oxalate monohydrate	---	158.030	---	---	---	---	25	2.468	1	yellow-green powder	1
1043	CrC2H4O5	chromium (ii) formate monohydrate	4493-37-2	160.046	---	---	---	---	---	---	---	---	---
1044	CrC4H7O5	chromium (iii) acetate hydroxide	39430-51-8	187.091	---	---	---	---	---	---	---	---	---
1045	CrC4H8O5	chromium (ii) acetate monohydrate	---	188.099	---	---	---	---	25	1.790	1	red monoclinic crystals	1
1046	CrC5H6FNO3	pyridinium fluorochromate	83042-08-4	199.101	---	---	---	---	---	---	---	---	---
1047	CrC6H11O7	chromium (iii) acetate monohydrate	1066-30-4	247.143	---	---	---	---	---	---	---	---	---
1048	CrC6H31Cl3N6O3.5	chromium (iii) chloride hemiheptahydrate, t	16165-32-5	401.703	---	---	---	---	---	---	---	---	---
1049	CrC6O6	chromium carbonyl	13007-92-6	220.057	427.65	1	dec	1	25	1.770	1	colorless orthorhombic crystals	1
1050	CrC7H11ClN2O3	hromate, 4-(dimethylamino)pyridinium chlo	81121-61-1	258.623	---	---	---	---	---	---	---	---	---
1051	CrC8H20N2O6	chromium (vi) morpholine	36969-05-8	292.250	---	---	---	---	---	---	---	---	---
1052	CrC9H6O3	chromium benzene tricarbonyl	12082-08-5	214.138	---	---	---	---	---	---	---	---	---
1053	CrC10H10	chromocene	1271-24-5	182.183	---	---	---	---	---	---	---	---	---
1054	CrC10H7BF4O3	chromium, tropylium tricarbonyl tetrafluorob	12170-19-3	313.961	---	---	---	---	---	---	---	---	---
1055	CrC10H8O3	chromium tricarbonyl, cycloheptatriene	12125-72-3	228.165	---	---	---	---	---	---	---	---	---
1056	CrC10H8O4	chromium anisole tricarbonyl	12116-44-8	244.164	---	---	---	---	---	---	---	---	---
1057	CrC10H9ClN2O3	chromate, 2,2'-bipyridinium chloro	76899-34-8	292.639	---	---	---	---	---	---	---	---	---
1058	CrC10H9NO3	chromium tricarbonyl, n-methylaniline	12241-41-7	243.180	---	---	---	---	---	---	---	---	---
1059	CrC11H15NO6	chromium, tetramethylammonium (1-hydrox	15975-93-6	309.236	---	---	---	---	---	---	---	---	---
1060	CrC11H8O5	chromium tricarbonyl, (methyl benzoate)	12125-87-0	272.174	---	---	---	---	---	---	---	---	---
1061	CrC12H12	chromium (0), bis(benzene)	1271-54-1	208.220	---	---	---	---	---	---	---	---	---
1062	CrC12H12O3	chromium tricarbonyl, mesitylene	12129-67-8	256.218	---	---	---	---	---	---	---	---	---
1063	CrC13H12O3	chromium tricarbonyl, 1,2,3,4-tetrahydrona	12154-63-1	268.229	---	---	---	---	---	---	---	---	---
1064	CrC13H8O3	chromium tricarbonyl, naphthalene	12110-37-1	264.197	---	---	---	---	---	---	---	---	---
1065	CrC14H30N3Na2O16	chromium (iii) disodium salt hexahydrate, d	80529-94-8	594.374	---	---	---	---	---	---	---	---	---
1066	CrC15H21O6	chromium acetylacetonate	21679-31-2	349.320	481.15	1	618.15	1	25	1.340	1	red monoclinic crystals	1
1067	CrC16H36ClNO3	chromate, tetrabutylammonium chloro	54712-57-1	377.911	---	---	---	---	---	---	---	---	---
1068	CrC20H30	chromium, bis(pentamethylcyclopentadieny	74507-61-2	322.448	---	---	---	---	---	---	---	---	---
1069	CrC24H45O6	chromium (iii) 2-ethylhexanoate	3444-17-5	481.607	---	---	---	---	25	1.010	1	---	---
1070	CrC33H57O6	chromium (iii), tris(2,2,6,6-tetramethyl-3,5-h	14434-47-0	601.798	---	---	---	---	---	---	---	---	---
1071	CrCl2	chromium (ii) chloride	10049-05-5	122.902	1087.15	1	1573.15	1	25	2.880	1	hygroscopic needles	1
1072	CrCl2H16O8	chromium (ii) chloride tetrahydrate	13931-94-7	267.024	dec	1	---	---	---	---	---	blue hygroscopic crystals	1
1073	CrCl3	chromium (iii) chloride	10025-73-7	158.354	1425.15	1	dec	1	25	2.870	1	purple hexagonal plates	1
1074	CrCl3H12O6	chromium (iii) chloride hexahydrate	10060-12-5	266.446	---	---	---	---	---	---	---	green monoclinic crystals	1
1075	CrCl3O12	chromium (iii) perchlorate	55147-94-9	350.347	---	---	---	---	---	---	---	---	---
1076	CrCl4	chromium (iv) chloride	15597-88-3	193.807	---	---	dec	1	---	---	---	gas, stable at high temperature	1
1077	CrF2	chromium (ii) fluoride	10049-10-2	89.993	1167.15	1	---	---	25	3.790	1	blue-green monoclinic crystals	1
1078	CrF3	chromium (iii) fluoride	7788-97-8	108.991	1673.15	1	---	---	25	3.800	1	green needles	1
1079	CrF3H6O3	chromium (iii) fluoride trihydrate	16671-27-5	163.037	---	---	---	---	25	2.200	1	green hexagonal crystals	1
1080	CrF3H8O4	chromium (iii) fluoride tetrahydrate	123333-98-2	181.052	---	---	---	---	---	---	---	---	---
1081	CrF4	chromium (iv) fluoride	10049-11-3	127.990	550.15	1	---	---	25	2.890	1	green crystals	1
1082	CrF5	chromium (v) fluoride	14884-42-5	146.988	307.15	1	390.15	1	---	---	---	red orthorhombic crystals	1
1083	CrF6	chromium (vi) fluoride	13843-28-2	165.987	dec	1	---	---	---	---	---	yellow solid	1
1084	CrHO5S	chromium (iii) basic sulfate	12336-95-7	165.067	---	---	---	---	---	---	---	---	---
1085	CrH2O4	chromic acid	7738-94-5	118.010	469.15	1	---	---	25	2.290	1	solid	1
1086	CrH4KO8S2	chromium potassium sulfate	10141-00-1	287.253	362.15	1	---	---	25	1.813	1	solid	1
1087	CrH9O6	chromium (iii) hydroxide trihydrate	1308-14-1	157.064	---	---	---	---	---	---	---	blue-green powder	1
1088	CrH10O9S	chromium (ii) sulfate pentahydrate	13825-86-0	238.136	---	---	---	---	---	---	---	blue crystals	1
1089	CrH12O10P	chromium (iii) phosphate hexahydrate	84359-31-9	255.059	dec	1	---	---	25	2.121	1	violet crystals	1
1090	CrH18N3O18	chromium (iii) nitrate nonahydrate	7789-02-8	400.148	339.45	1	dec	1	25	1.800	1	green-black monoclinic crystals	1
1091	CrH24KO20S2	chromium (iii) potassium sulfate dodecahyd	7788-99-0	499.405	dec	1	---	---	25	1.830	1	violet-black cubic crystals	1
1092	CrH28NO20S2	chromic, ammonium sulfate dodecahydrate	10022-47-6	478.345	dec	1	---	---	25	1.720	1	blue-violet crystals	1
1093	CrI2	chromium (ii) iodide	13478-28-9	305.805	1141.15	1	---	---	25	5.100	1	red-brown crystals	1
1094	CrI3	chromium (iii) iodide	13569-75-0	432.710	dec	1	---	---	25	5.320	1	dark green hexagonal crystals	1
1095	CrI4	chromium (iv) iodide	23518-77-6	559.614	---	---	---	---	---	---	---	---	---
1096	CrN	chromium nitride	24094-93-7	66.003	dec	1	---	---	25	5.900	1	gray cubic crystals	1
1097	CrN3O9	chromium (iii) nitrate	13548-38-4	238.011	dec	1	---	---	---	---	---	green hygroscopic powder	1
1098	CrO2	chromium (iv) oxide	12018-01-8	83.995	dec	1	---	---	25	4.890	1	brown-black tetragonal powder	1
1099	CrO2Cl2	chromium oxychloride	14977-61-8	154.900	176.65	1	390.15	1	25	1.910	1	liquid	1
1100	CrO3	chromium (vi) oxide	1333-82-0	99.994	470.00	1	---	---	25	2.700	1	red orthorhombic crystals	1
1101	CrO4P	chromium (iii) phosphate	7789-04-0	146.967	---	---	---	---	25	4.600	1	blue orthorhombic crystals	1
1102	CrP	chromium phosphide	26342-61-0	82.970	---	---	---	---	25	5.250	1	orthorhombic crystals	1
1103	CrSb	chromium antimonide	12053-12-2	173.756	1383.15	1	---	---	25	7.110	1	hexagonal crystals	1
1104	CrSe	chromium selenide	12053-13-3	130.956	---	---	---	---	25	6.100	1	hexagonal crystals	1
1105	CrSi2	chromium silicide	12018-09-6	108.167	1763.15	1	---	---	25	4.910	1	gray hexagonal crystals	1
1106	Cr2As	chromium arsenide	12254-85-2	178.914	---	---	---	---	25	7.040	1	tetragonal crystals	1
1107	Cr2C6H10N4O7	dichromate, imidazolium	109201-26-5	354.159	---	---	---	---	---	---	---	---	---
1108	Cr2C10H12N2O7	dichromate, pyridinium	20039-37-6	376.204	---	---	---	---	---	---	---	---	---
1109	Cr2C12H12N2O11	dichromate, 4-carboxypyridinium	104316-83-8	464.223	---	---	---	---	---	---	---	---	---
1110	Cr2C18H16N2O7	dichromate, quinolinium	56549-24-7	476.321	---	---	---	---	---	---	---	---	---
1111	Cr2C24H30O4	pentamethylcyclopentadienylchromium dica	37299-12-0	486.485	---	---	---	---	---	---	---	---	---
1112	Cr2C32H72N2O7	dichromate, bis (tetrabutylammonium)	56660-19-6	700.916	---	---	---	---	---	---	---	---	---
1113	Cr2FeH4NO8	chromate, ammonium ferric	7789-08-4	305.871	---	---	---	---	---	---	---	red powder	1
1114	Cr2H8N2O7	dichromate, ammonium	7789-09-5	252.065	dec	1	---	---	25	2.155	1	orange-red monoclinic crystals	1
1115	Cr2N	chromium nitride	12053-27-9	117.999	1923.15	1	---	---	25	6.800	1	hexagonal crystals	1
1116	Cr2O3	chromium (iii) oxide	1308-38-9	151.990	2602.15	1	---	---	25	5.220	1	green hexagonal crystals	1
1117	Cr2O12S3	chromium (iii) sulfate	10101-53-8	392.183	---	---	---	---	25	3.100	1	red-brown hexagonal crystals	1
1118	Cr2S3	chromium (iii) sulfide	12018-22-3	200.190	---	---	---	---	25	3.800	1	brown-black hexagonal crystals	1
1119	Cr2Te3	chromium (iii) telluride	12053-39-3	486.792	---	---	---	---	25	7.000	1	hexagonal crystals	1
1120	Cr3C2	chromium carbide	12012-35-0	180.010	2168.15	1	---	---	25	6.680	1	gray orthorhombic crystals	1

Table 2 Physical Properties - Inorganic Compounds

				Mol Wt	Freezing Point		Boiling Point		Density			State	
NO	FORMULA	NAME	CAS No	g/mol	T_F, K	code	T_B, K	code	T, C	g/cm3	code	@ 25C, 1 atm	code
1121	Cr3O4	chromium (ii,iii) oxide	12018-34-7	219.986	---	---	---	---	25	6.100	1	cubic crystals	1
1122	Cr3Si	chromium silicide	12018-36-9	184.074	2043.15	1	---	---	25	6.400	1	cubic crystals	1
1123	Cr5B3	chromium boride	12007-38-4	292.414	2173.15	1	---	---	25	6.100	1	tetragonal crystals	1
1124	Cs	cesium	7440-46-2	132.905	301.65	1	944.15	1	25	1.930	1	silvery-white metal	1
1125	CsAlH24O20S2	cesium aluminum sulfate dodecahydrate	7784-17-0	568.198	---	---	---	---	25	2.022	1	---	---
1126	CsBF4	cesium fluoroborate	18909-69-8	219.710	---	---	---	---	25	3.200	1	---	---
1127	CsBO2	cesium metaborate	92141-86-1	175.715	1005.15	1	---	---	---	---	---	cubic crystals	1
1128	CsBr	cesium bromide	7787-69-1	212.809	909.15	1	1573.15	1	---	---	---	white cubic crystals	1
1129	CsBrO3	cesium bromate	13454-75-6	260.808	---	---	---	---	25	4.110	1	colorless hexagonal crystals	1
1130	CsBr2I	cesium bromoiodide	18278-82-5	419.618	---	---	---	---	25	4.250	1	---	---
1131	CsCHO3	cesium hydrogen carbonate	29703-01-3	193.922	---	---	---	---	---	---	---	---	---
1132	CsCH3O3S	cesium methanesulfonate	2550-61-0	228.004	---	---	---	---	---	---	---	---	---
1133	CsCN	cesium cyanide	21159-32-0	158.923	623.15	1	---	---	25	3.340	1	white cubic crystals	1
1134	CsC2F3O2	cesium trifluoroacetate	21907-50-6	245.921	---	---	---	---	---	---	---	---	---
1135	CsC2H3O2	cesium acetate	3396-11-0	191.949	---	---	---	---	---	---	---	---	---
1136	CsC5H7O2	cesium acetylacetonate	25937-78-4	232.013	---	---	---	---	---	---	---	---	---
1137	CsCl	cesium chloride	7647-17-8	168.358	918.15	1	1570.15	1	25	3.988	1	white cubic crystals	1
1138	CsClO3	cesium chlorate	13763-67-2	216.356	---	---	---	---	25	3.570	1	colorless hexagonal crystals	1
1139	CsClO4	cesium perchlorate	13454-84-7	232.356	523.15	1	---	---	25	3.327	1	white orthorhombic crystals	1
1140	CsF	cesium fluoride	13400-13-0	151.904	956.15	1	1524.15	1	---	---	---	white cubic crystals	1
1141	CsH	cesium hydride	58724-12-2	133.913	dec	1	---	---	25	3.420	1	white cubic crystals	1
1142	CsHF2	cesium hydrogen fluoride	12280-52-3	171.910	443.15	1	---	---	25	3.860	1	tetragonal crystals	1
1143	CsH3O2	cesium hydroxide monohydrate	35103-79-8	167.928	---	---	---	---	25	3.675	1	---	---
1144	CsI	cesium iodide	7789-17-5	259.810	894.15	1	1553.15	1	25	4.510	1	colorless cubic crystals	1
1145	CsIO3	cesium iodate	13454-81-4	307.808	---	---	---	---	25	4.850	1	---	---
1146	CsNH2	cesium amide	22205-57-8	148.928	---	---	---	---	25	3.700	1	white tetragonal crystals	1
1147	CsNO3	cesium nitrate	7789-18-6	194.910	687.15	1	---	---	25	3.660	1	white hexagonal or cubic crystals	1
1148	CsN3	cesium azide	22750-57-8	174.926	599.15	1	---	---	---	---	---	hygroscopic tetragonal crystals	1
1149	CsNbO3	cesium niobate	12053-66-6	273.810	---	---	---	---	---	---	---	---	---
1150	CsOH	cesium hydroxide	21351-79-1	149.913	615.45	1	---	---	25	3.680	1	white-yellow hygroscopic crystals	1
1151	CsO2	cesium superoxide	12018-61-0	164.904	705.15	1	---	---	25	3.770	1	yellow tetragonal crystals	1
1152	CsO3Ta	cesium tantalate	12158-56-4	361.852	---	---	---	---	---	---	---	---	---
1153	CsO3V	cesium metavanadate	14644-55-4	231.845	---	---	---	---	---	---	---	---	---
1154	Cs2CO3	cesium carbonate	534-17-8	325.820	1065.15	1	---	---	25	4.240	1	white monoclinic crystals	1
1155	Cs2CrO4	cesium chromate	56320-90-2	381.805	---	---	---	---	25	4.230	1	---	---
1156	Cs2MoO4	cesium molybdate	13597-64-3	425.749	---	---	---	---	---	---	---	---	---
1157	Cs2O	cesium oxide	20281-00-9	281.810	763.15	1	---	---	25	4.650	1	yellow-orange hexagonal crystals	1
1158	Cs2O2	cesium peroxide	---	297.810	---	---	---	---	25	4.470	1	---	---
1159	Cs2O3	cesium trioxide	12134-22-4	313.809	---	---	---	---	25	4.250	1	---	---
1160	Cs2O3Ti	cesium titanate	51222-65-2	361.676	---	---	---	---	---	---	---	---	---
1161	Cs2O3Zr	cesium zirconate	51222-66-3	405.033	---	---	---	---	---	---	---	---	---
1162	Cs2O4W	cesium tungstate	52350-17-1	513.649	---	---	---	---	---	---	---	---	---
1163	Cs2S	cesium sulfide	12214-16-3	297.877	---	---	---	---	---	---	---	---	---
1164	Cs2Se	cesium selenide	31052-46-7	344.771	---	---	---	---	---	---	---	---	---
1165	Cs2SO4	cesium sulfate	10294-54-9	361.875	1278.15	1	---	---	25	4.240	1	white crystals	1
1166	Cs2Te	cesium telluride	12191-06-9	393.411	---	---	---	---	---	---	---	---	---
1167	Cs3O4V	cesium orthovanadate	34283-69-7	513.655	---	---	---	---	---	---	---	---	---
1168	Cs4O7V2	cesium pyrovanadate	55343-67-4	745.501	---	---	---	---	---	---	---	---	---
1169	Cu	copper	7440-50-8	63.546	1357.77	1	2835.15	1	25	8.960	1	red metal	1
1170	CuAsHO3	copper (ii) arsenite	10290-12-7	187.474	---	---	---	---	---	---	---	yellow-green powder	1
1171	CuB2F8	copper (ii) tetrafluoroborate	14735-84-3	237.155	---	---	---	---	---	---	---	---	---
1172	CuB2O4	copper (ii) borate	39290-85-2	149.166	---	---	---	---	25	3.859	1	blue-green powder	1
1173	CuBr	cuprous bromide	7787-70-4	143.450	770.15	1	1618.15	1	25	4.980	1	white cubic crystals	1
1174	CuBr2	copper (ii) bromide	7789-45-9	223.354	771.15	1	1173.15	1	25	4.710	1	black monoclinic crystals	1
1175	CuCN	copper (i) cyanide	544-92-3	89.563	747.15	1	dec	1	25	2.900	1	white powder or green orthorhombic crystals	1
1176	CuCNS	copper (i) thiocyanate	1111-67-7	121.629	1357.15	1	---	---	25	2.850	1	white-yellow amorphous powder	1
1177	CuC2N2	copper (ii) cyanide	14763-77-0	115.581	---	---	---	---	---	---	---	green powder	1
1178	CuC2O4	copper (ii) oxalate	5893-66-3	151.565	dec	1	---	---	---	---	---	blue-white powder	1
1179	CuC2	copper (ii) acetylide	12540-13-5	87.567	explo	1	---	---	---	---	---	brown-black solid	1
1180	CuC2F6O6S2	copper (ii) trifluoromethanesulfonate	34946-82-2	361.686	---	---	---	---	---	---	---	---	---
1181	CuC2HO4.5	copper (ii) oxalate hemihydrate	814-91-5	160.573	---	---	---	---	---	---	---	---	---
1182	CuC2H2O4	copper (ii) formate	544-19-4	153.581	---	---	---	---	25	1.831	1	blue crystals	1
1183	CuC2H3O2	copper (i) acetate	598-54-9	122.590	dec	1	---	---	---	---	---	colorless crystals	1
1184	CuC2H6BrS	copper (i) bromide-dimethyl sulfide comple:	54678-23-8	205.585	---	---	---	---	---	---	---	---	---
1185	CuC2H6O2	copper (ii) methoxide	76890-98-7	125.614	---	---	---	---	---	---	---	---	---
1186	CuC2H10O8	copper (ii) formate tetrahydrate	5893-61-8	225.642	---	---	---	---	25	1.810	1	blue monoclinic crystals	1
1187	CuC3H9IO3P	copper (i) iodide, (trimethylphosphite)	34836-53-8	314.526	---	---	---	---	---	---	---	---	---
1188	CuC4H10N2O5	copper (ii) glycinate monohydrate	13479-54-4	229.679	---	---	---	---	---	---	---	---	---
1189	CuC4H6O4	copper (ii) acetate	142-71-2	181.634	---	---	---	---	---	---	---	blue-green hygroscopic powder	1
1190	CuC4H8O5	copper (ii) acetate monohydrate	6046-93-1	199.649	388.15	1	dec	1	25	1.880	1	green monoclinic crystals	1
1191	CuC4H9S	copper (i) butylmercaptide	4860-18-8	152.726	---	---	---	---	---	---	---	---	---
1192	CuC4H10O9	copper (ii) tartrate trihydrate	815-82-7	265.663	---	---	---	---	---	---	---	blue-green powder	1
1193	CuC6H5S	copper (i), phenylthio	1192-40-1	172.716	---	---	---	---	---	---	---	---	---
1194	CuC6H15IO3P	copper (i) iodide, (triethylphosphite)	51717-23-8	356.606	---	---	---	---	---	---	---	---	---
1195	CuC8H5	copper (i) phenylacetylide	13146-23-1	164.671	---	---	---	---	---	---	---	---	---
1196	CuC8H10F6O2P	copper (i), trimethylphosphine(hexafluoroac	135707-05-0	346.674	---	---	---	---	---	---	---	---	---
1197	CuC8H12F6N4P	copper (i) hexafluorophosphate, tetrakis(ac	64443-05-6	372.718	---	---	---	---	---	---	---	---	---
1198	CuC8H14O4	copper (ii) isobutyrate	15432-56-1	237.740	---	---	---	---	---	---	---	---	---
1199	CuC8H20N2O2	copper (ii) dimethylaminoethoxide	41119-18-0	239.803	---	---	---	---	---	---	---	---	---
1200	CuC10H2F12O4	copper (ii) hexafluoroacetylacetonate	14781-45-4	477.647	---	---	---	---	---	---	---	---	---

Table 2 Physical Properties - Inorganic Compounds

				Mol Wt	Freezing Point		Boiling Point		Density			State	
NO	FORMULA	NAME	CAS No	g/mol	T_F, K	code	T_B, K	code	T, C	g/cm3	code	@ 25C, 1 atm	code
1201	CuC10H8F6O4	copper (ii) trifluoroacetylacetonate	14324-82-4	369.705	---	---	---	---	---	---	---	---	---
1202	CuC10H14O4	copper acetylacetonate	13395-16-9	261.762	dec	1	---	---	---	---	---	blue powder	1
1203	CuC12H8Cl2N2	copper (ii)dichloro(1,10-phenanthroline)	---	314.657	---	---	---	---	---	---	---	---	---
1204	CuC12H18O6	copper (ii) ethylacetoacetate	14284-06-1	321.814	---	---	---	---	---	---	---	---	---
1205	CuC12H22O14	copper (ii) gluconate	527-09-3	453.841	---	---	---	---	---	---	---	---	---
1206	CuC16H30O4	copper (ii) 2-ethylhexanoate	149-11-1	349.953	---	---	---	---	---	---	---	---	---
1207	CuC16H34O6	copper (ii) 2-(2-butoxyethoxy)ethoxide	120604-45-7	385.984	---	---	---	---	---	---	---	---	---
1208	CuC16H40Br4N2	copper (ii), bis (tetraethylammonium) tetrab	2041-02-3	643.664	---	---	---	---	---	---	---	---	---
1209	CuC16H40Cl4N2	copper (ii), bis (tetraethylammonium) tetrac	13927-32-7	465.859	---	---	---	---	---	---	---	---	---
1210	CuC20H20F14O4	copper (ii), bis(1,1,1,2,2,3,3-heptafluoro-7,7	80289-21-0	653.894	---	---	---	---	---	---	---	---	---
1211	CuC20H34O4	copper (ii) cyclohexanebutyrate	2218-80-6	402.028	---	---	---	---	---	---	---	---	---
1212	CuC20H38O4	copper (ii) neodecanoate	50315-14-5	406.059	---	---	---	---	---	---	---	---	---
1213	CuC22H38O4	copper (ii), bis(2,2,6,6-tetramethyl-3,5-hept	14040-05-2	430.081	---	---	---	---	---	---	---	---	---
1214	CuC28H12N12	copper (ii) 4,4',4",4'"-tetraaza-29h,31h-phth	15275-52-2	580.022	---	---	---	---	---	---	---	---	---
1215	CuC32H12N8Na4O12S4	copper (ii) phthalocyaninetetrasulfonic acid	27360-85-6	984.253	---	---	---	---	---	---	---	---	---
1216	CuC32H16N8	copper (ii) phthalocyanine	147-14-8	576.069	---	---	---	---	---	---	---	---	---
1217	CuC32H16N8O12S4	copper (ii) phthalocyaninetetrasulfonic acid	26400-93-1	896.326	---	---	---	---	---	---	---	---	---
1218	CuC34H31N4Na3O6	coppered, chlorophyllin trisodium salt	11006-34-1	724.149	---	---	---	---	---	---	---	---	---
1219	CuC36H30NO3P2	copper (i) nitrate, bis (triphenylphosphine)	23751-62-4	650.122	---	---	---	---	---	---	---	---	---
1220	CuC36H44N4	copper (ii), 2,3,7,8,12,13,17,18-octaethyl-2	14409-63-3	596.308	---	---	---	---	---	---	---	---	---
1221	CuC36H66O4	copper (ii) oleate	1120-44-1	626.453	---	---	---	---	---	---	---	blue-green solid	1
1222	CuC36H70O4	copper (ii) stearate	660-60-6	630.485	---	---	---	---	25	1.100	1	blue-green amorphous powder	1
1223	CuC44H28N4	copper (ii), 5,10,15,20-tetraphenyl-21h,23h	14172-91-9	676.266	---	---	---	---	---	---	---	---	---
1224	CuC48H24N8	copper (ii) 2,3-naphthalocyanine	33273-09-5	776.304	---	---	---	---	---	---	---	---	---
1225	CuC54H45ClP3	copper (i) chloride, tris (triphenylphosphine	15709-76-9	885.855	---	---	---	---	---	---	---	---	---
1226	CuC56H68N12	copper (ii) 3,10,17,24-tetra-tert-butyl-1,8,15	61113-98-2	972.766	---	---	---	---	---	---	---	---	---
1227	CuC64H80N8O8	copper (ii) 1,4,8,11,15,18,22,25-octabutoxy	107227-88-3	1152.915	---	---	---	---	---	---	---	---	---
1228	CuC80H88N8O8	copper (ii) 5,9,14,18,23,27,32,36-octabutox	---	1353.150	---	---	---	---	---	---	---	---	---
1229	CuCl	cuprous chloride	7758-89-6	98.999	703.00	1	1763.15	1	25	4.140	1	white cubic crystals	1
1230	CuCl2	cupric chloride	7447-39-4	134.451	906.15	1	1266.15	1	25	3.400	1	yellow-brown monoclinic crystals	1
1231	CuCl2H4O2	copper (ii) chloride dihydrate	10125-13-0	170.482	dec	1	---	---	25	2.510	1	green-blue orthorhombic crystals	1
1232	CuCl2H12O12	copper (ii) chlorate hexahydrate	14721-21-2	338.539	338.15	1	dec	1	---	---	---	blue-green hygroscopic crystals	1
1233	CuCl2H12O14	copper (ii) perchlorate hexahydrate	10294-46-9	370.538	355.15	1	dec	1	25	2.220	1	blue monoclinic crystals	1
1234	CuCl2O8	copper (ii) perchlorate	13770-18-8	262.447	dec	1	---	---	---	---	---	green hygroscopic crystals	1
1235	CuCl4H12N2O2	copper (ii) chloride dihydrate, ammonium	10060-13-6	277.464	dec	1	---	---	25	1.990	1	blue-green tetragonal crystals	1
1236	CuCrO4	copper (ii) chromate	13548-42-0	179.540	---	---	---	---	---	---	---	red-brown crystals	1
1237	CuCr2H4O9	copper (ii) dichromate dihydrate	13675-47-3	315.565	---	---	---	---	25	2.286	1	red-brown triclinic crystals	1
1238	CuCr2O4	copper (ii) chromite	12018-10-9	231.536	---	---	---	---	25	5.400	1	gray-black tetragonal crystals	1
1239	CuF	copper (i) fluoride	13478-41-6	82.544	---	---	---	---	25	7.100	1	cubic crystals	1
1240	CuF2	copper (ii) fluoride	7789-19-7	101.543	1109.15	1	1949.15	1	25	4.230	1	white monoclinic crystals	1
1241	CuF2H4O2	copper (ii) fluoride dihydrate	13454-88-1	137.573	dec	1	---	---	25	2.934	1	blue monoclinic crystals	1
1242	CuF6H8O4Si	copper (ii) hexafluorosilicate tetrahydrate	12062-24-7	277.683	dec	1	---	---	25	2.560	1	blue monoclinic crystals	1
1243	CuFeS2	copper (ii) ferrous sulfide	1308-56-1	183.523	1223.15	1	---	---	25	4.200	1	yellow tetragonal crystals	1
1244	CuFe2O4	copper (ii) ferrate	12018-79-0	239.234	---	---	---	---	---	---	---	---	---
1245	CuH	copper (i) hydride	13517-00-5	64.554	dec	1	---	---	---	---	---	red-brown solid	1
1246	CuH2O2	copper (ii) hydroxide	20427-59-2	97.561	---	---	---	---	25	3.370	1	blue-green powder	1
1247	CuH4O5Se	copper (ii) selenite dihydrate	15168-20-4	226.535	---	---	---	---	25	3.310	1	blue orthorhombic crystals	1
1248	CuH4O5Si	copper (ii) silicate dihydrate	26318-99-0	175.660	---	---	---	---	25	2.120	1	---	---
1249	CuH4O6W	copper (ii) tungstate dihydrate	---	347.414	---	---	---	---	---	---	---	green powder	1
1250	CuH6N2O9	copper (ii) nitrate trihydrate	10031-43-3	241.602	387.15	1	dec	1	25	2.320	1	blue rhombohedral crystals	1
1251	CuH10O9S	copper (ii) sulfate pentahydrate	7758-99-8	249.686	dec	1	---	---	25	2.286	1	blue triclinic crystals	1
1252	CuH10O9Se	copper (ii) selenate pentahydrate	10031-45-5	296.580	dec	1	---	---	25	2.560	1	blue triclinic crystals	1
1253	CuH12N2O12	copper (ii) nitrate hexahydrate	13478-38-1	295.648	---	---	---	---	25	2.070	1	blue rhombohedral crystals	1
1254	CuH14N4O5S	copper (ii) tetraammine sulfate monohydrat	10380-29-7	245.747	---	---	---	---	25	1.810	1	---	---
1255	CuI	copper iodide	7681-65-4	190.450	879.15	1	1609.15	1	25	5.670	1	white cubic crystals	1
1256	CuMoO4	copper (ii) molybdate	13767-34-5	223.484	dec	1	---	---	25	3.400	1	green crystals	1
1257	CuN2O6	copper (ii) nitrate	3251-23-8	187.556	528.15	1	---	---	---	---	---	blue-green orthorhombic crystals	1
1258	CuN3	copper (i) azide	14336-80-2	105.566	---	---	---	---	25	3.260	1	tetragonal crystals	1
1259	CuN6	copper (ii) azide	14215-30-6	147.586	---	---	---	---	---	---	---	brown orthorhombic crystals	1
1260	CuO	copper (ii) oxide	1317-38-0	79.545	1719.15	1	---	---	25	6.310	1	black powder or monoclinic crystals	1
1261	CuO3Sn	copper (ii) stannate	12019-07-7	230.254	---	---	---	---	---	---	---	---	---
1262	CuO3Te	copper (ii) tellurite	13812-58-3	239.144	---	---	---	---	---	---	---	---	---
1263	CuO3Ti	copper (ii) titanate	12019-08-8	159.411	---	---	---	---	---	---	---	---	---
1264	CuO3Zr	copper zirconate	70714-64-6	202.768	---	---	---	---	---	---	---	---	---
1265	CuO4S	copper (ii) sulfate	7758-98-7	159.610	473.15	1	---	---	25	3.600	1	white-green amorphous powder	1
1266	CuO4W	copper (ii) tungstate	13587-35-4	311.384	---	---	---	---	25	7.500	1	yellow-brown powder	1
1267	CuO6V2	copper vanadate	12789-09-2	261.425	---	---	---	---	---	---	---	---	---
1268	CuP2	copper phosphide	12019-11-3	125.494	---	---	---	---	25	4.200	1	monoclinic crystals	1
1269	CuS	copper (ii) sulfide	1317-40-4	95.612	780.15	1	---	---	25	4.760	1	black hexagonal crystals	1
1270	CuSe	copper (ii) selenide	1317-41-5	142.506	dec	1	---	---	25	5.990	1	blue-black needles or plates	1
1271	CuTe	copper (ii) telluride	12019-23-7	191.146	---	---	---	---	25	7.090	1	yellow orthorhombic crystals	1
1272	Cu2CH2O5	copper (ii) carbonate hydroxide	12069-69-1	221.116	dec	1	---	---	25	4.000	1	green monoclinic crystals	1
1273	Cu2C2	copper (i) acetylide	1117-94-8	151.113	---	---	---	---	---	---	---	red amorphous powder	1
1274	Cu2C4H18O11	copper (ii) basic acetate	52503-64-7	369.271	---	---	---	---	---	---	---	blue-green crystals or powder	1
1275	Cu2C6FeN6	copper (ii) ferrocyanide	13601-13-3	339.042	---	---	---	---	25	2.200	1	red-br cubic crystals or powder	1
1276	Cu2C6H9O9.5	copper (ii) citrate hemipentahydrate	10402-15-0	360.222	dec	1	---	---	---	---	---	blue-green crystals	1
1277	Cu2C8H6F6O6S2	copper (i) trifluoromethanesulfonate benzer	42152-46-5	503.344	---	---	---	---	---	---	---	---	---
1278	Cu2C74H66B2N2P4	copper (i), bis (triphenylphosphine) cyanob	51321-47-2	1255.938	---	---	---	---	---	---	---	---	---
1279	Cu2H2O4S	copper (i) sulfite monohydrate	13982-53-1	225.171	---	---	---	---	25	3.830	1	---	---
1280	Cu2HgI4	copper (i) mercury iodide	13876-85-2	835.300	---	---	---	---	---	---	---	red crystalline powder	1

Table 2 Physical Properties - Inorganic Compounds

NO	FORMULA	NAME	CAS No	Mol Wt g/mol	Freezing Point T_F, K	code	Boiling Point T_B, K	code	Density T, C	g/cm3	code	State @ 25C, 1 atm	code
1281	Cu2O	copper (i) oxide	1317-39-1	143.091	1508.15	1	dec	1	25	6.000	1	red-brown cubic crystals	1
1282	Cu2S	copper (i) sulfide	22205-45-4	159.158	---	---	---	---	25	5.600	1	blue-black orthorhombic crystals	1
1283	Cu2Se	copper (i) selenide	20405-64-5	206.052	1386.15	1	---	---	25	6.840	1	blue-black tetragonal crystals	1
1284	Cu2Te	copper (i) telluride	12019-52-2	254.692	1400.15	1	---	---	25	4.600	1	blue hexagonal crystals	1
1285	Cu3As	copper arsenide	12005-75-3	265.560	---	---	---	---	---	---	---	---	---
1286	Cu3As2O8	copper (ii) arsenate	10103-61-4	468.476	---	---	---	---	---	---	---	blue-green crystals	1
1287	Cu3Cr2O5	copper chromite, barium promoted	12053-18-8	374.627	---	---	---	---	---	---	---	---	---
1288	Cu3H4O8S2	copper (i,ii) sulfite dihydrate	13814-81-8	386.797	---	---	---	---	---	---	---	red prisms or powder	1
1289	Cu3H6O11P2	copper (ii) phosphate trihydrate	10031-48-8	434.627	---	---	---	---	---	---	---	blue-green orthorhombic crystals	1
1290	Cu3N	copper nitride	1308-80-1	204.645	dec	1	---	---	25	5.840	1	cubic crystals	1
1291	Cu3P	copper phosphide	12019-57-7	221.612	---	---	---	---	25	6.600	1	---	---
1292	Cu4Cl2H6O6	copper (ii) hydroxy chloride	16004-08-3	427.133	---	---	---	---	25	3.750	1	---	---
1293	Cu4Cl2H7O6.5	copper (ii) oxychloride	1332-40-7	436.141	---	---	---	---	---	---	---	---	---
1294	Cu4C4H6As6O16	copper (ii) acetate metaarsenite	12002-03-8	1013.794	---	---	---	---	---	---	---	green crystalline powder	1
1295	Cu5Si	copper silicide	12159-07-8	345.816	---	---	---	---	---	---	---	---	---
1296	Cu6C108H96P6	copper, (triphenylphosphine) hydride hexar	33636-93-0	1961.036	---	---	---	---	---	---	---	---	---
1297	DBr	deuterium bromide	13536-59-9	81.918	---	---	---	---	25	1.537	1	---	---
1298	DCN	deuterium cyanide	3017-23-0	28.031	---	---	---	---	---	---	---	---	---
1299	DCl	deuterium chloride	7698-05-7	37.467	---	---	---	---	---	---	---	---	---
1300	DF	deuterium fluoride	---	21.012	---	---	---	---	---	---	---	---	---
1301	DI	deuterium iodide	14104-45-1	128.918	---	---	---	---	---	---	---	---	---
1302	D2	deuterium	7782-39-0	4.028	18.73	1	23.65	1	---	---	---	gas	1
1303	D2O	deuterium oxide	7789-20-0	20.027	276.96	1	374.55	1	25	1.106	1	liquid	1
1304	D2O4S	deuterosulfuric acid	13813-19-9	100.092	---	---	---	---	25	1.878	1	---	---
1305	D3N	deuteroammonia	---	20.049	---	---	---	---	---	---	---	---	---
1306	Db	dubnium	53850-35-4	262.114	---	---	---	---	---	---	---	synthetic element	1
1307	Dy	dysprosium	7429-91-6	162.500	1685.15	1	2840.15	1	25	8.550	1	silvery metal	1
1308	DyB4	dysprosium boride	12310-43-9	205.744	2773.15	1	---	---	25	6.980	1	tetragonal crystals	1
1309	DyBr2	dysprosium (ii) bromide	83229-05-4	322.308	---	---	---	---	---	---	---	---	---
1310	DyBr3	dysprosium (iii) bromide	14456-48-5	402.212	1152.15	1	---	---	---	---	---	white hygroscopic crystals	1
1311	DyC6H17O10	dysprosium acetate tetrahydrate	15280-55-4	411.693	---	---	---	---	---	---	---	---	---
1312	DyC9H21O3	dysprosium isopropoxide	6742-68-3	339.761	---	---	---	---	---	---	---	---	---
1313	DyC15H21O6	dysprosium acetylacetonate	14637-88-8	459.824	---	---	---	---	---	---	---	---	---
1314	DyC33H57O6	dysprosium, tris(2,2,6,6-tetramethyl-3,5-he	15522-69-7	712.302	---	---	---	---	---	---	---	---	---
1315	DyCl2	dysprosium (ii) chloride	13767-31-2	233.405	dec	1	---	---	---	---	---	black crystals	1
1316	DyCl3	dysprosium (iii) chloride	10025-74-8	268.858	953.15	1	---	---	25	3.670	1	yellow crystals	1
1317	DyCl3H12O6	dysprosium chloride hexahydrate	15059-52-6	376.950	---	---	---	---	---	---	---	---	---
1318	DyF3	dysprosium (iii) fluoride	13569-80-7	219.495	1427.15	1	---	---	---	---	---	green crystals	1
1319	DyH3	dysprosium (iii) hydride	13537-09-2	165.524	---	---	---	---	25	7.100	1	hexagonal crystals	1
1320	DyH3O3	dysprosium hydroxide	1308-85-6	213.522	---	---	---	---	---	---	---	---	---
1321	DyH10N3O14	dysprosium nitrate pentahydrate	10031-49-9	438.591	---	---	---	---	---	---	---	---	---
1322	DyI2	dysprosium (ii) iodide	36377-94-3	416.309	932.15	1	---	---	---	---	---	purple crystals	1
1323	DyI3	dysprosium (iii) iodide	15474-63-2	543.213	1251.15	1	---	---	---	---	---	green crystals	1
1324	DyN	dysprosium nitride	12019-88-4	176.507	---	---	---	---	25	9.930	1	cubic crystals	1
1325	DySi2	dysprosium silicide	12133-07-2	218.671	---	---	---	---	25	5.200	1	orthorhombic crystals	1
1326	Dy2C3H8O13	dysprosium carbonate tetrahydrate	38245-35-1	577.088	---	---	---	---	---	---	---	---	---
1327	Dy2C6H20O22	dysprosium oxalate decahydrate	24670-07-3	769.210	---	---	---	---	---	---	---	---	---
1328	Dy2H16O20S3	dysprosium sulfate octahydrate	10031-50-2	757.313	---	---	---	---	---	---	---	---	---
1329	Dy2O3	dysprosium (iii) oxide	1308-87-8	372.998	2681.15	1	---	---	25	7.810	1	white cubic crystals	1
1330	Dy2S3	dysprosium (iii) sulfide	12133-10-7	421.198	---	---	---	---	25	6.080	1	red-brown monoclinic crystals	1
1331	Dy2Te3	dysprosium telluride	12159-43-2	707.800	---	---	---	---	---	---	---	---	---
1332	Er	erbium	7440-52-0	167.260	1802.15	1	3141.15	1	25	9.070	1	silvery metal	1
1333	ErB4	erbium boride	12310-44-0	210.504	2723.15	1	---	---	25	7.000	1	tetragonal crystals	1
1334	ErBr3	erbium bromide	13536-73-7	406.972	1196.15	1	---	---	---	---	---	violet hygroscopic crystals	1
1335	ErC6H17O10	erbium acetate tetrahydrate	15280-57-6	416.453	---	---	---	---	25	2.114	1	---	---
1336	ErC9H21O3	erbium isopropoxide	14814-07-4	344.521	---	---	---	---	---	---	---	---	---
1337	ErC15H15	erbium, tris(cyclopentadienyl)	39330-74-0	362.540	---	---	---	---	---	---	---	---	---
1338	ErC18H54N3Si6	erbium tris[bis(trimethylsilyl)amide]	103457-72-3	648.415	---	---	---	---	---	---	---	---	---
1339	ErC24H33	erbium, tris (isopropylcyclopentadienyl)	130521-76-5	488.779	---	---	---	---	---	---	---	---	---
1340	ErC27H39	erbium, tris(n-butylcyclopentadienyl)	---	530.859	---	---	---	---	---	---	---	---	---
1341	ErC33H57O6	erbium, tris(2,2,6,6-tetramethyl-3,5-heptan	35733-23-4	717.062	---	---	---	---	---	---	---	---	---
1342	ErCl3	erbium chloride	10138-41-7	273.618	1049.15	1	---	---	25	4.100	1	violet monoclinic crystals	1
1343	ErCl3H12O6	erbium chloride hexahydrate	10025-75-9	381.710	dec	1	---	---	---	---	---	pink hygroscopic crystals	1
1344	ErF3	erbium fluoride	13760-83-3	224.255	1420.15	1	---	---	25	7.800	1	pink orthorhombic crystals	1
1345	ErH3	erbium hydride	13550-53-3	170.284	---	---	---	---	---	---	---	hexagonal crystals	1
1346	ErH3O3	erbium hydroxide	14646-16-3	218.282	---	---	---	---	---	---	---	---	---
1347	ErH10N3O14	erbium nitrate pentahydrate	10031-51-3	443.351	---	---	---	---	---	---	---	---	---
1348	ErI3	erbium iodide	13813-42-8	547.973	1287.15	1	---	---	25	5.500	1	violet hexagonal crystals	1
1349	ErN	erbium nitride	12020-21-2	181.267	---	---	---	---	25	10.600	1	cubic crystals	1
1350	ErS	erbium sulfide	---	199.326	2003.15	1	---	---	25	6.070	1	red-brown solid	1
1351	ErSi2	erbium silicide	12020-28-9	223.431	---	---	---	---	25	7.260	1	orthorhombic crystals	1
1352	ErTe	erbium telluride	---	294.860	1486.15	1	---	---	25	6.070	1	solid	1
1353	Er2C6H20O22	erbium oxalate decahydrate	30618-31-6	778.730	---	---	---	---	25	2.640	1	---	---
1354	Er2H16O20S3	erbium sulfate octahydrate	---	766.833	dec	1	---	---	25	3.200	1	pink monoclinic crystals	1
1355	Er2O3	erbium oxide	12061-16-4	382.518	2691.15	1	---	---	25	8.640	1	pink powder	1
1356	Er2O12S3	erbium sulfate	13478-49-4	622.711	dec	1	---	---	25	3.680	1	hygroscopic powder	1
1357	Er2S3	dierbium trisulfide	12159-66-9	430.718	2003.15	1	---	---	25	6.070	1	red-brown monoclinic crystals	1
1358	Er2Se3	erbium selenide	12020-38-1	571.400	---	---	---	---	---	---	---	solid	1
1359	Er2Te3	dierbium tritelluride	12020-66-5	717.320	1486.15	1	---	---	25	7.110	1	orthorhombic crystals	1
1360	Es	einsteinium	7429-92-7	252.000	1133.15	1	---	---	---	---	---	metal	1

Table 2 Physical Properties - Inorganic Compounds

				Mol Wt	Freezing Point		Boiling Point		Density			State	
NO	FORMULA	NAME	CAS No	g/mol	T_F, K	code	T_B, K	code	T, C	g/cm3	code	@ 25C, 1 atm	code
1361	EsBr2	einsteinium dibromide	70292-43-2	411.808	---	---	---	---	---	---	---	---	---
1362	EsBr3	einsteinium tribromide	---	491.712	---	---	---	---	---	---	---	---	---
1363	EsCl2	einsteinium dichloride	66693-95-6	322.905	---	---	---	---	---	---	---	solid	1
1364	EsCl3	einsteinium trichloride	---	358.358	---	---	---	---	---	---	---	---	---
1365	EsF3	einsteinium fluoride	99644-27-6	308.995	---	---	---	---	---	---	---	---	---
1366	EsI2	einsteinium diodide	70292-44-3	505.809	---	---	---	---	---	---	---	---	---
1367	EsI3	einsteinium triiodide	---	632.713	---	---	---	---	---	---	---	---	---
1368	Es2O3	einsteinium trioxide	---	551.998	---	---	---	---	25	11.790	1	---	---
1369	Eu	europium	7440-53-1	151.964	1095.15	1	1802.15	1	25	5.240	1	soft silvery metal	1
1370	EuB6	europium boride	12008-05-8	216.830	---	---	---	---	25	4.910	1	cubic crystals	1
1371	EuBr2	europium (ii) bromide	13780-48-8	311.772	956.15	1	---	---	---	---	---	white crystals	1
1372	EuBr3	europium (iii) bromide	13759-88-1	391.676	dec	1	---	---	---	---	---	gray crystals	1
1373	EuC6H6F9O9	europium trifluoroacetate trihydrate	94079-71-7	545.056	---	---	---	---	---	---	---	---	---
1374	EuC24H45O6	europium 2-ethylhexanoate	84573-73-9	581.575	---	---	---	---	---	---	---	---	---
1375	EuC30H30F21O6	europium, tris(1,1,1,2,2,3,3-heptafluoro-7,7	17631-68-4	1037.486	---	---	---	---	---	---	---	---	---
1376	EuC33H57O6	europium, tris(2,2,6,6-tetramethyl-3,5-hepta	15522-71-1	701.766	---	---	---	---	---	---	---	---	---
1377	EuCl2	europium (ii) chloride	13769-20-5	222.869	1004.15	1	---	---	25	4.900	1	white orthorhombic crystals	1
1378	EuCl3	europium (iii) chloride	10025-76-0	258.322	896.15	1	---	---	25	4.890	1	green-yellow needles	1
1379	EuCl3H12O18	europium (iii) perchlorate hexahydrate	36907-40-1	558.407	---	---	---	---	---	---	---	---	---
1380	EuCl3H12O6	europium (iii) chloride hexahydrate	13759-92-7	366.414	1123.15	1	---	---	25	4.890	1	white-yellow hygroscopic crystals	1
1381	EuF2	europium (ii) fluoride	---	189.961	---	---	---	---	25	6.495	1	---	---
1382	EuF3	europium (iii) fluoride	13765-25-8	208.959	1549.15	1	---	---	25	6.700	1	white hygroscopic crystals	1
1383	EuH2; EuH3	europium hydride	70446-10-5	153.980	---	---	---	---	---	---	---	---	---
1384	EuH10N3O14	europium (iii) nitrate pentahydrate	63026-01-7	428.055	---	---	---	---	---	---	---	---	---
1385	EuH12N3O15	europium (iii) nitrate hexahydrate	10031-53-5	446.071	dec	1	---	---	---	---	---	white-pink hygroscopic crystals	1
1386	EuI2	europium (ii) iodide	22015-35-6	405.773	853.15	1	---	---	---	---	---	green crystals	1
1387	EuI3	europium (iii) iodide	13759-90-5	532.677	1150.15	1	---	---	---	---	---	solid	1
1388	EuN	europium nitride	12020-58-5	165.971	---	---	---	---	25	8.700	1	cubic crystals	1
1389	EuO	europium monoxide	---	167.963	---	---	---	---	---	---	---	---	---
1390	EuO4S	europium (ii) sulfate	10031-54-6	248.028	---	---	---	---	25	4.989	1	---	---
1391	EuS	europium (ii) sulfide	12020-65-4	184.030	---	---	---	---	25	5.700	1	cubic crystals	1
1392	EuSe	europium (ii) selenide	12020-69-8	230.924	---	---	---	---	25	6.450	1	brown cubic crystals	1
1393	EuSi2	europium silicide	12434-24-1	208.135	1773.15	1	---	---	25	5.460	1	tetragonal crystals	1
1394	EuTe	europium (ii) telluride	12020-67-9	279.564	1799.15	1	---	---	25	6.480	1	black cubic crystals	1
1395	Eu2C6O12	europium (iii) oxalate	14175-02-1	567.985	---	---	---	---	---	---	---	---	---
1396	Eu2H16O20S3	europium (iii) sulfate octahydrate	10031-52-4	736.241	dec	1	---	---	---	---	---	pink crystals	1
1397	Eu2O3	europium oxide	1308-96-9	351.926	2623.15	1	---	---	25	7.420	1	pink powder	1
1398	Eu2O12S3	europium (iii) sulfate	13537-15-0	592.119	---	---	---	---	25	4.990	1	pale pink crystals	1
1399	Eu3O4	trieuropium tetroxide	12061-63-1	519.890	---	---	---	---	---	---	---	---	---
1400	FBr2P	fluorodibromophosphine	---	209.780	---	---	---	---	---	---	---	---	---
1401	FC3H9Si	fluorotrimethylsilane	420-56-4	92.187	---	---	---	---	25	0.793	1	---	---
1402	FC16H36N	tetrabutylammonium fluoride	429-41-4	261.462	---	---	---	---	---	---	---	---	---
1403	FClO4	fluorine perchlorate	10049-03-3	118.449	---	---	---	---	---	---	---	---	---
1404	FHO3S	fluorosulfonic acid	7789-21-1	100.071	184.17	1	436.00	1	25	1.726	1	colorless liquid	1
1405	FH2O3P	monofluorophosphoric acid	13537-32-1	99.986	---	---	---	---	25	1.818	1	---	---
1406	FNO	nitrosyl fluoride	7789-25-5	49.005	140.65	1	213.25	1	---	---	---	colorless gas	1
1407	FNO2	nitryl fluoride	10022-50-1	65.004	107.15	1	200.75	1	---	---	---	colorless gas	1
1408	FNO3	fluorine nitrate	7789-26-6	81.003	98.15	1	227.15	1	---	---	---	colorless gas	1
1409	F2	fluorine	7782-41-4	37.997	53.54	1	84.95	1	---	---	---	pale yellow gas	1
1410	F2HP	difluorophosphine	---	69.979	---	---	---	---	---	---	---	---	---
1411	F2N2	cis-difluorodiazine	---	66.010	---	---	---	---	---	---	---	---	---
1412	F2O	fluorine oxide	7783-41-7	53.996	49.35	1	128.40	1	---	---	---	colorless gas	1
1413	F2O2	difluorine dioxide	7783-44-0	69.996	119.15	1	216.15	1	---	---	---	gas, stable only at low temperature	1
1414	F3CH	trifluoromethane	75-46-7	70.014	---	---	---	---	---	---	---	---	---
1415	F3C2N	trifluoroacetonitrile	353-85-5	95.023	---	---	---	---	---	---	---	---	---
1416	F6HP	hexafluorophosphoric acid	16940-81-1	145.972	---	---	---	---	25	1.651	1	---	---
1417	F6HSb	fluoroantimonic acid	16950-06-4	236.758	---	---	---	---	---	---	---	---	---
1418	F6H13O6Sb	fluoroantimonic acid hexahydrate	72121-43-8	344.850	---	---	---	---	---	---	---	---	---
1419	F60C60	fluoride, fullerene	134929-59-2	1860.546	560.15	1	---	---	---	---	---	colorless plates	1
1420	Fe	iron	7439-89-6	55.845	1811.00	1	3133.35	1	25	7.870	1	silvery-white or gray metal	1
1421	FeAs	iron arsenide	12044-16-5	130.767	1303.15	1	---	---	25	7.850	1	gray orthorhombic crystals	1
1422	FeB	iron boride	12006-84-7	66.656	1923.15	1	---	---	---	---	---	refr solid	1
1423	FeB2F8	iron (ii) tetrafluoroborate	15283-51-9	229.454	---	---	---	---	---	---	---	---	---
1424	FeBr2	iron (ii) bromide	7789-46-0	215.653	964.15	1	dec	1	25	4.636	1	yellow-brown hexagonal crystals	1
1425	FeBr2H12O6	iron (ii) bromide hexahydrate	13463-12-2	323.745	dec	1	---	---	25	4.640	1	green hygroscopic crystals	1
1426	FeBr3	iron (iii) bromide	10031-26-2	295.557	dec	1	---	---	25	4.500	1	dark red hexagonal crystals	1
1427	FeCO3	iron (ii) carbonate	563-71-3	115.854	---	---	---	---	25	3.900	1	gray-brown hexagonal crystals	1
1428	FeC2H4O6	iron (ii) oxalate dihydrate	6047-25-2	179.895	dec	1	---	---	25	2.280	1	yellow crystals	1
1429	FeC2H6N2O3S2	iron (ii) thiocyanate trihydrate	6010-09-9	226.058	---	---	---	---	---	---	---	green monoclinic crystals	1
1430	FeC3H2N3OS3	iron (iii) thiocyanate monohydrate	4119-52-2	248.111	dec	1	---	---	---	---	---	red hygroscopic crystals	1
1431	FeC4H2O4	iron hydrocarbonyl	17440-90-3	169.901	203.15	1	dec	1	---	---	---	colorless liquid	1
1432	FeC4H6O4	ferrous acetate	3094-87-9	173.933	---	---	---	---	---	---	---	---	---
1433	FeC4H7O5	iron (iii) acetate, basic	10450-55-2	190.940	---	---	---	---	---	---	---	brown-red amorphous powder	1
1434	FeC5O5	iron pentacarbonyl	13463-40-6	195.896	253.15	1	376.15	1	25	1.490	1	yellow oily liquid	1
1435	FeC6H8O8	ferrous citrate monohydrate	23383-11-1	263.968	---	---	---	---	---	---	---	---	---
1436	FeC6H15O12	iron (iii) citrate pentahydrate	3522-50-7	335.021	---	---	---	---	---	---	---	red-brown crystals	1
1437	FeC6H18N3O15	ferric, ammonium oxalate trihydrate	13268-42-3	428.063	dec	1	---	---	25	1.780	1	green monoclinic crystals	1
1438	FeC6H18N9O3	ferricyanide, ammonium trihydrate	---	320.111	---	---	---	---	---	---	---	red crystals	1
1439	FeC6H22N10O3	ferrocyanide, ammonium trihydrate	---	338.149	dec	1	---	---	---	---	---	yellow crystals	1
1440	FeC7H5IO2	iron dicarbonyl iodide, cyclopentadienyl	12078-28-3	303.863	---	---	---	---	---	---	---	---	---

Table 2 Physical Properties - Inorganic Compounds

NO	FORMULA	NAME	CAS No	Mol Wt	Freezing Point		Boiling Point		Density			State	
				g/mol	T_F, K	code	T_B, K	code	T, C	g/cm3	code	@ 25C, 1 atm	code
1441	FeC9H7BF4O3	iron (0), cyclohexadienylium tricarbonyl tetr	33678-01-2	305.800	---	---	---	---	---	---	---	---	---
1442	FeC9H8O3	iron tricarbonyl, cyclohexadiene	12152-72-6	220.003	---	---	---	---	---	---	---	---	---
1443	FeC9H21O3	iron (iii) isopropoxide	14995-22-3	233.106	---	---	---	---	---	---	---	---	---
1444	FeC10H9F6O4P	iron hexafluorophosphate, tricarbonyl(2-me	51508-59-9	393.985	---	---	---	---	---	---	---	---	---
1445	FeC10H10	ferrocene	102-54-5	186.031	---	---	---	---	---	---	---	---	---
1446	FeC10H13BF4O2S	iron tetrafluoroborate, dicarbonylcyclopenta	72120-26-4	339.925	---	---	---	---	---	---	---	---	---
1447	FeC10H14O4	ferrous acetylacetonate	14024-17-0	254.061	---	---	---	---	---	---	---	---	---
1448	FeC10H16N2NaO10	iron (iii) sodium ethylenediaminetetraacetat	15708-42-6	403.076	---	---	---	---	---	---	---	---	---
1449	FeC11H8O3	iron tricarbonyl, cyclooctatetraene	12093-05-9	244.024	---	---	---	---	---	---	---	---	---
1450	FeC11H10O	iron, cyclopentadienyl(formylcyclopentadie	12093-10-6	214.042	---	---	---	---	---	---	---	---	---
1451	FeC11H10O2	ferrocenemonocarboxylic acid	1271-42-7	230.041	---	---	---	---	---	---	---	---	---
1452	FeC11H11BF4O4	iron tetrafluoroborate, tricarbonyl(4-methox	12307-40-3	349.852	---	---	---	---	---	---	---	---	---
1453	FeC11H12O	ferrocenemethanol	1273-86-5	216.057	---	---	---	---	---	---	---	---	---
1454	FeC12H10O4	1,1'-ferrocenedicarboxylic acid	1293-87-4	274.050	---	---	---	---	---	---	---	---	---
1455	FeC12H11N	ferroceneacetonitrile	1316-91-2	225.067	---	---	---	---	---	---	---	---	---
1456	FeC12H12	ferrocene, vinyl	1271-51-8	212.069	---	---	---	---	---	---	---	---	---
1457	FeC12H12O	ferrocene, acetyl	1271-55-2	228.068	---	---	---	---	---	---	---	---	---
1458	FeC12H12O2	ferroceneacetic acid	1287-16-7	244.067	---	---	---	---	---	---	---	---	---
1459	FeC12H14	ferrocene, 1,1'-dimethyl	1291-47-0	214.085	---	---	---	---	---	---	---	---	---
1460	FeC12H14O	ferrocenemethanol, alpha-methyl	1277-49-2	230.084	---	---	---	---	---	---	---	---	---
1461	FeC12H14O2	1,1'-ferrocenedimethanol	1291-48-1	246.083	---	---	---	---	---	---	---	---	---
1462	FeC12H21NO4	ferrate, tetraethylammonium hydridotetraca	25879-01-0	299.144	---	---	---	---	---	---	---	---	---
1463	FeC12H26O16	iron (ii) gluconate dihydrate	22830-45-1	482.170	---	---	---	---	---	---	---	---	---
1464	FeC13H17N	ferrocene, (dimethylaminomethyl)	1271-86-9	243.126	---	---	---	---	25	1.228	1	---	---
1465	FeC14H14O2	ferrocene, 1,1'-diacetyl	1273-94-5	270.105	---	---	---	---	---	---	---	---	---
1466	FeC14H14O4	1,1'-ferrocenedicarboxylate dimethyl	1273-95-6	302.104	---	---	---	---	---	---	---	---	---
1467	FeC14H16O	ferrocene, butyro	1271-94-9	256.121	---	---	---	---	25	1.254	1	---	---
1468	FeC14H17F6P	iron (ii) hexafluorophosphate, (cumene)cyc	32760-80-8	386.094	---	---	---	---	---	---	---	---	---
1469	FeC14H18	ferrocene, n-butyl	31904-29-7	242.138	---	---	---	---	25	1.172	1	---	---
1470	FeC14H18	ferrocene, tert-butyl	1316-98-9	242.138	---	---	---	---	---	---	---	---	---
1471	FeC14H19N	(r)-(+)-n,n-dimethyl-1-ferrocenylethylamine	31886-58-5	257.152	---	---	---	---	20	1.222	1	---	---
1472	FeC14H19N	(s)-(-)-n,n-dimethyl-1-ferrocenylethylamine	31886-57-4	257.152	---	---	---	---	20	1.222	1	---	---
1473	FeC14H20IN	ferrocene methiodide, n,n-dimethylaminoet	12086-40-7	385.065	---	---	---	---	---	---	---	---	---
1474	FeC15H12F9O6	ferric trifluoroacetylacetonate	14526-22-8	515.083	---	---	---	---	---	---	---	---	---
1475	FeC15H21O6	iron (iii) acetylacetonate	14024-18-1	353.169	452.15	1	---	---	25	5.240	1	red-orange crystals	1
1476	FeC17H14O	ferrocene, benzoyl	1272-44-2	290.137	---	---	---	---	---	---	---	---	---
1477	FeC18H18IN	trans-4-[2-(1-ferrocenyl)vinyl-1-methylpyrid	33197-77-2	431.092	---	---	---	---	---	---	---	---	---
1478	FeC20H30	ferrocene, decamethyl	12126-50-0	326.297	---	---	---	---	---	---	---	---	---
1479	FeC25H25OP	(-)-(r)-1-[(s)-2-(diphenylphosphino)ferrocen	82863-72-7	428.284	400.65	1	---	---	---	---	---	solid	1
1480	FeC25H25OP	(+)-(s)-1-[(r)-2-(diphenylphosphino)ferrocer	74286-11-6	428.284	---	---	---	---	---	---	---	---	---
1481	FeC26H24Cl2P2	iron (ii) chloride, [1,2-bis(diphenylphosphin	41536-18-9	525.167	---	---	---	---	---	---	---	---	---
1482	FeC26H28NP	(-)-(r)-n,n-dimethyl-1-[(s)-2-(diphenylphospl	55700-44-2	441.326	415.15	1	---	---	---	---	---	solid	1
1483	FeC26H28NP	(+)-(s)-n,n-dimethyl-1-[(r)-2-(diphenylphosp	55650-58-3	441.326	414.15	1	---	---	---	---	---	solid	1
1484	FeC30H24F12N6P2	iron (ii) bis(hexafluorophosphate), tris(2,2'-b	70811-29-9	814.325	---	---	---	---	---	---	---	---	---
1485	FeC30H24F18N6P3	iron (iii) tris(hexafluorophosphate), tris(2,2'-	28190-88-7	959.290	---	---	---	---	---	---	---	---	---
1486	FeC32H16ClN8	iron (iii) phthalocyanine chloride	14285-56-4	603.821	---	---	---	---	---	---	---	---	---
1487	FeC32H16N8	iron (ii) phthalocyanine	132-16-1	568.368	---	---	---	---	---	---	---	---	---
1488	FeC34H28P2	ferrocene, 1,1'-bis(diphenylphosphino)	12150-46-8	554.379	---	---	---	---	---	---	---	---	---
1489	FeC34H32ClN4O4	hemin	16009-13-5	651.940	---	---	---	---	---	---	---	---	---
1490	FeC36H24F12N6P2	iron (ii) bis(hexafluorophosphate), tris(1,10-	17112-07-1	886.390	---	---	---	---	---	---	---	---	---
1491	FeC36H24F18N6P3	iron (iii) tris(hexafluorophosphate), tris(1,1C	28277-57-8	1031.354	---	---	---	---	---	---	---	---	---
1492	FeC36H44ClN4	iron (iii) chloride, 2,3,7,8,12,13,17,18-octae	28755-93-3	624.059	---	---	---	---	---	---	---	---	---
1493	FeC36H70O4	iron stearate	2980-59-8	622.784	---	---	---	---	25	1.120	1	---	---
1494	FeC38H37NP2	(-)-(r)-n,n-dimethyl-1-[(s)-1',2-bis(diphenylp	74311-56-1	625.500	416.65	1	---	---	---	---	---	solid	1
1495	FeC38H37NP2	(+)-(s)-n,n-dimethyl-1-[(r)-1',2-bis(diphenylp	55650-59-4	625.500	413.15	1	---	---	---	---	---	solid	1
1496	FeC38H47N4O2	iron (iii) acetate, 2,3,7,8,12,13,17,18-octaet	41697-90-9	647.651	---	---	---	---	---	---	---	---	---
1497	FeC42H26N10	iron (ii) phthalocyanine bis(pyridine) compl	20219-84-5	726.568	---	---	---	---	---	---	---	---	---
1498	FeC44H8ClF20N4	iron (iii) chloride, 5,10,15,20-tetrakis(pentaf	36965-71-6	1063.827	---	---	---	---	---	---	---	---	---
1499	FeC44H28ClN4	iron (iii) chloride, 5,10,15,20-tetraphenyl-21	16456-81-8	704.018	---	---	---	---	---	---	---	---	---
1500	FeC45H33O6	iron, tris(dibenzoylmethanato)	14405-49-3	725.585	---	---	---	---	---	---	---	---	---
1501	FeC48H36ClN4O4	iron (iii) chloride, 5,10,15,20-tetrakis(4-met	36995-20-7	824.122	---	---	---	---	---	---	---	---	---
1502	FeCl2	ferrous chloride	7758-94-3	126.750	950.00	1	1297.00	1	25	3.160	1	white hexagonal crystals	1
1503	FeCl2H8O4	iron (ii) chloride tetrahydrate	13478-10-9	198.812	dec	1	---	---	25	1.930	1	green monoclinic crystals	1
1504	FeCl2H12O14	ferrous perchlorate hexahydrate	13520-69-9	362.837	---	---	---	---	---	---	---	---	---
1505	FeCl3	ferric chloride	7705-08-0	162.203	577.00	1	592.15	1	25	2.900	1	green hexagonal crystals	1
1506	FeCl3H12O6	iron (iii) chloride hexahydrate	10025-77-1	270.295	dec	1	---	---	25	1.820	1	yellow-orange monoclinic crystals	1
1507	FeCl3H12O18	ferric perchlorate hexahydrate	13537-24-1	462.288	---	---	---	---	---	---	---	---	---
1508	FeCr2O4	iron (ii) chromite	1308-31-2	223.835	---	---	---	---	25	5.000	1	black cubic crystals	1
1509	FeF2	iron (ii) fluoride	7789-28-8	93.842	1373.15	1	---	---	25	4.090	1	white tetragonal crystals	1
1510	FeF2H8O4	iron (ii) fluoride tetrahydrate	13940-89-1	165.903	---	---	---	---	25	2.200	1	colorless hexagonal crystals	1
1511	FeF3	iron (iii) fluoride	7783-50-8	112.840	---	---	---	---	25	3.870	1	green hexagonal crystals	1
1512	FeF3H6O3	iron (iii) fluoride trihydrate	15469-38-2	166.886	---	---	---	---	25	2.300	1	yellow-brown tetragonal crystals	1
1513	FeF6H12O6Si	ferrous hexafluorosilicate hexahydrate	12021-70-4	306.013	---	---	---	---	25	1.961	1	---	---
1514	FeHO2	iron (iii) hydroxide oxide	20344-49-4	88.852	---	---	---	---	25	4.260	1	red-brown orthorhombic crystals	1
1515	FeH2O2	iron (ii) hydroxide	18624-44-7	89.860	---	---	---	---	25	3.400	1	white-green hexagonal crystals	1
1516	FeH2O5S	iron (ii) sulfate monohydrate	17375-41-6	169.924	dec	1	---	---	25	3.000	1	white-yellow monoclinic crystals	1
1517	FeH3O3	iron (iii) hydroxide	1309-33-7	106.867	---	---	---	---	25	3.120	1	yellow monoclinic crystals	1
1518	FeH4Cl2O2	iron (ii) chloride dihydrate	16399-77-2	162.781	dec	1	---	---	25	2.390	1	white-green monoclinic crystals	1
1519	FeH4N2O6S2	iron (ii) sulfamate	14017-39-1	248.019	---	---	---	---	---	---	---	---	---
1520	FeH4O6P	iron (iii) phosphate dihydrate	10045-86-0	186.847	---	---	---	---	25	2.870	1	gray-white orthorhombic crystals	1

Table 2 Physical Properties - Inorganic Compounds

				Mol Wt	Freezing Point		Boiling Point		Density			State	
NO	FORMULA	NAME	CAS No	g/mol	T_F, K	code	T_B, K	code	T, C	g/cm3	code	@ 25C, 1 atm	code
1521	FeH6O6P3	iron (iii) hypophosphite	7783-84-8	250.810	---	---	---	---	---	---	---	white-gray powder	1
1522	FeH8I2O4	ferrous iodide tetrahydrate	13492-45-0	381.715	---	---	---	---	25	2.873	1	---	---
1523	FeH12N2O12	iron (ii) nitrate hexahydrate	13476-08-9	287.947	dec	1	---	---	---	---	---	green solid	1
1524	FeH14O11S	iron (ii) sulfate heptahydrate	7782-63-0	278.016	dec	1	---	---	25	1.895	1	blue-green monoclinic crystals	1
1525	FeH18N3O18	iron (iii) nitrate nonahydrate	7782-61-8	403.997	dec	1	---	---	25	1.680	1	violet-gray hygroscopic crystals	1
1526	FeH28NO20S2	ferric, ammonium sulfate dodecahydrate	10138-04-2	482.194	---	---	---	---	25	1.710	1	colorless to violet crystals	1
1527	FeI2	iron (ii) iodide	7783-86-0	309.654	860.15	1	---	---	25	5.300	1	red-violet hexagonal crystals	1
1528	FeI3	iron (iii) iodide	15600-49-4	436.558	---	---	---	---	---	---	---	black solid	1.00
1529	FeMoO4	iron (ii) molybdate	13718-70-2	215.783	1388.15	1	---	---	25	5.600	1	brown-yellow solid	1
1530	FeN2O6	iron (ii) nitrate	14013-86-6	179.855	---	---	---	---	---	---	---	green solid	1
1531	FeN3O9	ferric nitrate	10421-48-4	241.860	320.35	1	---	---	25	1.684	1	solid	1
1532	FeO	iron (ii) oxide	1345-25-1	71.844	1650.00	1	---	---	25	6.000	1	black cubic crystals	1
1533	FeO3Ti	iron (ii) titanate	12168-52-4	151.710	---	---	---	---	25	4.720	1	black rhombohedral crystals	1
1534	FeO4S	iron (ii) sulfate	7720-78-7	151.909	---	---	---	---	25	3.650	1	white orthorhombic crystals	1
1535	FeO4W	iron (ii) tungstate	13870-24-1	303.683	---	---	---	---	25	7.510	1	monoclinic crystals	1
1536	FeO9V3	iron (iii) metavanadate	65842-03-7	352.664	---	---	---	---	---	---	---	gray-brown powder	1
1537	FeS	iron (ii) sulfide	1317-37-9	87.911	1461.15	1	dec	1	25	4.700	1	colorless hexagonal or tetragonal crystals	1
1538	FeS2	iron disulfide	1317-66-4	119.977	dec	1	---	---	25	5.020	1	black cubic crystals	1
1539	FeSe	iron (ii) selenide	1310-32-3	134.805	---	---	---	---	25	6.700	1	black hexagonal crystals	1
1540	FeSi	iron silicide	12022-95-6	83.931	1683.15	1	---	---	25	6.100	1	gray cubic crystals	1
1541	FeSi2	iron disilicide	12022-99-0	112.016	1493.15	1	---	---	25	4.740	1	gray tetragonal crystals	1
1542	FeTe	iron (ii) telluride	12125-63-2	183.445	1187.15	1	---	---	25	6.800	1	tetragonal crystals	1
1543	Fe2B	iron boride	12006-86-9	122.501	1662.15	1	---	---	25	7.300	1	refr solid	1
1544	Fe2C6O12	iron (iii) oxalate	19469-07-9	375.747	dec	1	---	---	---	---	---	yellow amorphous powder	1
1545	Fe2C9O9	iron nonacarbonyl	15321-51-4	363.781	dec	1	---	---	25	2.850	1	orange-yellow crystals	1
1546	Fe2C14H10O4	cyclopentadienyliron dicarbonyl dimer	12154-95-9	353.917	---	---	---	---	---	---	---	---	---
1547	Fe2C22H22	1,2-diferrocenylethane	12156-05-7	398.100	---	---	---	---	---	---	---	---	---
1548	Fe2C24H30O4	pentamethylcyclopentadienyliron dicarbony	35344-11-7	494.183	---	---	---	---	---	---	---	---	---
1549	Fe2C26H23P	diferrocenylphenylphosphine	12278-69-2	478.125	---	---	---	---	---	---	---	---	---
1550	Fe2C27H32	2,2-bis(ethylferrocenyl)propane	81579-74-0	468.233	---	---	---	---	25	1.275	1	---	---
1551	Fe2C36H40N2O6	1,1"-([4,4'-bipiperidine]-1,1'-diyldicarbonyl)l	130882-76-7	708.403	---	---	---	---	---	---	---	---	---
1552	Fe2C88H56N8O	iron (iii) meso-tetraphenylporphine-μ-oxo d	12582-61-5	1353.130	---	---	---	---	---	---	---	---	---
1553	Fe2Cr3O12	iron (iii) chromate	10294-52-7	459.671	---	---	---	---	---	---	---	yellow powder	1
1554	Fe2Cr6O21	iron (iii) dichromate	10294-53-8	759.654	---	---	---	---	---	---	---	red-brown solid	1
1555	Fe2H2O4	ferric oxide monohydrate	51274-00-1	177.703	---	---	---	---	---	---	---	---	---
1556	Fe2H18O21S3	iron (iii) sulfate nonahydrate	13520-56-4	562.018	dec	1	---	---	25	2.100	1	yellow hexagonal crystals	1
1557	Fe2N	iron nitride	12023-20-0	125.697	dec	1	---	---	25	6.350	1	solid	1
1558	Fe2O3	iron (iii) oxide	1309-37-1	159.688	1867.15	1	---	---	25	5.250	1	red-brown hexagonal crystals	1
1559	Fe2O4Si	iron (ii) orthosilicate	10179-73-4	203.773	---	---	---	---	25	4.300	1	brown orthorhombic crystals	1
1560	Fe2O5Zr	iron zirconate	52933-62-7	282.911	---	---	---	---	---	---	---	---	---
1561	Fe2O12S3	iron (iii) sulfate	10028-22-5	399.881	---	---	---	---	25	3.100	1	gray-white rhombohedral crystals	1
1562	Fe2P	iron phosphide	1310-43-6	142.664	1643.15	1	---	---	25	6.800	1	gray hexagonal needles	1
1563	Fe3As2H12O14	ferrous arsenate hexahydrate	10102-50-8	553.465	---	---	---	---	---	---	---	---	---
1564	Fe3C12O12	iron dodecacarbonyl	12088-65-2	503.656	413.15	1	---	---	25	2.000	1	black crystals	1
1565	Fe3H16O16P2	iron (ii) phosphate octahydrate	14940-41-1	501.600	---	---	---	---	25	2.580	1	gray-blue monoclinic crystals	1
1566	Fe3O4	iron (ii,iii) oxide	1317-61-9	231.533	1870.15	1	---	---	25	5.170	1	black cubic crystals	1
1567	Fe3Sb2	iron antimonide	39356-80-4	411.055	---	---	---	---	---	---	---	---	---
1568	Fe4As2H10O14	ferric basic arsenite	63989-69-5	607.294	---	---	---	---	---	---	---	---	---
1569	Fe4H18O30P6	iron (iii) pyrophosphate nonahydrate	10058-44-3	907.347	---	---	---	---	---	---	---	yellow powder	1
1570	Fe7C18N18	iron (iii) ferrocyanide	14038-43-8	859.229	---	---	---	---	25	1.800	1	dark blue powder	1
1571	Fe9Ni9S16	pentlandite	53809-86-2	1543.902	---	---	---	---	25	4.800	1	---	---
1572	Fm	fermium	7440-72-4	257.000	1800.15	1	---	---	---	---	---	metal	1
1573	FmCl2	fermium (ii) chloride	72561-92-3	327.905	---	---	---	---	---	---	---	solid	1
1574	Fr	francium	7440-73-5	223.000	300.15	1	946.15	1	---	---	---	short-lived alkali metal	1
1575	Ga	gallium	7440-55-3	69.723	302.91	1	2477.15	1	25	5.910	1	silvery liquid or gray orthorhombic crystals	1
1576	GaAs	gallium arsenide	1303-00-0	144.645	1511.15	1	---	---	25	5.318	1	gray cubic crystals	1
1577	GaBr3	gallium (iii) bromide	13450-88-9	309.435	394.65	1	552.15	1	25	3.690	1	white orthorhombic crystals	1
1578	GaC3H9	gallium, trimethyl	1445-79-0	114.827	---	---	---	---	25	1.151	1	---	---
1579	GaC6H15	gallium, triethyl	1115-99-7	156.906	---	---	---	---	25	1.059	1	---	---
1580	GaC15H21O6	gallium (iii) acetylacetonate	14405-43-7	367.047	466.15	1	---	---	25	1.420	1	white powder	1
1581	GaC32H16ClN8	gallium (iii) phthalocyanine chloride	19717-79-4	617.699	---	---	---	---	---	---	---	---	---
1582	GaC33H57O6	gallium, tris(2,2,6,6-tetramethyl-3,5-heptan	34228-15-4	619.525	---	---	---	---	---	---	---	---	---
1583	GaC48H24ClN8	gallium 2,3-naphthalocyanine chloride	142700-78-5	817.934	---	---	---	---	---	---	---	---	---
1584	GaCl2	gallium (ii) chloride	24597-12-4	140.628	445.55	1	808.15	1	25	2.740	1	white orthorhombic crystals	1
1585	GaCl3	gallium trichloride	13450-90-3	176.081	350.90	1	474.15	1	25	2.470	1	colorless needles or glassy solid	1
1586	GaCl3H12O18	gallium (iii) perchlorate hexahydrate	17835-81-3	476.166	---	---	---	---	---	---	---	---	---
1587	GaF3	gallium (iii) fluoride	7783-51-9	126.718	---	---	---	---	25	4.470	1	white powder or colorless needles	1
1588	GaF3H6O3	gallium (iii) fluoride trihydrate	22886-66-4	180.764	dec	1	---	---	---	---	---	white crystals	1
1589	GaF6H12N3	gallate, ammonium hexafluoro	14639-94-2	237.829	dec	1	---	---	25	2.100	1	colorless cubic crystals	1
1590	GaHO2	gallium (iii) oxide hydroxide	20665-52-5	102.730	---	---	---	---	25	5.230	1	orthorhombic crystals	1
1591	GaH3	gallium (iii) hydride	13572-93-5	72.747	258.15	1	---	---	---	---	---	viscous liquid	1
1592	GaH3O3	gallium (iii) hydroxide	12023-99-3	120.745	---	---	---	---	---	---	---	unstable precipitate	1
1593	GaI3	gallium (iii) iodide	13450-91-4	450.436	485.15	1	613.15	1	25	4.500	1	monoclinic crystals	1
1594	GaN	gallium nitride	25617-97-4	83.730	---	---	---	---	25	6.100	1	gray hexagonal crystals	1
1595	GaN3O9	gallium (iii) nitrate	13494-90-1	255.738	---	---	---	---	---	---	---	white crystalline powder	1
1596	GaN9	gallium azide	73157-11-6	195.784	---	---	---	---	---	---	---	---	---
1597	GaO	gallium oxide	12024-08-7	85.722	---	---	---	---	---	---	---	---	---
1598	GaP	gallium phosphide	12063-98-8	100.697	1730.15	1	---	---	25	4.138	1	yellow cubic crystals	1
1599	GaS	gallium (ii) sulfide	12024-10-1	101.789	1238.15	1	---	---	25	3.860	1	hexagonal crystals	1
1600	GaSb	gallium antimonide	12064-03-8	191.483	985.15	1	---	---	25	5.614	1	cubic crystals	1

NO	FORMULA	NAME	CAS No	Mol Wt g/mol	Freezing Point T_F, K	code	Boiling Point T_B, K	code	Density T, C	g/cm3	code	State @ 25C, 1 atm	code
1601	GaSe	gallium (ii) selenide	12024-11-2	148.683	1233.15	1	---	---	25	5.030	1	hexagonal crystals	1
1602	GaTe	gallium (ii) telluride	12024-14-5	197.323	1097.15	1	---	---	25	5.440	1	monoclinic crystals	1
1603	Ga2H36O30S3	gallium (iii) sulfate octadecahydrate	13780-42-2	751.912	---	---	---	---	25	3.860	1	octahedral crystals	1
1604	Ga2O	gallium suboxide	12024-20-3	155.445	---	---	dec	1	25	4.770	1	brown powder	1
1605	Ga2O3	gallium (iii) oxide	12024-21-4	187.444	2079.15	1	---	---	---	---	---	white crystals	1
1606	Ga2O12S3	gallium (iii) sulfate	13494-91-2	427.637	---	---	---	---	---	---	---	hexagonal crystals	1
1607	Ga2S3	gallium (iii) sulfide	12024-22-5	235.644	1363.15	1	---	---	25	3.700	1	monoclinic crystals	1
1608	Ga2Se3	gallium (iii) selenide	12024-24-7	376.326	1210.15	1	---	---	25	4.920	1	cubic crystals	1
1609	Ga2Te3	gallium (iii) telluride	12024-27-0	522.246	1063.15	1	---	---	25	5.570	1	cubic crystals	1
1610	Gd	gadolinium	7440-54-2	157.250	1586.15	1	3546.15	1	25	7.900	1	silvery metal	1
1611	GdB6	gadolinium boride	12008-06-9	222.116	2783.15	1	---	---	25	5.310	1	black-brown cubic crystals	1
1612	GdBr3	gadolinium (iii) bromide	13818-75-2	396.962	1043.15	1	---	---	25	4.560	1	white monoclinic crystals	1
1613	GdC6H17O10	gadolinium acetate tetrahydrate	15280-53-2	406.443	---	---	---	---	25	1.611	1	---	---
1614	GdC14H20N3O10	gadopentetic acid	80529-93-7	547.573	---	---	---	---	---	---	---	---	---
1615	GdC15H15	gadolinium, tris(cyclopentadienyl)	1272-21-5	352.530	---	---	---	---	---	---	---	---	---
1616	GdC15H25O8	gadolinium acetylacetonate dihydrate	14284-87-8	490.604	---	---	---	---	---	---	---	---	---
1617	GdC24H45O6	gadolinium octanoate	29911-73-7	586.861	---	---	---	---	---	---	---	---	---
1618	GdC33H57O6	gadolinium, tris(2,2,6,6-tetramethyl-3,5-hep	14768-15-1	707.052	---	---	---	---	---	---	---	---	---
1619	GdCl3	gadolinium (iii) chloride	10138-52-0	263.608	882.15	1	---	---	25	4.520	1	white monoclinic crystals	1
1620	GdCl3H12O6	gadolinium chloride hexahydrate	13450-84-5	371.700	---	---	---	---	25	2.424	1	---	---
1621	GdF3	gadolinium (iii) fluoride	13765-26-9	214.245	1504.15	1	---	---	---	---	---	white crystals	1
1622	GdH3	gadolinium hydride	13572-97-9	160.274	---	---	---	---	---	---	---	---	---
1623	GdH10N3O14	gadolinium (iii) nitrate pentahydrate	52788-53-1	433.341	dec	1	---	---	25	2.410	1	white crystals	1
1624	GdH12N3O15	gadolinium (iii) nitrate hexahydrate	19598-90-4	451.357	dec	1	---	---	25	2.330	1	hygroscopic triclinic crystals	1
1625	GdI2	gadolinium (ii) iodide	13814-72-7	411.059	1104.15	1	---	---	---	---	---	bronze crystals	1
1626	GdI3	gadolinium (iii) iodide	13572-98-0	537.963	1198.15	1	---	---	---	---	---	yellow crystals	1
1627	GdN	gadolinium nitride	25764-15-2	171.257	---	---	---	---	25	9.100	1	cubic crystals	1
1628	GdSe	gadolinium (ii) selenide	12024-81-6	236.210	2443.15	1	---	---	25	8.100	1	cubic crystals	1
1629	GdSi2	gadolinium silicide	12134-75-7	213.421	---	---	---	---	25	5.900	1	orthorhombic crystals	1
1630	Gd2C6H20O22	gadolinium oxalate decahydrate	22992-15-0	758.710	---	---	---	---	---	---	---	---	---
1631	Gd2H16O20S3	gadolinium (iii) sulfate octahydrate	13450-87-8	746.813	dec	1	---	---	25	4.140	1	colorless monoclinic crystals	1
1632	Gd2O3	gadolinium (iii) oxide	12064-62-9	362.498	2693.15	1	---	---	25	7.070	1	white hygroscopic powder	1
1633	Gd2O7Ti2	gadolinium titanate	12024-89-4	522.230	---	---	---	---	---	---	---	---	---
1634	Gd2S3	gadolinium (iii) sulfide	12134-77-9	410.698	---	---	---	---	25	6.100	1	yellow cubic crystals	1
1635	Gd2Te3	gadolinium (iii) telluride	12160-99-5	697.300	1528.15	1	---	---	25	7.700	1	orthorhombic crystals	1
1636	Gd3Ga5O12	gadolinium gallium garnet	12024-36-1	1012.358	---	---	---	---	25	7.090	1	---	---
1637	Ge	germanium	7440-56-4	72.610	1210.40	1	3100.00	1	25	5.323	1	gray-white cubic crystals	1
1638	GeBr2	germanium (ii) bromide	24415-00-7	232.418	395.15	1	dec	1	---	---	---	yellow monoclinic crystals	1
1639	GeBr4	germanium bromide	13450-92-5	392.226	299.25	1	459.50	1	25	3.132	1	white crystals	1
1640	GeCH6	germane, methyl	1449-65-6	90.668	115.15	1	250.15	1	---	---	---	colorless gas	1
1641	GeC2H5Cl3	germane, trichloroethyl	993-42-0	208.029	---	---	---	---	25	1.604	1	---	---
1642	GeC2H6Cl2	germanium dichloride, dimethyl	1529-48-2	173.584	---	---	---	---	25	1.505	1	---	---
1643	GeC3F9I	germane, iodotris (trifluoromethyl)	66348-18-3	406.532	---	---	---	---	25	2.074	1	---	---
1644	GeC3H9Br	germane, bromotrimethyl	1066-37-1	197.618	---	---	---	---	20	1.549	1	---	---
1645	GeC4H10Cl2	germanium dichloride, diethyl	13314-52-8	201.638	---	---	---	---	25	1.372	1	---	---
1646	GeC4H12	germane, tetramethyl	865-52-1	132.748	---	---	---	---	25	0.978	1	---	---
1647	GeC4H12O4	germanium methoxide	992-91-6	196.746	---	---	---	---	25	1.325	1	---	---
1648	GeC6H5Cl3	germane, phenyltrichloro	1074-29-9	256.072	---	---	---	---	20	1.584	1	---	---
1649	GeC6H15Cl	germanium chloride, triethyl	994-28-5	195.246	---	---	---	---	25	1.175	1	---	---
1650	GeC8H18	germane, vinyltriethyl	6207-41-6	186.839	---	---	---	---	20	1.005	1	---	---
1651	GeC8H20	germane, tetraethyl	597-63-7	188.854	---	---	---	---	25	0.998	1	---	---
1652	GeC8H20O4	germanium (iv) ethoxide	14165-55-0	252.852	---	---	---	---	25	1.140	1	---	---
1653	GeC12H28	germane, tri-n-butyl	998-39-0	244.961	---	---	---	---	25	0.949	1	---	---
1654	GeC16H36	germane, tetra-n-butyl	1067-42-1	301.067	---	---	---	---	25	0.934	1	---	---
1655	GeC24H20	germane, tetraphenyl	1048-05-1	381.026	---	---	---	---	---	---	---	---	---
1656	GeC32H16Cl2N8	germanium phthalocyanine dichloride	19566-97-3	656.039	---	---	---	---	---	---	---	---	---
1657	GeClC3H9	chlorotrimethylgermane	1529-47-1	153.166	---	---	---	---	20	1.249	1	---	---
1658	GeClC18H15	germane, chlorotriphenyl	1626-24-0	339.374	---	---	---	---	---	---	---	---	---
1659	GeCl2	germanium (ii) chloride	10060-11-4	143.515	dec	1	---	---	---	---	---	white-yellow hygroscopic powder	1
1660	GeCl3F	germane, trichlorofluoro	24422-20-6	197.967	223.35	1	310.65	1	---	---	---	liquid	1
1661	GeCl4	germanium chloride	10038-98-9	214.421	221.65	1	359.70	1	25	1.880	1	colorless liquid	1
1662	GeF2	germanium (ii) fluoride	13940-63-1	110.607	383.15	1	dec	1	25	3.640	1	white orthorhombic crystals	1
1663	GeF2Cl2	germane, dichlorodifluoro	24422-21-7	181.512	221.35	1	270.35	1	---	---	---	colorless gas	1
1664	GeF3Cl	germane, chlorotrifluoro	14188-40-0	165.058	206.95	1	252.85	1	---	---	---	gas	1
1665	GeF4	germanium (iv) fluoride	7783-58-6	148.604	258.15	1	236.65	1	---	---	---	colorless gas	1
1666	GeF6H8N2	germanate, ammonium hexafluoro	16962-47-3	222.677	653.15	1	---	---	25	2.564	1	white crystals	1
1667	GeHBr3	germane, tribromo	14779-70-5	313.330	248.15	1	dec	1	---	---	---	colorless liquid	1
1668	GeHCl3	germane, trichloro	1184-65-2	179.976	202.15	1	348.45	1	25	1.930	1	liquid	1
1669	GeH2Br2	germane, dibromo	13769-36-3	234.434	258.15	1	362.15	1	25	2.800	1	colorless liquid	1
1670	GeH2Cl2	germane, dichloro	15230-48-5	145.531	205.15	1	342.65	1	25	1.900	1	colorless liquid	1
1671	GeH3Br	germane, bromo	13569-43-2	155.538	241.15	1	325.15	1	25	2.340	1	colorless liquid	1
1672	GeH3Cl	germane, chloro	13637-65-5	111.087	221.15	1	301.15	1	25	1.750	1	colorless liquid	1
1673	GeH3F	germane, fluoro	13537-30-9	94.632	---	---	---	---	---	---	---	colorless gas	1
1674	GeH3I	germane, iodo	13573-02-9	202.538	258.15	1	---	---	---		---	liquid	1
1675	GeH4	germane	7782-65-2	76.642	107.26	1	185.00	1	25	0.859	1,2	colorless gas	1
1676	GeI2	germanium (ii) iodide	13573-08-5	326.419	dec	1	---	---	25	5.400	1	orange-yellow hexagonal crystals	1
1677	GeI4	germanium (iv) iodide	13450-95-8	580.228	417.15	1	650.15	1	25	4.400	1	red-orange cubic crystals	1
1678	GeO	germanium (ii) oxide	20619-16-3	88.609	dec	1	---	---	---	---	---	black solid	1
1679	GeO2	germanium (iv) oxide	1310-53-8	104.609	1388.15	1	---	---	25	4.250	1	white hexagonal crystals	1
1680	GeS	germanium (ii) sulfide	12025-32-0	104.676	888.15	1	---	---	25	4.100	1	gray orthorhombic crystals	1

Table 2 Physical Properties - Inorganic Compounds

				Mol Wt	Freezing Point		Boiling Point		Density			State	
NO	FORMULA	NAME	CAS No	g/mol	T_F, K	code	T_B, K	code	T, C	g/cm3	code	@ 25C, 1 atm	code
1681	GeS2	germanium (iv) sulfide	12025-34-2	136.742	803.15	1	---	---	25	3.010	1	black orthorhombic crystals	1
1682	GeSe	germanium (ii) selenide	12065-10-0	151.570	940.15	1	---	---	25	5.600	1	gray orthorhombic crystals or brown powder	1
1683	GeSe2	germanium (iv) selenide	12065-11-1	230.530	dec	1	---	---	25	4.560	1	yellow-orange orthorhombic ccrystals	1
1684	GeTe	germanium (ii) telluride	12025-39-7	200.210	998.15	1	---	---	25	6.160	1	cubic crystals	1
1685	GeTe2	germanium (iv) telluride	12260-55-8	327.810	---	---	---	---	---	---	---	---	---
1686	Ge2H6	digermane	13818-89-8	151.268	164.15	1	303.95	1	25	1.701	1,2	colorless liquid	1
1687	Ge3H8	trigermane	14691-44-2	225.894	167.55	1	383.65	1	-105	2.200	1	colorless liquid	1
1688	Ge3N4	germanium nitride	12065-36-0	273.857	dec	1	---	---	25	5.250	1	orthorhombic crystals	1
1689	HAsF6	hydrogen hexafluoroarsenate (v)	17068-85-8	189.920	---	---	---	---	---	---	---	---	---
1690	HBF4	tetrafluoroboric acid	16872-11-0	87.813	---	---	dec	1	25	1.840	1	colorless liquid	1
1691	HBr	hydrogen bromide	10035-10-6	80.912	186.34	1	206.45	1	25	1.728	1,2	colorless gas	1
1692	HBrO	hypobromous acid	13517-11-8	96.911	---	---	---	---	---	---	---	---	---
1693	HBrO3	bromic acid	7789-31-3	128.910	---	---	---	---	---	---	---	stable only in aqueous solution	1
1694	HCN	hydrogen cyanide	74-90-8	27.025	259.86	1	299.15	1	25	0.684	1	colorless liquid	1
1695	HCl	hydrogen chloride	7647-01-0	36.461	158.97	1	188.15	1	25	0.796	1,2	colorless gas	1
1696	HClO3S	chlorosulfonic acid	7790-94-5	116.525	193.15	1	427.00	1	25	1.750	1	colorless or yellow liquid	1
1697	HClO4	perchloric acid	7601-90-3	100.458	171.95	1	385.00	1	25	1.770	1	colorless hygroscopic liquid	1
1698	HF	hydrogen fluoride	7664-39-3	20.006	189.79	1	292.67	1	25	0.941	1,2	---	---
1699	HI	hydrogen iodide	10034-85-2	127.912	222.38	1	237.55	1	-5	2.850	1	colorless or yellow gas	1
1700	HIO4	periodic acid	13444-71-8	191.910	395.15	1	---	---	---	---	---	solid	1
1701	HNO2	nitrous acid	7782-77-6	47.013	---	---	---	---	---	---	---	stable only in solution	1
1702	HNO3	nitric acid	7697-37-2	63.013	231.55	1	356.15	1	25	1.550	1	colorless liquid	1
1703	HN3	hydrazoic acid	7782-79-8	43.028	---	---	---	---	25	1.092	1	colorless liquid	1
1704	HOCl	hypochlorous acid	7790-92-3	52.460	---	---	---	---	---	---	---	stable only in solution	1
1705	HO3V	metavanadic acid	13470-24-1	99.948	---	---	---	---	---	---	---	---	---
1706	HPF4	hydrogen phosphorus tetrafluoride	---	107.975	---	---	---	---	---	---	---	---	---
1707	HPO2F2	difluorophosphoric acid	13779-41-4	101.977	---	---	dec	1	25	1.583	1	colorless liquid	1
1708	HReO4	perrhenic acid	13768-11-1	251.213	---	---	---	---	---	---	---	exists only in solution	1
1709	H2	hydrogen	1333-74-0	2.016	13.95	1	20.39	1	---	---	---	colorless gas	1
1710	H2Cl6Pt	hydrogen hexachloroplatinate (iv)	16941-12-1	409.810	---	---	---	---	---	---	---	---	---
1711	H2F6Ti	hexafluorotitanic acid	17439-11-1	163.873	---	---	---	---	---	---	---	---	---
1712	H2O	water	7732-18-5	18.015	273.15	1	373.15	1	25	0.997	1	colorless liquid	1
1713	H2O2	hydrogen peroxide	7722-84-1	34.015	272.73	1	423.35	1	25	1.440	1	colorless liquid	1
1714	H2S	hydrogen sulfide	7783-06-4	34.082	187.68	1	212.80	1	25	0.777	1,2	colorless gas	1
1715	H2SO3	sulfurous acid	7782-99-2	82.080	---	---	---	---	25	1.030	1	exists only in solution	1
1716	H2SO4	sulfuric acid	7664-93-9	98.079	283.46	1	610.00	1	25	1.840	1	liquid	1
1717	H2SO5	peroxysulfuric acid	7722-86-3	114.079	dec	1	---	---	---	---	---	white crystals	1
1718	H2S2	hydrogen disulfide	13465-07-1	66.148	183.45	1	343.85	1	25	1.334	1	colorless liquid	1
1719	H2Se	hydrogen selenide	7783-07-5	80.976	207.45	1	231.15	1	25	1.766	1,2	colorless gas	1
1720	H2SiF6	fluorosilicic acid	16961-83-4	144.092	---	---	---	---	---	---	---	stable only in aqueous solution	1
1721	H2Te	hydrogen telluride	7783-09-7	129.616	224.15	1	271.15	1	25	2.378	1,2	colorless gas	1
1722	H3NO	hydroxylamine	7803-49-8	33.030	306.25	1	383.00	1	25	1.210	1	white flakes or needles	1
1723	H3PO2	hypophosphorous acid	6303-21-5	65.996	299.65	1	403.15	1	25	1.490	1	hygroscopic crystals or colorless oily liquid	1
1724	H3PO3	phosphorous acid	13598-36-2	81.996	347.55	1	473.15	1	25	1.650	1	white hygroscopic crystals	1
1725	H3PO4	phosphoric acid	7664-38-2	97.995	315.51	1	680.00	1	---	---	---	colorless viscous liquid	1
1726	H3P3O9	superphosphoric acid	8017-16-1	239.940	---	---	---	---	---	---	---	---	---
1727	H3SNO3	sulfamic acid	5329-14-6	97.095	478.00	1	---	---	---	---	---	solid	1
1728	H4BrNO	hydroxylamine hydrobromide	41591-55-3	113.942	---	---	---	---	25	2.351	1	---	---
1729	H4ClNO	hydroxylamine hydrochloride	5470-11-1	69.491	424.00	1	---	---	25	1.680	1	solid	1
1730	H4P2O6	hypophosphoric acid	7803-60-3	161.976	dec	1	---	---	---	---	---	colorless orthorhombic crystals	1
1731	H4SiO4	orthosilicic acid	10193-36-9	96.115	---	---	---	---	---	---	---	exists only in solution	1
1732	H8N2O6S	hydroxylamine sulfate	10039-54-0	164.139	443.15	1	---	---	---	---	---	crystals	1
1733	H8O6Pt	dihydrogen hexahydroxyplatinum (iv)	52483-26-3	299.138	---	---	---	---	---	---	---	---	---
1734	H8O6Pt	hydrogen hexahydroxyplatinate (iv)	51850-20-5	299.138	---	---	---	---	---	---	---	---	---
1735	H9AuCl4O4	hydrogen tetrachloroaurate (iii) tetrahydrat	16903-35-8	411.846	---	---	---	---	25	3.900	1	yellow monoclinic crystals	1
1736	H12N6O6Pt	tetraammineplatinum (ii) nitrate	20634-12-2	387.210	dec	1	---	---	---	---	---	---	---
1737	H14Cl6O6Os	hydrogen hexachloroosmium (iv) hexahydr	27057-71-2	513.054	---	---	---	---	---	---	---	---	---
1738	He	helium-3	14762-55-1	3.016	1.01	1	3.20	1	---	---	---	gas	1
1739	He	helium-4	7440-59-7	4.003	1.76	1	4.22	1	---	---	---	gas	1
1740	Hf	hafnium	7440-58-6	178.490	2506.15	1	4876.15	1	25	13.300	1	gray metal	1
1741	HfB2	hafnium boride	12007-23-7	200.112	3373.15	1	---	---	25	10.500	1	gray hexagonal crystals	1
1742	HfBr4	hafnium (iv) bromide	13777-22-5	498.106	697.15	1	596.15	1	25	4.900	1	white cubic crystals	1
1743	HfC	hafnium carbide	12069-85-1	190.501	---	---	---	---	25	12.200	1	refractory cubic crystals	1
1744	HfC8H11Cl3	hafnium trichloride, isopropylcyclopentadie	---	392.021	---	---	---	---	---	---	---	---	---
1745	HfC8H16Cl4O2	hafnium chloride-tetrahydrofuran complex (	21959-05-7	464.512	---	---	---	---	---	---	---	---	---
1746	HfC8H20O4	hafnium ethoxide	13428-80-3	358.732	---	---	---	---	---	---	---	---	---
1747	HfC10H15Cl3	hafnium trichloride, pentamethylcyclopenta	75181-08-7	420.074	---	---	---	---	---	---	---	---	---
1748	HfC14H18Cl2	hafnium dichloride, bis(ethylcyclopentadien	78205-93-3	435.688	---	---	---	---	---	---	---	---	---
1749	HfC15H36O5	hafnium isopropoxide monoisopropylate	2171-99-5	474.933	---	---	---	---	---	---	---	---	---
1750	HfC16H22Cl2	hafnium dichloride, bis (isopropylcyclopent	66349-80-2	463.741	---	---	---	---	---	---	---	---	---
1751	HfC16H36O4	hafnium tert-butoxide	2172-02-3	470.945	---	---	---	---	30	1.150	1	---	---
1752	HfC20H28O8	hafnium acetylacetonate	17475-67-1	574.922	---	---	---	---	---	---	---	---	---
1753	HfC20H30Cl2	hafnium dichloride, bis(pentamethylcyclope	85959-83-7	519.848	---	---	---	---	---	---	---	---	---
1754	HfCl2H16O9	hafnium oxychloride octahydrate	14456-34-9	409.517	dec	1	---	---	---	---	---	white tetragonal crystals	1
1755	HfCl4	hafnium (iv) chloride	13499-05-3	320.301	705.15	1	590.15	1	---	---	---	white monoclinic crystals	1
1756	HfF4	hafnium fluoride	13709-52-9	254.484	---	---	1243.15	1	25	7.100	1	white monoclinic crystals	1
1757	HfH2	hafnium hydride	12770-26-2	180.506	---	---	---	---	25	11.400	1	refractory tetragonal crystals	1
1758	HfI3	hafnium (iii) iodide	13779-73-2	559.203	---	---	---	---	---	---	---	---	---
1759	HfI4	hafnium (iv) iodide	13777-23-6	686.108	722.15	1	667.15	1	25	5.600	1	yellow-orange cubic crystals	1
1760	HfN	hafnium nitride	25817-87-2	192.497	3578.15	1	---	---	25	13.800	1	yellow-brown cubic crystals	1

Table 2 Physical Properties - Inorganic Compounds

				Mol Wt	Freezing Point		Boiling Point		Density			State	
NO	FORMULA	NAME	CAS No	g/mol	T_F, K	code	T_B, K	code	T, C	g/cm3	code	@ 25C, 1 atm	code
1761	HfO2	hafnium oxide	12055-23-1	210.489	3047.15	1	---	---	25	9.680	1	white cubic crystals	1
1762	HfO4Si	hafnium silicate	37248-04-7	270.573	---	---	---	---	---	---	---	---	---
1763	HfO4Ti	hafnium titanate	12055-24-2	290.355	---	---	---	---	---	---	---	---	---
1764	HfO8S2	hafnium sulfate	15823-43-5	370.617	dec	1	---	---	---	---	---	white crystals	1
1765	HfP	hafnium phosphide	12325-59-6	209.464	---	---	---	---	25	9.780	1	hexagonal crystals	1
1766	HfS2	hafnium sulfide	18855-94-2	242.622	---	---	---	---	25	6.030	1	purple-brown hexagonal crystals	1
1767	HfSe2	hafnium selenide	12162-21-9	336.410	---	---	---	---	25	7.460	1	brown hexagonal crystals	1
1768	HfSiO4	hafnium orthosilicate	13870-13-8	270.573	---	---	---	---	25	7.000	1	tetragonal crystals	1
1769	HfSi2	hafnium silicide	12401-56-8	234.661	---	---	---	---	25	7.600	1	gray orthorhombic crystals	1
1770	HfTe2	hafnium telluride	39082-23-0	433.690	---	---	---	---	---	---	---	---	---
1771	Hg	mercury	7439-97-6	200.590	234.29	1	629.84	1	25	13.534	1	heavy silvery liquid	1
1772	HgBr	mercurous bromide	10031-18-2	280.494	678.15	1	---	---	25	7.307	1	solid	1
1773	HgBr2	mercuric bromide	7789-47-1	360.398	509.15	1	595.15	1	25	6.050	1	white rhombohedral crystals or powder	1
1774	HgCH3Cl	methylmercury chloride	115-09-3	251.077	---	---	443.15	1	---	---	---	---	---
1775	HgCH3I	methylmercury iodide	143-36-2	342.529	---	---	---	---	---	---	---	---	---
1776	HgCH4O	methylmercury hydroxide	1184-57-2	232.632	---	---	---	---	---	---	---	---	---
1777	HgC2F6O6S2	mercury (ii) trifluoromethanesulfonate	49540-00-3	498.730	---	---	---	---	---	---	---	---	---
1778	HgC2H6	mercury, dimethyl	593-74-8	230.659	---	---	---	---	25	2.961	1	---	---
1779	HgC2N2	mercury (ii) cyanide	592-04-1	252.625	dec	1	---	---	25	4.000	1	colorless tetragonal crystals	1
1780	HgC2N2O2	mercury (ii) fulminate	628-86-4	284.624	explo	1	---	---	25	4.420	1	gray crystals	1
1781	HgC2N2S2	mercury (ii) thiocyanate	592-85-8	316.757	dec	1	---	---	25	3.710	1	monoclinic crystals	1
1782	HgC2O4	mercury (ii) oxalate	3444-13-1	288.609	---	---	---	---	---	---	---	---	---
1783	HgC4CoN4S4	mercury (ii) tetrathiocyanatocobaltate (ii)	27685-51-4	491.857	---	---	---	---	---	---	---	---	---
1784	HgC4F6O4	mercury (ii) trifluoroacetate	13257-51-7	426.621	---	---	---	---	---	---	---	---	---
1785	HgC4H6O4	mercury (ii) acetate	1600-27-7	318.678	dec	1	---	---	25	3.280	1	white-yellow crystals or powder	1
1786	HgC4H10	mercury, diethyl	627-44-1	258.712	---	---	---	---	25	2.446	1	---	---
1787	HgC6H5Br	mercury (ii) bromide, phenyl	1192-89-8	357.598	---	---	---	---	---	---	---	---	---
1788	HgC6H5Cl	mercuric chloride, phenyl	100-56-1	313.147	---	---	---	---	---	---	---	---	---
1789	HgC8H8O2	mercuric acetate, phenyl	62-38-4	336.738	---	---	---	---	---	---	---	---	---
1790	HgC8H9NO2	mercuric acetate, 4-aminophenyl	6283-24-5	351.753	---	---	---	---	---	---	---	---	---
1791	HgC8H22Si2	mercury, bis (trimethylsilylmethyl)	13294-23-0	375.021	---	---	---	---	25	1.474	1	---	---
1792	HgC12H10	mercury, diphenyl	587-85-9	354.798	---	---	---	---	25	2.320	1	---	---
1793	HgC13H17NO6	mersalyl	486-67-9	483.867	---	---	---	---	---	---	---	---	---
1794	HgC14H12O5	mercury (ii) benzoate monohydrate	583-15-3	460.832	---	---	---	---	---	---	---	---	---
1795	HgC20H8Br2Na2O6	merbromin	129-16-8	750.651	---	---	---	---	---	---	---	---	---
1796	HgC36H66O4	mercury (ii) oleate	1191-80-6	763.497	---	---	---	---	---	---	---	---	---
1797	HgClC7H5O2	mercuribenzoic acid, 4-chloro	59-85-8	357.156	---	---	---	---	---	---	---	---	---
1798	HgClH2N	mercury (ii) amide chloride	10124-48-8	252.065	---	---	---	---	25	5.380	1	white solid	1
1799	HgClH8O8	mercury (i) perchlorate tetrahydrate	65202-12-2	372.101	---	---	---	---	---	---	---	---	---
1800	HgCl2	mercuric chloride	7487-94-7	271.495	549.15	1	577.15	1	25	5.600	1	white orthorhombic crystals	1
1801	HgCl2H6O11	mercury (ii) perchlorate trihydrate	73491-34-6	453.536	---	---	---	---	25	4.000	1	---	---
1802	HgCrO4	mercury (ii) chromate	---	316.584	---	---	---	---	25	6.060	1	red monoclinic crystals	1
1803	HgCr2O7	mercury (ii) dichromate	7789-10-8	416.578	---	---	---	---	---	---	---	red crystalline powder	1
1804	HgF2	mercury (ii) fluoride	7783-39-3	238.587	dec	1	---	---	25	8.950	1	white cubic crystals	1
1805	HgHAsO4	mercury (ii) hydrogen arsenate	7784-37-4	340.517	---	---	---	---	---	---	---	yellow powder	1
1806	HgHN2O6.5	mercury (ii) nitrate hemihydrate	---	333.608	---	---	---	---	25	4.390	1	---	---
1807	HgH2	mercury (ii) hydride	72172-67-9	202.606	---	---	---	---	---	---	---	---	---
1808	HgH2N2O7	mercury (ii) nitrate monohydrate	7783-34-8	342.615	---	---	---	---	25	4.300	1	white-yellow hygroscopic crystals	1
1809	HgH2NO4	mercury (i) nitrate monohydrate	7783-34-8	280.610	---	---	---	---	25	4.790	1	---	---
1810	HgH4NO5	mercury (i) nitrate dihydrate	10415-75-5	298.626	---	---	---	---	4	4.785	1	---	---
1811	HgH4N2O8	mercury (ii) nitrate dihydrate	---	360.630	---	---	---	---	25	4.780	1	monoclinic crystals	1
1812	HgI	mercurous iodide	7783-30-4	327.494	---	---	---	---	25	7.700	1	---	---
1813	HgI2	mercuric iodide	7774-29-0	454.399	532.15	1	627.15	1	25	6.280	1	red tetragonal crystals or powder	1
1814	HgI2O6	mercury (ii) iodate	7783-32-6	550.395	dec	1	---	---	---	---	---	white powder	1
1815	HgN2O6	mercury (ii) nitrate	10045-94-0	324.600	352.15	1	---	---	25	4.300	1	colorless hygroscopic crystals	1
1816	HgO	mercury (ii) oxide	21908-53-2	216.589	dec	1	---	---	25	11.140	1	red or yellow orthorhombic crystals	1
1817	HgS	mercury (ii) sulfide (red)	1344-48-5	232.656	659.15	1	---	---	25	8.170	1	red hexagonal crystals	1
1818	HgS	mercury (ii) sulfide (black)	1344-48-5	232.656	856.15	1	---	---	25	7.700	1	black cubic crystals or powder	1
1819	HgS	mercury (ii) sulfide(alpha)	1344-48-5	232.656	---	---	---	---	25	8.100	1	---	---
1820	HgS	mercury (ii) sulfide(beta)	1344-48-5	232.656	---	---	---	---	25	7.700	1	---	---
1821	HgSe	mercury (ii) selenide	20601-83-6	279.550	---	---	---	---	25	8.210	1	gray cubic crystals	1
1822	HgSO4	mercury (ii) sulfate	7783-35-9	296.654	---	---	---	---	25	6.470	1	white monoclinic crystals	1
1823	HgTe	mercury (ii) telluride	12068-90-5	328.190	946.15	1	---	---	25	8.630	1	gray cubic crystals	1
1824	Hg2Br2	mercury (i) bromide	15385-58-7	560.988	680.15	1	---	---	25	7.307	1	white tetragonal crystals or powder	1
1825	Hg2CO3	mercury (i) carbonate	50968-00-8	461.189	---	---	---	---	---	---	---	---	---
1826	Hg2C2N2O	mercury (ii) oxycyanide	1335-31-5	469.214	explo	1	---	---	25	4.440	1	white orthorhombic crystals	1
1827	Hg2C4H6O4	mercury (i) acetate	631-60-7	519.268	dec	1	---	---	---	---	---	colorless scales	1
1828	Hg2C12H11NO4	phenyl mercury nitrate, basic	8003-05-2	634.400	---	---	---	---	---	---	---	---	---
1829	Hg2Cl2	mercury (i) chloride	10112-91-1	472.085	798.15	1	656.15	1	25	7.160	1	white tetragonal crystals	1
1830	Hg2Cl2O6	mercury (i) chlorate	10294-44-7	568.082	dec	1	---	---	25	6.410	1	white crystals	1
1831	Hg2CrO4	mercury (i) chromate	---	517.174	---	---	---	---	---	---	---	---	---
1832	Hg2F2	mercury (i) fluoride	13967-25-4	439.177	dec	1	---	---	25	8.730	1	yellow cubic crystals	1
1833	Hg2H4N2O8	mercury (i) nitrate dihydrate	14836-60-3	561.220	dec	1	---	---	25	4.800	1	colorless crystals	1
1834	Hg2I2	mercury (i) iodide	15385-57-6	654.989	563.15	1	---	---	25	7.700	1	yellow amorphous powder	1
1835	Hg2I2O6	mercury (i) iodate	13465-35-9	750.985	---	---	---	---	---	---	---	---	---
1836	Hg2O	mercury (i) oxide	15829-53-5	417.179	dec	1	---	---	25	9.800	1	prob mixture of HgO+Hg	1
1837	Hg2S	mercury (i) sulfide	51595-71-2	433.246	---	---	---	---	---	---	---	---	---
1838	Hg2SO4	mercury (i) sulfate	7783-36-0	497.244	---	---	---	---	25	7.560	1	white-yellow crystalline powder	1
1839	Hg3O8P2	mercury (ii) phosphate	7782-66-3	791.713	---	---	---	---	---	---	---	white-yellow powder	1
1840	Hg4C9H12O8	tetrakis(acetoxymercuri)methane	25201-30-3	1050.547	---	---	---	---	---	---	---	---	---

Table 2 Physical Properties - Inorganic Compounds

NO	FORMULA	NAME	CAS No	Mol Wt	Freezing Point		Boiling Point		Density			State	
				g/mol	T_F, K	code	T_B, K	code	T, C	g/cm3	code	@ 25C, 1 atm	code
1841	Ho	holmium	7440-60-0	164.930	1747.15	1	2973.15	1	25	8.800	1	silvery metal	1
1842	HoB4	homium boride	12045-77-1	208.174	---	---	---	---	---	---	---	---	---
1843	HoBr3	holmium bromide	13825-76-8	404.642	1192.15	1	1743.15	1	---	---	---	yellow hygroscopic crystals	1
1844	HoC6H11O7	holmium acetate monohydrate	25519-09-9	360.078	---	---	---	---	---	---	---	---	---
1845	HoC33H57O6	holmium, tris(2,2,6,6-tetramethyl-3,5-heptai	15522-73-3	714.732	---	---	---	---	---	---	---	---	---
1846	HoCl3	holmium chloride	10138-62-2	271.288	991.15	1	1773.15	1	25	3.700	1	yellow monoclinic crystals	1
1847	HoCl3H12O18	holmium perchlorate hexahydrate	14017-54-0	571.373	---	---	---	---	---	---	---	---	---
1848	HoCl3H12O6	holmium chloride hexahydrate	14914-84-2	379.380	---	---	---	---	---	---	---	---	---
1849	HoF3	holmium fluoride	13760-78-6	221.926	1416.15	1	---	---	25	7.664	1	pink-yellow orthorhombic crystals	1
1850	HoH3	holmium hydride	13598-41-9	167.954	---	---	---	---	---	---	---	---	---
1851	HoH10N3O14	holmium nitrate pentahydrate	14483-18-2	441.022	---	---	---	---	---	---	---	---	---
1852	HoI3	holmium iodide	13813-41-7	545.644	1267.15	1	---	---	25	5.400	1	yellow hexagonal crystals	1
1853	HoN	holmium nitride	12029-81-1	178.937	---	---	---	---	25	10.600	1	cubic crystals	1
1854	Ho2O3	holmium oxide	12055-62-8	377.859	2688.15	1	---	---	25	8.410	1	yellow cubic crystals	1
1855	Ho2S3	holmium sulfide	12162-59-3	426.059	---	---	---	---	25	5.920	1	yellow-orange monoclinic crystals	1
1856	Ho2Se3	holmium selenide	12162-60-6	566.741	---	---	---	---	---	---	---	---	---
1857	Ho2Te3	holmium telluride	12162-61-7	712.661	---	---	---	---	---	---	---	---	---
1858	HoSi2	holmium silicide	12136-24-2	221.101	---	---	---	---	25	7.100	1	hexagonal crystals	1
1859	Ho2C6H20O22	holmium oxalate decahydrate	28965-57-3	774.070	---	---	---	---	---	---	---	---	---
1860	Ho2H16O20S3	holmium sulfate octahydrate	13473-57-9	762.174	---	---	---	---	---	---	---	---	---
1861	Hs	hassium	54037-57-9	277.000	---	---	---	---	---	---	---	synthetic element	1
1862	IBr	iodine bromide	7789-33-5	206.808	313.15	1	dec	1	25	4.300	1	black orthorhombic crystals	1
1863	ICl	iodine chloride	7790-99-0	162.357	300.54	1	dec	1	25	3.240	1	red crystals or oily liquid	1
1864	ICl3	iodine trichloride	865-44-1	233.263	374.15	1	dec	1	25	3.200	1	yellow triclinic crystals	1
1865	IF	iodine fluoride	13873-84-2	145.903	---	---	---	---	---	---	---	disproportionates at room temperature	1
1866	IF2P	iododifluorophosphine	---	195.875	---	---	---	---	---	---	---	---	---
1867	IF3	iodine trifluoride	22520-96-3	183.900	dec	1	---	---	---	---	---	yellow solid, stable at low temperature	1
1868	IF5	iodine pentafluoride	7783-66-6	221.896	282.58	1	373.65	1	25	3.190	1	yellow liquid	1
1869	IF7	iodine heptafluoride	16921-96-3	259.893	279.65	1	277.95	1	25	2.670	1	gas	1
1870	IHO3	iodic acid	7782-68-5	175.911	dec	1	---	---	25	4.630	1	colorless orthorhombic crystals	1
1871	IH5O6	periodic acid dihydrate	10450-60-9	227.941	dec	1	---	---	---	---	---	monoclinic hygroscopic crystals	1
1872	IO2	iodine dioxide	13494-92-3	158.903	---	---	---	---	25	4.200	1	---	---
1873	I2	iodine	7553-56-2	253.809	386.75	1	457.56	1	25	4.933	1	blue-black plates	1
1874	I2O4	iodine tetroxide	12399-08-5	317.807	dec	1	---	---	25	4.200	1	yellow crystals	1
1875	I2O5	iodine pentoxide	12029-98-0	333.806	dec	1	---	---	25	4.980	1	hygroscopic white crystals	1
1876	I4O9	iodine nonaoxide	73560-00-6	651.612	dec	1	---	---	---	---	---	hygroscopic yellow powder	1
1877	In	indium	7440-74-6	114.818	429.75	1	2345.15	1	25	7.310	1	soft white metal	1
1878	InAs	indium arsenide	1303-11-3	189.740	1215.15	1	---	---	25	5.670	1	gray cubic crystals	1
1879	InBr	indium (i) bromide	14280-53-6	194.722	563.15	1	929.15	1	25	4.960	1	orange-red orthorhombic crystals	1
1880	InBr2	indium (ii) bromide	21264-43-7	274.626	---	---	---	---	25	4.220	1	orthorhombic crystals	1
1881	InBr3	indium (iii) bromide	13465-09-3	354.530	693.15	1	---	---	25	4.740	1	hygroscopic yellow-white crystals	1
1882	InC3F9O9S3	indium trifluoromethanesulfonate	128008-30-0	562.028	---	---	---	---	---	---	---	---	---
1883	InC3H9	indium, trimethyl	3385-78-2	159.922	---	---	---	---	25	1.568	1	---	---
1884	InC5H5	indium (i), cyclopentadienyl	34822-89-4	179.911	---	---	---	---	---	---	---	---	---
1885	InC6F9O6	indium trifluoroacetate	36554-90-2	453.864	---	---	---	---	---	---	---	---	---
1886	InC6H15	indium, triethyl	923-34-2	202.001	---	---	---	---	25	1.260	1	---	---
1887	InC6H9O6	indium acetate	25114-58-3	291.950	---	---	---	---	---	---	---	---	---
1888	InC15H12F9O6	indium trifluoroacetylacetonate	15453-87-9	574.056	---	---	---	---	---	---	---	---	---
1889	InC15H21O6	indium acetylacetonate	14405-45-9	412.142	---	---	---	---	---	---	---	---	---
1890	InCl	indium (i) chloride	13465-10-6	150.271	484.15	1	881.15	1	25	4.190	1	yellow cubic crystals	1
1891	InCl2	indium (ii) chloride	13465-11-7	185.723	508.15	1	---	---	25	3.640	1	colorless orthorhombic crystals	1
1892	InCl3	indium (iii) chloride	10025-82-8	221.176	856.15	1	---	---	25	4.000	1	yellow monoclinic crystals	1
1893	InCl3H8O4	indium (iii) chloride tetrahydrate	22519-64-8	293.237	---	---	---	---	---	---	---	---	---
1894	InCl3H16O20	indium (iii) perchlorate octahydrate	13465-15-1	557.291	---	---	dec	1	---	---	---	white crystals	1
1895	InF	indium (i) fluoride	74508-07-9	133.816	---	---	---	---	---	---	---	---	---
1896	InF3	indium (iii) fluoride	7783-52-0	171.813	1443.15	1	---	---	25	4.390	1	white hexagonal crystals	1
1897	InF3H6O3	indium (iii) fluoride trihydrate	14166-78-0	225.859	dec	1	---	---	---	---	---	white crystals	1
1898	InH3O3	indium (iii) hydroxide	20661-21-6	165.840	---	---	---	---	25	4.400	1	cubic crystals	1
1899	InH6N3O12	indium (iii) nitrate trihydrate	13770-61-1	354.879	---	---	---	---	---	---	---	---	---
1900	InI	indium (i) iodide	13966-94-4	241.722	637.55	1	985.15	1	25	5.320	1	orthorhombic crystals	1
1901	InI3	indium (iii) iodide	13510-35-5	495.531	480.15	1	---	---	25	4.690	1	yellow-red monoclinic crystals	1
1902	InN	indium nitride	25617-98-5	128.825	1373.15	1	---	---	25	6.880	1	hexagonal crystals	1
1903	InO	indium monoxide	---	130.817	---	---	---	---	---	---	---	---	---
1904	InP	indium phosphide	22398-80-7	145.792	1335.15	1	---	---	25	4.810	1	black cubic crystals	1
1905	InPO4	indium (iii) phosphate	14693-82-4	209.789	---	---	---	---	25	4.900	1	white orthorhombic crystals	1
1906	InS	indium (ii) sulfide	12030-14-7	146.884	965.15	1	---	---	25	5.200	1	red-brown orthorhombic crystals	1
1907	InSb	indium antimonide	1312-41-0	236.578	798.15	1	---	---	25	5.775	1	black cubic crystals	1
1908	InSe	indium (ii) selenide	1312-42-1	193.778	---	---	---	---	---	---	---	---	---
1909	InTe	indium (i,iii) telluride	12030-19-2	242.418	---	---	---	---	---	---	---	---	---
1910	In2I4	indium (i,iii) iodide	13779-78-7	737.254	485.15	1	---	---	25	4.700	1	solid	1
1911	In2O	diindium monoxide	---	245.635	---	---	---	---	---	---	---	---	---
1912	In2O3	indium (iii) oxide	1312-43-2	277.634	2185.15	1	---	---	25	7.180	1	yellow cubic crystals	1
1913	In2O12S3	indium (iii) sulfate	13464-82-9	517.827	---	---	---	---	25	3.440	1	hygroscopic white powder	1
1914	In2S3	indium (iii) sulfide	12030-24-9	325.834	1323.15	1	---	---	25	4.450	1	orange cubic crystals	1
1915	In2Se3	indium (iii) selenide	12056-07-4	466.516	933.15	1	---	---	25	5.800	1	black hexagonal crystals	1
1916	In2Te3	indium (iii) telluride	1312-45-4	612.436	940.15	1	---	---	25	5.750	1	black cubic crystals	1
1917	Ir	iridium	7439-88-5	192.217	2719.15	1	4701.15	1	25	22.500	1	silvery-white metal	1
1918	IrBr2	iridium (ii) bromide	77791-70-9	352.025	---	---	---	---	---	---	---	---	---
1919	IrBr3	iridium (iii) bromide	---	431.929	---	---	---	---	25	6.820	1	red-brown monoclinic crystals	1
1920	IrBr4	iridium (iv) bromide	7789-64-2	511.833	---	---	---	---	---	---	---	solid	1

Table 2 Physical Properties - Inorganic Compounds

				Mol Wt	Freezing Point		Boiling Point		Density			State	
NO	FORMULA	NAME	CAS No	g/mol	T_F, K	code	T_B, K	code	T, C	g/cm3	code	@ 25C, 1 atm	code
1921	IrBr3H8O4	iridium (iii) bromide tetrahydrate	10049-24-8	503.990	---	---	---	---	---	---	---	green-brown crystals	1
1922	IrBr6K2	iridium hexabromide dipotassium	19121-78-9	749.838	---	---	---	---	---	---	---	solid	1
1923	IrBr6Na2	iridium hexabromide disodium	28529-99-9	717.621	---	---	---	---	---	---	---	solid	1
1924	IrC3ClO3	iridium (i) chlorotricarbonyl	32594-40-4	311.700	---	---	---	---	---	---	---	---	---
1925	IrC4H16Cl3N4	iridium (iii), cis-dichlorobis(ethylenediamine	15444-46-9	418.772	---	---	---	---	---	---	---	---	---
1926	IrC6K3N6	iridium tripotassium hexacyanide	20792-41-0	465.617	---	---	---	---	---	---	---	solid	1
1927	IrC7H7O4	iridium (i), dicarbonylacetylacetonate	14023-80-4	347.345	---	---	---	---	---	---	---	---	---
1928	IrC15H21O6	iridium (iii) acetylacetonate	15635-87-7	489.541	---	---	---	---	---	---	---	---	---
1929	IrC16H24BF4	iridium (i) tetrafluoroborate, bis(1,5-cyclooc	35138-23-9	495.383	---	---	---	---	---	---	---	---	---
1930	IrC31H50F6NP2	iridum (i) hexafluorophosphate, (tricyclohex	64536-78-3	804.890	---	---	---	---	---	---	---	---	---
1931	IrC34H38F6P3	iridium hexafluorophosphate, 1,5-cycloocta	38465-86-0	845.794	---	---	---	---	---	---	---	---	---
1932	IrC37H30ClOP2	iridium (i) chloride, carbonylbis (triphenylph	14871-41-1	780.251	488.15	1	---	---	---	---	---	solid	1
1933	IrC55H46OP3	iridium (i) hydride, carbonyltris (triphenylph	17250-25-8	1008.091	---	---	---	---	---	---	---	solid	1
1934	IrCl2	iridium (ii) chloride	13465-17-3	263.122	dec	1	---	---	---	---	---	solid	1
1935	IrCl3	iridium (iii) chloride	10025-83-9	298.575	dec	1	---	---	25	5.300	1	brown monoclinic crystals	1
1936	IrCl4	iridium tetrachloride	10025-97-5	334.028	---	---	---	---	---	---	---	---	---
1937	IrCl6H8N2	iridate (iv), ammonium hexachloro	16940-92-4	441.010	dec	1	---	---	25	2.856	1	black crystalline powder	1
1938	IrF3	iridium (iii) fluoride	23370-59-4	249.212	dec	1	---	---	---	---	---	black hexagonal crystals	1
1939	IrF4	iridium (iv) fluoride	37501-24-9	268.211	---	---	---	---	---	---	---	dark brown solid	1
1940	IrF6	iridium (vi) fluoride	7783-75-7	306.207	317.15	1	326.75	1	25	4.800	1	yellow cubic crystals	1
1941	IrI2	iridium (ii) iodide	19253-38-4	446.026	---	---	---	---	---	---	---	---	---
1942	IrI3	iridium (iii) iodide	7790-41-2	572.930	---	---	---	---	---	---	---	dark brown monoclinic crystals	1
1943	IrI4	iridium (iv) iodide	7790-45-6	699.835	---	---	---	---	---	---	---	---	---
1944	IrK3N6O12	iridium tripotassium hexanitrate	38930-18-6	585.545	---	---	---	---	---	---	---	solid	1.00
1945	IrO2	iridium (iv) oxide	12030-49-8	224.216	dec	1	---	---	25	11.700	1	brown tetragonal crystals	1
1946	IrO3	iridium trioxide	---	240.215	---	---	---	---	---	---	---	---	---
1947	IrS2	iridium (iv) sulfide	12030-51-2	256.349	---	---	---	---	25	9.300	1	orthorhombic crystals	1
1948	IrSe2	iridium (iv) selenide	12030-55-6	350.137	---	---	---	---	---	---	---	---	---
1949	IrTe2	iridium (iv) telluride	12196-62-2	447.417	---	---	---	---	---	---	---	---	---
1950	Ir2C8O8	diiridium octacarbonyl	30806-36-1	608.515	---	---	---	---	---	---	---	---	---
1951	Ir2C16H24Cl2	dimer, chloro(1,5-cyclooctadiene)iridium (i)	12112-67-3	671.701	---	---	---	---	---	---	---	---	---
1952	Ir2C20H30Cl4	iridium (iii) chloride dimer, pentamethylcycl	12354-84-6	796.697	---	---	---	---	---	---	---	---	---
1953	Ir2C22H30N4	diiridum, bis(1,5-cyclooctadiene)bis(1h-pyr	80462-13-1	734.935	---	---	---	---	---	---	---	---	---
1954	Ir2C32H56Cl2	iridum (i), chlorobis(cyclooctene) dimer	12246-51-4	896.126	---	---	---	---	---	---	---	---	---
1955	Ir2O3	iridium (iii) oxide	1312-46-5	432.432	dec	1	---	---	---	---	---	blue-black crystals	1
1956	Ir2S3	iridium (iii) sulfide	12136-42-4	480.632	---	---	---	---	25	10.200	1	orthorhombic crystals	1
1957	Ir4C12O12	iridium carbonyl	11065-24-0	1104.989	---	---	---	---	---	---	---	---	---
1958	Ir4F20	iridium pentafluoride	14568-19-5	1148.836	---	---	---	---	---	---	---	---	---
1959	Ir6C16O16	hexairidium hexadecacarbonyl	56801-74-2	1601.464	---	---	---	---	---	---	---	red or black solid	1
1960	K	potassium	7440-09-7	39.098	336.35	1	1031.00	1	25	0.890	1	soft silvery-white metal	1
1961	KAlH24O20S2	potassium aluminum sulfate dodecahydrate	7784-24-9	474.390	dec	1	---	---	25	1.720	1	colorless crystals	1
1962	KAlSi3O8	potassium aluminum silicate	1327-44-2	278.332	---	---	---	---	25	2.560	1	colorless monoclinic crystals	1
1963	KAsF6	potassium hexafluoroarsenate (v)	17029-22-0	228.010	---	---	---	---	---	---	---	---	---
1964	KAs2H3O5	potassium metaarsenite monohydrate	10124-50-2	271.962	---	---	---	---	---	---	---	white hygroscopic powder	1
1965	KAuBr4H4O2	potassium tetrabromoaurate (iii) dihydrate	14323-32-1	591.711	---	---	---	---	---	---	---	---	---
1966	KAuCl4	potassium tetrachloroaurate (iii)	13682-61-6	377.876	---	---	---	---	---	---	---	yellow monoclinic crystals	1
1967	KAuCl4H4O2	potassium tetrachloroaurate (iii) dihydrate	13005-39-5	413.906	---	---	---	---	---	---	---	---	---
1968	KAuI4	potassium tetraiodoaurate (iii)	7791-29-9	743.683	---	---	---	---	---	---	---	---	---
1969	KBF4	potassium fluoroborate	14075-53-7	125.903	803.15	1	---	---	25	2.505	1	colorless orthorhombic crystals	1
1970	KBH4	potassium borohydride	13762-51-1	53.941	dec	1	---	---	25	1.110	1	white cubic crystals	1
1971	KBO2	potassium metaborate	13709-94-9	81.908	---	---	---	---	---	---	---	white hexagonal crystals	1
1972	KBr	potassium bromide	7758-02-3	119.002	1007.00	1	1653.15	1	25	2.740	1	colorless cubic crystals	1
1973	KBrO3	potassium bromate	7758-01-2	167.001	dec	1	---	---	25	3.270	1	white hexagonal crystals	1
1974	KCBD3N	potassium cyanoborodeuteride	25895-63-0	81.969	---	---	---	---	---	---	---	---	---
1975	KCDO2	potassium formate-d	57444-81-2	85.122	---	---	---	---	---	---	---	---	---
1976	KCHO2	potassium formate	590-29-4	84.116	440.15	1	---	---	25	1.910	1	colorless hygroscopic crystals	1
1977	KCH3O	potassium methoxide	865-33-8	70.132	---	---	---	---	20	0.950	1	---	---
1978	KCH12NaO9	potassium sodium carbonate hexahydrate	64399-16-2	230.189	---	---	---	---	25	1.634	1	---	---
1979	KC2AgN2	potassium silver cyanide	506-61-6	199.001	---	---	---	---	---	---	---	---	---
1980	KC2AuN2	potassium cyanoaurite	13967-50-5	288.100	---	---	---	---	25	3.450	1	---	---
1981	KC2CuN2	potassium copper (i) cyanide	13682-73-0	154.679	---	---	---	---	---	---	---	---	---
1982	KC2F3O2	potassium trilfluoroacetate	2923-16-2	152.114	---	---	---	---	---	---	---	---	---
1983	KC2HCl2O2	potassium dichloroacetate	19559-59-2	167.032	---	---	---	---	---	---	---	---	---
1984	KC2H2O4.5	potassium hydrogen oxalate hemihydrate	127-95-7	137.133	---	---	---	---	25	2.088	1	---	---
1985	KC2H3O2	potassium acetate	127-08-2	98.142	582.15	1	---	---	25	1.570	1	white hygroscopic crystals	1
1986	KC2H3OS	potassium thioacetate	10387-40-3	114.209	---	---	---	---	---	---	---	---	---
1987	KC2H5O	potassium ethoxide	917-58-8	84.159	---	---	---	---	25	0.650	1	---	---
1988	KC2H6Cl3OPt	potassium trichloro(ethylene)platinum (ii) m	12012-50-9	386.603	---	---	---	---	25	2.880	1	---	---
1989	KC3H9OSi	potassium trimethylsilanolate	10519-96-7	128.287	---	---	---	---	---	---	---	---	---
1990	KC4H5O6	potassium hydrogen tartrate	868-14-4	188.177	---	---	---	---	25	1.984	1	---	---
1991	KC4H7O10	potassium tetraoxalate dihydrate	127-96-8	254.191	---	---	---	---	---	---	---	---	---
1992	KC4H9O	potassium tert-butoxide	865-47-4	112.212	---	---	---	---	---	---	---	---	---
1993	KC4N3	potassium tricyanomethanide	34171-69-2	129.161	---	---	---	---	---	---	---	---	---
1994	KC5H8O2.5	potassium acetylacetonate hemihydrate	57402-46-7	147.214	---	---	---	---	---	---	---	---	---
1995	KC6H8BN4	potassium dihydrobis(1-pyrazolyl)borate	18583-59-0	186.064	---	---	---	---	---	---	---	---	---
1996	KC6H18NSi2	potassium bis (trimethylsilyl)amide	40949-94-8	199.483	---	---	---	---	20	0.877	1	---	---
1997	KC7H11O5	potassium benzoate trihydrate	582-25-2	214.258	---	---	---	---	---	---	---	---	---
1998	KC9H10BN6	potassium hydrotris(1-pyrazolyl) borate	18583-60-3	252.125	---	---	---	---	---	---	---	---	---
1999	KC10H17O2	potassium cyclohexanebutyrate	62638-03-3	208.339	---	---	---	---	---	---	---	---	---
2000	KC12H10P	potassium diphenylphosphide	15475-27-1	224.280	---	---	---	---	25	0.929	1	---	---

Table 2 Physical Properties - Inorganic Compounds

				Mol Wt	Freezing Point		Boiling Point		Density			State	
NO	FORMULA	NAME	CAS No	g/mol	T_F, K	code	T_B, K	code	T, C	g/cm3	code	@ 25C, 1 atm	code
2001	KC12H28B	potassium tri-sec-butylborohydride	54575-49-4	222.260	---	---	---	---	25	0.913	1	---	---
2002	KC15H22BN6	potassium tris(3,5-dimethyl-1-pyrazolyl)bor	17567-17-8	336.285	---	---	---	---	---	---	---	---	---
2003	KC15H34B	potassium trisisoamylborohydride	67966-25-0	264.340	---	---	---	---	25	0.915	1	---	---
2004	KC18H16B	potassium triphenylborohydride	99747-36-1	282.229	---	---	---	---	25	0.940	1	---	---
2005	KC18H35O2	potassium stearate	593-29-3	322.568	---	---	---	---	---	---	---	---	---
2006	KC24H16BCl4	potassium tetrakis(4-chlorophenyl)borate	14680-77-4	496.104	---	---	---	---	---	---	---	---	---
2007	KCl	potassium chloride	7447-40-7	74.551	1044.00	1	1689.00	1	25	1.988	1	white cubic crystals	1
2008	KClCrO3	potassium chlorochromate	16037-50-6	174.545	---	---	---	---	25	2.497	1	---	---
2009	KClH6MgO7S	potassium magnesium chloride sulfate	1318-72-5	248.965	---	---	---	---	25	2.131	1	---	---
2010	KClO3	potassium chlorate	3811-04-9	122.549	642.00	1	dec	1	25	2.320	1	white monoclinic crystals	1
2011	KClO4	potassium perchlorate	7778-74-7	138.549	798.15	1	---	---	25	2.520	1	colorless orthorhombic crystals	1
2012	KCl3H3NPt	potassium trichloroammineplatinum (ii)	13820-91-2	357.565	---	---	---	---	---	---	---	---	---
2013	KCN	potassium cyanide	151-50-8	65.116	907.15	1	---	---	25	1.550	1	white cubic crystals	1
2014	KCNO	potassium cyanate	590-28-3	81.115	dec	1	---	---	25	2.050	1	white tetragonal crystals	1
2015	KCrH24O20S2	potassium chromium (iii) sulfate dodecahyd	7789-99-0	499.405	---	---	---	---	25	1.813	1	---	---
2016	KDO	potassium deuteroxide	24572-01-8	57.112	---	---	---	---	25	1.596	1	---	---
2017	KD2O4P	potassium dideuterophosphate	13761-79-0	138.098	---	---	---	---	---	---	---	---	---
2018	KF	potassium fluoride	7789-23-3	58.097	1131.15	1	1775.15	1	25	2.480	1	white cubic crystals	1
2019	KFH4O2	potassium fluoride dihydrate	13455-21-5	94.127	dec	1	---	---	25	2.500	1	monoclinic crystals	1
2020	KF6P	potassium hexafluorophosphate	17084-13-8	184.062	---	---	---	---	25	2.550	1	---	---
2021	KF6Sb	potassium hexafluorantimonate	16893-92-8	274.849	---	---	---	---	---	---	---	---	---
2022	KH	potassium hydride	7693-26-7	40.106	---	---	---	---	25	1.430	1	cubic crystals	1
2023	KHCO3	potassium hydrogen carbonate	298-14-6	100.115	dec	1	---	---	25	2.170	1	colorless monoclinic crystals	1
2024	KHF2	potassium hydrogen fluoride	7789-29-9	78.103	512.05	1	---	---	25	2.370	1	colorless tetragonal crystals	1
2025	KHI2O6	potassium hydrogen iodate	13455-24-8	389.912	---	---	---	---	---	---	---	---	---
2026	KHO3S	potassium hydrogen sulfite	7773-03-7	120.170	---	---	---	---	---	---	---	---	---
2027	KHS	potassium hydrogen sulfide	1310-61-8	72.172	---	---	---	---	25	1.690	1	white hexagonal crystals	1
2028	KHSO3	potassium hydrogen sulfite	7773-03-7	120.170	dec	1	---	---	---	---	---	white crystalline powder	1
2029	KHSO4	potassium hydrogen sulfate	7646-93-7	136.170	---	---	---	---	25	2.320	1	white monoclinic crystals	1
2030	KHSeO3	potassium hydrogen selenite	7782-70-9	167.064	dec	1	---	---	---	---	---	hygroscopic orthorhombic crystals	1
2031	KH2AsO4	potassium dihydrogen arsenate	7784-41-0	180.033	561.15	1	---	---	25	2.870	1	colorless crystals	1
2032	KH2O0.5S	potassium hydrogen sulfide hemihydrate	---	81.180	---	---	---	---	25	1.700	1	white-yellow hygroscopic crystals	1
2033	KH2PO2	potassium hypophosphite	7782-87-8	104.087	dec	1	---	---	---	---	---	white hygroscopic crystals	1
2034	KH2PO4	potassium dihydrogen phosphate	7778-77-0	136.086	526.15	1	---	---	25	2.340	1	white tetragonal crystals	1
2035	KI	potassium iodide	7681-11-0	166.003	954.00	1	1618.00	1	25	3.120	1	colorless cubic crystals	1
2036	KIO3	potassium iodate	7758-05-6	214.001	dec	1	---	---	25	3.890	1	white monoclinic crystals	1
2037	KIO4	potassium periodate	7790-21-8	230.000	explo	1	---	---	25	3.618	1	colorless tetragonal crystals	1
2038	KI3H2O	potassium triiodide monohydrate	7790-42-3	437.827	dec	1	---	---	25	3.500	1	brown monoclinic crystals	1
2039	KI3Zn	potassium triiodozincate	7790-43-4	485.202	---	---	---	---	---	---	---	---	---
2040	KMnO4	potassium permanganate	7722-64-7	158.034	dec	1	---	---	25	2.700	1	purple orthorhombic crystals	1
2041	KNO2	potassium nitrite	7758-09-0	85.104	714.15	1	explo	1	25	1.915	1	white hygroscopic crystals	1
2042	KNO3	potassium nitrate	7757-79-1	101.103	610.15	1	dec	1	25	2.110	1	colorless rhombohedral crystals	1
2043	KNO3	potassium nitrate-(N=15)	57654-83-8	102.103	---	---	---	---	---	---	---	---	---
2044	KN3	potassium azide	20762-60-1	81.119	---	---	---	---	25	2.040	1	tetragonal crystals	1
2045	KN3O11U	potassium uranyl nitrate	18078-40-5	495.141	---	---	---	---	---	---	---	---	---
2046	KNbO3	potassium niobate	12030-85-2	180.003	---	---	---	---	25	4.640	1	white rhombohedral crystals	1
2047	KOH	potassium hydroxide	1310-58-3	56.106	679.00	1	1600.00	1	25	2.044	1	white rhombohedral crystals	1
2048	KO2	potassium superoxide	12030-88-5	71.097	653.15	1	---	---	25	2.160	1	yellow tetragonal crystals	1
2049	KO3Ta	potassium tantalate	12030-91-0	268.044	---	---	---	---	---	---	---	---	---
2050	KO3V	potassium vanadate	13769-43-2	138.038	---	---	---	---	---	---	---	---	---
2051	KO4Re	potassium perrhenate	10466-65-6	289.303	---	---	---	---	25	4.887	1	---	---
2052	KO4Ru	potassium perruthenate	10378-50-4	204.166	---	---	---	---	---	---	---	---	---
2053	KSCN	potassium thiocyanate	333-20-0	97.182	446.15	1	dec	1	25	1.880	1	colorless tetragonal crystals	1
2054	K2Al2H6O7	potassium aluminate trihydrate	---	250.203	---	---	---	---	25	2.130	1	white orthorhombic crystals	1
2055	K2B2H2O7	potassium perborate monohydrate	28876-88-2	213.830	---	---	---	---	---	---	---	---	---
2056	K2B4H10O12	potassium tetraborate pentahydrate	1332-77-0	323.513	---	---	---	---	---	---	---	white crystalline powder	1
2057	K2B4H8O11	potassium tetraborate tetrahydrate	12045-78-2	305.498	---	---	---	---	25	1.920	1	---	---
2058	K2B10H16O24	potassium pentaborate octahydrate	12229-13-9	586.419	---	---	---	---	25	1.740	1	---	---
2059	K2BeF4H4O2	potassium tetrafluoroberyllate dihydrate	7787-50-0	199.233	---	---	---	---	---	---	---	---	---
2060	K2Br4Pd	potassium tetrabromopalladate (ii)	13826-93-2	504.233	---	---	---	---	---	---	---	---	---
2061	K2Br4Pt	potassium tetrabromoplatinate (ii)	13826-94-3	592.891	---	---	---	---	---	---	---	---	---
2062	K2Br6Pt	potassium hexabromoplatinate (iv)	16920-93-7	752.699	---	---	---	---	25	4.660	1	---	---
2063	K2CH3O4.5	potassium carbonate sesquihydrate	6381-79-9	165.228	---	---	---	---	25	2.043	1	granular crystals	1
2064	K2CO3	potassium carbonate	584-08-7	138.206	1171.15	1	dec	1	25	2.290	1	white monoclinic crystals	1
2065	K2CS3	potassium thiocarbonate	26750-66-3	186.405	---	---	---	---	---	---	---	yellow-red hygroscopic crystals	1
2066	K2C2H2O5	potassium oxalate monohydrate	6487-48-5	184.231	dec	1	---	---	25	2.130	1	colorless crystals	1
2067	K2C2H2O7	potassium percarbonate monohydrate	589-97-9	216.230	---	---	---	---	---	---	---	---	---
2068	K2C4CdN4	potassium hexacyanocadmium	14402-75-6	294.677	---	---	---	---	25	1.846	1	---	---
2069	K2C4H2N4NiO	potassium tetracyanonickelate (ii) monohyd	14220-17-8	258.975	---	---	---	---	25	1.875	1	---	---
2070	K2C4H4O10Pt	potassium bis(oxalato)platinate (ii)	14224-64-5	485.343	---	---	---	---	---	---	---	---	---
2071	K2C4H4O11Ti	potassium titanium oxalate dihydrate	14402-67-6	354.132	---	---	---	---	---	---	---	---	---
2072	K2C4H6N4O3Pt	potassium tetracyanoplatinate (ii) trihydrate	14323-36-5	431.390	---	---	---	---	25	2.455	1	colorless rhombohedral prisms	1
2073	K2C4HgN4	potassium tetracyanomercurate (ii)	591-89-9	382.856	---	---	---	---	---	---	---	---	---
2074	K2C4N4Pt	potassium tetracyanoplatinate (ii)	562-76-5	377.344	---	---	---	---	---	---	---	---	---
2075	K2C4N4PtS4	potassium tetrakis (thiocyanato) platinum (i	14244-61-2	505.608	---	---	---	---	---	---	---	---	---
2076	K2C4N4Zn	potassium tetracyanozincate	14244-62-3	247.656	---	---	---	---	---	---	---	---	---
2077	K2C5H4FeN6O3	potassium nitroprusside dihydrate	14709-57-0	330.166	---	---	---	---	---	---	---	---	---
2078	K2C6CoFeN6	potassium hexacyanocobalt (ii)ferrate (ii)	12549-23-4	349.079	---	---	---	---	---	---	---	---	---
2079	K2C6N6Pt	potassium hexacyanoplatinate (iv)	16920-94-8	429.379	---	---	---	---	---	---	---	---	---
2080	K2C6N6PtS6	potassium hexathiocyantoplatinate (iv)	17069-38-4	621.775	---	---	---	---	---	---	---	---	---

Table 2 Physical Properties - Inorganic Compounds

				Mol Wt	Freezing Point		Boiling Point		Density			State	
NO	FORMULA	NAME	CAS No	g/mol	T_F, K	code	T_B, K	code	T, C	g/cm3	code	@ 25C, 1 atm	code
2081	K2C8H10O15Sb2	potassium antimony tartrate hemihydrate	28300-74-5	667.873	---	---	---	---	25	2.600	1	---	---
2082	K2C10H18N2O10	potassium ethylenediaminetetracetate dihy	25102-12-9	404.454	---	---	---	---	---	---	---	---	---
2083	K2CdH4I4O2	potassium tetraiodocadmium dihydrate	584-10-1	734.256	---	---	---	---	25	3.359	1	---	---
2084	K2Cl6Ir	potassium hexachloroiridate (iv)	16920-56-2	483.130	---	---	---	---	25	3.546	1	---	---
2085	K2Cl6Pd	potassium hexachloropalladate (iv)	16919-73-6	397.333	---	---	---	---	25	2.738	1	---	---
2086	K2Cl6Re	potassium hexachlororhenate (iv)	16940-97-9	477.120	---	---	---	---	25	3.340	1	---	---
2087	K2CoH12O14Se2	potassium cobalt (ii) selenate hexahydrate	28041-86-3	531.137	---	---	---	---	25	2.514	1	---	---
2088	K2CrO4	potassium chromate	7789-00-6	194.190	1248.15	1	---	---	25	2.730	1	yellow orthorhombic crystals	1
2089	K2Cr2O7	potassium dichromate	7778-50-9	294.185	671.15	1	---	---	25	2.680	1	orange-red triclinic crystals	1
2090	K2DO4P	potassium monodeuterium phosphate	22387-03-7	175.182	---	---	---	---	---	---	---	---	---
2091	K2F6Ge	potassium hexafluorogermanate	7783-73-5	264.797	---	---	---	---	---	---	---	---	---
2092	K2F6H2OTi	potassium hexafluorotitanate monohydrate	16919-27-0	258.069	---	---	---	---	---	---	---	---	---
2093	K2F6Ni	potassium hexafluoronickelate (iv)	17218-47-2	250.880	---	---	---	---	---	---	---	---	---
2094	K2F6Zr	potassium hexafluorozirconate	16923-95-8	283.411	---	---	---	---	25	3.480	1	---	---
2095	K2F7Nb	potassium heptafluoroniobate	16924-03-1	304.092	---	---	---	---	---	---	---	---	---
2096	K2F7Ta	potassium heptafluorotantalate	16924-00-8	392.133	---	---	---	---	25	5.240	1	---	---
2097	K2HO4P	potassium monohydrogen phosphate	7758-11-4	174.176	---	---	---	---	---	---	---	---	---
2098	K2HPO3	potassium hydrogen phosphite	13492-26-7	158.177	dec	1	---	---	---	---	---	white hygroscopic powder	1
2099	K2HPO4	potassium hydrogen phosphate	7758-11-4	174.176	dec	1	---	---	---	---	---	white hygroscopic crystals	1
2100	K2H4O5S	potassium sulfite dihydrate	7790-56-9	194.291	dec	1	---	---	---	---	---	white monoclinic crystals	1
2101	K2H4O6Os	potassium osmiate dihydrate	19718-36-6	368.455	---	---	---	---	---	---	---	---	---
2102	K2H4O6W	potassium tungstate dihydrate	---	362.065	---	---	---	---	25	3.100	1	---	---
2103	K2H4O12S2U	potassium uranyl sulfate dihydrate	27709-53-1	576.382	---	---	---	---	25	3.363	1	---	---
2104	K2H6O6Sn	potassium stannate trihydrate	12142-33-5	298.951	---	---	---	---	25	3.197	1	colorless crystals	1
2105	K2H6O7Te	potassium tellurate (vi) trihydrate	15571-91-2	323.840	---	---	---	---	---	---	---	white crystalline powder	1
2106	K2H12NiO14S2	potassium nickel sulfate hexahydrate	10294-65-2	437.109	---	---	---	---	25	2.124	1	---	---
2107	K2H12O14S2Zn	potassium zinc sulfate hexahydrate	13932-17-7	443.805	---	---	---	---	---	---	---	---	---
2108	K2HgI4	potassium tetraiodomercurate (ii)	7783-33-7	786.404	---	---	---	---	25	4.290	1	yellow hygroscopic crystals	1
2109	K2Mg2O12S3	potassium magnesium sulfate	13826-56-7	414.997	---	---	---	---	25	2.829	1	---	---
2110	K2MnF6	potassium hexafluoromanganate (iv)	16962-31-5	247.125	---	---	---	---	---	---	---	yellow hexagonal crystals	1
2111	K2MnO4	potassium manganate	10294-64-1	197.132	dec	1	---	---	---	---	---	green crystals	1
2112	K2MoO4	potassium molybdate	13446-49-6	238.134	1192.15	1	---	---	25	2.300	1	white hygroscopic crystals	1
2113	K2N4O8Pt	potassium tetranitritoplatinate (ii)	13815-39-9	457.297	---	---	---	---	---	---	---	---	---
2114	K2O	potassium oxide	12136-45-7	94.196	dec	1	---	---	25	2.350	1	gray cubic crystals	1
2115	K2O2	potassium peroxide	17014-71-0	110.195	763.15	1	---	---	---	---	---	yellow amorphous solid	1
2116	K2O3S	potassium sulfite	10117-38-1	158.261	---	---	---	---	---	---	---	---	---
2117	K2O3Se	potassium selenite	10431-47-7	205.155	---	---	---	---	---	---	---	---	---
2118	K2O3Zr	potassium zirconate	12030-98-7	217.419	---	---	---	---	---	---	---	---	---
2119	K2O4Ru	potassium ruthenate (vi)	31111-21-4	243.264	---	---	---	---	---	---	---	---	---
2120	K2O6S2	potassium dithionate	13455-20-4	238.325	---	---	---	---	25	2.270	1	---	---
2121	K2O8S2Sn	potassium stannosulfate	27790-37-0	389.034	---	---	---	---	---	---	---	---	---
2122	K2OsCl6	potassium hexachloroosmate (iv)	16871-60-6	481.143	---	---	---	---	---	---	---	red cubic crystals	1
2123	K2PdCl4	potassium tetrachloropalladate (ii)	10025-98-6	326.427	---	---	---	---	25	2.670	1	---	---
2124	K2PtCl4	potassium tetrachloroplatinate	10025-99-7	415.085	dec	1	---	---	25	3.380	1	pink-red tetragonal crystals	1
2125	K2PtCl6	potassium hexachloroplatinate	16921-30-5	485.991	dec	1	---	---	25	3.500	1	yellow-orange cubic crystals	1
2126	K2S	potassium sulfide	1312-73-8	110.263	1221.15	1	---	---	25	1.740	1	red-yellow cubic crystals	1
2127	K2SO4	potassium sulfate	7778-80-5	174.260	1342.15	1	---	---	25	2.660	1	white orthorhombic crystals	1
2128	K2S2O3	potassium thiosulfate	10294-66-3	190.327	---	---	---	---	25	2.230	1	colorless hygroscopic crystals	1
2129	K2S2O5	potassium metabisulfite	16731-55-8	222.326	dec	1	---	---	25	2.300	1	white powder	1
2130	K2S2O7	potassium pyrosulfate	7790-62-7	254.324	---	---	---	---	25	2.280	1	colorless needles	1
2131	K2S2O8	potassium persulfate	7727-21-1	270.324	dec	1	---	---	25	2.480	1	colorless crystals	1
2132	K2Se	potassium selenide	1312-74-9	157.157	1073.15	1	---	---	25	2.290	1	red cubic crystals	1
2133	K2SeO4	potassium selenate	7790-59-2	221.154	---	---	---	---	25	3.070	1	white powder	1
2134	K2SiF6	potassium hexafluorosilicate	16871-90-2	220.273	dec	1	---	---	25	2.270	1	white crystals	1
2135	K2SnH6O4	potassium stannate	12125-03-0	266.952	---	---	---	---	25	3.197	1	---	---
2136	K2Te	potassium telluride	12142-40-4	205.797	---	---	---	---	---	---	---	---	---
2137	K2TeO3	potassium tellurite	7790-58-1	253.795	dec	1	---	---	---	---	---	white hygroscopic crystals	1
2138	K2TiO3	potassium titanate	12030-97-6	174.062	1788.15	1	---	---	25	3.100	1	white orthorhombic crystals	1
2139	K2U2O7	potassium uranate	7790-63-8	666.250	---	---	---	---	25	6.120	1	orange cubic crystals	1
2140	K2WO4	potassium tungstate	7790-60-5	326.034	1194.15	1	---	---	25	3.120	1	hygroscopic crystals	1
2141	K3AsO4	potassium arsenate	13464-36-3	256.214	---	---	---	---	25	2.800	1	colorless crystals	1
2142	K3C6CoN6	potassium hexacyanocobaltate	13963-58-1	332.333	dec	1	---	---	25	1.910	1	yellow monoclinic crystals	1
2143	K3C6FeN6	potassium ferricyanide	13746-66-2	329.245	dec	1	---	---	25	1.890	1	red crystals	1
2144	K3C6H5O7	potassium citrate	866-84-2	306.395	---	---	---	---	---	---	---	---	---
2145	K3C6H6CrO15	potassium chromium (iii) oxalate trihydrate	15275-09-9	487.394	---	---	---	---	---	---	---	---	---
2146	K3C6H6O15Sb	potassium antimony oxalate trihydrate	5965-33-3	557.158	---	---	---	---	---	---	---	---	---
2147	K3C6H7O8	potassium citrate monohydrate	6100-05-6	324.410	---	---	---	---	25	1.980	1	---	---
2148	K3C60	potassium fullerene	137232-17-8	837.937	---	---	---	---	---	---	---	---	---
2149	K3Cl6Ru	potassium hexachlororuthenate (iii)	25443-63-4	431.081	---	---	---	---	---	---	---	---	---
2150	K3CoN6O12	potassium hexanitritocobalt (iii)	66942-97-0	452.261	---	---	---	---	---	---	---	---	---
2151	K3H9O4.5S4Sb	potassium thioantimonate heminonahydrate	14693-02-8	448.388	---	---	---	---	---	---	---	---	---
2152	K3N6O12Rh	potassium hexanitritorhodate (iii)	17712-66-2	496.234	---	---	---	---	---	---	---	---	---
2153	K3PO4	potassium phosphate	7778-53-2	212.266	1613.15	1	---	---	25	2.564	1	white orthorhombic crystals	1
2154	K4BiI7	potassium heptaiodobismuthate	41944-01-8	1253.705	---	---	---	---	---	---	---	---	---
2155	K4C6H6FeN6O3	potassium ferrocyanide trihydrate	14459-95-1	422.389	dec	1	---	---	25	1.850	1	yellow monoclinic crystals	1
2156	K4H6O10P2	potassium pyrophosphate trihydrate	7320-34-5	384.382	1363.15	1	---	---	25	2.330	1	colorless hygroscopic crystals	1
2157	K4H6O19S4Zr	potassium zirconium sulfate trihydrate	53608-79-0	685.917	---	---	---	---	---	---	---	---	---
2158	K5H3O18S4	potassium peroxymonosulfate	37222-66-5	614.769	---	---	---	---	---	---	---	---	---
2159	K5O10P3	potassium triphosphate	13845-36-8	448.407	---	---	---	---	25	2.540	1	---	---
2160	K6O18P6	potassium hexametaphosphite	7790-53-6	708.422	---	---	---	---	25	1.207	1	---	---

Table 2 Physical Properties - Inorganic Compounds

				Mol Wt	Freezing Point		Boiling Point		Density			State	
NO	FORMULA	NAME	CAS No	g/mol	T_F, K	code	T_B, K	code	T, C	g/cm3	code	@ 25C, 1 atm	code
2161	K8H32Nb6O35	potassium niobate hexadecahydrate	12502-31-7	1462.458	---	---	---	---	---	---	---	---	---
2162	Kr	krypton	7439-90-9	83.800	115.78	1	119.80	1	---	---	---	colorless gas	1
2163	KrF2	krypton difluoride	13773-81-4	121.797	dec	1	---	---	25	3.240	1	colorless tetragonal crystals	1
2164	KrF7Sb	krypton fluoride hexafluoroantimonate	52708-44-8	338.549	---	---	---	---	---	---	---	---	---
2165	KrF12Sb2	krypton fluoride monodecafluoroantimonate	39578-36-4	555.301	---	---	---	---	---	---	---	---	---
2166	KrF12Ta	krypton fluoride monodecafluorotantalate	58815-72-8	492.729	---	---	---	---	---	---	---	---	---
2167	Kr2F9Sb	krypton trifluoride hexafluoroantimonate	52721-22-9	460.346	---	---	---	---	---	---	---	---	---
2168	La	lanthanum	7439-91-0	138.906	1191.15	1	3737.15	1	25	6.150	1	silvery metal	1
2169	LaAlO3	lanthanum aluminum oxide	12003-65-5	213.885	---	---	---	---	---	---	---	---	---
2170	LaB6	lanthanum boride	12008-21-8	203.772	2988.15	1	---	---	25	4.760	1	black cubic crystals	1
2171	LaBr3	lanthanum bromide	13536-79-3	378.618	1061.15	1	---	---	25	5.100	1	white hexagonal crystals	1
2172	LaC2	lanthanum carbide	12071-15-7	162.927	2633.15	1	---	---	25	5.290	1	tetragonal crystals	1
2173	LaC15H15	lanthanum tris(cyclopentadienyl)	1272-23-7	334.185	---	---	---	---	---	---	---	---	---
2174	LaC24H33	lanthanum, tris (isopropylcyclopentadienyl)	68959-87-6	460.424	---	---	---	---	---	---	---	---	---
2175	LaC24H45O6	lanthanum octanoate	60903-69-7	568.516	---	---	---	---	---	---	---	---	---
2176	LaC33H57O6	lanthanum, tris(2,2,6,6-tetramethyl-3,5-hep	14319-13-2	688.708	---	---	---	---	---	---	---	---	---
2177	LaCl3	lanthanum chloride	10099-58-8	245.264	1132.15	1	---	---	25	3.840	1	white hexagonal crystals	1
2178	LaCl3H12O6	lanthanum chloride hexahydrate	17272-45-6	353.355	---	---	---	---	---	---	---	---	---
2179	LaCl3H12O18	lanthanum perchlorate hexahydrate	36907-37-6	545.348	---	---	---	---	---	---	---	---	---
2180	LaCl3H14O7	lanthanum chloride heptahydrate	10025-84-0	371.371	---	---	---	---	---	---	---	---	---
2181	LaCrO3	lanthanum chromite	12017-94-6	238.900	---	---	---	---	---	---	---	---	---
2182	LaF3	lanthanum fluoride	13709-38-1	195.901	1766.15	1	---	---	25	5.900	1	white hexagonal crystals	1
2183	LaH2	lanthanum dihydride	13823-36-4	140.921	---	---	---	---	---	---	---	---	---
2184	LaH3	lanthanum trihydride	13864-01-2	141.929	---	---	---	---	25	5.360	1	black cubic crystals	1
2185	LaH3O3	lanthanum hydroxide	14507-19-8	189.928	dec	1	---	---	---	---	---	white amorphous solid	1
2186	LaH12N3O15	lanthanum nitrate hexahydrate	10277-43-7	433.012	dec	1	---	---	---	---	---	white hygroscopic crystals	1
2187	LaI3	lanthanum iodide	13813-22-4	519.619	1051.15	1	---	---	25	5.600	1	white orthorhombic crystals	1
2188	LaN	lanthanum nitride	25764-10-7	152.912	---	---	---	---	25	6.730	1	cubic crystals	1
2189	LaN3O9	lanthanum nitrate	10099-59-9	324.920	313.15	1	399.15	1	---	---	---	solid	1
2190	LaNi5	hy-stor 205	79980-81-5	432.373	---	---	---	---	---	---	---	---	---
2191	LaS	lanthanum monosulfide	12031-30-0	170.972	2573.15	1	---	---	25	5.610	1	yellow cubic crystals	1
2192	LaSe	lanthanum selenide	12031-31-1	217.866	---	---	---	---	---	---	---	solid	1
2193	LaSi2	lanthanum silicide	12056-90-5	195.077	---	---	---	---	25	5.000	1	gray tetragonal crystals	1
2194	LaTe	lanthanum telluride	12031-34-4	266.506	---	---	---	---	---	---	---	solid	1
2195	La2C3H10O14	lanthanum carbonate pentahydrate	54451-24-0	547.914	---	---	---	---	25	2.650	1	---	---
2196	La2C3H16O17	lanthanum carbonate octahydrate	6487-39-4	601.960	---	---	---	---	25	2.600	1	white crystalline powder	1
2197	La2H16O20S3	lanthanum sulfate octahydrate	57804-25-8	710.124	---	---	---	---	25	2.821	1	---	---
2198	La2H18O21S3	lanthanum sulfate nonahydrate	10294-62-9	728.139	---	---	---	---	25	2.820	1	hexagonal crystals	1
2199	La2O2S	lanthanum oxysulfide	12031-43-5	341.876	---	---	---	---	---	---	---	---	---
2200	La2O3	lanthanum oxide	1312-81-8	325.809	2578.15	1	4473.15	1	25	6.510	1	white amorphous powder	1
2201	La2S3	lanthanum sulfide	12031-49-1	374.009	2383.15	1	---	---	25	4.900	1	red cubic crystals	1
2202	La2Te3	lanthanum telluride	12031-53-7	660.611	---	---	---	---	---	---	---	---	---
2203	Li	lithium	7439-93-2	6.941	453.69	1	1615.00	1	25	0.534	1	soft silvery-white metal	1
2204	LiAlD4	lithium aluminum deuteride	14128-54-2	41.979	---	---	---	---	25	1.020	1	---	---
2205	LiAlH4	lithium aluminum hydride	16853-85-3	37.954	dec	1	---	---	25	0.917	1	gray-white monoclinic crystals	1
2206	LiAlO2	lithium metaaluminate	12003-67-7	65.921	---	---	---	---	25	2.550	1	---	---
2207	LiAlO6Si2	lithium aluminum silicate	12068-40-5	186.090	---	---	---	---	---	---	---	---	---
2208	LiAsF6	lithium hexafluoroarsenate	29935-35-1	195.853	---	---	---	---	---	---	---	---	---
2209	LiBF4	lithium tetrafluoroborate	14283-07-9	93.746	---	---	---	---	---	---	---	---	---
2210	LiBH4	lithium borohydride	16949-15-8	21.784	541.15	1	dec	1	25	0.660	1	white-gray orthorhombic crystals	1
2211	LiBH4O4	lithium metaborate dihydrate	15293-74-0	85.781	---	---	---	---	25	1.800	1	---	---
2212	LiBO2	lithium metaborate	13453-69-5	49.751	1122.15	1	---	---	25	2.180	1	white monoclinic crystals	1
2213	LiBr	lithium bromide	7550-35-8	86.845	820.15	1	1583.15	1	25	3.464	1	white cubic crystals	1
2214	LiBrH2O	lithium bromide monohydrate	13453-70-8	104.860	---	---	---	---	---	---	---	---	---
2215	LiBrO3	lithium bromate	13550-28-2	134.843	---	---	---	---	---	---	---	---	---
2216	LiCF3O3S	lithium trifluoromethanesulfonate	33454-82-9	156.011	---	---	---	---	---	---	---	---	---
2217	LiCHO3	lithium hydrogen carbonate	10377-37-4	67.958	---	---	---	---	---	---	---	---	---
2218	LiCH3	lithium, methyl	917-54-4	21.976	---	---	---	---	25	0.732	1	---	---
2219	LiCH3O	lithium methoxide	865-34-9	37.975	---	---	---	---	---	---	---	---	---
2220	LiCH3O3	lithium formate monohydrate	6108-23-2	69.974	---	---	---	---	25	1.460	1	colorless or white crystals	1
2221	LiCN	lithium cyanide	2408-36-8	32.958	---	---	---	---	25	1.075	1	---	---
2222	LiC2F3O2	lithium trifluoroacetate	2923-17-3	119.956	---	---	---	---	---	---	---	---	---
2223	LiC2H3O2	lithium acetate	546-89-4	65.985	---	---	---	---	---	---	---	---	---
2224	LiC2H5O	lithium ethoxide	2388-07-0	52.002	---	---	---	---	---	---	---	---	---
2225	LiC2H6N	lithium dimethylamide	3585-33-9	51.017	---	---	---	---	---	---	---	---	---
2226	LiC2H7O4	lithium acetate dihydrate	6108-17-4	102.016	dec	1	---	---	25	1.300	1	white rhombohedral crystals	1
2227	LiC3H5O3	lithium d-lactate	27848-81-3	96.011	---	---	---	---	---	---	---	---	---
2228	LiC3H7O	lithium isopropoxide	2388-10-5	66.028	---	---	---	---	---	---	---	---	---
2229	LiC3H9OSi	lithium trimethylsilanolate	2004-14-0	96.129	---	---	---	---	---	---	---	---	---
2230	LiC4H5O3	lithium acetoacetate	3483-11-2	108.022	---	---	---	---	---	---	---	---	---
2231	LiC4H9	n-butyllithium	109-72-8	64.055	---	---	---	---	25	0.680	1	---	---
2232	LiC4H9	sec-butyllithium	598-30-1	64.055	---	---	---	---	25	0.780	1	---	---
2233	LiC4H9	tert-butyllithium	594-19-4	64.055	---	---	---	---	25	0.652	1	---	---
2234	LiC4H9O	lithium tert-butoxide	1907-33-1	80.055	---	---	---	---	25	0.890	1	---	---
2235	LiC4H10N	lithium diethylamide	816-43-3	79.070	---	---	---	---	---	---	---	---	---
2236	LiC5H5	lithium cyclopentadienide	16733-97-4	72.034	---	---	---	---	---	---	---	---	---
2237	LiC5H7O2	lithium acetylacetonate	18115-70-3	106.049	---	---	---	---	---	---	---	---	---
2238	LiC5H9Si	lithium (trimethylsilyl) acetylide	54655-07-1	104.151	---	---	---	---	25	0.829	1	---	---
2239	LiC6H5	lithium, phenyl	591-51-5	84.045	---	---	---	---	---	---	---	---	---
2240	LiC6H13	lithium, hexyl	21369-94-2	92.108	---	---	---	---	25	0.699	1	---	---

NO	FORMULA	NAME	CAS No	Mol Wt g/mol	Freezing Point T_F, K	code	Boiling Point T_B, K	code	Density T, C	g/cm3	code	State @ 25C, 1 atm	code
2241	LiC6H14N	lithium diisopropylamide	4111-54-0	107.123	---	---	---	---	---	---	---	---	---
2242	LiC6H15BD	lithium triethylborodeuteride	74540-86-6	106.949	---	---	---	---	25	0.901	1	---	---
2243	LiC6H16B	lithium triethylborohydride	22560-16-3	105.943	---	---	---	---	25	0.892	1	---	---
2244	LiC6H5O	lithium phenoxide	555-24-8	100.044	---	---	---	---	25	0.918	1	---	---
2245	LiC7H5O2	lithium benzoate	553-54-8	128.054	---	---	---	---	---	---	---	---	---
2246	LiC8H15O2	lithium 2-ethylhexanoate	15590-62-2	150.145	---	---	---	---	---	---	---	---	---
2247	LiC10H17O2	lithium cyclohexanebutyrate	62638-00-0	176.182	---	---	---	---	---	---	---	---	---
2248	LiC12H25O4S	lithium dodecylsulfate	2044-56-6	272.332	---	---	---	---	---	---	---	---	---
2249	LiC12H28AlO3	lithium tri--tert-butoxyaluminohydride	17476-04-9	254.271	---	---	---	---	25	1.030	1	---	---
2250	LiC18H35O2	lithium stearate	4485-12-5	290.410	---	---	---	---	25	1.025	1	---	---
2251	LiC21H46AlO3	lithium tris[(3-ethyl-3-pentyl)oxy]aluminohy	79172-99-9	380.511	---	---	---	---	25	0.904	1	---	---
2252	LiC36H50BO6	lithium tetraphenylborate tris(1,2-dimethoxy	75965-35-4	596.531	---	---	---	---	---	---	---	---	---
2253	LiCl	lithium chloride	7447-41-8	42.394	883.15	1	1656.15	1	25	2.070	1	white cubic crystals or powder	1
2254	LiClH2O	lithium chloride monohydrate	16712-20-2	60.409	---	---	---	---	25	1.780	1	---	---
2255	LiClH6O7	lithium perchlorate trihydrate	13453-78-6	160.437	---	---	---	---	25	1.841	1	---	---
2256	LiClO	lithium hypochlorite	13840-33-0	58.393	---	---	---	---	---	---	---	---	---
2257	LiClO3	lithium chlorate	13453-71-9	90.392	---	---	---	---	25	1.119	1	---	---
2258	LiClO4	lithium perchlorate	7791-03-9	106.391	509.15	1	dec	1	25	2.428	1	white orthorhombic crystals or powder	1
2259	LiCoO2	lithium cobaltite	12190-79-3	97.873	---	---	---	---	---	---	---	---	---
2260	LiD	lithium deuteride	13587-16-1	8.955	---	---	---	---	25	0.820	1	---	---
2261	LiF	lithium fluoride	7789-24-4	25.939	1121.35	1	1946.15	1	25	2.640	1	white cubic crystals or powder	1
2262	LiF6P	lithium hexafluorophosphate	21324-40-3	151.905	---	---	---	---	---	---	---	---	---
2263	LiF6Sb	lithium hexafluoroantimonate	18424-17-4	242.691	---	---	---	---	---	---	---	---	---
2264	LiFeSi	lithium ferrosilicon	64082-35-5	90.872	---	---	---	---	---	---	---	---	---
2265	LiH	lithium hydride	7580-67-8	7.949	961.85	1	---	---	25	0.780	1	gray cubic crystals or powder	1
2266	LiH2NO3	lithium nitrite monohydrate	13568-33-7	70.962	---	---	---	---	25	1.615	1	---	---
2267	LiH2O4P	lithium dihydrogen phosphate	13453-80-0	103.928	---	---	---	---	25	2.461	1	---	---
2268	LiH3O2	lithium hydroxide monohydrate	1310-66-3	41.964	---	---	---	---	25	1.510	1	white monoclinic crystals or powder	1
2269	LiH6IO3	lithium iodide trihydrate	7790-22-9	187.891	346.15	1	---	---	25	3.480	1	white hygroscopic crystals	1
2270	LiI	lithium iodide	10377-51-2	133.845	742.00	1	1447.00	1	25	4.060	1	white cubic crystals	1
2271	LiIO3	lithium iodate	13765-03-2	181.844	---	---	---	---	25	4.487	1	---	---
2272	LiMn2O3	lithium manganate	12057-17-9	164.815	---	---	---	---	25	3.900	1	---	---
2273	LiNH2	lithium amide	7782-89-0	22.964	653.15	1	---	---	25	1.180	1	tetragonal crystals	1
2274	LiNO3	lithium nitrate	7790-69-4	68.946	526.15	1	---	---	25	2.380	1	colorless hexagonal crystals	1
2275	LiN3	lithium azide	19597-69-4	48.961	---	---	---	---	25	1.830	1	hygroscopic monoclinic crystals	1
2276	LiNbO3	lithium niobate	12031-63-9	147.846	---	---	---	---	25	4.300	1	white hexagonal crystals	1
2277	LiOH	lithium hydroxide	1310-65-2	23.948	744.25	1	1899.15	1	25	1.450	1	colorless tetragonal crystals	1
2278	LiO2	lithium superoxide	12136-56-0	38.940	---	---	---	---	---	---	---	yellow solid	1
2279	LiO3P	lithium metaphosphate	13762-75-9	85.913	---	---	---	---	---	---	---	---	---
2280	LiO3Ta	lithium tantalate	12031-66-2	235.887	---	---	---	---	---	---	---	---	---
2281	LiO3V	lithium vanadate	15060-59-0	105.881	---	---	---	---	---	---	---	---	---
2282	Li2B4O7	lithium tetraborate	12007-60-2	169.122	---	---	---	---	---	---	---	---	---
2283	Li2CO3	lithium carbonate	554-13-2	73.891	996.15	1	dec	1	25	2.110	1	white monoclinic crystals	1
2284	Li2C2	lithium carbide	1070-75-3	37.903	---	---	---	---	18	1.650	1	---	---
2285	Li2C2O4	lithium oxalate	30903-87-8	101.901	---	---	---	---	25	2.120	1	---	---
2286	Li2C4H10N4O5Pt	lithium tetracyanoplatinate (ii) pentahydrate	14402-73-4	403.106	---	---	---	---	---	---	---	---	---
2287	Li2C32H16N8	lithium phthalocyanine	25510-41-2	526.405	---	---	---	---	---	---	---	---	---
2288	Li2Cl4Cu	lithium tetrachlorocuprate	15489-27-7	219.239	---	---	---	---	---	---	---	---	---
2289	Li2CrH4O6	lithium chromate dihydrate	7789-01-7	165.906	dec	1	---	---	25	2.150	1	yellow orthorhombic crystals	1
2290	Li2CrO4	lithium chromate	14307-35-8	129.876	---	---	---	---	---	---	---	---	---
2291	Li2Cr2H4O9	lithium dichromate dihydrate	10022-48-7	265.901	dec	1	---	---	25	2.340	1	yellow-red hygroscopic crystals	1
2292	Li2F6Si	lithium hexafluorosilicate	17347-95-4	155.958	---	---	---	---	---	---	---	---	---
2293	Li2F6Sn	lithium hexafluorostannate (iv)	17029-16-2	246.582	---	---	---	---	---	---	---	---	---
2294	Li2H2O4Se	lithium selenite monohydrate	15593-51-8	158.855	---	---	---	---	---	---	---	---	---
2295	Li2H2O5S	lithium sulfate monohydrate	10102-25-7	127.961	dec	1	---	---	25	2.060	1	colorless crystals	1
2296	Li2H2O5Se	lithium selenate monohydrate	7790-71-8	174.855	---	---	---	---	25	2.560	1	monoclinic crystals	1
2297	Li2MnO3	lithium manganite	12163-00-7	116.818	---	---	---	---	---	---	---	---	---
2298	Li2MoO4	lithium molybdate	13568-40-6	173.820	---	---	---	---	25	2.660	1	---	---
2299	Li2O	lithium oxide	12057-24-8	29.881	1843.15	1	---	---	25	2.013	1	white cubic crystals	1
2300	Li2O2	lithium peroxide	12031-80-0	45.881	---	---	---	---	25	2.310	1	white hexagonal crystals	1
2301	Li2O3Te	lithium tellurite	14929-69-2	189.480	---	---	---	---	---	---	---	---	---
2302	Li2O3Ti	lithium titanate	12031-82-2	109.747	---	---	---	---	---	---	---	---	---
2303	Li2O3Zr	lithium zirconate	12031-83-3	153.104	---	---	---	---	---	---	---	---	---
2304	Li2O4W	lithium tungstate	13568-45-1	261.720	---	---	---	---	25	3.710	1	---	---
2305	Li2S	lithium sulfide	12136-58-2	45.948	1645.15	1	---	---	25	1.640	1	white cubic crystals	1
2306	Li2SO4	lithium sulfate	10377-48-7	109.946	1132.15	1	---	---	25	2.210	1	white monoclinic crystals	1
2307	Li2Se	lithium selenide	12136-60-6	92.842	---	---	---	---	---	---	---	---	---
2308	Li2SiO3	lithium metasilicate	10102-24-6	89.966	1474.15	1	---	---	25	2.520	1	white orthorhombic needles	1
2309	Li2Te	lithium telluride	12136-59-3	141.482	1477.15	1	---	---	---	---	---	white solid	1
2310	Li3AsO4	lithium arsenate	13478-14-3	159.742	---	---	---	---	25	3.070	1	colorless orthorhombic crystals	1
2311	Li3C6H13O11	lithium citrate tetrahydrate	6680-58-6	281.984	---	---	---	---	---	---	---	---	---
2312	Li3N	lithium nitride	26134-62-3	34.830	1086.15	1	---	---	25	1.270	1	red hexagonal crystals	1
2313	Li3PO4	lithium phosphate	10377-52-3	115.794	1478.15	1	---	---	25	2.460	1	white orthorhombic crystals	1
2314	Li4O4Si	lithium orthosilicate	13453-84-4	119.847	---	---	---	---	25	2.390	1	---	---
2315	Lr	lawrencium	22537-19-5	262.000	1900.15	1	---	---	---	---	---	metal	1
2316	Lu	lutetium	7439-94-3	174.967	1936.15	1	3675.15	1	25	9.840	1	silvery metal	1
2317	LuB4	lutetium boride	12688-52-7	218.211	2873.15	1	---	---	---	---	---	tetragonal crystals	1
2318	LuBr3	lutetium bromide	14456-53-2	414.679	1298.15	1	---	---	---	---	---	white hygroscopic crystals	1
2319	LuCl3	lutetium chloride	10099-66-8	281.325	1198.15	1	---	---	25	3.980	1	white monoclinic crystals	1
2320	LuCl3H12O18	lutetium perchlorate hexahydrate	14646-29-8	581.410	---	---	---	---	---	---	---	---	---

Table 2 Physical Properties - Inorganic Compounds

NO	FORMULA	NAME	CAS No	Mol Wt g/mol	Freezing Point T_F, K	code	Boiling Point T_B, K	code	Density T, C	g/cm3	code	State @ 25C, 1 atm	code
2321	LuCl3H12O6	lutetium chloride hexahydrate	15230-79-2	389.417	---	---	---	---	---	---	---	---	---
2322	LuF3	lutetium fluoride	13760-81-1	231.962	1455.15	1	2473.15	1	25	8.300	1	orthorhombic crystals	1
2323	LuH3	lutetium hydride	13598-44-2	177.991	---	---	---	---	---	---	---	---	---
2324	LuI3	lutetium iodide	13813-45-1	555.680	1323.15	1	---	---	---	---	---	brown hexagonal crystals	1
2325	LuN	lutetium nitride	12125-25-6	188.974	---	---	---	---	25	11.600	1	cubic crystals	1
2326	LuSi2	lutetium silicide	12032-13-2	231.138	---	---	---	---	---	---	---	---	---
2327	Lu2C6H12O18	lutetium oxalate hexahydrate	26677-69-0	722.083	---	---	---	---	---	---	---	---	---
2328	Lu2H16O20S3	lutetium sulfate octahydrate	13473-77-3	782.247	---	---	---	---	---	---	---	white crystals	1
2329	Lu2O3	lutetium oxide	12032-20-1	397.932	2763.15	1	---	---	25	9.410	1	white cubic crystals or powder	1
2330	Lu2O12S3	lutetium sulfate	14986-89-1	638.125	---	---	---	---	---	---	---	---	---
2331	Lu2S3	lutetium sulfide	12163-20-1	446.132	dec	1	---	---	25	6.260	1	gray rhombohedral crystals	1
2332	Lu2Te3	lutetium telluride	12163-22-3	732.734	---	---	---	---	25	7.800	1	orthorhombic crystals	1
2333	Lu3Fe5O12	lutetium iron oxide	12023-71-1	996.119	---	---	---	---	---	---	---	---	---
2334	Md	mendelevium	7440-11-1	258.000	1100.15	1	---	---	---	---	---	solid metal	1
2335	Mg	magnesium	7439-95-4	24.305	923.15	1	1363.15	1	25	1.740	1	silvery-white metal	1
2336	MgAl2O4	magnesium aluminum oxide	12068-51-8	142.266	---	---	---	---	25	3.580	1	---	---
2337	MgAl2O6Zr	magnesium aluminum zirconate	53169-11-2	265.488	---	---	---	---	---	---	---	---	---
2338	MgB2	magnesium boride	12007-25-9	45.927	dec	1	---	---	25	2.570	1	hexagonal crystals	1
2339	MgB2H14O13	magnesium perborate heptahydrate	14635-87-1	268.030	---	---	---	---	---	---	---	---	---
2340	MgB2H16O12	magnesium borate octahydrate	13703-82-7	254.047	---	---	---	---	25	2.300	1	---	---
2341	MgBr2	magnesium bromide	7789-48-2	184.113	984.15	1	---	---	25	3.720	1	white hexagonal crystals	1
2342	MgBr2H12O6	magnesium bromide hexahydrate	13446-53-2	292.205	dec	1	---	---	25	2.000	1	colorless monoclinic crystals	1
2343	MgBr2H12O12	magnesium bromate hexahydrate	7789-36-8	388.201	dec	1	---	---	25	2.290	1	colorless cubic crystals	1
2344	MgCD3I	magnesium iodide, methyl-d3	41251-37-0	169.262	---	---	---	---	25	0.871	1	---	---
2345	MgCH3Br	methylmagnesium bromide	75-16-1	119.244	---	---	---	---	25	1.035	1	---	---
2346	MgCH3Cl	methylmagnesium chloride	676-58-4	74.792	---	---	---	---	---	---	---	---	---
2347	MgCH4O5	magnesium carbonate dihydrate	5145-48-2	120.344	---	---	---	---	25	2.825	1	---	---
2348	MgCH6O6	magnesium carbonate trihydrate	14457-83-1	138.360	---	---	---	---	25	1.837	1	---	---
2349	MgCH10O8	magnesium carbonate pentahydrate	61042-72-6	174.390	---	---	---	---	25	1.730	1	---	---
2350	MgCO3	magnesium carbonate	546-93-0	84.314	1263.15	1	---	---	25	3.050	1	white hexagonal crystals	1
2351	MgC2F6O6S2	magnesium trifluoromethanesulfonate	60871-83-2	322.445	---	---	---	---	---	---	---	---	---
2352	MgC2H4O6	magnesium oxalate dihydrate	6150-88-5	148.355	---	---	---	---	---	---	---	white powder	1
2353	MgC2H5Br	ethylmagnesium bromide	925-90-6	133.270	---	---	---	---	25	1.020	1	---	---
2354	MgC2H6O2	magnesium methoxide	27428-49-5	86.373	---	---	---	---	20	0.816	1	---	---
2355	MgC2H6O6	magnesium formate dihydrate	6150-82-9	150.370	dec	1	---	---	---	---	---	white crystals	1
2356	MgC2H8N2O4S2	magnesium thiocyanate tetrahydrate	306-61-6	212.533	---	---	---	---	---	---	---	---	---
2357	MgC3H5Br	magnesium bromide, allyl	1730-25-2	145.281	---	---	---	---	25	0.851	1	---	---
2358	MgC3H6O4	magnesium methyl carbonate	4861-79-4	130.382	---	---	---	---	25	0.849	1	---	---
2359	MgC3H7Cl	magnesium chloride, isopropyl	1068-55-9	102.845	---	---	---	---	25	0.834	1	---	---
2360	MgC4F6O4	magnesium trifluoroacetate	38482-84-7	250.336	---	---	---	---	25	1.033	1	---	---
2361	MgC4H6O4	magnesium acetate	142-72-3	142.393	---	---	---	---	---	---	---	---	---
2362	MgC4H8O5	magnesium acetate monohydrate	60582-92-5	160.408	---	---	---	---	25	1.553	1	---	---
2363	MgC4H9Cl	magnesium chloride, n-butyl	693-04-9	116.872	---	---	---	---	25	0.828	1	---	---
2364	MgC4H10Br2O	magnesium bromide diethyl etherate	29858-07-9	258.235	---	---	---	---	---	---	---	---	---
2365	MgC4H10O2	magnesium ethoxide	2414-98-4	114.426	---	---	---	---	25	1.010	1	---	---
2366	MgC4H14O8	magnesium acetate tetrahydrate	16674-78-5	214.454	dec	1	---	---	25	1.450	1	colorless monoclinic crystals	1
2367	MgC6BrD5	magnesium bromide, phenyl-d5	84783-81-3	186.343	---	---	---	---	25	0.792	1	---	---
2368	MgC6H5Br	magnesium bromide, phenyl	100-58-3	181.313	---	---	---	---	25	1.134	1	---	---
2369	MgC6H16O12	magnesium citrate pentahydrate	7779-25-1	304.489	---	---	---	---	---	---	---	---	---
2370	MgC7H7Cl	magnesium chloride, benzyl	6921-34-2	150.888	---	---	---	---	---	---	---	---	---
2371	MgC7H7Cl	magnesium chloride, m-tolyl	121905-60-0	150.888	---	---	---	---	25	0.956	1	---	---
2372	MgC8H2F12O8	magnesium trifluoroacetate-trifluoroacetic a	123333-72-2	478.383	---	---	---	---	---	---	---	---	---
2373	MgC9H11Br	magnesium bromide, 2-mesityl	2633-66-1	223.393	---	---	---	---	25	1.005	1	---	---
2374	MgC10H6F12O6	magnesium hexafluoroacetylacetonate dihy	19648-85-2	474.437	---	---	---	---	---	---	---	---	---
2375	MgC10H10	magnesocene	1284-72-6	154.491	---	---	---	---	---	---	---	---	---
2376	MgC10H12F6O6	magnesium trifluoroacetylacetonate dihydr	53633-79-7	366.494	---	---	---	---	---	---	---	---	---
2377	MgC10H16N2Na2O10	magnesium salt dihydrate, ethylenediamine	80146-10-7	394.526	---	---	---	---	---	---	---	---	---
2378	MgC10H18O6	magnesium acetylacetonate dihydrate	68488-07-3	258.551	---	---	---	---	---	---	---	---	---
2379	MgC14H12F12O6	magnesium hexafluoroacetylacetonate 1,2-	---	528.527	---	---	---	---	---	---	---	---	---
2380	MgC14H18	magnesium, bis(ethylcyclopentadienyl)	114460-02-5	210.598	---	---	---	---	---	---	---	---	---
2381	MgC14H18O10	magnesium salicylate tetrahydrate	18917-95-8	370.592	---	---	---	---	---	---	---	---	---
2382	MgC16H22	magnesium, bis(n-propylcyclopentadienyl)	114504-74-4	238.651	---	---	---	---	---	---	---	---	---
2383	MgC16H22O16	magnesium monoperoxyphthalate hexahyd	84665-66-7	494.641	---	---	---	---	---	---	---	---	---
2384	MgC20H30	magnesium bis(pentamethylcyclopentadien	74507-64-5	294.757	---	---	---	---	---	---	---	---	---
2385	MgC22H42O6	magnesium bis(2,2,6,6-tetramethyl-3,5-hep	21361-35-3	426.870	---	---	---	---	---	---	---	---	---
2386	MgC24H56Al2O8	magnesium aluminum isopropoxide	69207-83-6	550.965	---	---	---	---	---	---	---	---	---
2387	MgC26H34O3	magnesium, (9,10-dihydro-9,10-anthracene	86901-19-1	418.851	---	---	---	---	---	---	---	---	---
2388	MgC32H16N8	magnesium phthalocyanine	1661-03-6	536.828	---	---	---	---	---	---	---	---	---
2389	MgC36H70O4	magnesium stearate	557-04-0	591.244	---	---	---	---	25	1.028	1	---	---
2390	MgC36H44N4	magnesium, 2,3,7,8,12,13,17,18-octaethyl-	20910-35-4	557.067	---	---	---	---	---	---	---	---	---
2391	MgC44H30N4O	magnesium meso-tetraphenylporphine mor	14640-21-2	655.040	---	---	---	---	---	---	---	---	---
2392	MgCl2	magnesium chloride	7786-30-3	95.210	987.15	1	1685.15	1	25	2.325	1	white hexagonal leaflets	1
2393	MgCl2H12O12	magnesium chlorate hexahydrate	10326-21-3	299.298	---	---	---	---	25	1.800	1	---	---
2394	MgCl2H12O14	magnesium perchlorate hexahydrate	13446-19-0	331.297	dec	1	---	---	25	1.980	1	white hygroscopic crystals	1
2395	MgCl2H12O6	magnesium chloride hexahydrate	7791-18-6	203.302	dec	1	---	---	25	1.560	1	white hygroscopic crystals	1
2396	MgCl2O8	magnesium perchlorate	10034-81-8	223.206	dec	1	---	---	25	2.200	1	white hygroscopic powder	1
2397	MgCr2H12O13	magnesium dichromate hexahydrate	16569-85-0	348.385	---	---	---	---	25	2.002	1	---	---
2398	MgCr2O4	magnesium chromite	12053-26-8	192.295	---	---	---	---	25	4.415	1	---	---
2399	MgF2	magnesium fluoride	7783-40-6	62.302	1536.15	1	2500.15	1	25	3.148	1	white tetragonal crystals	1
2400	MgF6H12O6Si	magnesium hexafluorosilicate hexahydrate	60950-56-3	274.473	dec	1	---	---	25	1.790	1	white crystals	1

Table 2 Physical Properties - Inorganic Compounds

				Mol Wt	Freezing Point		Boiling Point		Density			State	
NO	FORMULA	NAME	CAS No	g/mol	T_F, K	code	T_B, K	code	T, C	g/cm3	code	@ 25C, 1 atm	code
2401	MgF6H12O6Si	magnesium fluosilicate	18972-56-0	274.473	---	---	---	---	25	1.788	1	---	---
2402	MgH2	magnesium hydride	7693-27-8	26.321	600.15	1	---	---	25	1.450	1	white tetragonal crystals	1
2403	MgH2O2	magnesium hydroxide	1309-42-8	58.320	623.15	1	---	---	25	2.370	1	white hexagonal crystals	1
2404	MgH2O2	brucite	1317-43-7	58.320	---	---	---	---	25	2.390	1	---	---
2405	MgH2O5S	magnesium sulfate monohydrate	14168-73-1	138.384	dec	1	---	---	25	2.570	1	colorless monoclinic crystals	1
2406	MgH4N2	magnesium amide	7803-54-5	56.350	dec	1	---	---	25	1.390	1	white powder	1
2407	MgH4N2O8	magnesium nitrate dihydrate	15750-45-5	184.345	dec	1	---	---	25	1.450	1	white crystals	1
2408	MgH6N2O7	magnesium nitrite trihydrate	15070-34-5	170.362	---	---	---	---	---	---	---	---	---
2409	MgH6O6S	magnesium sulfite trihydrate	19086-20-5	158.415	---	---	---	---	25	2.120	1	colorless orthorhombic crystals	1
2410	MgH6O6Sn	magnesium stannate trihydrate	12032-29-0	245.059	---	---	---	---	---	---	---	---	---
2411	MgH7O7P	magnesium hydrogen phosphate trihydrate	7757-86-0	174.330	dec	1	---	---	25	2.130	1	white powder	1
2412	MgH7O7P	magnesium phosphate, dibasic	7782-75-4	174.330	---	---	---	---	25	2.130	1	---	---
2413	MgH8I2O10	magnesium iodate tetrahydrate	7790-32-1	446.171	---	---	---	---	25	3.300	1	---	---
2414	MgH8O10P2	magnesium tetrahydrogen phosphate dihyd	13092-66-5	254.310	---	---	---	---	---	---	---	---	---
2415	MgH12I2O6	magnesium iodide hexahydrate	75535-11-4	386.206	---	---	---	---	25	2.353	1	---	---
2416	MgH12N2O12	magnesium nitrate hexahydrate	13446-18-9	256.407	dec	1	---	---	25	1.460	1	colorless monoclinic crystals	1
2417	MgH12O9S	magnesium sulfite hexahydrate	13446-29-2	212.461	dec	1	---	---	25	1.720	1	white hexagonal crystals	1
2418	MgH12O9S2	magnesium thiosulfate hexahydrate	13446-30-5	244.527	dec	1	---	---	25	1.820	1	colorless crystals	1
2419	MgH12O9Se	magnesium selenite hexahydrate	15593-61-0	259.355	---	---	---	---	25	2.090	1	colorless hexagonal crystals	1
2420	MgH12O10Se	magnesium selenate hexahydrate	13446-28-1	275.354	---	---	---	---	25	1.928	1	white monoclinic crystals	1
2421	MgH14O11S	magnesium sulfate heptahydrate	10034-99-8	246.476	dec	1	---	---	25	1.670	1	colorless orthorhombic crystals	1
2422	MgH16I2O8	magnesium iodide octahydrate	7790-31-0	422.236	dec	1	---	---	25	2.100	1	white orthorhombic crystals	1
2423	MgH16NO10P	magnesium ammonium phosphate hexahyd	13478-16-5	245.407	---	---	---	---	25	1.710	1	---	---
2424	MgI2	magnesium iodide	10377-58-9	278.114	907.15	1	---	---	25	4.430	1	white hexagonal crystals	1
2425	MgMn2H12O14	magnesium permanganate hexahydrate	10377-62-5	370.268	dec	1	---	---	25	2.180	1	blue-black crystals	1
2426	MgMoO4	magnesium molybdate	12013-21-7	184.243	---	---	---	---	25	2.208	1	---	---
2427	MgN2O6	magnesium nitrate	10377-60-3	148.315	363.05	1	603.15	1	25	2.300	1	white cubic crystals	1
2428	MgNb2O6	magnesium niobate	12163-26-7	306.114	---	---	---	---	---	---	---	---	---
2429	MgO	magnesium oxide	1309-48-4	40.304	3105.00	1	3873.20	1	25	3.600	1	white cubic crystals	1
2430	MgO2	magnesium peroxide	1335-26-8	56.304	dec	1	---	---	---	---	---	white cubic crystals	1
2431	MgO3S	magnesium sulfite	7757-88-2	104.369	---	---	---	---	---	---	---	---	---
2432	MgO3Si	magnesium silicate (clinoenstatite)	1343-88-0	100.389	---	---	---	---	25	3.192	1	---	---
2433	MgO3Ti	magnesium metatitanate	12032-30-3	120.170	---	---	---	---	25	3.360	1	---	---
2434	MgO3Zr	magnesium zirconate	12032-31-4	163.527	---	---	---	---	25	4.230	1	---	---
2435	MgO4W	magnesium tungstate	13573-11-0	272.143	---	---	---	---	25	5.660	1	---	---
2436	MgO5SiZr	magnesium zirconium silicate	52110-05-1	223.612	---	---	---	---	---	---	---	---	---
2437	MgO5Ti2	magnesium dititanate	12032-35-8	200.036	---	---	---	---	---	---	---	---	---
2438	MgO6Ta2	magnesium tantalate	12293-61-7	482.197	---	---	---	---	---	---	---	---	---
2439	MgS	magnesium sulfide	12032-36-9	56.371	2499.15	1	---	---	25	2.680	1	red-brown cubic crystals	1
2440	MgSO4	magnesium sulfate	7487-88-9	120.369	1400.00	1	---	---	25	2.660	1	colorless orthorhombic crystals	1
2441	MgSe	magnesium selenide	1313-04-8	103.265	---	---	---	---	25	4.200	1	brown cubic crystals	1
2442	MgTe	magnesium telluride	12032-44-9	151.905	---	---	---	---	---	---	---	---	---
2443	MgSiO3	magnesium metasilicate	13776-74-4	100.389	dec	1	---	---	25	3.190	1	white monoclinic crystals	1
2444	MgTiO3	magnesium titanate	1312-99-8	120.170	1838.15	1	---	---	25	3.850	1	colorless hexagonal crystals	1
2445	Mg2Al4O18Si5	magnesium aluminum silicate	61027-88-1	584.953	---	---	---	---	---	---	---	---	---
2446	Mg2Ge	magnesium germanide	1310-52-7	121.220	1390.15	1	---	---	25	3.090	1	cubic crystals	1
2447	Mg2GeO4	magnesium germanate	12025-13-7	185.218	---	---	---	---	---	---	---	---	---
2448	Mg2H6O10P2	magnesium pyrophosphate trihydrate	10102-34-8	276.599	dec	1	---	---	25	2.560	1	white powder	1
2449	Mg2O4Ti	magnesium orthotitanate	12032-52-9	160.475	---	---	---	---	25	3.530	1	---	---
2450	Mg2O7P2	magnesium pyrophosphate	13446-24-7	222.553	---	---	---	---	25	2.559	1	---	---
2451	Mg2O7V2	magnesium vanadate	13568-63-3	262.489	---	---	---	---	25	3.100	1	---	---
2452	Mg2Si	magnesium silicide	22831-39-6	76.696	1375.15	1	---	---	25	1.990	1	gray cubic crystals	1
2453	Mg2SiO4	magnesium orthosilicate	26686-77-1	140.693	2170.15	1	---	---	25	3.210	1	white orthorhombic crystals	1
2454	Mg2Sn	magnesium stannide	1313-08-2	167.320	1044.15	1	---	---	25	3.600	1	blue cubic crystals	1
2455	Mg3As2	magnesium arsenide	12044-49-4	222.758	---	---	---	---	25	3.148	1	---	---
2456	Mg3C12H38O28	magnesium citrate tetradecahydrate	144-23-0	703.328	---	---	---	---	---	---	---	---	---
2457	Mg3H10O13P2	magnesium phosphate pentahydrate	7757-87-1	352.934	---	---	---	---	---	---	---	---	---
2458	Mg3H16O16P2	magnesium phosphate octahydrate	13446-23-6	406.980	---	---	---	---	25	2.170	1	white monoclinic crystals	1
2459	Mg3N2	magnesium nitride	12057-71-5	100.928	dec	1	---	---	25	2.710	1	yellow cubic crystals	1
2460	Mg3P2	magnesium phosphide	12057-74-8	134.863	---	---	---	---	25	2.060	1	yellow cubic crystals	1
2461	Mg3Sb2	magnesium antimonide	12057-75-9	316.435	1518.15	1	---	---	25	3.990	1	hexagonal crystals	1
2462	Mg5C4H10O18	magnesium carbonate hydroxide tetrahydra	39409-82-0	467.636	---	---	---	---	25	2.254	1	---	---
2463	Mg5C4H12O19	magnesium basic carbonate pentahydrate	56378-72-4	485.652	---	---	---	---	---	---	---	---	---
2464	Mn	manganese	7439-96-5	54.938	1519.15	1	2334.15	1	25	7.300	1	hard gray metal	1
2465	MnAl3	manganese aluminide	12253-13-3	135.883	---	---	---	---	---	---	---	---	---
2466	MnB	manganese boride (mnb)	12045-15-7	65.749	2163.15	1	---	---	25	6.450	1	orthorhombic crystals	1
2467	MnB2	manganese boride (mnb2)	12228-50-1	76.560	2100.15	1	---	---	25	5.300	1	hexagonal crystals	1
2468	MnB4H16O15	manganese (ii) tetraborate octahydrate	12228-91-0	354.300	---	---	---	---	---	---	---	red solid	1
2469	MnBr2	manganese (ii) bromide	13446-03-2	214.746	971.15	1	---	---	25	4.385	1	pink hexagonal crystals	1
2470	MnBr2H8O4	manganese (ii) bromide tetrahydrate	10031-20-6	286.807	dec	1	---	---	---	---	---	red hygroscopic crystals	1
2471	MnCO3	manganese (ii) carbonate	598-62-9	114.947	dec	1	---	---	25	3.700	1	pink hexagonal crystals	1
2472	MnC2H4O6	manganese (ii) oxalate dihydrate	6556-16-7	178.988	dec	1	---	---	25	2.450	1	white crystalline powder	1
2473	MnC4H14O8	manganese (ii) acetate tetrahydrate	6156-78-1	245.087	353.15	1	---	---	25	1.590	1	red monoclinic crystals	1
2474	MnC5BrO5	manganese pentacarbonyl bromide	14516-54-2	274.893	---	---	---	---	---	---	---	---	---
2475	MnC6H13O8	manganese (iii) acetate dihydrate	19513-05-4	268.101	---	---	---	---	---	---	---	---	---
2476	MnC8H5O3	manganese tricarbonyl, cyclopentadienyl	12079-65-1	204.062	---	---	---	---	---	---	---	---	---
2477	MnC9H7O3	manganese tricarbonyl, methylcyclopentad	12108-13-3	218.088	---	---	---	---	25	1.380	1	---	---
2478	MnC10H10	manganese bis(cyclopentadienyl)	1271-27-8	185.124	---	---	---	---	---	---	---	---	---
2479	MnC10H7F12O7	manganese (ii) hexafluoroacetylacetonate t	123334-26-9	522.077	---	---	---	---	---	---	---	---	---
2480	MnC10H14O4	manganese (ii) acetylacetonate	14024-58-9	253.154	---	---	---	---	---	---	---	---	---

				Mol Wt	Freezing Point		Boiling Point		Density			State	
NO	FORMULA	NAME	CAS No	g/mol	T_F, K	code	T_B, K	code	T, C	g/cm3	code	@ 25C, 1 atm	code
2481	MnC14H23N3O11	mn (ii) trihydrogen salt monohydrate, diethy	---	464.284	---	---	---	---	---	---	---	---	---
2482	MnC15H21O6	manganese (iii) acetylacetonate	14284-89-0	352.262	---	---	---	---	---	---	---	---	---
2483	MnC16H30O4	manganese (ii) 2-ethylhexanoate	13434-24-7	341.345	---	---	---	---	---	---	---	---	---
2484	MnC16H40Br4N2	manganese (ii), bis (tetraethylammonium) t	2536-14-3	635.056	---	---	---	---	---	---	---	---	---
2485	MnC16H40Cl4N2	manganese (ii), bis (tetraethylammonium) t	6667-73-8	457.251	---	---	---	---	---	---	---	---	---
2486	MnC20H30	manganese, bis(pentamethylcyclopentadie	67506-86-9	325.390	---	---	---	---	---	---	---	---	---
2487	MnC20H34O4	manganese (ii) cyclohexanebutyrate	35542-88-2	393.420	---	---	---	---	---	---	---	---	---
2488	MnC32H16ClN8	manganese (iii) phthalocyanine chloride	53432-32-9	602.914	---	---	---	---	---	---	---	---	---
2489	MnC32H16N8	manganese (ii) phthalocyanine	14325-24-7	567.461	---	---	---	---	---	---	---	---	---
2490	MnC36H44ClN4	manganese (iii) chloride, 2,3,7,8,12,13,17,1	28265-17-0	623.152	---	---	---	---	---	---	---	---	---
2491	MnC36H52ClN2O2	manganese (iii) chloride, (1r,2r)-(-)-n,n'-bis	138124-32-0	635.201	---	---	---	---	---	---	---	---	---
2492	MnC36H52ClN2O2	manganese (iii) chloride, (1s,2s)-(+)-n,n'-bi	135620-04-1	635.201	---	---	---	---	---	---	---	---	---
2493	MnC44H28ClN4	manganese (iii) chloride, 5,10,15,20-tetrap	32195-55-4	703.111	---	---	---	---	---	---	---	---	---
2494	MnC46H31N4O2	manganese (iii) meso-tetraphenylporphine	58356-65-3	726.702	---	---	---	---	---	---	---	---	---
2495	MnCl2	manganese (ii) chloride	7773-01-5	125.843	923.15	1	1463.15	1	25	2.977	1	pink trigonal crystals	1
2496	MnCl3	manganese (iii) chloride	14690-66-5	161.296	---	---	---	---	---	---	---	---	---
2497	MnCl2H12O14	manganese (ii) perchlorate hexahydrate	15364-94-0	361.930	---	---	---	---	25	2.100	1	---	---
2498	MnCl2H8O4	manganese (ii) chloride tetrahydrate	13446-34-9	197.905	360.65	1	---	---	25	1.913	1	red monoclinic crystals	1
2499	MnF2	manganese (ii) fluoride	7782-64-1	92.935	1203.15	1	---	---	25	3.980	1	red tetragonal crystals	1
2500	MnF3	manganese (iii) fluoride	7783-53-1	111.933	dec	1	---	---	25	3.540	1	red monoclinic crystals	1
2501	MnF4	manganese (iv) fluoride	15195-58-1	130.932	---	---	---	---	---	---	---	---	---
2502	MnHO2	manganese (iii) hydroxide	1332-63-4	87.945	dec	1	---	---	25	4.300	1	black monoclinic crystals	1
2503	MnH2O2	manganese (ii) hydroxide	18933-05-6	88.953	dec	1	---	---	25	3.260	1	pink hexagonal crystals	1
2504	MnH2O5S	manganese (ii) sulfate monohydrate	10034-96-5	169.017	---	---	---	---	25	2.950	1	red monoclinic crystals	1
2505	MnH6O5P2	manganese (ii) hypophosphite monohydrat	10043-84-2	202.930	---	---	---	---	---	---	---	---	---
2506	MnH8I2O4	manganese (ii) iodide tetrahydrate	13446-37-2	380.808	---	---	---	---	---	---	---	red crystals	1
2507	MnH8N2O10	manganese (ii) nitrate tetrahydrate	20694-39-7	251.009	dec	1	---	---	25	2.130	1	pink hygroscopic crystals	1
2508	MnH8O8S	manganese (ii) sulfate tetrahydrate	10101-68-5	223.063	dec	1	---	---	25	2.260	1	red monoclinic crystals	1
2509	MnH8O10P2	manganese (ii) dihydrogen phosphate dihy	18718-07-5	284.943	---	---	---	---	---	---	---	colorless hygroscopic crystals	1
2510	MnH12N2O12	manganese (ii) nitrate hexahydrate	10377-66-9	287.040	dec	1	---	---	25	1.800	1	rose monoclinic crystals	1
2511	MnH20N2O14S2	manganese ammonium sulfate hexahydrate	7785-19-5	391.234	---	---	---	---	25	1.830	1	---	---
2512	MnI2	manganese (ii) iodide	7790-33-2	308.747	911.15	1	---	---	25	5.040	1	white hexagonal crystals	1
2513	MnMoO4	manganese (ii) molybdate	14013-15-1	214.876	---	---	---	---	25	4.050	1	yellow monoclinic crystals	1
2514	MnN	manganese nitride	36678-21-4	68.945	---	---	---	---	---	---	---	---	---
2515	MnN2O6	manganese (ii) nitrate	10377-93-2	178.948	---	---	---	---	25	2.200	1	colorless orthorhombic crystals	1
2516	MnNb2O6	manganese niobate	12032-69-8	336.747	---	---	---	---	---	---	---	---	---
2517	MnO	manganese (ii) oxide	1344-43-0	70.937	2112.15	1	---	---	25	5.370	1	gr cubic crystals or powder	1
2518	MnO2	manganese (iv) oxide	1313-13-9	86.937	dec	1	---	---	25	5.080	1	black tetragonal crystals	1
2519	MnO3Zr	manganese (ii) zirconate	70692-94-3	194.160	---	---	---	---	---	---	---	---	---
2520	MnO6S2	manganese (ii) dithionate	13568-72-4	215.066	---	---	---	---	25	1.760	1	---	---
2521	MnO6V2	manganese vanadate	14986-94-8	252.817	---	---	---	---	---	---	---	---	---
2522	MnP	manganese phosphide	12032-78-9	85.912	1420.15	1	---	---	25	5.490	1	orthorhombic crystals	1
2523	MnS	manganese (ii) sulfide (a form)	18820-29-6	87.004	1883.15	1	---	---	25	4.000	1	green cubic crystals	1
2524	MnS	manganese (ii) sulfide (b form)	18820-29-6	87.004	---	---	---	---	25	3.300	1	red cubic crystals	1
2525	MnS	manganese (ii) sulfide (c form)	18820-29-6	87.004	---	---	---	---	---	---	---	red hexagonal crystals	1
2526	MnSO4	manganese (ii) sulfate	7785-87-7	151.002	973.15	1	dec	1	25	3.250	1	white orthorhombic crystals	1
2527	MnSb	manganese antimonide	12032-82-5	176.698	1113.15	1	---	---	25	6.900	1	hexagonal crystals	1
2528	MnSe	manganese (ii) selenide	1313-22-0	133.898	1733.15	1	---	---	25	5.450	1	gray cubic crystals	1
2529	MnSiO3	manganese (ii) metasilicate	7759-00-4	131.022	1564.15	1	---	---	25	3.480	1	red orthorhombic crystals	1
2530	MnSi2	manganese silicide	12032-86-9	111.109	---	---	---	---	25	5.240	1	---	---
2531	MnTe	manganese (ii) telluride	12032-88-1	182.538	---	---	---	---	25	6.000	1	hexagonal crystals	1
2532	MnTe2	manganese (iv) telluride	12032-89-2	310.138	---	---	---	---	---	---	---	---	---
2533	MnTiO3	manganese (ii) titanate	12032-74-5	150.803	1633.15	1	---	---	25	4.550	1	red hexagonal crystals	1
2534	MnWO4	manganese (ii) tungstate	13918-22-4	302.776	---	---	---	---	25	7.200	1	white monoclinic crystals	1
2535	Mn2B	manganese boride	12045-16-8	120.687	1853.15	1	---	---	25	7.200	1	red-brown tetragonal crystals	1
2536	Mn2C10O10	manganese carbonyl	10170-69-1	389.977	427.15	1	---	---	25	1.750	1	yellow monoclinic crystals	1
2537	Mn2H6O10P2	manganese (ii) pyrophosphate trihydrate	---	337.865	---	---	---	---	---	---	---	---	---
2538	Mn2O3	manganese (iii) oxide	1317-34-6	157.874	dec	1	---	---	25	5.000	1	black cubic crystals	1
2539	Mn2O7	manganese (vii) oxide	12057-92-0	221.872	279.05	1	explo	1	25	2.400	1	green oil	1
2540	Mn2P	manganese phosphide	12333-54-9	140.850	1600.15	1	---	---	25	6.000	1	hexagonal crystals	1
2541	Mn2P2O7	manganese (ii) pyrophosphate	---	283.819	1469.15	1	---	---	25	3.710	1	white monoclinic crystals	1
2542	Mn2Sb	manganese antimonide	12032-97-2	231.636	1221.15	1	---	---	25	7.000	1	tetragonal crystals	1
2543	Mn2SiO4	manganese (ii) orthosilicate	13568-32-6	201.959	---	---	---	---	25	4.110	1	orthorhombic crystals	1
2544	Mn3C	manganese carbide	12266-65-8	176.825	1793.15	1	---	---	25	6.890	1	refractory solid	1
2545	Mn3C12H10O14	manganese (ii) citrate	71799-92-3	543.014	---	---	---	---	---	---	---	---	---
2546	Mn3O4	manganese (ii,iii) oxide	1317-35-7	228.812	1840.15	1	---	---	25	4.840	1	brown tetragonal crystals	1
2547	Mn3P2	manganese phosphide	12397-32-9	226.762	---	---	---	---	25	5.120	1	---	---
2548	Mo	molybdenum	7439-98-7	95.940	2896.15	1	4912.15	1	25	10.200	1	gray-black metal	1
2549	MoB	molybdenum monoboride	---	106.751	---	---	---	---	25	8.770	1	---	---
2550	MoBr2	molybdenum (ii) bromide	13446-56-5	255.748	dec	1	---	---	---	---	---	yellow-red crystals	1
2551	MoBr3	molybdenum (iii) bromide	13446-57-6	335.652	1250.15	1	---	---	25	4.890	1	green hexagonal crystals	1
2552	MoBr4	molybdenum (iv) bromide	13520-59-7	415.556	dec	1	---	---	---	---	---	black crystals	1
2553	MoC	molybdenum carbide	12011-97-1	107.951	2850.15	1	---	---	25	9.150	1	refractory solid	1
2554	MoC4H6Cl4N2	molybdenum (iv) chloride, bis(acetonitrile)	59560-72-4	319.855	---	---	---	---	---	---	---	---	---
2555	MoC6O6	molybdenum hexacarbonyl	13939-06-5	264.001	dec	1	974.15	1	25	1.960	1	white orthorhombic crystals	1
2556	MoC10H10Cl2	molybdenum dichloride, bis(cyclopentadien	12184-22-4	297.032	---	---	---	---	---	---	---	---	---
2557	MoC10H14O6	molybdenum (vi) dioxide bis(acetylacetona	17524-05-9	326.155	---	---	---	---	20	1.640	1	---	---
2558	MoC10H20N2O2S4	molybdenum (vi), bis(diethyldithiocarbamat	19680-83-2	424.482	---	---	---	---	---	---	---	---	---
2559	MoC10H8O3	molybdenum tricarbonyl, cycloheptatriene	12125-77-8	272.109	---	---	---	---	---	---	---	---	---
2560	MoC11H8O4	molybdenum tetracarbonyl, bicyclo[2.2.1]he	12146-37-1	300.119	---	---	---	---	---	---	---	---	---

Table 2 Physical Properties - Inorganic Compounds

				Mol Wt	Freezing Point		Boiling Point		Density			State	
NO	FORMULA	NAME	CAS No	g/mol	T_F, K	code	T_B, K	code	T, C	g/cm3	code	@ 25C, 1 atm	code
2561	MoC14H22N2O4	molybdenum, cis-tetracarbonylbis(piperidin	65337-26-0	378.276	---	---	---	---	---	---	---	---	---
2562	MoC30H24O4P2	molybdenum tetracarbonyl, [1,2-bis(diphen	15444-66-3	606.397	---	---	---	---	---	---	---	---	---
2563	MoC30H47NO2	molybdenum bis (tert-butoxide), 2,6-diisopr	126949-65-3	549.640	---	---	---	---	25	1.000	1	---	---
2564	MoCl2	molybdenum (ii) chloride	13478-17-6	166.845	dec	1	---	---	25	3.714	1	yellow crystals	1
2565	MoCl3	molybdenum (iii) chloride	13478-18-7	202.298	1300.15	1	---	---	25	3.740	1	dark red monoclinic crystals	1
2566	MoCl4	molybdenum (iv) chloride	13320-71-3	237.751	dec	1	---	---	---	---	---	black crystals	1
2567	MoCl5	molybdenum (v) chloride	10241-05-1	273.204	467.15	1	541.15	1	25	2.930	1	gr-black monoclinic crystals	1
2568	MoCl6	molybdenum (vi) chloride	13706-19-9	308.656	527.15	1	---	---	---	---	---	black solid	1
2569	MoF2O2	molybdenum (vi) dioxydifluoride	13824-57-2	165.936	---	---	---	---	25	3.494	1	---	---
2570	MoF3	molybdenum (iii) fluoride	20193-58-2	152.935	---	---	---	---	25	4.640	1	brown hexagonal crystals	1
2571	MoF4	molybdenum (iv) fluoride	23412-45-5	171.934	dec	1	---	---	---	---	---	green crystals	1
2572	MoF5	molybdenum (v) fluoride	13819-84-6	190.932	340.15	1	486.75	1	25	3.500	1	yellow monoclinic crystals	1
2573	MoF6	molybdenum fluoride	7783-77-9	209.930	290.65	1	307.15	1	25	2.540	1	white cubic crystals or colorless liquid	1
2574	MoH4O5	molybdenum (vi) acid monohydrate	7782-91-4	179.969	---	---	---	---	25	3.100	1	white powder	1
2575	MoI2	molybdenum (ii) iodide	14055-74-4	349.749	---	---	---	---	25	5.278	1	black hygroscopic crystals	1
2576	MoI3	molybdenum (iii) iodide	14055-75-5	476.653	1200.15	1	---	---	---	---	---	black solid	1
2577	MoI4	molybdenum (iv) iodide	14055-76-6	603.558	---	---	---	---	---	---	---	---	---
2578	MoN	molybdenum nitride	12033-19-1	109.947	2023.15	1	---	---	25	9.200	1	hexagonal crystals	1
2579	MoO	molybdenum oxide	12058-07-0	111.939	---	---	---	---	25	6.500	1	solid	1
2580	MoOCl3	molybdenum (v) oxytrichloride	13814-74-9	218.298	570.15	1	---	---	---	---	---	black monoclinic crystals	1
2581	MoOCl4	molybdenum (vi) oxytetrachloride	13814-75-0	253.750	374.15	1	---	---	---	---	---	green hygroscopic powder	1
2582	MoOF4	molybdenum (vi) oxytetrafluoride	14459-59-7	187.933	371.15	1	459.15	1	---	---	---	volatile solid	1
2583	MoO2	molybdenum (iv) oxide	18868-43-4	127.939	dec	1	---	---	25	6.470	1	brown-violet tetragonal crystals	1
2584	MoO2Cl2	molybdenum (vi) dioxydichloride	13637-68-8	198.844	---	---	---	---	25	3.310	1	yellow-orange solid	1
2585	MoO3	molybdenum oxide	1313-27-5	143.938	1074.15	1	1428.15	1	25	4.700	1	white-yellow rhombohedral crystals	1
2586	MoO18P6	molybdenum (vi) metaphosphate	133863-98-6	569.772	---	---	---	---	25	3.280	1	yellow powder	1
2587	MoP	molybdenum phosphide	12163-69-8	126.914	---	---	---	---	25	7.340	1	black hexagonal crystals	1
2588	MoS2	molybdenum (iv) sulfide	1317-33-5	160.072	2648.15	1	---	---	25	5.060	1	black powder or hexagonal crystals	1
2589	MoS3	molybdenum (vi) sulfide	12033-29-3	192.138	---	---	---	---	---	---	---	---	---
2590	MoSe2	molybdenum (iv) selenide	12058-18-3	253.860	---	---	---	---	25	6.900	1	gray hexagonal crystals	1
2591	MoSi2	molybdenum silicide	12136-78-6	152.111	---	---	---	---	25	6.200	1	gray tetragonal crystals	1
2592	MoTe2	molybdenum (iv) telluride	12058-20-7	351.140	---	---	---	---	25	7.700	1	gray hexagonal crystals	1
2593	Mo2B	molybdenum boride	12006-99-4	202.691	2273.15	1	---	---	25	9.200	1	refractory tetragonal crystals	1
2594	Mo2B5	molybdenum boride	12007-97-5	245.935	1873.15	1	---	---	---	---	---	refractory hexagonal crystals	1
2595	Mo2C	molybdenum carbide	12069-89-5	203.891	2960.15	1	---	---	25	9.180	1	gray orthorhombic crystals	1
2596	Mo2C8H12O8	molybdenum acetate dimer	14221-06-8	428.056	---	---	---	---	---	---	---	---	---
2597	Mo2C16H10O6	molybdenum tricarbonyl dimer, cyclopentad	12091-64-4	490.127	---	---	---	---	---	---	---	---	---
2598	Mo2C24H30O4	molybdenum dicarbonyl dimer, pentamethy	12132-04-6	574.373	---	---	---	---	---	---	---	---	---
2599	Mo2N	molybdenum nitride	12033-31-7	205.887	dec	1	---	---	25	9.460	1	gray cubic crystals	1
2600	Mo2O3	molybdenum (iii) oxide	1313-29-7	239.878	---	---	---	---	---	---	---	gray-black powder	1
2601	Mo2O5	molybdenum (v) oxide	12163-73-4	271.877	---	---	---	---	---	---	---	---	---
2602	Mo2S3	molybdenum (iii) sulfide	12033-33-9	288.078	---	---	---	---	25	5.910	1	---	---
2603	Mo3Al	molybdenum aluminide	12003-72-4	314.802	---	---	---	---	---	---	---	---	---
2604	Mt	meitnerium	54038-01-6	268.139	---	---	---	---	---	---	---	synthetic element	1
2605	NBr3	nitrogen tribromide	15162-90-0	253.719	explo	1	---	---	---	---	---	unstable solid	1
2606	NC10H10ClO2	acetoacet-p-chloranilide	101-92-8	211.645	406.15	1	---	---	---	---	---	solid	1
2607	NClO	nitrosyl chloride	2696-92-6	65.459	213.55	1	267.77	1	-12	1.417	1	yellow-red-brown gas	1
2608	NCl3	nitrogen trichloride	10025-85-1	120.365	246.15	1	344.15	1	25	1.653	1	yellow oily liquid	1
2609	NBF4O2	nitronium tetrafluoroborate	13826-86-3	132.810	---	---	---	---	---	---	---	---	---
2610	ND3	heavy ammonia	---	20.049	197.15	1	240.15	1	---	---	---	gas	1
2611	ND4Cl	ammonium-(N=15)-d4 chloride	99011-95-7	58.515	---	---	---	---	---	---	---	---	---
2612	ND4Cl	ammonium-d4 chloride	12015-14-4	57.515	---	---	---	---	---	---	---	---	---
2613	NF3	nitrogen trifluoride	7783-54-2	71.002	66.46	1	144.09	1	-129	1.885	1	colorless gas	1
2614	NF6O2P	nitronium hexafluorophosphate	19200-21-6	190.970	---	---	---	---	---	---	---	---	---
2615	NF6O2Sb	nitronium hexafluoroantimonate	17856-92-7	281.756	---	---	---	---	---	---	---	---	---
2616	NHF2	difluoramine	10405-27-3	53.011	---	---	250.15	1	---	---	---	colorless gas	1
2617	NHO5S	nitrosylsulfuric acid	7782-78-7	127.078	---	---	---	---	---	---	---	---	---
2618	NH2Cl	chloramine	10599-90-3	51.475	---	---	---	---	---	---	---	---	---
2619	NH3	ammonia	7664-41-7	17.031	195.41	1	239.72	1	25	0.602	1,2	colorless gas	1
2620	NH3	ammonia-(N=15)	13767-16-3	18.031	---	---	---	---	---	---	---	---	---
2621	NH3ClO3	ammonium chlorate	10192-29-7	100.481	---	---	---	---	---	---	---	---	---
2622	NH4AlCl4	ammonium tetrachloroaluminate	7784-14-7	186.831	577.15	1	---	---	---	---	---	white hygroscopic solid	1
2623	NH4AlO8S2	ammonium aluminum sulfate	7784-25-0	237.147	---	---	---	---	25	2.450	1	white powder	1
2624	NH4BF4	ammonium fluoroborate	13826-83-0	104.843	dec	1	---	---	25	1.871	1	white powder	1
2625	NH4Br	ammonium bromide	12124-97-9	97.943	dec	1	669.15	1	25	2.429	1	white hygroscopic tetragonal crystals	1
2626	NH4CF3O3S	ammonium trifluoromethanesulfonate	38542-94-8	167.109	---	---	---	---	---	---	---	---	---
2627	NH4Cl	ammonium chloride	12125-02-9	53.491	793.20	1	612.00	1	25	1.519	1	colorless cubic crystals	1
2628	NH4Cl	ammonium-(N=15) chloride	39466-62-1	54.491	---	---	---	---	25	1.527	1	---	---
2629	NH4ClO4	ammonium perchlorate	7790-98-9	117.489	---	---	---	---	25	1.950	1	white orthorhombic crystals	1
2630	NH4Cr2FeO8	ammonium ferric chromate	7789-08-4	305.871	---	---	---	---	---	---	---	---	---
2631	NH4F	ammonium fluoride	12125-01-8	37.037	dec	1	---	---	25	1.015	1	white hexagonal crystals	1
2632	NH4F4Sb	ammonium tetrafluoroantimonate (iii)	14972-90-8	215.792	---	---	---	---	---	---	---	---	---
2633	NH4F6Nb	ammonium hexafluoroniobate (v)	12062-13-4	224.935	---	---	---	---	---	---	---	---	---
2634	NH4I	ammonium iodide	12027-06-4	144.943	dec	1	678.15	1	25	2.514	1	white tetragonal crystals	1
2635	NH4IO3	ammonium iodate	13446-09-8	192.941	423.15	1	---	---	25	3.300	1	white powder	1
2636	NH4MnO4	ammonium permanganate	13446-10-1	136.974	dec	1	---	---	25	2.220	1	purple rhombohedral crystals	1
2637	NH4PF6	ammonium hexafluorophosphate	16941-11-0	163.003	dec	1	---	---	25	2.180	1	white cubic crystals	1
2638	NH4SO3F	ammonium fluorosulfonate	13446-08-7	117.101	518.15	1	---	---	---	---	---	colorless needles	1
2639	NH4VO3	ammonium metavanadate	7803-55-6	116.978	dec	1	---	---	25	2.326	1	white-yellow crystals	1
2640	NH5CO2	ammonium formate	540-69-2	63.056	389.15	1	---	---	25	1.270	1	hygroscopic crystals	1

Table 2 Physical Properties - Inorganic Compounds

				Mol Wt	Freezing Point		Boiling Point		Density			State	
NO	FORMULA	NAME	CAS No	g/mol	T_F, K	code	T_B, K	code	T, C	g/cm3	code	@ 25C, 1 atm	code
2641	NH5CO3	ammonium hydrogen carbonate	1066-33-7	79.055	dec	1	---	---	25	1.586	1	colorless or white prisms	1
2642	NH5F2	ammonium hydrogen fluoride	1341-49-7	57.043	---	---	---	---	25	1.500	1	---	---
2643	NH5O	ammonium hydroxide	1336-21-6	35.046	194.15	1	---	---	---	---	---	exists only in solution	1
2644	NH5O4S	ammonium hydrogen sulfate	7803-63-6	115.110	420.05	1	---	---	25	1.780	1	solid	1
2645	NH5S	ammonium hydrogensulfide	12124-99-1	51.112	391.15	1	---	---	25	1.170	1	white tetragonal or orthorhombic crystals	1
2646	NH5SO3	ammonium hydrogen sulfite	10192-30-0	99.111	423.15	1	---	---	25	2.030	1	colorless crystals	1
2647	NH6C2O4.5	ammonium hydrogen oxalate hemihydrate	37541-72-3	116.073	---	---	---	---	---	---	---	---	---
2648	NH6O2P	ammonium hypophosphite	7803-65-8	83.027	dec	1	---	---	---	---	---	white hygroscopic crystals	1
2649	NH6PO4	ammonium dihydrogen phosphate	7722-76-1	115.026	463.15	1	---	---	25	1.800	1	white tetragonal crystals	1
2650	NH7C2O2	ammonium acetate	631-61-8	77.083	387.15	1	---	---	25	1.073	1	white hygroscopic crystals	1
2651	NH7C2O5	ammonium hydrogen oxalate monohydrate	5972-72-4	125.081	dec	1	---	---	25	1.560	1	colorless rhombohedral crystals	1
2652	NH9B4O9	ammonium hydrogen tetraborate dihydrate	12228-86-3	210.317	---	---	---	---	---	---	---	---	---
2653	NH9C3O3	ammonium lactate	52003-58-4	107.109	365.15	1	---	---	---	---	---	colorless crystals	1
2654	NH9C4O6	ammonium hydrogen tartrate	3095-65-6	167.117	---	---	---	---	25	1.680	1	---	---
2655	NH9C7O2	ammonium benzoate	1863-63-4	139.152	471.15	1	---	---	25	1.260	1	white crystals or powder	1
2656	NH9C7O3	ammonium salicylate	528-94-9	155.151	---	---	---	---	---	---	---	white crystalline powder	1
2657	NH11B4O10	ammonium hydrogen borate trihydrate	10135-84-9	228.332	---	---	---	---	25	2.700	1	colorless crystals	1
2658	NH11C4O4	ammonium hydrogen acetate	---	137.134	---	---	---	---	---	---	---	---	---
2659	NH12B5O12	ammonium pentaborate tetrahydrate	12229-12-8	272.150	---	---	---	---	25	1.580	1	---	---
2660	NH12CeO12S2	ammonium cerium (iii) sulfate tetrahydrate	21995-38-0	422.343	---	---	---	---	---	---	---	---	---
2661	NH13C5O2	ammonium valerate	42739-38-8	119.162	381.15	1	---	---	---	---	---	hygroscopic crystals	1
2662	NH14PC4O2S2	ammonium o,o-diethyldithiophosphate	1068-22-0	203.265	---	---	---	---	---	---	---	---	---
2663	NH16Cl3MgO6	ammonium magnesium chloride hexahydra	39733-35-2	256.793	---	---	---	---	25	1.456	1	---	---
2664	NH16Cl3NiO6	ammonium nickel chloride hexahydrate	16122-03-5	291.182	---	---	---	---	25	1.650	1	---	---
2665	NH19C8O2	ammonium caprylate	5972-76-9	161.242	---	---	---	---	---	---	---	hygroscopic monoclinic crystals	1
2666	NH20C8Br	ammonium, tetraethyl bromide	71-91-0	210.155	---	---	---	---	---	---	---	---	---
2667	NH20C8Cl	ammonium, tetraethyl chloride	56-34-8	165.704	---	---	---	---	25	1.080	1	---	---
2668	NH35C16O2	ammonium palmitate	593-26-0	273.455	295.15	1	---	---	---	---	---	yellow-white powder	1
2669	NH36BrC16	ammonium, tetrabutyl bromide	1643-19-2	322.368	---	---	---	---	---	---	---	---	---
2670	NH36C16ClO4	tetrabutylammonium perchlorate	1923-70-2	341.914	---	---	---	---	---	---	---	---	---
2671	NH37C18O2	ammonium oleate	544-60-5	299.492	294.15	1	---	---	---	---	---	yellow-brown paste	1
2672	NH39C18O2	ammonium stearate	1002-89-7	301.508	295.15	1	---	---	25	0.890	1	yellow-white powder	1
2673	NI3	nitrogen triiodide	13444-85-4	394.720	---	---	---	---	---	---	---	unstable black crystals	1
2674	NO	nitric oxide	10102-43-9	30.006	112.15	1	121.38	1	---	---	---	colorless gas	1
2675	NOF3	trifluoramine oxide	13847-65-9	87.001	112.15	1	185.65	1	---	---	---	colorless gas	1
2676	NO2	nitrogen dioxide	10102-44-0	46.006	261.90	1	294.15	1	25	1.442	1,2	brown gas	1
2677	N2O2H2	nitramide	7782-94-7	62.028	dec	1	---	---	---	---	---	unstable white crystals	1
2678	N2	nitrogen	7727-37-9	28.013	63.15	1	77.34	1	---	---	---	colorless gas	1
2679	N2	nitrogen-(N=15)	29817-79-6	30.013	---	---	---	---	---	---	---	---	---
2680	N2D4CS	ammonium-d4 thiocyanate	36700-77-3	80.146	---	---	---	---	---	---	---	---	---
2681	N2D8O4S	ammonium sulfate-d8	13814-01-2	140.189	---	---	---	---	---	---	---	---	---
2682	N2F2	cis-difluorodiazine	13812-43-6	66.010	---	---	167.40	1	---	---	---	colorless gas	1
2683	N2F2	trans-difluorodiazine	13776-62-0	66.010	101.15	1	161.70	1	---	---	---	colorless gas	1
2684	N2F4	tetrafluorohydrazine	10036-47-2	104.007	111.65	1	198.95	1	25	0.888	1,2	colorless gas	1
2685	N2H4	hydrazine	302-01-2	32.045	274.69	1	386.65	1	25	1.004	1	colorless oily liquid	1
2686	N2H4C	ammonium cyanide	12211-52-8	44.056	309.15	1	304.85	1	25	1.100	1	colorless tetragonal crystals	1
2687	N2H4CS	ammonium thiocyanate	1762-95-4	76.122	---	---	dec	1	25	1.300	1	colorless hygroscopic crystals	1
2688	N2H4O2	ammonium nitrite	13446-48-5	64.044	---	---	---	---	25	1.690	1	---	---
2689	N2H4O3	ammonium nitrate	6484-52-2	80.043	442.75	1	---	---	25	1.720	1	white hygroscopic crystals	1
2690	N2H4O3	ammonium nitrate-(N=15)	31432-46-9	81.043	---	---	---	---	---	---	---	---	---
2691	N2H4O3	ammonium-(N=15) nitrate	31432-48-1	81.043	---	---	---	---	---	---	---	---	---
2692	N2H4O3	ammonium-(N=15) nitrate-(N=15)	43086-60-8	82.043	---	---	---	---	---	---	---	---	---
2693	N2H5Br	hydrazine hydrobromide	13775-80-9	112.957	357.15	1	---	---	25	2.300	1	white monoclinic crystalline flakes	1
2694	N2H5Cl	hydrazine hydrochloride	2644-70-4	68.506	362.15	1	dec	1	25	1.500	1	white orthorhombic crystals	1
2695	N2H5I	hydrazine hydroiodide	10039-55-1	159.958	398.15	1	---	---	---	---	---	hygroscopic crystals	1
2696	N2H6C2O2	hydrazine acetate	13255-48-6	90.081	374.15	1	---	---	---	---	---	solid	1
2697	N2H6Cl2	hydrazine dihydrochloride	5341-61-7	104.967	dec	1	---	---	25	1.420	1	white orthorhombic crystals	1
2698	N2H6ClO4.5	hydrazine perchlorate hemihydrate	13762-65-7	141.511	---	---	---	---	25	1.939	1	---	---
2699	N2H6CO2	ammonium carbamate	1111-78-0	78.071	---	---	---	---	---	---	---	crystalline powder	1
2700	N2H6CS2	ammonium dithiocarbamate	513-74-6	110.204	dec	1	---	---	25	1.450	1	yellow orthorhombic crystals	1
2701	N2H6O	hydrazine hydrate	7803-57-8	50.061	221.45	1	392.15	1	25	1.030	1	fuming liquid	1
2702	N2H6O3S	ammonium sulfamate	7773-06-0	114.125	404.15	1	dec	1	---	---	---	white hygroscopic crystals	1
2703	N2H6O4S	hydrazine sulfate	10034-93-2	130.125	527.15	1	---	---	25	1.378	1	colorless orthorhombic crystals	1
2704	N2H8Br6Os	ammonium hexabromoosmiate (iv)	24598-62-7	705.731	---	---	---	---	---	---	---	---	---
2705	N2H8Br6Pt	ammonium hexabromoplatinate (iv)	17363-02-9	710.579	---	---	---	---	25	4.260	1	---	---
2706	N2H8CO3	ammonium carbonate	506-87-6	96.086	dec	1	---	---	---	---	---	colorless crystalline powder	1
2707	N2H8C2O4	ammonium oxalate	1113-38-8	124.096	---	---	---	---	25	1.500	1	---	---
2708	N2H8Cl4Pd	ammonium tetrachloropalladate (ii)	13820-40-1	284.308	---	---	---	---	25	2.170	1	---	---
2709	N2H8Cl4Zn	ammonium tetrachlorozincate	14639-97-5	243.278	dec	1	---	---	25	1.879	1	white orthorhombic plates	1
2710	N2H8Cl6Os	ammonium hexachloroosmiate (iv)	12125-08-5	439.023	---	---	---	---	25	2.930	1	red crystals or powder	1
2711	N2H8Cl6Ru	ammonium hexachlororuthenate (iv)	18746-63-9	349.863	---	---	---	---	---	---	---	---	---
2712	N2H8Cr2O7	ammonium dichromate (vi)	7789-09-5	252.065	---	---	---	---	25	2.155	1	---	---
2713	N2H8CrO4	ammonium chromate (vi)	7788-98-9	152.071	---	---	---	---	25	1.900	1	yellow crystals	1
2714	N2H8F6Si	ammonium silicofluoride	1309-32-6	178.153	---	---	---	---	---	---	---	---	---
2715	N2H8F6Zr	ammonium hexafluorozirconate	16919-31-6	241.291	---	---	---	---	25	1.150	1	---	---
2716	N2H8F7Ta	ammonium heptafluorotantalate	12022-02-5	350.014	---	---	---	---	---	---	---	---	---
2717	N2H8MoO4	ammonium molybdate	13106-76-8	196.015	---	---	---	---	25	2.270	1	---	---
2718	N2H8MoS4	ammonium tetrathiomolybdate	15060-55-6	260.281	---	---	---	---	---	---	---	---	---
2719	N2H8Mo2O7	ammonium dimolybdate	27546-07-2	339.953	---	---	---	---	25	3.100	1	---	---
2720	N2H8O3S2	ammonium thiosulfate	7783-18-8	148.207	dec	1	---	---	25	1.678	1	white crystals	1

NO	FORMULA	NAME	CAS No	Mol Wt	Freezing Point		Boiling Point		Density			State	
				g/mol	T_F, K	code	T_B, K	code	T, C	g/cm3	code	@ 25C, 1 atm	code
2721	N2H8O4S	ammonium sulfate	7783-20-2	132.141	786.15	1	---	---	25	1.770	1	white or brown orthorhombic crystals	1
2722	N2H8O4S	ammonium-(N=15) sulfate	43086-58-4	134.141	---	---	---	---	25	1.770	1	---	---
2723	N2H8O8S2	ammonium peroxydisulfate	7727-54-0	228.204	dec	1	---	---	25	1.982	1	monoclinic crystals or white powder	1
2724	N2H8PdCl6	ammonium hexachloropalladate (iv)	19168-23-1	355.213	dec	1	---	---	25	2.418	1	red-brown hygroscopic crystals	1
2725	N2H8PtCl4	ammonium tetrachloroplatinate (ii)	13820-41-2	372.966	dec	1	---	---	25	2.936	1	red crystals	1
2726	N2H8PtCl6	ammonium hexachloroplatinate (iv)	16919-58-7	443.871	dec	1	---	---	25	3.065	1	red-orange cubic crystals	1
2727	N2H8S	ammonium sulfide	12135-76-1	68.143	dec	1	---	---	---	---	---	yellow-orange crystals	1
2728	N2H8SeO3	ammonium selenite	7783-19-9	163.035	dec	1	---	---	---	---	---	white or red hygroscopic crystals	1
2729	N2H8SeO4	ammonium selenate	7783-21-3	179.035	dec	1	---	---	25	2.194	1	white monoclinic crystals	1
2730	N2H8SiF6	ammonium hexafluorosilicate	16919-19-0	178.153	dec	1	---	---	25	2.011	1	white cubic or trigonal crystals	1
2731	N2H8TeO4	ammonium tellurate	13453-06-0	227.675	dec	1	---	---	25	3.024	1	white powder	1
2732	N2H8WS4	ammonium tetrathiotungstate	13862-78-7	348.181	dec	1	---	---	25	2.710	1	orange crystals	1
2733	N2H9AsO4	ammonium hydrogen arsenate	7784-44-3	176.004	---	---	---	---	25	1.990	1	---	---
2734	N2H9PO4	diammonium hydrogen phosphate	7783-28-0	132.056	dec	1	---	---	25	1.619	1	white crystals	1
2735	N2H10C2O5	ammonium oxalate monohydrate	6009-70-7	142.111	dec	1	---	---	25	1.500	1	white orthorhombic crystals	1
2736	N2H10C4O10Ti	ammonium titanium oxalate monohydrate	10580-03-7	293.997	---	---	---	---	---	---	---	hygroscopic crystals	1
2737	N2H10Cl5ORh	ammonium pentachlororhodate (iii) monohy	63771-33-5	334.261	---	---	---	---	---	---	---	---	---
2738	N2H10Cl5ORu	ammonium pentachlororuthenate (iii) mono	68133-88-0	332.426	---	---	---	---	---	---	---	---	---
2739	N2H10O4S	ammonium sulfite monohydrate	7783-11-1	134.156	dec	1	---	---	25	1.410	1	colorless crystals	1
2740	N2H11O4P	ammonium phosphite, dibasic, monohydrat	51503-61-8	134.072	---	---	---	---	---	---	---	hygroscopic crystals	1
2741	N2H12C4O6	ammonium tartrate	3164-29-2	184.148	dec	1	---	---	25	1.601	1	white crystals	1
2742	N2H12F6O2Ti	ammonium hexafluorotitanate dihydrate	16962-40-6	233.965	---	---	---	---	---	---	---	---	---
2743	N2H14C6O7	ammonium hydrogen citrate	3012-65-5	226.185	---	---	---	---	25	1.480	1	colorless crystals	1
2744	N2H16B4O11	ammonium tetraborate tetrahydrate	12228-87-4	263.378	---	---	---	---	25	1.580	1	tetragonal crystals	1
2745	N2H20CoO14S2	ammonium cobalt (ii) sulfate hexahydrate	13586-38-4	395.229	dec	1	---	---	25	1.902	1	---	---
2746	N2H20FeO14S2	ammonium ferrous sulfate hexahydrate	10045-89-3	392.141	---	---	---	---	25	1.865	1	---	---
2747	N2O	nitrous oxide	10024-97-2	44.013	182.33	1	184.67	1	25	0.742	1,2	colorless gas	1
2748	N2O3	nitrogen trioxide	10544-73-7	76.012	170.00	1	275.15	1	2	1.400	1	gas	1
2749	N2O4	nitrogen tetraoxide	10544-72-6	92.011	261.90	1	294.31	1	20	1.450	1	gas	1
2750	N2O5	nitrogen pentoxide	10102-03-1	108.010	314.15	1	306.15	1	25	2.000	1	colorless hexagonal crystals	1
2751	N3H5O3	hydrazine nitrate	---	95.058	343.15	1	---	---	---	---	---	monoclinic crystals	1
2752	N3H11C2O5	ammonium sesquicarbonate	10361-29-2	157.126	---	---	---	---	---	---	---	---	---
2753	N3H12AlF6	ammonium hexafluoroaluminate	7784-19-2	195.087	---	---	---	---	25	1.780	1	cubic crystals	1
2754	N3H12Cl5Zn	ammonium pentachlorozincate	14639-98-6	296.769	---	---	---	---	25	1.810	1	---	---
2755	N3H12Cl6Ir	ammonium hexachloroiridate (iii)	15752-05-3	459.049	---	---	---	---	---	---	---	---	---
2756	N3H12S4V	ammonium tetrathiovandate (iv)	14693-56-2	233.321	---	---	---	---	---	---	---	---	---
2757	N3H14Cl6IrO	ammonium hexachloroiridate (iii) monohydr	29796-57-4	477.064	---	---	---	---	---	---	---	---	---
2758	N3H14Cl6ORh	ammonium hexachlororhodate (iii) monohy	15336-18-2	387.752	---	---	---	---	---	---	---	---	---
2759	N3H14Mo12O41P	ammonium phosphomolybdate monohydrat	54723-94-3	1894.361	dec	1	---	---	---	---	---	yellow crystals or powder	1
2760	N3H16W12O42P	ammonium phosphotungstate dihydrate	1311-90-6	2967.176	---	---	---	---	---	---	---	crystalline powder	1
2761	N3H17C3O11Zr	ammonium zirconyl carbonate dihydrate	---	362.405	---	---	---	---	---	---	---	prisms	1
2762	N3H17C6O7	ammonium citrate tribasic	3458-72-8	243.215	---	---	---	---	---	---	---	---	---
2763	N3H17ZrC3O12	ammonium zirconyl carbonate dihydrate	12616-24-9	378.404	---	---	---	---	---	---	---	---	---
2764	N4C2H10O4	hydrazine monooxalate	108249-27-0	154.125	---	---	---	---	---	---	---	---	---
2765	N4C12H8CuO6	dinitrato(1,10-phenanthroline)copper (ii)	19319-88-1	367.761	---	---	---	---	---	---	---	---	---
2766	N4H4	ammonium azide	12164-94-2	60.059	explo	1	---	---	25	1.346	1	orthorhombic crystals	1
2767	N4H6C6O7	ammonium picrate	131-74-8	246.135	explo	1	---	---	25	1.720	1	yellow orthorhombic crystals	1
2768	N4H6O6	hydrazine dinitrate	13464-98-7	158.071	---	---	---	---	---	---	---	---	---
2769	N4H10O4S	dihydrazine sulfate	13464-80-7	162.170	---	---	---	---	---	---	---	---	---
2770	N4H20CeO18S4	ammonium cerium (iv) sulfate dihydrate	10378-47-9	632.555	---	---	---	---	---	---	---	---	---
2771	N5H5	hydrazine azide	14662-04-5	75.073	---	---	---	---	---	---	---	---	---
2772	N6H32Mo7O28	ammonium molybdate (iv) tetrahydrate	12054-85-2	1235.858	dec	1	---	---	25	2.498	1	colorless or green-yellow crystals	1
2773	N6H36O30W7	ammonium metatungstate hexahydrate	12028-48-7	1887.188	---	---	---	---	---	---	---	white crystals	1
2774	N7H12CrC4OS4	ammonium tetrathiocyanodiammonochroma	13573-16-5	354.445	---	---	---	---	---	---	---	---	---
2775	N7H16CeO19	ammonium cerium (iii) nitrate tetrahydrate	15318-60-2	558.279	---	---	---	---	---	---	---	---	---
2776	N8H8C5FeO	ammonium nitroferricyanide	14402-70-1	252.015	---	---	---	---	---	---	---	---	---
2777	N8H8CeO18	ammonium cerium (iv) nitrate	16774-21-3	548.223	---	---	---	---	---	---	---	red-orange crystals	1
2778	N9H18C6FeO3	ammonium ferricyanide trihydrate	14221-48-8	320.111	---	---	---	---	---	---	---	---	---
2779	N10H18C6FeO	ammonium hexacyanoferrate (ii) monohydr	14481-29-9	302.119	---	---	---	---	---	---	---	---	---
2780	N10H50O46W12	ammonium tungstate pentahydrate	1311-93-9	3132.517	---	---	---	---	25	2.300	1	---	---
2781	Na	sodium	7440-23-5	22.990	370.95	1	1156.00	1	25	0.970	1	soft silvery metal	1
2782	NaAlCl4	sodium tetrachloroaluminate	7784-16-9	191.782	---	---	---	---	25	2.010	1	orthorhombic crystals	1
2783	NaAlH4	sodium aluminum hydride	13770-96-2	54.003	---	---	---	---	25	1.240	1	---	---
2784	NaAlH24O20S2	sodium aluminum sulfate dodecahydrate	10102-71-3	458.282	---	---	---	---	25	1.610	1	colorless crystals	1
2785	NaAlO2	sodium aluminate	1302-42-7	81.970	1923.15	1	---	---	25	4.630	1	white orthorhombic crystals	1
2786	NaAsF6	sodium hexafluoroarsenate	12005-86-6	211.902	---	---	---	---	---	---	---	---	---
2787	NaAsO2	sodium arsenite	7784-46-5	129.910	---	---	---	---	25	1.870	1	white-gray hygroscopic powder	1
2788	NaAuBr4	sodium tetrabromoaurate (iii)	52495-41-7	539.572	---	---	---	---	---	---	---	---	---
2789	NaAuCl4H4O2	sodium tetrachloroaurate (iii) dihydrate	13874-02-7	397.798	---	---	---	---	---	---	---	---	---
2790	NaBD4	sodium borodeuteride	15681-89-7	41.857	---	---	---	---	25	1.074	1	---	---
2791	NaBF4	sodium tetrafluoroborate	13755-29-8	109.794	657.15	1	---	---	25	2.470	1	white orthorhombic prisms	1
2792	NaBHO3	sodium perborate, anhydrous	7632-04-4	82.807	---	---	---	---	---	---	---	---	---
2793	NaBH2O4	sodium perborate monohydrate	10332-33-9	99.814	---	---	---	---	---	---	---	---	---
2794	NaBH4	sodium borohydride	16940-66-2	37.833	dec	1	---	---	25	1.070	1	white cubic crystals	1
2795	NaBH4O4	sodium metaborate dihydrate	35585-58-1	101.830	---	---	---	---	25	1.910	1	---	---
2796	NaBH8O6	sodium metaborate tetrahydrate	10555-76-7	137.861	---	---	---	---	25	1.740	1	---	---
2797	NaBH8O7	sodium perborate tetrahydrate	10486-00-7	153.860	---	---	---	---	---	---	---	---	---
2798	NaBO2	sodium metaborate	7775-19-1	65.800	1239.15	1	1707.15	1	25	2.460	1	white hexagonal crystals	1
2799	NaBiO3	sodium bismuthate	12232-99-4	279.968	---	---	---	---	---	---	---	yellow-brown hygroscopic crystals	1
2800	NaBr	sodium bromide	7647-15-6	102.894	1020.00	1	1663.82	1	25	3.200	1	white cubic crystals	1

				Mol Wt	Freezing Point		Boiling Point		Density			State	
NO	FORMULA	NAME	CAS No	g/mol	T_F, K	code	T_B, K	code	T, C	g/cm3	code	@ 25C, 1 atm	code
2801	NaBrH4O2	sodium bromide dihydrate	13466-08-5	138.924	dec	1	---	---	25	2.180	1	white crystals	1
2802	NaBrO3	sodium bromate	7789-38-0	150.892	654.15	1	---	---	25	3.340	1	colorless cubic crystals	1
2803	NaCBD3N	sodium cyanoborodeuteride	25895-62-9	65.860	---	---	---	---	---	---	---	---	---
2804	NaCDO2	sodium formate-d	3996-15-4	69.013	---	---	---	---	---	---	---	---	---
2805	NaCHO2	sodium formate	141-53-7	68.007	530.45	1	dec	1	25	1.920	1	white hygroscopic crystals	1
2806	NaCH3BN	sodium cyanoborohydride	25895-60-7	62.842	dec	1	---	---	25	1.120	1	white hygroscopic powder	1
2807	NaCH3O	sodium methoxide	124-41-4	54.024	---	---	---	---	---	---	---	---	---
2808	NaCH3S	sodium thiomethoxide	5188-07-8	70.090	---	---	---	---	---	---	---	---	---
2809	NaCH7O5S	sodium formaldehyde sulfoxylate	149-44-0	154.119	---	---	---	---	---	---	---	---	---
2810	NaC2AuN2	sodium gold cyanide	15280-09-8	271.991	---	---	---	---	---	---	---	---	---
2811	NaC2D3O2	acetic-d3 acid, sodium salt	39230-37-0	85.052	---	---	---	---	---	---	---	---	---
2812	NaC2D3O2	sodium acetate-(C=13)-d3	123333-80-2	87.052	---	---	---	---	---	---	---	---	---
2813	NaC2F3O2	sodium trifluoroacetate	2923-18-4	136.005	---	---	---	---	---	---	---	---	---
2814	NaC2H	sodium acetylide	1066-26-8	48.019	---	---	---	---	---	---	---	---	---
2815	NaC2H2IO2	sodium iodoacetate	305-53-3	207.930	---	---	---	---	---	---	---	---	---
2816	NaC2H3O2	sodium acetate	127-09-3	82.034	601.35	1	---	---	25	1.528	1	colorless crystals	1
2817	NaC2H3O2	sodium acetate-(C=13)	56374-56-2	84.034	---	---	---	---	---	---	---	---	---
2818	NaC2H3O5	sodium hydrogen oxalate monohydrate	1186-49-8	130.032	---	---	---	---	---	---	---	---	---
2819	NaC2H5O	sodium ethoxide	141-52-6	68.050	---	---	---	---	---	---	---	---	---
2820	NaC2H9O5	sodium acetate trihydrate	6131-90-4	136.080	dec	1	---	---	25	1.450	1	colorless crystals	1
2821	NaC3H9OSi	sodium trimethylsilanolate	18027-10-6	112.178	---	---	---	---	---	---	---	---	---
2822	NaC3H10BO3	sodium trimethoxyborohydride	16940-17-3	127.910	---	---	---	---	---	---	---	---	---
2823	NaC4H7O4	sodium diacetate	126-96-5	142.086	---	---	---	---	---	---	---	---	---
2824	NaC4H7O7	sodium hydrogen tartrate monohydrate	526-94-3	190.084	---	---	---	---	---	---	---	---	---
2825	NaC4H9O	sodium tert-butoxide	865-48-5	96.103	---	---	---	---	25	1.104	1	---	---
2826	NaC4H12Al	sodium diethyldihydroaluminate	17836-88-3	110.109	---	---	---	---	25	0.875	1	---	---
2827	NaC4H12KO10	sodium potassium tartrate tetrahydrate	304-59-6	282.220	dec	1	---	---	25	1.790	1	white crystals	1
2828	NaC5H5	sodium cyclopentadienide	4984-82-1	88.083	---	---	---	---	---	---	---	---	---
2829	NaC5H7O2	sodium acetylacetonate	15435-71-9	122.098	---	---	---	---	---	---	---	---	---
2830	NaC5H11O	sodium tert-pentoxide	14593-46-5	110.130	---	---	---	---	---	---	---	---	---
2831	NaC6H4ClHgO3S	sodium 4-(chloromercuri)benzensulfonate	14110-97-5	415.193	---	---	---	---	---	---	---	---	---
2832	NaC6H10BO6	sodium triacetoxyborohydride	56553-60-7	211.941	---	---	---	---	---	---	---	---	---
2833	NaC6H16AlO4	sodium dihydrobis(2-methoxyethoxy)alumir	22722-98-1	202.160	---	---	---	---	25	1.036	1	---	---
2834	NaC6H18NSi2	sodium bis (trimethylsilyl) amide	1070-89-9	183.375	---	---	---	---	20	0.904	1	---	---
2835	NaC7H5HgO3	sodium 4-(hydroxymercuri)benzoate	138-85-2	360.693	---	---	---	---	---	---	---	---	---
2836	NaC8F15O2	sodium perfluorooctanoate	335-95-5	436.050	---	---	---	---	---	---	---	---	---
2837	NaC8H11	sodium isopropylcyclopentadienide	65090-77-9	130.163	---	---	---	---	---	---	---	---	---
2838	NaC8H15O2	sodium 2-ethylhexanoate	19766-89-3	166.193	---	---	---	---	---	---	---	---	---
2839	NaC8H20B	sodium tetraethylborate	15523-24-7	150.045	---	---	---	---	---	---	---	---	---
2840	NaC9H9HgO2S	sodium ethylmercurithiosalicylate	54-64-8	404.812	---	---	---	---	---	---	---	---	---
2841	NaC9H10BN6	sodium tris(1-pyrazolyl)borohydride	18583-62-5	236.017	---	---	---	---	---	---	---	---	---
2842	NaC10H15	sodium pentamethylcyclopentadienylide	40585-51-1	158.216	---	---	---	---	25	0.905	1	---	---
2843	NaC10H17O2	sodium cyclohexanebutyrate	61886-29-1	192.231	---	---	---	---	---	---	---	---	---
2844	NaC11H23CoO9P3	sodium (cyclopentadienyl)tris(dimethylphos	82149-18-6	474.139	---	---	---	---	---	---	---	---	---
2845	NaC12H25O4S	sodium dodecylsulfate	151-21-3	288.380	---	---	---	---	---	---	---	---	---
2846	NaC12H28B	sodium tri-sec-butylborohydride	67276-04-4	206.151	---	---	---	---	25	0.893	1	---	---
2847	NaC17H35CoO9P3	sodium (cyclopentadienyl)tris(diethylphospl	70850-86-1	558.299	---	---	---	---	---	---	---	---	---
2848	NaC18H29O3S	sodium dodecylbenzenesulfonate	25155-30-0	348.477	---	---	---	---	---	---	---	---	---
2849	NaC18H33O2	sodium oleate	143-19-1	304.443	---	---	---	---	---	---	---	---	---
2850	NaC18H35O2	sodium stearate	822-16-2	306.459	---	---	---	---	---	---	---	---	---
2851	NaC24H20B	sodium tetraphenylborate	143-66-8	342.216	---	---	---	---	---	---	---	---	---
2852	NaC24H20BF4O2	sodium tetrakis(4-fluorophenyl)borate dihyc	---	450.209	---	---	---	---	---	---	---	---	---
2853	NaC29H59CoO9P3	sodium (cyclopentadienyl)tris(dibutylphospl	110935-73-4	726.618	---	---	---	---	---	---	---	---	---
2854	NaCl	sodium chloride	7647-14-5	58.442	1074.00	1	1738.20	1	25	2.170	1	colorless cubic crystals	1
2855	NaClH2O5	sodium perchlorate monohydrate	7791-07-3	140.455	dec	1	---	---	25	2.020	1	white hygroscopic crystals	1
2856	NaClH10O6	sodium hypochlorite pentahydrate	7681-52-8	164.518	291.15	1	---	---	25	1.600	1	pale green orthorhombic crystals	1
2857	NaClO	sodium hypochlorite	7681-52-9	74.442	explo	1	---	---	---	---	---	stable in aqueous solution	1
2858	NaClO2	sodium chlorite	7758-19-2	90.441	dec	1	---	---	---	---	---	white hygroscopic crystals	1
2859	NaClO3	sodium chlorate	7775-09-9	106.441	533.00	1	dec	1	25	2.500	1	colorless cubic crystals	1
2860	NaClO4	sodium perchlorate	7601-89-0	122.440	dec	1	---	---	25	2.520	1	white orthorhombic crystals	1
2861	NaCN	sodium cyanide	143-33-9	49.007	836.85	1	1769.15	1	25	1.600	1	white cubic crystals	1
2862	NaD	sodium deuteride	15780-28-6	25.004	---	---	---	---	---	---	---	---	---
2863	NaDO	sodium deuteroxide	14014-06-3	41.003	---	---	---	---	---	---	---	---	---
2864	NaF	sodium fluoride	7681-49-4	41.988	1269.00	1	1982.72	1	25	2.780	1	colorless cubic or tetragonal crystals	1
2865	NaFO3S	sodium fluorosulfonate	14483-63-7	122.052	---	---	---	---	---	---	---	---	---
2866	NaF5Sn2	sodium pentafluorostannite	22578-17-2	355.402	---	---	---	---	---	---	---	---	---
2867	NaF6P	sodium hexafluorophosphate	21324-39-0	167.954	---	---	---	---	25	2.369	1	---	---
2868	NaF6Sb	sodium hexafluoroantimonate (v)	16925-25-0	258.740	---	---	---	---	25	3.375	1	---	---
2869	NaH	sodium hydride	7646-69-7	23.998	dec	1	---	---	25	1.390	1	silvery cubic crystals	1
2870	NaHCO3	sodium hydrogen carbonate	144-55-8	84.007	dec	1	---	---	25	2.200	1	white monoclinic crystals	1
2871	NaHF2	sodium hydrogen fluoride	1333-83-1	61.995	dec	1	---	---	25	2.080	1	white hexagonal crystals	1
2872	NaHO3Se	sodium hydrogen selenite	7782-82-3	150.956	---	---	---	---	---	---	---	---	---
2873	NaHS	sodium hydrogen sulfide	16721-80-5	56.064	623.15	1	---	---	25	1.790	1	colorless rhombohedral crystals	1
2874	NaHSO3	sodium hydrogen sulfite	7631-90-5	104.062	---	---	---	---	25	1.480	1	white crystals	1
2875	NaHSO4	sodium hydrogen sulfate	7681-38-1	120.061	459.15	1	---	---	25	2.430	1	white hygroscopic crystals	1
2876	NaH2O2P	sodium hypophosphite	7681-53-0	87.978	---	---	---	---	---	---	---	---	---
2877	NaH2O4P	sodium phosphate, monobasic	7558-80-7	119.977	---	---	---	---	---	---	---	---	---
2878	NaH3O2	sodium hydroxide monohydrate	12179-02-1	58.012	---	---	---	---	---	---	---	---	---
2879	NaH3O5S	sodium hydrogen sulfate monohydrate	10034-88-5	138.077	---	---	---	---	25	2.100	1	white monoclinic crystals	1
2880	NaH4IO2	sodium iodide dihydrate	13517-06-1	185.925	---	---	---	---	25	2.448	1	---	---

				Mol Wt	Freezing Point		Boiling Point		Density			State	
NO	FORMULA	NAME	CAS No	g/mol	T_F, K	code	T_B, K	code	T, C	g/cm3	code	@ 25C, 1 atm	code
2881	NaH4O3P	sodium hypophosphite monohydrate	123333-67-5	105.993	---	---	---	---	---	---	---	---	---
2882	NaH4O5P	sodium dihydrogen phosphate monohydrat	10049-21-5	137.992	dec	1	---	---	25	2.040	1	white hygroscopic crystals	1
2883	NaH5O2S	sodium hydrogen sulfide dihydrate	---	92.094	dec	1	---	---	---	---	---	yellow hygroscopic needles	1
2884	NaH6IO7	sodium periodate trihydrate	13472-31-6	267.938	dec	1	---	---	25	3.220	1	white hexagonal crystals	1
2885	NaH6MnO7	sodium permanganate trihydrate	10101-50-5	195.971	dec	1	---	---	25	2.470	1	red-black hygroscopic crystals	1
2886	NaH6O6P	sodium dihydrogen phosphate dihydrate	13472-35-0	156.008	dec	1	---	---	25	1.910	1	colorless orthorhombic crystals	1
2887	NaH13NO8P	sodium ammonium hydrogen phosphate te	13011-54-6	209.069	dec	1	---	---	25	1.540	1	monoclinic crystals	1
2888	NaI	sodium iodide	7681-82-5	149.894	933.00	1	1577.00	1	25	3.670	1	white cubic crystals	1
2889	NaIO3	sodium iodate	7681-55-2	197.892	dec	1	---	---	25	4.280	1	white orthorhombic crystals	1
2890	NaIO4	sodium periodate	7790-28-5	213.892	dec	1	---	---	25	3.860	1	white tetragonal crystals	1
2891	NaNbO3	sodium niobate	12034-09-2	163.894	1695.15	1	---	---	25	4.550	1	rhombohedral crystals	1
2892	NaNH2	sodium amide	7782-92-5	39.012	483.15	1	673.15	1	25	1.390	1	white-green orthorhombic crystals	1
2893	NaNO2	sodium nitrite	7632-00-0	68.995	544.15	1	dec	1	25	2.170	1	white orthorhombic crystals	1
2894	NaNO3	sodium nitrate	7631-99-4	84.995	580.15	1	653.15	1	25	2.260	1	colorless hexagonal crystals	1
2895	NaN3	sodium azide	26628-22-8	65.010	explo	1	---	---	25	1.846	1	colorless hexagonal crystals	1
2896	NaOCN	sodium cyanate	917-61-3	65.007	823.15	1	---	---	25	1.890	1	colorless needles	1
2897	NaOH	sodium hydroxide	1310-73-2	39.997	596.00	1	1830.00	1	25	2.130	1	white orthorhombic crystals	1
2898	NaO2	sodium superoxide	12034-12-7	54.989	825.15	1	---	---	25	2.200	1	yellow cubic crystals	1
2899	NaO3P	sodium metaphosphate	10361-03-2	101.962	---	---	---	---	---	---	---	---	---
2900	NaO3Ta	sodium metatantalate	12034-15-0	251.936	---	---	---	---	---	---	---	---	---
2901	NaO3V	sodium metavanadate	13718-26-8	121.929	---	---	---	---	---	---	---	---	---
2902	NaO4Re	sodium perrhenate	13472-33-8	273.194	---	---	---	---	25	5.390	1	---	---
2903	NaSCN	sodium thiocyanate	540-72-7	81.073	560.15	1	---	---	---	---	---	colorless hygroscopic crystals	1
2904	NaCHO2	sodium formate-(C=13)	23102-86-5	68.007	---	---	---	---	---	---	---	---	---
2905	Na2Al22O34	sodium (beta)-aluminum oxide	11138-49-1	1183.553	---	---	---	---	25	3.240	1	---	---
2906	Na2AsH15O11	sodium hydrogen arsenate heptahydrate	10048-95-0	312.014	dec	1	---	---	25	1.870	1	white monoclinic crystals	1
2907	Na2AsHO4	sodium hydrogen arsenate	7778-43-0	185.907	---	---	---	---	---	---	---	---	---
2908	Na2B4H10O12	sodium tetraborate pentahydrate	12045-88-4	291.296	dec	1	---	---	25	1.880	1	hexagonal crystals	1
2909	Na2B4H20O17	sodium tetraborate decahydrate	1303-96-4	381.372	334.15	1	1848.15	1	25	1.730	1	white monoclinic crystals	1
2910	Na2B4H8O11	sodium tetraborate tetrahydrate	12045-87-3	273.280	---	---	---	---	25	1.950	1	white monoclinic crystals	1
2911	Na2B4O7	sodium tetraborate	1330-43-4	201.219	1016.15	1	1848.15	1	25	2.400	1	colorless glassy solid	1
2912	Na2BeF4	sodium tetrafluoroberyllate	13871-27-7	130.985	848.15	1	---	---	25	2.470	1	orthorhombic crystals	1
2913	Na2BiH8I5O4	sodium pentaiodobismuthate tetrahydrate	53778-50-0	961.543	---	---	---	---	---	---	---	---	---
2914	Na2CH2O4	sodium carbonate monohydrate	5968-11-6	124.004	dec	1	---	---	25	2.250	1	colorless orthorhombic crystals	1
2915	Na2CH20O13	sodium carbonate decahydrate	6132-02-1	286.141	dec	1	---	---	25	1.460	1	colorless crystals	1
2916	Na2CO3	sodium carbonate	497-19-8	105.988	1131.25	1	---	---	25	2.540	1	white hygroscopic powder	1
2917	Na2C2O4	sodium oxalate	62-76-0	133.999	dec	1	---	---	25	2.340	1	white powder	1
2918	Na2C4H2O4	sodium fumarate	17013-01-3	160.036	---	---	---	---	---	---	---	---	---
2919	Na2C4H8O8	sodium tartrate dihydrate	6106-24-7	230.081	---	---	---	---	25	1.794	1	---	---
2920	Na2C5H4FeN6O3	sodium nitroferricyanide (iii) dihydrate	13755-38-9	297.948	---	---	---	---	25	1.720	1	---	---
2921	Na2C14H22FeN3O12	sodium iron (iii)pentetate	---	526.162	---	---	---	---	---	---	---	---	---
2922	Na2C32H16N8	sodium phthalocyanine	25476-27-1	558.503	---	---	---	---	---	---	---	---	---
2923	Na2Cl4Pd	sodium tetrachloropalladate (ii) trihydrate	13820-53-6	294.210	---	---	---	---	---	---	---	---	---
2924	Na2Cl6H12IrO6	sodium hexachloroiridate (iv) hexahydrate	19567-78-3	559.004	---	---	---	---	---	---	---	---	---
2925	Na2Cl6H12O6Pt	sodium hexachloroplatinate (iv) hexahydrat	19583-77-8	561.865	---	---	---	---	---	---	---	---	---
2926	Na2Cl6Pd	sodium hexachloropalladium (iv)	53823-60-2	365.116	---	---	---	---	---	---	---	---	---
2927	Na2Cl6Pt	sodium hexachloroplatinate (iv)	1307-82-0	453.774	---	---	---	---	---	---	---	---	---
2928	Na2CrH8O8	sodium chromate tetrahydrate	10034-82-9	234.034	dec	1	---	---	---	---	---	yellow hygroscopic crystals	1
2929	Na2CrH20O14	sodium chromate decahydrate	7775-11-3	342.126	---	---	---	---	25	1.483	1	---	---
2930	Na2CrO4	sodium chromate	7775-11-3	161.973	1065.15	1	---	---	25	2.720	1	yellow orthorhombic crystals	1
2931	Na2Cr2H4O9	sodium dichromate dihydrate	7782-12-0	297.998	---	---	---	---	25	2.348	1	---	---
2932	Na2Cr2O7	sodium dichromate	10588-01-9	261.968	629.85	1	dec	1	---	---	---	red hygroscopic crystals	1
2933	Na2Cr4Cu4H6O20	sodium copper chromate trihydrate	68399-60-0	834.184	---	---	---	---	25	3.570	1	---	---
2934	Na2FO3P	sodium fluorophosphate	10163-15-2	143.950	---	---	---	---	---	---	---	---	---
2935	Na2F6Ge	sodium hexafluorogermanate	36470-39-0	232.580	---	---	---	---	---	---	---	---	---
2936	Na2F6Sn	sodium hexafluorostannate (iv)	16924-51-9	278.680	---	---	---	---	---	---	---	---	---
2937	Na2F6Ti	sodium hexafluorotitanate	17116-13-1	207.837	---	---	---	---	---	---	---	---	---
2938	Na2F6Zr	sodium hexafluorozirconate	16925-26-1	251.194	---	---	---	---	---	---	---	---	---
2939	Na2GeO3	sodium metagermanate	12025-19-3	166.588	---	---	---	---	25	3.310	1	---	---
2940	Na2HO4P	sodium hydrogen phosphate	7558-79-4	141.959	---	---	---	---	25	1.679	1	white hygroscopic powder	1
2941	Na2H2O7P2	sodium dihydrogen pyrophosphate	7758-16-9	221.939	---	---	---	---	25	1.900	1	white powder	1
2942	Na2H2O7Sb2	sodium antimonate monohydrate	33908-66-6	403.511	---	---	---	---	---	---	---	---	---
2943	Na2H2O8U2	sodium uranate monohydrate	13721-34-1	652.048	---	---	---	---	---	---	---	---	---
2944	Na2H4MoO6	sodium molybdate dihydrate	10102-40-6	241.948	dec	1	---	---	---	---	---	crystalline powder	1
2945	Na2H4O6Te	sodium tellurate (vi) dihydrate	26006-71-3	273.608	---	---	---	---	---	---	---	---	---
2946	Na2H4O6W	sodium tungstate dihydrate	10213-10-2	329.848	dec	1	---	---	25	3.250	1	white orthorhombic crystals	1
2947	Na2H6O6Sn	sodium stannate trihydrate	12209-98-2	266.734	---	---	---	---	---	---	---	colorless orthorhombic crystals	1
2948	Na2H10O5S	sodium sulfide pentahydrate	1313-83-3	168.122	dec	1	---	---	25	1.580	1	colorless orthorhombic crystals	1
2949	Na2H10O8Se	sodium selenite pentahydrate	26970-82-1	263.014	---	---	---	---	---	---	---	---	---
2950	Na2H10O8S2	sodium thiosulfate pentahydrate	10102-17-7	248.186	dec	1	---	---	25	1.690	1	colorless crystals	1
2951	Na2H18O12Si	sodium metasilicate nonahydrate	13517-24-3	284.201	---	---	---	---	---	---	---	---	---
2952	Na2H11O8P	sodium hydrogen phosphite pentahydrate	13708-85-5	216.036	---	---	---	---	---	---	---	---	---
2953	Na2H14Nb2O13	sodium metaniobate heptahydrate	67211-31-8	453.896	---	---	---	---	25	4.536	1	---	---
2954	Na2H14O10S	sodium sulfite heptahydrate	10102-15-5	252.151	---	---	---	---	25	1.560	1	white monoclinic crystals	1
2955	Na2H15O11P	sodium hydrogen phosphate heptahydrate	7782-85-6	268.066	---	---	---	---	---	---	---	colorless crystals	1
2956	Na2H18O9S	sodium sulfide nonahydrate	1313-84-4	240.183	dec	1	---	---	25	1.430	1	white-yellow hygroscopic crystals	1
2957	Na2H20O14S	sodium sulfate decahydrate	7727-73-3	322.196	dec	1	---	---	25	1.460	1	colorless monoclinic crystals	1
2958	Na2H20O14Se	sodium selenate decahydrate	10102-23-5	369.090	---	---	---	---	25	1.610	1	white crystals	1
2959	Na2H25O16P	sodium hydrogen phosphate dodecahydrat	10039-32-4	358.142	dec	1	---	---	---	---	---	colorless crystals	1
2960	Na2MoO4	sodium molybdate	7631-95-0	205.917	960.15	1	---	---	---	---	---	colorless cubic crystals	1

Table 2 Physical Properties - Inorganic Compounds

NO	FORMULA	NAME	CAS No	Mol Wt g/mol	Freezing Point T_F, K	code	Boiling Point T_B, K	code	Density T, C	g/cm3	code	State @ 25C, 1 atm	code
2961	Na2O	sodium oxide	1313-59-3	61.979	dec	1	---	---	25	2.270	1	white amorphous powder	1
2962	Na2O2	sodium peroxide	1313-60-6	77.978	948.00	1	---	---	25	2.805	1	yellow hygroscopic powder	1
2963	Na2O3S2	sodium thiosulfate	7772-98-7	158.110	---	---	---	---	25	1.667	1	---	---
2964	Na2O3Zr	sodium zirconate	12201-48-8	185.202	---	---	---	---	---	---	---	---	---
2965	Na2O4S2	sodium hydrosulfite	7775-14-6	174.109	327.59	1	---	---	---	---	---	solid	1
2966	Na2O4Se	sodium selenate	13410-01-0	188.937	---	---	---	---	25	3.213	1	---	---
2967	Na2O4Te	sodium tellurate (vi)	10102-83-4	237.577	---	---	---	---	---	---	---	---	---
2968	Na2O4W	sodium tungstate	13472-45-2	293.817	---	---	---	---	25	4.179	1	---	---
2969	Na2O6S2	sodium dithionate	7631-94-9	206.108	---	---	---	---	---	---	---	---	---
2970	Na2O7Ti3	sodium titanate	12034-36-5	301.576	---	---	---	---	25	3.425	1	---	---
2971	Na2O8S2	sodium persulfate	7775-27-1	238.107	---	---	---	---	25	2.400	1	white hygroscopic crystals	1
2972	Na2S	sodium sulfide	1313-82-2	78.046	1223.00	1	---	---	25	1.856	1	white cubic crystals	1
2973	Na2SO3	sodium sulfite	7757-83-7	126.044	dec	1	---	---	25	2.630	1	white hexagonal crystals	1
2974	Na2SO4	sodium sulfate	7757-82-6	142.043	1157.00	1	---	---	25	2.700	1	white orthorhombic crystals or powder	1
2975	Na2S2O5	sodium metabisulfite	7681-57-4	190.109	---	---	---	---	25	1.480	1	white crystals	1
2976	Na2S4	sodium tetrasulfide	12034-39-8	174.244	---	---	---	---	16	1.335	1	---	---
2977	Na2Se	sodium selenide	1313-85-5	124.940	---	---	---	---	25	2.620	1	amorphous solid	1
2978	Na2SeO3	sodium selenite	10102-18-8	172.938	---	---	---	---	---	---	---	white tetragonal crystals	1
2979	Na2SiF6	sodium hexafluorosilicate	16893-85-9	188.055	dec	1	---	---	25	2.700	1	white hexagonal crystals	1
2980	Na2SiO3	sodium metasilicate	6834-92-0	122.063	1362.00	1	---	---	25	2.610	1	white amorphous solid	1
2981	Na2Te	sodium telluride	12034-41-2	173.580	---	---	---	---	---	---	---	---	---
2982	Na2TeO4	sodium tellurate	10102-20-2	237.577	---	---	---	---	---	---	---	white powder	1
2983	Na3AlF6	sodium hexafluoroaluminate	13775-53-6	209.941	1282.15	1	---	---	25	2.970	1	colorless monoclinic crystals	1
2984	Na3AsH24O16	sodium arsenate dodecahydrate	---	424.072	---	---	---	---	25	1.754	1	---	---
2985	Na3AuH4O8S4	sodium gold thiosulfate dihydrate	10233-88-2	526.227	---	---	---	---	25	3.090	1	---	---
2986	Na3CH11O10P2	trisodium salt tetrahydrate, methylenediphc	---	314.009	---	---	---	---	---	---	---	---	---
2987	Na3CH12O11P	trisodium salt hexahydrate, phosphonoform	34156-56-4	300.042	---	---	---	---	---	---	---	---	---
2988	Na3C2H5O8	sodium carbonate bicarbonate dihydrate	---	226.026	---	---	---	---	25	2.112	1	---	---
2989	Na3C6H2FeN6O	sodium ferricyanide monohydrate	---	298.934	---	---	---	---	---	---	---	red hygroscopic crystals	1
2990	Na3C6H9O9	sodium citrate dihydrate	6132-04-3	294.100	dec	1	---	---	---	---	---	white crystals	1
2991	Na3C6H15O12	sodium citrate pentahydrate	6858-44-2	348.145	---	---	---	---	25	1.857	1	---	---
2992	Na3C10H17N2O10	trisodium ethylenediaminetetraacetate dihy	150-38-9	394.219	---	---	---	---	---	---	---	---	---
2993	Na3CoN6O12	sodium hexanitrocobalt (iii)	13600-98-1	403.936	---	---	---	---	---	---	---	---	---
2994	Na3F6Fe	sodium hexafluoroferrate (iii)	20955-11-7	238.805	---	---	---	---	---	---	---	---	---
2995	Na3H2IO6	sodium paraperiodate	13940-38-0	293.886	---	---	---	---	---	---	---	---	---
2996	Na3H12O15P3	sodium trimetaphosphate hexahydrate	7785-84-4	413.977	---	---	---	---	25	1.786	1	---	---
2997	Na3H18O9S4Sb	sodium thioantimonate nonahydrate	13776-84-6	481.131	---	---	---	---	25	1.806	1	---	---
2998	Na3H20O14V	sodium orthovanadate decahydrate	16519-60-1	364.061	---	---	---	---	---	---	---	---	---
2999	Na3H24O15PS	sodium thiophosphate dodecahydrate	51674-17-0	396.191	---	---	---	---	---	---	---	---	---
3000	Na3H24O16P	sodium phosphate dodecahydrate	10101-89-0	380.124	---	---	---	---	25	1.620	1	colorless hexagonal crystals	1
3001	Na3Mo12O40P	sodium phosphomolybdate	1313-30-0	1891.199	---	---	---	---	25	2.830	1	---	---
3002	Na3O4P	sodium phosphate	7601-54-9	163.941	1613.15	1	---	---	---	---	---	solid	1
3003	Na3O4V	sodium orthovanadate	13721-39-6	183.908	---	---	---	---	---	---	---	---	---
3004	Na3P	sodium phosphide	12058-85-4	99.943	---	---	---	---	---	---	---	---	---
3005	Na4C3O11U	sodium uranyl carbonate	60897-40-7	542.013	---	---	---	---	---	---	---	---	---
3006	Na4C6H20FeN6O10	sodium ferrocyanide decahydrate	13601-19-9	484.062	dec	1	---	---	25	1.460	1	yellow monoclinic crystals	1
3007	Na4C10H16N2O10	tetrasodiumethylenediaminetetraacetate di	64-02-8	416.201	---	---	---	---	---	---	---	---	---
3008	Na4H20O16P2	sodium hypophosphate decahydrate	13721-43-2	430.056	---	---	---	---	25	1.823	1	---	---
3009	Na4H20O17P2	sodium pyrophosphate decahydrate	13472-36-1	446.055	---	---	---	---	25	1.820	1	---	---
3010	Na4H36O61P2W12	sodium phosphotungstate	51312-42-6	3372.236	---	---	---	---	---	---	---	---	---
3011	Na4O4Si	sodium orthosilicate	13472-30-5	184.042	---	---	---	---	---	---	---	---	---
3012	Na4O7V2	sodium pyrovanadate	13517-26-5	305.838	---	---	---	---	---	---	---	---	---
3013	Na4P2O7	sodium pyrophosphate	7722-88-5	265.902	1252.15	1	---	---	25	2.530	1	colorless crystals	1
3014	Na5Al3F14	chiolite	---	461.871	---	---	---	---	---	---	---	---	---
3015	Na5O10P3	sodium triphosphate	7758-29-4	367.864	924.15	1	---	---	---	---	---	solid	1
3016	Na5O10P3	sodium tripolyphosphate	13573-18-7	367.864	---	---	---	---	---	---	---	---	---
3017	Na6O18P6	sodium hexametaphosphate	10124-56-8	611.770	883.15	1	---	---	---	---	---	solid	1
3018	Na7Al6Si6O24S3	ultramarine blue	57455-37-5	971.514	---	---	---	---	---	---	---	---	---
3019	Nb	niobium	7440-03-1	92.906	2750.15	1	5017.15	1	25	8.570	1	gray metal	1
3020	NbB	niobium boride	12045-19-1	103.717	2543.15	1	---	---	25	7.500	1	gray orthorhombic crystals	1
3021	NbB2	niobium boride	12007-29-3	114.528	3173.15	1	---	---	25	6.800	1	gray hexagonal crystals	1
3022	NbBr3	niobium (iii) bromide	15752-41-7	332.618	---	---	---	---	---	---	---	dark brown solid	1
3023	NbBr4	niobium (iv) bromide	13842-75-6	412.522	---	---	---	---	---	---	---	dark brown solid	1
3024	NbBr5	niobium (v) bromide	13478-45-0	492.426	527.15	1	633.15	1	25	4.360	1	orange orthorhombic crystals	1
3025	NbC	niobium carbide	12069-94-2	104.917	3881.15	1	4573.15	1	25	7.820	1	gray cubic crystals	1
3026	NbC4H10Cl3O2	niobium (iii) chloride-ethylene glycol dimeth	110615-13-9	289.385	---	---	---	---	---	---	---	---	---
3027	NbC5HCl4	niobium tetrachloride, cyclopentadienyl	33114-15-7	295.779	---	---	---	---	---	---	---	---	---
3028	NbC8H16Cl4O2	niobium (iv) chloride-tetrahydrofuran compl	61247-57-2	378.929	---	---	---	---	---	---	---	---	---
3029	NbC10H10Cl2	niobocene dichloride	12793-14-5	293.998	---	---	---	---	---	---	---	---	---
3030	NbC10H25O5	niobium (v) ethoxide	3236-82-6	318.209	---	---	---	---	25	1.258	1	---	---
3031	NbC44H76O8	niobium (iv), tetrakis(2,2,6,6-tetramethyl-3,!	41706-15-4	825.976	---	---	---	---	---	---	---	---	---
3032	NbCl3	niobium (iii) chloride	13569-59-0	199.264	---	---	---	---	---	---	---	black solid	1
3033	NbCl4	niobium (iv) chloride	13569-70-5	234.717	---	---	---	---	25	3.200	1	violet-black monoclinic crystals	1
3034	NbCl5	niobium (v) chloride	10026-12-7	270.170	477.85	1	527.15	1	25	2.780	1	yellow monoclinic crystals	1
3035	NbF3	niobium (iii) fluoride	15195-53-6	149.902	---	---	---	---	25	4.200	1	blue cubic crystals	1
3036	NbF4	niobium (iv) fluoride	13842-88-1	168.900	dec	1	---	---	25	4.010	1	black tetragonal crystals	1
3037	NbF5	niobium (v) fluoride	7783-68-8	187.898	353.15	1	502.15	1	25	2.700	1	colorless monoclinic crystals	1
3038	NbF5K2O	niobium potassium oxyfluoride	17523-77-2	282.094	---	---	---	---	---	---	---	---	---
3039	NbH	niobium hydride	13981-86-7	93.914	---	---	---	---	25	6.600	1	---	---
3040	NbI3	niobium (iii) iodide	13870-20-7	473.620	---	---	---	---	---	---	---	---	---

Table 2 Physical Properties - Inorganic Compounds

NO	FORMULA	NAME	CAS No	Mol Wt g/mol	Freezing Point T_F, K	code	Boiling Point T_B, K	code	Density T, C	g/cm3	code	State @ 25C, 1 atm	code
3041	NbI4	niobium (iv) iodide	13870-21-8	600.524	776.15	1	---	---	25	5.600	1	gray orthorhombic crystals	1
3042	NbI5	niobium (v) iodide	13779-92-5	727.429	dec	1	---	---	25	5.320	1	yellow-black monoclinic crystals	1
3043	NbN	niobium nitride	24621-21-4	106.913	2573.15	1	---	---	25	8.470	1	gray crystals	1
3044	NbO	niobium (ii) oxide	12034-57-0	108.906	2209.15	1	---	---	25	7.300	1	gray cubic crystals	1
3045	NbOBr3	niobium (v) oxybromide	14459-75-7	348.618	dec	1	---	---	---	---	---	yellow-brown crystals	1
3046	NbOCl3	niobium (v) oxychloride	13597-20-1	215.264	---	---	---	---	25	3.720	1	white tetragonal crystals	1
3047	NbO2	niobium (iv) oxide	12034-59-2	124.905	2174.15	1	---	---	25	5.900	1	white tetragonal crystals or powder	1
3048	NbO2F	niobium (v) dioxyfluoride	15195-33-2	143.904	---	---	---	---	25	4.000	1	white cubic crystals	1
3049	NbP	niobium phosphide	12034-66-1	123.880	---	---	---	---	25	6.500	1	tetragonal crystals	1
3050	Nb2C	niobium carbide	12011-99-3	197.823	3353.15	1	---	---	25	7.800	1	refractory hexagonal crystals	1
3051	Nb2O3	niobium oxide	---	233.811	---	---	---	---	---	---	---	---	---
3052	Nb2O5	niobium (v) oxide	1313-96-8	265.810	1785.15	1	---	---	25	4.600	1	white orthorhombic crystals	1
3053	NbS2	niobium (iv) sulfide	12136-97-9	157.038	---	---	---	---	25	4.400	1	black rhombohedral crystals	1
3054	NbSe2	niobium (iv) selenide	12034-77-4	250.826	---	---	---	---	25	6.300	1	gray hexagonal crystals	1
3055	NbSi2	niobium silicide	12034-80-9	149.077	2223.15	1	---	---	25	5.700	1	gray hexagonal crystals	1
3056	NbTe2	niobium (iv) telluride	12034-83-2	348.106	---	---	---	---	25	7.600	1	hexagonal crystals	1
3057	Nd	neodymium	7440-00-8	144.240	1294.15	1	3347.15	1	25	7.010	1	silvery metal	1
3058	NdB6	neodymium boride	12008-23-0	209.106	2883.15	1	---	---	25	4.930	1	black cubic crystals	1
3059	NdBr2	neodymium dibromide	59325-04-1	304.048	998.15	1	---	---	---	---	---	green solid	1
3060	NdBr3	neodymium tribromide	13536-80-6	383.952	955.15	1	1813.15	1	25	5.300	1	violet orthorhombic crystals	1
3061	NdBr3H18O18	neodymium bromate nonahydrate	15162-92-2	690.084	---	---	---	---	---	---	---	---	---
3062	NdC6H11O7	neodymium acetate monohydrate	6192-13-8	339.387	---	---	---	---	---	---	---	---	---
3063	NdC9H21O3	neodymium isopropoxide	19236-15-8	321.501	---	---	---	---	---	---	---	---	---
3064	NdC15H7F18O8	neodymium hexafluoroacetylacetonate dihy	47814-18-6	801.423	---	---	---	---	---	---	---	---	---
3065	NdC15H12F9O6	neodymium trifluoroacetylacetonate	37473-67-9	603.478	---	---	---	---	---	---	---	---	---
3066	NdC15H15	neodymium tris(cyclopentadienyl)	1273-98-9	339.520	---	---	---	---	---	---	---	---	---
3067	NdC24H33	neodymium, tris (isopropylcyclopentadienyl	69021-85-8	465.759	---	---	---	---	---	---	---	---	---
3068	NdC33H57O6	neodymium, tris(2,2,6,6-tetramethyl-3,5-he	15492-47-4	694.042	---	---	---	---	---	---	---	---	---
3069	NdCl2	neodymium dichloride	25469-93-6	215.145	1114.15	1	---	---	---	---	---	green solid	1
3070	NdCl3	neodymium trichloride	10024-93-8	250.598	1031.15	1	1873.15	1	25	4.130	1	violet hexagonal crystals	1
3071	NdCl3H12O6	neodymium chloride hexahydrate	13477-89-9	358.690	dec	1	---	---	25	2.300	1	purple crystals	1
3072	NdCl3H12O18	neodymium perchlorate hexahydrate	17522-69-9	550.683	---	---	---	---	---	---	---	---	---
3073	NdF3	neodymium fluoride	13709-42-7	201.235	1650.15	1	2573.15	1	25	6.510	1	violet hexagonal crystals	1
3074	NdH3	neodymium hydride	13864-04-5	147.264	---	---	---	---	---	---	---	---	---
3075	NdH3O3	neodymium hydroxide	16469-17-3	195.262	---	---	---	---	---	---	---	---	---
3076	NdH12N3O15	neodymium nitrate hexahydrate	14517-29-4	438.347	---	---	---	---	---	---	---	purple hygroscopic crystals	1
3077	NdI2	neodymium diiodide	61393-36-0	398.049	835.15	1	---	---	---	---	---	violet solid	1
3078	NdI3	neodymium triiodide	13813-24-6	524.953	1057.15	1	---	---	25	5.850	1	green orthorhombic crystals	1
3079	NdN	neodymium nitride	25764-11-8	158.247	---	---	---	---	25	7.690	1	black cubic crystals	1
3080	NdS	neodymium sulfide	12035-22-2	176.306	---	---	---	---	---	---	---	solid	1
3081	NdSe	neodymium selenide	12035-24-4	223.200	---	---	---	---	---	---	---	solid	1.00
3082	NdSi2	neodymium silicide	12137-04-1	200.411	---	---	---	---	---	---	---	---	---
3083	NdTe	neodymium telluride	12060-53-6	271.840	---	---	---	---	---	---	---	solid	1
3084	Nd2C6H20O22	neodymium oxalate decahydrate	14551-74-7	732.690	---	---	---	---	---	---	---	---	---
3085	Nd2H16O20S3	neodymium sulfate octahydrate	13477-91-3	720.793	dec	1	---	---	25	2.850	1	pink needles	1
3086	Nd2O3	neodymium oxide	1313-97-9	336.478	2593.15	1	---	---	25	7.240	1	blue hexagonal crystals	1
3087	Nd2O12S3	neodymium sulfate	101509-27-7	576.671	---	---	---	---	---	---	---	---	---
3088	Nd2S3	neodymium sulfide	12035-32-4	384.678	2480.15	1	---	---	25	5.460	1	orthorhombic crystals	1
3089	Nd2Te3	neodymium telluride	12035-35-7	671.280	1650.15	1	---	---	25	7.000	1	gray orthorhombic crystals	1
3090	Nd4O16Ti5	neodymium titanate	---	1072.285	---	---	---	---	---	---	---	---	---
3091	Ne	neon	7440-01-9	20.180	24.55	1	27.09	1	---	---	---	colorless gas	1
3092	Ni	nickel	7440-02-0	58.693	1728.15	1	3186.15	1	25	8.900	1	white metal	1
3093	NiAl3	nickel aluminide	12004-71-6	139.638	---	---	---	---	---	---	---	---	---
3094	NiAs	nickel arsenide	27016-75-7	133.615	1240.15	1	---	---	25	7.770	1	hexagonal crystals	1
3095	NiB	nickel boride	12007-00-0	69.504	1308.15	1	---	---	25	7.130	1	green refractory solid	1
3096	NiB2F8H12O6	nickel tetrafluoroborate hexahydrate	15684-36-3	340.394	---	---	---	---	25	1.470	1	---	---
3097	NiBr2	nickel (ii) bromide	13462-88-9	218.501	1236.15	1	---	---	25	5.100	1	yellow hexagonal crystals	1
3098	NiCO3	nickel (ii) carbonate	3333-67-3	118.702	---	---	---	---	25	4.390	1	green solid	1
3099	NiC2H4O6	nickel oxalate dihydrate	6018-94-6	182.743	---	---	---	---	---	---	---	---	---
3100	NiC2H8N2O4	nickel (ii) cyanide tetrahydrate	13477-95-7	182.789	dec	1	---	---	---	---	---	green plates	1
3101	NiC2N2S2	nickel thiocyanate	13689-92-4	174.860	---	---	---	---	---	---	---	---	---
3102	NiC4H6O6	nickel hydroxyacetate	41587-84-2	208.780	---	---	---	---	---	---	---	---	---
3103	NiC4H10Cl2O2	nickel chloride, dimethoxyethane adduct	29046-78-4	219.720	---	---	---	---	---	---	---	---	---
3104	NiC4H14O8	nickel acetate tetrahydrate	6018-89-9	248.843	---	---	---	---	25	1.744	1	---	---
3105	NiC4O4	nickel carbonyl	13436-39-3	170.734	253.85	1	315.65	1	25	1.310	1	colorless liquid	1
3106	NiC10H10	nickel bis(cyclopentadienyl)	1271-28-9	188.880	---	---	---	---	---	---	---	---	---
3107	NiC10H8F6O4	nickel trifluoroacetylacetonate dihydrate	14324-83-5	364.852	---	---	---	---	---	---	---	---	---
3108	NiC10H14O4	nickel acetylacetonate	3264-82-2	256.909	---	---	---	---	---	---	---	---	---
3109	Ni2C12H10O2	nickel carbonyl dimer, cyclopentadienyl	12170-92-2	303.593	---	---	---	---	---	---	---	---	---
3110	NiC16H14N2O2	nickel (ii), n,n'-bis(salicylidene)ethylenendi	14167-20-5	324.988	---	---	---	---	---	---	---	---	---
3111	NiC16H24	nickel (0), bis(1,5-cyclooctadiene)	1295-35-8	275.055	---	---	---	---	---	---	---	---	---
3112	NiC16H30O4	nickel (ii) 2-ethylhexanoate	4454-16-4	345.100	---	---	---	---	25	1.080	1	---	---
3113	NiC20H30	nickel, bis(pentamethylcyclopentadienyl)	74507-63-4	329.146	---	---	---	---	---	---	---	---	---
3114	NiC20H34O4	nickel cyclohexanebutyrate	3906-55-6	397.175	---	---	---	---	---	---	---	---	---
3115	NiC22H38O4	nickel (ii) tetramethylheptanedionate	14481-08-4	425.228	---	---	---	---	---	---	---	---	---
3116	NiC24H54Br2P2	nickel (ii) bromide, bis (tributylphosphine)	15242-92-9	623.134	---	---	---	---	---	---	---	---	---
3117	NiC24H54Cl2P2	nickel (ii) chloride, bis (tributylphospine)	15274-43-8	534.232	---	---	---	---	---	---	---	---	---
3118	NiC26H24Cl2P2	nickel (ii) chloride, [1,2-bis(diphenylphosph	14647-23-5	528.015	---	---	---	---	---	---	---	---	---
3119	NiC27H26Cl2P2	nickel (ii) chloride, [1,3-bis(diphenylphosph	15629-92-2	542.042	---	---	---	---	---	---	---	---	---
3120	NiC32H12N8Na4O12S4	nickel (ii) phthalocyaninetetrasulfonic acid,	27835-99-0	979.401	---	---	---	---	---	---	---	---	---

NO	FORMULA	NAME	CAS No	Mol Wt g/mol	Freezing Point T_F, K	code	Boiling Point T_B, K	code	Density T, C	g/cm3	code	State @ 25C, 1 atm	code
3121	NiC32H16N8	nickel phthalocyanine	14055-02-8	571.217	---	---	---	---	---	---	---	---	---
3122	NiC32H36N4	nickel etioporphyrin iii	14055-19-7	535.349	---	---	---	---	---	---	---	---	---
3123	NiC36H30Br2P2	nickel (ii) bromide, bis (triphenylphosphine)	14126-37-5	743.072	---	---	---	---	---	---	---	---	---
3124	NiC36H30Cl2P2	nickel (ii) chloride, bis (triphenylphosphine)	14264-16-5	654.170	---	---	---	---	---	---	---	---	---
3125	NiC36H70O4	nickel stearate	2223-95-2	625.632	---	---	---	---	25	1.130	1	---	---
3126	NiC38H30O2P2	nickel (ii)dicarbonyl, bis (triphenylphosphin	13007-90-4	639.285	---	---	---	---	---	---	---	---	---
3127	NiC44H28N4	nickel, 5,10,15,20-tetraphenyl-21h,23h-por	14172-92-0	671.413	---	---	---	---	---	---	---	---	---
3128	NiC56H32N8O4	nickel (ii) 2,9,16,23-tetraphenoxy-29h,31h-	---	939.598	---	---	---	---	---	---	---	---	---
3129	NiC64H80N8O8	nickel (ii) 1,4,8,11,15,18,22,25-octabutoxy-	---	1148.063	---	---	---	---	---	---	---	---	---
3130	NiC72H60O12P4	nickel (0), tetrakis (triphenyl phosphite)	14221-00-2	1299.828	---	---	---	---	---	---	---	---	---
3131	NiC72H60P4	nickel (0), tetrakis (triphenylphosphine)	15133-82-1	1107.835	---	---	---	---	---	---	---	---	---
3132	NiC92H72N8O4	nickel (ii) tetrakis(4-cumylphenoxy)phthaloc	91083-48-6	1412.301	---	---	---	---	---	---	---	---	---
3133	NiCl2	nickel (ii) chloride	7718-54-9	129.599	1282.15	1	1258.15	1	25	3.510	1	yellow hexagonal crystals	1
3134	NiCl2H12O6	nickel (ii) chloride hexahydrate	7791-20-0	237.690	---	---	---	---	---	---	---	green monoclinic crystals	1
3135	NiCl2H12O12	nickel chlorate hexahydrate	67952-43-6	333.687	---	---	---	---	25	2.070	1	---	---
3136	NiCl2H12O14	nickel perchlorate hexahydrate	13520-61-1	365.686	---	---	---	---	---	---	---	---	---
3137	NiCl3H16NO6	nickel, ammonium chloride hexahydrate	---	291.182	---	---	---	---	25	1.650	1	green hygroscopic crystals	1
3138	NiCrO4	nickel chromate	14721-18-7	174.687	---	---	---	---	---	---	---	---	---
3139	NiF2	nickel fluoride	10028-18-9	96.690	1723.15	1	---	---	25	4.700	1	yellow tetragonal crystals	1
3140	NiF2H8O4	nickel fluoride tetrahydrate	13940-83-5	168.751	---	---	---	---	---	---	---	---	---
3141	NiF12P4	nickel, tetrakis (trifluorophosphine)	13859-65-9	410.569	---	---	---	---	25	1.800	1	---	---
3142	NiH2O2	nickel (ii) hydroxide	12054-48-7	92.708	dec	1	---	---	25	4.100	1	green hexagonal crystals	1
3143	NiH4O3	nickel (ii) hydroxide monohydrate	36897-37-7	110.723	---	---	---	---	---	---	---	green powder	1
3144	NiH4O5Sn	nickel stannate dihydrate	12035-38-0	261.432	---	---	---	---	---	---	---	---	---
3145	NiH8I2O10	nickel iodate tetrahydrate	13477-99-1	480.560	---	---	---	---	---	---	---	---	---
3146	NiH12I2O6	nickel iodide hexahydrate	7790-34-3	420.594	---	---	---	---	25	5.830	1	green monoclinic crystals	1
3147	NiH12N2O12	nickel (ii) nitrate hexahydrate	13478-00-7	290.795	dec	1	---	---	25	2.050	1	green monoclinic crystals	1
3148	NiH12O10S	nickel (ii) sulfate hexahydrate	10101-97-0	262.849	dec	1	---	---	25	2.070	1	blue-green tetragonal crystals	1
3149	NiH12O10Se	nickel selenate hexahydrate	75060-62-5	309.743	---	---	---	---	25	2.314	1	---	---
3150	NiH14O11S	nickel (ii) sulfate heptahydrate	10101-98-1	280.864	---	---	---	---	25	1.980	1	green orthorhombic crystals	1
3151	NiH18Cl2N6	nickel (ii), hexammine chloride	10534-88-0	231.782	---	---	---	---	25	1.468	1	---	---
3152	NiH18I2N6	hexaamminenickel (ii) iodide	13859-68-2	414.686	---	---	---	---	25	2.101	1	---	---
3153	NiH20N2O14S2	nickel ammonium sulfate hexahydrate	7785-20-8	394.989	dec	1	---	---	25	1.923	1	blue-green crystals	1
3154	NiI2	nickel (ii) iodide	13462-90-3	312.502	1053.15	1	---	---	25	5.220	1	black hexagonal crystals	1
3155	NiI2O6	nickel iodate	13477-98-0	408.499	---	---	---	---	25	5.070	1	---	---
3156	NiMoO4	nickel molybdate	14177-55-0	218.631	---	---	---	---	---	---	---	---	---
3157	NiN2O6	nickel nitrate	13138-45-9	182.703	---	---	---	---	---	---	---	---	---
3158	NiO	nickel (ii) oxide	1313-99-1	74.693	2228.15	1	---	---	25	6.720	1	green cubic crystals	1
3159	NiO4W	nickel tungstate	14177-51-6	306.531	---	---	---	---	---	---	---	---	---
3160	NiO6V2	nickel vanadate	52502-12-2	256.573	---	---	---	---	---	---	---	---	---
3161	NiO8S2H8N2	nickel ammonium sulfate	15699-18-0	286.898	---	---	---	---	25	1.929	1	---	---
3162	NiS	nickel sulfide	16812-54-7	90.759	1249.15	1	---	---	25	5.500	1	yellow hexagonal crystals	1
3163	NiS2	nickel disulfide	12035-51-7	122.825	---	---	---	---	---	---	---	dark grey solid	1
3164	NiSO4	nickel (ii) sulfate	7786-81-4	154.757	dec	1	---	---	25	4.010	1	green-yellow orthorhombic crystals	1
3165	NiSb	nickel antimonide	12035-52-8	180.453	1420.15	1	---	---	25	8.740	1	hexagonal crystals	1
3166	NiSe	nickel (ii) selenide	1314-05-2	137.653	1253.15	1	---	---	25	7.200	1	yellow-green hexagonal crystals	1
3167	NiSi2	nickel silicide	12201-89-7	114.864	1266.15	1	---	---	25	4.830	1	cubic crystals	1
3168	NiTe	nickel telluride	12142-88-0	186.293	---	---	---	---	---	---	---	---	---
3169	NiTiO3	nickel (ii) titanate	12035-39-1	154.559	---	---	---	---	25	5.000	1	brown hexagonal crystals	1
3170	Ni2B	nickel boride	12007-01-1	128.198	1398.15	1	---	---	25	7.900	1	refractory solid	1
3171	Ni2O3	nickel (iii) oxide	1314-06-3	165.385	dec	1	---	---	---	---	---	gray-black cubic crystals	1
3172	Ni2P	nickel phosphide	12035-64-2	148.361	1373.15	1	---	---	25	7.330	1	hexagonal crystals	1
3173	Ni2Si	nickel silicide	12059-14-2	145.472	1528.15	1	---	---	25	7.400	1	orthorhombic crystals	1
3174	Ni3As2H16O16	nickel (ii) arsenate octahydrate	7784-48-7	598.041	dec	1	---	---	25	4.980	1	yellow-green powder	1
3175	Ni3B	nickel boride	12007-02-2	186.891	1429.15	1	---	---	25	8.170	1	refractory solid	1
3176	Ni3CH12O11	nickel basic carbonate tetrahydrate	---	376.180	---	---	---	---	25	2.600	1	---	---
3177	Ni3H14O15P2	nickel phosphate heptahydrate	10381-36-9	492.130	---	---	---	---	---	---	---	---	---
3178	Ni3S2	nickel (iii) sulfide	12035-72-2	240.212	1060.15	1	---	---	25	5.870	1	hexagonal crystals	1
3179	Ni3S4	nickel (ii,iii) sulfide	12137-12-1	304.344	1268.15	1	---	---	25	4.770	1	cubic crystals	1
3180	Ni5C2H14O16	nickel carbonate hydroxide tetrahydrate	12244-51-8	587.590	---	---	---	---	---	---	---	---	---
3181	No	nobelium	10028-14-5	259.000	1100.15	1	---	---	---	---	---	metal	1
3182	Np	neptunium	7439-99-8	237.000	917.15	1	---	---	25	20.200	1	silvery metal	1
3183	NpBr3	neptunium tribromide	---	476.712	---	---	---	---	25	6.650	1	---	---
3184	NpBr4	neptunium tetrabromide	---	556.616	---	---	---	---	---	---	---	---	---
3185	NpCl3	neptunium trichloride	---	343.358	---	---	---	---	25	5.600	1	---	---
3186	NpCl4	neptunium tetrachloride	15597-84-9	378.811	---	---	---	---	25	4.960	1	---	---
3187	NpF3	neptunium trifluoride	---	293.995	---	---	---	---	25	9.120	1	---	---
3188	NpF4	neptunium tetrafluoride	---	312.994	---	---	---	---	25	6.860	1	---	---
3189	NpF5	neptunium pentafluoride	31479-18-2	331.992	---	---	---	---	---	---	---	---	---
3190	NpF6	neptunium hexafluoride	---	350.990	---	---	---	---	25	5.026	1	---	---
3191	NpH3	neptunium trihydride	---	240.024	---	---	---	---	25	9.640	1	---	---
3192	NpI3	neptunium triiodide	---	617.713	---	---	---	---	25	6.820	1	---	---
3193	NpN	neptunium nitride	12058-90-1	251.007	2830.15	1	---	---	---	---	---	black solid	1
3194	NpO	neptunium oxide	12202-03-8	252.999	---	---	---	---	---	---	---	---	---
3195	NpO2	neptunium dioxide	12035-79-9	268.999	2820.15	1	---	---	25	11.100	1	green cubic crystals	1
3196	Np2O5	neptunium pentoxide	---	553.997	---	---	---	---	---	---	---	---	---
3197	Np2S3	neptunium sulfide	12281-24-2	570.198	1473.15	1	---	---	---	---	---	solid	1
3198	O2	oxygen	7782-44-7	31.999	54.36	1	90.19	1	---	---	---	colorless gas	1
3199	O3	ozone	10028-15-6	47.998	80.15	1	161.85	1	---	---	---	blue gas	1
3200	Os	osmium	7440-04-2	190.230	3306.15	1	5285.15	1	25	22.590	1	blue-white metal	1

Table 2 Physical Properties - Inorganic Compounds

				Mol Wt	Freezing Point		Boiling Point		Density			State	
NO	FORMULA	NAME	CAS No	g/mol	T_F, K	code	T_B, K	code	T, C	g/cm3	code	@ 25C, 1 atm	code
3201	OsBr3	osmium (iii) bromide	59201-51-3	429.942	dec	1	---	---	---	---	---	dark gray crystals	1
3202	OsBr4	osmium (iv) bromide	59201-52-4	509.846	dec	1	---	---	---	---	---	black solid	1
3203	OsBr6H2	bromoosmic acid	48016-85-9	671.670	---	---	---	---	---	---	---	crystalline solid	1
3204	OsC5O5	osmium pentacarbonyl	16406-49-8	330.281	275.15	1	---	---	---	---	---	pale yellow liquid	1
3205	OsCl6Na2	disodium hexachloroosmate (iv)	1307-81-9	448.926	---	---	---	---	---	---	---	solid	1
3206	OsC10H10	osmium bis(cyclopentadienyl)	1273-81-0	320.416	---	---	---	---	---	---	---	---	---
3207	OsC20H30	osmium, bis(pentamethylcyclopentadienyl)	100603-32-5	460.682	---	---	---	---	---	---	---	---	---
3208	OsCl2	osmium (ii) chloride	13444-92-3	261.135	---	---	---	---	---	---	---	---	---
3209	OsCl3	osmium (iii) chloride	13444-93-4	296.588	dec	1	---	---	---	---	---	gray cubic crystals	1
3210	OsCl4	osmium (iv) chloride	10026-01-4	332.041	---	---	723.15	1	25	4.380	1	red-black orthorhombic crystals	1
3211	OsCl5	osmium (v) chloride	71328-74-0	367.494	dec	1	---	---	---	---	---	black solid	1
3212	OsF4	osmium (iv) fluoride	54120-05-7	266.224	503.15	1	---	---	---	---	---	yellow crystals	1
3213	OsF5	osmium (v) fluoride	31576-40-6	285.222	343.15	1	499.05	1	---	---	---	blue crystals	1
3214	OsF6	osmium (vi) fluoride	13768-38-2	304.220	306.35	1	320.65	1	25	4.100	1	yellow cubic crystals	1
3215	OsF7	osmium (vii) fluoride	16949-69-2	323.219	---	---	---	---	---	---	---	---	---
3216	OsF8	osmium (viii) fluoride	18432-81-0	342.217	---	---	---	---	---	---	---	---	---
3217	OsI	osmium (i) iodide	76758-38-8	317.134	---	---	---	---	---	---	---	metallic grey solid	1
3218	OsI2	osmium (ii) iodide	59201-57-9	444.039	---	---	---	---	---	---	---	---	---
3219	OsI3	osmium (iii) iodide	59201-58-0	570.943	---	---	---	---	---	---	---	---	---
3220	OsO	osmium monoxide	---	206.229	---	---	---	---	---	---	---	---	---
3221	OsO2	osmium (iv) oxide	12036-02-1	222.229	---	---	---	---	25	11.400	1	yellow-brown tetragonal crystals	1
3222	OsO4	osmium tetroxide	20816-12-0	254.228	314.15	1	408.15	1	25	5.100	1	yellow monoclinic crystals	1
3223	OsOF5	osmium oxide pentafluoride	---	301.221	---	---	---	---	---	---	---	---	---
3224	OsS2	osmium disulphide	12137-61-0	254.362	---	---	---	---	---	---	---	---	---
3225	OsSe2	osmium diselenide	12310-19-9	348.150	---	---	---	---	---	---	---	---	---
3226	OsTe2	osmium ditelluride	---	445.430	---	---	---	---	---	---	---	---	---
3227	Os2C9O9	osmium nonacarbonyl	28411-13-4	632.551	dec	1	---	---	---	---	---	orange-yellow solid	1
3228	Os3C12O12	osmium carbonyl	15696-40-9	906.811	---	---	---	---	25	3.480	1	yellow crystals	1
3229	Os5C16O16	osmium hexadecacarbonyl	60109-68-4	1399.312	---	---	---	---	---	---	---	pink-red crystalline solid	1
3230	Os5C19O19	osmium nonadecacarbonyl	78166-65-1	1483.342	---	---	---	---	---	---	---	orange crystalline solid	1
3231	Os6C18O18	osmium octadecacarbonyl	37216-50-5	1645.562	---	---	---	---	---	---	---	dark brown crystalline solid	1
3232	Os7C21O21	osmium uneicosacarbonyl	59158-84-8	1919.822	---	---	---	---	---	---	---	orange-brown crystalline solid	1
3233	Os8C23O23	octaosmium trieicosacarbonyl	37190-66-2	2166.072	---	---	---	---	---	---	---	---	---
3234	P	phosphorus (white)	7723-14-0	30.974	317.30	1	553.65	1	25	1.823	1	colorless waxlike cubic crystals	1
3235	P	phosphorus (red)	7723-14-0	30.974	870.15	1	704.15	1	25	2.160	1	red-violet amorphous powder	1
3236	P	phosphorus (black)	7723-14-0	30.974	883.15	1	---	---	25	2.690	1	black orthorhombic crystals	1
3237	PBF3H3	phosphorus trifluoroborane	---	101.804	---	---	---	---	---	---	---	---	---
3238	PBr3	phosphorus tribromide	7789-60-8	270.686	233.15	1	446.10	1	25	2.800	1	colorless liquid	1
3239	PBr5	phosphorus (v) bromide	7789-69-7	430.494	dec	1	---	---	25	3.610	1	yellow orthorhombic crystals	1
3240	PCH3Cl2	phosphine, methyldichloro	676-83-5	116.914	---	---	---	---	25	1.310	1	---	---
3241	PC2H5Cl2	phosphine, ethyldichloro	1498-40-4	130.940	---	---	---	---	25	1.260	1	---	---
3242	PC2H5O5	phosphonoacetic acid	4408-78-0	140.032	---	---	---	---	---	---	---	---	---
3243	PC2H6Cl	phosphine, dimethylchloro	811-62-1	96.496	---	---	---	---	25	1.220	1	---	---
3244	PC2H7	phosphine, dimethyl	---	62.051	---	---	---	---	---	---	---	---	---
3245	PC2H7O3	phosphonic acid, ethyl	15845-66-6	110.049	---	---	---	---	---	---	---	---	---
3246	PC2H10B	phosphine borane complex, dimethyl	---	75.886	---	---	---	---	---	---	---	---	---
3247	PC3F9	phosphine, tris (trifluoromethyl)	---	237.991	---	---	---	---	---	---	---	---	---
3248	PC3H7Cl2	phosphine, n-propyldichloro	15573-31-6	144.967	---	---	---	---	25	1.118	1	---	---
3249	PC3H9	phosphine, trimethyl	594-09-2	76.077	---	---	---	---	25	0.748	1	---	---
3250	PC3H9O3	phosphonate, dimethylmethyl	756-79-6	124.076	---	---	---	---	25	1.160	1	---	---
3251	PC3H9O3	phosphite, trimethyl	121-45-9	124.076	---	---	---	---	25	1.052	1	---	---
3252	PC3H9O4	phosphate, trimethyl	512-56-1	140.075	---	---	---	---	25	1.197	1	---	---
3253	PC4H9Cl2	phosphine, tert-butyldichloro	25979-07-1	158.993	---	---	---	---	---	---	---	---	---
3254	PC4H10Cl	phosphine, diethylchloro	686-69-1	124.549	---	---	---	---	25	1.023	1	---	---
3255	PC4H11	phosphine, diethyl	627-49-6	90.104	---	---	---	---	25	0.786	1	---	---
3256	PC4H11O3	phosphite, diethyl	762-04-9	138.102	---	---	---	---	25	1.072	1	---	---
3257	PC4H12Br	phosphonium bromide, tetramethyl	4519-28-2	171.016	---	---	---	---	---	---	---	---	---
3258	PC4H12Cl	phosphonium chloride, tetramethyl	1941-19-1	126.565	---	---	---	---	---	---	---	---	---
3259	PC4H12ClN2O	phosphoryl chloride, bis(dimethylamino)	1605-65-8	170.577	---	---	---	---	25	1.170	1	---	---
3260	PC4H12F6N	phosphate, tetramethylammonium hexafluo	558-32-7	219.109	---	---	---	---	---	---	---	---	---
3261	PC4H14B	phosphine dimethylborane, dimethyl	---	103.939	---	---	---	---	---	---	---	---	---
3262	PC5H13O2	phosphine, methyldiethoxy	15715-41-0	136.129	---	---	---	---	25	0.900	1	---	---
3263	PC6H5Cl2	phosphine, phenyldichloro	644-97-3	178.983	---	---	---	---	20	1.319	1	---	---
3264	PC6H5Cl2O	phosphine oxide, phenyldichloro	824-72-6	194.982	---	---	---	---	25	1.394	1	---	---
3265	PC6H5Cl2O2	phosphate, phenyldichloro	770-12-7	210.982	---	---	---	---	25	1.412	1	---	---
3266	PC6H7	phosphine, phenyl	638-21-1	110.094	---	---	---	---	15	1.001	1	---	---
3267	PC6H7O2	phosphinic acid, phenyl	1779-48-2	142.092	---	---	---	---	29	1.376	1	---	---
3268	PC6H7O3	phosphonic acid, phenyl	1571-33-1	158.092	---	---	---	---	4	1.475	1	---	---
3269	PC6H9Na2O6	phosphate dihdyrate, sodium phenyl	3279-54-7	254.085	---	---	---	---	---	---	---	---	---
3270	PC6H11O3	4-ethyl-2,6,7-trioxa-1-phosphabicyclo[2.2.2	824-11-3	162.124	---	---	---	---	---	---	---	---	---
3271	PC6H12Cl3O3	phosphite, tris(2-chloroethyl)	140-08-9	269.490	---	---	---	---	25	1.328	1	---	---
3272	PC6H12Cl3O4	phosphate, tris(2-chloroethyl)	115-96-8	285.489	---	---	---	---	25	1.390	1	---	---
3273	PC6H13	phosphine, cyclohexyl	822-68-4	116.141	---	---	---	---	25	0.875	1	---	---
3274	PC6H15	phosphine, triethyl	554-70-1	118.157	---	---	---	---	25	0.800	1	---	---
3275	PC6H15O	phosphine oxide, triethyl	597-50-2	134.156	---	---	---	---	---	---	---	---	---
3276	PC6H15O3	phosphite, di-isopropyl	1809-20-7	166.155	---	---	---	---	25	1.000	1	---	---
3277	PC6H15O3	phosphite, triethyl	122-52-1	166.155	---	---	---	---	25	0.963	1	---	---
3278	PC6H15O3S	phosphorothioate, triethyl	126-68-1	198.221	---	---	---	---	25	1.074	1	---	---
3279	PC6H15O4	phosphate, di-n-propyl	1804-93-9	182.155	---	---	---	---	---	---	---	---	---
3280	PC6H15O4	phosphate, triethyl	78-40-0	182.155	---	---	---	---	25	1.072	1	---	---

Table 2 Physical Properties - Inorganic Compounds

				Mol Wt	Freezing Point		Boiling Point		Density			State	
NO	FORMULA	NAME	CAS No	g/mol	T_F, K	code	T_B, K	code	T, C	g/cm3	code	@ 25C, 1 atm	code
3281	PC6H18N3	phosphine, tris(dimethylamino)	1608-26-0	163.201	---	---	---	---	25	0.898	1	---	---
3282	PC6H18N3O	phosphoramide, hexamethyl	680-31-9	179.201	---	---	---	---	25	1.030	1	---	---
3283	PC8H11	phosphine, dimethylphenyl	672-66-2	138.147	---	---	---	---	25	0.971	1	---	---
3284	PC8H11O2	phosphine, phenyldimethoxy	2946-61-4	170.146	---	---	---	---	25	1.072	1	---	---
3285	PC8H18Cl	phosphine, di-tert-butylchloro	13716-10-4	180.655	---	---	---	---	25	0.951	1	---	---
3286	PC8H19O3	phosphite, di-n-butyl	1809-19-4	194.208	---	---	---	---	25	0.995	1	---	---
3287	PC8H19O4	phosphate, di-n-butyl	107-66-4	210.208	---	---	---	---	---	---	---	---	---
3288	PC8H20Cl	phosphonium chloride, tetraethyl	7368-65-2	182.671	---	---	---	---	---	---	---	---	---
3289	PC8H20ClN2	phosphine, bis(diethylamino)chloro	685-83-6	210.684	---	---	---	---	---	---	---	---	---
3290	PC8H20I	phosphonium iodide, tetraethyl	4317-06-0	274.123	---	---	---	---	---	---	---	---	---
3291	PC9H12N3	phosphine, tris(2-cyanoethyl)	4023-53-4	193.186	---	---	---	---	---	---	---	---	---
3292	PC9H15	phosphine, triallyl	16523-89-0	154.189	---	---	---	---	---	---	---	---	---
3293	PC9H16ClO6	phosphine hydrochloride, tris(2-carboxyeth	51805-45-9	286.646	---	---	---	---	---	---	---	---	---
3294	PC9H21O3	phosphite, triisopropyl	116-17-6	208.235	---	---	---	---	25	0.844	1	---	---
3295	PC9H21	phosphine, triisopropyl	6476-36-4	160.237	---	---	---	---	25	0.839	1	---	---
3296	PC9H21	phosphine, tri-n-propyl	2234-97-1	160.237	---	---	---	---	25	0.801	1	---	---
3297	PC9H21O	phosphine oxide, tri-n-propyl	1496-94-2	176.236	---	---	---	---	---	---	---	---	---
3298	PC10H15	phosphine, diethylphenyl	1605-53-4	166.200	---	---	---	---	25	0.954	1	---	---
3299	PC10H23O4	phosphate, di-n-amyl	3138-42-9	238.261	---	---	---	---	---	---	---	---	---
3300	PC12H10Cl	phosphine, diphenylchloro	1079-66-9	220.634	---	---	---	---	25	1.190	1	---	---
3301	PC12H10ClO	phosphinic chloride, diphenyl	1499-21-4	236.634	---	---	---	---	25	1.240	1	---	---
3302	PC12H10ClO3	phosphate, diphenylchloro	2524-64-3	268.632	---	---	---	---	25	1.296	1	---	---
3303	PC12H11	phosphine, diphenyl	829-85-6	186.190	---	---	---	---	25	1.070	1	---	---
3304	PC12H13N2	phosphine, bis(2-cyanoethyl)phenyl	15909-92-9	216.219	---	---	---	---	---	---	---	---	---
3305	PC12H15	phosphine, diallylphenyl	29949-75-5	190.221	---	---	---	---	25	0.969	1	---	---
3306	PC12H22Cl	phosphine, dicyclohexylchloro	16523-54-9	232.730	---	---	---	---	---	---	---	---	---
3307	PC12H23	phosphine, dicyclohexyl	829-84-5	198.285	---	---	---	---	25	0.980	1	---	---
3308	PC12H27	phosphine, tri-n-butyl	998-40-3	202.317	---	---	---	---	25	0.817	1	---	---
3309	PC12H27	phosphine, tri-tert-butyl	13716-12-6	202.317	---	---	---	---	25	0.812	1	---	---
3310	PC12H27O3	phosphite, tri-n-butyl	102-85-2	250.315	---	---	---	---	25	0.925	1	---	---
3311	PC13H13	phosphine, methyldiphenyl	1486-28-8	200.216	---	---	---	---	25	1.065	1	---	---
3312	PC13H13O	phosphinite, methyldiphenyl	4020-99-9	216.215	---	---	---	---	25	1.078	1	---	---
3313	PC14H13	phosphine, diphenylvinyl	2155-96-6	212.227	---	---	---	---	25	1.067	1	---	---
3314	PC14H15	phosphine, ethyldiphenyl	607-01-2	214.243	---	---	---	---	25	1.048	1	---	---
3315	PC15H15	phosphine, allyldiphenyl	2741-38-0	226.253	---	---	---	---	25	1.049	1	---	---
3316	PC15H17	phosphine, diphenylpropyl	7650-84-2	228.269	---	---	---	---	25	1.008	1	---	---
3317	PC15H17	phosphine, isopropyldiphenyl	6372-40-3	228.269	---	---	---	---	---	---	---	---	---
3318	PC15H33O3	phosphite, tri-neopentyl	14540-52-4	292.394	---	---	---	---	---	---	---	---	---
3319	PC15H33O4	phosphate, tri-n-pentyl	2528-38-3	308.394	---	---	---	---	20	0.961	1	---	---
3320	PC16H35O4	phosphoric acid, di-(2-ethylhexyl)	298-07-7	322.420	---	---	---	---	25	0.974	1	---	---
3321	PC16H36Br	phosphonium bromide, tetra-n-butyl	3115-68-2	339.335	---	---	---	---	---	---	---	---	---
3322	PC16H36Cl	phosphonium chloride, tetrabutyl	2304-30-5	294.884	---	---	---	---	---	---	---	---	---
3323	PC16H36F6N	phosphate, tetrabutylammonium hexafluorc	3109-63-5	387.428	---	---	---	---	---	---	---	---	---
3324	PC17H14N	phosphine, diphenyl-2-pyridyl	37943-90-1	263.274	---	---	---	---	---	---	---	---	---
3325	PC18F15	phosphine, tris(pentafluorophenyl)	1259-35-4	532.142	---	---	---	---	---	---	---	---	---
3326	PC18H5F10	phosphine, bis(pentafluorophenyl)phenyl	5074-71-5	442.190	---	---	---	---	---	---	---	---	---
3327	PC18H10F5	phosphine, diphenyl(pentafluorophenyl)	5525-95-1	352.238	---	---	---	---	---	---	---	---	---
3328	PC18H12Cl3	phosphine, tri(m-chlorophenyl)	29949-85-7	365.620	---	---	---	---	---	---	---	---	---
3329	PC18H12Cl3	phosphine, tri p-chlorophenyl	1159-54-2	365.620	---	---	---	---	---	---	---	---	---
3330	PC18H12F3	phosphine, tris(p-fluorophenyl)	18437-78-0	316.257	---	---	---	---	---	---	---	---	---
3331	PC18H15	phosphine, triphenyl	603-35-0	262.285	---	---	---	---	25	1.132	1	---	---
3332	PC18H15Br2	phosphorane, dibromotriphenyl	1034-39-5	422.093	---	---	---	---	---	---	---	---	---
3333	PC18H15O	phosphine oxide, triphenyl	791-28-6	278.285	---	---	---	---	25	1.212	1	---	---
3334	PC18H15O3	phosphite, triphenyl	101-02-0	310.284	---	---	---	---	25	1.184	1	---	---
3335	PC18H15O4	phosphate, triphenyl	115-86-6	326.283	---	---	---	---	---	---	---	---	---
3336	PC18H15S	phosphine sulfide, triphenyl	3878-45-3	294.351	---	---	---	---	---	---	---	---	---
3337	PC18H16Br	phosphine hydrobromide, triphenyl	6399-81-1	343.197	---	---	---	---	---	---	---	---	---
3338	PC18H20Na3O13S3	phosphine tetrahydrate, tris(3-sulfonatophe	63995-70-0	640.485	---	---	---	---	---	---	---	---	---
3339	PC18H21	phosphine, cyclohexyldiphenyl	6372-42-5	268.333	---	---	---	---	---	---	---	---	---
3340	PC18H27	dicyclohexylphenylphosphine	6476-37-5	274.381	---	---	---	---	---	---	---	---	---
3341	PC18H33	phosphine, tricyclohexyl	2622-14-2	280.428	---	---	---	---	---	---	---	---	---
3342	PC19H15O	2-(diphenylphosphino)benzaldehyde	50777-76-9	290.296	---	---	---	---	---	---	---	---	---
3343	PC19H17	phosphine, benzyldiphenyl	7650-91-1	276.312	---	---	---	---	---	---	---	---	---
3344	PC19H17	phosphine, diphenyl(p-tolyl)	1031-93-2	276.312	---	---	---	---	---	---	---	---	---
3345	PC19H17O	phosphine, diphenyl(2-methoxyphenyl)	53111-20-9	292.311	---	---	---	---	---	---	---	---	---
3346	PC19H18Br	phosphonium bromide, methyltriphenyl	1779-49-3	357.224	---	---	---	---	---	---	---	---	---
3347	PC19H33S2	phosphine carbon disulfide, tricyclohexyl	2636-88-6	356.571	---	---	---	---	---	---	---	---	---
3348	PC20H13O4	phosphate, (±)-1,1'-binaphthyl-2,2'-diyl hyd	50574-52-2	348.289	---	---	---	---	---	---	---	---	---
3349	PC20H20I	phosphonium iodide, ethyltriphenyl	4736-60-1	418.251	---	---	---	---	25	1.500	1	---	---
3350	PC21H12F9	phosphine, tris(p-trifluoromethoxyphenyl)	13406-29-6	466.279	---	---	---	---	---	---	---	---	---
3351	PC21H20Br	phosphonium bromide, allyltriphenyl	1560-54-9	383.261	---	---	---	---	---	---	---	---	---
3352	PC21H21	phosphine, tribenzyl	7650-89-7	304.365	---	---	---	---	---	---	---	---	---
3353	PC21H21	phosphine, tri-m-tolyl	6224-63-1	304.365	---	---	---	---	---	---	---	---	---
3354	PC21H21	phosphine, tri-o-tolyl	6163-58-2	304.365	---	---	---	---	---	---	---	---	---
3355	PC21H21	phosphine, tri-p-tolyl	1038-95-5	304.365	---	---	---	---	---	---	---	---	---
3356	PC21H21O3	phosphine, tris(m-methoxyphenyl)	29949-84-6	352.363	---	---	---	---	---	---	---	---	---
3357	PC21H21O3	phosphine, tris(o-methoxyphenyl)	4731-65-1	352.363	---	---	---	---	---	---	---	---	---
3358	PC21H21O3	phosphine, tris(p-methoxyphenyl)	855-38-9	352.363	---	---	---	---	---	---	---	---	---
3359	PC21H21O4	phosphate, tricresyl	1330-78-5	368.363	---	---	---	---	25	1.167	1	---	---
3360	PC22H22NO2	n-methoxy-n-methyl-2-(triphenylphosphora	---	363.389	---	---	---	---	---	---	---	---	---

				Mol Wt	Freezing Point		Boiling Point		Density			State	
NO	FORMULA	NAME	CAS No	g/mol	T_F, K	code	T_B, K	code	T, C	g/cm3	code	@ 25C, 1 atm	code
3361	PC22H29	phosphine, (+)-s-neomenthyldiphenyl	43077-29-8	324.439	---	---	---	---	---	---	---	---	---
3362	PC23H19	phorane, (cyclopentadienylideno)triphenyl	29473-30-1	326.371	---	---	---	---	---	---	---	---	---
3363	PC24H20Br	phosphonium bromide, tetraphenyl	2751-90-8	419.293	---	---	---	---	---	---	---	---	---
3364	PC24H20Cl	phosphonium chloride, tetraphenyl	2001-45-8	374.842	---	---	---	---	---	---	---	---	---
3365	PC24H20I	phosphonium iodide, tetraphenyl	2065-67-0	466.294	---	---	---	---	---	---	---	---	---
3366	PC24H25O2	phosphorane, (tert-butoxycarbonylmethyler	35000-38-5	376.428	---	---	---	---	---	---	---	---	---
3367	PC24H27O6	phosphine, tris(2,6-dimethoxyphenyl)	85417-41-0	442.441	---	---	---	---	---	---	---	---	---
3368	PC24H30N3	phosphine, tris(4-dimethylaminophenyl)	1104-21-8	391.489	---	---	---	---	---	---	---	---	---
3369	PC24H42NO2	phosphineoxide, octyl(phenyl)-n,n-diisobut	83242-95-9	407.570	---	---	---	---	---	---	---	---	---
3370	PC24H51O	phosphinic oxide, tri-n-octyl	78-50-2	386.635	---	---	---	---	25	0.880	1	---	---
3371	PC24H51O4	phosphate, dilauryl	7057-92-3	434.633	---	---	---	---	---	---	---	---	---
3372	PC25H22Cl	phosphonium chloride, benzyltriphenyl	1100-88-5	388.869	---	---	---	---	---	---	---	---	---
3373	PC25H30Br	phosphonium bromide, heptyltriphenyl	13423-48-8	441.383	---	---	---	---	---	---	---	---	---
3374	PC27H33	phosphine, tris(2,4,6-trimethylphenyl)	23897-15-6	388.525	---	---	---	---	---	---	---	---	---
3375	PC27H33O9	phosphine, tris(2,4,6-trimethoxyphenyl)	91608-15-0	532.519	---	---	---	---	---	---	---	---	---
3376	PC28H60Br	phosphonium bromide, hexadecyltri-n-butyl	14937-45-2	507.654	---	---	---	---	---	---	---	---	---
3377	PC30H21	phosphine, tri(1-naphthyl)	3411-48-1	412.462	---	---	---	---	---	---	---	---	---
3378	PClF2	phosphorus (iii) chloride difluoride	14335-40-1	104.423	---	---	225.90	1	---	---	---	colorless gas	1
3379	PCl2F	phosphorus (iii) dichloride fluoride	15597-63-4	120.878	---	---	287.15	1	---	---	---	colorless gas	1
3380	PCl2F3	phosphorus (v) dichloride trifluoride	13454-99-4	158.874	148.15	1	280.25	1	---	---	---	gas	1
3381	PCl3	phosphorus (iii) chloride	7719-12-2	137.332	181.15	1	349.25	1	25	1.574	1	colorless liquid	1
3382	PCl5	phosphorus pentachloride	10026-13-8	208.237	433.15	1	433.00	1	25	2.100	1	white-yellow tetragonal crystals	1
3383	PD3O4	phosphoric acid-d3	14335-33-2	101.013	---	---	---	---	25	1.741	1	---	---
3384	PF3	phosphorus (iii) fluoride	7783-55-3	87.969	121.65	1	171.65	1	---	---	---	colorless gas	1
3385	PF3H2	phosphorous trifluoride, dihydrogen	---	89.985	---	---	---	---	---	---	---	---	---
3386	PF3O	phosphorus oxyfluoride	13478-20-1	103.968	---	---	---	---	---	---	---	---	---
3387	PF5	phosphorus (v) fluoride	7647-19-0	125.966	179.35	1	188.55	1	---	---	---	colorless gas	1
3388	PHO3	metaphosphoric acid	37267-86-0	79.980	---	---	---	---	---	---	---	glassy solid	1
3389	PH3	phosphine	7803-51-2	33.998	139.37	1	185.41	1	25	0.491	1,2	colorless gas	1
3390	PH4Br	phosphonium bromide	---	114.910	---	---	---	---	---	---	---	---	---
3391	PH4Cl	phosphonium chloride	24567-53-1	70.458	---	---	---	---	---	---	---	---	---
3392	PH4I	phosphonium iodide	12125-09-6	161.910	291.65	1	335.65	1	25	2.860	1	colorless tetragonal crystals	1
3393	PH51O64W12	phosphotungstic acid 24-hydrate	12067-99-1	3312.420	---	---	---	---	---	---	---	---	---
3394	PI3	phosphorus (iii) iodide	13455-01-1	411.687	334.65	1	dec	1	25	4.180	1	red-orange hexagonal crystals	1
3395	POBr3	phosphorus (v) oxybromide	7789-59-5	286.685	329.15	1	464.85	1	25	2.822	1	faint orange plates	1
3396	POCl3	phosphorus oxychloride	10025-87-3	153.331	274.33	1	378.65	1	25	1.645	1	colorless liquid	1
3397	PSBr3	phosphorus thiobromide	3931-89-3	302.752	---	---	---	---	---	---	---	---	---
3398	PSCl3	phosphorus thiochloride	3982-91-0	169.398	236.95	1	398.15	1	25	1.635	1	fuming liquid	1
3399	PSClF2	phosphorus (v) sulfide chloride difluoride	2524-02-9	136.489	118.15	1	279.45	1	---	---	---	colorless gas	1
3400	PSF3	phosphorus (v) sulfide trifluoride	2404-52-6	120.035	124.35	1	220.90	1	---	---	---	gas	1
3401	PCH5O3	phosphonic acid, methyl	993-13-5	96.022	---	---	---	---	---	---	---	---	---
3402	P2Br4	phosporous bromide	24856-99-3	381.564	---	---	---	---	---	---	---	---	---
3403	P2C2H4Cl4	1,2-bis(dichlorophosphino)ethane	28240-69-9	231.811	---	---	---	---	---	---	---	---	---
3404	P2C2H8O7	1-hydroxyethylidene-1,1-diphosphonic acid	2809-21-4	206.028	---	---	---	---	---	---	---	---	---
3405	P2C5H14	bis(dimethylphosphino)methane	64065-08-3	136.112	---	---	---	---	25	0.860	1	---	---
3406	P2C6H8	1,2-bis(phosphino)benzene	80510-04-9	142.075	---	---	---	---	---	---	---	---	---
3407	P2C6H16	1,2-bis(dimethylphosphino)ethane	23936-60-9	150.139	---	---	---	---	25	0.900	1	---	---
3408	P2C10H16O6	1,2-bis(dimethoxyphosphoryl)benzene	15104-46-8	294.178	---	---	---	---	---	---	---	---	---
3409	P2C10H24	1,2-bis(diethylphosphino)ethane	6411-21-8	206.245	---	---	---	---	25	0.884	1	---	---
3410	P2C15H18	1,3-bis(phenylphosphino)propane	28240-66-6	260.251	---	---	---	---	---	---	---	---	---
3411	P2C18H28	(-)-1,2-bis[(2r,5r)-2,5-dimethylphospholano	147253-67-6	306.362	---	---	---	---	---	---	---	---	---
3412	P2C18H28	(+)-1,2-bis[(2s,5s)-2,5-dimethylphospholan	136735-95-0	306.362	---	---	---	---	---	---	---	---	---
3413	P2C22H36	(-)-1,2-bis[(2r,5r)-2,5-diethylphospholano]b	136705-64-1	362.469	---	---	---	---	---	---	---	---	---
3414	P2C22H36	(+)-1,2-bis[(2s,5s)-2,5-diethylphospholano]	136779-28-7	362.469	---	---	---	---	---	---	---	---	---
3415	P2C24H20	phosphine, tetraphenylbis	1101-41-3	370.363	---	---	---	---	---	---	---	---	---
3416	P2C25H22	bis(diphenylphosphino)methane	2071-20-7	384.390	---	---	---	---	---	---	---	---	---
3417	P2C25H46	bis(dicyclohexylphosphino)methane	137349-65-6	408.580	---	---	---	---	---	---	---	---	---
3418	P2C26H4F20	1,2-bis(dipentafluorophenylphosphino)etha	76858-94-1	758.226	---	---	---	---	---	---	---	---	---
3419	P2C26H20	bis(diphenylphosphino)acetylene	5112-95-8	394.385	---	---	---	---	---	---	---	---	---
3420	P2C26H22	cis-1,2-bis(diphenylphosphino)ethylene	983-80-2	396.400	---	---	---	---	---	---	---	---	---
3421	P2C26H22	trans-1,2-bis(diphenylphosphino)ethylene	983-81-3	396.400	---	---	---	---	---	---	---	---	---
3422	P2C26H24	1,2-bis(diphenylphosphino)ethane	1663-45-2	398.416	---	---	---	---	---	---	---	---	---
3423	P2C26H48	1,2bis(dicyclohexylphosphino)ethane	23743-26-2	422.607	---	---	---	---	---	---	---	---	---
3424	P2C27H26	1,3-bis(diphenylphosphino)propane	6737-42-4	412.443	---	---	---	---	---	---	---	---	---
3425	P2C27H26	r-(+)-1,2-bis(diphenylphosphino)propane	67884-32-6	412.443	---	---	---	---	---	---	---	---	---
3426	P2C28H28	(2r,3r)-(+)-bis(diphenylphosphino)butane	74839-84-2	426.469	---	---	---	---	---	---	---	---	---
3427	P2C28H28	(2s,3s)-(-)-2,3-bis(diphenylphosphino)butar	64896-28-2	426.469	---	---	---	---	---	---	---	---	---
3428	P2C28H28	1,4-bis(diphenylphosphino)butane	7688-25-7	426.469	---	---	---	---	---	---	---	---	---
3429	P2C29H29N	(2s,4s)-(-)-4-(diphenylphosphino)-2-(dipher	61478-29-3	453.495	---	---	---	---	---	---	---	---	---
3430	P2C29H30	(+)-(2r,4r)-2,4-bis(diphenylphosphino)penta	96183-46-9	440.496	---	---	---	---	---	---	---	---	---
3431	P2C29H30	1,5-bis(diphenylphosphino)pentane	27721-02-4	440.496	---	---	---	---	---	---	---	---	---
3432	P2C29H30	(-)-(2s,4s)-2,4-bis(diphenylphosphino)penta	77876-39-2	440.496	---	---	---	---	---	---	---	---	---
3433	P2C30H24	1,2-bis(diphenylphosphino)benzene	13991-08-7	446.459	---	---	---	---	---	---	---	---	---
3434	P2C30H32	1,6-bis(diphenylphosphino)hexane	19845-69-3	454.523	---	---	---	---	---	---	---	---	---
3435	P2C31H32O2	(+)-2,3-o-isopropylidene-2,3-dihydroxy-1,4-	37002-48-5	498.532	---	---	---	---	---	---	---	---	---
3436	P2C31H32O2	(4s,5s)-(+)-o-isopropylidene-2,3-dihydroxy-	32305-98-9	498.532	---	---	---	---	---	---	---	---	---
3437	P2C34H37NO2	(2s,4s)-1-tert-butoxycarbonyl-4-(diphenylph	61478-28-2	553.611	---	---	---	---	---	---	---	---	---
3438	P2C36H30ClN	bis(triphenylphosphine)iminium chloride	21050-13-5	574.030	---	---	---	---	---	---	---	---	---
3439	P2C36H34BCu	bis(triphenylphosphine)copper (i) borohydr	16903-61-0	602.960	---	---	---	---	---	---	---	---	---
3440	P2C36H34BN	bis(triphenylphosphine)iminium borohydrid	65013-26-5	553.420	---	---	---	---	---	---	---	---	---

Table 2 Physical Properties - Inorganic Compounds

				Mol Wt	Freezing Point		Boiling Point		Density			State	
NO	FORMULA	NAME	CAS No	g/mol	T_F, K	code	T_B, K	code	T, C	g/cm3	code	@ 25C, 1 atm	code
3441	P2C44H32	(r)-(+)-2,2'-bis(diphenylphosphino)-1,1'-bina	76189-55-4	622.672	---	---	---	---	---	---	---	---	---
3442	P2C44H32	(s)-(-)-2,2'-bis(diphenylphosphino)-1,1'-bina	76189-56-5	622.672	---	---	---	---	---	---	---	---	---
3443	P2Cl4	phosphorous chloride	13497-91-1	203.758	245.15	1	453.15	1	---	---	---	colourless oily liquid	1
3444	P2F4	phosphorous difluoride	13824-74-3	137.941	186.65	1	266.95	1	---	---	---	colourless gas	1
3445	P2H4	diphosphine	13445-50-6	65.979	174.15	1	dec	1	---	---	---	colorless liquid	1
3446	P2H4O7	pyrophosphoric acid	2466-09-3	177.975	344.65	1	---	---	---	---	---	white crystals	1
3447	P2I4	phosphorus tetraiodide	13455-00-0	569.565	---	---	---	---	---	---	---	---	---
3448	P2O3	phosphorus trioxide	1314-24-5	109.946	296.95	1	446.15	1	25	2.130	1	colorless monoclinic crystals or liquid	1
3449	P2O5	phosphorus pentoxide	1314-56-3	141.945	693.15	1	878.15	1	25	2.300	1	white orthorhombic crystals	1
3450	P2S3	phosphorus (iii) sulfide	12165-69-4	158.146	563.15	1	763.15	1	---	---	---	yellow solid	1
3451	P2S5	phosphorus (v) sulfide	1314-80-3	222.278	561.15	1	787.15	1	25	2.030	1	green-yellow hygroscopic crystals	1
3452	P2Se3	phosphorus (iii) selenide	---	298.828	518.15	1	---	---	25	1.310	1	orange-red crystals	1
3453	P2Se5	phosphorus (v) selenide	1314-82-5	456.748	---	---	---	---	---	---	---	black-purple amorphous solid	1
3454	P3C34H33	phosphine, bis(2-diphenylphosphinoethyl)p	23582-02-7	534.547	---	---	---	---	---	---	---	---	---
3455	P3C37H31	1,1,1-tris(diphenylphosphino)methane	28926-65-0	568.563	---	---	---	---	---	---	---	---	---
3456	P3C41H39	1,1,1-tris(diphenylphosphinomethyl)ethane	22031-12-5	624.670	---	---	---	---	---	---	---	---	---
3457	P3Cl6N3	phosphonitrilic chloride trimer	940-71-6	347.658	401.95	1	---	---	25	1.980	1	white hygroscopic crystals	1
3458	P3N5	phosphorus nitride	12136-91-3	162.955	dec	1	---	---	---	---	---	white amorphous solid	1
3459	P4	phosphorus (white)	12185-10-3	123.895	---	---	---	---	---	---	---	---	---
3460	P4C42H42	phosphine, tris[2-(diphenylphosphinoethyl]	23582-03-8	670.678	---	---	---	---	---	---	---	---	---
3461	P4O6	phosphorus (iii) oxide	12440-00-5	219.891	296.95	1	446.15	1	25	2.130	1	white crystalline solid	1
3462	P4S3	phosphorus sesquisulfide	1314-85-8	220.093	445.15	1	680.95	1	25	2.000	1	solid	1
3463	P4S4	tetraphosphorus tetrasulfide	39350-99-7	252.159	dec	1	---	---	25	2.220	1	pale yellow crystalline solid	1
3464	P4S5	tetraphosphorus pentasulfide	15578-54-8	284.225	443.15	1	---	---	25	2.170	1	yellow crystalline solid	1
3465	P4S6	tetraphosphorus hexasulfide	131105-01-6	316.291	563.15	1	763.15	1	---	---	---	yellow crystalline solid	1
3466	P4S7	phosphorus heptasulfide	12037-82-0	348.357	581.15	1	796.15	1	25	2.190	1	pale yellow monoclinic crystals	1
3467	P4S9	phosphorous nonasulfide	25070-46-6	412.489	---	---	---	---	---	---	---	crystalline solid	1
3468	P4Se3	phosphorous triselinide	1314-86-9	360.775	518.15	1	653.15	1	25	1.310	1	orange-red crystals	1
3469	Pa	protactinium	7440-13-3	231.036	1845.15	1	---	---	25	15.400	1	shiny metal	1
3470	PaBr4	protactinium tetrabromide	---	550.652	---	---	---	---	25	5.900	1	---	---
3471	PaBr5	protactinium pentabromide	---	630.556	---	---	---	---	---	---	---	---	---
3472	PaCl4	protactinium tetrachloride	13867-41-9	372.847	---	---	---	---	25	4.720	1	---	---
3473	PaCl5	protactinium (v) chloride	13760-41-3	408.299	579.15	1	---	---	25	3.740	1	yellow monoclinic crystals	1
3474	PaF4	protactinium tetrafluoride	---	307.029	---	---	---	---	25	6.380	1	---	---
3475	PaF5	protactinium pentafluoride	15192-29-7	326.028	---	---	---	---	---	---	---	---	---
3476	PaH3	protactinium trihydride	---	234.060	---	---	---	---	---	---	---	---	---
3477	PaI3	protactinium triiodide	---	611.749	---	---	---	---	25	6.690	1	---	---
3478	PaI4	protactinium tetraiodide	15113-96-9	738.654	---	---	---	---	---	---	---	---	---
3479	PaI5	protactinium pentaiodide	---	865.558	---	---	---	---	---	---	---	---	---
3480	PaO	proactinium oxide	60936-60-9	247.035	---	---	---	---	---	---	---	---	---
3481	PaO2	protactinium dioxide	---	263.035	---	---	---	---	25	10.450	1	---	---
3482	Pa2O5	protactinium pentoxide	---	542.069	---	---	---	---	---	---	---	---	---
3483	Pb	lead	7439-92-1	207.200	600.61	1	2022.15	1	25	11.300	1	soft silvery-gray metal	1
3484	PbAs2O4	lead (ii) arsenite	10031-13-7	421.041	---	---	---	---	25	5.850	1	white powder	1
3485	PbB2F8	lead (ii) fluoroborate	13814-96-5	380.809	---	---	---	---	---	---	---	stable only in aqueous solution	1
3486	PbB2H2O5	lead (ii) borate monohydrate	10214-39-8	310.835	dec	1	---	---	25	5.600	1	white powder	1
3487	PbBr2	lead bromide	10031-22-8	367.008	644.15	1	1165.15	1	25	6.690	1	white orthorhombic crystals	1
3488	PbBr2O6	lead bromate	34018-28-5	463.004	---	---	---	---	25	5.530	1	---	---
3489	PbBr2H2O7	lead (ii) bromate monohydrate	10031-21-7	481.020	dec	1	---	---	25	5.530	1	colorless crystals	1
3490	PbBr4	lead (iv) bromide	13701-91-2	526.816	---	---	---	---	---	---	---	unstable liquid	1
3491	PbCN2	lead cyanamide	20837-86-9	247.224	---	---	---	---	20	6.600	1	---	---
3492	PbCO3	lead (ii) carbonate	598-63-0	267.209	dec	1	---	---	25	6.600	1	colorless orthorhombic crystals	1
3493	PbC2H2O4	lead (ii) formate	811-54-1	297.235	dec	1	---	---	25	4.630	1	white prisms or needles	1
3494	PbC2N2	lead (ii) cyanide	592-05-2	259.235	---	---	---	---	---	---	---	white-yellow powder	1
3495	PbC2N2S2	lead (ii) thiocyanate	592-87-0	323.367	---	---	---	---	25	3.820	1	white-yellow powder	1
3496	PbC2O4	lead (ii) oxalate	15843-48-8	295.219	dec	1	---	---	25	5.280	1	white powder	1
3497	PbC4H6O4	lead (ii) acetate	301-04-2	325.288	553.15	1	dec	1	25	3.250	1	white crystals	1
3498	PbC4H12	lead, tetramethyl	75-74-1	267.338	---	---	---	---	25	1.995	1	---	---
3499	PbC4H12O10	lead (ii) acetate trihydrate	6080-56-4	427.332	dec	1	---	---	25	2.550	1	colorless crystals	1
3500	PbC6H6O4	lead acrylate	867-47-0	349.309	---	---	---	---	---	---	---	---	---
3501	PbC6H10O6	lead (ii) lactate	18917-82-3	385.340	---	---	---	---	---	---	---	white crystalline powder	1
3502	PbC8H12O8	lead (iv) acetate	546-67-8	443.376	---	---	---	---	25	2.230	1	colorless monoclinic crystals	1
3503	PbC8H14O4	lead (ii) butanoate	819-73-8	381.394	---	---	---	---	---	---	---	colorless solid	1
3504	PbC8H20	tetraethyl lead	78-00-2	323.444	---	---	---	---	25	1.653	1	---	---
3505	PbC10H14O4	lead acetylacetonate	15282-88-9	405.416	---	---	---	---	---	---	---	---	---
3506	PbC16H30O4	lead 2-ethylhexanoate	301-08-6	493.607	---	---	---	---	25	1.560	1	---	---
3507	PbC20H34O4	lead cyclohexanebutyrate	62637-99-4	545.682	---	---	---	---	---	---	---	---	---
3508	PbC22H38O4	lead, bis(2,2,6,6-tetramethyl-3,5-heptanedi	21319-43-7	573.735	---	---	---	---	---	---	---	---	---
3509	PbC24H20	lead, tetraphenyl	595-89-1	515.616	---	---	---	---	25	1.530	1	---	---
3510	PbC36H66O4	lead (ii) oleate	1120-46-3	770.107	---	---	---	---	---	---	---	wax-like solid	1
3511	PbC36H70O4	lead stearate	1072-35-1	774.139	---	---	---	---	25	1.400	1	---	---
3512	PbC92H72N8O4	lead (ii) tetrakis(4-cumylphenoxy)phthalocy	91083-54-4	1560.808	---	---	---	---	---	---	---	---	---
3513	PbClF	lead (ii) chloride fluoride	13847-57-9	261.651	---	---	---	---	25	7.050	1	tetragonal crystals	1
3514	PbCl2	lead chloride	7758-95-4	278.105	774.15	1	1224.15	1	25	5.980	1	white orthorhombic needles or powder	1
3515	PbCl2H6O11	lead (ii) perchlorate trihydrate	13637-76-8	460.146	dec	1	---	---	25	2.600	1	white crystals	1
3516	PbCl2O4	lead chlorite	13453-57-2	342.103	---	---	---	---	---	---	---	---	---
3517	PbCl2O6	lead (ii) chlorate	10294-47-0	374.102	dec	1	---	---	25	3.900	1	colorless hygroscopic crystals	1
3518	PbCl2O8	lead (ii) perchlorate	13453-62-8	406.101	---	---	---	---	---	---	---	white crystals	1
3519	PbCl4	lead (iv) chloride	13463-30-4	349.011	258.15	1	---	---	---	---	---	yellow oily liquid	1
3520	PbCrO4	lead (ii) chromate	7758-97-6	323.194	1117.15	1	---	---	25	6.120	1	yellow-orange monoclinic crystals	1

Table 2 Physical Properties - Inorganic Compounds

NO	FORMULA	NAME	CAS No	Mol Wt g/mol	Freezing Point T_F, K	code	Boiling Point T_B, K	code	Density T, C	g/cm3	code	State @ 25C, 1 atm	code
3521	PbF2	lead fluoride	7783-46-2	245.197	1103.15	1	1566.15	1	25	8.440	1	white orthorhombic crystals	1
3522	PbF4	lead (iv) fluoride	7783-59-7	283.194	---	---	---	---	25	6.700	1	white tetragonal crystals	1
3523	PbF6H4O2Si	lead (ii) hexafluorosilicate dihydrate	1310-03-8	385.306	dec	1	---	---	---	---	---	colorless crystals	1
3524	PbH4	lead hydride	15875-18-0	211.232	---	---	---	---	---	---	---	---	---
3525	PbHAsO4	lead (ii) hydrogen arsenate	7784-40-9	347.127	dec	1	---	---	25	5.943	1	white monoclinic crystals	1
3526	PbHO4P	lead hydrogen phosphate	---	303.179	---	---	---	---	25	5.660	1	---	---
3527	PbHPO4	lead (ii) hydrogen phosphate	15845-52-0	303.179	dec	1	---	---	25	5.660	1	white monoclinic crystals	1
3528	PbH2O2	lead (ii) hydroxide	19783-14-3	241.215	dec	1	---	---	25	7.590	1	white powder	1
3529	PbH4O4P2	lead (ii) hypophosphite	10294-58-3	337.177	dec	1	---	---	---	---	---	hygroscopic crystalline powder	1
3530	PbI2	lead iodide	10101-63-0	461.009	675.15	1	dec	1	25	6.160	1	yellow hexagonal crystals or powder	1
3531	PbI2O6	lead (ii) iodate	25659-31-8	557.005	---	---	---	---	25	6.500	1	white orthorhombic crystals	1
3532	PbMoO4	lead (ii) molybdate	10190-55-3	367.138	---	---	---	---	25	6.700	1	yellow tetragonal crystals	1
3533	PbN2O6	lead (ii) nitrate	10099-74-8	331.210	743.15	1	---	---	25	4.530	1	colorless cubic crystals	1
3534	PbN6	lead (ii) azide	13424-46-9	291.240	explo	1	---	---	25	4.700	1	colorless orthorhombic needles	1
3535	PbNa4O9S6	lead (ii) sodium thiosulfate	10101-94-7	635.550	---	---	---	---	---	---	---	white crystals	1
3536	PbNb2O6	lead (ii) niobate	12034-88-7	489.009	1616.15	1	---	---	25	6.600	1	rhombohedral or tetragonal crystals	1
3537	PbO	lead oxide	1317-36-8	223.199	1161.15	1	1747.15	1	25	9.350	1	solid	1
3538	PbO	lead (ii) oxide (massicot)	1317-36-8	223.199	---	---	---	---	25	9.640	1	yellow orthorhombic crystals	1
3539	PbO	lead (ii) oxide (litharge)	1317-36-8	223.199	1161.15	1	1747.15	1	25	9.350	1	red tetragonal crystals	1
3540	PbO2	lead (iv) oxide	1309-60-0	239.199	dec	1	---	---	25	9.640	1	red tetragonal crystals or brown powder	1
3541	PbO3S	lead sulfite	7446-10-8	287.264	---	---	---	---	---	---	---	---	---
3542	PbO3Te	lead tellurite	15851-47-5	382.798	---	---	---	---	---	---	---	---	---
3543	PbO4W	lead tungstate	7759-01-5	455.038	---	---	---	---	25	8.460	1	---	---
3544	PbO6V2	lead (ii) metavanadate	10099-79-3	405.079	---	---	---	---	---	---	---	yellow powder	1
3545	PbS	lead sulfide	1314-87-0	239.266	1387.15	1	1554.15	1	25	7.600	1	black powder or silvery cubic crystals	1
3546	PbSO3	lead (ii) sulfite	7446-10-8	287.264	dec	1	---	---	---	---	---	white powder	1
3547	PbSO4	lead (ii) sulfate	7446-14-2	303.264	1360.15	1	---	---	25	6.290	1	orthorhombic crystals	1
3548	PbS2O3	lead (ii) thiosulfate	13478-50-7	319.330	dec	1	---	---	25	5.180	1	white crystals	1
3549	PbSb	lead antimonide	12266-38-5	328.960	---	---	---	---	---	---	---	---	---
3550	PbSe	lead (ii) selenide	12069-00-0	286.160	1351.15	1	---	---	25	8.100	1	gray cubic crystals	1
3551	PbSeO3	lead (ii) selenite	7488-51-9	334.158	---	---	---	---	25	7.000	1	white monoclinic crystals	1
3552	PbSeO4	lead (ii) selenate	7446-15-3	350.158	---	---	---	---	25	6.370	1	orthorhombic crystals	1
3553	PbSiO3	lead (ii) metasilicate	10099-76-0	283.284	1037.15	1	---	---	25	6.490	1	white monoclinic crystalline powder	1
3554	PbTa2O6	lead (ii) tantalate	12065-68-8	665.092	---	---	---	---	25	7.900	1	orthorhombic crystals	1
3555	PbTe	lead (ii) telluride	1314-91-6	334.800	1197.15	1	---	---	25	8.164	1	gray cubic crystals	1
3556	PbTiO3	lead (ii) titanate	12060-00-3	303.065	---	---	---	---	25	7.900	1	yellow tetragonal crystals	1
3557	PbWO4	lead (ii) tungstate (stolzite)	7759-01-5	455.038	1403.15	1	---	---	25	8.240	1	yellow tetragonal crystals	1
3558	PbWO4	lead (ii) tungstate (raspite)	7759-01-5	455.038	673.15	1	---	---	25	8.460	1	monoclinic crystals	1
3559	PbZrO3	lead (ii) zirconate	12060-01-4	346.422	---	---	---	---	---	---	---	colorless orthorhombic crystals	1
3560	Pb2C36H30	lead, hexaphenyldi	3124-01-4	877.023	---	---	---	---	---	---	---	---	---
3561	Pb2CrO5	lead (ii) chromate (vi) oxide	18454-12-1	546.393	---	---	---	---	---	---	---	red powder	1
3562	Pb2O3	lead (ii,iv) oxide	1314-27-8	462.398	dec	1	---	---	25	10.050	1	red amorphous powder	1
3563	Pb2SiO4	lead (ii) orthosilicate	13566-17-1	506.483	1016.15	1	---	---	25	7.600	1	monoclinic crystals	1
3564	Pb3As2O8	lead (ii) arsenate	3687-31-8	899.438	dec	1	---	---	25	5.800	1	white crystals	1
3565	Pb3C2H2O8	lead basic carbonate	1319-46-6	775.632	dec	1	---	---	25	6.680	1	white hexagonal crystals	1
3566	Pb3C4H10O8	lead (ii) acetate, basic	1335-32-6	807.717	dec	1	---	---	---	---	---	white powder	1
3567	Pb3C12H16O17	lead (ii) citrate trihydrate	512-26-5	1053.845	---	---	---	---	---	---	---	white crystalline powder	1
3568	Pb3O4	lead (ii,ii,iv) oxide	1314-41-6	685.598	1103.15	1	---	---	25	8.920	1	red tetragonal crystals	1
3569	Pb3O8P2	lead (ii) phosphate	7446-27-7	811.543	1287.15	1	---	---	25	7.010	1	white hexagonal crystals	1
3570	Pb3O8Sb2	lead (ii) antimonate	13510-89-9	993.115	---	---	---	---	25	6.580	1	orange-yellow powder	1
3571	Pd	palladium	7440-05-3	106.420	1828.05	1	3236.15	1	25	12.000	1	silvery-white metal	1
3572	PdBr2	palladium (ii) bromide	13444-94-5	266.228	dec	1	---	---	25	5.173	1	red-black monoclinic crystals	1
3573	PdC2N2	palladium (ii) cyanide	2035-66-7	158.455	---	---	---	---	---	---	---	---	---
3574	PdC4F6O4	palladium (ii) trifluoracetate	42196-31-6	332.451	---	---	---	---	---	---	---	---	---
3575	PdC4H6ClN3O2	palladium (ii), bis(acetonitrile)chloronitro	77933-52-9	269.982	---	---	---	---	---	---	---	---	---
3576	PdC4H6Cl2N2	palladium (ii), bis(acetonitrile)dichloro	14592-56-4	259.429	---	---	---	---	---	---	---	---	---
3577	PdC4H6K2N4O3	palladium (ii) trihydrate, potassium tetracya	---	342.732	---	---	---	---	---	---	---	---	---
3578	PdC4H6O4	palladium (ii) acetate	3375-31-3	224.508	---	---	---	---	---	---	---	---	---
3579	PdC4O4	palladium tetracarbonyl	36344-80-6	218.460	---	---	---	---	---	---	---	---	---
3580	PdC6H16Cl2N2	palladium (ii), dichloro(n,n,n',n'-tetramethyl	14267-08-4	293.530	---	---	---	---	---	---	---	---	---
3581	PdC7H8Cl2	palladium (ii) chloride, (bicyclo[2.2.1]hepta-	12317-46-3	269.464	---	---	---	---	---	---	---	---	---
3582	PdC8H12B2F8N4	palladium (ii) tetrafluoroborate, tetrakis(ace	21797-13-7	444.237	---	---	---	---	---	---	---	---	---
3583	PdC8H12Cl2	palladium (ii) chloride, (cis,cis-1,5-cycloocta	12107-56-1	285.506	---	---	---	---	---	---	---	---	---
3584	PdC10H2F12O4	palladium (ii) hexafluoroacetylacetonate	64916-48-9	520.521	---	---	---	---	---	---	---	---	---
3585	PdC10H8Cl2N2	palladium (ii), (2,2'-bipyridine)dichloro	14871-92-2	333.509	---	---	---	---	---	---	---	---	---
3586	PdC10H14O4	palladium (ii) acetylacetonate	14024-61-4	304.636	---	---	---	---	---	---	---	---	---
3587	PdC12H8Cl2N2	palladium (ii), dichloro(1,10-phenanthroline	14783-10-9	357.531	---	---	---	---	---	---	---	---	---
3588	PdC12H12O8	palladium, [1,2,3,4-tetrakis(methoxycarbon	35279-80-2	390.639	---	---	---	---	---	---	---	---	---
3589	PdC12H30Cl2P2	palladium (ii) chloride, bis(triethylphosphine	28425-04-9	413.640	---	---	---	---	---	---	---	---	---
3590	PdC12H30Cl2P2	palladium (ii), trans-dichlorobis(triethylphos	34409-36-4	413.640	---	---	---	---	---	---	---	---	---
3591	PdC14H10Cl2N2	palladium (ii) chloride, bis(benzonitrile)	14220-64-5	383.568	---	---	---	---	---	---	---	---	---
3592	PdC26H24Cl2P2	palladium (ii) chloride, [1,2-bis(diphenylpho	19978-61-1	575.742	---	---	---	---	---	---	---	---	---
3593	PdC26H28Cl2FeNP	dichloropalladium{(r)-n,n-dimethyl-1-[(s)-2-(	76374-09-9	618.651	---	---	---	---	---	---	---	---	---
3594	PdC26H28Cl2FeNP	dichloropalladium{(s)-n,n-dimethyl-1[(r)-2-(	79767-72-9	618.651	---	---	---	---	---	---	---	---	---
3595	PdC31H33ClO4P2	palladium (ii) perchlorate, [(2s,3s)-(+)-bis(d	95070-72-7	673.412	---	---	---	---	---	---	---	---	---
3596	PdC34H28O2	palladium (ii), bis(dibenzylideneacetone)	32005-36-0	575.005	---	---	---	---	---	---	---	---	---
3597	PdC35H30Cl4FeP2	palladium (ii) chloride·dichloromethane, [1,	72287-26-4	816.636	---	---	---	---	---	---	---	---	---
3598	PdC36H30Br2P2	palladium (ii) bromide, trans-bis(triphenylph	---	790.799	---	---	---	---	---	---	---	---	---
3599	PdC36H30Br2P2	palladium (ii), trans-dibromobis(triphenylph	22180-53-6	790.799	---	---	---	---	---	---	---	---	---
3600	PdC36H30Cl2P2	palladium (ii), trans-dichlorobis(triphenylph	13965-03-2	701.896	---	---	---	---	---	---	---	---	---

Table 2 Physical Properties - Inorganic Compounds

				Mol Wt	Freezing Point		Boiling Point		Density			State	
NO	FORMULA	NAME	CAS No	g/mol	T_F, K	code	T_B, K	code	T, C	g/cm3	code	@ 25C, 1 atm	code
3601	PdC36H46N4	palladium (ii), 2,3,7,8,12,13,17,18-octaethy	24804-00-0	641.197	---	---	---	---	---	---	---	---	---
3602	PdC36H66Cl2P2	palladium (ii) chloride, bis(tricyclohexylpho:	29934-17-6	738.182	---	---	---	---	---	---	---	---	---
3603	PdC40H36O4P2	palladium (ii) acetate, bis(triphenylphosphir	14588-08-0	749.079	---	---	---	---	---	---	---	---	---
3604	PdC43H37ClP2	palladium (ii), trans-benzyl(chloro)bis(triphe	22784-59-4	757.574	---	---	---	---	---	---	---	---	---
3605	PdC44H32Cl2P2	palladium (ii) chloride, [(r)-(+)-2,2'-bis(diphe	---	799.998	---	---	---	---	---	---	---	---	---
3606	PdC52H48P4	palladium (0), bis[1,2-bis(diphenylphosphin	31277-98-2	903.253	---	---	---	---	---	---	---	---	---
3607	PdC72H60P4	palladium (0), tetrakis(triphenylphosphine)	14221-01-3	1155.562	---	---	---	---	---	---	---	---	---
3608	PdCl2	palladium (ii) chloride	7647-10-1	177.325	952.15	1	---	---	25	4.000	1	red rhombohedral crystals	1
3609	PdCl2H4O2	palladium (ii) chloride dihydrate	7647-10-1	213.356	---	---	---	---	---	---	---	---	---
3610	PdCl2H6N2	palladium (ii), trans-dichlorodiammine	13782-33-7	211.387	---	---	---	---	---	---	---	---	---
3611	PdCl2H14N4O	palladium (ii) tetraammine chloride monohy	13933-31-8	263.463	---	---	---	---	---	---	---	---	---
3612	PdF2	palladium (ii) fluoride	13444-96-7	144.417	1225.15	1	---	---	25	5.760	1	violet tetragonal crystals	1
3613	PdF3	palladium (iii) fluoride	12021-58-8	163.415	---	---	---	---	---	---	---	---	---
3614	PdF4	palladium (iV) fluoride	13709-55-2	182.414	---	---	---	---	---	---	---	brick-red crystalline solid	1
3615	PdH4O6S	palladium (ii) sulfate dihydrate	13566-03-5	238.514	---	---	---	---	---	---	---	---	---
3616	PdH6I2N2	palladium (ii), diamminediiodo	14219-60-4	394.290	---	---	---	---	---	---	---	---	---
3617	PdH6N4O4	palladium (ii) nitrite, diammine	14852-83-6	232.492	---	---	---	---	25	1.027	1	---	---
3618	PdH12N6O6	palladium (ii) nitrate, tetraamine	13601-08-6	298.552	---	---	---	---	25	1.040	1	---	---
3619	PdI2	palladium (ii) iodide	7790-38-7	360.229	dec	1	---	---	25	6.000	1	black crystals	1
3620	PdN2O6	palladium (ii) nitrate	10102-05-3	230.430	dec	1	---	---	25	1.118	1	brown hygroscopic crystals	1
3621	PdO	palladium (ii) oxide	1314-08-5	122.419	dec	1	---	---	25	8.300	1	green-black tetragonal crystals	1
3622	PdO2	palladium dioxide	---	138.419	---	---	---	---	---	---	---	---	---
3623	PdS	palladium (ii) sulfide	12125-22-3	138.486	---	---	---	---	25	6.700	1	gray tetragonal crystals	1
3624	PdS2	palladium (iv) sulfide	12137-75-6	170.552	dec	1	---	---	---	---	---	---	---
3625	PdSe	palladium (ii) selenide	12137-76-7	185.380	---	---	---	---	---	---	---	brown solid	1
3626	PdSe2	palladium (iv) selenide	60672-19-7	264.340	---	---	---	---	---	---	---	green-grey crystalline solid	1
3627	PdTe	palladium (ii) telluride	12037-94-4	234.020	---	---	---	---	---	---	---	solid	1
3628	PdTe2	palladium (iv) telluride	12037-95-5	361.620	---	---	---	---	---	---	---	silvery crystalline solid	1
3629	Pd2C6H10Cl2	palladium chloride dimer, allyl	12012-95-2	365.889	---	---	---	---	---	---	---	---	---
3630	Pd2C18H24Cl2N2	dipalladium, (±)-di-μ-chlorobis[2-[(dimethyl	18987-59-2	552.142	---	---	---	---	---	---	---	---	---
3631	Pd2C20H28Cl2N2	dipalladium, (+)-di-μ-chlorobis[2-[1-(dimeth	---	580.195	---	---	---	---	---	---	---	---	---
3632	Pd2C51H42O3	dipalladium (0), tris(dibenzylideneacetone)	52409-22-0	915.717	---	---	---	---	---	---	---	---	---
3633	Pd2C51H46Cl4P4	dipalladium dichloromethane adduct, dichlc	123334-24-7	1137.457	---	---	---	---	---	---	---	---	---
3634	Pd2C52H43Cl3O3	dipalladium (0)-chloroform adduct, tris(dibe	52522-40-4	1035.094	---	---	---	---	---	---	---	---	---
3635	Pd2Cl4H12N4	palladium (ii) tetrachlorpalladium (ii), tetraa	13820-44-5	422.773	---	---	---	---	---	---	---	---	---
3636	Pd2O3	palladium trioxide	---	260.838	---	---	---	---	---	---	---	---	---
3637	Pm	promethium	7440-12-2	145.000	1315.15	1	3273.15	1	25	7.260	1	silvery metal	1
3638	PmBr3	promethium tribromide	14325-78-1	384.712	933.15	1	---	---	25	5.400	1	coral-red crystalline solid	1
3639	PmCl3	promethium trichloride	13779-10-7	251.358	1010.15	1	1943.15	1.00	---	---	---	solid	1
3640	Pm2O3	promethium (iii) oxide	---	337.998	---	---	---	---	---	---	---	---	---
3641	Po	polonium	7440-08-6	208.982	527.15	1	1235.15	1	25	9.200	1	silvery metal	1
3642	PoBr2	polonium dibromide	66794-54-5	368.790	543.15	1	---	---	---	---	---	purple brown solid	1
3643	PoBr4	polonium tetrabromide	60996-98-7	528.598	---	---	633.15	1	---	---	---	---	---
3644	PoCl2	polonium dichloride	60816-56-0	279.888	628.15	1	403.15	1	---	---	--	dark ruby red solid	1
3645	PoCl4	polonium tetrachloride	10026-02-5	350.793	---	---	663.15	1	---	---	---	yellow crystalline solid	1
3646	PoH2	polonium hydride	31060-73-8	210.998	---	---	310.15	1	---	---	---	liquid	1
3647	PoI2	polonium diiodide	61716-26-5	462.791	---	---	---	---	---	---	---	---	---
3648	PoI4	polonium tetraiodide	61716-27-6	716.600	---	---	---	---	---	---	---	---	---
3649	PoO2	polonium (iv) oxide	7446-06-2	240.981	dec	1	---	---	25	8.900	1	yellow cubic crystals	1
3650	Pr	praseodymium	7440-10-0	140.908	1204.15	1	3793.15	1	25	6.770	1	silvery metal	1
3651	PrB6	praseodymium boride	12008-27-4	205.774	2883.15	1	---	---	25	4.840	1	black cubic crystals	1
3652	PrBa2Cu3O7	praseodymium barium copper oxide	126284-91-1	718.195	---	---	---	---	---	---	---	---	---
3653	PrBr3	praseodymium bromide	13536-53-3	380.620	966.15	1	---	---	25	5.280	1	green hexagonal crystals	1
3654	PrBr3H18O18	praseodymium bromate nonahydrate	15162-93-3	686.752	---	---	---	---	---	---	---	---	---
3655	PrC9H21O3	praseodymium isopropoxide	19236-14-7	318.169	---	---	---	---	---	---	---	---	---
3656	PrC15H12F9O6	praseodymium trifluoroacetylacetonate	59991-56-9	600.145	---	---	---	---	---	---	---	---	---
3657	PrC15H15	praseodymium, tris(cyclopentadienyl)	11077-59-1	336.187	---	---	---	---	---	---	---	---	---
3658	PrC15H21O6	praseodymium acetylacetonate	14553-09-4	438.231	---	---	---	---	---	---	---	---	---
3659	PrC15H3F18O6	praseodymium hexafluoroacetylacetonate	47814-20-0	762.060	---	---	---	---	---	---	---	---	---
3660	PrC24H33	praseodymium, tris (isopropylcyclopentadie	69021-86-9	462.426	---	---	---	---	---	---	---	---	---
3661	PrC30H30F21O6	praseodymium (iii), tris(1,1,1,2,2,3,3-heptaf	17978-77-7	1026.430	---	---	---	---	---	---	---	---	---
3662	PrC33H57O6	praseodymium (iii), tris(2,2,6,6-tetramethyl-	15492-48-5	690.710	---	---	---	---	---	---	---	---	---
3663	PrCl3	praseodymium chloride	10361-79-2	247.266	1059.15	1	---	---	25	4.000	1	green hexagonal needles	1
3664	PrCl3H12O18	praseodymium perchlorate hexahydrate	13498-07-2	547.350	---	---	---	---	---	---	---	---	---
3665	PrCl3H14O7	praseodymium chloride heptahydrate	10025-90-8	373.373	dec	1	---	---	---	---	---	green crystals	1
3666	PrF2	praseodymium (ii) fluoride	59513-11-0	178.904	---	---	---	---	---	---	---	---	---
3667	PrF3	praseodymium fluoride	13709-46-1	197.903	1668.15	1	---	---	25	6.300	1	green hexagonal crystals	1
3668	PrF4	praseodymium tetrafluoride	15192-24-2	216.901	dec	1	---	---	---	---	---	white solid	1
3669	PrH12N3O15	praseodymium nitrate hexahydrate	14483-17-1	435.014	---	---	---	---	---	---	---	ligtt green crystals	1
3670	PrH3	praseodymium hydride	13864-03-4	143.931	---	---	---	---	---	---	---	---	---
3671	PrH3O3	praseodymium hydroxide	16469-16-2	191.930	---	---	---	---	---	---	---	---	---
3672	PrI2	praseodymium diiodide	65530-47-4	394.717	1031.15	1	---	---	---	---	---	bronze solid	1
3673	PrI3	praseodymium iodide	13813-23-5	521.621	1010.15	1	---	---	---	---	---	orthorhombic hygroscopic crystals	1
3674	PrN	praseodymium nitride	25764-09-4	154.914	---	---	---	---	25	7.460	1	cubic crystals	1
3675	PrO2	praesodymium dioxide	---	172.906	---	---	---	---	---	---	---	---	---
3676	PrO4P	praseodymium phosphate	14298-31-8	235.879	---	---	---	---	---	---	---	---	---
3677	PrS	praseodymium sulphide	12038-06-1	172.974	---	---	---	---	---	---	---	solid	1
3678	PrSi2	praseodymium silicide	12066-83-0	197.079	1985.15	1	---	---	25	5.460	1	tetragonal crystals	1
3679	PrSe	praseodymium selenide	12038-08-3	219.868	---	---	---	---	---	---	---	solid	1
3680	PrTe	praseodymium telluride	12125-60-9	268.508	---	---	---	---	---	---	---	solid	1

Table 2 Physical Properties - Inorganic Compounds

NO	FORMULA	NAME	CAS No	Mol Wt g/mol	Freezing Point T_F, K	code	Boiling Point T_B, K	code	Density T, C	g/cm3	code	State @ 25C, 1 atm	code
3681	Pr2Br5	dipraseodymium pentabromide	106266-28-8	681.335	---	---	---	---	---	---	---	solid	1
3682	Pr2I5	dipraseodymium pentaiodide	137879-92-6	916.338	---	---	---	---	---	---	---	solid	1
3683	Pr2C3H16O17	praseodymium carbonate octahydrate	14948-62-0	605.964	---	---	---	---	---	---	---	---	---
3684	Pr2C6H20O22	praseodymium oxalate decahydrate	24992-60-7	726.025	---	---	---	---	---	---	---	---	---
3685	Pr2H16O20S3	praseodymium sulfate octahydrate	13510-41-3	714.128	---	---	---	---	25	2.827	1	---	---
3686	Pr2O12Pr2S3	praseodymium sulfate	10277-44-8	570.006	---	---	---	---	25	3.720	1	---	---
3687	Pr2O3	praseodymium oxide	---	329.814	2573.15	1	---	---	25	6.900	1	white hexagonal crystals	1
3688	Pr2S3	praseodymium sulfide	12038-13-0	378.013	2038.15	1	---	---	25	5.100	1	cubic crystals	1
3689	Pr2Te3	praseodymium telluride	12038-12-9	664.615	1773.15	1	---	---	---	---	---	cubic crystals	1
3690	Pr6O11	praseodymium (iii,iv) oxide	12037-29-5	1021.439	---	---	---	---	25	6.900	1	---	---
3691	Pt	platinum	7440-06-4	195.078	2041.55	1	4098.15	1	25	21.500	1	silvery-gray metal	1
3692	PtBr2	platinum (ii) bromide	13455-12-4	354.886	dec	1	---	---	25	6.650	1	red-brown powder	1
3693	PtBr3	platinum (iii) bromide	25985-07-3	434.790	dec	1	---	---	---	---	---	green-black crystals	1
3694	PtBr4	platinum (iv) bromide	68938-92-1	514.694	dec	1	---	---	---	---	---	brown-black crystals	1
3695	PtC2H8Cl2N2	platinum (ii)(ethylenediamine) dichloride	14096-51-6	326.082	---	---	---	---	---	---	---	---	---
3696	PtC2N2	platinum (ii) cyanide	592-06-3	247.113	---	---	---	---	---	---	---	---	---
3697	PtC3H9I	platinum (iv), iodotrimethyl	14364-93-3	367.086	---	---	---	---	---	---	---	---	---
3698	PtC4H16Cl2N4	platinum (ii)bis(ethylenediamine) chloride	21430-85-3	386.180	---	---	---	---	---	---	---	---	---
3699	PtC4H6Cl2N2	platinum (ii) chloride, cis-bis(acetonitrile)	13869-38-0	348.087	---	---	---	---	---	---	---	---	---
3700	PtC4O4	platinum tetracarbonyl	36344-81-7	307.118	dec	1	---	---	---	---	---	---	---
3701	PtC6H12N2O4	platinum (ii), 1,1-cyclobutanedicarboxylato-	41575-94-4	371.249	---	---	---	---	---	---	---	---	---
3702	PtC8H12Br2	platinum (ii) bromide, (1,5-cyclooctadiene)	12145-48-1	463.067	---	---	---	---	---	---	---	---	---
3703	PtC8H12Cl2	platinum (ii) chloride, (1,5-cyclooctadiene)	12080-32-9	374.164	---	---	---	---	---	---	---	---	---
3704	PtC8H12I2	platinum (ii) iodide, (1,5-cyclooctadiene)	12266-72-7	557.068	---	---	---	---	---	---	---	---	---
3705	PtC8H20Cl2S2	platinum (ii), cis-dichlorobis(diethylsulphide	15442-57-6	446.360	---	---	---	---	---	---	---	---	---
3706	PtC8H20Cl2S2	platinum (ii), trans-dichlorobis(diethylsulfide	15337-84-5	446.360	---	---	---	---	---	---	---	---	---
3707	PtC9H16	platinum (iv), (trimethyl) methylcyclopentad	94442-22-5	319.301	---	---	---	---	---	---	---	---	---
3708	PtC10H2F12O4	platinum (ii) hexafluoroacetylacetonate	65353-51-7	609.179	---	---	---	---	---	---	---	---	---
3709	PtC10H10Cl2N2	platinum (ii) chloride, cis-bis(pyridine)	15227-42-6	424.183	---	---	---	---	---	---	---	---	---
3710	PtC10H14O4	platinum acetylacetonate	15170-57-7	393.294	---	---	---	---	---	---	---	---	---
3711	PtC10H18	platinum (ii), (1,5-cyclooctadiene)dimethyl	12266-92-1	333.328	---	---	---	---	---	---	---	---	---
3712	PtC12H30Cl2P2	platinum (ii) chloride, cis-bis(triethylphosph	15692-07-6	502.298	---	---	---	---	---	---	---	---	---
3713	PtC12H30Cl2P2	platinum (ii) chloride, trans-bis(triethylphos	13965-02-1	502.298	---	---	---	---	---	---	---	---	---
3714	PtC12H31ClP2	platinum (ii), trans-chlorohydridobis(triethyl	16842-17-4	467.853	---	---	---	---	---	---	---	---	---
3715	PtC14H10Cl2N2	platinum (ii) chloride, cis-bis(benzonitrile)	15617-19-3	472.226	---	---	---	---	---	---	---	---	---
3716	PtC14H10Cl2N2	platinum (ii), dichlorobis(benzonitrile)	14873-63-3	472.226	---	---	---	---	---	---	---	---	---
3717	PtC14H30O4P2	bis(triethylphosphine)platinum (ii) oxalate	81457-59-2	519.411	---	---	---	---	---	---	---	---	---
3718	PtC15H15Cl2N3O2	platinum (ii), (2,2':6',2"-terpyridine)chloride	---	535.282	---	---	---	---	---	---	---	---	---
3719	PtC32H72Cl6N2	platinum (iv), tetrabutylammonium hexachlo	18129-78-7	892.722	---	---	---	---	---	---	---	---	---
3720	PtC36H30Cl2P2	platinum (ii) chloride, cis-bis(triphenylphosp	15604-36-1	790.554	---	---	---	---	---	---	---	---	---
3721	PtC36H30Cl2P2	platinum (ii) chloride, trans-bis(triphenylpho	14056-88-3	790.554	---	---	---	---	---	---	---	---	---
3722	PtC36H30O2P2	platinum (iv) oxide, bis(triphenylphosphine)	15614-67-2	751.648	---	---	---	---	---	---	---	---	---
3723	PtC38H34P2	platinum (0), bis(triphenylphosphine)(ethyle	12120-15-9	747.702	---	---	---	---	---	---	---	---	---
3724	PtC72H60P4	platinum (0), tetrakis(triphenylphosphine)	14221-02-4	1244.220	---	---	---	---	---	---	---	---	---
3725	PtCl2	platinum (ii) chloride	10025-65-7	265.983	dec	1	---	---	25	6.000	1	green hexagonal crystals	1
3726	PtCl2H6N2	platinum (ii)-cis, dichlorodiammine	15663-27-1	300.045	---	---	---	---	---	---	---	---	---
3727	PtCl2H6N2	platinum (ii)-trans, dichlorodiammine	14913-33-8	300.045	---	---	---	---	---	---	---	---	---
3728	PtCl2H14N4O	platinum (ii) chloride monohydrate, tetraam	13933-33-0	352.121	---	---	---	---	---	---	---	---	---
3729	PtCl3	platinum (iii) chloride	25909-39-1	301.436	dec	1	---	---	25	5.260	1	green-black crystals	1
3730	PtCl4	platinum (iv) chloride	37773-49-2	336.889	dec	1	---	---	25	4.300	1	red-brown cubic crystals	1
3731	PtCl4H6N2	platinum (iv), cis-tetrachlorodiammine	16893-05-3	370.950	---	---	---	---	---	---	---	---	---
3732	PtCl4H6N2	platinum (iv), trans-tetrachlorodiammine	16893-06-4	370.950	---	---	---	---	---	---	---	---	---
3733	PtCl4H10O5	platinum (iv) chloride pentahydrate	13454-96-1	426.965	---	---	---	---	25	2.430	1	red crystals	1
3734	PtCl6H14O6	hexachloroplatinic acid hexahydrate	---	517.902	333.15	1	---	---	25	2.430	1	brown-yellow hygroscopic crystals	1
3735	PtF4	platinum (iv) fluoride	13455-15-7	271.072	873.15	1	---	---	---	---	---	red crystals	1
3736	PtF6	platinum (vi) fluoride	13693-05-5	309.068	334.45	1	342.25	1	25	3.830	1	red cubic crystals	1
3737	PtF12P4	platinum, tetrakis (trifluorophosphine)	19529-53-4	546.954	---	---	---	---	25	2.500	1	---	---
3738	PtH6N4O4	diammineplatinum (ii) nitrite	14286-02-3	321.150	---	---	---	---	25	1.015	1	---	---
3739	PtI2	platinum (ii) iodide	7790-39-8	448.887	dec	1	---	---	25	6.400	1	black powder	1
3740	PtI3	platinum triiodide	68220-29-1	575.791	dec	1	---	---	---	---	--	black solid	1
3741	PtI4	platinum (iv) iodide	7790-46-7	702.696	dec	1	---	---	---	---	---	brown-black powder	1
3742	PtI6K2	dipotassium hexaiodoplatinate (iv)	16905-14-9	1034.701	---	---	---	---	---	---	---	crystalline solid	1
3743	PtO	platinum (ii) oxide	12035-82-4	211.077	dec	1	---	---	25	14.100	1	black tetragonal crystals	1
3744	PtO2	platinum (iv) oxide	1314-15-4	227.077	723.15	1	---	---	25	11.800	1	black hexagonal crystals	1
3745	PtO3	platinum (iv) oxide peroxide	77883-44-4	243.076	298.15	1	---	---	---	---	---	golden yellow solid	1
3746	PtS	platinum (ii) sulfide	12038-20-9	227.144	---	---	---	---	25	10.250	1	tetragonal crystals	1
3747	PtS2	platinum (iv) sulfide	12038-21-0	259.210	---	---	---	---	25	7.850	1	hexagonal crystals	1
3748	PtSe2	platinum (iv) selenide	12038-26-5	352.998	---	---	---	---	---	---	---	---	---
3749	PtSi	platinum silicide	12137-83-6	223.164	1502.15	1	---	---	25	12.400	1	orthorhombic crystals	1
3750	PtTe	platinum telluride	12166-00-6	322.678	---	---	---	---	---	---	---	---	---
3751	PtTe2	platinum ditelluride	12038-29-8	450.278	1473.15	1	---	---	---	---	---	grey crystalline solid	1
3752	Pt2C4H8Cl4	diplatinum (ii), di-μ-chloro-dichlorobis(ethyl	12073-36-8	588.073	---	---	---	---	---	---	---	---	---
3753	Pt2C4H16I2N6O6	diplatinum (ii) nitrate, di-μ-iodobis(ethylene	109998-76-7	888.172	---	---	---	---	---	---	---	---	---
3754	Pt2Cl4H12N4	tetrachloroplatinum (ii), tetraammineplatinu	13820-46-7	600.089	---	---	---	---	---	---	---	---	---
3755	Pt4F20	platinum pentafluoride	13782-84-8	1160.280	353.15	1	---	---	---	---	---	deep red crystalline solid	1
3756	Pu	plutonium	7440-07-5	244.000	913.15	1	3501.15	1	25	19.700	1	silvery-white metal	1
3757	PuBr3	plutonium (iii) bromide	15752-46-2	483.712	954.15	1	---	---	25	6.750	1	green orthorhombic crystals	1
3758	PuCl3	plutonium (iii) chloride	13569-62-5	350.358	1033.15	1	---	---	25	5.710	1	green hexagonal crystals	1
3759	PuCl4	plutonium (iv) chloride	13536-92-0	385.811	---	---	---	---	25	4.720	1	---	---
3760	PuF3	plutonium (iii) fluoride	13842-83-6	300.995	1669.15	1	---	---	25	9.330	1	purple hexagonal crystals	1

Table 2 Physical Properties - Inorganic Compounds

NO	FORMULA	NAME	CAS No	Mol Wt g/mol	Freezing Point T_F, K	code	Boiling Point T_B, K	code	Density T, C	g/cm3	code	State @ 25C, 1 atm	code
3761	PuF4	plutonium (iv) fluoride	13709-56-3	319.994	1300.15	1	---	---	25	7.100	1	red-brown monoclinic crystals	1
3762	PuF6	plutonium (vi) fluoride	13693-06-6	357.990	325.15	1	---	---	25	5.080	1	red-brown orthorhombic crystals	1
3763	PuH2	plutonium dihydride	---	246.016	---	---	---	---	25	10.400	1	---	---
3764	PuH3	plutonium trihydride	---	247.024	---	---	---	---	25	9.610	1	---	---
3765	PuI3	plutonium (iii) iodide	13813-46-2	624.713	1050.15	1	---	---	25	6.920	1	green orthorhombic crystals	1
3766	PuN	plutonium nitride	12033-54-4	258.007	2823.15	1	---	---	25	14.400	1	gray cubic crystals	1
3767	PuO	plutonium (ii) oxide	12035-83-5	259.999	---	---	---	---	25	14.000	1	cubic crystals	1
3768	PuS	plutonimu (ii) sulphide	12038-51-6	276.066	2623.15	1	---	---	---	---	---	yellow solid	1
3769	PuSe	plutonimu (ii) selenide	23299-88-10	322.960	2348.15	1	---	---	---	---	---	solid	1
3770	PuO2	plutonium (iv) oxide	12059-95-9	275.999	2673.15	1	---	---	25	11.500	1	yellow-brown cubic crystals	1
3771	Pu2O3	plutonium (iii) oxide	12036-34-9	535.998	---	---	---	---	25	10.500	1	black cubic crystals	1
3772	Pu2S3	plutonium (iii) sulphide	12038-56-1	584.198	2000.15	1	---	---	25	9.950	1	solid	1
3773	Ra	radium	7440-14-4	226.000	973.15	1	1799.15	1	25	5.000	1	white metal	1
3774	RaBr2	radium bromide	10031-23-9	385.808	1001.15	1	---	---	25	5.790	1	white orthorhombic crystals	1
3775	RaCl2	radium chloride	10025-66-8	296.905	1273.15	1	---	---	25	4.900	1	white orthorhombic crystals	1
3776	RaCO3	radium carbonate	7116-98-5	286.009	---	---	---	---	---	---	---	---	---
3777	RaF2	radium fluoride	20610-49-5	263.997	---	---	---	---	25	6.700	1	white cubic crystals	1
3778	RaI2	radium diiodide	20610-52-0	479.809	---	---	---	---	---	---	---	---	---
3779	RaO	radium oxide	---	241.999	---	---	---	---	---	---	---	---	---
3780	RaO4S	radium sulfate	7446-16-4	322.064	---	---	---	---	---	---	---	white crystals	1
3781	Rb	rubidium	7440-17-7	85.468	312.45	1	961.15	1	25	1.530	1	soft silvery metal	1
3782	RbAlH24O20S2	rubidium aluminum sulfate dodecahydrate	---	520.760	---	---	---	---	25	1.867	1	---	---
3783	RbAlO8S2	rubidium aluminum sulfate	13530-57-9	304.577	---	---	---	---	---	---	---	hexagonal crystals	1
3784	RbBF4	rubidium fluoroborate	18909-68-7	172.272	---	---	---	---	25	2.820	1	---	---
3785	RbBH4	rubidium tetrahydridoborate	20346-99-0	100.311	---	---	---	---	25	1.920	1	---	---
3786	RbBr	rubidium bromide	7789-39-1	165.372	955.15	1	1613.15	1	25	3.350	1	white cubic crystals	1
3787	RbBrO3	rubidium bromate	13446-70-3	213.370	---	---	---	---	25	3.680	1	---	---
3788	RbC2H3O2	rubidium acetate	563-67-7	144.512	---	---	---	---	---	---	---	---	---
3789	RbC5H7O2	rubidium acetylacetonate	66169-93-5	184.576	---	---	---	---	---	---	---	---	---
3790	RbC24H20B	rubidium tetraphenylborate	5971-93-7	404.694	---	---	---	---	---	---	---	---	---
3791	RbCl	rubidium chloride	7791-11-9	120.921	988.15	1	1663.15	1	25	2.760	1	white cubic crystals	1
3792	RbClO3	rubidium chlorate	13446-71-4	168.919	---	---	---	---	25	3.190	1	---	---
3793	RbClO4	rubidium perchlorate	13510-42-4	184.918	554.15	1	dec	1	25	2.800	1	white hygroscopic crystals	1
3794	RbCN	rubidium cyanide	19073-56-4	111.485	---	---	---	---	25	2.300	1	white cubic crystals	1
3795	RbF	rubidium fluoride	13446-74-7	104.466	1106.15	1	1683.15	1	25	3.200	1	white cubic crystals	1
3796	RbFeH24O20S2	rubidium iron (iii) sulfate dodecahydrate	30622-97-0	549.623	---	---	---	---	25	1.930	1	---	---
3797	RbH	rubidium hydride	13446-75-8	86.476	dec	1	---	---	25	2.600	1	white cubic crystals	1
3798	RbHCO3	rubidium hydrogen carbonate	19088-74-5	146.485	dec	1	---	---	---	---	---	white rhombohedral crystals	1
3799	RbHF2	rubidium hydrogen fluoride	12280-64-7	124.473	461.15	1	---	---	25	3.300	1	tetragonal crystals	1
3800	RbHSO4	rubidium hydrogen sulfate	15587-72-1	182.539	481.15	1	---	---	25	2.900	1	colorless monoclinic crystals	1
3801	RbI	rubidium iodide	7790-29-6	212.372	915.15	1	1573.15	1	25	3.550	1	white cubic crystals	1
3802	RbMnO4	rubidium permanganate	13465-49-1	204.403	---	---	---	---	25	3.325	1	---	---
3803	RbNO3	rubidium nitrate	13126-12-0	147.473	578.15	1	---	---	25	3.110	1	white hexagonal crystals	1
3804	RbN3	rubidium azide	22756-36-1	127.488	590.15	1	---	---	25	2.790	1	tetragonal crystals	1
3805	RbNbO3	rubidium niobate	12059-51-7	226.372	---	---	---	---	---	---	---	---	---
3806	RbOH	rubidium hydroxide	1310-82-3	102.475	655.15	1	---	---	25	3.200	1	gray-white orthorhombic crystals	1
3807	RbO2	rubidium superoxide	12137-25-6	117.467	685.15	1	---	---	25	3.000	1	tetragonal crystals	1
3808	RbO3Ta	rubidium tantalate	12333-74-3	314.414	---	---	---	---	---	---	---	---	---
3809	RbO3V	rubidium metavanadate	13597-45-0	184.408	---	---	---	---	---	---	---	---	---
3810	Rb2CO3	rubidium carbonate	584-09-8	230.945	1110.15	1	---	---	---	---	---	colorless monoclinic crystals	1
3811	Rb2CoH12O14S2	rubidium cobalt (ii) sulfate hexahydrate	28038-39-3	530.088	---	---	---	---	25	2.560	1	---	---
3812	Rb2Cr2O7	rubidium dichromate	13446-73-6	386.924	---	---	---	---	---	---	---	---	---
3813	Rb2CrO4	rubidium chromate	13446-72-5	286.929	---	---	---	---	25	3.518	1	---	---
3814	Rb2F6Ge	rubidium hexafluorogermanate	16962-48-4	357.536	---	---	---	---	---	---	---	---	---
3815	Rb2MoO4	rubidium molybdate	13718-22-4	330.873	---	---	---	---	---	---	---	---	---
3816	Rb2O	rubidium oxide	18088-11-4	186.935	dec	1	---	---	25	4.000	1	yellow-brown cubic crystals	1
3817	Rb2O2	rubidium peroxide	23611-30-5	202.934	---	---	---	---	25	3.800	1	white orthorhombic crystals	1
3818	Rb2O3Ti	rubidium titanate	12137-34-7	266.801	---	---	---	---	---	---	---	---	---
3819	Rb2O3Zr	rubidium zirconate	12534-23-5	310.158	---	---	---	---	---	---	---	---	---
3820	Rb2O4W	rubidium tungstate	13597-52-9	418.773	---	---	---	---	---	---	---	---	---
3821	Rb2S	rubidium sulfide	31083-74-6	203.002	698.15	1	---	---	25	2.910	1	white cubic crystals	1
3822	Rb2SO4	rubidium sulfate	7488-54-2	266.999	1323.15	1	---	---	25	3.600	1	white orthorhombic crystals	1
3823	Rb2Se	rubidium selenide	31052-43-4	249.896	1006.15	1	---	---	25	3.220	1	white cubic crystals	1
3824	Rb2Te	rubidium (i) telluride	12210-70-7	298.536	---	---	---	---	---	---	---	---	---
3825	Rb3C60	rubidium fullerene	137926-73-9	977.045	---	---	---	---	---	---	---	---	---
3826	Rb3O4V	rubidium orthovanadate	13566-05-7	371.343	---	---	---	---	---	---	---	---	---
3827	Rb4O7V2	rubidium pyrovanadate	13597-61-0	555.750	---	---	---	---	---	---	---	---	---
3828	Re	rhenium	7440-15-5	186.207	3459.15	1	5869.15	1	25	20.800	1	silvery-gray metal	1
3829	ReBrO3	rhenium trioxybromide	---	314.109	---	---	---	---	---	---	---	---	---
3830	ReBr3	rhenium (iii) bromide	13569-49-8	425.919	---	---	773.15	1	25	6.100	1	red-brown monoclinic crystals	1
3831	ReBr4	rhenium (iv) bromide	36753-03-4	505.823	---	---	---	---	---	---	---	dark red solid	1
3832	ReBr4O	rhenium oxytetrabromide	---	521.822	---	---	---	---	---	---	---	---	---
3833	ReBr5	rhenium (v) bromide	30937-53-2	585.727	dec	1	---	---	---	---	---	brown solid	1
3834	ReC5BrO5	rhenium pentacarbonyl bromide	14220-21-4	406.162	---	---	---	---	---	---	---	---	---
3835	ReC5ClO5	rhenium pentacarbonyl chloride	14099-01-5	361.710	---	---	---	---	---	---	---	---	---
3836	ReC8H5O3	rhenium tricarbonyl, cyclopentadienyl	12079-73-1	335.331	---	---	---	---	---	---	---	---	---
3837	ReC11H11O3	rhenium tricarbonyl, isopropylcyclopentadie	126250-68-8	377.410	---	---	---	---	---	---	---	---	---
3838	ReC13H15O3	rhenium tricarbonyl, pentamethylcyclopenta	12130-88-0	405.463	---	---	---	---	---	---	---	---	---
3839	ReC16H36NO4	perrhenate (vii), tetrabutylammonium	16385-59-4	492.668	---	---	---	---	---	---	---	---	---
3840	ReC16H36NS4	tetrathiorhenate, tetrabutylammonium	16829-47-3	556.935	---	---	---	---	---	---	---	---	---

				Mol Wt	Freezing Point		Boiling Point		Density			State	
NO	FORMULA	NAME	CAS No	g/mol	T_F, K	code	T_B, K	code	T, C	g/cm3	code	@ 25C, 1 atm	code
3841	ReC24H33Cl3P3	rhenium (iii), mer-trichlorotris(dimethylphen	14710-16-8	707.005	---	---	---	---	---	---	---	---	---
3842	ReC36H30Cl3OP2	rhenium, trichlorooxobis (triphenylphosphin	17442-18-1	833.135	---	---	---	---	---	---	---	---	---
3843	ReC36H30IO2P2	rhenium (v), iododioxobis (triphenylphosphi	23032-93-1	869.681	---	---	---	---	---	---	---	---	---
3844	ReClO3	rhenium (vi) trioxychloride	7791-09-5	269.658	---	---	---	---	25	3.867	1	---	---
3845	ReCl3	rhenium (iii) chloride	13569-63-6	292.565	dec	1	---	---	25	4.810	1	red-black hygroscopic crystals	1
3846	ReCl4	rhenium (iv) chloride	13569-71-6	328.018	dec	1	---	---	25	4.900	1	purple-black crystals	1
3847	ReCl5	rhenium (v) chloride	39368-69-9	363.471	493.15	1	---	---	25	4.900	1	brown-black solid	1
3848	ReCl6	rhenium (vi) chloride	31234-26-1	398.923	302.15	1	---	---	---	---	---	red-green solid	1
3849	ReF4	rhenium (iv) fluoride	15192-42-4	262.201	---	---	---	---	25	7.490	1	blue tetragonal crystals	1
3850	ReF5	rhenium (v) fluoride	30937-52-1	281.199	321.15	1	494.45	1	---	---	---	yellow-green solid	1
3851	ReF5O	rhenium oxypentafluoride	2337-53-9	297.198	---	---	---	---	---	---	---	---	---
3852	ReF6	rhenium (vi) fluoride	10049-17-9	300.197	291.65	1	306.95	1	25	4.060	1	yellow liquid or cubic crystals	1
3853	ReF7	rhenium (vii) fluoride	17029-21-9	319.196	321.45	1	346.85	1	25	4.320	1	yellow cubic crystals	1
3854	ReH4NO4	ammonium perrhenate	13598-65-7	268.243	---	---	---	---	25	3.970	1	colorless powder	1
3855	ReI3	rhenium (iii) iodide	15622-42-1	566.920	dec	1	---	---	---	---	---	black solid	1
3856	ReI4	rhenium (iv) iodide	59301-47-2	693.825	dec	1	---	---	---	---	---	---	---
3857	ReOCl4	rhenium (vi) oxytetrachloride	13814-76-1	344.017	302.45	1	496.15	1	---	---	---	brown crystals	1
3858	ReOF4	rhenium (vi) oxytetrafluoride	17026-29-8	278.200	381.15	1	444.85	1	---	---	---	blue solid	1
3859	ReOF5	rhenium (vii) oxypentafluoride	23377-53-9	297.198	316.95	1	346.15	1	---	---	---	cream solid	1
3860	ReO2	rhenium (iv) oxide	12036-09-8	218.206	dec	1	---	---	25	11.400	1	gray orthorhombic crystals	1
3861	ReO2F3	rhenium (vii) dioxytrifluoride	57246-89-6	275.201	363.15	1	458.55	1	---	---	---	yellow solid	1
3862	ReO3	rhenium (vi) oxide	1314-28-9	234.205	dec	1	---	---	25	6.900	1	redcubic crystals	1
3863	ReO3Cl	rhenium (vii) trioxychloride	7791-09-5	269.658	277.65	1	401.15	1	25	3.870	1	colorless liquid	1
3864	ReO3F	rhenium (vii) trioxyfluoride	42246-24-2	253.204	420.15	1	437.15	1	---	---	---	yellow solid	1
3865	ReO4	rhenium tetroxide	---	250.205	---	---	---	---	---	---	---	---	---
3866	ReS2	rhenium (iv) sulfide	12038-63-0	250.339	---	---	---	---	25	7.600	1	triclinic crystals	1
3867	ReSe2	rhenium (iv) selenide	12038-64-1	344.127	---	---	---	---	---	---	---	---	---
3868	ReSi2	rhenium (iv) silicide	12038-66-3	242.378	---	---	---	---	---	---	---	---	---
3869	ReTe2	rhenium (iv) telluride	12067-00-4	441.407	---	---	---	---	25	8.500	1	orthorhombic crystals	1
3870	Re2C10O10	rhenium carbonyl	14285-68-8	652.515	dec	1	---	---	25	2.870	1	yellow-white crystals	1
3871	Re2C32H72Cl8N2	tetrabutylammonium octachlorodirhenate (i	14023-10-0	1140.963	---	---	---	---	---	---	---	---	---
3872	Re2C86H40N2O2P2	[dicyclopentadienylrhenium nitrosotripheny	---	1567.612	---	---	---	---	---	---	---	---	---
3873	Re2O3	rhenium (iii) oxide	12060-05-8	420.412	---	---	---	---	---	---	---	---	---
3874	Re2O5	rhenium (v) oxide	12165-05-8	452.411	---	---	---	---	---	---	---	blue-black tetragonal crystals	1
3875	Re2O7	rhenium heptoxide	1314-68-7	484.410	570.15	1	633.15	1	25	6.100	1	yellow hygroscopic crystals	1
3876	Re2S7	rhenium (vii) sulfide	12038-67-4	596.876	---	---	---	---	25	4.870	1	brown-black tetragonal crystals	1
3877	Re7B3	rhenium boride	12355-99-6	1335.882	---	---	---	---	---	---	---	---	---
3878	Rf	rutherfordium	53850-36-5	261.109	---	---	---	---	---	---	---	synthetic element	1
3879	Rg	roentgenium	54386-24-2	272.000	---	---	---	---	---	---	---	presumably a solid	1
3880	Rh	rhodium	7440-16-6	102.906	2237.15	1	3968.15	1	25	12.400	1	silvery-white metal	1
3881	RhBr3	rhodium (iii) bromide	15608-29-4	342.618	dec	1	---	---	---	---	---	red brown crystalline solid	1
3882	RhBrC54H45P3	rhodium (i), bromotris (triphenylphosphine)	14973-89-8	969.666	---	---	---	---	---	---	---	---	---
3883	RhC6H30Cl3N6O3	rhodium (iii) chloride trihydrate, tris(ethylen	15004-86-1	443.605	---	---	---	---	---	---	---	---	---
3884	RhCl6K3	potassium hexachlororhodate (iii)	13845-07-3	432.917	---	---	---	---	---	---	---	---	---
3885	RhC7H7O4	rhodium (i), acetylacetonatodicarbonyl	14874-82-9	258.034	---	---	---	---	---	---	---	---	---
3886	RhC9H15O2	rhodium (i), acetylacetonatobis(ethylene)	12082-47-2	258.120	---	---	---	---	---	---	---	---	---
3887	RhC12H15O2	rhodium (i), (bicyclo[2.2.1]hepta-2,5-diene)	32354-50-0	294.152	---	---	---	---	---	---	---	---	---
3888	RhC12H15O2	rhodium (i), dicarbonyl(pentamethylcyclope	32627-01-3	294.152	---	---	---	---	---	---	---	---	---
3889	RhC13H19O2	rhodium (i), (1,5-cyclooctadiene)(2,4-penta	12245-39-5	310.194	---	---	---	---	---	---	---	---	---
3890	RhC15H21O6	rhodium (iii) acetylacetonate	14284-92-5	400.229	---	---	---	---	---	---	---	---	---
3891	RhC24H22O3P	rhodium (i), carbonyl-2,4-pentanedionato (t	25470-96-6	492.309	---	---	---	---	---	---	---	---	---
3892	RhC31H41F6P4	rhodium (i) hexafluorophosphate, [tris(dime	32761-50-5	754.448	---	---	---	---	---	---	---	---	---
3893	RhC35H36BF4P2	rhodium (i) tetrafluoroborate, (bicyclo[2.2.1	82499-43-2	708.318	---	---	---	---	---	---	---	---	---
3894	RhC35H36ClO4P2	rhodium (i) perchlorate, (bicyclo[2.2.1]hept	65012-74-0	720.964	---	---	---	---	---	---	---	---	---
3895	RhC37H30ClOP2	rhodium (i), carbonylchlorobis (triphenylphy	13938-94-8	690.939	---	---	---	---	---	---	---	---	---
3896	RhC41H36ClFeO4P2	rhodium (i) perchlorate, (bicyclo[2.2.1]hept	84680-96-6	848.873	---	---	---	---	---	---	---	---	---
3897	RhC41H39Cl3P3	rhodium (iii) chloride, [1,1,1-tris(diphenylph	62792-06-7	833.933	---	---	---	---	---	---	---	---	---
3898	RhC43H38F6P3	rhodium (i) hexafluorophosphate, (bicyclo[2	32799-32-9	864.579	---	---	---	---	---	---	---	---	---
3899	RhC45H44Cl2F6P3	rhodium (i) hexafluorophosphate dichlorom	35238-97-2	965.553	---	---	---	---	---	---	---	---	---
3900	RhC54H45ClP3	rhodium (i) chloride, tris(triphenylphosphine	14694-95-2	925.215	520.65	1	---	---	---	---	---	solid	1
3901	RhC54H45IP3	rhodium (i), iodotris(triphenylphosphine)	14973-90-1	1016.666	---	---	---	---	---	---	---	---	---
3902	RhC54H45NOP3	rhodium (i), nitrosyltris(triphenylphosphine)	21558-94-1	919.768	---	---	---	---	---	---	---	---	---
3903	RhC55H46OP3	rhodium (i), carbonylhydridotris(triphenylph	17185-29-4	918.780	---	---	---	---	25	1.330	1	---	---
3904	RhC56H52ClO5P2	rhodium (i) perchlorate tetrahydrofuran(1:1	---	1005.315	---	---	---	---	---	---	---	---	---
3905	RhC56H52ClO5P2	rhodium (i) perchlorate tetrahydrofuran co	---	1005.315	---	---	---	---	---	---	---	---	---
3906	RhC72H61P4	rhodium (i), hydridotetrakis(triphenylphosp	18284-36-1	1153.055	---	---	---	---	---	---	---	---	---
3907	RhC88H64ClO4P4	rhodium (i) perchlorate, bis[(r)-(-)2,2'-bis(di	95156-21-1	1447.701	---	---	---	---	---	---	---	---	---
3908	RhCl3	rhodium (iii) chloride	10049-07-7	209.264	---	---	990.15	1	25	5.380	1	red monoclinic crystals	1
3909	RhCl3H15N5	rhodium (iii), chloropentaammine chloride	13820-95-6	294.416	---	---	---	---	---	---	---	---	---
3910	RhF3	rhodium (iii) fluoride	60804-25-3	159.901	---	---	---	---	25	5.400	1	red hexagonal crystals	1
3911	RhF4	rhodium (iv) fluoride	60617-65-4	178.899	---	---	---	---	---	---	---	purple red solid	1
3912	RhF6	rhodium (vi) fluoride	13693-07-7	216.896	---	---	---	---	25	3.100	1	black cubic crystals	1
3913	RhH4N3O11	rhodium (iii) nitrate dihydrate	13465-43-5	324.951	---	---	---	---	---	---	---	---	---
3914	RhH4O4	rhodium (iv) oxide dihydrate	---	170.935	---	---	---	---	25	8.200	1	---	
3915	RhI3	rhodium (iii) iodide	15492-38-3	483.619	---	---	---	---	25	6.400	1	black monoclinic crystals	1
3916	RhN3O9	rhodium (iii) nitrate	10139-58-9	288.920	---	---	---	---	---	---	---	---	---
3917	RhO	rhodium monoxide	---	118.905	---	---	---	---	---	---	---	---	---
3918	RhO2	rhodium (iv) oxide	12137-27-8	134.904	---	---	---	---	25	7.200	1	black tetragonal crystals	1
3919	RhS2	rhodium (iv) sulphide	12038-73-2	167.038	---	---	---	---	---	---	---	---	---
3920	RhSe2	rhodium (iv) selenide	12038-76-5	260.826	---	---	---	---	---	---	---	---	---

Table 2 Physical Properties - Inorganic Compounds

				Mol Wt	Freezing Point		Boiling Point		Density			State	
NO	FORMULA	NAME	CAS No	g/mol	T_F, K	code	T_B, K	code	T, C	g/cm3	code	@ 25C, 1 atm	code
3921	RhTe2	rhodium (iv) telluride	12038-80-1	358.106	---	---	---	---	---	---	---	---	---
3922	Rh2C4Cl2O4	rhodium carbonyl chloride	14523-22-9	388.757	397.15	1	---	---	---	---	---	red-orange crystals	1
3923	Rh2C8H12O8	rhodium (ii) acetate dimer	15956-28-2	441.987	---	---	---	---	---	---	---	---	---
3924	Rh2C8H16Cl2	dirhodium (i), µ-dichlorotetraethylene	12081-16-2	388.929	---	---	---	---	---	---	---	---	---
3925	Rh2C8O8	dirhodium octacarbonyl	29658-60-4	429.892	dec	1	---	---	---	---	---	---	---
3926	Rh2C12H20Cl2	rhodium (i), chloro(1,5-hexadiene) dimer	32965-49-4	441.004	---	---	---	---	---	---	---	---	---
3927	Rh2C14H16Cl2	rhodium (i) chloride dimer, (bicyclo[2.2.1]he	12257-42-0	460.993	---	---	---	---	---	---	---	---	---
3928	Rh2C16H24Cl2	rhodium (i), chloro(1,5-cyclooctadiene) dim	12092-47-6	493.078	---	---	---	---	---	---	---	---	---
3929	Rh2C20H30Cl4	rhodium (iii) dichloride dimer, pentamethylc	12354-85-7	618.074	---	---	---	---	---	---	---	---	---
3930	Rh2C32H56Cl2	rhodium (i), chlorobis(cyclooctene) dimer	12279-09-3	717.503	---	---	---	---	---	---	---	---	---
3931	Rh2C32H60O8	rhodium (ii) octanoate dimer	73482-96-9	778.625	---	---	---	---	---	---	---	---	---
3932	Rh2H10O8	rhodium (iii) oxide pentahydrate	39373-27-8	343.886	---	---	---	---	---	---	---	---	---
3933	Rh2O	dirhodium monoxide	---	221.810	---	---	---	---	---	---	---	---	---
3934	Rh2O3	rhodium (iii) oxide	12036-35-0	253.809	dec	1	---	---	25	8.200	1	gray hexagonal crystals	1
3935	Rh2O12S3	rhodium (iii) sulfate	10489-46-0	494.002	dec	1	---	---	---	---	---	red-yellow solid	1
3936	Rh2S3	rhodium (iii) sulphide	12067-06-0	302.009	---	---	---	---	---	---	---	---	---
3937	Rh4C12O12	rhodium dodecacarbonyl	19584-30-6	747.743	---	---	---	---	25	2.520	1	red hygroscopic crystals	1
3938	Rh4F20	rhodium (v) fluoride	41517-05-9	791.590	---	---	---	---	---	---	---	---	---
3939	Rh6C16O16	rhodium carbonyl	28407-51-4	1065.595	---	---	---	---	---	---	---	---	---
3940	Rn	radon	10043-92-2	222.000	202.15	1	211.45	1	25	3.578	1,2	colorless gas	1
3941	Ru	ruthenium	7440-18-8	101.070	2607.15	1	4423.15	1	25	12.100	1	silvery-white metal	1
3942	RuBr2	ruthenium (ii) bromide	59201-36-4	260.878	---	---	---	---	---	---	---	---	---
3943	RuBr3	ruthenium (iii) bromide	14014-88-1	340.782	dec	1	---	---	25	5.300	1	brown hexagonal crystals	1
3944	RuC4H3O4	ruthenium, acetatodicarbonyl	26317-70-4	216.134	---	---	---	---	---	---	---	---	---
3945	RuC5O5	ruthenium pentacarbonyl	16406-48-7	241.121	251.15	1	---	---	---	---	---	colourless liquid	1
3946	RuC8H12Cl2	ruthenium (ii) chloride, (1,5-cyclooctadiene	50982-13-3	280.156	---	---	---	---	---	---	---	---	---
3947	RuC10H10	ruthenium, bis(cyclopentadienyl)	1287-13-4	231.256	---	---	---	---	---	---	---	---	---
3948	RuC10H15Cl2	ruthenium (iii) polymer, dichloro(pentameth	82091-73-4	307.202	---	---	---	---	---	---	---	---	---
3949	RuC12H26Cl4N3	tetraethylammonium bis(acetonitrile)tetrach	74077-58-0	455.236	---	---	---	---	---	---	---	---	---
3950	RuC12H28NO4	tetrapropylammonium perruthenate (vii)	114615-82-6	351.425	---	---	---	---	---	---	---	---	---
3951	RuC15H21O6	ruthenium (iii) acetylacetonate	14284-93-6	398.394	503.15	1	---	---	---	---	---	red-brown crystals	1
3952	RuC20H20Cl2N4O2	ruthenium (ii) dihydrate, cis-dichlorobis(2,2	15746-57-3	520.374	---	---	---	---	---	---	---	---	---
3953	RuC20H30	ruthenium, bis(pentamethylcyclopentadieny	84821-53-4	371.522	---	---	---	---	---	---	---	---	---
3954	RuC26H23Cl2O4P	tetraphenylphosphonium acetatodichlorodi	---	602.408	---	---	---	---	---	---	---	---	---
3955	RuC30H36Cl2N6O6	ruthenium (ii) chloride hexahydrate, tris(2,2	14323-06-9	748.619	---	---	---	---	---	---	---	---	---
3956	RuC36H36Cl2N6O6	ruthenium (ii) chloride hexahydrate, tris(1,1	---	820.683	---	---	---	---	---	---	---	---	---
3957	RuC37H44N4O	ruthenium (ii) carbonyl, 2,3,7,8,12,13,17,18	41636-35-5	661.842	---	---	---	---	---	---	---	---	---
3958	RuC38H30Cl2O2P2	ruthenium (ii), dicarbonyldichlorobis(tripher	14564-35-3	752.567	---	---	---	---	---	---	---	---	---
3959	RuC41H35ClP2	ruthenium (ii), chlorocyclopentadienylbis(tri	32993-05-8	726.187	---	---	---	---	---	---	---	---	---
3960	RuC54H45Cl2P3	ruthenium (ii) dichloride, tris(triphenylphosp	15529-49-4	958.832	---	---	---	---	---	---	---	---	---
3961	RuC54H46ClP3	ruthenium (ii), chlorohydridotris(triphenylph	55102-19-7	924.387	---	---	---	---	---	---	---	---	---
3962	RuC54H46Cl2P2	ruthenium chloride, [(r)-(+)-2,2'-bis(dipheny	145926-28-9	928.866	---	---	---	---	---	---	---	---	---
3963	RuC54H46Cl2P2	ruthenium chloride, [(s)-(-)-2,2'-bis(dipheny	130004-33-0	928.866	---	---	---	---	---	---	---	---	---
3964	RuC55H46ClOP3	ruthenium (ii), carbonylchlorohydridotris(trip	16971-33-8	952.397	---	---	---	---	---	---	---	---	---
3965	RuC55H47OP3	ruthenium (ii), carbonyldihydridotris(triphen	25360-32-1	917.952	---	---	---	---	---	---	---	---	---
3966	RuC72H62P4	ruthenate (ii), dihydridotetrakis(triphenylph	19529-00-1	1152.228	---	---	---	---	---	---	---	---	---
3967	RuCl2	ruthenium (ii) chloride	13465-51-5	171.975	---	---	---	---	---	---	---	---	---
3968	RuCl3	ruthenium (iii) chloride	10049-08-8	207.428	dec	1	---	---	25	3.100	1	brown hexagonal crystals	1
3969	RuCl3H15N5	ruthenium (iii), chloropentaammine chloride	18532-87-1	292.581	---	---	---	---	---	---	---	---	---
3970	RuCl3H18N6	ruthenium (iii), hexaamminechloride	14282-91-8	309.611	---	---	---	---	---	---	---	---	---
3971	RuCl3H2NO2	ruthenium nitrosyl chloride monohydrate	18902-42-6	255.450	---	---	---	---	---	---	---	---	---
3972	RuF3	ruthenium (iii) fluoride	51621-05-7	158.065	dec	1	---	---	25	5.360	1	brown rhombohedral crystals	1
3973	RuF4	ruthenium (iv) fluoride	71500-16-8	177.064	---	---	---	---	---	---	---	yellow crystals	1
3974	RuF5	ruthenium (v) fluoride	14521-18-7	196.062	359.65	1	500.15	1	25	3.900	1	green monoclinic crystals	1
3975	RuF6	ruthenium (vi) fluoride	13693-08-8	215.060	327.15	1	---	---	25	3.540	1	dark brown orthorhombic crystals	1
3976	RuH18Cl2N6	ruthenium (ii), hexaammine chloride	15305-72-3	274.159	---	---	---	---	---	---	---	---	---
3977	RuI2	ruthenium (ii) iodide	59201-41-1	354.879	---	---	---	---	---	---	---	---	---
3978	RuI3	ruthenium (iii) iodide	13896-65-6	481.783	---	---	---	---	25	6.000	1	black hexagonal crystals	1
3979	RuO2	ruthenium (iv) oxide	12036-10-1	133.069	---	---	---	---	25	7.050	1	gray-black tetragonal crystals	1
3980	RuO4	ruthenium (viii) oxide	20427-56-9	165.068	298.55	1	313.15	1	25	3.290	1	yellow monoclinic prisms	1
3981	RuS2	ruthenium (iv) sulfide	12166-20-0	165.202	---	---	---	---	---	---	---	---	---
3982	RuSe2	ruthenium (iv) selenide	---	258.990	---	---	---	---	---	---	---	---	---
3983	RuTe2	ruthenium (iv) telluride	12166-21-1	356.270	---	---	---	---	---	---	---	---	---
3984	Ru2C6Cl4O6	ruthenium (ii) dimer, dichlorotricarbonyl	22594-69-0	512.011	---	---	---	---	---	---	---	---	---
3985	Ru2C9O9	ruthenium nonacarbonyl	63128-11-0	454.231	dec	1	---	---	---	---	---	solid	1
3986	Ru2C12H12Cl4	ruthenium (ii) chloride dimer, benzene	37366-09-9	500.174	---	---	---	---	---	---	---	---	---
3987	Ru2C14H10O4	ruthenium (ii) dimer, dicarbonylcyclopentad	12132-87-5	444.367	---	---	---	---	---	---	---	---	---
3988	Ru2C20H28Cl4	ruthenium (ii) chloride dimer, (p-cymene)	52462-29-0	612.387	---	---	---	---	---	---	---	---	---
3989	Ru3C12O12	ruthenium dodecacarbonyl	15243-33-1	639.331	dec	1	---	---	---	---	---	orange crystals	1
3990	Ru3Cl6H42N14O2	ruthenium ammoniated oxychloride	11103-72-3	786.353	---	---	---	---	---	---	---	---	---
3991	S	sulfur	7704-34-9	32.066	388.36	1	717.82	1	25	2.070	1	yellow monoclinic needles	1
3992	SC6H16O2Si	3-mercaptopropylmethyldimethoxysilane	31001-77-1	180.342	---	---	---	---	25	0.990	1	---	---
3993	SC6H16O3Si	3-mercaptopropyltrimethoxysilane	4420-74-0	196.341	---	---	---	---	20	1.051	1	---	---
3994	SCl2	sulfur dichloride	10545-99-0	102.971	151.15	1	332.75	1	25	1.620	1	red viscous liquid	1
3995	SCl4	sulphur (iv) chloride	13451-08-6	173.877	dec	1	---	---	---	---	---	off-white solid	1
3996	SCl2O	thionyl chloride	7719-09-7	118.971	168.65	1	348.75	1	25	1.638	1	liquid	1
3997	SF2	sulfur (ii) fluoride	13814-25-0	70.063	dec	1	---	---	---	---	---	---	---
3998	SF4	sulfur tetrafluoride	7783-60-0	108.060	148.15	1	232.70	1	25	1.526	1,2	colorless gas	1
3999	SF5Br	sulfur bromide pentafluoride	15607-89-3	206.962	194.15	1	276.25	1	---	---	---	colorless gas	1
4000	SF5Cl	sulfur chloride pentafluoride	13780-57-9	162.511	209.15	1	254.10	1	---	---	---	colorless gas	1

Table 2 Physical Properties - Inorganic Compounds

				Mol Wt	Freezing Point		Boiling Point		Density			State	
NO	FORMULA	NAME	CAS No	g/mol	T_F, K	code	T_B, K	code	T, C	g/cm3	code	@ 25C, 1 atm	code
4001	SF6	sulfur hexafluoride	2551-62-4	146.056	222.45	1	209.25	1	25	1.322	1,2	colorless gas	1
4002	SF6O	sulfur fluoride hypofluorite	15179-32-5	162.056	187.15	1	238.05	1	---	---	---	colorless gas	1
4003	SH4N2O2	sulfuryl amide	7803-58-9	96.110	366.15	1	dec	1	25	1.611	1	orthorhombic plates	1
4004	SOBr2	thionyl bromide	507-16-4	207.873	223.15	1	413.15	1	25	2.659	1,2	yellow liquid	1
4005	SOCl2	thionyl chloride	7719-09-7	118.971	172.15	1	348.75	1	25	1.631	1	yellow fuming liquid	1
4006	SOF2	thionyl fluoride	7783-42-8	86.062	143.65	1	229.35	1	---	---	---	colorless gas	1
4007	SO2	sulfur dioxide	7446-09-5	64.065	200.00	1	263.13	1	25	1.366	1,2	colorless gas	1
4008	SO2Cl2	sulfuryl chloride	7791-25-5	134.970	219.00	1	342.55	1	25	1.680	1	colorless liquid	1
4009	SO2F2	sulfuryl fluoride	2699-79-8	102.062	137.35	1	217.75	1	---	---	---	colorless gas	1
4010	SO3	sulfur trioxide	7446-11-9	80.064	289.95	1	317.90	1	25	1.920	1	colorless liquid	1
4011	S2Br2	sulfur bromide	13172-31-1	223.940	227.15	1	dec	1	25	2.630	1	red oily liquid	1
4012	S2C4H12P2	disulfide, tetramethylbiphosphine	3676-97-9	186.218	---	---	---	---	---	---	---	---	---
4013	S2Cl2	sulfur monochloride	10025-67-9	135.037	196.15	1	410.15	1	25	1.690	1	yellow-red oily liquid	1
4014	S2F2	1,1 difluorodisulfane	101947-30-2	102.129	108.55	1	262.55	1	---	---	---	colorless gas	1
4015	S2F2	difluorodisulfane	13709-35-8	102.129	140.15	1	288.15	1	---	---	---	colorless gas	1
4016	S2F4	sulfur difluoride	10546-01-7	140.126	---	---	---	---	---	---	---	---	---
4017	S2F10	sulfur decafluoride	5714-22-7	254.116	220.45	1	dec	1	25	2.080	1	liquid	1
4018	S2I2	sulfur (i) iodide	53280-15-2	317.941	---	---	---	---	---	---	---	red-brown solid	1
4019	S2O	disulfur oxide	20901-21-7	80.131	dec	1	---	---	---	---	---	---	---
4020	S3Cl2	trisulfur dichloride	31703-09-0	167.103	227.15	1	304.15	1	---	---	---	pale-yellow/yellow-orange liquid	1
4021	S3Sb2	stibnite	1317-86-8	339.718	---	---	---	---	25	4.570	1	---	---
4022	S4N4	sulfur (iii) nitiride	28950-34-7	184.291	453.15	1	458.15	1	18	2.240	1	solid	1
4023	Sb	antimony	7440-36-0	121.760	903.78	1	1860.15	1	25	6.680	1	silvery metal	1
4024	SbAs	antimony arsenide	12322-34-8	196.682	---	---	---	---	25	6.000	1	hexagonal crystals	1
4025	SbBr3	antimony tribromide	7789-61-9	361.472	369.75	1	553.15	1	25	4.350	1	yellow orthorhombic crystals	1
4026	SbC3H9	antimony, trimethyl	594-10-5	166.864	---	---	---	---	15	1.528	1	---	---
4027	SbC3H9Cl6O	trimethyloxonium hexachloroantimonate	54075-76-2	395.579	---	---	---	---	---	---	---	---	---
4028	SbC3H9O3	antimony (iii) methoxide	29671-18-9	214.862	---	---	---	---	---	---	---	---	---
4029	SbC6H9O6	antimony (iii) acetate	3643-76-3	298.892	---	---	---	---	---	---	---	---	---
4030	SbC6H15	triethylstibine	617-85-6	208.943	---	---	---	---	15	1.322	1	---	---
4031	SbC6H15Cl6O	triethyloxonium hexachloroantimonate	3264-67-3	437.659	---	---	---	---	---	---	---	---	---
4032	SbC6H15O3	antimony (iii) ethoxide	10433-06-4	256.942	---	---	---	---	25	1.513	1	---	---
4033	SbC12H27	antimony, tri-n-butyl	2155-73-9	293.103	---	---	---	---	25	1.191	1	---	---
4034	SbC12H27O3	antimony (iii) n-butoxide	2155-74-0	341.101	---	---	---	---	25	1.264	1	---	---
4035	SbC18H12Br3Cl6N	tris(4-bromophenyl)aminium hexachloroant	24964-91-8	816.483	---	---	---	---	---	---	---	---	---
4036	SbC18H15	antimony, triphenyl	603-36-1	353.072	---	---	---	---	25	1.434	1	---	---
4037	SbC18H15Br2	antimony dibromide, triphenyl	1538-59-6	512.880	---	---	---	---	---	---	---	---	---
4038	SbC18H15Cl2	antimony dichloride, triphenyl	594-31-0	423.977	---	---	---	---	---	---	---	---	---
4039	SbC18H15S	antimony sulfide, triphenyl	3958-19-8	385.138	---	---	---	---	---	---	---	---	---
4040	SbClO	antimony (v) oxychloride	7791-08-4	173.212	---	---	---	---	---	---	---	---	---
4041	SbCl2F3	antimony (v) dichlorotrifluoride	7791-16-4	249.661	---	---	---	---	---	---	---	viscous liquid	1
4042	SbCl3	antimony trichloride	10025-91-9	228.118	346.55	1	493.40	1	25	3.140	1	colorless orthorhombic crystals	1
4043	SbCl3H6O15	antimony (iii) perchlorate trihydrate	65277-48-7	474.157	---	---	---	---	---	---	---	---	---
4044	SbCl5	antimony pentachloride	7647-18-9	299.024	275.95	1	449.15	1	25	2.340	1	colorless or yellow liquid	1
4045	SbF3	antimony (iii) fluoride	7783-56-4	178.755	565.15	1	---	---	25	4.380	1	white orthorhombic crystals	1
4046	SbF5	antimony (v) fluoride	7783-70-2	216.752	281.45	1	414.15	1	25	3.100	1	hygroscopic viscous liquid	1
4047	SbH3	stibine	7803-52-3	124.784	185.15	1	255.15	1	25	2.096	1,2	colorless gas	1
4048	SbIS	antimony iodide sulfide	13816-38-1	280.730	---	---	---	---	---	---	---	---	---
4049	SbI3	antimony triiodide	7790-44-5	502.473	440.15	1	674.15	1	25	4.920	1	red rhombohedral crystals	1
4050	SbI5	antimony (v) iodide	---	756.282	352.15	1	674.15	1	---	---	---	solid	1
4051	SbN	antimony (iii) nitride	12333-57-2	135.767	dec	1	---	---	---	---	---	---	---
4052	SbN3O9	antimony (iii) nitrate	20328-96-5	307.775	---	---	---	---	---	---	---	---	---
4053	SbOCl	antimony (iii) oxychloride	7791-08-4	173.212	dec	1	---	---	---	---	---	white momo crystals	1
4054	SbO4P	antimony (iii) phosphate	12036-46-3	216.731	---	---	---	---	---	---	---	---	---
4055	SbP	antimony phosphide	53120-23-3	152.734	---	---	---	---	---	---	---	---	---
4056	Sb2O3	antimony (iii) oxide	1309-64-4	291.518	928.15	1	1698.15	1	25	5.200	1	white crystals	1
4057	Sb2O4	antimony (iii,v) oxide	1332-81-6	307.518	---	---	---	---	25	6.640	1	yellow orthorhombic crystals	1
4058	Sb2O5	antimony (v) oxide	1314-60-9	323.517	dec	1	---	---	25	3.780	1	yellow powder	1
4059	Sb2O12S3	antimony (iii) sulfate	7446-32-4	531.711	dec	1	---	---	25	3.620	1	white crystalline powder	1
4060	Sb2S3	antimony (iii) sulfide	1345-04-6	339.718	823.15	1	---	---	25	4.562	1	gray-black orthorhombic crystals	1
4061	Sb2S5	antimony (v) sulfide	1315-04-4	403.850	dec	1	---	---	25	4.120	1	orange-yellow powder	1
4062	Sb2Se3	antimony (iii) selenide	1315-05-5	480.400	884.15	1	---	---	25	5.810	1	green orthorhombic crystals	1
4063	Sb2Te3	antimony (iii) teluride	1327-50-0	626.320	893.15	1	---	---	25	6.500	1	gray crystals	1
4064	Sb3As	antimony arsenide	12255-36-6	440.202	---	---	---	---	---	---	---	---	---
4065	Sc	scandium	7440-20-2	44.956	1814.15	1	3109.15	1	25	2.990	1	silvery metal	1
4066	ScB2	scandium boride	12007-34-0	66.578	2523.15	1	---	---	25	3.170	1	refractory solid	1
4067	ScBr3	scandium bromide	13465-59-3	284.668	1242.15	1	---	---	25	9.330	1	white hygroscopic crystals	1
4068	ScC15H3F18O6	scandium hexafluoroacetylacetonate	18990-42-6	666.108	---	---	---	---	---	---	---	---	---
4069	ScC15H15	scandium tris(cyclopentadienyl)	1298-54-0	240.236	---	---	---	---	---	---	---	---	---
4070	ScC33H57O6	scandium, tris(2,2,6,6-tetramethyl-3,5-hept	15492-49-6	594.758	---	---	---	---	---	---	---	---	---
4071	ScCl3	scandium chloride	10361-84-9	151.314	1240.15	1	---	---	25	2.400	1	white hygroscopic crystals	1
4072	ScCl3H12O6	scandium chloride hexahydrate	20662-14-0	259.406	---	---	---	---	---	---	---	---	---
4073	ScF3	scandium fluoride	13709-47-2	101.951	1788.15	1	---	---	---	---	---	white powder	1
4074	ScH2	scandium (ii) hydride	13598-30-6	46.972	---	---	---	---	---	---	---	---	---
4075	ScH3	scandium (iii) hydride	43238-07-9	47.980	---	---	---	---	---	---	---	---	---
4076	ScI3	scandium (iii) iodide	14474-33-0	425.669	---	---	---	---	---	---	---	---	---
4077	ScH10N3O14	scandium nitrate pentahydrate	13465-60-6	321.047	---	---	---	---	---	---	---	---	---
4078	Sc2C6H10O17	scandium oxalate pentahydrate	17926-77-1	444.045	---	---	---	---	---	---	---	---	---
4079	Sc2H16O20S3	scandium sulfate octahydrate	52788-54-2	522.225	---	---	---	---	---	---	---	---	---
4080	Sc2O3	scandium oxide	12060-08-1	137.910	2758.15	1	---	---	25	3.864	1	white cubic crystals	1

Table 2 Physical Properties - Inorganic Compounds

NO	FORMULA	NAME	CAS No	Mol Wt g/mol	Freezing Point T_F, K	code	Boiling Point T_B, K	code	Density T, C	g/cm3	code	State @ 25C, 1 atm	code
4081	Sc2S3	scandium sulfide	12166-29-9	186.110	2048.15	1	---	---	25	2.910	1	yellow orthorhombic crystals	1
4082	Sc2Te3	scandium telluride	12166-44-8	472.712	---	---	---	---	25	5.290	1	black hexagonal crystals	1
4083	Se	selenium (gray)	7782-49-2	78.960	493.65	1	958.15	1	25	4.810	1	gray metallic crystals	1
4084	Se	selenium (a form)	7782-49-2	78.960	494.15	1	958.15	1	25	4.390	1	red monoclinic crystals	1
4085	Se	selenium (vitreous)	7782-49-2	78.960	453.15	1	958.15	1	25	4.280	1	black amorphous solid	1
4086	SeBr4	selenium tetrabromide	7789-65-3	398.576	396.15	1	---	---	---	---	---	orange-red crystals	1
4087	SeCH4	methylselenol	---	95.002	---	---	---	---	---	---	---	---	---
4088	SeCH4N2	selenourea	630-10-4	123.016	---	---	---	---	---	---	---	---	---
4089	SeCS	selenosulfide, carbon	5951-19-9	123.037	197.95	1	358.75	1	25	1.977	1	liquid	1
4090	SeC2H6	selenide, dimethyl	593-79-3	109.029	---	---	---	---	25	1.408	1	---	---
4091	SeC3H8N2	1,1-dimethyl-2-selenourea	5117-16-8	151.069	---	---	---	---	---	---	---	---	---
4092	SeC4H4	selenophene	288-05-1	131.035	---	---	---	---	25	1.423	1	---	---
4093	SeC6H5Br	selenyl bromide, phenyl	34837-55-3	235.968	---	---	---	---	---	---	---	---	---
4094	SeC6H5Cl	selenyl chloride, phenyl	5707-04-0	191.517	---	---	---	---	---	---	---	---	---
4095	SeC6H5ClO2	seleninic acid, 4-chlorobenzene	20753-53-1	223.515	---	---	---	---	---	---	---	---	---
4096	SeC6H6	benzeneselenol	645-96-5	157.072	---	---	---	---	25	1.479	1	---	---
4097	SeC6H6O2	seleninic acid, benzene	6996-92-5	189.071	---	---	---	---	---	---	---	---	---
4098	SeC7H4N2O2	2-nitrophenyl selenocyanate	51694-22-5	227.079	---	---	---	---	---	---	---	---	---
4099	SeC8H7N	2-methylbenzselenazole	2818-88-4	196.108	---	---	---	---	---	---	---	---	---
4100	SeC8H7NS	3-methylbenzothiazole-2-selone	2786-43-8	228.174	---	---	---	---	---	---	---	---	---
4101	SeC9H9N	2,5-dimethylbenzselenazole	2818-89-5	210.135	---	---	---	---	---	---	---	---	---
4102	SeC9H9NO	5-methoxy-2-methylbenzselenazole	2946-17-0	226.134	---	---	---	---	25	1.491	1	---	---
4103	SeC12H10	selenide, diphenyl	1132-39-4	233.168	---	---	---	---	---	---	---	---	---
4104	SeC12H10Cl2	selenium dichloride, diphenyl	2217-81-4	304.073	---	---	---	---	---	---	---	---	---
4105	SeC14H9NO2	n-(phenylseleno)phthalimide	71098-88-9	302.187	---	---	---	---	---	---	---	---	---
4106	SeCl2	selenium (ii) chloride	14457-70-6	149.865	---	---	---	---	---	---	---	---	---
4107	SeCl4	selenium tetrachloride	10026-03-6	220.771	578.15	1	464.55	1	25	2.600	1	white-yellow crystals	1
4108	SeF2	selenium (ii) fluoride	70421-43-1	116.957	---	---	---	---	---	---	---	---	---
4109	SeF4	selenium tetrafluoride	13465-66-2	154.954	263.15	1	379.15	1	25	2.750	1	colorless liquid	1
4110	SeF6	selenium hexafluoride	7783-79-1	192.950	238.45	1	227.35	1	25	1.911	1,2	colorless gas	1
4111	SeH2O3	selenous acid	7783-00-8	128.974	dec	1	---	---	25	3.000	1	white hygroscopic crystals	1
4112	SeH2O4	selenic acid	7783-08-6	144.973	331.15	1	dec	1	25	2.950	1	white hygroscopic solid	1
4113	SeO	selenium monoxide	---	94.959	---	---	---	---	---	---	---	---	---
4114	SeOBr2	selenium oxybromide	7789-51-7	254.767	314.75	1	dec	1	25	3.380	1	red-yellow solid	1
4115	SeOCl2	selenium oxychloride	7791-23-3	165.865	281.65	1	450.15	1	25	2.440	1	colorless or yellow liquid	1
4116	SeOF2	selenium oxyfluoride	7783-43-9	132.956	288.15	1	398.15	1	25	2.800	1	colorless liquid	1
4117	SeO2	selenium dioxide	7446-08-4	110.959	613.15	1	588.15	1	25	3.950	1	white needles or powder	1
4118	SeO2F2	selenium dioxydifluoride	14984-81-7	148.956	173.65	1	264.75	1	---	---	---	colorless gas	1
4119	SeO3	selenium trioxide	13768-86-0	126.958	391.15	1	---	---	25	3.440	1	white tetragonal crystals	1
4120	SeS	selenium monosulfide	7446-34-6	111.026	---	---	---	---	25	3.056	1	---	---
4121	SeS2	selenium disulfide	7488-56-4	143.092	---	---	---	---	---	---	---	---	---
4122	Se2Br2	selenium bromide	7789-52-8	317.728	---	---	dec	1	25	3.600	1	red liquid	1
4123	Se2C	diselenide, carbon	506-80-9	169.931	229.45	1	398.65	1	25	2.663	1	yellow liquid	1
4124	Se2C2H6	diselenide, methyl	7101-31-7	187.989	---	---	---	---	25	1.987	1	---	---
4125	Se2C4H10	diselenide, diethyl	628-39-7	216.042	---	---	---	---	---	---	---	---	---
4126	Se2C12H8Cl2	diselenide, bis(4-chlorophenyl)	20541-49-5	381.017	---	---	---	---	---	---	---	---	---
4127	Se2C12H8Cl2O3	seleninic anhydride, 4-chlorobenzene	---	429.016	---	---	---	---	---	---	---	---	---
4128	Se2C12H10	diselenide, diphenyl	1666-13-3	312.128	---	---	---	---	---	---	---	---	---
4129	Se2C12H10I2	diselenide diphenyl, iodine complex	59411-08-4	565.937	---	---	---	---	---	---	---	---	---
4130	Se2C12H10O3	seleninic anhydride, benzene	17697-12-0	360.126	---	---	---	---	---	---	---	---	---
4131	Se2C14H14	diselenide, dibenzyl	1482-82-2	340.181	---	---	---	---	---	---	---	---	---
4132	Se2C21H21IN2	3,3'-diethylselenacarbocyanine iodide	1049-38-3	586.229	---	---	---	---	---	---	---	---	---
4133	Se2Cl2	selenium chloride	10025-68-0	228.825	188.15	1	dec	1	25	2.774	1	yellow-brown oily liquid	1
4134	Se2F2	diselenium tetrafluoride	51439-18-0	195.917	---	---	---	---	---	---	---	---	---
4135	Se2S6	selenium sulfide	75926-26-0	350.316	394.65	1	---	---	25	2.440	1	orange needles	1
4136	Se4C10H12	tetramethyltetraselenafulvalene	55259-49-9	448.042	---	---	---	---	---	---	---	---	---
4137	Se4N4	selenide, nitrogen	12033-88-4	371.867	explo	1	---	---	25	4.200	1	red monoclinic crystals	1
4138	Se4S4	selenium sulfide	75926-28-2	444.104	dec	1	---	---	25	3.290	1	red crystals	1
4139	Sg	seaborgium	54038-81-2	266.122	---	---	---	---	---	---	---	synthetic element	1
4140	Si	silicon	7440-21-3	28.086	1685.00	1	3490.00	1	25	2.329	1	gray crystals or brown amorphous solid	1
4141	SiB4	silicon boride	12007-81-7	71.330	---	---	---	---	25	2.400	1	---	---
4142	SiBrC3H9	silane, bromotrimethyl	2857-97-8	153.093	---	---	---	---	20	1.173	1	---	---
4143	SiBrCl2F	silane, bromodichlorofluoro	---	197.893	160.85	1	308.55	1	25	1.812	1,2	liquid	1
4144	SiBr2ClF	silane, dibromochlorofluoro	---	242.345	173.85	1	332.65	1	25	2.286	1,2	liquid	1
4145	SiBr3Cl	silane, tribromochloro	13465-76-4	303.250	252.35	1	400.15	1	25	2.497	1	colorless liquid	1
4146	SiBr4	tetrabromosilane	7789-66-4	347.702	278.54	1	427.15	1	25	2.800	1	colorless fuming liquid	1
4147	SiC	silicon carbide (hexagonal)	409-21-2	40.096	3103.15	1	---	---	25	3.160	1	hard green-black hexagonal crystals	1
4148	SiCH2Cl4	silane, (chloromethyl)trichloro	1558-25-4	183.923	---	---	---	---	25	1.476	1	---	---
4149	SiCH3Cl3	silane, methyltrichloro	75-79-6	149.478	---	---	---	---	25	1.273	1	---	---
4150	SiCH4Cl2	silane, methyldichloro	75-54-7	115.033	---	---	---	---	25	1.110	1	---	---
4151	SiC2H3Cl3	silane, vinyltrichloro	75-94-5	161.489	---	---	---	---	20	1.243	1	---	---
4152	SiC2H5Cl3	silane, ethyltrichloro	115-21-9	163.505	---	---	---	---	25	1.238	1	---	---
4153	SiC2H6Cl2	silane, dimethyldichloro	75-78-5	129.060	---	---	---	---	25	1.070	1	---	---
4154	SiC3H9ClO3S	silyl chlorosulfonate, trimethyl	4353-77-9	188.706	---	---	---	---	25	1.225	1	---	---
4155	SiC3H9I	silane, iodotrimethyl	16029-98-4	200.094	---	---	---	---	20	1.470	1	---	---
4156	SiC3H9N3	silane, azidotrimethyl	4648-54-8	115.209	---	---	---	---	25	0.868	1	---	---
4157	SiC3H10	silane, trimethyl	993-07-7	74.197	---	---	---	---	7	0.638	1	---	---
4158	SiC4H9Cl3	silane, n-butyltrichloro	7521-80-4	191.558	---	---	---	---	25	1.161	1	---	---
4159	SiC4H9Cl3	silane, tert-butyltrichloro	18171-74-9	191.558	---	---	---	---	25	1.161	1	---	---
4160	SiC4H9F3	silane, trifluoromethyltrimethyl	81290-20-2	142.195	---	---	---	---	20	0.963	1	---	---

				Mol Wt	Freezing Point		Boiling Point		Density			State	
NO	FORMULA	NAME	CAS No	g/mol	T_F, K	code	T_B, K	code	T, C	g/cm3	code	@ 25C, 1 atm	code
4161	SiC4H9F3O3S	trimethylsilyl trifluoromethanesulfonate	27607-77-8	222.259	---	---	---	---	20	1.225	1	---	---
4162	SiC4H9N	trimethylsilylcyanide	7677-24-9	99.207	---	---	---	---	30	0.738	1	---	---
4163	SiC4H12	silane, tetramethyl	75-76-3	88.224	---	---	---	---	25	0.648	1	---	---
4164	SiC4H12O	silane, methoxytrimethyl	1825-61-2	104.223	---	---	---	---	25	0.756	1	---	---
4165	SiC4H12O3	silane, methyltrimethoxy	1185-55-3	136.222	---	---	---	---	25	0.955	1	---	---
4166	SiC4H12O4	tetramethylorthosilicate	681-84-5	152.221	---	---	---	---	25	1.032	1	---	---
4167	SiC5H10	trimethylsilylacetylene	1066-54-2	98.218	---	---	---	---	25	0.709	1	---	---
4168	SiC5H11Br	silane, 1-bromovinyltrimethyl	13683-41-5	179.130	---	---	---	---	20	1.163	1	---	---
4169	SiC5H11Cl3	silane, pentyltrichloro	107-72-2	205.584	---	---	---	---	25	1.142	1	---	---
4170	SiC5H12O2	(trimethylsilyl)acetic acid	2345-38-2	132.233	---	---	---	---	---	---	---	---	---
4171	SiC5H12O2	silane, acetoxytrimethyl	2754-27-0	132.233	---	---	---	---	20	0.891	1	---	---
4172	SiC5H12O3	silane, vinyltrimethoxy	2768-02-7	148.232	---	---	---	---	25	1.130	1	---	---
4173	SiC5H14O	silane, ethoxytrimethyl	1825-62-3	118.250	---	---	---	---	20	0.757	1	---	---
4174	SiC6H5Cl3	silane, phenyltrichloro	98-13-5	211.548	---	---	---	---	25	1.321	1	---	---
4175	SiC6H8	silane, phenyl	694-53-1	108.213	---	---	---	---	25	0.877	1	---	---
4176	SiC6H14	silane, allyltrimethyl	762-72-1	114.261	---	---	---	---	20	0.719	1	---	---
4177	SiC6H14O	silane, allyloxytrimethyl	18146-00-4	130.260	---	---	---	---	20	0.789	1	---	---
4178	SiC6H14O3	silane, allyltrimethoxy	2551-83-9	162.259	---	---	---	---	20	0.950	1	---	---
4179	SiC6H15Cl	silane, tert-butyldimethylchloro	18162-48-6	150.722	---	---	---	---	20	0.830	1	---	---
4180	SiC6H15Cl	silane, triethylchloro	994-30-9	150.722	---	---	---	---	20	0.897	1	---	---
4181	SiC6H15ClO2	silane, 3-chloropropylmethyldimethoxy	18171-19-2	182.720	---	---	---	---	25	1.019	1	---	---
4182	SiC6H15ClO3	silane, 3-chloropropyltrimethoxy	2530-87-2	198.720	---	---	---	---	25	1.081	1	---	---
4183	SiC6H16O2	silane, dimethyldiethoxy	78-62-6	148.276	---	---	---	---	25	0.840	1	---	---
4184	SiC6H16O3	silane, triethoxy	998-30-1	164.275	---	---	---	---	25	0.875	1	---	---
4185	SiC6H17NO3	silane, 3-aminopropyltrimethoxy	13822-56-5	179.290	---	---	---	---	20	1.027	1	---	---
4186	SiC6H19N3	silane, tris(dimethylamino)	15112-89-7	161.321	---	---	---	---	20	0.838	1	---	---
4187	SiC7H8Cl2	silane, methylphenyldichloro	149-74-6	191.129	---	---	---	---	20	1.187	1	---	---
4188	SiC7H14O2	silane, methacryloxytrimethyl	13688-56-7	158.270	---	---	---	---	20	0.885	1	---	---
4189	SiC7H18O3	silane, methyltriethoxy	2031-67-6	178.302	---	---	---	---	20	0.895	1	---	---
4190	SiC7H19N	silane, n,n-diethylaminotrimethyl	996-50-9	145.318	---	---	---	---	20	0.763	1	---	---
4191	SiC7H20N2O3	n-(3-trimethoxysilylethyl)ethylenediamine	7719-00-8	208.331	---	---	---	---	---	---	---	---	---
4192	SiC8H12O6	silane, vinyltriacetoxy	4130-08-9	232.263	---	---	---	---	20	1.167	1	---	---
4193	SiC8H12O8	silicon acetate	562-90-3	264.262	---	---	---	---	---	---	---	---	---
4194	SiC8H14	silane, 2,4-cyclopentadien-1-yltrimethyl	3559-74-8	138.282	---	---	---	---	25	0.833	1	---	---
4195	SiC8H18O3	silane, vinyltriethoxy	78-08-0	190.312	---	---	---	---	20	0.905	1	---	---
4196	SiC8H20	silane, tetraethyl	631-36-7	144.330	---	---	---	---	25	0.766	1	---	---
4197	SiC8H20O4	silane, tetraethoxy	78-10-4	208.328	---	---	---	---	20	0.934	1	---	---
4198	SiC8H21NO2	silane, 3-aminopropylmethyldiethoxy	3179-76-8	191.343	---	---	---	---	20	0.916	1	---	---
4199	SiC8H22N2O2	silane, n-(2-aminoethyl)-3-aminopropylmetl	3069-29-2	206.358	---	---	---	---	25	0.975	1	---	---
4200	SiC8H22N2O3	silane, n-(2-aminoethyl)-3-aminopropyltrim	1760-24-3	222.357	---	---	---	---	25	1.010	1	---	---
4201	SiC9H14O2	silane, methylphenyldimethoxy	3027-21-2	182.292	---	---	---	---	20	0.993	1	---	---
4202	SiC9H14O3	silane, phenyltrimethoxy	2996-92-1	198.291	---	---	---	---	25	1.064	1	---	---
4203	SiC9H20O5	silane, 3-glycidoxypropyl)trimethoxy	2530-83-8	236.338	---	---	---	---	25	1.070	1	---	---
4204	SiC9H21Cl	silane, triisopropylchloro	13154-24-0	192.801	---	---	---	---	20	0.903	1	---	---
4205	SiC9H21ClO3	silane, 3-chloropropyltriethoxy	5089-70-3	240.799	---	---	---	---	25	1.009	1	---	---
4206	SiC9H22	silane, triisopropyl	6458-79-6	158.356	---	---	---	---	25	0.773	1	---	---
4207	SiC9H22	silane, tri-n-propyl	998-29-8	158.356	---	---	---	---	25	0.758	1	---	---
4208	SiC9H23NO3	silane, 3-aminopropyltriethoxy	919-30-2	221.369	---	---	---	---	25	0.943	1	---	---
4209	SiC10H16O	silane, benzyloxytrimethyl	14642-79-6	180.319	---	---	---	---	20	0.916	1	---	---
4210	SiC10H16Se	silane, (phenylselenomethyl)trimethyl	56253-60-2	243.280	---	---	---	---	25	1.176	1	---	---
4211	SiC10H20O3	ethyl 2-(trimethylsilylmethyl)acetoacetate	17906-77-3	216.350	---	---	---	---	25	0.949	1	---	---
4212	SiC10H20O5	silane, methacryloxypropyltrimethoxy	2530-85-0	248.348	---	---	---	---	25	1.045	1	---	---
4213	SiC10H27N3O3	(3-trimethoxysilylpropyl)diethylenetriamine	35141-30-1	265.425	---	---	---	---	20	1.030	1	---	---
4214	SiC11H22O3	silane, [2-(3-cyclohexenyl)ethyl]trimethoxy	67592-36-3	230.376	---	---	---	---	20	1.020	1	---	---
4215	SiC11H22O4	silane, 2-(3,4-epoxycyclohexyl)ethyltrimeth	3388-04-3	246.375	---	---	---	---	---	---	---	---	---
4216	SiC11H24O6	silane, vinyl-tris-(2-methoxyethoxy)	1067-53-4	280.390	---	---	---	---	25	1.034	1	---	---
4217	SiC12H10Cl2	silane, diphenyldichloro	80-10-4	253.199	---	---	---	---	25	1.204	1	---	---
4218	SiC12H12	silane, diphenyl	775-12-2	184.309	---	---	---	---	25	0.993	1	---	---
4219	SiC12H12O2	silanediol, diphenyl	947-42-2	216.308	---	---	---	---	---	---	---	---	---
4220	SiC12H20O3	silane, phenyltriethoxy	780-69-8	240.371	---	---	---	---	25	0.990	1	---	---
4221	SiC12H24O6	silane, di-tert-butoxydiacetoxy	13170-23-5	292.401	---	---	---	---	25	1.020	1	---	---
4222	SiC12H26N2O3	4,5-dihydro-1-[3-(triethoxysilyl)propyl]-imdi	58068-97-6	274.432	---	---	---	---	25	1.000	1	---	---
4223	SiC13H24	trimethylsilylpentamethylcyclopentadiene	25134-15-0	208.415	---	---	---	---	---	---	---	---	---
4224	SiC13H24O3	silane, 5-(bicycloheptenyl)triethoxy	18401-43-9	256.413	---	---	---	---	20	0.960	1	---	---
4225	SiC14H16O2	silane, diphenyldimethoxy	6843-66-9	244.361	---	---	---	---	25	1.077	1	---	---
4226	SiC16H20O2	silane, diphenyldiethoxy	2553-19-7	272.414	---	---	---	---	25	1.033	1	---	---
4227	SiC16H36O4	silane, tetrabutoxy	4766-57-8	320.540	---	---	---	---	25	0.899	1	---	---
4228	SiC18H15Cl	silane, triphenylchloro	76-86-8	294.850	---	---	---	---	---	---	---	---	---
4229	SiC18H16	silane, triphenyl	789-25-3	260.405	---	---	---	---	---	---	---	---	---
4230	SiC18H16O	silanol, triphenyl	791-31-1	276.405	---	---	---	---	20	1.178	1	---	---
4231	SiC20H29O3P	silane, 2-(diphenylphosphino)ethyltriethoxy	18586-39-5	376.502	---	---	---	---	20	1.050	1	---	---
4232	SiC24H52O4	silane, tetrahexyloxy	7425-86-7	432.753	---	---	---	---	---	---	---	---	---
4233	SiC28H60O4	silane, tetraheptyloxy	18759-42-7	488.859	---	---	---	---	---	---	---	---	---
4234	SiC32H16Cl2N8	silicon phthalocyanine dichloride	19333-10-9	611.514	---	---	---	---	---	---	---	---	---
4235	SiC32H18N8O2	silicon phthalocyanine dihydroxide	19333-15-4	574.624	---	---	---	---	---	---	---	---	---
4236	SiC40H84O4	silane, tetradecyloxy	18845-54-0	657.178	---	---	---	---	---	---	---	---	---
4237	SiC72H148O4	silane, tetraoctadecyloxy	18816-28-9	1106.029	---	---	---	---	---	---	---	---	---
4238	SiClC3H9	chlorotrimethylsilane	75-77-4	108.642	---	---	---	---	25	0.856	1	---	---
4239	SiClC5H11	silane, allyldimethylchloro	4028-23-3	134.679	---	---	---	---	20	0.896	1	---	---
4240	SiClF3	silane, chlorotrifluoro	14049-36-6	120.533	135.15	1	203.15	1	25	1.099	1,3	colorless gas	1

				Mol Wt	Freezing Point		Boiling Point		Density			State	
NO	FORMULA	NAME	CAS No	g/mol	T_F, K	code	T_B, K	code	T, C	g/cm3	code	@ 25C, 1 atm	code
4241	SiCl2F2	silane, dichlorodifluoro	18356-71-3	136.988	229.15	1	241.15	1	25	1.305	1,2	colorless gas	1
4242	SiCl3Br	silane, bromotrichloro	13465-74-2	214.348	211.15	1	353.45	1	25	1.826	1	colorless liquid	1
4243	SiCl3F	silane, trichlorofluoro	14965-52-7	153.442	152.35	1	285.40	1	25	1.424	1,2	colorless gas	1
4244	SiCl4	silicon tetrachloride	10026-04-7	169.896	204.30	1	330.00	1	25	1.500	1	colorless fuming liquid	1
4245	SiF4	silicon tetrafluoride	7783-61-1	104.079	186.35	1	187.15	1	---	---	---	colorless gas	1
4246	SiHBr3	silane, tribromo	7789-57-3	268.805	200.15	1	382.15	1	25	2.700	1	flammable liquid	1
4247	SiHCl3	silane, trichloro	10025-78-2	135.452	144.95	1	305.00	1	25	1.331	1	fuming liquid	1
4248	SiHF3	silane, trifluoro	13465-71-9	86.089	141.75	1	178.15	1	---	---	---	colorless gas	1
4249	SiHI3	silane, triiodo	13465-72-0	409.807	281.15	1	dec	1	---	---	---	liquid	1
4250	SiH2Br2	silane, dibromo	13768-94-0	189.909	203.05	1	339.15	1	25	2.111	1,2	liquid	1
4251	SiH2Cl2	silane, dichloro	4109-96-0	101.007	151.15	1	281.45	1	25	1.167	1,2	colorless gas	1
4252	SiH2F2	silane, difluoro	13824-36-7	68.098	151.15	1	195.35	1	25	0.805	1,2	colorless gas	1
4253	SiH2I2	silane, diiodo	13760-02-6	283.910	272.15	1	423.15	1	25	2.825	1,2	colorless liquid	1
4254	SiH2O	oxosilane	22755-01-7	46.101	---	---	---	---	---	---	---	---	---
4255	SiH2O3	metasilicic acid	7699-41-4	78.100	---	---	---	---	---	---	---	white amorphous powder	1
4256	SiH2O3	silica gel	1343-98-2	78.100	---	---	---	---	---	---	---	---	---
4257	SiH3Br	silane, monobromo	13465-73-1	111.013	179.25	1	275.55	1	25	1.473	1,2	colorless gas	1
4258	SiH3Cl	silane, monochloro	13465-78-6	66.562	155.05	1	242.75	1	25	0.882	1,2	colorless gas	1
4259	SiH3F	silane, monofluoro	13537-33-2	50.108	---	---	175.15	1	---	---	---	colorless gas	1
4260	SiH3I	silane, iodo	13598-42-0	158.014	216.15	1	318.55	1	25	2.031	1,2	colorless liquid	1
4261	SiH4	silane	7803-62-5	32.117	88.48	1	161.00	1	---	---	---	colorless gas	1
4262	SiH14O45W12	silicotungstic acid	12520-88-6	2968.250	---	---	---	---	---	---	---	---	---
4263	SiI4	silane, tetraiodo	13465-84-4	535.703	393.65	1	560.50	1	25	4.100	1	white powder	1
4264	SiO	silicon monoxide	10097-28-6	44.085	---	---	---	---	25	2.180	1	black cubic crystals	1
4265	SiO2	silicon dioxide (alpha quartz)	14808-60-7	60.084	1696.00	1	2503.20	1	25	2.648	1	colorless hexagonal crystals	1
4266	SiO2	silicon dioxide (tridymite)	15468-32-3	60.084	1743.15	1	3223.15	1	25	2.265	1	colorless hexagonal crystals	1
4267	SiO2	silicon dioxide (cristobalite)	14464-46-1	60.084	1995.15	1	3223.15	1	25	2.334	1	colorless hexagonal crystals	1
4268	SiO2	silicon dioxide (vitreous)	60676-86-0	60.084	1986.15	1	3223.15	1	25	2.196	1	colorless amorphous solid	1
4269	SiO2	colloidal silica	7631-86-9	60.084	---	---	---	---	---	---	---	---	---
4270	SiS	silicon monosulfide	12504-41-5	60.152	---	---	1213.15	1	25	1.850	1	yellow-red hygroscopic powder	1
4271	SiS2	silicon disulfide	13759-10-9	92.218	1363.15	1	---	---	25	2.040	1	white rhombohedral crystals	1
4272	Si2CH2Cl6	bis(trichlorosilyl)methane	4142-85-2	282.914	---	---	---	---	20	1.557	1	---	---
4273	Si2C6H18	disilane, hexamethyl	1450-14-2	146.378	---	---	---	---	20	0.729	1	---	---
4274	Si2C6H18O	disiloxane, hexamethyl	107-46-0	162.378	---	---	---	---	20	0.764	1	---	---
4275	Si2C6H19N	disilazane, hexamethyl	999-97-3	161.393	---	---	---	---	20	0.774	1	---	---
4276	Si2C7H20Si2	bis(trimethylsilyl)methane	2117-28-4	160.405	---	---	---	---	25	0.751	1	---	---
4277	Si2C8H18	bis(trimethylsilyl)acetylene	14630-40-1	170.400	---	---	---	---	---	---	---	---	---
4278	Si2C8H18O	siloxane, 1,3-divinyltetramethyl	2627-95-4	186.399	---	---	---	---	25	0.809	1	---	---
4279	Si2C8H22O2	1,2-bis(trimethylsiloxy)ethane	7381-30-8	206.430	---	---	---	---	20	0.842	1	---	---
4280	Si2C10H18O4	bis(trimethylsilyl)acetylenedicarboxylate	76734-92-4	258.419	---	---	---	---	20	0.988	1	---	---
4281	Si2C10H22O2	bis(trimethylsiloxy)cyclobutene	17082-61-0	230.451	---	---	---	---	20	0.897	1	---	---
4282	Si2C10H28N2	bis(dimethylaminodimethylsilyl)ethane	91166-50-6	232.514	---	---	---	---	20	0.824	1	---	---
4283	Si2C12H30O	siloxane, hexaethyldi	994-49-0	246.537	---	---	---	---	20	0.844	1	---	---
4284	Si2C18H42O6S4	bis[3-(triethoxysilyl)propyl]-tetrasulfide	40372-72-3	538.957	---	---	---	---	20	1.074	1	---	---
4285	Si2C18H45O4PSn	bis(trimethylsilyl)tributylstannyl phosphate	74785-85-6	531.402	---	---	---	---	---	---	---	---	---
4286	Si2Cl6	disilane, hexachloro	13465-77-5	268.887	271.95	1	418.15	1	25	1.562	1	liquid	1
4287	Si2Cl6O	disiloxane, hexachloro	14986-21-1	284.887	---	---	---	---	25	1.570	1	---	---
4288	Si2F6	disilane, hexafluoro	---	170.161	254.55	1	254.25	1	25	1.341	1,2	gas	1
4289	Si2H6	disilane	1590-87-0	62.219	140.65	1	259.00	1	25	0.782	1,2	colorless gas	1
4290	Si2H6O	disiloxane	13597-73-4	78.218	129.15	1	257.95	1	25	0.772	1,2	gas	1
4291	Si2OCl3F3	disiloxane, trichlorotrifluoro	---	235.524	---	---	315.89	1	25	1.488	1,2	---	---
4292	Si3C9H27N	silazane, nonamethyltri	1586-73-8	233.574	---	---	---	---	25	0.864	1	---	---
4293	Si3C9H27P	tris(trimethylsilyl)phosphine	15573-38-3	250.541	---	---	---	---	25	0.863	1	---	---
4294	Si3C10H28	tris(trimethylsilyl)methane	1068-69-5	232.586	---	---	---	---	20	0.827	1	---	---
4295	Si3Cl8	octachlorotrisilane	---	367.878	---	---	484.55	1	25	1.588	1,2	---	---
4296	Si3H8	trisilane	7783-26-8	92.320	155.75	1	326.05	1	-117	0.725	1	flammable liquid	1
4297	Si3H9N	trisilazane	---	107.335	167.45	1	321.85	1	25	0.858	1,2	liquid	1
4298	Si3N4	silicon nitride	12033-89-5	140.283	2173.15	1	---	---	25	3.170	1	gray refractory solid	1
4299	Si4C48H40O4	siloxane, octaphenylcyclotetra	546-56-5	793.171	---	---	---	---	20	1.185	1	---	---
4300	Si4H10	tetrasilane	7783-29-1	122.421	188.85	1	380.55	1	-84	0.790	1	colorless liquid	1
4301	Si5C12H36	silane, tetrakis(trimethylsilyl)	4098-98-0	320.842	---	---	---	---	---	---	---	---	---
4302	Si16C24H72O20	silsesquioxane, octakis(trimethylsiloxy)	51777-38-9	1130.184	---	---	---	---	---	---	---	---	---
4303	Sm	samarium	7440-19-9	150.360	1347.15	1	2067.15	1	25	7.520	1	silvery metal	1
4304	SmB6	samarium boride	---	215.226	2853.15	1	---	---	25	5.070	1	refractory solid	1
4305	SmBr2	samarium (ii) bromide	50801-97-3	310.168	942.15	1	---	---	---	---	---	brown crystals	1
4306	SmBr3	samarium (iii) bromide	13759-87-0	390.072	913.15	1	---	---	---	---	---	yellow crystals	1
4307	SmBr3H12O6	samarium bromide hexahydrate	13517-12-9	498.164	---	---	---	---	25	2.971	1	---	---
4308	SmBr3H18O18	samarium bromate nonahydrate	28958-26-1	696.204	---	---	---	---	---	---	---	---	---
4309	SmC6H15O9	samarium acetate trihydrate	17829-86-6	381.538	---	---	---	---	25	1.940	1	---	---
4310	SmC15H15	samarium tris(cyclopentadienyl)	1298-55-1	345.640	---	---	---	---	---	---	---	---	---
4311	SmC15H12F9O6	samarium trifluoroacetylacetonate	23301-82-8	609.598	---	---	---	---	---	---	---	---	---
4312	SmC15H21O6	samarium acetylacetonate	14589-42-5	447.684	---	---	---	---	---	---	---	---	---
4313	SmC33H57O6	samarium, tris(2,2,6,6-tetramethyl-3,5-hept	15492-50-9	700.162	---	---	---	---	---	---	---	---	---
4314	SmCl2	samarium (ii) chloride	13874-75-4	221.265	1128.15	1	---	---	25	3.690	1	brown crystals	1
4315	SmCl3	samarium (iii) chloride	10361-82-7	256.718	955.15	1	---	---	25	4.460	1	yellow crystals	1
4316	SmCl3H12O6	samarium (iii) chloride hexahydrate	13465-55-9	364.810	dec	1	---	---	25	2.380	1	yellow crystals	1
4317	SmF2	samarium (ii) fluoride	15192-17-3	188.357	---	---	---	---	---	---	---	purple crystals	1
4318	SmF3	samarium (iii) fluoride	13765-24-7	207.355	1579.15	1	---	---	25	6.930	1	white crystals	1
4319	SmH3	samarium hydride	13598-53-3	153.384	---	---	---	---	---	---	---	---	---
4320	SmH12N3O15	samarium nitrate hexahydrate	13759-83-6	444.467	---	---	---	---	---	---	---	---	---

NO	FORMULA	NAME	CAS No	Mol Wt	Freezing Point		Boiling Point		Density			State	
				g/mol	T_F, K	code	T_B, K	code	T, C	g/cm3	code	@ 25C, 1 atm	code
4321	SmI2	samarium (ii) iodide	32248-43-4	404.169	793.15	1	---	---	---	---	---	green crystals	1
4322	SmI3	samarium (iii) iodide	13813-25-7	531.073	1123.15	1	---	---	---	---	---	orange crystals	1
4323	SmSi2	samarium silicide	12300-22-0	206.531	---	---	---	---	25	5.140	1	orthorhombic crystals	1
4324	Sm2C3O9	samarium carbonate	5895-47-6	480.747	---	---	---	---	---	---	---	---	---
4325	Sm2C6H20O22	samarium oxalate decahydrate	14175-03-2	744.930	---	---	---	---	---	---	---	---	---
4326	Sm2H16O20S3	samarium (iii) sulfate octahydrate	13465-58-2	733.033	---	---	---	---	25	2.930	1	yellow crystals	1
4327	Sm2O3	samarium (iii) oxide	12060-58-1	348.718	2608.15	1	---	---	25	7.600	1	yellow-white cubic crystals	1
4328	Sm2S3	samarium (iii) sulfide	12067-22-0	396.918	1993.15	1	---	---	25	5.870	1	gray-brown cubic crystals	1
4329	Sm2Se3	samarium (iii) selenide	12039-56-4	537.600	---	---	---	---	---	---	---	solid	1
4330	Sm2Te3	samarium (iii) telluride	12040-00-5	683.520	---	---	---	---	25	7.310	1	orthorhombic crystals	1
4331	Sm5C39H91O14	samarium isopropoxide	3504-40-3	1535.931	---	---	---	---	---	---	---	---	---
4332	Sn	tin (white)	7440-31-5	118.710	505.08	1	2875.15	1	25	7.265	1	silvery tetragonal crystals	1
4333	Sn	tin (gray)	7440-31-5	118.710	505.08	1	2875.15	1	25	5.769	1	cubic crystals	1
4334	SnBr2	tin (ii) bromide	10031-24-0	278.518	488.15	1	912.15	1	25	5.120	1	yellow powder	1
4335	SnBr4	stannic bromide	7789-67-5	438.326	302.25	1	478.15	1	25	3.340	1	white crystals	1
4336	SnCH3Cl3	methyltin trichloride	993-16-8	240.103	---	---	---	---	---	---	---	---	---
4337	SnCH6	methylstannane	1631-78-3	136.768	---	---	273.15	1	---	---	---	colorless gas	1
4338	SnC2F6O6S2	tin (ii) trifluoromethanesulfonate	62086-04-8	416.850	---	---	---	---	---	---	---	---	---
4339	SnC2H6Br2	dimethyltin dibromide	2767-47-7	308.587	---	---	---	---	---	---	---	---	---
4340	SnC2H6Cl2	dimethyltin dichloride	753-73-1	219.684	---	---	---	---	---	---	---	---	---
4341	SnC2H6S	dimethyltin sulfide	13269-74-4	180.845	---	---	---	---	---	---	---	---	---
4342	SnC2O4	tin (ii) oxalate	814-94-8	206.729	dec	1	---	---	25	3.560	1	white powder	1
4343	SnC3H9Br	trimethyltin bromide	1066-44-0	243.718	---	---	---	---	---	---	---	---	---
4344	SnC3H9Cl	trimethyltin chloride	1066-45-1	199.266	---	---	---	---	40	1.645	1	---	---
4345	SnC3H10O	trimethyltin hydroxide	56-24-6	180.821	---	---	---	---	---	---	---	---	---
4346	SnC4H4O6	tin (ii) tartrate	815-85-0	266.781	---	---	---	---	---	---	---	white crystalline powder	1
4347	SnC4H6Cl2	divinyltin dichloride	7532-85-6	243.706	---	---	---	---	---	---	---	---	---
4348	SnC4H6O4	tin (ii) acetate	638-39-1	236.798	456.15	1	---	---	25	2.310	1	white orthorhombic crystals	1
4349	SnC4H9Cl3	n-butyltin trichloride	1118-46-3	282.182	---	---	---	---	20	1.693	1	---	---
4350	SnC4H10O2	n-butyltinoxide hydroxide	2273-43-0	208.831	---	---	---	---	20	1.460	1	---	---
4351	SnC4H11ClO2	n-butyltin chloride dihydroxide	13355-96-9	245.292	---	---	---	---	20	1.260	1	---	---
4352	SnC6H15Br	triethyltin bromide	2767-54-6	285.797	---	---	---	---	25	1.630	1	---	---
4353	SnC6H15Cl	triethyltin chloride	994-31-0	241.346	---	---	---	---	---	---	---	---	---
4354	SnC6H5Cl3	phenyltrichlorotin	1124-19-2	302.172	---	---	---	---	25	1.839	1	---	---
4355	SnC8H12	tetravinyltin	1112-56-7	226.891	---	---	---	---	25	1.246	1	---	---
4356	SnC8H12O8	tin (iv) acetate	2800-96-6	354.886	---	---	---	---	---	---	---	---	---
4357	SnC8H18Br2	di-n-butyltin dibromide	996-08-7	392.747	---	---	---	---	25	1.739	1	---	---
4358	SnC8H18Cl2	di-n-butyltin dichloride	683-18-1	303.844	---	---	---	---	25	1.360	1	---	---
4359	SnC8H18Cl2	di-tert-butyltin dichloride	19429-30-2	303.844	---	---	---	---	---	---	---	---	---
4360	SnC8H18O	di-n-butyltin oxide	818-08-6	248.938	---	---	---	---	20	1.580	1	---	---
4361	SnC8H18S	di-n-butyltin sulfide	4253-22-9	265.005	---	---	---	---	25	1.420	1	---	---
4362	SnC8H20	tetraethyltin	597-64-8	234.954	---	---	---	---	25	1.187	1	---	---
4363	SnC9H14	phenyltrimethyltin	934-56-5	240.917	---	---	---	---	25	1.327	1	---	---
4364	SnC9H21Cl	tri-n-propyltin chloride	995-25-5	283.426	---	---	---	---	28	1.268	1	---	---
4365	SnC10H14Br2O4	tin (iv) bis(acetylacetonate) dibromide	16894-10-3	476.734	---	---	---	---	---	---	---	---	---
4366	SnC10H14Cl2O4	tin (iv) bis(acetylacetonate) dichloride	16919-46-3	387.831	---	---	---	---	---	---	---	---	---
4367	SnC10H24O2	di-n-butyltin dimethoxide	1067-55-6	295.006	---	---	---	---	25	1.286	1	---	---
4368	SnC11H24O2	tri-n-propyltin acetate	3267-78-5	307.017	---	---	---	---	---	---	---	---	---
4369	SnC12H10Cl2	diphenyltin dichloride	1135-99-5	343.823	---	---	---	---	---	---	---	---	---
4370	SnC12H10O	diphenyltin oxide	2273-51-0	288.917	---	---	---	---	---	---	---	---	---
4371	SnC12H10S	diphenyltin sulfide	20332-10-9	304.984	---	---	---	---	---	---	---	---	---
4372	SnC12H20	tetraallyltin	7393-43-3	282.997	---	---	---	---	25	1.179	1	---	---
4373	SnC12H20O4	tetrakis(1-methoxyvinyl)tin	81177-91-5	346.995	---	---	---	---	25	1.349	1	---	---
4374	SnC12H24O4	di-n-butyltin diacetate	1067-33-0	351.027	---	---	---	---	25	1.320	1	---	---
4375	SnC12H27Br	tri-n-butyltin bromide	1461-23-0	369.957	---	---	---	---	25	1.338	1	---	---
4376	SnC12H27Cl	tri-n-butyltin chloride	1461-22-9	325.505	---	---	---	---	25	1.207	1	---	---
4377	SnC12H27D	tri-n-butyltin deuteride	6180-99-0	292.067	---	---	---	---	25	1.082	1	---	---
4378	SnC12H27F	tri-n-butyltin fluoride polymer	27615-98-1	309.051	---	---	---	---	20	1.280	1	---	---
4379	SnC12H27I	tri-n-butyltin iodide	7342-47-4	416.957	---	---	---	---	25	1.460	1	---	---
4380	SnC12H28	tetraisopropyltin	2949-42-0	291.061	---	---	---	---	20	1.124	1	---	---
4381	SnC12H28	tetra-n-propyltin	2176-98-9	291.061	---	---	---	---	20	1.107	1	---	---
4382	SnC12H28	tri-n-butyltin hydride	688-73-3	291.061	---	---	---	---	20	1.103	1	---	---
4383	SnC12H36N2Si4	tin (ii), bis[bis(trimethylsilyl)amino]	59863-13-7	439.480	---	---	---	---	25	1.136	1	---	---
4384	SnC13H27F3O3S	tri-n-butyltin trifluoromethanesulfonate	68725-14-4	439.123	---	---	---	---	---	---	---	---	---
4385	SnC13H27N	tri-n-butyltin cyanide	2179-92-2	316.070	---	---	---	---	---	---	---	---	---
4386	SnC13H30O	tri-n-butyltin methoxide	1067-52-3	321.087	---	---	---	---	20	1.169	1	---	---
4387	SnC14H16	dimethyldiphenyltin	1080-43-9	302.987	---	---	---	---	---	---	---	---	---
4388	SnC14H28	diallyldibutyltin	15336-98-8	315.082	---	---	---	---	25	1.099	1	---	---
4389	SnC14H28	ethynyltributyltin	994-89-8	315.082	---	---	---	---	25	1.089	1	---	---
4390	SnC14H30	vinyltri-n-butyltin	7486-35-3	317.098	---	---	---	---	25	1.085	1	---	---
4391	SnC14H30O2	tri-n-butyltin acetate	56-36-0	349.097	---	---	---	---	25	1.270	1	---	---
4392	SnC14H32O	tri-n-butyltin ethoxide	36253-76-6	335.113	---	---	---	---	25	1.096	1	---	---
4393	SnC14H32S	ethyltributyltin sulfide	23716-85-0	351.180	---	---	---	---	25	1.127	1	---	---
4394	SnC15H32	allyltri-n-butyltin	24850-33-7	331.125	---	---	---	---	25	1.068	1	---	---
4395	SnC15H33Cl	tri-n-pentyltin chloride	3342-67-4	367.585	---	---	---	---	25	1.137	1	---	---
4396	SnC15H36Si	trimethyl(tri-n-butylstannyl)silane	17955-46-3	363.242	---	---	---	---	25	1.040	1	---	---
4397	SnC16H30O	2-(tributylstannyl)furan	118486-94-5	357.119	---	---	---	---	25	1.134	1	---	---
4398	SnC16H30O4	tin (ii) salt, 2-ethylhexanoic acid	301-10-0	405.117	---	---	---	---	25	1.251	1	---	---
4399	SnC16H30S	2-(tributylstannyl)thiophene	54663-78-4	373.185	---	---	---	---	25	1.175	1	---	---
4400	SnC16H34O	tin (iv), (1-ethoxyvinyl)tri-n-butyl	97674-02-7	361.151	---	---	---	---	25	1.069	1	---	---

Table 2 Physical Properties - Inorganic Compounds

				Mol Wt	Freezing Point		Boiling Point		Density			State	
NO	FORMULA	NAME	CAS No	g/mol	T_F, K	code	T_B, K	code	T, C	g/cm3	code	@ 25C, 1 atm	code
4401	SnC16H36	tetra-n-butyltin	1461-25-2	347.167	---	---	---	---	25	1.057	1	---	---
4402	SnC18H15F	triphenyltin fluoride	379-52-2	369.020	---	---	---	---	---	---	---	---	---
4403	SnC18H16	triphenyltin hydride	892-20-6	351.030	---	---	---	---	25	1.374	1	---	---
4404	SnC18H16O	triphenyltin hydroxide	76-87-9	367.029	---	---	---	---	---	---	---	---	---
4405	SnC18H32	tri-n-butylphenyltin	960-16-7	367.157	---	---	---	---	25	1.125	1	---	---
4406	SnC18H33Cl	tricyclohexyltin chloride	3091-32-5	403.617	---	---	---	---	---	---	---	---	---
4407	SnC19H15Cl5	triphenylcarbenium pentachlorostannate	15414-98-9	539.296	---	---	---	---	---	---	---	---	---
4408	SnC20H18O2	triphenyltin acetate	900-95-8	409.066	---	---	---	---	---	---	---	---	---
4409	SnC20H28	di-n-butyldiphenyltin	6452-61-5	387.146	---	---	---	---	25	1.190	1	---	---
4410	SnC20H32	tin (iv), (phenylethynyl)tri-n-butyl	3757-88-8	391.178	---	---	---	---	25	1.116	1	---	---
4411	SnC20H44	tetra-n-pentyltin	3765-65-9	403.273	---	---	---	---	25	1.008	1	---	---
4412	SnC21H20	allyltriphenyltin	76-63-1	391.094	---	---	---	---	---	---	---	---	---
4413	SnC24H20	tetraphenyltin	595-90-4	427.126	---	---	---	---	25	1.490	1	---	---
4414	SnC24H48O4	di-n-butyltinbis(2-ethylhexanoate)	2781-10-4	519.346	---	---	---	---	---	---	---	---	---
4415	SnC25H22	benzyltriphenyltin	2847-58-7	441.152	---	---	---	---	---	---	---	---	---
4416	SnC28H54O6	n-butyltin tris(2-ethylhexanoate)	23850-94-4	605.435	---	---	---	---	25	1.105	1	---	---
4417	SnC32H16Cl2N8	tin (iv) phthalocyanine dichloride	18253-54-8	702.139	---	---	---	---	---	---	---	---	---
4418	SnC32H16N8	tin (ii) phthalocyanine	15304-57-1	631.233	---	---	---	---	---	---	---	---	---
4419	SnC32H64O4	di-n-butyltin dilaurate	77-58-7	631.558	---	---	---	---	25	1.066	1	---	---
4420	SnC36H70O4	stannous stearate	7637-13-0	685.649	---	---	---	---	---	---	---	---	---
4421	SnC48H24N8	tin (ii) 2,3-naphthalocyanine	110479-58-8	831.468	---	---	---	---	---	---	---	---	---
4422	SnCl2	stannous chloride	7772-99-8	189.615	520.25	1	896.15	1	25	3.900	1	white orthorhombic crystals	1
4423	SnCl2H4O2	tin (ii) chloride dihydrate	10025-69-1	225.646	dec	1	---	---	25	2.710	1	white monoclinic crystals	1
4424	SnCl4	stannic chloride	7646-78-8	260.521	239.08	1	387.30	1	25	2.234	1	colorless fuming liquid	1
4425	SnCl4H10O5	tin (iv) chloride pentahydrate	10026-06-9	350.597	dec	1	---	---	25	2.040	1	white-yellow crystals	1
4426	SnCr2O8	tin (iv) chromate	38455-77-5	350.697	dec	1	---	---	---	---	---	brown-yellow crystalline powder	1
4427	SnFO3P	stannous fluorophosphate	52262-58-5	216.680	---	---	---	---	---	---	---	---	---
4428	SnF2	tin (ii) fluoride	7783-47-3	156.707	486.15	1	1123.15	1	25	4.570	1	white monoclinic crystals	1
4429	SnF4	tin (iv) fluoride	7783-62-2	194.704	---	---	978.15	1	25	4.780	1	white tetragonal crystals	1
4430	SnH2O2	tin (ii) hydroxide	12026-24-3	152.725	---	---	---	---	---	---	---	white amorphous solid	1
4431	SnH4	stannane	2406-52-2	122.742	127.15	1	221.35	1	---	---	---	unstable colorless gas	1
4432	SnI2	tin (ii) iodide	10294-70-9	372.519	593.15	1	987.15	1	25	5.280	1	red-orange powder	1
4433	SnI4	stannic iodide	7790-47-8	626.328	416.15	1	637.50	1	25	4.460	1	yellow-brown cubic crystals	1
4434	SnO	tin (ii) oxide	21651-19-4	134.709	dec	1	---	---	25	6.450	1	blue-black tetragonal crystals	1
4435	SnO2	tin (iv) oxide	18282-10-5	150.709	1903.15	1	---	---	25	6.850	1	gray tetragonal crystals	1
4436	SnO6Se2	tin (iv) selenite	7446-25-5	372.626	---	---	---	---	---	---	---	crystalline powder	1
4437	SnP	tin monophosphide	25324-56-5	149.684	---	---	---	---	25	6.560	1	---	---
4438	SnS	tin (ii) sulfide	1314-95-0	150.776	1153.15	1	1483.15	1	25	5.080	1	gray orthorhombic crystals	1
4439	SnSO4	tin (ii) sulfate	7488-55-3	214.774	dec	1	---	---	25	4.150	1	white orthorhombic crystals	1
4440	SnS2	tin (iv) sulfide	1315-01-1	182.842	dec	1	---	---	25	4.500	1	gold-yellow hexagonal crystals	1
4441	SnSe	tin (ii) selenide	1315-06-6	197.670	1134.15	1	---	---	25	6.180	1	gray orthorhombic crystals	1
4442	SnSe2	stannic selenide	20770-09-6	276.630	923.15	1	---	---	25	4.850	1	red-brown crystals	1
4443	SnTe	tin (ii) telluride	12040-02-7	246.310	1063.15	1	---	---	25	6.500	1	gray cubic crystals	1
4444	SnZrF6	tin (ii) hexafluorozirconate	12419-43-1	323.924	---	---	---	---	25	4.210	1	crystals	1
4445	Sn2C6H18	hexamethylditin	661-69-8	327.627	---	---	---	---	20	1.570	1	---	---
4446	Sn2C6H18S	bis(trimethyltin) sulfide	1070-91-3	359.693	---	---	---	---	25	1.632	1	---	---
4447	Sn2C8H18O5	tetramethyldiacetoxystannoxane	5926-79-4	431.646	---	---	---	---	---	---	---	---	---
4448	Sn2C12H30O4S	bis(triethyltin)sulfate	57-52-3	507.850	---	---	---	---	---	---	---	---	---
4449	Sn2C16H36Cl2O	bis(chlorodibutyltin) oxide	10428-19-0	552.782	---	---	---	---	---	---	---	---	---
4450	Sn2C20H42O5	1,3-diacetoxy-1,1,3,3-tetrabutyldistannoxar	5967-09-9	599.964	---	---	---	---	---	---	---	---	---
4451	Sn2C24H54	bis(tri-n-butyltin)	813-19-4	580.106	---	---	---	---	25	1.148	1	---	---
4452	Sn2C24H54O	bist(tri-n-butyltin) oxide	56-35-9	596.105	---	---	---	---	25	1.170	1	---	---
4453	Sn2C24H54O4S	bis(tri-n-butyltin)sulfate	26377-04-5	676.169	---	---	---	---	---	---	---	---	---
4454	Sn2C24H54S	bis(tri-n-butyltin)sulfide	4808-30-4	612.172	---	---	---	---	---	---	---	---	---
4455	Sn2C26H54	bis(tri-n-butylstannyl)acetylene	994-71-8	604.127	---	---	---	---	20	1.170	1	---	---
4456	Sn2C36H30	hexaphenylditin	1064-10-4	700.043	---	---	---	---	---	---	---	---	---
4457	Sn2C36H30O	bis(triphenyltin) oxide	1262-21-1	716.043	---	---	---	---	---	---	---	---	---
4458	Sn2C36H66S	bis(tricyclohexyltin) sulfide	13121-76-1	768.395	---	---	---	---	---	---	---	---	---
4459	Sn2P2O7	tin (ii) pyrophosphate	15578-26-4	411.363	dec	1	---	---	25	4.009	1	white amorphous powder	1
4460	Sn4P3	tin triphosphide	12286-33-8	567.761	---	---	---	---	25	5.181	1	---	---
4461	Sr	strontium	7440-24-6	87.620	1050.15	1	1655.15	1	25	2.640	1	silvery-white metal	1
4462	SrAl2O4	strontium aluminate	12004-37-4	205.581	---	---	---	---	---	---	---	---	---
4463	SrB6	strontium hexaboride	12046-54-7	152.486	---	---	---	---	25	3.390	1	---	---
4464	SrBr2	strontium bromide	10476-81-0	247.428	930.15	1	---	---	25	4.216	1	white tetragonal crystals	1
4465	SrBr2H2O7	strontium bromate monohydrate	14519-18-7	361.440	dec	1	---	---	25	3.770	1	white-yellow hygroscopic crystals	1
4466	SrBr2H12O6	strontium bromide hexahydrate	7789-53-9	355.520	dec	1	---	---	25	2.386	1	colorless hygroscopic crystals	1
4467	SrCO3	strontium carbonate	1633-05-2	147.629	1767.15	1	---	---	25	3.500	1	white orthorhombic crystals	1
4468	SrC2	strontium carbide	12071-29-3	111.641	---	---	---	---	25	3.190	1	tetragonal crystals	1
4469	SrC2H2O5	strontium oxalate monohydrate	814-95-9	193.654	---	---	---	---	---	---	---	---	---
4470	SrC4H6O4	strontium acetate	543-94-2	205.708	---	---	---	---	25	2.099	1	---	---
4471	SrC4H12O10	strontium tartrate tetrahydrate	6100-96-5	307.752	---	---	---	---	25	1.966	1	---	---
4472	SrC6H14O2	strontium isopropoxide	88863-33-6	205.794	---	---	---	---	---	---	---	---	---
4473	SrC6H16O9	strontium lactate trihydrate	29870-99-3	319.806	---	---	---	---	---	---	---	---	---
4474	SrC10H14O4	strontium acetylacetonate	12193-47-4	285.836	---	---	---	---	---	---	---	---	---
4475	SrC14H14O8	strontium salicylate dihydrate	6160-38-9	397.876	---	---	---	---	---	---	---	---	---
4476	SrC16H30O4	strontium 2-ethylhexanoate	2457-02-5	374.027	---	---	---	---	---	---	---	---	---
4477	SrC20H34O4	strontium cyclohexanbutyrate	62638-05-5	426.102	---	---	---	---	---	---	---	---	---
4478	SrC20H38O4	strontium neodecanoate	---	430.133	---	---	---	---	---	---	---	---	---
4479	SrCl2	strontium chloride	10476-85-4	158.525	1147.15	1	1523.15	1	25	3.052	1	white cubic crystals	1
4480	SrCl2H12O14	strontium perchlorate hexahydrate	13450-97-0	394.612	---	---	---	---	---	---	---	---	---

				Mol Wt	Freezing Point		Boiling Point		Density			State	
NO	FORMULA	NAME	CAS No	g/mol	T_F, K	code	T_B, K	code	T, C	g/cm3	code	@ 25C, 1 atm	code
4481	SrCl2H12O6	strontium chloride hexahydrate	10025-70-4	266.617	dec	1	---	---	25	1.960	1	colorless hygroscopic crystals	1
4482	SrCl2O6	strontium chlorate	7791-10-8	254.522	dec	1	---	---	25	3.150	1	colorless crystals	1
4483	SrCrO4	strontium chromate	7789-06-2	203.614	dec	1	---	---	25	3.900	1	yellow monoclinic crystals	1
4484	SrF2	strontium fluoride	7783-48-4	125.617	1750.15	1	2733.15	1	25	4.240	1	white cubic crystals or powder	1
4485	SrFe12O19	strontium ferrite	12023-91-5	1061.749	---	---	---	---	---	---	---	---	---
4486	SrH2	strontium hydride	13598-33-9	89.636	1323.15	1	---	---	25	3.260	1	orthorhombic crystals	1
4487	SrH2O2	strontium hydroxide	18480-07-4	121.635	808.15	1	dec	1	25	3.625	1	colorless orthorhombic crystals	1
4488	SrH6Mn2O11	strontium permanganate trihydrate	14446-13-0	379.537	---	---	---	---	25	2.750	1	---	---
4489	SrH8O10S2	strontium dithionate tetrahydrate	13845-16-4	319.810	---	---	---	---	25	2.373	1	---	---
4490	SrH12I2O6	strontium iodide hexahydrate	73796-25-5	449.521	dec	1	---	---	25	4.400	1	white-yellow hexagonal crystals	1
4491	SrH18O10	strontium hydroxide octahydrate	1311-10-0	265.757	---	---	---	---	25	1.900	1	---	---
4492	SrI2	strontium iodide	10476-86-5	341.429	788.15	1	dec	1	25	4.550	1	white hygroscopic crystals	1
4493	SrI2O6	strontium iodate	13470-01-4	437.425	---	---	---	---	25	5.045	1	---	---
4494	SrMoO4	strontium molybdate (vi)	13470-04-7	247.558	---	---	---	---	25	4.662	1	---	---
4495	SrN2O4	strontium nitrite	13470-06-9	179.631	dec	1	---	---	25	2.800	1	white-yellow hygroscopic needles	1
4496	SrN2O6	strontium nitrate	10042-76-9	211.630	843.15	1	918.15	1	25	2.990	1	white cubic crystals	1
4497	SrNb2O6	strontium niobate	12034-89-8	369.429	1498.15	1	---	---	25	5.110	1	monoclinic crystals	1
4498	SrO	strontium oxide	1314-11-0	103.619	2804.15	1	---	---	25	5.100	1	colorless cubic crystals	1
4499	SrO2	strontium peroxide	1314-18-7	119.619	dec	1	---	---	25	4.780	1	white tetragonal crystals	1
4500	SrO3Sn	strontium stannate	12143-34-9	254.328	---	---	---	---	---	---	---	---	---
4501	SrO3Zr	strontium zirconate	12036-39-4	226.842	---	---	---	---	---	---	---	---	---
4502	SrO4S	strontium sulfate	7759-02-6	183.684	---	---	---	---	25	3.960	1	---	---
4503	SrO4W	strontium tungstate	13451-05-3	335.458	---	---	---	---	25	6.187	1	---	---
4504	SrO6Ta2	strontium tantalate	12065-74-6	545.512	---	---	---	---	---	---	---	---	---
4505	SrO6V2	strontium vanadate	12435-86-8	285.499	---	---	---	---	---	---	---	---	---
4506	SrS	strontium sulfide	1314-96-1	119.686	2499.15	1	---	---	25	3.700	1	gray cubic crystals	1
4507	SrSO4	strontium sulfate	7759-02-6	183.684	1879.15	1	---	---	25	3.960	1	white orthorhombic crystals	1
4508	SrSe	strontium selenide	1315-07-7	166.580	1873.15	1	---	---	25	4.540	1	white cubic crystals	1
4509	SrSeO4	strontium selenate	7446-21-1	230.578	---	---	---	---	25	4.250	1	orthorhombic crystals	1
4510	SrSi2	strontium silicide	12138-28-2	143.791	1373.15	1	---	---	25	3.350	1	silvery-gray cubic crystals	1
4511	SrTiO3	strontium titanate	12060-59-2	183.485	2353.15	1	---	---	25	5.100	1	white cubic crystals	1
4512	Sr2SiO4	strontium orthosilicate	13597-55-2	267.323	---	---	---	---	25	4.500	1	orthorhombic crystals	1
4513	Sr3N2	strontium nitride	12033-82-8	290.873	---	---	---	---	---	---	---	---	---
4514	Sr3O8P2	strontium phosphate	7446-28-8	452.803	---	---	---	---	---	---	---	white powder	1
4515	T2	tritium	10028-17-8	6.032	---	---	25.04	1	---	---	---	gas	1
4516	T2O	tritium dioxide	14940-65-9	15.999	---	---	---	---	25	1.214	1	---	---
4517	Ta	tantalum	7440-25-7	180.948	3290.15	1	5731.15	1	25	16.400	1	gray metal	1
4518	TaAl3	tantalum aluminide	12004-76-1	261.893	---	---	---	---	25	7.020	1	gray refractory powder	1
4519	TaB	tantalum boride	12007-07-7	191.759	2313.15	1	---	---	25	14.200	1	refractory orthorhombic crystals	1
4520	TaB2	tantalum diboride	12007-35-1	202.570	3413.15	1	---	---	25	11.200	1	black hexagonal crystals	1
4521	TaBr3	tantalum (iii) bromide	13842-73-4	420.660	dec	1	---	---	---	---	---	grey-green solid	1
4522	TaBr4	tantalum (iv) bromide	13842-76-7	500.564	dec	1	---	---	---	---	---	dark blue solid	1
4523	TaBr5	tantalum (v) bromide	13451-11-1	580.468	538.15	1	622.15	1	25	4.990	1	yellow crystalline powder	1
4524	TaC	tantalum carbide	12070-06-3	192.959	4153.15	1	5053.15	1	25	14.300	1	gold-brown powder	1
4525	TaC5H15O5	tantalum (v) methoxide	865-35-0	336.118	---	---	---	---	---	---	---	---	---
4526	TaC10H10F15O5	tantalum trifluoroethoxide	13053-54-8	676.107	---	---	---	---	25	1.900	1	---	---
4527	TaC10H15Cl4	tantalum tetrachloride, pentamethylcyclope	71414-47-6	457.985	---	---	---	---	---	---	---	---	---
4528	TaC10H25O5	tantalum ethoxide	6074-84-6	406.250	---	---	---	---	25	1.566	1	---	---
4529	TaCl3	tantalum (iii) chloride	13569-67-0	287.306	---	---	---	---	---	---	---	---	---
4530	TaCl4	tantalum (iv) chloride	13569-72-7	322.759	---	---	---	---	---	---	---	---	---
4531	TaCl5	tantalum (v) chloride	7721-01-9	358.211	489.15	1	512.50	1	25	3.680	1	yellow monoclinic crystals	1
4532	TaF3	tantalum (iii) fluoride	13814-17-0	237.943	---	---	---	---	---	---	---	---	---
4533	TaF5	tantalum (v) fluoride	7783-71-3	275.940	368.25	1	502.35	1	25	5.000	1	white monoclinic crystals	1
4534	TaH	tantalum hydride	13981-95-8	181.956	---	---	---	---	25	15.100	1	---	---
4535	TaI4	tantalum (iv) iodide	14693-80-2	688.566	---	---	---	---	---	---	---	---	---
4536	TaI5	tantalum (v) iodide	14693-81-3	815.470	769.15	1	816.15	1	25	5.800	1	black hexagonal crystals	1
4537	TaN	tantalum nitride	12033-62-4	194.955	3363.15	1	---	---	25	13.700	1	black hexagonal crystals	1
4538	TaO	tantalum oxide	12035-90-4	196.947	---	---	---	---	---	---	---	---	---
4539	TaO2	tantalum (iv) oxide	12036-14-5	212.947	---	---	---	---	25	10.000	1	tetragonal crystals	1
4540	TaP	tantalum phosphide	12037-63-7	211.922	---	---	---	---	---	---	---	---	---
4541	TaS2	tantalum (iv) sulfide	12143-72-5	245.080	---	---	---	---	25	6.860	1	black hexagonal crystals	1
4542	TaSe2	tantalum (iv) selenide	12039-55-3	338.868	---	---	---	---	25	6.700	1	hexagonal crystals	1
4543	TaSi2	tantalum silicide	12039-79-1	237.119	2473.15	1	---	---	25	9.140	1	gray powder	1
4544	TaTe2	tantalum (iv) telluride	12067-66-2	436.148	---	---	---	---	25	9.400	1	monoclinic crystals	1
4545	Ta2C	tantalum carbide	12070-07-4	373.907	3600.15	1	---	---	25	15.100	1	refractory hexagonal crystals	1
4546	Ta2H	tantalum hydride	12026-09-4	362.904	---	---	---	---	---	---	---	---	---
4547	Ta2O4	ditantalum tetraoxide	---	425.893	---	---	---	---	---	---	---	---	---
4548	Ta2O5	tantalum (v) oxide	1314-61-0	441.893	2057.15	1	---	---	25	8.200	1	white crystals or powder	1
4549	Ta5Si3	tantalum trisilicide	12067-56-0	988.996	---	---	---	---	---	---	---	---	---
4550	Tb	terbium	7440-27-9	158.925	1629.15	1	3503.15	1	25	8.230	1	silvery metal	1
4551	TbBr3	terbium bromide	14456-47-4	398.637	---	---	---	---	---	---	---	---	---
4552	TbC15H27O9	terbium acetylacetonate trihydrate	14284-95-8	510.295	---	---	---	---	---	---	---	---	---
4553	TbCl3	terbium chloride	10042-88-3	265.283	861.15	1	---	---	25	4.350	1	white orthorhombic crystals	1
4554	TbCl3H12O6	terbium chloride hexahydrate	13798-24-8	373.375	---	---	---	---	25	4.350	1	hygroscopic crystals	1
4555	TbCl3H12O18	terbium perchlorate hexahydrate	14014-09-6	565.368	---	---	---	---	---	---	---	---	---
4556	TbF2	terbium difluoride	107949-15-5	196.922	---	---	---	---	---	---	---	solid	1
4557	TbF3	terbium trifluoride	13708-63-9	215.921	---	---	---	---	---	---	---	---	---
4558	TbF4	terbium tetrafluoride	36781-15-4	234.919	dec	1	---	---	---	---	---	---	---
4559	TbH3	terbium hydride	13598-54-4	161.949	---	---	---	---	---	---	---	---	---
4560	TbH12N3O15	terbium nitrate hexahydrate	13451-19-9	453.032	---	---	---	---	---	---	---	---	---

Table 2 Physical Properties - Inorganic Compounds

NO	FORMULA	NAME	CAS No	Mol Wt g/mol	Freezing Point T_F, K	Freezing Point code	Boiling Point T_B, K	Boiling Point code	Density T, C	Density g/cm3	Density code	State @ 25C, 1 atm	State code
4561	TbI3	terbium iodide	13813-40-6	539.639	1230.15	1	---	---	25	5.200	1	hexagonal crystals	1
4562	TbN	terbium nitride	12033-64-6	172.932	---	---	---	---	25	9.550	1	cubic crystals	1
4563	TbO	terbium oxide	12036-15-6	174.925	---	---	---	---	---	---	---	solid	1
4564	TbSi2	terbium silicide	12039-80-4	215.096	---	---	---	---	25	6.660	1	orthorhombic crystals	1
4565	Tb2H16O20S3	terbium sulfate octahydrate	13842-67-6	750.164	---	---	---	---	---	---	---	---	---
4566	Tb2O3	terbium oxide	12036-41-8	365.849	2683.15	1	---	---	25	7.910	1	white cubic crystals	1
4567	Tb2S3	terbium sulfide	12138-11-3	414.049	---	---	---	---	25	6.350	1	cubic crystals	1
4568	Tb2Se3	terbium selenide	12166-48-2	554.731	---	---	---	---	---	---	---	solid	1
4569	Tb4O7	terbium (iii,iv) oxide	12037-01-3	747.697	---	---	---	---	---	---	---	---	---
4570	Tc	technetium	7440-26-8	98.000	2430.15	1	4538.15	1	25	11.000	1	hexagonal crystals	1
4571	TcBr4	technetium tetrabromide	74078-05-0	417.616	---	---	---	---	---	---	---	red-brown solid	1
4572	TcClO3	technetium trioxychloride	---	181.451	---	---	---	---	---	---	---	---	---
4573	TcCl3O	technetium oxychloride	---	220.358	---	---	---	---	---	---	---	---	---
4574	TcCl4	technetium tetrachloride	14215-13-5	239.811	---	---	573.15	1	---	---	---	---	---
4575	TcCl4O	technetium oxytetrachloride	---	255.810	---	---	---	---	---	---	---	---	---
4576	TcCl6	technetium hexachloride	---	310.716	---	---	---	---	---	---	---	---	---
4577	TcF5	technetium (v) fluoride	31052-14-9	192.992	323.15	1	dec	1	---	---	---	yellow solid	1
4578	TcF6	technetium (vi) fluoride	13842-93-8	211.990	310.55	1	328.45	1	25	3.000	1	yellow cubic crystals	1
4579	TcO2	technetium dioxide	12036-16-7	129.999	---	---	---	---	---	---	---	---	---
4580	TcO3	technetium trioxide	---	145.998	---	---	---	---	---	---	---	---	---
4581	TcS2	technetium disulfide	34312-50-0	162.132	---	---	---	---	---	---	---	---	---
4582	Tc2O7	technetium heptoxide	---	307.996	---	---	---	---	---	---	---	---	---
4583	Te	tellurium	13494-80-9	127.600	722.66	1	1261.15	1	25	6.240	1	gray-white rhombohedral crystals	1
4584	TeBr2	tellurium dibromide	7789-54-0	287.408	483.15	1	612.15	1	---	---	---	green-brown hygroscopic crystals	1
4585	TeBr4	tellurium tetrabromide	10031-27-3	447.216	661.15	1	---	---	25	4.300	1	yellow-orange monoclinic crystals	1
4586	TeCS	telluride, carbon sulfide	10340-06-4	171.677	---	---	---	---	25	2.900	1	red-yellow liquid	1
4587	TeCl2	tellurium dichloride	10025-71-5	198.505	481.15	1	601.15	1	25	6.900	1	black amorphous solid	1
4588	TeCl4	tellurium tetrachloride	10026-07-0	269.411	497.15	1	660.15	1	25	3.000	1	white monoclinic crystals	1
4589	TeF4	tellurium tetrafluoride	15192-26-4	203.594	402.15	1	dec	1	---	---	---	colorless crystals	1
4590	TeF6	tellurium hexafluoride	7783-80-4	241.590	235.55	1	234.25	1	25	2.684	1,2	colorless gas	1
4591	TeH2O3	tellurous acid	10049-23-7	177.614	dec	1	---	---	25	3.000	1	white crystals	1
4592	TeH6O6	telluric (vi) acid	7803-68-1	229.644	409.15	1	---	---	25	3.070	1	white monoclinic crystals	1
4593	TeI	tellurium iodide	12600-42-9	254.504	---	---	---	---	---	---	---	black solid	1
4594	TeI4	tellurium tetraiodide	7790-48-9	635.218	553.15	1	---	---	25	5.050	1	black orthorhombic crystals	1
4595	TeO	tellurium monoxide	---	143.599	---	---	---	---	---	---	---	---	---
4596	TeO2	tellurium dioxide	7446-07-3	159.599	1006.15	1	1518.15	1	25	5.900	1	white orthorhombic crystals	1
4597	TeO3	tellurium trioxide	13451-18-8	175.598	703.15	1	---	---	25	5.070	1	yellow-orange crystals	1
4598	TeS2	tellurium disulfide	7446-35-7	191.732	---	---	---	---	---	---	---	---	---
4599	Te2Br	tellurium bromide	12514-37-3	335.104	497.15	1	---	---	---	---	---	grey solid	1
4600	Te2Cl	tellurium chloride	12709-77-2	290.653	---	---	---	---	---	---	---	---	---
4601	Te2C12H10	ditelluride, diphenyl	32294-60-3	409.408	---	---	---	---	---	---	---	---	---
4602	Te2C20H14	ditelluride, 1-naphthyl	32294-58-9	509.525	---	---	---	---	---	---	---	---	---
4603	Te2F10	tellurium decafluoride	53214-07-6	445.184	---	---	---	---	---	---	---	---	---
4604	Te2I	tellurium iodide	39449-54-2	382.104	---	---	---	---	---	---	---	silver-grey solid	
4605	Te2O7S	tellurium sulfate	12068-84-8	399.262	---	---	---	---	---	---	---	---	---
4606	Te3Cl2	tritellurium dichloride	12526-08-8	453.705	511.15	1	---	---	---	---	---	silver-grey solid	1
4607	Te3N4	tellurium nitride	12164-01-1	438.827	---	---	---	---	---	---	---	---	---
4608	Te4I4	tetratellurium tetraiodide	51380-73-5	1018.018	458.15	1	---	---	---	---	---	black solid	1
4609	Th	thorium	7440-29-1	232.038	2023.15	1	5061.15	1	25	11.700	1	soft gray-white metal	1
4610	ThB6	thorium boride	12229-63-9	296.904	2723.15	1	---	---	25	6.990	1	refractory solid	1
4611	ThBr4	thorium (iv) bromide	13453-49-1	551.654	952.15	1	---	---	---	---	---	white hygroscopic crystals	1
4612	ThC	thorium carbide	12012-16-7	244.049	2773.15	1	---	---	25	10.600	1	cubic crystals	1
4613	ThC2	thorium dicarbide	12071-31-7	256.060	---	---	---	---	25	9.000	1	yellow monoclinic crystals	1
4614	ThC20H28O8	thorium acetylacetonate	102192-40-5	628.470	---	---	---	---	---	---	---	---	---
4615	ThC20H4F24O8	thorium hexafluoroacetylacetonate	18865-75-3	1060.241	---	---	---	---	---	---	---	---	---
4616	TbC33H57O6	terbium (iii), tris(2,2,6,6-tetramethyl-3,5-hep	15492-51-0	708.727	---	---	---	---	---	---	---	---	---
4617	ThCl4	thorium (iv) chloride	10026-08-1	373.849	1043.15	1	1194.15	1	25	4.590	1	gray-white tetragonal needles	1
4618	ThCl4O16	thorium perchlorate	16045-17-3	629.839	---	---	---	---	---	---	---	---	---
4619	ThF2O	thorium oxyfluoride	13597-30-3	286.034	---	---	---	---	---	---	---	---	---
4620	ThF3	thorium (iii) fluoride	13842-84-7	289.033	---	---	---	---	---	---	---	---	---
4621	ThF4	thorium (iv) fluoride	13709-59-6	308.032	1383.15	1	1953.15	1	25	6.100	1	white monoclinic crystals	1
4622	ThH2	thorium hydride	16689-88-6	234.054	---	---	---	---	25	9.500	1	tetragonal crystals	1
4623	ThH4O4	thorium hydroxide	13825-36-0	300.067	---	---	---	---	---	---	---	---	---
4624	ThH8N4O16	thorium (iv) nitrate tetrahydrate	33088-16-3	552.119	dec	1	---	---	---	---	---	white hygroscopic crystals	1
4625	ThH16O16S2	thorium sulfate octahydrate	10381-37-0	568.288	---	---	---	---	25	2.800	1	---	---
4626	ThI2	thorium diiodide	---	485.847	---	---	---	---	---	---	---	---	---
4627	ThI3	thorium triiodide	13779-96-9	612.752	---	---	---	---	---	---	---	---	---
4628	ThI4	thorium (iv) iodide	7790-49-0	739.656	843.15	1	1110.15	1	---	---	---	white-yellow monoclinic crystals	1
4629	ThN	thorium nitride	12033-65-7	246.045	3093.15	1	---	---	25	11.600	1	refractory cubic crystals	1
4630	ThN4O12	thorium nitrate	13823-29-5	480.058	---	---	---	---	---	---	---	---	---
4631	ThO2	thorium (iv) oxide	1314-20-1	264.037	3663.15	1	4673.15	1	25	10.000	1	white cubic crystals	1
4632	ThO4Si	thorium orthosilicate	51184-23-7	324.121	---	---	---	---	25	4.800	1	---	---
4633	ThS	thorium (ii) sulfide	12038-06-4	264.104	2473.15	1	---	---	---	---	---	solid	1
4634	ThS2	thorium (iv) sulfide	12138-07-7	296.170	2178.15	1	---	---	25	7.300	1	dark brown crystals	1
4635	ThSe2	thorium (iv) selenide	60763-24-8	389.958	---	---	---	---	25	8.500	1	orthorhombic crystals	1
4636	ThSiO4	thorium orthosilicate	14553-44-7	324.121	---	---	---	---	25	6.700	1	brown tetragonal crystals	1
4637	ThSi2	thorium silicide	12067-54-8	288.209	2123.15	1	---	---	25	7.900	1	tetragonal crystals	1
4638	Th2S3	thorium sulfide	12286-35-0	560.274	---	---	---	---	---	---	---	solid	1
4639	Ti	titanium	7440-32-6	47.867	1941.15	1	3560.15	1	25	4.506	1	gray metal	1
4640	TiB2	titanium boride	12045-63-5	69.489	3498.15	1	---	---	25	4.380	1	gray refractory solid	1

Table 2 Physical Properties - Inorganic Compounds

				Mol Wt	Freezing Point		Boiling Point		Density			State	
NO	FORMULA	NAME	CAS No	g/mol	T_F, K	code	T_B, K	code	T, C	g/cm3	code	@ 25C, 1 atm	code
4641	TiBr2	titanium (ii) bromide	13783-04-5	207.675	---	---	---	---	25	4.000	1	black powder	1
4642	TiBr3	titanium (iii) bromide	13135-31-4	287.579	---	---	---	---	---	---	---	blue-black hexagonal crystals	1
4643	TiBr4	titanium (iv) bromide	7789-68-6	367.483	312.15	1	503.15	1	25	3.370	1	yellow-orange cubic crystals	1
4644	TiC	titanium carbide	12070-08-5	59.878	3340.15	1	---	---	25	4.930	1	cubic crystals	1
4645	TiC4H12O4	titanium (iv) methoxide	992-92-7	172.003	---	---	---	---	---	---	---	---	---
4646	TiC5H5Cl3	titanium trichloride, cyclopentadienyl	1270-98-0	219.318	---	---	---	---	---	---	---	---	---
4647	TiC6H15Cl3O3	titanium (iii) chloride ethylene glycol dimeth	18557-31-8	289.407	---	---	---	---	---	---	---	---	---
4648	TiC6H18N2O8	titanium (iv) bis(ammonium lactato)dihydro:	65104-06-5	294.083	---	---	---	---	25	1.222	1	---	---
4649	TiC8H16Cl4O2	titanium (iv), tetrachlorobis(tetrahydrofuran	29791-08-0	333.889	---	---	---	---	---	---	---	---	---
4650	TiC8H16Cl4O2	titanium (iv) chloride-tetrahydrofuran compl	31011-57-1	333.889	---	---	---	---	---	---	---	---	---
4651	TiC8H20O4	titanium ethoxide	30837-36-3	228.109	---	---	---	---	20	1.107	1	---	---
4652	TiC8H24N4	titanium, tetrakis(dimethylamino)	3275-24-9	224.170	---	---	---	---	25	0.960	1	---	---
4653	TiC9H21ClO3	titanium, chlorotriisopropoxide	20717-86-6	260.581	---	---	---	---	25	1.091	1	---	---
4654	TiC10H10Cl2	titanocene dichloride	1271-19-8	248.959	---	---	---	---	25	1.600	1	---	---
4655	TiC10H10S5	titanocene pentasulfide	12116-82-4	338.383	---	---	---	---	---	---	---	---	---
4656	TiC10H14O5	titanium (iv) oxide acetylacetonate	14024-64-7	262.082	---	---	---	---	---	---	---	---	---
4657	TiC10H15Cl3	titanium trichloride, pentamethylcyclopenta	12129-06-5	289.451	---	---	---	---	---	---	---	---	---
4658	TiC12H10O2	titanium (ii), bis(cyclopentadienyl)dicarbony	12129-51-0	234.074	---	---	---	---	---	---	---	---	---
4659	TiC12H24Cl4S2	titanium (iv), tetrachlorobis(cyclohexylmerc	---	422.129	---	---	---	---	---	---	---	---	---
4660	TiC12H28O4	titanium isopropoxide	546-68-9	284.215	---	---	---	---	25	0.955	1	---	---
4661	TiC12H28O4	titanium (iv) n-propoxide	3087-37-4	284.215	---	---	---	---	25	1.033	1	---	---
4662	TiC12H36O4Si4	titanium trimethylsiloxide	15990-66-6	404.621	---	---	---	---	25	0.900	1	---	---
4663	TiC13H18AlCl	tebbe reagent	67719-69-1	284.583	---	---	---	---	25	0.927	1	---	---
4664	TiC16H28O6	titanium diisopropoxide bis(2,4-pentanedio	17927-72-9	364.257	---	---	---	---	25	0.995	1	---	---
4665	TiC16H36O4	titanium (iv) n-butoxide	5593-70-4	340.322	---	---	---	---	25	0.994	1	---	---
4666	TiC16H40N4	titanium, tetrakis(diethylamino)	4419-47-0	336.383	---	---	---	---	25	0.931	1	---	---
4667	TiC18H32O8	titanium (iv) bis(ethylacetoacetato)diisopro	27858-32-8	424.309	---	---	---	---	25	1.109	1	---	---
4668	TiC19H16	titanium, bis(2,4-cyclopentadien-1-yl)[(4-me	117584-82-4	292.197	---	---	---	---	---	---	---	---	---
4669	TiC20H30Cl2	titanium dichloride, bis(pentamethylcyclope	11136-36-0	389.225	---	---	---	---	---	---	---	---	---
4670	TiC22H38Cl2O4	titanium (iv), dichlorobis(2,2,6,6-tetramethy	53293-32-6	485.307	---	---	---	---	---	---	---	---	---
4671	TiC28H28O4	titanium methylphenoxide	28503-70-0	476.387	---	---	---	---	20	1.055	1	---	---
4672	TiC29H43ClO12	titanium chloride, cyclopentadienylbis(1,2:5	---	666.964	---	---	---	---	---	---	---	---	---
4673	TiC32H16N8O	titanyl phthalocyanine	26201-32-1	576.390	---	---	---	---	---	---	---	---	---
4674	TiC32H68O4	titanium (iv) 2-ethylhexoxide	1070-10-6	564.747	---	---	---	---	25	0.927	1	---	---
4675	TiC33H57O6	titanium (iii), tris(2,2,6,6-tetramethyl-3,5-he	---	597.669	---	---	---	---	---	---	---	---	---
4676	TiCl2	titanium (ii) chloride	10049-06-6	118.772	1308.15	1	1773.15	1	25	3.130	1	black hexagonal crystals	1
4677	TiCl3	titanium (iii) chloride	7705-07-9	154.225	713.15	1	1233.15	1	25	2.640	1	red-violet hexagonal crystals	1
4678	TiCl4	titanium tetrachloride	7550-45-0	189.678	249.05	1	409.00	1	25	1.730	1	colorless or yellow liquid	1
4679	TiCl4H6N2	titanium (iv), tetrachlorodiammino	---	223.739	---	---	---	---	---	---	---	---	---
4680	TiF3	titanium (iii) fluoride	13470-08-1	104.862	1473.15	1	1673.15	1	25	2.980	1	violet hexagonal crystals	1
4681	TiF4	titanium (iv) fluoride	7783-63-3	123.861	557.15	1	---	---	25	2.798	1	white hygroscopic powder	1
4682	TiH2	titanium hydride	7704-98-5	49.883	dec	1	---	---	25	3.750	1	gray-black powder	1
4683	TiH2O6S	titanium (iv) oxysulfate monohydrate	---	177.945	---	---	---	---	25	2.710	1	colorless orthorhombic crystals	1
4684	TiH4O4	titanic acid	20338-08-3	115.896	---	---	---	---	---	---	---	---	---
4685	TiI2	titanium (ii) iodide	13783-07-8	301.676	---	---	---	---	25	5.020	1	black hexagonal crystals	1
4686	TiI4	titanium (iv) iodide	7720-83-4	555.485	423.15	1	650.15	1	25	4.300	1	red hygroscopic powder	1
4687	TiN	titanium nitride	25583-20-4	61.874	3223.15	1	---	---	25	5.210	1	yellow-brown cubic crystals	1
4688	TiO	titanium (ii) oxide	12137-20-1	63.866	2023.15	1	---	---	25	4.950	1	cubic crystals	1
4689	TiO2	titanium (iv) oxide	13463-67-7	79.866	2116.15	1	---	---	25	4.230	1	white tetragonal crystals	1
4690	TiO2	rutile	1317-80-2	79.866	2130.00	1	3023.00	1	25	4.300	1	solid	1
4691	TiO5S	titanium oxysulfate	13825-75-6	159.930	---	---	---	---	---	---	---	---	---
4692	TiP	titanium phosphide	12037-65-9	78.841	2263.15	1	---	---	25	4.080	1	gray hexagonal crystals	1
4693	TiS	titanium (ii) sulfide	12039-07-5	79.933	2053.15	1	---	---	25	3.850	1	brown hexagonal crystals	1
4694	TiS2	titanium (iv) sulfide	12039-13-3	111.999	---	---	---	---	25	3.370	1	yellow-brown hexagonal crystals	1
4695	TiSe2	titanium diselenide	12067-45-7	205.787	---	---	---	---	---	---	---	---	---
4696	TiSi2	titanium silicide	12039-83-7	104.038	1773.15	1	---	---	25	4.000	1	black orthorhombic crystals	1
4697	TiTe2	titanium ditelluride	12067-15-3	303.067	---	---	---	---	---	---	---	---	---
4698	Ti2O3	titanium (iii) oxide	1344-54-3	143.732	2115.15	1	---	---	25	4.486	1	violet hexagonal crystals	1
4699	Ti2O12S3	titanium (iii) sulfate	10343-61-0	383.925	---	---	---	---	---	---	---	green crystals	1
4700	Ti2S3	titanium (iii) sulfide	12039-16-6	191.932	---	---	---	---	25	3.560	1	black hexagonal crystals	1
4701	Ti3O5	titanium (iii,iv) oxide	12065-65-5	223.598	2050.15	1	---	---	25	4.240	1	black monoclinic crystals	1
4702	Ti5Si3	titanium trisilicide	12067-57-1	323.592	---	---	---	---	---	---	---	---	---
4703	Tl	thallium	7440-28-0	204.383	577.15	1	1746.15	1	25	11.800	1	soft blue-white metal	1
4704	TlBr	thallous bromide	7789-40-4	284.287	733.15	1	1092.15	1	25	7.500	1	yellow cubic crystals	1
4705	TlBr3	thallium (iii) bromide	13701-90-1	444.095	---	---	---	---	---	---	---	yellow orthorhombic crystals	1
4706	TlCHO2	thallium (i) formate	992-98-3	249.401	374.15	1	---	---	25	4.970	1	hygroscopic colorless needles	1
4707	TlCN	thallium (i) cyanide	13453-34-4	230.401	---	---	---	---	25	6.523	1	white hexagonal plates	1
4708	TlC2H3O2	thallium (i) acetate	563-68-8	263.427	404.15	1	---	---	25	3.680	1	hygroscopic white crystals	1
4709	TlC2H5O	thallium (i) ethoxide	20398-06-5	249.444	270.15	1	dec	1	25	3.490	1	cloudy liquid	1
4710	TlC5HF6O2	thallium (i) hexafluoroacetylacetonate	15444-43-6	411.434	---	---	---	---	---	---	---	---	---
4711	TlC5H4F3O2	thallium (i) trifluoroacetylacetonate	54412-40-7	357.463	---	---	---	---	---	---	---	---	---
4712	TlC5H5	thallium, cyclopentadienyl	34822-90-7	269.477	---	---	---	---	---	---	---	---	---
4713	TlC5H7O2	thallium (i) acetylacetonate	25955-51-5	303.491	---	---	---	---	---	---	---	---	---
4714	TlC6H2N3O7	thallium (i) picrate	23293-27-8	432.479	---	---	---	---	---	---	---	---	---
4715	TlC6H9O6	thallium (iii) acetate	2570-63-0	381.515	---	---	---	---	---	---	---	---	---
4716	TlC8H15O2	thallium (i) 2-ethylhexanoate	---	347.587	---	---	---	---	---	---	---	---	---
4717	TlC10H19O2	thallium (i) neodecanoate	---	375.640	---	---	---	---	---	---	---	---	---
4718	TlC11H19O2	thallium (i), 2,2,6,6-tetramethyl-3,5-heptane	56713-38-3	387.651	---	---	---	---	---	---	---	---	---
4719	TlCl	thallium chloride	7791-12-0	239.836	703.15	1	993.15	1	25	7.000	1	white cubic crystals	1
4720	TlCl2	thallium dichloride	15230-71-4	275.289	---	---	---	---	---	---	---	---	---

Table 2 Physical Properties - Inorganic Compounds

				Mol Wt	Freezing Point		Boiling Point		Density			State	
NO	FORMULA	NAME	CAS No	g/mol	T_F, K	code	T_B, K	code	T, C	g/cm3	code	@ 25C, 1 atm	code
4721	TlClO3	thallium (i) chlorate	13453-30-0	287.834	---	---	---	---	25	5.500	1	colorless hexagonal crystals	1
4722	TlClO4	thallium (i) perchlorate	13453-40-2	303.834	---	---	---	---	25	4.800	1	colorless orthorhombic crystals	1
4723	TlCl3	thallium (iii) chloride	13453-32-2	310.741	428.15	1	---	---	25	4.700	1	monoclinic crystals	1
4724	TlCl3H12O18	thallium (iii) perchlorate hexahydrate	15596-83-5	610.826	---	---	---	---	---	---	---	---	---
4725	TlF	thallium (i) fluoride	7789-27-7	223.382	599.15	1	1099.15	1	25	8.360	1	white orthorhombic crystals	1
4726	TlF3	thallium (iii) fluoride	7783-57-5	261.379	dec	1	---	---	25	8.650	1	white orthorhombic crystals	1
4727	TlHO	thallium (i) hydroxide	1310-83-4	221.391	---	---	---	---	25	7.440	1	---	---
4728	TlI	thallium iodide	7790-30-9	331.288	714.85	1	1097.15	1	25	7.100	1	yellow crystalline powder	1
4729	TlI3	thallium triiodide	60488-29-1	585.097	---	---	---	---	---	---	---	---	---
4730	TlNO2	thallium (i) nitrite	13826-63-6	250.389	---	---	---	---	25	5.700	1	cubic crystals	1
4731	TlNO3	thallium (i) nitrate	10102-45-1	266.388	479.15	1	dec	1	25	5.550	1	white crystals	1
4732	TlN3	thallium (i) azide	13847-66-0	246.404	---	---	---	---	---	---	---	---	---
4733	TlN3O9	thallium (iii) nitrate	13746-98-0	390.398	---	---	---	---	---	---	---	colorless crystals	1
4734	TlOH	thallium (i) hydroxide	12026-06-1	221.391	dec	1	---	---	25	7.440	1	yellow needles	1
4735	TlPF6	thallium (i) hexafluorophosphate	60969-19-9	349.347	---	---	---	---	25	4.600	1	white cubic crystals	1
4736	Tl2Ba2Ca2Cu3O10	thallium barium calcium copper oxide (a for	127241-75-2	1114.209	---	---	---	---	---	---	---	---	---
4737	Tl2Br4	dithallium tetrabromide	13453-28-6	728.383	---	---	---	---	---	---	---	pale brown solid	1
4738	Tl2CO3	thallium (i) carbonate	6533-73-9	468.776	545.15	1	---	---	25	7.110	1	white monoclinic crystals	1
4739	Tl2C2O4	thallium (i) oxalate	30737-24-7	496.786	---	---	---	---	25	6.310	1	white powder	1
4740	Tl2MoO4	thallium (i) molybdate	34128-09-1	568.704	---	---	---	---	---	---	---	yellow-white cubic crystals	1
4741	Tl2O	thallium (i) oxide	1314-12-1	424.766	852.15	1	---	---	25	9.520	1	black rhombohedral crystals	1
4742	Tl2O3	thallium (iii) oxide	1314-32-5	456.765	1107.15	1	---	---	25	10.200	1	brown cubic crystals	1
4743	Tl2S	thallium (i) sulfide	1314-97-2	440.833	721.15	1	1640.15	1	25	8.390	1	blue-black crystals	1
4744	Tl2SO4	thallium (i) sulfate	7446-18-6	504.830	905.15	1	---	---	25	6.770	1	white rhombohedral prisms	1
4745	Tl2Se	thallium (i) selenide	15572-25-5	487.727	613.15	1	---	---	---	---	---	gray plates	1
4746	Tl2SeO4	thallium (i) selenate	7446-22-2	551.724	---	---	---	---	25	6.875	1	orthorhombic crystals	1
4747	Tm	thulium	7440-30-4	168.934	1818.15	1	2223.15	1	25	9.320	1	silvery metal	1
4748	TmBr2	thulium dibromide	64171-97-7	328.742	---	---	---	---	---	[---	---	dark green crystalline solid	1
4749	TmBr3	thulium bromide	14456-51-0	408.646	1227.15	1	---	---	---	---	---	white hygroscopic crystals	1
4750	TmC6H11O7	thulium acetate monohydrate	39156-80-4	364.082	---	---	---	---	---	---	---	---	---
4751	TmC15H27O9	thulium acetylacetonate trihydrate	14589-44-7	520.304	---	---	---	---	---	---	---	---	---
4752	TmC33H57O6	thulium (iii), tris(2,2,6,6-tetramethyl-3,5-hep	15631-58-0	718.736	---	---	---	---	---	---	---	---	---
4753	TmCl2	thulium dichloride	22852-11-5	239.840	991.15	1	---	---	---	---	---	solid	1
4754	TmCl3	thulium chloride	13537-18-3	275.292	1097.15	1	---	---	---	---	---	yellow hygroscopic crystals	1
4755	TmCl3H14O7	thulium chloride heptahydrate	13778-39-7	401.399	---	---	---	---	---	---	---	hygroscopic crystals	1
4756	TmF3	thulium fluoride	13760-79-7	225.929	1431.15	1	---	---	---	---	---	white crystals	1
4757	TmH12N3O15	thulium nitrate hexahydrate	36548-87-5	463.041	---	---	---	---	---	---	---	---	---
4758	TmH3O3	thulium hydroxide	1311-33-7	219.956	---	---	---	---	---	---	---	---	---
4759	TmI2	thulium diiodide	60864-26-8	422.743	1029.15	1	---	---	---	---	---	solid	1
4760	TmI3	thulium iodide	13813-43-9	549.648	1294.15	1	---	---	---	---	---	yellow hygroscopic crystals	1
4761	TmSi2	thulium silicide	12039-84-8	225.105	---	---	---	---	---	---	---	---	---
4762	Tm2C6H12O18	thulium oxalate hexahydrate	26677-68-9	710.017	---	---	---	---	---	---	---	---	---
4763	Tm2H16O20S3	thulium sulfate octahydrate	13778-40-0	770.181	---	---	---	---	---	---	---	---	---
4764	Tm2O3	thulium oxide	12036-44-1	385.867	2698.15	1	---	---	25	8.600	1	green-white cubic crystals	1
4765	Tm2S3	thulium sulfide	12166-30-2	434.066	---	---	---	---	---	---	---	---	---
4766	U	uranium	7440-61-1	238.029	1408.15	1	4404.15	1	25	19.100	1	silvery-white orthorhombic crystals	1
4767	UB2	uranium boride	12007-36-2	259.651	2703.15	1	---	---	25	12.700	1	refractory solid	1
4768	UB4	uranium boride	12007-84-0	281.273	2803.15	1	---	---	25	9.320	1	refractory solid	1
4769	UBr3	uranium (iii) bromide	13470-19-4	477.741	1000.15	1	---	---	---	---	---	red hygroscopic crystals	1
4770	UBr4	uranium (iv) bromide	13470-20-7	557.645	792.15	1	---	---	---	---	---	brown hygroscopic crystals	1
4771	UBr5	uranium (v) bromide	13775-16-1	637.549	---	---	---	---	---	---	---	brown hygroscopic crystals	1
4772	UC	uranium carbide	12070-09-6	250.040	3063.15	1	---	---	25	13.630	1	gray cubic crystals	1
4773	UCO5	uranyl carbonate	12202-79-8	330.037	---	---	---	---	---	---	---	---	---
4774	UC2	uranium carbide	12071-33-9	262.050	2623.15	1	4643.15	1	25	11.300	1	gray tetragonal crystals	1
4775	UC2H6O9	uranyl oxalate trihydrate	22429-50-1	412.093	---	---	---	---	---	---	---	---	---
4776	UC4H10O8	uranyl acetate dihydrate	6159-44-0	424.146	---	---	---	---	25	2.890	1	---	---
4777	UC10H14O6	uranyl acetylacetonate	18039-69-5	468.243	---	---	---	---	---	---	---	---	---
4778	UCl2H6O5	uranyl chloride trihydrate	13867-67-9	394.979	---	---	---	---	---	---	---	---	---
4779	UCl3	uranium (iii) chloride	10025-93-1	344.387	1110.15	1	---	---	25	5.510	1	green hygroscopic crystals	1
4780	UCl4	uranium (iv) chloride	10026-10-5	379.840	863.15	1	1064.15	1	25	4.720	1	green octahedral crystals	1
4781	UCl5	uranium (v) chloride	13470-21-8	415.292	560.15	1	---	---	25	3.810	1	brown hygroscopic crystals	1
4782	UCl6	uranium (vi) chloride	13763-23-0	450.745	450.15	1	---	---	25	3.600	1	green hexagonal crystals	1
4783	UF3	uranium (iii) fluoride	13775-06-9	295.024	dec	1	---	---	25	8.900	1	black hexagonal crystals	1
4784	UF4	uranium (iv) fluoride	10049-14-6	314.023	1309.15	1	1690.15	1	25	6.700	1	green monoclinic crystals	1
4785	UF5	uranium (v) fluoride	13775-07-0	333.021	621.15	1	---	---	25	5.810	1	pale blue tetragonal crystals	1
4786	UF5H12N3O2	ammonium uranium fluoride	18433-40-4	419.135	---	---	---	---	---	---	---	green-yellow monoclinic crystals	1
4787	UF6	uranium fluoride	7783-81-5	352.019	337.15	1	329.65	1	25	5.090	1	white monoclinic solid	1
4788	UH2O4	uranium (vi) oxide monohydrate	12326-21-5	304.042	dec	1	---	---	25	7.050	1	yellow orthorhombic crystals	1
4789	UH2O7S	uranyl sulfate monohydrate	19415-82-8	384.107	---	---	---	---	---	---	---	---	---
4790	UH3	uranium (iii) hydride	13598-56-6	241.053	---	---	---	---	25	11.100	1	gray-black cubic crystals	1
4791	UH6O9S	uranyl sulfate trihydrate	20910-28-5	420.137	---	---	---	---	25	3.280	1	yellow crystals	1
4792	UH8O12S2	uranium (iv) sulfate tetrahydrate	13470-23-0	502.217	---	---	---	---	---	---	---	---	---
4793	UH9O10P	uranyl hydrogen phosphate tetrahydrate	18433-48-2	438.068	---	---	---	---	---	---	---	---	---
4794	UH12N2O14	uranyl nitrate hexahydrate	13520-83-7	502.129	333.15	1	dec	1	25	2.810	1	yellow orthorhombic crystals	1
4795	UH16O16S2	uranium (iv) sulfate octahydrate	19086-22-7	574.278	---	---	---	---	---	---	---	---	---
4796	UI3	uranium (iii) iodide	13775-18-3	618.742	1039.15	1	---	---	---	---	---	black hygroscopic crystals	1
4797	UI4	uranium (iv) iodide	13470-22-9	745.647	779.15	1	---	---	---	---	---	black hygroscopic crystals	1
4798	UN	uranium nitride	25658-43-9	252.036	3078.15	1	---	---	25	14.300	1	gray cubic crystals	1
4799	UN2O8	uranyl nitrate	10102-06-4	394.038	333.35	1	391.15	1	25	2.807	1	solid	1
4800	UO	uranium monoxide	---	254.028	---	---	---	---	---	---	---	---	---

Table 2 Physical Properties - Inorganic Compounds

				Mol Wt	Freezing Point		Boiling Point		Density			State	
NO	FORMULA	NAME	CAS No	g/mol	T_F, K	code	T_B, K	code	T, C	g/cm3	code	@ 25C, 1 atm	code
4801	UO2	uranium (iv) oxide	1344-57-6	270.028	3100.15	1	---	---	25	10.970	1	brown cubic crystals	1
4802	UO2Cl2	uranyl chloride	7791-26-6	340.933	850.15	1	---	---	---	---	---	yellow orthorhombic crystals	1
4803	UO3	uranium (vi) oxide	1344-58-7	286.027	---	---	---	---	---	---	---	orange-yellow crystals	1
4804	US	uranium sulphide	12039-11-1	270.095	519.15	1	---	---	---	---	---	silvery crystalline solid	1
4805	USe3	uranium triselenide	12138-23-7	474.909	dec	1	---	---	---	---	---	black crystalline solid	1
4806	UTe2	uranium ditelluride	12138-37-3	493.229	1453.15	1	---	---	---	---	---	dark grey/black crystalline solid	1
4807	UTe3	uranium tritelluride	12040-18-5	620.829	dec	1	---	---	---	---	---	black crystalline solid	1
4808	U2C3	uranium carbide	12076-62-9	512.090	dec	1	---	---	25	12.700	1	gray cubic crystals	1
4809	U2F9	diuranium nonafluoride	12134-48-4	647.043	---	---	---	---	---	---	---	black solid	1
4810	U2H8N2O7	ammonium uranate (vi)	7783-22-4	624.131	---	---	---	---	---	---	---	red-yellow amorphous powder	1
4811	U2N3	uranium nitride	12033-83-9	518.078	dec	1	---	---	25	11.300	1	cubic crystals	1
4812	U2O5	diuranium pentaoxide	12065-66-6	556.055	---	---	---	---	---	---	---	---	---
4813	U2S3	diuranium sulphide	12138-13-5	572.256	2123.15	1	---	---	---	---	---	blue-black/grey-black crystalline solid	1
4814	U3N2	triuranium dinitride	12033-85-1	742.100	dec	1	---	---	---	---	---	dark grey crystalline solid	1
4815	U3O7	triuranium heptaoxide	12037-04-6	826.083	---	---	---	---	---	---	---	---	---
4816	U3O8	uranium (v,vi) oxide	1344-59-8	842.082	dec	1	---	---	25	8.380	1	green-black orthorhombic crystals	1
4817	U4F17	tetrauranium septadecafluoride	12134-52-0	1275.088	---	---	---	---	---	---	---	---	---
4818	U4O9	uranium (iv,v) oxide	12037-15-9	1096.110	---	---	---	---	25	11.200	1	cubic crystals	1
4819	Uub	ununbium	54084-26-3	285.000	---	---	---	---	---	---	---	presumably a liquid	1
4820	UubF2	ununbium difluoride	189121-15-1	322.997	---	---	---	---	---	---	---	---	---
4821	UubF4	ununbium tetrafluoride	189121-14-0	360.994	---	---	---	---	---	---	---	---	---
4822	Uuh	ununhexium	54100-71-9	289.000	---	---	---	---	---	---	---	presumably a solid	1
4823	UuhF2	ununhexium difluoride	63691-01-0	326.997	---	---	---	---	---	---	---	---	---
4824	UuhF4	ununhexium tetrafluoride	63691-18-9	364.994	---	---	---	---	---	---	---	---	---
4825	UuhH	ununhexium hydride	261630-94-8	290.008	---	---	---	---	---	---	---	---	---
4826	UuhH2	ununhexium dihydride	63691-03-2	291.016	---	---	---	---	---	---	---	---	---
4827	Uun	ununnilium	---	281.000	---	---	---	---	---	---	---	---	---
4828	Uuq	ununquadium	54085-16-4	289.000	---	---	---	---	---	---	---	presumably a solid	1
4829	UuqF2	ununquadium difluoride	63691-00-9	326.997	---	---	---	---	---	---	---	---	---
4830	UuqF4	ununquadium tetrafluoride	63691-17-8	364.994	---	---	---	---	---	---	---	---	---
4831	UuqF6	ununquadium hexafluoride	56452-02-9	402.990	---	---	---	---	---	---	---	---	---
4832	UuqH	ununquadium hydride	220679-96-9	290.008	---	---	---	---	---	---	---	---	---
4833	UuqH2	ununquadium dihydride	63691-02-1	291.016	---	---	---	---	---	---	---	---	---
4834	UuqH4	ununquadium tetrahydride	63774-54-9	293.032	---	---	---	---	---	---	---	---	---
4835	Uuu	unununium	---	272.154	---	---	---	---	---	---	---	---	---
4836	V	vanadium	7440-62-2	50.942	2190.00	1	3653.15	1	25	6.000	1	gray-white metal	1
4837	VB	vanadium boride	12045-27-1	61.753	2523.15	1	---	---	---	---	---	refractory solid	1
4838	VB2	vanadium boride	12007-37-3	72.564	2723.15	1	---	---	25	5.100	1	refractory solid	1
4839	VBr2	vanadium (ii) bromide	14890-41-6	210.750	---	---	1073.15	1	25	4.580	1	orange-brown hexagonal crystals	1
4840	VBr3	vanadium (iii) bromide	13470-26-3	290.654	---	---	---	---	25	4.000	1	gray-brown hygroscopic crystals	1
4841	VBr4	vanadium (iv) bromide	13595-30-7	370.558	dec	1	---	---	---	---	---	unstable magenta crystals	1
4842	VC	vanadium carbide	12070-10-9	62.952	3083.15	1	---	---	25	5.770	1	refractory black crystals	1
4843	VC6O6	vanadium carbonyl	20644-87-5	219.002	dec	1	---	---	---	---	---	blue-green crystals	1
4844	VC9H21O4	vanadium (v) oxide, triisopropoxy	5588-84-1	244.202	---	---	---	---	25	1.035	1	---	---
4845	VC10H10	vanadocene	1277-47-0	181.128	---	---	---	---	---	---	---	---	---
4846	VC10H10Cl2	vanadium bis(cyclopentadienyl) dichloride	12086-48-6	252.033	---	---	---	---	25	1.600	1	---	---
4847	VC10H14O5	vanadium (iv)bis(acetylacetonato)oxide	3153-26-2	265.157	---	---	---	---	20	1.630	1	---	---
4848	VC12H24Cl3O3	vanadium (iii) chloride-tetrahydrofuran com	19559-06-9	373.617	---	---	---	---	---	---	---	---	---
4849	VC15H21O6	vanadium (iii) acetylacetonate	13476-99-8	348.265	---	---	---	---	25	1.050	1	brown crystals	1
4850	VC18H28NaO12	vanadium carbonyl, diglyme-stabilizied, so	15531-13-2	510.339	---	---	---	---	---	---	---	---	---
4851	VC28H28F14O5	vanadium, bis[3-(heptafluoropropylhydroxy	130552-91-9	761.438	---	---	---	---	---	---	---	---	---
4852	VC32H16N8O	vanadyl phthalocyanine	13930-88-6	579.464	---	---	---	---	---	---	---	---	---
4853	VC32H36N4O	vanadyl etioporphyrin iii	25878-85-7	543.596	---	---	---	---	---	---	---	---	---
4854	VC36H44N4O	vanadium (iv) oxide, 2,3,7,8,12,13,17,18-o	27860-55-5	599.702	---	---	---	---	---	---	---	---	---
4855	VC44H28N4O	vanadium (iv) oxide, 5,10,15,20-tetrapheny	14705-63-6	679.661	---	---	---	---	---	---	---	---	---
4856	VC56H68N12O	vanadyl 3,10,17,24-tetra-tert-butyl-1,8,15,2	61114-01-0	976.161	---	---	---	---	---	---	---	---	---
4857	VC72H40N8O	vanadyl 5,14,23,32-tetraphenyl-2,3-napthal	131220-68-3	1084.083	---	---	---	---	---	---	---	---	---
4858	VCl2	vanadium (ii) chloride	10580-52-6	121.847	---	---	1183.15	1	25	3.230	1	green hexagonal plates	1
4859	VCl3	vanadium (iii) chloride	7718-98-1	157.300	---	---	---	---	25	3.000	1	red-violet hexagonal crystals	1
4860	VCl4	vanadium tetrachloride	7632-51-1	192.752	247.45	1	425.00	1	25	1.816	1	unstable red liquid	1
4861	VF2	vanadium (ii) fluoride	13842-80-3	88.938	---	---	---	---	---	---	---	blue hygroscopic crystals	1
4862	VF2O	vanadyl difluoride	13814-83-0	104.938	---	---	---	---	25	3.396	1	yellow crystals	1
4863	VF3	vanadium (iii) fluoride	10049-12-4	107.937	---	---	---	---	25	3.363	1	yellow-green hexagonal crystals	1
4864	VF4	vanadium (iv) fluoride	10049-16-8	126.935	dec	1	---	---	25	3.150	1	green hygroscopic powder	1
4865	VF5	vanadium (v) fluoride	7783-72-4	145.934	292.65	1	321.45	1	25	2.500	1	colorless liquid	1
4866	VH	vanadium hydride	13966-93-3	51.949	---	---	---	---	---	---	---	---	---
4867	VH2O5Se	vanadyl selenite hydrate	133578-89-9	211.914	---	---	---	---	25	3.506	1	green triclinic plates	1
4868	VH4O7S	vanadyl sulfate dihydrate	27774-13-6	199.035	---	---	---	---	---	---	---	blue crystalline powder	1
4869	VH14O11S	vanadium (ii) sulfate heptahydrate	36907-42-3	273.112	---	---	---	---	---	---	---	violet crystals	1
4870	VI2	vanadium (ii) iodide	15513-84-5	304.750	---	---	---	---	25	5.440	1	red-violet hexagonal crystals	1
4871	VI3	vanadium (iii) iodide	15513-94-7	431.655	---	---	---	---	25	5.210	1	brown-black rhombohedral crystals	1
4872	VI4	vanadium tetraiodide	15831-18-2	558.559	---	---	---	---	---	---	---	---	---
4873	VN	vanadium nitride	24646-85-3	64.948	2323.15	1	---	---	25	6.130	1	black powder	1
4874	VO	vanadium (ii) oxide	12035-98-2	66.941	2062.15	1	---	---	25	5.758	1	green crystals	1
4875	VOBr	vanadyl bromide	13520-88-2	146.845	dec	1	---	---	25	4.000	---	violet crystals	1
4876	VOBr2	vanadyl dibromide	13520-89-3	226.749	dec	1	---	---	---	---	---	yellow-brown crystals	1
4877	VOBr3	vanadyl tribromide	13520-90-6	306.653	---	---	dec	1	25	2.933	1	deep red liquid	1
4878	VOCl	vanadyl chloride	13520-87-1	102.394	---	---	400.15	1	25	1.720	1	brown orthorhombic crystals	1
4879	VOCl2	vanadyl dichloride	10213-09-9	137.846	dec	1	---	---	25	2.880	1	green hygroscopic crystals	1
4880	VOCl3	vanadium oxytrichloride	7727-18-6	173.299	193.65	1	400.00	1	25	1.829	1	fuming red liquid	1

				Mol Wt	Freezing Point		Boiling Point		Density			State	
NO	FORMULA	NAME	CAS No	g/mol	T_F, K	code	T_B, K	code	T, C	g/cm3	code	@ 25C, 1 atm	code
4881	VOF3	vanadyl trifluoride	13709-31-4	123.936	573.15	1	753.15	1	25	2.459	1	yellow hygroscopic powder	1
4882	VO2	vanadium (iv) oxide	12036-21-4	82.940	2240.15	1	---	---	25	4.339	1	blue-black powder	1
4883	VS2	vanadium disulfide	12166-28-8	115.074	---	---	---	---	---	---	---	---	---
4884	VSe2	vanadium diselenide	12299-51-3	208.862	---	---	---	---	---	---	---	---	---
4885	VTe2	vanadium ditelluride	35515-91-4	306.142	---	---	---	---	---	---	---	---	---
4886	VSi2	vanadium silicide	12039-87-1	107.113	---	---	---	---	25	4.420	1	metallic prisms	1
4887	V2C	vanadium carbide	12012-17-8	113.894	2440.15	1	---	---	---	---	---	hexagonal crystals	1
4888	V2H	divanadium hydride	12529-84-9	102.891	---	---	---	---	---	---	---	---	---
4889	V2O3	vanadium (iii) oxide	1314-34-7	149.881	2340.15	1	---	---	25	4.870	1	black powder	1
4890	V2O4	vanadium dioxide	---	165.881	---	---	---	---	25	4.339	1	---	---
4891	V2O5	vanadium (v) oxide	1314-62-1	181.880	943.15	1	dec	1	25	3.350	1	yellow-brown orthorhombic crystals	1
4892	V2O12S3	vanadium (iii) sulfate	13701-70-7	390.074	dec	1	---	---	---	---	---	yellow powder	1
4893	V2S2	vanadium sulfide	12138-08-8	166.015	---	---	---	---	25	4.200	1	---	---
4894	V2S3	vanadium (iii) sulfide	1315-03-3	198.081	dec	1	---	---	25	4.700	1	green-black powder	1
4895	V2S5	vanadium pentasulfide	12138-17-9	262.213	---	---	---	---	25	3.000	1	---	---
4896	V3Ga	vanadium gallide	---	222.548	---	---	---	---	---	---	---	---	---
4897	V3O5	trivanadium pentaoxide	12036-83-8	232.822	---	---	---	---	---	---	---	---	---
4898	V3Si	vanadium silicide	12039-76-8	180.910	2208.15	1	---	---	25	5.700	1	cubic crystals	1
4899	W	tungsten	7440-33-7	183.840	3695.15	1	5828.15	1	25	19.300	1	gray-white metal	1
4900	WB	tungsten boride	12007-09-9	194.651	2938.15	1	---	---	25	15.200	1	black refractory powder	1
4901	WBr2	tungsten (ii) bromide	13470-10-5	343.648	dec	1	---	---	---	---	---	yellow powder	1
4902	WBr3	tungsten (iii) bromide	15163-24-3	423.552	dec	1	---	---	---	---	---	black hexagonal crystals	1
4903	WBr4	tungsten (iv) bromide	14055-81-3	503.456	---	---	---	---	---	---	---	black orthorhombic crystals	1
4904	WBr5	tungsten (v) bromide	13470-11-6	583.360	559.15	1	606.15	1	---	---	---	brown-black hygroscopic solid	1
4905	WBr6	tungsten (vi) bromide	13701-86-5	663.264	582.15	1	---	---	25	6.900	1	blue-black crystals	1
4906	WC	tungsten carbide	12070-12-1	195.851	3058.15	1	---	---	25	15.600	1	gray hexagonal crystals	1
4907	WC6O6	tungsten carbonyl	14040-11-0	351.901	dec	1	---	---	25	2.650	1	white crystals	1
4908	WC12H12O3	tungsten tricarbonyl, mesitylene	12129-69-0	388.062	---	---	---	---	---	---	---	---	---
4909	WC30H24O4P2	tungsten tetracarbonyl, [1,2-bis(diphenylph	29890-05-9	694.297	---	---	---	---	---	---	---	---	---
4910	WCl2	tungsten (ii) chloride	13470-12-7	254.745	dec	1	---	---	25	5.436	1	yellow solid	1
4911	WCl3	tungsten (iii) chloride	20193-56-0	290.198	dec	1	---	---	---	---	---	red solid	1
4912	WCl4	tungsten (iv) chloride	13470-13-8	325.651	---	---	---	---	25	4.620	1	black hygroscopic powder	1
4913	WCl5	tungsten (v) chloride	13470-14-9	361.104	515.15	1	559.15	1	25	3.875	1	black hygroscopic crystals	1
4914	WCl6	tungsten (vi) chloride	13283-01-7	396.556	548.15	1	619.90	1	25	3.520	1	purple hexagonal crystals	1
4915	WF4	tungsten (iv) fluoride	13766-47-7	259.834	dec	1	---	---	---	---	---	red-brown crystals	1
4916	WF5	tungsten (v) fluoride	19357-83-6	278.832	dec	1	---	---	---	---	---	yellow solid	1
4917	WF6	tungsten fluoride	7783-82-6	297.830	275.45	1	290.25	1	25	3.387	1,2	colorless gas	1
4918	WH2O4	tungstic acid	7783-03-1	249.853	dec	1	---	---	25	5.500	1	yellow amorphous powder	1
4919	WI2	tungsten (ii) iodide	13470-17-2	437.649	---	---	---	---	25	6.790	1	orange crystals	1
4920	WI3	tungsten triiodide	15513-69-6	564.553	---	---	---	---	---	---	---	---	---
4921	WI4	tungsten (iv) iodide	14055-84-6	691.458	dec	1	---	---	---	---	---	black powder	1
4922	WN2	tungsten nitride	60922-26-1	211.853	dec	1	---	---	25	7.700	1	hexagonal crystals	1
4923	WOBr3	tungsten (v) oxytribromide	20213-56-3	439.551	---	---	---	---	---	---	---	dark brown tetragonal crystals	1
4924	WOBr4	tungsten (vi) oxytetrabromide	13520-77-9	519.455	550.15	1	600.15	1	---	---	---	red tetragonal crystals	1
4925	WOCl3	tungsten (v) oxytrichloride	14249-98-0	306.198	---	---	---	---	---	---	---	green tetragonal crystals	1
4926	WOCl4	tungsten (vi) oxytetrachloride	13520-78-0	341.650	484.15	1	500.70	1	25	11.920	1	red hygroscopic crystals	1
4927	WOF4	tungsten (vi) oxytetrafluoride	13520-79-1	275.833	379.15	1	459.05	1	25	5.070	1	white monoclinic crystals	1
4928	WO2	tungsten (iv) oxide	12036-22-5	215.839	dec	1	---	---	25	10.800	1	blue monoclinic crystals	1
4929	WO2Br2	tungsten (vi) dioxydibromide	13520-75-7	375.647	---	---	---	---	---	---	---	red crystals	1
4930	WO2Cl2	tungsten (vi) dioxydichloride	13520-76-8	286.744	538.15	1	---	---	25	4.670	1	yellow orthorhombic crystals	1
4931	WO2I2	tungsten (vi) dioxydiiodide	14447-89-3	469.648	---	---	---	---	25	6.390	1	monoclinic crystals	1
4932	WO3	tungsten (vi) oxide	1314-35-8	231.838	1745.15	1	---	---	25	7.200	1	yellow powder	1
4933	WS2	tungsten (iv) sulfide	12138-09-9	247.972	dec	1	---	---	25	7.600	1	gray hexagonal crystals	1
4934	WS3	tungsten (vi) sulfide	12125-19-8	280.038	---	---	---	---	---	---	---	brown powder	1
4935	WSe2	tungsten (iv) selenide	12067-46-8	341.760	---	---	---	---	25	9.200	1	gray hexagonal crystals	1
4936	WSi2	tungsten silicide	12039-88-2	240.011	2433.15	1	---	---	25	9.300	1	blue-gray tetragonal crystals	1
4937	WTe2	tungsten (iv) telluride	12067-76-4	439.040	1293.15	1	---	---	25	9.430	1	gray orthorhombic crystals	1
4938	W2B	tungsten boride	12007-10-2	378.491	2943.15	1	---	---	25	16.000	1	refractory black powder	1
4939	W2B5	tungsten boride	12007-98-6	421.735	2638.15	1	---	---	25	11.000	1	refractory solid	1
4940	W2C	tungsten carbide	12070-13-2	379.691	---	---	---	---	25	14.800	1	refractory hexagonal crystals	1
4941	W2C16H10O6	tungsten tricarbonyl dimer, cyclopentadien	12091-65-5	665.927	---	---	---	---	---	---	---	---	---
4942	W2N	tungsten nitride	12033-72-6	381.687	dec	1	---	---	25	17.800	1	gray cubic crystals	1
4943	W5Si3	tungsten silicide	12039-95-1	1003.457	2593.15	1	---	---	25	14.400	1	blue-gray refractory solid	1
4944	W12C63H114N3O40P	12-tungstophosphate, tricetylpyridinium	88418-08-0	3790.629	---	---	---	---	---	---	---	---	---
4945	Xe	xenon	7440-63-3	131.290	161.36	1	165.03	1	---	---	---	colorless gas	1
4946	XeAsF11	xenon pentafluoride hexafluoroarsenate	20328-94-3	415.194	---	---	---	---	25	3.510	1	---	---
4947	XeF2	xenon difluoride	13709-36-9	169.287	402.18	1	387.50	1	25	4.320	1	colorless tetragonal crystals	1
4948	XeF2O	xenon oxydifluoride	13780-64-8	185.286	---	---	---	---	---	---	---	---	---
4949	XeF4	xenon tetrafluoride	13709-61-0	207.284	390.25	1	388.90	1	25	4.040	1	colorless monoclinic crystals	1
4950	XeF6	xenon hexafluoride	13693-09-9	245.280	322.65	1	348.75	1	25	3.560	1	colorless monoclinic crystals	1
4951	XeF7Ru	xenon flucride hexafluororuthenate	22527-13-5	365.349	---	---	---	---	25	3.780	1	---	---
4952	XeF9Sb	xenon flucride hexafluoroantimonate	39797-63-2	424.036	---	---	---	---	25	3.920	1	---	---
4953	XeF11Ru	xenon pentafluoride hexafluororuthenate	39796-98-0	441.342	---	---	---	---	25	3.790	1	---	---
4954	XeF12Sb2	xenon fluoride monodecafluoroantimonate	15364-10-0	602.791	---	---	---	---	25	3.690	1	---	---
4955	XeF14Sb2	xenon trifluoride monodecafluoroantimonat	35718-37-7	640.788	---	---	---	---	25	3.980	1	---	---
4956	XeO2F2	xenon dioxydifluoride	13875-06-4	201.286	explo	1	---	---	25	4.100	1	colorless orthorhombic crystals	1
4957	XeO3	xenon trioxide	13776-58-4	179.288	explo	1	---	---	25	4.550	1	colorless orthorhombic crystals	1
4958	XeO4	xenon tetroxide	12340-14-6	195.288	237.25	1	---	---	---	---	---	yellow solid	1
4959	XeOF4	xenon oxytetrafluoride	13774-85-1	223.283	226.95	1	---	---	25	3.17 (at 0°C)	1	colorless liquid	1
4960	Y	yttrium	7440-65-5	88.906	1795.15	1	3618.15	1	25	4.469	1	silvery metal	1

Table 2 Physical Properties - Inorganic Compounds

				Mol Wt	Freezing Point		Boiling Point		Density			State	
NO	FORMULA	NAME	CAS No	g/mol	T_F, K	code	T_B, K	code	T, C	g/cm3	code	@ 25C, 1 atm	code
4961	YAs	yttrium arsenide	12255-48-0	163.827	---	---	---	---	25	5.590	1	cubic crystals	1
4962	YB2	yttrium diboride	---	110.528	---	---	---	---	---	---	---	---	---
4963	YB6	yttrium boride	12008-32-1	153.772	2873.15	1	---	---	25	3.720	1	refractory solid	1
4964	YBa2Cu3O7	yttrium barium copper oxide	107539-20-8	666.194	---	---	---	---	---	---	---	---	---
4965	YBr3	yttrium bromide	13469-98-2	328.618	1177.15	1	---	---	---	---	---	colorless hygroscopic crystals	1
4966	YC2	yttrium carbide	12071-35-1	112.927	---	---	---	---	25	4.130	1	refractory solid	1
4967	YC9H21O3	yttrium isopropoxide	2172-12-5	266.167	---	---	---	---	---	---	---	---	---
4968	YC15H3F18O6	yttrium hexafluoroacetylacetonate	18911-76-7	710.058	---	---	---	---	---	---	---	---	---
4969	YC15H15	yttrium, tris(cyclopentadienyl)	1294-07-1	284.185	---	---	---	---	---	---	---	---	---
4970	YC15H27O9	yttrium acetylacetonate trihydrate	15554-47-9	440.275	---	---	---	---	---	---	---	---	---
4971	YC18H21	yttrium, tris(methylcyclopentadienyl)	---	326.265	---	---	---	---	---	---	---	---	---
4972	YC18H54N3Si6	yttrium, tris[n,n-bis(trimethylsilyl)amide]	---	570.060	---	---	---	---	---	---	---	---	---
4973	YC24H33	ytrrium, tris(n-propylcyclopentadienyl)	---	410.425	---	---	---	---	---	---	---	---	---
4974	YC24H45O6	yttrium 2-ethylhexanoate	103470-68-4	518.516	---	---	---	---	---	---	---	---	---
4975	YC27H39	yttrium, tris(butylcyclopentadienyl)	---	452.504	---	---	---	---	---	---	---	---	---
4976	YCl3	yttrium chloride	10361-92-9	195.264	994.15	1	---	---	25	2.610	1	white monoclinic crystals	1
4977	YCl3H12O18	yttrium perchlorate hexahydrate	14017-56-2	495.348	---	---	---	---	---	---	---	---	---
4978	YCl3H12O6	yttrium chloride hexahydrate	10025-94-2	303.356	---	---	---	---	25	2.180	1	---	---
4979	YF3	yttrium fluoride	13709-49-4	145.901	---	---	---	---	25	4.000	1	white hygroscopic powder	1
4980	YH2	yttrium dihydride	13598-35-1	90.922	---	---	---	---	---	---	---	---	---
4981	YH12N3O15	yttrium nitrate hexahydrate	13494-98-9	383.012	---	---	---	---	25	2.680	1	hygroscopic crystals	1
4982	YH3	yttrium hydride	13598-57-7	91.930	---	---	---	---	---	---	---	---	---
4983	YH3O3	yttrium hydroxide	16469-22-0	139.928	---	---	---	---	---	---	---	---	---
4984	YI3	yttrium iodide	13470-38-7	469.619	---	---	---	---	---	---	---	---	---
4985	YO3V	yttrium vanadate	12143-39-4	187.846	---	---	---	---	---	---	---	---	---
4986	YP	yttrium phosphide	12294-01-8	119.880	---	---	---	---	---	---	---	cubic crystals	1
4987	YSb	yttrium antimonide	12186-97-9	210.666	2583.15	1	---	---	25	5.970	1	cubic crystals	1
4988	Y2C3H6O12	yttrium carbonate trihydrate	5970-44-5	411.884	---	---	---	---	---	---	---	red-brown powder	1
4989	Y2C6H18O21	yttrium oxalate nonahydrate	13266-82-5	604.006	---	---	---	---	---	---	---	---	---
4990	Y2H16O20S3	yttrium sulfate octahydrate	7446-33-5	610.125	---	---	---	---	25	2.600	1	red monoclinic crystals	1
4991	Y2O3	yttrium oxide	1314-36-9	225.810	2711.15	1	---	---	25	5.030	1	white crystals	1
4992	Y2S3	yttrium sulfide	12039-19-9	274.010	2198.15	1	---	---	25	3.870	1	yellow cubic crystals	1
4993	Y3Al5O12	yttrium aluminum oxide	12005-21-9	593.618	---	---	---	---	25	4.500	1	green cubic crystals	1
4994	Y3Fe5O12	yttrium iron oxide	12063-56-8	737.935	---	---	---	---	---	---	---	---	---
4995	Yb	ytterbium	7440-64-4	173.040	1092.15	1	1469.15	1	25	6.900	1	silvery metal	1
4996	YbBr2	ytterbium (ii) bromide	25502-05-0	332.848	946.15	1	---	---	---	---	---	yellow crystals	1
4997	YbBr3	ytterbium tribromide	13759-89-2	412.752	dec	1	---	---	---	---	---	white crystalline solid	1
4998	YbC6H17O10	ytterbium acetate tetrahydrate	15280-58-7	422.233	---	---	---	---	25	2.090	1	---	---
4999	YbC9H21O3	ytterbium isopropoxide	6742-69-4	350.301	---	---	---	---	---	---	---	---	---
5000	YbC15H7F18O8	ytterbium hexafluoroacetylacetonate dihydr	81849-60-7	830.223	---	---	---	---	---	---	---	---	---
5001	YbC15H15	ytterbium, tris(cyclopentadienyl)	1295-20-1	368.320	---	---	---	---	---	---	---	---	---
5002	YbC15H21O6	ytterbium acetylacetonate	14284-98-1	470.364	---	---	---	---	---	---	---	---	---
5003	YbCl2	ytterbium (ii) chloride	13874-77-6	243.945	994.15	1	---	---	25	5.270	1	green crystals	1
5004	YbCl3	ytterbium (iii) chloride	10361-91-8	279.398	1148.15	1	---	---	---	---	---	white hygroscopic powder	1
5005	YbCl3H12O6	ytterbium (iii) chloride hexahydrate	19423-87-1	387.490	dec	1	---	---	25	2.570	1	green hygroscopic crystals	1
5006	YbCl3O12	ytterbium perchlorate	13498-08-3	471.391	---	---	---	---	---	---	---	---	---
5007	YbF2	ytterbium difluoride	15192-18-4	211.037	1325.15	1	2653.15	1	---	---	---	grey/grey-green crystalline solid	1
5008	YbF3	ytterbium (iii) fluoride	13760-80-0	230.035	1430.15	1	---	---	25	8.200	1	white crystals	1
5009	YbH3	ytterbium hydride	32997-62-9	176.064	---	---	---	---	---	---	---	---	---
5010	YbH10N3O14	ytterbium nitrate pentahydrate	35725-34-9	449.131	---	---	---	---	---	---	---	---	---
5011	YbI2	ytterbium (ii) iodide	19357-86-9	426.849	1045.15	1	---	---	---	---	---	black crystals	1
5012	YbI3	ytterbium triiodide	13813-44-0	553.753	dec	1	---	---	---	---	---	white or yellow crystalline solid	1
5013	YbSi2	ytterbium silicide	12039-89-3	229.211	---	---	---	---	25	7.540	1	hexagonal crystals	1
5014	YbTe	ytterbium telluride	12125-58-5	300.640	---	---	---	---	---	---	---	solid	1
5015	YbC33H57O6	ytterbium, tris(2,2,6,6-tetramethyl-3,5-hepta	15492-52-1	722.842	---	---	---	---	---	---	---	---	---
5016	Yb2C6H20O22	ytterbium oxalate decahydrate	51373-68-3	790.290	---	---	---	---	25	2.644	1	---	---
5017	Yb2H16O20S3	ytterbium (iii) sulfate octahydrate	10034-98-7	778.393	---	---	---	---	25	3.300	1	colorless crystals	1
5018	Yb2O3	ytterbium (iii) oxide	1314-37-0	394.078	2708.15	1	---	---	25	9.200	1	colorless cubic crystals	1
5019	Yb2S3	diytterbium trisulfide	12039-20-2	442.278	---	---	---	---	---	---	---	solid	1
5020	Yb2Se3	diytterbium triselenide	12166-52-8	582.960	---	---	---	---	---	---	---	solid	1
5021	Zn	zinc	7440-66-6	65.390	692.68	1	1180.15	1	25	7.140	1	blue-white metal	1
5022	ZnAs2O4	zinc arsenite	10326-24-6	279.231	---	---	---	---	---	---	---	colorless powder	1
5023	ZnB2F8H12O6	zinc fluoroborate hexahydrate	27860-83-9	347.091	---	---	---	---	25	2.120	1	hexagonal crystals	1
5024	ZnBr2	zinc bromide	7699-45-8	225.198	667.15	1	970.15	1	25	4.500	1	white hexagonal crystals	1
5025	ZnBr2H12O12	zinc bromate hexahydrate	13517-27-6	429.286	373.15	1	---	---	25	2.570	1	white hygroscopic solid	1
5026	ZnCO3	zinc carbonate	3486-35-9	125.399	dec	1	---	---	25	4.400	1	white rhombohedral crystals	1
5027	ZnC2F6O6S2	zinc trifluoromethanesulfonate	54010-75-2	363.530	---	---	---	---	---	---	---	---	---
5028	ZnC2H2O4	zinc formate	557-41-5	155.425	---	---	---	---	25	2.368	1	---	---
5029	ZnC2H4O6	zinc oxalate dihydrate	122465-35-4	189.440	dec	1	---	---	25	2.560	1	white powder	1
5030	ZnC2H6	zinc, dimethyl	544-97-8	95.459	---	---	---	---	11	1.386	1	---	---
5031	ZnC2H6O6	zinc formate dihydrate	5970-62-7	191.455	---	---	---	---	25	2.207	1	white crystals	1
5032	ZnC2H6O6S2	zinc formaldehyde sulfoxylate	24887-06-7	255.587	---	---	---	---	---	---	---	---	---
5033	ZnC2N2	zinc cyanide	557-21-1	117.425	---	---	---	---	25	1.852	1	white powder	1
5034	ZnC2N2S2	zinc thiocyanate	557-42-6	181.557	---	---	---	---	---	---	---	white hygroscopic crystals	1
5035	ZnC4H6O4	zinc acetate	557-34-6	183.478	---	---	---	---	25	1.840	1	---	---
5036	ZnC4H10	zinc, diethyl	557-20-0	123.512	---	---	---	---	25	1.207	1	---	---
5037	ZnC4H10O6	zinc acetate dihydrate	5970-45-6	219.509	dec	1	---	---	25	1.735	1	white powder	1
5038	ZnC6H10O4	zinc propionate	557-28-8	211.531	---	---	---	---	---	---	---	---	---
5039	ZnC6H12N2S4	zinc dimethyldithiocarbamate	137-30-4	305.827	---	---	---	---	25	1.660	1	---	---
5040	ZnC6H14O4	zinc methoxyethoxide	129918-15-6	215.563	---	---	---	---	---	---	---	---	---

				Mol Wt	Freezing Point		Boiling Point		Density			State	
NO	FORMULA	NAME	CAS No	g/mol	T_F, K	code	T_B, K	code	T, C	g/cm3	code	@ 25C, 1 atm	code
5041	ZnC6H16Cl2N2	zinc, dichloro(n,n,n,n-tetramethylethylenedi	28308-00-1	252.500	---	---	---	---	---	---	---	---	---
5042	ZnC8H12O14	zinc tartrate dihydrate	551-64-4	397.562	---	---	---	---	---	---	---	---	---
5043	ZnC10H6F12O6	zinc hexafluoroacetylacetonate dihydrate	16743-33-2	515.522	---	---	---	---	---	---	---	---	---
5044	ZnC10H20N2S4	zinc salt, diethyldithiocarbamic acid	14324-55-1	361.933	---	---	---	---	---	---	---	---	---
5045	ZnC10H22O6	zinc valerate dihydrate	556-38-7	303.668	---	---	---	---	---	---	---	---	---
5046	ZnC12H10	zinc, diphenyl	1078-58-6	219.598	---	---	---	---	---	---	---	---	---
5047	ZnC14H16O9	zinc salicylate trihydrate	16283-36-6	393.661	---	---	---	---	---	---	---	---	---
5048	ZnC16H30O4	zinc caprylate	557-09-5	351.797	409.15	1	---	---	---	---	---	white hygroscopic crystals	1
5049	ZnC16H30O4	zinc 2-ethylhexanoate	136-53-8	351.797	---	---	---	---	25	1.070	1	---	---
5050	ZnC20H38O6	zinc cyclohexanebutyrate dihydrate	38582-18-2	439.902	---	---	---	---	---	---	---	---	---
5051	ZnC22H38O4	zinc salt, undecylenic acid	557-08-4	431.925	---	---	---	---	---	---	---	---	---
5052	ZnC22H38O4	zinc bis(2,2,6,6-tetramethyl-3,5-heptadiona	14363-14-5	431.925	---	---	---	---	---	---	---	---	---
5053	ZnC24H46O4	zinc laurate	2452-01-9	464.010	401.15	1	---	---	---	---	---	white powder	1
5054	ZnC30H42O6	zinc salt, 3,5-di-tert-butylsalicylic acid	---	564.041	---	---	---	---	---	---	---	---	---
5055	ZnC32H16N8	zinc phthalocyanine	14320-04-8	577.913	---	---	---	---	---	---	---	---	---
5056	ZnC34H32N4O4	zinc, protoporphyrin ix	15442-64-5	626.032	---	---	---	---	---	---	---	---	---
5057	ZnC36H44N4	zinc, 2,3,7,8,12,13,17,18-octaethyl-21h,23h	17632-18-7	598.152	---	---	---	---	---	---	---	---	---
5058	ZnC36H66O4	zinc oleate	557-07-3	628.297	dec	1	---	---	---	---	---	white powder	1
5059	ZnC36H70O4	zinc stearate	557-05-1	632.329	403.15	1	---	---	25	1.095	1	white powder	1
5060	ZnC44H28N4	zinc, 5,10,15,20-tetraphenyl-21h,23h-porph	14074-80-7	678.110	---	---	---	---	---	---	---	---	---
5061	ZnC64H80N8O8	zinc (1,4,8,11,15,18,22,25-octabutoxy-29h,	107227-89-4	1154.759	---	---	---	---	---	---	---	---	---
5062	ZnCl2	zinc chloride	7646-85-7	136.295	563.15	1	1005.15	1	25	2.907	1	white hygroscopic crystals	1
5063	ZnCl2H12O14	zinc perchlorate hexahydrate	10025-64-6	372.382	dec	1	---	---	25	2.200	1	white cubic crystals	1
5064	ZnCl2O6	zinc chlorate	10361-95-2	232.292	dec	1	---	---	25	2.150	1	yellow hygroscopic crystals	1
5065	ZnCl4H8N2	zinc ammonium chloride	52628-25-8	243.278	---	---	---	---	25	1.880	1	---	---
5066	ZnCrH14O11	zinc chromate heptahydrate	13530-65-9	307.491	---	---	---	---	25	3.400	1	---	---
5067	ZnCr2H6O10	zinc dichromate trihydrate	7789-12-0	335.424	---	---	---	---	---	---	---	---	---
5068	ZnCr2O4	zinc chromite	12018-19-8	233.380	---	---	---	---	25	5.290	1	green cubic crystals	1
5069	ZnF2	zinc fluoride	7783-49-5	103.387	1145.15	1	1773.15	1	25	4.900	1	white tetragonal needles	1
5070	ZnF2H8O4	zinc fluoride tetrahydrate	13986-18-0	175.448	---	---	---	---	25	2.300	1	white orthorhombic crystals	1
5071	ZnF6H12O6Si	zinc hexafluorosilicate hexahydrate	16871-71-9	315.558	---	---	---	---	25	2.104	1	white crystals	1
5072	ZnH2	zinc dihydride	14018-82-7	67.406	---	---	---	---	---	---	---	---	---
5073	ZnH2O2	zinc hydroxide	20427-58-1	99.405	dec	1	---	---	25	3.050	1	colorless orthorhombic crystals	1
5074	ZnH2O5S	zinc sulfate monohydrate	7446-19-7	179.469	dec	1	---	---	25	3.200	1	white monoclinic crystals	1
5075	ZnH4O5S	zinc sulfite dihydrate	7488-52-0	181.485	dec	1	---	---	---	---	---	white powder	1
5076	ZnH6O5P2	zinc hypophosphite monohydrate	7783-14-4	213.382	---	---	---	---	---	---	---	---	---
5077	ZnH10O9Se	zinc selenate pentahydrate	13597-54-1	298.424	dec	1	---	---	25	2.590	1	triclinic crystals	1
5078	ZnH12Mn2O14	zinc permanganate hexahydrate	23414-72-4	411.353	---	---	---	---	25	2.450	1	black orthorhombic crystals	1
5079	ZnH12N2O12	zinc nitrate hexahydrate	10196-18-6	297.492	dec	1	---	---	25	2.067	1	colorless orthorhombic crystals	1
5080	ZnH12O10S	zinc sulfate hexahydrate	13986-24-8	269.545	---	---	---	---	25	2.072	1	---	---
5081	ZnH14O11S	zinc sulfate heptahydrate	7446-20-0	287.561	dec	1	---	---	25	1.970	1	colorless orthorhombic crystals	1
5082	ZnI2	zinc iodide	10139-47-6	319.199	719.15	1	898.15	1	25	4.740	1	white hygroscopic crystals	1
5083	ZnI2O6	zinc iodate	7790-37-6	415.195	---	---	---	---	25	5.063	1	white crystalline powder	1
5084	ZnMoO4	zinc molybdate	13767-32-3	225.328	---	---	---	---	25	4.300	1	white tetragonal crystals	1
5085	ZnN2O4	zinc nitrite	10102-02-0	157.401	---	---	---	---	---	---	---	hygroscopic solid	1
5086	ZnN2O6	zinc nitrate	7779-88-6	189.400	---	---	---	---	---	---	---	white powder	1
5087	ZnO	zinc oxide	1314-13-2	81.389	2248.20	1	---	---	25	5.600	1	white powder	1
5088	ZnO2	zinc peroxide	1314-22-3	97.389	dec	1	explo	1	25	1.570	1	yellow-white powder	1
5089	ZnO3Se	zinc selenite	13597-46-1	192.348	---	---	---	---	---	---	---	---	---
5090	ZnO3Ti	zinc titanate	12036-43-0	161.255	---	---	---	---	25	5.120	1	---	---
5091	ZnO4S2	zinc dithionite	7779-86-4	193.520	---	---	---	---	---	---	---	---	---
5092	ZnS	zinc sulfide (wurtzite)	1314-98-3	97.456	1973.15	1	---	---	25	4.090	1	white hexagonal crystals	1
5093	ZnS	zinc sulfide (sphalerite)	1314-98-3	97.456	1973.15	1	---	---	25	4.040	1	gray-white cubic crystals	1
5094	ZnSO4	zinc sulfate	7733-02-0	161.454	953.00	1	---	---	25	3.800	1	colorless orthorhombic crystals	1
5095	ZnSb	zinc antimonide	12039-35-9	187.150	838.15	1	---	---	25	6.330	1	silvery-white orthorhombic crystals	1
5096	ZnSe	zinc selenide	1315-09-9	144.350	---	---	---	---	25	5.650	1	yellow-red cubic crystals	1
5097	ZnTe	zinc telluride	1315-11-3	192.990	1512.15	1	---	---	25	5.900	1	red cubic crystals	1
5098	Zn2KCr2HO9	zinc potassium chromate	11103-86-9	418.873	---	---	---	---	---	---	---	---	---
5099	Zn2O7P2	zinc pyrophosphate	7446-26-6	304.723	---	---	---	---	25	3.750	1	white crystalline powder	1
5100	Zn2SiO4	zinc orthosilicate	13597-65-4	222.863	1782.15	1	---	---	25	4.100	1	white hexagonal crystals	1
5101	Zn3As2	zinc arsenide	12006-40-5	346.013	---	---	---	---	25	5.528	1	---	---
5102	Zn3As2H16O16	zinc arsenate octahydrate	13464-45-4	618.131	---	---	---	---	25	3.330	1	white monoclinic crystals	1
5103	Zn3As2O8	zinc arsenate	13464-44-3	474.008	---	---	---	---	---	---	---	white powder	1
5104	Zn3B4H10O14	zinc borate pentahydrate	12536-65-1	473.485	---	---	---	---	25	3.640	1	---	---
5105	Zn3B4O9	zinc borate	27043-84-1	383.409	---	---	---	---	25	3.640	1	white amorphous powder	1
5106	Zn3C6H12Br2O	nysted reagent	41114-59-4	456.137	---	---	---	---	25	1.186	1	---	---
5107	Zn3H8O12P2	zinc phosphate tetrahydrate	7543-51-3	458.174	---	---	---	---	25	3.040	1	colorless orthorhombic crystals	1
5108	Zn3C12H14O16	zinc citrate dihydrate	546-46-3	610.400	---	---	---	---	---	---	---	colorless powder	1
5109	Zn3N2	zinc nitride	1313-49-1	224.183	---	---	---	---	---	---	---	blue-gray cubic crystals	1
5110	Zn3O8P2	zinc phosphate	7779-90-0	386.113	1173.15	1	---	---	25	4.000	1	white monoclinic crystals	1
5111	Zn3P2	zinc phosphide	1314-84-7	258.118	1433.15	1	---	---	25	4.550	1	gray tetragonal crystals	1
5112	Zn5C2H6O12	zinc carbonate hydroxide	5263-02-5	549.012	---	---	---	---	25	4.398	1	---	---
5113	Zr	zirconium	7440-67-7	91.224	2128.15	1	4682.15	1	25	6.520	1	gray-white metal	1
5114	ZrAl3	zirconium aluminide	12004-83-0	172.169	---	---	---	---	---	---	---	---	---
5115	ZrB2	zirconium boride	12045-64-6	112.846	3518.15	1	---	---	25	6.170	1	gray refractory solid	1
5116	ZrBr3	zirconium tribromide	24621-18-9	330.936	---	---	---	---	---	---	---	---	---
5117	ZrBr4	zirconium bromide	13777-25-8	410.840	723.15	1	633.15	1	25	3.980	1	white cubic crystals	1
5118	ZrC	zirconium carbide	12020-14-3	103.235	3805.15	1	---	---	25	6.730	1	gray refractory solid	1
5119	ZrC4H8O6	zirconyl acetate hydroxide	14311-93-4	243.327	---	---	---	---	25	1.460	1	---	---
5120	ZrC5H5Cl3	zirconium cyclopentadienyl trichloride	34767-44-7	262.675	---	---	---	---	---	---	---	---	---

Table 2 Physical Properties - Inorganic Compounds

				Mol Wt	Freezing Point		Boiling Point		Density			State	
NO	FORMULA	NAME	CAS No	g/mol	T_F, K	code	T_B, K	code	T, C	g/cm3	code	@ 25C, 1 atm	code
5121	ZrC8H16Cl4O2	zirconium, tetrachlorobis(tetrahydrofuran)	21959-01-3	377.246	---	---	---	---	---	---	---	---	---
5122	ZrC8H20O4	zirconium ethoxide	18267-08-8	271.466	---	---	---	---	---	---	---	---	---
5123	ZrC10H10ClD	zirconocene chloride deuteride	80789-51-1	258.877	---	---	---	---	---	---	---	---	---
5124	ZrC10H10Cl2	zirconocene dichloride	1291-32-3	292.316	---	---	---	---	---	---	---	---	---
5125	ZrC10H11Cl	zirconocene chloride hydride	37342-97-5	257.871	---	---	---	---	---	---	---	---	---
5126	ZrC10H15Cl3	zirconium trichloride, pentamethylcyclopent	75181-07-6	332.808	---	---	---	---	---	---	---	---	---
5127	ZrC12H28O4	zirconium propoxide	23519-77-9	327.572	---	---	---	---	25	1.044	1	---	---
5128	ZrC15H36O5	zirconium isopropoxide, isopropanol adduc	2171-98-4	387.667	---	---	---	---	---	---	---	---	---
5129	ZrC16H36O4	zirconium n-butoxide	1071-76-7	383.679	---	---	---	---	25	1.466	1	---	---
5130	ZrC16H40N4	zirconium, tetrakis(diethylamino)	13801-49-5	379.740	---	---	---	---	---	---	---	---	---
5131	ZrC20H4F24O8	zirconium hexafluoroacetylacetonate	19530-02-0	919.427	---	---	---	---	---	---	---	---	---
5132	ZrC20H16Cl2	zirconium (iv) dichloride, rac-ethylenebis (ir	100080-82-8	418.470	---	---	---	---	---	---	---	---	---
5133	ZrC20H28O8	zirconium acetylacetonate	17501-44-9	487.656	---	---	---	---	---	---	---	---	---
5134	ZrC20H30Cl2	zirconium dichloride, bis(pentamethylcyclop	54039-38-2	432.582	---	---	---	---	---	---	---	---	---
5135	ZrC32H60O8	zirconium 2-ethylhexanoate	22464-99-9	664.038	---	---	---	---	---	---	---	---	---
5136	ZrC44H76O8	zirconium, tetrakis(2,2,6,6-tetramethyl-3,5-h	18865-74-2	824.293	---	---	---	---	---	---	---	---	---
5137	ZrClHO	zirconyl hydroxychloride	10119-31-0	143.684	---	---	---	---	25	1.260	1	---	---
5138	ZrCl2	zirconium dichloride	13762-26-0	162.129	1000.15	1	1565.15	1	18	3.600	1	solid	1
5139	ZrCl2H16O17	zirconyl perchlorate octahydrate	12205-73-1	450.246	---	---	---	---	---	---	---	---	---
5140	ZrCl2H16O9	zirconyl chloride octahydrate	13520-92-8	322.251	dec	1	---	---	25	1.910	1	tetragonal crystals	1
5141	ZrCl2O	zirconium oxychloride	7699-43-6	178.129	---	---	---	---	25	1.344	1	---	---
5142	ZrCl4	zirconium chloride	10026-11-6	233.035	710.15	1	604.15	1	25	2.800	1	white monoclinic crystals	1
5143	ZrF4	zirconium (iv) fluoride	7783-64-4	167.218	1205.15	1	1185.15	1	25	4.430	1	white monoclinic crystals	1
5144	ZrHNO5	zirconyl basic nitrate	71965-17-8	186.236	---	---	---	---	---	---	---	---	---
5145	ZrH2	zirconium (ii) hydride	7704-99-6	93.240	---	---	---	---	25	5.600	1	gray tetragonal crystals	1
5146	ZrH4O4	zirconium hydroxide	14475-63-9	159.253	dec	1	---	---	25	3.250	1	white amorphous powder	1
5147	ZrH8O12S2	zirconium sulfate tetrahydrate	7446-31-3	355.412	dec	1	---	---	25	2.800	1	white tetragonal crystals	1
5148	ZrH10N4O17	zirconium nitrate pentahydrate	13746-89-9	429.320	dec	1	---	---	---	---	---	white hygroscopic crystals	1
5149	ZrH10O12P2	zirconium phosphate trihydrate	59129-80-5	355.244	---	---	---	---	---	---	---	---	---
5150	ZrI2	zirconium diiodide	15513-85-6	345.033	---	---	---	---	---	---	---	---	---
5151	ZrI3	zirconium triiodide	13779-87-8	471.937	---	---	---	---	---	---	---	---	---
5152	ZrI4	zirconium iodide	13986-26-0	598.842	772.15	1	704.15	1	25	4.850	1	orange cubic crystals	1
5153	ZrN	zirconium nitride	25658-42-8	105.231	3233.15	1	---	---	25	7.090	1	yellow cubic crystals	1
5154	ZrO2	zirconium (iv) oxide	1314-23-4	123.223	2982.15	1	---	---	25	5.680	1	white amorphous powder	1
5155	ZrO4Si	zirconium (iv) orthosilicate	10101-52-7	183.307	dec	1	---	---	25	4.600	1	white tetragonal crystals	1
5156	ZrO7P2	zirconium pyrophosphate	13565-97-4	265.167	---	---	---	---	---	---	---	---	---
5157	ZrO8S2	zirconium sulfate	14644-61-2	283.351	---	---	---	---	---	---	---	---	---
5158	ZrO8W2	zirconium tungstate	16853-74-0	586.899	---	---	---	---	---	---	---	---	---
5159	ZrP2	zirconium phosphide	12037-80-8	153.172	---	---	---	---	---	---	---	orthorhombic crystals	1
5160	ZrS2	zirconium sulfide	12039-15-5	155.356	1753.15	1	---	---	25	3.820	1	red-brown hexagonal crystals	1
5161	ZrSe2	zirconium selenide	12166-47-1	249.144	---	---	---	---	---	---	---	---	---
5162	ZrSi2	zirconium silicide	12039-90-6	147.395	1893.15	1	---	---	25	4.880	1	gray powder	1
5163	ZrTe2	zirconium telluride	32321-65-6	346.424	692.73	1	1180.20	1	---	---	---	solid	1

code: 1 - data, 2 - estimate
a - form a
b - form b
C - degrees Celsius
d - cis
dec - decomposes
e - trans
explo - explodes
K - degrees Kelvin
subl - sublimes

REFERENCES

1. Altunin, V. V., V. Z. Geller, E. K. Petrov, D. C. Rasskazov, and G. A. Spiridonov, THERMOPHYSICAL PROPERTIES OF FREONS, Methane Series, Parts 1 and 2, Hemisphere Publishing Corporation, New York, NY (1987).

2. Ambrose, D., VAPOUR-LIQUID CRITICAL PROPERTIES, National Physical Laboratory, Teddington, England, NPL Report Chem 107 (Feb., 1980).

3. Baum, E. J., CHEMICAL PROPERTY ESTIMATION, Lewis Publishers, New York, NY (1998).

4. Beaton, C. F. and G. F. Hewitt, PHYSICAL PROPERTY DATA FOR THE DESIGN ENGINEER, Hemisphere Publishing Corporation, New York, NY (1989).

5. Boublick, T., V. Fried and E. Hala, THE VAPOUR PRESSURES OF PURE SUBSTANCES, 1st and 2nd eds., Elsevier, New York, NY (1975, 1984).

6. Bretsznajder, S., PREDICTION OF TRANSPORT AND OTHER PHYSICAL PROPERTIES OF FLUIDS, International Series of Monographs in Chemical Engineering, Vol. 2, Pergamon Press, Oxford, England (1971).

7. Chase, M. W., Jr., C. A. Davies, J. R. Downet, D. J. Frurip, R. A. McDonald, and A. N. Syverud, JANAF THERMOCHEMICAL TABLES, 3rd ed., Parts 1 and 2, J. Phys. Chem. Ref. Data, (1986).

8. Chase, M. W., NIST-JANAF THERMOCHEMICAL TABLES, 4th ed., Parts 1 and 2, J. Phys. Chem. Ref. Data, (1998).

9. CRC HANDBOOK OF CHEMISTRY AND PHYSICS, 75th - 82th eds., CRC Press, Inc., Boca Raton, FL (1994-2002).

10. CRC HANDBOOK OF THERMOPHYSICAL AND THERMOCHEMICAL DATA, CRC Press, Boca Raton, FL (1994).

11. Crowl, D. A. and J. F. Louvar, CHEMICAL PROCESS SAFETY, Prentice Hall, Inc., Englewood Cliffs, NJ (1990).

12. Daubert, T. E. and R. P. Danner, DATA COMPILATION OF PROPERTIES OF PURE COMPOUNDS, Parts 1, 2, 3 and 4, Supplements 1 and 2, DIPPR Project 801, AIChE, New York, NY (1985-2003).

13. Driesbach, R. R., PHYSICAL PROPERTIES OF CHEMICAL COMPOUNDS, Vol. I (No. 15), Vol. II (No. 22), Vol. III (No. 29), Advances in Chemistry Series, American Chemical Society, Washington, DC (1955,1959,1961).

14. Edmister, W. C., APPLIED HYDROCARBON THERMODYNAMICS, Vols. 1 and 2, Vol 2 (2nd ed.), Gulf Publishing Co., Houston, TX (1961, 1974, 1984).

15. ENCYCLOPEDIA OF CHEMICAL TECHNOLOGY, 3rd and 4th eds., John Wiley and Sons, Inc., New York, NY (1978-1997).

16. Frenkel, M., K. N. Marsh, R. C. Wilhoit, G. J. Kabo, and G. N. Roganov, THERMODYNAMICS OF ORGANIC COMPOUNDS IN THE GAS STATE, Vols. I and II, Thermodynamics Research Center, College Station, TX (1994).

17. Gurvich, L. V., I. V. Veyts, and C. B. Alcock, THERMODYNAMIC PROPERTIES OF INDIVIDUAL SUBSTANCES, 4th ed., Vol. 1, Hemisphere Publishing, New York, NY (1989).

18. Gurvich, L. V., I. V. Veyts, and C. B. Alcock, THERMODYNAMIC PROPERTIES OF INDIVIDUAL SUBSTANCES, 4th ed., Vol. 4, CRC Press, Boca Raton, FL (1994).

19. HAWLEY'S CONDENSED CHEMICAL DICTIONARY, 14th ed., John Wiley & Sons, New York, NY (2001).

20. Ho, C. Y., P. E. Liley, T. Makita, and Y. Tanaka, PROPERTIES OF INORGANIC AND ORGANIC FLUIDS, Hemisphere Publishing Corporation, New York, NY (1988).

21. Howard, P. H. and W. M. Meylan, eds., HANDBOOK OF PHYSICAL PROPERTIES OF ORGANIC CHEMICALS, CRC Press, Boca Raton, FL (1997).

22. INTERNATIONAL CRITICAL TABLES, McGraw-Hill, New York, NY (1926-1933).

23. Joback, K. G. and R. C. Reid, Chem. Eng. Comm., 57, 233 (1987).

24. Kaye, G. W. C. and T. H. Laby, TABLES OF PHYSICAL AND CHEMICAL CONSTANTS, Longman Group Limited, London, England (1973).

25. Landolt-Bornstein, ZAHLENWERTE UND FUNKIONEN ANS PHYSIK, CHEMEI, ASTRONOMIE UND TECHNIK, Springer-Verlag, Heidelberg, Germany (1972-1997).

26. LANGE'S HANDBOOK OF CHEMISTRY, 13th, 14th, and 15th eds., McGraw-Hill, New York, NY (1985, 1992, 1999).

27. Lewis, R. J., Jr., HAZARDOUS CHEMICALS DESK REFERENCE, 5th ed., John Wiley & Sons, New York, NY (2002).

REFERENCES

28. Lyman, W. J., W. F. Reehl, and D. H. Rosenblatt, HANDBOOK OF CHEMICAL PROPERTY ESTIMATION METHODS, American Chemical Society, Washington, DC (1990).

29. Mackay, D., W. Y. Shiu, and K. C. Ma, ILLUSTRATED HANDBOOK OF PHYSICAL-CHEMICAL PROPERTIES AND ENVIRONMENTAL FATE FOR ORGANIC CHEMICALS, Vols. 1, 2, 3, 4 and 5, Lewis Publishers, New York, NY (1992, 1992, 1993, 1995, 1997).

30. Montgomery, J. H., GROUNDWATER CHEMICALS, 3th ed., CRC Press, Boca Raton, FL (2000).

31. NIST Chemistry WebBook, web site, www.webbook.nist.gov (2000-2005).

32. Ohe, S., COMPUTER AIDED DATA BOOK OF VAPOR PRESSURE, Data Book Publishing Company, Tokyo, Japan (1976).

33. Pedley, J. B., THERMOCHEMICAL DATA AND STRUCTURES OF ORGANIC COMPOUNDS, Vol. I, Thermodynamics Research Center, College Station, TX (1994).

34. PERRY'S CHEMICAL ENGINEERING HANDBOOK, 6th and 7th eds., McGraw-Hill, New York, NY (1984, 1997).

35. Poling, B. E., J. M. Prausnitz, and J. P. O'Connell, THE PROPERTIES OF GASES AND LIQUIDS, 5th ed., McGraw-Hill, New York, NY (2000).

36. Rabinovich, V. A., editor, THERMOPHYSICAL PROPERTIES OF GASES AND LIQUIDS, translated from Russian, U. S. Dept. Commerce, Springfield, VA (1970).

37. Raznjevic, Kuzman, HANDBOOK OF THERMODYNAMIC TABLES AND CHARTS, Hemisphere Publishing Corp., New York, NY (1976).

38. Reid, R. C., J. M. Prausnitz, and B. E. Poling, THE PROPERTIES OF GASES AND LIQUIDS, 3rd ed. (R. C. Reid and T. K. Sherwood), 4th ed., McGraw-Hill, New York, NY (1977, 1987).

39. SELECTED VALUES OF PROPERTIES OF CHEMICAL COMPOUNDS, Thermodynamics Research Center, TAMU, College Station, TX (1997).

40. SELECTED VALUES OF PROPERTIES OF HYDROCARBONS AND RELATED COMPOUNDS, Thermodynamics Research Center, TAMU, College Station, TX (1998).

41. Simmrock, K. H., R. Janowsky and A. Ohnsorge, CRITICAL DATA OF PURE SUBSTANCES, Vol. II, Parts 1 and 2, Dechema Chemistry Data Series, 6000 Frankfurt/Main, Germany (1986).

42. TECHNICAL DATA BOOK - PETROLEUM REFINING, Vols. I and II, American Petroleum Institute, Washington, DC (1972, 1977, 1982).

43. THERMOPHYSICAL PROPERTIES OF MATTER, 1st and 2nd eds., IFI/Plenum, New York, NY (1970-1976).

44. Timmermans, J., PHYSICO-CHEMICAL CONSTANTS OF PURE ORGANIC COMPOUNDS, Vols. 1 and 2, Elsevier, New York, NY (1950, 1965).

45. Vargaftik, N. B., TABLES ON THE THERMOPHYSICAL PROPERTIES OF LIQUIDS AND GASES, 2nd ed., English translation, Hemisphere Publishing Corporation, New York, NY (1975, 1983).

46. Verschueren, K., HANDBOOK OF ENVIRONMENTAL DATA ON ORGANIC CHEMICALS, 3rd and 4th eds., Van Nostrand Reinhold, New York, NY (1996, 2001).

47. Wagman, D. D., J. D. Cox, and V. A. Medvedev, CODATA KEY VALUES FOR THERMODYNAMICS, Hemisphere Publishing, New York, NY (1989).

48. Wagman, D. D., W. H. Evans, V. B. Parker, R. H. Schumm, I. Halow, S. M. Bailey, K. L. Churney, and R. I. Nutall, THE NBS TABLES OF CHEMICAL THERMODYNAMIC PROPERTIES, J. Phys. Chem. Ref. Data, Vol. 11, Suppl. 2 (1982).

49. Wilhoit, R. C. and B. J. Zwolinski, VAPOR PRESSURES AND HEATS OF VAPORIZATION OF HYDROCARBONS AND RELATED COMPOUNDS, Thermodynamic Research Center, TAMU, College Station, TX (1971).

50. Wilhoit, R. C. and B. J. Zwolinski, PHYSICAL AND THERMODYNAMIC PROPERTIES OF ALIPHATIC ALCOHOLS, American Chemical Society, American Institute of Physics, National Bureau of Standards, New York, NY (1973).

51. Yaws, C. L. and Others, "Physical Properties of Semiconductor Industry Chlorosilanes," Solid State Technology, 16, No.1, 39 (1973).

52. Yaws, C. L. and Others, "N-Type Gas Phase Dopants - Physical and Thermodynamic Properties of Arsine, Phosphine and Stibine," Solid State Technology, 17, No.1, 47 (1974).

53. Yaws, C. L. and Others, "P-Type Gas Phase Dopants (Diborane and Pentaborane): Physical and Thermodynamic Properties," Solid State Technology, 17, No.11, 31 (1974).

54. Yaws, C. L. and Others, "Halogens (Fluorine, Chlorine, Bromine and Iodine) - Phy. and Thermo. Prop. (1)," Chem. Eng., 81 (12), 70 (June 10, 1974).

REFERENCES

55. Yaws, C. L. and Others, "Sulfur Oxides (Sulfur Dioxide and Trioxide)- Phy. and Thermo. Prop.(2)," Chem. Eng., 81 (14), 85 (July 8, 1974).

56. Yaws, C. L. and Others, "Oxides of Nitrogen (Nitrous Oxide, Nitric Oxide and Nitrogen Dioxide) - Phy. and Yaws, C. L. and Others, Thermo. Prop. (3)," Chem. Eng., 81 (17), 99 (August 19, 1974).

57. Yaws, C. L. and Others, "Carbon Oxides (Carbon Monoxide and Dioxide) - Phy. and Thermo. Prop. (4)," Chem. Eng., 81 (20), 115 (Sept. 30, 1974).

58. Yaws, C. L. and Others, "Hydrogen Halides (Hydrogen Fluoride, Chloride, Bromide and Iodide) - Phy. and Thermo. Prop. (5)," Chem. Eng., 81 (23), 113 (Oct. 28, 1974).

59. Yaws, C. L. and Others, "Ammonia and Hydrazine - Phy. and Thermo. Prop. (6)," Chem. Eng., 81 (25), 178 (Nov. 25, 1974).

60. Yaws, C. L., "Nitrous Oxide Data," C Exchange, Chem. Eng., 81 (26), 142 (Dec. 9, 1974).

61. Yaws, C. L. and Others, "Water and Hydrogen Peroxide - Phy. and Thermo. Prop. (7)," Chem. Eng., 81 (27), 67 (Dec. 23, 1974).

62. Yaws, C. L. and Others, "Major Diatomic Gases (Hydrogen, Nitrogen and Oxygen) - Phy. and Thermo. Prop. (8)," Chem. Eng., 82 (2), 99 (Jan. 20, 1975).

63. Yaws, C. L. and Others, "Major Inert Gases (Helium, Neon and Argon) - Phy. and Thermo. Prop. (9)." Chem. Eng., 82 (4), 87 (Feb. 17, 1975).

64. Yaws, C. L., "Olefins (Ethylene, Propylene and 1-Butene) - Phy. and Thermo. Prop.(10)," Chem. Eng., 82 (7), 101 (March 31, 1975).

65. Yaws, C. L., "Physical and Thermodynamic Properties of Sulfur Hexafluoride," Solid State Technology, 18 (1), 35 (Jan., 1975).

66. Yaws, C. L., "Alkanes (Methane, Ethane and Propane) - Phy. and Thermo. Prop. (11)," Chem. Eng., 82 (10), 89 (May 12, 1975).

67. Yaws, C. L., "Xylenes (Ortho, Meta and Para) - Phy. and Thermo. Prop. (12)," Chem. Eng., 82 (15), 113 (July 21, 1975).

68. Yaws, C. L. and Others, "Benzene and Napthalene - Phy. and Thermo. Prop. (13)," Chem. Eng., 82 (18), 107 (Sept. 1, 1975).

69. Yaws, C. L., "Toluene, Ethylbenzene and Cumene - Phy. and Thermo. Prop. (14)," Chem. Eng., 82 (20), 73 (Sept. 29, 1975).

70. Yaws, C. L. and Others, "Chlorobenzene, Aniline and Phenol - Phy. and Thermo. Prop. (15)," Chem. Eng., 82, 119 (Oct. 27, 1975).

71. Yaws, C. L. and Others, "Cyclopropane, Cyclobutane, Cyclopentane and Cyclohexane - Phy. and Thermo. Prop. (16)," Chem. Eng., 82 (26), 119 (Dec. 8, 1975).

72. Yaws, C. L., "Olefin Monomers: Isobutylene and Styrene - Phy. and Thermo. Prop. (17)," Chem. Eng., 83, 107 (Jan. 19, 1976).

73. Yaws, C. L. and Others, "Physical and Thermodynamic Properties of Hydrogen Chloride," Solid State Technology, 19, 35 (Jan. 1976).

74. Yaws, C. L., "Diolefins: Butadiene, Isoprene and Chloroprene - Phy. and Thermo. Prop. (18)," Chem. Eng., 83, 107 (March 1, 1976).

75. Yaws, C. L. and Others, "Ethylene, Propylene and Butylene Oxides - Phy. and Thermo. Prop. (19)," Chem. Eng., 83, 129 (April 12, 1976).

76. Yaws, C. L. and Others, "Methanol, Ethanol, Propanol and Butanol - Phy. and Thermo. Prop. (20)," Chem. Eng., 83, 119 (June 7, 1976).

77. Yaws, C. L., "Methyl Chloride, Methylene Chloride, Chloroform and Carbon Tetrachloride - Phy. and Thermo. Prop. (21)," Chem. Eng., 83, 81 (July 5, 1976).

78. Yaws, C. L. and Others, "Physical and Thermodynamic Properties of Silane," Solid State Techn., 21 (No.1), 43 (January, 1978).

79. Yaws, C. L. and Others, "Physical and Thermodynamic Properties of Silicon Tetrachloride," Solid State Techn., 22 (No.2), 65 (February, 1979).

80. Yaws, C. L. and Others, "Semiconductor Industry Silicon: Physical and Thermodynamic Properties," Solid State Techn., 24 (No.1), 87 (January, 1981).

81. Yaws, C. L. and Others, "Physical and Thermodynamic Properties of Silicon Tetrafluoride," J.Ch.I.Ch.E., 12 (No.1), 33 (1981).

82. Yaws, C. L. and Others, "Physical and Thermodynamic Properties of Trichlorosilane," J.Ch.I.Ch.E., 14, 205 (1983).

83. Yaws, C. L. and Others, "Physical and Thermodynamic Properties of Dichlorosilane," Ind. Eng. Chem. Process Des. Dev., 23, 48 (1984).

84. Yaws, C. L. and Others, "Critical Properties of Chemicals", Hydrocarbon Processing, 68, 61 (July,

REFERENCES

1989).

85. Yaws, C. L. and Others, "To Estimate Vapor Pressure Easily", Hydrocarbon Processing, 68, 65 (Oct.,1989).

86. Yaws, C. L., PHYSICAL PROPERTIES, McGraw-Hill, New York, NY (1977).

87. Yaws, C. L., THERMODYNAMIC AND PHYSICAL PROPERTY DATA, Gulf Publishing Co., Houston, TX (1992).

88. Yaws, C. L. and R. W. Gallant, PHYSICAL PROPERTIES OF HYDROCARBONS, Vols. 1 (2nd ed.), 2 (3rd ed.), 3 and 4, Gulf Publishing Co., Houston, TX (1992,1993,1993,1995).

89. Yaws, C. L., HANDBOOK OF VAPOR PRESSURE, Vols. 1, 2, 3, and 4, Gulf Publishing Co., Houston, TX (1994, 1994, 1994, 1995).

90. Yaws, C. L., HANDBOOK OF TRANSPORT PROPERTY DATA, Gulf Publishing Co., Houston, TX (1995).

91. Yaws, C. L., HANDBOOK OF THERMODYNAMIC DIAGRAMS, Vols. 1, 2, 3, and 4, Gulf Publishing Co., Houston, TX (1996).

92. Yaws, C. L., HANDBOOK OF CHEMICAL COMPOUND DATA FOR PROCESS DATA, Gulf Publishing Co., Houston, TX (1997).

93. Yaws, C. L., CHEMICAL PROPERTIES HANDBOOK, McGraw-Hill, New York, NY (1999).

94. Yaws, C. L., MATHESON GAS DATA BOOK, 7th ed., Matheson Tri-Gas (Parsippany, NJ), McGraw-Hill, New York, NY (2001).

Appendix A

CONVERSION TABLE

1. **Temperature**
   To convert from Centigrade to:
   Kelvin, add 273.15
   Rankine, multiply Kelvin by 1.8
   Fahrenheit, multiply Centigrade by 1.8 and add 32

2. **Pressure**
   To convert from psia to:
   kPa, multiply by 6.895
   psig, subtract 14.7
   mm Hg, multiply by 51.71
   atmospheres, divide by 14.7
   bars, divide by 14.508

3. **Heat of Vaporization**
   To convert from kJ/kg to:
   BTU/lb, multiply by 0.43
   cal/gram, multiply by 0.239

4. **Density**
   To convert from g/ml to:
   lb/ft^3, multiply by 62.43
   lb/gallon, multiply by 8.345

5. **Surface Tension**
   To convert from dynes/cm to:
   N/m, multiply by 0.001

6. **Heat Capacity**
   To convert from J/g K to:
   BTU/lb R, multiply by 0.239
   cal/gram K, multiply by 0.239

7. **Viscosity**
   To convert from micropoise to:
   lb/ft s, multiply by 0.0672E-06
   centipoise, multiply by 1.0E-04
   poise, multiply by 1.0E-06
   Pa s (Pascal seconds), multiply by 1.0E-07

   To convert from centipoise to:
   lb/ft s, multiply by 0.000672
   micropoise, multiply by 10,000
   poise, multiply by 0.01
   Pa s (Pascal seconds), multiply by 0.001

8. **Thermal Conductivity**
   To convert from W/m K to:
   BTU/hr ft R, multiply by 0.5770
   calorie/cm s K, multiply by .002388

9. **Enthalpy of Formation**
   To convert from kJ/mol to:
   kcal/mol, multiply by 0.239

10. **Gibbs Energy of Formation**
    To convert from kJ/mol to:
    kcal/mol, multiply by 0.239

11. **Henry's Law Constant for Compound in Water**
    To convert from atm/mol fraction to:
    atm/(mol/m^3), divide by 55,556
    kPa/(mol/m^3), divide by 548.295

Appendix B

COMPOUND LIST BY CAS REGISTRY NUMBER – ORGANIC COMPOUNDS

ORGANICS The compilation for organics provides the compound list by CAS registry number, name, chemical formula and compound number.

50-00-0 formaldehyde CH2O 175
50-01-1 guanidine monohydrochloride CH6ClN3 307
50-02-2 dexamethasone C22H29FO5 33332
50-03-3 hydrocortisone 21-acetate C23H32O6 33650
50-04-4 cortisone-21-acetate C23H30O6 33621
50-06-6 5-ethyl-5-phenyl-2,4,6(1H,3H,5H)-pyrimidinetri C12H12N2O3 23742
50-07-7 mitomycin c C15H18N4O5 28530
50-10-2 oxyphenonium bromide C21H34BrNO3 32990
50-11-3 metharbital C9H14N2O3 17421
50-12-4 3-methyl-5-ethyl-5-phenylhydantoin C12H14N2O2 23928
50-13-5 meperidine hydrochloride C15H22ClNO2 28652
50-14-6 vitamin D2 C28H44O 34686
50-18-0 cyclophosphoramide C7H15Cl2N2O2P 12009
50-19-1 2-hydroxy-2-phenylbutyl carbamate C11H15NO3 22287
50-21-5 lactic acid C3H6O3 1948
50-22-6 corticosterone C21H30O4 32963
50-23-7 hydrocortisone C21H30O5 32966
50-24-8 prednisolone C21H28O5 32935
50-27-1 estra-1,3,5(10)-triene-3,16,17-triol, (16alpha,1 C18H24O3 30856
50-28-2 estra-1,3,5(10)-triene-3,17-diol (17beta)- C18H24O2 30850
50-29-3 1,1,1-trichloro-2,2-bis(4-chlorophenyl)ethane C14H9Cl5 26699
50-30-6 2,6-dichlorobenzoic acid C7H4Cl2O2 9747
50-31-7 2,3,6-trichlorobenzoic acid C7H3Cl3O2 9546
50-32-8 benzo[a]pyrene C20H12 31804
50-33-9 phenylbutazone C19H20N2O2 31448
50-34-0 propantheline bromide C23H30BrNO3 33608
50-35-1 thalidomide C13H10N2O4 25611
50-36-2 cocaine C17H21NO4 30163
50-37-3 N,N-diethyllysergamide C20H25N3O 32253
50-39-5 1-(2-hydroxypropyl)theobromine C10H14N4O3 19970
50-42-0 adiphenine hydrochloride C20H26ClNO2 32266
50-43-1 2,4,6-trichlorobenzoic acid C7H3Cl3O2 9548
50-44-2 1,7-dihydro-6H-purine-6-thione C5H4N4S 4321
50-45-3 2,3-dichlorobenzoic acid C7H4Cl2O2 9749
50-47-5 dimethylimipramine C18H22N2 30792
50-48-6 elavil C20H23N 32190
50-49-7 imipramine C19H24N2 31539
50-50-0 estra-1,3,5(10)-triene-3,17-diol 3-benzoate, (17 C25H28O3 34120
50-52-2 thioridazine C21H26N2S2 32874
50-53-3 chlorpromazine C17H19ClN2S 30085
50-55-5 reserpine C33H40N2O9 35153
50-56-6 oxytocin C43H66N12O12S2 35722
50-57-7 vasopressin C46H65N13O12S2 35783
50-59-9 7-((2-thienyl)acetamido)-3-(1-pyridylmethyl) C19H17N3O4S2 31388
50-60-2 phentalamine C17H19N3O 30112
50-65-7 2',5-dichloro-4'-nitrosalicylanilide C13H8Cl2N2O4 25469
50-66-8 6-(methylthio)purine C6H6N4S 7053
50-67-9 5-hydroxytryptamine C10H12N2O 19438
50-69-1 D-ribose C5H10O5 5582
50-70-4 sorbitol C6H14O6 9100
50-71-5 2,4,5,6(1H,3H)-pyrimidinetetrone C4H2N2O4 2421
50-73-7 2,3,5-trichlorobenzoic acid C7H3Cl3O2 9549
50-76-0 actinomycin D C62H86N12O16 35929
50-78-2 2-(acetyloxy)benzoic acid C9H8O4 16233
50-79-3 2,5-dichlorobenzoic acid C7H4Cl2O2 9746
50-81-7 ascorbic acid C6H8O6 7459
50-82-8 2,4,5-trichlorobenzoic acid C7H3Cl3O2 9547
50-84-0 2,4-dichlorobenzoic acid C7H4Cl2O2 9745
50-85-1 2-hydroxy-4-methylbenzoic acid C8H8O3 13461
50-89-5 thymidine C10H14N2O5 19960
50-90-8 5-chloro-2'-deoxyuridine C9H11ClN2O5 16858
50-91-9 2'-deoxy-5-fluorouridine C9H11FN2O5 16878
50-99-7 glucose C6H12O6 8609
51-03-6 piperonyl butoxide C19H30O5 31637
51-05-8 procaine hydrochloride C13H21ClN2O2 26341
51-06-9 procainamide C13H21N3O 26354
51-12-7 nialamide C16H18N4O2 29385
51-14-9 2-(3,4-methylenedioxyphenoxy)-3,6,9-trioxoundeca C15H22O6 28691
51-15-0 2-pyridinealdoxime methochloride C7H9ClN2O 10943
51-17-2 1H-benzimidazole C7H6N2 10341
51-18-3 2,4,6-tris(1-aziridinyl)-1,3,5-triazine C9H12N6 17075
51-20-7 5-bromo-2,4(1H,3H)-pyrimidinedione C4H3BrN2O2 2441
51-21-8 5-fluorouracil C4H3FN2O2 2474
51-26-3 3,3',5-triiodothyropropionic acid C15H11I3O4 28094
51-28-5 2,4-dinitrophenol C6H4N2O5 6587
51-30-9 isoprenaline hydrochloride C11H18ClNO4 22557
51-34-3 scopolamine C17H21NO4 30164
51-35-4 trans-4-hydroxyproline C5H9NO3 5239
51-36-5 3,5-dichlorobenzoic acid C7H4Cl2O2 9748
51-41-2 norepinephrine C8H11NO3 14185
51-43-4 epinephrine C9H13NO3 17349
51-44-5 3,4-dichlorobenzoic acid C7H4Cl2O2 9750
51-45-6 histamine C5H9N3 5270
51-46-7 1,3,6,8-tetraazatricyclo(4.4.1.13,8)dodecane C8H16N4 15060
51-48-9 L-thyroxine C15H11I4NO4 28095
51-49-0 D-thyroxine C15H11I4NO4 28096
51-50-3 dibenzamine C16H18ClN 29362
51-52-5 2,3-dihydro-6-propyl-2-thioxo-4(1H)-pyrimidinon C7H10N2OS 11114
51-55-8 atropine C17H23NO3 30209
51-61-6 dopamine C8H11NO2 14165
51-63-8 dextroamphetamine sulfate C18H28N2O4S 30922
51-64-9 dextroamphetamine C9H13N 17284
51-65-0 DL-4-fluorophenylalanine C9H10FNO2 16546
51-66-1 N-(4-methoxyphenyl)acetamide C9H11NO2 16935
51-67-2 4-(2-aminoethyl)phenol C8H11NO 14127
51-68-3 dimethylaminoethyl-4-chlorophenoxyacetic acid C12H16ClNO3 24148
51-71-8 2-phenylethylhydrazine C8H12N2 14296
51-73-0 1,4-dipyrrolidinyl-2-butyne C12H20N2 24545
51-75-2 2-chloro-N-(2-chloroethyl)-N-methylethanamine C5H11Cl2N 5645
51-77-4 geranyl farnesyl acetate C27H44O2 34503
51-79-6 ethyl carbamate C3H7NO2 2051
51-80-9 N,N,N',N'-tetramethylmethanediamine C5H14N2 6010
51-82-1 N,N-dimethyldithiocarbamic acid dimethylaminomet C6H14N2S2 8959
51-83-2 carbachol C6H15ClN2O2 9153
51-84-3 choline acetate (ester) C7H16NO2 12133
51-85-4 b-mercaptoethylamine disulfide C4H12N2S2 4089
51-98-9 17-acetoxy-19-nor-17a-pregn-4-en-20-yn-3-one C22H28O3 33325
52-01-7 spironolactone C24H32O4S 33897
52-21-1 supercortyl C23H30O6 33622
52-24-4 triethylenethiophosphoramide C6H12N3PS 8384
52-28-8 codeine phosphate C18H24NO7P 30842
52-31-3 cyclobarbital C12H16N2O3 24170
52-39-1 aldosterone C21H28O5 32933
52-43-7 5,5-diallyl-2,4,6(1H,3H,5H)-pyrimidinetrione C10H12N2O3 19445
52-46-0 apholate C12H24N9P3 24851
52-49-3 trihexyphenidyl hydrochloride C20H32ClNO 32379
52-51-7 2-bromo-2-nitro-1,3-propanediol C3H6BrNO4 1820
52-52-8 1-aminocyclopentanecarboxylic acid C6H11NO2 8127
52-53-9 verapamil C27H38N2O4 34465
52-60-8 O,O-diethyl-O-(4-(methylthio)-3,5-xylyl)phosp C13H21O3PS2 26357
52-62-0 pentolinium tartrate C23H42N2O12 33675
52-66-4 DL-penicillamine C5H11NO2S 5731
52-67-5 3-mercapto-D-valine C5H11NO2S 5726
52-68-6 trichlorfon C4H8Cl3O4P 3174
52-76-6 19-nor-17a-pregn-4-en-20-yn-17-ol C20H28O 32312
52-78-8 17-ethyl-19-nortestosterone C20H30O2 32355
52-85-7 famphur C10H16NO5PS2 20391
52-86-8 haloperidol C21H23ClFNO2 32813
52-90-4 L-cysteine C3H7NO2S 2058
53-03-2 17,21-dihydroxypregna-1,4-diene-3,11,20-trione C21H26O5 32886
53-05-4 tetrahydrocortisone C21H32O5 32980
53-06-5 17,21-dihydroxypregn-4-ene-3,11,20-trione C21H28O5 32934
53-16-7 estrone C18H22O2 30807
53-18-9 1-(2-(diethylamino)ethyl)reserpine C39H53N3O9 35543
53-19-0 o,p'-DDD C14H10Cl4 26740
53-36-1 depo-medrate C24H32O6 33898
53-38-3 2a-methyl-A-nor-17a-pregn-20-yne-2b,17b-diol C21H28O2 32926
53-39-4 anavar C19H30O3 31636
53-41-8 3-hydroxyandrostan-17-one, (3alpha,5alpha) C19H30O2 31631
53-43-0 (+)-dehydroisoandrosterone C19H28O2 31606
53-46-3 methantheline bromide C21H26BrNO3 32861
53-59-8 codehydrogenase II C21H28N7O17P3 32921
53-60-1 promazine hydrochloride C17H21ClN2S 30151
53-64-5 2,3-bis(p-methoxyphenyl)-2-pentenonitrile C19H19NO2 31427
53-69-0 5,7-dimethyl-1,2-benzacridine C19H15N 31312
53-70-3 dibenz[a,h]anthracene C22H14 33098
53-79-2 adenosine-3'-(a-amino-p-methoxyhydrocinnamamid C22H29N7O5 33341
53-84-9 codehydrogenase I C21H27N7O14P2 32913
53-85-0 5,6-dichloro-1b-D-ribofuranosylbenzimidazol C12H12Cl2N2O4 23702
53-86-1 indomethacin C19H16ClNO4 31333
53-89-4 benzpiperylon C22H25N3O 33277
53-94-1 N-hydroxy-2-aminofluorene C13H11NO 25705
53-95-2 N-hydroxy-N-acetyl-2-aminofluorene C15H13NO2 28236
53-96-3 2-(acetylamino)fluorene C15H13NO 28220
54-04-6 3,4,5-trimethoxybenzeneethanamine C11H17NO3 22528
54-05-7 chloroquine C18H26ClN3 30879
54-06-8 2,3-dihydro-3-hydroxy-1-methyl-1H-indole-5,6-dion C9H9NO3 16451
54-11-5 L-nicotine C10H14N2 19933
54-12-6 DL-tryptophan C11H12N2O2 21831
54-16-0 5-hydroxyindole-3-acetic acid C10H9NO3 18919
54-20-6 5-(trifluoromethyl)uracil C5H3F3N2O2 4238
54-21-7 sodium salicylate C7H5NaO3 10129
54-25-1 6-azauridine C8H11N3O6 14217
54-28-4 D-g-tocopherol C28H48O2 34702
54-30-8 novospasmin C19H32N2O2 31650
54-31-9 4-chloro-N-furfuryl-5-sulfamoylanthranilic C12H11ClN2O5S 23592
54-35-3 procaine penicillin G C29H38N4O6S 34783
54-36-4 2-methyl-1,2-di-3-pyridinyl-1-propanone C14H14N2O 27112
54-42-2 (+)-5-iodo-2'-deoxyuridine C9H11IN2O5 16887
54-49-9 metaraminol C9H13NO2 17342
54-62-6 aminopteridine C19H20N8O5 31451
54-64-8 ethylmercurithiosalicylic acid, sodium salt C9H9HgNaO2S 16359
54-77-3 1,1-dimethyl-4-phenylpiperazinium iodide C12H19IN2 24504
54-80-8 a-((isopropylamino)methyl)-2-naphthalenemethanol C15H19NO 28552
54-85-3 isoniazid C6H7N3O 7229
54-87-5 3-sodio-5-(5'-nitro-2'-furfurylidenamino)imida C8H5N4NaO5 12709
54-88-6 4-dimethylamino-2-methylazobenzene C15H17N3 28474
54-91-1 1,4-bis(3-bromopropionyl)-piperazine C10H16Br2N2O2 20375
54-92-2 isonicotinic acid 2-isopropylhydrazide C9H13N3O 17365
54-95-5 6,7,8,9-tetrahydro-5H-tetrazolo[1,5-a]azepine C6H10N4 7751
54-96-6 3,4-diaminopyridine C5H7N3 4716
55-06-1 3,3',5-triiodo-L-thyronine, sodium salt C15H11I3NNaO4 28093
55-10-7 alpha,4-dihydroxy-3-methoxybenezeneacetic acid C9H10O5 16808
55-18-5 N-nitrosodiethylamine C4H10N2O 3835
55-21-0 benzamide C7H7NO 10614
55-22-1 4-pyridinecarboxylic acid C6H5NO2 6823
55-37-8 O,O-dimethyl-O-4-(methylthio)-3,5-xylyl phosp C11H17O3PS2 22551
55-38-9 fenthion C10H15O3PS2 20311
55-43-6 N-(2-chloroethyl)dibenzylamine hydrochloride C16H19Cl2N 29412
55-48-1 atropine sulfate C34H48N2O10S 35238
55-51-6 N,N-bis(2-chloroethyl)benzylamine C11H15Cl2N 22223
55-52-7 pheniprazine C9H14N2 17412
55-55-0 p-methylaminophenolsulfate C14H20N2O6S 27585
55-56-1 1,6-bis(5-(p-chlorophenyl)biguanidino)hexane C22H30Cl2N10 33344
55-63-0 nitroglycerine C3H5N3O9 1796
55-65-2 guanethidine C10H22N4 21221
55-68-5 mercuriphenyl nitrate C6H5HgNO3 6793
55-73-2 bethanidine C10H15N3 20295
55-80-1 N,N-dimethyl-p-((m-tolyl)azo)aniline C15H17N3 28477
55-81-2 p-methoxyphenylethylamine C9H13NO 17316
55-86-7 bis(2-chloroethyl)methylamine C5H12Cl3N 5781
55-91-4 isoflurophate C6H14FO3P 8903
55-92-5 b-methylacetylcholine C8H18NO2 15396
55-93-6 dimethylmyleran C8H18O6S2 15599
55-98-1 busulfan C6H14O6S2 9104
56-03-1 imidodicarbonimidic diamide C2H7N5 1134
56-04-2 methylthiouracil C5H6N2OS 4510
56-05-3 2-amino-4,6-dichloropyrimidine C4H3Cl2N3 2466
56-06-4 2,4-diamino-6-hydroxypyrimidine C4H6N4O 2926
56-09-7 2-amino-4,6-dihydroxypyrimidine C4H5N3O2 2739
56-12-2 4-aminobutanoic acid C4H9NO2 3704
56-18-8 N-(3-aminopropyl)-1,3-propanediamine C6H17N3 9339
56-23-5 carbon tetrachloride CCl4 50
56-24-6 trimethyl tin hydroxide C3H10OSn 2264
56-25-7 cantharidin C10H12O4 19676

56-29-1 hexobarbital C12H16N2O3 24171
56-33-7 1,1,3,3-tetramethyl-1,3-diphenyldisiloxane C16H22OSi2 29514
56-34-8 tetraethylammonium chloride C8H20ClN 15683
56-35-9 hexabutyldistannoxane C24H54OSn2 34033
56-36-0 (acetyloxy)tributylstannane C14H30O2Sn 27940
56-37-1 benzyltriethylammonium chloride C13H22ClN 26364
56-38-2 parathion C10H14NO5PS 19927
56-40-6 glycine C2H5NO2 960
56-41-7 L-alanine C3H7NO2 2049
56-45-1 L-serine C3H7NO3 2068
56-47-3 11-deoxycorticosterone acetate C23H32O4 33647
56-49-5 1,2-dihydro-3-methylbenz[j]aceanthrylene C21H16 32632
56-53-1 diethylstilbestrol C18H20O2 30738
56-54-2 quinidine C20H24N2O2 32222
56-55-3 benz[a]anthracene C18H12 30407
56-57-5 4-nitroquinoline 1-oxide C9H6N2O3 15917
56-65-5 ATP C10H16N5O13P3 20419
56-69-9 5-hydroxytryptophane C11H12N2O3 21834
56-72-4 coumaphos C14H16ClO5PS 27323
56-75-7 chloramphenicol C11H12Cl2N2O5 21801
56-81-5 glycerol C3H8O3 2148
56-82-6 2,3-dihydroxypropanal, (±) C3H6O3 1951
56-84-8 L-aspartic acid C4H7NO4 3285
56-85-9 L-glutamine C5H10N2O3 5428
56-86-0 L-glutamic acid C5H9NO4 5245
56-87-1 lysine C6H14N2O2 8944
56-89-3 L-cystine C6H12N2O4S2 8367
56-91-7 4-(aminomethyl)benzoic acid C8H9NO2 13722
56-93-9 benzyltrimethylammonium chloride C10H16ClN 20377
57-00-1 creatine C4H9N3O2 3764
57-06-7 allyl isothiocyanate C4H5NS 2724
57-08-9 6-(acetylamino)hexanoic acid C8H15NO3 14829
57-09-0 cetyltrimethylammonium bromide C19H42BrN 31761
57-10-3 hexadecanoic acid C16H32O2 29721
57-11-4 octadecanoic acid C18H36O2 31097
57-13-6 urea CH4N2O 260
57-14-7 1,1-dimethylhydrazine C2H8N2 1160
57-15-8 1,1,1-trichloro-2-methyl-2-propanol C4H7Cl3O 3171
57-22-7 leurocristine C46H56N4O10 35776
57-24-9 strychnine C21H22N2O2 32805
57-27-2 morphine C17H19NO3 30097
57-39-6 metepa C9H18N3OP 17992
57-41-0 phenytoin C15H12N2O2 28164
57-42-1 meperidine C15H21NO2 28617
57-43-2 amobarbital C11H18N2O3 22569
57-44-3 barbital C8H12N2O3 14310
57-47-6 physostigmine C15H21N3O2 28639
57-48-7 d(-)-fructose C6H12O6 8606
57-50-1 sucrose C12H22O11 24774
57-52-3 bis(triethyl tin) sulfate C12H30O4SSn2 25408
57-53-4 2-methyl-2-propyl-1,3-propanediol dicarbamate C9H18N2O4 17990
57-54-5 1-methyl-1-(b-chloroethyl)ethylenimonium C5H11ClN 5631
57-55-6 1,2-propanediol (propylene glycol) C3H8O2 2140
57-56-7 hydrazinecarboxamide- CH5N3O 295
57-57-8 beta-propiolactone C3H4O2 1627
57-62-5 chlortetracycline C22H23ClN2O8 33238
57-63-6 ethinylestradiol C20H24O2 32231
57-66-9 4-[(dipropylamino)sulfonyl]benzoic acid C13H19NO4S 26272
57-67-0 sulfaguanidine C7H10N4O2S 11132
57-68-1 sulfamethazine C12H14N4O2S 23949
57-71-6 2,3-butanedione monooxime C4H7NO2 3264
57-74-9 chlordane C10H6Cl8 18551
57-83-0 progesterone C21H30O2 32951
57-85-2 17-(1-oxopropoxy)-androst-4-en-3-one, (17beta) C22H32O3 33372
57-87-4 ergosta-5,7,22-trien-3-ol, (3beta,22E) C28H44O 34683
57-88-5 cholesterol C27H46O 34528
57-91-0 estra-1,3,5(10)-triene-3,17-diol, (17alpha) C18H24O2 30851
57-92-1 streptomycin C21H39N7O12 33019
57-94-3 dl-phosphatidylethanolamine C37H42Cl2N2O6 35485
57-95-4 D-tubocurarine C38H44N2O6 35510
57-96-5 diphenylpyrazone C23H20N2O3S 33530
57-97-6 7,12-dimethylbenz[a]anthracene C20H16 31977
58-00-4 apomorphine C17H17NO2 30034
58-05-9 folinic acid C20H23N7O7 32213
58-08-2 caffeine C8H10N4O2 13900
58-14-0 5-(4-chlorophenyl)-6-ethyl-2,4-pyrimidinediami C12H13ClN4 23806
58-15-1 aminopyrine C13H17N3O 26150
58-18-4 17-hydroxy-17-methylandrost-4-en-3-one, (17beta) C20H30O2 32347
58-20-8 testosterone cyclopentylpropionate C27H40O3 34477
58-22-0 17-hydroxyandrost-4-en-3-one, (17beta) C19H28O2 31605
58-25-3 chlorodiazepoxide C16H14ClN3O 29127
58-27-5 2-methyl-1,4-naphthalenedione C11H8O2 21531
58-32-2 dipyridamole C24H40N8O4 33939
58-36-6 phenarsazine oxide C24H16AsO3 33733
58-38-8 prochlorperazine C20H24ClN3S 32220
58-39-9 perphenazine C21H26ClN3OS 32864
58-40-2 promazine C17H20N2S 30136
58-46-8 tetrabenazine C19H27NO3 31591
58-54-8 ethacrynic acid C13H12Cl2O4 25751
58-55-9 3,7-dihydro-1,3-dimethyl-1H-purine-2,6-dione C7H8N4O2 10843
58-56-0 pyridoxine hydrochloride C8H12ClNO3 14262
58-60-6 aminonucleoside puromycin C12H18N6O3 24432
58-61-7 adenosine C10H13N5O4 19857
58-63-9 inosine C10H12N4O5 19477
58-64-0 adenosine diphosphate C10H15N5O10P2 20301
58-72-0 triphenylethylene C20H16 31976
58-73-1 2-(diphenylmethoxy)-N,N-dimethylethanamine C17H21NO 30154
58-74-2 papaverine C20H21NO4 32148
58-82-2 bradykinin C50H73N15O11 35826
58-85-5 biotin C10H16N2O3S 20407
58-86-6 D-xylose C5H10O5 5583
58-89-9 1,2,3,4,5,6-hexachlorocyclohexane, (1alpha,2alpha, C6H6Cl6 6948
58-90-2 2,3,4,6-tetrachlorophenol C6H2Cl4O 6178
58-93-5 hydrochlorothiazide C7H8ClN3O4S2 10765
58-94-6 chlorothiazide C7H6ClN3O4S2 10250
58-95-7 vitamin E acetate C31H52O3 35014
58-96-8 uridine C9H12N2O6 17066
58-97-9 5'-uridylic acid C9H13N2O9P 17358
59-00-7 4,8-dihydroxy-2-quinolinecarboxylic acid C10H7NO4 18656
59-01-8 kanamycin C18H36N4O11 31089
59-02-9 vitamin E C29H50O2 34810
59-05-2 methotrexate C20H22N8O5 32173
59-14-3 5-bromo-2'-deoxyuridine C9H11BrN2O5 16835
59-23-4 D-galactose C6H12O6 8592
59-26-7 N,N-diethyl-3-pyridinecarboxamide C10H14N2O 19942
59-30-3 folic acid C19H19N7O6 31437
59-31-4 2-hydroxyquinoline C9H7NO 16021
59-32-5 chloropyramine C16H20ClN3 29447
59-35-8 4,6-dimethyl-2-(5-nitro-2-furyl)pyrimidine C10H9N3O3 18953
59-40-5 4-amino-N-2-quinoxalinylbenzenesulfonamide C14H12N4O2S 26923
59-42-7 neosynephrine C9H13NO2 17344
59-43-8 vitamin B1 C12H17ClN4OS 24283
59-46-1 2-diethylaminoethyl 4-aminobenzoate C13H20N2O2 26296
59-47-2 3-(2-methylphenoxy)-1,2-propanediol C10H14O3 20130
59-48-3 1,3-dihydro-2H-indol-2-one C8H7NO 13116
59-49-4 2(3H)-benzoxazolone C7H5NO2 10062
59-50-7 4-chloro-3-methylphenol C7H7ClO 10523
59-51-8 DL-methionine C5H11NO2S 5727
59-52-9 2,3-dimercapto-1-propanol C3H8OS2 2136
59-53-0 N-acetyl-DL-penicillamine C7H13NO3S 11674
59-58-5 dithiopropylthiamine C15H24N4O2S2 28710
59-61-0 3,4-dichloro-a-((isopropylamino)methyl)benzyl C11H15Cl2NO 22224
59-63-2 isocarboxazid C12H13N3O2 23875
59-66-5 acetazolamide C4H6N4O3S2 2932
59-67-6 3-pyridinecarboxylic acid C6H5NO2 6822
59-85-8 p-chloromercuric benzoic acid C7H5ClHgO2 9912
59-87-0 nitrofurazone C6H6N4O4 7050
59-88-1 phenylhydrazine monohydrochloride C6H9ClN2 7493
59-89-2 4-nitrosomorpholine C4H8N2O2 3431
59-92-7 levodopa C9H11NO4 16975
59-96-1 N-phenoxyisopropyl-N-benzyl-b-chloroethylamine C18H22ClNO 30783
59-98-3 4,5-dihydro-2-benzyl-1H-imidazole C10H12N2 19430
59-99-4 neostigmine C12H19N2O2 24520
60-00-4 ethylenediaminetetraacetic acid C10H16N2O8 20412
60-01-5 tributyrin C15H26O6 28808
60-02-6 guanethidine sulfate C20H46N8O4S 32558
60-09-3 p-aminoazobenzene C12H11N3 23656
60-10-6 dithizone C13H12N4S 25790
60-11-7 p-(dimethylamino)azobenzene C14H15N3 27237
60-12-8 2-phenylethanol C8H10O 13913
60-17-3 4-fluorophenylalanine C9H10FNO2 16550
60-18-4 L-tyrosine C9H11NO3 16960
60-23-1 cysteamine C2H7NS 1128
60-24-2 2-mercaptoethanol C2H6OS 1068
60-25-3 hexamethonium chloride C12H30Cl2N2 25401
60-27-5 creatinine C4H7N3O 3298
60-29-7 diethyl ether C4H10O 3869
60-31-1 acetylcholine chloride C7H16ClNO2 12125
60-32-2 6-aminohexanoic acid C6H13NO2 8807
60-33-3 linoleic acid C18H32O2 30991
60-34-4 methylhydrazine CH6N2 312
60-35-5 acetamide C2H5NO 956
60-40-2 versamine C11H21N 22772
60-41-3 strychnidin-10-one sulfate (2:1) C42H46N4O8S 35679
60-46-8 4-(dimethylamino)-2,2-diphenylvaleramide C19H24N2O 31543
60-51-5 cygon C5H12NO3PS2 5790
60-54-8 tetracycline C22H24N2O8 33262
60-56-0 1,3-dihydro-1-methyl-2H-imidazole-2-thione C4H6N2S 2919
60-57-1 dieldrin C12H8Cl6O 23293
60-70-8 veratramine C27H39NO2 34473
60-79-7 D-lysergic acid L,2-propanolamide C19H23N3O2 31529
60-80-0 1,2-dihydro-1,5-dimethyl-2-phenyl-3H-pyrazol-3- C11H12N2O 21819
60-81-1 phlorizoside C21H24O10 32848
60-82-2 phloretin C15H14O5 28328
60-87-7 promethazine C17H20N2S 30135
60-89-9 (N-methyl-3-piperidyl)methylphenothiazine C19H22N2S 31492
60-91-3 N,N-diethyl-10H-phenonhiazine-10-ethanamine C18H22N2S 30802
60-92-4 CAMP C10H12N5O6P 19480
61-00-7 acepromazine C19H22N2OS 31489
61-01-8 2-methoxypromazine C18H22N2OS 30797
61-12-1 dibucaine hydrochloride C20H30ClN3O2 32334
61-19-8 5'-adenylic acid C10H14N5O7P 19976
61-33-6 benzyl-6-aminopenicillinic acid C16H18N2O4S 29381
61-49-4 N-methyltryptamine C11H14N2 22059
61-50-7 N,N-dimethyl-1H-indole-3-ethanamine C12H16N2 24157
61-54-1 tryptamine C10H12N2 19433
61-57-4 nitrothiazole C6H6N4O3S 7048
61-67-6 4-deoxypyridoxal C8H11NO2 14181
61-68-7 N-(2,3-xylyl)anthranilic acid C15H15NO2 28358
61-72-3 syntarpen C19H18ClN3O5S 31401
61-73-4 methylene blue C16H18ClN3S 29365
61-78-9 N-(4-aminobenzoyl)glycine C9H10N2O3 16584
61-80-3 5-chloro-2-benzoxazolamine C7H5ClN2O 9918
61-82-5 1H-1,2,4-triazol-3-amine C2H4N4 871
61-90-5 L-leucine C6H13NO2 8817
62-23-7 p-nitrobenzoic acid C7H5NO4 10073
62-33-9 versene C10H12CaN2Na2O8 19403
62-37-3 chloromerodrin C5H11ClHgN2O2 5630
62-38-4 mercury(ii) phenyl acetate C8H8HgO2 13327
62-44-2 N-(4-ethoxyphenyl)acetamide C10H13NO2 19794
62-46-4 thioctic acid C8H14O2S2 14657
62-49-7 choline C5H14NO 5982
62-50-0 ethyl methanesulfonate C3H8O3S 2150
62-51-1 methacholine chloride C8H18ClNO2 15378
62-53-3 aniline C6H7N 7172
62-54-4 calcium acetate C4H6CaO4 2792
62-55-5 thioacetamide C2H5NS 967
62-56-6 thiourea CH4N2S 266
62-57-7 2-methylalanine C4H9NO2 3714
62-59-9 cevadine C32H49NO9 35095
62-67-9 allorphine C19H21NO3 31466
62-73-7 dichlorvos C4H7Cl2O4P 3155
62-74-8 sodium fluoroacetate C2H2FNaO2 641
62-75-9 N-nitrosodimethylamine C2H6N2O 1042
62-76-0 sodium oxalate C2Na2O4 1231
62-90-8 19-nortestosterone phenylpropionate C27H34O3 34453
63-05-8 androst-4-ene-3,17-dione C19H26O2 31576
63-25-2 carbaryl C12H11NO2 23632
63-37-6 cytidine monophosphate C9H14N3O8P 17428
63-42-3 lactose C12H22O11 24779
63-56-9 thonzylamine hydrochloride C16H23ClN4O 29539
63-68-3 L-methionine C5H11NO2S 5728
63-74-1 4-aminobenzenesulfonamide C6H8N2O2S 7357
63-75-2 arecoline C8H13NO2 14439
63-91-2 L-phenylalanine C9H11NO2 16940
63-98-9 (phenylacetyl)urea C9H10N2O2 16583
63-99-0 1-tolylurea C8H10N2O 13874
64-00-6 m-cumenol methylcarbamate C11H15NO2 22273
64-01-7 3-methyl-4-monomethylaminoazobenzene C14H14N3 27129
64-02-8 tetrasodium EDTA C10H12N2Na4O8 19437
64-04-0 benzeneethanamine C8H11N 14110
64-10-8 phenylurea C7H8N2O 10794
64-17-5 ethyl alcohol C2H6O 1065
64-18-6 formic acid CH2O2 176
64-19-7 acetic acid C2H4O2 889
64-20-0 tetramethylammonium bromide C4H12BrN 4041

64-39-1 isopromedol C17H25NO2 30236
64-47-1 physostigmine sulfate C30H42N6O4S 34904
64-55-1 mebutamate C10H20N2O4 20985
64-65-3 4-ethyl-4-methyl-2,6-piperidinedione C8H13NO2 14440
64-67-5 diethyl sulfate C4H10O4S 3937
64-69-7 iodoacetic acid C2H3IO2 745
64-77-7 tolbutamide C12H18N2O3S 24422
64-85-7 21-hydroxypregn-4-ene-3,20-dione C21H30O3 32960
64-86-8 colchicine C22H25NO6 33276
64-95-9 2-diethylaminoethyl diphenylacetate C20H25NO2 32245
65-14-5 2,3-bis(p-hydroxyphenyl)valeronitrile C17H17NO2 30039
65-23-6 2-methyl-3-hydroxy-4,5-dihydroxymethylpyridine C8H11NO3 14188
65-29-2 gallamine triethiodide C30H60I3N3O3 34953
65-45-2 2-hydroxybenzamide C7H7NO2 10633
65-46-3 cytidine C9H13N3O5 17373
65-47-4 cytidine-5'-triphosphate C9H16N3O14P3 17658
65-49-6 4-amino-2-hydroxybenzoic acid C7H7NO3 10661
65-64-5 (1-phenylethyl)hydrazine C8H12N2 14287
65-71-4 thymine C5H6N2O2 4515
65-82-7 N-acetyL-L-methionine C7H13NO3S 11673
65-85-0 benzoic acid C7H6O2 10408
65-86-1 orotic acid C5H4N2O4 4302
66-02-4 L-3,5-diiodotyrosine C9H9I2NO3 16362
66-22-8 uracil C4H4N2O2 2570
66-23-9 acetylcholine bromide C7H16BrNO2 12123
66-25-1 hexanal C6H12O 8401
66-27-3 methyl methanesulfonate C2H6O3S 1080
66-28-4 strophanthidin C23H32O6 33651
66-32-0 strychnidin-10-one mononitrate C21H23N3O5 32824
66-40-0 tetraethylammonium C8H20N 15691
66-56-8 2,3-dinitrophenol C6H4N2O5 6586
66-71-7 1,10-phenanthroline C12H8N2 23305
66-75-1 uracil mustard C8H11Cl2N3O2 14078
66-76-2 dicumarol C19H12O6 31230
66-77-3 1-naphthalenecarboxaldehyde C11H8O 21525
66-81-9 cycloheximide C15H23NO4 28702
66-86-4 neomycin C C23H46N6O13 33693
66-97-7 7H-furo(3,2-g)(1)benzopyran-7-one C11H6O3 21479
66-99-9 2-naphthalenecarboxaldehyde C11H8O 21526
67-03-8 thiamine hydrochloride C12H18Cl2N4OS 24400
67-16-3 thiamine disulfide C24H34N8O4S2 33909
67-20-9 nitrofurantoin C8H6N4O5 12911
67-21-0 DL-ethionine C6H13NO2S 8840
67-28-7 5-nitro-2-furaldehyde acetylhydrazone C7H7N3O4 10711
67-36-7 4-phenoxybenzaldehyde C13H10O2 25636
67-42-5 (ethylenebis(oxyethylenenitrilo))tetraacetic C14H24N2O10 27756
67-43-6 glycine, N,N-bis[2-[bis(carboxymethyl)amino]e C14H23N3O10 27739
67-45-8 furazolidone C8H7N3O5 13225
67-47-0 5-(hydroxymethyl)-2-furancarboxaldehyde C6H6O3 7090
67-48-1 choline chloride C5H14ClNO 6005
67-51-6 3,5-dimethyl-1H-pyrazole C5H8N2 4816
67-52-7 barbituric acid C4H4N2O3 2574
67-56-1 methyl alcohol CH4O 272
67-62-9 o-methylhydroxylamine CH5NO 289
67-63-0 isopropyl alcohol C3H8O 2130
67-64-1 acetone C3H6O 1923
67-66-3 chloroform CHCl3 104
67-68-5 dimethyl sulfoxide C2H6OS 1067
67-71-0 dimethyl sulfone C2H6O2S 1075
67-72-1 hexachloroethane C2Cl6 463
67-73-2 synsac C24H30F2O6 33869
67-78-7 aristocort diacetate C25H31FO8 34132
67-96-9 dihydrotachysterol C28H46O 34690
67-97-0 vitamin D3 C27H44O 34500
67-98-1 (p-2-diethylaminoethoxyphenyl)-1-phenyl-2-p-ani C27H33NO3 34440
67-99-2 aspergillin C13H14N2O4S2 25970
68-04-2 sodium citrate C6H8Na3O7 7380
68-05-3 tetraethylammonium iodide C8H20IN 15690
68-11-1 thioglycolic acid C2H4O2S 892
68-12-2 N,N-dimethylformamide C3H7NO 2036
68-19-9 cyanocobalamin C63H88CoN14O14P 35936
68-22-4 19-norethisterone C20H26O2 32282
68-23-5 17a-ethinyl-5,10-estrenolone C20H26O2 32280
68-26-8 retinol C20H30O 32345
68-34-8 p-toluenesulfonanilide C13H13NO2S 25878
68-35-9 4-amino-N-2-pyrimidinylbenzenesulfonamide C10H10N4O2S 19079
68-36-0 1,4-bis(trichloromethyl)benzene C8H4Cl6 12529
68-41-7 4-amino-3-isoxazolidinone, (R) C3H6N2O2 1889
68-76-8 2,3,5-tris(1-aziridinyl)-p-benzoquinone C12H13N3O2 23873
68-88-2 hydroxyzine C21H27ClN2O2 32892
68-90-6 2-ethyl-3-(3',5'-diiodo-4'-hydroxybenzoyl)-cum C17H12I2O3 29883
68-94-0 hypoxanthine C5H4N4O 4308
68-96-2 17-hydroxypregn-4-ene-3,20-dione C21H30O3 32959
69-05-6 quinacrine dihydrochloride C23H32Cl3N3O 33634
69-09-0 chlorpromazine hydrochloride C17H20Cl2N2S 30124
69-23-8 fluphenazine C22H26F3N3OS 33280
69-24-9 cinchotoxine C19H22N2O 31486
69-27-2 chlorisondamine chloride C14H20Cl6N2 27575
69-33-0 tubercidin C11H14N4O4 22092
69-53-4 aminobenzylpenicillin C16H19N3O4S 29431
69-57-8 benzylpenicillin sodium C16H17N2NaO4S 29335
69-65-8 D-mannitol C6H14O6 9102
69-72-7 salicylic acid C7H6O3 10420
69-78-3 5,5'-dithiobis(2-nitrobenzoic acid) C14H8N2O8S2 26651
69-79-4 D-maltose C12H22O11 24781
69-89-6 xanthine C5H4N4O2 4315
69-91-0 alpha-aminobenezeneacetic acid C8H9NO2 13690
69-93-2 uric acid C5H4N4O3 4317
70-00-8 trifluorothymidine C10H11F3N2O5 19276
70-07-5 5-[(2-methoxyphenoxy)methyl]-2-oxazolidinone C11H13NO4 21997
70-11-1 alpha-bromoacetophenone C8H7BrO 12964
70-18-8 L-glutathione C10H17N3O6S 20590
70-22-4 1-[4-(1-pyrrolidinyl)-2-butynyl]-2-pyrrolidinon C12H18N2O 24409
70-23-5 ethyl bromopyruvate C5H7BrO3 4602
70-25-7 N-methyl-N'-nitro-N-nitrosoguanidine C2H5N5O3 976
70-26-8 L-ornithine C5H12N2O2 5811
70-29-1 diethyl sulfoxide C4H10OS 3875
70-30-4 hexachlorophene C13H6Cl6O2 25446
70-34-8 1-fluoro-2,4-dinitrobenzene C6H3FN2O4 6328
70-47-3 L-asparagine C4H8N2O3 3444
70-49-5 DL-mercaptosuccinic acid C4H6O4S 3017
70-51-9 deferoxamine C25H48N6O8 34180
70-54-2 DL-lysine C6H14N2O2 8945
70-55-3 p-toluenesulfonamide C7H9NO2S 11009
70-69-9 1-(4-aminophenyl)-1-propanone C9H11NO 16906
70-70-2 1-(4-hydroxyphenyl)-1-propanone C9H10O2 16665
70-78-0 L-3-iodotyrosine C9H10INO3 16561
71-00-1 L-histidine C6H9N3O2 7597
71-23-8 propyl alcohol C3H8O 2129
71-30-7 cytosine C4H5N3O 2734
71-36-3 butanol C4H10O 3865
71-41-0 1-pentanol C5H12O 5831
71-43-2 benzene C6H6 6876
71-44-3 N,N'-bis(3-aminopropyl)-1,4-butanediamine C10H26N4 21450
71-48-7 cobalt(ii) acetate C4H6CoO4 2866
71-55-6 1,1,1-trichloroethane C2H3Cl3 720
71-58-9 medroxyprogesterone acetate C24H34O4 33910
71-62-5 veratridine C36H51NO11 35368
71-63-6 digitoxin C41H64O13 35649
71-67-0 sodium sulfobromophthalein C20H8Br4Na2O10S2 31767
71-68-1 dilaudid C17H20ClNO3 30123
71-79-4 benzacine hydrochloride C18H22ClO3 30786
71-81-8 isopropamide iodide C23H33IN2O 33653
71-91-0 tetraethylammonium bromide C8H20BrN 15681
72-00-4 2,2-dichloroethenyl diethyl phosphate C6H11Cl2O4P 8063
72-14-0 4-amino-N-2-thiazolylbenzenesulfonamide C9H9N3O2S2 16498
72-17-3 sodium lactate C3H5NaO3 1804
72-18-4 L-valine C5H11NO2 5718
72-19-5 L-threonine C4H9NO3 3737
72-20-8 endrin C12H8Cl6O 23294
72-23-1 21-hydroxypregn-4-ene-3,11,20-trione C21H28O4 32931
72-33-3 ethynylestradiol 3-methyl ether C21H26O2 32876
72-43-5 methoxychlor C16H15Cl3O2 29198
72-44-6 2-methyl-3-(2-methylphenyl)-4(3H)-quinazolinone C16H14N2O 29137
72-48-0 alizarin C14H8O4 26663
72-54-8 1,1-dichloro-2,2-bis(p-chlorophenyl)ethane C14H10Cl4 26739
72-55-9 2,2-dichloro-1,1-bis(4-chlorophenyl)ethene C14H8Cl4 26637
72-56-0 perthane C18H20Cl2 30722
72-63-9 methandrostenolone C20H28O2 32315
72-69-5 nortriptyline C19H21N 31461
72-80-0 chloroquinaldol C10H7Cl2NO 18615
73-03-0 3'-deoxyadenosine C10H13N5O3 19856
73-09-6 (3-methyl-4-oxo-5-piperidino-2-thiazolidinyli C13H20N2O3S 26302
73-22-3 L-tryptophan C11H12N2O2 21825
73-24-5 adenine C5H5N5 4431
73-31-4 N-[2-(5-methoxy-1H-indol-3-yl)ethyl]acetamide C13H16N2O2 26059
73-32-5 L-isoleucine C6H13NO2 8813
73-40-5 guanine C5H5N5O 4435
73-48-3 benzylhydroflumethiazide C15H14F3N3O4S2 28271
73-49-4 quinethazone C10H12ClN3O3S 19414
73-66-5 2-methyl-4-amino-5-ethoxymethylpyrimidine C8H13N3O 14458
74-11-3 p-chlorobenzoic acid C7H5ClO2 9934
74-31-7 N,N'-diphenyl-p-phenylenediamine C18H16N2 30588
74-39-5 4-[(4-nitrophenyl)azo]-1,3-benzenediol C12H9N3O4 23435
74-55-5 tibutol C10H24N2O2 21427
74-60-2 phosphorothioic acid, O,O-diisopropyl O-(p-(m C13H21O4PS2 26360
74-79-3 L-arginine C6H14N4O2 8963
74-82-8 methane CH4 251
74-83-9 methyl bromide CH3Br 191
74-84-0 ethane C2H6 985
74-85-1 ethylene C2H4 787
74-86-2 acetylene C2H2 571
74-87-3 methyl chloride CH3Cl 196
74-88-4 methyl iodide CH3I 222
74-89-5 methylamine CH5N 286
74-90-8 hydrogen cyanide CHN 122
74-93-1 methyl mercaptan CH4S 278
74-94-2 borane–dimethylamine complex C2H10BN 1172
74-95-3 dibromomethane CH2Br2 144
74-96-4 bromoethane C2H5Br 910
74-97-5 bromochloromethane CH2BrCl 140
74-98-6 propane C3H8 2094
74-99-7 methylacetylene C3H4 1492
75-00-3 ethyl chloride C2H5Cl 914
75-01-4 vinyl chloride C2H3Cl 701
75-02-5 vinyl fluoride C2H3F 728
75-03-6 ethyl iodide C2H5I 948
75-04-7 ethylamine C2H7N 1115
75-05-8 acetonitrile C2H3N 753
75-07-0 acetaldehyde C2H4O 884
75-08-1 ethyl mercaptan C2H6S 1092
75-09-2 dichloromethane CH2Cl2 149
75-10-5 difluoromethane CH2F2 158
75-11-6 diiodomethane CH2I2 161
75-12-7 formamide CH3NO 232
75-13-8 isocyanic acid CHNO 127
75-15-0 carbon disulfide CS2 382
75-16-1 methylmagnesium bromide (ethyl ether solution) CH3BrMg 192
75-17-2 formaldehyde oxime CH3NO 233
75-18-3 dimethyl sulfide C2H6S 1093
75-19-4 cyclopropane C3H6 1809
75-20-7 calcium carbide C2Ca 417
75-21-8 ethylene oxide C2H4O 885
75-22-9 trimethylamine borane C3H12BN 2276
75-23-0 boron trifluoride ethylamine complex C2H7BF3N 1105
75-24-1 trimethyl aluminum C3H9Al 2165
75-25-2 bromoform CHBr3 96
75-26-3 2-bromopropane C3H7Br 1979
75-27-4 bromodichloromethane CHBrCl2 91
75-28-5 isobutane C4H10 3784
75-29-6 2-chloropropane C3H7Cl 1987
75-30-9 2-iodopropane C3H7I 2026
75-31-0 isopropylamine C3H9N 2201
75-33-2 isopropyl mercaptan C3H8S 2159
75-34-3 1,1-dichloroethane C2H4Cl2 812
75-35-4 1,1-dichloroethylene C2H2Cl2 615
75-36-5 acetyl chloride C2H3ClO 707
75-37-6 1,1-difluoroethane C2H4F2 834
75-38-7 1,1-difluoroethylene C2H2F2 642
75-39-8 1-aminoethanol C2H7NO 1118
75-43-4 dichlorofluoromethane CHCl2F 101
75-44-5 phosgene CCl2O 44
75-45-6 chlorodifluoromethane CHClF2 97
75-46-7 fluoroform CHF3 113
75-47-8 iodoform CHI3 117
75-50-3 trimethylamine C3H9N 2203
75-52-5 nitromethane CH3NO2 235
75-54-7 methyl dichlorosilane CH4Cl2Si 254
75-55-8 propyleneimine C3H7N 2031
75-56-9 1,2-propylene oxide C3H6O 1924
75-57-0 tetramethylammonium chloride C4H12ClN 4044
75-58-1 tetramethylammonium iodide C4H12IN 4061
75-59-2 tetramethylammonium hydroxide C4H13NO 4117
75-60-5 dimethylarsinic acid C2H7AsO2 1103
75-61-6 dibromodifluoromethane CBr2F2 23
75-62-7 bromotrichloromethane CBrCl3 16

75-63-8 bromotrifluoromethane CBrF3 17
75-64-9 tert-butylamine C4H11N 3980
75-65-0 tert-butanol C4H10O 3868
75-66-1 tert-butyl mercaptan C4H10S 3945
75-68-3 1-chloro-1,1-difluoroethane C2H3ClF2 702
75-69-4 trichlorofluoromethane CCl3F 47
75-71-8 dichlorodifluoromethane CCl2F2 42
75-72-9 chlorotrifluoromethane CClF3 34
75-73-0 carbon tetrafluoride CF4 74
75-74-1 tetramethyl lead C4H12Pb 4106
75-75-2 methanesulfonic acid CH4O3S 275
75-76-3 tetramethylsilane C4H12Si 4110
75-77-4 trimethylchlorosilane C3H9ClSi 2190
75-78-5 dichlorodimethylsilane C2H6Cl2Si 1017
75-79-6 methyl trichlorosilane CH3Cl3Si 210
75-80-9 2,2,2-tribromoethanol C2H3Br3O 699
75-81-0 1,2-dibromo-1,1-dichloroethane C2H2Br2Cl2 585
75-82-1 1,2-dibromo-1,1-difluoroethane C2H2Br2F2 587
75-83-2 2,2-dimethylbutane C6H14 8878
75-84-3 2,2-dimethyl-1-propanol C5H12O 5840
75-85-4 tert-pentyl-alcohol C5H12O 5838
75-86-5 acetone cyanohydrin C4H7NO 3246
75-87-6 trichloroacetaldehyde C2HCl3O 544
75-88-7 2-chloro-1,1,1-trifluoroethane C2H2ClF3 606
75-89-8 2,2,2-trifluoroethanol C2H3F3O 738
75-91-2 t-butyl hydroperoxide C4H10O2 3881
75-93-4 methyl sulfate CH4O4S 276
75-94-5 trichlorovinylsilane C2H3Cl3Si 725
75-95-6 pentabromoethane C2HBr5 523
75-96-7 tribromoacetic acid C2HBr3O2 522
75-97-8 3,3-dimethyl-2-butanone C6H12O 8414
75-98-9 2,2-dimethylpropanoic acid C5H10O2 5495
75-99-0 2,2-dichloropropanoic acid C3H4Cl2O2 1554
76-00-6 1,1,1-trichloro-2-propanol C3H5Cl3O 1709
76-01-7 pentachloroethane C2HCl5 551
76-02-8 trichloroacetyl chloride C2Cl4O 459
76-03-9 trichloroacetic acid C2HCl3O2 547
76-04-0 chlorodifluoroacetic acid C2HClF2O2 526
76-05-1 trifluoroacetic acid C2HF3O2 556
76-06-2 trichloronitromethane CCl3NO2 49
76-08-4 1,1,1-tribromo-2-methyl-2-propanol C4H7Br3O 3097
76-09-5 2,3-dimethyl-2,3-butanediol C6H14O2 9052
76-11-9 1,1,1,2-tetrachloro-2,2-difluoroethane C2Cl4F2 457
76-12-0 1,1,2,2-tetrachloro-1,2-difluoroethane C2Cl4F2 456
76-13-1 1,1,2-trichloro-1,2,2-trifluoroethane C2Cl3F3 449
76-14-2 1,2-dichloro-1,1,2,2-tetrafluoroethane C2Cl2F4 441
76-15-3 chloropentafluoroethane C2ClF5 427
76-16-4 hexafluoroethane C2F6 494
76-17-5 1,2,3-trichloro-1,1,2,3,3-pentafluoropropane C3Cl3F5 1260
76-19-7 octafluoropropane C3F8 1299
76-20-0 2,2-bis(ethylsulfonyl)butane C8H18O4S2 15597
76-22-2 camphor C10H16O 20423
76-24-4 alloxantin C8H6N4O8 12913
76-25-5 aristocort acetonide C24H31O6F 33885
76-28-8 sarmentogenin C23H34O5 33663
76-29-9 3-bromo-d-camphor C10H15BrO 20189
76-30-2 dihydroxytartaric acid C4H6O8 3040
76-35-7 2,2-dimethyl-1,3-butanediol C6H14O2 9046
76-36-8 2,2,3-trichlorobutanal C4H5Cl3O 2669
76-37-9 2,2,3,3-tetrafluoro-1-propanol C3H4F4O 1584
76-38-0 methoxyflurane C3H4Cl2F2O 1543
76-39-1 2-methyl-2-nitro-1-propanol C4H9NO3 3732
76-42-6 percodan C18H21NO4 30768
76-43-7 fluoxymesterone C20H29FO3 32329
76-44-8 heptachlor C10H5Cl7 18507
76-45-9 protoverine C27H43NO9 34494
76-49-3 1,7,7-trimethylbicyclo[2.2.1]heptan-2-ol acetate C12H20O2 24574
76-50-6 hysterol C15H26O2 28801
76-54-0 2',7'-dichlorofluorescein C20H10Cl2O5 31778
76-57-3 codeine C18H21NO3 30758
76-58-4 ethylmorphine C19H23NO3 31519
76-59-5 bromothymol blue C27H28Br2O5S 34413
76-60-8 bromocresol green C21H14Br4O5S 32602
76-61-9 thymol blue C27H30O5S 34424
76-62-0 3',3'',5',5''-tetrabromophenolphthalein C20H10Br4O4 31776
76-63-1 allyltriphenyltin C21H20Sn 32759
76-65-3 amolanone C20H23NO2 32193
76-67-5 diethyl ethylphenylmalonate C15H20O4 28596
76-68-6 cyclopentobarbital C12H14N2O3 23933
76-73-3 seconal C12H18N2O3 24421
76-74-4 nembutal C11H18N2O3 22573
76-75-5 pentothal C11H18N2O2S 22568
76-76-6 5-ethyl-5-isopropyl-2,4,6(1H,3H,5H)-pyrimidinet C9H14N2O3 17420
76-80-2 tephrosin C23H22O7 33547
76-83-5 chlorotriphenylmethane C19H15Cl 31297
76-84-6 triphenylmethanol C19H16O 31344
76-86-8 chlorotriphenylsilane C18H15ClSi 30542
76-87-9 triphenyltin hydroxide C18H16OSn 30597
76-89-1 methyl alpha-hydroxydiphenylacetate C15H14O3 28313
76-93-7 alpha-hydroxy-alpha-phenylbenezeneacetic acid C14H12O3 26969
76-94-8 5-methyl-5-phenyl-2,4,6(1H,3H,5H)-pyrimidinetr C11H10N2O3 21633
76-99-3 methadone C21H27NO 32902
77-02-1 aprobarbital C10H14N2O3 19952
77-03-2 3,3-diethyl-2,4-piperidinedione C9H15NO2 17554
77-04-3 3,3-diethyl-2,4(1H,3H)-pyridinedione C9H13NO2 17325
77-06-5 gibberellic acid C19H22O6 31503
77-07-6 levorphanol C17H23NO 30204
77-09-8 phenolphthalein C20H14O4 31931
77-10-1 1-(1-phenylcyclohexyl)piperidine C17H25N 30231
77-15-6 ethoheptazine C16H23NO2 29545
77-16-7 plumericin C15H14O6 28332
77-20-3 nisentil C16H23NO2 29547
77-21-4 doriden C13H15NO2 26021
77-25-8 ethyl diethylmalonate C11H20O4 22736
77-26-9 butalbital C11H16N2O3 22383
77-27-0 5-allyl-5-(1-methylbutyl)-2-thiobarbituric ac C12H18N2O2S 24415
77-28-1 5-butyl-5-ethyl-2,4,6(1H,3H,5H)-pyrimidinetrio C10H16N2O3 20405
77-36-1 chlorphthalidolone C14H11ClN2O4S 26810
77-37-2 1-cyclohexyl-1-phenyl-3-pyrrolidino-1-propanol C19H29NO 31617
77-40-7 bisphenol b C16H18O2 29397
77-41-8 1,3-dimethyl-3-phenyl-2,5-pyrrolidinedione C12H13NO2 23837
77-42-9 beta-santalol C15H24O 28761
77-46-3 acedapsone C16H16N2O4S 29271
77-47-4 hexachlorocyclopentadiene C5Cl6 4169
77-48-5 1,3-dibromo-5,5-dimethyl-2,4-imidazolidinedion C5H6Br2N2O2 4464
77-49-6 2-methyl-2-nitro-1,3-propanediol C4H9NO4 3749
77-50-9 propoxyphene C22H29NO2 33338
77-51-0 4-(diethylamino)-2-isopropyl-2-phenylvaleronitri C16H24N2 29565
77-52-1 ursolic acid C30H48O3 34921
77-53-2 cedrol C15H26O 28787
77-54-3 8b-H-cedran-8-ol acetate C17H28O2 30270
77-55-4 1-phenylcyclopentanecarboxylic acid C12H14O2 23979
77-58-7 dibutyltin dilaurate C32H64O4Sn 35120
77-59-8 spirosolan-3-ol, (3beta,5alpha,22beta,25S) C27H45NO2 34519
77-60-1 spirostan-3-ol, (3beta,5alpha,25R) C27H44O3 34507
77-63-4 2,4,6,8-tetramethyl-2,4,6,8-tetraphenylcyclot C28H32O4Si4 34635
77-65-6 N-(aminocarbonyl)-2-bromo-2-ethylbutanamide C7H13BrN2O2 11576
77-66-7 1-acetyl-3-(2-bromo-2-ethylbutyryl)urea C9H15BrN2O3 17530
77-67-8 3-ethyl-3-methyl-2,5-pyrrolidinedione C7H11NO2 11283
77-71-4 5,5-dimethyl-2,4-imidazolidinedione C5H8N2O2 4831
77-73-6 1,3-dicyclopentadiene C10H12 19358
77-74-7 3-methyl-3-pentanol C6H14O 8980
77-75-8 3-methyl-1-pentyn-3-ol C6H10O 7793
77-76-9 2,2-dimethoxypropane C5H12O2 5879
77-77-0 divinyl sulfone C4H6O2S 2987
77-78-1 dimethyl sulfate C2H6O4S 1083
77-79-2 2,5-dihydrothiophene 1,1-dioxide C4H6O2S 2986
77-80-5 bis(triphenyltin)sulfide C36H30SSn2 35345
77-81-6 tabun C5H11N2O2P 5754
77-83-8 ethyl 3-methyl-3-phenyloxiranecarboxylate C12H14O3 23989
77-84-9 2-methyl-2-ethyl-1,3-propanediol C6H14O2 9056
77-85-0 2-(hydroxymethyl)-2-methyl-1,3-propanediol C5H12O3 5901
77-86-1 tris(hydroxymethyl)methylamine C4H11NO3 4013
77-89-4 triethyl 2-acetoxy-1,2,3-propanetricarboxylate C14H22O8 27717
77-90-7 tributyl 2-acetylcitrate C20H34O8 32416
77-92-9 citric acid C6H8O7 7464
77-93-0 triethyl citrate C12H20O7 24617
77-94-1 butyl citrate C18H32O7 31000
77-95-2 quinic acid C7H12O6 11564
77-98-5 tetraethylammonium hydroxide C8H21NO 15733
77-99-6 trimethylolpropane C6H14O3 9078
78-00-2 tetraethyl lead C8H20Pb 15729
78-04-6 dibutyltin maleate C12H20O4Sn 24610
78-06-8 dibutyltin mercaptopropionate C11H22O2SSn 22857
78-07-9 triethoxyethylsilane C8H20O3Si 15717
78-08-0 vinyltriethoxysilane C8H18O3Si 15590
78-09-1 tetraethoxymethane C9H20O4 18359
78-10-4 ethyl silicate C8H20O4Si 15719
78-11-5 pentaerythritol tetranitrate C5H8N4O12 4845
78-12-6 1,1',1'',1'''-(neopentane tetrayltetraoxy)te C13H16Cl12O8 26047
78-13-7 tetra(2-ethylbutyl) silicate C24H52O4Si 34030
78-18-2 cyclohexanone peroxide C12H22O5 24762
78-19-3 3,9-divinyl-2,4,8,10-tetraoxaspiro[5.5]undecane C11H16O4 22477
78-20-6 2,2-dibutyl-1,3,2-oxathiastannolane-5-oxide C10H20O2SSn 21080
78-24-0 tripentaerythritol, hydroxyl content min. C15H32O10 28920
78-26-2 2-methyl-2-propyl-1,3-propanediol C7H16O2 12264
78-27-3 1-ethynylcyclohexanol C8H12O 14334
78-28-4 1-ethyl-1-methylpropyl carbamate C7H15NO2 12085
78-30-8 tri-o-cresyl phosphate C21H21O4P 32787
78-31-9 p-cresyl diphenyl phosphate C19H17O4P 31391
78-32-0 tri-p-cresyl phosphate C21H21O4P 32789
78-34-2 dioxathion C12H26O6P2S4 25307
78-35-3 linalyl isobutyrate C14H24O2 27765
78-37-5 linalyl cinnamate C19H24O2 31555
78-38-6 diethyl ethylphosphonate C6H15O3P 9259
78-39-7 1,1,1-triethoxyethane C8H18O3 15581
78-40-0 triethyl phosphate C6H15O4P 9268
78-41-1 triparanol C27H32ClNO2 34432
78-42-2 tris(2-ethylhexyl) phosphate C24H51O4P 34024
78-43-3 tris-dichloropropylphosphate C9H15Cl6O4P 17543
78-44-4 isopropyl meprobamate C12H24N2O4 24847
78-46-6 dibutyl butylphosphonate C12H27O3P 25353
78-48-8 S,S,S-tributyl phosphorotrothioate C12H27OPS3 25351
78-50-2 trioctylphosphine oxide C24H51OP 34020
78-51-3 tris(2-butoxyethyl) phosphate C18H39O7P 31173
78-52-4 O,O-diethyl-S-2-isopropylmercaptomethyldithiop C8H19O2PS3 15668
78-53-5 amitron C10H24NO3PS 21416
78-54-6 bis(1-hydroxycyclohexyl)acetylene C14H22O2 27693
78-57-9 azidithion C6H12N5O2PS2 8389
78-59-1 isophorone C9H14O 17436
78-62-6 diethoxydimethylsilane C6H16O2Si 9317
78-63-7 2,5-bis(tert-butylperoxy)-2,5-dimethylhexane C16H34O4 29783
78-66-0 3,6-dimethyl-4-octyn-3,6-diol C10H18O2 20790
78-67-1 2,2'-azobis[isobutyronitrile] C8H12N4 14315
78-69-3 3,7-dimethyl-3-octanol C10H22O 21272
78-70-6 (±)-linalool C10H18O 20735
78-71-7 3,3-bis(chloromethyl)oxetane C5H8Cl2O 4781
78-74-0 1,1,2-tribromoethane C2H3Br3 698
78-75-1 1,2-dibromopropane C3H6Br2 1825
78-76-2 2-bromobutane C4H9Br 3599
78-77-3 1-bromo-2-methylpropane C4H9Br 3600
78-78-4 isopentane C5H12 5773
78-79-5 isoprene C5H8 4738
78-80-8 2-methyl-1-butene-3-yne C5H6 4448
78-81-9 isobutylamine C4H11N 3978
78-82-0 isobutyronitrile C4H7N 3239
78-83-1 isobutanol C4H10O 3866
78-84-2 isobutyraldehyde C4H8O 3479
78-85-3 methacrolein C4H6O 2941
78-86-4 2-chlorobutane C4H9Cl 3612
78-87-5 1,2-dichloropropane C3H6Cl2 1845
78-88-6 2,3-dichloropropene C3H4Cl2 1533
78-89-7 2-chloro-1-propanol C3H7ClO 1996
78-90-0 1,2-propanediamine C3H10N2 2255
78-91-1 2-aminopropanol C3H9NO 2214
78-92-2 sec-butanol C4H10O 3867
78-93-3 methyl ethyl ketone C4H8O 3480
78-94-4 3-buten-2-one C4H6O 2946
78-95-5 chloroacetone C3H5ClO 1678
78-96-6 1-amino-2-propanol C3H9NO 2204
78-97-7 lactonitrile C3H5NO 1757
78-98-8 1,2-propanedione C3H4O2 1631
78-99-9 1,1-dichloropropane C3H6Cl2 1844
79-00-5 1,1,2-trichloroethane C2H3Cl3 721
79-01-6 trichloroethylene C2HCl3 539
79-02-7 dichloroacetaldehyde C2H2Cl2O 626
79-03-8 propanoyl chloride C3H5ClO 1681
79-04-9 chloroacetyl chloride C2H2Cl2O 625
79-05-0 propanamide C3H7NO 2040
79-06-1 acrylamide C3H5NO 1755
79-07-2 2-chloroacetamide C2H4ClNO 806
79-08-3 bromoacetic acid C2H3BrO2 693
79-09-4 propanoic acid C3H6O2 1930
79-10-7 acrylic acid C3H4O2 1626
79-11-8 chloroacetic acid C2H3ClO2 710
79-14-1 glycolic acid C2H4O3 893

79-15-2 N-bromoacetamide C2H4BrNO 795
79-16-3 N-methylacetamide C3H7NO 2037
79-17-4 hydrazinecarboximidamide CH6N4 316
79-19-6 hydrazinecarbothioamide CH5N3S 297
79-20-9 methyl acetate C3H6O2 1932
79-21-0 peroxyacetic acid C2H4O3 894
79-22-1 methyl chloroformate C2H3ClO2 711
79-24-3 nitroethane C2H5NO2 958
79-27-6 1,1,2,2-tetrabromoethane C2H2Br4 592
79-28-7 tetrabromoethene C2Br4 415
79-29-8 2,3-dimethylbutane C6H14 8879
79-30-1 2-methylpropanoyl chloride C4H7ClO 3116
79-31-2 isobutyric acid C4H8O2 3505
79-33-4 L-(+)-lactic acid C3H6O3 1958
79-34-5 1,1,2,2-tetrachloroethane C2H2Cl4 636
79-35-6 1,1-dichloro-2,2-difluoroethene C2Cl2F2 436
79-36-7 dichloroacetyl chloride C2HCl3O 543
79-37-8 oxalyl chloride C2Cl2O2 446
79-38-9 chlorotrifluoroethylene C2ClF3 423
79-39-0 2-methacrylamide C4H7NO 3247
79-40-3 ethanedithioamide C2H4N2S2 868
79-41-4 methacrylic acid C4H6O2 2969
79-42-5 thiolactic acid C3H6O2S 1947
79-43-6 dichloroacetic acid C2H2Cl2O2 627
79-44-7 dimethylcarbamic chloride C3H6ClNO 1832
79-46-9 2-nitropropane C3H7NO2 2046
79-47-0 3-chloropentafluoropropene C3ClF5 1247
79-49-2 1,1,1,3,3-pentabromo-2-propanone C3HBr5O 1313
79-53-8 chloropentafluoroacetone C3ClF5O 1248
79-54-9 levopimaric acid C20H30O2 32348
79-55-0 1,2,2,6,6-pentamethylpiperidine C10H21N 21104
79-57-2 oxytetracycline C22H24N2O9 33264
79-58-3 rubijervine C27H43NO2 34489
79-63-0 lanosta-8,24-dien-3-ol, (3beta) C30H50O 34925
79-64-1 6a,21-dimethylethisterone C23H32O2 33642
79-68-5 g-irone C14H22O 27686
79-69-6 alpha-irone C14H22O 27683
79-70-9 beta-irone C14H22O 27684
79-74-3 2,5-bis(1,1-dimethylpropyl)-1,4-benzenediol C16H26O2 29613
79-77-6 trans-beta-ionone C13H20O 26313
79-78-7 allyl a-ionone C16H24O 29577
79-81-2 vitamin A palmitate C36H60O2 35391
79-83-4 pantothenic acid C9H17NO5 17848
79-91-4 DL-terebic acid C7H10O4 11212
79-92-5 camphene C10H16 20315
79-93-6 2-p-chlorophenyl-3-methyl-2,3-butanediol C11H15ClO2 22222
79-94-7 3,3',5,5'-tetrabromobisphenol a C15H12Br4O2 28136
79-95-8 4,4'-isopropylidenebis(2,6-dichlorophenol) C15H12Cl4O2 28140
79-96-9 4,4'-isopropylidene-bis(2-tert-butylphenol) C23H32O2 33643
79-97-0 2,2-bis(4-hydroxy-3-methylphenyl)propane C17H20O2 30142
80-00-2 1-chloro-4-(phenylsulfonyl)benzene C12H9ClO2S 23378
80-05-7 bisphenol a C15H16O2 28436
80-06-8 1,1-bis(4-chlorophenyl)ethanol C14H12Cl2O 26884
80-07-9 bis(4-chlorophenyl) sulfone C12H8Cl2O2S 23285
80-08-0 bis(4-aminophenyl) sulfone C12H12N2O2S 23739
80-09-1 bis(4-hydroxyphenyl) sulfone C12H10O4S 23569
80-10-4 dichlorodiphenylsilane C12H10Cl2Si 23472
80-11-5 N,4-dimethyl-N-nitrosobenzenesulfonamide C8H10N2O3S 13888
80-12-6 tetramine (adamantane derivative) C4H8N4O4S2 3468
80-13-7 4-[(dichloroamino)sulfonyl]benzoic acid C7H5Cl2NO4S 9964
80-14-8 1,1,3,5,5-pentamethyl-1,3,5-triphenyltrisilox C23H30O2Si3 33616
80-15-9 cumene hydroperoxide C9H12O2 17138
80-17-1 benzenesulfonyl hydrazide C6H8N2O2S 7358
80-18-2 methyl benzenesulfonate C7H8O3S 10913
80-25-1 dihydroterpinyl acetate C12H22O2 24729
80-26-2 alpha-terpineol acetate C12H20O2 24566
80-30-8 N-cyclohexyl-p-toluenesulfonamide C13H19NO2S 26264
80-32-0 sulfachlorpyridazine C10H9ClN4O2S 18817
80-33-1 4-chlorophenyl 4-chlorobenzenesulfonate C12H8Cl2O3S 23287
80-35-3 sulfamethoxypyridazine C11H12N4O3S 21845
80-38-6 4-chlorophenyl benzenesulfonate C12H9ClO3S 23380
80-39-7 N-ethyl-p-toluenesulfonamide C9H13NO2S 17346
80-40-0 ethyl p-toluenesulfonate C9H12O3S 17205
80-41-1 2-chloroethyl p-toluenesulfonate C9H11ClO3S 16869
80-42-2 propyl benzenesulfonate C9H12O3S 17206
80-43-3 dicumyl peroxide C18H22O2 30806
80-46-6 p-tert-amylphenol C11H16O 22399
80-47-7 p-menthane-8-hydroperoxide C10H20O2 21076
80-48-8 methyl 4-toluenesulfonate C8H10O3S 14016
80-51-3 4,4'-oxydibenzenesulfonyl hydrazide C12H14N4O5S2 23958
80-52-4 1,8-diamino-p-menthane C10H22N2 21216
80-54-6 lilial C14H20O 27594
80-55-7 ethyl 2-hydroxy-2-methylpropanoate C6H12O3 8540
80-56-8 alpha-pinene C10H16 20321
80-58-0 2-bromobutyric acid C4H7BrO2 3077
80-59-1 trans-2-methyl-2-butenoic acid C5H8O2 4891
80-62-6 methyl methacrylate C5H8O2 4889
80-63-7 methyl 2-chloroacrylate C4H5ClO2 2659
80-68-2 DL-threonine C4H9NO3 3736
80-69-3 hydroxypropanedioic acid C3H4O5 1637
80-70-6 1,1,3,3-tetramethylguanidine C5H13N3 5995
80-71-7 2-hydroxy-3-methyl-2-cyclopenten-1-one C6H8O2 7438
80-72-8 2,3-dihydroxy-2-cyclopenten-1-one C5H6O3 4569
80-73-9 1,3-dimethyl-2-imidazolidinone C5H10N2O 5408
80-75-1 11a-hydroxyprogesterone C21H30O3 32961
80-77-3 2-(4-chlorophenyl)-3-methyl-4-metathiazanone C11H12ClNO3S 21795
80-81-9 1,2,3,4-tetrahydro-6-ethyl-1,1,4,4-tetramethylnaph C16H24 29561
80-92-2 pregnane-3,20-diol, (3alpha,5beta,20S) C21H36O2 33008
80-97-7 cholestanol C27H48O 34542
80-99-9 5a-cholest-7-en-3-ol C27H46O 34530
81-04-9 1,5-naphthalenedisulfonic acid C10H8O6S2 18796
81-07-2 saccharin C7H5NO3S 10069
81-08-3 3H-2,1-benzoxathiol-3-one 1,1-dioxide C7H4O4S 9855
81-11-8 4,4'-diaminostilbene-2,2'-disulfonic acid C14H14N2O6S2 27128
81-13-0 dexpanthenol C9H19NO4 18166
81-14-1 2-acetyl-5-tert-butyl-4,6-dinitroxylene C14H18N2O5 27467
81-15-2 1-tert-butyl-3,5-dimethyl-2,4,6-trinitrobenzen C12H15N3O6 24102
81-16-3 2-amino-1-naphthalenesulfonic acid C10H9NO3S 18922
81-20-9 1,3-dimethyl-2-nitrobenzene C8H9NO2 13695
81-21-0 bicyclopentadiene dioxide C10H12O2 19624
81-23-2 3,7,12-trioxocholan-24-oic acid, (5beta) C24H34O5 33912
81-24-3 taurocholic acid C26H45NO7S 34325
81-25-4 cholic acid C24H40O5 33952
81-26-5 2,2'-dimethyl-1,1'-bianthraquinone C30H18O4 34843
81-30-1 [2]benzopyrano[6,5,4-def][2]benzopyran-1,3,6,8-te C14H4O6 26579
81-38-9 laureline C19H19NO3 31428
81-45-8 chlorobenzone C21H12ClNO3 32570
81-46-9 N-(4-aminoanthraquinonyl)benzamide C21H15N2O3 32628
81-48-1 1-hydroxy-4-(p-toluidino)anthraquinone C21H15NO3 32627
81-49-2 1-amino-2,4-dibromoanthraquinone C14H7Br2NO2 26604
81-54-9 1,2,4-trihydroxy-9,10-anthracenedione C14H8O5 26672
81-55-0 1,8-dihydroxy-4,5-dinitroanthracene-9,10-dione C14H6N2O8 26596
81-60-7 1,4,5,8-tetrahydroxyanthraquinone C14H8O6 26678
81-61-8 1,2,5,8-tetrahydroxy-9,10-anthracenedione C14H8O6 26676
81-63-0 1,4-diamino-2,3-dihydroanthraquinone C14H12N2O2 26907
81-64-1 1,4-dihydroxy-9,10-anthracenedione C14H8O4 26664
81-69-6 sulfoparablue C20H15N3O8S2 31975
81-77-6 6,15-dihydro-5,9,14,18-anthrazinetetrone C28H14N2O4 34579
81-81-2 warfarin C19H16O4 31366
81-82-3 DL-3-(a-acetonyl-4'-chlorobenzyl)-4-hydroxycou C19H15ClO4 31302
81-83-4 1,8-naphthalimide C12H7NO2 23244
81-84-5 1,8-naphthalic anhydride C12H6O3 23231
81-88-9 rhodamine b C28H32ClN2O3 34628
81-90-3 phenolphthalin C20H16O4 32032
81-92-5 phenolphthalol C20H18O3 32086
81-93-6 phenosafranin C18H15ClN4 30541
81-96-9 3-bromo-7H-benz[de]anthracen-7-one C17H9BrO 29843
82-02-0 khellin C14H12O5 26988
82-05-3 benzanthrone C17H10O 29853
82-08-6 rottlerin C30H28O8 34870
82-12-2 1,2,3,5,6,7-hexahydroxy-9,10-anthracenedione C14H8O8 26679
82-21-3 1,5-diphenoxyanthraquinone C26H16O4 34216
82-22-4 1,1'-iminodianthraquinone C28H15NO4 34580
82-24-6 1-amino-9,10-dioxo-9,10-dihydro-2-anthracenecarb C15H9NO4 28001
82-28-0 1-amino-2-methyl-9,10-anthracenedione C15H11NO2 28110
82-29-1 1,2,6-trihydroxy-9,10-anthracenedione C14H8O5 26673
82-33-7 1,4-diamino-5-nitro anthraquinone C14H9N3O4 26726
82-34-8 1-nitro-9,10-anthracenedione C14H7NO4 26612
82-35-9 1,5-dinitro-9,10-anthracenedione C14H6N2O6 26595
82-39-3 1-methoxyanthraquinone C15H10O3 28051
82-40-6 lunacrine C16H19NO3 29419
82-43-9 1,8-dichloro-9,10-anthraquinone C14H6Cl2O2 26587
82-44-0 1-chloro-9,10-anthracenedione C14H7ClO2 26607
82-45-1 1-amino-9,10-anthracenedione C14H9NO2 26712
82-46-2 1,5-dichloroanthraquinone C14H6Cl2O2 26586
82-48-4 1,8-anthraquinonedisulfinic acid C14H8O8S2 26682
82-50-8 9,10-dioxo-1-nitro-9,10-dihydro-5-anthracenesul C14H7NO7S 26617
82-54-2 cotarnine C12H15NO4 24084
82-57-5 visnagin C13H10O4 25654
82-58-6 lysergic acid C16H16N2O2 29261
82-62-2 3,4,6-trichloro-2-nitrophenol C6H2Cl3NO3 6172
82-63-3 1,9-isothiazoleanthrone-2-carboxylic acid C15H7NO3S 27978
82-66-6 2-(diphenylacetyl)-1H-indene-1,3(2H)-dione C23H16O3 33509
82-68-8 pentachloronitrobenzene C6Cl5NO2 6065
82-71-3 2,4,6-trinitro-1,3-benzenediol C6H3N3O8 6369
82-75-7 8-amino-1-naphthalenesulfonic acid C10H9NO3S 18926
82-86-0 1,2-acenaphthylenedione C12H6O2 23230
82-92-8 emoquil C18H22N2 30793
82-93-9 chlorcyclizine C18H21ClN2 30749
82-95-1 vibazine C28H33ClN2 34637
83-01-2 diphenylcarbamyl chloride C13H10ClNO 25579
83-05-6 bis(p-chlorophenyl)acetic acid C14H10Cl2O2 26738
83-07-8 ampyrone C11H13N3O 22013
83-12-5 2-phenyl-1H-indene-1,3(2H)-dione C15H10O2 28044
83-13-6 diethyl phenylmalonate C13H16O4 26111
83-14-7 pellotine C13H19NO3 26265
83-15-8 4-acetamidoantipyrine C13H15N3O2 26030
83-25-0 1-phenyl-2,5-pyrrolidinedione C10H9NO2 18899
83-26-1 2-pivaloyl-1,3-indandione C14H14O3 27180
83-27-2 diethyl sec-butylmalonate C11H20O4 22731
83-28-3 2-isovalerylindan-1,3-dione C14H14O3 27182
83-30-7 2,4,6-trihydroxybenzoic acid C7H6O5 10448
83-32-9 acenaphthene C12H10 23444
83-33-0 2,3-dihydro-1H-inden-1-one C9H8O 16194
83-34-1 3-methyl-1H-indole C9H9N 16371
83-38-5 2,6-dichlorobenzaldehyde C7H4Cl2O 9743
83-40-9 2-hydroxy-3-methylbenzoic acid C8H8O3 13460
83-41-0 1,2-dimethyl-3-nitrobenzene C8H9NO2 13693
83-42-1 1-chloro-2-methyl-3-nitrobenzene C7H6ClNO2 10226
83-43-2 methylprednisolone C22H30O5 33358
83-44-3 3,12-dihydroxycholan-24-oic acid, (3alpha,5beta, C24H40O4 33947
83-45-4 stigmastan-3-ol, (3beta,5alpha) C29H52O 34813
83-46-5 stigmast-5-en-3-ol, (3beta) C29H50O 34808
83-47-6 stigmast-5-en-3-ol, (3beta,24S) C29H50O 34809
83-48-7 stigmasta-5,22-dien-3-ol, (3beta,22E) C29H48O 34805
83-49-8 3,6-dihydroxycholan-24-oic acid, (3alpha,5beta,6 C24H40O4 33948
83-53-4 1,4-dibromonaphthalene C10H6Br2 18523
83-54-5 1-methyl-4(1H)-quinolinone C10H9NO 18879
83-55-6 5-amino-1-naphthol C10H9NO 18868
83-56-7 1,5-naphthalenediol C10H8O2 18759
83-59-0 n-propyl isomer C20H26O6 32286
83-60-3 reserpic acid C22H28N2O5 33319
83-63-6 N-acetyl-N-(2-methyl-4-((2-methylphenyl)azo)ph C18H19N3O2 30705
83-64-7 8-amino-1-naphthol-5-sulfonic acid C10H9NO4S 18934
83-66-9 1-tert-butyl-2-methoxy-4-methyl-3,5-dinitroben C12H16N2O5 24173
83-67-0 theobromine C7H8N4O2 10842
83-68-1 2-methyl-1,4-naphthalenediamine C11H12N2 21817
83-70-5 4-amino-2-methyl-1-naphthol C11H11NO 21741
83-72-7 2-hydroxy-1,4-naphthalenedione C10H6O3 18586
83-73-8 5,7-diiodo-8-quinolinol C9H5I2NO 15831
83-74-9 12-methoxyibogamine C20H26N2O 32270
83-79-4 rotenone C23H22O6 33546
83-81-8 N,N,N',N'-tetraethyl-1,2-benzenedicarboxamide C16H24N2O2 29569
83-86-3 phytic acid C6H18O24P6 9364
83-88-5 riboflavin C17H20N4O6 30140
83-89-6 atabrine C23H30ClN3O 33609
83-93-2 tetrophine C18H13NO2 30453
83-95-4 4,7,8-trimethoxyfuro[2,3-b]quinoline C14H13NO4 27038
83-98-7 orphenadrine C18H23NO 30822
84-01-5 chlorproethazine C19H23ClN2S 31512
84-04-8 1-(3-(3-chlorophenothiazin-10-yl)propyl)-iso C21H24ClN3OS 32828
84-08-2 parathiazine C18H20N2S 30732
84-11-7 9,10-phenanthrenedione C14H8O2 26655
84-12-8 4,7-phenanthroline-5,6-dione C12H6N2O2 23224
84-15-1 o-terphenyl C18H14 30458
84-16-2 hexestrol C18H22O2 30808
84-17-3 dienestrol C18H18O2 30673
84-19-5 dienestrol diacetate C22H22O4 33232
84-21-9 synadenylic acid C10H14N5O7P 19978
84-26-4 rutecarpine C18H13N3O 30456
84-31-1 quininone C20H22N2O2 32168
84-36-6 raunova C35H42N2O11 35296
84-47-9 2-tert-butylanthraquinone C18H16O2 30629
84-50-4 anthraquinone-2,6-disulfonic acid, disodium C14H6Na2O8S2 26600
84-51-5 2-ethylanthraquinone C16H12O2 29058
84-52-6 3'-cytidylic acid C9H14N3O8P 17427

84-54-8 2-methyl-9,10-anthracenedione C15H10O2 28040
84-55-9 viquidil C20H24N2O2 32224
84-57-1 2,5-dichloro-4-(3-methyl-5-oxo-2-pyrazolin- C10H8Cl2N2O4S 18690
84-58-2 2,3-dichloro-5,6-dicyanobenzoquinone C8Cl2N2O2 12414
84-60-6 2,6-dihydroxyanthraquinone C14H8O4 26669
84-61-7 dicyclohexyl phthalate C20H26O4 32283
84-62-8 diphenyl phthalate C20H14O4 31930
84-64-0 butyl cyclohexyl phthalate C18H24O4 30861
84-65-1 anthraquinone C14H8O2 26654
84-66-2 diethyl phthalate C12H14O4 24002
84-68-4 2,2'-dichloro-p-benzidine C12H10Cl2N2 23468
84-69-5 diisobutyl phthalate C16H22O4 29519
84-74-2 dibutyl phthalate C16H22O4 29518
84-75-3 dihexyl phthalate C20H30O4 32359
84-76-4 dinonyl phthalate C26H42O4 34317
84-77-5 didecyl phthalate C28H46O4 34692
84-79-7 lapachol C15H14O3 28312
84-80-0 vitamin K1 C31H46O2 35008
84-83-3 fischers aldehyde C13H15NO 26016
84-85-5 4-methoxy-1-naphthol C11H10O2 21658
84-86-6 4-amino-1-naphthalenesulfonic acid C10H9NO3S 18923
84-87-7 4-hydroxy-1-naphthalenesulfonic acid C10H8O4S 18791
84-88-8 8-hydroxy-5-quinolinesulfonic acid C9H7NO4S 16074
84-89-9 5-amino-1-naphthalenesulfonic acid C10H9NO3S 18924
84-95-7 N,N-diethyl-1-naphnhalenamine C14H17N 27394
84-96-8 alimemazine C18H22N2S 30803
84-97-9 pernazine C20H25N3S 32258
84-99-1 xanthoxyletin C15H14O4 28323
85-00-7 diquat dibromide C12H12Br2N2 23691
85-01-8 phenanthrene C14H10 26730
85-02-9 benzo[f]quinoline C13H9N 25539
85-18-7 8-chlorotheophylline C7H7ClN4O2 10509
85-22-3 2,3,4,5,6-pentabromoethylbenzene C8H5Br5 12609
85-23-4 spinulosin C8H8O5 13510
85-29-0 (2-chlorophenyl)(4-chlorophenyl)methanone C13H8Cl2O 25470
85-31-4 6-thioguanosine C10H13N5O4S 19861
85-32-5 5'-guanylic acid C10H14N5O8P 19979
85-34-7 2,3,6-trichlorobenzeneacetic acid C8H5Cl3O2 12637
85-36-9 3-acetamido-2,4,6-triiodobenzoic acid C9H6I3NO3 15896
85-38-1 2-hydroxy-3-nitrobenzoic acid C7H5NO5 10086
85-40-5 tetrahydrophthalic acid imide C8H9NO2 13742
85-41-6 1H-isoindole-1,3(2H)-dione C8H5NO2 12691
85-42-7 hexahydro-1,3-isobenzofurandione C8H10O3 13998
85-43-8 cis-1,2,3,6-tetrahydrophthalic anydride C8H8O3 13483
85-44-9 phthalic anhydride C8H4O3 12594
85-46-1 1-naphthalenesulfonyl chloride C10H7ClO2S 18612
85-47-2 1-naphthalenesulfonic acid C10H8O3S 18777
85-52-9 2-benzoylbenzoic acid C14H10O3 26786
85-55-2 2-(4-methylbenzoyl)benzoic acid C15H12O3 28194
85-60-9 4,4'-butylidenebis(3-methyl-6-tert-butylphenol) C26H38O2 34306
85-61-0 coenzyme A, free acid, lyophilized C21H36N7O16P3S 33004
85-64-3 laudanine C20H25NO4 32250
85-66-5 pyocyanine C13H10N2O 25605
85-68-7 benzyl butyl phthalate C19H20O4 31452
85-69-8 2-ethylhexyl butyl phthalate C20H30O4 32360
85-70-1 butyl glycolyl butyl phthalate C18H24O6 30863
85-71-2 methyl phthalyl ethyl glycolate C13H14O6 26000
85-73-4 phthalylsulphathiazole C17H13N3O5S2 29914
85-74-5 4-amino-1,7-naphthalenedisulfonic acid C10H9NO6S2 18943
85-75-6 4-amino-1,6-naphthalenedisulfonic acid C10H9NO6S2 18942
85-79-0 dibucaine C20H29N3O2 32332
85-81-4 6-methoxy-8-nitroquinoline C10H8N2O3 18724
85-82-5 1-[(2,5-dimethylphenyl)azo]-2-naphthalenol C18H16N2O 30591
85-83-6 scarlet red C24H20N4O 33790
85-84-7 1-(phenylazo)-2-naphthalenamine C16H13N3 29100
85-85-8 1-(2-pyridylazo)-2-naphthol, indicator C15H11N3O 28123
85-86-9 1-[[4-(phenylazo)phenyl]azo]-2-naphthalenol C22H16N4O 33142
85-90-5 3-methyl-4H-1-benzopyran-4-one C10H8O2 18752
85-91-6 methyl 2-(methylamino)benzoate C9H11NO2 16936
85-95-0 benzestrol C20H26O2 32275
85-97-2 3-chloro-[1,1'-biphenyl]-2-ol C12H9ClO 23373
85-98-3 N,N'-diethylcarbanilide C17H20N2O 30127
85-99-4 2-benzoylacetanilide C15H13NO2 28229
86-00-0 o-nitrobiphenyl C12H9NO2 23410
86-13-5 benzotropine C21H25NO 32851
86-21-5 N,N-dimethyl-gamma-phenyl-2-pyridinepropanamine C16H20N2 29450
86-22-6 brompheniramine C16H19BrN2 29405
86-26-0 2-methoxy-1,1'-biphenyl C13H12O 25794
86-28-2 9-ethyl-9H-carbazole C14H13N 27004
86-29-3 alpha-phenylbenzeneacetonitrile C14H11N 26823
86-30-6 N-nitrosodiphenylamine C12H10N2O 23494
86-34-0 1-methyl-3-phenyl-2,5-pyrrolidinedione C11H11NO2 21745
86-35-1 3-ethyl-5-phenylhydantoin C11H12N2O2 21829
86-48-6 1-hydroxy-2-naphthalenecarboxylic acid C11H8O3 21537
86-50-0 azinphos-methyl C10H12N3O3PS2 19468
86-51-1 2,3-dimethoxybenzaldehyde C9H10O3 16749
86-52-2 1-(chloromethyl)naphthalene C11H9Cl 21551
86-53-3 1-naphthalenecarbonitrile C11H7N 21496
86-54-4 hydralazine C8H8N4 13387
86-55-5 1-naphthalenecarboxylic acid C11H8O2 21532
86-56-6 N,N-dimethyl-1-naphthylamine C12H13N 23817
86-58-8 8-quinoline boronic acid C9H8BNO2 16094
86-59-9 8-quinolinecarboxylic acid C10H7NO2 18642
86-60-2 7-amino-1-naphthalenesulfonic acid C10H9NO3S 18925
86-65-7 7-amino-1,3-naphthalenedisulfonic acid C10H9NO6S2 18944
86-68-0 6-methoxy-4-quinolinecarboxylic acid C11H9NO3 21582
86-72-6 4-(3-carbazolylamino)phenol C18H14N2O 30478
86-73-7 fluorene C13H10 25575
86-74-8 dibenzopyrrole C12H9N 23394
86-75-9 8-quinolinol benzoate C16H11NO2 29016
86-76-0 2-bromodibenzofuran C12H7BrO 23236
86-78-2 N-(6-methoxy-8-quinolinyl)-N'-isopropyl-1,5-pen C18H27N3O 30912
86-79-3 2-hydroxycarbazole C12H9NO 23401
86-80-6 dimethisoquin C17H24N2O 30222
86-81-7 3,4,5-trimethoxybenzaldehyde C10H12O4 19692
86-84-0 1-isocyanatonaphthalene C11H7NO 21498
86-85-1 methylmercury quinolinolate C10H9HgNO 18848
86-86-2 1-naphthaleneacetamide C12H11NO 23619
86-87-3 1-naphthaleneacetic acid C12H10O2 23536
86-88-4 1-naphthalenylthiourea C11H10N2S 21638
86-89-5 1-pentylnaphthalene C15H18 28497
86-92-0 1-(p-tolyl)-3-methylpyrazolone-5 C11H12N2O 21822
86-93-1 1-phenyltetrazole-5-thiol C7H6N4S 10401
86-95-3 2,4-quinolinediol C9H7NO2 16050
86-96-4 2,4(1H,3H)-quinazolinedione C8H6N2O2 12892
86-97-5 5-amino-2-naphthol C10H9NO 18889
86-98-6 4,7-dichloroquinoline C9H5Cl2N 15824
87-00-3 homatropine C16H21NO3 29478
87-01-4 4-methyl-7-dimethylaminocoumarin C12H13NO2 23846
87-02-5 7-amino-4-hydroxy-2-naphthalenesulfonic acid C10H9NO4S 18936
87-08-1 phenoxymethylpenicillin C16H18N2O5S 29382
87-09-2 allylmercaptomethylpenicillin C13H18N2O4S2 26198
87-10-5 3,5-dibromo-N-(4-bromophenyl)-2-hydroxybenzam C13H8Br3NO2 25462
87-11-6 acetopyrrothine C8H8N2O2S2 13362
87-12-7 5-bromosalicyl-4-bromoanilide C13H9Br2NO2 25515
87-13-8 diethyl (ethoxymethylene)malonate C10H16O5 20535
87-17-2 2-hydroxy-N-phenylbenzamide C13H11NO2 25708
87-18-3 p-tert-butylphenyl salicylate C17H18O3 30078
87-19-4 isobutyl 2-hydroxybenzoate C11H14O3 22176
87-20-7 isopentyl salicylate C12H16O3 24242
87-24-1 ethyl 2-methylbenzoate C10H12O2 19548
87-25-2 ethyl 2-aminobenzoate C9H11NO2 16927
87-26-3 2-(1-methylbutyl)phenol C11H16O 22439
87-28-5 2-hydroxyethyl 2-hydroxybenzoate C9H10O4 16787
87-29-6 cinnamyl anthranilate C16H15NO2 29207
87-31-0 5,7-dinitro-1,2,3-benzoxadiazole C6H2N4O5 6207
87-32-1 N-acetyl-DL-tryptophan C13H14N2O3 25962
87-33-2 cardis C6H8N2O8 7368
87-39-8 2,4,5,6(1H,3H)-pyrimidinetetrone 5-oxime C4H3N3O4 2499
87-40-1 1,3,5-trichloro-2-methoxybenzene C7H5Cl3O 9982
87-41-2 1(3H)-isobenzofuranone C8H6O2 12921
87-42-3 6-chloro-1H-purine C5H3ClN4 4222
87-44-5 caryophyllene C15H24 28730
87-47-8 pyrolan C13H15N3O2 26029
87-48-9 5-bromoindole-2,3-dione C8H4BrNO2 12503
87-51-4 1H-indole-3-acetic acid C10H9NO2 18897
87-52-5 N,N-dimethyl-1H-indole-3-methanamine C11H14N2 22057
87-56-9 mucochloric acid C4H2Cl2O3 2395
87-58-1 2,3,4,5-tetraiodo-1H-pyrrole C4HI4N 2370
87-59-2 2,3-dimethylaniline C8H11N 14087
87-60-5 3-chloro-2-methylaniline C7H8ClN 10746
87-61-6 1,2,3-trichlorobenzene C6H3Cl3 6306
87-62-7 2,6-dimethylaniline C8H11N 14090
87-63-8 2-chloro-6-methylaniline C7H8ClN 10756
87-64-9 2-chloro-6-methylphenol C7H7ClO 10519
87-65-0 2,6-dichlorophenol C6H4Cl2O 6482
87-66-1 1,2,3-benzenetriol C6H6O3 7085
87-68-3 hexachloro-1,3-butadiene C4Cl6 2318
87-69-4 tartaric acid C4H6O6 3033
87-72-9 L(+)-arabinose C5H10O5 5586
87-73-0 D-glucaric acid C6H10O8 7970
87-79-6 L-sorbose C6H12O6 8599
87-81-0 D-tagatose C6H12O6 8600
87-82-1 hexabromobenzene C6Br6 6051
87-83-2 pentabromomethylbenzene C7H3Br5 9491
87-84-3 1,2,3,4,5-pentabromo-6-chlorocyclohexane C6H6Br5Cl 6919
87-85-4 hexamethylbenzene C12H18 24378
87-86-5 pentachlorophenol C6HCl5O 6116
87-87-6 tetrachlorohydroquinone C6H2Cl4O2 6181
87-88-7 chloranilic acid C6H2Cl2O4 6167
87-89-8 inositol C6H12O6 8613
87-90-1 symclosene C3Cl3N3O3 1264
87-91-2 (+)-diethyl l-tartrate C8H14O6 14729
87-92-3 dibutyl tartrate C12H22O6 24765
87-97-8 2,6-di-tert-butyl-4-methoxymethylphenol C16H26O2 29616
87-99-0 xylitol C5H12O5 5917
88-04-0 4-chloro-3,5-dimethylphenol C8H9ClO 13594
88-05-1 2,4,6-trimethylaniline C9H13N 17282
88-06-2 2,4,6-trichlorophenol C6H3Cl3O 6314
88-09-5 2-ethyl butyric acid C6H12O2 8461
88-10-8 diethylcarbamic chloride C5H10ClNO 5323
88-11-9 diethylthiocarbamoyl chloride C5H10ClNS 5325
88-12-0 1-vinyl-2-pyrrolidinone C6H9NO 7539
88-13-1 3-thiophenecarboxylic acid C5H4O2S 4335
88-14-2 2-furancarboxylic acid C5H4O3 4337
88-15-3 1-(2-thienyl)ethanone C6H6OS 7067
88-16-4 1-chloro-2-(trifluoromethyl)benzene C7H4ClF3 9685
88-17-5 2-(trifluoromethyl)aniline C7H6F3N 10320
88-18-6 2-tert-butylphenol C10H14O 19990
88-19-7 o-toluenesulfonamide C7H9NO2S 11010
88-20-0 2-methylbenzenesulfonic acid C7H8O3S 10914
88-21-1 o-aminobenzenesulfonic acid C6H7NO3S 7216
88-24-4 2,2'-methylenebis(4-ethyl-6-tert-butylphenol) C25H36O2 34152
88-26-6 3,5-di-tert-butyl-4-hydroxybenzyl alcohol C15H24O2 28771
88-27-7 2,6-di-tert-butyl-4-(dimethylaminomethyl)phenol C17H29NO 30276
88-29-9 acetyl ethyl tetramethyl tetralin C18H26O 30889
88-30-2 4-nitro-3-(trifluoromethyl)phenol C7H4F3NO3 9805
88-32-4 3-tert-butylated hydroxyanisole C11H16O2 22463
88-38-0 4,4'-bis((4,6-dianilino-S-triazin-2-yl)amin C44H36N12O6S2 35741
88-41-5 2-tert-butylcyclohexyl acetate C12H22O2 24725
88-44-8 6-amino-m-toluenesulfonic acid C7H9NO3S 11018
88-45-9 2,5-diaminobenzenesulfonic acid C6H8N2O3S 7365
88-51-7 6-amino-4-chloro-m-toluenesulfonic acid C7H8ClNO3S 10763
88-58-4 2,5-di-tert-butylhydroquinone C14H22O2 27700
88-60-8 2-tert-butyl-5-methylphenol C11H16O 22402
88-61-9 2,4-xylenesulfonic acid C8H10O3S 14020
88-62-0 2-amino-p-toluenesulfonic acid C7H9NO3S 11019
88-63-1 1,3-phenylenediamine-4-sulfonic acid C6H8N2O3S 7366
88-64-2 3-aminoacetanilide-4-sulfonic acid C8H10N2O4S 13895
88-65-3 2-bromobenzoic acid C7H5BrO2 9890
88-67-5 o-iodobenzoic acid C7H5IO2 10031
88-68-6 2-aminobenzamide C7H8N2O 10791
88-69-7 2-isopropylphenol C9H12O 17104
88-72-2 o-nitrotoluene C7H7NO2 10627
88-73-3 o-chloronitrobenzene C6H4ClNO2 6444
88-74-4 o-nitroaniline C6H6N2O2 6997
88-75-5 o-nitrophenol C6H5NO3 6830
88-82-4 2,3,5-triiodobenzoic acid C7H3I3O2 9595
88-84-6 guaia-1(5),7(11)-diene C15H24 28749
88-85-7 dinoseb C10H12N2O5 19463
88-87-9 4-chloro-2,6-dinitrophenol C6H3ClN2O5 6286
88-88-0 2-chloro-1,3,5-trinitrobenzene C6H2ClN3O6 6158
88-89-1 2,4,6-trinitrophenol C6H3N3O7 6368
88-95-9 1,2-benzenedicarbonyl dichloride C8H4Cl2O2 12521
88-96-0 1,2-benzenedicarboxamide C8H8N2O2 13352
88-99-3 phthalic acid C8H6O4 12935
89-00-9 2,3-pyridinedicarboxylic acid C7H5NO4 10074
89-01-0 2,3-pyrazinedicarboxylic acid C6H4N2O4 6583
89-02-1 2,4-dinitrobenzenesulfonic acid C6H4N2O7S 6595
89-05-4 pyromellitic acid C10H6O8 18598
89-19-0 butyl decyl phthalate C22H34O4 33386
89-21-4 4-chloro-2-nitroanisole C7H6ClNO3 10243
89-25-8 3-methyl-1-phenyl-2-pyrazoline-5-one C10H10N2O 19050
89-28-1 santoflex DD C24H39N 33934
89-31-6 salsoline C11H15NO2 22261
89-32-7 pyromellitic dianhydride C10H2O6 18480

89-36-1 3-methyl-1-(4-sulfophenyl)-2-pyrazolin-5-one C10H10N2O4S 19071
89-37-2 2,4-dinitrophenyl dimethylcarbamodithioate C9H9N3O4S2 16500
89-39-4 1,4-dimethoxy-2-nitrobenzene C8H9NO4 13767
89-40-7 4-nitrophthalimide C8H4N2O4 12585
89-41-8 4-methoxy-3-nitrobenzoic acid C8H7NO5 13197
89-48-5 menthyl acetate C12H22O2 24716
89-49-6 isopulegyl acetate, isomers C12H20O2 24582
89-52-1 2-acetamidobenzoic acid C9H9NO3 16454
89-54-3 5-amino-2-chlorobenzoic acid C7H6ClNO2 10222
89-55-4 5-bromo-2-hydroxybenzoic acid C7H5BrO3 9894
89-56-5 2-hydroxy-5-methylbenzoic acid C8H8O3 13462
89-57-6 5-amino-2-hydroxybenzoic acid C7H7NO3 10662
89-58-7 1,4-dimethyl-2-nitrobenzene C8H9NO2 13697
89-59-8 4-chloro-1-methyl-2-nitrobenzene C7H6ClNO2 10231
89-60-1 4-chloro-3-nitrotoluene C7H6ClNO2 10233
89-61-2 1,4-dichloro-2-nitrobenzene C6H3Cl2NO2 6301
89-62-3 4-methyl-2-nitroaniline C7H8N2O2 10813
89-63-4 4-chloro-2-nitroaniline C6H5ClN2O2 6714
89-64-5 4-chloro-2-nitrophenol C6H4ClNO3 6455
89-65-6 D(-)-isoascorbic acid C6H8O6 7463
89-68-9 4-chloro-5-methyl-2-isopropylphenol C10H13ClO 19738
89-69-0 1,2,4-trichloro-5-nitrobenzene C6H2Cl3NO2 6171
89-71-4 methyl 2-methylbenzoate C9H10O2 16677
89-72-5 2-sec-butylphenol C10H14O 19987
89-73-6 N,2-dihydroxybenzamide C7H7NO3 10663
89-74-7 1-(2,4-dimethylphenyl)ethanone C10H12O 19500
89-75-8 2,4-dichlorobenzoyl chloride C7H3Cl3O 9540
89-77-0 2-amino-4-chlorobenzoic acid C7H6ClNO2 10238
89-78-1 menthol C10H20O 21029
89-79-2 5-methyl-2-(1-methylvinyl)cyclohexanol, [1R-(1alp C10H18O 20713
89-80-5 menthone C10H18O 20739
89-81-6 p-menth-1-en-3-one C10H16O 20466
89-82-7 pulegone C10H16O 20452
89-83-8 5-methyl-2-isopropylphenol C10H14O 20011
89-84-9 1-(2,4-dihydroxyphenyl)ethanone C8H8O3 13450
89-86-1 2,4-dihydroxybenzoic acid C7H6O4 10433
89-87-2 2,4-dimethyl-1-nitrobenzene C8H9NO2 13698
89-91-8 methyl dimethoxyacetate C5H10O4 5578
89-92-9 1-(bromomethyl)-2-methylbenzene C8H9Br 13539
89-93-0 2-methylbenzenemethanamine C8H11N 14111
89-94-1 2-methyl-1,2,3,6-tetrahydrobenzaldehyde C8H12O 14340
89-95-2 2-methylbenzenemethanol C8H10O 13914
89-96-3 1-chloro-2-ethylbenzene C8H9Cl 13574
89-97-4 2-chlorobenzylamine C7H8ClN 10754
89-98-5 2-chlorobenzaldehyde C7H5ClO 9928
89-99-6 2-fluorobenzylamine C7H8FN 10770
90-00-6 o-ethylphenol C8H10O 13918
90-01-7 2-hydroxybenzenemethanol C7H8O2 10878
90-02-8 salicylaldehyde C7H6O2 10410
90-03-9 o-chloromercuriphenol C6H5ClHgO 6701
90-04-0 2-methoxyaniline C7H9NO 10979
90-05-1 guaiacol C7H8O2 10866
90-11-9 1-bromonaphthalene C10H7Br 18601
90-12-0 1-methylnaphthalene C11H10 21601
90-13-1 1-chloronaphthalene C10H7Cl 18606
90-14-2 1-iodonaphthalene C10H7I 18631
90-15-3 1-naphthol C10H8O 18740
90-16-4 1,2,3-benzotriazin-4(1H)-one C7H5N3O 10103
90-17-5 trichloromethylphenylcarbinyl acetate C10H9Cl3O2 18830
90-19-7 rhamnetin C16H12O7 29072
90-20-0 4-amino-5-hydroxy-2,7-naphthalenedisulfonic ac C10H9NO7S2 18948
90-26-6 alpha-ethylbenzeneacetamide C10H13NO 19769
90-27-7 alpha-ethylbenzeneacetic acid C10H12O2 19547
90-30-2 N-phenyl-1-naphthylamine C16H13N 29089
90-33-5 7-hydroxy-4-methyl-2H-1-benzopyran-2-one C10H8O3 18772
90-34-6 primaquine C15H21N3O 28637
90-39-1 sparteine C15H26N2 28785
90-41-5 2-aminobiphenyl C12H11N 23608
90-42-6 [1,1'-bicyclohexyl]-2-one C12H20O 24559
90-43-7 o-phenylphenol C12H10O 23522
90-44-8 9(10H)-anthracenone C14H10O 26768
90-45-9 9-acridinamine C13H10N2 25594
90-46-0 xanthydrol C13H10O2 25637
90-47-1 xanthone C13H8O2 25500
90-49-3 phenylethylacetylurea C11H14N2O2 22074
90-50-6 3,4,5-trimethoxycinnamic acid C12H14O5 24020
90-51-7 6-amino-4-hydroxy-2-naphthalenesulfonic acid C10H9NO4S 18935
90-59-5 3,5-dibromo-2-hydroxybenzaldehyde C7H4Br2O2 9657
90-60-8 3,5-dichlorosalicylaldehyde C7H4Cl2O2 9751
90-64-2 mandelic acid C8H8O3 13480
90-65-3 3-methoxy-5-methyl-4-oxo-2,5-hexadienoic acid C8H10O4 14024
90-69-7 lobeline C22H27NO2 33298
90-72-2 2,4,6-tris(dimethylaminomethyl)phenol C15H27N3O 28813
90-74-4 rutinose C12H22O10 24771
90-80-2 delta-lactone-D-gluconic acid C6H10O6 7957
90-81-3 ephedrine, (±) C10H15NO 20239
90-82-4 L-(+)-pseudoephedrine C10H15NO 20264
90-84-6 2-(diethylamino)-1-phenyl-1-propanone C13H19NO 26250
90-86-8 cinnamedrine C19H23NO 31514
90-87-9 2-phenylpropionaldehyde dimethyl acetal C11H16O2 22461
90-89-1 N,N-diethyl-4-methyl-1-piperazinecarboxamide C10H21N3O 21128
90-90-4 (4-bromophenyl)phenylmethanone C13H9BrO 25514
90-94-8 N,N,N',N'-tetramethyl-4,4'-diaminobenzophenone C17H20N2O 30128
90-96-0 4,4'-dimethoxybenzophenone C15H14O3 28317
90-97-1 4,4'-dichlorobenzhydrol C13H10Cl2O 25584
90-98-2 4,4'-dichlorobenzophenone C13H8Cl2O 25472
90-99-3 chlorodiphenylmethane C13H11Cl 25670
91-00-9 alpha-phenylbenzenemethanamine C13H13N 25858
91-01-0 diphenylmethanol C13H12O 25798
91-02-1 phenyl-2-pyridinylmethanone C12H9NO 23398
91-04-3 2,6-bis(hydroxymethyl)-p-cresol C9H12O3 17194
91-08-7 toluene-2,6-diisocyanate C9H6N2O2 15908
91-10-1 2,6-dimethoxyphenol C8H10O3 13993
91-13-4 1,2-bis(bromomethyl)benzene C8H8Br2 13252
91-14-5 o-divinylbenzene C10H10 18961
91-15-6 1,2-dicyanobenzene C8H4N2 12577
91-16-7 1,2-dimethoxybenzene C8H10O2 13951
91-17-8 decahydronaphthalene; (cis+trans) C10H18 20636
91-18-9 pteridine C6H4N4 6599
91-19-0 quinoxaline C8H6N2 12868
91-20-3 naphthalene C10H8 18669
91-21-4 1,2,3,4-tetrahydroisoquinoline C9H11N 16893
91-22-5 quinoline C9H7N 16011
91-23-6 o-nitroanisole C7H7NO3 10660
91-33-8 benzothiazide C15H14ClN3O4S3 28265
91-38-3 4-chloro-N-(p-methoxyphenyl)anthranilic acid C14H12ClNO3 26878
91-40-7 2-(phenylamino)benzoic acid C13H11NO2 25709
91-44-1 7-diethylamino-4-methylcoumarin C14H17NO2 27408
91-48-5 a-phenylcinnamic acid C15H12O2 28191
91-49-6 N-butyl-N-phenylacetamide C12H17NO 24297
91-51-0 lilial-methylanthranilate, Schiffs base C22H27NO2 33300
91-52-1 2,4-dimethoxybenzoic acid C9H10O4 16794
91-53-2 6-ethoxy-1,2-dihydro-2,2,4-trimethylquinoline C14H19NO 27518
91-55-4 2,3-dimethylindole C10H11N 19287
91-56-5 1H-indole-2,3-dione C8H5NO2 12690
91-57-6 2-methylnaphthalene C11H10 21602
91-58-7 2-chloronaphthalene C10H7Cl 18607
91-59-8 2-naphthylamine C10H9N 18862
91-60-1 2-naphthalenethiol C10H8S 18803
91-62-3 6-methylquinoline C10H9N 18853
91-63-4 2-methylquinoline C10H9N 18849
91-64-5 2H-1-benzopyran-2-one C9H6O2 15926
91-65-6 cyclohexyldiethylamine C10H21N 21102
91-66-7 N,N-diethylaniline C10H15N 20195
91-67-8 N,N-diethyl-m-toluidine C11H17N 22501
91-68-9 3-(diethylamino)phenol C10H15NO 20237
91-71-4 thiocarbamizine C21H17AsN2O5S2 32660
91-73-6 N-phenyl-N-benzylbenzenemethanamine C20H19N 32098
91-75-8 phenazoline C17H19N3 30110
91-76-9 6-phenyl-1,3,5-triazine-2,4-diamine C9H9N5 16505
91-78-1 hexahydro-1,3,5-triphenyl-1,3,5-triazine C21H21N3 32780
91-79-2 2-((2-dimethylaminoethyl)-3-thenylamino)pyridin C14H19N3S 27557
91-80-5 methapyrilene C14H19N3S 27556
91-81-6 N,N-dimethyl-N'-benzyl-N'-2-pyridinyl-1,2-ethane C16H21N3 29491
91-84-9 pyrilamine C17H23N3O 30218
91-85-0 neohetramine C16H22N4O 29511
91-88-3 2-[ethyl(3-methylphenyl)amino]ethanol C11H17NO 22508
91-93-0 dianisidine diisocyanate C16H12N2O4 29047
91-94-1 3,3'-dichloro-p-benzidine C12H10Cl2N2 23469
91-95-2 3,3'-diaminobenzidine C12H14N4 23946
91-96-3 4,4'-bis(acetoacetamido)-3,3'-dimethyl-1,1'-bi C22H24N2O4 33260
91-97-4 3,3'-dimethyl-4,4'-biphenylene diisocyanate C16H12N2O2 29046
91-99-6 diethanol-m-toluidine C11H17NO2 22523
92-00-2 N-(3-chlorophenyl)diethanolamine C10H14ClNO2 19907
92-04-6 3-chloro-4-hydroxybiphenyl C12H9ClO 23375
92-05-7 4-phenylpyrocatechol C12H10O2 23546
92-06-8 m-terphenyl C18H14 30457
92-13-7 pilocarpine C11H16N2O2 22377
92-15-9 o-acetoacetanisidide C11H13NO3 21988
92-16-0 benzoylacet-o-anisidide C16H15NO3 29215
92-23-9 leucinocaine C17H28N2O2 30266
92-24-0 naphthacene C18H12 30409
92-26-2 3,6-diamino-2,7-dimethylacridine C15H15N3 28363
92-30-8 2-(trifluoromethyl)phenothiazine C13H8F3NS 25488
92-35-3 2,7-dimethylthiachromine-8-ethanol C12H14N4OS 23948
92-36-4 4-(6-methyl-2-benzothiazolyl)aniline C14H12N2S 26919
92-39-7 2-chlorophenothiazine C12H8ClNS 23271
92-41-1 2,7-naphthalenedisulfonic acid C10H8O6S2 18798
92-43-3 1-phenyl-3-pyrazolidinone C9H10N2O 16579
92-44-4 2,3-dihydroxynaphthalene C10H8O2 18765
92-48-8 6-methyl-2H-1-benzopyran-2-one C10H8O2 18754
92-49-9 N-ethyl-N-(2-chloroethyl)aniline C10H14ClN 19903
92-50-2 2-(N-ethylanilino)ethanol C10H15NO 20250
92-51-3 bicyclohexyl C12H22 24652
92-52-4 phenylbenzene (biphenyl) C12H10 23445
92-53-5 4-phenylmorpholine C10H13NO 19780
92-54-6 1-phenylpiperazine C10H14N2 19934
92-55-7 5-nitro-2-furaldehyde diacetate C9H9NO7 16483
92-59-1 N-benzyl-N-ethylaniline C15H17N 28463
92-61-5 7-hydroxy-6-methoxy-2H-1-benzopyran-2-one C10H8O4 18781
92-62-6 3,6-acridinediamine C13H11N3 25728
92-64-8 3-[(2-hydroxyethyl)phenylamino]propionitrile C11H14N2O 22066
92-66-0 4-bromobiphenyl C12H9Br 23358
92-67-1 p-aminodiphenyl C12H11N 23607
92-69-3 p-phenylphenol C12H10O 23524
92-70-6 3-hydroxy-2-naphthalenecarboxylic acid C11H8O3 21538
92-71-7 2,5-diphenyloxazole C15H11NO 28106
92-77-3 naphthol AS C17H13NO2 29909
92-81-9 acridan C13H11N 25692
92-82-0 phenazine C12H8N2 23308
92-83-1 9H-xanthene C13H10O 25624
92-84-2 10H-phenothiazine C12H9NS 23425
92-85-3 thianthrene C12H8S2 23349
92-86-4 4,4'-dibromo-1,1'-biphenyl C12H8Br2 23266
92-87-5 p-benzidine C12H12N2 23720
92-88-6 4,4'-biphenol C12H10O2 23539
92-91-1 1-[1,1'-biphenyl]-4-ylethanone C14H12O 26929
92-92-2 [1,1'-biphenyl]-4-carboxylic acid C13H10O2 25633
92-93-3 p-nitrobiphenyl C12H9NO2 23412
92-94-4 p-terphenyl C18H14 30459
92-95-5 4-biphenylyl isocyanate C13H9NO 25546
92-99-9 N,N,2-trimethyl-6-quinolinamine C12H14N2 23918
93-01-6 6-hydroxy-2-naphthalenesulfonic acid C10H8O4S 18792
93-02-7 2,5-dimethoxybenzaldehyde C9H10O3 16714
93-03-8 3,4-dimethoxybenzenemethanol C9H12O3 17184
93-04-9 2-methoxynaphthalene C11H10O 21647
93-05-0 N,N-diethyl-1,4-benzenediamine C10H16N2 20394
93-07-2 3,4-dimethoxybenzoic acid C9H10O4 16781
93-08-3 2-acetonaphthone C12H10O 23521
93-09-4 2-naphthalenecarboxylic acid C11H8O2 21533
93-10-7 2-quinolinecarboxylic acid C10H7NO2 18640
93-11-8 2-naphthalenesulfonyl chloride C10H7ClO2S 18613
93-14-1 3-(2-methoxyphenoxy)-1,2-propanediol C10H14O4 20154
93-15-2 1,2-dimethoxy-4-allylbenzene C11H14O2 22120
93-16-3 3-methyl-N-phenylmaleimide C11H14O2 22148
93-17-4 homoveratronitrile C10H11NO2 19319
93-18-5 2-ethoxynaphthalene C12H12O 23762
93-19-6 a-isobutylquinoline C13H15N 26013
93-22-1 2-pentylnaphthalene C15H18 28495
93-25-4 2-methoxybenzeneacetic acid C9H10O3 16731
93-26-5 N-(2-methoxyphenyl)acetamide C9H11NO2 16934
93-28-7 4-allyl-2-methoxyphenyl acetate C12H14O3 23987
93-29-8 acetisoeugenol C12H14O3 23996
93-35-6 7-hydroxy-2H-1-benzopyran-2-one C9H6O3 15935
93-37-8 2,7-dimethylquinoline C11H11N 21708
93-39-0 7-(beta-D-glucopyranosyloxy)-2H-1-benzopyran-2-o C15H16O8 28447
93-40-3 (3,4-dimethoxyphenyl)acetic acid C10H12O4 19684
93-42-5 2-mercapto-N-2-naphthylacetamide C12H11NOS 23630
93-44-7 2-naphthyl benzoate C17H12O2 29891
93-45-8 p-(2-naphthylamino)phenol C16H13NO 29094
93-46-9 2-naphthyl-p-phenylenediamine C26H20N2 34224
93-50-5 4-chloro-2-methoxyaniline C7H8ClNO 10758
93-51-6 2-methoxy-4-methylphenol C8H10O2 13968
93-52-7 (1,2-dibromoethyl)benzene C8H8Br2 13257
93-53-8 alpha-methylbenzeneacetaldehyde C9H10O 16619
93-54-9 alpha-ethylbenzenemethanol C9H12O 17096

93-55-0	1-phenyl-1-propanone	C9H10O	16634
93-56-1	1-phenyl-1,2-ethanediol	C8H10O2	13970
93-58-3	methyl benzoate	C8H8O2	13412
93-59-4	benzenecarboperoxoic acid	C7H6O3	10421
93-60-7	methyl 3-pyridinecarboxylate	C7H7NO2	10634
93-61-8	N-methyl-N-phenylformamide	C8H9NO	13680
93-62-9	N-(2-hydroxyethyl)iminodiacetic acid	C6H11NO5	8177
93-65-2	mecoprop	C10H11ClO3	19264
93-68-5	o-acetoacetotoluidide	C11H13NO2	21972
93-69-6	o-tolylbiguanide	C9H13N5	17378
93-70-9	o-acetoacetochloranilide	C10H10ClNO2	18987
93-71-0	2-chloro-N,N-diallylacetamide	C8H12ClNO	14261
93-72-1	silvex	C9H7Cl3O3	15977
93-76-5	2,4,5-trichlorophenoxyacetic acid	C8H5Cl3O3	12639
93-78-7	isopropyl (2,4,5-trichlorophenoxy)acetate	C11H11Cl3O3	21692
93-79-8	butyl (2,4,5-trichlorophenoxy)acetate	C12H13Cl3O3	23809
93-80-1	4-(2,4,5-trichlorophenoxy)butyric acid	C10H9Cl3O3	18831
93-88-9	N,beta-dimethylbenzeneethanamine	C10H15N	20215
93-89-0	ethyl benzoate	C9H10O2	16676
93-90-3	2-(methylphenylamino)ethanol	C9H13NO	17304
93-91-4	1-phenyl-1,3-butanedione	C10H10O2	19125
93-92-5	a-methylbenzyl acetate	C10H12O2	19602
93-96-9	a-methyl benzyl ether	C16H18O	29393
93-97-0	benzoic anhydride	C14H10O3	26783
93-98-1	N-phenylbenzamide	C13H11NO	25694
93-99-2	phenyl benzoate	C13H10O2	25631
94-01-9	1,3-bis(benzoyloxy)benzene	C20H14O4	31932
94-02-0	ethyl benzoylacetate	C11H12O3	21886
94-04-2	vinyl 2-ethylhexanoate	C10H18O2	20795
94-05-3	ethyl 2-cyano-3-ethoxyacrylate	C8H11NO3	14187
94-07-5	4-hydroxy-alpha-[(methylamino)methyl]benzenemeth	C9H13NO2	17332
94-08-6	ethyl 4-methylbenzoate	C10H12O2	19550
94-09-7	ethyl 4-aminobenzoate	C9H11NO2	16929
94-11-1	isopropyl (2,4-dichlorophenoxy)acetate	C11H12Cl2O3	21802
94-12-2	propyl 4-aminobenzoate	C10H13NO2	19801
94-13-3	propyl 4-hydroxybenzoate	C10H12O3	19649
94-14-4	isobutyl 4-aminobenzoate	C11H15NO2	22258
94-15-5	dimethocaine	C16H26N2O2	29605
94-17-7	bis(p-chlorobenzoyl) peroxide	C14H8Cl2O4	26636
94-18-8	benzyl 4-hydroxybenzoate	C14H12O3	26972
94-20-2	chloropropamide	C10H13ClN2O3S	19733
94-24-6	p-(butylamino)benzoic acid-2-(dimethylamino)et	C15H24N2O2	28755
94-25-7	butyl 4-aminobenzoate	C11H15NO2	22256
94-26-8	butyl 4-hydroxybenzoate	C11H14O3	22165
94-28-0	tri(ethylene glycol) bis(2-ethylhexanoate)	C22H42O6	33444
94-30-4	ethyl 4-methoxybenzoate	C10H12O3	19640
94-32-6	ethyl 4-(butylamino)benzoate	C13H19NO2	26258
94-33-7	ethylene glycol monobenzoate	C9H10O3	16720
94-34-8	3-(methylphenylamino)propionitrile	C10H12N2	19435
94-35-9	2-phenyl-2-hydroxyethyl carbamate	C9H11NO3	16971
94-36-0	benzoyl peroxide	C14H10O4	26788
94-37-1	dicyclopentamethylenethiuram disulfide	C12H20N2S4	24554
94-41-7	1,3-diphenyl-2-propen-1-one	C15H12O	28176
94-44-0	benzyl 3-pyridinecarboxylate	C13H11NO2	25707
94-45-1	2-amino-6-ethoxybenzothiazole	C9H10N2OS	16595
94-46-2	3-methylbutyl benzoate	C12H16O2	24214
94-47-3	2-phenylethyl benzoate	C15H14O2	28309
94-49-5	ethylene glycol dibenzoate	C16H14O4	29176
94-51-9	dipropylene glycol dibenzoate	C20H22O5	32182
94-52-0	6-nitrobenzimidazole	C7H5N3O2	10106
94-53-1	1,3-benzodioxole-5-carboxylic acid	C8H6O4	12937
94-58-6	5-propyl-1,3-benzodioxole	C10H12O2	19583
94-59-7	safrole	C10H10O2	19129
94-60-0	dimethyl cyclohexane-1,4-dicarboxylate; (cis+tra	C10H16O4	20526
94-62-2	piperine	C17H19NO3	30098
94-63-3	2-pyridine aldoxime methiodide	C7H9IN2O	10952
94-65-5	2-propylcyclohexanone	C9H16O	17673
94-66-6	2-allylcyclohexanone	C9H14O	17450
94-67-7	salicylaldoxime	C7H7NO2	10637
94-68-8	N-ethyl-2-methylaniline	C9H13N	17269
94-69-9	N-(2-methylphenyl)formamide	C8H9NO	13678
94-70-2	2-ethoxyaniline	C8H11NO	14132
94-71-3	2-ethoxyphenol	C8H10O2	13959
94-74-6	(4-chloro-2-methylphenoxy)acetic acid	C9H9ClO3	16324
94-75-7	(2,4-dichlorophenoxy)acetic acid	C8H6Cl2O3	12821
94-76-8	chlorotolylthioglycolic acid	C9H9ClO2S	16322
94-78-0	3-(phenylazo)-2,6-pyridinediamine	C11H11N5	21785
94-80-4	butyl (2,4-dichlorophenoxy)acetate	C12H14Cl2O3	23909
94-81-5	4-(4-chloro-2-methylphenoxy)butanoic acid	C11H13ClO3	21930
94-82-6	butyrac 118	C10H10Cl2O3	19002
94-85-9	2,5-diethoxyaniline	C10H15NO2	20271
94-86-0	isosafroeugenol	C11H14O2	22158
94-87-1	2-chloro-N-(2-hydroxyethyl)aniline	C8H10ClNO	13830
94-91-7	a,a'-dipropylenedinitrilodi-o-cresol	C17H18N2O2	30063
94-93-9	N,N'-bis(salicylidene)ethylenediamine	C16H16N2O2	29262
94-96-2	2-ethyl-1,3-hexanediol	C8H18O2	15551
94-97-3	5-chlorobenzotriazole	C6H4ClN3	6462
94-98-4	2,4-dimethylbenzenemethanamine	C9H13N	17296
94-99-5	2,4-dichlorobenzyl chloride	C7H5Cl3	9977
95-00-1	2,4-dichlorobenzenemethanamine	C7H7Cl2N	10544
95-01-2	2,4-dihydroxybenzaldehyde	C7H6O3	10423
95-03-4	5-chloro-2-methoxyaniline	C7H8ClNO	10759
95-04-5	cis-(2-ethylcrotonyl) urea	C7H12N2O2	11390
95-05-6	tetraethylthiodicarbonic diamide	C10H20N2S3	20988
95-06-7	sulfallate	C8H14ClNS2	14508
95-08-9	triethylene glycol bis(2-ethylbutyrate)	C18H34O6	31048
95-11-4	bicyclo[2.2.1]hept-5-ene-2-carbonitrile	C8H9N	13665
95-12-5	5-norbornene-2-methanol, endo and exo	C8H12O	14341
95-13-6	indene	C9H8	16090
95-14-7	1H-benzotriazole	C6H5N3	6849
95-15-8	benzothiophene	C8H6S	12947
95-16-9	benzothiazole	C7H5NS	10094
95-19-2	2-heptadecyl-2-imidazoline-1-ethanol	C22H46N2O	33478
95-20-5	2-methyl-1H-indole	C9H9N	16370
95-21-6	2-methylbenzoxazole	C8H7NO	13123
95-24-9	2-amino-6-chlorobenzothiazole	C7H5ClN2S	9924
95-25-0	5-chloro-2(3H)-benzoxazolone	C7H4ClNO2	9705
95-26-1	2,5-dimethylbenzothiazole	C9H9NS	16484
95-29-4	N,N-diisopropyl-2-benzothiazolesulfenamide	C13H18N2S2	26199
95-30-7	2-benzothiazolyl-N,N-diethylthiocarbamyl sulfi	C12H14N2S3	23945
95-31-8	N-tert-butyl-2-benzothiazolesulfenamide	C11H14N2S	22086
95-32-9	2-benzothiazolyl morpholinodisulfide	C11H12N2OS3	21823
95-33-0	N-cyclohexyl-2-benzothiazolesulfenamide	C13H16N2S2	26072
95-35-2	N,N'-bis(2-benzothiazolylthiomethylene)urea	C17H14N4OS4	29943
95-38-5	amine 220	C22H42N2O	33428
95-39-6	bicyclo(2.2.1)hept-5-ene-2-methylol acrylate	C11H14O2	22156
95-41-0	2-n-hexyl-2-cyclopenten-1-one	C11H18O	22592
95-43-2	D-threose	C4H8O4	3575
95-45-4	dimethylglyoxime	C4H8N2O2	3429
95-46-5	o-bromotoluene	C7H7Br	10464
95-47-6	o-xylene	C8H10	13790
95-48-7	o-cresol	C7H8O	10853
95-49-8	o-chlorotoluene	C7H7Cl	10493
95-50-1	o-dichlorobenzene	C6H4Cl2	6469
95-51-2	o-chloroaniline	C6H6ClN	6924
95-52-3	o-fluorotoluene	C7H7F	10557
95-53-4	o-toluidine	C7H9N	10956
95-54-5	o-phenylenediamine	C6H8N2	7319
95-55-6	2-aminophenol	C6H7NO	7182
95-56-7	o-bromophenol	C6H5BrO	6671
95-57-8	o-chlorophenol	C6H5ClO	6721
95-59-0	2,3-dichloro-1,4-dioxane	C4H6Cl2O2	2841
95-63-6	1,2,4-trimethylbenzene	C9H12	17009
95-64-7	3,4-dimethylaniline	C8H11N	14091
95-65-8	3,4-xylenol	C8H10O	13925
95-66-9	1-chloro-2,4-dimethylbenzene	C8H9Cl	13568
95-68-1	2,4-dimethylaniline	C8H11N	14088
95-69-2	4-chloro-2-methylaniline	C7H8ClN	10748
95-70-5	2-methyl-1,4-benzenediamine	C7H10N2	11081
95-71-6	1,4-dihydroxy-2-methylbenzene	C7H8O2	10873
95-72-7	2-chloro-1,4-dimethylbenzene	C8H9Cl	13570
95-73-8	2,4-dichlorotoluene	C7H6Cl2	10253
95-74-9	3-chloro-4-methylaniline	C7H8ClN	10747
95-75-0	3,4-dichlorotoluene	C7H6Cl2	10260
95-76-1	3,4-dichloroaniline	C6H5Cl2N	6740
95-77-2	3,4-dichlorophenol	C6H4Cl2O	6483
95-78-3	2,5-dimethylaniline	C8H11N	14089
95-79-4	5-chloro-2-methylaniline	C7H8ClN	10751
95-80-7	m-toluenediamine	C7H10N2	11079
95-81-8	2-chloro-5-methylaniline	C7H8ClN	10744
95-82-9	2,5-dichloroaniline	C6H5Cl2N	6743
95-83-0	4-chloro-1,2-benzenediamine	C6H7ClN2	7140
95-84-1	2-amino-4-methylphenol	C7H9NO	10973
95-85-2	2-amino-4-chlorophenol	C6H6ClNO	6930
95-86-3	2,4-diaminophenol	C6H8N2O	7344
95-87-4	2,5-xylenol	C8H10O	13923
95-88-5	4-chlororesorcinol	C6H5ClO2	6730
95-89-6	3-chloro-2,5-dimethylpyrazine	C6H7ClN2	7145
95-92-1	diethyl oxalate	C6H10O4	7918
95-93-2	1,2,4,5-tetramethylbenzene	C10H14	19889
95-94-3	1,2,4,5-tetrachlorobenzene	C6H2Cl4	6176
95-95-4	2,4,5-trichlorophenol	C6H3Cl3O	6313
95-99-8	N,N'-bis(carboxymethyl)dithiooxamide	C6H8N2O4S2	7367
96-00-4	2-hydroxycyclodecanone	C10H18O2	20777
96-01-5	1,2-cyclodecanedione	C10H16O2	20483
96-02-6	3-chloro-2,5-furandione	C4HClO3	2357
96-04-8	2,3-heptanedione	C7H12O2	11460
96-05-9	allyl methacrylate	C7H10O2	11163
96-08-2	limonene dioxide	C10H16O2	20505
96-09-3	phenyloxirane	C8H8O	13397
96-10-6	diethylaluminum chloride	C4H10AlCl	3786
96-11-7	1,2,3-tribromopropane	C3H5Br3	1667
96-12-8	1,2-dibromo-3-chloropropane	C3H5Br2Cl	1662
96-13-9	2,3-dibromo-1-propanol	C3H6Br2O	1829
96-14-0	3-methylpentane	C6H14	8881
96-15-1	2-methylbutylamine	C5H13N	5949
96-17-3	2-methylbutanal	C5H10O	5446
96-18-4	1,2,3-trichloropropane	C3H5Cl3	1707
96-19-5	1,2,3-trichloropropene	C3H3Cl3	1420
96-20-8	2-aminobutan-1-ol	C4H11NO	4003
96-21-9	1,3-dibromo-2-propanol	C3H6Br2O	1828
96-22-0	diethyl ketone	C5H10O	5451
96-23-1	1,3-dichloro-2-propanol	C3H6Cl2O	1853
96-24-2	3-chloro-1,2-propanediol	C3H7ClO2	2002
96-26-4	1,3-dihydroxy-2-propanone	C3H6O3	1952
96-27-5	3-mercapto-1,2-propanediol	C3H8O2S	2146
96-29-7	2-butanone oxime	C4H9NO	3686
96-31-1	N,N'-dimethylurea	C3H8N2O	2112
96-32-2	methyl bromoacetate	C3H5BrO2	1656
96-33-3	methyl acrylate	C4H6O2	2970
96-34-4	methyl chloroacetate	C3H5ClO2	1688
96-35-5	methyl hydroxyacetate	C3H6O3	1956
96-37-7	methylcyclopentane	C6H12	8214
96-40-2	3-chlorocyclopentene	C5H7Cl	4604
96-41-3	cyclopentanol	C5H10O	5459
96-43-5	2-chlorothiophene	C4H3ClS	2462
96-45-7	2-imidazolidinethione	C3H6N2S	1907
96-47-9	2-methyltetrahydrofuran	C5H10O	5453
96-48-0	gamma-butyrolactone	C4H6O2	2965
96-49-1	ethylene carbonate	C3H4O3	1633
96-50-4	2-thiazolamine	C3H4N2S	1605
96-53-7	2-mercaptothiazoline	C3H5NS2	1782
96-54-8	N-methylpyrrole	C5H7N	4658
96-64-0	soman	C7H16FO2P	12130
96-66-2	4,4'-thiobis(6-tert-butyl-o-cresol)	C22H30O2S	33357
96-67-3	2-hydroxy-5-nitrometanilic acid	C6H6N2O6S	7034
96-69-5	4,4'-thiobis(6-tert-butyl-m-cresol)	C22H30O2S	33356
96-70-8	2-tert-butyl-4-ethylphenol	C12H18O	24452
96-73-1	2-chloro-5-nitrobenzenesulfonic acid	C6H4ClNO5S	6459
96-75-3	4-nitroaniline-2-sulfonic acid	C6H6N2O5S	7032
96-76-4	2,4-di-tert-butylphenol	C14H22O	27680
96-77-5	4-hydroxy-1,3-benzenedisulfonic acid	C6H6O7S2	7118
96-80-0	N,N-diisopropylethanolamine	C8H19NO	15653
96-82-2	4-O-beta-D-galactopyranosyl-D-gluconic acid	C12H22O12	24782
96-83-3	iopanoic acid	C11H12I3NO2	21811
96-84-4	iophenoxic acid	C11H11I3O3	21701
96-88-8	mepivacaine	C15H22N2O	28657
96-91-3	2-amino-4,6-dinitrophenol	C6H5N3O5	6862
96-93-5	3-amino-4-hydroxy-5-nitrobenzenesulfonic acid	C6H6N2O6S	7033
96-96-8	4-methoxy-2-nitroaniline	C7H8N2O3	10829
96-97-9	2-hydroxy-5-nitrobenzoic acid	C7H5NO5	10087
96-98-0	4-methyl-3-nitrobenzoic acid	C8H7NO4	13190
96-99-1	4-chloro-3-nitrobenzoic acid	C7H4ClNO4	9717
97-00-7	1-chloro-2,4-dinitrobenzene	C6H3ClN2O4	6281
97-02-9	2,4-dinitroaniline	C6H5N3O4	6857
97-05-2	2-hydroxy-5-sulfobenzoic acid	C7H6O6S	10450
97-06-3	4-methyl-3-nitrobenzene sulfonic acid	C7H7NO5S	10687
97-08-5	4-chloro-3-nitrobenzenesulfonyl chloride	C6H3Cl2NO4S	6304
97-16-5	2,4-dichlorophenyl benzenesulfonate	C12H8Cl2O3S	23288
97-17-6	dichlofenthion	C10H13Cl2O3PS	19746
97-18-7	bithionol	C12H6Cl4O2S	23215
97-23-4	dichlorophene	C13H10Cl2O2	25585
97-24-5	bis(2-hydroxy-5-chlorophenyl) sulfide	C12H8Cl2O2S	23286
97-25-6	2,2,2-trichloroethyl-beta-D-glucopyranosiduron	C8H11Cl3O7	14080
97-29-0	resorcinol sulfide	C12H10O4S	23570
97-30-3	alpha-methylglucoside	C7H14O6	11952

97-32-5 3-nitro-p-anisanilide C14H12N2O4 26915
97-36-9 2',4'-dimethylacetoacetanilide C12H15NO2 24067
97-39-2 N,N'-di(o-tolyl)guanidine C15H17N3 28473
97-41-6 ethyl chrysanthemate C12H20O2 24578
97-42-7 (-)-carvyl acetate C12H18O2 24470
97-44-9 acetphenarsine C8H10AsNO5 13803
97-45-0 (-)-carvyl propionate, isomers C13H20O2 26323
97-50-7 5-chloro-2,4-dimethoxyaniline C8H10ClNO2 13831
97-51-8 2-hydroxy-5-nitrobenzaldehyde C7H5NO4 10081
97-52-9 2-methoxy-4-nitroaniline C7H8N2O3 10830
97-53-0 4-allyl-2-methoxyphenol C10H12O2 19539
97-54-1 isoeugenol C10H12O2 19561
97-56-3 2',3-dimethyl-4-aminoazobenzene C14H15N3 27238
97-59-6 allantoin C4H6N4O3 2931
97-61-0 2-methylvaleric acid C6H12O2 8515
97-62-1 ethyl isobutanoate C6H12O2 8483
97-63-2 ethyl methacrylate C6H10O2 7814
97-64-3 ethyl lactate C5H10O3 5544
97-65-4 itaconic acid C5H6O4 4577
97-67-6 L(-)-malic acid C4H6O5 3028
97-72-3 2-methylpropanoic anhydride C8H14O3 14667
97-74-5 tetramethylthiodicarbonic diamide C6H12N2S3 8379
97-77-8 disulfiram C10H20N2S4 20989
97-81-4 ethyl-3-oxatricyclo-(3.2.1.02,4)octane-6-carboxy C10H14O3 20149
97-84-7 N,N,N',N'-tetramethyl-1,3-butanediamine C8H20N2 15700
97-85-8 isobutyl isobutyrate C8H16O2 15177
97-86-9 isobutyl methacrylate C8H14O2 14601
97-88-1 butyl methacrylate C8H14O2 14599
97-90-5 ethylene glycol dimethacrylate C10H14O4 20153
97-93-8 triethynyl aluminum C6H3Al 6241
97-93-8 triethyl aluminum C6H15Al 9135
97-94-9 triethylborane C6H15B 9145
97-95-0 2-ethyl-1-butanol C6H14O 8981
97-96-1 2-ethylbutanal C6H12O 8405
97-97-2 2-chloro-1,1-dimethoxyethane C4H9ClO2 3633
97-99-4 tetrahydrofurfuryl alcohol C5H10O2 5506
98-00-0 furfuryl alcohol C5H6O2 4548
98-01-1 furfural C5H4O2 4327
98-02-2 2-furanmethanethiol C5H6OS 4542
98-03-3 2-thiophenecarboxaldehyde C5H4OS 4325
98-04-4 phenyltrimethylammonium iodide C9H14IN 17407
98-05-5 benzenearsonic acid C6H7AsO3 7127
98-06-6 tert-butylbenzene C10H14 19868
98-07-7 benzotrichloride C7H5Cl3 9967
98-08-8 benzotrifluoride C7H5F3 10003
98-09-9 benzenesulfonyl chloride C6H5ClO2S 6731
98-10-2 benzenesulfonamide C6H7NO2S 7213
98-11-3 benzenesulfonic acid C6H6O3S 7102
98-12-4 trichlorocyclohexylsilane C6H11Cl3Si 8069
98-13-5 trichlorophenylsilane C6H5Cl3Si 6764
98-14-6 phenol-p-arsonic acid C6H7AsO4 7128
98-15-7 1-chloro-3-(trifluoromethyl)benzene C7H4ClF3 9686
98-16-8 3-(trifluoromethyl)aniline C7H6F3N 10321
98-17-9 3-(trifluoromethyl)phenol C7H5F3O 10007
98-18-0 m-aminobenzenesulfonamide C6H8N2O2S 7359
98-19-1 1-tert-butyl-3,5-dimethylbenzene C12H18 24367
98-27-1 4-tert-butyl-2-methylphenol C11H16O 22404
98-29-3 p-tert-butylcatechol C10H14O2 20089
98-31-7 3,4-dichlorobenzenesulfonyl chloride C6H3Cl3O2S 6321
98-42-0 3-amino-4-methoxybenzenesulfonic acid C7H9NO4S 11023
98-44-2 2,5-disulfoaniline C6H7NO6S2 7221
98-46-4 3-nitrobenzotrifluoride C7H4F3NO2 9799
98-47-5 3-nitrobenzenesulfonic acid C6H5NO5S 6845
98-50-0 (4-aminophenyl)arsonic acid C6H8AsNO3 7280
98-51-1 1-methyl-4-tert-butylbenzene C11H16 22323
98-52-2 4-tert-butylcyclohexanol; (cis+trans) C10H20O 21015
98-53-3 4-tert-butylcyclohexanone C10H18O 20717
98-54-4 4-tert-butylphenol C10H14O 19992
98-55-5 a-terpineol C10H18O 20744
98-56-6 p-chlorobenzotrifluoride C7H4ClF3 9684
98-57-7 4-chlorophenyl methyl sulfone C7H7ClO2S 10532
98-58-8 4-bromobenzenesulfonyl chloride C6H4BrClO2S 6389
98-59-9 p-toluenesulfonyl chloride C7H7ClO2S 10531
98-60-2 4-chlorobenzenesulfonyl chloride C6H4Cl2O2S 6492
98-61-3 4-iodobenzenesulfonyl chloride C6H4ClIO2S 6440
98-62-4 4-aminobenzenesulfonyl fluoride C6H6FNO2S 6959
98-64-6 4-chlorobenzenesulfonamide C6H6ClNO2S 6934
98-66-8 4-chlorobenzenesulfonic acid C6H5ClO3S 6734
98-67-9 4-hydroxybenzenesulfonic acid C6H6O4S 7112
98-68-0 4-methoxybenzenesulfonyl chloride C7H7ClO3S 10536
98-71-5 4-hydrazinobenzenesulfonic acid C6H8N2O3S 7363
98-72-6 (4-nitrophenyl)arsonic acid C6H6AsNO5 6890
98-73-7 benzoic acid, p-tert-butyl- C11H14O2 22119
98-74-8 4-nitrobenzenesulfonyl chloride C6H4ClNO4S 6457
98-79-3 L-pyroglutamic acid C5H7NO3 4688
98-80-6 benzeneboronic acid C6H7BO2 7129
98-81-7 (1-bromovinyl)benzene C8H7Br 12955
98-82-8 cumene C9H12 17004
98-83-9 alpha-methylstyrene C9H10 16512
98-84-0 1-phenylethylamine C8H11N 14122
98-85-1 1-phenylethanol C8H10O 13917
98-86-2 acetophenone C8H8O 13391
98-87-3 benzyl dichloride C7H6Cl2 10252
98-88-4 benzoyl chloride C7H5ClO 9927
98-89-5 cyclohexanecarboxylic acid C7H12O2 11455
98-91-9 benzenecarbothioic acid C7H6OS 10406
98-92-0 3-pyridinecarboxamide C6H6N2O 6990
98-94-2 cyclohexyldimethylamine C8H17N 15282
98-95-3 nitrobenzene C6H5NO2 6819
98-96-4 pyrazinecarboxamide C5H5N3O 4424
98-97-5 pyrazinecarboxylic acid C5H4N2O2 4294
98-98-6 2-pyridinecarboxylic acid C6H5NO2 6821
99-02-5 1-(3-chlorophenyl)ethanone C8H7ClO 13001
99-03-6 1-(3-aminophenyl)ethanone C8H9NO 13672
99-04-7 m-toluic acid C8H8O2 13433
99-05-8 aniline-3-carboxylic acid C7H7NO2 10630
99-06-9 m-hydroxybenzoic acid C7H6O3 10426
99-07-0 3-(dimethylamino)phenol C8H11NO 14130
99-08-1 m-nitrotoluene C7H7NO2 10626
99-09-2 m-nitroaniline C6H6N2O2 6996
99-10-5 3,5-dihydroxybenzoic acid C7H6O4 10436
99-11-6 citrazinic acid C6H5NO4 6838
99-12-7 1,3-dimethyl-5-nitrobenzene C8H9NO2 13696
99-14-9 1,2,3-propanetricarboxylic acid C6H8O6 7462
99-17-2 populin C20H22O8 32185
99-20-7 trehalose C12H22O11 24775
99-24-1 methyl 3,4,5-trihydroxybenzoate C8H8O5 13514
99-26-3 bismuth subgallate C7H5BiO6 9863
99-28-5 2,6-dibromo-4-nitrophenol C6H3Br2NO3 6256
99-30-9 2,6-dichloro-4-nitroaniline C6H4Cl2N2O2 6475
99-31-0 5-amino-1,3-benzenedicarboxylic acid C8H7NO4 13175
99-32-1 4-oxo-4H-pyran-2,6-dicarboxylic acid C7H4O6 9856
99-33-2 3,5-dinitrobenzoyl chloride C7H3ClN2O5 9515
99-34-3 3,5-dinitrobenzoic acid C7H4N2O6 9846
99-35-4 1,3,5-trinitrobenzene C6H3N3O6 6367
99-36-5 methyl 3-methylbenzoate C9H10O2 16678
99-42-3 methyl 4-hydroxy-3-nitrobenzoate C8H17NO5 15347
99-45-6 adrenalone C9H11NO3 16959
99-47-8 2-chloro-m-nitroacetophenone C8H6ClNO3 12782
99-48-9 2-methyl-5-(1-methylvinyl)-2-cyclohexen-1-ol C10H16O 20447
99-49-0 carvone C10H14O 20073
99-50-3 3,4-dihydroxybenzoic acid C7H6O4 10435
99-51-4 1,2-dimethyl-4-nitrobenzene C8H9NO2 13694
99-52-5 2-methyl-4-nitroaniline C7H8N2O2 10810
99-53-6 2-methyl-4-nitrophenol C7H7NO3 10652
99-54-7 1,2-dichloro-4-nitrobenzene C6H3Cl2NO2 6296
99-55-8 2-methyl-5-nitroaniline C7H8N2O2 10811
99-56-9 4-nitro-1,2-benzenediamine C6H7N3O2 7234
99-57-0 2-amino-4-nitrophenol C6H6N2O3 7014
99-59-2 2-methoxy-5-nitroaniline C7H8N2O3 10825
99-60-5 2-chloro-4-nitrobenzoic acid C7H4ClNO4 9720
99-61-6 3-nitrobenzaldehyde C7H5NO3 10067
99-62-7 m-diisopropylbenzene C12H18 24361
99-63-8 isophthaloyl chloride C8H4Cl2O2 12520
99-64-9 3-dimethylaminobenzoic acid C9H11NO2 16944
99-65-0 m-dinitrobenzene C6H4N2O4 6580
99-66-1 2-propylpentanoic acid C8H16O2 15205
99-69-4 3,3'-nitroiminodipropionic acid C6H10N2O6 7750
99-71-8 4-sec-butylphenol C10H14O 19989
99-72-9 2-(p-tolyl)propionic aldehyde C10H12O 19538
99-73-0 2-bromo-1-(4-bromophenyl)ethanone C8H6Br2O 12739
99-75-2 methyl 4-methylbenzoate C9H10O2 16679
99-76-3 methyl 4-hydroxybenzoate C8H8O3 13469
99-77-4 ethyl 4-nitrobenzoate C9H9NO4 16468
99-79-6 ethyl-10-(p-iodophenyl)undecylate C19H29IO2 31614
99-80-9 N-methyl-N,p-dinitrosoaniline C7H7N3O2 10700
99-81-0 2-bromo-4'-nitroacetophenone C8H6BrNO3 12736
99-82-1 1-methyl-4-isopropylcyclohexane C10H20 20933
99-83-2 alpha-phellandrene C10H16 20319
99-84-3 4-methylene-1-isopropylcyclohexene C10H16 20345
99-85-4 gamma-terpinene C10H16 20326
99-86-5 alpha-terpinene C10H16 20325
99-87-6 p-cymene C10H14 19872
99-88-7 4-isopropylaniline C9H13N 17274
99-89-8 4-isopropylphenol C9H12O 17106
99-90-1 1-(4-bromophenyl)ethanone C8H7BrO 12966
99-91-2 1-(4-chlorophenyl)ethanone C8H7ClO 13002
99-92-3 1-(4-aminophenyl)ethanone C8H9NO 13673
99-93-4 1-(4-hydroxyphenyl)ethanone C8H8O2 13429
99-94-5 p-toluic acid C8H8O2 13414
99-96-7 p-hydroxybenzoic acid C7H6O3 10427
99-97-8 4-methyl-N,N-dimethylaniline C9H13N 17278
99-98-9 N,N-dimethyl-1,4-benzenediamine C8H12N2 14280
99-99-0 p-nitrotoluene C7H7NO2 10628
100-00-5 p-chloronitrobenzene C6H4ClNO2 6445
100-01-6 p-nitroaniline C6H6N2O2 6998
100-02-7 p-nitrophenol C6H5NO3 6832
100-03-8 p-chlorobenzenesulfinic acid C6H5ClO2S 6732
100-06-1 4-acetylanisole C9H10O2 16649
100-07-2 4-methoxybenzoyl chloride C8H7ClO2 13014
100-09-4 4-methoxybenzoic acid C8H8O3 13466
100-10-7 p-dimethylaminobenzaldehyde C9H11NO 16905
100-11-8 4-nitrobenzyl bromide C7H6BrNO2 10178
100-12-9 1-ethyl-4-nitrobenzene C8H9NO2 13701
100-13-0 1-vinyl-4-nitrobenzene C8H7NO2 13150
100-14-1 1-(chloromethyl)-4-nitrobenzene C7H6ClNO2 10225
100-15-2 N-methyl-4-nitroaniline C7H8N2O2 10815
100-16-3 (4-nitrophenyl)hydrazine C6H7N3O2 7235
100-17-4 4-nitroanisole C7H7NO3 10656
100-18-5 p-diisopropylbenzene C12H18 24362
100-19-6 1-(4-nitrophenyl)ethanone C8H7NO3 13167
100-20-9 1,4-benzenedicarbonyl dichloride C8H4Cl2O2 12522
100-21-0 terephthalic acid C8H6O4 12936
100-22-1 N,N,N',N'-tetramethyl-1,4-benzenediamine C10H16N2 20396
100-23-2 N,N-dimethyl-p-nitroaniline C8H10N2O2 13884
100-25-4 p-dinitrobenzene C6H4N2O4 6582
100-26-5 2,5-pyridinedicarboxylic acid C7H5NO4 10076
100-27-6 4-nitrophenethyl alcohol C8H9NO3 13761
100-28-7 1-isocyanato-4-nitrobenzene C7H4N2O3 9840
100-29-8 1-ethoxy-4-nitrobenzene C8H9NO3 13747
100-32-3 bis(p-nitrophenyl)disulfide C12H8N2O4S2 23325
100-33-4 4,4'-diamidinodiphenoxypentane C19H24N4O2 31550
100-34-5 benzene diazonium chloride C6H5ClN2 6707
100-35-6 N-(2-chloro ethyl)diethylamine C6H14ClN 8892
100-36-7 N,N-diethyl-1,2-ethanediamine C6H16N2 9293
100-37-8 2-diethylaminoethanol C6H15NO 9217
100-38-9 N,N-diethyl cysteamine C6H15NS 9244
100-39-0 (bromomethyl)benzene C7H7Br 10463
100-40-3 vinylcyclohexene C8H12 14231
100-41-4 ethylbenzene C8H10 13789
100-42-5 styrene C8H8 13237
100-43-6 4-vinylpyridine C7H7N 10609
100-44-7 benzyl chloride C7H7Cl 10492
100-45-8 3-cyclohexene-1-carbonitrile C7H9N 10967
100-46-9 benzylamine C7H9N 10953
100-47-0 benzonitrile C7H5N 10045
100-48-1 4-pyridinecarbonitrile C6H4N2 6568
100-49-2 cyclohexanemethanol C7H14O 11853
100-50-5 3-cyclohexene-1-carboxaldehyde C7H10O 11138
100-51-6 benzyl alcohol C7H8O 10851
100-52-7 benzaldehyde C7H6O 10404
100-53-8 benzenemethanethiol C7H8S 10922
100-54-9 3-pyridinecarbonitrile C6H4N2 6567
100-55-0 3-pyridinemethanol C6H7NO 7193
100-56-1 phenylmercuric chloride C6H5ClHg 6700
100-57-2 phenylmercuric hydroxide C6H6HgO 6967
100-58-3 phenylmagnesium bromide C6H5MgBr 6811
100-60-7 N-methylcyclohexylamine C7H15N 12024
100-61-8 N-methylaniline C7H9N 10954
100-63-0 phenylhydrazine C6H8N2 7321
100-64-1 cyclohexanone oxime C6H11NO 8102
100-65-2 phenylhydroxylamine C6H7NO 7191
100-66-3 anisole C7H8O 10850
100-68-5 methyl phenyl sulfide C7H8S 10921
100-69-6 2-vinylpyridine C7H7N 10607
100-70-9 2-pyridinecarbonitrile C6H4N2 6566

100-71-0 2-ethylpyridine C7H9N 10964
100-72-1 tetrahydro-2H-pyran-2-methanol C6H12O2 8501
100-73-2 3,4-dihydro-2H-pyran-2-carboxaldehyde C6H8O2 7424
100-74-3 N-ethylmorpholine C6H13NO 8769
100-75-4 N-nitrosopiperidine C5H10N2O 5407
100-76-5 1-azabicyclo[2.2.2]octane C7H13N 11623
100-79-8 2,2-dimethyl-1,3-dioxolane-4-methanol C6H12O3 8536
100-80-1 m-methylstyrene C9H10 16513
100-81-2 3-methylbenzenemethanamine C8H11N 14112
100-82-3 3-fluorobenzylamine C7H8FN 10768
100-83-4 3-hydroxybenzaldehyde C7H6O2 10414
100-84-5 3-methylanisole C8H10O 13930
100-86-7 1-phenyl-2-methyl-2-propanol C10H14O 20057
100-88-9 cyclohexylsulfamic acid C6H13NO3S 8848
100-89-0 trihexylene glycol biborate C18H36B2O6 31078
100-97-0 methenamine C6H12N4 8385
100-99-2 triisobutyl aluminum C12H27Al 25321
101-00-8 triisopropanolamine cyclic borate C9H18NO3B 17971
101-01-9 N,N',N''-triphenylguanidine C19H17N3 31385
101-02-0 triphenyl phosphite C18H15O3P 30564
101-05-3 anilazine C9H5Cl3N4 15827
101-07-5 2-di-(2-ethylhexyl)aminoethanol C18H39NO 31169
101-08-6 diothane C22H27N3O4 33308
101-10-0 cloprop C9H9ClO3 16325
101-14-4 bis(4-amino-3-chlorophenyl)methane C13H12Cl2N2 25748
101-17-7 3-chloro-N-phenylaniline C12H10ClN 23454
101-18-8 3-(phenylamino)phenol C12H11NO 23624
101-20-2 3,4,4'-trichlorocarbanilide C13H9Cl3N2O 25531
101-21-3 chloropropham C10H12ClNO2 19407
101-25-7 3,7-dinitroso-1,3,5,7-tetraazabicyclo[3.3.1]non C5H10N6O2 5443
101-27-9 barban C11H9Cl2NO2 21556
101-31-5 hyoscyamine C17H23NO3 30210
101-33-7 1,1,3-triethoxyhexane C12H26O3 25297
101-37-1 2,4,6-triallyloxy-1,3,5-triazine C12H15N3O3 24099
101-38-2 2,6-dichloro-4-(chloroimino)-2,5-cyclohexadien- C6H2Cl3NO 6169
101-39-3 2-methyl-3-phenyl-2-propenal C10H10O 19100
101-40-6 N,alpha-dimethylcyclohexaneethanamine C10H21N 21103
101-41-7 methyl 2-phenylacetate C9H10O2 16684
101-42-8 N,N-dimethyl-N'-phenylurea C9H12N2O 17045
101-43-9 cyclohexyl methacrylate C10H16O2 20485
101-48-4 phenylacetaldehyde dimethyl acetal C10H14O2 20118
101-49-5 2-benzyl-1,3-dioxolane C10H12O2 19588
101-50-8 4-amino-3,4'-disulfoazobenzene C12H11N3O6S2 23664
101-53-1 4-benzylphenol C13H12O 25792
101-54-2 p-aminodiphenylamine C12H12N2 23718
101-55-3 1-bromo-4-phenoxybenzene C12H9BrO 23362
101-57-5 4-(phenylamino)benzenesulfonic acid C12H11NO3S 23647
101-59-7 anilino (p-nitrophenyl) sulfide C12H10N2O2S 23507
101-60-0 21H,23H-porphine C20H14N4 31883
101-61-1 bis[4-(dimethylamino)phenyl]methane C17H22N2 30182
101-63-3 4,4'-dinitrodiphenyl ether C12H8N2O5 23328
101-64-4 N-(p-methoxyphenyl)-p-phenylenediamine C13H14N2O 25956
101-67-7 4,4'-dioctyldiphenylamine C28H43N 34680
101-68-8 diphenylmethane-4,4'-diisocyanate C15H10N2O2 28029
101-70-2 bis(4-methoxyphenyl)amine C14H15NO2 27231
101-71-3 4-(phenylmethyl)phenol carbamate C14H13NO2 27033
101-72-4 N-isopropyl-N'-phenyl-1,4-phenylenediamine C15H18N2 28503
101-73-5 p-hydroxydiphenylamine isopropyl ether C15H17NO 28469
101-75-7 4-phenylazodiphenylamine C18H15N3 30558
101-76-8 bis(4-chlorophenyl)methane C13H10Cl2 25581
101-77-9 4,4'-diaminodiphenylmethane C13H14N2 25950
101-79-1 4-chloro-4'-aminodiphenyl ether C12H10ClNO 23459
101-80-4 4,4'-diaminodiphenyl ether C12H12N2O 23730
101-81-5 diphenylmethane C13H12 25738
101-82-6 2-benzylpyridine C12H11N 23611
101-83-7 dicyclohexylamine C12H23N 24804
101-84-8 diphenyl ether C12H10O 23519
101-85-9 a-amylcinnamic alcohol C14H20O 27592
101-86-0 a-hexylcinnamaldehyde C15H20O 28592
101-87-1 N-phenyl-N'-cyclohexyl-p-phenylenediamine C18H22N2 30794
101-89-3 fast garnet gbc salt C14H14N4O4S 27137
101-90-6 1,3-bis(2,3-epoxypropoxy)benzene C12H14O4 24003
101-91-7 N-(4-hydroxyphenyl)butanamide C10H13NO2 19798
101-92-8 4'-chloroacetoacetanilide C10H10ClNO2 18986
101-93-9 N,N'-bis(p-ethoxyphenyl)acetamidine C18H22N2O2 30798
101-96-2 N,N'-di-sec-butyl-p-phenylenediamine C14H24N2 27750
101-97-3 ethyl phenylacetate C10H12O2 19554
101-98-4 N-benzyl-N-methylethanolamine C10H15NO 20247
101-99-5 ethyl phenylcarbamate C9H11NO2 16930
102-01-2 acetoacetanilide C10H11NO2 19313
102-02-3 N-phenylimidodicarbonimidic diamide C8H11N5 14218
102-04-5 1,3-diphenyl-2-propanone C15H14O 28290
102-06-7 N,N'-diphenylguanidine C13H13N3 25882
102-07-8 N,N'-diphenylurea C13H12N2O 25764
102-08-9 N,N'-diphenylthiourea C13H12N2S 25782
102-09-0 phenyl carbonate C13H10O3 25643
102-13-6 isobutyl phenylacetate C12H16O2 24217
102-14-7 4-oxo-4-(phenylamino)butanoic acid C10H11NO3 19328
102-17-0 4-methoxybenzyl phenylacetate C16H16O3 29298
102-19-2 isoamyl phenylacetate C13H18O2 26225
102-20-5 2-phenylethyl phenylacetate C16H16O2 29283
102-22-7 geranyl phenylacetate C18H24O2 30854
102-24-9 trimethoxyboroxine C3H9B3O6 2180
102-25-0 1,3,5-triethylbenzene C12H18 24366
102-27-2 N-ethyl-3-methylaniline C9H13N 17270
102-28-3 3'-aminoacetanilide C8H10N2O 13867
102-29-4 resorcin monoacetate C8H8O3 13481
102-32-9 3,4-dihydroxyphenylacetic acid C8H8O4 13496
102-36-3 3,4-dichlorophenyl isocyanate C7H3Cl2NO 9527
102-45-4 N,alpha-dimethylcyclopentaneethanamine C9H19N 18140
102-46-5 3,4-dimethylbenzyl chloride C9H11Cl 16852
102-47-6 1,2-dichloro-4-(chloromethyl)benzene C7H5Cl3 9968
102-49-8 3,4-dichlorobenzylamine C7H7Cl2N 10545
102-50-1 4-methoxy-2-methylaniline C8H11NO 14142
102-51-2 4-methoxy-1,2-benzenediamine C7H10N2O 11109
102-52-3 1,1,3,3-tetramethoxypropane C7H16O4 12294
102-53-4 N,N,N',N'-tetraethylmethanediamine C9H22N2 18424
102-54-5 ferrocene C10H10Fe 19015
102-56-7 2,5-dimethoxyaniline C8H11NO2 14163
102-60-3 N,N,N',N'-tetra(2-hydroxypropyl)ethylenediami C14H32N2O4 27966
102-62-5 1,3-diacetin C7H12O5 11562
102-67-0 tripropyl aluminum C9H21Al 18373
102-69-2 tripropylamine C9H21N 18393
102-70-5 N,N-diallyl-2-propen-1-amine C9H15N 17546
102-71-6 triethanolamine C6H15NO3 9239
102-76-1 glyceryl triacetate C9H14O6 17513
102-77-2 4-(2-benzothiazolylthio)morpholine C11H12N2OS2 21824
102-79-4 N,N-bis(2-hydroxyethyl)butylamine C8H19NO2 15658
102-81-8 2-dibutylaminoethanol C10H23NO 21409
102-82-9 tributylamine C12H27N 25346
102-83-0 3-(dibutylamino)propylamine C11H26N2 23102
102-85-2 tributyl phosphite C12H27O3P 25352
102-86-3 trihexylamine C18H39N 31168
102-87-4 tridodecylamine C36H75N 35443
102-88-5 trioctadecylamine C54H111N 35871
102-92-1 3-phenyl-2-propenoyl chloride C9H7ClO 15964
102-94-3 cis-cinnamic acid C9H8O2 16203
102-96-5 (2-nitroethenyl)benzene C8H7NO2 13158
102-97-6 benzylisopropylamine C10H15N 20213
102-98-7 phenylmercury silver borate C6H6AgHgO3 6886
103-00-4 1-cyclohexylamino-2-propanol C9H19NO 18152
103-01-5 N-phenylglycine C8H9NO2 13714
103-02-6 2-propanone phenylhydrazone C9H12N2 17041
103-03-7 2-phenylhydrazinecarboxamide C7H9N3O 11030
103-05-9 alpha,alpha-dimethylbenzenepropanol C11H16O 22413
103-07-1 2-methyl-4-phenyl-2-butyl acetate C13H18O2 26226
103-08-2 5-ethyl-2-nonanol C11H24O 23063
103-09-3 2-ethylhexyl acetate C10H20O2 21044
103-11-7 2-ethylhexyl acrylate C11H20O2 22701
103-12-8 4-[(2,4-diaminophenyl)azo]benzenesulfonami C12H14ClN5O2S 23906
103-14-0 4-(benzylamino)phenol C13H13NO 25865
103-16-2 4-(phenylmethoxy)phenol C13H12O2 25815
103-17-3 chlorbenside C13H10Cl2S 25587
103-18-4 4-amino-4'-hydroxyazobenzene C12H11N3O 23660
103-19-5 bis(4-methylphenyl) disulfide C14H14S2 27195
103-23-1 bis(2-ethylhexyl) adipate C22H42O4 33437
103-24-2 bis(2-ethylhexyl) azelate C25H48O4 34181
103-25-3 methyl 3-phenylpropanoate C10H12O2 19578
103-27-5 phenylmercuripropionate C9H10HgO2 16558
103-28-6 benzyl 2-methylpropanoate C11H14O2 22118
103-29-7 1,2-diphenylethane C14H14 27053
103-30-0 trans-stilbene C14H12 26867
103-32-2 N-benzylaniline C13H13N 25852
103-34-4 4,4'-dithiodimorpholine C8H16N2O2S2 15037
103-36-6 ethyl cinnamate C11H12O2 21873
103-37-7 benzyl butanoate C11H14O2 22117
103-38-8 benzyl 3-methylbutanoate C12H16O2 24211
103-41-3 benzyl cinnamate C16H14O2 29159
103-43-5 dibenzyl succinate C18H18O4 30680
103-44-6 2-ethylhexyl vinyl ether C10H20O 21007
103-45-7 2-phenylethyl acetate C10H12O2 19582
103-46-8 S-benzylthioglycolic acid C9H10O2S 16709
103-47-9 CHES C8H17NO3S 15345
103-48-0 2-phenylethyl 2-methylpropanoate C12H16O2 24224
103-49-1 dibenzylamine C14H15N 27210
103-50-4 dibenzyl ether C14H14O 27138
103-52-6 phenylethyl butyrate C12H16O2 24237
103-53-7 benzylcarbinyl cinnamate C17H16O2 30020
103-54-8 cinnamyl acetate C11H12O2 21869
103-55-9 N,N-dimethyl-N'-benzyl-1,2-ethanediamine C11H18N2 22563
103-56-0 cinnamyl propionate C12H14O2 23982
103-58-2 isobutyric acid, 3-phenylpropyl ester C13H18O2 26219
103-59-3 cinnamyl isobutyrate C13H16O2 26097
103-60-6 phenoxyethyl isobutyrate C12H16O3 24257
103-61-7 cinnamyl butyrate C13H16O2 26096
103-62-8 4-(butylamino)phenol C10H15NO 20257
103-63-9 (2-bromoethyl)benzene C8H9Br 13535
103-64-0 b-bromostyrene; (cis+trans) C8H7Br 12962
103-65-1 propylbenzene C9H12 17012
103-67-3 N-methylbenzenemethanamine C8H11N 14114
103-69-5 N-ethylaniline C8H11N 14095
103-70-8 formanilide C7H7NO 10611
103-71-9 phenyl isocyanate C7H5NO 10049
103-72-0 phenyl isothiocyanate C7H5NS 10095
103-73-1 phenetole C8H10O 13912
103-74-2 2-pyridineethanol C7H9NO 10983
103-75-3 2-ethoxy-3,4-dihydro-2H-pyran C7H12O2 11478
103-76-4 1-piperazineethanol C6H14N2O 8935
103-79-7 1-phenyl-2-propanone C9H10O 16635
103-80-0 benzeneacetyl chloride C8H7ClO 12999
103-81-1 benzeneacetamide C8H9NO 13675
103-82-2 benzeneacetic acid C8H8O2 13415
103-83-3 N,N-dimethylbenzylamine C9H13N 17253
103-84-4 acetanilide C8H9NO 13671
103-85-5 phenylthiourea C7H8N2S 10841
103-88-8 N-(4-bromophenyl)acetamide C8H8BrNO 13247
103-89-9 4-methylacetanilide C9H11NO 16912
103-90-2 N-(4-hydroxyphenyl)acetamide C8H9NO2 13705
103-93-5 p-tolyl isobutyrate C11H14O2 22163
103-94-6 4'-nitrooxanilic acid C8H6N2O5 12900
103-95-7 alpha-methyl-4-isopropylbenzenepropanal C13H18O 26207
103-99-1 N-(4-hydroxyphenyl)octadecanamide C24H41NO2 33957
104-01-8 4-methoxybenzeneacetic acid C9H10O3 16732
104-03-0 p-nitrobenzeneacetic acid C8H7NO4 13180
104-04-1 N-(4-nitrophenyl)acetamide C8H8N2O3 13366
104-06-3 thiacetazone C10H12N4OS 19476
104-07-4 cyclohexyl stearate C24H46O2 33969
104-09-6 4-methylbenzeneacetaldehyde C9H10O 16621
104-10-9 4-aminophenethyl alcohol C8H11NO 14148
104-12-1 4-chlorophenyl isocyanate C7H4ClNO 9701
104-13-2 4-butylaniline C10H15N 20199
104-14-3 a-(aminomethyl)-p-hydroxybenzyl alcohol C8H11NO2 14177
104-15-4 p-toluenesulfonic acid C7H8O3S 10915
104-19-8 1-(2-(dimethylamino)ethyl)-4-methylpiperazine C9H21N3 18404
104-20-1 4-(4-methoxyphenyl)-2-butanone C11H14O2 22145
104-21-2 4-methoxybenzyl acetate C10H12O3 19644
104-22-3 4-(benzylamino)benzenesulfonamide C13H14N2O2S 25960
104-23-4 4'-aminoazobenzene-4-sulfonic acid C12H11N3O3S 23663
104-24-5 4-phenylazobenzoyl chloride C13H9ClN2O 25519
104-28-9 cinnamic acid, p-methoxy, 2-ethoxyethyl ester C14H18O4 27495
104-29-0 3-(4-chlorophenoxy)-1,2-propanediol C9H11ClO3 16868
104-36-9 1,4-dibutoxybenzene C14H22O2 27694
104-38-1 hydroquinone bis(2-hydroxyethyl) ether C10H14O4 20162
104-40-5 4-nonylphenol C15H24O 28764
104-42-7 4-dodecylaniline C18H31N 30980
104-43-8 4-dodecylphenol C18H30O 30962
104-45-0 1-methoxy-4-propylbenzene C10H14O 20041
104-46-1 anethole C10H12O 19484
104-47-2 4-methoxybenzeneacetonitrile C9H9NO 16386
104-49-4 1,4-diisocyanatobenzene C8H4N2O2 12581
104-50-7 5-butyldihydro-2(3H)-furanone C8H14O2 14602
104-51-8 butylbenzene C10H14 19865
104-52-9 (3-chloropropyl)benzene C9H11Cl 16850
104-53-0 benzenepropanal C9H10O 16614
104-54-1 cinnamyl alcohol C9H10O 16637
104-55-2 trans-3-phenyl-2-propenal C9H8O 16197

104-57-4 benzyl formate C8H8O2 13416
104-60-9 phenylmercury oleate C24H38HgO2 33923
104-61-0 dihydro-5-pentyl-2(3H)-furanone C9H16O2 17714
104-62-1 2-phenylethyl formate C9H10O2 16705
104-63-2 2-[benzylamino]ethanol C9H13NO 17299
104-64-3 hydrocinnamyl formate C10H12O2 19626
104-65-4 cinnamyl formate C10H10O2 19116
104-66-5 1,2-diphenoxyethane C14H14O2 27162
104-67-6 5-heptyldihydro-2(3H)-furanone C11H20O2 22702
104-68-7 phenyl carbitol C10H14O3 20144
104-72-3 decylbenzene C16H26 29595
104-75-6 2-ethylhexylamine C8H19N 15632
104-76-7 2-ethyl-1-hexanol C8H18O 15454
104-78-9 N,N-diethyl-1,3-propanediamine C7H18N2 12375
104-79-0 N,N-diethyl-N'-methylethylenediamine C7H18N2 12378
104-80-3 2,5-anhydro-3,4-dideoxyhexitol C6H12O3 8535
104-81-4 1-(bromomethyl)-4-methylbenzene C8H9Br 13541
104-82-5 1-(chloromethyl)-4-methylbenzene C8H9Cl 13579
104-83-6 1-chloro-4-(chloromethyl)benzene C7H6Cl2 10256
104-84-7 4-methylbenzenemethanamine C8H11N 14113
104-85-8 4-methylbenzonitrile C8H7N 13111
104-86-9 4-chlorobenzylamine C7H8ClN 10752
104-87-0 p-tolualdehyde C8H8O 13392
104-88-1 4-chlorobenzaldehyde C7H5ClO 9930
104-89-2 5-ethyl-2-methylpiperidine C8H17N 15300
104-90-5 5-ethyl-2-picoline C8H11N 14117
104-91-6 4-nitrosophenol C6H5NO2 6820
104-92-7 p-bromoanisole C7H7BrO 10476
104-93-8 4-methylanisole C8H10O 13931
104-94-9 4-methoxyaniline C7H9NO 10981
104-95-0 4-bromothioanisole C7H7BrS 10490
104-96-1 p-(methylthio)aniline C7H9NS 11026
104-97-2 cyclopentanepropionyl chloride C8H13ClO 14424
104-98-3 urocanic acid C6H6N2O2 7007
105-01-1 isobutyl furylpropionate C11H16O3 22473
105-03-3 bis(2-ethylbutyl) nonanedioate C21H40O4 33028
105-04-4 N,N,N'-triethylethylenediamine C8H20N2 15701
105-05-5 p-diethylbenzene C10H14 19880
105-06-6 p-divinylbenzene C10H10 18962
105-07-7 4-formylbenzonitrile C8H5NO 12686
105-08-8 1,4-cyclohexanedimethanol C8H16O2 15183
105-09-9 1,4-benzenedimethanethiol C8H10S2 14055
105-10-2 N,N-dimethyl-p-phenylenediamine C8H12N2 14291
105-11-3 dioxime-p-benzoquinone C6H6N2O2 7008
105-12-4 p-dinitrosobenzene C6H4N2O2 6573
105-13-5 4-methoxybenzenemethanol C8H10O2 13967
105-14-6 5-(diethylamino)-2-pentanone C9H19NO 18146
105-16-8 2-(diethylamino)ethyl methacrylate C10H19NO2 20900
105-18-0 1,4-bis(diethylamino)-2-butyne C12H24N2 24842
105-20-4 betazole C5H9N3 5272
105-21-5 g-heptalactone C7H12O2 11499
105-28-2 glyoxide C20H40N2 32483
105-29-3 3-methyl-2-penten-4-yn-1-ol C6H8O 7397
105-30-6 2-methyl-1-pentanol C6H14O 8973
105-31-7 1-hexyn-3-ol C6H10O 7792
105-34-0 methyl cyanoacetate C4H5NO2 2713
105-36-2 ethyl bromoacetate C4H7BrO2 3073
105-37-3 ethyl propanoate C5H10O2 5503
105-38-4 vinyl propionate C5H8O2 4885
105-39-5 ethyl chloroacetate C4H7ClO2 3142
105-40-8 ethyl-N-methyl carbamate C4H9NO2 3711
105-41-9 4-methyl-2-hexanamine C7H17N 12320
105-42-0 4-methyl-2-hexanone C7H14O 11833
105-43-1 (±)-3-methylvaleric acid C6H12O2 8514
105-44-2 4-methyl-2-pentanone oxime C6H13NO 8782
105-45-3 methyl acetoacetate C5H8O3 4929
105-46-4 sec-butyl acetate C6H12O2 8478
105-48-6 isopropyl chloroacetate C5H9ClO2 5089
105-50-0 diethyl 3-oxo-1,5-pentanedioate C9H14O5 17511
105-52-2 dihexyl maleate C16H28O4 29635
105-53-3 diethyl malonate C7H12O4 11530
105-54-4 ethyl butanoate C6H12O2 8482
105-55-5 N,N'-diethylthiourea C5H12N2S 5822
105-56-6 ethyl cyanoacetate C5H7NO2 4677
105-57-7 acetal C6H14O2 9020
105-58-8 diethyl carbonate C5H10O3 5543
105-59-9 methyl diethanolamine C5H13NO2 5986
105-60-2 epsilon-caprolactam C6H11NO 8101
105-64-6 isopropyl peroxydicarbonate C8H14O6 14730
105-66-8 propyl butanoate C7H14O2 11905
105-67-9 2,4-xylenol C8H10O 13922
105-68-0 isopentyl propanoate C8H16O2 15170
105-70-4 1,2,3-propanetriol-1,3-diacetate C7H12O5 11561
105-72-6 ethylene glycol dibutanoate C10H18O4 20829
105-74-8 didodecanoyl peroxide C24H46O4 33973
105-75-9 dibutyl fumarate C12H20O4 24595
105-76-0 dibutyl maleate C12H20O4 24594
105-77-1 butylxanthic disulfide C10H18O2S4 20807
105-79-3 isobutyl hexanoate C10H20O2 21073
105-82-8 acetaldehyde-di-n-propyl acetal C8H18O2 15566
105-83-9 N-(3-aminopropyl)-N-methyl-1,3-propanediamine C7H19N3 12397
105-84-0 1,4,7-trimethyldiethylenetriamine C7H19N3 12396
105-85-1 citronellyl formate C11H20O2 22714
105-86-2 trans-3,7-dimethyl-2,6-octadien-1-ol formate C11H18O2 22597
105-87-3 geranyl acetate C12H20O2 24580
105-90-8 geranyl propionate C13H22O2 26383
105-91-9 neryl propionate C13H22O2 26387
105-95-3 ethylene undecane dicarboxylate C15H26O4 28806
105-99-7 dibutyl adipate C14H26O4 27815
106-00-3 bis(2-methoxyethyl) adipate C12H22O6 24766
106-02-5 oxacyclohexadecan-2-one C15H28O2 28828
106-07-0 tetraethylene glycol monostearate C26H52O6 34359
106-11-6 2-(2-hydroxyethoxy)ethyl ester stearic acid C22H44O4 33471
106-14-9 12-hydroxystearic acid C18H36O3 31108
106-18-3 n-butyl laurate C16H32O2 29731
106-19-4 dipropyl adipate C12H22O4 24754
106-20-7 bis(2-ethylhexyl)amine C16H35N 29805
106-21-8 3,7-dimethyl-1-octanol C10H22O 21256
106-22-9 (±)-b-citronellol C10H20O 21016
106-23-0 3,7-dimethyl-6-octenal C10H18O 20690
106-24-1 trans-geraniol C10H18O 20708
106-25-2 cis-3,7-dimethyl-2,6-octadien-1-ol C10H18O 20706
106-26-3 cis-3,7-dimethyl-2,6-octadienal C10H16O 20438
106-27-4 3-methylbutyl butanoate C9H18O2 18065
106-28-5 2-trans,6-trans-farnesol C15H26O 28789
106-29-6 geranyl N-butyrate C14H24O2 27762
106-30-9 ethyl heptanoate C9H18O2 18078
106-31-0 butyric anhydride C8H14O3 14659
106-32-1 ethyl octanoate C10H20O2 21060
106-33-2 ethyl laurate C14H28O2 27882
106-34-3 quinhydrone C12H10O4 23568
106-35-4 3-heptanone C7H14O 11830
106-36-5 propyl propanoate C6H12O2 8480
106-37-6 p-dibromobenzene C6H4Br2 6413
106-38-7 p-bromotoluene C7H7Br 10462
106-39-8 1-bromo-4-chlorobenzene C6H4BrCl 6385
106-40-1 p-bromoaniline C6H6BrN 6907
106-41-2 p-bromophenol C6H5BrO 6673
106-42-3 p-xylene C8H10 13792
106-43-4 p-chlorotoluene C7H7Cl 10494
106-44-5 p-cresol C7H8O 10854
106-45-6 p-methylthiophenol C7H8S 10920
106-46-7 p-dichlorobenzene C6H4Cl2 6471
106-47-8 p-chloroaniline C6H6ClN 6925
106-48-9 p-chlorophenol C6H5ClO 6722
106-49-0 p-toluidine C7H9N 10957
106-50-3 p-phenylenediamine C6H8N2 7320
106-51-4 p-benzoquinone C6H4O2 6616
106-52-5 1-methyl-4-piperidinol C6H13NO 8772
106-53-6 4-bromobenzenethiol C6H5BrS 6679
106-54-7 4-chlorobenzenethiol C6H5ClS 6737
106-55-8 2,5-dimethylpiperazine C6H14N2 8928
106-57-0 2,5-piperazinedione C4H6N2O2 2903
106-58-1 1,4-dimethylpiperazine C6H14N2 8917
106-60-5 5-aminolevulinic acid C5H9NO3 5238
106-61-6 1,2,3-propanetriol-1-acetate C5H10O4 5574
106-63-8 isobutyl acrylate C7H12O2 11451
106-65-0 dimethyl succinate C6H10O4 7924
106-67-2 4-methyl-2-ethyl-1-pentanol C8H18O 15493
106-68-3 3-octanone C8H16O 15080
106-69-4 1,2,6-hexanetriol C6H14O3 9082
106-70-7 methyl hexanoate C7H14O2 11914
106-71-8 2-cyanoethyl acrylate C6H7NO2 7208
106-72-9 2,6-dimethyl-5-heptenal C9H16O 17704
106-73-0 methyl heptanoate C8H16O2 15195
106-74-1 ethylene glycol monoethyl ether propenoate C7H12O3 11506
106-75-2 oxydiethylene bis(chloroformate) C6H8Cl2O5 7308
106-79-6 dimethyl sebacate C12H22O4 24753
106-83-2 butyl-9,10-epoxystearate C22H42O3 33436
106-86-5 3-vinyl-7-oxabicyclo[4.1.0]heptane C8H12O 14337
106-87-6 1,2-epoxy-4-(epoxyethyl)cyclohexane C8H12O2 14348
106-88-7 1,2-epoxybutane C4H8O 3474
106-89-8 alpha-epichlorohydrin C3H5ClO 1676
106-90-1 2,3-epoxypropyl acrylate C6H8O3 7440
106-91-2 2,3-epoxypropyl methacrylate C7H10O3 11188
106-92-3 allyl glycidyl ether C6H10O2 7816
106-93-4 1,2-dibromoethane C2H4Br2 799
106-94-5 1-bromopropane C3H7Br 1978
106-95-6 3-bromo-1-propene C3H5Br 1645
106-96-7 3-bromo-1-propyne C3H3Br 1391
106-97-8 butane C4H10 3783
106-98-9 1-butene C4H8 3320
106-99-0 butadiene (1,3 butadiene) C4H6 2757
107-00-6 ethylacetylene C4H6 2755
107-01-7 2-butene; (cis+trans) C4H8 3321
107-02-8 acrolein C3H4O 1621
107-03-9 propyl mercaptan C3H8S 2158
107-04-0 1-bromo-2-chloroethane C2H4BrCl 790
107-05-1 3-chloro-1-propene C3H5Cl 1671
107-06-2 1,2-dichloroethane C2H4Cl2 813
107-07-3 2-chloroethanol C2H5ClO 917
107-08-4 1-iodopropane C3H7I 2025
107-09-5 2-bromoethylamine C2H6BrN 1001
107-10-8 propylamine C3H9N 2200
107-11-9 allylamine C3H7N 2030
107-12-0 propionitrile C3H5N 1752
107-13-1 acrylonitrile C3H3N 1462
107-14-2 chloroacetonitrile C2H2ClN 612
107-15-3 ethylenediamine C2H8N2 1159
107-16-4 hydroxyacetonitrile C2H3NO 756
107-18-6 allyl alcohol C3H6O 1920
107-19-7 propargyl alcohol C3H4O 1622
107-20-0 chloroacetaldehyde C2H3ClO 708
107-21-1 ethylene glycol C2H6O2 1072
107-22-2 glyoxal C2H2O2 682
107-25-5 methyl vinyl ether C3H6O 1921
107-27-7 chloroethylmercury C2H5ClHg 915
107-29-9 acetaldoxime C2H5NO 955
107-30-2 chloromethyl methyl ether C2H5ClO 918
107-31-3 methyl formate C2H4O2 890
107-32-4 peroxyformic acid CH2O3 178
107-34-6 propylarsonic acid C3H9AsO3 2171
107-35-7 2-aminoethanesulfonic acid C2H7NO3S 1125
107-36-8 2-hydroxyethanesulfonic acid C2H6O4S 1085
107-37-9 trichloro-2-propenylsilane C3H5Cl3Si 1710
107-39-1 2,4,4-trimethyl-1-pentene C8H16 14979
107-40-4 2,4,4-trimethyl-2-pentene C8H16 14986
107-41-5 hexylene glycol C6H14O2 9022
107-43-7 betaine C5H11NO2 5705
107-44-8 sarin C4H10FO2P 3817
107-45-9 tert-octylamine C8H19N 15652
107-46-0 hexamethyldisiloxane C6H18OSi2 9362
107-47-1 di-tert-butyl sulfide C8H18S 15611
107-48-2 2-(2,2-dimethylpropyl)-2-methyloxirane C8H16O 15126
107-49-3 tetraethyl pyrophosphate C8H20O7P2 15727
107-50-6 tetradecamethylcycloheptasiloxane C14H42O7Si7 27974
107-51-7 octamethyltrisiloxane C8H24O2Si3 15755
107-52-8 tetradecamethylhexasiloxane C14H42O5Si6 27973
107-53-9 tetracosamethylundecasiloxane C24H72O10Si11 34041
107-54-0 3,5-dimethyl-1-hexyn-3-ol C8H14O 14585
107-58-4 N-tert-butylacrylamide C7H13NO 11644
107-59-5 tert-butyl chloroacetate C6H11ClO2 8034
107-61-9 1,4-thioxane-1,1-dioxide C4H8O3S 3570
107-64-2 dimethyl-dioctadecyl-ammonium chloride C38H80ClN 35539
107-66-4 dibutyl phosphate C8H19O4P 15676
107-68-6 2-(methylamino)ethanesulfonic acid C3H9NO3S 2220
107-69-7 trichloroethyl carbamate C3H4Cl3NO2 1562
107-70-0 4-methoxy-4-methyl-2-pentanone C7H14O2 11922
107-71-1 tert-butyl peroxyacetate C6H12O3 8547
107-72-2 trichloropentylsilane C5H11Cl3Si 5648
107-74-4 3,7-dimethyl-1,7-octanediol C10H22O2 21351
107-75-5 7-hydroxy-3,7-dimethyloctanal C10H20O2 21061
107-80-2 1,3-dibromobutane C4H8Br2 3335
107-81-3 2-bromopentane C5H11Br 5604
107-82-4 1-bromo-3-methylbutane C5H11Br 5607
107-83-5 2-methylpentane C6H14 8880

107-84-6 1-chloro-3-methylbutane C5H11Cl 5624
107-85-7 3-methylbutylamine C5H13N 5950
107-86-8 3-methyl-2-butenal C5H8O 4863
107-87-9 methyl propyl ketone C5H10O 5450
107-88-0 1,3-butanediol C4H10O2 3885
107-89-1 3-hydroxybutanal C4H8O2 3517
107-91-5 2-cyanoacetamide C3H4N2O 1596
107-92-6 butyric acid C4H8O2 3504
107-93-7 trans-2-butenoic acid C4H6O2 2967
107-94-8 3-chloropropanoic acid C3H5ClO2 1692
107-95-9 beta-alanine C3H7NO2 2050
107-96-0 3-mercaptopropionic acid C3H6O2S 1942
107-97-1 sarcosine C3H7NO2 2055
107-98-2 propylene glycol monomethyl ether C4H10O2 3895
107-99-3 N-(2-chloroethyl)dimethylamine C4H10ClN 3795
108-00-9 N,N-dimethylethylenediamine C4H12N2 4078
108-01-0 dimethylethanolamine C4H11NO 3988
108-03-2 1-nitropropane C3H7NO2 2045
108-05-4 vinyl acetate C4H6O2 2971
108-08-7 2,4-dimethylpentane C7H16 12118
108-09-8 2-amino-4-methylpentane C6H15N 9181
108-10-1 4-methyl-2-pentanone C6H12O 8412
108-11-2 4-methyl-2-pentanol C6H14O 8976
108-12-3 3-methylbutanoyl chloride C5H9ClO 5070
108-13-4 propanediamide C3H6N2O2 1891
108-16-7 1-(dimethylamino)-2-propanol C5H13NO 5969
108-18-9 diisopropylamine C6H15N 9203
108-19-0 imidodicarbonic diamide C2H5N3O2 972
108-20-3 diisopropyl ether C6H14O 8995
108-21-4 isopropyl acetate C5H10O2 5502
108-22-5 isopropenyl acetate C5H8O2 4884
108-23-6 isopropyl chloroformate C4H7ClO2 3143
108-24-7 acetic anhydride C4H6O3 2990
108-26-9 3-methyl-2-pyrazolin-5-one C4H6N2O 2897
108-27-0 5-methyl-2-pyrrolidinone C5H9NO 5206
108-28-1 5-methylene-2(5H)-furanone C5H4O2 4329
108-29-2 4-methyl-gamma-butyrolactone C5H8O2 4904
108-30-5 succinic anhydride C4H4O3 2603
108-31-6 maleic anhydride C4H2O3 2430
108-32-7 propylene carbonate C4H6O3 2995
108-33-8 2-amino-5-methyl-1,3,4-thiadiazole C3H5N3S 1797
108-34-9 methylpyrazolyl diethylphosphate C8H15N2O4P 14849
108-36-1 m-dibromobenzene C6H4Br2 6411
108-37-2 1-bromo-3-chlorobenzene C6H4BrCl 6384
108-38-3 m-xylene C8H10 13791
108-39-4 m-cresol C7H8O 10852
108-40-7 m-methylthiophenol C7H8S 10919
108-41-8 m-chlorotoluene C7H7Cl 10495
108-42-9 m-chloroaniline C6H6ClN 6923
108-43-0 m-chlorophenol C6H5ClO 6720
108-44-1 m-toluidine C7H9N 10955
108-45-2 m-phenylenediamine C6H8N2 7318
108-46-3 resorcinol C6H6O2 7071
108-47-4 2,4-dimethylpyridine C7H9N 10959
108-48-5 2,6-dimethylpyridine C7H9N 10961
108-49-6 2,6-dimethylpiperazine C6H14N2 8929
108-50-9 2,6-dimethylpyrazine C6H8N2 7324
108-52-1 4-methyl-2-pyrimidinamine C5H7N3 4709
108-55-4 glutaric anhydride C5H6O3 4567
108-56-5 diethyl oxobutanedioate C8H12O5 14400
108-57-6 m-divinylbenzene C10H10 18958
108-58-7 resorcinol diacetate C10H10O4 19219
108-59-8 dimethyl malonate C5H8O4 4947
108-60-1 2,2'-dichlorodiisopropyl ether C6H12Cl2O 8285
108-62-3 metaldehyde C8H16O4 15236
108-64-5 ethyl isovalerate C7H14O2 11909
108-65-6 propylene glycol monomethyl ether acetate C6H12O3 8564
108-67-8 mesitylene C9H12 17011
108-68-9 3,5-xylenol C8H10O 13926
108-69-0 3,5-dimethylaniline C8H11N 14092
108-70-3 1,3,5-trichlorobenzene C6H3Cl3 6307
108-71-4 3,5-diaminotoluene C7H10N2 11097
108-72-5 1,3,5-triaminobenzene C6H9N3 7592
108-73-6 1,3,5-benzenetriol C6H6O3 7087
108-74-7 1,3,5-trimethylhexahydro-1,3,5-triazine C6H15N3 9249
108-75-8 2,4,6-trimethylpyridine C8H11N 14096
108-77-0 2,4,6-trichloro-1,3,5-triazine C3Cl3N3 1263
108-78-1 1,3,5-triazine-2,4,6-triamine C3H6N6 1917
108-79-2 4,6-dimethyl-2-hydroxypyrimidine C6H8N2O 7347
108-80-5 cyanuric acid C3H3N3O3 1482
108-82-7 2,6-dimethyl-4-heptanol C9H20O 18288
108-83-8 diisobutyl ketone C9H18O 17998
108-84-9 sec-hexyl acetate C8H16O2 15163
108-85-0 bromocyclohexane C6H11Br 7981
108-86-1 bromobenzene C6H5Br 6656
108-87-2 methylcyclohexane C7H14 11704
108-88-3 toluene C7H8 10725
108-89-4 4-methylpyridine C6H7N 7175
108-90-7 chlorobenzene C6H5Cl 6692
108-91-8 cyclohexylamine C6H13N 8742
108-93-0 cyclohexanol C6H12O 8400
108-94-1 cyclohexanone C6H10O 7760
108-95-2 phenol C6H6O 7057
108-96-3 4-(1H)-pyridone C5H5NO 4401
108-97-4 4H-pyran-4-one C5H4O2 4331
108-98-5 phenyl mercaptan C6H6S 7121
108-99-6 3-methylpyridine C6H7N 7174
109-00-2 3-hydroxypyridine C5H5NO 4400
109-01-3 1-methylpiperazine C5H12N2 5793
109-02-4 4-methylmorpholine C5H11NO 5680
109-04-6 2-bromopyridine C5H4BrN 4258
109-05-7 2-methylpiperidine C6H13N 8759
109-06-8 2-methylpyridine C6H7N 7173
109-07-9 2-methylpiperazine C5H12N2 5794
109-08-0 2-methylpyrazine C5H6N2 4492
109-09-1 2-chloropyridine C5H4ClN 4265
109-12-6 2-pyrimidinamine C4H5N3 2730
109-13-7 tert-butyl perisobutyrate C8H16O3 15229
109-16-0 triethylene glycol dimethacrylate C14H22O6 27712
109-17-1 tetraethylene glycol dimethacrylate C16H26O7 29621
109-19-3 butyl 3-methylbutanoate C9H18O2 18073
109-20-6 geranyl isovalerate C15H26O2 28800
109-21-7 butyl butanoate C8H16O2 15175
109-27-3 tetrazene C2H8N10O 1166
109-29-5 oxacycloheptadecan-2-one C16H30O2 29664
109-31-9 dihexyl azelate C21H40O4 33030
109-42-2 butyl 10-undecenoate C15H28O2 28829
109-43-3 dibutyl sebacate C18H34O4 31041
109-44-4 bis(2-ethoxyethyl) adipate C14H26O6 27824
109-46-6 N,N'-dibutylthiourea C9H20N2S 18232
109-49-9 5-hexen-2-one C6H10O 7776
109-50-2 3-hexyn-2-ol C6H10O 7803
109-52-4 pentanoic acid C5H10O2 5492
109-53-5 isobutyl vinyl ether C6H12O 8397
109-55-7 3-dimethylamino-1-propylamine C5H14N2 6012
109-56-8 2-(isopropylamino)ethanol C5H13NO 5973
109-57-9 allylthiourea C4H8N2S 3459
109-59-1 2-isopropoxyethanol C5H12O2 5883
109-60-4 propyl acetate C5H10O2 5501
109-61-5 propyl chlorocarbonate C4H7ClO2 3146
109-62-6 ethylmercuric acetate C4H8HgO2 3399
109-63-7 boron trifluoride etherate C4H10BF3O 3790
109-64-8 1,3-dibromopropane C3H6Br2 1826
109-65-9 1-bromobutane C4H9Br 3598
109-66-0 pentane C5H12 5772
109-67-1 1-pentene C5H10 5286
109-68-2 2-pentene; (cis+trans) C5H10 5287
109-69-3 1-chlorobutane C4H9Cl 3610
109-70-6 1-bromo-3-chloropropane C3H6BrCl 1812
109-71-7 3-chloro-1-iodopropyne C3H2ClI 1348
109-72-8 n-butyl lithium C4H9Li 3672
109-73-9 butylamine C4H11N 3977
109-74-0 butyronitrile C4H7N 3238
109-75-1 vinylacetonitrile C4H5N 2698
109-76-2 1,3-propanediamine C3H10N2 2258
109-77-3 malononitrile C3H2N2 1377
109-78-4 hydracrylonitrile C3H5NO 1756
109-79-5 butyl mercaptan C4H10S 3942
109-80-8 1,3-propanedithiol C3H8S2 2163
109-81-9 N-methyl-1,2-ethanediamine C3H10N2 2256
109-82-0 (methyleneamino)acetonitrile C3H4N2 1593
109-83-1 methylethanolamine C3H9NO 2206
109-84-2 2-hydrazinoethanol C2H8N2O 1162
109-85-3 2-methoxyethylamine C3H9NO 2208
109-86-4 2-methoxyethanol C3H8O2 2138
109-87-5 methylal C3H8O2 2139
109-89-7 diethylamine C4H11N 3984
109-90-0 ethyl isocyanate C3H5NO 1760
109-92-2 ethyl vinyl ether C4H8O 3476
109-93-3 divinyl ether C4H6O 2944
109-94-4 ethyl formate C3H6O2 1931
109-95-5 ethyl nitrite C2H5NO2 959
109-96-6 2,5-dihydro-1H-pyrrole C4H7N 3242
109-97-7 pyrrole C4H5N 2701
109-98-8 4,5-dihydro-1H-pyrazole C3H6N2 1879
109-99-9 tetrahydrofuran C4H8O 3481
110-00-9 furan C4H4O 2592
110-01-0 tetrahydrothiophene C4H8S 3581
110-02-1 thiophene C4H4S 2613
110-03-2 2,5-dimethyl-2,5-hexanediol C8H18O2 15552
110-04-3 1,2-ethanedisulfonic acid C2H6O6S2 1089
110-05-4 di-t-butyl peroxide C8H18O2 15556
110-06-5 di-tert-butyl disulfide C8H18S2 15615
110-12-3 5-methyl-2-hexanone C7H14O 11834
110-13-4 2,5-hexanedione C6H10O2 7841
110-14-5 succinamide C4H8N2O2 3432
110-15-6 succinic acid C4H6O4 3006
110-16-7 maleic acid C4H4O4 2606
110-17-8 fumaric acid C4H4O4 2605
110-18-9 N,N,N',N'-tetramethyl-1,2-ethanediamine C6H16N2 9295
110-19-0 isobutyl acetate C6H12O2 8477
110-20-3 acetone semicarbazone C4H9N3O 3762
110-21-4 1,2-hydrazinedicarboxamide C2H6N4O2 1055
110-22-5 diacetylperoxide C4H6O4 3008
110-26-9 N,N'-methylenebisacrylamide C7H10N2O2 11115
110-27-0 isopropyl tetradecanoate C17H34O2 30330
110-29-2 n-decyl n-octyl adipate C24H46O4 33975
110-30-5 N,N'-ethylene bis(stearamide) C38H76N2O2 35525
110-32-7 adipic acid, di(2-hexyloxyethyl) ester C22H42O6 33446
110-33-8 dihexyl adipate C18H34O4 31042
110-36-1 n-butyl myristate C18H36O2 31105
110-38-3 ethyl decanoate C12H24O2 24876
110-39-4 octyl butanoate C12H24O2 24871
110-40-7 diethyl sebacate C14H26O4 27816
110-41-8 2-methylundecanal C12H24O 24853
110-42-9 methyl decanoate C11H22O2 22848
110-43-0 2-heptanone C7H14O 11829
110-44-1 2,4-hexadienoic acid C6H8O2 7416
110-45-2 isopentyl formate C6H12O2 8471
110-46-3 isopentyl nitrite C5H11NO2 5710
110-49-6 ethylene glycol monomethyl ether acetate C5H10O3 5545
110-51-0 trihydro(pyridine)boron C5H8BN 4752
110-52-1 1,4-dibromobutane C4H8Br2 3336
110-53-2 1-bromopentane C5H11Br 5603
110-54-3 hexane C6H14 8877
110-56-5 1,4-dichlorobutane C4H8Cl2 3363
110-57-6 1,4-dichloro-trans-2-butene C4H6Cl2 2808
110-58-7 pentylamine C5H13N 5947
110-59-8 valeronitrile C5H9N 5183
110-60-1 1,4-butanediamine C4H12N2 4070
110-61-2 succinonitrile C4H4N2 2562
110-62-3 pentanal C5H10O 5445
110-63-4 1,4-butanediol C4H10O2 3886
110-64-5 2-butene-1,4-diol C4H8O2 3526
110-65-6 2-butyne-1,4-diol C4H6O2 2963
110-66-7 pentyl mercaptan C5H12S 5921
110-67-8 3-methoxypropionitrile C4H7NO 3248
110-68-9 methyl-butylamine C5H13N 5955
110-69-0 butanal oxime C4H9NO 3684
110-70-3 N,N'-dimethyl-1,2-ethanediamine C4H12N2 4072
110-71-4 1,2-dimethoxyethane C4H10O2 3882
110-72-5 N-ethyl-1,2-ethanediamine C4H12N2 4073
110-73-6 2-(ethylamino)ethanol C4H11NO 3995
110-74-7 propyl formate C4H8O2 3506
110-75-8 2-chloroethyl vinyl ether C4H7ClO 3130
110-76-9 2-ethoxyethanamine C4H11NO 3994
110-77-0 2-(ethylthio)ethanol C4H10OS 3876
110-78-1 propyl isocyanate C4H7NO 3254
110-80-5 2-ethoxyethanol C4H10O2 3883
110-81-6 diethyl disulfide C4H10S2 3950
110-82-7 cyclohexane C6H12 8215
110-83-8 cyclohexene C6H10 7622
110-85-0 piperazine C4H10N2 3830
110-86-1 pyridine C5H5N 4391
110-87-2 3,4-dihydro-2H-pyran C5H8O 4852
110-88-3 trioxane C3H6O3 1950

110-89-4 piperidine C5H11N 5670
110-91-8 morpholine C4H9NO 3682
110-93-0 6-methyl-5-hepten-2-one C8H14O 14564
110-94-1 glutaric acid C5H8O4 4945
110-95-2 N,N,N',N'-tetramethyl-1,3-propanediamine C7H18N2 12377
110-96-3 diisobutylamine C8H19N 15638
110-97-4 diisopropanolamine C6H15NO2 9230
110-99-6 diglycolic acid C4H6O5 3023
111-01-3 2,6,10,15,19,23-hexamethyltetracosane C30H62 34962
111-02-4 squalene C30H50 34923
111-03-5 glycerol 1-monooleate C21H40O4 33029
111-06-8 butyl palmitate C20H40O2 32498
111-10-4 methoxyethyl oleate C21H40O3 33026
111-11-5 methyl octanoate C9H18O2 18081
111-12-6 methyl 2-octynoate C9H14O2 17465
111-13-7 2-octanone C8H16O 15066
111-14-8 heptanoic acid C7H14O2 11884
111-15-9 2-ethoxyethyl acetate C6H12O3 8531
111-16-0 heptanedioic acid C7H12O4 11537
111-17-1 3,3'-thiodipropionic acid C6H10O4S 7941
111-18-2 N,N,N',N'-tetramethyl-1,6-hexanediamine C10H24N2 21419
111-19-3 decanedioyl dichloride C10H16Cl2O2 20383
111-20-6 sebacic acid C10H18O4 20820
111-21-7 triethylene glycol diacetate C10H18O6 20844
111-22-8 ethanol, 2,2'-[1,2-ethanediylbis(oxy)]bis-, din C6H12N2O8 8376
111-24-0 1,5-dibromopentane C5H10Br2 5301
111-25-1 1-bromohexane C6H13Br 8647
111-26-2 hexylamine C6H15N 9173
111-27-3 1-hexanol C6H14O 8970
111-28-4 2,4-hexadien-1-ol C6H10O 7782
111-29-5 1,5-pentanediol C5H12O2 5863
111-30-8 pentanedial C5H8O2 4909
111-31-9 hexyl mercaptan C6H14S 9107
111-33-1 N,N'-dimethyl-1,3-propanediamine C5H14N2 6013
111-34-2 butyl vinyl ether C6H12O 8394
111-35-3 3-ethoxy-1-propanol C5H12O2 5886
111-36-4 butyl isocyanate C5H9NO 5197
111-39-7 N-propylethylenediamine C5H14N2 6017
111-40-0 diethylene triamine C4H13N3 4118
111-41-1 N-aminoethyl ethanolamine C4H12N2O 4080
111-42-2 diethanolamine C4H11NO2 4006
111-43-3 dipropyl ether C6H14O 8993
111-44-4 bis(2-chloroethyl) ether C4H8Cl2O 3375
111-45-5 ethylene glycol monoallyl ether C5H10O2 5514
111-46-6 diethylene glycol C4H10O3 3918
111-47-7 dipropyl sulfide C6H14S 9112
111-48-8 bis(2-hydroxyethyl) sulfide C4H10O2S 3907
111-49-9 hexamethyleneimine C6H13N 8745
111-50-2 hexanedioyl dichloride C6H8Cl2O2 7301
111-51-3 N,N,N',N'-tetramethyl-1,4-butanediamine C8H20N2 15696
111-55-7 ethylene glycol diacetate C6H10O4 7919
111-56-8 2-bromododecanoic acid C12H23BrO2 24789
111-60-4 ethylene glycol monostearate C20H40O3 32501
111-61-5 ethyl stearate C20H40O2 32499
111-62-6 ethyl oleate C20H38O2 32449
111-64-8 octanoyl chloride C8H15ClO 14759
111-65-9 octane C8H18 15354
111-66-0 1-octene C8H16 14890
111-67-1 oct-2-ene C8H16 14891
111-68-2 heptylamine C7H17N 12315
111-69-3 adiponitrile C6H8N2 7316
111-70-6 1-heptanol C7H16O 12164
111-71-7 1-heptanal C7H14O 11827
111-74-0 N,N'-diethyl-1,2-ethanediamine C6H16N2 9294
111-75-1 2-(butylamino)ethanol C6H15NO 9215
111-76-2 2-butoxyethanol C6H14O2 9021
111-77-3 2-(2-methoxyethoxy)ethanol C5H12O3 5899
111-78-4 1,5-cyclooctadiene C8H12 14228
111-79-5 methyl nonylenate C10H18O2 20805
111-80-8 methyl 2-nonynoate C10H16O2 20500
111-81-9 methyl 10-undecenoate C12H22O2 24708
111-82-0 methyl dodecanoate C13H26O2 26505
111-83-1 1-bromooctane C8H17Br 15248
111-84-2 nonane C9H20 18176
111-85-3 1-chlorooctane C8H17Cl 15252
111-86-4 octylamine C8H19N 15631
111-87-5 1-octanol C8H18O 15430
111-88-6 octyl mercaptan C8H18S 15602
111-90-0 2-(2-ethoxyethoxy)ethanol C6H14O3 9077
111-91-1 bis(2-chloroethoxy)methane C5H10Cl2O2 5353
111-92-2 dibutylamine C8H19N 15637
111-94-4 3,3'-iminodipropionitrile C6H9N3 7591
111-95-5 bis(2-methoxyethyl)amine C6H15NO2 9234
111-96-6 diethylene glycol dimethyl ether C6H14O3 9075
111-97-7 bis(2-cyanoethyl) sulfide C6H8N2S 7369
112-00-5 dodecyltrimethylammonium chloride C15H34ClN 28950
112-02-7 hexadecyltrimethylammonium chloride C19H42ClN 31762
112-04-9 trichlorooctadecylsilane C18H37Cl3Si 31117
112-05-0 nonanoic acid C9H18O2 18052
112-06-1 heptyl acetate C9H18O2 18059
112-07-2 2-butoxyethyl acetate C8H16O3 15220
112-10-7 isopropyl stearate C21H42O2 33047
112-12-9 2-undecanone C11H22O 22823
112-13-0 decanoyl chloride C10H19ClO 20873
112-14-1 octyl acetate C10H20O2 21045
112-15-2 diethylene glycol ethyl ether acetate C8H16O4 15232
112-16-3 dodecanoyl chloride C12H23ClO 24794
112-17-4 decyl acetate C12H24O2 24869
112-18-5 dimethyldodecylamine C14H31N 27960
112-19-6 undecenyl acetate C13H24O2 26428
112-20-9 nonylamine C9H21N 18388
112-21-0 N,N'-diethyl-2-butene-1,4-diamine C8H18N2 15404
112-23-2 heptyl formate C8H16O2 15159
112-24-3 triethylene tetramine C6H18N4 9359
112-25-4 ethylene glycol monohexyl ether C8H18O2 15558
112-26-5 1,2-bis(2-chloroethoxy)ethane C6H12Cl2O2 8287
112-27-6 triethylene glycol C6H14O4 9092
112-29-8 1-bromodecane C10H21Br 21090
112-30-1 1-decanol C10H22O 21224
112-31-2 decanal C10H20O 20992
112-32-3 octyl formate C9H18O2 18058
112-33-4 3-aminopropoxy-2-ethoxy ethanol C7H17NO3 12360
112-34-5 diethylene glycol monobutyl ether C8H18O3 15579
112-35-6 triethylene glycol monomethyl ether C7H16O4 12295
112-36-7 diethylene glycol diethyl ether C8H18O3 15578
112-37-8 undecanoic acid C11H22O2 22835
112-38-9 10-undecenoic acid C11H20O2 22706
112-39-0 methyl palmitate C17H34O2 30332
112-40-3 dodecane C12H26 24914
112-41-4 1-dodecene C12H24 24823
112-42-5 1-undecanol C11H24O 23055
112-43-6 10-undecen-1-ol C11H22O 22828
112-44-7 undecanal C11H22O 22822
112-45-8 undecylenic aldehyde C11H20O 22695
112-46-9 9-undecen-1-ol C11H22O 22830
112-47-0 1,10-decanediol C10H22O2 21349
112-48-1 ethylene glycol dibutyl ether C10H22O2 21355
112-49-2 triethylene glycol dimethyl ether C8H18O4 15591
112-50-5 triethylene glycol monoethyl ether C8H18O4 15592
112-51-6 dipentyl disulfide C10H22S2 21394
112-52-7 1-chlorododecane C12H25Cl 24897
112-53-8 1-dodecanol C12H26O 25277
112-54-9 dodecanal C12H24O 24852
112-55-0 1-dodecanethiol C12H26S 25310
112-56-1 2-(2-butoxy ethoxy)ethyl thiocyanate C9H17NO2S 17841
112-57-2 tetraethylenepentamine C8H23N5 15747
112-58-3 dihexyl ether C12H26O 25285
112-59-4 di(ethylene glycol) hexyl ether C10H22O3 21369
112-60-7 tetraethylene glycol C8H18O5 15598
112-61-8 methyl stearate C19H38O2 31719
112-62-9 methyl oleate C19H36O2 31675
112-63-0 methyl linoleate C19H34O2 31664
112-64-1 tetradecanoyl chloride C14H27ClO 27831
112-66-3 dodecyl acetate C14H28O2 27875
112-67-4 hexadecanoyl chloride C16H31ClO 29691
112-69-6 dimethylhexadecylamine C18H39N 31166
112-70-9 1-tridecanol C13H28O 26535
112-71-0 1-bromotetradecane C14H29Br 27895
112-72-1 1-tetradecanol C14H30O 27922
112-73-2 diethylene glycol dibutyl ether C12H26O3 25294
112-75-4 dimethyltetradecylamine C16H35N 29803
112-76-5 octadecanoyl chloride C18H35ClO 31060
112-77-6 oleoyl chloride C18H33ClO 31008
112-79-8 elaidic acid C18H34O2 31031
112-80-1 oleic acid C18H34O2 31030
112-82-3 1-bromohexadecane C16H33Br 29739
112-84-5 erucylamide C22H43NO 33450
112-85-6 docosanoic acid C22H44O2 33468
112-86-7 cis-13-docosenoic acid C22H42O2 33431
112-88-9 1-octadecene C18H36 31071
112-89-0 1-bromooctadecane C18H37Br 31115
112-90-3 oleylamine C18H37N 31120
112-91-4 cis-9-octadecenenitrile C18H33N 31009
112-92-5 1-octadecanol C18H38O 31140
112-95-8 eicosane C20H42 32515
112-96-9 octadecyl isocyanate C19H37NO 31691
112-98-1 tetraethylene glycol, dibutyl ether C16H34O5 29786
112-99-2 dioctadecylamine C36H75N 35440
113-00-8 guanidine CH5N3 294
113-15-5 ergotamine C33H55N5O5 35168
113-18-8 ethchlorvynol C7H9ClO 10947
113-24-6 pyruvic acid, sodium salt C3H3NaO3 1491
113-38-2 estradiol dipropionate C24H32O4 33894
113-42-8 partergin C20H25N3O2 32256
113-45-1 methylphenidate C14H19NO2 27523
113-48-4 MGK 264 C17H25NO2 30234
113-53-1 dosulepin C19H21NS 31472
113-59-7 tarasan C18H18ClNS 30649
113-80-4 argiprestocin C43H67N15O12S2 35730
113-92-8 chlorpheniramine maleate C20H23ClN2O4 32187
113-98-4 potassium penicillin G C16H17KN2O4S 29316
114-03-4 DL-5-hydroxytryptophan C11H12N2O3 21832
114-07-8 erythromycin C37H67NO13 35475
114-25-0 biliverdine C33H34N4O6 35145
114-26-1 propoxur C11H15NO3 22282
114-33-0 N-methylnicotinamide C7H8N2O 10799
114-42-1 flavaspidic acid C24H30O8 33876
114-70-5 sodium phenylacetate C8H7NaO2 13233
114-80-7 neostigmine bromide C12H19BrN2O2 24501
114-83-0 1-acetyl-2-phenylhydrazine C8H10N2O 13866
114-86-3 b-phenethylbiguanide C10H15N5 20299
114-91-0 2-(2-methoxyethyl)pyridine C8H11NO 14137
115-02-6 azaserine C5H7N3O4 4732
115-07-1 propylene C3H6 1810
115-09-3 chloromethyl mercury CH3ClHg 197
115-10-6 dimethyl ether C2H6O 1066
115-11-7 isobutene C4H8 3324
115-17-3 tribromoacetaldehyde C2HBr3O 521
115-18-4 2-methyl-3-buten-2-ol C5H10O 5461
115-19-5 2-methyl-3-butyn-2-ol C5H8O 4865
115-20-8 2,2,2-trichloroethanol C2H3Cl3O 723
115-21-9 trichloroethylsilane C2H5Cl3Si 937
115-22-0 3-hydroxy-3-methyl-2-butanone C5H10O2 5527
115-24-2 sulfonmethane C7H16O4S2 12296
115-25-3 octafluorocyclobutane C4F8 2336
115-26-4 dimefox C4H12FN2OP 4056
115-27-5 1,4,5,6,7,7-hexachloro-5-norbornene-2,3-dicarb C9H2Cl6O3 15772
115-28-6 chlorendic acid C9H4Cl6O4 15790
115-29-7 endosulfan C9H6Cl6O3S 15877
115-31-1 thanite C13H19NO2S 26263
115-32-2 1,1-bis(4-chlorophenyl)-2,2,2-trichloroethanol C14H9Cl5O 26701
115-37-7 thebaine C19H21NO3 31465
115-38-8 mephobarbital C13H14N2O3 25961
115-39-9 bromophenol blue C19H10Br4O5S 31185
115-40-2 bromocresol purple C21H16Br2O5S 32643
115-43-5 5-phenyl-5-allyl-2,4,6(1H,3H,5H)-pyrimidinetr C13H12N2O3 25776
115-44-6 5-allyl-5-sec-butylbarbituric acid C11H16N2O3 22385
115-46-8 a,a-diphenyl-4-piperidinomethanol C18H21NO 30754
115-53-7 sinomenine C19H23NO4 31520
115-56-0 5-ethyl-5-(2-methylallyl)-2-thiobarbituric a C10H14N2O2S 19951
115-58-2 pentobarbital C11H18N2O3 22574
115-61-7 tachysterol C28H44O 34685
115-63-9 hexocyclium methyl sulfate C21H36N2O5S 33002
115-67-3 paramethadione C7H11NO3 11301
115-69-5 2-amino-2-methyl-1,3-propanediol C4H11NO2 4008
115-70-8 2-amino-2-ethyl-1,3-propanediol C5H13NO2 5987
115-71-9 alpha-santalol C15H24O 28760
115-76-4 2,2-diethyl-1,3-propanediol C7H16O2 12265
115-77-5 pentaerythritol C5H12O4 5912
115-78-6 tributyl(2,4-dichlorobenzyl)phosphonium chlor C19H32Cl3P 31649
115-80-0 1,1,1-triethoxypropane C9H20O3 18352
115-82-2 2-ethyl-1-hexanol silicate C32H68O4Si 35136
115-84-4 2-butyl-2-ethyl-1,3-propanediol C9H20O2 18343
115-86-6 triphenyl phosphate C18H15O4P 30566
115-89-9 diphenyl methyl phosphate C13H13O4P 25901
115-90-2 fensulfothion C11H17O4PS2 22552

115-91-3 ENT 24,944 C9H13O4PS2 17383
115-93-5 cythioate C8H12NO5PS2 14274
115-95-7 linalyl acetate C12H20O2 24583
115-96-8 tris(2-chloroethyl) phosphate C6H12Cl3O4P 8295
115-98-0 vinylphosphonic acid bis(2-chloroethyl) ester C6H11Cl2O3P 8062
115-99-1 3,7-dimethyl-1,6-octadien-3-ol formate C11H18O2 22596
116-01-8 dimethoate-ethyl C6H14NO3PS2 8909
116-02-9 3,5,5-trimethylcyclohexanol C9H18O 18043
116-06-3 aldicarb C7H14N2O2S 11803
116-09-6 1-hydroxy-2-propanone C3H6O2 1934
116-11-0 2-methoxypropene C4H8O 3496
116-14-3 tetrafluoroethylene C2F4 488
116-15-4 hexafluoropropylene C3F6 1284
116-16-5 hexachloroacetone C3Cl6O 1272
116-17-6 triisopropyl phosphite C9H21O3P 18409
116-26-7 safranal C10H14O 20068
116-29-0 tetradifon C12H6Cl4O2S 23216
116-31-4 trans-retinal C20H28O 32314
116-38-1 edrophonium chloride C10H16ClNO 20378
116-43-8 succinylsulphathiazole C13H13N3O5S2 25895
116-44-9 4-amino-N-pyrazinylbenzenesulfonamide C10H10N4O2S 19078
116-52-9 dicloralurea C5H6Cl6N2O3 4483
116-53-0 2-methylbutyric acid C5H10O2 5493
116-54-1 methyl dichloroacetate C3H4Cl2O2 1556
116-58-5 11,17,20,21-tetrahydroxypregn-4-en-3-one, (11be C21H32O5 32981
116-63-2 4-amino-3-hydroxy-1-naphthalenesulfonic acid C10H9NO4S 18933
116-66-5 moskene C14H18N2O4 27464
116-71-2 dibenzanthrone C34H16O2 35201
116-76-7 1,1'-(anthraquinon-1,4-ylenediimino)dianthraq C42H22N2O6 35662
116-80-3 N-(5-chloro-4-methoxyanthraquinonyl)benzamid C22H14ClNO4 33108
116-82-5 1-amino-2-bromo-4-hydroxyanthraquinone C14H8BrNO3 26626
116-84-7 1-amino-5-chloro-4-hydroxyanthraquinone C14H8ClNO3 26633
116-85-8 1-amino-4-hydroxyanthraquinone C14H9NO3 26722
116-90-5 4,4'-dibenzanthronil C34H18O2 35203
117-03-3 1,1'-(anthraquinon-1,5-ylenediimino)dianthraq C42H22N2O6 35663
117-05-5 5-benzoylamino-1-chloroanthraquinone C21H12ClNO3 32569
117-08-8 tetrachlorophthalic anhydride C8Cl4O3 12417
117-10-2 1,8-dihydroxy-9,10-anthracenedione C14H8O4 26667
117-11-3 1-amino-5-chloroanthraquinone C14H8ClNO2 26632
117-12-4 1,5-dihydroxy-9,10-anthracenedione C14H8O4 26665
117-14-6 1,5-anthraquinonedisulfonic acid C14H8O8S2 26681
117-18-0 1,2,4,5-tetrachloro-3-nitrobenzene C6HCl4NO2 6112
117-27-1 1,1-bis(p-chlorophenyl)-2-nitropropane C15H13Cl2NO2 28214
117-34-0 alpha-phenylbenzeneacetic acid C14H12O2 26953
117-37-3 2-(4-methoxyphenyl)-1H-indene-1,3(2H)-dione C16H12O3 29060
117-39-5 quercetin C15H10O7 28070
117-51-1 3-homotetra hydro cannibinol C22H32O2 33368
117-52-2 3-(a-acetonylfurfuryl)-4-hydroxycoumarin C17H14O5 29950
117-55-5 amino-S acid C10H9NO6S2 18947
117-57-7 3-hydroxy-2-methyl-4-quinolinecarboxylic acid C11H9NO3 21583
117-61-3 4,4'-diamino-2,2'-biphenyldisulfonic acid C12H12N2O6S2 23746
117-62-4 2-amino-1,5-naphthalenedisulfonic acid C10H9NO6S2 18945
117-73-7 raunescine C31H36N2O8 34992
117-78-2 9,10-dihydro-9,10-dioxo-2-anthracenecarboxylic a C15H8O4 27987
117-79-3 2-amino-9,10-anthracenedione C14H9NO2 26715
117-80-6 2,3-dichloro-1,4-naphthalenedione C10H4Cl2O2 18485
117-81-7 bis(2-ethylhexyl) phthalate C24H38O4 33926
117-82-8 bis(2-methoxyethyl) phthalate C14H18O6 27503
117-83-9 bis(2-butoxyethyl) phthalate C20H30O6 32363
117-84-0 dioctyl phthalate C24H38O4 33925
117-89-5 trifluoromethylperazine C21H24F3N3S 32831
117-92-0 quinaldine red C21H23IN2 32816
117-93-1 N-(2-hydroxy-1-naphthyl)acetamide C12H11NO2 23636
117-96-4 diatrizoic acid C11H9I3N2O4 21561
117-97-5 bis(pentachlorophenol), zinc salt C12Cl10S2Zn 23120
117-98-6 acetic acid vetiverol ester C17H27O2 30263
117-99-7 (2-hydroxyphenyl)phenylmethanone C13H10O2 25628
118-00-3 guanosine C10H13N5O5 19863
118-02-5 2,4-dinitroso-m-resorcinol C6H4N2O4 6585
118-03-6 7-amino-1,3,6-naphthalenetrisulfonic acid C10H9NO9S3 18949
118-08-1 hydrastine C21H21NO6 32775
118-10-5 cinchonine C19H22N2O 31485
118-12-7 1,3,3-trimethyl-2-methyleneindoline C12H15N 24050
118-28-5 5-amino-6-ethoxy-2-naphthalenesulfonic acid C12H13NO4S 23863
118-29-6 N-(hydroxymethyl)phthalimide C9H7NO3 16059
118-31-0 1-naphthylmethylamine C11H11N 21731
118-32-1 7-hydroxy-1,3-naphthalenedisulfonic acid C10H8O7S2 18800
118-34-3 syringin C17H24O9 30228
118-41-2 3,4,5-trimethoxybenzoic acid C10H12O5 19698
118-42-3 plaquenil C18H26ClN3O 30880
118-44-5 N-ethyl-1-naphthalenamine C12H13N 23819
118-46-7 8-amino-2-naphthalenol C10H9NO 18867
118-48-9 isatoic anhydride C8H5NO3 12696
118-52-5 1,3-dichloro-5,5-dimethyl hydantoin C5H6Cl2N2O2 4476
118-55-8 phenyl salicylate C13H10O3 25645
118-58-1 benzyl salicylate C14H12O3 26967
118-60-5 2-ethylhexyl salicylate C15H22O3 28681
118-61-6 ethyl salicylate C9H10O3 16724
118-65-0 (-)-isocaryophyllene C15H24 28745
118-69-4 2,6-dichlorotoluene C7H6Cl2 10259
118-71-8 3-hydroxy-2-methyl-4H-pyran-4-one C6H6O3 7091
118-72-9 2,6-dimethylthiophenol C8H10S 14045
118-74-1 hexachlorobenzene C6Cl6 6067
118-75-2 2,3,5,6-tetrachloro-2,5-cyclohexadiene-1,4-dione C6Cl4O2 6063
118-76-3 5,6-dihydroxy-5-cyclohexene-1,2,3,4-tetrone C6H2O6 6215
118-78-5 5-amino-2,4,6(1H,3H,5H)-pyrimidinetrione C4H5N3O3 2747
118-79-6 2,4,6-tribromophenol C6H3Br3O 6260
118-82-1 4,4'-methylenebis(2,6-di-tert-butylphenol) C29H44O2 34797
118-83-2 4-chloro-1-nitro-2-(trifluoromethyl)benzene C7H3ClF3NO2 9510
118-88-7 5-amino-2-methylbenzenesulfonic acid C7H9NO3S 11017
118-90-1 o-toluic acid C8H8O2 13413
118-91-2 o-chlorobenzoic acid C7H5ClO2 9932
118-92-3 aniline-2-carboxylic acid C7H7NO2 10629
118-93-4 1-(2-hydroxyphenyl)ethanone C8H8O2 13427
118-96-7 2,4,6-trinitrotoluene C7H5N3O6 10118
118-97-8 4-chloro-3,5-dinitrobenzoic acid C7H3ClN2O6 9516
119-04-0 neomycin B C23H46N6O13 33692
119-06-2 ditridecyl phthalate C34H58O4 35253
119-07-3 octyl decyl phthalate C26H42O4 34319
119-10-8 4-methyl-2-nitroanisole C8H9NO3 13756
119-12-0 pyridaphenthion C14H17N2O4PS 27399
119-13-1 delta-tocopherol C27H46O2 34531
119-15-3 N-(2,4-dinitrophenyl)-N-(4-hydroxyphenyl)amine C12H9N3O5 23438
119-20-0 rhizopterin C15H12N6O4 28172
119-21-1 1-chloro-2,4-dimethoxy-5-nitrobenzene C8H8ClNO4 13279
119-23-3 2,5-diethoxynitrobenzene C10H13NO4 19837
119-26-6 (2,4-dinitrophenyl)hydrazine C6H6N4O4 7049
119-27-7 1-methoxy-2,4-dinitrobenzene C7H6N2O5 10378
119-28-8 8-amino-2-naphthalenesulfonic acid C10H9NO3S 18927
119-30-2 5-iodosalicylic acid C7H5IO3 10036
119-32-4 4-methyl-3-nitroaniline C7H8N2O2 10822
119-33-5 4-methyl-2-nitrophenol C7H7NO3 10654
119-34-6 4-amino-2-nitrophenol C6H6N2O3 7011
119-36-8 methyl salicylate C8H8O3 13445
119-38-0 dimethyl-5-(1-isopropyl-3-methylpyrazolyl)car C10H17N3O2 20588
119-39-1 phthalazone C8H6N2O 12870
119-41-5 efloxate C19H16O5 31367
119-42-6 2-cyclohexylphenol C12H16O 24196
119-44-8 xanthopterin C6H5N5O2 6865
119-47-1 antioxidant 2246 C23H32O2 33641
119-48-2 dimorpholamine C20H38N4O4 32441
119-51-7 1-phenyl-1,2-propanedione-2-oxime C9H9NO2 16442
119-52-8 anisoin C16H16O4 29302
119-56-2 4-chlorobenzhydrol C13H11ClO 25677
119-58-4 4,4'-bis(dimethylamino)benzhydrol C17H22N2O 30186
119-59-5 di(p-aminophenyl) sulfoxide C12H12N2OS 23734
119-60-8 dicyclohexylmethanone C13H22O 26373
119-61-9 benzophenone C13H10O 25623
119-64-2 1,2,3,4-tetrahydronaphthalene C10H12 19359
119-65-3 isoquinoline C9H7N 16010
119-67-5 2-formylbenzoic acid C8H6O3 12928
119-68-6 2-(methylamino)benzoic acid C8H9NO2 13709
119-72-2 4-amino-4'-nitro-2,2'-stilbenedisulfonic ac C14H12N2O8S2 26918
119-75-5 2-nitro-N-phenylaniline C12H10N2O2 23502
119-79-9 5-amino-2-naphthalenesulfonic acid C10H9NO3S 18928
119-80-2 2,2'-dithiosalicylic acid C14H10O4S2 26792
119-81-3 2-nitro-p-acetanisidide C9H10N2O4 16592
119-84-6 3,4-dihydro-2H-1-benzopyran-2-one C9H8O2 16208
119-90-4 3,3'-dimethoxybenzidine C14H16N2O2 27345
119-91-5 2,2'-biquinoline C18H12N2 30424
119-93-7 o-tolidine C14H16N2 27334
120-00-3 fast blue BB C17H20N2O3 30131
120-02-5 4-carbamidophenyl bis(carboxymethylthio)a C11H13AsN2O5S2 21911
120-07-0 N-phenyl-N,N-diethanolamine C10H15NO2 20267
120-08-1 6,7-dimethylesculetin C11H10O4 21675
120-11-6 benzyl isoeugenol ether C17H18O2 30076
120-12-7 anthracene C14H10 26728
120-14-9 3,4-dimethoxybenzaldehyde C9H10O3 16715
120-15-0 1,2,3,4-tetrahydro-6-methoxyquinoline C10H13NO 19773
120-18-3 2-naphthalenesulfonic acid C10H8O3S 18778
120-20-7 3,4-dimethoxybenzeneethanamine C10H15NO2 20266
120-21-8 4-(diethylamino)benzaldehyde C11H15NO 22240
120-22-9 N,N-diethyl-4-nitrosoaniline C10H14N2O 19941
120-23-0 (2-naphthyloxy)acetic acid C12H10O3 23555
120-25-2 4-ethoxy-3-methoxybenzaldehyde C10H12O3 19635
120-29-6 8-methyl-8-azabicyclo[3.2.1]octan-3-ol, endo C8H15NO 14794
120-32-1 clorophene C13H11ClO 25676
120-33-2 ethyl 3-methylbenzoate C10H12O2 19549
120-35-4 3-amino-4-methoxy benzanilide C14H14N2O2 27121
120-36-5 2-(2,4-dichlorophenoxy)propanoic acid C9H8Cl2O3 16121
120-37-6 3-ethylamino-4-methylphenol C9H13NO 17320
120-40-1 N,N-bis(2-hydroxyethyl)dodecan amide C16H33NO3 29753
120-43-4 ethyl 1-piperazinecarboxylate C7H14N2O2 11797
120-44-5 desoxyanisoin C16H16O3 29296
120-45-6 1-phenylethyl propionate C11H14O2 22149
120-46-7 1,3-diphenyl-1,3-propanedione C15H12O2 28185
120-47-8 ethyl 4-hydroxybenzoate C9H10O3 16723
120-48-9 butyl 4-nitrobenzoate C11H13NO4 21996
120-50-3 isobutyl benzoate C11H14O2 22114
120-51-4 benzyl benzoate C14H12O2 26942
120-53-6 6-ethoxy-2-mercaptobenzothiazole C8H7NOS2 13144
120-54-7 tetrone A C12H20N2S6 24555
120-55-8 diethylene glycol dibenzoate C18H18O5 30681
120-57-0 1,3-benzodioxole-5-carboxaldehyde C8H6O3 12927
120-58-1 isosafrol, cis and trans C10H10O2 19133
120-61-6 dimethyl terephthalate C10H10O4 19196
120-62-7 piperonyl sulfoxide C18H28O3S 30933
120-66-1 N-(2-methylphenyl)acetamide C9H11NO 16913
120-67-2 2-(2,4-dichlorophenoxy)-ethanol C8H8Cl2O2 13304
120-71-8 2-methoxy-5-methylaniline C8H11NO 14140
120-72-9 indole C8H7N 13107
120-73-0 1H-purine C5H4N4 4305
120-74-1 5-norbornene-2-carboxylic acid, endo and exo C8H10O2 13978
120-75-2 2-methylbenzothiazole C8H7NS 13204
120-78-5 2,2'-dithiobis(benzothiazole) C14H8N2S4 26652
120-80-9 pyrocatechol C6H6O2 7070
120-82-1 1,2,4-trichlorobenzene C6H3Cl3 6305
120-83-2 2,4-dichlorophenol C6H4Cl2O 6480
120-85-4 1,2,4-trimethylpiperazine C7H16N2 12140
120-86-5 N,N'-bis(2-hydroxyethyl)-dithiooxamide C6H12N2O2S2 8345
120-87-6 9,10-dihydroxyoctadecanoic acid C18H36O4 31109
120-89-8 imidazolidinetrione C3H2N2O3 1379
120-92-3 cyclopentanone C5H8O 4848
120-93-4 2-imidazolidinone C3H6N2O 1883
120-94-5 N-methylpyrrolidine C5H11N 5669
120-95-6 2,4-di-tert-amylphenol C16H26O 29609
120-97-8 4,5-dichloro-1,3-benzenedisulfonamide C6H6ClN2O4 6937
121-00-6 3-tert-butyl-4-hydroxyanisole C11H16O2 22464
121-01-7 2-amino-5-nitrobenzotrifluoride C7H5F3N2O2 10004
121-02-8 2-methyl-5-nitrobenzenesulfonyl chloride C7H6ClNO4S 10248
121-03-9 2-methyl-5-nitrobenzenesulfonic acid C7H7NO5S 10686
121-05-1 N,N-diisopropyl ethylenediamine C8H20N2 15703
121-06-2 tris(2,6-dimethylphenyl) phosphate C24H27O4P 33850
121-14-2 2,4-dinitrotoluene C7H6N2O4 10363
121-17-5 4-chloro-3-nitrobenzotrifluoride C7H3ClF3NO2 9508
121-19-7 4-hydroxy-3-nitrobenzenearsonic acid C6H6AsNO6 6892
121-21-1 pyrethrin I C21H28O3 32930
121-30-2 4-amino-6-chloro-1,3-benzenedisulfonamide C6H8ClN3O4S2 7298
121-32-4 ethyl vanillin C9H10O3 16711
121-33-5 vanillin C8H8O3 13446
121-34-6 4-hydroxy-3-methoxybenzoic acid C8H8O4 13492
121-39-1 ethyl 3-phenylglycidate C11H12O3 21891
121-43-7 trimethyl borate C3H9BO3 2176
121-44-8 triethylamine C6H15N 9212
121-45-9 trimethyl phosphite C3H9O3P 2236
121-46-0 2,5-norbornadiene C7H8 10730
121-47-1 m-aminobenzenesulfonic acid C6H7NO3S 7217
121-50-6 2-chloro-5-(trifluoromethyl)aniline C7H5ClF3N 9909
121-51-7 3-nitrobenzenesulfonyl chloride C6H4ClNO4S 6456
121-52-8 3-nitrobenzenesulfonamide C6H6N2O4S 7027
121-54-0 benzethonium chloride C27H42ClNO2 34483
121-57-3 p-aminobenzenesulfonic acid C6H7NO3S 7218
121-58-4 N,N-dimethylsulfanilic acid C8H11NO3S 14195
121-59-5 [4-[(aminocarbonyl)amino]phenyl]arsonic acid C7H9AsN2O4 10928
121-60-8 4-(acetylamino)benzenesulfonyl chloride C8H8ClNO3S 13278
121-61-9 N-[4-(aminosulfonyl)phenyl]acetamide C8H10N2O3S 13890

121-66-4 5-nitro-2-thiazolamine C3H3N3O2S 1480
121-69-7 N,N-dimethylaniline C8H11N 14082
121-71-1 1-(3-hydroxyphenyl)ethanone C8H8O2 13428
121-72-2 3-methyl-N,N-dimethylaniline C9H13N 17277
121-73-3 m-chloronitrobenzene C6H4ClNO2 6443
121-75-5 malathion C10H19O6PS2 20919
121-79-9 propyl 3,4,5-trihydroxybenzoate C10H12O5 19696
121-81-3 3,5-dinitrobenzamide C7H5N3O5 10117
121-82-4 hexahydro-1,3,5-trinitro-1,3,5-triazine C3H6N6O6 1919
121-86-8 2-chloro-1-methyl-4-nitrobenzene C7H6ClNO2 10229
121-87-9 2-chloro-4-nitroaniline C6H5ClN2O2 6711
121-88-0 2-amino-5-nitrophenol C6H6N2O3 7012
121-89-1 1-(3-nitrophenyl)ethanone C8H7NO3 13166
121-90-4 3-nitrobenzoyl chloride C7H4ClNO3 9707
121-91-5 isophthalic acid C8H6O4 12934
121-92-6 m-nitrobenzoic acid C7H5NO4 10072
121-97-1 4'-methoxypropiophenone C10H12O2 19601
121-98-2 methyl 4-methoxybenzoate C9H10O3 16739
122-00-9 4-methylacetophenone C9H10O 16631
122-01-0 p-chlorobenzoyl chloride C7H4Cl2O 9738
122-03-2 4-isopropylbenzaldehyde C10H12O 19510
122-04-3 p-nitrobenzoyl chloride C7H4ClNO3 9708
122-06-5 4,4'-stilbenedicarboxamidine C16H16N4 29255
122-07-6 2,2-dimethoxy-N-methylethanamine C5H13NO2 5989
122-09-8 alpha,alpha-dimethylbenzeneethanamine C10H15N 20214
122-10-1 bomyl C9H15O8P 17589
122-11-2 sulfadimethoxine C12H14N4O4S 23953
122-14-5 fenitrothion C9H12NO5PS 17035
122-15-6 5,5-dimethyldihydroresorcinol dimethylcarbamat C11H17NO3 22529
122-18-9 cetyldimethylbenzylammonium chloride C25H46ClN 34175
122-20-3 triisopropanolamine C9H21NO3 18399
122-25-8 5,5'-methylenedisalicylic acid C15H12O6 28207
122-28-1 N-(3-nitrophenyl)acetamide C8H8N2O3 13365
122-31-6 1,1,3,3-tetraethoxypropane C11H24O4 23081
122-32-7 glycerol trioleate C57H104O6 35898
122-34-9 simazine C7H12ClN5 11376
122-35-0 2-phenoxypropanoyl chloride C9H9ClO2 16310
122-37-2 4-(phenylamino)phenol C12H11NO 23625
122-39-4 diphenylamine C12H11N 23609
122-40-7 2-(phenylmethylene)heptanal C14H18O 27481
122-42-9 isopropyl phenylcarbamate C10H13NO2 19799
122-43-0 butylbenzeneacetate C12H16O2 24231
122-46-3 3-methylphenyl acetate C9H10O2 16682
122-48-5 4-(4-hydroxy-3-methoxyphenyl)-2-butanone C11H14O3 22173
122-51-0 triethoxymethane C7H16O3 12284
122-52-1 triethyl phosphite C6H15O3P 9260
122-56-5 tri-n-butyl borane C12H27B 25326
122-57-6 benzalacetone C10H10O 19106
122-59-8 phenoxyacetic acid C8H8O3 13470
122-60-1 phenyl glycidyl ether C9H10O2 16686
122-62-3 bis(2-ethylhexyl) sebacate C26H50O4 34342
122-63-4 benzyl propanoate C10H12O2 19541
122-65-6 N,N'-dibenzyldithiooxamide C16H16N2S2 29254
122-66-7 hydrazobenzene C12H12N2 23719
122-67-8 isobutyl cinnamate C13H16O2 26099
122-68-9 3-phenylpropyl cinnamate C18H18O2 30677
122-69-0 cinnamyl cinnamate C18H16O2 30627
122-70-3 2-phenylethyl propanoate C11H14O2 22131
122-72-5 3-phenyl-1-propanol acetate C11H14O2 22150
122-73-6 [(3-methylbutoxy)methyl]benzene C12H18O 24445
122-74-7 hydrocinnamyl propionate C12H16O2 24234
122-78-1 benzeneacetaldehyde C8H8O 13393
122-79-2 phenyl acetate C8H8O2 13417
122-80-5 N-(4-aminophenyl)acetamide C8H10N2O 13862
122-82-7 acetoacet-p-phenetidide C12H15NO3 24078
122-84-9 1-(4-methoxyphenyl)-2-propanone C10H12O2 19568
122-85-0 4-acetamidobenzaldehyde C9H9NO2 16424
122-87-2 N-(4-hydroxyphenyl)glycine C8H9NO3 13748
122-88-3 (4-chlorophenoxy)acetic acid C8H7ClO3 13027
122-93-0 acrylic acid 2-(5'-ethyl-2-pyridyl)ethyl ester C12H15NO2 24070
122-94-1 4-n-butoxyphenol C10H14O2 20109
122-95-2 1,4-diethoxybenzene C10H14O2 20094
122-96-3 1,4-bis(2-hydroxyethyl)piperazine C8H18N2O2 15415
122-97-4 benzenepropanol C9H12O 17091
122-98-5 N-phenylethanolamine C8H11NO 14144
122-99-6 2-phenoxyethanol C8H10O2 13969
123-00-2 4-morpholinepropanamine C7H16N2O 12148
123-01-3 dodecylbenzene C18H30 30947
123-02-4 tridecylbenzene C19H32 31646
123-03-5 1-hexadecylpyridinium, chloride C21H38ClN 33013
123-04-6 3-(chloromethyl)heptane C8H17Cl 15259
123-05-7 2-ethylhexanal C8H16O 15062
123-06-8 (ethoxymethylene)propanedinitrile C6H6N2O 6987
123-07-9 p-ethylphenol C8H10O 13920
123-08-0 p-hydroxybenzaldehyde C7H6O2 10409
123-09-1 4-chlorophenyl methyl sulfide C7H7ClS 10543
123-11-5 4-methoxybenzaldehyde C8H8O2 13432
123-12-6 N,N,N',N'-tetraethyldiethylenetriamine C12H29N3 25398
123-15-9 2-methylpentanal C6H12O 8402
123-17-1 2,6,8-trimethylnonanol-4 C12H26O 25286
123-19-3 4-heptanone C7H14O 11831
123-20-6 vinyl butanoate C6H10O2 7833
123-22-8 diethyl hydrogen phosphite C4H11O3P 4022
123-23-9 succinic peroxide C8H10O8 14038
123-25-1 diethyl succinate C8H14O4 14688
123-28-4 didodecyl 3,3'-thiodipropionate C30H58O4S 34944
123-29-5 ethyl nonanoate C11H22O2 22841
123-30-8 4-aminophenol C6H7NO 7184
123-31-9 p-hydroquinone C6H6O2 7072
123-32-0 2,5-dimethylpyrazine C6H8N2 7323
123-33-1 maleic hydrazide C4H4N2O2 2572
123-34-2 3-allyloxy-1,2-propanediol C6H12O3 8545
123-35-3 beta-myrcene C10H16 20350
123-36-4 9,10-epoxystearic acid allyl ester C21H38O3 33016
123-38-6 propionaldehyde C3H6O 1922
123-39-7 N-methylformamide C2H5NO 957
123-42-2 diacetone alcohol C6H12O2 8485
123-43-3 sulfoacetic acid C2H4O5S 898
123-44-4 2,2,4-trimethyl-1-pentanol C8H18O 15498
123-45-5 sulfonyldiacetic acid C4H6O6S 3038
123-46-6 girard's T C5H14ClN3O 6006
123-48-8 2,2,4,6,6-pentamethyl-3-heptene C12H24 24826
123-51-3 3-methyl-1-butanol C5H12O 5837
123-54-6 acetylacetone C5H8O2 4882
123-56-8 succinimide C4H5NO2 2716
123-61-5 1,3-phenylene diisocyanate C8H4N2O2 12582
123-62-6 propionic anhydride C6H10O3 7882
123-63-7 paraldehyde C6H12O3 8533
123-66-0 ethyl hexanoate C8H16O2 15185
123-68-2 allyl hexanoate C9H16O2 17711
123-69-3 (Z)-oxacycloheptadec-8-en-2-one C16H28O2 29632
123-72-8 butyraldehyde C4H8O 3478
123-73-9 trans-crotonaldehyde C4H6O 2940
123-75-1 pyrrolidine C4H9N 3675
123-76-2 levulinic acid C5H8O3 4928
123-77-3 diazenedicarboxamide C2H4N4O2 873
123-78-4 D-erythro-spinghosine, synthetical C18H37NO2 31126
123-79-5 di-n-octyl adipate C22H42O4 33440
123-80-8 ethylene glycol dipropanoate C8H14O4 14695
123-81-9 ethylene glycol bisthioglycolate C6H10O4S2 7945
123-82-0 2-heptanamine C7H17N 12317
123-83-1 N'-ethyl-N,N-dimethyl-1,2-ethanediamine C6H15N2 9246
123-84-2 1-[(2-aminoethyl)amino]-2-propanol C5H14N2O 6020
123-86-4 butyl acetate C6H12O2 8476
123-88-6 triadimenol C3H7ClHgO 1989
123-90-0 thiomorpholine C4H9NS 3754
123-91-1 1,4-dioxane C4H8O2 3510
123-92-2 isopentyl acetate C7H14O2 11895
123-93-3 thiodiglycolic acid C4H6O4S 3016
123-95-5 butyl stearate C22H44O2 33466
123-96-6 2-octanol C8H18O 15431
123-98-8 nonanedioyl dichloride C9H14Cl2O2 17405
123-99-9 azelaic acid C9H16O4 17755
124-02-7 N-allyl-2-propen-1-amine C6H11N 8096
124-03-8 cetyldimethylethylammonium bromide C20H44BrN 32552
124-04-9 adipic acid C6H10O4 7917
124-05-0 ethylene bis(chloroformate) C4H4Cl2O4 2544
124-06-1 ethyl myristate C16H32O2 29729
124-07-2 octanoic acid C8H16O2 15156
124-09-4 hexamethylenediamine C6H16N2 9292
124-10-7 methyl tetradecanoate C15H30O2 28888
124-11-8 1-nonene C9H18 17942
124-12-9 octanenitrile C8H15N 14775
124-13-0 1-octanal C8H16O 15063
124-16-3 1-(2-butoxyethoxy)-2-propanol C9H20O3 18354
124-17-4 diethylene glycol monobutyl ether acetate C10H20O4 21083
124-18-5 decane C10H22 21133
124-19-6 1-nonanal C9H18O 17997
124-20-9 spermidine C7H19N3 12398
124-21-0 2-ethoxy-N-(2-ethoxyethyl)ethanamine C8H19NO2 15662
124-22-1 dodecylamine C12H27N 25340
124-25-4 tetradecanal C14H28O 27862
124-26-5 octadecanamide C18H37NO 31121
124-28-7 dimethyloctadecylamine C20H43N 32550
124-30-1 octadecylamine C18H39N 31162
124-38-9 carbon dioxide CO2 375
124-40-3 dimethylamine C2H7N 1116
124-41-4 sodium methoxide CH3NaO 245
124-42-5 ethanimidamide monohydrochloride C2H7ClN2 1110
124-43-6 hydrogen peroxide–urea adduct CH6N2O3 314
124-47-0 urea nitrate CH5N3O4 296
124-48-1 chlorodibromomethane CHBr2Cl 94
124-58-3 methanearsonic acid CH5AsO3 281
124-63-0 methanesulfonyl chloride CH3ClO2S 201
124-64-1 tetrakis(hydroxymethyl)phosphonium chloride C4H12ClO4P 4048
124-65-2 sodium cacodylate C2H6AsNaO2 991
124-68-5 2-amino-2-methyl-1-propanol C4H11NO 3993
124-70-9 dichlorovinylmethylsilane C3H6Cl2Si 1856
124-73-2 1,2-dibromotetrafluoroethane C2Br2F4 413
124-76-5 DL-isoborneol C10H18O 20731
124-80-1 sabadine C29H47NO8 34803
124-83-4 cis-1,2,2-trimethyl-1,3-cyclopentanedicarboxyli C10H16O4 20522
124-85-6 5a,17a-pregna-2-en-20-yn-17-ol, acetate C23H32O2 33645
124-87-8 picrotoxin C30H34O13 34884
124-94-7 aristocort C21H27FO6 32896
124-97-0 neoprotoveratrine C41H63NO15 35648
124-98-1 4,9-epoxycevane-3a,4b,12,14,16b,17,20-heptol C27H43NO8 34493
124-99-2 glucoproscillaridin A C36H52O13 35374
125-10-0 prednisone 21-acetate C23H28O6 33592
125-12-2 isobornyl acetate C12H20O2 24581
125-15-5 vomicine C22H24N2O4 33261
125-20-2 thymolphthalein C28H30O4 34623
125-24-6 pseudomorphine C34H36N2O6 35226
125-28-0 dihydrocodeine C18H23NO3 30825
125-29-1 hydrocodone C18H21NO3 30759
125-30-4 ethylmorphine hydrochloride C19H24ClNO3 31537
125-33-7 5-ethyldihydro-5-phenyl-4,6(1H,5H)-pyrimidine C12H14N2O2 23923
125-40-6 butisol C10H16N2O3 20406
125-42-8 5-ethyl-5-(1-methyl-1-butenyl)barbiturate C11H16N2O3 22387
125-46-2 usnein C18H16O7 30638
125-55-3 narcobarbital C11H15BrN2O3 22212
125-58-6 L-methadone C21H27NO 32904
125-64-4 dimerin C10H17NO2 20567
125-71-3 dextromethorphan C18H25NO 30867
125-73-5 dextrorphan C17H23NO 30203
125-84-8 aminoglutethimide C13H16N2O2 26063
126-00-1 diphenolic acid C17H18O4 30080
126-06-7 3-bromo-1-chloro-5,5-dimethylhydantoin C5H6BrClN2O2 4456
126-07-8 griseofulvin, (+)- C17H17ClO6 30028
126-11-4 2-(hydroxymethyl)-2-nitro-1,3-propanediol C4H9NO5 3751
126-13-6 sucrose acetate isobutyrate C40H62O19 35608
126-14-7 sucrose octaacetate C28H38O19 34657
126-15-8 2,3:4,5-di(2-butenyl)tetrahydrofurfural C13H16O2 26088
126-17-0 spirosol-5-en-3-ol, (3beta,22alpha,25R) C27H43NO2 34491
126-18-1 spirostan-3-ol, (3beta,5beta,25R) C27H44O3 34508
126-19-2 spirostan-3-ol, (3beta,5beta,25S) C27H44O3 34509
126-22-7 butonate C8H14Cl3O5P 14517
126-27-2 2-di(N-methyl-N-phenyl-tert-butyl-carbamoylme C28H41N3O3 34675
126-29-4 violaxanthin C40H56O4 35604
126-30-7 neopentyl glycol C5H12O2 5858
126-31-8 sodium iodomethanesulfonate CH3INaO3S 224
126-33-0 sulfolane C4H8O2S 3536
126-38-5 1-bromo-2,2-dimethoxypropane C5H11BrO2 5613
126-39-6 2-ethyl-2-methyl-1,3-dioxolane C6H12O2 8510
126-45-4 silver(i) citrate C6H5Ag3O7 6634
126-52-3 ethinamate C9H13NO2 17341
126-54-5 2,4,8,10-tetraoxaspiro[5.5]undecane C7H12O4 11546
126-58-9 dipentaerythritol C10H22O7 21383
126-64-7 linalyl benzoate C17H22O2 30195
126-68-1 O,O,O-triethyl phosphorothioate C6H15O3PS 9263
126-71-6 triisobutyl phosphate C12H27O4P 25356
126-72-7 2,3-dibromo-1-propanol, phosphate (3:1) C9H15Br6O4P 17533
126-73-8 tributyl phosphate C12H27O4P 25355
126-75-0 demeton-S C8H19O3PS2 15674
126-81-8 5,5-dimethyl-1,3-cyclohexanedione C8H12O2 14346
126-84-1 2,2-diethoxypropane C7H16O2 12268

126-85-2 2-chloro-N-(2-chloroethyl)-N-methylethanamine- C5H11Cl2NO 5646
126-86-3 2,4,7,9-tetramethyl-5-decyne-4,7-diol, (±) and C14H26O2 27805
126-91-0 p-linalool C10H18O 20756
126-93-2 oxanamide C8H15NO2 14828
126-98-7 methacrylonitrile C4H5N 2697
126-99-8 chloroprene C4H5Cl 2634
127-00-4 1-chloro-2-propanol C3H7ClO 1998
127-06-0 2-propanone oxime C3H7NO 2041
127-07-1 hydroxyurea CH4N2O2 262
127-08-2 potassium acetate C2H3KO2 750
127-09-3 sodium acetate C2H3NaO2 782
127-17-3 pyruvic acid C3H4O3 1634
127-18-4 tetrachloroethylene C2Cl4 455
127-19-5 N,N-dimethylacetamide C4H9NO 3681
127-21-9 1,3-dichlorotetrafluoroacetone C3Cl2F4O 1253
127-25-3 methyl abietate C21H32O2 32974
127-27-5 pimaric acid C20H30O2 32350
127-29-7 pseudoaconitine C36H51NO12 35369
127-31-1 fluorocortisone C21H29FO5 32938
127-33-3 methylchlortetracycline C21H21ClN2O8 32764
127-40-2 beta,epsilon-carotene-3,3'-diol, (3R,3'R,6'R) C40H56O2 35602
127-41-3 a-ionone C13H20O 26316
127-47-9 retinol, acetate C22H32O2 33367
127-48-0 3,5,5-trimethyl-2,4-oxazolidinedione C6H9NO3 7560
127-52-6 sodium N-chlorobenzenesulfonamide C6H5ClNNaO2S 6706
127-59-3 N,N-di-N-butyl-p-chlorobenzenesulfonamide C14H22ClNO2S 27659
127-63-9 diphenyl sulfone C12H10O2S 23547
127-65-1 sodium N-chloro-4-toluene sulfonamide C7H7ClNNaO2S 10499
127-66-2 alpha-ethynyl-alpha-methylbenzenemethanol C10H10O 19099
127-68-4 sodium 3-nitrobenzenesulfonate C6H4NNaO5S 6565
127-69-5 sulfisoxazole C11H13N3O3S 22015
127-71-9 N-[(4-aminophenyl)sulfonyl]benzamide C13H12N2O3S 25779
127-79-7 sulfamerazine C11H12N4O2S 21844
127-82-2 zinc-1,4-phenolsulfonate C12H12O8S2Zn 23798
127-85-5 sodium arsanilate C6H7AsNNaO3 7126
127-90-2 octachlorodipropylether C6H6Cl8O 6955
127-91-3 beta-pinene C10H16 20323
127-95-7 potassium acid oxalate C2HO4K 570
128-00-7 silver(i) lactate monohydrate C3H7AgO4 1976
128-03-0 potassium dimethyldithiocarbamate C3H6KNS2 1876
128-04-1 sodium dimethyldithiocarbamate C3H7NNaS2 2035
128-08-5 N-bromosuccinimide C4H4BrNO2 2518
128-09-6 N-chlorosuccinimide C4H4ClNO2 2524
128-13-2 3,7-dihydroxycholan-24-oic acid, (3alpha,5beta, C24H40O4 33950
128-20-1 pregnan-3alpha-ol-20-one C21H34O2 32993
128-23-4 pregnane-3,20-dione, (5beta) C21H32O2 32975
128-27-8 ergosta-5,7,22-trien-3-ol, (3beta,10alpha,22E) C28H44O 34682
128-33-6 cholesta-8,24-dien-3-ol, (3beta,5alpha) C27H44O 34499
128-37-0 2,6-di-tert-butyl-p-cresol C15H24O 28756
128-39-2 2,6-di-tert-butylphenol C14H22O 27682
128-42-7 4,4'-dinitro-2,2'-stilbenedisulfonic acid C14H10N2O10S2 26751
128-44-9 sodium saccharin C7H4NNaO3S 9827
128-46-1 dihydrostreptomycin C21H41N7O12 33035
128-50-7 6,6-dimethylbicyclo[3.1.1]hept-2-ene-2-ethanol C11H18O 22581
128-51-8 6,6-dimethyl-2-norpinene-2-ethanol acetate C13H20O2 26328
128-53-0 1-ethyl-1H-pyrrole-2,5-dione C6H7NO2 7206
128-57-4 alosenn C42H38O20 35673
128-58-5 jade green base C36H20O4 35334
128-59-6 dihydroxydibenzanthrone C34H16O4 35202
128-62-1 noscapine C22H23NO7 33244
128-66-5 dibenzo(b,def)chrysene-7,14-dione C24H12O2 33719
128-67-6 1-nitro-2-carboxyanthraquinone C15H7NO6 27979
128-68-7 phenicin C14H10O6 26797
128-69-8 3,4,9,10-perylenetetracarboxylic dianhydride C24H8O6 33716
128-76-7 laurotetanin C19H21NO4 31469
128-79-0 N,N'-(iminodi-4,1-anthraquinonylene)bisbenzam C42H25N3O6 35667
128-80-3 1,4-bis(p-tolylamino)anthraquinone C28H22N2O2 34597
128-87-0 1,1'-iminobis(4-aminoanthraquinone) C28H17N3O4 34586
128-89-2 4,5'-iminobis(4-benzamidoanthraquinone) C42H25N3O6 35666
128-93-8 1-bromo-4-(methylamino)anthraquinone C15H10BrNO2 28008
128-94-9 4,5-diaminochrysazin C14H10N2O4 26764
128-95-0 1,4-diaminoanthraquinone C14H10N2O2 26754
128-97-2 1,4,5,8-naphthalenetetracarboxylic acid C14H8O8 26680
129-00-0 pyrene C16H10 28985
129-03-3 periactinol C21H21N 32769
129-09-9 vat yellow 2 C28H14N2O2S2 34578
129-15-7 2-methyl-1-nitroanthraquinone C15H9NO4 28002
129-20-4 p-hydroxyphenylbutazone C19H20N2O3 31449
129-40-8 1-chloro-5-nitroanthraquinone C14H6ClNO4 26584
129-42-0 1,8-diaminoanthraquinone C14H10N2O2 26757
129-43-1 1-hydroxy-9,10-anthracenedione C14H8O3 26658
129-44-2 1,5-diamino-9,10-anthracenedione C14H10N2O2 26752
129-51-1 ergot C23H27N3O6 33582
129-56-6 anthra(1,9-cd)pyrazol-6(2H)-one C14H8N2O 26641
129-64-6 carbic anhydride C9H8O3 16218
129-66-8 2,4,6-trinitrobenzoic acid C7H3N3O8 9602
129-79-3 2,4,7-trinitro-9H-fluoren-9-one C13H5N3O7 25444
130-00-7 1,8-naphtholactam C11H7NO 21500
130-01-8 aureine C18H25NO5 30872
130-15-4 1,4-naphthalenedione C10H6O2 18585
130-16-5 5-chloro-8-quinolinol C9H6ClNO 15860
130-17-6 2-(p-aminophenyl)-6-methylbenzothiazolyl-7- C14H12N2O3S2 26911
130-20-1 3,3'-dichloroindanthrone C28H12Cl2N2O4 34577
130-22-3 alizarin red s C14H7NaO7S 26625
130-26-7 5-chloro-7-iodo-8-quinolinol C9H5ClINO 15811
130-61-0 thioridazine hydrochloride C21H27ClN2S2 32893
130-73-4 methestrol C20H26O2 32276
130-80-3 diethylstilbestrol dipropanoate C24H28O4 33861
130-85-8 pamoic acid C23H16O6 33510
130-86-9 protopine C20H19NO5 32108
130-89-2 6'methoxycinchonan-9-ol monohydrochloride, C20H25ClN2O2 32240
130-90-5 quinine formate C21H26N2O4 32868
130-95-0 quinine C20H24N2O2 32223
131-01-1 deserpidine C32H38N2O8 35076
131-07-7 serpentine C21H29N2O3 32941
131-09-9 2-chloro-9,10-anthracenedione C14H7ClO2 26608
131-11-3 dimethyl phthalate C10H10O4 19195
131-14-6 2,6-anthraquinonyldiamine C14H10N2O2 26755
131-15-7 bis(2-octyl)phthalate C24H38O4 33931
131-16-8 dipropyl phthalate C14H18O4 27497
131-17-9 diallyl phthalate C14H14O4 27185
131-18-0 dipentyl phthalate C18H26O4 30899
131-22-6 4-phenylazo-1-naphthylamine C16H13N3 29101
131-27-1 3-amino-1,5-naphthalenedisulfonic acid C10H9NO6S2 18946
131-28-2 narceine C23H27NO8 33581
131-48-6 N-acetylneuraminic acid C11H19NO9 22658
131-49-7 meglumine diatrizoate C18H26I3N3O9 30881
131-52-2 sodium pentachlorophenate C6Cl5NaO 6066
131-53-3 dioxybenzone C14H12O4 26984
131-54-4 bis(2-hydroxy-4-methoxyphenyl)methanone C15H14O5 28325
131-55-5 2,2',4,4'-tetrahydroxybenzophenone C13H10O5 25656
131-56-6 (2,4-dihydroxyphenyl)phenylmethanone C13H10O3 25642
131-57-7 (2-hydroxy-4-methoxyphenyl)phenylmethanone C14H12O3 26968
131-58-8 (2-methylphenyl)phenylmethanone C14H12O 26930
131-70-4 monobutyl phthalate C12H14O4 24015
131-73-7 2,4,6-trinitro-N-(2,4,6-trinitrophenyl)anilin C12H5N7O12 23192
131-74-8 ammonium picrate C6H6N4O7 7052
131-79-3 FD&C yellow No. 4 C17H15N3 29981
131-89-5 2-cyclohexyl-4,6-dinitrophenol C12H14N2O5 23940
131-91-9 1-nitroso-2-naphthalenol C10H7NO2 18638
131-92-0 C.I. vat brown 3 C42H23N3O6 35664
131-99-7 inosinic acid C10H13N4O8P 19853
132-16-1 iron phthalocyanine C32H16FeN8 35052
132-20-7 pheniramine maleate C20H24N2O4 32226
132-22-9 chlorpheniramine C16H19ClN2 29406
132-29-6 o-xenyl diphenyl phosphate C24H19O4P 33759
132-32-1 3-amino-9-ethylcarbazole C14H14N2 27100
132-53-6 2-nitroso-1-naphthol C10H7NO2 18645
132-54-7 phenyl 1-hydroxy-2-naphthoate C17H12O3 29897
132-57-0 7-hydroxy-1-naphthalenesulfonic acid C10H8O4S 18793
132-60-5 2-phenyl-4-quinolinecarboxylic acid C16H11NO2 29015
132-64-9 dibenzofuran C12H8O 23335
132-65-0 dibenzothiophene C12H8S 23348
132-66-1 2-[(1-naphthylamino)carbonyl]benzoic acid C18H13NO3 30454
132-67-2 naptalam C18H12NNaO3 30423
132-75-2 1-naphthaleneacetonitrile C12H9N 23395
132-86-5 1,3-naphthalenediol C10H8O2 18758
132-89-8 chlorethylbenzmethoxazone C10H10ClNO2 18988
132-98-9 potassium phenoxymethylpenicillin C16H17KN2O5S 29317
133-06-2 captan C9H8Cl3NO2S 16128
133-07-3 folpet C9H4Cl3NO2S 15788
133-08-4 diethyl 2-butylmalonate C11H20O4 22730
133-11-9 phenyl 4-amino-3-hydroxybenzoate C13H11NO3 25721
133-13-1 diethyl ethylmalonate C9H16O4 17757
133-14-2 bis(2,4-dichlorobenzoyl) peroxide C14H6Cl4O4 26590
133-16-4 2-(diethylamino)ethyl-4-amino-2-chlorobenzo C13H19ClN2O2 26243
133-18-6 anthranilic acid, phenethyl ester C15H15NO2 28357
133-26-6 peucedanin C15H14O4 28322
133-32-4 1H-indole-3-butanoic acid C12H13NO2 23838
133-37-9 DL-tartaric acid C4H6O6 3035
133-49-3 pentachlorothiophenol C6HCl5S 6117
133-53-9 2,4-dichloro-3,5-dimethylphenol C8H8Cl2O 13295
133-55-1 N,N'-dimethyl-N,N'-dinitrosoterephthalamide C10H10N4O4 19081
133-58-4 nitromersol C7H5HgNO3 10025
133-59-5 2-methylbenzenesulfonyl chloride C7H7ClO2S 10530
133-67-5 trichloromethiazide C8H8Cl3N3O4S2 13308
133-78-8 4-amino-o-toluenesulfonic acid C7H9NO3S 11020
133-90-4 3-amino-2,5-dichlorobenzoic acid C7H5Cl2NO2 9957
133-91-5 2-hydroxy-3,5-diiodobenzoic acid C7H4I2O3 9820
134-03-2 L-ascorbic acid sodium salt C6H7NaO6 7259
134-04-3 pelargonidin chloride C15H11ClO5 28087
134-09-8 menthyl anthranilate C17H25NO2 30235
134-11-2 2-ethoxybenzoic acid C9H10O3 16717
134-20-3 methyl 2-aminobenzoate C8H9NO2 13707
134-31-6 8-quinolinol sulfate (2:1) C9H8NO3S 16136
134-32-7 1-naphthylamine C10H9N 18861
134-37-2 1-(3-aminophenyl)-2-pyridone C11H10N2O 21625
134-49-6 3-methyl-2-phenylmorpholine C11H15NO 22243
134-53-2 amprotropine phosphate C18H32NO7P 30988
134-55-4 phenyl 2-(acetyloxy)benzoate C15H12O4 28200
134-58-7 8-azaguanine C4H4N6O 2588
134-62-3 N,N-diethyl-3-methylbenzamide C12H17NO 24298
134-64-5 lobeline sulfate C44H56N2O8S 35749
134-81-6 benzil C14H10O2 26775
134-83-8 chloro(4-chlorophenyl)phenylmethane C13H10Cl2 25583
134-84-9 (4-methylphenyl)phenylmethanone C14H12O 26932
134-85-0 (4-chlorophenyl)phenylmethanone C13H9ClO 25521
134-90-7 l(+)-threo-chloramphenicol C23H22N2O5 33543
134-96-3 4-hydroxy-3,5-dimethoxybenzaldehyde C9H10O4 16786
134-97-4 tetrahydro-1,3-bis(hydroxymethyl)-5-ethyl-1,3, C7H15N3O3 12103
135-00-2 phenyl-2-thienylmethanone C11H8OS 21527
135-01-3 o-diethylbenzene C10H14 19878
135-02-4 2-methoxybenzaldehyde C8H8O2 13430
135-07-9 methylcyclothiazide C9H11Cl2N3O4S2 16872
135-09-1 hydroflumethiazide C8H8F3N3O4S2 13323
135-12-6 4-chloro-2-nitrophenyl p-chlorophenyl ether C12H7Cl2NO3 23246
135-16-0 5,6,7,8-tetrahydrofolic acid C19H23N7O6 31534
135-19-3 2-naphthol C10H8O 18741
135-20-6 cupferron C6H9N3O2 7596
135-22-8 3,3'-methylenebis(1-(piperidinomethyl)indole) C29H36N4 34772
135-44-4 panthesin C18H32N2O5S 30989
135-48-8 pentacene C22H14 33100
135-57-9 o-(benzoylamino)phenyl disulfide C26H20N2O2S2 34226
135-58-0 2,7-dimethylthianthrene C14H12S2 26991
135-67-1 10H-phenoxazine C12H9NO 23397
135-68-2 4'-chloro-[1,1'-biphenyl]-4-amine C12H10ClN 23453
135-70-6 1,1':4',1'':4'',1'''-quaterphenyl C24H18 33750
135-73-9 2-bromo-4'-phenylacetophenone C14H11BrO 26803
135-77-3 1,2,4-trimethoxybenzene C9H12O3 17202
135-85-3 veratrylhydrazine C9H14N2O2 17419
135-88-6 N-phenyl-2-naphthalenamine C16H13N 29088
135-97-7 8-methyl-8-azabicyclo[3.2.1]octan-3-ol, exo C8H15NO 14793
135-98-8 sec-butylbenzene C10H14 19867
136-16-3 oxythiamine C12H16N3O2S 24177
136-23-2 zinc dibutyldithiocarbamate C18H36N2S4Zn 31088
136-25-4 erbon C11H9Cl5O3 21557
136-30-1 sodium dibutyldithiocarbamate C9H18NNaS2 17968
136-32-3 sodium-2,4,5-trichlorophenate C6H2Cl3NaO 6173
136-35-6 1,3-diphenyltriazene C12H11N3 23657
136-36-7 resorcinol monobenzoate C13H10O3 25651
136-40-3 azodine C11H12ClN5 21799
136-44-7 1,2,3-propanetriol 1-(4-aminobenzoate) C10H13NO4 19836
136-47-0 tetracaine hydrochloride C15H25ClN2O2 28782
136-51-6 calcium 2-ethylhexanoate C16H30CaO4 29650
136-60-7 butyl benzoate C11H14O2 22113
136-72-1 trans,trans-5-(1,3-benzodioxol-5-yl)-2,4-pentad C12H10O4 23562
136-77-6 4-hexyl-1,3-benzenediol C12H18O2 24467
136-78-7 sesone C8H7Cl2NaO5S 13047
136-79-8 2-ethoxy-5-nitroaniline C8H10N2O3 13887
136-80-1 2-[(2-methylphenyl)amino]ethanol C9H13NO 17305
136-81-2 o-amylphenol C11H16O 22440
136-85-6 5-methyl-1H-benzotriazole C7H7N3 10695
136-90-3 4-methoxy-m-toluidine C8H11NO 14160
136-95-8 2-benzothiazolamine C7H6N2S 10389
137-00-8 4-methyl-5-thiazoleethanol C6H9NOS 7545
137-03-1 a-heptyl cyclopentanone C12H22O 24696

137-04-2 2-chloroaniline hydrochloride C6H7Cl2N 7158
137-05-3 methyl 2-cyanoacrylate C5H5NO2 4408
137-06-4 o-methylthiophenol C7H8S 10918
137-07-5 2-aminobenzenethiol C6H7NS 7222
137-08-6 D-calcium pantothenate C18H32CaN2O10 30985
137-09-7 amidol C6H10Cl2N2O 7691
137-16-6 gardol C15H28NNaO3 28824
137-17-7 2,4,5-trimethylaniline C9H13N 17281
137-18-8 2,5-dimethyl-p-benzoquinone C8H8O2 13435
137-19-9 4,6-dichloro-1,3-benzenediol C6H4Cl2O2 6488
137-20-2 sodium-n-methyl-n-oleoyl taurate C21H40NNaO4S 33024
137-26-8 thiram C6H12N2S4 8380
137-29-1 copper dimethyldithiocarbamate C6H12CuN2S4 8297
137-30-4 ziram C6H12N2S4Zn 8381
137-32-6 2-methyl-1-butanol C5H12O 5834
137-40-6 sodium propanoate C3H5NaO2 1803
137-42-8 sodium methyldithiocarbamate C2H4NNaS2 849
137-43-9 bromocyclopentane C5H9Br 4994
137-58-6 2-(diethylamino)-N-(2,6-dimethylphenyl)acetami C14H22N2O 27663
137-86-0 gerostop C23H36N4O5S3 33665
137-89-3 bis(2-ethylhexyl) isophthalate C24H38O4 33929
137-97-3 1,3-di-o-tolyl-2-thiourea C15H16N2S 28423
138-15-8 L-glutamic acid hydrochloride C5H10ClNO4 5279
138-22-7 butyl lactate C7H14O3 11937
138-24-9 phenyltrimethylammonium chloride C9H14ClN 17402
138-41-0 4-(aminosulfonyl)benzoic acid C7H7NO4S 10684
138-42-1 4-nitrobenzenesulfonic acid C6H5NO5S 6844
138-52-3 2-(hydroxymethyl)phenyl-beta-D-glucopyranoside C13H18O7 26241
138-53-4 mandelonitrile glucoside C14H17NO6 27413
138-59-0 shikimic acid C7H10O5 11222
138-65-8 DL-arterenol C8H11NO3 14190
138-84-1 potassium 4-aminobenzoate C7H6KNO2 10335
138-86-3 limonene C10H16 20317
138-87-4 1-methyl-4-(1-methylvinyl)cyclohexanol C10H18O 20711
138-89-6 p-nitroso-N,N-dimethylaniline C8H10N2O 13865
139-02-6 sodium phenate C6H5NaO 6872
139-05-9 sodium cyclamate C6H12NNaO3S 8310
139-06-0 calcium cyclamate C12H24CaN2O6S2 24835
139-13-9 nitrilotriacetic acid C6H9NO6 7570
139-25-3 5,5'-methylenebis(2-isocyanato)toluene C17H14N2O2 29935
139-26-4 3-fluorotyrosin C9H10FNO3 16552
139-33-3 disodium EDTA C10H14N2Na2O8 19940
139-40-2 propazine C9H16ClN5 17637
139-45-7 1,2,3-propanetriol tripropanoate C12H20O6 24611
139-59-3 4-phenoxyaniline C12H11NO 23626
139-60-6 N,N'-bis(1-ethyl-3-methylpentyl)-p-phenylenedia C22H40N2 33420
139-65-1 4,4'-diaminodiphenyl sulfide C12H12N2S 23747
139-66-2 diphenyl sulfide C12H10S 23576
139-70-8 citronellyl phenylacetate C18H26O2 30893
139-85-5 3,4-dihydroxybenzaldehyde C7H6O3 10424
139-86-6 2-thienylalanine C7H9NO2S 11011
139-87-7 N,N-bis(2-hydroxyethyl)ethylamine C6H15NO2 9231
139-89-9 N-(2-hydroxyethyl)ethylenedinitrilotriacet C10H15N2Na3O7 20292
139-91-3 furaltadone C13H16N4O6 26074
139-93-5 salvarsan C12H20As2Cl2O5 24533
139-94-6 1-ethyl-3-(5-nitro-2-thiazolyl) urea C6H8N4O3S 7374
139-96-8 triethanolamine lauryl sulfate C18H41NO7S 31177
140-01-2 detapac C14H18N3Na5O10 27472
140-03-4 methyl acetyl ricinoleate C21H38NO4 33014
140-05-6 methyl cellosolve acetylricinoleate C23H42O5 33676
140-07-8 N,N,N',N'-tetrakis(2-hydroxyethyl)ethylenedia C10H24N2O4 21430
140-08-9 tri(2-chloroethyl) phosphite C6H12Cl3O3P 8293
140-10-3 trans-cinnamic acid C9H8O2 16204
140-11-4 benzyl acetate C9H10O2 16680
140-18-1 benzyl chloroacetate C9H9ClO2 16301
140-20-5 methoxyoximercuripropylsuccinyl urea C9H16HgN2O6 17645
140-22-7 2,2'-diphenylcarbonic dihydrazide C13H14N4O 25977
140-25-0 benzyl dodecanoate C19H30O2 31629
140-26-1 phenylethyl isovalerate C13H18O2 26220
140-27-2 3-phenylallyl isovalerate C14H18O2 27490
140-28-3 N,N'-dibenzyl-1,2-ethanediamine C16H20N2 29448
140-29-4 benzeneacetonitrile C8H7N 13108
140-31-8 N-aminoethyl piperazine C6H15N3 9247
140-39-6 4-methylphenyl acetate C9H10O2 16683
140-40-9 N-(5-nitro-2-thiazolyl)acetamide C5H5N3O3S 4430
140-49-8 4'-chloroacetyl acetanilide C10H10ClNO2 18990
140-53-4 (4-chlorophenyl)acetonitrile C8H6ClN 12765
140-55-6 trans-6-propyl-3-piperidinol, (3S) C8H17NO 15315
140-56-7 p-dimethylaminobenzenediazo sodium sulfonat C8H10N3NaO3S 13899
140-57-8 aramite C15H23ClO4S 28693
140-65-8 4-[3-(4-butoxyphenoxy)propyl]morpholine C17H27NO3 30259
140-66-9 p-tert-octylphenol C14H22O 27679
140-67-0 1-methoxy-4-(2-propenyl)benzene C10H12O 19499
140-75-0 4-fluorobenzylamine C7H8FN 10769
140-76-1 5-vinyl-2-methylpyridine C8H9N 13664
140-77-2 cyclopentanepropanoic acid C8H14O2 14606
140-79-4 1,4-dinitrosopiperazine C4H8N4O2 3464
140-80-7 N1,N1-diethyl-1,4-pentanediamine C9H22N2 18423
140-82-9 2-[2-(diethylamino)ethoxy]ethanol C8H19NO2 15661
140-87-4 cyanoacetohydrazide C3H5N3O 1785
140-88-5 ethyl acrylate C5H8O2 4888
140-89-6 potassium xanthogenate C3H5KOS2 1748
140-90-9 sodium ethylxanthate C3H5NaOS2 1802
140-93-2 sodium isopropylxanthate C4H7NaOS2 3315
140-95-4 oxymethurea C3H8N2O3 2122
141-00-4 cadmium succinate C4H4CdO4 2523
141-01-5 iron(ii) fumarate C4H2FeO4 2412
141-02-6 dioctyl fumarate C20H36O4 32426
141-03-7 dibutyl succinate C12H22O4 24745
141-04-8 diisobutyl adipate C14H26O4 27817
141-05-9 diethyl maleate C8H12O4 14380
141-06-0 propyl pentanoate C8H16O2 15194
141-10-6 6,10-dimethyl-3,5,9-undecatrien-2-one C13H20O 26310
141-11-7 rhodinyl acetate C12H22O2 24733
141-12-8 cis-3,7-dimethyl-2,6-octadien-1-ol acetate C12H20O2 24568
141-13-9 2,6,10-trimethyl-9-undecenal C14H26O 27796
141-16-2 2,6-dimethyl-2-octen-8-yl butyrate C14H26O2 27809
141-17-3 bis(2-(2-butoxyethoxy)ethyl) adipate C22H42O8 33449
141-18-4 bis(2-butoxyethyl) adipate C18H34O6 31049
141-20-8 diethylene glycol monododecanoate C16H32O4 29734
141-22-0 12-hydroxy-cis-9-octadecenoic acid, (R) C18H34O3 31036
141-23-1 methyl 12-hydroxystearate C19H38O3 31723
141-25-3 2,6-dimethyl-1-octen-8-ol C10H20O 21035
141-27-5 trans-3,7-dimethyl-2,6-octadienal C10H16O 20439
141-28-6 diethyl adipate C10H18O4 20823
141-30-0 3,6-dichloropyridazine C4H2Cl2N2 2390
141-31-1 hydroxyadipaldehyde C6H10O3 7904
141-32-2 butyl acrylate C7H12O2 11450
141-37-7 3,4-epoxy-6-methylcyclohexylmethyl-3',4'-epoxy- C16H24O4 29580
141-38-8 2-ethylhexyl epoxystearate C26H50O3 34341
141-40-2 3,4-epoxycyclohexane-carbonitrile C7H9NO 10994
141-43-5 monoethanolamine C2H7NO 1117
141-46-8 glycolaldehyde C2H4O2 891
141-52-6 sodium ethoxide C2H5NaO 978
141-53-7 sodium formate CHNaO2 134
141-57-1 trichloropropylsilane C3H7Cl3Si 2018
141-59-3 tert-octyl mercaptan C8H18S 15604
141-62-8 decamethyltetrasiloxane C10H30O3Si4 21461
141-63-9 dodecamethylpentasiloxane C12H36O4Si5 25420
141-66-2 dicrotophos C8H16NO5P 15023
141-70-8 4,4-dimethyl-2-neopentyl-1-pentene C12H24 24825
141-75-3 butanoyl chloride C4H7ClO 3115
141-76-4 3-iodopropanoic acid C3H5IO2 1741
141-78-6 ethyl acetate C4H8O2 3508
141-79-7 mesityl oxide C6H10O 7761
141-82-2 malonic acid C3H4O4 1636
141-83-3 (aminoiminomethyl)urea C2H6N4O 1054
141-84-4 2-thioxo-4-thiazolidinone C3H3NOS2 1467
141-86-6 2,6-pyridinediamine C5H7N3 4714
141-90-2 2,3-dihydro-2-thioxo-4(1H)-pyrimidinone C4H4N2OS 2567
141-91-3 2,6-dimethylmorpholine C6H13NO 8768
141-92-4 laurine dimethyl acetal C12H26O3 25299
141-93-5 m-diethylbenzene C10H14 19879
141-94-6 hexetidine C21H45N3 33073
141-97-9 ethylacetoacetate C6H10O3 7881
142-03-0 aluminum diacetate C4H7AlO5 3046
142-04-1 aniline hydrochloride C6H8ClN 7291
142-08-5 2(1H)-pyridinone C5H5NO 4398
142-09-6 hexyl methacrylate C10H18O2 20776
142-16-5 bis(2-ethylhexyl) maleate C20H36O4 32425
142-18-7 dodecanoic acid, 2,3-dihydroxypropyl ester C15H30O4 28893
142-19-8 allyl heptylate C10H18O2 20781
142-22-3 diallyl diglycol carbonate C12H18O7 24500
142-25-6 N,N,N'-trimethylethylenediamine C5H14N2 6018
142-26-7 N-acetylethanolamine C4H9NO2 3701
142-28-9 1,3-dichloropropane C3H6Cl2 1846
142-29-0 cyclopentene C5H8 4737
142-30-3 2,5-dimethyl-3-hexyne-2,5-diol C8H14O2 14612
142-31-4 sodium octyl sulfate C8H17NaO4S 15349
142-45-0 2-butynedioic acid C4H2O4 2432
142-46-1 2,5-dithiobiurea C2H6N4S2 1061
142-47-2 monosodium L-glutamate C5H8NNaO4 4809
142-50-7 cis-nerolidol C15H26O 28793
142-59-6 nabam C4H6N2Na2S4 2893
142-60-9 octyl propanoate C11H22O2 22838
142-61-0 hexanoyl chloride C6H11ClO 8025
142-62-1 hexanoic acid C6H12O2 8460
142-63-2 piperazine hexahydrate C4H22N2O6 4148
142-64-3 piperazine dihydrochloride C4H12Cl2N2 4049
142-68-7 tetrahydropyran C5H10O 5471
142-71-2 copper(ii) acetate C4H6CuO4 2867
142-72-3 magnesium acetate C4H6MgO4 2884
142-73-4 iminodiacetic acid C4H7NO4 3287
142-77-8 butyl oleate C22H42O2 33430
142-79-0 pimeloyl chloride C7H10Cl2O2 11074
142-82-5 heptane C7H16 12112
142-83-6 trans,trans-2,4-hexadienal C6H8O 7393
142-84-7 di-propylamine C6H15N 9202
142-88-1 hexanedioic acid, compound with piperazine (1 C10H20N2O4 20984
142-90-5 lauryl methacrylate C16H30O2 29663
142-91-6 isopropyl palmitate C19H38O2 31717
142-92-7 hexyl acetate C8H16O2 15160
142-96-1 dibutyl ether C8H18O 15527
143-02-2 1-hexadecanol, hydrogen sulfate C16H34O4S 29784
143-07-7 dodecanoic acid C12H24O2 24867
143-08-8 1-nonanol C9H20O 18236
143-10-2 decyl mercaptan C10H22S 21385
143-13-5 nonyl acetate C11H22O2 22837
143-15-7 1-bromododecane C12H25Br 24894
143-16-8 dihexylamine C12H27N 25343
143-18-0 potassium oleate C18H34KO2 31025
143-19-1 sodium oleate C18H33NaO2 31010
143-22-6 2-[2-(2-butoxyethoxy)ethoxy]ethanol C10H22O4 21376
143-23-7 bis(6-aminohexyl)amine C12H29N3 25397
143-24-8 tetraethylene glycol dimethyl ether C10H22O5 21380
143-27-1 hexadecylamine C16H35N 29798
143-28-2 cis-9-octadecen-1-ol C18H36O 31094
143-29-3 bis(butylcarbitol)formal C17H36O6 30361
143-33-9 sodium cyanide CNNa 351
143-36-2 iodomethylmercury CH3HgI 221
143-50-0 kepone C10Cl10O 18458
143-57-7 protoveratrine A C41H63NO14 35647
143-62-4 digitoxigenin C23H34O4 33659
143-74-8 phenol red C19H14O5S 31293
143-84-0 1-bromoacetyl-a-a-diphenyl-4-piperidinemetha C20H22BrNO2 32159
143-85-1 1-chloroacetyl-a-a-diphenyl-4-piperidinemeth C20H22ClNO2 32160
143-86-2 1-iodoacetyl-a-a-diphenyl-4-piperidinemethano C20H22INO2 32164
144-11-6 parkopan C20H31NO 32368
144-14-9 N-b-(p-aminophenyl)ethylnormeperidine C22H28N2O2 33317
144-19-4 2,2,4-trimethyl-1,3-pentanediol C8H18O2 15554
144-21-8 disodium methanearsonate CH3AsNa2O3 185
144-34-3 selenium dimethyldithiocarbamate C12H24N4S8Se 24849
144-41-2 morphothion C8H16NO4PS2 15022
144-48-9 iodoacetamide C2H4INO 843
144-49-0 fluoroacetic acid C2H3FO2 733
144-55-8 sodium hydrogen carbonate CHNaO3 135
144-62-7 oxalic acid C2H2O4 684
144-68-3 beta,beta-carotene-3,3'-diol, (3R,3'R) C40H56O2 35601
144-79-6 chloromethyldiphenylsilane C13H13ClSi 25844
144-80-9 N-[(4-aminophenyl)sulfonyl]acetamide C8H10N2O3S 13889
144-82-1 N1-(5-methyl-1,3,4-thiadiazol-2-yl)-sulfanil C9H10N4O2S2 16600
144-83-2 4-amino-N-2-pyridinylbenzenesulfonamide C11H11N3O2S 21778
144-90-1 l-3-amino-2-methylpropanoic acid C4H9NO2 3705
145-13-1 pregnenolone C21H32O2 32976
145-39-1 musk tibetene C13H18N2O4 26197
145-49-3 1,5-diaminoanthrarufin C14H10N2O4 26763
145-50-6 p-naphtholbenzein C27H18O2 34389
145-63-1 bayer 205 C51H40N6O23S6 35832
145-73-3 endothall disodium C8H10Na2O5 13911
145-94-8 7-chloro-2,3-dihydro-1H-inden-4-ol C9H9ClO 16290
145-95-9 6-mercaptopurine 3-N-oxide C5H4N4OS 4312
146-06-5 quinine carbonate C41H46N4O5 35639
146-14-5 riboflavin-adenine dinucleotide C27H33N9O15P2 34445
146-22-5 1,3-dihydro-7-nitro-5-phenyl-2H-1,4-benzodiaz C15H11N3O3 28125
146-36-1 azapetine C17H17N 30032
146-48-5 yohimbine C21H26N2O3 32867

146-54-3 triflupromazine C18H19F3N2S 30690
146-77-0 2-chloroadenosine C10H12ClN5O4 19417
146-84-9 silver(i) picrate monohydrate C6H4AgN3O8 6380
147-14-8 copper phthalocyanine dye content ca C32H16CuN8 35051
147-20-6 lyssipoll C19H23NO 31516
147-24-0 diphenhydramine hydrochloride C17H22ClNO 30179
147-47-7 1,2-dihydro-2,2,4-trimethylquinoline C12H15N 24049
147-61-5 5-hydroxymethyl-4-methyluracil C6H8N2O3 7362
147-71-7 D-tartaric acid C4H6O6 3034
147-73-9 meso-tartaric acid C4H6O6 3036
147-82-0 2,4,6-tribromoaniline C6H4Br3N 6421
147-84-2 diethylcarbamodithioic acid C5H11NS2 5751
147-85-3 L-proline C5H9NO2 5223
147-90-0 salicylic acid, compounded with morpholine (1: C11H15NO4 22290
147-93-1 2-mercaptobenzoic acid C7H6O2S 10418
147-94-4 arabinocytidine C9H13N3O5 17374
148-01-6 2-methyl-3,5-dinitrobenzamide C8H7N3O5 13226
148-03-8 beta-tocopherol C28H48O2 34700
148-18-5 sodium N,N-diethyldithiocarbamate C5H10NNaS2 5401
148-24-3 8-hydroxyquinoline C9H7NO 16018
148-25-4 4,5-dihydroxy-2,7-naphthalenedisulfonic acid C10H8O8S2 18801
148-53-8 2-hydroxy-3-methoxybenzaldehyde C8H8O3 13458
148-56-1 trifluoromethylthiazide C5H6F3N3O4S2 12858
148-65-2 chloropyrilene C14H18ClN3S 27433
148-75-4 3-hydroxy-2,7-naphthalenedisulfonic acid C10H8O7S2 18799
148-78-7 p-carboxycarbanilic acid 4-bis(2-chloroeth C18H18Cl2N2O4 30654
148-79-8 thiabendazole C10H7N3S 18666
148-82-3 L-phenylalanine mustard C13H18Cl2N2O2 26176
148-86-7 (1,1'-biphenyl)-4-ol acetate C14H12O2 26949
148-87-8 N-ethyl-N-(2-cyanoethyl)aniline C10H14N2 19938
149-16-6 butacaine C18H30N2O2 30959
149-17-7 vancide C14H13N3O3 27046
149-29-1 4-hydroxy-4H-furo[3,2-c]pyran-2(6H)-one C7H6O4 10437
149-30-4 2(3H)-benzothiazolethione C7H5NS2 10097
149-31-5 2-methyl-1,3-pentanediol C6H14O2 9033
149-32-6 1,2,3,4-butanetetrol C4H10O4 3934
149-46-2 pyrocatechol-3,5-disulfonic acid C6H6O8S2 7119
149-57-5 2-ethylhexanoic acid C8H16O2 15157
149-73-5 trimethoxymethane C4H10O3 3923
149-74-6 dichloromethylphenylsilane C7H8Cl2Si 10766
149-87-1 DL-2-pyrrolidone-5-carboxylic acid C5H7NO3 4695
149-91-7 3,4,5-trihydroxybenzoic acid C7H6O5 10449
149-95-1 D-arterenol C8H11NO3 14189
150-05-0 D-adrenaline C9H13NO3 17353
150-13-0 aniline-4-carboxylic acid C7H7NO2 10631
150-19-6 3-methoxyphenol C7H8O2 10881
150-25-4 N,N-bis(2-hydroxyethyl)glycine C6H13NO4 8850
150-30-1 DL-phenylalanine C9H11NO2 16939
150-38-9 trisodium EDTA C10H13N2Na3O8 19845
150-39-0 N-(2-hydroxyethyl)ethylenediaminetriaceticaci C10H18N2O7 20663
150-46-9 triethyl borate C6H15BO3 9147
150-49-2 bismuth sodium thioglycollate C6H6BiNa3O6S3 6904
150-50-5 merphos C12H27PS3 25362
150-60-7 dibenzyl disulfide C14H14S2 27196
150-61-8 N,N'-diphenyl-1,2-ethanediamine C14H16N2 27331
150-68-5 N'-(4-chlorophenyl)-N,N-dimethylurea C9H11ClN2O 16854
150-69-6 (4-ethoxyphenyl)urea C9H12N2O2 17054
150-74-3 N,N-dimethyl-p-((p-fluorophenyl)azo)aniline C14H14FN3 27089
150-76-5 p-methoxyphenol C7H8O2 10867
150-77-6 N,N,N',N'-tetraethyl-1,2-ethanediamine C10H24N2 21418
150-78-7 1,4-dimethoxybenzene C8H10O2 13953
150-84-5 citronellyl acetate C12H22O2 24712
150-90-3 succinic acid, disodium salt, anhydrous C4H4Na2O4 2590
151-00-8 isobutyraldehyde, oxime C4H9NO 3693
151-01-9 ethyl xanthate C3H6OS2 1929
151-05-3 benzyldimethyl carbinyl acetate C12H16O2 24230
151-10-0 1,3-dimethoxybenzene C8H10O2 13952
151-13-3 butyl cis-12-hydroxy-9-octadecenoate, (R) C22H42O3 33435
151-18-8 3-aminopropanenitrile C3H6N2 1878
151-19-9 3,6-dimethyl-3-octanol C10H22O 21271
151-21-3 sodium lauryl sulfate C12H25NaO4S 25276
151-32-6 dinonyl adipate C24H46O4 33976
151-38-2 methoxyethyl mercuric acetate C5H10HgO3 5379
151-41-7 monododecyl ester sulfuric acid C12H26O4S 25303
151-50-8 potassium cyanide CKN 338
151-56-4 ethyleneimine C2H5N 954
151-67-7 halothane C2HBrClF3 511
152-02-3 N-allyl-3-hydroxymorphinan C19H25NO 31564
152-11-4 (±)-verapamil hydrochloride C27H39ClN2O4 34471
152-16-9 schradan C8H24N4O3P2 14751
152-18-1 trimethyl thiophosphate C3H9O3PS 2239
152-20-5 dimethylthiomethylphosphate C3H9O3PS 2238
152-43-2 quinestrol C25H32O2 34136
152-47-6 N1-(3-methoxy-2-pyrazinyl)sulfanilamide C11H12N4O3S 21846
152-58-9 17,21-dihydroxypregn-4-ene-3,20-dione C21H30O4 32964
152-62-5 dydrogesterone C21H28O2 32924
152-72-7 3-(a-acetonyl-p-nitrobenzyl)-4-hydroxy-coumari C19H15NO6 31323
152-93-2 vicine C10H16N4O7 20417
152-95-4 sophoricoside C21H20O10 32756
152-97-6 flucortolone C22H29FO4 33331
153-18-4 rutin C27H30O16 34428
153-32-2 1,2,3,4,12,13-hexahydrodibenz(a,h)anthracene C22H20 33199
153-34-4 5,6-dihydrodibenz(a,h)anthracene C22H16 33128
153-39-9 1,2,3,4-tetrahydrodibenz(a,h)anthracene C22H18 33164
153-61-7 cephalothin C16H16N2O6S2 29272
153-78-6 2-aminofluorene C13H11N 25690
153-87-7 equipertine C23H29N3O2 33603
153-94-6 D(+)-tryptophan C11H12N2O2 21826
154-06-3 L-5-methyltryptophan C12H14N2O2 23929
154-08-5 5-fluoro-DL-tryptophan C11H11FN2O2 21693
154-17-6 2-deoxy-D-glucose C6H12O5 8578
154-21-2 lincomycin C18H34N2O6S 31026
154-23-4 D-catechol C15H14O6 28333
154-41-6 phenylpropanolamine hydrochloride C9H14ClNO 17403
154-42-7 2-amino-1,7-dihydro-6H-purine-6-thione C5H5N5S 4441
154-92-7 Na-benzoyl-L-arginine C13H18N4O3 26201
154-93-8 N,N'-bis(2-chloroethyl)-N-nitrosourea C5H9Cl2N3O2 5099
155-58-8 rhapontin C21H24O9 32847
155-91-9 sulfadimethoxypyrimidine C12H14N4O4S 23956
155-97-5 pyridostigmine C9H13N2O2 17357
156-08-1 benzphetamine C17H21N 30152
156-10-5 4-nitroso-N-phenylaniline C12H10N2O 23495
156-25-2 pyridine-3-azo-p-dimethylaniline C13H14N4 25975
156-38-7 4-hydroxybenzeneacetic acid C8H8O3 13455
156-39-8 4-hydroxyphenylpyruvic acid C9H8O4 16238
156-41-2 2-(4-chlorophenyl)ethylamine C8H10ClN 13827
156-43-4 p-phenetidine C8H11NO 14124
156-54-7 butyric acid sodium salt C4H7NaO2 3316

156-56-9 2-methylenecyclopropanylalanine C7H11NO2 11291
156-57-0 b-mercaptoethylamine hydrochloride C2H8ClNS 1151
156-59-2 cis-1,2-dichloroethene C2H2Cl2 616
156-60-5 trans-1,2-dichloroethylene C2H2Cl2 617
156-62-7 calcium cyanamide CCaN2 30
156-72-9 methylene dimethanesulfonate C3H8O6S2 2157
156-83-2 2,6-diamino-4-chloropyrimidine / 4-chloro-2,6-di C4H5ClN4 2645
156-87-6 3-amino-1-propanol C3H9NO 2205
157-03-9 6-diazo-5-oxonorleucine C6H9N3O3 7609
157-06-2 D(-)-arginine C6H14N4O2 8965
157-22-2 3H-diazirine CH2N2 167
157-40-4 spiropentane C5H8 4758
164-17-4 2-hydroxy-4-methoxy-4'-methylbenzophenone C15H14O3 28319
176-63-6 spiro(4-5)decane C10H18 20639
177-10-6 2,2-pentamethylene-1,3-dioxolane C8H14O2 14643
177-11-7 1,4-dioxa-8-azaspiro[4.5]decane C7H13NO2 11658
180-43-8 spiro[5.5]undecane C11H20 22679
180-72-3 2,3,4,8,9,10-hexathiospiro(5.5)undecane C5H8S6 4961
180-84-7 1,7-dioxaspiro[5.5]undecane C9H16O2 17728
181-15-7 spiro[5.6]dodecane C12H22 24671
183-97-1 1,4-cyclohexanone bis(ethylene ketal) C10H16O4 20524
184-97-4 dispiro[5.1.5.1]tetradecane C14H24 27743
185-94-4 bicyclo(2.1.0)pentane C5H8 4750
187-26-8 tricyclo[4.1.0.02,4]-heptane C7H10 11058
188-96-5 dibenzo(cd,lm)perylene C26H14 34207
189-55-9 dibenzo(a,i)pyrene C24H14 33722
189-58-2 anthra(9,1,2-cde)benzo(h)cinnoline C22H12N2 33087
189-64-0 dibenzo(b,def)chrysene C24H14 33123
189-92-4 phenaleno(1,9-gh)quinoline C19H11N 31199
190-03-4 benzo(a)phenaleno(1,9-i,j)acridine C27H15N 34387
190-07-8 benzo(a)phenaleno(1,9-h,i)acridine C27H15N 34386
191-07-1 coronene C24H12 33717
191-13-9 pyranthrene C30H16 34837
191-24-2 benzo(ghi)perylene C22H12 33080
191-26-4 dibenzo(def,mno)chrysene C22H12 33082
191-27-5 acridino(2,1,9,8-klmna)acridine C20H10N2 31781
191-28-6 peri-xanthenoxanthene C20H10O2 31783
191-30-0 1,2:9,10-dibenzopyrene C24H14 33724
191-68-4 dibenzo(g,p)chrysene C26H16 34210
192-47-2 dibenzo(h,rst)pentaphene C28H16 34581
192-65-4 dibenzo(a,e)pyrene C24H14 33721
192-70-1 benzo(a)naphtho(8,1,2-cde)naphthacene C28H16 34582
192-97-2 benzo(e)pyrene C20H12 31805
193-39-5 indeno[1,2,3-cd]pyrene C22H12 33081
193-40-8 dibenz(c,f)indeno(1,2,3-ij)(2,7)naphthyridine C22H12N2 33088
194-59-2 7H-dibenzo(c,g)carbazole C20H13N 31851
194-60-5 7H-benzo(c)pyrido(3,4-g)carbazole C19H12N2 31220
194-62-7 7H-benzo(c)pyrido(2,3-g)carbazole C19H12N2 31219
194-69-4 1,2:5,6-dibenzophenanthrene C22H14 33105
195-19-7 benzo(c)phenanthrene C18H12 30408
195-84-6 tricycloquinazoline C21H12N4 32572
196-77-0 benzo(def)cyclopenta(hi)chrysene C22H12 33083
196-78-1 1,2:3,4-dibenzophenanthrene C22H14 33106
196-79-2 benzo(h)naphtho(1,2-f,s-3)quinoline C21H13N 32579
197-61-5 rubicene C26H14 34208
198-46-9 benzo(de)cyclopent(a)anthracene C20H12 31809
198-55-0 perylene C20H12 31800
201-42-3 13H-dibenz(bc,j)aceanthrylene C23H14 33492
201-65-0 1,2,3,4-dibenzfluorene C21H14 32584
202-33-5 naphth(2,1-d)acenaphthylene C20H12 31810
202-94-8 1,12-methylenebenz(a)anthracene C19H12 31208
202-98-2 4H-cyclopenta(def)chrysene C19H12 31207
203-12-3 2,13-benzofluoranthene C18H10 30380
203-20-3 dibenz(a,j)aceanthrylene C20H14 33726
203-33-8 benz(a)aceanthrylene C20H12 31808
203-64-5 cyclopenta[def]phenanthrene C15H10 28005
204-02-4 1H-perimidine C11H8N2 21516
205-12-9 7H-benzo(c)fluorene C17H12 29868
205-25-4 7H-benzo[c]carbazole C16H11N 29007
205-82-3 benzo[j]fluoranthene C20H12 31801
205-99-2 benzo[b]fluoranthene C20H12 31803
206-00-8 fluoreno(9,1-gh)quinoline C19H11N 31198
206-44-0 fluoranthene C16H10 28984
207-08-9 benzo[k]fluoranthene C20H12 31802
207-11-4 acenaphtho[1,2-b]quinoxaline C18H10N2 30383
207-83-0 13H-dibenzo[a,g]fluorene C21H14 32582
207-84-1 7H-dibenzo(a,g)carbazole C20H13N 31850
207-85-2 13H-benzo(g)pyrido(3,2-a)carbazole C19H12N2 31223
207-86-3 13H-benzo(g)pyrido(2,3-a)carbazole C19H12N2 31222
207-89-6 7H-benzo(a)pyrido(3,2-g)carbazole C19H12N2 31218
208-07-1 benz(e)indeno(1,2-b)indole C19H11N 31196
208-96-8 acenaphthylene C12H8 23261
211-91-6 benz(1)aceanthrylene C20H12 31807
212-54-4 13H-indeno(1,2-c)phenanthrene C21H14 32586
212-74-8 tetraphenylene C24H16 33727
213-46-7 picene C22H14 33102
214-17-5 benzo[b]chrysene C22H14 33104
215-58-7 benzo[g]triphenylene C22H14 33097
215-64-3 dibenzo(a,c)phenazine C20H12N2 31815
217-59-4 triphenylene C18H12 30410
218-01-9 chrysene C18H12 30406
220-42-8 anthracene transannular peroxide C14H10O2 26778
222-93-5 pentaphene C22H14 33101
224-41-9 dibenz(a,j)anthracene C22H14 33099
224-42-0 dibenz(a,j)acridine C21H13N 32578
224-53-3 dibenz(c,h)acridine C21H13N 32581
224-98-6 naphtho(2,3-f)quinoline C17H11N 29859
225-51-4 benz(c)acridine C17H11N 29858
225-61-6 benzo[a]phenazine C16H10N2 28993
226-36-8 dibenz(a,h)acridine C21H13N 32580
226-47-1 dibenzo(a,h)phenazine C20H12N2 31816
226-88-0 benzo(a)naphthacene C22H14 33103
229-87-8 phenanthridine C13H9N 25538
230-07-9 4,7-phenanthroline C12H8N2 23307
230-17-1 benzo[c]cinnoline C12H8N2 23309
230-27-3 benzo[h]quinoline C13H9N 25541
230-46-6 1,7-phenanthroline C12H8N2 23306
231-23-2 pyrazino[2,3-f]quinoxaline C10H6N4 18579
235-06-3 s-triazolo[4,3-a]quinoline C10H7N3 18663
238-84-6 11H-benzo[a]fluorene C17H12 29862
239-01-0 benzo(a)carbazole C16H11N 29010
239-60-1 13H-dibenzo(a,i)fluorene C21H14 32585
239-64-5 13H-dibenzo[a,i]carbazole C20H13N 31847
239-67-8 13H-benzo(a)pyrido(3,2-i)carbazole C19H12N2 31221
240-44-8 11H-benzo(a)cyclopent(b)anthracene C21H16 32636
243-17-4 11H-benzo[b]fluorene C17H12 29863
243-42-5 benzo[b]naphtho[2,3-d]furan C16H10O 28998
243-46-9 benzo[b]naphtho[2,3-d]thiophene C16H10S 29002

543

307-60-8 pentacosafluoro-1-iodododecane C12F25I 23124
307-78-8 perfluorosebacic acid C10H2F16O4 18478
307-79-9 methyl nonadecafluorodecanoate C11H3F19O2 21470
308-24-7 undecafluorocyclohexane C6HF11 6126
308-48-5 perfluoro-n-dibutyl ether C8F18O 12436
309-00-2 aldrin C12H8Cl6 23291
309-29-5 1-ethyl-4-(2-morpholinoethyl)-3,3-diphenyl-2- C24H30N2O2 33871
309-43-3 seconal sodium C12H17N2NaO3 24343
311-28-4 tetrabutyl ammonium iodide C16H36IN 29820
311-44-4 2-chloroethyl paraoxon C10H12Cl2NO6P 19418
311-45-5 paraoxon-ethyl C10H14NO6P 19931
311-47-7 2-chlorovinyl diethyl phosphate C6H12ClO4P 8272
311-89-7 tris(perfluorobutyl)amine C12F27N 23126
312-30-1 4,4'-difluoro-3,3-dinitrodiphenyl sulfone C12H6F2N2O6S 23219
312-40-3 difluorodiphenylsilane C12H10F2Si 23477
312-73-2 2-(trifluoromethyl)benzimidazole C8H5F3N2 12652
312-84-5 D-serine C3H7NO3 2067
312-93-6 betnelan phosphate C22H30FO8P 33345
312-94-7 2-(trifluoromethyl)benzoyl chloride C8H4ClF3O 12509
313-06-4 depofemin C26H36O3 34299
313-56-4 2,2,2-trifluoro-2',4',6'-trimethylacetophenone C11H11F3O 21698
313-67-7 aristolochine C17H11NO7 29861
313-72-4 perfluoronaphthalene C10F8 18462
313-74-6 1,12-dimethylbenz[a]anthracene C20H16 31979
313-93-9 3-ethyltricycloquinazoline C23H16N4 33505
313-94-0 3-tert-butyltricycloquinazoline C25H21N4 34081
313-95-1 2-fluorotricycloquinazoline C21H11FN4 32565
313-96-2 2-methoxytricycloquinazoline C22H14N4O 33113
314-03-4 9-(1-methyl-4-piperidylidene)thioxanthene C19H19NS 31433
314-04-5 3,8-difluorotricycloquinazoline C21H10F2N4 32562
314-13-6 evan's blue C34H24N6Na4O14S4 35205
314-35-2 corafil C13H21N5O2 26355
314-40-9 bromacil C9H13BrN2O2 17234
314-41-0 2,3,4,6-tetrafluoronitrobenzene C6HF4NO2 6120
314-42-1 5-bromo-3-isopropyl-6-methyluracil C8H11BrN2O2 14068
314-98-7 2,2,2-trifluoro-2',4',6'-trimethoxyacetopheno C11H11F3O4 21699
315-14-0 1,3,5-trifluoro-2-nitrobenzene C6H2F3NO2 6187
315-18-4 4-dimethylamino-3,5-xylyl methylcarbamate C12H16N2O2 24167
315-22-0 monocrotaline C16H23NO6 29554
315-30-0 1,5-dihydro-4H-pyrazolo[3,4-d]pyrimidin-4-one C5H4N4O 4307
315-37-7 testosterone heptanoate C26H40O3 34315
315-72-0 4-(3-(5H-dibenz(b,f)azepin-5-yl)propyl)-1-pipe C23H29N3O 33601
316-14-3 6-methylbenz(a)anthracene C19H14 31264
316-46-1 5-fluorouridine C9H11FN2O6 16880
316-49-4 4-methylbenz(a)anthracene C19H14 31262
316-68-7 4'-fluoro-1'-acetonaphthone C12H9FO 23387
316-81-4 thioperazine C22H30N4O2S2 33350
317-52-2 hexafluorenium bromide C36H42Br2N2 35354
317-64-6 6,8-dimethylbenz(a)anthracene C20H16 31985
317-83-9 2-cyclohexyl-4,6-dinitrophenol dicyclohexylam C24H37N3O5 33920
317-97-5 N-(9-(p-fluorophenylimino)fluoren-2-yl)acetam C21H15FN2O 32618
318-03-6 11H-benzo(g)pyrido(4,3-b)indole C15H10N2 28028
318-22-9 2,2,2-trifluoro-N-(9-oxofluoren-2-yl)acetamid C15H8F3NO2 27984
319-03-9 5-fluoro-1,3-isobenzofurandione C8H3FO3 12478
319-78-8 D-isoleucine C6H13NO2 8832
319-84-6 a-hexachlorocyclohexane C6H6Cl6 6953
319-85-7 1,2,3,4,5,6-hexachlorocyclohexane, (1alpha,2beta, C6H6Cl6 6949
319-86-8 1,2,3,4,5,6-hexachlorocyclohexane, (1alpha,2alpha C6H6Cl6 6950
319-88-0 1,3,5-trichloro-2,4,6-trifluorobenzene C6Cl3F3 6061
319-89-1 2,3,5,6-tetrahydroxy-2,5-cyclohexadiene-1,4-dione C6H4O6 6628
319-94-8 g-pentachlorocyclohexene C6H5Cl5 6766
320-50-3 2,5-dichlorobenzotrifluoride C7H3Cl2F3 9521
320-51-4 5-amino-2-chlorobenzotrifluoride C7H5ClF3N 9907
320-60-5 2,4-dichlorobenzotrifluoride C7H3Cl2F3 9519
320-67-2 5-azacytidine C8H12N4O5 14319
320-72-9 3,5-dichloro-2-hydroxybenzoic acid C7H4Cl2O3 9752
320-77-4 isocitric acid C6H8O7 7465
321-14-2 5-chlorosalicylic acid C7H5ClO3 9942
321-25-5 2-fluoro-4-dimethylaminoazobenzene C14H14FN3 27090
321-28-8 1-fluoro-2-methoxybenzene C7H7FO 10562
321-37-9 4'-chloro-2,2,2-trifluoroacetophenone C8H4ClF3O 12505
321-38-0 1-fluoronaphthalene C10H7F 18622
321-54-0 3-chloro-4-methyl-7-coumarinyl diethylphosph C14H16ClO6P 27324
321-55-1 O,O-di(2-chloroethyl)-O-(3-chloro-4-methylc C14H14Cl3O6P 27087
321-60-8 2-fluoro-1,1'-biphenyl C12H9F 23385
321-64-2 tetrahydroaminocrine C13H14N2 25953
321-98-2 d-ephedrine C10H15NO 20240
322-46-3 pyrido[2,3-b]pyrazine C7H5N3 10101
322-97-4 7-(trifluoromethyl)-4-quinolinol C10H6F3NO 18555
323-09-1 2-fluoronaphthalene C10H7F 18623
324-74-3 4-fluoro-1,1'-biphenyl C12H9F 23386
324-93-6 4-amino-4'-fluorodiphenyl C12H10FN 23475
325-69-9 3-(o-fluorophenyl)alanine C9H10FNO2 16549
326-06-7 4,4,4-trifluoro-1-phenyl-1,3-butanedione C10H7F3O2 18628
326-52-3 8-fluorooctyl phenyl ketone C15H21FO 28610
326-56-7 methyl 1,3-benzodioxole-5-carboxylate C9H8O4 16235
326-59-0 methyl 1,3-benzodioxole-5-acetate C10H10O4 19204
326-61-4 piperonyl acetate C10H10O4 19218
326-62-5 2-fluorobenzeneacetonitrile C8H6FN 12832
326-66-9 4'-bromo-2'-fluoroacetanilide C8H7BrFNO 12963
326-90-9 4,4,4-trifluoro-1-(2-furyl)-1,3-butanedione C8H5F3O3 12667
326-91-0 2-thenoyltrifluoroacetone C8H5F3O2S 12665
327-51-5 1,4-dibromo-2,5-difluorobenzene C6H2Br2F2 6143
327-52-6 1-bromo-2,4,5-trifluorobenzene C6H2BrF3 6136
327-54-8 1,2,4,5-tetrafluorobenzene C6H2F4 6191
327-56-0 D(-)-norleucine C6H13NO2 8834
327-57-1 L-norleucine C6H13NO2 8824
327-75-3 2,4-bis(trifluoromethyl)bromobenzene C8H3BrF6 12457
327-78-6 4-chloro-3-(trifluoromethyl)phenyl isocyanate C8H3ClF3NO 12461
327-92-4 1,5-difluoro-2,4-dinitrobenzene C6H2F2N2O4 6185
327-97-9 chlorogenic acid C16H18O9 29403
327-98-0 trichloronate C10H12Cl3O2PS 19422
328-04-1 o-(2-chloro-4-nitrophenyl)-o-isopropyl eth C11H15ClNO4PS 22217
328-38-1 D-leucine C6H13NO2 8816
328-39-2 DL-leucine C6H13NO2 8815
328-42-7 oxaloacetic acid C4H4O5 2609
328-50-7 2-oxoglutaric acid C5H6O5 4585
328-70-1 1,3-bis(trifluoromethyl)-5-bromobenzene C8H3BrF6 12458
328-73-4 1-iodo-3,5-bis(trifluoromethyl)benzene C8H3F6I 12494
328-74-5 3,5-bis(trifluoromethyl)aniline C8H5F6N 12676
328-75-6 3,5-bis(trifluoromethyl)nitrobenzene C8H3F6NO2 12495
328-84-7 3,4-dichlorobenzotrifluoride C7H3Cl2F3 9522
328-87-0 2-chloro-5-(trifluoromethyl)benzonitrile C8H3ClF3N 12459
328-93-8 2,5-bis(trifluoromethyl)aniline C8H5F6N 12677
328-96-1 N,N-dimethyl-4-[[3-(trifluoromethyl)phenyl]az C15H14F3N3 28269
329-01-1 3-(trifluoromethyl)phenyl isocyanate C8H4F3NO 12540
329-15-7 4-(trifluoromethyl)benzoyl chloride C8H4ClF3O 12510
329-21-5 S-p-tert-butylphenyl-o-ethyl ethylphosphonodi C14H23OPS2 27741
329-65-7 DL-epinephrine C9H13NO3 17354
329-71-5 2,5-dinitrophenol C6H4N2O5 6588
329-89-5 6-aminonicotinamide C6H7N3O 7231
329-98-6 a-toluenesulfonyl fluoride C7H7FO2S 10572
329-99-7 methyl cyclohexylfluorophosphonate C7H14FO2P 11771
330-12-1 4-(trifluoromethoxy)benzoic acid C8H5F3O3 12669
330-54-1 diuron C9H10Cl2N2O 16540
330-55-2 linuron C9H10Cl2N2O2 16541
330-64-3 3,5-diisopropylphenyl-N-methylcarbamate C14H21NO2 27625
330-68-7 fluoroacetanilide C8H8FNO 13313
330-95-0 nicarbazin C19H18N6O6 31416
331-25-9 3-fluorophenylacetic acid C8H7FO2 13073
331-39-5 3-(3,4-dihydroxyphenyl)-2-propenoic acid C9H8O4 16234
331-54-4 m-chloro-N-(2,2-difluoroethyl)aniline C8H8ClF2N 13265
331-87-3 fluoroacetic acid (2-ethylhexyl) ester C10H19FO2 20881
331-91-9 2'-fluoro-4-dimethylaminoazobenzene C14H14FN3 27091
332-14-9 1-(2-phenylethyl)piperidine C13H19N 26248
332-25-2 4-(trifluoromethoxy)benzonitrile C8H4F3NO 12537
332-48-9 4-fluorophenoxy-ethylbromide C8H8BrFO 13246
332-54-7 3'-fluoro-4-dimethylaminoazobenzene C14H14FN3 27092
332-69-4 bromanylpromide C11H15BrN2O 22210
332-77-4 2,5-dihydro-2,5-dimethoxyfuran C6H10O3 7885
332-80-9 L-1-methylhistidine C7H11N3O2 11317
332-97-8 ethyl-8-fluoro octanoate C10H19FO2 20880
333-20-0 potassium thiocyanate CKNS 340
333-27-7 methyl trifluoromethanesulfonate C2H3F3O3S 740
333-29-9 dithiolane iminophosphate C7H14NO2PS3 11776
333-31-3 acetyl-b-methylcholine bromide C8H18BrNO2 15374
333-36-8 bis(2,2,2-trifluoroethyl) ether C4H4F6O 2557
333-40-4 S-(4,6-dimethyl-2-pyrimidinyl)-O,O-diethyl C10H17N2O2PS2 20584
333-41-5 diazinon C12H21N2O3PS 24649
333-47-1 4-bromophenyl trifluoromethyl sulfide C7H4BrF3S 9630
333-49-3 4-amino-2-mercaptopyrimidine C4H5N3S 2750
333-93-7 1,4-butanediamine dihydrochloride C4H14Cl2N2 4124
334-22-5 bis-b-chloroethylamine C4H9Cl2N 3645
334-25-8 adipamic acid C6H11NO3 8163
334-28-1 7-fluoroheptanoic acid C7H13FO2 11615
334-42-9 1-bromo-7-fluoroheptane C7H14BrF 11748
334-43-0 1-chloro-7-fluoroheptane C7H14ClF 11757
334-44-1 7-fluoroheptanonitrile C7H12FN 11378
334-48-5 decanoic acid C10H20O2 21040
334-49-6 trans-2-decenoic acid C10H18O2 20788
334-56-5 1-fluorodecane C10H21F 21097
334-59-8 10-fluorodecanoic acid C10H19FO2 20879
334-61-2 1-bromo-10-fluorodecane C10H20BrF 20957
334-62-3 1-chloro-10-fluorodecane C10H20ClF 20961
334-64-5 10-fluoro-1-decanol C10H21FO 21098
334-68-9 1-fluorododecane C12H25F 24899
334-71-4 12-fluoro dodecano nitrile C12H22FN 24679
334-88-3 diazomethane CH2N2 166
335-08-0 2-hydroxy-2-(trifluoromethyl)propionitrile C4H4F3NO 2553
335-27-3 hexadecafluoro-1,3-dimethylcyclohexane; (cis+trans C8F16 12431
335-36-4 perfluoro-2-butyltetrahydrofuran C8F16O 12433
335-44-4 2,2,3-trichloro-1,1,1,3,4,4,4-heptafluorobutane C4Cl3F7 2310
335-48-8 1,4-dibromooctafluorobutane C4Br2F8 2291
335-56-8 perfluorohexyl bromide C6BrF13 6046
335-57-9 perfluoroheptane C7F16 9424
335-58-0 perfluoro-N-heptyl iodide C7F15I 9423
335-64-8 pentadecafluorooctanoyl chloride C8ClF15O 12413
335-65-9 1,1,1,2,2,3,3,4,4,5,5,6,6,7,7,8,8-heptadecafluoro C8HF17 12443
335-67-1 pentadecafluorooctanoic acid C8HF15O2 12442
335-70-6 hexadecafluoro-1,8-diiodooctane C8F16I2 12432
335-76-2 nonadecafluorodecanoic acid C10HF19O2 18472
335-99-9 1H,1H,7H-dodecafluoroheptanol C7H4F12O 9818
336-19-6 1,2-dichloro-3,3,4,4,5,5,6,6-octafluorocyclohexen C6Cl2F8 6058
336-34-5 1-chloro-3,3,4,4,5,5-hexafluoro-2-methoxycyclop C6H3ClF6O 6269
336-50-5 1,1,2,2-tetrachloro-3,3,4,4-tetrafluorocyclobutan C4Cl4F4 2313
336-59-4 heptafluorobutanoic anhydride C8F14O3 12428
337-28-0 1-ethoxy-2,2,3,3,3-pentafluoro-1-propanol C5H7F5O2 4653
338-64-7 1-chloro-1,2-difluoroethane C2H3ClF2 703
338-65-8 2-chloro-1,1-difluoroethane C2H3ClF2 704
338-66-9 difluoro-N-fluoromethanimine CF3N 71
338-69-2 D-alanine C3H7NO2 2048
338-75-0 2,3-dichloro-1,1,1-trifluoropropane C3H3Cl2F3 1417
338-83-0 perfluorotripropylamine C9F21N 15768
339-43-5 4-amino-N-[(butylamino)carbonyl]benzenesulfo C11H17N3O3S 22541
339-72-0 L-cycloserine C3H6N2O2 1892
340-04-5 a-(trifluoromethyl)benzyl alcohol C8H7F3O 13085
340-06-7 (S)-(+)-a-(trifluoromethyl)benzyl alcohol C8H7F3O 13086
342-24-5 2-fluorobenzophenone C13H9FO 25532
342-25-6 2,4'-difluorobenzophenone C13H8F2O 25482
342-69-8 methylthioinosine C11H14N4O4S 22093
342-95-0 3-(o-(bis-(b-chloroethyl)amino)phenyl)-DL- C13H18Cl2N2O2 26174
343-01-1 2-fluoro-9-fluorenone C13H7FO 25453
343-65-7 L-kynurenine C10H12N2O3 19446
343-75-9 N,N-dimethyl-p-(2,4,6-trifluorophenylazo)anil C14H12F3N3 26892
343-89-5 7-fluoro-2-acetamido-fluorene C15H12FNO 28141
344-03-6 1,4-dibromotetrafluorobenzene C6Br2F4 6049
344-04-7 bromopentafluorobenzene C6BrF5 6045
344-07-0 chloropentafluorobenzene C6ClF5 6052
344-18-3 2,6-dibromo-4-fluoroaniline C6H4Br2FN 6415
344-25-2 D(+)-proline C5H9NO2 5231
344-38-7 5-bromo-2-nitrobenzotrifluoride C7H3BrF3NO2 9485
344-62-7 2'-(trifluoromethyl)acetanilide C9H8F3NO 16132
344-72-9 2-amino-4-(trifluoromethyl)-5-thiazolecarbox C7H7F3N2O2S 10585
345-16-4 5-fluorosalicylic acid C7H5FO3 10001
345-17-5 2-chloro-5-fluoronitrobenzene C6H3ClFNO2 6262
345-35-7 1-(chloromethyl)-2-fluorobenzene C7H6ClF 10201
345-83-5 4-fluorobenzophenone C13H9FO 25533
345-92-6 4,4'-difluorobenzophenone C13H8F2O 25483
346-06-5 2-(trifluoromethyl)benzyl alcohol C8H7F3O 13087
346-18-9 polythiazide C11H13ClF3N3O4S3 21917
346-55-4 4-chloro-7-(trifluoromethyl)quinoline C10H5ClF3N 18497
347-93-3 3-chloro-4'-fluoropropiophenone C9H8ClFO 16102
348-40-3 2-amino-6-fluorobenzothiazole C7H5FN2S 9992
348-51-6 1-chloro-2-fluorobenzene C6H4ClF 6422
348-52-7 1-fluoro-2-iodobenzene C6H4FI 6512
348-54-9 o-fluoroaniline C6H6FN 6956
348-57-2 1-bromo-2,4-difluorobenzene C6H3BrF2 6222
348-59-4 1,4-dichloro-2-fluorobenzene C6H3Cl2F 6278
348-60-7 4-chloro-3-fluorophenol C6H4ClFO 6428
348-61-8 4-bromo-1,2-difluorobenzene C6H3BrF2 6223
348-62-9 4-chloro-2-fluorophenol C6H4ClFO 6429
348-67-4 D-methionine C5H11NO2S 5729
348-70-9 propyl chlorofluoroacetate C5H8ClFO2 4765
349-03-1 4-bromo-3-nitrobenzotrifluoride C7H3BrF3NO2 9483
349-37-1 2',5'-difluoro-4-dimethylaminoazobenzene C14H13F2N3 27001
349-46-2 D-cystine C6H12N2O4S2 8368

372-18-9 m-difluorobenzene C6H4F2 6524
372-19-0 m-fluoroaniline C6H6FN 6957
372-20-3 3-fluorophenol C6H5FO 6774
372-29-2 ethyl 3-amino-4,4,4-trifluorocrotonate C6H8F3NO2 7312
372-31-6 ethyl 4,4,4-trifluoroacetoacetate C6H7F3O3 7167
372-38-3 1,3,5-trifluorobenzene C6H3F3 6338
372-39-4 3,5-difluoroaniline C6H5F2N 6782
372-46-3 fluorocyclohexane C6H11F 8073
372-47-4 3-fluoropyridine C5H4FN 4282
372-48-5 2-fluoropyridine C5H4FN 4283
372-54-3 2-fluorohexane C6H13F 8706
372-63-4 bis(trifluoromethyl)diazene C2F6N2 497
372-64-5 bis(trifluoromethyl) disulfide C2F6S2 506
372-66-7 6-amino-2-methyl-2-heptanol C8H19NO 15655
372-70-3 6-fluorohexanesulphonyl fluoride C6H12F2O2S 8301
372-75-8 citrulline C6H13N3O3 8865
372-90-7 1,4-difluorobutane C4H8F2 3392
372-91-8 4-fluorobutyl iodide C4H8FI 3388
372-93-0 4-fluoro-1-butanol C4H9FO 3662
373-02-4 nickel acetate C4H6NiO4 2939
373-05-7 6-fluorohexanoic acid C6H11FO2 8075
373-14-8 1-fluorohexane C6H13F 8705
373-17-1 1,5-difluoropentane C5H10F2 5362
373-28-4 1-bromo-6-fluorohexane C6H12BrF 8242
373-32-0 6-fluoro-1-hexanol C6H13FO 8722
373-44-4 1,8-octanediamine C8H20N2 15695
373-49-9 cis-9-hexadecenoic acid C16H30O2 29662
373-52-4 bromofluoromethane CH2BrF 141
373-53-5 fluoroiodomethane CH2FI 157
373-61-5 boron trifluoride–acetic acid complex C4H8BF3O4 3325
373-74-0 trifluoromethylsilane CH3F3Si 219
373-80-8 (trifluoromethyl)sulfur pentafluoride CF8S 87
373-91-1 trifluoromethylhypofluorite CF4O 78
374-01-6 1,1,1-trifluoropropan-2-ol C3H5F3O 1731
374-07-2 1,1-dichloro-1,2,2,2-tetrafluoroethane C2Cl2F4 442
374-25-4 4-bromo-3-chloro-3,4,4-trifluoro-1-butene C4H3BrClF3 2438
374-77-6 perfluoro-1,4-dimethylcyclohexane C8F16 12430
375-01-9 2,2,3,3,4,4,4-heptafluoro-1-butanol C4H3F7O 2482
375-03-1 perfluoropropyl methyl ether C4H3F7O 2484
375-14-4 3,3,4,4,5,5,5-heptafluoro-2-pentanol C5H5F7O 4385
375-16-6 heptafluorobutanoyl chloride C4ClF7O 2295
375-22-4 heptafluorobutanoic acid C4HF7O2 2366
375-34-8 2,2,3,3-tetrachlorohexafluorobutane C4Cl4F6 2314
375-50-8 octafluoro-1,4-diiodobutane C4F8I2 2338
375-72-4 perfluoro-1-butanesulfonyl fluoride C4F10O2S 2349
375-73-5 1-perfluorobutanesulfonic acid C4HF9O3S 2368
375-83-7 1H-pentadecafluoroheptane C7HF15 9439
375-85-9 tridecafluoroheptanoic acid C7HF13O2 9438
375-88-2 perfluoroheptyl bromide C7BrF15 9414
375-95-1 heptadecafluorononanoic acid C9HF17O2 15771
375-96-2 perfluorononane C9F20 15767
376-03-4 perfluorotridecane C13F28 25436
376-06-7 perfluorotetradecanoic acid C14HF27O2 26574
376-18-1 2,2,3,3,4,4,5,5,6,6,7,7,8,8,9,9-hexadecafluoro- C9H4F16O 15800
376-27-2 methyl perfluorooctanoate C9H3F15O2 15783
376-50-1 diethyl octafluoroadipate C10H10F8O4 19014
376-53-4 perfluoroadiponitrile C6F8N2 6083
376-68-1 hexafluoroglutaric anhydride C5F6O3 4173
376-73-8 hexafluoroglutaric acid C5H2F6O4 4201
376-77-2 decafluorocyclopentane C5F10 4178
376-84-1 2,2,3,3,4,4,5,5-octafluoropentyl acrylate C8H6F8O2 12861
376-87-4 1,1,2,3,3,4,4,5,5,5-decafluoro-1-pentene C5F10 4177
376-89-6 hexafluoroglutaronitrile C5F6N2 4172
376-90-9 2,2,3,3,4,4-hexafluoro-1,5-pentanediol C5H6F6O2 4488
377-38-8 tetrafluorosuccinic acid C4H2F4O4 2406
377-41-3 1-chloro-1,2,2,3,3,4,4-heptafluorocyclobutane C4ClF7 2294
377-70-8 1,2,3,4,5,5,6,6-octafluoro-1,3-cyclohexadiene C6F8 6082
377-93-5 1,2-dichloro-3,3,4,4-tetrafluorocyclobutene C4Cl2F4 2299
378-44-9 betamethasone C22H29FO5 33333
378-68-7 methyl 2,2-dichloro-3,3,3-trifluoropropanoate C4H3Cl2F3O2 2464
378-75-6 methyl pentafluoropropanoate C4H3F5O2 2481
379-50-0 fluorotriphenylsilane C18H15FSi 30545
379-52-2 triphenyltin fluoride C18H15FSn 30546
380-78-9 2-bromo-1,2,2-trifluoroethyl ethyl ether C4H6BrF3O 2766
381-61-3 2-fluoro-1,3-butadiene C4H5F 2682
381-73-7 difluoroacetic acid C2H2F2O2 646
381-98-6 2-(trifluoromethyl)acrylic acid C4H3F3O2 2477
382-10-5 hexafluoroisobutylene C4H2F6 2407
382-21-8 perfluoroisobutene C4F8 2335
382-28-5 perfluoro-4-methylmorpholine C5F11NO 4180
382-31-0 2,2,3,4,4,4-hexafluoro-1-butanol C4H4F6O 2558
382-45-6 androst-4-ene-3,11,17-trione C19H24O3 31556
382-67-2 desoxymetasone C22H29FO4 33330
383-07-3 2-(N-butylperfluorooctanesulfonamido)ethyl C17H16F17NO4S 29995
383-29-9 4-fluorophenyl sulfone C12H8F2O2S 23300
383-62-0 ethyl chlorodifluoroacetate C4H5ClF2O2 2640
383-63-1 ethyl trifluoroacetate C4H5F3O2 2687
383-64-2 S-ethyl trifluorothioacetate C4H5F3OS 2686
383-66-4 propyl trifluoroacetate C5H7F3O2 4650
383-67-5 allyl trifluoroacetate C5H5F3O2 4378
383-73-3 bis(trifluoroacetyl)peroxide C4F6O4 2332
383-90-4 1-fluoro-N,N,N',N'-tetramethylboranediamine C4H12BFN2 4037
384-04-3 1,1,2,4,4-pentafluoro-3-(trifluoromethyl)-1,3-butadi C5F8 4176
384-22-5 1-nitro-2-(trifluoromethyl)benzene C7H4F3NO2 9800
384-64-5 a-(trifluoromethyl)styrene C9H7F3 15990
384-67-8 2-chloro-2,2-difluoroacetophenone C8H5ClF2O 12613
385-00-2 2,6-difluorobenzoic acid C7H4F2O2 9792
386-17-4 3',3'',5',5''-tetraiodophenolphthalein C20H10I4O4 31780
387-43-9 4-fluoroindole C8H6FN 12834
387-45-1 2-chloro-6-fluorobenzaldehyde C7H4ClFO 9673
388-72-7 4-fluorobenzanthracene C18H11F 30402
388-82-9 2,2'-difluoro-1,1'-biphenyl C12H8F2 23297
389-08-2 nalidixic acid C12H12N2O3 23741
389-40-2 pentafluoromethoxybenzene C7H3F5O 9588
390-64-7 1-phenyl-2-(1',1'-diphenylpropyl-3'-amino)propan C24H27N 33840
391-57-1 N,N'-fluoren-2,7-ylene bis(trifluoroacetami C17H10F6N2O2 29849
392-12-1 indole-3-pyruvic acid C11H9NO3 21584
392-56-3 hexafluorobenzene C6F6 6080
392-69-8 2-fluoro-1,3,5-trimethylbenzene C9H11F 16877
392-71-2 2,6-dichloro-4-fluorophenol C6H3Cl2FO 6279
392-83-6 1-bromo-2-(trifluoromethyl)benzene C7H4BrF3 9620
392-85-8 1-fluoro-2-(trifluoromethyl)benzene C7H4F4 9806
393-01-1 2,3,4-trifluorobenzotrifluoride C7H2F6 9469
393-09-9 5-fluoro-2-nitrobenzotrifluoride C7H3F4NO2 9584
393-11-3 5-amino-2-nitrobenzotrifluoride C7H5F3N2O2 10005
393-36-2 4-bromo-3-(trifluoromethyl)aniline C7H5BrF3N 9875
393-39-5 4-fluoro-2-(trifluoromethyl)aniline C7H5F4N 10021
393-52-2 2-fluorobenzoyl chloride C7H4ClFO 9667
393-75-9 4-chloro-3,5-dinitrobenzotrifluoride C7H2ClF3N2O4 9442
394-25-2 4-methoxy-3-nitrobenzotrifluoride C8H6F3NO3 12857
394-31-0 5-hydroxyanthranilic acid C7H7NO3 10666
394-32-1 5'-fluoro-2'-hydroxyacetophenone C8H7FO2 13069
394-33-2 4-fluoro-2-nitrophenol C6H4FNO3 6519
394-41-2 3-fluoro-4-nitrophenol C6H4FNO3 6520
394-46-7 1-vinyl-2-fluorobenzene C8H7F 13053
394-47-8 2-fluorobenzonitrile C7H4FN 9773
395-28-8 vasodilian C18H23NO3 30826
395-35-7 4-(trifluoromethyl)mandelic acid C9H7F3O3 16004
395-44-8 2-(trifluoromethyl)benzyl bromide C8H6BrF3 12718
395-45-9 2-(trifluoromethyl)styrene C9H7F3 15991
395-47-1 2-trifluoromethylphenyl magnesium bromide C7H4BrF3Mg 9624
395-64-2 2,5-bis(trifluoromethyl)benzaldehyde C9H4F6O 15793
396-01-0 6-phenyl-2,4,7-pteridinetriamine C12H11N7 23670
396-64-5 3,3'-difluoro-1,1'-biphenyl C12H8F2 23298
398-23-2 4,4'-difluoro-1,1'-biphenyl C12H8F2 23299
398-32-3 4'-(4-fluorophenyl)acetanilide C14H12FNO 26889
399-10-0 4'-fluorochalcone C15H11FO 28090
399-24-6 9-fluorononyl phenyl ketone C16H23FO 29541
399-31-5 2'-fluoroacetanilide C8H8FNO 13311
399-35-9 2'-chloro-4'-fluoroacetanilide C8H7ClFNO 12992
399-51-9 6-fluoroindole C8H6FN 12835
399-52-0 5-fluoroindole C8H6FN 12838
399-54-2 4-fluoro-2-methylanisole C8H9FO 13639
399-75-7 5-fluoro-2-methylbenzothiazole C8H6FNS 12843
399-76-8 5-fluoroindole-2-carboxylic acid C9H6FNO2 15882
399-92-8 ethyl 2,3,3,3-tetrafluoropropanoate C5H6F4O2 4485
399-94-0 2-bromo-1,4-difluorobenzene C6H3BrF2 6225
400-38-4 isopropyl trifluoroacetate C5H7F3O2 4651
400-44-2 2-chloro-1,1,1,4,4,4-hexafluorobutene-2 C4HClF6 2355
400-52-2 tert-butyl trifluoroacetate C6H9F3O2 7524
400-53-3 trimethylsilyl trifluoroacetate C5H9F3O2Si 5145
400-54-4 1,1,1-trifluoro-2,4-hexanedione C6H7F3O2 7165
400-70-4 2,4-dichloro-5-nitrobenzotrifluoride C7H2Cl2F3NO2 9450
400-74-8 2-fluoro-5-nitrobenzotrifluoride C7H3F4NO2 9585
400-98-6 4-amino-3-nitrobenzotrifluoride C7H5F3N2O2 10006
400-99-7 2-nitro-4-(trifluoromethyl)phenol C7H4F3NO3 9804
401-55-8 ethyl bromofluoroacetate C4H6BrFO2 2765
401-56-9 ethyl chlorofluoroacetate C4H6ClFO2 2794
401-78-5 1-bromo-3-(trifluoromethyl)benzene C7H4BrF3 9621
401-79-6 3-methylbenzotrifluoride C8H7F3 13080
401-80-9 1-fluoro-3-(trifluoromethyl)benzene C7H4F4 9807
401-81-0 3-iodobenzotrifluoride C7H4F3I 9796
401-95-6 3,5-bis(trifluoromethyl)benzaldehyde C9H4F6O 15794
401-99-0 3,5-dinitrobenzotrifluoride C7H3F3N2O4 9573
402-23-3 3-(trifluoromethyl)benzyl bromide C8H6BrF3 12719
402-24-4 3-(trifluoromethyl)styrene C9H7F3 15992
402-26-6 3-trifluoromethylphenyl magnesium bromide C7H4BrF3Mg 9625
402-31-3 1,3-bis(trifluoromethyl)benzene C8H4F6 12564
402-43-7 1-bromo-4-(trifluoromethyl)benzene C7H4BrF3 9622
402-44-8 1-fluoro-4-(trifluoromethyl)benzene C7H4F4 9808
402-45-9 4-(trifluoromethyl)phenol C7H5F3O 10011
402-49-3 4-(trifluoromethyl)benzyl bromide C8H6BrF3 12720
402-50-6 4-(trifluoromethyl)styrene C9H7F3 15993
402-51-7 4-trifluoromethylphenyl magnesium bromide C7H4BrF3Mg 9626
402-54-0 4-nitro-a,a,a-trifluorotoluene C7H4F3NO2 9801
402-55-1 4-(fluorosulfonyl)benzoyl chloride C7H4ClFO3S 9682
402-67-5 1-fluoro-3-nitrobenzene C6H4FNO2 6517
402-71-1 L-1-4'-tosylamino-2-phenylethyl chloromethy C17H18ClNO3S 30057
403-16-7 3-chloro-4-fluorobenzoic acid C7H4ClFO2 9678
403-19-0 2-fluoro-4-nitrophenol C6H4FNO3 6521
403-20-3 3-fluoro-4-methoxybenzoic acid C8H7FO3 13076
403-29-2 2-bromo-4'-fluoroacetophenone C8H6BrFO 12717
403-33-8 methyl 4-fluorobenzoate C8H7FO2 13075
403-40-7 4-fluoro-a-methylbenzylamine C8H10FN 13846
403-41-8 4-fluoro-a-methylbenzyl alcohol C8H9FO 13640
403-42-9 1-(4-fluorophenyl)ethanone C8H7FO 13058
403-43-0 4-fluorobenzoyl chloride C7H4ClFO 9669
403-54-3 3-fluorobenzonitrile C7H4FN 9774
403-90-7 3-fluoro-DL-tyrosine C9H10FNO3 16551
404-24-0 N-trifluoroacetylaniline C8H6F3NO 12855
404-42-2 2,4'-difluoroacetanilide C8H7F2NO 13078
404-70-6 3-fluorophenethylamine C8H10FN 13848
404-71-7 3-fluorophenyl isocyanate C7H4FNO 9777
404-72-8 1-fluoro-3-isothiocyanatobenzene C7H4FNS 9780
404-86-4 capsaicin C18H27NO3 30908
405-05-0 3-fluoro-4-hydroxybenzaldehyde C7H5FO2 10000
405-22-1 furadroxyl C8H10N4O5 13905
405-50-5 4-fluorobenezeneacetic acid C8H7FO2 13065
405-51-6 4-fluorophenyl acetate C8H7FO2 13071
405-79-8 4-fluorophenoxyacetic acid C8H7FO3 13077
405-86-7 4'-fluoro-N,N-dimethyl-4-stilbenamine C16H16FN 29249
405-99-2 1-vinyl-4-fluorobenzene C8H7F 13055
406-20-2 methyl-4-fluorobutyrate C5H9FO2 5140
406-23-5 allyl fluoroacetate C5H7FO2 4648
406-74-6 tert-butyl fluoroacetate C6H11FO2 8074
406-82-6 1,1,1-trifluoropentane C5H9F3 5144
406-90-6 2,2,2-trifluoroethyl vinyl ether C4H5F3O 2685
407-06-7 1-fluoro-3-methylbutane C5H11F 5653
407-14-7 1-bromo-4-(trifluoromethoxy)benzene C7H4BrF3O 9629
407-25-0 trifluoroacetic acid anhydride C4F6O3 2331
407-38-5 2,2,2-trifluoroethyl trifluoroacetate C4H2F6O2 2408
407-41-0 o-phosphoserine C3H8NO6P 2107
407-47-6 2,2,2-trifluoroethyl acrylate C5H5F3O2 4379
407-75-0 5-fluoropentanoic acid C5H9FO2 5139
407-79-4 5-fluoro-1-pentene C5H9F 5114
407-83-0 4-fluorobutyronitrile C4H6FN 2868
407-96-5 1,1-difluoroheptane C7H14F2 11772
407-97-6 1-bromo-5-fluoropentane C5H10BrF 5295
407-98-7 1-chloro-5-fluoropentane C5H10ClF 5321
407-99-8 3-fluoropropyl isocyanate C4H6FNO 2869
408-16-2 7-fluoro-1-heptanol C7H15FO 12016
408-27-5 8-fluoro-1-octanol C8H17FO 15274
408-32-2 thiacycloundecane C10H20S 21088
408-35-5 palmitic acid sodium salt C16H31NaO2 29703
408-38-8 1-fluorohexadecane C16H33F 29744
409-02-9 methylheptenone C8H14O 14589
409-21-2 silicon carbide CSi 384
420-04-2 cyanamide CH2N2 165
420-05-3 cyanic acid CHNO 124
420-12-2 ethylene sulfide C2H4S 901
420-23-5 dimethylfluoroarsine C2H6AsF 988
420-24-6 methyldifluoroarsine CH3AsF2 183
420-26-8 2-fluoropropane C3H7F 2021
420-37-1 trimethyloxonium tetrafluoroborate C3H9BF4O 2174
420-45-1 2,2-difluoropropane C3H6F2 1868
420-46-2 1,1,1-trifluoroethane C2H3F3 735

420-52-0 trifluoromethyl phosphine C2H2F3P 160
420-56-4 fluorotrimethylsilane C3H9FSi 2192
420-90-6 3-bromo-3,3-difluoro-1-propene C3H3BrF2 1396
420-97-3 1,2-dichloro-2-fluoropropane C3H5Cl2F 1699
420-99-5 1-chloro-2,2-difluoropropane C3H5ClF2 1673
421-01-2 2-bromo-1-chloro-1,1-difluoroethane C2H2BrClF2 575
421-04-5 1-chloro-1,1,2-trifluoroethane C2H2ClF3 604
421-06-7 2-bromo-1,1,1-trifluoroethane C2H2BrF3 579
421-07-8 1,1,1-trifluoropropane C3H5F3 1721
421-14-7 methyl trifluoromethyl ether C2H3F3O 737
421-17-0 trifluoromethanesulfenyl chloride CClF3S 38
421-20-5 methyl fluorosulfonate CH3FO3S 216
421-48-7 1,1,1,2-tetrafluoropropane C3H4F4 1578
421-50-1 1,1,1-trifluoroacetone C3H3F3O 1442
421-53-4 2,2,2-trifluoro-1,1-ethanediol C2H3F3O2 739
421-83-0 trifluoromethanesulfonyl chloride CClF3O2S 36
422-01-5 2,2,3,3,3-pentafluoropropyl bromide C3H2BrF5 1337
422-02-6 3-chloro-1,1,1,2,2-pentafluoropropane C3H2ClF5 1345
422-05-9 2,2,3,3,3-pentafluoro-1-propanol C3H3F5O 1455
422-55-9 1-chloro-1,1,2,2,3,3-hexafluoropropane C3HClF6 1314
422-56-0 3,3-dichloro-1,1,1,2,2-pentafluoropropane C3HCl2F5 1317
422-61-7 pentafluoropropionyl fluoride C3F6O 1290
422-63-9 2,2,3,3,3-pentafluoro-1,1-propanediol C3H3F5O2 1456
422-64-0 pentafluoropropionic acid C3HF5O2 1331
423-39-2 nonafluoro-1-iodobutane C4F9I 2340
423-55-2 1-bromoheptadecafluorooctane C8BrF17 12411
423-56-3 2,2,3,3,4,4,5,5,6,6,7,7,8,8,9,9,9-heptadecafluo C9H3F17O 15784
423-62-1 perfluorodecyl iodide C10F21I 18467
424-40-8 diethyl hexafluoroglutarate C9H10F6O4 16556
424-64-6 2,2,3,3,4,4,4-heptafluorobutyl acrylate C7H5F7O2 10023
425-23-0 isopropyl heptafluorobutanoate C7H7F7O2 10587
425-32-1 1,1'-(1,1,2,2-tetrafluoro-1,2-ethanediyl)bisben C14H10F4 26743
425-61-6 2,2,3,3-tetrafluoro-1,4-butanediol C4H6F4O2 2877
425-75-2 ethyl trifluoromethanesulfonate C3H5F3O3S 1733
425-82-1 perfluorooxetane C3F6O 1288
425-87-6 2-chloro-1,1,2-trifluoroethyl methyl ether C3H4ClF3O 1525
426-65-3 ethyl pentafluoropropionate C5H5F5O2 4384
427-00-9 dihydrodeoxymorphine C17H21NO2 30160
427-01-0 geissospermine C40H48N4O3 35584
427-45-2 tris(p-chlorophenyl)tin fluoride C18H12Cl3FSn 30415
427-51-0 cyprosterone acetate C24H29ClO4 33863
428-59-1 trifluoro(trifluoromethyl)oxirane C3F6O 1289
429-30-1 trifluoroacetic acid triethylstannyl ester C8H15F3O2Sn 14771
430-40-0 ethyldifluoroarsine C2H5AsF2 908
430-44-4 2-fluoro-1-butene C4H7F 3179
430-51-3 1-fluoro-2-propanone C3H5FO 1716
430-53-5 1,1-dichloro-2-fluoroethane C2H3Cl2F 715
430-57-9 1,2-dichloro-1-fluoroethane C2H3Cl2F 716
430-61-5 1,1-difluoropropane C3H6F2 1865
430-63-7 1,1-difluoro-1-propene C3H4F2 1573
430-66-0 1,1,2-trifluoroethane C2H3F3 736
430-71-7 propanoyl fluoride C3H5FO 1717
430-85-3 1,1-dibromodifluoroethylene C2Br2F2 412
430-95-5 1,1-dichloro-2-fluoropropene C3H3Cl2F 1416
431-03-8 2,3-butanedione C4H6O2 2976
431-06-1 1,2-dichloro-1,2-difluoroethane C2H2Cl2F2 623
431-07-2 1-chloro-1,2,2-trifluoroethane C2H2ClF3 605
431-27-6 1,2-dichloro-3,3,3-trifluoropropene C3HCl2F3 1316
431-31-2 1,1,1,2,3-pentafluoropropane C3H3F5 1450
431-34-5 3-bromo-1,1,1-trifluoro-2-propanol C3H4BrF3O 1501
431-35-6 3-bromo-1,1,1-trifluoroacetone C3H2BrF3O 1336
431-46-9 1-methoxy-2,2,2-trifluoroethanol C3H5F3O2 1732
431-47-0 methyl trifluoroacetate C3H3F3O2 1445
431-52-7 1,1,2-trichloro-3,3,3-trifluoro-1-propene C3Cl3F3 1257
431-53-8 1,2-dichloro-1,3,3,3-tetrafluoro-1-propene C3Cl2F4 1252
431-63-0 1,1,1,2,3,3-hexafluoropropane C3H2F6 1369
431-89-0 heptafluoropropane C3HF7 1333
431-97-0 bis(trifluoromethyl)cyanophosphine C3F6NP 1286
432-04-2 tris(trifluoromethyl)phosphine C3F9P 1310
432-25-7 2,6,6-trimethyl-1-cyclohexene-1-carboxaldehyde C10H16O 20442
432-60-0 allylestrenol C21H32O 32973
433-06-7 2,2,2-trifluoroethyl p-toluenesulfonate C9H9F3O3S 16356
433-19-2 1,4-bis(trifluoromethyl)benzene C8H4F6 12565
433-27-2 trifluoroacetaldehyde ethyl hemiacetal C4H7F3O2 3207
433-28-3 vinyl trifluoroacetate C4H3F3O2 2478
433-52-3 methyl chlorofluoroacetate C3H4ClFO2 1521
433-53-4 methyl difluoroacetate C3H4F2O2 1574
433-97-6 2-(trifluoromethyl)benzoic acid C8H5F3O2 12662
434-03-7 ethisterone C21H28O2 32923
434-05-9 primobolan C22H32O3 33375
434-07-1 pavisoid C21H32O3 32979
434-13-9 3-hydroxycholan-24-oic acid, (3alpha,5beta) C24H40O3 33945
434-16-2 cholesta-5,7-dien-3-ol, (3beta) C27H44O 34498
434-22-0 nortestonate C18H26O2 30895
434-45-7 2,2,2-trifluoro-1-phenylethanone C8H5F3O 12653
434-64-0 perfluorotoluene C7F8 9419
434-75-3 2-chloro-6-fluorobenzoic acid C7H4ClFO2 9679
434-76-4 2-amino-6-fluorobenzoic acid C7H6FNO2 10297
434-85-5 bianthrone C28H16O2 34583
434-90-2 2,2',3,3',4,4',5,5',6,6'-decafluoro-1,1'-biphenyl C12F10 23123
436-05-5 curine C36H38N2O6 35353
436-30-6 10-methyl-3-fluoro-5,6-benzacridine C18H12FN 30421
436-40-8 2,5-diazirino-3,6-dipropoxy-p-benzoquinone C16H22N2O4 29504
437-38-7 fentanyl C22H28N2O 33316
437-50-3 1,7-dihydroxy-3-methoxy-9H-xanthen-9-one C14H10O5 26795
437-81-0 2,6-difluorobenzaldehyde C7H4F2O 9789
437-83-2 3-fluoro-o-anisidine C7H8FNO 10778
438-08-4 androstane-17-carboxylic acid, (5beta,17beta) C20H32O2 32386
438-60-8 N-3-(5H-dibenzo(a,d)cyclohepten-5-yl)propyl-N-me C19H21N 31460
439-14-5 7-chloro-1,3-dihydro-1-methyl-5-phenyl-2H-1, C16H13ClN2O 29076
439-25-8 7-methyl-11-fluorobenz(c)acridine C18H12FN 30420
440-58-4 3-acetamido-5-(acetamidomethyl)-2,4,6-triio C12H11I3N2O4 23605
440-60-8 2,3,4,5,6-pentafluorobenzyl alcohol C7H3F5O 9589
441-38-3 a-benzoin oxime C14H13NO2 27026
442-16-0 7-ethoxy-3,9-acridinediamine C15H15N3O 28364
442-51-3 7-methoxy-1-methyl-9H-pyrido[3,4-b]indole C13H12N2O 25766
443-30-1 1-(4-dimethylaminobenzal)indene C18H17N 30606
443-48-1 metronidazole C6H9N3O3 7604
443-79-8 DL-isoleucine C6H13NO2 8812
443-82-3 3-fluoro-o-xylene C8H9F 13630
443-83-4 1-chloro-3-fluoro-2-methylbenzene C7H6ClF 10199
443-84-5 2,6-difluorotoluene C7H6F2 10306
443-86-7 3-fluoro-2-methylaniline C7H8FN 10772
443-88-9 2-fluoro-m-xylene C8H9F 13631
444-14-4 2-bromo-4,6-difluoroaniline C6H4BrF2N 6398
444-27-9 4-thiazolidinecarboxylic acid C4H7NO2S 3275
444-29-1 2-iodobenzotrifluoride C7H4F3I 9797
444-30-4 a,a,a-trifluoro-o-cresol C7H5F3O 10009
445-01-2 5-bromo-2-chlorobenzotrifluoride C7H3BrClF3 9474
445-02-3 4-bromo-2-(trifluoromethyl)aniline C7H5BrF3N 9876
445-03-4 4-chloro-2-(trifluoromethyl)aniline C7H5ClF3N 9910
445-27-2 2'-fluoroacetophenone C8H7FO 13060
445-28-3 2-fluorobenzamide C7H6FNO 10290
445-29-4 2-fluorobenzoic acid C7H5FO2 9997
445-69-2 1,2-benzenedicarbonyl difluoride C8H4F2O2 12533
446-08-2 2-amino-5-fluorobenzoic acid C7H6FNO2 10298
446-10-6 4-fluoro-1-methyl-2-nitrobenzene C7H6FNO2 10295
446-11-7 1-fluoro-4-methyl-2-nitrobenzene C7H6FNO2 10293
446-17-3 2,4,5-trifluorobenzoic acid C7H3F3O2 9581
446-22-0 2'-fluoropropiophenone C9H9FO 16341
446-30-0 4-chloro-2-fluorobenzoic acid C7H4ClFO2 9680
446-32-2 2-amino-4-fluorobenzoic acid C7H6FNO2 10299
446-33-3 4-fluoro-2-methyl-1-nitrobenzene C7H6FNO2 10296
446-34-4 2-fluoro-4-methyl-1-nitrobenzene C7H6FNO2 10294
446-35-5 2,4-difluoro-1-nitrobenzene C6H3F2NO2 6331
446-36-6 5-fluoro-2-nitrophenol C6H4FNO3 6522
446-48-0 2-fluorobenzyl bromide C7H6BrF 10156
446-51-5 2-fluorobenzyl alcohol C7H7FO 10565
446-52-6 2-fluorobenzaldehyde C7H5FO 9994
446-72-0 genistein C15H10O5 28059
446-86-6 azathioprine C9H7N7O2S 16089
447-05-2 pyridoxine phosphate C8H12NO6P 14275
447-14-3 a-b,b-trifluorostyrene C8H5F3 12650
447-25-6 6-deoxy-6-fluoroglucose C6H11FO5 8076
447-31-4 2-chloro-1,2-diphenylethanone C14H11ClO 26813
447-53-0 1,2-dihydronaphthalene C10H10 18970
447-60-9 2-(trifluoromethyl)benzonitrile C8H4F3N 12534
447-61-0 a,a,a-trifluoro-o-tolualdehyde C8H5F3O 12657
448-39-5 4'-fluoro-2'-nitroacetanilide C8H7FN2O3 13056
450-89-5 2-chloro-5-fluoroanisole C7H6ClFO 10208
450-95-3 2-fluoro-1-phenylethanone C8H7FO 13059
451-02-5 ethyl 3-fluorobenzoate C9H9FO2 16344
451-13-8 2,5-hydroxybenzeneacetic acid C8H8O4 13491
451-40-1 2-phenylacetophenone C14H12O 26933
451-46-7 ethyl 4-fluorobenzoate C9H9FO2 16343
451-69-4 2-fluorocinnamic acid C9H7FO2 15986
451-80-9 1-ethoxy-2-fluorobenzene C8H9FO 13635
451-82-1 2-fluorophenylacetic acid C8H7FO2 13074
452-06-2 2-aminopurine C5H5N5 4432
452-08-4 2-bromo-4-fluoroanisole C7H6BrFO 10160
452-09-5 4-chloro-2-fluoroanisole C7H6ClFO 10209
452-10-8 2,4-difluoroanisole C7H6F2O 10311
452-35-7 6-ethoxy-2-benzothiazolesulfonamide C9H10N2O3S2 16588
452-58-4 2,3-pyridinediamine C5H7N3 4712
452-62-0 3-bromo-4-fluorotoluene C7H6BrF 10152
452-63-1 2-bromo-5-fluorotoluene C7H6BrF 10153
452-64-2 4-fluoro-o-xylene C8H9F 13632
452-66-4 5-chloro-2-fluorotoluene C7H6ClF 10205
452-67-5 2,5-difluorotoluene C7H6F2 10307
452-70-0 4-fluoro-3-methylphenol C7H7FO 10566
452-71-1 4-fluoro-2-methylaniline C7H8FN 10767
452-72-2 4-fluoro-2-methylphenol C7H7FO 10567
452-73-3 2-chloro-4-fluoro-1-methylbenzene C7H6ClF 10200
452-74-4 4-bromo-3-fluorotoluene C6H4BrFO 6397
452-75-5 4-chloro-2-fluorotoluene C7H6ClF 10206
452-76-6 2,4-difluorotoluene C7H6F2 10308
452-77-7 3-fluoro-4-methylaniline C7H8FN 10773
452-80-2 2-fluoro-4-methylaniline C7H8FN 10774
452-84-6 2-fluoro-5-methylaniline C7H8FN 10775
452-86-8 1,2-dihydroxy-4-methylbenzene C7H8O2 10869
453-13-4 1,3-difluoro-2-propanol C3H6F2O 1869
453-16-7 3-fluoro-1,2-propanediol C3H7FO2 2023
453-18-9 methyl fluoroacetate C3H5FO2 1719
453-20-3 tetrahydro-3-furanol C4H8O2 3524
453-71-4 4-fluoro-3-nitrobenzoic acid C7H4FNO4 9779
454-14-8 cuscohygrine C13H24N2O 26408
454-29-5 DL-homocysteine C4H9NO2S 3723
454-31-9 ethyl difluoroacetate C4H6F2O2 2870
454-41-1 DL-methionine sulfoxide C5H11NO3S 5747
454-78-4 3-bromo-4-chlorobenzotrifluoride C7H3BrClF3 9475
454-79-5 2-bromo-5-(trifluoromethyl)aniline C7H5BrF3N 9877
454-89-7 3-(trifluoromethyl)benzaldehyde C8H5F3O 12655
454-90-0 3-(trifluoromethyl)anisole C8H7F3O 13083
454-91-1 a-methyl-3-(trifluoromethyl)benzyl alcohol C9H9F3O 16352
454-92-2 3-(trifluoromethyl)benzoic acid C8H5F3O2 12663
455-01-6 3-(trifluoromethyl)phenethyl alcohol C9H9F3O 16354
455-13-0 4-iodobenzotrifluoride C7H4F3I 9798
455-14-1 4-(trifluoromethyl)aniline C7H6F3N 10322
455-15-2 4-fluorophenyl methyl sulfone C7H7FO2S 10570
455-16-3 p-fluorosulfonyltoluene C7H7FO2S 10571
455-17-4 1-fluoro-4-(trimethylsilyl)benzene C9H13FSi 17249
455-18-5 a,a,a-trifluoro-p-tolunitrile C8H4F3N 12536
455-19-6 4-(trifluoromethyl)benzaldehyde C8H5F3O 12656
455-24-3 a,a,a-trifluoro-p-toluic acid C8H5F3O2 12664
455-31-2 (difluoromethyl)benzene C7H6F2 10304
455-32-3 benzoyl fluoride C7H5FO 9993
455-34-5 3-fluorobenzal bromide C7H5Br2F 9897
455-36-7 3'-fluoroacetophenone C8H7FO 13061
455-37-8 3-fluorobenzamide C7H6FNO 10291
455-38-9 3-fluorobenzoic acid C7H5FO2 9998
455-40-3 3,5-difluorobenzoic acid C7H4F2O2 9794
455-86-7 3,4-difluorobenzoic acid C7H4F2O2 9795
455-88-9 2-fluoro-5-nitrotoluene C7H6FNO2 10301
455-91-4 3'-fluoro-4'-methoxyacetophenone C9H9FO2 16345
456-03-1 4'-fluoropropiophenone C9H9FO 16342
456-04-2 2-chloro-4'-fluoroacetophenone C8H6ClFO 12749
456-19-9 a,a-dichloro-4-fluorotoluene C7H5Cl2F 9951
456-22-4 p-fluorobenzoic acid C7H5FO2 9999
456-41-7 3-fluorobenzyl bromide C7H6BrF 10157
456-42-8 3-fluorobenzyl chloride C7H6ClF 10207
456-47-3 3-fluorobenzenemethanol C7H7FO 10560
456-48-4 3-fluorobenzaldehyde C7H5FO 9995
456-49-5 1-fluoro-3-methoxybenzene C7H7FO 10563
456-55-3 (trifluoromethoxy)benzene C7H5F3O 10010
456-56-4 phenyl trifluoromethyl sulfide C7H5F3S 10016
456-59-7 cyclandelate C17H24O3 30225
456-88-2 3-fluorophenylalanine C9H10FNO2 16548
457-68-1 4,4'-difluorodiphenylmethane C13H10F2 25589
457-87-4 N-ethyl-alpha-methylbenzeneethanamine C11H17N 22498
458-03-7 1-ethoxy-3-fluorobenzene C8H9FO 13636
458-24-2 fenfluramine C12H16F3N 24155
458-35-5 4-(3-hydroxy-1-propenyl)-2-methoxyphenol C10H12O3 19642
458-36-6 3-(4-hydroxy-3-methoxyphenyl)-2-propenal C10H10O3 19179
458-37-7 curcumin C21H20O6 32755
458-46-8 3-fluorocinnamic acid C9H7FO2 15987
458-88-8 2-propylpiperidine, (S) C8H17N 15289

459-02-9 4-fluoro-a-methylphenethylamine C9H12FN 17038
459-03-0 (4-fluorophenyl)acetone C9H9FO 16340
459-04-1 4-fluorophenylacetyl chloride C8H6ClFO 12750
459-22-3 4-fluorobenzeneacetonitrile C8H6FN 12833
459-26-7 1-ethoxy-4-fluorobenzene C8H9FO 13637
459-32-5 4-fluorocinnamic acid C9H7FO2 15988
459-46-1 4-fluorobenzyl bromide C7H6BrF 10158
459-56-3 4-fluorobenzenemethanol C7H7FO 10561
459-57-4 4-fluorobenzaldehyde C7H5FO 9996
459-59-6 4-fluoro-N-methylaniline C7H8FN 10776
459-60-9 1-fluoro-4-methoxybenzene C7H7FO 10564
459-67-6 2-cyclopentene-1-undecanoic acid, (R) C16H28O2 29629
459-72-3 ethyl fluoroacetate C4H7FO2 3190
459-73-4 ethyl 2-aminoacetate C4H9NO2 3710
459-80-3 geranic acid C10H16O2 20495
459-99-4 b-fluoroethyl fluoroacetate C4H6F2O2 2871
460-00-4 1-bromo-4-fluorobenzene C6H4BrF 6394
460-07-1 1-acetylaziridine C4H7NO 3257
460-12-8 biacetylene C4H2 2374
460-13-9 1-fluoropropane C3H7F 2020
460-16-2 1-chloro-2-fluoroethene C2H2ClF 601
460-19-5 cyanogen C2N2 1210
460-32-2 3-bromo-1,1,1-trifluoropropane C3H4BrF3 1500
460-34-4 1,1,1-trifluorobutane C4H7F3 3192
460-35-5 3-chloro-1,1,1-trifluoropropane C3H4ClF3 1523
460-36-6 1,1,1,3-tetrafluoropropane C3H4F4 1579
460-37-7 1,1,1-trifluoro-3-iodopropane C3H4F3I 1575
460-40-2 3,3,3-trifluoropropionaldehyde C3H3F3O 1444
460-43-5 2,2,2-trifluoroethyl methyl ether C3H5F3O 1728
460-55-9 ethoxytrifluorosilane C2H5F3OSi 944
460-58-2 chloromethyl trifluoromethyl sulfide C2H2ClF3S 608
460-73-1 1,1,1,3,3-pentafluoropropane C3H3F5 1451
461-11-0 2,2-dimethyl-6-oxoheptanoic acid C9H16O3 17742
461-35-8 1,1,1-trifluoro-3-nitropropane C3H4F3NO2 1577
461-56-3 3-fluoropropionic acid C3H5FO2 1720
461-58-5 cyanoguanidine C2H4N4 870
461-72-3 2,4-imidazolidinedione C3H4N2O2 1601
461-78-9 chlorphentermine C10H14ClN 19906
461-82-5 4-(trifluoromethoxy)aniline C7H6F3NO 10325
461-84-7 4-(trifluoromethylthio)phenol C7H5F3OS 10015
461-89-2 6-azauracil C3H3N3O2 1478
461-96-1 1-bromo-3,5-difluorobenzene C6H3BrF2 6226
461-98-3 2,6-dimethyl-4-pyrimidinamine C6H9N3 7584
462-02-2 1,3,5-trioxane-2,4,6-triimine C3H3N3O3 1481
462-06-6 fluorobenzene C6H5F 6769
462-08-8 3-pyridinamine C5H6N2 4498
462-18-0 7-tridecanone C13H26O 26489
462-23-7 4-fluorobutyric acid C4H7FO2 3191
462-27-1 2-fluoroethyl chloroformate C3H4ClFO2 1522
462-38-4 1-chloro-3-fluoropropane C3H6ClF 1830
462-39-5 1,3-difluoropropane C3H6F2 1867
462-43-1 3-fluoro-1-propanol C3H7FO 2022
462-72-6 1-bromo-4-fluorobutane C4H8BrF 3331
462-73-7 1-chloro-4-fluorobutane C4H8ClF 3354
462-74-8 4-fluorobutanal C4H7FO 3189
462-94-2 1,5-pentanediamine C5H14N2 6009
462-95-3 diethoxymethane C5H12O2 5877
463-04-7 pentyl nitrite C5H11NO2 5715
463-11-6 1-fluorooctane C8H17F 15273
463-16-1 9-fluorononanoic acid C9H17FO2 17807
463-17-2 11-fluoroundecanoic acid C11H21FO2 22766
463-18-3 1-fluorononane C9H19F 18127
463-23-0 1-chloro-9-fluorononane C9H18ClF 17958
463-32-1 9-fluoro-1-nonanol C9H19FO 18128
463-33-2 1-bromo-11-fluoroundecane C11H22BrF 22804
463-40-1 linolenic acid C18H30O2 30964
463-49-0 allene C3H4 1493
463-51-4 ketene C2H2O 681
463-52-5 methanimidamide CH4N2 257
463-56-9 thiocyanic acid CHNS 129
463-58-1 carbonyl sulfide COS 373
463-71-8 carbonothioic dichloride CCl2S 46
463-72-9 carbamic chloride CH2ClNO 147
463-79-6 carbonic acid CH2O3 177
463-82-1 neopentane C5H12 5774
463-88-7 neurine C5H13NO 5974
464-06-2 2,2,3-trimethylbutane C7H16 12120
464-07-3 3,3-dimethyl-2-butanol C6H14O 8987
464-10-8 tribromonitromethane CBr3NO2 28
464-15-3 1,7,7-trimethylbicyclo[2.2.1]heptane C10H18 20619
464-17-5 1,7,7-trimethylbicyclo[2.2.1]hept-2-ene C10H16 20354
464-41-5 bornyl chloride C10H17Cl 20551
464-45-9 [(1S)-endo]-(-)-borneol C10H18O 20726
464-48-2 (1S)-(-)-camphor C10H16O 20456
464-49-3 camphor, (+) C10H16O 20425
464-72-2 1,1,2,2-tetraphenyl-1,2-ethanediol C26H22O2 34238
464-85-7 quinamine C19H24N2O2 31552
464-86-8 conquinamine C19H24N2O2 31551
464-88-0 1,2,2,3-tetramethylcyclopentanecarboxylic acid C10H18O2 20779
465-16-7 oleandrin C32H48O9 35094
465-19-0 bufogenin B C24H34O5 33913
465-24-7 juniperol C15H26O 28791
465-29-2 1,7,7-trimethylbicyclo[2.2.1]heptane-2,3-dione C10H14O2 20119
465-39-4 bufogenin C24H32O4 33893
465-42-9 capsanthin C40H56O3 35603
465-65-6 L-naloxone C19H21NO4 31470
465-69-0 9a-fluoro-17a-methyl-17-hydroxy-4-androstene-3 C20H27FO3 32288
465-73-6 isodrin C12H8Cl6 23292
465-74-7 quinovic acid C30H46O5 34918
465-99-6 hederagenin C30H48O4 34922
466-06-8 proscillaridin C30H42O8 34907
466-14-8 2-bromo-2-ethyl-3-methylbutanamide C7H14BrNO 11749
466-24-0 picraconitine C32H45NO10 35087
466-37-5 2,2,2-triphenylacetophenone C26H20O 34227
466-40-0 isomethadone C21H27NO 32899
466-43-3 atisine C22H33NO2 33379
466-49-9 1-acetyl-17-methoxyaspidospermidine C22H30N2O2 33346
466-81-9 beta-erythroidine C16H19NO3 29418
466-96-6 pseudocodeine C18H21NO3 30762
466-97-7 normorphine C16H17NO3 29328
466-99-9 dihydromorphinone C17H19NO3 30101
467-14-1 neopine C18H21NO3 30761
467-36-7 thialpenton C13H16N2O2S 26067
467-55-0 3-hydroxyspirostan-12-one, (3beta,5alpha,25R) C27H42O4 34486
467-60-7 alpha,alpha-diphenyl-2-piperidinemethanol C18H21NO 30753
467-63-0 tri(p-dimethylaminophenyl)methanol C25H31N3O 34134
467-85-6 6-(dimethylamino)-4,4-diphenyl-3-hexanone C20H25NO 32242
467-98-1 thebainone C18H21NO3 30763
468-28-0 lupulon C26H38O4 34308
468-45-1 solanid-5-ene-3,18-diol, (3beta) C27H43NO2 34490
468-61-1 2-(2-diethylaminoethoxy)ethyl-2-ethyl-2-phenyl C20H33NO3 32398
469-21-6 doxylamine C17H22N2O 30187
469-59-0 jervine C27H39NO3 34474
469-61-4 a-cedrene C15H24 28748
469-62-5 darvon C22H29NO2 33337
469-65-8 (p-hydroxybenzyl)tartaric acid C11H12O7 21910
469-79-4 ketobemidone C15H21NO2 28621
469-81-8 morpheridine dihydrochloride C20H30N2O3 32340
470-40-6 thujopsene C15H24 28741
470-44-0 alloxanic acid C4H4N2O5 2575
470-49-5 2,2-dimethyl-4-oxopentanoic acid C7H12O3 11505
470-67-7 1-methyl-4-isopropyl-7-oxabicyclo[2.2.1]heptane C10H18O 20710
470-82-6 eucalyptol C10H18O 20707
470-90-6 chlorfenvinphos C12H14Cl3O4P 23911
470-99-5 3,5,5-trimethyl-2-cyclohexen-1-ol C9H16O 17702
471-03-4 bis(2-chloroethyl)sulfone C4H8Cl2O2S 3383
471-04-5 4,4-dimethyl-6-oxoheptanoic acid C9H16O3 17743
471-12-5 4-methyl-1-isopropylbicyclo[3.1.0]hexane C10H18 20617
471-16-9 4-methylene-1-isopropylbicyclo[3.1.0]hexan-3-ol, C10H16O 20444
471-25-0 2-propynoic acid C3H2O2 1385
471-29-4 methylguanidine C2H7N3 1131
471-34-1 calcium carbonate CCaO3 31
471-35-2 tetramethyldiarsine C4H12As2 4032
471-43-2 1,1-dichloro-2,2-difluoroethane C2H2Cl2F2 621
471-44-3 chlorofluoroacetic acid C2H2ClFO2 603
471-46-5 oxamide C2H4N2O2 854
471-47-6 oxamic acid C2H3NO3 759
471-53-4 18-b-glycyrrhetinic acid C30H46O4 34914
471-77-2 neoabietic acid C20H30O2 32358
471-87-4 stachydrine C7H13NO2 11652
471-95-4 bufotalin C26H36O6 34300
472-20-8 2,6,6-trimethyl-1-cyclohexene-1-methanol C10H18O 20704
472-54-8 19-norpregn-4-ene-3,20-dione C20H28O2 32321
472-61-7 astaxanthin C40H52O4 35592
472-66-2 2,6,6-trimethyl-1-cyclohexene-1-acetaldehyde C11H18O 22589
472-70-8 beta,beta-caroten-3-ol, (3R) C40H56O 35598
472-86-6 13-cis-retinal C20H28O 32311
472-93-5 beta,psi-carotene C40H56 35596
473-02-9 3,3-dimethyltricyclo[2.2.1.02,6]heptane C9H14 17393
473-06-3 2,7,7-trimethylbicyclo[3.1.1]hept-2-en-6-one C10H14O 20061
473-19-8 2,2,3-trimethylbicyclo[2.2.1]heptane C10H18 20620
473-30-3 5-[(4-aminophenyl)sulfonyl]-2-thiazolamine C9H9N3O2S2 16497
473-34-7 N,N-dichloro-4-methylbenzenesulfonamide C7H7Cl2NO2S 10548
473-55-2 pinane C10H18 20632
473-75-6 2-amino-3-methyl-1-butanol C5H13NO 5978
473-81-4 glyceric acid C3H6O4 1964
473-91-6 1,2,3-trimethylcyclopentene C8H14 14464
473-98-3 lup-20(29)-ene-3,28-diol, (3beta) C30H50O2 34930
474-07-7 limawood extract C16H14O5 29186
474-25-9 3,7-dihydroxycholan-24-oic acid, (3alpha,5beta, C24H40O4 33949
474-40-8 alpha1-sitosterol C30H50O 34929
474-62-4 ergost-5-en-3-ol, (3beta,24R) C28H48O 34696
474-69-1 ergosta-5,7,22-trien-3-ol, (3beta,9beta,10alpha, C28H44O 34684
474-74-8 N-((3a,5b)-3-hydroxy-24-oxocholan-24-yl)glycin C26H43NO4 34321
474-77-1 cholest-5-en-3-ol, (3alpha) C27H46O 34527
474-86-2 3-hydroxyestra-1,3,5(10),7-tetraen-17-one C18H20O2 30739
475-03-6 1,2,3,4-tetrahydro-1,1,6-trimethylnaphthalene C13H18 26160
475-08-1 2-carbamoyl-2-nitroacetonitrile C3H3N3O3 1483
475-20-7 longifolene C15H24 28738
475-25-2 hematein C16H12O6 29068
475-26-3 fluoro-ddt C14H9Cl3F2 26697
475-31-0 glycocholic acid C26H43NO6 34322
475-38-7 5,8-dihydroxy-1,4-naphthalenedione C10H6O4 18592
475-67-2 isocorydine C20H23NO4 32198
475-81-0 D-glaucine C21H25NO4 32853
475-83-2 1-nuciferine C19H21NO2 31463
476-28-8 lycorine C16H17NO4 29330
476-32-4 chelidonine C20H19NO5 32106
476-45-9 javanicin C15H14O6 28331
476-56-2 funiculosin (pigment) C15H10O5 28062
476-60-8 leucoquinizarin C14H10O4 26791
476-66-4 eleagic acid C14H6O8 26601
476-69-7 corydine C20H23NO4 32197
476-70-0 boldine C19H21NO4 31467
476-73-3 1,2,3,4-benzene-tetracarboxylic acid C10H6O8 18599
477-27-0 colchiceine C21H23NO6 32823
477-29-2 3-demethylcolchicine glucoside C27H33NO11 34442
477-30-5 N-methyl-N-desacetylcolchicine C21H25NO5 32855
477-32-7 visnadine C21H24O7 32846
477-47-4 picropodophyllin C22H22O8 33233
477-60-1 bebeerine C36H38N2O6 35352
477-73-6 safranine O, high purity biological stain C20H19ClN4 32096
477-75-8 9,10-dihydro-9,10[1',2']-benzenoanthracene C20H14 31862
477-89-4 casimiroin C12H11NO4 23650
477-90-7 bergenin C14H16O9 27385
478-08-0 lucidin C15H10O5 28064
478-15-9 DL-2,3,9,10-tetramethoxyberbin-1-ol C21H25NO5 32856
478-40-0 3,5-dihydroxy-2-methyl-1,4-naphthalenedione C11H8O4 21544
478-43-3 rhein C15H8O6 27989
478-61-5 6,6',7-trimethoxy-2,2'-dimethylberbaman-12-ol C37H40N2O6 35455
478-71-7 3,4-phenanthrenediol C14H10O2 26776
478-84-2 2-bromo-D-lysergic acid diethylamide C20H26BrN3O 32264
478-94-4 lysergamide C16H17N3O 29336
478-95-5 isolysergic acid C16H16N2O2 29260
478-99-9 lysergic acid ethylamide C18H21N3O 30774
479-00-5 ergometrinine C19H23N3O2 31526
479-13-0 coumestrol C15H8O5 27988
479-18-5 dyphylline C10H14N4O4 19973
479-21-0 (2,6-dihydroxy-4-methoxyphenyl)phenylmethanone C14H12O4 26983
479-22-1 nitranilic acid C6H2N2O8 6205
479-23-2 1,2-dihydrobenz[j]aceanthrylene C20H14 31861
479-27-6 1,8-naphthalenediamine C10H10N2 19034
479-33-4 tetraphenylcyclopentadienone C29H20O 34749
479-45-8 N-methyl-N,2,4,6-tetranitroaniline C7H5N5O8 10127
479-47-0 1,2,3,5-benzene-tetracarboxylic acid C10H6O8 18600
479-50-5 1-(2'-diethylamino)ethylamino-4-methylthioxan C20H24N2OS 32229
479-59-4 2,3,6,7-tetrahydro-1H,5H-benzo[ij]quinolizine C12H15N 24047
479-92-5 4-isopropylantipyrine C14H18N2O 27449
480-11-5 oroxylin a C16H12O5 29066
480-15-9 datiscetin C15H10O6 28065
480-16-0 morin C15H10O7 28069
480-18-2 2,3-dihydroquercetin C15H12O7 28208
480-22-8 1,8,9-anthracenetriol C14H10O3 26787
480-40-0 5,7-dihydroxy-2-phenyl-4H-1-benzopyran-4-one C15H10O4 28054
480-41-1 naringenin C15H12O5 28203
480-44-4 acacetin C16H12O5 29065

480-54-6 retrorsine C18H25NO6 30875
480-63-7 2,4,6-trimethylbenzoic acid C10H12O2 19614
480-64-8 2,4-dihydroxy-6-methylbenzoic acid C8H8O4 13488
480-65-9 isodehydroacetic acid C8H10O4 14030
480-66-0 2',4',6'-trihydroxyacetophenone monohydrate C8H8O4 13504
480-67-1 2,6-dihydroxy-4-methylbenzoic acid C8H8O4 13495
480-68-2 5-nitro-2,4,6(1H,3H,5H)-pyrimidinetrione C4H3N3O5 2503
480-72-8 1,2,2a,3,4,5-hexahydroacenaphthylene C12H14 23894
480-79-5 integerrimine C18H25NO5 30873
480-81-9 seneciphylline C18H23NO5 30828
480-91-1 2,3-dihydro-1H-isoindol-1-one C8H7NO 13117
480-93-3 3-hydroxyindole C8H7NO 13128
480-96-6 benzofurazan, 1-oxide C6H4N2O2 6572
481-06-1 alpha-santonin C15H18O3 28538
481-20-9 cholestane, (5beta) C27H48 34539
481-21-0 cholestane, (5alpha) C27H48 34538
481-26-5 pregnane, (5beta) C21H36 33000
481-29-8 3-hydroxyandrostan-17-one, (3beta,5alpha) C19H30O2 31632
481-37-8 ecgonine C9H15NO3 17563
481-39-0 5-hydroxy-1,4-naphthalenedione C10H6O3 18587
481-42-5 5-hydroxy-2-methyl-1,4-naphthalenedione C11H8O3 21536
481-49-2 cepharanthine C37H38N2O6 35452
481-72-1 1,8-dihydroxy-3-(hydroxymethyl)-9,10-anthracene C15H10O5 28058
481-74-3 1,8-dihydroxy-3-methyl-9,10-anthracenedione C15H10O4 28053
481-85-6 2-methyl-1,4-naphthalenediol C11H10O2 21662
482-05-3 [1,1'-biphenyl]-2,2'-dicarboxylic acid C14H10O4 26789
482-15-5 odantol C16H19N3S 29438
482-28-0 cinchonamine C19H24N2O 31540
482-41-7 7-methyl-9-fluorobenz(c)acridine C18H12FN 30419
482-44-0 imperatorin C16H14O4 29177
482-49-5 doisynolic acid C18H24O3 30858
482-54-2 1,2-cyclohexanediaminetetraacetic acid C14H22N2O8 27677
482-66-6 16,17-dihydro-15H-cyclopenta[a]phenanthrene C17H14 29917
482-68-8 sarpagan-10,17-diol C19H22N2O2 31495
482-74-6 cryptopine C21H23NO5 32821
482-89-3 indigo C16H10N2O2 28994
483-04-5 raubasine C21H24N2O3 32838
483-17-0 7',10,11-trimethoxyemetan-6'-ol C28H38N2O4 34659
483-18-1 6',7',10,11-tetramethoxyemetan C29H40N2O4 34788
483-55-6 2-hydroxy-3-methyl-1,4-naphthalenedione C11H8O3 21535
483-57-8 fervenulin C7H7N5O2 10718
483-63-6 N-ethyl-o-crotonotoluidide; predominantly trans C13H17NO 26126
483-64-7 methyl 3-methoxy-2-(methylamino)benzoate C10H13NO3 19823
483-65-8 1-methyl-7-isopropylphenanthrene C18H18 30640
483-76-1 cis-1,2,3,5,6,8a-hexahydro-4,7-dimethyl-1-isoprop C15H24 28736
483-78-3 1,6-dimethyl-4-isopropylnaphthalene C15H18 28496
483-84-1 flavianic acid C10H6N2O8S 18578
484-11-7 2,9-dimethyl-1,10-phenanthroline C14H12N2 26898
484-17-3 9-phenanthrol C14H10O 26771
484-20-8 5-methoxy psoralen C12H8O4 23346
484-23-1 ophthazin C8H10N6 13908
484-29-7 4-methoxyfuro[2,3-b]quinoline C12H9NO2 23409
484-31-1 1-allyl-2,3-dimethoxy-4,5-(methylenedioxy)benze C12H14O4 24009
484-47-9 2,4,5-triphenyl-1H-imidazole C21H16N2 32644
484-65-1 pentamethylbenzyl chloride C12H17Cl 24280
484-67-3 2,3,5,6-tetrachloro-4-methoxyphenol C7H4Cl4O2 9769
484-73-1 5H,10H-dipyrrolo[1,2-a:1',2'-d]pyrazine-5,10-d C10H6N2O2 18569
484-78-6 3-(3-hydroxyanthraniloyl)alanine C10H12N2O4 19458
484-89-9 fumigatin C8H8O4 13490
484-93-5 ecgonidine C9H13NO2 17327
485-19-8 streptomycin C C21H39N7O13 33020
485-31-4 binapacryl C15H18N2O6 28517
485-35-8 cytisine C11H14N2O 22064
485-47-2 2,2-dihydroxy-1H-indene-1,3(2H)-dione C9H6O4 15944
485-49-4 (+)-bicuculline C20H17NO6 32053
485-64-3 hydrocinchonidine C19H24N2O 31541
485-65-4 hydrocinchonine C19H24N2O 31542
485-71-2 cinchonidine C19H22N2O 31484
485-72-3 formononetin C16H12O4 29062
485-89-2 3-hydroxy-2-phenyl-4-quinolinecarboxylic acid C16H11NO3 29018
486-17-9 p-butylmercaptobenzhydryl-b-dimethylaminoethyl C21H29NS2 32940
486-25-9 9H-fluoren-9-one C13H8O 25496
486-34-0 1,2,7-trimethylnaphthalene C13H14 25925
486-35-1 7,8-dihydroxy-2H-1-benzopyran-2-one C9H6O4 15943
486-39-5 coclaurine C17H19NO3 30096
486-47-5 ethaverine C24H29NO4 33864
486-56-6 (-)-cotinine C10H12N2O 19439
486-66-8 daidzein C15H10O4 28052
486-70-4 trans-octahydro-2H-quinolizine-1-methanol, (1R) C10H19NO 20897
486-73-7 1-isoquinolinecarboxylic acid C10H7NO2 18643
486-84-0 1-methyl-9H-pyrido[3,4-b]indole C12H10N2 23490
486-86-2 caulophylline C12H16N2O 24158
486-89-5 anagyrine C15H20N2O 28581
487-06-9 5,7-dimethoxy-2H-1-benzopyran-2-one C11H10O4 21673
487-10-5 di-1-naphthyldiazene C20H14N2 31877
487-19-4 3-(1-methyl-1H-pyrrol-2-yl)pyridine C10H10N2 19025
487-21-8 2,4(1H,3H)-pteridinedione C6H4N4O2 6603
487-26-3 flavanone C15H12O2 28189
487-27-4 scopoline C8H13NO2 14441
487-51-4 ethyl 2-methyl-4-oxo-2-cyclohexenecarboxylate C10H14O3 20139
487-53-6 diethylaminoethanol-p-aminosalicylate C13H20N2O3 26299
487-54-7 2-hydroxyhippuric acid C9H9NO4 16474
487-68-3 2,4,6-trimethylbenzaldehyde C10H12O 19513
487-70-7 2,4,6-trihydroxybenzaldehyde C7H6O4 10444
487-79-6 kainic acid C10H15NO4 20288
487-89-8 indole-3-carboxaldehyde C9H7NO 16031
487-93-4 3-[2-(dimethylamino)ethyl]-1H-indol-5-ol C12H16N2O 24159
488-10-8 cis-3-methyl-2-(2-pentenyl)-2-cyclopenten-1-one C11H16O 22433
488-11-9 mucobromic acid C4H2Br2O3 2380
488-17-5 1,2-dihydroxy-3-methylbenzene C7H8O2 10868
488-23-3 1,2,3,4-tetramethylbenzene C10H14 19887
488-41-5 1,6-dibromomannitol C6H12Br2O4 8260
488-43-7 1-amino-1-deoxy-D-glucitol C6H15NO5 9240
488-45-9 L-iditol C6H14O6 9103
488-47-1 tetrabromocatechol C6H2Br4O2 6154
488-59-5 scyllo-inositol C6H12O6 8596
488-70-0 2,3,4,5-tetramethylphenol C10H14O 20034
488-71-1 2,3,4,6-tetramethylaniline C10H15N 20211
488-73-3 2-deoxy-D-chiro-inositol C6H12O5 8579
488-81-3 ribitol C5H12O5 5916
488-82-4 D-arabitol C5H12O5 5918
488-86-8 4,5-dihydroxy-4-cyclopentene-1,2,3-trione C5H2O5 4203
488-87-9 2,5-dimethyl-1,3-benzenediol C8H10O2 13954
488-92-6 3-ethyl-4-methyl-1H-pyrrole C7H11N 11267
488-93-7 3-furancarboxylic acid C5H4O3 4338
488-97-1 1,3,3-trimethyltricyclo[2.2.1.02,6]heptane C10H16 20355
488-98-2 1-fluoro-2-(trichloromethyl)benzene C7H4Cl3F 9756
489-01-0 2,6-di-tert-butyl-4-methoxyphenol C15H24O2 28772
489-84-9 1,4-dimethyl-7-isopropylazulene C15H18 28498
489-86-1 guaiol C15H26O 28790
489-98-5 2,4,6-trinitroaniline C6H4N4O6 6608
490-02-8 aspergillic acid C12H20N2O2 24549
490-03-9 2-hydroxy-3-methyl-6-isopropyl-2-cyclohexen-1-o C10H16O2 20491
490-06-2 3-methyl-6-isopropyl-1,2-benzenediol C10H14O2 20100
490-10-8 nepetalactone C10H14O2 20103
490-11-9 3,4-pyridinedicarboxylic acid C7H5NO4 10078
490-31-3 robinetin C15H10O7 28071
490-53-9 1,2,3,4-tetrahydro-6,7-dimethoxy-1,2-dimethyli C13H19NO2 26256
490-55-1 5-phenyl-2,4-thiazolediamine C9H9N3S 16503
490-64-2 2,4,5-trimethoxybenzoic acid C10H12O5 19697
490-65-3 1-methyl-7-isopropylnaphthalene C14H16 27283
490-78-8 2',5'-dihydroxyacetophenone C8H8O3 13472
490-79-9 2,5-dihydroxybenzoic acid C7H6O4 10434
490-91-5 2-methyl-5-isopropyl-2,5-cyclohexadiene-1,4-dio C10H12O2 19577
491-04-3 3-methyl-6-isopropyl-2-cyclohexen-1-ol C10H18O 20700
491-07-6 isomenthone C10H18O 20754
491-09-8 3-methyl-6-(1-methylethylidene)-2-cyclohexen-1-o C10H14O 20060
491-14-5 5-c-[3,5-di-sec-butyl-1-cyclopenten-1-yl]-4-deo C18H32O5 30998
491-18-9 4-ethyl-2,3-dimethyl-1H-pyrrole C8H13N 14428
491-31-6 1H-2-benzopyran-1-one C9H6O2 15925
491-34-9 1,2,3,4-tetrahydro-1-methylquinoline C10H13N 19762
491-35-0 4-methylquinoline C10H9N 18851
491-36-1 4-hydroxyquinazoline C8H6N2O 12869
491-37-2 2,3-dihydro-4H-1-benzopyran-4-one C9H8O2 16206
491-38-3 4H-1-benzopyran-4-one C9H6O2 15927
491-59-8 chrysarobin C15H12O3 28197
491-67-8 5,6,7-trihydroxy-2-phenyl-4H-1-benzopyran-4-one C15H10O5 28061
491-70-3 luteolin C15H10O6 28068
491-88-3 isopilosine C16H18N2O3 29378
491-92-9 rhodoquine C19H29N3O 31620
492-08-0 pachycarpine C15H26N2 28786
492-17-1 [1,1'-biphenyl]-2,4'-diamine C12H12N2 23722
492-22-8 9H-thioxanthen-9-one C13H8OS 25498
492-27-3 4-hydroxy-2-quinolinecarboxylic acid C10H7NO3 18649
492-37-5 (±)-2-phenylpropionic acid C9H10O2 16701
492-38-6 alpha-methylenebenezeneacetic acid C9H8O2 16209
492-39-7 psi-norephedrine C9H13NO 17324
492-41-1 (-)-norephedrine C9H13NO 17322
492-62-6 a-D(+)-glucose, anhydrous C6H12O6 8611
492-80-8 4,4'-dimethylaminobenzophenonimide C17H21N3 30166
492-86-4 4-chloromandelic acid C8H7ClO3 13033
492-88-6 3-ethoxysalicylaldehyde C9H10O3 16751
492-89-7 3-pentadecyl-1,2-benzenediol C21H36O2 33007
492-94-4 a-furil C10H6O4 18594
492-97-7 2,2'-bithiophene C8H6S2 12949
492-99-9 1,2-cyclohexanedione dioxime C6H10N2O2 7726
493-01-6 cis-decahydronaphthalene C10H18 20601
493-02-7 trans-decahydronaphthalene C10H18 20602
493-05-0 3,4-dihydro-1H-2-benzopyran C9H10O 16622
493-08-3 3,4-dihydro-2H-1-benzopyran C9H10O 16623
493-09-4 2,3-dihydro-1,4-benzodioxin C8H8O2 13418
493-49-2 3,4-dihydro-6,7-dimethoxy-1(2H)-isoquinolinone C11H13NO3 21985
493-52-7 methyl red C15H15N3O2 28366
493-57-2 benzo[b]thiophene-2,3-dione C8H4O2S 12593
493-72-1 5-phenyl-1,3-cyclohexanedione C12H12O2 23773
493-74-3 cerulignone C16H16O6 29307
493-77-6 2,4,6-triphenyl-s-triazine C21H15N3 32629
494-03-1 chlornaphazine C14H15Cl2N 27204
494-12-2 3,4-dihydro-2-phenyl-2H-1-benzopyran C15H14O 28285
494-19-9 iminodibenzyl C14H13N 27009
494-38-2 3,6-bis(dimethylamino)acridine C17H19N3 30109
494-40-6 1,2,4-trimethoxy-5-(1-propenyl)benzene C12H16O3 24238
494-47-3 hydrofuramide C15H12N2O3 28167
494-52-0 3-(2-piperidinyl)pyridine, (S) C10H14N2 19935
494-55-3 hydrohydrastinine C11H13NO2 21971
494-90-6 4,5,6,7-tetrahydro-3,6-dimethylbenzofuran C10H14O 20064
494-97-3 3-(2-pyrrolidinyl)pyridine, (S) C9H12N2 17042
494-98-4 3-pyrrol-2-ylpyridine C9H8N2 16154
494-99-5 1,2-dimethoxy-4-methylbenzene C9H12O2 17140
495-08-9 2-(hydroxymethyl)-1,4-benzenediol C7H8O3 10898
495-18-1 benzohydroxamic acid C7H7NO2 10640
495-20-5 conhydrine C8H17NO 15316
495-40-9 1-phenyl-1-butanone C10H12O 19507
495-41-0 1-phenyl-2-buten-1-one C10H10O 19103
495-45-4 1,3-diphenyl-2-buten-1-one C16H14O 29152
495-48-7 trans-azoxybenzene C12H10N2O 23493
495-54-5 2,4-diaminoazobenzene C12H12N4 23754
495-61-4 1-methyl-4-(5-methyl-1-methylene-4-hexenyl)cycloh C15H24 28739
495-69-2 N-benzoylglycine C9H9NO3 16450
495-73-8 1,4-benzoquinone-N'-benzoylhydrazone oxime C13H11N3O2 25734
495-76-1 1,3-benzodioxole-5-methanol C8H8O3 13449
495-85-2 methysticin C15H14O5 28327
495-91-0 chavicine C17H19NO3 30095
496-06-0 ipomeanine C9H10O3 16774
496-10-6 octahydroindene C9H16 17614
496-11-7 indane C9H10 16508
496-14-0 phthalan C8H8O 13401
496-15-1 2,3-dihydro-1H-indole C8H9N 13666
496-16-2 2,3-dihydrobenzofuran C8H8O 13396
496-41-3 2-benzofurancarboxylic acid C9H6O3 15933
496-46-8 tetrahydroimidazo[4,5-d]imidazole-2,5(1H,3H)-dio C4H6N4O2 2929
496-49-1 1-(1-methyl-2-pyrrolidinyl)-2-propanone, (R) C8H15NO 14790
496-64-0 3-hydroxy-2H-pyran-2-one C5H4O3 4339
496-67-3 N-(aminocarbonyl)-2-bromo-3-methylbutanamide C6H11BrN2O2 7984
496-69-5 2-bromo-4-fluorophenol C6H4BrFO 6396
496-72-0 4-methyl-1,2-benzenediamine C7H10N2 11083
496-73-1 1,3-dihydroxy-4-methylbenzene C7H8O2 10871
496-74-2 4-methyl-1,2-benzenedithiol C7H8S2 10923
496-77-5 5-hydroxy-4-octanone C8H16O2 15189
496-78-6 2,4,5-trimethylphenol C9H12O 17119
497-03-0 trans-2-methyl-2-butenal C5H8O 4861
497-04-1 2-chloro-1,3-propanediol C3H7ClO2 2003
497-06-3 3-butene-1,2-diol C4H8O2 3513
497-18-7 carbonic dihydrazide CH6N4O 317
497-19-8 sodium carbonate CNa2O3 369
497-20-1 fulvene C6H6 6877
497-23-4 g-crotonolactone C4H4O2 2600
497-25-6 2-oxazolidinone C3H5NO2 1768
497-26-7 2-methyl-1,3-dioxolane C4H8O2 3523
497-30-3 ergothioneine C9H15N3O2S 17579
497-32-5 2,2-dimethyl-5-methylenebicyclo[2.2.1]heptane C10H16 20334
497-36-9 endo-(±)-norborneol C7H12O 11434
497-37-0 exo-norborneol C7H12O 11443
497-38-1 norcamphor C7H10O 11157
497-39-2 2,4-di-tert-butyl-5-methylphenol C15H24O 28758
497-56-3 3,5-dinitro-o-cresol C7H6N2O5 10386

497-59-6 3-hydroxy-4-oxo-4H-pyran-2,6-dicarboxylic acid C7H4O7 9857
497-76-7 4-hydroxyphenyl-beta-D-glucopyranoside C12H16O7 24271
498-00-0 4-hydroxy-3-methoxybenzenemethanol C8H10O3 14000
498-02-2 1-(4-hydroxy-3-methoxyphenyl)ethanone C9H10O3 16728
498-07-7 1,6-anhydro-b-D-glucopyranose C6H10O5 7948
498-15-7 3-carene, (+) C10H16 20329
498-21-5 methylsuccinic acid C5H8O4 4955
498-23-7 citraconic acid C5H6O4 4576
498-24-8 trans-1-propene-1,2-dicarboxylic acid C5H6O4 4581
498-59-9 djenkolic acid C7H14N2O4S2 11820
498-60-2 3-furancarboxaldehyde C5H4O2 4328
498-62-4 3-thiophenecarboxaldehyde C5H4OS 4326
498-66-8 2-norbornene C7H10 11047
498-67-9 (dichlorofluoromethyl)benzene C7H5Cl2F 9948
498-74-8 4-methoxymetanilyl fluoride C7H8FNO3S 10779
498-81-7 p-menthan-8-ol C10H20O 21037
498-94-2 4-piperidinecarboxylic acid C6H11NO2 8136
498-95-3 3-piperidinecarboxylic acid C6H11NO2 8135
498-96-4 1,2,5,6-tetrahydro-3-pyridinecarboxylic acid C6H9NO2 7547
499-02-5 DL-3-methylenecyclopropane-trans-1,2-dicarboxylic C6H6O4 7108
499-04-7 arecaidine C7H11NO2 11281
499-06-9 3,5-dimethylbenzoic acid C9H10O2 16655
499-12-7 aconitic acid C6H6O6 7117
499-30-9 2-phenethylglucosinolate C15H21NO9S2 28636
499-44-5 b-thujaplicin C10H12O2 19613
499-75-2 2-methyl-5-isopropylphenol C10H14O 20005
499-80-9 2,4-pyridinedicarboxylic acid C7H5NO4 10075
499-81-0 3,5-pyridinedicarboxylic acid C7H5NO4 10079
499-83-2 2,6-pyridinedicarboxylic acid C7H5NO4 10077
499-89-8 thujic acid C10H12O2 19586
500-00-5 4-methyl-1-(1-methylethyl)cyclohexene C10H18 20638
500-05-0 2-oxo-2H-pyran-5-carboxylic acid C6H4O4 6621
500-22-1 3-pyridinecarboxaldehyde C6H5NO 6815
500-28-7 chlorothion C8H9ClNO5PS 13584
500-34-5 b-eucaine C15H21NO2 28619
500-38-9 nordihydroguaiaretic acid C18H22O4 30813
500-44-7 mimosine C8H10N2O4 13891
500-49-2 5-propyl-1,3-benzenediol C9H12O2 17148
500-55-0 apoatropine C17H21NO2 30156
500-64-1 gonosan C14H14O3 27181
500-72-1 oxanilic acid C8H7NO3 13170
500-73-2 phenyl trifluoroacetate C8H5F3O2 12658
500-92-5 1-(p-chlorophenyl)-5-isopropylbiguanide C11H16ClN5 22361
500-99-2 3,5-dimethoxyphenol C8H10O3 13994
501-00-8 3-fluorophenylacetonitrile C8H6FN 12837
501-15-5 4-[2-(methylamino)ethyl]-1,2-benzenediol C9H13NO2 17333
501-19-9 2-methoxy-5-allylphenol C10H12O2 19564
501-24-6 3-pentadecylphenol C21H36O 33005
501-29-1 4-chloro-3-fluoroanisole C7H6ClFO 10210
501-30-4 5-hydroxy-2-(hydroxymethyl)-4H-pyran-4-one C6H6O4 7105
501-52-0 benzenepropanoic acid C9H10O2 16651
501-53-1 benzyl chloroformate C8H7ClO2 13009
501-58-6 bis(4-methoxyphenyl)diazene C14H14N2O2 27120
501-65-5 diphenylacetylene C14H10 26729
501-68-8 N-benzyl-b-chloropropanamide C10H12ClNO 19406
501-92-8 4-allylphenol C9H10O 16606
501-94-0 4-hydroxyphenethyl alcohol C8H10O2 13974
501-97-3 4-hydroxybenzenepropanoic acid C9H10O3 16725
502-26-1 g-stearolactone C18H34O2 31035
502-37-4 hypoglycine B C12H18N2O5 24426
502-39-6 methylmercuric dicyandiamide C3H6HgN4 1870
502-41-0 cycloheptanol C7H14O 11852
502-42-1 cycloheptanone C7H12O 11403
502-44-3 epsilon-caprolactone C6H10O2 7813
502-47-6 citronellic acid C10H18O2 20783
502-49-8 cyclooctanone C8H14O 14542
502-50-1 4-ketopimelic acid C7H10O5 11221
502-55-6 bis(ethylxanthogen) disulfide C6H10O2S4 7876
502-56-7 5-nonanone C9H18O 18010
502-59-0 6-methyl-N-isopentyl-2-heptanamine C13H29N 26560
502-61-4 alpha-farnesene C15H24 28733
502-65-8 psi,psi-carotene C40H56 35597
502-72-7 cyclopentadecanone C15H28O 28826
502-73-8 16-hentriacontanone C31H62O 35033
502-85-2 4-hydroxybutyric acid, sodium salt C4H7NaO3 3317
502-97-6 1,4-dioxane-2,5-dione C4H4O4 2608
502-99-8 3,7-dimethyl-1,3,7-octatriene C10H16 20337
503-01-5 N,6-dimethyl-5-hepten-2-amine C9H19N 18141
503-09-3 (fluoromethyl)oxirane C3H5FO 1715
503-17-3 dimethylacetylene C4H6 2754
503-20-8 fluoroacetonitrile C2H2FN 640
503-28-6 azomethane C2H6N2 1038
503-29-7 azetidine C3H7N 2032
503-30-0 1,3-propylene oxide C3H6O 1925
503-38-8 diphosgene C2Cl4O2 461
503-40-2 methanedisulfonic acid CH4O6S2 277
503-41-3 2,4-dithia-1,3-dioxane-2,2,4,4-tetraoxide C2H4O6S2 899
503-46-8 1,5,5-trimethylcyclohexene C9H16 17619
503-49-1 b-hydroxy-b-methylglutaric acid C6H10O5 7953
503-60-6 1-chloro-3-methyl-2-butene C5H9Cl 5050
503-64-0 cis-2-butenoic acid C4H6O2 2966
503-66-2 3-hydroxypropanoic acid C3H6O3 1954
503-74-2 3-methylbutanoic acid C5H10O2 5494
503-76-4 2-chloro-1-nitropropane C3H6ClNO2 1836
503-80-0 dimethylarsinous anhydride C4H12As2O 4033
503-87-7 2-thiohydantoin C3H4N2OS 1599
503-93-5 2,6,6-trimethyl-2,4-cycloheptadien-1-one C10H14O 20062
504-01-8 1,3-cyclohexanediol; (cis+trans) C6H12O2 8505
504-02-9 1,3-cyclohexanedione C6H8O2 7410
504-03-0 2,6-dimethylpiperidine C7H15N 12032
504-07-4 5,6-dihydrouracil C4H6N2O2 2904
504-15-4 1,3-dihydroxy-5-methylbenzene C7H8O2 10872
504-17-6 4,6-dihydroxy-2-mercaptopyrimidine C4H4N2O2S 2573
504-20-1 phorone C9H14O 17449
504-24-5 4-pyridinamine C5H6N2 4499
504-29-0 2-pyridinamine C5H6N2 4497
504-31-4 2H-pyran-2-one C5H4O2 4330
504-33-6 DL-homocysteic acid C4H9NO5S 3752
504-53-0 18-pentatriacontanone C35H70O 35321
504-57-4 10-nonadecanone C19H38O 31706
504-60-9 1,3-pentadiene; (cis+trans) C5H8 4751
504-61-0 trans-2-buten-1-ol C4H8O 3483
504-63-2 1,3-propanediol C3H8O2 2141
504-64-3 carbon suboxide C3O2 2289
504-70-1 pyrazolidine C3H8N2 2108
504-75-6 imidazoline C3H6N2 1882
504-78-9 thiazolidine C3H7NS 2076
504-88-1 3-nitropropionic acid C3H5NO4 1776
504-90-5 thiuram disulfide C2H4N2S4 869
504-91-6 5-hydroxylysine C6H14N2O3 8953
505-10-2 3-(methylthio)-1-propanol C4H10OS 3879
505-14-6 thiocyanogen C2N2S2 1217
505-20-4 1,2-dithiane C4H8S2 3589
505-22-6 1,3-dioxane C4H8O2 3514
505-23-7 1,3-dithiane C4H8S2 3590
505-29-3 1,4-dithiane C4H8S2 3591
505-32-8 3,7,11,15-tetramethyl-1-hexadecen-3-ol C20H40O 32489
505-34-0 cheirolin C5H9NO2S2 5237
505-44-2 3-methylsulphinylpropylisothiocyanate C5H9OS2 5266
505-48-6 octanedioic acid C8H14O4 14698
505-52-2 tridecanedioic acid C13H24O4 26436
505-54-4 hexadecanedioic acid C16H30O4 29675
505-56-6 docosanedioic acid C22H42O4 33439
505-57-7 2-hexenal C6H10O 7806
505-60-2 bis(2-chloroethyl) sulfide C4H8Cl2S 3384
505-65-7 1,3-dioxepane C5H10O2 5526
505-66-8 homopiperazine C5H12N2 5797
505-71-5 N,N'-dinitro-1,2-ethanediamine C2H6N4O4 1058
505-75-9 cicutoxin C17H22O2 30192
505-84-0 dipropoxymethane C7H16O2 12269
505-92-0 4-dodecenoic acid C12H22O2 24701
505-95-3 12-hydroxydodecanoic acid C12H24O3 24883
506-03-6 3-(hexadecyloxy)-1,2-propanediol, (S) C19H40O3 31749
506-05-8 1-fluoroundecane C11H23F 22875
506-12-7 heptadecanoic acid C17H34O2 30325
506-23-0 trans,cis,trans-9,11,13-octadecatrienoic acid C18H30O2 30967
506-24-1 9-octadecynoic acid C18H32O2 30994
506-30-9 eicosanoic acid C20H40O2 32491
506-31-0 9-eicosenoic acid C20H38O2 32446
506-32-1 5,8,11,14-eicosatetraenoic acid, (all-trans) C20H32O2 32388
506-33-2 trans-13-docosenoic acid C22H42O2 33432
506-37-6 cis-15-tetracosenoic acid C24H46O2 33970
506-42-3 trans-9-octadecen-1-ol C18H36O 31095
506-46-7 hexacosanoic acid C26H52O2 34356
506-48-9 octacosanoic acid C28H56O2 34723
506-50-3 triacontanoic acid C30H60O2 34954
506-51-4 tetracosanol C24H50O 34005
506-52-5 1-hexacosanol C26H54O 34373
506-59-2 dimethylamine hydrochloride C2H8ClN 1147
506-61-6 silver potassium cyanide C2AgKN2 390
506-63-8 dimethyl beryllium C2H6Be 997
506-64-9 silver cyanide CAgN 2
506-65-0 gold(i) cyanide CAuN 10
506-68-3 cyanogen bromide CBrN 19
506-77-4 cyanogen chloride CClN 39
506-78-5 cyanogen iodide CIN 336
506-78-5 cyanogen iodide CNI 350
506-80-9 carbon diselenide CSe2 383
506-82-1 dimethyl cadmium C2H6Cd 1003
506-85-4 fulminic acid CHNO 125
506-87-6 ammonium carbonate CH8N2O3 328
506-89-8 urea hydrochloride CH5ClN2O 282
506-93-4 guanidine mononitrate CH6N4O3 318
506-96-7 acetyl bromide C2H3BrO 691
507-02-8 acetyl iodide C2H3IO 744
507-09-5 thioacetic-acid C2H4OS 888
507-19-7 2-bromo-2-methylpropane C4H9Br 3601
507-20-0 2-chloro-2-methylpropane C4H9Cl 3613
507-25-5 carbon tetraiodide CI4 337
507-32-4 ethanearsonic acid C2H7AsO3 1104
507-36-8 2-bromo-2-methylbutane C5H11Br 5608
507-40-4 tert-butyl hypochlorite C4H9ClO 3616
507-42-6 bromal hydrate C2H3Br3O2 700
507-45-9 2,3-dichloro-2-methylbutane C5H10Cl2 5347
507-47-1 1-amino-2,2,2-trichloroethanol C2H4Cl3NO 823
507-52-8 2-trifluoromethyl-2-propanol C4H7F3O 3206
507-55-1 1,3-dichloro-1,1,2,2,3-pentafluoropropane C3HCl2F5 1318
507-60-8 scilliroside C32H44O12 35084
507-63-1 heptadecafluoro-1-iodooctane C8F17I 12434
507-70-0 borneol C10H18O 20715
508-02-1 oleanolic acid C30H48O3 34920
508-32-7 tricyclene C10H16 20352
508-44-1 anemonin C10H8O4 18779
508-54-3 hydroxycodeinone C18H19NO4 30697
508-59-8 parthenicin C15H18O4 28543
508-65-6 germine C27H43NO8 34492
508-75-8 convallatoxin C29H42O10 34794
508-77-0 cymarin C30H44O9 34910
509-12-6 1,7-dimethylbicyclo[2.2.1]heptan-2-ol, (exo,syn) C9H16O 17669
509-14-8 tetranitromethane CN4O8 363
509-15-9 gelsemine C20H22N2O2 32167
509-20-6 aconine C25H41NO9 34165
509-34-2 rhodamine B base C28H30N2O3 34621
509-64-8 6-isocodeine C18H21NO3 30760
509-67-1 tetrahydro-1,4-oxazinylmethylcodeine C23H30N2O4 33611
509-86-4 cycloheptenyl ethylbarbituric acid C13H18N2O3 26189
509-87-5 5-ethyl-5-(1-piperidinyl)-2,4,6(1H,3H,5H)-pyr C11H17N3O3 22539
510-13-4 malachite green carbinol C23H26N2O 33573
510-15-6 chlorobenzilate C16H14Cl2O3 29129
510-20-3 diethylpropanedioic acid C7H12O4 11532
510-90-7 buthalital sodium C11H15N2NaO2S 22296
511-07-9 ergocristinine C35H39N5O5 35293
511-08-0 ergocristine C35H39N5O5 35292
511-09-1 ergocryptine C32H41N5O5 35080
511-10-4 ergocryptinine C33H41N5O5 35155
511-12-6 dihydroergotamine C33H37N5O5 35150
511-18-2 24-norcholan-23-oic acid, (5beta) C23H38O2 33669
511-20-6 ergostane, (5alpha) C28H50 34705
511-21-7 ergostane, (5beta) C28H50 34706
511-34-2 spirostan-2,3,15-triol, (2alpha,3beta,5alpha,15 C27H44O5 34514
511-46-6 2-(a-(p-chlorophenyl)-a-methylbenzyloxy)-N,N- C20H26ClNO 32265
511-67-1 5,5-dibromo-2,4,6(1H,3H,5H)-pyrimidinetrione C4H2Br2N2O3 2377
511-70-6 diethylbromoacetamide C6H12BrNO 8244
511-96-6 spirostan-2,3-diol, (2alpha,3beta,5alpha,25R) C27H44O4 34513
512-04-9 spirost-5-en-3-ol, (3beta,25R) C27H42O3 34485
512-12-9 5,5-dipropyl-2,4-oxazolidinedione C9H15NO3 17562
512-13-0 1,3,3-trimethylbicyclo[2.2.1]heptan-2-ol, (1S-en C10H18O 20673
512-16-3 alpha-ethyl-1-hydroxycyclohexaneacetic acid C10H18O3 20810
512-26-5 lead(ii) citrate trihydrate C12H16O17Pb3 24274
512-42-5 methylsulfuric acid sodium salt CH3NaO4S 248
512-48-1 2,2-diethyl-4-pentenamide C9H17NO 17821
512-56-1 trimethyl phosphate C3H9O4P 2241
512-60-7 7,7-dimethyltricyclo[2.2.1.02,6]heptane-1-carbo C10H14O2 20095
512-63-0 hexaphenylcyclotrisiloxane C36H30O3Si3 35344
512-64-1 echinomycin C51H64N12O12S2 35834
512-69-6 raffinose C18H32O16 31002

512-85-6 ascaridole C10H16O2 20482
513-02-0 triisopropyl phosphate C9H21O4P 18413
513-08-6 tripropyl phosphate C9H21O4P 18414
513-12-2 2-(ethylsulfonyl)ethanol C4H10O3S 3929
513-23-5 4-methyl-1-isopropylbicyclo[3.1.0]hexan-3-ol C10H18O 20672
513-31-5 2,3-dibromo-1-propene C3H4Br2 1508
513-35-9 2-methyl-2-butene C5H10 5292
513-36-0 1-chloro-2-methylpropane C4H9Cl 3611
513-37-1 1-chloro-2-methyl-1-propene C4H7Cl 3107
513-38-2 1-iodo-2-methylpropane C4H9I 3668
513-42-8 2-methyl-2-propenol C4H8O 3487
513-44-0 isobutyl mercaptan C4H10S 3943
513-48-4 2-iodobutane C4H9I 3667
513-49-5 (S)-(+)-sec-butylamine C4H11N 3987
513-53-1 sec-butyl mercaptan C4H10S 3944
513-74-6 ammonium dithiocarbamate CH6N2S2 315
513-77-9 barium carbonate CBaO3 12
513-78-0 cadmium carbonate CCdO3 32
513-79-1 cobaltous carbonate CCoO3 57
513-81-5 2,3-dimethyl-1,3-butadiene C6H10 7647
513-85-9 2,3-butanediol C4H10O2 3899
513-86-0 acetyl methyl carbinol C4H8O2 3525
513-88-2 1,1-dichloroacetone C3H4Cl2O 1547
513-92-8 tetraiodoethene C2I4 1200
513-96-2 3,3,3-trichloro-2-hydroxypropanenitrile C3H2Cl3NO 1357
514-10-3 abietic acid C20H30O2 32346
514-12-5 alpha,alpha'-dibromo-d-camphor C10H14Br2O 19900
514-61-4 metalutin C19H28O2 31607
514-65-8 biperiden C21H29NO 32939
514-85-2 9-cis-retinal C20H28O 32313
514-92-1 3',4'-didehydro-beta,psi-caroten-16'-oic acid C40H52O2 35591
515-00-4 (-)-myrtenol C10H16O 20468
515-12-8 1-ethyl-1-methyl-2,4-diisopropylcyclohexane, [1R- C15H30 28857
515-25-3 betonicine C7H13NO3 11669
515-30-0 alpha-hydroxy-alpha-methylbenezeneacetic acid C9H10O3 16730
515-40-2 (2-chloro-1,1-dimethylethyl)benzene C10H13Cl 19719
515-42-4 benzenesulfonic acid sodium salt C6H5NaO3S 6874
515-46-8 ethyl benzenesulfonate C8H10O3S 14015
515-49-1 sulfathiourea C7H9N3O2S2 11038
515-59-3 sulfamethylthiazole C10H11N3O2S2 19352
515-64-0 sulfaisodimerazine C12H14N4O2S 23950
515-69-5 bisabolol C15H26O 28795
515-82-2 N-(2,2,2-trichloro-1-hydroxyethyl)formamide C3H4Cl3NO2 1561
515-83-3 2,2,2-trichloro-1-ethoxyethanol C4H7Cl3O2 3172
515-84-4 ethyl trichloroacetate C4H5Cl3O2 2673
515-88-8 4,6,6-trimethylbicyclo[3.1.1]heptan-2-ol, [1R-(1 C10H18O 20676
515-90-2 4,6,6-trimethylbicyclo[3.1.1]heptan-2-one, [1R-(C10H16O 20430
515-93-5 L(+)-threoninol C4H11NO2 4012
515-94-6 3-aminoalanine C3H8N2O2 2116
515-96-8 aminooxoacetohydrazide C2H5N3O2 971
516-02-9 barium oxalate C2BaO4 399
516-05-2 methylmalonic acid C4H6O4 3011
516-06-3 DL-valine C5H11NO2 5717
516-12-1 1-iodo-2,5-pyrrolidinedione C4H4INO2 2560
516-21-2 cycloguanyl C11H14ClN5 22053
516-78-9 ergost-7-en-3-ol, (3beta,5alpha) C28H48O 34697
516-85-8 ergosta-5,7,9(11),22-tetraen-3-ol, (3beta,22E) C28H42O 34678
516-90-5 lithocholic acid taurine conjugate C26H45NO5S 34324
516-95-0 cholestan-3-ol, (3alpha,5alpha) C27H48O 34540
517-04-4 estra-1,3,5(10)-triene-3,17-diol, (8alpha,17bet C18H24O2 30852
517-06-6 8-isoestrone C18H22O2 30809
517-07-7 estra-5,7,9-triene-3,17-diol, (3beta,17beta) C18H24O2 30853
517-09-9 3-hydroxyestra-1,3,5,7,9-pentaen-17-one C18H18O2 30674
517-10-2 cholest-4-en-3-ol, (3beta) C27H46O 34526
517-16-8 ethylmercury-p-toluene sulfonamide C15H17HgNO2S 28458
517-22-6 3-ethyl-2,4-dimethyl-1H-pyrrole C8H13N 14427
517-23-7 3-acetyldihydro-2(3H)-furanone C6H8O3 7439
517-25-9 trinitromethane CHN3O6 130
517-28-2 hematoxylin C16H14O6 29188
517-51-1 rubrene C42H28 35669
517-60-2 benzenehexacarboxylic acid C12H6O12 23232
517-66-8 dicentrine C20H21NO4 32147
517-82-8 echinochrome a C12H10O7 23574
517-85-1 5,5a,6,7-tetrahydro-4H-dibenz(f,g,j)aceanthrylene C23H18 33516
517-92-0 chrysamminic acid C14H4N4O12 26578
517-97-5 tsuduranine C18H19NO3 30696
518-05-8 1,8-naphthalenedicarboxylic acid C12H8O4 23343
518-17-2 evodiamine C19H17N3O 31386
518-28-5 podophyllotoxin C22H22O8 33234
518-34-3 tetrandrine C38H42N2O6 35508
518-44-5 2-(3,6-dihydroxy-9H-xanthen-9-yl)benzoic acid C20H14O5 31934
518-47-8 uranine C20H10Na2O5 31782
518-51-4 phenolphthalein disodium salt C20H12Na2O4 31819
518-61-6 10-[(dimethylamino)acetyl]-10H-phenothiazine C16H16N2OS 29253
518-69-4 corydaline C22H27NO4 33302
518-75-2 citrinin C13H14O5 25999
518-77-4 corybulbine C21H25NO4 32852
518-82-1 1,3,8-trihydroxy-6-methyl-9,10-anthracenedione C15H10O5 28060
519-02-8 matridin-15-one C15H24N2O 28752
519-05-1 6-formyl-2,3-dimethoxybenzoic acid C10H10O5 19223
519-09-5 benzoylecgonine C16H19NO4 29420
519-23-3 elliptisine C17H14N2 29927
519-34-6 maclurin C13H10O6 25657
519-37-9 etofylline C9H12N4O3 17072
519-44-8 2,4-dinitro-1,3-benzenediol C6H4N2O6 6593
519-65-3 dioxypyramidon C13H17N3O3 26153
519-72-2 N,N-diethyl-alpha-phenylbenzenemethanamine C17H21N 30153
519-73-3 triphenylmethane C19H16 31328
519-87-9 N,N-diphenylacetamide C14H13NO 27014
519-88-0 dibutamide C17H28N2O2 30265
520-03-6 2-phenyl-1H-isoindole-1,3(2H)-dione C14H9NO2 26714
520-09-2 dopan C9H13Cl2N3O2 17248
520-14-9 3'-(glucopyranosyloxy)-3,4',5,5',7-pentahydrox C21H20O13 32758
520-18-3 kaempferol C15H10O6 28067
520-26-3 hesperidin C28H34O15 34643
520-33-2 hesperetin C16H14O6 29189
520-36-5 apigenin C15H10O5 28055
520-45-6 3-acetyl-6-methyl-2H-pyran-2,4(3H)-dione C8H8O4 13487
520-52-5 O-phosphoryl-4-hydroxy-N,N-dimethyltryptamin C12H17N2O4P 24344
520-53-6 4-hydroxy-N,N-dimethyltryptamine C12H16N2O 24163
520-68-3 echimidine C20H31NO7 32372
520-69-4 3-ethyl-2,4,5-trimethylpyrrole C9H15N 17548
520-85-4 medroxyprogesterone C22H32O3 33371
521-04-0 stigmasta-5,7-dien-3-ol, (3beta) C29H48O 34806
521-10-8 androstestone-M C20H32O2 32391
521-11-9 17-hydroxy-17-methylandrostan-3-one, (5alpha,17 C20H32O2 32389
521-12-0 dromostanolone propionate C23H36O3 33666
521-18-6 17-hydroxyandrostan-3-one, (5alpha,17beta) C19H30O2 31630
521-24-4 sodium beta-naphthoquinone-4-sulfonate C10H5NaO5S 18518
521-31-3 5-amino-2,3-dihydro-1,4-phthalazinedione C8H7N3O2 13219
521-35-7 cannabinol C21H26O2 32875
521-74-4 5,7-dibromo-8-quinolinol C9H5Br2NO 15808
521-85-7 corycavamine C21H21NO5 32774
522-00-9 10-(2-diethylaminopropyl)phenothiazine C19H24N2S 31549
522-12-3 quercitrin C21H20O11 32757
522-16-7 aurantine C20H20O7 32139
522-27-0 di-2-furanylethanedione dioxime C10H8N2O4 18731
522-40-7 a,a'-diethyl-(E)-4,4'-stilbenediol bis(dihydr C18H22O8P2 30816
522-57-6 papaveraldine C20H19NO5 32107
522-60-1 hydrocupreine ethyl ether C21H28N2O2 32919
522-66-7 hydroquinine C20H26N2O2 32273
522-70-3 blastomycin C26H36N2O9 34298
522-75-8 delta2,2'(3H,3'H)-bibenzo[b]thiophene-3,3'-dio C16H8O2S2 28973
523-21-7 rhodizonic acid, disodium salt p.a. C6O6Na2 9409
523-27-3 9,10-dibromoanthracene C14H8Br2 26628
523-31-9 dibenzyl phthalate C22H18O4 33176
523-42-2 quinolinium C29H35IN2 34770
523-47-7 1,2,4a,5,8,8a-hexahydro-4,7-dimethyl-1-isopropyln C15H24 28735
523-50-2 2H-furo(2,3-h)(1)benzopyran-2-one C11H6O3 21478
523-80-8 4,7-dimethoxy-5-allyl-1,3-benzodioxole C12H14O4 24006
523-86-4 streptovitacin A C15H23NO5 28719
523-87-5 dramamine C24H28ClN5O3 33855
524-15-2 4,8-dimethoxyfuro[2,3-b]quinoline C13H11NO3 25718
524-30-1 fraxin C16H18O10 29404
524-34-5 allyl 2-phenylcinchoninate C19H15NO2 31318
524-36-7 pyridoxamine dihydrochloride C8H14Cl2N2O2 14512
524-38-9 N-hydroxyphthalimide C8H5NO3 12695
524-40-3 ricinine C8H8N2O2 13353
524-42-5 1,2-naphthalenedione C10H6O2 18584
524-63-0 cupreine C19H22N2O2 31494
524-80-1 9H-carbazole-9-acetic acid C14H11NO2 26842
524-81-2 mebhydroline C19H20N2 31443
524-83-4 3-(diphenylmethoxy)-8-ethylnortropane C22H27NO 33297
524-89-0 9-methoxy-1,3-dioxolo(4,5-g)furo(2,3-b)quinolin C13H9NO4 25564
524-95-8 diphenylborinic acid 2-aminoethyl ester C14H16BNO 27317
524-96-9 benzylimidobis(p-methoxyphenyl)methane C22H21NO2 33216
525-03-1 fluoren-9-amine C13H11N 25691
525-06-4 diphenylketene C14H10O 26769
525-15-5 1-[(2-methylphenyl)methyl]-9H-pyrido[3,4-b]indo C19H16N2 31337
525-37-1 1,6-naphthalenedisulfonic acid C10H8O6S2 18797
525-64-4 9H-fluorene-2,7-diamine C13H12N2 25757
525-66-6 inderal C16H21NO2 29476
525-68-8 galipine C20H21NO3 32146
525-79-1 kinetin C10H9N5O 18955
525-82-6 2-phenyl-4H-1-benzopyran-4-one C15H10O2 28042
526-08-9 sulfaphenazole C15H14N4O2S 28280
526-18-1 driol C13H11NO3 25723
526-31-8 N-methyl-L-tryptophan C12H14N2O2 23924
526-35-2 5-methyl-3-allyl-2,4-oxazolidinedione C7H9NO3 11014
526-55-6 1H-indole-3-ethanol C10H11NO 19299
526-62-5 2,5-bis(aziridino)benzoquinone C10H10N2O2 19057
526-73-8 1,2,3-trimethylbenzene C9H12 17008
526-75-0 2,3-xylenol C8H10O 13921
526-78-3 meso-2,3-dibromosuccinic acid C4H4Br2O4 2521
526-84-1 2,3-dihydroxymaleic acid C4H4O6 2610
526-85-2 2,3,4-trimethylphenol C9H12O 17116
526-86-3 2,3-dimethyl-2,5-cyclohexadiene-1,4-dione C8H8O2 13419
526-95-4 D-gluconic acid C6H12O7 8620
526-99-8 galactaric acid C6H10O8 7969
527-07-1 sodium gluconate C6H11NaO7 8194
527-17-3 2,3,5,6-tetramethyl-2,5-cyclohexadiene-1,4-dion C10H12O2 19585
527-18-4 2,3,5,6-tetramethyl-1,4-benzenediol C10H14O2 20101
527-21-9 tetrafluoro-p-benzoquinone C6F4O2 6076
527-35-5 2,3,5,6-tetramethylphenol C10H14O 20036
527-52-6 digitoxose C6H12O4 8571
527-53-7 1,2,3,5-tetramethylbenzene C10H14 19888
527-54-8 3,4,5-trimethylphenol C9H12O 17121
527-55-9 4,5-dimethyl-1,3-benzenediol C8H10O2 13956
527-60-6 2,4,6-trimethylphenol C9H12O 17120
527-61-7 2,6-dimethyl-2,5-cyclohexadiene-1,4-dione C8H8O2 13420
527-62-8 2-amino-4,6-dichlorophenol C6H5Cl2NO 6748
527-69-5 2-furancarbonyl chloride C5H3ClO2 4224
527-72-0 2-thiophenecarboxylic acid C5H4O2S 4334
527-73-1 2-nitro-1H-imidazole C3H3N3O2 1477
527-84-4 o-cymene C10H14 19871
527-85-5 2-methylbenzamide C8H9NO 13676
527-89-9 2-hydroxybenzenecarbodithioic acid C7H6OS2 10407
527-93-5 diploicin C16H10Cl4O5 28989
528-21-2 1-(2,3,4-trihydroxyphenyl)ethanone C8H8O4 13493
528-23-4 2-methyl-5-isopropylcyclopentanecarboxylic acid C10H18O2 20778
528-29-0 o-dinitrobenzene C6H4N2O4 6581
528-44-9 1,2,4-benzenetricarboxylic acid C9H6O6 15946
528-45-0 3,4-dinitrobenzoic acid C7H4N2O6 9845
528-48-3 fisetin C15H10O6 28066
528-50-7 D(+)-cellobiose C12H22O11 24777
528-53-0 delphinidin C15H11ClO7 28088
528-58-5 cyanidol C15H11O6 28127
528-71-2 1-phenazinol C12H8N2O 23310
528-74-5 3'5'-dichloromethotrexate C20H20Cl2N8O5 32123
528-75-6 2,4-dinitrobenzaldehyde C7H4N2O5 9844
528-76-7 2,4-dinitrobenzenesulfenyl chloride C6H3ClN2O4S 6285
528-79-0 5-methyl-2-isopropylphenyl acetate C12H16O2 24222
528-81-4 6-deoxy-L-ascorbic acid C6H8O5 7457
528-90-5 2,4,5-trimethylbenzoic acid C10H12O2 19623
528-92-7 (2-isopropyl-4-pentenoyl)urea C9H16N2O2 17651
528-94-9 ammonium salicylate C7H9NO3 11013
529-00-0 5-methyl-2-(1-methylvinyl)cyclohexanone C10H16O 20434
529-05-5 1,4-dimethyl-7-ethylazulene C14H16 27315
529-08-8 4,8-dimethyl-2-isopropylazulene C15H18 28499
529-16-8 2,3-dimethylbicyclo[2.2.1]hept-2-ene C9H14 17387
529-17-9 8-methyl-8-azabicyclo[3.2.1]octane C8H15N 14776
529-19-1 2-methylbenzonitrile C8H7N 13109
529-20-4 2-methylbenzaldehyde C8H8O 13394
529-21-5 3-ethyl-4-methylpyridine C8H11N 14099
529-23-7 2-aminobenzaldehyde C7H7NO 10619
529-28-2 1-iodo-2-methoxybenzene C7H7IO 10596
529-32-8 cis-decahydro-1-naphthol C10H18O 20722
529-33-9 1,2,3,4-tetrahydro-1-naphthalenol C10H12O 19517
529-34-0 1-tetralone C10H10O 19105
529-35-1 5,6,7,8-tetrahydro-1-naphthalenol C10H12O 19518
529-36-2 1-naphthalenethiol C10H8S 18802
529-44-2 myricetin C15H10O8 28072
529-64-6 alpha-(hydroxymethyl)benezeneacetic acid C9H10O3 16729
529-65-7 N-ethyl-N-phenylacetamide C10H13NO 19770
529-84-0 4-methylesculetin C10H8O4 18788
529-86-2 9-anthracenol C14H10O 26767

529-92-0 cusparine C19H17NO3 31382
530-14-3 1-[4-(beta-D-glucopyranosyloxy)phenyl]ethanone C14H18O7 27505
530-22-3 2-(1,3-benzodioxol-5-yl)-7-methoxy-5-benzofuran C19H18O5 31422
530-40-5 N,N-diethyl-4-pyridinecarboxamide C10H14N2O 19943
530-43-8 chloramphenicol palmitate C27H42Cl2N2O6 34484
530-44-9 [4-(dimethylamino)phenyl]phenylmethanone C15H15NO 28353
530-45-0 1,1-di-p-tolylethane C16H18 29355
530-48-3 1,1-diphenylethene C14H12 26868
530-50-7 1,1-diphenylhydrazine C12H12N2 23725
530-55-2 2,6-dimethoxy-2,5-cyclohexadiene-1,4-dione C8H8O4 13489
530-57-4 syringic acid C9H10O5 16812
530-59-6 3,5-dimethoxy-4-hydroxycinnamic acid, predomina C11H12O5 21908
530-62-1 N,N'-carbonyldiimidazole C7H6N4O 10397
530-75-6 acetylsalicylsalicylic acid C16H12O6 29069
530-78-9 2-[[3-(trifluoromethyl)phenyl]amino]benzoic C14H10F3NO2 26742
530-85-8 3-(2-nitrophenyl)-2-propynoic acid C9H5NO4 15833
530-91-6 1,2,3,4-tetrahydro-2-naphthol C10H12O 19520
530-93-8 3,4-dihydro-2(1H)-naphthalenone C10H10O 19088
531-02-2 [1,1'-biphenyl]-3,3',5,5'-tetrol C12H10O4 23564
531-18-0 hexamethylolmelamine C9H18N6O6 17996
531-29-3 coniferin C16H22O8 29529
531-37-3 2-methoxyphenol benzoate C14H12O3 26970
531-39-5 2-methoxyphenyl pentanoate C12H16O3 24243
531-52-2 triphenylformazan C19H16N4 31342
531-59-9 7-methoxycoumarin C10H8O3 18775
531-72-6 thioacetarsamide C11H12AsNO5S2 21792
531-75-9 esculin C15H16O9 28448
531-76-0 DL-3-(p-(bis(2-chloroethyl)amino)phenyl)al C13H18Cl2N2O2 26175
531-81-7 2-oxo-2H-1-benzopyran-3-carboxylic acid C9H6O3 15936
531-82-8 2-acetamido-4-(5-nitro-2-furyl)thiazole C9H7N3O4S 16084
531-84-0 hexadecyl 3-hydroxy-2-naphthalenecarboxylate C27H40O3 34476
531-86-2 benzidine sulfate C12H14N2O4S 23938
531-91-9 N,N'-diphenyl-[1,1'-biphenyl]-4,4'-diamine C24H20N2 33784
531-95-3 equol C14H14O3 27178
532-02-5 2-naphthalenesulfonic acid sodium salt C10H7NaO3S 18667
532-03-6 guaiacol glyceryl ether carbamate C11H15NO5 22294
532-11-6 anethole trithione C10H8OS3 18748
532-18-3 N-2-naphthyl-2-naphthalenamine C20H15N 31963
532-24-1 8-methyl-8-azabicyclo[3.2.1]octan-3-one C8H13NO 14435
532-27-4 alpha-chloroacetophenone C8H7ClO 13000
532-28-5 mandelonitrile C8H7NO 13131
532-31-0 silver benzoate C7H5AgO2 9860
532-32-1 sodium benzoate C7H5NaO2 10128
532-34-3 butopyronoxyl C12H18O4 24487
532-48-9 euparin C13H12O3 25823
532-54-7 alpha-oxobenzeneacetaldehyde aldoxime C8H7NO2 13148
532-55-8 benzoyl isothiocyanate C8H5NOS 12688
532-62-7 tutocaine hydrochloride C14H23ClN2O2 27718
532-82-1 4-(phenylazo)-1,3-benzenediamine monohydrochl C12H13ClN4 23807
532-91-2 6-methoxybenzoxazolinone C8H7NO3 13169
532-94-5 hippuric acid sodium salt C9H8NNaO3 16135
532-96-7 benzo-2-phenylhydrazide C13H12N2O 25762
533-06-2 1-carbamoyloxy-2-hydroxy-3(o-methylphenoxy)pro C11H15NO4 22289
533-17-5 2'-chloroacetanilide C8H8ClNO 13269
533-18-6 2-methylphenyl acetate C9H10O2 16681
533-23-3 ethyl (2,4-dichlorophenoxy)acetate C10H10Cl2O3 19003
533-24-4 4-pentyl-1,3-benzenediol C11H16O2 22452
533-28-8 piperocaine hydrochloride C16H24ClNO2 29562
533-30-2 6-benzothiazolamine C7H6N2S 10390
533-31-3 sesamol C7H6O3 10430
533-32-4 N,N-diethyl-3-methylbutanamide C9H19NO 18148
533-45-9 5-(2-chloroethyl)-4-methylthiazole C6H8ClNS 7295
533-48-2 desthiobiotin C10H18N2O3 20656
533-49-3 L(+)-erythrose C4H8O4 3576
533-50-6 L-erythrulose C4H8O4 3573
533-51-7 silver(i) oxalate C2Ag2O4 393
533-58-4 o-iodophenol C6H5IO 6797
533-60-8 2-hydroxycyclohexanone C6H10O2 7864
533-67-5 2-deoxy-D-ribose C5H10O4 5577
533-68-6 ethyl 2-bromobutanoate C6H11BrO2 7993
533-70-0 2,4-diiodoaniline C6H5I2N 6805
533-73-3 1,2,4-benzenetriol C6H6O3 7086
533-74-4 dazomet C5H10N2S2 5441
533-75-5 2-hydroxy-2,4,6-cycloheptatrien-1-one C7H6O2 10415
533-86-8 6,7-diiodo-6-octadecenoic acid C18H32I2O2 30987
533-87-9 aleuritic acid C16H32O5 29737
533-96-0 sodium sesquicarbonate C2H4Na3O6 883
533-98-2 1,2-dibromobutane C4H8Br2 3334
534-00-9 1-bromo-2-methylbutane, (S) C5H11Br 5611
534-03-2 serinol C3H9NO2 2218
534-07-6 1,3-dichloroacetone C3H4Cl2O 1548
534-13-4 N,N'-dimethylthiourea C3H8N2S 2124
534-15-6 dimethylacetal C4H10O2 3893
534-16-7 silver carbonate CAg2O3 9
534-17-8 cesium carbonate CCs2O3 58
534-22-5 2-methylfuran C5H6O 4534
534-26-9 4,5-dihydro-2-methyl-1H-imidazole C4H8N2 3412
534-52-1 2-methyl-4,6-dinitrophenol C7H6N2O5 10383
534-59-8 butylpropanedioic acid C7H12O4 11531
534-76-9 eulicin C24H52N8O2 34029
534-84-9 2-(1-piperidinylmethyl)cyclohexanone C12H21NO 24630
534-85-0 N-phenyl-1,2-benzenediamine C12H12N2 23724
535-11-5 ethyl 2-bromopropanoate C5H9BrO2 5006
535-13-7 ethyl 2-chloropropanoate C5H9ClO2 5086
535-15-9 ethyl dichloroacetate C4H6Cl2O2 2842
535-17-1 a-acetoxypropionic acid C5H8O4 4956
535-32-0 D-ethionine C6H13NO2S 8839
535-46-6 dihydroxyphenylstibine oxide C6H7O3Sb 7265
535-52-4 2-fluoro-5-(trifluoromethyl)aniline C7H5F4N 10022
535-65-9 glipasol C12H16N4O2S2 24181
535-75-1 2-piperidinecarboxylic acid C6H11NO2 8134
535-77-3 m-cymene C10H14 19870
535-80-8 m-chlorobenzoic acid C7H5ClO2 9933
535-83-1 trigonelline C7H7NO2 10638
535-87-5 3,5-diaminobenzoic acid C7H8N2O2 10808
535-89-7 crimidine C7H10ClN3 11068
536-08-3 3,4-dihydroxy-5-[(3,4,5-trihydroxybenzoyl)oxy]b C14H10O9 26798
536-17-4 p-(dimethylamino)benzalrhodanine C12H12N2OS2 23735
536-21-0 a-(aminomethyl)-m-hydroxybenzyl alcohol C8H11NO2 14176
536-25-4 methyl 3-amino-4-hydroxybenzoate C8H9NO3 13750
536-29-8 dichlorophenarsine hydrochloride C6H7AsCl3NO 7125
536-33-4 2-ethyl-4-pyridinecarbothioamide C8H10N2S 13896
536-38-9 2-bromo-1-(4-chlorophenyl)ethanone C8H6BrClO 12714
536-40-3 4-chlorobenzoic hydrazide C7H7ClN2O 10502
536-50-5 alpha,4-dimethylbenzenemethanol C9H12O 17095
536-57-2 4-methylbenzenesulfinic acid C7H8O2S 10889
536-59-4 4-(1-methylvinyl)-1-cyclohexene-1-methanol C10H16O 20448
536-60-7 4-isopropylbenzenemethanol C10H14O 20053
536-66-3 4-isopropylbenzoic acid C10H12O2 19563
536-69-6 5-butyl-2-pyridinecarboxylic acid C10H13NO2 19792
536-74-3 ethynylbenzene C8H6 12713
536-75-4 4-ethylpyridine C7H9N 10966
536-78-7 3-ethylpyridine C7H9N 10965
536-80-1 iodosobenzene C6H5IO 6800
536-88-9 4-ethyl-2-methylpyridine C8H11N 14100
536-89-0 (3-methylphenyl)hydrazine C7H10N2 11091
536-90-3 3-methoxyaniline C7H9NO 10980
536-95-8 4-[(benzylsulfonyl)amino]benzoic acid C14H13NO4S 27040
537-17-7 N-phenyl-1,3,5-triazine-2,4-diamine C9H9N5 16506
537-26-8 tropacocaine C15H19NO2 28554
537-29-1 norhyoscyamine C16H21NO3 29479
537-39-3 glycerol trielaidate C57H104O6 35897
537-45-1 2,6-dibromoquinone-4-chlorimide C6H2Br2ClNO 6140
537-46-2 methamphetamine C10H15N 20217
537-47-3 N-phenylhydrazinecarboxamide C7H9N3O 11031
537-49-5 N-methyl-L-tyrosine C10H13NO3 19825
537-55-3 N-acetyl-L-tyrosine C11H13NO4 21998
537-64-4 bis(4-methylphenyl)mercury C14H14Hg 27093
537-65-5 N-(4-aminophenyl)-1,4-benzenediamine C12H13N3 23868
537-73-5 3-hydroxy-4-methoxycinnamic acid, predominantly C10H10O4 19209
537-91-7 bis(3-nitrophenyl) disulfide C12H8N2O4S2 23323
537-92-8 N-(3-methylphenyl)acetamide C9H11NO 16914
537-98-4 trans-ferulic acid C10H10O4 19220
538-02-3 cyclopentamine hydrochloride C9H20ClN 18211
538-04-5 2-chloro-4-(hydroxy mercuri)phenol C6H5ClHgO2 6703
538-07-8 bis(2-chloroethyl)ethylamine C6H13Cl2N 8701
538-08-9 diallylcyanamide C7H10N2 11086
538-17-0 aluminum thiocyanate C3AlN3S3 1243
538-23-8 1,2,3-propanetriyl octanoate C27H50O6 34543
538-24-9 glycerol trilaurate C39H74O6 35554
538-32-9 benzylurea C8H10N2O 13863
538-39-6 1,2-di(p-tolyl)ethane C16H18 29352
538-41-0 p-diaminoazobenzene C12H12N4 23753
538-43-2 3-phenoxy-1,2-propanediol C9H12O3 17189
538-44-3 4,4-dimethyl-1-phenyl-1-penten-3-one C13H16O 26078
538-49-8 trans-2-(2-phenylvinyl)pyridine C13H11N 25688
538-51-2 N-(phenylmethylene)aniline C13H11N 25686
538-56-7 3-phenyl-2-propenoic anhydride C18H14O3 30509
538-58-9 1,5-diphenyl-1,4-pentadien-3-one C17H14O 29940
538-62-5 diphenylcarbazone C13H12N4O 25787
538-64-7 benzyl fumarate C18H16O4 30636
538-65-8 n-butyl cinnamate C13H16O2 26095
538-68-1 pentylbenzene C11H16 22304
538-71-6 domiphen bromide C22H40BrNO 33419
538-74-9 benzyl sulfide C14H14S 27189
538-75-0 dicyclohexylcarbodiimide C13H22N2 26368
538-79-4 metanicotine C10H14N2 19939
538-81-8 trans,trans-1,4-diphenyl-1,3-butadiene C16H14 29114
538-86-3 benzyl methyl ether C8H10O 13927
538-93-2 isobutylbenzene C10H14 19866
539-03-7 N-(4-chlorophenyl)acetamide C8H8ClNO 13267
539-08-2 N-(4-ethoxyphenyl)-2-hydroxypropanamide C11H15NO3 22281
539-15-1 4-[2-(dimethylamino)ethyl]phenol C10H15NO 20238
539-17-3 N,N-dimethyl-4,4'-azodianiline C14H16N4 27358
539-21-9 ambazone C8H11N7S 14222
539-23-1 6-butoxy-3-pyridinamine C9H14N2O 17415
539-30-0 benzyl ethyl ether C9H12O 17077
539-32-2 3-butylpyridine C9H13N 17283
539-35-5 cinamonin C9H15NO3S 17571
539-47-9 3-(2-furanyl)-2-propenoic acid C7H6O3 10425
539-48-0 p-xylylenediamine C8H12N2 14298
539-52-6 3-(4-methyl-3-pentenyl)furan C10H14O 20063
539-71-9 ethylidene diurethan C8H16N2O4 15051
539-74-2 ethyl 3-bromopropanoate C5H9BrO2 5007
539-80-0 2,4,6-cycloheptatrien-1-one C7H6O 10405
539-82-2 ethyl pentanoate C7H14O2 11912
539-86-6 allicin C6H10OS2 7811
539-88-8 ethyl levulinate C7H12O3 11507
539-89-9 ethyl isobutylcarbamate C7H15NO2 12080
539-90-2 isobutyl butanoate C8H16O2 15176
539-92-4 diisobutyl carbonate C9H18O3 18092
540-07-8 pentyl hexanoate C11H22O2 22844
540-08-9 9-heptadecanone C17H34O 30322
540-09-0 12-tricosanone C23H46O 33694
540-10-3 hexadecyl hexadecanoate C32H64O2 35118
540-16-9 copper(ii) butanoate monohydrate C8H16CuO5 15014
540-18-1 pentyl butanoate C9H18O2 18062
540-36-3 p-difluorobenzene C6H4F2 6526
540-37-4 p-iodoaniline C6H6IN 6974
540-38-5 p-iodophenol C6H5IO 6799
540-42-1 isobutyl propanoate C7H14O2 11902
540-43-2 N-methyl-2-heptanamine C8H19N 15640
540-47-6 cyclopropyl methyl ether C4H8O 3489
540-49-8 1,2-dibromoethylene; (cis+trans) C2H2Br2 584
540-51-2 2-bromoethanol C2H5BrO 912
540-54-5 1-chloropropane C3H7Cl 1986
540-59-0 1,2-dichloroethylene, cis and trans C2H2Cl2 619
540-61-4 aminoacetonitrile C2H4N2 851
540-63-6 1,2-ethanedithiol C2H6S2 1095
540-67-0 methyl ethyl ether C3H8O 2131
540-69-2 ammonium formate CH5NO2 290
540-72-7 sodium thiocyanate CNNaS 354
540-73-8 1,2-dimethylhydrazine C2H8N2 1161
540-80-7 tert-butyl nitrite C4H9NO2 3707
540-82-9 ethyl sulfate C2H6O4S 1084
540-84-1 2,2,4-trimethylpentane C8H18 15368
540-88-5 tert-butyl acetate C6H12O2 8479
540-92-1 acetone sodium bisulfite C3H7NaO4S 2092
540-97-6 dodecamethylcyclohexasiloxane C12H36O6Si6 25422
541-01-5 hexadecamethylheptasiloxane C16H48O6Si7 29839
541-02-6 decamethylcyclopentasiloxane C10H30O5Si5 21463
541-05-9 hexamethylcyclotrisiloxane C6H18O3Si3 9366
541-09-3 uranyl acetate C4H6O6U 3039
541-14-0 D(+)-carnitine C7H15NO3 12091
541-15-1 carnitine C7H15NO3 12090
541-16-2 di-tert-butyl malonate C11H20O4 22728
541-20-8 pentamethonium bromide C11H28Br2N2 23112
541-25-3 dichloro-(2-chlorovinyl) arsine C2H2AsCl3 573
541-28-6 1-iodo-3-methylbutane C5H11I 5664
541-31-1 3-methyl-1-butanethiol C5H12S 5925
541-33-3 1,1-dichlorobutane C4H8Cl2 3360
541-35-5 butanamide C4H9NO 3685
541-41-3 ethyl chloroformate C3H5ClO2 1689
541-42-4 isopropyl nitrite C3H7NO2 2053
541-43-5 barium formate C2H2BaO4 594
541-46-8 3-methylbutanamide C5H11NO 5679

541-47-9 3-methyl-2-butenoic acid C5H8O2 4894
541-50-4 acetoacetic acid C4H6O3 2991
541-53-7 thioimidodicarbonic diamide C2H5N3S2 974
541-57-1 4-hydroxy-2(5H)-furanone C4H4O3 2604
541-58-2 2,4-dimethylthiazole C5H7NS 4703
541-59-3 1H-pyrrole-2,5-dione C4H3NO2 2492
541-73-1 m-dichlorobenzene C6H4Cl2 6470
541-85-5 5-methyl-3-heptanone C8H16O 15077
541-88-8 chloroacetic anhydride C4H4Cl2O3 2541
541-91-3 3-methylcyclopentadecanone C16H30O 29656
541-95-7 methylpropylcarbinol carbamate C6H13NO2 8837
542-05-2 3-oxopentanedioic acid C5H6O5 4586
542-08-5 isopropyl 3-oxobutanoate C7H12O3 11511
542-10-9 ethylidene diacetate C6H10O4 7920
542-15-4 aniline nitrate C6H8N2O3 7360
542-18-7 chlorocyclohexane C6H11Cl 8008
542-28-9 tetrahydro-2H-pyran-2-one C5H8O2 4912
542-37-0 1,1-dimethylpropyl 3-methylbutanoate C10H20O2 21053
542-46-1 cis-9-cycloheptadecen-1-one C17H30O 30282
542-50-7 14-heptacosanone C27H54O 34557
542-52-9 dibutyl carbonate C9H18O3 18091
542-54-1 4-methylpentanenitrile C6H11N 8092
542-55-2 isobutyl formate C5H10O2 5498
542-56-3 isobutyl nitrite C4H9NO2 3712
542-58-5 2-chloroethyl acetate C4H7ClO2 3138
542-59-6 ethylene glycol monoacetate C4H8O3 3546
542-62-1 barium cyanide C2BaN2 397
542-63-2 diethylberyllium C4H10Be 3791
542-69-8 1-iodobutane C4H9I 3666
542-75-6 1,3-dichloropropene; (cis+trans) C3H4Cl2 1540
542-76-7 3-chloropropanenitrile C3H4ClN 1526
542-78-9 propanedial C3H4O2 1632
542-81-4 1-chloro-2-(methylthio)ethane C3H7ClS 2011
542-85-8 ethyl isothiocyanate C3H5NS 1778
542-88-1 bis(chloromethyl) ether C2H4Cl2O 816
542-90-5 ethyl thiocyanate C3H5NS 1779
542-91-6 diethylsilane C4H12Si 4111
542-92-7 cyclopentadiene C5H6 4447
543-20-4 butanedioyl dichloride C4H4Cl2O2 2538
543-21-5 2-butynediamide C4H4N2O2 2569
543-24-8 N-acetylglycine C4H7NO3 3280
543-27-1 isobutyl chlorocarbonate C5H9ClO2 5088
543-28-2 isobutyl carbamate C5H11NO2 5709
543-29-3 isobutyl nitrate C4H9NO3 3731
543-38-4 o-[(aminoiminomethyl)amino]-L-homoserine C5H12N4O3 5830
543-39-5 2-methyl-6-methylene-7-octen-2-ol C10H18O 20759
543-49-7 2-heptanol C7H16O 12165
543-53-3 pyridinium nitrate C5H6N2O3 4525
543-59-9 1-chloropentane C5H11Cl 5620
543-63-5 n-butylmercuric chloride C4H9ClHg 3615
543-67-9 propyl nitrite C3H7NO2 2054
543-75-9 2,3-dihydro-1,4-dioxin C4H6O2 2977
543-80-6 barium acetate C4H6BaO4 2759
543-81-7 beryllium acetate C4H6BeO4 2760
543-82-8 2-amino-6-methylheptane C8H19N 15645
543-83-9 (3-methyl-2-butenyl)guanidine C6H13N3 8860
543-86-2 isopentyl carbamate C6H13NO2 8814
543-87-3 3-methylbutyl nitrate C5H11NO3 5734
543-90-8 cadmium acetate C4H6CdO4 2793
543-94-2 strontium acetate C4H6O4Sr 3021
544-00-3 diisopentylamine C10H23N 21406
544-01-4 diisopentyl ether C10H22O 21336
544-02-5 diisopentyl sulfide C10H22S 21393
544-10-5 1-chlorohexane C6H13Cl 8669
544-13-8 glutaronitrile C5H6N2 4490
544-16-1 butyl nitrite C4H9NO2 3706
544-17-2 calcium formate C2H2CaO4 598
544-19-4 copper(ii) formate C2H2CuO4 639
544-25-2 1,3,5-cycloheptatriene C7H8 10724
544-35-4 cis,cis-ethyl 9,12-octadecadienoate C20H36O2 32421
544-40-1 dibutyl sulfide C8H18S 15606
544-47-8 S-(4-chlorobenzyl)thiuronium chloride C8H10Cl2N2S 13840
544-60-5 ammonium oleate C18H37NO2 31125
544-62-7 3-(octadecyloxy)-1,2-propanediol C21H44O3 33064
544-63-8 tetradecanoic acid C14H28O2 27873
544-64-9 myristoleic acid C14H26O2 27804
544-65-0 4-tetradecenoic acid C14H26O2 27798
544-66-1 5-tetradecenoic acid C14H26O2 27799
544-72-9 cis,cis,trans-9,11,13-octadecatrienoic acid C18H30O2 30966
544-73-0 trans,trans,trans-9,11,13-octadecatrienoic acid C18H30O2 30968
544-76-3 hexadecane C16H34 29754
544-77-4 1-iodohexadecane C16H33I 29746
544-85-4 dotriacontane C32H66 35126
544-92-3 copper(i) cyanide CCuN 59
544-97-8 dimethyl zinc C2H6Zn 1099
545-06-2 trichloroacetonitrile C2Cl3N 451
545-26-6 gitoxigenin C23H34O5 33662
545-47-1 lup-20(29)-en-3-ol, (3beta) C30H50O 34926
545-55-1 1-aziridinyl phosphine oxide; (tris) C6H12N3OP 8383
545-93-7 5-(2-bromoallyl)-5-isopropylbarbituric acid C10H13BrN2O3 19711
546-06-5 conessine C24H40N2 33937
546-33-8 2,4,6-triethyl-2,4,6-triphenylcyclotrisiloxa C24H30O3Si3 33874
546-43-0 alantolactone C15H20O2 28593
546-45-2 2,4,6-trimethyl-2,4,6-triphenylcyclotrisilox C21H24O3Si3 32843
546-46-3 zinc citrate dihydrate C12H14O16Zn3 24024
546-56-5 octaphenylcyclotetrasiloxane C48H40O4Si4 35803
546-67-8 lead(iv) acetate C8H12O8Pb 14406
546-68-9 titanium(iv) isopropoxide C12H28O4Ti 25383
546-71-4 ethyl-4-nitrophenyl ethylphosphonate C10H14NO5P 19926
546-80-5 thujone C10H16O 20474
546-88-3 acetohydroxamic acid C2H5NO2 962
546-89-4 lithium acetate C2H3LiO2 752
546-93-0 magnesium carbonate CMgO3 347
546-97-4 columbin C20H22O6 32183
547-25-1 turanose C12H22O11 24776
547-44-4 sulfanilylurea C7H9N3O3S 11040
547-52-4 n4-sulfanilylsulfanilamide C12H13N3O4S2 23877
547-58-0 methyl orange C14H14N3NaO3S 27130
547-63-7 methyl isobutanoate C5H10O2 5505
547-64-8 methyl lactate C4H8O3 3564
547-65-9 dihydro-3-methylene-2(3H)-furanone C5H6O2 4549
547-66-0 magnesium oxalate C2MgO4 1208
547-68-2 zinc oxalate C2O4Zn 1235
547-81-9 estra-1,3,5(10)-triene-3,16,17-triol, (16beta,1 C18H24O3 30857
547-91-1 8-hydroxy-7-iodo-5-quinolinesulfonic acid C9H6INO4S 15895
548-00-5 bis(4-hydroxy-3-coumarin) acetic acid ethyl est C22H16O8 33149
548-39-0 perinaphthenone C13H8O 25497
548-40-3 6,6',7-trimethoxy-2,2'-dimethyloxyacanthan-12 C37H40N2O6 35456
548-42-5 agroclavine C16H18N2 29372
548-43-6 elymoclavine C16H18N2O 29375
548-51-6 2-hydroxy-6-methyl-3-isopropylbenzoic acid C11H14O3 22175
548-61-8 triaminotriphenylmethane C19H19N3 31434
548-62-9 crystal violet C25H30ClN3 34126
548-73-2 droperidol C22H22FN3O2 33228
548-77-6 4',5,7-trihydroxy-6-methoxyisoflavone C16H12O6 29071
548-80-1 chromotrope 2B C16H9N3Na2O10S2 28982
548-83-4 galangin C15H10O5 28063
548-93-6 2-amino-3-hydroxybenzoic acid C7H7NO3 10673
548-98-1 cholane C24H42 33958
550-10-7 hydrocotarnine C12H15NO3 24077
550-24-3 embelin C17H26O4 30254
550-28-7 aminoisometradin C9H13N3O2 17370
550-33-4 ribosylpurine C10H12N4O4 19473
550-44-7 2-methyl-1H-isoindole-1,3(2H)-dione C9H7NO2 16036
550-60-7 1-nitro-2-naphthalenol C10H7NO3 18650
550-74-3 picrolonic acid C10H8N4O5 18739
550-90-3 lupanine C15H24N2O 28753
550-97-0 1-naphthyl 2-hydroxybenzoate C17H12O3 29895
551-01-9 plasmocid C17H25N3O 30238
551-06-4 1-naphthyl isothiocyanate C11H7NS 21504
551-08-6 3-butylidene phthalide C12H12O2 23770
551-09-7 N-1-naphthyl-1,2-ethanediamine C12H14N2 23916
551-11-1 prostaglandin F2-a C20H34O5 32414
551-16-6 6-aminopenicillanic acid C8H12N2O3S 14312
551-58-6 supinine C15H25NO4 28717
551-62-2 1,2,3,4-tetrafluorobenzene C6H2F4 6189
551-72-4 L-chiro-inositol C6H12O6 8603
551-76-8 2,4,6-trichloro-3-methylphenol C7H5Cl3O 9983
551-77-9 2,3,6-trichloro-4-methylphenol C7H5Cl3O 9985
551-78-0 2,3,4-trichloro-6-methylphenol C7H5Cl3O 9984
551-88-2 3-nitropentane C5H11NO2 5698
551-92-8 1,2-dimethyl-5-nitro-1H-imidazole C5H7N3O2 4724
551-93-9 2'-aminoacetophenone C8H9NO 13683
552-16-9 o-nitrobenzoic acid C7H5NO4 10071
552-30-7 trimellitic anhydride C9H4O5 15803
552-32-9 N-(2-nitrophenyl)acetamide C8H8N2O3 13364
552-41-0 1-(2-hydroxy-4-methoxyphenyl)ethanone C9H10O3 16727
552-45-4 1-(chloromethyl)-2-methylbenzene C8H9Cl 13577
552-58-9 eriodictyol C15H12O6 28206
552-59-0 prunetin C16H12O5 29067
552-70-5 9-methyl-9-azabicyclo[3.3.1]nonan-3-one C9H15NO 17551
552-72-7 lobelanidine C22H29NO2 33335
552-79-4 N-methylephedrine, [R-(R*,S*)] C11H17NO 22510
552-80-7 dimethylstilbestrol C16H16O2 29288
552-82-9 methyldiphenylamine C13H13N 25857
552-86-3 furoin C10H8O4 18784
552-89-6 2-nitrobenzaldehyde C7H5NO3 10066
552-94-3 2-carboxyphenyl 2-hydroxybenzoate C14H10O5 26794
553-03-7 3,4-dihydro-2(1H)-quinolinone C9H9NO 16381
553-17-3 2-methoxyphenol carbonate (2:1) C15H14O5 28326
553-19-5 xanthyletin C14H12O3 26971
553-20-8 N-(5-nitro-2-propoxyphenyl)acetamide C11H14N2O4 22081
553-24-2 neutral red C15H17ClN4 28454
553-26-4 4,4'-bipyridine C10H8N2 18708
553-27-5 N,N-bis(2-chloroethyl)aniline C10H13Cl2N 19745
553-39-9 6-hydroxy-2-naphthalenepropanoic acid C13H12O3 25824
553-53-7 nicotinic acid hydrazide C6H7N3O 7230
553-54-8 lithium benzoate C7H5LiO2 10044
553-60-6 isopropyl 3-pyridinecarboxylate C9H11NO2 16933
553-69-5 alpha-[(2-pyridinylamino)methyl]benzenemethano C13H14N2O 25954
553-79-7 5-nitro-2-propoxyaniline C9H12N2O3 17060
553-82-2 2,4-dichloro-1-methoxybenzene C7H6Cl2O 10264
553-84-4 perilla ketone C10H14O2 20124
553-86-6 2(3H)-benzofuranone C8H6O2 12919
553-90-2 dimethyl oxalate C4H6O4 3009
553-94-6 2-bromo-1,4-dimethylbenzene C8H9Br 13531
553-97-9 2-methyl-2,5-cyclohexadiene-1,4-dione C7H6O2 10416
554-00-7 2,4-dichloroaniline C6H5Cl2N 6742
554-01-8 4-amino-5-methyl-2(1H)-pyrimidinone C5H7N3O 4718
554-12-1 methyl propanoate C4H8O2 3509
554-13-2 lithium carbonate CLi2O3 346
554-14-3 2-methylthiophene C5H6S 4587
554-21-2 2,5-bis(trichloromethyl)-1,3-dioxolan-4-one C5H2Cl6O3 4198
554-35-8 2-(beta-D-glucopyranosyloxy)-2-methylpropaneni C10H17NO6 20580
554-61-0 2-carene C10H16 20360
554-68-7 triethylamine hydrochloride C6H16ClN 9280
554-70-1 triethylphosphine C6H15P 9274
554-73-4 orange iv C18H14N3NaO3S 30481
554-76-7 stibanilic acid C6H8NO3Sb 7315
554-84-7 m-nitrophenol C6H5NO3 6831
554-91-6 gentiobiose C12H22O11 24778
554-95-0 1,3,5-benzenetricarboxylic acid C9H6O6 15947
554-99-4 N-methylepinephrine C10H15NO3 20283
555-03-3 3-nitroanisole C7H7NO3 10655
555-06-6 4-aminobenzoic acid, sodium salt C7H6NNaO2 10337
555-10-2 beta-phellandrene C10H16 20320
555-15-7 nifuroxime C5H4N2O4 4303
555-16-8 4-nitrobenzaldehyde C7H5NO3 10068
555-21-5 4-nitrobenzeneacetonitrile C8H6N2O2 12880
555-30-6 3-hydroxy-alpha-methyl-L-tyrosine C10H13NO4 19835
555-31-7 aluminum isopropoxide C9H21AlO3 18374
555-35-1 aluminum palmitate C48H93AlO6 35815
555-37-3 1-butyl-3-(3,4-dichlorophenyl)-1-methylurea C12H16Cl2N2O 24152
555-43-1 glycerol tristearate C57H110O6 35899
555-44-2 glycerol tripalmitate C51H98O6 35837
555-45-3 glycerol tritetradecanoate C45H86O6 35773
555-57-7 N-methyl-N-2-propynylbenzenemethanamine C11H13N 21950
555-59-9 cis-4-oxo-4-(phenylamino)-2-butenoic acid C10H9NO3 18914
555-60-2 carbonyl cyanide 3-chlorophenylhydrazone C9H5ClN4 15817
555-65-7 brocresine C7H8BrNO2 10742
555-68-0 m-nitrocinnamic acid, predominantly trans C9H7NO4 16068
555-75-9 aluminum ethoxide C6H15AlO3 9137
555-77-1 2,2',2''-trichlorotriethylamine C6H12Cl3N 8292
555-84-0 nifuradene C8H8N4O4 13388
555-89-5 bis(4-chlorophenoxy)methane C13H10Cl2O2 25586
555-96-4 benzylhydrazine C7H10N2 11105
556-02-5 D-tyrosine C9H11NO3 16965
556-03-6 DL-tyrosine C9H11NO3 16966
556-08-1 4-acetamidobenzoic acid C9H9NO3 16452
556-10-5 (4-nitrophenyl)urea C7H7N3O3 10702
556-12-7 furalazin C9H7N5O3 16087
556-18-3 4-aminobenzaldehyde C7H7NO 10623
556-22-9 glyodin C22H44N2O2 33461
556-24-1 methyl isopentanoate C6H12O2 8498
556-27-4 3-(allylsulfinyl)-L-alanine, (S) C6H11NO3S 8168
556-33-2 N-(N-glycylglycyl)glycine C6H11N3O4 8190

556-48-9 1,4-cyclohexanediol C6H12O2 8506
556-50-3 N-glycylglycine C4H8N2O3 3446
556-52-5 (±)-glycidol C3H6O2 1937
556-53-6 propylamine hydrochloride C3H10ClN 2249
556-56-9 3-iodo-1-propene C3H5I 1737
556-61-6 methyl isothiocyanate C2H3NS 763
556-64-9 methyl thiocyanate C2H3NS 764
556-65-0 lithium thiocyanate CLiNS 345
556-67-2 octamethylcyclotetrasiloxane C8H24O4Si4 15756
556-68-3 hexadecamethylcyclooctasiloxane C16H48O8Si8 29840
556-69-4 octadecamethyloctasiloxane C18H54O7Si8 31183
556-70-7 docosamethyldecasiloxane C22H66O9Si10 33491
556-71-8 octadecamethylcyclononasiloxane C18H54O9Si9 31184
556-72-9 2,2,4,6,6-pentamethyltetrahydro pyrimidine C9H19N2 18167
556-82-1 3-methyl-2-buten-1-ol C5H10O 5462
556-88-7 nitroguanidine CH4N4O2 269
556-89-8 nitrourea CH3N3O3 241
556-90-1 pseudothiohydantoin C3H4N2OS 1598
556-91-2 aluminium tri-tert-butanolate C12H27AlO3 25322
556-96-7 1-bromo-3,5-dimethylbenzene C8H9Br 13529
556-97-8 1-chloro-3,5-xylene C8H9Cl 13581
557-00-6 propyl 3-methylbutanoate C8H16O2 15193
557-04-0 magnesium stearate C36H70MgO4 35412
557-05-1 zinc stearate C36H70O4Zn 35415
557-07-3 zinc oleate C36H66O4Zn 35406
557-09-5 zinc caprylate C16H30O4Zn 29680
557-11-9 allylurea C4H8N2O 3419
557-17-5 methyl propyl ether C4H10O 3870
557-18-6 diethyl magnesium C4H10Mg 3825
557-19-7 nickel cyanide (solid) C2N2Ni 1211
557-20-0 diethylzinc C4H10Zn 3962
557-21-1 zinc cyanide C2N2Zn 1220
557-22-2 1,2-dithiolane C3H6S2 1972
557-24-4 cis-4-amino-4-oxo-2-butenoic acid C4H5NO3 2721
557-25-5 glycerol 1-butanoate C7H14O4 11945
557-30-2 ethanedial dioxime C2H4N2O2 853
557-31-3 allyl ethyl ether C5H10O 5455
557-34-6 zinc acetate C4H6O4Zn 3022
557-36-8 2-octyl iodide C8H17I 15279
557-40-4 diallyl ether C6H10O 7768
557-42-6 zinc thiocyanate C2N2S2Zn 1218
557-48-2 trans-2,cis-6-nonadienal C9H14O 17453
557-59-5 tetracosanoic acid C24H48O2 33992
557-61-9 1-octacosanol C28H58O 34737
557-66-4 ethylamine hydrochloride C2H8ClN 1148
557-68-6 bromoiodomethane CH2BrI 142
557-75-5 ethenol C2H4O 887
557-89-1 dimethylarsinous chloride C2H6AsCl 987
557-91-5 1,1-dibromoethane C2H4Br2 798
557-93-7 2-bromo-1-propene C3H5Br 1644
557-98-2 2-chloro-1-propene C3H5Cl 1670
557-99-3 acetyl fluoride C2H3FO 731
558-13-4 carbon tetrabromide CBr4 29
558-17-8 2-iodo-2-methylpropane C4H9I 3669
558-20-3 methane-d4 CD4 62
558-25-8 methanesulfonyl fluoride CH3FO2S 215
558-30-5 2,2-dimethyloxirane C4H8O 3490
558-37-2 3,3-dimethyl-1-butene C6H12 8235
558-38-3 2-chloro-2-methyl-1-propanol C4H9ClO 3625
558-42-9 1-chloro-2-methyl-2-propanol C4H9ClO 3623
558-43-0 2-methyl-1,2-propanediol C4H10O2 3889
559-11-5 1,1-dihydroperfluoroheptyl acrylate C10H5F13O2 18513
559-40-0 octafluorocyclopentene C5F8 4175
559-70-6 olean-12-en-3-ol, (3beta) C30H50O 34927
559-94-4 4,4,5,5,6,6,6-heptafluoro-1-(2-thienyl)-1,3-h C10H5F7O2S 18512
560-08-7 camphoric acid, trans-(±)- C10H16O4 20511
560-21-4 2,3,3-trimethylpentane C8H18 15369
560-22-5 3,3,4-trimethyl-1-pentene C8H16 14980
560-23-6 2,3,3-trimethyl-1-pentene C8H16 14977
560-53-2 strophanthin K C36H54O14 35382
560-95-2 bromotrinitromethane CBrN3O6 20
561-07-9 delphinine C33H45NO9 35159
561-20-6 cacotheline C21H21N3O7 32783
561-25-1 dihydrothebaine C19H23NO3 31518
561-27-3 diacetylmorphine C21H23NO5 32822
561-83-1 nealbarbital C12H18N2O3 24416
561-94-4 ergosine C30H37N5O5 34893
562-46-9 4,4-dimethyl-1,3-cyclohexanedione C8H12O2 14361
562-49-2 3,3-dimethylpentane C7H16 12119
562-74-3 4-methyl-1-isopropyl-3-cyclohexen-1-ol C10H18O 20701
562-90-3 silicon tetraacetate C8H12O8Si 14408
562-94-7 1-ethynylcyclohexyl allophanate C10H14N2O3 19957
563-03-1 2-methoxyphenol phosphate (3:1) C21H21O7P 32793
563-04-2 tri-m-cresyl phosphate C21H21O4P 32788
563-12-2 ethion C9H22O4P2S4 18432
563-16-6 3,3-dimethylhexane C8H18 15365
563-25-7 dibutyldifluorostannane C8H18F2Sn 15388
563-41-7 semicarbazide hydrochloride CH6ClN3O 308
563-43-9 dichloroethylaluminum C2H5AlCl2 905
563-45-1 3-methyl-1-butene C5H10 5291
563-46-2 2-methyl-1-butene C5H10 5290
563-47-3 3-chloro-2-methyl-1-propene C4H7Cl 3108
563-52-0 3-chloro-1-butene C4H7Cl 3101
563-54-2 1,2-dichloropropene C3H4Cl2 1541
563-57-5 3,3-dichloropropene C3H4Cl2 1539
563-58-6 1,1-dichloropropene C3H4Cl2 1534
563-63-3 silver(i) acetate C2H3AgO2 687
563-67-7 rubidium acetate C2H3O2Rb 785
563-68-8 thallium(i) acetate C2H3O2Tl 786
563-70-2 bromonitromethane CH2BrNO2 143
563-71-3 ferrous carbonate CFeO3 88
563-72-4 calcium oxalate C2CaO4 419
563-76-8 2-bromopropionyl bromide C3H4Br2O 1512
563-78-0 2,3-dimethyl-1-butene C6H12 8233
563-79-1 2,3-dimethyl-2-butene C6H12 8234
563-80-4 methyl isopropyl ketone C5H10O 5452
563-83-7 2-methylpropanamide C4H9NO 3689
563-84-8 3-chloro-2-butanol C4H9ClO 3620
564-00-1 2,2'-bioxirane, (R*,S*) C4H6O2 2973
564-02-3 2,2,3-trimethylpentane C8H18 15367
564-03-4 3,4,4-trimethyl-1-pentene C8H16 14981
564-04-5 2,2-dimethyl-3-pentanone C7H14O 11842
564-25-0 doxycycline C22H24N2O8 33263
564-36-3 ergocornine C31H39N5O5 34999
564-37-4 ergocorninine C31H39N5O5 35000
564-94-3 (1R)-(-)-myrtenal C10H14O 20079
565-33-3 3-amino-4-methylbenzenesulfonylcyclohexylure C14H21N3O3S 27640
565-53-7 ethyl dibromofluoroacetate C4H5Br2FO2 2632
565-59-3 2,3-dimethylpentane C7H16 12117
565-60-6 3-methyl-2-pentanol C6H14O 8978
565-61-7 3-methyl-2-pentanone C6H12O 8411
565-62-8 3-methyl-3-penten-2-one C6H10O 7804
565-63-9 cis-2-methyl-2-butenoic acid C5H8O2 4892
565-64-0 2,3-dichloropropanoic acid C3H4Cl2O2 1555
565-67-3 2-methyl-3-pentanol C6H14O 8979
565-69-5 ethyl isopropyl ketone C6H12O 8413
565-73-1 oxamic acid, sodium salt C2H2NNaO3 663
565-74-2 a-bromoisovaleric acid C5H9BrO2 5012
565-75-3 2,3,4-trimethylpentane C8H18 15370
565-76-4 2,3,4-trimethyl-1-pentene C8H16 14978
565-77-5 2,3,4-trimethyl-2-pentene C8H16 14985
565-78-6 3,4-dimethyl-2-pentanone C7H14O 11840
565-80-0 2,4-dimethyl-3-pentanone C7H14O 11843
566-09-6 (22S,25R)-solanid-5-en-3b-ol C27H44NO 34496
566-28-9 7-oxocholesterol C27H44O2 34506
566-48-3 4-hydroxy-4-androstene-3,17-dione C19H26O3 31585
567-18-0 1-hydroxy-2-naphthalenesulfonic acid C10H8O4S 18790
567-47-5 2-hydroxynaphthenesulfonic acid C10H8O4S 18794
568-02-5 5,6-dihydroxynaphtho[2,3-f]quinoline-7,12-dione C17H9NO4 29847
568-21-8 isothebaine C19H21NO3 31464
568-70-7 12-hydroxymethyl-7-methylbenz(a)anthracene C20H16O 32020
568-75-2 7-hydroxymethyl-12-methylbenz(a)anthracene C20H16O 32019
568-81-0 6,12-dimethylbenz(a)anthracene C20H16 31986
568-93-4 1,2-dihydroxy-3-nitro-9,10-anthracenedione C14H7NO6 26614
568-99-0 2-amino-1-hydroxy-9,10-anthracenedione C14H9NO3 26721
569-08-4 1,7-dihydroxy-9,10-anthracenedione C14H8O4 26666
569-31-3 6,7-dimethoxy-1(3H)-isobenzofuranone C10H10O4 19199
569-34-6 3,7-dihydro-8-methoxy-1,3,7-trimethyl-1H-purin C9H12N4O3 17071
569-41-5 1,8-dimethylnaphthalene C12H12 23681
569-51-7 1,2,3-benzenetricarboxylic acid C9H6O6 15945
569-57-3 tris(4-methoxyphenyl)chloroethene C23H21ClO3 33536
569-58-4 aluminon C22H23N3O9 33247
569-61-9 pararosaniline chloride C19H18ClN3 31399
569-64-2 malachite green C23H25ClN2 33561
569-65-3 meclizine C25H27ClN2 34111
569-77-7 2,3,4,6-tetrahydroxy-5H-benzocyclohepten-5-one C11H8O5 21545
570-08-1 diethyl 2-acetylmalonate C9H14O5 17509
570-22-9 1H-imidazole-4,5-dicarboxylic acid C5H4N2O4 4301
570-23-0 3-aminosalicylic acid C7H7NO3 10665
570-24-1 2-methyl-6-nitroaniline C7H8N2O2 10812
570-74-1 cholest-5-ene C27H46 34522
571-20-0 5a-androstane-3b,17b-diol C19H32O2 31653
571-22-2 17b-hydroxy-5b-androstan-3-one C19H30O2 31634
571-55-1 ethyl 2-(ethoxymethylene)-4,4,4-trifluoro-3-ox C9H11F3O4 16882
571-58-4 1,4-dimethylnaphthalene C12H12 23677
571-60-8 1,4-naphthalenediol C10H8O2 18767
571-61-9 1,5-dimethylnaphthalene C12H12 23678
572-48-5 dithion C17H21O5PS 30176
572-59-8 epiquinidine C20H24N2O2 32221
572-83-8 2-bromo-9,10-anthracenedione C14H7BrO2 26603
572-93-0 2,7-dihydroxy-9,10-anthracenedione C14H8O4 26668
573-11-5 2,3,4-trimethoxybenzoic acid C10H12O5 19701
573-17-1 9-bromophenanthrene C14H9Br 26683
573-20-6 2-methyl-1,4-naphthalenediol diacetate C15H14O4 28321
573-26-2 N-methyl-N-(2-methylphenyl)acetamide C10H13NO 19771
573-33-1 cis-4,5-dihydro-2,4,5-triphenyl-1H-imidazole C21H18N2 32685
573-56-8 2,6-dinitrophenol C6H4N2O5 6589
573-57-9 1,4-epoxy-1,4-dihydronaphthalene C10H8O 18744
573-58-0 congo red C32H22N6Na2O6S2 35062
573-83-1 potassium picrate C6H2KNO7 6204
573-97-7 1-bromo-2-naphthalenol C10H7BrO 18604
573-98-8 1,2-dimethylnaphthalene C12H12 23675
574-00-5 1,2-dihydroxynaphthalene C10H8O2 18766
574-09-4 2-ethoxy-1,2-diphenylethanone C16H16O2 29281
574-12-9 3-phenyl-4H-1-benzopyran-4-one C15H10O2 28043
574-19-6 1-acetyl-2-naphthol C12H10O2 23538
574-25-4 6-mercaptopurine-9-D-riboside C10H12N4O4S 19474
574-39-0 9-acetyl-9H-carbazole C14H11NO 26833
574-61-8 methanone, diphenyl-, phenylhydrazone C19H16N2 31338
574-66-3 benzophenone oxime C13H11NO 25703
574-84-5 7,8-dihydroxy-6-methoxy-2H-1-benzopyran-2-one C10H8O5 18795
574-92-5 4-hydroxy-7-trifluoromethyl-3-quinolinecarbox C11H6F3NO3 21476
574-93-6 phthalocyanine C32H18N8 35059
574-98-1 N-(2-bromoethyl)phthalimide C10H8BrNO2 18672
575-03-1 7-hydroxy-4-(trifluoromethyl)coumarin C10H5F3O3 18510
575-36-0 N-1-naphthylenylacetamide C12H11NO 23620
575-37-1 1,7-dimethylnaphthalene C12H12 23680
575-38-2 1,7-naphthalenediol C10H8O2 18761
575-41-7 1,3-dimethylnaphthalene C12H12 23676
575-43-9 1,6-dimethylnaphthalene C12H12 23679
575-44-0 1,6-naphthalenediol C10H8O2 18760
575-61-1 benzalphthalide C15H10O2 28045
575-74-6 N-butyl-4-chloro-2-hydroxybenzamide C11H14ClNO2 22048
576-15-8 1-acetylindole C10H9NO 18881
576-22-7 2-bromo-1,3-dimethylbenzene C8H9Br 13530
576-23-8 1-bromo-2,3-dimethylbenzene C8H9Br 13527
576-24-9 2,3-dichlorophenol C6H4Cl2O 6479
576-26-1 2,6-xylenol C8H10O 13924
576-55-6 2,3,4,5-tetrabromo-6-methylphenol C7H4Br4O 9664
576-68-1 mannomustine C10H22Cl2N2O4 21208
576-83-0 2-bromo-1,3,5-trimethylbenzene C9H11Br 16830
577-11-7 dioctyl sulfosuccinate sodium salt C20H37NaO7S 32435
577-16-2 1-(2-methylphenyl)ethanone C9H10O 16632
577-19-5 1-bromo-2-nitrobenzene C6H4BrNO2 6403
577-27-5 ledol C15H26O 28792
577-33-3 1,2,10-anthracenetriol C14H10O3 26782
577-37-7 aphylline C15H24N2O 28751
577-55-9 1,2-diisopropylbenzene C12H18 24360
577-56-0 2-acetylbenzoic acid C9H8O3 16215
577-59-3 1-(2-nitrophenyl)ethanone C8H7NO3 13165
577-66-2 8-ethoxycaffeine C10H14N4O3 19969
577-71-9 3,4-dinitrophenol C6H4N2O5 6590
577-85-5 3-hydroxyflavone C15H10O3 28047
577-91-3 4-hydroxy-3,5-diiodo-alpha-phenylbenzenepropa C15H12I2O3 28151
578-07-4 4-acridinamine C13H10N2 25593
578-32-5 N,N-dimethyl-2,5-difluoro-p-(2,5-difluorophen C14H11F4N3 26819
578-54-1 o-ethylaniline C8H11N 14083
578-57-4 o-bromoanisole C7H7BrO 10474
578-58-5 2-methylanisole C8H10O 13929
578-66-5 8-quinolinamine C9H8N2 16144
578-67-6 5-quinolinol C9H7NO 16023
578-68-7 4-quinolinamine C9H8N2 16141
578-76-7 2-amino-1,7-dihydro-7-methyl-6H-purin-6-one C6H7N5O 7252
578-94-9 diphenylamine chloroarsine C12H9AsClN 23352
578-95-0 9,10-dihydro-9-oxoacridine C13H9NO 25549
579-04-4 2,6-dideoxy-3-O-methyl-ribo-hexose C7H14O4 11944

579-07-7 1-phenyl-1,2-propanedione C9H8O2 16210
579-10-2 N-methyl-N-phenylacetamide C9H11NO 16915
579-18-0 3-benzoylbenzoic acid C14H10O3 26784
579-21-5 lobelanine C22H25NO2 33271
579-39-5 4,4'-difluorobenzil C14H8F2O2 26639
579-44-2 benzoin C14H12O2 26945
579-49-7 (4-fluorophenyl)-(2-thienyl) ketone C11H7FOS 21491
579-60-2 2-methoxy-6-allylphenol C10H12O2 19565
579-66-8 2,6-diethylaniline C10H15N 20196
579-74-8 2'-methoxyacetophenone C9H10O2 16697
579-75-9 2-methoxybenzoic acid C8H8O3 13464
579-92-0 diphenylamine-2,2'-dicarboxylic acid C14H11NO4 26859
579-94-2 5-methyl-2-isopropylcyclohexyl ethoxyacetate, (C14H26O3 27814
580-02-9 methyl 2-(acetyloxy)benzoate C10H10O4 19203
580-13-2 2-bromonaphthalene C10H7Br 18602
580-15-4 6-quinolinamine C9H8N2 16143
580-16-5 6-quinolinol C9H7NO 16024
580-17-6 3-quinolinamine C9H8N2 16140
580-18-7 3-quinolinol C9H7NO 16022
580-20-1 7-quinolinol C9H7NO 16025
580-22-3 2-quinolinamine C9H8N2 16139
580-48-3 6-chloro-N,N,N',N'-tetraethyl-1,3,5-triazine- C11H20ClN5 22681
580-51-8 m-phenylphenol C12H10O 23523
580-74-5 1,4-di-p-oxyphenyl-2,3-di-isonitrilo-1,3-buta C18H12N2O2 30426
581-08-8 N-(2-ethoxyphenyl)acetamide C10H13NO2 19793
581-28-2 2-aminoacridine C13H10N2 25602
581-29-3 3-acridinamine C13H10N2 25601
581-40-8 2,3-dimethylnaphthalene C12H12 23682
581-42-0 2,6-dimethylnaphthalene C12H12 23683
581-43-1 2,6-naphthalenediol C10H8O2 18762
581-45-3 4-(4-piperidinyl)pyridine C10H14N2 19936
581-46-4 3,3'-bipyridine C10H8N2 18706
581-47-5 2,4'-bipyridine C10H8N2 18705
581-49-7 1,2,3,6-tetrahydro-2,3'-bipyridine, (S) C10H12N2 19432
581-50-0 2,3'-bipyridine C10H8N2 18704
581-55-5 benzylidene diacetate C11H12O4 21900
581-89-5 2-nitronaphthalene C10H7NO2 18637
581-96-4 2-naphthaleneacetic acid C12H10O2 23537
582-08-1 2,2'-azonaphthalene C20H14N2 31876
582-16-1 2,7-dimethylnaphthalene C12H12 23684
582-17-2 2,7-naphthalenediol C10H8O2 18763
582-22-9 beta-methylbenzeneethanamine C9H13N 17256
582-24-1 (hydroxyacetyl)benzene C8H8O2 13422
582-33-2 ethyl 3-aminobenzoate C9H11NO2 16928
582-52-5 diacetone-D-glucose C12H20O6 24613
582-60-5 5,6-dimethyl-1H-benzimidazole C9H10N2 16569
582-61-6 benzoyl azide C7H5N3O 10102
582-62-7 3-methyl-1-phenyl-1-butanone C11H14O 22097
582-77-4 N-(3-methylphenyl)benzamide C14H13NO 27017
582-78-5 N-(4-methylphenyl)benzamide C14H13NO 27018
583-03-9 1-phenyl-1-pentanol C11H16O 22422
583-04-0 allyl benzoate C10H10O2 19114
583-05-1 1-phenyl-1,4-pentanedione C11H12O2 21864
583-06-2 3-benzoylacrylic acid C10H8O3 18773
583-15-3 mercuric benzoate C14H10HgO4 26745
583-19-7 1-bromo-2-ethoxybenzene C8H9BrO 13546
583-33-5 butyl 2-furancarboxylate C9H12O3 17183
583-39-1 1,3-dihydro-2H-benzimidazole-2-thione C7H6N2S 10391
583-48-2 3,4-dimethylhexane C8H18 15366
583-50-6 D-erythrose C4H8O4 3572
583-52-8 potassium oxalate C2K2O4 1205
583-53-9 o-dibromobenzene C6H4Br2 6412
583-55-1 1-bromo-2-iodobenzene C6H4BrI 6399
583-57-3 1,2-dimethylcyclohexane, (cis+trans) C8H16 14879
583-58-4 3,4-dimethylpyridine C7H9N 10962
583-59-5 2-methylcyclohexanol; (cis+trans) C7H14O 11878
583-60-8 2-methylcyclohexanone C7H12O 11441
583-61-9 2,3-dimethylpyridine C7H9N 10958
583-63-1 o-benzoquinone C6H4O2 6617
583-68-6 2-bromo-4-methylaniline C7H8BrN 10735
583-69-7 2-bromo-1,4-benzenediol C6H5BrO2 6676
583-70-0 1-bromo-2,4-dimethylbenzene C8H9Br 13528
583-71-1 4-bromo-1,2-dimethylbenzene C8H9Br 13532
583-75-5 4-bromo-2-methylaniline C7H8BrN 10738
583-78-8 2,5-dichlorophenol C6H4Cl2O 6481
583-80-2 4-methyl-tropolone C8H8O2 13439
583-86-8 9,10,18-trihydroxyoctadecanoic acid, (R*,R*) C18H36O5 31111
583-91-5 2-hydroxy-4-(methylthio)butanoic acid C5H10O3S 5569
583-93-7 2,6-diaminoheptanedioic acid C7H14N2O4 11816
584-02-1 3-pentanol C5H12O 5833
584-03-2 1,2-butanediol C4H10O2 3884
584-04-3 1,3-dimercapto-2-propanol C3H8OS2 2135
584-08-7 potassium carbonate CK2O3 344
584-09-8 rubidium carbonate CO3Rb2 377
584-12-3 2-bromofuran C4H3BrO 2442
584-13-4 4-amino-4H-1,2,4-triazole C2H4N4 872
584-20-3 3-amino-4,4,4-trifluorobutyric acid C4H6F3NO2 2874
584-26-9 1-acetyl-2-thiohydantoin C5H6N2O2S 4522
584-27-0 (1-methylethylidene)butanedioic acid C7H10O4 11206
584-42-9 metachrome yellow C13H8N3NaO5 25494
584-45-2 (phenylmethylene)propanedioic acid C10H8O4 18789
584-48-5 1-bromo-2,4-dinitrobenzene C6H3BrN2O4 6237
584-70-3 N-(2-methylphenyl)benzamide C14H13NO 27016
584-79-2 allethrin C19H26O3 31579
584-84-9 toluene diisocyanate C9H6N2O2 15903
584-87-2 3-formyl-4-hydroxybenzoic acid C8H6O4 12938
584-90-7 2,2'-dimethylazobenzene C14H14N2 27099
584-92-9 2,3-octanedione 3-oxime C8H15NO2 14811
584-93-0 2-bromovaleric acid C5H9BrO2 5016
584-94-1 2,3-dimethylhexane C8H18 15362
584-98-5 bromobutanedioic acid, (±) C4H5BrO4 2630
584-99-6 bromofumaric acid C4H3BrO4 2444
585-07-9 tert-butyl methacrylate C8H14O2 14627
585-08-0 9,10-phenanthrene oxide C14H10O 26772
585-32-0 alpha,alpha-dimethylbenzenemethanamine C9H13N 17252
585-34-2 3-tert-butylphenol C10H14O 19991
585-47-7 1,3-benzenedisulfonyl chloride C6H4Cl2O4S2 6494
585-48-8 2,6-di-tert-butylpyridine C13H21N 26343
585-68-2 4,5-dihydro-5-oxo-3-furancarboxylic acid C5H4O4 4343
585-70-6 5-bromofuroic acid C5H3BrO3 4213
585-71-7 (1-bromoethyl)benzene C8H9Br 13542
585-74-0 1-(3-methylphenyl)ethanone C9H10O 16633
585-76-2 3-bromobenzoic acid C7H5BrO2 9891
585-79-5 1-bromo-3-nitrobenzene C6H4BrNO2 6404
585-81-9 3-hydroxy-5-methylbenzoic acid C8H8O3 13463
585-84-2 cis-1-propene-1,2,3-tricarboxylic acid C6H6O6 7114
585-88-6 maltitol C12H24O11 24890
586-06-1 3,5-dihydroxy-a-((isopropylamino)methyl)benzyl C11H17NO3 22531
586-11-8 3,5-dinitrophenol C6H4N2O5 6591
586-27-6 6-methyl-3-isopropyl-2-cyclohexen-1-ol C10H18O 20702
586-30-1 3-hydroxy-4-methylbenzoic acid C8H8O3 13478
586-35-6 2-bromoterephthalic acid C8H5BrO4 12607
586-37-8 1-(3-methoxyphenyl)ethanone C9H10O2 16671
586-38-9 3-methoxybenzoic acid C8H8O3 13465
586-39-0 1-vinyl-3-nitrobenzene C8H7NO2 13149
586-42-5 3-acetylbenzoic acid C9H8O3 16216
586-61-8 1-bromo-4-isopropylbenzene C9H11Br 16822
586-62-9 terpinolene C10H16 20327
586-75-4 4-bromobenzoyl chloride C7H4BrClO 9610
586-76-5 4-bromobenzoic acid C7H5BrO2 9892
586-77-6 4-bromo-N,N-dimethylaniline C8H10BrN 13807
586-78-7 1-bromo-4-nitrobenzene C6H4BrNO2 6405
586-84-5 2-(methoxymethyl)-5-nitrofuran C6H7NO4 7220
586-89-0 4-acetylbenzoic acid C9H8O3 16217
586-92-5 3-pyridinediazonium tetrafluoroborate C5H4BF4N3 4257
586-95-8 4-pyridinemethanol C6H7NO 7194
586-96-9 nitrosobenzene C6H5NO 6813
586-98-1 2-pyridinemethanol C6H7NO 7192
587-02-0 m-ethylaniline C8H11N 14093
587-03-1 3-methylbenzenemethanol C8H10O 13915
587-04-2 3-chlorobenzaldehyde C7H5ClO 9929
587-15-5 dicyclohexyl fluorophosphonate C12H22FO3P 24680
587-48-4 3-acetamidobenzoic acid C9H9NO3 16453
587-54-2 3-(benzoylamino)benzoic acid C14H11NO3 26853
587-61-1 propyliodone C10H11I2NO3 19280
587-63-3 dihydrokavain C14H16O3 27379
587-85-9 diphenylmercury C12H10Hg 23482
587-90-6 N,N'-bis(4-nitrophenyl)urea C13H10N4O5 25622
587-98-4 metanil yellow C18H14N3NaO3S 30482
588-01-2 2,4,6-trivinyl-1,3,5-trioxane C9H12O3 17193
588-07-8 3'-chloroacetanilide C8H8ClNO 13270
588-16-9 m-acetanisidide C9H11NO2 16953
588-22-7 3,4-dichlorophenoxyacetic acid C8H6Cl2O3 12823
588-32-9 3-chlorophenoxyacetic acid C8H7ClO3 13029
588-46-5 N-benzylacetamide C9H11NO 16908
588-47-6 N-isobutylaniline C10H15N 20206
588-52-3 4,4'-diethoxyazobenzene C16H18N2O2 29377
588-59-0 stilbene C14H12 26873
588-63-6 (3-bromopropoxy)benzene C9H11BrO 16837
588-64-7 benzaldehyde, phenylhydrazone C13H12N2 25761
588-67-0 (butoxymethyl)benzene C11H16O 22425
588-72-7 (trans-2-bromovinyl)benzene C8H7Br 12957
588-73-8 (cis-2-bromovinyl)benzene C8H7Br 12956
588-93-2 1-bromo-4-propylbenzene C9H11Br 16832
588-96-5 1-bromo-4-ethoxybenzene C8H9BrO 13547
589-08-2 N-methylbenzeneethanamine C9H13N 17257
589-09-3 N-allylaniline C9H11N 16888
589-10-6 (2-bromoethoxy)benzene C8H9BrO 13545
589-14-0 5-(aminomethyl)tetrahydro-2-furanmethanol C6H13NO2 8808
589-15-1 1-bromo-4-(bromomethyl)benzene C7H6Br2 10185
589-16-2 p-ethylaniline C8H11N 14094
589-17-3 1-bromo-4-(chloromethyl)benzene C7H6BrCl 10142
589-18-4 4-methylbenzenemethanol C8H10O 13916
589-21-9 (4-bromophenyl)hydrazine C6H7BrN2 7131
589-29-7 1,4-benzenedimethanol C8H10O2 13950
589-32-2 N,N,N',N'-tetraethylcystamine C12H28N2S2 25378
589-33-3 1-butyl-1H-pyrrole C8H13N 14426
589-34-4 3-methylhexane C7H16 12114
589-35-5 3-methyl-1-pentanol C6H14O 8974
589-37-7 1,3-diaminopentane C5H14N2 6011
589-38-8 3-hexanone C6H12O 8410
589-40-2 sec-butyl formate C5H10O2 5499
589-41-3 carbamic acid, hydroxy-, ethyl ester C3H7NO3 2069
589-43-5 2,4-dimethylhexane C8H18 15363
589-44-6 3-amino-4-hydroxybutanoic acid C4H9NO3 3727
589-53-7 4-methylheptane C8H18 15357
589-55-9 4-heptanol C7H16O 12167
589-57-1 diethyl chlorophosphite C4H10ClO2P 3800
589-59-3 isobutyl 3-methylbutanoate C9H18O2 18075
589-62-8 4-octanol C8H18O 15434
589-63-9 4-octanone C8H16O 15081
589-68-4 tetradecanoic acid, 2,3-dihydroxypropyl ester C17H34O4 30335
589-75-3 butyl octanoate C12H24O2 24875
589-79-7 ethyl-6-fluorohexanoate C8H15FO2 14769
589-81-1 3-methylheptane C8H18 15356
589-82-2 3-heptanol C7H16O 12166
589-87-7 1-bromo-4-iodobenzene C6H4BrI 6401
589-90-2 1,4-dimethylcyclohexane, (cis+trans) C8H16 14885
589-91-3 4-methylcyclohexanol; (cis+trans) C7H14O 11879
589-92-4 4-methylcyclohexanone C7H12O 11431
589-93-5 2,5-dimethylpyridine C7H9N 10960
589-98-0 3-octanol C8H18O 15433
590-00-1 potassium sorbate C6H7KO2 7170
590-01-2 butyl propanoate C7H14O2 11901
590-02-3 butyl chloroacetate C6H11ClO2 8035
590-11-4 cis-1,2-dibromoethene C2H2Br2 582
590-12-5 trans-1,2-dibromoethene C2H2Br2 583
590-13-6 cis-1-bromo-1-propene C3H5Br 1642
590-14-7 1-bromo-1-propene; (cis+trans) C3H5Br 1647
590-15-8 trans-1-bromo-1-propene C3H5Br 1643
590-16-9 1-bromo-2-iodoethane C2H4BrI 793
590-17-0 bromoacetonitrile C2H2BrN 580
590-18-1 cis-2-butene C4H8 3322
590-19-2 1,2-butadiene C4H6 2756
590-21-6 1-chloro-1-propene C3H5Cl 1672
590-26-1 cis-1,2-diiodoethene C2H2I2 658
590-27-2 (E)-1,2-diiodoethylene C2H2I2 659
590-28-3 potassium cyanate CKNO 339
590-29-4 potassium formate CHKO2 119
590-35-2 2,2-dimethylpentane C7H16 12116
590-36-3 2-methyl-2-pentanol C6H14O 8977
590-42-1 tert-butyl isothiocyanate C5H9NS 5265
590-50-1 4,4-dimethyl-2-pentanone C7H14O 11841
590-60-3 tert-pentyl carbamate C6H13NO2 8825
590-66-9 1,1-dimethylcyclohexane C8H16 14878
590-67-0 1-methylcyclohexanol C7H14O 11844
590-69-2 di-(N-butylamino)fluorophosphine oxide C8H20FN2OP 15687
590-73-8 2,2-dimethylhexane C8H18 15361
590-86-3 3-methylbutanal C5H10O 5447
590-87-4 2-fluoropentane C5H11F 5650
590-88-5 1,3-butanediamine C4H12N2 4077
590-90-9 4-hydroxy-2-butanone C4H8O2 3520
590-92-1 3-bromopropanoic acid C3H5BrO2 1655
590-93-2 2-butynoic acid C4H4O2 2599
590-94-3 isobutyl isocyanide C5H9N 5188
590-96-5 1-hydroxymethyl-2-methylditmide-2-oxide C2H6N2O2 1049

590-97-6 bromomethyl acetate C3H5BrO2 1657
591-01-5 guanylurea sulfate C4H14N8O6S 4131
591-07-1 N-(aminocarbonyl)acetamide C3H6N2O2 1888
591-08-2 N-(aminothioxomethyl)acetamide C3H6N2OS 1886
591-09-3 acetyl nitrate C2H3NO4 761
591-10-6 bis-dimethyl arsinyl sulfide C4H12As2S 4034
591-11-7 5-methyl-2(5H)-furanone C5H6O2 4552
591-12-8 5-methyl-2(3H)-furanone C5H6O2 4551
591-17-3 m-bromotoluene C7H7Br 10465
591-18-4 1-bromo-3-iodobenzene C6H4BrI 6400
591-19-5 m-bromoaniline C6H6BrN 6906
591-20-8 m-bromophenol C6H5BrO 6672
591-21-9 1,3-dimethylcyclohexane, cis and trans C8H16 14882
591-22-0 3,5-dimethylpyridine C7H9N 10963
591-23-1 3-methylcyclohexanol; (cis+trans) C7H14O 11880
591-24-2 3-methylcyclohexanone C7H12O 11442
591-27-5 3-aminophenol C6H7NO 7183
591-28-6 4-thiouracil C4H4N2OS 2568
591-31-1 3-methoxybenzaldehyde C8H8O2 13431
591-33-3 3'-ethoxyacetanilide C10H13NO2 19806
591-34-4 sec-butyl propanoate C7H14O2 11903
591-35-5 3,5-dichlorophenol C6H4Cl2O 6484
591-47-9 4-methylcyclohexene C7H12 11338
591-48-0 3-methylcyclohexene C7H12 11337
591-49-1 1-methylcyclohexene C7H12 11336
591-50-4 iodobenzene C6H5I 6795
591-51-5 phenyllithium C6H5Li 6809
591-54-8 4-aminopyrimidine C4H5N3 2732
591-60-6 butyl acetoacetate C8H14O3 14660
591-62-8 ethyl N-butylcarbamate C7H15NO2 12077
591-68-4 butyl valerate C9H18O2 18071
591-76-4 2-methylhexane C7H16 12113
591-78-6 2-hexanone C6H12O 8409
591-80-0 4-pentenoic acid C5H8O2 4900
591-81-1 4-hydroxybutanoic acid C4H8O3 3551
591-82-2 isobutyl isothiocyanate C5H9NS 5263
591-84-4 isobutyl thiocyanate C5H9NS 5264
591-87-7 allyl acetate C5H8O2 4883
591-89-9 mercuric potassium cyanide C4HgK2N4 4149
591-93-5 1,4-pentadiene C5H8 4743
591-95-7 1,2-pentadiene C5H8 4740
591-96-8 2,3-pentadiene C5H8 4744
591-97-9 1-chloro-2-butene C4H7Cl 3110
592-01-8 calcium cyanide C2CaN2 418
592-02-9 diethylcadmium C4H10Cd 3793
592-04-1 mercury(ii) cyanide C2HgN2 1191
592-05-2 lead(ii) cyanide C2N2Pb 1214
592-09-6 trichloro(3,3,3-trifluoropropyl)silane C3H4Cl3F3Si 1559
592-13-2 2,5-dimethylhexane C8H18 15364
592-20-1 1-(acetyloxy)-2-propanone C5H8O3 4930
592-22-3 diacetyldisulfide C4H6O2S2 2988
592-27-8 2-methylheptane C8H18 15355
592-31-4 butylurea C5H12N2O 5800
592-34-7 butyl chloroformate C5H9ClO2 5076
592-35-8 butyl carbamate C5H11NO2 5706
592-41-6 1-hexene C6H12 8216
592-42-7 1,5-hexadiene C6H10 7629
592-43-8 2-hexene; (cis+trans) C6H12 8217
592-44-9 1,2-hexadiene C6H10 7623
592-45-0 1,4-hexadiene C6H10 7626
592-46-1 1,4-hexadiene C6H10 7631
592-47-2 hex-3-ene C6H12 8220
592-48-3 1,3-hexadiene, cis and trans C6H10 7657
592-49-4 2,3-hexadiene C6H10 7630
592-50-7 1-fluoropentane C5H11F 5649
592-51-8 4-pentenenitrile C5H7N 4662
592-55-2 1-bromo-2-ethoxyethane C4H9BrO 3605
592-56-3 acetaldehyde, ethylidenehydrazone C4H8N2 3416
592-57-4 1,3-cyclohexadiene C6H8 7267
592-62-1 methylazoxymethyl acetate C4H8N2O3 3450
592-65-4 diisobutyl sulfide C8H18S 15612
592-76-7 1-heptene C7H14 11706
592-77-8 2-heptene C7H14 11707
592-78-9 3-heptene C7H14 11710
592-79-0 5-fluoro amylamine C5H12FN 5782
592-80-3 5-fluoro-1-pentanol C5H11FO 5657
592-82-5 butyl isothiocyanate C5H9NS 5259
592-84-7 butyl formate C5H10O2 5497
592-85-8 mercury(ii) thiocyanate C2HgN2S2 1194
592-87-0 lead(ii) thiocyanate C2N2PbS2 1215
592-88-1 diallyl sulfide C6H10S 7972
592-89-2 strontium formate C2H2O4Sr 686
592-90-5 oxepane C6H12O 8445
592-99-4 oct-4-ene C8H16 14896
593-03-3 3-hexadecanol C16H34O 29768
593-08-8 2-tridecanone C13H26O 26487
593-12-4 1-bromo-8-fluorooctane C8H16BrF 14993
593-14-6 1-chloro-8-fluorooctane C8H16ClF 15000
593-26-0 ammonium palmitate C16H35NO2 29806
593-32-8 2-octadecanol C18H38O 31141
593-39-5 petroselinic acid C18H34O2 31034
593-45-3 octadecane C18H38 31131
593-49-7 heptacosane C27H56 34563
593-50-0 1-triacontanol C30H62O 34964
593-51-1 methylamine hydrochloride CH6ClN 304
593-52-2 methylarsine CH5As 3
593-53-3 methyl fluoride CH3F 214
593-54-4 methylphosphine CH5P 302
593-55-5 ethylammoniumbromide C2H8BrN 1145
593-57-7 dimethylarsine C2H7As 1101
593-59-9 ethylarsine C2H7As 1102
593-60-2 vinyl bromide C2H3Br 688
593-61-3 bromoacetylene C2HBr 510
593-63-5 chloroacetylene C2HCl 524
593-66-8 vinyl iodide C2H3I 743
593-68-0 ethyl phosphine C2H7P 1144
593-70-4 chlorofluoromethane CH2ClF 145
593-71-5 chloroiodomethane CH2ClI 146
593-74-8 dimethyl mercury C2H6Hg 1030
593-75-9 methyl isocyanide C2H3N 754
593-77-1 N-hydroxymethanamine CH5NO 288
593-78-2 methyl hypochlorite CH3ClO 200
593-79-3 methyl selenide C2H6Se 1097
593-81-7 trimethylamine hydrochloride C3H10ClN 2250
593-84-0 guanidine thiocyanate C2H6N4S 1060
593-88-4 trimethylarsine C3H9As 2168
593-89-5 methyldichloroarsine CH3AsCl2 182
593-90-8 trimethylborane C3H9B 2173

593-91-9 trimethyl bismuth C3H9Bi 2181
593-92-0 1,1-dibromoethene C2H2Br2 581
593-95-3 carbonyl bromide CBr2O 25
593-96-4 1-bromo-1-chloroethane C2H4BrCl 789
593-98-6 bromochlorofluoromethane CHBrClF 90
594-02-5 1,1-diiodoethane C2H4I2 844
594-03-6 ethane(dithioic) acid C2H4S2 902
594-04-7 dichloroiodomethane CHCl2I 102
594-08-1 trithiocarbonic acid CH2S3 179
594-09-2 trimethylphosphine C3H9P 2243
594-10-5 trimethylstibine C3H9Sb 2245
594-11-6 methylcyclopropane C4H8 3318
594-15-0 tribromochloromethane CBr3Cl 26
594-16-1 2,2-dibromopropane C3H6Br2 1827
594-18-3 dibromodichloromethane CBr2Cl2 22
594-19-4 tert-butyl lithium C4H9Li 3673
594-20-7 2,2-dichloropropane C3H6Cl2 1847
594-21-8 1,1,1-triiodoethane C2H3I3 746
594-22-9 trichloroiodomethane CCl3I 48
594-27-4 tetramethylstannane C4H12Sn 4113
594-31-0 triphenylantimony dichloride C18H15Cl2Sb 30544
594-34-3 1,2-dibromo-2-methylpropane C4H8Br2 3341
594-36-5 2-chloro-2-methylbutane C5H11Cl 5625
594-37-6 1,2-dichloro-2-methylpropane C4H8Cl2 3368
594-38-7 2-iodo-2-methylbutane C5H11I 5665
594-39-8 1,1-dimethylpropylamine C5H13N 5951
594-42-3 perchloromethyl mercaptan CCl4S 54
594-44-5 ethanesulfonyl chloride C2H5ClO2S 920
594-45-6 ethanesulfonic acid C2H6O3S 1079
594-47-8 tribromoacetamide C2H2Br3NO 591
594-51-4 2,3-dibromo-2-methylbutane C5H10Br2 5314
594-52-5 bromo-2,3-dimethylbutane C6H13Br 8661
594-56-9 2,3,3-trimethyl-1-butene C7H14 11744
594-57-0 2-chloro-2,3-dimethylbutane C6H13Cl 8684
594-58-1 2-chloro-2-methylpropanoic acid C4H7ClO2 3139
594-59-2 2-iodo-2,3-dimethylbutane C6H13I 8738
594-60-5 2,3-dimethyl-2-butanol C6H14O 8986
594-61-6 2-hydroxy-2-methylpropanoic acid C4H8O3 3552
594-65-0 2,2,2-trichloroacetamide C2H2Cl3NO 633
594-70-7 2-nitro-2-methylpropane C4H9NO2 3700
594-71-8 2-chloro-2-nitropropane C3H6ClNO2 1838
594-72-9 1,1-dichloro-1-nitroethane C2H3Cl2NO2 718
594-73-0 hexabromoethane C2Br6 416
594-81-0 2,3-dibromo-2,3-dimethylbutane C6H12Br2 8248
594-82-1 2,2,3,3-tetramethylbutane C8H18 15371
594-83-2 2,3,3-trimethyl-2-butanol C7H16O 12202
594-84-3 2-chloro-3,3-dimethylbutane C6H12Cl2 8281
594-89-8 1,1,1,2,2,3,3-heptachloropropane C3HCl7 1328
595-21-1 strospeside C30H46O9 34919
595-30-2 1,8,8-trimethyl-3-oxabicyclo[3.2.1]octane-2,4-d C10H14O3 20132
595-33-5 volidan C24H32O4 33896
595-37-9 2,2-dimethylbutanoic acid C6H12O2 8463
595-38-0 3-chloro-2,3-dimethylpentane C7H15Cl 11991
595-39-1 DL-isovaline C5H11NO2 5711
595-40-4 L-isovaline C5H11NO2 5712
595-41-5 2,3-dimethyl-3-pentanol C7H16O 12196
595-42-6 2-nitro-2-methylbutane C5H11NO2 5701
595-44-8 1,1-dichloro-1-nitropropane C3H5Cl2NO2 1700
595-46-0 dimethylmalonic acid C5H8O4 4948
595-48-2 methyl tartronic acid C4H6O5 3029
595-49-3 2,4-dinitropropane C3H6N2O4 1898
595-86-8 1,1,1-trinitroethane C2H3N3O6 775
595-89-1 tetraphenylplumbane C24H20Pb 33799
595-90-4 tetraphenylstannane C24H20Sn 33802
595-91-5 triphenylacetic acid C20H16O2 32027
596-01-0 a-naphtholphthalein C28H18O4 34592
596-03-2 4',5'-dibromofluorescein C20H10Br2O5 31775
596-09-8 fluorescein diacetate C24H16O7 33744
596-27-0 o-cresolphthalein C22H18O4 33175
596-29-2 3,3-dimethyl-1(3H)-isobenzofuranone C20H14O2 31899
596-38-3 9-phenylxanthen-9-ol C19H14O2 31289
596-43-0 bromotriphenylmethane C19H15Br 31295
596-48-5 tris(4-nitrotriphenyl)methanol C19H13N3O7 31251
596-51-0 glycopyrrolate C19H28BrNO3 31598
596-75-8 diethyl dibutylmalonate C15H28O4 28834
597-04-6 ethyl 2,2-dimethylacetoacetate C8H14O3 14661
597-05-7 2-methyl-3-ethyl-3-pentanol C8H18O 15512
597-09-1 2-ethyl-2-nitro-1,3-propanediol C5H11NO4 5748
597-12-6 melezitose C18H32O16 31001
597-25-1 dimethylmorpholinophosphoramide C6H14NO4P 8911
597-31-9 2,2-dimethyl-3-hydroxypropionaldehyde C5H10O2 5533
597-32-0 1,3-dichloro-2-methyl-2-propanol C4H8Cl2O 3379
597-33-1 3-chloro-2-methyl-1,2-propanediol C4H9ClO2 3635
597-35-3 diethyl sulfone C4H10O2S 3908
597-43-3 2,2-dimethylsuccinic acid C6H10O4 7931
597-49-9 3-ethyl-3-pentanol C7H16O 12194
597-50-2 triethylphosphine oxide C6H15OP 9253
597-51-3 triethylphosphine sulfide C6H15PS 9275
597-52-4 triethylsilanol C6H16OSi 9311
597-55-7 diethyl dibenzylmalonate C21H24O4 32844
597-63-7 tetraethylgermanium C8H20Ge 15688
597-64-8 tetraethylstannane C8H20Sn 15732
597-67-1 ethoxytriethylsilane C8H20OSi 15713
597-71-7 pentaerythritol tetraacetate C13H20O8 26340
597-72-8 tetrapropoxymethane C13H28O4 26547
597-76-2 3-ethyl-3-hexanol C8H18O 15478
597-77-3 5-methyl-3-ethyl-3-hexanol C9H20O 18311
597-88-6 O,S-diethyl-O-(4-nitrophenyl)thiophosphate C10H14NO5PS 19929
597-90-0 4-ethyl-4-heptanol C9H20O 18285
597-93-3 5-butyl-5-nonanol C13H28O 26538
597-96-6 3-methyl-3-hexanol C7H16O 12177
598-01-6 4-methyl-4-heptanol C8H18O 15453
598-02-7 diethyl hydrogen phosphate C4H11O4P 4027
598-03-8 dipropyl sulfone C6H14O2S 9069
598-04-9 dibutyl sulfone C8H18O2S 15571
598-05-0 dipropyl sulfate C6H14O4S 9096
598-09-4 2-(chloromethyl)-2-methyloxirane C4H7ClO 3131
598-10-7 1,1-cyclopropanedicarboxylic acid C5H6O4 4578
598-14-1 ethyldichloroarsine C2H5AsCl2 907
598-16-3 tribromoethene C2HBr3 520
598-17-4 1,1-dibromopropane C3H6Br2 1824
598-19-6 2-bromo-2-propen-1-ol C3H5BrO 1652
598-21-0 bromoacetyl bromide C2H2Br2O 588
598-22-1 propanoyl bromide C3H5BrO 1651
598-23-2 3-methyl-1-butyne C5H8 4742
598-25-4 3-methyl-1,2-butadiene C5H8 4739
598-26-5 2-methyl-1-propen-1-one C4H6O 2958
598-29-8 1,2-diiodopropane C3H6I2 1872

557

608-90-2 pentabromobenzene C6HBr5 6103
608-93-5 pentachlorobenzene C6HCl5 6115
608-94-6 2,3,5-trichloro-1,4-benzenediol C6H3Cl3O2 6318
608-96-8 pentaiodobenzene C6HI5 6127
608-98-0 2,4,6-trimethyl-1,3-benzenediol C9H12O2 17149
609-02-9 dimethyl methylmalonate C6H10O4 7923
609-06-3 L(-)-xylose C5H10O5 5591
609-08-5 diethyl methylmalonate C8H14O4 14691
609-09-6 diethyl ketomalonate C7H10O5 11216
609-11-0 ethyl 2,3-dibromobutanoate C6H10Br2O2 7673
609-12-1 ethyl 2-bromo-3-methylbutanoate C7H13BrO2 11581
609-13-2 ethyl 2-bromoacetoacetate C6H9BrO3 7483
609-14-3 ethyl 2-methylacetoacetate C7H12O3 11508
609-15-4 ethyl 2-chloroacetoacetate C6H9ClO3 7507
609-19-8 3,4,5-trichlorophenol C6H3Cl3O 6315
609-20-1 1,4-diamino-2,6-dichlorobenzene C6H6Cl2N2 6944
609-21-2 4-amino-2,6-dibromophenol C6H5Br2NO 6690
609-22-3 2,4-dibromo-6-methylphenol C7H6Br2O 10195
609-23-4 2,4,6-triiodophenol C6H3I3O 6358
609-25-6 5-methyl-1,2,3-benzenetriol C7H8O3 10901
609-26-7 3-ethyl-2-methylpentane C8H18 15360
609-27-8 3-ethyl-2-pentanol C7H16O 12188
609-29-0 2,3-pentanedione 3-oxime C5H9NO2 5221
609-31-4 2-nitro-1-butanol C4H9NO3 3733
609-36-9 DL-proline C5H9NO2 5222
609-39-2 2-nitrofuran C4H3NO3 2495
609-40-5 2-nitrothiophene C4H3NO2S 2493
609-46-1 2-hydroxybenzenesulfonic acid C6H6O4S 7111
609-54-1 2,5-dimethylbenzenesulfonic acid C8H10O3S 14017
609-65-4 o-chlorobenzoyl chloride C7H4Cl2O 9737
609-66-5 2-chlorobenzamide C7H6ClNO 10219
609-67-6 2-iodobenzoyl chloride C7H4ClIO 9695
609-71-2 2-hydroxynicotinic acid C6H5NO3 6834
609-72-3 2-methyl-N,N-dimethylaniline C9H13N 17276
609-73-4 1-iodo-2-nitrobenzene C6H4INO2 6545
609-86-9 2-amino-3,5-diiodobenzoic acid C7H5I2NO2 10038
609-89-2 2,4-dichloro-6-nitrophenol C6H3Cl2NO3 6303
609-93-8 2,6-dinitro-p-cresol C7H6N2O5 10385
609-99-4 3,5-dinitrosalicylic acid C7H4N2O7 9849
610-02-6 2,3,4-trihydroxybenzoic acid C7H6O5 10447
610-04-8 3-formylsalicylic acid C8H6O4 12940
610-09-3 cis-1,2-cyclohexanedicarboxylic acid C8H12O4 14399
610-14-0 2-nitrobenzoyl chloride C7H4ClNO3 9710
610-15-1 2-nitrobenzamide C7H6N2O3 10357
610-16-2 2-(dimethylamino)benzoic acid C9H11NO2 16924
610-17-3 N,N-dimethyl-2-nitroaniline C8H10N2O2 13876
610-22-0 dimethyl 4-nitrophthalate C10H9NO6 18939
610-25-3 1-methyl-2,4,5-trinitrobenzene C7H5N3O6 10120
610-27-5 4-nitrophthalic acid C8H5NO6 12703
610-29-7 nitroterephthalic acid C8H5NO6 12704
610-30-0 2,4-dinitrobenzoic acid C7H4N2O6 9847
610-34-4 ethyl 2-nitrobenzoate C9H9NO4 16466
610-35-5 4-hydroxyphthalic acid C8H6O5 12944
610-39-9 3,4-dinitrotoluene C7H6N2O4 10366
610-40-2 1-chloro-3,4-dinitrobenzene C6H3ClN2O4 6283
610-46-8 1,3-dimethylanthracene C16H14 29107
610-48-0 1-methylanthracene C15H12 28129
610-49-1 1-anthracenamine C14H11N 26830
610-50-4 1-anthracenol C14H10O 26766
610-54-8 2,4-dinitrophenetole C8H8N2O5 13376
610-66-2 2-nitrobenzeneacetonitrile C8H6N2O2 12878
610-67-3 1-ethoxy-2-nitrobenzene C8H9NO3 13745
610-69-5 2-methylphenyl acetate C9H7NO4 13181
610-71-9 2,5-dibromobenzoic acid C7H4Br2O2 9655
610-72-0 2,5-dimethylbenzoic acid C9H10O2 16653
610-81-1 4-amino-3-nitrophenol C6H6N2O3 7013
610-88-8 vivotoxin C10H15NO3 20284
610-89-9 ethyl 2-acetyl-4-pentenoate C9H14O3 17484
610-91-3 1,2,4-trimethyl-5-nitrobenzene C9H11NO2 16941
610-93-5 6-nitrophthalide C8H5NO4 12699
610-94-6 methyl 2-bromobenzoate C8H7BrO2 12978
610-96-8 methyl 2-chlorobenzoate C8H7ClO2 13021
610-97-9 methyl 2-iodobenzoate C8H7IO2 13101
610-99-1 1-(2-hydroxyphenyl)-1-propanone C9H10O2 16664
611-00-7 2,4-dibromobenzoic acid C7H4Br2O2 9654
611-01-8 2,4-dimethylbenzoic acid C9H10O2 16652
611-03-0 2,4-diaminobenzoic acid C7H8N2O2 10807
611-06-3 2,4-dichloro-1-nitrobenzene C6H3Cl2NO2 6302
611-07-4 5-chloro-2-nitrophenol C6H4ClNO3 6451
611-08-5 5-nitrouracil C4H3N3O4 2501
611-09-6 5-nitroisatin C8H4N2O4 12583
611-10-9 ethyl 2-cyclopentanone-1-carboxylate C8H12O3 14369
611-12-1 2-(diethylamino)-1-propanol C7H17NO 12348
611-13-2 methyl 2-furancarboxylate C6H6O3 7092
611-14-3 o-ethyltoluene C9H12 17006
611-15-4 o-methylstyrene C9H10 16514
611-17-6 2-chlorobenzyl bromide C7H6BrCl 10146
611-19-8 1-chloro-2-(chloromethyl)benzene C7H6Cl2 10254
611-20-1 2-hydroxybenzonitrile C7H5NO 10054
611-21-2 N,2-dimethylaniline C8H11N 14084
611-22-3 o-tolylhydroxylamine C7H9NO 10997
611-23-4 2-nitrosotoluene C7H7NO 10622
611-24-5 2-methylaminophenol C7H9NO 10991
611-32-5 8-methylquinoline C10H9N 18855
611-33-6 8-chloroquinoline C9H6ClN 15859
611-34-7 5-quinolinamine C9H8N2 16142
611-35-8 4-chloroquinoline C9H6ClN 15855
611-36-9 4-hydroxyquinoline C9H7NO 16030
611-43-8 2,3'-trimethylbiphenyl C17H18 27058
611-45-0 1-benzylnaphthalene C17H14 29915
611-49-4 1-(2-naphthyloxy)naphthalene C20H14O 31887
611-59-6 paraxanthine C7H8N4O2 10844
611-61-0 2,4'-dimethlbiphenyl C14H14 27059
611-62-1 [1,1'-biphenyl]-2,4'-diol C12H10O2 23530
611-64-3 9-methylacridine C14H11N 26826
611-69-8 alpha-isopropylbenzenemethanol C10H14O 20054
611-70-1 2-methyl-1-phenyl-1-propanone C10H12O 19506
611-71-2 (R)-(-)-mandelic acid C8H8O3 13451
611-72-3 alpha-hydroxybenzeneacetic acid, (±) C8H8O3 13451
611-73-4 alpha-oxobenzeneacetic acid C8H6O3 12929
611-74-5 N,N-dimethylbenzamide C9H11NO 16909
611-79-0 3,3'-diaminobenzophenone C13H12N2O 25763
611-92-7 N,N'-dimethyl-N,N'-diphenylurea C16H16N2O 28416
611-94-9 (4-methoxyphenyl)phenylmethanone C14H12O2 26952
611-95-0 acetic acid C14H10O3 25635
611-97-2 4,4'-dimethylbenzophenone C15H14O 28286
611-99-4 4,4'-dihydroxybenzophenone C13H10O3 25641
612-00-0 1,1-diphenylethane C14H14 27052

612-01-1 N-methyl-N,N'-diphenylurea C14H14N2O 27111
612-08-8 tetraethyldiarsine C8H20As2 15680
612-12-4 1,2-bis(chloromethyl)benzene C8H8Cl2 13281
612-13-5 2-(chloromethyl)benzonitrile C8H6ClN 12759
612-14-6 1,2-benzenedimethanol C8H10O2 13972
612-15-7 1-vinyl-2-methoxybenzene C9H10O 16611
612-16-8 2-methoxybenzenemethanol C8H10O2 13965
612-17-9 1,4-dihydronaphthalene C10H10 18971
612-19-1 2-ethylbenzoic acid C9H10O2 16656
612-22-6 1-ethyl-2-nitrobenzene C8H9NO2 13699
612-23-7 1-(chloromethyl)-2-nitrobenzene C7H6ClNO2 10223
612-24-8 2-nitrobenzonitrile C7H4N2O2 9828
612-25-9 2-nitrobenzenemethanol C7H7NO3 10657
612-28-2 N-methyl-2-nitroaniline C7H8N2O2 10814
612-29-3 1-nitro-2-nitrosobenzene C6H4N2O3 6577
612-31-7 benzenediazonium-2-sulfonate C6H4N2O3S 6578
612-35-1 2-benzylbenzoic acid C14H12O2 26946
612-37-3 7,9-dihydro-7-methyl-1H-purine-2,6,8(3H)-trione C6H6N4O3 7046
612-40-8 2-carboxycinnamic acid C10H8O4 18783
612-41-9 o-nitrocinnamic acid, predominantly trans C9H7NO4 16069
612-42-0 N-(2-carboxyphenyl)glycine C9H9NO4 16471
612-55-5 2-iodonaphthalene C10H7I 18632
612-57-7 6-chloroquinoline C9H6ClN 15857
612-58-8 3-methylquinoline C10H9N 18850
612-60-2 7-methylquinoline C10H9N 18854
612-61-3 7-chloroquinoline C9H6ClN 15858
612-62-4 2-chloroquinoline C9H6ClN 15854
612-64-6 N-methyl-N-nitrosoaniline C7H8N2O 13864
612-71-5 5'-phenyl-1,1':3',1''-terphenyl C24H18 33748
612-75-9 3,3'-dimethylbiphenyl C14H14 27060
612-76-0 [1,1'-biphenyl]-3,3'-diol C12H10O2 23531
612-78-2 2,2'-binaphthalene C20H14 31860
612-81-7 2,3'-binaphthalene C20H14 30425
612-94-2 2-phenylnaphthalene C16H12 29025
612-95-3 6-phenylquinoline C15H11N 28101
612-96-4 2-phenylquinoline C15H11N 28098
612-97-5 3,4-dihydro-2-phenylquinazoline C14H12N2 26897
612-98-6 benzylphenyl nitrosamine C13H12N2O 25773
613-03-6 1,2,4-benzenetriol triacetate C12H12O6 23795
613-08-1 2-anthracenecarboxylic acid C15H10O2 28037
613-12-7 2-methylanthracene C15H12 28130
613-13-8 2-anthracenamine C14H11N 26821
613-21-8 2-methyl-6-quinolinol C10H9NO 18874
613-29-6 N,N-dibutylaniline C14H23N 27721
613-31-0 9,10-dihydroanthracene C14H12 26869
613-33-2 4,4'-dimethylbiphenyl C14H14 27062
613-35-4 4',4'''-biacetanilide C16H16N2O2 29263
613-37-6 4-methoxy-1,1'-biphenyl C13H12O 25795
613-39-8 1,4-diphenylpiperazine C16H18N2 29371
613-42-3 4-benzyl-1,1'-biphenyl C19H16 31327
613-43-4 2,2'-diethoxyazobenzene C16H18N2O2 29376
613-45-6 2,4-dimethoxybenzaldehyde C9H10O3 16713
613-46-7 2-naphthalenecarbonitrile C11H7N 21497
613-47-8 2-naphthylhydroxylamine C10H9NO 18892
613-48-9 N,N-diethyl-4-methylaniline C11H17N 22493
613-50-3 6-nitroquinoline C9H6N2O2 15906
613-51-4 7-nitroquinoline C9H6N2O2 15907
613-53-6 a,a,a-tribromoquinaldine C10H6Br3N 18526
613-54-7 a-bromo-2'-acetonaphthone C12H9BrO 23363
613-59-2 2-benzylnaphthalene C17H14 29916
613-65-0 N,N-dimethyl-4-(2'-naphthylazo)aniline C18H17N2 30621
613-69-4 2-ethoxybenzaldehyde C9H10O2 16658
613-70-7 2-methoxyphenyl acetate C9H10O3 16733
613-73-0 o-phenylenediacetonitrile C10H8N2 18711
613-75-2 2-furanmethanediol diacetate C9H10O5 16809
613-77-4 2,4-dichloroquinoline C9H5Cl2N 15822
613-78-5 2-naphthyl salicylate C17H12O3 29896
613-80-9 di-2-naphthyl ether C20H14O 31886
613-81-0 di-2-naphthyl sulfide C20H14S 31942
613-84-3 2-hydroxy-5-methylbenzaldehyde C8H8O2 13425
613-87-6 (S)-(-)-1-phenyl-1-propanol C9H12O 17134
613-88-7 alpha-hydroxybenzeneacetonitrile, (±) C8H7NO 13118
613-89-8 2-amino-1-phenylethanone C8H9NO 13674
613-90-1 alpha-oxobenzeneacetonitrile C8H5NO 12687
613-91-2 1-phenylethanone oxime C8H9NO 13682
613-93-4 N-methylbenzamide C8H9NO 13677
613-94-5 benzohydrazide C7H8N2O 10792
613-97-8 N-ethyl-N-methylaniline C9H13N 17272
614-00-6 N-methyl-N-nitrosoaniline C7H8N2O 10793
614-16-4 beta-oxobenzenepropanenitrile C9H7NO 16020
614-17-5 N-ethylbenzamide C9H11NO 16910
614-18-6 ethyl 3-amino-3-phenylpropanoate C8H9NO2 13704
614-19-7 3-amino-3-phenylpropionic acid C9H11NO2 16943
614-21-0 2-nitro-1-phenylethanone C8H7NO3 13168
614-26-6 4,4'-dichloroazoxybenzene C12H8Cl2N2O 23280
614-27-7 methyl benzoylacetate C10H10O3 19181
614-30-2 N-methyl-N-phenylbenzylamine C14H15N 27222
614-33-5 1,2,3-propanetriol tribenzoate C24H20O6 33797
614-34-6 4-methylbenzoic acid C14H12O2 26944
614-39-1 procainamide hydrochloride C13H22ClN3O 26365
614-45-9 tert-butyl peroxybenzoate C11H14O3 22166
614-47-1 trans-1,3-diphenyl-2-propen-1-one C15H12O 28177
614-48-2 3-nitrochalcone C15H11NO3 28115
614-54-0 alpha-hexylbenzenemethanol C13H20O 26309
614-60-8 o-hydroxycinnamic acid, predominantly trans C9H8O3 16225
614-61-9 2-chlorophenoxyacetic acid C8H7ClO3 13028
614-68-6 1-isocyanato-2-methylbenzene C8H7NO 13119
614-69-7 o-tolyl isothiocyanate C8H7NS 13207
614-71-1 1-ethoxy-2-methylbenzene C9H12O 17078
614-72-2 1-chloro-2-ethoxybenzene C8H9ClO 13597
614-73-3 1-ethoxy-2-iodobenzene C8H9IO 13659
614-75-5 2-hydroxybenzeneacetic acid C8H8O3 13453
614-77-7 o-tolylurea C8H10N2O 13872
614-78-8 (2-methylphenyl)thiourea C8H10N2S 13897
614-80-2 N-(2-hydroxyphenyl)acetamide C8H9NO2 13736
614-90-4 tolylene 2,5-diisocyanate C9H6N2O2 15912
614-95-9 N-nitroso-N-ethylurethan C5H10N2O3 5434
614-96-0 5-methyl-1H-indole C9H9N 16373
614-97-1 5-methylbenzimidazole C8H8N2 13342
614-98-2 ethyl 3-furoate C7H8O3 10904
614-99-3 ethyl 2-furancarboxylate C7H8O3 10895
615-05-4 4-methoxy-1,3-benzenediamine C7H10N2O 11108
615-09-8 ethyl 2-furoylacetate C9H10O4 16783
615-10-1 propyl 2-furancarboxylate C8H10O3 14004
615-11-2 furfuryl 2-furancarboxylate C10H8O4 18780
615-13-4 1,3-dihydro-2H-inden-2-one C9H8O 16193
615-15-6 2-methyl-1H-benzimidazole C8H8N2 13335
615-16-7 2-hydroxybenzimidazole C7H6N2O 10352

615-18-9 2-chlorobenzoxazole C7H4ClNO 9699
615-20-3 2-chlorobenzothiazole C7H4ClNS 9723
615-21-4 2-hydrazinobenzothiazole C7H7N3S 10715
615-22-5 2-(methylthio)benzothiazole C8H7NS2 13211
615-29-2 4-methyl-3-hexanol C7H16O 12178
615-30-5 3-hydroxy-2-methylpentanal C6H12O2 8495
615-36-1 o-bromoaniline C6H6BrN 6905
615-37-2 1-iodo-2-methylbenzene C7H7I 10589
615-39-4 trans-2-methylcyclohexanol, (±) C7H14O 11851
615-41-8 1-chloro-2-iodobenzene C6H4ClI 6437
615-42-9 o-diiodobenzene C6H4I2 6553
615-43-0 o-iodoaniline C6H6IN 6972
615-52-1 methyl ethyl oxalate C5H8O4 4950
615-53-2 N-methyl-N-nitrosoethylcarbamate C4H8N2O3 3452
615-54-3 1,2,4-tribromobenzene C6H3Br3 6258
615-55-4 3,4-dibromoaniline C6H5Br2N 6685
615-57-6 2,4-dibromoaniline C6H5Br2N 6683
615-58-7 2,4-dibromophenol C6H4Br2O 6418
615-59-8 1,4-dibromo-2-methylbenzene C7H6Br2 10190
615-60-1 4-chloro-1,2-dimethylbenzene C8H9Cl 13571
615-62-3 3-chloro-4-methylphenol C7H7ClO 10521
615-65-6 2-chloro-4-methylaniline C7H8ClN 10743
615-66-7 3-chloro-4-aminoaniline C6H7ClN2 7147
615-67-8 2-chloro-1,4-benzenediol C6H5ClO2 6729
615-68-9 1,2,4-triiodobenzene C6H3I3 6356
615-71-4 1,2,4-benzenetriamine C6H9N3 7583
615-74-7 2-chloro-5-methylphenol C7H7ClO 10518
615-76-9 6-aza-2-thiothymine C4H5N3OS 2735
615-79-2 ethyl 2,4-dioxopentanoate C7H10O4 11205
615-81-6 diisopropyl oxalate C8H14O4 14692
615-82-7 N-DL-leucylglycine C8H16N2O3 15045
615-83-8 ethyl 2-bromopentanoate C7H13BrO2 11582
615-84-9 N,N'-diethylethanediamide C6H12N2O2 8337
615-85-0 diethyl dithiooxalate C6H10O2S2 7873
615-87-2 1,5-dibromo-2,4-dimethylbenzene C8H8Br2 13256
615-89-4 4,6-dimethyl-1,3-benzenediol C8H10O2 13957
615-90-7 p-xylohydroquinone C8H10O2 13981
615-93-0 2,5-dichloro-2,5-cyclohexadiene-1,4-dione C6H2Cl2O2 6166
615-94-1 2,5-dihydroxy-1,4-benzoquinone C6H4O4 6622
615-96-3 ethyl 2-bromohexanoate C8H15BrO2 14747
615-98-5 dipropyl oxalate C8H14O4 14694
615-99-6 diallyl oxalate C8H10O4 14022
616-02-4 3-methyl-2,5-furandione C5H4O3 4340
616-03-5 5-methyl-2,4-imidazolidinedione C4H6N2O2 2909
616-04-6 1-methylhydantoin C4H6N2O2 2906
616-05-7 2-bromohexanoic acid C6H11BrO2 8000
616-06-8 DL-norleucine C6H13NO2 8823
616-10-4 bicyclo[4.2.0]oct-7-ene C8H12 14251
616-12-6 3-methyl-trans-2-pentene C6H12 8232
616-13-7 1-chloro-2-methylbutane C5H11Cl 5623
616-19-3 1,3-dichloro-2-methylpropane C4H8Cl2 3369
616-20-6 3-chloropentane C5H11Cl 5622
616-21-7 1,2-dichlorobutane C4H8Cl2 3361
616-23-9 2,3-dichloro-1-propanol C3H6Cl2O 1850
616-24-0 3-pentanamine C5H13N 5954
616-25-1 1-penten-3-ol C5H10O 5464
616-27-3 1-chloro-2-butanone C4H7ClO 3120
616-28-4 3-butyne-1,2-diol C4H6O2 2964
616-29-5 1,3-diamino-2-hydroxypropane C3H10N2O 2260
616-30-8 (±)-3-amino-1,2-propanediol C3H9NO2 2217
616-31-9 3-pentanethiol C5H12S 5923
616-38-6 dimethyl carbonate C3H6O3 1953
616-39-7 methyldiethylamine C5H13N 5961
616-40-0 1,1-diethylhydrazine C4H12N2 4075
616-42-2 dimethyl sulfite C2H6O3S 1078
616-43-3 3-methylpyrrole C5H7N 4660
616-44-4 3-methylthiophene C5H6S 4588
616-45-5 2-pyrrolidone C4H7NO 3249
616-47-7 1-methylimidazol C4H6N2 2886
616-52-4 pinacolyl methylphosphonate C7H17O3P 12368
616-55-7 2,4-di-tert-butyl-6-methylphenol C15H24O 28759
616-62-6 n-propylmalonic acid C6H10O4 7936
616-73-9 4,6-dinitro-m-cresol C7H6N2O5 10388
616-74-0 4,6-dinitro-1,3-benzenediol C6H4N2O6 6594
616-75-1 benzylmalonic acid C10H10O4 19206
616-76-2 5-formylsalicylic acid C8H6O4 12941
616-79-5 2-amino-5-nitrobenzoic acid C7H6N2O4 10372
616-82-0 4-hydroxy-3-nitrobenzoic acid C7H5NO5 10088
616-84-2 4-amino-3-nitrobenzenesulfonic acid C6H6N2O5S 7031
616-91-1 N-acetyl-L-cysteine C5H9NO3S 5243
617-00-5 2-methyl-N-(2-methylphenyl)aniline C14H15N 27216
617-02-7 2-methylphenyl benzoate C14H12O2 26943
617-04-9 a-methyl-D-mannopyranoside C7H14O6 11957
617-05-0 ethyl 4-hydroxy-3-methoxybenzoate C10H12O4 19679
617-09-4 di(o-tolyl) carbonate C15H14O3 28311
617-29-8 2-methyl-3-hexanol C7H16O 12176
617-30-1 2,3-hexanediol C6H14O2 9028
617-31-2 2-hydroxypentanoic acid C5H10O3 5549
617-33-4 ethyl dibromoacetate C4H6Br2O2 2784
617-35-6 ethyl 2-oxopropanoate C5H8O3 4931
617-36-7 ethyl oxamate C4H7NO3 3281
617-38-9 carbamodithioic acid, dimethyl-, ethyl ester C5H11NS2 5750
617-45-8 DL-aspartic acid C4H7NO4 3284
617-50-5 isopropyl isobutanoate C7H14O2 11907
617-51-6 isopropyl lactate C6H12O3 8543
617-52-7 dimethyl methylenesuccinate C7H10O4 11204
617-53-8 dimethyl trans-2-methyl-2-butenedioate C7H10O4 11203
617-54-9 dimethyl cis-2-methyl-2-butenedioate C7H10O4 11202
617-60-7 methyl 2-bromododecanoate C13H25BrO2 26441
617-65-2 DL-glutamic acid C5H9NO4 5247
617-73-2 2-hydroxyoctanoic acid C8H16O3 15216
617-75-4 triethylarsine C6H15As 9140
617-77-6 triethylbismuth C6H15Bi 9148
617-78-7 3-ethylpentane C7H16 12115
617-79-8 1-amino-2-ethylbutane C6H15N 9189
617-80-1 2-ethylbutanenitrile C6H11N 8090
617-83-4 diethylcyanamide C5H10N2 5403
617-84-5 N,N-diethylformamide C5H11NO 5676
617-85-6 triethylstibine C6H15Sb 9276
617-86-7 triethylsilane C6H16Si 9326
617-88-9 2-(chloromethyl)furan C5H5ClO 4362
617-89-0 2-furanmethanamine C5H7NO 4670
617-90-3 2-furancarbonitrile C5H3NO 4246
617-92-5 1-ethyl-1H-pyrrole C6H9N 7535
617-94-7 2-phenyl-2-propanol C9H12O 17090
618-25-7 N-(carbamoylmethyl)arsanilic acid C8H11AsN2O4 14059
618-27-9 cis-4-hydroxy-L-proline C5H9NO3 5242
618-31-5 (dibromomethyl)benzene C7H6Br2 10186
618-32-6 benzoyl bromide C7H5BrO 9886
618-34-8 (1-chlorovinyl)benzene C8H7Cl 12988
618-36-0 alpha-methylbenzylamine, (±) C8H11N 14115
618-38-2 benzoyl iodide C7H5IO 10027
618-40-6 1-methyl-1-phenylhydrazine C7H10N2 11090
618-41-7 benzenesulfinic acid C6H6O2S 7076
618-42-8 1-acetylpiperidine C7H13NO 11632
618-45-1 3-isopropylphenol C9H12O 17105
618-46-2 m-chlorobenzoyl chloride C7H4Cl2O 9736
618-47-3 m-toluamide C8H9NO 13686
618-48-4 3-chlorobenzamide C7H6ClNO 10220
618-51-9 m-iodobenzoic acid C7H5IO2 10032
618-58-6 3,5-dibromobenzoic acid C7H4Br2O2 9658
618-62-2 1,3-dichloro-5-nitrobenzene C6H3Cl2NO2 6300
618-65-5 2-(beta-D-glucopyranosyloxy)benzaldehyde C13H16O7 26114
618-68-8 alpha-benzylbenzenepropanoic acid C16H16O2 29277
618-71-3 ethyl 3,5-dinitrobenzoate C9H8N2O6 16176
618-73-5 3,4,5-trihydroxybenzamide hydrate C7H7NO4 10683
618-76-8 4-hydroxy-3,5-diiodobenzoic acid C7H4I2O3 9821
618-80-4 2,6-dichloro-4-nitrophenol C6H3ClNO3 6272
618-83-7 5-hydroxyisophthalic acid C8H6O5 12943
618-84-8 3-amino-5-nitrobenzoic acid C7H6N2O4 10373
618-85-9 3,5-dinitrotoluene C7H6N2O4 10367
618-87-1 3,5-dinitroaniline C6H5N3O4 6860
618-88-2 5-nitroisophthalic acid C8H5NO6 12701
618-89-3 methyl 3-bromobenzoate C8H7BrO2 12970
618-91-7 methyl 3-iodobenzoate C8H7IO2 13102
618-95-1 methyl 3-nitrobenzoate C8H7NO4 13177
618-98-4 ethyl 3-nitrobenzoate C9H9NO4 16467
619-01-2 dihydrocarveol C10H18O 20725
619-02-3 trans-2-methyl-5-(1-methylvinyl)cyclohexanone, (C10H16O 20435
619-04-5 3,4-dimethylbenzoic acid C9H10O2 16692
619-05-6 3,4-diaminobenzoic acid C7H8N2O2 10818
619-08-9 2-chloro-4-nitrophenol C6H4ClNO3 6454
619-12-5 3-hydroxy-p-phthalaldehydic acid C8H6O4 12939
619-14-7 3-hydroxy-4-nitrobenzoic acid C7H5NO5 10089
619-15-8 2,5-dinitrotoluene C7H6N2O4 10364
619-17-0 4-nitroanthranilic acid C7H6N2O4 10375
619-18-1 2,5-dinitroaniline C6H5N3O4 6858
619-19-2 4-nitrosalicylic acid C7H5NO5 10092
619-20-5 3-ethylbenzoic acid C9H10O2 16657
619-21-6 3-carboxybenzaldehyde C8H6O3 12930
619-23-8 1-(chloromethyl)-3-nitrobenzene C7H6ClNO2 10224
619-24-9 3-nitrobenzonitrile C7H4N2O2 9829
619-25-0 3-nitrobenzenemethanol C7H7NO3 10658
619-31-8 N,N-dimethyl-3-nitroaniline C8H10N2O2 13877
619-33-0 1,1-dichloro-2,2-diethoxyethane C6H12Cl2O2 8288
619-39-6 2-octyldecanoic acid C18H36O2 31098
619-41-0 2-bromo-1-(4-methylphenyl)ethanone C9H9BrO 16251
619-42-1 methyl 4-bromobenzoate C8H7BrO2 12971
619-44-3 methyl 4-iodobenzoate C8H7IO2 13103
619-45-4 methyl 4-aminobenzoate C8H9NO2 13727
619-50-1 methyl 4-nitrobenzoate C8H7NO4 13184
619-52-3 4-methyl-1-isopropylcyclohexene, (R) C10H18 20627
619-55-6 p-toluamide C8H9NO 13687
619-56-7 4-chlorobenzamide C7H6ClNO 10221
619-58-9 p-iodobenzoic acid C7H5IO2 10033
619-60-3 4-(dimethylamino)phenol C8H11NO 14131
619-64-7 4-ethylbenzoic acid C9H10O2 16693
619-65-8 4-cyanobenzoic acid C8H5NO2 12693
619-66-9 4-formylbenzoic acid C8H6O3 12932
619-67-0 4-hydrazinobenzoic acid C7H8N2O2 10819
619-72-7 4-nitrobenzonitrile C7H4N2O2 9830
619-73-8 4-nitrobenzenemethanol C7H7NO3 10659
619-80-7 4-nitrobenzamide C7H6N2O3 10361
619-82-9 1,4-cyclohexanedicarboxylic acid C8H12O4 14379
619-84-1 4-(dimethylamino)benzoic acid C9H11NO2 16925
619-86-3 4-ethoxybenzoic acid C9H10O3 16750
619-89-6 p-nitrocinnamic acid, predominantly trans C9H7NO4 16070
619-90-9 4-nitrobenzyl acetate C9H9NO4 16475
619-91-0 N-(p-nitrophenyl)glycine C8H8N2O4 13372
619-93-2 benzene, 1,1'-(1,2-ethenediyl)bis[4-nitro-, (C14H10N2O4 26761
619-97-6 benzene diazonium nitrate C6H5N3O3 6855
619-99-8 3-ethylhexane C8H18 15359
620-02-0 5-methyl-2-furancarboxaldehyde C6H6O2 7074
620-03-1 trans-2-furancarboxaldehyde oxime C5H5NO2 4407
620-05-3 (iodomethyl)benzene C7H7I 10591
620-08-6 4-methoxypyridine C6H7NO 7185
620-11-1 1-ethylpropyl acetate C7H14O2 11896
620-12-2 1,2,3-propanetriol 2-nitrate C3H7NO5 2073
620-13-3 1-(bromomethyl)-3-methylbenzene C8H9Br 13540
620-14-4 m-ethyltoluene C9H12 17005
620-16-6 1-chloro-3-ethylbenzene C8H9Cl 13575
620-17-7 m-ethylphenol C8H10O 13919
620-18-8 3-vinylphenol C8H8O 13400
620-19-9 1-(chloromethyl)-3-methylbenzene C8H9Cl 13578
620-20-2 1-chloro-3-(chloromethyl)benzene C7H6Cl2 10255
620-22-4 3-methylbenzonitrile C8H7N 13110
620-23-5 3-methylbenzaldehyde C8H8O 13395
620-24-6 3-hydroxybenzenemethanol C7H8O2 10879
620-32-6 dibenzyl sulfone C14H14O2S 27175
620-40-6 tribenzylamine C21H21N 32767
620-42-8 tri(p-tolyl) phosphite C21H21O3P 32785
620-43-9 tris(2-methylbutyl)amine C15H33N 28938
620-47-3 3-methyldiphenylmethane C14H14 27055
620-63-3 glycerol tri-3-methylbutanoate C18H32O6 30999
620-71-3 N-phenylpropanamide C9H11NO 16916
620-72-4 phenyl bromoacetate C8H7BrO2 12972
620-73-5 phenyl chloroacetate C8H7ClO2 13016
620-79-1 ethyl 2-benzylacetoacetate C13H16O3 26104
620-80-4 ethyl 2-benzylideneacetoacetate C13H14O3 25995
620-81-5 N,N'-diphenylethanediamide C14H12N2O2 26901
620-82-6 dicyclohexyl oxalate C14H22O4 27706
620-83-7 4-methyldiphenylmethane C14H14 27056
620-84-8 4-methyl-N-phenylbenzenamine C13H13N 25861
620-85-9 4-ethyldiphenylmethane C15H16 28391
620-86-0 4-benzylbenzoic acid C14H12O2 26947
620-88-2 1-nitro-4-phenoxybenzene C12H9NO3 23421
620-92-8 bis(4-hydroxyphenyl)methane C13H12O2 25806
620-93-9 4-methyl-N-(4-methylphenyl)aniline C14H15N 27218
620-94-0 bis(4-methylphenyl) sulfide C14H14S 27191
620-95-1 3-benzylpyridine C12H11N 23612
620-99-5 N,N'-bis(4-ethoxyphenyl)ethanimidamide mono C18H23ClN2O2 30818
621-03-4 2-cyanoacetanilide C9H8N2O 16156
621-07-8 N,N-dibenzylhydroxylamine C14H15NO 27226
621-08-9 dibenzyl sulfoxide C14H14OS 27156
621-09-0 N,N'-diphenylacetamidine C14H14N2 27103
621-14-7 diphenyl succinate C16H14O4 29175

621-15-8 N-phenylhexanamide C12H17NO 24299
621-23-8 1,3,5-trimethoxybenzene C9H12O3 17192
621-25-0 3-methylhydrazobenzene C13H14N2 25951
621-26-1 1,2-di(m-tolyl)hydrazine C14H16N2 27332
621-27-2 3-propylphenol C9H12O 17102
621-29-4 m-tolyl isocyanate C8H7NO 13134
621-30-7 m-tolyl isothiocyanate C8H7NS 13208
621-31-8 3-(ethylamino)phenol C8H11NO 14134
621-32-9 1-ethoxy-3-methylbenzene C9H12O 17079
621-33-0 3-ethoxyaniline C8H11NO 14133
621-34-1 3-ethoxyphenol C8H10O2 13960
621-35-2 3'-aminoacetanilide hydrochloride hydrate C8H11ClN2O 14071
621-36-3 3-methylbenzeneacetic acid C9H10O2 16674
621-37-4 3-hydroxybenzeneacetic acid C8H8O3 13454
621-38-5 3-bromoacetanilide C8H8BrNO 13248
621-42-1 3-acetamidophenol C8H9NO2 13715
621-44-3 3-nitro-L-tyrosine C9H10N2O5 16593
621-50-1 3-nitrobenzeneacetonitrile C8H6N2O2 12879
621-51-2 3-ethoxybenzoic acid C9H10O3 16718
621-52-3 1-ethoxy-3-nitrobenzene C8H9NO3 13746
621-56-7 3-(diethylamino)-1,2-propanediol C7H17NO2 12357
621-59-0 3-hydroxy-4-methoxybenzaldehyde C8H8O3 13456
621-62-5 2-chloro-1,1-diethoxyethane C6H13ClO2 8693
621-63-6 2,2-diethoxyethanol C6H14O3 9080
621-64-7 N-nitroso-N-propyl-1-propanamine C6H14N2O 8934
621-65-8 glycerol, 1,2-dinitrate C3H6N2O7 1905
621-70-5 1,2,3-propanetriyl hexanoate C21H38O6 33017
621-72-7 2-benzyl-1H-benzimidazole C14H12N2 26896
621-76-1 tripropoxymethane C10H22O3 21368
621-77-2 tripentylamine C15H33N 28936
621-78-3 tri-n-pentyl borate C15H33BO3 28929
621-79-4 cinnamamide, predominantly trans C9H9NO 16388
621-82-9 cinnamic acid C9H8O2 16212
621-84-1 benzyl carbamate C8H9NO2 13724
621-87-4 1-phenoxy-2-propanone C9H10O2 16685
621-88-5 phenoxyacetamide C8H9NO2 13730
621-90-9 N-methyl-p-(phenylazo)aniline C13H13N3 25884
621-95-4 4,4'-diaminostilbene C14H16N2 27330
621-96-5 4,4'-stilbenediamine C14H14N2 27105
622-00-4 dibenzyl tartrate C18H18O6 30682
622-03-7 1,5-diphenyl-3-thiocarbohydrazide C13H14N4S 25987
622-04-8 1,3-diphenoxy-2-propanol C15H16O3 28441
622-08-2 ethylene glycol monobenzyl ether C9H12O2 17142
622-09-3 4-(2-ethoxyethyl)morpholine C8H17NO2 15330
622-15-1 N,N'-diphenylmethanimidamide C13H12N2 25756
622-16-2 N,N'-diphenylcarbodiimide C13H10N2 25595
622-21-9 1,9-diphenyl-1,3,6,8-nonatetraen-5-one C21H18O 32689
622-24-2 (2-chloroethyl)benzene C8H9Cl 13573
622-26-4 4-piperidineethanol C7H15NO 12065
622-29-7 N-(phenylmethylene)methanamine C8H9N 13667
622-31-1 trans-benzaldehyde oxime C7H7NO 10613
622-32-2 benzaldehyde oxime, (z)- C7H7NO 10612
622-36-6 1-methyl-2-phenylhydrazine C7H10N2 11092
622-37-7 azidobenzene C6H5N3 6848
622-38-8 (1-thiapropyl)-benzene C8H10S 14048
622-39-9 2-propylpyridine C8H11N 14105
622-40-2 4-morpholineethanol C6H13NO2 8822
622-42-4 (nitromethyl)benzene C7H7NO2 10636
622-44-6 phenyl isocyanide dichloride C7H5Cl2N 9953
622-45-7 cyclohexyl acetate C8H14O2 14605
622-46-8 phenyl carbamate C7H7NO2 10644
622-47-9 4-methylbenzeneacetic acid C9H10O2 16675
622-50-4 4'-iodoacetanilide C8H8INO 13328
622-51-5 p-tolylurea C8H10N2O 13873
622-56-0 myristanilide C20H33NO 32397
622-57-1 N-ethyl-4-methylaniline C9H13N 17271
622-58-2 p-tolyl isocyanate C8H7NO 13135
622-59-3 p-tolyl isothiocyanate C8H7NS 13209
622-60-6 1-ethoxy-4-methylbenzene C9H12O 17080
622-61-7 1-chloro-4-ethoxybenzene C8H9ClO 13599
622-62-8 4-ethoxyphenol C8H10O2 13961
622-63-9 4-methyl-(1-thiapropyl)-benzene C9H12S 17216
622-75-3 p-phenylenediacetonitrile C10H8N2 18712
622-76-4 1-phenyl-1-butyne C10H10 18974
622-78-6 benzyl isothiocyanate C8H7NS 13202
622-79-7 (azidomethyl)benzene C7H7N3 10689
622-80-0 N-propylaniline C9H13N 17280
622-82-2 1-ethyl-2-phenylhydrazine C8H12N2 14283
622-85-5 phenyl propyl ether C9H12O 17089
622-86-6 (2-chloroethoxy)benzene C8H9ClO 13596
622-93-5 3-(diethylamino)-1-propanol C7H17NO 12349
622-96-8 p-ethyltoluene C9H12 17007
622-97-9 p-methylstyrene C9H10 16515
622-98-0 1-chloro-4-ethylbenzene C8H9Cl 13576
623-00-7 4-bromobenzonitrile C7H4BrN 9633
623-03-0 4-chlorobenzonitrile C7H4ClN 9698
623-04-1 4-aminobenzyl alcohol C7H9NO 10986
623-05-2 4-hydroxybenzenemethanol C7H8O2 10880
623-07-4 p-chloromercuriphenol C6H5ClHgO 6702
623-08-5 N,4-dimethylaniline C8H11N 14086
623-09-6 N-methyl-1,4-benzenediamine C7H10N2 11084
623-10-9 N-hydroxy-4-methylaniline C7H9NO 10978
623-12-1 p-chloroanisole C7H7ClO 10513
623-13-2 4-methyl-(1-thiaethyl)-benzene C8H10S 14051
623-15-4 4-(2-furanyl)-3-buten-2-one C8H8O2 13421
623-17-6 2-furanmethanol acetate C7H8O3 10896
623-18-7 methyl 2-furanacrylate C8H8O3 13467
623-19-8 furfuryl propanoate C8H10O3 13997
623-20-1 ethyl 2-furanacrylate C9H10O3 16721
623-21-2 2-furfuryl butanoate C9H12O3 17186
623-22-3 propyl 3-(2-furyl)acrylate C10H12O3 19647
623-24-5 1,4-bis(bromomethyl)benzene C8H8Br2 13254
623-25-6 1,4-bis(chloromethyl)benzene C8H8Cl2 13283
623-26-7 p-dicyanobenzene C8H4N2 12576
623-27-8 1,4-benzenedicarboxaldehyde C8H6O2 12918
623-30-3 3-(2-furanyl)-2-propenal C7H6O2 10412
623-32-5 2-cyclopentene-1-tridecanoic acid, ethyl ester C20H36O2 32423
623-34-7 1,4-dichloro-2-methylbutane C5H10Cl2 5345
623-36-9 2-methyl-2-pentenal C6H10O 7788
623-37-0 3-hexanol C6H14O 8972
623-39-2 3-methoxy-1,2-propanediol C4H10O3 3922
623-40-5 2-pentanone oxime C5H11NO 5682
623-42-7 methyl butanoate C5H10O2 5504
623-43-8 methyl trans-2-butenoate C5H8O2 4887
623-46-1 1,2-dichloro-1-ethoxyethane C4H8Cl2O 3377
623-47-2 ethyl 2-propynoate C5H6O2 4553
623-48-3 ethyl iodoacetate C4H7IO2 3220
623-49-4 ethyl cyanoformate C4H5NO2 2715
623-50-7 ethyl hydroxyacetate C4H8O3 3547
623-51-8 ethyl mercaptoacetate C4H8O2S 3537
623-53-0 ethyl methyl carbonate C4H8O3 3548
623-55-2 5-methyl-3-hexanol C7H16O 12179
623-56-3 5-methyl-3-hexanone C7H14O 11837
623-57-4 3-(dimethylamino)-1,2-propanediol C5H13NO2 5991
623-59-6 N-[(methylamino)carbonyl]acetamide C4H8N2O2 3430
623-60-9 1-chloro-2-propanol acetate C5H9ClO2 5085
623-65-4 hexadecanoic anhydride C32H62O3 35109
623-66-5 octanoic anhydride C16H30O3 29670
623-68-7 2-butenoic anhydride C8H10O3 13992
623-69-8 1,3-dimethoxy-2-propanol C5H12O3 5900
623-70-1 ethyl trans-2-butenoate C6H10O2 7832
623-71-2 ethyl 3-chloropropanoate C5H9ClO2 5087
623-72-3 ethyl 3-hydroxypropanoate C5H10O3 5546
623-73-4 ethyl diazoacetate C4H6N2O2 2901
623-76-7 N,N'-diethylurea C5H12N2O 5803
623-78-9 ethyl ethylcarbamate C5H11NO2 5708
623-80-3 S,S-diethyl dithiocarbonate C5H10OS2 5489
623-81-4 diethyl sulfite C4H10O3S 3928
623-82-5 (R)-(+)-3-methyladipic acid C7H12O4 11553
623-84-7 1,2-propanediol diacetate C7H12O4 11543
623-85-8 ethyl N-propylcarbamate C6H13NO2 8810
623-86-9 ethyl (acetyloxy)acetate C6H10O4 7925
623-87-0 glycerol 1,3-dinitrate C3H6N2O7 1904
623-91-6 diethyl fumarate C8H12O4 14381
623-93-8 5-nonanol C9H20O 18243
623-95-0 N,N'-dipropylurea C7H16N2O 12147
623-96-1 dipropyl carbonate C7H14O3 11933
623-97-2 bis(2-chloroethyl) carbonate C5H8Cl2O3 4795
623-98-3 dipropyl sulfite C6H14O3S 9090
624-03-3 ethylene glycol dipalmitate C34H66O4 35261
624-04-4 ethylene glycol didodecanoate C26H50O4 34344
624-08-8 9-heptadecanol C17H36O 30354
624-09-9 heptyl heptanoate C14H28O2 27879
624-10-2 bis(2-ethoxyethyl) sebacate C18H34O6 31047
624-13-5 propyl octanoate C11H22O2 22847
624-16-8 4-decanone C10H20O 20995
624-17-9 diethyl nonanedioate C13H24O4 26435
624-20-4 1,2-dibromohexane C6H12Br2 8249
624-22-6 2-methyl-1-hexanol C7H16O 12168
624-24-8 methyl pentanoate C6H12O2 8499
624-28-2 2,5-dibromopyridine C5H3Br2N 4217
624-29-3 cis-1,4-dimethylcyclohexane C8H16 14886
624-31-7 p-iodotoluene C7H7I 10592
624-38-4 p-diiodobenzene C6H4I2 6555
624-41-9 2-methylbutyl acetate C7H14O2 11894
624-42-0 6-methyl-3-heptanone C8H16O 15079
624-43-1 1,2,3-propanetriol 1-nitrate C3H7NO5 2072
624-44-2 5-methyl-2-hexanone oxime C7H15NO 12061
624-45-3 methyl 4-oxopentanoate C6H10O3 7894
624-46-4 methyl ethyl ketone semicarbazone C5H11N3O 5757
624-48-6 dimethyl maleate C6H8O4 7446
624-49-7 dimethyl fumarate C6H8O4 7451
624-51-1 3-nonanol C9H20O 18239
624-54-4 pentyl propanoate C8H16O2 15167
624-57-7 (iodomethyl)oxirane C3H5IO 1739
624-60-2 ethylmethylamine hydrochloride C3H10ClN 2248
624-61-3 dibromoethyne C2Br2 407
624-64-6 trans-2-butene C4H8 3323
624-65-7 propargyl chloride C3H3Cl 1402
624-66-8 1-iodo-1-propyne C3H3I 1458
624-67-9 2-propynal C3H2O 1384
624-70-4 1-chloro-2-iodoethane C2H4ClI 803
624-72-6 1,2-difluoroethane C2H4F2 835
624-73-7 1,2-diiodoethane C2H4I2 845
624-74-8 diiodoacetylene C2I2 1199
624-75-9 iodoacetonitrile C2H2IN 656
624-76-0 2-iodoethanol C2H5IO 950
624-78-2 methylethylamine C3H9N 2202
624-79-3 ethyl isocyanide C3H5N 1753
624-81-7 N-hydroxyethanamine C2H7NO 1119
624-82-8 N-hydroxymethanimidamide CH4N2O 259
624-83-9 methyl isocyanate C2H3NO 755
624-84-0 formic acid hydrazide CH4N2O 261
624-85-1 ethyl hypochlorite C2H5ClO 919
624-89-5 methyl ethyl sulfide C3H8S 2160
624-90-8 methyl azide CH3N3 239
624-91-9 methyl nitrite CH3NO2 236
624-92-0 dimethyl disulfide C2H6S2 1094
624-95-3 3,3-dimethyl-1-butanol C6H14O 8985
624-96-4 1,3-dichloro-3-methylbutane C5H10Cl2 5344
624-97-5 2-methyl-4-penten-2-ol C6H12O 8434
625-01-4 ethyl chlorosulfonate C2H5ClO3S 922
625-04-7 4-amino-4-methyl-2-pentanone C6H13NO 8764
625-06-9 2,4-dimethyl-2-pentanol C7H16O 12190
625-08-1 3-hydroxy-3-methylbutanoic acid C5H10O3 5548
625-16-1 tert-pentyl acetate C7H14O2 11897
625-17-2 di-sec-butyl fluorophosphonate C8H18FO3P 15387
625-22-9 dibutyl sulfate C8H18O4S 15595
625-23-0 2-methyl-2-hexanol C7H16O 12172
625-25-2 2-methyl-2-heptanol C8H18O 15441
625-27-4 2-methyl-2-pentene C6H12 8229
625-28-5 3-methylbutanenitrile C5H9N 5185
625-29-6 2-chloropentane C5H11Cl 5621
625-30-9 1-methylbutylamine C5H13N 5948
625-31-0 4-penten-2-ol C5H10O 5467
625-33-2 3-penten-2-one C5H8O 4877
625-35-4 crotonoyl chloride C4H5ClO 2649
625-36-5 3-chloropropanoyl chloride C3H4Cl2O 1545
625-37-6 trans-2-butenamide C4H7NO 3250
625-38-7 vinylacetic acid C4H6O2 2968
625-43-4 methyl-tert-butylamine C5H13N 5958
625-44-5 methyl isobutyl ether C5H12O 5842
625-45-6 methoxyacetic acid C3H6O3 1949
625-46-7 3-nitro-1-propene C3H5NO2 1766
625-47-8 2-chloronitroethane C2H4ClNO2 809
625-48-9 2-nitroethanol C2H5NO3 965
625-49-0 nitrooximinomethane CH2N2O3 169
625-50-3 N-ethylacetamide C4H9NO 3687
625-51-4 N-(hydroxymethyl)acetamide C3H7NO2 2056
625-52-5 N-ethylurea C3H8N2O 2113
625-53-6 ethyl thiourea C3H8N2S 2125
625-54-7 ethyl isopropyl ether C5H12O 5846
625-55-8 isopropyl formate C4H8O2 3507
625-56-9 chloromethyl acetate C3H5ClO2 1690
625-57-0 o-ethyl thiocarbamate C3H7NOS 2042
625-58-1 ethyl nitrate C2H5NO3 964

625-59-2	isopropyl thiocyanate	C4H7NS	3291
625-60-5	s-ethyl thioacetate	C4H8OS	3499
625-65-0	2,4-dimethyl-2-pentene	C7H14	11738
625-66-1	1,1-dichloro-3-methylbutane	C5H10Cl2	5340
625-67-2	2,4-dichloropentane	C5H10Cl2	5337
625-68-3	3-chlorobutanoic acid	C4H7ClO2	3135
625-69-4	2,4-pentanediol	C5H12O2	5865
625-71-8	3-hydroxybutanoic acid, (±)	C4H8O3	3550
625-74-1	1-nitro-2-methylpropane	C4H9NO2	3699
625-76-3	dinitromethane	CH2N2O4	170
625-77-4	N-acetylacetamide	C4H7NO2	3265
625-80-9	diisopropyl sulfide	C6H14S	9113
625-82-1	2,4-dimethylpyrrole	C6H9N	7533
625-84-3	2,5-dimethylpyrrole	C6H9N	7534
625-86-5	2,5-dimethylfuran	C6H8O	7385
625-88-7	2,5-diiodothiophene	C4H2I2S	2415
625-92-3	3,5-dibromopyridine	C5H3Br2N	4215
625-95-6	1-iodo-3-methylbenzene	C7H7I	10590
625-96-7	3-methylcyclohexanone, (±)	C7H12O	11430
625-98-9	1-chloro-3-fluorobenzene	C6H4ClF	6423
625-99-0	1-chloro-3-iodobenzene	C6H4ClI	6438
626-00-6	m-diiodobenzene	C6H4I2	6554
626-01-7	m-iodoaniline	C6H6IN	6973
626-02-8	m-iodophenol	C6H5IO	6798
626-03-9	2,4-dihydroxypyridine	C5H5NO2	4412
626-04-0	1,3-benzenedithiol	C6H6S2	7123
626-05-1	2,6-dibromopyridine	C5H3Br2N	4218
626-10-8	diethyl 2-chloromaleate	C8H11ClO4	14074
626-13-1	3-methyl-N-(3-methylphenyl)aniline	C14H15N	27217
626-15-3	1,3-bis(bromomethyl)benzene	C8H8Br2	13253
626-16-4	1,3-bis(chloromethyl)benzene	C8H8Cl2	13282
626-17-5	m-dicyanobenzene	C8H4N2	12575
626-18-6	1,3-benzenedimethanol	C8H10O2	13949
626-19-7	1,3-benzenedicarboxaldehyde	C8H6O2	12917
626-20-0	1-vinyl-3-methoxybenzene	C9H10O	16612
626-21-1	2,4-diethylpyridine	C9H13N	17263
626-22-2	1,3-phenylenediacetonitrile	C10H8N2	18713
626-23-3	di-sec-butylamine	C8H19N	15639
626-26-6	di-sec-butyl sulfide	C8H18S	15610
626-27-7	heptanoic anhydride	C14H26O3	27813
626-29-9	tetradecanoic anhydride	C28H54O3	34714
626-31-3	di-sec-butyl succinate	C12H22O4	24743
626-33-5	2-methyl-4-heptanone	C8H16O	15074
626-34-6	ethyl 3-aminocrotonate	C6H11NO2	8143
626-35-7	ethyl nitroacetate	C4H7NO4	3286
626-36-8	ethyl (aminocarbonyl)carbamate	C4H8N2O3	3445
626-37-9	ethyl nitrocarbamate	C3H6N2O4	1899
626-38-0	1-methylbutyl acetate	C7H14O2	11893
626-39-1	1,3,5-tribromobenzene	C6H3Br3	6259
626-40-4	3,5-dibromoaniline	C6H5Br2N	6686
626-41-5	3,5-dibromophenol	C6H4Br2O	6420
626-43-7	3,5-dichloroaniline	C6H5Cl2N	6745
626-44-8	1,3,5-triiodobenzene	C6H3I3	6357
626-48-2	6-methyl-2,4(1H,3H)-pyrimidinedione	C5H6N2O2	4514
626-51-7	3-methylglutaric acid	C6H10O4	7928
626-53-9	2,4,6-heptanetrione	C7H10O3	11189
626-55-1	3-bromopyridine	C5H4BrN	4259
626-56-2	3-methylpiperidine	C6H13N	8761
626-58-4	4-methylpiperidine	C6H13N	8756
626-60-8	3-chloropyridine	C5H4ClN	4266
626-61-9	4-chloropyridine	C5H4ClN	4267
626-62-0	iodocyclohexane	C6H11I	8082
626-64-2	4-pyridinol	C5H5NO	4397
626-67-5	1-methylpiperidine	C6H13N	8753
626-70-0	2-methylhexanedioic acid	C7H12O4	11540
626-71-1	2-aminoadipic acid	C6H11NO4	8169
626-77-7	propyl hexanoate	C9H18O2	18076
626-82-4	butyl hexanoate	C10H20O2	21056
626-84-6	2-methoxyethyl carbonate (2:1)	C7H14O5	11950
626-85-7	dibutyl sulfite	C8H18O3S	15588
626-86-8	ethyl hydrogen adipate	C8H14O4	14696
626-87-9	1,4-dibromopentane	C5H10Br2	5300
626-88-0	1-bromo-4-methylpentane	C6H13Br	8652
626-89-1	4-methyl-1-pentanol	C6H14O	8975
626-90-4	3-methylbutanal oxime	C5H11NO	5678
626-91-5	methyl 3-methylbutyl ether	C6H14O	8999
626-92-6	1,4-dichloropentane	C5H10Cl2	5333
626-93-7	2-hexanol	C6H14O	8971
626-94-8	5-hexen-2-ol	C6H12O	8431
626-95-9	1,4-pentanediol	C5H12O2	5862
626-96-0	4-oxopentanal	C5H8O2	4908
626-97-1	pentanamide	C5H11NO	5681
626-99-3	2,4-pentadienoic acid	C5H6O2	4556
627-00-9	4-chlorobutanoic acid	C4H7ClO2	3136
627-02-1	ethyl isobutyl ether	C6H14O	9005
627-03-2	ethoxyacetic acid	C4H8O3	3545
627-04-3	(ethylthio)acetic acid	C4H8O2S	3538
627-05-4	1-nitrobutane	C4H9NO2	3697
627-06-5	1-propylurea	C4H10N2O	3843
627-07-6	N-nitro-1-propanamine	C3H8N2O2	2118
627-08-7	propyl isopropyl ether	C6H14O	8994
627-09-8	propargyl acetate	C5H6O2	4554
627-11-2	2-chloroethyl chloroformate	C3H4Cl2O2	1553
627-12-3	propyl carbamate	C4H9NO2	3716
627-13-4	propyl nitrate	C3H7NO3	2061
627-15-6	1,3-dibromo-1-propene	C3H4Br2	1509
627-16-7	1,3-dibromo-1-propyne	C3H2Br2	1340
627-18-9	3-bromo-1-propanol	C3H7BrO	1983
627-19-0	1-pentyne	C5H8	4745
627-20-3	cis-2-pentene	C5H10	5288
627-21-4	2-pentyne	C5H8	4746
627-22-5	1-chloro-1,3-butadiene	C4H5Cl	2636
627-26-9	trans-crotonitrile	C4H5N	2695
627-27-0	3-buten-1-ol	C4H8O	3485
627-30-5	3-chloro-1-propanol	C3H7ClO	1997
627-31-6	1,3-diiodopropane	C3H6I2	1873
627-32-7	3-iodo-1-propanol	C3H7IO	2027
627-35-0	methyl-propylamine	C4H11N	3982
627-36-1	propyl isocyanide	C4H7N	3240
627-37-2	N-methyl-2-propen-1-amine	C4H9N	3077
627-39-4	propanal oxime	C3H7NO	2039
627-40-7	3-methoxy-1-propene	C4H8O	3477
627-41-8	3-methoxy-1-propyne	C4H6O	2952
627-42-9	1-chloro-2-methoxyethane	C3H7ClO	1995
627-44-1	diethyl mercury	C4H10Hg	3821
627-45-2	N-ethylformamide	C3H7NO	2038
627-48-5	ethyl cyanate	C3H5NO	1759
627-49-6	diethyl phosphine	C4H11P	4029

627-50-9	ethyl vinyl sulfide	C4H8S	3588
627-51-0	divinyl sulfide	C4H6S	3043
627-52-1	sulfur dicyanide	C2N2S	1216
627-53-2	diethyl selenide	C4H10Se	3958
627-54-3	diethyl telluride	C4H10Te	3961
627-58-7	2,5-dimethyl-1,5-hexadiene	C8H14	14496
627-59-8	5-methyl-2-hexanol	C7H16O	12175
627-63-4	trans-2-butenedioyl dichloride	C4H2Cl2O2	2393
627-64-5	fumaramide	C4H6N2O2	2905
627-67-8	1-nitro-3-methylbutane	C5H11NO2	5700
627-70-3	acetone (1-methylethylidene)hydrazone	C6H12N2	8316
627-72-5	S-dichlorovinyl-L-cysteine	C5H7Cl2NO2S	4639
627-73-6	ethyl methyl succinate	C7H12O4	11536
627-82-7	bis(2,3-dihydroxypropyl) ether	C6H14O5	9098
627-83-8	ethylene glycol distearate	C38H74O4	35515
627-84-9	ethylene glycol ditetradecanoate	C30H58O4	34942
627-88-3	isopentyl stearate	C23H46O2	33697
627-89-4	isopentyl oleate	C23H44O2	33679
627-90-7	ethyl undecanoate	C13H26O2	26506
627-91-8	monomethyl adipate	C7H12O4	11542
627-92-9	1-isoamyl glycerol ether	C8H18O3	15583
627-93-0	dimethyl adipate	C8H14O4	14693
627-96-3	1,5-dibromohexane	C6H12Br2	8251
627-97-4	2-methyl-2-heptene	C8H16	14904
627-98-5	5-methyl-1-hexanol	C7H16O	12171
628-02-4	hexanamide	C6H13NO	8770
628-03-5	isopentyl isothiocyanate	C6H11NS	8179
628-04-6	ethyl isopentyl ether	C7H16O	12214
628-05-7	1-nitropentane	C5H11NO2	5696
628-08-0	2-buten-1-yl acetate	C6H10O2	7817
628-09-1	3-chloro-1-propanol acetate	C5H9ClO2	5084
628-11-5	3-chloropropyl chloroformate	C4H6Cl2O2	2838
628-12-6	2-methoxyethyl chloroformate	C4H7ClO3	3152
628-13-7	pyridine hydrochloride	C5H6ClN	4468
628-16-0	1,5-hexadiyne	C6H6	6881
628-17-1	1-iodopentane	C5H11I	5660
628-20-6	4-chlorobutanenitrile	C4H6ClN	2795
628-21-7	1,4-diiodobutane	C4H8I2	3404
628-28-4	methyl butyl ether	C5H12O	5841
628-29-5	methyl butyl sulfide	C5H12S	5930
628-30-8	propyl isothiocyanate	C4H7NS	3292
628-32-0	ethyl propyl ether	C5H12O	5845
628-33-1	3-ethoxy-1-propyne	C5H8O	4854
628-34-2	2-chloroethyl ethyl ether	C4H9ClO	3626
628-36-4	sym-diformylhydrazine	C2H4N2O2	855
628-37-5	diethylperoxide	C4H10O2	3892
628-41-1	1,4-cyclohexadiene	C6H8	7269
628-44-4	2-methyl-2-octanol	C9H20O	18250
628-46-6	5-methylhexanoic acid	C7H14O2	11890
628-50-2	isopentyl chloroformate	C6H11ClO2	8042
628-51-3	methylene diacetate	C5H8O4	4954
628-55-7	isobutyl ether	C8H18O	15539
628-61-5	2-chlorooctane	C8H17Cl	15260
628-62-6	heptanamide	C7H15NO	12060
628-63-7	pentyl acetate	C7H14O2	11892
628-64-8	2-ethoxyethyl chloroformate	C5H9ClO3	5095
628-66-0	1,3-propanediol diacetate	C7H12O4	11544
628-67-1	1,4-butanediol diacetate	C8H14O4	14689
628-68-2	diethylene glycol diacetate	C8H14O5	14722
628-71-7	1-heptyne	C7H12	11340
628-72-8	2,4-heptadiene	C7H12	11362
628-73-9	hexanenitrile	C6H11N	8088
628-76-2	1,5-dichloropentane	C5H10Cl2	5334
628-77-3	1,5-diiodopentane	C5H10I2	5384
628-80-8	methyl pentyl ether	C6H14O	8996
628-81-9	ethyl butyl ether	C6H14O	9004
628-83-1	butyl thiocyanate	C5H9NS	5261
628-85-3	dipropylmercury	C6H14Hg	8905
628-86-4	mercury(ii) fulminate	C2HgN2O2	1192
628-87-5	1,1'-imidodiacetonitrile	C4H5N3	2733
628-89-7	2-(2-chloroethoxy)ethanol	C4H9ClO2	3634
628-91-1	dipropyl zinc	C6H14Zn	9134
628-92-2	cycloheptene	C7H12	11356
628-94-4	adipamide	C6H12N2O2	8338
628-96-6	ethylene glycol dinitrate	C2H4N2O6	865
628-97-7	ethyl palmitate	C18H36O2	31103
628-99-9	2-nonanol	C9H20O	18237
629-01-6	octanamide	C8H17NO	15314
629-03-8	1,6-dibromohexane	C6H12Br2	8252
629-04-9	1-bromoheptane	C7H15Br	11982
629-05-0	1-octyne	C8H14	14484
629-06-1	1-chloroheptane	C7H15Cl	11988
629-08-3	heptanenitrile	C7H13N	11622
629-09-4	1,6-diiodohexane	C6H12I2	8306
629-11-8	1,6-hexanediol	C6H14O2	9027
629-13-0	1,2-diazidoethane	C2H4N6	877
629-14-1	ethylene glycol diethyl ether	C6H14O2	9060
629-15-2	ethylene glycol diformate	C4H6O4	3010
629-16-3	ethylene glycol dinitrite	C2H4N2O4	861
629-17-4	ethylene glycol dithiocyanate	C4H4N2S2	2578
629-19-6	dipropyl disulfide	C6H14S2	9130
629-20-9	1,3,5,7-cyclooctatetraene	C8H8	13238
629-23-2	3-tetradecanone	C14H28O	27866
629-25-4	lauric acid sodium salt	C12H23NaO2	24815
629-27-6	1-iodooctane	C8H17I	15276
629-30-1	1,7-heptanediol	C7H16O2	12229
629-31-2	heptanal oxime	C7H15NO	12059
629-32-3	1-methoxyheptane	C8H18O	15534
629-33-4	hexyl formate	C7H14O2	11891
629-35-6	dibutylmercury	C8H18Hg	15391
629-36-7	bis(3-chloropropyl) ether	C6H12Cl2O	8284
629-37-8	1-nitrooctane	C8H17NO2	15328
629-38-9	2-(2-methoxyethoxy)ethyl acetate	C7H14O4	11948
629-39-0	octyl nitrate	C8H17NO3	15341
629-40-3	octanedinitrile	C8H12N2	14285
629-41-4	1,8-octanediol	C8H18O2	15547
629-43-6	heptyl nitrite	C7H15NO2	12082
629-45-8	dibutyl disulfide	C8H18S2	15614
629-46-9	octyl nitrite	C8H17NO2	15333
629-49-2	2-dodecyne	C12H22	24654
629-50-5	tridecane	C13H28	26526
629-54-9	hexadecanamide	C16H33NO	29748
629-58-3	pentadecyl acetate	C17H34O2	30327
629-59-4	tetradecane	C14H30	27912
629-60-7	tridecanenitrile	C13H25N	26452
629-62-9	pentadecane	C15H32	28904
629-63-0	tetradecanenitrile	C14H27N	27839
629-64-1	diheptyl ether	C14H30O	27928

629-65-2 diheptyl sulfide C14H30S 27948
629-66-3 2-nonadecanone C19H38O 31705
629-70-9 hexadecyl acetate C18H36O2 31100
629-72-1 1-bromopentadecane C15H31Br 28898
629-73-2 1-hexadecene C16H32 29707
629-74-3 1-hexadecyne C16H30 29640
629-75-4 2-hexadecyne C16H30 29641
629-76-5 1-pentadecanol C15H32O 28912
629-78-7 heptadecane C17H36 30346
629-79-8 hexadecanenitrile C16H31N 29699
629-80-1 hexadecanal C16H32O 29717
629-82-3 dioctyl ether C16H34O 29771
629-89-0 1-octadecyne C18H34 31014
629-90-3 heptadecanal C17H34O 30324
629-92-5 nonadecane C19H40 31735
629-93-6 1-iodooctadecane C18H37I 31119
629-94-7 heneicosane C21H44 33059
629-96-9 1-eicosanol C20H42O 32522
629-97-0 docosane C22H46 33477
629-98-1 cis-13-docosen-1-ol C22H44O 33462
629-99-2 pentacosane C25H52 34197
630-01-3 hexacosane C26H54 34364
630-02-4 octacosane C28H58 34732
630-03-5 nonacosane C29H60 34827
630-04-6 hentriacontane C31H64 35039
630-05-7 tritriacontane C33H68 35191
630-06-8 hexatriacontane C36H74 35434
630-07-9 pentatriacontane C35H72 35326
630-08-0 carbon monoxide CO 372
630-10-4 selenourea CH4N2Se 267
630-13-7 2,2-diiodopropane C3H6I2 1874
630-16-0 1,1,1,2-tetrabromoethane C2H2Br4 593
630-17-1 1-bromo-2,2-dimethylpropane C5H11Br 5610
630-18-2 2,2-dimethylpropanenitrile C5H9N 5186
630-19-3 2,2-dimethylpropanal C5H10O 5448
630-20-6 1,1,1,2-tetrachloroethane C2H2Cl4 635
630-25-1 1,2-dibromo-1,1,2,2-tetrachloroethane C2Br2Cl4 411
630-51-3 tetramethylbutanedioic acid C8H14O4 14699
630-56-8 hydroxyprogesterone caproate C27H40O4 34478
630-60-4 ouabain C29H44O12 34800
630-64-8 helveticoside C29H42O9 34793
630-72-8 trinitroacetonitrile C2N4O6 1222
630-76-2 tetraphenylmethane C25H20 34061
630-88-6 3',6'-dichlorofluoran C20H10Cl2O3 31777
630-95-5 alpha,alpha-diphenyl-1-naphthalenemethanol C23H18O 33521
631-01-6 quillaic acid C30H46O5 34917
631-07-2 ethylphenylhydantoin C11H12N2O2 21827
631-22-1 diethyl dibromomalonate C7H10Br2O4 11062
631-27-6 glycolpyramide C11H14ClN3O3S 22052
631-28-7 1,2,3-tribromo-2-methylpropane C4H7Br3 3095
631-36-7 tetraethylsilane C8H20Si 15730
631-40-3 tetrapropylammonium iodide C12H28IN 25374
631-57-2 2-oxopropanenitrile C3H3NO 1465
631-60-7 mercury(i) acetate C4H6Hg2O4 2882
631-61-8 ammonium acetate C2H7NO2 1122
631-64-1 dibromoacetic acid C2H2Br2O2 589
631-65-2 2-chloro-3-methylbutane C5H11Cl 5626
631-67-4 N,N-dimethylthioacetamide C4H9NS 3755
632-05-3 1,2,3-tribromobutane C4H7Br3 3088
632-07-5 2-cyanopropanoic acid C4H5NO2 2714
632-14-4 trimethylurea C4H10N2O 3836
632-15-5 3,4-dimethylthiophene C6H8S 7472
632-16-6 2,3-dimethylthiophene C6H8S 7469
632-20-2 D-threonine C4H9NO3 3747
632-21-3 1,1,3,3-tetrachloro-2-propanone C3H2Cl4O 1361
632-22-4 tetramethylurea C5H12N2O 5804
632-32-6 ergost-8(14)-en-3-ol, (3beta,5alpha) C28H48O 34698
632-46-2 2,6-dimethylbenzoic acid C9H10O2 16654
632-50-8 1,1,2,2-tetraphenylethane C26H22 34234
632-51-9 tetraphenylethylene C26H20 34221
632-52-0 tetraphenylhydrazine C24H20N2 33785
632-56-4 tetraethyl 1,1,2,2-ethanetetracarboxylate C14H22O8 27716
632-58-6 tetrachlorophthalic acid C8H2Cl4O4 12449
632-69-9 rose bengal C20H2Cl4I4Na2O5 31765
632-77-9 1,2,5,6-tetrahydroxy-9,10-anthracenedione C14H8O6 26675
632-79-1 tetrabromophthalic anhydride C8Br4O3 12412
632-80-4 4,5,6,7-tetraiodo-1,3-isobenzofurandione C8I4O3 15763
632-82-6 1,3,5,7-tetrahydroxy-9,10-anthracenedione C14H8O6 26677
632-83-7 1-bromo-9,10-anthracenedione C14H7BrO2 26602
632-89-3 tetraphenylurea C25H20N2O 34063
632-92-8 2,4-dimethyl-1,3,5-trinitrobenzene C8H7N3O6 13228
632-93-9 diethyl 1,4-dihydro-2,4,6-trimethyl-3,5-pyridi C14H21NO4 27634
632-99-5 magenta C20H20ClN3 32118
633-03-4 brilliant green C27H34N2O4S 34451
633-31-8 cholesteryl propionate C30H50O2 34931
634-19-5 1,2,3,4-tetrahydro-9H-fluoren-9-one C13H12O 25801
634-36-6 1,2,3-trimethoxybenzene C9H12O3 17191
634-41-3 N-(2-methylphenyl)-1-naphthalenamine C17H15N 29966
634-43-5 N-(4-methylphenyl)-1-naphthalenamine C17H15N 29968
634-47-9 2-chloro-4-methylquinoline C10H8ClN 18679
634-66-2 1,2,3,4-tetrachlorobenzene C6H2Cl4 6174
634-67-3 2,3,4-trichloroaniline C6H4Cl3N 6500
634-68-4 1,2,3,4-tetraiodobenzene C6H2I4 6201
634-85-5 trichlorobenzoquinone C6HCl3O2 6111
634-89-9 1,2,3,5-tetrabromobenzene C6H2Br4 6149
634-90-2 1,2,3,5-tetrachlorobenzene C6H2Cl4 6175
634-91-3 3,4,5-trichloroaniline C6H4Cl3N 6504
634-92-4 1,2,3,5-tetraiodobenzene C6H2I4 6202
634-93-5 2,4,6-trichloroaniline C6H4Cl3N 6502
634-95-7 N,N-diethylurea C5H12N2O 5802
635-03-0 tetraethyl 1,1,2,3-propanetetracarboxylate C15H24O8 28778
635-10-9 tetramethyl 1,2,4,5-benzenetetracarboxylate C14H14O8 27188
635-11-0 1,2,4,5-tetraisopropylbenzene C18H30 30949
635-21-2 2-amino-5-chlorobenzoic acid C7H6ClNO2 10237
635-22-3 4-chloro-3-nitroaniline C6H5ClN2O2 6713
635-27-8 5-chloroquinoline C9H6ClN 15856
635-41-6 trimethoxazine C14H19NO5 27543
635-46-1 1,2,3,4-tetrahydroquinoline C9H11N 16895
635-51-8 DL-phenylsuccinic acid C10H10O4 19217
635-65-4 bilirubin C33H36N4O6 35149
635-67-6 1,2-benzenediol diacetate C10H10O4 19197
635-81-4 1,2,4,5-tetraethylbenzene C14H22 27647
635-88-1 2-(3-methylbutoxy)naphthalene C15H18O 28533
635-90-5 1-phenyl-1H-pyrrole C10H9N 18863
635-93-8 5-chloro-2-hydroxybenzaldehyde C7H5ClO2 9936
636-04-4 N-phenylbenzenecarbothioamide C13H11NS 25726
636-09-9 diethyl terephthalate C12H14O4 24005
636-10-2 1-isopentyl-1-phenylhydrazine C11H18N2 22564
636-21-5 o-methylaniline, hydrochloride C7H10ClN 11065
636-26-0 2-thiothymine C5H6N2OS 4513
636-28-2 1,2,4,5-tetrabromobenzene C6H2Br4 6150
636-30-6 2,4,5-trichloroaniline C6H4Cl3N 6501
636-31-7 1,2,4,5-tetraiodobenzene C6H2I4 6203
636-36-2 2-hydroxyhexanoic acid, (±) C6H12O3 8541
636-41-9 2-methylpyrrole C5H7N 4659
636-46-4 4-hydroxy-1,3-benzenedicarboxylic acid C8H6O5 12942
636-47-5 stallimycin C22H27N9O4 33311
636-53-3 diethyl isophthalate C12H14O4 24004
636-61-3 D(+)-malic acid C4H6O5 3027
636-72-6 2-thiophenemethanol C5H6OS 4543
636-73-7 3-pyridinesulfonic acid C5H5NO3S 4417
636-82-8 1-cyclohexene-1-carboxylic acid C7H10O2 11165
636-93-1 2-methoxy-5-nitrophenol C7H7NO4 10680
636-97-5 4-nitrobenzyl hydrazide C7H7N3O2 10699
636-98-6 1-iodo-4-nitrobenzene C6H4INO2 6547
637-01-4 N,N,N',N'-tetramethyl-p-phenyl-p-phenylenedi C10H18Cl2N2 20648
637-03-6 oxophenylarsine C6H5AsO 6641
637-07-0 clofibrate C12H15ClO3 24034
637-12-7 aluminum stearate C54H105AlO6 35868
637-27-4 phenyl propanoate C9H10O2 16688
637-44-5 phenylpropiolic acid C9H6O2 15930
637-47-8 1,2-di(p-tolyl)hydrazine C14H16N2 27333
637-50-3 1-propenylbenzene C9H10 16516
637-53-6 thioacetanilide C8H9NS 13769
637-55-8 phenyl stearate C24H40O2 33944
637-57-0 methyl trans-3-(4-nitrophenyl)-2-propenoate C10H9NO4 18932
637-59-2 (3-bromopropyl)benzene C9H11Br 16827
637-60-5 p-tolylhydrazine hydrochloride C7H10N2 11103
637-61-6 4-chloroimino-2,5-cyclohexadiene-1-one C6H4ClNO 6442
637-64-9 tetrahydrofurfuryl acetate C7H12O3 11517
637-65-0 tetrahydro-2-furanmethanol propanoate C8H14O3 14669
637-69-4 1-vinyl-4-methoxybenzene C9H10O 16613
637-78-5 isopropyl propanoate C6H12O2 8481
637-84-3 glycylglycylglycylglycine C8H14N4O5 14539
637-87-6 1-chloro-4-iodobenzene C6H4ClI 6439
637-88-7 1,4-cyclohexanedione C6H8O2 7411
637-89-8 4-mercaptophenol C6H6OS 7065
637-90-1 9-oxabicyclo[6.1.0]non-4-ene C8H12O 14343
637-92-3 ethyl tert-butyl ether C6H14O 9007
637-97-8 2-iodopentane C5H11I 5661
637-98-9 s-ethyl thiocarbamate C3H7NOS 2043
638-00-6 2,4-dimethylthiophene C6H8S 7470
638-02-8 2,5-dimethylthiophene C6H8S 7471
638-03-9 m-toluidine hydrochloride C7H10ClN 11066
638-04-0 cis-1,3-dimethylcyclohexane C8H16 14883
638-07-3 ethyl 4-chloroacetoacetate C6H9ClO3 7505
638-08-4 octadecanoic anhydride C36H70O3 35413
638-10-8 ethyl 3-methyl-2-butenoate C7H12O2 11480
638-11-9 isopropyl butanoate C7H14O2 11906
638-16-4 trithiocyanuric acid C3H3N3S3 1487
638-17-5 dihydro-2,4,6-trimethyl-4H-1,3,5-dithiazine, (2a C6H13NS2 8859
638-20-0 N,N'-diacetylurea C5H8N2O3 4836
638-21-1 phenylphosphine C6H7P 7266
638-23-3 S-(carboxymethyl)-L-cysteine C5H9NO4S 5256
638-25-5 pentyl octanoate C13H26O2 26501
638-28-8 2-chlorohexane C6H13Cl 8670
638-29-9 pentanoyl chloride C5H9ClO 5072
638-32-4 succinamic acid C4H7NO3 3282
638-37-9 butanedial C4H6O2 2975
638-38-0 manganese acetate C4H6O4Mn 3014
638-39-1 tin(ii) acetate C4H6O4Sn 3020
638-41-5 pentyl chloroformate C6H11ClO2 8044
638-45-9 1-iodohexane C6H13I 8724
638-46-0 ethyl butyl sulfide C6H14S 9115
638-49-3 pentyl formate C6H12O2 8468
638-51-7 hexyl nitrite C6H13NO2 8811
638-53-9 tridecanoic acid C13H26O2 26492
638-54-0 octanedial C8H14O2 14625
638-58-4 tetradecanamide C14H29NO 27905
638-59-5 tetradecyl acetate C16H32O2 29724
638-60-8 2-tetradecene C14H28 27851
638-65-3 octadecanenitrile C18H35N 31069
638-66-4 octadecanal C18H36O 31090
638-67-5 tricosane C23H48 33706
638-68-6 triacontane C30H62 34961
638-73-3 chlorodiiodomethane CHClI2 98
638-79-9 undecafluoro-5-iodopentane C5F11I 4179
638-95-9 urs-12-en-3-ol, (3beta) C30H50O 34928
639-14-5 gypsogenin C30H46O4 34916
639-46-3 morphine N-oxide C17H19NO4 30104
639-58-7 chlorotriphenylstannane C18H15ClSn 30543
639-81-6 ergotaminine C33H35N5O5 35148
640-15-3 thiometon C6H15O2PS3 9258
640-19-7 2-fluoroacetamide C2H4FNO 832
640-21-1 1,2-dibromo-3,3-dimethylbutane C6H12Br2 8255
640-61-9 N,4-dimethylbenzenesulfonamide C8H11NO2S 14183
640-68-6 D-valine C5H11NO2 5723
641-06-5 triacetamide C6H9NO3 7559
641-16-7 2,3,4,6-tetranitrophenol C6H2N4O9 6211
641-36-1 apocodeine C18H19NO2 30693
641-38-3 alternariol C14H10O5 26796
641-70-3 3-nitrophthalic anhydride C8H3NO5 12498
641-74-7 1,4:3,6-dianhydro-D-mannitol C6H10O4 7921
641-81-6 apocholic acid C24H38O4 33928
641-85-0 pregnane, (5alpha) C21H36 32999
641-91-8 1,2,5-trimethylnaphthalene C13H14 25923
641-96-3 1,1':2',1'':2'',1'''-quaterphenyl C24H18 33749
642-15-9 dimidin C28H40N2O9 34666
642-28-4 alpha-phenyl-1-naphthalenemethanol C17H14O 29939
642-31-9 9-anthracenecarboxaldehyde C15H10O 28033
642-32-0 1,2,3,4-tetraethylbenzene C14H22 27645
642-38-6 (-)-quebrachitol C7H14O6 11959
642-44-4 6-amino-3-ethyl-1-allyl-2,4(1H,3H)-pyrimidined C9H13N3O2 17368
642-65-9 2-diacetamidofluorene C17H15NO2 29971
642-71-7 3,4,5-trimethoxyphenol C9H12O4 17209
642-72-8 benzindamine C19H23N3O 31524
642-84-2 5-chloro-N-(3,4-dichlorophenyl)-2-hydroxyben C13H8Cl3NO2 25478
643-12-9 D-chiro-inositol C6H12O6 8604
643-20-9 hexahydro-1H-pyrrolizine C7H13N 11627
643-28-7 2-isopropylaniline C9H13N 17273
643-43-6 2,4-dinitrophenylacetic acid C8H6N2O6 12902
643-58-3 2-methylbiphenyl C13H12 25742
643-60-7 anhalamine C11H15NO3 22280
643-65-2 (3-methylphenyl)phenylmethanone C14H12O 26931
643-75-4 diphenylpropanetrione C15H10O3 28046
643-79-8 1,2-phthalic dicarboxaldehyde C8H6O2 12923

643-84-5 malvidin chloride C17H15ClO7 29958
643-93-6 3-methylbiphenyl C13H12 25740
644-06-4 precocene ii C13H16O3 26106
644-08-4 4-methylbiphenyl C13H12 25741
644-13-3 2-naphthyl phenyl ketone C17H12O 29889
644-15-5 N-(2-methylphenyl)-2-naphthalenamine C17H15N 29967
644-21-3 1-ethyl-1-phenylhydrazine C8H12N2 14282
644-26-8 amylocaine C14H21NO2 27624
644-30-4 1-(1,5-dimethyl-4-hexenyl)-4-methylbenzene C15H22 28649
644-31-5 acetyl benzoylperoxide C9H8O4 16232
644-32-6 dibenzoyldisulfide C14H10O2S2 26781
644-35-9 2-propylphenol C9H12O 17101
644-36-0 o-tolylacetic acid C9H10O2 16704
644-49-5 propyl isobutanoate C7H14O2 11908
644-62-2 N-(2,6-dichloro-m-tolyl)anthranilic acid C14H11Cl2NO2 26816
644-64-4 dimetilan C10H16N4O3 20416
644-71-3 2-(phenylamino)phenol C12H11NO 23623
644-80-4 bromomaleic acid C4HBrO4 2445
644-90-6 2-aminooctanoic acid, (±) C8H17NO2 15329
644-97-3 phenylphosphonous dichloride C6H5Cl2P 6757
644-98-4 2-isopropylpyridine C8H11N 14101
645-00-1 1-iodo-3-nitrobenzene C6H4INO2 6546
645-05-6 hexamethylmelamine C9H18N6 17995
645-08-9 3-hydroxy-4-methoxybenzoic acid C8H8O4 13498
645-09-0 3-nitrobenzamide C7H6N2O3 10358
645-12-5 5-nitro-2-furancarboxylic acid C5H3NO5 4249
645-13-6 1-(4-isopropylphenyl)ethanone C11H14O 22095
645-15-8 bis(4-nitrophenyl)hydrogen phosphate C12H9N2O8P 23427
645-36-3 2,2-diethoxyethanamine C6H15NO2 9232
645-41-0 triisopentylamine C15H33N 28937
645-45-4 benzenepropanoyl chloride C9H9ClO 16288
645-48-7 1-phenylthiosemicarbazide C7H9N3S 11043
645-49-8 cis-stilbene C14H12 26866
645-55-6 N-nitroaniline C6H6N2O2 7000
645-56-7 4-propylphenol C9H12O 17103
645-59-0 benzenepropanenitrile C9H9N 16364
645-62-5 2-ethyl-2-hexenal C8H14O 14588
645-66-9 dodecanoic anhydride C24H46O3 33972
645-67-0 propyl 4-oxopentanoate C8H14O3 14668
645-69-2 dipentyl succinate C14H26O4 27819
645-88-5 aminooxyacetic acid C2H5NO3 966
645-92-1 4,6-diamino-1,3,5-triazin-2(1H)-one C3H5N5O 1799
645-93-2 6-amino-1,3,5-triazine-2,4(1H,3H)-dione C3H4N4O2 1616
645-96-5 benzeneselenol C6H6Se 7124
646-04-8 trans-2-pentene C5H10 5289
646-05-9 1-pentene-3-yne C5H6 4449
646-06-0 1,3-dioxolane C3H6O2 1933
646-07-1 4-methylpentanoic acid C6H12O2 8467
646-13-9 isobutyl stearate C22H44O2 33467
646-14-0 1-nitrohexane C6H13NO2 8790
646-19-5 1,7-heptanediamine C7H18N2 12376
646-20-8 heptanedinitrile C7H10N2 11089
646-24-2 1,9-diaminononane C9H22N2 18425
646-25-3 1,10-diaminodecane C10H24N2 21421
646-30-0 nonadecanoic acid C19H38O2 31708
646-31-1 tetracosane C24H50 34002
647-42-7 3,3,4,4,5,5,6,6,7,7,8,8,8-tridecafluoro-1-octan C8H5F13O 12679
650-42-0 prismane C6H6 6885
650-51-1 sodium trichloroacetate C2Cl3NaO2 454
650-52-2 bis(trifluoromethyl)chlorophosphine C2ClF6P 429
650-69-1 beta-citraurin C30H40O2 34898
651-48-9 3-o-sulfodehydroepiandrosterone C19H28O5S 31610
651-70-7 2-(trifluoroacetyl)thiophene C6H3F3OS 6345
651-80-9 a,a,a,2,3,5,6-heptafluorotoluene C7HF7 9434
651-83-2 2,3,5,6-tetrafluoro-4-(trifluoromethyl)aniline C7H2F7N 9470
651-84-3 4-(trifluoromethyl)-2,3,5,6-tetrafluorothiophenol C7HF7S 9437
652-03-9 tetrafluorophthalic acid C8H2F4O4 12452
652-04-0 5-methylbenzo(c)phenanthrene C19H14 31267
652-18-6 2,3,5,6-tetrafluorobenzoic acid C7H2F4O2 9466
652-22-2 octafluoroacetophenone C8F8O 12426
652-29-9 2',3',4',5',6'-pentafluoroacetophenone C8H3F5O 12490
652-31-3 2,3,4,5,6-pentafluorobenzamide C7H2F5NO 9467
652-32-4 2,3,5,6-tetrafluoro-p-toluic acid C8H4F4O2 12563
652-39-1 3-fluorophthalic anhydride C8H3FO3 12479
652-67-5 dianhydro-d-glucitol C6H10O4 7930
653-11-2 2,3,5,6-tetrafluorophenylhydrazine C6H4F4N2 6541
653-14-5 lithium 3,5-diiodosalicylate C7H3I2LiO3 9592
653-21-4 2,3,4,5,6-pentafluorphenylacetic acid C8H3F5O2 12492
653-30-5 2,3,4,5,6-pentafluorophenylacetonitrile C8H2F5N 12454
653-34-9 2,3,4,5,6-pentafluorostyrene C8H3F5 12489
653-37-2 pentafluorobenzaldehyde C7HF5O 9432
653-49-6 2,4,6-trinitrophenyl-hydrazine C6H5N5O6 6867
654-01-3 2,6-difluorophenylacetonitrile C8H5F2N 12644
654-42-2 2,6-difluorohydroquinone C6H4F2O2 13983
654-53-5 2,3,4,5-tetrafluorobenzotrifluoride C7H7F7 9435
655-32-3 2,2,2,4'-tetrafluoroacetophenone C8H4F4O 12558
655-48-1 1,2-diphenylethanediol, (R*,R*)-(±) C14H14O2 27163
655-86-7 2,3-phenazinediamine C12H10N4 23512
656-35-9 pentafluorophenylacetonitrile C8H5F2N 12645
656-53-1 4-methyl-5-thiazolylethyl acetate C8H11NO2S 14184
656-65-5 4-bromo-3-fluoroaniline C6H5BrFN 6663
657-24-9 1,1-dimethylbiguanide C4H11N5 4018
657-84-1 p-toluenesulfonic acid, sodium salt, isomers C7H7NaO3S 10721
658-48-0 DL-a-methyltyrosine C10H13NO3 19830
658-78-6 4-nitrophenyl trifluoroacetate C8H4F3NO4 12548
658-93-5 2,6-difluorophenylacetic acid C8H6F2O2 12851
658-99-1 3,4-difluorophenylacetonitrile C8H5F2N 12646
659-04-1 methyl trans-3-(3-nitrophenyl)-2-propenoate C10H9NO4 18931
659-28-3 4-(trifluoromethoxy)benzaldehyde C8H5F3O2 12660
659-49-4 4-nitrosoaniline C6H6N2O 6988
659-70-1 isopentyl isovalerate C10H20O2 21052
659-86-9 3-iodo-1-propyne C3H3I 1459
660-09-6 copper(ii) stearate C36H70CuO4 35411
660-68-4 diethylamine hydrochloride C4H12ClN 4043
660-88-8 5-aminopentanoic acid C5H11NO2 5704
661-11-0 1-fluoroheptane C7H15F 12015
661-18-7 5-fluoroamyl thiocyanate C6H10FNS 7703
661-19-8 1-docosanol C22H46O 33479
661-53-0 2-fluoro-2-methylbutane C5H11F 5654
661-54-1 3,3,3-trifluoro-1-propyne C3HF3 1330
661-68-7 1,2-difluoro-1,1,2,2-tetramethyldisilane C4H12F2Si2 4057
661-69-8 hexamethyldistannane C6H18Sn2 9376
661-71-2 1-chloro-1,2,2-trifluorocyclobutane C4H4ClF3 2527
661-95-0 1,2-dibromohexafluoropropane C3Br2F6 1244
661-97-2 1,2-dichlorohexafluoropropane C3Cl2F6 1254
662-50-0 2,2,3,3,4,4,4-heptafluorobutyramide C4H2F7NO 2409
663-25-2 heptafluorobutyryl nitrate C4F7NO3 2333
664-95-9 1-cyclohexyl-3-p-tolylsulfonylurea C14H20N2O3S 27582

665-66-7 1-adamantanamine hydrochloride C10H18ClN 20645
666-21-7 2,3-difluorobutane C4H8F2 3394
666-99-9 2-hydroxy-1,2,3-nonadecanetricarboxylic acid C22H40O7 33423
667-27-6 ethyl bromodifluoroacetate C4H5BrF2O2 2624
667-29-8 trifluoroacetyl nitrite C2F3NO2 485
667-49-2 trifluoroacryloyl fluoride C3F4O 1281
667-91-4 9-benzhydrylidene-10-anthrone C27H18O 34388
668-45-1 2-chloro-6-fluorobenzonitrile C7H3ClFN 9496
668-94-0 4,5-diphenylimidazole C15H12N2 28155
670-54-2 tetracyanoethene C6N4 9401
670-80-4 1-morpholinocyclohexene C10H17NO 20562
670-95-1 4-phenylimidazole C9H8N2 16150
670-96-2 2-phenyl-1H-imidazole C9H8N2 16148
670-98-4 methyl benzenesulfinate C7H8O2S 10892
671-04-5 2-chloro-4,5-dimethylphenyl methylcarbamate C10H12ClNO2 19409
671-16-9 procarbazine C12H19N3O 24522
671-35-2 fluoxydine C4H3FN2O 2473
671-51-2 aziridine carboxylic acid ethyl ester C5H9NO2 5232
671-56-7 1-chloro-3-buten-2-ol C4H7ClO 3123
672-06-0 methylcarbamic acid 2,4-dichloro-5-ethyl-m- C11H13Cl2NO2 21933
672-13-9 2-hydroxy-5-methoxybenzaldehyde C8H8O3 13459
672-15-1 L-homoserine C4H9NO3 3730
672-57-1 4-chloro-3-iodobenzotrifluoride C7H3ClF3I 9507
672-65-1 1-chloro-1-phenylethane C8H9Cl 13580
672-66-2 dimethylphenylphosphine C8H11P 14227
672-76-4 g-thujaplicin C10H12O2 19631
673-04-1 2,4-bis(ethylamino)-6-methoxy-S-triazine C8H15N5O 14855
673-06-3 D-phenylalanine C9H11NO2 16952
673-19-8 m-sec-butylphenyl-N-methylcarbamate C12H17NO2 24317
673-22-3 2-hydroxy-4-methoxybenzaldehyde C8H8O3 13477
673-31-4 benzenepropanol carbamate C10H13NO2 19790
673-32-5 1-propynylbenzene C9H8 16091
673-49-4 acetylhistamine C7H11N3O 11316
673-66-5 1-aza-2-cyclooctanone C7H13NO 11635
673-79-0 diethyl thiodipropionate C10H18O4S 20837
673-84-7 2,6-dimethyl-2,4,6-octatriene, isomers C10H16 20363
674-26-0 (±)-mevalonolactone C6H10O3 7909
674-76-0 4-methyl-trans-2-pentene C6H12 8228
674-81-7 nitrosoguanidine CH4N4O 268
674-82-8 diketene C4H4O2 2598
675-09-2 4,6-dimethyl-2H-pyran-2-one C7H8O2 10875
675-10-5 4-hydroxy-6-methyl-2-pyrone C6H6O3 7096
675-14-9 cyanuric fluoride C3F3N3 1283
675-20-7 2-piperidinone C5H9NO 5427
675-62-7 dichloromethyl-3,3,3-trifluoropropylsilane C4H7Cl2F3Si 3153
676-22-2 trans,trans,trans-1,5,9-cyclododecatriene C12H18 24386
676-44-8 1-fluoroeicosane C20H41F 32507
676-54-0 ethyl sodium C2H5Na 977
676-59-5 dimethylphosphine C2H7P 1143
676-75-5 iododimethylarsine C2H6AsI 990
676-83-5 dichloromethylphosphine CH3Cl2P 208
676-97-1 methylphosphonic dichloride CH3Cl2OP 206
676-98-2 methylthiophosphonic dichloride CH3Cl2PS 209
676-99-3 methyl difluorophosphite CH3F2OP 218
677-21-4 3,3,3-trifluoropropene C3H3F3 1441
677-24-7 methyl dichlorophosphine CH3Cl2O2P 207
677-56-5 1,1,1,2,2,3-hexafluoropropane C3H2F6 1368
677-68-9 1,2,2,3-tetrachloro-1,1,3,3-tetrafluoropropane C3Cl4F4 1266
677-69-0 heptafluoro-2-iodopropane C3F7I 1294
677-71-4 1,1,1,3,3,3-hexafluoro-2,2-propanediol C3H2F6O2 1374
678-26-2 perfluoropentane C5F12 4181
678-74-0 1,1,2,2,3,3,4,4-octafluoro-5-iodopentane C5H3F8I 4245
679-37-8 tetraethyl hypophosphate C8H20O6P2 15737
679-84-5 3-bromo-1,1,2,2-tetrafluoropropane C3H3BrF4 1397
679-86-7 1,1,2,2,3-pentafluoropropane C3H3F5 1452
679-87-8 1,1,2,2-tetrafluoro-3-iodopropane C3H3F4I 1448
680-00-2 1,1,2,2,3,3-hexafluoropropane C3H2F6 1371
680-31-9 hexamethyl phosphoramide C6H18N3OP 9356
681-06-1 O,O-dimethyl methylphosphonothioate C3H9O2PS 2229
681-57-2 2,2-dimethylglutaric acid C7H12O4 11548
681-71-0 S,S,S-trimethyl phosphorotrithioate C3H9OPS3 2228
681-84-5 tetramethyl silicate C4H12O4Si 4101
681-99-2 tributylisocyanatostannane C13H27NOSn 26521
682-01-9 tetrapropoxysilane C12H28O4Si 25382
682-09-7 trimethylolpropane diallyl ether C12H22O3 24739
682-11-1 trimethylolpropane allyl ether C9H18O3 18095
682-30-4 diethyl vinylphosphonate C6H13O3P 8871
683-08-9 diethyl methylphosphonate C5H13O3P 5999
683-10-3 lauryl-N-betaine C16H33NO2 29752
683-18-1 dibutyltin dichloride C8H18Cl2Sn 15385
683-45-4 cyanodimethylarsine C3H6AsN 1822
683-50-1 2-chloropropanal C3H5ClO 1679
683-51-2 2-chloro-2-propenal C3H3ClO 1405
683-57-8 2-bromoacetamide C2H4BrNO 796
683-60-3 sodium isopropoxide C3H7NaO 2090
683-68-1 1,2-dibromo-1,2-dichloroethane C2H2Br2Cl2 586
683-72-7 2,2-dichloroacetamide C2H3Cl2NO 717
683-85-2 dimethylphosphoramidous dichloride C2H6Cl2NP 1015
684-16-2 hexafluoroacetone C3F6O 1287
684-82-2 sec-butyldichloroarsine C4H9AsCl2 3595
684-84-4 2-methyl-1,3-butanediol C5H12O2 5871
684-93-5 N-methyl-N-nitrosourea C2H5N3O2 973
685-09-6 methyl perfluoromethacrylate C5H3F5O2 4240
685-27-8 N-methyl-bis(trifluoroacetamide) C5H3F6NO2 4241
685-63-2 1,1,2,3,4,4-hexafluoro-1,3-butadiene C4F6 2327
685-73-4 D-galacturonic acid C6H10O7 7967
685-83-6 bis(diethylamino)chlorophosphine C8H20ClN2P 15685
685-87-0 diethyl 2-bromomalonate C7H11BrO4 11245
685-88-1 diethyl fluoromalonate C7H11FO4 11263
685-91-6 N,N-diethylacetamide C6H13NO 8766
686-50-0 N-leucylglycine C8H16N2O3 15041
686-65-7 1,2-difluorobutane C4H8F2 3390
686-69-1 chloro(diethyl)phosphine C4H10ClP 3801
687-38-7 glycylserine C5H10N2O4 5439
687-47-8 ethyl (S)-(-)-lactate C5H10O3 5555
687-48-9 ethyl-N,N-dimethyl carbamate C5H11NO2 5725
687-78-5 triethynylarsine C6H3As 6242
687-80-9 triethynylphosphine C6H3P 6375
687-81-0 triethynyl antimony C6H3Sb 6376
688-14-2 N-glycyl-DL-leucine C8H16N2O3 15039
688-37-9 aluminum oleate C54H99AlO6 35866
688-52-8 3-propyl-3-hexen-1-yne C9H14 17392
688-71-1 tripropyl borate C9H21BO3 18453
688-73-3 tributyltin hydride C12H28Sn 25393
688-74-4 tributyl borate C12H27BO3 25257
688-84-6 2-ethylhexyl methacrylate C12H22O2 24704
689-00-9 hex-1-yn-3-one C6H8O 7399
689-11-2 (1-methylpropyl)urea C5H12N2O 5805

689-13-4 N-formyl-N-hydroxyglycine C3H5NO4 1775
689-67-8 geranyl acetone C13H22O 26379
689-89-4 methyl trans,trans-2,4-hexadienoate C7H10O2 11172
689-93-0 ethyl methyl arsine C3H9As 2169
689-97-4 vinylacetylene C4H4 2510
689-98-5 2-chloroethylamine C2H6ClN 1006
690-02-8 dimethylperoxide C2H6O2 1073
690-08-4 4,4-dimethyl-trans-2-pentene C7H14 11742
690-37-9 2,4,4-trimethyl-2-pentanol C8H18O 15509
690-39-1 1,1,1,3,3,3-hexafluoropropane C3H2F6 1370
690-49-3 tetramethylpyrophosphate C4H12O7P2 4103
690-92-6 2,2-dimethyl-cis-3-hexene C8H16 14960
690-93-7 2,2-dimethyl-trans-3-hexene C8H16 14961
690-94-8 2-methyl-5-hexen-3-yn-2-ol C7H10O 11158
691-24-7 N,N'-di-tert-butylcarbodiimide C9H18N2 17974
691-35-0 allyldimethylarsine C5H11As 5600
691-37-2 4-methyl-1-pentene C6H12 8225
691-38-3 4-methyl-cis-2-pentene C6H12 8227
691-42-9 1,3-difluorobutane C4H8F2 3391
691-60-1 isopropylurea(mono) C4H10N2O 3838
691-83-8 diethyl cis-2-methyl-2-butenedioate C9H14O4 17498
691-88-3 di-sec-butylmercury C8H18Hg 15392
692-04-6 n6-acetyl-L-lysine C8H16N2O3 15038
692-13-7 1-butyldiguanide C6H15N5 9252
692-24-0 2-methyl-trans-3-hexene C7H14 11726
692-35-3 1-(1-chloroethoxy)propane C5H11ClO 5632
692-42-2 diethylarsine C4H11As 3963
692-45-5 vinyl formate C3H4O2 1628
692-47-7 cis-1,2-di-tert-butylethene C10H20 20955
692-48-8 (E)-2,2,5,5-tetramethylhex-3-ene C10H20 20956
692-50-2 1,1,1,4,4,4-hexafluoro-2-butyne C4F6 2328
692-56-8 1,2-bis(trimethylsilyl)hydrazine C6H20N2Si2 9385
692-70-6 2,5-dimethyl-trans-3-hexene C8H16 14967
692-86-4 ethyl 10-undecenoate C13H24O2 26420
692-95-5 amyldichlorarsine C5H11AsCl2 5601
692-96-6 2-methyl-trans-3-heptene C8H16 14917
693-02-7 1-hexyne C6H10 7648
693-05-0 3-(methylamino)propanenitrile C4H8N2 3414
693-07-2 2-chloroethyl ethyl sulfide C4H9ClS 3642
693-13-0 N,N'-diisopropylcarbodiimide C7H14N2 11782
693-16-3 2-aminooctane C8H19N 15650
693-19-6 7-methyloctanoic acid C9H18O2 18083
693-21-0 diethylene glycol dinitrate C4H8N2O7 3458
693-23-2 dodecanedioic acid C12H22O4 24755
693-30-1 2-chloroethyl-2-hydroxyethyl sulfide C4H9ClOS 3632
693-33-4 cetyl betaine C20H41NO2 32513
693-36-7 distearyl 3,3'-thiodipropionate C42H82O4S 35704
693-39-0 1-nitroheptane C7H15NO2 12075
693-54-9 2-decanone C10H20O 20993
693-58-3 1-bromononane C9H19Br 18115
693-61-8 trans-2-undecene C11H22 22797
693-62-9 trans-4-undecene C11H22 22800
693-65-2 di-pentyl ether C10H22O 21335
693-67-4 1-bromoundecane C11H23Br 22870
693-72-1 trans-11-octadecenoic acid C18H34O2 31033
693-83-4 didecyl sulfide C20H42S 32539
693-85-6 difluorodiazirine CF2N2 67
693-89-0 1-methylcyclopentene C6H10 7619
693-93-6 4-methyloxazole C4H5NO 2705
693-95-8 4-methylthiazole C4H5NS 2726
693-98-1 2-methyl-1H-imidazole C4H6N2 2887
694-05-3 1,2,5,6-tetrahydropyridine C5H9N 5193
694-28-0 2-chlorocyclopentanone C5H7ClO 4617
694-31-5 1,5-dimethyl-1H-pyrazole C5H8N2 4814
694-32-6 1-methyl-2-imidazolidinone C4H8N2O 3421
694-35-9 3-ethylcyclopentene C7H12 11324
694-48-4 1,3-dimethyl-1H-pyrazole C5H8N2 4813
694-53-1 phenylsilane C6H8Si 7474
694-59-7 pyridine-1-oxide C5H5NO 4395
694-62-2 1-chloro-2,3,3-trifluorocyclobutene C4H2ClF3 2386
694-80-4 1-bromo-2-chlorobenzene C6H4BrCl 6383
694-81-5 4,5-dimethylpyrimidine C6H8N2 7327
694-83-7 1,2-diaminocyclohexane C6H14N2 8927
694-85-9 1-methyl-2(1H)-pyridinone C6H7NO 7188
694-87-1 benzocyclobutene C8H8 13240
695-02-3 nortricyclyl bromide C7H9Br 10939
695-06-7 5-ethyldihydro-2(3H)-furanone C6H10O2 7836
695-12-5 vinylcyclohexane C8H14 14504
695-19-2 1-methyl-4(1H)-pyridinone C6H7NO 7204
695-28-3 3,3-dimethylcyclohexene C8H14 14474
695-34-1 4-methyl-2-pyridinamine C6H8N2 7330
695-53-4 5,5-dimethyl-2,4-oxazolidinedione C5H7NO3 4687
695-56-7 2-cyclopenten-1-one ethylene ketal C7H10O2 11175
695-64-7 1-chloro-1-nitrosocyclohexane C6H10ClNO 7680
695-77-2 1,2,3,4-tetrachlorocyclopentadiene C5H2Cl4 4197
695-84-1 2-vinylphenol C8H8O 13399
695-96-5 2-bromo-4-chlorophenol C6H4BrClO 6388
695-98-7 2,3,5-trimethylpyridine C8H11N 14107
695-99-8 2-chloro-1,4-benzoquinone C6H3ClO2 6274
696-02-6 1-chloro-3,4-difluorobenzene C6H3ClF2 6267
696-07-1 5-iodouracil C4H3IN2O2 2485
696-24-2 dibromophenylarsine C6H5AsBr2 6635
696-28-6 dichlorophenylarsine C6H5AsCl2 6636
696-29-7 isopropylcyclohexane C9H18 17917
696-30-0 4-isopropylpyridine C8H11N 14103
696-33-3 iodosylbenzene C6H5IO 6801
696-40-2 3-iodobenzylamine C7H8IN 10785
696-41-3 3-iodobenzaldehyde C7H5IO 10029
696-44-6 N,3-dimethylaniline C8H11N 14085
696-45-7 4-amino-6-methoxypyrimidine C5H7N3O 4720
696-54-8 4-pyridinealdoxime C6H6N2O 6995
696-59-3 tetrahydro-2,5-dimethoxyfuran C6H12O3 8544
696-62-8 1-iodo-4-methoxybenzene C7H7IO 10597
696-63-9 4-methoxybenzenethiol C7H8OS 10857
696-71-9 cyclooctanol C8H16O 15084
696-86-6 cis,cis,cis-cyclononatriene C9H12 17019
697-11-0 hexafluorocyclobutene C4F6 2329
697-17-6 1,1,2-trichloro-2,3,3-trifluorocyclobutane C4H2Cl3F3 2400
697-73-4 2,6-difluorobenzyl chloride C7H5ClF2 9906
697-82-5 2,3,5-trimethylphenol C9H12O 17117
697-83-6 5-chloro-2,4,6-trifluoropyrimidine C4ClF3N2 2293
697-86-9 6-bromo-2,4-dichloroaniline C6H4BrCl2N 6391
697-91-6 2,6-dichloro-p-benzoquinone C6H2Cl2O2 6164
698-00-0 2-bromo-N,N-dimethylaniline C8H10BrN 13805
698-01-1 2-chloro-N,N-dimethylaniline C8H10ClN 13819
698-10-2 5-ethyl-3-hydroxy-4-methyl-2(5H)-furanone C7H10O3 11195
698-27-1 2-hydroxy-4-methylbenzaldehyde C8H8O2 13424
698-42-0 4,5-tetramethylene-1,3-dithiol-2-thione C7H8S3 10926
698-49-7 4-aminotropolone C7H7NO2 10646
698-63-5 5-nitro-2-furancarboxaldehyde C5H3NO4 4248
698-67-9 4-bromobenzamide C7H6BrNO 10166
698-69-1 4-chloro-N,N-dimethylaniline C8H10ClN 13821
698-71-5 3-methyl-5-ethylphenol C9H12O 17112
698-76-0 5-octanolide C8H14O2 14654
698-87-3 1-phenyl-2-propanol C9H12O 17100
698-88-4 (2,2-dichlorovinyl)benzene C8H6Cl2 12796
699-02-5 4-methylbenzeneethanol C9H12O 17098
699-08-1 1-ethoxy-4-iodobenzene C8H9IO 13658
699-09-2 4-ethoxybenzenethiol C8H10OS 13938
699-10-5 methyl benzyl disulfide C8H10S2 14058
699-12-7 2-(phenylthio)ethanol C8H10OS 13946
699-17-2 4-(2-furanyl)-2-butanone C8H10O2 13962
699-30-9 3,3,4,4-tetrafluorodihydro-2,5-furandione C4F4O3 2326
699-83-2 2',6'-dihydroxyacetophenone C8H8O3 13474
699-95-6 5-norbornene-2-exo,3-exo-dimethanol C9H14O2 17478
699-97-8 5-norbornene-2-endo,3-endo-dimethanol C9H14O2 17477
699-98-9 2,3-pyridinedicarboxylic anhydride C7H3NO3 9596
700-00-5 9-methyladenine C6H7N5 7250
700-02-7 adenine-1-N-oxide C5H5N5O 4438
700-06-1 indole-3-carbinol C9H9NO 16413
700-07-2 3-(methylamino)-2,1-benzisothiazole C8H8N2S 13382
700-12-9 pentamethylbenzene C11H16 22354
700-13-0 trimethylhydroquinone C9H12O2 17179
700-16-3 pentafluoropyridine C5F5N 4171
700-17-4 2,3,5,6-tetrafluoroaniline C6H3F4N 6348
700-38-9 5-methyl-2-nitrophenol C7H7NO3 10672
700-57-2 2-adamantanol C10H16O 20454
700-58-3 2-adamantanone C10H14O 20070
700-75-4 2-methoxy-N,N-dimethylaniline C9H13NO 17303
700-84-5 5-fluoro-1-indanone C9H7FO 15982
700-87-8 2-methoxyphenyl isocyanate C8H7NO2 13153
700-88-9 cyclopentylbenzene C11H14 22029
701-35-9 benzyltrichlorosilane C7H7Cl3Si 10553
701-57-5 4-nitrothioanisole C7H7NO2S 10649
701-70-2 a-ethylphenethyl alcohol C10H14O 20076
701-73-5 methyl dithiocarbanilate C8H9NS2 13770
701-82-6 1-(3-hydroxyphenyl)urea C7H8N2O2 10821
701-83-7 1-acetoxy-3-fluorobenzene C8H7FO2 13066
701-97-3 cyclohexanepropanoic acid C9H16O2 17712
701-99-5 phenoxyacetyl chloride C8H7ClO2 13022
702-23-8 4-methoxyphenethyl alcohol C9H12O2 17167
702-28-3 dimethyl 1,2-cyclopropanedicarboxylate C7H10O4 11201
702-54-5 5,5-diethyldihydro-2H-1,3-oxazine-2,4(3H)-dione C8H13NO3 14451
702-62-5 2-4-dione-1,3-diazaspiro(4.5)decane C8H12N2O2 14308
702-79-4 1,3-dimethyladamantane C12H20 24532
702-92-1 dimethyl 1-methyl-trans-1,2-cyclopropanedicarbox C8H12O4 14393
702-96-5 2,2,5,5-tetramethyl-3-pyrrolidinecarboxamide C9H18N2O 17978
702-98-7 2-methyl-2-adamantanol C11H18O 22587
703-23-1 2'-hydroxy-6'-methoxyacetophenone C9H10O3 16754
703-32-2 5,8-dichloroquinoline C9H5Cl2N 15825
703-59-3 homophthalic anhydride C9H6O3 15937
703-61-7 2,4-dichloroquinoline C9H5Cl2N 15821
703-80-0 1-(1H-indol-3-yl)ethanone C10H9NO 18869
703-87-7 2,3,5,6-tetrafluoro-p-xylene C8H6F4 12860
703-95-7 1,2,3,6-tetrahydro-2,6-dioxo-5-fluoro-4-pyrimid C5H3FN2O4 4235
704-00-7 1,2-diacetylbenzene C10H10O2 19131
704-01-8 N,N,N',N'-tetramethyl-1,2-benzenediamine C10H16N2 20395
704-10-9 2',4'-dichloro-5'-fluoroacetophenone C8H5Cl2FO 12624
704-14-3 5-methoxy-2-nitrophenol C7H7NO4 10681
704-38-1 di-2-thienylmethanone C9H6OS2 15924
704-79-0 cis-3-phenyl-2-butenoic acid C10H10O2 19127
705-15-7 2'-hydroxy-5'-methoxyacetophenone C9H10O3 16755
705-29-3 3-(trifluoromethyl)benzyl chloride C8H6ClF3 12754
705-76-0 3,5-dimethoxybenzyl alcohol C9H12O3 17197
705-86-2 (±)-5-decanolide C10H18O2 20787
706-03-6 3-(benzylamino)propionitrile C10H12N2 19434
706-14-9 g-decalactone C10H18O2 20786
706-27-4 4-(trifluoromethoxy)toluene C8H7F3O 13082
706-78-5 octachlorocyclopentene C5Cl8 4170
706-79-6 1,2-dichloro-3,3,4,4,5,5-hexafluorocyclopentene C5Cl2F6 4165
707-07-3 trimethyl orthobenzoate C10H14O3 20146
707-61-9 3-methyl-1-phenyl-2-phospholene 1-oxide C11H13OP 22023
708-06-5 2-hydroxy-1-naphthalenecarboxaldehyde C11H8O2 21530
708-64-5 2,2,2,3'-tetrafluoroacetophenone C8H4F4O 12560
708-76-9 2-hydroxy-4,6-dimethoxybenzaldehyde C9H10O4 16784
708-82-7 cis-2,3-dibromo-3-phenyl-2-propenoic acid C9H6Br2O2 15850
709-09-1 1,2-dimethoxy-4-nitrobenzene C8H9NO4 13765
709-19-3 2-methyl-1H-benzimidazole-5-carboxylic acid C9H8N2O2 16167
709-55-7 a-((ethylamino)methyl)-m-hydroxybenzyl alcohol C10H15NO2 20274
709-63-7 4'-(trifluoromethyl)acetophenone C9H7F3O 15996
709-90-0 carbamic acid a-methylphenethyl ester C10H13NO2 19815
709-98-8 propanil C9H9Cl2NO 16331
710-04-3 undecanoic d-lactone C11H20O2 22711
710-14-5 2-(tetrahydrofurfuryloxy)tetrahydropyran C10H18O3 20817
710-18-9 4-(trifluoromethoxy)anisole C8H7F3O2 13090
710-25-8 3-(5-nitro-2-furyl)-2-propenamide C7H6N2O4 10376
710-43-0 diethyl cis-1,2-cyclopropanedicarboxylate C9H14O4 17496
711-33-1 4'-(trifluoromethyl)propiophenone C10H9F3O 18842
711-79-5 1-(1-hydroxy-2-naphthyl)ethanone C12H10O2 23532
712-09-4 5-methoxytryptophol C11H13NO2 21982
712-48-1 diphenylarsinous chloride C12H10AsCl 23448
712-50-5 benzoylcyclohexane C13H16O 26081
712-68-5 2-(5-nitro-2-furyl)-5-amino-1,3,4-thiadiazole C6H4N4O3S 6605
712-74-3 1,2,4,5-benzenetetracarbonitrile C10H2N4 18479
712-97-0 6-nitropiperonal C8H5NO5 12700
713-36-0 2-methyldiphenylmethane C14H14 27054
713-68-8 3-phenoxyphenol C12H10O2 23543
713-95-1 (±)-5-dodecanolide C12H22O2 24713
715-48-0 6-methyl-4-nitroquinoline-1-oxide C10H8N2O3 18728
716-61-0 (1R,2R)-2-amino-1-(4-nitrophenol)propane-1,3-d C9H12N2O4 17061
716-79-0 2-phenylbenzimidazole C13H10N2 25599
717-21-5 3-(2-furanyl)-1-phenyl-2-propen-1-one C13H10O2 25627
717-74-8 1,3,5-triisopropylbenzene C15H24 28727
718-64-9 1,1,1,3,3,3-hexafluoro-2-phenyl-2-propanol C9H6F6O 15892
719-22-2 2,6-di-tert-butyl-1,4-benzoquinone C14H20O2 27597
719-54-0 10-methyl-9(10H)-acridone C14H11NO 26834
719-59-5 2-amino-5-chlorobenzophenone C13H10ClNO 25578
719-79-9 1,1-diphenylbutane C16H18 29342
719-80-2 ethyl diphenylphosphinite C14H15OP 27256
720-69-4 4,6-diamino-2-(5-nitro-2-furyl)-S-triazine C7H6N6O3 10402
721-37-9 2,2,2-trifluoro-3'-(trifluoromethyl)acetophenone C9H4F6O 15796
721-50-6 prilocaine C13H20N2O 26293
722-01-0 phenyl phenylacetate C14H12O2 26961
722-23-6 p-(3-methylphenylazo)aniline C13H13N3 25885
722-25-8 p-(p-tolylazo)-aniline C13H13N3 25886
722-27-0 4-aminophenyl disulfide C12H12N2S2 23748

722-56-5 diphenyliodonium nitrate C12H10INO3 23486
723-46-6 sulfamethoxazole C10H11N3O3S 19354
723-62-6 9-anthracenecarboxylic acid C15H10O2 28038
724-31-2 1,3,7-tribromo-2-fluorenamine C13H8Br3N 25461
724-34-5 6-benzothiopurine C12H10N4S 23517
725-04-2 2'-fluoro-4'-phenylacetanilide C14H12FNO 26890
725-06-4 4'-(m-fluorophenyl)acetanilide C14H12FNO 26891
725-12-2 2,5-diphenyl-1,3,4-oxadiazole C14H10N2O 26748
725-89-3 3,5-bis(trifluoromethyl)benzoic acid C9H4F6O2 15799
726-42-1 di(p-tolyl)carbodiimide C15H14N2 28273
726-44-3 1,3-diphenoxypropane C15H16O2 28439
727-99-1 2-(trifluoromethyl)benzophenone C14H9F3O 26703
728-40-5 2,6-di-tert-butyl-4-nitrophenol C14H21NO3 27631
728-81-4 3-(trifluoromethyl)benzophenone C14H9F3O 26704
728-84-7 2-bromo-1,3-diphenyl-1,3-propanedione C15H11BrO2 28074
728-86-9 4-(trifluoromethyl)benzophenone C14H9F3O 26705
728-87-0 4,4'-dimethoxybenzhydrol C15H16O3 28444
728-88-1 tolperisone C16H23NO 29544
729-46-4 4-morpholinethiocarbonyl disulfide C10H16N2O2S4 20404
729-81-7 1,3,5-tris(trifluoromethyl)benzene C9H3F9 15782
729-99-7 2-(p-aminobenzenesulfonamido)-4,5-dimethylox C11H13N3O3S 22016
730-40-5 disperse orange 3 C12H10N4O2 23515
731-27-1 N'-dichlorofluoromethylthio-N,N-dimethy C10H13Cl2FN2O2S2 19744
731-40-8 (±)-N-(2,6-dioxo-3-piperidyl)phthalimide C13H10N2O4 25612
732-11-6 phosmet C11H12NO4PS2 21814
732-26-3 2,4,6-tri-tert-butylphenol C18H30O 30960
733-44-8 tetraethylammonium p-toluenesulfonate C15H27NO3S 28812
734-88-3 3-oxo-3H-naphtho(2,1-b)pyran-2-carboxylic acid C15H12O4 28202
736-30-1 4,4'-dinitrobibenzyl C14H12N2O4 26912
736-31-2 benzene, 1,1'-(1,2-ethenediyl)bis[4-nitro-, (C14H10N2O4 26762
737-22-4 7,12-dimethyl-4-fluorobenz(a)anthracene C20H15F 31956
737-31-5 sodium diatrizoate C11H8I3N2NaO4 21514
737-89-3 N-1-naphthyl-1-naphthalenamine C20H15N 31962
738-70-5 5-(3,4,5-trimethoxybenzyl)-2,4-diaminopyrimid C14H18N4O3 27477
738-99-8 1,4-bis(N,N'-diethylene phosphamide)piperaz C12H24N6O2P2 24850
739-71-9 10,11-dihydro-5-(3-dimethylamino-2-methylpropyl C20H26N2 32268
741-58-2 bensulide C14H24NO4PS3 27737
742-20-1 cyclopenthiazide C13H18ClN3O4S2 26172
743-45-3 5-allyl-1,3-diphenylbarbituric acid C19H16N2O3 31340
744-45-6 diphenyl isophthalate C20H14O4 31933
744-80-9 benzoylphenobarbital C19H16N2O4 31341
745-62-0 prostaglandin F1-a C20H36O5 32429
745-65-3 prostaglandin E1 C20H34O5 32412
746-47-4 9h-fluorene, 9-(9h-fluoren-9-ylidene)- C26H16 34211
746-53-2 2,4,5,7-tetranitrofluorenone C13H4N4O9 25440
747-90-0 cholesta-3,5-diene C27H44 34495
749-02-0 spiroperidol C23H26FN3O2 33572
749-13-3 trifluperidol C22H23F4NO2 33239
750-90-3 quinine salicylate C27H32N2O6 34433
751-01-9 14-cinnamoyloxycodeinone C27H25NO5 34405
751-84-8 penicillin G benethamine C31H35N3O4S 34991
751-97-3 N-(1-pyrrolidinylmethyl)-tetracycline C27H33N3O8 34443
752-58-9 (2,4,6-trioxo)-S-triazinetriyltris(tributy C39H81N3O3Sn3 35574
752-61-4 Digitalum verum C36H56O14 35383
753-73-1 dimethyltin dichloride C2H6Cl2Sn 1019
753-89-9 1-chloro-2,2-dimethylpropane C5H11Cl 5627
753-90-2 2,2,2-trifluoroethylamine C2H4F3N 837
754-05-2 vinyltrimethylsilane C5H12Si 5941
754-10-9 2,2-dimethylpropanamide C5H11NO 5677
754-17-6 1,1-dibromo-1-chloro-2,2,2-trifluoroethane C2Br2ClF3 409
754-34-7 heptafluoro-1-iodopropane C3F7I 1295
754-91-6 perfluorooctanesulfonic acid amide C8H2F17NO2S 12455
754-96-1 2,2,3,3,4,4,5,5,6,6,7,7,8,8,9,9-hexadecafluor C10H6F16O2 18561
755-25-9 perfluoro-1-hexene C6F12 6091
756-09-2 2,2,3,3-tetrafluoropropionic acid C3H2F4O2 1367
756-79-6 dimethyl methylphosphonate C3H9O3P 2232
756-80-9 O,O-dimethyl dithiophosphate C2H7O2PS2 1138
757-44-8 diethyl (2-(triethoxysilyl)ethyl)phosphonic C12H29O6PSi 25399
757-54-0 dimethyl allylphosphonate C5H11O3P 5769
757-58-4 hexaethyl tetraphosphate C12H30O13P4 25409
757-88-0 1,1-dimethylpropyl formate C6H12O2 8473
758-16-7 N,N-dimethylthioformamide C3H7NS 2077
758-17-8 N-formyl-N-methylhydrazine C2H6N2O 1044
758-21-4 ethyldimethylsilane C4H12Si 4112
758-24-7 2-bromo-2-chloro-1,1-difluoroethylene C2BrClF2 401
758-96-3 N,N-dimethylpropionamide C5H11NO 5686
759-05-7 3-methyl-2-oxobutanoic acid C5H8O3 4932
759-22-8 N,N-diisopropylacetamide C8H17NO 15317
759-24-0 diethyl tert-butylmalonate C11H20O4 22738
759-36-4 diethyl isopropylmalonate C10H18O4 20824
759-58-0 ethyl 2-cyano-3-methyl-2-butenoate C8H11NO2 14173
759-73-9 N-ethyl-N-nitrosourea C3H7N3O2 2081
759-94-4 dipropylcarbamothioic acid, S-ethyl ester C9H19NOS 18153
759-97-7 2-bromo-1,1,3-trimethoxypropane C6H13BrO3 8667
760-19-0 diethylaluminum bromide C4H10AlBr 3785
760-20-3 3-methyl-1-pentene C6H12 8224
760-21-4 2-ethyl-1-butene C6H12 8236
760-23-6 3,4-dichloro-1-butene C4H6Cl2 2809
760-32-7 diethylmethylsilane C5H14Si 6029
760-40-7 1,1,1-trichloro-3-nitro-2-propanol C3H4Cl3NO3 1563
760-55-4 octylpropanedioic acid C11H20O4 22737
760-56-5 nitrosoallylurea C4H7N3O2 3301
760-60-1 N-isobutyl-N-nitrosourea C5H11N3O2 5761
760-67-8 2-ethylhexanoyl chloride C8H15ClO 14758
760-78-1 DL-norvaline C5H11NO2 5713
760-79-2 N,N-dimethylbutanamide C6H13NO 8767
760-93-0 2-methyl-2-propenoic anhydride C8H10O3 14003
761-06-8 2-methoxy-1,3-propanediol C4H10O3 3921
761-65-9 N,N-dibutylformamide C9H19NO 18145
762-04-9 diethyl phosphite C4H11O3P 4025
762-13-0 nonanoyl peroxide C18H34O4 31045
762-16-3 caprolyl peroxide C16H30O4 29678
762-21-0 diethyl 2-butynedioate C8H10O4 14023
762-42-5 dimethyl 2-butynedioate C6H6O4 7104
762-49-2 1-bromo-2-fluoroethane C2H4BrF 792
762-50-5 1-chloro-2-fluoroethane C2H4ClF 802
762-51-6 2-fluoroethyl iodide C2H4FI 831
762-62-9 4,4-dimethyl-1-pentene C7H14 11735
762-63-0 4,4-dimethyl-cis-2-pentene C7H14 11741
762-72-1 allyltrimethylsilane C6H14Si 9133
762-75-4 tert-butyl formate C5H10O2 5500
763-29-1 2-methyl-1-pentene C6H12 8223
763-30-4 2-methyl-1,4-pentadiene C6H10 7643
763-32-6 3-methyl-3-buten-1-ol C5H10O 5478
763-69-9 ethyl-3-ethoxypropionate C7H14O3 11931
763-89-3 4-methyl-3-pentenol C6H12O 8439
763-93-9 3-hexen-2-one C6H10O 7773
764-01-2 2-butyn-1-ol C4H6O 2947
764-05-6 cyanogen azide CN4 361
764-13-6 2,5-dimethyl-2,4-hexadiene C8H14 14497
764-33-0 2-hexynoic acid C6H8O2 7417
764-35-2 2-hexyne C6H10 7649
764-39-6 2-pentenal C5H8O 4880
764-41-0 1,4-dichloro-2-butene C4H6Cl2 2820
764-42-1 trans-2-butenedinitrile C4H2N2 2420
764-47-6 propyl vinyl ether C5H10O 5458
764-48-7 ethylene glycol monovinyl ether C4H8O2 3516
764-49-8 allyl thiocyanate C4H5NS 2725
764-56-7 1,5-heptadiyne C7H8 10728
764-60-3 2-hexyn-1-ol C6H10O 7789
764-73-8 2,6-octadiyne C8H10 13798
764-78-3 ethylene glycol divinyl ether C6H10O2 7853
764-81-8 n-heptyl hydroperoxide C7H16O2 12273
764-84-1 1,1,1-trifluorododecane C12H23F3 24799
764-85-2 nonanoyl chloride C9H17ClO 17797
764-89-6 8-hydroxyoctanoic acid C8H16O3 15227
764-93-2 1-decyne C10H18 20593
764-96-5 cis-5-undecene C11H22 22801
764-97-6 trans-5-undecene C11H22 22802
764-99-8 di(ethylene glycol) divinyl ether C8H14O3 14671
765-03-7 1-dodecyne C12H22 24653
765-04-8 1,11-undecanediol C11H24O2 23068
765-05-9 decyl vinyl ether C12H24O 24856
765-09-3 1-bromotridecane C13H27Br 26515
765-10-6 1-tetradecyne C14H26 27780
765-12-8 tri(ethylene glycol) divinyl ether C10H18O4 20833
765-13-9 1-pentadecyne C15H28 28820
765-14-0 dodecyl vinyl ether C14H28O 27867
765-15-1 n-dodecyl thiocyanate C13H25NS 26460
765-27-5 1-eicosyne C20H38 32436
765-30-0 cyclopropylamine C3H7N 2034
765-31-1 3-methyldiazirine C2H4N2 852
765-34-4 oxiranecarboxaldehyde C3H4O2 1630
765-38-8 2-methylpyrrolidine C5H11N 5673
765-42-4 alpha-methylcyclopropanemethanol C5H10O 5470
765-43-5 cyclopropyl methyl ketone C5H8O 4851
765-47-9 1,2-dimethylcyclopentene C7H12 11326
765-48-0 1,2-dimethylpyrrolidine C6H13N 8746
765-58-2 2-bromo-5-methylthiophene C5H5BrS 4355
765-69-5 2-methyl-1,3-cyclopentanedione C6H8O2 7428
765-70-8 3-methyl-1,2-cyclopentanedione C6H8O2 7429
765-85-5 methyl cyclobutanecarboxylate C6H10O2 7843
765-87-7 1,2-cyclohexanedione C6H8O2 7409
765-91-3 exo-2-chloronorbornane C7H11Cl 11251
766-00-7 cyclopentaneethanol C7H14O 11854
766-05-2 cyclohexanecarbonitrile C7H11N 11272
766-06-3 benzyl silane C7H10Si 11238
766-07-4 cyclohexyl peroxide C6H12O2 8484
766-08-5 methylphenylsilane C7H10Si 11237
766-09-6 1-ethylpiperidine C7H15N 12037
766-15-4 4,4-dimethyl-1,3-dioxane C6H12O2 8521
766-17-6 cis-2,6-dimethylpiperidine C7H15N 12047
766-20-1 2,4-dimethyl-1,3-dioxane C6H12O2 8490
766-39-2 3,4-dimethyl-2,5-furandione C6H6O3 7088
766-46-1 1-bromo-2-ethynylbenzene C8H5Br 12599
766-49-4 1-ethynyl-2-fluorobenzene C8H5F 12641
766-51-8 o-chloroanisole C7H7ClO 10511
766-53-0 2-methylbicyclo[2.2.2]octane C9H16 17602
766-66-5 2-chlorocycloheptanone C7H11ClO 11256
766-77-8 dimethylphenylsilane C8H12Si 14414
766-79-0 1-isopropylpiperidine C8H17N 15287
766-80-3 3-chlorobenzyl bromide C7H6BrCl 10147
766-81-4 1-bromo-3-ethynylbenzene C8H5Br 12600
766-84-7 3-chlorobenzonitrile C7H4ClN 9697
766-85-8 3-iodoanisole C7H7IO 10598
766-90-5 cis-1-propenylbenzene C9H10 16509
766-92-7 [(methylthio)methyl]benzene C8H10S 14052
766-93-8 N-cyclohexylformamide C7H13NO 11634
766-94-9 phenyl vinyl ether C8H8O 13398
766-95-0 2,5-diethyl-1H-pyrrole C8H13N 14433
766-96-1 1-bromo-4-ethynylbenzene C8H5Br 12601
766-97-2 4-ethynyltoluene C9H8 16092
766-98-3 1-ethynyl-4-fluorobenzene C8H5F 12642
767-00-0 4-hydroxybenzonitrile C7H5NO 10056
767-03-3 3-cyclopentene-1-acetic acid C7H10O2 11167
767-05-5 3-cyclopentyl-1-propanol C8H16O 15138
767-08-8 tetrahydro-2-furanpropanol C7H14O2 11927
767-10-2 1-butylpyrrolidine C8H17N 15280
767-12-4 3,3-dimethylcyclohexanol C8H16O 15098
767-15-7 4,6-dimethylpyrimidinamine C6H9N3 7586
767-17-9 4,6-diamino-1,3,5-triazine-2-thione C3H5N5S 1801
767-54-4 trans-3,3,5-trimethylcyclohexanol C9H18O 18030
767-58-8 2,3-dihydro-1-methyl-1H-indene C10H12 19389
767-59-9 1-methylindene C10H10 18963
767-60-2 3-methyl-1H-indene C10H10 18965
767-88-4 1,2-dihydro-1-methyl-2-oxo-3-pyridinecarbonitril C7H6N2O 10350
767-92-0 trans-decahydroquinoline C9H17N 17820
767-99-7 cis-(1-methyl-1-propenyl)benzene C10H12 19362
768-00-3 trans-(1-methyl-1-propenyl)benzene C10H12 19363
768-03-6 2-propenophenone C9H8O 16200
768-22-9 1a,6a-dihydro-6H-indeno[1,2-b]oxirene C9H8O 16195
768-32-1 trimethylphenylsilane C9H14Si 17523
768-33-2 chlorodimethylphenylsilane C8H11ClSi 14076
768-34-3 1-perchlorylpiperidine C5H10ClNO3 5324
768-35-4 3-fluorophenylboronic acid C6H6BFO2 6900
768-39-8 difluoro(4-methylphenyl)borane C7H7BF2 10455
768-49-0 (2-methyl-1-propenyl)benzene C10H12 19364
768-52-5 N-isopropylaniline C9H13N 17275
768-56-9 3-butenylbenzene C10H12 19385
768-59-2 4-ethylbenzyl alcohol C9H12O 17126
768-60-5 4-ethynylanisole C9H8O 16196
768-66-1 2,2,6,6-tetramethylpiperidine C9H19N 18138
768-90-1 1-bromoadamantane C10H15Br 20186
768-93-4 1-iodoadamantane C10H15I 20194
768-94-5 tricyclo[3.3.1.13,7]decan-1-amine C10H17N 20557
768-95-6 1-adamantanol C10H16O 20455
769-06-2 N,N,2,6-tetramethylaniline C10H15N 20212
769-10-8 2-fluoro-6-nitrotoluene C7H6FNO2 10302
769-25-5 2-vinyl-1,3,5-trimethylbenzene C11H14 22042
769-28-8 3-cyano-4,6-dimethyl-2-hydroxypyridine C8H8N2O 13344
769-39-1 2,3,5,6-tetrafluorophenol C6H2F4O 6192
769-40-4 2,3,5,6-tetrafluorothiophenol C6H2F4S 6194
769-68-6 alpha-ethylbenzeneacetonitrile C10H11N 19284
769-78-8 vinyl benzoate C9H8O2 16213
769-92-6 4-tert-butylaniline C10H15N 20201
770-09-2 trimethylbenzylsilane C10H16Si 20544

770-12-7 phenyl dichlorophosphate C6H5Cl2O2P 6756
770-35-4 1-phenoxy-2-propanol C9H12O2 17153
770-71-8 1-adamantanemethanol C11H18O 22584
770-89-8 chloromethyl-4-chlorophenyl dimethylsilane C9H12Cl2Si 17032
771-50-6 indole-3-carboxylic acid C9H7NO2 16045
771-51-7 indole-3-acetonitrile C10H8N2 18710
771-56-2 2,3,4,5,6-pentafluorotoluene C7H3F5 9586
771-60-8 2,3,4,5,6-pentafluoroaniline C6H2F5N 6195
771-61-9 pentafluorophenol C6HF5O 6124
771-62-0 pentafluorobenzenethiol C6HF5S 6125
771-63-1 tetrafluorohydroquinone C6H2F4O2 6193
771-69-7 1,2,3-trifluoro-4-nitrobenzene C6H2F3NO2 6188
771-97-1 2,3-naphthalenediamine C10H10N2 19035
771-98-2 1-cyclohexen-1-ylbenzene C12H14 23888
771-99-3 4-phenylpiperidine C11H15N 22233
772-00-9 4-phenyl-1,3-dioxane C10H12O2 19581
772-01-0 2-phenyl-1,3-dioxane C10H12O2 19580
772-03-2 2-vinylquinoline, stabilized C11H9N 21566
772-17-8 beta-methylbenzenepropanoic acid, (±) C10H12O2 19576
772-31-6 cyclopropyl 4-fluorophenyl ketone C10H9FO 18837
772-33-8 a-bromo-4-nitro-o-cresol C7H6BrNO3 10183
772-43-0 5-nitro-2-furamidoxime C5H4N2O5 4304
772-79-2 4-chlorophenyl phosphorodichloridate C6H4Cl3O2P 6507
773-64-8 2-mesitylenesulfonyl chloride C9H11ClO2S 16866
773-76-2 5,7-dichloro-8-quinolinol C9H5Cl2NO 15826
773-82-0 pentafluorobenzonitrile C7F5N 9417
773-99-9 1-naphthaleneethanol C12H12O 23765
774-05-0 ethyl 2-oxo-1-cyclooctanecarboxylate C11H18O3 22616
774-40-3 ethyl mandelate C10H12O3 19660
774-64-1 bovolide C11H16O2 22462
775-06-4 DL-m-tyrosine C9H11NO3 16967
775-11-1 nitrosobenzylurea C8H9N3O2 13778
775-12-2 diphenylsilane C12H12Si 23799
775-15-5 1-benzyl-3-pyrrolidinol C11H15NO 22249
775-16-6 1-benzyl-3-pyrrolidinone C11H13NO 21962
775-51-9 1,2,3,3,4,5,6,6-octafluoro-1,4-cyclohexadiene C6F8 6081
775-56-4 diethoxymethylphenylsilane C11H18O2Si 22614
776-04-5 2-(trifluoromethyl)benzenesulfonyl chloride C7H4ClF3O2S 9691
776-35-2 9,10-dihydrophenanthrene C14H12 26870
776-74-9 alpha-bromodiphenylmethane C13H11Br 25663
776-75-0 1-benzoylpiperidine C12H15NO 24057
776-76-1 methyldiphenylsilane C13H14Si 26001
776-99-8 (3,4-dimethoxyphenyl)acetone C11H14O3 22181
777-11-7 3-iodo-2-propynyl-2,4,5-trichlorophenyl ether C9H4Cl3IO 15787
777-22-0 (1-methylheptyl)benzene C14H22 27649
777-37-7 1-chloro-4-nitro-2-(trifluoromethyl)benzene C7H3ClF3NO2 9509
777-44-6 3-(trifluoromethyl)benzenesulfonyl chloride C7H4ClF3O2S 9692
777-52-6 4-nitrophenyl phosphorodichloridate C6H4Cl2NO4P 6473
777-79-7 nitrosophenylethylurea C9H11N3O2 16993
778-22-3 2,2-diphenylpropane C15H16 28382
778-24-5 dimethyldiphenylsilane C14H16Si 27387
778-25-6 methyldiphenylsilanol C13H14OSi 25991
778-28-9 butyl 4-toluenesulfonate C11H16O3S 22474
778-66-5 1,1-diphenyl-1-propene C15H14 28250
778-82-5 ethyl 3-indoleacetate C12H13NO2 23843
778-94-9 2-nitro-4-(trifluoromethyl)benzonitrile C8H3F3N2O2 12481
779-02-2 9-methylanthracene C15H12 28131
779-47-5 N-isopropyl terephthalamic acid C11H13NO3 21993
779-51-1 1,2-diphenyl-1-propene C15H14 28251
779-84-0 2-[(phenylimino)methyl]phenol C13H11NO 25695
779-89-5 3-(trifluoromethyl)cinnamic acid C10H7F3O2 18627
779-90-8 1,3,5-triacetylbenzene C12H12O3 23777
780-11-0 3-tert-butylphenyl N-methylcarbamate C12H17NO2 24318
780-24-5 dibenzylmercury C14H14Hg 27094
780-25-6 N-benzylidenebenzylamine C14H13N 27008
780-69-8 triethoxyphenylsilane C12H20O3Si 24593
781-17-9 4,5,9,10-tetrahydropyrene C16H14 29123
781-35-1 1,1-diphenyl-2-propanone C15H14O 28289
781-43-1 9,10-dimethylanthracene C16H14 29109
781-73-7 2-acetylfluorene C15H12O 28178
782-05-8 cis-2,3-diphenyl-2-butene C16H16 29234
782-06-9 trans-2,3-diphenyl-2-butene C16H16 29235
784-04-3 9-acetylanthracene C16H12O 29052
784-38-3 2-amino-5-chloro-2'-fluorobenzophenone C13H9ClFNO 25517
784-50-9 9-oxo-9H-fluorene-2-carboxylic acid C14H8O3 26662
785-56-8 3,5-bis(trifluoromethyl)benzoyl chloride C9H3ClF6O 15774
786-19-6 carbophenothion C11H16ClO2PS3 22362
787-69-9 4,4'-diacetylbiphenyl C16H14O2 29160
787-84-8 sym-dibenzoylhydrazine C14H12N2O2 26903
789-02-6 o,p'-DDT C14H9Cl5 26700
789-25-3 triphenylsilane C18H16Si 30598
790-60-3 benz(a)oxireno(c)anthracene C18H10O 30386
790-69-2 loflucarban C13H9Cl2FN2S 25527
791-28-6 triphenylphosphine oxide C18H15OP 30562
791-29-7 methyltriphenylsilane C19H18Si 31423
791-31-1 triphenylsilanol C18H16OSi 30596
792-74-5 dimethyl biphenyl-4,4'-dicarboxylate C16H14O4 29180
793-23-7 1,4-dibenzylbenzene C20H18 32058
793-24-8 santoflex 13 C18H24N2 30843
794-00-3 7,12-dimethyl-5-fluorobenz(a)anthracene C20H15F 31957
794-93-4 bis(hydroxymethyl)furatrizine C11H11N5O5 21786
794-95-5 4-methoxybenzoic anhydride C16H14O5 29185
795-95-9 (1,2'-binaphthalene)-1,2'-diamine C20H16N2 32010
796-13-4 1-bromo-1-(p-chlorophenyl)-2,2-diphenylethyle C20H14BrCl 31871
797-58-0 norbolethone C21H32O2 32977
797-63-7 d(-)-norgestrel C21H28O2 32928
797-64-8 L-norgestrel C21H28O2 32929
797-77-3 3,3-diphenylhexamethyltrisiloxane C18H28O2Si3 30931
799-34-8 glycidyl 2,2,3,3,4,4,5,5,6,6,7,7-dodecafluoro C10H8F12O2 18698
799-53-1 1,1,1-trimethyl-3,3,3-triphenyldisiloxane C21H24OSi2 32841
800-24-8 benzoquinone aziridine C16H22N2O6 29509
801-52-5 N-methylmitomycin C C16H20N4O5 29462
802-93-7 a,a,a',a'-tetrakis(trifluoromethyl)-1,3-benze C12H6F12O2 23220
803-57-6 3-fluorotricycloquinazoline C21H11FN4 32566
804-30-8 fursultiamin C17H26N4O3S2 30247
804-36-4 panazone C14H12N6O6 26928
804-63-7 quinine sulfate C40H50N4O8S 35588
807-28-3 1,3-dimethyl-1,1,3,3-tetraphenyldisiloxane C26H26OSi2 34255
811-54-1 lead(ii) formate C2H2O4Pb 685
811-62-1 chlorodimethylphosphine C2H6ClP 1012
811-73-4 iodotrimethyltin C3H9ISn 2198
811-93-8 2-methyl-1,2-propanediamine C4H12N2 4074
811-94-9 1,2,2-trifluoropropane C3H5F3 1724
811-95-0 1,1,2-trichloro-1-fluoroethane C2H2Cl3F 631
811-97-2 1,1,1,2-tetrafluoroethane C2H2F4 650
811-98-3 methanol-d4 CD4O 63
812-00-0 dihydrogen methyl phosphate CH5O4P 301
812-01-1 methyl chlorosulfonate CH3ClO3S 202
812-03-3 1,1,1,2-tetrachloropropane C3H4Cl4 1565
812-04-4 1,1-dichloro-1,2,2-trifluoroethane C2HCl2F3 534
813-19-4 hexabutyldistannane C24H54Sn2 34038
813-44-5 bis(perfluoroisopropyl)ketone C7F14O 9422
813-56-9 malonic acid-d4 C3D4O4 1278
813-74-1 2,2,3-trichloropropionitrile C3H2Cl3N 1356
813-75-2 1,2,2,3-tetrafluoropropane C3H4F4 1583
813-76-3 diethylphosphinic acid C4H11O2P 4019
813-77-4 dimethyl chlorophosphate C2H6ClO3P 1011
813-78-5 dimethyl hydrogen phosphate C2H7O4P 1141
813-93-4 bismuth citrate C6H5BiO7 6655
814-29-9 tributylphosphine oxide C12H27OP 25350
814-40-4 ethyl methyl sulfate C3H8O4S 2156
814-49-3 diethyl chlorophosphonate C4H10ClO3P 3805
814-67-5 1,2-propanedithiol C3H8S2 2162
814-68-6 2-propenoyl chloride C3H3ClO 1406
814-75-5 3-bromo-2-butanone, stabilized C4H7BrO 3067
814-78-8 methyl isopropenyl ketone C5H8O 4849
814-88-0 cadmium oxalate C2CdO4 421
814-89-1 cobalt(ii) oxalate C2CoO4 468
814-91-5 copper(ii) oxalate C2CuO4 475
814-94-8 tin(ii) oxalate C2O4Sn 1233
814-98-2 1,1,2,2-tetramethyldisilane C4H14Si2 4133
815-06-5 N-methyltrifluoroacetamide C3H4F3NO 1576
815-17-8 3,3-dimethyl-2-oxobutanoic acid C6H10O3 7887
815-24-7 di-tert-butyl ketone C9H18O 18000
815-57-6 3-methyl-2,4-pentanedione, tautomers C6H10O2 7858
815-58-7 2,3,3-trichloro-2-propenoyl chloride C3Cl4O 1267
815-66-7 4-hydroxy-2,2,5,5-tetramethyl-3-hexanone C10H20O2 21062
815-68-9 triacetylmethane C7H10O3 11197
815-82-7 copper(ii) tartrate trihydrate C4H10CuO9 3816
815-85-0 tin(ii) tartrate C4H4O6Sn 2612
816-11-5 methyl 2-ethylbutanoate C7H14O2 11913
816-39-7 1,3-dibromo-2-propanone C3H4Br2O 1511
816-40-0 1-bromo-2-butanone C4H7BrO 3066
816-43-3 lithium diethyl amide C4H10LiN 3824
816-57-9 N-nitroso-N-propylurea C4H9N3O2 3769
816-79-5 3-ethyl-2-pentene C7H14 11736
817-46-9 2-propyl-1-hexanol C9H20O 18291
817-60-7 2-ethyl-1-heptanol C9H20O 18265
817-87-8 ethyl azidoformate C3H5N3O2 1791
817-91-4 4-methyl-1-heptanol C8H18O 15438
817-95-8 ethyl ethoxyacetate C6H12O3 8537
817-99-2 N-(carbamoylmethyl)-2-diazoacetamide C4H6N4O2 2930
818-08-6 dibutyltin oxide C8H18OSn 15542
818-23-5 8-pentadecanone C15H30O 28875
818-38-2 diethyl glutarate C9H16O4 17758
818-49-5 4-methyl-1-hexanol C7H16O 12170
818-61-1 2-hydroxyethyl acrylate C5H8O3 4927
818-72-4 1-octyn-3-ol C8H14O 14595
818-81-5 2-methyl-1-octanol C9H20O 18244
818-88-2 mono-methyl sebacate C11H20O4 22739
818-92-8 3-fluoro-1-propene C3H5F 1714
819-07-8 1,1,1-trifluoro-2-nitroethane C2H2F3NO2 649
819-35-2 nitrosomethyl-2-trifluoroethylamine C3H5F3N2O 1727
819-44-3 5-chloro-5-methyl-1-hexen-3-yne C7H9Cl 10940
819-73-8 lead(ii) butanoate C8H14O4Pb 14717
819-93-2 methyl 3,4-dichlorobutanoate C5H8Cl2O2 4788
819-97-6 sec-butyl butanoate C8H16O2 15178
820-05-3 4,6-dimethyl-1-heptanol C9H20O 18269
820-29-1 5-decanone C10H20O 21019
820-54-2 methyl divinyl acetylene C7H8 10732
820-55-3 1,1-dichloropentane C5H10Cl2 5330
820-75-7 N-(diazoacetyl)glycine hydrazine C4H7N5O2 3313
821-06-7 trans-1,4-dibromo-2-butene C4H6Br2 2774
821-07-8 trans-1,3,5-hexatriene C6H8 7271
821-08-9 1,5-hexadien-3-yne C6H6 6878
821-09-0 4-penten-1-ol C5H10O 5466
821-10-3 1,4-dichloro-2-butyne C4H4Cl2 2536
821-11-4 trans-2-butene-1,4-diol C4H8O2 3512
821-14-7 diethyldiazene C4H10N2 3831
821-25-0 1,1-dichloroheptane C7H14Cl2 11763
821-38-5 1,12-dodecanedicarboxylic acid C14H26O4 27820
821-41-0 5-hexen-1-ol C6H12O 8449
821-55-6 2-nonanone C9H18O 17999
821-67-0 azopropane C6H14N2 8914
821-76-1 1,7-dichloroheptane C7H14Cl2 11768
821-88-5 1,1-dichlorononane C9H18Cl2 17959
821-93-2 1,1-dichlorotridecane C13H26Cl2 26474
821-95-4 1-undecene C11H22 22795
821-96-5 cis-2-undecene C11H22 22796
821-98-7 cis-4-undecene C11H22 22799
821-99-8 1,9-dichlorononane C9H18Cl2 17961
822-01-5 1,1-dichloroundecane C11H22Cl2 22807
822-06-0 hexamethylene diisocyanate C8H12N2O2 14306
822-13-9 1-chlorotridecane C13H27Cl 26516
822-15-1 1,1-dichloropentadecane C15H30Cl2 28865
822-16-2 stearic acid, sodium salt C18H35NaO2 31070
822-20-8 heptadecyl acetate C19H38O2 31713
822-23-1 octadecyl acetate C20H40O2 32494
822-24-2 eicosyl acetate C22H44O2 33463
822-27-5 dioctyl disulfide C16H34S2 29797
822-28-6 hexadecyl vinyl ether C18H36O 31093
822-35-5 cyclobutene C4H6 2753
822-36-6 4-methyl-1H-imidazole C4H6N2 2888
822-38-8 ethylene trithiocarbonate C3H4S3 1641
822-39-9 2-chloro-1,3,2-dioxaphospholane C2H4ClO2P 810
822-50-4 trans-1,2-dimethylcyclopentane C7H14 11700
822-66-2 3-cyclohexen-1-ol C6H10O 7766
822-67-3 2-cyclohexen-1-ol C6H10O 7765
822-84-4 3-nitrothiophene C4H3NO2S 2494
822-85-5 2-bromocyclohexanone C6H9BrO 7479
822-86-6 trans-1,2-dichlorocyclohexane C6H10Cl2 7690
822-87-7 2-chlorocyclohexanone C6H9ClO 7495
823-18-7 cis-1,3-cyclohexandiol C6H12O2 8518
823-36-9 2-ethyl-1,3-cyclopentanedione C7H10O2 11180
823-40-5 2-methyl-1,3-benzenediamine C7H10N2 11080
823-76-7 1-cyclohexylethanone C8H14O 14541
823-78-9 3-bromobenzyl bromide C7H6Br2 10192
823-87-0 sodium-4-nitrosophenoxide C6H4NNaO2 6562
823-96-1 trimethylboroxine C3H9B3O3 2179
824-11-3 4-ethyl-2,6,7-trioxa-1-phosphabicyclo[2.2.2]octa C6H11O3P 8195
824-22-6 2,3-dihydro-4-methyl-1H-indene C10H12 19391
824-40-8 picolinic acid N-oxide C6H5NO3 6837
824-42-0 2-hydroxy-3-methylbenzaldehyde C8H8O2 13423
824-45-3 2,5-dimethylbenzyl chloride C9H11Cl 16853
824-46-4 2-methoxyhydroquinone C7H8O3 10905
824-47-5 (2-chloro-1-methylethyl)benzene C9H11Cl 16847

824-55-5 1-(chloromethyl)-2,4-dimethylbenzene C9H11Cl 16845
824-63-5 2,3-dihydro-2-methyl-1H-indene C10H12 19390
824-69-1 2,5-dichloro-1,4-benzenediol C6H4Cl2O2 6491
824-72-6 phenylphosphonic dichloride C6H5Cl2OP 6753
824-75-9 4-fluorobenzamide C7H6FNO 10292
824-78-2 sodium 4-nitrophenoxide, hydrate C6H4NNaO3 6564
824-90-8 trans-1-butenylbenzene C10H12 19397
824-94-2 1-(chloromethyl)-4-methoxybenzene C8H9ClO 13601
824-98-6 3-methoxybenzyl chloride C8H9ClO 13608
825-25-2 2-cyclopentylidenecyclopentanone C10H14O 20048
825-44-5 thianaphthene-1,1-dioxide C8H6O2S 12925
825-51-4 decahydro-2-naphthalenol C10H18O 20687
825-55-8 2-phenylthiophene C10H8S 18804
825-83-2 4-(trifluoromethyl)thiophenol C7H5F3S 10017
825-94-5 trichloro(4-chlorophenyl)silane C6H4Cl4Si 6509
826-18-6 1-pentenylbenzene C11H14 22039
826-34-6 dimethyl cis-1,2-cyclopropanedicarboxylate C7H10O4 11208
826-35-7 dimethyl trans-1,2-cyclopropanedicarboxylate C7H10O4 11209
826-36-8 2,2,6,6-tetramethyl-4-piperidinone C9H17NO 17825
826-62-0 bicyclo(2.2.1)-hept-5-ene-2,3-dicarboxylic anhydr C9H8O3 16229
826-73-3 6,7,8,9-tetrahydro-5H-benzocyclohepten-5-one C11H12O 21852
826-74-4 1-vinylnaphthalene C12H10 23446
826-77-7 4,6-dimethylquinoline C11H11N 21715
826-81-3 2-methyl-8-quinolinol C10H9NO 18875
827-08-7 1,2-dibromo-3,4,5,6-tetrafluorobenzene C6Br2F4 6047
827-15-6 pentafluoroiodobenzene C6F5I 6077
827-16-7 1,3,5-trimethyl-1,3,5-triazine-2,4,6(1H,3H,5H)-t C6H9N3O3 7605
827-21-4 2,4-dimethylbenzenesulfonic acid sodium salt C8H9NaO3S 13788
827-23-6 2,4-dibromo-6-nitroaniline C6H4Br2N2O2 6416
827-52-1 cyclohexylbenzene C12H16 24111
827-54-3 2-vinylnaphthalene C12H10 23447
827-60-1 1-(4-methylphenyl)-1H-pyrrole C11H11N 21730
827-61-2 aceclidine C9H15NO2 17561
827-88-3 a-cyclopropyl-4-fluorobenzyl alcohol C10H11FO 19274
827-94-1 2,6-dibromo-4-nitroaniline C6H4Br2N2O2 6417
827-99-6 3-(trifluoromethoxy)phenol C7H5F3O2 10012
828-00-2 2,6-dimethyl-1,3-dioxan-4-ol acetate, cis and tr C8H14O4 14706
828-01-3 alpha-hydroxybenzenepropanoic acid, (±) C9H10O3 16726
828-26-2 2,2,4,4,6,6-hexamethyltrithiane C9H18S3 18112
828-27-3 4-(trifluoromethoxy)phenol C7H5F3O2 10013
828-51-3 1-adamantanecarboxylic acid C11H16O2 22455
828-73-9 pentafluorophenylhydrazine C6H3F5N2 6350
829-20-9 2',4'-dimethoxyacetophenone C10H12O3 19655
829-26-5 2,3,6-trimethylnaphthalene C13H14 25934
829-65-2 N-(p-tolyl)-1-aziridinecarboxamide C10H12N2O 19441
829-83-4 diphenylarsine C12H11As 23582
829-84-5 dicyclohexylphosphine C12H23P 24817
830-03-5 4-nitrophenyl acetate C8H7NO4 13191
830-09-1 p-methoxycinnamic acid, predominantly trans C10H10O3 19189
830-13-7 cyclododecanone C12H22O 24690
830-79-5 2,4,6-trimethoxybenzaldehyde C10H12O4 19691
830-81-9 1-naphthyl acetate C12H10O2 23542
830-89-7 5-isobutyl-3-allyl-2-thioxo-4-imidazolidinone C10H16N2OS 20401
830-96-6 3-indolepropionic acid C11H11NO2 21750
831-29-8 (2,4-dimethoxyphenyl)acetone C11H14O3 22182
831-52-7 sodium picramate C6H4N3NaO5 6598
831-61-8 gallic acid ethyl ester C9H10O5 16810
831-71-0 5-nitro-2-furaldehyde thiosemicarbazone C6H6N4O3S 7047
831-81-2 1-chloro-4-benzylbenzene C13H11Cl 25668
831-82-3 4-phenoxyphenol C12H10O2 23544
831-91-4 (benzylthio)benzene C13H12S 25827
832-06-4 2-butoxycarbonylmethylene-4-oxothiazolidone C9H13NO3S 17356
832-10-0 cyclotridecanone C13H24O 26415
832-49-5 1-naphthol-2-sulfonic acid potassium salt C10H7KO4S 18633
832-53-1 pentafluorobenzenesulfonyl chloride C6ClF5O2S 6053
832-64-4 4-methylphenanthrene C15H12 28134
832-69-9 1-methylphenanthrene C15H12 28132
832-71-3 3-methylphenanthrene C15H12 28133
833-48-7 dibenzosuberane C15H14 28255
833-50-1 2-phenylbenzoxazole C13H9NO 25548
833-81-8 trans-a-methylstilbene C15H14 28256
834-12-8 ametryn C9H17N5S 17857
834-24-2 4-stilbenamine C14H13N 27012
835-11-0 2,2'-dihydroxybenzophenone C13H10O3 25640
835-31-4 naphazoline C14H14N2 27104
835-64-3 2-(2-benzoxazolyl)phenol C13H9NO2 25555
836-30-6 4-nitro-N-phenylaniline C12H10N2O2 23500
836-43-1 4-benzyloxybenzyl alcohol C14H14O2 27166
837-45-6 9-phenanthrenecarboxylic acid C15H10O2 28041
838-41-5 2,4-diphenyloxazole C15H11NO 28105
838-45-9 1,3-diphenylpentane C17H20 30118
838-57-3 ethyl 4-nitrobenzoylacetate C11H11NO5 21767
838-85-7 diphenyl phosphate C12H11O4P 23674
838-88-0 4,4'-methylenebis(2-methylaniline) C15H18N2 28505
838-95-9 trans-N,N-dimethyl-4-(2-phenylvinyl)aniline C16H17N 29319
839-78-1 4-fluorosulfonyl-1-hydroxy-2-naphthoic acid C11H7FO5S 21492
840-65-3 2,6-naphthalenedicarboxylic acid, dimethyl este C14H12O4 26987
840-97-1 2-acetylamino-3-(4-hydroxyphenyl)-propanoic ac C13H17NO4 26143
841-06-5 2-isopropylamino-4-(3-methoxypropylamino)-6-m C11H21N5OS 22786
841-18-9 trans-4'-styrylacetanilide C16H15NO 29206
841-67-8 (-)-thalidomide C13H10N2O4 25617
841-73-6 bucolome C14H22N2O3 27671
841-77-0 1-(diphenylmethyl)piperazine C17H20N2 30126
842-00-2 4-(ethylsulfonyl)-1-naphthalene sulfonamide C12H13NO4S2 23865
842-07-9 1-(phenylazo)-2-naphthalenol C16H12N2O 29043
842-18-2 2-naphthol-6,8-disulfonic acid dipotassiumsa C10H6K2O7S2 18563
843-23-2 trans-N-(p-styrylphenyl)acetohydroxamic acid C16H15NO2 29213
843-34-5 trans-4'-hydroxy-4-acetamidostilbene C16H15NO2 29209
843-55-0 bisphenol Z C18H20O2 30741
845-46-5 4-(4-dimethylaminophenylazo)benzoic acid so C15H14N3NaO2 28278
846-35-5 benzo(e)(1)benzothiopyrano(4,3-b)indole C19H11NS 31205
846-48-0 boldenone C19H26O2 31577
846-49-1 7-chloro-5-(o-chlorophenyl)-1,3-dihydro-3- C15H10Cl2N2O2 28019
846-50-4 7-chloro-1,3-dihydro-3-hydroxy-1-methyl-5-p C16H13ClN2O2 29078
846-70-8 naphthol yellow S C10H4N2Na2O8S 18492
848-21-5 norgestrienone C20H22O2 32177
848-53-3 homochlorocyclizine C19H23ClN2 31505
848-75-9 N-methyllorazepam C16H12Cl2N2O2 29035
849-99-0 dicyclohexyl adipate C18H30O4 30975
850-52-2 altrenogest C21H26O2 32877
851-68-3 mepromazine C19H24N2OS 31547
852-38-0 2-phenyl-5-(4-phenylphenyl)-1,3,4-oxadiazole C20H14N2O 31879
853-23-6 3b-hydroxyandrost-5-en-17-one acetate C21H30O3 32962
853-34-9 ketophenylbutazone C19H18N2O3 31408
853-35-0 anthraquinone-1,5-disulfonic acid, disodium C14H6Na2O8S2 26599
853-39-4 decafluorobenzophenone C13F10O 25435
855-22-1 5a-dihydrotestosterone propionate C22H34O3 33383
855-38-9 tris(4-methoxyphenyl)phosphine C21H21O3P 32786
857-95-4 o-(4-(bis(2-chloroethyl)amino)phenyl)-DL-t C19H22Cl2N2O3 31479
860-22-0 5,5'-indigodisulfonic acid, disodium salt C16H8N2Na2O8S2 28963
860-39-9 bis(2-nitro-4-trifluoromethylphenyl) disul C14H6F6N2O4S2 26591
860-79-7 cyclovirobuxine D C26H46N2O 34333
863-61-6 vitamin MK 4 C31H40O2 35001
865-04-3 10-methoxy-11-desmethoxyreserpine C33H40N2O9 35154
865-21-4 vincaleukoblastine C46H58N4O9 35778
865-33-8 potassium methoxide CH3KO 228
865-34-9 lithium methoxide CH3LiO 230
865-35-0 tantalum(v) methoxide C5H15O5Ta 6037
865-37-2 dimethylaluminum hydride C2H7Al 1100
865-47-4 potassium tert-butoxide C4H9KO 3671
865-48-5 sodium tert-butoxide C4H9NaO 3781
865-49-6 trichloromethane-d CDCl3 61
865-52-1 tetramethylgermane C4H12Ge 4059
865-58-7 3-bromo-3-methyl-1-butene C5H9Br 4987
865-71-4 perfluoro-3-methylpentane C6F14 6099
866-23-9 diethyl (trichloromethyl)phosphonate C5H10Cl3O3P 5357
866-55-7 dichlorodiethylstannane C4H10Cl2Sn 3813
866-84-2 potassium citrate C6H5K3O7 6808
866-87-5 tetravinyllead C8H12Pb 14409
866-97-7 tetrapentylammonium bromide C20H44BrN 32553
867-13-0 triethyl phosphonoacetate C8H17O5P 15352
867-36-7 dichlorodipropylstannane C6H14Cl2Sn 8900
867-55-0 lactic acid, lithium salt C3H5LiO3 1750
868-14-4 potassium hydrogen tartrate C4H5KO6 2694
868-18-8 sodium tartrate C4H4Na2O6 2591
868-26-8 dimethyl bromomalonate C5H7BrO4 4603
868-54-2 2-amino-1-propene-1,1,3-tricarbonitrile C6H4N4 6600
868-57-5 methyl 2-methylbutyrate C6H12O2 8513
868-73-5 dimethyl 2,6-dibromoheptanedioate C9H14Br2O4 17400
868-77-9 ethylene glycol monomethacrylate C6H10O3 7888
868-85-9 dimethyl hydrogen phosphite C2H7O3P 1139
869-01-2 n-butylnitrosourea C5H11N3O2 5759
869-10-3 diethyl meso-2,5-dibromoadipate C10H16Br2O4 20376
869-19-2 N-glycylleucine C8H16N2O3 15040
869-24-9 b-diethylaminoethyl chloride hydrochloride C6H15Cl2N 9168
869-29-4 3,3-diacetoxy-1-propene C7H10O4 11200
869-50-1 3-chloro-1,2-propanediol diacetate C7H11ClO4 11259
870-08-6 dioctyloxostannane C16H34OSn 29775
870-23-5 2-propene-1-thiol C3H6S 1970
870-46-2 tert-butyl carbazate C5H12N2O2 5812
870-63-3 1-bromo-3-methyl-2-butene C5H9Br 4991
870-72-4 formaldehyde sodium bisulfite addition compound CH3NaO4S 247
870-73-5 ethyl dithioacetate C4H8S2 3592
870-74-6 4-imino-2-pentanone C5H9NO 5202
870-93-9 homocystine C8H16N2O4S2 15055
871-22-7 6-methyl-5,7-dioxaundecane C10H22O2 21361
871-28-3 1-pentene-4-yne C5H6 4450
871-31-8 ethyl azide C2H5N3 968
871-83-0 2-methylnonane C10H22 21134
871-84-1 1,7-octadiyne C8H10 13800
872-05-9 1-decene C10H20 20943
872-10-6 dipentyl sulfide C10H22S 21387
872-31-1 3-bromothiophene C4H3BrS 2447
872-32-2 2-methyl-1-pyrroline C5H9N 5196
872-36-6 1,3-dioxol-2-one C3H2O3 1386
872-49-1 5-chloro-1-methylimidazole C4H5ClN2 2642
872-50-4 N-methyl-2-pyrrolidone C5H9NO 5198
872-53-7 cyclopentanecarboxaldehyde C6H10O 7767
872-55-9 2-ethylthiophene C6H8S 7467
872-85-5 4-pyridinecarboxaldehyde C6H5NO 6816
872-93-5 3-methyl sulfolane C5H10O2S 5537
873-31-4 1-chloro-2-ethynylbenzene C8H5Cl 12610
873-32-5 2-chlorobenzonitrile C7H4ClN 9696
873-49-4 cyclopropylbenzene C9H10 16517
873-50-7 3-methyl-1H-pyrazole-1-carboxamide C5H7N3O 4721
873-51-8 dichlorophenylborane C6H5BCl2 6644
873-55-2 benzenesulfinic acid, sodium salt C6H5NaO2S 6873
873-62-1 3-cyanophenol C7H5NO 10055
873-63-2 3-chlorobenzyl alcohol C7H7ClO 10524
873-66-5 trans-1-propenylbenzene C9H10 16510
873-69-8 2-pyridinecarboxaldehyde oxime C6H6N2O 6989
873-71-2 1-propylpyridinium bromide C8H12BrN 14256
873-74-5 4-aminobenzonitrile C7H6N2 10343
873-75-6 4-bromobenzyl alcohol C7H7BrO 10486
873-76-7 4-chlorobenzenemethanol C7H7ClO 10515
873-83-6 4-amino-2,6-dihydroxypyrimidine C4H5N3O2 2740
873-94-9 3,3,5-trimethylcyclohexanone C9H16O 17683
874-14-6 1,3-dimethyl-2,4(1H,3H)-pyrimidinedione C6H8N2O2 7355
874-23-7 2-acetylcyclohexanone C8H12O2 14344
874-24-8 3-hydroxy-2-pyridinecarboxylic acid C6H5NO3 6835
874-35-1 2,3-dihydro-5-methyl-1H-indene C10H12 19392
874-41-9 4-ethyl-m-xylene C10H14 19884
874-42-0 2,4-dichlorobenzaldehyde C7H4Cl2O 9744
874-60-2 4-methylbenzoyl chloride C8H7ClO 13005
874-63-5 3,5-dimethylanisole C9H12O 17123
874-66-8 furfurylidine-2-propanal C8H8O2 13438
874-79-3 propyl phenyl sulfide C9H12S 17213
874-83-9 4-(2-thienyl)-3-buten-2-one C8H8OS 13411
874-90-8 4-methoxybenzonitrile C8H7NO 13122
874-98-6 3-methoxybenzyl bromide C8H9BrO 13560
875-30-9 1,3-dimethyl-1H-indole C10H11N 19282
875-31-0 9-methylhypoxanthine C6H6N4O 7042
875-40-1 1,2,3,5-tetrachloro-4-methylbenzene C7H4Cl4 9764
875-51-4 4-bromo-2-nitroaniline C6H5BrN2O2 6666
875-59-2 1-(4-hydroxy-2-methylphenyl)ethanone C9H10O2 16663
875-74-1 D(-)-a-phenylglycine C8H9NO2 13733
876-02-8 4'-hydroxy-3'-methylacetophenone C9H10O2 16696
876-05-1 cis-1,3-cyclopentanedicarboxylic acid C7H10O4 11199
876-08-4 4-(chloromethyl)benzoyl chloride C8H6Cl2O 12811
876-83-5 2-methyl-1,3-indandione C10H8O2 18769
877-06-5 7-tert-butoxy-2,5-norbornadiene C11H16O 22436
877-08-7 1,2,3,4-tetrachloro-5,6-dimethylbenzene C8H6Cl4 12827
877-09-8 1,2,3,5-tetrachloro-4,6-dimethylbenzene C8H6Cl4 12828
877-10-1 1,2,4,5-tetrachloro-3,6-dimethylbenzene C8H6Cl4 12830
877-11-2 2,3,4,5,6-pentachlorotoluene C7H3Cl5 9553
877-22-5 3-methoxysalicylic acid C8H8O4 13501
877-24-7 potassium hydrogen phthalate C8H5KO4 12681
877-31-6 nitrosocyclohexylurea C7H13N3O2 11686
877-43-0 2,6-dimethylquinoline C11H11N 21707
877-44-1 1,2,4-triethylbenzene C12H18 24365
877-48-5 2,5-dimethylphenyl acetate C10H12O2 19543
877-53-2 2,4-dimethylphenyl acetate C10H12O2 19542
877-65-6 4-tert-butylbenzenemethanol C11H16O 22410
877-82-7 3,5-dimethylphenyl acetate C10H12O2 19545
877-89-4 2,4,6-trimethoxy-1,3,5-triazine C6H9N3O3 7606
877-95-2 N-acetyl-2-phenylethylamine C10H13NO 19777

878-00-2 4-acetoxybenzaldehyde C9H8O3 16220
878-13-7 cycloundecanone C11H20O 22694
878-93-3 1,4-dimethyl-2-naphthylamine C12H13N 23816
879-12-9 1,2,3-trimethylnaphthalene C13H14 25921
879-18-5 1-naphthoyl chloride C11H7ClO 21485
879-39-0 1,2,3,4-tetrachloro-5-nitrobenzene C6HCl4NO2 6114
879-97-0 4-tert-butyl-2,6-dimethylphenol C12H18O 24436
880-09-1 1,1'-dipiperidinomethane C11H22N2 22811
880-52-4 N-(1-adamantyl)acetamide C12H19NO 24513
880-78-4 pentafluoronitrobenzene C6F5NO2 6079
880-93-3 1-methyl-4-nitronaphthalene C11H9NO2 21572
881-03-8 2-methyl-1-nitronaphthalene C11H9NO2 21573
881-67-4 1-(dimethoxymethyl)-4-nitrobenzene C9H11NO4 16974
881-99-2 m-bis(trichlormethyl)benzene C8H4Cl6 12530
882-09-7 2-(4-chlorophenoxy)-2-methylpropionic acid C10H11ClO3 19261
882-25-7 2-methyl-4-(3-methylpentyl)phenol C13H20O 26314
882-33-7 diphenyldisulfide C12H10S2 23577
883-40-9 1,1'-diphenyldiazomethane C13H10N2 25604
883-93-2 2-phenylbenzothiazole C13H9NS 25568
883-99-8 methyl 3-hydroxy-2-naphthalenecarboxylate C12H10O3 23554
884-35-5 methyl 3,5-dimethoxy-4-hydroxybenzoate C10H12O5 19700
884-43-5 2,4,6-triethoxy-1,3,5-triazine C9H15N3O3 17580
885-62-1 2,4-dinitrobenzenesulfonic acid sodium salt C6H3N2NaO7S 6362
886-38-4 diphenylcyclopropenone C15H10O 28035
886-50-0 terbutryn C10H19N5S 20918
886-58-8 1-isopropyl-4-benzylbenzene C16H18 29353
886-65-7 1,4-diphenylbuta-1,3-diene C16H14 29117
886-66-8 1,4-diphenylbutadiyne C16H10 28986
886-74-8 chlorphenesin carbamate C10H12ClNO4 19411
886-77-1 1,5-di-2-furanyl-1,4-pentadien-3-one C13H10O3 25639
886-86-2 ethyl-m-aminobenzoate methane sulfonate C10H15NO5S 20291
887-76-3 1-diazo-2-naphthol-4-sulfonic acid, contains C10H6N2O4S 18574
888-71-1 3,5-diphenyl-1,2,4-oxadiazole C14H10N2O 26747
890-38-0 2'-deoxyinosine C10H12N4O4 19472
890-51-7 N-benzylidene-1-napthylamine C17H13N 29906
891-33-8 tutocaine C14H22N2O2 27670
892-17-1 11-methyl-15,16-dihydro-17-oxocyclopenta(a)phena C18H14O 30496
892-20-6 triphenyltin C18H16Sn 30599
892-21-7 3-nitrofluoranthene; (purity) C16H9NO2 28978
893-33-4 4,4,4-trifluoro-1-(2-naphthyl)-1,3-butanedione C14H9F3O2 26707
894-09-7 iodotriphenylstannane C18H15ISn 30547
894-52-0 15,16-dihydro-11,12-dimethylcyclopenta(a)phenant C19H16O 31346
895-85-2 bis(4-methylbenzoyl)peroxide C16H14O4 29182
896-33-3 (ethyl)triphenylphosphonium chloride C20H20ClP 32122
897-55-2 4-(4-(dimethylamino)styryl)quinoline C19H18N2 31404
897-78-9 2,6-dibenzylidenecyclohexanone C20H18O 32078
900-95-8 (acetyloxy)triphenylstannane C20H18O2Sn 32085
905-30-6 3-(1-pyrrolidinyl)androsta-3,5-dien-17-one C23H33NO 33654
906-65-0 2-(triphenylphosphoranylidene)succinic anhydri C22H17O3P 33158
910-06-5 triphenylstannyl benzoate C25H20O2Sn 34069
910-31-6 cholesteryl chloride C27H45Cl 34518
910-86-1 tiocarlide C23H32N2O2S 33639
911-45-5 clomiphene C26H28ClNO 34268
915-67-3 amaranth C20H11N2Na3O10S3 31799
917-23-7 meso-tetraphenylporphine C44H30N4 35738
917-54-4 methyllithium CH3Li 229
917-57-7 vinyllithium C2H3Li 751
917-58-8 potassium ethoxide C2H5OK 981
917-61-3 sodium cyanate CNNaO 352
917-64-6 methylmagnesium iodide CH3IMg 223
917-69-1 cobalt(iii) acetate C6H9CoO6 7520
917-92-0 3,3-dimethyl-1-butyne C6H10 7654
917-93-1 2-chloro-2-methylpropanal C4H7ClO 3119
918-00-3 1,1,1-trichloro-2-propanone C3H3Cl3O 1425
918-02-5 dimethyl-tert-butylamine C6H15N 9211
918-07-0 2-chloro-2,3,3-trimethylbutane C7H15Cl 12001
918-37-6 hexanitroethane C2N6O12 1226
918-52-5 2,2-dinitropropanol C3H6N2O5 1901
918-54-7 2,2,2-trinitroethanol C2H3N3O7 776
918-79-6 3-hydroxy-2,2,4-trimethylpentanal C8H16O2 15190
918-82-1 3,3-dimethyl-1-pentyne C7H12 11350
918-84-3 3-chloro-3-methylpentane C6H13Cl 8679
918-85-4 3-methyl-1-penten-3-ol C6H12O 8451
918-99-0 N,N'-bis(2,2,2-trinitroethyl)urea C5H6N8O13 4533
919-12-0 3-ethyl-3-methyl-1-pentyne C8H14 14488
919-16-4 lithium citrate C6H5Li3O7 6810
919-19-7 diethyl acetylphosphonate C6H13O4P 8872
919-28-8 acetoxytrioctylstannane C26H54O2Sn 34374
919-30-2 3-(triethoxysilyl)-1-propanamine C9H23NO3Si 18441
919-31-3 (2-cyanoethyl)triethoxysilane C9H19NO3Si 18165
919-54-0 acethion C8H17O4PS2 15350
919-76-6 amidithion C7H16NO4PS2 12134
919-86-8 demeton s methyl C6H15O3PS2 9266
919-94-8 2-ethoxy-2-methylbutane C7H16O 12213
920-37-6 2-chloro-2-propenenitrile C3H2ClN 1349
920-46-7 2-methyl-2-propenoyl chloride C4H5ClO 2647
920-66-1 1,1,1,3,3,3-hexafluoro-2-propanol C3H2F6O 1372
920-68-3 heptamethyldisilazane C7H21NSi2 12405
921-03-9 1,1,3-trichloroacetone C3H3Cl3O 1430
921-04-0 dimethyl-sec-butylamine C6H15N 9209
921-08-4 2-chloro-3-methylbutanoic acid C5H9ClO2 5079
921-09-5 1,1,2,3-tetrachloro-1,3-butadiene C4H2Cl4 2402
921-13-1 chlorodinitromethane CHClN2O4 99
921-47-1 2,3,4-trimethylhexane C9H20 18198
921-60-8 L(-)-glucose C6H12O6 8610
922-17-8 3,4-hexanediol C6H14O2 9031
922-28-1 3,4-dimethylheptane C9H20 18187
922-55-4 L-lanthionine C6H12N2O4S 8366
922-59-8 3-methyl-1-pentyne C6H10 7651
922-61-2 3-methyl-2-pentene, cis and trans C6H12 8231
922-62-3 3-methyl-cis-2-pentene C6H12 8230
922-63-4 2-ethylacrolein C5H8O 4874
922-65-6 1,4-pentadien-3-ol C5H8O 4870
922-67-8 methyl propiolate C4H4O2 2601
922-68-9 methyl glyoxylate C3H4O3 1635
922-89-4 N,N'-diacetyl-N,N'-dinitro-1,2-diaminoethane C6H10N4O6 7755
923-01-3 3-cyanoalanine C4H6N2O2 2911
923-06-8 DL-bromosuccinic acid C4H5BrO4 2631
923-26-2 1,2-propanediol 1-methacrylate C7H12O3 11515
923-28-4 2-methyl-3-octanone C9H18O 18047
923-32-0 DL-cystine C6H12N2O4S2 8369
923-34-2 triethyl indium C6H15In 9172
923-37-5 carbamoyl-dl-aspartic acid C5H8N2O5 4839
923-61-5 (+)-(s)-N,N-dimethyl-1-[(r)-1',2-bis(diphenyl C37H74NO8P 35501
923-99-9 tripropyl phosphite C9H21O3P 18410
924-16-3 N-nitrosodibutylamine C8H18N2O 15407
924-41-4 1,5-hexadien-3-ol C6H10O 7781
924-42-5 N-(hydroxymethyl)acrylamide C4H7NO2 3271
924-43-6 sec-butyl nitrite C4H9NO2 3708
924-46-9 N-methyl-N-nitroso-1-propanamine C4H10N2O 3840
924-49-2 DL-4-amino-3-hydroxybutyric acid C4H9NO3 3742
924-50-5 methyl 3-methyl-2-butenoate C6H10O2 7846
924-52-7 sec-butyl nitrate C4H9NO3 3729
924-99-2 ethyl 3,3-dimethylaminoacrylate C7H13NO2 11659
925-15-5 dipropyl succinate C10H18O4 20828
925-16-6 diallyl succinate C10H14O4 20159
925-21-3 mono-butyl maleate C8H12O4 14397
925-60-0 propyl acrylate C6H10O2 7815
925-78-0 3-nonanone C9H18O 18008
925-83-7 sebacic acid, dihydrazide C10H22N4O2 21222
926-02-3 tert-butyl vinyl ether C6H12O 8396
926-06-7 isopropyl methanesulfonate C4H10O3S 3931
926-26-1 di-tert-butyl succinate C12H22O4 24744
926-39-6 2-aminoethyl hydrogen sulfate C2H7NO4S 1127
926-41-0 neopentyl acetate C7H14O2 11899
926-53-4 propyldichlorarsine C3H7AsCl2 1977
926-54-5 2-methyl-1,trans-3-pentadiene C6H10 7639
926-55-6 2-methyl-1-penten-3-yne C6H8 7277
926-56-7 4-methyl-1,3-pentadiene C6H10 7642
926-57-8 1,3-dichloro-2-butene, cis and trans C4H6Cl2 2821
926-63-6 dimethyl-propylamine C5H13N 5962
926-64-7 (dimethylamino)acetonitrile C4H8N2 3413
926-65-8 isopropyl vinyl ether C5H10O 5456
926-82-9 3,5-dimethylheptane C9H20 18188
926-93-2 1-methyl-6-(1-methylallyl)-2,5-dithiobiurea C7H14N4S2 11826
927-07-1 tert-butyl peroxypivalate C9H18O3 18093
927-49-1 6-undecanone C11H22O 22827
927-54-8 5-chloro-1-hexene C6H11Cl 8014
927-58-2 4-bromobutyryl chloride C4H6BrClO 2763
927-62-8 dimethylbutylamine C6H15N 9208
927-63-9 3-dimethylaminoacrolein C5H9NO 5209
927-68-4 2-bromoethyl acetate C4H7BrO2 3071
927-73-1 4-chloro-1-butene C4H7Cl 3102
927-74-2 3-butyn-1-ol C4H6O 2948
927-80-0 ethoxyacetylene C4H6O 2951
927-83-3 2,2'-azobis(2-methylpropane) C8H18N2 15401
927-84-4 di(trifluoromethyl)peroxide C2F6O2 500
928-04-1 acetylenedicarboxylic acid, monopotassiumsalt C4HKO4 2371
928-40-5 1,5-hexanediol C6H14O2 9026
928-45-0 butyl nitrate C4H9NO3 3728
928-49-4 3-hexyne C6H10 7650
928-50-7 5-chloro-1-pentene C5H9Cl 5028
928-51-8 4-chloro-1-butanol C4H9ClO 3621
928-55-2 ethyl propenyl ether C5H10O 5476
928-56-3 1-chloro-2-ethoxyethene C4H7ClO 3129
928-64-3 hexylphosphonic dichloride C6H13Cl2OP 8702
928-65-4 trichlorohexylsilane C6H13Cl3Si 8704
928-68-7 6-methyl-2-heptanone C8H16O 15078
928-70-1 potassium isoamyl xanthate C23H30N4O5 33614
928-80-3 3-decanone C10H20O 20994
928-90-5 5-hexyn-1-ol C6H10O 7797
928-92-7 trans-4-hexen-1-ol C6H12O 8429
928-94-9 cis-2-hexen-1-ol C6H12O 8426
928-95-0 trans-2-hexen-1-ol C6H12O 8427
928-96-1 cis-3-hexen-1-ol C6H12O 8428
928-97-2 trans-3-hexen-1-ol C6H12O 8450
928-98-3 1,5-pentanedithiol C5H12S2 5936
929-06-6 2-aminoethoxyethanol C4H11NO2 4007
929-37-3 di(ethylene glycol) vinyl ether C6H12O3 8548
929-55-5 octanal oxime C8H17NO 15313
929-57-7 1,6-diisocyanohexane C8H12N2 14290
929-59-9 2,2'-(ethylenedioxy)diethylamine C6H16N2O2 9307
929-61-3 ethyl octyl ether C10H22O 21337
929-62-4 octyl vinyl ether C10H20O 21008
929-77-1 methyl docosanoate C23H46O2 33699
929-98-6 dinonyl sulfide C18H38S 31152
930-02-9 octadecyl vinyl ether C20H40O 32488
930-18-7 1,cis-2-dimethylcyclopropane C5H10 5281
930-21-2 2-azetidinone C3H5NO 1758
930-22-3 vinyloxirane C4H6O 2953
930-27-8 3-methylfuran C5H6O 4535
930-28-9 chlorocyclopentane C5H9Cl 5061
930-29-0 1-chloro-1-cyclopentene C5H7Cl 4610
930-30-3 2-cyclopenten-1-one C5H6O 4536
930-35-8 1,3-dithiole-2-thione C3H2S3 1388
930-36-9 1-methyl-1H-pyrazole C4H6N2 2889
930-37-0 (methoxymethyl)oxirane C4H8O2 3521
930-55-2 N-nitrosopyrrolidine C4H8N2O 3420
930-60-9 4-cyclopentene-1,3-dione C5H4O2 4332
930-62-1 2,4-dimethylimidazole C5H8N2 4812
930-66-5 1-chlorocyclohexene C6H9Cl 7486
930-68-7 2-cyclohexen-1-one C6H8O 7387
930-87-0 1,2,5-trimethyl-1H-pyrrole C7H11N 11271
930-88-1 N-methylmaleimide C5H5NO2 4414
930-89-2 1-methyl-cis-2-ethylcyclopentane C8H16 14864
930-90-5 1-methyl-trans-2-ethylcyclopentane C8H16 14865
931-10-2 trans-2-methylcyclohexylamine C7H15N 12027
931-17-9 1,2-cyclohexanediol C6H12O2 8508
931-19-1 2-methylpyridine-1-oxide C6H7NO 7186
931-20-4 1-methyl-2-piperidinone C6H11NO 8109
931-36-2 2-ethyl-4-methylimidazole C6H10N2 7719
931-49-7 1-ethynylcyclohexene C8H10 13802
931-53-3 cyclohexyl isocyanide C7H11N 11273
931-54-4 isocyanobenzene C7H5N 10047
931-56-6 methoxycyclohexane C7H14O 11872
931-64-6 bicyclo(2.2.2)oct-2-ene C8H12 14246
931-77-1 1-bromo-1-methylcyclohexane C7H13Br 11573
931-86-2 5-azacytosine C3H4N4O 1615
931-87-3 cis-cyclooctene C8H14 14491
931-88-4 cyclooctene C8H14 14505
931-89-5 trans-cyclooctene C8H14 14492
931-97-5 1-hydroxycyclohexanecarbonitrile C7H11NO 11276
932-01-4 4,4-dimethylcyclohexanol C8H16O 15101
932-16-1 1-(1-methyl-1H-pyrrol-2-yl)ethanone C7H9NO 10982
932-17-2 N-acetylpyrrolidone C6H9NO2 7552
932-32-1 2-chloro-N-methylaniline C7H8ClN 10745
932-39-8 1,cis-2-diethylcyclopentane C9H18 17874
932-40-1 1,trans-2-diethylcyclopentane C9H18 17875
932-43-4 1-methyl-cis-2-propylcyclopentane C9H18 17864
932-44-5 1-methyl-trans-2-propylcyclopentane C9H18 17865
932-52-5 5-aminouracil C4H5N3O2 2742
932-53-6 6-methyl-1,2,4-triazine-3,5(2H,4H)-dione C4H5N3O2 2738
932-56-9 2-methylcycloheptanone C8H14O 14543
932-62-7 3-acetyl-1-methylpyrrole C7H9NO 10984
932-64-9 1,2-dihydro-5-nitro-3H-1,2,4-triazol-3-one C2H2N4O3 677
932-66-1 1-(1-cyclohexen-1-yl)ethanone C8H12O 14326

932-77-4 1-bromo-3-(chloromethyl)benzene C7H6BrCl 10141
932-83-2 N-nitrosohexahydroazepine C6H12N2O 8329
932-88-7 (iodoethynyl)benzene C8H5I 12680
932-90-1 syn-benzaldehyde oxime C7H7NO 10620
932-95-6 2,5-thiophenedicarboxaldehyde C6H4O2S 6618
932-96-7 4-chloro-N-methylaniline C7H8ClN 10750
933-05-1 cyclopentyl acetate C7H12O2 11457
933-12-0 3,5,5-trimethylcyclohexene C9H16 17629
933-21-1 cis-cyclononene C9H16 17603
933-36-8 2,2,5-trimethylcyclohexanone C9H16O 17677
933-40-4 cyclohexanone dimethyl ketal C8H16O2 15200
933-48-2 cis-3,3,5-trimethylcyclohexanol C9H18O 18029
933-52-8 2,2,4,4-tetramethyl-1,3-cyclobutanedione C8H12O2 14357
933-67-5 7-methyl-1H-indole C9H9N 16374
933-75-5 2,3,6-trichlorophenol C6H3Cl3O 6312
933-78-8 2,3,5-trichlorophenol C6H3Cl3O 6311
933-88-0 2-methylbenzoyl chloride C8H7ClO 13003
933-98-2 3-ethyl-o-xylene C10H14 19881
934-00-9 3-methoxy-1,2-benzenediol C7H8O3 10899
934-32-7 2-aminobenzimidazole C7H7N3 10693
934-34-9 2(3H)-benzothiazolone C7H5NOS 10057
934-48-5 3,5-dimethylpyrazole-1-carboxamide C6H9N3O 7595
934-53-2 (1-chloro-1-methylethyl)benzene C9H11Cl 16846
934-56-5 trimethyl(phenyl)tin C9H14Sn 17525
934-72-5 methyl p-tolyl sulfoxide C8H10OS 13945
934-73-6 p-chlorophenyl methyl sulfoxide C7H7ClOS 10529
934-74-7 5-ethyl-m-xylene C10H14 19885
934-80-5 4-ethyl-o-xylene C10H14 19882
934-87-2 S-phenyl thioacetate C8H8OS 13408
934-90-7 a-methyl-1-piperidineethanol C8H17NO 15320
935-02-4 phenylpropynenitrile C9H5N 15832
935-05-7 benzyl nitrite C7H7NO2 10632
935-07-9 acetaldehyde phenylhydrazone C8H10N2 13857
935-08-0 ethylphenyldiazene C8H10N2 13858
935-12-6 tetrahydro-2-furanpropanoic acid C7H12O3 11516
935-13-7 2-furanpropanoic acid C7H8O3 10897
935-28-4 2,6-diethylpyridine C9H13N 17295
935-30-8 2-azacyclononanone C8H15NO 14795
935-31-9 cis-cyclodecene C10H18 20606
935-44-4 1-phenyl-1-cyclopropanecarbonitrile C10H9N 18865
935-56-8 1-chloroadamantane C10H15Cl 20190
935-79-5 cis-1,2,3,6-tetrahydrophthalic anhydride C8H8O3 13482
935-92-2 p-pseudocumoquinone C9H10O2 16706
935-95-5 2,3,5,6-tetrachlorophenol C6H2Cl4O 6179
936-02-7 salicylhydrazide C7H8N2O2 10823
936-05-0 1-methyl-5-nitroimidazole-2-methanol C5H7N3O3 4730
936-48-1 4,5-dihydro-3-phenyl-1H-pyrazole C9H10N2 16566
936-49-2 2-phenyl-2-imidazoline C9H10N2 16577
936-51-6 2-phenyl-1,3-dioxolane C9H10O2 16698
936-52-7 1-morpholinocyclopentene C9H15NO 17553
936-53-8 4,5-dihydro-1-phenyl-1H-pyrazole C9H10N2 16565
936-58-3 alpha-allylbenzenemethanol C10H12O 19485
936-59-4 3-chloropropiophenone C9H9ClO 16298
936-72-1 allyl o-tolyl ether C10H12O 19495
936-89-0 2,4-diethylphenol C10H14O 20013
937-05-3 cis-4-(1,1-dimethylethyl)cyclohexanol C10H20O 21032
937-14-4 3-chlorobenzenecarboperoxoic acid C7H5ClO3 9940
937-20-2 2-chloro-1-(4-chlorophenyl)ethanone C8H6Cl2O 12804
937-25-7 p-fluoro-N-methyl-N-nitrosoaniline C7H7FN2O 10559
937-30-4 4'-ethylacetophenone C10H12O 19525
937-32-6 4-nitrobenzenesulfenyl chloride C6H4ClNO2S 6449
937-33-7 N-tert-butylaniline C10H15N 20203
937-39-3 phenylacetic acid hydrazide C8H10N2O 13869
937-40-6 N-methyl-N-benzylnitrosamine C8H10N2O 13875
937-52-0 (R)-(-)-1-methyl-3-phenylpropylamine C10H15N 20228
937-62-2 p-tolyl chloroformate C8H7ClO2 13023
937-63-3 O-(p-tolyl) chlorothionoformate C8H7ClOS 13008
938-09-0 2-chloroethyl phenyl sulfone C8H9ClO2S 13616
938-16-9 2,2-dimethyl-1-phenyl-1-propanone C11H14O 22094
938-25-0 1,2-naphthalenediamine C10H10N2 19031
938-33-0 8-methoxyquinoline C10H9NO 18873
938-39-6 4-bromo-2(1H)-quinolinone C9H6BrNO 15848
938-45-4 1-(2-hydroxy-5-methylphenyl)-1-propanone C10H12O2 19557
938-46-5 2',5'-dihydroxypropiophenone C9H10O3 16747
938-55-6 2-dimethylaminopurine C7H9N5 11044
938-71-6 4-chloro-2-nitrobenzyl chloride C7H5Cl2NO2 9962
938-73-8 2-ethoxybenzamide C9H11NO2 16926
938-79-4 (R)-(-)-2-phenylbutyric acid C10H12O2 19606
938-81-8 N-nitrosoacetanilide C8H8N2O2 13361
938-91-0 N,N'-dimethyl-N-phenylurea C9H12N2O 17046
938-94-3 2-(p-tolyl)propionic acid C10H12O2 19611
938-96-5 (4-hydroxyphenyl)-2-propionic acid C9H10O3 16761
939-23-1 4-phenylpyridine C11H9N 21565
939-26-4 2-(bromomethyl)naphthalene C11H9Br 21547
939-27-5 2-ethylnaphthalene C12H12 23686
939-48-0 isopropyl benzoate C10H12O2 19551
939-52-6 4-chloro-1-phenyl-1-butanone C10H11ClO 19248
939-54-8 2-bromoethyl benzoate C9H9BrO2 16265
939-55-9 2-chloroethyl benzoate C9H9ClO2 16302
939-58-2 trans-o-chlorocinnamic acid C9H7ClO2 15968
939-80-0 4-chloro-3-nitrobenzonitrile C7H3ClN2O2 9514
939-83-3 2-methyl-5-nitrobenzonitrile C8H6N2O2 12877
939-87-7 trans-2-phenylcyclopropanecarbonyl chloride C10H9ClO 18818
939-90-2 trans-2-phenylcyclopropane-1-carboxylic acid C10H10O2 19143
939-97-9 4-tert-butylbenzaldehyde C11H14O 22107
939-99-1 4-(trifluoromethyl)benzyl chloride C8H6ClF3 12755
940-31-8 2-phenoxypropionic acid C9H10O3 16770
940-41-0 trichloro(2-phenylethyl)silane C8H9Cl3Si 13629
940-49-8 [(2-methylpropoxy)methyl]benzene C11H16O 22430
940-54-5 butanal phenylhydrazone C10H14N2 19932
940-62-5 trans-p-chlorocinnamic acid C9H7ClO2 15970
940-69-2 1,2-dithiolane-3-valeramide C8H15NOS2 14805
940-93-2 2,4,6-trimethylpyrylium perchlorate C8H11ClO5 14075
941-60-6 2,3-dihydro-1,1,4,6-tetramethyl-1H-indene C13H18 26162
941-69-5 1-phenyl-1H-pyrrole-2,5-dione C10H7NO2 18639
941-98-0 1-acetonaphthone C12H10O 23520
942-01-8 2,3,4,9-tetrahydro-1H-carbazole C12H13N 23830
942-06-3 5,6-dichloro-1,3-isobenzofurandione C8H2Cl2O3 12445
942-24-5 methyl indole-3-carboxylate C10H9NO2 18907
942-92-7 1-phenyl-1-hexanone C12H16O 24192
943-03-3 2-cyano-6-methoxybenzothiazole C9H6N2OS 15902
943-14-6 2-bromo-5-nitrobenzoic acid C7H4BrNO4 9641
943-15-7 1-methyl-4-isopropyl-2-nitrobenzene C10H13NO2 19800
943-27-1 1-(4-tert-butylphenyl)ethanone C12H16O 24186
943-39-5 p-nitroperoxybenzoic acid C7H5NO5 10091
943-59-9 2-chloroethyl phenylacetate C10H11ClO2 19257
943-73-7 (+)-2-amino-4-phenylbutyric acid C10H13NO2 19803
943-88-4 4-(4-methoxyphenyl)-3-buten-2-one C11H12O2 21877
944-22-9 fonofos C10H15OPS2 20304
944-73-0 1,3-dimethyluric acid C7H8N4O3 10845
945-51-7 diphenyl sulfoxide C12H10OS 23527
945-93-7 ethyl trans-b-methylcinnamate C12H14O2 23978
946-02-1 4-chlorobutyl benzoate C11H13ClO2 21925
946-80-5 benzyl phenyl ether C13H12O 25793
946-88-3 2-chloroethyl phenoxyacetate C10H11ClO3 19265
947-02-4 cyolane C7H14NO3PS2 11779
947-04-6 cyclododecalactam C12H23NO 24808
947-05-7 oxacyclotridecan-2-one C12H22O2 24720
947-19-3 1-hydroxycyclohexyl phenyl ketone C13H16O2 26089
947-42-2 dihydroxydiphenylsilane C12H12O2Si 23775
947-72-8 9-chlorophenanthrene C14H9Cl 26690
947-73-9 9-phenanthrenamine C14H11N 26822
947-84-2 o-phenylbenzoic acid C13H10O2 25632
947-91-1 alpha-phenylbenzeneacetaldehyde C14H12O 26934
947-92-2 N-nitrosodicyclohexylamine C12H22N2O 24685
947-95-5 5-chloro-3-methyl-1-phenylpyrazole-4-carboxal C11H9ClN2O 21555
948-32-3 1,2,4-triisopropylbenzene C15H24 28726
948-65-2 2-phenyl-1H-indole C14H11N 26824
948-97-0 2,3-diphenyl-1-propene C15H14 28253
948-98-1 trans-alpha-chlorostilbene C14H11Cl 26808
948-99-2 cis-alpha-chlorostilbene C14H11Cl 26807
949-87-1 (4-methylphenyl)phenyldiazene C13H12N2 25759
950-10-7 2-(diethoxyphosphinylimino)-4-methyl-1,3-dit C8H16NO3PS2 15021
950-35-6 phosphoric acid, dimethyl-p-nitrophenyl ester C8H10NO6P 13856
950-37-8 methidathion C6H11N2O4PS3 8182
951-39-3 2-amino-3-methoxydiphenylene oxide C13H11NO2 25711
951-55-3 5-methyl-DL-tryptophan C12H14N2O2 23926
951-77-9 deoxycytidine C9H13N3O4 17372
951-78-0 2'-deoxyuridine C9H12N2O5 17064
951-80-4 3,9-acridinediamine C13H11N3 25730
951-82-6 3,4,5-trimethoxyphenylacetic acid C11H14O5 22203
951-86-0 trans-alpha,beta-dichlorostilbene C14H10Cl2 26735
952-47-6 4-methyl-2-(phenylazo)phenol C13H12N2O 25770
952-80-7 1,1'-(1,2-ethanediyl)bis(2-methylbenzene C16H18 29357
952-97-6 1-nitro-4-(phenylthio)benzene C12H9NO2S 23419
953-17-3 methyl trithion C9H12ClO2PS3 17027
953-26-4 ethyl 4-nitrocinnamate, predominantly trans C11H11NO4 21762
955-83-9 2,5-diphenylfuran C16H12O 29049
956-04-7 4-chlorostyryl phenyl ketone C15H11ClO 28083
957-51-7 diphenamid C16H17NO 29322
957-68-6 7-aminocephalosporanic acid C10H12N2O5S 19465
957-75-5 5-bromouridine C9H11BrN2O6 16836
958-09-8 deoxyadenosine C10H13N5O3 19855
959-02-4 5,12-dihydronaphthacene C18H14 30461
959-14-8 oxolamine C14H19N3O 27548
959-28-4 trans-1,2-dibenzoylethylene C16H12O2 29057
959-33-1 3-(4-methoxyphenyl)-1-phenyl-2-propen-1-one C16H14O2 29158
959-52-4 1,3,5-triacryloylhexahydrotriazine C12H15N3O3 24100
959-73-9 2'-fluoro-N,N-dimethyl-4-stilbenamine C16H16FN 29248
960-16-7 tributylphenylstannane C18H32Sn 31006
960-71-4 triphenylborane C18H15B 30534
960-92-9 benz(a)anthracen-5-ol C18H12O 30430
961-07-9 2'-deoxyguanosine C10H13N5O4 19860
961-11-5 gardona C10H9Cl4O4P 18834
961-68-2 2,4-dinitrodiphenylamine C12H9N3O4 23437
961-71-7 N,N-dimethyl-N'-phenyl-N'-benzyl-1,2-ethanediam C17H22N2 30183
962-32-3 5,6-epoxy-5,6-dihydrobenz(a)anthracene C18H12O 30433
963-03-1 chlorcyclohexamide C13H17ClN2O3S 26116
963-07-5 alypin C16H26N2O2 29604
963-34-8 6-aminomethaqualone C16H15N3O 29220
963-89-3 7,9-dimethylbenz(c)acridine C19H15N 31307
964-68-1 4,4'-benzophenonedicarboxylic acid C15H10O5 28056
965-52-6 dicoferin C12H9N3O5 23439
965-90-2 ethylestrenol C20H32O 32384
966-48-3 3-methoxy-10-methyl-1,2-benzanthracene C20H16O 32021
968-81-0 acetohexamide C15H20N2O4S 28588
972-02-1 a,a-diphenyl-1-piperidinebutanol C21H27NO 32901
973-21-7 dessin C14H18N2O7 27468
974-29-8 triphenyl-1H-1,2,4-triazol-1-yl tin C20H17N3Sn 32056
976-71-6 canrenone C22H28O3 33324
977-79-7 medrogestone C23H32O2 33644
977-96-8 1,1'-diethyl-2,2'-cyanine iodide C23H23IN2 33550
978-86-9 4-tritylphenol C25H20O 34068
979-32-8 estradiol-17-valerate C24H32O3 33892
981-40-8 p-tert-butylphenyl diphenylphosphate C22H23O4P 33248
982-43-4 prenoxdiazine hydrochloride C23H28ClN3O 33584
983-80-2 cis-1,2-bis(diphenylphosphino)ethylene C26H22P2 34239
983-81-3 trans-1,2-bis(diphenylphosphino)ethylene C26H22P2 34240
987-78-0 choline cytidine diphosphate C14H26N4O11P2 27793
991-42-4 norbormide C33H25N3O3 35142
992-21-2 mucomycin C29H33N4O10 34766
992-59-6 benzopurpurine 4b C34H26N6Na2O6S2 35207
992-91-6 germanium(iv) methoxide C4H12GeO4 4060
992-94-9 methyl silane CH6Si 322
992-98-3 thallium(i) formate CHO2Tl 137
993-00-0 methyl chlorosilane CH5ClSi 284
993-07-7 trimethyl silane C3H10Si 2268
993-13-5 methylphosphonic acid CH5O3P 300
993-16-8 methyltin trichloride CH3Cl3Sn 211
993-42-0 ethylgermanium trichloride C2H5Cl3Ge 934
993-43-1 ethyl phosphonothioic dichloride C2H5Cl2PS 933
993-62-4 hexaethyldigermanium C12H30Ge2 25402
993-74-8 bis(dimethylamino)dimethylstannane C6H18N2Sn 9355
993-86-2 ethyltrichlorphon C6H12Cl3O4P 8296
994-05-8 methyl tert-pentyl ether C6H14O 9002
994-25-2 3-chloro-3-ethylpentane C7H15Cl 11993
994-28-5 chlorotriethylgermane C6H15ClGe 9152
994-30-9 chlorotriethylsilane C6H15ClSi 9164
994-31-0 triethyltin chloride C6H15ClSn 9167
994-43-4 triethylpropyl germane C9H22Ge 18421
994-49-0 hexaethyldisiloxane C12H30OSi2 25405
994-50-3 hexaethyldistannthiane C12H30SSn2 25410
994-65-0 tetrapropylgermanium C12H28Ge 25370
994-71-8 bis(tributylstannyl)acetylene C26H54Sn2 34375
994-89-8 ethynyltributylstannane C14H28Sn 27894
995-25-5 chlorotripropylsilane C9H21ClSi 18384
995-32-4 tetraethyl ethylenediphosphonate C10H24O6P2 21441
995-45-9 tributylchlorosilane C12H27ClSi 25334
996-05-4 S,S-dipropyl methylphosphonotrithioate C7H17PS3 12372
996-08-7 dibutyltin dibromide C8H18Br2Sn 15375
996-31-6 potassium lactate C3H5O3K 1807
996-35-0 N,N-dimethyl-2-propanamine C5H13N 5965
996-35-6 dimethylisopropylamine C5H13N 5963
996-50-9 N,N-diethyltrimethylsilylamine C7H19NSi 12399
996-70-3 tetrakis(dimethylamino)ethylene C10H24N4 21436
996-98-5 oxalyl dihydrazide C2H6N4O2 1056

997-49-9 trimethyl thioborate C3H9BS3 2178
997-50-2 triethylstannane C6H16Sn 9329
997-95-5 bisisobutyl-N-nitrosoamine C8H18N2O 15410
998-29-8 tripropylsilane C9H22Si 18436
998-30-1 triethoxysilane C6H16O3Si 9323
998-35-6 5-propylnonane C12H26 24943
998-39-0 tributylgermanium hydride C12H28Ge 25371
998-40-3 tributylphosphine C12H27P 25358
998-41-4 tributylsilane C12H28Si 25390
998-65-2 5-ethyl-1-heptanol C9H20O 18267
998-76-5 1,2-diiodopentane C5H10I2 5381
998-93-6 4-bromoheptane C7H15Br 11984
998-95-8 4-chloroheptane C7H15Cl 11996
999-21-3 diallyl maleate C10H12O4 19675
999-29-1 diazoacetylglycine ethyl ester C6H9N3O3 7608
999-52-0 3-chloroheptane C7H15Cl 11995
999-55-3 allyl acrylate C6H8O2 7407
999-61-1 2-hydroxypropyl acrylate C6H10O3 7892
999-78-0 4,4-dimethyl-2-pentyne C7H12 11353
999-79-1 4-chloro-4-methyl-2-pentyne C6H9Cl 7490
999-81-5 chlormequat chloride C5H13Cl2N 5946
999-90-6 S-tert-butyl thioacetate C6H12OS 8456
999-97-3 hexamethyldisilazane C6H19NSi2 9378
1000-40-4 bis(butylthio)dimethyltin C10H24S2Sn 21444
1000-49-3 butyltrimethylsilane C7H18Si 12391
1000-50-6 butylchlorodimethylsilane C6H15ClSi 9162
1000-70-0 bis(trimethylsilyl)carbodiimide C7H18N2Si2 12387
1000-86-8 2,4-dimethyl-1,3-pentadiene C7H12 11365
1000-87-9 2,4-dimethyl-2,3-pentadiene C7H12 11369
1001-26-9 ethyl 3-ethoxyacrylate C7H12O3 11520
1001-53-2 N-(2-aminoethyl)acetamide C4H10N2O 3832
1001-55-4 glycolonitrile acetate C4H5NO2 2717
1001-58-7 b-cyanoethylmercaptan C3H5NS 1781
1001-62-3 dimethanesulfonyl peroxide C2H6O6S2 1090
1001-89-4 2-chloroheptane C7H15Cl 11994
1002-16-0 amyl nitrate C5H11NO3 5743
1002-17-1 2,9-dimethyldecane C12H26 24929
1002-28-4 3-hexyn-1-ol C6H10O 7790
1002-36-4 2-heptyn-1-ol C7H12O 11447
1002-43-3 3-methylundecane C12H26 24915
1002-57-9 omega-aminocaprylic acid C8H17NO2 15334
1002-67-1 diethylene glycol ethyl methyl ether C7H16O3 12291
1002-69-3 1-chlorodecane C10H21Cl 21093
1002-84-2 pentadecanoic acid C15H30O2 8525
1002-89-7 ammonium stearate C18H39NO2 31170
1003-03-8 cyclopentylamine C5H11N 5671
1003-04-9 4,5-dihydro-3(2H)-thiophenone C4H6OS 2961
1003-09-4 2-bromothiophene C4H3BrS 2446
1003-10-7 dihydro-2(3H)-thiophenone C4H6OS 2960
1003-14-1 1,2-epoxypentane C5H10O 5475
1003-17-4 2,2-dimethyltetrahydrofuran C6H12O 8418
1003-19-6 1,1-diethylcyclopropane C7H14 11747
1003-29-8 1H-pyrrole-2-carboxaldehyde C5H5NO 4399
1003-30-1 2-ethyltetrahydrofuran C6H12O 8416
1003-31-2 2-thiophenecarbonitrile C5H3NS 4250
1003-38-9 2,5-dimethyltetrahydrofuran C6H12O 8421
1003-56-1 3-methyl-2(1H)-pyridinone C6H7NO 7189
1003-64-1 ethylidenecyclohexane C8H14 14498
1003-67-4 4-picoline N-oxide C6H7NO 7203
1003-73-2 3-methylpyridine-1-oxide C6H7NO 7187
1003-78-7 2,4-dimethylsulfolane C6H12O2S 8525
1003-90-3 2,3,4,5-tetramethyl-1H-pyrrole C8H13N 14429
1003-98-1 2-bromo-4-fluoroaniline C6H5BrFN 6661
1004-22-4 sodium phenylacetylide C8H5Na 12711
1004-36-0 2,6-dimethyl-4H-pyran-4-one C7H8O2 10874
1004-38-2 2,4,6-triaminopyrimidine C4H7N5 3312
1004-40-6 6-amino-2-thiouracil C4H5N3OS 2736
1004-66-6 2,6-dimethylanisole C9H12O 17122
1004-77-9 2-isopropylcyclohexanone C9H16O 17671
1005-22-7 cyclohexylphosphonic dichloride C6H11Cl2OP 8065
1005-30-7 p-iodobenzoic acid sodium salt C15H23NO5 28703
1005-38-5 4-amino-6-chloro-2-methylmercaptopyrimidine C5H6ClN3S 4473
1005-51-2 bullvalene C10H10 18975
1005-56-7 o-phenyl chlorothionoformate C7H5ClOS 9931
1005-64-7 trans-(1-butenyl)benzene C10H12 19361
1005-67-0 4-butylmorpholine C8H17NO 15308
1005-93-2 2-ethyl-2-(hydroxymethyl)-1,3-propanediol, cycl C6H11O4P 8197
1006-06-0 alpha-ethyl-alpha-methylbenzenemethanol, (R) C10H14O 20052
1006-23-1 5-nitroso-2,4,6-triaminopyrimidine C4H6N6O 2938
1006-31-1 1,2,4,5-tetrachloro-3-methylbenzene C7H4Cl4 9765
1006-41-3 2-bromo-4-fluorobenzoic acid C7H4BrFO2 9618
1006-59-3 2,6-diethylphenol C10H14O 20015
1006-68-4 5-phenyloxazole C9H7NO 16033
1006-94-6 5-methoxyindole C9H9NO 16402
1006-99-1 5-chloro-2-methylbenzothiazole C8H6ClNS 12792
1007-01-8 2-norbornaneacetic acid C9H14O2 17476
1007-03-0 a-cyclopropylbenzyl alcohol C10H12O 19522
1007-15-4 3'-bromo-4'-fluoroacetophenone C8H6BrFO 12716
1007-26-7 1-phenyl-2,2-dimethylpropane C11H16 22311
1007-32-5 1-phenyl-2-butanone C10H12O 19508
1008-72-6 tert-amylbenzenesulfonic acid sodium salt C11H15NaO3S 10130
1008-76-0 g-phenyl-g-butyrolactone C10H10O2 19772
1008-79-3 1-phenyl-4-pyrazolin-3-one C9H8N2O 16164
1008-88-4 3-phenylpyridine C11H9N 21564
1008-89-5 2-phenylpyridine C11H9N 21563
1009-14-9 1-phenyl-1-pentanone C11H14O 22098
1009-61-6 1,4-diacetylbenzene C10H10O2 19149
1009-67-2 alpha-methylbenzenepropanoic acid C10H12O2 19575
1009-81-0 1,5-hexadienylbenzene C12H14 23891
1009-93-4 2,2,4,4,6,6-hexamethylcyclotrisilazane C6H21N3Si3 9388
1010-19-1 triethylphenylammonium iodide C12H20IN 12442
1010-48-6 beta,beta-dimethylbenzenepropanoic acid C11H14O2 22122
1011-12-7 2-cyclohexylidenecyclohexanone C12H18O 24459
1011-15-0 1-(2-fluorophenyl)piperazine C10H13FN2 19747
1011-50-3 2-quinolineethanol C11H11NO 21744
1011-95-6 diphenylstannane C12H12Sn 25390
1012-72-2 1,4-di-tert-butylbenzene C14H22 27648
1012-82-4 7-hydroxytheophylline C7H8N4O3 10846
1012-84-6 pentachlorobenzoic acid C7HCl5O2 9427
1013-08-7 1,2,3,4-tetrahydrophenanthrene C14H14 27075
1013-22-5 1-(2,3-dimethylphenyl)piperazine C12H18N2 24402
1013-25-8 1-(2,5-dimethylphenyl)piperazine C12H18N2 24403
1013-75-8 carbamic acid, ethylphenyl-, ethyl ester C11H15NO2 22271
1013-76-9 1-(2,4-dimethylphenyl)piperazine C12H18N2 24404
1013-83-8 5-bromo-2-naphthalenecarboxylic acid C11H7BrO2 21483
1013-88-3 alpha-phenylbenzenemethanimine C13H11N 25685
1013-96-3 trans-3-(2-nitrophenyl)-2-propenoic acid C9H7NO4 16065
1014-05-1 1-(3,4-dimethylphenyl)piperazine C12H18N2 24405

1014-60-4 1,3-di-tert-butylbenzene C14H22 27650
1014-69-3 desmetryne C8H15N5S 14856
1014-81-9 3-(trifluoromethyl)benzoic acid C8H5F3O3 12668
1014-98-8 p-xylylene isocyanate C10H16N2O2 18570
1016-05-3 dibenzothiophene sulfone C12H8O2S 23339
1016-75-7 2,3-dihydro-6-chloro-2-(2-chloroethyl)-4H-1 C10H9Cl2NO2 18829
1016-77-9 (3-bromophenyl)phenylmethanone C13H9BrO 25513
1016-78-0 3-chlorobenzophenone C13H9ClO 25523
1016-94-0 2-methylphenazine C13H10N2 25597
1017-56-7 N,N',N''-tris(hydroxymethyl)melamine C6H12N6O3 8391
1018-71-9 3-chloro-4-(3-chloro-2-nitrophenyl)pyrrole C10H6Cl2N2O2 18541
1019-45-0 N,N-dimethyl-5-methoxytryptamine C13H18N2O 26182
1019-52-9 4-hydroxy-3,5-dinitrobenzoic acid C7H4N2O7 9850
1020-31-1 3,5-di-tert-butylcatechol C14H22O2 27696
1020-84-4 2,2,4,4,6,6,8,8-octamethylcyclotetrasilazane C8H28N4Si4 15760
1021-19-8 1,3,3a,4,7,7a-hexahydro-4,5,6,7,8,8-hexachlor C9H6Cl6O3 15876
1021-25-6 1-phenyl-1,3,8-triazaspiro[4.5]decan-4-one C13H17N3O 26151
1022-22-6 1,1-bis(p-chlorophenyl)-2-chloroethylene C14H9Cl3 26696
1022-46-4 bentranil C14H9NO2 26716
1024-57-3 heptachlor epoxide C10H5Cl7O 18508
1024-65-3 1-isoamyl theobromine C12H18N4O2 24429
1025-15-6 1,3,5-triallyl-1,3,5-triazine-2,4,6(1H,3H,5H) C12H15N3O3 24098
1031-07-8 endosulfan sulfate C9H6Cl6O4S 15879
1031-47-6 triamiphos C12H19N6OP 24524
1031-93-2 diphenyl(p-tolyl)phosphine C19H17P 31393
1034-01-1 octyl gallate C15H22O5 28690
1034-49-7 (bromomethyl)triphenylphosphonium bromide C19H17Br2P 31371
1035-77-4 3-methoxyoestradiol C19H26O2 31578
1038-19-3 2b,17b-dihydroxy-2a-ethinyl-A-nor(5a)androstan C20H30O2 32353
1038-66-0 4,4'-diaminooctafluorobiphenyl C12H4F8N2 32169
1038-95-5 tri-p-tolylphosphine C21H21P 32794
1045-29-0 2a-methynyl-a-nor-17a-pregn-20-yne-2b,17b-diol C22H30O2 33355
1046-56-6 3-(2-pyridyl)-5,6-diphenyl-1,2,4-triazine C20H14N4 31884
1048-05-1 tetraphenylgermanium C24H20Ge 33781
1048-08-4 tetraphenylsilane C24H20Si 33801
1053-74-3 3-acetyl-10-(3'-N-methyl-piperazino-N'-propy C22H27N3OS 33310
1055-23-8 9,9'-bianthracene C28H18 34587
1056-77-5 tetraphenylfuran C28H20O 34594
1059-86-5 7-dehydrocholesterol acetate C29H46O2 34801
1064-10-4 hexaphenylditin C36H30Sn2 35347
1066-17-7 polymyxin E C42H85N13O10 35707
1066-26-8 monosodium acetylide C2HNa 569
1066-27-9 ethynylsilane C2H4Si 904
1066-30-4 chromic acetate C6H9CrO6 7521
1066-33-7 ammonium bicarbonate CH5NO3 291
1066-35-9 chlorodimethylsilane C2H7ClSi 1112
1066-37-1 trimethylgermanium bromide C3H9BrGe 2182
1066-38-2 trimethylgermanium iodide C3H9GeI 2194
1066-44-0 trimethyltin bromide C3H9BrSn 2185
1066-45-1 chlorotrimethylstannane C3H9ClSn 2191
1066-48-4 tetrachlorotrifluoromethylphosphorane CCl4F3P 51
1066-50-8 ethylphosphonic dichloride C2H5Cl2OP 927
1066-51-9 (aminomethyl)phosphonic acid CH6NO3P 311
1066-54-2 trimethylvinylsilane C5H10Si 5599
1066-57-5 ethyltin trichloride C2H5Cl3Sn 938
1066-77-9 tetrakis(dimethylamino)tin C8H24N4Sn 15752
1067-08-9 3-methyl-3-ethylpentane C8H18 15358
1067-09-0 1,3-dichloro-2-(chloromethyl)-2-methylpropane C5H9Cl3 5103
1067-10-3 bromotriethylgermane C6H15BrGe 9149
1067-14-7 triethyl lead chloride C6H15ClPb 9161
1067-20-5 3,3-dimethylhexane C8H20 18202
1067-29-4 bis(tripropyltin) oxide C18H42O3Sn2 31180
1067-25-0 trimethoxy(propyl)silane C6H16O3Si 9324
1067-33-0 dibutyltin diacetate C12H24O4Sn 24888
1067-42-1 tetrabutylgermanium C16H36Ge 29818
1067-47-6 3-cyanopropyltriethoxysilane C10H21NO3Si 21124
1067-52-3 tributyltin methoxide C13H30OSn 26566
1067-53-3 tris(2-methoxyethoxy)vinylsilane C11H24O6Si 23083
1067-71-6 diethyl (2-oxopropyl)phosphonate C7H19O4P 12401
1067-74-9 methyl p,p-diethylphosphonoacetate C7H15O5P 12110
1067-87-4 diethyl allylphosphonate C7H15O3P 12106
1067-97-6 tributyltin hydroxide C12H28OSn 25380
1067-99-8 (3-cyanopropyl)diethoxy(methyl) silane C9H19NO2Si 18162
1068-19-5 4,4-dimethylheptane C9H20 18189
1068-21-3 diethyl phosphoramidate C4H12NO3P 4067
1068-22-0 diethyl dithiophosphate, ammonium salt C4H14NO2PS2 4129
1068-27-5 2,2-dimethyl-2,5-di(tert-butylperoxy)hexyne-3 C16H30O4 29679
1068-47-9 1-mercapto-2-propanol C3H8OS 2133
1068-57-1 acetohydrazide C2H6N2O 1040
1068-69-5 tris(trimethylsilyl)methane C10H28Si3 21458
1068-87-7 2,4-dimethyl-3-ethylpentane C9H20 18205
1068-90-2 diethyl 2-acetamidomalonate C9H15NO5 17573
1069-08-5 diethylphosphoramidous dichloride C4H10Cl2NP 3803
1069-23-4 1,5-hexadiene-3,4-diol, (±) and meso C6H10O2 7854
1069-53-0 2,3,5-trimethylhexane C9H20 18199
1069-55-2 bucrylate C8H11NO2 14166
1069-66-5 2-propylpentanoic acid, sodium salt C8H15NaO2 14858
1070-01-5 tri-N-decylamine C30H63N 34971
1070-10-6 titanium(iv) 2-ethylhexyloxide C32H68O4Ti 35137
1070-14-0 1,4-hexadien-3-ol C6H10O 7780
1070-19-5 tert-butyl azidoformate C5H9N3O2 5274
1070-32-2 3-methyl-1-heptanol C8H18O 15437
1070-34-4 ethyl hydrogen succinate C6H10O4 7927
1070-42-4 bis(2-chloroethyl)phosphite C4H9Cl2O3P 3646
1070-70-8 1,4-butanediol diacrylate C10H14O4 20156
1070-71-9 cyanoacetylene C3H N 1335
1070-73-3 lithium acetylide C2Li2 1206
1070-78-6 1,1,1,3-tetrachloropropane C3H4Cl4 1566
1070-83-3 tert-butylacetic acid C6H12O2 8462
1070-87-7 2,2,4,4-tetramethylpentane C9H20 18208
1070-89-9 sodium bis(trimethylsilyl)amide C6H18NNaSi2 9352
1071-22-3 3-trichlorosilylpropionitrile C3H4Cl3NSi 1564
1071-23-4 ethanolamine phosphate C2H8NO4P 1157
1071-26-7 2,2-dimethylheptane C9H20 18182
1071-27-8 2-cyanoethyltrichlorosilane C4H6Cl3NSi 2855
1071-31-4 2,2,7,7-tetramethyloctane C12H26 25078
1071-39-2 diisopropylmercury C6H14Hg 8904
1071-73-4 5-hydroxy-2-pentanone C5H10O2 5520
1071-81-4 2,2,5,5-tetramethylhexane C10H22 21195
1071-83-6 glyphosate C3H8NO5P 2103
1071-84-7 1,1,1-trichlorononane C9H17Cl3 17804
1071-93-8 adipic dihydrazide C6H14N4O2 8964
1071-94-9 trans-5-hepten-2-one C7H12O 11421
1071-98-3 2-butynedinitrile C4N2 4153
1072-05-5 2,6-dimethylheptane C9H20 18186
1072-13-5 2-guanidinoethyl disulfide C6H16N5S2 9310
1072-16-8 2,7-dimethyloctane C10H22 21145

1120-59-8 2,3-dihydrothiophene C4H6S 3041
1120-62-3 3-methylcyclopentene C6H10 7620
1120-64-5 2-methyl-2-oxazoline C4H7NO 3253
1120-71-4 1,3-propane sultone C3H6O3S 1961
1120-72-5 2-methylcyclopentanone C6H10O 7794
1120-73-6 2-methyl-2-cyclopenten-1-one C6H8O 7389
1120-87-2 4-bromopyridine C5H4BrN 4260
1120-88-3 4-methylpyridazine C5H6N2 4500
1120-90-7 3-iodopyridine C5H4IN 4290
1120-97-4 4-methyl-1,3-dioxane C5H10O2 5521
1120-99-6 3-amino-1,2,4-triazine C3H4N4 1612
1121-05-7 2,3-dimethyl-2-cyclopenten-1-one C7H10O 11154
1121-07-9 1-methyl-2,5-pyrrolidinedione C5H7NO2 4681
1121-18-2 2-methyl-2-cyclohexen-1-one C7H10O 11142
1121-22-8 trans-1,2-cyclohexanediamine C6H14N2 8916
1121-24-0 2-mercaptophenol C6H6OS 7063
1121-25-1 3-hydroxy-2-methylpyridine C6H7NO 7197
1121-30-8 1-hydroxy-2-pyridinethione C5H5NOS 4405
1121-31-9 2-mercaptopyridine-N-oxide C5H5NOS 4403
1121-37-5 dicyclopropyl ketone C7H10O 11140
1121-47-7 furfural oxime C5H5NO2 4415
1121-53-5 benzyl sodium C7H7Na 10720
1121-55-7 3-vinylpyridine C7H7N 10608
1121-58-0 N-methylpyridinamine C6H8N2 7334
1121-60-4 2-pyridinecarboxaldehyde C6H5NO 6814
1121-78-4 3-hydroxy-6-methylpyridine C6H7NO 7198
1121-86-4 1-fluoro-3-iodobenzene C6H4FI 6514
1121-89-7 glutarimide C5H7NO2 4683
1121-92-2 octahydroazocine C7H15N 12041
1121-95-5 1,2,2-trimethylcyclopentanol C8H16O 15135
1121-97-7 5-hydroxymethyl-5-methyl-1,3-dioxane C6H12O3 8559
1122-10-7 dibromomaleinimide C4HBr2NO2 2353
1122-17-4 dichloromaleic anhydride C4Cl2O3 2308
1122-20-9 2,3-dimethyl-2-cyclohexen-1-one C8H12O 14328
1122-25-4 2-ethylidenecyclohexanone C8H12O 14333
1122-39-0 2,4,5-trimethylpyridine C8H11N 14109
1122-41-4 2,4-dichlorobenzenethiol C6H4Cl2S 6495
1122-42-5 2-iodo-1,4-dimethylbenzene C8H9I 13655
1122-54-9 1-(4-pyridinyl)ethanone C7H7NO 10617
1122-56-1 cyclohexanecarboxamide C7H13NO 11638
1122-58-3 4-dimethylaminopyridine C7H10N2 11098
1122-60-7 nitrocyclohexane C6H11NO2 8132
1122-62-9 1-(2-pyridinyl)ethanone C7H7NO 10615
1122-69-6 2-ethyl-6-methylpyridine C8H11N 14098
1122-71-0 6-methyl-2-pyridinemethanol C7H9NO 10992
1122-72-1 6-methyl-2-pyridinecarboxaldehyde C7H7NO 10621
1122-81-2 4-propylpyridine C8H11N 14104
1122-82-3 cyclohexyl isothiocyanate C7H11NS 11310
1122-83-4 N-sulfinylaniline C6H5NOS 6818
1122-84-5 1-ethoxycyclohexene C8H14O 14587
1122-90-3 p-arsenosoaniline C6H6AsNO 6888
1122-91-4 4-bromobenzaldehyde C7H5BrO 9889
1123-00-8 cyclopentaneacetic acid C7H12O2 11458
1123-09-7 3,5-dimethyl-2-cyclohexen-1-one C8H12O 14330
1123-19-9 a-acetyl-a-methyl-g-butyrolactone C7H10O3 11190
1123-25-7 1-methyl-1-cyclohexanecarboxylic acid C8H14O2 14638
1123-27-9 1-(1-hydroxycyclohexyl)ethanone C8H14O2 14619
1123-34-8 1-allylcyclohexanol C9H16O 17661
1123-40-6 3,3-dimethylglutarimide C7H11NO2 11287
1123-54-2 6-amino-8-azapurine C4H4N6 2587
1123-61-1 dichloro-N-methylmaleimide C5H3Cl2NO2 4232
1123-63-3 4-chloro-2,6-dimethylphenol C8H9ClO 13593
1123-73-5 2-methyl-3-ethylphenol C9H12O 17107
1123-84-8 2,5-dichlorostyrene C8H6Cl2 12794
1123-85-9 2-phenyl-1-propanol C9H12O 17099
1123-86-0 1-cyclohexyl-1-propanone C9H16O 17663
1123-91-7 5-methyl-2,1,3-benzoselenadiazole C7H6N2Se 10394
1123-94-0 3-methyl-4-ethylphenol C9H12O 17111
1123-95-1 4-amino-5-(hydroxymethyl)-2(1H)-pyrimidinone C5H7N3O2 4723
1123-96-2 2-ethyl-3,5-dimethylpyridine C9H13N 17264
1123-98-4 2-fluorobenzothiazole C7H4FNS 9781
1124-05-6 1,4-dichloro-2,5-dimethylbenzene C8H8Cl2 13286
1124-06-7 4-chloro-2,5-dimethylphenol C8H9ClO 13592
1124-07-8 2,4-dichloro-5-methylphenol C7H6Cl2O 10267
1124-11-4 2,3,5,6-tetramethylpyrazine C8H12N2 14297
1124-19-2 phenyltin trichloride C6H5Cl3Sn 6765
1124-20-5 1-methyl-3-(1-methylethenyl)benzene C10H12 19370
1124-27-2 1-methyl-4-(1-methylethylidene)cyclohexane C10H18 20630
1124-31-8 potassium-4-nitrophenoxide C6H4KNO3 6549
1124-33-0 4-nitropyridine 1-oxide C5H4N2O3 4297
1124-62-5 (3-chloropropyl)cyclohexane C9H17Cl 17793
1124-63-6 3-cyclohexyl-1-propanol C9H18O 18038
1125-21-9 2,6,6-trimethyl-2-cyclohexene-1,4-dione C9H12O2 17178
1125-26-4 dimethylphenylvinylsilane C10H14Si 20182
1125-27-5 ethylphenyldichlorosilane C8H10Cl2Si 13843
1125-60-6 5-isoquinolinamine C9H8N2 16138
1125-74-2 3-allyl-1,2-benzenediol C9H10O2 16650
1125-78-6 5,6,7,8-tetrahydro-2-naphthalenol C10H12O 19519
1125-80-0 3-methylisoquinoline C10H9N 18857
1125-88-8 benzaldehyde dimethylacetal C9H12O2 17157
1125-99-1 1-pyrrolidino-1-cyclohexene C10H17N 20558
1126-00-7 1-phenylpyrazole C9H8N2 16151
1126-09-6 ethyl 4-piperidinecarboxylate C8H15NO2 14809
1126-18-7 2-butylcyclohexanone C10H18O 20678
1126-46-1 methyl 4-chlorobenzoate C8H7ClO2 13015
1126-71-2 N,N-dimethylphenethylamine C10H15N 20223
1126-74-5 3-(3-pyridyl)acrylic acid C8H7NO2 13155
1126-75-6 (2-methylpropoxy)benzene C10H14O 20044
1126-78-9 N-butylaniline C10H15N 20204
1126-79-0 butyl phenyl ether C10H14O 20038
1126-81-4 4-acetamidothiophenol C8H9NOS 13689
1127-45-3 8-hydroxyquinoline-N-oxide C9H7NO2 16041
1127-76-0 1-ethylnaphthalene C12H12 23685
1128-00-3 ethyl 2-amino-1-cyclohexene-1-carboxylate C9H15NO2 17559
1128-05-8 methyl 3-thianaphthenyl ketone C10H8OS 18747
1128-08-1 3-methyl-2-pentyl-2-cyclopenten-1-one C11H18O 22582
1128-16-1 3,5-dichloro-2-trichloromethyl pyridine' C6H2Cl5N 6182
1128-23-0 L(+)-gulonic acid g-lactone C6H10O6 7962
1128-54-7 3-methyl-1-phenyl-1H-pyrazole C10H10N2 19024
1128-61-6 6-fluoro-2-methylquinoline C10H8FN 18696
1128-67-2 3-methyl-2-benzothiazolone hydrazone C8H9N3S 13785
1128-76-3 ethyl 3-chlorobenzoate C9H9ClO2 16307
1129-30-2 2,6-diacetylpyridine C9H9NO2 16426
1129-35-7 methyl 4-cyanobenzoate C9H7NO2 16047
1129-37-9 4-nitrobenzaldoxime C7H6N2O3 10359
1129-41-5 methylcarbamic acid m-tolyl ester C9H11NO2 16955
1129-47-1 cyclohexyl 2-methylpropanoate C10H18O2 20768
1129-50-6 N-phenylbutanamide C10H13NO 19772
1129-65-3 1-phenyl-1-hexyne C12H14 23896
1129-89-1 cis-cyclododecene C12H22 24667
1130-69-4 4-nitrosoquinoline-1-oxide C9H6N2O2 15915
1131-01-7 2-chloro-N-(2,6-dimethylphenyl)acetamide C10H12ClNO 19405
1131-15-3 phenylsuccinic anhydride C10H8O3 18776
1131-16-4 3,5-dimethyl-1-phenyl-1H-pyrazole C11H12N2 21816
1131-18-6 3-methyl-1-phenyl-1H-pyrazol-5-amine C10H11N3 19346
1131-60-8 4-cyclohexylphenol C12H16O 24197
1131-61-9 4-phenylpyridine-N-oxide C11H9NO 21569
1131-62-0 1-(3,4-dimethoxyphenyl)ethanone C10H12O3 19634
1131-63-1 5,6,7,8-tetrahydro-2-naphthalenecarboxylic aci C11H12O2 21866
1132-20-3 N-(chloroacetyl)-3-azabicyclo(3.2.1)nonane C10H16ClNO 20379
1132-21-4 3,5-dimethoxybenzoic acid C9H10O4 16782
1132-39-4 diphenyl selenide C12H10Se 23578
1132-61-2 MOPS C7H15NO4S 12097
1132-66-7 hexyl phenyl ether C12H18O 24444
1132-68-9 L-4-fluorophenylalanine C9H10FNO2 16543
1133-64-8 1-nitrosoanabasine C10H13N3O 19846
1133-80-8 2-bromo-9H-fluorene C13H9Br 25508
1134-23-2 cycloate C11H21NOS 22776
1134-35-6 4,4'-dimethyl-2,2'-bipyridine C12H12N2 23729
1134-40-3 2,3,6,7-tetramethylnaphthalene C14H16 27311
1134-47-0 baclofen C10H12ClNO2 19408
1134-62-9 2-butylnaphthalene C14H16 27268
1135-12-2 p-benzylaniline C13H13N 25851
1135-14-4 4-(phenylthio)benzenamine C12H11NS 23655
1135-24-6 ferulic acid C10H10O4 19208
1135-40-6 CAPS C9H19NO3S 18164
1135-67-7 1-phenyl-1-cyclohexanecarboxylic acid C13H16O2 26091
1135-99-5 diphenyltin dichloride C12H10Cl2Sn 23473
1136-45-4 5-methyl-3-phenylisoxazole-4-carboxylic acid C11H9NO3 21589
1136-84-1 5,6,7,8-tetrahydro-1-naphthyl methylcarbamate C12H15NO2 24074
1136-86-3 3',4',5'-trimethoxyacetophenone C11H14O4 22199
1136-89-6 1-naphthyl phosphate hydrate C10H9O4P 18956
1137-41-3 4-aminobenzophenone C13H11NO 25696
1137-42-4 4-hydroxybenzophenone C13H10O2 25634
1137-68-4 2-(2-pyridyl)benzimidazole C12H9N3 23428
1137-79-7 4-biphenyldimethylamine C14H15N 27223
1137-96-8 benzenamine, N-(phenylmethylene)-, N-oxide C13H11NO 25702
1138-15-4 N-trans-cinnamoylimidazole C12H10N2O 23497
1138-47-2 trans-1,2-diphenylcyclopropane C15H14 28257
1138-48-3 cis-1,2-diphenylcyclopropane C15H14 28258
1138-52-9 3,5-bis(1,1-dimethylethyl)phenol C14H22O 27689
1138-80-3 N-carbobenzyloxyglycine C10H11NO4 19338
1139-30-6 (-)-caryophyllene oxide C15H24O 28763
1139-52-2 4-bromo-2,6-di-tert-butylphenol C14H21BrO 27617
1139-82-8 5,7-dihydro-6H-dibenzo(a,c)cyclohepten-6-one C15H12O 28182
1140-14-3 (2,4-dimethylphenyl)phenylmethanone C15H14O 28287
1140-16-5 (2-methylphenyl)(4-methylphenyl)methanone C15H14O 28291
1141-06-6 a-pyridoin C12H10N2O2 23503
1141-37-3 4-(bis(2-chloroethyl)amino)benzoic acid C11H13Cl2NO2 21932
1141-38-4 2,6-naphthalenedicarboxylic acid C12H8O4 23344
1141-59-9 4-(2-pyridylazo)resorcinol C11H9N3O2 21600
1141-88-4 2,2'-dithiobisaniline C12H12N2S2 23749
1142-15-0 4-methoxystilbene C15H14O 28297
1142-20-7 N-carbobenzyloxy-L-alanine C11H13NO4 22000
1142-39-8 4-(hexyloxy)benzoic acid C13H18O3 26233
1142-70-7 5-(2-bromoallyl)-5-sec-butylbarbituric aci C11H15BrN2O3 22211
1142-97-8 4-chlorobenzenesulfonothioic acid, s-phenyl C12H9ClO2S2 23379
1144-74-7 (4-nitrophenyl)phenylmethanone C13H9NO3 25562
1145-01-3 3,5-diphenylpyrazole C15H12N2 28157
1145-56-8 N-(2-chloroacetyl)-L-tyrosine C11H12ClNO4 21796
1145-73-9 N,N-dimethyl-4-stilbenamine C16H17N 29320
1145-80-8 N-carbobenzyloxy-L-serine C11H13NO5 22006
1145-90-0 2-(p-chlorophenoxy)-N-(2-(dimethylamino)et C12H17ClN2O2 24281
1145-93-3 diethyl 4-methoxybenzylphosphonate C12H19O4P 24530
1145-98-8 diphenyltetramethyldisilane C16H22Si2 29534
1146-98-1 2-(4-bromophenyl)-1H-indene-1,3(2H)-dione C15H9BrO2 27990
1146-99-2 2-(4-chlorophenyl)-1H-indene-1,3(2H)-dione C15H9ClO2 27993
1147-55-3 5-hydroxy-N-2-fluorenylacetamine C15H13NO2 28237
1148-11-4 benzyl 1,2-pyrrolidinedicarboxylate, (S) C13H15NO4 26026
1148-79-4 2,2':6',2''-terpyridine C15H11N3 28121
1149-16-2 glyoxalbis(2-hydroxyanil) C14H12N2O2 26905
1149-24-2 diethyl 2,6-dimethyl-3,5-pyridinedicarboxylat C13H17NO4 26137
1149-26-4 N-carbobenzyloxy-L-valine C13H17NO4 26139
1149-99-1 lunamycin C15H20O4 28598
1151-15-1 2-(4-methoxybenzoyl)benzoic acid C15H12O4 28198
1151-97-9 2-(2,4-dinitrobenzyl)pyridine C12H9N3O4 23436
1152-61-0 N-carbobenzyloxy-L-aspartic acid C12H13NO6 23866
1154-59-2 3,3',4',5-tetrachlorosalicylanilide C13H7Cl4NO2 25452
1155-00-6 3-nitrophenyl disulfide C12H8N2O4S2 23324
1155-38-0 7-methylbenz(a)anthracene-5,6-oxide C19H14O 31288
1155-62-0 N-benzyloxycarbonyl-L-glutamic acid C13H15NO6 26028
1155-64-2 Ne-carbobenzyloxy-L-lysine C14H20N2O4 27583
1156-19-0 tolazamide C14H21N3O3S 27639
1158-17-4 2-nitrophenyl-b-D-thiogalactopyranoside C12H15NO7S 24093
1159-54-2 tris(4-chlorophenyl)phosphine C18H12Cl3P 30416
1159-86-0 1,2-dibenzoylbenzene C20H14O2 31900
1160-36-7 3,5,3'-triiodo-4'-acetylthyroformic acid C15H9I3O4 27996
1161-13-3 N-carbobenzyloxy-L-phenylalanine C17H17NO4 30043
1162-06-7 triphenyllead acetate C20H18O2Pb 32084
1162-65-8 aflatoxin B1 C17H12O6 29900
1163-19-5 decabromodiphenyl ether C12Br10O 23117
1165-39-5 aflatoxin G1 C17H12O7 29901
1165-48-6 dimefline C20H21NO3 32145
1165-91-9 bis(2,4,6-trichlorophenyl)oxalate C14H4Cl6O4 26575
1166-18-3 m-quaterphenyl C24H18 33751
1166-52-5 lauryl gallate C19H30O5 31638
1170-02-1 ethylenediamine-di(o-hydroxyphenyl)acetic ac C18H20N2O6 30729
1172-02-7 (2,4,7-trinitro-9-fluorenylidene)malononitril C16H5N5O6 28953
1172-76-5 tetraphenyldimethyldisilane C26H26Si2 34256
1172-82-3 17-hydroxy-6-methylpregn-4-ene-3,20-dione acet C23H34O4 33660
1173-26-8 corticosterone acetate C23H32O5 33649
1174-72-7 tetraphenoxysilane C24H20O4Si 33796
1174-83-0 phosphorothioic acid, O,O'-(sulfonyldi-p-p C16H20O8P2S3 29471
1174-92-1 (3b)-3-methoxycholest-5-ene C28H48O 34699
1175-06-0 6-ketocholestanol C27H46O2 34532
1176-74-5 tetrabromophenolphthalein ethyl ester C22H14Br4O4 33107
1177-87-3 dexamethasone acetate C24H31FO6 33879
1180-60-5 cyclotriveratrylene C27H30O6 34425
1181-54-0 N'-methylol-o-chlortetracycline C23H27ClN2O9 33578
1182-07-6 cholesteryl n-heptylate C34H58O2 35251
1182-42-9 cholesteryl caprylate C35H60O2 35311
1182-66-7 cholesteryl pelargonate C36H62O2 35395
1182-87-2 encordin C30H44O9 34911
1184-53-8 methyl copper CH3Cu 212
1184-57-2 methylmercury hydroxide CH4HgO 255
1184-58-3 dimethylaluminum chloride C2H6AlCl 986

1184-60-7 2-fluoro-1-propene C3H5F 1713
1184-78-7 trimethylamine oxide C3H9NO 2209
1184-85-6 N-methylmethanesulfonamide C2H7NO2S 1124
1185-33-7 2,2-dimethyl-1-butanol C6H14O 8982
1185-55-3 trimethoxymethylsilane C4H12O3Si 4098
1185-81-5 dibutylbis(dodecylthio)stannane C32H68S2Sn 35138
1186-09-0 O,O,S-triethyl thiophosphate C6H15O3PS 9265
1186-31-8 4-methyl-1-hepten-4-ol C8H16O 15116
1186-53-4 2,2,3,4-tetramethylpentane C9H20 18207
1186-73-8 trimethyl methanetricarboxylate C7H10O6 11224
1187-00-4 bis(methane sulfonyl)-D-mannitol C8H18O10S2 15601
1187-03-7 tetraethylurea C9H20N2O 18225
1187-13-9 trans-2-ethyl-2-butenoic acid C6H10O2 7821
1187-33-3 N,N-dibutylpropionamide C11H23NO 22882
1187-42-4 diaminomaleonitrile C4H4N4 2583
1187-46-8 ethyl a-bromo-a-cyanoacetate C5H6BrNO2 4458
1187-58-2 N-methylpropanamide C4H9NO 3688
1187-59-3 N-methylacrylamide C4H7NO 3260
1187-84-4 S-methyl-L-cysteine C4H9NO2S 3725
1187-93-5 trifluoromethyl trifluorovinyl ether C3F6O 1291
1188-01-8 glycylalanine C5H10N2O3 5429
1188-02-9 2-methylheptanoic acid C8H16O2 15204
1188-14-3 triethylgermanium hydride C6H16Ge 9289
1188-21-2 N-acetyl-L-leucine C8H15NO3 14830
1188-33-6 1,1-diethoxy-N,N-dimethylmethanamine C7H17NO2 12355
1188-37-0 N-acetylglutamic acid C7H11NO5 11307
1189-24-8 diisobutylphosphite C8H19O3P 15672
1189-71-5 sulfuryl chloride isocyanate CClNO3S 40
1189-85-1 tert-butyl chromate C8H18CrO4 15386
1189-93-1 1,1,3,3,5,5-hexamethyltrisiloxane C6H20O2Si3 9386
1189-99-7 2,5,5-trimethylheptane C10H22 21173
1190-16-5 3-cyanopropyldichloromethylsilane C5H9Cl2NSi 5098
1190-22-3 1,3-dichlorobutane C4H8Cl2 3362
1190-24-5 N-formylurea C2H4N2O2 856
1190-34-7 5-methyl-5-hepten-3-one C8H14O 14568
1190-39-2 dibutyl malonate C11H20O4 22729
1190-63-2 hexadecyl stearate C34H68O2 35272
1190-73-4 N-acetylcysteamine C4H9NOS 3694
1190-76-7 cis-crotonitrile C4H5N 2696
1190-83-6 2,2,6-trimethylheptane C10H22 21165
1190-93-8 acetylmercaptoacetic acid C4H6O3S 3004
1191-04-4 2-hexenoic acid C6H10O2 7822
1191-08-8 1,4-butanedithiol C4H10S2 3952
1191-15-7 diisobutylaluminum hydride C8H19Al 15623
1191-16-8 3,3-dimethylallyl acetate C7H12O2 11497
1191-25-9 hydroxycaproic acid C6H12O3 8532
1191-41-9 ethyl cis,cis,cis-9,12,15-octadecatrienoate C20H34O2 32407
1191-43-1 1,6-hexanedithiol C6H14S2 9131
1191-50-0 tetradecyl sodium sulfate C14H29NaO4S 27911
1191-62-4 1,8-octanedithiol C8H18S2 15616
1191-75-9 7-hexadecenoic acid C16H30O2 29660
1191-80-6 mercury oleate C36H66HgO4 35402
1191-95-3 cyclobutanone C4H6O 2950
1191-96-4 ethylcyclopropane C5H10 5283
1191-99-7 2,3-dihydrofuran C4H6O 2943
1192-18-3 cis-1,2-dimethylcyclopentane C7H14 11699
1192-22-9 2,3-epoxy-2-methylpentane C6H12O 8454
1192-27-4 diazocyclopentadiene C5H4N2 4293
1192-28-5 cyclopentanone oxime C5H9NO 5199
1192-30-9 2-(bromomethyl)tetrahydrofuran C5H9BrO 5002
1192-37-6 methylenecyclohexane C7H12 11367
1192-58-1 N-methylpyrrole-2-carboxaldehyde C6H7NO 7202
1192-62-7 1-(2-furanyl)ethanone C6H6O2 7073
1192-63-8 1-pyrrolidinecarbonyl chloride C5H8ClNO 4767
1192-75-2 bisethyleneurea C5H8N2O 4828
1192-88-7 1-cyclohexene-1-carboxaldehyde C7H10O 11139
1192-89-8 phenylmercuric bromide C6H5BrHg 6664
1193-02-8 4-aminobenzenethiol C6H7NS 7223
1193-10-8 2,5-dihydro-3-methyl-thiophene 1,1-dioxide C5H8O2S 4926
1193-12-0 3,3-dimethylpiperidine C7H15N 12033
1193-16-4 cis-3-methylcyclohexylamine C7H15N 12028
1193-17-5 trans-3-methylcyclohexylamine C7H15N 12029
1193-18-6 3-methyl-2-cyclohexen-1-one C7H10O 11143
1193-21-1 4,6-dichloropyrimidine C4H2Cl2N2 2391
1193-24-4 4,6-dihydroxypyrimidine C4H4N2O2 2571
1193-35-7 2,2-diethyltetrahydrofuran C8H16O 15093
1193-46-0 2,2-dimethylcyclohexanol C8H16O 15095
1193-47-1 2,2-dimethylcyclohexanone C8H14O 14547
1193-54-0 dichloromaleimide C4HCl2NO2 2358
1193-55-1 2-methyl-1,3-cyclohexanedione C7H10O2 11184
1193-70-0 2-propylcyclopentanone C8H14O 14574
1193-72-2 1-bromo-2,4-dichlorobenzene C6H3BrCl2 6229
1193-74-4 4,5-dimethyl-2-pyrimidinamine C6H9N3 7585
1193-79-9 2-acetyl-5-methylfuran C7H8O2 10882
1193-81-3 alpha-methylcyclohexanemethanol C8H16O 15089
1193-82-4 (methylsulfinyl)benzene C7H8OS 10858
1193-92-6 3-pyridinealdoxime C6H6N2O 6994
1194-02-1 4-fluorobenzonitrile C7H4FN 9772
1194-21-4 2-amino-6-chloro-4-pyrimidinol monohydrate C4H4ClN3O 2530
1194-65-6 2,6-dichlorobenzonitrile C7H3Cl2N 9523
1194-98-5 2,5-dihydroxybenzaldehyde C7H6O3 10429
1195-16-0 N-(tetrahydro-2-oxo-3-thienyl)acetamide C6H9NO2S 7557
1195-31-9 1-methyl-4-isopropylcyclohexene, (R) C10H18 20626
1195-32-0 1-methyl-4-(1-methylethenyl)benzene C10H12 19371
1195-42-2 cyclohexylisopropylamine C9H19N 18139
1195-45-5 4-fluorophenyl isocyanate C7H4FNO 9775
1195-59-1 2,6-pyridinedimethanol C7H9NO2 11004
1195-67-1 1-aziridinyl-bis(dimethylamino)phosphine oxide C6H16N3OP 9309
1195-69-3 dimethylamino-bis(1-aziridinyl)phosphine oxide C6H14N3OP 8961
1195-79-5 1,3,3-trimethyl-2-norbornanone C10H16O 20478
1195-92-2 (+)-limonene oxide C10H16O 20464
1195-93-3 2,2,6,6-tetramethylcyclohexanone C10H18O 20745
1196-01-6 (1S)-(-)-verbenone C10H14O 20087
1196-31-2 cis-5-methyl-2-isopropylcyclohexanone, (2R) C10H18O 20680
1196-39-0 4-methylisoquinoline C10H9N 18858
1196-57-2 2-quinoxalinol C8H6N2O 12874
1196-58-3 3-phenylpentane C11H16 22306
1196-67-4 3-phenyl-2-butenal C10H10O 19102
1196-79-8 2,5-dimethyl-1H-indole C10H11N 19283
1197-16-6 p-carboxy phenylarsenoxide C7H5AsO3 9862
1197-18-8 trans-4-(aminomethyl)cyclohexanecarboxylic aci C8H15NO2 14806
1197-19-9 4-(dimethylamino)benzonitrile C9H10N2 16576
1197-22-4 N-phenylmethanesulfonamide C7H9NO2S 11008
1197-34-8 3,5-diethylphenol C10H14O 20017
1197-37-1 4-ethoxy-1,2-benzenediamine C8H12N2O 14300
1197-40-6 di-2-furylmethane C9H8O2 16205
1197-55-3 4-aminobenzeneacetic acid C8H9NO2 13691
1198-14-7 5-bromo-8-quinolinol C9H6BrNO 15847
1198-37-4 2,4-dimethylquinoline C11H11N 21706
1198-47-6 2-amino-6-methylmercaptopurine C6H7N5S 7257
1198-55-6 3,4,5,6-tetrachloro-1,2-benzenediol C6H2Cl4O2 6180
1198-59-0 1,2-dichloro-3,4,5,6-tetrafluorobenzene C6Cl2F4 6055
1198-61-4 1,3-dichloro-2,4,5,6-tetrafluorobenzene C6Cl2F4 6056
1198-62-5 1,4-dichloro-2,3,5,6-tetrafluorobenzene C6Cl2F4 6057
1198-96-5 3,4-dihydro-2,2-dimethyl-2H-1-benzopyran C11H14O 22111
1198-97-6 phenylpyrrolidone C10H11NO 19311
1199-03-7 2,3-quinoxalinedithiol C8H6N2S2 12907
1199-18-4 6-hydroxydopamine C8H11NO3 14193
1199-46-8 2-amino-4-tert-butylphenol C10H15NO 20246
1199-77-5 a-methylcinnamic acid C10H10O2 19140
1199-85-5 p-chloro-N-methylamphetamine C10H14ClN 19905
1199-95-7 trimethyl(phenylethynyl)tin C11H14Sn 22207
1200-03-9 (4-bromobutoxy)benzene C10H13BrO 19713
1200-14-2 4-butylbenzaldehyde C11H14O 22106
1200-73-3 4-methyl-4-phenyl-1,3-dioxane C11H14O2 22130
1200-89-1 1,4,4-alpha,8-alpha-tetrahydro-endo-1,4-methan C11H10O2 21659
1201-26-9 1-(1H-indol-3-yl)-2-propanone C11H11NO 21739
1201-31-6 2,3,4,5-tetrafluorobenzoic acid C7H2F4O2 9465
1201-38-3 2',5'-dimethoxyacetophenone C10H12O3 19652
1201-99-6 trans-2,4-dichlorocinnamic acid C9H6Cl2O2 15874
1202-08-0 1-(2-methyl-5-isopropylphenyl)ethanone C12H16O 24187
1202-34-2 N-2-pyridinyl-2-pyridinamine C10H9N3 18950
1203-39-0 2-bromo-3-hydroxy-1,4-naphthalenedione C10H5BrO3 18496
1204-06-4 3-indoleacrylic acid C11H9NO2 21575
1204-21-3 2-bromo-2',5'-dimethoxyacetophenone C10H11BrO3 19236
1204-28-0 trimellitic anhydride acid chloride C9H3ClO4 15775
1204-75-7 3-hydroxy-2-quinoxalinecarboxylic acid C9H6N2O3 15919
1204-78-0 4'-methyl-[1,1'-biphenyl]-4-amine C13H13N 25855
1204-79-1 4'-amino-4-biphenylol C12H11NO 23628
1205-02-3 N-benzoyl-DL-alanine C10H11NO3 19326
1205-17-0 2-methyl-3-(3,4-methylenedioxyphenyl)propanal C11H12O3 21895
1205-64-7 3-methyl-N-phenylaniline C13H13N 25853
1205-71-6 4-chloro-N-phenylaniline C12H10ClN 23455
1205-91-0 1,4-benzenediol diacetate C10H10O4 19198
1206-13-9 1-(4-methylphenyl)-1-cyclohexanecarbonitrile C14H17N 27398
1206-46-8 trimethyl(pentafluorophenyl)silane C9H9F5Si 16358
1207-69-8 9-chloroacridine C13H8ClN 25464
1207-72-3 10-methylphenothiazine C13H11NS 25727
1208-52-2 2,4'-methylenedianiline C13H14N2 25952
1210-05-5 diphenaldehyde C14H10O2 26780
1210-34-0 dibenzosuberol C15H14O 28293
1210-35-1 10,11-dihydro-5H-dibenzo[a,d]cyclohepten-5-one C15H12O 28173
1210-56-6 1-methyl-6-methoxy-1,2,3,4-tetrahydro-b-carbo C13H16N2O 26058
1211-29-6 methyl jasmonate C13H20O3 26334
1211-40-1 4-amino-4'-nitrobiphenyl C12H10N2O2 23504
1212-29-9 dicyclohexyl thiourea C13H24N2S 26412
1214-24-0 3,6-dihydroxy-9H-xanthen-9-one C13H8O4 25506
1214-39-7 6-benzylaminopurine C12H11N5 23665
1215-16-3 4'-(bis(2-chloroethyl)amino)acetanilide C12H16Cl2N2O 24151
1215-59-4 5-benzyloxyindole C15H13NO 28222
1217-45-4 9,10-anthracenedicarbonitrile C16H8N2 28961
1218-34-4 acetyltryptophan C13H14N2O3 25965
1220-83-3 sulfamonomethoxin C11H12N4O3S 21847
1220-94-6 4-amino-1-methylaminoanthraquinone C15H12N2O2 28165
1222-05-5 galoxolide C18H26O 30890
1222-57-7 zoliridine C14H12N2O2S 26910
1222-98-6 4-nitrochalcone C15H11NO3 28114
1223-31-0 bis(p-nitrophenyl)sulfide C12H8N2O4S 23322
1223-36-5 2-(p-chlorophenoxy)-N-(2-(diethylamino)eth C14H21ClN2O2 27619
1224-64-2 p-nitrophenyldi-N-butylphosphinate C14H22NO4P 27661
1225-20-3 sodium iothalamate C11H8I3N2NaO4 21513
1226-42-2 4,4'-dimethoxybenzil C16H14O4 29179
1227-61-8 N-(2-(diethylamino)ethyl)-2-(p-methoxyphenox C15H24N2O3 28709
1229-55-6 C.I. solvent red C17H14N2O2 29934
1230-33-7 3,6-dimethoxy-4-sulfanilamidopyridazine C12H14N4O4S 23955
1231-93-2 ethynodiol C20H28O2 32319
1233-89-2 p-(bis(2-chloroethyl)amino)phenyl benzoate C17H17Cl2NO2 30029
1234-35-1 Na-carbobenzyloxy-L-arginine C14H20N4O4 27586
1235-13-8 19-norspiroxenone C21H30O2 32955
1235-21-8 acetonyltriphenylphosphonium chloride C21H20ClOP 32737
1238-54-6 10b-hydroperoxy-17a-ethynyl-4-estren-17b-ol-3- C20H26O4 32284
1239-29-8 androfurazanol C20H30N2O2 32339
1239-45-8 ethidium bromide C21H20BrN3 32732
1241-94-7 diphenyl 2-ethylhexyl phosphate C20H27O4P 32300
1250-95-9 epoxycholesterol C27H46O2 34533
1251-85-0 diantipyrylmethane C23H24N4O2 33554
1252-18-2 1-(p-(benzyloxy)phenyl)-2-(o-fluorophenyl)-1-p C27H21FO 34395
1253-28-7 gestronol caproate C26H38O4 34310
1258-84-0 pristimerin C30H40O4 34899
1259-35-4 tris(pentafluorophenyl)phosphine C18F15P 30377
1260-17-9 carminic acid C22H20O13 33214
1264-51-3 acetyldigitoxin-b C43H66O14 35724
1270-21-9 potassium-4-methoxy-1-aci-nitro-3,5-dinitro-2 C7H6KN3O7 10336
1270-98-0 cyclopentadienyltitanium trichloride C5H5Cl3Ti 4374
1271-19-8 bis(cyclopentadienyl)titanium dichloride C10H10Cl2Ti 19004
1271-24-5 chromocene C10H10Cr 19009
1271-28-9 nickelocene C10H10Ni 19085
1271-29-0 titanocene C10H10Ti 19227
1271-33-6 bis(h5-cyclopentadienyl)tungsten dihydride C10H12W 19706
1271-51-8 vinylferrocene C12H12Fe 23712
1271-54-1 bis(h6-benzene)chromium C12H12Cr 23705
1271-55-2 acetylferrocene C12H12FeO 23714
1271-86-9 (dimethylaminomethyl)ferrocene C13H17FeN 26121
1271-94-9 butyrylferrocene C14H16FeO 27327
1272-23-7 tris(h(5)-2,4-cyclopentadien-1-yl)lanthanum C15H15La 28346
1272-44-2 benzoylferrocene C17H14OFe 29942
1273-81-0 osmocene C10H10OS 19113
1273-89-8 ethylferrocene C12H14Fe 23913
1273-94-5 1,1'-diacetylferrocene C14H14FeO2 27088
1273-97-8 1,1'-diethylferrocene C14H18Fe 27446
1273-98-9 tris(cyclopentadienyl)neodymium C15H15Nd 28374
1277-43-6 cobaltocene C10H10Co 19008
1277-47-0 bis(cyclopentadienyl)vanadium C10H10V 19228
1277-49-2 a-methylferrocenemethanol C12H5FeO 23189
1284-72-6 bis(cyclopentadienyl)magnesium C10H10Mg 19018
1287-13-4 bis(cyclopentadienyl)ruthenium C10H10Ru 19226
1291-32-3 bis(cyclopentadienyl)zirconium dichloride C10H10Cl2Zr 19006
1293-87-4 1,1'-ferrocenedicarboxylic acid C12H10FeO4 23481
1293-95-4 bis(methylcyclopentadienyl)nickel C12H14Ni 23961
1295-20-1 tris(h5-cyclopentadienyl) ytterbium C15H15Yb 28378
1298-53-9 tris(cyclopentadienyl)cerium C15H15Ce 28336
1299-86-1 aluminum carbide C3Al4 1242
1300-21-6 dichloroethane C2H4Cl2 814
1300-32-9 furoyl chloride C5H3ClO2 4225
1300-71-6 dimethyl phenol C8H10O 13934
1300-72-7 sodium xylenesulfonate C8H10NaO3S 13910

1300-73-8 xylidine, isomers C8H11N 14123
1300-94-3 5-methyl-2-pentylphenol C12H18O 24448
1316-98-9 tert-butylferrocene C14H18Fe 27444
1317-25-5 aluminum chlorohydroxyallantoinate C4H9Al2ClN4O7 3594
1319-69-3 potassium glycerophosphate C3H7K2O6P 2028
1319-77-3 cresol mixture C7H8O 10855
1319-80-8 octachlorocamphene C10H8Cl8 18692
1320-37-2 dichlorotetrafluoroethane C2Cl2F4 443
1320-67-8 methoxypropanol C4H10O2 3902
1320-94-1 tetrahydrodimethylfuran C6H12O 8455
1321-12-6 nitrotoluene C7H7NO2 10643
1321-16-0 tetrahydrobenzaldehyde C7H9N 10970
1321-31-9 ethoxyaniline C8H11NO 14159
1321-38-6 diisocyanatomethylbenzene C9H6N2O2 15909
1321-64-8 pentachloronaphthalene C10H3Cl5 18482
1321-65-9 trichloronaphthalene C10H5Cl3 18505
1321-67-1 naphthol C20H16O2 32025
1321-74-0 divinylbenzene C10H10 18973
1321-89-7 isodecanal C10H20O 21025
1321-94-4 methylnaphthalene C11H10 21603
1322-38-9 tribromosalicylanilide C13H8Br3NO2 25463
1322-48-1 2-benzyl-4-chlorophenol C13H11ClO 25678
1322-67-4 dodecahydrophenanthrene C14H22 27651
1322-78-7 phenyl xylyl ketone C15H14O 28299
1322-90-3 methyl styrylphenyl ketone C16H14O 29155
1323-39-3 stearic acid, monoester with 1,2-propanediol C21H42O3 33052
1323-65-5 dinonylphenol C24H42O 33960
1324-55-6 dichloroisoviolanthrone C34H14Cl2O2 35199
1330-16-1 (-)-a-pinene C10H16 20365
1330-20-7 xylenes C8H10 13793
1330-61-6 isodecyl acrylate C13H24O2 26422
1330-78-5 tricresyl phosphate C21H21O4P 32790
1330-96-7 isodecyl octyl phthalate C26H42O4 34318
1331-07-3 chloropropane diol-1,3 C3H7ClO2 2007
1331-09-5 methyl dioxolane C5H10O2 5536
1331-11-9 ethoxypropionic acid C5H10O3 5565
1331-12-0 propylene glycol monoacetate C5H10O3 5568
1331-17-5 propylene glycol, allyl ether C6H12O2 8523
1331-22-2 methylcyclohexanone C7H12O 11439
1331-24-4 isopropylmorpholine C7H15NO 12071
1331-28-8 chlorostyrene C8H7Cl 12991
1331-29-9 ethyldichlorobenzene C8H8Cl2 13292
1331-31-3 ethylchlorobenzene C8H9Cl 13582
1331-41-5 N-hydroxyethyl-a-methylbenzylamine C10H15NO 20262
1331-43-7 diethylcyclohexane; (mixed isomers) C10H20 20939
1331-45-9 ethylcyanocyclohexyl acetate C11H17NO2 22525
1331-50-6 trimethyl nonanone C12H24O 24860
1332-52-1 beryllium basic acetate C12H18Be4O13 24389
1332-94-1 laetrile C14H15NO7 27236
1333-38-6 angelica lactone C5H6O2 4559
1333-39-7 hydroxybenzenesulfonic acid C6H6O4S 7113
1333-41-1 methylpyridine C6H7N 7178
1333-53-5 isopropyl quinoline C12H13N 23835
1334-78-7 tolualdehyde C8H8O 13404
1335-09-7 6-methyl-6-hepten-2-ol C8H16O 15151
1335-31-5 mercuric oxycyanide C2Hg2N2O 1197
1335-32-6 lead(ii) acetate, basic C4H10O8Pb3 3941
1335-87-1 hexachloronaphthalene C10H2Cl6 18474
1335-88-2 tetrachloronaphthalene C10H4Cl4 18489
1337-81-1 vinyl pyridine C7H7N 10610
1338-23-4 methyl ethyl ketone peroxide C8H18O2 15559
1338-39-2 sorbitan monolaurate C18H34O6 31051
1338-41-6 sorbitan monostearate C24H46O6 33979
1338-43-8 sorbitan monooleate C24H44O6 33964
1339-93-1 digitoxoside C41H64O17 35653
1344-32-7 trichlorobenzyl chloride C7H4Cl4 9767
1391-36-2 leucopeptin C89H125N23O25S3 35999
1391-75-9 gitalin C35H56O12 35308
1391-82-8 grisein C40H61FeN10O20S 35607
1393-48-2 thiostrepton C72H85N19O18S5 35965
1393-89-1 griseomycin C25H46ClNO8 34176
1397-84-8 alazopeptin C15H20N6O5 28591
1397-89-3 amphotericin b C47H73NO17 35793
1397-94-0 antimycin A C28H4N2O9 34576
1398-61-4 chitin C30H50N4O19 34924
1400-17-5 kurchicine C20H36N2O 32419
1400-61-9 nystatin C46H83NO18 35787
1400-62-0 orcein C28H24N2O7 34602
1401-55-4 tannic acid C76H52O46 35976
1401-63-4 thioaurin C14H12N4O4S4 26927
1401-69-0 tylosin C45H77NO17 35770
1402-61-5 actinomycin X2 C61H89N12O17 35927
1402-82-0 amphomycin C58H91N13O20 35907
1402-83-1 angolamycin C46H77NO17 35785
1403-17-4 levorin C63H85N21O19 35935
1403-29-8 carzinophilin A C31H33N3O12 34989
1404-01-9 mycoticin (1:1) C18H30O5 30976
1404-15-5 nogalamycin C39H49O16 35542
1404-26-8 polymyxin B C43H82N16O12 35733
1404-64-4 sparsomycin C13H19N3O5S2 26277
1404-90-6 vancocin C66H75Cl2N9O24 35945
1405-86-3 glycyrrhizic acid C42H62O16 35690
1405-87-4 bacitracin C66H103N17O16S 35948
1405-90-9 candidin C46H75NO17 35784
1407-14-3 helenine C15H20O2 28594
1415-73-2 barbaloin C21H22O9 32811
1420-07-1 2-tert-butyl-4,6-dinitrophenol C10H12N2O5 19462
1420-55-9 ethylthioperazine C22H29N3S2 33340
1420-88-8 N,S-diacetylcysteamine C6H11NO2S 8159
1421-14-3 propanidid C18H27NO5 30911
1421-49-4 3,5-di-tert-butyl-4-hydroxybenzoic acid C15H22O3 28684
1421-63-2 2',4',5'-trihydroxybutyrophenone C10H12O4 19688
1421-85-8 5,6-epoxy-5,6-dihydrodibenz(a,h)anthracene C22H14O 33116
1421-89-2 dimethylaminoethanol acetate C6H13NO2 8828
1422-53-3 2-bromo-4-fluorotoluene C7H6BrF 10151
1423-11-6 1,3,5-trifluorotrinitrobenzene C6F3N3O6 6075
1423-26-3 3-trifluoromethylphenylboronic acid C7H6BF3O2 10134
1423-27-4 2-trifluoromethylphenylboronic acid C7H6BF3O2 10135
1423-60-5 3-butyn-2-one C4H4O 2594
1423-97-8 b-estra-1,3,5,7,9-pentane-3,17-diol C18H19O2 30711
1424-22-2 1-cyclohexen-1-yl acetate C8H12O2 14358
1425-67-8 6-carboxyl-4-nitroquinoline-1-oxide C10H6N2O5 18577
1426-40-0 fluorobis(trifluoromethyl)phosphine C2F7P 508
1427-07-2 2-fluoro-4-nitrotoluene C7H6FNO2 10300
1429-30-7 petunidol C16H13O7 29106
1430-97-3 2-methyl-9H-fluorene C14H12 26874
1431-39-6 dansylamide C12H14N2O2S 23930
1432-43-5 3-acetyl-2-oxazolidinone C5H7NO3 4691
1433-27-8 1-tert-butyl-3-ethylcarbodiimide C7H14N2 11783
1435-43-4 1-chloro-3,5-difluorobenzene C6H3ClF2 6264
1435-44-5 1-chloro-2,4-difluorobenzene C6H3ClF2 6265
1435-48-9 2,4-dichloro-1-fluorobenzene C6H3Cl2F 6275
1435-49-0 1,2-dichloro-4-fluorobenzene C6H3Cl2F 6276
1435-50-3 2-bromo-1,4-dichlorobenzene C6H3BrCl2 6232
1435-51-4 1,3-dibromo-5-fluorobenzene C6H3Br2F 6249
1435-52-5 1,4-dibromo-2-fluorobenzene C6H3Br2F 6250
1435-53-6 2,4-dibromo-1-fluorobenzene C6H3Br2F 6248
1435-55-8 hydroquinidine C20H26N2O2 32272
1435-60-5 4-hydroxy-4'-nitroazobenzene C12H9N3O3 23433
1436-34-6 1,2-epoxyhexane C6H12O 8448
1436-43-7 2-quinolinecarbonitrile C10H6N2 18565
1436-59-5 cis-1,2-cyclohexanediamine C6H14N2 8915
1437-15-6 1,2-bis(2-pyridyl)ethylene C12H10N2 23491
1438-16-0 N-aminorhodanine C3H4N2OS2 1600
1438-30-8 netropsin C18H26N10O3 30888
1438-91-1 furfuryl methyl sulfide C6H8OS 7403
1438-94-4 1-furfurylpyrrole C9H9NO 16401
1439-07-2 trans-stilbene oxide C14H12O 26938
1439-36-7 1-triphenylphosphoranylidene-2-propanone C21H19OP 32730
1441-87-8 2-hydroxybenzoyl chloride C7H5ClO2 9937
1443-80-7 4-acetylbenzonitrile C9H7NO 16026
1444-64-0 2-phenyl cyclohexanol C12H16O 24204
1444-65-1 2-phenylcyclohexanone C12H14O 23970
1445-23-4 2-tert-butyl-4,5-dimethylphenol C12H18O 24433
1445-45-0 1,1,1-trimethoxyethane C5H12O3 5905
1445-69-8 phthalhydrazide C8H6N2O2 12890
1445-73-4 1-methyl-4-piperidinone C6H11NO 8107
1445-75-6 diisopropyl methylphosphonate C7H17O3P 12367
1445-79-0 trimethylgallium C3H9Ga 2193
1445-91-6 (S)-(-)-sec-phenethyl alcohol C8H10O 13936
1446-34-0 [1,1'-binaphthalene]-4,4'-diol C20H14O2 31898
1446-61-3 dehydroabietylamine C20H31N 32367
1447-14-9 2,2-dichloro-1-methyl-cyclopropanecarboxylic a C5H6Cl2O2 4478
1447-26-3 5-methyl-4-hepten-3-one C8H14O 14567
1448-16-4 1,8-bis(diazo)-2,7-octanedione C8H10N4O2 13902
1448-23-3 glarubin C25H36O10 34156
1448-87-9 2-chloroquinoxaline C8H5ClN2 12616
1449-05-4 b-glycyrrhetinic acid C30H46O4 34915
1449-46-3 benzyltriphenylphosphonium bromide C25H22BrP 34083
1449-65-6 methylgermane CH6Ge 310
1450-14-2 hexamethyldisilane C6H18Si2 9374
1450-23-3 hexaphenyldisilane C36H30Si2 35346
1450-31-3 diphenylmethanethione C13H10S 25658
1450-58-4 cis-2-furancarboxaldehyde oxime C5H5NO2 4406
1450-63-1 1,1,4,4-tetraphenyl-1,3-butadiene C28H22 34596
1450-72-2 1-(2-hydroxy-5-methylphenyl)ethanone C9H10O2 16662
1450-74-4 5'-chloro-2'-hydroxyacetophenone C8H7ClO2 13017
1450-81-3 2,5-dibromopentanoic acid C5H8Br2O2 4759
1450-85-7 2-mercaptopyrimidine C4H4N2S 2577
1452-15-9 4-thiazolecarbonitrile C4H2N2S 2424
1452-77-3 picolinamide C6H6N2O 6993
1453-17-4 1,5-dimethyl-1,3-cyclohexadiene C8H12 14237
1453-24-3 1-ethylcyclohexene C8H14 14466
1453-25-4 1-methylcycloheptene C8H14 14499
1453-58-3 3-methyl-1H-pyrazole C4H6N2 2890
1453-82-3 isonicotinamide C6H6N2O 6992
1454-80-4 [1,1'-biphenyl]-2,2'-diamine C12H12N2 23721
1454-84-8 1-nonadecanol C19H40O 31742
1454-85-9 1-heptadecanol C17H36O 30352
1455-13-6 methan-d1-ol CH3DO 213
1455-18-1 3-methylbenzo[b]thiophene C9H8S 16246
1455-20-5 2-butylthiophene C8H12S 14410
1455-21-6 nonyl mercaptan C9H20S 18365
1455-77-2 3,5-diamino-1,2,4-triazole C2H5N5 975
1456-28-6 2,6-dimethylnitrosomorpholine C6H12N2O2 8339
1457-46-1 3-phenylrhodanine C9H7NOS2 16035
1457-47-2 3-allylrhodanine C6H7NOS2 7205
1457-85-8 ethyl oxo(phenylamino)acetate C10H11NO3 19327
1458-98-6 3-bromo-2-methyl-1-propene C4H7Br 3057
1458-99-7 4-chloro-2-pentene C5H9Cl 5059
1459-00-3 (2-bromo-1-methylethyl)benzene C9H11Br 16824
1459-09-2 1-phenylhexadecane C22H38 33401
1459-10-5 1-phenyltetradecane C20H34 32399
1459-11-6 1,2,4-tri-tert-butylbenzene C18H30 30953
1459-14-9 (1-bromoethyl)benzene, (R) C8H9Br 13534
1459-93-4 dimethyl isophthalate C10H10O4 19201
1460-02-2 1,3,5-tri-tert-butylbenzene C18H30 30952
1460-16-8 cycloheptanecarboxylic acid C8H14O2 14603
1460-57-7 trans-1,2-cyclohexanediol C6H12O2 8504
1460-88-4 methyl 2,2,3-trimethyl-1-cyclopentene-1-carbox C10H16O2 20492
1460-98-6 1-methyl-2,4-diisopropylbenzene C13H20 26284
1461-15-0 fluorexon C30H26N2O13 34859
1461-22-9 tributyltin chloride C12H27ClSn 25335
1461-23-0 tributyltin bromide C12H27BrSn 25332
1461-25-2 tetrabutylstannane C16H36Sn 29828
1462-03-9 1-methylcyclopentanol C6H12O 8441
1462-10-8 4-methyl-1,4-pentanediol C6H14O2 9040
1462-11-9 5-methyl-1,5-hexanediol C7H16O2 12241
1462-12-0 diethyl ethylidenemalonate C9H14O4 17497
1462-27-7 1-cyclohexyl-1-butanone C10H18O 20684
1462-34-6 1-chloro-1-(2-chloroethoxy)ethane C4H8Cl2O 3376
1462-37-9 benzyl 2-bromoethyl ether C9H11BrO 16838
1462-84-6 2,3,6-trimethylpyridine C8H11N 14108
1463-17-8 2,8-dimethylquinoline C11H11N 21709
1464-33-1 4-methoxypyridoxine C9H13NO3 17355
1464-42-2 selenomethionine C5H11NO2Se 5733
1464-43-3 3,3'-diselenodialanine C6H12N2O4Se2 8371
1464-44-4 phenyl-b-D-glucopyranoside C12H16O6 24269
1464-53-5 2,2'-bioxirane C4H6O2 2974
1464-69-3 2-(vinyloxy)ethyl methacrylate C8H12O3 14378
1466-76-8 2,6-dimethoxybenzoic acid C9H10O4 16791
1466-88-2 o-nitrocinnamaldehyde C9H7NO3 16062
1467-05-6 1-(chloromethyl)-4-ethylbenzene C9H11Cl 16848
1467-79-4 dimethylcyanamide C3H6N2 1880
1468-26-4 1H-v-triazolo(4,5-d)pyrimidine-5,7(4H,6H)-dione C4H3N5O2 2506
1468-37-7 dimethylxanthogen disulfide C4H6O2S4 2989
1468-39-9 3-methylbutanoic anhydride C10H18O3 20812
1468-83-3 3-acetylthiophene C6H6OS 7068
1468-95-7 9-anthracenemethanol C15H12O 28179
1470-35-5 uridion C15H9BrO2 27992
1470-37-7 4-bromo-2-phenyl-1,3-indandione C15H9BrO2 27991
1470-57-1 2-hydroxy-5-methylbenzophenone C14H12O2 26958
1470-61-7 diethyldithiocarbamic acid, silver salt C5H10AgNS2 5293
1470-79-7 2,4,4'-trihydroxybenzophenone C13H10O4 25655
1470-94-6 2,3-dihydro-1H-inden-5-ol C9H10O 16628
1471-03-0 3-propoxy-1-propene C6H12O 8399

1471-17-6 pentaerythritol triallyl ether C14H24O4 27770
1471-96-1 6-ethyl-2,3,5,7,8-pentahydroxy-1,4-naphthalene C12H10O7 23575
1472-87-3 dimethyl brassylate C15H28O4 28835
1472-90-8 diethyl octadecanedioate C22H42O4 33438
1474-78-8 triethyl phosphonoformate C7H15O5P 12111
1474-80-2 diethyl di(dimethylamido)pyrophosphate (uns C8H22N2O5P2 15741
1475-13-4 2,4-dichloro-alpha-methylbenzenemethanol C8H8Cl2O 13297
1476-07-9 (3-ethoxy-1-propenyl)benzene C11H14O 22102
1476-11-5 1,4-dichloro-cis-2-butene C4H6Cl2 2807
1476-23-9 allyl isocynate C4H5NO 2703
1477-19-6 benzarone C17H14O3 29948
1477-20-9 N,N'-(p-phenylenedimethylene)bis(2,2-dich C16H26Cl4N2O2 29602
1477-40-3 a-1-acetylmethadol C23H31NO2 33628
1477-42-5 2-amino-4-methylbenzothiazole C8H8N2S 13377
1477-50-5 indole-2-carboxylic acid C9H7NO2 16042
1477-55-0 1,3-benzenedimethanamine C8H12N2 14276
1477-57-2 N,N'-octamethylenebis(dichloroacetamide) C12H20Cl4N2O2 24539
1478-53-1 diethyl (difluoromethyl)phosphonate C5H11F2O3P 5658
1478-61-1 4,4'-(hexafluoroisopropylidene)diphenol C15H10F6O2 28026
1480-19-9 haloanisone C21H25FN2O2 32849
1480-63-3 1-fluorononadecane C19H39F 31729
1481-27-2 4'-fluoro-2'-hydroxyacetophenone C8H7FO2 13068
1481-93-2 4-chromanol C9H10O2 16690
1482-15-1 3,4-dimethyl-1-pentyn-3-ol C7H12O 11407
1482-82-2 dibenzyldiselenide C14H14Se2 27199
1482-91-3 1,3,5,7-octatetraene C8H10 13801
1483-07-4 albizziin C4H9N3O3 3771
1483-60-9 2,4-dimethyl-1-sec-butylbenzene C12H18 24369
1483-72-3 diphenyliodonium chloride C12H10ClI 23452
1483-73-4 diphenyliodonium bromide C12H10BrI 23449
1484-08-8 9-butyl-9H-carbazole C16H17N 29318
1484-09-9 9-isopropylcarbazole C15H15N 28347
1484-12-4 9-methylcarbazole C13H11N 25684
1484-13-5 9-vinylcarbazole C14H11N 26828
1484-19-1 3-ethyl-1H-indole C10H11N 19286
1484-50-0 2-bromo-2-phenylacetophenone C14H11BrO 26804
1484-80-6 2-ethylpiperidine C7H15N 12048
1484-84-0 2-piperidineethanol C7H15NO 12064
1484-85-1 1,3-benzodioxole-5-ethanamine C9H11NO2 16923
1484-87-3 3,3,5-trimethyl-1-hexanol C9H20O 18298
1485-00-3 3,4-methylenedioxy-b-nitrostyrene C9H7NO4 16073
1485-07-0 2-naphthaleneethanol C12H12O 23764
1485-70-7 N-benzylbenzamide C14H13NO 27020
1486-28-8 methyldiphenylphosphine C13H13P 25902
1486-75-5 trans-cyclododecene C12H22 24668
1487-15-6 2,3-dihydro-5-methylfuran C5H8O 4873
1487-18-9 2-vinylfuran C6H6O 7058
1487-49-6 methyl-3-hydroxybutyrate C5H10O3 5566
1488-25-1 7-oxabicyclo(4.1.0)hepta-2,4-diene C6H6O 7062
1489-47-0 4-methyl-1-nonanol C10H22O 21232
1489-53-8 1,2,3-trifluorobenzene C6H3F3 6339
1489-56-1 1-methyl-1,3-cyclohexadiene C7H10 11057
1489-57-2 2-methyl-1,3-cyclohexadiene C7H10 11052
1489-60-7 1-methylcyclobutene C5H8 4748
1489-69-6 cyclopropanecarboxaldehyde C4H6O 2957
1490-05-7 m-menthan-6-ol C10H20O 21009
1490-25-1 methyl succinyl chloride C5H7ClO3 4636
1491-09-4 benzo(h)(1)benzothieno(3,2-b)quinoline C19H11NS 31204
1491-10-7 benzo(f)(1)benzothieno(3,2-b)quinoline C19H11NS 31203
1491-41-4 N-hydroxynaphthalimide, diethyl phosphate C16H16NO6P 29251
1491-59-4 oxymethazoline C16H24N2O 29567
1492-02-0 gludiase C12H15N3O2S2 24056
1492-24-6 L(+)-2-aminobutyric acid C4H9NO2 3717
1492-54-2 7-methylbenzo(h)phenaleno(1,9-bc)acridine C28H17N 34585
1492-55-3 7-methylbenzo(a)phenaleno(1,9-hi)acridine C28H17N 34584
1492-93-9 4'-(bis(2-chloroethyl)amino)-2-fluoro ace C12H15Cl2FN2O 24035
1493-01-2 fluorodiiodomethane CHFI2 109
1493-02-3 formyl fluoride CHFO 111
1493-03-4 difluoroiodomethane CHF2I 112
1493-13-6 trifluoromethanesulfonic acid CHF3O3S 114
1493-15-8 trifluoromethanethiol CHF3S 115
1493-23-8 4-fluorophenyllithium C6H4FLi 6515
1493-27-2 1-fluoro-2-nitrobenzene C6H4FNO2 6516
1495-50-7 cyanogen fluoride CFN 64
1496-94-2 tripropylphosphine oxide C9H21OP 18407
1497-16-1 6-azaspiro(3,4)octane-5,7-dione C7H9NO2 11005
1497-19-4 a-methyl-a-propylsuccinimide C8H13NO2 14449
1498-40-4 dichloroethylphosphine C2H5Cl2P 932
1498-42-6 ethyl dichlorophosphite C2H5Cl2OP 926
1498-47-1 allylphosphonic dichloride C3H5Cl2OP 1702
1498-51-7 ethyl phosphorodichloridate C2H5Cl2O2P 931
1498-64-2 ethyl dichlorothiophosphate C2H5Cl2OPS 928
1498-65-3 dimethylphosphoramidothioic dichloride C2H6Cl2NPS 1016
1498-88-0 1,3,3-trimethyl-6'-nitroindoline-2-spiro-2'- C19H18N2O3 31409
1498-96-0 4-butoxybenzoic acid C11H14O3 22179
1499-10-1 9,10-diphenylanthracene C26H18 34217
1499-21-4 diphenylphosphinic chloride C12H10ClOP 23463
1499-33-8 methyl triphenylarsonium iodide C19H18AsI 31396
1499-54-3 (2-benzamido)acetohydroxamic acid C9H10N2O3 16585
1499-55-4 L-glutamic acid 5-methyl ester C6H11NO4 8174
1500-91-0 4-ethyl-3,5-dimethylpyrrol-2-yl methyl ketone C10H15NO 20261
1500-94-3 3-acetyl-2,5-dimethyl-pyrrole C8H11NO 14157
1501-04-8 methyl 4-benzoylbutanoate C12H14O3 23993
1501-06-0 diethyl 2-acetylpentanedioate C11H18O5 22628
1501-26-4 glutaric acid monomethyl ester chloride C6H9ClO3 7509
1501-27-5 monomethyl glutarate C6H10O4 7929
1501-60-6 2-methyl-1,cis-3-pentadiene C6H10 7638
1501-82-2 cyclododecene; (cis+trans) C12H22 24670
1502-00-7 N,N-dimethyl-1-adamantylcarboxamide C13H21NO 26345
1502-03-0 cyclododecylamine C12H25N 24901
1502-05-2 cyclodecanol C10H20O 21000
1502-06-3 cyclodecanone C10H18O 20683
1502-22-3 2-(1-cyclohexen-1-yl)cyclohexanone C12H18O 24453
1502-38-1 methylcyclooctane C9H18 17953
1502-47-2 2,5,8-triamino-1,3,4,6,7,9,9b-heptaaza-phenalene C6H6N10 7056
1503-49-7 4-cyanobenzophenone C14H9NO 26710
1503-53-3 2-(acetyloxy)-5-bromobenzoic acid C9H7BrO4 15957
1504-54-7 3-phenyl-2-buten-1-ol C10H12O 19491
1504-55-8 trans-2-methyl-3-phenyl-2-propen-1-ol C10H12O 19530
1504-58-1 3-phenyl-2-propyn-1-ol C9H8O 16191
1504-63-8 4-nitrocinnamyl alcohol C9H9NO3 16461
1504-70-7 ethyl cis-3-bromo-3-phenylacrylate C11H11BrO2 21680
1504-74-1 o-methoxycinnamaldehyde C10H10O2 19134
1504-75-2 3-(4-methylphenyl)-2-propenal C10H10O 19101
1505-95-9 a-isopropyl-a-(2-dimethylaminoethyl)-1-naphth C19H26N2O 31573
1506-76-9 hexaphenol C21H18O6 32705
1509-35-9 D-alloisoleucine C6H13NO2 8826
1510-31-2 1,1-difluorourea CH2F2N2O 159
1511-62-2 bromodifluoromethane CHBrF2 92
1511-82-6 1,1,1-trifluorooctadecane C18H35F3 31064
1513-25-3 3-chloro-4-fluorotoluene C7H6ClF 10203
1513-62-8 dimethyl hexafluoroglutarate C7H6F6O4 10331
1513-65-1 2,6-difluoropyridine C5H3F2N 4236
1514-42-7 fluoroacetyl fluoride C2H2F2O 645
1514-87-0 methyl chlorodifluoroacetate C3H3ClF2O2 1403
1515-14-6 1,1,1,3,3,3-hexafluoro-2-methyl-2-propanol C4H4F6O 2559
1515-72-6 N-(n-butyl)phthalimide C12H13NO2 23845
1515-76-0 1,3-butadien-1-ol acetate C6H8O2 7408
1515-80-6 2,4-hexadienoic acid, methyl ester C7H10O2 11183
1515-95-3 1-ethyl-4-methoxybenzene C9H12O 17083
1516-17-2 acetic acid 2,4-hexadien-1-ol ester C8H12O2 14367
1516-32-1 n-butyl thiourea C5H12N2S 5824
1516-60-5 1-azido-4-nitrobenzene C6H4N4O2 6604
1516-80-9 ethoxytriphenylsilane C20H20OSi 32133
1517-05-1 2-azidoethanol C2H5N3O 969
1517-63-1 4-methylbenzhydrol C14H14O 27152
1517-66-4 (S)-3-methyl-2-butanol C5H12O 5853
1517-68-6 (S)-(-)-2-phenyl-1-propanol C9H12O 17129
1517-69-7 (R)-(+)-sec-phenethyl alcohol C8H10O 13937
1518-15-6 1,4-bis(dicyanomethylene)cyclohexane C12H8N4 23330
1518-16-7 7,7,8,8-tetracyanoquinodimethane C12H4N4 23170
1518-58-7 diethyldithiocarbamic acid, diethylammonium s C9H22N2S2 18428
1518-72-5 disulfide, bis(2-methylpropyl) C8H18S2 15617
1518-75-8 3-propylthiophene C7H10S 11226
1518-83-8 4-cyclopentylphenol C11H14O 22108
1518-84-9 2-cyclopentylphenol C11H14O 22109
1518-86-1 4-(2-aminopropyl)phenol, (±) C9H13NO 17298
1519-36-4 1,4-dimethyl-9,10-anthracenedione C16H12O2 29054
1519-39-7 (R)-(+)-methyl p-tolyl sulfoxide C8H10OS 13944
1519-59-1 cis-2-(2-phenylvinyl)pyridine C13H11N 25687
1520-21-4 4-vinylaniline C8H9N 13670
1520-42-9 1,1',1''-(1-ethanyl-2-ylidene)trisbenzene C20H18 32061
1520-45-2 1,1-dibenzylpropane C17H20 30120
1520-46-3 1,3-diphenyl-2-methylpropane C16H18 29347
1520-71-4 tri-n-propyl lead chloride C9H21ClPb 18382
1520-78-1 trimethyl lead chloride C3H9ClPb 2189
1521-38-6 2,3-dimethoxybenzoic acid C9H10O4 16792
1521-51-3 3-bromocyclohexene C6H9Br 7478
1522-20-9 4-hydroxy-3-penten-2-one C5H8O2 4922
1522-22-1 hexafluoroacetylacetone C5H2F6O2 4200
1522-46-9 ethyl 2-acetyl-3-methylbutanoate C9H16O3 17744
1522-88-9 2,2-bis(iodomethyl)-1,3-diiodopropane C5H8I4 4807
1523-11-1 2-naphthyl acetate C12H10O2 23541
1526-73-4 2-chloro-3-hydroxy-1,4-naphthalenedione C10H5ClO3 18502
1527-12-4 2-(phenylthio)benzoic acid C13H10O2S 25638
1527-89-5 3-methoxybenzonitrile C8H7NO 13121
1528-30-9 methylenecyclopentane C6H10 7655
1528-49-0 trihexyl trimellitate C27H42O6 34487
1528-74-1 4,4'-dinitrobiphenyl C12H8N2O4 23320
1529-17-5 trimethylphenoxysilane C9H14OSi 17460
1529-30-2 triethyltin phenoxide C12H20OSn 24562
1529-41-5 3-chlorobenzeneacetonitrile C8H6ClN 12758
1529-47-1 chlorotrimethylgermane C3H9ClGe 2186
1529-48-2 dimethylgermanium dichloride C2H6Cl2Ge 1014
1529-68-6 1,2,3,4-tetrabromobutane C4H6Br4 2791
1530-03-6 1,1-diphenylpropane C15H16 28379
1530-04-7 1,1-diphenylhexane C18H22 30778
1530-05-8 1,1-diphenylheptane C19H24 31535
1530-06-9 1,1-diphenyloctane C20H26 32259
1530-07-0 1,1-diphenyldecane C22H30 33343
1530-08-1 1,1-diphenylundecane C23H32 33633
1530-11-6 1,1-diphenyl-1-pentene C17H18 30056
1530-12-7 9,9'-bi-9H-fluorene C26H18 34218
1530-19-4 1,1-diphenyl-1-hexene C18H20 30714
1530-20-7 1,1-diphenyl-1-heptene C19H22 31477
1530-21-8 1,1-diphenyl-1-octene C20H24 32214
1530-26-3 1,1-diphenyl-1-nonene C21H26 32860
1530-27-4 1,1-diphenyl-1-decene C22H28 33313
1530-28-5 1,1-diphenyl-1-undecene C23H30 33607
1530-29-6 1,1-diphenyl-1-dodecene C24H32 33887
1530-32-1 (ethyl)triphenylphosphonium bromide C20H20BrP 32117
1530-37-6 4-methylbenzyltriphenylphosphonium chloride C26H24ClP 34247
1530-39-8 (4-chlorobenzyl)triphenylphosphonium chlorid C25H21Cl2P 34073
1530-45-6 (carbethoxymethyl)triphenylphosphonium brom C22H22BrO2P 33223
1530-87-6 1-piperidinecarbonitrile C6H10N2 7721
1530-88-7 1-pyrrolidinecarbonitrile C5H8N2 4821
1530-89-8 4-morpholinecarbonitrile C5H8N2O 4827
1531-77-7 6,11-dihydrodibenzo[b,e]thiepin-11-one C14H10OS 26773
1532-72-5 isoquinoline-N-oxide C9H7NO 16032
1532-84-9 1-isoquinolinamine C9H8N2 16137
1532-97-4 4-bromoisoquinoline C9H6BrN 15841
1533-45-5 2,2'-(1,2-ethenediyldi-4,1-phenylene)bisbenz C28H18N2O2 34589
1534-26-5 3-tridecanone C13H26O 26488
1534-27-6 3-dodecanone C12H24O 24861
1535-73-5 3-(trifluoromethoxy)aniline C7H6F3NO 10323
1535-75-7 2-(trifluoromethoxy)aniline C7H6F3NO 10324
1536-21-6 1-fluorotridecane C13H27F 26517
1536-23-8 2,3,4,5,6-pentafluorobenzophenone C13H5F5O 25442
1537-62-8 2-chloroethyl fluoroacetate C4H5ClFO2 2639
1538-69-8 diethylisopropylphosphonate C7H17O3P 12366
1538-75-6 pivalic anhydride C10H18O3 20816
1538-87-0 1-chloro-1-methoxyethane C3H7ClO 1994
1539-06-6 4-acetamide-3-nitrobenzoic acid C9H8N2O5 16174
1539-42-0 N-(2-pyridinylmethyl)-2-pyridinemethanamine C12H13N3 23869
1540-28-9 ethyl 2-acetylpentanoate C9H16O3 17745
1540-29-0 ethyl 2-acetylhexanoate C10H18O3 20808
1540-34-7 3-ethyl-2,4-pentanedione C7H12O2 11465
1541-23-7 1,5-heptadiene C7H12 11360
1541-60-2 7-methyl-6H-(1)benzothiopyrano(4,3-b)quinoline C17H13NS 29911
1544-46-3 fluoroacetaldehyde C2H3FO 732
1544-53-2 2,2,2-trifluoroethanethiol C2H3F3S 741
1544-68-9 4-fluorophenyl isothiocyanate C7H4FNS 9782
1545-17-1 1-fluoroheptadecane C17H35F 30339
1546-79-8 1-(trifluoroacetyl)imidazole C5H3F3N2O 4237
1546-95-8 2,2,3,3,4,4,5,5,6,6,7,7-dodecafluoroheptanoic C7H2F12O2 9471
1547-87-1 2,2,2-trifluoro-N,N-dimethylacetamide C4H6F3NO 2872
1548-13-6 4-(trifluoromethyl)phenyl isocyanate C8H4F3NO 12539
1548-74-9 4-amino-2,3,5,6-tetrafluorobenzamide C7H4F4N2O 9810
1550-09-0 1-chloro-6-fluorohexane C6H12ClF 8262
1550-35-2 2,4-difluorobenzaldehyde C7H4F2O 9784
1551-06-0 2-ethyl-1H-pyrrole C6H9N 7536
1551-09-3 3-propyl-1H-pyrrole C7H11N 11270
1551-21-9 methyl isopropyl sulfide C4H10S 3949
1551-27-5 2-propylthiophene C7H10S 11225
1551-32-2 2-ethylthiacyclopentane C6H12S 8622
1551-39-9 tetrafluoroisophthalic acid C8H2F4O4 12451

1551-44-6 cyclohexyl butanoate C10H18O2 20767
1551-88-8 cis-2,3-dimethylcyclohexanone C8H14O 14548
1551-89-9 trans-2,3-dimethylcyclohexanone C8H14O 14549
1552-12-1 cis,cis-1,5-cyclooctadiene C8H12 14230
1552-42-7 crystal violet lactone C26H29N3O2 34276
1552-67-6 ethyl 2-hexenoate C8H14O2 14614
1552-95-0 ethyl 5-phenyl-2,4-pentadienoate C13H14O2 25992
1552-96-1 4-(dimethylamino)cinnamic acid C11H13NO2 21975
1553-36-2 N,N'-bis(aziridinylacetyl)-1,8-octamethylene C16H30N4O2 29654
1553-60-2 4-isobutylphenylacetic acid C12H16O2 24235
1555-17-5 1-fluoropentadecane C15H31F 28900
1555-58-4 methyl bis(b-cyanoethyl)amine C7H11N3 11314
1555-66-4 N,N-bis(cyanoethyl)aniline C12H13N3 23870
1555-80-2 benzeneacetic anhydride C16H14O3 29165
1556-18-9 iodocyclopentane C5H9I 5177
1557-57-9 dicyanodiazene C2N4 1221
1558-17-4 4,6-dimethylpyrimidine C6H8N2 7328
1558-24-3 trichloro(dichloromethyl)silane CHCl5Si 105
1558-25-4 trichloro(chloromethyl)silane CH2Cl4Si 153
1558-31-2 dichloro(dichloromethyl)methylsilane C2H4Cl4Si 826
1558-33-4 dichloro(chloromethyl)methylsilane C2H5Cl3Si 936
1559-02-0 diethyl 1,1-cyclopropanedicarboxylate C9H14O4 17495
1559-35-9 2-(2-ethylhexyloxy)ethanol C10H22O2 21359
1559-36-0 di(ethylene glycol) 2-ethylhexyl ether C12H26O3 25295
1559-81-5 1-methyl-[1,2,3,4-tetrahydronaphthalene] C11H14 22025
1559-87-1 1,3-dibromotetrafluorobenzene C6Br2F4 6048
1559-88-2 1-bromo-2,3,5,6-tetrafluorobenzene C6HBrF4 6102
1560-06-1 2-butenylbenzene C10H12 19384
1560-09-4 cis-(1-butenyl)benzene C10H12 19360
1560-11-8 1-cyclopentene-1-carboxylic acid C6H8O2 7412
1560-28-7 chloropentamethyldisilane C5H15ClSi2 6031
1560-54-9 allyltriphenylphosphonium bromide C21H20BrP 32734
1560-86-7 2-methylnonadecane C20H42 32516
1560-88-9 2-methyloctadecane C19H40 31736
1560-89-0 2-methylheptadecane C18H38 31133
1560-92-5 2-methylhexadecane C17H36 30347
1560-93-6 2-methylpentadecane C16H34 29755
1560-95-8 2-methyltetradecane C15H32 28905
1560-96-9 2-methyltridecane C14H30 27913
1560-97-0 2-methyldodecane C13H28 26527
1561-10-0 ethyl 4-methylhexanoate C9H18O2 18080
1561-20-2 3,3-dichloro-2-propenoic acid C3H2Cl2O2 1352
1561-49-5 peroxydicarbonic acid dicyclohexyl ester C14H22O6 27713
1561-86-0 2-chlorocyclohexanol C6H11ClO 8028
1561-99-5 isethionic acid, potassium salt C2H5KO4S 952
1562-00-1 isethionic acid, sodium salt C2H5NaO4S 980
1562-34-1 phenyl vinylsulfonate C8H8O3S 13486
1562-85-2 gallocyanine C15H13ClN2O5 28211
1562-94-3 4,4'-azoxyanisole C14H14N2O3 27123
1563-01-5 3-(4-diethylamino-2-hydroxyphenylazo)-4-hyd C16H19N3O5S 29434
1563-66-2 carbofuran C12H15NO3 24076
1563-67-3 2,3-dihydro-2-methylbenzopyranyl-7,N-methylca C11H13NO3 21992
1563-83-3 N-acetyl-N-ethylacetamide C6H11NO2 8125
1563-87-7 N-acetyl-N-phenylacetamide C10H11NO2 19314
1563-90-2 N,N-dibutylacetamide C10H21NO 21109
1564-53-0 9-anthracenyl phenyl ketone C21H14O 32606
1564-64-3 9-bromoanthracene C14H9Br 26684
1565-71-5 alpha,alpha-diethylbenzenemethanol C11H16O 22412
1565-74-8 (R)-(+)-1-phenyl-1-propanol C9H12O 17130
1565-75-9 2-phenyl-2-butanol C10H14O 20082
1565-80-6 (S)-(-)-2-methyl-1-butanol C5H12O 5849
1565-81-7 3-decanol C10H22O 21228
1565-86-2 alpha-isobutylbenzenemethanol C11H16O 22417
1567-14-2 methyl trans-2-methyl-2-pentenoate C7H12O2 11491
1567-75-5 methyl 1-methylcyclopropyl ketone C6H10O 7800
1568-70-3 4-methoxy-2-nitrophenol C7H7NO4 10679
1568-83-8 bisphenol A dimethylether C17H20O2 30143
1569-01-3 1-propoxy-2-propanol C6H14O2 9059
1569-02-4 1-ethoxy-2-propanol C5H12O2 5881
1569-43-3 3,5-dimethyl-4-hexen-3-ol C8H16O 15110
1569-44-4 3-methyl-5-hexen-3-ol C7H14O 11867
1569-50-2 pent-3-en-2-ol C5H10O 5482
1569-59-1 3-methyl-4-penten-2-ol C6H12O 8436
1569-60-4 6-methyl-5-hepten-2-ol C8H16O 15120
1569-69-3 cyclohexanethiol C6H12S 8637
1570-45-2 ethyl 4-pyridinecarboxylate C8H9NO2 13702
1570-64-5 4-chloro-2-methylphenol C7H7ClO 10522
1570-65-6 2,4-dichloro-6-methylphenol C7H6Cl2O 10268
1571-08-0 methyl 4-formylbenzoate C9H8O3 16228
1571-13-7 3,4,5,6-tetrachlorophthalimide C8HCl4NO2 12441
1571-30-8 8-hydroxyquinoline-2-carboxylic acid C10H7NO3 18653
1571-33-1 phenylphosphonic acid C6H7O3P 7264
1571-72-8 3-amino-4-hydroxybenzoic acid C7H7NO3 10664
1572-52-7 2-methyleneglutaronitrile C6H6N2 6982
1572-95-8 (R)-(-)-1-phenyl-2-propanol C9H12O 17131
1573-17-7 2-butyne-1,4-diol diacetate C8H10O4 14021
1573-28-0 3,6-dimethyl-3-heptanol C9H20O 18284
1573-58-6 1,2,3-trichloro-1,3-butadiene C4H3Cl3 2467
1574-32-9 n-tetranonacontane C94H190 36006
1574-33-0 3-methyl-3-penten-1-yne C6H8 7278
1574-40-9 cis-3-penten-1-yne C5H6 4451
1574-41-0 cis-1,3-pentadiene C5H8 4741
1575-61-7 5-chloropentanoyl chloride C5H8Cl2O 4779
1575-74-2 2-methyl-4-pentenoic acid C6H10O2 7861
1576-13-2 1,1-bis(4-hydroxyphenyl)propane C15H16O2 28437
1576-35-8 p-toluenesulfonhydrazide C7H10N2O2S 11120
1576-67-6 3,6-dimethylphenanthrene C16H14 29115
1576-69-8 2,7-dimethylphenanthrene C16H14 29120
1576-85-8 4-pentenyl acetate C7H12O2 11492
1576-87-0 trans-2-pentenal C5H8O 4876
1576-95-0 cis-2-penten-1-ol C5H10O 5468
1576-96-1 trans-2-penten-1-ol C5H10O 5469
1577-18-0 trans-3-hexenoic acid C6H10O2 7857
1577-22-6 5-hexenoic acid C6H10O2 7824
1578-21-8 3,3-dibromo-2-propenoic acid C3H2Br2O2 1342
1578-63-8 a-fluorophenylacetic acid C8H7FO2 13072
1579-40-4 bis(4-methylphenyl) ether C14H14O 27141
1582-09-8 trifluralin C13H16F3N3O4 26049
1583-58-0 2,4-difluorobenzoic acid C7H4F2O2 9790
1583-67-1 3-fluorophthalic acid C8H5FO4 12643
1583-88-6 4-fluorophenethylamine C8H10FN 13847
1584-03-8 perfluoro-2-methyl-2-pentene C6F12 6093
1585-06-4 1-ethoxy-4-ethylbenzene C10H14O 20040
1585-07-5 1-bromo-4-ethylbenzene C8H9Br 13538
1585-16-6 a-2-chloroisodurene C10H13Cl 19722
1585-17-7 2,4-bis(chloromethyl)-1,3,5-trimethylbenzene C11H14Cl2 22054
1585-40-6 benzenepentacarboxylic acid C11H6O10 21480
1585-74-6 N-chlorodimethylamine C2H6ClN 1005
1586-00-1 2-benzylbenzyl alcohol C14H14O 27150
1586-73-8 tris(trimethylsilyl)amine C9H27NSi3 18448
1586-91-0 triphenylcarbenium hexachloroantimonate C19H15Cl6Sb 31304
1586-92-1 ethoxy diethyl aluminum C6H15AlO 9136
1587-04-8 1-methyl-2-allylbenzene C10H12 19386
1587-20-8 trimethyl citrate C9H14O7 17517
1587-26-4 cis-2,3-dichloro-2-butene C4H6Cl2 2816
1587-29-7 trans-2,3-dichloro-2-butene C4H6Cl2 2817
1587-41-3 dichlorodinitromethane CCl2N2O4 43
1588-44-9 5-hexenylbenzene C12H16 24136
1588-83-6 4-amino-3-nitrobenzoic acid C7H6N2O4 10371
1589-47-5 2-methoxy-1-propanol C4H10O2 3894
1589-49-7 3-methoxy-1-propanol C4H10O2 3906
1589-60-2 1-phenylcyclohexanol C12H16O 24198
1589-62-4 cyclohexanone 2,4-dinitrophenylhydrazone C12H14N4O4 23952
1590-08-5 3,4-dihydro-2-methyl-1(2H)-naphthalenone C11H12O 21854
1591-30-6 4,4'-biphenyldicarbonitrile C14H8N2 26640
1591-31-7 4-iodo-1,1'-biphenyl C12H9I 23392
1591-95-3 pentafluorophenyl isocyanate C7F5NO 9418
1591-99-7 2,3-dimethylphenyl isocyanate C9H9NO 16391
1592-00-3 2-bromophenyl isocyanate C7H4BrNO 9635
1592-20-7 4-vinylbenzyl chloride C9H9Cl 16283
1592-23-0 calcium stearate C36H70CaO4 35410
1592-38-7 2-naphthalenemethanol C11H10O 21651
1594-56-5 2,4-dinitro-1-thiocyanobenzene C7H3N3O4S 9600
1595-04-6 1-methyl-3-butylbenzene C11H16 22313
1595-05-7 1-methyl-4-butylbenzene C11H16 22314
1595-06-8 1-methyl-2-sec-butylbenzene C11H16 22315
1595-11-5 1-methyl-2-butylbenzene C11H16 22312
1595-16-0 1-methyl-4-sec-butylbenzene C11H16 22317
1596-52-7 4,6-dinitroquinoline-1-oxide C9H5N3O5 15836
1596-84-5 daminozide C6H12N2O3 8346
1597-82-6 parmathasone acetate C24H31FO6 33881
1599-41-3 1,2,2-trichloro-1,1,3,3,3-pentafluoropropane C3Cl3F5 1259
1599-49-1 4-methyl-2-pentyl-dioxolane C9H18O2 18086
1599-67-3 1-docosene C22H44 33456
1599-68-4 1-heneicosene C21H42 33038
1600-27-7 mercury(ii) acetate C4H6HgO4 2881
1600-31-3 picryl azide C6H2N6O6 6212
1600-44-8 tetrahydrothiophene 1-oxide C4H8OS 3502
1601-00-9 1-(2-methylcyclopentyl)ethanone C8H14O 14545
1603-40-3 3-methyl-2-pyridinamine C6H8N2 7329
1603-41-4 6-amino-3-picoline C6H8N2 7339
1603-53-8 1,1-diphenyldodecane C24H34 33906
1603-79-8 ethyl 2-oxo-2-phenylacetate C10H10O3 19178
1603-84-5 carbon oxyselenide COSe 374
1603-91-4 4-methyl-2-thiazolamine C4H6N2S 2921
1604-01-9 2,3,4,5-tetrahydro-6-propylpyridine C8H15N 14780
1604-02-0 1-propylcyclopentanol C8H16O 15134
1604-11-1 dimethyl 2-methylsuccinate C7H12O4 11534
1605-18-1 1,4-bis(1-methylethenyl)benzene C12H14 23898
1605-51-2 ethyldimethylphosphine C4H11P 4030
1605-53-4 diethylphenylphosphine C10H15P 20314
1605-58-9 diethylmethylphosphine C5H13P 6003
1605-65-8 N,N,N',N'-tetramethylphosphorodiamidic chlor C4H12ClN2OP 4046
1606-08-2 cyclopentylcyclohexane C11H20 22678
1606-49-1 1,4,5,6-tetrahydropyrimidine C4H8N2 3415
1606-67-3 1-aminopyrene C16H11N 29009
1606-83-3 1,1'-(2-butynylenedioxy)bis(3-chloro)-2-pro C10H16Cl2O4 20384
1606-85-5 1,4-bis(2-hydroxyethoxy)-2-butyne C8H14O4 14700
1607-30-3 di-2-methylbutyryl peroxide C10H18O4 20834
1607-57-4 bromotriphenylethylene C20H15Br 31948
1608-26-0 tris(dimethylamino)phosphine C6H18N3P 9357
1608-82-8 2-methoxymethyl-3-methoxypropenenitrile C6H9NO2 7550
1609-47-8 diethyl dicarbonate C6H10O5 7947
1609-86-5 2-isocyanato-2-methylpropane C5H9NO 5204
1609-93-4 cis-3-chloro-2-propenoic acid C3H3ClO2 1408
1610-17-9 2-ethylamino-4-isopropylamino-6-methoxy-S-tria C9H17N5O 17856
1610-18-0 2-methoxy-4,6-bis(isopropylamino)-1,3,5-triaz C10H19N5O 20915
1610-23-7 1,1'-(1,6-hexanediyl)bis(cyclohexane) C18H34 31019
1610-24-8 tricyclohexylmethane C19H34 31657
1610-29-3 2-methyl-2-penten-1-ol C6H12O 8432
1610-39-5 dodecahydrotriphenylene C18H24 30839
1611-50-3 ethyl tert-butylcarbamate C7H15NO2 12079
1611-52-5 ethyl isopentylcarbamate C8H17NO2 15331
1611-56-9 11-bromoundecanol C11H23BrO 22871
1611-57-0 1,1,3,3-tetramethylbutyl isocyanate C9H17NO 17827
1611-65-0 1-isocyanato-3-methylbutane C6H11NO 8105
1611-92-3 3,5-dibromotoluene C7H6Br2 10194
1613-32-7 2-propylquinoline C12H13N 23824
1613-34-9 2-ethylquinoline C11H11N 21723
1613-45-2 5-methyl-3-thiahexane C6H14S 9121
1613-46-3 propyl butyl sulfide C7H16S 12304
1613-51-0 thiacyclohexane C5H10S 5593
1613-66-7 diphenylgermanium dichloride C12H10Cl2Ge 23467
1614-12-6 1-aminobenzotriazole C6H6N4 7037
1615-02-7 4-chlorocinnamic acid, predominantly trans C9H7ClO2 15971
1615-14-1 1H-imidazole-1-ethanol C5H8N2O 4825
1615-70-9 2,4-pentadienenitrile C5H5N 4394
1615-75-4 1-chloro-1-fluoroethane C2H4ClF 801
1615-80-1 1,2-diethylhydrazine C4H12N2 4076
1616-88-2 methoxyethyl carbamate C4H9NO3 3748
1617-17-0 2-chloropropionitrile C3H4ClN 1527
1617-18-1 ethyl 3-butenoate C6H10O2 7829
1617-31-8 3-methyl-3-butenoic acid C5H8O2 4895
1617-32-9 trans-3-pentenoic acid C5H8O2 4898
1617-90-9 vincamine C21H26N2O3 32866
1618-08-2 diazomalononitrile C3N4 2286
1618-26-4 bis(methylthio)methane C3H8S2 2161
1619-28-9 3-isopropyl-2-cyclopenten-1-one C8H12O 14332
1619-34-7 1-azabicyclo[2.2.2]octan-3-ol C7H13NO 11633
1619-56-3 ethyl 2-cyano-2-ethylbutanoate C9H15NO2 17556
1619-57-4 ethyl 2,2-diethylacetoacetate C10H18O3 20809
1619-62-1 diethyl dimethylmalonate C9H16O4 17756
1619-84-7 hexafluoroacetone azine C6F12N2 6094
1620-14-0 1-(diethylamino)-2-propanone C7H15NO 12054
1620-98-0 3,5-di-tert-butyl-4-hydroxybenzaldehyde C15H22O2 28673
1622-10-2 1,5-dibromoheptane C7H14Br2 11753
1622-32-8 2-chloroethanesulfonyl chloride C2H4Cl2O2S 820
1622-57-7 2-amino-1-methylbenzimidazole C8H9N3 13773
1622-61-3 cloazepam C15H10ClN3O3 28017
1622-62-4 flunitrazepam C16H12FN3O3 29039
1623-08-1 dibenzyl phosphate C14H15O4P 27265
1623-14-9 ethyl dihydrogen phosphate C2H7O4P 1142
1623-19-4 triallyl phosphate C9H15O4P 17588
1623-24-1 phosphoric acid, isopropyl ester C3H9O4P 2242
1623-99-0 phenyl sodium C6H5Na 6871
1624-02-8 bis(triphenyl silyl)chromate C36H30CrO4Si2 35342

1625-91-8 4,4'-di-tert-butyl-biphenyl C20H26 32261
1626-09-1 2,7-octanedione C8H14O2 14608
1626-24-0 triphenylgermanium chloride C18H15ClGe 30539
1627-73-2 benzaldehyde thiosemicarbazone C8H9N3S 13784
1628-00-2 2-heptanethiol C7H16S 12301
1628-58-6 2-(p-(dimethylamino)styryl)benzothiazole C17H16N2S 30007
1628-89-3 2-methoxypyridine C6H7NO 7200
1629-58-9 1-penten-3-one C5H8O 4872
1630-77-9 cis-1,2-difluoroethene C2H2F2 643
1630-78-0 trans-1,2-difluoroethene C2H2F2 644
1630-79-1 tetrakis(dimethylamino)diborane C8H24B2N4 15748
1630-94-0 1,1-dimethylcyclopropane C5H10 5280
1631-29-4 N-(p-chlorophenyl)maleimide C10H6ClNO2 18532
1631-70-5 benzyldimethylsilane C9H14Si 17524
1631-78-3 methylstannane CH6Sn 323
1631-82-9 chloromethylphenylsilane C7H9ClSi 10948
1631-83-0 chloro-diphenylsilane C12H11ClSi 23598
1631-84-1 dichlorophenylsilane C6H6Cl2Si 6945
1632-16-2 2-ethyl-1-hexene C8H16 14929
1632-70-8 5-methylundecane C12H26 24917
1632-71-9 5-methyl-4-ethylnonane C12H26 24962
1632-73-1 1,3,3-trimethylbicyclo[2.2.1]heptan-2-ol C10H18O 20748
1632-76-4 3-methylpyridazine C5H6N2 4493
1632-83-3 1-methyl-1H-benzimidazole C8H8N2 13334
1632-84-4 4-(methylthio)phenyl isocyanate C8H7NOS 13141
1633-00-7 1,6-diaminohexane-N,N,N',N'-tetraacetic acid C14H24N2O8 27755
1633-05-2 strontium carbonate CO3Sr 378
1633-22-3 [2.2]paracyclophane C16H16 29240
1633-78-9 6-mercapto-1-hexanol C6H14OS 9011
1633-82-5 3-chloropropanesulfonyl chloride C3H6Cl2O2S 1854
1633-83-6 1,4-butane sultone C4H8O3S 3569
1633-90-5 3-hexanethiol C6H14S 9110
1633-97-2 2-methyl-2-pentanethiol C6H14S 9111
1634-02-2 tetrabutylthiuram disulphide C18H36N2S4 31087
1634-04-4 methyl tert-butyl ether C5H12O 5844
1634-09-9 1-butylnaphthalene C14H16 27267
1634-73-7 4-((3-amino-2,4,6-triiodophenyl)ethylamino C12H13I3N2O3 23815
1634-78-2 malaoxon C10H19O7PS 20921
1634-82-8 2-(4-hydroxyphenylazo)benzoic acid C13H10N2O3 25609
1635-02-5 3,4-dimethyl-3-hexen-2-one C8H14O 14558
1635-61-6 5-chloro-2-nitroaniline C6H5ClN2O2 6709
1636-39-1 1,1'-bicyclopentyl C10H18 20605
1636-41-5 4,5-diethyloctane C12H26 25023
1636-43-7 5,6-dimethyldecane C12H26 24941
1636-44-8 4-ethyldecane C12H26 24920
1637-24-7 hexylene glycol diacetate C10H18O4 20836
1637-31-6 1,2,3,4-tetrachloro-1,3-butadiene C4H2Cl4 2401
1638-22-8 4-butylphenol C10H14O 19983
1638-26-2 1,1-dimethylcyclopentane C7H14 11697
1638-63-7 alpha-(acetyloxy)benzeneacetyl chloride C10H9ClO3 18823
1638-86-4 diethyl phenylphosphonite C10H15O2P 20308
1639-01-6 2,3-dimethyl-2-butanethiol C6H14S 9109
1639-09-4 heptyl mercaptan C7H16S 12300
1639-79-8 1,3-bis(2-piperidinoethyl)-5-phenyl-5-piperi C29H43N5O3 34796
1640-39-7 2,3,3-trimethylindolenine C11H13N 21956
1640-89-7 ethylcyclopentane C7H14 11696
1641-09-4 3-thiophenecarbonitrile C5H3NS 4251
1641-40-3 2-chloro-1,3,2-benzodioxaphosphole C6H4ClO2P 6468
1642-49-5 9-decynoic acid C10H16O2 20481
1642-54-2 diethylcarbamazine citrate C16H29N3O8 29639
1643-19-2 tetrabutylammonium bromide C16H36BrN 29812
1643-20-5 dimethyldodecylamine-N-oxide C14H31NO 27962
1643-28-3 3-(2-chlorophenyl)propanoic acid C9H9ClO2 16303
1643-49-8 9-[(2-chlorophenyl)methylene]-9H-fluorene C20H13Cl 31845
1644-21-9 1-nitro-3-(1,1,2,2-tetrafluoroethoxy)benzene C8H5F4NO3 12672
1645-65-4 4-(trifluoromethyl)phenyl isothiocyanate C8H4F3NS 12549
1645-75-6 hexafluoroisopropylideneamine C3HF6N 1332
1646-26-0 1-(2-benzofuranyl)ethanone C10H8O2 18749
1646-53-3 1-bromo-2,3,5,6-tetramethylbenzene C10H13Br 19710
1646-75-9 2-methyl-2-(methylthio)propionaldehyde oxime C5H11NOS 5695
1646-87-3 2-methyl-2-(methylsulfinyl)propanal-O-((meth C7H14N2O3S 11814
1646-88-4 aldoxycarb C7H14N2O4S 11818
1647-08-1 4,4-dimethyl-1-hexene C8H16 14938
1647-16-1 1,9-decadiene C10H18 20609
1647-23-0 1-bromo-3,3-dimethylbutane C6H13Br 8660
1647-26-3 (2-bromoethyl)cyclohexane C8H15Br 14738
1648-99-3 2,2,2-trifluoroethanesulfonyl chloride C2H2ClF3O2S 607
1649-08-7 1,2-dichloro-1,1-difluoroethane C2H2Cl2F2 622
1649-18-9 4'-fluoro-4-(4-(2-pyridyl)-1-piperazinyl)but C19H22FN3O 31481
1649-73-6 1-fluorooctadecane C18H37F 31118
1653-16-3 2-ethylhexyl iodide C8H17I 15278
1653-17-4 1,1,3,3-tetrachloropropane C3H4Cl4 1569
1653-19-6 2,3-dichloro-1,3-butadiene C4H4Cl2 2535
1653-30-1 2-undecanol C11H24O 23056
1653-31-2 2-tridecanol C13H28O 26536
1653-32-3 3-tetradecanol C14H30O 27924
1653-34-5 2-pentadecanol C15H32O 28913
1653-40-3 6-methyl-1-heptanol C8H18O 15440
1653-57-2 decyl nitrite C10H21NO2 21118
1654-86-0 decyl decanoate C20H40O2 32497
1655-07-8 ethyl 2-oxocyclohexanecarboxylate C9H14O3 17486
1655-35-2 2,7-naphthalenedisulfonic acid disodium sa C10H6Na2O6S2 18582
1655-70-5 bis(2-methoxyphenyl) ether C14H14O3 27177
1655-71-6 1-methoxy-2-(3-methoxyphenoxy)benzene C14H14O3 27179
1656-16-2 3,4-bis(1,2,3,4-thiatriazol-5-yl thio) maleimi C4HN7O2S4 2373
1656-48-0 bis(cyanoethyl) ether C6H8N2O 7343
1657-52-9 1-chloro-2-(trans-2-phenylvinyl)benzene C14H11Cl 26805
1658-42-0 methyl 2-pyridylacetate C8H9NO2 13729
1660-04-4 1-adamantyl methyl ketone C12H18O 24450
1660-93-1 3,4,7,8-tetramethyl-1,10-phenanthroline C16H16N2 29252
1660-94-2 tetraethyl methylenediphosphonate C9H22O6P2 18433
1660-95-3 tetraisopropyl methylenediphosphonate C13H30O6P2 26568
1661-03-6 magnesium phthalocyanine C32H16MgN8 35053
1662-01-7 4,7-diphenyl-1,10-phenanthroline C24H16N2 33736
1663-35-0 1-methoxy-2-vinyloxy ethane C5H10O2 5529
1663-39-4 tert-butyl acrylate C7H12O2 11488
1663-45-2 ethylenebis(diphenylphosphine) C26H24P2 34252
1663-61-2 triethyl orthobenzoate C13H20O3 26336
1663-67-8 propanedioyl dichloride C3H2Cl2O2 1353
1664-40-0 N-phenylethylenediamine C8H12N2 14295
1665-48-1 5-((3,5-xylyloxy)methyl)-2-oxazolidinone C12H15NO3 24080
1665-59-4 N,N-diethyl-N'-phenylethylenediamine C12H20N2 24547
1666-13-3 diphenyl diselenide C12H10Se2 23579
1666-96-2 3-phenylquinoline C15H11N 28099
1667-00-1 benzylcyclopropane C10H12 19396
1667-01-2 1-(2,4,6-trimethylphenyl)ethanone C11H14O 22100
1667-04-5 2-chloro-1,3,5-trimethylbenzene C9H11Cl 16851
1667-11-4 4-chloromethylbiphenyl C13H11Cl 25672
1668-19-5 doxepin C19H21NO 31462
1668-54-8 2-methyl-4-amino-6-methoxy-S-triazine C5H8N4O 4841
1669-44-9 3-octen-2-one C8H14O 14592
1669-83-6 N4,N4-bis(2-iodoethyl)sulfanilamide C10H14I2N2O2S 19922
1670-17-3 N,N-dimethyl-2,4-dinitro-aniline C8H9N3O4 13781
1670-46-8 2-acetylcyclopentanone C7H10O2 11161
1670-81-1 indole-5-carboxylic acid C9H7NO2 16043
1670-82-2 indole-6-carboxylic acid C9H7NO2 16044
1671-75-6 1-phenyl-1-heptanone C13H18O 26208
1671-82-5 1-methyl-2-nitroimidazole C4H5N3O2 2744
1672-46-4 digoxigenin C23H34O5 33661
1672-48-6 6-amino-5-nitroso-2-thiouracil C4H4N4O2S 2586
1674-10-8 1,2-dimethylcyclohexene C8H14 14469
1674-30-2 alpha-(chloromethyl)benzenemethanol C8H9ClO 13591
1674-33-5 1,2-dichloropentane C5H10Cl2 5331
1674-37-9 1-phenyl-1-octanone C14H20O 27590
1674-38-0 1-phenyl-1-dodecanone C18H28O 30924
1675-54-3 diphenylol propane dicylcidyl ether C21H24O4 32845
1675-69-0 nonanedinitrile C9H14N2 17409
1676-63-7 4'-ethoxyacetophenone C10H12O2 19593
1676-73-9 g-benzyl L-glutamate C12H15NO4 24085
1676-81-9 N-carbobenzyloxy-L-serine methyl ester C12H15NO5 24089
1677-46-9 4-hydroxy-1-methyl-2-quinolone C10H9NO2 18910
1678-25-7 benzenesulfonanilide C12H11NO2S 23644
1678-45-1 dodecanoic acid, 2-hydroxy-1-(hydroxymethyl)et C15H30O4 28894
1678-52-0 diethyl 3,4-pyridinedicarboxylate C11H13NO4 22002
1678-80-4 1,cis-2,cis-4-trimethylcyclohexane C9H18 17933
1678-81-5 1,trans-2,cis-3-trimethylcyclohexane C9H18 17931
1678-82-6 trans-1-methyl-4-isopropylcyclohexane C10H20 20935
1678-91-7 ethylcyclohexane C8H16 14877
1678-92-8 propylcyclohexane C9H18 17916
1678-93-9 butylcyclohexane C10H20 20923
1678-97-3 1,2,3-trimethylcyclohexane C9H18 17928
1678-98-4 isobutylcyclohexane C10H20 20926
1679-06-7 2-hexanethiol C6H14S 9108
1679-07-8 cyclopentanethiol C5H10S 5597
1679-08-9 2,2-dimethyl-1-propanethiol C5H12S 5928
1679-09-0 2-methyl-2-butanethiol C5H12S 5926
1679-18-1 4-chlorophenylboronic acid C6H6BClO2 6895
1679-36-3 3-hexyn-2-one C6H8O 7395
1679-47-6 dihydro-3-methyl-2(3H)-furanone C5H8O2 4902
1679-51-2 1,2,3,6-tetrahydrobenzylalcohol C7H12O 11444
1679-64-7 mono-methyl terephthlate C9H8O4 16241
1680-21-3 triethylene glycol diacrylate C12H18O6 24499
1680-36-0 nonan-1-oic anhydride C18H34O3 31038
1680-51-9 1,2,3,4-tetrahydro-6-methylnaphthalene C11H14 22028
1680-53-1 1-methyl-4-isopropylnaphthalene C14H16 27281
1680-58-6 1-sec-butylnaphthalene C14H16 27269
1681-22-7 1,2,3,4-tetrahydro-1,1,2,6-tetramethylnaphthalen C14H20 27562
1681-37-4 4-amino-3-nitropyridine C5H5N3O2 4425
1682-39-9 2-amino-5-fluorobenzoxazole C7H5FN2O 9991
1684-14-6 2,3-diphenylquinoxaline C20H14N2 31878
1685-82-1 2,3-dihydro-4,6-dimethyl-1H-indene C11H14 22044
1686-14-2 a-pinene oxide C10H16O 20470
1686-22-2 vanadium(v) oxytriethoxide C6H15O4V 9272
1686-23-3 vanadium(v) oxytripropoxide C9H21O4V 18415
1686-41-5 2,2,6-trimethylcycloheptanone C10H18O 20685
1687-53-2 5-amino-2-methoxyphenol C7H9NO2 11001
1687-61-2 3-methyl-6-ethylphenol C9H12O 17113
1687-64-5 2-methyl-6-ethylphenol C9H12O 17110
1687-65-6 2-methyl-5-ethylphenol C9H12O 17109
1688-71-7 4'-aminobutyrophenone C10H13NO 19784
1689-64-1 9-hydroxyfluorene C13H10O 25626
1689-78-7 2-(1,1-dimethylethyl)thiophene C8H12S 14412
1689-79-8 3-(1,1-dimethylethyl)thiophene C8H12S 14413
1689-82-3 4-(phenylazo)phenol C12H10N2O 23496
1689-83-4 ioxynil C7H3I2NO 9593
1689-84-5 3,5-dibromo-4-hydroxybenzonitrile C7H3Br2NO 9488
1689-89-0 4-hydroxy-3-iodo-5-nitrobenzonitrile C7H3IN2O3 9598
1689-99-2 2,6-dibromo-4-cyanophenyl octanoate C15H17Br2NO2 28451
1690-75-1 methyl 1-methyl-4-piperidinecarboxylate C8H15NO2 14810
1691-17-4 tetrafluorodimethyl ether C2H2F4O 652
1692-15-5 pyridine-4-boronic acid C5H6BNO2 4454
1692-25-7 pyridine-3-boronic acid C5H6BNO2 4455
1693-86-3 3-hexylthiophene C10H16S 20540
1694-19-5 trans-1-methoxy-4-(2-phenylvinyl)benzene C15H14O 28292
1694-20-8 trans-4-mononitrostilbene C14H11NO2 26847
1694-29-7 3-chloro-2,4-pentanedione C5H7ClO2 4630
1694-31-1 tert-butyl acetoacetate C8H14O3 14670
1695-04-1 1-methoxy-2-phenoxybenzene C13H12O2 25811
1696-17-9 benzoic acid N,N-diethylamide C11H15NO 22252
1696-20-4 4-acetylmorpholine C6H11NO2 8126
1696-60-2 vanillin azine C16H16N2O4 29270
1698-53-9 1-phenyl-4,5-dichloro-6-pyridazone C10H6Cl2N2O 18540
1698-60-8 chloridazon C10H8ClN3O 18686
1699-03-2 2-phenylmercaptomethylbenzoic acid C14H12O2S 26966
1699-51-0 DL-laudanosine C21H27NO4 32909
1699-59-8 3,4-dibenzyloxybenzyl chloride C21H19ClO2 32707
1700-10-3 1,3-cyclooctadiene C8H12 14247
1700-30-7 3-benzyloxybenzyl alcohol C14H14O2 27165
1700-37-4 3-benzyloxybenzaldehyde C14H12O2 26955
1701-69-5 4-propionylpyridine C8H9NO 13688
1701-71-9 propyl 4-pyridyl ketone C9H11NO 16922
1701-73-1 4-valerylpyridine C10H13NO 19788
1701-93-5 silver(i) thiocyanate CAgNS 4
1702-17-6 clopyralid C6H3Cl2NO2 6297
1703-46-4 4-(dimethylamino)benzenemethanol C9H13NO 17300
1703-52-2 2-ethyl-5-methylfuran C7H10O 11147
1703-58-8 1,2,3,4-butanetetracarboxylic acid C8H10O8 14037
1704-15-0 3-hydroxy-1,3-diphenyl-2-propen-1-one C15H12O2 28186
1704-62-7 2-[2-(dimethylamino)ethoxy]ethanol C6H15NO2 9236
1705-85-7 6-methylchrysene C19H14 31274
1706-01-0 3-methylfluoranthene C17H12 29871
1706-11-2 2-methoxy-1,4-dimethylbenzene C9H12O 17086
1706-73-6 2-benzyl-1,4-benzenediol C13H12O2 25805
1707-03-5 diphenylphosphinic acid C12H11O2P 23672
1707-95-5 2-(3-oxo-1-indanylidene)-1,3-indandione C18H10O3 30396
1708-29-8 2,5-dihydrofuran C4H6O 2942
1708-32-3 2,5-dihydrothiophene C4H6S 3042
1708 36 6 heptanal-1,2-glyceryl acetal C10H20O3 21082
1708-39-0 2-phenyl-1,3-dioxolane-4-methanol C10H12O3 19646
1709-03-1 2-chloro-N-(3-methoxypropyl)acetamide C6H12ClNO2 8268
1709-50-8 N,N-diethylbenzenesulfonamide C10H15NO2S 20279
1709-70-2 1,3,5-trimethyl-2,4,6-tris(3,5-di-tert-butyl-4 C54H78O3 35857
1710-98-1 4-tert-butylbenzoyl chloride C11H13ClO 21920
1711-02-0 4-iodobenzoyl chloride C7H4ClIO 9694
1711-05-3 3-methoxybenzoyl chloride C8H7ClO2 13018
1711-06-4 3-methylbenzoyl chloride C8H7ClO 13004

1711-07-5 3-fluorobenzoyl chloride C7H4ClFO 9668
1711-09-7 3-bromobenzoyl chloride C7H4BrClO 9611
1711-11-1 3-cyanobenzoyl chloride C8H4ClNO 12513
1711-42-8 diperoxyterephthalic acid C8H6O6 12945
1712-64-7 isopropyl nitrate C3H7NO3 2062
1712-70-5 4-chloro-a-methylstyrene C9H9Cl 16281
1713-07-1 3-acetamido-5-amino-2,4,6-triiodobenzoic aci C9H7I3N2O3 16008
1714-29-0 1-bromopyrene C16H9Br 28974
1715-81-7 9-anthronol C14H10O2 26779
1716-09-2 lucijet C12H19O3PS2 24529
1716-42-3 1-(3-chloropropoxy)-4-fluorobenzene C9H10ClFO 16526
1717-00-6 1,1-dichloro-1-fluoroethane C2H3Cl2F 714
1718-34-9 alizarin yellow r sodium salt C13H8N3NaO5 25493
1718-50-9 1,5-diphenylpentane C17H20 30119
1719-53-5 dichlorodiethylsilane C4H10Cl2Si 3809
1719-57-9 chloro(chloromethyl)dimethylsilane C3H8Cl2Si 2099
1719-58-0 chlorovinyldimethylsilane C4H9ClSi 3643
1719-71-7 tetrazolium violet C23H17ClN4 33511
1719-83-1 bicyclo[2.2.2]oct-7-ene-2,3,5,6-tetracarboxylic C12H8O6 23347
1720-32-7 1,6-diphenyl-1,3,5-hexatriene C18H16 30574
1720-38-3 1,9-decadiyne C10H14 19893
1721-26-2 ethyl 2-methylnicotinate C9H11NO2 16946
1721-89-7 2,3-dimethylquinoline C11H11N 21705
1721-93-3 1-methylisoquinoline C10H9N 18856
1722-12-9 2-chloropyrimidine C4H3ClN2 2454
1722-26-5 borane–triethylamine complex C6H18BN 9343
1723-00-8 D(+)-pipecolinic acid C6H11NO2 8151
1723-94-0 1,2-bis(N-morpholino)ethane C10H20N2O2 20979
1724-39-6 cyclododocanol C12H24O 24857
1725-01-5 oxalide C15H28O3 28833
1725-03-7 11-undecanolide C11H20O2 22712
1725-74-2 1,2,3,4,5,6-hexachloro-3-hexene C6H6Cl6 6952
1726-12-1 1,1-diphenylpentane C17H20 30117
1726-13-2 1,1-diphenylnonane C21H28 32914
1726-14-3 1,1-diphenyl-1-butene C16H16 29232
1728-46-7 2-tert-butylcyclohexanone C10H18O 20716
1729-67-5 methyl 2,3-dibromopropanoate C4H6Br2O2 2785
1730-37-6 1-methylfluorene C14H12 26871
1730-48-9 6-methoxy-1,2,3,4-tetrahydronaphthalene C11H14O 22110
1730-91-2 (S)-(+)-2-methylbutyric acid C5H10O2 5530
1731-79-9 dimethyl 1,12-dodecanedioate C14H26O4 27818
1731-81-3 undecyl acetate C13H26O2 26495
1731-84-6 methyl nonanoate C10H20O2 21063
1731-86-8 methyl undecanoate C12H24O2 24878
1731-88-0 methyl tridecanoate C14H28O2 27883
1731-92-6 methyl heptadecanoate C18H36O2 31104
1731-94-8 methyl nonadecanoate C20H40O2 32500
1732-08-7 dimethyl heptanedioate C9H16O4 17761
1732-09-8 dimethyl octanedioate C10H18O4 20827
1732-10-1 dimethyl nonanedioate C11H20O4 22735
1732-13-4 1,2,3,6,7,8-hexahydropyrene C16H16 29239
1732-14-5 N-pyren-2-ylacetamide C18H13NO 30451
1733-12-6 cresol red C21H18O5S 32704
1733-25-1 isopropyl tiglate C8H14O2 14652
1733-63-7 1,2,2-triphenylethanone C20H16O 32024
1734-79-8 4-nitrocinnamaldehyde C9H7NO3 16063
1735-17-7 cyclohexane-d12 C6D12 6074
1735-84-8 3-chloro-2,4,5,6-tetrafluoropyridine C5ClF4N 4160
1736-60-3 allylpentafluorobenzene C9H5F5 15828
1736-74-9 4-(trifluoromethoxy)benzyl alcohol C8H7F3O2 13091
1737-10-6 1-methyl-3-(1,1,2,2-tetrafluoroethoxy)benzene C9H8F4O 16133
1737-19-5 3-fluorophenylacetone C9H9FO 16338
1737-26-4 a-methyl-4-(trifluoromethyl)benzyl alcohol C9H9F3O 16351
1737-93-5 3,5-dichloro-2,4,6-trifluoropyridine C5Cl2F3N 4164
1738-25-6 3-(dimethylamino)propanenitrile C5H10N2 5404
1738-36-9 methoxyacetonitrile C3H5NO 1761
1739-53-3 dichloroethylborane C2H5BCl2 909
1739-84-0 1,2-dimethyl-1H-imidazole C5H8N2 4810
1740-19-8 dehydroabietic acid C21H30O2 32953
1740-57-4 isophthalamide C8H8N2O2 13356
1740-97-2 2-methyl-4-isopropylphenol C10H14O 20004
1741-01-1 trimethylhydrazine C3H10N2 2259
1741-83-9 methyl pentyl sulfide C6H14S 9114
1742-14-9 1,1-bis(3,4-dimethylphenyl)ethane C18H22 30780
1742-95-6 4-amino-1,8-naphthalimide C12H8N2O2 23312
1743-86-8 2-(trifluoromethyl)phenyl isothiocyanate C8H4F3NS 12550
1745-16-0 3-pentenylbenzene C11H14 22040
1745-81-9 2-allylphenol C9H10O 16605
1746-01-6 2,3,7,8-tetrachloro-dibenzo-p-dioxin C12H4Cl4O2 23153
1746-03-8 vinylphosphonic acid C2H5O3P 983
1746-09-4 bis(trimethylsilyl)chromate C6H18CrO4Si2 9347
1746-11-8 2,3-dihydro-2-methylbenzofuran C9H10O 16629
1746-13-0 allyl phenyl ether C9H10O 16609
1746-23-2 4-tert-butylstyrene C12H16 24139
1746-77-6 isopropyl carbamate C4H9NO2 3713
1746-81-2 3-(4-chlorophenyl)-1-methoxy-1-methylurea C9H11ClN2O2 16855
1747-60-0 2-amino-6-methoxybenzothiazole C8H8N2OS 13349
1750-42-1 3-aminoisoxazole C3H4N2O 1597
1750-46-5 2-amino-5-chloro-6-hydroxybenzoxazole C7H5ClN2O2 9922
1752-24-5 4,4'-iminodiphenol C12H11NO2 23641
1752-30-3 2-(1-methylethylidene)hydrazinecarbothioamide C4H9N3S 3777
1754-47-8 dioctyl phenylphosphonate C22H39O3P 33416
1754-58-1 O-phenyl-N,N'-dimethyl phosphorodiamidate C8H13N2O2P 14456
1754-62-7 methyl cinnamate C10H10O2 19119
1755-01-7 dicyclopentadiene C10H12 19388
1755-05-1 cis-octahydropentalene C8H14 14502
1755-52-8 carbestrol C17H22O3 30196
1757-18-2 O,O-diethyl-O-(2-chloro-1,2,5-dichlorophe C12H14Cl3O3PS 23910
1757-42-2 3-methylcyclopentanone C6H10O 7798
1758-10-7 allyl 3-methylphenyl ether C10H12O 19493
1758-25-4 (2,5-dimethoxyphenyl)acetic acid C10H12O4 19682
1758-33-4 cis-2,3-dimethyloxirane C4H8O 3491
1758-46-9 2-phenoxyethylamine C8H11NO 14153
1758-51-6 (R*,R*)-2,3,4-trihydroxybutanal C4H8O4 3579
1758-68-5 1,2-diaminoanthraquinone C14H10N2O2 26756
1758-73-2 formamidinesulfinic acid CH4N2O2S 264
1758-85-6 1-methyl-2,4-diethylbenzene C11H16 22343
1758-88-9 2-ethyl-p-xylene C10H14 19886
1759-28-0 4-methyl-5-vinylthiazole C6H7NS 7225
1759-53-1 cyclopropanecarboxylic acid C4H6O2 2978
1759-58-6 trans-1,3-dimethylcyclopentane C7H14 11703
1759-64-4 1,6-dimethylcyclohexene C8H14 14473
1759-81-5 4-methylcyclopentene C6H10 7621
1759-88-2 disilylmethane CH8Si2 330
1760-24-3 [3-(2-aminoethylamino)propyl]trimethoxysila C8H22N2O3Si 15739
1760-46-9 alpha-phenylbenzeneacetic anhydride C28H22O3 34598
1761-71-3 4,4'-methylene-bis-cyclohexylamine C13H26N2 26481
1762-95-4 ammonium thiocyanate CH4N2S 265
1764-39-2 6-fluorodibenz(a,h)anthracene C22H13F 33096
1765-26-0 2,2-bis(trifluoromethyl)-1,3-dioxolane C5H4F6O2 4285
1765-40-8 a-bromo-2,3,4,5,6-pentafluorotoluene C7H2BrF5 9441
1765-48-6 eicosafluoroundecanoic acid C11H2F20O2 21469
1765-92-0 (2,2,3,3,4,4,4-heptafluorobutyl)oxirane C6H5F7O 6790
1765-93-1 4-fluorophenylboronic acid C6H6BFO2 6898
1766-76-3 decafluorobenzhydrol C13H2F10O 25437
1768-31-6 1,1,1,3,3-pentachloro-2-propanone C3HCl5O 1326
1768-64-5 4-chlorotetrahydropyran C5H9ClO 5073
1769-24-0 2-methyl-4-quinazolinone C9H8N2O 16162
1769-41-1 isonitrosoacetanilide C8H8N2O2 13355
1770-80-5 chlorendic acid dibutyl ester C17H20Cl6O4 30125
1772-01-6 picolinamidoxime C6H7N3O 7233
1772-03-8 d-galactosamine hydrochloride C6H14ClNO5 8895
1772-10-7 1-methyl-3-sec-butylbenzene C11H16 22316
1772-25-4 1,3,6-hexanetricarbonitrile C9H11N3 16985
1772-43-6 2,4,4-trimethyl-2-oxazoline C6H11NO 8117
1774-47-6 trimethylsulfoxonium iodide C3H9IOS 2195
1775-27-5 2-bromo-1-indanone C9H7BrO 15953
1775-95-7 2-amino-5-nitrobenzophenone C13H10N2O3 25607
1776-37-0 5-methyl-1H-indazole C8H8N2 13339
1777-03-3 (triethylsilyl)acetylene C8H16Si 15246
1777-82-8 2,4-dichlorobenzenemethanol C7H6Cl2O 10265
1777-84-0 3-nitro-p-acetophenetidide C10H12N2O4 19461
1778-02-5 pregnenolone acetate C23H34O3 33658
1778-08-1 N,N-dimethylsalicylamide C9H11NO2 16954
1778-09-2 4-acetylthioanisole C9H10OS 16647
1779-25-5 diisobutylaluminum chloride C8H18AlCl 15373
1779-48-2 phenylphosphinic acid C6H7O2P 7263
1779-49-3 methyltriphenylphosphonium bromide C19H18BrP 31397
1779-51-7 (n-butyl)triphenylphosphonium bromide C22H24BrP 33250
1779-58-4 (carbomethoxymethyl)triphenylphosphonium br C21H20BrO2P 32733
1779-60-8 butanoic acid, 3-oxo-, propyl ester C7H12O3 11527
1779-81-3 4,5-dihydro-2-thiazolamine C3H6N2S 1906
1780-31-0 2,4-dichloro-5-methylpyrimidine C5H4Cl2N2 4274
1780-40-1 2,4,5,6-tetrachloropyrimidine C4Cl4N2 2315
1781-78-8 cyclooctyne C8H12 14234
1783-25-1 N,N-dimethyl-N'-phenylmethanimidamide C9H12N2 17044
1783-81-9 3-(methylthio)aniline C7H9NS 11027
1783-96-6 D(-)-aspartic acid C4H7NO4 3288
1785-02-0 1,3,5-triphenyl-s-triazine-2,4,6(1H,3H,5H)-t C21H15N3O3 32631
1785-51-9 1,6-pyrenedione C16H8O2 28971
1785-74-6 dibenzosuberone oxime C15H13NO 28226
1788-10-9 4-acetylbenzenesulfonyl chloride C8H7ClO3S 13038
1788-93-8 2-methyl-3-(4-chlorophenyl)-4(3H)-quinazoli C15H11ClN2O 28079
1789-58-8 ethyldichlorosilane C2H6Cl2Si 1018
1790-22-3 1,2,4-trichlorobutane C4H7Cl3 3162
1792-17-2 dibutylurea C9H20N2O 18226
1792-41-2 2,5-dimethyl-1H-benzimidazole C9H10N2 16568
1792-81-0 cis-1,2-cyclohexanediol C6H12O2 8486
1793-07-3 methyl 2-isocyanatobenzoate C9H7NO3 16061
1794-24-7 bis-(diethylamino)phosphochloridate C8H20ClN2OP 15684
1794-84-9 chloronitromethane CH2ClNO2 148
1795-01-3 3-ethylthiophene C6H8S 7468
1795-04-6 2,3,4-trimethylthiophene C7H10S 11235
1795-05-7 2,3,5-trimethylthiophene C7H10S 11236
1795-09-1 2-methylthiacyclopentane C5H10S 5595
1795-15-9 octylcyclohexane C14H28 27848
1795-16-0 decylcyclohexane C16H32 29705
1795-17-1 dodecylcyclohexane C18H36 31075
1795-18-2 tetradecylcyclohexane C20H40 32474
1795-19-3 p-tercyclohexyl C18H32 30984
1795-20-6 octylcyclopentane C13H26 26465
1795-21-7 decylcyclopentane C15H30 28855
1795-22-8 tetradecylcyclopentane C19H38 31695
1795-26-2 cis,trans-1,3,5-trimethylcyclohexane C9H18 17939
1795-27-3 cis,cis-1,3,5-trimethylcyclohexane C9H18 17938
1795-31-9 tris(trimethylsilyl) phosphite C9H27O3PSi3 18449
1795-48-8 2-isocyanatopropane C4H7NO 3251
1796-05-0 cis-1,2-diphenyl-1,2-dinitroethene C14H10N2O4 26760
1797-74-6 2-propenyl phenylacetate C11H12O2 21880
1798-09-0 3-methoxyphenylacetic acid C9H10O3 16762
1798-11-4 p-nitrophenoxyacetic acid C8H7NO5 13201
1799-84-4 3,3,4,4,5,5,6,6,6,-nonafluorohexyl methacryla C10H9F9O2 18846
1801-42-9 2,3-diphenyl-1-indenone C21H14O 32605
1801-72-5 1,3-diallylurea C7H12N2O 11385
1803-36-7 dimethylchloroborane C2H6BCl 993
1804-15-5 2-(hydroxyimino)propanal oxime C3H6N2O2 1890
1805-32-9 3,4-dichlorobenzyl alcohol C7H6Cl2O 10277
1805-61-4 4-isopentylphenol C11H16O 22405
1806-26-4 4-octylphenol C14H22O 27687
1806-29-7 [1,1'-biphenyl]-2,2'-diol C12H10O2 23529
1806-54-8 trioctyl phosphate C24H51O4P 34023
1807-36-9 8-methyl-2H-1-benzopyran-2-one C10H8O2 18756
1807-55-2 4,4'-methylenebis(N-methylaniline) C15H18N2 28504
1809-02-5 2-chloro-3-methyl-1,3-butadiene C5H7Cl 4607
1809-05-8 3-iodopentane C5H11I 5662
1809-10-5 3-bromopentane C5H11Br 5605
1809-19-4 dibutyl phosphonate C8H19O3P 15670
1809-20-7 isopropyl phosphonate C6H15O3P 9262
1809-21-8 dipropyl phosphite C6H15O3P 9261
1809-26-3 4-bromo-2-pentene C5H9Br 4999
1809-53-6 1-diethylamino-1-buten-3-yne C8H13N 14434
1812-30-2 bromazepam C14H10BrN3O 26731
1812-51-7 2-ethylbiphenyl C14H14 27063
1814-88-6 1,1,1,2,2-pentafluoropropane C3H3F5 1449
1817-47-6 1-isopropyl-4-nitrobenzene C9H11NO2 16932
1817-57-8 4-phenyl-3-butyn-2-one C10H8O 18742
1817-68-1 4-methyl-2,6-bis(1-phenylethyl)phenol C23H24O 33556
1817-73-8 2-bromo-4,6-dinitroaniline C6H4BrN3O4 6410
1818-07-1 octyl phenyl ether C14H22O 27685
1820-09-3 4,6,6-trimethylbicyclo[3.1.1]hept-3-en-2-ol, (1 C10H16O 20445
1820-50-4 3-(3-cyclohexenyl)-2,4-dioxaspiro(5.5)undec-8- C15H22O2 28676
1820-80-0 3-aminopyrazole C3H5N3 1784
1820-81-1 5-chlorouracil C4H3ClN2O2 2455
1821-02-9 2-oxopentanoic acid C5H8O3 4933
1821-12-1 benzenebutanoic acid C10H12O2 19540
1821-36-9 N-cyclohexylaniline C12H17N 24294
1821-39-2 2-propylaniline C9H13N 17279
1822-73-7 phenyl vinyl sulfide C8H8S 13518
1822-74-8 (methylthio)ethene C3H6S 1969
1822-86-2 2-bromo-1,3-butadiene C4H5Br 2621
1823-59-2 bis-(3-phthalyl anhydride) ether C16H6O7 28957
1823-91-2 alpha-methylbenzeneacetonitrile C9H9N 16368
1824-81-3 6-methyl-2-pyridinamine C6H8N2 7332
1824-94-8 methyl-b-D-galactopyranoside C7H14O6 11953
1825-14-5 DL-2,4-pentanediol C5H12O2 5868
1825-21-4 methyl pentachlorophenate C7H3Cl5O 9558

1825-30-5 1,5-dichloronaphthalene C10H6Cl2 18536
1825-31-6 1,4-dichloronaphthalene C10H6Cl2 18535
1825-58-7 ethoxydimethyl phenylsilane C10H16OSi 20480
1825-61-2 methoxytrimethylsilane C4H12OSi 4093
1825-62-3 ethoxytrimethylsilane C5H14OSi 6023
1825-63-4 trimethyl(propoxy)silane C6H16OSi 9315
1825-82-7 trichloroethoxysilane C2H5Cl3OSi 935
1826-14-8 2,4-diphenylthiazole C15H11NS 28119
1829-00-1 clayton yellow C28H19N5Na2O6S4 34593
1830-54-2 dimethyl 3-oxo-1,5-pentanedioate C7H10O5 11217
1830-78-0 glycerol dimethacrylate, isomers C11H16O5 22482
1830-95-1 aminetrimethylboron C3H12BN 2275
1832-53-7 ethyl hydrogen methylphosphonate C3H9O3P 2233
1833-31-4 benzylchlorodimethylsilane C9H13ClSi 17246
1833-51-8 (chloromethyl)dimethylphenylsilane C9H13ClSi 17243
1833-53-0 (isopropenyloxy)trimethylsilane C6H14OSi 9016
1835-04-7 propioveratrone C11H14O3 22189
1835-49-0 tetrafluoroterephthalonitrile C8F4N2 12425
1836-75-5 nitrofen C12H7Cl2NO3 23245
1836-77-7 p-nitrophenyl-2,4,6-trichlorophenyl ether C12H6Cl3NO3 23203
1837-57-6 ethodin C18H21N3O4 30776
1838-56-8 3-hydroxy-N-acetyl-2-aminofluorene C15H13NO2 28235
1838-59-1 allyl formate C4H6O2 2972
1838-73-9 3-methyl-4-heptanol C8H18O 15452
1838-77-3 4-methyl-5-hexen-3-ol C7H14O 11868
1838-94-4 2-methyl-2-vinyloxirane C5H8O 4875
1839-63-0 1,3,5,-trimethylcyclohexane C9H18 17937
1839-88-9 1,cis-2,cis-3-trimethylcyclohexane C9H18 17929
1840-19-3 3-(trifluoromethyl)phenyl isothiocyanate C8H4F3NS 12551
1840-42-2 fluorotrinitromethane CFN3O6 65
1841-19-6 1-phenyl-4-oxo-8-(4,4-bis(4-fluorophenyl)bu C29H31F2N3O 34758
1841-46-9 2,2,3,3,4,4,5,5,6,6,7,7,8,8,9,9-hexadecafluo C13H8F16O2 25489
1842-05-3 1,1-dichloro-1,2-difluoroethane C2H2Cl2F2 620
1843-03-4 4,4',4''-(1-methyl-1-propanyl-3-ylidene)tris(2 C37H52O3 35467
1843-05-6 [2-hydroxy-4-(octyloxy)phenyl]phenylmethanone C21H26O3 32880
1845-11-0 nafoxidine C29H31NO2 34759
1845-25-6 (1S,2S,5S)-(-)-2-hydroxy-3-pinanone C10H16O2 20497
1845-30-3 4,6,6-trimethylbicyclo[3.1.1]hept-3-en-2-ol, (1 C10H16O 20446
1845-38-1 3,3,5-trimethylcyclohexanecarboxaldehyde C10H18O 20764
1846-68-0 2-octynal C8H12O 14342
1846-70-4 2-nonynoic acid C9H14O2 17466
1846-76-0 ethyl 3-coumarincarboxylate C12H10O4 23566
1848-84-6 2-ethylbenzimidazole C9H10N2 16573
1849-01-0 1-methyl-2-benzimidazolinone C8H8N2O 13346
1849-29-2 methanol-d3 CHD3O 108
1849-36-1 4-nitrothiophenol C6H5NO2S 6826
1850-14-2 tetramethoxymethane C5H12O4 5913
1851-09-8 4-chlorophenylsulfonylacetonitrile C8H6ClNO2S 12779
1851-71-4 bis(ethylxanthogen) tetrasulfide C6H10O2S6 7878
1851-77-0 di(ethylxanthogen)trisulfide C6H10O2S5 7877
1852-04-6 undecanedioic acid C11H20O4 22742
1852-14-8 1,1'-ethylenediurea C4H10N4O2 3863
1852-16-0 N-(butoxymethyl)-2-propenamide C8H15NO2 14822
1854-23-5 4,4'-(2-ethyl-2-nitro-1,3-propanediyl)bismorph C13H28O4 26548
1854-26-8 dimethylol dihydroxyethylene urea C4H10N2O5 3856
1855-36-3 4-(epoxyethyl)-1,2-xylene C10H12O 19535
1855-63-6 1-cyclohexenecarbonitrile C7H9N 10968
1859-76-3 [2-(methylamino)phenyl]phenylmethanone C14H13NO 27015
1860-21-5 tert-butyl trichloroacetate C6H9Cl3O2 7515
1860-27-1 1-(1-methylethoxy)butane C7H16O 12217
1861-21-8 enallylpropymal C11H16N2O3 22384
1861-32-1 dimethyl tetrachloroterephthalate C10H6Cl4O4 18544
1861-40-1 balan C13H16F3N3O4 26048
1863-63-4 ammonium benzoate C7H9NO2 10999
1864-92-2 3-ethoxy-N,N-diethylaniline C12H19NO 24511
1864-94-4 phenyl formate C7H6O2 10417
1866-15-5 S-acetylthiocholine iodide C7H16INOS 12132
1866-16-6 S-butyrylthiocholine iodide C9H20INOS 18213
1866-31-5 allyl cinnamate C12H12O2 23768
1866-39-3 p-methylcinnamic acid C10H10O2 19122
1866-43-9 rolodine C14H14N4 27132
1866-73-5 S-propionylthiocholine iodide C8H18INOS 15393
1867-37-4 benzylpropanedinitrile C10H8N2 18702
1868-00-4 3,3'-bis(trifluoromethyl)benzophenone C15H8F6O 27985
1868-53-7 dibromofluoromethane CHBr2F 95
1871-22-3 tetrazolium blue (chloride) C40H32N8O2Cl2 35578
1871-52-9 1,3,5-cyclooctatriene C8H10 13794
1871-57-4 3-chloro-2-(chloromethyl)-1-propene C4H6Cl2 2810
1871-58-5 1,2,3-trichloro-2-methylpropane C4H7Cl3 3168
1871-67-6 2-octenoic acid C8H14O2 14642
1871-76-7 alpha-phenylbenzeneacetyl chloride C14H11ClO 26814
1871-96-1 decanedinitrile C10H16N2 20392
1873-25-2 1-chloro-2-butanol C4H9ClO 3617
1873-29-6 isobutyl isocyanate C5H9NO 5203
1873-54-7 3-ethylquinoline C11H11N 21702
1873-77-4 tris(trimethylsilyl)silane C9H28Si4 18454
1873-88-7 1,1,1,3,5,5,5-heptamethyltrisiloxane C7H22O2Si3 12408
1873-89-8 tris(trimethylsiloxy)silane C9H28O3Si4 18453
1873-92-3 allylmethyldichlorosilane C4H8Cl2Si 3385
1874-22-2 5-nitro-2-furanacrolein C7H5NO4 10083
1874-23-3 methyl 5-nitro-2-furoate C6H5NO5 6843
1874-58-4 benzylthioguanine C12H11N5S 23669
1874-62-0 3-ethoxy-1,2-propanediol C5H12O3 5906
1875-48-5 N-aminophthalimide C8H6N2O2 12881
1875-88-3 4-chlorobenzeneethanol C8H9ClO 13590
1875-89-4 3-methylphenethyl alcohol C9H12O 17127
1877-72-1 3-cyanobenzoic acid C8H5NO2 12689
1877-73-2 m-nitrobenzeneacetic acid C8H7NO4 13179
1877-75-4 4-methoxyphenoxyacetic acid C9H10O4 16798
1877-77-6 3-aminobenzyl alcohol C7H9NO 10985
1878-18-8 2-methyl-1-butanethiol C5H12S 5924
1878-65-5 m-chlorobenzeneacetic acid C8H7ClO2 13011
1878-66-6 p-chlorobenzeneacetic acid C8H7ClO2 13012
1878-67-7 3-bromophenylacetic acid C8H7BrO2 12976
1878-68-8 4-bromobenzeneacetic acid C8H7BrO2 12969
1878-82-6 p-cyanophenoxyacetic acid C9H7NO3 16056
1878-87-1 2-nitrophenoxyacetic acid C8H7NO5 13198
1878-91-7 p-bromophenoxyacetic acid C8H7BrO3 12982
1878-94-0 4-iodophenoxyacetic acid C8H7IO3 13105
1879-06-7 1-(4-methylcyclohexyl)ethanone C9H16O 17667
1879-09-0 2-tert-butyl-4,6-dimethylphenol C12H18O 24434
1879-16-9 1-methoxy-4-(methylthio)benzene C8H10OS 13942
1879-58-9 m-cyanophenoxyacetic acid C9H7NO3 16055
1881-37-4 4-fluoroestradiol C18H23FO2 30820
1881-75-0 9-fluoro-7-methylbenz(a)anthracene C19H13F 31239
1881-76-1 7-fluoro-10-methyl-1,2-benzanthracene C19H13F 31240
1882-26-4 pyridinol carbamate C11H15N3O4 22300
1882-69-5 5-methoxy-2-nitrobenzoic acid C8H7NO5 13194
1883-32-5 beta-phenylbenzeneethanol C14H14O 27148
1884-64-6 cyanonitrene CN2 357
1885-07-0 trans-(-)-3-(4-nitrophenyl)oxiranemethanol C9H9NO4 16477
1885-14-9 phenyl chloroformate C7H5ClO2 9938
1885-29-6 2-aminobenzonitrile C7H6N2 10339
1885-35-4 3,4,5-trimethoxybenzonitrile C10H11NO3 19335
1885-38-7 trans-3-phenyl-2-propenenitrile C9H7N 16013
1886-45-9 hydrothiadene C19H23NS 31521
1886-57-3 1-tert-butyl-4-nitrobenzene C10H13NO2 19813
1886-75-5 di-tert-butylsulfone C8H18O2S 15572
1886-81-3 dodecyl benzenesulfonate C18H30O3S 30972
1888-57-9 2,5-dimethyl-3-hexanone C8H16O 15067
1888-71-7 hexachloropropene C3Cl6 1269
1888-85-3 sec-butyl vinyl ether C6H12O 8395
1888-87-5 isobutylaluminum dichloride C4H9AlCl2 3593
1888-89-7 1,2:5,6-diepoxyhexane C6H10O2 7866
1888-91-1 N-acetylcaprolactam C8H13NO2 14443
1888-94-4 chloroethyl methacrylate C6H9ClO2 7503
1889-59-4 ethyl vinyl sulfone C4H8O2S 3542
1889-67-4 2,3-dimethyl-2,3-diphenylbutane C18H22 30779
1891-90-3 4-(trifluoromethyl)benzamide C8H6F3NO 12856
1892-29-1 dithiodiglycol C4H10O2S2 3911
1892-43-9 2-(p-chlorophenoxy)ethanol C8H9ClO2 13615
1892-54-2 3-phenanthrylamine C14H11N 26832
1893-33-0 fluorobutyrophenone C21H30FN3O2 32946
1895-39-2 chlorodifluoroacetic acid sodium salt C2ClF2NaO2 422
1896-62-4 trans-4-phenyl-3-buten-2-one C10H10O 19104
1897-45-6 chlorothalonil C8Cl4N2 12415
1897-52-5 2,6-difluorobenzonitrile C7H3F2N 9561
1897-96-7 lonethyl C17H16N2O2 30003
1898-13-1 cembrene C20H32 32378
1899-24-7 5-bromo-2-furancarboxaldehyde C5H3BrO2 4212
1901-26-4 3-methyl-4-phenyl-3-buten-2-one C11H12O 21861
1904-58-1 (2-aminobenzoyl)hydrazide C7H9N3O 11032
1904-98-9 1H-purine-2,6-diamine C5H6N6 4530
1906-79-2 1-ethylpyridinium bromide C7H10BrN 11060
1906-82-7 ethyl acetamidoacetate C6H11NO3 8164
1907-13-7 acetoxytriethylstannane C8H18O2Sn 15577
1910-36-7 N-hydroxy-N-methyl-4-aminoazobenzene C13H13N3O 25890
1910-42-5 paraquat dichloride C12H14Cl2N2 23901
1910-68-5 N-methylisatin-3-(thiosemicarbazone) C10H10N4OS 19077
1912-21-6 2-phenoxypropanoic acid, (±) C9H10O3 16742
1912-24-9 atrazine C8H14ClN5 14510
1912-26-1 triethazine C9H16ClN5 17640
1912-28-3 methyl ethane sulphonate C3H8O3S 2154
1912-30-7 diethylsulfonate C4H10O3S 3932
1912-31-8 n-propyl methanesulfonate C4H10O3S 3933
1912-32-9 butyl mesylate C5H12O3S 5910
1912-84-1 (Z)-9-octadecenoic acid, tin (2+) salt C36H66O4Sn 35405
1914-58-5 trans-styrylacetic acid C10H10O2 19146
1916-07-0 methyl 3,4,5-trimethoxybenzoate C11H14O5 22202
1916-59-2 questiomycin A C12H8N2O2 23314
1917-15-3 5-methyl-2-furancarboxylic acid C6H6O3 7094
1918-00-9 3,6-dichloro-2-methoxybenzoic acid C8H6Cl2O3 12820
1918-02-1 4-amino-3,5,6-trichloropyridinecarboxlic aci C6H3Cl3N2O2 6309
1918-13-4 2,6-dichlorothiobenzamide C7H5Cl2NS 9966
1918-16-7 propachlor C11H14ClNO 22046
1918-18-9 methyl-3,4-dichlorophenylcarbamate C8H7Cl2NO 13043
1918-77-0 2-thiopheneacetic acid C6H6O2S 7082
1918-79-2 5-methyl-2-thiophenecarboxylic acid C6H6O2S 7080
1919-43-3 2,3-dichloroquinoxaline-6-carbonylchloride C9H3Cl3N2O 15776
1919-48-8 2,4,6-triphenoxy-s-triazine C21H15N3O3 32630
1919-91-1 naphthol AS-BI phosphate C18H15BrNO6P 30538
1920-21-4 3,4-dihydro-2,5-dimethyl-2H-pyran-2-carboxaldeh C8H12O2 14366
1921-70-6 2,6,10,14-tetramethylpentadecane C19H40 31734
1923-70-2 tetrabutylammonium perchlorate, contains ma C16H36ClNO4 29815
1927-25-9 DL-homoserine C4H9NO3 3746
1927-59-9 2-butoxytetrahydrofuran C8H16O2 15198
1928-30-9 2-methyltricosane C24H50 34003
1928-37-6 2,4,5-T methyl ester C9H7Cl3O3 15978
1928-38-7 methyl (2,4-dichlorophenoxy)acetate C9H8Cl2O3 16123
1928-43-4 2,4-D 2-ethylhexyl ester C16H22Cl2O3 29498
1928-45-6 2,4-dichlorophenoxyacetic acid propylene gl C15H20Cl2O4 28580
1929-73-3 2-butoxyethyl (2,4-dichlorophenoxy)acetate C14H18Cl2O4 27459
1929-77-7 vernolate C10H21NOS 21115
1929-82-4 nitrapyrin C6H3Cl4N 6325
1929-88-0 1-methyl-3-(2-benzthiazolyl)urea C9H9N3OS 16494
1930-72-9 4-chloro-3,5-dinitrobenzonitrile C7H2ClN3O4 9448
1931-60-8 methylenebutanedioyl dichloride C5H4Cl2O2 4280
1932-04-3 1,2-dipiperidinoethane C12H24N2 24841
1933-50-2 4'-(3,3-dimethyl-1-triazeno)acetanilide C10H14N4O 19965
1934-16-3 new methylene blue N C18H22ClN3S 30785
1934-21-0 tartrazine C16H9N4Na3O9S2 28983
1937-54-8 solanone C13H22O 26374
1937-62-8 methyl trans-9-octadecenoate C19H36O2 31676
1938-17-6 i-octylbenzenedecanoic acid C24H40O2 33943
1938-22-3 q-nonylbenzenenonanoic acid C24H40O2 33942
1939-99-7 a-toluenesulfonyl chloride C7H7ClO2S 10533
1940-18-7 1-ethylcyclohexanol C8H16O 15127
1940-42-7 leptophos phenol C6H3BrCl2O 6235
1940-57-4 9-bromofluorene C13H9Br 25509
1941-24-8 tetramethylammonium nitrate C4H12N2O3 4086
1941-26-0 tetraethylammonium nitrate C8H20N2O3 15711
1941-27-1 tetrabutylammonium nitrate C16H36N2O3 29822
1941-30-6 tetrapropylammonium bromide C12H28BrN 25365
1941-52-2 D(-)-glucose diethyl mercaptal C10H22O5S2 21381
1942-45-6 4-octyne C8H14 14487
1942-46-7 5-decyne C10H18 20597
1942-52-5 2-diethylaminoethanethiol hydrochloride C6H16ClNS 9283
1943-11-9 nonyltrimethylammonium bromide C12H28BrN 25364
1943-16-4 chlorotrinitromethane CClN3O6 41
1943-54-0 2,6-dichloro-3,5-dimethylphenol C8H8Cl2O 13296
1943-79-9 phenylmonomethylcarbamate C8H9NO2 13741
1943-82-4 phenethyl isocyanate C9H9NO 16410
1943-83-5 2-chloroethyl isocyanate C3H4ClNO 1528
1943-84-6 hexadecyl isocyanate C17H33NO 30308
1943-87-9 carbamic acid, (4-nitrophenyl)-, methyl ester C8H8N2O4 13370
1943-97-1 4,4'-(octahydro-4,7-methano-5H-inden-5-ylidene C22H24O2 33267
1944-83-8 2-methyl-1-phenyl-2-propyl hydroperoxide C10H14O2 20123
1945-53-5 palustric acid C20H30O2 32349
1945-78-4 2,2'-methylenebisbenzothiazole C15H10N2S2 28032
1945-84-2 2-ethynylpyridine C7H5N 10046
1945-91-1 propene-1,3-diol diacetate C7H10O4 11215
1945-92-2 N-2,4-dinitrophenylethanolamine C8H9N3O5 13783
1946-82-3 Na-acetyl-L-lysine C8H16N2O3 15042
1947-00-8 6-(carbobenzyloxyamino)caproic acid C14H19NO4 27532
1948-31-8 L-alanyl-L-alanine C6H12N2O3 8347
1948-33-0 tert-butylhydroquinone C10H14O2 20110

1948-71-6 N-acetyl-L-tyrosinamide C11H14N2O3 22075
1949-45-7 metrizoic acid C12H11I3N2O4 23606
1949-78-6 L(+)-lyxose, anomers C5H10O5 5588
1949-88-8 L(-)-altrose C6H12O6 8602
1949-89-9 2-deoxy-D-galactose C6H12O5 8582
1951-11-7 3-chlorobutanoyl chloride C4H6Cl2O 2828
1951-12-8 b-chlorobutyric acid C4H7ClO2 3150
1951-25-3 aminodarone C25H29I2NO3 34123
1951-56-0 furapromidium C10H12N2O4 19457
1953-02-2 meprin C5H9NO3S 5244
1953-54-4 5-hydroxyindole C8H7NO 13126
1953-56-6 trans-1,4-dimethane sulfonoxy-2-butene C6H12O6S2 8619
1953-99-7 tetrachlorophthalonitrile C8Cl4N2 12416
1954-28-5 triethylene glycol diglycidyl ether C12H22O6 24768
1955-21-1 2,6-diiodohydroquinone C6H4I2O2 6557
1955-45-9 pivalolactone C5H8O2 4920
1955-46-0 mono-methyl 5-nitroisophthalate C9H7NO6 16075
1956-30-5 3',5'-diacetyl-5-iodo-2'-deoxyuridine C13H15IN2O7 26007
1961-77-9 chlormadinon C21H27ClO3 32894
1962-75-0 1,4-benzenedicarboxylic acid, dibutyl ester C16H22O4 29522
1963-21-9 N-glycyl-L-valine C7H14N2O3 11806
1965-09-9 4,4'-oxydiphenol C12H10O3 23558
1965-29-3 2-[[2-[(2-aminoethyl)amino]ethyl]amino]ethanol C6H17N3O 9340
1966-58-1 3,4-dichlorobenzyl methylcarbamate C9H9Cl2NO2 16332
1967-16-4 m-chlorocarbanilic acid 1-methyl-2-propynyl C11H10ClNO2 21608
1967-25-5 (4-bromophenyl)urea C7H7BrN2O 10469
1969-43-3 ethyl heptyl ether C9H20O 18336
1969-73-9 2-nitrobenzeneacetaldehyde C8H7NO3 13164
1971-46-6 1,2,3-trimethyl-1H-indole C11H13N 21946
1972-08-3 1-trans-D9-tetrahydrocannabinol C21H30O2 32958
1972-28-7 diethyl azoformate C6H10N2O4 7743
1973-22-4 1-bromo-2-ethylbenzene C8H9Br 13536
1973-36-0 4-tert-butyliminomethyl-2,2,5,5-tetramethyl-3 C12H22N3O 24688
1974-04-5 2-bromoheptane C7H15Br 11983
1975-44-6 5-nitro-1-naphthalenecarboxylic acid C11H7NO4 21502
1975-50-4 2-methyl-3-nitrobenzoic acid C8H7NO4 13186
1975-52-6 2-methyl-5-nitrobenzoic acid C8H7NO4 13187
1975-78-6 decanenitrile C10H19N 20886
1977-10-2 dibenzacepin C18H18ClN3O 30651
1977-11-3 hypnodin C19H21N3 31473
1979-36-8 2',5'-difluoroacetophenone C8H6F2O 12845
1982-37-2 10-((1-methyl-3-pyrrolidinyl)methyl)-phenothi C18H20N2S 30731
1982-47-4 chloroxuron C15H15ClN2O2 28340
1982-67-8 methionine sulfoximine C5H12N2O3S 5819
1983-10-4 fluorotributylstannane C12H27FSn 25338
1983-26-2 chloromethylphosphonic acid dichloride CH2Cl3OP 152
1984-06-1 sodium caprylate C8H15NaO2 14859
1984-15-2 methylenediphosphonic acid CH6O6P2 321
1984-58-3 2,5-dichloroanisole C7H6Cl2O 10271
1984-59-4 2,3-dichloroanisole C7H6Cl2O 10272
1984-65-2 2,6-dichloroanisole C7H6Cl2O 10273
1984-77-6 lauric acid 2,3-epoxypropyl ester C15H28O3 28830
1985-12-2 p-bromophenyl isothiocyanate C7H4BrNS 9646
1985-57-5 (1,1-dimethylbutyl)benzene C12H18 24368
1985-59-7 1,2,3,4-tetrahydro-1,1-dimethylnaphthalene C12H16 24129
1985-84-8 adipic acid bis(3,4-epoxy-6-methylcyclohexylme C22H34O6 33388
1985-97-3 (1-ethyl-1-methylpropyl)benzene C12H18 24371
1986-81-8 nicotinamide-N-oxide C6H6N2O2 7006
1986-90-9 dipentyl sulfoxide C10H22OS 21342
1987-50-4 4-heptylphenol C13H20O 26315
1988-89-2 4-(1-phenylethyl)phenol C14H14O 27155
1989-33-9 9H-fluorene-9-carboxylic acid C14H10O2 26777
1989-52-2 cholesteryl myristate, liquid crystal C41H74O2 35655
1990-29-0 D-altrose C6H12O6 8589
1990-90-5 4-amino-3-picoline C6H8N2 7342
1991-78-2 4-chlorophenylalanine C9H10ClNO2 16534
1993-03-9 2-fluorophenylboronic acid C6H6BFO2 6899
1994-57-6 2-fluoro-7-methylbenz(a)anthracene C19H13F 31236
1996-29-8 1-bromo-4-chloro-2-fluorobenzene C6H3BrClF 6218
1996-41-4 2-chloro-4-fluorophenol C6H4ClFO 6426
1996-44-7 2,4-difluorobenzenethiol C6H4F2S 6533
1996-88-9 3,3,4,4,5,5,6,6,7,7,8,8,9,9,10,10,10-heptade C14H9F17O2 26708
1999-33-3 glycylasparagine C6H11N3O4 8189
2000-40-0 (1-hydroxy-2,2,2-trichloroethyl)urea C3H5Cl3N2O2 1708
2000-43-3 a-(trichloromethyl)benzenemethanol C8H7Cl3O 13050
2001-32-3 3-(2-nitrophenyl)propanoic acid C9H9NO4 16469
2001-45-8 tetraphenylphosphonium chloride C24H20ClP 33772
2001-93-6 dithiouracil C4H4N2S2 2579
2001-95-8 valinomycin C54H90N6O18 35864
2003-31-8 chlorocyanoacetylene C3ClN 1251
2004-03-7 6-methylpurine C6H6N4 7038
2004-06-0 6-chloropurine riboside C10H11ClN4O4 19246
2004-07-1 2-amino-6-chloropurine-9-riboside C10H12ClN5O4 19416
2004-67-3 4-methyl-4-penten-2-ol C6H12O 8440
2004-69-5 trans-3-penten-1-yne C5H6 4452
2004-70-8 trans-1,3-pentadiene C5H8 4742
2006-14-6 trans-3-(1-naphthyl)-2-propenoic acid C13H10O2 25629
2008-39-1 (2,4-dichlorophenoxy)acetic acid dimethyla C10H11Cl2NO3 19271
2008-41-5 sutan C11H23NOS 22884
2008-58-4 2,6-dichlorobenzamide C7H5Cl2NO 9954
2009-64-5 D(+)-neopterin C9H11N5O4 17000
2009-74-7 6-methyl-3-hepten-2-one C8H14O 14562
2009-83-8 6-chloro-1-hexanol C6H13ClO 8689
2009-84-9 2-(6-chlorohexyloxy)tetrahydro-2H-pyran C11H21ClO2 22761
2011-67-8 1,3-dihydro-1-methyl-7-nitro-5-phenyl-2H-1,4 C16H13N3O3 29104
2012-81-9 2-(p-chlorophenyl)-3-methylbutyronitrile C11H12ClN 21793
2013-12-9 D(-)-norvaline C5H11NO2 5721
2014-83-7 2,6-dichlorobenzyl chloride C7H5Cl3 9975
2016-05-9 N,N-dimethylformamide dicyclohexyl acetal C15H29NO2 28851
2016-36-6 choline salicylate C12H19NO4 24519
2016-42-4 tetradecylamine C14H31N 27956
2016-57-1 decylamine C10H23N 21400
2018-61-3 N-acetyl-L-phenylalanine C11H13NO3 21989
2018-66-8 N-carbobenzyloxy-L-leucine C14H19NO4 27534
2018-90-8 2-naphthalenemethanamine C11H11N 21728
2019-34-3 3-(4-chlorophenyl)propanoic acid C9H9ClO2 16305
2019-69-4 N,N-diethyl-a-hydroxybenzeneacetamide C12H17NO2 24320
2021-19-4 N-butyl-1,2,3,6-tetrahydronaphthalimide C12H17NO2 24319
2021-21-8 N-methyl-4-cyclohexene-1,2-dicarboximide C9H11NO2 16956
2021-28-5 ethyl 3-phenylpropanoate C11H14O2 22124
2022-85-7 5-fluorocytosine C4H4FN3O 2552
2023-60-1 7,12-dimethyl-8-fluorobenz(a)anthracene C20H15F 31958
2023-61-2 7,12-dimethyl-11-fluorobenz(a)anthracene C20H15F 31959
2024-83-1 3,4-dimethoxybenzonitrile C9H9NO2 16429
2024-88-6 bisphenol A bis(chloroformate) C17H14Cl2O4 29924
2025-40-3 ethyl 2-cyano-3-phenyl-2-propenoate C12H11NO2 23634
2026-08-6 1,8-bis(hydroxymethyl)naphthalene C12H12O2 23769
2026-48-4 (S)-(+)-2-amino-3-methyl-1-butanol C5H13NO 5976
2027-17-0 2-isopropylnaphthalene C13H14 25906
2027-19-2 2-propylnaphthalene C13H14 25904
2028-52-6 2-bromoethynyl-2-butanol C6H9BrO 7480
2028-63-9 3-butyn-2-ol C4H6O 2949
2028-76-4 3-nitrobenzenediazonium chloride C6H4ClN3O2 6464
2029-94-9 3,4-diethoxybenzaldehyde C11H14O3 22167
2031-67-6 triethoxymethylsilane C7H18O3Si 12389
2032-04-4 3-diazopropene C3H4N2 1595
2032-34-0 3,3-diethoxypropionitrile C7H13NO2 11656
2032-35-1 2-bromo-1,1-diethoxyethane C6H13BrO2 8666
2032-59-9 aminocarb C11H16N2O2 22378
2032-65-7 methiocarb C11H15NO2S 22278
2032-76-0 dichloromethyl methyl sulfide C2H4Cl2S 822
2033-24-1 2,2-dimethyl-1,3-dioxane-4,6-dione C6H8O4 7450
2033-76-3 4-chlorophenyl 2-bromoethyl ether C8H8BrClO 13244
2033-89-8 3,4-dimethoxyphenol C8H10O3 14007
2033-94-5 3,4-dihydroxy-3-methyl-4-phenyl-1-butyne C11H12O2 21879
2034-22-2 2,4,5-tribromoimidazole C3HBr3N2 1312
2035-89-4 formaldehyde 2,2-dimethylhydrazone C3H8N2 2110
2035-94-1 beta-ethylbenzeneethanol C10H14O 20051
2035-99-6 isoamyl caprylate C13H26O2 26507
2036-41-1 5-methylpyrimidine C5H6N2 4496
2037-31-2 3-chlorobenzenethiol C6H5ClS 6736
2038-03-1 4-morpholineethanamine C6H14N2O 8933
2038-57-5 3-phenylpropylamine C9H13N 17293
2039-06-7 3,5-diphenyl-S-triazole C14H11N3 26862
2039-67-0 3-methoxyphenethylamine C9H13NO 17315
2039-82-9 1-bromo-4-vinylbenzene C8H7Br 12960
2039-83-0 1,2-dichloro-4-vinylbenzene C8H6Cl2 12798
2039-85-2 3-chlorostyrene C8H7Cl 12986
2039-86-3 1-bromo-3-vinylbenzene C8H7Br 12959
2039-87-4 2-chlorostyrene C8H7Cl 12985
2039-88-5 1-bromo-2-vinylbenzene C8H7Br 12958
2039-89-6 2-ethenyl-1,4-dimethylbenzene C10H12 19378
2039-90-9 2-ethenyl-1,3-dimethylbenzene C10H12 19377
2039-93-2 (1-methylenepropyl)benzene C10H12 19387
2040-00-8 diethylaluminium iodide C4H10AlI 3787
2040-04-2 2',6'-dimethoxyacetophenone C10H12O3 19653
2040-07-5 1-(2,4,5-trimethylphenyl)ethanone C11H14O 22099
2040-10-0 4'-tert-butyl-2',6'-dimethylacetophenone C14H20O 27591
2040-14-4 1-(2-methylphenyl)-1-propanone C10H12O 19503
2040-95-1 butylcyclopentane C9H18 17859
2040-96-2 propylcyclopentane C8H16 14861
2041-14-7 (2-aminoethyl)phosphonic acid C2H8NO3P 1155
2041-76-1 4-ethoxy-2-methyl-3-butyn-2-ol C7H12O2 11498
2042-14-0 4-methyl-3-nitrophenol C7H7NO3 10668
2042-37-7 2-bromobenzonitrile C7H4BrN 9631
2043-24-5 N-methylmonothiosuccinimide C5H7NOS 4674
2043-38-1 buthiazide C11H16ClN3O4S2 22360
2043-53-0 1,1,1,2,2,3,3,4,4,5,5,6,6,7,7,8,8-heptadecafl C10H4F17I 18491
2043-57-4 1,1,1,2,2,3,3,4,4,5,5,6,6-tridecafluoro-8-iodo C8H4F13I 12569
2043-61-0 cyclohexanecarboxaldehyde C7H12O 11405
2044-08-8 1-bromocyclohexene C6H9Br 7477
2044-21-5 dinonylamine C18H39N 31165
2044-22-6 trinonylamine C27H57N 34571
2044-64-6 N,N-dimethylacetoacetamide C6H11NO2 8142
2044-72-6 2',5'-dichloroacetoacetanilide C10H9Cl2NO2 18828
2044-73-7 2-pyridinemethanethiol C6H7NS 7227
2044-88-4 N-methyl-2,4-dinitrobenzenamine C7H7N3O4 10708
2045-00-3 o-arsanilic acid C6H8AsNO3 7281
2045-18-3 p-(bis(2-bromoethyl)amino)benzoic acid C11H13Br2NO2 21916
2045-19-4 N,N-bis(2-bromoethyl)aniline C10H13Br2N 19717
2045-41-2 N4,N4-bis(2-chloroethyl)sulfanilamide C10H14Cl2N2O2S 19910
2045-70-7 2-amino-3,5-dinitrothiophene C4H3N3O4S 2502
2045-79-6 2-methoxybenzeneethanamine C9H13NO 17302
2046-17-5 4-phenylbutanoic acid methyl ester C11H14O2 22152
2046-18-6 4-phenylbutyronitrile C10H11N 19290
2047-14-5 acethion amide C6H13NO3PS2 8847
2047-21-4 1-(3,4,5-trimethylphenyl)ethanone C11H14O 22101
2049-55-0 borane-triphenylphosphine complex C18H18BP 30644
2049-66-3 diethyl ethylisopropylmalonate C12H22O4 24747
2049-67-4 diethyl glutaconate C9H14O4 17504
2049-73-2 1,3-diethoxybenzene C10H14O2 20093
2049-74-3 bis(2-ethoxyethyl) carbonate C9H18O5 18104
2049-80-1 diethyl 2-allylmalonate C10H16O4 20512
2049-92-5 p-tert-pentylaniline C11H17N 22497
2049-94-7 1-phenyl-3-methylbutane C11H16 22308
2049-95-8 2-phenyl-2-methylbutane C11H16 22309
2049-96-9 pentyl benzoate C12H16O2 24215
2050-00-2 1,1-dimethylpropyl butanoate C9H18O2 18067
2050-01-3 isopentyl 2-methylpropanoate C9H18O2 18070
2050-03-5 1-(1,1-dimethylpropyl)-4-methoxybenzene C12H18O 24443
2050-04-6 pentyl phenyl ether C11H16O 22431
2050-07-9 4-methyl-1-phenyl-1-pentanone C12H16O 24191
2050-08-0 pentyl salicylate C12H16O3 24245
2050-09-1 isopentyl pentanoate C10H20O2 21054
2050-14-8 2,2'-dihydroxyazobenzene C12H10N2O2 23499
2050-20-6 diethyl heptanedioate C11H20O4 22732
2050-23-9 diethyl octanedioate C12H22O4 24749
2050-24-0 1-methyl-3,5-diethylbenzene C11H16 22347
2050-25-1 di(ethylene glycol) benzyl ether C11H16O3 22469
2050-32-0 2,6-dimethyl-1,3-cyclohexadiene C8H12 14239
2050-33-1 2,5-dimethyl-1,3-cyclohexadiene C8H12 14238
2050-43-3 N-(2,4-dimethylphenyl)acetamide C10H13NO 19768
2050-46-6 1,2-diethoxybenzene C10H14O2 20092
2050-47-7 bis(4-bromophenyl) ether C12H8Br2O 23267
2050-48-8 bis(4-bromophenyl) sulfone C12H8Br2O2S 23269
2050-54-6 dibutylcyanamide C9H18N2 17976
2050-60-4 dibutyl oxalate C10H18O4 20822
2050-61-5 diisobutyl oxalate C10H18O4 20826
2050-67-1 3,3'-dichloro-1,1'-biphenyl C12H8Cl2 23274
2050-68-2 4,4'-dichloro-1,1'-biphenyl C12H8Cl2 23275
2050-69-3 1,2-dichloronaphthalene C10H6Cl2 18533
2050-73-9 1,7-dichloronaphthalene C10H6Cl2 18537
2050-74-0 1,8-dichloronaphthalene C10H6Cl2 18538
2050-76-2 2,4-dichloro-1-naphthalenol C10H6Cl2O 18543
2050-77-3 1-iododecane C10H21I 21100
2050-78-4 decyl nitrate C10H21NO3 21122
2050-87-5 diallyl trisulfide C6H10S3 7975
2050-89-7 [1,1'-biphenyl]-3,3'-diamine C12H12N2 23723
2050-92-2 dipentylamine C10H23N 21405
2050-95-5 diisopentyl carbonate C11H22O3 22859
2051-00-5 diisopentyl oxalate C12H22O4 24751
2051-04-9 diisopentyl disulfide C10H22S2 21395
2051-05-0 dipentyl sulfite C10H22O3S 21375
2051-07-2 trans,trans-1,3-bis(4-methoxybenzylidene)aceto C19H18O3 31419
2051-10-7 5,6-chrysenedione C18H10O2 30388
2051-24-3 decachlorobiphenyl C12Cl10 23119

2051-25-4 1,3-decadiene C10H18 20608
2051-28-7 decahydroquinoline, cis and trans C9H17N 17817
2051-30-1 2,6-dimethyloctane C10H22 21144
2051-31-2 4-decanol C10H22O 21229
2051-32-3 3-ethyl-3-octanol C10H22O 21265
2051-33-4 5-methyl-2-isopropyl-1-hexanol C10H22O 21306
2051-49-2 hexanoic anhydride C12H22O3 24736
2051-53-8 2-methyl-5-isopropylaniline C10H15N 20208
2051-60-7 2-chlorobiphenyl C12H9Cl 23365
2051-61-8 3-chlorobiphenyl C12H9Cl 23366
2051-62-9 4-chlorobiphenyl C12H9Cl 23367
2051-78-7 allyl butanoate C7H12O2 11454
2051-84-5 N-isopentylaniline C11H17N 22495
2051-85-6 p-phenylazoresorcinol C12H10N2O2 23506
2051-89-0 benzidine-3-sulfuric acid C12H12N2O3S 23744
2051-90-3 dichlorodiphenylmethane C13H10Cl2 25582
2051-95-8 3-benzoylpropionic acid C10H10O3 19185
2051-97-0 1-benzyl-1H-pyrrole C11H11N 21724
2051-98-1 5-bromo-1,2-dihydroacenaphthylene C12H9Br 23359
2052-01-9 2-bromo-2-methylpropanoic acid C4H7BrO2 3072
2052-06-4 4-bromo-N,N-diethylaniline C10H14BrN 19899
2052-07-5 2-bromo-1,1'-biphenyl C12H9Br 23356
2052-14-4 butyl 2-hydroxybenzoate C11H14O3 22164
2052-15-5 butyl 4-oxopentanoate C9H16O3 17741
2052-49-5 tetrabutylammonium hydroxide C16H37NO 29830
2055-40-5 4-isopropylstyrene C11H14 22037
2055-46-1 N,N'-trimethylenethiourea C4H8N2S 3462
2057-43-4 2-(3-pentenyl)pyridine C10H13N 19760
2057-49-0 4-(3-phenylpropyl)pyridine C14H15N 27220
2058-52-8 2-chloro-11-(4-methylpiperazino)dibenzo(b,f C18H18ClN3S 30652
2058-62-0 N-methyl-p-(m-tolylazo)aniline C14H15N3 27244
2058-66-4 N-ethyl-N-methyl-p-(phenylazo)aniline C15H17N3 28479
2058-67-5 N-ethyl-p-(phenylazo)aniline C14H15N3 27243
2058-74-4 1-methylisatin C9H7NO2 16048
2058-94-8 perfluoroundecanoic acid C11HF21O2 21468
2061-56-5 17-(3,3,3-trifluoro-1-propynyl)estra-1,3,5(1 C21H23F3O2 32815
2062-78-4 pimozide C28H29F2N3O 34617
2062-84-2 1-(1-(4-(4-fluorophenyl)-4-oxobutyl)-4-pipe C22H24FN3O2 33255
2065-23-8 methyl phenoxyacetate C9H10O3 16741
2065-66-9 methyltriphenylphosphonium iodide C19H18IP 31403
2065-67-0 tetraphenylphosphonium iodide C24H20IP 33782
2065-70-5 2,6-dichloronaphthalene C10H6Cl2 18539
2067-33-6 5-bromovaleric acid C5H9BrO2 5015
2067-58-5 N,N-bis(2-chloroethyl)-p-phenylenediamine C10H14Cl2N2 19909
2069-71-8 3-amino-N,N-dimethyl-4-nitroaniline C8H11N3O2 14206
2071-20-7 bis(diphenylphosphino)methane C25H22P2 34093
2072-68-6 griseolutein B C17H16N2O6 30006
2075-45-8 4-bromopyrazole C3H3BrN2 1398
2077-13-6 1-chloro-2-isopropylbenzene C9H11Cl 16843
2077-29-4 cis-1-methyl-4-(1-propenyl)benzene C10H12 19367
2077-30-7 trans-1-methyl-4-(1-propenyl)benzene C10H12 19368
2077-31-8 cis-1-methyl-3-(1-propenyl)benzene C10H12 19366
2077-33-0 cis-1-methyl-2-(1-propenyl)benzene C10H12 19365
2077-46-5 2,3,6-trichlorotoluene C7H5Cl3 9978
2078-54-8 propofol C12H18O 24449
2079-00-7 blasticidin S C17H26N8O5 30248
2079-95-0 1-tetradecanethiol C14H30S 27946
2081-12-1 zirconium(iv) tert-butoxide C16H36OZr 29823
2081-44-9 tetrahydro-2H-pyran-4-ol C5H10O2 5522
2082-59-9 pentanoic anhydride C10H18O3 20813
2082-76-0 decanoic anhydride C20H38O3 32451
2082-81-7 1,4-butanediol dimethacrylate C12H18O4 24486
2082-84-0 decyltrimethylammonium bromide C13H30BrN 26565
2083-91-2 pentamethylsilanamine C5H15NSi 6033
2084-18-6 3-methyl-2-butanethiol C5H12S 5927
2084-19-7 2-pentanethiol C5H12S 5922
2084-45-9 1,5-dichloro-2,4-dimethylbenzene C8H8Cl2 13287
2085-66-7 tert-amyl-tert-butylamine C9H21N 18394
2085-88-3 2-methyl-2-phenyloxirane C9H10O 16636
2086-83-1 berberine C20H19NO5 32105
2088-72-4 O,O-dimethyl-S-carboethoxymethyl thiophosphate C6H13O5PS 8876
2090-14-4 octadecahydrochrysene C18H30 30951
2090-15-5 1,1-dicyclohexylheptane C19H36 31673
2090-82-6 phenolphthalein diphosphate C20H16O10P2 32036
2090-89-3 butethamine C13H20N2O2 26295
2091-29-4 9-hexadecenoic acid C16H30O2 29661
2091-46-5 propargyltriphenylphosphonium bromide C21H18BrP 32682
2092-16-2 calcium thiocyanate tetrahydrate C2H8CaN2O4S2 1146
2092-17-3 barium thiocyanate C2BaN2S2 398
2093-20-1 2-[2-(acetyloxy)ethoxy]ethanol C6H12O4 8570
2094-72-6 1-adamantanecarbonyl chloride C11H15ClO 22221
2094-75-9 2,2-dimethylbutanal C6H12O 8406
2094-99-7 3-isopropenyl-a,a-dimethylbenzyl isocyanate C13H15NO 26014
2095-06-9 N-N-diglycidylaniline C12H15NO2 24073
2095-57-0 5-ethyldihydro-5-sec-butyl-2-thioxo-4,6(1H, C10H16N2O2S 20403
2095-58-1 allyl-sec-butyl thiobarbituric acid C11H16N2O2S 22382
2096-42-6 aspiculamycin C16H25N7O8 29594
2096-86-8 4-methylphenylacetone C10H12O 19528
2097-18-9 1-vinylsilatrane C8H15NO3Si 14834
2097-19-0 phenylsilatrane C12H17NO3Si 24333
2100-17-6 4-pentenal C5H8O 4864
2100-25-6 2,3,5,6-tetramethyliodobenzene C10H13I 19757
2100-42-7 1-chloro-2,5-dimethoxybenzene C8H9ClO2 13610
2101-86-2 1-azido-4-methylbenzene C7H7N3 10691
2101-88-4 1-azido-4-bromobenzene C6H4BrN3 6409
2103-57-3 2,3,4-trimethoxybenzaldehyde C10H12O4 19689
2103-64-2 gallein C20H12O5 31843
2104-09-8 2-amino-4-(p-nitrophenyl)thiazole C9H7N3O2S 16079
2104-19-0 mono-methyl azelate C10H18O4 20831
2104-64-5 ethyl p-nitrophenyl benzenethiophosphate C14H14NO4PS 27096
2104-96-3 bromophos C8H8BrCl2O3PS 13245
2105-61-5 1,2,4-trifluoro-5-nitrobenzene C6H2F3NO2 6186
2105-94-4 4-bromo-2-fluorophenol C6H4BrFO 6395
2106-02-7 2-chloro-4-fluoroaniline C6H5ClFN 6694
2106-04-9 3-chloro-2-fluoroaniline C6H5ClFN 6695
2106-05-0 5-chloro-2-fluoroaniline C6H5ClFN 6696
2106-40-3 1-chloro-2,4,6-trifluorobenzene C6H2ClF3 6155
2106-54-9 3,5,6-trichloro-2,2,3,4,4,5,6,6-octafluorohex C6HCl3F8O2 6108
2107-69-9 5,6-dimethoxy-1-indanone C11H12O3 21889
2107-70-2 3-(3,4-dimethoxyphenyl)propionic acid C11H14O4 22195
2108-92-1 1,1-dichlorocyclohexane C6H10Cl2 7684
2109-64-0 N,N-dibutyl(2-hydroxypropyl)amine C11H25NO 23096
2109-66-2 alpha-methyl-4-morpholineethanol C7H15NO2 12083
2109-98-0 2,3-dimethylbutanal C6H12O 8407
2110-78-3 methyl 2-hydroxy-2-methylpropanoate C5H10O3 5553
2111-75-3 4-(1-methylvinyl)-1-cyclohexene-1-carboxaldehyd C10H14O 20065
2113-47-5 N-(1,1'-biphenyl)-2-ylacetamide C14H13NO 27013
2113-51-1 2-iodo-1,1'-biphenyl C12H9I 23390
2113-54-4 3'-phenylacetanilide C14H13NO 27024
2113-57-7 3-bromo-1,1'-biphenyl C12H9Br 23357
2113-58-8 3-nitrobiphenyl C12H9NO2 23411
2114-00-3 2-bromo-1-phenyl-1-propanone C9H9BrO 16253
2114-02-5 amidinothiourea C2H6N4S 1059
2114-11-6 allyl carbamate C4H7NO2 3269
2114-18-3 b-chloroethyl carbamate C3H6ClNO2 1841
2114-33-2 2-acetoxy-1-phenylpropane C11H14O2 22155
2114-39-8 (2-bromopropyl)benzene C9H11Br 16826
2114-42-3 allylcyclohexane C9H16 17600
2116-62-3 2-(2-phenylethyl)pyridine C13H13N 25859
2116-65-6 4-benzylpyridine C12H11N 23613
2117-11-5 (±)-4-pentyn-2-ol C5H8O 4878
2117-28-4 bis(trimethylsilyl)methane C7H20Si2 12404
2117-36-4 tributylgermanium chloride C12H27ClGe 25333
2117-78-4 3-ethoxy-1,1,1-triphenyl-4-oxa-2-thia-3-p C22H25O2PS2Sn 33279
2120-70-9 phenoxyacetaldehyde C8H8O2 13440
2121-12-2 1,2,3,3a,6,7,12b,12c-octadehydro-2-hydroxylyc C16H12NO3 29040
2121-66-6 tetraethyl 1,1,3,3-propanetetracarboxylate C15H24O8 28779
2121-67-7 2,4-dimethylglutaric acid, DL and meso C7H12O4 11549
2121-69-9 meso-2,4-dimethyl-1,5-pentanediol C7H16O2 12252
2122-19-2 4-methylethylenethiourea C4H8N2S 3461
2122-61-4 4-amino-3,5-diiodobenzoic acid C7H5I2NO2 10037
2122-70-5 ethyl 1-naphthylacetate C14H14O2 27164
2122-77-2 2-(2,4,5-trichlorophenoxy)ethanol C8H7Cl3O2 13051
2122-86-3 5-(5-nitro-2-furyl)-1,3,4-oxadiazole-2-ol C6H3N3O5 6366
2123-27-5 2,4-dichloro-1-vinylbenzene C8H6Cl2 12801
2123-28-6 1,2-dichloro-3-vinylbenzene C8H6Cl2 12797
2127-03-9 2,2'-dithiodipyridine C10H8N2S2 18734
2127-10-8 2,2'-dithiobis(5-nitropyridine) C10H6N4O4S2 18581
2128-93-0 4-benzoylbiphenyl C19H14O 31281
2129-89-7 methyl diphenyl phosphine oxide C13H13OP 25898
2130-23-6 4-octene-2,7-dione C8H12O2 14352
2130-56-5 5,5'-bianthranilic acid C14H12N2O4 26913
2130-76-9 Ne-tosyl-L-lysine C13H20N2O4S 26303
2131-18-2 pentadecylbenzene C21H36 32998
2131-38-6 1,3,7-trimethylnaphthalene C13H14 25929
2131-39-7 1,3,5-trimethylnaphthalene C13H14 25927
2131-41-1 1,4,5-trimethylnaphthalene C13H14 25931
2131-42-2 1,4,6-trimethylnaphthalene C13H14 25932
2131-43-3 1,2,5,6-tetramethylnaphthalene C14H16 27304
2131-55-7 1-chloro-4-isothiocyanatobenzene C7H4ClNS 9724
2131-59-1 3-bromophenyl isothiocyanate C7H4BrNS 9645
2131-61-5 4-nitrophenyl isothiocyanate C7H4N2O2S 9834
2131-64-8 isothiocyanic acid, p-dimethylaminophenyl este C9H10N2S 16597
2132-80-1 4,4'-dimethoxy-1,1'-biphenyl C14H14O2 27159
2133-34-8 (S)-(-)-2-azetidinecarboxylic acid C4H7NO2 3267
2133-40-6 L-proline methyl ester hydrochloride C6H11NO2 8154
2134-29-4 3-hydroxypropanal C3H6O2 1940
2135-17-3 flumethasone C22H28F2O5 33315
2136-75-6 (triphenylphosphoranylidene)acetaldehyde C20H17OP 32057
2136-81-4 1-chloro-3-(trichloromethyl)benzene C7H4Cl4 9761
2136-89-2 1-chloro-2-(trichloromethyl)benzene C7H4Cl4 9760
2136-95-0 pentachloro(dichloromethyl)benzene C7HCl7 9428
2136-99-4 2,2',3,3',5,5',6,6'-octachlorobiphenyl C12H2Cl8 23145
2138-22-9 4-chloro-1,2-benzenediol C6H5ClO2 6727
2138-24-1 tetrahexylammonium iodide C24H52IN 34028
2138-43-4 4-isopropyl-1,2-benzenediol C9H12O2 17145
2138-48-9 3-isopropylcatechol C9H12O2 17180
2138-49-0 3,5-diisopropylcatechol C12H18O2 24471
2139-00-6 2-amino-5-chloro-6-methoxybenzoxazole C8H7ClN2O2 12996
2141-42-6 1,2,3,4-tetrahydroanthracene C14H14 27076
2141-58-4 cis-dicyano-1-butene C6H6N2 6979
2141-59-5 trans-dicyano-1-butene C6H6N2 6980
2141-62-0 3-ethoxypropanenitrile C5H9NO 5201
2142-01-0 2-benzyl-1H-isoindole-1,3(2H)-dione C15H11NO2 28111
2142-06-5 1-benzyl-2,5-pyrrolidinedione C11H11NO2 21746
2142-63-4 1-(3-bromophenyl)ethanone C8H7BrO 12965
2142-68-9 2'-chloroacetophenone C8H7ClO 13006
2142-69-0 2'-bromoacetophenone C8H7BrO 12967
2142-73-6 1-(2,5-dimethylphenyl)ethanone C10H12O 19501
2142-94-1 formic acid, neryl ester C11H18O2 22608
2144-08-3 2,3,4-trihydroxybenzaldehyde C7H6O4 10442
2144-45-8 dibenzyl peroxydicarbonate C16H14O6 29190
2144-53-8 3,3,4,4,5,5,6,6,7,7,8,8,8-tridecafluorooctyl C12H9F13O2 23388
2144-54-9 3,3,4,4,5,5,6,6,7,7,8,8,9,9,10,10,11,11,12,1 C16H9F21O2 28977
2146-37-4 ethylidenecyclopentane C7H12 11357
2146-38-5 1-ethylcyclopentene C7H12 11323
2147-83-3 1,3-dihydro-1-(1,2,3,6-tetrahydro-4-pyridinyl C12H13N3O 23871
2148-56-3 2-amino-6-chlorobenzoic acid C7H6ClNO2 10234
2149-70-4 nitro-L-arginine C6H13N5O4 8869
2150-02-9 2,2'-oxydiethanethiol C4H10OS2 3880
2150-18-7 2-ethyl-4-methylpyridine C8H11N 14097
2150-37-0 methyl 3,5-dimethoxybenzoate C10H12O4 19686
2150-38-1 methyl 3,4-dimethoxybenzoate C10H12O4 19680
2150-41-6 methyl 2,4-dimethoxybenzoate C10H12O4 19687
2150-44-9 methyl 3,5-dihydroxybenzoate C8H8O4 13502
2150-47-2 methyl 2,4-dihydroxybenzoate C8H8O4 13503
2150-58-5 N,N-dimethylindoaniline C14H14N2O 27113
2152-34-3 2-imino-5-phenyl-4-oxazolidinone C9H8N2O2 16172
2152-44-5 valisone C27H37FO6 34462
2153-26-6 terpinyl formate C11H18O2 22612
2154-02-1 methopholine C20H24ClNO2 32219
2154-67-8 2,2,5,5-tetramethyl-3-pyrrolin-1-oxyl-3-carbox C9H14NO3 17408
2154-68-9 3-carboxy-proxyl, free radical C9H16NO3 17647
2154-71-4 bis(trifluoromethyl)nitroxide C2F6NO 496
2155-30-8 methyl lactate, (±) C4H8O3 3554
2155-42-2 1,3-dichloro-5-vinylbenzene C8H6Cl2 12800
2155-60-4 dibutyl itaconate C13H22O4 26394
2155-70-6 tributyl(methacryloxy)stannane C16H32O2Sn 29733
2155-71-7 di-tert-butyl diperoxyphthalate C16H22O6 29528
2155-94-4 N,N-dimethylallylamine C5H11N 5672
2155-96-6 diphenylvinylphosphine C14H13P 27051
2156-04-9 4-vinylbenzeneboronic acid C8H9BO2 13520
2156-27-6 1-(1-methyl-2-((a-phenyl-o-tolyl)oxy)ethyl)pip C21H27NO 32905
2156-56-1 sodium dichloroacetate C2HCl2NaO2 538
2156-71-0 1-chloropiperidine C5H10ClN 5322
2156-96-9 decyl acrylate C13H24O2 26427
2157-19-9 1,4,5,6,7,7-hexachlorobicyclo(2.2.1)hept-5-en C9H8Cl6O2 16129
2157-31-5 2,2-dimethyl-1,3-pentanediol C7H16O2 12247
2157-50-8 1-phenyl-1-propanone oxime C9H11NO 16917
2157-56-4 2,4-pentanedione dioxime C5H10N2O2 5417
2158-03-4 1-piperidinecarboxamide C6H12N2O 8333
2158-04-5 phenethylurea C9H12N2O 17053
2158-55-6 1,1,4-trimethylcycloheptane C10H20 20941
2158-76-1 2-(N,N-bis(2-hydroxyethyl)amino)-1,4-benzoqui C10H13NO4 19839
2159-75-3 azobutane C8H18N2 15399
2160-89-6 1,1,1,3,3,3-hexafluoroisopropyl acrylate C6H4F6O2 6542

2160-93-2 N-tert-butyldiethanolamine C8H19NO2 15663
2160-94-3 3-cyclohexene-1,1-dimethanol C8H14O2 14629
2161-90-2 1-methoxy-1,3-cyclohexadiene C7H10O 11156
2162-91-6 diethylpentylamine C9H21N 18392
2162-92-7 1,2-dichlorohexane C6H12Cl2 8274
2162-98-3 1,10-dichlorodecane C10H20Cl2 20963
2162-99-4 1,8-dichlorooctane C8H16Cl2 15007
2163-00-0 1,6-dichlorohexane C6H12Cl2 8275
2163-42-0 2-methyl-1,3-propanediol C4H10O2 3905
2163-44-2 diethyl cyclohexylmalonate C13H22O4 26392
2163-48-6 diethyl 2-propylmalonate C10H18O4 20825
2163-69-1 3-cyclooctyl-1,1-dimethylurea C11H22N2O 22815
2163-77-1 4-hydroxy-3-arsanilic acid C6H8AsNO4 7283
2163-80-6 sodium methanearsonate CH4AsNaO3 252
2164-08-1 lenacil C13H18N2O2 26184
2164-09-2 N-(3,4-dichlorophenyl)-2-methyl-2-propenamid C10H9Cl2NO 18826
2164-17-2 N,N-dimethyl-N'-[3-(trifluoromethyl)phenyl] C10H11F3N2O 19275
2164-19-4 cis-2-methylcyclohexylamine C7H15N 12026
2164-34-3 2-bromomethyl-1,4-benzodioxane C9H9BrO2 16269
2164-83-2 4,6-dihydroxy-5-nitropyrimidine C4H3N3O4 2500
2167-23-9 2,2-di-(tert-butylperoxy)butane C12H26O4 25301
2167-39-7 2-methyloxetane C4H8O 3475
2168-13-0 2-(dimethylaminomethyl)-3-hydroxypyridine C8H12N2O 14302
2168-93-6 dibutyl sulfoxide C8H18OS 15540
2169-38-2 lithium tetramethylborate C4H12BLi 4038
2169-44-0 1,2,10-trimethoxy-6a-a-aporphin-9-ol C20H23NO4 32203
2169-64-4 2-(2',3',5'-triacetyl-b-D-ribofuranosyl)-as- C14H17N3O9 27403
2169-69-9 ethyl trans-a-cyanocinnamate C12H11NO2 23637
2169-87-1 2,3-naphthalenedicarboxylic acid C12H8O4 23345
2170-03-8 dihydro-3-methylene-2,5-furandione C5H4O3 4336
2170-06-1 1-phenyl-2-(trimethylsilyl)acetylene C11H14Si 22206
2170-09-4 N-methyl-o-toluamide C9H11NO 16921
2171-96-2 methyl silyl ether CH6OSi 320
2173-56-0 pentyl pentanoate C10H20O2 21055
2173-57-1 isobutyl 2-naphthyl ether C14H16O 27374
2174-64-3 5-methoxy-1,3-benzenediol C7H8O3 10900
2175-80-6 4'-dodecyloxyacetophenone C20H32O2 32390
2175-90-8 (2,4-cyclopentadien-1-ylidenephenylmethyl)benzen C18H14 30460
2175-91-9 5-(1-methylethylidene)-1,3-cyclopentadiene C8H10 13797
2176-62-7 pentachloropyridine C5Cl5N 4168
2176-98-9 tetrapropylstannane C12H28Sn 25392
2177-18-6 vinyl acrylate C5H6O2 4563
2177-32-4 5-methyl-1-hexen-3-one C7H12O 11425
2177-47-1 2-methylindene C10H10 18964
2177-70-0 phenyl methacrylate C10H10O2 19144
2179-16-0 bremfol C20H21N7O6 32156
2179-57-9 diallyl disulfide C6H10S2 7974
2179-59-1 allyl propyl disulfide C6H12S2 8639
2179-60-4 methyl propyl disulfide C4H10S2 3954
2179-79-5 phenyl selenocyanate C7H5NSe 10098
2179-92-2 tri-n-butyltin cyanide C13H27NSn 26525
2180-43-0 1-phenyl-3-hexanol C12H18O 24441
2180-68-9 trans-2,4-pentadienenitrile C5H5N 4393
2180-69-0 cis-2,4-pentadienenitrile C5H5N 4392
2180-92-9 1-butyl-2',6'-pipecoloxylidide C18H28N2O 30920
2181-42-2 trimethylsulfonium iodide C3H9IS 2196
2181-97-7 (carbomethoxymethyl)triphenylphosphonium ch C21H20ClO2P 32747
2182-55-0 cyclohexyl vinyl ether C8H14O 14583
2182-66-3 dimethyldiacetoxysilane C6H12O4Si 8577
2185-86-6 victoria lake blue R C29H32ClN3 34762
2186-24-5 glycidyl p-tolyl ether C10H12O2 19625
2186-92-7 p-anisaldehyde dimethyl acetal C10H14O3 20133
2187-07-7 DL-a-aminocaprylic acid C8H17NO2 15335
2188-67-2 2,N-pentylaminoethyl-p-aminobenzoate C14H22N2O2 27669
2189-60-8 octylbenzene C14H22 27644
2190-48-9 3-chloro-3-methyl-1-butene C5H9Cl 5046
2192-55-4 2-(pentafluorophenoxy)ethanol C8H5F5O2 12675
2196-13-6 thioisonicotinamide C6H6N2S 7036
2196-23-8 1,3,5-heptatriene C7H10 11051
2196-99-8 4-methoxyphenacyl chloride C9H9ClO2 16314
2198-20-1 trans-cyclodecene C10H18 20607
2198-23-4 4-nonene; (cis+trans) C9H18 17945
2198-53-0 2',6'-dimethylacetanilide C10H13NO 19778
2198-54-1 3',4'-acetoxylidide C10H13NO 19783
2198-58-5 N,N-diethyl-p-phenylenediamine hydrochloride C10H16N2 20397
2198-61-0 isopentyl hexanoate C11H22O2 22843
2198-72-3 4-propyl-4-heptanol C10H22O 21296
2198-75-6 1,3-dichloronaphthalene C10H6Cl2 18534
2199-44-2 ethyl 3,5-dimethylpyrrole-2-carboxylate C9H13NO2 17328
2199-51-1 ethyl 2,4-dimethylpyrrole-3-carboxylate C9H13NO2 17329
2199-52-2 ethyl 2,5-dimethylpyrrole-3-carboxylate C9H13NO2 17330
2199-53-3 ethyl 4,5-dimethylpyrrole-3-carboxylate C9H13NO2 17331
2200-71-7 4,4'-dimethoxyoctafluorodiphenyl C14H6F8O2 26593
2201-23-2 1-phenyl-1-cyclohexanecarbonitrile C13H15N 26012
2203-34-1 4-chloro-2-butanol C4H9ClO 3622
2203-57-8 heptafluoropropyl hypofluorite C3F8O 1300
2203-80-7 5-methyl-1-hexyne C7H12 11345
2205-73-4 thiomesterone C24H34O4S2 33911
2205-78-9 3b,17b-diacetoxy-17a-ethinyl-19-nor-D3,5-andro C24H30O4 33875
2206-38-4 (cyclohexyloxy)benzene C12H16O 24195
2206-48-6 1-cyclohexyl-2-methoxybenzene C13H18O 26206
2206-89-5 2-chloroethyl acrylate C5H7ClO2 4621
2207-01-4 cis-1,2-dimethylcyclohexane C8H16 14880
2207-03-6 trans-1,3-dimethylcyclohexane C8H16 14884
2207-04-7 trans-1,4-dimethylcyclohexane C8H16 14887
2207-27-4 1,2,3,4-tetrachloro-5,5-dimethoxy-1,3-cyclope C7H6Cl4O2 10287
2207-50-3 4,5-dihydro-5-phenyl-2-oxazolamine C9H10N2O 16580
2207-68-3 1-(4(nitrophenyl)glycerol C9H11NO5 16980
2207-75-2 oxonic acid, potassium salt C4H2KN3O4 2416
2207-76-3 6-hydroperoxy-4-cholesten-3-one C27H44O3 34511
2207-85-4 impiramine-N-oxide C19H24N2O 31545
2208-05-1 2-(dimethylamino)ethyl benzoate C11H15NO2 22268
2209-86-1 2,2-bis(chloromethyl)-1,3-propanediol C5H10Cl2O2 5354
2210-25-5 N-isopropylacrylamide C6H11NO 8114
2210-28-8 propyl methacrylate C7H12O2 11452
2210-32-4 di-sec-butyl fumarate C12H20O4 24603
2210-63-1 mobutazon C13H16N2O2 26065
2210-79-9 glycidyl 2-methylphenyl ether C10H12O2 19594
2211-64-5 N-hydroxycyclohexylamine C6H13NO 8785
2211-67-8 DL-2,3-dichlorobutane C4H8Cl2 3365
2211-68-9 2-chloro-trans-2-butene C4H7Cl 3106
2211-69-0 2-chloro-cis-2-butene C4H7Cl 3105
2211-70-3 2-chloro-1-butene C4H7Cl 3100
2211-94-1 2,3-epoxypropyl-4'-methoxyphenyl ether C10H12O3 19657
2212-05-7 4-chlorophenyl glycidyl ether C9H9ClO2 16321
2212-10-4 chloromethylmethyldiethoxysilane C6H15ClO2Si 9156
2212-32-0 2-{[2-(dimethylamino)ethyl]methylamino}ethanol C7H18N2O 12384
2212-67-1 molinate C9H17NOS 17829
2212-81-9 di(tert-butylperoxyisopropyl)benzene C20H34O4 32409
2212-99-9 marasmic acid C16H20O4 29468
2213-00-5 methyl marasmate C16H20O4 29469
2213-08-3 N-methyl-beta-alanine, ethyl ester C6H13NO2 8818
2213-23-2 2,4-dimethylheptane C9H20 18184
2213-32-3 2,4-dimethyl-1-pentene C7H14 11732
2213-43-6 1-piperidinamine C5H12N2 5795
2213-63-0 2,3-dichloroquinoxaline C8H4Cl2N2 12519
2213-84-5 dowco 159 C9H11Cl3NO3P 16875
2214-14-4 (1-methylcyclopropyl)benzene C10H12 19393
2215-21-6 3,5-diisopropylsalicylic acid C13H18O3 26232
2215-77-2 4-phenoxybenzoic acid C13H10O3 25648
2216-12-8 1-nitro-2-phenoxybenzene C12H9NO3 23420
2216-15-1 N,N-diethyl-4-nitroaniline C10H14N2O2 19945
2216-16-2 N,N-diethyl-3-nitroaniline C10H14N2O2 19948
2216-21-9 1-nitrononane C9H19NO2 18155
2216-25-3 1-nitroundecane C11H23NO2 22885
2216-30-0 2,5-dimethylheptane C9H20 18185
2216-32-2 4-ethylheptane C9H20 18181
2216-33-3 3-methyloctane C9H20 18178
2216-34-4 4-methyloctane C9H20 18179
2216-36-6 2-chlorononane C9H19Cl 18122
2216-45-7 p-xylyl acetate C10H12O2 19632
2216-51-5 (1R,2S,5R)-(-)-menthol C10H20O 21028
2216-52-6 (1S,2S,5R)-(+)-neomenthol C10H20O 21030
2216-67-3 N-methyl-2-naphthalenamine C11H11N 21726
2216-68-4 methyl-1-naphthylamine C11H11N 21727
2216-69-5 1-methoxynaphthalene C11H10O 21646
2216-70-8 7-methyl-2,4-octadiene C9H16 17608
2216-75-3 furaldehyde phenylhydrazone C11H10N2O 21624
2216-81-1 heptyl propanoate C10H20O2 21049
2216-87-7 3-undecanone C11H22O 22824
2216-92-4 ethyl N-phenylglycinate C10H13NO2 19797
2216-94-6 ethyl 3-phenylpropynoate C11H10O2 21656
2217-02-9 (1R)-endo-(+)-fenchyl alcohol C10H18O 20727
2217-06-3 bis(2,4,6-trinitrophenyl) sulfide C12H4N6O12S 23171
2217-07-4 N,N-dipropylaniline C12H19N 24506
2217-14-3 dipropyl tartrate, (+) C10H18O6 20843
2217-15-4 (+)-diisopropyl l-tartrate C10H18O6 20846
2217-17-6 2,4,5,7-tetramethyloctane C12H26 25097
2217-40-5 1,2,3,4-tetrahydro-1-naphthylamine C10H13N 19765
2217-41-6 5,6,7,8-tetrahydro-1-naphthalenamine C10H13N 19763
2217-45-0 2,3,4,5-tetramethylaniline C10H15N 20210
2217-60-9 2-methyl-5-isopropyl-1,4-benzenediol C10H14O2 20099
2217-81-4 diphenylselenium dichloride C12H10Cl2Se 23471
2218-94-2 nitron C20H16N4 32013
2219-66-1 1,4-dibromo-2-butyne C4H4Br2 2519
2219-73-0 2-methyl-4-ethylphenol C9H12O 17108
2219-78-5 3,4-dimethyl-6-ethylphenol C10H14O 20031
2219-79-6 2,4-dimethyl-6-ethylphenol C10H14O 20023
2219-82-1 2-tert-butyl-6-methylphenol C11H16O 22403
2222-33-5 dibenzosuberenone C15H10O 28034
2223-67-8 neobornylamine C10H19N 20891
2223-82-7 2,2-dimethyltrimethylene acrylate C11H16O4 22478
2223-93-0 cadmium stearate C36H72CdO4 35423
2224-00-2 2-ethoxynaphthoic acid C13H12O3 25825
2224-15-9 ethylene glycol diglycidyl ether C8H14O4 14708
2224-37-5 1-nitro-2-pentanol C5H11NO3 5736
2224-44-4 4-(2-nitrobutyl)morpholine C8H16N2O3 15050
2226-96-2 4-hydroxy-2,2,6,6-tetramethyl-1-piperidinyloxy C9H18NO2 17970
2227-13-6 tetrasul C12H6Cl4S 23217
2227-17-0 pentac C10Cl10 18457
2227-29-4 chloro(diisopropyl)silane C6H15ClSi 9166
2227-64-7 a-bromo-3'-nitroacetophenone C8H6BrNO3 12735
2227-79-4 thiobenzamide C7H7NS 10688
2230-70-8 2,4,4-trimethylcyclohexanone C9H16O 17680
2231-57-4 carbonothioic dihydrazide CH6N4S 319
2232-08-8 1-(p-toluenesulfonyl)imidazole C10H10N2O2S 19065
2233-00-3 3,3,3-trichloro-1-propene C3H3Cl3 1421
2233-18-3 4-hydroxy-3,5-dimethylbenzaldehyde C9H10O2 16694
2233-29-6 2,3,4-trimethylpyridine C8H11N 14106
2234-13-1 octachloronaphthalene C10Cl8 18455
2234-14-2 2',4',6'-triisopropylacetophenone C17H26O 30249
2234-16-4 1-(2,4-dichlorophenyl)ethanone C8H6Cl2O 12805
2234-20-0 1-ethenyl-2,4-dimethylbenzene C10H12 19375
2234-26-6 2-norbornanecarbonitrile, endo and exo C8H11N 14121
2234-75-5 1,2,4-trimethylcyclohexane, isomers C9H18 17932
2234-97-1 tripropylphosphine C9H21P 18419
2235-00-9 N-vinylcaprolactam C8H13NO 14438
2235-12-3 1,3,5-hexatriene C6H8 7279
2235-25-8 ethylmercuric phosphate C2H7HgO4P 1113
2235-46-3 N,N-diethyl-3-oxobutanamide C8H15NO2 14814
2235-59-8 N-isopropyl-a-(2-methylazo)-p-toluamide C12H17N3O 24345
2236-60-4 2-amino-4-hydroxypteridine C6H5N5O 6864
2237-30-1 3-aminobenzonitrile C7H6N2 10340
2237-36-7 4-methoxysalicylic acid C8H8O4 13499
2237-92-5 5-(1-butenyl)-5-ethylbarbituric acid C10H14N2O3 19955
2238-07-5 diglycidyl ether C6H10O3 7884
2239-78-3 propyl palmitate C19H38O2 31718
2239-92-1 isopropyl p-chlorocarbanilate C10H12ClNO2 19410
2240-25-7 5-bromocytosine C4H4BrN3O 2517
2240-88-2 3,3,3-trifluoro-1-propanol C3H5F3O 1730
2243-27-8 nonanenitrile C9H17N 17813
2243-30-3 2,3,4,5,6-pentamethylaniline C11H17N 22496
2243-32-5 pentamethylbenzoic acid C12H16O2 24223
2243-35-8 2-(acetyloxy)-1-phenylethanone C10H10O3 19176
2243-42-7 2-phenoxybenzoic acid C13H10O3 25644
2243-43-8 4-phenoxybutanenitrile C10H11NO 19300
2243-47-2 3-aminobiphenyl C12H11N 23617
2243-53-0 4-phenyl-3-butenoic acid C10H10O2 19126
2243-54-1 2-naphthyl isocyanate C11H7NO 21499
2243-55-2 1-naphthylhydrazine C10H10N2 19036
2243-61-0 1,4-naphthalenediamine C10H10N2 19032
2243-62-1 1,5-naphthalenediamine C10H10N2 19033
2243-71-2 1,2-dihydroxy-4-nitro-9,10-anthracenedione C14H7NO6 26615
2243-76-7 alizarin yellow r C13H9N3O5 25572
2243-80-3 (3-nitrophenyl)phenylmethanone C13H9NO3 25561
2243-81-4 1-naphthalenecarboxamide C11H9NO 21567
2243-83-6 2-naphthalenecarbonyl chloride C11H7ClO 21484
2243-89-2 2,4,6-trimethylquinoline C12H13N 23827
2243-90-5 2,6,8-trimethylquinoline C12H13N 23834
2243-94-9 1,3,5-trinitronaphthalene C10H5N3O6 18516
2243-98-3 1-undecyne C11H20 22672
2244-07-7 undecanenitrile C11H21N 22771
2244-16-8 (S)-carvone C10H14O 20047
2244-21-5 potassium dichloroisocyanurate C3HCl2KN3O3 1319
2245-38-7 1,6,7-trimethylnaphthalene C13H14 25933
2245-52-5 N-(4-vinylbenzyl)-N,N-dimethylamine, stabilized C11H15N 22237

2245-53-6 hydroquinone-O,O'-diacetic acid C10H10O6 19225
2247-91-8 1-(trifluoromethyl)ethenyl acetate C5H5F3O2 4381
2249-28-7 4- 3-(trifluoromethyl)phenyl]-4-piperidinol C12H14F3NO 23912
2251-50-5 2,3,4,5,6-pentafluorobenzoyl chloride C7ClF5O 9415
2251-65-2 3-(trifluoromethyl)benzoyl chloride C8H4ClF3O 12508
2252-44-0 1-bromo-3-(trifluoromethoxy)benzene C7H4BrF3O 9628
2252-51-9 2-chloro-4-fluorobenzoic acid C7H4ClFO2 9677
2252-63-3 1-(4-fluorophenyl)piperazine C10H13FN2 19748
2252-95-1 1,1,4,4-tetrafluorobutatriene C4F4 2325
2253-73-8 isopropyl isothiocyanate C4H7NS 3293
2254-88-8 3,5-dichloro-1,2,4-thiadiazole C2Cl2N2S 444
2254-94-6 3-methyl-2(3H)-benzothiazolethione C8H7NS2 13210
2255-17-6 phosphoric acid, dimethyl-4-nitro-m-tolyl est C9H12NO6P 17037
2257-09-2 2-phenylethyl isothiocyanate C9H9NS 16488
2257-35-4 2,3,3-trichloro-2-propenoic acid C3HCl3O2 1323
2258-58-4 methyl 3-methyl-3-pentenoate C7H12O2 11485
2259-96-3 cyclothiazide C14H16ClN3O4S2 27321
2260-08-4 acetyltriiodothyronine formic acid C15H9I3O5 27997
2260-50-6 acetylcholine iodide C7H16INO2 12131
2265-64-7 dexamethasone isonicotinate C28H32FNO6 34632
2265-93-2 2,4-difluoro-1-iodobenzene C6H3F2I 6329
2265-94-3 3,5-difluoronitrobenzene C6H3F2NO2 6333
2266-22-0 4'-fluoro-4-(n-(4-pyrrolidinamido)-4-m-toly C27H33FN2O2 34438
2268-05-5 1,3-dichloro-2-fluorobenzene C6H3Cl2F 6277
2268-15-7 2,3,5-trifluorophenol C6H3F3O 6341
2268-16-8 2,4,5-trifluorophenol C6H3F3O 6342
2268-17-9 2,4,6-trifluorophenol C6H3F3O 6343
2269-22-9 aluminum sec-butoxide C12H27AlO3 25323
2270-20-4 benzenepentanoic acid C11H14O2 22116
2270-40-8 anguidin C18H26O7 30904
2270-59-9 5-bromo-2-methyl-2-pentene C6H11Br 7983
2271-93-4 1,6-hexamethylenebis(ethyleneurea) C12H22N4O2 24689
2272-45-9 4-methyl-N-(phenylmethylene)aniline C14H13N 27007
2273-43-0 butyl stannoic acid C4H10O2Sn 3916
2273-45-2 dimethyloxostannane C2H6OSn 1071
2273-46-3 dipentyloxostannane C10H22OSn 21346
2273-51-0 diphenyltin oxide C12H10OSn 23528
2274-11-5 ethylene glycol diacrylate C8H10O4 14028
2274-74-0 chlorfensulfide C12H6Cl4N2S 23213
2275-14-1 phencapton C11H15Cl2O2PS3 22228
2275-18-5 trimethoate C9H20NO3PS2 18218
2275-23-2 N-methyl-O,O-dimethylthiolophosphoryl-5-thi C8H18NO4PS2 15397
2275-61-8 methylamino-bis(1-aziridinyl)phosphine oxide C5H12N3OP 5828
2275-81-2 p,p-bis(1-aziridinyl)-N-propylphosphinic amid C7H16N3OP 12163
2276-90-6 iothalamic acid C11H9I3N2O4 21562
2277-19-2 (Z)-6-nonenal C9H16O 17705
2277-23-8 decanoic acid, 2,3-dihydroxypropyl ester C13H26O4 26510
2277-92-1 2,2'-dihydroxy-3,3',5,5',6-pentachlorobenza C13H6Cl5NO3 25445
2278-22-0 peroxyacetyl nitrate C2H3NO5 762
2278-50-4 C.I. vat black 8 C45H19N3O4 35764
2279-64-3 phenylmercury urea C7H8HgN2O 10782
2279-76-7 chlorotripropylstannane C9H21ClSn 18385
2280-27-5 (S)-(+)-2-amino-3-hydroxy-3-methylbutanoicacid C5H11NO3 5739
2280-27-5 (R)-(-)-2-amino-3-hydroxy-3-methylbutanoicacid C5H11NO3 5740
2280-28-6 (R,S)-2-amino-3-hydroxy-3-methylbutanoic acid C5H11NO3 5741
2281-78-9 chlorisopropamide C10H13ClN2O3S 19734
2282-34-0 3-sec-amylphenyl-N-methylcarbamate C13H19NO2 26260
2283-08-1 2-hydroxy-1-naphthoic acid C11H8O3 21542
2283-11-6 tris(diethylamino)phosphine C12H30N3P 25403
2284-20-0 4-methoxyphenyl isothiocyanate C8H7NOS 13138
2284-30-2 4-benzyl resorcinol C13H12O2 25819
2285-12-3 a,a,a-trifluoro-o-tolyl isocyanate C8H4F3NO 12541
2288-13-3 methylsilatrane C7H15NO3Si 12096
2288-18-8 2-phenyl-1,3-butadiene C10H10 18972
2290-65-5 trimethylsilyl isothiocyanate C4H9NSSi 3757
2291-80-7 isobutyl N-phenylcarbamate C11H15NO2 22259
2294-43-1 1-bromo-4-allylbenzene C9H9Br 16248
2294-47-5 1,4-diazidobenzene C6H4N6 6611
2294-71-5 methyl 2-phenylbutanoate C11H14O2 22129
2294-72-6 5-undecyne C11H20 22676
2294-82-8 9-ethylfluorene C15H14 28260
2294-94-2 1,1,1,2-tetraphenylethane C26H22 34233
2295-31-0 2,4-thiazolidinedione C3H3NO2S 1471
2295-58-1 1-(2,4,6-trihydroxyphenyl)-1-propanone C9H10O4 16790
2297-30-5 androstenediol dipropionate C25H38O4 34159
2301-52-2 N-phthaloyl-L-glutamic acid C13H11NO6 25725
2302-80-9 butylphosphonic dichloride C4H9Cl2OP 3647
2302-84-3 1-formyl-3-thiosemicarbazide C2H5N3OS 970
2302-88-7 1-acetylthiosemicarbazide C3H7N3OS 2080
2302-93-4 acetophenone thiosemicarbazone C9H11N3S 16998
2303-16-4 diallate C10H17Cl2NOS 20556
2303-17-5 triallate C10H16Cl3NOS 20387
2303-47-1 cis-1,4-dimethane sulfonoxy-2-butene C6H12O6S2 8618
2304-81-6 N-stearoyl-D-erythro-spinghosine, synthetical C36H71NO3 35417
2304-85-0 1,8-pyrenedione C16H8O2 28972
2304-96-3 Na-carbobenzyloxy-L-asparagine C12H14N2O5 23941
2305-05-7 g-n-octyl-g-n-butyrolactone C12H22O2 24732
2305-13-7 4-hydroxy-3-methoxybenzenepropanol C10H14O3 20129
2305-32-0 1,2-cyclohexanedicarboxylic acid C8H12O4 14388
2305-59-1 4,4-dimethyl-2-imidazoline C5H10N2 5405
2306-33-4 monoethyl phthalate C10H10O4 19222
2306-88-9 octyl octanoate C16H32O2 29727
2307-06-4 7-hexadecylspiro[4.5]decane C26H50 34340
2307-10-0 s-propyl thioacetate C5H10OS 5483
2307-49-5 3,5,6-trichloro-o-anisic acid C8H5Cl3O3 12640
2307-68-8 solan C13H18ClNO 26167
2307-97-3 19-nor-17a-pregn-5(10)-en-20-yne-3b, 17-diol C20H28O2 32323
2308-38-5 tert-butyl butanoate C8H16O2 15179
2310-17-0 phosalone C12H15ClNO4PS2 24027
2310-98-7 2-bromo-2-chloropropane C3H6BrCl 1814
2311-14-0 1,1,1-tribromoethane C2H3Br3 697
2311-59-3 isopropyl decanoate C13H26O2 26504
2312-15-4 4-dodecyloxybenzoic acid C19H30O3 31635
2312-35-8 propargite C19H26O4S 31587
2312-73-4 6-benzylamino-9-tetrahydropyran-2-yl-9H-purin C17H19N5O 30114
2313-61-3 4-methyl-2-hexanol C7H16O 12174
2313-65-7 3-methyl-2-hexanol C7H16O 12173
2314-17-2 2-butylthiobenzothiazole C11H13NS2 22009
2314-48-9 dimethyl trithiocarbonate C3H6S3 1975
2314-78-5 1-ethyl-2,5-pyrrolidinedione C6H9NO2 7546
2314-97-8 trifluoroiodomethane CF3I 69
2315-21-1 ethyl cis-2-hydroxy-1-cyclopentanecarboxylate C8H14O3 14674
2315-36-8 2-chloro-N,N-diethylacetamide C6H12ClNO 8265
2315-43-7 dimethyl-3-methylbutylamine C7H17N 12328
2315-68-6 propyl benzoate C10H12O2 19553
2316-26-9 3,4-dimethoxycinnamic acid C11H12O4 21903
2316-50-9 2-bromo-4,6-dinitrophenol C6H3BrN2O5 6238
2316-64-5 5-bromo-2-hydroxybenzenemethanol C7H7BrO2 10487
2317-22-8 2,6-dicyanotoluene C9H6N2 15900
2317-91-1 1-chloro-1-fluoroethene C2H2ClF 600
2318-18-5 2,12-dihydroxy-4-methyl-11,16-dioxosenecionan C19H28NO6 31600
2319-29-1 decanamide C10H21NO 21108
2319-57-5 L(-)-threitol C4H10O4 3935
2319-61-1 1,1-dicyclohexylethane C14H26 27777
2319-96-2 5-methylbenz(a)anthracene C19H14 31263
2320-30-1 3,5-dimethylcyclohexanone C8H14O 14556
2321-07-5 fluorescein C20H12O5 31842
2323-81-1 ethyl 5-chloropentanoate C7H13ClO2 11604
2324-98-3 2,3,5,6-tetrafluoroanisole C7H4F4O 9814
2325-10-2 (S,S)-(-)-1,2-diphenyl-1,2-ethanediol C14H14O2 27167
2325-18-0 DL-alanyl-DL-norvaline C8H16N2O3 15043
2328-24-7 alpha-methylbenzeneacetic acid, (±) C9H10O2 16673
2338-12-7 5-nitro-1H-benzotriazole C6H4N4O2 6602
2338-20-7 3,4,5-triiodobenzoic acid C7H3I3O2 9594
2338-29-6 4,5,6,7-tetrachloro-2-(trifluoromethyl)benzi C8HCl4F3N2 12439
2338-54-7 4-fluoro-3-methylanisole C8H9FO 13638
2338-75-2 4-(trifluoromethyl)phenylacetonitrile C9H6F3N 15888
2338-76-3 3-(trifluoromethyl)phenylacetonitrile C9H6F3N 15889
2339-78-8 1,2-dichloro-4-fluoro-5-nitrobenzene C6H2Cl2FNO2 6162
2343-36-4 fluoroacetphenylhydrazide C8H9FN2O 13633
2344-70-9 alpha-methylbenzenepropanol C10H14O 20055
2344-71-0 alpha-methylbenzenebutanol C11H16O 22419
2344-80-1 (chloromethyl)trimethylsilane C4H11ClSi 3973
2344-83-4 (3-chloropropyl)trimethylsilane C6H15ClSi 9163
2345-24-6 neryl isobutyrate C14H24O2 27767
2345-26-8 geranol 2-methylpropanoate C14H24O2 27761
2345-27-9 2-tetradecanone C14H28O 27863
2345-28-0 2-pentadecanone C15H30O 28874
2345-34-8 4-(acetyloxy)benzoic acid C9H8O4 16243
2345-38-2 (trimethylsilyl)acetic acid C5H12O2Si 5897
2345-61-1 trans-3-chloro-2-propenoic acid C3H3ClO2 1409
2346-00-1 4,5-dihydro-2-methylthiazole C4H7NS 3290
2346-81-8 3-chlorohexane C6H13Cl 8671
2348-79-0 2-dimethylamino-1,4-naphthoquinone C12H11NO2 23639
2348-82-5 2-methoxy-1,4-naphthalenedione C11H8O3 21543
2349-07-7 n-hexyl isobutyrate C10H20O2 21071
2349-58-8 4,5-diphenyl-2-imidazolethiol C15H12N2S 28170
2349-67-9 5-amino-1,3,4-thiadiazole-2-thiol C2H3N3S2 779
2350-19-8 2-chloro-6-methylheptane C8H17Cl 15256
2350-24-5 2-ethylhexyl-6-chloride C8H17Cl 15264
2351-13-5 1,3-bis(bromomethyl)tetramethyldisiloxane C6H16Br2OSi2 9279
2351-33-9 1,1-dichlorosilacyclobutane C3H6Cl2Si 1857
2351-34-0 1-chloro-1-methylsilacyclobutane C4H9ClSi 3644
2351-97-5 ethyl 4-methyl-2-pentenoate C8H14O2 14617
2353-33-5 5-azadeoxycytidine C8H12N4O4 14318
2354-61-2 4'-fluoro-4-(1-(4-phenyl)piperazino)butyroph C20H23FN2O 32189
2355-57-9 bis(2,2,3,3,4,4,5,5,6,6,7,7-dodecafluorohep C24H20F24O4 33780
2356-16-3 triethyl 2-fluoro-2-phosphonoacetate C8H16FO5P 15015
2356-61-8 trifluoromethyl 1,1,2,2-tetrafluoroethyl ether C3HF7O 1334
2357-47-3 4-fluoro-3-(trifluoromethyl)aniline C7H5F4N 10020
2357-52-0 4-bromo-2-fluoroanisole C7H6BrFO 10159
2358-38-5 1,1-difluorobutane C4H8F2 3389
2358-84-1 diethylene glycol dimethacrylate C12H18O5 24494
2361-27-5 2-thiophenecarboxylic acid hydrazide C5H6N2OS 4512
2362-10-9 1,3-bis(chloromethyl)tetramethyldisiloxane C6H16Cl2OSi2 9284
2362-12-1 4-bromo-2-methylphenol C7H7BrO 10482
2362-61-0 (±)-trans-2-phenyl-1-cyclohexanol C12H16O 24205
2363-58-8 2a,3a-epithio-5a-androstan-17b-ol C19H30OS 31628
2363-71-5 heneicosanoic acid C21H42O2 33050
2364-46-7 1,3,8-trinitronaphthalene C10H5N3O6 18517
2364-59-2 ethyl 4-phenoxybutanoate C12H16O3 24241
2364-87-6 N-a-tosyl-L-lysyl-chloromethyl ketone C14H21ClN2O3S 27620
2365-26-6 isoquinaldehyde thiosemicarbazone C11H10N4S 21644
2365-30-2 1-(2-chloroethyl)-1-nitrosourea C3H6ClN3O2 1843
2365-48-2 methyl mercaptoacetate C3H6O2S 1943
2366-36-1 1,1,1-trichloro-2-fluoroethane C2H2Cl3F 630
2366-52-1 1-fluorobutane C4H9F 3657
2367-25-1 methyl-g-fluorocrotonate C5H7FO2 4649
2367-76-2 1-bromo-2,4,6-trifluorobenzene C6H2BrF3 6135
2367-82-0 1,2,3,5-tetrafluorobenzene C6H2F4 6190
2367-91-1 1-chloro-2,5-difluorobenzene C6H3ClF2 6266
2370-12-9 2,2-dimethyl-1-pentanol C7H16O 12182
2370-13-0 2,2-dimethyl-1-hexanol C8H18O 15457
2370-14-1 2,2-dimethyl-1-octanol C10H22O 21254
2370-18-5 galvinoxyl free radical C29H41O2 34791
2370-63-0 2-ethoxyethyl methacrylate C8H14O3 14672
2370-88-9 2,4,6,8-tetramethylcyclotetrasiloxane C4H16O4Si4 4140
2371-19-9 3-methyl-2-heptanone C8H16O 15075
2373-51-5 chloro(methylthio)methane C2H5ClS 925
2373-76-4 o-methylcinnamic acid C10H10O2 19120
2373-80-0 3,4-(methylenedioxy)cinnamic acid, predominantl C10H8O4 18787
2373-98-0 3,3'-dihydroxybenzidine C12H12N2O2 23737
2374-05-2 4-bromo-2,6-dimethylphenol C8H9BrO 13551
2374-14-3 1,3,5-tris[(3,3,3-trifluoropropyl)methyl] C12H21F9O3Si3 24627
2377-81-3 tetrafluoroisophthalonitrile C8F4N2 12424
2378-02-1 nonafluoro-tert-butyl alcohol C4HF9O 2367
2379-55-7 2,3-dimethylquinoxaline C10H10N2 19040
2379-57-9 DNQX C8H4N4O6 12591
2379-81-9 6,9-dibenzamido-16H-dinaphtho(2,3-a:2',3'-i) C42H23N3O6 35665
2379-90-0 1-amino-2-methoxy-4-oxyanthraquinone C15H11NO4 28118
2380-27-0 methyl 12-oxooctadecanoate C19H36O3 31677
2380-63-4 4-aminopyrazolo[3,4-d]pyrimidine C5H5N5 4433
2380-91-8 4-hydroxyphenyl methyl carbitol C8H10O2 13976
2380-94-1 4-hydroxyindole C8H7NO 13127
2381-15-9 10-methylbenz[a]anthracene C19H14 31255
2381-16-0 9-methylbenz[a]anthracene C19H14 31254
2381-18-2 benz(a)anthracen-7-amine C18H13N 30446
2381-19-3 7-methyl-3,4-benzphenanthrene C19H14 31269
2381-21-7 1-methylpyrene C17H12 29865
2381-31-9 8-methylbenz[a]anthracene C19H14 31253
2381-34-2 6-methylbenzo(c)phenanthrene C19H14 31268
2381-39-7 5-methyl-3,4-benzpyrene C21H14 32600
2381-40-0 6,9-dimethyl-1,2-benzacridine C19H15N 31313
2382-43-6 (2-hydroxypropyl)trimethyl ammonium chloride C6H16ClNO 9281
2382-79-8 N-acetyl-L-tryptophanamide C13H15N3O2 26031
2382-80-1 N-acetyl-L-tryptophan ethyl ester C15H18N2O3 28511
2382-96-9 2-mercaptobenzoxazole C7H5NOS 10058
2384-70-5 2-decyne C10H18 20594
2384-73-8 1-hepten-3-yne C7H10 11049
2384-75-0 1-chloro-1-heptene C7H13Cl 11589
2384-85-2 3-decyne C10H18 20595
2384-86-3 4-decyne C10H18 20596
2384-90-9 1,2-heptadiene C7H12 11358
2385-70-8 2-bromobutanoic acid, (±) C4H7BrO2 3070
2385-77-5 (R)-(+)-citronellal C10H18O 20719
2385-81-1 furethidine C21H31NO4 32969

2385-85-5 mirex C10Cl12 18459
2385-87-7 lysergic acid pyrolidate C20H23N3O 32208
2386-25-6 3-acetyl-2,4-dimethylpyrrole C8H11NO 14147
2386-26-7 4-acetyl-3,5-dimethyl-1H-pyrrole-2-carboxylic C11H15NO3 22286
2386-47-2 butane-1-sulfonic acid C4H10O3S 3930
2386-52-9 methanesulfonic acid, silver salt CH3AgO3S 181
2386-53-0 1-dodecanesulfonic acid, sodium salt C12H25NaO3S 24913
2386-54-1 1-butanesulfonic acid, sodium salt C4H9NaO3S 3782
2386-60-9 1-butanesulfonyl chloride C4H9ClO2S 3638
2386-87-0 3,4-epoxycyclohexylmethyl 3,4-epoxycyclohexane C14H20O4 27609
2386-90-5 bis(2,3-epoxycyclopentyl) ether C10H14O3 20147
2387-23-7 N,N'-dicyclohexylurea C13H24N2O 26409
2387-59-9 S-carboxymethylcysteine C5H9NO4S 5257
2387-71-5 L-argininosuccinic acid C10H18N4O5 20668
2388-14-9 p-isopropenylisopropylbenzene C12H16 24137
2388-68-3 1,2-benzenedimethanethiol C8H10S2 14056
2390-59-2 ethyl violet C31H42ClN3 35004
2392-68-9 3-chlorophenyl isothiocyanate C7H4ClNS 9725
2393-23-9 4-methoxybenzenemethanamine C8H11NO 14136
2393-53-5 estrone benzoate C25H26O3 34110
2394-20-9 2-hydroxy-2-(4-hydroxy-3-methoxy-phenyl)-acetic C9H10O5 16813
2396-43-2 2,4,6-tripropyl-S-trioxane C12H24O3 24885
2396-53-4 bis(2-phenylethyl)ether C16H18O 29391
2396-60-3 (4-methoxyphenyl)phenyldiazene C13H12N2O 25769
2396-63-6 1,6-heptadiyne C7H8 10729
2396-65-8 1,8-nonadiyne C9H12 17015
2396-68-1 4-tert-butylthiophenol C10H14S 20178
2396-78-3 methyl 3-hexenoate C7H12O2 11483
2396-83-0 ethyl 3-hexenoate C8H14O2 14615
2396-84-1 ethyl trans,trans-2,4-hexadienoate C8H12O2 14350
2398-09-6 1,cis-3-dimethylcyclobutane C6H12 8211
2398-10-9 1,trans-3-dimethylcyclobutane C6H12 8212
2398-16-5 cis-1,3-cyclobutanedicarboxylic acid C6H8O4 7448
2398-37-0 m-bromoanisole C7H7BrO 10475
2398-65-4 (1-octyldodecyl)benzene C26H46 34330
2398-66-5 (1-methylnonadecyl)benzene C26H46 34329
2398-68-7 eicosylbenzene C26H46 34326
2398-81-4 3-pyridinecarboxylic acid 1-oxide C6H5NO3 6833
2398-95-0 phoscolic acid C6H11O8P 8199
2398-96-1 tinactin C19H17NOS 31380
2399-48-6 tetrahydrofurfuryl acrylate C8H12O3 14371
2400-01-3 (1-hexylheptyl)benzene C19H32 31647
2400-02-4 (1-ethyloctadecyl)benzene C26H46 34328
2400-03-5 (1-propylheptadecyl)benzene C26H46 34331
2400-04-6 (1-butylhexadecyl)benzene C26H46 34327
2400-59-1 dihexanoyl peroxide C12H22O4 24758
2400-66-0 eicosanal C20H40O 32486
2401-21-0 1,2-dichloro-3-iodobenzene C6H3Cl2I 6291
2401-22-1 1-chloro-2-iodo-4-methylbenzene C7H6ClI 10214
2401-24-3 2-chloro-5-methoxyaniline C7H8ClNO 10757
2401-73-2 1,3-dichloro-1,1,3,3-tetramethyldisiloxane C4H12Cl2OSi2 4051
2401-85-6 2,4-dinitro-1-chloro-naphthalene C10H5ClN2O4 18500
2402-06-4 1,trans-2-dimethylcyclopropane C5H10 5282
2402-77-9 2,3-dichloropyridine C5H3Cl2N 4229
2402-78-0 2,6-dichloropyridine C5H3Cl2N 4230
2402-79-1 2,3,5,6-tetrachloropyridine C5HCl4N 4187
2402-95-1 2-chloropyridine-N-oxide C5H4ClNO 4272
2403-22-7 N-butylbenzylamine C11H17N 22500
2403-88-5 2,2,6,6-tetramethyl-4-piperidinol C9H19NO 18151
2403-89-6 1,2,2,6,6-pentamethylpiperidin-4-ol C10H21NO 21112
2404-35-5 bromocycloheptane C7H13Br 11571
2404-44-6 1,2-epoxydecane C10H20O 21023
2404-78-6 O,S,S-triethyl phosphorodithioate C6H15O2PS2 9257
2406-25-9 di-tert-butyl nitroxide C8H18NO 15395
2407-43-4 5-ethyl-2(5H)-furanone C6H8O2 7435
2407-68-3 3-dimethylaminoacrylonitrile C5H8N2 4823
2408-20-0 allyl propanoate C6H10O2 7818
2408-37-9 2,2,6-trimethylcyclohexanone C9H16O 17678
2409-36-1 carbazol-9-yl-methanol C13H11NO 25699
2409-52-1 diethyl methylenesuccinate C9H14O4 17500
2409-55-4 2-tert-butyl-4-methylphenol C11H16O 22401
2411-36-1 triheptylamine C21H45N 33071
2411-58-7 undecyl isocyanate C12H23NO 24807
2412-73-9 cyclohexyl benzoate C13H16O2 26086
2415-72-7 propylcyclopropane C6H12 8206
2415-80-7 (2,2-dichlorocyclopropyl)benzene C9H8Cl2 16109
2416-94-6 2,3,6-trimethylphenol C9H12O 17118
2416-98-0 3-(1,1-dimethylethyl)-[1,1'-biphenyl]-2-ol C16H18O 29394
2417-04-1 3,3',5,5'-tetramethyl-[1,1'-biphenyl]-4,4'-dio C16H18O2 29400
2417-72-3 methyl 4-(bromomethyl)benzoate C9H9BrO2 16270
2417-77-8 9-bromomethylanthracene C15H11Br 28073
2417-90-5 3-bromopropanenitrile C3H4BrN 1503
2417-93-8 propyl lithium C3H7Li 2029
2418-14-6 2,3-dimercaptosuccinic acid C4H6O4S2 3019
2418-31-7 diethyl trans-2-methyl-2-butenedioate C9H14O4 17499
2418-95-3 lys(boc)-oh C11H22N2O4 22820
2419-73-0 1,4-dichloro-2,3-butanediol C4H8Cl2O2 3380
2419-94-5 boc-L-glutamic acid C10H17NO6 20581
2420-16-8 3-chloro-4-hydroxybenzaldehyde C7H5ClO2 9935
2421-28-5 bis-(3-phthalyl anhydride) ketone C17H6O7 29841
2422-79-9 12-methylbenz(a)anthracene C19H14 31266
2422-88-0 n-butyl-2-dibutylthiourea C13H28N2S 26534
2423-01-0 1-butylcyclopentene C9H16 17590
2423-10-1 cis-9-octadecenal C18H34O 31028
2423-66-7 quindoxin C8H6N2O2 12891
2423-71-4 2,6-dimethyl-4-nitrophenol C8H9NO3 13754
2424-01-3 methyldiallylamine C7H13N 11628
2424-09-1 seleninyl bis(dimethylamide) C4H12N2OSe 4083
2424-92-2 eicosanedioic acid C20H38O4 32454
2424-98-8 vinyl 2-methylpropanoate C6H10O2 7834
2425-06-1 captafol C10H9Cl4NO2S 18832
2425-10-7 3,4-xylyl methylcarbamate C10H13NO2 19808
2425-25-4 O,O-diethyl-S-(carbethoxy)methyl phosphorothi C8H17O5PS 15353
2425-28-7 alpha-(bromomethyl)benzenemethanol C8H9BrO 13549
2425-41-4 monobenzalpentaerythritol C12H16O4 24265
2425-54-9 1-chlorotetradecane C14H29Cl 27897
2425-66-3 1-chloro-2-nitropropane C3H6ClNO2 1834
2425-74-3 tert-butylformamide C5H11NO 5675
2425-77-6 2-hexyl-1-decanol C16H34O 29773
2425-79-8 1,4-butanediol diglycidyl ether C10H18O4 20821
2425-85-6 1-((4-methyl-2-nitrophenyl)azo)-2-naphthalen C17H13N3O3 29913
2426-02-0 4,5,6,7-tetrahydro-1,3-isobenzofurandione C8H8O3 13471
2426-07-5 1,2,7,8-diepoxyoctane C8H14O2 14630
2426-08-6 butyl glycidyl ether C7H14O2 11915
2426-54-2 2-(diethylamino)ethyl acrylate C9H17NO2 17831
2426-87-1 4-benzyloxy-3-methoxybenzaldehyde C15H14O3 28314
2428-04-8 2,4,6-tris(dichloroamino)-1,3,5-triazine C3Cl6N6 1271
2430-00-4 2,2,2-trichloro-N,N-diethylacetamide C6H10Cl3NO 7700
2430-16-2 6-phenyl-1-hexanol C12H18O 24456
2430-22-0 7-methyl-1-octanol C9H20O 18249
2430-27-5 2-propylvaleramide C8H17NO 15327
2430-73-1 1,4-nonanediol C9H20O2 18341
2430-94-6 cis-5-dodecenoic acid C12H22O2 24714
2431-24-5 4-chloro-3-heptene C7H13Cl 11591
2431-30-3 2,5-dichloro-2,5-dimethyl-3-hexyne C8H12Cl2 14263
2431-50-7 2,3,4-trichloro-1-butene C4H5Cl3 2666
2431-52-9 1,2,2,3,4-pentachlorobutane C4H5Cl5 2677
2431-54-1 1,2,4-trichloro-2-butene C4H5Cl3 2665
2431-96-1 N,N-diethyl-2-phenylacetamide C12H17NO 24304
2432-11-3 2,6-diphenylphenol C18H14O 30488
2432-12-4 2,6-dichloro-4-methylphenol C7H6Cl2O 10270
2432-14-6 2,6-dibromo-4-methylphenol C7H6Br2O 10198
2432-51-1 S-methyl thiobutanoate C5H10OS 5485
2432-63-5 dipropyl maleate C10H16O4 20521
2432-74-8 6-aminohexanenitrile C6H12N2 8319
2432-87-3 dioctyl sebacate C26H50O4 34343
2432-89-5 di-n-decyl sebacate C30H58O4 34943
2432-90-8 dilauryl phthalate C32H54O4 35099
2432-99-7 11-aminoundecanoic acid C11H23NO2 22886
2433-96-7 tricosanoic acid C23H46O2 33700
2435-16-7 2-heptyl-tetrahydrofuran C11H22O 22833
2435-53-2 tetrachloro-o-benzoquinone C6Cl4O2 6064
2435-54-3 tetrabromo-o-benzoquinone C6Br4O2 6050
2435-64-5 4-sulfonamide-4'-dimethylaminoazobenzene C14H16N4O2S 27372
2435-76-9 diazouracil C4H2N4O2 2426
2436-66-0 3-methyl-4-quinazolinone C9H8N2O 16163
2436-79-5 diethyl 3,5-dimethylpyrrole-2,4-dicarboxylate C12H17NO4 24334
2436-84-2 2,6-dimethyl-1,3-heptadiene C9H16 17610
2436-85-3 N,N-dimethyl-2-naphthylamine C12H13N 23818
2436-90-0 3,7-dimethyl-1,6-octadiene C10H18 20637
2436-92-2 3,4-dimethylquinoline C11H11N 21710
2436-93-3 6,8-dimethylquinoline C11H11N 21722
2436-96-6 2,2'-dinitro-1,1'-biphenyl C12H8N2O4 23317
2437-03-8 N-ethyl-2-naphthalenamine C12H13N 23820
2437-25-4 dodecanenitrile C12H23N 24805
2437-56-1 1-tridecene C13H26 26469
2437-66-3 2,3,5-trimethylbenzoic acid C10H12O2 19621
2437-73-2 2,3,6-trimethylquinoline C12H13N 23825
2437-76-5 2-bromo-1-methyl-4-isopropylbenzene C10H13Br 19708
2437-88-9 1,3,5-triethoxybenzene C12H18O3 24479
2437-95-8 (±)-a-pinene C10H16 20367
2437-98-1 N-phenyl-N-propylacetamide C11H15NO 22245
2438-03-1 2-propylbenzoic acid C10H12O2 19584
2438-04-2 2-isopropylbenzoic acid C10H12O2 19562
2438-05-3 4-propylbenzoic acid C10H12O2 19610
2438-10-0 (+)-terpinen-4-ol C10H18O 20743
2438-12-2 2-(4-methyl-cyclohex-3-enyl)-propan-2-ol C10H18O 20740
2438-19-9 pentyl 3-(2-furyl)acrylate C12H16O3 24244
2438-20-2 2-methylbutyl propanoate C8H16O2 15169
2438-49-5 N,N-dimethyl-4-phenylazo-o-anisidine C15H17N3O 28486
2438-51-9 N-2-phenanthrylacetohydroxamic acid C16H13NO2 29097
2438-72-4 4-butoxy-N-hydroxybenzeneacetamide C12H17NO3 24326
2438-80-4 L(-)-fucose C6H12O5 8583
2438-88-2 tetrachloronitroanisole C7H3Cl4NO3 9551
2439-01-2 chinomethionat C10H6N2OS2 18568
2439-04-5 5-hydroxyisoquinoline C9H7NO 16029
2439-10-3 n-dodecylguanidine acetate C15H33N3O2 28943
2439-35-2 2-(dimethylamino)ethyl acrylate C7H13NO2 11646
2439-54-5 methyloctylamine C9H21N 18389
2439-55-6 methyloctadecylamine C19H41N 31757
2439-77-2 o-anisamide C8H9NO2 13738
2439-99-8 glyphosine C4H11NO8P2 4015
2440-22-4 2-(2H-benzotriazol-2-yl)-4-methylphenol C13H11N3O 25732
2440-29-1 (butyrato)phenylmercury C10H12HgO2 19426
2440-40-6 chloropropylmercury C3H7ClHg 1988
2440-45-1 bis(ethylmercuri) phosphate C4H11Hg2O4P 3975
2441-97-6 3-chloro-1-cyclohexene C6H9Cl 7492
2442-10-6 1-octen-3-ol acetate C10H18O2 20806
2442-49-1 methyl tetracosanoate C25H50O2 34192
2443-03-0 1-methyl-trans-3-propylcyclopentane C9H18 17867
2443-04-1 1-methyl-cis-3-propylcyclopentane C9H18 17866
2443-89-2 1,1-diiodo-2,2-dimethylpropane C5H10I2 5399
2443-91-6 1,1-dibromo-2,2-dimethylpropane C5H10Br2 5315
2444-36-2 o-chlorobenzeneacetic acid C8H7ClO2 13010
2444-37-3 (methylthio)acetic acid C3H6O2S 1945
2444-68-0 9-vinylanthracene C16H12 29026
2444-89-5 bis(4-chlorophenyl) ether C12H8Cl2O 23282
2445-07-0 urbacide C7H15AsN2S4 11981
2445-76-3 hexyl propanoate C9H18O2 18061
2445-82-1 3-methyl-2H-1-benzopyran-2-one C10H8O2 18751
2445-83-2 7-methyl-2H-1-benzopyran-2-one C10H8O2 18755
2446-83-5 diisopropyl azodicarboxylate C8H14N2O4 14530
2446-84-6 methyl azodicarboxylate C4H6N2O4 2917
2447-54-3 sanguinarine C20H15NO5 31971
2447-57-6 6-(4-aminobenzenesulfonamido)-4,5-dimethoxy C12H14N4O4S 23954
2447-79-2 2,4-dichlorobenzamide C7H5Cl2NO 9955
2448-39-7 6-aminocoumarin coumarin-3-carboxylic acid sa C19H10NO6 31192
2449-05-0 dibenzyl azodicarboxylate C16H14N2O4 29147
2449-10-7 di-n-hexyl sebacate C22H42O4 33441
2449-49-2 N,N-dimethyl-a-methylbenzylamine C10H15N 20233
2450-71-7 2-propyn-1-amine C3H5N 1754
2451-00-5 1-methyl-7-ethylnaphthalene C13H14 25912
2451-62-9 glycidyl isocyanurate C12H15N3O6 24103
2452-01-9 zinc laurate C24H46O4Zn 33978
2452-99-5 1,2-dimethylcyclopentane C7H14 11698
2453-00-1 1,3-dimethylcyclopentane C7H14 11701
2454-11-7 formyldienolone C21H28O4 32932
2454-37-7 1-(3-aminophenyl)ethanol C8H11NO 14149
2455-24-5 tetrahydrofurfuryl methacrylate C9H14O3 17485
2456-27-1 dinonyl ether C18H38O 31143
2456-28-2 didecyl ether C20H42O 32524
2456-43-1 1,1':2',1''-tercyclohexane C18H32 30983
2456-81-7 4-pyrrolidinopyridine C9H12N2 17043
2457-76-3 4-amino-2-chlorobenzoic acid C7H6ClNO2 10235
2458-12-0 3-amino-4-methylbenzoic acid C8H9NO2 13716
2458-26-6 3-phenylpyrazole C9H8N2 16152
2459-05-4 ethyl hydrogen fumarate C6H8O4 7452
2459-07-6 picolinic acid, methyl ester C7H7NO2 10645
2459-09-8 methyl 4-pyridinecarboxylate C7H7NO2 10635
2459-10-1 trimethyl 1,2,4-benzenetricarboxylate C12H12O6 23796
2459-24-7 methyl 1-naphthalenecarboxylate C12H10O2 23534
2459-25-8 methyl 2-naphthalenecarboxylate C12H10O2 23535
2460-49-3 4,5-dichloroguaiacol C7H6Cl2O2 10281
2460-77-7 2,5-di-tert-butyl-1,4-benzoquinone C14H20O2 27602
2461-15-6 2-ethylhexyl glycidyl ether C11H22O2 22849
2462-85-3 methyl 9,12-octadecadienoate C19H34O2 31665

2462-94-4 11-eicosenoic acid C20H38O2 32447
2463-45-8 4-chloromethyl-1,3-dioxolan-2-one C4H5ClO3 2664
2463-53-8 2-nonenal C9H16O 17698
2463-63-0 2-heptenal C7H12O 11413
2463-84-5 o-(2-chloro-4-nitrophenyl) o,o-dimethyl pho C8H9ClNO5PS 13585
2464-37-1 chlorflurecol C14H9ClO3 26694
2465-59-0 4,6-dihydroxypyrazolo[3,4-d]pyrimidine C5H4N4O2 4316
2465-93-2 1,2,3-tris(2-cyanoethoxy)propane C12H17N3O3 24348
2466-76-4 1-acetylimidazole C5H6N2O 4503
2467-09-6 2,3'-bipiperidine C10H20N2 20973
2467-10-9 1,1,1,5-tetrachloropentane C5H8Cl4 4798
2467-12-1 tri-n-octyl borate C24H51BO3 34009
2467-13-2 tri(2-ethylhexyl) borate C24H51BO3 34010
2467-15-4 tri-n-dodecyl borate C36H75BO3 35436
2468-21-5 (+)-catharanthine C21H24N2O2 32836
2469-34-3 senegenin C30H45ClO6 34912
2469-45-6 dodecyl sulfide C24H50S 34008
2469-55-8 oxybis((3-aminopropyl)dimethylsilane) C10H28N2OSi2 21454
2470-68-0 diheptylamine C14H31N 27959
2470-73-7 (2-methyl-3-(1-hydroxyethoxyethyl-4-piperaz C24H33N3O2S 33905
2472-22-2 6-methoxy-2-tetralone C11H12O2 21874
2473-01-0 1-chlorononane C9H19Cl 18117
2473-03-2 1-chloroundecane C11H23Cl 22872
2474-02-4 1,7-dichloro-octamethyltetrasiloxane C8H24Cl2O3Si4 15750
2475-31-2 1,2-dihydro-5,7-dibromo-2-(5,7-dibromo-1,3 C16H6Br4N2O2 28954
2475-33-4 C.I. vat brown 1 C42H18N2O6 35661
2475-44-7 1,4-bis(methylamino)-9,10-anthracenedione C16H14N2O2 29141
2475-45-8 1,4,5,8-tetraamino-9,10-anthracenedione C14H12N4O2 26922
2475-46-9 1-methylamino-4-ethanolaminoanthraquinone C17H16N2O3 30005
2476-37-1 1-(2,5-dichlorophenyl)ethanone C8H6Cl2O 12806
2478-10-6 4-hydroxybutyl acrylate C7H12O3 11524
2478-38-8 3',5'-dimethoxy-4'-hydroxyacetophenone C10H12O4 19681
2479-46-1 resorcinol oxydianiline C18H16N2O2 30593
2481-94-9 oil yellow DEA C16H19N3 29427
2482-80-6 ethymidine C8H9ClN4 13587
2483-57-0 methyl nitroacetate C3H5NO4 1773
2485-10-1 N-fluorenyl-2-phthalimic acid C21H15NO3 32626
2486-07-9 2,4-dinitro-1-phenoxybenzene C12H8N2O5 23327
2486-70-6 4-amino-3-methylbenzoic acid C8H9NO2 13717
2487-01-6 2-tert-butyl-5-methyl-4,6-dinitrophenyl acet C13H16N2O6 26071
2487-40-3 2-thio-6-oxypurine C5H4N4OS 4313
2487-90-3 trimethoxysilane C3H10O3Si 2266
2488-01-9 1,4-phenylenebis(dimethylsilane) C10H18Si2 20855
2489-52-3 m-fluorosulfonylbenzenesulfonyl chloride C6H4ClFO4S2 6432
2489-77-2 1,1,3-trimethyl-2-thiourea C4H10N2S 3859
2489-86-3 1-allylnaphthalene C13H12 25743
2490-89-3 4-carbamidophenyloxoarsine C7H7AsN2O2 10453
2491-17-0 1-cyclohexyl-3-(2-morpholinoethyl)-carbodii C21H33N3O4S 32987
2491-76-1 p-chloro dimethylaminoazobenzene C14H14ClN3 27081
2492-22-0 cis-2,6-dimethyl-2,6-octadiene C10H18 20615
2492-26-4 sodium 2-mercaptobenzothiazole C7H5NNaS2 10048
2492-87-7 4-nitrophenyl-b-D-glucopyranoside C12H15NO8 24096
2493-02-9 1-bromo-4-isocyanatobenzene C7H4BrNO 9634
2493-04-1 5-nitrofurfuryl alcohol C5H5NO4 4420
2493-84-7 4-octyloxybenzoic acid C15H22O3 28683
2495-35-4 benzyl acrylate C10H10O2 19115
2495-37-6 benzyl methacrylate C11H12O2 21868
2495-39-8 2-propene-1-sulfonic acid sodium salt C3H5NaO3S 1805
2495-54-7 N-hydroxy-2-acetylaminofluorene-o-glucuronide C21H21NO9 32778
2496-92-6 iso systox sulfoxide C8H19O4PS2 15678
2497-07-6 oxydisulfoton C8H19O3PS3 15675
2497-18-9 trans-2-hexenyl acetate C8H14O2 14636
2497-21-4 4-hexen-3-one C6H10O 7775
2497-34-9 4'-ethyl-4-hydroxyazobenzene C14H14N2O 27116
2497-91-8 2-chloro-3,5-dinitrobenzoic acid C7H3ClN2O6 9517
2498-66-0 benz[a]anthracene-7,12-dione C18H10O2 30390
2498-75-1 3-methylbenz[a]anthracene C19H14 31252
2498-76-2 2-methylbenz(a)anthracene C19H14 31261
2498-77-3 1-methylbenz(a)anthracene C19H14 31260
2499-58-3 heptyl acrylate C10H18O2 20800
2499-59-4 N-octyl acrylate C11H20O2 22713
2499-95-8 hexyl acrylate C9H16O2 17719
2503-46-0 4-hydroxy-3-methoxyphenylacetone C10H12O3 19663
2503-56-2 5-methyl-s-triazolo[1,5-a]pyrimidin-7-ol C6H6N4O 7041
2504-18-9 methyl-tert-butylnitrosamine C5H12N2O 5810
2504-55-4 3'-amino-3'-deoxyadenosine C10H14N6O3 19980
2504-64-5 1,2-bis(trichlorosilyl)ethane C2H4Cl6Si2 828
2505-06-8 5-methylcycloheptene C8H14 14500
2506-41-4 2-(chloromethyl)naphthalene C11H9Cl 21553
2507-91-7 kethoxal-bis-thiosemicarbazide C8H16N6OS2 15061
2508-18-1 7-fluoro-2-N-(fluorenyl)acethydroxamic acid C15H12FNO2 28148
2508-20-5 2-nitrosofluorene C13H9NO 25552
2508-23-8 N-2-naphthylacetohydroxamic acid C12H11NO2 23643
2508-29-4 5-amino-1-pentanol C5H13NO 5968
2508-86-3 4-aminoquinoline-1-oxide C9H8N2O 16161
2510-36-3 3,5-dimethylisoxazole-4-carboxylic acid C6H7NO3 7215
2510-55-6 9-cyanophenanthrene C15H9N 27998
2510-95-4 a-(phenylmethylene)benzeneacetonitrile C15H11N 28104
2511-09-3 ethyl phenylphosphinate C8H11O2P 14225
2511-10-6 O,S-diethyl methylthiophosphonate C5H13O2PS 5998
2512-56-3 4-octylphenyl salicylate C21H26O3 32881
2512-81-4 1,2-dimethylpiperidine, (±) C7H15N 12034
2513-25-9 2,2-dimethyl-2H-1-benzopyran C11H12O 21860
2514-53-6 ethylene glycol bis(trichloroacetate) C6H4Cl6O4 6510
2514-91-2 4(10)-thujene, (+) C10H16 20351
2516-33-8 cyclopropanemethanol C4H8O 3495
2516-34-9 cyclobutanamine C4H9N 3676
2516-47-4 cyclopropanemethylamine C4H9N 3678
2516-93-0 2-butoxyacetic acid C6H12O3 8546
2516-95-2 5-chloro-2-nitrobenzoic acid C7H4ClNO4 9718
2516-96-3 2-chloro-5-nitrobenzoic acid C7H4ClNO4 9715
2516-99-6 3,3,3-trifluoropropionic acid C3H3F3O2 1446
2517-04-6 2-azetidinecarboxylic acid C4H7NO2 3263
2517-43-3 3-methoxy-1-butanol C5H12O2 5884
2517-98-8 7-acetoxymethyl-12-methylbenz(a)anthracene C22H18O2 33173
2518-24-3 3-aminophthalimide C8H6N2O2 12882
2518-42-5 dimethylfurazan monoxide C4H6N2O2 2908
2519-10-0 1,2,3,4,5-pentaphenyl-1,3-cyclopentadiene C35H26 35287
2521-01-9 ethyl N-benzyl-N-cyclopropylcarbamate C13H17NO2 26130
2522-81-8 phenacylpivalate C13H16O3 26108
2523-37-7 9-methyl-9H-fluorene C14H12 26872
2523-44-6 2-chlorofluorene C13H9Cl 25516
2523-55-9 trans-4-methylcyclohexylamine C7H15N 12031
2523-56-0 cis-4-methylcyclohexylamine C7H15N 12030
2524-03-0 dimethyl chlorothiophosphate C2H6ClO2PS 1009
2524-04-1 O,O'-diethyl chlorothiophosphate C4H10ClO2PS 3804
2524-09-6 O,O,S-triethyl phosphorodithioate C6H15O2PS2 9256
2524-37-0 ethyl 2,4-dihydroxy-6-methylbenzoate C10H12O4 19678
2524-52-9 ethyl 2-pyridinecarboxylate C8H9NO2 13703
2524-64-3 diphenyl chlorophosphonate C12H10ClO3P 23464
2524-67-6 4-morpholinoaniline C10H14N2O 19944
2525-02-2 4-propyl-1,2-benzenediol C9H12O2 17146
2525-16-8 1-aza-2-methoxy-1-cycloheptene C7H13NO 11636
2525-62-4 hexyl isocyanate C7H13NO 11640
2527-96-0 2-furancarboxylic acid, 5-methyl-, methyl ester C7H8O3 10908
2528-00-9 ethyl 5-(chloromethyl)-2-furancarboxylate C8H9ClO3 13618
2528-16-7 mono(phenylmethyl) 1,2-benzenedicarboxylate C15H12O4 28201
2528-36-1 dibutylphenyl phosphate C14H23O4P 27742
2528-38-3 tripentyl phosphate C15H33O4P 28947
2528-61-2 heptanoyl chloride C7H13ClO 11594
2529-36-4 2,3,6-trimethylbenzoic acid C10H12O2 19622
2529-46-6 methallyl-19-nortestosterone C22H32O2 33369
2530-10-1 3-acetyl-2,5-dimethylthiophene C8H10OS 13940
2530-26-9 3-nitropyridine C5H4N2O2 4295
2530-46-3 4-dodecylmorpholine-4-oxide C16H33NO2 29751
2530-83-8 (3-glycidyloxypropyl)trimethoxysilane C9H20O5Si 18364
2530-85-0 3-(trimethoxysilyl)propyl methacrylate C10H20O5Si 21087
2530-87-2 (3-chloropropyl)trimethoxysilane C6H15ClO3Si 9159
2530-99-6 1-allyltheobromine C10H12N4O2 19469
2531-80-8 ethyl 2-nitropropanoate C5H9NO4 5246
2531-81-9 ethyl 2-nitrobutyrate C6H11NO4 8173
2531-84-2 2-methylphenanthrene C15H12 28135
2532-49-2 2-n-propyl-4-methylpyrimidyl-(6)-N,N-dimethy C11H17N3O2 22538
2532-50-5 bis(trichloro methyl)trisulfide C2Cl6S3 465
2532-58-3 cis-1,3-dimethylcyclopentane C7H14 11702
2532-64-1 1,cis-2,trans-3,trans-4-tetramethylcyclopentane C9H18 17912
2532-65-2 1,cis-2,cis-3,cis-4-tetramethylcyclopentane C9H18 17909
2532-67-4 1,trans-2,cis-3,trans-4-tetramethylcyclopentane C9H18 17913
2532-68-5 1,cis-2,trans-3,cis-4-tetramethylcyclopentane C9H18 17911
2532-69-6 1,cis-2,cis-3,trans-4-tetramethylcyclopentane C9H18 17910
2533-69-9 methyl 2,2,2-trichloroacetimidate C3H4Cl3NO 1560
2533-82-6 methylarsenic sulfide CH3AsS 186
2534-77-2 exo-2-bromonorbornane C7H11Br 11242
2536-18-7 1,3-dinitro-2-imidazolidone C3H4N4O5 1617
2536-31-4 chlorflurenol methyl ester C15H11ClO3 28086
2536-38-1 18-bromooctadecanoic acid C18H35BrO2 31056
2536-91-6 2-amino-6-methylbenzothiazole C8H8N2S 13378
2537-36-2 tetramethylammonium perchlorate C4H12ClNO4 4045
2537-48-6 (diethylphosphono)acetonitrile C6H12NO3P 8312
2539-17-5 tetrachloroguaiacol C7H4Cl4O2 9770
2539-53-9 isoethylvanillin C9H10O3 16775
2540-82-1 formothion C6H12NO4PS2 8314
2541-68-6 6-fluoro-7-methylbenz(a)anthracene C19H13F 31238
2541-69-7 10-methyl-1,2-benzanthracene C19H14 31265
2544-06-1 3-methoxypropionic acid C4H8O3 3561
2545-59-7 2-butoxyethyl (2,4,5-trichlorophenoxy)aceta C14H17Cl3O4 27392
2547-26-4 4a-methyl-cis-decahydronaphthalene C11H20 22669
2547-27-5 4a-methyl-trans-decahydronaphthalene C11H20 22670
2547-61-7 trichloromethanesulfonyl chloride CCl4O2S 52
2547-66-2 1,3,5-tribenzylhexahydro-1,3,5-triazine C24H27N3 33846
2548-87-0 trans-2-octenal C8H14O 14591
2549-67-9 2-ethylaziridine C4H9N 3680
2549-90-8 4-(2-ethylhexyloxy)-2-hydroxybenzophenone C21H26O3 32882
2549-93-1 1,4-bis(aminomethyl)cyclohexane C8H18N2 15402
2550-04-1 allyltriethoxysilane C9H20O3Si 18357
2550-06-3 trichloro(3-chloropropyl)silane C3H6Cl4Si 1861
2550-21-2 3-methyl-2-hexanone C7H14O 11832
2550-22-3 3-methyl-5-hexen-2-one C7H12O 11423
2550-26-7 4-phenyl-2-butanone C10H12O 19509
2550-28-9 5-hexyn-2-one C6H8O 7396
2550-36-9 (bromomethyl)cyclohexane C7H13Br 11572
2550-40-5 cyclohexyl disulfide C12H22S2 24783
2550-75-6 1,2,3,4,7,7-hexachloro-5,6-bis(chloromethyl)bic C9H6Cl8 15880
2551-83-9 allyltrimethoxysilane C6H14O3Si 9091
2552-91-2 (1S)-(+)-neomenthyl acetate C12H22O2 24718
2553-04-0 (2-methoxyphenyl)phenylmethanone C14H12O2 26950
2553-19-7 diethoxydiphenylsilane C16H20O2Si 29467
2554-06-5 2,4,6,8-tetravinyl-2,4,6,8-tetramethylcyclo C12H24O4Si4 24887
2555-28-4 7-methoxy-4-methylcoumarin C11H10O3 21668
2555-49-9 ethyl phenoxyacetate C10H12O3 19641
2556-10-7 (2-(1-ethoxyethoxy)ethyl)benzene C12H18O2 24474
2556-73-2 N-methylcaprolactam C7H13NO 11642
2557-13-3 methyl 3-(trifluoromethyl)benzoate C9H7F3O2 15998
2557-78-0 2-fluorobenzenethiol C6H5FS 6778
2562-37-0 1-nitro-1-cyclohexene C6H9NO2 7551
2562-38-1 nitrocyclopentane C5H9NO2 5220
2562-97-5 2,2,2-trichloro-N-phenylacetamide C8H6Cl3NO 12825
2564-35-4 2'-deoxyguanosine 5'-triphosphate C10H16N5O13P3 20420
2564-65-0 benz(a)anthracene-7,12-dimethanol C20H16O2 32028
2564-83-2 2,2,6,6-tetramethylpiperidinooxy C9H18NO 17969
2565-39-1 6-hepten-3-one C7H12O 11418
2566-34-9 2-(methylamino)isobutyric acid C5H11NO2 5720
2567-14-8 1,1,3-trichloro-1-propene C3H3Cl3 1422
2568-24-3 4,7-dihydro-2-phenyl-1,3-dioxepin C11H12O2 21871
2568-25-4 4-methyl-2-phenyl-m-dioxolane C10H12O2 19630
2568-30-1 2-chloromethyl-1,3-dioxolane C4H7ClO2 3147
2568-33-4 3-methyl-1,3-butanediol C5H12O2 5875
2568-34-5 N-methylhippuric acid C10H11NO3 19331
2568-90-3 dibutoxymethane C9H20O2 18344
2568-91-4 diisobutoxymethane C9H20O2 18346
2569-58-6 4-phenylazopyridine C11H9N3 21599
2570-12-9 1-methyl-1,3,5,7-cyclooctatetraene C9H10 16518
2570-26-5 pentadecylamine C15H33N 28931
2570-63-0 thallium(iii) acetate sesquihydrate C6H9O6Tl 7580
2571-22-4 tutin C15H18O6 28547
2571-39-3 (3,4-dimethylphenyl)phenylmethanone C15H14O 28288
2571-52-0 2,4,6-trimethylbenzonitrile C10H11N 19291
2571-54-2 2,4,6-trimethoxybenzonitrile C10H11NO3 19336
2571-86-0 coriamyrtin C15H18O5 28544
2575-20-4 3,3-diphenyl-2-butanone C16H16O 29274
2576-47-8 2-bromoethylamine hydrobromide C2H7Br2N 1109
2578-28-1 DL-selenomethionine C5H11NO2Se 5732
2578-45-2 2-chloro-3,5-dinitropyridine C5H2ClN3O4 4193
2578-75-8 furothiazole C8H6N4O4S 12909
2579-20-6 1,3-cyclohexanedimethanamine C8H18N2 15400
2579-22-8 3-phenyl-2-propynal C9H6O 15922
2581-34-2 3-methyl-4-nitrophenol C7H7NO3 10669
2581-69-3 4-((p-nitrophenyl)azo)diphenylamine C18H14N4O2 30483
2583-25-7 allylpropanedioic acid C6H8O4 7447
2584-71-6 cis-4-hydroxy-D-proline C5H9NO3 5240
2586-62-1 1-bromo-2-methylnaphthalene C11H9Br 21548
2586-89-2 3-heptyne C7H12 11342
2587-42-0 4,4'-bis(hexyloxy)azoxybenzene C24H34N2O3 33908
2587-75-9 acetoxytripentylstannane C17H36O2Sn 30360
2587-81-7 triethylplumbyl acetate C8H18O2Pb 15569
2587-82-8 tributyllead acetate C14H30O2Pb 27939

2587-84-0 dibutyl lead diacetate C12H24O4Pb 24886
2587-90-8 phosphorothioic acid, O,O-dimethyl S-(2-(meth C5H13O3PS2 6000
2588-03-6 thimet sulfoxide C7H17O3PS3 12369
2588-04-7 thimet sulfone C7H17O4PS3 12371
2589-01-7 triglycidyl cyanurate C12H15N3O6 24105
2589-02-8 2,2-bis(3,5-dichloro-4-(2,3-epoxypropoxy)ph C21H24Cl4O4 32829
2589-15-3 SD-10576 C10H7Cl7 18621
2589-71-1 p-hydroxyvalerophenone C11H14O2 22143
2591-17-5 D(-)-luciferin C11H8N2O3S2 21522
2591-57-3 ethylmethylthiophos C9H12NO3PS 17033
2591-86-8 1-piperidinecarboxaldehyde C6H11NO 8110
2592-18-9 boc-L-threonine C9H17NO5 17849
2592-28-1 p-((p-methoxyphenyl)azo)aniline C13H13NO 25867
2592-62-3 6,7,8,9,10,10-hexachloro-1,5,5a,6,9,9a-hexa C11H10Cl6O2 21613
2592-85-0 1,3-dilithiobenzene C6H4Li2 6560
2592-95-2 1-hydroxybenzotriazole C6H5N3O 6851
2593-15-9 terrazole C5H5Cl3N2OS 4368
2594-20-9 ethyl isopropylcarbamate C6H13NO2 8809
2594-21-0 methyl butylcarbamate C6H13NO2 8819
2595-05-3 1,2:5,6-di-O-isopropylidene-a-D-allofuranose C12H20O6 24616
2595-54-2 mecarbam C10H20NO5PS2 20972
2595-97-3 D-allose C6H12O6 8588
2595-98-4 D(+)-talose C6H12O6 8617
2597-03-7 phenthoate C12H17O4PS2 24355
2597-54-8 N-acetyl ethyl carbamate C6H9NO3 7566
2597-93-5 ethylmercurichlorendimide C11H7Cl6HgNO2 21490
2597-95-7 methylmercury propanediolmercaptide C4H10HgO2S 3822
2598-31-4 8-hydroxy-5-quinolyl methyl ketone C11H9NO2 21580
2598-74-5 2-(p-methylphenethyl)-3-thiosemicarbazide C10H15N3S 20298
2598-75-6 2-(o-chlorophenethyl)-3-thiosemicarbazide C9H12ClN3S 17025
2598-76-7 1-(a-methylphenethyl)-2-phenethylhydrazine C17H22N2 30185
2600-55-7 2,4-dinitrophenyl-2,4-dinitro-6-sec-butylph C17H14N4O11 29945
2601-89-0 2,3-dichloropropanenitrile C3H3Cl2N 1418
2603-10-3 carbamic acid, phenyl-, methyl ester C8H9NO2 13735
2605-18-7 1-methoxy-4-(1-phenylethyl)benzene C15H16O 28430
2606-85-1 6-methyl-3:4-benzphenanthrene C19H14 31259
2606-87-3 3-fluoro-7-methylbenz(a)anthracene C19H13F 31237
2607-03-6 1,2-cyclobutanedicarboxylic acid, dimethyl este C8H12O4 14398
2609-88-3 sulforhodamine B C27H30N2O7S2 34421
2610-05-1 6,6'-[(3,3'-dimethoxy[1,1'-biphenyl]-4 C34H24N6O16S4Na4 35206
2612-02-4 5-methoxysalicylic acid C8H8O4 13500
2612-27-3 2-isopropyl-1,3-propanediol C6H14O2 9055
2612-28-4 2-propyl-1,3-propanediol C6H14O2 9054
2612-29-5 2-ethyl-1,3-propanediol C5H12O2 5876
2612-33-1 3-chloro-1,2-propanediol dinitrate C3H5ClN2O6 1675
2612-46-6 cis-1,3,5-hexatriene C6H8 7272
2612-57-9 2,4-dichlorophenyl isocyanate C7H3Cl2NO 9528
2613-23-2 3-chloro-4-fluorophenol C6H4ClFO 6427
2613-61-8 2,4,6-trimethylheptane C10H22 21172
2613-65-2 1-methyl-trans-3-ethylcyclopentane C8H16 14867
2613-66-3 1-methyl-cis-3-ethylcyclopentane C8H16 14866
2613-69-6 1,cis-2,cis-3-trimethylcyclopentane C8H16 14870
2613-72-1 1,cis-2,cis-4-trimethylcyclopentane C8H16 14873
2613-89-0 phenylmalonic acid C9H8O4 16242
2614-06-4 (+)-thalidomide C13H10N2O4 25616
2614-76-8 2,2-bis(hydroperoxy)propane C3H8O4 2155
2614-88-2 trans,trans-2,4-hexadienoyl chloride C6H7ClO 7153
2615-15-8 hexaethylene glycol C12H26O7 25309
2620-44-2 1,2-(methylenedioxy)-4-nitrobenzene C7H5NO4 10082
2620-50-0 1,3-benzodioxole-5-methanamine C8H9NO2 13692
2620-63-5 N-acetylglycinamide C4H6N2O2 2907
2621-46-7 1-chloro-4-isopropylbenzene C9H11Cl 16844
2621-62-7 N-(2,5-dichlorophenyl)acetamide C8H7Cl2NO 13044
2621-78-5 ethyl N-benzylcarbamate C10H13NO2 19795
2621-79-6 N-methyl-N-phenylurethane C10H13NO2 19807
2622-08-4 tri(o-tolyl) phosphite C21H21O3P 32784
2622-14-2 tricyclohexylphosphine C18H33P 31012
2622-21-1 1-vinylcyclohexene C8H12 14232
2622-26-6 piperocyanomazine C21H23N3OS 32825
2622-60-8 1-phenyl-1H-benzimidazole C13H10N2 25598
2622-89-1 diphenylborinic acid C12H11BO 23584
2623-23-6 5-methyl-2-isopropylcyclohexanol acetate, [1R- C12H22O2 24707
2623-50-9 5,8-dimethylquinoline C11H11N 21721
2623-54-3 7,7-dimethyl-2-methylenebicyclo[2.2.1]heptane, (C10H16 20335
2623-82-7 2-bromooctanoic acid C8H15BrO2 14740
2623-84-9 2-bromoundecanoic acid C11H21BrO2 22753
2623-87-2 4-bromobutyric acid C4H7BrO2 3076
2623-91-8 D(-)-2-aminobutyric acid C4H9NO2 3718
2623-95-2 2-bromodecanoic acid C10H19BrO2 20864
2624-01-3 2-bromoheptanoic acid C7H13BrO2 11578
2624-43-3 fertodur C23H24O4 33559
2624-44-4 diethylammonium-2,5-dihydroxybenzene sulfona C10H17NO5S 20578
2625-29-8 1-nitro-2,2-dimethylbutane C6H13NO2 8801
2625-30-1 (nitromethyl)cyclohexane C7H13NO2 11651
2625-31-2 (nitromethyl)cyclopentane C6H11NO2 8133
2625-35-6 2-nitro-3-methylbutane C5H11NO2 5702
2626-34-8 5,6-dimethyl-2,1,3-benzoselenodiazole C8H8N2Se 13383
2627-86-3 (S)-(-)-a-methylbenzylamine C8H11N 14119
2627-95-4 1,3-divinyl-1,1,3,3-tetramethyldisiloxane C8H18OSi2 15541
2628-16-2 4-acetoxystyrene C10H10O2 19130
2628-17-3 4-vinylphenol C8H8O 13405
2629-54-1 DL-3-fluorophenylalanine C9H10FNO2 16544
2629-55-2 DL-2-fluorophenylalanine C9H10FNO2 16545
2629-72-3 4-pyridinepropanol C8H11NO 14156
2629-78-9 bis(trichloroacetyl)peroxide C4Cl6O4 2321
2631-37-0 promecarb C12H17NO2 24312
2631-40-5 methylcarbamic acid-o-cumenyl ester C11H15NO2 22270
2631-68-7 1,3,5-trichloro-2,4,6-trinitrobenzene C6Cl3N3O6 6062
2632-13-5 2-bromo-4'-methoxyacetophenone C9H9BrO2 16266
2633-54-7 trichloronemetaphos-3 C9H10Cl3O3PS 16542
2633-57-0 phenyltriallylsilane C14H20Si 27616
2634-33-5 1,2-benzisothiazol-3(2H)-one C7H5NOS 10060
2635-13-4 1-bromo-3,4-(methylenedioxy)benzene C7H5BrO2 9893
2635-26-9 4,4'-bis(heptyloxy)azoxybenzene C26H38N2O3 34304
2636-26-2 cyanophos C9H10NO3PS 16562
2637-34-5 2-mercaptopyridine C5H5NS 4421
2637-37-8 2-quinolinethiol C9H7NS 16076
2638-94-0 4,4'-azobis(4-cyanovaleric acid) C12H16N4O4 24182
2639-63-6 hexyl butanoate C10H20O2 21050
2639-64-7 nonyl butanoate C13H26O2 26497
2641-01-2 propyl red C19H23N3O2 31527
2641-56-7 diethylbis(octanoyloxy)stannane C20H40O4Sn 32503
2641-89-6 2,3,5,6-tetrabromo-1,4-benzenediol C6H2Br4O2 6153
2642-50-4 3-methoxytricycloquinazoline C22H14N4O 33114
2642-63-9 1-(3,4-dichlorophenyl)ethanone C8H6Cl2O 12807
2642-71-9 azinphos-ethyl C12H16N3O3PS2 24179
2642-98-0 6-chrysenamine C18H13N 30445
2645-07-0 4-nitrohippuric acid C9H8N2O5 16175
2645-22-9 4,4'-dithiodipyridine C10H8N2S2 18735
2646-17-5 1-(o-tolylazo)-2-naphthol C17H14N2O 29931
2646-90-4 2,5-difluorobenzaldehyde C7H4F2O 9785
2646-91-5 2,3-difluorobenzaldehyde C7H4F2O 9786
2648-61-5 2,2-dichloro-1-phenylethanone C8H6Cl2O 12808
2648-69-3 3,3-dibromo-2-butanone C4H6Br2O 2782
2650-17-1 xylene cyanole ff, dye content C25H27N2O6S2Na 34116
2650-18-2 peacock blue C37H42N4O9S3 35459
2650-64-8 N-carbobenzyloxy-L-glutamine C13H16N2O5 26070
2651-46-9 4-phenoxybutyl chloride C10H13ClO 19739
2651-85-6 diethyl ethane phosphonite C6H15O2P 9255
2652-13-3 eicosamethylnonasiloxane C20H60O8Si9 32560
2652-77-9 diphenyldiketopyrazolidine C15H15N2O2 28362
2654-57-1 1-phenyl-4-methyl-3-pyrazolidone C10H12N2O 19440
2654-58-2 4,4-dimethyl-1-phenyl-3-pyrazolidone C11H14N2O 22065
2655-14-3 3,5-dimethylphenyl-N-methylcarbamate C10H13NO2 19816
2655-19-8 3,5-di-tert-butylphenylmethylcarbamate C16H25NO2 29587
2655-27-8 N-pentylaniline C11H17N 22505
2655-83-6 1-chloro-3-ethoxybenzene C8H9ClO 13598
2655-84-7 3-bromophenetole C8H9BrO 13559
2656-72-6 heptyl hydrazine C7H18N2 12381
2657-65-0 1,2,3,4-tetrabromobutane, (±) C4H6Br4 2790
2657-87-6 3,4'-oxydianiline C12H12N2O 23733
2664-63-3 4,4'-thiodiphenol C12H10O2S 23550
2665-12-5 tri-o-cresyl borate C21H21BO6 32762
2665-30-7 methyl-(4-nitrophenoxy)-phosphinothioyl-oxy C13H12NO4PS 25755
2668-24-8 4,5,6-trichloroguaiacol C7H5Cl3O2 9987
2668-92-0 naphthaloximidodiethyl thiophosphate C16H16NO5PS 29250
2669-32-1 O,O-dimethyl-S-(5-ethoxy-1,3,4-thiadiazoli C7H13N2O4PS3 11684
2669-35-4 tributyltin cyclohexanecarboxylate C19H38O2Sn 31721
2672-58-4 trimethyl 1,3,5-benzenetricarboxylate C12H12O6 23797
2674-34-2 1,4-dibromo-2,5-dimethoxybenzene C8H8Br2O2 13261
2674-91-1 O,O-dimethyl-S-isopropyl-2-sulfinylethylphos C7H17O4PS2 12370
2675-77-6 chloroneb C8H8Cl2O2 13303
2675-79-8 5-bromo-1,2,3-trimethoxybenzene C9H11BrO3 16842
2678-54-8 1,1-diethoxyethene C6H12O2 8489
2679-87-0 ethyl sec-butyl ether C6H14O 9006
2680-03-7 N,N-dimethylacrylamide C5H9NO 5208
2681-83-6 2-bromohexanoic acid, (±) C6H11BrO2 7990
2681-92-7 2-bromopentanoic acid, (±) C5H9BrO2 5005
2682-45-3 2-methyl-b-naphthothiazole C12H9NS 23426
2683-43-4 2,4-dichloro-6-nitroaniline C6H4Cl2N2O2 6476
2683-82-1 octaethylporphine C36H46N4 35363
2683-90-1 8-azahypoxanthine C4H3N5O 2504
2686-99-9 3,4,5-trimethylphenyl methylcarbamate C11H15NO2 22277
2687-12-9 cinnamyl chloride C9H9Cl 16282
2687-25-4 3-methyl-1,2-benzenediamine C7H10N2 11082
2687-91-4 1-ethyl-2-pyrrolidone C6H11NO 8113
2687-94-7 1-octyl-2-pyrrolidone C12H23NO 24806
2687-96-9 1-dodecyl-2-pyrrolidinone C16H31NO 29700
2688-48-4 2,5-dihydroxyphenylacetic acid g-lactone C8H6O3 12931
2688-77-9 laudanosine C21H27NO4 32908
2688-84-8 2-phenoxyaniline C12H11NO 23621
2689-59-0 2-furanylphenylmethanone C11H8O2 21529
2689-88-5 diethyl dipropargylmalonate C13H16O4 26110
2690-08-6 dioctyl sulfide C16H34S 29791
2691-41-0 octahydro-1,3,5,7-tetranitro-1,3,5,7-tetrazocin C4H8N8O8 3472
2693-46-1 3-aminofluoranthene C16H11N 29008
2694-54-4 triallyl trimellitate C18H18O6 30684
2695-47-8 6-bromo-1-hexene C6H11Br 7982
2696-84-6 4-propylaniline C9H13N 17294
2697-60-1 2-aminoethaneselenosulfuric acid C2H7NO3SSe 1126
2698-38-6 ethyl-2-methyl-4-chlorophenoxyacetate C11H13ClO3 21931
2698-41-1 o-chlorobenzylidene malononitrile C10H5ClN2 18498
2700-22-3 benzylidenemalononitrile C10H6N2 18567
2700-30-3 N,N-diisopropylformamide C7H15NO 12066
2700-47-2 6'-methoxy-2'-propiononaphthone C14H14O2 27169
2700-89-2 1,2-dichloro-1-(methylsulfonyl)ethylene C3H4Cl2O2S 1558
2702-58-1 methyl 3,5-dinitrobenzoate C8H6N2O6 12904
2702-72-9 sodium-2,4-dichlorophenoxyacetate C8H5Cl2NaO3 12632
2703-13-1 1-(ethoxy-methyl-phosphinothioyl)oxy-4-meth C10H15O2PS2 20309
2705-87-5 allyl cyclohexanepropionate C12H20O2 24575
2706-56-1 2-pyridineethanamine C7H10N2 11093
2706-90-3 nonafluorovaleric acid C5HF9O2 4191
2709-56-0 cis-(Z)-flupenthixol C23H25F3N2OS 33563
2713-09-9 fluoro acetylene C2HF 553
2713-31-7 2,5-difluorophenol C6H4F2O 6527
2713-33-9 3,4-difluorophenol C6H4F2O 6528
2713-34-0 3,5-difluorophenol C6H4F2O 6529
2717-39-7 1,4,5,8-tetramethylnaphthalene C14H16 27309
2717-42-2 1,2,4-trimethylnaphthalene C13H14 25922
2717-44-4 1,2-dihydro-3-methylnaphthalene C11H12 21787
2718-25-4 rheadine C21H21NO6 32776
2719-08-6 methyl 2-acetamidobenzoate C10H11NO3 19330
2719-13-3 2-(p-nitrophenyl)hydrazideacetic acid C8H9N3O3 13779
2719-23-5 2-acetylaminothiazole C5H6N2OS 4511
2719-27-9 cyclohexanecarbonyl chloride C7H11ClO 11255
2719-32-6 4-cyanophenyl isothiocyanate C8H4N2S 12588
2719-52-0 2-phenylpentane C11H16 22305
2720-41-4 cyclohexanethione C6H10S 7971
2721-38-2 1,1-diethylcyclopentane C9H18 17873
2722-36-3 gamma-methylbenzenepropanol C10H14O 20056
2724-59-6 17-methyloctadecanoic acid C19H38O2 31710
2724-69-8 N-methyl-N'-phenyl thiourea C8H10N2S 13898
2725-53-3 5-tert-butyl-2-hydroxybenzaldehyde C11H14O2 22139
2725-81-7 6-nitrocoumarin C9H5NO4 15834
2725-82-8 1-bromo-3-ethylbenzene C8H9Br 13537
2726-21-8 DL-2,3-diphenylbutane C16H18 29356
2728-04-3 N,N-diethyl-o-toluamide C12H17NO 24309
2731-16-0 N-desacetylthiocolchicine C20H23NO4S 32204
2731-73-9 3-chloro-L-alanine C3H6ClNO2 1839
2732-09-4 7-formyl-9-methylbenz(c)acridine C19H13NO 31248
2733-41-7 4-nitrobenzoyl azide C7H4N4O3 9851
2734-70-5 2,6-dimethoxyaniline C8H11NO2 14164
2735-04-8 2,4-dimethoxyaniline C8H11NO2 14170
2736-23-4 2,4-dichloro-5-sulfamoylbenzoic acid C7H5Cl2NO4S 9965
2736-37-0 2-methylpropanoyl bromide C4H7BrO 3064
2736-40-5 2-ethylbutanoyl chloride C6H11ClO 8024
2736-73-4 2,3-dichloro-2-propen-1-ol C3H4Cl2O 1552
2736-80-3 2,2-dinitro-1,3-propanediol C3H6N2O6 1903
2738-18-3 2,6-dimethylhept-3-ene C9H18 17951
2738-19-4 2-methyl-2-hexene C7H14 11718
2739-12-0 N-methylaniline hydrochloride C7H10ClN 11064
2739-97-1 2-pyridylacetonitrile C7H6N2 10347
2739-98-2 ethyl 2-pyridylacetate C9H11NO2 16947
2740-81-0 2-chlorophenyl isothiocyanate C7H4ClNS 9726
2740-83-2 3-(trifluoromethyl)benzylamine C8H8F3N 13317
2741-16-4 phenyl isopropyl ether C9H12O 17088

2741-38-0 allyldiphenylphosphine C15H15P 28376
2743-38-6 dibenzoyltartaric acid C18H14O8 30530
2743-60-4 ethyl-L-leucinate C8H17NO2 15340
2745-25-7 2-furanacetonitrile C6H5NO 6812
2745-26-8 2-furanacetic acid C6H6O3 7089
2746-14-7 1-methylcyclopropanemethanol C5H10O 5479
2746-81-8 prolixin enanthate C29H38F3N3O2S 34781
2747-05-9 7-acetoxy-4-methylcoumarin C12H10O4 23565
2747-31-1 N,N-dimethyl-p-phenylazoaniline-N-oxide C14H15N3O 27250
2747-53-7 3-methyl-3-penten-2-ol C6H12O 8435
2749-11-3 s(+)-2-amino-1-propanol C3H9NO 2210
2749-59-9 2,4-dihydro-2,5-dimethyl-3H-pyrazol-3-one C5H8N2O 4826
2749-79-3 4,5-hexadien-2-yn-1-ol C6H6O 7060
2750-76-7 rifamide C43H58N2O13 35720
2751-90-8 tetraphenylphosphonium bromide C24H20BrP 33769
2752-17-2 1,5-diamino-3-oxapentane C4H12N2O 4081
2752-19-4 tris ortho xenyl phosphite C36H27O3P 35337
2752-65-0 cambogic acid C38H44O8 35511
2754-27-0 trimethylsilyl acetate C5H12O2Si 5896
2756-85-6 1-amino-1-cyclohexanecarboxylic acid C7H13NO2 11653
2757-18-8 thallous malonate C3H2O4Tl2 1387
2757-23-5 chlorocarbonylsulfenyl chloride CCl2OS 45
2757-28-0 triisooctylamine C24H51N 34019
2757-90-6 agaritine C12H17N3O4 24349
2757-92-8 2-(ethylthio)benzothiazole C9H9NS2 16489
2758-06-7 (2-bromoethyl)trimethylammonium bromide C5H13Br2N 5942
2758-18-1 3-methyl-2-cyclopenten-1-one C6H8O 7390
2759-28-6 1-benzylpiperazine C11H16N2 22368
2759-71-9 cypromid C10H9Cl2NO 18827
2761-24-2 triethoxypentylsilane C11H26O3Si 23108
2761-84-4 5-dodecenoic acid C12H22O2 24702
2763-96-4 5-aminomethyl-3-isoxyzole C4H6N2O2 2910
2765-04-0 thioacetaldehyde trimer C6H12S3 8640
2765-11-9 pentadecanal C15H30O 28873
2765-18-6 1-propylnaphthalene C13H14 25903
2765-29-9 trans,trans,cis-1,5,9-cyclododecatriene C12H18 24385
2766-51-0 DL-methionine methylsulfonium bromide C6H14BrNO2S 8887
2766-74-7 5-chlorothiophenesulphonyl chloride C4H2Cl2O2S2 2394
2767-41-1 dichlorodihexylstannane C12H26Cl2Sn 25270
2767-47-7 dimethyltin dibromide C2H6Br2Sn 1002
2767-54-6 triethyltin bromide C6H15BrSn 9151
2767-55-7 diethyldiiodostannane C4H10I2Sn 3823
2767-61-5 bromotripropylstannane C9H21BrSn 18379
2767-70-6 4-nitrobenzyl triphenylphosphonium bromide C25H23BrNO2P 34094
2767-80-8 tris(hydroxymethyl)phosphine C3H9O3P 2237
2767-84-2 (1S)-(+)-camphorquinone C10H14O2 20112
2768-02-7 trimethoxy(vinyl)silane C5H12O3Si 5911
2768-16-3 5-methyl-1-nonanol C10H22O 21233
2768-31-2 benzyl diethyl phosphite C11H17O3P 22547
2768-41-4 1-methoxy-2-butyne C5H8O 4860
2768-42-5 (R)-3-hydroxy-3-phenylpropanoic acid C9H10O3 16757
2768-56-1 N-carbobenzyloxy-DL-serine C11H13NO5 22007
2768-90-3 pinacyanol chloride C25H25ClN2 34105
2769-64-4 butyl isocyanide C5H9N 5187
2772-45-4 2,4-bis(a,a-dimethylbenzyl)phenol C24H26O 33834
2773-92-4 dimethisoquin hydrochloride C17H25ClN2O 30229
2777-65-3 10-undecynoic acid C11H18O2 22605
2777-66-4 methyl 10-undecynoate C12H20O2 24571
2778-04-3 endothion C9H13O6PS 17384
2778-41-8 1,4-bis-(1-isocyanato-1-methylethyl)benzene C14H16N2O2 27347
2778-42-9 1,3-bis(1-isocyanato-1-methylethyl)benzene C14H16N2O2 27346
2778-68-9 3,7,7-trimethylbicyclo[4.1.0]heptane, [1S-(1alph C10H18 20623
2781-00-2 peroxide, [1,4-phenylenebis(1-methylethylidene C20H34O4 32410
2781-10-4 dibutyltin bis(2-ethylhexanoate) C24H48O4Sn 33996
2781-11-5 diethyl ((bis(2-hydroxyethyl)amino)methyl)pho C9H22NO5P 18422
2781-85-3 cyclopropene C3H4 1494
2782-57-2 1,3-dichloro-1,3,5-triazine-2,4,6(1H,3H,5H)-t C3HCl2N3O3 1321
2782-70-9 benzylidenemethylphosphorodithioate C11H18O4P2S4 22627
2782-91-4 tetramethylthiourea C5H12N2S 5823
2783-12-2 2-nitrobutene C4H7NO2 3272
2783-17-7 dodecyldiamine C12H28N2 25377
2783-94-0 FD&C yellow No. 6 C16H10N2Na2O7S2 28996
2783-96-2 sodium-5-dinitromethyltetrazolide C2HN6NaO4 566
2784-73-8 6-acetylmorphine C19H21NO4 31468
2784-86-3 1-hydroxy-2-acetamidofluorene C15H13NO2 28233
2784-89-6 2-nitro-4-aminodiphenylamine C12H11N3O2 23662
2784-94-3 N',N'-bis(2-hydroxyethyl)-N-methyl-2-nitro-p C11H17N3O4 22544
2785-74-2 4,5-dimethyl-1,2-benzenediol C8H10O2 13955
2785-87-7 2-methoxy-4-propylphenol C10H14O2 20115
2785-89-9 4-ethyl-2-methoxyphenol C9H12O2 17144
2785-98-0 2,5-dimethoxybenzoic acid C9H10O4 16793
2787-43-1 3-methyl-1,trans-3-pentadiene C6H10 7641
2787-45-3 3-methyl-1,cis-3-pentadiene C6H10 7640
2787-79-3 2,3,5,6-tetrafluoro-4-(trifluoromethyl)phenol C7HF7O 9436
2787-93-1 1,1,1,3,3,3-hexaoctyldistannoxane C48H102OSn2 35799
2789-92-6 3,5-dichloroanthranilic acid C7H5Cl2NO2 9959
2790-09-2 4,6-dimethyl-1,3-benzenedicarboxylic acid C10H10O4 19200
2791-29-9 1,1-dimethoxyhexadecane C18H38O2 31148
2797-51-5 2-amino-3-chloro-1,4-naphthoquinone C10H6ClNO2 18531
2798-73-4 1-methoxy-1-buten-3-yne C5H6O 4537
2799-07-7 S-trityl-L-cysteine C22H21NO2S 33217
2799-16-8 (R)-(-)-1-amino-2-propanol C3H9NO 2211
2799-17-9 (S)-(+)-1-amino-2-propanol C3H9NO 2212
2799-21-5 (R)-(+)-3-pyrrolidinol C4H9NO 3691
2799-58-8 bis(2-chloroethyl) methylphosphonate C5H11Cl2O3P 5647
2801-68-5 2-(2,5-dimethoxyphenyl)isopropylamine C11H17NO3 22532
2801-84-5 2,4-dimethyldecane C12H26 24924
2802-08-6 trans-4-(dimethylamino)-3-buten-2-one C6H11NO 8111
2802-70-2 2-fluoroiminohexafluoropropane C3F7N 1298
2804-00-4 8-(4-p-fluoro phenyl-4-oxobutyl)-2-methyl-2 C19H23FN2O3 31513
2804-50-4 2-chloro-1,1,3,3,3-pentafluoro-1-propene C3ClF5 1246
2806-85-1 3-ethoxypropanal C5H10O2 5513
2806-97-5 2-butyn-1-al diethyl acetal C8H14O2 14628
2807-30-9 ethylene glycol monopropyl ether C5H12O2 5857
2807-54-7 diallyl fumarate C10H12O4 19677
2808-71-1 3-ethylcyclohexene C8H14 14467
2808-76-6 1,3-dimethylcyclohexene C8H14 14470
2808-77-7 1,5-dimethylcyclohexene C8H14 14472
2808-79-9 1,4-dimethylcyclohexene C8H14 14471
2808-80-2 1-methyl-4-methylenecyclohexane C8H14 14601
2808-86-8 2,3,4,5-tetrachloropyridine C5HCl4N 4188
2809-21-4 1-hydroxyethylidene-1,1-diphosphonic acid C2H8O7P2 1167
2809-64-5 1,2,3,4-tetrahydro-5-methylnaphthalene C11H14 22027
2809-67-8 2-octyne C8H14 14485
2809-69-0 2,4-hexadiyne C6H6 6882
2810-04-0 ethyl thiophene-2-carboxylate C7H8O2S 10887
2810-69-7 1,2,3,4-tetrabromo-5,6-dimethylbenzene C8H6Br4 12745
2812-73-9 chlorothioformic acid ethyl ester C3H5ClOS 1687
2813-95-8 dinoseb acetate C12H14N2O6 23943
2814-20-2 2-isopropyl-6-methyl-4-pyrimidinol C8H12N2O 14305
2814-77-9 1-((2-chloro-4-nitrophenyl)azo)-2-naphthol C16H10ClN3O3 28988
2815-34-1 trans-2,5-dimethylpiperazine C6H14N2 8919
2816-39-9 hexaphenyldigermanium C36H30Ge2 35343
2816-57-1 2,6-dimethylcyclohexanone C8H14O 14553
2817-71-2 1-ethyl-1H-pyrazole C5H8N2 4817
2818-58-8 phenyl-b-D-galactopyranoside C12H16O6 24270
2818-66-8 5-amino-2-mercaptobenzimidazole C7H7N3S 10713
2818-88-4 2-methylbenzoselenazole C8H7NSe 13214
2818-89-5 2,5-dimethylbenzoselenazole C9H9NSe 16490
2819-48-9 1,2-dimethylenecyclohexane C8H12 14240
2819-86-5 pentamethylphenol C11H16O 22407
2820-37-3 3,4-dimethyl-1H-pyrazole C5H8N2 4815
2822-41-5 2,3,4-trifluorophenol C6H3F3O 6344
2823-90-7 5-fluoro-2-acetylaminofluorene C15H12FNO 28145
2823-91-8 4-fluoro-2-acetylaminofluorene C15H12FNO 28144
2823-93-0 3-fluoro-2-acetylaminofluorene C15H12FNO 28143
2823-94-1 6-fluoro-2-acetylaminofluorene C15H12FNO 28146
2823-95-2 8-fluoro-2-acetylaminofluorene C15H12FNO 28147
2824-10-4 1-fluoro-2-acetylaminofluorene C15H12FNO 28142
2825-00-5 aureothin C22H23NO6 33243
2825-15-2 1-nitrohydantoin C3H3N3O4 1486
2825-60-7 fluderma C29H38ClFO8 34780
2825-79-8 trans-2-octadecenoic acid C18H34O2 31032
2825-82-3 tricyclo[5.2.1.02,6]decane C10H16 20372
2827-46-5 2,4,6-tris(methylamino)-S-triazine C6H12N6 8390
2828-42-4 o-(N-phenylcarbamoyl)propanonoxime C10H12N2O2 19444
2832-10-2 ethyl 4-acetyl-5-oxohexanoate C10H16O4 20527
2832-19-1 N-hydroxymethyl-2-chloroacetamide C3H6ClNO2 1840
2832-40-8 disperse yellow 3,ci 11855 C15H15N3O2 28367
2832-49-7 N,N,N',N'-tetraethylsulfamide C8H20N2O2S 15710
2834-05-1 11-bromoundecanoic acid C11H21BrO2 22752
2834-23-3 chlorodifluoroacetic anhydride C4Cl2F4O3 2300
2835-06-5 DL-a-phenylglycine C8H9NO2 13731
2835-21-4 3-isocyano-1-propene C4H5N 2702
2835-33-8 2-allylpyridine C8H9N 13663
2835-39-4 isovaleric acid, allyl ester C8H14O2 14653
2835-68-9 4-aminobenzamide C7H8N2O 10796
2835-77-0 2-aminobenzophenone C13H11NO 25697
2835-81-6 DL-2-aminobutanoic acid C4H9NO2 3702
2835-82-7 DL-3-aminobutanoic acid C4H9NO2 3703
2835-95-2 4-amino-2-hydroxytoluene C7H9NO 10993
2835-96-3 4-amino-2-methylphenol C7H9NO 10976
2835-97-4 2-amino-3-methylphenol C7H9NO 10972
2835-98-5 6-amino-m-cresol C7H9NO 10987
2835-99-6 4-amino-m-cresol C7H9NO 10988
2836-00-2 3-amino-4-methylphenol C7H9NO 10974
2836-03-5 N,N-dimethyl-1,2-benzenediamine C8H12N2 14278
2836-04-6 N,N-dimethyl-1,3-benzenediamine C8H12N2 14279
2836-32-0 sodium glycolate C2H3NaO3 784
2836-82-0 (2-fluorophenyl)acetone C9H9FO 16339
2837-89-0 2-chloro-1,1,1,2-tetrafluoroethane C2HClF4 529
2840-26-8 3-amino-4-methoxybenzoic acid C8H9NO3 13752
2840-28-0 3-amino-4-chlorobenzoic acid C7H6ClNO2 10236
2842-37-7 2-phenylethylaminoethanol C10H15NO 20263
2842-38-8 2-(cyclohexylamino)ethanol C8H17NO 15321
2845-62-7 benzenesulfonyl isocyanate C7H5NO3S 10070
2845-78-5 3-amino-4-bromo-5-phenylpyrazole C9H8BrN3 16099
2845-82-1 5-(4-pyridyl)-1,3,4-oxadiazol-2-ol C8H5N3O2 12707
2845-89-8 m-chloroanisole C7H7ClO 10512
2847-00-9 1,2:5,6-di-O-isopropylidene-a-D-ribo-3-hexulof C12H18O6 24498
2847-30-5 2-methoxy-3-methylpyrazine C6H8N2O 7349
2847-65-6 triphenyltin p-acetamidobenzoate C27H23NO3Sn 34401
2847-72-5 4-methyldecane C11H24 22893
2848-25-1 1,2-benzenediol monoacetate C8H8O3 13448
2850-61-5 dibutylarsinic acid C8H19AsO2 15624
2851-83-4 ethyl dodecyl sulfide C14H30S 27950
2852-07-5 1,1,2-trichlorobutadiene C4H3Cl3 2468
2854-16-2 1-amino-2-methyl-2-propanol C4H11NO 4005
2855-08-5 1-chloro-3,3-dimethylbutane C6H13Cl 8683
2855-13-2 5-amino-1,3,3-trimethylcyclohexanemethylamine C10H22N2 21214
2855-19-8 1,2-epoxydodecane C12H24O 24859
2855-27-8 1,2,4-trivinylcyclohexane, isomers C12H18 24387
2856-63-5 2-chlorobenzeneacetonitrile C8H6ClN 12757
2857-03-6 tributyltin-p-acetamidobenzoate C21H35NO3Sn 32997
2857-97-8 bromotrimethylsilane C3H9BrSi 2184
2858-66-4 1-(2-piperidinyl)-2-propanone, (R) C8H15NO 14792
2859-67-8 3-pyridinepropanol C8H11NO 14146
2859-68-9 2-pyridinepropanol C8H11NO 14145
2859-78-1 4-bromo-1,2-dimethoxybenzene C8H9BrO2 13561
2861-28-1 3,4-(methylenedioxy)phenylacetic acid C9H8O4 16239
2862-16-0 7-deazainosine C11H13N3O5 22019
2865-19-2 dibutyldiiodostannane C8H18I2Sn 15394
2865-70-5 10-chlorophenoxarsine C12H8AsClO 23264
2867-05-2 2-methyl-5-isopropylbicyclo[3.1.0]hex-2-ene C10H16 20343
2867-20-1 DL-alanyl-DL-alanine C6H12N2O3 8348
2867-47-2 2-(dimethylamino)ethyl methacrylate C8H15NO2 14808
2867-59-6 3-amino-1-butanol C4H11NO 3989
2867-63-2 2-benzylcyclopentanone C12H14O 23962
2868-37-3 methyl cyclopropanecarboxylate C5H8O2 4906
2869-09-2 5-methylnaphtho(1,2,3,4-def)chrysene C25H16 34050
2869-10-5 6-methylnaphtho(1,2,3,4-def)chrysene C25H16 34051
2869-12-7 7-methyldibenzo(h,rst)pentaphene C29H18 34748
2869-34-3 tridecylamine C13H29N 26555
2869-59-2 dibenzo(def,p)chrysene-10-carboxaldehyde C25H14O 34044
2869-60-5 5-methyl-1,2,3,4-dibenzopyrene C25H16 34048
2870-04-4 2-ethyl-m-xylene C10H14 19883
2870-32-8 chrysophenine C30H26N4Na2O8S2 34860
2871-01-4 2-((4-amino-2-nitrophenyl)amino)ethanol C8H11N3O3 14214
2872-48-2 1,4-diamino-2-methoxyanthraquinone C15H12N2O3 28168
2872-52-8 2-[ethyl[4-[(4-nitrophenyl)azo]phenyl]amino] C16H18N4O3 29387
2873-18-9 2-bromo-5-chlorothiophene C4H2BrClS 2375
2873-29-2 tri-O-acetyl-D-glucal C12H16O7 24272
2873-74-7 pentanedioyl dichloride C5H6Cl2O2 4477
2873-89-4 4-chloro-N,N-diethylaniline C10H14ClN 19901
2873-97-4 N-(1,1-dimethyl-3-oxobutyl)-2-propenamide C9H15NO2 17555
2874-74-0 2-methyldodecanoic acid C13H26O2 26493
2875-13-0 4-(dimethylamino)-2,3,5,6-tetrafluoropyridine C7H6F4N2 10328
2875-18-5 2,3,5,6-tetrafluoropyridine C5HF4N 4190
2876-22-4 1-phenazinamine C12H9N3 23429
2876-35-9 2-tert-butylnaphthalene C14H16 27274
2876-44-0 2-octylnaphthalene C18H24 30837
2876-45-1 2-heptylnaphthalene C17H22 30178
2876-46-2 2-hexylnaphthalene C16H20 29441
2876-51-9 1-octylnaphthalene C18H24 30836
2876-52-0 1-heptylnaphthalene C17H22 30177
2876-53-1 1-hexylnaphthalene C16H20 29440

3017-68-3 2-bromo-cis-2-butene C4H7Br 3054
3017-69-4 1-bromo-2-methyl-1-propene C4H7Br 3056
3017-70-7 2-bromo-3-methyl-2-butene C5H9Br 4992
3017-71-8 2-bromo-trans-2-butene C4H7Br 3055
3017-95-6 2-bromo-1-chloropropane C3H6BrCl 1813
3017-96-7 1-bromo-2-chloropropane C3H6BrCl 1811
3018-09-5 1-bromo-2-chloroethene C2H2BrCl 574
3018-12-0 dichloroacetonitrile C2HCl2N 537
3019-04-3 iodoacetone C3H5IO 1738
3019-20-3 isopropyl phenyl sulfide C9H12S 17214
3019-25-8 1-cyclobutylethanone C6H10O 7764
3019-71-4 trichloroacetyl isocyanate C3Cl3NO2 1262
3021-39-4 mercury(ii) cyanate C2HgN2O2 1193
3021-63-4 perfluoro-2,7-dimethyloctane C10F22 18469
3022-41-1 cyclodecyne C10H16 20330
3024-72-4 3,4-dichlorobenzoyl chloride C7H3Cl3O 9541
3024-83-7 DL-cysteic acid C3H7NO5S 2074
3025-30-7 ethyl (e,z)-2,4-decadienoate C12H20O2 24579
3025-73-8 N,N-dimethyl-p-(3,4-xylylazo)aniline C16H19N3 29423
3025-88-5 2,5-dimethylhexane-2,5-dihydroperoxide C8H18O4 15593
3025-96-5 4-acetamidobutyric acid C6H11NO3 8167
3027-13-2 1-(3-methoxyphenyl)-2-propanone C10H12O2 19567
3027-21-2 dimethoxymethylphenylsilane C9H14O2Si 17481
3027-38-1 3-nitro-1,8-naphthalic anhydride C12H5NO5 23190
3029-19-4 1-pyrenecarboxaldehyde C17H10O 29854
3029-32-1 6,13-pentacenedione C22H12O2 33094
3029-79-6 m-methylcinnamic acid C10H10O2 19121
3030-47-5 N,N,N',N'',N''-pentamethyldiethylenetriamine C9H23N3 18442
3031-05-8 1,2,6-trimethylnaphthalene C13H14 25924
3031-08-1 1,3,6-trimethylnaphthalene C13H14 25928
3031-15-0 1,2,3,4-tetramethylnaphthalene C14H16 27299
3031-16-1 1,2,5,8-tetramethylnaphthalene C14H16 27305
3031-66-1 3-hexyne-2,5-diol C6H10O2 7842
3031-73-0 methylhydroperoxide CH4O2 273
3031-74-1 ethyl hydroperoxide C2H6O2 1074
3031-75-2 isopropyl hydroperoxide C3H8O2 2142
3032-32-4 2-amino-3,6-dichlorobenzoic acid C7H5Cl2NO2 9956
3032-55-1 1,3-propanediol, 2-methyl-2-[(nitrooxy)methyl]- C5H9N3O9 5277
3032-81-3 1,3-dichloro-5-iodobenzene C6H3Cl2I 6293
3033-29-2 di-n-octyltin b-mercaptopropionate C19H38O2SSn 31720
3033-62-3 2,2'-oxybis[N,N-dimethylethanamine C8H20N2O 15707
3034-19-3 2-nitrophenylhydrazine C6H7N3O2 7243
3034-34-2 4-cyanobenzamide C8H6N2O 12872
3034-38-6 4-nitroimidazole C3H3N3O2 1479
3034-41-1 1-methyl-4-nitro-1H-imidazole C4H5N3O2 2745
3034-48-8 2-bromo-5-nitrothiazole C3HBrN2O2S 1311
3034-53-5 2-bromothiazole C3H2BrNS 1338
3034-79-5 peroxide, bis(2-methylbenzoyl) C16H14O4 29183
3035-75-4 2,2,4,10,12,12-hexamethyl-7-(3,5,5-trimethylhexy C28H58 34733
3036-66-6 1-methoxy-1,3-butadiene C5H8O 4858
3037-72-7 (4-aminobutyl)diethoxymethylsilane C9H23NO2Si 18439
3038-47-9 2-(trifluoromethyl)phenylacetonitrile C9H6F3N 15890
3038-48-0 (a,a,a-trifluoro-o-tolyl)acetic acid C9H7F3O2 16002
3040-44-6 1-piperidineethanol C7H15NO 12063
3041-16-5 p-dioxan-2-one C4H6O3 3003
3041-40-5 phenylpropanedinitrile C9H6N2 15897
3042-22-6 2-phenyl-1H-pyrrole C10H9N 18864
3042-50-0 1,4-dimethyl-2-propylbenzene C11H16 22335
3042-81-7 benzeneacetic acid, a-bromo-, methyl ester C9H9BrO2 16271
3043-33-2 2-methyl-2,3-pentadiene C6H10 7645
3047-32-3 3-ethyl-3-oxetanemethanol C6H12O2 8511
3047-38-9 1-cyclopentenecarbonitrile C6H7N 7176
3048-01-9 2-(trifluoromethyl)benzylamine C8H8F3N 13318
3048-64-4 5-vinyl-2-norbornene, endo and exo C9H12 17018
3048-65-5 3a,4,7,7a-tetrahydro-1H-indene C9H12 17020
3049-24-9 triphenyl phosphonate C18H15O3P 30565
3051-09-0 murexide C8H10N6O7 13909
3051-11-4 brilliant yellow C26H18N4Na2O8S2 34219
3052-45-7 allyllithium C3H5Li 1749
3054-01-1 S-benzyl-L-cysteine C10H13NO2S 19820
3054-07-7 DL-a-aminosuberic acid C8H15NO4 14835
3054-92-0 2,3,4-trimethyl-3-pentanol C8H18O 15515
3054-95-3 3,3-diethoxy-1-propene C7H14O2 11917
3055-14-9 1-methyl-3,5-diisopropylbenzene C13H20 26285
3058-01-3 3-methyladipic acid C7H12O4 11552
3058-39-7 4-iodobenzonitrile C7H4IN 9822
3058-47-7 1-(methylthio)-2-nitrobenzene C7H7NO2S 10648
3060-50-2 a,a-diphenylglycine C14H13NO2 27027
3060-89-7 metobromuron C9H11BrN2O2 16834
3061-36-7 1,4-dipenoxybenzene C18H14O2 30498
3061-65-2 1-cyanovinyl acetate C5H5NO2 4410
3062-81-5 triisopentylborane C15H33B 28928
3063-79-4 1-(4-methylphenyl)-2-pyrrolidinone C11H13NO 21969
3063-94-3 1,1,1,3,3,3-hexafluoroisopropyl methacrylate C7H6F6O2 10330
3064-70-8 bis(trichloromethyl)sulfone C2Cl6O2S 464
3065-46-1 bis(2-dimethylaminoethoxy)ethane C10H24N2O2 21426
3066-71-5 cyclohexyl acrylate C9H14O2 17462
3066-75-9 diethyl allyl phosphate C7H15O4P 12108
3067-12-7 benzo(a)pyrene-6,12-dione C20H10O2 31786
3067-13-8 benzo(a)pyrene-1,6-dione C20H10O2 31784
3067-14-9 benzo(a)pyrene-3,6-dione C20H10O2 31785
3068-00-6 1,2,4-butanetriol C4H10O3 3920
3068-32-4 2,3,4,6-tetra-O-acetyl-a-D-galactopyranosyl C14H19BrO9 27508
3068-88-0 b-butyrolactone C4H6O2 2980
3069-30-5 (4-aminobutyl)triethoxysilane C10H25NO3Si 21446
3069-40-7 trimethoxy(octyl)silane C11H26O3Si 23109
3069-42-9 trimethoxy(octadecyl)silane C21H46O3Si 33077
3070-15-3 phosphorothioic acid, O,O-diethyl O-(p-meth C11H17O3PS2 22550
3070-53-9 1,6-heptadiene C7H12 11361
3071-00-9 dieicosylamine C40H83N 35634
3072-84-2 2,2-bis(3,5-dibromo-4-(2,3-epoxypropoxy)phe C21H24Br4O4 32827
3073-05-0 p-quinquephenyl C30H22 34848
3073-59-4 N,N'-hexamethylenebisacetamide C10H20N2O2 20981
3073-66-3 1,1,3-trimethylcyclohexane C9H18 17926
3073-77-6 5-nitropyrimidinamine C4H4N4O2 2585
3073-87-8 dimethyl popop, scintillation C26H20N2O2 34225
3073-92-5 butyl propyl ether C7H16O 12212
3074-43-9 1-methyl-4-phenylpiperazine C11H16N2 22371
3074-61-1 1-propylcyclopentene C8H14 14463
3074-64-4 2,3-dimethyl-2-heptene C9H18 17950
3074-71-3 2,3-dimethylheptane C9H20 18183
3074-75-7 4-ethyl-2-methylhexane C9H20 18191
3074-76-8 3-ethyl-3-methylhexane C9H20 18192
3074-77-9 3-ethyl-4-methylhexane C9H20 18193
3075-84-1 2,2',5,5'-tetramethyl-1,1'-biphenyl C16H18 29350
3076-04-8 acrylic acid tridecyl ester C16H30O2 29668
3077-12-1 2,2'-(4-methylphenylimino)diethanol C11H17NO2 22522
3077-16-5 4-(4-methylphenyl)morpholine C11H15NO 22244
3078-97-5 O,O-diethyl-O-(4-dimethylsulfamonylphenyl) C12H20NO5PS2 24544
3081-01-4 N-(1,4-dimethylpentyl)-N'-phenyl-1,4-benzenedi C19H26N2 31571
3081-14-9 N,N'-bis(1,4-dimethylpentyl)-p-phenylenediamin C20H36N2 32418
3081-24-1 L-phenylalanine, ethyl ester C11H15NO2 22260
3083-10-1 1,1,4,7,10,10-hexamethyltriethylenetetramine C12H30N4 25404
3083-23-6 (trichloromethyl)oxirane C3H3Cl3O 1424
3083-25-8 1,2-epoxy-4,4,4-trichlorobutane C4H5Cl3O 2672
3084-25-1 dimethylol thiourea C3H8N2O2S 2121
3084-40-0 diethyl(hydroxymethyl)phosphonate C5H13O4P 6001
3084-48-8 tri-n-hexylphosphine oxide C18H39OP 31171
3084-50-2 tributylphosphine sulfide C12H27PS 25361
3084-62-6 2,4,5-T propylene glycol butyl ether ester C15H19Cl3O4 28551
3085-30-1 aluminum tributoxide C12H27AlO3 25324
3085-42-5 4-chlorophenyl sulfoxide C12H8Cl2OS 23284
3085-53-8 N-(3-methylphenyl)formamide C8H9NO 13679
3085-76-5 diisopropylcyanamide C7H14N2 11785
3086-62-2 3,4,5-trimethoxybenzamide C10H13NO4 19842
3087-36-3 titanium(iv) ethoxide, contains 5-15% isoprop C8H20O4Ti 15721
3087-37-4 titanium(iv) propoxide C12H28O4Ti 25384
3087-62-5 beta-lactonegluconic acid C6H10O6 7956
3088-31-1 diethylene glycol monolauryl ether sodium s C16H34NaO6S 29765
3088-41-3 1-piperidinepropanenitrile C8H14N2 14521
3088-42-4 N-(2-cyanoethyl)glycine C5H8N2O2 4833
3088-44-6 3-allyloxypropionitrile C6H9NO 7544
3089-11-0 N,N,N',N',N'',N''-hexakis(methoxymethyl)-1,3 C15H30N6O6 28872
3090-35-5 tributyl(oleoyloxy)stannane C30H60O2Sn 34955
3090-36-6 tributyltin laurate C24H50O2Sn 34007
3091-18-7 bromotripentylstannane C15H33BrSn 28930
3091-25-6 octyltrichlorostannane C8H17Cl3Sn 15272
3093-35-4 halciderm C24H32ClFO5 33888
3094-09-5 doxifluridine C9H11FN2O5 16879
3094-87-9 ferrous acetate C4H6FeO4 2879
3095-65-6 ammonium hydrogen tartrate C4H9NO6 3753
3095-95-2 diethylphosphonoacetic acid C6H13O5P 8873
3096-47-7 2-chloro-9H-fluoren-9-one C13H7ClO 25450
3096-50-2 2-acetylaminofluorenone C15H11NO2 28112
3096-52-4 2-nitro-9H-fluoren-9-one C13H7NO3 25456
3096-56-8 2-bromo-9-fluorenone C13H7BrO 25448
3096-57-9 2-amino-9-fluorenone C13H9NO 25544
3101-60-8 [(4-tert-butylphenoxy)methyl]oxirane C13H18O2 26212
3102-00-9 3-n-butoxy-1-phenoxy-2-propanol C13H20O3 26333
3102-33-8 trans-3-penten-2-one C5H8O 4871
3102-57-6 N-ethanoyl-D-erythro-sphingosine, synthetical C20H39NO3 32471
3102-87-2 2,3,5,6-tetramethyl-p-phenylenediamine C10H16N2 20398
3105-95-1 L(-)-pipecolinic acid C6H11NO2 8152
3105-97-3 lucanthone metabolite C20H24N2O2S 32225
3109-63-5 tetrabutylammonium hexafluorophosphate C16H36F6NP 29817
3112-85-4 methyl phenyl sulfone C7H8O2S 10890
3112-88-7 (benzylsulfonyl)benzene C13H12O2S 25820
3113-71-1 3-methyl-4-nitrobenzoic acid C8H7NO4 13188
3113-98-2 alpha-methylcyclohexanemethanol, (S) C8H16O 15090
3115-05-7 N-(3-amino-2,4,6-triiodobenzoyl)-N-(2-carb C16H13I3N2O3 29086
3115-68-2 tetrabutylphosphonium bromide C16H36BrP 29813
3116-33-4 1-(2-propylvaleryl)piperidine C13H25NO 26456
3118-97-6 1-[(2,4-dimethylphenyl)azo]-2-naphthalenol C18H16N2O 30590
3119-15-1 3-amino-2,4,6-triiodobenzoic acid C7H4I3NO2 9826
3120-04-5 2-methyl-N-phenylmaleimide C11H9NO2 21578
3120-74-9 3-methyl-4-methylthiophenol C8H10OS 13948
3121-61-7 ethylene glycol methyl ether acrylate C6H10O3 7902
3121-70-8 1-naphthyl butyrate C14H14O2 27170
3121-79-7 4,4-dimethyl-1-pentanol C7H16O 12187
3121-82-2 2,2-dimethyl-1,5-pentanediol C7H16O2 12248
3121-83-3 2-butyl-2-methyl-1,3-propanediol C8H18O2 15555
3123-27-1 benz(c)acridine-7-carbonitrile C18H10N2 30384
3123-97-5 iso-caprolactone C6H10O2 7863
3124-93-4 21-chloro-17-hydroxy-19-nor-17a-pregna-4,9-d C20H23ClO2 32188
3125-64-2 3-methoxyphenyl isothiocyanate C8H7NOS 13139
3126-63-4 pentaerythritol glycidyl ether C17H28O8 30274
3126-90-7 dibutyl isophthalate C16H22O4 29523
3128-06-1 5-oxohexanoic acid C6H10O3 7897
3129-39-3 2-bromo-3-methyl-1,4-naphthalenedione C11H7BrO2 21481
3129-90-6 isothiocyanic acid CHNS 128
3129-91-7 dicyclohexyl ammonium nitrite C12H24N2O2 24845
3130-19-6 bis((3,4-epoxycyclohexyl)methyl)adipate C20H30O6 32364
3131-03-1 virgimycin C45H54N8O10 35765
3131-60-0 5-amino-2b-D-ribofuranosyl-as-triazin-3(2H)-o C8H12N4O5 14320
3132-64-7 epibromohydrin C3H5BrO 1653
3132-99-8 3-bromobenzaldehyde C7H5BrO 9888
3133-01-5 1-tricosanol C23H48O 33708
3137-83-5 isothiocyanic acid m-acetamidophenyl ester C9H8N2OS 16166
3138-86-1 2,3-bis(bromomethyl)quinoxaline C10H8Br2N2 18675
3140-73-6 2-chloro-4,6-dimethoxy-1,3,5-triazine C5H6ClN3O2 4472
3140-92-9 2,4-dibromothiophene C4H2Br2S 2383
3140-93-0 2,3-dibromothiophene C4H2Br2S 2382
3141-12-6 triethyl arsenite C6H15AsO3 9141
3141-24-0 2,3,5-tribromothiophene C4HBr3S 2354
3141-26-2 3,4-dibromothiophene C4H2Br2S 2385
3141-27-3 2,5-dibromothiophene C4H2Br2S 2384
3142-58-3 3,3-dimethyl-2,4-pentanedione C7H12O2 11464
3142-66-3 3-hydroxy-2-pentanone C5H10O2 5518
3142-72-1 2-methyl-2-pentenoic acid C6H10O2 7862
3142-84-5 3-ethyl-6-hepten-4-yn-3-ol C9H14O 17443
3143-02-0 3-methyl-3-oxetanemethanol C5H10O2 5531
3144-09-0 methanesulfonamide CH5NO2S 287
3144-16-9 camphorsulfonic acid, (1S) C10H16O4S 20531
3144-54-5 1-(2,4-dihydroxyphenyl)-1-hexanone C12H16O3 24240
3146-39-2 (1a,2b,4b,5a)-3-oxatricyclo[3.2.1.02,4]octane C7H10O 11159
3147-39-5 methyl 2,4,6-trihydroxybenzoate C8H8O5 13513
3147-55-5 3,5-dibromo-2-hydroxybenzoic acid C7H4Br2O3 9660
3148-09-2 muconomycin A C27H34O9 34454
3148-72-9 1,3-diamino-2-hydroxypropane-N,N,N',N'-tetra C11H18N2O9 22577
3148-73-0 1,2-diacetylhydrazine C4H8N2O2 3433
3149-28-8 2-methoxypyrazine C5H6N2O 4507
3150-24-1 4-nitrophenyl-b-D-galactopyranoside C12H15NO8 24094
3151-41-5 chlorotribenzylstannane C21H21ClSn 32765
3152-41-8 O,O-diethyl-S-(3,4-dichlorophenyl-thio)m C11H15Cl2O2PS3 22227
3152-68-9 1-phenyl-1-penten-3-one C11H12O 21857
3153-26-2 vanadyl(iv)-acetylacetonate C10H14O5V 20176
3153-36-4 ethyl 4-chlorobutanoate C6H11ClO2 8040
3153-37-5 methyl 4-chlorobutanoate C5H9ClO2 5091
3153-44-4 3-(4-methoxybenzoyl)propionic acid C11H12O4 21905
3155-43-9 1,18-octadecanediol C18H38O2 31147
3156-70-5 1-nitro-1-propene C3H5NO2 1764
3156-73-8 1-nitro-2-propanol C3H7NO3 2065
3156-74-9 1-nitro-2-butanol C4H9NO3 3734
3158-26-7 octyl isocyanate C9H17NO 17826
3160-32-5 isopropyl styryl ketone C12H14O 23973
3160-37-0 3,4-methylenedioxybenzyl acetone C11H10O3 21672

590

3344-12-5 isomalathion C10H19O6PS2 20920
3344-14-7 S-methyl fenitrooxon C9H12NO5PS 17036
3344-70-5 1,12-dibromododecane C12H24Br2 24832
3344-77-2 12-bromododecanol C12H25BrO 24896
3347-22-6 dithianone C14H4N2O2S2 26577
3350-30-9 cyclononanone C9H16O 17664
3350-78-5 3-methyl-2-butenoyl chloride C5H7ClO 4618
3351-05-1 8-(phenylamino)-5-[[4-((3-sulfophenyl)az C32H24N5O6S2Na 35065
3351-28-8 1-methylchrysene C19H14 31257
3351-30-2 4-methylchrysene C19H14 31273
3351-31-3 3-methylchrysene C19H14 31272
3351-32-4 2-methylchrysene C19H14 31271
3351-86-8 fucoxanthin C40H60O6 35606
3352-87-2 N,N-diethyldodecanamide C16H33NO 29747
3353-08-0 17-methyl-15H-cyclopenta(a)phenanthrene C18H14 30470
3353-69-3 1,2-bis(dichloromethylsilyl)ethane C4H10Cl4Si2 3815
3354-32-3 2(5H)-thiophenone C4H4OS 2596
3354-42-5 3H-1,2-benzodithiole-3-thione C7H4S3 9858
3354-58-3 2-methyl-6-allylphenol C10H12O 19514
3355-17-7 1-chloro-2-butyne C4H5Cl 2637
3355-28-0 1-bromo-2-butyne C4H5Br 2623
3358-28-9 2,2,4,4-tetramethyltetrahydrofuran C8H16O 15094
3360-16-5 N-isopropyl-1,3-propanediamine C6H16N2 9299
3360-41-6 4-phenylbutanol C10H14O 20084
3365-94-4 benzidin-3-yl ester sulfuric acid C12H12N2O4S 23745
3366-61-8 N-acetylbenzidine C14H14N2O 27115
3366-65-2 2-phenanthrylamine C14H11N 26831
3367-28-0 3-(3-chloromercuri-2-methoxy-1-propyl)-1- C8H13ClHgN2O3 14423
3367-29-1 3-(3-chloromercuri-2-methoxy-1-propyl)hyd C7H11ClHgN2O3 11253
3367-30-4 5-(3-chloromercuri-2-methoxy-1-propyl)-3- C7H11ClHgN2O3 11254
3367-31-5 chloro((3-(2,4-dioxo-5-imidazolidinyl)-2- C7H11ClHgN2O3 11252
3367-32-6 1-(3-chloromercuri-2-methoxy)propylhydant C7H10ClHgN2O3 11063
3367-95-1 N,N-diethylnipecotamide C10H20N2O 20976
3368-04-5 4-methylumbelliferone phosphate C10H9O6P 18957
3368-13-6 2-(phenylsulfonylamino)-1,3,4-thiadiazole-5- C8H8N2O4S3 13374
3368-16-9 alpha-(phenylmethylene)benezeneacetic acid C15H12O2 28188
3369-52-6 1,3,3a,4,7,7a-hexahydro-4,5,6,7,8,8-hexachloro C9H6Cl6O 15875
3370-81-8 3-O-methyl-D-glucopyranose C7H14O6 11955
3373-53-3 6-amino-1,3-dihydro-2H-purin-2-one C5H5N5O 4434
3374-22-9 DL-cysteine C3H7NO2S 2059
3375-23-3 2-(phenylazo)-1-naphthalenol C16H12N2O 29044
3375-31-3 palladium diacetate C4H8O4Pd 3580
3376-24-7 N-tert-butyl-a-phenylnitrone C11H15NO 22250
3376-48-5 decanoic acid, 2-hydroxy-1-(hydroxymethyl)ethy C13H26O4 26511
3377-71-7 1-benzyl-1H-indole C15H13N 28216
3377-86-4 2-bromohexane C6H13Br 8648
3377-87-5 3-bromohexane C6H13Br 8649
3377-92-2 vinyl pivalate C7H12O2 11493
3378-71-0 2,5-dimethylpyrrolidine, cis and trans C6H13N 8757
3378-72-1 N-benzyl-tert-butylamine C11H17N 22499
3379-38-2 1,3-diphenoxybenzene C18H14O2 30499
3380-34-5 2,4,4'-trichloro-2'-hydroxydiphenyl ether C12H7Cl3O2 23255
3382-99-8 2,6-diallylphenol C12H10O 23526
3383-21-9 3,5-di-tert-butyl-o-benzoquinone C14H20O2 27599
3383-96-8 abate C16H20O6P2S3 29470
3384-04-1 (3-chloropropoxy)benzene C9H11ClO 16860
3385-03-3 flunisolide C24H31FO6 33880
3385-21-5 1,3-diaminocyclohexane C6H14N2 8931
3385-34-0 ethyl isodehydracetate C10H12O4 19685
3385-78-2 trimethylindium C3H9In 2199
3385-94-2 hexamethyldisilathiane C6H18SSi2 9369
3386-33-2 1-chlorooctadecane C18H37Cl 31116
3386-42-3 2,5-dichlorophenyl isothiocyanate C7H3Cl2NS 9535
3387-41-5 4-methylene-1-(1-methylethyl)bicyclo[3.1.0]hexan C10H16 20371
3388-04-3 2-(3,4-epoxycyclohexyl)ethyl-trimethoxysilan C11H22O4Si 22863
3390-61-2 1,3,5-trimethyl-1,1,3,5,5-pentaphenyltrisil C33H34O2Si3 35146
3391-10-4 1-(4-chlorophenyl)ethanol C8H9ClO 13606
3391-83-1 11-oxahexadecanolide C15H28O3 28831
3391-86-4 1-octen-3-ol C8H16O 15144
3391-90-0 (S)-(-)-pulegone C10H16O 20473
3392-97-0 2,6-dimethoxybenzaldehyde C9H10O3 16748
3393-34-8 4-hydroxyhex-4-enoic acid lactone C6H8O2 7437
3393-64-4 4-hydroxy-3-methyl-2-butanone C5H10O2 5515
3393-78-0 bis(4-bromophenyl) sulfide C12H8Br2S 23268
3395-79-7 1-(dimethoxymethyl)-3-nitrobenzene C9H11NO4 16973
3395-81-1 4-chlorobenzaldehyde dimethyl acetal C9H11ClO2 16864
3395-91-3 methyl 3-bromopropanoate C4H7BrO2 3075
3396-11-0 cesium acetate C2H3CsO2 726
3396-99-4 methyl-a-D-galactopyranoside C7H14O6 11954
3397-62-4 2-chloro-4,6-diamino-1,3,5-triazine C3H4ClN5 1531
3398-09-2 p-amino-2':3-azotoluene C14H15N3 27239
3398-16-1 4-bromo-3,5-dimethylpyrazole C5H7BrN2 4596
3398-48-9 streptonigrin methyl ester C26H24N4O8 34251
3398-69-4 N-nitrosoethyl-tert-butylamine C6H14N2O 8942
3399-21-1 dimethyl cis-1,4-cyclohexanedicarboxylate C10H16O4 20517
3399-22-2 dimethyl trans-1,4-cyclohexanedicarboxylate C10H16O4 20525
3399-73-3 2-(1-cyclohexenyl)ethylamine C8H15N 14782
3400-45-1 cyclopentanecarboxylic acid C6H10O2 7819
3401-80-7 3,6-dichlorosalicylic acid C7H4Cl2O3 9754
3402-74-2 1-methyl-4-(4-nitrophenoxy)benzene C13H11NO3 25720
3402-76-4 1-phenoxynaphthalene C16H12O 29050
3404-57-7 6-methyl-3-heptene C8H16 14914
3404-58-8 3-ethyl-1-hexene C8H16 14930
3404-61-3 3-methyl-1-hexene C7H14 11715
3404-63-5 2-ethyl-1,3-butadiene C6H10 7646
3404-67-9 3-methyl-2-ethyl-1-pentene C8H16 14972
3404-71-5 2-ethyl-1-pentene C7H14 11729
3404-72-6 2,3-dimethyl-1-pentene C7H14 11731
3404-73-7 3,3-dimethyl-1-pentene C7H14 11733
3404-77-1 3,3-dimethyl-1-hexene C8H16 14935
3404-78-2 2,5-dimethyl-2-hexene C8H16 14947
3404-80-6 4-methyl-2-ethyl-1-pentene C8H16 14973
3405-32-1 1,2,3,4-tetrachlorobutane C4H6Cl4 2862
3405-42-3 methyldipropylamine C7H17N 12336
3405-45-6 N-methyldibutylamine C9H21N 18395
3405-88-7 (4-chlorophenylthio)acetic acid C8H7ClO2S 13025
3406-02-8 bis(phenylsulfonyl)methane C13H12S2O4 25832
3406-03-9 2-(phenylsulfonyl)acetophenone C14H12O3S 26980
3407-93-0 9-hydrazinoacridine C13H11N3 25729
3407-94-1 2,6-diaminoacridine C13H11N3 25731
3411-95-8 2-(2-benzothiazolyl)phenol C13H9NOS 25553
3413-72-7 5-(3-methyl-1-triazeno)imidazole-4-carboxamide C5H8N6O 4847
3414-47-9 5-(a,a,a-trifluoro-m-tolyoxymethyl)-2-oxaz C10H10F3NO2S 19013
3414-62-8 6-N-hydroxyadenosine C10H13N5O5 19864
3416-21-5 3-methylcholanthrene-11,12-oxide C21H16O 32653
3416-24-8 2-amino-2-deoxy-D-glucose C6H13NO5 8852
3416-26-0 lidoflazine C30H35F2N3O 34885
3419-32-7 ethyl 6-methyl-2-oxo-3-cyclohexene-1-carboxyla C10H14O3 20140
3419-66-7 1-tert-butyl-1-cyclohexene C10H18 20635
3419-71-4 1,4,4-trimethylcyclohexene C9H16 17617
3420-02-8 6-methylindole C9H9N 16379
3424-82-6 o,p'-DDE C14H8Cl4 26638
3424-93-9 4-methoxybenzamide C8H9NO2 13706
3425-46-5 potassium selenocyanate CKNSe 341
3425-61-4 tert-pentyl hydroperoxide C5H12O2 5891
3426-01-5 1,4-diphenyl-3,5-pyrazolidinedione C15H12N2O2 28163
3426-71-9 N-(benzyloxycarbonyl)hydroxylamine C8H9NO3 13753
3426-89-9 phosphorodichloridous acid, phenyl ester C6H5Cl2OP 6754
3428-24-8 4,5-dichloro-1,2-benzenediol C6H4Cl2O2 6487
3430-17-9 2-bromo-3-methylpyridine C6H6BrN 6908
3430-18-0 2,5-dibromo-3-picoline C6H5Br2N 6688
3430-21-5 2-amino-5-bromo-3-picoline C6H7BrN2 7134
3430-26-0 2,5-dibromo-4-picoline C6H5Br2N 6689
3430-27-1 4-methyl-3-pyridinamine C6H8N2 7331
3430-33-9 2,6-dimethyl-3-pyridinamine C7H10N2 11099
3433-37-2 2-piperidinemethanol C6H13NO 8773
3433-80-5 1-bromo-2-(bromomethyl)benzene C7H6Br2 10184
3435-28-7 6-methyl-4-pyrimidinamine C5H7N3 4711
3435-51-6 4-cyanostyrene, stabilized C9H7N 16016
3437-84-1 diisobutyryl peroxide C8H14O4 14715
3437-89-6 3-(phenylmethylene)-2-pentanone C12H14O 23968
3437-95-4 2-iodothiophene C4H3IS 2488
3438-16-2 5-chloro-2-methoxybenzoic acid C8H7ClO3 13035
3438-46-8 4-methylpyrimidine C5H6N2 4495
3438-48-0 4-phenylpyrimidine C10H8N2 18714
3439-97-2 methyltriphenoxysilane C19H18O3Si 31420
3440-02-6 dimethyldiphenoxysilane C14H16O2Si 27376
3440-75-3 tetrapropyl lead C12H28Pb 25389
3442-78-2 2-methylpyrene C17H12 29866
3443-45-6 1-pyrenebutyric acid C20H16O2 32026
3443-83-2 2-monomyristin C17H34O4 30334
3444-13-1 mercury(ii) oxalate C2HgO4 1196
3445-11-2 1-(2-hydroxyethyl)-2-pyrrolidinone C6H11NO2 8129
3445-76-9 5-phenyl-3H-1,2-dithiole-3-thione C9H6S3 15948
3446-89-7 4-(methylthio)benzaldehyde C8H8OS 13407
3446-90-0 4-(methylthio)benzyl alcohol C8H10OS 13943
3446-98-8 2-butylpyrrolidine C8H17N 15281
3452-07-1 1-eicosene C20H40 32476
3452-09-3 1-nonyne C9H16 17593
3452-97-9 3,5,5-trimethyl-1-hexanol C9H20O 18300
3453-00-7 diethyl (2-oxo-2-phenylethyl)phosphonate C12H17O4P 24354
3454-07-7 p-ethylstyrene C10H12 19374
3454-11-3 monopotassium aci-1-dinitroethane C2H3KN2O3 748
3454-28-2 furfuryl methacrylate C9H10O3 16752
3457-48-5 4,4'-dimethylbenzil C16H14O2 29162
3457-57-6 1-nitro-2-methylbutane C5H11NO2 5699
3457-58-7 (1-methyl-1-nitroethyl)benzene C9H11NO2 16938
3457-61-2 tert-butyl cumyl peroxide C13H20O2 26325
3458-28-4 D-mannose C6H12O6 8597
3459-18-5 4-nitrophenyl-2-acetamido-2-deoxy-b-D-glucop C14H18N2O8 27471
3459-92-5 dibenzyl carbonate C15H14O3 28316
3460-18-2 1,4-dibromo-2-nitrobenzene C6H3Br2NO2 6254
3460-20-6 1,2,3-tribromo-5-nitrobenzene C6H2Br3NO2 6147
3460-24-0 1,4-dibromo-2-chlorobenzene C6H3Br2Cl 6246
3460-67-1 furonazide C12H11N3O2 23661
3462-97-3 4-methoxybenzyltriphenylphosphonium chloride C26H24ClOP 34246
3463-21-6 ethoxysilatrane C8H17NO4Si 15346
3463-26-1 1-methyl-3-phenyl-1H-pyrazole C10H10N2 19023
3463-27-2 1-methyl-5-phenylpyrazole C10H10N2 19044
3463-40-9 1,3,5-tribromo-2-nitrobenzene C6H2Br3NO2 6148
3463-92-1 carpaine C28H50N2O4 34707
3465-73-4 dibutyldipropionyloxystannane C14H28O4Sn 27888
3465-74-5 dibutyldipentanoyloxystannane C18H36O4Sn 31110
3465-75-6 bis(decanoyloxy)di-n-butylstannane C28H56O4Sn 34727
3468-11-9 1,3-diiminoisoindoline C8H7N3 13217
3468-53-9 phenyl nicotinate C12H9NO2 23414
3468-63-1 1-((2,4-dinitrophenyl)azo)-2-naphthol C16H10N4O5 28997
3468-99-3 ethyl diphenylacetate C16H16O2 29282
3469-26-9 2,7-dimethoxynaphthalene C12H12O2 23771
3470-17-5 benzo[1,2-c:3,4-c':5,6-c'']tris[1,2,5]oxadiazole, C6N6O6 9404
3471-05-4 3,4,5,6-tetrahydro-2,3'-bipyridine C10H12N2 19436
3471-31-6 5-methoxyindole-3-acetic acid C11H11NO3 21757
3473-12-9 2-phenethyl-3-thiosemicarbazide C9H13N3S 17376
3475-63-6 1,1,3-trimethyl-3-nitrosourea C4H9N3O2 3770
3476-50-4 trimethylcolchicinic acid methyl ether C20H23NO5 32206
3476-89-9 1,2,3,4-tetrahydroquinoxaline C8H10N2 13859
3477-28-9 3-(3-chloromercuri-2-methoxy-1-propyl)-5, C9H15ClN2O3Hg 17536
3477-94-9 3-chloro-1,2-propanediol 1-benzoate C10H11ClO3 19267
3478-88-4 2,2',4,4'-tetramethylbenzophenone C17H18O 30072
3478-94-2 3-(2-methylpiperidino)propyl-3,4-dichlorob C16H21Cl2NO2 29473
3481-02-5 cyclopropyl phenyl ketone C10H10O 19107
3482-37-9 trimethylcolchicinic acid C19H21NO5 31471
3483-12-3 2,3-butanediol, 1,4-dimercapto-, (R*,R*)- C4H10O2S2 3914
3483-82-7 N-benzoyl-L-tyrosine ethylester C18H19NO4 30698
3485-14-1 (1-aminocyclohexyl)penicillin C15H23N3O4S 28722
3486-30-4 alphazurine a C37H35N2O6S2Na 35449
3486-35-9 zinc carbonate CO3Zn 380
3487-99-8 pentyl cinnamate C14H18O2 27484
3489-28-9 1,9-nonanedithiol C9H20S2 18372
3490-06-0 N-methylhomoveratrylamine C11H17NO2 22521
3491-36-9 2,5-dihydroperoxy-2,5-dimethylhex-3-yne C8H14O4 14714
3495-35-0 rubidium formate CHO2Rb 136
3495-36-1 cesium formate CHCsO2 106
3495-42-9 chlorquinox C8H2Cl4N2 12447
3495-46-3 3-amino-3-methylpentane C6H15N 9183
3497-00-5 phenylphosphonothioic dichloride C6H5Cl2PS 6758
3504-13-0 monoperoxy succinic acid C4H6O5 3030
3508-00-7 1-bromoheptadecane C17H35Br 30337
3508-78-9 3-allyl-2,4-pentanedione C8H12O2 14345
3508-94-9 alpha-isopropylbenzeneacetic acid C11H14O2 22127
3510-66-5 2-bromo-5-methylpyridine C6H6BrN 6909
3510-70-1 trimethylpropylsilane C6H16Si 9327
3511-19-1 2,3-dichlorotetrahydrofuran C4H6Cl2O 2836
3511-90-8 4-bromo-2,3,5,6-tetrafluoropyridine C5BrF4N 4157
3512-80-9 2,6-dimethyl-4-pyridinamine C7H10N2 11087
3513-81-3 2-methylene-1,3-propanediol C4H8O2 3531
3516-87-8 ethyl (pentafluorobenzoyl)acetate C11H7F5O3 21494
3518-05-6 1,10-dimethyl-5,6-benzacridine C19H15N 31309
3518-51-2 butyl methyl sulfate C5H12O4S 5914
3518-65-8 chloromethane sulfonyl chloride CH2Cl2O2S 150
3520-72-7 C.I. pigment orange 13 C32H24Cl2N8O2 35063
3521-91-3 1-hepten-4-ol C7H14O 11855
3522-50-7 iron(iii) citrate pentahydrate C6H15FeO12 9170
3522-86-9 3-sec-butylphenol C10H14O 19988
3522-94-9 2,2,5-trimethylhexane C9H20 18196
3524-62-7 2-methoxy-1,2-diphenylethanone C15H14O2 28300

3524-68-3 pentaerythritol triacrylate C14H18O7 27506
3524-73-0 5-methyl-1-hexene C7H14 11717
3524-75-2 allylcyclopentane C8H14 14489
3525-25-5 3-ethyl-1-heptanol C9H20O 18266
3527-05-7 methylazoxymethyl benzoate C9H10N2O3 16586
3528-17-4 2,3-dihydro-4H-1-benzothiopyran-4-one C9H8OS 16201
3528-58-3 5-amino-1-ethylpyrazole C5H9N3 5271
3529-82-6 3-nitrophenyl isothiocyanate C7H4N2O2S 9835
3531-19-9 6-chloro-2,4-dinitroaniline C6H4ClN3O4 6465
3531-43-9 tetraisobutyltin C16H36Sn 29829
3535-37-3 3,4-dimethoxybenzoyl chloride C9H9ClO3 16329
3535-67-9 2-methoxy-1,3-dinitrobenzene C7H6N2O5 10380
3535-75-9 4-aminopyridine-1-oxide C5H6N2O 4509
3535-83-9 tetraheptylammonium iodide C28H60IN 34746
3535-84-0 thallium(i) thiocyanate CNSTl 356
3535-88-4 5-tert-butyl-o-anisidine C11H17NO 22513
3536-29-6 beta-phenylbenzenepropanol C15H16O 28431
3538-65-6 butanohydrazide C4H10N2O 3833
3539-29-5 methyl octyl sulfate C9H20O4S 18361
3540-95-2 1-(3,3-diphenylpropyl)piperidine C20H25N 32241
3542-36-7 di-n-octyltindichloride C16H34Cl2Sn 29761
3544-23-8 2-methoxy-4-phenylazoaniline C13H13N3O 25891
3544-24-9 3-aminobenzamide C7H8N2O 10797
3544-25-0 4-aminobenzeneacetonitrile C8H8N2 13332
3544-35-2 p-chlorophenoxyacetic acid 2-isopropylhydr C11H15ClN2O2 22219
3544-94-3 chloramphenicol succinate C15H16Cl2N2O8 28413
3545-88-8 1,7-diamino-8-naphthol-3,6-disulphonic aci C10H10N2O7S2 19073
3546-10-9 fenesterin C39H59Cl2NO2 35551
3546-11-0 3,3'-dimethyl-N,N'-diacetylbenzidine C18H20N2O2 30726
3546-41-6 pyrvinium pamoate C75H70N6O6 35973
3547-04-4 1,1-bis(4-chlorophenyl)ethane C14H12Cl2 26880
3547-33-9 2-(octylthio)ethanol C10H22OS 21343
3551-55-1 2,4-dimethoxypyrimidine C6H8N2O2 7353
3552-01-0 1-isopropylcyclohexanol C9H18O 18013
3553-80-8 ethyl diethylcarbamate C7H15NO2 12087
3554-74-3 1-methyl-3-piperidinol C6H13NO 8771
3555-11-1 pentabromo(2-propenyloxy)benzene C9H5Br5O 15809
3555-47-3 tetrakis(trimethylsilyloxy)silane C12H36O4Si5 25421
3555-84-8 (2,4-dimethoxyphenyl)phenylmethanone C15H14O3 28310
3558-17-6 3-formyl-2-methyl-5-nitroindole C10H8N2O3 18723
3558-24-5 1-methyl-2-phenylindole C15H13N 28219
3558-60-9 phenylethyl methyl ether C9H12O 17136
3558-69-8 2,6-diphenylpyridine C17H13N 29905
3559-74-8 cyclopentadienyltrimethylsilane C8H14Si 14735
3561-67-9 bis(phenylthio)methane C13H12S2 25831
3562-84-3 3,5-dibromo-4-hydroxyphenyl-2-ethyl-3-benzo C17H12Br2O3 29872
3563-36-8 sesquimustard C6H12Cl2S2 8291
3563-57-3 2-allyl-2-phenyl-4-pentenamide C14H17NO 27407
3563-92-6 zylofuramine C14N22O 26573
3564-09-8 ponceau 3R C19H16N2Na2O7S2 31413
3565-26-2 5-nitroso-8-quinolinol C9H6N2O2 15911
3566-00-5 methylcarbamic acid 4-methylthio-m-tolyl est C10H13NO2S 19822
3566-25-4 homofolate C20H21N7O6 32157
3567-08-6 5-isobutyl-2-p-methoxybenzenesulfonamido-1 C13H17N3O3S2 26154
3567-38-2 alpha-ethynylbenzenemethanol carbamate C10H9NO2 18896
3567-72-4 3-((trichloromethyl)thio)-2-benzoxazolinone C8H4Cl3NO2S 12527
3567-76-8 2,3-dihydro-6-amino-2-(2-chloroethyl)-4H-1 C10H11ClN2O2 19245
3568-56-7 O-ethyl-O-(4-methylthio-m-tolyl) methylpho C11H18NO2PS2 22560
3569-18-4 3-(4-carboxyphenyl)-2,3-dihydro-1,1,3-trimethy C20H20O4 32135
3569-57-1 3-chloropropyl-n-octylsulfoxide C11H23ClOS 22873
3570-10-3 17a-methyl-B-nortestosterone C19H28O2 31608
3570-54-5 1,2,5,6-tetrahydrobenzo(j)cyclopent(fg)aceanthry C22H16 33139
3570-55-6 bis(2-mercaptoethyl) sulfide C4H10S3 3955
3570-58-9 2-chloroethyl methanesulfonate C3H7ClO3S 2010
3570-75-0 nifurthiazole C8H6N4O4S 12910
3570-80-7 fluorescein mercuric acetate C24H16Hg2O9 33735
3570-93-2 1,2,3-cyclohexanetrione trioxime C6H9N3O3 7607
3571-74-2 2-(allylthio)-2-thiazoline C6H9NS2 7578
3572-06-3 4-(3-oxobutyl)phenyl acetate C12H14O3 23995
3572-47-2 dioctylthioxostannane C16H34SSn 29796
3572-74-5 N,N-dimethyl-2-(a-methyl-a-phenylbenzyloxy)eth C18H23NO 30823
3572-80-3 cyclazocine C18H25NO 30866
3574-40-1 1,2-dichloro-1,3-butadiene C4H4Cl2 2534
3574-43-4 N,N-diisopentylethanolamine C12H27NO 25348
3575-31-3 4-octylbenzoic acid C15H22O2 28671
3577-01-3 cefaloglycin C18H19N3O6S 30710
3581-11-1 O,O-dimethyl phosphorothioate-O-ester with C10H12NO4PS 19428
3581-69-9 2,2-dimethylpropyl propanoate C8H16O2 15174
3581-87-1 2-methylthiazole C4H5NS 2727
3581-89-3 5-methylthiazole C4H5NS 2728
3581-91-7 4,5-dimethylthiazole C5H7NS 4704
3582-17-0 difluorodimethylstannane C2H6F2Sn 1026
3582-71-6 1,5-dichloro-1,1,3,3,5,5-hexamethyltrisilo C6H18Cl2O2Si3 9346
3583-47-9 1,4-dichloro-2,3-epoxybutane C4H6Cl2O 2834
3584-66-5 5-chloro-2-(trichloromethyl)benzimidazole C8H4Cl4N2 12528
3585-32-8 1,3-dimethyl-1-triazine C2H7N3 1130
3585-88-4 N-tert-butyl-alpha-(4-nitrophenyl)nitrone C11H14N2O3 22076
3585-93-1 benzenamine, N-[(4-methoxyphenyl)methylene]-, C14H13NO2 27028
3586-12-7 3-phenoxyaniline C12H11NO 23622
3586-14-9 1-methyl-3-phenoxybenzene C13H12O 25797
3586-58-1 2-methylenebutanoic acid C5H8O2 4890
3586-69-4 2-nitroanthracene C14H9NO2 26717
3587-57-3 1-(chloromethoxy)propane C4H9ClO 3628
3587-60-8 [(chloromethoxy)methyl]benzene C8H9ClO 13600
3588-17-8 trans,trans-muconic acid C6H6O4 7109
3588-30-5 2-methoxy-1,3-butadiene C5H8O 4859
3588-31-6 2,3-dimethoxy-1,3-butadiene C6H10O2 7850
3590-84-9 tetra-n-octylstannane C32H68Sn 35139
3591-42-2 2,2-dichloro-1-methylcyclopropylbenzene C10H10Cl2 18993
3592-12-9 5,5-dimethyl-1,3-dioxan-2-one C6H10O3 7912
3593-00-8 5-heptenoic acid C7H12O2 11469
3593-10-4 2-ethylbutyl acrylate C9H16O2 17729
3594-15-8 dioctyltin-3,3'-thiodipropionate C22H42O4SSn 33442
3594-37-4 1-(3-pyridinyl)-1,3-butanedione C9H9NO2 16422
3597-91-9 4-biphenylmethanol C13H12O 25803
3598-14-9 phenoxyacetonitrile C8H7NO 13124
3599-32-4 indocyanine green C43H47N2NaO6S2 35715
3600-24-6 diethyltrisulfide C4H10S3 3956
3600-86-0 2,5-dimethoxyphenethylamine C10H15NO2 20273
3604-87-3 a-ecdysone C27H44O6 34515
3605-01-4 trivastan C16H18N4O2 29386
3607-17-8 (3-bromopropyl)triphenylphosphonium bromide C21H21Br2P 32763
3607-78-1 1,1,1,3,3,3-hexachloropropane C3H2Cl6 1365
3608-75-1 picoline-2-aldehyde thiosemicarbazone C7H8N4S 10849
3609-53-8 methyl 4-acetylbenzoate C10H10O3 19180
3610-02-4 benzo[b]thiophene-4-ol C8H6OS 12916
3610-27-3 acetic acid, 2-(2-(2-methoxyethoxy)ethoxy)ethyl C9H18O5 18106
3610-36-4 6-methoxytryptamine C11H14N2O 22067
3612-18-8 1-ethyl-4-piperidone C7H13NO 11639
3612-20-2 1-benzyl-4-piperidone C12H15NO 24058
3613-07-3 4-nitro-1,3-benzenediol C6H5NO4 6839
3613-30-7 7-methoxy-3,7-dimethyloctanal C11H22O2 22850
3613-42-1 9,10-dibenzylanthracene C28H22 34595
3613-73-8 2,3,4,5-tetrahydro-2,8-dimethyl-5-(2-(6-methyl C21H25N3 32858
3613-89-6 N,N'-hexamethylenebis(2,2-dichloro-N-ethy C14H24Cl4N2O2 27747
3614-57-1 irehdiamine A C21H36N2 33001
3615-21-2 4,5-dichloro-2-(trifluoromethyl)-1H-benzimi C8H3Cl2F3N2 12475
3615-24-5 4-(isopropylamino)antipyrine C14H19N3O 27549
3615-37-0 D(+)-fucose C6H12O5 8584
3615-56-3 D(+)-sorbose C6H12O6 8615
3616-56-6 2,2-diethoxy-N,N-dimethylethanamine C8H19NO2 15660
3616-57-7 2,2-diethoxy-N,N-diethylethanamine C10H23NO2 21410
3619-22-5 p-toluic hydrazide C8H10N2O 13871
3622-76-2 vinyl-2-(N,N-dimethylamino)ethyl ether C6H13NO 8786
3622-84-2 N-butylbenzenesulfonamide C10H15NO2S 20277
3625-18-1 5-(1,3-dimethyl-2-butenyl)-5-ethyl barbituri C12H18N2O3 24417
3632-91-5 magnesium gluconate C12H24MgO14 24840
3634-56-8 chloro(dimethyl)isopropylsilane C5H13ClSi 5945
3634-67-1 chlorotrihexylsilane C18H39ClSi 31161
3634-83-1 1,3-bis(isocyanatomethyl)benzene C10H8N2O2 18716
3634-92-2 propyl stearate C21H42O2 33048
3635-74-3 2-dimethylaminoethanol-p-acetamidobenzoate C13H18N2O2 26187
3637-01-2 1-(3,4-dimethylphenyl)ethanone C10H12O 19502
3637-61-4 cyclopentanemethanol C6H12O 8424
3637-63-6 cyclooctanemethanol C9H18O 18040
3638-35-5 isopropylcyclopropane C6H12 8207
3638-64-0 nitroethene C2H3NO2 757
3638-73-1 2,5-dibromoaniline C6H5Br2N 6687
3639-21-2 2-ethyl-2-hydroxybutyric acid C6H12O3 8555
3639-66-5 2-(3,3-dimethylallyl)-5-ethyl-2'-hydroxy-9-met C20H29NO 32330
3643-64-9 1,3,5-trimethylcyclohexene C9H16 17616
3643-76-3 antimony(iii) acetate C6H9O6Sb 7579
3644-11-9 N-(methoxymethyl)-2-propenamide C5H9NO2 5233
3644-32-4 p-nitrophenoxytributyltin C18H31NO3Sn 30981
3644-37-9 (2-biphenylyloxy)tributyltin C24H37OSn 33921
3646-61-5 2,3-dichloro-6,12-diphenyl-dibenzo(b,f)(1,5 C26H16Cl2N2 34212
3647-17-4 N-(p-methoxyphenyl)-1-aziridinecarboxamide C10H12N2O2 19443
3647-19-6 N-(3-chlorophenyl)-1-aziridinecarboxamide C9H9ClN2O 16286
3647-71-0 N-benzyl-2-phenethylamine C15H17N 28466
3648-18-8 dioctyldi(lauroyloxy)stannane C40H80O4Sn 35625
3648-20-2 diundecyl phthalate C30H50O4 34932
3648-21-3 diheptyl phthalate C22H34O4 33384
3651-02-3 4-(phenylazo)-1-naphthalenol C16H12N2O 29045
3651-23-8 diallyldichlorosilane C6H10Cl2Si 7699
3653-34-7 3-amino-5-methylhexanoic acid C7H15NO2 12084
3655-88-7 N-methyl-tetrahydrothiamidinthione acetic ac C6H10N2O2S2 7738
3657-07-6 butyl trichloroacetate C6H9Cl3O2 7513
3658-48-8 bis(2-ethylhexyl) phosphite C16H35O3P 29808
3658-77-3 2,5-dimethyl-4-hydroxy-3(2H)-furanone C6H8O3 7441
3658-79-5 1,1-diethoxypentane C9H20O2 18345
3658-80-8 methyl trisulfide C2H6S3 1096
3658-95-5 1,1-diethoxybutane C8H18O2 15564
3661-77-6 cycloheptadecanone C17H32O 30291
3663-82-9 2-hydroxymethyl-1,4-benzodioxan C9H10O3 16756
3665-51-8 3-hydroxy-2-naphthamide C11H9NO2 21579
3669-32-7 cinnamohydroxamic acid C9H9NO2 16443
3669-80-5 11-hydroxyundecanoic acid C11H22O3 22860
3671-00-9 3-(1-methyl-3-pyrrolidinyl)indole C13H16N2 26056
3671-71-4 N-fluoren-2-yl benzohydroxamic acid C20H15NO2 31969
3671-78-1 N-(2-fluorenyl)benzamide C20H15NO 31965
3673-79-8 methyl 2,3-dibromo-2-methylpropanoate C5H8Br2O2 4761
3674-09-7 methyl 2,3-dichloropropanoate C4H6Cl2O2 2843
3674-10-0 1,3-dichloro-2-propanol acetate C5H8Cl2O2 4785
3674-13-3 ethyl 2,3-dibromopropanoate C5H8Br2O2 4760
3674-66-6 2,5-dimethylphenanthrene C16H14 29121
3674-69-9 4,5-dimethylphenanthrene C16H14 29122
3674-75-7 9-ethylphenanthrene C16H14 29112
3675-68-1 1,1,2-tribromobutane C4H7Br3 3084
3675-69-2 1,2,2-tribromobutane C4H7Br3 3087
3676-85-5 4-aminophthalimide C8H6N2O2 12883
3676-91-3 tetramethyldiphosphane C4H12P2 4105
3678-62-4 2-chloro-4-methylpyridine C6H6ClN 6926
3678-70-4 diphenyl-2-pyridylmethane C18H15N 30549
3680-02-2 (methylsulfonyl)ethene C3H6O2S 1944
3681-71-8 (Z)-acetate3-hexen-1-ol C8H14O2 14644
3681-78-5 propyl dodecanoate C15H30O2 28886
3682-35-7 2,4,6-tri-2-pyridinyl-1,3,5-triazine C18H12N6 30429
3683-12-3 phenylmethacrylate C12H14O2 23985
3683-19-0 4-methyl-cis-2-hexene C7H14 11721
3683-22-5 4-methyl-trans-2-hexene C7H14 11722
3684-97-7 2-(N-methyl-N-nitroso)aminoacetonitrile C3H5N3O 1789
3685-00-5 3,trans-6-dimethylcyclohexene C8H14 14480
3685-84-5 meclofenoxate hydrochloride C12H17Cl2NO3 24288
3686-43-9 3,6-dihydro-1,2,2H-oxazine C4H7NO 3258
3687-13-6 2,4-dichlorophenylmethanesulfonate C7H6Cl2O3S 10283
3687-18-1 3-amino-1-propanesulfonic acid C3H9NO3S 2221
3687-48-7 (R)-(-)-1-octen-3-ol C8H16O 15145
3687-61-4 2-(N-cyclohexyl-N-isopropylaminomethyl)-1,3, C15H21N3O2 28640
3687-67-0 C.I. vat black 1 C20H9BrClNO2S 31773
3688-08-2 isothiocyanic acid, ethylene ester C4H4N2S2 2580
3688-11-7 phenylmercury catecholate C12H10HgO2 23484
3688-35-5 aminochlorambucil C14H20Cl2N2O2 27568
3688-53-7 2-(2-furyl)-3-(5-nitro-2-furyl)acrylamide C11H8N2O5 21523
3688-66-2 codeine nicotinate (ester) C24H24N2O4 33821
3688-79-7 3-methoxybenzanthrone C18H12O2 30437
3689-85-5 4-chloro-N-methyl-3-(methylsulfamoyl)benza C9H11ClN2O3S 16857
3689-24-5 sulfotep C8H20O5P2S2 15724
3689-50-7 alimemazine-S,S-dioxide C18H22N2O2S 30799
3689-76-7 chlormidazole C15H13ClN2 28210
3689-77-8 2-(bis(b-chloroethyl)aminomethyl)benzimidaz C14H15Cl2N3 27205
3690-04-8 aminopropylon C16H22N4O2 29512
3690-12-8 4-amino-2-methoxy-5-pyrimidinemethanol C6H9N3O2 7602
3690-18-4 b-methyl-1-pyrrolidinepropionanilide C14H20N2O 27578
3690-28-6 phenthoate oxon C12H17O5PS 24356
3690-50-4 methyl protoanemonin C6H6O2 7075
3690-53-7 N-(2-(diethylamino)ethyl)benzamide C13H20N2O 26294
3691-16-5 a-vinyl-1-aziridineethanol C6H11NO 8118
3691-35-8 chlorophacinone C23H15ClO3 33499
3691-71-2 a-ethyl-4,4'-stilbenediol C16H16O2 29289
3691-74-5 galatone C12H13N3O6 23879
3691-78-9 benzethidine C23H29NO3 33600
3692-81-7 tributylbismuthine C12H27Bi 25331
3692-90-8 3-propargloxyphenyl-N-methyl-carbamate C11H11NO3 21760
3693-22-9 2-dibenzofuranamine C12H9NO 23405
3693-53-6 methylene diurethan C7H14N2O4 11817
3694-45-9 4-chlorobenzyl isothiocyanate C8H6ClNS 12791

3694-52-8 3-nitro-1,2-phenylenediamine C6H7N3O2 7241
3694-57-3 4-methoxybenzylisothiocyanate C9H9NOS 16414
3695-00-9 di-p-toluenesulfonamide C14H15NO4S2 27235
3695-24-7 DL-3-hydroxy-4-methoxymandelic acid C9H10O5 16811
3695-77-0 triphenylmethyl mercaptan C19H16S 31369
3695-93-0 alpha-(p-chlorophenyl)cinnamonitrile C15H10ClN 28015
3696-23-9 4-chlorophenyl thiourea C7H7ClN2S 10508
3696-28-4 2,2'-dithiodipyridine-1,1'-dioxide C10H8N2O2S2 18721
3697-24-3 5-methylchrysene C19H14 31258
3697-25-4 4,10-ace-1,2-benzanthracene C20H14 31864
3697-27-6 5,6-dimethylchrysene C20H16 31978
3697-30-1 10-ethyl-1,2-benzanthracene C20H16 31997
3698-54-2 tetranitroaniline C6H3N5O8 6372
3698-93-9 propyl octyl sulfide C11H24S 23088
3698-94-0 ethyl octyl sulfide C10H22S 21389
3698-95-1 methyl octyl sulfide C9H20S 18367
3699-01-2 1-methyl-4-(phenylthio)benzene C13H12S 25830
3699-66-9 triethyl 2-phosphonopropionate C9H19O5P 18174
3699-67-0 triethyl 3-phosphonopropionate C9H19O5P 18175
3700-67-2 dimethyldioctadecylammonium bromide C38H80BrN 35538
3703-76-2 cloperastine C20H24ClNO 32218
3703-79-5 a-((butylamino)methyl)-p-hydroxybenzyl alcoho C12H19NO2 24514
3704-09-4 mibolerone C20H30O2 32357
3704-28-7 methyl 2-(methylthio)benzoate C9H10O2S 16710
3704-42-5 4-(4-nitrophenyl)thiazole C9H6N2O2S 15916
3706-77-2 1,3-dithiolium perchlorate C3H3ClO4S2 1415
3709-18-0 2,2,5-trimethyl-1,3-dioxane-4,6-dione C7H10O4 11213
3710-30-3 1,7-octadiene C8H14 14493
3710-31-4 1,2-heptanediol C7H16O2 12224
3710-43-8 2,4-dimethylfuran C6H8O 7384
3710-84-7 N-ethyl-N-hydroxyethanamine C4H11NO 3996
3711-34-0 1,2-diisopropylhydrazine C6H16N2 9296
3711-37-3 1,2-diisobutylhydrazine C8H20N2 15693
3714-62-3 2,3,4,6-tetrachloronitrobenzene C6HCl4NO2 6113
3715-29-5 3-methyl-2-oxobutanoic acid, sodium salt C5H7NaO3 4735
3715-67-1 N,N-ethylene-N',N'-dimethylurea C5H10N2O 5411
3715-92-2 N-nitrosoimidazolidinethione C3H5ON3S 1806
3717-68-8 4-methyl-1,1-diphenylethane C15H16 28385
3719-37-7 benz(a)anthracene-5,6-dihydrodiol C18H14O2 30502
3721-28-6 trans-2-phenylcyclopropylamine C9H11N 16903
3721-95-7 cyclobutanecarboxylic acid C5H8O2 4901
3722-73-4 3,4-dihydro-7-methyl-2H-1-benzopyran C10H12O 19489
3722-74-5 3,4-dihydro-6-methyl-2H-1-benzopyran C10H12O 19488
3724-43-4 (chloromethylene)dimethylammonium chloride C3H7Cl2N 2014
3724-55-8 methyl 3-butenoate C5H8O2 4918
3724-61-6 dodecyl butanoate C16H32O2 29726
3724-65-0 crotonic acid C4H6O2 2981
3725-05-1 2,5-dimethyl-1,5-hexadien-3-yne C8H10 13796
3725-07-3 3,6-dimethyl-2,6-octadien-4-yne C10H14 19890
3725-30-2 1,3,6-cyclooctatriene C8H10 13795
3726-47-4 1-methyl-3-ethylcyclopentane C8H16 14876
3728-43-6 trimethyl(4-methylphenyl)silane C10H16Si 20545
3728-54-9 1-ethyl-2-methylcyclohexane C9H18 17940
3729-21-3 4-isocyanatobenzoyl chloride C8H4ClNO2 12516
3730-60-7 2,5-dimethyl-2-hexanol C8H18O 15471
3731-39-3 N,N-dimethyl-p-((o-tolyl)azo)aniline C15H17N3 28478
3731-51-9 2-pyridinemethanamine C6H8N2 7335
3731-52-0 3-pyridinemethanamine C6H8N2 7336
3731-53-1 4-pyridinemethanamine C6H8N2 7337
3732-81-8 tetramethylphosphorodiamidothioic chloride C4H12ClN2PS 4047
3732-90-9 3-methyl-4-dimethylaminoazobenzene C15H17N3 28481
3733-63-9 1-benzhydryl-4-(2-(2-hydroxyethoxy)ethyl)pip C21H28N2O2 32918
3734-17-6 1,2-dimethyl-3-phenyl-3-pyrrolidyl propionate C15H21NO2 28618
3734-33-6 bitrex C28H34N2O3 34640
3734-48-3 4,5,6,7,8,8-hexachlor-D1,5-tetrahydro-4,7-meth C10H6Cl6 18548
3734-60-9 antibiotic PA147 C6H6O3 7099
3734-95-0 phosphorothioic acid S-(((1-cyano-1-methyl C10H19N2O4PS 20909
3735-23-7 methyl phencapton C9H11Cl2O2PS3 16873
3735-33-9 phosphorothioic acid, S-((1,3-dihydro-1,3-d C11H12NO5PS 21815
3735-90-8 phencarbamide C19H24N2OS 31546
3736-26-3 1-hydroperoxy-1-vinylcyclohex-3-ene C8H12O2 14368
3736-92-3 1,2-diphenyl-4-phenylthioethyl-3,5-pyrazoli C23H20N2O2S 33529
3737-09-5 a-(2-(diisopropylamino)ethyl)-a-phenyl-2-pyri C21H29N3O 32942
3737-22-2 isocinchomeronic acid, diisopropyl ester C13H17NO4 26144
3739-38-6 3-phenoxybenzoic acid C13H10O3 25649
3739-64-8 1-(2-propenyloxy)butane C7H14O 11882
3739-94-4 2,6-pyridinedicarbonyl chloride C7H3Cl2NO2 9533
3740-52-1 o-nitrobenzeneacetic acid C8H7NO4 13178
3740-59-8 3,4-dihydro-6-methyl-2H-pyran-2-one C6H8O2 7423
3741-00-2 pentylcyclopentane C10H20 20922
3741-12-6 6-chloro-4-nitroquinoline-1-oxide C9H5ClN2O3 15815
3741-14-8 4-nitro-2-ethylquinoline-N-oxide C11H10N2O3 21635
3741-38-6 ethylene glycol sulfite C2H4O3S 896
3742-34-5 vinylcyclopentane C7H12 11368
3742-38-9 4-ethylcyclopentene C7H12 11325
3742-42-5 4-ethylcyclohexene C8H14 14468
3743-22-4 2-(dimethylamino)phenol C8H11NO 14129
3744-02-3 4-methyl-4-penten-2-one C6H10O 7779
3748-13-8 1,3-diisopropenylbenzene C12H14 23895
3748-84-3 2,3,5,6-tetramethylpyridine C9H13N 17297
3750-18-3 hexaisobutylditin C24H54Sn2 34039
3750-26-3 primocarcin C8H12N2O3 14311
3751-44-8 1,3-bis(5-amino-1,3,4-triazol-2-yl)triazene C4H7N11 3314
3752-25-8 2-chlorocinnamic acid, predominantly trans C9H7ClO2 15972
3756-30-7 3-iodo-2-methyl-1-propene C4H7I 3219
3757-32-2 isobutyl 4-oxopentanoate C9H16O3 17748
3759-61-3 1-naphthyl chloroformate C11H7ClO2 21488
3760-11-0 2-nonenoic acid C9H16O2 17724
3760-14-3 1,5-dimethyl-1,5-cyclooctadiene C10H16 20370
3760-20-1 2-ethylcyclohexanol C8H16O 15141
3760-54-1 1-formylpyrrolidine C5H9NO 5213
3761-41-9 O,O-dimethyl-O-(4-(methylsulfinyl)-m-tolyl) C10H15O4PS2 20312
3761-42-0 O,O-dimethyl-o-(4-(methylsulfonyl)-m-tolyl) C10H15O5PS2 20313
3761-94-2 1-methylcycloheptanol C8H16O 15085
3762-25-2 diethyl-4-methylbenzylphosphonate C12H19O3P 24528
3763-39-1 vinylheptamethylcyclotetrasiloxane C9H24O4Si4 18446
3763-55-1 beta,psi-caroten-3-ol, (3R) C40H56O 35599
3763-72-2 bis(2-acetoxyethyl)sulfone C8H14O6S 14732
3764-01-0 2,4,6-trichloropyrimidine C4HCl3N2 2360
3765-65-9 tetrapentyltin C20H44Sn 32554
3766-55-0 4-allylthiosemicarbazide C4H9N3S 3776
3766-60-7 3-(p-chlorophenyl)-1-methyl-1-(1-methyl-2-p C12H13ClN2O 23805
3766-81-2 2-(1-methylpropyl)phenyl methylcarbamate C12H17NO2 24314
3767-28-0 4-nitrophenyl-a-D-glucopyranoside C12H15NO8 24097
3768-43-2 3-methyl-2-piperidinone C6H11NO 8108
3768-58-9 bis(dimethylamino)dimethylsilane C6H18N2Si 9354
3768-60-3 tetramethylsulfurous diamide C4H12N2OS 4082
3768-63-6 tetramethylsulfamide C4H12N2O2S 4085
3769-23-1 4-methyl-1-hexene C7H14 11716
3769-41-3 3-(phenylmethoxy)phenol C13H12O2 25814
3770-50-1 ethyl indole-2-carboxylate C11H11NO2 21749
3771-19-5 nafenopin C20H22O3 32180
3772-13-2 2,2-dimethylthiacyclopropane C4H8S 3584
3772-23-4 6,6'-butylidenebis(2,4-xylenol) C20H22O 32176
3772-26-7 1-isopropyl-2-pyrrolidinone C7H13NO 11641
3772-51-8 phosphorodithioic acid, O,O-diethyl ester, C10H24O4P2S5 21440
3772-76-7 methofadin C12H14N4O3S 23951
3773-14-6 2,4,5-trichlorothiophenol C6H3Cl3S 6324
3773-37-3 N,N-dimethyl-10-(3-(4-(methylsulfonyl)-1-p C22H30N4O4S3 33351
3773-93-1 2-methyl-1,3-dioxolane-4-methanol C5H10O3 5551
3774-03-6 2-methyl-1,3-dioxan-5-ol C5H10O3 5550
3775-55-1 2-amino-5-(5-nitro-2-furyl)-1,3,4-oxadiazole C8H7N4O4 13231
3775-85-7 ethylene glycol bis(2,3-epoxy-2-methylpropyl) C10H18O4 20835
3775-90-4 N-tert-butylaminoethyl methacrylate C10H19NO2 20898
3777-69-3 2-amylfuran C9H14O 17457
3777-71-7 2-heptylfuran C11H18O 22586
3778-73-2 isophosphamide C7H15Cl2N2O2P 12010
3779-29-1 diethyl 1,1-cyclobutanedicarboxylate C10H16O4 20513
3780-50-5 4-(n-octyloxy)phenol C14H22O2 27698
3780-58-3 3-methylhexanoic acid C7H14O2 11888
3781-28-0 4'-fluoro-4-(4-piperidino-4-propionylpiperi C23H33FN2O2 33652
3782-00-1 2,3-dimethylbenzofuran C10H10O 19108
3785-34-0 1,2-bis(bromoacetoxy)ethane C6H8Br2O4 7290
3785-90-8 4-hydroxybenzylidenemalonodinitrile C10H7N2O 18661
3786-08-1 N-acetyl-L-phenylalanyl-3,5-diiodo-L-tyros C20H20I2N2O5 32126
3786-91-2 cis,cis,cis,cis-1,2,3,4-cyclopentanetetracarbox C9H10O8 16814
3787-28-8 2,3,3-trichloroacrolein C3HCl3O 1322
3788-32-7 isobutylcyclopentane C9H18 17860
3788-56-5 9-hydroxynonanoic acid C9H18O3 18094
3789-77-3 N,N-dimethyl-p-((m-chlorophenyl)azo)aniline C14H14ClN3 27082
3790-71-4 2-cis,6-trans-farnesol C15H26O 28788
3792-59-4 EPBP C14H13Cl2O2PS 26998
3796-24-5 4-(trifluoromethyl)pyridine C6H4F3N 6539
3796-70-1 geranylacetone C13H22O 26377
3805-65-0 p-(p-bromophenylazo)-N,N-dimethylaniline C14H14BrN3 27079
3806-59-5 cis,cis-1,3-cyclooctadiene C8H12 14248
3806-60-8 (Z,E)-1,3-cyclooctadiene C8H12 14252
3808-42-2 racemomycin A C19H34N8O8 31662
3808-87-5 2,4,5-trichlorophenyl disulfide C12H4Cl6S2 23167
3810-26-2 3-phenyl-2-cyclopenten-1-one C11H10O 21652
3810-39-7 calcion C30H14N4Na6O22S6 34835
3810-74-0 streptomycin, sulfate C42H84N14O36S3 35706
3810-81-9 bis(methylmercuric)sulfate C2H6Hg2O4S 1032
3811-49-2 2-methoxy-4H-1,2,3-benzodioxaphosphorine-2-sul C8H9O3PS 13771
3811-73-2 sodium pyrithione C5H4NNaOS 4292
3813-05-6 benazolin C9H6O3NClS 15941
3813-52-3 cis-5-norbornene-endo-2,3-dicarboxylic acid C9H10O4 16802
3814-34-4 1-bromo-2-ethylbutane C6H13Br 8663
3814-55-9 glycidyl isobutyl ether C7H14O2 11924
3815-20-1 4-biphenylcarboxamide C13H11NO 25698
3817-11-6 4-hydroxybutylbutylnitrosamine C8H18N2O2 15422
3818-90-4 1-p-chlorophenyl pentyl succinate C15H19ClO4 28550
3819-00-9 piperacetazine C24H30N2O2S 33872
3820-53-9 dimethyl paranitrophenyl thionophosphate C8H10NO5PS 13855
3822-68-2 trifluoromethyl difluoromethyl ether C2HF5O 559
3823-94-7 methyl trifluorovinyl ether C3H3F3O 1443
3825-26-1 ammonium perfluorooctanoate C8H4F15NO2 12570
3827-49-4 2-chloro-5-fluorophenol C6H4ClFO 6430
3834-42-2 (heptafluoropropyl)trimethylsilane C6H9F7Si 7529
3835-64-1 alpha-tert-butylbenzenemethanol C11H16O 22411
3836-23-5 norethisterone enanthate C27H38O3 34467
3837-38-5 2,6-dimethyl-9,10-anthracenedione C16H12O2 29056
3837-54-5 N,N-dimethyl-p-((3-ethoxyphenyl)azo)aniline C16H19N3O 29429
3837-55-6 N,N-dimethyl-p-((m-nitrophenyl)azo)aniline C14H14N4O2 27134
3839-50-7 5-ethylidene-1,3-cyclopentadiene C7H8 10726
3840-18-4 2-(o-tolyloxy)aniline C13H13NO 25869
3840-31-1 3,4,5-trimethoxybenzenemethanol C10H14O4 20155
3843-74-1 methyl caffeate C10H10O4 19211
3844-60-8 1,6-dimethyl-1,6-dinitrosobiurea C4H8N6O4 3471
3844-63-1 1-nitrosoimidazolidinone C3H5N3O2 1792
3844-94-8 1-trimethylsilyl-1-hexyne C9H18Si 18113
3846-50-2 2,4-dinitro-N-ethylaniline C8H9N3O4 13780
3848-12-2 2-chloroethyl chloroacetate C4H6Cl2O2 2837
3848-24-6 2,3-hexanedione C6H10O2 7855
3849-21-6 ethyl cyanoglyoxylate-2-oxime C5H6N2O3 4524
3849-33-0 1,1,1,2,3,3,3-heptachloropropane C3HCl7 1329
3849-34-1 peroxide, dibutyl C8H18O2 15565
3850-30-4 2-amino-3,3-dimethyl butane C6H15N 9188
3851-22-7 zinc ethoxide C4H10O2Zn 3917
3852-09-3 methyl 3-methoxypropionate C5H10O3 5563
3853-06-3 methyl 3-(dimethylamino)propionate C6H13NO2 8833
3853-80-3 2-(acetyloxy)propanoic acid, (±) C5H8O4 4946
3855-26-3 4-methyl-2-ethylphenol C9H12O 17114
3855-45-6 trifluoromethylsulfonyl azide CF3N3O2S 73
3856-25-5 copaene C15H24 28732
3857-25-8 5-methyl-2-furanmethanol C6H8O2 7419
3858-83-1 4-aminobenzamidine C7H9N3 11028
3859-41-4 1,3-cyclopentanedione C5H6O2 4564
3861-47-0 octanoic acid, 4-cyano-2,6-diiodophenyl est C15H17I2NO2 28462
3861-99-2 6-chloro-1,3-dioxo-5-isoindolinesulfonamide C8H5ClN2O4S 12619
3862-11-1 3,4-dimethylphenol phosphate (3:1) C24H27O4P 33847
3862-12-2 tris(2,4-dimethylphenyl) phosphate C24H27O4P 33848
3862-21-3 dimethyl-1,2,2,2-tetrachloroethyl phosphate C4H7Cl4O4P 3176
3862-73-5 2,3,4-trifluoroaniline C6H4F3N 6537
3863-11-4 3,4-difluoroaniline C6H5F2N 6783
3863-59-0 hydrocortisone-21-phosphate C21H31O8P 32971
3864-18-4 2,3-dimethylbiphenyl C14H14 27066
3867-15-0 1-(1-piperidinyl)cyclohexanecarbonitrile C12H20N2 24546
3867-18-3 2-vinylaniline C8H9N 13668
3868-61-9 endosulfan lacton C9H4Cl6O2 15789
3874-54-2 4-chloro-4'-fluorobutyrophenone C10H10ClFO 18983
3875-51-2 isopropylcyclopentane C8H16 14862
3875-52-3 tert-butylcyclopentane C9H18 17862
3875-68-1 1,3-dihydroxy-9H-xanthen-9-one C13H8O4 25504
3876-97-9 1,2,8-trimethylnaphthalene C13H14 25926
3877-15-4 methyl propyl sulfide C4H10S 3948
3877-19-8 2-methyl-[1,2,3,4-tetrahydronaphthalene] C11H14 22026
3877-86-9 elatericin A C30H44O7 34909
3878-19-1 2-(2-furyl)benzimidazole C11H8N2O 21520
3878-44-2 triphenylphosphine selenide C18H15PSe 30569
3878-45-3 triphenylphosphine sulfide C18H15PS 30568
3878-55-5 methyl hydrogen succinate C5H8O4 4951
3880-03-3 dimethylaminosulfur trifluoride C2H6F3NS 1027
3883-43-0 trans-2,3-dichloro-1,4-dioxane C4H6Cl2O2 2844
3884-04-1 (3-chloro-propoxy)-benzene C9H11ClO 16862
3884-88-6 cis,cis,cis-9,11,13-octadecanetrienoic acid C18H30O2 30965

3886-69-9 (R)-(+)-a-methylbenzylamine C8H11N 14120
3886-70-2 (R)-(+)-1-(1-naphthyl)ethylamine C12H13N 23832
3886-80-4 N-laurylacetamide C14H29NO 27907
3886-90-6 N,N-dimethyloctadecanamide C20H41NO 32510
3886-91-7 N,N-dimethylpalmitamide C18H37NO 31122
3887-13-6 hexaglycine C12H20N6O7 24557
3888-44-6 chromotropic acid sodium salt C10H7NaO8S2 18668
3891-07-4 N-(2-hydroxyethyl)phthalimide C10H9NO3 18918
3891-30-3 1-stearoylaziridine C20H39NO 32470
3891-33-6 1,4-butanediol divinyl ether C8H14O2 14626
3891-59-6 D-glucose, 2,3,4,5,6-pentaacetate C16H22O11 29533
3893-23-0 cyclohexylphenylacetonitrile C14H17N 27395
3894-09-5 cyclohexylphenylacetic acid C14H18O2 27485
3895-25-8 4-fluorobenzenesulfonyl isocyanate C7H4FNO3S 9778
3898-08-6 1,1-diphenyl-2-thiourea C13H12N2S 25784
3898-45-1 1-phenethylsemicarbazide C9H13N3O 17366
3899-34-1 3-penten-2-ol C5H10O 5481
3899-36-3 3-methyl-trans-3-hexene C7H14 11728
3900-31-0 fludiazepam C16H12ClFN2O 29028
3900-45-6 2-acetyl-6-methoxynaphthalene C13H12O2 25816
3900-89-8 2-chlorophenylboronic acid C6H6BClO2 6896
3900-93-4 a-phenylcyclopentaneacetic acid C13H16O2 26092
3902-71-4 4,5',8-trimethylpsoralen C14H12O3 26975
3905-64-4 2,6-bis(1,1-dimethylethyl)-naphthalene C18H24 30838
3908-55-2 trimethyl(methylthio)silane C4H12SSi 4108
3910-35-8 2,3-dihydro-1,1,3-trimethyl-3-phenyl-1H-indene C18H20 30713
3913-02-8 2-butyl-1-octanol C12H26O 25284
3913-71-1 2-decenal C10H18O 20688
3913-85-7 2-decenoic acid C10H18O2 20769
3915-83-1 neryl isovalerianate C15H26O2 28804
3916-64-1 3,5-heptadien-2-one C7H10O 11150
3917-15-5 allyl vinyl ether C5H8O 4850
3920-53-4 1,4,7-heptanetriol C7H16O3 12283
3921-94-6 4-(dimethylamino)butyn-1-ol acetate C8H13NO2 14450
3921-98-0 1-(4-ethoxy-2-butynyl)pyrrolidine C10H17NO 20564
3921-99-1 1-(4-(dipropylamino)-2-butynyl)-2-pyrrolidino C14H24N2O 27753
3922-00-7 (Z)-1-(4-(1-pyrrolidinyl)-2-butenyl)-2-pyrrol C12H20N2O 24548
3922-24-5 1,1,1-trichlorotridecane C13H25Cl3 26445
3922-25-6 1,1,1-trichloroundecane C11H21Cl3 22762
3922-26-7 1,1,1-trichloroheptane C7H13Cl3 11612
3922-27-8 1,1,1-trichloropentane C5H9Cl3 5100
3922-28-9 1,12-dichlorododecane C12H24Cl2 24834
3923-52-2 1,1-diphenyl-2-propyn-1-ol C15H12O 28180
3925-78-8 1,2,3-tribromo-5-fluorobenzene C6H2Br3F 6146
3926-62-3 chloroacetic acid sodium salt C2H2ClNaO2 614
3929-47-3 3-(3,4-dimethoxyphenyl)-1-propanol C11H16O3 22470
3930-19-6 streptonigran C25H22N4O8 34089
3934-20-1 2,4-dichloropyrimidine C4H2Cl2N2 2392
3937-45-9 cis-2-methylcyclohexanemethanol C8H16O 15091
3937-46-0 trans-2-methylcyclohexanemethanol C8H16O 15092
3937-56-2 1,9-nonanediol C9H20O2 18342
3938-45-2 N,N-dimethylcarbamic acid, m-isopropyl phenyl C12H17NO2 24321
3938-95-2 ethyl 2,2-dimethylpropanoate C7H14O2 11910
3938-96-3 ethyl methoxyacetate C5H10O3 5547
3939-09-1 2,4-difluorobenzonitrile C7H3F2N 9563
3942-54-9 o-chlorophenyl methylcarbamate C8H8ClNO2 13276
3943-74-6 methyl 4-hydroxy-3-methoxybenzoate C9H10O4 16789
3943-77-9 ethyl 3,4-dimethoxybenzoate C11H14O4 22190
3943-89-3 ethyl 3,4-dihydroxybenzoate C9H10O4 16795
3944-36-3 1-(1-methylethoxy)-2-propanol C6H14O2 9057
3946-29-0 3,4'-dichloropropiophenone C9H8Cl2O 16114
3946-32-5 suberic acid monomethyl ester C9H16O4 17775
3947-65-7 neomycin A C12H26N4O6 25274
3949-14-2 5-methoxy-3-(2-pyrrolidinoethyl)indole C15H20N2O 28582
3949-36-8 3-acetylcoumarin C11H8O3 21539
3950-21-8 meso-2,4-pentanediol C5H12O2 5869
3952-78-1 alizarin fluorine blue C19H15NO8 31324
3953-10-4 2-ethylbutylacrylate C9H16O2 17735
3954-13-0 pentyl isocyanate C6H11NO 8115
3955-26-8 1,2,4-trichloro-5-(chloromethyl)benzene C7H4Cl4 9766
3955-58-6 phenylethylthiourea C9H12N2S 17068
3958-03-0 tetrabromothiophene C4Br4S 2292
3958-19-8 triphenyl antimony sulfide C18H15SSb 30570
3958-38-1 trans-cyclononene C9H16 17604
3958-57-4 1-(bromomethyl)-3-nitrobenzene C7H6BrNO2 10168
3958-60-9 2-nitrobenzyl bromide C7H6BrNO2 10179
3959-07-7 4-bromobenzenemethanamine C7H8BrN 10734
3962-77-4 2-methoxy-1,4-dinitrobenzene C7H6N2O5 10381
3963-62-0 2,2-diphenylethylamine C14H15N 27221
3963-78-8 3-amino-1,2-dihydroxy-9,10-anthracenedione C14H9NO4 26724
3963-79-9 4'-amino-4,2'-azotoluene C14H15N3 27240
3964-18-9 2,3-dimethyl-2,3-dinitrobutane C6H12N2O4 8362
3964-56-5 4-bromo-2-chlorophenol C6H4BrClO 6387
3964-58-7 3-chloro-4-hydroxybenzoic acid C7H5ClO3 9941
3964-61-2 2-chloro-4-cyclohexylphenol C12H15ClO 24030
3965-53-5 4,4'-sulfonylbis-(methylbenzoate) C16H14O6S 29192
3965-59-1 2,4-dimethyl-1-hexanol C8H18O 15459
3966-30-1 (R)-(-)-2-hydroxy-2-phenylpropionic acid C9H10O3 16760
3966-32-3 (R)-(-)-a-methoxyphenylacetic acid C9H10O3 16764
3967-54-2 4-chloro-1,3-dioxolan-2-one C3H3ClO3 1413
3967-55-3 4,5-dichloro-1,3-dioxolan-2-one C3H2Cl2O3 1354
3968-85-2 1-phenyl-2-methylbutane C11H16 22307
3969-84-4 3,4-isopropylidene-D-mannitol C9H18O6 18110
3970-21-6 mem chloride C4H9ClO2 3636
3970-35-2 2-chloro-3-nitrobenzoic acid C7H4ClNO4 9714
3970-40-9 2-chloro-3-nitrotoluene C7H6ClNO2 10240
3970-59-0 2,4-dimethyl-3-ethyl-3-pentanol C9H20O 18333
3970-60-3 2,2,5-trimethyl-3-hexanol C9H20O 18314
3970-62-5 2,2-dimethyl-3-pentanol C7H16O 12195
3971-28-6 1,3-cyclohexanedimethanol C8H16O2 15182
3972-56-3 1-chloro-4-tert-butylbenzene C10H13Cl 19718
3972-65-4 1-bromo-4-tert-butylbenzene C10H13Br 19707
3973-62-4 3-phenylpiperidine C11H15N 22232
3973-70-4 1-amino-4-(2-hydroxyethyl)piperazine C6H15N3O 9250
3974-99-0 isopropyl trichloroacetate C5H7Cl3O2 4643
3975-08-4 1,1,4,4-tetraethoxy-2-butyne C12H22O4 24757
3976-34-9 2,6-dimethylbiphenyl C14H14 27068
3976-36-1 2,2',4,4'-tetramethyl-1,1'-biphenyl C16H18 29349
3976-69-0 methyl (R)-(-)-3-hydroxybutyrate C5H10O3 5559
3977-29-5 2-amino-4-hydroxy-6-methylpyrimidine C5H7N3O 4719
3978-80-1 boc-L-tyrosine C14H19NO5 27540
3978-81-2 4-tert-butylpyridine C9H13N 17262
3982-20-5 N-phthalyl-DL-aspartimide C12H8N2O4 23321
3982-64-7 1,3-dimethyl-5-propylbenzene C11H16 22334
3982-66-9 1,2-dimethyl-4-propylbenzene C11H16 22331
3982-67-0 1,3,5-trimethyl-2-ethylbenzene C11H16 22353
3984-22-3 2-vinyl-1,3-dioxolane C5H8O2 4921
3984-34-7 3-(4-chlorobenzoyl)propionic acid C10H9ClO3 18824
3987-86-8 4-butoxy-2-nitroaniline C10H14N2O3 19954
3988-03-2 4,4'-dibromobenzophenone C13H8Br2O 25460
3991-61-5 1-methyl-2-phenoxybenzene C13H12O 25796
3991-73-9 octylphosphate C8H19O4P 15677
3999-55-1 diethyl trans-1,2-cyclopropanedicarboxylate C9H14O4 17503
4001-61-0 2,5-dimethylthiophenol C8H10S 14044
4001-73-4 2-bromobenzamide C7H6BrNO 10164
4002-76-0 dibenz(a,h)anthracen-5-ol C22H14O 33115
4003-94-5 4-nitrostilbene C14H11NO2 26851
4005-51-0 2-amino-1,3,4-thiadiazole C2H3N3S 778
4008-48-4 5-nitro-8-quinolinol C9H6N2O3 15918
4009-98-7 (methoxymethyl)triphenylphosphonium chloride C20H20ClOP 32121
4013-94-9 N,N'-diisopropylethylenediamine C8H20N2 15697
4016-11-9 (ethoxymethyl)oxirane C5H10O2 5512
4016-14-2 isopropyl glycidyl ether C6H12O2 8496
4017-56-5 ethyl 2-oxo-1-cyclooctane carboxylate C11H18O3 22615
4018-65-9 3-chloro-1,2-benzenediol C6H5ClO2 6726
4019-40-3 4',4'',5-trichloro-2-hydroxy-3-biphenylcar C19H12Cl3NO2 31214
4020-99-9 methyl diphenylphosphinite C13H13OP 25899
4021-50-5 4-(trifluoromethylthio)benzaldehyde C8H5F3OS 12671
4021-75-4 2,3-dibromo-1-butanol C4H8Br2O 3346
4023-34-1 cyclopropanecarbonyl chloride C4H5ClO 2650
4023-53-4 tris(2-cyanoethyl)phosphine C9H12N3P 17069
4023-65-8 trans-1-propene-1,2,3-tricarboxylic acid C6H6O6 7115
4024-14-0 1-methyl-2-tetralone C11H12O 21859
4025-77-8 chlorosulfonylacetyl chloride C2H2Cl2O3S 629
4027-14-9 tributyltin nonanoate C21H44O2Sn 33063
4027-17-2 cyanatotributylstannane C13H27NOSn 26520
4028-15-3 1,1-dinitrocyclohexane C6H10N2O4 7744
4028-23-3 allylchlorodimethylsilane C5H11ClSi 5643
4028-56-2 meso-2,3-dichlorobutane C4H8Cl2 3366
4028-63-1 2,4,6-trimethyliodobenzene C9H11I 16886
4032-86-4 3,3-dimethylheptane C9H20 18210
4032-92-2 2,4,4-trimethylheptane C10H22 21170
4032-93-3 2,3,6-trimethylheptane C10H22 21169
4032-94-4 2,4-dimethyloctane C10H22 21142
4033-46-9 3-((2-carboxyethyl)thio)alanine C6H11NO4S 8176
4035-89-6 tris(isocyanatohexyl)biuret C23H38N6O5 33667
4036-30-0 (S)-(+)-phenylsuccinic acid C10H10O4 19215
4038-04-4 3-ethyl-1-pentene C7H14 11730
4039-32-1 lithium bis(trimethylsilyl)amide C6H18LiNSi2 9350
4041-09-2 2,5-dimethylcyclopentanone C7H12O 11406
4042-36-8 (R)-(+)-2-pyrrolidone-5-carboxylic acid C5H7NO3 4696
4043-71-4 trans-5-(1-propenyl)-1,3-benzodioxole C10H10O2 19128
4043-87-2 DL-pipecolinic acid C6H11NO2 8153
4043-88-3 L-3,4-dehydroproline C5H7NO2 4684
4044-65-9 1,4-diisothiocyanatobenzene C8H4N2S2 12589
4045-30-1 4,4-dimethylpiperidine C7H15N 12053
4045-44-7 1,2,3,4,5-pentamethylcyclopentadiene C10H16 20364
4046-02-0 ethyl 4-hydroxy-3-methoxycinnamate C12H14O4 24013
4048-30-0 3-methyl-4-hepten-3-ol C8H16O 15114
4048-31-1 5-methyl-2-hepten-4-ol C8H16O 15118
4048-32-2 3-methyl-6-hepten-1-ol C8H16O 15115
4048-33-3 6-aminohexanol C6H15NO 9213
4049-81-4 2-methyl-1,5-hexadiene C7H12 11363
4050-45-7 trans-2-hexene C6H12 8219
4051-27-8 1,2,4,5-diepoxypentane C5H8O2 4925
4052-30-6 4-methylsulphonylbenzoic acid C8H8O4S 13506
4052-92-0 3-(chlorosulfonyl)benzoyl chloride C7H4Cl2O3S 9755
4053-08-1 4-chloronaphthalic anhydride C12H5ClO3 23174
4053-34-3 6-methyl-2(1H)-quinolinone C10H9NO 18880
4053-40-1 lepidine-1-oxide C10H9NO 18891
4054-38-0 1,3-cycloheptadiene C7H10 11048
4055-39-4 mitomycin A C16H19N3O6 29435
4055-40-7 mitomycin B C16H19N3O6 29436
4056-73-9 2-acetyl-1,3-cyclohexanedione C8H10O3 14005
4057-42-5 2,6-dimethyl-2-octene C10H20 20951
4062-60-6 N,N'-di-tert-butylethylenediamine C10H24N2 21420
4063-41-6 4,5'-dimethyl angelicin C13H10O3 25652
4064-06-6 1,2:3,4-di-o-isopropylidene-a-d-galactopyranos C12H20O6 24614
4065-45-6 2-hydroxy-4-methoxybenzophenone-5-sulfonic ac C14H12O6S 26989
4065-80-9 2-methylenecyclohexanol C7H12O 11432
4067-16-7 pentaethylenehexamine C10H28N6 21457
4068-78-4 methyl 5-chloro-2-hydroxybenzoate C8H7ClO3 13030
4070-75-1 1,4-diphenyl-2-butene-1,4-dione C16H12O2 29059
4071-85-6 (trimethylsilyl)ketene C5H10OSi 5491
4071-88-9 ethyl trimethylsilylacetate C7H16O2Si 12281
4074-24-2 ethylbutanedioic acid, (R) C6H10O4 7926
4074-25-3 2,4,6-tri-tert-butylnitrobenzene C18H29NO2 30944
4074-43-5 3-butylphenol C10H14O 19982
4074-46-8 4-methyl-2-propylphenol C10H14O 20000
4074-88-8 di(ethylene glycol) diacrylate C10H14O5 20173
4074-90-2 adipic acid divinyl ester C10H14O4 20165
4075-58-5 ethyl a-oxothiophen-2-acetate C8H8O3S 13484
4075-59-6 2-thiopheneglyoxylic acid C6H4O3S 6619
4075-79-0 4'-phenylacetanilide C14H13NO 27025
4075-81-4 calcium propionate C6H10CaO4 7664
4076-40-8 8-methyl-3:4-benzphenanthrene C19H14 31270
4076-43-1 1,12-dimethylbenzo[c]phenanthrene C20H16 31980
4079-52-1 2-methoxy-1-phenylethanone C9H10O2 16672
4079-68-9 N,N-diethyl-2-propynylamine C7H13N 11630
4080-31-3 1-(3-chloroallyl)-3,5,7-triaza-1-azoniaadama C9H16Cl2N4 17641
4083-64-1 p-toluenesulfonyl isocyanate C8H7NO3S 13173
4084-27-9 D-3-deoxyglucosone C6H10O5 7951
4087-39-2 (S)-(+)-10-methyl-1(9)-octal-2-one C11H16O 22437
4088-22-6 N-methyldioctadecylamine C37H77N 35496
4088-36-2 ethyloctylamine C10H23N 21404
4088-37-3 diethyloctylamine C12H27N 25345
4088-60-2 cis-crotonyl alcohol C4H8O 3482
4088-81-7 2-hydroxy-9,10-phenanthrenedione C14H8O3 26660
4089-71-8 3-methyl-1,6-hexanediol C7H16O2 12236
4091-14-9 N-vinylacetanilide C10H11NO 19312
4091-39-8 3-chloro-2-butanone C4H7ClO 3121
4091-50-3 compound 48/80 C10H15NO 20258
4093-31-6 methyl 4-acetamido-5-chloro-2-methoxybenzoa C11H12ClNO4 21797
4093-35-0 valopride C14H22BrN3O2 27654
4095-09-4 tribromomethylsilane CH3Br3Si 194
4095-22-1 2-isopropylthiophene C7H10S 11227
4096-20-2 1-phenylpiperidine C11H15N 22231
4096-21-3 1-phenylpyrrolidine C10H13N 19761
4096-33-7 1-hydroperoxycyclohex-3-ene C6H10O2 7867
4096-34-8 3-cyclohexen-1-one C6H8O 7388
4097-22-7 2',3'-dideoxyadenosine C10H13N5O2 19854
4097-47-6 4-isopropyl-2,6-dinitrophenol C9H10N2O5 16594
4097-89-6 tris(2-aminoethyl)amine C6H18N4 9360
4098-71-9 isophorone diisocyanate C12H18N2O2 24412
4098-98-0 tetrakis(trimethylsilyl)silane C12H36Si5 25423
4099-46-1 [bis(trimethylsilyl)]selenide C6H18SeSi2 9373

4099-81-4 5'-iodo-5'-deoxyadenosine C10H12IN5O3 19429
4100-38-3 3,4-dimethyl-4-(3,4-dimethyl-5-isoxazolyazo) C10H12N4O3 19470
4100-80-5 dihydro-3-methyl-2,5-furandione C5H6O3 4568
4101-68-2 1,10-dibromodecane C10H20Br2 20959
4104-01-2 3-chloro-2-methyl-1-pentene C6H11Cl 8016
4104-14-7 O,O-bis(p-chlorophenyl)acetimidoylphosp C14H13Cl2N2O2PS 26995
4104-45-4 3-(methylthio)propylamine C4H11NS 4016
4104-85-2 triaminoguanidinium perchlorate CH9ClN6O4 331
4105-90-2 3-ethoxy-1-(4-nitrophenyl)-2-pyrazolin-5-one C11H11N3O4 21780
4106-66-5 3-dibenzofuranamine C12H9NO 23406
4107-62-4 methyl 3-cyanopropanonate C5H7NO2 4679
4107-65-7 2,4-dimethoxybenzonitrile C9H9NO2 16430
4107-98-6 N,N-diisopropylaniline C12H19N 24508
4110-35-4 3,5-dinitrobenzonitrile C7H3N3O4 9599
4110-44-5 3,3-dimethyloctane C10H22 21146
4110-50-3 ethyl propyl sulfide C5H12S 5931
4110-66-1 N-(bis(1-aziridinyl)phosphinyl)benzamide C11H14N3O2P 22087
4110-77-4 (trans-2-chlorovinyl)benzene C8H7Cl 12990
4112-03-2 methylsulfamic acid CH5NO3S 293
4113-08-0 hexadecyl formate C17H34O2 30326
4113-12-6 dihexadecyl ether C32H66O 35128
4113-57-9 5-chloro-1,2,3-thiadiazole C2HClN2S 531
4113-72-8 1-azido-3-methylbenzene C7H7N3 10697
4114-28-7 diethyl 1,2-hydrazinedicarboxylate C6H12N2O4 8358
4114-31-2 ethyl hydrazinecarboxylate C3H8N2O2 2117
4116-10-3 a-chloroacetoacetic acid monoethylamide C6H10ClNO2 7682
4117-15-1 1,10-undecadiyne C11H16 22358
4118-51-8 isopropyl mandelate C11H13O2 22024
4119-52-2 iron(iii) thiocyanate monohydrate C3H2FeN3OS3 1375
4119-81-7 N-(bis(1-aziridinyl)phosphinyl)-o-iodobenz C11H13IN3O2P 21940
4119-82-8 N-(bis(1-aziridinyl)phosphinyl)-m-iodobenz C11H13IN3O2P 21939
4120-77-8 2-acetamidophenathrene C16H13NO 29093
4120-78-9 N-3-phenanthrylacetamide C16H13NO 29095
4122-04-7 2-amino-1,3,5-triazine C3H4N4 1613
4122-68-3 4-chlorophenoxyacetyl chloride C8H6Cl2O2 12814
4124-30-5 dichloroacetic anhydride C4H2Cl4O3 2403
4124-31-6 trichloroacetic anhydride C4Cl6O3 2320
4124-88-3 3-nonenoic acid C9H16O2 17725
4125-25-1 triisobutylphosphine C12H27P 25360
4126-78-7 methylcycloheptane C8H16 14889
4127-45-1 1,1,2-trimethylcyclopropane C6H12 8203
4127-47-3 1,1,2,2-tetramethylcyclopropane C7H14 11746
4128-17-0 trans,trans-farnesyl acetate C17H28O2 30268
4128-31-8 2-octanol, (±) C8H18O 15432
4128-71-6 4'-phenylazoacetanilide C14H13N3O 27044
4128-73-8 4,4'-oxybis(phenyl isocyanate) C14H8N2O3 26642
4128-83-0 ethylene 1-aziridinepropionate C12H20N2O4 24552
4130-08-9 vinyltriacetoxysilane C8H12O6Si 14405
4130-42-1 2,6-di-tert-butyl-4-ethylphenol C16H26O 29608
4131-74-2 dimethyl thiodipropionate C8H14O4S 14718
4132-48-3 4-isopropylanisole C10H14O 20077
4132-71-2 1,4-dimethoxy-2-isopropylbenzene C11H16O2 22450
4132-72-3 1,4-dimethyl-2-isopropylbenzene C11H16 22341
4132-77-8 1,2-dimethyl-4-isopropylbenzene C11H16 22337
4132-86-9 N-carbobenzyloxy-DL-alanine C11H13NO4 22001
4133-34-0 7-methoxy-2-tetralone C11H12O2 21875
4133-35-1 6-bromo-2-tetralone C10H9BrO 18810
4135-11-9 polymyxin B1 C56H98N16O13 35889
4135-93-7 2,5-dimethyl-2H-tetrazole C3H6N4 1909
4136-95-2 2,4,6-trichlorobenzoyl chloride C7H2Cl4O 9455
4137-10-4 dimethylammonium dimethylcarbamate C5H14N2O2 6022
4138-26-5 nipecotamide C6H12N2O 8325
4141-48-4 allyldiphenylphosphine oxide C15H15OP 28375
4142-85-2 bis(trichlorosilyl)methane CH2Cl6Si2 154
4143-41-3 trans-dimethyldiazene C2H6N2 1037
4144-22-3 N-tert-butylmaleimide C8H11NO2 14167
4145-94-2 4,5-dihydro-2,4,4-trimethylthiazole C6H11NS 8178
4146-04-7 DL-2-amino-1-pentanol C5H13NO 5979
4147-51-7 dipropetryn C11H21N5S 22787
4147-89-1 1,1,1-trimethyl-N-phenyl-N-(trimethylsilyl)s C12H23NSi2 24813
4148-16-7 lycurim C10H24N2O8S2 21431
4149-06-8 2,4-dihydro-5-amino-2-phenyl-3H-pyrazol-3-one C9H9N3O 16492
4150-34-9 triphenyltin hydroperoxide C18H16O2Sn 30634
4151-50-2 sulfluramid C10H6F17NO2S 18562
4152-09-4 N-benzylethylenediamine C9H14N2 17410
4152-90-3 3-chlorobenzylamine C7H8ClN 10753
4154-69-2 2-butanone oxime hydrochloride C4H10ClNO 3796
4156-16-5 2-ethyl-5-(3-sulfophenyl)isoxazolium hydroxi C11H11NO4S 21764
4160-51-4 4'-methoxybutyrophenone C11H14O2 22144
4160-52-5 1-(4-methylphenyl)-1-butanone C11H14O 22096
4160-63-8 2-(4-methoxybenzoyl)thiophene C12H10O2S 23548
4160-80-9 dihydro-4-phenyl-2H-pyran-2,6(3H)-dione C11H10O3 21665
4160-82-1 3,3-dimethylglutaric anhydride C7H10O3 11193
4161-60-8 4-hydroxy-2-pentanone C5H10O2 5519
4162-45-2 4,4'-isopropylidenebis[2-(2,6-dibromophenox C19H20Br4O4 31438
4163-15-9 cyclorphan C20H27NO 32289
4163-60-4 b-D-galactose pentaacetate C16H22O11 29532
4163-78-4 methyl 2,4,5-trichlorophenyl sulfide C7H5Cl3S 9988
4164-06-1 p-arsenoso-N,N-diethylaniline C10H14AsNO 19896
4164-07-2 p-arsenoso-N,N-bis(2-chloroethyl)aniline C10H12AsCl2NO 19399
4164-28-7 N-methyl-N-nitromethanamine C2H6N2O2 1046
4164-32-3 4-nitromorpholine C4H8N2O3 3448
4164-39-0 1,4-piperazinedicarboxaldehyde C6H10N2O2 7729
4165-96-2 3-phenylglutaric acid C11H12O4 21906
4166-00-1 monothiosuccinimide C4H5NOS 2710
4166-09-0 N-phenylmonothiosuccinimide C10H9NOS 18894
4166-20-5 furaneol acetate C8H10O4 14029
4166-46-5 2,3-dimethyl-3-hexanol C8H18O 15481
4166-53-4 3-methylglutaric anhydride C6H8O3 7443
4167-74-2 4-isobutylphenol C10H14O 19986
4167-75-3 2-isobutylphenol C10H14O 19984
4167-77-5 diethyl 1,1-cyclopentanedicarboxylate C11H18O4 22622
4168-40-5 1,1-dichlorotetradecane C14H28Cl2 27856
4168-79-0 2,2,6,6-tetramethyl-4-piperidone oxime C9H18N2O 17983
4169-04-4 2-phenoxy-1-propanol C9H12O2 17154
4170-24-5 2-chlorobutanoic acid C4H7ClO2 3134
4170-30-3 crotonaldehyde C4H6O 2956
4170-46-1 trichloroisopropylsilane C3H7Cl3Si 2017
4170-90-5 2,4,6-trimethylbenzyl alcohol C10H14O 20086
4171-11-3 5,5-diphenyl-1-oxazolidin-2,4-dione C15H11NO3 28117
4171-13-5 2-ethyl-3-methylvaleramide C8H17NO 15325
4171-83-9 1-nitro-2-(phenylthio)benzene C12H9NO2S 23418
4173-44-8 6-phenyl-3,5-hexadien-2-one C12H12O 23763
4175-38-6 N,N'-dicyclohexyl-1,4-benzenediamine C18H28N2 30917
4175-54-6 1,2,3,4-tetrahydro-1,4-dimethylnaphthalene C12H16 24117
4175-66-0 2,5-dimethylthiazole C5H7NS 4706
4176-53-8 1-aminophenanthrene C14H11N 26829
4177-16-6 2-vinylpyrazine C6H6N2 6983
4178-93-2 L-leucine-4-nitroanilide C12H17N3O3 24347
4179-19-5 1,3-dimethoxy-5-methylbenzene C9H12O2 17141
4180-23-8 trans-1-methoxy-4-(1-propenyl)benzene C10H12O 19498
4181-95-7 tetracontane C40H82 35630
4182-44-9 4-dodecyldiethylenetriamine C16H37N3 29831
4185-47-1 N-nitrobis(2-hydroxyethyl)-amine dinitrate C4H8N4O8 3469
4185-62-0 2-bromo-1-nitronaphthalene C10H6BrNO2 18521
4185-63-1 2-chloro-1-nitronaphthalene C10H6ClNO2 18530
4187-38-6 (R)-(+)-a,4-dimethylbenzylamine C9H13N 17287
4187-57-9 (S)-(+)-1-methyl-3-phenylpropylamine C10H15N 20227
4187-86-4 1-pentyn-3-ol C5H8O 4869
4187-87-5 alpha-ethynylbenzenemethanol C9H8O 16190
4189-47-3 1-bromoacetoxy-2-propanol C5H9BrO3 5021
4192-77-2 ethyl trans-cinnamate C11H12O2 21863
4195-17-9 4-nitrophenyl trimethylacetate C11H13NO4 22003
4196-86-5 pentaerythritol tetrabenzoate C33H28O8 35143
4197-25-5 2,3-dihydro-2,2-dimethyl-6-((4-(phenylazo)-1-n C29H24N6 34753
4198-90-7 3,5-dimethyl-4-hydroxybenzonitrile C9H9NO 16390
4199-88-6 5-nitro-1,10-phenanthroline C12H7N3O2 23260
4200-95-7 heptadecylamine C17H37N 30369
4202-14-6 dimethyl 2-oxopropylphosphonate C5H11O4P 5770
4202-38-4 dodecyl isocyanate C13H25NO 26454
4203-77-4 C.I. vat red 13 C32H22N4O2 35061
4205-23-6 D-gulose C6H12O6 8595
4205-90-7 2-(2,6-dichlorophenylamino)-2-imidazoline C9H9Cl2N3 16334
4206-61-5 diethylene glycol diglycidyl ether C10H18O5 20841
4206-67-1 (iodomethyl)trimethylsilane C4H11ISi 3976
4206-75-1 chlorophenylsilane C6H7ClSi 7156
4207-56-1 phenyltrimethylammonium tribromide C9H14Br3N 17401
4208-49-5 allyl 2-furancarboxylate C8H8O3 13447
4208-64-4 alpha-methyl-2-furanmethanol C6H8O2 7420
4209-22-7 1-bromotriacontane C30H61Br 34957
4209-24-9 2-chloro-1-(4-methylphenyl)ethanone C9H9ClO 16292
4209-90-9 2,2-dimethyl-3-hexanol C8H18O 15480
4209-91-0 3,5-dimethyl-3-hexanol C8H18O 15485
4210-32-6 4-tert-butylbenzonitrile C11H13N 21953
4211-67-0 2,4-dihydroxy-5-tert-butylbenzophenone C17H18O3 30077
4212-43-5 propaneperoxoic acid C3H6O3 1959
4212-94-6 isopropyl-N-acetoxy-N-phenylcarbamate C12H15NO4 24087
4213-30-3 p-(bis-(b-chloroethyl)amino)benzylidene mal C14H13Cl2N3 26996
4213-40-5 o-(4-bis(b-chloroethyl)amino-o-tolylazo)b C18H19Cl2N3O2 30688
4213-41-6 N,N-bis(2-chloroethyl)-2,3-dimethoxyanilin C12H17Cl2NO2 24287
4214-28-2 1-iodo-2,4-dimethylbenzene C8H9I 13652
4214-74-8 2-amino-3,5-dichloropyridine C5H4Cl2N2 4277
4214-75-9 2-amino-3-nitropyridine C5H5N3O2 4426
4214-76-0 2-amino-5-nitropyridine C5H5N3O2 4427
4214-79-3 5-chloro-2-pyridinol C5H4ClNO 4269
4215-86-5 (4-methylpentyl)benzene C12H18 24374
4217-66-7 2-phenyl-1,2-propanediol C9H12O2 17175
4218-48-8 1-ethyl-4-isopropylbenzene C11H16 22329
4219-24-3 3-hexenoic acid C6H10O2 7823
4219-49-2 ethylene glycol monopalmitate C18H36O3 31107
4221-03-8 5-hydroxypentanal C5H10O2 5528
4221-08-3 4-hydroxy-3-methoxybenzonitrile C8H7NO2 13151
4221-99-2 (S)-(+)-2-butanol C4H10O 3873
4222-21-3 3-methyl-3-chlorodiazirine C2H3ClN2 705
4222-26-8 chloro-(4-methoxyphenyl)diazirine C8H7ClN2O 12995
4222-27-9 3-chloro-3-methoxydiazirine C2H3ClN2O 706
4223-11-4 ethylene glycol butyl vinyl ether C8H16O2 15202
4224-69-5 methyl 2-(bromomethyl)acrylate C5H7BrO2 4600
4224-70-8 6-bromohexanoic acid C6H11BrO2 7991
4224-87-7 4-methylchalcone C16H14O 29154
4225-85-8 2-chloro-8-methylquinoline C10H8ClN 18680
4226-18-0 N-methyl-L-aspartic acid C5H9NO4 5251
4228-00-6 phenyl laurate C18H28O2 30925
4229-91-8 2-propylfuran C7H10O 11151
4230-97-1 allyl octanoate C11H20O2 22708
4231-35-0 N,N-diethyl-1-propynylamine C7H13N 11629
4232-27-3 2,4-dinitrophenyl acetate C8H6N2O6 12901
4232-84-2 triaminophenyl phosphate C18H18N3O4P 30662
4234-79-1 1,1a,3,3a,4,5,5a,5b,6-decachlorooctahydro- C17H12Cl10O4 29880
4235-09-0 N-9-phenanthrylacetamide C16H13NO 29096
4238-71-5 1-benzylimidazole C10H10N2 19039
4238-84-0 D-lysergic acid dimethylamide C18H21N3O 30773
4241-27-4 3-cyano-6-methyl-2(1H)-pyridinone C7H6N2O 10351
4241-73-0 glucose isonicotinoylhydrazone C12H17N3O6 24350
4242-33-5 b-fluoroethylic ester of xenylacetic acid C16H15FO2 29200
4245-35-6 isoamyl acrylate C8H14O2 14637
4245-37-8 vinyl methacrylate C6H8O2 7432
4245-76-5 N-methyl-N'-nitroguanidine C2H6N4O2 1057
4245-77-6 N-ethyl-N-nitroso-N'-nitroguanidine C3H7N5O3 2088
4246-51-9 4,7,10-trioxa-1,13-tridecanediamine C10H24N2O3 21428
4246-51-9 3-[2-[2-(3-aminopropoxy)ethoxy]ethoxy]propan C10H24N2O3 21429
4247-19-2 1,2,6,7-diepoxyheptane C7H12O2 11496
4247-30-7 4,5-epoxy-3-hydroxyvaleric acid b-lactone C5H6O3 4574
4248-21-9 2-ethylhexyl carbamate C9H19NO2 18160
4248-66-2 cyanotrimethylandrostenolone C23H33NO2 33655
4249-10-9 1,2,3,4-tetramethyl-1,3-cyclopentadiene C9H14 17395
4250-81-1 1-phenyl-1-pentyne C11H12 21791
4251-21-2 1-phenyenepropionic acid C12H14O4 24014
4252-78-2 2,2',4'-trichloroacetophenone C8H5Cl3O 12636
4253-22-9 dibutylthioxostannane C8H18SSn 15613
4253-34-3 methyltriacetoxysilane C7H12O6Si 11565
4253-89-8 diisopropyl disulfide C6H14S2 9129
4253-91-2 dipropyl sulfoxide C6H14OS 9010
4254-02-8 cyclopentanecarbonitrile C6H9N 7532
4254-14-2 (R)-(-)-1,2-propanediol C3H8O2 2143
4254-15-3 (S)-(+)-1,2-propanediol C3H8O2 2144
4254-22-2 acetyl hypobromite C2H3BrO2 694
4254-29-9 2-indanol C9H10O 16641
4255-62-3 4,4-dimethylcyclohexanone C8H14O 14557
4258-93-9 1-methyl-1-propylcyclohexane C10H20 20927
4259-00-1 1,1,2-trimethylcyclopentane C8H16 14868
4259-20-5 borane-tributylphosphine complex C12H30BP 25400
4259-43-2 1,1,1-trichloro-2,2,3,3,3-pentafluoropropane C3Cl3F5 1258
4261-14-7 9-benzyladenine C12H11N5 23666
4263-52-9 2-bromoethanesulfonic acid sodium salt C2H4BrNaO3S 797
4264-29-3 trans-1-nitro-2-(2-phenylvinyl)benzene C14H11NO2 26844
4265-07-0 phosphoenolpyruvic acid, monopotassium salt C3H4KO6P 1591
4265-16-1 2-benzofurancarboxaldehyde C9H6O2 15929
4265-25-2 2-methylbenzofuran C9H8O 16185
4265-97-8 heptyl octanoate C15H30O2 28885
4268-36-4 tybamate C13H26N2O4 26484
4269-15-2 4-aminofluorenone C13H9NO 25550
4271-27-6 diethyldodecylamine C16H35N 29804
4271-30-1 N-(4-aminobenzoyl)-L-glutamic acid C12H14N2O5 23939
4274-06-0 4-methyl-6-(((2-chloro-4-nitro)phenyl)azo) C14H13ClN4O3 26993
4275-28-9 2,2'-thiodiethanol diacetate C8H14O4S 14719

4276-09-9 (R)-(-)-2-amino-3-methyl-1-butanol C5H13NO 5977
4276-49-7 1-bromoeicosane C20H41Br 32505
4276-50-0 1-bromoheneicosane C21H43Br 33055
4276-51-1 1-bromohexacosane C26H53Br 34360
4277-63-8 methyl 1-pyrrolecarboxylate C6H7NO2 7209
4279-22-5 2,2-dichlorobutane C4H8Cl2 3364
4279-70-3 1-methyl-2-[(4-methylphenyl)thio]benzene C14H14S 27193
4279-76-9 phenoxyacetylene C8H6O 12915
4280-28-8 4-methoxy-1,2-dinitrobenzene C7H6N2O5 10382
4282-24-0 2,3-furandicarboxylic acid C6H4O5 6625
4282-28-4 2,4-furandicarboxylic acid C6H4O5 6626
4282-29-5 3,4-thiophenedicarboxylic acid C6H4O4S 6624
4282-31-9 2,5-thiophenedicarboxylic acid C6H4O4S 6623
4282-32-0 dimethyl 2,5-furandicarboxylate C8H8O5 13509
4282-33-1 dimethyl 3,4-furandicarboxylate C8H8O5 13512
4282-40-0 1-iodoheptane C7H15I 12020
4282-42-2 1-iodononane C9H19I 18129
4282-44-4 1-iodoundecane C11H23I 22876
4283-80-1 2-bromo-2-methylpentane C6H13Br 8653
4283-83-4 3-bromo-2-methylpentane C6H13Br 8656
4285-42-1 methylphenylcarbamic chloride C8H8ClNO 13268
4286-15-1 (S)-(+)-2-phenylbutyric acid C10H12O2 19604
4286-47-9 1,6-dinitrohexane C6H12N2O4 8359
4286-49-1 1,4-dinitrobutane C4H8N2O4 3453
4286-55-9 6-bromohexanol C6H13BrO 8665
4287-20-1 3-amino-1-phenoxy-2-propanol hydrochloride C9H13NO2 17334
4288-84-0 1-chloro-3-(1-methylethoxy)-2-propanol C6H13ClO2 8695
4291-79-6 1-methyl-2-propylcyclohexane C10H20 20928
4291-80-9 1-methyl-3-propylcyclohexane C10H20 20929
4291-81-0 1-methyl-4-propylcyclohexane C10H20 20930
4291-98-9 1-pentylcyclopentene C10H18 20603
4291-99-0 1-hexylcyclopentene C11H20 22671
4292-00-6 1-heptylcyclopentene C12H22 24666
4292-04-0 1-isopropyl-1-cyclohexene C9H16 17627
4292-19-7 1-iodododecane C12H25I 24900
4292-75-5 hexylcyclohexane C12H24 24819
4292-92-6 pentylcyclohexane C11H22 22792
4294-16-0 6-benzylaminopurine riboside C17H19N5O4 30115
4295-06-1 4-chloro-2-methylquinoline C10H8ClN 18681
4298-08-2 trans-3-hydroxy-L-proline C5H9NO3 5241
4298-10-6 1b-D-arabinofuranosyl-5-fluorocytosine C9H12FN3O5 17040
4300-97-4 3-chloro-2,2-dimethylpropionyl chloride C5H8Cl2O 4782
4301-39-7 ethyl 5-chloro-2-furancarboxylate C7H7ClO3 10534
4301-50-2 fluenetil C16H15FO2 29199
4302-87-8 p-amino-N,a-dimethylphenethylamine C10H16N2 20399
4303-44-0 2-[(2-chloroethyl)thio]-2-methylpropane C6H13ClS 8698
4303-67-7 N-dodecylimidazole C15H28N2 28825
4303-88-2 hemicholinium-15 C12H18BrNO2 24391
4309-66-4 trans-4-aminostilbene C14H13N 27010
4310-80-9 methylthymol blue, pentasodium salt C37H39N2Na5O13S 35454
4312-87-2 formhydroxamic acid CH3NO2 237
4313-03-5 trans,trans-2,4-heptadienal C7H10O 11149
4313-57-9 1-methylcyclohexa-1,4-diene C7H10 11055
4314-63-0 lysergic acid morpholide C20H23N3O2 32210
4316-23-8 4-methylphthalic acid C9H8O4 16240
4316-35-2 (1,1-dimethoxyethyl)benzene C10H14O2 20113
4316-42-1 1-butylimidazole C7H12N2 11381
4317-14-0 amitriptyline-N-oxide C20H23NO 32192
4318-37-0 hexahydro-1-methyl-1H-1,4-diazepine C6H14N2 8921
4318-42-7 isopropyl piperazine C7H16N2 12145
4318-76-7 2,5-pyridinediamine C5H7N3 4713
4319-49-7 4-morpholinamine C4H10N2O 3834
4325-48-8 2-chloro-2-methylpentane C6H13Cl 8675
4325-49-9 2-chloro-2-methylheptane C8H17Cl 15255
4325-82-0 4-methyl-3-penten-2-ol C6H12O 8438
4325-85-3 tris(trimethylsilyl) borate C9H27BO3Si3 18447
4325-97-7 2-chloroethanethiol C2H5ClS 924
4328-04-5 tetrakis(2-hydroxyethyl)ammonium bromide C8H20BrNO4 15682
4328-13-6 tetrahexylammonium bromide C24H52BrN 34026
4328-17-0 trinitrophloroglucinol C6H3N3O9 6370
4328-94-3 1,3,5-pentanetriol C5H12O3 5904
4331-22-0 versicolorin B C18H12O7 30439
4331-54-8 4-methyl-1-cyclohexanecarboxylic acid C8H14O2 14639
4331-98-0 dicyanogen-N,N-dioxide C2N2O2 1213
4333-56-6 bromocyclopropane C3H5Br 1646
4334-87-6 3-ethoxycarbonylphenylboronic acid C9H11BO4 16821
4335-09-5 4-amino-5-hydroxy-6-[[4'-[(4-hydroxyph C34H22N8Na2O10S2 35204
4335-90-4 (2,2-diacetylvinyl)benzene C12H12O2 23774
4336-19-0 dimethyl tetrahydrophthalate C10H14O4 20166
4336-70-3 cyanomethyl triphenylphosphonium chloride C20H17ClNP 32037
4339-05-3 3-methyl-1-hexyn-3-ol C7H12O 11410
4339-69-9 a-furilmonoxime C10H7NO4 18658
4340-76-5 2-eicosanol C20H42O 32523
4341-24-6 5-methylcyclohexane-1,3-dione C7H10O2 11185
4341-76-8 ethyl 2-butynoate C6H8O2 7413
4342-03-4 dacarbazine C6H10N6O 7758
4342-30-7 salicyloyloxytributylstannane C19H32O3Sn 31656
4342-36-3 tributyltin benzoate C19H32O2Sn 31655
4342-61-4 1,2-dichloro-1,1,2,2-tetramethyldisilane C4H12Cl2Si2 4053
4343-68-4 nitrosyl cyanide CN2O 358
4344-55-2 4-butoxyaniline C10H15NO 20248
4346-18-3 phenyl butanoate C10H12O2 19579
4350-09-8 L-5-hydroxytryptophan C11H12N2O3 21833
4350-41-8 2-[(4-chlorophenyl)methyl]pyridine C12H10ClN 23456
4351-10-4 2-hexyl-4-methyl-1,3-dioxolane C10H20O2 21072
4351-54-6 cyclohexyl formate C7H12O2 11456
4353-28-0 3,6,9,12,15-pentaoxaheptadecane C12H26O5 25306
4353-77-9 trimethylsilyl chlorosulfonate C3H9ClO3SSi 2187
4354-45-4 1-methyl-3-piperidyl-a-phenylcyclohexaneglyco C20H29NO3 32331
4354-56-7 cyclohexanehexanoic acid C12H22O2 24699
4355-11-7 1,1-cyclohexanediacetic acid C10H16O4 20523
4356-47-2 calycotomine C12H17NO3 24328
4358-59-2 methyl cis-2-butenoate C5H8O2 4886
4358-75-2 2-amino-2,3-dimethylbutane C6H15N 9187
4358-87-6 methyl alpha-hydroxyphenylacetate, (±) C9H10O3 16737
4358-88-7 ethyl alpha-hydroxybenzeneacetate, (±) C10H12O3 19636
4360-12-7 ajmalan-17,21-diol, (17R,21alpha)- C20H26N2O2 32271
4360-47-8 cinnamonitrile C9H7N 16017
4360-63-8 2-bromomethyl-1,3-dioxolane C4H7BrO2 3078
4360-96-7 (hydroxymethyl)propanedioic acid C4H6O5 3025
4361-06-2 isobutylpropanedioic acid C7H12O4 11538
4361-28-8 cyclohexanepropanal- C9H16O 17709
4361-80-2 apothesine C16H23NO2 29546
4362-01-0 beta-propylcinnamic acid C12H14O2 23977
4362-40-7 4-chloromethyl-2,2-dimethyl-1,3-dioxolane C6H11ClO2 8047
4363-03-5 4-amino-3-biphenylol C12H11NO 23627
4363-04-6 6-amino-2-naphthalenol C10H9NO 18866
4363-93-3 4-quinolinecarboxaldehyde C10H7NO 18634
4364-06-1 3-phenyl-2-propenal dimethyl acetal C11H14O2 22161
4366-50-1 1-ethyl-1-(1-naphthyl)-2-thiourea C13H14N2S 25971
4368-28-9 fugu poison C11H17N3O8 22545
4368-51-8 tetraheptylammonium bromide C28H60BrN 34744
4369-14-6 3-(trimethoxysilyl)propyl acrylate C9H18O5Si 18109
4371-48-6 2-methyl-3-isopropylphenol C10H14O 20003
4373-13-1 1,2-dihydro-4-methylnaphthalene C11H12 21788
4375-07-9 epipodophyllotoxin C22H22O8 33236
4375-11-5 imidodicarboxylic acid, dihydrazide C2H7N5O2 1135
4375-14-8 octahydro-1H-indole C8H15N 14778
4375-83-1 tris(dimethylamino)borane C6H18BN3 9344
4375-96-6 2-iodo-1-propene C3H5I 1736
4376-20-9 monoethylhexyl phthalate C16H22O4 29524
4376-23-2 trans-3-hexen-2-one C6H10O 7777
4377-37-1 2-(trichloromethyl)pyridine C6H4Cl3N 6503
4377-73-5 1,4-benzoquinone diimine C6H6N2 6984
4378-73-8 1,2-oxathietane-2,2-dioxide C3H6O3S 1963
4382-54-1 5-methoxyindole-2-carboxylic acid C10H9NO3 18920
4383-05-5 2-hydroxy-3-methoxybenzenemethanol C8H10O3 13999
4383-18-0 alpha-methyl-alpha-propylbenzenemethanol C11H16O 22421
4385-04-0 dimethylhexylamine C8H19N 15641
4385-05-1 4-[2-(dimethylamino)ethyl]morpholine C8H18N2O 15409
4387-13-7 bis(formylmethyl) mercury C4H6HgO2 2880
4388-03-8 1,1'-biaziridinyl C4H8N2 3417
4388-07-2 5,5'-bi-p-toluquinone C14H10O4 26790
4388-87-8 2,5-dimethyl-3,4-hexanedione C8H14O2 14611
4388-88-9 2,2,5,5-tetramethyl-3,4-hexanedione C10H18O2 20780
4389-45-1 2-amino-3-methylbenzoic acid C8H9NO2 13719
4389-50-8 2-amino-6-methylbenzoic acid C8H9NO2 13720
4389-53-1 2-hydroxy-3-methyl-6-isopropylbenzoic acid C11H14O3 22174
4390-04-9 2,2,4,4,6,8,8-heptamethylnonane C16H34 29760
4390-75-4 2-hydroxy-3-methyl-2-isopropylbutanenitrile C8H15NO 14788
4392-24-9 (3-bromo-1-propenyl)benzene C9H9Br 16249
4392-30-7 cyclobutylbenzene C10H12 19394
4393-06-0 alpha-vinylbenzenemethanol C9H10O 16626
4393-09-3 2,3-dimethoxybenzylamine C9H13NO2 17340
4394-00-7 niflumic acid C13H9F3N2O2 25535
4394-11-0 3,4'-bipyridine C10H8N2 18707
4394-77-8 7-hydroxy-4-methylcoumarin, bis(2-chloroet C14H15Cl2O6P 27207
4394-85-8 4-morpholinecarboxaldehyde C5H9NO2 5219
4394-93-8 bis(difluoroamino)difluoromethane CF6N2 85
4395-73-7 (4-isopropylbenzyl)amine C10H15N 20216
4395-79-3 2-chloro-1-methyl-4-isopropylbenzene C10H13Cl 19720
4395-80-6 2-chloro-4-methyl-1-isopropylbenzene C10H13Cl 19721
4395-81-7 2-iodo-4-methyl-1-isopropylbenzene C10H13I 19754
4395-92-0 4-isopropyl phenylacetaldehyde C11H14O 22112
4396-19-4 1,1'-[methylenebis(thio)]bisethane C5H12S2 5938
4396-98-9 alpha-butyl-alpha-methylbenzenemethanol C12H18O 24437
4397-05-1 2,4-dimethyl-3-phenyl-3-pentanol C13H20O 26306
4397-53-9 4-benzyloxybenzaldehyde C14H12O2 26956
4398-65-6 2-chloro-2-methylhexane C7H15Cl 11998
4399-47-7 bromocyclobutane C4H7Br 3060
4399-80-8 3-carbamoyl-2,2,5,5-tetramethylpyrrolidin-1-y C9H17N2O2 17853
4402-32-8 1-diethylamino-2-propanol C7H17NO 12352
4403-69-4 2-aminobenzenemethanamine C7H10N2 11085
4403-71-8 4-aminobenzylamine C7H10N2 11095
4404-45-9 hexyl isothiocyanate C7H13NS 11683
4404-98-2 4-amino-4-methyl-2-pentanol C6H15NO 9228
4405-42-9 (3-chlorophenyl)trimethylsilane C9H13ClSi 17244
4406-77-3 2-phenyl-1,3,2-dioxaborinane C9H11BO2 16819
4407-36-7 trans-3-phenyl-2-propen-1-ol C9H10O 16625
4408-60-0 2,4,6-trimethylphenylacetic acid C11H14O2 22151
4408-64-4 N-methyliminodiacetic acid C5H9NO4 5253
4408-81-5 1,2-diaminopropane-N,N,N',N'-tetraacetic aci C11H18N2O8 22576
4409-11-4 4-(4-chlorobenzyl)pyridine C12H10ClN 23457
4410-99-5 2-phenylethanethiol C8H10S 14054
4411-25-0 1-adamantyl isocyanate C11H15NO 22246
4411-26-1 1-adamantyl isothiocyanate C11H15NS 22295
4412-09-3 mucochloric anhydride C8H2Cl4O5 12450
4412-16-2 2-dodecenoic acid C12H22O2 24700
4412-91-3 furan-3-methanol C5H6O2 4560
4412-96-8 3-methyl-2-furoic acid C6H6O3 7097
4413-13-2 1-butoxy-2-ethoxyethane C8H18O2 15563
4413-16-5 (1-cyclohexylethyl)benzene C14H20 27563
4413-31-4 p,p-methylchlor C16H15Cl3 29197
4414-88-4 2-(cyanomethyl)benzimidazole C9H7N3 16077
4415-51-4 4-(p-chlorophenyl)-1-piperazineethanol-2-p C20H22ClN3O2 32161
4415-82-1 cyclobutanemethanol C5H10O 5472
4418-26-2 sodium dehydroacetate C8H7NaO4 13235
4418-61-5 aminotetrazole CH3N5 243
4418-66-0 2,2'-dihydroxy-3,3'-dimethyl-5,5'-dichloro C14H12Cl2O2S 26885
4419-47-0 tetrakis(diethylamino)titanium C16H40N4Ti 29837
4420-74-0 (3-mercaptopropyl)trimethoxysilane C6H16O3SSi 9320
4420-79-5 2,5-bis(bis-(2-chloroethyl)aminomethyl)hy C16H24Cl4N2O2 29564
4422-95-1 1,3,5-benzenetricarbonyl trichloride C9H3Cl3O3 15777
4423-79-4 1,4-dioxaspiro[4.5]decan-2-one C8H12O3 14373
4424-06-0 C.I. vat orange 7 C26H12N4O2 34206
4424-17-3 2-aminobenzanilide C13H12N2O 25771
4425-78-9 carbofluorene amino ester C20H23NO2 32194
4426-11-3 cyclobutanecarbonitrile C5H7N 4661
4426-47-5 n-butylboronic acid C4H11BO2 3966
4426-51-1 4-methyl-1,3,2-dioxathiane 2-oxide C4H8O3S 3568
4426-83-9 heptyl isothiocyanate C8H15NS 14845
4427-56-9 4-methyl-2-isopropylphenol C10H14O 20010
4427-96-7 4-vinyl-1,3-dioxolan-2-one C5H6O3 4573
4428-13-1 alpha,alpha-diphenylbenzeneethanol C20H18O 32079
4430-20-0 chlorophenol red C19H12Cl2O5S 31213
4430-31-3 octahydrocoumarin C9H14O2 17480
4431-00-9 aurintricarboxylic acid C22H14O9 33120
4431-09-4 piperonylonitrile C8H5NO2 12694
4431-24-7 ethylenebis-(diphenylarsine) C26H24As2 34245
4432-31-9 2-morpholinoethanesulfonic acid C6H13NO4S 8851
4432-77-3 ethyl-tert-butylamine C6H15N 9201
4433-10-7 2,4-dimethylbiphenyl C14H14 27073
4433-11-8 3,4-dimethylbiphenyl C14H14 27067
4433-30-1 undecanophenone C17H26O 30250
4433-63-0 ethylboronic acid C2H7BO2 1106
4434-05-3 coumermycin al C55H59N5O20 35874
4434-66-6 1-bromononadecane C19H39Br 31727
4435-14-7 cyclohexaneacetonitrile C8H13N 14430
4435-18-1 cyclohexylideneacetonitrile C8H11N 14116
4435-50-1 1,2,3-butanetriol C4H10O3 3919
4435-53-4 butoxyl C7H14O3 11936
4435-60-3 pyrromelitic acid dianhydride C10H2O6 18481
4436-24-2 (2,3-epoxypropyl)benzene C9H10O 16639
4436-59-3 2,6,6-trimethylcycloheptanone C10H18O 20686
4436-81-1 dihydro-5,5-dimethyl-4-(3-oxobutyl)-2(3H)-fura C10H16O3 20507
4436-96-8 alpha,alpha-dipropylbenzenemethanol C13H20O 26307

4437-18-7 2-(bromomethyl)furan C5H5BrO 4353
4437-20-1 difurfuryl disulfide C10H10O2S2 19174
4437-22-3 difurfuryl ether C10H10O3 19177
4437-23-4 furfuryl phenyl ether C11H10O2 21657
4437-50-7 3-methyl-2,5-hexanedione C7H12O2 11462
4437-51-8 3,4-hexanedione C6H10O2 7840
4437-85-8 4-ethyl-1,3-dioxolan-2-one C5H8O3 4938
4439-20-7 N,N'-bis(2-hydroxyethyl)ethylenediamine C6H16N2O2 9306
4439-24-1 2-(2-methylpropoxy)ethanol C6H14O2 9058
4439-84-3 2-amino-5-hydroxylevulinic acid C5H9NO4 5255
4441-17-2 tripiperidinophosphine oxide C15H30N3OP 28870
4441-57-0 cyclohexanebutanol C10H20O 21001
4441-63-8 cyclohexanebutyric acid C10H18O2 20784
4441-90-1 (1-methylethylidene)propanedioic acid C6H8O4 7453
4442-79-9 cyclohexaneethanol C8H16O 15083
4442-85-7 cyclohexaneethylamine C8H17N 15299
4443-55-4 eicosylcyclohexane C26H52 34348
4443-57-6 3-cyclohexyleicosane C26H52 34350
4443-61-2 9-cyclohexyleicosane C26H52 34351
4444-12-6 6,10,14-hexadecatrienoic acid C16H26O2 29614
4444-68-2 diethylbutylamine C8H19N 15642
4445-06-1 octadecylcyclohexane C24H48 33984
4445-07-2 octadecylbenzene C24H42 33959
4445-08-3 9-(4-tolyl)octadecane C25H44 34173
4447-21-6 1,3-hexadiyne C6H6 6883
4447-60-3 triisopropoxymethane C10H22O3 21367
4449-51-8 cyclopamine C27H41NO2 34480
4453-82-1 dicyclohexylmethanol C13H24O 26416
4454-05-1 3,4-dihydro-2-methoxy-2H-pyran C6H10O2 7849
4455-13-4 ethyl (methylthio)acetate C5H10O2S 5540
4455-26-9 methyldioctylamine C17H37N 30374
4457-00-5 hexylcyclopentane C11H22 22791
4457-32-3 4-nitrobenzyl chloroformate C8H6ClNO4 12787
4457-71-0 3-methyl-1,5-pentanediol C6H14O2 9037
4457-72-1 1,5-dibromo-3-methylpentane C6H12Br2 8258
4457-90-3 pentafluorophenylaluminum dibromide C6AlBr2F5 5269
4458-31-5 diethylpropylamine C7H17N 12339
4458-32-6 methylethylpropylamine C6H15N 9206
4459-18-1 perfluoro-tert-butyl iodide C4F9I 2341
4460-32-6 N-2,5-diiodobenzoyl-N',N',N",N"-diethylen C11H12I2N3O2P 21809
4460-46-2 phenylchlorodiazirine C7H5ClN2 9917
4460-86-0 2,4,5-trimethoxybenzaldehyde C10H12O4 19690
4461-30-7 chloroacetyl isocyanate C3H2ClNO2 1351
4461-33-0 benzoyl isocyanate C8H5NO2 12692
4461-39-6 2-[(3-aminopropyl)amino]ethanol C5H14N2O 6021
4461-41-0 2-chloro-2-butene C4H7Cl 3111
4461-48-7 4-methyl-2-pentene C6H12 8226
4463-22-3 N-acetyl-4-biphenylhydroxylamine C14H13NO2 27029
4463-33-6 1,2-dimethoxy-3-methylbenzene C9H12O2 17139
4463-44-9 xylene cyanol FF C25H27N2NaO7S2 34115
4466-59-5 3,6-dichlorophthalic anhydride C8H2Cl2O3 12446
4466-76-6 benzo(c)phenathrene-8-carboxaldehyde C19H12O 31226
4466-77-7 1:2:3:4-tetramethylphenanthrene C18H18 30643
4467-06-5 2-(4-methylphenyl)pyridine C12H11N 23616
4467-21-4 3-chloro-7-hydroxy-4-methylcoumarin bis(3- C16H18Cl3O6P 29368
4467-88-3 1,3-diphenyl-1H-indene C21H16 32634
4468-02-4 zinc gluconate C12H22O4Zn 24759
4468-42-2 (1-ethylbutyl)benzene C12H18 24370
4468-48-8 a-phenylacetoacetonitrile C10H9NO 18893
4468-59-1 4-hydroxy-3-methoxyphenylacetonitrile C9H9NO2 16434
4468-93-3 2-(2-ethylbutoxy)ethanol C8H18O2 15567
4471-05-0 alpha-pentylbenzenemethanol C12H18O 24440
4472-06-4 azidodithioformic acid CHN3S2 131
4474-17-3 cyanoformyl chloride C2ClNO 433
4474-91-3 5-l-isoleucineangiotensin II C50H71N13O12 35825
4479-75-8 senecioic acid amide C5H9NO 5216
4480-83-5 diglycolic anhydride C4H4O4 2607
4481-08-7 6-deoxy-3-O-methylgalactose C7H14O5 11949
4481-30-5 2-phenyl-3-methylbutane C11H16 22310
4482-03-5 2,2',4,4',6,6'-hexamethyl-1,1'-biphenyl C18H22 30777
4482-75-1 alpha-maltose C12H22O11 24773
4484-61-1 2-(methoxymethoxy)ethanol C4H10O3 3927
4484-72-4 trichlorododecylsilane C12H25Cl3Si 24898
4484-80-4 sec-butyl trichloroacetate C6H9Cl3O2 7514
4485-09-0 4-nonanone C9H18O 18009
4485-12-5 lithium stearate C18H35LiO2 31068
4485-13-6 4-propyl-3-heptene C10H20 20952
4485-16-9 4-methyl-3-heptene C8H16 14921
4485-25-0 2,2-bis(p-aminophenyl)-1,1,1-trichloroethan C14H13Cl3N2 26999
4485-77-2 dinonyl disulfide C18H38S2 31157
4487-59-6 2-bromo-5-nitropyridine C5H3BrN2O2 4209
4488-22-6 (1,1'-binaphthalene)-2,2'-diamine C20H16N2 32009
4489-23-0 1-bromo-4-(1-propenyl)benzene C9H9Br 16250
4491-19-4 indaconitine C34H47NO10 35235
4492-01-7 1,3-diphenyl-1H-pyrazole C15H12N2 28153
4492-96-0 dowco 183 C13H20ClNO3P 26291
4493-42-9 methyl trans-2,cis-4-decadienoate C11H18O2 22600
4495-66-3 4'-benzyloxypropiophenone C16H16O2 29286
4497-05-6 tetradecanophenone C20H32O 32383
4497-29-4 bis(bromomethyl) ether C2H4Br2O 800
4497-92-1 (+)-2-carene C10H16 20359
4498-32-2 dibenzepin C18H21N3O 30772
4499-86-9 tetrapropylammonium hydroxide C12H29NO 25395
4500-29-2 N,N-di(2-hydroxyethyl)cyclohexylamine C10H21NO2 21120
4500-58-7 o-ethylthiophenol C8H10S 14039
4502-10-7 2-amino-3-hydroxyacetophenone C8H9NO2 13737
4504-27-2 azidoacetone C3H5N3O 1787
4509-11-9 3,4-epoxysulfolane C4H6O3S 3005
4509-90-4 5-bromovaleryl chloride C5H8BrClO 4754
4510-34-3 cis-3-phenyl-2-propen-1-ol C9H10O 16624
4511-19-7 2,4,6-trichlorophenyl chloroformate C7H2Cl4O2 9456
4514-19-6 12-methylbenzo(a)pyrene C21H14 32599
4515-18-8 1-nitrosopipecolic acid C6H10N2O3 7742
4516-69-2 1,1,3-trimethylcyclopentane C8H16 14869
4516-90-9 2-methyl-3-buten-1-ol C5H10O 5477
4518-10-9 methyl 3-aminobenzoate C8H9NO2 13708
4519-28-2 tetramethylphosphonium bromide C4H12BrP 4042
4519-39-5 2,3-difluorobenzoic acid C7H4F2O2 9793
4519-40-8 2,3-difluoroaniline C6H5F2N 6784
4520-29-0 1,3-bis(trimethylsiloxy)benzene C12H22O2Si2 24735
4521-22-6 4-(4-methylphenyl)butyric acid C11H14O2 22147
4521-61-3 3,4,5-trimethoxybenzoyl chloride C10H11ClO4 19269
4522-93-4 ethyl pentafluorobenzoate C9H5F5O2 15829
4523-45-9 4-methyl-1-naphthalenamine C11H11N 21725
4524-77-0 2-bromo-4,6-dichlorophenol C6H3BrCl2O 6234
4524-93-0 cyclopentanecarbonyl chloride C6H9ClO 7497
4524-95-2 2-methyl-2-azabicyclo(2.2.1)heptane C7H13N 11631
4525-33-1 dimethyl dicarbonate C4H6O5 3026
4525-36-4 ethyl tetrahydro-2-furanpropanoate C9H16O3 17747
4525-44-4 dichloroethylmethylsilane C3H8Cl2Si 2100
4526-07-2 1,4-bis(trimethylsilyl)-1,3-butadiyne C10H18Si2 20854
4526-20-9 methyl (diethoxyphosphinyl)acetate C6H13O5P 8875
4528-34-1 nitroethyl nitrate (DOT) C2H4N2O5 864
4530-20-5 boc-glycine C7H13NO4 11680
4531-35-5 tetraethynylgermanium C8H4Ge 12571
4532-64-3 2,3-butanedithiol C4H10S2 3953
4533-39-5 1-nitro-9-(3'-dimethylaminopropylamino)-acri C18H20N4O2 30736
4534-74-1 4-ethylcyclohexanol C8H16O 15128
4535-61-9 (Z)-5-hepten-2-one C7H12O 11445
4535-66-4 N,N-diisobutylethanolamine C10H23NO 21408
4536-23-6 2-methylhexanoic acid C7H14O2 11925
4537-00-2 8-chloro-1-naphthalenecarboxylic acid C11H7ClO2 21487
4537-05-7 bis(2-methylphenyl) sulfide C14H14S 27190
4537-13-7 (1-methylnonyl)benzene C16H26 29599
4538-37-8 1,4-diisocyanatobutane C6H8N2O2 7352
4540-44-7 1-bromo-3-chloro-1-propanol C3H6BrClO 1815
4541-14-4 4-benzyloxy-1-butanol C11H16O2 22456
4541-15-5 5-benzyloxy-1-pentanol C12H18O2 24469
4542-46-5 4-mercaptoethylmorpholine C6H13NOS 8788
4542-61-4 dimethoxyborane C2H7BO2 1107
4543-33-3 1,3,6,8-tetranitrokarbazol C12H5N5O8 23191
4543-96-8 N,N,N'-trimethyl-1,3-propanediamine C6H16N2 9301
4547-69-7 benzene-1,3-bis(sulfonyl azide) C6H4N6O4S2 6613
4548-45-2 2-chloro-5-nitropyridine C5H3ClN2O2 4220
4549-31-9 1,7-dibromoheptane C7H14Br2 11754
4549-32-0 1,8-dibromooctane C8H16Br2 14998
4549-33-1 1,9-dibromononane C9H18Br2 17957
4549-40-0 N-nitrosomethylvinylamine C3H6N2O 1885
4549-43-3 N-methyl-N-nitrosoallylamine C4H8N2O 3424
4549-44-4 ethyl-N-butylnitrosamine C6H14N2O 8941
4549-74-0 3-methyl-1,3-pentadiene C6H10 7637
4551-15-9 trimethyl(phenylthio)silane C9H14SSi 17521
4551-16-0 (bis(trimethylsilyl))telluride C6H18Si2Te 9375
4551-51-3 cis-bicyclo[4.3.0]nonane C9H16 17624
4551-59-1 feldene C19H30N2O3 31626
4551-69-3 4-benzoyl-3-methyl-1-phenyl-2-pyrazolin-5-on C17H14N2O2 29932
4553-07-5 ethyl 2-cyano-2-phenylacetate C11H11NO2 21747
4553-62-2 methylglutaronitrile C6H8N2 7317
4554-16-9 2,3-dibromopropionitrile C3H3Br2N 1393
4556-23-4 4-mercaptopyridine C5H5NS 4422
4559-70-0 diphenylphosphine oxide C12H11OP 23671
4559-79-9 N,N,N',N'-tetramethyl-2-butene-1,4-diamine C8H18N2 15406
4559-96-0 4'-bromo-4-chlorobutyrophenone C10H10BrClO 18978
4562-36-1 gitoxin C41H64O14 35651
4564-87-8 carbomycin C42H67NO16 35698
4567-22-0 2,2,5,5-tetramethylpyrrolidine C8H17N 15302
4568-81-4 2,5-dimethyl-3-furyl p-hydroxyphenyl ketone C13H12O3 25826
4568-82-5 3,5-diiodo-4-hydroxyphenyl 2-furyl ketone C11H6I2O3 21477
4568-83-6 ethyl-2-(diiodo-3,5 hydroxy-4 benzoyl)5-fura C13H10I2O3 25592
4569-77-1 3-amino-2-phenazinol C12H9N3O 23431
4570-41-6 2-aminobenzoxazole C7H6N2O 10354
4573-05-1 1,3-dimethyl-1,3-cyclohexadiene C8H12 14235
4573-09-5 2,2,5-trimethylcyclopentanone C8H14O 14577
4582-21-2 trans-3,6-endomethylene-1,2,3,6-tetrahydropht C9H8Cl2O2 16116
4587-15-9 m-(bis(2-chloroethyl)amino)phenyl morphol C15H20Cl2N2O2 28579
4588-18-5 2-methyl-1-octene C9H18 17946
4589-97-3 a-(hydroxyimino)benzeneacetaldehyde oxime C8H8N2O2 13359
4591-46-2 N,2,4,6-tetranitroaniline C6H3N5O8 6374
4593-16-2 1-acetyl-3-methylpiperidine C8H15NO 14787
4593-81-1 dibutylgermanium dichloride C8H18Cl2Ge 15380
4593-82-2 tetraisopropyl germane C12H28Ge 25372
4593-90-2 (±)-3-phenylbutyric acid C10H12O2 19605
4594-78-9 2-oxocyclohexanepropanenitrile C9H13NO 17307
4595-59-9 5-bromopyrimidine C4H3BrN2 2439
4595-60-2 2-bromopyrimidine C4H3BrN2 2440
4597-87-9 N-methyl-2-pyridinamine C6H8N2 7333
4599-94-4 13H-dibenzo[a,h]fluoren-13-one C21H12O 32573
4602-70-4 1-methyl-7-hydroxy-6-methoxy-3,4-dihydroisoqu C11H13NO2 21976
4602-83-9 6,7-dihydroxy-3,4-dihydroisoquinoline C9H9NO2 16427
4602-84-0 farnesol C15H26O 28796
4604-28-8 (cis-2-chlorovinyl)benzene C8H7Cl 12989
4605-14-5 N,N'-bis(3-aminopropyl)-1,3-propanediamine C9H24N4 18443
4605-91-8 2-methylnaphthalene-bis(hexachlorocyclopenta C21H10Cl12 32561
4606-07-9 ethyl cyclopropanecarboxylate C6H10O2 7835
4606-65-9 3-piperidinemethanol C6H13NO 8774
4609-87-4 1-nitrodecane C10H21NO2 21117
4609-89-6 2-nitropentane C5H11NO2 5697
4609-92-1 3-nitrooctane C8H7NO2 13146
4611-05-6 cochliobolin C25H36O4 34153
4612-26-4 benzene-1,4-diboronic acid C6H8B2O4 7285
4613-11-0 meso-2,3-diphenylbutane C16H18 29358
4614-03-3 2-sec-butylnaphthalene C14H16 27270
4616-63-1 N-(propargyloxy)phthalimide C11H7NO3 21501
4616-73-3 eicosanenitrile C20H39N 32469
4617-17-8 thiocyanic acid, diester with diethylene glyco C6H8N2OS2 7350
4618-18-2 lactulose C12H22O11 24780
4618-24-0 1-butylamino-3-(naphthyloxy)-2-propanol C17H23NO2 30208
4619-20-9 3-(4-methylbenzoyl)propionic acid C11H12O3 21893
4619-66-3 methyl diacetoacetate C7H10O4 11214
4619-74-3 2,4,6-tribromo-3-methylphenol C7H5Br3O 9905
4620-70-6 2-[tert-butylamino]ethanol C6H15NO 9216
4621-04-9 4-(1-methylethyl)cyclohexanol C9H18O 18046
4621-66-3 thionicotinamide C6H6N2S 7035
4625-24-5 1-methylbicyclo(3,1,0)hexane C7H12 11366
4628-21-1 1-chloro-cis-2-butene C4H7Cl 3103
4628-94-8 2,5-dimercapto-1,3,4-thiadiazole, dipotassium s C2K2N2S3 1202
4629-58-7 4-(2-(4-nitrophenyl)ethenyl)benzenamine C14H12N2O2 26909
4630-06-2 DL-6-methyl-5-hepten-2-ol C8H16O 15142
4630-07-3 valencene C15H24 28747
4630-20-0 3-methyl-9H-carbazole C13H11N 25683
4630-82-4 methyl cyclohexanecarboxylate C8H14O2 14622
4630-83-5 cyclopentanecarboxylic acid, 1-methyl-, methyl C8H14O2 14646
4634-47-3 endo-5-(a-hydroxy-a-2-pyridylbenzyl)-N-(2-me C36H31N3O4 35348
4635-59-0 4-chlorobutanoyl chloride C4H6Cl2O 2829
4635-87-4 3-pentenenitrile C5H7N 4666
4636-16-2 2-iodo-1-phenylethanone C8H7IO 13100
4637-24-5 N,N-dimethylformamide dimethyl acetal C5H13NO2 5992
4637-56-3 1-(hydroxyamino)quinoline 1 oxide C0H8N2O2 16171
4638-03-3 allylchlorohydrin ether C6H11ClO2 8053
4638-25-9 trimethyltin thiocyanate C4H9NSSn 3759
4638-44-2 1-aziridinyl m-(bis(2-chloroethyl)amino)ph C13H16Cl2N2O 26044
4638-92-0 trans-(+)-chrysanthemic acid C10H15O2 20307
4640-66-8 4-chlorobenzoylacetonitrile C9H6ClNO 15862
4641-57-0 1-phenyl-2-pyrrolidinone C10H11NO 19305
4645-15-2 dicyclohexyl ether C12H22O 24691
4648-54-8 azidotrimethylsilane C3H9N3Si 2227

4652-27-1 4-methoxybut-3-en-2-one C5H8O2 4917
4653-11-6 4-(2-thienyl)butyric acid C8H10O2S 13991
4654-26-6 bis(2-ethylhexyl) terephthalate C24H38O4 33930
4654-39-1 4-bromobenzeneethanol C8H9BrO 13550
4655-34-9 isopropyl methacrylate C7H12O2 11453
4656-04-6 bis(trimethylsilyl)mercury C6H18HgSi2 9349
4657-20-9 2,6-diphenyl-2,4,6,6,8,8-hexamethylcyclotet C18H28O4Si4 30935
4657-93-6 1,2-dihydro-5-acenaphthylenamine C12H11N 23618
4658-28-0 2-azido-4-isopropylamino-6-methylthio-S-triazi C7H11N7S 11322
4659-45-4 2,6-dichlorobenzoyl chloride C7H3Cl3O 9543
4659-47-6 2,3,6-trichlorobenzaldehyde C7H3Cl3O 9544
4662-17-3 3,5-diiodo-4-hydroxyphenyl 2,5-dimethyl-3-fu C13H10I2O3 25591
4662-96-8 1,2-di(m-tolyl)ethane C16H18 29351
4663-22-3 (1-methylvinyl)cyclopropane C6H10 7656
4664-00-0 2,3-pyridinedicarboximide C7H4N2O2 9832
4664-01-1 3,4-pyridinedicarboximide C7H4N2O2 9833
4665-48-9 1,2:5,6-dibenzanthracene-9,10-endo-a,b-succini C26H18O4 34220
4667-38-3 dichlorodiethoxysilane C4H10Cl2O2Si 3808
4667-99-6 chlorotriethoxysilane C6H15ClO3Si 9158
4669-01-6 pentadecylcyclopentane C20H40 32473
4670-10-4 (3,5-dimethoxyphenyl)acetic acid C10H12O4 19683
4670-56-8 methyl 2-hydroxy-4-methylbenzoate C9H10O3 16735
4671-03-8 4-cyclohexyl-3-ethyl-4H-1,2,4-triazole C10H17N3 20587
4671-75-4 tetradecyl phosphonic acid C14H31O3P 27963
4671-77-6 1,4-butanediphosphonic acid C4H12O6P2 4102
4672-38-2 propylphosphonic acid C3H9O3P 2235
4672-49-5 1,2-bis(mesyloxy)ethane C4H10O6S2 3939
4675-18-7 4,5-diphenyloxazole C15H11NO 28107
4676-39-5 3,4-methylenedioxyphenylacetophenone C10H10O3 19191
4676-51-1 diethyl 2-methylsuccinate C9H16O4 17759
4676-82-8 2-tetrahydrofuryl hydroperoxide C4H8O3 3567
4680-78-8 acid green C37H39N2NaO6S2 35453
4681-36-1 fluoroethyl-O,O-diethyldithiophosphoryl-1- C14H20FO4PS2 27576
4682-03-5 6-diazo-2,4-dinitro-2,4-cyclohexadien-1-one C6H2N4O5 6208
4682-94-4 2-furyl p-hydroxyphenyl ketone C11H8O3 21541
4683-94-7 2-methyl-trans-decahydronaphthalene C11H20 22668
4684-94-0 6-chloropicolinic acid C6H4ClNO2 6448
4685-14-7 paraquat C12H14N2 23917
4685-47-6 4-methoxy-1,2-dimethylbenzene C9H12O 17087
4691-65-0 disodium inosinate C10H11N4Na2O8P 19356
4692-94-8 N-(2-benzothiazolyl)-acetoacetamide C11H10N2O2S 21632
4693-02-1 6-nitro-isatoic anhydride C8H4N2O5 12587
4694-12-6 2,4,4-trimethylcyclopentanone C8H14O 14579
4695-31-2 2-mercapto-2-methylpropanoic acid C4H8O2S 3540
4695-62-9 D-fenchone C10H16O 20462
4696-76-8 bekanamycin C18H37N5O10 31130
4699-26-7 6,12-dimethylbenzo(1,2-b:5,4-b')bis(1)benzothi C20H14S2 31946
4700-56-5 7-chloro-1,3-dihydro-3-hemisuccinyloxy-2H- C19H15ClN2O5 31300
4701-17-1 5-bromo-2-thiophenecarboxaldehyde C5H3BrOS 4210
4701-36-4 (1-ethyl-1-propenyl)benzene C11H14 22036
4702-13-0 N-phthaloylglycine C10H7NO4 18657
4702-32-3 DL-isocitric acid lactone C6H6O6 7116
4702-34-5 3,4-dihydro-1H-2-benzopyran-1-one C9H8O2 16207
4702-38-9 isocyanoamide CH2N2 168
4702-64-1 1,5-diamino-4,8-dihydroxy-3-(p-methoxyphenyl C21H16N2O5 32649
4703-33-7 N-(p-toluenesulfonyl)-DL-methionine C12H17NO4S2 24340
4703-38-2 N-benzoyl-DL-methionine C12H15NO3S 24082
4704-31-8 vinyl decanoate C12H22O2 24722
4704-77-2 3-bromo-1,2-propanediol C3H7BrO2 1984
4705-34-4 4,4'-dimethoxystilbene C16H16O2 29280
4705-94-6 1,4-dimethyl-2-naphthalenol C12H12O 23759
4706-81-4 2-tetradecanol C14H30O 27923
4706-89-2 1,3-dimethyl-4-isopropylbenzene C11H16 22339
4706-90-5 1,3-dimethyl-5-isopropylbenzene C11H16 22340
4707-95-3 tert-butylphosphonic dichloride C4H9Cl2OP 3648
4708-04-7 propylphosphonic dichloride C3H7Cl2OP 2015
4711-74-4 hexamethyldiplatinum C6H18Pt2 9371
4711-95-9 4-(2,3-epoxypropoxy)butanol C7H14O3 11943
4712-55-4 diphenyl phosphonate C12H11O3P 23673
4713-59-1 dibromodiphenylstannane C12H10Br2Sn 23451
4715-23-5 N-(1,1a,3,3a,4,5,5,5a,5b,6-decachlorooctah C12H5Cl10NO2 23187
4719-04-4 S-triazine-1,3,5(2H,4H,6H)-triethanol C9H21N3O3 18405
4720-09-6 andromedotoxin C22H36O7 33398
4721-34-0 isobutylphosphonic acid C4H11O3P 4024
4721-37-3 isopropylphosphonic acid C3H9O3P 2234
4721-98-6 1-methyl-6,7-dimethoxy-3,4-dihydroisoquinolin C12H15NO2 24068
4722-68-3 2-methyl-1,4-dioxaspiro(4.5)decane C9H16O2 17739
4726-14-1 nitralin C13H19N3O6S 26278
4727-17-7 cyclopentadecanol C15H30O 28876
4727-29-1 2-((phenylamino)carbonyl)benzoic acid C14H11NO3 26856
4727-50-8 1,1'-diethyl-4,4'-carbocyanine iodide C25H25IN2 34107
4727-72-4 1-benzyl-4-hydroxypiperidine C12H17NO 24300
4728-82-9 allyl cyclohexaneacetate C11H18O2 22606
4730-22-7 6-methyl-2-heptanol C8H18O 15445
4730-54-5 1,4,7-triazacyclononane C6H15N3 9248
4731-34-4 bis(2-methylphenyl) ether C14H14O 27139
4731-53-7 trioctylphosphine C24H51P 34025
4731-77-5 bis(octanoyloxy)di-n-butyl stannane C24H48O4Sn 33997
4731-84-4 1,1-bis(4-hydroxyphenyl)butane C16H18O2 29396
4732-14-3 2-ethoxy-1,3,5-trinitro-benzene C8H7N3O7 13229
4732-59-6 pyruvohydroximoyl chloride, oxime C3H5ClN2 1674
4732-72-3 2,3-benzofurandione C8H4O3 12595
4733-39-5 2,9-dimethyl-4,7-diphenyl-1,10-phenanthroline C26H20N2 34223
4733-50-0 2,3-dicyanohydroquinone C8H4N2O2 12580
4734-90-1 3-cycloocten-1-one C8H12O 14327
4736-48-5 cis,cis,cis-1,5,9-cyclododecatriene C12H18 24380
4736-60-1 ethyltriphenylphosphonium iodide C20H20IP 32125
4737-41-1 1-chloro-2-ethylbutane C6H13Cl 8680
4740-00-5 3-methylthiacyclopentane C5H10S 5596
4740-47-0 DL-2-benzylserine C10H13NO3 19827
4740-78-7 glycerol formal C4H8O3 3556
4741-53-1 tetraphenylphthalic anhydride C32H20O3 35060
4741-99-5 N,N'-bis(2-aminoethyl)-1,3-propanediamine C7H20N4 12403
4743-57-1 3-carboxymethylenephthalide C10H6O4 18596
4744-08-5 1,1-diethoxypropane C7H16O2 12267
4744-10-9 1,1-dimethoxypropane C5H12O2 5878
4746-36-5 azaleucine C5H12N2O2 5813
4746-61-6 glycolanilide C8H9NO2 13739
4746-97-8 1,4-dioxaspiro[4.5]decan-8-one C8H12O3 14374
4747-05-1 2-ethoxy-1,3-butadiene C6H10O 7771
4747-07-3 hexyl methyl ether C7H16O 12216
4747-15-3 (2-methoxyvinyl)benzene C9H10O 16610
4747-21-1 methylisopropylamine C4H11N 3983
4747-81-3 heptyl isocyanate C8H15NO 14798
4747-82-4 tricyclodecane(5.2.1.02,6)-3,10-diisocyanate C12H8N2O2 23315
4747-90-4 diisocyanatomethane C3H2N2O2 1378
4748-78-1 4-ethylbenzaldehyde C9H10O 16640
4749-27-3 3,3,3-trichloro-2-methyl-1-propene C4H5Cl3 2668
4749-28-4 2-nitro-1-propene C3H5NO2 1765
4749-31-9 1,1,1,2,3-pentachloroisobutane C4H5Cl5 2678
4753-59-7 4-bromobutyl acetate C6H11BrO2 7998
4753-75-7 N-methyl-2-furanmethanamine C6H9NO 7538
4753-80-4 thiacycloheptane C6H12S 8621
4755-36-6 1,4,4-trimethyl-1-cycloheptene C10H18 20634
4755-59-3 clodazone C18H20ClN3O 30718
4755-77-5 ethyl 2-chloro-2-oxoacetate C4H5ClO3 2661
4755-81-1 methyl 2-chloroacetoacetate C5H7ClO3 4635
4756-45-0 o-(2-hydroxy-4-methoxybenzoyl)benzoic acid C15H12O5 28205
4756-75-6 triphenylantimony oxide C18H15OSb 30563
4757-55-5 dimetacrine C20H26N2 32269
4759-48-2 13-cis-retinoic acid C20H28O2 32317
4760-34-3 N-methyl-1,2-phenylenediamine C7H10N2 11101
4760-53-6 4-amino-2-chlorodiphenylacetonitrile C14H11ClN2 26809
4762-26-9 n-hexyltriphenylphosphonium bromide C24H28BrP 33853
4764-17-4 methylenedioxyamphetamine C10H13NO2 19818
4766-33-0 5-bromo-1-naphthalenamine C10H8BrN 18671
4766-57-8 tetrabutyl silicate C16H36O4Si 29824
4767-03-7 3-hydroxy-2-(hydroxymethyl)-2-methylpropanoic ac C5H10O4 5571
4767-07-3 2,2-bis(hydroxymethyl)propionic acid C5H10O4 5575
4769-97-5 4-nitroindole C8H6N2O2 12887
4771-47-5 3-chloro-2-nitrobenzoic acid C7H4ClNO4 9716
4771-80-6 3-cyclohexene-1-carboxylic acid C7H10O2 11166
4773-53-9 1,1-dichloro-2-methyl-2-propanol C4H8Cl2O 3378
4773-82-4 2,3-dimethylindene C11H12 21789
4773-83-5 1,2,3-trimethylindene C12H14 23887
4774-14-5 2,6-dichloropyrazine C4H2Cl2N2 2389
4774-73-6 diazidodimethylsilane C2H6N6Si 1064
4775-09-1 ethyl diethylphosphinate C6H15O2P 9254
4775-86-4 2,3-pentanedione dioxime C5H10N2O2 5416
4775-93-3 b'-dithiodilactic acid C6H10O4S2 7946
4780-79-4 1-naphthalenemethanol C11H10O 21650
4781-76-4 2-aminomethyl-2,3-dihydro-4H-pyran C6H11NO 8119
4784-77-4 1-bromo-2-butene C4H7Br 3058
4786-20-3 2-butenenitrile C4H5N 2699
4789-40-6 2,5-di-tert-butylfuran C12H20O 24560
4790-79-8 7-methoxybenzofuran-2-carboxylic acid C10H8O4 18786
4792-15-8 pentaethylene glycol C10H22O6 21382
4792-30-7 3-methylphthalic anhydride C9H6O3 15940
4792-67-0 ethyl 5-chloro-2-indolecarboxylate C11H10ClNO2 21606
4792-78-3 2-(2-hydroxyethoxy)phenol C8H10O3 14013
4792-83-0 4,4'-azoxydiphenetole C16H18N2O3 29379
4795-29-3 tetrahydro-2-furanmethanamine C5H11NO 5683
4795-86-2 2,6,6-trimethylbicyclo[3.1.1]heptane, [1R-(1alph C10H18 20622
4796-68-3 7-norbornadienyl benzoate C14H12O2 26962
4798-44-1 1-hexen-3-ol C6H12O 8425
4798-46-3 5-methyl-1-hexen-3-ol C7H14O 11869
4798-60-1 2-methyl-4-hexen-3-ol C7H14O 11863
4798-61-2 2-octen-4-ol C8H16O 15123
4798-62-3 6-methyl-2-hepten-4-ol C8H16O 15119
4798-64-5 7-methyl-2-octen-4-ol C9H18O 18034
4799-68-2 3-(phenylmethoxy)-1-propanol C10H14O2 20107
4800-34-4 N-2-naphthylanthranilic acid C17H13NO2 29910
4801-27-8 (2-bromoethyl) chloroformate C3H4BrClO2 1498
4801-58-5 1-piperidinol C5H11NO 5694
4803-27-4 anthramycin C16H17N3O4 29338
4806-58-0 1,cis-2,cis-3-trimethylcyclopropane C6H12 8204
4806-59-1 1,cis-2,trans-3-trimethylcyclopropane C6H12 8205
4806-61-5 ethylcyclobutane C6H12 8213
4807-55-0 3-methylrhodanine C4H5NOS2 2712
4808-30-4 1,1,1,3,3,3-hexabutyldistannthiane C24H54SSn2 34037
4810-09-7 3-methyl-1-heptene C8H16 14900
4812-17-3 6-nitro-1-hexene C6H11NO2 8150
4812-20-8 2-isopropoxyphenol C9H12O2 17165
4812-22-0 3-nitro-3-hexene C6H11NO2 8158
4812-23-1 2-nitro-2-butene C4H7NO2 3274
4812-25-3 2-nitro-2-nonene C9H17NO2 17838
4812-40-2 2-hydroxymethyl-5-nitroimidazole-1-ethanol C6H9N3O4 7610
4813-57-4 octadecyl acrylate C21H40O2 33025
4814-74-8 N-hydroxymaleimide C4H3NO3 2496
4815-29-6 ethyl 2-aminocyclopenta[b]thiophene-3-carbox C10H13NO2S 19821
4815-30-9 diethyl 5-amino-3-methyl-2,4-thiophenedicarb C11H15NO4S 22292
4815-57-0 1,4-dipropylbenzene C12H18 24358
4819-75-4 methoxyacetaldehyde diethyl acetal C7H16O3 12289
4822-44-0 a-mercaptoacetanilide C8H8NOS 13331
4823-47-6 2-bromoethyl acrylate C5H7BrO2 4597
4824-78-6 bromophos-ethyl C10H12BrCl2O3PS 19400
4826-62-4 trans-2-dodecenal C12H22O 24694
4827-55-8 bis(2-ethylhexyl) chlorendate C25H36Cl6O4 34151
4829-04-3 1,3-dithiolane C3H6S2 1973
4829-56-5 14-dehydrobrowniine C25H39NO7 34160
4830-93-7 1-chloro-4-phenylbutane C10H13Cl 19723
4830-99-3 1-ethyl-2,3-dihydro-1H-indene C11H14 22033
4831-43-0 3,3-dimethyl-2-pyrrolidinone C6H11NO 8104
4831-62-3 2-methyl-4-nitroquinoline-1-oxide C10H8N2O3 18725
4832-16-0 1-decalone, cis and trans C10H16O 20459
4832-17-1 octahydro-2(1H)-naphthalenone C10H16O 20450
4834-98-4 dodecanedioyl dichloride C12H20Cl2O2 24537
4835-11-4 N,N'-dibutyl-1,6-hexanediamine C14H32N2 27965
4836-09-3 2-methylthioethyl acrylate C6H10O2S 7872
4837-90-5 4-methoxyindole C9H9NO 16403
4838-00-0 2-methyl-2H-indazole C8H8N2 13337
4839-46-7 3,3-dimethylpentanedioic acid C7H12O4 11535
4841-84-3 dimethyl cis-1,2,3,6-tetrahydrophthalate C10H14O4 20161
4845-05-0 2-cyclohexenyl hydroperoxide C6H10O2 7865
4845-14-1 N-formyl-N-methyl-p-(phenylazo)aniline C14H13N3O 27043
4845-49-2 1,3-diphenyl-5-pyrazolone C15H12N2O 28161
4845-58-3 2-mercapto-6-nitrobenzothiazole C7H4N2O2S2 9836
4846-34-8 neocyanine C38H37I2N3 35506
4847-93-2 3-piperidino-1,2-propanediol C8H17NO2 15339
4848-63-9 bis(phenylthio)dimethyltin C14H16S2Sn 27386
4849-32-5 m-(3,3-dimethylureido)phenyl-tert-butyl carb C14H21N3O3 27637
4850-28-6 1,cis-2,trans-4-trimethylcyclopentane C8H16 14874
4850-32-2 sec-butylcyclopentane C9H18 17861
4852-81-7 3-benzoylbenzo[f]coumarin C20H12O3 31839
4854-84-6 4-amino-4'-cyanobiphenyl C13H10N2 25603
4856-87-5 N,N'-hexamethylenebis(maleimide) C14H16N2O4 27354
4856-95-5 borane-morpholine complex C4H12BNO 4040
4856-97-7 1H-benzimidazole-2-methanol C8H8N2O 13345
4857-04-9 2-chloromethylbenzimidazole C8H7ClN2 12994
4857-06-1 2-chloro-1H-benzimidazole C7H5ClN2 9915
4860-03-1 1-chlorohexadecane C16H33Cl 29740
4862-03-1 1-chloropentadecane C15H31Cl 28899
4872-26-8 butyltrichlorogermane C4H9Cl3Ge 3650
4877-14-9 tetradecyl isocyanate C15H29NO 28850
4877-77-4 cis-1-bromo-2-(2-phenylvinyl)benzene C14H11Br 26800
4877-93-4 2,2'-dimethoxy-1,1'-biphenyl C14H14O2 27157

4880-88-0 (-)-eburnamonine C19H22N2O 31487
4881-17-8 dimorpholinophosphinic acid phenyl ester C14H21N2O4P 27635
4884-24-6 [1,1'-bicyclopentyl]-2-one C10H16O 20426
4884-25-7 [1,1'-bicyclopentyl]-2-ol C10H18O 20670
4885-02-3 dichloromethyl methyl ether C2H4Cl2O 818
4886-77-5 3-methyl-(1-thiaethyl)-benzene C8H10S 14050
4887-30-3 octyl hexanoate C14H28O2 27878
4887-42-7 N-hydroxymethyl-3,4,5,6-tetrahydrophthalimide C9H11NO3 16964
4890-85-1 2-bibenzylcarboxylic acid C15H14O2 28304
4891-38-7 methyl 3-phenyl-2-propynoate C10H8O2 18757
4891-54-7 systox sulfone C8H19O5PS2 15679
4892-02-8 methyl thiosalicylate C8H8O2S 13441
4894-61-5 1-chloro-trans-2-butene C4H7Cl 3104
4894-62-6 3-methyl-1,5-heptadiene C8H14 14495
4894-75-1 4-phenylcyclohexanone C12H14O 23965
4897-22-7 5-chloro-1-ethyl-2-methylimidazole C6H9ClN2 7494
4897-25-0 5-chloro-1-methyl-4-nitroimidazole C4H4ClN3O2 2532
4897-50-1 4-piperidinopiperidine C10H20N2 20975
4897-84-1 methyl 4-bromobutanoate C5H9BrO2 5009
4900-30-5 1,8-nonadiene C9H16 17605
4900-63-4 1-methoxy-4-nitronaphthalene C11H9NO3 21585
4901-51-3 2,3,4,5-tetrachlorophenol C6H2Cl4O 6177
4904-61-4 1,5,9-cyclododecatriene C12H18 24379
4905-79-7 1,1,1-trichlorooctane C8H15Cl3 14765
4909-78-8 N,N-dimethylformamide dineopentyl acetal C13H29NO2 26563
4911-54-0 ethyl 4-methyl-4-pentenoate C8H14O2 14634
4911-55-1 1,3-pentadiyne C5H4 4256
4911-65-3 [(3-chloropropyl)thio]benzene C9H11ClS 16870
4911-70-0 2,3-dimethyl-2-pentanol C7H16O 12189
4912-92-9 1,1-dimethylindan C11H14 22034
4913-13-7 3,5,N,N-tetramethylaniline C10H15N 20230
4914-89-0 3-methyl-cis-3-hexene C7H14 11727
4914-91-4 3,4-dimethyl-cis-2-pentene C7H14 11739
4914-92-5 3,4-dimethyl-trans-2-pentene C7H14 11740
4915-21-3 ethyl 2-furanacetate C8H10O3 13995
4915-22-4 methyl 2-furanacetate C7H8O3 10902
4915-23-5 butyl 2-furanacetate C10H14O3 20126
4916-38-5 ethyltriiodogermane C2H5GeI3 946
4916-57-8 1,2-bis(4-pyridyl)ethane C12H12N2 23727
4916-63-6 2,5-dimethyl-1,3,5-hexatriene C8H12 14241
4919-33-9 4-ethoxyphenylacetic acid C10H12O3 19658
4919-37-3 4-hydroxy-3,5-dimethylbenzoic acid C9H10O3 16753
4920-77-8 3-methyl-2-nitrophenol C7H7NO3 10670
4920-80-3 3-methoxy-2-nitrobenzoic acid C8H7NO5 13195
4920-84-7 2,4-dimethoxy-1-nitrobenzene C8H9NO4 13768
4920-99-4 1-ethyl-3-isopropylbenzene C11H16 22328
4922-98-9 3-amino-3-phenyl-1,2,4-triazole C8H8N4 13386
4923-77-7 1-methyl-cis-2-ethylcyclohexane C9H18 17919
4923-78-8 1-methyl-trans-2-ethylcyclohexane C9H18 17920
4923-84-6 tert-butylphosphonic acid C4H11O3P 4021
4926-28-7 2-bromo-4-methylpyridine C6H6BrN 6910
4926-76-5 1-methyl-trans-3-ethylcyclohexane C9H18 17922
4926-78-7 1-methyl-cis-4-ethylcyclohexane C9H18 17923
4926-90-3 1-methyl-1-ethylcyclohexane C9H18 17918
4928-02-3 7-amino-1,3-dihydro-5-phenyl-2H-1,4-benzodiaz C15H13N3O 28245
4928-41-0 4'-ethyl-N,N-diethyl-p-(phenylazo)aniline C18H23N3 30833
4930-98-7 2(1H)-pyridinone hydrazone C5H7N3 4715
4931-66-2 methyl (S)-(+)-2-pyrrolidone-5-carboxylate C6H9NO3 7565
4931-68-4 butyl (S)-(-)-2-pyrrolidone-5-carboxylate C9H15NO3 17565
4933-19-1 pyrazine-2,3-dicarboxylic acid imide C6H3N3O2 6363
4938-52-7 1-hepten-3-ol C7H14O 11875
4940-11-8 ethyl maltol C7H8O3 10911
4940-39-0 4-oxo-4H-1-benzopyran-2-carboxylic acid C10H6O4 18595
4942-47-6 1-adamantaneacetic acid C12H18O2 24468
4944-94-9 2,3-dihydro-1H-benz[e]indene C13H12 25744
4945-28-2 2,3,8-trimethylquinoline C12H13N 23826
4945-47-5 1-methyl-N-phenyl-N-benzyl-4-piperidinamine C19H24N2 31538
4945-48-6 N-butylpiperidine C9H19N 18133
4946-13-8 p-ethylthiophenol C8H10S 14041
4946-22-9 p-(dimethylamino)benzenethiol C8H11NS 14197
4948-28-1 cis-2-pinanol C10H18O 20761
4949-44-4 ethyl 3-oxopentanoate C7H12O3 11510
4949-69-3 4-iodo-3-methylaniline C7H8IN 10786
4951-97-7 (Z)-3-ethyl-2,2-dimethylcyclobutyl methyl keton C10H18O 20752
4955-82-2 1-cyanothioformanilide C8H6N2S 12906
4957-14-6 4',4''-dimethyldiphenylmethane C15H16 28403
4964-14-1 trimethylarsine oxide C3H9AsO 2170
4964-27-6 diethyl arsinic acid C4H11AsO2 3964
4964-71-0 5-bromoquinoline C9H6BrN 15843
4965-33-7 7-chloro-2-methylquinoline C10H8ClN 18685
4965-36-0 7-bromoquinoline C9H6BrN 15845
4972-29-6 benzenesulfinyl chloride C6H5ClOS 6723
4974-21-4 2-chloroethyl trichloroacetate C4H4Cl4O2 2548
4974-27-0 2,6-octadiene C8H14 14494
4975-21-7 dimethylfurazan C4H6N2O 2894
4979-32-2 N,N-dicyclohexyl-2-benzothiazolesulfenamide C19H26N2S2 31574
4981-24-2 2,2-dibutyl-1,3-dioxa-2-stanna-7-thiacyclod C14H26O4SSn 27822
4981-48-0 pivaloyl azide C5H9N3O 5273
4981-63-9 4'-chlorobutyrophenone C10H11ClO 19250
4981-99-1 3-methylhentriacontane C32H66 35127
4984-01-4 3,7-dimethyl-1-octene C10H20 20950
4984-22-9 (R)-(-)-1-methoxy-2-propanol C4H10O2 3904
4984-82-1 cyclopentadienyl sodium C5H5Na 4444
4984-85-4 4-hydroxy-3-hexanone C6H12O2 8491
4985-46-0 tyrosineamide C9H12N2O2 17055
4985-70-0 1-chloroanthracene C14H9Cl 26688
4985-85-7 N,N-bis(2-hydroxyethyl)-1,3-propanediamine C7H18N2O2 12385
4988-33-4 2H-thiopyran, tetrahydro-, 1,1-dioxide C5H10O2S 5541
4988-64-1 mercaptopurine ribonucleoside C10H12N4O4S 19475
4991-65-5 6-hydroxy-1,3-benzoxathiol-2-one C7H4O3S 9854
4994-16-5 4-phenylcyclohexene C12H14 23899
4996-48-9 pentyl 2-furancarboxylate C10H14O3 20131
4998-07-6 4,5-dimethoxy-2-nitrobenzoic acid C9H9NO6 16479
4998-38-3 2,2,3,3,4,4,5,5,6,6,7,7,8,8,9,9,10,10,11,11-eicosaf C14H6F20O2 26594
4998-57-6 DL-histidine C6H9N3O2 7601
4998-76-9 cyclohexylamine hydrochloride C6H14ClN 8891
5000-65-7 2-bromo-3'-methoxyacetophenone C9H9BrO2 16268
5003-48-5 salipran C17H15NO5 29978
5006-22-4 cyclobutanecarbonyl chloride C5H7ClO 4619
5006-62-2 ethyl nipecotate C8H15NO2 14817
5006-66-6 1,6-dihydro-6-oxo-3-pyridinecarboxylic acid C6H5NO3 6829
5008-52-6 luciculine C22H35NO3 33394
5008-69-5 4-methyl-2-thiapentane C5H12S 5933
5008-72-0 4-methyl-3-thiahexane C6H14S 9120
5008-73-1 2-methyl-3-thiahexane C6H14S 9119
5009-11-0 1-hexen-4-yne C6H8 7274
5009-27-8 cyclopropanone C3H4O 1623
5014-35-7 2-(2-(diethylamino)ethoxy)-5-bromobenzanil C19H23BrN2O2 31504
5018-30-4 dimethyl methoxymalonate C6H10O5 7950
5019-82-9 bicyclo[3.2.1]octan-2-one C8H12O 14338
5020-21-3 1H-indene-1-carboxylic acid C10H8O2 18750
5020-41-7 3-methoxyphenethyl alcohol C9H12O2 17166
5022-29-7 N-ethyl-1H-isoindole-1,3(2H)-dione C10H9NO2 18895
5026-62-0 methyl 4-hydroxybenzoate, sodium salt C8H7NaO3 13234
5026-74-4 N,N,N-glycidyl p-aminophenol C15H19NO4 28565
5026-76-6 6-methyl-1-heptene C8H16 14903
5029-66-3 methyl 3-iodopropanoate C4H7IO2 3221
5029-67-4 2-iodopyridine C5H4IN 4289
5031-78-7 4'-phenoxyacetophenone C14H12O2 26960
5034-74-2 5-bromo-2-hydroxy-3-methoxybenzaldehyde C8H7BrO3 12980
5034-77-5 imidazole mustard C8H12Cl2N6O 14266
5035-52-9 dichlorophenylstibine C6H5Cl2Sb 6759
5035-67-6 tributyltin-2-ethylhexanoate C20H42O2Sn 32532
5035-82-5 methyl 3,4,5-trimethoxyanthranilate C11H15NO5 22293
5036-03-3 edrofuradene C10H12N4O5 19478
5036-48-6 1-(3-aminopropyl)imidazole C6H11N3 8184
5042-30-8 2,2,2-trifluoroethylhydrazine C2H5F3N2 943
5042-54-6 C.I. basic orange 1 C13H14N4 25973
5044-38-2 1-(4-chlorophenyl)-1H-pyrrole C10H8ClN 18684
5044-52-0 vinyltriphenylphosphonium bromide C20H18BrP 32068
5048-19-1 5-hexenenitrile C6H9N 7537
5048-25-9 6-heptenenitrile C7H11N 11274
5049-61-6 aminopyrazine C4H5N3 2731
5052-75-5 5-methyl-3-(5-nitro-2-furyl)pyrazole C8H7N3O3 13224
5053-43-0 2-methylpyrimidine C5H6N2 4494
5054-57-9 a-(isopropylaminomethyl)-4-nitrobenzyl alcoh C11H16N2O3 22390
5055-20-9 4-bis(2-hydroxyethyl)amino-2-(5-nitro-2-fury C16H16N4O5 29257
5057-96-5 dimethyl tartrate; (meso) C6H10O6 7960
5057-98-7 cis-1,2-cyclopentanediol C5H10O2 5507
5057-99-8 trans-1,2-cyclopentanediol C5H10O2 5508
5058-19-5 2-butylpyridine C9H13N 17258
5061-21-2 a-bromo-g-butyrolactone C4H5BrO2 2629
5063-03-6 2-acetyl-5-norbornene C9H12O 17135
5064-31-3 sodium nitrilotriacetate C6H6NNa3O6 6978
5068-28-0 boc-S-benzyl-L-cysteine C15H21NO4S 28630
5069-26-1 2-methyl-5-phenylthiophene C11H10S 21676
5071-96-5 3-methoxybenzylamine C8H11NO 14150
5074-71-5 bis(pentafluorophenyl)phenylphosphine C18H5F10P 30378
5075-13-8 ethyl P-phenylphosphonochloridothioate C8H10ClOPS 13834
5075-33-2 2-methyl-3-hexyn-2-ol C7H12O 11409
5075-92-3 1,5-dimethyl-2-pyrrolidinone C6H11NO 8103
5076-19-7 2,3-epoxy-2-methylbutane C5H10O 5474
5076-20-0 tetramethyloxirane C6H12O 8446
5076-82-4 sarcosine anhydride C6H10N2O2 7730
5077-67-8 1-hydroxy-2-butanone C4H8O2 3518
5081-36-7 3-methoxy-4-nitrobenzoic acid C8H7NO5 13196
5081-87-8 3-(2-chloroethyl)-2,4(1H,3H)-quinazolinedio C10H9ClN2O2 18815
5089-25-8 chloro[2-(3-cyclohexen-1-yl)ethyl]dimethylsi C10H19ClSi 20875
5089-33-8 4-bromo-N,N-bis(trimethylsilyl)aniline C12H22BrNSi2 24673
5089-70-3 (3-chloropropyl)triethoxysilane C9H21ClO3Si 18380
5090-41-5 9-octadecenal C18H34O 31027
5096-17-3 N-(7-chloro-2-fluorenyl)acetamide C15H11ClNO 28077
5096-19-5 N-6-(3,4-benzocoumarinyl)acetamide C15H10NO3 28027
5096-21-9 2,4,6-trimethylacetanilide C11H15NO 22255
5096-24-2 2,3-dihydro-3-ethyl-6-methyl-1H-cyclopenta(a)ant C20H20 32112
5096-57-1 tetrahydroberberine C20H21NO4 32150
5097-93-8 trans-4-(2-phenylvinyl)pyridine C13H11N 25689
5100-34-5 ethyl 3-isocyanatopropionate C6H9NO3 7561
5100-36-7 ethyl 6-isocyanatohexanoate C9H15NO3 17566
5100-91-4 8-oxo-8H-isochromeno(4',3':4,5)pyrrolo(2,3-f C18H10N2O2 30385
5100-98-1 3-chloro-2-iodotoluene C7H6ClI 10217
5102-79-4 2-diphenylacetyl-1,3-indandione-1-hydrazone C23H18N2O2 33520
5102-83-0 C.I. pigment yellow 13 C36H34Cl2N6O4 35350
5103-42-4 hydrindantin C18H10O6 30397
5103-71-9 a-chlordan C10H6Cl8 18553
5103-74-2 trans-chlordane C10H6Cl8 18554
5104-49-4 3-fluoro-4-phenylhydratropic acid C15H13FO2 28215
5106-46-7 peroxyhexanoic acid C6H12O3 8569
5106-98-9 4-chlorosalicylic acid C7H5ClO3 9943
5107-49-3 flualamide C17H23F3N2O2 30202
5108-96-3 1-pyrrolidinecarbodithioic acid, ammoniumsalt C5H12N2S2 5825
5111-65-9 2-bromo-6-methoxynaphthalene C11H9BrO 21550
5111-69-3 5-methoxyindan C10H12O 19526
5111-70-6 5-methoxy-1-indanone C10H10O2 19139
5112-21-0 3-(2-chlorophenoxy)-1,2-propanediol C9H11ClO3 16867
5112-95-8 bis(diphenylphosphino)acetylene C26H20P2 34228
5113-93-9 trans-3-methyl-6-isopropylcyclohexene, (3R) C10H18 20628
5116-24-5 5-hydroxymethyldeoxyuridine C10H14N2O6 19963
5117-12-4 4-acryloylmorpholine C7H11NO2 11284
5117-16-8 1,1-dimethyl-2-selenourea C3H8N2Se 2126
5117-17-9 N,N-diethylselenourea C5H12N2Se 5827
5118-29-6 adaptol C21H25N 32850
5122-95-2 biphenyl-3-boronic acid C12H11BO2 23585
5122-99-6 4-iodophenylboronic acid C6H6BIO2 6902
5124-25-4 kayalon fast yellow yl C18H15N3O4S 30561
5124-30-1 methylene bis(4-cyclohexylisocyanate) C15H22N2O2 28658
5128-28-9 4,6-dinitrobenzofurazan-N-oxide C6H2N4O6 6210
5130-24-5 vinyl chloroformate C3H3ClO2 1412
5131-24-8 O,O-diethylphthalimidophosphonothioate C12H14NO4PS 23915
5131-58-8 4-nitro-m-phenylenediamine C6H7N3O2 7246
5131-60-2 4-chloro-m-phenylenediamine C6H7ClN2 7149
5131-66-8 1-butoxy-2-propanol C7H16O2 12266
5132-75-2 octyl heptanoate C15H30O2 28884
5135-30-8 5'-tosyladenosine C17H19N5O6S 30116
5137-45-1 1-ethoxy-2-methoxyethane C5H12O2 5880
5137-55-3 methyltrioctylammonium chloride C25H54ClN 34204
5137-70-2 1-dodecanephosphonic acid C12H27O3P 25354
5140-35-2 atheriline C19H15NO5 31322
5140-42-1 browniine C25H41NO7 34163
5142-22-3 1-methyladenine C6H7N5 7249
5142-23-4 3-methyladenine C6H7N5 7251
5144-11-6 1,5-dimethyl-1H-tetrazole C3H6N4 1910
5145-42-6 2,3-dichloro-2,5-cyclohexa-diene-1,4-dione C6H2Cl2O2 6165
5145-64-2 1-propyl-1H-pyrrole C7H11N 11269
5145-99-3 2-methyl-3-thiapentane C5H12S 5934
5146-66-7 3,7-dimethyl-2,6-octadienenitrile, isomers C10H15N 20222
5150-42-5 2,3-dimethoxyphenol C8H10O3 14008
5150-50-5 1',3',3'-trimethylspiro-8-nitro(2H-1-benzopy C19H18N2O3 31407
5150-80-1 1,6-heptadien-3-yne C7H8 10727
5150-93-6 butyl hydrogen succinate C8H14O4 14690
5152-30-7 o,o'-dimethyltubocurarine C40H48N2O6 35583
5153-67-3 trans-(2-nitrovinyl)benzene C8H7NO2 13147
5154-02-9 1,5-isoquinolinediol C9H7NO2 16046
5156-41-2 tert-pentyl nitrite C5H11NO2 5719
5157-75-5 dichloromethyloctadecylsilane C19H40Cl2Si 31741
5157-89-1 (1S)-(+)-menthyl acetate C12H22O2 24715

5159-41-1 2-iodobenzenemethanol C7H7IO 10595
5160-99-6 1-methyl-3-isobutylbenzene C11H16 22319
5161-04-6 1-methyl-4-isobutylbenzene C11H16 22320
5161-11-5 3,cis-4-dimethylthiacyclopentane C6H12S 8632
5161-12-6 3,trans-4-dimethylthiacyclopentane C6H12S 8633
5161-13-7 2,cis-5-dimethylthiacyclopentane C6H12S 8629
5161-14-8 2,trans-5-dimethylthiacyclopentane C6H12S 8630
5161-16-0 2-methylthiacyclohexane C6H12S 8634
5161-17-1 4-methylthiacyclohexane C6H12S 8636
5161-75-1 2,2-dimethylthiacyclopentane C6H12S 8624
5161-76-2 3,3-dimethylthiacyclopentane C6H12S 8631
5161-77-3 2,cis-3-dimethylthiacyclopentane C6H12S 8625
5161-78-4 2,trans-3-dimethylthiacyclopentane C6H12S 8626
5161-79-5 2,cis-4-dimethylthiacyclopentane C6H12S 8627
5161-80-8 2,trans-4-dimethylthiacyclopentane C6H12S 8628
5162-03-8 2-chlorobenzophenone C13H9ClO 25524
5162-44-7 4-bromo-1-butene C4H7Br 3051
5162-48-1 2,2,4-trimethyl-3-pentanol C8H18O 15514
5164-11-4 1,1-diallylhydrazine C6H12N2 8320
5164-35-2 bicyclo[2.1.0]pent-2-ene C5H6 4453
5166-35-8 3-chloro-2-methyl-1-butene C5H9Cl 5041
5166-53-0 5-methyl-3-hexen-2-one C7H12O 11426
5166-67-6 ethyl 1-methyl-3-piperidinecarboxylate C9H17NO2 17835
5169-78-8 bitiodin C15H17NS2 28472
5171-84-6 3,3,4,4-tetramethylhexane C10H22 21200
5176-27-2 tert-butyl 1-pyrrolecarboxylate C9H13NO2 17337
5180-79-0 3-isocyanatobenzoyl chloride C8H4ClNO2 12517
5182-44-5 3-chlorobenzeneethanol C8H9ClO 13589
5183-77-7 trans-1,2-dibromocyclohexane, (±) C6H10Br2 7668
5183-79-9 trans-1,2-dichlorocyclohexane, (±) C6H10Cl2 7686
5185-70-6 N,N-bis(2-hydroxyethyl)-p-arsanilic acid C10H16AsNO5 20374
5185-71-7 N,N-bis(2-chloroethyl)-p-arsanilic acid C10H14AsCl2NO3 19895
5185-76-2 N,N-diethyl-p-arsanilic acid C10H16AsNO3 20373
5185-77-3 2-(p-bis(2-chloroethyl)aminophenyl)-1,3, C12H16AsCl2NS2 24142
5185-78-4 2-(p-(diethylaminophenyl))-1,3,2-dithiarsen C12H18AsNS2 24388
5185-80-8 p-arsenoso-N,N-bis(2-hydroxyethyl)aniline C10H14AsNO3 19897
5185-84-2 chloro(trans-2-methoxycyclooctyl)mercury C9H17ClHgO 17794
5187-23-5 5-ethyl-1,3-dioxane-5-methanol C7H14O3 11939
5188-07-8 sodium thiomethoxide CH3NaS 249
5192-03-0 5-aminoindole C8H8N2 13341
5194-50-3 cis-2,trans-4-hexadiene C6H10 7632
5194-51-4 trans-2,trans-4-hexadiene C6H10 7634
5195-37-9 1,2,3,4-tetrahydro-1,3-dimethylnaphthalene C12H16 24116
5195-40-4 1,2,3,4-tetrahydro-1,2-dimethylnaphthalene C12H16 24130
5197-62-6 triethylene glycol monochlorohydrin C6H13ClO3 8697
5197-95-5 benzyltriethylammonium bromide C13H22BrN 26362
5202-89-1 methyl 2-amino-5-chlorobenzoate C8H8ClNO2 13272
5203-14-5 4-butoxybenzonitrile C11H13NO 21963
5205-11-8 3-methyl-2-butenyl benzoate C12H14O2 23984
5205-34-5 5-decanol C10H22O 21230
5205-93-6 N-[3-(dimethylamino)propyl]methacrylamide C9H18N2O 17977
5208-49-1 4-carene, (1S,3R,6R)-(-) C10H16 20328
5208-87-7 1,3-benzodioxole-5-(2-propen-1-ol) C10H10O3 19193
5209-18-7 1,3-diphenyl-1-propene C15H14 28252
5209-33-6 5-chloro-1,2-dihydroacenaphthylene C12H9Cl 23368
5211-62-1 2-methoxyphenylacetone C10H12O2 19600
5213-47-8 4,5-dimethyl-2-nitroimidazole C5H7N3O2 4727
5216-17-1 2,3,5,6-tetrafluorobenzonitrile C7HF4N 9430
5216-25-1 1-chloro-4-(trichloromethyl)benzene C7H4Cl4 9762
5216-32-0 cis-alpha,beta-dichlorostilbene C14H10Cl2 26734
5217-05-0 1-methylcyclopentanecarboxylic acid C7H12O2 11482
5219-61-4 phenylthioacetonitrile C8H7NS 13206
5221-17-0 2,3-dibromopropanal C3H4Br2O 1510
5221-42-1 4-acetamidopyridine C7H8N2O 10803
5221-53-4 5-butyl-2-(dimethylamino)-6-methyl-4(1H)-pyri C11H19N3O 22662
5222-73-1 3,4-dimethoxy-3-cyclobutene-1,2-dione C6H6O4 7107
5223-59-6 1,2-diphenylbutane C16H18 29343
5223-61-0 1,1'-(1-methylpropylidene)bisbenzene C16H18 29354
5227-68-9 guanine-7-N-oxide C5H5N5O2 4443
5230-78-4 2,3,5,6-tetrafluorotoluene C7H4F4 9809
5231-87-8 3,4-diethoxy-3-cyclobutene-1,2-dione C8H10O4 14026
5232-99-5 ethyl 2-cyano-3,3-diphenylacrylate C18H15NO2 30550
5234-68-4 carboxin C12H13NO2S 23853
5238-27-7 2-methylvaleryl chloride C6H11ClO 8032
5239-06-5 1,3-diazopropane C3H4N4 1614
5240-32-4 1-ethynylcyclohexanol acetate C10H14O2 20122
5240-72-2 2-norbornanemethanol, endo and exo C8H14O 14590
5241-64-5 nalpha-boc-D-tryptophane C16H20N2O4 29456
5244-34-8 3,6-dithiaoctane-1,8-diol C6H14O2S2 9071
5251-93-4 benzadox C9H9NO4 16465
5254-41-1 N-(2-acetamidophenethyl)-1-hydroxy-2-naphtha C21H20N2O3 32750
5255-75-4 1,2-epoxy-3-(4-nitrophenoxy)propane C9H9NO4 16472
5256-74-6 diethyl azomalonate C7H10N2O4 11125
5258-50-4 3-methylthiacyclohexane C6H12S 8635
5259-50-7 methyl 1-methoxybicyclo[2.2.2]oct-5-ene-2-carb C11H16O3 22471
5259-65-4 4-methyl-3-cyclohexen-1-one C7H10O 11146
5259-88-1 5,6-dihydro-2-methyl-1,4-oxathiin-3-carboxan C12H13NO4S 23864
5259-98-3 5-chloro-1-pentanol C5H11ClO 5637
5260-37-7 3-ethyl-2-methylbenzoxazolium iodide C10H12INO 19427
5263-87-6 6-methoxyquinoline C10H9NO 18872
5265-18-9 2-amino-1-phenyl-1-propanone C9H11NO 16907
5266-85-3 2-isopropyl-6-methylaniline C10H15N 20226
5267-64-1 D(+)-2-amino-3-phenyl-1-propanol C9H13NO 17311
5271-38-5 2-(methylthio)ethanol C3H8OS 2132
5271-39-6 1,1,1-triphenylethane C20H18 32060
5271-67-0 2-thiophenecarbonyl chloride C5H3ClOS 4223
5272-02-6 3-chloro-3-methylheptane C8H17Cl 15257
5272-36-6 3-(trimethylsilyl)propargyl alcohol C6H12OSi 8459
5273-86-9 cis-b-asarone C12H16O3 24254
5274-48-6 phenylsilver C6H5Ag 6632
5274-50-0 (4-ethylphenyl)phosphonous dichloride C8H9Cl2P 13627
5274-68-0 3,6,9,12-tetraoxatetracosan-1-ol C20H42O5 32534
5274-70-4 3-nitrosalicylaldehyde C7H5NO4 10084
5275-02-5 3-isonipecotylindole C14H16N2O 27344
5275-69-4 2-acetyl-5-nitrofuran C6H5NO4 6842
5277-11-2 dimethylheptylamine C9H21N 18391
5281-13-0 piprotal C24H40O8 33954
5281-18-5 benzaldehyde hydrazone C7H8N2 10788
5281-76-5 3-methoxy butyraldehyde C5H10O2 5535
5283-66-9 trichlorooctylsilane C8H17Cl3Si 15271
5283-67-0 nonyltrichlorosilane C9H19Cl3Si 18126
5284-22-0 o-heptylphenol C13H20O 26319
5284-66-2 propanesulfonic acid C3H8O3S 2153
5284-80-0 1,5-bis(p-azidophenyl)-1,4-pentadien-3-one C17H12N6O 29887
5285-18-7 5-(1,3-benzodioxol-5-yl)-2,4-pentadienoic acid C12H10O4 23563
5285-87-0 phenyl thiocyanate C7H5NS 10096
5289-74-7 20-hydroxyecdysone C27H44O7 34516
5290-43-7 N-phenyliminophosphoric acid trichloride C6H5Cl3NP 6761
5290-62-0 4-(4-nitrophenylazo)-1-naphthol C16H11N3O3 29020
5291-77-0 1-benzyl-2-pyrrolidinone C11H13NO 21961
5292-21-7 cyclohexaneacetic acid C8H14O2 14604
5292-43-3 tert-butyl bromoacetate C6H11BrO2 7992
5292-45-5 dimethyl nitroterephthalate C10H9NO6 18940
5292-53-5 diethyl benzylidenemalonate C14H16O4 27383
5293-84-5 (chloromethyl)triphenylphosphonium chloride C19H17Cl2P 31373
5299-60-5 ethyl 6-hydroxyhexanoate C8H16O3 15226
5299-64-9 N-nonanoylmorpholine C13H25NO2 26457
5299-65-0 N-decanoylmorpholine C14H27NO2 27843
5302-41-0 p-((p-ethylphenyl)azo)-N,N-dimethylaniline C16H19N3 29426
5303-65-1 ethyl 3-aminobutyrate C6H13NO2 8831
5306-85-4 isosorbide dimethyl ether C8H14O4 14711
5306-98-9 5-chloro-o-cresol C7H7ClO 10525
5307-02-8 2-methoxy-1,4-benzenediamine C7H10N2O 11113
5307-03-9 2-chloro-5-methyl-1,4-phenylenediamine C7H9ClN2 10942
5307-14-2 2-nitro-p-phenylenediamine C6H7N3O2 7242
5307-19-7 alpha-methyl-2-pyridineethanol C8H11NO 14143
5308-25-8 1-ethylpiperazine C6H14N2 8930
5309-52-4 2-ethyl-2-hexenoic acid C8H14O2 14633
5311-96-6 diethyl 1,1-hydrazinedicarboxylate C6H12N2O4 8357
5314-31-8 2-heptanone oxime C7H15NO 12067
5314-37-4 [1,1'-biphenyl]-4,4'-disulfonic acid C12H10O6S2 23572
5314-55-6 ethyltrimethoxysilane C5H14O3Si 6027
5314-83-0 chlorodiethylborane C4H10BCl 3789
5314-85-2 2,4,6-trimethylborazine C3H12B3N3 2280
5315-25-3 2-bromo-6-methylpyridine C6H6BrN 6911
5315-79-7 1-hydroxypyrene C16H10O 28999
5319-77-7 2-amino-5-methylthio-1,3,4-thiadiazole C3H5N3S2 1798
5320-75-2 cinnamyl benzoate C16H14O2 29164
5323-87-5 3-ethoxy-2-cyclohexenone C8H12O2 14362
5323-95-5 sodium ricinoleate C18H33NaO3 31011
5324-00-5 2,3-diphenyl-1H-indene C21H16 32635
5324-12-9 mono(2,3-dibromopropyl)phosphate C3H7Br2O4P 1985
5324-30-1 diethyl 2-bromoethylphosphonate C6H14BrO3P 8889
5325-20-2 2H-1,4-benzothiazin-3(4H)-one C8H7NOS 13137
5325-94-0 ethyl 1-piperidinecarboxylate C8H15NO2 14819
5325-97-3 1,2,3,4,5,6,7,8-octahydrophenanthrene C14H18 27418
5326-23-8 6-chloronicotinic acid C6H4ClNO2 6446
5326-34-1 4-bromo-3-nitrotoluene C7H6BrNO2 10177
5326-39-6 4-iodo-3-nitrotoluene C7H6INO2 10332
5326-47-6 2-amino-5-iodobenzoic acid C7H6INO2 10333
5326-81-8 2-chloro-N-hexylacetamide C8H16ClNO 15002
5327-44-6 1-methoxy-3,5-dinitrobenzene C7H6N2O5 10379
5327-72-0 1,4-diaminoanthracene-9,10-diol C14H12N2O2 26906
5328-01-8 1-ethoxynaphthalene C12H12O 23761
5329-12-4 2,4,6-trichlorophenylhydrazine C6H5Cl3N2 6762
5329-79-3 2-aminohexane C6H15N 9174
5331-32-8 isoborneol methyl ether C11H20O 22700
5331-43-1 carbobenzoxyhydrazide C8H10N2O2 13878
5331-91-9 5-chloro-2-mercaptobenzothiazole C7H4ClNS2 9727
5332-06-9 4-bromobutanenitrile C4H6BrN 2767
5332-24-1 3-bromoquinoline C9H6BrN 15842
5332-25-2 6-bromoquinoline C9H6BrN 15844
5332-26-3 N-(bromomethyl)phthalimide C9H6BrNO2 15849
5332-52-5 1-undecanethiol C11H24S 23084
5332-73-0 3-methoxy-1-propanamine C4H11NO 3997
5333-05-1 7-chloro-2H-1,4-benzothiazin-3(4H)-one C8H6ClNOS 12777
5333-42-6 2-octyl-1-dodecanol C20H42O 32525
5333-88-0 ethyl 2-bromoheptanoate C9H17BrO2 17789
5334-23-6 4-mercapto-1H-pyrazolo[3,4-d]pyrimidine hemihydr C5H4N4S 4322
5335-75-1 4-butylpyridine C9H13N 17261
5336-08-3 D(+)-ribonic acid g-lactone C5H8O5 4960
5336-53-8 N-nitrosodibenzylamine C14H14N2O 27118
5336-75-4 4-diethylaminobutyronitrile C8H16N2 15026
5337-03-1 tetrahydro-2H-pyran-4-carboxylic acid C6H10O3 7899
5337-36-0 trihexyl borate C18H39BO3 31159
5337-37-1 boric acid, tris(4-methyl-2-pentyl) ester C18H39BO3 31160
5337-41-7 trioctadecyl borate C54H111BO3 35870
5337-42-8 boric acid, trioleyl ester C54H108BO3 35848
5337-60-0 tri-o-chlorophenyl borate C18H12BCl3O3 30413
5337-70-2 triisopentyl orthoformate C16H34O3 29782
5337-72-4 2,6-dimethylcyclohexanol C8H16O 15097
5337-93-9 1-(4-methylphenyl)-1-propanone C10H12O 19505
5338-18-1 N,N-bis(acetoxyethyl)acetamide C10H17NO5 20577
5338-96-5 4-cyanostyrene C9H7N 16015
5339-26-4 4-nitrophenethyl bromide C8H8BrNO2 13250
5339-39-9 p,p-dithiocyanatodiphenylamine C14H9N3S2 26727
5339-74-2 4-hydroxybenzaldehyde thiosemicarbazone C8H9N3OS 13775
5339-85-5 2-aminobenzeneethanol C8H11NO 14125
5340-36-3 3-methyl-3-octanol C9H20O 18255
5340-41-0 2,2,3-trimethyl-3-hexanol C9H20O 18312
5340-62-5 5,5-dimethyl-3-ethyl-3-hexanol C10H22O 21313
5341-07-1 3-bromo-8-nitroquinoline C9H5BrN2O2 15806
5341-44-6 benzal-m-nitroaniline C13H10N2O2 25606
5341-58-2 3-hydroxy-2-naphthoic acid hydrazide C11H10N2O2 21626
5341-95-7 meso-2,3-butanediol C4H10O2 3888
5342-31-4 methylene glycol dibenzoate C15H12O4 28199
5342-87-0 a-methyl-a-phenylbenzeneethanol C15H16O 28434
5343-92-0 1,2-pentanediol C5H12O2 5859
5343-96-4 1,2-dimethylpropyl acetate C7H14O2 11898
5344-20-7 1-amino-4-methylpentane C6H15N 9178
5344-27-4 4-pyridineethanol C7H9NO 10996
5344-55-8 2,2,3-trichlorobutanoic acid C4H5Cl3O2 2674
5344-78-5 4-bromo-3-nitroanisole C7H6BrNO3 10182
5344-82-1 (2-chlorophenyl)thiourea C7H7ClN2S 10507
5344-88-7 benzil monohydrazone C14H12N2O 26900
5344-90-1 2-aminobenzenemethanol C7H9NO 10971
5345-01-7 3-ethyl-3-methylpentanedioic acid C8H14O4 14697
5345-27-7 3-methylsulphonylbenzoic acid C8H8O4S 13507
5345-42-6 3-methyl-2-nitroanisole C8H9NO3 13757
5345-47-1 2-aminonicotinic acid C6H6N2O2 7002
5345-54-0 3-chloroanisidine C7H8ClNO 10760
5345-89-1 2,6-dichlorocinnamic acid C9H6Cl2O2 15870
5346-90-7 a-D-cellobiose octaacetate C28H38O19 34658
5347-12-6 2,4-dinitrothiophene C4H2N2O4S 2423
5347-15-9 5-bromo-6-methoxy-8-nitroquinoline C10H7BrN2O3 18603
5348-42-5 4,5-dichloro-o-phenylenediamine C6H6Cl2N2 6942
5349-18-8 1-methyl-4-propoxybenzene C10H14O 20045
5349-21-3 thiocyanatoacetic acid propyl ester C6H9NO2S 7558
5349-27-9 thiocyanatoacetic acid cyclohexyl ester C9H13NO2S 17348
5349-28-0 thiocyanatoacetic acid ethyl ester C5H7NO2S 4686
5349-51-9 4-tert-amylcyclohexanol C11H22O 22831
5349-55-3 allyl lactate C6H10O3 7883
5349-60-0 alpha-ethyl-4-methoxybenzenemethanol C10H14O2 20097
5349-62-2 benzyl isobutyl ketone C12H16O 24208
5350-17-4 nitrosodi-sec-butylamine C8H18N2O 15413
5350-47-0 (4-methylphenyl)(4-nitrophenyl)methanone C14H11NO3 26855

601

5467-78-7 1-phenyl-5-aminotetrazole C7H7N5 10716
5468-75-7 C.I. pigment yellow 14 C34H30Cl2N6O4 35214
5468-97-3 4-chloro-alpha,alpha-dimethylbenzeneethanol C10H13ClO 19737
5469-19-2 1-bromo-2,4,5-trimethylbenzene C9H11Br 16829
5469-26-1 1-bromopinacolone C6H11BrO 7988
5470-02-0 1-propylpiperidine C8H17N 15288
5470-18-8 2-chloro-3-nitropyridine C5H3ClN2O2 4221
5470-28-0 diethyl 1,4-piperazinedicarboxylate C10H18N2O4 20657
5470-47-3 3-methyl-2-phenylbutanamide C11H15NO 22242
5470-66-6 2-methyl-4-nitropyridine-1-oxide C6H6N2O3 7025
5470-70-2 methyl 6-methylnicotinate C8H9NO2 13728
5470-91-7 3-(3-methoxyphenyl)-1-phenyl-2-propen-1-one C16H14O2 29157
5471-51-2 4-(4-hydroxyphenyl)-2-butanone C10H12O2 19597
5471-63-6 1,3-diphenylisobenzofuran C20H14O 31889
5472-13-9 a-o-tolylbenzyl alcohol C14H14O 27154
5472-38-8 diethyl 2-formylsuccinate C9H14O5 17510
5472-41-3 4-amino-6-hydroxypyrazolo[3,4-d]pyrimidine C5H5N5O 4436
5472-84-4 3-hydroxy-1H-phenalen-1-one C13H8O2 25503
5486-77-1 alloclamide C16H23ClN2O2 29537
5488-16-4 2,5-dihydroxy-1,4-benzenediacetic acid C10H10O6 19224
5488-45-9 tributyl(8-quinolinolato)tin C21H33NOSn 32985
5493-45-8 diglycidyl hexahydrophthalate C14H20O6 27612
5497-67-6 2,2-dimethyl-4-pentenal C7H12O 11433
5500-21-0 cyclopropanecarbonitrile C4H5N 2700
5502-88-5 1-methyl-4-isopropylcyclohexene C10H18 20625
5503-12-8 4-(1-methylvinyl)-1-cyclohexene-1-carboxaldehyd C10H14O 20066
5504-68-7 10-methyl-7H-benzimidazol(2,1-a)benz(de)isoqu C19H12N2O 31224
5507-44-8 vinyldiethoxymethylsilane C7H16O2Si 12280
5509-65-9 2,6-difluoroaniline C6H5F2N 6785
5510-99-6 2,6-di-sec-butylphenol C14H22O 27681
5511-18-2 1-adamantanecarboxamide C11H17NO 22511
5511-98-8 acetyldigoxin-a C43H66O15 35725
5515-83-3 ethyl 3-(diethylamino)propanoate C9H19NO2 18157
5518-52-5 tri(2-furyl)phosphine C12H9O3P 23442
5518-62-7 1,2-diphosphinoethane C2H8P2 1158
5519-42-6 3,4,5-trimethyl-1H-pyrazole C6H10N2 7716
5519-50-6 1-methyl-3-piperidinone C6H11NO 8106
5521-55-1 5-methyl-2-pyrazinecarboxylic acid C6H6N2O2 7005
5522-43-0 1-nitropyrene C16H9NO2 28979
5524-05-0 (+)-dihydrocarvone C10H16O 20460
5525-95-1 diphenyl(pentafluorophenyl)phosphine C18H10F5P 30382
5532-86-5 benzyl cyanoformate C9H7NO2 16040
5532-90-1 propyl N-phenylcarbamate C10H13NO2 19812
5533-38-0 1-methylbenzimidazole-2-sulfonic acid C8H8N2O3S 13368
5534-09-8 aldecin C28H37ClO7 34649
5535-48-8 phenyl vinyl sulfone C8H8O2S 13442
5535-49-9 [(2-chloroethyl)thio]benzene C8H9ClS 13619
5536-17-4 9b-D-arabino furanosyl adenine C10H13N5O4 19858
5538-51-2 o-acetylsalicyloyl chloride C9H7ClO3 15974
5550-12-9 sodium guanylate C10H14N5Na2O8P 19974
5556-07-0 1-(3-hydroxy-2-thienyl)ethanone C6H6O2S 7077
5556-57-0 (±)-5-ethyl-5-phenylpyrrolid-2-one C12H15NO 24062
5557-31-3 9-octadecene C18H36 31072
5557-88-0 2-penten-4-yn-1-ol C5H6O 4540
5558-29-2 3-methyl-2-phenylbutyronitrile C11H13N 21948
5558-31-6 alpha-isobutylbenzeneacetonitrile C12H15N 24046
5558-66-7 alpha-methyl-alpha-phenylbenzeneacetic acid C15H14O2 28301
5558-67-8 2,2-diphenylpropionitrile C15H13N 28218
5558-78-1 alpha-propylbenzeneacetonitrile C11H13N 21949
5560-69-0 ethyl 3,6-di(tert-butyl)-1-naphthalenesulfona C20H28O3S 32324
5560-72-5 5-(3-(dimethylamino)propyl)-6,7,8,9,10,11-hexa C19H28N2 31601
5561-99-9 cis-11-eicosenoic acid C20H38O2 32450
5562-18-3 2-acetoxycinnamic acid C11H10O4 21674
5563-78-0 2-methyl-5-isopropylcyclohexanol, [1R-(1alpha,2 C10H20O 21012
5566-34-7 trans-chlordan C10H6Cl8 18552
5571-97-1 dichlormethazanone C11H11Cl2NO3S 21690
5573-62-6 (ethylthio)trimethylsilane C5H14SSi 6028
5574-97-0 tetrabutylammonium phosphate monobasic C16H38NO4P 29832
5579-78-2 7-butyl-2-oxepanone C10H18O2 20797
5579-85-1 6-bromo-5-chloro-2-benzoxazolinone C7H3BrClNO2 9477
5580-79-0 2,3,4,5-tetrafluoronitrobenzene C6HF4NO2 6121
5580-80-3 2,3,4,5-tetrafluoroaniline C6H3F4N 6347
5581-35-1 amphecloral C11H12Cl3N 21803
5581-40-8 dimethyl fandane C17H19N 30086
5581-52-2 2-amino-6-(1'-methyl-4'-nitro-5'-imidazolyl)m C9H8N8O2S 16184
5581-66-8 methyl-tripropoxysilane C10H24O3Si 21438
5581-75-9 benzenehexanoic acid C12H16O2 24210
5582-62-7 trimethyl(propargyloxy)silane C6H12OSi 8458
5582-82-1 3-methyl-3-heptanol C8H18O 15447
5584-15-6 (2-amino-5-chlorobenzoyl)hydrazide C7H8ClN3O 10764
5585-39-7 geranyl nitrile C10H15N 20235
5585-67-1 2-(dimethylamino) reserpilinate C26H35N3O5 34295
5586-15-2 di-2-naphthyl disulfide C20H14S2 31945
5586-73-2 3,3-diphenylpropylamine C15H17N 28467
5586-88-9 4-chlorophenylacetone C9H9ClO 16295
5587-63-3 2,3,3-trimethyl-1-cyclopentene-1-carboxylic aci C9H14O2 17473
5587-79-1 5-methyl-2-isopropyl-2-cyclopenten-1-one C9H14O 17439
5588-20-5 chlordantoin C11H17Cl3N2O2S 22489
5588-33-0 10-(2-(1-methyl-2-piperidyl)ethyl)-2-methyl C21H26N2OS2 32863
5589-96-8 bromochloroacetic acid C2H2BrClO2 577
5591-33-3 5,5'-(octamethylenebis(carbonylimino)bis(N C28H28I6N4O8 34608
5591-45-7 navaron C23H29N3O2S2 33606
5593-20-4 betamethasone dipropionate C28H37FO7 34651
5593-70-4 titanium(iv) butoxide C16H36O4Ti 29826
5597-27-3 3-methylenebicyclo[2.2.1]heptan-2-one C8H10O 13932
5597-50-2 methyl 3-(4-hydroxyphenyl)propionate C10H12O3 19667
5597-81-9 2-chlorodecahydronaphthalene C10H17Cl 20552
5597-89-7 trans-octahydropentalene C8H14 14503
5598-13-0 chlorpyrifos-methyl C7H7Cl3NO3PS 10549
5598-52-7 phosphoric acid, dimethyl-3,5,6-trichloro-2 C7H7Cl3NO4P 10550
5600-21-5 2-amino-4-chloro-6-methylpyrimidine C5H6ClN3 4469
5609-09-6 trans-3-hepten-2-one C7H12O 11420
5610-40-2 (-)-securinine C13H15NO2 26022
5611-51-8 aristospan C30H41FO7 34902
5613-68-3 trivinylantimony C6H9Sb 7618
5614-32-4 1-ethoxy-1,3-butadiene C6H10O 7770
5617-41-4 heptylcyclohexane C13H26 26466
5617-42-5 heptylcyclopentane C12H24 24818
5617-74-3 3-oxabicyclo[3.1.0]hexane-2,4-dione C5H4O3 4342
5617-92-5 2,2-dimethyl-3-(2-methyl-1-propenyl)cyclopropan C10H18O 20699
5625-37-6 pipes C8H18N2O6S2 15429
5625-46-7 DL-alanine anhydride C6H10N2O2 7727
5625-90-1 4,4'-methylenedimorpholine C9H18N2O2 17985
5626-16-4 desmethyldoxepin C17H17NO 30031
5628-99-9 1-vinyl aziridine C4H7N 3245
5630-56-8 4,4'-diiodobenzophenone C13H8I2O 25490
5632-47-3 mononitrosopiperazine C4H9N3O 3763
5633-16-9 leiopyrrole C23H28N2O 33589
5634-22-0 docosylbenzene C28H50 34704
5634-30-0 dodecylcyclopentane C17H34 30310
5634-39-9 2-(1-iodoethyl)-1,3-dioxolane-4-methanol C6H11IO3 8085
5636-65-7 5-methyl-4-hexenoic acid C7H12O2 11476
5637-83-2 2,4,6-triazido-1,3,5-triazine C3N12 2288
5637-96-7 (3-octylundecyl)benzene C25H44 34172
5638-26-6 1,5-heptadien-4-ol C7H12O 11411
5638-76-6 2-(2-methylaminoethyl)pyridine C8H12N2 14293
5648-29-3 bis(ethoxymethyl) ether C6H14O3 9079
5649-36-5 2,6-dimethyl-1H-indole C10H11N 19294
5650-40-8 2-hydroxy-1-phenyl-1-propanone C9H10O2 16666
5650-41-9 3-hydroxy-1-phenyl-1-propanone C9H10O2 16667
5650-75-9 2-methylenepentanoic acid C6H10O2 7844
5651-47-8 3-(1-methylethyl)benzoic acid C10H12O2 19618
5651-88-7 phenyl propargyl sulfide C9H8S 16247
5653-21-4 2-nitroacetaldehyde oxime C2H4N2O3 857
5653-40-7 2-amino-4,5-dimethoxybenzoic acid C9H11NO4 16976
5653-62-3 2,3-dimethoxybenzonitrile C9H9NO2 16431
5653-67-8 2,3-dimethoxybenzyl alcohol C9H12O3 17196
5653-80-5 dextromethadone C21H27NO 32900
5655-61-8 l-bornyl acetate C12H20O2 24564
5657-17-0 ethylenediamine-N,N'-diacetic acid C6H12N2O4 8363
5659-93-8 dimethylmalonyl chloride C5H6Cl2O2 4479
5661-71-2 octahydro-1H-azonine C8H17N 15294
5662-95-3 3,3-tetramethyleneglutaric anhydride C9H12O3 17201
5663-96-7 2-octynoic acid C8H12O2 14353
5665-74-7 DL-2-amino-1-hexanol C6H15NO 9221
5665-94-1 5-chlorocarvacrol C10H13ClO 19740
5666-12-6 tripyrrolidinophosphine C12H24N3P 24848
5666-17-1 allyldiethylamine C7H15N 12052
5666-21-7 N-propyl-2-propen-1-amine C6H13N 8752
5667-20-9 N-hydroxyadenine C5H5N5O 4439
5668-93-9 3-ethylbiphenyl C14H14 27064
5669-09-0 1,1-diisobutoxyethane C10H22O2 21353
5672-83-3 N-carbobenzyloxy-L-glutamic acid 1-methyleste C14H17NO6 27414
5673-07-4 2,6-dimethoxytoluene C9H12O2 17161
5675-22-9 1,4-heptadiene C7H12 11359
5675-31-0 2-fluoro-2-propen-1-ol C3H5FO 1718
5675-51-4 1,12-dodecanediol C12H26O2 25290
5675-57-0 2-carboethoxy-1-methylvinyl-diethylphosphate C10H19O6P 20913
5676-58-4 2,5-dimethylbenzoxazole C9H9NO 16382
5678-45-5 3-amino-3-(p-methoxyphenyl)propionic acid C10H13NO3 19826
5683-31-8 3-(trimethylsilyl)propynoic acid C6H10O2Si 7880
5683-33-0 N,N-dimethyl-2-pyridinamine C7H10N2 11088
5683-41-0 2,5,6-trimethylbenzothiazole C10H11NS 19343
5683-44-3 3-methyl-2,4-pentanediol C6H14O2 9039
5684-13-9 bisdehydroisynolic acid methyl ester C19H22O3 31501
5685-06-3 4-methyl-2(3H)-thiazolethione C4H5NS2 2729
5685-47-2 1,1'-methylenebiscyclopropane C7H12 11370
5687-92-3 thietane 1,1-dioxide C3H6O2S 1946
5689-04-3 cis-octahydro-2H-inden-2-one C9H14O 17447
5689-19-0 a,a-dicyclopropylbenzenemethanol C13H16O 26083
5691-19-0 trans-2-amino-1-cyclohexanecarboxylic acid C7H13NO2 11654
5691-20-3 cis-2-amino-1-cyclohexanecarboxylic acid C7H13NO2 11655
5694-00-8 oxiranecarboxamide C3H5NO2 1770
5694-72-4 phenylacetaldehyde glyceryl acetal C11H14O3 22187
5696-06-0 5-ethyl-1-methyl-5-phenylhydantoin C12H14N2O2 23927
5696-92-4 naphthalene-bis(hexachlorocyclopentadiene)add C20H8Cl12 31770
5697-44-9 p-toluenesulfonylacetonitrile C9H9NO2S 16448
5697-56-3 biogastrone C34H50O7 35241
5697-85-8 2-(2-phenylethyl)aniline C14H15N 27219
5699-54-7 3-amino-4-methylpentanoic acid C6H13NO2 8827
5699-58-1 2,4-dioxopentanoic acid C5H6O4 4580
5699-74-1 2-hydroxy-2-propylpentanenitrile C8H15NO 14789
5703-21-9 3,4-dimethoxybenzeneacetaldehyde C10H12O3 19633
5703-26-4 4-methoxybenzeneacetaldehyde C9H10O2 16669
5703-52-6 beta-propylbenzenepropanoic acid C12H16O2 24225
5704-04-1 tricine C6H13NO5 8853
5704-20-1 2-hydroxy-3-pentanone C5H10O2 5517
5707-04-0 phenylselenyl chloride C6H5ClSe 6738
5707-44-8 4-ethylbiphenyl C14H14 27065
5707-69-7 3-methyl-4,5-isoxazoledione-4-((2-chlorophe C10H8ClN3O2 18687
5709-67-1 2-nitrobenzimidazole C7H5N3O2 10109
5709-68-2 1-methyl-2-nitrobenzimidazole C8H7N3O2 13223
5711-19-3 acetoxytrimethylplumbane C5H12O2Pb 5892
5715-02-6 2-acetoxybenzonitrile C9H7NO2 16037
5715-23-1 3,4-dimethylcyclohexanol C8H16O 15099
5717-37-3 (carbethoxyethylidene)triphenylphosphorane, b C23H23O2P 33552
5718-83-2 rhodanine-N-acetic acid C5H5NO3S2 4418
5720-05-8 4-tolylboronic acid C7H9BO2 10932
5720-06-9 2-methoxyphenylboronic acid C7H9BO3 10936
5720-07-0 4-methoxyphenylboronic acid C7H9BO3 10937
5724-56-1 2,3-dimethylbenzonitrile C9H9N 16375
5725-96-2 N-hydroxy-N-methylmethanamine C2H7NO 1120
5728-20-1 3,4-dichloro-1,2,5-thiadiazole C2Cl2N2S 445
5728-52-9 [1,1'-biphenyl]-4-acetic acid C14H12O2 26948
5730-85-8 3-chloro-4-aminodiphenyl C12H10ClN 23458
5731-13-5 4-ethylbiphenyl-4'-carboxylic acid C15H14O2 28307
5734-64-5 2-amino-4-chloro-6-methoxypyrimidine C5H6ClN3O 4471
5736-03-8 2,2-dimethyl-1,3-dioxolane-4-carboxaldehyde C6H10O3 7886
5736-85-6 4-propoxybenzaldehyde C10H12O2 19609
5736-88-9 4-butoxybenzaldehyde C11H14O2 22136
5736-89-0 4'-butoxyacetophenone C12H16O2 24229
5736-94-7 4-(hexyloxy)benzaldehyde C13H18O2 26216
5743-04-4 cadmium acetate dihydrate C4H10CdO6 3794
5743-26-0 calcium acetate monohydrate C4H8CaO5 3353
5743-97-5 tetradecahydrophenanthrene C14H24 27744
5744-03-6 dodecahydro-1H-fluorene C13H22 26361
5749-78-0 propionaldehyde, dicrotyl acetal C11H20O2 22722
5750-00-5 2-chloro-3,3-dimethylbutane C6H13Cl 8685
5754-91-6 1,3-dinitro-1,3-diazacyclopentane C3H6N4O4 1915
5756-43-4 ethyl hexyl ether C8H18O 15533
5756-69-4 3-hydroxy-3-methyl-1-phenyltriazene C7H9N3O 11034
5760-50-9 9-undecenoic acid, methyl ester C12H22O2 24734
5763-61-1 3,4-dimethoxybenzenemethanamine C9H13NO2 17326
5765-44-6 5-methylisoxazole C4H5NO 2704
5766-67-6 (ethylenedinitrilo)tetraacetonitrile C10H12N6 19481
5769-15-3 4-chlorobenzenesulfonyl isocyanate C7H4ClNO3S 9712
5773-56-8 alpha-phenylbenzeneethanol, (S) C14H14O 27147
5774-35-6 p,p-bis(1-aziridinyl)-N-isopropylaminophosphi C7H16N3OP 12162
5775-82-6 4-bromo-1,3-dimethyl-1H-pyrazole C5H7BrN2 4595
5779-79-3 acenaphthanthracene C20H14 31865
5779-94-2 2,5-dimethylbenzaldehyde C9H10O 16616
5779-95-3 3,5-dimethylbenzaldehyde C9H10O 16617
5780-13-2 meso-2,3-dibromobutane C4H8Br2 3339
5781-53-3 methyl chlorooxoacetate C3H3ClO3 1414
5785-66-0 cyclopropyl diphenyl carbinol C16H16O 29275
5786-21-0 clozapine C18H19ClN4 30687

5787-28-0 (S)-(1-methylpropyl)benzene C10H14 19876
5787-31-5 2-bromobutane, (±) C4H9Br 3602
5788-17-0 methyl trans-3-methoxyacrylate C5H8O3 4940
5789-17-3 imidazoline-2,4-dithione C3H4N2S2 1609
5789-30-0 1,2-dibromo-1,2-diphenylethane C14H12Br2 26876
5792-36-9 1-(2,4-dihydroxyphenyl)-1-propanone C9H10O3 16712
5794-03-6 (+)-camphene C10H16 20356
5794-04-7 (-)-camphene C10H16 20357
5794-13-8 L-asparagine, monohydrate C4H10N2O4 3855
5794-28-5 calcium oxalate monohydrate C2H2CaO5 599
5794-88-7 2-amino-5-bromobenzoic acid C7H6BrNO2 10167
5796-89-4 peroxypropionyl nitrate C3H5NO5 1777
5797-06-8 peroxyfuroic acid C5H4O4 4344
5798-75-4 ethyl 4-bromobenzoate C9H9BrO2 16263
5798-79-8 alpha-bromobenzeneacetonitrile C8H6BrN 12724
5798-88-9 3-bromo-3-methylbutanoic acid C5H9BrO2 5004
5798-94-7 5-bromo-N,2-dihydroxybenzamide C7H6BrNO3 10181
5800-19-1 metiapine C19H21N3S 31475
5802-82-4 methyl hexacosanoate C27H54O2 34558
5805-76-5 1-ethyl-2-methyl-1H-benzimidazole C10H12N2 19431
5807-30-7 3,4-dichlorophenylacetic acid C8H6Cl2O2 12817
5807-64-7 dimethyl diphenate C16H14O4 29174
5807-76-1 cis,cis-1,4-diphenyl-1,3-butadiene C16H14 29113
5809-07-4 ethyl 2-furyl ether C6H8O2 7415
5809-59-6 2-hydroxy-3-butenenitrile C4H5NO 2709
5810-11-7 N,N-dimethyl-2-chloroacetoacetamide C6H10ClNO2 7681
5810-42-4 tetrapropylammonium chloride C12H28ClN 25366
5810-88-8 O,O'-di(2-ethylhexyl) dithiophosphoric acid C16H35O2PS2 29807
5813-64-9 2,2-dimethylpropylamine C5H13N 5953
5813-89-8 2-thiophenecarboxamide C5H5NOS 4404
5814-42-6 3-(methylbenzylamino)-1-propanol C11H17NO 22509
5814-85-7 1,2-diphenylpropane C15H16 28380
5820-22-4 2-methyl-2-propenyl phenyl ether C10H12O 19531
5823-12-1 triethyl 2,2-dichloro-2-phosphonoacetate C8H15Cl2O5P 14764
5824-40-8 triphenylmethylamine C19H17N 31378
5826-73-3 dimethyl carbate C11H14O4 22196
5826-91-5 diethyl propylmethylpyrimidyl thiophosphat C12H21N2O3PS 24650
5827-03-2 N,N-diethylthiocarbamyl-O,O-diisopropyldit C11H24NO2PS3 23050
5827-05-4 S-(ethylsulfinyl)methyl O,O-diisopropyl phos C9H21O3PS3 18411
5830-30-8 N,N-dimethylhexanamide C8H17NO 15322
5831-08-3 3-methoxy-17-methyl-15H-cyclopentaphenanthrene C19H16O 31348
5831-09-4 12,17-dimethyl-15H-cyclopenta(a)phenanthrene C19H16 31331
5831-10-7 11,17-dimethyl-15H-cyclopenta(a)phenanthrene C19H16 31330
5831-11-8 11,12-17-trimethyl-15H-cyclopenta(a)phenanthrene C20H18 32065
5831-12-9 11-methoxy-17-methyl-15H-cyclopenta(a)phenanthr C19H16O 31349
5831-16-3 16,17-dihydro-11,17-dimethylcyclopenta(a)phenant C19H17 31370
5831-17-4 16,17-dihydro-11,12,17-trimethylcyclopenta(a)phe C20H19 32094
5834-16-2 3-methyl-2-thiophenecarboxaldehyde C6H6OS 7069
5834-17-3 2-methoxy-3-aminodibenzofuran C13H11NO2 25714
5834-25-3 N-3-dibenzofuranylacetamide C14H11NO2 26849
5834-81-1 N-(phenylmercuri)-1,4,5,6,7,7-hexachlorob C15H7Cl6HgNO2 27976
5834-84-4 propyl-N,N-diethylsuccinamate C11H21NO3 22779
5834-96-8 O-(p-(p-chlorophenylazo)phenyl) O,O-dime C14H14ClN2O3PS 27080
5836-10-2 chloropropylate C17H16Cl2O3 29991
5836-28-2 tetraisopropyl pyrophosphate C12H28O7P2 25388
5836-29-3 endrocide C19H16O3 31364
5836-66-8 1,2-dibromo-3-methoxypropane C4H8Br2O 3349
5836-73-7 3,4-dichlorobenzene diazothiourea C7H6Cl2N4S 10263
5836-85-1 15,16-dihydro-11-methoxycyclopenta(a)phenanthr C18H14O2 30507
5837-17-2 16,17-dihydro-17-methylene-15H-cyclopenta(a)phen C18H14 30466
5837-45-6 2,6-dimethyl-1,5-heptadien-4-one C9H14O 17456
5837-78-5 ethyl trans-2-methyl-2-butenoate C7H12O2 11481
5840-81-3 2-thioxotetrahydro-1,3-oxazole C3H5NOS 1763
5840-95-9 ethyl (2-mercaptoethyl) carbamate S-ester w C7H16NO4PS2 12135
5842-00-2 2-(butylamino)ethanethiol C6H15NS 9243
5843-42-5 methyl isocyanatoformate C3H3NO3 1472
5843-43-6 phenyl isocyanatoformate C8H5NO3 12697
5846-40-2 n-pentapentacontane C55H112 35880
5846-43-5 trans-2-propylcyclohexanol C9H18O 18019
5847-48-3 (glycoloyloxy)tributylstannane C14H30O3Sn 27943
5847-52-9 tributyltin chloroacetate C14H29ClO2Sn 27898
5847-55-2 dibutyltin stearate C44H88O4Sn 35762
5854-93-3 L-alanosine C3H7N3O4 2085
5856-62-2 (S)-(+)-2-amino-1-butanol C4H11NO 4001
5856-63-3 (R)-(-)-2-amino-1-butanol C4H11NO 4002
5856-66-6 n-tetrapentacontane C54H110 35869
5856-67-7 n-heptapentacontane C57H116 35900
5856-77-9 2,2-dimethylbutanoyl chloride C6H11ClO 8021
5856-82-6 butanoyl bromide C4H7BrO 3065
5857-36-3 2,2,4-trimethyl-3-pentanone C8H16O 15082
5857-37-4 chloro(2-furyl)mercury C4H3ClHgO 2450
5857-69-2 2,2,3,4,4-pentamethyl-3-pentanol C10H22O 21329
5857-86-3 cis-2-propylcyclohexanol C9H18O 18018
5857-94-3 3-amino-5-chloro-4-hydroxybenzenesulfonic aci C6H6ClNO4S 6936
5858-17-3 3,4-dichlorobenzenethiol C6H4Cl2S 6498
5858-18-4 2,5-dichlorobenzenethiol C6H4Cl2S 6499
5859-45-0 1-chloro-2-methylnaphthalene C11H9Cl 21552
5867-45-8 N-3-pyridinylacetamide C7H8N2O 10795
5867-91-4 methyl propyl sulfate C4H10O4S 3938
5867-93-6 methyl pentyl sulfate C6H14O4S 9094
5867-94-7 ethyl propyl sulfate C5H12O4S 5915
5867-95-8 butyl ethyl sulfate C6H14O4S 9095
5867-98-1 dipentyl sulfate C10H22O4S 21379
5868-05-3 niceritrol C29H24N4O8 34752
5870-61-1 2-bromo-1,1-dichloroethene C2HBrCl2 514
5870-93-9 heptyl butanoate C11H22O2 22839
5872-08-2 (±)-camphor-10-sulfonic acid (b) C10H16O4S 20533
5876-87-9 1,11-dodecadiene C12H22 24669
5877-42-9 4-ethyl-1-octyn-3-ol C10H18O 20747
5877-55-4 2-methyl-N-(phenylmethylene)aniline C14H13N 27005
5877-58-7 3-methyl-N-(phenylmethylene)aniline C14H13N 27006
5877-76-9 ethylhexadecylamine C18H39N 31164
5878-19-3 1-methoxy-2-propanone C4H8O2 3522
5878-61-5 7-(2-chloroethyl)theophylline C9H11ClN4O2 16859
5881-17-4 3-ethyloctane C10H22 21138
5882-44-0 N,N-dimethylaniline hydrochloride C8H12ClN 14260
5888-51-7 4-ethylveratrole C10H14O2 20121
5888-61-9 tribenzylarsine C21H21As 32760
5890-18-6 laurolitsine C18H19NO4 30700
5891-21-4 5-chloro-2-pentanone C5H9ClO 5068
5893-61-8 copper(ii) formate tetrahydrate C2H10CuO8 1179
5894-60-0 hexadecyltrichlorosilane C16H33Cl3Si 29743
5896-17-3 2-benzyloxybenzaldehyde, 98% C14H12O2 26957
5897-76-7 alpha-(1-aminopropyl)benzenemethanol C10H15NO 20236
5902-51-2 terbacil C9H13ClN2O2 17237
5902-52-3 o-(4-tert-butyl-2-chlorophenyl)-o-methyl C11H17ClNO2PS 22487
5902-76-1 methylmercury pentachlorophenate C7H3Cl5HgO 9557
5902-79-4 methylmercurichlorendimide C10H5Cl6HgNO2 18506
5903-13-9 N-methyl-N-(1-naphthyl)fluoroacetamide C13H12FNO 25752
5905-52-2 ferrous lactate C6H10FeO6 7708
5906-35-4 1-aminohomopiperidine C6H14N2 8924
5906-73-0 ethyldimethylsilanol C4H12OSi 4092
5908-27-0 1,2-naphthoquinone-4-sulfonic acid potassium C10H5KO5S 18515
5908-64-5 barium acetate monohydrate C4H8BaO5 3327
5908-81-6 barium tartrate C4H4BaO6 2514
5908-87-2 ethyl docosanoate C24H48O2 33991
5910-28-1 1,4,5,8,9,10-hexahydroanthracene C14H16 27316
5910-75-8 ditridecylamine C26H55N 34380
5910-77-0 tritridecylamine C39H81N 35573
5910-85-0 2,4-heptadienal C7H10O 11160
5910-87-2 trans,trans-2,4-nonadienal C9H14O 17446
5910-89-4 2,3-dimethylpyrazine C6H8N2 7322
5911-04-6 3-methylnonane C10H22 21135
5911-05-7 4-ethylnonane C11H24 22896
5911-08-0 (chloromethyl)cyclopropane C4H7Cl 3109
5912-58-3 1-chloroethyl acetate C4H7ClO2 3137
5912-86-7 cis-2-methoxy-4-(1-propenyl)phenol C10H12O2 19573
5912-87-8 trans-2-methoxy-4-(1-propenyl)phenol acetate C12H14O3 23992
5913-13-3 R-(-)-cyclohexylethylamine C8H17N 15297
5913-85-9 2-(1-propenyl)piperidine, (±) C8H15N 14779
5915-41-3 terbuthylazine C9H16ClN5 17638
5917-47-5 1-dodecylpiperidine C17H35N 30341
5917-61-3 1,1'-(methylenebis(oxy))bis(2,2-dinitropropa C7H12N4O10 11402
5921-54-0 2-butanone (1-methylpropylidene)hydrazone C8H16N2 15025
5921-73-3 2-nonyn-1-ol C9H16O 17696
5921-84-6 4-heptyl acetate C9H18O2 18060
5922-60-1 2-amino-5-chlorobenzonitrile C7H5ClN2 9914
5922-92-9 tetrahexylammonium chloride C24H52ClN 34027
5926-26-1 chloromethyl trimethoxysilane C4H11ClO3Si 3971
5926-35-2 chloro-bis(trimethylsilyl)methane C7H19ClSi2 12395
5926-38-5 (dichloromethyl)trimethylsilane C4H10Cl2Si 3812
5926-51-2 bromomaleic anhydride C4HBrO3 2352
5926-90-9 glycidyl hexyl ether C9H18O2 18084
5927-18-4 trimethyl phosphonoacetate C5H11O5P 5771
5928-51-8 3-(2-thienyl)propanoic acid C7H8O2S 10894
5930-28-9 4-amino-2,6-dichlorophenol C6H5Cl2NO 6749
5930-98-3 4-(trimethylsilyl)-3-butyn-2-one C7H12OSi 11449
5932-53-6 (±)-exo-6-hydroxytropinone C8H13NO2 14447
5932-68-3 trans-2-methoxy-4-(1-propenyl)phenol C10H12O2 19574
5932-79-6 4-nonanol C9H20O 18241
5933-35-7 2-(2-nitrophenylamino)benzoic acid C13H10N2O4 25615
5933-40-4 (R)-(+)-N,a-dimethylbenzylamine C9H13N 17288
5934-69-0 damantoyldiazomethane C12H16N2O 24162
5939-37-7 7-hydroxymethotrexate C20H22N8O6 32174
5942-95-0 carbadipimidine C28H38N4O 34660
5943-30-6 disulfide, bis(1-methylpropyl) C8H18S2 15618
5943-35-1 di-tert-butyl tetrasulfide C8H18S4 15619
5944-41-2 2-tert-butylpyridine C9H13N 17259
5945-40-4 mexicanine E C14H16O3 27381
5949-05-3 (S)-(-)-citronellal C10H18O 20720
5950-19-6 3-chloro-3-methyl-2-butanone C5H9ClO 5066
5950-69-6 hydrindantin dihydrate C18H14O8 30529
5951-67-7 6-vinyl-6-methyl-1-isopropyl-3-(1-methylethylide C15H24 28740
5954-50-7 dimethyl fluorophosphate C2H6FO3P 1025
5954-65-4 diethyl(2-propenyl)phosphonate C7H15O3P 12107
5954-71-2 2,cis-3-dimethylthiacyclopropane C4H8S 3585
5954-90-5 4-(methyl-phenoxy-phosphinothioyl)oxybenzon C14H12NO2PS 26894
5955-98-6 2,trans-3-dimethylthiacyclopropane C4H8S 3586
5957-75-5 1-trans-D8-tetrahydrocannabinol C21H30O2 32957
5959-52-4 3-amino-2-naphthalenecarboxylic acid C11H9NO2 21570
5959-95-5 D(-)-glutamine C5H10N2O3 5430
5960-88-3 2,2-dichloroethylamine C2H5Cl2N 930
5961-55-7 4-methoxy-1-naphthonitrile C12H9NO 23403
5961-59-1 N-methyl-p-anisidine C8H11NO 14151
5962-88-9 cyclohexanepentanoic acid C11H20O2 22709
5963-14-4 8-methylnonanoic acid C10H20O2 21066
5963-77-9 2-pentynoic acid C5H6O2 4557
5965-66-2 beta-D-lactose C12H22O11 24772
5966-51-8 1,3-bis(dimethylamino)-2-propanol C7H18N2O 12383
5967-09-9 bis(acetoxydibutylstannane) oxide C20H42O5Sn2 32536
5969-12-0 2,6-heptanediol C7H16O2 12232
5970-32-1 mercury salicylate C7H4HgO3 9819
5970-45-6 zinc acetate dihydrate C4H10O6Zn 3940
5970-62-7 zinc formate dihydrate C2H6O6Zn 1091
5970-63-8 2-methyl-2-ethyl-1-pentanol C8H18O 15491
5972-71-4 ammonium hydrogen malate C4H9NO5 3750
5972-76-9 ammonium caprylate C8H19NO2 15656
5973-71-7 3,4-dimethylbenzaldehyde C9H10O 16638
5975-73-5 bis(3-allyloxy-2-hydroxypropyl) fumarate C16H24O8 29582
5976-47-6 2-chloro-2-propen-1-ol C3H5ClO 1682
5976-61-4 4-hydroxyestradiol C18H24O3 30860
5976-95-4 meso-tartrate C4H4O6 2611
5977-35-5 alkyrom C12H15Cl2NO2 24036
5978-08-5 2-(3-chloropropyl)-2-methyl-1,3-dioxolane C7H13ClO2 11609
5978-70-1 (R)-(-)-2-octanol C8H18O 15536
5978-92-7 hydroxyzine pamoate C44H41ClN2O7 35745
5980-86-9 chloro(2-chlorovinyl)mercury C2H2Cl2Hg 624
5980-97-2 2,4,6-trimethylphenylboronic acid C9H13BO2 17233
5984-58-7 6-methyl-2-heptanamine, (±) C8H19N 15633
5985-23-9 3-hydroxy-DL-glutamic acid C5H9NO5 5258
5986-38-9 2,6-dimethyl-5,7-octadien-2-ol C10H18O 20750
5986-55-0 patchouli alcohol C15H26O 28794
5988-19-2 L-dihydroorotic acid C5H6N2O4 4526
5988-91-0 tetrahydroneral C10H20O 21038
5989-27-5 D-limonene C10H16 20316
5989-54-8 L-limonene C10H16 20318
5989-81-1 alpha-lactose monohydrate C12H24O12 24891
6000-82-4 N,N,2-trimethylpropenylamine C6H13N 8762
6001-87-2 methyl 3-chloropropanoate C4H7ClO2 3145
6004-38-2 tricyclo[5.2.1.0-(2,6)-]decane C10H16 20369
6004-44-0 methylketene C3H4O 1625
6004-60-0 1-cyclopentylethanone C7H12O 11404
6004-98-4 hexocyclium C21H36N2O5S 33003
6006-06-0 12-tridecenoic acid C13H24O2 26424
6006-15-1 diethylisopropylamine C7H17N 12340
6006-33-3 tridecylcyclohexane C19H38 31696
6006-34-4 tridecylcyclopentane C18H36 31074
6006-65-1 N,N-dimethylformamide dipropyl acetal C9H21NO2 18398
6006-90-2 13-phenylpentacosane C31H56 35020
6006-95-7 pentadecylcyclohexane C21H42 33037
6007-26-7 2-methyl-1,3-dithiane C5H10S2 5598
6007-54-1 thiacyclononane C8H16S 15243
6008-27-1 nonalactone C9H16O2 17731
6008-36-2 n-nonaphenone C15H22O 28669
6009-70-7 ammonium oxalate monohydrate C2H10N2O5 1181
6010-09-9 iron(ii) thiocyanate trihydrate C2H6FeN2O3S2 1028

6012-97-1 tetrachlorothiophene C4Cl4S 2317
6018-41-3 methyl coumalate C7H6O4 10439
6020-51-5 desthiobiotin, methyl ester C11H20N2O3 22686
6025-53-2 trans-zeatin-riboside C15H21N5O5 28642
6025-60-1 1-(2-aminophenyl)pyrrole C10H10N2 19038
6026-42-2 di(isopropylamino)dimethylsilane C8H22N2Si 15742
6027-13-0 L-homocysteine C4H9NO2S 3724
6027-42-5 1-deoxy-1-nitro-L-mannitol C6H13NO7 8858
6027-89-0 L(+)-gulose C6H12O6 8612
6029-87-4 fulvine C16H23NO5 29551
6030-03-1 4'-ethyl-2-methyl-4-dimethylaminoazobenzene C17H21N3 30169
6030-80-4 equilin benzoate C25H24O3 34103
6031-02-3 (1-methylpentyl)benzene C12H18 24372
6032-29-7 2-pentanol C5H12O 5832
6033-23-4 (S)-(+)-2-heptanol C7H16O 12220
6033-24-5 (R)-(-)-2-heptanol C7H16O 12221
6034-46-4 (S)-(-)-2-acetoxypropionic acid C5H8O4 4952
6035-40-1 narcotine C22H23NO7 33245
6035-49-0 6,7,8-trimethoxy-2H-1-benzopyran-2-one C12H12O5 23790
6035-94-5 pararosaniline acetate C21H21N3O2 32782
6040-62-6 cedrin C15H18O6 28545
6044-68-4 3,3-dimethoxy-1-propene C5H10O2 5511
6046-93-1 copper(ii) acetate monohydrate C4H8CuO5 3387
6047-17-2 2-(2,4,5-trichlorophenoxy)propionic acid pr C16H21Cl3O4 29475
6047-25-2 iron(ii) oxalate dihydrate C2H4FeO6 841
6047-29-6 5,6,11,12-tetrahydrodibenz[b,f]azocin-6-one C15H13NO 28224
6048-29-9 phenacyltriphenylphosphonium bromide C26H22BrOP 34235
6048-82-4 decanophenone C16H24O 29575
6048-83-5 thiacyclodecane C9H18S 18111
6050-13-1 dibenz[c,e]oxepin-5,7-dione C14H8O3 26657
6050-26-6 dipropionamide C6H11NO2 8155
6051-40-7 1,3-dicyclopentylcyclopentane C15H26 28784
6051-41-8 4-acetaminobenzaldehyde C9H9NO2 16425
6051-43-0 4-(aminocarbonyl)benzoic acid C8H7NO3 13163
6051-52-1 alpha-vinyl-alpha-methylbenzenemethanol C10H12O 19492
6051-87-2 b-naphthoflavone C19H12O2 31228
6052-13-7 N-ethyl-N,2,4,6-tetranitrobenzenamine C8H7N5O8 13232
6052-20-6 4-hexadecylsulfonylaniline C22H39NO2S 33415
6052-82-0 diethylstilboestrol-3,4-oxide C18H20O3 30744
6056-35-5 2-benzoyl-5-norbornene C14H14O 27149
6057-60-9 [1,1'-biphenyl]-4-butanoic acid C16H16O2 29279
6061-06-9 1,1-dichloro-1,3-butadiene C4H4Cl2 2533
6061-10-5 3-methyloctanoic acid C9H18O2 18056
6064-27-3 6-dodecanone C12H24O 24855
6064-63-7 DL-a-hydroxycaproic acid C6H12O3 8556
6064-83-1 2-phosphonoxybenzoic acid C7H7O6P 10723
6064-90-0 methyl heneicosanoate C22H44O2 33470
6065-01-6 5-nitro-4-nonene C9H17NO2 17840
6065-04-9 3-nitro-3-nonene C9H17NO2 17839
6065-09-4 3-nitro-3-octene C8H15NO2 14827
6065-10-7 3-nitro-2-octene C8H15NO2 14826
6065-11-8 2-nitro-2-octene C8H15NO2 14825
6065-13-0 3-nitro-2-heptene C7H13NO2 11667
6065-14-1 2-nitro-2-heptene C7H13NO2 11666
6065-17-4 2-nitro-2-hexene C6H11NO2 8157
6065-18-5 3-nitro-2-pentene C5H9NO2 5235
6065-19-6 2-nitro-2-pentene C5H9NO2 5234
6065-59-4 diethyl pentylmalonate C12H22O4 24750
6065-82-3 ethyl diethoxyacetate C8H16O4 15233
6065-90-3 1,2-dichloro-4,4-dimethylpentane C7H14Cl2 11764
6065-93-6 1,1-dichloro-2-methyl-1-propene C4H6Cl2 2818
6066-49-5 3-n-butylphthalide C12H14O2 23981
6066-82-6 N-hydroxysuccinimide C4H5NO3 2723
6068-62-8 fumaraldehyde bis(dimethyl acetal) C8H16O4 15234
6068-69-5 N-sec-butylaniline C10H15N 20202
6068-72-0 4-cyanobenzoyl chloride C8H4ClNO 12514
6069-71-2 3,3-dimethylbicyclo[2.2.1]heptan-2-one, (1S) C9H14O 17437
6069-97-2 3,7,7-trimethylbicyclo[4.1.0]heptane, [1S-(1alph C10H18 20624
6069-98-3 cis-1-methyl-4-isopropylcyclohexane C10H20 20934
6071-27-8 1,3-decanediol C10H22O2 21362
6071-81-4 S-1-cyano-2-hydroxy-3-butene C5H7NO 4673
6072-57-7 3-methyl-1-indanone C10H10O 19111
6074-84-6 tantalum(v) ethoxide C10H25O5Ta 21449
6077-72-1 2-methylcyclopropanemethanol C5H10O 5480
6078-26-8 bikhaconitine C36H51NO11 35367
6079-57-8 4,4-dimethyl-2-thiapentane C6H14S 9125
6080-56-4 lead(ii) acetate trihydrate C4H12O10Pb 4104
6080-79-1 3-chloro-3-ethyl-1-pentyne C7H11Cl 11247
6086-22-2 1-butyl-1H-1,2,4-triazole C6H11N3 8183
6088-91-1 1-iodo-1,3-butadiyne C4HI 2369
6088-94-4 1,4-nonadiyne C9H12 17014
6089-04-9 tetrahydro-2-(2-propynyloxy)-2H-pyran C8H12O2 14365
6089-09-4 4-pentynoic acid C5H6O2 4558
6089-12-9 3-bromo-1-butanol C4H9BrO 3603
6091-50-5 (S)-3-methyl-6-(1-methylethyl)-2-cyclohexen-1-o C10H16O 20476
6091-52-7 3-methyl-6-isopropyl-2-cyclohexen-1-one, (±) C10H16O 20427
6091-58-3 2,3-dimethyl-2,3-butanediol hexahydrate C6H26O8 9395
6091-64-1 ethyl 2-bromobenzoate C9H9BrO2 16261
6092-47-3 N-chloroacetyl urethane C5H8ClNO3 4769
6092-54-2 hexyl chloroformate C7H13ClO2 11610
6093-68-1 6-hydroxy-2H-1-benzopyran-2-one C9H6O3 15934
6094-02-6 2-methyl-1-hexene C7H14 11714
6094-60-6 1-benzyl-4-cyano-4-hydroxypiperidine C13H16N2O 26057
6097-32-1 3,4-dichlorophenylacetone C9H8Cl2O 16111
6098-44-8 N-acetoxy-N-acetyl-2-aminofluorene C17H15NO3 29972
6098-46-0 N-benzoyloxy-N-methyl-4-aminoazobenzene C20H17N3O2 32055
6099-03-2 o-methoxycinnamic acid, predominantly trans C10H10O3 19187
6099-04-3 m-methoxycinnamic acid, predominantly trans C10H10O3 19188
6099-88-3 2-chloroethyl isothiocyanate C3H4ClNS 1530
6102-15-4 ethyl 2,6-dimethyl-4-oxo-2-cyclohexene-1-carbo C11H16O3 22467
6104-30-9 isobutylidenediurea C6H14N4O2 8969
6108-17-4 lithium acetate dihydrate C2H7LiO4 1114
6108-61-8 cis-2,cis-4-hexadiene C6H10 7633
6109-22-4 1,2,3,4,5,6-hexahydroanthracene C14H16 27312
6111-61-1 1,1,1-trichloro-2-butanol C4H7Cl3O 3170
6111-78-0 11-methylbenz[a]anthracene C19H14 31256
6111-88-2 2-chloro-2,4,4-trimethylpentane C8H17Cl 15261
6111-99-5 ethyl 2-diazopropanonate C5H8N2O2 4832
6114-18-7 ethyl trans-9-octadecenoate C20H38O2 32448
6117-80-2 cis-2-butene-1,4-diol C4H8O2 3511
6117-91-5 2-buten-1-ol C4H8O 3484
6117-98-2 2,3-dimethyldodecane C14H30 27916
6117-99-3 2,4-dimethyldodecane C14H30 27917
6118-14-5 3-buten-2-ol, (±) C4H8O 3486
6119-92-2 dinocap C18H24N2O6 30846
6120-10-1 4-dimethylamino-3,5-xylenol C10H15NO 20259
6120-13-4 2-chlorobornane C10H17Cl 20553
6120-95-2 1-phenyl-1-cyclopropanecarboxylic acid C10H10O2 19142
6125-21-9 1,3-dinitropropane C3H6N2O4 1897
6125-24-2 (2-nitroethyl)benzene C8H9NO2 13713
6126-22-3 3-amino-5-hydroxypyrazole C3H5N3O 1786
6127-92-0 ethyl trans-3-chloro-2-butenoate C6H9ClO2 7502
6127-93-1 ethyl cis-3-chloro-2-butenoate C6H9ClO2 7501
6129-15-3 (R)-(+)-N-(1-phenylethyl)maleimide C12H11NO2 23638
6130-75-2 1,2,4-trichloro-5-methoxybenzene C7H5Cl3O 9981
6130-87-6 1,1,4,4-tetramethyl-2-tetrazene C4H12N4 4090
6130-92-3 1-amino-2,2,6,6-tetramethylpiperidine C9H20N2 18223
6130-93-4 2,2,6,6-tetramethylnitrosopiperidine C9H18N2O 17982
6130-96-7 1,1-dichloro-3,3-dimethylbutane C6H12Cl2 8279
6131-24-4 3-methylhexane, (S)- C7H16 12121
6131-90-4 sodium acetate trihydrate C2H9NaO5 1170
6132-04-3 sodium citrate dihydrate C6H9Na3O9 7616
6134-66-3 ethyl 2,2-dichloroacetoacetate C6H8Cl2O3 7302
6135-29-1 trichloromethyl trichloroacetate C3Cl6O2 1273
6136-67-0 (3-methoxyphenyl)phenylmethanone C14H12O2 26951
6136-68-1 3-acetylbenzonitrile C9H7NO 16027
6136-93-2 diethoxyacetonitrile C6H11NO2 8141
6137-03-7 3-ethyl-2-pentanone C7H14O 11838
6137-08-2 3-methyl-2-octanone C9H18O 18002
6137-15-1 4-methyl-3-octanone C9H18O 18004
6137-26-4 4-dodecanone C12H24O 24863
6138-90-5 trans-1-bromo-3,7-dimethyl-2,6-octadiene C10H17Br 20550
6139-84-0 4-chlorobutanal C4H7ClO 3118
6140-17-6 1-methyl-4-(trifluoromethyl)benzene C8H7F3 13079
6140-65-4 1-cyclopentene-1-carboxaldehyde C6H8O 7392
6140-80-3 3-(1-methylethoxy)-1-propene C6H12O 8398
6141-57-7 3-methylfuroic acid, methyl ester C7H8O3 10906
6141-58-8 methyl 2-methyl-3-furancarboxylate C7H8O3 10907
6142-95-6 (3,3-diethoxy-1-propynyl)benzene C13H16O2 26087
6143-29-9 5-norbornen-2-yl acetate, endo and exo C9H12O2 17172
6144-93-0 4,4-dimethyl-2-pentanol C7H16O 12193
6146-52-7 5-nitroindole C8H6N2O2 12888
6147-53-1 cobalt(ii) acetate tetrahydrate C4H14CoO8 4125
6148-34-1 methyl 2,5-dimethyl-3-furancarboxylate C8H10O3 14014
6148-64-7 ethyl potassium malonate C5H7KO4 4657
6149-41-3 methyl 3-hydroxypropanoate C4H8O3 3553
6149-46-8 ethyl 4-hydroxypentanoate C7H14O3 11935
6150-82-9 magnesium formate dihydrate C2H6MgO6 1034
6150-88-5 magnesium oxalate dihydrate C2H4MgO6 847
6152-31-4 phenylhydrazine hemihydrate C12H18N4O 24428
6152-67-6 diphenylamine-4-sulfonic acid, sodium salt C12H10NNaO3S 23487
6153-16-8 3-methylene-6-isopropylcyclohexene, (+) C10H16 20344
6153-33-9 mebhydrolin napadisylate C19H20N2 31445
6153-44-2 methyl orotate C6H6N2O4 7026
6153-56-6 oxalic acid dihydrate C2H6O6 1088
6156-25-8 tetrakis(methylthio)methane C5H12S4 5939
6156-78-1 manganese(ii) acetate tetrahydrate C4H14MnO8 4128
6158-45-8 1-isopropylnaphthalene C13H14 25905
6159-05-3 N,N'-diheptyl-4,4'-bipyridinium dibromide C24H38Br2N2 33922
6159-55-3 vasicine C11H12N2O 21820
6160-65-2 1,1'-thiocarbonyldiimidazole C7H6N4S 10400
6161-50-8 3,3'-dimethoxy-1,1'-biphenyl C14H14O2 27158
6161-67-7 4-methyl-3-ethylphenol C9H12O 17115
6162-79-4 methyl ethylnitrocarbamate C4H8N2O4 3454
6163-58-2 tri-o-tolylphosphine C21H21P 32795
6163-64-0 3,3-dimethyl-2-thiabutane C5H12S 5935
6163-66-2 di-tert-butyl ether C8H18O 15529
6163-73-1 tri-(2-methoxyethanol)phosphate C9H21O7P 18417
6163-75-3 dimethyl ethylphosphonate C4H11O3P 4023
6164-78-9 2,3-pyrazinedicarboxamide C6H6N4O2 7043
6164-98-3 chlordimeform C10H13ClN2 19724
6165-01-1 9-butyl-6-mercaptopurine C9H12N4S 17074
6165-37-3 4-propylnonane C12H26 24942
6165-44-2 1,4-dicyclohexylbutane C16H30 29644
6165-68-0 2-thiopheneboronic acid C4H5BO2S 2616
6165-69-1 3-thiopheneboronic acid C4H5BO2S 2617
6165-75-9 propargyl benzenesulfonate C9H8O3S 16230
6166-86-5 2,4,6,8,10-pentamethylcyclopentasiloxane C5H20O5Si5 6043
6166-87-6 2,4,6,8,10,12-hexamethylcyclohexasiloxane C6H24O6Si6 9394
6168-72-5 2-amino-1-propanol, (±) C3H9NO 2207
6169-06-8 (S)-(+)-2-octanol C8H18O 15537
6174-95-4 tetraethyl ethylenetetracarboxylate C14H20O8 27613
6175-23-1 2,4-nonanedione C9H16O2 17723
6175-45-7 2,2-diethoxyacetophenone C12H16O3 24249
6175-49-1 2-dodecanone C12H24O 24854
6180-21-8 lithium chloroacetylide C2ClLi 431
6180-61-6 3-phenoxy-1-propanol C9H12O2 17173
6180-99-0 tri-n-butyltin deuteride C12H27DSn 25337
6186-22-7 4-bromophenylacetone C9H9BrO 16257
6186-91-0 3-chloro-2-fluoropropene C3H4ClF 1520
6191-71-5 cis-4-hepten-1-ol C7H14O 11876
6192-13-8 neodymium acetate C6H9NdO6 7617
6192-29-6 butylmercaptomethylpenicillin C14H22N2O4S2 27675
6192-36-5 L-pheneturide C11H14N2O2 22073
6192-44-5 2-phenoxyethyl acetate C10H12O3 19671
6193-47-1 cyclopropyl 2-thienyl ketone C8H8OS 13406
6195-92-2 3-methylcyclopentanone, (±) C6H10O 7795
6196-58-3 2-(pentyloxy)ethanol C7H16O2 12270
6196-60-7 3-methyl-3-ethyl-1-pentene C8H16 14975
6196-80-1 1-iodo-4-methylpentane C6H13I 8729
6197-30-4 2-ethylhexyl 2-cyano-3,3-diphenylacrylate C24H27NO2 33841
6199-67-3 cucurbitacin B C32H46O8 35092
6202-04-6 1,3,5-triazine-2,4,6(1H,3H,5H)-trione dihydrate C3H7N3O5 2086
6203-18-5 4-dimethylaminocinnamaldehyde C11H13NO 21966
6205-69-2 2-acetamido-3,4,6-tri-O-acetyl-2-deoxy-b-D-g C14H20N4O8 27588
6211-24-1 barium diphenylamine-4-sulfonate C24H20BaN2O6S2 33760
6212-93-7 nonadecanoic acid N-methylamide C20H41NO 32509
6213-90-7 cis-3-chlorobutenoic acid C4H5ClO2 2653
6213-94-1 (trimethylsiloxy)ethylene C5H12OSi 5856
6214-20-6 methyl 4-nitrobenzenesulfonate C7H7NO5S 10685
6214-25-1 methyl cis-3-chloro-2-butenoate C5H7ClO2 4626
6214-28-4 trans-3-chlorobutenoic acid C4H5ClO2 2654
6214-44-4 4-ethoxybenzyl alcohol C9H12O2 17163
6214-45-5 4-butoxybenzyl alcohol C11H16O2 22457
6217-24-9 diphenylarsinous acid C12H11AsO 23583
6219-89-2 p-(4-amino-m-toluidino)phenol C13H14N2O 25957
6221-93-8 dodecyl propanoate C15H30O2 28882
6221-95-0 tetradecyl propanoate C17H34O2 30328
6221-96-1 hexadecyl propanoate C19H38O2 31714
6221-98-3 tetradecyl butanoate C18H36O2 31102
6221-99-4 hexadecyl butanoate C20H40O2 32496
6222-35-1 cyclohexyl propanoate C9H16O2 17713
6223-78-5 2,5-dichloro-2,5-dimethylhexane C8H16Cl2 15006
6224-63-1 tri-m-tolylphosphine C21H21P 32796
6224-91-5 1-(trimethylsilyl)propyne C6H12Si 8643
6225-06-5 N,N-dimethylpentanamide C7H15NO 12056

6230-11-1 O-methyl-L-tyrosine C10H13NO3 19829
6231-18-1 2,6-dimethoxypyridine C7H9NO2 11000
6232-88-8 a-bromo-p-toluic acid C8H7BrO2 12977
6233-20-1 beta-chloroethyl trichloro silane C2H4Cl4Si 827
6236-09-5 (S)-(+)-citramalic acid C5H8O5 4958
6236-10-8 (R)-(-)-citramalic acid C5H8O5 4959
6236-88-0 1-methyl-trans-4-ethylcyclohexane C9H18 17924
6237-24-7 3-nitro-9-(3'-dimethylaminopropylamino)acrid C18H20N4O2 30737
6237-59-8 benzenehexacarboxylic acid, hexamethyl ester C18H18O12 30686
6238-69-3 N-nitrosoisonipectoic acid C6H10N2O3 7741
6240-11-5 1-adamantaneethanol C12H20O 24561
6240-55-7 1,2-dichloro-3-nitronaphthalene C10H5Cl2NO2 18504
6240-90-0 (R)-2-heptylamine C7H17N 12343
6246-48-6 geranylamine C10H19N 20892
6247-46-7 C.I. vat brown 25 C43H25N3O7 35711
6258-30-6 2-(4-chlorophenyl)-2-methylpropionic acid C10H11ClO2 19256
6258-63-5 2-thenylmercaptan C5H6S2 4590
6258-66-8 4-chlorobenzenemethanethiol C7H7ClS 10541
6261-19-4 1-chloro-cis-2-pentene C5H9Cl 5029
6261-22-9 2-pentyn-1-ol C5H8O 4866
6261-25-2 1-chloro-trans-2-pentene C5H9Cl 5030
6262-42-6 tetrachlorocyclopropene C3Cl4 1265
6262-51-7 pentachlorocyclopropane C3HCl5 1325
6262-87-9 2-isopropylbenzenethiol C9H12S 17227
6263-62-3 [(ethylthio)methyl]benzene C9H12S 17228
6263-83-8 1,5-diphenyl-1,5-pentanedione C17H16O2 30019
6264-93-3 2-amino-2,4,6-cycloheptatrien-1-one C7H7NO 10624
6265-26-5 1,5-bis(2-tetrahydrofuryl)-3-pentanol C13H24O3 26429
6265-74-3 N-(2-hydroxyethyl)isonicotinamide C8H10N2O2 13883
6267-24-9 tris(ethylthio)methane C7H16S3 12306
6268-32-2 nitrosophenylurea C7H7N3O2 10701
6268-37-7 (3-chloroallyl)benzene C9H9Cl 16276
6269-50-7 4-hydroxy-3,5-dinitrobenzenearsonic acid C6H5AsN2O8 6640
6269-89-2 1-(4-nitrophenyl)piperazine C10H13N3O2 19848
6269-92-7 1,2-dibromooctane C8H16Br2 14995
6270-16-2 3-nitro-2-butanol C4H9NO3 3735
6270-34-4 isopropyl 2-furancarboxylate C8H10O3 14001
6270-55-9 furfuryl 2-methylpropanoate C9H12O3 17187
6270-56-0 2-(ethoxymethyl)furan C7H10O2 11168
6272-38-4 2-(phenylmethoxy)phenol C13H12O2 25813
6272-40-8 2-benzofuranylphenylmethanone C15H10O2 28039
6274-16-4 ethyl ethylnitrocarbamate C5H10N2O4 5438
6279-54-5 butyl-3-((dimethylamino)methyl)-4-hydroxybenz C14H21NO3 27630
6279-86-3 triethyl methanetricarboxylate C10H16O6 20536
6280-03-1 vinyl nonanoate C11H20O2 22707
6280-15-5 3-methyl glutaraldehyde C6H10O2 7868
6280-75-7 N,N'-di(a-methylbenzyl)ethylenediamine C18H22N2 30791
6280-80-4 2-formylphenoxyacetic acid C9H8O4 16237
6280-87-1 5-chlorovaleronitrile C5H8ClN 4766
6280-88-2 4-chloro-2-nitrobenzoic acid C7H4ClNO4 9719
6280-96-2 2-propoxyphenol C9H12O2 17155
6280-98-4 1,2-dipropoxybenzene C12H18O2 24464
6280-99-5 DL-dibutyl malate C12H22O5 24763
6281-23-8 3-(5-nitro-2-furyl)acrylic acid C7H5NO5 10090
6282-02-6 N-(hydroxymethyl)benzamide C8H9NO2 13725
6282-98-0 N,N-diisopropylisobutyramide C10H21NO 21111
6283-24-5 p-(acetoxymercuri)aniline C8H9HgNO2 13648
6283-25-6 2-chloro-5-nitroaniline C6H5ClN2O2 6712
6283-74-5 (+)-diacetyl-L-tartaric anhydride C8H8O7 13516
6284-40-8 1-deoxy-1-(methylamino)-D-glucitol C7H17NO5 12361
6284-79-3 3,4-dichlorobenzophenone C13H8Cl2O 25473
6284-80-6 9H-fluorene-9-acetic acid C15H12O2 28190
6284-84-0 cis-2,5-dimethylpiperazine C6H14N2 8918
6285-05-8 1-(4-chlorophenyl)-1-propanone C9H9ClO 16293
6285-06-9 3-ethyl-1-pentyn-3-ol C7H12O 11408
6285-34-3 4-decyloxy-2-hydroxyphenyl 4-decyloxyphenyl ke C33H50O4 35164
6285-57-0 2-amino-6-nitrobenzothiazole C7H5N3O2S 10111
6287-12-3 ethyl orange C16H19N3O3S 29430
6287-38-3 3,4-dichlorobenzaldehyde C7H4Cl2O 9740
6287-90-7 methyl 11-bromoundecanoate C12H23BrO2 24790
6288-93-3 6-(propylthio)purine C8H10N4S 13907
6289-46-9 dimethyl 1,4-cyclohexanedione-2,5-dicarboxylat C10H12O6 19702
6290-03-5 (R)-(-)-1,3-butanediol C4H10O2 3900
6290-05-7 diethyl iminodiacetate C8H15NO4 14839
6290-24-0 ethyl 2-ethoxybenzoate C11H14O3 22168
6290-49-9 methyl methoxyacetate C4H8O3 3555
6291-84-5 3-(methylamino)propylamine C4H12N2 4079
6291-85-6 3-ethoxypropylamine C5H13NO 5981
6292-55-3 3-fluorenyl acetamide C15H13NO 28228
6292-82-6 2,2,4,6-tetramethylpiperidine C9H19N 18137
6294-17-3 1-bromo-6-chlorohexane C6H12BrCl 8241
6294-31-1 dihexyl sulfide C12H26S 25312
6294-89-9 methyl hydrazinecarboxylate C2H6N2O2 1045
6294-93-5 4-chloro-3-trifluoromethylphenol C7H4ClF3O 9690
6295-12-1 2-hydroxy-1,3,2-benzodioxastibole C6H5O3Sb 6875
6295-57-4 2-carboxymethylthiobenzothiazole C9H7NO2S2 16053
6295-87-0 1-aminopyridinium iodide C5H7IN2 4655
6296-45-3 2-chloroethyl-N-nitrosourethane C5H9ClN2O3 5065
6298-19-7 3-amino-2-chloropyridine C5H5ClN2 4359
6298-37-9 6-quinoxalinamine C8H7N3 13215
6299-02-1 4-chloro-a-methylbenzylamine C8H10ClN 13824
6299-25-8 4,6-dichloro-2-(methylthio)pyrimidine C5H4Cl2N2S 4279
6300-37-4 C.I. disperse yellow 7 C19H16N4O 31343
6302-94-9 dihydro-5-methyl-4H-1,3,5-dithiazine C4H9NS2 3760
6304-18-3 3-isopropylpyridine C8H11N 14102
6304-33-2 2,3,3-triphenylacrylonitrile C21H15N 32621
6305-04-0 4-hydroxyphenacyl chloride C8H7ClO2 13024
6305-18-6 p-methoxyphenyl 2-pyridyl ketone C13H11NO2 25716
6305-43-7 2,2'-dibromobiacetyl C4H4Br2O2 2520
6305-71-1 2,4-dimethyl-1-pentanol C7H16O 12184
6305-95-9 2-chlorophenylacetone C9H9ClO 16296
6306-30-5 3-phenyl-2-hexanone C12H16O 24194
6306-60-1 2,4-dichlorophenylacetonitrile C8H5Cl2N 12628
6307-35-3 2-amino-5-bromo-6-methyl-4-pyrimidinol C5H6BrN3O 4462
6307-82-0 2-chloro-5-nitrobenzoic acid methyl ester C8H6ClNO4 12788
6308-94-7 diethyldecylamine C14H31N 27961
6308-98-1 bis(2-phenylethyl)amine C16H19N 29414
6309-50-8 2-bromoethyl dodecanoate C14H27BrO2 27827
6310-09-4 2-acetyl-5-chlorothiophene C6H5ClOS 6724
6310-21-0 2-tert-butylaniline C10H15N 20198
6311-60-0 1,3-dibromo-5-nitrobenzene C6H3Br2NO2 6253
6313-37-7 2,5-dimethoxy-4-nitroaniline C8H10N2O4 13892
6314-28-9 benzo[b]thiophene-2-carboxylic acid C9H6O2S 15931
6315-03-3 isobutyl 4-isopropylbenzoate C14H20O2 27596
6315-60-2 N-(3-ethoxy-3-oxopropyl)-N-methyl-beta-alanin C11H21NO4 22780
6315-89-5 3,4-dimethoxyaniline C8H11NO2 14171
6315-96-4 1-(2-naphthyl)-1-propanone C13H12O 25800
6317-18-6 methylenedithiocyanate C3H2N2S2 1382
6318-57-6 2-hydroxy-p-arsanilic acid C6H8AsNO4 7282
6319-21-7 (2-methoxyphenyl)phenyldiazene C13H12N2O 25767
6319-40-0 4-bromo-3-nitrobenzoic acid C7H4BrNO4 9642
6320-01-0 3-bromothiophenol C6H5BrS 6680
6320-02-1 2-bromothiophenol C6H5BrS 6681
6320-03-2 2-chlorobenzenethiol C6H5ClS 6735
6320-40-7 1,3,5-tribromo-2-methylbenzene C7H5Br3 9900
6321-23-9 4-methylcyclohexylamine C7H15N 12051
6321-40-0 tris(2-methylallyl)amine C12H21N 24629
6322-01-6 1-amino-3-(diethylamino)-2-propanol C7H18N2O 12382
6322-07-2 D(-)-gulonic acid g-lactone C6H10O6 7963
6322-49-2 4-chloro-2-butanone C4H7ClO 3122
6322-56-1 4-hydroxy-3-nitroacetophenone C8H7NO4 13183
6323-97-3 DL-1-(aminoethyl)phosphonic acid C2H8NO3P 1156
6325-54-8 7-chloromethyl benz(a)anthracene C19H13Cl 31234
6325-91-3 2-mercapto-5-nitrobenzimidazole C7H5N3O2S 10112
6325-93-5 4-nitrobenzenesulfonamide C6H6N2O4S 7029
6326-44-9 diethyl (formylamimo)malonate C8H13NO5 14455
6326-83-6 bis(carboxymethyl) trithiocarbonate C5H6O4S3 4584
6328-74-1 4-phenoxyphenylacetic acid C14H12O3 26974
6331-04-0 2,4-dimethylphenylacetic acid C10H12O2 19616
6332-56-5 2-hydroxy-3-nitropyridine C5H4N2O3 4300
6332-68-9 barium dibenzylphosphate C28H28BaO8P2 34607
6334-18-5 2,3-dichlorobenzaldehyde C7H4Cl2O 9742
6334-96-9 4-chlorobutyl ether C8H16Cl2O 15009
6336-12-5 8-theophylline mercuric acetate C9H10HgN4O4 16557
6338-45-0 1,4-dimethyl-1H-imidazole C5H8N2 4811
6339-13-5 2-methylpentanenitrile C6H11N 8089
6340-79-0 3-(4-bromobenzoyl)propionic acid C10H9BrO3 18813
6341-60-2 diethyl (1-naphthyl)malonate C17H18O4 30079
6341-85-1 1,2,3,4-diepoxy-2-methylbutane C5H8O2 4924
6341-97-5 2,4-dichlorophenyl acetate C8H6Cl2O2 12812
6342-56-9 methylglyoxal 1,1-dimethyl acetal C5H10O3 5558
6342-77-4 3-(2-methoxyphenyl)propionic acid C10H12O3 19665
6343-54-0 N-benzylformamide C8H9NO 13684
6344-28-1 2-chloro-1-(4-hydroxy-3-methoxyphenyl)ethanone C9H9ClO3 16323
6344-60-1 1-hydroxy-9-fluorenone C13H8O2 25501
6344-72-5 6-methylquinoxaline C9H8N2 16146
6346-05-0 3-benzyloxy-4-methoxybenzaldehyde C15H14O3 28315
6346-09-4 4,4-diethoxy-1-butanamine C8H19NO2 15659
6351-10-6 2,3-dihydro-1H-inden-1-ol C9H10O 16627
6358-06-1 3-amino-6-chlorophenol C6H6ClNO 6933
6358-53-8 1-((2,5-dimethoxyphenyl)azo)-2-naphthol C18H16N2O3 30594
6358-64-1 4-chloro-2,5-dimethoxyaniline C8H10ClNO2 13832
6358-69-6 8-hydroxy-1,3,6-pyrenetrisulfonic acid tr C16H7Na3O10S3 28959
6358-85-6 2,2'-((3,3'-dichloro(1,1'-biphenyl)-4,4'- C32H26Cl2N6O4 35067
6361-21-3 2-chloro-5-nitrobenzaldehyde C7H4ClNO3 9711
6361-23-5 2,5-dichlorobenzaldehyde C7H4Cl2O 9739
6362-79-4 5-sulfoisophthalic acid monosodium salt C8H5NaO7S 12712
6362-80-7 2,4-diphenyl-4-methyl-1-pentene C18H20 30715
6366-20-7 10-methoxy-1,2-benzanthracene C19H14O 31286
6366-23-0 7-methylbenz(a)anthracene-10-carbonitrile C20H13N 31852
6366-24-1 7-chloro-10-methyl-1,2-benzanthracene C19H13Cl 31235
6366-35-4 1-chloro-2,2-dimethylbutane C6H13Cl 8681
6368-20-3 boc-D-serine C8H15NO5 14842
6368-72-5 N-ethyl-1-((p-(phenylazo)phenyl)azo)-2-naphthy C24H21N5 33807
6370-43-0 oil yellow HA C14H14N2O 27119
6372-01-6 methyl trans-3-chloro-2-butenoate C5H7ClO2 4627
6372-14-1 (S)-(-)-2-(carbobenzyloxyamino)-3-phenyl-1-pr C17H19NO3 30100
6372-40-3 isopropyldiphenylphosphine C15H17P 28494
6372-48-1 methylphenylphosphine C7H9P 11046
6373-11-1 aceanthrenequinone C16H8O2 28970
6373-20-2 C.I. vat blue 22 C34H12Cl4O2 35198
6373-50-8 4-cyclohexylaniline C12H17N 24295
6374-70-5 5,11-dihydro-10H-dibenzo[a,d]cyclohepten-10-one C15H12O 28174
6375-47-9 2-amino-4-acetamino anisole C9H12N2O2 17057
6376-14-3 4-chloro-2-methoxy-5-methylaniline C8H10ClNO 13829
6376-26-7 o-(diethylaminoethoxy)benzanilide C19H24N2O2 31554
6377-18-0 chartreusin C32H32O14 35073
6378-11-6 ethyl chlorosulfinate C2H5ClO2S 921
6378-65-0 hexyl hexanoate C12H24O2 24873
6379-46-0 4,6-dinitro-1,2,3-trichlorobenzene C6HCl3N2O4 6110
6379-69-7 trichothecin C19H24O5 31560
6380-21-8 2-(1-propenyl)phenol C9H10O 16607
6380-23-0 4-ethenyl-1,2-dimethoxybenzene C10H12O2 19617
6380-24-1 cis-1,2-dimethoxy-4-(1-propenyl)benzene C11H14O2 22121
6380-28-5 2-methyl-5-isopropylphenyl acetate C12H16O2 24221
6380-34-3 phenylarsonous diiodide C6H5AsI2 6639
6381-61-9 ammonium saccharin C7H8N2O3S 10836
6381-77-7 D(+)-isoascorbic acid, sodium salt C6H7NaO6 7260
6381-92-6 disodium ethylenediamine tetraacetate di C10H18N2Na2O10 20654
6382-06-5 pentyl lactate C8H16O3 15219
6382-13-4 pentyl stearate C23H46O2 33698
6382-93-0 Na-carbobenzyloxy-D-arginine C14H20N4O4 27587
6384-92-5 N-methyl-D-aspartic acid C5H9NO4 5252
6392-46-7 4-diallylamino-3,5-dimethylphenyl-N-methylca C16H22N2O2 29503
6393-42-6 2,6-dinitro-p-toluidine C7H7N3O4 10710
6399-81-1 triphenylphosphonium bromide C18H16BrP 30578
6402-09-1 2,4-dihydro-5-methyl-2-(4-nitrophenyl)-3H-pyr C10H9N3O3 18952
6402-36-4 trans-2-dodecenedioic acid C12H20O4 24602
6404-28-0 boc-L-norleucine C11H21NO4 22782
6407-29-0 2-dibenzofuranylphenyl methanone C19H12O2 31229
6410-10-2 para red, dye content ca. C16H11N3O3 29021
6411-21-8 1,2-bis(diethylphosphino)ethane C10H24P2 21443
6413-10-1 ethyl acetoacetate ethylene ketal C8H14O4 14716
6414-69-3 ethyl 3-iodopropanoate C5H9IO2 5178
6414-96-6 5,5-dimethylnonane C11H24 22913
6416-57-5 4-(1-naphthylazo)-m-phenylenediamine C16H14N4 29149
6418-38-8 2,3-difluorophenol C6H4F2O 6532
6418-41-3 3-methyltridecane C14H30 27914
6418-43-5 3-methylhexadecane C17H36 30348
6418-44-6 3-methylheptadecane C18H38 31134
6418-45-7 3-methylnonadecane C20H42 32517
6419-19-8 nitrilotrimethylphosphonic acid C3H12NO9P3 2277
6420-47-9 o-sec-butyl-4,6-dinitrophenoltriethanolamine C16H27N3O8 29625
6422-18-0 1-chlorotetracosane C24H49Cl 33999
6422-83-9 2,4-tolylenebis(maleimide) C15H10N2O4 28030
6422-86-2 dioctyl terephthalate C24H38O4 33927
6423-02-5 2,3-dibromohexane C6H12Br2 8253
6423-29-6 1,8-naphthalenedicarbonyl dichloride C12H6Cl2O2 23196
6423-43-4 1,2-propylene glycol dinitrate C3H6N2O6 1902
6424-20-0 cobalt(ii) formate dihydrate C2H6CoO6 1021
6424-76-6 C.I. vat blue 16 C36H18O4 35333
6425-32-7 3-morpholino-1,2-propanediol C7H15NO3 12093
6434-78-2 trans-2-nonene C9H18 17943
6436-90-4 ethyl N-benzylglycinate C11H15NO2 22257
6443-69-2 3,4,5-trimethoxytoluene C10H14O3 20145
6443-72-7 3,4-dimethoxycinnamonitrile, cis and trans C11H11NO2 21748

6443-85-2 3-pyridylacetonitrile C7H6N2 10348
6443-91-0 methoxyethyne C3H4O 1624
6443-92-1 cis-2-heptene C7H14 11708
6448-90-4 1,5-dimethoxyanthraquinone C16H12O4 29063
6452-54-6 3-(allyloxyphenoxy)-1,2-propanediol C12H16O4 24263
6452-61-5 di-n-butyldiphenyltin C20H28Sn 32328
6452-62-6 tetrakis(p-phenoxyphenyl)tin C48H36O4Sn 35802
6452-71-7 coretal C15H23NO3 28701
6453-98-1 3-furyl phenyl ketone C11H8O2 21534
6453-99-2 phenyl-3-thienylmethanone C11H8OS 21528
6464-40-0 DL-threo-4-methyl-2,3-pentanediol C6H14O2 9042
6470-09-3 carbonyl diisothiocyanate C3N2OS2 2284
6471-49-4 naphthol red B C24H17N5O7 33747
6476-36-4 triisopropylphosphine C9H21P 18418
6480-68-8 3-quinolinecarboxylic acid C10H7NO2 18647
6481-95-4 4,4-dimethyl-1-hexanol C8H18O 15464
6482-24-2 1-bromo-2-methoxyethane C3H7BrO 1981
6482-34-4 diisopropyl carbonate C7H14O3 11932
6483-50-7 1,4-diethylpiperazine C8H18N2 15405
6483-64-3 3,3'-dimethoxytriphenylmethane-4,4'-bis(1"- C41H32N4O4 35638
6483-86-9 9,10-dioxo-9,10-dihydro-1-nitro-6-anthracenes C14H7NO7S 26616
6484-25-9 4-chloro-2-phenylquinazoline C14H9ClN2 26692
6485-40-1 (R)-(-)-carvone C10H14O 20072
6485-79-6 triisopropylsilane C9H22Si 18437
6485-81-0 triisobutylsilane C12H28Si 25391
6485-91-2 diethoxychlorosilane C4H11ClO2Si 3970
6487-48-5 potassium oxalate monohydrate C2H2K2O5 662
6493-05-6 pentoxifylline C13H18N4O3 26202
6493-73-8 benzyl trisulfide C14H14S3 27197
6493-77-2 methyl 3-cyclohexene-1-carboxylate C8H12O2 14351
6493-83-0 2-methoxy-1-phenyl-1-propanone C10H12O2 19570
6496-48-6 2,2,5-trimethylpyrrolidine C7H15N 12045
6498-47-1 3-chloro-3-buten-2-ol C4H7ClO 3127
6504-77-4 4-amino-N-(2-methoxyethyl)-7-((2-methoxyethy C19H23N7O3 31533
6505-75-5 3'-chloro-5-nitrosalicylanilide C13H9ClN2O4 25520
6506-37-2 4-(2-(5-nitroimidazol-1-yl)ethyl)morpholine C9H14N4O3 17431
6509-08-6 1,2-epoxybutyronitrile C4H5NO 2708
6512-83-0 2,2'-selenobis(benzoic acid) C14H10O4Se2 26793
6513-13-9 ethyl 3-chloropentanoate C7H13ClO2 11602
6515-09-9 2,3,6-trichloropyridine C5H2Cl3N 4196
6522-40-3 endo-2,5-dichloro-7-thiabicyclo(2.2.1) heptane C6H8Cl2S 7309
6522-86-7 5-(3,5-dichloro-S-triazinylamino)-4-hyd C19H12Cl2N6O7S2 31212
6526-72-3 1-isopropyl-2-nitrobenzene C9H11NO2 16931
6531-35-7 2,3-dimethyl-9,10-anthracenedione C16H12O2 29055
6533-00-2 norgestrel C21H28O2 32927
6533-73-9 thallium carbonate CO3Tl2 379
6538-02-9 ergostan-3-ol, (3beta,5alpha) C28H50O 34708
6542-60-5 cyclopropylacetonitrile C5H7N 4663
6547-08-6 methylseleno-2-benzoic acid C8H8O2Se 13443
6548-09-0 5-bromo-DL-tryptophan C11H11BrN2O2 21678
6553-48-6 trans-1,2-divinylcyclobutane C8H12 14243
6553-96-4 2,4,6-triisopropylbenzenesulfonyl chloride C15H23ClO2S 28692
6554-98-9 trans-4-hydroxystilbene C14H12O 26937
6556-11-2 hexopal C42H30N6O12 35670
6556-12-3 D-glucuronic acid C6H10O7 7968
6556-16-7 manganese(ii) oxalate dihydrate C2H4MnO6 848
6558-78-7 N-butyl-N-nitroso ethyl carbamate C7H14N2O3 11811
6561-44-0 3-methyloctadecane C19H40 31737
6568-58-7 1,3-cyclooctadecadiene C18H32 30982
6569-69-3 1,4-oxamercurane C4H8HgO 3398
6570-87-2 3,4-dimethyl-1-pentanol C7H16O 12186
6570-88-3 2,3,4-trimethyl-1-pentanol C8H18O 15500
6571-43-3 2,3-cyclododecenopyridine C15H23N 28694
6572-99-2 thiacyclooctane C7H14S 11960
6573-52-0 cyclononyne C9H14 17386
6574-95-4 o-cyanophenoxyacetic acid C9H7NO3 16054
6574-97-6 2,3-dichlorobenzonitrile C7H3Cl2N 9524
6574-98-7 2,4-dichlorobenzonitrile C7H3Cl2N 9525
6575-00-4 3,5-dichlorobenzonitrile C7H3Cl2N 9526
6575-09-3 2-chloro-6-methylbenzonitrile C8H6ClN 12764
6575-13-9 2,6-dimethylbenzonitrile C9H9N 16376
6575-24-2 2,6-dichlorophenylacetic acid C8H6Cl2O2 12818
6578-07-0 5-bromo-4-chloro-3-indolyl sulfate potass C8H4BrClKNO4S 12501
6579-55-1 1-[(2-hydroxyethyl)amino]-2-propanol C5H13NO2 5990
6580-41-2 azuleno(5,6,7-cd)phenalene C20H12 31806
6581-06-2 3-quinuclidinol benzilate C21H23NO3 32818
6581-66-4 2-methoxytetrahydropyran C6H12O2 8512
6582-42-9 3',4'-dichloropropiophenone C9H8Cl2O 16115
6583-06-8 4-nitro-2,1,3-benzothiadiazole C6H3N3O2S 6365
6590-93-8 3,5-dichlorophenyl isothiocyanate C7H3Cl2NS 9536
6590-94-9 3,4-dichlorophenyl isothiocyanate C7H3Cl2NS 9537
6590-96-1 2,4-dichlorophenyl isothiocyanate C7H3Cl2NS 9538
6590-97-2 2,3-dichlorophenyl isothiocyanate C7H3Cl2NS 9539
6591-55-5 bismuth oxalate C6Bi2O12 6044
6592-85-4 hydrastinine C11H13NO3 21986
6596-40-3 n-pentacontane C50H102 35831
6597-78-0 methyl 3,6-dichloro-o-anisate C9H8Cl2O3 16122
6600-31-3 3,9,di-(3-cyclohexenyl)-2,4,8,10-tetraoxaspiro C19H28O4 31609
6600-40-4 L-norvaline C5H11NO2 5714
6601-20-3 diallyl thiourea C7H12N2S 11400
6602-28-4 3-hydroxypyridine-N-oxide C5H5NO2 4413
6602-32-0 2-bromo-3-pyridinol C5H4BrNO 4261
6602-54-6 2-chloronicotinitrile C6H3ClN2 6273
6606-59-3 1,6-hexanediol dimethacrylate, stabilized C14H22O4 27707
6607-45-0 2,6-dichlorostyrene C8H6Cl2 12795
6607-49-4 vinyl 2-(butylmercaptoethyl) ether C8H16OS 15152
6607-53-0 methylvinyloxyethyl sulfide C5H10OS 5488
6607-66-5 1,3,3-trimethoxybutane C7H16O3 12286
6609-56-9 2-methoxybenzonitrile C8H7NO 13120
6609-57-0 2-ethoxybenzonitrile C9H9NO 16383
6609-64-9 2-chloro-1,3,2-dioxaphospholane 2-oxide C2H4ClO3P 811
6610-08-8 2-nitrosonaphthalene C10H7NO 18636
6610-29-3 4-methylthiosemicarbazide C2H7N3S 1133
6611-01-4 N,N'-tetramethylenebis(1-aziridinecarboxamid C10H18N4O2 20665
6617-04-5 2-methylcyclohexaneacetic acid C9H16O2 17720
6618-03-7 tripropyl lead C9H22Pb 18435
6620-60-6 binoside C18H26N2O4 30883
6621-59-6 6-bromohexanenitrile C6H10BrN 7663
6622-76-0 methyl 2-methyl-2-butenoate C6H10O2 7845
6622-92-0 2,4-dimethyl-6-hydroxypyrimidine C6H8N2O 7348
6623-41-2 2-amino-4,5-xylenol C8H11NO 14158
6623-66-1 2-nitro-6H-dibenzo(b,d)pyran-6-one C13H7NO4 25458
6624-53-9 cis-4-mononitrostilbene C14H11NO2 26848
6624-70-0 adipic acid diisopentyl ester C16H30O4 29677
6624-76-6 1-nonacosanol C29H60O 34828
6626-15-9 4-bromo-1,3-benzenediol C6H5BrO2 6677
6626-32-0 2,6-dipropylphenol C12H18O 24447
6627-34-5 2,5-dichloro-4-nitroaniline C6H4Cl2N2O2 6477
6627-53-8 5-chloro-2-nitroanisole C7H6ClNO3 10242
6627-55-0 2-bromo-4-methylphenol C7H7BrO 10477
6627-72-1 borneol, (±) C10H18O 20677
6627-74-3 2,6,6-trimethyl-2-cyclohexene-1-methanol C10H18O 20705
6627-78-7 1-bromo-4-methylnaphthalene C11H9Br 21549
6627-88-9 4-allyl-2,6-dimethoxyphenol C11H14O3 22177
6627-89-0 tert-butyl phenyl carbonate C11H14O3 22180
6628-00-8 cyclohexylallylamine C9H17N 17814
6628-04-2 2-methyl-4-quinolinamine C10H10N2 19027
6628-06-4 4-methyl-2-allylphenol C10H12O 19515
6628-18-8 1,2-bis(methylthio)ethane C4H10S2 3951
6628-21-3 ethyl 2,3-dichloropropanoate C5H8Cl2O2 4786
6628-77-9 6-methoxy-3-pyridinamine C6H8N2O 7345
6628-79-1 3-methyl-4-oxopentanoic acid C6H10O3 7896
6628-80-4 trans-2-chlorocyclohexanol C6H11ClO 8019
6628-83-7 2-aminomethyltetrahydropyran C6H11NO 8120
6628-97-3 2-(phenylamino)-1,4-naphthalenedione C16H11NO2 29014
6629-04-5 N-cyanoacetyl ethyl carbamate C6H8N2O3 7361
6629-10-3 oxalic acid bis(benzylidenehydrazide) C16H14N4O2 29150
6629-96-5 2,2,3,3,5,5,6-heptachloro-1,4-dioxane C4HCl7O2 2364
6630-33-7 2-bromobenzaldehyde C7H5BrO 9887
6630-99-5 5-amino-1,2,3,4-thiatriazole CH2N4S 173
6632-39-9 2-(p-nitrophenyl)hydrazide formic acid C7H7N3O3 10704
6632-68-4 1,3-dimethyl-4-amino-5-nitrosouracil C6H8N4O3 7373
6635-20-7 5-nitrovanillin C8H7NO5 13200
6635-41-2 2-nitrobenzaldoxime C7H6N2O3 10360
6635-86-5 2-amino-4-methyl-3-nitropyridine C6H7N3O2 7237
6636-78-8 2-chloro-3-pyridinol C5H4ClNO 4270
6639-30-1 1,2,4-trichloro-5-methylbenzene C7H5Cl3 9972
6639-82-3 6-methoxyquinoxaline C9H8N2O 16155
6639-99-2 a-estra-1,3,5,7,9-pentane-3,17-diol C18H19O2 30712
6640-22-8 pamoic acid, disodium salt C23H14Na2O6 33497
6640-24-0 1-(m-chlorophenyl)piperazine C10H13ClN2 19726
6640-25-1 4-chlorophenyl cyclopropyl ketone C10H9ClO 18819
6640-27-3 2-chloro-4-methylphenol C7H7ClO 10517
6640-77-3 butyl 3-methylbenzoate C12H16O2 24213
6641-83-4 2-methyl-4-oxopentanoic acid C6H10O3 7895
6649-23-6 levamisole C11H12N2S 21839
6651-34-9 2-methyl-1-(trimethylsilyloxy)-1-propene C7H16OSi 12223
6651-36-1 1-(trimethylsiloxy)cyclohexene C9H18OSi 18051
6651-43-0 1-trimethylsiloxy-1,3-butadiene C7H14OSi 11883
6652-04-6 4-phenylnitrosopiperidine C11H14N2O 22070
6652-32-0 3,5-dimethoxybenzyl chloride C9H11ClO2 16863
6654-31-5 2'-allyl-5-ethyl-2'-hydroxy-9-methyl-6,7-benzom C18H25NO 30865
6655-72-7 2,4,5-trichlorobenzenesulfonyl hydrazide C6H5Cl3N2O2S 6763
6659-60-5 1,2,4-butanetriol, trinitrate C4H7N3O9 3307
6659-62-7 2,3-epoxypropyl nitrate C3H5NO4 1774
6665-83-4 6-hydroxyflavone C15H10O3 28048
6665-86-7 7-hydroxyflavone C15H10O3 28049
6669-13-2 (1,1-dimethylethoxy)benzene C10H14O 20039
6670-13-9 4,5-diphenyl-4-oxazoline-2-thione C15H11NOS 28109
6672-30-6 (R)-(+)-3-methylcyclopentanone C6H10O 7799
6673-35-4 eraldin C14H22N2O3 27672
6674-22-2 1,8-diazabicyclo[5.4.0]undec-7-ene; (1,5-5) C9H16N2 17648
6682-71-9 2,3-dihydro-4,7-dimethyl-1H-indene C11H14 22031
6683-19-8 3,5-di-tert-butyl-4-hydroxy-hydrocinnamic ac C73H108O12 35969
6688-11-5 cyclooctanecarboxaldehyde C9H16O 17668
6693-29-4 trans,trans-bis(4-aminocyclohexyl)methane C13H26N2 26479
6693-30-7 cis,trans-bis(4-aminocyclohexyl)methane C13H26N2 26478
6693-31-8 cis,cis-bis(4-aminocyclohexyl)methane C13H26N2 26477
6697-12-7 1-phenyl-1-hexadecanone C22H36O 33397
6697-15-0 13-cyclohexylpentacosane C31H62 35028
6702-10-9 DL-erythro-4-methyl-2,3-pentanediol C6H14O2 9041
6703-78-2 11-phenyl-10-heneicosene C27H46 34520
6703-80-6 11-phenylheneicosane C27H48 34537
6703-82-8 heneicosylcyclopentane C26H52 34184
6703-98-6 n-hectane C100H202 36014
6703-99-7 (1-decylundecyl)cyclohexane C27H54 34551
6704-31-0 3-oxetanone C3H4O2 1629
6705-31-3 pyrazineethanol C6H8N2O 7346
6705-49-3 7-oxabicyclo[4.1.0]heptan-2-one C6H8O2 7430
6707-60-4 12-oxahexadecanolide C15H28O3 28832
6708-14-1 bicyclobutylidine C8H12 14250
6708-69-6 2,6-bis(ethylen-imino)-4-amino-S-triazine C7H10N6 11136
6709-22-4 2,2,3-trimethyl-3-cyclopentene-1-carboxylic aci C9H14O2 17472
6709-39-3 2,6-dimethyl-1,5-heptadiene C9H16 17611
6711-48-4 3,3'-iminobis(N,N-dimethylpropylamine) C10H25N3 21447
6712-78-3 (1S)-6,6-dimethylbicyclo[3.1.1]hept-2-ene-2-met C10H16O 20475
6712-98-7 1-[N,N-bis(2-hydroxyethyl)amino]-2-propanol C7H17NO3 12359
6714-29-0 imidazolepyrazole C5H7N3 4717
6723-30-4 O-(tetrahydrO-2H-pyran-2-yl)hydroxylamine C5H11NO2 5722
6725-44-6 methyl 3,4-dichlorophenylacetate C9H8Cl2O2 16119
6728-21-8 allyl methanesulfonate C4H8O3S 3571
6728-26-3 trans-2-hexenal C6H10O 7785
6728-31-0 (Z)-hept-4-enal C7H12O 11437
6731-36-8 1,1-bis(tert-butylperoxy)-3,3,5-trimethylcyclo C17H34O4 30333
6732-77-0 2-(p-(p-methoxy-a-phenylphenethyl)phenoxy)tri C27H33NO2 34439
6734-98-1 4-chloro-2-hexene C6H11Cl 8013
6736-03-4 phospholine C9H23NO3PS 18440
6737-24-2 acrylamido glycolic acid, anhydrous C5H7NO4 4697
6737-42-4 1,3-bis(diphenylphosphino)propane C27H26P2 34409
6738-23-4 1-methoxy-2,4-dimethylbenzene C9H12O 17085
6739-34-0 propyl cyclohexanecarboxylate C10H18O2 20774
6740-88-1 ketamine C13H16ClNO 26042
6742-07-0 1b-D-arabinofuranosyl-2',3',5'-triacetate C15H19N3O8 28575
6742-54-7 undecylbenzene C17H28 30264
6742-69-4 ytterbium(iii) isopropoxide C9H21O3Yb 18412
6745-75-1 2,5-dimethyl-4-methoxybenzaldehyde C10H12O2 19592
6746-27-6 tetrahydro-5-methyl-1,3,5-triazine-2(1H)-thione C4H9N3S 3778
6746-59-4 ethyl morphine hydrochloride dihydrate C19H28ClNO5 31599
6748-95-4 beta-D-arabinopyranose C5H10O5 5581
6749-36-6 tetramethyl rhodamine isothiocyanate C25H21N3O3S 34080
6752-38-1 4-(chlorosulfonyl)phenyl isocyanate C7H4ClNO3S 9713
6753-98-6 humulene C15H24 28737
6754-13-8 helenalin C15H18O4 28542
6760-14-1 2-amino-5-nitronicotinic acid C6H5N3O4 6861
6765-39-5 1-heptadecene C17H34 30313
6776-19-8 ethyl cis-2-butenoate C6H10O2 7830
6780-13-8 1,2-ethanediamine monohydrate C2H10N2O 1180
6780-49-0 ethyl N-phenylformimidate C9H11NO 16911
6781-42-6 1,3-diacetylbenzene C10H10O2 19117
6781-98-2 2-chloro-1,3-dimethylbenzene C8H9Cl 13569
6783-05-7 trans-b-styreneboronic acid C8H9BO2 13519
6784-18-5 2-methyl-5-isopropylcyclopentanone C9H16O 17687
6784-25-4 bis(N-formyl-p-aminophenyl)sulfone C14H12N2O4S 26916
6785-23-5 undecylcyclopentane C16H32 29704
6786-32-9 benzoyl nitrate C7H5NO4 10085
6786-36-3 octadecanophenone C24H40O 33940

6789-80-6 cis-3-hexenal C6H10O 7786
6789-88-4 hexyl benzoate C13H18O2 26213
6789-94-2 1-ethyl-3-piperidinamine C7H16N2 12138
6790-27-8 3-dodecyne C12H22 24655
6790-47-2 3,3-dimethyl-delta1,alpha-cyclohexaneacetic ac C10H16O2 20487
6793-92-6 benzyl 4-bromophenyl ether C13H11BrO 25666
6795-23-9 aflatoxin M1 C17H12O7 29902
6795-60-4 neoprogestin C20H28O2 32320
6795-75-1 trans-1-bromo-1,2-dichloroethene C2HBrCl2 515
6795-87-5 methyl sec-butyl ether C5H12O 5843
6795-88-6 methyl 1-methylbutyl ether C6H14O 8997
6797-13-3 2-ethylbenzoxazole C9H9NO 16412
6802-75-1 diethyl isopropylidenemalonate C10H16O4 20514
6804-07-5 2-formylquinoxaline-1,4-dioxide carbomethoxy C11H10N4O4 21642
6805-41-0 escin C54H84O23 35860
6807-96-1 Z-(-)-4,6,8-trihydroxy-3a,12a-dihydroanthra(2, C18H10O7 30399
6809-91-2 1-benzocyclobutenecarbonitrile C9H7N 16014
6809-93-4 1-benzocyclobutenyl n-butyl ketone C13H16O 26084
6809-94-5 bicyclo(4.2.0)octa-1,3,5-trien-7-yl phenyl keto C15H12O 28184
6809-95-6 bicyclo(4.2.0)octa-1,3,5-trien-7-yl benzyl keto C16H14O 29153
6810-26-0 4-biphenylhydroxylamine C12H11NO 23629
6812-38-0 hexadecylcyclohexane C22H44 33455
6812-39-1 hexadecylcyclopentane C21H42 33036
6812-78-8 3,7-dimethyl-7-octen-1-ol, (S) C10H20O 21006
6813-38-3 4,4'-dicarboxy-2,2'-bipyridine C12H8N2O4 23319
6813-90-7 bicyclo(4.2.0)octa-1,3,5-trien-7-yl benzyl ket C16H15NO 29203
6813-91-8 O-methyl-1-acetylbenzocyclobutene oxime C11H13NO 21970
6813-92-9 O-(2-hydroxypropyl)-1-acetylbenzocyclobutene C13H17NO2 26132
6813-93-0 bicyclo(4.2.0)octa-1,3,5-trien-7-yl methyl ke C12H13NO2 23847
6813-95-2 bicyclo(4.2.0)octa-1,3,5-trien-7-yl methyl ket C13H15NO 26015
6814-58-0 5-chloro-3-methyl-4-nitro-1H-pyrazole C4H4ClN3O2 2531
6818-07-1 4-methyl-5-oxohexanoic acid C7H12O3 11514
6818-18-4 3,10-diaminotricyclo(5.2.1.02,6)decane C10H15N2O4 20293
6829-40-9 diethyl 2-aminomalonate C7H13NO4 11677
6829-41-0 diethyl (hydroxyimino)malonate C7H11NO5 11308
6830-82-6 N-methyl-2-phenylacetamide C9H11NO 16920
6830-83-7 2,2,N-trimethylpropanamide C6H13NO 8784
6831-89-6 1,5-diphenyl-1H-pyrazole C15H12N2 28154
6831-91-0 5-methyl-1-phenyl-1H-pyrazole C10H10N2 19043
6832-13-9 diazoacetaldehyde C2H2N2O 665
6832-16-2 methyl diazoacetate C3H4N2O2 1603
6832-98-0 N-phenylhexadecanamide C22H37NO 33400
6834-42-0 3-methoxyphenylacetyl chloride C9H9ClO2 16315
6836-11-9 eldeline C27H41NO8 34482
6836-38-0 6-dodecanol C12H26O 25280
6837-24-7 1-cyclohexyl-2-pyrrolidone C10H17NO 20561
6837-93-0 4-amino-5-hydroxy-2,7-naphthalenedisulfonic C17H15NO9S3 29979
6837-97-4 4,8-dichloro-1,5-dihydroxyanthraquinone C14H6Cl2O4 26588
6841-96-9 2-methyl-2-nitrosopropane dimer C8H18N2O2 15419
6843-30-7 5-dimethylamino-3-benzoylindole C17H16N2O 29997
6843-49-8 5-methyl-5-phenylhydantoin C10H10N2O2 19056
6843-66-9 dimethoxydiphenylsilane C14H16O2Si 27375
6846-11-3 3-methyl-5-phenyl-2,4-imidazolidinedione C10H10N2O2 19053
6846-35-1 5-imino-1,2,4-dithiazolidine-3-thione C2H2N2S3 670
6846-50-0 2,2,4-trimethyl-1,3-pentanediol diisobutyrate C16H30O4 29676
6848-13-1 3-chloro-N,N-dimethylaniline C8H10ClN 13820
6848-84-6 1,5-dinitropentane C5H10N2O4 5437
6849-18-9 ethyl 4-methyl-3-pentenoate C8H14O2 14618
6850-35-7 3-methylcyclohexylamine C7H15N 12049
6850-36-8 2-ethylcyclohexanamine C8H17N 15286
6850-57-3 2-methoxybenzenemethanamine C8H11NO 14135
6851-81-6 1,5,5-trimethylhydantoin C6H10N2O2 7731
6852-54-6 N-(phenylmethylene)ethanamine C9H11N 16892
6852-58-0 N-benzylidene-tert-butylamine C11H15N 22235
6856-01-5 eupatoriopicrin C20H26O6 32285
6861-64-9 5-iodo-1,2-dihydroacenaphthylene C12H9I 23393
6863-58-7 di-sec-butyl ether C8H18O 15528
6864-37-5 4,4'-methylenebis(2-methylcyclohexylamine), is C15H30N2 28869
6865-35-6 barium stearate C36H70BaO4 35409
6865-68-5 tris(1,2-diaminoethane) cobalt(iii) nitrate C6H24CoN9O9 9391
6865-92-5 N-methyleneglycinonitrile trimer C9H12N6 17076
6866-10-0 2-chloro-1-nitroso-2-phenylpropane C9H10ClNO 16530
6867-30-7 lithium acetylide–ethylenediamine complex C4H9LiN2 3674
6869-07-4 1,2-bis(2-cyano-2-propyl)-hydrazine C8H14N4 14536
6869-51-8 3b(a-L-rhamnopyranoside)-5,11a,14b-trihydroxy C29H44O10 34799
6870-67-3 jacobine C18H25NO6 30874
6871-44-9 echitamine C22H30N2O5 33349
6872-06-6 2-methylindoline C9H11N 16899
6873-15-0 1-methyl-2-benzyl-4(1H)-quinazolinone C16H14N2O 29136
6874-80-2 calpurnine C20H27N3O3 32296
6874-98-2 sarpagan-17-al C19H20N2O 31446
6875-10-1 verodoxin C31H46O10 35009
6876-18-2 2-methyl-3-isopropylheptane C11H24 22957
6876-23-9 trans-1,2-dimethylcyclohexane C8H16 14881
6879-74-9 (+)-himbacine C22H35NO2 33392
6886-16-4 2,5-dimethyl-1-hexanol C8H18O 15460
6887-42-9 delsemine C37H53N3O10 35468
6887-59-8 4(1H)-pyridinethione,1-methyl- C6H7NS 7226
6889-41-4 chlorendic imide C9H3Cl6NO2 15778
6890-03-5 3-(dimethylamino)cyclohexanol C8H17NO 15311
6891-45-8 2-butyl-4-methylphenol C11H16O 22400
6892-68-8 1,4-dithioerythritol C4H10O2S2 3915
6893-02-3 liothyronine C15H12I3NO4 28152
6893-20-5 N-(1-methoxyfluoren-2-yl)acetamide C16H15NO2 29210
6893-26-1 D-glutamic acid C5H9NO4 5248
6894-69-5 1,2,3-trimethyl-2-cyclopentene-1-carboxylic aci C9H14O2 17471
6897-76-3 1,2,5-trimethyl-8-isopropylnaphthalene C16H20 29443
6897-88-7 1,3,8-trimethyl-5-isopropylnaphthalene C16H20 29444
6902-77-8 genipin C11H14O5 22204
6907-59-1 1-(phenylmethyl)isoquinoline C16H13N 29091
6908-41-4 methyl 4-(hydroxymethyl)benzoate C9H10O3 16766
6909-93-9 2,5-diamino-4-picoline C6H9N3 7589
6912-05-6 1,5-dimethyl-4-isopropylcyclopentene C10H18 20604
6913-92-4 1-benzyl-3-pyrroline C11H13N 21951
6914-71-2 dimethyl 1,1-cyclopropanedicarboxylate C7H10O4 11207
6914-74-5 1-(aminocarbonyl)-1-cyclopropanecarboxylic acid C5H7NO3 4692
6914-76-7 1-methylcyclopropanecarboxylic acid C5H8O2 4919
6914-79-0 1-cyano-1-cyclopropanecarboxylic acid C5H5NO2 4409
6915-15-7 malic acid C4H6O5 3024
6917-76-6 chloroethyldimethylsilane C4H11ClSi 3972
6918-51-0 dimethyl selenate C2H6O4Se 1086
6919-61-5 N-methoxy-N-methylbenzamide C9H11NO2 16950
6919-62-6 ethyl N-methoxy-N-methylcarbamate C5H11NO3 5744
6920-22-5 1,2-hexanediol C6H14O2 9023
6920-24-7 1,2-hexadecanediol C16H34O2 29776
6921-27-3 propargyl ether C6H6O 7059
6921-28-4 N-2-propynyl-2-propyn-1-amine C6H7N 7180
6921-29-5 tripropargylamine C9H9N 16380
6921-35-3 3,3-dimethyloxetane C5H10O 5460
6921-40-0 1-azidonaphthalene C10H7N3 18662
6921-64-8 1-(2-hydroxy-4-methylphenyl)ethanone C9H10O2 16661
6923-20-2 cis-1,2-dichloropropene C3H4Cl2 1535
6923-22-4 monocrotophos C7H14NO5P 11781
6925-01-5 benzenediazonium-4-oxide C6H4N2O 6570
6926-39-2 N-chlorotetramethylguanidine C5H12ClN3 5777
6926-40-5 N-bromotetramethyl guanidine C5H12BrN3 5775
6926-58-5 4,4-dimethyl-3-thiosemicarbazide C3H9N3S 2224
6928-74-1 divinyl magnesium C4H6Mg 2883
6928-85-4 1-amino-4-methylpiperazine C5H13N3 5996
6931-54-0 (+)-b-pinene oxide C10H16O 20472
6931-70-0 2,3-dimethyl-2,3-pentanediol C7H16O2 12250
6931-71-1 3,4-diethyl-3,4-hexanediol C10H22O2 21352
6933-10-4 4-bromo-3-methylaniline C7H8BrN 10739
6935-27-9 2-benzylaminopyridine C12H12N2 23726
6935-65-5 benzamide, N,N,3-trimethyl- C10H13NO 19782
6936-48-7 N-methylmaleamic acid C5H7NO3 4694
6937-66-2 mercuric-8,8-dicaffeine C16H18HgN8O4 29369
6938-06-3 butyl nicotinate C10H13NO2 19805
6938-66-5 1-bromodocosane C22H45Br 33473
6938-94-9 diisopropyl adipate C12H22O4 24752
6939-75-9 benzyl 4-oxopentanoate C12H14O3 23988
6939-83-9 tris(dodecylthio)antimony C36H75S3Sb 35444
6939-93-1 4-bromoisophthalic acid C8H5BrO4 12605
6940-09-6 tetrahydrofurfuryl stearate C23H44O3 33680
6940-50-7 4-bromomandelic acid C8H7BrO3 12981
6940-76-7 1-chloro-3-iodopropane C3H6ClI 1831
6940-78-9 1-bromo-4-chlorobutane C4H8BrCl 3328
6941-69-1 ethylene glycol bis(chloroacetate) C6H8Cl2O4 7307
6942-99-0 2,4-dibromo-1,3,5-trimethylbenzene C9H10Br2 16538
6943-47-1 N-tert-butylcrotonaldimine C8H15N 14783
6943-58-4 1-chloro-3-propoxy-2-propanol C6H13ClO2 8696
6945-68-2 2-amino-5-bromo-3-nitropyridine C5H4BrN3O2 4263
6946-24-3 1-bromotetracosane C24H49Br 33998
6946-29-8 4-amino-2-hydroxybenzohydrazide C7H9N3O2 11035
6946-35-6 butyl 4-methoxybenzoate C12H16O3 24239
6946-88-9 propyl hydrogen succinate C7H12O4 11545
6946-90-3 ethyl DL-2-hydroxycaproate C8H16O3 15223
6947-02-0 cyclohexyl 3-oxobutanoate C10H16O3 20509
6947-94-0 2-methyl-3-furoic acid C6H6O3 7098
6948-86-3 N,N-bis(2,2-diethoxyethyl)methylamine C13H29NO4 26564
6948-88-5 bis-(4-hydroxy-1-naphthyl)phenylmethanol C27H20O3 34394
6949-73-1 2-hydroxy-9-fluorenone C13H8O2 25502
6950-43-2 2-nitro-5-bromobenzoic acid C7H4BrNO4 9643
6950-79-4 aniline, p-isopropyl-N-methyl-, C10H15N 20231
6950-84-1 1-naphthylurea C11H10N2O 21620
6950-92-1 2,4,6-trimethylphenethylalcohol C11H16O 22438
6951-08-2 ethyl 1,3-benzodioxole-5-carboxylate C10H10O4 19202
6952-59-6 3-bromobenzonitrile C7H4BrN 9632
6952-89-2 (4-bromophenyl)cyclopropylmethanone C10H9BrO 18809
6952-94-9 4-phenyl-4-piperidinecarboxaldehyde C12H15NO 24063
6954-48-9 6-bromo-1,2-naphthoquinone C10H5BrO2 18495
6954-55-8 9H-fluorene-4-carboxylic acid C14H8O2 26656
6957-71-7 N-fluoren-2-yl formamide C14H11NO 26837
6957-91-1 p-aminobenzaldehydethiosemicarbazone C8H10N4S 13906
6959-06-4 bis(3-hydroxy-2-butyl)amine C8H19NO2 15657
6959-71-3 3-butoxypropionitrile C7H13NO 11637
6960-42-5 7-nitroindole C8H6N2O2 12889
6960-45-8 7-nitroindole-2-carboxylic acid C9H6N2O4 15920
6960-46-9 ethyl 7-nitroindole-2-carboxylate C11H10N2O4 21637
6961-82-6 2-chlorobenzenesulfonamide C6H6ClNO2S 6935
6962-92-1 4-chlorobutyl acetate C6H11ClO2 8046
6963-44-6 1,5-pentanediol diacetate C9H16O4 17764
6964-04-1 3-methyl-2,4-heptanediol C8H18O2 15550
6964-21-2 3-thiopheneacetic acid C6H6O2S 7083
6965-71-5 2-(2,5-dichlorophenoxy)propionic acid C9H8Cl2O3 16125
6966-10-5 3,4-dimethylbenzyl alcohol C9H12O 17125
6966-22-9 tetramethyl 2,6-dihydroxybicyclo[3.3.1]nona-2 C17H20O10 30148
6966-40-1 5-(1-methyl-1-butenyl)-5-propylbarbituric ac C12H18N2O3 24420
6966-64-9 4-(4'-aminophenylazo)phenylarsonic acid C12H12AsN3O3 23688
6967-43-7 1-[(2-hydroxyethyl)amino]-2-butanol C6H15NO2 9233
6968-24-7 2,6-dibromo-4-methylaniline C7H7Br2N 10468
6968-28-1 4-bromophthalic acid C8H5BrO4 12606
6969-16-0 2-tridecenoic acid C13H24O2 26423
6969-49-9 salicylic acid octyl ester C15H22O3 28686
6970-19-0 3,4,5-triethoxybenzoic acid C13H18O5 26236
6970-57-6 3-ethyl-3-methylglutaric anhydride C8H12O3 14375
6971-51-3 3-methoxybenzenemethanol C8H10O2 13966
6972-27-6 6-chloro-1,3-dimethyluracil C6H7ClN2O2 7150
6972-47-0 2,4,6-trichloro-3,5-dimethylphenol C8H7Cl3O 13048
6972-51-6 2,5-dimethylphenethylalcohol C10H14O 20075
6972-71-0 4,5-dimethyl-2-nitroaniline C8H10N2O2 13881
6972-76-5 N,N'-dimethyl-N,N'-dinitroso-1,3-propanediamin C5H12N4O2 5829
6972-79-8 1,3-di-o-bromodecylglycerol C17H20O3 30144
6973-60-0 N-methylpyrrole-2-carboxylic acid C6H7NO2 7210
6973-79-1 butyl 3-bromopropanoate C7H13BrO2 11580
6974-10-3 ethyl phthalimidoacetate C12H11NO4 23651
6974-12-5 1,4-dibromo-2-butene C4H6Br2 2778
6974-29-4 N-(2-hydroxyethyl)trifluoroacetamide C4H6F3NO2 2875
6974-77-2 1-bromo-3-chloro-2-methylpropane C4H8BrCl 3330
6975-60-6 1-(2-furanyl)-2-propanone C7H8O2 10877
6975-71-9 1-cyclohexenylacetonitrile C8H11N 14118
6975-92-4 2,5-dimethyl-1-hexene C8H16 14934
6975-98-0 2-methyldecane C11H24 22891
6975-99-1 6-dodecyne C12H22 24656
6976-00-7 7-ethyl-2-methyl-4-undecanone C14H28O 27864
6976-50-7 N,N-di-n-propyl ethyl carbamate C9H19NO2 18159
6976-72-3 heptyl hexanoate C13H26O2 26499
6976-93-8 ethylene glycol methyl ether methacrylate C7H12O3 11519
6979-94-8 2',3',5'-triacetylguanosine C16H19N5O8 29439
6979-97-1 3',5'-diacetylthymidine C15H19NO7 28569
6980-13-8 actinomycin K C11H12ClN3O4 21798
6980-18-3 kasugamycin C14H25N3O9 27776
6982-25-8 DL-2,3-butanediol C4H10O2 3887
6983-79-5 bixin C25H30O4 34129
6986-48-7 bis(1-chloroethyl) ether C4H8Cl2O 3374
6988-21-2 o-(1,3-dioxolan-2-yl)phenyl methylcarbamate C11H13NO4 22004
6988-58-5 olivomycin A C58H84O26 35905
6989-98-6 tubocurarine chloride C37H42Cl2N2O6 35457
6990-06-3 fusidine C31H48O6 35012
6990-27-8 bromobis(dimethylamino)borane C4H12BBrN2 4036
6992-84-3 3,6-diamino-2-picoline C6H9N3 7590
6994-25-8 3-amino-4-carbethoxypyrazole C6H9N3O2 7598
6995-30-8 1-isopropyl-2,4,7-trimethylnaphthalene C16H20 29442
6995-79-5 trans-1,4-cyclohexanediol C6H12O2 8488
6996-81-2 O,O'-diethyl methylphosphonothioate C5H13O2PS 5997
6996-92-5 benzeneseleninic acid C6H6O2Se 7084

6998-60-3 rifamycin SV C37H47NO12 35462
6998-82-9 dimethyl cis-1,3-cyclohexanedicarboxylate C10H16O4 20516
6999-03-7 1-bromo-4-(trimethylsilyl)benzene C9H13BrSi 17236
7003-32-9 2-methylcyclohexylamine; (cis+trans) C7H15N 12050
7005-47-2 2-dimethylamino-2-methyl-1-propanol C6H15NO 9222
7005-72-3 1-chloro-4-phenoxybenzene C12H9ClO 23374
7006-52-2 3-chloro-N-methylaniline C7H8ClN 10755
7008-42-6 acronycine C20H19NO3 32101
7008-85-7 5-diazoimidazole-4-carboxamide C4H3N5O 2509
7011-83-8 4-methyldecanolide C11H20O2 22720
7012-16-0 2,7-dichloro-9H-fluorene C13H8Cl2 25468
7012-37-5 2,4,4'-trichlorobiphenyl C12H7Cl3 23252
7013-11-8 2,3-dichloro-1-butene C4H6Cl2 2812
7021-04-7 4-bromo-alpha-hydroxybenzeneacetic acid, (±) C8H7BrO3 12979
7021-09-2 DL-a-methoxyphenylacetic acid C9H10O3 16765
7021-46-7 5-aminotropolone C7H7NO2 10647
7035-02-1 2-methoxybenzyl chloride C8H9ClO 13607
7035-03-2 2-methoxybenzeneacetonitrile C9H9NO 16385
7036-98-8 6-methyl-5-nonen-4-one C10H18O 20697
7039-09-0 4-ketoniridazole C6H4N4O4S 6606
7040-23-5 dimethyl 2,2'-oxybisacetate C6H10O5 7952
7040-43-9 2-tert-butylfuran C8H12O 14325
7044-91-9 9,10-anthracenedicarboxaldehyde C16H10O2 29000
7044-96-4 methylene bispropionate C7H12O4 11539
7045-71-8 2-methylundecane C12H26 25268
7045-89-8 1,3,3,4,6,6-hexamethyl-2,5,7-trioxabicyclo[2.2 C10H18O3 20811
7046-61-9 nitroiminodiethylenediisocyanic acid C6H8N4O4 7377
7047-84-9 aluminum dextran C18H37AlO4 31114
7051-16-3 5-chloro-1,3-dimethoxybenzene C8H9ClO2 13611
7051-34-5 (bromomethyl)cyclopropane C4H7Br 3061
7055-03-0 2-methyl-N-phenylbenzamide C14H13NO 27023
7058-01-7 sec-butylcyclohexane C10H20 20925
7059-24-7 chromomycin A3 C57H82O26 35894
7065-46-5 3,3-dimethylbutanoyl chloride C6H11ClO 8023
7068-83-9 methylbutylnitrosamine C5H12N2O 5809
7069-38-7 trans-1,2-dichloropropene C3H4Cl2 1536
7071-12-7 triethyl 2-chloro-2-phosphonoacetate C8H16ClO5P 15004
7072-00-6 10-methylanthracene-9-carboxaldehyde C16H12O 29053
7073-94-1 1-bromo-2-(1-methylethyl)benzene C9H11Br 16831
7081-78-9 1-chloro-1-ethoxyethane C4H9ClO 3624
7082-71-5 isonicotinic anhydride, remainder picolinic a C12H8N2O3 23316
7085-19-0 rankotex C10H11ClO3 19268
7085-85-0 ethyl cyanoacrylate C6H7NO2 7212
7086-07-9 1,1,1,2-tetrachloro-2-methylpropane C4H6Cl4 2859
7087-68-5 N-ethyl-N-isopropyl-2-propanamine C8H19N 15643
7090-25-7 1-naphthyl methylnitrosocarbamate C12H10N2O3 23508
7093-10-9 benz(1)aceanthrene C20H14 31866
7094-26-0 1,1,2-trimethylcyclohexane C9H18 17925
7094-27-1 1,1,4-trimethylcyclohexane C9H18 17927
7094-34-0 3,3'-dichlorobenzophenone C13H8Cl2O 25471
7098-07-9 1-ethyl-1H-imidazole C5H8N2 4818
7098-20-6 n-dotetracontane C42H86 35708
7098-21-7 tritetracontane C43H88 35735
7098-22-8 n-tetratetracontane C44H90 35763
7098-24-0 n-hexatetracontane C46H94 35788
7098-26-2 n-octatetracontane C48H98 35816
7099-43-6 5:6-cyclopenteno-1:2-benzanthracene C21H18 32664
7101-31-7 dimethyl diselenide C2H6Se2 1098
7101-51-1 L-dopa methyl ester C10H13NO4 19840
7101-57-7 N,N-diethyl-1,2,3,4-tetrahydroacridine-9-carb C18H22N2O 30795
7101-58-8 4-(1-piperidyl)carbonyl-2,3-tetramethylenequi C19H22N2O 31488
7101-64-6 7,8,9,10-tetrahydro-N,N-diethyl-6H-cyclohepta C19H23N2O 31522
7101-65-7 morpholino(7,8,9,10-tetrahydro-11-(6H-cycloh C19H22N2O2 31496
7101-96-4 6-amino-3-bromoquinoline C9H7BrN2 15949
7111-76-4 2-methylbenzhydrol C14H14O 27153
7114-03-6 methyl green C27H35Cl4N3Zn 34455
7116-86-1 5,5-dimethyl-1-hexene C8H16 14940
7116-95-2 4-isopropylbiphenyl C15H16 28404
7116-96-3 4-pentylbiphenyl C17H20 30121
7119-27-9 1-chloro-1-buten-3-one C4H5ClO 2651
7119-92-8 N-nitrodiethylamine C4H10N2O2 3845
7119-94-0 N-nitropiperidine C5H10N2O2 5415
7122-04-5 2-(4,5-dimethyl-1,3-dioxolan-2-yl)phenyl-N-me C13H17NO4 26142
7127-19-7 2-phenyl-2-oxazoline C9H9NO 16411
7128-64-5 2,5-bis(5-tert-butylbenzoxazol-2-yl)thiophe C26H26N2O2S 34254
7129-91-1 1,2-cyclopenteno-5,10-aceanthrene C19H16 31329
7132-64-1 methyl pentadecanoate C16H32O2 29730
7133-36-0 cyclopentyl methyl sulfide C6H12S 8638
7133-68-8 3-phenyl-1,3-butanediol C10H14O2 20106
7137-54-4 1-nitro-2-propylbenzene C9H11NO2 16951
7137-56-6 1-cyclohexyl-2-nitrobenzene C12H15NO2 24064
7142-09-8 2-methyl-6-chloro-4-quinazolinone C9H7ClN2O 15959
7143-01-3 methanesulfonic anhydride C2H6O5S2 1087
7143-69-3 linalyl phenylacetate C18H24O2 30855
7144-05-0 4-piperidinemethanamine C6H14N2 8922
7144-08-3 cholesteryl chloroformate C28H45ClO2 34689
7144-20-9 2-amino-4,6-dimethyl-3-pyridinecarboxamide C8H11N3O 14201
7144-65-2 2-biphenylyl glycidyl ether C15H14O2 28305
7145-20-2 2,3-dimethyl-2-hexene C8H16 14945
7145-82-6 1,2,4-trichloro-5-iodobenzene C6H2Cl3I 6168
7145-99-5 3,4-(methylenedioxy)toluene C8H8O2 13437
7146-60-3 2,3-dimethyloctane C10H22 21141
7146-67-0 N,N-bis-(2-hydroxyethyl)-p-toluenesulfonamid C11H17NO4S 22535
7147-89-9 4-chloro-6-nitro-m-cresol C7H6ClNO3 10247
7148-07-4 1-pyrrolidino-1-cyclopentene C9H15N 17549
7148-24-5 N-(4-nitrobenzoyl)-L-glutamic acid diethyles C16H20N2O7 29458
7148-74-5 2-bromopropanoyl chloride C3H4BrClO 1496
7149-24-8 cyclamen aldehyde diethyl acetal C17H28O2 30271
7149-26-0 anthranilic acid, linalyl ester C17H23NO2 30207
7149-65-7 ethyl (S)-(+)-2-pyrrolidone-5-carboxylate C7H11NO3 11298
7149-70-4 1-bromo-2-methyl-4-nitrobenzene C7H6BrNO2 10170
7149-75-9 4-chloro-3-methylaniline C7H8ClN 10749
7149-79-3 3'-chloro-p-acetotoluidide C9H10ClNO 16529
7150-55-2 4-chloro-4'-hydroxybutyrophenone C10H11ClO2 19255
7152-03-6 cyclopropyl 4-methoxyphenyl ketone C11H12O2 21870
7152-15-0 ethyl 4-methyl-3-oxopentanoate C8H14O3 14663
7152-24-1 2-(methylmercapto)benzimidazole C8H8N2S 13380
7152-40-1 5-amino-4-cyano-1-phenyl-3-pyrazoleacetonitrile C12H9N5 23441
7152-80-9 4-thiocyano-N,N-dimethylaniline C9H10N2S 16598
7152-88-7 isobutyl 4-hydroxy-3-methoxybenzoate C12H16O4 24258
7153-14-2 2-butylidenecyclohexanone C10H16O 20432
7153-21-1 3,6-dihydroxynaphthalene-2,7-disulfonic ac C10H6Na2O8S2 18583
7153-22-2 ethyl 4-cyanobenzoate C10H9NO2 18903
7154-66-7 2-bromobenzoyl chloride C7H4BrClO 9609
7154-73-6 1-pyrrolidineethanamine C6H14N2 8923
7154-75-8 4-methyl-1-pentyne C6H10 7652
7154-79-2 2,2,3,3-tetramethylpentane C9H20 18206
7154-80-5 3,3,5-trimethylheptane C10H22 21175
7157-29-1 4-morpholinocarbonyl-2,3-tetramethylenequino C18H20N2O2 30727
7159-34-4 2-chloro-6-methoxy-4-(trichloromethyl)pyridine C7H5Cl4NO 9989
7159-96-8 ethyl 3-hydroxycarbanilate C9H11NO3 16969
7162-59-6 2-(hexyloxy)benzaldehyde C13H18O2 26223
7163-25-9 ethyl 3-hydroxy-2-naphthalenecarboxylate C13H12O3 25822
7164-98-9 1-phenyl-1H-imidazole C9H8N2 16147
7166-19-0 b-bromo-b-nitrosostyrene C8H6BrNO2 12733
7168-55-0 2,2'-dimethoxy-5,5'-dimethyl-1,1'-biphenyl C16H18O2 29398
7169-34-8 3(2H)-benzofuranone C8H6O2 12920
7170-38-9 3-phenoxypropanoic acid C9H10O3 16743
7170-44-7 11-phenoxyundecanoic acid C17H26O3 30253
7173-84-4 O,O-diethyl-S-p-chlorophenyl thiomethylph C11H16ClO3PS2 22364
7175-49-7 ethyldicyclohexylamine C14H27N 27840
7175-81-7 (S)-(+)-tetrahydrofurfurylamine C5H11NO 5691
7182-08-3 1-morpholino-1-cycloheptene C11H19NO 22641
7182-87-8 fluorodinitromethane CHFN2O4 110
7184-60-3 borrelidin C28H43NO6 34681
7187-01-1 3-(2-furanyl)-2-propenenitrile C7H5NO 10053
7187-55-5 dithiazanine C23H23N2S2 33551
7188-38-7 tert-butyl isocyanide C5H9N 5190
7193-78-4 1-(3-methylcyclohexyl)ethanone C9H16O 17666
7194-19-6 5-methyl-3-(5-nitro-2-furyl)isoxazole C8H6N2O4 12899
7194-84-5 heptatriacontane C37H76 35490
7194-85-6 octatriacontane C38H78 35530
7194-86-7 nonatriacontane C39H80 35567
7194-87-8 n-hentetracontane C41H84 35660
7195-27-9 mefruside C13H19ClN2O5S2 26244
7195-45-1 diglycidyl phthalate C14H14O6 27187
7197-96-8 2,3-cycloheptenopyridine C10H13N 19764
7198-10-9 DL-4-hydroxymandelic acid C8H8O4 13497
7199-29-3 cyheptamide C16H15NO 29204
7200-25-1 D-arginine C6H14N4O2 8962
7202-43-9 (R)-(-)-tetrahydrofurfurylamine C5H11NO 5692
7203-67-0 tetraethylbutylene-1,4-diphosphonate C12H28O6P2 25387
7203-90-9 chloro-pdmt C8H10ClN3 13833
7203-92-1 3,3-dimethyl-1-p-methoxyphenyltriazene C9H13N3O 17363
7203-95-4 1-biphenylyl-3,3-dimethyltriazene C14H15N3 27241
7205-90-5 1-chloro-4-[(chloromethyl)thio]benzene C7H6Cl2S 10285
7205-91-6 chloromethyl phenyl sulfide C7H7ClS 10542
7206-70-4 4-amino-5-chloro-2-methoxybenzoic acid C8H8ClNO3 13277
7207-49-0 2-octanone, oxime C8H17NO 15323
7207-97-8 methylarsine diiodide CH3AsI2 184
7208-05-1 2,4-dimethyloxazole C5H7NO 4668
7208-92-6 bis(2-chloroethyl) oxalate C6H8Cl2O4 7306
7209-38-3 1,4-piperazinedipropanamine C10H24N4 21433
7212-44-4 nerolidol C15H26O 28798
7212-53-5 5-methyl-1-heptanol C8H18O 15439
7213-59-4 6-methoxy-3-methyl-1,7,8-trihydroxyanthraquino C16H12O6 29070
7214-50-8 5-methyl-2-cyclohexen-1-one C7H10O 11144
7216-56-0 cis,trans-2,6-dimethyl-2,4,6-octatriene C10H16 20338
7217-59-6 2-methoxythiophenol C7H8OS 10863
7220-26-0 3-ethyl-2,4-dimethylhexane C10H22 21185
7220-81-7 aflatoxin B2 C17H14O6 29952
7223-38-3 3-dimethylamino-1-propyne C5H9N 5194
7224-23-9 triphenylthiocyanatostannane C19H15NSSn 31325
7225-64-1 9-octylheptadecane C25H52 34198
7225-66-3 7-hexyltridecane C19H40 31733
7225-71-0 1-undecylnaphthalene C21H30 32944
7226-23-5 1,3-dimethyl-3,4,5,6-tetrahydro-2(1H)-pyrimidin C6H12N2O 8323
7227-91-0 3,3-dimethyl-1-phenyl-1-triazene C8H11N3 14198
7227-92-1 3,3-dimethyl-1-(p-nitrophenyl)triazene C8H10N4O2 13903
7227-93-2 p-(3,3-dimethyltriazeno)phenol C8H11N3O 14202
7228-38-8 5-chloro-1,3-benzodioxole C7H5ClO2 9939
7229-50-7 streptolydigin C33H48N2O9 35161
7234-07-3 L-ephedrine phosphate (ester) C10H16NO4P 20389
7234-08-4 D-ephedrine phosphate (ester) C10H16NO4P 20388
7234-09-5 DL-ephedrine phosphate (ester) C10H16NO4P 20390
7235-40-7 beta-carotene C40H56 35595
7236-47-7 3-methyl-4-phenyl-3-butenamide C11H13NO 21959
7236-83-1 3-(1-methyl-2-pyrrolidinyl)indole C13H16N2 26055
7237-34-5 (2-hydroxyethyl)triphenylphosphonium bromide C20H20BrOP 32116
7239-21-6 1-(4-bromophenyl)-3,3-dimethyltriazene C8H10BrN3 13817
7239-24-9 dimethylisobutylamine C6H15N 9210
7240-57-5 1-methyllysergic acid ethylamide C19H23N3O 31525
7240-90-6 5-bromo-4-chloro-3-indolyl-b-D-galactosid C14H15BrClNO6 27201
7241-98-7 aflatoxin G2 C17H14O7 29954
7242-04-8 gitoxin pentaacetate C51H74O19 35835
7242-07-1 16-acetylgitoxin C43H66O15 35728
7242-17-3 diphenyl maleate C16H12O4 29061
7242-92-4 exo-2-aminonorbornane C7H13N 11626
7244-67-9 N-benzoyl-L-alanine methyl ester C11H13NO3 21990
7244-77-1 p-nitrophenyl propyl ether C9H11NO3 16968
7244-78-2 butyl 4-nitrophenyl ether C10H13NO3 19832
7245-18-3 titanium(iii) methoxide C3H9O3Ti 2240
7247-89-4 1-nitroso-2-pipecoline C6H12N2O 8330
7250-55-7 dimethyl 3-hydroxyglutarate C7H12O5 11563
7250-71-7 phenylglyceryl ether diacetate C13H16O5 26113
7250-94-4 2-acetoxyacetophenone C10H10O3 19183
7250-95-5 decahydro-1-naphthalenamine C10H19N 20889
7251-61-8 2-methylquinoxaline C9H8N2 16145
7251-90-3 2-butoxyethoxy acrylate C9H16O4 17776
7252-83-7 2-bromo-1,1-dimethoxyethane C4H9BrO2 3609
7258-52-8 2,3-dihydro-1H-cyclopenta(c)phenanthrene C17H14 29919
7258-91-5 phenanthra-acenaphthene C24H16 33731
7260-11-9 phenyl 3-hydroxy-2-naphthoate C17H12O3 29898
7261-70-3 N-hexylethylenediamine C8H20N2 15699
7261-97-4 dantrolene C14H10N4O5 26765
7275-43-6 2,2'-dipyridyl N,N'-dioxide C10H8N2O2 18717
7276-58-6 tris(1-dodecyl-3-methyl-2-phenylbenzimidaz C84H111FeN12 35988
7283-69-4 diisobutyl fumarate C12H20O4 24600
7283-70-7 diisopropyl fumarate C10H16O4 20515
7285-77-0 4-amino-4'-iodobiphenyl C12H10IN 23485
7286-40-0 3-nitrohexane C6H13NO2 8792
7286-69-3 1,3,5-triazine-2,4-diamine, 6-chloro-N-ethyl- C9H16ClN5 17639
7286-84-2 chloramben methyl C8H7Cl2NO2 13045
7287-19-6 prometryn C10H19N5S 20917
7287-36-7 4'-chloro-2,2-dimethylvaleranilide C13H18ClNO 26166
7287-81-2 alpha,3-dimethylbenzenemethanol C9H12O 17094
7288-28-0 O,O'-bis(trimethylsilyl)thymine C11H22N2O2Si2 22818
7289-44-3 methyl undecyl sulfide C12H26S 25313
7289-45-4 methyl tetradecyl sulfide C15H32S 28923
7289-52-3 1-methoxydecane C11H24O 23064
7289-92-1 tris(dimethylamino)antimony C6H18N3Sb 9358
7291-00-1 N,N-dimethyl 4-methoxybenzamide C10H13NO2 19811
7291-33-0 2,2,2-trichloro-N,N-dimethylacetamide C4H6Cl3NO 2853
7292-16-2 propaphos C13H21O4PS 26358
7294-05-5 2,2,3-trimethyl-3-pentanol C8H18O 15513
7295-44-5 4'-bromovalerophenone C11H13BrO 21913

7295-76-3 3-methoxypyridine C6H7NO 7201
7297-25-8 1,2,3,4-butanetetrol tetranitrate, (R*,S*) C4H6N4O12 2936
7300-03-0 3-methyl-3-heptene C8H16 14918
7300-34-7 4,9-dioxa-1,12-dodecanediamine C10H24N2O2 21425
7306-46-9 3,4-bis(methoxy)benzyl chloride C9H11ClO2 16865
7307-02-0 2,4-heptanedione C7H12O2 11495
7307-55-3 undecylamine C11H25N 23090
7307-58-6 diethyltetradecylamine C18H39N 31167
7309-44-6 ethyl hexyl sulfide C8H18S 15608
7310-74-9 cinnamyltriphenylphosphonium bromide C27H24BrP 34402
7310-95-4 2,6-diformyl-4-methylphenol C9H8O3 16222
7311-30-0 methyldodecylamine C13H29N 26556
7311-34-4 3,5-dimethoxybenzaldehyde C9H10O3 16716
7314-06-9 trans-4,4'-diaminostilbene C14H14N2 27098
7314-37-6 1-tetradecanesulfonic acid C14H30O3S 27941
7314-44-5 2,4-dimethoxybenzyl alcohol C9H12O3 17198
7314-85-4 2-bromoadamantane C10H15Br 20185
7315-17-5 2-chlorohydrocinnamonitrile C9H8ClN 16105
7315-27-7 bicyclo(4.2.0)octa-1,3,5-trien-7-yl methyl ket C14H19NO 27519
7315-32-4 5-vinyl-1,3-benzodioxole C9H8O2 16211
7316-37-2 diethyl-b,g-epoxypropylphosphonate C7H15O4P 12109
7317-85-3 ethyloctadecylamine C20H43N 32548
7318-00-5 ethyl 3-aminocrotonate C6H11NO2 8144
7318-67-4 1,cis-4-hexadiene C6H10 7627
7319-00-8 1,trans-4-hexadiene C6H10 7628
7319-47-3 2,4-diamino-5-methyl-6-sec-butylpyrido(2,3-d)p C12H17N5 24352
7320-37-8 1,2-epoxyhexadecane C16H32O 29720
7321-48-4 cis-4-chloro-4-octene C8H15Cl 14756
7321-55-3 dimethylpropanedinitrile C5H6N2 4491
7325-46-4 1,4-phenylenediacetic acid C10H10O4 19213
7326-19-4 D(+)-phenyllactic acid C9H10O3 16772
7327-60-8 nitrilotrisacetonitrile C6H6N4 7039
7328-05-4 hexapropyldistannthiane C18H42SSn2 31181
7328-17-8 di(ethylene glycol) ethyl ether acrylate C9H16O4 17768
7328-28-1 tris(1-bromo-3-chloroisopropyl)phosphate C9H15Br3Cl3O4P 17532
7328-33-8 methyl trans-2,trans-4-decadienoate C11H18O2 22601
7328-91-8 2,2-dimethyl-1,3-propanediamine C5H14N2 6014
7329-29-5 N,N-bis(2-(2,3-epoxypropoxy)ethyl)aniline C16H23NO4 29549
7331-52-4 (S)-b-hydroxy-g-butyrolactone C4H6O3 2999
7332-93-6 2-oxopentanal C5H8O2 4907
7333-63-3 4-bromobutyl triphenylphosphonium bromide C22H23Br2P 33237
7335-01-5 1-hexylpiperidine C11H23N 22879
7335-02-6 1-octylpiperidine C13H27N 26519
7335-06-0 1-ethylpyrrolidine C6H13N 8750
7335-07-1 1-propylpyrrolidine C7H15N 12042
7335-25-3 ethyl 2-chlorobenzoate C9H9ClO2 16306
7335-26-4 ethyl 2-methoxybenzoate C10H12O3 19638
7335-27-5 ethyl 4-chlorobenzoate C9H9ClO2 16308
7335-65-1 hydrazine acetate C2H8N2O2 1163
7336-36-9 2-demethylcolchicine C21H24NO6 32833
7337-45-3 borane-tert-butylamine complex C4H14BN 4121
7340-50-3 N-hydroxybenzenesulfonanilide C12H11NO3S 23649
7340-90-1 2-methyl-5-tert-butylthiophenol C11H16S 22486
7341-63-1 N-allyl-N'-phenylthiourea C10H12N2S 19467
7342-13-4 4,4'-bis(4-methoxy-6-phenylamino-2-S-tria C34H30N10O8S2 35215
7342-38-3 chloro(triisobutyl)stannane C12H27ClSn 25336
7342-45-2 tripropyltin iodide C9H21ISn 18387
7342-47-4 tributyltin iodide C12H27ISn 25339
7342-82-7 3-bromothianaphthene C8H5BrS 12608
7343-34-2 3,5-dimethyl-1H-1,2,4-triazole C4H7N3 3297
7344-02-7 N-arachidoyl-D-erythro-sphingosine, synthetic C38H75NO3 35517
7344-34-5 4-methyl-1H-indene C10H10 18966
7346-14-7 N,N'-diethyl-N,N'-dinitrosoethylenediamine C6H14N4O2 8966
7346-46-5 methyl 2-chloro-a-cyanohydrocinnamate C11H10ClNO2 21607
7346-61-4 2-ethylhexyl octylphenylphosphite C22H39O3P 33417
7346-46-8 N,N-dimethyl-4-(2-methyl-4-pyridylazo)aniline C14H16N4O 27365
7347-47-9 4-((4-(dimethylamino)-m-tolyl)azo)-2-picoline C14H16N4O 27364
7347-48-0 4-((4-(dimethylamino)-o-tolyl)azo)-2-picoline C15H18N4O 28524
7347-49-1 4-((4-(diethylamino)phenyl)azo)pyridine-1-oxi C15H18N4O 28520
7348-71-2 1-bromo-trans-2-pentene C5H9Br 4971
7348-78-9 1-bromo-cis-2-pentene C5H9Br 4970
7349-99-7 4-((4-(dimethylamino)phenyl)azo)-2,6-lutidine C15H18N4O 28523
7350-86-9 7,14-dihydrodibenzo(b,def)chrysene C24H16 33729
7351-08-8 tetrangomycin C19H14O5 31292
7351-74-8 1,5-dibromonaphthalene C10H6Br2 18524
7355-58-0 N-(2-chloroethyl)acetamide C4H8ClNO 3357
7357-70-2 2-cyanothioacetamide C3H4N2S 1607
7357-93-9 3-methyl-2-ethyl-1-butene C7H14 11743
7359-72-0 1,2,3-trichloro-4-methylbenzene C7H5Cl3 9970
7359-79-7 21-methylnorethisterone C21H28O2 32925
7359-80-0 17a-(1-methallyl)-19-nortestosterone C22H32O2 33370
7360-53-4 aluminum formate C3H3AlO6 1390
7361-61-7 5,6-dihydro-2-(2,6-xylidino)-4H-1,3-thiazine C12H16N2S 24175
7361-89-9 propyl diselenide C6H14Se2 9132
7364-25-2 3-hydroxy-1H-indazole C7H6N2O 10353
7365-44-8 TES C6H15NO6S 9242
7365-45-9 hepes C8H18N2O4S 15427
7367-38-6 5-butyl-4-nonene C13H26 26471
7369-50-8 1-ethyl-3-nitrobenzene C8H9NO2 13700
7371-67-7 dimethyl trans-1,2-cyclobutanedicarboxylate C8H12O4 14383
7372-85-2 2,5-dimethylbiphenyl C14H14 27072
7372-86-3 2-methyl-6-ethylnaphthalene C13H14 25918
7372-88-5 4-methyldibenzothiophene C13H10S 25660
7372-92-1 7-methyl-1H-indene C10H10 18968
7373-13-9 2-octadecanone C18H36O 31091
7374-66-5 5,13-dihydro-5-oxobenzo(e)(2)benzopyrano(4,3- C19H11NO2 31201
7375-15-7 1-(3-(dimethylamino)propyl)-2-pyrrolidinone C9H18N2O 17980
7376-66-1 4-hydroxy-a-isopropylaminomethylbenzyl alcoho C11H17NO2 22526
7377-08-4 N-(4-aminobenzoyl)-b-alanine C10H12N2O3 19447
7377-26-6 methyl 4-chlorocarbonylbenzoate C9H7ClO3 15976
7378-50-9 4'-chloro-N,N-dimethyl-4-stilbenamine C16H16ClN 29244
7378-54-3 N,N,4'-trimethyl-4-stilbenamine C17H19N 30089
7378-99-6 dimethyloctylamine C10H23N 21402
7379-12-6 2-methyl-3-hexanone C7H14O 11835
7381-30-8 1,2-bis(trimethylsiloxy)ethane C8H22O2Si2 15744
7383-19-9 1-heptyn-3-ol C7H12O 11438
7383-20-2 1-nonyn-3-ol C9H16O 17695
7383-71-3 2,2,3,3-tetrafluoropropyl acrylate C6H6F4O2 6962
7383-90-6 3,4'-dimethylbiphenyl C14H14 27061
7385-67-3 nile red C20H18N2O2 32071
7385-78-6 3,4-dimethyl-1-pentene C7H14 11734
7385-82-2 5-methyl-trans-2-hexene C7H14 11724
7388-28-5 sodium-2-hydroxyethoxide C2H5NaO2 979
7390-81-0 1,2-epoxyoctadecane C18H36O 31096
7391-28-8 4-methylbenzoylacetonitrile C10H9NO 18885
7391-39-1 ethyl 2-cyanohexanoate C9H15NO2 17557
7391-697-7 5-isopropylbarbituric acid C7H10N2O3 11122
7392-96-3 dibutyl(diformyloxy)stannane C10H20O4Sn 21085
7393-43-3 tetraallylstannane C12H20Sn 24622
7397-06-0 4-tert-butyl-o-xylene C12H18 24376
7397-43-5 tri-tert-butyl borate C12H27BO3 25328
7398-82-5 1,4-bis(dichloromethyl)benzene C8H6Cl4 12826
7399-02-2 2,2'-((dibutylstannylene)bis(thio))bisacet C30H60O4S2Sn 34956
7399-49-7 1-methyl-2-(1-methylethenyl)benzene C10H12 19369
7399-50-0 2-(1-ethylpropyl)pyridine C10H15N 20220
7400-08-0 3-(4-hydroxyphenyl)-2-propenoic acid C9H8O3 16219
7403-66-9 2-chloro-N,N-diisopropylacetamide C8H16ClNO 15001
7409-44-1 heptyloxyethanol C9H20O2 18347
7412-78-4 glycyl-L-glutamic acid C7H12N2O5 11395
7415-31-8 1,3-dichloro-trans-2-butene C4H6Cl2 2806
7416-48-0 1-hydroxyethyl peroxyacetate C4H8O4 3578
7417-18-7 2-methoxyphenethyl alcohol C9H12O2 17168
7417-19-8 2,5-dimethoxybenzeneethanol C10H14O3 20127
7417-21-2 2-(3,4-dimethoxyphenyl)ethanol C10H14O3 20137
7417-48-3 3-methyl-1,2-pentadiene C6H10 7635
7417-67-6 methylnitrosoacetamide C3H6N2O2 1893
7418-65-7 4-aminonicotinic acid C6H6N2O2 7003
7420-06-6 3-butoxy propanoic acid C7H14O3 11942
7422-80-2 1,1-dibutylhydrazine C8H20N2 15702
7423-31-6 stains-all C30H27BrN2S2 34862
7423-69-0 3,5-dimethyl-1-hexene C8H16 14937
7424-00-2 DL-4-chlorophenylalanine C9H10ClNO2 16533
7424-54-6 3,5-heptanedione C7H12O2 11489
7424-91-1 methyl 3,3-dimethoxypropionate C6H12O4 8574
7425-14-1 2-ethylhexyl-2-ethylhexanoate C16H32O2 29732
7425-45-8 ethyl 2-chlorobutanoate C6H11ClO2 8038
7425-47-0 ethyl 2-iodobutanoate C6H11IO2 8083
7425-48-1 ethyl 3-chlorobutanoate C6H11ClO2 8039
7428-48-0 lead(ii) stearate C36H70O4Pb 35414
7429-37-0 trans-1,2-dibromocyclohexane C6H10Br2 7671
7429-44-9 2-methoxycyclohexanone C7H12O2 11490
7432-21-5 Na-carbobenzyloxy-L-tryptophan C19H18N2O4 31410
7432-27-1 5-chloro-2-(2-(diethylamino)ethoxy)benzani C19H23ClN2O2 31507
7432-28-2 schisandrin C24H32O7 33899
7433-56-9 trans-5-decene C10H20 20946
7433-78-5 cis-5-decene C10H20 20945
7435-50-9 1,3,6,7-tetramethylnaphthalene C14H16 27308
7436-07-9 5-nitroindane C9H9NO2 16444
7439-33-0 trans-1,3-cyclobutanedicarboxylic acid C6H8O4 7449
7442-07-1 6-amino-2-benzothiazolethiol C7H6N2S2 10393
7443-52-9 trans-2-methylcyclohexanol C7H14O 11846
7443-55-2 trans-3-methylcyclohexanol C7H14O 11848
7443-70-1 cis-2-methylcyclohexanol C7H14O 11845
7446-43-7 N-hydroxy-N-propyl-1-propanamine C6H15NO 9219
7447-44-1 S-2-amino-2-methylpropyl dihydrogen phosphoro C4H12NO3PS 4068
7448-86-4 1'-oxoestragole C10H10O2 19172
7449-74-3 N-methyl-N-(trimethylsilyl)acetamide C6H15NOSi 9229
7450-69-3 phenylphosphorodiamidate C6H9N2O2P 7581
7452-59-7 octyl chloroformate C9H17ClO2 17801
7452-79-1 ethyl 2-methylbutyrate C7H14O2 11923
7453-26-1 1,3-dimethyl-1,1,3,3-tetraphenyldisilazane C26H27NSi2 34265
7456-24-8 dimethylsulfamido-3-(dimethylamino-2-propy C19H25N3O2S2 31567
7459-33-8 (9Z,12Z)-octadeca-9,12-dienoyl chloride C18H31ClO 30979
7459-46-3 triethyl 1,1,2-ethanetricarboxylate C11H18O6 22632
7460-84-6 stearic acid 2,3-epoxypropyl ester C21H40O3 33027
7461-19-0 1-bromohexatriacontane C36H73Br 35430
7462-74-0 2-bromo-2-methylpropanamide C4H8BrNO 3332
7463-31-2 3'-(N-acetylamino)acetophenone C10H11NO2 19322
7463-51-6 4-bromo-3,5-dimethylphenol C8H9BrO 13552
7466-38-8 (4-ethoxyphenyl)phenyldiazene C14H14N2O 27110
7466-54-8 o-anisic acid, hydrazide C8H10N2O2 13885
7467-29-0 4-methyl-6-((2-methylphenyl)azo)-1,3-benzenedi C14H16N4 27361
7469-40-1 1-phenyl-3,4-dihydronaphthalene C16H14 29119
7469-83-2 1-(4-methoxyphenyl)-1-cyclohexanecarboxylic ac C14H18O3 27493
7473-98-5 2-hydroxy-2-methylpropiophenone C10H12O2 19596
7474-05-7 (R)-(+)-2-chloropropionic acid C3H5ClO2 1695
7474-10-4 3,4,6-trimethyl-2-cyclohexen-1-one C9H14O 17441
7474-83-1 3-bromo-1,2-naphthalenedione C10H5BrO2 18494
7476-08-6 10-cyano-1,2-benzanthracene C19H11N 31197
7476-66-6 methyl a-chlorophenylacetate C9H9ClO2 16319
7476-91-7 phenethyl chloracetate C10H11ClO2 19258
7477-67-0 3,3'-dimethyl-1,1'-diphenyl[4,4'-bi-2-pyrazo C20H18N4O2 32073
7477-73-8 1,5-diphenyl-1H-tetrazole C13H10N4 25619
7481-89-2 2',3'-dideoxycytidine C9H13N3O3 17371
7486-35-3 tributyl(vinyl)stannane C14H30Sn 27954
7487-28-7 bis(2,3-epoxy-2-methylpropyl) ether C8H14O3 14684
7488-70-2 thyroxine C15H11I4NO4 28097
7488-99-5 alpha-carotene C40H56 35594
7491-74-9 nootropyl C6H10N2O2 7737
7492-29-7 isoquinazepon C18H17ClN2O 30600
7492-37-7 1-benzyl dipropyl ketone C14H20O 27593
7492-44-6 a-butylcinnamaldehyde C13H16O 26085
7492-66-2 citral diethyl acetal C14H26O2 27806
7492-67-3 citronelloxyacetaldehyde C12H22O2 24726
7492-70-8 butyl butyrolactate C11H20O4 22743
7493-57-4 1-phenethoxy-1-propoxyethane C13H20O2 26329
7493-74-5 allyl phenoxyacetate C11H12O3 21887
7493-78-9 amyl cinnamic acetate C16H22O2 29515
7493-82-5 pentyl heptanoate C12H24O2 24874
7495-45-6 ethoxydiphenylacetic acid C16H16O3 29299
7495-97-8 diethylphosphinic anhydride C8H20O3P2 15716
7496-02-8 6-nitrochrysene C18H11NO2 30404
7498-54-6 3-tert-butylbenzoic acid C11H14O2 22154
7498-57-9 2-naphthaleneacetonitrile C12H9N 23396
7499-32-3 9,10-dihydro-7-methylbenzo(a)pyrene C21H16 32638
7499-60-7 gamma-oxo-1-pyrenebutyric acid C20H14O3 31919
7499-65-2 1-bromo-3-nitronaphthalene C10H6BrNO2 18520
7500-53-0 1,2-phenylenediacetic acid C10H10O4 19214
7505-62-6 benz(a)anthracene-7-carboxaldehyde C19H12O 31225
7506-80-1 2-hydroxyethyl (2-hydroxyethyl)carbamate C5H11NO4 5749
7507-68-8 6-carbethoxy-2,2,6-trimethylcyclohexanone C12H20O3 24590
7508-82-9 DL-N-benzoyl-2-methylserine C11H13NO4 21999
7509-20-8 1,3,5-tris(4-methoxyphenyl)benzene C27H24O3 34403
7511-54-8 3-ethylcholanthrene C22H18 33163
7515-62-0 5-bromo-trans-2-pentene C5H9Br 4979
7515-80-2 N-tert-butylisopropylamine C7H17N 12341
7516-82-7 methyldecylamine C11H25N 23091
7517-76-2 trans-1,4-cyclohexane diisocyanate C8H10N2O2 13879
7518-35-6 mannosulfan C10H22O14S4 21384
7519-36-0 1-nitroso-L-proline C5H8N2O3 4837
7521-80-4 butyltrichlorosilane C4H9Cl3Si 3651
7522-43-2 DL-2-isopropylserine C6H13NO3 8845
7522-44-3 DL-2-isobutylserine C7H15NO3 12092
7523-44-6 4-chloro-2-butenol C4H7ClO 3128
7524-63-2 1,2,3,4-tetrahydro-2,6-dimethylnaphthalene C12H16 24122
7525-62-4 m-ethylstyrene C10H12 19373

7526-26-3 diphenyl methylphosphonate C13H13O3P 25900
7529-27-3 ethylene glycol diallyl ether C8H14O2 14649
7529-63-7 1-(1-phenylethyl)piperidine C13H19N 26246
7530-07-6 octylperoxide C16H34O2 29781
7531-39-7 diethylphosphinic acid p-nitrophenyl ester C10H14NO4P 19925
7531-52-4 L-prolinamide hydrochloride C5H10N2O 5410
7532-52-7 5-amino-3-(5-nitro-2-furyl)-S-triazole C6H5N5O3 6866
7532-60-7 1-(butylamino)-3-p-toluidino-2-propanol C14H24N2O 27752
7533-40-6 (S)-(+)-leucinol C6H15NO 9227
7534-64-7 2,6-dichlorobenzyl thiocyanate C8H5Cl2NS 12631
7534-94-3 isobornyl methacrylate C14H22O2 27697
7535-34-4 6-methyl-2-heptylhydrazine C8H20N2 15705
7536-55-2 Na-boc-L-asparagine C9H16N2O5 17654
7536-58-5 boc-L-aspartic acid 4-benzylester C16H21NO6 29489
7538-45-6 2-mercaptoethyl trimethoxy silane C5H14O3SSi 6026
7539-12-0 allylsuccinic anhydride C7H8O3 10910
7539-25-5 2,3,5-trinitroanisole C7H5N3O7 10123
7540-51-4 (-)-b-citronellol C10H20O 21018
7541-49-3 phytol C20H40O 32490
7542-37-2 neomycin E C23H45N5O14 33683
7548-44-9 BDH 2700 C22H27ClO2 33306
7548-46-1 BDH 6140 C22H27BrO2 33304
7549-37-3 citral dimethyl acetal C12H22O2 24711
7554-65-6 4-methyl-1H-pyrazole C4H6N2 2891
7559-04-8 d-a-tocopherylquinone C29H50O3 34811
7560-83-0 N,N-dicyclohexylmethylamine C13H25N 26453
7562-61-0 usnic acid, C18H16O7 30639
7564-63-8 o-ethylstyrene C10H12 19372
7564-64-9 3-methyl-1,3,5-pentanetriol C6H14O3 9086
7567-22-8 1-bromo-1,3,5,7-cyclooctatetraene C8H7Br 12954
7568-37-8 methyl cadmium azide CH3CdN3 195
7568-92-5 beta-aminobenzeneethanol C8H11NO 14126
7568-93-6 alpha-(aminomethyl)benzenemethanol C8H11NO 14128
7570-25-4 vinyl azide C2H3N3 769
7570-26-5 1,2-dinitroethane C2H4N2O4 860
7570-45-8 N-ethyl-3-carbazolecarboxaldehyde C15H13NO 28223
7570-47-0 2-methyl-5-nitroindole C9H8N2O2 16168
7570-49-2 5-amino-2-methylindole C9H10N2 16574
7570-98-1 1-(phenylthio)naphthalene C16H12S 29073
7572-29-4 dichloroacetylene C2Cl2 434
7576-88-7 6-amino-2,3-dimethylquinoxaline C10H11N3 19347
7579-36-4 dibenzyl oxalate C16H14O4 29178
7581-97-7 2,3-dichlorobutane, dl and meso C4H8Cl2 3370
7583-53-1 1-methyl-3-piperidinemethanol C7H15NO 12062
7585-39-9 b-cyclodextrin C42H70O35 35700
7589-27-7 4-fluorophenethyl alcohol C8H9FO 13643
7596-92-1 1-bromodotriacontane C32H65Br 35122
7597-18-4 6-nitroindazole C7H5N3O2 10108
7598-61-0 diethyl 2,2-diethoxyethylphosphonate C10H23O5P 21414
7598-91-6 ethyl 5-hydroxy-2-methylindole-3-carboxylate C12H13NO3 23856
7601-87-8 N,N'-dimethyl-N,N'-dinitrosooxamide C4H6N4O4 2933
7603-37-4 bicyclo[4.3.0]nona-3,6(1)-diene C9H12 17017
7605-28-9 (phenylsulfonyl)acetonitrile C8H7NO2S 13161
7611-43-0 lycomarasmine C9H15N3O7 17582
7611-86-1 cis-1-chloro-1-butene C4H7Cl 3098
7611-87-2 trans-1-chloro-1-butene C4H7Cl 3099
7611-88-3 cis-1-chloro-2-methyl-1-butene C5H9Cl 5039
7611-89-4 trans-1-chloro-2-methyl-1-butene C5H9Cl 5040
7612-98-8 4-N,N-dimethylaminoazobenzene-4'-isothiocyana C15H14N4S 28282
7614-93-9 1,3-diphenyl-1-butene C16H16 29233
7615-57-8 1,3,5-triazine-2,4,6-tricarbonitrile C6N6 9402
7616-22-0 gamma-tocopherol C28H48O2 34701
7617-74-5 laurixamine C15H33NO 28939
7619-08-1 ethyl 9,12-octadecadienoate C20H36O2 32422
7621-86-5 2-(4-aminophenyl)-5-aminobenzimidazole C13H12N4 25786
7622-21-1 benzyl (S)-(-)-2-hydroxy-3-phenylpropionate C16H16O3 29293
7622-22-2 benzyl (R)-(+)-2-hydroxy-3-phenylpropionate C16H16O3 29294
7623-01-0 2,4,6,8-tetraethyl-2,4,6,8-tetramethylcyclo C12H32O4Si4 25414
7623-09-8 2-chloropropionyl chloride C3H4Cl2O 1549
7623-10-1 3-chloro-2-methylpropanoyl chloride C4H6Cl2O 2826
7623-11-2 2-chlorobutanoyl chloride C4H6Cl2O 2827
7623-13-4 2,3-dichloropropanoyl chloride C3H3Cl3O 1428
7632-10-2 desoxyn C10H15N 20232
7633-57-0 N-nitrosoindoline C8H8N2O 13348
7635-11-2 L(-)-allose C6H12O6 8601
7635-54-3 (+)-menthyl chloroformate C11H19ClO2 22636
7641-77-2 hexamethyldewarbenzene C12H18 24377
7642-04-8 cis-2-octene C8H16 14892
7642-09-3 cis-3-hexene C6H12 8221
7642-10-6 cis-3-heptene C7H14 11712
7642-15-1 cis-4-octene C8H16 14897
7643-75-6 L(-)-arabitol C5H12O5 5919
7644-67-9 azotomycin C17H23N7O8 30219
7648-01-3 3-ethylrhodanine C5H7NOS2 4676
7650-84-2 diphenylpropylphosphine C15H17P 28493
7651-40-3 (±)-5-allyl-5-(1-methyl-2-pentynyl)-2-thiob C13H16N2O2S 26066
7651-83-4 7-isoquinolinol C9H7NO 16019
7651-91-4 N,N-dichloromethylamine CH3Cl2N 204
7652-64-4 N,N'-bispropyleneisophthalamide C14H16N2O2 27351
7654-03-7 neuralex C15H16N2O 28419
7658-08-4 quinovose C6H12O5 8580
7659-31-6 silver(i) acetylide C2Ag2 391
7659-45-2 3-chloro-2-methylpropionitrile C4H6ClN 2796
7659-86-1 2-ethylhexyl mercaptoacetate C10H20O2S 21079
7660-25-5 fructose C6H12O6 8607
7661-32-7 1-(4-bromophenyl)-2-pyrrolidinone C10H10BrNO 18980
7661-33-8 1-(4-chlorophenyl)-2-pyrrolidinone C10H10ClNO 18985
7661-39-4 2-butylquinoline C13H15N 26008
7661-55-4 5-methylquinoline C10H9N 18852
7662-51-3 L-tyrosine hydrazide C9H13N3O2 17369
7663-77-6 1-(3-aminopropyl)-2-pyrrolidinone C7H14N2O 11787
7664-98-4 dipropyloxostannane C6H14OSn 9019
7665-72-7 [(1,1-dimethylethoxy)methyl]oxirane C7H14O2 11918
7667-51-8 n-nonacontane C90H182 36002
7667-55-2 1,cis-2,trans-3-trimethylcyclohexane C9H18 17930
7667-58-5 1,cis-2,trans-4-trimethylcyclohexane C9H18 17934
7667-59-6 1,trans-2,cis-4-trimethylcyclohexane C9H18 17935
7667-60-9 1,trans-2,trans-4-trimethylcyclohexane C9H18 17936
7667-78-9 n-octapentacontane C58H118 35904
7667-79-0 n-nonapentacontane C59H120 35908
7667-80-3 n-hexacontane C60H122 35922
7667-81-4 n-henhexacontane C61H124 35925
7667-82-5 n-henheptacontane C71H144 35961
7667-83-6 n-doheptacontane C72H146 35968
7667-84-7 n-triheptacontane C73H148 35970
7667-85-8 n-tetraheptacontane C74H150 35972
7667-86-9 n-pentaheptacontane C75H152 35975
7667-87-0 n-hexaheptacontane C76H154 35977
7667-88-1 n-octacontane C80H162 35984
7667-89-2 n-henoctacontane C81H164 35985
7667-90-5 n-trioctacontane C83H168 35987
7667-91-6 n-tetraoctacontane C84H170 35990
7667-92-7 n-hexaoctacontane C86H174 35992
7667-93-8 n-heptaoctacontane C87H176 35993
7667-94-9 n-octaoctacontane C88H178 35998
7667-95-0 n-dononacontane C92H186 36004
7667-96-1 n-trinonacontane C93H188 36005
7667-97-2 n-pentanonacontane C95H192 36008
7669-54-7 2-nitrobenzenesulfenyl chloride C6H4ClNO2S 6450
7670-25-9 n-heptanonacontane C97H196 36011
7670-26-0 n-octanonacontane C98H198 36012
7670-27-1 n-nonanonacontane C99H200 36013
7673-09-8 trichloromelamine C3H3Cl3N6 1423
7677-24-9 trimethylsilyl cyanide C4H9NSi 3761
7681-76-7 1-methyl-5-nitroimidazole-2-methanol carbamate C6H8N4O4 7376
7681-84-7 tetrahydro-2-furancarboxaldehyde C5H8O2 4911
7681-93-8 pimaricin C33H47NO13 35160
7682-90-8 bay 75546 C12H17BrN3O3PS 24277
7683-59-2 isoproterenol C11H17NO3 22527
7685-44-1 DL-2-amino-4-pentenoic acid C5H9NO2 5225
7686-77-3 3-cyclopentene-1-carboxylic acid C6H8O2 7422
7688-21-3 cis-2-hexene C6H12 8218
7688-25-7 1,4-bis(diphenylphosphino)butane C28H28P2 34613
7689-03-4 (+)-camptothecin C20H16N2O4 32011
7693-41-6 4-methoxyphenyl chloroformate C8H7ClO3 13036
7693-44-9 4-bromophenyl chloroformate C7H4BrClO2 9614
7693-46-1 4-nitrophenyl chloroformate C7H4ClNO4 9722
7693-52-9 4-bromo-2-nitrophenol C6H4BrNO3 6408
7694-45-3 L(-)-perillic acid C10H14O2 20117
7695-91-2 DL-a-tocopherol acetate C31H52O3 35015
7696-12-0 tetramethrin C19H25NO4 31566
7696-51-7 2-isopropylpyrrole C7H11N 11268
7697-46-3 phenyl-1H-pyrrol-2-ylmethanone C11H9NO 21568
7698-91-1 N-methyl-4-amino-1,2,5-selenadiazole-3-carboxa C4H6N4OSe 2928
7698-97-7 fenestrel C16H20O2 29466
7700-17-6 ciodrin C14H19O6P 27559
7705-12-6 iron(ii) maleate C4H2FeO4 2414
7705-14-8 dipentene C10H16 20341
7712-60-9 5-chloro-2-methyl-2-pentene C6H11Cl 8017
7712-66-5 thujane, (1S,4R,5S)-(+) C10H18 20633
7713-69-1 methyl-sec-butylamine C5H13N 5957
7719-76-8 n-nonaoctacontane C89H180 36000
7719-79-1 n-dopentacontane C52H106 35847
7719-82-6 n-hexapentacontane C56H114 35891
7719-83-7 n-dohexacontane C62H126 35932
7719-84-8 n-trihexacontane C63H128 35940
7719-85-9 n-octaheptacontane C78H158 35980
7719-86-0 n-nonaheptacontane C79H160 35982
7719-87-1 n-tetrahexacontane C64H130 35943
7719-88-2 n-pentahexacontane C65H132 35944
7719-89-3 n-hexahexacontane C66H134 35949
7719-90-6 n-heptahexacontane C67H136 35952
7719-91-7 n-octahexacontane C68H138 35956
7719-92-8 n-nonahexacontane C69H140 35958
7719-93-9 n-heptacontane C70H142 35960
7719-94-0 n-heptaheptacontane C77H156 35979
7719-95-1 n-dooctacontane C82H166 35986
7719-96-2 n-pentaoctacontane C85H172 35991
7719-97-3 n-hennonacontane C91H184 36003
7722-06-7 4-amino-1,2,5-selenadiazole-3-carboxamide C3H4N4OSe 1618
7722-73-8 HX-868 C21H27N3O3 32911
7730-20-3 6-fluoro-DL-tryptophan C11H11FN2O2 21694
7730-42-9 ethyl azetidine-1-propionate C8H15NO2 14816
7731-28-4 cis-4-methylcyclohexanol C7H14O 11849
7731-29-5 trans-4-methylcyclohexanol C7H14O 11850
7735-33-3 2-chloroethyl pentanoate C7H13ClO2 11599
7735-42-4 1,16-hexadecanediol C16H34O2 29780
7739-33-5 N-tri-isopropyl-B-triethyl borazole C15H36B3N3 28951
7740-33-2 ethyl 3-thioxobutanoate C6H10O2S 7871
7745-91-7 3-bromo-4-methylaniline C7H8BrN 10737
7745-93-9 2-bromo-1-methyl-4-nitrobenzene C7H6BrNO2 10174
7747-35-5 5-ethyl-3,7-dioxa-1-azabicyclo[3.3.0]octane C7H13NO2 11660
7749-47-5 2-amino-4-methoxy-6-methylpyrimidine C6H9N3O 7594
7751-31-7 3-(bis(2-chloroethyl)aminomethyl)-2-benzo C12H14Cl2N2O2 23908
7755-92-2 1-formylpiperazine C5H10N2O 5409
7756-00-5 N,N'-(2,3-dinitro-1,4-phenylene)-bisacetamid C10H10N4O6 19082
7756-87-8 1,3-dichlorotetraphenyldisiloxane C24H20Cl2OSi2 33773
7756-94-7 isobutene, trimer C12H24 24828
7757-81-5 sodium sorbate C6H7NaO2 7258
7759-35-5 17-hydroxy-16-methylene-19-norpregn-4-ene-3,20 C23H30O4 33619
7761-45-7 metoprine C11H10Cl2N4 21611
7763-13-5 n-hexanonacontane C96H194 36010
7763-77-1 chloroethylene oxide C2H3ClO 709
7764-50-3 (+)-dihydrocarvone C10H16O 20461
7764-95-6 boc-D-alanine C8H15NO4 14837
7766-23-6 3-bromo-2-methylphenol C7H7BrO 10479
7766-48-5 5-iodo-1-pentene C5H9I 5152
7766-50-9 11-bromo-1-undecene C11H21Br 22751
7766-51-0 4-iodo-1-butene C4H7I 3213
7768-28-7 2-hydroxyphenethyl alcohol C8H10O2 13975
7771-44-0 5,8,11,14-eicosatetraenoic acid C20H32O2 32387
7773-34-4 a,a'-diethyl-4,4'-dimethoxystilbene C20H24O2 32232
7773-60-6 4-[1-ethyl-2-(4-methoxyphenyl)-1-butenyl]pheno C19H22O2 31498
7774-65-4 p-menth-1-en-8-yl isobutyrate C14H24O2 27766
7774-82-5 2-tridecenal C13H24O 26419
7776-33-2 selenohomocystine C8H16N2O4Se2 15057
7778-83-8 n-propyl cinnamate C12H14O2 23986
7778-85-0 1,2-dimethoxypropane C5H12O2 5885
7778-87-2 propyl heptanoate C10H20O2 21058
7779-27-3 1,3,5-triethylhexahydro-1,3,5-triazine C9H21N3 18403
7779-31-9 3,3,5-trimethylcyclohexyl methacrylate, isomer C13H22O2 26382
7779-41-1 aldehyde C-10 dimethylacetal C12H26O2 25293
7779-75-1 isobutyl acetoacetate C8H14O3 14677
7779-80-8 isobutyl heptanoate C11H22O2 22845
7780-06-5 isopropyl cinnamate C12H14O2 23983
7781-98-8 ethyl 3-hydroxybenzoate C9H10O3 16722
7782-21-0 alpha-propylbenzeneacetic acid, (±) C11H14O2 22133
7782-24-3 (S)-(+)-2-phenylpropionic acid C9H10O2 16702
7782-26-5 (R)-(-)-2-phenylpropionic acid C9H10O2 16703
7785-26-4 alpha-pinene, (-) C10H16 20322
7785-33-3 geranyl tiglate C15H24O2 28774
7785-70-8 (+)-a-pinene C10H16 20368
7786-17-6 2,2'-methylene-bis(4-methyl-6-nonylphenol) C33H52O 35166
7786-29-0 2-methyloctanal C9H18O 18048
7786-34-7 mevinphos C7H13O6P 11695
7786-44-9 2,6-nonadien-1-ol C9H16O 17697

7786-61-0 4-vinylguaiacol C9H10O2 16707
7786-67-6 p-menth-8-en-3-ol C10H18O 20758
7787-20-4 (1R)-(-)-fenchone C10H16O 20463
7787-72-6 trans-decahydro-2-methylenenaphthalene C11H18 22553
7787-93-1 dichloro(3-chloropropyl)methylsilane C4H9Cl3Si 3654
7789-89-1 1,1,1-trichloropropane C3H5Cl3 1703
7789-90-4 2,2,3-trichloropropanal C3H3Cl3O 1426
7789-92-6 1,1,3-triethoxypropane C9H20O3 18353
7789-99-3 2-methyl-1-pentyl acetate C8H16O2 15164
7790-01-4 a,a-dicyanoethyl acetate C6H6N2O2 7004
7790-03-6 2-(2-cyanoethoxy)ethyl ester acrylic acid C8H11NO3 14191
7790-07-0 adipic acid (di-2-(2-ethylbutoxy)ethyl) ester C22H42O6 33445
7790-12-7 7-aminoheptanoic acid, isopropyl ester C10H21NO2 21119
7791-10-8 strontium chlorate C12O6Sr 25430
7795-80-4 2-methyl-2,3-pentanediol C6H14O2 9035
7795-91-7 ethylene glycol mono-sec-butyl ether C6H14O2 9067
7795-95-1 1-octanesulfonyl chloride C8H17ClO2S 15267
7796-16-9 trichloroperoxyacetic acid C2HCl3O3 548
7796-36-3 cis-1-iodo-1-propene C3H5I 1734
7796-54-5 trans-1-iodo-1-propene C3H5I 1735
7797-81-1 N-hydroxynaphthalimide C12H7NO3 23257
7797-83-3 2,3-(methylenedioxy)benzaldehyde C8H6O3 12933
8001-35-2 toxaphene C10H9Cl9 18836
8001-79-4 castor oil C18H34O3 31037
8003-05-2 phenylmercuric nitrate C12H11Hg2NO4 23604
8004-87-3 methyl violet C24H28ClN3 33854
8006-38-0 aconitine, amorphous C34H47NO11 35237
8006-39-1 terpineol C10H18O 20763
8006-87-9 oil of sandalwood, east indian C15H24O 28769
8013-90-9 ionone C13H20O 26320
8022-00-2 methyl demeton C6H15O3PS2 9267
8048-52-0 acriflavine C27H25ClN6 34404
8052-16-2 actinomycin C C62H89N11O17 35937
8066-33-9 pentolite C12H13N7O18 23886
8069-64-5 theophylline methoxyoximercuripropyl succi C16H22HgN6O7 29500
8069-76-9 dinocton-O C16H22N2O7 29510
9002-89-5 polyvinyl alcohol C2H4O 886
9002-93-1 octylphenoxypolyethoxyethanol C30H32N4O8 34880
9004-70-0 collodion C12H16N4O18 24183
9004-98-2 oleylpolyoxyethylene glycol ether C58H116O21 35903
9005-37-2 propylene glycol alginate C72H112O56 35966
9005-64-5 polyoxyethylene (20) sorbitan monolaurate C58H114O26 35902
9005-65-6 glycol; (polysorbate 80) C61H122O24 35924
9005-66-7 polysorbate 40 C62H122O26 35931
9005-67-8 polysorbate 60 C64H126O26 35942
9007-13-0 calcium resinate C88H124CaO8 35996
9008-54-2 circulin C56H96N12O13 35888
9016-00-6 polydimethylsiloxane C2H6OSi 1070
9034-40-6 luteinizing hormone-releasing hormone C55H75N17O13 35877
9036-19-5 octyl phenol; EO(20) C30H54O9 34938
9060-10-0 bleomycin B2 C55H84N20O21S2 35878
10003-69-7 (ethanediylidenetetrathio)tetraacetic acid C10H14O8S4 20177
10004-44-1 hydroxyisoxazole C4H5NO2 2719
10008-73-8 dihydro-5-methylene-2(3H)-furanone C5H6O2 4550
10008-90-9 chloro(trivinyl)stannane C6H9ClSn 7511
10009-70-8 (R)-(+)-2-bromopropionic acid C3H5BrO2 1658
10010-36-3 4'-fluoro-4-stilbenamine C14H12FN 26888
10019-95-1 N-tosylpyrrolidone C11H13NO3S 21994
10020-43-6 2-(octyloxy)ethanol C10H22O2 21360
10020-96-9 (R)-(+)-mandelonitrile C8H7NO 13130
10021-92-8 dimethyl trans-1,3-cyclohexanedicarboxylate C10H16O4 20518
10022-60-3 bis(2-ethylbutyl) adipate C18H34O4 31043
10023-25-3 6,13-dihydrobenzo(e)(1)benzothiopyrano(4,3-b) C19H13NS 31250
10024-58-5 decanoic acid, diester with triethylene glyco C26H50O6 34346
10024-70-1 3-methoxy butanoic acid C5H10O3 5557
10024-74-5 bis(1-phenylethyl)amine C16H19N 29413
10024-78-9 4-ethyl-1-methyloctylamine C11H25N 23095
10024-90-5 4-methoxy-3-methylacetophenone C10H12O2 19628
10025-09-9 pentamethylene glycol dipropionate C11H20O4 22744
10027-06-2 2-norbornyl acrylate C9H14O2 17479
10027-07-3 suberoyl chloride C8H12Cl2O2 14267
10029-04-6 ethyl-2-(hydroxymethyl)acrylate C6H10O3 7914
10030-80-5 L(-)-mannose C6H12O6 8614
10031-82-0 4-ethoxybenzaldehyde C9H10O2 16660
10031-87-5 2-ethylbutyl acetate C8H16O2 15162
10031-96-6 eugenol formate C11H12O3 21896
10032-00-5 acetoacetic acid 3,7-dimethyl-2,6-octadienyl C13H20O3 26337
10032-02-7 geranyl caproate C16H28O2 29631
10032-13-0 hexyl isovalerate C11H22O2 22854
10032-15-2 hexyl 2-methylbutyrate C11H22O2 22855
10039-33-5 di-n-octyltin bis(2-ethylhexyl maleate) C40H72O8Sn 35614
10040-95-6 1-(4-methoxyphenyl)-1H-imidazole C10H10N2O 19048
10041-02-8 4-(imidazol-1-yl)phenol C9H8N2O 16157
10041-06-2 4'-(imidazol-1-yl)acetophenone C11H10N2O 21623
10042-29-2 2-methylpentyl trifluoroacetate C8H13F3O2 14425
10042-59-8 2-propyl-1-heptanol C10H22O 21284
10043-09-1 2,3-bis(2,3-epoxypropoxy)-1,4-dioxane C10H16O6 20537
10043-18-2 3-(2-butoxyethoxy)propanol C9H20O3 18356
10045-34-8 1-allyl-2-nitroimidazole C6H7N3O2 7244
10047-28-6 butyl thioglycolate C6H12O2S 8526
10048-13-2 sterigmatocystin C18H12O6 30438
10048-32-5 parasorbic acid C6H8O2 7421
10051-06-6 pentafluoroguanidine CF5N3 83
10058-07-8 7-(2-((3-pyridylmethyl)amino)ethyl)theophyl C21H23N7O4 32826
10058-20-5 succinic acid, bis(2-(hexyloxy)ethyl) ester C20H38O6 32456
10061-01-5 cis-1,3-dichloropropene C3H4Cl2 1537
10061-02-6 trans-1,3-dichloropropene C3H4Cl2 1538
10068-07-2 methyl 3-hydroxyisoxazole-5-carboxylate C5H5NO4 4419
10071-60-0 1-chloro-2-pentene C5H9Cl 5056
10072-50-1 polymyxin D1 C50H93N15O15 35830
10075-38-4 cis-1,3-dichloro-2-butene C4H6Cl2 2815
10075-50-0 5-bromoindole C8H6BrN 12725
10075-85-1 9,10-bis(phenylethynyl)anthracene C30H18 34842
10076-31-0 dimethyl-2,2-dimethylpropylamine C7H17N 12331
10083-24-6 piceatannol C14H12O4 26986
10083-53-1 4-(3'-methylaminopropylidene)-9,10-dihydro-4H C17H19NS 30107
10086-50-7 2-(isobutyl-3-methylbutoxy)ethanol C11H24O2 23071
10086-64-3 1-fluoro-2-methylbutane C5H11F 5652
10087-89-5 1,1-diphenyl-2-propynyl-N-cyclohexylcarbamat C22H23NO2 33240
10088-95-6 radicinin C12H12O5 23789
10090-05-8 trimethylsilyl methanesulfonate C4H12O3SSi 4097
10094-34-5 benzyl dimethylcarbinyl n-butyrate C14H20O2 27601
10097-26-4 2-butyloctyl ester methacrylic acid C16H30O2 29669
10099-57-7 p-isopropylphenylethyl alcohol C11H16O 22445
10099-70-4 2-butenedioic acid (Z)-, bis(1-methylethyl) e C10H16O4 20530
10099-71-5 maleic acid, dipentyl ester C14H24O4 27771
10099-72-6 maleic acid, mono(hydroxyethoxyethyl) ester C8H12O6 14404
10099-73-7 maleic acid, mono(2-hydroxypropyl) ester C7H10O5 11223
10108-56-2 butylcyclohexylamine C10H21N 21101
10108-61-9 N-sec-butylphthalimide C12H13NO2 23848
10112-15-9 N-ethyl-2-nitroaniline C8H10N2O2 13882
10118-90-8 minocycline C23H27N3O7 33583
10121-94-5 N-methyl-4-(phenylazo)-o-anisidine C14H15N3O 27252
10123-62-3 2-cyanoethanephosphonic acid diethyl ester C7H14NO3P 11778
10124-65-9 potassium laurate C12H23KO2 24803
10124-73-9 2-chloro-1-hexene C6H11Cl 8012
10124-86-4 1,8-diisocyanatooctane C10H16N2O2 20402
10125-76-5 4-nitrosobiphenyl C12H9NO 23408
10130-87-7 2-methoxybenzenesulfonyl chloride C7H7ClO3S 10535
10130-89-9 4-(chlorosulfonyl)benzoic acid C7H5ClO4S 9945
10130-91-3 2,2,6-trimethylcyclohexanol C9H18O 18026
10135-38-3 3,3,5,5-tetramethyl-1-pyrroline N-oxide C8H15NO 14801
10136-52-4 9-heptadecenoic acid C17H32O2 30292
10136-83-1 1-methyl-6-isopropylnaphthalene C14H16 27282
10137-69-6 cyclohexenyltrichlorosilane C6H9Cl3Si 7519
10137-73-2 cyclopentyl ether C10H18O 20749
10137-80-1 N-(2-ethylhexyl)aniline C14H23N 27725
10137-87-8 N-ethyl(a-methylbenzyl)amine C10H15N 20234
10137-90-3 5-ethyl-3-nonen-2-one C11H20O 22697
10137-96-9 ethylene glycol mono-2-methylpentyl ether C8H18O2 15568
10137-98-1 ethylene glycol mono-2,6,8-trimethyl-4-nonyl C14H30O2 27936
10138-10-0 ethyl 4-oxobutanoate C6H10O3 7890
10138-17-7 2,6-dimethyl-1,4-dioxane C6H12O2 8522
10138-21-3 ethylvinyldichlorosilane C4H8Cl2Si 3386
10138-34-8 2,3-epoxybutyric acid butyl ester C8H14O3 14686
10138-39-3 allyl-3,4-epoxy-6-methylcyclohexanecarboxylat C11H16O3 22472
10138-47-3 2-(1-ethylamyloxy)ethanol C9H20O2 18348
10138-59-7 hexahydrophthalic acid diethyl ester C12H20O4 24607
10138-60-0 4-hexen-1-yn-3-ol C6H8O 7401
10138-63-3 b-phenylethyl ester hydracrylic acid C11H14O3 22188
10138-79-1 tris(2-chloroethoxy)silane C6H13Cl3O3Si 8703
10138-87-1 2-(2-(1-ethylamyloxy)ethoxy)ethanol C11H24O3 23076
10138-89-3 1,1,3-trimethoxybutane C7H16O3 12285
10139-01-2 2'-nitrophenyl-2-acetamido-2-deoxy-a-D-gluc C14H18N2O8 27469
10139-02-3 4'-nitrophenyl-2-acetamido-2-deoxy-a-D-gluc C14H18N2O8 27470
10139-84-1 2',4'-dihydroxy-3'-methylacetophenone C9H10O3 16746
10140-08-6 1-(2-(2-(2,6-diethyl-a-(2,6-diethylphenyl)b C30H46N2O2 34913
10140-75-7 1,1-diacetoxy-2,3-dichloropropane C7H10Cl2O4 11076
10140-84-8 2,4-dichlorophenyl "cellosolve" C10H12Cl2O2 19421
10140-87-1 1,2-dichloroethyl acetate C4H6Cl2O2 2845
10140-89-3 2,3-dichloropropanal C3H4Cl2O 1546
10140-94-0 2-chloro-5-ethyl-4-propyl-2-thiono-1,3,2-d C8H16ClO2PS 15003
10140-97-3 a-chloro-p-nitrostyrene C8H6ClNO2 12778
10141-07-8 crotylidene dicrotonate C12H16O4 24264
10141-15-8 4-cyanoethoxy-2-methyl-2-pentanol C9H17NO2 17837
10141-19-2 vinyl-2,6,8-trimethylnonyl ether C14H28O 27872
10141-22-7 2,3-dichloro-2-methylpropionaldehyde C4H6Cl2O 2835
10143-20-1 2,8-dimethyl-6-isobutylnonanol-4 C15H32O 28915
10143-22-3 N,N-dimethylol-2-methoxyethyl carbamate C6H13NO5 8854
10143-23-4 2,3-dimethyl-1-pentanol C7H16O 12183
10143-31-4 N,N-dipropyl succinamic acid ethyl ester C12H23NO3 24809
10143-53-0 diethylene glycol ethylvinyl ether C8H16O3 15230
10143-54-1 3-[2-(2-hydroxyethoxy)ethoxy]propanenitrile C7H13NO3 11670
10143-56-3 diethylene glycol-mono-2-methylpentyl ether C10H22O3 21372
10143-60-9 bis(2-ethylhexyl) ether C16H34O 29772
10143-66-5 1,3-dimethoxybutane C6H14O2 9065
10143-67-6 acetaldehyde bis(2-methoxyethyl)acetal C8H18O4 15594
10147-11-2 3-phenyl-1-propyne C9H8 16093
10147-36-1 1-propanesulfonyl chloride C3H7ClO2S 2008
10147-37-2 2-propanesulfonyl chloride C3H7ClO2S 2009
10148-71-7 (2S,3R)-(+)-2-amino-3-hydroxy-4-methylpentanoi C6H13NO3 8841
10150-87-5 4-acetoxy-2-butanone C6H10O3 7900
10151-95-8 2-nitro-N-phenylacetamide C8H8N2O3 13363
10152-76-8 3-(methylthio)-1-propene C4H8S 3587
10158-43-7 dimethylphenylethynylthallium C10H11Tl 19357
10160-24-4 7-bromo-1-heptanol C7H15BrO 11986
10160-87-9 3,3-diethoxy-1-propyne C7H12O2 11459
10160-99-3 6,10-hexadecadiyne C16H26 29598
10161-34-9 17b-hydroxyestra-4,9,11-trien-3-one acetate C20H24O3 32233
10161-84-9 selenophos C10H24NO2PSe 21415
10161-85-0 O,O-diethyl Se-(2-diethylaminoethyl)phosp C10H24NO3PSe 21417
10165-13-6 N-chloroaziridine C2H4ClN 805
10165-33-0 1-amino-2-methoxyanthraquinone C15H11NO3 28116
10166-08-2 2-methylbenzeneacetaldehyde C9H10O 16620
10170-69-1 manganese carbonyl C10Mn2O10 21464
10171-76-3 bis(2,5-endomethylenecyclohexylmethyl)amine C16H27N 29623
10171-78-5 N-(3-hydroxypropyl)-1,2-propanediamine C6H16N2O 9305
10172-39-1 1-phenyl-6,7-dimethoxy-3,4-dihydroisoquinoli C17H17NO2 30037
10176-39-3 formiloxine C46H64O19 35781
10182-82-8 b-(N-(3-hydroxy-4-pyridone))-a-aminopropioni C8H10N2O4 13893
10187-79-8 N-(1-methyl-3-(5-nitro-2-furyl)-S-triazol)-5- C9H9N5O4 16507
10191-18-1 bes C6H15NO5S 9241
10191-60-3 N-cyanoimido-S,S-dimethyl-dithiocarbonate,rema C4H6N2S2 2922
10191-61-4 cyanimidodithiocarbonic acid monomethyl ester C3H3KN2S2 1460
10192-32-2 1-tetracosene C24H48 33985
10192-62-8 bisphenol A diacetate C19H20O4 31453
10192-93-5 3,4-dimethyl-3,4-diphenylhexane C20H26 32262
10193-50-7 3,3'-dihydroxydiphenylmethane C13H12O2 25807
10193-95-0 bis(mercaptoacetate)-1,4-butanediol C8H14O4S2 14721
10199-89-0 nbd chloride C6H2ClN3O3 6157
10200-59-6 2-thiazolecarboxaldehyde C4H3NOS 2491
10203-08-4 3,5-dichlorobenzaldehyde C7H4Cl2O 9741
10203-28-8 2-dodecanol C12H26O 25278
10203-30-2 3-dodecanol C12H26O 25279
10203-58-4 diethyl isobutylmalonate C11H20O4 22733
10210-64-7 beryllium acetylacetonate C10H14BeO4 19898
10210-68-1 cobalt carbonyl C8Co2O8 12421
10212-74-5 ethyl sec-butylcarbamate C7H15NO2 12078
10213-74-8 3-(2-ethylbutoxy)propionic acid C9H18O3 18097
10213-75-9 3-(2-ethylhexyloxy)propionitrile C11H21NO 22774
10215-25-5 3,6-thioxanthenediamine-10,10-dioxide C13H12N2O2S 25775
10215-33-5 3-butoxy-1-propanol C7H16O2 12277
10218-83-4 N,N-dibromomethylamine CH3Br2N 193
10220-20-9 dipiperidino disulfide C10H20N2S2 20986
10222-01-2 a,a-dibromo-a-cyanoacetamide C3H2Br2N2O 1341
10222-95-4 1,2,4-trimethyl-5-isopropylbenzene C12H18 24375
10226-29-6 6-bromo-2-hexanone C6H11BrO 7986
10226-30-9 6-chloro-2-hexanone C6H11ClO 8029
10229-10-4 3-pentyn-1-ol C5H8O 4867
10230-61-2 durene-alpha1,alpha2-dithiol C10H14S2 20180
10230-68-9 nitroacetone C3H5NO3 1772
10232-90-3 2-(1,2-dichloroethyl)-4-methyl-1,3-dioxolane C6H10Cl2O2 7697
10232-91-4 3-(2-ethylbutoxy)propionitrile C9H17NO 17828
10232-92-5 2,4-dihydroxy-3,3-dimethylbutyronitrile C6H11NO2 8156
10232-93-6 di(2-methoxyethyl) maleate C10H16O6 20538
10233-13-3 isopropyl dodecanoate C15H30O2 28887

10234-40-9 O,O'-bis(2-hydroxyethoxy)benzene C10H14O4 20163
10235-09-3 phosphorothioic acid, O,O,O-tris(2-chloroe C6H12Cl3O3PS 8294
10236-14-3 triethyl 4-phosphonocrotonate, isomers C10H19O5P 20912
10236-47-2 naringin C27H32O14 34437
10238-21-8 1-((p-(2-(chloro-o-anisamido)ethyl)pheny C23H28ClN3O5S 33586
10240-08-1 4-methyl-1-naphthalenol C11H10O 21649
10247-90-2 tetraheptylammonium chloride C28H60ClN 34745
10250-47-2 3-methyl-3-pentyl acetate C8H16O2 15166
10250-52-9 1,1-diiodopropane C3H6I2 1871
10250-55-2 1,1-diiodo-2-methylpropane C4H8I2 3407
10256-92-5 tetrafluorourea CF4N2O 77
10257-92-8 3-methyl-2-phenyl-1H-indole C15H13N 28217
10258-54-5 2-methoxyethyl cyanoacetate C6H9NO3 7563
10259-22-0 ethyl 3-methoxybenzoate C10H12O3 19639
10262-69-8 ludiomil C20H23N 32191
10264-25-2 N-hexylvaleramide C11H23NO 22883
10265-92-6 methamidophos C2H8NO2PS 1154
10269-96-2 6-nitrocaproic acid C6H11NO4 8175
10272-07-8 3,5-dimethoxyaniline C8H11NO2 14169
10273-74-2 p-xylylenebis(triphenylphosphonium bromide C44H38Br2P2 35742
10273-90-2 3-methyl-2-phenylpyridine C12H11N 23615
10276-09-2 2,2-dimethyl-3-butenoic acid C6H10O2 7820
10276-21-8 isophorone oxide C9H14O2 17475
10277-74-4 (R)-(-)-1-aminoindan C9H11N 16897
10283-15-5 2-chloro-3,4-dimethylphenol C8H9ClO 13595
10284-63-6 D-pinitol C7H14O6 11958
10287-53-3 ethyl 4-(dimethylamino)benzoate C11H15NO2 22269
10288-13-8 1,2-dibromo-3-methylbutane C5H10Br2 5309
10289-45-9 4-n-propylbiphenyl C15H16 28406
10289-68-6 3-tridecanol C13H28O 26537
10292-98-5 4,7,7-trimethylbicyclo[2.2.1]heptan-2-one, (1S C10H16O 20431
10293-06-8 3-bromo-1,7,7-trimethylbicyclo[2.2.1]heptan- C10H15BrO 20188
10297-05-9 1-chloro-4-iodobutane C4H8ClI 3356
10297-06-0 6-chloro-1-hexyne C6H9Cl 7491
10297-09-3 7-octynoic acid C8H12O2 14356
10297-38-8 diethyl sulfoxylate C4H10O2S 3909
10297-57-1 2-methyl-2-nonanol C10H22O 21236
10297-73-1 4-methylsulphonylacetophenone C9H10O3S 16778
10298-80-3 4-chloro-3-nitroanisole C7H6ClNO3 10241
10299-30-6 1,2,5-hexanetriol C6H14O3 9081
10302-94-0 diethyl 2-chlorofumarate C8H11ClO4 14073
10303-64-7 DL-a-hydroxyisocaproic acid C6H12O3 8557
10307-61-6 ethyl 2-methylbutanoate, (+) C7H14O2 11911
10308-82-4 amino guanidinium nitrate CH7N5O3 324
10308-83-5 diaminoguanidinium nitrate CH8N6O3 329
10308-84-6 guanidinium perchlorate CH6ClN3O4 309
10308-90-4 N,N'-dinitro-N-methyl-1,2-diaminoethane C3H8N4O4 2128
10309-37-2 bakuchiol C18H24O 30849
10309-50-9 1,4,7,7-tetramethylbicyclo[2.2.1]heptan-2-one C11H18O 22583
10309-79-2 1-methyl-2-benzylhydrazine C8H12N2 14299
10309-97-4 2-hydroxyphenyl methylcarbamate C8H9NO3 13764
10310-21-1 2-amino-6-chloropurine C5H4ClN5 4268
10311-74-7 2,2'-dimethylstilbene C16H16 29236
10311-84-9 dialifor C14H17ClNO4PS2 27388
10312-55-7 2-aminoterephthalic acid C8H7NO4 13182
10312-83-1 methoxyacetaldehyde C3H6O2 1935
10313-60-7 3,4-dimethoxyphenylacetyl chloride C10H11ClO3 19262
10315-59-0 ethyl methyl sulfite C3H8O3S 2149
10315-89-6 1-isobutylpiperidine C9H19N 18135
10315-98-7 N-isobutylmorpholine C8H17NO 15319
10316-00-4 4-benzylmorpholine C11H15NO 22239
10316-79-7 1-amino-1-cyclopentanemethanol C6H13NO 8778
10317-10-9 3-chloro-2-methyl-1-propanol C4H9ClO 3627
10318-23-7 5-((p-(dimethylamino)phenyl)azo)isoquinoline C17H16N4O 30014
10318-26-0 dibromodulcitol C6H12Br2O4 8259
10319-70-7 S-(amidinomethyl) hydrogen thiosulfate C2H6N2O3S2 1051
10321-71-8 4-methyl-2-pentenoic acid C6H10O2 7826
10322-73-3 estrofurate C24H26O4 33837
10323-20-3 D-arabinose C5H10O5 5592
10323-40-7 2-bromo-3-methylbutanoic acid, (±) C5H9BrO2 5003
10324-58-0 1-pentylpiperidine C10H21N 21105
10327-08-9 2-bromopropanoic acid, (±) C3H5BrO2 1654
10328-51-5 N,N'-(1,4-cyclohexylenedimethylene)bis(2-(1 C16H28N4O2 29627
10328-92-4 N-methylisatoic anhydride C9H7NO3 16060
10329-95-0 morpholino-thalidomide C18H19N3O5 30709
10331-57-4 5,5'-dichloro-2,2'-dihydroxy-3,3'-dinitro C12H6Cl2N2O6 23195
10334-26-6 1,7,7-trimethylbicyclo[2.2.1]heptane-2,3-dion C10H14O2 20108
10335-79-2 2-naphthohydroxamic acid C11H9NO2 21581
10339-31-8 N-nitroglycine C2H4N2O4 863
10339-55-6 ethyl linalool C11H20O 22696
10339-67-0 5-methyl-5-hepten-2-one C8H14O 14561
10340-06-4 carbon sulfide telluride CSTe 381
10340-23-5 cis-3-nonen-1-ol C9H18O 18042
10340-84-8 (R)-(-)-citronellyl bromide C10H19Br 20861
10340-91-7 (isocyanomethyl)benzene C8H7N 13113
10342-83-3 1-(4-bromophenyl)-1-propanone C9H9BrO 16252
10342-85-5 4-piperidinoacetophenone C13H17NO 26128
10342-97-9 methyldiisopropylamine C7H17N 12338
10343-99-4 cis-decahydroquinoline C9H17N 17815
10347-38-3 bis(tribenzylstannyl)sulfide C42H42SSn2 35678
10347-88-3 3-tert-butyl adipic acid C10H18O4 20832
10349-57-2 6-quinolinecarboxylic acid C10H7NO2 18646
10351-19-6 (4-pyridylthio)acetic acid C7H7NO2S 10650
10353-53-4 1,2-epoxy-5-hexene C6H10O 7796
10355-53-0 4-nitro-4-terphenyl C18H13NO2 30452
10356-76-0 5-fluoro-2'-deoxycytidine C9H12FN3O4 17039
10356-92-0 1-deoxy-1-(N-nitrosomethylamino)-D-glucitol C7H16N2O6 12160
10359-64-5 3-methyl-2-thiapentane C5H12S 5932
10365-98-7 3-methoxyphenylboronic acid C7H9BO3 10935
10366-35-5 2-chloronicotinamide C6H5ClN2O 6708
10369-17-2 2,4,6,8,9,10-hexamethylhexaaza-1,3,5,7-tetrap C6H18N6P4 9361
10371-86-5 methoxyellipticine C18H16N2O 30592
10373-78-1 DL-camphoroquinone C10H14O2 20111
10373-81-6 3-hydroxycamphor C10H16O2 20490
10377-98-7 sodium zirconium lactate C12H20Na4O12Zr 24558
10379-14-3 7-chloro-5-(cyclohexen-1-yl)-1,3-dihydro-1 C16H17ClN2O 29314
10380-28-6 bis(8-oxyquinoline)copper C18H12CuN2O2 30418
10385-30-5 4-benzyloxybutyric acid C11H14O3 22178
10387-13-0 9,10-bis(chloromethyl)anthracene C16H12Cl2 29034
10387-40-3 potassium thioacetate C2H3KOS 749
10394-35-1 1,5-dimethyl-1H-benzimidazole C9H10N2 16567
10395-45-6 carvenone, (S) C10H16O 20437
10397-30-5 4-methyl-3-nitrobenzoyl chloride C8H6ClNO3 12781
10397-75-8 5,5'-(tetramethylenebis(carbonylimino))bi C24H20I6N4O8 33783
10402-15-0 copper(ii) citrate hemipentahydrate C6H9Cu2O9.5 7522
10402-33-2 4-allyl-2-methoxyphenylphenylacetate C18H18O3 30678
10402-52-5 2-phenylpropyl acetate C11H14O2 22162
10402-90-1 1-(2-phenyl-2-ethoxyethyl)-4-(2-benzyloxypr C24H32N2O2 33890
10403-47-1 2-bromo-5-nitroaniline C6H5BrN2O2 6668
10403-60-8 2,3,3-trichlorobutane C4H7Cl3 3164
10409-54-8 2-bromoisobutyrophenone C10H11BrO 19232
10410-35-2 3,5-dimethylbenzofuran C10H10O 19092
10415-87-9 3-methyl-1-phenyl-3-pentanol C12H18O 24455
10415-88-0 4-phenylbut-2-yl acetate C12H16O2 24228
10416-59-8 N,o-bis(trimethylsilyl)acetamide C8H21NOSi2 15734
10417-94-4 cis-5,8,11,14,17-eicosapentaenoic acid C20H30O2 32351
10419-79-1 diethyl (2-chloroethyl)phosphonate C6H14ClO3P 8896
10420-89-0 (S)-(-)-1-(1-naphthyl)ethylamine C12H13N 23831
10420-90-3 1,3-hexadien-5-yne C6H6 6879
10420-91-4 1,4-hexadiyne C6H6 6880
10421-85-9 2-chloromandelic acid C8H7ClO3 13032
10422-35-2 1-bromo-2-methylbutane C5H11Br 5606
10424-29-0 phenylbutanedioic acid, (±) C10H10O4 19205
10424-38-1 1,2-propanediamine, (±) C3H10N2 2257
10425-11-3 3,4-dihydroxybenzophenone C13H10O3 25646
10427-00-6 furfuryl alcohol phosphate (3:1) C15H27O7P 28814
10428-19-0 tetrabutyl dichlorostannoxane C16H36Cl2OSn2 29816
10428-64-5 1,2-dibromo-2-methylbutane C5H10Br2 5308
10431-86-4 1-n-butyrylaziridine C6H11NO 8121
10431-98-8 2-ethyl-2-oxazoline C5H9NO 5211
10435-35-5 4-amino-3-nitro-5b-hydroxyethylaniline C8H11N3O3 14213
10435-81-1 2-octanethiol, (±) C8H18S 15605
10436-39-2 1,1,2,3-tetrachloropropene C3H2Cl4 1359
10436-75-6 4-methyl-N-isopropylaniline C10H15N 20207
10439-23-3 4-methylbenzenesulfinyl chloride C7H7ClOS 10528
10443-65-9 2-bromo-2-propenoic acid C3H3BrO2 1400
10443-70-6 ethyl-4-(4-chloro-2-methylphenoxy)butyrate C13H17ClO3 26119
10447-93-5 1,5-dimethylimidazole C5H8N2 4824
10448-09-6 heptamethylphenylcyclotetrasiloxane C13H26O4Si4 26512
10450-55-2 iron(iii) acetate, basic C4H7FeO5 3208
10453-86-8 cis-resmethrin, (-) C22H26O3 33292
10453-89-1 chrysanthemic acid C10H16O2 20502
10457-58-6 14-n-butyl dibenz(a,h)acridine C25H21N 34074
10457-59-7 14-isopropyldibenz(a,j)acridine C24H19N 33758
10457-90-6 bromoperidol C21H23BrFNO2 32812
10458-14-7 p-menthan-3-one C10H18O 20736
10460-33-0 2,3,4,6-tetrachloro-5-methylphenol C7H4Cl4O 9768
10463-20-4 4-hydroxy-3-nitrophenylacetic acid C8H7NO5 13193
10463-48-6 3,4-dibromo-1-butene C4H6Br2 2773
10465-10-8 4,4'-(1,2-diethylethylene)di-o-cresol C20H26O2 32279
10467-10-4 ethyl magnesium iodide C2H5IMg 949
10471-28-0 diethyl dodecanedioate C16H30O4 29674
10472-24-9 methyl 2-oxocyclopentanecarboxylate C7H10O3 11196
10473-14-0 3-methyl-3-buten-2-ol C5H10O 5463
10473-64-0 1,1-diphenyl-2-propynyl-N-ethylcarbamate C18H17NO2 30611
10473-70-8 1-(4-chlorophenyl)-1-phenyl-2-propynyl car C16H12ClNO2 29031
10473-98-0 1,1-diphenyl-2-propynyl 1-pyrrolidinecarboxy C20H19NO2 32100
10474-14-3 mdbcp C4H7Br2Cl 3081
10476-95-6 2-methyl-2-propene-1,1-diol diacetate C8H12O4 14385
10477-72-2 phenacid C12H15Cl2NO2 24037
10478-02-1 butyl 3,5-dinitrobenzoate C11H12N2O6 21838
10478-12-3 methyl 2-methyl-2-pentenoate C7H12O2 11484
10478-42-9 N-methyl-N-nitroso-b-alanine C4H8N2O3 3451
10482-16-3 2-methyl-4-hydroxylaminoquinoline 1-oxide C10H10N2O2 19064
10482-56-1 alpha-terpineol C10H18O 20714
10484-36-3 amylisoeugenol C15H22O2 28675
10486-19-8 1-tridecanal C13H26O 26486
10486-61-0 3-iodothiophene C4H3IS 2489
10487-71-5 2-butenoyl chloride C4H5ClO 2646
10487-96-4 1-phenylcyclopentanol C11H14O 22104
10488-25-2 cis-2-isopropylcyclohexanol C9H18O 18014
10488-94-5 ethyl 2-methyl-3-oxooctanoate C11H20O3 22726
10489-75-5 5,6-dihydro-1,4-dithiine-2,3-dicarboxylicanhyd C6H4O3S2 6620
10489-97-1 1,1-dibromocyclohexane C6H10Br2 7666
10493-44-4 4-bromo-1,1,2-trifluoro-1-butene C4H4BrF3 2515
10495-45-1 diisobutyl sulfone C8H18O2S 15570
10496-15-8 dihexyl disulfide C12H26S2 25318
10496-16-9 diheptyl disulfide C14H30S2 27953
10496-18-1 didecyl disulfide C20H42S2 32544
10497-05-9 tris(trimethylsilyl) phosphate C9H27O4PSi3 18450
10498-35-8 cis-1,2-dichlorocyclohexane C6H10Cl2 7685
10500-57-9 5,6,7,8-tetrahydroquinoline C9H11N 16896
10503-96-5 1-(2-chloroethoxy)butane C6H13ClO 8688
10504-99-1 diphenylselenone C12H10O2Se 23551
10508-09-5 di-tert-pentyl peroxide C10H22O2 21354
10517-21-2 5-chloroindole-2-carboxylic acid C9H6ClNO2 15864
10519-06-9 1-butoxy-4-methylbenzene C11H16O 22427
10519-11-6 decahydro-b-naphthyl acetate C12H20O2 24586
10519-12-7 decahydro-b-naphthyl formate C11H18O2 22607
10519-20-7 ethyl 2-octynate C10H16O2 20501
10519-33-2 3-decen-2-one C10H18O 20691
10519-87-6 dimethyldivinylsilane C6H12Si 8641
10519-88-7 diallyl-diphenylsilane C18H20Si 30748
10519-97-8 N-(trimethylsilyl)allylamine C6H15NSi 9245
10521-91-2 benzenepentanol C11H16O 22409
10522-26-6 2-methyl-1-undecanol C12H26O 25281
10523-96-3 4-chloro-2-methyl-1-butene C5H9Cl 5042
10524-01-3 4-chloro-3-methyl-1-butene C5H9Cl 5047
10524-07-9 5-chloro-trans-2-pentene C5H9Cl 5038
10524-08-0 4-chloro-1-pentene C5H9Cl 5027
10524-70-6 3,3-dimethyl-1-hexanol C8H18O 15461
10525-37-8 eicosylamine C20H43N 32546
10526-80-4 phosphoenolpyruvic acid cyclohexylamine salt C9H18NO6P 17973
10528-67-3 alpha-methylcyclohexanepropanol C10H20O 21002
10531-13-2 cyanomethyl benzenesulfonate C8H7NO3S 13171
10531-50-7 (R)-(-)-a-(trifluoromethyl)benzyl alcohol C8H7F3O 13084
10537-47-0 (3,5-di-tert-butyl-4-hydroxybenzylidene)malo C18H22N2O 30796
10538-51-9 2,5-dimethoxycinnamic acid C11H12O4 21902
10540-29-1 novadex C26H29NO 34273
10541-56-7 p-octylacetophenone C16H24O 29576
10541-83-0 4-(methylamino)benzoic acid C8H9NO2 13711
10543-57-4 tetraacetylethylenediamine C10H16N2O4 20410
10543-60-9 N,N',N'',N'''-tetraacetylglycoluril C12H14N4O6 23959
10544-63-5 ethyl 2-butenoate C6H10O2 7831
10546-24-4 3-methyl-2-naphthylamine C11H11N 21735
10551-21-0 1-phenethyl-2-picolinium bromide C14H16BrN 27318
10551-58-3 5-acetoxymethyl-2-furaldehyde C8H8O4 13494
10552-94-0 N-nitroso-3-pyrroline C4H6N2O 2900
10557-44-5 2,5-dimethyl-cis-3-hexene C8H16 14966
10557-71-8 1-chloro-4-(trimethylsilyl)benzene C9H13ClSi 17245
10557-85-4 4-iodo-3,5-dimethylisoxazole C5H6INO 4489
10558-25-5 4-bromo-3,5-dimethylisoxazole C5H6BrNO 4457
10563-26-5 1,2-bis(3-aminopropylamino)ethane C8H22N4 15743
10563-29-8 N'-(3-aminopropyl)-N,N-dimethylpropane-1,3-dia C8H21N3 15738
10568-38-4 1-ethyl-3-methoxybenzene C9H12O 17082
10569-72-9 DL-beta-aminoisobutyric acid C4H9NO2 3722

10570-69-1 2,6-dimethyl-4-ethylphenol C10H14O 20028
10574-17-1 (1-methylpropoxy)benzene C10H14O 20043
10574-36-4 3-methyl-cis-2-hexene C7H14 11719
10574-37-5 2,3-dimethyl-2-pentene C7H14 11737
10575-56-1 3,4,4-trimethyl-2-pentanol C8H18O 15511
10575-87-8 1,2-dichloroheptane C7H14Cl2 11767
10576-12-2 ethyl acetohydroxamate C4H9NO2 3719
10577-44-3 1-methoxy-2-(1-propenyl)benzene C10H12O 19497
10580-03-7 ammonium titanium oxalate monohydrate C4H10N2O10Ti 3858
10580-77-5 bis(3,4-epoxybutyl) ether C8H14O3 14683
10584-98-2 dibutyldi(2-ethylhexyloxycarbonylmethylth C28H56O4S2Sn 34725
10588-10-0 isobutyl pentanoate C9H18O2 18077
10589-74-9 n-pentylnitrosourea C6H13N3O2 8864
10595-09-2 3,3'-thiodipropanol C6H14O2S 9070
10595-95-6 N,N-methylethylnitrosamine C3H8N2O 2115
10597-89-4 N-acetylmuramic acid C11H19NO8 22657
10598-82-0 1-(p-nitrobenzyl)-2-nitroimidazole C10H8N4O4 18738
10599-69-6 2-methyl-5-propionyl-furan C8H10O2 13977
10599-70-9 3-acetyl-2,5-dimethylfuran C8H10O2 13971
10601-19-1 5-methoxyindole-3-carboxaldehyde C10H9NO2 18905
10601-80-6 ethyl 3,3-diethoxypropionate C9H18O4 18102
10602-34-3 1,1-diethoxy-2-butene C8H16O2 15184
10602-36-5 3-butenal diethyl acetal C8H16O2 15196
10603-03-9 b-methyl-D-valerolactone C6H10O2 7869
10604-59-8 1-ethyl-1H-indole C10H11N 19285
10604-70-3 hexanebis(thioic) acid C6H10O2S2 7875
10605-21-7 carbendazim C9H9N3O2 16495
10606-42-5 ethyl 3-methoxypropionate C6H12O3 8565
10606-72-1 ethyl alpha-hydroxyphenylacetate, (R) C10H12O3 19637
10606-73-2 ethyl chlorophenylacetate, (S) C10H11ClO2 19254
11001-74-4 quinomycin C C55H72N12O12S2 35876
11002-90-7 aurovertin C26H34O9 34292
11004-30-1 (22S,25R)-5a-solanidan-3b-ol C27H46NO 34524
11005-63-3 k-strophanthin C36H54O14 35381
11005-70-2 cerberoside C42H66O18 35696
11006-31-8 takacidin C72H133NO22 35967
11006-33-0 phleomycin C12H28N3O12 25379
11011-73-7 bramycin C32H55NO11 35100
11013-97-1 methylhesperidin C29H36O15 34775
11018-93-2 thevetin C42H66O18 35697
11024-24-1 digitonin C56H92O29 35887
11028-39-0 o-1-menthene C10H18 20640
11028-42-5 cedrene C15H24 28731
11031-48-4 sarkomycin C7H8O3 10912
11032-05-6 telocidin B C28H41N3O2 34674
11042-64-1 g-oryzanol C40H58O4 35605
11048-92-3 a-2-guttiferin C33H38O8 35152
11050-62-7 isojasmone C11H16O 22444
11051-88-0 cochliodinol C32H30N2O4 35069
11052-01-0 eriamycin C31H23NO8 34976
11052-70-3 mogalarol C29H31NO12 34761
11054-63-0 tsushimycin C59H93N13O20 35912
11054-70-9 lasalocid C35H54O8 35305
11055-06-4 funicolosin C27H41NO 34479
11067-81-5 tetrapropylene benzenesulfonate C18H30O3S 30973
11069-19-5 dichlorobutene C4H6Cl2 2822
11069-34-4 methyl-azoxy-butane C5H12N2O 5808
11077-59-1 tris(cyclopentadienyl)praseodymium C15H15Pr 28377
11078-23-2 copiamycin C55H97NO22 35879
11085-39-5 fumigachlorin C16H25Cl2NO4 29583
11097-69-1 alochlor 1254 C12H5Cl5 23179
11116-32-8 bleomycin A5 C57H86N18O21S2 35895
11281-65-5 3-methoxy-2,4,5-trifluorobenzoic acid C8H5F3O3 12666
12001-65-9 hexamethylene tetramine tetraiodide C6H12I4N4 8308
12002-03-8 copper(ii) acetate metaarsenite C4H6As6Cu4O16 2758
12002-28-7 tetracarbonyliron dihydride C4H2FeO4 2413
12002-48-1 trichlorobenzene C6H3Cl3 6308
12002-53-8 t-butyl-chloro-2-methyl-cyclohexanecarboxyl C12H21ClO2 24625
12011-67-5 iron carbide CFe3 89
12012-35-0 chromium carbide C2Cr3 469
12012-95-2 allylpalladium chloride dimer C6H10Cl2Pd2 7698
12041-76-8 dichlorobenzyl alcohol C7H6Cl2O 10280
12041-87-1 tetranicotylfructose C30H24N4O10 34856
12069-32-8 boron carbide CB4 11
12069-68-0 basic cobalt carbonate CH2Co2O5 155
12069-69-1 copper(ii) carbonate hydroxide CH2Cu2O5 156
12069-94-2 niobium carbide CNb 370
12070-08-5 titanium carbide CTi 385
12070-09-6 uranium carbide CU 386
12070-12-1 tungsten carbide CW 387
12070-27-8 barium acetylide C2Ba 396
12071-29-3 strontium acetylide C2Sr 1237
12071-33-9 uranium carbide C2U 1239
12075-68-2 ethyl aluminum sesquichloride C6H15Al2Cl3 9139
12078-25-0 dicarbonylcyclopentadienylcobalt C7H5CoO2 9990
12079-65-1 manganese cyclopentadienyl tricarbonyl C8H5MnO3 12683
12079-66-2 cesium graphite C8Cs 12422
12080-32-9 dichloro(1,5-cyclooctadiene)platinum(ii) C8H12Cl2Pt 14270
12081-88-8 potassium graphite C8K 15764
12082-08-5 benzene chromium tricarbonyl C9H6CrO3 15881
12082-47-2 acetylacetonatobis(ethylene)rhodium(i) C9H15O2Rh 17587
12087-54-4 ethyl 4-(N,N-diethylamino)benzoate C13H19NO2 26259
12088-65-2 iron dodecacarbonyl C12Fe3O12 23127
12091-64-4 cyclopentadienylmolybdenum tricarbonyl dim C16H10Mo2O6 28992
12093-05-9 cyclooctatetraene iron tricarbonyl C11H8FeO3 21512
12093-10-6 ferrocenecarboxaldehyde C11H10FeO 21616
12107-35-6 cyclopentadienylmolybdenum tricarbonyl sodi C8H5MoNaO3 12684
12107-56-1 (cis,cis-1,5-cyclooctadiene)palladium(ii)ch C8H12Cl2Pd 14269
12108-13-3 2-methylcyclopentadienyl manganese tricarbony C9H7MnO3 16009
12110-37-1 tricarbonyl(naphthalene)chromium C13H8CrO3 25481
12116-44-8 (h6-methoxybenzene) chromium tricarbonyl C10H8CrO4 18694
12116-66-4 bis(cyclopentadienyl)hafnium dichloride C10H10Cl2Hf 18994
12122-67-7 zinc N,N'-ethylenebisdithiocarbamate C4H6N2S4Zn 2923
12125-72-3 tricarbonyl[(1,2,3,4,5,6-h6)-1,3,5-cyclohept C10H8CrO3 18693
12125-77-8 tricarbonyl(cycloheptatriene)molybdenum C10H8MoO3 18701
12125-87-0 (h6-methylbenzoate) chromium tricarbonyl C11H8CrO5 21510
12126-50-0 bis(pentamethylcyclopentadienyl)iron C20H30Fe 32337
12129-51-0 dicarbonylbis(h5-2,4-cyclopentadien-1-yl)ti C12H10O2Ti 23552
12129-67-8 chromium, tricarbonyl[h6-1,3,5-trimethylben C12H12CrO3 23706
12129-69-0 tricarbonyl[(1,2,3,4,5,6-h)-1,3,5-trimethylb C12H12O3W 23783
12145-48-1 (1,5-cyclooctadiene)platinum(ii)bromide C8H12Br2Pt 14257
12146-37-1 tetracarbonyl(2,5-norbornadiene)molybdenum C11H8MoO4 21515
12148-49-1 dichlorobis(indenyl)zirconium(iv) C18H14Cl2Zr 30474
12150-46-8 1,1'-bis(diphenylphosphino)ferrocene C34H28FeP2 35212
12184-26-8 bis(cyclopentadienyl)tungsten dichloride C10H10Cl2W 19005
12194-11-5 bis(cyclopentadienylchromium tricarbonyl C16H10Cr2HgO6 28990
12217-79-7 9,10-anthracenedione C14H9ClN2O4 26693
12225-18-2 C.I. pigment yellow 97 C26H27ClN4O8S 34263
12244-57-4 gold sodium thiomalate C4H3AuNa2O4S 2437
12244-59-6 potassium-6-aci-nitro-2,4-dinitro-2,4-cyclohe C6H3KN4O6 6359
12245-39-5 (1,5-cyclooctadiene)(2,4-pentanedionato)rho C13H19O2Rh 26281
12261-99-3 piperonyl cyclohexanone C14H16O3 27382
12263-85-3 methyl aluminum sesquibromide C3H9Al2Br3 2166
12266-58-9 bis(acrylonitrile) nickel (O) C6H6N2Ni 6986
12266-92-1 dimethyl(1,5-cyclooctadiene)platinum(ii) C10H18Pt 20851
12275-58-0 sodium-4,4-dimethoxy-1-aci-nitro-3,5-dinitr C8H8N3NaO8 13384
12291-11-1 bis((tri-n-butylstannyl)cyclopentadienyl)i C34H62FeSn2 35258
12321-04-9 ferrocene, 1,1'-bis(1,1,3,3-tetramethyl- C30H42FeO2Si4 34903
12397-35-2 carbonyl potassium CKO 343
12407-86-2 trimethylphenyl methylcarbamate C11H15NO2 22276
12408-07-0 trichloropropionitrile C3H2Cl3N 1355
12427-38-2 maneb C4H6MnN2S4 2885
12519-36-7 zinc ethylenediaminetetraacetate C10H12N2O8Zn 19466
12540-13-5 copper(ii) acetylide C2Cu 471
12542-85-7 methyl aluminum sesquichloride C3H9Al2Cl3 2167
12558-92-8 mercury(ii) edta complex C10H14HgN2O8 19921
12602-23-2 cobalt carbonate hydroxide C2H6Co5O12 1022
12607-70-4 nickel carbonate hydroxide CH4Ni3O7 271
12607-92-0 aluminum aceglutamide C35H59Al3N10O24 35310
12607-93-1 taxine C37H51NO10 35466
12609-89-1 mycoheptyne C47H71NO17 35792
12627-35-9 penitrem A C37H44ClNO6 35460
12656-69-8 dithane C4H8N2S4 3463
12663-46-6 cyclochlorotine C24H30Cl2N5O7 33868
12674-40-7 thorium dicarbide C2Th 1238
12684-33-2 sibiromycin C24H31N3O7 33883
12706-94-4 anthelmycin C21H37N5O14 33012
12758-40-6 carboxyethylgermanium sesquioxide C6H10Ge2O7 7709
12774-81-1 tetracarbon monofluoride C4F 2324
12788-93-1 acid butyl phosphate C4H10O4P 3936
12789-46-7 pentyl ester phosphoric acid C5H13O4P 6002
12793-14-5 niobocene dichloride C10H10Cl2Nb 18999
13002-65-8 tamoxifen (E) C26H29NO 34274
13005-35-1 D-gluconic acid, copper(ii)salt C12H22CuO14 24678
13007-90-4 bis(triphenylphosphine)dicarbonylnickel C38H30NiO2P2 35503
13007-92-6 chromium carbonyl C6CrO6 6072
13009-91-1 2,4,6-tris((1-(2-methylaziridinyl))-1,3,5-tri C12H18N6 24431
13010-07-6 3-nitro-1-nitroso-1-propylguanidine C4H9N5O3 3779
13010-08-7 1-nitroso-3-nitro-1-butylguanidine C5H11N5O3 5767
13010-10-1 1-nitroso-3-nitro-1-pentylguanidine C6H13N5O3 8868
13010-19-0 3-chloropropyl isocyanate C4H6ClNO 2800
13010-20-3 nitrosourea CH3N3O2 240
13010-47-4 1-(2-chloroethyl)-3-cyclohexyl-1-nitrosour C9H16ClN3O2 17631
13012-54-9 3-chloropropyl thiolacetate C5H9ClOS 5075
13012-59-4 1-chloro-3-(methylthio)propane C4H9ClS 3640
13013-02-0 methyl 4-nitrobutyrate C5H9NO4 5254
13013-17-7 DL-propranolol C16H21NO2 29477
13014-18-1 a-a-a-2,4-pentachlorotoluene C7H3Cl5 9556
13014-24-9 1,2-dichloro-4-(trichloromethyl)benzene C7H3Cl5 9552
13018-50-3 N,N-bis(1-methyl-4-phenyl-4-piperidylmethyl C36H54N4O2 35379
13019-20-0 2-methyl-3-heptanone C8H16O 15073
13019-22-2 9-decen-1-ol C10H20O 21004
13020-57-0 3-hydroxybenzophenone C13H10O2 25635
13021-15-3 N,N,2,4,6-pentamethylaniline C11H17N 22503
13021-40-4 rhodizonic acid, dipotassium salt C6O6K2 9408
13021-50-6 1-ethoxy-3-isopropoxypropan-2-ol C8H18O3 15586
13023-00-2 2,2-dichlorobutanoic acid C4H6Cl2O2 2839
13023-60-4 2,2-diethyl-1-butanol C8H18O 15517
13024-80-1 hexacosylbenzene C32H58 35105
13025-29-1 2-isocyanatoethanol carbonate (2:1) (ester) C7H8N2O5 10840
13027-43-5 2-ethoxy-1,3-dinitrobenzene C8H8N2O5 13375
13029-08-8 2,2'-dichloro-1,1'-biphenyl C12H8Cl2 23276
13029-44-2 (E,E)-dienestrol C18H18O2 30676
13030-26-7 3,4-dihydro-2-methyl-2H-1-benzopyran C10H12O 19486
13031-43-1 4-acetoxyacetophenone C10H10O3 19182
13035-61-5 b-D-ribofuranose 1,2,3,5-tetraacetate C13H18O9 26242
13037-20-2 ethyl phenyldithiocarbamate C9H11NS2 16904
13037-55-3 N-(4-chlorophenyl) rhodanine C9H6ClNOS2 15863
13037-60-0 2-bromophenyl isothiocyanate C7H4BrNS 9644
13037-86-0 4-heptyloxyphenol C13H20O2 26324
13038-21-6 8-nonen-1-ol C9H18O 18037
13042-02-9 2-hexenedinitrile C6H6N2 6985
13045-94-8 D-sarcolysine C13H18Cl2N2O2 26177
13045-99-3 1,1,2,3,4,4-hexachloro-2-butene C4H2Cl6 2404
13047-06-8 (2-bromophenyl)phenylmethanone C13H9BrO 25512
13047-13-7 4-hydroxymethyl-4-methyl-1-phenyl-3-pyrazol C11H14N2O2 22071
13048-33-4 1,6-hexanediol diacrylate C12H18O4 24490
13054-87-0 2-amino-1-butanol, (±)- C4H11NO 3992
13056-98-9 1-phenyl-3,3-diethyltriazene C10H15N3 20296
13057-17-5 bromomethoxymethane C2H5BrO 913
13057-19-7 iodomethoxymethane C2H5IO 951
13058-67-8 lucensomycin C36H53NO13 35376
13061-80-8 4-hexen-1-yn-3-one C6H6O 7061
13063-43-9 dichloropropanedinitrile C3Cl2N2 1255
13065-07-1 1,2,3,4-tetrahydro-2,7-dimethylnaphthalene C12H16 24123
13065-64-0 10-(3-(dimethylamino)propyl)phenothiazin-2 C23H29N3O2S 33605
13067-93-1 cyanofenphos C15H14NO2PS 28272
13071-27-7 1,5-dimorpholino-3-(1-naphthyl)-pentane C23H32N2O2 33638
13071-79-9 terbufos C9H21O2PS3 18408
13072-69-0 N-(1-adamantyl)urea C11H18N2O 22566
13073-29-5 2-methyl-6-nitrophenol C7H7NO3 10653
13073-35-3 ethionine C6H13NO2S 8838
13073-86-4 2-(p-(1,2,3,4-tetrahydro-2-(p-chlorophenyl) C28H32ClNO 34629
13074-00-5 17b-hydroxy-4,4,17a-trimethyl-androst-5-ene(C23H33NO2 33656
13074-65-2 2-hexylcyclopentanone C11H20O 22699
13076-29-4 1,4-dimethoxyanthracene C16H14O2 29161
13078-79-0 2-(3-chlorophenyl)ethylamine C8H10ClN 13825
13078-80-3 2-(2-chlorophenyl)ethylamine C8H10ClN 13826
13080-89-2 4,4'-sulfonylbis(4-phenyleneoxy)dianiline C24H20N2O4S 33788
13081-18-0 ethyl 3,3,3-trifluoropyruvate C5H5F3O3 4383
13082-24-1 10-(2-(dimethylamino)propyl)phenothiazin-2 C23H29N3O2S 33604
13083-37-9 2-mercapto-1-(b-4-pyridylethyl) benzimidazol C14H13N3S 27048
13084-45-2 1,2-bis(difluoroamino)ethyl vinyl ether C4H6F4N2O 2876
13084-46-3 di-1,2-bis(difluoroamino)ethyl ether C4H6F8N4O 2878
13084-47-4 1,2-bis(difluoroamino)ethanol C2H4F4N2O 839
13086-63-0 silver tetrazolide CHAgN4 93
13086-84-5 di-tert-butyl phosphonate C8H19O3P 15669
13089-11-7 methyl 3,3,3-trifluoropyruvate C4H3F3O3 2479
13092-75-6 silver acetylide C2HAg 509
13093-04-4 N,N'-dimethyl-1,6-hexanediamine C8H20N2 15698
13093-88-4 leptryl C22H28N2O2S 33318
13094-50-3 1-(g-bromopropoxy)-4-nitrobenzene C9H10BrNO3 16525
13099-50-8 (2-chloro-1-propenyl)benzene C9H9Cl 16278
13100-82-8 L-cysteic acid C3H7NO5S 2075
13101-58-1 5-diazoniotetrazolide CN6 365
13102-31-3 4-hydroxyazobenzene acetate C14H12N2O2 26902

13433-09-5 L-aspartyl-L-phenylalanine C13H16N2O5 26069
13433-42-6 dimethyl trimethylsilylmethylphosphonate C6H17O3PSi 9341
13435-12-6 N-(trimethylsilyl)acetamide C5H13NOSi 5985
13436-46-9 2-ethoxytetrahydrofuran C6H12O2 8509
13436-48-1 1-methyl-1H-indazole C8H8N2 13336
13440-19-2 1,2:5,6-di-O-cyclohexylidene-3-O-methyl-a-D-g C19H30O6 31639
13441-36-6 phenyl (1-piperidinocyclohexyl) ketone C18H25NO 30869
13442-07-4 4-(hydroxyamino)-5-methylquinoline-1-oxide C10H10N2O2 19059
13442-08-5 4-(hydroxyamino)-6-methylquinoline-1-oxide C10H10N2O2 19060
13442-09-6 4-(hydroxyamino)-7-methylquinoline-1-oxide C10H10N2O2 19061
13442-10-9 4-(hydroxyamino)-8-methylquinoline-1-oxide C10H10N2O2 19062
13442-11-0 5-chloro-4-(hydroxyamino)quinoline-1-oxide C9H7ClN2O2 15960
13442-12-1 7-chloro-4-(hydroxyamino)quinoline-1-oxide C9H7ClN2O2 15962
13442-13-2 6,7-dichloro-4-(hydroxyamino)quinoline-1-o C9H6Cl2N2O2 15872
13442-14-3 6-carboxyl-4-hydroxylaminoquinoline-1-oxide C10H8N2O4 18732
13442-15-4 4-(hydroxyamino)-6-nitroquinoline-1-oxide C9H7N3O4 16082
13442-16-5 4-(hydroxyamino)-7-nitroquinoline-1-oxide C9H7N3O4 16083
13442-17-6 4,7-dinitroquinoline-1-oxide C9H5N3O5 15837
13444-24-1 1-ethyl-3-piperidinol C7H15NO 12058
13448-22-1 octoclothepine C19H21ClN2S 31456
13449-22-4 n-butyl amido sulfuryl azide C4H10N4O2S 3864
13456-23-0 1,1-diphenylhexadecane C28H42 34677
13456-25-2 1,1-diphenyl-1-hexadecene C28H40 34663
13461-01-3 aceprometazine C19H22N2OS 31490
13463-22-4 barium oxalate monohydrate C2H2BaO5 595
13463-39-3 nickel carbonyl C4NiO4 4156
13463-40-6 iron pentacarbonyl C5FeO5 4183
13463-41-7 zinc omadine C10H8N2O2S2Zn 18722
13466-40-5 5-phenyl-2,4-pentadienal C11H10O 21653
13466-41-6 4-methyl-2(1H)-pyridinone C6H7NO 7190
13466-78-9 3-carene C10H16 20358
13467-82-8 tert-butyl peroxyoctoate C12H24O3 24884
13471-42-6 3-hexanol, (R) C6H14O 8991
13471-69-7 4-methyl-3-nitrophenyl isocyanate C8H6N2O3 12894
13472-00-9 4-(2-aminoethyl)aniline C8H12N2 14288
13472-08-7 2,2'-azobis(2-methylbutyronitrile) C10H16N4 20414
13475-76-8 11-butyldocosane C26H54 34368
13475-77-9 9-octyleicosane C28H58 34735
13475-78-0 5-ethyl-2-methylheptane C10H22 21156
13475-79-1 2,4-dimethyl-3-isopropylpentane C10H22 21201
13475-81-5 2,2,3,3-tetramethylhexane C10H22 21190
13475-82-6 2,2,4,6,6-pentamethylheptane C12H26 25207
13476-99-8 vanadium(iii) acetylacetonate C15H21O6V 28646
13479-29-3 3-hydroxyxanthine C5H4N4O3 4318
13481-70-4 2,6-dichloro-3-methylphenol C7H6Cl2O 10269
13482-62-7 tris(chloromethyl)phosphine C3H6Cl3P 1860
13483-18-6 bis-1,2-(chloromethoxy)ethane C4H8Cl2O2 3382
13484-13-4 2-(a,b-epoxyethyl)-5,6-epoxybenzene C8H6O2 12924
13491-79-7 2-tert-butylcyclohexanol C10H20O 20997
13494-06-9 3,4-dimethyl-1,2-cyclopentanedione C7H10O2 11176
13501-73-0 3,5-dimethyl-1-hexanol C8H18O 15463
13505-34-5 2,6-heptanedione C7H12O2 11461
13506-76-8 2-methyl-6-nitrobenzoic acid C8H7NO4 13185
13508-53-7 dimethylchloromethylethoxysilane C5H13ClOSi 5944
13511-38-1 3-chloro-2,2-dimethylpropanoic acid C5H9ClO2 5077
13513-82-1 2-methoxy-alpha-methylbenzenemethanol C9H12O2 17150
13520-96-2 pyridine-1-oxide-4-azo-p-dimethylaniline C13H14N4O 25980
13523-86-9 visken C14H20N2O2 27580
13528-93-3 1,2-bis(chlorodimethylsilyl)ethane C6H16Cl2Si2 9285
13529-27-6 2-(diethoxymethyl)furan C9H14O3 17483
13529-51-6 2,2'-hydrazonodiethanol C4H12N2O2 4084
13529-75-4 lithium-2,2-dimethyltrimethylsilyl hydrazid C5H15LiN2Si 6032
13531-52-7 N-(2-aminoethyl)-1,3-propanediamine C5H15N3 6035
13532-18-8 methyl 3-(methylthio)propanoate C5H10O2S 5538
13532-94-0 2-butoxyethyl methacrylate C10H18O3 20814
13534-89-9 2,3-dibromopyridine C5H3Br2N 4216
13534-97-9 3-amino-6-bromopyridine C5H5BrN2 4350
13534-98-0 4-amino-3-bromopyridine C5H5BrN2 4351
13534-99-1 2-amino-3-bromopyridine C5H5BrN2 4352
13539-59-8 apazone C16H20N4O2 29460
13540-50-6 2',5'-dimethyldiphenylmethane C15H16 28394
13540-56-2 3',4'-dimethyldiphenylmethane C15H16 28396
13545-04-5 2,3-dimethylbutanedioic acid C6H10O4 7922
13547-70-1 1-chloropinacolone C6H11ClO 8031
13551-87-6 1-(2-nitroimidazol-1-yl)-3-methoxypropan-2-o C7H11N3O4 11321
13551-92-3 3-(2-nitroimidazol-1-yl)-1,2-propanediol C6H9N3O4 7611
13552-21-1 1-amino-2-butanol C4H11NO 3999
13552-31-3 3-amino-1,2-propanediol, (±) C3H9NO2 2215
13553-79-2 rifamycin S C37H45NO12 35461
13556-50-8 1,3-diazidobenzene C6H4N6 6610
13556-55-3 1,2,3,4-tetrahydro-2,2-dimethylnaphthalene C12H16 24119
13556-58-6 1-ethyl-[1,2,3,4-tetrahydronaphthalene] C12H16 24112
13558-31-1 rhodamine 110 C20H15ClN2O3 31955
13560-89-9 dechlorane plus C18H12Cl12 30417
13561-08-5 bis(2,6-(2,3-epoxypropyl))phenyl glycidyl eth C15H18O4 28541
13562-76-0 butanoic acid, 3-oxo-, 1-methylpropyl ester C8H14O3 14681
13565-36-1 p-nitrophenyl heptyl ether C13H19NO3 26268
13567-11-8 g-amanitine C39H54N10O12S 35547
13574-13-5 boc-L-glutamic acid 5-benzylester C17H23NO6 30216
13575-74-1 4-(3,4-dimethoxyphenyl)butyric acid C12H16O4 24260
13589-15-6 methyl-N-(b-chloroethyl)-N-nitrosocarbamate C4H7ClN2O3 3114
13593-03-8 O,O-diethyl-O-2-quinoxalylthiophosphate C12H15N2O3PS 24052
13602-12-5 isonicotinic acid N-oxide C6H5NO3 6836
13602-13-6 1,2-dichloro-2-butene C4H6Cl2 2814
13603-04-8 2,4-dimethylpyrrolidine C6H13N 8748
13603-07-1 3-methylnitrosopiperidine C6H12N2O 8327
13603-21-9 3-butylpiperidine C9H19N 18131
13607-48-2 N-4-biphenylbenzenesulfonamide C18H15NO2S 30553
13608-87-2 2',3',4'-trichloroacetophenone C8H5Cl3O 12635
13609-67-1 hydrocortisone-17-butyrate C25H36O6 34155
13612-59-4 2,4,6-cycloheptatriene-1-carbonitrile C8H7N 13114
13616-82-5 2,4-dimethylthiophenol C8H10S 14043
13617-28-2 methyl(2-phenylpropyl)dichlorosilane C10H14Cl2Si 19915
13618-93-4 octahydroindolizine C8H15N 14777
13621-25-5 5,7-dimethyl-1-tetralone C12H14O 23969
13621-47-1 cyano-N-methylthioformamide C3H4N2S 1606
13623-11-5 2,4,5-trimethylthiazole C6H9NS 7576
13623-25-1 6-methoxy-1-indanone C10H10O2 19138
13623-94-4 1,1-bis(methylthio)-2-nitroethylene C4H7NO2S2 3279
13629-82-8 3,3'-dimethyl-4-aminobiphenyl C14H15N 27225
13632-93-4 1-methyl-2,3-diethylbenzene C11H16 22342
13632-94-5 1-methyl-2,5-diethylbenzene C11H16 22344
13632-95-6 1-methyl-2,6-diethyl benzene C11H16 22345
13642-52-9 soterenol C12H20N2O4S 24553
13643-05-5 4-methyl-1,2-pentadiene C6H10 7636
13647-35-3 4a-5-epoxy-17b-hydroxy-3-oxo-5a-androstane-2 C20H27NO3 32292
13654-91-6 chlorohexyl isocyanate C7H10ClNO 11067
13655-52-2 alprenolol C15H23NO2 28699
13655-95-3 11b-methyl-17a-ethinylestradiol C21H26O2 32879
13657-68-6 germacr-1(10)-ene-5,8-dione C15H24O2 28775
13665-04-8 2,2-dibromo-1-phenylethanone C8H6Br2O 12741
13668-61-6 2-cyclopentene-1-acetic acid C7H10O2 11174
13669-70-0 fenazoxine C17H19NO 30092
13670-99-0 2',6'-difluoroacetophenone C8H6F2O 12844
13672-18-9 N-benzyl-2-naphthalenamine C17H15N 29965
13673-63-7 3-methyl-2(3H)-benzoxazolethione C8H7NOS 13140
13673-92-2 3,5-dichloro-1,2-benzenediol C6H4Cl2O2 6486
13674-84-5 tris(1-chloro-2-propyl) phosphate C9H18Cl3O4P 17963
13674-87-8 tris(1,3-dichloro-2-propyl) phosphate C9H15Cl6O4P 17541
13675-27-9 triallyl aconitate C15H18O6 28546
13676-54-5 1,1'-(methylenedi-4,1-phenylene)bismaleimid C21H14N2O4 32603
13677-79-7 3,4,5-trihydroxybenzaldehyde C7H6O4 10441
13678-54-1 2-methyl-4-ethyl thiophene C7H10S 11230
13678-67-6 furfuryl sulfide C10H10O2S 19173
13678-68-7 S-furfuryl thioacetate C7H8O2S 10891
13679-46-4 2-(methoxymethyl)furan C6H8O2 7418
13679-61-3 methyl 2-thiofuroate C6H6O2S 7078
13679-70-4 5-methyl-2-thiophenecarboxaldehyde C6H6OS 7066
13679-72-6 2-acetyl-3-methylthiophene C7H8OS 10860
13679-74-8 1-(5-methyl-2-thienyl)ethanone C7H8OS 10859
13679-75-9 1-(2-thienyl)-1-propanone C7H8OS 10864
13680-30-3 2-tert-butyl-6-methylphenyl isocyanate C12H15NO 24059
13682-73-0 potassium cuprocyanide C2CuKN2 473
13683-41-5 (1-bromovinyl)trimethylsilane C5H11BrSi 5618
13684-56-5 desmedipham C16H16N2O4 29268
13684-63-4 phenmedipham C16H16N2O4 29269
13688-56-7 trimethylsilyl methacrylate C7H14O2Si 11930
13688-75-0 trichloro(3-methylphenyl)silane C7H7Cl3Si 10552
13688-90-9 trichloro[4-(chloromethyl)phenyl]silane C7H6Cl4Si 10288
13689-92-4 nickel(ii) thiocyanate C2N2NiS2 1212
13691-26-4 1-(4-nitrophenyl)-2-pyrrolidinone C10H10N2O3 19068
13692-14-3 a-(chloromethyl)-2,4-dichlorobenzyl alcohol C8H7Cl3O 13049
13695-31-3 2,2,3,3,4,4,4-heptafluorobutyl methacrylate C8H7F7O2 13096
13698-16-3 ethyl dichlorocarbamate C3H5Cl2NO2 1701
13698-87-8 N,N,N',N'-tetraethyl-1,3-benzenedicarboxami C16H24N2O2 29570
13702-35-7 a-(phenylmethylene)benzeneacetaldehyde C15H12O 28183
13704-09-1 ethyl (S)-(+)-mandelate C10H12O3 19659
13706-86-0 5-methyl-2,3-hexanedione C7H12O2 11463
13708-12-8 5-methylquinoxaline C9H8N2 16149
13710-19-5 N-(3-chloro-o-tolyl)anthranilic acid C14H12ClNO2 26877
13714-85-7 4-methyl-trans-3-heptene C8H16 14923
13716-10-4 di-tert-butylchlorophosphine C8H18ClP 15379
13716-12-6 tri-tert-butylphosphine C12H27P 25359
13716-45-5 diethyl trimethylsilyl phosphite C7H19O3PSi 12400
13721-54-5 1-hexen-3-yne C6H8 7273
13726-52-8 N-(4-aminobenzoyl)-L-glutamic acid diethyle C16H22N2O5 29507
13726-67-5 N-boc-L-aspartic acid C9H15NO6 17574
13726-85-7 Na-boc-L-glutamine C10H18N2O5 20659
13728-34-2 dimethyl 2,3-naphthalenedicarboxylate C14H12O4 26985
13732-80-4 1-methyl-3,4-diethylbenzene C11H16 22346
13734-28-6 boc-lys-oh C11H22N2O4 22819
13734-34-4 boc-L-phenylalanine C14H19NO4 27530
13734-36-6 boc-sarcosine C8H15NO4 14841
13734-41-3 boc-L-valine C10H19NO4 20906
13735-81-4 1-phenyl-1-trimethylsiloxyethylene C11H16OSi 22447
13738-70-0 a-(phenylthio)-p-toluidine C13H13NS 25880
13743-07-2 1-(2-hydroxyethyl)-1-nitrosourea C3H7N3O3 2084
13746-66-2 potassium hexacyanoferrate(iii) C6FeK3N6 6085
13748-90-8 L-a-hydroxyisocaproic acid C6H12O3 8558
13749-37-6 3-bromo-1,1,1-trichloropropane C3H4BrCl3 1499
13749-38-7 1,2-dibromo-1,1,2-trichloroethane C2HBr2Cl3 517
13749-94-5 1-(methylthio)acetaldoxime C3H7NOS 2044
13750-62-4 1-benzyl-2-methylimidazole C11H12N2 21818
13750-81-7 1-methyl-2-imidazolecarboxaldehyde C5H6N2O 4508
13752-51-7 N-oxydiethylene thiocarbamyl-N-oxydiethyle C9H16N2O2S2 17653
13754-19-3 4,5-diaminopyrimidine C4H6N4 2924
13755-32-3 barium tetracyanoplatinate(ii) tetrahydrat C4H8BaN4O4Pt 3326
13764-18-6 1,4,6,7-tetramethylnaphthalene C14H16 27310
13764-35-7 phenothiazine-10-carbodithioic acid 2-(diet C19H22N2S3 31493
13781-53-8 3-thiopheneacetonitrile C6H5NS 6847
13781-67-4 3-thiopheneethanol C6H8OS 7404
13791-92-9 2-(4-chloro-2-methylphenoxy)-N,N-dimethylp C12H16ClNO2 24146
13794-14-4 2-phenoxybutyric acid C10H12O3 19669
13799-90-1 2,5-dichloro-1,4-benzenedicarboxylic acid C8H4Cl2O4 12524
13801-49-5 tetrakis(diethylamino)zirconium C16H40N4Zr 29838
13808-64-5 4-bromo-3-methyl-1H-pyrazole C4H5BrN2 2625
13811-01-3 2-methyl-5-isopropyl-1,3-cyclohexadiene, (±) C10H16 20349
13811-71-7 (-)-diethyl D-tartrate C8H14O6 14728
13816-33-6 p-isopropylbenzonitrile C10H11N 19295
13820-09-2 trimethyl orthovalerate C8H18O3 15584
13822-56-5 (3-aminopropyl)trimethoxysilane C6H17NO3Si 9334
13826-35-2 3-phenoxybenzyl alcohol C13H12O2 25817
13828-34-7 1-methyl-3-(1-methylethylidene)cyclohexane C10H18 20629
13829-21-5 decyltrichlorosilane C10H21Cl3Si 21096
13831-03-3 tert-butyl propiolate C7H10O2 11173
13831-30-6 (acetyloxy)acetic acid C4H6O4 3007
13831-31-7 acetoxyacetyl chloride C4H5ClO3 2662
13835-75-1 p-menth-1-ene-9-ol C10H18O 20737
13835-81-9 trichloro(2-methylphenyl)silane C7H7Cl3Si 10551
13838-16-9 enflurane C3H2ClF5O 1346
13851-11-1 fenchyl acetate C12H19O2 24526
13855-77-1 ethyl nitropropylcarbamate C6H12N2O4 8361
13860-69-0 N-methyl-N-nitrosobiuret C3H6N4O3 1914
13862-07-2 2-(diphenylmethyl)-1-piperidineethanol C20H25NO 32243
13865-48-0 1-methyl-3-(phenylthio)benzene C13H12S 25829
13865-50-4 methoxymethyl phenyl sulfide C8H10OS 13941
13865-57-1 N,N-dimethyl-4-(diphenylmethyl)aniline C21H21N 32768
13877-91-3 3,7-dimethyl-1,3,6-octatriene C10H16 20336
13877-99-1 2-(2-(dimethylamino)ethoxy)ethyl-1-phenylcyc C18H27NO3 30909
13879-35-1 1,12-diisocyanatododecane C14H24N2O2 27754
13881-91-9 aminomethanesulfonic acid CH5NO3S 292
13882-12-7 S-methyl methanethiosulfinate C2H6OS2 1069
13883-39-1 (3-bromopropyl)trichlorosilane C3H6BrCl3Si 1816
13888-77-2 dimethyl-pentafluorophenylsilane C8H7F5Si 13095
13889-92-4 S-propyl chlorothioformate C4H7ClOS 3133
13889-98-0 1-acetylpiperazine C6H12N2O 8321
13897-55-7 2,4-diamino-1-methylcyclohexane C7H16N2 12144
13898-58-3 4-(benzoylamino)-2-hydroxybenzoic acid C14H11NO4 26858
13898-73-2 1-methyl-5-(1-methylvinyl)cyclohexene C10H16 20347
13900-89-5 meso-3,3'-diselenodialanine C6H12N2O4Se2 8372
13905-48-1 1-bromo-3-methylcyclohexane C7H13Br 11574
13908-93-5 cyclohexyl fluoroethyl nitrosourea C9H16FN3O2 17644
13909-02-9 1-(2-chloroethyl)-3-(2,6-dioxo-3-piperidyl C8H10ClN4O4 13837
13909-09-6 1-(2-chloroethyl)-3-(4-methylcyclohexyl)- C10H18ClN3O2 20646
13909-11-0 cis-3-(2-chlorocyclohexyl)-1-(2-chloroeth C9H15Cl2N3O2 17538
13909-12-1 trans-3-(2-chlorocyclohexyl)-1-(2-chloroe C9H15Cl2N3O2 17539

13909-13-2 1-(2-chloroethyl)-1-nitroso-3-(2-norborny C10H16ClN3O2 20380
13909-14-3 1-(2-chloroethyl)-3-cyclododecyl-1-nitros C15H28ClN3O2 28823
13909-73-4 1-(2,3,4-trimethoxyphenyl)ethanone C11H14O4 22191
13911-65-4 hydroxymethylphenylarsine oxide C7H9AsO2 10929
13915-79-2 5-chloro-4-methyl-2-propionamidothiazole C7H9ClN2OS 10944
13922-41-3 1-naphthaleneboronic acid C10H9BO2 18806
13925-00-3 ethylpyrazine C6H8N2 7341
13925-12-7 1-hydroxy-6-methoxyphenazine 5,10-dioxide C13H10N2O4 25613
13927-77-0 bis(dibutyldithiocarbamate)nickel complex C18H36N2NiS4 31085
13929-35-6 rifamycin C39H49NO14 35540
13930-88-6 vanadyl phthalocyanine C32H16N8OV 35056
13937-08-1 diethyl hydroxymalonate C7H12O5 11559
13938-94-8 carbonylbis(triphenylphosphine)rhodium(i C37H30ClOP2Rh 35447
13939-06-5 molybdenum hexacarbonyl C6MoO6 9400
13940-94-8 a-a-p-trichlorotoluene C7H5Cl3 9979
13943-58-3 potassium ferrocyanide C6FeK4N6 6086
13952-84-6 sec-butylamine C4H11N 3979
13955-12-9 phosphorothioic acid, O-isopropyl O-methyl C10H14NO5PS 19930
13956-29-1 cannabidiol C21H30O2 32950
13963-35-4 1-methyl-2-(phenylthio)benzene C13H12S 25828
13963-57-0 aluminum acetylacetonate C15H21AlO6 28604
13963-58-1 potassium hexacyanocobaltate C6CoK3N6 6071
13965-03-2 bis(triphenylphosphine)palladium(ii)chlo C36H30Cl2P2Pd 35341
13965-63-4 (5a,7a(R))-3,6-dimethoxy-a-17-dimethyl-4,5-e C31H37NO4 34996
13979-28-7 ethyl 2,3-dimethyl-2-butenoate C8H14O2 14613
13980-04-6 hexahydro-1,3,5-trinitroso-1,3,5-triazine C3H6N6O3 1918
13984-53-7 methyl 4-acetyl-5-oxohexanoate C9H14O4 17505
13984-57-1 ethyl 5-oxohexanoate C8H14O3 14664
13987-01-4 tripropylene C27H60 34575
13988-24-4 1,1-diallyl-3-(1,4-benzodioxan-2-ylmethyl)- C17H22N2O3 30189
13988-26-6 diethylene glycol bisphthalate C12H12O5 23794
13991-08-7 1,2-bis(diphenylphosphino)benzene C30H24P2 34858
13991-37-2 trans-2-pentenoic acid C5H8O2 4896
13992-25-1 2,3,4,6-tetra-O-acetyl-b-D-glucopyranosylaz C14H19N3O9 27554
13993-65-2 10-methyl-10H-phenothiazine-2-acetic acid C15H13NO2S 28238
13997-70-1 allyl 4-chlorophenyl ether C9H9ClO 16287
13997-73-4 4-chloro-2-allylphenol C9H9ClO 16289
14002-51-8 4-biphenylcarbonyl chloride C13H9ClO 25522
14002-80-3 methyl 2,2-dimethyl-3-hydroxypropionate C6H12O3 8561
14003-16-8 5-methylfurfurylamine C6H9NO 7542
14003-34-0 3-methyl-2-quinoxalinol C9H8N2O 16159
14003-66-8 4-methyl-5-nitroimidazole C4H5N3O2 2746
14007-64-8 2-(diethylamino)ethyl 2-phenylbutanoate C16H25NO2 29586
14008-44-7 metopimazine C22H27N3O3S2 33307
14008-53-8 3-bromotetrahydrothiophene-1,1-dioxide C4H7BrO2S 3080
14010-23-2 ethyl heptadecanoate C19H38O2 31716
14021-92-2 2,9-decanediol C10H22O2 21350
14023-80-4 dicarbonylacetylacetonato iridium C7H7IrO4 10606
14024-00-1 hexacarbonyl vanadium C6O6V 9411
14024-18-1 iron(iii) acetylacetonate C15H21FeO6 28611
14024-48-7 cobalt(ii) acetylacetonate C10H14CoO4 19917
14024-58-9 manganese acetylacetonate C10H14O4Mn 20167
14024-61-4 bis(acetylacetonato)palladium C10H14O4Pd 20169
14024-63-6 bis(acetylacetonato)zinc C10H14O4Zn 20171
14024-64-7 bis(acetylacetonato) titanium oxide C10H14O5Ti 20175
14024-75-0 bis(4-morpholinecarbodithioato)mercury C10H16HgN2O2S4 20385
14026-03-0 R(-)-N-nitroso-a-pipecoline C6H12N2O 8331
14028-44-5 amoxapine C17H16ClN3O 29989
14029-02-8 homocalycotomine C13H19NO3 26267
14040-05-2 copper bis(2,2,6,6-tetramethyl-3,5-heptaned C22H38CuO4 33405
14040-11-0 tungsten carbonyl C6O6W 9412
14045-26-2 1-(1-ethyl-1-methylpropyl)piperidine C11H23N 22878
14047-09-7 3,3',4,4'-tetrachloroazobenzene C12H6Cl4N2 23211
14047-23-5 (1-aminopropyl)phosphonic acid C3H10NO3P 2254
14047-29-1 4-carboxyphenylboronic acid C7H7BO4 10459
14055-02-8 nickel phthalocyanine C32H16N8Ni 35055
14062-18-1 ethyl (4-methoxyphenyl)acetate C11H14O3 22170
14062-19-2 ethyl p-tolylacetate C11H14O2 22140
14062-78-3 N,N,4-trimethylbenzamide C10H13NO 19774
14064-10-9 diethyl chloromalonate C7H11ClO4 11260
14064-21-2 2-furaldehyde dimethylhydrazone C7H10N2O 11111
14064-43-8 1-chloro-3-(trans-2-phenylvinyl)benzene C14H11Cl 26806
14064-68-7 cis-4-(2-phenylvinyl)benzonitrile C15H11N 28102
14065-32-8 methyl 10-chloro-10-oxodecanoate C11H19ClO3 22637
14068-53-2 2-amino-5-ethyl-1,3,4-thiadiazole C4H7N3S 3309
14069-89-7 sec-butyl isocyanide C5H9N 5189
14072-86-7 4,4-dimethylcyclohexene C8H14 14481
14073-00-8 3-methyl-4-nitroquinoline-1-oxide C10H8N2O3 18726
14073-97-3 trans-5-methyl-2-isopropylcyclohexanone, (2S) C10H18O 20682
14074-80-7 5,10,15,20-tetraphenyl-21H,23H-porphine zin C44H28N4Zn 35737
14076-05-2 6-chloro-4-(hydroxyamino)quinoline-1-oxide C9H7ClN2O2 15961
14076-19-8 5-chloro-4-nitroquinoline-1-oxide C9H5ClN2O3 15814
14077-58-8 ethoxyacetyl chloride C4H7ClO2 3141
14085-34-8 4,5-tetramethylene-1,2-dithiol-3-thione C7H8S3 10925
14087-70-8 (1R)-chrysanthemolactone C10H16O2 20493
14087-71-9 (1S)-chrysanthemolactone C10H16O2 20494
14088-71-2 proclonol C15H14Cl2O 28268
14090-22-3 butyldichloroborane C4H9BCl2 3597
14090-83-6 methyl 2-phenylsulfinylacetate C9H10O3S 16777
14090-87-0 2,4-octanedione C8H14O2 14607
14091-15-7 4-bromo-DL-phenylalanine C9H10BrNO2 16524
14092-20-7 2-hexen-4-yne C6H8 7276
14094-43-0 5-methyl-4-nitroquinoline-1-oxide C10H8N2O3 18727
14094-45-2 8-methyl-4-nitroquinoline-1-oxide C10H8N2O3 18730
14094-48-5 6,7-dichloro-4-nitroquinoline-1-oxide C9H4Cl2N2O3 15786
14096-51-6 dichloro(ethylenediammine)platinum(ii) C2H8Cl2N2Pt 1153
14096-82-3 cobalt tricarbonyl nitrosyl C3CoNO4 1275
14097-03-1 basic red 18 C19H25ClN5O2 31561
14098-24-9 benzo-18-crown-6 C16H24O6 29581
14098-41-0 [3,4]-dibenzo-21-crown-7 C22H28O7 33328
14098-44-3 benzo-15-crown-5 C14H20O5 27610
14099-01-5 rhenium pentacarbonyl chloride C5ClO5Re 4161
14100-52-8 3-chloro-4-nitroquinoline-1-oxide C9H5ClN2O3 15813
14108-88-4 1,2,3,4-tetrahydro-5,8-dimethylnaphthalene C12H16 24127
14112-98-2 7-oxooctanoic acid C8H14O3 14680
14114-05-7 cyclopropyltriphenylphosphonium bromide C21H20BrP 32735
14116-69-9 6-O-alpha-L-arabinopyranosyl-D-glucose C11H20O10 22745
14122-00-0 3,5-dibromo-2-methylphenol C7H6Br2O 10196
14123-60-5 3-chlorophenylacetone C9H9ClO 16294
14126-37-5 bis(triphenylphosphine)nickel(ii)bromide C36H30Br2NiP2 35339
14126-40-0 bis(triphenylphosphine)cobalt(ii) chlori C36H32Cl2CoP2 35349
14130-05-3 nonadecylamine C19H41N 31756
14130-06-4 docosylamine C22H47N 33483
14130-07-5 tricosylamine C23H49N 33710
14130-08-6 tetracosylamine C24H51N 34012
14130-09-7 pentacosylamine C25H53N 34199
14130-10-0 hexacosylamine C26H55N 34377
14130-11-1 heptacosylamine C27H57N 34566
14130-12-2 octacosylamine C28H59N 34738
14130-15-5 heneicosylamine C21H45N 33065
14131-84-1 2,3:5,6-di-o-isopropylidene-a-D-mannofuranose C12H20O6 24615
14142-16-6 2-methyl-1-phenylpiperidine C12H17N 24296
14144-91-3 5-dimethylamino-4-tolyl methylcarbamate C11H16N2O2 22380
14150-71-1 vinylene bisthiocyanate C4H2N2S2 2425
14152-28-4 prostaglandin A1 C20H32O4 32392
14159-48-9 2-propanesulfonic acid C3H8O3S 2151
14165-55-0 germanium(iv) ethoxide C8H20GeO4 15689
14167-18-1 bis(salicylaldehyde)ethylenediimine cobal C16H14CoN2O2 29132
14167-59-0 tetratriacontane C34H70 35277
14168-01-5 b-dihydroheptachlor C10H7Cl7 18620
14168-44-6 methylene bis(nitramine) CH4N4O4 270
14173-25-2 methyl phenyl disulfide C7H8S2 10924
14173-39-8 L-4-chlorophenylalanine C9H10ClNO2 16532
14173-58-1 3-bromo-4-nitroquinoline-1-oxide C9H5BrN2O3 15807
14174-08-4 benzo-12-crown-4 C12H16O4 24259
14174-09-5 [4,4]-dibenzo-24-crown-8 C24H32O8 33900
14179-94-3 3-chloro-3-methyl-1-pentyne C6H9Cl 7489
14180-63-3 diallyl sulfoxide C6H10OS 7809
14181-05-6 ethyl 2,5-dioxo-1-pyrrolidineacetate C8H11NO4 14196
14187-31-6 1,1'-diethyl-2,2'-dicarbocyanine iodide C27H27IN2 34411
14187-32-7 dibenzo-18-crown-6 C20H24O6 32236
14188-79-5 2-decylnaphthalene C20H28 32303
14189-13-0 2-ethyl-1,5-pentanediol C7H16O2 12244
14191-22-1 2-nitro-9H-carbazole C12H8N2O2 23313
14191-95-8 4-hydroxyphenylacetonitrile C8H7NO 13129
14199-15-6 methyl 4-hydroxyphenylacetate C9H10O3 16767
14199-83-8 1-deoxy-1-nitro-D-mannitol C6H13NO7 8857
14205-39-1 methyl 3-aminocrotonate C5H9NO2 5229
14207-78-4 5,11-dimethylchrysene C20H16 31995
14210-25-4 5-chloro-1-phenyl-1H-tetrazole C7H5ClN4 9926
14211-01-9 isopropyl-O,O-dimethyldithiophosphoryl-1-p C13H19O4PS2 26282
14212-54-5 (1R,2R)-(+)-1-phenylpropylene oxide C9H10O 16643
14214-31-4 2-chloro-3-isothiocyanato-1-propene C4H4ClNS 2525
14214-32-5 lironion C16H18N2O3 29380
14215-68-0 N-acetyl-D-galactosamine C8H15NO6 14843
14216-23-0 2-(methylthio)ethyl methacrylate C7H12O2S 11502
14220-21-4 rhenium pentacarbonyl bromide C5BrO5Re 4159
14220-64-5 bis(benzonitrile)palladium(ii) chloride C14H10Cl2N2Pd 26736
14221-01-3 tetrakis(triphenylphosphine)palladium(0) C72H60P4Pd 35963
14221-02-4 tetrakis(triphenylphosphine)platinum(0) C72H60P4Pt 35964
14221-06-8 molybdenum(ii) acetate dimer C8H12Mo2O8 14273
14221-47-7 ferric ammonium oxalate C6H12FeN3O12 8304
14222-60-7 2-propyl-4-pyridinecarbothioamide C9H12N2S 17067
14224-99-8 2-methyl-4,5-diphenyloxazole C16H13NO 29092
14226-68-7 5-benzyloxy-3-(1-methyl-2-pyrrolidinyl)indol C20H22N2O 32165
14227-18-0 2,4,6-trimethoxynitrobenzene C9H11NO5 16981
14233-86-4 N-fluoro-n-butylnitramine C4H9FN2O2 3661
14235-86-0 phenylmercuric dinaphthylmethanedisulfon C33H24Hg2O6S2 35141
14239-51-1 bis(diethyldithiocarbamato)mercury C10H20HgN2S4 20967
14239-68-0 bis(diethyldithiocarbamato)cadmium C10H20CdN2S4 20964
14244-61-2 potassium tetrakisthiocyanatoplatinate C4K2N4PtS4 4151
14248-22-7 methyl alpha,alpha-dimethylbenzenepropanoate C12H16O2 24220
14248-66-9 3,5-dimethyl-4-nitropyridine 1-oxide C7H8N2O3 10833
14250-79-4 2,2-dimethyl-1-heptanol C9H20O 18268
14252-42-7 1,1-bis(ethylthio)ethane C6H14S2 9127
14255-23-3 2,4-dimethyl-2-hexene C8H16 14946
14255-24-4 4-methyl-cis-3-heptene C8H16 14922
14255-44-8 2-nitrohexane C6H13NO2 8791
14255-87-9 5-butyl-2-benzimidazolecarbamic acid methyl C13H17N3O2 26152
14255-88-0 5,6-dichloro-1-phenoxycarbonyl-2-triflu C15H7Cl2F2N2O2 27975
14262-60-3 dibenzo-15-crown-5 C18H20O5 30746
14262-61-4 [2,4]-dibenzo-18-crown-6 C20H24O6 32237
14264-16-5 bis(triphenylphosphine)nickel(ii)chlorid C36H30Cl2NiP2 35340
14264-31-4 sodium copper cyanide C3CuN3Na2 1277
14267-92-6 5-chloro-1-pentyne C5H7Cl 4611
14268-23-6 potassium trinitromethanide CKN3O6 342
14268-66-7 3,4-(methylenedioxy)aniline C7H7NO2 10641
14272-54-9 3-ethyl-3-penten-1-yne C7H10 11050
14273-06-4 1-ethoxy-1-propyne C5H8O 4853
14273-85-9 methyl 4-iodobutyrate C5H9IO2 5179
14273-86-0 methyl 5-chlorovalerate C6H11ClO2 8051
14277-97-5 (-)-domoic acid C15H21NO6 28635
14282-76-9 2-bromo-3-methylthiophene C5H5BrS 4354
14284-89-0 manganese(iii)acetylacetonate C15H21MnO6 28614
14284-92-5 rhodium(iii) acetylacetonate C15H21O6Rh 28644
14284-93-6 ruthenium(iii) acetylacetonate C15H21O6Ru 28645
14285-43-9 methylcarbamic acid 4-methylthio-m-cumenyl C12H17NO2S 24324
14285-68-8 rhenium carbonyl C10O10Re2 21465
14287-61-7 2,3-dimethylbutanoic acid C6H12O2 8464
14290-92-7 2,2-dimethyl-3-thiapentane C6H14S 9126
14293-15-3 2-anilino-4'-(benzyloxy)-2-phenylacetophenon C27H23NO2 34400
14293-44-8 4-chloro-5-sulfamoyl-2',6'-salicyloxylid C15H15ClN2O4S 28341
14296-80-1 1,2-dimethylenecyclobutane C6H8 7270
14301-11-2 (Z)-N,N-dimethyl-4-stilbenamine C16H17N 29321
14302-13-7 C.I. pigment green 36 C32Br6Cl10CuN8 35046
14303-70-9 propyl tetradecanoate C17H34O2 30331
14304-30-4 1-bromo-2-decene C10H19Br 20858
14310-20-4 4-methyl-1,2-diphenylethane C15H16 28388
14315-14-1 5-methylbenzo[b]thiophene C9H8S 16245
14315-97-0 1,1,3-trimethoxypropane C6H14O3 9087
14319-13-2 resolve-al la C33H57LaO6 35173
14320-04-8 zinc phthalocyanine C32H16N8Zn 35058
14321-27-8 benzylethylamine C9H13N 17251
14324-55-1 zinc diethyldithiocarbamate C10H20N2S4Zn 20990
14324-82-4 copper(ii) trifluoroacetylacetonate C10H8CuF6O4 18695
14331-54-5 2,4-dimethylpyrimidine C6H8N2 7325
14338-32-0 2-chloro-1-methylpyridinium iodide C6H7ClIN 7139
14345-97-2 2-chloro-3-methylthiophene C5H5ClS 4367
14347-78-5 (R)-(-)-2,2-dimethyl-1,3-dioxolane-4-methanol C6H12O3 8550
14348-40-4 3-hydroxy-2,4,6-tribromobenzoic acid C7H3Br3O3 9489
14352-61-5 methyl cyclohexylacetate C9H16O2 17722
14354-56-4 phenylmercuric-8-hydroxyquinolinate C15H11HgNO 28092
14357-94-9 2,4,6(1H,3H,5H)-pyrimidinetrione,5-(1-cyclo C15H20N2O3 28587
14362-68-6 tris(difluoroamine)fluoromethane CF7N3 86
14362-70-0 perfluoroformamidine CF4N2 75
14363-14-5 bis(2,2,6,6-tetramethyl-3,5-heptanedionato) C22H38O4Zn 33410
14370-50-4 2-(aminomethyl)norbornane C8H15N 14786
14371-10-9 cinnamaldehyde C9H8O 16192
14371-82-5 2-nitro-4-(trifluoromethyl)benzenethiol C7H4F3NO2S 9803
14374-45-9 1-phenyl-1-heptyne C13H16 26041
14374-92-6 verdoracine C13H18 26164
14376-79-5 3,3,5,5-tetramethylcyclohexanone C10H18O 20746
14377-68-5 1-phenylcyclobutanecarbonitrile C11H11N 21732
14379-80-7 glycine hydrazide C2H7N3O 1132
14400-94-3 2,3,4,6-tetrabromophenol C6H2Br4O 6151
14401-73-1 1-(3,5-dibromophenyl)ethanone C8H6Br2O 12740

14402-50-7 2-dodecanethiol C12H26S 25311
14402-89-2 sodium ferricyanide C5FeN6Na2O 4182
14405-43-7 gallium(iii) acetylacetonate C15H21GaO6 28612
14405-45-9 indium acetylacetonate C15H21InO6 28613
14410-98-1 11-deoxojervine-4-en-3-one C27H41NO2 34481
14411-75-7 1,3-dimethyl-2-isopropylbenzene C11H16 22338
14414-32-5 syringaldazine C18H20N2O6 30728
14432-12-3 2-chloro-4-aminopyridine C5H5ClN2 4360
14433-76-2 N,N-dimethyldecanamide C12H25NO 24903
14434-47-0 tris(2,2,6,6-tetramethyl-3,5-heptanedionato C33H57CrO6 35169
14435-92-8 carbonyl diazide CN6O 366
14436-32-9 9-decenoic acid C10H18O2 20772
14436-50-1 2-phenethylmalonic acid 2-diethylaminoethyl C19H29NO4 31619
14437-17-3 2-chloro-3-(4-chlorophenyl)methylpropionat C10H10Cl2O2 19001
14437-41-3 4'-chloro-3,5-diiodosalicylanilide aceta C15H10ClI2NO3 28014
14438-32-5 3,5-dimethylanthranilic acid C9H11NO2 16945
14444-77-0 (diethoxymethoxy)benzene C11H16O3 22466
14446-67-4 1-(2-propenyl)piperidine C8H15N 14785
14446-69-6 1-tert-butylpiperidine C9H19N 18130
14452-30-3 1-(3-iodophenyl)ethanone C8H7IO 13098
14458-95-8 5,6,7,8,9,9-hexachloro-1,4,4a,5,8,8a-hexah C10H6Cl6N2O 18549
14459-29-1 hematoporphyrin C34H38N4O6 35231
14461-87-1 N-(7-hydroxyfluoren-2-yl)acetohydroxamic aci C15H13NO3 28240
14465-96-4 dimatif C4H10N3PS 3861
14468-90-7 1-(trimethylsilyl)-2-pyrrolidinone C7H15NOSi 12074
14470-28-1 p-anisylchlorodiphenylmethane C20H17ClO 32038
14472-14-1 4-bromo-3-methylphenol C7H7BrO 10483
14473-90-6 trans-m-chlorocinnamic acid C9H7ClO2 15969
14476-30-3 1,2,2-tribromopropane C3H5Br3 1666
14476-37-0 4-undecanone C11H22O 22825
14477-33-9 trimethylplatinum hydroxide C3H10OPt 2263
14481-29-9 ammonium hexacyanoferrate(ii) C6H16FeN10 9288
14484-64-1 ferbam C9H18FeN3S6 17966
14487-05-9 rifamycin O C39H49NO14 35541
14488-49-4 dimethylammonium perchlorate C2H8ClNO4 1149
14490-79-0 trans-15-tetracosenoic acid C24H46O2 33971
14495-51-3 2-bromo-5-chlorotoluene C7H6BrCl 10143
14496-35-6 N,N,5-trimethylfurfurylamine C8H13NO 14437
14504-15-5 3-benzyl-4-carbamoylmethylsydnone C11H11N3O3 21779
14507-02-9 2,4-decadien-1-ol C10H18O 20721
14508-49-7 2-chloropyrazine C4H3ClN2 2453
14516-54-2 bromopentacarbonylmanganese C5BrMnO5 4158
14520-53-7 2-allyloxybenzamide C10H11NO2 19324
14521-96-1 7a-etorphine C25H33NO4 34139
14523-22-9 rhodium carbonyl chloride C4Cl2O4Rh2 2309
14531-16-9 5-methyl-5-ethylnonane C12H26 24963
14533-63-2 1-propanesulfonic acid sodium salt C3H7NaO3S 2091
14533-84-7 pentafluorophenyl trifluoroacetate C8F8O2 12427
14540-52-4 tri-neopentylphosphite C15H33O3P 28946
14541-90-3 uniblue A sodium salt C22H15N2NaO7S2 33125
14542-93-9 1,1,3,3-tetramethylbutyl isocyanide C9H17N 17819
14545-08-5 iodoacetylene C2HI 562
14548-31-3 1-hexen-5-yne C6H8 7275
14548-46-0 phenyl-4-pyridinylmethanone C12H9NO 23399
14548-47-1 p-methoxyphenyl 4-pyridyl ketone C13H11NO2 25717
14548-48-2 4-(4-chlorobenzoyl)pyridine C12H8ClNO 23270
14551-09-8 N-methyl-N-ethyl-4-(4'-(pyridyl-1'oxide)azo) C14H16N4O 27366
14557-50-7 2-(2-(diethylamino)ethyl)-2-phenyl-4-penteno C19H29NO2 31618
14558-12-4 1,3,5,8-tetramethylnaphthalene C14H16 27307
14558-14-6 1,3,6,8-tetramethylnaphthalene C14H16 27314
14573-23-0 2,6-dichlorophenethylamine C8H9Cl2N 13620
14575-84-9 D(+)-a-bromocamphor-p-sulfonic acid ammon C10H18BrNO4S 20642
14575-93-0 2,6,6-trimethylbicyclo[3.1.1]heptan-3-one, [1S C10H16O 20429
14579-03-4 trichlorocyclopentylsilane C5H9Cl3Si 5106
14579-91-0 1,3-bis(chloromethyl)-1,1,3,3-tetramethyld C6H17Cl2NSi2 9331
14588-08-0 bis(triphenylphosphine)palladium(ii) acet C40H36O4P2Pd 35579
14592-56-4 bis(acetonitrile)palladium(ii) chloride C4H6Cl2N2Pd 2824
14593-04-5 3-amino-3-phenyl-1-propanol C9H13NO 17308
14593-43-2 allyl benzyl ether C10H12O 19521
14593-46-5 sodium tert-pentoxide C5H11NaO 5768
14595-35-8 dipropyl fumarate C10H16O4 20520
14596-92-0 1,cis-3-hexadiene C6H10 7624
14600-07-8 2,4-D crotyl ester C12H12Cl2O3 23704
14602-62-1 1,1,2-tribromopropane C3H5Br3 1664
14603-76-0 (R)-(-)-2-amino-2-methylbutanedioic acid C5H9NO4 5249
14609-79-1 2,2,4,4-tetramethyl-3-pentanol C9H20O 18335
14610-37-8 methylisobutylamine C5H13N 5956
14617-95-9 p-methoxybenzyl butyrate C12H16O3 24255
14618-49-6 N,N-diallyl-2,2,2-trifluoroacetamide C8H10F3NO 13851
14618-78-1 3-cyanopropionaldehyde dimethyl acetal C6H11NO2 8140
14618-80-5 benzyl (R)-(-)-glycidyl ether C10H12O2 19589
14620-52-1 1,1-dimethoxydodecane C14H30O2 27934
14620-53-2 1,1-dimethoxytetradecane C16H34O2 29779
14620-55-4 1,1-dimethoxyoctadecane C20H42O2 32530
14628-06-9 8-(methylquinolyl)-N-methyl carbamate C12H12N2O2 23738
14630-40-1 1,2-bis(trimethylsilyl)acetylene C8H18Si2 15622
14631-45-9 2-ethoxypropanenitrile C5H9NO 5200
14633-54-6 cyclopropyl phenyl sulfide C9H10S 16815
14634-91-4 o-phenanthroline ferrous sulfate complex C36H24FeN6O4S 35335
14634-93-6 zinc ethylphenylthiocarbamate C18H20N2S4Zn 30734
14635-33-7 phenanthro(2,1-d)thiazole C15H9NS 28003
14642-48-9 2,3,4-pentanetriol C5H12O3 5908
14642-66-1 3-diethylaminopropylamine C7H18N2 12380
14642-79-6 benzyloxytrimethylsilane C10H16OSi 20479
14649-03-7 (S)-(-)-a-methylbenzyl isocyanate C9H9NO 16405
14650-81-8 bis(2-aminothiophenol), zinc salt C12H12N2S2Zn 23750
14660-52-7 ethyl 5-bromopentanoate C7H13BrO2 11583
14663-70-8 3-chloro-7-hydroxy-4-methylcoumarin bis(2 C16H16Cl5O6P 29247
14663-71-9 phosphoric acid, bis(3-chloropropyl) p-n C12H16Cl2NO6P 24154
14663-72-0 phosphoric acid, bis(2-chloropropyl) p-n C12H16Cl2NO6P 24153
14666-77-4 di-tert-butyl diperoxyoxalate C10H18O6 20849
14666-78-5 diethyl peroxydicarbonate C6H10O6 7964
14667-55-1 2,3,5-trimethylpyrazine C7H10N2 11104
14676-01-8 3-benzylaminobutyric acid C11H15NO2 22263
14676-29-0 3-ethyl-2-methylheptane C10H22 21154
14678-02-5 5-amino-3-methylisoxazole C4H6N2O 2896
14679-13-1 2-(2,4,6-trimethylphenyl)propene C12H16 24141
14679-73-3 N1-carbethoxy-N2-phthalazino hydrazine C11H12N4O2 21843
14685-29-1 2,4,6,8-tetrabutyl-2,4,6,8-tetramethylcycl C20H48O4Si4 32559
14686-13-6 trans-2-heptene C7H14 11709
14686-14-7 trans-3-heptene C7H14 11713
14689-97-5 1,1-bis(2-chloroethoxy)ethane C6H12Cl2O2 8286
14690-00-7 2-benzyloxy-1,3-propanediol C10H14O3 20135
14691-88-4 4-amino-2,2,6,6-tetramethylpiperidinooxy,free C9H19N2O 18168
14691-89-5 4-acetylamino-2,2,6,6-tetramethylpiperidin- C11H21N2O2 22784
14694-95-2 tris(triphenylphosphine)rhodium(i) chlori C54H45ClP3Rh 35850
14697-46-2 1,2,5-pentanetriol C5H12O3 5903
14698-29-4 oxolinic acid C13H11NO5 25724
14704-14-4 (methoxymethyl)trimethylsilane C5H14OSi 6024
14704-41-7 3,5-bis(trifluoromethyl)pyrazole C5H2F6N2 4199
14716-89-3 3-methyl-5-isoxazolemethanol C5H7NO2 4680
14719-83-6 methyl 4-chloro-3-nitrobenzoate C8H6ClNO4 12785
14720-74-2 2,2,4-trimethylheptane C10H22 21163
14721-66-5 3,7,11,15-tetramethylhexadecanoic acid C20H40O2 32492
14722-22-6 N-(3-iodo-2-fluorenyl)acetamide C15H12INO 28150
14722-38-4 4-methyl cinnoline C9H8N2 16153
14722-40-8 1,15-pentadecanediol C15H32O2 28919
14726-36-4 dibenzyldithiocarbamic acid zinc salt C30H28N2S4Zn 34868
14733-73-4 5-bromo-2-benzoxazolinone C7H4BrNO2 9638
14737-08-7 4-chloro-4-cyclohexene-1,2-dicarboxylic anhyd C8H7ClO3 13037
14737-91-8 cis-2-methoxycinnamic acid C10H10O3 19194
14737-94-1 methyl trans-2-chloro-3-phenyl-2-propenoate C10H9ClO2 18821
14739-73-2 2,2,3,5,5-pentamethylhexane C11H24 23038
14745-61-0 3-chloro-7-hydroxy-4-methylcoumarin bis(4 C18H22Cl3O6P 30787
14746-03-3 2-buten-1-yl diazoacetate C6H8N2O2 7356
14751-89-4 tris-2,2'-bipyridine chromium C30H24CrN6 34853
14752-60-4 1-bromo-1-pentyne C5H7Br 4594
14752-61-5 1-iodo-1-pentyne C5H7I 4654
14752-75-1 heptadecylbenzene C23H40 33674
14753-05-0 1-chloro-2-methylpentane C6H13Cl 8672
14753-13-0 7-methyl-4-nitroquinoline-1-oxide C10H8N2O3 18729
14753-14-1 7-chloro-4-nitroquinoline-1-oxide C9H5ClN2O3 15816
14755-02-3 m-hydroxycinnamic acid, predominantly trans C9H8O3 16224
14760-26-0 zinc bis[bis(trimethylsilyl)amide] C12H36N2Si4Zn 25419
14760-99-7 N,N'-dimethyl-N,N'-dinitro-ethanediamide C4H6N4O6 2934
14763-60-1 4-methylsulphonylphenol C7H8O3S 10916
14763-77-0 copper(ii) cyanide C2CuN2 474
14765-30-1 2-(1-methylpropyl)cyclohexanone C10H18O 20760
14767-37-4 oxobis(1-phenylbutane-1,3-dionato-O,O')vanad C20H18O5V 32089
14768-15-1 tris(2,2,6,6-tetramethyl-3,5-heptanedionato C33H57GdO6 35172
14774-78-8 4-chlorophenyllithium C6H4ClLi 6441
14779-78-3 amyl-p-dimethylaminobenzoate C14H21NO2 27623
14779-92-1 8-methyl-2-nonanol C10H22O 21241
14781-32-9 bis(1,2-diaminoethane)dinitrocobalt(iii) C4H16ClCoN6O8 4135
14781-45-4 copper bis(trifluoroacetylacetonate) C10H2CuF12O4 18475
14782-58-2 tetrakis(1-pyrazolyl)borate, potassium salt C12H12BKN8 23689
14788-78-4 jervine-3-acetate C29H40NO4 34787
14794-31-1 ethyl 4-chloro-4-oxobutyrate C6H9ClO3 7508
14799-93-0 dichloro-methyl-octylsilane C9H20Cl2Si 18212
14804-32-1 1-ethyl-2-methoxybenzene C9H12O 17081
14804-38-7 4-bromo-2,6-dimethylanisole C9H11BrO 16839
14804-59-2 3-bromo-3-phenyl-2-propenal C9H7BrO 15951
14812-59-0 2-chloro-4,4,5,5-tetramethyl-1,3,2-dioxaphos C6H12ClO2P 8271
14813-68-4 2,7-dimethyl-3,5-octadiyne C10H14 19891
14816-18-3 baythion C12H15N2O3PS 24051
14817-09-5 4-n-decyloxy-3,5-dimethoxybenzoic acid amide C19H31NO4 31645
14838-15-4 DL-norephedrine C9H13NO 17323
14845-35-3 2,5-dimethyl-2-cyclohexen-1-one C8H12O 14329
14845-55-7 2-isopropylcyclopentanone C8H14O 14573
14847-51-9 2-bromo-5-methylphenol C7H7BrO 10478
14848-01-2 p-chlorobenzoyl azide C7H4ClN3O 9728
14850-22-7 cis-3-octene C8H16 14894
14850-23-8 trans-4-octene C8H16 14898
14852-31-4 2-hexadecanol C16H34O 29767
14857-34-2 ethoxydimethylsilane C4H12OSi 4095
14860-49-2 clobutinol C14H22ClNO 27657
14861-06-4 vinyl crotonate C6H8O2 7431
14866-33-2 tetra-n-octylammonium bromide C32H68BrN 35135
14869-39-7 2-ethoxy-1-phenylethanone C10H12O2 19546
14871-41-1 carbonylbis(triphenylphosphine)iridium(i C37H30ClIrOP2 35446
14874-82-9 rhodium, dicarbonyl(2,4-pentanedionato-o,o')- C7H7O4Rh 10722
14877-41-9 tris(2,2,6,6-tetramethyl-3,5-heptanedionato C33H57CoO6 35170
14883-87-5 DL-3,4-dihydroxymandelic acid C8H8O5 13511
14885-29-1 ipropran C7H11N3O2 11319
14892-14-9 pentafluorophenoxyacetic acid C8H3F5O3 12493
14898-79-4 (R)-(-)-2-butanol C4H10O 3877
14898-86-3 (R)-(+)-2-methyl-1-phenylpropanol C10H14O 20078
14898-87-4 (±)-1-phenyl-2-propanol C9H12O 17128
14899-36-6 dexamethasone palmitate C38H59FO6 35512
14901-07-6 b-ionone C13H20O 26317
14901-08-7 cycasin C8H16N2O7 15058
14901-16-7 1-phenyl-3-(2-thiazolyl)-2-thiourea C10H9N3S2 18954
14913-33-8 trans-dichlorodiammineplatinum(ii) C12H6N2Pt 23227
14916-80-4 3-octyn-1-ol C8H14O 14596
14917-59-0 p-bromobenzoyl azide C7H4BrN3O 9647
14918-21-9 5-hexynenitrile C6H7N 7177
14918-35-5 destomycin A C20H37N3O13 32434
14918-69-5 2,3-dichloro-5,8-dihydroxy-1,4-naphtoquinon C10H4Cl2O4 18488
14919-01-8 trans-3-octene C8H16 14895
14920-89-9 2,3-dimethylfuran C6H8O 7383
14924-53-9 ethyl cyclobutanecarboxylate C7H12O2 11479
14925-39-4 2-bromoacrolein C3H3BrO 1399
14929-11-4 sinifibrate C23H26Cl2O6 33571
14930-96-2 cytochalasin B C29H37NO5 34779
14933-06-0 bis-1,2-diamino ethane dichloro cobalt(i C4H16Cl3CoN4O4 4138
14933-76-7 3-ethyl-2-methylbenzothiazolium p-toluenes C17H19NO3S2 30102
14938-35-3 4-pentylphenol C11H16O 22408
14959-86-5 cis-7-dodecenyl acetate C14H26O2 27810
14963-40-7 5-methyl-2-cyclopenten-1-one C6H8O 7391
14970-83-3 4-mercapto-1-butanol C4H10OS 3877
14970-87-7 2,2'-(ethylenedioxy)diethanethiol C6H14O2S2 9072
14976-57-9 clemastine fumarate C21H26ClNO 32862
14979-39-6 4-methyl-3-heptanol C8H18O 15448
14980-92-8 ethyl 2-bromomyristate C16H31BrO2 29687
14996-78-2 2-phenylcycloheptanone C13H16O 26080
15009-91-3 2-nitropyridine C5H4N2O2 4296
15013-37-3 4-methyl-2-thiahexane C6H14S 9117
15014-25-2 dibenzyl malonate C17H16O4 30021
15017-02-4 N,N'-di-o-tolyl-p-phenylene diamine C20H20N2 32127
15020-57-2 p-(N,N-dimethylsulfamoyl)phenol C8H11NO3S 14194
15022-08-9 diallyl carbonate C7H10O3 11191
15028-56-5 1-benzyl-2,3-isopropylidene-rac-glycerol C13H18O3 26231
15029-30-8 1-cyanoacetylpiperidine C8H12N2O 14301
15029-32-0 morpholinocarbonylacetonitrile C7H10N2O2 11117
15030-72-5 N-carbobenzyloxy-2-methylalanine C12H15NO4 24086
15038-48-9 tris(acetonitrile)molybdenumtricarbonyl C9H9MoN3O3 16363
15044-98-1 m-(allyloxy)-N-(bis(1-aziridinyl)phosphiny C14H18N3O3P 27473
15044-99-2 p-(allyloxy)-N-(bis(1-aziridinyl)phosphiny C14H18N3O3P 27474
15045-43-9 2,2,5,5-tetramethyltetrahydrofuran C8H16O 15146
15052-19-4 1-phenyl-1H-tetrazole-5-thiol sodium salt C7H5N4NaS 10124
15068-08-3 2-(chloromethyl)phenyl acetate C9H9ClO2 16312
15068-90-3 3-acetylcamphor C12H18O2 24463
15074-54-1 2-chlorophenyl phosphorodichloridate C6H4Cl3O2P 6506
15083-53-1 5-(3-(dimethylamino)propoxy)-3-methyl-1-phen C15H21N3O 28638
15084-51-2 4-tert-butylbenzenesulfonyl chloride C10H13ClO2S 19741
15086-94-9 eosin Y, free acid C20H8Br4O5 31769

15089-07-3 p-chlorobenzoic acid 2-phenylhydrazide C13H11ClN2O 25674
15090-10-5 1-benzyl-3-methyl-5-(2-(2-methylpiperidino)e C19H27N3O 31597
15090-12-7 1-benzyl-3-methyl-5-(2-(4-methyl-1-piperazin C18H26N4O 30886
15090-13-8 1-benzyl-5-(3-(dimethylamino)propoxy)-3-meth C16H23N3O 29557
15090-16-1 1-benzyl-5-(3-(dipropylamino)propoxy)-3-meth C20H31N3O 32373
15091-30-2 3,4-dibromosulfolane C4H6Br2O2S 2787
15104-03-7 4-methylnitrosopiperidine C6H12N2O 8328
15104-46-8 1,2-bis(dimethoxyphosphoryl)benzene C10H16O6P2 20539
15104-61-7 1,1,2,3,3-pentachloropropane C3H3Cl5 1438
15111-56-5 ethyl 3-cyclohexene-1-carboxylate C9H14O2 17463
15112-89-7 tris(dimethylamino)silane C6H19N3Si 9379
15114-92-8 dilithium-1,1-bis(trimethylsilyl)hydrazid C6H18Li2N2Si2 9351
15116-17-3 4-isopentyl-1,3-benzenediol C11H16O2 22451
15121-11-6 chloropropanediol cyclic sulfite C3H5ClO3S 1696
15121-84-3 2-nitrobenzeneethanol C8H9NO3 13751
15128-82-2 3-hydroxy-2-nitropyridine C5H4N2O3 4298
15128-90-2 3-hydroxy-6-methyl-2-nitropyridine C6H6N2O3 7015
15130-85-5 inokosterone C27H44O7 34517
15131-55-2 2-cyclopenten-1-yl ether C10H14O 20074
15131-84-7 chrysene-5,6-epoxide C18H12O 30431
15133-82-1 tetrakis(triphenylphosphine)nickel(0) C72H60NiP4 35962
15150-39-7 4-methylphenyl chloroacetate C9H9ClO2 16309
15154-19-5 methyl 5-methyl-3-(5-nitro-2-furyl)-4-isoxaz C10H8N2O5 18733
15159-40-7 4-morpholinecarbonyl chloride C5H8ClNO2 4768
15164-44-0 4-iodobenzaldehyde C7H5IO 10030
15166-00-4 3,3,4,4,5,5,6,6,7,7,8,8,9,10,10,10-hexadeca C15H9F19O2 27995
15170-57-7 platinum bis(acetylacetonate) C10H14O4Pt 20170
15174-69-3 4-hydroxy-3-methylbenzaldehyde C8H8O2 13436
15181-11-0 3,5-di-tert-butyltoluene C15H24 28728
15184-99-3 3-methoxy-N,N-dimethylbenzylamine C10H15NO 20253
15185-43-0 3,3'-diethyloxatricarbocyanine iodide C25H25IN2O2 34108
15187-16-3 phthalocyanine lead C32H16N8Pb 35057
15192-80-0 trans,trans,trans-2,4,6-octatriene C8H12 14244
15205-15-9 2-chloro-6-fluorobenzylamine C7H7ClFN 10496
15205-66-0 2-(methanesulfonyl)ethanol C3H8O3S 2152
15206-55-0 methyl benzoylformate C9H8O3 16226
15213-49-7 potassium dinitrooxalatoplatinate(2-) C2K2N2O8Pt 1201
15214-89-8 2-acrylamido-2-methylpropanesulfonic acid C7H13NO4S 11682
15216-10-1 1-nitrosoazetidine C3H6N2O 1884
15219-34-8 oxalyl bromide C2Br2O2 414
15219-97-3 oxalysine C5H12N2O3 5817
15220-85-6 2-methyl-1-propene, tetramer C16H32 29709
15222-64-7 3-bicyclo[2.2.1]hept-5-en-2-yl-2-propenoic ac C10H12O2 19615
15227-42-6 cis-dichloro(dipyridine)platinum(ii) C10H10Cl2N2Pt 18998
15231-78-4 2,2-dimethyl-5-phenyl-1,3-dioxane-4,6-dione C12H12O4 23784
15231-91-1 6-bromo-2-naphthol C10H7BrO 18605
15232-76-5 3-octyne C8H14 14486
15232-96-9 2-cyclohexen-1-ylbenzene C12H14 23889
15233-65-5 2,6-dimethoxyquinol C8H10O4 14032
15240-91-2 N-3-butynyl-N-methylbenzenemethanamine C12H15N 24045
15242-96-3 chromic chloride stearate C18H36Cl4Cr2O3 31082
15243-33-1 ruthenium dodecacarbonyl C12O12Ru3 25433
15246-55-6 tris(1,2-diaminoethane)chromium(iii) pe C6H24Cl3CrN6O12 9389
15250-29-0 cis-2-methyl-3-phenyl-2-propenoic acid C10H10O2 19124
15258-73-8 2,6-dichlorobenzyl alcohol C7H6Cl2O 10276
15263-52-2 padan C7H16ClN3O2S2 12126
15267-04-6 2-aminoselenoazoline C3H6N2Se 1908
15267-95-5 (chloromethyl)triethoxysilane C7H17ClO3Si 12313
15268-49-2 2-methyl-1-propoxypropane C7H16O 12218
15271-41-7 3-chloro-6-cyano-2-norbornanone-O-(methyl C10H12ClN3O2 19412
15273-32-2 cis-dichlorobis(methylamine)platinum C2H10Cl2N2Pt 1177
15277-97-1 triethanolamine borate C6H12BNO3 8239
15282-88-9 lead acetylacetonate C10H14O4Pb 20168
15284-39-6 2-methyl-5-vinyl tetrazole C4H6N4 2925
15285-42-4 benzyl nitrate C7H7NO3 10674
15297-33-3 (R)-(+)-N-methyl-1-(1-naphthyl)ethylamine C13H15N 26009
15299-99-7 napropamide C17H21NO2 30157
15301-40-3 8-ethoxy-5-quinolinesulfonic acid C11H11NO4S 21763
15301-48-1 benzitramide C31H32N4O2 34985
15306-27-1 1-heptacosene C27H54 34552
15311-09-8 2,5-bis(4-pyridyl)-1,3,4-thiadiazole C12H8N4S 23332
15318-45-3 methylsulfonyl chloramphenicol C12H15Cl2NO5S 24038
15320-72-6 methyl 4-chloro-2-butenoate C5H7ClO2 4624
15321-51-4 iron nonacarbonyl C9Fe2O9 15769
15329-10-9 3,6-dimethyl-2-cyclohexen-1-one C8H12O 14331
15331-16-5 1,1,2-tribromo-2-methylpropane C4H7Br3 3093
15333-22-9 ethyl 4-chloro-2-butenoate C6H9ClO2 7498
15336-73-9 diethyl (1-hydroxyethyl)phosphonate C6H15O4P 9269
15336-81-9 N,N'-diglycidyl-5,5-dimethylhydantoin C11H16N2O4 22392
15336-82-0 5-ethyl-1,3-diglycidyl-5-methylhydantoin C12H18N2O4 24423
15339-36-3 manganous dimethyldithiocarbamate C6H12MnN2S4 8309
15340-96-2 3,7-dimethyl-2-octanol C10H22O 21264
15341-08-9 6-nitropiperonyl alcohol C8H7NO5 13199
15351-09-4 2-(dimethylamino)-1-phenyl-1-propanone C11H15NO 22251
15356-60-2 (1S,2R,5S)-(+)-menthol C10H20O 21027
15356-70-4 menthol, (±) C10H20O 21010
15358-48-2 hydroxylupanine C15H24N2O2 28754
15361-99-6 1,2,3,4-tetramethoxy-5-allylbenzene C13H18O4 26234
15364-56-4 (dimethylamino)acetone C5H11NO 5685
15372-34-6 DL-cis-bisdehydrodoisynolic acid methyl ether C19H22O3 31500
15383-68-3 silver buten-3-ynide C4H3Ag 2435
15387-10-7 N-((antipyrinylisopropylamino)methyl)nicoti C21H25N5O2 32859
15388-46-2 tris-2,2'-bipyridine chromium(ii) perc C30H24Cl2CrN6O8 34852
15409-60-6 2-[(dimethylamino)methyl]cyclohexanone C9H17NO 17822
15411-43-5 3-vinylaniline C8H9N 13669
15411-45-7 dimethylperoxycarbonate C4H6O6 3037
15414-98-9 triphenylcarbenium pentachlorostannate C19H15Cl5Sn 31303
15424-14-3 benzoyl chloride, phenylhydrazone C13H11ClN2 25673
15430-91-8 1,6-dideoxy-1,6-diiodo-D-mannitol C6H12I2O4 8307
15430-98-5 7-pentadecene C15H30 28861
15439-16-4 1,4,8,12-tetraazacyclopentadecane C11H26N4 23104
15440-98-9 p-nitrophenyl hexyl ether C12H17NO3 24330
15442-57-6 cis-dichlorobis(diethylsulfide)platinum(i C8H20Cl2PtS2 15686
15442-77-0 bis(3,4-dichlorobenzoato)nickel C14H6Cl4NiO4 26589
15442-91-8 1,2,4,5-tetrakis(bromomethyl)benzene C10H10Br4 18982
15446-08-9 4-(p-chlorophenyl)thio-1-butanol C9H13ClOS 17240
15448-47-2 (R)-(+)-propylene oxide C3H6O 1928
15451-93-1 1-(2-(diethylamino)ethyl)-2-p-phenetidino-5 C23H30N4O2 33613
15457-05-3 fluorodifen C13H7F3N2O5 25454
15460-48-7 N-(3,4-dichlorophenyl)-1-aziridinecarboxami C9H8Cl2N2O 16110
15465-08-4 stannacyclopent-3-ene-2,5-dione C12H20O2Sn 24589
15466-93-0 trans-1,3-dimethylcyclohexanol C8H16O 15105
15466-94-1 cis-1,3-dimethylcyclohexanol C8H16O 15104
15467-20-6 nitrilotriacetic acid, disodium salt C6H7NNa2O6 7181
15469-77-9 3-decenoic acid C10H18O2 20770
15480-00-9 2-(2-chlorophenoxy)ethanol C8H9ClO2 13612
15481-65-9 bis(2-isocyanatoethyl)-4-cyclohexene-1,2-di C14H16N2O6 27356
15484-80-7 vinyl 4-tert-butylbenzoate C13H16O2 26094
15486-96-1 3-bromopropionyl chloride C3H4BrClO 1497
15489-90-4 hematin C34H33FeN4O5 35219
15492-47-4 neodymium(iii) tris(2,2,6,6-tetramethyl-3,5 C33H57NdO6 35174
15492-52-1 tris(2,2,6,6-tetramethyl-3,5-heptanedionato C33H57O6Yb 35177
15501-33-4 1-iodo-2,2-dimethylpropane C5H11I 5667
15503-86-3 retrorsine-N-oxide C18H25NO7 30876
15506-53-3 cyclobutane-1,3-dione C4H4O2 2602
15519-28-5 cesium bicarbonate CHCsO3 107
15519-73-0 5,5'-dimethyl-[1,1'-biphenyl]-2,2'-diol C14H14O2 27161
15520-10-2 1,5-diamino-2-methylpentane C6H16N2 9298
15521-18-3 2-(dimethylamino)-1-propanol C5H13NO 5970
15522-69-7 tris(2,2,6,6-tetramethyl-3,5-heptanedionato C33H57DyO6 35171
15529-49-4 tris(triphenylphosphine)ruthenium(ii) ch C54H45Cl2P3Ru 35851
15529-90-5 chloro(triethylphosphine)gold(i) C6H15AuClP 9143
15532-75-9 1-(a,a,a-trifluoro-m-tolyl)piperazine C11H13F3N2 21936
15535-69-0 dibutylmaloyloxystannane C12H22O5Sn 24764
15535-79-2 2,2-dioctyl-1,3,2-oxathiastannolane-5-oxid C18H36O2SSn 31106
15536-01-3 ethyl phosphonic acid, methyl p-nitrophenyl C9H12NO5P 17034
15538-93-9 [3-(heptafluoroisopropoxy)propyl]trichloro C6H6Cl3F7OSi 6946
15543-70-1 methyl trans-chrysanthemummonocarboxylate, (± C11H18O2 22602
15545-48-9 N-(3-chloro-4-methylphenyl)-N',N'-dimethyl C10H13ClN2O 19729
15546-11-9 bis(methoxymaleoyloxy)dibutylstannane C18H28O8Sn 30938
15546-12-0 bis((2-(ethyl)hexyloxy)maleoyloxy) di(n-but C32H56O8Sn 35103
15546-16-4 bis(butoxymaleoyloxy)dibutylstannane C24H40O8Sn 33956
15547-17-8 2-ethyl-5,6,7,8-tetrahydroanthraquinone C16H16O2 29290
15547-89-4 2-(3-methoxyphenyl)cyclohexanone C13H16O2 26090
15548-61-5 6-bromo-2-naphthyl-b-D-glucopyranoside C16H17BrO6 29312
15567-46-1 N-methyl-N-nitrosooctanamide C9H18N2O2 17986
15568-57-7 N-(2-acetoxyethyl)-N-ethylacetamide C8H15NO3 14833
15570-12-4 3-methoxybenzenethiol C7H8OS 10856
15570-45-3 1,2,3,4-tetraphenyl-1,3-cyclopentadiene C29H22 34750
15571-58-1 di-n-octyltin bis(2-ethylhexyl) mercaptoa C36H72O4S2Sn 35428
15572-30-2 6-bromo-2-naphthyl-b-D-galactopyranoside C16H17BrO6 29311
15572-79-9 L(-)-galactose C6H12O6 8608
15573-38-3 tris(trimethylsilyl)phosphine C9H27PSi3 18451
15577-26-1 3,3,4,4,5,5,6,6,7,7,8,8,9,10,10,10-hexadeca C14H7F19O2 26609
15589-31-8 terallethrin C17H24O3 30226
15594-90-8 henicosanol C21H44O 33062
15597-43-0 isothiocyanatotrimethyltin C4H9NSSn 3758
15598-34-2 pyridinium perchlorate C5H6ClNO4 4475
15600-01-8 1,1,2,2,3,3-hexachloropropane C3H2Cl6 1366
15600-08-5 5a-cholestan-3-one C27H46O 34529
15606-95-8 triethyl arsenate C6H15AsO4 9142
15625-89-5 trimethylolpropane triacrylate C15H20O6 28600
15632-39-0 tris(2,2,6,6-tetramethyl-3,5-heptanedionato) C33H57O6Y 35176
15644-80-1 2,8-dimethyl-4-quinolinol C11H11NO 21738
15646-46-5 4-ethoxymethylene-2-phenyl-2-oxazolin-5-one C12H11NO3 23646
15647-08-2 2-ethylhexyl diphenyl phosphite C20H27O3P 32299
15647-11-7 3-(aminomethyl)-3,5,5-trimethylcyclohexanol C10H21NO 21107
15657-96-2 2-acetoxypropanenitrile C5H7NO2 4678
15662-33-6 ryanodine C25H35NO9 34148
15663-42-0 pentaamminethiocyanatocobalt(iii) perchlo CH15Cl2CoN6O8S 333
15666-97-4 octyl cyanoacetate C11H19NO2 22646
15667-21-7 (3R,4R)-(-)-D-erythronolactone C4H6O4 3012
15672-88-5 1-iodo-3,3-dimethylbutane C6H13I 8737
15673-00-4 1-amino-3,3-dimethylbutane C6H15N 9186
15676-16-1 N-((1-ethyl-2-pyrrolidinyl)methyl)-5-sulfa C15H23N3O4S 28723
15679-01-3 1,cis-2-dimethylcyclobutane C6H12 8209
15679-02-4 1,trans-2-dimethylcyclobutane C6H12 8210
15679-12-6 2-ethyl-4-methylthiazole C6H9NS 7573
15679-13-7 2-isopropyl-4-methylthiazole C7H11NS 11313
15686-63-2 etabenzarone C23H27NO3 33579
15686-71-2 7-(D-a-aminophenylacetamido)desacetoxycephC16H17N3O4S 29339
15687-18-0 2-(p-chlorophenyl)-4-methylpentane-2,4-diol C12H17ClO2 24286
15687-27-1 ibuprofen C13H18O2 26217
15690-25-2 3-(2-thienyl)acrylic acid C7H6O2S 10419
15696-40-9 osmium carbonyl C12O12Os3 25431
15706-73-7 butyl 2-methylbutanoate C9H18O2 18072
15707-23-0 2-ethyl-3-methylpyrazine C7H10N2 11100
15707-24-1 2,3-diethylpyrazine C8H12N2 14289
15709-62-3 bis(triphenyl phosphine)nickel dithiocy C38H30N2NiP2S2 35502
15712-13-7 tetracarbonylmolybdenum dichloride C4Cl2MoO4 2307
15718-71-5 1,2-ethyl bis-ammonium perchlorate C2H10Cl2N2O8 1176
15721-02-5 tetrachlorobenzidine C12H8Cl4N2 23290
15721-05-8 heptamethylcyclotetrasiloxane C7H22O4Si4 12409
15721-33-2 diisopropylberyllium C6H14Be 8885
15726-15-5 3-methyl-4-heptanone C8H16O 15076
15727-43-2 di(benzenediazonium)zinc tetrachloride C12H10Cl4N4Zn 23474
15727-65-8 1-ethynylnaphthalene C12H8 23262
15736-98-8 sodium fulminate CNNaO 353
15760-35-7 3-methylenecyclobutane-carbonitrile C6H7N 7179
15761-38-3 boc-L-alanine C8H15NO4 14836
15761-39-4 boc-L-proline C10H17NO4 20575
15763-57-2 2,5-dihydroxy-1,4-benzenedisulfonic acid,dip C6H4K2O8S2 6558
15764-04-2 alpha-vetivone C15H22O 28664
15764-16-6 2,4-dimethylbenzaldehyde C9H10O 16615
15764-24-6 1-(2-ethoxy-2-methylethoxy)-2-propanol C8H18O3 15587
15769-72-9 ethoxydiisobutylaluminum C10H23AlO 21396
15770-21-5 pyrrol-2-yl ketone C9H8N2O 16165
15773-47-4 diethyl lead diacetate C8H16O4Pb 15239
15780-02-6 tetrapropylammonium perchlorate C12H28ClNO4 25367
15788-16-6 1H-benzimidazole-5-carboxylic acid C8H6N2O2 12885
15790-54-2 propyl sodium C3H7Na 2089
15790-88-2 methyl trans-2-pentenoate C6H10O2 7859
15791-03-4 3,3,6,6-tetramethoxy-1,4-cyclohexadiene C10H16O4 20529
15791-78-3 C.I. disperse blue 27 C22H16N2O7 33141
15797-21-4 dimethyl camphorate, (+) C12H20O4 24601
15802-97-8 1,4,5-trimethyl-1H-pyrazole C6H10N2 7715
15802-99-0 1,3,4-trimethyl-1H-pyrazole C6H10N2 7713
15804-19-0 2,3-dihydroxyquinoxaline C8H6N2O2 12884
15805-73-9 vinyl carbamate C3H5NO2 1771
15825-70-4 D-mannitol hexanitrate C6H8N6O18 7379
15826-80-9 4-methylene-1-isopropylbicyclo[3.1.0]hexane, (± C10H16 20342
15833-61-1 tetrahydro-3-furanmethanol C5H10O2 5532
15833-75-7 3,3-dimethyltetrahydrofuran C6H12O 8422
15840-60-5 2-methyl-cis-3-hexene C7H14 11725
15842-89-4 1-(4-chlorophenyl)biguanidinium hydroge C8H12ClCr2N5O7 14259
15843-48-8 lead(ii) oxalate C2O4Pb 1232
15845-66-6 ethylphosphonic acid C2H7O3P 1140
15848-22-3 5-bromopentyl acetate C7H13BrO2 11585
15852-73-0 3-bromobenzyl alcohol C7H7BrO 10484
15853-35-7 benzyltriphenylphosphonium iodide C25H22IP 34088
15854-58-7 methyl 3-(2-methoxyphenyl)-2-propenoate C11H12O3 21883
15860-31-8 1-fluorenyl phenyl ketone C20H14O 31894
15861-24-2 5-cyanoindole C9H6N2 15898
15862-07-4 2,4,5-trichlorobiphenyl C12H7Cl3 23247
15862-72-3 ethyl pipecolinate C8H15NO2 14818
15863-41-9 4-(methylthio)phenyl isothiocyanate C8H7NS2 13212

15869-80-4	3-ethylheptane	C9H20	18180
15869-85-9	5-methylnonane	C10H22	21137
15869-86-0	4-ethyloctane	C10H22	21139
15869-87-1	2,2-dimethyloctane	C10H22	21140
15869-89-3	2,5-dimethyloctane	C10H22	21143
15869-92-8	3,4-dimethyloctane	C10H22	21147
15869-93-9	3,5-dimethyloctane	C10H22	21148
15869-94-0	3,6-dimethyloctane	C10H22	21149
15869-95-1	4,4-dimethyloctane	C10H22	21150
15869-96-2	4,5-dimethyloctane	C10H22	21151
15870-10-7	2-methyl-1-heptene	C8H16	14899
15871-57-5	2,2,6,6-tetramethylpiperidine-1-oxyl-4-amin	C10H19N2O3	20908
15872-41-0	4-n-amyloxybenzoic acid	C12H16O3	24247
15872-42-1	4-n-heptyloxybenzoic acid	C14H20O3	27606
15872-43-2	4-nonyloxybenzoic acid	C16H24O3	29579
15872-44-3	4-undecyloxybenzoic acid	C18H28O3	30932
15872-48-7	4-hexadecyloxybenzoic acid	C23H38O3	33671
15874-03-0	6,11-dipentylhexadecane	C26H54	34370
15875-13-5	N,N',N''-tris(dimethylaminopropyl)-S-hexahydr	C18H42N6	31179
15877-57-3	3-methylpentanal	C6H12O	8403
15879-93-3	a-chloralose	C8H11Cl3O6	14079
15886-84-7	trimethylenedimethanesulfonate	C5H12O6S2	5920
15890-36-5	trans-4-isopropylcyclohexanol	C9H18O	18016
15890-40-1	1,cis-2,trans-3-trimethylcyclopentane	C8H16	14871
15892-23-6	(<+->)-2-butanol	C4H10O	3874
15901-42-5	3,3,5-trimethylcyclohexylamine	C9H19N	18143
15901-49-2	2,4,6-triethyl-2,4,6-trimethylcyclotrisilox	C9H24O3Si3	18445
15904-73-1	3-methoxy-N,N,b-trimethyl-10H-phenothiazine	C19H24N2OS	31548
15905-32-5	erythrosin B, spirit soluble	C20H8I4O5	31772
15909-76-9	methyl 2,3-dihydroxypropanoate, (±)	C4H8O4	3574
15909-92-9	bis(2-cyanoethyl)phenylphosphine	C12H13N2P	23867
15910-23-3	cholest-2-ene	C27H46	34521
15912-75-1	(n-propyl)triphenylphosphonium bromide	C21H22BrP	32800
15914-23-5	1,2-dimethylchrysene	C20H16	31992
15918-07-7	5-methyl-4-nonene	C10H20	20949
15918-08-8	2-propyl-1-pentene	C8H16	14970
15918-62-4	6-methoxyaristolochic acid D	C18H13NO8	30455
15922-53-9	1,5-dimethyl-1H-1,2,3-triazole	C4H7N3	3295
15925-47-0	S-tert-butyl acetothioacetate	C8H14O2S	14655
15930-53-7	6-bromopiperonal	C8H5BrO3	12603
15932-80-6	5-methyl-2-(1-methylethylidene)cyclohexanone	C10H16O	20433
15932-89-5	hydroxymethyl hydroperoxide	CH4O3	274
15933-07-0	butanoic acid, 2-oxo-, ethyl ester	C6H10O3	7911
15933-59-2	N-(dimethylsilyl)-1,1-dimethylsilylamine	C4H15NSi2	4134
15942-48-0	methylcarbamic acid 2-chloro-5-tert-pentyl	C13H18ClNO2	26169
15950-66-0	2,3,4-trichlorophenol	C6H3Cl3O	6310
15951-41-4	dichlorobis(trimethylsilyl)methane	C7H18Cl2Si2	12373
15953-45-4	3-chloro-5-methyl-1H-pyrazole	C4H5ClN2	2641
15953-73-8	4-chloro-3,5-dimethyl-1H-pyrazole	C5H7ClN2	4613
15954-98-0	zinc(ii) edta complex	C10H16N2O8Zn	20413
15960-05-1	2-amino-4,4,4-trifluorobutyric acid	C4H6F3NO2	2873
15962-47-7	N-acetyl-L-alanine amide	C5H10N2O2	5418
15964-31-5	isopropylidine azastreptonigrin	C28H27N5O7	34606
15968-05-5	2,2',6,6'-tetrachlorobiphenyl	C12H6Cl4	23210
15971-29-6	4-methoxy-1-naphthalenecarboxaldehyde	C12H10O2	23533
15972-60-8	alachlor	C14H20ClNO2	27572
15973-99-6	di(N-nitroso)-perhydropyrimidine	C4H8N4O2	3466
15980-15-1	1,4-oxathiane	C4H8OS	3501
15985-39-4	L-methionine sulfoximine	C5H12N2O3S	5818
15986-80-8	2-methyl-3-propylpyrazine	C8H12N2	14294
15988-11-1	4-phenylurazole	C8H7N3O2	13220
16000-39-8	2-methoxy-1-naphthonitrile	C12H9NO	23402
16003-14-8	2-(phenylthio)furan	C10H8OS	18745
16006-09-0	(2-isobutoxyethyl)carbamate	C7H15NO3	12095
16009-13-5	hemin	C34H32ClFeN4O4	35216
16013-85-7	2,6-dichloro-3-nitropyridine	C5H2Cl2N2O2	4194
16015-71-7	1-(3-methoxyphenyl)piperazine	C11H16N2O	22372
16020-17-0	1,2,4,7-tetramethylnaphthalene	C14H16	27302
16021-20-8	1-ethyl-2-propylbenzene	C11H16	22324
16024-82-1	methyl 2-isothiocyanatobenzoate	C9H7NO2S	16052
16029-98-4	iodotrimethylsilane	C3H9ISi	2197
16032-41-0	2-(4-dimethylaminophenyl)quinoline	C17H16N2	29996
16033-21-9	3-methyl-1-phenyltriazene	C7H9N3	11029
16033-71-9	methyloxirane	C3H6O	1926
16034-99-4	3'-bromo-trans-anethole	C10H11BrO	19233
16039-54-6	cobalt lactate	C6H10CoO6	7701
16045-78-6	1,3-dimethyltetravinyldisiloxane	C10H18OSi2	20766
16051-77-7	isosorbide 5-nitrate	C6H9NO6	7572
16052-06-5	EPPS	C9H20N2O4S	18231
16052-42-9	(1R)-(-)-menthyl chloride	C10H19Cl	20870
16053-71-7	trans-5,6-dihydro-5,6-dihydroxy-7-methylbenz(	C19H17O2	31390
16054-41-4	bis(dichloroacetyl)diamine	C4H4Cl4N2O2	2547
16056-11-4	phenyltrimethylammonium bromide	C9H14BrN	17399
16064-14-5	6-chloro-4-quinazolinone	C8H5ClN2O	12617
16066-09-4	1,1,1,3,5,7,7,7-octamethyltetrasiloxane	C8H26O3Si4	15759
16066-38-9	di-n-propyl peroxydicarbonate	C8H14O6	14731
16068-37-4	1,2-bis(triethoxysilyl)ethane	C14H34O6Si2	27971
16069-36-6	dicyclohexano-18-crown-6	C20H36O6	32430
16071-96-8	bis(methanethiolato)tetranitrosyldi iron	C2H6Fe2N4O4S2	1029
16078-34-5	5-acetylindoline	C10H11NO	19309
16078-71-0	5-amino-4-carbethoxy-1-phenylpyrazole	C12H13N3O2	23872
16083-76-4	4,4,5,5,6,7,7,7-octafluoro-2-hydroxy-6-(tri	C11H9F11O3	21560
16083-79-7	4,4,5,5,6,7,7,7-octafluoro-2-hydroxy-6-(tr	C12H11F11O3	23603
16083-81-1	4,4,5,5,6,6,7,7,8,9,9,9-dodecafluoro-2-hyd	C14H11F15O3	26820
16088-56-5	cis-2,3-p-dioxanedithiol-S,S-bis(O,O-diet	C12H26O6P2S4	25308
16088-62-3	(S)-(-)-propylene oxide	C3H6O	1927
16090-77-0	dibutyl suberate	C16H30O4	29673
16091-18-2	2,2-dioctyl-1,3,2-dioxastannepin-4,7-dione	C20H36O4Sn	32428
16096-32-5	4-methyl-1H-indole	C9H9N	16372
16096-97-2	1,4-dithio-L-threitol	C4H10O2S2	3912
16102-24-2	dicyclopropyldiazomethane	C7H10N2	11106
16106-20-0	isosorbide 2-mononitrate	C6H9NO6	7571
16106-59-5	4,5-dimethyl-1-hexene	C8H16	14939
16109-68-5	4-bromoazoxybenzene	C12H9BrN2O	23361
16110-09-1	2,5-dichloropyridine	C5H3Cl2N	4228
16110-13-7	benz(a)anthracene-7-methanol	C19H14O	31283
16111-62-9	di(2-ethylhexyl) peroxydicarbonate	C18H34O6	31050
16112-10-0	1-acetyl-1-cyclopentene	C7H10O	11152
16114-47-9	3,5-dimethylisoxazole-4-boronic acid	C5H8BNO3	4753
16118-49-3	D-(-)-carbanilic acid (1-ethylcarbamoyl)eth	C12H16N2O3	24172
16120-70-0	N-n-butyl-N-formylhydrazine	C5H12N2O	5806
16130-58-8	cyanoacetyl chloride	C3H2ClNO	1350
16130-73-7	diheptadecylamine	C34H71N	35283
16133-49-6	5-methoxy-2-nitroaniline	C7H8N2O3	10827
16136-32-6	2-(benzhydryloxyethyl)guanidine	C16H19N3O	29428
16136-84-8	cis-1-chloro-1-propene	C3H5Cl	1668
16136-85-9	trans-1-chloro-1-propene	C3H5Cl	1669
16143-89-8	2-(p-methoxyphenyl)-3,3-diphenylacrylonitrile	C22H17NO	33156
16144-91-5	3,6-dihydroxybenzonorbornane	C11H12O2	21872
16147-07-2	1,3-dimethoxy-5-nitrobenzene	C8H9NO4	13766
16156-59-5	phenyl methanesulfonate	C7H8O3S	10917
16165-33-6	diundecylamine	C22H47N	33486
16176-02-6	2-cyano-1,2,3-tris(difluoroamino)propane	C4H4F6N4	2556
16177-46-1	cis-1,2-divinylcyclobutane	C8H12	14242
16179-36-5	ethylene glycol monopentanoate	C7H14O3	11934
16179-44-5	ethyl cis-2-hydroxy-1-cyclohexanecarboxylate	C9H16O3	17750
16182-04-0	ethoxycarbonyl isothiocyanate	C4H5NO2S	2720
16183-46-3	2-hydroxy-1-phenyl-1-butanone	C10H12O2	19559
16184-89-7	4'-bromo-2,2,2-trifluoroacetophenone	C8H4BrF3O	12502
16187-03-4	trans-2-pentene ozonide	C5H10O3	5567
16187-15-8	trans-2-butene ozonide	C4H8O3	3565
16188-57-1	2-iodo-4-methylphenol	C7H7IO	10593
16197-90-3	4-chloro-2-butenoic acid	C4H5ClO2	2656
16200-53-6	3-noradamantanecarboxylic acid	C10H14O2	20116
16203-97-7	1,8,9-anthracenetriol triacetate	C20H16O6	32035
16205-84-8	ethyl 3-(trimethylsilyl)propynoate	C8H14O2Si	14658
16212-05-8	allyl phenyl sulfone	C9H10O2S	16708
16212-28-5	2,3,3-trichloro-2-propenenitrile	C3Cl3N	1261
16213-85-7	2,5-dimethylphenylacetonitrile	C10H11N	19288
16215-21-7	butyl 3-mercaptopropionate	C7H14O2S	11928
16215-49-9	butyl peroxydicarbonate	C10H18O6	20847
16219-75-3	ethylidene norbornene	C9H12	17013
16219-98-0	2-nitrosomethylaminopyridine	C6H7N3O	7232
16224-33-2	butyl (3-chloro-2-hydroxypropyl) ether	C7H15ClO2	12006
16225-26-6	3,5-di-tert-butylbenzoic acid	C15H22O2	28674
16227-10-4	butrizol	C6H11N3	8185
16230-28-7	3,4-dibromohexane	C6H12Br2	8256
16230-71-0	3,3-diphenyl-2-oxetanone	C15H12O2	28192
16238-56-5	7-bromomethyl-12-methylbenz(a)anthracene	C20H15Br	31953
16239-18-2	1,6-dibromo-2-naphthol	C10H6Br2O	18525
16239-84-2	2-amino-4-(2-(5-nitro-2-furyl)vinyl)thiazole	C9H7N3O3S	16080
16245-77-5	p-phenylenediamine sulfate	C6H10N2O4S	7747
16245-79-7	4-octylaniline	C14H23N	27722
16246-07-4	butyl ethylcarbamate	C7H15NO2	12076
16251-45-9	(4S,5R)-(-)-4-methyl-5-phenyl-2-oxazolidinon	C10H11NO2	19320
16251-77-7	3-phenylbutyraldehyde	C10H12O	19532
16260-59-6	1,6-dichloro-2,4-hexadiyne	C6H4Cl2	6472
16268-87-4	2-amino-4,6-dipyrrolidinotriazine	C11H18N6	22580
16277-49-9	4-methoxy-7,12-dimethylbenz(a)anthracene	C21H18O	32694
16282-67-0	difluoromethylene dihypofluorite	CF4O2	79
16292-88-9	3-methoxy-4-nitroaniline	C7H8N2O3	10826
16297-14-6	2,3,5,6-tetrafluoro-4-methylpyridine	C6H3F4N	6349
16298-38-7	4,4'-methylenebis(2-isopropyl-6-methyl anilin	C21H30N2	32947
16301-26-1	diazene, diethyl-, 1-oxide	C4H10N2O	3837
16302-35-5	3,6-dihydro-4-methyl-2H-pyran	C6H10O	7769
16306-39-1	1,2,3,4,4a,9,10,10a-octahydrophenanthrene	C14H18	27417
16308-92-2	2,4-dimethylbenzenemethanol	C9H12O	17092
16310-68-2	1,2,3,4-tetrahydrodibenz(a,j)anthracene	C22H18	33165
16315-07-4	1-methoxy-2,3-dinitrobenzene	C7H6N2O5	10377
16315-59-6	4-(dimethylamino)phenyl isocyanate	C9H10N2O	16581
16320-04-0	ethylnorgestrienone	C21H24O2	32842
16322-14-8	1-carbethoxy-1,2-dihydroquinoline	C12H13NO2	23849
16323-43-6	1-phenyenediacrylic acid	C12H10O4	23567
16325-63-6	2,4,4-trimethyl-1-pentanol	C8H18O	15501
16325-64-7	3,4,4-trimethyl-1-pentanol	C8H18O	15503
16326-97-9	cis-1,3-cyclopentanediol	C5H10O2	5509
16326-98-0	trans-1,3-cyclopentanediol	C5H10O2	5510
16327-90-5	7-chloro-1,3-dihydro-3-hemisuccinyloxy-5-	C23H26ClN3O6	33570
16329-92-3	1,1-bis(fluorooxy)tetrafluoroethane	C2F6O2	501
16329-93-4	2,2-bis(fluorooxy)hexafluoropropane	C3F8O2	1303
16331-21-8	1-bromooctacosane	C28H57Br	34728
16331-45-6	4-ethylbenzoyl chloride	C9H9ClO	16299
16338-48-0	(S)-(-)-2-amino-4-pentenoic acid	C5H9NO2	5224
16338-97-9	N-nitrosodiallyl amine	C6H10N2O	7725
16338-99-1	heptylmethylnitrosamine	C8H18N2O	15412
16339-01-8	N-methyl-N-nitroso-4-(phenylazo)aniline	C13H12N4O	25788
16339-04-1	ethyl isopropylnitrosamine	C5H12N2O	5807
16339-05-2	N-butyl-N-nitroso amyl amine	C9H20N2O	18227
16339-07-4	1-nitroso-4-methylpiperazine	C5H11N3O	5758
16339-12-1	N,O-dimethyl-N-nitrosohydroxylamine	C2H6N2O2	1048
16339-14-3	1-nitroso-1,2,2-trimethylhydrazine	C3H9N3O	2222
16339-16-5	2-chloro-N-methyl-N-nitrosoethylamine	C3H7ClN2O	1991
16339-18-7	2,2'-(N-nitrosoimino)diacetonitrile	C4H4N4O	2584
16339-21-2	4-methyl-4-N-(nitrosomethylamino)-2-pentanon	C7H14N2O2	11802
16343-08-1	n-hexylboronic acid	C6H15BO2	9146
16354-47-5	7-methoxy-12-methylbenz(a)anthracene	C20H16O	32023
16354-48-6	9-methyl-10-ethoxymethyl-1,2-benzanthracene	C21H18O	32696
16354-50-0	7-ethyl-12-methylbenz(a)anthracene	C21H18	32667
16354-52-2	9,10-diethyl-1,2-benzanthracene	C22H20	33197
16354-53-3	7,12-dimethoxybenz(a)anthracene	C20H16O2	32030
16354-54-4	12-methyl-7-propylbenz(a)anthracene	C22H20	33200
16354-55-5	12-ethyl-7-methylbenz(a)anthracene	C21H18	32668
16355-00-3	(R)-(-)-1-phenyl-1,2-ethanediol	C8H10O2	13979
16355-92-3	1,10-diiodododecane	C10H20I2	20969
16356-02-8	1,4-dimethoxy-2-butyne	C6H10O2	7851
16356-11-9	1,3,5-undecatriene	C11H18	22556
16357-59-8	ethyl 2-ethoxy-1(2H)-quinolinecarboxylate	C14H17NO3	27409
16361-01-6	5,6-dihydrodibenz(a,j)anthracene	C22H16	33129
16368-97-1	bis(2-ethylhexyl) phenyl phosphate	C22H39O4P	33418
16369-05-4	2-amino-3-methyl-1-butanol, (±)	C5H13NO	5966
16369-17-8	2-amino-4-methyl-1-pentanol, (±)	C6H15NO	9214
16369-21-4	2-(propylamino)ethanol	C5H13NO	5975
16371-55-4	thenylidenehydrazon benzoic acide	C12H10N2OS	23498
16378-21-5	piroheptine	C22H25N	33270
16386-93-9	2,2-dimethyl-4-pentenoic acid	C7H12O2	11466
16387-55-6	2-octynal diethyl acetal	C12H22O2	24719
16387-70-5	3,5-octadiyne	C8H10	13799
16387-71-6	4,6-decadiyne	C10H14	19894
16387-72-7	6,8-tetradecadiyne	C14H22	27652
16395-80-5	N-methyl-N-nitrosopropionamide	C4H8N2O2	3435
16409-43-1	rose oxide levo	C10H18O	20762
16409-46-4	menthol 3-methylbutanoate	C15H28O2	28827
16413-26-6	3-cyanophenyl isocyanate	C8H4N2O	12578
16413-88-0	tetraethynyltin	C8H4Sn	12597
16414-34-9	5-bromoprotocatechualdehyde	C6H5BrO3	6678
16416-41-4	trans-1-bromo-3-methyl-1-butene	C5H9Br	4985
16416-44-7	cis-1-bromo-3-methyl-1-butene	C5H9Br	4984
16419-60-6	(2-methylphenyl)boronic acid	C7H9BO2	10030
16420-13-6	dimethylcarbamothioic chloride	C3H6ClNS	1842
16423-68-0	erythrosin, disodium salt	C20H8I4O5	31771
16426-64-5	2-bromo-4-nitrobenzoic acid	C7H4BrNO4	9640
16431-49-5	4-phenylthiosemicarbazone-1H-pyrrole-2-carbo	C12H12N4S	23758
16432-36-3	tris(1-phenyl-1,3-butanediono)chromium(iii)	C30H27CrO6	34863
16432-53-4	1,4-hexanediol	C6H14O2	9025
16433-43-5	gamma-methylbenzenebutanoic acid	C11H14O2	22128
16433-88-8	2,7-dibromofluorene	C13H8Br2	25459

16434-97-2 5-bromo-[1,1'-biphenyl]-2-ol C12H9Br 23360
16435-49-7 2-methyl-1-dodecene C13H26 26470
16435-50-0 5-chloro-2-pentene C5H9Cl 5060
16436-29-6 tetrahexylammonium benzoate C31H57NO2 35022
16448-54-7 iron nitrilotriacetate C6H6FeNO6 6965
16449-54-0 aluminum flufenamate C42H27AlF9N3O6 35668
16452-01-0 3-methoxy-4-methylaniline C8H11NO 14141
16456-56-7 monobutyl phosphite C4H11O3P 4026
16456-81-8 5,10,15,20-tetraphenyl-21h,23h-porphine i C44H28ClFeN4 35736
16468-98-7 5-ethyl-5-(1-methylpropenyl)barbituric acid C10H14N2O3 19956
16473-11-3 (±)-bicyclo[3.3.1]nonane-2,6-dione C9H12O2 17158
16475-90-4 methyl 5-acetylsalicylate C10H10O4 19210
16484-17-6 trans-octahydro-2H-inden-2-one C9H14O 17448
16484-77-8 2-(4-chloro-2-methylphenoxy)propanoic acid C10H11ClO3 19266
16491-15-9 1,5-dimethylcyclopentene C7H12 11329
16491-24-0 2,4-hexadienyl isobutyrate C10H16O2 20504
16493-62-2 (R)-(-)-3-hydroxy-4,4,4-trichlorobutyric b-la C4H3Cl3O2 2470
16494-24-9 4-ethoxyphenyl 4-[(butoxycarbonyl)oxy]benzoat C20H22O6 32184
16494-36-3 2-iodo-5-methylthiophene C5H5IS 4387
16495-13-9 benzyl (S)-(+)-glycidyl ether C10H12O2 19590
16499-88-0 3-butoxypropylamine C7H17NO 12351
16501-01-2 methoxyethyl phthalate C11H12O5 21909
16503-53-0 alpha-bromobenzenepropanoic acid C9H9BrO2 16259
16507-02-1 methyl 4-methyl-4-nitropentanoate C7H13NO4 11681
16508-97-7 1-hydroxycyclopentyl cyclohexane carboxylic a C12H20O3 24591
16509-46-9 3,7-dimethyl-1,6-octadien-3-ol acetate, (R) C12H20O2 24567
16509-79-8 zinc bis(dimethyldithiocarbamate)cyclohex C12H25N3S4Zn 24912
16518-62-0 3-bromo-N,N-dimethylaniline C8H10BrN 13806
16520-62-0 3-butynylbenzene C10H10 18969
16523-28-7 2-amino-4-[(3-amino-4-hydroxy-phenyl)methyl C13H14N2O2 25958
16523-54-9 chlorodicyclohexylphosphine C12H22ClP 24677
16524-23-5 N-(p-tolyl)anthranilic acid C14H13NO2 27034
16529-66-1 trans-3-pentenenitrile C5H7N 4664
16532-02-8 (bromomethyl)chlorodimethylsilane C3H8BrClSi 2096
16532-79-9 4-bromophenylacetonitrile C8H6BrN 12728
16538-47-9 cis-1-iodo-1-hexene C6H11I 8080
16538-93-5 butylcyclooctane C12H24 24822
16543-55-8 N-nitrosonornicotine C9H11N3O 16988
16554-83-9 bicyclo(4.1.0)hept-3-ene C7H10 11054
16555-77-4 a-hydroxyhippuric acid C9H9NO4 16473
16560-43-3 4-iodoquinoline C9H6IN 15893
16561-29-8 phorbol 12-myristate 13-acetate C35H54O8 35304
16566-62-4 naphtho(1,8-gh:5,4-g'h')diquinoline C22H12N2 33090
16566-64-6 naphtho(1,8-gh:4,5-g'h')diquinoline C22H12N2 33089
16567-18-3 8-bromoquinoline C9H6BrN 15846
16568-02-8 acetaldehyde-N-methyl-N-formylhydrazone C4H8N2O 3422
16580-23-7 1-methyl-2-isopropylcyclohexane C10H20 20931
16580-24-8 1-methyl-3-isopropylcyclohexane C10H20 20932
16582-38-0 1-chloro-3-methyl-5-nitrobenzene C7H6ClNO2 10228
16582-93-7 2,3,4,5-tetrafluorobenzonitrile C7HF4N 9429
16583-08-7 2,3,4,5-tetrafluoro-6-nitrobenzoic acid C7HF4NO4 9431
16587-39-6 1,3-diphenylbenzo[c]thiophene C20H14S 31943
16587-71-6 4-(1,1-dimethylpropyl)cyclohexanone C11H20O 22692
16588-02-6 2-chloro-5-nitrobenzonitrile C7H3ClN2O2 9511
16588-34-4 4-chloro-3-nitrobenzaldehyde C7H4ClNO3 9709
16588-69-5 4-chloro-2-(trifluoromethyl)phenyl isocyana C8H3ClF3NO 12460
16588-74-2 3,5-bis(trifluoromethyl)phenyl isocyanate C9H3F6NO 15780
16590-41-3 N-cyclopropylmethylnoroxymorphone C20H23NO4 32201
16595-48-5 1,1',3,3,3',3'-hexamethylindotricarbocyan C29H35ClN2O4 34769
16605-36-0 1-methyl-3-(1-methylvinyl)cyclohexane C10H18 20631
16606-02-3 2,4',5-trichlorobiphenyl C12H7Cl3 23253
16606-55-6 (R)-(+)-propylene carbonate C4H6O3 3001
16607-77-5 1,3,7-octatrien-5-yne C8H8 13242
16607-80-0 N,N-dimethyl-N-cyclohexylmethylamine C9H19N 18144
16617-46-2 3-amino-4-pyrazolecarbonitrile C4H4N4 2582
16618-72-7 3-phenyl-1-indanone C15H12O 28181
16619-12-8 2,3-dihydro-2-phenyl-1H-inden-1-one C15H12O 28175
16620-52-3 5-methoxygramine C12H16N2O 24160
16629-19-9 2-thiophenesulfonyl chloride C4H3ClO2S2 2461
16630-66-3 methyl (methylthio)acetate C4H8O2S 3543
16631-63-3 1-methyl-1-propylcyclopentane C9H18 17863
16634-82-5 2-chloro-4-acetotoluidide C9H10ClNO 16528
16642-79-8 3-(4-nitrophenyl)propanoic acid C9H9NO4 16470
16642-92-5 trans-4-(trifluoromethyl)cinnamic acid C10H7F3O2 18626
16644-66-9 1,1,1-tribromopentane C5H9Br3 5022
16644-98-7 trans-1-iodo-1-hexene C6H11I 8081
16646-44-9 1,1,2,2-tetrakis(allyloxy)ethane C14H22O4 27710
16650-10-5 tetrachloroethylene oxide C2Cl4O 460
16650-52-5 5-chloro-1-naphthalenecarboxylic acid C11H7ClO2 21486
16652-64-5 O-benzyl-L-tyrosine C16H17NO3 29329
16661-99-7 cis-1,4-dibromocyclohexane C6H10Br2 7670
16666-42-5 cis-2-pentenoic acid C5H8O2 4897
16669-59-3 N-isobutoxymethylacrylamide C8H15NO2 14824
16672-39-2 di(ethylene glycol monobutyl ether)phthalate C24H38O8 33933
16672-87-0 ethephon C2H6ClO3P 1010
16674-04-7 3-chloro-2-methylpropanoic acid C4H7ClO2 3140
16674-78-5 magnesium acetate tetrahydrate C4H14MgO8 4127
16675-05-1 phorbol monoacetate monolaurate C34H52O8 35248
16690-44-1 N-(7-methoxy-2-fluorenyl)acetamide C16H15NO2 29211
16691-43-3 3-amino-5-mercapto-1,2,4-triazole C2H4N4S 874
16694-30-7 4-ketostearic acid C18H34O3 31039
16694-52-3 1-chloro-3-nitropropane C3H6ClNO2 1835
16696-65-4 1,11-dibromoundecane C11H22Br2 22806
16699-07-3 1-(4-N-methyl-N-nitrosaminobenzylidene)inden C17H14N2O 29930
16699-10-8 4-(4-N-methyl-N-nitrosaminostyryl)quinoline C18H15N3O 30559
16703-52-9 ethyl N,N-dimethyloxamate C6H11NO3 8165
16707-41-8 N-[4-(2-benzoxazolyl)phenyl]maleimide C17H10N2O3 29852
16709-86-7 (chloromethyl)ethenyldimethylsilane C5H11ClSi 5644
16712-64-4 6-hydroxy-2-naphthoic acid C11H8O3 21540
16713-66-9 3,3-tetramethyleneglutaric acid C9H14O4 17506
16713-80-7 3-O-acetyl-1,2:5,6-di-O-isopropylidene-a-D-gl C14H22O7 27714
16714-23-1 methyl-2-azidobenzoate C8H7N3O2 13222
16714-68-4 1,1,2,2,3-pentachloropropane C3H3Cl5 1439
16714-77-5 1,3-dichloro-2-butanone C4H6Cl2O 2831
16724-63-3 dihexadecylamine C32H67N 35132
16725-53-4 cis-9-tetradecenyl acetate C16H30O2 29665
16726-67-3 5-bromo-1-naphthalenecarboxylic acid C11H7BrO2 21482
16727-91-6 1-isobutylnaphthalene C14H16 27271
16728-01-1 1-(4-methoxyphenyl)-1-cyclopropanecarboxylic C11H12O3 21892
16731-68-3 2-undecylimidazole C14H26N2 27789
16732-57-3 ethyl 5-nitroindole-2-carboxylate C11H10N2O4 21636
16733-97-4 lithium cyclopentadienide C5H5Li 4390
16736-42-8 2,7-dimethyl-2,6-octadiene C10H18 20611
16737-44-3 triphenoxymethane C19H16O3 31359
16744-89-1 2-methyl-5-hexen-2-ol C7H14O 11864
16744-98-2 2-fluorophenyl isocyanate C7H4FNO 9776
16745-94-1 3,4-dimethyl-1-hexene C8H16 14936
16746-02-4 2-isopropyl-1-pentene C8H16 14971
16746-85-3 4-ethyl-1-hexene C8H16 14931
16746-86-4 2,3-dimethyl-1-hexene C8H16 14932
16746-87-5 2,4-dimethyl-1-hexene C8H16 14933
16747-25-4 2,2,3-trimethylhexane C9H20 18194
16747-26-5 2,2,4-trimethylhexane C9H20 18195
16747-28-7 2,3,3-trimethylhexane C9H20 18197
16747-30-1 2,4,4-trimethylhexane C9H20 18200
16747-31-2 3,3,4-trimethylhexane C9H20 18201
16747-32-3 2,2-dimethyl-3-ethylpentane C9H20 18203
16747-33-4 2,3-dimethyl-3-ethylpentane C9H20 18204
16747-38-9 2,3,3,4-tetramethylpentane C9H20 18209
16747-42-5 2,2,4,5-tetramethylhexane C10H22 21194
16747-44-7 2,2,3,3,4-pentamethylpentane C10H22 21206
16747-45-8 2,2,3,4,4-pentamethylpentane C10H22 21207
16747-50-5 1-methyl-1-ethylcyclopentane C8H16 14863
16749-11-4 cis-1,4-dichlorocyclohexane C6H10Cl2 7687
16751-58-9 3-aminohexane C6H15N 9175
16751-59-0 4-heptanamine C7H17N 12318
16752-77-5 methomyl C5H10N2O2S 5426
16753-62-1 dimethoxymethylvinylsilane C5H12O2Si 5895
16754-49-7 triisobutoxymethane C13H28O3 26545
16755-07-0 2b-D-ribofuranosylmaleimide C9H11NO6 16982
16757-80-5 11-methylbenzo(a)pyrene C21H14 32598
16757-81-6 8-methyl-3,4-benzpyrene C21H14 32601
16757-82-7 2-methylbenzo(a)pyrene C21H14 32593
16757-83-8 4-methylbenzo(a)pyrene C21H14 32594
16757-84-9 3,12-dimethylbenzo(a)pyrene C22H16 33137
16757-85-0 1,2-dimethylbenzo(a)pyrene C22H16 33131
16757-86-1 1,3-dimethylbenzo(a)pyrene C22H16 33132
16757-87-2 2,3-dimethylbenzo(a)pyrene C22H16 33135
16757-88-3 1,4-dimethylbenzo(a)pyrene C22H16 33133
16757-89-4 4,5-dimethylbenzo(a)pyrene C22H16 33138
16757-90-7 1,6-dimethylbenzo(a)pyrene C22H16 33134
16757-91-8 3,6-dimethylbenzo(a)pyrene C22H16 33136
16757-92-9 1,3,6-trimethylbenzo(a)pyrene C23H18 33517
16766-30-6 4-chloro-2-methoxyphenol C7H7ClO2 10526
16773-42-5 ornidazole C7H10ClN3O3 11069
16777-87-0 3,3-diethoxy-1-propanol C7H16O3 12287
16781-80-9 a-(chloromethyl)-5-iodo-2-methyl-4-nitroim C7H9ClIN3O3 10941
16789-46-1 3-ethyl-2-methylhexane C9H20 18190
16789-51-8 3-ethyl-3-hexene C8H16 14959
16790-49-1 butazolamide C6H10N4O3S2 7754
16800-46-7 tris(acetonitrile)chromiumtricarbonyl C9H9CrN3O3 16336
16800-47-8 triacetonitrile tungsten tricarbonyl C9H9N3O3W 16499
16805-78-0 o-(2,4,5-trichlorophenyl) phosphorodichlorid C6H2Cl5OPS 6183
16806-93-2 6,7-dihydro-4(5H)-benzofuranone C8H8O2 13434
16808-85-8 N-fluoren-2-yl acetohydroxamic acid sulfate C15H13NO5S 28243
16813-18-6 2-heptadecanol C17H36O 30353
16813-36-8 1-nitroso-5,6-dihydrouracil C4H5N3O3 2749
16816-67-4 D-pantethine C22H42N4O8S2 33429
16820-12-5 DL-5-ethyl-5-methyl-2,4-imidazolidinedione C6H10N2O2 7732
16820-18-1 (S)-(+)-2-amino-2-methyl-3-hydroxypropanoic aci C4H9NO3 3744
16824-81-0 lead dipicrate C12H4N6O14Pb 23173
16825-72-2 4-iodyl toluene C7H7IO2 10602
16825-74-4 4-iodylanisole C7H7IO3 10603
16830-14-1 nitrosoisopropylurea C4H9N3O2 3767
16832-21-6 1,2-O-cyclohexylidene-a-D-glucofuranose C12H20O6 24612
16836-95-6 silver p-toluenesulfonate C7H7AgO3S 10452
16837-43-7 alpha-methyl-beta-oxobenzenepropanal C10H10O2 19123
16839-97-7 2-methoxythiophene C5H6OS 4544
16841-48-8 diallyl sulfone C6H10O2S 7870
16842-03-8 cobalt hydrocarbonyl C4HCoO4 2365
16844-08-9 (S)-2-chlorooctane C8H17Cl 15262
16846-24-5 josamycin C42H69NO15 35699
16849-88-0 (dimethylaminomethylene)malononitrile C6H7N3 7228
16851-82-4 1-(phenylsulfonyl)pyrrole C10H9NO2S 18912
16858-02-9 TPEN C26H28N6 34270
16867-03-1 2-amino-3-hydroxypyridine C5H6N2O 4504
16867-04-2 2,3-dihydroxypyridine C5H5NO2 4411
16870-90-9 7-hydroxyxanthine C5H4N4O3 4319
16872-09-6 o-carborane C2H12B10 1183
16874-33-2 tetrahydro-2-furancarboxylic acid C5H8O3 4934
16879-02-0 6-chloro-2-pyridinol C5H4ClNO 4273
16883-48-0 1,trans-2,cis-4-trimethylcyclopentane C8H16 14875
16889-72-8 tert-butyl 2-methylpropanoate C8H16O2 15181
16891-99-9 1-nitrododecane C12H25NO2 24905
16898-52-5 1,3-di-4-piperidylpropane C13H26N2 26480
16900-07-5 butyl octyl sulfide C12H26S 25316
16900-08-6 butyl dodecyl sulfide C16H34S 29795
16909-11-8 3,5-dimethoxycinnamic acid C11H12O4 21904
16911-89-0 phenyl chlorodithioformate C7H5ClS2 9947
16919-46-3 tin(iv) bis(acetylacetonate) dichloride C10H14Cl2O4Sn 19912
16920-94-8 potassium hexacyanoplatinate(iv) C6K2N6Pt 9396
16924-32-6 1,1-dimethyldiborane C2H10B2 1173
16930-93-1 2,4-hexadienyl butyrate C10H16O2 20503
16930-96-4 hexyl tiglate C11H20O2 22717
16932-49-3 2,6-dimethoxybenzonitrile C9H9NO2 16420
16939-57-4 (trans)-1,3-butadienylbenzene C10H10 18960
16957-70-3 trans-2-methyl-2-pentenoic acid C6H10O2 7827
16959-10-7 2,4,6-trimethyl-1,3-phenylene diisocyanate C11H10N2O2 21627
16960-39-7 methylthioacetaldehyde-O-(carbamoyl) oxime C4H8N2O2S 3443
16967-04-7 butyl hexyl sulfide C10H22S 21391
16967-79-6 epoxy-1,1,2-trichloroethane C2HCl3O 545
16974-11-1 grapemone C14H26O2 27812
16980-61-3 cis-1,4-dimethylcyclohexanol C8H16O 15106
16980-85-1 1-pentacosene C25H50 34185
16982-21-1 ethyl thiooxamate C4H7NO2S 3276
16986-24-6 m-carborane C2H12B10 1184
16995-35-0 1,1,1,3-tetrachloro-2-propanone C3H2Cl4O 1360
17003-75-7 2-fluoro-2,2-dinitroethanol C2H3FN2O5 730
17003-82-6 fluoro dinitromethyl azide CFN5O4 66
17005-59-3 (4-chlorophenoxy)trimethylsilane C9H13ClOSi 17241
17010-59-2 4'-chloro-3'-methyl-4-dimethylaminoazobenzene C15H16ClN3 28412
17010-61-6 3',4'-dichloro-4-dimethylaminoazobenzene C14H13Cl2N3 26997
17010-62-7 p-((4-ethyl-m-tolyl)azo)-N,N-dimethylaniline C17H21N3 30171
17010-63-8 p-((3-ethyl-p-tolyl)azo)-N,N-dimethylaniline C17H21N3 30170
17010-64-9 3',4'-diethyl-4-dimethylaminoazobenzene C18H23N3 30832
17010-65-0 p-((m-ethylphenyl)azo)-N,N-dimethylaniline C16H19N3 29425
17012-89-4 22-methylcholanthrene C21H16 32640
17012-91-8 benz(a)anthracene-7-methanedioldiacetate (est C23H18O4 33522
17013-01-3 sodium fumarate C4H2Na2O4 2429
17013-35-3 5-ethyl-5-(1-methyl-2-butenyl)barbituric ac C11H16N2O3 22388
17013-37-5 5-ethyl-5-(1-ethylpropyl)barbituric acid C11H18N3O3 22578
17013-41-1 5,5-dibutylbarbituric acid C12H20N2O3 24551
17016-83-0 (4S)-(-)-4-isopropyl-2-oxazolidinone C6H11NO2 8146
17018-24-5 N-methyl-p-(o-tolylazo)aniline C14H15N3 27245
17021-26-0 calusterone C28H48O 34695
17024-17-8 1-nitrophenanthrene C14H9NO2 26718

621

17502-28-2 cis-2-hydroxy-1-cyclopentanecarboxylic acid C6H10O3 7905
17508-17-7 o-(2,4-dinitrophenyl)hydroxylamine C6H5N3O5 6863
17510-46-2 (1-tert-butylvinyloxy)trimethylsilane C9H20OSi 18338
17511-60-3 tricyclodecenyl propionate C13H18O2 26229
17513-40-5 7-methylbenz(a)anthracene-12-carboxaldehyde C20H14O 31896
17518-47-7 1-naphthyl thioacetamide C12H11NOS 23631
17524-05-9 molybdenyl acetylacetonate C10H14MoO6 19923
17526-17-9 1,3-dihydroxy-2-ethoxymethylanthraquinone C17H14O5 29951
17526-24-8 benz(a)anthracene-7-methanol acetate C21H16O2 32656
17526-74-8 glycidyl ester of hexanoic acid C9H16O3 17753
17527-29-6 3,3,4,4,5,5,6,6,7,7,8,8,8-tridecafluoroocty C11H7F13O2 21495
17534-15-5 1,2-benzenedithiol C6H6S2 7122
17540-75-9 4-sec-butyl-2,6-di-tert-butylphenol C18H30O 30961
17548-36-6 hexaethyltrialuminum trithiocyanate C15H30Al3N3S3 28863
17553-86-5 (S)-(+)-2,3,7,7a-tetrahydro-7a-methyl-1H-inde C10H12O2 19587
17556-48-8 1,1,1-trifluoro-2-propanol, (±) C3H5F3O 1729
17557-23-2 neopentyl glycol diglycidyl ether C11H20O4 22740
17560-51-9 metolazone C16H16ClN3O3S 29246
17563-48-3 n-butyldiethyltin iodide C8H19ISn 15630
17564-64-6 N-(chloromethyl)phthalimide C9H6ClNO2 15865
17567-17-8 potassium tris(3,5-dimethyl-1-pyrazolyl)bor C15H22BKN6 28651
17573-21-6 benzo(a)pyren-9-ol C20H12O 31831
17573-23-8 7,8-dihydrobenzo(a)pyrene C20H14 31867
17573-92-1 3-methoxythiophene C5H6OS 4545
17575-15-4 4-hydroxy-7-methoxycoumarin C10H8O4 18785
17575-20-1 lanatoside A C49H76O19 35820
17575-21-2 lanatoside B C49H76O20 35821
17575-22-3 lanatoside C C49H76O20 35822
17576-63-5 3-fluoro-4-nitroquinoline-1-oxide C9H5FN2O3 15819
17576-88-4 3'-bromo-4-dimethylaminoazobenzene C14H14BrN3 27078
17577-93-4 2-methyl-5-octen-4-one C9H16O 17690
17579-99-6 methyltriphenoxyphosphonium iodide C19H18IO3P 31402
17584-12-2 3-amino-5,6-dimethyl-1,2,4-triazine C5H8N4 4840
17587-22-3 6,6,7,7,8,8,8-heptafluoro-2,2-dimethyl-3,5- C10H11F7O2 19277
17587-33-6 trans-2,trans-6-nonadienal C9H14O 17452
17590-01-1 amphetaminil C17H18N2 30062
17594-47-7 barium bis(2,2,6,6-tetramethyl-3,5-heptaned C22H38BaO4 33402
17596-79-1 (S)-(-)-b-methylphenethylamine C9H13N 17289
17597-95-4 hexoxyacetaldehyde dimethylacetal C10H22O3 21374
17598-02-6 precocene i C12H14O2 23980
17598-65-1 diacetyllanatoside C47H74O19 35795
17600-72-5 2-ethoxyanisole C9H12O2 17162
17601-12-6 bis(p-phenoxyphenyl)diphenyltin C36H28O2Sn 35338
17601-94-4 2-amino-3-bromo-5-nitrobenzonitrile C7H4BrN3O2 9648
17605-71-9 methylephedrine C11H17NO 22517
17606-31-4 nereistoxin dibenzenesulfonate C17H21NO4S4 30165
17607-20-4 3,3-bis(azidomethyl)oxetane C5H8N6O 4846
17608-59-2 N-nitrosoephedrine C10H14N2O2 19950
17609-31-3 2,4,6-octatrienal C8H10O 13933
17610-00-3 3,5-bis(tert-butyl)benzaldehyde C15H22O 28666
17611-82-4 ethylbutanedinitrile C6H8N2 7340
17615-73-5 6-(p-anilinosulfonyl)metanilamide C12H13N3O4S2 23878
17616-44-3 1,3-diiodo-2-methylpropane C4H8I2 3409
17617-23-1 flurazepam C21H23ClFN3O 32814
17617-45-7 picrotoxinin C15H16O6 28446
17618-76-7 2-methyl-3-heptene C8H16 14915
17622-94-5 ethylene glycol silicate C8H20O8Si 15728
17625-03-5 3-sulfobenzoic acid monosodium salt C7H5NaO5S 10131
17626-75-4 2-n-propylthiazole C6H9NS 7574
17627-77-9 anhalonidine C12H17NO3 24325
17628-72-7 (R)-(-)-2-methoxy-2-phenylethanol C9H12O2 17169
17630-76-1 5-chloroisatin C8H4ClNO2 12515
17631-68-4 tris(6,6,7,7,8,8,8-heptafluoro-2,2-dimet C30H30EuF21O6 34872
17639-64-4 N-tosylpyrrole C11H11NO2S 21756
17639-93-9 methyl 2-chloropropanoate C4H7ClO2 3144
17640-15-2 methyl cyanoformate C3H3NO2 1470
17640-25-4 methyl 2,2-dichloro-2-methoxyacetate C4H6Cl2O3 2850
17640-26-5 methyl ethoxyacetate C5H10O3 5552
17648-05-4 2,5-dimethyl-2,5-diphenylhexane C20H26 32260
17650-86-1 amicetin C29H42N6O9 34792
17654-88-5 5-mercapto-3-phenyl-2H-1,3,4-thiadiazole-2-th C8H6N2S3 12908
17655-74-2 (2-ethoxyvinyl)benzene C10H12O 19496
17658-32-1 1-chloro-2-pentanol C5H11ClO 5635
17661-50-6 tetradecyl stearate C32H64O2 35119
17667-23-1 diospyrol C22H18O4 33178
17672-21-8 3-hydroxyanthranilic acid methyl ester C8H9NO3 13763
17672-53-6 bis(2,2,2-trichloroethyl) phosphorochloridat C4H4Cl7O3P 2551
17672-88-7 trans-4,7-dimethoxy-5-(1-propenyl)-1,3-benzod C12H14O4 24007
17673-25-5 phorbol C20H28O6 32325
17678-60-3 dimethylpentadecylamine C17H37N 30372
17679-92-4 1-octen-3-yne C8H12 14245
17685-52-8 triiron dodecacarbonyl C12Fe3O12 23128
17687-74-0 tricyclohexylmethanol C19H34O 31663
17689-16-6 2-thiepanone C6H10OS 7810
17689-77-9 triacetoxy(ethyl)silane C8H14O6Si 14733
17691-19-9 4-chloro-3-nitrobenzenesulfonic acid, sodi C6H3ClNNaO5S 6271
17692-39-6 4-(3-(p-phenoxymethylphenyl)propyl)morpholin C20H25NO2 32244
17695-48-6 4-methylumbelliferyl palmitate C26H38O4 34309
17696-11-6 8-bromooctanoic acid C8H15BrO2 14741
17696-37-6 4-tert-butyl-2,5-dimethylphenol C12H18O 24435
17696-64-9 sec-butyl chloroacetate C6H11ClO2 8033
17697-12-0 benzeneseleninic anhydride C12H10O3Se2 23561
17697-53-9 2-azoxypropane C6H14N2O 8940
17697-55-1 diazene, dipropyl-, 1-oxide C6H14N2O 8938
17699-14-8 (-)-a-cubebene C15H24 28743
17701-76-7 tert-octyl isothiocyanate C9H17NS 17852
17702-11-3 3-methoxypropylisothiocyanate C5H9NOS 5217
17702-57-7 formparanate C12H17N3O2 24346
17704-30-2 2-hydroxyethyl dichloroacetate C4H6Cl2O3 2849
17710-62-2 p-chlorophenyl-N-(4'-chlorophenyl)thiocarb C13H9Cl2NOS 25529
17715-00-3 2-propynylcyclohexane C9H14 17394
17715-69-4 1-bromo-2,4-dimethoxybenzene C8H9BrO2 13562
17721-94-7 4-tert-butyl-1-nitrosopiperidine C9H18N2O 17979
17721-95-8 2,6-dimethylnitrosopiperidine C7H14N2O 11788
17737-65-4 clonixic acid C13H11ClN2O2 25675
17741-60-5 3,3,4,4,5,5,6,6,7,7,8,8,9,9,10,10,11,11,12, C15H7F21O2 27977
17742-04-0 trifluoromethanesulfenyl fluoride CF4S 82
17742-69-7 1,3-dichloro-2-methoxy-5-nitrobenzene C7H5Cl2NO3 9963
17745-45-8 propylboronic acid C3H9BO2 2175
17747-43-2 3-acetoxypyridine C7H7NO2 10639
17750-93-5 7,8,9,10-tetrahydrobenzo(a)pyrene C20H16 32000
17754-90-4 4-(diethylamino)salicylaldehyde C11H15NO2 22267
17756-81-9 N-(b-cyanoethyl)monochloroacetamide C5H7ClN2O 4615
17760-13-3 trichloro(trichloromethyl)silane CCl6Si 56
17760-40-6 1,1,1-trichlorohexane C6H11Cl3 8066
17763-67-6 phenyl trifluoromethanesulfonate C7H5F3O3S 10014
17763-91-6 catechol bis(trifluoromethanesulfonate) C8H4F6O6S2 12568
17766-28-8 1-cyclohexylpiperazine C10H20N2 20974
17766-62-0 4-(p-tert-butylbenzyl)piperazinyl 3,4,5-tri C25H34N2O4 34141
17766-63-1 4-phenylpiperazinyl 3,4,5-trimethoxyphenyl C20H24N2O4 32227
17766-66-4 4-(p-chlorophenyl)piperazinyl 3,4,5-trime C20H23ClN2O4 32186
17766-68-6 4-(o-methoxyphenyl)piperazinyl 3,4,5-trimet C21H26N2O5 32871
17766-70-0 4-(p-methoxyphenyl)piperazinyl 3,4,5-trimet C21H26N2O5 32872
17766-74-4 1-(m-tolyl)-4-(3,4,5-trimethoxybenzoyl)pipe C21H26N2O4 32869
17766-75-5 1-(p-tolyl)-4-(3,4,5-trimethoxybenzoyl)pipe C21H26N2O4 32870
17766-77-7 1-(3,4,5-trimethoxybenzoyl)-4-(2-pyridyl)pi C19H23N3O4 31530
17766-79-9 4-(2-thiazolyl)piperazinyl 3,4,5-trimethox C17H21N3O4S 30174
17768-41-1 1-adamantanemethylamine C11H19N 22639
17773-64-7 2-chloro-3-methyl-1-butene C5H9Cl 5045
17773-65-8 2-chloro-3-methyl-2-butene C5H9Cl 5051
17773-66-9 2,2-dichloro-3-methylbutane C5H10Cl2 5346
17786-31-1 cobalt dodecacarbonyl C12Co4O12 23121
17788-00-0 2,4-dichloro-3-methylphenol C7H6Cl2O 10266
17789-14-9 2-(3-bromophenyl)-1,3-dioxolane C9H9BrO2 16260
17791-52-5 Na-boc-L-histidine C11H17N3O4 22542
17796-82-6 N-(cyclohexylthio)phthalimide C14H15NO2S 27233
17804-35-2 benomyl C14H18N4O3 27476
17814-73-2 methyl potassium CH3K 226
17814-85-6 (4-carboxybutyl)triphenylphosphonium bromi C23H24BrO2P 33553
17822-71-8 2-(2-(diethylamino)ethoxy)-4'-chloro-benz C19H23ClN2O2 31510
17822-72-9 2-(2-(diethylamino)ethoxy)-2'-chloro-benz C19H23ClN2O2 31508
17822-73-0 2-(2-(diethylamino)ethoxy)-3'-chloro-benz C19H23ClN2O2 31509
17822-74-1 2-(2-(diethylamino)ethoxy)-3-methylbenzanil C20H25N2O2 32252
17823-46-0 1-bromo-2,3,5,6-tetrafluoro-4-(trifluoromethyl)b C7BrF7 9413
17831-71-9 acrylic acid, diester with tetraethylene glyc C14H22O7 27715
17832-16-5 triallyl 1,3,5-benzenetricarboxylate C18H18O6 30683
17832-28-9 1,4-butanediol vinyl ether C6H12O2 8502
17837-41-1 2-methylthietane C4H8S 3582
17839-26-8 ethylpentylamine C7H17N 12323
17849-38-6 2-chlorobenzenemethanol C7H7ClO 10514
17851-27-3 1,2,4-trimethyl-6-ethylbenzene C11H16 22352
17854-07-8 hexaphenylethane C38H30 35500
17857-14-6 3-carboxypropyl triphenylphosphonium bromi C22H22BrO2P 33224
17865-32-6 cyclohexyl(dimethoxy)methylsilane C9H20O2Si 18351
17869-27-1 1-(3-aminopropyl)-2,8,9-trioxa-5-aza-1-silab C9H20O3Si 18358
17869-77-1 [(1,1-dimethyl-2-propynyl)oxy]trimethylsilane C8H16OSi 15154
17873-08-4 trimethyl(phenylthiomethyl)silane C10H16SSi 20542
17873-13-1 dimethylphenethylsilane C10H16Si 20546
17877-23-5 triisopropylsilanol C9H22OSi 18430
17878-39-6 methylphenylvinylsilane C9H12Si 17229
17878-44-3 (4-bromophenoxy)trimethylsilane C9H13BrOSi 17235
17880-86-3 3,3-dichloropropanoyl chloride C3H3Cl3O 1429
17881-65-1 (2-chlorophenoxy)trimethylsilane C9H13ClOSi 17242
17882-06-3 trimethylsilyl benzenesulfonate C9H14O3SSi 17493
17891-65-5 2,3-bis(trimethylsilyl)-1-propene C9H22Si2 18438
17893-55-9 (p-nitrophenylselenyl)acetic acid C8H7NO4Se 13192
17894-26-7 2,5-dimetoxy-3-nitrobenzoic acid C9H9NO6 16480
17896-21-8 DL-N-acetylhomocysteine thiolactone C6H9NO2S 7556
17902-23-7 ftorafur C8H9FN2O3 13634
17912-17-3 1,5-dibromooctane C8H16Br2 14997
17918-11-5 a-phenyl-1-aziridineethanol C10H13NO 19787
17924-92-4 zearalenone C18H22O5 30815
17928-28-8 1,1,1,3,5,5,5-heptamethyl-3-[(trimethylsil C10H30O3Si4 21462
17931-55-4 bicyclo[3.3.1]nonan-9-one C9H14O 17451
17933-03-8 3-tolylboronic acid C7H9BO2 10931
17933-85-6 ethoxydiphenylvinylsilane C16H18OSi 29395
17937-38-1 N,N'-bis-(5-bromosalicylidene)ethylenedi C16H14Br2N2O2 29126
17937-68-7 divinyldiphenylsilane C16H16Si 29308
17952-11-3 ethyl pentyl ether C7H16O 12215
17955-46-3 tributyl(trimethylsilyl)stannane C15H36SiSn 28952
17959-11-4 (methoxyacetyl)methylcarbamic acid o-isoprop C14H19NO5 27542
17959-12-5 methyl((methylthio)acetyl)carbamic acid o-i C14H19NO4S 27538
17960-21-3 methyl 3-(5-nitro-2-furyl)-5-phenyl-4-isoxa C15H10N2O5 28031
17969-20-9 2-(p-chlorophenyl)-4-thiazole acetic acid C11H8ClNO2S 21506
17972-08-6 N-(2-chlorobenzylidene)methanamine C8H8ClN 13266
17977-68-3 formyloxytribenzylstannane C23H24O2Sn 33557
17978-77-7 praseodymium(fod)3 C30H30F21O6Pr 34873
17980-47-1 triethoxy(isobutyl)silane C10H24O3Si 21439
17982-67-1 ethyl methyl azidomethyl phosphonate C4H10N3O3P 3860
17985-72-7 1,2-bis(dimethylsilyl)benzene C10H18Si2 20853
17988-31-7 tris(allyloxy)vinylsilane C11H18O3Si 22620
17994-17-1 N-acetyl-5-hydroxytryptamine C12H14N2O2 23925
17994-25-1 1-hydroxy-1-cyclopropanecarboxylic acid C4H6O3 3000
18002-79-4 1,1-diphenylsilacyclohexane C17H20Si 30149
18005-40-8 O-ethyl methylphosphonothioate C3H9O2PS 2230
18017-73-7 10-phenyldecanoic acid C16H24O2 29578
18020-65-0 methyl 3-hydroxy-2-methylenebutyrate C6H10O3 7907
18023-33-1 triisopropoxyvinylsilane C11H24O3Si 23078
18023-36-4 triethyl phenyl silicate C12H20O4Si 24609
18027-45-7 tris(dimethylsiloxy)phenylsilane C12H26O3Si4 25300
18027-80-0 1,3-bis(3-cyanopropyl)tetramethyldisiloxa C12H24N2OSi2 24844
18030-61-0 [1,1'-biphenyl]-4-yltrichlorosilane C12H9Cl3Si 23384
18031-40-8 (S)-(-)-perillaldehyde C10H14O 20081
18036-81-2 trimethyl[4-[(trimethylsilyl)oxy]phenyl]sil C12H22OSi2 24697
18038-55-6 bis(trichlorosilyl)acetylene C2Cl6Si2 466
18039-42-4 5-phenyltetrazole C7H6N4 10395
18042-62-1 N-(trimethylsilylmethyl)phthalimide C12H15NO2Si 24075
18043-71-5 1,1,3,3-tetraisopropyldisiloxane C12H30OSi2 25406
18046-21-4 4-(p-chlorophenyl)-2-phenyl-5-thiazoleace C17H12ClNO2S 29874
18051-18-8 D-6-methyl-8-cyanomethylergoline C17H19N2 30108
18053-75-3 1H-inden-1-yltrimethylsilane C12H16Si 24275
18057-24-4 1,4-bis(chloromethyldimethylsilyloxy)be C12H20Cl2O2Si2 24538
18063-02-0 2,6-difluorobenzoyl chloride C7H3ClF2O 9499
18063-03-1 2,6-difluorobenzamide C7H5F2NO 10002
18069-17-5 2-methylglutaric acid C6H10O4 7932
18073-84-2 4,4'-trimethylenebis(1-piperidineethanol) C17H34N2O2 30320
18085-02-4 3,4-diacetoxy-1-butene C8H12O4 14389
18094-01-4 2-methyl-1-tridecene C14H28 27852
18099-59-7 4'-decyloxyacetophenone C18H28O2 30926
18108-22-0 (1-amino-1-phenylmethyl)phosphonic acid C7H10NO3P 11078
18108-24-2 (1-amino-2-methylpropyl)phosphonic acid C4H12NO3P 4066
18108-68-4 8-anilino-1-naphthalenesulfonic acid ma C32H24MgN2O6S2 35064
18113-03-6 2-chloro-4-methoxyphenol C7H7ClO2 10527
18125-46-7 2-propylpyrazine C7H10N2 11102
18125-46-7 p-fluoro-D-phenylalanine C9H10FNO2 16547
18127-01-0 bourgeonal C13H18O 26209
18138-04-0 2,3-diethyl-5-methylpyrazine C9H14N2 17411
18139-02-1 2-fluoro-2,2-dinitroethylamine C2H4FN3O4 833
18139-03-2 2-fluoro-N-(2-fluoro-2,2-dinitroethyl)-2,2-d C4H5F2N5O8 2684
18146-00-4 allyloxytrimethylsilane C6H14OSi 9015
18147-84-7 trichloro[2-(chloromethyl)allyl]silane C4H6Cl4Si 2864
18156-25-7 N,N'-bis(trimethylsilyl)sulfur diimide C6H18N2SSi2 9353
18156-74-6 1-(trimethylsilyl)imidazole C6H12N2Si 8382
18157-17-0 2-chloroethoxytrimethylsilane C5H13ClOSi 5943
18162-48-6 tert-butyldimethylsilyl chloride C6H15ClSi 9165
18162-84-0 chloro(dimethyl)octylsilane C10H23ClSi 21399

18163-47-8 1-iodo-2-(trimethylsilyl)acetylene C5H9ISi 5181
18168-01-9 N'-ethyl-N,N-diphenylurea C15H16N2O 28417
18169-57-8 trichloroisobutylsilane C4H9Cl3Si 3652
18171-11-4 (chloromethyl)-isopropoxy-dimethylsilane C6H15ClOSi 9154
18171-19-2 (3-chloropropyl)dimethoxymethylsilane C6H15ClO2Si 9157
18171-59-0 chloro(dichloromethyl)dimethylsilane C3H7Cl3Si 2016
18171-74-9 tert-butyltrichlorosilane C4H9Cl3Si 3653
18172-33-3 cyclopiazonic acid C20H20N2O3 32129
18172-67-3 (1S)-(-)-b-pinene C10H16 20366
18173-64-3 tert-butyldimethylsilanol C6H16OSi 9313
18178-59-1 trans-bis(trimethylsilyl)ethene C8H20Si2 15731
18181-70-9 iodofenophos C8H8Cl2IO3PS 13294
18181-80-1 bromopropylate C17H16Br2O3 29987
18182-14-4 dimethylmethoxy-n-propylsilane C6H16OSi 9314
18187-24-1 1,3-dimethoxy-1,1,3,3-tetramethyldisiloxane C6H18O3Si2 9365
18187-39-8 3-chloroallyltrimethylsilane C6H13ClSi 8700
18190-44-8 N-(2-hydroxyethyl)succinimide C6H9NO3 7562
18197-22-3 N-formylformamide C2H3NO2 758
18204-79-0 trimethylsilyl perchlorate C3H9ClO4Si 2188
18204-80-3 2-(trichlorosilyl)ethyl acetate C4H7Cl3O2Si 3173
18207-29-9 1-nitroso-1-octylurea C9H19N3O2 18171
18209-61-5 dimethylisopropylsilane C5H14Si 6030
18217-00-0 1-(2-chloroethyl)-4-methoxybenzene C9H11ClO 16861
18217-12-4 5-methyl-2-heptanone C8H16O 15148
18220-90-1 4-ethylbenzophenone C15H14O 28296
18230-75-6 trimethyl silyl hydroperoxide C3H10O2Si 2265
18231-53-3 3,3-dimethyl-2-ethyl-1-butene C8H16 14992
18236-57-2 dichloromethyl(4-methylphenyl)silane C8H10Cl2Si 13842
18236-89-0 dichloromethylisopropylsilane C4H10Cl2Si 3810
18240-50-1 difurfurylamine C10H11NO2 19315
18240-68-1 2,2-dichloropentanoic acid C5H8Cl2O2 4793
18240-70-5 2,2-dichlorohexanoic acid C6H10Cl2O2 7696
18243-41-9 (bromomethyl)trimethylsilane C4H11BrSi 3968
18243-89-5 2,2'-thiobis(hexamethyldisilazane) C12H36N2SSi4 25417
18244-91-2 triethylsilyl perchlorate C6H15ClO4Si 9160
18245-28-8 trimethyl-2-thienylsilane C7H12SSi 11567
18245-72-2 S-phenyl thiopropionate C9H10OS 16648
18252-65-8 cis-dichlorobis(dimethylselenide)platinum C4H12Cl2PtSe2 4052
18253-54-8 tin(iv) phthalocyanine dichloride C32H16Cl2N8Sn 35049
18254-57-4 1,1-dicyclohexyldodecane C24H46 33967
18259-05-7 2,3,4,5,6-pentachlorobiphenyl C12H5Cl5 23177
18261-92-2 3-octadecanone C18H36O 31092
18262-85-6 1-ethyl-2,3,5-trimethylbenzene C11H16 22355
18263-25-7 2-bromohexadecanoic acid C16H31BrO2 29686
18264-75-0 3-amino-1-nitroguanidine CH5N5O2 299
18264-88-5 N-(9,10-dihydro-2-phenanthryl)acetamide C16H15NO 29205
18267-08-8 zirconium(iv) ethoxide C8H20O4Zr 15722
18268-70-7 flexol 4GO C24H46O7 33980
18269-64-2 trimethylsilyl crotonate C7H14O2Si 11929
18270-17-2 1-trimethylsilyl-1-pentyne C8H16Si 15247
18270-61-6 a-chlorobenzylidenemalononitrile C10H5ClN2 18499
18273-30-8 1,2-bis(difluoroamino)-N-nitroethylamine C2H4F4N4O2 840
18278-34-7 4-hydroxy-2-methoxybenzaldehyde C8H8O3 13476
18278-44-9 2-(methoxy-methyl-phosphinothioyl)sulfanyl- C5H12NO2PS3 5787
18279-20-4 dipentyl lead diacetate C14H28O4Pb 27887
18279-21-5 dihexyl lead diacetate C16H32O4Pb 29735
18281-05-5 ethyl eicosanoate C22H44O2 33469
18282-40-1 1-ethyl-2-iodobenzene C8H9I 13649
18282-59-2 4-bromo-1,2-dichlorobenzene C6H3BrCl2 6233
18291-80-0 trimethylsilyl bromoacetate C5H11BrO2Si 5616
18292-29-0 diethylmethylvinylsilane C7H16Si 12307
18292-38-1 methallyltrimethylsilane C7H16Si 12308
18293-53-3 (trimethylsilyl)acetonitrile C5H11NSi 5752
18293-54-4 1-trimethylsilyl-1,2,4-triazole C5H11N3Si 5764
18295-25-5 2-bromo-3-methylbutane C5H11Br 5609
18295-27-7 2-iodo-3-methylbutane C5H11I 5666
18295-59-5 2-propylpentanal C8H16O 15065
18297-63-7 1,3-bis(trimethylsilyl)urea C7H20N2OSi2 12402
18300-89-5 ethyl 2-cyano-3-phenyl-2-butenoate C13H13NO2 25873
18300-91-9 pentadecanenitrile C15H29N 28849
18304-13-7 octakis-O-(2-cyanoethyl)sucrose C36H46N8O11 35365
18306-29-1 bis(trimethylsilyl) sulfate C6H18O4SSi2 9367
18309-32-5 d-verbenone C10H14O 20069
18312-12-4 N-(iodoacetyl)-3-azabicyclo(3.2.2)nonane C10H16INO 20386
18312-66-8 3-selenyl-DL-alanine C3H7NO2Se 2060
18318-83-7 trans-2-hexenal dimethyl acetal C8H16O2 15209
18323-44-9 clindamycin C18H33ClN2O5S 31007
18323-96-1 tris(6,6,7,7,8,8,8-heptafluoro-2,2-dimet C30H30F21O6Yb 34874
18328-90-0 N-ethyl-2-methylallylamine C6H13N 8758
18338-40-4 1,2,3-trichlorobutane C4H7Cl3 3161
18344-51-9 2-amino-5-nitro-3-picoline C6H7N3O2 7238
18354-35-3 4-fluorobenzoyl isocyanate C8H4FNO2 12532
18355-73-2 2,3-difluorobenzoyl chloride C7H3ClF2O 9500
18356-02-0 methyl sodium CH3Na 244
18361-48-3 leucomycin A6 C40H65NO15 35609
18362-36-2 2-hydroxy-6-methylbenzaldehyde C8H8O2 13426
18362-64-6 2,6-dimethyl-3,5-heptanedione C9H16O2 17730
18362-97-5 isopropyl pentanoate C8H16O2 15192
18365-12-3 propylcopper(i) C3H7Cu 2019
18365-42-9 a-chlorocinnamaldehyde C9H7ClO 15966
18368-63-3 2-chloro-6-methylpyridine C6H6ClN 6927
18368-64-4 2-chloro-5-methylpyridine C6H6ClN 6928
18368-76-8 2-chloro-3-methylpyridine C6H6ClN 6929
18371-13-6 2-methyl-2-ethyl-1-butanol C7H16O 12198
18371-24-9 1,3-diiodobutane C4H8I2 3403
18378-20-6 bbd C13H10N4O3 25621
18378-89-7 mithramycin C52H76O24 35844
18380-68-2 dimethylantimony chloride C2H6ClSb 1013
18381-45-8 4,4-diethoxybutanenitrile C8H15NO2 14807
18383-59-0 chrysanthemyl alcohol C10H18O 20718
18388-03-9 2-(chloromethyl)allyl-trimethylsilane C7H15ClSi 12007
18388-45-9 allyldiethoxymethylsilane C8H18O2Si 15573
18395-30-7 isobutyl(trimethoxy)silane C7H18O3Si 12390
18395-55-6 diethylisopropylsilane C7H18Si 12393
18395-90-9 di-tert-butyldichlorosilane C8H18Cl2Si 15383
18397-07-4 curan-17-ol, (16alpha) C19H26N2O 31572
18398-36-2 3,4-dichloro-1,2-naphthalenedione C10H4Cl2O2 18486
18402-83-0 trans-3-nonen-2-one C9H16O 17706
18406-41-2 1,2-bis(trimethoxysilyl)ethane C8H22O6Si2 15746
18409-17-1 trans-2-octen-1-ol C8H16O 15143
18417-89-5 sangivamycin C12H15N5O5 24107
18419-53-9 vinyldiphenylchlorosilane C14H13ClSi 26994
18420-09-2 1,3-diethoxy-1,1,3,3-tetramethyldisiloxane C8H22O3Si2 15745
18420-41-2 2-(chloromethyl)tetrahydro-2H-pyran C6H11ClO 8030
18423-43-3 2'-deoxythymidine-5'-triphosphate C10H17N2O14P3 20586
18423-69-3 cubebin C20H20O6 32137
18429-70-4 4,5-dimethylbenz(a)anthracene C20H16 31983
18429-71-5 4,5,10-trimethylbenz(a)anthracene C21H18 32674
18431-36-2 n-hexylmercuric bromide C6H13BrHg 8664
18435-20-6 2,3-dimethyltridecane C15H32 28908
18435-22-8 3-methyltetradecane C15H32 28906
18435-23-9 2,3-dimethyltetradecane C16H34 29758
18435-45-5 1-nonadecene C19H38 31698
18435-53-5 1-triacontene C30H60 34948
18435-54-6 1-hentriacontene C31H62 35027
18435-55-7 1-dotriacontene C32H64 35113
18437-78-0 tris(4-fluorophenyl)phosphine C18H12F3P 30422
18437-89-3 butyl hexadecyl sulfide C20H42S 32543
18440-21-6 N,N',1,3-tetraphenyl-1,3,2,4-diazadiphosphe C24H22N4P2 33811
18441-43-5 5-methylbenzofuran C9H8O 16187
18441-55-9 2,4-dimethyl-5-ethylphenol C10H14O 20022
18441-56-0 2-methyl-4-propylphenol C10H14O 19994
18444-66-1 cucurbitacin E C32H44O8 35086
18444-79-6 beta-vetivone C15H22O 28665
18448-47-0 methyl cyclohexene-1-carboxylate C8H12O2 14363
18457-03-9 ethyl trimethylsilyl malonate C8H16O4Si 15241
18457-04-0 bis(trimethylsilyl) malonate C9H20O4Si2 18362
18461-55-7 acetic acid 4,6-dinitro-o-cresyl ester C9H8N2O6 16177
18463-85-9 6-((p-(dimethylamino)phenyl)azo)benzothiazol C15H14N4S 28283
18463-86-0 N,N-dimethyl-p-(4-benzimidazolyazo)aniline C15H15N5 28372
18466-11-0 methylphosphodithioic acid S-(((p-chloroph C9H12ClOPS2 17026
18470-76-3 n-decylsuccinic anhydride C14H24O3 27768
18476-57-8 4,5-dimethyl-2,6-octadiene C10H18 20614
18479-51-1 3,7-dimethyl-6-octen-3-ol C10H20O 21005
18479-57-7 2,6-dimethyl-2-octanol C10H22O 21262
18479-58-8 dihydromyrcenol C10H20O 21022
18479-68-0 (+)-p-menth-1-en-9-ol, isomers C10H18O 20738
18492-37-0 DL-fenchone C10H16O 20440
18495-23-3 1-methoxy-2-octyne C9H16O 17689
18495-26-6 1-bromo-2-heptyne C7H11Br 11241
18495-30-2 1,1,2,3-tetrachloropropane C3H4Cl4 1568
18510-29-7 tributylphenylsilane C18H32Si 31005
18516-37-5 2-methyl-1-undecene C12H24 24824
18521-07-8 cis-2-methyl-3-octen-2-ol C9H18O 18035
18523-48-9 azidoacetic acid C2H3N3O2 774
18523-69-8 (4-(5-nitro-2-furyl)thiazol-2-yl)hydrazono C10H10N4O3S 19080
18526-07-3 3-(dimethylamino)propyl acrylate C8H15NO2 14815
18530-30-8 d-camphocarboxylic acid C11H16O3 22465
18530-56-8 norea C13H22N2O 26369
18531-94-7 (R)-(+)-1,1'-bi-2-naphthol C20H14O2 31901
18531-95-8 (S)-(-)-2,2'-diamino-1,1-binaphthalene C20H16N2 32007
18531-99-2 (S)-(-)-1,1'-bi-2-naphthol C20H14O2 31902
18538-45-9 2-benzimidazolecarbamic acid C8H7N3O2 13221
18546-37-7 2-deoxy-L-ribose C5H10O4 5576
18549-40-1 1,2-O-isopropylidene-D-glucofuranose C9H16O6 17782
18559-92-7 7-((p-(dimethylamino)phenyl)azo)benzothiazol C15H14N4S 28284
18559-94-9 a'-((tert-butyl amino)methyl)-4-hydroxy-m-xy C13H21NO3 26351
18559-95-0 N-(p-styrylphenyl)acetohydroxamic acid C16H15NO2 29212
18583-60-3 potassium tris(1-pyrazolyl)borohydride C9H10BKN6 16521
18588-49-3 2,4-diamino-5-phenylpyrimidine C10H10N4 19075
18588-50-6 2,4-diamino-6-methyl-5-phenylpyrimidine C11H12N4 21840
18589-29-2 2-iodoheptane C7H15I 12021
18591-81-6 3-amino-6-methyl-4-pyridazinethiol C5H7N3S 4734
18593-92-5 3-methyl-2-isopropyl-1-butanol C8H18O 15516
18594-05-3 4'-cyclohexylacetophenone C14H18O 27482
18598-63-5 methyl L-cysteine hydrochloride C4H10ClNO2S 3797
18610-33-8 4-chloro-trans-2-pentene C5H9Cl 5036
18623-11-5 octadecylsilane C18H40Si 31175
18636-94-7 dimethyl-3-pentylamine C7H17N 12326
18638-99-8 3,4,5-trimethoxybenzylamine C10H15NO3 20282
18640-58-9 4'-bromo-3'-nitroacetophenone C8H6BrNO3 12734
18640-74-9 2-isobutylthiazole C7H11NS 11312
18643-08-8 chloro(dimethyl)octadecylsilane C20H43ClSi 32545
18649-64-4 2-ethynylfuran C6H4O 6614
18666-68-7 triphenylvinylsilane C20H18Si 32093
18668-68-3 4-bromo-1,2-butadiene C4H5Br 2622
18675-20-2 2,4-dimethyl-2-octanol C10H22O 21261
18680-27-8 (1S,2S,3R,5S)-(+)-2,3-pinanediol C10H18O2 20793
18683-91-5 ambroxol C13H18Br2N2O 26165
18685-70-6 DL-chiro-inositol C6H12O6 8590
18694-40-1 mepirizol C11H14N4O2 22089
18698-97-0 2-bromophenylacetic acid C8H7BrO2 12975
18699-48-4 diisobutyl terephthalate C16H22O4 29520
18705-22-1 propyl-2-propynylphenylphosphonate C12H15O3P 24109
18713-58-1 isopropyl-4-chlorophenyl ketone C10H11ClO 19253
18714-34-6 2-nitroquinoline C9H6N2O2 15914
18719-43-2 diethyl (3-chloropropyl)malonate C10H17ClO4 20555
18720-62-2 2-methyl-3-heptanol C8H18O 15446
18720-65-5 5-methyl-3-heptanol C8H18O 15449
18720-66-6 6-methyl-3-heptanol C8H18O 15450
18722-71-9 N,N,N',N'-tetramethyl-P-piperidinophosphonic C9H22N3OP 18429
18727-07-6 urea perchlorate CH5ClN2O5 283
18729-48-1 3-methylcyclopentanol C6H12O 8442
18741-85-0 (R)-(+)-2,2'-diamino-1,1-binaphthalene C20H16N2 32008
18742-02-4 2-(2-bromoethyl)-1,3-dioxolane C5H9BrO2 5011
18747-42-7 1-(1-methyl-2-piperidinyl)-2-propanone, (±) C9H17NO 17823
18748-27-1 diisobutyl sulfite C8H18O3S 15589
18752-92-6 methyltri(p-tolyl)silane C22H24Si 33268
18758-34-4 2,4,6,8-tetraethyl-2,4,6,8-tetraphenylcycl C32H40O4Si4 35079
18765-09-8 trioctylsilane C24H52Si 34032
18773-77-8 methylphenylcyanamide C8H8N2 13340
18774-85-1 1-hexyl-1-nitrosourea C7H15N3O2 12101
18780-67-1 4-ethoxycarbonyloxy-3,5-dimethoxybenzoic acid C12H14O7 24023
18786-24-8 serpentine alkaloid C21H20N2O3 32749
18787-63-8 2-hexadecanone C16H32O 29718
18787-64-9 3-hexadecanone C16H32O 29719
18791-02-1 2,3-dibromopropionyl chloride C3H3Br2ClO 1392
18791-21-4 pyridomycin C27H32N4O8 34436
18791-49-6 2-iodopropanoic acid, (±) C3H5IO2 1740
18791-75-8 4-bromo-2-thiophenecarboxaldehyde C5H3BrOS 4211
18794-84-8 beta-farnesene C15H24 28734
18796-01-5 1-hydroxy-2,2,5,5-tetramethyl-4-phenyl-3-im C13H18N2O2 26185
18796-02-6 1-hydroxy-2,2,4,5,5-pentamethyl-3-imidazolin C8H16N2O2 15033
18796-03-7 2,2,5,5-Tetramethyl-4-phenyl-3-imidazoline- C13H17N2O2 26148
18796-04-8 2,2,4,5,5-pentamethyl-3-imidazoline-3-oxide- C8H15N2O2 14847
18800-53-8 3,4-dimethylthiophenol C8H10S 14046
18801-00-8 2-(tert-butyl)anthracene C18H18 30641
18812 62 9 2 methyl 3 hexen 2 ol C7H14O 11862
18815-73-1 methylzinc iodide CH3IZn 225
18826-61-4 3-methylphenylacetone C10H12O 19527
18829-55-5 trans-2-heptenal C7H12O 11436
18829-56-6 trans-2-nonenal C9H16O 17699
18835-32-0 1-tricosene C23H46 33686
18835-33-1 1-hexacosene C26H52 34349
18835-34-2 1-octacosene C28H56 34718
18835-35-3 1-nonacosene C29H58 34817

18839-90-2 trans-4-[1-ethyl-2-(4-methoxyphenyl)-1-buteny C19H22O2 31499
18840-45-4 penicillamine cysteine disulfide C8H16N2O4S2 15056
18853-26-4 methyl isoxathion C11H12NO4PS 21813
18854-01-8 O,O-diethyl-O-(5-phenyl-3-isoxazolyl) phos C13H16NO4PS 26053
18854-56-3 1,2-dipropoxyethane C8H18O2 15557
18856-63-8 4-ethylphenyl isothiocyanate C9H9NS 16486
18857-59-5 3-hydroxymethyl-1-((3-(5-nitro-2-furyl)ally C11H10N4O6 21643
18858-65-6 (2-methylphenoxy)triphenylsilane C25H22OSi 34092
18865-74-2 zirconium tetrakis(2,2,6,6-tetramethyl-3,5- C44H76O8Zr 35756
18868-46-7 2,2,2-trichloroethyl dichlorophosphate C2H2Cl5O2P 638
18868-66-1 12-ethylbenz(a)anthracene C20H16 31998
18869-72-2 9-methylheptadecane C18H38 31132
18869-73-3 1-acetyl-3,3-bis(p-hydroxyphenyl)oxindole di C26H21NO6 34230
18871-66-4 N,N-dimethylacetamide dimethyl acetal C6H15NO2 9235
18880-00-7 4-tert-butylbenzyl bromide C11H15Br 22208
18880-04-1 3,4-dichlorobenzyl bromide C7H5BrCl2 9867
18883-66-4 streptozocin C8H15N3O7 14853
18897-36-4 cadmium 2-pyridinethione C10H8CdN2O2S2 18676
18904-54-6 corynantheine C22H26N2O3 33286
18905-29-8 guanine-3-N-oxide C5H5N5O2 4442
18905-91-4 2-hydroxy-2-methyl-3-hexanone C7H14O2 11920
18908-07-1 3-methoxyphenyl isocyanate C8H7NO2 13152
18908-66-2 2-ethylhexyl bromide C8H17Br 15250
18912-80-6 diethylene glycol monoisobutyl ether C8H18O3 15585
18913-31-0 2,3-butadien-1-ol C4H6O 2945
18917-82-3 lead(ii) lactate C6H10O6Pb 7965
18917-91-4 aluminum lactate C9H15AlO9 17526
18921-70-5 N-(4-(((2,4-diamino-5-methyl-6-quinazolinyl C21H22N6O5 32809
18924-91-9 2,4,6-tris-(1-(2-ethylaziridinyl))-1,3,5-tria C15H24N6 28712
18928-76-2 tetrakis-(2-hydroxyethyl)silane C8H20O4Si 15720
18932-14-4 2,2,4-trimethyloctane C11H24 22929
18936-17-9 2-methylbutanenitrile C5H9N 5184
18936-66-8 o-(4-bromo-2,5-dichlorophenyl)-o-ethyl C14H12BrCl2O2PS 26879
18936-75-9 10-aminobenz(a)acridine C17H12N2 29884
18936-78-2 7-formyl-11-methylbenz(c)acridine C19H13NO 31249
18937-76-3 methyl 9-undecynoate C12H20O2 24572
18937-79-6 methyl 2-hexynoate C7H10O2 11170
18938-47-1 3-methyl-3,4-hexanediol C7H16O2 12238
18942-49-9 boc-D-phenylalanine C14H19NO4 27531
18951-85-4 (R)-(+)-citronellic acid C10H18O2 20782
18956-87-1 phenothiazine-10-carbonyl chloride C13H8ClNOS 25465
18960-54-8 tetrakis(2,2,6,6-tetramethyl-3,5-heptadiona C44H76CeO8 35754
18962-05-5 4-isopropoxybenzaldehyde C10H12O2 19598
18963-00-3 1,2,3-trichloro-2-(chloromethyl)propane C4H6Cl4 2861
18963-01-4 1,1,2,3-tetrachloro-2-methylpropane C4H6Cl4 2860
18968-99-5 pemoline magnesium C9H10MgN2O4 16563
18970-44-0 1-ethyl-2-isopropylbenzene C11H16 22327
18971-59-0 1-isocyanopentane C6H11N 8098
18979-50-5 4-propoxyphenol C9H12O2 17177
18979-53-8 4-pentyloxyphenol C11H16O2 22460
18979-55-0 4-hexyloxyphenol C12H18O2 24472
18979-60-7 4-propyl-1,3-benzenediol C9H12O2 17147
18979-62-9 4-isobutyl-1,3-benzenediol C10H14O2 20098
18979-94-7 4-chloro-2-hexylphenol C12H17ClO 24284
18982-54-2 2-bromobenzyl alcohol C7H7BrO 10485
18992-39-7 1,1,3,3-tetrachloro-2-propanol C3H4Cl4O 1572
18992-80-8 1-[3-(dimethylamino)phenyl]ethanone C10H13NO 19767
18996-35-5 citric acid, monosodium salt, anhydrous C6H7NaO7 7261
18997-19-8 chloromethyl pivalate C6H11ClO2 8050
18997-57-4 4-methylumbelliferyl-b-D-glucopyranoside C16H18O8 29402
18997-62-1 N,N-dimethyl-p-(2,3-xylylazo)aniline C16H19N3 29422
18999-28-5 2-heptenoic acid C7H12O2 11467
19005-95-9 3-acetyl-2,4,5-trimethyl-pyrrole C9H13NO 17318
19007-91-1 N-(4-vinylphenyl)maleimide C12H9NO2 23416
19009-39-3 diisopropylcarbamoyl chloride C7H14ClNO 11758
19009-56-4 2-methyl-1-decanal C11H22O 22834
19010-66-3 lead dimethyldithiocarbamate C6H12N2PbS4 8377
19010-79-8 cadmium salicylate C14H10CdO6 26732
19013-37-7 dimethyl 3-methylglutarate C8H14O4 14707
19015-11-3 4-(p-methoxyphenyl)thiosemicarbazone-1H-pyr C13H14N4OS 25983
19020-26-9 4-ethylquinoline C11H11N 21734
19031-61-9 3-fluoro-3-methylpentane C6H13F 8715
19037-72-0 4,4-dimethylcyclopentene C7H12 11335
19042-19-4 lactic acid, neodymium salt C9H15NdO9 17586
19044-88-3 oryzalin C12H18N4O6S 24430
19049-40-2 beryllium oxide acetate C12H18Be4O13 24390
19060-10-7 3,3-dimethoxypropionaldehyde C5H10O3 5564
19064-18-7 2,6-difluorobenzyl alcohol C7H6F2O 10314
19064-24-5 2,6-difluoronitrobenzene C6H3F2NO2 6332
19064-64-3 3,6-dichloro-4-methylpyridazine C5H4Cl2N2 4278
19072-57-2 2,6-dimethyl-1,1-diethylpiperidinium bromide C11H24BrN 23049
19074-59-0 tris(2,5-dimethylphenyl) phosphate C24H27O4P 33849
19089-47-5 2-ethoxy-1-propanol C5H12O2 5882
19089-92-0 hexyl-2-butenoate C10H18O2 20803
19099-93-5 benzyl 4-oxo-1-piperazinecarboxylate C13H15NO3 26023
19112-42-6 pentaphenylethane C32H26 35066
19113-78-1 3,5-dimethyl-3-hexanol, (±) C8H18O 15521
19115-30-1 1'-hydroxy-2',3'-dehydroestragole C10H10O2 19171
19116-61-1 3-heptafluoroisopropoxypropyltrimethoxysil C9H15F7O4Si 17544
19120-62-8 vanadium oxide triisobutoxide C12H27O4V 25357
19128-84-8 2-phenoxybutanoic acid, (R) C10H12O3 19645
19131-99-8 (S)-(-)-N,a-dimethylbenzylamine C9H13N 17285
19132-06-0 (2S,3S)-(+)-2,3-butanediol C4H10O2 3896
19139-31-2 dihexyl fumarate C16H28O4 29634
19141-40-3 (R)-(+)-2-phenyl-1-propanol C9H12O 17132
19142-68-8 2-(2-(4-(2-((2-chloro-10-phenothiazinyl) C24H32ClN3O2S 33889
19143-00-1 S-2-((4-cyclohexen-3-ylbutyl)amino)ethyl t C12H23NO3S2 24811
19143-28-3 methyl-4-phthalimido-DL-glutaramate C14H14N2O5 27127
19144-86-6 (S)-(-)-N-acetyl-1-methylbenzylamine C10H13NO 19775
19145-60-9 o-benzoyltropine C15H19NO2 28553
19145-96-1 diethyl trans-1,4-cyclohexanedicarboxylate C12H20O4 24599
19155-24-9 1,3-dihydro-3,3-dimethyl-2H-indol-2-one C10H11NO 19297
19155-35-2 allyl 2-chloroethylsulfide C5H9ClS 5107
19155-52-3 5-methoxy-1,2,3,4-thiatriazole C2H3N3OS 772
19158-51-1 p-toluenesulfonyl cyanide C8H7NO2S 13162
19163-05-4 methyl dimethylthioborane C3H9BS 2177
19172-47-5 lawesson's C14H14O2P2S4 27173
19177-04-9 1-methyl-3-(1-methylethoxy)benzene C10H14O 20042
19179-31-8 3,5-dimethoxybenzonitrile C9H9NO2 16428
19179-36-3 3,5-dihydroxybenzonitrile C7H5NO2 10063
19182-11-7 1,2-diethylnaphthalene C14H16 27285
19182-13-9 1,6-diethylnaphthalene C14H16 27287
19184-10-2 cis-1-fluoro-1-propene C3H5F 1711
19184-65-7 2-(bromomethyl)-2-(hydroxymethyl)-1,3-propane C5H11BrO3 5617
19184-67-9 dimethyl 3,3-dimethylpentanedioate C9H16O4 17760
19187-50-9 3-[(ethoxycarbonyl)oxycarbonyl]-2,5-dihydro- C12H20NO5 24543
19199-82-7 4-nitrophenyl bromoacetate C8H6BrNO4 12738
19202-92-7 tenulin C17H22O5 30197
19210-21-0 (S)-(+)-2-chloro-1-propanol C3H7ClO 1999
19216-56-9 1-(4-amino-6,7-dimethoxy-2-quinazolinyl-4-(C19H21N5O4 31476
19218-16-7 1,3-bis(ethyleniminosulfonyl)propane C7H14N2O4S2 11821
19218-94-1 1-iodotetradecane C14H29I 27901
19219-98-8 2,5,6-trimethylbenzoxazole C10H11NO 19307
19219-99-9 5-chloro-2-methylbenzoxazole C8H6ClNO 12768
19221-28-4 2-iodo-1,3-butadiene C4H5I 2691
19224-26-1 1,2-propanediol dibenzoate C17H16O4 30023
19230-27-4 1,3-dibromo-2-chlorobenzene C6H3Br2Cl 6245
19232-22-5 trimethylsilyl propiolate C6H10O2Si 7879
19236-15-8 neodymium(iii) isopropoxide C9H21NdO3 18406
19241-16-8 2,6-dimethylphenyl isothiocyanate C9H9NS 16485
19241-19-1 2-ethylphenyl isothiocyanate C9H9NS 16487
19241-36-2 5-chloro-2-methylphenyl isothiocyanate C8H6ClNS 12790
19245-85-3 N-acetyl-L-alanyl-L-alanyl-L-alanine C11H19N3O5 22663
19246-24-3 telomycin C59H77N13O19 35909
19246-38-9 cis-1,2-dibromocyclohexane C6H10Br2 7667
19246-39-0 3-bromo-2-butanol, (R*,S*)-(±) C4H9BrO 3604
19247-68-8 N,N-difurfural-n-phenylenediamine C14H12N2O2 26908
19249-03-7 triethylene glycol di-p-tosylate C20H26O8S2 32287
19249-34-4 N-phenyldiethanolamine diacetate C14H19NO4 27535
19264-94-9 3,3-dimethyl-1-pentanol C7H16O 12185
19267-68-6 bis(1,2-diaminoethane)hydroxooxorhenium C4H17Cl2N4O10Re 4142
19269-28-4 3-methylhexanal C7H14O 11828
19311-91-2 N,N-diethylsalicylamide C11H15NO2 22274
19312-06-2 4,4-dimethyl-2-phenyl-2-oxazoline C11H13NO 21967
19313-57-6 butyl decyl sulfide C14H30S 27952
19313-61-2 ethyl decyl sulfide C12H26S 25314
19315-64-1 N-hydroxy-p-acetophenetidide C10H13NO3 19833
19317-11-4 3,7,11-trimethyl-2,6,10-dodecatrienal C15H24O 28762
19327-37-8 n-octyl-dioxyethylene C12H26O3 25296
19327-38-9 n-octyl-tioxyethylene C14H30O4 27944
19327-39-0 3,6,9,12-tetraoxaeicosan-1-ol C16H34O5 29785
19329-89-6 isopentyl lactate C8H16O3 15218
19333-10-9 silicon phthalocyanine dichloride C32H16Cl2N8Si 35048
19335-11-6 5-aminoindazole C7H7N3 10694
19342-01-9 (R)-(+)-N,N-dimethyl-1-phenylethylamine C10H15N 20225
19354-27-9 tetrahydro-2-(methoxymethyl)furan C6H12O2 8500
19356-22-0 peroxylinolenic acid C18H30O3 30970
19360-67-9 4-carboxyphenoxyacetic acid C9H8O5 16244
19361-41-2 3-acetamidofluoranthene C18H13NO 30450
19361-62-7 styrene-d8 C8D8 12423
19367-79-4 methoxyethyl mercuric silicate C6H14Hg2O5Si 8906
19374-46-0 1,trans-2,cis-3-trimethylcyclopentane C8H16 14872
19381-50-1 naphthol green B C30H15FeN3Na3O15S3 34836
19383-97-2 5-phenyl-1:2-benzanthracene C24H16 33732
19386-06-2 ethyl 3-(1-adamantyl)-3-oxopropionate C15H22O3 28680
19387-91-8 tinidazole C8H13N3O4S 14460
19393-45-4 dimethyl 2-chloromaleate C6H7ClO4 7155
19393-92-1 2-bromo-1,3-dichlorobenzene C6H3BrCl2 6231
19395-58-5 moquizone C20H21N3O3 32154
19396-06-6 polyoxin AL C17H25N5O13 30240
19396-83-9 bicyclo[2.2.1]heptane-2-carboxaldehyde C8H12O 14324
19398-47-1 1,4-dibromo-2-butanol C4H8Br2O 3345
19398-53-9 2,4-dibromopentane C5H10Br2 5304
19398-61-9 2,5-dichlorotoluene C7H6Cl2 10258
19398-75-5 1,3-diethylcyclopentane C9H18 17876
19398-77-7 3,4-diethylhexane C10H22 21180
19402-87-0 9-benzyl-9H-carbazole C19H15N 31306
19404-07-0 4-hydroxy-alpha,6-dimethyl-1,3-dioxane-2-ethan C8H11O4 14226
19406-86-1 3-amino-4-methylbenzamide C8H10N2O 13868
19408-74-3 1,2,3,7,8,9-hexachlorodibenzo-p-dioxin C12H2Cl6O2 23143
19411-41-7 3,3,4-trimethyl-2-pentanol C8H18O 15510
19416-93-4 potassium methanediazoate CH3KN2O 227
19420-29-2 2-phenoxynaphthalene C16H12O 29051
19429-30-2 di-tert-butyltin dichloride C8H18Cl2Sn 15384
19430-93-4 3,3,4,4,5,5,6,6,6-nonafluoro-1-hexene C6H3F9 6352
19434-65-2 3-chloropropanal C3H5ClO 1680
19438-10-9 methyl 3-hydroxybenzoate C8H8O3 13468
19438-60-9 hexahydro-4-methylphthalic anhydride C9H12O3 17199
19438-61-0 4-methylphthalic anhydride C9H6O3 15939
19441-09-9 reinecke salt C4H12CrN7OS4 4055
19444-84-9 2-hydroxy-g-butyrolactone C4H6O3 2996
19447-29-1 2-nonyne C9H16 17594
19456-73-6 4-((4-(dimethylamino)-2,3-xylyl)azo)pyridine C15H18N4O 28527
19456-74-7 4-((4-(dimethylamino)-m-tolyl)azo)-3-picolin C15H18N4O 28525
19456-75-8 4-((4-(dimethylamino)-2,5-xylyl)azo)pyridine C15H18N4O 28528
19456-77-0 4-((p-(dimethylamino)phenyl)azo)-3,5-lutidin C15H18N4O 28522
19461-38-2 N-glycyl-L-isoleucine C8H16N2O3 15044
19463-48-0 3-chloro-4-hydroxy-5-methoxybenzaldehyde C8H7ClO3 13026
19464-55-2 triisopropyltin acetate C11H24O2Sn 23074
19469-07-9 iron(iii) oxalate C6Fe2O12 6101
19471-27-3 4-((p-(dimethylamino)phenyl)azo)-2,5-lutidin C15H18N4O 28521
19471-28-4 4-((4-(dimethylamino)-o-tolyl)azo)-3-picolin C15H18N4O 28526
19472-74-3 2-bromobenzeneacetonitrile C8H6BrN 12723
19473-49-5 potassium glutamate C5H8NKO4 4808
19477-24-8 carcinolipin C44H78O2 35758
19481-82-4 2-bromopropanenitrile C3H4BrN 1502
19482-05-4 diazene, bis[4-(pentyloxy)phenyl]-, 1-oxide C22H30N2O3 33348
19482-31-6 pentaammmepyridineruthenium(ii) perchlo C5H20Cl2N6O8Ru 6042
19482-57-6 2,2-dimethyl-3-octyne C10H18 20598
19484-26-5 1-tridecanethiol C13H28S 26549
19485-03-1 1,3-butanediol diacrylate C10H14O4 20157
19486-08-9 2,2-dimethylhexadecane C18H38 31135
19486-60-3 2-(1-methylethyl)-1,1'-biphenyl C15H16 28405
19489-10-2 1-methyl-cis-3-ethylcyclohexane C9H18 17921
19493-31-3 2-chloro-2'-methylbiphenyl C13H11Cl 25669
19493-44-8 1-chloroisoquinoline C9H6ClN 15853
19521-84-7 benzenediazonium tribromide C6H5Br3N2 6691
19522-67-9 N-isopropylethylenediamine C5H14N2 6016
19522-69-1 N-butylethylenediamine C6H16N2 9297
19523-57-0 2-ethoxy-1-naphthalenecarboxaldehyde C13H12O2 25808
19530-02-0 zirconium hexafluoroacetylacetonate C20H4F24O8Zr 31766
19542-77-9 N-acetyl-S-benzyl-L-cysteine C12H15NO3S 24081
19545-26-7 wortmannin C23H24O8 33560
19546-20-4 2,2-bis(3'-tert-octyl)-4'-hydroxyphenylpropan C31H48O2 35010
19549-70-3 2,2-dimethyl-3-heptanol C9H20O 18280
19549-71-4 2,3-dimethyl-3-heptanol C9H20O 18281
19549-73-6 2,6-dimethyl-3-heptanol C9H20O 18282
19549-74-7 3,5-dimethyl-3-heptanol C9H20O 18283
19549-77-0 2,4-dimethyl-4-heptanol C9H20O 18287
19549-78-1 3,3-dimethyl-4-heptanol C9H20O 18289
19549-79-2 3,5-dimethyl-4-heptanol C9H20O 18290
19549-83-8 2,6-dimethyl-3-heptanone C9H18O 18045
19549-84-9 3,5-dimethyl-4-heptanone C9H18O 18001
19549-97-4 2,6-dimethyl-3-heptyne C9H16 17598
19550-03-9 2,3-dimethyl-2-hexanol C8H18O 15469
19550-05-1 3,4-dimethyl-2-hexanol C8H18O 15473

19550-07-3 2,5-dimethyl-3-hexanol C8H18O 15483
19550-08-4 3,4-dimethyl-3-hexanol C8H18O 15484
19550-09-5 4,4-dimethyl-3-hexanol C8H18O 15486
19550-10-8 3,4-dimethyl-2-hexanone C8H16O 15070
19550-14-2 4,4-dimethyl-3-hexanone C8H16O 15071
19550-30-2 2,3-dimethyl-1-butanol C6H14O 8983
19550-48-2 1,4-dimethylcyclopentene C7H12 11328
19550-81-3 3,4-dimethyl-cis-2-hexene C8H16 14948
19550-82-4 3,4-dimethyl-trans-2-hexene C8H16 14949
19550-83-5 4,4-dimethyl-cis-2-hexene C8H16 14952
19550-87-9 3,4-dimethyl-cis-3-hexene C8H16 14968
19550-88-0 3,4-dimethyl-trans-3-hexene C8H16 14969
19561-70-7 N-(2-hydroxyethyl)-a-(5-nitro-2-furyl)nitrone C7H8N2O5 10839
19562-30-2 panacid C14H16N4O3 27373
19564-40-0 2-methylbenzenepropanal C10H12O 19511
19584-30-6 rhodium dodecacarbonyl C12O12Rh4 25432
19590-85-3 cis-N-(decahydro-2-methyl-5-isoquinolyl)-3, C20H30N2O4 32342
19594-02-6 (2-ethoxyethoxy)benzene C10H14O2 20096
19595-66-5 4-((4-(dimethylamino)-3,5-xylyl)azo)pyridine C15H18N4O 28529
19600-63-6 1,2-epoxy-7-octene C8H14O 14586
19613-76-4 1-bromo-2,3-dinitrobenzene C6H3BrN2O4 6236
19614-16-5 2-bromothioanisole C7H7BrS 10491
19617-43-7 ethyl isocyanatoformate C4H5NO3 2722
19617-44-8 diethyl iminodicarboxylate C6H11NO4 8170
19645-77-3 5-chlorobarbituric acid C4H3ClN2O3 2456
19648-88-5 lead hexafluoroacetylacetonate C10F12O4Pb 18463
19652-32-5 3-bromo-5-chloro-2-hydroxybenzaldehyde C7H4BrClO2 9613
19653-33-9 ethyl 1-piperidinepropanoate C10H19NO2 20899
19655-56-2 8-ethylquinoline C11H11N 21704
19655-60-8 6-ethylquinoline C11H11N 21703
19660-16-3 2,3-dibromopropyl acrylate C6H8Br2O2 7289
19666-30-9 oxadiazon C15H18Cl2N2O3 28501
19675-63-9 4-carboxycinnamic acid C10H8O4 18782
19678-58-1 4-(1-methylethyl)piperidine C8H17N 15298
19686-73-8 1-bromo-2-propanol C3H7BrO 1982
19689-18-0 4-decene C10H20 20944
19689-66-8 3,4-dimethoxythiophenol C8H10O2S 13987
19692-45-6 4-tert-butylbenzyl chloride C11H15Cl 22216
19693-75-5 2-methoxy-1,3-dioxolane C4H8O3 3558
19694-02-1 1-pyrenecarboxylic acid C17H10O2 29855
19694-10-1 3-amino-4-chlorobenzamide C7H7ClN2O 10501
19700-97-1 1,5-hexadiene-3,4-diol, (R*,R*)-(±) C6H10O2 7837
19704-60-0 bis(hexanoyloxy)di-n-butylstannane C20H40O4Sn 32502
19706-58-2 di-n-butyl tin di(hexadecylmaleate) C48H88O8Sn 35814
19708-47-5 triazidomethylium hexachloroantimonate CCl6N9Sb 55
19709-85-4 ethylenediaminetetraacetic acid dicalciu C10H12Ca2N2O8 19404
19716-21-3 4-(p-(dimethylamino)styryl)-6,8-dimethylquino C21H22N2 32804
19718-45-7 propyl 2-naphthyl ether C13H14O 25990
19719-28-9 2,4-dichlorophenylacetic acid C8H6Cl2O2 12816
19721-22-3 3-mercaptopropanol C3H8OS 2134
19721-74-5 bis(1,2-dichloroethyl)sulfone C4H6Cl4O2S 2863
19727-83-4 6-nitroindoline C8H8N2O2 13354
19728-63-3 N-carbobenzyloxy-L-threonine C12H15NO5 24091
19735-89-8 1,2-dihydro-5-methyl-2-phenyl-3H-pyrazol-3-o C10H10N2O 19046
19752-09-1 3,4-dichlorobenzyl isocyanate C8H5Cl2NO 12629
19752-55-7 1-bromo-3,5-dichlorobenzene C6H3BrCl2 6230
19753-69-6 1,1,2,2-tetraisopropyldisilane C12H30Si2 25411
19755-53-4 2-bromo-3-nitropyridine C5H3BrN2O2 4208
19763-13-4 1,6-hexanediol divinyl ether C10H18O2 20791
19763-77-0 7,8-didehydro-4,5a-epoxy-14-hydroxy-3-methox C18H21NO5 30769
19768-02-6 diphenyl-1,2,5-oxadiazole C14H10N2O 26749
19780-10-0 5-dodecanone C12H24O 24862
19780-11-1 (2-dodecen-1-yl)succinic anhydride C16H26O3 29617
19780-25-7 2-ethylcrotonaldehyde C6H10O 7805
19780-35-9 ethyl-2,3-epoxybutyrate C6H10O3 7913
19780-39-3 3-ethyl-2-heptanol C9H20O 18272
19780-41-7 3-ethyl-3-heptanol C9H20O 18279
19780-44-0 4-ethyl-3-hexanol C8H18O 15479
19780-63-3 2-methyl-3-ethyl-2-pentanol C8H18O 15504
19780-65-5 3-ethyl-3-methyl-2-pentanone C8H16O 15147
19780-66-6 2-methyl-3-ethyl-1-pentene C8H16 14974
19780-67-7 2-methyl-3-ethyl-2-pentene C8H16 14982
19780-90-6 2,4-hexanediol C6H14O2 9029
19780-96-2 2,8-dimethyl-5-nonanol C11H24O 23061
19781-10-3 2,3-dimethyl-3-octanol C10H22O 21268
19781-11-4 2,7-dimethyl-4-octanol C10H22O 21279
19781-13-6 4,7-dimethyl-4-octanol C10H22O 21283
19781-24-9 3,3-dimethyl-2-pentanol C7H16O 12191
19781-27-2 6-ethyl-3-octanol C10H22O 21266
19781-63-6 4-ethyl-trans-2-hexene C8H16 14944
19781-68-1 1-methyl-cis-2-ethylcyclopropane C6H12 8201
19781-69-2 1-methyl-trans-2-ethylcyclopropane C6H12 8202
19781-73-8 heptadecylcyclohexane C23H46 33685
19781-77-2 6-hepten-3-ol C7H14O 11859
19788-37-5 4-chloromethyl-3,5-dimethylisoxazole C6H8ClNO 7292
19789-69-6 8-fluoro-4-nitroquinoline-1-oxide C9H5FN2O3 15820
19792-18-8 1,1,4,4-tetrachlorobutatriene C4Cl4 2311
19794-93-5 trazodone C19H22ClN5O 31478
19805-75-5 2,2,5,5-tetramethyl-3-pyrroline-3-carboxamide C9H16N2O 17649
19806-17-8 1,3-phenylenediacetic acid C10H10O4 19212
19810-31-2 benzyloxyacetyl chloride C9H9ClO2 16311
19812-63-6 diethyl tetradecanedioate C18H34O4 31044
19812-64-7 1,14-tetradecanediol C14H30O2 27933
19812-93-2 4'-hydroxy-4-biphenylcarbonitrile C13H9NO 25547
19814-71-2 bis(3-methylphenyl) ether C14H14O 27140
19814-75-6 9,9-dimethylxanthene C15H14O 28295
19816-88-7 1,3-diphenylacetone p-tosylhydrazone C22H22N2O2S 33229
19816-89-8 1-bromoaziridine C2H4BrN 794
19819-95-5 2-chlorophenethyl alcohol C8H9ClO 13605
19819-98-8 2-methylbenzeneethanol C9H12O 17097
19821-84-2 1-bromo-1-heptyne C7H11Br 11240
19824-59-0 pentakis(dimethylamino)tantalum C10H30N5Ta 21459
19829-31-3 3'-bromopropiophenone C9H9BrO 16258
19832-98-5 3,4-dihydro-4-methyl-1(2H)-naphthalenone C11H12O 21855
19836-78-3 3-methyl-2-oxazolidinone C4H7NO2 3268
19838-08-5 methylaminopyrazine C5H7N3 4708
19841-72-6 2,2-dimethyl-3-octanol C10H22O 21267
19841-73-7 4-diphenylmethylpiperidine C18H21N 30752
19842-76-3 2,3,5,6-tetrafluorobenzaldehyde C7H2F4O 9464
19847-12-2 pyrazinecarbonitrile C5H3N3 4252
19851-61-7 dibenzyl terephthalate C22H18O4 33177
19853-09-9 2-phenylbenzyl bromide C13H11Br 25664
19855-39-1 deacetyllanatoside B C47H74O19 35794
19858-14-1 2,3-epithiopropyl methoxy ether C4H8OS 3503
19860-56-1 methyl 2,3-dihydroxy-2-methylpropanoate C5H10O4 5572
19866-51-4 cis-3-methyl-2-pentenoic acid C6H10O2 7828
19879-06-2 granaticin C22H20O10 33213
19879-11-9 cis-1,2-dimethylcyclohexanol C8H16O 15102
19879-12-0 trans-1,2-dimethyl cyclohexanol C8H16O 15103
19881-18-6 lopatol C13H8N2O3S 25491
19882-03-2 18-homo-oestriol C19H26O3 31584
19883-57-9 (S)-4-fluorophenylglycine C8H8FNO2 13314
19889-37-3 2-ethyl-2-methylbutanoic acid C7H14O2 11885
19890-00-7 trans-pinocarvone, (-) C10H14O 20067
19891-74-8 psi,psi-caroten-16-ol C40H56O 35600
19894-97-4 (1R)-(-)-myrtenol C10H16O 20467
19894-99-6 (-)-a-pinene oxide C10H16O 20471
19895-66-0 dianhydromannitol C6H10O4 7939
19899-80-0 2-hydroxy-4,6-bis(nitroamino)-1,3,5-triazine C3H3N7O5 1489
19900-65-3 4,4'-methylenebis(2-ethylbenzenamine) C17H22N2 30184
19900-69-7 4,4'-methylenebis(2,6-diisopropylaniline) C25H38N2 34158
19902-08-0 beta-pinene, (1R) C10H16 20324
19902-98-8 1,cis-3-dimethyl-trans-2-ethylcyclopentane C9H18 17893
19902-99-9 1,trans-3-dimethyl-cis-2-ethylcyclopentane C9H18 17894
19903-00-5 1,cis-3-dimethyl-cis-2-ethylcyclopentane C9H18 17892
19907-40-5 1,trans-2,trans-3,cis-4-tetramethylcyclopentane C9H18 17914
19910-65-7 sec-butyl peroxydicarbonate C10H18O6 20848
19915-11-8 cis-hexahydro-2(1H)-pentalenone C8H12O 14335
19924-43-7 3-methoxyphenylacetonitrile C9H9NO 16404
19926-22-8 benz(a)anthracene-7,12-dicarboxaldehyde C20H12O2 31836
19932-26-4 glycidyl 2,2,3,3-tetrafluoropropyl ether C6H8F4O2 7313
19932-27-5 glycidyl 2,2,3,3,4,4,5,5-octafluoropentyl eth C8H8F8O2 13325
19932-64-0 diazoacetyl azide C2HN5O 565
19932-84-4 6-chloro-2-benzoxazolinone C7H4ClNO2 9706
19932-85-5 6-bromo-2-benzoxazolinone C7H4BrNO2 9639
19933-24-5 3-(2-thienyl)pyrazole C7H6N2S 10392
19935-86-5 N-propyl-N-nitrosourethane C6H12N2O3 8356
19937-59-8 metoxuron C10H13ClN2O2 19731
19942-78-0 octyl thiocyanate C9H17NS 17851
19945-22-3 N,N-bis(2-chloroethyl)acetamide C6H11Cl2NO 8061
19947-22-9 (1-ethylallyl)benzene C11H14 22035
19947-39-8 3-amino-3-(p-chlorophenyl)propionic acid C9H10ClNO2 16531
19952-47-7 2-amino-4-chlorobenzothiazole C7H5ClN2S 9923
19961-27-4 ethylisopropylamine C5H13N 5960
19962-37-9 N-2-acetylguanine C7H7N5O2 10717
19967-57-8 2-bromopropanal C3H5BrO 1650
19975-56-5 2-(methylthio)-2-thiazoline C4H7NS2 3294
19980-43-9 1-(trimethylsiloxy)cyclopentene C8H16OSi 15155
19986-35-7 5-chloro-3-(dimethylaminomethyl)-2-benzox C10H11ClN2O2 19244
19987-13-4 2-chloro-1-(methylthio)propane C4H9ClS 3641
19992-69-9 1-(pyridyl-3)-3,3-dimethyl triazene C7H10N4 11129
19996-03-3 9-chloro-10-chloromethyl anthracene C15H10Cl2 28018
20000-96-8 5-(2-nitrophenyl)furfural C11H7NO4 21503
20004-62-0 heliomycin C22H16O6 33148
20007-72-1 9-methyl-d-5(10)-octaline-1,6-dione C11H14O2 22146
20009-26-1 propyl 1-naphthyl ether C13H14O 25989
20017-67-8 3,3-diphenyl-1-propanol C15H16O 28432
20017-68-9 1-bromo-3,3-diphenylpropane C15H15Br 28335
20018-09-1 diiodomethyl p-tolyl sulfone C8H8I2O2S 13329
20024-90-2 1-ethyl-4-propylbenzene C11H16 22326
20024-91-3 1-ethyl-3-propylbenzene C11H16 22325
20027-77-4 1,2,3,4-tetrahydro-5,6-dimethylnaphthalene C12H16 24125
20030-32-4 1,4,5-trimethylcyclohexene C9H16 17618
20031-21-4 1,2-o-isopropylidene-a-D-xylofuranose C8H14O5 14723
20038-12-4 4-bromo-2-methyl-1-butene C5H9Br 4983
20039-37-6 pyridinium dichromate C10H12Cr2N2O7 19423
20056-92-2 (Z)-7-dodecen-1-ol C12H24O 24864
20057-09-4 phenanthrene-3,4-dihydrodiol C14H12O2 26964
20062-22-0 1,1'-(1,2-ethenediyl)bis[2,4,6-trinitrobenz C14H6N6O12 26597
20063-92-7 trans-3-nonene C9H18 17944
20064-40-8 5-((p-chlorophenyl)sulfonyl)-3-methyl-1,2 C9H7ClN2O2S2 15963
20064-41-9 3-methyl-5-(p-tolylsulfonyl)-1,2,4-thiadi C10H10N2O2S2 19066
20069-40-3 3-methylmercapto-5-mercapto-1,2,4-thiadiazole C3H4N2S3 1610
20074-79-7 diethyl 4-aminobenzylphosphonate C11H18NO3P 22561
20082-71-7 chloro-dimethyl(pentafluorophenyl)silane C8H6ClF5Si 12756
20089-07-0 2-methyl-1-butanethiol, (+) C5H12S 5929
20098-48-0 1,2,3-trichloro-5-nitrobenzene C6H2Cl3NO2 6170
20103-09-7 2,5-dichloro-4-phenylenediamine C6H6Cl2N2 6941
20103-10-0 2,6-dichloro-1,4-benzenediol C6H4Cl2O2 6489
20115-23-5 phenyl pentanoate C11H14O2 22132
20120-33-6 N-methylol dimethylphosphonopropionamide C6H14NO5P 8913
20126-76-5 (-)-terpinen-4-ol C10H18O 20742
20128-12-5 2,3-quinoxalinedimethanol, diacetate C14H14N2O4 27125
20139-55-3 acetoacet-4-chloro-2-methylanilide C11H12ClNO2 21794
20150-89-4 5,7-dimethylquinoline C11H11N 21718
20154-03-4 3-(trifluoromethyl)pyrazole C4H3F3N2 2475
20163-90-0 2,3-dibromo-1,4-butanediol C4H8Br2O2 3351
20168-99-4 cindomet C21H19NO4 32712
20170-20-1 pasalin C20H22N4O 32170
20177-02-0 2,5-dichloro-2-pentene C5H8Cl2 4774
20184-89-8 3-nonyne C9H16 17595
20184-91-2 4-nonyne C9H16 17596
20185-55-1 methyl 4-isopropylbenzoate C11H14O2 22115
20187-55-7 bendazolic acid C16H14N2O3 29145
20190-95-8 nonanohydroxamic acid C9H19NO2 18161
20193-20-8 ethylpropylamine C5H13N 5959
20193-21-9 N-propylbutylamine C7H17N 12344
20198-49-6 4-methyl-2-hexyne C7H12 11346
20198-77-0 2,3-dichloro-N-ethylmaleinimide C6H5Cl2NO2 6752
20201-24-5 ethyl 3-methyl-2-oxobutyrate C7H12O3 11521
20213-30-3 1-(3-methylbutoxy)naphthalene C15H18O 28532
20218-55-7 (S)-(-)-N-methyl-1-(1-naphthyl)ethylamine C13H15N 26010
20228-27-7 ruvazone C12H14N2O4 23937
20231-45-2 vitacampher C10H14O2 20125
20231-81-6 uzarin C35H54O14 35307
20232-11-5 6-methyl-1H-indene C10H10 18967
20233-04-9 thiocyanic acid, trichloromethyl ester C2Cl3NS 453
20235-19-2 DL-arabinose C5H10O5 5584
20237-34-7 1,trans-3-hexadiene C6H10 7625
20240-62-4 methylbutyl hydrazine C5H14N2 6019
20240-98-6 1-(2-methylphenyl)-3,3-dimethyltriazene C9H13N3 17362
20241-03-6 3,3-dimethyl-1-(m-methylphenyl)triazene C9H13N3 17360
20244-61-5 2,4,4,6-tetrabromo-2,5-cyclohexadien-1-one C6H2Br4O 6152
20244-71-7 1-chloro-2-iodoethene C2H2ClI 609
20247-89-6 (1-methyl-1-pentenyl)benzene C12H16 24138
20248-45-7 1,2-(trisdimethylaminosilyl)ethane C14H40N6Si2 27972
20261-24-9 3-chloro-2-methylbiphenyl C13H11Cl 25671
20263-06-3 DL-2-amino-3-phosphonopropionic acid C3H8NO5P 2105
20263-07-4 DL-2-amino-4-phosphonobutyric acid C4H10NO5P 3827
20266-65-3 1,2-propanediol 1-nitrate C3H7NO4 2071
20268-51-3 7-nitro benz(a)anthracene C18H11NO2 30405
20268-52-4 10-chloro-1,2-benzanthracene C18H11Cl 30401
20277-69-4 methanesulfinic acid, sodium salt CH3NaO2S 246
20278-84-6 2,4,5-trimethylheptane C10H22 21171
20278-85-7 2,3,5-trimethylheptane C10H22 21168
20278-87-9 3,3,4-trimethylheptane C10H22 21174

20278-88-0	3,4,4-trimethylheptane	C10H22	21176
20278-89-1	3,4,5-trimethylheptane	C10H22	21177
20279-53-2	isobutyl 2-furancarboxylate	C9H12O3	17188
20281-83-8	3-methyl-1-pentanol, (±)	C6H14O	8992
20281-85-0	2,3-dimethyl-1-butanol, (±)-	C6H14O	8984
20281-86-1	(RS)-2-hexanol	C6H14O	8989
20281-91-8	3,3-dimethyl-2-butanol, (±)	C6H14O	8988
20282-28-4	2-propyl-1,1'-biphenyl	C15H16	28407
20291-60-5	methyl hexyl sulfide	C7H16S	12302
20291-61-6	methyl heptyl sulfide	C8H18S	15607
20291-91-2	3-ethyl-2,2-dimethylhexane	C10H22	21181
20291-95-6	2,2,5-trimethylheptane	C10H22	21164
20294-76-2	1,2-octadecanediol	C18H38O2	31144
20300-26-9	(+)-gossypol	C30H30O8	34877
20309-77-7	1,1,cis-3,cis-4-tetramethylcyclopentane	C9H18	17905
20311-78-8	enanthotoxin	C17H22O2	30193
20312-36-1	L(-)-3-phenyllactic acid	C9H10O3	16771
20324-33-8	propasol solvent tm	C10H22O4	21377
20327-65-5	trans-1-fluoro-1-propene	C3H5F	1712
20333-40-8	butyl diselenide	C8H18Se2	15620
20333-41-9	bis(3-methylphenyl) disulfide	C14H14S2	27194
20336-15-6	2,4,6-tri-tert-butylpyridine	C17H29N	30275
20345-62-4	ethyl 2-(diethoxyphosphinyl)but-2-enoate	C10H19O5P	20911
20348-74-7	trans-1,3-dimethyl-2-methylenecyclohexane	C9H16	17626
20352-67-4	ethylhexylamine	C8H19N	15636
20352-84-5	2-amino-3-chloro-5-nitrobenzonitrile	C7H4ClN3O2	9729
20354-26-1	methazole	C9H6Cl2N2O3	15873
20357-25-9	6-nitroveratraldehyde	C9H9NO5	16478
20357-79-3	1,2-dibromo-2,3-dihydro-1H-indene	C9H8Br2	16100
20359-55-1	1-(3-methoxyphenyl)-1-pentanone	C12H16O2	24219
20369-61-3	2,3,4,6-tetra-O-acetyl-a-D-glucopyranosylaz	C14H19N3O9	27555
20369-63-5	tributyltin dimethyldithiocarbamate	C15H33NS2Sn	28941
20373-56-2	2,6-dichloro-N-cyclopropyl-N-ethyl isonic	C11H12Cl2N2O	21800
20383-28-2	N,N-diisopropylbenzamide	C13H19NO	26252
20389-01-9	diiodoquinone	C6H2I2O2	6198
20395-24-8	1,1-dichlorooctane	C8H16Cl2	15005
20395-25-9	1,1,3-trichloropropane	C3H5Cl3	1705
20395-28-2	5-chloropentyl acetate	C7H13ClO2	11608
20398-06-5	thallium(i) ethoxide	C2H5OTl	982
20404-94-8	1,2-dibromoheptafluoroisobutyl methyl ether	C5H3Br2F7O	4214
20408-97-3	a-D-glucothiopyranose	C6H12O5S	8587
20412-38-8	neopentyl chloroformate	C6H11ClO2	8052
20412-62-8	ethyl acetoacetate, sodium salt, balance mainl	C6H9NaO3	7614
20414-85-1	(R)-(-)-N,S-dimethyl-S-phenylsulfoximine	C8H11NOS	14161
20417-61-2	ethyl 2-formyl-1-cyclopropanecarboxylate; pred	C7H10O3	11194
20430-33-5	4-cyanobenzyl-triphenylphosphonium chloride	C26H21ClNP	34229
20439-47-8	(1R,2R)-(-)-1,2-diaminocyclohexane	C6H14N2	8925
20442-79-9	3-iodo-1,1'-biphenyl	C12H9I	23391
20443-98-5	a-bromo-2,6-dichlorotoluene	C7H5BrCl2	9866
20445-31-2	(R)-(+)-a-methoxy-a-trifluoromethylphenylace	C10H9F3O3	18844
20445-33-4	(S)-(+)-a-methoxy-a-trifluoromethylphenyla	C10H8ClF3O2	18677
20451-53-0	phenyl vinyl sulfoxide	C8H8OS	13409
20458-99-5	2,6-diethylphenyl isocyanate	C11H13NO	21965
20459-60-3	(1-amino-3-methylbutyl)phosphonic acid	C5H14NO3P	6007
20459-61-4	(1-amino-2-methylbutyl)phosphonic acid	C5H14NO3P	6008
20461-95-4	ethyl bis(ethylthio)acetate	C8H16O2S2	15211
20461-99-8	ethyl 1,3-dithiolane-2-carboxylate	C6H10O2S2	7874
20462-00-4	ethyl 1,3-dithiane-2-carboxylate	C7H12O2S2	11503
20469-61-8	2,3,5-trimethylanisole	C10H14O	20085
20485-41-0	4-methyl-5-thiazolecarboxylic acid	C5H5NO2S	4416
20487-40-5	tert-butyl propanoate	C7H14O2	11904
20488-34-0	2-methyl-cis-3-heptene	C8H16	14916
20515-19-9	methyl trans-3-pentenoate	C6H10O2	7860
20519-92-0	trimethylgermyl phosphine	C3H11GeP	2271
20520-98-3	cis-2-benzylaminomethyl-1-cyclopentanol hyd	C13H20ClNO	26290
20537-88-6	aminopropyl aminoethylthiophosphate	C5H15N2O3PS	6034
20539-85-9	bis(ethoxycarbonyldiazomethyl)mercury	C8H10HgN4O4	13852
20541-49-5	bis(4-chlorophenyl)diselenide	C12H8Cl2Se2	23289
20555-91-3	3,4-dichloroiodobenzene	C6H3Cl2I	6290
20562-02-1	solanine	C45H73NO15	35769
20567-38-8	4,5-dimethoxy-2-nitrocinnamic acid	C11H11NO6	21774
20582-85-8	4-(methylthio)-1-butanol	C5H12OS	5854
20589-63-3	3-nitroperylene	C20H11NO2	31798
20589-85-9	1,2,3,3-tetrachloro-1-propene	C3H2Cl4	1358
20591-23-5	dicyanine A	C31H37IN2O2	34995
20592-10-3	2-ethyl-1-octanol	C10H22O	21252
20595-30-6	trans-3-fluorocinnamic acid	C9H7FO2	15985
20599-21-7	2-chloro-2-methyl-3-octyne	C9H15Cl	17534
20599-27-3	1-bromo-2-pentene	C5H9Br	4996
20600-96-8	tetranitro diglycerin	C6H10N4O13	7756
20603-00-3	2-(hexamethyleneimino)ethanol	C8H17NO	15318
20605-01-0	diethyl bis(hydroxymethyl)malonate	C9H16O6	17781
20611-21-6	2-(phenylsulfonyl)ethanol	C8H10O3S	14018
20620-82-0	1,8-naphthalene-1,2-benzimidazole	C17H10N2	29851
20626-52-2	(S)-(-)-2-methylbutylamine	C5H13N	5964
20627-28-5	6,7-dimethylbenz(a)anthracene	C20H16	31984
20627-31-0	5,9-dimethyl-1,2-benzanthracene	C20H16	31989
20627-32-1	6,7,8-trimethylbenz(a)anthracene	C21H18	32677
20627-33-2	4,9,10-trimethyl-1,2-benzanthracene	C21H18	32676
20627-34-3	6,8,12-trimethylbenz(a)anthracene	C21H18	32678
20627-73-0	1-(dimethoxymethyl)-2-nitrobenzene	C9H11NO4	16978
20633-11-8	1-hexyl nitrate	C6H13NO3	8844
20634-92-8	N-ethyl-N-propyl-1-propanamine	C8H19N	15644
20637-49-4	1,2,3-trimethoxypropane	C6H14O3	9084
20644-87-5	vanadium carbonyl	C6O6V	9410
20645-04-9	zirconyl acetate	C4H6O5Zr	3032
20651-57-4	1-(4'-iodophenyl)butane	C10H13I	19756
20651-71-2	4-butylbenzoic acid	C11H14O2	22137
20651-73-4	4-butylbenzonitrile	C11H13N	21952
20651-75-6	1-butyl-4-nitrobenzene	C10H13NO2	19809
20651-76-7	1-butyl-3-nitrobenzene	C10H13NO2	19810
20652-39-5	N,N-diisopropyl ethyl carbamate	C9H19NO2	18158
20654-44-8	2,3-dimethylbutanenitrile	C6H11N	8094
20654-46-0	2,2-dimethylbutanenitrile	C6H11N	8093
20661-60-3	N-nitrosarcosine	C3H6N2O4	1900
20662-53-7	4-(2-keto-1-benzimidazolinyl)piperidine	C12H15N3O	24054
20662-84-4	2,4,5-trimethyloxazole	C6H9NO	7543
20667-05-4	2-methyl-1,2-pentanediol	C6H14O2	9032
20668-26-2	3,6-dimethylquinoline	C11H11N	21711
20668-28-4	3,7-dimethylquinoline	C11H11N	21712
20668-29-5	3,8-dimethylquinoline	C11H11N	21713
20668-30-8	5,6-dimethylquinoline	C11H11N	21717
20668-33-1	6,7-dimethylquinoline	C11H11N	21719
20669-04-9	3,3-dimethyl-2-pentanone	C7H14O	11839
20675-51-8	pentylcannabichromene	C21H30O2	32956
20679-58-7	1,4-bis(bromoacetoxy)-2-butene	C8H10Br2O4	13818
20680-07-3	1-methyl-3-(p-bromophenyl)urea	C8H9BrN2O	13544
20687-01-8	1-iodo-2-methyl-1-propene	C4H7I	3218
20689-96-7	N-ethyl-N-nitrosobenzylamine	C9H12N2O	17047
20691-83-2	N,N-dimethyl-p-(3-methoxyphenylazo)aniline	C15H17N3O	28484
20691-84-3	3'-carboxy-4-(dimethylamino)azobenzene	C15H15N3O2	28369
20697-04-5	3-chlorostyrene oxide	C8H7ClO	13007
20698-91-3	(R)-(-)-methyl mandelate	C9H10O3	16768
20699-48-3	2,3-butanediamine, (R*,R*)-(±)	C4H12N2	4071
20706-25-6	2-propoxyethyl acetate	C7H14O3	11941
20710-38-7	3-methyl-trans-2-hexene	C7H14	11720
20711-10-8	cis-tetradec-11-en-1-yl acetate	C16H30O2	29666
20712-42-9	cadmium oxalate trihydrate	C2H6CdO7	1004
20717-86-6	chlorotriisopropoxytitanium	C9H21ClO3Ti	18381
20731-44-6	3-nitroperchlorylbenzene	C6H4ClNO5	6458
20731-93-5	alpha-ethyl-alpha-propylbenzenemethanol	C12H18O	24438
20734-71-8	2-methoxy-3-nitrophenol	C7H7NO4	10676
20738-78-7	di-3-pyridylmercury	C10H8HgN2	18699
20739-58-6	2-octyn-1-ol	C8H14O	14581
20740-05-0	n-hexyl carborane	C8H24B10	15749
20743-50-4	1-methyl-5-phenyltetrazole	C8H8N4	13385
20743-57-1	N-4-biphenylbenzamide	C19H15NO	31315
20747-49-3	[1R-(1a,2a,5b)]-5-methyl-2-(1-methylethyl)cycl	C10H20O	21033
20748-86-1	2,4-heptanediol	C7H16O2	12231
20754-04-5	3-methyl-4-octanone	C9H18O	18003
20760-06-9	2-ethyl-(1-thiaethyl)-benzene	C9H12S	17217
20762-98-5	2-furoyl azide	C5H3N3O2	4253
20769-85-1	2-bromo-2-methylpropanoyl bromide	C4H6Br2O	2781
20777-39-3	lavandulyl acetate	C12H20O2	24588
20777-49-5	(-)-dihydrocarvyl acetate	C12H20O2	24577
20780-49-8	3,7-dimethyloctanyl acetate	C12H24O2	24880
20780-53-4	(R)-(+)-styrene oxide	C8H8O	13402
20780-54-5	(S)-(-)-styrene oxide	C8H8O	13403
20781-20-8	2,4-dimethoxybenzylamine	C9H13NO2	17338
20797-48-2	trans-4-chloro-3-nitrocinnamic acid	C9H6ClNO4	15867
20809-46-5	7-methyl-4-octanone	C9H18O	18007
20819-54-9	trimethylphosphine selenide	C3H9PSe	2244
20820-44-4	1,3-propanediol, 2-nitro-2-[(nitrooxy)methyl]	C4H6N4O11	2935
20820-80-8	O-ethyl-S-(2-dimethyl amino ethyl)-methylph	C7H18NO2PS	12374
20820-82-0	2,3,4,6-tetramethylpyridine	C9H13N	17267
20825-07-4	1,1,1,5,5,6,6,6-octafluoro-2,4-hexanedione	C6H2F8O2	6196
20826-04-4	5-bromonicotinic acid	C6H4BrNO2	6406
20826-94-2	ethyl 2-oxocyclopentylacetate	C9H14O3	17488
20829-66-7	ethylenediaminedinitrate	C2H10N4O6	1182
20830-75-5	digoxin	C41H64O14	35650
20830-81-3	daunomycin	C27H29NO10	34419
20839-15-0	12-O-acetyl-phorbol-13-decanoate	C32H48O8	35093
20839-16-1	phorbol acetate, laurate	C34H52O8	35247
20843-07-6	3,4-dimethylfuran	C6H8O	7386
20845-34-5	1-methyl-2-piperidinemethanol	C7H15NO	12068
20850-43-5	5-(chloromethyl)-1,3-benzodioxole	C8H7ClO2	13013
20854-03-9	2-tolylcopper	C7H7Cu	10554
20856-57-9	chloraniformethane	C9H7Cl5N2O	15980
20859-02-3	L-tert-leucine	C6H13NO2	8836
20881-04-3	1,2:3,5-di-o-isopropylidene-a-d-xylofuranose	C11H18O5	22631
20893-30-5	2-thiopheneacetonitrile	C6H5NS	6846
20913-25-1	ethyl 2-methylcyclopropanecarboxylate	C7H12O2	11494
20913-68-2	alpha-ethylglutamic acid	C7H13NO4	11679
20917-34-4	dimethyl lead diacetate	C6H12O4Pb	8576
20917-49-1	octahydro-1-nitrosoazocine	C7H14N2O	11793
20917-50-4	octahydro-1-nitroso-1H-azonine	C8H16N2O	15029
20919-99-7	1,1,1,3,5,5,5-heptanitro-pentane	C5H5N7O14	4445
20921-41-9	1-methyl-1-phenyl-2-propynyl cyclohexanecarb	C17H21NO2	30161
20921-50-0	1-phenyl-1-(3,4-xylyl)-2-propynyl N-cyclohex	C24H27NO2	33842
20929-99-1	1,1-bis(4-fluorophenyl)-2-propynyl-N-cyclo	C23H23F2NO2	33549
20930-00-1	1,1-bis(4-fluorophenyl)-2-propynyl-N-cyclo	C24H25F2NO2	33824
20930-10-3	1,1-diphenyl-2-butynyl-N-cyclohexylcarbamate	C23H25NO2	33564
20941-65-5	ethyl tellurac	C20H40N4S8Te	32485
20951-05-7	2,6-dichloro-4-methylsulphonyl phenol	C7H6Cl2O3S	10282
20965-27-9	7-bromoheptanenitrile	C7H12BrN	11371
20970-75-6	2-cyano-3-methylpyridine	C7H6N2	10345
20971-06-6	1-deoxy-1-nitro-D-galactitol	C6H13NO7	8855
20972-43-4	cis-azoxybenzene	C12H10N2O	23492
20977-50-8	1-(3-(4-fluorobenzoyl)propyl)-4-piperidyl-	C19H27FN2O3	31589
20980-22-7	2-(1-piperazinyl)pyrimidine	C8H12N4	14316
20982-36-9	2-(bis(2-chloroethyl)amino)hexahydro-1,3,	C7H16Cl2N3OP	12127
20982-74-5	nonacarbonyl diiron	C9Fe2O9	15770
20984-33-2	6-methyl-8-quinolinol	C10H9NO	18877
20989-17-7	(S)-(+)-2-phenylglycinol	C8H11NO	14154
20991-79-1	thallium fulminate	CNOTl	355
21018-38-2	1-methallyl-3-methyl-2-thiourea	C6H12N2S	8378
21019-30-7	methyllycaconitine	C37H50N2O10	35464
21019-39-6	18a-hydroxy-11, 17a-dimethoxy-3b, 20a-yohi	C35H42N2O11	35295
21020-24-6	3-chloro-1-butyne	C4H5Cl	2638
21020-26-8	3-ethyl-1-pentyne	C7H12	11349
21020-27-9	4-methyl-2-pentyne	C6H10	7653
21035-25-6	1-(2-benzimidazolyl)-3-methylurea	C9H10N4O	16599
21035-44-9	ethyl-sec-butylamine	C6H15N	9199
21040-45-9	trans-3-phenyl-2-propen-1-ol acetate	C11H12O2	21865
21040-59-5	codamine	C20H25NO4	32248
21062-20-4	diglycolyl chloride	C4H4Cl2O3	2542
21062-28-2	N-[N-(3,4-dichlorophenyl)carbamimidoyl]-N'	C19H25Cl2N7	31562
21064-50-6	6-methyl-3,4-benzocarbazole	C17H13N	29907
21070-32-6	6-butyl-4-nitroquinoline-1-oxide	C13H14N2O3	25967
21070-33-7	6-butyl-4-hydroxyaminoquinoline-1-oxide	C13H16N2O2	26064
21075-41-2	5-methyl-7-phenyl-1:2-benzacridine	C24H17N	33745
21078-72-8	3-methyl-3-nonanol	C10H22O	21243
21080-92-2	3-thiophenemalonic acid	C7H6O4S	10446
21083-47-6	5,5-diphenyl-2-thiohydantoin	C15H12N2OS	28162
21084-22-0	3,4'-bis(trifluoromethyl)benzophenone	C15H8F6O	27986
21085-56-3	2-methylphenelzine	C9H14N2	17413
21087-29-6	trans-(3-chloro-1-propenyl)benzene	C9H9Cl	16280
21087-64-9	metribuzin	C8H14N4OS	14538
21101-88-2	3-methylpentanenitrile	C6H11N	8091
21102-09-0	4,4-dimethyl-3-ethyl-2-pentanol	C9H20O	18327
21102-13-6	2,3,4-trimethyl-2-hexanol	C9H20O	18303
21107-27-7	trimethyldiborane	C3H12B2	2279
21120-91-2	1-bromobenzocyclobutene	C8H7Br	12961
21124-09-4	monoethylphenyltriazene	C8H11N3	14199
21124-13-0	3-methyl-1-(p-tolyl)-triazene	C7H11N3	11315
21129-09-9	1,2-tetradecanediol	C14H30O2	27930
21129-27-1	1-methyl-4-isopropylcyclohexanol	C10H20O	21011
21140-85-2	trans-3-(o-methoxyphenyl)-2-phenylacrylic aci	C16H14O3	29172
21149-38-2	2,2,2-trifluoro-N,N-bis(trimethylsilyl)ac	C8H18F3NOSi2	15390
21150-21-0	a-amanitin, 1-L-aspartic acid 4-(2-mercap	C39H53N9O14S	35545
21150-22-1	a-amanitin, 1-l-aspartic acid	C39H53N9O15S	35546
21150-23-2	1,2,3,5,6,7,8,9,10,12,17,18,19,20,21,22,	C39H54N10O13S	35548
21151-56-4	a,4-dichloroanisole	C7H6Cl2O	10274
21154-48-3	germanium(iv) isopropoxide	C12H28GeO4	25373
21169-71-1	isoxazole-5-carboxylic acid	C4H3NO3	2497
21170-10-5	cis-1,5-dimethylbicyclo[3.3.0]octane-3,7-dion	C10H14O2	20114

21172-28-1 a-aminomethyl-m-trifluoromethylbenzyl alcoho C9H10F3NO 16553
21179-48-6 butyl 2,3-dibromopropanoate C7H12Br2O2 11373
21187-98-4 diamicron C15H21N3O3S 28641
21205-91-4 9-bbn dimer, crystalline C16H30B2 29649
21208-99-1 S-2-((5-cyclopentylpentyl)amino)ethyl thio C12H25NO3S2 24907
21209-02-9 S-2-((4-(4-methylcyclohexyl)butyl)amino)et C13H27NO3S2 26523
21210-43-5 (S)-(+)-methyl mandelate C9H10O3 16769
21211-65-4 2,2'-dipyrrolylmethane C9H10N2 16572
21224-57-7 S-2-((4-(p-ethylphenyl)butyl)amino)ethyl t C14H23NO3S2 27733
21224-77-1 S-2-((4-(p-ethoxyphenyl)butyl)amino)ethyl C14H23NO4S2 27734
21224-81-7 S-2-((4-(p-tolyloxy)butyl)amino)ethyl thio C13H21NO4S2 26352
21230-20-6 benzenesulfinyl azide C6H5N3OS 6853
21232-47-3 3,3',4,4'-tetrachloroazoxybenzene C12H6Cl4N2O 23212
21232-53-1 3,3'-bis(dimethylamino)azobenzene C16H20N4 29459
21236-74-8 4-methyl-2-(1-piperidinylmethyl)phenol C13H19NO 26253
21239-57-6 tetracarbonyl(trifluoromethylthio)mangane C10F6Mn2O8S2 18456
21243-26-5 6,11-dihydro-4-fluoro(1)benzothiopyrano(4,3- C15H10FNS 28023
21245-02-3 2-ethylhexyl 4-(dimethylamino)benzoate C17H27NO2 30257
21247-98-3 benzo(a)pyrene-6-methanol C21H14O 32607
21248-00-0 6-bromobenzo(a)pyrene C20H11Br 31787
21248-01-1 6-chlorobenzeno(a)pyrene C20H11Cl 31788
21254-73-9 cyclopentadienyl gold(1) C5H5Au 4347
21256-18-8 oxaprozin C18H15NO3 30555
21259-20-1 fusariotoxin T 2 C24H34O9 33915
21260-46-8 bismuth dimethyldithiocarbamate C9H18BiN3S6 17954
21266-88-6 2,3-dibromoheptane C7H14Br2 11755
21266-90-0 3,4-dibromoheptane C7H14Br2 11756
21267-72-1 chloretin C12H12ClNO 23696
21280-29-5 lactoscatone C14H22O2 27703
21282-96-2 2-acetoacetoxyethyl acrylate C9H12O5 17211
21282-97-3 2-(methacryloyloxy)ethyl acetoacetate C10H14O5 20174
21284-11-7 crotocin C19H24O5 31559
21286-54-4 D(+)-10-camphorsulfonyl chloride C10H15ClO3S 20191
21291-99-6 1,2,3-triaminopropane C3H11N3 2273
21293-29-8 abscisic acid C15H20O4 28595
21296-92-4 2,3,5-trimethyl-1H-indole C11H13N 21947
21299-26-3 4-chlorocyclohexanone C6H9ClO 7496
21302-90-9 dilauryl phosphite C24H51O3P 34021
21306-21-8 2,3,4,5,6,6-hexachloro-2,4-cyclohexadien-1-one C6Cl6O 6068
21308-79-2 methyl-12-oxo-trans-10-octadecenoate C19H34O3 31668
21319-43-7 lead bis(2,2,6,6-tetramethyl-3,5-heptanedio C22H38O4Pb 33409
21326-62-5 3-chloro-2-methyl-2-butanol C5H11ClO 5634
21327-74-2 bis(p-acetoxyphenyl)-2-methylcyclohexylidenem C24H26O4 33836
21331-80-6 (2-dimethylaminoethyl)triphenylphosphoniumb C22H25BrNP 33269
21340-68-1 methyl clofenapate C17H17ClO3 30027
21342-85-8 2-chloro-3-(3-chloro-o-tolyl)propionitrile C10H9Cl2N 18825
21346-66-7 2-chloro-5-(fluorosulfonyl)benzoic acid C7H4ClFO4S 9683
21352-22-7 2-methyl-3-quinolinamine C10H10N2 19026
21361-35-3 magnesium bis(2,2,6,6-tetramethyl-3,5-hepta C22H42MgO6 33427
21362-69-6 mepitiostane C25H40O2S 34162
21368-68-3 camphor, (±) C10H16O 20424
21370-71-8 trans-octahydro-1(2H)-naphthalenone C10H16O 20451
21372-60-1 N,N,N'-trifluoropropionamidine C3H5F3N2 1726
21380-82-5 acetyldimethylarsine C4H9AsO 3596
21382-98-9 4-(methylthio)benzonitrile C8H7NS 13205
21391-98-0 4-isopropyl-1-cyclohexene-1-carboxaldehyde C10H16O 20441
21400-25-9 1,1,2-trichloro-1-propene C3H3Cl3 1419
21406-61-1 n-pentyl-triphenylphosphonium bromide C23H26BrP 33569
21411-42-7 2,4,6-trimethylbenzyl mercaptan C10H14S 20179
21413-28-5 5,5-diphenyl-1-phenylsulfonylhydantoin C21H16N2O4S 32648
21416-67-1 razoxane C11H16N4O4 22397
21416-87-5 2,6-piperazinedione-4,4'-propylene dioxopip C11H16N4O4 22396
21436-03-3 (1S,2S)-(+)-1,2-diaminocyclohexane C6H14N2 8926
21436-44-2 3-methylbenzoic anhydride C16H14O3 29168
21447-39-2 1-(3-(bis(2-chloroethyl)amino)-4-methylb C16H22Cl2N2O2 29496
21447-86-9 1-(3-(bis(2-chloroethyl)amino-4-methylben C14H18Cl2N2O 27456
21447-87-0 3-(bis(2-chloroethyl)amino)-p-tolyl piper C17H24Cl2N2O 30220
21450-81-7 (acetato)(2,3,5,6-tetramethylphenyl)mercury C12H16HgO2 24156
21452-14-2 2-amino-4-methyl-5-carboxanilidothiazole C11H11N2OS 21776
21461-84-7 (S)-(+)-5-oxo-2-tetrahydrofurancarboxylic acid C5H6O4 4582
21466-07-9 bromophenophos C12H7Br4O5P 23238
21466-08-0 19-nor-17a-pregn-5(10)-en-20-yne-3a,17-diol C20H28O2 32322
21472-86-6 1,2,3-trichloro-5-methylbenzene C7H5Cl3 9971
21476-57-3 bis(dimethylamino)isopropylmethacrylate C11H22N2O2 22816
21482-59-7 tetramethyldiborane C4H14B2 4122
21490-63-1 trans-2,3-dimethyloxirane C4H8O 3492
21504-43-8 1,1-diethoxy-1-propene C7H14O2 11916
21508-07-6 2,3-heptanediol C7H16O2 12230
21524-39-0 2,3-difluorobenzonitrile C7H3F2N 9562
21531-91-9 1,3-hexanediol C6H14O2 9024
21535-97-7 3-methylbenzofuran C9H8O 16186
21539-47-9 3-(ethylamino)propionitrile C5H10N2 5406
21542-96-1 dimethyldocosylamine C24H51N 34016
21545-54-0 1-cyclohexyl-3-(2-morpholinoethyl)thiourea C13H25N3OS 26463
21548-32-3 (diethoxyphosphinylimino)-1,3-dithietane C6H12NO3PS2 8313
21553-46-8 3,5-dimethyl-p-anisic acid C10H12O3 19656
21554-20-1 4-amino-3',5'-dimethyl-4'-hydroxyazobenzene C14H15N3O 27249
21556-79-6 3'-hydroxybutyranilide C10H13NO2 19817
21561-99-9 1-methyl-1-nitroso-3-phenylurea C8H9N3O2 13777
21564-17-0 busan 72A C9H6N2S3 15921
21564-91-0 1,2,3,4-tetrahydro-1,5-dimethylnaphthalene C12H16 24118
21564-92-1 1,2,3,4-tetrahydro-2,3-dimethylnaphthalene C12H16 24120
21570-35-4 2-methyl-4-heptanol C8H18O 15451
21571-91-5 3,3-dichloropentane C5H10Cl2 5338
21572-61-2 tetrachlorodiazocyclopentadiene C5Cl4N2 4167
21581-45-3 3,4-dichlorophenethylamine C8H9Cl2N 13621
21586-21-0 2-methyl-2,4-pentanediamine C6H16N2 9302
21587-39-3 5-methoxy-2-benzofuranyl methyl ketone C11H10O3 21671
21590-92-1 amidoline C23H29N3O2 33602
21593-23-7 cephapirin C17H17N3O6S2 30051
21598-06-1 5-hydroxy-2-indolecarboxylic acid C9H7NO3 16058
21600-42-0 (3,3-dimethyl-1-(m-pyridyl-N-oxide))triazene C7H10N4O 11130
21600-43-1 3,3-diethyl-1-(m-pyridyl)triazene C9H14N4 17429
21600-45-3 3-(2-hydroxyethyl)-3-methyl-1-phenyltriazene C9H13N3O 17364
21600-51-1 1(4-carbethoxyphenyl)-3,3-dimethyltriazene C11H15N3O2 22298
21609-90-5 o-(4-bromo-2,5-dichlorophenyl) o-methy C13H10BrCl2O2PS 25576
21615-29-2 3'-(bis(2-hydroxyethyl)amino)-p-acetophenet C14H22N2O4 27674
21615-34-9 2-methoxybenzoyl chloride C8H7ClO2 13019
21617-18-5 4,5-dichloroquinoline C9H5Cl2N 15823
21621-73-8 methyl 5-methyl-1-(2-quinoxalinyl)-4-pyrazol C14H12N4O 26921
21621-75-0 methyl 5-methyl-1-(2-quinolyl)-4-pyrazolyl k C15H13N3O 28247
21621-78-3 1-(2-isoquinolyl)-5-methyl-4-pyrazolyl methy C15H13N3O 28246
21633-79-4 diethyl butyrylmalonate C11H18O5 22629
21638-36-8 4-methyl-1-((5-nitrofurfurylidene)amino)-2-i C8H10N4O4 13904
21640-48-2 3-(3-chlorophenyl)propanoic acid C9H9ClO2 16304
21643-38-9 4-hexylbenzoic acid C13H18O2 26215
21644-95-1 4-amino-4'-hydroxy-2,3',5'-trimethylazobenze C15H17N3O 28482
21646-99-1 tetraethyl pyrophosphite C8H20O5P2 15723
21649-57-0 carbenicillin phenyl sodium C23H21N2NaO6S 33537
21652-58-4 3,3,4,4,5,5,6,6,7,7,8,8,9,9,10,10,10-heptadec C10H3F17 18483
21655-48-1 cis-2,6-dimethylpiperazine C6H14N2 8920
21658-26-4 p-nitrophenyl-p'-guanidinobenzoate C14H12N4O4 26926
21658-95-7 diisopropyl (cyanomethyl)phosphonate C8H16NO3P 15019
21662-09-9 cis-4-decenal C10H18O 20723
21667-01-6 p-(bis(2-chloroethyl)amino)phenyl-2,6-dim C19H21Cl2NO2 31459
21674-38-4 2,4,6-tris(perfluoroheptyl)-1,3,5-triazine C24F45N3 33715
21678-37-5 N,N-dimethylisobutyramide C6H13NO 8779
21679-31-2 chromium acetylacetonate C15H21CrO6 28609
21679-46-9 tris(2,4-pentanedionato-o,o')-cobalt C15H21CoO6 28608
21693-54-9 1,2,3,4-tetrahydro-5,7-dimethylnaphthalene C12H16 24126
21700-31-2 1,1,1,2,3-pentachloropropane C3H3Cl5 1437
21702-79-4 methyl 3,5-dibromo-2-hydroxybenzoate C8H6Br2O3 12742
21702-84-1 2,4-dibromoanisole C7H6Br2O 10197
21705-02-2 e-amanitin C39H53N9O14S 35544
21711-65-9 1-nitrosonaphthalene C10H7NO 18635
21715-46-8 6-chloro-2-ethylamino-4-methyl-4-phenyl-4H C17H17ClN2O 30025
21715-90-2 N-hydroxy-5-norbornene-2,3-dicarboximide C9H9NO3 16460
21722-83-8 cyclohexaneethanol, acetate C10H18O2 20796
21725-46-2 cyanazine C9H13ClN6 17238
21738-42-1 oxamniquine C14H21N3O3 27638
21739-92-4 5-bromo-2-chlorobenzoic acid C7H4BrClO2 9612
21742-00-7 a'-chloro-a,a,a-trifluoro-o-xylene C8H6ClF3 12753
21757-82-4 2,2,2-trichloro-1-(3,4-dichlorophenyl)ethan C10H7Cl5O2 18619
21777-84-4 [2-methyl-1-isopropylpropyl]benzene C13H20 26286
21787-81-5 4-chloro-N-formyl-o-toluidine C8H8ClNO 13271
21794-01-4 rubratoxin B C26H30O11 34280
21816-42-2 2,5-dimethyl-4-nitropyridine-1-oxide C7H8N2O3 10832
21820-82-6 5-(2-(3,6-dihydro-4-phenyl-1(2H)-pyridyl)et C17H22N2O2 30188
21829-25-4 adalat C17H18N2O6 30069
21834-98-0 3,5-dimethyl-1,2-cyclopentanedione C7H10O2 11177
21842-58-0 12,b,13,a-dihydrojervine C26H39NO3 34311
21848-62-4 norglaucine C20H23NO4 32202
21849-97-8 1,8-naphthalenediol sulfite, cyclic C10H6O3S 18590
21856-89-3 6-hydroxy-2-hexanone C6H12O2 8494
21862-63-5 trans-4-(1,1-dimethylethyl)cyclohexanol C10H20O 21031
21884-26-4 isopropyl 4-oxopentanoate C8H14O3 14665
21884-44-6 luteoskyrin C30H22O12 34849
21889-88-3 6-hepten-2-one C7H12O 11417
21890-35-7 1-bromo-1,3-butadiene C4H5Br 2620
21892-31-9 1,2,3,4,5-pentafluorobicyclo(2.2.0)hexa-2,5-diene C6HF5 6123
21892-80-8 3-methyl-2-benzoxazolinone C8H7NO2 13154
21895-13-6 2',3"-dimethyldiphenylmethane C15H16 28399
21895-16-9 3',4"-dimethyldiphenylmethane C15H16 28402
21895-17-0 2',4"-dimethyldiphenylmethane C15H16 28400
21900-42-5 2,4-dimethylbenzoyl chloride C9H9ClO 16300
21901-18-8 2-hydroxy-4-methyl-3-nitropyridine C6H6N2O3 7016
21901-29-1 6-amino-5-nitro-2-picoline C6H7N3O2 7239
21901-34-8 2-hydroxy-5-nitro-3-picoline C6H6N2O3 7018
21901-40-6 2-amino-4-methyl-5-nitropyridine C6H7N3O2 7236
21901-41-7 2-hydroxy-4-methyl-5-nitropyridine C6H6N2O3 7017
21905-27-1 allyl phenyl arsinic acid C9H11AsO2 16817
21905-32-8 2-hydroxypropyl phenyl arsinic acid C9H13AsO3 17231
21905-40-8 (m-chlorophenyl)hydroxy(b-hydroxyphenethy C14H14AsClO3 27077
21906-31-0 2-bromophenylacetone C9H9BrO 16255
21906-32-1 3-bromophenylacetone C9H9BrO 16256
21906-39-8 3-(trifluoromethyl)phenylacetone C10H9F3O 18841
21913-97-3 3-(4-nitrophenoxycarbonyl)-proxyl, free rad C15H19N2O5 28571
21915-53-7 3-phenyloxiranemethanol C9H10O2 16687
21916-66-5 2-propynyl vinyl sulfide C5H6S 4589
21917-91-9 2-methylphenanthro(2,1-d)thiazole C16H11NS 29012
21928-50-7 4-[4-chloro-3-(trifluoromethyl)phenyl]-4- C12H13ClF3NO 23803
21928-82-5 N-methyl-N-nitrosoadenine C6H6N6O 7054
21947-75-1 cis-1-chloropropene oxide C3H3ClO 1407
21947-76-2 trans-1-chloropropene oxide C3H5ClO 1686
21948-47-0 2,3-dichlorooctane C8H16Cl2 15008
21959-01-3 tetrachlorobis(tetrahydrofuran)zirconium C8H16Cl4O2Zr 15013
21961-08-0 n-hexyl vinyl sulfone C8H16O2S 15210
21962-24-3 1,1-dimethoxy-2-butene C6H12O2 8519
21964-23-8 3-bromo-2-pentene C5H9Br 4998
21964-44-3 1-nonen-3-ol C9H18O 18036
21964-49-8 1,13-tetradecadiene C14H26 27784
21968-17-2 propylisopropylamine C6H15N 9204
21974-48-1 2,4,6-trimethylpiperidine C8H17N 15293
21981-48-6 isopentyl nitrate C5H11NO3 5745
21983-72-2 3,3-dimethoxy-2-butanone C6H12O3 8549
21984-93-0 5-methyl-3-furancarboxylic acid C6H6O3 7095
21985-87-5 pentanitroaniline C6H2N6O10 6213
21987-21-3 12-methyl-1-tridecanol C14H30O 27925
21987-62-2 dephosphate bromofenofos C12H6Br4O2 23194
21994-77-4 ethyl 3-methyl-3-hexenoate C9H16O2 17718
21994-78-5 ethyl 2-methyl-3-hexenoate C9H16O2 17717
22002-45-5 2-bromo-4-methylanisole C8H9BrO 13553
22013-33-8 1,4-benzodioxan-6-amine C8H9NO2 13723
22025-20-3 3,3-dimethyl-2-hexanol C8H18O 15472
22027-52-7 methyl 4-methoxycarbonylbenzoylacetate C12H12O5 23792
22029-76-1 4-(2,6,6-trimethyl-1-cyclohexen-1-yl)-3-buten- C13H22O 26375
22031-12-5 1,1,1-tris(diphenylphosphinomethyl)ethane C41H39P3 35637
22031-52-3 6-azabicyclo[3.2.0]heptan-7-one C6H9NO 7541
22037-28-1 3-bromofuran C4H3BrO 2443
22037-73-6 3-bromo-1-butene C4H7Br 3050
22038-56-8 trans-2-chloro-2-butenoic acid C4H5ClO2 2655
22038-57-9 methyl trans-2-chloro-2-butenoate C5H7ClO2 4625
22041-19-6 ethyl pyrrolidinoacetate C8H15NO2 14820
22042-71-3 4-formylphenoxyacetic acid C9H8O4 16236
22042-79-1 3,5-dimethyl-1-phenylpyrazole-4-carboxaldehy C12H12N2O 23732
22047-25-2 acetylpyrazine C6H6N2O 6991
22047-49-0 octyl stearate C26H52O2 34358
22052-81-9 perfluoroethyl ethyl ether C4H5F5O 2689
22052-84-2 perfluoroisopropyl methyl ether C4H3F7O 2483
22056-53-7 methyl 1,4,5,6-tetrahydro-2-methylcyclopenta(C10H13NO 19786
22056-82-2 ethoxyacetaldehyde C4H8O2 3515
22059-21-8 1-amino-1-cyclopropanecarboxylic acid C4H7NO2 3266
22071-15-4 2-(m-benzoylphenyl)propionic acid C16H14O3 29170
22072-19-1 tetrahydrothiopyran-3-ol C5H10OS 5487
22077-55-0 di(p-tolyl) selenide C14H14Se 27198
22086-53-9 chlorodipropylborane C6H14BCl 8883
22089-22-1 trophosphamide C9H18Cl3N2O2P 17962
22094-18-4 1,3-dibromo-2,2-dimethoxypropane C5H10Br2O2 5320
22104-78-5 2-octen-1-ol C8H16O 15122
22115-41-4 a-bromo-o-tolunitrile C8H6BrN 12731
22118-09-8 bromoacetyl chloride C2H2BrClO 576
22118-12-3 2-bromobutanoyl chloride C4H6BrClO 2762
22120-39-4 N,N-dimethyl-5-methyltryptamine C13H18N2 26180
22122-36-7 3-methyl-2(5H)-furanone C5H6O2 4562
22128-62-7 chloromethyl chloroformate C2H2Cl2O2 628
22128-63-8 dichloromethyl chloroformate C2HCl3O2 546

22131-79-9 (4-allyloxy-3-chlorophenyl)acetic acid C11H11ClO3 21687
22135-49-5 (S)-(-)-1-phenyl-1-butanol C10H14O 20083
22139-77-1 trans-5-(2-phenylvinyl)-1,3-benzenediol C14H12O2 26954
22144-60-1 alpha-propylbenzenemethanol, (R) C10H14O 20058
22144-76-9 cytochalasin c C30H37NO6 34892
22144-77-0 zygosporin A C30H37NO6 34891
22150-76-1 6-biopterin C9H11N5O3 16999
22151-75-3 3-hydroxyuric acid C5H4N4O4 4320
22160-12-9 2-methylhexanoic acid, (±) C7H14O2 11887
22160-39-0 2-methylpentanoic acid, (±) C6H12O2 8465
22160-40-3 3-methylpentanoic acid, (±) C6H12O2 8466
22160-41-4 4-methylhexanoic acid, (±) C7H14O2 11889
22188-15-4 12-(p-nitrostyryl)benz(a)acridine C25H16N2O2 34057
22190-12-1 2-(phenylthio)quinoline C15H11NS 28120
22195-47-7 2,2-dimethyl-1,3-dioxolane-4-methanamine C6H13NO2 8829
22202-65-9 9-undecynoic acid C11H18O2 22604
22204-53-1 (+)-2-(methoxy-2-naphthyl)-propionic acid C14H14O3 27183
22205-30-7 di-n-octyltin bis(dodecyl mercaptide) C44H88O4S2Sn 35760
22212-55-1 ethyl-N-benzoyl-N-(3,4-dichlorophenyl)-2- C18H17Cl2NO3 30603
22223-55-8 4-methyl-2,6,7-trioxa-1-arsabicyclo(2.2.2)octa C5H9AsO3 4963
22224-92-6 fenamiphos C13H22NO3PS 26367
22225-32-7 3-fluorenyl acethydroxamic acid C15H13NO2 28232
22227-75-4 3,3-dichloro-2-methyl-1-propene C4H6Cl2 2819
22232-54-8 carbimazole C7H10N2O2S 11118
22232-71-9 mazindol C16H13ClN2O 29077
22235-85-4 8-allyl-(±)-1a-H,5a-H-northropan-3a-ol C10H17NO 20563
22236-04-0 2-(difluoromethoxy)aniline C7H7F2NO 10579
22236-10-8 4-(difluoromethoxy)aniline C7H7F2NO 10580
22236-53-9 2-chloro-2-nitrobutane C4H8ClNO2 3359
22237-13-4 4-ethoxyphenylboronic acid C8H11BO3 14064
22238-17-1 tri-sec-butyl borate C12H27BO3 25330
22248-79-9 stirifos C10H9Cl4O4P 18835
22250-05-1 1,2-O-cyclohexylidene-a-D-xylopentodialdo-1, C22H32O10 33376
22251-01-0 1-fluorenyl acethydroxamic acid C15H13NO2 28231
22253-11-8 2,3-dihydro-2-phenyl-1H-indene C15H14 28254
22260-42-0 curarine C38H44N2O6 35509
22261-92-3 acide methyl-TE-2-benzoique C8H8O2Te 13444
22262-60-8 methyl 3-bromo-2-(bromomethyl)propionate C5H8Br2O2 4762
22268-66-2 3,3'-diethylthiatricarbocyanine perchlo C25H25ClN2O4S2 34106
22280-56-4 2-chloro-5-nitro-3-picoline C6H5ClN2O2 6715
22280-60-0 6-chloro-3-nitro-2-picoline C6H5ClN2O2 6716
22280-62-2 6-amino-3-nitro-2-picoline C6H7N3O2 7240
22287-02-1 2-methyl-5-nonanone C10H20O 20996
22288-78-4 methyl 3-amino-2-thiophenecarboxylate C6H7NO2S 7214
22295-11-0 tetramethylplatinum C4H12Pt 4107
22298-04-0 6,11-dihydro-2-fluoro(1)benzothiopyrano(4,3- C15H10FNS 28022
22298-29-9 betamethasone benzoate C29H33FO6 34765
22306-37-2 bismuth(iii) acetate C6H9BiO6 7476
22316-47-8 7-chloro-1-methyl-5-phenyl-1H-1,5-benzodi C16H13ClN2O2 29079
22319-28-4 5-ethyl-4-methyl-4-hepten-3-one C10H18O 20695
22323-82-6 (S)-(+)-2,2-dimethyl-1,3-dioxolane-4-methanol C6H12O3 8551
22325-27-5 4,6-dimethyl-2-mercaptopyrimidine C6H8N2S 7370
22326-31-4 5-sulfobenzen-1,3-dicarboxylic acid C8H6O7S 12946
22327-39-5 carvone, (±) C10H14O 20046
22331-38-0 eicosylcyclopentane C25H50 34182
22345-47-7 grandaxin C22H26N2O4 33287
22346-43-6 4-hydroxy-7-(methylamino)-2-naphthalenesulf C11H11NO4S 21766
22346-75-4 4-pyridylcarbinol N-oxide C6H7NO2 7211
22348-32-9 (R)-(+)-a,a-diphenyl-2-pyrrolidinemethanol C17H19NO 30091
22349-03-7 nonadecylcyclohexane C25H50 34183
22349-59-3 1,4-dimethylphenanthrene C16H14 29116
22351-56-0 2-ethyl-1-indanone C11H12O 21858
22364-68-7 2-methylbenzeneacetonitrile C9H9N 16365
22373-78-0 monensin, sodium salt C36H61NaO11 35394
22374-89-6 alpha-methylbenzenepropanamine C10H15N 20218
22381-54-0 2-(p-tolylsulfonyl)ethanol C9H12O3S 17207
22381-86-8 2-undecen-4-ol C11H22O 22829
22392-07-0 diethyl thallium perchlorate C4H10ClO4Tl 3807
22398-09-0 4-propylpiperidine C8H17N 15290
22398-14-7 dimethyl methoxymethylenemalonate C7H10O5 11218
22401-25-8 tetraethyl propane-1,3-diphosphonate C11H26O6P2 23110
22409-91-2 ethyl 3-phenoxypropanoate C11H14O3 22172
22410-58-8 a,b-dichloroacrylonitrile C3HCl2N 1320
22413-78-1 lycoctonine, monoanthranilate (ester) C32H46N2O8 35090
22414-24-0 2,5-dihydro-2,5-dimethoxy-2-methylfuran C7H12O3 11518
22417-45-4 4-methyl-2-isobutyl-1-pentanol C10H22O 21323
22418-49-1 3-methoxy-2-methyl-1-propene C5H10O 5457
22421-97-2 methyl 2-chloro-2-methylpropanoate C5H9ClO2 5092
22422-34-0 (1R,2R,3S,5R)-(-)-pinanediol C10H18O2 20794
22426-24-0 DL-1-(2-furyl)ethyl acetate C8H10O3 14011
22429-12-5 1,3-dimethyl-2-phenyl-1,3,2-diazaphospholidi C10H15N2P 20294
22432-68-4 tetrachloroethylene carbonate C3Cl4O3 1268
22438-39-7 methyl decyl sulfide C11H24S 23086
22439-58-3 2-acetyldibenzothiophene C14H10OS 26774
22445-41-6 1-iodo-3,5-dimethylbenzene C8H9I 13653
22457-23-4 ethyl 2-methylbutyl ketoxine C8H17NO 15324
22469-52-9 (+)-cyclosativene C15H24 28744
22471-42-7 hexaureachromium(iii) nitrate C6H24CrN15O15 9392
22480-64-4 p-bromo phenyl lithium C6H4BrLi 6402
22483-09-6 2,2-dimethoxyethanamine C4H11NO2 4009
22494-42-4 5-(2,4-difluorophenyl)salicylic acid C13H8F2O3 25487
22499-12-3 benzoin isobutyl ether C18H20O2 30740
22502-03-0 2-methoxyethyl acetoacetate C7H12O4 11551
22504-72-9 1,3-dimethylsulfuryldiamide C2H8N2O2S 1164
22506-53-2 3,9-dinitrofluoranthene C16H8N2O4 28965
22509-74-6 N-carbethoxyphthalimide C11H9NO4 21590
22520-40-7 4,5-octanediol, (±) C8H18O2 15549
22524-32-9 ethyl bromochloroacetate C4H6BrClO2 2764
22531-06-2 7-ethyl-3,4-dihydro-1(2H)-naphthalenone C12H14O 23963
22531-20-0 6-ethyl-1,2,3,4-tetrahydronaphthalene C12H16 24115
22539-65-7 1,2-dimethyl-3-isopropylbenzene C11H16 22336
22545-12-6 2-ethylbenzeneethanol C10H14O 20049
22545-13-7 4-ethylbenzeneethanol C10H14O 20050
22551-26-4 3-methylthio-1,2-propanediol C4H10O2S 3910
22564-83-6 p-menth-3-ene, (S)-(-) C10H18 20616
22564-99-4 linalol C10H18O 20709
22567-21-1 2-methyl-5-(1-methylvinyl)cyclohexanol, [1S-(1 C10H18O 20712
22571-95-5 symphytine C20H31NO6 32371
22572-40-3 1-(3-dimethylaminopropyl)-3-ethylcarbodiimide C9H20IN3 18214
22575-95-7 di(2-methoxyethyl)peroxydicarbonate C8H14O8 14734
22590-50-7 bicyclo(2.2.1)heptan-2,5-diol, diallyl ether C13H20O2 26326
22591-21-5 dichloropinacolin C6H10Cl2O 7693
22608-53-3 O,S,S-trimethyl phosphorodithioate C3H9O2PS2 2231
22609-73-0 niludipine C25H34N2O8 34142
22610-63-5 glycerol 1-stearate, (±) C21H42O4 33053
22618-23-1 3,4-dimethylphenyl acetate C10H12O2 19544
22621-74-5 4,7,7-trimethylbicyclo[2.2.1]heptan-2-ol acet C12H20O2 24573
22625-57-6 5-chloromethyl-2-oxazolidinone C4H6ClNO2 2801
22627-70-9 3-ethoxy-2-cyclopentenone C7H10O2 11179
22637-13-4 bis(2-isocyanatoethyl)-5-norbornene-2,3-dic C15H16N2O6 28422
22644-27-5 (R)-(+)-dimethyl (R)-methylsuccinate C7H12O4 11550
22646-79-3 dimethyl 1-cyclohexene-1,4-dicarboxylate C10H14O4 20152
22653-19-6 tetramethyldigold diazide C4H12Au2N6 4035
22663-64-5 3-methyl-1-nonanol C10H22O 21235
22668-01-5 N-(2-hydroxyethyl)-2-nitro-1H-imidazole-1-ac C7H10N4O4 11134
22672-74-8 isocorybulbine C21H25NO4 32854
22673-19-4 dibutyltin bis(acetylacetonate) C18H32O4Sn 30997
22691-91-4 3,3-dimethyl-1-nitro-1-butyne C6H9NO2 7555
22692-30-4 1-fluoro-1,1-dinitro-2-phenylethane C8H7FN2O4 13057
22692-70-2 alpha-ethylstilbene C16H16 29238
22717-57-3 methyl 2-hydroxy-5-methylbenzoate C9H10O3 16736
22722-03-8 S-ethylisothiouronium hydrogen sulfate C3H10N2O4S2 2261
22722-98-1 sodium dihydrobis(2-methoxyethoxy)aluminate C6H16AlNaO4 9277
22726-00-7 3-bromobenzamide C7H6BrNO 10165
22734-04-9 1-cyclopentene-1-acetonitrile C7H9N 10969
22737-36-6 O-(trimethylsilyl)hydroxylamine C3H11NOSi 2272
22737-37-7 N,o-bis(trimethylsilyl)hydroxylamine C6H19NOSi2 9377
22748-16-9 4,4-dimethyl-2-cyclopenten-1-one C7H10O 11155
22750-56-7 cesium acetylide C2Cs2 470
22750-65-8 2,5-bis(acetylamino)fluorene C17H16N2O2 30001
22750-69-2 1,3-diazidopropene C3H4N6 1619
22750-85-2 5-((p-(dimethylamino)phenyl)azo)quinoline-1- C17H16N4O 30015
22750-86-3 6-((p-(dimethylamino)phenyl)azo)quinoline-1- C17H16N4O 30016
22750-93-2 ethyl perchlorate C2H5ClO4 923
22751-18-4 1-nitro-3-(2,4-dinitrophenyl)urea C7H5N5O7 10126
22751-23-1 2-nitrophenylacetyl chloride C8H6ClNO3 12784
22751-24-2 3-nitrobenzenediazonium perchlorate C6H4ClN3O6 6467
22754-97-8 rubidium acetylide C2Rb2 1236
22755-07-3 di(benzenediazo)sulfide C12H10N4S 23518
22755-25-5 sodium-2-nitrothiophenoxide C6H4NNaO2S 6563
22755-34-6 2,4,6-tris(bromoamino)-1,3,5-triazine C3H3Br3N6 1394
22755-36-8 trimethylamine-N-oxide perchlorate C3H10ClNO5 2252
22760-18-5 proquazone C18H18N2O2 30659
22767-50-6 1-heptanesulfonic acid, sodium salt C7H15NaO3S 12105
22767-90-4 1,1,1-trifluoro-5,5-dimethyl-2,4-hexanedione C8H11F3O2 14081
22767-95-9 isopropyl 3-phenylpropanoate C12H16O2 24218
22767-96-0 benzyl 3-phenylpropanoate C16H16O2 29278
22768-17-8 3-methyl-cis-3-heptene C8H16 14919
22768-18-9 3-methyl-trans-3-heptene C8H16 14920
22768-19-0 3-methyl-cis-2-heptene C8H16 14905
22768-20-3 3-methyl-trans-2-heptene C8H16 14906
22771-17-1 dicyclohexyltin oxide C12H22OSn 24698
22771-18-2 monocyclohexyltin acid C6H12O2Sn 8530
22781-23-3 bendiocarb C11H13NO4 21995
22787-68-4 methyl 3-acetoxy-2-methylenebutyrate C8H12O4 14396
22788-18-7 carboxycyclophosphamide C7H15Cl2N2O4P 12012
22795-97-7 (R)-2-(aminomethyl)-1-ethylpyrrolidine C7H16N2 12141
22797-20-2 5,10-dihydro-10-(2-(dimethylamino)ethyl)-8 C20H25N3O3S 32257
22808-06-6 2,2,5,5-tetramethylhex-3-ene C10H20 20954
22809-37-6 6-bromohexanoyl chloride C6H10BrClO 7662
22818-40-2 D(-)-4-hydroxyphenylglycine C8H9NO3 13755
22821-76-7 4-methylsulphonyl benzonitrile C8H7NO2S 13160
22826-61-5 tetraazido-p-benzoquinone C6N12O2 9406
22838-58-0 boc-D-valine C10H19NO4 20907
22839-47-0 aspartame C14H18N2O5 27465
22856-30-0 2,3-naphthalenedicarbonitrile C12H6N2 23222
22862-76-6 anisomycin C14H19NO4 27537
22867-74-9 7-ethylindole C10H11N 19289
22868-76-4 2,5-dimethylpyrimidine C6H8N2 7326
22876-20-6 6-chloro-2-benzoxazolethiol C7H4ClNOS 9704
22884-29-3 isobutyl-triphenylphosphonium bromide C22H24BrP 33249
22885-98-9 a-methyl tetronic acid C5H6O3 4575
22900-08-9 cis-4-isopropylcyclohexanol C9H18O 18015
22916-47-8 miconazole C18H14Cl4N2O 30475
22922-67-4 1-chloro-1-hexene C6H11Cl 8010
22924-15-8 3-ethoxybenzaldehyde C9H10O2 16659
22927-13-5 2-ethylbenzaldehyde C9H10O 16618
22936-75-0 avirosan C11H21N5S 22788
22936-86-3 cyprazine C9H14ClN5 17404
22948-02-3 3-aminothiophenol C6H7NS 7224
22952-87-0 azidomorphine C17H20N4O2 30138
22953-41-9 p-(bis(2-bromoethyl)amino)phenol-m-(a,a C18H16Br2F3NO2 30579
22953-53-3 p-(bis(2-chloroethyl)amino)phenyl-p-bro C17H16BrCl2NO2 29990
22953-54-4 p-(bis(2-chloroethyl)amino)phenyl-m-chlor C17H16Cl3NO2 29992
22954-83-2 3,6-dihydro-4,6,6-trimethyl-2H-pyran-2-one C8H12O2 14360
22958-08-3 azidocodeine C18H22N4O2 30804
22966-79-6 estradiol mustard C42H50Cl4N2O4 35680
22967-92-6 methylmercury CH3Hg 220
22975-76-4 4,9-dimethyl-2H-furo(2,3-h)(1)benzopyran-2-on C13H10O3 25653
23001-29-8 1',3',3'-trimethyl-6-hydroxyspiro(2H-1-benzo C19H19NO2 31426
23003-30-7 6-iodo-2-picolin-5-ol C6H6INO 6975
23009-73-6 1-chloro-2-methyl-trans-2-butene C5H9Cl 5049
23009-74-7 1-chloro-2-methyl-cis-2-butene C5H9Cl 5048
23010-00-6 1-chloro-3-methyl-1-butene C5H9Cl 5055
23010-04-0 1,2-dichloro-2-methylbutane C5H10Cl2 5341
23010-05-1 1,1-dichloro-2-methylbutane C5H10Cl2 5339
23010-07-3 1,3-dichloro-2-methylbutane C5H10Cl2 5343
23012-11-5 2,5-dimethyloxazole C5H7NO 4669
23031-25-6 terbutaline C12H19NO3 24517
23031-32-5 terbutaline sulphate C24H36N2O8S 33917
23031-36-9 prallethrin C19H24O3 31557
23031-38-1 prothrin C18H22O3 30812
23048-13-7 2,4-dimethyl-2-cyclopenten-1-one C7H10O 11141
23052-80-4 L(+)-2-amino-3-phosphonopropionic acid C3H8NO5P 2106
23052-81-5 L(+)-2-amino-4-phosphonobutyric acid C4H10NO5P 3828
23056-33-9 2-chloro-4-methyl-5-nitropyridine C6H5ClN2O2 6710
23056-94-2 2-methyl-1-hexen-3-yne C7H10 11056
23063-36-7 1-(dichloromethyl)-4-methylbenzene C8H8Cl2 13291
23068-91-9 methyl 5,5-dimethoxyvalerate C8H16O4 15237
23068-94-2 3-bromo-cis-2-pentene C5H9Br 4974
23068-95-3 4-bromo-trans-2-pentene C5H9Br 4977
23074-10-4 5-ethyl-2-furaldehyde C7H8O2 10884
23074-36-4 2-bromo-1-butene C4H7Br 3049
23074-42-2 1-adamantanecarbonitrile C11H15N 22234
23074-59-1 3-isobutoxy-2-cyclohexen-1-one C10H16O2 20499
23079-28-9 tris(isoamyl)phosphine oxide C15H33OP 28944
23079-65-4 1-butoxy-3-methylbenzene C11H16O 22426
23097-98-5 5,5-dimethyl-3-heptyne C9H16 17599
23103-98-2 pirimicarb C11H18N4O2 22579
23107-11-1 dehydroheliotrine C16H25NO5 29592
23107-12-2 dehydroretronecine C8H11NO2 14180
23107-96-2 o-benzoyl phenylacetic acid C15H12O3 28196
23109-05-9 a-amanitine C39H54N10O14S 35549
23110-15-8 fumidil C26H34O7 34291
23112-96-1 2,6-dimethoxyphenylboronic acid C8H11BO4 14067
23115-33-5 bis(trimethylsilyl)peroxomonosulfate C6H18O5SSi2 9368

24298-09-7 2-iodo-cis-2-butene C4H7I 3216
24298-17-7 trioctylpropylammonium bromide C27H58BrN 34572
24305-27-9 TRH C16H22N6O4 29513
24305-56-4 4-dodecylresorcinol C18H30O2 30969
24306-18-1 9-octyl-8-heptadecene C25H50 34186
24307-26-4 mepiquat chloride C7H16ClN 12124
24308-61-0 2-iodo-1-butene C4H7I 3211
24313-88-0 3,4,5-trimethoxyaniline C9H13NO3 17352
24319-05-2 3-iodo-3-methylpentane C6H13I 8734
24319-07-1 2-iodo-3-methylpentane C6H13I 8731
24319-09-3 2-chloro-3-methylpentane C6H13Cl 8676
24324-17-2 9-fluorenemethanol C14H12O 26936
24327-08-0 endo-bicyclo[2.2.2]oct-5-ene-2,3-dicarboxylic C10H10O3 19186
24331-72-4 N,N-diethyl-2,2-dimethylpropanamide C9H19NO 18147
24332-20-5 methoxyacetaldehyde dimethyl acetal C5H12O3 5907
24332-22-7 4-hepten-2-one C7H12O 11416
24342-04-9 methyl 2-pentynoate C6H8O2 7414
24345-16-2 apamine C79H131O24S4 35981
24346-53-0 1-iodo-3-methylpentane C6H13I 8728
24346-56-3 ethyl 2-benzoylbutanoate C13H16O3 26102
24346-78-9 1-heptyl-1-nitrosourea C8H17N3O2 15305
24347-58-8 (2R,3R)-(-)-2,3-butanediol C4H10O2 3897
24353-58-0 N-isobutoxymethyl-2-chloro-2',6'-dimethyla C15H22ClNO2 28655
24356-00-1 3-chloro-1-pentene C5H9Cl 5026
24356-01-2 tetrabenzylzirconium C28H28Zr 34616
24356-94-3 deladroxone C29H36O4 34776
24358-29-0 2-chloro-5-(3,5-dimethylpiperidino sulpho C14H18ClNO4S 27431
24358-62-1 4-bromo-a-phenethylamine C8H10BrN 13811
24363-37-9 barium isopropoxide C6H14BaO2 8884
24365-47-7 leupeptin Ac-LL C20H38N6O4 32443
24365-61-5 2-phenyl-3-p-(b-pyrrolidinoethoxy)phenyl-(2: C30H27NO2 34864
24393-53-1 ethyl trans-4-bromocinnamate C11H11BrO2 21681
24393-70-2 1,7,7-trimethylbicyclo[2.2.1]heptan-2-ol, exo- C10H18O 20675
24395-10-6 6-hepten-2-ol C7H14O 11858
24397-89-5 actinobolin C13H20N2O6 26304
24398-88-7 ethyl 3-bromobenzoate C9H9BrO2 16262
24400-84-8 allyltriisopropylsilane C12H26Si 25319
24410-50-2 3,6-dimethylbenzofuran C10H10O 19093
24410-51-3 2,6-dimethylbenzofuran C10H10O 19090
24410-52-4 5,6-dimethylbenzofuran C10H10O 19096
24423-68-5 diisopentylmercury C10H22Hg 21211
24424-99-5 di-tert-butyl dicarbonate C10H18O5 20838
24425-13-6 2-tert-butylbenzimidazole C11H14N2 22062
24425-40-9 2,3-dihydro-1H-inden-5-amine C9H11N 16890
24425-97-6 1,1,1,2,2,3-hexachloropropane C3H2Cl6 1364
24426-16-2 N,N-diethyldiethylenetriamine C8H21N3 15737
24438-17-3 1,3-dihydro-1,3-dimethyl-2H-indol-2-one C10H11NO 19296
24443-15-0 1,3-dibromo-3-methylbutane C5H10Br2 5311
24446-63-7 ethyl 2,3-diphenylacrylate C17H16O2 30018
24448-19-9 3-ethyl-2-hexene C8H16 15467
24456-59-5 6,7-dimethoxy-1,2,3,4-tetrahydroisoquinolin C11H13NO2S 21983
24458-48-8 nitrol C10H13N3O3 19851
24463-19-2 9-(chloromethyl)anthracene C15H11Cl 28075
24468-13-1 2-ethylhexyl chloroformate C9H17ClO2 17800
24470-78-8 isopropyltriphenylphosphonium iodide C21H22IP 32803
24471-48-5 2-hydroxymethylpyrene C17H12O 29890
24477-37-0 diabenor C20H26N4O5S 32274
24484-21-7 8-fluoro-1-benzosuberone C11H11FO 21696
24518-45-4 2-((4-(dichloroacetyl)phenyl)amino)-2-et C18H16Cl2N2O5 30585
24519-85-5 5,6-dihydro-p-dithiin-2,3-dicarboximide C6H5NO2S2 6828
24526-64-5 nomifensine C16H18N2 29373
24543-59-7 BOMT C19H29BrO3 31612
24544-04-5 2,6-diisopropylaniline C12H19N 24505
24545-81-1 4-methyl-1-isopropylbicyclo[3.1.0]hex-3-en-2-o C10H14O 20059
24549-06-2 2-ethyl-6-methylaniline C9H13N 17268
24554-26-5 N-(4-(5-nitro-2-furyl)-2-thiazolyl)formamide C8H5N3O4S 12708
24556-56-7 2-iodo-3,3-dimethylbutane C6H13I 8739
24557-10-6 cis-2,3-dibromo-2-propenoic acid C3H2Br2O2 1343
24560-98-3 cis-9,10-epoxyoctadecanoic acid C18H34O3 31040
24564-77-0 [2,2,3,3,4,4,5,5,6,7,7,7-dodecafluoro-6-(tri C10H5F15O 18514
24567-97-3 4-(2-bromoacetamido)-tempo, free radical C11H20BrN2O2 22680
24579-70-2 diethylcarbamic acid C5H11NO2 5707
24579-90-6 2-chloromercuri-4-nitrophenol C6H4ClHgNO3 6436
24579-91-7 chloro(2-hydroxy-3,5-dinitrophenyl)mercury C6H3ClHgN2O5 6270
24580-48-1 2-methyl-1-propylcyclohexanol C10H20O 21013
24580-52-7 3-methyl-1-propylcyclohexanol C10H20O 21014
24589-78-4 N-methyl-N-(trimethylsilyl)trifluoroacetami C6H12F3NOSi 8302
24596-19-8 4-bromo-2,6-dimethylaniline C8H10BrN 13808
24596-38-1 4'-isopropyl-4-dimethylaminoazobenzene C17H21N3 30172
24596-39-2 4'-n-butyl-4-dimethylaminoazobenzene C18H23N3 30830
24596-41-6 4'-tert-butyl-4-dimethylaminoazobenzene C18H23N3 30831
24599-58-4 2,5-dimethoxytoluene C9H12O2 17159
24602-86-6 tridemorph C19H39NO 31731
24608-84-2 5-methyl-cis-2-heptene C8H16 14909
24608-85-3 5-methyl-trans-2-heptene C8H16 14910
24612-75-7 1,1,3,4-tetramethylcyclohexane C10H20 20936
24618-31-3 1-bromo-2-methoxycyclohexane C7H13BrO 11577
24621-61-2 (S)-(+)-1,3-butanediol C4H10O2 3898
24622-72-8 1-[2-(3-methylbutoxy)-2-phenylethyl]pyrrolidi C17H27NO 30256
24623-20-9 6-methyl-1-indanone C10H10O 19110
24623-65-2 3-tert-butyl-2-hydroxybenzaldehyde C11H14O2 22138
24629-25-2 (S)-(+)-isoleucinol C6H15NO 9223
24632-47-1 nifurpipone C12H17N5O4 24353
24634-61-5 potassium trans,trans-2,4-hexadienoate C6H7KO2 7169
24644-78-8 2,3-dihydro-4-methyl-1H-inden-1-one C10H10O 19087
24650-42-8 2,2-dimethoxy-2-phenylacetophenone C16H16O3 29297
24671-21-4 4-(4-(p-chlorophenyl)-4-hydroxypiperidino C23H29ClN2O2 33596
24677-78-9 2,3-dihydroxybenzaldehyde C7H6O3 10422
24680-50-0 trans-4-methoxycinnamaldehyde C10H10O2 19135
24683-00-9 2-isobutyl-3-methoxypyrazine C9H14N2O 17417
24684-41-1 11-methyl-15,16-dihydro-17H-cyclopenta(a)phenan C18H16 30576
24684-42-2 16,17-dihydro-11-methylcyclopenta(a)phenanthre C18H14O 30490
24684-49-9 6-methoxy-11-methyl-15,16-dihydro-17H-cyclope C19H16O2 31358
24684-56-8 15,16-dihydro-16-hydroxy-11-methylcyclopenta(C18H14O2 30506
24684-58-0 11-acetoxy-15-dihydrocyclopenta(a)phenanthrac C19H14O3 31291
24686-78-0 1-benzoyl-4-piperidone C12H13NO2 23839
24689-89-2 chloroethylene bisthiocyanate C4H3ClN2S2 2457
24690-46-8 N,N-dimethyl-p-((p-propylphenyl)azo)aniline C17H21N3 30167
24696-26-2 N-palmitoyl-D-erythro-sphingosine, synthetic C34H67NO3 35264
24697-35-6 1,1-bis(trimethylsilyloxy)-ethene C8H20O2Si2 15714
24716-09-4 alpha-butylbenzeneacetic acid C12H16O2 24212
24724-07-0 methyl 11-hydroxyundecanoate C12H24O3 24881
24729-96-2 clindamycin-2-phosphate C18H34ClN2O8PS 31022
24734-68-7 benzenepropanethiol C9H12S 17226
24748-25-2 tetrakis(hydroxymethyl)phosphonium nitrate C4H12NO7P 4069
24758-49-4 4-morpholinobenzophenone C17H17NO2 30036
24764-97-4 2-bromobutanal C4H7BrO 3062
24765-57-9 2,2-dibutyl-1,3-propanediol C11H24O2 23069
24768-42-1 butyl pentyl sulfide C9H20S 18370
24768-43-2 propyl hexyl sulfide C9H20S 18369
24768-44-3 ethyl heptyl sulfide C9H20S 18368
24768-46-5 propyl heptyl sulfide C10H22S 21390
24771-52-6 1,1'-(pentamethylenedioxy)bis(3-chloro-2-p C11H22Cl2O4 22808
24772-63-2 1,8-diiodooctane C8H16I2 15018
24774-58-1 2,5-dibromohexane C6H12Br2 8257
24781-13-3 salicylic acid 3-phenylpropyl ester C16H16O3 29300
24796-87-0 2-bromocyclohexanol C6H11BrO 7985
24796-94-9 oxazine 1 perchlorate C20H26ClN3O5 32267
24800-44-0 tripropylene glycol C9H20O4 18360
24801-88-5 triethoxy(3-isocyanatopropyl)silane C10H21NO4Si 21127
24807-55-4 3-nitro-1,2,4-triazole C2H2N4O2 675
24813-03-4 1-((bis(2-chloroethyl)amino)benzoyl)piper C16H22Cl2N2O 29495
24815-24-5 rescinnamine C35H42N2O9 35297
24817-51-4 phenethyl 2-methylbutyrate C13H18O2 26227
24818-79-9 aluminum clofibrate C20H21AlCl2O7 32141
24821-22-5 2,6-bis(trifluoromethyl)benzoic acid C9H4F6O2 15797
24823-81-2 1,1,1-trimethoxypropane C6H14O3 9088
24829-11-6 1,2:8,9-diepoxynonane C9H16O2 17733
24830-94-2 D(-)-allo-threonine C4H9NO3 3739
24840-05-9 cis-3-phenyl-2-propenenitrile C9H7N 16012
24844-28-8 trans-2-allylcyclohexanol C9H16O 17662
24848-81-5 tri(2-octyl)borate C24H51BO3 34011
24850-33-7 allyltributylstannane C15H32Sn 28927
24851-98-7 hedione C13H22O3 26391
24854-67-9 1,2,9,10-diepoxydecane C10H18O2 20798
24856-58-4 4-bromobenzaldehyde dimethyl acetal C9H11BrO2 16841
24864-19-5 4-(4-biphenylyl)-2-methylthiazole C16H13NS 29099
24869-88-3 (dimethylamino)acetylene C4H7N 3244
24884-69-3 2-methyl-2-nitro-propanol nitrate C4H8N2O5 3457
24885-45-8 2-iodo-6-methylphenol C7H7IO 10594
24887-75-0 androstane C19H32 31648
24891-41-6 6,9,12-trimethyl-1,2-benzanthracene C21H18 32679
24892-49-7 2,4-dimethyl-2,4-pentanediol C7H16O2 12254
24893-35-4 2,3-dimethyl-1,3-butanediol C6H14O2 9049
24909-09-9 9,10-dihydro-9,10-dihydroxybenzo(a)pyrene C20H14O2 31908
24909-72-6 oleic anhydride C36H66O3 35403
24910-63-2 3,4-dimethylpent-2-ene C7H14 11745
24915-95-5 ethyl (R)-(-)-3-hydroxybutyrate C6H12O3 8552
24928-15-2 phorbol-12,13-diacetate C24H32O8 33902
24928-17-4 phorbol-12,13-didecanoate C40H55O8 35593
24932-48-7 1,2-dibromo-4,5-dimethylbenzene C8H8Br2 13259
24932-49-8 1,2-dibromo-3,4-dimethylbenzene C8H8Br2 13255
24934-91-6 chlormephos C5H12ClO2PS2 5779
24947-95-3 trans-2-hydroxy-1-cyclohexanecarboxamide C7H13NO2 11662
24948-66-1 1-decen-4-yne C10H16 20332
24949-35-7 1,3-bis(methylthio)propane C5H12S2 5937
24961-39-5 7-bromomethylbenz(a)anthracene C19H13Br 31232
24961-49-7 trans-4,5-dihydroxy-4,5-dihydrobenzo(e)pyrene C20H14O2 31911
24964-64-5 3-formylbenzonitrile C8H5NO 12685
24964-91-8 tris(4-bromophenyl)aminium hexachloroa C18H12Br3Cl6NSb 30414
24965-84-2 2-methylcyclohexanone, (±) C7H12O 11429
24965-87-5 (S)-3-methylcyclohexanone C7H12O 11446
24966-39-0 2,6-dichlorobenzenethiol C6H4Cl2S 6497
24973-49-7 [1,1'-biphenyl]-2-carbonitrile C13H9N 25542
24973-59-9 2,4,6-tri-tert-butylnitrosobenzene C18H29NO 30943
25006-60-4 isopropyl dichloroacetate C5H8Cl2O2 4787
25013-15-4 methylstyrene C9H10 16519
25013-16-5 tert-butyl-4-hydroxyanisole C11H16O2 22448
25015-63-8 4,4,5,5-tetramethyl-1,3,2-dioxaborolane C6H13BO2 8646
25016-01-7 5-bromo-2-anisaldehyde C8H7BrO2 12973
25017-08-7 p-chlorovalerophenone C11H13ClO 21923
25025-59-6 S-acetylthiocholine bromide C7H16BrNOS 12122
25026-34-0 4-chlorobenzeneacetyl chloride C8H6Cl2O 12809
25038-54-4 poly(iminocarbonylpentamethylene) C6H11NO 8116
25044-01-3 2-methyl-1-penten-3-one C6H10O 7778
25046-79-1 N-[2-[4-(azepan-1-ylcarbamoylsulfamoyl)phe C20H27N5O5S 32298
25047-48-7 cleistanthin A C28H28O11 34612
25054-53-9 piperonyloyl chloride C8H5ClO3 12622
25056-70-6 2,4,5-trichlorophenoxyethyl-a,a,a-trichloro C10H6Cl6O3 18550
25057-89-0 bentazon C10H12N2O3S 19454
25081-39-4 methyl 3,5-dimethylbenzoate C10H12O2 19603
25090-71-5 12-deoxyphorbol-20-acetate-13-isobutyrate C26H36O7 34301
25090-72-6 12-deoxy-phorbol-20-acetate-13-tiglate C27H36O7 34458
25090-73-7 12-deoxy-phorbol-20-acetate-13-(2-methylbutyr C27H38O7 34469
25103-09-7 isooctyl thioglycolate C10H20O2S 21078
25103-12-2 triisooctyl phosphite C24H54O3P 34034
25103-58-6 tert-dodecylmercaptan C12H26S 25317
25109-28-8 1-bromo-4-cyclohexylbenzene C12H15Br 24025
25109-57-3 3,4-dibromo-2-butanone C4H6Br2O 2779
25115-74-6 4-cyano-4-phenylcyclohexanone C13H13NO 25863
25117-74-2 4-ethoxybenzonitrile C9H9NO 16384
25117-75-3 3-ethoxybenzonitrile C9H9NO 16397
25118-28-9 1,4-dibromohexane C6H12Br2 8250
25122-46-7 clobetasol propionate C25H32ClFO5 34135
25122-57-0 clobetasone butyrate C26H32ClFO5 34282
25134-21-8 methyl-5-norbornene-2,3-dicarboxylic anhydrid C10H10O3 19192
25136-53-2 glycerol monoallyl ether C6H12O3 8566
25136-55-4 dimethyldioxane C6H12O2 8520
25140-86-7 2-(2-chlorophenoxy)propionic acid C9H9ClO3 16327
25144-04-1 trans-2-methylcyclopentanol C6H12O 8444
25144-05-2 cis-2-methylcyclopentanol C6H12O 8443
25147-05-1 N-carbomethoxymethyliminophosphoryl chloride C2H3Cl3NO2P 722
25148-26-9 10-chloromethyl-9-methylanthracene C16H13Cl 29074
25148-87-2 1,3-dichloro-2-methyl-2-butene C5H8Cl2 4771
25151-00-2 butyltin trilaurate C40H72O6Sn 35612
25152-84-5 trans,trans-2,4-decadienal C10H16O 20458
25152-85-6 cis-3-hexenyl benzoate C13H16O2 26098
25154-52-3 nonylphenol C15H24O 28757
25154-54-5 dinitrobenzene C6H4N2O4 6584
25155-15-1 cymene C10H14 19869
25155-23-1 trixylyl phosphate C24H27O4P 33851
25155-25-3 a-a'-bis(tert-butylperoxy)diisopropylbenzene C20H34O4 32411
25155-30-0 dodecylbenzenesulfonic acid, sodium salt C18H29NaO3S 30946
25167-31-1 1-chloroaziridine C2H4ClN 804
25167-70-8 2,4,4-trimethylpentene C8H16 14990
25167-82-2 trichlorophenol C6H3Cl3O 6316
25167-83-3 tetrachlorophenol C18H6Cl12O3 30379
25167-93-5 chloronitrobenzene C6H4ClNO2 6447
25168-04-1 nitroxylene C8H9NO2 13740
25168-15-4 2,4,5-T isooctyl ester C16H21Cl3O3 29474
25168-24-5 bis(isooctyloxycarbonylmethylthio)dibutyl C28H56O4S2Sn 34724
25168-26-7 2,4-d, isooctyl ester C16H22Cl2O3 29497
25172-42-3 cis-2-propylcyclopentanol C8H16O 15132
25172-43-4 trans-2-propylcyclopentanol C8H16O 15133
25173-72-2 3-(3,4,5-trimethoxyphenyl)propionic acid C12H16O5 24268
25174-65-6 4-benzylpiperazinyl b-(p-chlorophenyl)phen C26H27ClN2O 34257

25174-66-7 b-(p-chlorophenyl)phenethyl 4-(o-chloroph C25H24Cl2N2O 34099
25177-85-9 indan-2-carboxylic acid C10H10O2 19162
25182-84-7 3-nitro-1-propanol C3H7NO3 2064
25186-47-4 3,5-dichlorotoluene C7H6Cl2 10261
25201-35-8 pentachloroacetophenone C8H3Cl5O 12477
25201-40-5 4-methyl-1,6-heptadien-4-ol C8H14O 14580
25229-42-9 3-cyclohexyl-2-butenoic acid C10H16O2 20484
25229-97-4 2-cyano-3-morpholinoacrylamide C8H11N3O2 14207
25230-72-2 tropylium perchlorate C7H7ClO4 10538
25234-79-1 3,4-dimethyl-2,5-hexanedione C8H14O2 14648
25234-83-7 methyl 3-methyl-4-oxopentanoate C7H12O3 11513
25235-85-2 4-chloroindole C8H6ClN 12762
25238-02-2 2-chloro-N,N,N'-trifluoropropionamidine C3H4ClF3N2 1524
25240-93-1 dinitrodiazomethane CN4O4 362
25245-33-4 1-iodo-2,3-dimethoxybenzene C8H9IO2 13660
25245-34-5 1-bromo-2,5-dimethoxybenzene C8H9BrO2 13563
25260-60-0 cis-1,4-diacetoxy-2-butene C8H12O4 14390
25265-71-8 dipropylene glycol C6H14O3 9076
25265-77-4 2,2,4-trimethyl-1,3-pentanediol monoisobutyra C12H24O3 24882
25267-15-6 polychloropinene C10H10Cl8 19007
25276-70-4 1-pentadecanethiol C15H32S 28921
25284-83-7 methanetellurol CH4Te 279
25291-17-2 3,3,4,4,5,5,6,6,7,7,8,8,8-tridecafluoro-1-dece C8H3F13 12496
25303-14-4 N-propylglycine C5H11NO2 5716
25309-64-2 1-ethyl-4-iodobenzene C8H9I 13650
25309-65-3 4-ethylbenzonitrile C9H9N 16377
25310-48-9 methyl(methylthio)mercury C2H6HgS 1031
25311-71-1 isofenphos C15H24NO4PS 28750
25312-34-9 4-(2,6,6-trimethyl-2-cyclohexen-1-yl)-3-buten- C13H22O 26376
25312-65-6 cholan-24-oic acid C24H40O2 33941
25316-59-0 benzyltributylammonium bromide C19H34BrN 31659
25319-90-8 mcpa-thioethyl C11H13ClO2S 21929
25321-09-9 diisopropylbenzene C12H18 24359
25321-14-6 dinitrotoluene C7H6N2O4 10374
25321-41-9 xylenesulfonic acid C8H10O3S 14019
25323-30-2 dichloroethylene C2H2Cl2 618
25323-68-6 trichlorodiphenyl C12H7Cl3 23254
25329-35-5 1,2,3,4,5-pentachlorocyclopentadiene C5HCl5 4189
25331-92-4 ethyl 1-{[4-(tert-butyl)anilino]carbonyl}-4 C19H28N2O3 31604
25333-42-0 (R)-quinuclidin-3-ol C7H13NO 11643
25339-09-7 isocetyl stearate C34H68O2 35273
25339-17-7 isodecanol C10H22O 21225
25339-56-4 3-heptene (mixed isomers) C7H14 11711
25340-17-4 diethylbenzene C10H14 19877
25340-18-5 triethylbenzene; (mixed isomers) C12H18 24363
25346-31-0 3-bromo-3-methylpentane C6H13Br 8657
25346-32-1 2-chloro-4-methylpentane C6H13Cl 8677
25346-33-2 1-bromo-2-methylpentane C6H13Br 8650
25354-97-6 2-hexyldecanoic acid C16H32O2 29722
25354-98-7 2-methyl-1-pentadecanol C16H34O 29769
25355-59-3 1-(p-methoxyphenyl)-3-methyl-3-nitrosourea C9H11N3O3 16995
25355-61-7 1-methyl-1-nitroso-3-(p-chlorophenyl)urea C8H8ClN3O2 13280
25360-10-5 tert-nonyl mercaptan, isomers C9H20S 18371
25360-32-1 carbonyl(dihydrido)tris(triphenylphosphine C55H47OP3Ru 35873
25369-78-2 5-chloro-2-mercaptobenzimidazole C7H5ClN2S 9925
25371-96-4 TRIM C10H7F3N2 18624
25376-45-8 toluenediamine C7H10N2 11107
25377-73-5 dodecenylsuccinic anhydride C16H26O3 29618
25379-20-8 2-phenylindolizine C14H11N 26827
25382-52-9 methylenemagnesium CH2Mg 163
25389-94-0 kanamycin sulfate C18H38N4O15S 31139
25394-75-6 alstonidine C22H24N2O4 33259
25395-22-6 [2-(aminocarbonyl)phenoxy]acetic acid C9H9NO4 16464
25395-31-7 1,2,3-propanetriol diacetate C7H12O5 11560
25395-41-9 2-hydroxy-3-(o-methoxyphenoxy)propyl nicotin C16H17NO5 29333
25405-85-0 phorbol-12,13-dibenzoate C34H36O8 35229
25409-39-6 ethyl 2-acetoxy-2-methylacetoacetate C9H14O5 17512
25413-64-3 N-propyl-N-butylnitrosamine C7H16N2O 12152
25414-22-6 2-methoxyfuran C5H6O2 4555
25415-67-2 ethyl 4-methylpentanoate C8H16O2 15186
25415-70-7 isobutyl 4-methylpentanoate C10H20O2 21057
25419-06-1 methylpentylamine C6H15N 9191
25419-36-7 1,2,3,4-tetrahydro-2,8-dimethylnaphthalene C12H16 24124
25419-37-8 1,2,3,4-tetrahydro-2,5-dimethylnaphthalene C12H16 24121
25425-12-1 citreoviridin C23H30O6 33620
25429-29-2 pentachlorobiphenyl C12H5Cl5 23180
25430-97-1 di-2-ethylhexyltin dichloride C16H34Cl2Sn 29762
25436-07-1 trimethylsilyl trichloroacetate C5H9Cl3O2Si 5105
25439-20-7 phenylacetylglycine dimethylamide C12H16N2O2 24169
25440-14-6 5,10,15,20-tetrakis(pentafluorophenyl)-21H C43H22F20N4 35710
25465-65-0 (1R,2R,3R,5S)-(-)-isopinocampheol C10H18O 20732
25476-27-1 phthalocyanine sodium C32H16N8Na2 35054
25480-76-6 N-chloro-5-methyl-2-oxazolidinone C4H6ClNO2 2802
25486-91-3 7,12-dimethyl-8,9,10,11-tetrahydrobenz(a)anthra C20H20 32113
25486-92-4 11,12-dihydro-3-methylcholanthrene C21H18 32666
25487-66-5 3-carboxyphenylboronic acid C7H7BO4 10460
25496-72-4 glyceryl monooleate C21H40O4 33031
25498-49-1 (2-(2-methoxy methyl ethoxy)methyl ethoxy)pro C10H22O4 21378
25503-90-6 1-acetyl-4-piperidinecarboxylic acid C8H13NO3 14452
25512-42-9 dichloro-1,1'-biphenyl C12H8Cl2 23278
25526-93-6 3'-deoxy-3'-fluorothymidine C10H13FN2O4 19749
25535-16-4 propidium iodide C27H34I2N4 34450
25542-62-5 ethyl 6-bromohexanoate C8H15BrO2 14744
25546-65-0 xylostatin C17H34N4O10 30321
25550-58-7 dinitrophenol C6H4N2O5 6592
25551-13-7 trimethyl benzene C9H12 17010
25560-00-3 1-(3-aminopropyl)-2-pipecoline C9H20N2 18221
25561-30-2 N,o-bis(trimethylsilyl)trifluoroacetamide C8H18F3NOSi2 15389
25564-22-1 2-pentyl-2-cyclopenten-1-one C10H16O 20477
25566-92-1 dicumylmethane C19H24 31536
25567-67-3 chlorodinitrobenzene C6H3ClN2O4 6284
25570-03-0 (S)-(+)-2-methylbutyronitrile C5H9N 5195
25584-83-2 hydroxypropyl acrylate, isomers C6H10O3 7906
25586-43-0 monochloronaphthalene C10H7Cl 18608
25595-59-9 a-chloro-a-hydroxy-2-toluenesulfonic acidg-su C7H5ClO3S 9944
25596-24-1 trimethylsulfoxonium bromide C3H9BrOS 2183
25597-16-4 ethyl 4,4,4-trifluorocrotonate C6H7F3O2 7163
25601-84-7 3-(dimethoxyphosphinyloxy)-N-methyl-N-methox C8H16NO6P 15024
25603-67-2 9-phenyl-9-fluorenol C19H14O 31282
25604-70-0 bromochloroacetylene C2BrCl 400
25604-71-1 chloroiodoacetylene C2ClI 430
25607-16-3 1-methyl-2-ethylnaphthalene C13H14 25907
25611-78-3 alpha-phenylbenzeneethanamine C14H15N 27214
25614-03-3 bromocriptine C32H40BrN5O5 35078
25614-78-2 N-acetylethyl-2-cis-crotonylcarbamide C9H14N2O3 17422
25620-58-0 2,2,4(2,4,4)-trimethyl-1,6-hexanediamine C9H22N2 18427
25620-78-4 pararosaniline base C19H19N3O 31435
25639-42-3 methylcyclohexanol C7H14O 11877
25639-45-6 di-2-furoyl peroxide C10H6O6 18597
25640-78-2 isopropylbiphenyl C15H16 28408
25641-18-3 azocarmine G C28H18N3NaO6S2 34590
25641-53-6 sodium dinitro-o-cresylate C7H6N2NaO5 10349
25641-98-9 3,5-dichloro-1,2-benzenedicarboxylic acid C8H4Cl2O4 12523
25641-99-0 a,a,a',a'-tetrachloro-o-xylene C8H6Cl4 12829
25659-22-7 4-hexen-2-one C6H10O 7774
25660-70-2 2-amino-5-ethylthio-1,3,4-thiadiazole C4H7N3S2 3311
25662-28-6 methyl cyclopentene-1-carboxylate C7H10O2 11186
25677-40-1 2-pentylidenecyclohexanone C11H18O 22593
25679-28-1 cis-p-propenylanisole C10H12O 19537
25680-58-4 2-ethyl-3-methoxypyrazine C7H10N2O 11110
25682-07-9 2-aminoethylammonium perchlorate C2H9ClN2O4 1171
25683-07-2 pyoluteorin C11H7Cl2NO3 21489
25695-77-6 phenyl trans-cinnamate C15H12O2 28187
25704-81-8 anthraquinone brilliant green concentrate C36H18Br2O4 35332
25710-89-8 xenon(ii) fluoride trifluoroacetate CF4O2Xe 80
25711-26-6 bis(tributyltin) itaconate C29H58O4Sn2 34822
25713-24-0 4-(2-iodoacetamido)-tempo, free radical C11H20IN2O2 22683
25717-80-0 morial C9H14N4O4 17432
25724-33-8 2,5-divinyltetrahydropyran C9H14O 17459
25724-34-9 2-ethoxy-4-methyl-tetrahydropyran C8H16O2 15208
25724-35-0 1-amino-3-aminomethyl-3,5,5-trimethyl cycloh C10H22N2O 21217
25724-50-9 3,5-dimethyl-1-(trichloromethylmercapto)pyra C6H7Cl3N2S 7162
25724-54-3 2-ethylhexanediol dibenzoate C22H26O4 33296
25724-58-7 phthalic acid, decyl hexyl ester C22H38O4 33408
25724-60-1 bis(2-(2-ethoxybutoxy)ethyl) succinic acid es C20H38O6 32455
25726-97-0 1-(trichloromethylmercapto)pyrazole C4H3Cl3N2S 2469
25726-99-2 3-(dibutylamino)propionitrile C11H22N2 22812
25727-08-6 1,1',1''-(phosphinidynetris((1-methylethylen C18H39O6P 31172
25735-67-5 4-sec-amylphenol C11H16O 22442
25756-29-0 N-methyl-N-(cyclohexylmethyl) amine C8H17N 15301
25773-40-4 2-isopropyl-3-methoxypyrazine C8H12N2O 14304
25779-13-9 (S)-(+)-1-phenyl-1,2-ethanediol C8H10O2 13980
25781-92-4 5-chloro-2-nitrodiphenylamine C12H9ClN2O2 23371
25790-35-6 1-(2-furyl)-1,3-butanedione C8H8O3 13475
25790-55-0 4-chloro-1,2-butadiene C4H5Cl 2635
25812-30-0 gemfibrozil C15H22O3 28682
25834-80-4 2,4-bis((4-aminophenyl)methyl)benzenamine C20H21N3 32153
25843-45-2 diazene, dimethyl-, 1-oxide C2H6N2O 1043
25852-70-4 butyltris(isooctyloxycarbonylmethylthio)s C34H66O6S3Sn 35262
25854-41-5 sodium dinitromethanide CHNNaO4 123
25855-92-9 9-(bromomethyl)-10-chloroanthracene C15H10BrCl 28006
25868-47-7 diphenyldichloro tin dipyridine complex C22H20Cl2N2Sn 33204
25871-69-6 1,3,5-tribenzoylbenzene C27H18O3 34390
25875-51-8 robenidine C15H13Cl2N5 28213
25876-07-7 butyl 2,3-epoxypropyl fumarate C11H16O5 22483
25876-47-5 fumaric acid ethyl-2,3-epoxypropyl ester C9H12O5 17212
25889-63-8 8,9-dimethylfluoranthene C18H14 30469
25895-60-7 sodium cyanoborohydride CH3BNNa 188
25898-71-9 hexynol C9H16Cl2OSi 17643
25899-50-7 cis-2-pentenenitrile C5H7N 4665
25917-89-3 2-methyl-5-nitro-1,4-benzenediamine C7H9N3O2 11036
25917-90-2 2-methoxy-5-nitro-1,4-benzenediamine C7H9N3O3 11039
25930-79-4 trimethylselenonium C3H9Se 2246
25934-47-8 1,2-(didecyloxy)benzene C26H46O2 34334
25938-97-0 p-bromobenzoic acid 2-phenylhydrazide C13H11BrN2O 25665
25939-05-3 a-(2,4,6-trichlorophenyl)hydrazono benzoyl C13H8Cl4N2 25480
25948-11-2 5-nitro-2-(n-propylamino)-pyridine C8H11N3O2 14208
25952-35-6 tetrahydro-3,5-dimethyl-4H,1,3,5-oxadiazine-4 C5H10N2OS 5414
25961-87-9 2-(2-(heptyloxy)ethoxy)ethanol C11H24O3 23077
25966-39-6 alpha-bromo-gamma-valerolactone,c&t C5H7BrO2 4601
25967-29-7 flutoprazepam C19H16ClFN2O 31332
25979-07-1 tert-butyldichlorophosphine C4H9Cl2P 3649
25987-94-4 silver trinitromethanide CAgN3O6 5
25991-27-9 methyl 2-oxo-2H-pyran-3-carboxylate C7H6O4 10440
25991-93-9 trichloromethyl methyl perthioxanthate C3H3Cl3S3 1436
26000-17-9 lycoctonine C25H41NO7 34164
26002-80-2 D-phenothrin C23H26O3 33577
26019-17-0 2-(dimethylaminomethyl)thiophene C7H11NS 11311
26020-35-9 N-tosyl-L-valine chloromethyl ketone C13H18ClNO3S 26170
26033-20-5 3-phenyl-1H-pyrazole-4-carboxaldehyde C10H8N2O 18715
26037-72-9 iodo(p-tolyl)mercury C7H7HgI 10588
26046-90-2 Se-methylseleno-L-cysteine C4H9NO2Se 3726
26049-68-3 2-hydrazino-4-(5-nitro-2-furyl)thiazole C7H6N4O3S 10399
26049-69-4 2-(2,2-dimethylhydrazino)-4-(5-nitro-2-fury C9H10N4O3S 16601
26049-70-7 2-hydrazino-4-(4-nitrophenyl)thiazole C9H8N4O2S 16181
26049-71-8 2-hydrazino-4-(p-aminophenyl)thiazole C9H10N4S 16604
26049-94-5 N-carbobenzyloxy-L-phenylalanyl chlorometh C18H18ClNO3 30645
26073-26-7 2,2-dichloropropanoyl chloride C3H3Cl3O 1427
26078-23-9 carbostyril 165 C12H14N2O 23921
26078-25-1 coumarin 2 C13H15NO2 26020
26087-47-8 O,O-bis(1-methylethyl)-S-(phenylmethyl)phos C13H21O3PS 26356
26087-98-9 bis(4-methyl-1-piperazinylthiocarbonyl) dis C14H26N4S4 27794
26093-31-2 7-amino-4-methylcoumarin C10H9NO2 18901
26093-63-0 3-methyltetrahydropyran C6H12O 8452
26097-80-3 cambendazole C14H14N4O2S 27136
26106-63-8 tetrahydrofuran-2,3,4,5-tetracarboxylic acid C8H8O9 13517
26106-95-6 2-chloro-1-butanol C4H9ClO 3618
26116-12-1 1-ethyl-2-pyrrolidinemethanamine C7H16N2 12139
26118-38-7 3,3-dimethyl-2-hexanone C8H16O 15069
26120-52-5 1,4-dimethyl-1,3-cyclohexadiene C8H12 14236
26127-08-2 (-)-chloromethyl menthyl ether C11H21ClO 22760
26129-32-8 2-(4-(4-chlorophenoxy)phenoxy)propionic aci C15H13ClO4 28212
26140-60-3 terphenyls C18H14 30471
26143-08-8 trans-1-iodo-1-nonene C9H17I 17810
26148-68-5 amino-a-carboline C11H9N3 21595
26153-88-8 dimethylpentylamine C7H17N 12324
26153-91-3 methyl-2,2-dimethylpropylamine C6H15N 9197
26157-96-0 2,5-diazido-3,6-dichlorobenzoquinone C6Cl2N6O2 6060
26158-99-6 ethyl pentyl sulfide C7H16S 12303
26163-27-9 silver dinitroacetamide C2H2AgN3O5 572
26164-26-1 (S)-(+)-a-methoxyphenylacetic acid C9H10O3 16763
26166-37-0 denudatine C22H33NO2 33380
26168-40-1 3-acetylthianaphthene C10H8OS 18746
26171-23-3 tolmetine C15H15NO3 28360
26171-78-8 (-)-menthyl phenylacetate C18H26O2 30894
26171-83-5 1,2-butanediol, (±) C4H10O2 3891
26172-55-4 5-chloro-2-methyl-4-isothiazolin-3-one C4H4ClNOS 2529
26184-62-3 (S)-(+)-2-pentanol C5H12O 5850
26185-83-1 1-tetratriacontyne C34H66 35260
26186-00-5 1-heptadecyne C17H32 30284
26186-01-6 1-nonadecyne C19H36 31670
26186-02-7 1-tridecyne C13H24 26402
26189-59-3 1-chloro-N,N,2-trimethyl-1-propenylamine C6H12ClN 8263
26190-82-9 2,5-dimethylquinoline C11H11N 21720
26196-45-2 4-amino-3-nitro-6-chloroaniline C6H6ClN3O2 6938
26198-63-0 1,2-dichloropropane, (±) C3H6Cl2 1848

26225-59-2 mecinarone C24H27NO6 33844
26225-79-6 ethofumesate C13H18O5S 26237
26227-73-6 N-(4-methoxybenzylidene)-4-butylaniline C18H21NO 30755
26239-55-4 ADA C6H10N2O5 7748
26249-01-4 sodium-2-benzothiazolylsulfide C7H4NNaS2 9823
26249-12-7 dibromobenzene C6H4Br2 6414
26249-20-7 butylene oxide C4H8O 3494
26256-87-1 tri(ethylene glycol) methyl vinyl ether C9H18O4 18103
26259-45-0 sec-bumeton C10H19N5O 20914
26259-90-5 1-(trichloromethylmercapto)-4-methylpyrazole C5H5Cl3N2S 4370
26260-02-6 2-iodobenzaldehyde C7H5IO 10028
26266-57-9 monopalmitate sorbitan C22H42O6 33447
26266-68-2 2-ethyl hexenal C8H14O 14597
26288-16-4 1,1,1-trifluorodecane C10H19F3 20882
26299-14-9 pyridinium chlorochromate C5H6ClCrNO3 4467
26303-90-2 4-decenoic acid C10H18O2 20771
26305-03-3 pepstatin A C34H63N5O9 35259
26305-13-5 2,4-dihydroxy-5,6-dimethylpyrimidine C6H8N2O2 7351
26308-28-1 pyrazapon C15H16N4O 28427
26311-17-1 2-ethoxy-N,N-dimethylethanamine C6H15NO 9218
26311-33-1 ethyl 2-methyl-2-hexenoate C9H16O2 17716
26311-45-5 4-pentylbenzoic acid C12H16O2 24227
26328-53-0 amoscanate C13H9N3O2S 25570
26330-51-8 methyl 2-bromo-3-methylbutanoate C6H11BrO2 7997
26340-58-9 trans-4-chlorocrotonic acid C4H5ClO2 2657
26356-06-9 2-bromo-3,3-dimethylbutane C6H13Br 8662
26370-28-5 2,6-nonadienal C9H14O 17445
26371-07-3 1-piperidinepropionic acid C8H15NO2 14821
26377-04-8 tributyltin sulfate C24H54O4SSn2 34035
26385-07-9 N-(2-chloroethyl)benzamide C9H10ClNO 16527
26386-88-9 diphenyl phosphoryl azide C12H10N3O3P 23511
26388-78-3 bis-1,2-diamino ethane dichloro cobalt(i C4H16Cl3CoN4O3 4137
26399-36-0 profluralin C14H16F3N3O4 27326
26400-24-8 dehydroheliotridine C8H11NO2 14179
26401-20-7 tert-hexyl alcohol C6H14O 9009
26401-41-2 flexol plasticizer PEP C28H50O5 34709
26401-97-8 bis(isooctyloxycarbonylmethylthio)dioctyl C36H72O4S2Sn 35427
26419-73-8 2,4-dimethyl-1,3-dithiolane-2-carboxaldehy C8H14N2O2S2 14526
26423-60-9 3-chloro-cis-2-pentene C5H9Cl 5033
26423-61-0 3-chloro-trans-2-pentene C5H9Cl 5034
26423-63-2 4-chloro-cis-2-pentene C5H9Cl 5035
26437-45-6 2-nonyl-[1,2,3,4-tetrahydronaphthalene] C19H30 31622
26438-24-4 2-heptyl-[1,2,3,4-tetrahydronaphthalene] C17H26 30242
26438-26-6 1-nonylnaphthalene C19H26 31568
26438-27-7 1-decylnaphthalene C20H28 32302
26438-28-8 1-dodecylnaphthalene C22H32 33361
26444-18-8 a,2-dimethylstyrene C10H12 19398
26444-49-5 tolyl diphenyl phosphate C19H17O4P 31392
26445-05-6 pyridinamine C5H6N2 4502
26446-35-5 monoacetin C5H10O4 5579
26447-24-5 1,2,3,4-tetrahydronaphthalene hydroperoxide C10H12O2 19612
26447-28-9 furoic acid C5H4O3 4341
26448-91-9 ethyl 4-ethoxybutyrate C8H16O3 15224
26460-67-3 methyl perillate C11H16O2 22459
26464-32-4 methyl 2-chlorobutanoate C5H9ClO2 5090
26464-99-3 dimethyltrimethylsilylphosphine C5H15PSi 6038
26465-81-6 2,3-dihydro-3,3-dimethyl-1H-inden-1-one C11H12O 21853
26472-00-4 methylcyclopentadiene dimer C12H16 24140
26472-41-3 humulon C21H30O5 32965
26473-49-4 3-mercaptobutanoic acid C4H8O2S 3539
26475-18-3 4,4'-dimethyloctafluorobiphenyl C14H6F8 26592
26488-34-6 trans-N-acetoxy-4-acetyl-aminostilbene C18H17NO3 30613
26489-01-0 citronellol, (±) C10H20O 20999
26490-07-3 2-isobutylnaphthalene C14H16 27272
26493-63-0 bis(2-aminoethyl)amine cobalt(iii) azide C4H13CoN12 4115
26509-45-5 methyl eugenol glycol C11H16O4 22479
26513-20-2 N,N-diethyl-1,3-benzenediamine C10H16N2 20393
26519-91-5 methylcyclopentadiene C6H8 7268
26523-63-7 hexachlorobutane C4H4Cl6 2550
26523-64-8 trichlorotrifluoroethane C4Cl6F6 2319
26530-20-1 octhilinone C11H19NOS 22642
26531-85-1 6-O-beta-D-xylopyranosyl-D-glucose C11H20O10 22746
26532-22-9 grandisol C10H18O 20730
26533-31-3 2-methyl-4-nonanol C10H22O 21245
26533-33-5 2-methyl-3-nonanol C10H22O 21242
26533-34-6 2-methyl-3-octanol C9H20O 18254
26533-35-7 3-methyl-4-octanol C9H20O 18260
26533-36-8 2-nonadecanol C19H40O 31743
26537-19-9 methyl 4-tert-butylbenzoate C12H16O2 24226
26538-44-3 zeranol C18H26O5 30900
26541-51-5 N-nitrosothiomorpholine C4H8N2OS 3428
26541-56-0 N-acetoxy-4-acetamidobiphenyl C16H15NO3 29214
26541-57-1 N-acetoxy-2-acetamidophenanthrene C18H15NO3 30554
26544-38-7 2-dodecen-1-ylsuccinic anhydride, isomers C16H26O3 29619
26549-22-4 (R,R)-(-)-2,3-dimethoxy-1,4-bis(dimethylami C10H24N2O2 21424
26549-24-6 2-hexanol, (R) C6H14O 8990
26549-25-7 3-heptanol, (S) C7H16O 12205
26549-65-5 (+)-N,N,N',N'-tetramethyl-L-tartaramide C8H16N2O4 15052
26550-55-0 (S)-(+)-1-methoxy-2-propanol C4H10O2 3903
26552-50-1 neptal C12H15HgNO6 24043
26555-40-8 methoxycarbonylsulfenyl chloride C2H3ClO2S 712
26560-94-1 ethylene glycol maleate C6H8O5 7458
26562-01-6 tetraisoamylstannane C20H44Sn 32555
26571-79-9 trichloro(chlorophenyl)silane C3H6Cl4Si 1862
26574-59-4 4-chlorophenyl 2-chloro-1,1,2-trifluoroet C8H5Cl2F3O2S 12625
26581-81-7 2-(2,6-dioxopiperiden-3-yl) phthalimidine C13H9N2O3 25569
26586-55-0 4-(4-methylpiperazino)acetophenone C13H18N2O 26181
26590-20-5 methyltetrahydrophthalic anhydride C9H10O3 16776
26594-44-5 N-acetoxy-N-(4-stilbenyl) acetamide C18H17NO3 30614
26608-06-0 3-bromodibenzofuran C12H7BrO 23237
26615-21-4 zotepine C18H18ClNOS 30648
26616-35-3 vinylbenzyl trimethylammonium chloride C12H18ClN 24392
26629-87-8 4-isopropyl-2-(a,a,a-trifluoro-m-tolyl)morp C14H18F3NO 27443
26630-60-4 N-hydroxy-2-fluorenylbenzenesulfonamide C19H15NO3S 31320
26631-69-6 ethyl trans-2,3-dibromoacrylate C5H6Br2O2 4465
26636-01-1 bis(isooctyloxycarbonylmethylthio)dimethy C22H44O4S2Sn 33472
26637-71-8 dibromobicycloheptane (mixed isomers) C7H10Br2 11061
26638-19-7 dichloropropane C3H6Cl2 1849
26638-43-7 methyl 2-(chlorosulfonyl)benzoate C8H7ClO4S 13041
26644-46-2 triforine C10H14Cl6N4O2 19916
26645-10-3 diethyl gold bromide C4H10AuBr 3788
26645-35-2 cyclic(L-alanyl-2-mercapto-L-tryptophyl-4 C37H50N8O13S 35465
26651-96-7 2,6-dimethyldodeca-2,6,8-trien-10-one C14H22O 27690
26655-34-5 alpha-D-glucose C6H12O6 8593
26675-46-7 isoflurane C3H2ClF5O 1347
26680-54-6 2-octen-1-ylsuccinic anhydride, cis and trans C12H18O3 24481
26690-77-7 N-hydroxy-4-biphenylylbenzamide C19H15NO2 31319
26690-80-2 N-(tert-butoxycarbonyl)ethanolamine C7H15NO3 12094
26717-47-5 lipenan C16H22ClNO4 29494
26717-79-3 potassium-2,5-dinitrocyclopentanonide C5H5KN2O5 4389
26718-82-1 heneicosylcyclohexane C27H54 34550
26730-14-3 7-methyltridecane C14H30 27918
26741-53-7 cyclic neopentanetetrayl bis(2,4-di-tert-bu C33H50O6P2 35165
26747-87-5 ethyl decaborane C2H18B10 1189
26754-48-3 tetrahydro-2,2-dimethyl-5-oxo-3-furanacetic ac C8H12O4 14386
26761-40-0 diisodecyl phthalate C28H46O4 34691
26761-45-5 glycidyl neodecanoate C13H24O3 26433
26761-81-9 mixo-dichlorobutane C4H8Cl2 3371
26762-93-6 diisopropylphenylhydroperoxide (solution) C12H19O2 24525
26766-27-8 triarimol C17H12Cl2N2O 29877
26767-00-0 methyl 3-(trimethylsilyloxy)crotonate C8H16O3Si 15231
26771-11-9 cis-2,2-dimethyl-3-(2-methyl-1-propenyl)cyclo C10H16O2 20488
26774-88-9 D(-)-2,5-dihydrophenylglycine C8H11NO2 14168
26780-96-1 acetonanil C12H15N 24048
26782-43-4 hydroxysenkirkine C19H27NO7 31595
26782-75-2 (S)-(-)-2-bromo-3-methylbutyric acid C5H9BrO2 5013
26798-98-1 N,N-dimethylaminopentamethyldisilane C7H21NSi2 12406
26807-65-8 indapamide C16H16ClN3O3S 29245
26817-31-2 1-nitrotridecane C13H27NO2 26522
26818-53-1 N,N-di-sec-butyl dithiooxamide C10H20N2S2 20987
26825-83-2 1-iodoheptadecane C17H35I 30340
26825-94-5 methyl 10-bromodecanoate C11H21BrO2 22754
26826-40-4 tert-butyl 1-methyl-2-propynyl ether C8H14O 14582
26828-48-8 2-allyl-2-methyl-1,3-cyclopentanedione C9H12O2 17156
26830-95-5 4-methyl-2-nitrobenzonitrile C8H6N2O2 12886
26833-86-3 isoharringtonine C28H37NO9 34653
26833-87-4 homoharringtonine C29H39NO9 34786
26844-49-5 (4-aminopiperidino)methyl indol-3-yl ketone C15H19N3O 28572
26864-56-2 penfluridol C28H27ClF5NO 34605
26886-05-5 3,5-bis(1-methylethyl)phenol C12H18O 24457
26896-20-8 neodecanoic acid C10H20O2 21067
26896-31-1 isooctyl ((tributylstannyl)thio)acetate C22H46O2SSn 33480
26907-37-9 N,N'-methylenebis(2-amino-1,3,4-thiadiazole) C5H6N6S2 4532
26909-37-5 10-decarbamoylmitomycin C C14H17N3O4 27402
26921-68-6 N-nitrosomethylethanolamine C3H8N2O2 2120
26932-45-6 D-selenocystine C6H12N2O4Se2 8374
26939-18-4 5,6-dihydro-2,4,4,6-tetramethyl4H-1,3-oxazine C8H15NO 14797
26944-48-9 glutril C18H26N2O4S 30884
26952-21-6 isooctanol C8H18O 15535
26952-23-8 dichloropropylene C3H4Cl2 1542
26963-33-7 2-isopentylthiophene C9H14S 17520
26967-76-0 tris(isopropylphenyl)phosphate C27H33O4P 34446
26981-81-7 diethylheptylamine C11H25N 23094
26981-93-1 methyldiazene CH4N2 258
26981-98-6 7-methyl-4-nonanol C10H22O 21248
27016-91-7 2,3-dihydro-N-methyl-7-nitro-2-oxo-5-phenyl C17H14N4O4 29944
27018-50-4 7-iodomethyl-12-methylbenz(a)anthracene C20H15I 31961
27025-41-8 L(-)-glutathione, oxidized C20H32N6O12S2 32381
27025-49-6 carbenicillin phenyl C23H22N2O6S 33544
27035-30-9 oxamethacin C19H17ClN2O4 31376
27035-39-8 1,2,5,6-diepoxycyclooctane C8H12O2 14359
27043-05-6 2-ethyl-3,5(6)dimethylpyrazine C8H12N2 14292
27048-01-7 3-(2-iodoacetamido)-proxyl, free radical C10H18IN2O2 20653
27060-75-9 4-bromo-3-methylanisole C8H9BrO 13554
27060-91-9 flutazolam C19H18ClFN2O3 31398
27063-27-0 4-methyl-2-quinolinamine C10H10N2 19029
27064-94-4 chlorobis(4-fluorophenyl)methane C13H9ClF2 25518
27069-17-6 3-(4-methoxyphenyl)pyrazole C10H10N2O 19049
27070-49-1 1,2,3-triazole C2H3N3 768
27090-63-7 N,N,N',N'-tetrabutyl-1,6-hexanediamine C22H48N2 33489
27093-62-5 N-methyl-3:4:5:6-dibenzcarbazole C21H15N 32620
27096-31-7 triethyl ammonium nitrate C6H16N2O3 9308
27098-03-9 botryodiplodin C7H12O3 11528
27104-73-0 methyl 3-isoquinolinecarboxylate C11H9NO2 21577
27107-88-6 di-n-octyltin bis(butyl mercaptoacetate) C28H56O4S2Sn 34726
27107-89-7 octyltris(2-ethylhexyloxycarbonylmethylth C38H74O6S3Sn 35516
27115-49-7 3-methylhippuric acid C10H11NO3 19332
27115-50-0 4-methylhippuric acid C10H11NO3 19333
27126-93-8 3,5-bis(trifluoromethyl)benzonitrile C9H3F6N 15779
27129-86-8 1-(bromomethyl)-3,5-dimethylbenzene C9H11Br 16823
27129-87-9 3,5-dimethylbenzenemethanol C9H12O 17093
27132-23-6 dimethyl diethylmalonate C9H16O4 17771
27134-24-3 dicresol C14H14O2 27171
27137-85-5 dichlorophenyltrichlorosilane C6H3Cl5Si 6327
27138-31-4 di(propylene glycol) dibenzoate C20H22O5 32181
27146-15-2 2-(4-thiazolyl)-5-benzimidazolecarbamic ac C12H10N4O2S 23516
27156-03-2 dichlorodifluoroethylene C2Cl2F2 438
27156-32-7 methyldihydropyran C6H10O 7807
27176-87-0 dodecylbenzenesulfonic acid C18H30O3S 30971
27193-28-8 tert-octylphenol C14H22O 27688
27193-69-7 trimethyl-1,5,9-cyclododecatriene, isomers C15H24 28746
27193-86-8 dodecylphenols C18H30O 30963
27196-00-5 tetradecanol; mixed isomers C14H30O 27929
27203-92-5 tramadol C16H25NO2 29589
27208-37-3 cyclopenta(cd)pyrene C18H10 30381
27215-10-7 diisooctyl acid phosphate C16H35O4P 29810
27219-07-4 boc-5-ava-oh C10H19NO4 20904
27220-59-3 antimycin A4 C25H34N2O9 34143
27223-49-0 proparthrin C19H24O3 31558
27231-36-3 2-mercapto-5-methylbenzimidazole C8H8N2S 13379
27247-96-7 2-ethylhexyl nitrate C8H17NO3 15344
27254-36-0 1-nitronaphthalene C10H7NO2 18644
27254-37-1 2-phenylethyl hydroperoxide C8H10O2 13985
27260-19-1 4-amino-5-chloro-N-(2-(ethylaminoethyl)-o C12H18ClN3O2 24395
27262-45-9 d(+)-bupivacaine C18H28N2O 30918
27262-47-1 l(-)-bupivacaine C18H28N2O 30919
27267-69-2 collinomycin C27H20O12 34392
27275-90-7 tetrazole-5-diazonium chloride CHClN6 100
27292-46-2 2,3-dimercaptopropyl-p-tolysulfide C10H14S3 20181
27298-97-1 (S)-(-)-4-bromo-a-phenethylamine C8H10BrN 13812
27298-98-2 (S)-(-)-a,4-dimethylbenzylamine C9H13N 17286
27302-90-5 2-((methylsulfinyl)acetyl)pyridine C8H9NO2S 13743
27304-13-8 oxychlordane C10H4Cl8O 18490
27310-21-0 2-(2,4-hexadienyloxy)ethanol C8H14O2 14650
27312-17-0 2-bromo-1,5-diamino-4,8-dihydroxyanthraqui C14H9BrN2O4 26685
27314-13-2 norflurazon C12H9ClF3N3O 23370
27318-87-2 3-(3,5-dimethoxyphenoxy)-1,2-propanediol C11H16O5 22484
27329-70-0 2-formylfuran-5-boronic acid C5H5BO4 4348
27343-29-9 11-methyl-1-oxo-1,2,3,4-tetrahydrochrysene C19H16O 31350
27355-22-2 4,5,6,7-tetrachlorophthalide C8H2Cl4O2 12448
27356-52-1 2-ethyl-3-methylquinoline C12H13N 23821
27360-58-3 phenylmercuripyrocatechin C12H10HgO2 23483
27360-85-6 copper phthalocyanine tetrasulfonic C32H12CuN8Na4O12S4 35047
27361-16-6 2-butoxypyridine C9H13NO 17313
27370-94-1 cis-1-iodo-1-nonene C9H17I 17809
27371-95-5 2,2-dibutyl-1,3,2-oxathiastannolane C10H22OSSn 21344

27374-25-0 (1-ethoxycyclopropoxy)trimethylsilane C8H18O2Si 15575
27375-52-6 4'-(2-hydroxyethylsulfonyl)acetanilide C10H13NO4S 19843
27387-79-7 butyl 3-chloropropanoate C7H13ClO2 11598
27424-87-9 1-methyl-4-ethylnaphthalene C13H14 25909
27425-55-4 coumarin 7 C20H19N3O2 32111
27442-58-6 phenylphosphonic acid isobutyl 2-propynyl es C13H17O3P 26157
27460-73-7 trans-N-(decahydro-2-methyl-5-isoquinolyl)- C20H30N2O4 32343
27463-04-3 3-(2-hydroxyacetyl)-2-methylindole C11H11NO2 21754
27464-82-0 2,5-dimethyl-1,3,4-thiadiazole C4H6N2S 2920
27469-53-0 1-(4,6-bisallylamino-S-triazinyl)-4-(p,p'-d C26H29F2N7 34272
27469-60-9 1-[bis(4-fluorophenyl)methyl]piperazine C17H18F2N2 30059
27470-51-5 suxibuzone C24H26N2O6 33833
27473-62-7 2-amino-2-indanecarboxylic acid C10H11NO2 19316
27489-62-9 trans-4-aminocyclohexanol C6H13NO 8777
27503-81-7 2-phenylbenzimidazole-5-sulfonic acid C13H10N2O3S 25610
27505-78-8 2,3,7-trimethylindole C11H13N 21955
27512-72-7 ethyl-5-chloro-3(1H)-indazolylacetate C11H11ClN2O2 21683
27519-02-4 cis-9-tricosene C23H46 33687
27522-11-8 2-ethyl-1-pentanol C7H16O 12180
27532-76-9 2,10-dimethylanthracene C16H14 29108
27548-93-2 baccatine iii C31H38O11 34998
27554-26-3 diisooctyl phthalate C24H38O4 33924
27563-68-4 methyl hexadecyl sulfide C17H36S 30364
27565-41-9 dithiothreitol C4H10O2S2 3913
27568-90-7 tris(2-bromoethyl)phosphate C6H12Br3O4P 8261
27574-98-7 2,3,4,5,6-pentamethylheptane C12H26 25217
27578-60-5 2-piperidinoethylamine C7H16N2 12143
27589-33-9 azosemide C12H11ClN6O2S2 23596
27605-76-1 probenazole C10H9NO3S 18929
27607-77-8 trimethylsilyl trifluoromethanesulfonate C4H9F3O3SSi 3664
27610-88-4 2,2,7,7-tetramethyl-3,6-octanedione C12H22O2 24709
27610-92-0 2-butyloctanoic acid C12H24O2 24879
27631-29-4 2,4-dichloro-6,7-dimethoxyquinazoline C10H8Cl2N2O2 18689
27636-33-5 N-methyl naphthylcarbamate C12H11NO2 23642
27636-85-7 heptafluoroiodopropane C3F7I 1296
27644-49-1 3-methyl-2-octanol C9H20O 18251
27653-49-2 2,4-diamino-5-phenyl-6-ethylpyrimidine C12H14N4 23947
27653-50-5 2,4-diamino-5-phenyl-6-propylpyrimidine C13H16N4 26073
27655-40-9 5-isoquinolinesulfonic acid C9H7NO3S 16064
27655-41-0 5-isoquinolinecarbonitrile C10H6N2 18564
27656-50-4 trans-2,2,4,6,6-pentamethyl-3-heptene C12H24 24827
27668-52-6 dimethyloctadecyl[3-(trimethoxysilyl)pro C26H58ClNO3Si 34385
27684-90-8 b-sec-butyl-N,N-dimethyl-5-fluoro-2-methoxyp C15H24FNO 28708
27685-51-4 mercury thiocyanatocobaltate(ii) C4CoHgN4S4 2322
27691-62-9 N,N-dimethyl-3-phenothiazinesulfonamide C14H14N2O2S2 27122
27692-91-7 N,N-dimethyl-N'-ethyl-N'-phenylethylenediamin C19H20N2 31444
27695-54-1 2-((4-(dibromoacetyl)phenyl)amino)-2-eth C18H16Br2N2O5 30580
27695-55-2 1-(3-chlorophenyl)-2-((4-(dichloroacetyl) C16H12Cl3NO3 29036
27695-57-4 2-((4-(dichloroacetyl)phenyl)amino)-2-hyd C16H13Cl2NO3 29081
27695-58-5 2-((4-(dichloroacetyl)phenyl)amino)-2-hyd C17H15Cl2NO3 29960
27695-59-6 2-((4-(dichloroacetyl)phenyl)amino)-2-hyd C17H15Cl2NO4 29961
27695-60-9 2-((4-(dichloroacetyl)phenyl)amino)-2-hyd C22H17Cl2NO4 33154
27695-61-0 1-(1,1'-biphenyl)-4-yl-2-((4-(dichloroace C22H17Cl2NO3 33152
27695-88-1 (1S-trans)-2,2-dimethyl-3-(2-methyl-1-propeny C24H28O2 33859
27698-99-3 guanidinium dichromate C2H12Cr2N6O7 1186
27700-43-2 2-((4-(dichloroacetyl)phenyl)amino)-2-hy C22H17Cl2NO3S 33153
27701-01-5 methyl tert-butylcarbamate C6H13NO2 8821
27701-66-2 4-bromo-3-nitrobiphenyl C12H8BrNO2 23265
27721-02-4 1,5-bis(diphenylphosphino)pentane C29H30P2 34756
27742-38-7 tetramethylarsonium C4H12As 4031
27753-52-2 nonabromobiphenyl C12HBr9 23131
27755-15-3 ditolylethane C16H18 29359
27757-85-3 2-thiophenemethylamine C5H7NS 4705
27758-60-7 N,N-di(p-tolyl)hydrazine C14H16N2 27338
27778-78-5 b-sec-butyl-3-chloro-N,N-dimethyl-4-methoxy C15H24ClNO 28704
27778-80-9 b-sec-butyl-3-chloro-N,N-dimethyl-4-ethoxyp C16H26ClNO 29601
27778-82-1 b-sec-butyl-N,N-dimethyl-2-ethoxy-5-fluoroph C16H26FNO 29603
27779-01-7 diphenylcyanamide C13H10N2 25596
27779-29-9 (1S,2S,3S,5R)-(+)-isopinocampheol C10H18O 20733
27784-76-5 tert-butyl diethylphosphonoacetate C10H21O5P 21130
27802-85-3 3,4,7-trimethylnonane C12H26 24995
27807-50-7 N-(bis(1-aziridinyl)phosphinyl)-p-bromob C11H13BrN3O2P 21912
27807-51-8 N-(bis(1-aziridinyl)phosphinyl)-p-iodoben C11H13IN3O2P 21941
27807-69-8 N-(bis(1-aziridinyl)phosphinyl)-p-chloro C11H13ClN3O2P 21918
27813-02-1 hydroxypropyl methacrylate C7H12O3 11525
27813-21-4 cis-1,2,3,6-tetrahydrophthalimide C8H9NO2 13734
27816-36-0 2-chloropropionamide C3H6ClNO 1833
27816-53-1 1,5-dimethyl-1H-indole C10H11N 19292
27827-87-8 2-acetoxy-2-methyl-3,3,3-trifluoropropionitri C6H6F3NO2 6961
27831-13-6 4-ethenyl-1,2-dimethylbenzene C10H12 19379
27846-30-6 3-propynethiol C3H4S 1639
27848-80-2 lithium (S)-lactate C3H5LiO3 1751
27848-81-3 D(+)-lactic acid, lithium salt C3H5O3Li 1808
27848-84-6 nicotergoline C24H26BrN3O3 33827
27858-07-7 octabromodiphenyl C12H2Br8 23136
27860-55-5 vanadyl octaethylporphine C36H46N4OV 35364
27871-49-4 methyl (S)-(-)-lactate C4H8O3 3563
27876-94-4 8,8'-diapo-psi,psi-carotenedioic acid C20H24O4 32234
27893-41-0 4-(heptyloxy)benzaldehyde C14H20O2 27600
27905-45-9 3,3,4,4,5,5,6,6,7,7,8,8,9,9,10,10,10-heptad C13H7F17O2 25455
27911-72-4 tritetradecylamine C42H87N 35709
27939-60-2 dimethyl-3-cyclohexene-1-carboxaldehyde C9H14O 17458
27945-43-3 3-(3,5-dimethyl-4-hydroxyphenyl)-2-methyl-4 C17H16N2O2 30002
27948-61-4 (R)-(+)-1-(2-furyl)ethanol C6H8O2 7426
27956-35-0 2-(4-tolyl)malondialdehyde C10H10O2 19147
27959-26-8 cholexamin C34H32N4O9 35218
27961-70-2 O-trifluoroacetyl-S-fluoroformyl thioperoxide C3F4O3S 1282
27993-42-6 3-methyl-1-phenyl-2-pentanone C12H16O 24190
28005-74-5 di-(hydroxyethyl)-o-tolylamine C11H17NO2 22524
28008-55-1 daunomycinol C27H31NO10 34430
28016-59-3 heptakis (dimethylamino)trialuminum trib C14H47Al3B3N7 26580
28022-11-9 megalomicin A C44H80N2O15 35759
28028-91-3 cis-1-fluoro-1-heptene C7H13F 11613
28028-92-4 trans-1-fluoro-1-heptene C7H13F 11614
28051-68-5 2-methyl acrylaldehyde oxime C4H7NO 3259
28052-84-8 DL-5-methoxytryptophan C12H14N2O3 23934
28056-54-4 2,2,4-trimethylcyclopentanone C8H14O 14576
28059-64-5 2-benzylaniline C13H13N 25860
28061-21-4 dodecylbenzyl chloride C19H31Cl 31641
28069-72-9 trans-2,cis-6-nonadienol C9H16O 17708
28069-74-1 ethyl cis-3-hexenyl acetal C10H20O2 21069
28081-11-0 2-chloro-4'-fluorochalcone C15H10ClFO 28010
28081-12-1 4-chloro-4'-fluorochalcone C15H10ClFO 28011
28081-14-3 3,4-dimethoxy-4'-fluorochalcone C17H15FO3 29964
28081-18-7 3-nitro-4'-fluorochalcone C15H10FNO3 28021
28103-68-6 2,3-dinitro-2-butene C4H6N2O4 2918
28118-53-8 1,3-bis(phenylthio)propane C15H16S2 28449
28122-24-9 3-ethyldiphenylmethane C15H16 28390
28122-25-0 2-ethyldiphenylmethane C15H16 28389
28122-27-2 3',5'-dimethyldiphenylmethane C15H16 28397
28122-28-3 2',4'-dimethyldiphenylmethane C15H16 28393
28122-29-4 2',2"-dimethyldiphenylmethane C15H16 28398
28123-70-8 5-chlorononane C9H19Cl 18123
28127-58-4 sec-butyl tiglate C9H16O2 17727
28128-40-7 2-amino-6-hydroxy-8-mercaptopurine C5H5N5OS 4440
28143-91-1 (1S,2S)-(+)-2-amino-1-phenyl-1,3-propanediol C9H13NO2 17335
28148-04-1 1,3-dibromo-2-methylpropane C4H8Br2 3342
28149-15-7 9-hydroxy-2-nitrofluorene C13H9NO3 25563
28149-22-6 N-methyl-p-(p-tolylazo)aniline C14H15N3 27246
28152-96-7 12-deoxy-phorbol-13-tiglate C25H34O6 34146
28152-97-8 12-deoxy-phorbol-13a-methylbutyrate C25H36O6 34154
28163-00-0 2-chloro-4-nitrobenzonitrile C7H3ClN2O2 9512
28163-64-6 (R)-(+)-b-methylphenethylamine C9H13N 17290
28164-88-7 daphnetoxin C27H30O8 34427
28166-41-8 a-cyano-4-hydroxycinnamic acid C10H7NO3 18651
28169-46-2 3,5-dinitro-2-toluic acid C8H6N2O6 12903
28177-48-2 2,6-difluorophenol C6H4F2O 6530
28178-42-9 2,6-diisopropylphenyl isocyanate C13H17NO 26125
28188-41-2 a-bromo-m-tolunitrile C8H6BrN 12732
28199-55-5 purine-3-oxide C5H4N4O 4310
28219-61-6 2-ethyl-4-(2,2,3-trimethyl-3-cyclopenten-1-yl) C14H24O 27757
28227-92-1 phalloin C35H48N8O10S 35301
28229-69-8 3-bromophenethyl alcohol C8H9BrO 13558
28230-32-2 3-hydroxy-1,2,3-benzotriazin-4(3H)-one C7H5N3O2 10104
28240-69-9 1,2-bis(dichlorophosphino)ethane C2H4Cl4P2 825
28249-77-6 thiobencarb C12H16ClNOS 24150
28260-61-9 trinitrochlorobenzene C6H2ClN3O6 6159
28267-29-0 ethyl tridecanoate C15H30O2 28889
28290-41-7 trans,trans-farnesyl bromide C15H25Br 28780
28292-42-4 3-aminoheptane C7H17N 12345
28292-43-5 5-methyl-2-hexylamine C7H17N 12346
28300-74-5 tartar emetic C8H10K2O15Sb2 13853
28303-42-6 dodecyl formate C13H26O2 26494
28313-53-3 2-cyano-2-oxoacetic acid methyl ester2-(3, C12H7F6N3O2 23242
28314-03-6 N-fluoren-1-yl acetamide C15H13NO 28227
28314-80-9 2,4,6-trifluorobenzoic acid C7H3F3O2 9580
28315-93-7 5-hydroxy-1-tetralone C10H10O2 19132
28320-88-9 3-chloro-3-methyloctane C9H19Cl 18120
28320-89-0 3-chloro-3-ethylheptane C9H19Cl 18119
28322-02-3 4-acetylaminofluorene C15H13NO 28225
28332-44-7 5-methyl-4-hexen-2-one C7H12O 11427
28334-99-8 3,5-dipropoxyphenol C12H18O3 24480
28347-13-9 xylene chloride C8H8Cl2 13293
28353-00-6 cis-3-acetyl-2,2-dimethylcyclobutane acetonit C10H15NO 20244
28363-79-3 dimethyl 3-methyl-trans-1,2-cyclopropanedicarb C8H12O4 14392
28380-24-7 nigericin C40H67O11Na 35610
28390-42-3 methyl-azuleno(5,6,7-c,d)phenalene C21H14 32587
28395-03-1 bumetanide C17H20N2O5S 30134
28399-17-9 eudesma-3,11(13)-dien-12-oic acid C15H22O2 28677
28434-00-6 trans-(+)-allethrin C19H26O3 31581
28434-01-7 bioresmethrin C22H26O3 33293
28434-86-8 bis(4-amino-3-chlorophenyl) ether C12H10Cl2N2O 23470
28439-86-3 4-butoxyphenyl isocyanate C11H13NO2 21974
28443-50-7 2-amino-5-chlorophenol C6H6ClNO 6932
28446-68-6 4-methoxycinnamonitrile C10H9NO 18884
28460-01-7 diethyl (methylthiomethyl)phosphonate C6H15O3PS 9264
28466-26-4 1H-pyrazol-4-amine C3H5N3 1783
28467-75-6 2-tridecyne C13H24 26403
28467-92-7 2-(phenylmethylene)butanal C11H12O 21856
28469-92-3 1,3-dichloro-2-vinylbenzene C8H6Cl2 12799
28472-18-6 trimethylhexanedioic acid C9H16O4 17777
28479-19-8 3-(methylthio)phenyl isocyanate C8H7NOS 13142
28479-22-3 3-chloro-4-methylphenyl isocyanate C8H6ClNO 12769
28489-45-4 6-hydroxy-3-nitro-2-picoline C6H6N2O3 7019
28519-06-4 decyl chloride (mixed isomers) C10H21Cl 21094
28522-57-8 3-methyltricycloquinazoline C22H14N4 33111
28538-70-7 nitrosomethyl-n-hexylamine C7H16N2O 12151
28553-12-0 diisononyl phthalate C26H42O4 34316
28556-81-2 2,6-dimethylphenyl isocyanate C9H9NO 16392
28557-25-7 KT 136 C12H15N5O2 24106
28562-53-0 4-acetoxy-2-azetidinone C5H7NO3 4690
28562-58-5 4-benzoyloxy-2-azetidinone C10H9NO3 18915
28577-62-0 dichloro-1,3-butadiene C4H4Cl2 2537
28588-74-1 2-methyl-3-furanethiol, balance oxidized compoun C5H6OS 4546
28588-75-2 bis(2-methyl-3-furyl)disulphide C10H10O2S2 19175
28597-01-5 phenylvanadium(v) dichloride oxide C6H5Cl2OV 6755
28609-58-7 triphenylthioantimonate C18H15S3Sb 30571
28611-39-4 4-(N,N-dimethylamino)phenylboronic acid C8H12BNO2 14255
28613-21-0 bis(1-aziridinyl)phosphinylcarbamic acid C18H32N9O9P3 30990
28616-48-0 diethyl bis-dimethylpyrophosphoradiamide (C8H22N2O5P2 15740
28622-66-4 1,2-dihydro-1,2-phenanthrenediol C14H12O2 26963
28622-84-6 4,5-dihydro-4,5-dihydroxybenzo(a)pyrene C20H14O2 31906
28623-46-3 nonadecanenitrile C19H37N 31690
28648-78-4 2-(4-pyrimidyl)malondialdehyde C7H6N2O2 10355
28652-04-2 diamylphenol C16H26O 29612
28652-72-4 methylbiphenyl C13H12 25745
28657-75-2 6-amino-3,4-methylenedioxyacetophenone C9H9NO3 16456
28657-80-9 cinoxacin C12H10N2O5 23510
28660-63-1 di-n-butyl(dibutyryloxy)stannane C16H32O4Sn 29736
28660-67-5 bis(tetradecanoyloxy)dibutylstannane C36H72O4Sn 35429
28664-03-1 ethyl 3-(ethoxycarbonyl)-2,2-dimethylcyclobut C13H22O4 26393
28670-60-2 tert-amyl tert-butyl nitroxide C9H20NO 18215
28675-08-3 dichlorodiphenyl oxide C12H8Cl2O 23283
28675-83-4 ergoterm TGO C34H52O4S2Sn 35245
28685-60-1 methyl N-methyl-N-phenylcarbamate C9H11NO2 16937
28697-53-2 D(-)-arabinose C5H10O5 5585
28709-70-8 N-carbobenzyloxy-D-phenylalanine C17H17NO4 30044
28715-26-6 4,7-dimethylbenzofuran C10H10O 19095
28752-82-1 2-(2-propenyloxy)benzaldehyde C10H10O2 19169
28767-61-5 1,3,6,8-tetranitropyrene C16H6N4O8 28955
28772-56-7 bromadialone C30H23BrO4 34850
28777-70-0 tri(tert-butylphenyl) phosphate C30H39O4P 34897
28781-86-4 ethyl-2,2,3-trifluoro propionate C5H7F3O2 4652
28785-06-0 p-propylbenzaldehyde C10H12O 19533
28788-62-7 4-butylbenzoyl chloride C11H13ClO 21919
28801-69-6 tributyltin neodecanoate C22H46O2Sn 33482
28802-49-5 dimethyl furane C6H8O 7400
28804-88-8 dimethylnaphthalene, isomers C12H12 23687
28805-86-9 butylphenol C10H14O 20071
28808-62-0 fraxinellone C14H16O3 27380
28822-58-4 3-isobutyl-1-methylxanthine C10H14N4O2 19966
28823-41-8 2-methyl-2,4-hexadiene C7H12 11364
28832-55-5 2-chlorobutanal C4H7ClO 3117
28832-64-6 aminoperimidine C11H9N3 21597
28839-49-8 N-methyl-3,4,5,6-tetrahydrophthalimide C9H11NO2 16957
28842-05-9 3,6'-dimethylazobenzene C14H14N2 27102

28843-34-7 N,N'-diallyltartardiamide C10H16N2O4 20408
28853-06-7 ethyl pentaborane (9) C2H13B5 1187
28860-95-9 carbidopa C10H14N2O4 19958
28867-76-7 benzalazine C14H12N2 26899
28868-76-0 dimethyl chloromalonate C5H7ClO4 4637
28875-17-4 boc-ala-ome C9H17NO4 17843
28878-90-2 b-D-thioglucose tetraacetate C14H20O9S 27615
28888-44-0 6,7-dimethoxy-2,4(1H,3H)-quinazolinedione C10H10N2O4 19069
28895-91-2 acetylmethylnitrosourea C4H7N3O3 3304
28900-10-9 2-chloro-6-methyl-3-pyridinecarbonitrile C7H5ClN2 9916
28903-71-1 cobalt tetramethoxyphenylporphyrin C48H36CoN4O4 35801
28905-12-6 beta-D-glucose C6H12O6 8594
28911-01-5 triazolam C17H12Cl2N4 29878
28920-43-6 9-fluorenylmethyl chloroformate C15H11ClO2 28085
28921-35-9 ethyl 2-methyl-3-furancarboxylate C8H10O3 13996
28924-21-2 3,5-dibenzyloxyacetophenone C22H20O3 33209
28928-97-4 (2-nonen-1-yl)succinic anhydride C13H20O3 26335
28930-30-5 bis(trinitrophenyl)sulfide C12H4N6O12S 23172
28947-77-5 trihexadecylamine C48H99N 35817
28954-12-3 L(+)-allo-threonine C4H9NO3 3740
28959-35-5 glutaraldehyde sodium bisulfite addition co C5H10NaO8S2 5444
28968-07-2 6-chloro-5-cyclohexyl-1-indancarboxylic aci C16H19ClO2 29408
28981-97-7 xanax C17H13ClN4 29903
28994-41-4 2-benzylphenol C13H12O 25791
28995-89-3 1,3,6,8-tetranitronaphthalene C10H4N4O8 18493
29003-73-4 butyl dichloroacetate C6H10Cl2O2 7694
29006-01-7 methyl 4-methoxybutyrate C6H12O3 8562
29008-35-3 hydroxybutyl methacrylate, isomers C8H14O3 14676
29022-11-5 fmoc-glycine C17H15NO4 29977
29022-31-9 3,3-dimethyl-4-nonyne C11H20 22677
29025-67-0 1-(p-chlorophenyl)-2,8,9-trioxa-5-aza-1- C12H16ClNO3Si 24149
29026-74-2 o-isopropoxyaniline C9H13NO 17321
29030-84-0 1,1,2,3,3,4,4,5,6,6-decachloro-1,5-hexadiene C6Cl10 6070
29040-46-8 2,5-dimethylbenzofuran C10H10O 19089
29044-06-2 2-methyl-2,5-hexanediol C7H16O2 12235
29050-86-0 6-((p-hydroxyphenyl)azo)uracil C10H8N4O3 18737
29053-27-8 7-chloro-2-methyl-3,3a-dihydro-2H,9H-isoxaz C11H9ClNO3 21554
29063-00-1 dimethylanthracene C16H14 29124
29063-28-3 octyl alcohol; mixed isomers C8H18O 15538
29067-70-7 2-(3-butyramido-2,4,6-triiodophenyl)propio C13H14I3NO3 25949
29072-93-3 2-methyl-2-propoxypropane C7H16O 12219
29082-74-4 octachlorostyrene C8Cl8 12419
29091-05-2 dinitramine C11H13F3N4O4 21938
29091-21-2 prodiamine C13H17F3N4O4 26120
29098-15-5 N-(2,6-dichloro-m-tolyl)anthranilic acid C17H17Cl2NO3 30030
29106-32-9 2-cyclopentene-1-tridecanoic acid, (S) C18H32O2 30992
29110-68-7 2,4-dinitro-6-tert-butylphenyl methanesulf C11H14N2O7S 22085
29110-74-5 3-chloro-1H-indazole C7H5ClN2 9913
29113-63-1 ethyl 2,5-dimethyl-3-furancarboxylate C9H12O3 17185
29114-66-7 4-fluorovalerophenone C11H13FO 21934
29119-58-2 isopropyl isocyanide dichloride C4H7Cl2N 3154
29122-56-3 b-sec-butyl-5-chloro-2-ethoxy-N,N-diisoprop C20H34ClNO 32402
29122-60-9 1-(b-sec-butyl-5-chloro-2-ethoxyphenethyl)p C19H30ClNO 31623
29122-68-7 tenormin C14H22N2O3 27673
29128-41-4 dimethyl hyponitrile C2H6N2O2 1047
29135-62-4 hexanitrooxanilide C14H6N8O14 26598
29136-19-4 nonadecylbenzene C25H44 34171
29138-91-8 1-octyl-[1,2,3,4-tetrahydronaphthalene] C18H28 30913
29144-42-1 cetocycline C22H21NO 33215
29148-27-4 diethyl 2-(p-tolyl)malonate C14H18O4 27496
29149-32-4 tert-butyldifluorophosphine C4H9F2P 3663
29169-64-0 (R)-(-)-O-formylmandeloyl chloride C9H7ClO3 15975
29172-20-1 3-iodofuran C4H3IO 2487
29173-31-7 methyl(((methoxymethylphosphinothioyl)thio C7H14NO4PS2 11780
29173-65-7 4-(chloromethyl)phenyl isocyanate C8H6ClNO 12770
29177-84-2 ethyl fluclozepate C18H14ClFN2O3 30472
29193-35-9 (3-(N-benzylacetamido)-2,4,6-triiodophenyl C17H14I3NO3 29926
29202-04-8 3,4-dichloro-2,5-dilithiothiophene C4Cl2Li2S 2306
29204-02-2 cis-9-eicosenoic acid C20H38O2 32445
29214-60-6 ethyl-2-hexyl acetoacetate C12H22O3 24741
29216-28-2 mequitazine C20H22N2S 32169
29222-39-7 phenyl-1,2,4-benzenetriol C12H10O3 23559
29232-93-7 pirimiphos-methyl C11H20N3O3PS 22691
29241-60-9 5-bromo-2-chloro-3-picoline C6H5BrClN 6660
29256-79-9 monochlorodibromotrifluoroethane C2Br2ClF3 410
29261-33-4 2,3,5,6-tetrafluoro-7,7,8,8-tetracyanoquinodim C12F4N4 23122
29263-94-3 diethyl 2-bromo-2-methylmalonate C8H13BrO4 14419
29267-67-2 2-methoxyresorcinol C7H8O3 10909
29270-56-2 7-fluoro-4-nitrobenzo-2-oxa-1,3-diazole C6H2FN3O3 6184
29276-40-2 1,2-naphthacenedione C18H10O2 30389
29281-39-8 tert-pentyl vinyl ether C7H14O 11881
29289-13-2 2-iodo-4-methylaniline C7H8IN 10783
29291-35-0 N-nitroso-N-pteroyl-L-glutamic acid C19H18N8O7 31418
29291-35-8 nitrosofolic acid C19H18N8O7 31417
29316-05-0 sec-pentylbenzene C11H16 22356
29338-49-6 1,1-diphenyl-2-propanol C15H16O 28433
29342-44-7 2-chloro-2,5-dimethylhexane C8H17Cl 15253
29342-53-8 2-chlorobicyclo[2.2.1]heptane C7H11Cl 11246
29342-61-8 dibenzenesulfonyl peroxide C12H10O6S2 23573
29343-52-0 4-hydroxy-2-nonenal C9H16O2 17738
29362-48-9 acetylgitoxin-a C43H66O15 35727
29369-63-9 methyltetradecylamine C15H33N 28932
29382-82-9 flavensomycin C47H65O14 35790
29385-43-1 4(or 5)-methylbenzotriazole C7H7N3 10696
29387-86-8 propylene glycol butyl ether, isomers C7H16O2 12275
29393-20-2 bacilysin C12H18N2O5 24425
29394-58-9 1-iodo-2-methylbutane C5H11I 5663
29400-42-8 helvolic acid C33H44O8 35157
29411-74-3 6-selenoguanosine C10H13N5O4Se 19862
29412-62-2 cubane-1,4-dicarbolic acid dimethyl ester C12H12O4 23785
29443-50-3 2,2-diiodobutane C4H8I2 3405
29446-15-9 2,3-dichlorodibenzo-p-dioxin C12H6Cl2O2 23200
29450-63-3 pentachlorobenzaldehyde oxime C7H2Cl5NO 9457
29462-18-8 bentazepam C17H16N2OS 29999
29471-17-8 4',4pi(5pi)-di-tert-butyldibenzo-18-crown-6 C28H40O6 34668
29472-95-5 5-methyl-2-sec-butylphenol C11H16O 22406
29477-83-6 lycorcidinol C14H13NO7 27041
29488-27-5 3-isopropylthiophene C7H10S 11228
29490-19-5 2-mercapto-5-methyl-1,3,4-thiadiazole C3H4N2S2 1608
29523-51-1 N,N-bis(2-iodoethyl)aniline C10H13I2N 19758
29538-77-0 trans-4-chlorocyclohexanol C6H11ClO 8020
29540-83-8 p-tolyl trifluoromethanesulfonate C8H7F3O3S 13092
29549-60-8 2-(ethylthio)phenol C8H10OS 13947
29553-26-2 2-methyl-3,3,4,5-tetrafluoro-2-butanol C5H8F4O 4806
29554-26-5 N-caffeeoylputrescine C13H18N2O3 26188
29554-49-2 1-chloro-1,3,5,7-cyclooctatetraene C8H7Cl 12984
29555-02-0 2-methylcyclopropanecarboxylic acid C5H8O2 4905
29558-77-8 4-(4-bromophenyl)phenol C12H9BrO 23364
29559-27-1 1-methyl-4-(nitromethyl)benzene C8H9NO2 13712
29559-52-2 1,1,2-trichloro-2-methylpropane C4H7Cl3 3166
29559-54-4 1,1-dichloro-2,2-dimethylpropane C5H10Cl2 5349
29559-55-5 1,3-dichloro-2,2-dimethylpropane C5H10Cl2 5350
29560-84-7 3-chloro-2-propen-1-ol C3H5ClO 1683
29575-02-8 bis(butoxymaleoyloxy)dioctylstannane C32H56O8Sn 35102
29576-14-5 1-bromo-trans-2-butene C4H7Br 3053
29590-42-9 isooctyl acrylate C11H20O2 22718
29602-39-9 2-(2-aminoethylamino)-5-nitropyridine C7H10N4O2 11131
29604-75-9 2,4-dibromo-1-chlorobenzene C6H3Br2Cl 6247
29606-79-9 trans-5-methyl-2-(1-methylvinyl)cyclohexanone C10H16O 20436
29611-03-8 aflatoxin Ro C17H14O6 29953
29617-66-1 L-a-chloropropionic acid C3H5ClO2 1694
29621-88-3 L-selenocystine C6H12N2O4Se2 8370
29624-17-7 trans-1,3-dibromocyclohexane C6H10Br2 7669
29653-30-3 dimethyl dichloromalonate C5H6Cl2O4 4481
29653-38-1 3,4-dichlorobutyric acid C4H6Cl2O2 2840
29654-55-5 3,5-dihydroxybenzyl alcohol C7H8O3 10903
29662-90-6 2,2-dimethyloctanoic acid C10H20O2 21041
29664-53-7 methylpentadecylamine C16H35N 29801
29668-44-8 1,4-benzodioxan-6-carboxaldehyde C9H8O3 16221
29668-61-9 diethyl (1-cyanoethyl)phosphonate C7H14NO3P 11777
29671-92-9 chloroformamidinium chloride CH4Cl2N2 253
29676-71-9 (2-aminothiazole-4-yl)acetic acid C5H6N2O2S 4521
29681-57-0 tert-butyldimethylsilane C6H16Si 9328
29682-41-5 1,4-dichloro-2-iodobenzene C6H3Cl2I 6289
29682-46-0 2,6-dichloro-3-nitrotoluene C7H5Cl2NO2 9960
29684-56-8 (methoxycarbonylsulfamoyl)triethylammoniumh C8H18N2O4S 15428
29703-52-4 2-eicosanone C20H40O 32487
29711-79-3 dimethylamino-1-naphthylisothiocyanate C13H12N2S 25783
29714-87-2 dimethyloctatriene C10H16 20362
29727-70-6 6-amino-5-sulfomethyl-2-naphthalenesulfoni C11H11NO6S2 21775
29743-08-6 N-p-ethoxybenzylidene-p'-butylaniline C19H23NO 31515
29743-21-3 N,N'-terephthalylidene-bis(4-butylaniline) C28H32N2 34634
29761-21-5 isodecyl diphenyl phosphate C22H31O4P 33360
29767-20-2 ETP C32H32O13S 35072
29772-40-5 2,2,3-trimethyl-3-heptanol C10H22O 21292
29780-00-5 methyl 12-tridecenoate C14H26O2 27797
29804-22-6 cis-7,8-epoxy-2-methyloctadecane C19H38O 31707
29806-73-3 octyl palmitate C24H48O2 33994
29823-16-3 ethyl 2,5-dibromopentanoate C7H12Br2O2 11375
29823-18-5 ethyl 7-bromoheptanoate C9H17BrO2 17788
29833-69-0 2-methyl-1-pentadecene C16H32 29708
29836-26-8 1-O-n-octyl-b-D-glucopyranoside C14H28O6 27890
29841-69-8 (1S,2S)-(-)-1,2-diphenyl-1,2-ethanediamine C14H16N2 27336
29843-58-1 1,4-dichloro-2-methyl-2-butene C5H8Cl2 4772
29843-62-7 2-methyl-5-nonanol C10H22O 21249
29847-17-4 b-methylstreptozotocin C9H17N3O7 17855
29865-90-5 3-hydroxy-4,5-dimethoxybenzaldehyde C9H10O4 16785
29876-14-0 N-nicotinoyltryptamide C16H15N3O 29224
29881-14-9 1,2-diphenylcyclopropane C15H14 28259
29882-57-3 2-chloropentane, (+) C5H11Cl 5629
29883-15-6 amygdalin C20H27NO11 32294
29885-95-8 N-methylanilinium trifluoroacetate C9H10F3NO2 16554
29886-96-2 cyclamen aldehyde dimethyl acetal C15H24O2 28773
29887-11-4 2-ethyl-1,3-pentanediol C7H16O2 12243
29897-82-3 1-benzylpyrrolidine C11H15N 22230
29898-32-6 1,3-dichloro-4-iodobenzene C6H3Cl2I 6292
29903-04-6 di-(1-naphthoyl)peroxide C22H14O4 33119
29911-27-1 di(propylene glycol) propyl ether, isomers C9H20O3 18355
29911-28-2 dipropylene glycol butyl ether C10H22O3 21373
29914-92-9 dipropyl peroxide C6H14O2 9066
29915-38-6 TAPS C7H17NO6S 12362
29916-45-8 1,2-dibromo-2,3-dimethylbutane C6H12Br2 8246
29921-50-4 8-chloro-2-naphthol C10H7ClO 18610
29921-57-1 isopropyl bromoacetate C5H9BrO2 5017
29927-08-0 2-amino-5,6-dimethylbenzothiazole C9H10N2S 16596
29943-42-8 tetrahydro-4H-pyran-4-one C5H8O2 4913
29949-19-7 3-nitrobenzaldehyde diacetate C11H11NO6 21773
29949-75-5 diallylphenylphosphine C12H15P 24110
29953-71-7 trans-3-indoleacrylic acid C11H9NO2 21576
29964-84-9 isodecyl methacrylate C14H26O2 27803
29968-64-7 N-fluoren-1-yl benzohydroxamic acid C20H15NO2 31968
29968-68-1 N-4-biphenylyl-N-hydroxybenzenesulfonamide C18H15NO3S 30556
29968-75-0 N-acetoxy-2-fluorenylbenzamide C22H17NO3 33157
29972-79-0 methyl 11-dodecenoate C13H24O2 26421
29973-13-5 (2-ethylthiomethylphenyl)-N-methylcarbamate C11H15NO2S 22279
29975-16-4 8-chloro-6-phenyl-4H-S-triazolo(4,3-a)(1,4) C16H11ClN4 29003
29976-53-2 ethyl 4-oxo-1-piperidinecarboxylate C8H13NO3 14453
29984-33-6 adenine-9-b-D-arabinofuranoside-5'-monopho C10H14N5O7P 19977
30007-47-7 5-bromo-5-nitro-m-dioxane C4H6BrNO4 2769
30026-92-7 tert-butyl isopropyl benzene hydroperoxide C13H20O2 26327
30030-25-2 vinylbenzyl chloride C9H9Cl 16284
30031-64-2 L-butadiene diepoxide C4H6O2 2979
30041-69-1 6-((p-(dimethylamino)phenyl)azo)quinoline C17H16N4 30012
30071-93-3 3',5'-bis(trifluoromethyl)acetophenone C10H6F6O 18558
30077-45-3 b-chloroethyldichloroarsine C2H4AsCl3 788
30078-65-0 3-furonitrile C5H3NO 4247
30084-90-3 2-fluorenecarboxaldehyde C14H10O 26770
30090-17-6 4-isobutylaniline C10H15N 20205
30093-99-3 4,4-dimethyl-2-oxazoline C5H9NO 5210
30095-63-7 1,2-epoxy-2-methylbutane C5H10O 5473
30099-72-0 bis(tributyl(sebacoyldioxy))tin C34H70O4Sn2 35279
30121-98-3 trichloromethyl isocyanate C2Cl3NO 452
30122-12-4 1,3-dichloropentane C5H10Cl2 5332
30129-29-4 2-propylvaleric acid thymyl ester C18H28O2 30930
30129-30-7 carvacryl 2-propylvalerate C18H28O2 30928
30136-13-1 n-propoxypropanol (mixed isomers) C6H14O2 9068
30168-23-1 4-(octahydro-4,7-methano-5H-inden-5-ylidene)bu C14H20O 27595
30168-50-4 1-methyl-1-nitrocyclopentane C6H11NO2 8130
30194-63-9 4-amino-N-(2-(4-(2-pyridinyl)-1-piperazinyl) C18H23N5O 30835
30203-11-3 4,4'-bis(3-aminophenoxy)diphenyl sulfone C24H20N2O4S 33787
30207-98-8 undecanol C11H24O 23062
30211-77-9 2-nitro-5-thiocyanatobenzoic acid C8H4N2O4S 12586
30213-29-7 3,cis-5-dimethylcyclopentene C7H12 11333
30213-35-5 ketorubratoxin B C26H28O11 34271
30223-48-4 fluoracizine C20H21F3N2OS 32142
30236-29-4 sucrose, octanitrate C12H14N8O27 23960
30256-73-6 indolyl-3-piperidinomethyl ketone C15H18N2O 28508
30256-74-7 indolyl-3-morpholinomethyl ketone C14H16N2O2 27352
30273-11-1 4-sec-butylaniline C10H15N 20200
30273-41-7 2,4-dibromo-6-methylaniline C7H7Br2N 10467
30293-86-8 methyl (S)-(-)-2-isocyanato-3-methylbutyrate C7H11NO3 11300
30299-08-2 clinofibrate C29H36O6 34777
30310-22-6 2-bromo-4-methylpentane C6H13Br 8655
30310-80-6 trans-4-hydroxy-1-nitroso-L-proline C5H8N2O4 4838
30315-46-9 (S)-3-tert-butylamino-1,2-propanediol C7H17NO2 12358
30316-17-7 1,2,3,4-tetrahydro-2,5,8-trimethylnaphthalene C13H18 26163

30318-99-1 3-bromo-4-methylthiophene C5H5BrS 4356
30335-72-9 5-methoxy-2-nitrobenzofuran C9H7NO4 16072
30345-27-8 3-hydroxy-7-methylguanine C6H7N5O2 7254
30345-28-9 3-hydroxy-9-methylguanine C6H7N5O2 7255
30361-33-2 trans,trans-2,4-decadienoic acid C10H16O2 20486
30366-55-3 mercury-O,O-di-n-butyl phosphorodithioa C16H36HgO4P2S4 29819
30379-55-6 benzyloxyacetic acid C9H10O3 16745
30379-58-9 benzyl glycolate C9H10O3 16744
30388-40-0 3-methyl-4-propylphenol C10H14O 19998
30389-18-5 1-ethynylcyclohexanamine C8H13N 14431
30406-18-9 heptanoylhydroxamic acid C7H15NO2 12088
30414-53-0 methyl 3-oxovalerate C6H10O3 7908
30427-51-1 diethyloctadecylamine C22H47N 33488
30433-57-9 1-ethyl-3-methyl-1H-pyrazole C6H10N2 7712
30433-91-1 2-thiopheneethylamine C6H9NS 7575
30440-88-1 1-pyridinylethanone C7H7NO 10625
30486-72-7 2-amino-5-butylbenzimidazole C11H15N3 22297
30502-73-9 2,8-nonanedione C9H16O2 17732
30507-70-1 9Z,12E-tetradecadienyl acetate C16H28O2 29633
30515-28-7 7-bromoheptanoic acid C7H13BrO2 11579
30516-87-1 3'-azido-3'-deoxythymidine C10H13N5O4 19859
30517-65-8 6-deoxyversicolorin A C18H10O6 30398
30525-89-4 paraformaldehyde C3H6O3 1957
30529-70-5 2-chloro-6-methyl-3-pyridinecarboxylic acid C7H6ClNO2 10239
30533-63-2 potassium-1,1-dinitropropanide C3H5KN2O4 1747
30538-80-8 1-nonylpiperidine C14H29N 27904
30540-31-9 1-bromo-2,3-dimethylbutane C6H13Br 8659
30544-34-4 2,3-dibromofuran C4H2Br2O 2378
30544-47-9 2-(2-hydroxyethoxy)ethyl-N-(a,a,a-trifluor C18H18F3NO4 30656
30544-72-0 4-(p-chloro-N-2,6-xylylbenzamido)butyric a C19H29ClNO3 31613
30558-43-1 oxamyl oxime C5H10N2O2S 5427
30560-19-1 acephate C4H10NO3PS 3826
30562-34-6 geldanamycin C29H40N2O9 34789
30566-92-8 5-(N,N-dibenzylglycyl)salicylamide C23H22N2O3 33542
30586-10-8 dichloropentane C5H10Cl2 5351
30595-79-0 2,6-dichlorophenethylalcohol C8H8Cl2O 13300
30600-19-2 ethyl 2-chloroacrylate C5H7ClO2 4623
30614-77-8 diethyl 3,4-furandicarboxylate C10H12O5 19695
30645-13-7 1-propynyl copper(i) C3H3Cu 1440
30652-11-0 1,2-dimethyl-3-hydroxy-4-pyridone C7H9NO2 11002
30653-83-9 5-amino-N-butyl-2-propargyloxybenzamide C14H18N2O2 27452
30673-60-0 propyl decanoate C13H26O2 26503
30674-80-7 2-isocyanatoethyl methacrylate C7H9NO3 11016
30682-81-6 4-methyl-5-trifluoromethyl-4H-1,2,4-triazolin C4H4F3N3S 2554
30685-43-9 b-methyldigoxin C42H66O14 35695
30685-95-1 trans-alpha-ionone, (±) C13H20O 26312
30689-41-9 diethyl 1-cyclopentene-1,3-dicarboxylate C11H16O4 22476
30698-64-7 di-micron-hydroxo-bis-[(N,N,N',N'-tet C12H34Cl2Cu2N4O2 25415
30718-17-3 (trimethylsilyl)methyl isocyanide C5H11NSi 5753
30719-67-6 gossypol acetate C42H42O14 35676
30725-00-9 2,3-O-isopropylidene-D-ribonic g-lactone C8H12O5 14401
30727-14-1 1-ethyl-3-pyrrolidinol C6H13NO 8780
30727-18-5 ethyl 1-methylpipecolinate C9H17NO2 17834
30737-24-7 thallium(i) oxalate C2O4Tl2 1234
30746-58-8 1,2,3,4-tetrachlorodibenzo-p-dioxin C12H4Cl4O2 23154
30748-29-9 4-phenyl-1,2-diphenyl-3,5-pyrazolidinedione C20H20N2O2 32128
30749-25-8 3-isobutylphenol C10H14O 19985
30752-19-3 1-bromo-4-(hexyloxy)benzene C12H17BrO 24278
30777-18-5 benzo[a]fluorene C17H12 29864
30777-19-6 benzo(b)fluorene C17H12 29867
30806-83-8 ethyl 4-isocyanatobenzoate C10H9NO3 18916
30812-87-4 ethyl dibromobenzene C8H8Br2 13260
30833-53-5 mono-iso-butyl phthalate C12H14O4 24016
30835-61-1 15,16-dihydro-11-methoxy-7-methylcyclopenta(a C19H16O2 31355
30835-65-5 15,16-dihydro-7-methylcyclopenta(a)phenanthren C18H14O 30489
30842-90-1 3-methylisoxazole C4H5NO 2707
30860-22-1 3-chloro-2-norbornanone C7H9ClO 10946
30899-19-5 pentanol C5H12O 5851
30903-87-8 lithium oxalate C2Li2O4 1207
30914-89-7 2-(a,a,a-trifluoro-m-tolyl)morpholine C11H12F3NO 21807
30926-60-4 1-(2-chloro-1-methylvinyl)-4-methylbenzene C10H11Cl 19238
30950-27-7 1-perillaldehyde-a-antioxime C10H15NO 20255
30951-88-3 diethylhexadecylamine C20H43N 32551
30956-43-5 1-methylhexyl-b-oxybutyrate C11H22O3 22861
30957-47-2 1,1-bis(difluoroamino)-2,2-difluoro-2-nitroe C3H3F6N3O3 1457
30964-00-2 6-heptynoic acid C7H10O2 11182
30964-01-3 8-nonynoic acid C9H14O2 17470
30984-28-2 1,1,1-trifluoro-5-methyl-2,4-hexanedione C7H9F3O2 10951
30992-29-1 boc-a-methylalanine C9H17NO4 17846
30994-24-2 potassium cyclopentadienide C5H5K 4388
31001-77-1 (3-mercaptopropyl)methyldimethoxysilane C6H16O2SSi 9316
31005-02-4 7-ethoxycoumarin C11H10O3 21667
31012-29-0 7-benzoyloxymethyl-12-methylbenz(a)anthracene C27H20O2 34393
31024-26-7 3-aminopropyldimethylmethoxysilane C6H17NOSi 9332
31027-31-3 4-isopropylphenyl isocyanate C10H11NO 19302
31032-94-7 2-methyl-3-ethylnaphthalene C13H14 25915
31044-86-7 1,1,1-tris(azidomethyl)ethane C5H9N9 5278
31053-99-3 1-bromo-2,3,5-trimethylbenzene C9H11Br 16828
31059-19-5 2-(pentyloxy)naphthalene C15H18O 28535
31065-88-0 cyanohydroxymercury CHHgNO 116
31080-39-4 4-nonanecarboxylic acid C10H20O2 21077
31083-55-3 1,3-dioxo-2-(3-pyridylmethylene)indan C15H9NO2 27999
31087-44-2 (R)-(-)-2-pentanol C5H12O 5852
31088-06-9 palmitoyl cytarabine C25H43N3O6 34169
31112-62-6 metrizamide C18H22I3N3O8 30790
31116-84-4 1-(methoxyphenyl)-2-propanone C10H12O2 19569
31122-82-4 5-(acetyl(2-hydroxyethyl)amino)-N,N'-bis(C20H28I3N3O8 32306
31126-81-5 rhodium(ii) propionate C12H20O8Rh2 24618
31136-61-5 lyoniatoxin C22H34O7 33390
31139-36-3 dibenzyldicarbonate C16H14O5 29184
31161-71-4 benzyl tetradecanoate C21H34O2 32992
31166-44-6 1-Z-piperazine C12H16N2O2 24165
31185-56-5 5-methyl-2-trifluoromethyloxazolidine C5H8F3NO 4805
31185-58-7 4-methyl-5-phenyl-2-trifluoromethyloxazolidin C11H12F3NO 21806
31202-12-7 3-isopropyl-2-methylanisole C11H16O 22432
31217-72-8 N-ethyl-2-methylmaleimide C7H9NO2 11006
31218-83-4 propetamphos C10H20NO4PS 20970
31225-17-9 N-(3,4-dichlorophenyl)-N'-hydroxyurea C7H6Cl2N2O2 10262
31230-17-8 3-amino-5-methylpyrazole C4H7N3 3296
31241-42-6 1-nitrotetradecane C14H29NO2 27908
31242-93-0 chlorinated diphenyl oxide C12H4Cl6O 23166
31242-94-1 tetrachlorodiphenyl oxide C12H6Cl4O 23214
31249-95-3 1,4,10-trioxa-7,13-diaza-cyclopentadecane C10H22N2O3 21220
31250-06-3 4,7,13,18-tetraoxa-1,10-diazabicyclo[8.5.5] C14H28N2O4 27860
31252-42-3 4-benzylpiperidine C12H17N 24293
31272-21-6 5-amino-1,3-dimethyl-4-pyrazolyl o-fluoroph C12H12FN3O 23711
31279-70-6 isonicotinamide pentaammine ruthenium(ii C6H21Cl2N7O9Ru 9387
31282-04-9 antihelmycin C20H37N3O13 32433
31283-43-9 2-chloro-1-octene C8H15Cl 14753
31294-91-4 3-iodohexane C6H13I 8726
31294-92-5 3-iodoheptane C7H15I 12022
31294-93-6 4-iodoheptane C7H15I 12023
31294-94-7 1-iodo-2-methylpentane C6H13I 8727
31294-95-8 2-iodo-2-methylpentane C6H13I 8730
31294-96-9 2-iodo-4-methylpentane C6H13I 8732
31294-97-0 3-iodo-2-methylpentane C6H13I 8733
31294-98-1 1-iodo-2,2-dimethylbutane C6H13I 8735
31295-00-8 1-iodo-2,3-dimethylbutane C6H13I 8736
31301-20-9 erythro-3-(p-chlorophenyl)-2-phenyl-4'-(2- C28H30ClNO2 34620
31323-50-9 oudenone C12H16O3 24256
31329-57-4 naftidrofuryl C24H33NO3 33904
31330-22-0 N,N,N-trifluorohexaneamidine C6H11F3N2 8078
31332-72-6 hexaureagallium(iii) perchlorate C6H24Cl3GaN12O18 9390
31333-13-8 3-nonyn-1-ol C9H16O 17707
31335-41-8 dichloromethyl trichloromethylthiosulfone C2HCl5O2S2 552
31340-36-0 hexafluoroisopropylideneaminolithium C3F6LiN 1285
31340-44-0 3,3-dichloro-2-hydroxy-2-methylpropanoic acid C4H6Cl2O3 2848
31364-55-3 N-methyl-N-nitroso-b-D-glucosamine C7H14N2O6 11822
31366-00-4 1,2,3-trimethyl-5-ethylbenzene C11H16 22349
31366-25-3 tetrathiafulvalene C6H4S4 6630
31367-46-1 3-methyl-2-heptanol C8H18O 15442
31375-17-4 menthenyl ketone C13H22O 26380
31391-27-2 pentachlorobutane C4H5Cl5 2680
31397-22-5 4-phenylthiosemicarbazone 1-methyl-1H-pyrrol C13H14N4S 25988
31410-01-2 1-allylimidazole C6H8N2 7338
31411-71-9 2,3-bis(trimethylsiloxy)-1,3-butadiene C10H22O2Si2 21364
31430-15-6 flubendazole C16H12FN3O3 29038
31430-18-9 nocodazole C14H11N3O3S 26864
31431-13-7 cyclobutyl-4-fluorophenyl ketone C11H11FO 21695
31431-19-3 4-amino-3-nitrobenzophenone C13H10N2O3 25608
31431-39-7 methyl-5-benzoyl benzimidazole-2-carbamate C16H13N3O3 29105
31431-43-3 5-(cyclopropylcarbonyl)-2-benzimidazolecarb C13H13N3O3 25894
31469-15-5 1-methoxy-2-methyl-1-(trimethylsiloxy)propen C8H18O2Si 15576
31469-22-4 1,1-bis(trimethylsilyloxy)-1-propene C9H22O2Si2 18431
31469-23-5 1,1-bis(trimethylsilyloxy)-3,3-dimethyl-1- C12H28O2Si2 25381
31477-60-8 centchroman C30H35NO3 34886
31499-72-6 dihydro-a-ionone C13H22O 26378
31501-11-8 cis-3-hexenyl caproate C12H22O2 24731
31508-00-6 2,3',4,4',5-pentachlorobiphenyl C12H5Cl5 23182
31508-08-4 6,6-dimethyl-1-hepten-4-yne C9H14 17391
31508-12-0 1-nonen-4-yne C9H14 17389
31543-75-6 2,4-dibromo-1-methylbenzene C7H6Br2 10191
31551-45-8 2,7-dinitro-9-fluorenone C13H6N2O5 25447
31566-31-1 glyceryl monostearate C21H42O4 33054
31571-52-5 6-hydroxy-2-thio-8-azapurine C4H3N5OS 2505
31599-60-7 1-iodo-2,3-dimethylbenzene C8H9I 13651
31599-61-8 4-iodo-1,2-dimethylbenzene C8H9I 13656
31642-67-8 8-nonenoic acid C9H16O2 17726
31643-49-9 4-nitrophthalonitrile C8H3N3O2 12500
31647-36-6 5-methylbenzo(a)pyrene C21H14 32596
31656-92-5 1-azido-2-methylbenzene C7H7N3 10690
31698-14-3 cyclocytidine C9H11N3O4 16996
31699-35-1 2,7-nonadiyne C9H12 17016
31702-33-7 1,1,3-trichloro-2-methyl-1-propene C4H5Cl3 2667
31706-95-3 1'-hydroxymethyleugenol C11H14O3 22186
31709-32-7 tripropyltin isothiocyanate C10H21NSSn 21116
31720-69-1 1,2,2-trimethylcyclohexanol C9H18O 18022
31736-73-9 4'-bromo-3-chloropropiophenone C9H8BrClO 16095
31751-59-4 trans-2,4-diphenyl-2,4,6,6-tetramethylcycl C16H22O3Si3 29517
31752-99-5 (-)-corey lactone 4-phenylbenzoate alcohol C21H20O5 32754
31766-07-1 3-(dimethylamino)benzophenone C15H15NO 28352
31772-05-1 1,13-dibromotridecane C13H26Br2 26473
31785-60-1 2,3-dihydro-2-(1-naphthyl)-4(1H)-quinazolino C18H14N2O 30479
31793-07-4 pirprofen C13H14ClNO2 25938
31795-44-5 5-formyl-2-furansulfonic acid, sodium salt C5H3NaO5S 4255
31805-48-8 3-methyl-2-ethylthiophene C7H10S 11232
31810-89-6 1,5-diaminobromo-4,8-dihydroxy-9,10-anthra C14H9BrN2O4 26687
31817-29-5 10-(3-(4-methoxypiperidino)propyl)phenothi C23H28N2O2S 33590
31820-22-1 nitrosomethylneopentylamine C6H14N2O 8943
31835-06-0 sucrose monocaprate C22H40O12 33422
31841-77-7 5,5-dimethyl-2-hexanol C8H18O 15477
31842-01-0 indoprofen C17H15NO3 29976
31844-95-8 2-bromo-1-pentene C5H9Br 4966
31844-96-9 2-bromo-3-methyl-1-butene C5H9Br 4986
31849-75-9 cis-1-bromo-1-pentene C5H9Br 4964
31849-76-0 trans-1-bromo-1-pentene C5H9Br 4965
31849-78-2 cis-1-bromo-1-butene C4H7Br 3047
31868-18-5 mexazolam C18H16Cl2N2O2 30584
31874-15-4 N-phenyl-2-fluorenylhydroxylamine C19H15NO 31317
31876-38-7 moniliformin C4H2O3 2431
31879-05-7 fenoprofen C15H14O3 28318
31883-01-9 4-methyl-5-ethylthiazole C6H9NS 7577
31883-98-4 3-methyl-3-cyclohexen-1-one C7H10O 11145
31904-29-7 butylferrocene C14H18Fe 27445
31904-79-7 chloro(cyclopentadienyl)(triphenylphosphin C23H20ClNiP 33527
31906-04-4 lyral C13H22O2 26386
31909-58-7 2-furoylacetonitrile C7H5NO2 10064
31915-94-3 (cis)-1,3-butadienylbenzene C10H10 18959
31924-91-1 dihydrorubratoxin B C26H32O11 34290
31927-64-7 6-methylanthanthrene C23H14 33493
31930-36-6 ethyl cis-3-iodoacrylate C5H7IO2 4656
31932-35-1 3-methylpyridine-1-oxide-4-azo-p-dimethyl-an C14H16N4O 27367
31938-07-5 3-bromophenylacetonitrile C8H6BrN 12729
31943-70-1 4-vinylbenzo-15-crown-5 C16H22O5 29525
31949-21-0 2-bromo-2'-methoxyacetophenone C9H9BrO2 16267
31950-55-7 4-bromo-3-methyl-1-butene C5H9Br 4988
31950-56-8 4-bromo-1-pentene C5H9Br 4968
31954-27-5 N-(tert-butoxycarbonyl)glycine methyl ester C8H15NO4 14838
31970-04-4 benzyl 3-pyrroline-1-carboxylate C12H13NO2 23840
31981-99-4 N-tosyl-L-alanine diazomethyl ketone C11H13N3O3S 22018
31982-00-0 N-tosyl-L-alanine chloromethyl ketone C11H14ClNO3S 22050
31984-14-2 N-tosyl-b-alanine chloromethyl ketone C11H14ClNO3 22049
32001-55-1 hydrogen fluoride-pyridine C5H6FN 4484
32005-36-0 bis(dibenzylideneacetone)palladium C34H28O2Pd 35213
32017-76-8 4-bromostyrene oxide C8H7BrO 12968
32018-76-1 2,5-dimethyl-4-ethylphenol C10H14O 20025
32018-88-5 5-amino-1-naphthalenecarboxylic acid C11H9NO2 21571
32060-15-7 guanazodine C9H20N4 10203
32061-49-7 copper(ii)-1,3-di(5-tetrazolyl)triazenide C4H4CuN22 2526
32064-78-1 7-methyl-5-octen-4-one C9H16O 17693
32065-38-6 N-tosyl-b-alanine diazomethyl ketone C11H13N3O3S 22017
32085-88-4 3,5-difluorobenzaldehyde C7H4F2O 9787
32113-77-2 3,3'-dichlorodiphenylamine C12H9Cl2N 23382
32114-79-7 2-methyl-1-isopropylnaphthalene C14H16 27278
32115-55-2 trimethylsilyl N,N-dimethylcarbamate C6H15NO2Si 9238
32116-24-8 2-acetyl-4-nitropyrrole C6H6N2O3 7023

32116-25-9 2-acetyl-5-nitropyrrole C6H6N2O3 7024
32116-65-7 2-methyl-2-isopropylcyclopentanone C9H16O 17686
32121-06-5 cis-1,3-dibromo-1-propene C3H4Br2 1506
32121-07-6 trans-1,3-dibromo-1-propene C3H4Br2 1507
32137-19-2 3,4-difluorobenzotrifluoride C7H3F5 9587
32139-72-3 3,4,6-trichlorocatechol C6H3Cl3O2 6319
32144-31-3 diglycidylaniline C12H15NO2 24072
32161-06-1 1-acetyl-4-piperidinone C7H11NO2 11280
32166-40-8 cis-octahydro-1(2H)-naphthalenone C10H16O 20449
32202-61-2 2,3-dihydro-1H-inden-4-amine C9H11N 16900
32210-23-4 4-tert-butylcyclohexyl acetate C12H22O2 24710
32222-06-3 1a,25-dihydroxycholecalciferol C27H44O3 34510
32226-54-3 trans-p-menth-6-ene-2,8-diol C10H18O2 20792
32226-65-6 2-chlorobenzo(e)(1)benzothiopyrano(4,3-b)in C19H10ClNS 31186
32226-69-0 quinpyrrolidine C15H18N2O 28509
32228-97-0 N-phenyl-2-fluorenamine C19H15N 31314
32231-06-4 1-piperonylpiperazine C12H16N2O2 24166
32233-40-2 (-)-6b-hydroxymethyl-7a-hydroxy-cis-2-oxabicyc C8H12O4 14395
32247-96-4 3,5-bis(trifluoromethyl)benzyl bromide C9H5BrF6 15804
32248-37-6 piperocaine C16H23NO2 29548
32283-21-9 1,3-benzodithiolium perchlorate C7H5ClO4S2 9946
32294-57-8 4,4'-dimethyldiphenyl ditelluride C14H14Te2 27200
32294-60-3 diphenyl ditelluride C12H10Te2 23580
32305-98-9 (-)-2,3-O-isopropylidene-2,3-dihydroxy-1,4- C31H32O2P2 34986
32315-10-9 bis(trichloromethyl) carbonate C3Cl6O3 1274
32316-92-0 2-naphthaleneboronic acid C10H9BO2 18807
32322-73-9 2-chloro-N-sec-butylacetamide C6H12ClNO 8264
32324-19-9 o-toluenesulfonyl isocyanate C8H7NO3S 13172
32328-03-3 diethyl 3-hydroxypentanedioate C9H16O5 17779
32337-74-9 1-chloro-3-methyl-1,2-pentadiene C6H9Cl 7488
32341-91-6 3-methyl-1,1-diphenylethane C15H16 28384
32341-92-7 2-methyl-1,1-diphenylethane C15H16 28383
32345-29-2 O,O-diethyl-O-phenylphosphorothioate C10H15O3PS 20310
32353-63-2 3-(2-carboxyethyl)-2,5-dimethylbenzoxazoli C12H14BrNO3 23903
32360-05-7 octadecyl methacrylate C22H42O2 33434
32362-68-8 4,9-dimethyl-2,3-benzthiophanthrene C18H14S 30531
32367-54-7 2-ethyl-[1,2,3,4-tetrahydronaphthalene] C12H16 24113
32373-17-4 benz(a)anthracene-5,6-cis-dihydrodiol C16H14O2 29163
32385-11-8 sisomicin C19H37N5O7 31694
32388-21-9 oxazinomycin C9H11NO7 16983
32395-96-3 heptyl phenyl ether C13H20O 26311
32432-55-6 3,5-diamino-2,4,6-trimethylbenzenesulfonica C9H14N2O3S 17424
32433-28-6 N-4-quinolinylacetamide C11H10N2O 21622
32442-47-0 2-iodo-3-methyl-1-butene C5H9I 5169
32444-34-1 3-methyl-2-ethyl-1-butanol C7H16O 12199
32446-40-5 n-amyl thiocyanate C6H11NS 8180
32449-92-6 D-glucuronic acid gamma-lactone C6H8O6 7461
32459-62-4 4-ethoxyphenyl isocyanate C9H9NO2 16432
32460-00-7 2,5-dibromofuran C4H2Br2O 2379
32460-20-1 ethyl 5-bromo-3-furoate C7H7BrO3 10488
32499-64-2 N-carbethoxy-4-tropinone C10H15NO3 20280
32504-14-6 4-methylphenelzine C9H14N2 17414
32511-34-5 bornylamine C10H19N 20887
32524-44-0 5b-naphthyl-2:4:6-triaminoazopyrimidine C14H13N7 27050
32527-15-4 2,4-hexadiyn-1,6-bis-p-toluenesulfonate C20H18O6S2 32090
32541-33-6 1-chloro-3-pentanol C5H11ClO 5636
32556-70-0 (R)-(+)-1-octyn-3-ol C8H14O 14593
32556-71-1 (S)-(-)-1-octyn-3-ol C8H14O 14594
32568-89-1 5,5-dimethyl-3-(2-(oxiranylmethoxy)propyl)- C14H22N2O5 27676
32594-40-4 chlorotricarbonyliridium(i) C3ClIrO3 1250
32596-43-3 2,6-diformyl-4-chlorophenol C8H5ClO3 12621
32598-13-3 3,3',4,4'-tetrachlorobiphenyl C12H6Cl4 23207
32598-14-4 2,3,3',4,4'-pentachlorobiphenyl C12H5Cl5 23183
32607-31-1 potassium-1,1,2,2-tetranitroethandiide C2K2N4O8 1203
32607-54-8 4-chloropentanoic acid C5H9ClO2 5082
32617-22-4 potassium dinitromethanide CHKN2O4 118
32620-08-9 trans-1-bromo-1-butene C4H7Br 3048
32620-11-4 (S)-2-amino-3-methoxypropanoic acid C4H9NO3 3743
32634-66-5 (-)-di-p-toluoyl-L-tartaric acid C20H18O8 32091
32634-68-7 (+)-di-1,4-toluoyl-D-tartaric acid C20H18O8 32092
32638-88-3 pyrogallol red C19H12O8S 31231
32644-15-8 (S)-(-)-2-bromopropionic acid C3H5BrO2 1659
32665-23-9 isopropyl 3-methylbutanoate C8H16O2 15191
32665-36-4 eupneron C22H30N2O2 33347
32666-56-1 5,8-dihydro-1-naphthalenamine C10H11N 19281
32669-06-0 benzhydryl 2-chloroethyl ether C15H15ClO 28343
32674-23-0 (dithiodimethylene)diphosphonic acid tetram C6H16O6P2S2 9322
32690-28-1 4,5-dinitro-1,2-phenylenediamine C6H6N4O4 7051
32703-80-3 4-tert-butylphthalonitrile C12H12N2 23728
32707-89-4 3,5-bis(trifluoromethyl)benzyl alcohol C9H6F6O 15891
32723-67-4 4-methoxy-3-methylbenzaldehyde C9H10O2 16670
32730-85-1 cycloheptyl cyanide C8H13N 14432
32740-01-5 7,11-dimethylbenz(c)acridine C19H15N 31311
32750-14-4 3,3'-dimethyl-[1,1'-biphenyl]-2,2'-diol C14H14O2 27160
32750-98-4 trifluoromethyl-3-fluorocarbonyl hexafluoro-per C6F10O4 6089
32755-26-3 chloroperoxytrifluoromethane CClF3O2 35
32762-51-9 bromophenol C6H5BrO 6674
32764-34-4 6-methyl-3-heptyl acetate C10H20O2 21047
32764-43-5 2-amino-2-deoxy-L-ascorbic acid C6H9NO5 7568
32766-75-9 N-hydroxy-N-myristoyl-2-aminofluorene C27H37NO2 34463
32767-68-3 2-isobutoxy tetrahydropyran C9H18O2 18085
32768-54-0 2,3-dichlorotoluene C7H6Cl2 10257
32774-16-6 3,3',4,4',5,5'-hexachlorobiphenyl C12H4Cl6 23164
32777-26-7 ethyl cycloheptanecarboxylate C10H18O2 20773
32780-06-6 (S)-(+)-dihydro-5-(hydroxymethyl)-2(3H)-furanone C5H8O3 4936
32787-44-3 methylmercuric phosphate CH5HgO4P 285
32795-84-9 10-bromo-1,2-benzanthracene C18H11Br 30400
32804-79-8 2-methoxy-1-methylethyl cyanoacetate C7H11NO3 11299
32807-28-6 methyl 4-chloroacetoacetate C5H7ClO3 4634
32808-51-8 4-(4-cyclohexyl-3-chlorophenyl)-4-oxobutyri C16H19ClO3 29410
32809-16-8 procymidone C13H11Cl2NO2 25681
32812-23-0 2,2-dimethyl-1,4-butanediol C6H14O2 9047
32814-16-7 cis-1-fluoro-1-octene C8H15F 14766
32814-17-8 trans-1-fluoro-1-octene C8H15F 14767
32830-97-0 1-chloro-3-pentanone C5H9ClO 5067
32838-28-1 butoctamide semisuccinate C16H29NO5 29638
32838-55-4 2-benzylpiperidine C12H17N 24292
32852-21-4 formic acid (2-(4-methyl-2-thiazolyl))hydrazid C5H7N3OS 4722
32852-92-9 3-phenoxyacetophenone C14H12O2 26965
32854-75-4 lappaconitine C32H44N2O8 35083
32857-62-8 (a,a,a-trifluoro-p-tolyl)acetic acid C9H7F3O2 16003
32861-85-1 chlomethoxynil C13H9Cl2NO4 25530
32862-97-8 3-bromocinnamic acid, predominantly trans C9H7BrO2 15956
32864-38-3 tert-butyl ethyl malonate C9H16O4 17766
32889-48-8 procyazine C10H13ClN6 19735
32890-87-2 2,4-bis(trifluoromethyl)benzoic acid C9H4F6O2 15798
32921-15-6 p-ethoxyphenyl 3-pyridyl ketone C14H13NO2 27032
32921-23-6 4-(cyclohexylcarbonyl)pyridine C12H15NO 24061
32941-23-4 p-ethoxyphenyl 2-pyridyl ketone C14H13NO2 27031
32941-30-3 4-heptanoylpyridine C12H17NO 24311
32949-37-4 2-hydroxymethyl-6-phenyl-3-pyridazone C11H10N2O2 21629
32954-58-8 1-(3-furyl)-4-hydroxypentanone C9H12O3 17203
32970-37-9 3,4-dimethyltetrahydrofuran C6H12O 8423
32976-87-7 7,12-dimethylbenz(a)anthracene, deuterated C20D16 31763
32976-88-8 N-ethyl-N-nitrosobiuret C4H8N4O3 3467
32981-86-5 10-deacetylbaccatin-iii C29H36O10 34773
32986-56-4 tobramycin C18H37N5O9 31129
32988-50-4 viomycin C25H43N13O10 34170
33005-95-7 surgam C14H12O3S 26981
33012-50-9 hepta-O-acetyl-cellobiosyl-b-azide C26H35N3O17 34294
33017-08-2 trifluoromethyl peroxyacetate C3H3F3O3 1447
33018-91-6 monoethyl heptanedioate C9H16O4 17763
33019-03-3 (R)-(-)-ethyl (R)-5-oxotetrahydro-2-furancarbo C7H10O4 11210
33020-34-7 isopropylmercury hydroxide C3H8HgO 2101
33021-02-2 tert-butyl isobutyl ether C8H18O 15531
33034-67-2 2-chloro-4-(trifluoromethyl)pyrimidine C5H2ClF3N2 4192
33036-62-3 4-bromo-1-butanol C4H9BrO 3607
33056-03-0 Di[(methylcyclopentadienyl)molybdenum tric C18H14Mo2O6 30477
33060-69-6 carbavine C6H9NO2 7554
33069-62-4 paclitaxel C47H51NO14 35789
33073-60-8 trans-4-(3-(2-chloroethyl))-3-nitrosourei C12H20ClN3O4 24534
33077-69-9 4-(p-ethoxybenzoyl)pyridine C14H13NO2 27030
33077-70-2 2-(p-hydroxybenzoyl)pyridine C12H9NO2 23417
33082-92-7 methylbenzothiadiazine carbamate C9H9N3O2S 16496
33083-83-9 5-undecanone C11H22O 22826
33089-61-1 amitraz C19H23N3 31523
33092-82-9 trans-2-aminocyclohexanol, (±) C6H13NO 8763
33094-66-5 2-nitrobenzofuran C8H5NO3 12698
33094-74-5 2-nitro-3-methyl-5-chlorobenzofuran C9H6ClNO3 15866
33098-26-9 2-(1-sec-butyl-2-(dimethylamino)ethyl)quinoli C17H24N2 30221
33098-27-0 2-(1-sec-butyl-2-(dimethylamino)ethyl)quinoxa C16H23N3 29556
33100-27-5 lead ionophore v C10H20O5 21086
33105-81-6 DL-tert-butylglycine C6H13NO2 8835
33113-10-9 neoheptanoic acid C7H14O2 11926
33130-03-9 trans-2,3,4-trimethoxycinnamic acid C12H14O5 24019
33132-61-5 b-sec-butyl-N,N-dimethylphenethylamine C14H23N 27726
33132-71-7 b-sec-butyl-p-chloro-N,N-dimethylphenethylam C14H22ClN 27656
33132-75-1 p-amino-b-sec-butyl-N,N-dimethylphenethylamin C14H22N2 27662
33132-85-3 b-sec-butyl-5-chloro-N,N-dimethyl-2-methoxy C15H24ClNO 28705
33132-87-5 b-allyl-N,N-dimethylphenethylamine C13H19N 26249
33145-10-7 2,2'-isobutylidenebis(4,6-dimethylphenol) C20H26O2 32281
33146-45-1 2,6-dichlorobiphenyl C12H8Cl2 23273
33175-34-7 3,4-dichlorophenyl hydroxylamine C6H5Cl2NO 6751
33184-48-4 4-chloro-2-iodo-1-methylbenzene C7H6ClI 10216
33189-72-9 trans-tetradec-11-en-1-yl acetate C16H30O2 29667
33196-65-5 tetramethyldialuminum dihydride C4H14Al2 4120
33204-76-1 cisobitan C18H28O4Si4 30934
33207-59-9 2-(4'-methoxybenzoyl)fluorene C21H16O2 32657
33212-68-9 dimethyl manganese C2H6Mn 1035
33213-65-9 endosulfan 2 C9H6Cl6O3S 15878
33228-44-3 4-pentylaniline C11H17N 22504
33228-45-4 4-hexylaniline C12H19N 24509
33229-34-4 2,2'-((4-((2-hydroxyethyl)amino)-3-nitrophe C12H19N3O5 24523
33229-89-9 N,N-dimethylglycine ethyl ester C6H13NO2 8830
33234-93-4 7-methyl-1-nonanol C10H22O 21234
33245-39-5 fluchloralin C12H13ClF3N3O4 23804
33259-72-2 5,6-diamino-2-picoline C6H9N3 7588
33266-07-8 2-acetyl-2-methyl-1,3-dithiolane C6H10OS2 7812
33284-53-6 2,3,4,5-tetrachlorobiphenyl C12H6Cl4 23204
33309-88-5 bis(tricyclohexylphosphine)palladium(0) C36H66P2Pd 35407
33330-91-5 1-p-(carboxamidophenyl)-3,3-dimethyltriazine C9H12N4O 17070
33357-44-7 2-ethyl-4-methylquinoline C12H13N 23822
33364-51-1 4,4-bis(difluoroamino)-3-fluoroimino-1-pentene C5H6F5N3 4487
33369-45-8 3-carboxy-1,4-dimethyl-1H-pyrrole-2-aceticaci C9H11NO4 16977
33371-97-0 2-ethoxycyclohexanone C8H14O2 14632
33372-39-3 4-bis(2-hydroxyethyl)amino-2-(5-nitro-2-th C16H16N4O4S 29256
33372-40-6 4-(2,3-dihydroxypropylamino)-2-(5-nitro-2- C15H14N4O4S 28281
33375-06-3 (R)-(+)-a-methylbenzyl isocyanate C9H9NO 16406
33384-03-1 N-(p-phenethyl)phenylacetohydroxamic acid C16H17NO2 29327
33389-33-2 1,2-dihydro-2-(5-nitro-2-thienyl)quinazolin C12H9N3O3S 23434
33389-36-5 4-(2-hydroxyethylamino)-2-(5-nitro-2-thien C14H12N4O3S 26924
33390-21-5 lycopersin C20H14O8 31939
33396-37-1 meproscillarin C31H44O8 35007
33399-00-7 bromfenvinfos C12H14BrCl2O4P 23902
33401-05-7 3-chloro-2-hydroxy-2-methylpropanenitrile C4H6ClNO 2797
33406-36-9 2-(p-(1,2-bis(p-methoxyphenyl)-1-butenyl)phe C30H37NO3 34890
33406-96-1 2-chloro-5-fluorotoluene C7H6ClF 10204
33419-42-0 FPE C29H32O13 34764
33419-68-0 safrasin C11H16N2O2 22381
33421-40-8 2-amino-5-phenylpyridine C11H10N2 21619
33423-92-6 1,3,6,8-tetrachlorodibenzo-p-dioxin C12H4Cl4O2 23157
33425-49-9 1-nonyl-[1,2,3,4-tetrahydronaphthalene] C19H30 31621
33429-70-8 1,2,4-trichloro-5-(dichloromethyl)benzene C7H3Cl5 9555
33429-72-0 4-chloro-2,2-dimethylpentane C7H15Cl 11992
33447-90-4 meso-dimethylmyleran C8H18O6S2 15600
33453-19-9 1-cyclopropylmethyl-4-phenyl-6-chloro-2(1H C18H15ClN2O 30540
33453-96-2 oxydimethanol dinitrate C2H4N2O7 867
33467-73-1 cis-3-hexenyl formate C7H12O2 11500
33467-74-2 cis-3-hexenyl propionate C9H16O2 17736
33467-76-4 trans-2-hepten-1-ol C7H14O 11861
33468-15-4 trans-4-octyl-a-chloro-4'-ethoxystilbene C24H31ClO 33877
33486-90-7 2,6-dichlorobenzyl methyl ether C8H8Cl2O 13299
33493-71-9 benzyl 2-acetamido-2-deoxy-6-O-triphenyl-met C34H35NO6 35223
33499-84-2 6,8-o-dimethylversicolorin A C20H14O7 31936
33512-26-4 diethyl(phthalimidomethyl)phosphonate C13H16NO5P 26054
33515-32-1 L-methionine methylsulfonium bromide C6H14BrNO2S 8888
33515-82-1 2,6,6-trimethylcycloheptanol C10H20O 21003
33524-31-1 2,5-dimethoxybenzyl alcohol C9H12O3 17195
33531-34-9 2-chloro-6-methylcarbanilic acid N-methyl C14H19ClN2O2 27509
33531-59-8 o-methylcarbanilic acid N-ethyl-3-piperdiny C15H22N2O2 28660
33543-31-6 2-methylfluoranthene C17H12 29870
33550-22-0 tributyltin-g-chlorobutyrate C16H33ClO2Sn 29742
33553-93-4 2,4-dichloro-2,4-dimethylpentane C7H14Cl2 11766
33560-15-5 isobutyl trichloroacetate C6H9Cl3O2 7517
33560-17-7 2-hydroxyethyl trichloroacetate C4H5Cl3O3 2675
33563-54-1 N,N'-dimethyl-1,8-octanediamine C10H24N2 21422
33564-31-7 diflorasone diacetate C26H32F2O7 34284
33567-59-8 2-methoxybenzeneacetaldehyde C9H10O2 16668
33568-99-9 bis(isooctyloxymaleoyloxy)dioctylstannane C40H72O8Sn 35613
33577-16-1 methyl methylthiomethyl sulfoxide C3H8OS2 2137
33581-77-0 trimethylsilyl trimethylsiloxyacetate C8H20O3Si2 15718
33588-54-4 5-bromoindoxyl diacetate C12H10BrNO3 23450
33603-63-3 trans-4-(2-thienyl)-3-buten-2-one C8H8OS 13410
33605-67-3 cargutocin C42H65N11O12 35694
33611-43-7 methyl 4-morpholinepropionate C8H15NO3 14832
33611-48-2 3-(3-pyridylmethylamino)propionitrile C9H11N3 16986

33622-26-3 1-decen-3-yne C10H16 20331
33629-47-9 butralin C14H21N3O4 27641
33630-94-3 5-amino-2-pyridinol C5H6N2O 4505
33630-99-8 3-amino-2-pyridinol C5H6N2O 4506
33631-41-3 retinoic acid ethyl amide C22H33NO 33378
33631-47-9 retinoic acid 2-hydroxyethylamide C22H33NO2 33381
33632-27-8 1-acetyl-5-nitroindoline C10H10N2O3 19067
33634-75-2 sodium pentacarbonyl rhenate C5NaO5Re 4186
33647-67-5 DL-1-(2,5-dimethoxy-2,5-dihydrofuran-2-yl)etha C8H14O4 14705
33653-28-0 butyl methyl sulfite C5H12O3S 5909
33656-20-1 b-(p-chlorophenyl)phenethyl 4-(2-pyrimidyl C23H23ClN4O 33548
33657-49-7 chloromethyl butyrate C5H9ClO2 5094
33662-96-3 2-chloroethyl 2-methylpropanoate C6H11ClO2 8037
33671-46-4 5-(2-chlorophenyl)-7-ethyl-1-methyl-1,3-d C16H15ClN2OS 29195
33673-01-7 2-sec-butyl-1,3-propanediol C7H16O2 12263
33683-44-2 5-hydroxy-3-hexanone C6H12O2 8493
33693-04-8 2-tert-butylamino-4-ethylamino-6-methoxy-S-t C10H19N5O 20916
33693-48-0 4-benzyloxy-3-methoxybenzyl alcohol C15H16O3 28442
33693-67-3 a-bromo-a-methyl-g-butyrolactone C5H7BrO2 4598
33693-78-6 1,1-dibromo-2-methylpropane C4H8Br2 3340
33695-59-9 2-methoxypropanenitrile C4H7NO 3252
33698-87-2 cis-3-pentenoic acid C5H8O2 4899
33725-74-5 tetrabutylammonium borohydride C16H40BN 29836
33738-48-6 4-methyl-1-naphthalenecarboxaldehyde C12H10O 23525
33742-81-3 1,1-dibromocyclobutane C4H6Br2 2775
33755-46-3 dexamethasone valerate C27H37FO6 34461
33758-16-6 (S)-(+)-2-decanol C10H22O 21338
33765-68-3 16-ethyl-17-hydroxyester-4-en-3-one C20H30O2 32354
33765-80-9 16b-ethyl-17b-hydroxyester-4-en-3-one acetate C22H32O3 33373
33770-60-4 (2,5-dichloro-3,6-dihydroxy-p-benzoquinolato) C6Cl2HgO4 6059
33786-89-9 5-chloro-1,3-benzenediamine C6H7ClN2 7148
33797-51-2 eschenmoser's salt C3H8IN 2102
33804-48-7 4-((p-(dimethylamino)phenyl)azo)-N-methylace C17H20N4O 30137
33813-20-6 ethylene thiuram monosulfide C4H4N2S3 2581
33820-53-0 isopropalin C15H23N3O4 28721
33821-94-2 2-(3-bromopropoxy)tetrahydro-2H-pyran C8H15BrO2 14746
33829-48-0 bromochlorodinitromethane CBrClN2O4 14
33840-38-9 1,2,5-trimethylcyclopentanol C8H16O 15137
33842-02-3 phosgene iminium chloride C3H6Cl3N 1858
33843-55-9 1,3,5-trimethyl-2-cyclohexen-1-ol C9H16O 17700
33854-16-9 dinoprost methyl ester C21H36O5 33010
33857-23-7 amiprophos C12H19N2O4PS 24521
33857-26-0 2,7-dichlorodibenzodioxin C12H6Cl2O2 23197
33857-28-2 2,3,7-trichlorodibenzo-p-dioxin C12H5Cl3O2 23176
33861-17-5 trimethyl(phenylseleno)silane C9H14SeSi 17522
33863-86-4 4-butoxybenzoyl chloride C11H13ClO2 21924
33868-17-6 methylnitrosocyanamide C2H3N3O 771
33877-11-1 alpha-methylbenzenemethanethiol, (S) C8H10S 14053
33878-50-1 karakhol C18H17Cl2NO3 30604
33879-04-8 (+)-hexahydro-3a-hydroxy-7a-methyl-1H-inden-1 C10H14O3 20141
33879-72-0 3-methyl-1,3-pentanediol C6H14O2 9036
33880-83-0 1-vinyl-1-methyl-2,4-bis(1-methylvinyl)cyclohex C15H24 28742
33884-43-4 2-(2-bromoethyl)-1,3-dioxane C6H11BrO2 7999
33892-75-0 5-methoxy-1-tetralone C11H12O2 21878
33898-90-7 2-thenoylacetonitrile C7H5NOS 10059
33904-03-9 2,4-dimethoxyphenyl isothiocyanate C9H9NO2S 16446
33904-55-1 nitroso-DL-citrulline C6H12N4O4 8386
33911-28-3 (-)-trans-resmethrin C22H26O3 33295
33919-18-5 3,5-bis(chloromethyl)-2,4,6-trimethylphenol C11H10Cl2O 21612
33924-48-0 methyl 5-chloro-2-methoxybenzoate C9H9ClO3 16330
33933-77-6 7-methyl-4-octanol C9H20O 18264
33933-78-7 5-methyl-5-nonanol C10H22O 21251
33933-79-8 2,4-dimethyl-4-octanol C10H22O 21276
33941-07-0 pyran C5H6O 4539
33941-15-0 aza-18-crown-6 C12H25NO5 24908
33942-87-9 5-methyl-dibenzo(b,def)chrysene C25H16 34047
33942-88-0 5-methylbenzo(rat)pentaphene C25H16 34046
33943-21-4 2-methyl-4-ethyl-3-hexanol C9H20O 18308
33944-90-0 selenodiglutathione C20H32N6O12S2Se 32382
33950-46-8 2,2-dimethyl-1-phenyl-1,3-propanediol C11H16O2 22458
33953-73-0 benzo(a)pyren-6-ol C20H12O 31829
33956-49-9 codlelure C12H22O 24692
33963-55-2 2-methylsulphonylbenzoic acid C8H8O4S 13505
33965-80-9 3-chloro-lactonitrile C3H4ClNO 1529
33966-50-6 2-butanamine, (.+/-.)- C4H11N 3981
33978-71-1 2-methyl-5-undecanol C12H26O 25283
33979-03-2 2,2',4,4',6,6'-hexachlorobiphenyl C12H4Cl6 23160
33979-15-6 clivorine C21H28NO7 32916
33984-50-8 MBD C14H12N4O4 26925
33993-53-2 (S)-(+)-N,S-dimethyl-S-phenylsulfoximine C8H11NOS 14162
33996-33-7 trans-1-acetyl-4-hydroxy-L-proline C7H11NO4 11303
34004-14-3 methyl a-D-galactopyranoside monohydrate C7H16O7 12298
34006-60-5 2-chloro-2-ethoxyacetic acid ethyl ester,rema C6H11ClO3 8054
34008-71-4 3-ethoxy-1-phenyl-1-propanone C11H14O2 22123
34014-18-1 tebuthiuron C9H16N4OS 17659
34014-79-4 1,3-hexadecanediol C16H34O2 29777
34031-32-8 auranofin C20H34AuO9PS 32400
34036-07-2 3,4-difluorobenzaldehyde C7H4F2O 9788
34037-79-1 diallyl peroxydicarbonate C8H10O6 14035
34044-10-5 tauromycetin-IV C42H53NO16 35685
34052-37-4 2-chloro-5-nitrobenzophenone C13H8ClNO3 25466
34068-01-4 3-benzyloxyacetophenone C15H14O2 28303
34069-94-8 trichloroacetyl bromide C2BrCl3O 403
34071-95-9 3-(4-hydroxyphenyl)propionic acid N-hydroxys C13H13NO5 25879
34075-28-0 2-nitro-2,3-dimethylbutane C6H13NO2 8804
34097-60-4 methyl benzenesulfonylacetate C9H10O4S 16806
34099-73-5 boric acid, ethyl ester C2H7BO3 1108
34102-49-3 7-azabicyclo[4.2.0]octan-8-one C7H11NO 11277
34103-97-4 1,2,4-trimethylcyclopentanol C8H16O 15136
34114-98-2 deacetyl-HT-2 toxin C19H30O7 31640
34124-14-6 2,2'-diaminobibenzyl C14H16N2 27335
34131-99-2 6-isopropyldecalol C13H24O 26418
34136-59-9 2-ethylbenzonitrile C9H9N 16378
34145-05-6 2,5-dichlorobenzyl alcohol C7H6Cl2O 10278
34148-01-1 clidanac C16H19ClO2 29409
34171-46-5 furfuryl benzoate C12H10O3 23556
34177-12-3 5,6-diphenyl-as-triazin-3-ol C15H11N3O 28124
34205-21-5 3-(4-(2-tert-butyl-5-oxo-D2)-1,3,4-(oxadi C15H19ClN4O3 28549
34212-59-4 (-)-di[(1R)-menthyl] succinate C24H42O4 33962
34227-72-0 N-myristoyl-D-erythro-sphingosine, synthetic C32H63NO3 35110
34236-06-1 L-methionine methylsulfonium iodide C6H14INO2S 8907
34238-52-3 3-chloro-2-pentene C5H9Cl 5058
34238-81-8 (3-methoxyphenyl)phenyldiazene C13H12N2O 25768
34240-76-1 2-[isopentylamino]ethanol C7H17NO 12350
34244-14-9 1-chloropyrene C16H9Cl 28975
34255-03-3 cloquinozine tartrate C20H28ClNO6 32305
34256-82-1 acetochlor C14H20ClNO2 27571
34257-95-9 dihydrohelenalin C15H20O4 28597
34263-68-8 4-methyl-1-hexylamine C7H17N 12321
34265-58-2 ethyl 5-methylsalicylate C10H12O3 19662
34272-83-8 3-amino-2,2,5,5-tetramethyl-1-pyrrolidinyloxy C8H17N2O 15304
34281-92-0 (1S,2R)-(+)-trans-2-phenyl-1-cyclohexanol C12H16O 24206
34291-02-6 butyrosin A C21H41N5O12 33034
34314-06-2 tetramethyl-[1,1'-biphenyl]-4,4'-diamine C16H20N2 29449
34316-15-9 chelerythrine C21H19NO5 32713
34317-39-0 methyl-1,2-dimethylpropylamine C6H15N 9196
34317-61-8 S-phenyl-L-cysteine C9H11NO2S 16958
34320-82-6 1-(2,4,6-trichlorophenyl)-3-(p-nitroanili C15H9Cl3N4O3 27994
34328-46-6 4-chloro-3-(trifluoromethyl)benzaldehyde C8H4ClF3O 12506
34328-61-5 3-chloro-4-fluorobenzaldehyde C7H4ClFO 9672
34333-07-8 tris(dibutylbis(hydroxyethylthio)tin) C36H78B2O6S6Sn3 35445
34338-96-0 (2S,5S)-2,5-hexanediol C6H14O2 9062
34346-90-2 3,4,5-trimethoxycinnamaldehyde C12H14O4 24017
34346-96-8 7-bromomethyl-1-methylbenz(a)anthracene C20H15Br 31952
34346-97-9 7-bromomethyl-6-fluorobenz(a)anthracene C19H12BrF 31210
34346-98-0 4-bromo-7-bromomethylbenz(a)anthracene C19H12Br2 31211
34346-99-1 7-bromomethyl-4-chlorobenz(a)anthracene C19H12BrCl 31209
34359-77-8 1,1,1,2-tetramethoxyethane C6H14O4 9093
34375-89-8 3-methylpyrrolidine C5H11N 5674
34381-71-0 N-methyl-l-prolinol C6H13NO 8783
34388-29-9 4-(methyloxymethyl)benzyl chrysanthemum monoc C19H26O3 31586
34403-05-9 2-methyl-1,2-diphenylethane C15H16 28386
34403-06-0 3-methyl-1,2-diphenylethane C15H16 28387
34413-35-9 5,6,7,8-tetrahydroquinoxaline C8H10N2 13861
34419-05-1 N-methyl-3,6-dithia-3,4,5,6-tetrahydrophthal C7H7NO2S2 10651
34421-94-8 4-bromobenzaldehyde diethyl acetal C11H15BrO2 22214
34423-54-6 nitroso-N-methyl-n-octylamine C9H20N2O 18229
34435-70-6 ipomeanol C9H12O3 17204
34443-12-4 tert-butylperoxy 2-ethylhexyl carbonate C13H26O4 26509
34444-01-4 cephamandole C18H18N6O5S2 30672
34450-62-9 ethyl cis-3-iodocrotonate C6H9IO2 7530
34451-19-9 butyl (S)-(-)-lactate C7H14O3 11938
34461-49-9 N-fluoren-2-yl-hydroxylamine-o-glucuronide C19H19NO8 31432
34462-96-9 7-bromo-5-chloroquinolin-8-yl acrylate C12H7BrClNO2 23234
34481-84-0 methylenedianthranilic acid dimethyl ester C17H18N2O4 30067
34491-04-8 dimethyl phosphate ester with 2-chloro-N-m C7H13ClNO5P 11592
34491-12-8 bis(diethylthio)chloro methyl phosphonate C5H12ClOPS2 5778
34493-98-6 dibekacin C18H37N5O8 31128
34501-24-1 trans-benz(a)anthracene-8,9-dihydrodiol C18H14O2 30503
34510-96-8 diethyl-2-butylphosphonate C8H19O3P 15671
34513-77-4 myborin C17H27BN2 30255
34522-32-2 (+)-octopine C9H18N4O4 17994
34522-40-2 N,N-dimethyl-4-(3,4,5-trimethylphenyl)azoanil C17H21N3 30168
34529-29-8 3-ethyl-4-hydroxy-1,2,5-oxadiazole C4H6N2O2 2912
34548-72-6 2-(1-sec-butyl-2-(dimethylamino)ethyl)thiophe C12H21NS 24648
34552-13-1 5-amino-6-chloro-3-picoline C6H7ClN2 7142
34552-83-5 loperamide hydrochloride C29H34Cl2N2O2 34767
34559-71-2 2-indolyl methoxymethyl ketone C11H12NO2 21812
34562-99-7 g-aminobutyric acid cetyl ester C20H41NO2 32512
34566-04-6 (S)-2-aminooctane C8H19N 15648
34566-05-7 (R)-2-aminooctane C8H19N 15649
34570-59-7 1,1,2,2-tetrabromopropane C3H4Br4 1516
34581-76-5 1,1,2,3-tetrabromopropane C3H4Br4 1517
34590-94-8 dipropylene glycol monomethyl ether C7H16O3 12282
34592-47-7 L(-)-thiazolidine-4-carboxylic acid C4H7NO2S 3277
34598-49-7 5-bromo-1-indanone C9H7BrO 15954
34612-38-9 maltotetraose C24H42O20 33961
34619-03-9 di-tert-butyl carbonate C9H18O3 18090
34620-76-3 maltopentaose, isomers C30H52O26 34935
34620-77-4 maltohexaose C36H62O31 35397
34622-08-7 neodymium(iii) trifluoromethanesulfonate C3F9NdO9S3 1307
34624-48-1 (+)-cis-allethrin C19H26O3 31580
34627-78-6 5-(1-acetyloxy-2-propenyl)-1,3-benzodioxole C12H12O4 23786
34643-46-4 O-(2,4-dichlorophenyl)-O-ethyl-S-propyl C11H15Cl2O2PS2 22226
34661-75-1 urapidil C20H29N5O3 32333
34662-31-2 5-chloro-2-nitrobenzonitrile C7H3ClN2O2 9513
34675-24-6 (-)-di[(1R)-menthyl] fumarate C24H40O4 33951
34675-84-8 cetraxate C17H23NO4 30214
34681-10-2 3-(methylthio)-O-((methylamino)carbonyl)oxi C7H14N2O2S 11804
34681-23-7 3-(sulfonyl)-O-((methylamino)carbonyl)oxime C7H14N2O4S 11819
34687-46-2 2-(2-hexenyl cyclopentanone) C11H18O 22591
34688-71-6 2,4,6-trimethylbenzylcyanide C11H13N 21954
34698-41-4 1-indanamine C9H11N 16891
34701-14-9 4-nitroindan C9H9NO2 16439
34713-70-7 DL-2-phenylpropionaldehyde C9H10O 16642
34713-94-5 2-methyl-1-butanol, (±) C5H12O 5835
34715-98-5 1-nitro-2,2-dimethylpropane C5H11NO2 5703
34722-01-5 3-butylthiophene C8H12S 14411
34723-82-5 2-(bromomethyl)tetrahydro-2H-pyran C6H11BrO 7987
34737-89-8 1-benzyl-3-methyl-4-piperidone C13H17NO 26124
34743-88-9 2-(4-bromophenoxy)ethanol C8H9BrO2 13565
34757-14-7 methyl 2-diazopropanonate C4H6N2O2 2902
34786-24-8 3-methyl-(1-thiapropyl)-benzene C9H12S 17215
34803-66-2 1-(2-pyridyl)piperazine C9H13N3 17359
34807-41-5 meserein C38H38O10 35507
34816-53-0 1,2,7,8-tetrachlorodibenzo-p-dioxin C12H4Cl4O2 23156
34816-55-2 moxestrol C21H26O3 32883
34819-86-8 3,4-di-o-acetyl-6-deoxy-l-glucal C10H14O5 20172
34822-90-7 (h5-2,4-cyclopentadien-1-yl)thallium C5H5Tl 4423
34830-11-0 tris[3-(trifluoromethylhydroxymethylene)- C36H42EuF9O6 35355
34837-55-3 phenylselenyl bromide C6H5BrSe 6682
34837-84-8 methyl 4-fluorophenylacetate C9H9FO2 16348
34840-79-4 2,3-dichloro-1,4-dimethylbenzene C8H8Cl2 13288
34841-06-0 3-bromo-4-methoxybenzaldehyde C8H7BrO2 12974
34841-35-5 3'-chloropropiophenone C9H9ClO 16297
34846-90-7 methyl 3-methoxyacrylate C5H8O3 4939
34850-66-3 DL-10-camphorsulfonic acid, sodium salt C10H15NaO4S 20303
34859-98-8 1,1-dimethylbutyl acetate C8H16O2 15161
34874-30-1 3,4-diethyl-2-methyl-1H-pyrrole C9H15N 17547
34883-39-1 2,5-dichlorobiphenyl C12H8Cl2 23272
34883-43-7 2,4'-dichloro-1,1'-biphenyl C12H8Cl2 23279
34885-03-5 4-methylcyclohexanemethanol C8H16O 15088
34887-14-4 2,2-dichloropentane C5H10Cl2 5335
34893-50-0 2,5-dimethylpiperidine C7H15N 12035
34893-92-0 3,5-dichlorophenyl isocyanate C7H3Cl2NO 9529
34929-08-3 1-(m-trifluoromethylphenyl)-3-(2'-hydroxy C17H13F3N2O3 29904
34946-82-2 copper(ii) trifluoromethanesulfonate C2CuF6O6S2 472
34949-22-9 1,1-dimethylpropyl propanoate C8H16O2 15172
34967-24-3 3,5-dimethoxybenzylamine C9H13NO2 17339
34973-41-6 1,1,2,2,3,4,4-heptachlorobutane C4H3Cl7 2472
34983-45-4 trans-4,4'-dimethyl-a-a'-diethylstilbene C20H24 32215
34992-02-4 trimethyl-1,6-diisocyanatohexane, isomers C11H18N2O2 22567
34994-81-5 1-iodoeicosane C20H41I 32508
35000-22-7 N-isopropyl-2-propen-1-amine C6H13N 8751
35008-86-7 3-hexenylbenzene C12H16 24135

35018-15-6 2,2-dimethylpyrrolidine C6H13N 8747
35018-28-1 2,2,4-trimethylpyrrolidine C7H15N 12044
35021-70-6 (hexadecyloxy)benzene C22H38O 33406
35037-73-1 4-(trifluoromethoxy)phenyl isocyanate C8H4F3NO2 12547
35038-45-0 sodium-5-azidotetrazolide CN7Na 367
35038-46-1 5-azidotetrazole CHN7 133
35050-55-6 tomaymycin C16H20N2O4 29457
35065-27-1 2,2',4,4',5,5'-hexachloro-1,1'-biphenyl C12H4Cl6 23163
35073-27-9 2-methylbutyl formate C6H12O2 8470
35077-51-1 N,N'-dimethyl-4,4'-azodiacetanilide C18H20N4O2 30735
35080-11-6 N-propylajmaline C23H33N2O2 33657
35086-59-0 3',5'-diacetoxyacetophenone C12H12O5 23791
35094-87-2 2,4,5-trihydroxybenzaldehyde C7H6O4 10443
35099-89-9 1,1,2-trimethylcycloheptane C10H20 20940
35113-90-7 2,4-dichloro-N,N-dimethylbenzenamine C8H9Cl2N 13623
35120-10-6 (methylthio)acetonitrile C3H5NS 1780
35120-18-4 ethyl 1-bromocyclobutanecarboxylate C7H11BrO2 11244
35132-20-8 (1R,2R)-(+)-1,2-diphenyl-1,2-ethanediamine C14H16N2 27337
35133-55-2 4-benzyl-a-(4-methoxyphenyl)-b-methyl-1-pipe C22H29NO2 33336
35133-58-5 RC 72-01 C22H35NO2 33393
35133-59-6 RC 72-02 C22H27NO2 33301
35142-05-3 aristolic acid C17H12O5 29899
35142-06-4 methyl aristolate C18H14O5 30527
35153-15-2 cis-9-tetradecenol C14H28O 27870
35154-45-1 (Z)-isovaleric acid 3-hexenyl C11H20O2 22719
35158-25-9 isodihydrolavandulyl aldehyde C10H18O 20753
35161-70-7 methylhexylamine C7H17N 12322
35161-71-8 N-methyl-2-propyn-1-amine C4H7N 3243
35175-75-8 morpholinium perchlorate C4H10ClNO5 3798
35182-51-5 4-(1-ethylpropyl)pyridine C10H15N 20221
35185-96-7 1,4-epoxy-1,2,3,4-tetrahydronaphthalene C10H10O 19109
35187-24-7 4,7,12-trimethylbenz(a)anthracene C21H18 32675
35187-27-0 7,10,12-trimethylbenz(a)anthracene C21H18 32681
35187-28-1 7,11-dimethylbenz(a)anthracene C20H16 31987
35192-74-6 1-nonanesulfonic acid sodium salt C9H19NaO3S 18172
35193-64-7 (S)-(+)-1,1'-binaphthyl-2,2'-diyl hydrogenph C20H13PO4 31857
35194-37-7 4-heptenoic acid C7H12O2 11468
35205-71-1 3-methyl-3-hexenoic acid C7H12O2 11472
35205-79-9 3-methylnonanoic acid C10H20O2 21042
35212-22-7 ipriflavone C18H16O3 30635
35216-11-6 7-tetradecyne C14H26 27782
35223-80-4 propyl bromoacetate C5H9BrO2 5010
35225-79-7 dibenzylideneacetone C17H14O 29941
35231-36-8 deacetylthymoxamine C14H23NO 27729
35242-05-8 trans-2-butylcyclohexanol C10H20O 20998
35242-17-2 3-chlorobicyclo[3.2.1]oct-2-ene C8H11Cl 14070
35246-18-5 3-ethyl-2-methyl-1H-indole C11H13N 21945
35250-53-4 2-pyrazinylethanethiol C6H8N2S 7372
35257-18-2 2-phenyl-S-triazolo(5,1-a)isoquinoline C16H11N3 29019
35259-39-3 4-epioxytetracycline, can be used as secon C22H24N2O9 33265
35274-05-6 hexadecyl 2-hydroxypropanoate C19H38O3 31722
35280-53-6 2-hydroxyethyl chloroacetate C4H7ClO3 3151
35281-27-7 6,7,8,9,10,12b-hexahydro-3-methyl cholanthrene C21H22 32799
35281-29-9 5,6-dihydro-7,12-dimethylbenz(a)anthracene C20H18 32062
35281-34-6 1,2,3,7,8,9-hexahydroanthanthrene C22H20 33198
35282-68-9 2'-hydroxymethyl-N,N-dimethyl-4-aminoazobenz C15H17N3O 28487
35282-69-0 3'-hydroxymethyl-N,N-dimethyl-4-aminoazobenz C15H17N3O 28488
35287-69-5 ergochrome AA (2,2')-5b,6a,10b-5',6'a,10'b C32H30O14 35070
35298-48-7 2,2-dimethyl-3(2H)-furanone C6H8O2 7425
35303-76-5 4-(2-aminoethyl)benzenesulfonamide C8H12N2O2S 14309
35305-13-6 1-methyl-2-propylpiperidine, (S) C9H19N 18136
35308-00-0 9-hydroxy-4-methoxyacridine C14H11NO2 26846
35317-79-4 chlotazole C5H5Cl3N2OS 4369
35320-23-1 (R)-(-)-2-amino-1-propanol C3H9NO 2213
35321-46-1 1-hydroxyimidazol-N-oxide C3H4N2O2 1602
35322-07-7 fosazepam C18H18ClN2O2P 30650
35323-91-2 catechin, (2S-cis) C15H14O6 28329
35335-07-0 9,10-dimethyl-1,2,5,6-dibenzanthracene C24H18 33752
35350-43-7 bis(2-nitrophenyl)diselenide C12H8N2O4Se2 23326
35350-45-9 bis(4-methoxy-2-nitrophenyl)diselenide C14H12N2O6Se2 26917
35355-36-3 6,7-dimethylbenzofuran C10H10O 19098
35356-70-8 methyl 2-acetamidoacrylate C6H9NO3 7564
35363-12-3 3-ethyl-4-nitropyridine-1-oxide C7H8N2O3 10834
35364-79-5 3,4-dichlorophenethylalcohol C8H8Cl2O 13301
35364-90-0 1-(diethoxymethyl)-4-isopropylbenzene C14H22O2 27695
35365-59-4 9-octadecyne C18H34 31013
35367-38-5 diflubenzuron C14H9ClF2N2O2 26691
35383-51-8 1-chloro-2-methyl-1,3-butadiene C5H7Cl 4605
35383-59-6 2-chloro-3-methylbutanoyl chloride C5H8Cl2O 4777
35386-24-4 1-(2-methoxyphenyl)piperazine C11H16N2O 22373
35399-81-6 2-amino-3-methylpentane C6H15N 9180
35400-43-2 sulprofos C12H19O2PS3 24527
35412-68-1 1-(indolyl-3)-2-methylaminoethanol-1 racemat C11H14N2O 22069
35413-38-8 2,2,4-trimethylcyclohexanone C9H16O 17676
35432-36-1 2-methyl-1-propanesulfonyl chloride C4H9ClO2S 3637
35440-49-4 methyl-o-(4-hydroxy-3-methoxycinnamoyl)rese C33H38N2O8 35151
35449-34-4 2-methoxyethyl trichloroacetate C5H7Cl3O3 4645
35449-36-6 2,2,9,9-tetramethyl-1,10-decanediol C14H30O2 27938
35457-80-8 medemycin C41H67NO15 35654
35466-83-2 allyl methyl carbonate C5H8O3 4935
35472-56-1 ethyl 2-(methylamino)benzoate C10H13NO2 19796
35483-50-2 viriditoxin C30H26O6 34861
35493-46-0 2-dodecylcyclobutanone C16H30O 29657
35502-06-8 3-chloro-1,1-dimethoxypropane C5H11ClO2 5640
35506-85-5 benzyl sulfite C14H14O3S 27184
35507-35-8 p,p'-diselenodianiline C12H12N2Se2 23752
35520-41-3 trans-3-(dimethylamino)acrylonitrile C5H8N2 4819
35523-89-8 saxitoxin hydrate C10H17N7O4 20591
35525-27-0 20-(hydroxymethyl)pregna-1,4-dien-3-one C22H32O2 33366
35543-25-0 1-pyrrolidinebutyronitrile C8H14N2 14523
35551-81-6 dipentadecylamine C30H63N 34968
35554-44-0 imazalil C14H14Cl2N2O 27085
35556-70-8 phosphoenolpyruvic acid tri-(cyclohexylami C21H44N3O6P 33061
35569-54-1 tris(3-methylphenyl)stibine C21H21Sb 32797
35572-34-0 (-)-2,3-O-benzylidene-L-threitol C11H14O4 22192
35572-78-2 2-amino-4,6-dinitrotoluene C7H7N3O4 10709
35573-93-4 3-chloro-1,1-diethoxypropane C7H15ClO2 12005
35575-96-3 azamethiphos C9H10ClN2O5PS 16535
35578-47-3 4,4'-dibromobenzil C14H8Br2O2 26629
35599-77-0 1-iodotridecane C13H27I 26518
35599-78-1 1-iodopentadecane C15H31I 28901
35602-69-8 cholesteryl stearate C45H80O2 35772
35607-66-0 cefoxitin C16H17N3O7S2 29341
35608-64-1 ethyl 3-hydroxybutanoate, (±) C6H12O3 8539
35619-65-9 tritiozine C14H19NO4S 27539
35620-71-4 2-phenoxynicotinic acid C12H9NO3 23422
35627-29-3 N-nitroso-tetrahydro-1,3-oxazine C4H8N2O2 3442
35629-37-9 2-acetamido-4,5-dimethyloxazole C7H10N2O2 11116
35629-38-0 2-acetamido-4-phenyloxazole C11H10N2O2 21628
35629-39-1 2-acetamido-4,5-diphenyloxazole C17H14N2O2 29933
35629-40-4 N-acetyl-N-(4,5-diphenyl-2-oxazolyl)acetami C19H16N2O3 31339
35629-44-8 1-ethyl-3-(2-oxazolyl)urea C6H9N3O2 7603
35629-70-0 2-amino-4-methyloxazole C4H6N2O 2899
35631-27-7 nitroso-5-methyloxazolidone C4H8N2O2 3437
35653-70-4 2,4'-dimethyl-4-dimethylaminoazobenzene C16H19N3 29421
35656-02-1 methylenetetrahydropyran C6H10O 7808
35661-39-3 fmoc-L-a-alanine C18H17NO4 30618
35661-40-6 fmoc-L-phenylalanine C24H21NO4 33806
35661-60-0 fmoc-L-leucine C21H23NO4 32820
35673-03-1 (1-chloro-1-propenyl)benzene C9H9Cl 16277
35691-65-7 2-bromo-2-(bromomethyl)pentanedinitrile C6H6Br2N2 6917
35693-92-6 2,4,6-trichlorobiphenyl C12H7Cl3 23248
35693-99-3 2,2',5,5'-tetrachlorobiphenyl C12H6Cl4 23209
35695-70-6 3-amino-1-trichloro-2-propanol C3H6Cl3NO 1859
35695-72-8 3-amino-1-trichloro-2-pentanol C5H10Cl3NO 5356
35700-21-1 15-methyl-PGF2a-methyl ester C22H38O5 33413
35700-23-3 carboprost C21H36O5 33009
35700-27-7 15(S)-15-methyl-prostaglandin E2 C21H34O5 32995
35718-08-2 propargyl chloroformate C4H3ClO2 2460
35730-09-7 2,5-difluorobenzoyl chloride C7H3ClF2O 9501
35737-10-1 fmoc-b-alanine C18H17NO4 30619
35737-15-6 Na-fmoc-L-tryptophan C26H22N2O4 34237
35764-59-1 (+)-cis-resmethrin C22H26O3 33294
35764-73-9 cis-(±)-9,10-dihydro-N,N,10-trimethyl-2-(tri C21H24F3N 32830
35779-04-5 1-tert-butyl-4-iodobenzene C10H13I 19755
35788-21-7 adenosine-5'-carboxamide C10H12N6O4 19482
35788-28-4 adenosine-5'-(N-(2-hydroxyethyl))carboxamid C12H16N6O5 24185
35788-29-5 adenosine-5'-(N-isopropyl)carboxamide C13H18N6O4 26204
35788-31-9 adenosine-5'-(N-(2-(dimethylamino)ethyl))ca C14H21N7O4 27643
35794-11-7 3,5-dimethylpiperidine C7H15N 12036
35822-46-9 1,2,3,4,6,7,8-heptachlorodibenzo-p-dioxin C12HCl7O2 23132
35834-26-5 rosamicin C31H51NO9 35013
35836-73-8 (1R)-(-)-nopol C11H18O 22588
35846-53-8 maytansine C34H46ClN2O10 35234
35849-41-3 L-3-(p-(bis(2-chloroethyl)amino)phenyl)- C14H18Cl2N2O3 27457
35852-46-1 cis-3-hexenyl valerate C11H20O2 22716
35853-41-9 2,8-bis(trifluoromethyl)-4-quinolinol C11H5F6NO 21473
35855-10-8 ethyl morpholinoacetate C8H15NO3 14831
35856-82-7 tetramethyl-1,2-dioxetane C6H12O2 8524
35865-33-9 dianemycin C47H78O14 35797
35866-89-8 2,6-dimethyl-4-isopropylheptane C12H26 25136
35866-96-7 2,4,4,7-tetramethyloctane C12H26 25094
35869-74-0 4-hydroxy-3,5-dimethyl-1,2,4-triazole C4H7N3O 3299
35884-42-5 di(propylene glycol) butyl ether, isomers C10H22O3 21371
35884-45-8 nitrosopyrrolidine C4H8N2O 3426
35884-77-6 xylyl bromide C8H9Br 13543
35891-69-1 anhydromyriocin C21H37NO5 33011
35895-39-7 3-iodo-cis-2-pentene C5H9I 5157
35897-16-6 2-methyl-3-pentyl acetate C8H16O2 15165
35902-57-9 ethyldodecylamine C14H31N 27958
35906-51-5 tauromycetin-III C42H51NO16 35682
35911-17-2 1,3-dibromo-2-methyl-1-propene C4H6Br2 2777
35920-40-2 adenosine-5'-(N-cyclopentyl)carboxamide C15H20N6O4 28590
35941-65-2 butriptyline C21H27N 32898
35943-35-2 triciribine C13H16N6O4 26076
35944-73-1 1,3-cyclopentanedisulfonyl difluoride C5H8F2O4S2 4804
35944-82-2 dowco 160 C8H9Cl3NO3P 13628
35944-84-4 dowco 177 C4H12NO2PS 4064
35947-10-5 2-methyl-1-(3-methylphenyl)piperazine C12H18N2 24406
35947-11-6 1-(4-methylphenyl)-2-methylpiperazine, 1:1mix C12H18N2 24407
35947-12-7 1-(4-methoxyphenyl)-2-methylpiperazine, 1:1 C12H18N2O 24410
35951-33-8 2-chloro-2,4-dimethylpentane C7H15Cl 11990
35951-36-1 2,6-dichloro-2,6-dimethylheptane C9H18Cl2 17960
35963-20-3 (1R)-(-)-camphorsulfonic acid C10H16O4S 20532
35966-84-8 5-chloro-N-methyl-2-nitrobenzenamine C7H7ClN2O2 10505
35975-00-9 5-amino-6-nitroquinoline C9H7N3O2 16078
36001-88-4 amiprofos-methyl C11H17N2O4PS 22536
36011-19-5 cytochalasin E C28H32NO7 34633
36015-19-7 2-chloro-5-nitrocinnamic acid C9H6ClNO4 15868
36016-38-3 tert-butyl N-hydroxycarbamate C5H11NO3 5746
36031-66-0 ethyl phosphoramidic acid 2,4-dichlorophen C8H10Cl2NO3 13838
36039-40-4 2,5-diaminotropone C7H8N2O 10804
36045-56-4 methyl 4-methyl-5-oxohexanoate C8H14O3 14666
36049-78-2 2-iodooctane, (±) C8H17I 15277
36065-15-3 camphor, (-), oxime C10H17NO 20560
36069-05-3 pseudojervine C33H49NO8 35163
36069-45-1 muldamine C29H48NO3 34802
36069-46-2 deacetylmuldamine C27H46NO2 34525
36076-25-2 dimethyl p-phenylenediacetate C12H14O4 24008
36082-50-5 5-bromo-2,4-dichloropyrimidine C4HBrCl2N2 2351
36104-80-0 7-chloro-1,3-dihydro-3-(N,N-dimethylcarba C19H18ClN3O3 31400
36122-35-7 phenylmaleic anhydride C10H6O3 18589
36133-88-7 N-((3-(5-nitro-2-furyl)-1,2,4-oxadiazole-5-yl C9H8N4O5 16183
36157-40-1 3-acetyl-2,5-dichlorothiophene C6H4Cl2OS 6485
36167-69-8 10-((2-chloroethylamino)propylamino)-2-me C18H20Cl2N4O 30723
36186-96-6 3-methyl-5-propylphenol C10H14O 19999
36190-77-9 2-(2-naphthylamino)ethanol C12H13NO 23836
36192-63-9 2-amino-4'-methylbenzophenone C14H13NO 27019
36198-87-5 dimethyl trimethylsilyl phosphite C5H15O3PSi 6036
36211-73-1 benzenediazonium hydrogen sulfate C6H6N2O4S 7030
36215-07-3 1-chloro-3-methoxypropane C4H9ClO 3630
36226-64-9 benzylbarbital C13H14N2O3 25966
36230-28-1 2-butyl-[1,2,3,4-tetrahydronaphthalene] C14H20 27561
36236-67-6 meclizine hydrochloride C25H28Cl2N2 34118
36236-73-4 4-(chloromethyl)-2-methyl-2-pentyl-1,3-diox C10H19ClO2 20874
36239-09-5 ethyl 3-chloro-3-oxopropionate C5H7ClO3 4633
36253-76-6 tributyltin ethoxide C14H32OSn 27968
36255-44-4 3-bromopropionaldehyde dimethyl acetal C5H11BrO2 5615
36263-51-1 1-(4-methoxyphenyl)cyclohexanecarbonitrile C14H17NO 27406
36283-44-0 (R)-(+)-N-acetyl-1-methylbenzylamine C10H13NO 19776
36294-69-6 tetraaminedithiocyanato cobalt(iii) per C2H12ClCoN6O4S2 1185
36301-29-8 1-methyl-2-isobutylbenzene C11H16 22318
36306-87-3 4-(1-ethoxyethenyl)-3,3,5,5-tetramethylcycloh C14H24O2 27764
36315-01-2 2-amino-4,6-dimethoxypyrimidine C6H9N3O2 7599
36323-28-1 a,a,a',a'-tetrabromo-m-xylene C8H6Br4 12747
36330-85-5 3-(4-biphenylylcarbonyl)propionic acid C16H14O3 29171
36333-41-2 1,4-dibromo-1,3-butadiyne C4Br2 2290
36343-05-2 methylheptylamine C8H19N 15635
36355-01-8 hexabromobiphenyl C12H4Br6 25427
36357-38-7 1-(6-methyl-3-pyridinyl)ethanone C8H9NO 13681
36366-93-5 tetraethylene glycol monophenyl ether C14H22O5 27711
36368-30-6 1-phenylazo-2-anthrol C20H14N2O 31880
36375-30-1 methyl-b-acetoxyethyl-b-chloroethylamine C7H14ClNO2 11759
36386-49-9 1,3,3-trimethylbicyclo[2.2.1]heptan-2-ol, endo C10H18O 20674
36386-52-4 borneol acetate, (±) C12H20O2 24563
36394-75-9 (S)-(-)-2-acetoxypropionyl chloride C5H7ClO3 4632

36402-31-0 1-chloro-3,3-dimethyl-2-butanol C6H13ClO 8687
36404-30-5 3,4-dichloroanisole C7H6Cl2O 10275
36405-47-7 2,2,3,4,4,4-hexafluorobutyl methacrylate C8H8F6O2 13324
36410-81-8 4-isothiocyanato-tempo, free radical C10H17N2OS 20583
36417-16-0 dichlorolawsone C13H8Cl2O3 25476
36436-65-4 2'-hydroxy-4',5'-dimethylacetophenone C10H12O2 19595
36437-19-1 2-chloromalonaldehyde C3H3ClO2 1411
36441-31-3 1-benzyl-2-naphthalenol C17H14O 29937
36441-32-4 2-benzyl-1-naphthalenol C17H14O 29938
36443-68-2 3,5-bis(1,1-dimethylethyl)-4-hydroxybenzenepr C34H50O8 35242
36448-60-9 2-methyl-1-(2-thienyl)-1-propanone C8H10OS 13939
36476-78-5 3-azetidinecarboxylic acid C4H7NO2 3270
36483-60-0 hexabromodiphenyl ether C12H4Br6O 25428
36504-65-1 benzo(a)pyrene-7,8-oxide C20H12O 31822
36504-66-2 benzo(a)pyrene-9,10-oxide C20H12O 31823
36504-67-3 7,8-epoxy-7,8,9,10-tetrahydrobenzo(a)pyrene C20H14O 31891
36504-68-4 9,10-epoxy-7,8,9,10-tetrahydrobenzo(a)pyrene C20H14O 31892
36505-84-7 8-(4-(4-(2-pyrimidinyl)-1-piperizinyl)butyl C21H31N5O2 32970
36518-74-8 pentachlorophenyl propyl ether C9H7Cl5O 15981
36519-25-2 neosolaniol C18H26O8 30905
36536-22-8 1,1',3,3,3',3'-hexamethylindodicarbocyanine C27H31IN2 34429
36536-46-6 DL-b-butyrolactone C4H6O2 2985
36555-73-4 diethylpentadecylamine C19H41N 31760
36556-06-6 5,6,7,8-tetrahydroisoquinoline C9H11N 16894
36556-56-6 6-chloro-2,4-difluoroaniline C6H4ClF2N 6434
36566-80-0 2-methyl-3-hexyne C7H12 11348
36567-72-3 (S)-3-hydroxy-3-phenylpropanoic acid C9H10O3 16758
36573-63-4 3'-o-acetylcalotropin C31H42O10 35006
36576-23-5 2,3-dimethyl-4-(phenylazo)benzenamine C14H15N3 27242
36614-38-7 O,O-dimethyl-S-2-(isopropylthio)ethylphosph C7H17O2PS3 12365
36629-42-2 methyl pentafluorobenzoate C8H3F5O2 12491
36635-61-7 tosylmethyl isocyanide C9H9NO2S 16449
36653-82-4 1-hexadecanol C16H34O 29766
36668-55-0 cis-1-bromo-2-methyl-1-butene C5H9Br 4980
36678-06-5 4-methoxy-1,2-butadiene C5H8O 4857
36691-77-7 2-methyl-4-tridecanol C14H30O 27927
36701-01-6 2-furanylmethyl pentanoate C10H14O3 20128
36702-44-0 S(+)-N-nitroso-a-pipecoline C6H12N2O 8332
36727-29-4 3,5,5-trimethylhexanoyl chloride C9H17ClO 17798
36734-19-7 iprodione C13H13Cl2N3O3 25847
36747-51-0 3-(dichloromethyl)benzoyl chloride C8H5Cl3O 12634
36756-79-3 tiocarbazil C16H25NOS 29585
36765-89-6 2-ethylhexanoic anhydride C16H30O3 29671
36768-62-4 2,2,6,6-tetramethyl-4-piperidinamine C9H20N2 18219
36774-74-0 2-phenyl-5-benzothiazoleacetic acid C15H11NO2S 28113
36788-39-3 oxydipropanol phosphite (3:1) C18H39O9P 31174
36791-04-5 1b-D-ribofuranosyl-1,2,4-triazole-3-carboxam C8H12N4O5 14321
36794-64-6 2,3,3-trimethyl-1-butanol C7H16O 12201
36798-79-5 1-(2-(1,3-dimethyl-2-butenylidene)hydrazino)p C14H16N4 27359
36805-97-7 N,N-dimethylformamide di-tert-butyl acetal C11H25NO2 23097
36809-75-3 tin(iv) tert-butoxide C16H36O4Sn 29825
36823-84-4 4-(pentyloxy)benzoyl chloride C12H15ClO2 24033
36823-88-8 4-(trifluoromethoxy)benzoyl chloride C8H4ClF3O2 12511
36825-36-2 3-bromo-4-quinolinamine C9H7BrN2 15950
36839-67-5 methyl 1-ethylpropyl ether C6H14O 9000
36847-51-5 ethyl 2,4-dibromobutanoate C6H10Br2O2 7674
36854-57-6 alpha-ethylbenzeneacetyl chloride C10H11ClO 19249
36878-91-8 ethyl b-oxo-3-furanpropionate C9H10O4 16796
36880-33-8 5-ethyl-2-thiophenecarboxaldehyde C7H8OS 10862
36880-72-5 3-ethyl-cis-2-hexene C8H16 14941
36885-49-1 vinyl phosphate C2H5O4P 984
36895-62-2 methenamine allyl iodide C9H17IN4 17811
36903-89-6 4-chloro-4-methyloctane C9H19Cl 18121
36903-92-1 5-methyl-5-octen-4-ol C9H18O 18033
36903-95-4 4-methyl-3,5-octadiene C9H16 17607
36911-94-1 6,8-diethylbenz(a)anthracene C22H20 33195
36911-95-2 8,12-diethylbenz(a)anthracene C22H20 33196
36917-36-9 4-ethyl-2,6-dimethylpyridine C9H13N 17266
36930-63-9 N-iodoacetyl-N'-(5-sulfo-1-naphthyl)ethyl C14H15IN2O4S 27209
36947-68-9 2-isopropylimidazole C6H10N2 7720
36950-85-3 20-ethylprostaglandin F2-a C22H38O5 33411
36969-89-8 dimethyl 2-oxoheptylphosphonate C9H19O4P 18173
36978-49-1 3-(p-chlorobenzoyl)-butyric acid C11H11ClO3 21685
36994-79-3 1,3,5-triiodo-2-methylbenzene C7H5I3 10039
37002-45-2 trans-(-)-1,4-di-O-tosyl-2,3-O-isopropylide C21H26O8S2 32887
37002-48-5 (+)-2,3-O-isopropylidene-2,3-dihydroxy-1,4- C31H32O2P2 34987
37013-20-0 3-(trimethylsilyl)propionic acid, sodium sa C6H13NaO2Si 8870
37025-57-3 alpha-[1-(ethylamino)ethyl]benzenemethanol, (C11H17NO 22507
37031-29-1 (-)-dimethyl 2,3-O-isopropylidene-L-tartrate C9H14O6 17514
37031-30-4 (+)-dimethyl 2,3-O-isopropylidene-d-tartrate C9H14O6 17515
37032-15-8 formocarbam C6H14NO4PS2 8912
37050-06-9 7-methyl-3-octyne C9H16 17597
37052-78-1 5-methoxy-2-mercaptobenzimidazole C8H8N2OS 13350
37062-63-8 4'-octyloxyacetophenone C6H24O2 9393
37065-29-5 miloxacin C12H9NO6 23423
37067-30-4 4-methylumbelliferyl-N-acetyl-b-D-glucosamin C18H21NO8 30770
37106-97-1 chymex C23H20N2O5 33535
37106-99-3 prolinomethyltetracycline C28H33N3O10 34639
37125-93-2 3-((2-methyl-1H-indol-3-yl)methyl)-1-(phenyl C22H24N2O 33257
37132-72-2 fotrin C14H28N9OP3 27861
37141-32-5 trans-(+)-3-(4-nitrophenyl)oxiranemethanol C9H9NO4 16476
37143-54-7 2-amino-1-methoxypropane C4H11NO 4004
37148-48-4 4-amino-3,5-dichloroacetophenone C8H7Cl2NO 13042
37150-27-9 benzo-1,2,3-thiadiazole-1,1-dioxide C6H4N2O2S 6575
37151-16-9 2-(4-nitrophenyl)adenosine C16H16N6O6 29259
37159-60-7 3-bromo-5-chloro-1,2,4-thiadiazole C2BrClN2S 402
37169-10-1 2,4-dichloro-6-nitrophenol acetate C8H5Cl2NO4 12630
37172-05-7 1-ethynyl-2-(1-methylpropyl)cyclohexyl acetat C14H22O2 27702
37244-00-1 vermiculin C20H24O8 32239
37247-90-8 bihoromycin (crystalline) C41H76O13 35657
37280-35-6 capreomycin IA C25H44N14O8 34174
37297-87-3 mercury(ii) acetylide C2Hg 1190
37342-97-5 bis(cyclopentadienyl)zirconium chloride hyd C10H11ClZr 19270
37350-58-6 metoprolol C15H25NO3 28716
37394-32-4 phorbol-12-o-tiglyl-13-dodecanoate C37H56O8 35469
37394-33-5 ingenane hexadecanoate C36H58O6 35388
37415-55-7 phorbol-12-o-tiglyl-13-butyrate C28H40O8 34669
37415-56-8 12-o-butyroyl-phorboldodecanoate C36H57O8 35386
37434-59-6 dimethyl phenylmalonate C11H12O4 21899
37440-01-0 (R)-N-acetyl-2-naphthylalanine C15H15NO3 28359
37470-46-5 4-hydroxy-3-iodobenzoic acid C7H5IO3 10034
37493-14-4 (R)-(-)-2-chloropropan-1-ol C3H7ClO 2000
37493-31-5 methyl 2-furanpropanoate C8H10O3 14002
37493-70-2 5-undecanol C11H24O 23059
37514-30-0 1-methoxy-1-methylcyclododecane C14H28O 27871
37517-28-5 antibiotic BB-K 8 C22H43N5O13 33453
37517-30-9 acebutolol C18H28N2O4 30921
37517-81-0 methyl malonyl chloride C4H5ClO3 2663
37529-27-4 4-heptylaniline C13H21N 26344
37529-30-9 4-decylaniline C16H27N 29622
37535-57-2 (S)-N-boc-(4-pyridyl)alanine C13H18N2O4 26193
37535-58-3 (R)-N-boc-(4-pyridyl)alanine C13H18N2O4 26194
37549-83-0 4-methyl-2-hexenoic acid C7H12O2 11473
37549-89-6 2,4-dimethyl-cis-3-hexene C8H16 14964
37558-16-0 phorbol-12,13-dibutyrate C28H40O8 34670
37558-17-1 phorbol-12,13-dihexanoate C32H45O8 35089
37571-88-3 trans-4,5-dihydro-4,5-dihydroxybenzo(a)pyrene C20H14O2 31907
37574-47-3 benzo(a)pyrene-4,5-oxide C20H12O 31821
37615-53-5 N-methyldihexylamine C13H29N 26562
37622-90-5 ethyl 4-pyrazolecarboxylate C6H8N2O2 7354
37636-51-4 3'-deoxyparomomycin I C23H45N5O13 33682
37674-63-8 2-methyl-3-pentenoic acid C6H10O2 7825
37674-67-2 2,2-dimethyl-4-hexen-3-ol C8H16O 15107
37680-65-2 2,2',5-trichlorobiphenyl C12H7Cl3 23249
37680-73-2 2,2',4,5,5'-pentachlorobiphenyl C12H5Cl5 23178
37682-29-4 2-nitrophenyl octyl ether C14H21NO3 27626
37682-72-7 antipain hydrochloride C27H44N10O6 34497
37686-84-3 9,10a-dihydrolisuride C20H28N4O 32309
37687-24-4 diethyl pyrazole-3,5-dicarboxylate C9H12N2O4 17063
37688-96-3 1,14-dibromotetradecane C14H28Br2 27855
37693-18-8 4-chlorobutyl chloroformate C5H8Cl2O2 4789
37699-43-7 2,3-dimethyl-4-nitropyridine-1-oxide C7H8N2O3 10831
37710-49-9 3-chloro-1,3-pentadiene C5H7Cl 4608
37721-75-8 2,3,5,6-tetrabromo-4-methylphenol C7H4Br4O 9665
37723-78-7 iopronic acid C15H18I3NO5 28502
37746-78-4 ethyl trans-4-bromo-2-butenoate C6H9BrO2 7481
37750-86-0 6,12-dimethylbenzo(1,2-b:4,5-b')dithionaphthe C20H14S2 31947
37753-10-9 sulfosfamide C8H18ClN2O5PS 15377
37764-25-3 N,N-diallyldichloroacetamide C8H11Cl2NO 14077
37764-28-6 4,5a-epoxy-3-hydroxy-17-methylmorphinan-6-on C17H19NO4 30105
37777-76-7 2-chloro-6-fluorophenylacetic acid C8H6ClFO2 12752
37778-99-7 (S)-2-phenyl-1-propanol C9H12O 17133
37784-17-1 boc-D-proline C10H17NO4 20576
37784-63-7 ethyl 3-thiopheneacetate C8H10O2S 13988
37793-22-9 D-1-(3-methyl-3-nitrosoureido)-1-deoxygalact C8H15N3O7 14854
37795-69-0 2,3-dihydro-9H-isoxazolo(3,2-b)quinazolin-9- C10H8N2O2 18718
37795-71-4 3-methyl-2,3-dihydro-9H-isoxazolo(3,2-b)qui C11H10N2O2 21630
37796-58-0 1,4-diethylnaphthalene C14H16 27286
37806-29-4 2-ethoxybenzenemethanamine C9H13NO 17301
37810-94-9 1,4-decanediol C10H22O2 21348
37831-70-2 phaseollidin C20H20O4 32136
37845-14-0 4,5-dihydronaphtho[1,2-c]furan-1,3-dione C12H8O3 23340
37853-59-1 1,1'-(1,2-ethanediylbis(oxy))bis(2,4,6-trib C14H8Br6O2 26630
37866-06-1 1-chloro-2,3-dimethyl-2-butene C6H11Cl 8009
37882-31-8 2-propynyl(2E,4E)-3,7,11-trimethyl-2,4-dodeca C18H28O2 30929
37893-02-0 flubenzimine C17H10F6N4S 29850
37894-46-5 2-chloroethyltris(2-methoxyethoxy)silane C8H31ClO6Si 15762
37902-58-2 4-oxo-4-phenylamino-2-butenoic acid C10H9NO3 18921
37910-65-9 cis-2-amino-1-cyclopentanecarboxylic acid C6H11NO2 8137
37920-25-5 4'-butylacetophenone C12H16O 24202
37924-13-3 perfluidone C14H12F3NO4S2 26893
37933-88-3 N-acetyl L-valinamide C7H14N2O2 11798
37935-39-0 ethyl 2-chloro-2-methyl-3-oxobutanoate C7H11ClO3 11257
37940-57-1 4-biphenylyl ethylketone C15H14O 28298
37951-49-8 1-(3-methoxyphenyl)-1-propanone C10H12O2 19566
37973-84-5 trans-9-undecenoic acid C11H20O2 22705
37985-18-5 tert-butyl thiocyanate C5H9NS 5262
37994-82-4 benzo(a)pyren-7-ol C20H12O 31830
38002-45-8 3-(trimethylsilyl)propargyl bromide C6H11BrSi 8003
38026-46-9 5-carbethoxy-2-thiouracil C7H8N2O3S 10835
38031-78-6 3-tert-butylpyridine C9H13N 17260
38048-32-7 S-(4-nitrobenzyl)-6-thioinosine C17H17N5O6S 30054
38048-87-2 7,8-dimethylfluoranthene C18H14 30468
38053-99-5 tris[3-(trifluoromethylhydroxymethylene)- C36H42F9O6Pr 35356
38054-03-4 tris[3-(trifluoromethylhydroxymethylene)- C36H42F9O6Yb 35357
38064-90-3 2,4-dimethoxytoluene C9H12O2 17160
38066-16-9 diethyl(phenylthiomethyl)phosphonate C11H17O3PS 22549
38076-82-3 2-amino-4-methylnicotinic acid C7H8N2O2 10817
38078-09-0 diethylaminosulfur trifluoride C4H10F3NS 3820
38082-89-2 3,5-dinitro-N,N'-bis(2,4,6-trinitrophenyl) C17H7N11O16 29842
38092-76-1 2-hydroxyethylaminium perchlorate C2H8ClNO5 1150
38105-25-8 N-acetoxy-N-(1-napthyl)-acetamide C14H13NO3 27036
38105-27-0 N-acetoxyfluorenylacetamide C17H15NO3 29973
38116-61-9 2-hydroxy-6-methylpyridine-3-carboxylic acid C7H7NO3 10667
38117-54-3 cyclopentadienyliron dicarbonyl dimer C14H10Fe2O4 26744
38134-58-6 S-((2-chloroethyl)carbamoyl)glutathione C13H21ClN4O7S 26342
38139-15-0 pentaamminethiocyanatoruthenium(ii) perch CH15Cl2N6O8RuS 334
38146-95-1 1,4-dodecanediol C12H26O2 25289
38169-04-9 1-iodo-trans-2-butene C4H7I 3215
38178-38-0 1,6-dichlorodibenzo-p-dioxin C12H6Cl2O2 23199
38178-99-3 1,2,4,5,7,8-hexachloro-9H-xanthene C13H4Cl6O 25438
38183-12-9 fluorescamine C17H10O4 29856
38194-50-2 sulindac C20H17FO3S 32039
38202-27-6 ethyl O-mesitylsulfonylaceto-hydroxamate C13H19NO4S 26273
38204-89-6 1,3-dichloro-2,5-dimethylbenzene C8H8Cl2 13285
38205-60-6 1-(2,4-dimethylthiazol-5-yl)ethan-1-one C7H9NOS 10998
38212-30-5 1-(4-methoxyphenyl)piperazine C11H16N2O 22374
38212-33-8 1-(4-chlorophenyl)piperazine C10H13ClN2 19725
38215-36-0 coumarin 6 C20H18N2O2S 32072
38222-35-4 reductone, dimethylamino C8H13NO3 14454
38222-83-2 2,6-di-tert-butyl-4-methylpyridine C14H23N 27723
38235-68-6 (-)-cis-myrtanylamine C10H19N 20895
38235-77-7 (R)-(+)-N-benzyl-a-methylbenzylamine C15H17N 28465
38237-74-0 1-(4-aminophenyl)-1-pentanone C11H15NO 22238
38237-76-2 p-amino caprophenone C12H17NO 24308
38241-20-2 2-nitrosophenanthrene C14H9NO 26711
38241-21-3 4-nitroso-trans-stilbene C14H11NO 26838
38246-95-6 N-hydroxy-p-phenetidine C8H11NO2 14182
38252-74-3 N-butyl-(3-carboxy propyl)nitrosamine C8H16N2O3 15048
38252-75-4 n-butyl-N-(2-hydroxyl-3-carboxypropyl)nitros C8H16N2O4 15054
38256-94-9 2-ethoxy-N-methylethanamine C5H13NO 5972
38258-92-3 1-methoxybicyclo[2.2.2]oct-5-ene-2-carbonitri C10H13NO 19779
38260-54-7 etrimfos C10H17N2O4PS 20585
38274-16-7 (2-bromophenylethynyl)trimethylsilane C11H13BrSi 21915
38285-49-3 5-methyl-3-butyltetrahydropyran-4-yl acetate C12H22O3 24742
38289-29-1 trans-4-n-pentylcyclohexanecarboxylic acid C12H22O2 24721
38293-27-5 oxodiperoxypyridine chromium-N-oxide C5H5CrNO6 4376
38300-67-3 1,2,4-tribromobutane C4H7Br3 3089
38304-52-8 3,3'-(2-(oxiranylmethoxy)-1,3-(propanediyl) C22H32N4O8 33365
38304-91-5 2,4-diamino-6-piperidinopyrimidine-3-oxide C9H15N5O 17583
38330-80-2 monomethyl monopotassium malonate C4H5KO4 2693
38350-87-7 4-heptylbenzoic acid C14H20O2 27598
38360-81-5 3,5-dimethylthiophenol C8H10S 14047
38363-40-5 penbutolol C18H29NO2 30945
38377-38-7 4-fluorophenyl chloroformate C7H4ClFO2 9681
38380-02-8 2,2',3,4,5'-pentachlorobiphenyl C12H5Cl5 23181

38380-07-3 2,2',3,3',4,4'-hexachlorobiphenyl C12H4Cl6 23159
38380-08-4 2,3,3',4,4',5-hexachlorobiphenyl C12H4Cl6 23162
38384-05-3 3-chloro-2-methylpentane C6H13Cl 8678
38395-42-5 4-ethyl-4-octanol C10H22O 21274
38402-02-7 bis(2-hydroxyethyl)dimethylammonium chloride C6H16ClNO2 9282
38410-80-9 methyl (4S,5R)-2,2,5-trimethyl-1,3-dioxolane-4 C8H14O4 14713
38411-22-2 2,2',3,3',6,6'-hexachlorobiphenyl C12H4Cl6 23161
38425-26-2 4-chloro-4'-methylbutyrophenone C11H13ClO 21922
38428-14-7 IIDQ C18H25NO3 30870
38434-77-4 ethylnitrosocyanamide C3H5N3O 1788
38435-04-0 2,2-dichlorocyclopropyl phenyl sulfone C9H8Cl2O2S 16120
38435-09-5 triethyl 3-phenylsulfonylorthopropionate C15H24O5S 28777
38444-81-4 2,3,5-trichlorobiphenyl C12H7Cl3 23251
38444-86-9 2,3',4'-trichlorobiphenyl C12H7Cl3 23250
38444-93-8 2,2',3,3'-tetrachlorobiphenyl C12H6Cl4 23208
38449-49-9 2,3-dihydro-2-thioxo-4-thiazoleacetic acidet C7H9NO2S2 11012
38457-67-9 (2,2,2-trichloro-1-hydroxyethyl)phosphori C14H12Cl3O4P 26886
38460-95-6 10-undecenoyl chloride C11H19ClO 22635
38462-22-5 8-mercaptomenthone, isomers C10H18OS 20765
38465-86-0 1,5-cyclooctadienebis(methyldiphenylphosp C34H34F6IrP3 35222
38483-26-0 hydroethidine C21H21N3 32781
38483-28-2 methanediol, dinitrate CH2N2O6 171
38487-94-4 alpha-methylbenzenepentanol C12H18O 24439
38511-07-8 diethyl 1-cyclohexene-1,3-dicarboxylate C12H18O4 24483
38514-02-2 3-methyl-1-octanol C9H20O 18245
38514-03-3 4-methyl-1-octanol C9H20O 18246
38514-04-4 5-methyl-1-octanol C9H20O 18247
38514-05-5 6-methyl-1-octanol C9H20O 18248
38514-15-7 3-isopropyl-1-heptanol C10H22O 21285
38514-71-5 2-amino-4-(5-nitro-2-furyl)thiazole C7H5N3O3S 10113
38521-46-9 1,2-dihydro-2-thioxo-3-pyridinecarboxylic acid C6H5NO2S 6825
38524-82-2 O-ethyl-S-propyl-O-(2,4,6-trichloropheny C11H14Cl3O3PS 22055
38539-23-0 1-acetoxy-1,4-dihydro-4-(hydroxyamino)quino C13H13N2O4 25881
38552-72-6 3-methyl-5-hepten-2-one C8H14O 14560
38565-52-5 (2,2,3,3,4,4,5,5,6,6,7,7,7-tridecafluorohepty C9H5F13O 15830
38565-53-6 (2,2,3,3,4,4,5,5,6,6,7,7,8,8,9,9,9-heptadeca C11H5F17O 21474
38565-54-7 (2,2,3,3,4,4,5,5,6,6,7,7,8,8,9,9,10,10,11,11 C13H5F21O 25443
38571-73-2 glycerol (tri(chloromethyl)) ether C6H11Cl3O3 8068
38573-88-5 1-bromo-2,3-difluorobenzene C6H3BrF2 6224
38577-97-8 4,4'-diiodofluorescein C20H10I2O5 31779
38615-43-9 N-butyl-1,6-hexanediamine C10H24N2 21423
38625-54-6 tris(2,2,6,6-tetramethyl-3,5-heptanedionato C33H57O6Ru 35175
38627-57-5 7,2-dihydroxy-1H-benz[f]indene-1,3(2H)-dione c C13H8O4 25507
38628-39-6 1,12-tridecadiyne C13H20 26287
38640-62-9 bis(isopropyl)naphthalene C16H20 29446
38651-65-9 6,6-dimethylbicyclo[3.1.1]heptan-2-one, (1R) C9H14O 17438
38661-81-3 (1-bromoethyl)benzene, (±) C8H9Br 13533
38661-82-4 (1-chloroethyl)benzene, (±) C8H9Cl 13572
38663-85-3 2-methoxyethylisothiocyanate C4H7NOS 3261
38690-76-5 4-cyanophenyl 4-heptylbenzoate C21H23NO2 32817
38692-98-7 1-ethyl-3-(hydroxyacetyl)indole C12H13NO2 23850
38693-06-0 5-(hydroxyacetyl)indole C10H9NO2 18909
38704-36-8 7-ethylidenecyclopent(b)oxireno(c)pyridine he C10H13NO 19785
38721-71-0 dichlorobenzyl chloride C7H5Cl3 9976
38726-90-8 2-((diazoacetyl)amino)-N-methylacetamide C5H8N4O2 4842
38726-91-9 2-(diazoacetamino)-N-ethylacetamide C6H10N4O2 7752
38727-55-8 diethatyl-ethyl C16H22ClNO3 29493
38738-60-2 1-methyl-3-(1-methylvinyl)cyclohexene C10H16 20346
38748-32-2 triptolide C20H24O6 32238
38753-50-3 o-nitrophenyl isopropyl ether C9H11NO3 16970
38762-41-3 4-bromo-2-chloroaniline C6H5BrClN 6657
38775-38-1 1-hexadecanesulfonyl chloride C16H33ClO2S 29741
38777-13-8 propoxur nitroso C11H14N2O4 22082
38780-35-7 cis-dicyclohexylamminedichloroplatinum(i C12H26Cl2N2Pt 25269
38780-36-8 cis-bis(cyclopentylammine)platinum(ii) C10H22Cl2N2Pt 21209
38780-37-9 cis-dicyclobutylamminedichloroplatinum(ii C8H18Cl2N2Pt 15382
38780-39-1 cis-dichloro(o-phenylenediamine)platinum(ii C6H8Cl2N2Pt 7300
38780-42-6 cis-dichlorobis(pyrrolidine)platinum(ii) C8H18Cl2N2Pt 15381
38787-96-1 propene ozonide C3H6O3 1960
38802-82-3 diisopropyltin dichloride C6H14Cl2Sn 8901
38818-50-7 4-chloro-3-nitrobenzoyl chloride C7H3Cl2NO3 9534
38819-28-2 4-N-D-alanyl-2,4-diamino-2,4-dideoxy-L-arabi C8H17N3O4 15307
38821-53-3 sefril C16H19N3O4S 29432
38827-66-6 sonar C21H16NaO2 32650
38832-94-9 tris[3-(heptafluoropropylhydroxymethylen C42H42F21O6Pr 35675
38836-25-8 4-methyl-2,4-hexanediol C7H16O2 12240
38838-26-5 N-acetyl colchinol C20H23NO5 32205
38842-05-6 1,2,3,5-tetraethylbenzene C14H22 27646
38857-76-0 1-butyl-[1,2,3,4-tetrahydronaphthalene] C14H20 27560
38860-48-9 N-(4-methoxy)benzoyloxypiperidine C13H17NO3 26135
38860-52-5 N-(4-nitro)benzoyloxypiperidine C12H14N2O4 23935
38862-24-7 N-acryloxysuccinimide C7H7NO4 10677
38862-78-1 (3,3-dichloroallyl)benzene C9H8Cl2 16107
38867-17-3 2,6-heptadienoic acid; predominantly trans C7H10O2 11181
38869-46-4 1-(4-chlorophenyl)piperazine dihydrochlorid C10H13ClN2 19727
38870-89-2 methoxyacetyl chloride C3H5ClO2 1693
38875-53-5 5-bromo-2,3-diaminopyridine C5H6BrN3 4460
38883-84-0 2,5-dimethyl-3,4-diphenylcyclopentadienonedim C38H32O2 35504
38892-09-0 sodium-2,4-dinitrophenoxide C6H3N2NaO5 6361
38906-58-0 ethyl 3-(m-hydroxyphenyl)-1-methyl-3-pyrolid C14H19NO3 27526
38911-59-0 19-nortestosterone homofarnesate C34H50O3 35240
38915-40-1 N-(2-butoxy-7-chlorobenzo)(b)-1,5-naphthy C23H29Cl2N4O 33598
38932-80-8 tetra-n-butylammonium tribromide C16H36Br3N 29814
38939-88-7 2-chloro-4-methyl-1-nitrobenzene C7H6ClNO2 10230
38940-46-4 2-phenyl-6-piperidinohexynophenone C23H29NO 33599
38957-41-4 emorfazone C11H17N3O3 22540
38964-22-6 2,8-dichlorodibenzo-p-dioxin C12H6Cl2O2 23201
38965-69-4 xanthocillin Y 1 C18H12N2O3 30427
38965-70-7 xanthocillin Y 2 C18H12N2O4 30428
38966-21-1 aphidicolin C20H34O4 32408
38970-72-8 1,1'-(1,1,3-trimethyl-1,3-propanediyl)biscycloh C18H34 31020
38985-64-7 2-fluorophenyl isothiocyanate C7H4FNS 9783
38985-79-4 2-acetamido-5-bromobenzoic acid C9H8BrNO3 16098
38998-91-3 bis(1,3-dithiocyanato-1,1,3,3-tetrabut C36H72N4O2S4Sn4 35426
39002-10-3 1-benzyl-4-ethynyl-3-(1-(3-indolyl)ethyl)-4- C24H26N2O 33831
39029-41-9 gamma-cadinene C15H24 28729
39032-87-6 3-(1-(1H-indol-3-yl)ethyl)-1-(phenylmethyl)- C22H24N2O 33256
39036-65-2 1-methyl-2-propylnaphthalene C14H16 27275
39047-21-7 bis(dimethylaminoborane)aluminum tetrahydro C4H22AlB3N2 4147
39052-12-5 3,4-diethoxyaniline C10H15NO2 20265
39052-57-8 2,3-dihydro-1H,5H-benzo[ij]quinolizine-1,6(7 C12H11NO2 23633
39067-39-5 chrysanthal C11H16O 22443
39070-08-1 1-methyl-2-nitro-5-vinyl-1H-imidazole C6H7N3O2 7245
39070-63-8 3,4-diaminobenzophenone C13H12N2O 25772
39071-30-2 5H-cyclopropa(3,4)benz(1,2-e)azulen-5-one,1,1 C27H36O8 34460
39075-90-6 2-butoxyphenol C10H14O2 20090
39076-02-3 methyl sec-butylcarbamate C6H13NO2 8820
39079-58-8 2,5-di(1,2-epoxyethyl)tetrahydro-2H-pyran C9H14O3 17491
39079-62-4 chromone-3-carboxylic acid C10H6O4 18593
39081-91-9 2,5-dibromo-3,4-hexanedione C6H8Br2O2 7287
39082-00-3 4-chloroacetoacetanilide C10H10ClNO2 18989
39093-27-1 methylnonylamine C10H23N 21401
39098-75-4 3-cyclohexylpropionyl chloride C9H15ClO 17537
39098-97-0 2-thiopheneacetyl chloride C6H5ClOS 6725
39118-35-9 4-methyl-7-octen-5-yn-4-ol C9H14O 17444
39118-50-8 dimethyl 2-acetoxyethylphosphonate C6H13O5P 8874
39121-37-4 5-hydroxy-5-methyl-3-heptanone C8H16O2 15188
39133-31-8 trimebutine C22H29NO5 33339
39135-39-2 2,6-dimethyl-1-piperidinamine C7H16N2 12137
39148-24-8 fosetyl-al C6H18AlO9P3 9342
39151-19-4 3',5'-dimethoxyacetophenone C10H12O3 19654
39163-92-3 1-hydroxy-N-(2-tetradecyloxyphenyl)-2-naphth C31H41NO3 35003
39178-11-5 di-1-naphthyl disulfide C20H14S2 31944
39186-58-8 4-bromo-2,2-diphenylbutyronitrile C16H14BrN 29125
39191-07-6 3-chloro-N-methylbenzenemethanamine C8H10ClN 13822
39195-82-9 3,3-dimethyl-1-(methylthio)-2-butanone oxime C7H15NOS 12073
39196-18-4 thiofanox C9H18N2O2S 17987
39197-62-1 N-ethyl-N'-nitroguanidine C3H8N4O2 2127
39198-07-7 methylethylisopropylamine C6H15N 9207
39201-33-7 4-cyanobutanoic acid C4H7NO2 3262
39208-15-6 ethylenediaminetetraacetic acid dicopper C10H14Cu2N4O8 19920
39220-65-0 1-nitropentadecane C15H31NO2 28903
39220-66-1 1-nitroheptadecane C17H35NO2 30343
39225-17-7 diethyl 4-chlorobenzylphosphonate C11H16ClO3P 22363
39227-28-6 HCDD C12H2Cl6O2 23140
39227-53-7 1-chlorodibenzo-p-dioxin C12H7ClO2 23240
39227-54-8 2-chlorodibenzo-p-dioxin C12H7ClO2 23241
39227-58-2 1,2,4-trichlorodibenzodioxin C12H5Cl3O2 23175
39227-61-7 1,2,3,4,7-pentachlorodibenzo-p-dioxin C12H3Cl5O2 23149
39227-62-8 1,2,4,6,7,9-hexachlorodibenzo-p-dioxin C12H2Cl6O2 23144
39228-29-0 methyl trans-3-(2-nitrophenyl)-2-propenoate C10H9NO4 18930
39236-46-9 germall 115 C11H16N8O8 22398
39251-86-0 hexyl 2-furancarboxylate C11H16O3 22468
39251-88-2 octyl 2-furancarboxylate C13H20O3 26331
39254-48-3 phenylselenonic acid C6H6O3Se 7103
39255-20-4 1-(4'-bromophenoxy)-1-ethoxyethane C10H13BrO2 19715
39257-08-4 2,2,3-trimethylcyclohexanone C9H16O 17675
39263-32-6 2-amino-5-bromobenzonitrile C7H5BrN2 9881
39273-81-9 6-methyl-4-hepten-2-one C8H14O 14563
39274-39-0 xenon(ii) fluoride trifluoromethanesulfonate CF4O3SXe 81
39277-41-3 viridicatumtoxin C30H31NO10 34879
39277-47-9 agent orange C24H27Cl5O6 33838
39293-24-8 acetylkidamycin C46H58N2O13 35777
39294-88-7 3(4)-methylstyrene, isomers C9H10 16520
39300-45-3 arathane C18H24N2O6 30847
39330-74-0 tris(cyclopentadienyl)erbium C15H15Er 28344
39340-46-0 everninomicin-D C66H99Cl2NO35 35950
39391-39-4 antibiotic FR 1923 C23H24N4O9 33555
39416-48-3 pyridinium bromide perbromide C5H6Br3N 4466
39478-78-9 5-bromo-2-methylaniline C7H8BrN 10740
39482-21-8 N-trimethylsilylmethyl-N-nitrosourea C5H13N2O2Si 5993
39489-79-7 2,4-dichloro-5-hydroxyaniline C6H5Cl2NO 6750
39497-66-0 2-isopropyl-1,4-butanediol C7H16O2 12261
39511-08-5 trans-3-(2-furanyl)-2-propenal C7H6O2 10413
39512-49-7 4-(4-chlorophenyl)-4-hydroxypiperidine, cry C11H14ClNO 22047
39513-75-2 6-methyl-4-chromanone C10H10O2 19118
39515-40-7 cyphenothrin C24H25NO3 33825
39515-41-8 danitol C22H23NO3 33242
39515-51-0 3-phenoxybenzaldehyde C13H10O2 25630
39516-24-0 1,3-dodecanediol C12H26O2 25288
39520-24-6 dimethyl isobutylmalonate C9H16O4 17772
39543-80-1 2-acetyl-7-(2-hydroxy-3-tert-butylaminopropo C17H23NO4 30213
39543-84-5 2-acetyl-4-(2-hydroxy-3-tert-butylaminopropo C17H23NO4 30211
39543-94-7 2-acetyl-7-(2-hydroxy-3-sec-butylaminopropox C17H23NO4 30212
39544-02-0 1-(2-ethyl-7-(2-hydroxy-3-((1-methylethyl)am C18H25NO4 30871
39545-31-8 2-chlorobenzyl chloroformate C8H6Cl2O2 12813
39546-32-2 isonipecotamide C6H12N2O 8324
39552-01-7 7-(2-hydroxy-3-(isopropylamino)propoxy)-2-be C16H21NO4 29487
39557-71-6 4-vinylbenzo-18-crown-6 C18H26O6 30903
39562-70-4 ethyl methyl 1,4-dihydro-2,6-dimethyl-4-(m- C18H20N2O6 30730
39563-53-6 2-bromodecane C10H21Br 21091
39565-05-4 2-amino-5-(4-nitrophenylsulfonyl)-thiazole C9H7N3O4S2 16085
39597-90-5 endo-2,3-epoxy-7,8-dioxabicyclo(2.2.2)oct-5-one C6H6O3 7100
39603-24-2 5,7-dimethylisatin C10H9NO2 18902
39603-48-0 2,2'-methylenebis(hydrazinecarbothiamide) C3H10N6S2 2262
39603-53-7 1-(nitrosopropylamino)-2-propanol C6H14N2O2 8952
39603-54-8 b-oxypropylpropylnitrosamine C6H12N2O2 8344
39616-19-8 1-bromo-cis-2-butene C4H7Br 3052
39622-45-2 1,3-dimethyl-6-ethylnaphthalene C14H16 27296
39622-79-2 2-amino-1,3-benzenedicarboxylic acid C8H7NO4 13174
39633-82-4 (1,4'-bipiperidine)-4'-carboxamide C11H21N3O 22785
39637-16-6 (2,4-dichlorophenoxy)tributylstannane C18H30Cl2OSn 30956
39637-74-6 (-)-camphanic acid chloride C10H13ClO3 19742
39637-99-5 (R)-(-)-a-methoxy-a-(trifluoromethyl)pheny C10H8ClF3O2 18678
39648-67-4 (R)-(-)-1,1'-binaphthyl-2,2'-diyl hydrogenph C20H13PO4 31858
39649-71-3 4-(hexyloxy)benzoyl chloride C13H17ClO2 26118
39660-55-4 octafluoropentanol C5H4F8O 4288
39669-95-9 3,5-hexadienylbenzene C12H14 23892
39687-95-1 methyl isocyanoacetate C4H5NO2 2718
39699-08-6 3,4-diamino-1,5-naphthalenedisulfonic aci C10H10N2O6S2 19072
39711-79-0 N-ethyl-p-menthane-3-carboxamide C13H25NO 26455
39713-71-8 cis-2,5-dimethylpyrrolidine C6H13N 8749
39716-58-0 4-pentenoyl chloride C5H7ClO 4620
39718-32-6 2,5-difluorophenyl isocyanate C7H3F2NO 9567
39718-89-3 2-(4-(methallylamino)phenyl)propionic acid C13H17NO2 26133
39718-99-5 p-nitrobenzoic acid 2-phenylhydrazide C13H11N3O3 25736
39720-27-9 4-(chloromethyl)phenyl acetate C9H9ClO2 16313
39735-49-4 2-(p-nitrobenzamido)acetohydroxamic acid C9H9N3O5 16501
39742-60-4 1-(b-phenethyl)-4-piperidone C13H17NO 26127
39745-39-6 6-hydroxy-5-nitro-2-picoline C6H6N2O3 7020
39745-40-9 5-amino-6-chloro-2-picoline C6H7ClN2 7143
39746-00-4 (-)-6b-hydroxymethyl-7a-benzoyloxy-cis-2-oxab C15H16O5 28445
39748-77-1 L-tyrosine-d11 C9D11NO3 15766
39753-42-9 1-methoxy-3,4,5-trimethyl pyrazole-N-oxide C7H12N2O2 11391
39753-73-6 1-hydroxy-2,2,4,5,5-pentamethyl-3-imidazoline C8H16N2O 15027
39753-74-7 2,2,4,5,5-pentamethyl-3-imidazoline-1-oxyl, f C8H15N2O 14846
39754-64-8 phenoxymethyl-6-tetrahydroxazine-1,3-thione C11H13NO2S 21984
39755-03-8 4-hydroxy-1-phenyl-1-butanone C10H12O2 19560
39761-57-4 3,4,4-trimethyl-trans-2-pentene C8H16 14988
39761-61-0 5,5-dimethyl-cis-2-hexene C8H16 14957
39761-64-3 3,4,4-trimethyl-cis-2-pentene C8H16 14987
39765-80-5 trans-nonachlor C10H5Cl9 18509
39782-38-2 isopentyl vinyl ether C7H14O 11871
39782-43-9 5,5-dimethyl-trans-2-hexene C8H16 14958
39801-14-4 8-monohydro mirex C10HCl11 18471
39811-17-1 5-phenyl-o-anisidine C13H13NO 25864

39825-93-9 1,2-eicosanediol C20H42O2 32526
39830-66-5 methyl indole-4-carboxylate C10H9NO2 18906
39834-38-3 7,12-dimethylbenz(a)anthracene-5,6-oxide C20H16O 32017
39845-47-1 11b-ethyl-17a-ethinylestradiol C22H28O2 33323
39863-94-0 (1S,3S)-3-acetyl-2,2-dimethylcyclobutaneaceto C10H15NO 20245
39864-15-8 1,3-nonanediol acetate C13H24O4 26437
39884-48-5 4-aminobutan-2-ol C4H11NO 4000
39884-52-1 N-nitrosooxazolidine C3H6N2O2 1894
39884-53-2 nitroso-2-methyl-1,3-oxazolidine C4H8N2O2 3436
39885-14-8 methoxymethyl methylnitrosamine C3H8N2O2 2119
39885-50-2 4-amino-3-chlorobenzotrifluoride C7H5ClF3N 9908
39890-42-1 N-isopropyl-1-piperazineacetamide C9H19N3O 18169
39895-81-3 (2-hydroxyethyl)trimethylarsonium C5H14AsO 6004
39900-38-4 cedrol formate C16H26O2 29615
39905-45-8 4-(octyloxy)aniline C14H23NO 27727
39905-50-5 4-(pentyloxy)aniline C11H17NO 22516
39905-57-2 4-(hexyloxy)aniline C12H19NO 24512
39910-98-0 4-morpholinoacetophenone C12H15NO2 24069
39920-37-1 2,6-dichlorophenyl isocyanate C7H3Cl2NO 9530
39920-56-4 acetic acid 3-heptanol ester C9H18O3 18096
39924-57-7 cis-1-bromo-1-heptene C7H13Br 11569
39924-58-8 cis-1-bromo-1-nonene C9H17Br 17785
39928-72-8 5-(chloromethyl)dihydro-2(3H)-furanone C5H7ClO2 4622
39931-77-6 ethyl 3-pyridylacetate C9H11NO2 16948
39966-95-5 1,1,1,2-tetrachlorobutane C4H6Cl4 2856
39968-33-7 1-hydroxy-7-azabenzotriazole C5H4N4O 4309
39969-56-7 4-n-propoxybromobenzene C9H11BrO 16840
39989-39-4 7-methoxyisoquinoline C10H9NO 18870
39998-81-7 2-fluoro-4-iodotoluene C7H6FI 10289
40015-15-4 (methylthio)acetaldehyde dimethyl acetal C5H12O2S 5894
40018-25-5 2-chlorobenzoylacetonitrile C9H6ClNO 15861
40018-26-6 p-dithiane-2,5-diol C4H8O2S2 3544
40032-73-3 3-bromo-2-chlorothiophene C4H2BrClS 2376
40052-13-9 mono-tert-butyl malonate C7H12O4 11557
40054-69-1 etizolam C17H15ClN4S 29957
40058-87-5 isopropyl 2-chloropropanoate C6H11ClO2 8043
40061-55-0 ethyl m-tolylacetate C11H14O2 22141
40068-20-0 phenamide C14H20Cl2N2O 27567
40070-84-6 2-quinaldylmalondialdehyde C12H9NO2 23415
40088-47-9 tetrabromodiphenyl ether C12H6Br4O 23193
40101-31-3 N-(p-bromophenyl)phthalimide C14H8BrNO2 26627
40112-23-0 racemic-gossypol C30H30O8 34878
40117-45-1 2,2,6,6-tetramethylheptane C11H24 22996
40120-74-9 tris(1,3-dichloropropyl) phosphate C9H15Cl6O4P 17542
40137-02-8 N-tert-butyl-1,1-dimethylallylamine C9H19N 18142
40137-22-2 3-methylamino-1,2-propanediol C4H11NO2 4010
40138-16-7 2-formylphenylboronic acid C7H7BO3 10456
40138-18-9 5-methoxy-2-formylphenylboronic acid C8H9BO4 13526
40164-67-8 N-((acetylamino)methyl)-2-chloro-N-(2,6-d C15H21ClN2O2 28605
40172-95-0 1-(2-furoyl)piperazine C9H12N2O2 17056
40175-06-2 ethyl 1-methyl-1,2,3,6-tetrahydro-4-pyridinec C9H15NO2 17560
40180-04-9 tienilic acid C13H8Cl2O4S 25477
40187-51-7 5-acetylsalicylamide C9H9NO3 16455
40193-47-3 N,N-diethyl-4-stilbenamine C18H21N 30751
40202-39-9 2-cyclopentyl-4,6-dinitrophenol C11H12N2O5 21837
40203-74-5 methyl cyclohexylideneacetate C9H14O2 17464
40203-94-9 methyl (S)-(-)-2-isocyanato-3-phenylpropiona C11H11NO3 21758
40218-49-3 2-propyl-1,3,2-benzodioxaborole C9H11BO2 16820
40225-75-0 6-methyl-3-octanol C9H20O 18257
40237-34-1 dimethyltin dinitrate C2H6N6O6Sn 1062
40239-35-8 2-methyl-3-tridecanone C14H28O 27865
40242-15-7 5-chloro-1,4-naphthalenedione C10H5ClO2 18501
40243-75-2 2,3-dimethylstyrene C10H12 19380
40244-90-4 chlorodiisopropylphosphine C6H14ClP 8897
40248-63-3 [(5-methyl-2-isopropylcyclohexyl)oxy]acetic a C12H22O3 24737
40248-84-8 3-mercaptophenol C6H6OS 7064
40267-72-9 geranyl ethyl ether C12H22O 24695
40276-93-5 3-methyl-1-hexyne C7H12 11343
40283-68-9 S-((N-bornylamidin)methyl) hydrogen thios C12H22N2O3S2 24686
40283-91-8 S-((N-(2-benzyloxyethyl)amidino)methyl) h C11H16N2O4S2 22394
40283-92-9 S-((N-(3-benzyloxypropyl)amidino)methyl) C12H18N2O4S2 24424
40289-98-3 methyl octadecyl sulfide C19H40S 31752
40291-39-2 ethyl o-tolylacetate C11H14O2 22142
40321-76-4 1,2,3,7,8-pentachlorodibenzo-p-dioxin C12H3Cl5O2 23151
40323-88-4 2-methyl-5-ethyl thiophene C7H10S 11231
40334-69-8 bis(2-chlorovinyl)chloroarsine C4H4AsCl3 2511
40343-30-4 N-(2-hydroxyethyl)-4-nitrobenzylidenimine N- C9H10N2O4 16591
40343-32-6 N-(2-hydroxyethyl)-3-nitrobenzylidenimine N- C9H10N2O4 16590
40358-04-1 4-nitrothiophene-2-sulfonyl chloride C4H2ClNO4S2 2387
40365-61-5 2-(3-butynyloxy)tetrahydro-2H-pyran C9H14O2 17474
40371-50-4 (S)-N-carbobenzyloxy-4-amino-2-hydroxybutyri C12H15NO5 24088
40371-51-5 (S)-(-)-4-amino-2-hydroxybutyric acid C4H9NO3 3741
40373-39-5 1,3-benzodioxol-4-yl acetylmethylcarbamate C11H11NO5 21768
40373-42-0 2,2-dimethyl-1,3-benzodioxol-4-yl methyl(1-o C14H17NO5 27412
40373-43-1 methyl(1-oxobutyl)carbamic acid 2,2-dimethyl C15H19NO5 28567
40373-44-2 methyl(1-oxopentyl)carbamic acid 2,2-dimethy C16H21NO5 29488
40385-54-4 2-bromo-4-methyl-1-nitrobenzene C7H6BrNO2 10175
40397-90-8 3-chloro-2-methylphenyl isocyanate C8H6ClNO 12771
40397-98-6 2,5-dimethylphenyl isocyanate C9H9NO 16393
40398-01-4 2-chloro-6-methylphenyl isocyanate C8H6ClNO 12772
40400-15-5 2-iodophenylacetonitrile C8H6IN 12862
40411-25-4 2-ethylphenyl isocyanate C9H9NO 16400
40411-27-6 5-chloro-2-methylphenyl isocyanate C8H6ClNO 12773
40420-22-2 diethyl 3-oxopimelate C11H18O5 22630
40428-75-9 succinoyl diazide C4H4N6O2 2589
40432-84-6 5-bromoindole-3-acetic acid C10H8BrNO2 18673
40438-48-0 2-(methyldiphenylsilyl)ethanol C15H18OSi 28536
40441-35-8 3,4,4-trimethylcyclohexanone C9H16O 17684
40465-45-0 4-cyanophenyl isocyanate C8H4N2O 12579
40466-95-3 4-bromo-2,6-dinitrophenol C6H3BrN2O5 6239
40480-10-2 heptadecanoyl chloride C17H33ClO 30299
40481-98-9 cis-2-hydroxy-1-cyclopentanecarboxamide C6H11NO2 8145
40487-42-1 pendimethalin C13H19N3O4 26275
40497-30-1 4,6-dihydroxy-2-methylpyrimidine C5H6N2O2 4516
40499-83-0 3-pyrrolidinol C4H9NO 3692
40507-23-1 tormosyl C18H17FN2O 30605
40514-70-3 1-ethylidene-2-methylcyclohexane C9H16 17623
40527-16-0 5-methoxy-2-phenyloxazole C10H9NO2 18898
40527-42-2 piperonal diethyl acetal C12H16O4 24266
40532-06-7 2,5-dimethoxyphenyl isothiocyanate C9H9NO2S 16447
40548-68-3 N-nitroso-tetrahydro-1,2-oxazine C4H8N2O2 3441
40560-76-7 4-toluenesulfinyl azide C7H7N3OS 10698
40561-27-1 2-cyano-2-propyl nitrate C4H6N2O3 2916
40568-90-9 1-methylbenzo(a)pyrene C21H14 32592
40571-45-7 1-methylcyclopentanamine C6H13N 8743
40571-86-6 trans-2-benzylamino-1-cyclohexanol C13H19NO 26251
40575-41-5 2-methyl-4-octanol C9H20O 18259
40575-42-6 1-octen-4-ol C8H16O 15121
40576-21-4 piperidino 3-piperidyl ketone C11H20N2O 22685
40576-23-6 1-methyl-3-(piperidinocarbonyl)piperidine C12H22N2O 24684
40576-25-8 1-phenethyl-3-(piperidinocarbonyl)piperidine C19H28N2O 31603
40580-75-4 dichloro(4,5-dimethyl-o-phenylenediammine C8H12Cl2N2Pt 14265
40580-89-0 1-nitrosoazacyclotridecane C12H24N2O 24843
40589-14-8 2-methyl-1-nonanol C10H22O 21231
40589-38-6 4-chloro-1-buten-3-yne C4H3Cl 2448
40596-44-9 4-iodobutyl acetate C6H11IO2 8084
40596-69-8 methoprene C19H34O3 31666
40604-49-7 6-chloro-2-naphthalenol C10H7ClO 18609
40605-42-3 3-chloro-2-buten-1-ol C4H7ClO 3126
40614-52-6 1-(2-pyridinyl)-1,3-butanedione C9H9NO2 16421
40615-36-9 4,4'-dimethoxytrityl chloride C21H19ClO2 32708
40615-39-2 5'-O-dimethoxytrityl-deoxythymidine C31H32N2O7 34984
40630-82-8 allyl 2-bromo-2-methylpropionate C7H11BrO2 11243
40635-66-3 a-acetoxy-isobutyryl chloride C6H9ClO3 7506
40635-67-4 a-acetoxy-isobutyryl bromide C6H9BrO3 7485
40637-56-7 dimethyl allylmalonate C8H12O4 14391
40646-07-9 1,4-heptanediol C7H16O2 12226
40649-36-3 4-propylcyclohexanone C9H16O 17674
40650-41-7 2,3-dihydro-1,1,5-trimethyl-1H-indene C12H16 24132
40661-97-0 methylmercury perchlorate CH3ClHgO4 198
40663-68-1 4-(2-propenyloxy)benzaldehyde C10H10O2 19170
40665-92-7 cloprostenol C22H29ClO6 33329
40666-04-4 racemic-ici 79,939 C22H29FO6 33334
40696-22-8 2-methoxy-1-naphthalenemethanol C12H12O2 23772
40716-66-3 trans-nerolidol C15H26O 28797
40723-63-5 1,1,2,2-tetrafluoropropane C3H4F4 1580
40734-75-6 (4-bromo-2-butenyl)benzene C10H11Br 19230
40738-26-9 glycerol 1-monododecanoate, (±) C15H30O4 28892
40739-43-3 trioctylpropylammonium chloride C27H58ClN 34573
40745-44-6 1,2-dihydro-1-acenaphthylenamine C12H11N 23610
40762-15-0 1,3-dihydro-7-chloro-5-(o-fluorophenyl)- C17H14ClFN2O3 29922
40771-26-4 1,5-dihydroxy-1,2,3,4-tetrahydronaphthalene C10H12O2 19591
40774-73-0 anabasine C10H14N2 19937
40775-09-5 heneicosylbenzene C27H48 34536
40782-54-5 4-(heptyloxy)benzoyl chloride C14H19ClO2 27512
40813-84-1 butyl heptyl sulfide C11H24S 23089
40817-08-1 4'-pentyl-4-biphenylcarbonitrile C18H19N 30691
40828-46-4 p-(2-thenoyl)hydratropic acid C14H12O3S 26982
40828-54-4 1H-benzimidazole-2-sulfonic acid C7H6N2O3S 10362
40836-01-9 2,4,6-triphenylpyrylium chloride C23H17ClO 33512
40853-53-0 2-isopropyl-5-methyl-2-hexen-1-ol C10H20O 21036
40853-56-3 acetic acid 2-isopropyl-5-methyl-2-hexen-1-yl C12H22O2 24723
40876-98-0 diethyl oxalacetate sodium salt C8H11NaO5 14223
40877-09-6 4,4'-dichlorobutyrophenone C10H10Cl2O 19000
40877-19-8 4-chloro-4'-methoxybutyrophenone C11H13ClO2 21926
40889-91-6 2-chloro-5-(trifluoromethyl)phenol C7H4ClF3O 9689
40894-00-6 3-bromo-2,2-dimethyl-1-propanol C5H11BrO 5612
40908-37-0 4-acetamido-2,2,6,6-tetramethylpiperidine C11H22N2O 22814
40910-49-4 ethyllinalyl acetal C14H26O2 27811
40911-07-7 n-butyl-N-(3-hydroxybutyl)nitrosamine C8H18N2O2 15421
40941-54-6 4,7-dimethylquinoline C11H11N 21733
40942-73-2 3-(2-oxopropyl)-2-pentylcyclopentanone C13H22O2 26388
40951-13-1 15,16-dihydro-11-methyl-17H-cyclopenta(a)phena C18H16O 30626
40953-35-3 2-diazonio-4,5-dicyanoimidazolide C5N6 4185
40960-69-8 trans-2-phenylcyclohexanol, (±) C12H16O 24200
40960-73-4 cis-2-phenylcyclohexanol, (±) C12H16O 24199
41003-94-5 diethyl isocyanomethylphosphonate C6H12NO3P 8311
41004-19-7 1-iodo-3-methyl-2-butene C5H9I 5174
41018-86-4 2,3-dimethyl-7-nitroindole C10H10N2O2 19055
41024-90-2 chiral binaphthol C20H14O2 31904
41029-45-2 prop-2-enyl trifluoromethane sulfonate C4H5F3O3S 2688
41051-15-4 methyl 4-methoxyacetoacetate C6H10O4 7934
41051-21-2 n-octyl 4-chloroacetoacetate C12H21ClO3 24626
41051-72-3 2-methyl-1,2-butanediol C5H12O2 5870
41051-80-3 (3-diethylaminopropyl)trimethoxysilane C10H25NO3Si 21445
41055-92-9 1-chloro-2-heptanone C7H13ClO 11593
41065-91-2 3-ethylhexanoic acid C8H16O2 15158
41065-95-6 3-ethyl-1-hexanol C8H18O 15455
41083-11-8 (1H-1,2,4-triazolyl-1-yl)tricyclohexylstann C20H35N3Sn 32420
41084-90-6 dicopper(i) ketenide C2Cu2O 477
41085-43-2 2-bromo-1-methyl-3-nitrobenzene C7H6BrNO2 10173
41093-93-0 daturalactone C28H38O7 34656
41096-46-2 hydroprene C17H30O2 30283
41105-35-5 1-chloro-9,10-bis(phenylethynyl)anthracene C30H17Cl 34839
41105-36-6 2-chloro-9,10-bis(phenylethynyl)anthracene C30H17Cl 34840
41107-82-8 2,5-anhydro-D-mannitol C6H12O5 8581
41136-03-2 2-amino-5-phenylthiomethyl-2-oxazoline C10H12N2OS 19442
41138-69-6 methyl (R)-(+)-3-(tert-butyldimethylsilylox C19H34O4Si 31669
41153-30-4 (S)-N-boc-4-fluorophenylalanine C14H18FNO4 27440
41161-53-9 4-pentylphenyl 2-chloro-4-(4-pentylbenzoylo C30H33ClO4 34881
41161-57-3 4-octylphenyl 2-chloro-4-(4-heptylbenzoylox C35H43ClO4 35298
41175-43-3 rhodamine 101 inner salt C32H30N2O3 35068
41186-03-2 1-(3-methylphenyl)-piperazine C11H16N2 22370
41195-90-8 2,3-dichlorophenyl isocyanate C7H3Cl2NO 9531
41198-08-7 profenofos C11H15BrClO3PS 22209
41203-22-9 1,4,8,11-tetramethyl-1,4,8,11-tetraazacyclote C14H32N4 27967
41208-07-5 MTDQ C25H30N2 34127
41217-05-4 6,12-dimethylanthanthrene C24H16 33730
41221-47-0 3-carbomethoxyphenyl isocyanate C9H7NO3 16057
41223-14-7 2-methylcyclopentanamine C6H13N 8744
41239-48-9 2,5-diethyltetrahydrofuran C8H16O 15149
41247-05-6 DL-xylose C5H10O5 5590
41253-21-8 1,2,4-triazole, sodium derivative C2H2N3Na 671
41262-21-9 trimethylarsine selenide C3H9AsSe 2172
41264-06-6 methyl isodehydracetate C9H10O4 16799
41267-76-9 coumarin 102 C16H17NO2 29324
41284-12-2 bis(1,2,2,2-tetrachloroethyl) ether C4H2Cl8O 2405
41295-64-1 4-chloro-3-oxobutanoyl chloride C4H4Cl2O2 2539
41302-05-0 2-(4-chlorobutoxy)tetrahydro-2H-pyran C9H17ClO2 17799
41309-43-7 (2-bromovinyl)trimethylsilane C5H11BrSi 5619
41313-77-3 4-[bis[2-(acetyloxy)ethyl]amino]benzaldehyde C15H19NO5 28566
41335-35-7 N-(p-cyanobenzylidene)-p-octyloxyaniline C22H26N2O 33281
41365-24-6 N,N-diethyl-N,N-diphenylthiuramdisulfide C18H20N2S4 30733
41365-75-7 1-amino-3,3-diethoxypropane C7H17NO2 12356
41394-05-2 4-amino-3-methyl-6-phenyl-1,2,4-triazin-5-on C10H10N4O 19076
41409-50-1 decafluorobutyramidine C4F10N2 2346
41422-43-9 tetramethyldistibine C4H12Sb2 4109
41427-34-3 2-cyano-4-stilbenamine C15H12N2 28158
41433-81-2 diethyl hexadecylmalonate C23H44O4 33681
41443-28-1 ODQ C9H5N3O2 15835
41446-63-3 trans-7-tetradecene C14H28 27853
41448-29-7 ethyl citral C11H18O 22590
41451-75-6 bruceantin C28H36O11 34647
41459-10-3 4-carbethoxy-5-(3,3-dimethyl-1-triazeno)-2-m C9H15N5O2 17584
41464-40-8 2,2',4',5-tetrachlorobiphenyl C12H6Cl4 23205
41481-90-7 pentaamminepyrazineruthenium(ii) perchlo C4H19Cl2N7O8Ru 4144

41483-43-6 5-butyl-2-ethylamino-6-methylpyrimidin-4-y C13H24N4O3S 26414
41492-05-1 1-bromo-4-butylbenzene C10H13Br 19709
41498-71-9 exo-2-norbornyl formate C8H12O2 14364
41506-14-3 23-(4-nonylphenoxy)-3,6,9,12,15,18,21-heptaox C31H56O9 35021
41510-23-0 centbutindole C24H26FN3O 33830
41513-04-6 1-bromo-4-chloro-2-nitrobenzene C6H3BrClNO2 6219
41513-32-0 trans-1,4-cyclohexenediol C6H10O2 7847
41519-23-7 cis-3-hexenyl isobutyrate C10H18O2 20802
41526-42-5 N-chloromethylbenzothiazole-2-thione C8H6ClNS2 12793
41532-84-7 1,1,2-trimethyl-1H-benz[e]indole C15H15N 28348
41563-69-3 1,3-benzenedimethanethiol C8H10S2 14057
41575-94-4 carboplatin C6H12N2O4Pt 8365
41589-42-8 diethyl cyclopentylidenemalonate C12H18O4 24485
41593-31-1 1,2-dihydrochrysene C18H14 30464
41593-58-2 borane-diphenylphosphine complex C12H14BP 23900
41595-29-3 N,N'-1,4-phenylenebis(4-methylbenzenesulf C20H20N2O4S2 32130
41598-07-6 prostaglandin D2 C20H32O5 32394
41635-77-2 1,3-hexadienylbenzene C12H14 23890
41653-96-7 5-methyl-2-hexenoic acid C7H12O2 11475
41658-69-9 2-bromo-2-methylpropanenitrile C4H6BrN 2768
41663-73-4 2-amino-5-chlorothiazole C3H3ClN2S 1404
41680-34-6 3-aminopyrazole-4-carboxylic acid C4H5N3O2 2741
41692-47-1 ethyl 3-methylhexanoate C9H18O2 18079
41699-09-6 methyl-1,12-benzoperylene C23H14 33494
41706-15-4 tetrakis(2,2,6,6-tetramethyl-3,5-heptanedio C44H76NbO8 35755
41708-72-9 tocainide C11H16N2O 22376
41708-76-3 indicine-N-oxide C15H25NO6 28718
41718-50-7 2,2-dichloropentanal C5H8Cl2O 4783
41727-47-3 methyl 3,5-dibromo-4-hydroxybenzoate C8H6Br2O3 12744
41735-28-8 5-(N-methyl-N-nitroso)amino-3-(5-nitro-2-fury C7H6N6O4 10403
41735-29-9 5-(N-ethyl-N-nitroso)amino-3-(5-nitro-2-furyl C8H8N6O4 13389
41735-30-2 5-(N-ethyl-N-nitroso)amino-3-(5-nitro-2-furyl)- C8H8N6O5 13390
41753-43-9 panax saponin E C54H92O23 35865
41755-60-6 benzyl palmitate C23H38O2 33668
41761-11-9 hexane, 2,5-dichloro-, (R*,S*)- C6H12Cl2 8280
41761-12-0 2,5-dichlorohexane, (R*,R*)-(±)- C6H12Cl2 8278
41775-76-2 1,4,7-trioxa-10-azacyclododecane C8H17NO3 15343
41781-17-3 1-amino-2,2-dimethylbutane C6H15N 9184
41814-78-2 tricyclazole C9H7N3S 16086
41825-73-4 2-bromo-4,6-dimethylaniline C8H10BrN 13809
41826-92-0 colibil C16H22O6 29527
41830-80-2 cresyl violet perchlorate C16H12ClN3O5 29033
41830-81-3 oxazine 4 perchlorate C18H22ClN3O5 30784
41833-13-0 4-hydroxy-3-nitrobenzyl alcohol C7H7NO4 10678
41851-34-7 1,2-dicyclohexylpropane C15H28 28816
41851-35-8 1,3-dicyclohexylbutane C16H30 29648
41867-20-3 ethyl trans-3-amino-2-butenoate C6H11NO2 8128
41879-39-4 O-(tert-butyldimethylsilyl)hydroxylamine C6H17NOSi 9333
41886-31-1 diisonitrosoacetone C3H4N2O3 1604
41890-92-0 dihydromethoxyelgenol C11H24O2 23070
41901-72-8 1,4-diethoxy-2-methylbenzene C11H16O2 22449
41909-29-9 3-fluoropentane C5H11F 5651
41925-33-1 [2,2,3,3,4,4,5,5,6,6,7,7,8,9,9,9-hexadecaflu C12H5F19O 23188
41927-50-8 2,4-dihydro-2-methyl-5-phenyl-3H-pyrazol-3-o C10H10N2O 19051
41927-66-6 eicosyl butanoate C24H48O2 33990
41947-84-6 ethyl octadecyl sulfide C20H42S 32541
41956-77-8 2-(5-carboxypentyl)-4-thiazolidone C9H15NO3S 17570
42007-73-8 2,7-dimethyl-2-octanol C10H22O 21263
42011-48-3 N-(4-(5-nitro-2-furyl)-2-thiazolyl)-2,2,2- C9H4F3N3O4S 15792
42013-20-7 2-methylhippuric acid C10H11NO3 19334
42013-48-9 5,5-dimethyl-2-phenylmorpholine C12H17NO 24310
42016-93-3 2-chloro-4-iodoaniline C6H5ClIN 6705
42017-07-2 lithium-1-heptynide C7H11Li 11266
42019-78-3 4-chloro-4'-hydroxybenzophenone C13H9ClO2 25525
42027-23-6 2,3-pentanediol C5H12O2 5864
42028-27-3 15,16-dihydro-11-ethylcyclopenta(a)phenanthren C19H16O 31347
42028-33-1 3-hydroxy-8-azaxanthine C4H3N5O3 2507
42032-30-4 1-decyl-2-methylimidazole C14H26N2 27788
42061-72-3 4-isobutylcyclohexanone C10H18O 20679
42067-48-1 4-methyl-3-ethyl-cis-2-pentene C8H16 14983
42067-49-2 4-methyl-3-ethyl-trans-2-pentene C8H16 14984
42069-72-7 1-(4-chloro-3-nitrophenyl)-2-ethoxy-2-((C17H17ClN2O4S 30026
42075-32-1 (R,R)-(-)-2,4-pentanediol C5H12O2 5888
42097-42-7 2,6-lutidine-alpha2,3-diol C7H9NO2 11003
42101-38-2 3,3-dichloro-2-methyl-1-butene C5H8Cl2 4773
42131-85-1 2-chloro-1-pentene C5H9Cl 5025
42131-89-5 2,2-dichlorohexane C6H12Cl2 8276
42131-98-6 2-chloro-cis-2-pentene C5H9Cl 5031
42132-00-3 2-chloro-trans-2-pentene C5H9Cl 5032
42134-49-6 (trimethylsilylpropargyl)triphenylphosphon C24H26BrPSi 33829
42135-22-8 3-nitro-9-fluorenone C13H7NO3 25457
42137-88-2 N,N-bis-(2-chloroethyl)-p-toluenesulfona C11H15Cl2NO2S 22225
42149-31-5 2,5-dimethyl-1,2,5,6-diepoxyhex-3-yne C8H10O2 13982
42149-74-6 1-(2-chloroethoxy)propane C5H11ClO 5639
42151-56-4 (+)-N-methylephedrine C11H17NO 22514
42152-47-6 7-methyl-1,6-octadiene C9H16 17628
42161-96-6 1-cyclopropyl-1-(trimethylsilyloxy)ethylene C8H16OSi 15153
42185-47-7 2,3,6-trimethylcyclohexanone C9H16O 17679
42189-56-0 N-(1-pyrenyl)maleimide C20H11NO2 31794
42195-92-6 2,3-dimethylcyclohexylamine C8H17N 15296
42200-33-9 corgard C17H27NO4 30262
42202-42-6 2-nitro-3-methylpentane C6H13NO2 8797
42217-02-7 1-chloroeicosane C20H41Cl 32506
42217-03-8 1-chlorodocosane C22H45Cl 33474
42222-06-0 N-tert-butylacetoacetamide C8H15NO2 14812
42228-16-0 methyl 4-formylbenzoate dimethyl acetal C11H14O4 22198
42235-39-2 diethyl eicosanedioate C24H46O4 33974
42238-29-9 4-nitrobenzenediazonium nitrate C6H4N4O5 6607
42242-58-0 p-(7-benzofurylazo)-N,N-dimethylaniline C16H15N3O 29222
42242-59-1 p-(5-benzofurylazo)-N,N-dimethylaniline C16H15N3O 29221
42242-72-8 N-(1-carbamoyl-4-(nitrosocyanamido)butyl)be C13H15N5O3 26038
42244-53-1 1,2-(didodecyloxy)benzene C30H54O2 34937
42245-37-4 1-amino-3-methylpentane C6H15N 9177
42273-76-7 a-vinylbenzyl alcohol C9H10O 16644
42279-29-8 pentachloro diphenyl oxide C12H5Cl5O 23185
42281-59-4 (-)-17-cyclopropylmethylmorphinan-3,4-diol C20H27NO2 32291
42286-84-0 5-methyl-2H-1-benzopyran-2-one C10H8O2 18753
42296-74-2 hexadiene C6H10 7660
42328-76-7 2,4-dimethyl-2-hexanol C8H18O 15470
42330-88-1 2-(3-chloropropoxy)tetrahydro-2H-pyran C8H15ClO2 14762
42340-98-7 (R)-(-)-1-(1-naphthyl)ethyl isocyanate C13H11NO 25700
42345-82-4 1,2-dichloro-1-ethoxyethene C4H6Cl2O 2833
42348-86-7 5-chloro-1-indanone C9H7ClO 15967
42371-63-1 S-alpine-borane C18H31B 30977
42397-64-8 1,6-dinitropyrene C16H8N2O4 28967
42397-65-9 1,8-dinitropyrene C16H8N2O4 28968
42398-73-2 6-methylisoquinoline C10H9N 18859
42399-49-5 (2S-cis)-(+)-2,3-dihydro-3-hydroxy-2-(4-met C16H15NO3S 29216
42412-84-0 ethyl 2-phenoxypropanoate C11H14O3 22171
42425-07-0 thiacycloheneicosane C20H40S 32504
42436-07-7 cis-3-hexenyl phenylacetate C14H18O2 27489
42461-89-2 5-(3-bromo-1-propenyl)-1,3-benzodioxole C10H9BrO2 18812
42471-28-3 nimustine C9H13ClN6O2 17239
42472-93-5 N-methyl-2-phthalimidoglutarimide C14H12N2O4 26914
42472-96-8 N-(2-oxo-3-piperidyl)phthalimide C13H12N2O3 25778
42474-20-4 1,3-dibromopentane C5H10Br2 5299
42474-21-5 1,2-dibromoheptane C7H14Br2 11752
42508-60-1 1-acetonylpyridinium chloride C8H10ClNO 13828
42509-80-8 isazofos C9H17ClN3O3PS 17796
42520-97-8 2,2'-dichloro-N-butyldiethylamine C8H17Cl2N 15270
42551-55-3 3-amino-2-butanol C4H11NO 3990
42569-16-4 3-penten-2-ol, (±) C5H10O 5465
42576-02-3 bifenox C14H9Cl2NO5 26695
42579-28-2 1-nitrosohydantoin C3H3N3O3 1484
42583-55-1 carmetizide C10H12ClN3O6S2 19415
42588-37-4 kinoprene C18H28O2 30927
42588-57-8 3-ethoxy-2-methylacrolein C6H10O2 7852
42597-26-2 ethyl 2,2-dibenzyl-3-oxobutanoate C20H22O3 32178
42599-17-7 trans-1-iodo-1-octene C8H15I 14773
42601-04-7 3,4-difluorophenyl isocyanate C7H3F2NO 9568
42604-12-6 formaldehyde cyclododecyl methyl acetal C14H28O2 27886
42609-52-9 1-(a,a-dimethylbenzyl)-3-methyl-3-phenylurea C17H20N2O 30129
42713-66-6 nitroso-L-citrulline C6H12N4O4 8387
42726-73-8 tert-butyl methyl malonate C8H14O4 14702
42739-38-8 ammonium valerate C5H13NO2 5988
42753-71-9 6-amino-3-bromo-2-picoline C6H7BrN2 7135
42764-74-9 2-methyl-1-heptadecene C18H36 31073
42775-75-7 5-ethyl-1,2,3,4-tetrahydronaphthalene C12H16 24114
42783-78-8 benzyloxyacetaldehyde diethyl acetal C13H20O3 26332
42789-13-9 1,2-nonanediol C9H20O2 18339
42794-87-6 3,3',5,5'-tetrafluorobenzidine C12H8F4N2 23301
42825-73-0 2-(2-anilinovinyl)-3-(3-sulfopropyl)-2-th C14H18N2O3S2 27454
42835-89-2 6-fluoro-1,2,3,4-tetrahydro-2-methylquinoline C10H12FN 19424
42840-17-5 3-methoxy-4-pyrrolidinylmethyldibenzofuran C18H19NO2 30695
42841-80-5 propyl pentyl sulfide C8H18S 15609
42842-08-0 1-(ethynyloxy)propane C5H8O 4855
42843-49-2 cis-1-bromo-1-octene C8H15Br 14736
42852-95-9 2-(methylamino)-2-deoxy-alpha-L-glucopyranose C7H15NO5 12098
42856-62-2 2-methyl-1,5-pentanediol C6H14O2 9034
42865-19-0 2-bromoethyl isocyanate C3H4BrNO 1504
42874-01-1 nitrofluorfen C13H7ClF3NO3 25451
42874-03-3 oxyfluorfen C15H11ClF3NO4 28076
42875-41-2 tridecyl formate C14H28O2 27874
42882-31-5 (±)-1-(1-naphthyl)ethylamine C12H13N 23833
42884-33-3 2-amino-1-naphthol C10H9NO 18888
42890-76-6 (S)-1,2,4-butanetriol C4H10O3 3924
42908-73-6 4-fluorophenyl chlorothionoformate C7H4ClFOS 9676
42910-16-7 triundecylamine C33H69N 35197
42924-53-8 4-(6-methoxy-2-naphthyl)-2-butanone C15H16O2 28440
42952-29-4 1-ethyl-2-methylnaphtho[1,2-d]thiazolium p C21H21NO3S2 32770
42959-18-2 silicon triethanolamin C8H19NO3Si 15664
42969-65-3 (R)-(+)-3-butyn-2-ol C4H6O 2955
42971-09-5 ethyl apovincaminate C22H26N2O2 33283
42978-42-7 6-benzoyloxymethylbenzo(a)pyrene C28H18O2 34591
42978-43-8 6-acetyloxymethylbenzo(a)pyrene C23H16O2 33508
42978-66-5 tripropyleneglycol diacrylate C15H24O6 28715
42998-51-6 benzyl ethyl malonate C12H14O4 24010
43020-38-8 2,3,4-trimethoxybenzonitrile C10H11NO3 19337
43036-06-2 1H-pyrrole-1-propanenitrile C7H8N2 10789
43050-28-8 1-(4-methoxyphenyl)-1-cyclopentanecarboxylic C13H16O3 26105
43071-52-9 1-(7-methoxy-2-benzofuranyl)ethanone C11H10O3 21670
43076-59-1 4-chloro-2'-butyrothienone C8H9ClOS 13609
43076-61-5 4'-tert-butyl-4-chlorobutyrophenone C14H19ClO 27510
43077-29-8 (S)-(+)-neomenthyldiphenylphosphine C22H29P 33342
43083-12-1 trimethyl orthobutyrate C7H16O3 12290
43085-16-1 17b-phenylaminocarbonyloxyoestra-1,3,5(10)-t C26H31NO3 34281
43087-91-8 5-amino-2-phenylbenzothiazole C13H10N2S 25618
43111-32-6 3-chlorophenoxyacetonitrile C8H6ClNO 12776
43119-28-4 (1S,5R)-(-)-cis-2-oxabicyclo[3.3.0]oct-6-en-3-o C7H8O2 10885
43120-22-5 1-ethyl-1H-indazole C9H10N2 16578
43121-43-3 bayleton C14H16ClN3O2 27320
43182-10-1 2-amino-1-benzylbenzimidazole C14H13N3 27042
43183-36-4 1-(trimethylsilyl)-1H-benzotriazole C9H13N3Si 17377
43197-78-0 3-chloro-3-methylhexane C7H15Cl 12000
43200-80-2 zopiclone C17H23ClO3 30200
43210-67-9 fenbendazole C15H13N3O2S 28248
44520-55-0 D-threoninol C4H11NO2 4011
44745-29-1 (S)-2-heptylamine C7H17N 12342
44829-76-7 5-methyl-1-hepten-3-one C8H14O 14566
44855-57-4 2-octanamine, (±) C8H19N 15634
44914-03-6 2-methylbutyl acrylate C8H14O2 14621
44917-51-3 sec-butylcrotonate C8H14O2 14645
44976-81-0 N,N-diisopropylisobutylamine C10H23N 21407
44979-90-0 diethylhexylamine C10H23N 21403
44987-62-4 3-methyladipoyl chloride C7H10Cl2O2 11073
45102-52-1 2,2,3,3-tetrafluoropropyl methacrylate C7H8F4O2 10780
45103-58-0 di(ethylene glycol) methyl ether methacrylate C9H16O4 17769
45115-53-5 2,2,3,3,3-pentafluoropropyl methacrylate C7H7F5O2 10586
45124-35-4 diethylnonylamine C13H29N 26559
45165-81-9 methyltridecylamine C14H31N 27957
45223-13-7 triisopentylphosphine C15H33P 28948
45223-18-5 1,16-dibromohexadecane C16H32Br2 29710
45275-74-9 dimethyleicosylamine C22H47N 33487
45313-33-5 hexatriacontylamine C36H75N 35437
45324-58-1 trieicosylamine C60H123N 35923
45534-08-5 3-amino-5-methylthio-1H-1,2,4-triazole C3H6N4S 1916
45744-18-1 salicylaldehyde hydrazone C7H8N2O 10802
45767-66-6 2-chloro-4-fluorobenzyl bromide C7H5BrClF 9864
45776-10-1 1-hexanoylaziridine C8H15NO 14803
45791-36-4 (R)-(+)-1-(4-bromophenyl)ethylamine C8H10BrN 13815
46032-98-8 (1R,2R)-2-amino-1-phenyl-1,3-propanediol C9H13NO2 17336
46061-25-0 N-nitroso-4-tert-butylpiperidine C9H18N2O 17981
46118-95-0 2-(carboxymethylthio)-4-methylpyrimidine C7H8N2O2S 10824
46231-41-8 (2-phenoxyethyl)guanidine C9H13N3O 17367
46292-93-7 (R)-(-)-phenylsuccinic acid C10H10O4 19216
46355-07-1 isopropyl phenyl phosphate C9H13O4P 17381
46506-88-1 sodium 3,5-dinitrosalicylate C12H20ClN5 24535
46728-75-0 5-sulfoisophthalic acid monolithium salt C8H5LiO7S 12682
46817-91-8 viloxazine C13H19NO3 26270
46941-74-6 tramadol (2) C16H25NO2 29590
47172-89-4 diphenyl glutarate C17H16O4 30022
47173-80-8 N-boc-O-benzyl-D-serine C15H21NO5 28634
48145-04-6 2-phenoxyethyl acrylate C11H12O3 21885
48163-10-6 lauroylethyleneimine C14H27NO 27842
48172-10-7 (2S)-4-(1,3-dioxoisoindolin-2-yl)-2-hydroxyb C12H11NO5 23654
49538-98-9 O,O-diisopropyl-S-tricyclohexyltin phosp C24H47O2PS2Sn 33982

49539-88-0 trimethoxy(2-phenylethyl)silane C11H18O3Si 22621
49540-32-1 1-nitroso-1,3-diethylurea C5H11N3O2 5763
49542-66-7 2-[2-[2-(3-aminopropoxy)ethoxy]ethoxy]ethanol C9H21NO4 18400
49542-74-7 2,4,8-trimethylnonane C12H26 24980
49557-09-7 2,5,8-trimethylnonane C12H26 24984
49558-02-3 3-methyl-4-nitrofuroxan C3H3N3O4 1485
49558-46-5 2-nitrophenyl sulfonyl diazomethane C7H5N3O4S 10116
49562-76-7 4-nitrophenyl octyl ether C14H21NO3 27627
49575-13-5 methylsulfinyl ethylthiamine disulfide C26H38N8O4S4 34305
49596-04-5 bis(indenyl)dimethylzirconium C20H20Zr 32140
49598-54-1 2,2-dimethyldodecane C14H30 27915
49609-84-9 2-chloronicotinoyl chloride C6H3Cl2NO 6294
49623-50-9 1,3-dibromo-2-methylbutane C5H10Br2 5310
49642-07-1 (3S,4S)-(-)-statine C8H17NO3 15342
49647-20-3 4-acetylphenyl isocyanate C9H7NO2 16039
49715-04-0 chloromethyl chlorosulfate CH2Cl2O3S 151
49761-82-2 1-(tert-butoxycarbonyl)imidazole C8H12N2O2 14307
49762-08-5 3-hydroxy-4-methyl-2(3H)-thiazolethione C4H5NOS2 2711
49763-65-7 4-pentylbenzoyl chloride C12H15ClO 24031
49763-66-8 4-octylbenzaldehyde C15H22O 28670
49773-64-0 2,5-bis(3,4-dimethoxyphenyl)-1,3,4-thiadia C18H18N2O4S 30660
49800-23-9 1,2,3,4-tetrahydro-1-naphthylamine hydrochlo C10H14ClN 19904
49805-30-3 (±)-2-azabicyclo[2.2.1]hept-5-en-3-one C6H7NO 7196
49828-25-3 1-chloro-4-(4-nitrophenoxy)-2-(propylthio C15H14ClNO3S 28263
49844-90-8 4-chloro-2-methylthiopyrimidine C5H5ClN2S 4361
49845-33-2 2,4-dichloro-5-nitropyrimidine C4HCl2N3O2 2359
49850-29-5 1-amino-2-(4-thiazolyl)-5-benzimidazolecar C14H15N5O2S 27254
49852-35-9 6-methyl-2-hepten-4-one C8H14O 14570
49852-84-8 6-chloromethyl benzo(a)pyrene C21H13Cl 32577
49852-85-9 6-bromomethylbenzo(a)pyrene C21H13Br 32576
49859-87-2 dimethylnonadecylamine C21H45N 33069
50257-39-1 N-mesitylenesulfonylimidazole C12H14N2O2S 23931
50264-69-2 1-(2,4-dichlorbenzyl)indazole-3-carboxyl C15H10Cl2N2O2 28020
50264-86-3 1-p-chlorobenzyl-1H-indazole-3-carboxylic C15H11ClN2O2 28080
50264-96-5 b-glyceryl 1-p-chlorobenzyl-1H-indazole-3 C18H17ClN2O4 30602
50273-84-2 5-bromo-cis-2-pentene C5H9Br 4978
50274-95-8 2-chloro-4-nitrobenzyl chloride C7H5Cl2NO2 9961
50277-65-1 propioloyl chloride C3HClO 1315
50285-70-6 nitrosotriethylurea C7H15N3O2 12102
50285-71-7 1,1-dimethyl-3-ethyl-3-nitrosourea C5H11N3O2 5760
50285-72-8 1,1-diethyl-3-methyl-3-nitrosourea C6H13N3O2 8862
50311-48-3 trifluoromethyl peroxonitrate CF3NO4 72
50335-03-0 chaetoglobosin A C32H36N2O5 35075
50341-35-0 2,2-dibromobutane C4H8Br2 3337
50353-00-9 2-nitrophenyl chloroformate C7H4ClNO4 9721
50355-74-3 2,4,6-trichloro-phenyldimethyltriazene C8H8Cl3N3 13307
50355-75-4 3,3-dimethyl-1-(2,4,6-tribromophenyl)triazen C8H8Br3N3 13262
50370-12-2 duricef C16H17N3O5S 29340
50375-10-5 1,2,4-trichloro-3-methoxybenzene C7H5Cl3O 9980
50390-78-8 1-methoxy-2-methyl-4-(methylthio)benzene C9H12OS 17137
50397-74-5 4-amino-3-bromobenzonitrile C7H5BrN2 9882
50402-72-7 2,3,6-trimethylpiperidine C8H17N 15292
50407-18-6 2,3-dimethyl-2H-indazole C9H10N2 16571
50422-80-5 5-methyl-cis-3-heptene C8H16 14925
50424-93-6 3-methyl-2-nitrobenzoyl chloride C8H6ClNO3 12783
50454-68-7 tolnidamide C16H13ClN2O2 29080
50461-74-0 ethyl 2-oxopentanoate C7H12O3 11509
50465-39-9 tocofibrate C39H59ClO4 35550
50468-22-9 3-methyl-1,2-butanediol C5H12O2 5874
50468-61-6 dibenzofuran-2-yl (4-chlorophenyl) ketone C19H11ClO2 31193
50471-44-8 vinclozolin C12H9Cl2NO3 23383
50485-03-5 D-1-acetyllysergic acid monoethylamide C20H23N3O2 32209
50510-11-7 2-amino-5-((p-chlorophenyl)thiomethyl)-2- C10H11ClN2OS 19242
50510-12-8 2-amino-5-((3,4-dichlorophenyl)thiomethy C10H10Cl2N2OS 18997
50512-35-1 isoprothiolane C12H18O4S2 24493
50528-73-9 4-benzyloxyphenyl isocyanate C14H11NO2 26845
50528-86-4 2-chloro-5-(trifluoromethyl)phenyl isocyana C8H3ClF3NO 12462
50528-97-7 xilobam C14H19N3O 27550
50529-33-4 3-chloro-4-fluorophenyl isocyanate C7H3ClFNO 9497
50530-12-6 10-bromodecanoic acid C10H19BrO2 20866
50539-45-2 N-(1-anilinonaphthyl-4)-maleimide C20H14N2O2 31881
50541-93-0 4-amino-1-benzylpiperidine C12H18N2 24401
50552-30-2 4-phenyl-5-hexen-2-one C12H14O 23966
50563-36-5 2,6-dimethyl-N-(2-methoxyethyl)chloroaceta C13H18ClNO2 26168
50570-59-7 4,4'-bis(4-chloro-6-bis(2-hydroxyeth C28H32Cl2N10O10S2 34630
50577-64-5 silver 5-aminotetrazolide CH2AgN5 138
50585-39-2 1,3-dichlorodibenzo-p-dioxin C12H6Cl2O2 23198
50585-41-6 2,3,7,8-tetrabromodibenzo-p-dioxin C12H4Br4O2 25425
50585-46-1 1,3,7,8-tetrachlorodibenzo-p-dioxin C12H4Cl4O2 23158
50586-18-0 cis-1-chloro-1-hexene C6H11Cl 8006
50586-19-1 trans-1-chloro-1-hexene C6H11Cl 8007
50590-07-3 4-iodo-3-nitrophenol C6H4INO3 6548
50592-87-5 1-bromo-6-methoxyhexane C7H15BrO 11985
50594-66-6 acifluorfen C14H7ClF3NO5 26606
50594-77-9 2-chloro-4-trifluoromethyl-3'-acetoxydiph C15H10ClF3O3 28013
50594-82-6 3,4,5-trichlorobenzotrifluoride C7H2Cl3F3 9454
50599-73-0 4-methylhexanoyl chloride C7H13ClO 11596
50606-95-6 4-hexylbenzoyl chloride C13H17ClO 26117
50606-96-7 4-heptylbenzoyl chloride C14H19ClO 27511
50606-97-8 4-octylbenzoyl chloride C15H21ClO 28606
50622-09-8 L-(+)-2,2-dimethyl-1,3-dioxolane-4,5-dimethano C7H14O4 11946
50623-57-9 butyl nonanoate C13H26O2 26502
50625-53-1 2,3,3',4'-tetramethoxybenzophenone C17H18O5 30082
50634-05-4 2,5-dimethoxy-3-tetrahydrofurancarboxaldehyde, C7H12O4 11547
50654-94-9 Na-boc-D-histidine C11H17N3O4 22543
50657-29-9 oleanoglycotoxin A C48H78O18 35812
50663-21-3 4-bromocinnamic acid C9H7BrO2 15955
50670-64-9 5-amino-2-methylbenzonitrile C8H8N2 13333
50679-08-8 terfenadine C32H41NO2 35081
50689-17-3 3-chlorofuran C4H3ClO 2459
50707-40-9 1-ethyl-3-p-tolyltriazene C9H13N3 17361
50709-36-9 2,6-dichlorophenylhydrazine hydrochloride C6H7Cl3N2 7160
50710-40-2 3-chloro-1,1-dimethoxybutane C6H13ClO2 8694
50715-02-1 triacontylbenzene C36H66 35400
50722-38-8 3-acetyldeoxynivalenol C17H22O7 30198
50735-74-5 2,2-dichlorooctanal C8H14Cl2O 14514
50764-78-4 5-ethyltetrazole C3H6N4 1912
50765-87-2 a-prenyl-a-(2-dimethylaminoethyl)-1-naphthyl C21H28N2O 32917
50767-79-8 ferodin sl C16H28O2 29630
50782-69-9 N-[2-(ethoxy methyl-phosphinoyl)sulfanylet C11H26NO2PS 23098
50802-21-6 tingenone C28H36O3 34645
50816-18-7 9-decenyl acetate C12H22O2 24727
50816-19-8 8-bromo-1-octanol C8H17BrO 15251
50824-05-0 4-(trifluoromethoxy)benzyl bromide C8H6BrF3O 12722
50831-29-3 tetrakis(thiourea)manganese(ii) perchl C4H16Cl2MnN8O8S4 4136
50836-65-2 3,3,4,4,5,5,6,6,7,8,8,8-dodecafluoro-7-(tri C12H7F15O2 23243
50836-66-3 3,3,4,4,5,5,6,6,7,8,8,8-dodecafluoro-7-(tri C13H9F15O2 25536
50838-36-3 N-methyl-N-(m-tolyl)carbamothioic acid (1,2, C20H21NOS 32143
50840-23-8 5-methyl-2-pyrimidinamine C5H7N3 4710
50846-45-2 bacmecillinam C20H31N3O6S 32374
50847-11-5 KC-404 C14H18N2O 27450
50847-92-2 2,2-dimethyl-3-thiomorpholinone C6H11NOS 8124
50865-01-5 protoporphyrin ix, sodium salt C34H32N4Na2O4 35217
50868-72-9 5-methoxy-2-methylaniline C8H11NO 14139
50868-73-0 2-methoxy-6-methylaniline C8H11NO 14138
50876-31-8 trans-1,1,3,5-tetramethylcyclohexane C10H20 20937
50876-32-9 cis-1,1,3,5-tetramethylcyclohexane C10H20 20938
50876-33-0 1,1,3,3-tetramethylcyclopentane C9H18 17904
50880-57-4 17b-hydroxy-7a-methylandrost-5-ene-3-one C20H30O2 32356
50892-23-4 (4-chloro-6-(2,3-xylidino)-2-pyrimidinyl C14H14ClN3O2S 27084
50892-99-4 furan-2-amidoxime C5H6N2O2 4520
50893-53-3 1-chloroethyl chloroformate C3H4Cl2O2 1557
50901-84-3 cis-2-amino-5-methyl-4-phenyl-1-pyrroline C11H14N2 22060
50901-87-6 trans-2-amino-5-methyl-4-phenyl-1-pyrroline C11H14N2 22061
50902-82-4 3-ethyl-3-methylhexanoic acid C9H18O2 18054
50903-99-6 N(5)-(imino(nitroamino)methyl)-L-ornithine m C7H15N5O4 12104
50906-29-1 phthaloyl diazide C8H4N6O2 12592
50908-62-8 adenosine-5'-(N-cyclopropyl)carboxamide C13H16N6O4 26075
50910-55-9 2-amino-3,5-dibromobenzaldehyde C7H5Br2NO 9898
50916-04-6 2-methyl-1-(3,4,5-trimethoxybenzoyl)-2-imid C14H18N2O4 27463
50916-11-5 2-isoxazolidinyl 3,4,5-triethoxyphenyl keton C16H23NO5 29552
50916-12-6 3-oxazolidinyl 3,4,5-triethoxyphenyl ketone C16H23NO5 29553
50919-06-7 2-fluorophenethyl alcohol C8H9FO 13641
50921-39-6 1-(4-chlorophenyl)-1-cyclobutanecarboxylica C11H11ClO2 21684
50924-49-7 bredinin C9H13N3O6 17375
50928-80-8 4-(N-ethyl-N-2-methoxyethyl)-2-methylphen C26H36N2O7S2 34297
50930-79-5 aniline hydrogen phthalate C14H13NO4 27039
50935-04-1 carminomycin I C26H27NO10 34266
50975-79-6 3,6-bis(2-hydroxyethyl)-2,5-diketopiperazine C8H14N2O4 14529
50976-02-8 dicyclopentenyl acrylate C13H14O2 25994
50995-95-4 2-propylimidazole C6H10N2 7722
51013-18-4 methyl-2-pyrrolidinone C5H9NO 5215
51018-28-1 (1S,2S)-(+)-N-methylpseudoephedrine C11H17NO 22515
51022-69-6 cyclocort C28H35FO7 34644
51022-74-3 iotroxic acid C22H18I6N2O9 33170
51025-94-6 cysteine-germanic acid C3H11GeNO6S 2270
51029-30-2 3-fluorenylhydroxylamine C13H11NO 25704
51034-46-9 1-chloro-3-methyl-1,3-butadiene C5H7Cl 4606
51044-13-4 (4-bromobenzyl)triphenylphosphonium bromide C25H21Br2P 34070
51052-00-7 2-methylphenylacetone C10H12O 19529
51060-05-0 isofulminic acid CHNO 126
51064-65-4 (2R,3R)-1,4-di-O-tosyl-2,3-O-isopropylidene C21H26O8S2 32888
51065-65-7 6-methyl-trans-2-heptene C8H16 14913
51067-38-0 4-phenoxyphenylboronic acid C12H11BO3 23586
51076-46-1 2-(4-pyridyl)malondialdehyde C8H7NO2 13157
51076-95-0 2-chloro-1,1,1-triethoxyethane C8H17ClO3 15268
51077-14-6 (S)-N-boc-azetidine carboxylic acid C9H15NO4 17572
51077-50-0 7,8-dihydroretinoic acid C20H30O2 32352
51079-52-8 4,6-dimethyl-2-heptanol C9H20O 18277
51079-79-9 4,6,6-trimethyl-2-heptanol C10H22O 21288
51094-78-1 tantalum(v) butoxide C20H45O5Ta 32556
51104-87-1 1,4-dichloro-1,3-butadiyne C4Cl2 2297
51115-02-7 3-methyl-1-isopropylcyclopentene C9H16 17592
51115-64-1 2-methylbutyl butanoate C9H18O2 18064
51115-67-4 2-isopropyl-N,2,3-trimethylbutyramide C10H21NO 21110
51116-73-5 1-bromo-3-methylpentane C6H13Br 8651
51128-83-7 N,N'-bis(4-nitrophenyl)carbodiimide C13H8N4O4 25495
51131-85-2 9-hydroxyellipticine C17H14N2O 29929
51135-96-7 4-benzyl-4-hydroxypiperidine C12H17NO 24301
51138-16-0 N-(2-nitrophenyl)-1,3-diaminoethane C8H11N3O2 14212
51146-56-6 (S)-(+)-ibuprofen C13H18O2 26218
51152-12-6 6,6-dimethylbicyclo[3.1.1]heptane-2-methanol, C10H18O 20671
51163-27-0 3,4-dimethylphenyl isocyanate C9H9NO 16394
51163-29-2 2,4-dimethylphenyl isocyanate C9H9NO 16395
51166-71-3 dimethyl-b-cyclodextrin, methylated b -cyclo C56H98O35 35890
51169-17-6 5-(4-methylphenyl)-5-phenylhydantoin C16H14N2O2 29140
51200-80-7 4-methyl-3-ethyl-3-hexanol C9H20O 18310
51200-81-8 2-methyl-3-isopropyl-3-hexanol C10H22O 21310
51200-82-9 4-isopropyl-4-heptanol C10H22O 21297
51200-83-0 2,4-dimethyl-3-isopropyl-3-pentanol C10H22O 21327
51200-87-4 dimethyl oxazolidine C5H11NO 5693
51207-31-9 2,3,7,8-tetrachlorodibenzofuran C12H4Cl4O 25429
51207-66-0 (S)-(+)-1-(2-pyrrolidinylmethyl)pyrrolidine C9H18N2 17975
51218-45-2 metolachlor C15H22ClNO2 28653
51218-49-6 pretilachlor C17H26ClNO2 30244
51225-20-8 2,6-dichloro-4-ethoxyaniline C8H9Cl2NO 13624
51234-28-7 oraflex C16H12ClNO3 29032
51235-04-2 hexazinone C12H20N4O2 24556
51249-05-9 aminophon C18H37NO3P 31127
51257-84-2 lenoremycin C47H78O13 35796
51260-39-0 (S)-(-)-propylene carbonate C4H6O3 3002
51261-14-4 (<+>)-2-chlorooctane C8H17Cl 15263
51264-14-3 4'-(9-acridinylamino)methanesulphon-m-anis C21H19N3O3S 32724
51268-87-2 3-[(4S)-2,2-dimethyl-1,3-dioxolan-4-yl]-propan C8H16O3 15222
51282-49-6 methyl 5-chloro-2-nitrobenzoate C8H6ClNO4 12786
51284-68-5 cis-bis(2-methylphenyl)diazene 1-oxide C14H14N2O 27106
51286-83-0 potassium-1-tetrazolacetate C3H3KN4O2 1461
51294-16-7 perfluoro(methyldecalin), isomers C11F20 21466
51299-55-9 2,4,5-trimethylcyclohexanone C9H16O 17681
51308-99-7 9-chloro-1-nonanol C9H19ClO 18125
51309-10-5 10-chloro-1-decanol C10H21ClO 21095
51310-19-1 butyl 2-isocyanatobenzoate C12H13NO3 23855
51321-79-0 phosphonacetyl-L-aspartic acid C6H10NO8P 7711
51325-35-0 2,4-diacetamido-6-(5-nitro-2-furyl)-S-triaz C11H10N6O5 21645
51325-91-8 4-(dicyanomethylene)-2-methyl-6-(p-dimethyla C19H17N3O 31387
51333-22-3 budesonide C25H34O6 34144
51333-70-1 2,7-nonadiene C9H16 17606
51333-75-6 2-(methylthio)phenyl isothiocyanate C8H7NS2 13213
51336-94-8 2-chloro-2',4'-difluoroacetophenone C8H5ClF2O 12614
51338-27-3 diclofop-methyl C16H14Cl2O4 29130
51340-26-2 11-deoxo-12b,13a-dihydro-11b-hydroxyjervine C26H40NO3 34314
51364-51-3 tris(dibenzylideneacetone)dipalladium(0) C51H42O3Pd2 35833
51410-44-7 1'-hydroxyestragole C10H12O2 19627
51422-54-9 1-tert-butoxy-2-ethoxyethane C8H18O2 15560
51436-99-8 4-bromo-2-fluorotoluene C7H6BrF 10154
51437-00-4 5-bromo-2-fluorotoluene C7H6BrF 10155
51437-67-3 trans-bis(3-methylphenyl)diazene C14H14N2 27097
51449-18-4 bis(4-diethylaminodithiobenzil)nickel C36H38N2NiS4 35351
51481-10-8 vomitoxin C15H20O6 28601
51481-61-9 tagamet C10H16N6S 20421
51487-69-5 lance C11H14ClNO4 22051
51500-32-4 3-chloro-1,5-dimethyl-1H-pyrazole C5H7ClN2 4612
51505-90-9 (((2-((2-aminoethyl)amino)ethyl)amino)methyl C11H19N3O 22661
51524-84-6 3-(methylamino)benzoic acid C8H9NO2 13710
51525-97-4 1,1,3,3-tetrabromopropane C3H4Br4 1518
51535-00-3 methyl 1-benzyl-5-oxo-3-pyrrolidine-carboxyl C13H15NO3 26025

51542-33-7 N-nitroso-N-methyl-N'-(2-benzothiazolyl)urea C9H8N4OS 16180
51556-10-6 1-chloro-1-heptyne C7H11Cl 11248
51575-83-8 1-chloro-2-octyne C8H13Cl 14421
51575-85-0 7-chloro-3-heptyne C7H11Cl 11250
51579-82-9 2-amino-3-benzoylphenylacetic acid C15H13NO3 28239
51593-70-5 1-(2H-1-benzopyran-3-yl)ethanone C11H10O2 21661
51594-55-9 (R)-(-)-epichlorohydrin C3H5ClO 1684
51609-06-4 N-tert-butylcyclohexylamine C10H21N 21106
51622-02-7 diheptylmercury C14H30Hg 27919
51627-14-6 antibiotic BL-640 C18H18N6O5S2 30671
51630-58-1 fenvalerate C25H22ClNO3 34084
51632-16-7 3-phenoxybenzyl bromide C13H11BrO 25667
51632-29-2 3-phenoxyphenylacetonitrile C14H11NO 26836
51637-47-9 3-chloropentanoic acid C5H9ClO2 5081
51639-48-6 4-piperazinoacetophenone C12H16N2O 24161
51649-83-3 fluoresceinamine isomer II C20H13NO5 31856
51686-60-3 2-ethyl-5-methylcyclopentanone C8H14O 14572
51686-78-3 2,4-dibromo-1-nitrobenzene C6H3Br2NO2 6255
51694-22-5 2-nitrophenylselenocyanate C7H4N2O2Se 9837
51707-55-2 thidiazuron C9H8N4OS 16179
51721-39-2 3-decyn-1-ol C10H18O 20724
51731-17-0 trans-4-methoxy-3-buten-2-one C5H8O2 4916
51749-83-8 1,8-dichloro-9,10-bis(phenylethynyl) anthrac C30H16Cl2 34838
51750-65-3 2,2,4,4-tetramethylhexane C10H22 21193
51751-87-2 trans-1-bromo-1-octene C8H15Br 14737
51755-66-9 3-(methylthio)-1-hexanol C7H16OS 12222
51755-83-0 3-mercapto-1-hexanol C6H14OS 9012
51756-08-2 methyl 2-ethylacetoacetate C7H12O3 11512
51760-90-8 2,3-dimethylbutanoyl chloride C6H11ClO 8022
51762-05-1 cefroxadin C16H19N3O5S 29433
51766-21-3 phenyl N-phenylphosphoramidochloridate C12H11ClNO2P 23597
51772-30-6 1-(3-methylphenyl)-1-propanone C10H12O 19504
51775-36-1 toxaphene toxicant B C10H11Cl7 19273
51781-06-7 carteolol C16H24N2O3 29571
51786-70-0 3-chloro-1,1-diethoxybutane C8H17ClO2 15266
51787-42-9 7,9,11-trimethylbenz(c)acridine C20H17N 32048
51787-43-0 8,10,12-trimethylbenz(a)acridine C20H17N 32049
51787-44-1 7,8,9,11-tetramethylbenz(c)acridine C21H19N 32709
51787-96-3 g-(4-fluorophenyl)-g-butyrolactone C10H9FO2 18838
51800-98-7 3-(trifluoroacetyl)-d-camphor C12H15F3O2 24040
51800-99-8 (+)-3-(heptafluorobutyryl)-d-camphor C14H15F7O2 27208
51806-20-3 1,1-diethoxy-2-iodoethane C6H13IO2 8741
51807-53-5 1,2-diethyl-1H-imidazole C7H12N2 11379
51821-32-0 2-hydroxyethylmercury(ii) nitrate C2H5HgNO4 947
51856-79-2 methyl 1-methyl-2-pyrroleacetate C8H11NO2 14175
51863-60-6 3',5'-dihydroxyacetophenone C8H8O3 13473
51865-79-3 D(-)-amethopterin C20H22N8O5 32172
51865-84-0 N-formyl-4-(methylamino)benzoic acid C9H9NO3 16459
51867-83-5 5-acetylamido-2-chloroaniline C8H9ClN2O 13586
51868-96-3 diethyl pyrrolidinomethylphosphonate C9H20NO3P 18217
51872-48-1 3-bromo-2-methyl-1-butene C5H9Br 4982
51877-74-8 (+)-trans-permethrin C21H20Cl2O3 32744
51891-58-8 2,2-difluoro-3-methylbutane C5H10F2 5374
51898-39-6 adriamycin-14-octanoatehydrochloride C35H43NO12 35299
51901-85-0 2-bromo-1,3,2-benzodioxaborole C6H4BBrO2 6381
51909-61-6 G-52 C20H39N5O7 32472
51932-19-5 methyl-1-methylbutylamine C6H15N 9192
51934-41-9 ethyl 4-iodobenzoate C9H9IO2 16360
51938-12-6 N-nitroso-N-propyl-(4-hydroxybutyl)amine C7H16N2O2 12156
51938-13-7 3-(butylnitrosoamino)-1-propanol C7H16N2O2 12155
51938-14-8 butyl(2-hydroxyethyl)nitrosoamine C6H14N2O2 8947
51938-15-9 1-(butylnitrosoamino)-2-propanone C7H14N2O2 11800
51938-16-0 N-methyl-N-(4-hydroxybutyl)nitrosamine C5H12N2O2 5816
51940-44-4 pipram C14H17N5O3 27404
51952-42-2 5-bromo-2-pentene C5H9Br 5000
51953-17-4 4(3H)-pyrimidone C4H4N2O 2566
51956-42-4 dodecylthioacetonitrile C14H27NS 27846
51979-57-8 1-chloromethyl-2,4-diisocyanatobenzene C9H5ClN2O2 15812
52003-58-4 ammonium lactate C3H9NO3 2219
52019-78-0 (S)-(+)-2-hexanol C6H14O 9008
52022-77-2 3-nitrophenethyl alcohol C8H9NO3 13762
52033-97-3 3-methyl-2-isopentylcyclopentanone C11H20O 22693
52046-75-0 dimethyl-2,2-(1,3-dithian-2,4-diyliden)-bi C10H6N2O4S2 18575
52049-26-0 1-(2-chloroethyl)-3-(cis-4-hydroxycyclohex C9H16ClN3O3 17632
52059-53-7 3-fluorophenethyl alcohol C8H9FO 13642
52061-60-6 1-isopropyl-4-methylcyclohane hydroperoxide C10H20O2 21075
52075-14-6 (4S,5S)-(-)-4,5-dihydro-4-methoxymethyl-2-me C12H15NO2 24066
52079-23-9 (S)-(-)-a-hydroxy-g-butyrolactone C4H6O3 2997
52089-55-1 ethyl 2-hydroxyhexanoate C8H16O3 15225
52093-21-7 micromycin C20H41N5O7 32514
52093-26-2 lanthanum(iii) trifluoromethanesulfonate C3F9LaO9S3 1306
52093-30-8 yttrium(iii) trifluoromethanesulfonate C3F9O9S3Y 1309
52096-16-9 4-nitroamino-1,2,4-triazole C2H3N5O2 780
52096-22-7 benzimidazolium-1-nitroimidate C7H5N4O2 10125
52098-13-2 2-(hydroxyacetyl)indole C10H9NO2 18908
52098-14-3 2-(hydroxyacetyl)-1-methylindole C11H11NO2 21751
52098-15-4 2-(hydroxyacetyl)-3-methylindole C11H11NO2 21752
52098-16-5 1-benzyl-2-indolyl hydroxymethyl ketone C17H15NO2 29969
52098-17-6 2-(methoxyacetyl)-1-methylindole C12H13NO2 23851
52098-18-7 2-(methoxyacetyl)-3-methylindole C12H13NO2 23852
52098-56-3 1-ethyl-2,2,6,6-tetramethyl-4-(N-propionyl-N C21H34N2O 32991
52099-72-6 1,3-dihydro-1-(1-methylethenyl)-2H-benzimida C10H10N2O 19047
52112-09-1 bis(trifluoroacetoxy)dibutyltin C12H18F6O4Sn 24396
52112-25-1 2-pentadecyne C15H28 28821
52112-66-0 2-amino-6-bromobenzoxazole C7H5BrN2O 9884
52112-67-1 2-amino-5,7-dibromobenzoxazole C7H4Br2N2O 9653
52112-68-2 2-amino-6-chlorobenzoxazole C7H5ClN2O 9920
52125-53-8 ethyl ether of propylene glycol C5H12O2 5890
52129-71-2 3',5'-dinitro-4'-(di-n-propylamino)acetophe C14H19N3O5 27553
52130-17-3 3-amino-2-methylbenzoic acid C8H9NO2 13721
52152-71-3 2-iodobutane, (±) C4H9I 3670
52152-72-4 2-iodopentane, (±) C5H11I 5668
52153-09-0 L-glucono-1,5-lactone C6H10O6 7961
52157-57-0 2-chloromethyl-5-methylfuran C6H7ClO 7154
52162-18-2 2-acetamido-5-(nitrosocyanamido)valeramide C8H13N5O3 14462
52171-92-3 1,11-dimethylchrysene C20H16 31993
52171-93-4 3,4-dihydro-1,11-dimethylchrysene C20H18 32063
52171-94-5 1,11-dimethyl-1,2,3,4-tetrahydrochrysene C20H20 32114
52182-15-7 ethyl alpha-hydroxydiphenylacetate C16H16O3 29291
52189-63-6 1-fluoro-3,5-dimethoxybenzene C8H9FO2 13645
52190-35-9 2-(methylthio)cyclohexanone C7H12OS 11448
52200-48-3 3-bromo-2-chloropyridine C5H3BrClN 4205
52208-62-5 cis-1-nitro-2-(2-phenylvinyl)benzene C14H11NO2 26843
52210-18-1 a-ionyl acetate C15H24O2 28776
52213-23-7 4-hydroxyiminomethyl-2,2,5,5-tetramethyl-3-i C8H14N3O2 14535
52214-84-3 ciprofibrate C13H14Cl2O3 25941
52215-12-0 pyrrolidone hydrotribromide C12H22Br3N3O3 24674
52217-02-4 3-hydroxy-2-butanone, (±) C4H8O2 3519
52217-47-7 N'-acetyl ethylnitrosourea C5H9N3O3 5275
52217-57-9 trimethoxy(7-octen-1-yl)silane C11H24O3Si 23080
52222-87-4 6-benzoyl-2-naphthol C17H12O2 29893
52236-34-7 4-(diphenylmethylene)-2-ethyl-3-methylcyclohe C24H28O2 33860
52240-20-7 3-(p-chlorobenzoyl)-2-methylpropionic acid C11H11ClO3 21686
52244-70-9 4-methoxybenzenebutanol C11H16O2 22453
52254-38-3 2-methyl-1-tetradecene C15H30 28860
52254-50-9 2-methyl-1-nonadecene C20H40 32477
52260-30-7 2-(methylthio)phenyl isocyanate C8H7NOS 13143
52262-38-1 2,4-dibromo-3-methyl-6-isopropylphenol C10H12Br2O 19402
52267-39-7 benzyl methyl malonate C11H12O4 21901
52284-35-2 1,3-benzenedicarboxylic acid, diisodecyl este C28H46O4 34693
52302-51-9 hexamethylene tetramine thiocyanate C7H13N5S 11691
52313-87-8 dimethyl 3-methylglutaconate C8H12O4 14394
52315-07-8 cypermethrin C22H19Cl2NO3 33182
52315-44-3 1-octylcyclopentene C13H24 26406
52317-98-3 methyl-3-methylbutylamine C6H15N 9194
52324-03-5 4,4-dimethyl-2-pentynoyl chloride C7H9ClO 10945
52329-60-9 2-amino-6-benzimidazolyl phenyl ketone C14H11N3O 26863
52334-81-3 2-chloro-5-(trifluoromethyl)pyridine C6H3ClF3N 6268
52338-90-6 1,2,4,5,9,10-triepoxydecane C10H16O3 20510
52340-46-2 DL-a-chlorohydrin C3H7ClO2 2006
52340-78-0 (R,R)-(+)-1,2-diphenyl-1,2-ethanediol C14H14O2 27168
52341-32-9 trans-(±)-permethrin C21H20Cl2O3 32745
52341-33-0 (±)-cis-permethrin C21H20Cl2O3 32741
52345-47-8 2-(p-toluenesulfonyl)acetamide C9H11NO3S 16972
52351-96-9 6-methoxybenzo(a)pyrene C21H14O 32609
52356-93-1 cis-1-iodo-1-octene C8H15I 14772
52358-73-3 1,3-dibromonaphthalene C10H6Br2 18522
52373-72-5 methyl (R)-2,2-dimethyl-1,3-dioxolane-4-carbox C7H12O4 11554
52387-50-5 4-hexen-2-ol C6H12O 8430
52390-72-4 2-heptanol, (±) C7H16O 12204
52411-33-3 2,2'-(ethylenedithio)dianiline C14H16N2S2 27357
52414-97-8 1-bromo-3-methyl-2-nitrobenzene C7H6BrNO2 10171
52414-98-9 4-bromo-2-methyl-1-nitrobenzene C7H6BrNO2 10180
52418-81-2 1-chloro-3-hexanol C6H13ClO 8691
52421-46-2 DL-N-benzoyl-2-isopropylserine C13H17NO4 26138
52421-47-3 DL-N-benzoyl-2-isobutylserine C14H19NO4 27529
52421-48-4 DL-N-benzoyl-2-benzylserine C17H17NO4 30042
52444-01-6 bis(2-chloromethyl-2-propyl)sulfide C8H16Cl2S 15011
52449-43-1 methyl 4-chlorophenylacetate C9H9ClO2 16317
52460-86-3 ethyl chlorodiphenylacetate C16H15ClO2 29196
52462-29-0 di-µ-chlorobis(p-cymene)chlororuthenium(i C20H28Cl4Ru2 32304
52463-83-9 pinazepam C18H13ClN2O 30443
52479-65-9 N-methylanthranilic acid hydrazide C8H11N3O 14204
52480-43-0 4,5-dimethyl-2-furaldehyde C7H8O2 10883
52485-79-7 temgesic C29H41NO4 34790
52488-28-5 1-bromo-3-methyl-5-nitrobenzene C7H6BrNO2 10172
52488-36-5 4-bromoindole C8H6BrN 12726
52497-07-1 1,3-dichloro-1-butene C4H6Cl2 2811
52503-64-7 copper(ii) basic acetate C4H18Cu2O11 4143
52509-14-5 (1,3-dioxolan-2-ylmethyl)triphenylphosphon C22H22BrO2P 33225
52516-13-9 2,4-dichlorophenethylamine C8H9Cl2N 13622
52522-49-3 2,3,5-tri-O-benzyl-1-O-(4-nitrobenzoyl)-D-ar C33H31NO8 35144
52536-09-1 3-hydroxypyridine sodium salt C5H4NNaO 4291
52549-17-4 pranoprofen C15H13NO3 28241
52551-67-4 2-(bis(2-hydroxyethyl)amino)-5-nitrophenol C10H14N2O5 19961
52557-97-8 methylcamphenoate C11H18O2 22610
52562-19-3 2-(1-methylvinyl)aniline C9H11N 16889
52570-16-8 a-(2-naphthoxy)propionanilide C19H17NO2 31381
52578-56-0 bis(dihydroxyphenyl)sulfide C12H10O2S 23549
52627-73-3 tert-decanoic acid C10H20O2 21068
52637-01-1 2-(2-hydroxyethoxy)ethyl chloroacetate C6H11ClO4 8058
52644-81-2 1-iodohexacosane C26H53I 34363
52645-53-1 permethrin C21H20Cl2O3 32738
52663-48-6 octadecyl propanoate C21H42O2 33045
52663-71-5 2,2',3,3',4,4',6-heptachlorobiphenyl C12H3Cl7 23152
52663-77-1 2,2',3,3',4,5,5',6,6'-nonachlorobiphenyl C12HCl9 23134
52663-84-0 N-(2-fluorenyl)propionohydroxamic acid C16H15NO2 29208
52670-32-3 2,3,5,6-tetramethylheptane C11H24 23004
52670-33-4 2,3,3,4,5-pentamethylhexane C11H24 23041
52670-34-5 2,3,6,7-tetramethyloctane C12H26 25091
52670-35-6 2,3,3,5,6-pentamethylheptane C12H26 25213
52670-36-7 2,3,3,4,4,5-hexamethylhexane C12H26 25262
52670-52-7 17-butylspartein C19H34N2 31661
52670-78-7 methylphenylphosphoramidic acid diethyl est C11H18NO3P 22562
52688-75-2 3-fluorohexane C6H13F 8707
52688-89-8 1,1,2,2-tetramethylcyclopentane C9H18 17899
52708-03-9 4-nonanol, (S) C9H20O 18242
52710-27-7 4-propylbenzoyl chloride C10H11ClO 19252
52711-92-9 (2,5-dimethoxyphenyl)acetyl chloride C10H11ClO3 19263
52713-81-2 4-methyl-1-hexyne C7H12 11344
52716-12-8 N-(chlorocarbonyloxy)trimethylurea C5H9ClN2O3 5064
52721-69-4 2-fluorophenethylamine C8H10FN 13849
52729-03-0 2,4-dichloro-3,5-dinitrobenzoic acid C7H2Cl2N2O6 9452
52730-42-4 exo-2-chloro-5-oxo-bicyclo[2.2.1]heptane-syn- C8H9ClO3 13617
52731-39-2 4-(butylnitrosamino)butyl acetate C10H20N2O3 20983
52744-85-1 ethyl 2-isocyano-3-phenyl-2-propenoate C12H11NO2 23635
52756-25-9 flufenprop-methyl C17H15ClFNO3 29956
52771-21-8 3-(trifluoromethoxy)benzaldehyde C8H5F3O2 12659
52771-22-9 3-(trifluoromethoxy)benzonitrile C8H4F3NO 12538
52775-76-5 methylenomycin A C9H10O4 16805
52780-23-1 5-chloro-1,3-benzenediol C6H5ClO2 6728
52783-44-5 heptadecanol (mixed primary isomers) C17H36O 30355
52784-32-4 methyl 2-oxo-1-cycloheptanecarboxylate C9H14O3 17489
52802-07-0 1-chloro-2-hexanol C6H13ClO 8690
52809-07-1 L-quisqualic acid C5H7N3O5 4733
52812-57-4 cis-1-iodo-2-methyl-1-butene C5H9I 5163
52813-63-5 (R)-(-)-dihydro-5-(hydroxymethyl)-2(3H)-furanone C5H8O3 4937
52814-92-3 1-(6-methoxy-2-benzofuranyl)ethanone C11H10O3 21669
52818-63-0 p-anisyl(2-pyridyl)amine C13H14N2O 25955
52829-98-8 1-cyclopentylethanol C7H14O 11874
52831-39-7 2-fluoro-(1)benzothiopyrano(4,3-b)indole C15H8FNS 27982
52831-41-1 6,13-dihydro-2-fluorobenzo(g)(1)benzothiopyr C19H12FNS 31215
52831-45-5 2-fluoro-benzo(e)(1)benzothiopyrano(4,3-b)in C19H10FNS 31187
52831-53-5 3-fluoro-benzo(g)(1)benzothiopyrano(4,3-b)in C19H10FNS 31189
52831-55-7 6,13-dihydro-3-fluorobenzo(e)(1)benzothiopyr C19H12FNS 31216
52831-56-8 3-fluoro-benzo(e)(1)benzothiopyrano(4,3-b)in C19H10FNS 31188
52831-58-0 4-fluoro-6H-(1)benzothiopyrano(4,3-b)quinoli C16H10FNS 28991
52831-60-4 4-fluoro-7-methyl-6H-(1)benzothiopyrano(4,3- C17H12FNS 29881
52831-62-6 4-fluoro-(1)benzothiopyrano(4,3-b)indole C15H8FNS 27983
52831-65-9 4-fluoro-benzo(g)(1)benzothiopyrano(4,3-b)in C19H10FNS 31191
52831-67-1 6,13-dihydro-4-fluorobenzo(e)(1)benzothiopyr C19H12FNS 31217
52831-68-2 4-fluoro-benzo(e)(1)benzothiopyrano(4,3-b)in C19H10FNS 31190
52833-75-7 4-trifluoromethyl-6H-benzo(e)(1)benzothiopy C20H12F3NS 31814
52833-94-0 2-amino-5-bromonicotinic acid C6H5BrN2O2 6667
52840-38-7 coumarin 500 C12H10F3NO2 23478
52841-28-8 methylethyl-tert-butylamine C7H17N 12335

52851-26-0 3,6,9-triazatetracyclo[6.1.0.02,4.O5,7] nonane C6H9N3 7593
52888-80-9 S-(phenylmethyl) dipropylcarbamothioate C14H21NOS 27622
52896-87-4 4-isopropylheptane C10H22 21153
52896-88-5 4-ethyl-2-methylheptane C10H22 21155
52896-89-6 4-ethyl-3-methylheptane C10H22 21158
52896-90-9 3-ethyl-5-methylheptane C10H22 21159
52896-91-0 3-ethyl-4-methylheptane C10H22 21160
52896-92-1 2,2,3-trimethylheptane C10H22 21162
52896-93-2 2,3,3-trimethylheptane C10H22 21166
52896-95-4 2,3,4-trimethylheptane C10H22 21167
52896-99-8 4-ethyl-2,2-dimethylhexane C10H22 21182
52897-00-4 3-ethyl-2,3-dimethylhexane C10H22 21183
52897-01-5 4-ethyl-2,3-dimethylhexane C10H22 21184
52897-03-7 4-ethyl-2,4-dimethylhexane C10H22 21186
52897-04-8 3-ethyl-2,5-dimethylhexane C10H22 21187
52897-05-9 4-ethyl-3,3-dimethylhexane C10H22 21188
52897-06-0 3-ethyl-3,4-dimethylhexane C10H22 21189
52897-08-2 2,2,3,4-tetramethylhexane C10H22 21191
52897-09-3 2,2,3,5-tetramethylhexane C10H22 21192
52897-10-6 2,3,3,4-tetramethylhexane C10H22 21196
52897-11-7 2,3,3,5-tetramethylhexane C10H22 21197
52897-12-8 2,3,4,4-tetramethylhexane C10H22 21198
52897-15-1 2,3,4,5-tetramethylhexane C10H22 21199
52897-16-2 3,3-diethyl-2-methylpentane C10H22 21202
52897-17-3 3-ethyl-2,2,3-trimethylpentane C10H22 21203
52897-18-4 3-ethyl-2,2,4-trimethylpentane C10H22 21204
52897-19-5 3-ethyl-2,3,4-trimethylpentane C10H22 21205
52913-14-1 o-4-toluene sulfonyl hydroxylamine C7H9NO3S 11021
52914-66-6 2-methylcyclopentadecanone C16H30O 29655
52917-86-9 3-chloroadamantyl diazomethyl ketone C12H15ClN2O 24028
52917-87-0 1-(3-bromoadamantyl)-2-diazo-1-ethanone C12H15BrN2O 24026
52918-63-5 deltamethrin C22H19Br2NO3 33179
52934-83-5 rosanomycin A C16H14O6 29191
52936-25-1 ethylene diperchlorate C2H4Cl2O8 821
52942-64-0 diethylethoxymethyleneoxalacetate C11H16O6 22485
52950-18-2 (R)-(-)-2-chloromandelic acid C8H7ClO3 13034
52951-38-9 bismuth oleate C54H99BiO6 35867
52955-41-6 myomycin B C27H51N9O14 34546
52968-02-2 1-methyl-3-(4-phenyl-2-thiazolyl)urea C11H11N3OS 21782
52977-61-4 o-(N-nitroso-N-methyl-b-alanyl)-L-serine C7H13N3O5 11690
52986-66-0 2-(chloromethyl)phenyl isocyanate C8H6ClNO 12774
53001-22-2 tert-butanol-d10 C4D10O 2323
53004-03-8 5(4-dimethylaminobenzeneazo)tetrazole C9H11N7 17002
53011-73-7 1,4-ipomeadiol C9H14O3 17492
53022-14-3 bornyl 3-methylbutanoate, (1R) C15H26O2 28799
53042-79-8 gossyplure C18H32O2 30995
53043-14-4 6-n-amyl-m-cresol C12H18O 24451
53043-29-1 lemmatoxin C48H78O18 35811
53045-71-9 3-bromo-1-pentene C5H9Br 4967
53051-16-4 o-(N-nitrososarcosyl)-L-serine C6H11N3O5 8192
53052-06-5 oxazolo[4,5-b]pyridin-2(3H)thione C6H4N2OS 6571
53067-74-6 3,3-diphenyl-2-ethyl-1-pyrroline C18H19N 30692
53068-88-5 ethyl 4-methyl-5-oxohexanoate C9H16O3 17746
53074-96-7 ethyl 1-piperidineglyoxylate C9H15NO3 17567
53078-85-6 2-bromo-5-methylaniline C7H8BrN 10736
53081-25-7 2,3,4,6-tetra-O-benzyl-D-galactopyranose C34H36O6 35228
53109-18-5 auxin b C18H30O4 30974
53119-51-0 2-methyl-3-ethylthiophene C7H10S 11229
53120-74-4 3,3-dimethyl-1,5-pentanediol C7H16O2 12255
53121-23-6 1-iodo-cis-2-butene C4H7I 3214
53123-88-9 rapamycin C56H89NO14 35886
53130-67-9 2-hydroxyamino-1,4-naphthoquinone C10H7NO3 18655
53142-01-1 amidinomycin C9H18N4O 17993
53152-98-0 3-methylpiperidine, (±) C6H13N 8755
53153-66-5 3-methyl-2(3)-nonenenitrile C10H17N 20559
53161-72-1 1,2-diiodobutane C4H8I2 3402
53164-05-9 acemetacin C21H18ClNO6 32683
53172-84-2 (1-methyl-1-butenyl)benzene C11H14 22038
53175-28-3 2-chloro-2-butenal C4H5ClO 2648
53178-20-4 2-chlorobutane C4H9Cl 3614
53184-67-1 nonyl propanoate C12H24O2 24870
53188-07-1 6-hydroxy-2,5,7,8-tetramethylchroman-2-carbox C14H18O4 27498
53188-23-1 beta-D-fructose C6H12O6 8591
53193-22-9 1-heptadecanethiol C17H36S 30362
53198-41-7 1-acetoxy-N-nitrosodipropylamine C8H16N2O3 15046
53198-46-2 N-nitroso-N-methyl-N-a-acetoxybenzylamine C10H12N2O3 19451
53199-31-8 bis(tri-t-butylphosphine)palladium C24H54P2Pd 34036
53202-98-5 1,2-o-hexadecanoyl-16-hydroxyphorbol-13-aceta C39H64O8 35552
53213-78-8 1,2-bis(ethylammonio)ethane perchlorate C6H18Cl2N2O8 9345
53213-82-4 3,3'-dihexyloxacarbocyanine iodide C29H37IN2O2 34778
53214-97-4 1,4-diiodo-1,3-butadiyne C4I2 4150
53215-95-5 N-(trimethylsilylmethyl)benzylamine C11H19NSi 22659
53216-90-3 griseoviridin C22H27N3O7S 33309
53220-82-9 1-bromo-4-chloronaphthalene C10H6BrCl 18519
53221-79-7 4'-(4-methyl-9-acridinylamino)methanesulfo C21H19N3O2S 32723
53221-86-6 N-(p-(9-acridinylamino)phenyl)-1-ethanesul C21H19N3O2S 32720
53221-88-8 N-(p-(9-acridinylamino)phenyl)-1-propanesu C22H21N3O2S 33220
53222-10-9 4'-(2-methyl-9-acridinylamino)methanesulfo C21H19N3O2S 32721
53222-14-3 N-(p-(9-(3-acetamidoacridinyl)amino)phenyl C22H20N4O3S 33206
53222-92-7 3-amino-o-cresol C7H9NO 10990
53225-40-4 3,trans-4-dimethylcyclopentene C7H12 11332
53250-83-2 2-chloro-4-methylsulphonylbenzoic acid C8H7ClO4S 13040
53252-08-7 3-ethyl-4-methyl-4-hepten-2-one C10H18O 20693
53252-19-0 2-methyl-4-hexen-3-one C7H12O 11422
53252-20-3 6-methyl-6-nonen-4-one C10H18O 20698
53252-21-4 3,4-dimethyl-4-hexen-2-one C8H14O 14559
53266-94-7 ethyl 2-amino-4-thiazoleacetate C7H10N2O2S 11119
53268-66-9 cis-1-chloro-1-heptene C7H13Cl 11587
53268-67-0 trans-1-chloro-1-heptene C7H13Cl 11588
53293-32-6 dichlorobis(2,2,6,6-tetramethyl-3,5-hept C22H38Cl2O4Ti 33404
53296-30-3 everninomycin-B C66H99Cl2NO36 35951
53296-64-3 N-methyl-N-trimethylsilylheptafluorobutyra C8H12F7NOSi 14272
53306-53-9 di(3-methylhexyl)phthalate C22H34O4 33387
53308-83-1 NG-monomethyl-L-arginine monoacetate C9H20N4O4 18235
53308-95-5 boc-L-norvaline C10H19NO4 20905
53310-02-4 2-amino-2-methylpentane C6H15N 9179
53324-38-2 4-bromo-3-nitroaniline C6H5BrN2O2 6669
53330-94-2 5-acetylindole C10H9NO 18887
53340-16-2 nile blue A perchlorate C20H20ClN3O5 32119
53346-71-7 3-pentadecanol C15H32O 20914
53365-77-8 1-methylpyrrole-2,3-dimethanol C7H11NO2 11290
53369-17-8 (1S,2S,5S)-(-)-myrtanol C10H18O 20741
53369-71-4 N,N,2,2-tetramethyl-1,3-propanediamine C7H18N2 12379
53370-90-4 o-hexyloxybenzamide C13H19NO2 26261
53378-71-5 5',6',7',8'-tetrahydrodispiro(cyclohexane-1,2 C18H30N2 30958
53378-72-6 pentamethyl tantalum C5H15Ta 6039
53381-90-1 1,2,3,6-tetramethyl-4-piperidinone C9H17NO 17824
53392-86-2 1,1,1-trifluorooctane C8H15F3 14770
53398-80-4 trans-2-hexenyl propionate C9H16O2 17737
53399-81-8 ethyl 2-methyl-4-pentenoate C8H14O2 14635
53402-10-1 (1R)-(-)-thiocamphor C10H16S 20541
53404-82-3 tributyltin isopropylsuccinate C19H38O4Sn 31725
53408-96-1 nitrobenzo-18-crown-6 C14H19NO7 27544
53421-36-6 copper(i) oxalate C2Cu2O4 478
53422-49-4 2-azidoethanol nitrate C2H4NO3 850
53434-74-5 trans-1-bromo-1-heptene C7H13Br 11570
53434-75-6 trans-1-bromo-1-nonene C9H17Br 17786
53439-64-8 thioacrolein C3H4S 1638
53440-12-3 1,2,3,4-tetrahydro-2-naphthalenecarboxylic ac C11H12O2 21867
53448-09-2 (R)-(-)-leucinol C6H15NO 9226
53460-46-1 1,3,3-trimethyl-6-azabicyclo[3.2.1]octane C10H19N 20896
53460-80-3 1-(4-chloromethyl-1,3-dioxolan-2-yl)-2-propa C7H11ClO3 11258
53460-81-4 4-(chloromethyl)-2-(o-nitrophenyl)-1,3-dio C10H10ClNO4 18991
53463-68-6 10-bromodecanol C10H21BrO 21092
53469-21-9 chlorodiphenyl C12H6Cl4 23206
53475-15-3 3-methylthio-2-butanone C5H10OS 5486
53477-43-3 1-(4-methoxyphenyl)-3-methyl triazene C8H11N3O 14203
53478-39-0 4'-(3-methyl-9-acridinylamino)methanesulfo C21H19N3O2S 32722
53483-12-8 a-(tert-butyl)hydrocinnamic acid C13H18O2 26214
53491-32-0 2-(chloromethyl)-2,3-dihydrobenzofuran C9H9ClO 16291
53494-70-5 D-ketoendrin C12H8Cl6O 23295
53498-32-1 4,5-dimethyl-2-isobutylthiazole C9H15NS 17575
53499-68-6 N-methyl-4'-(p-methylaminophenylazo)acetanil C16H18N4O 29384
53510-18-2 5-methyl-trans-3-heptene C8H16 14926
53516-81-7 ((3-amino-2,4,6-trichlorophenyl)methyle C13H10Cl3N3O2S 25588
53518-15-3 coumarin 151 C10H6F3NO2 18556
53521-41-8 dioctylisopentylphosphine oxide C21H45OP 33074
53529-45-6 ethenylphosphonic acid bis(2-((butoxymethyl C16H35O9P3 29811
53531-31-0 9-(trifluoroacetyl)-anthracene C16H9F3O 28976
53531-34-3 (-)-2,2,2-trifluoro-1-(9-anthryl)ethanol C16H11F3O 29004
53532-37-9 bis-HM-A-TDA C4H7N3O2S 3303
53534-20-6 1,1-dimethyldiazenium perchlorate C2H8ClN2O4 1152
53535-68-5 1-bromo-3-chloroacetone C3H4BrClO 1495
53543-44-5 5-chloro-cis-2-pentene C5H9Cl 5037
53545-96-3 6-bromo-2,2-dimethylhexanenitrile C8H14BrN 14507
53555-01-4 4,5,6-trichloro-2-(2,4-dichlorophenoxy)phen C12H5Cl5O2 23186
53555-02-5 1,2,3,8-tetrachlorodibenzo-p-dioxin C12H4Cl4O2 23155
53558-25-1 pyriminil C13H12N4O3 25789
53558-93-3 (R)-(-)-5-oxo-2-tetrahydrofurancarboxylic acid C5H6O4 4583
53562-86-0 methyl (S)-(+)-3-hydroxybutyrate C5H10O3 5560
53566-37-3 5-methyl-2-hexyne C7H12 11347
53578-07-7 isopropyl hypochlorite C3H7ClO 2001
53583-79-2 N-((1-ethyl-2-pyrrolidinyl)methyl)-5-(ethy C17H26N2O4S 30246
53584-29-5 3-(hexadecyloxy)-1,2-propanediol C19H40O3 31748
53584-56-8 (R)-3-hydroxy-2-butanone C4H8O2 3535
53588-92-4 (bromomethoxy)ethane C3H7BrO 1980
53594-82-4 2,2-dimethylheptadecane C19H40 31738
53597-27-6 fendosal C25H19NO3 34060
53608-85-8 (2-bromoallyl)cyclohexane C9H15Br 17527
53608-93-8 diethyl (2-cyclopenten-1-yl)malonate C12H18O4 24484
53609-64-6 di(2-hydroxy-n-propyl)amine C6H14N2O3 8955
53636-17-2 (S)-(+)-1-dimethylamino-2-propanol C5H13NO 5980
53639-82-0 pridinol mesilate C21H27NO3S 32907
53660-21-2 1-chloro-2-heptanol C7H15ClO 12003
53663-14-2 7-nitro-3-oxo-3H-2,1-benzoxamercurole C7H3HgNO4 9591
53663-23-3 1,2,3-triiodo-5-nitrobenzene C6H2I3NO2 6200
53663-26-6 methyl 9-cyanononanoate C11H19NO2 22643
53676-18-9 2,5-dichlorophenyl phosphorodichloridate C6H3Cl4O2P 6326
53676-22-5 2,2,2-tribromoethyl dichlorophosphate C2H2Br3Cl2O2P 590
53696-14-3 6-methyldecanoic acid C11H22O2 22851
53716-43-1 bendacort C37H42N2O7 35458
53716-49-7 carprofen C15H12ClNO2 28137
53716-50-0 oxfendazole C15H13N3O3S 28249
53731-22-9 1,1-difluoro-3-methylbutane C5H10F2 5368
53731-23-0 1,1-difluoro-2,2-dimethylpropane C5H10F2 5377
53731-24-1 3-fluoro-2-methyl-1-butene C5H9F 5127
53731-25-2 2,3-difluoro-2-methylbutane C5H10F2 5375
53750-52-0 4-iodo-2-methyl-1-butene C5H9I 5166
53757-28-1 4-(5-nitro-2-furyl)thiazole C7H4N2O3S 9843
53757-29-2 2-methyl-4-(5-nitro-2-furyl)thiazole C8H6N2O3S 12898
53757-30-5 2-formylamino-4-((2-5-nitro-2-furyl)vinyl)- C10H7N3O4S 18665
53757-31-6 3-(5-nitro-2-furyl)-2-phenylacrylamide C13H10N2O4 25614
53760-19-3 paspalin C30H39NO5 34896
53772-78-4 perfluorodimethoxymethane C3F8O2 1301
53774-20-2 2-methyl-3-butenoic acid C5H8O2 4893
53776-69-5 bis(1-phenylethyl)ether, (±) C16H18O 29390
53778-43-1 1-methyl-1-ethylcyclopropane C6H12 8200
53778-73-7 1-methoxy-2-butanol C5H12O2 5887
53780-34-0 mefluidide C11H13F3N2O3S 21937
53784-33-1 2,3,4-tri-O-acetyl-b-D-xylopyranosyl azide C11H15N3O7 22301
53818-14-7 1,2-propanediol diformate C5H8O4 4957
53835-21-5 triaza-12-crown-4 C8H19N3O 15665
53847-48-6 thallium aci-phenylnitromethanide C7H6NO2Tl 10338
53859-78-2 cis,trans,trans-1,5,9-cyclododecatriene C12H18 24381
53861-57-7 L-gamma-carboxyglutamic acid C6H9NO6 7569
53866-33-4 2,4-dideuterioestradiol C18H22D2O2 30788
53868-40-9 2-(4-methoxyphenyl)malondialdehyde C10H10O3 19190
53868-44-3 2-(2-nitrophenyl)malondialdehyde C9H7NO4 16071
53874-66-1 3-phenoxybenzyl chloride C13H11ClO 25679
53878-96-9 2-butyne-1,4-diamine C4H8N2 3411
53889-94-4 4-methyl-2-(1-propenyl)phenol C10H12O 19516
53894-19-2 1,1-dichloro-2-propanol C3H6Cl2O 1852
53897-51-1 3,4-dimethyl-2-thiapentane C6H14S 9124
53902-12-8 rizaben C18H17NO5 30620
53905-38-7 1-(8-methoxy-4,8-dimethylnonyl)-4-(1-methyleth C21H36O 33006
53910-25-1 pentostatin C11H16N4O4 22395
53911-92-5 tributyl(3-methyl-2-butenyl)tin C17H36Sn 30368
53912-80-4 N-benzyl-l-prolinol C12H17NO 24303
53915-69-8 allenyltributyltin C15H30Sn 28896
53924-05-3 7-chloroindole C8H6ClN 12763
53939-28-9 (Z)-11-hexadecenal C16H30O 29658
53939-30-3 5-bromo-2-chloropyridine C5H3BrClN 4206
53939-51-8 nonadecyl acetate C21H42O2 33044
53940-49-1 2',3'-epoxyeugenol C10H12O3 19673
53956-04-0 glycyrrhizic acid monoammonium salt C42H65NO16 35693
53957-33-8 2,5-dimethylbenzyl alcohol C9H12O 17124
53958-47-7 heptakis-6-azido-6-deoxy-b-cyclodextrin,1 C42H63N21O28 35601
53962-20-2 patrinoside C21H34O11 32996
53966-53-3 2-methyl-3-nonene C10H20 20948
53971-47-4 2,2,3-trimethylthiacyclopropane C5H10S 5594
53977-99-4 1,1,2-trichloro-1-hexene C6H9Cl3 7512
53988-10-6 2-mercapto-4(or 5)-methylbenzimidazole C8H8N2S 13381
53994-73-3 panoral C15H14ClN3O4S 28264
54004-41-0 4-methyl-2-propyl-1-pentanol C9H20O 18321
54004-43-2 1-methylbutyl propanoate C8H16O2 15168
54009-81-3 [2,2,3,3,4,5,5,5-octafluoro-4-(trifluoromethy C8H5F11O 12678

54010-75-2 zinc trifluoromethanesulfonate C2F6O6S2Zn 504
54024-22-5 desogestrel C22H30O 33353
54025-36-4 19-nortestosterone-17-N-(2-chloroethyl)-N C21H29ClN2O4 32936
54039-38-2 bis(pentamethylcyclopentadienyl)zirconiumd C20H30Cl2Zr 32336
54043-65-1 1-((1,1-dimethylethyl)azo)cyclohexanol C10H20N2O 20978
54052-90-3 2,2,3,4,4,4-hexafluorobutyl acrylate C7H6F6O2 10329
54060-30-9 3-ethynylaniline C8H7N 13115
54060-41-2 3-(maleimidomethyl)-proxyl, free radical C13H19N2O3 26274
54063-28-4 camiverine C19H30N2O2 31625
54063-38-6 4-(4-(4-fluorophenyl)-4-oxobutyl)-1-pipera C21H29FN2O3 32937
54068-75-6 cis-1-iodo-1-butene C4H7I 3209
54083-22-6 rubidazone C34H35N3O10 35224
54086-41-8 digold(i) ketenide C2Au2O 395
54096-45-6 4,5-epithiovaleronitrile C5H7NS 4707
54105-66-7 undecylcyclohexane C17H34 30311
54105-76-9 isopentylcyclohexane C11H22 22793
54106-40-0 1-methyl-2-(2-nitrophenoxy)benzene C13H11NO3 25719
54125-02-9 trans-1-methoxy-3-trimethylsiloxy-1,3-butadi C8H16O2Si 15213
54127-63-8 5-chloro-6-hydroxynicotinic acid, tautomers C6H4ClNO3 6452
54131-44-1 alpha-camphylamine C10H19N 20888
54132-75-1 3,5-dimethylphenyl isocyanate C9H9NO 16396
54149-17-6 1-bromo-2-(2-methoxyethoxy)ethane C5H11BrO2 5614
54156-67-1 isolasalocid A C34H54O8 35249
54162-90-2 cis-2-amino-4-cyclohexene-1-carboxylic acid C7H11NO2 11285
54166-24-4 cis-1,8-diamino-p-menthane C10H22N2 21215
54166-32-4 2,6,6-trimethyloctane C11H24 22944
54230-59-0 1-(2-mesitylsulfonyl)-1H-1,2,4-triazole C11H13N3O2S 22014
54244-90-5 3-ethyl-4-methyl-3-hepten-2-one C10H18O 20692
54256-43-8 4-decylbenzoyl chloride C17H25ClO 30230
54262-83-8 (S)-3-(6-amino-9H-purin-9-yl)-1,2-propanedio C8H11N5O2 14219
54265-17-7 trans-1-bromo-2-methyl-1-butene C5H9Br 4981
54268-02-9 1,2,2,3-tetrabromopropane C3H4Br4 1519
54287-41-1 3-amino-2-methylpentane C6H15N 9182
54289-46-2 N,N-diethyl-4-((5-nitro-2-thiazolyl)azo)be C13H15N5O2S 26037
54298-97-4 2-methyl-7-octen-4-one C9H16O 17691
54301-19-8 14-hydroxyazidomorphine C17H20N4O3 30139
54305-87-2 2,3-dichlorohexane C6H12Cl2 8277
54306-00-2 2-hexenal diethyl acetal; predominantly trans C10H20O2 21065
54314-84-0 benzyl 3-bromopropyl ether C10H13BrO 19714
54323-85-2 protizinic acid C17H17NO3S 30041
54334-64-4 diethylundecylamine C15H33N 28935
54340-87-3 2,3-dihydro-1,4,7-trimethyl-1H-indene C12H16 24133
54350-48-0 ethyl all-trans-9-(4-methoxy-2,3,6-trimethylp C23H30O3 33617
54363-49-4 methylpentadiene, isomers C6H10 7659
54383-22-1 trans-1,2-cyclohexanediol, (±) C6H12O2 8487
54401-85-3 ethyl 4-pyridylacetate C9H11NO2 16949
54405-61-7 methylazoxyoctane C9H20N2O 18228
54406-48-3 (R,S)-(E)-1-ethynyl-2-methyl-2-pentenyl(1R)-c C18H26O2 30892
54410-69-4 (3-methylpentyl)benzene C12H18 24373
54411-01-7 1-methyl-2-pentylcyclohexane C12H24 24820
54412-40-7 thallium(i) trifluoroacetylacetonate C5H4F3O2Tl 4284
54429-56-0 2-bromoethanesulfonyl chloride C2H4BrClO2S 791
54448-39-4 potassium methylamide CH4KN 256
54454-10-3 5-chloro-1,3-dimethyl-1H-pyrazole C5H7ClN2 4614
54458-61-6 2,3,4,5-tetramethyl-2-cyclopentenone; (cis+tran C9H14O 17454
54460-46-7 cycloprate C20H38O2 32444
54460-96-7 bis(2-chloropropyl)ether C6H12Cl2O 8283
54462-68-9 2,5-dibromohexane, (R*,R**)-(±)- C6H12Br2 8254
54462-70-3 1,4-dibromo-2,3-dimethylbutane C6H12Br2 8247
54467-95-7 1-azido-2-iodobenzene C6H4IN3 6552
54481-45-7 2-(acetoxymercuri)-4-nitroaniline C8H8HgN2O4 13326
54483-22-6 (1R,5S)-(+)-cis-2-oxabicyclo[3.3.0]oct-6-en-3-o C7H8O2 10886
54484-63-8 1,4-dichloro-2-ethylbenzene C8H8Cl2 13290
54484-73-0 ethyl hexyl acetal C10H22O2 21363
54484-91-2 8-chloro-2-(2-(diethylamino)ethyl)-2H-(1 C20H22ClN3O2S 32162
54504-70-0 1-(theophyllin-7-yl)ethyl-2-(2-(p-chlorop C19H21ClN4O5 31458
54505-72-5 diethylmalonyl dichloride C7H10Cl2O2 11072
54512-75-3 1-bromo-5-chloropentane C5H10BrCl 5294
54514-12-4 2-toluenediazonium bromide C7H7BrN2 10466
54518-00-2 (2,4-dimethylpentyl)benzene C13H20 26288
54524-31-1 mercaptoacetonitrile C2H3NS 765
54527-68-3 2-chloroethyl acetoacetate C6H9ClO3 7504
54532-97-7 2-butyl-1,1'-biphenyl C16H18 29348
54533-83-4 benzoaza-15-crown-5 C14H21NO4 27633
54546-26-8 2-butyl-4,4,6-trimethyl-1,3-dioxane C11H22O2 22852
54549-80-3 1,1-dimethyl-2-ethylcyclopentane C9H18 17879
54551-83-6 methyl 2,6-dichlorophenylacetate C9H8Cl2O2 16117
54553-14-9 1-(chloromethyl)-2,5-pyrrolidinedione C5H6ClNO2 4474
54567-24-7 azidocarbonyl guanidine C2H4N6O 878
54573-13-6 1-iodo-1-heptyne C7H11I 11265
54573-23-8 4,5-cyclopentanofurazan-N-oxide C5H6N2O2 4519
54593-83-8 fortress C6H11Cl4O3PS 8070
54616-49-8 4-ethyl-cis-2-hexene C8H16 14943
54622-43-4 DPF C7H22N2O13P4 12407
54630-50-1 5-methyl-2-heptanol C8H18O 15444
54630-82-9 DL-2,4-dimethyl-1,5-pentanediol C7H16O2 12251
54634-49-0 N-nitroso-2-pyrrolidine C4H6N2O2 2915
54638-10-7 sec-pentyl acetate (R) C7H14O2 11900
54643-52-6 3-hydroxypurin-2(3H)-one C5H4O2 4333
54644-23-4 1-(3-chloroallyl)-4-methoxybenzene C10H11ClO 19247
54648-79-2 N,N'-diisopropyl-O-methylisourea C8H18N2O 15408
54653-26-8 2,2-dibromopentane C5H10Br2 5302
54653-27-9 3,3-dibromopentane C5H10Br2 5305
54653-28-0 3-bromo-trans-2-pentene C5H9Br 4975
54653-29-1 2-bromo-cis-2-pentene C5H9Br 4972
54653-30-4 2-bromo-trans-2-pentene C5H9Br 4973
54660-08-1 1-(4-fluorophenyl)-2-pyrrolidinone C10H10FNO 19011
54662-30-5 12-deoxyphorbol-13-phenylacetate-20-acetate C30H36O7 34889
54663-78-4 2-(tributylstannyl)thiophene C16H30SSn 29683
54673-07-3 a-cyano-3-hydroxycinnamic acid C10H7NO3 18652
54676-39-0 2-butyl-1,1,3-trimethylcyclohexane C13H26 26467
54678-23-8 copper(i) bromide-dimethyl sulfide complex C2H6BrCuS 1000
54708-51-9 1-(m-chlorophenyl)-3-N,N-dimethylcarbamoy C13H14ClN3O2 25940
54708-68-8 1-(3-chlorophenyl-5-methoxy-N-methyl)-1H- C12H12ClN3O2 23699
54714-50-0 hexahydro-1H-azepine-1-acetonitrile C8H14N2 14522
54715-57-0 5-chloro-2,4-dinitrophenol C6H3ClN2O5 6287
54731-72-5 dimethyl 2-hydroxyethylphosphonate C4H11O4P 4028
54737-45-0 trans-1-bromo-2-(2-phenylvinyl)benzene C14H11Br 26801
54746-50-8 3-butenyl-(2-propenyl)-N-nitrosamine C7H12N2O 11386
54749-90-5 chlorozotocin C9H16ClN3O7 17636
54767-28-1 2,7-dimethyl-5-silaspiro[4.4]nona-2,7-diene C10H16Si 20547
54767-75-8 suloctidyl C20H35NOS 32417
54774-45-7 (+)-cis-permethrin C21H20Cl2O3 32742
54774-46-8 (-)-cis-permethrin C21H20Cl2O3 32740
54774-47-9 1S-trans-permethrin C21H20Cl2O3 32746
54774-89-9 2-methyl-1-propylnaphthalene C14H16 27276
54774-99-1 isopropyl 2,3-dichloropropanoate C6H10Cl2O2 7695
54779-53-2 9-aminoellipticine C17H15N3 29980
54781-19-0 2-(trimethylsiloxy)-1,3-cyclohexadiene C9H16OSi 17710
54781-93-0 dimethyl indole-2,3-dicarboxylate C12H11NO4 23652
54812-86-1 3-mercapto-2-butanol, isomers C4H10OS 3878
54813-77-3 N-ethyl-N-isopropylaniline C11H17N 22502
54818-88-1 N-2-dibenzothienylacetamide C14H11NOS 26840
54819-86-2 butyl 2-chloropropanoate C7H13ClO2 11597
54824-20-3 M 12210 C18H17N3O4 30625
54827-17-7 3,3',5,5'-tetramethylbenzidine C16H20N2 29454
54829-48-0 2-iodofuran C4H3IO 2486
54833-30-6 1,1-dicyclohexylpentane C17H32 30287
54833-31-7 1,5-dicyclohexylpentane C17H32 30289
54833-34-0 1,3-dicyclohexyl-2-ethylpropane C17H32 30288
54837-90-0 4-methyl-N-propylaniline C10H15N 20209
54849-39-7 isooctyl ((trimethylstannyl)thio)acetate C13H28O2SSn 26544
54852-73-2 3-ethoxy-1,1'-biphenyl C14H14O 27142
54862-92-9 2-hydroxy-4-heptanone C7H14O2 11919
54867-08-2 cis-2-(benzyloxycarbonylamino)-cyclohexaneca C15H19NO4 28557
54877-00-8 5-methyl-2,4-hexanediol C7H16O2 12242
54884-99-0 6-benzylquinoline C16H13N 29090
54885-00-6 phenyl-4-quinolinylmethanone C16H11NO 29013
54889-55-3 5-hexyl-2,3-dihydro-1H-indene C15H22 28650
54889-82-6 5-n-propyl-1,2-benzanthracene C21H18 32672
54890-00-5 1,1-dicyclohexylbutane C16H30 29643
54890-02-7 1,1'-(1-methylpropylidene)biscyclohexane C16H30 29647
54897-62-0 N-ethyl-N-(4-hydroxybutyl)nitrosoamine C6H14N2O2 8951
54897-63-1 N-nitroso-ethyl(3-carboxypropyl)amine C6H12N2O3 8354
54922-86-0 ethylene glycol diisobutyl ether C10H22O2 21356
54923-31-8 3-bromo-6-hydroxy-2-picoline C6H6BrNO 6914
54925-64-3 1-(tert-butyldimethylsilyl)imidazole C9H18N2Si 17991
54927-63-8 septamycin C48H83O16 35813
54932-72-8 5-bromo-2-chlorotoluene C7H6BrCl 10144
54934-90-6 2,2-dicyclohexylpropane C15H28 28818
54934-91-7 1,1-dicyclohexylpropane C15H28 28815
54965-21-8 methyl 5-propylthio-2-benzimidazolecarbama C12H15N3O2S 24055
54970-72-8 3,5-dichloro-2-hydroxybenzenesulfonic acid C6H3Cl2NaO4S 6295
54971-26-5 2-bromohexanoyl bromide C6H10Br2O 7672
54976-93-1 sodium-4-chloro-2-methyl phenoxide C7H6ClNaO 10251
54986-63-9 5,8-dimethylbenzo[c]phenanthrene C20H16 31981
55011-46-6 5-nitrotetrazol CHN5O2 132
55028-70-1 arbaprostil C21H34O5 32994
55030-20-1 1,1-dicyclohexylhexane C18H34 31017
55030-21-2 1,1'-(2-propyl-1,3-propanediyl)biscyclohexane C18H34 31021
55030-56-3 1,2-dibromo-1-butene C4H6Br2 2771
55038-01-2 2-benzofuranmethanol C9H8O2 16202
55042-51-8 5-methoxy-a-(3-pyridyl)-3-indolemethanol C15H14N2O2 28277
55044-04-7 ethylidene dinitrate C2H4N2O6 866
55057-45-9 2-(acetyloxy)propanoyl chloride, (±) C5H7ClO3 4631
55066-53-0 ethyl cis-12-hydroxy-9-octadecenoate, (R) C20H38O3 32452
55073-86-4 2,2,5,5-tetramethyl-3-hexanol C10H22O 21317
55079-83-9 retinoid etretin C21H26O3 32884
55080-20-1 N-acetoxy-4-fluorenylacetamide C17H15NO3 29974
55090-44-3 nitrosomethyl-n-dodecylamine C13H28N2O 26533
55102-43-7 rpcnu C15H22ClN3O10 28656
55102-44-8 rfcnu C18H21ClN4O9 30750
55107-14-7 methyl 4,4-dimethyl-3-oxopentanoate C8H14O3 14679
55116-09-1 2-bromophenylacetyl chloride C8H6BrClO 12715
55117-15-2 2-chloro-6-fluorobenzyl chloride C7H5Cl2F 9949
55123-66-5 (S)-2-(2-acetamido-4-methylvaleramido)-N-(1 C20H38N6O4 32442
55124-14-6 bis(difluoroboryl)methane CH2B2F4 139
55124-79-3 9-hexylheptadecane C23H48 33707
55130-16-0 benzyl oleate C25H40O2 34161
55156-16-6 3-methyl-2-pentanone, (±) C6H12O 8415
55168-74-6 trimethyl 2-phosphonoacrylate C6H11O5P 8198
55179-31-2 sibutol C20H23N3O2 32211
55182-83-7 6-undecynoic acid C11H18O2 22603
55204-93-8 2-chlorobenzyl isocyanate C8H6ClNO 12767
55216-04-1 bis(p-chlorophenylthio)dimethyltin C14H14Cl2S2Sn 27086
55219-65-3 2-(4-chlorophenoxy)-1-tert-butyl-2-(1H-1, C14H18ClN3O2 27432
55225-88-2 3-(trifluoromethylthio)phenyl isocyanate C8H4F3NOS 12545
55255-57-7 1-decyl-[1,2,3,4-tetrahydronaphthalene] C20H32 32376
55256-53-6 austocystin D C22H22O8 33235
55257-88-0 N-Decyl-2-pyrrolidone C14H27NO 27841
55259-49-9 tetramethyltetraselenafulvalene C10H12Se4 19703
55268-62-7 1,1-di(p-tolyl)dodecane C26H38 34303
55268-63-8 1,1-diphenyltetradecane C26H38 34302
55268-74-1 biltricide C19H24N2O2 31553
55268-75-2 cefuroxim C16H16N4O8S 29258
55282-10-5 11-(2,2-dimethylpropyl)heneicosane C26H54 34369
55282-12-7 3-ethyl-5-(2-ethylbutyl)octadecane C26H54 34371
55282-14-9 9-butyldocosane C26H54 34367
55282-15-0 7-butyldocosane C26H54 34366
55282-16-1 5-butyldocosane C26H54 34365
55282-17-2 3-ethyltetracosane C26H54 34372
55283-68-6 ethalfluralin C13H14F3N3O4 25947
55285-05-7 N-(morpholinosulfenyl)carbofuran C16H22N2O4S 29506
55285-14-8 carbosulfan C20H32N2O3S 32380
55289-35-5 1-bromo-2-methyl-3-nitrobenzene C7H6BrNO2 10169
55289-36-6 3-bromo-2-methylaniline C7H8BrN 10741
55290-05-6 N,N'-bis(p-methoxybenzylidene)-a,a'-bi-p-to C30H28N2O2 34867
55290-64-7 dimethipin C6H10O4S2 7943
55294-15-0 edrul C11H11Cl2N3O 21691
55297-95-5 thiamutilin C28H47NO4S 34694
55299-24-6 7-chloro-1,3-dihydro-5-phenyl-1-trimethyls C18H18ClOSi 30653
55304-75-1 2,6-dichloro-3-(trifluoromethyl)pyridine C6H2Cl2F3N 6160
55308-37-7 2-(3-methoxyphenyl)-5,6-dihydro-S-triazolo(5 C17H15N3O 29982
55308-57-1 2-phenyl-5,6-dihydro-S-triazolo(5,1-a)isoquin C16H13N3 29102
55308-64-0 2-(3-ethoxyphenyl)-5,6-dihydro-S-triazolo(5, C18H17N3O 30624
55309-14-3 2-(m-methoxyphenyl)-S-triazolo(5,1-a)isoquin C17H13N3O 29912
55314-57-3 ethyl 2-pentynoate C7H10O2 11169
55319-83-0 9-octyldocosane C30H62 34963
55320-06-4 11-decylheneicosane C31H64 35040
55334-08-2 1,1-dicyclohexyltetradecane C26H50 34338
55335-06-3 triclopyr C7H4Cl3NO3 9758
55345-04-5 9H-fluorene, nitro C13H9NO2 25559
55362-80-6 9-bromo-1-nonanol C9H19BrO 18116
55365-87-2 O-ethyl propylthiocarbamate C6H13NOS 8787
55373-86-9 7-hexyldocosane C28H58 34734
55380-34-2 2,6-dimethyldinitrosopiperazine C6H14N4O2 8968
55382-85-9 dicyclohexyliodoborane C12H22BI 24672
55398-24-8 N-benzoyloxy-N-ethyl-4-aminoazobenzene C21H19N3O2 32715
55398-25-9 N-benzoyloxy-4'-methyl-N-methyl-4-aminoazob C21H19N3O2 32717
55398-26-0 N-benzoyloxy-4'-ethyl-N-methyl-4-aminoazobe C22H21N3O2 33219
55398-27-1 p-(4-ethylphenylazo)-N-methylaniline C15H17N3 28480
55398-86-2 monochlorodiphenyl oxide C12H9ClO 23377
55429-84-0 11-decyltetracosane C34H70 35278
55444-67-2 trimethyl 4-bromoorthobutyrate C7H15BrO3 11987
55447-00-2 (S)-N-boc-1-naphthylalanine C18H21NO4 30764
55449-46-2 (2-chloropropyl)benzene, (R) C9H11Cl 16849

55454-22-3 cis-2-hepten-1-ol C7H14O 11860
55467-31-7 cerexin A C63H103N15O19 35939
55477-20-8 4-chloro-2-(tert-butylamino)-6-(4-methylpi C14H24ClN5S 27746
55477-27-5 4-chloro-6-(2-hydroxyethylpiperazino-2-me C12H20ClN5OS 24536
55477-35-5 2-amino-4,6-dihydroxy-5-methylpyrimidine C5H7N3O2 4725
55499-04-2 2,2,3-trimethylnonane C12H26 24964
55499-43-9 3,4-dimethylphenylboronic acid C8H11BO2 14062
55502-53-9 pentafluorophenoxyacetyl chloride C8H2F5ClO2 12453
55505-23-2 2,2,3-trimethyl-1-butanol C7H16O 12200
55505-24-3 4-methyl-2-isopropyl-1-pentanol C9H20O 18322
55505-26-5 8-methyl-1-nonanol C10H22O 21334
55509-78-9 b-seleninopropionic acid C3H6O4Se 1966
55511-98-3 ravage C10H16N4O2S 20415
55512-33-9 pyridate C19H23ClN2O2S 31511
55516-54-6 (S)-(-)-2-amino-3-(1-naphthyl)propanoic acid C13H13NO2 25870
55517-73-2 13-dodecylhexacosane C38H78 35531
55517-75-4 tritriacontylcyclohexane C39H78 35557
55517-89-0 13-undecylpentacosane C36H74 35435
55520-67-7 5-vinyl-deoxyuridine C11H14N2O5 22084
55541-30-5 dexamethasone 17,21-dipropionate C28H37FO7 34652
55552-70-0 furan-3-boronic acid C4H5BO3 2619
55556-85-9 nitroso-3-piperidinol C5H10N2O2 5423
55556-86-0 2,5-dimethyl-N-nitrosopyrrolidine C6H12N2O 8326
55556-88-2 2,5-dimethyldinitrosopiperazine C6H14N4O2 8967
55556-91-7 nitroso-4-piperidone C5H8N2O2 4835
55556-92-8 N-nitroso-1,2,3,6-tetrahydropyridine C5H8N2O 4830
55556-93-9 nitroso-4-piperidinol C5H10N2O2 5424
55556-94-0 2-methyldinitrosopiperazine C5H11N4O2 5765
55557-00-1 dinitrosohomopiperazine C5H10N4O2 5442
55557-02-3 nitrosoguvacoline C7H10N2O3 11123
55563-72-9 3-methoxy-1-phenyl-1-propanone C10H12O2 19571
55566-30-8 pyroset tko C8H24O12P2S 15754
55576-67-5 neodigoxin C41H64O14 35652
55611-39-7 N-allylcyclopentylamine C8H15N 14781
55620-97-8 E 785 C19H26O3 31583
55621-29-9 n-butyl-N-(2-hydroxybutyl)nitrosamine C8H18N2O2 15420
55628-54-1 1,5-anhydro-3,4,6-tri-O-benzyl-2-deoxy-D-arab C27H28O4 34415
55636-92-5 2-(1-hydroxyethyl)-7-(2-hydroxy-3-isopropyla C16H23NO4 29550
55644-07-0 3,4-dicyano-1,2,4-oxadiazole C4N4O 4155
55665-79-7 4-methyl-3-hexenoic acid C7H12O2 11474
55689-65-1 oxepinac C16H12O4 29064
55696-02-1 ethyl N-tert-butyl-N-nitrocarbamate C7H14N2O4 11815
55700-98-6 (1R-cis)-3-(2,2-dibromoethenyl)-2,2-dimeth C21H20Br2O3 32736
55704-78-4 2,5-dihydroxy-2,5-dimethyl-1,4-dithiane C6H12O2S2 8528
55708-65-1 4-benzyloxy-3-methoxystyrene C16H16O2 29285
55715-03-2 4-bromomethyl-3-nitrobenzoic acid C8H6BrNO4 12737
55719-85-2 phenylethyl-a-methylbutenoate C13H16O2 26100
55721-11-4 (24R)-hydroxycalcidiol C27H44O3 34512
55726-45-9 N-[[1-[3,4-dihydroxy-5-(hydroxymethyl)tetra C25H43N3O6 34168
55726-47-1 enocitabine C31H55N3O6 35018
55738-54-0 trans-2-((dimethylamino)methylimino)-5-(2-(C11H12N5O4 21849
55751-54-7 2-sec-butylaniline C10H15N 20197
55755-16-3 2-methylphenethylamine C9H13N 17291
55755-17-4 3-methylphenethylamine C9H13N 17292
55757-34-1 1,1,1-trifluorononane C9H17F3 17808
55757-46-5 N-(tert-butoxycarbonyl)-L-cysteine methyl es C9H17NO4S 17847
55764-18-6 9-oxo-8-oxatricyclo(5.3.1.02,6)undecane C11H14O2 22160
55764-23-3 2,5-dimethylfuran-3-thiol C6H8OS 7402
55764-25-5 2-methylfuran-3-thiolacetate C7H8O2S 10893
55775-41-2 2,3-dichlorobutanal C4H6Cl2O 2830
55779-06-1 fortimicin A C17H35N5O6 30345
55789-02-1 alpha-ethyl-3-hydroxybenzenemethanol C9H12O2 17143
55792-37-5 4-(heptyloxy)phenyl isocyanate C14H19NO2 27520
55804-66-5 coumarin 314 C18H19NO4 30699
55804-67-6 coumarin 334 C17H17NO3 30040
55804-68-7 coumarin 337 C16H14N2O2 29139
55804-70-1 coumarin 307 C13H12F3NO2 25753
55814-41-0 3'-isopropoxy-2-methylbenzanilide C17H19NO2 30094
55814-54-5 tert-butyl 4-phenoxyphenyl ketone C17H18O2 30074
55837-18-8 2-(4-isobutylphenyl)butyric acid C10H20O2 21074
55837-27-9 4-phenoxy-3-(pyrrolidinyl)-5-sulfamoylbenz C17H18N2O5S 30068
55837-29-1 tiropramide C28H41N3O3 34676
55843-86-2 4-imidazo(1,2-a)pyridin-2-yl-a-methylbenzen C16H14N2O2 29142
55861-78-4 isouron C10H17N3O2 20589
55864-04-5 p-isopropylphenyl diphenyl phosphate C21H21O4P 32792
55864-39-6 5-amino-3-methylthio-1,2,4-oxadiazole C3H5N3OS 1790
55870-36-5 bis(1,2-diaminoethane)diaquacobalt(iii) C4H20Cl3CoN4O14 4145
55870-50-3 L(-)-a-bromocamphor-p-sulfonic acid, ammo C10H18BrNO4S 20643
55870-64-9 5-episisomicin C19H37N5O7 31693
55877-01-5 diethyl 3-methylhexanedioate C11H20O4 22734
55882-21-8 bis(3-chloropropyl) sulfide C6H12Cl2S 8290
55889-33-4 lysocellin C34H60O10 35256
55902-04-0 N-allyl-3-methyl-N-a-methylphenethyl-6-oxo- C19H23N3O2 31528
55912-20-4 4-chloro-3-nitrobenzyl alcohol C7H6ClNO3 10244
55921-66-9 2-amino-4-(N-methylpiperazino)-5-methylthi C10H16ClN5S 20381
55930-45-5 1,4-diiodopentane C5H10I2 5383
55936-75-9 4'-methoxycarbonyl-N-benzoyloxy-N-methyl-4- C22H19N3O4 33193
55936-76-0 4'-methoxycarbonyl-N-acetoxy-N-methyl-4-ami C17H17N3O4 30050
55936-77-1 N-acetoxy-N-methyl-4-aminoazobenzene C15H15N3O2 28368
55936-78-2 4'-methoxycarbonyl-N-hydroxy-N-methyl-4-ami C15H15N3O3 28371
55941-39-4 4-acetamido-4-carboxamido-n-(N-nitroso)butyl C8H13N5O3 14461
55944-70-2 7-chloro-1-heptanol C7H15ClO 12004
55954-23-9 methyl 2,4-dichlorophenylacetate C9H8Cl2O2 16118
55984-51-5 N-nitrosomethyl-2-oxopropylamine C4H8N2O2 3438
56001-43-5 nerolidyl acetate C17H28O2 30273
56011-02-0 isoamyl phenylethyl ether C13H20O 26322
56011-12-2 2,2-diethoxypropionitrile C7H13NO2 11657
56039-55-5 3,cis-4-dimethylcyclopentene C7H12 11331
56051-04-8 1,1-bis(methylseleno)ethane C4H10Se2 3959
56051-06-0 2-[bis(methylseleno)]propane C5H12Se2 5940
56053-84-0 butyl thiophene-2-carboxylate C9H12O2S 17182
56057-19-3 6-chloro-5-nitro-2-picoline C6H5ClN2O2 6717
56065-42-0 3,5-dimethyl-3-octanol C10H22O 21270
56065-43-1 4,6-dimethyl-4-octanol C10H22O 21282
56072-27-6 4-hydroxy-3-methyl-2-heptanone C8H16O2 15187
56073-07-5 3-(3-(4-biphenylyl)-1,2,3,4-tetrahydro-1-naph C31H24O3 34978
56073-10-0 talon rodenticide C31H23BrO3 34975
56090-02-9 hexamethylrhenium C6H18Re 9372
56092-91-2 3-cyano-5-(cyanofurazanyl)-1,2,4-oxadiazole N-ox C6N6O3 9403
56103-67-4 2,6-di-tert-pentyl-4-methylphenol C17H20O 30207
56105-46-5 isobutyl linalol C13H24O 26417
56106-37-7 1,3-dipropoxybenzene C12H18O2 24465
56107-02-9 4-chloro-3-nitrobenzophenone C13H8ClNO3 25467
56124-62-0 trifluoroacetyladriamycin-14-valerate C34H36F3NO13 35225
56134-53-3 1-chlorohexacosane C26H53Cl 34361
56139-33-4 tert-butyl chloroperoxyformate C5H9ClO3 5097
56164-20-6 tridecyl butanoate C17H34O2 30329
56172-46-4 3,7-dimethyl-2-trans-6-octadienyl crotonate C14H22O2 27701
56173-18-3 1-hydrazinophthalazine acetone hydrazone C11H12N4 21842
56175-44-1 1-methoxy-2-indanol C10H12O2 19599
56179-80-7 1,2-epoxy-1,2,3,4-tetrahydrophenanthrene C14H12O 26939
56179-83-0 1,2-dihydrophenanthrene C14H12 26875
56180-61-1 hexahydro-2(1H)-pentalenone C8H12O 14336
56180-94-0 acarbose C25H43NO18 34167
56183-20-1 3-methoxy-1,2-benzanthracene C19H14O 31284
56183-63-2 bis(diisopropylamino)chlorophosphine C12H28ClN2P 25368
56207-45-5 2,2,6,6-tetrachlorocyclohexanol C6H8Cl4O 7311
56222-35-6 1-nitroso-3-pyrrolidinol C4H8N2O2 3440
56235-95-1 nitrosoethoxyethylamine C4H10N2O2 3850
56239-24-8 1-(2-chloroethyl)-3-(trans-4-hydroxycycloh C9H16ClN3O3 17633
56245-02-4 1-(2-methylpropoxy)-2-nitrobenzene C10H13NO3 19824
56253-60-2 trimethyl(phenylselenomethyl)silane C10H16SeSi 20543
56255-50-6 2-methyl-1,2-hexanediol C7H16O2 12233
56279-50-6 2,2-dichlorooctadecanoic acid C18H34Cl2O2 31024
56283-74-0 16-deethyl-3-o-demethyl-16-methyl-3-o-(1-oxo C37H62O12 35474
56287-19-5 trimethyl-N-(p-benzenesulphonamido)phospho C9H15N2O5PS 17578
56287-41-3 5-chloro-2-(2-(2-(diethylamino)ethoxy)ethy C16H24ClNO3 29563
56287-74-2 afloqualone C16H14FN3O 29133
56298-90-9 4-methyl-2-heptanol C8H18O 15443
56299-00-4 PR toxin C17H20O6 30146
56302-13-7 satranidazole C8H11N5O5S 14221
56309-56-9 2-isopropylphenyl isocyanate C10H11NO 19303
56309-59-2 2-methyl-4-nitrophenyl isocyanate C8H6N2O3 12896
56309-62-7 2,5-dimethoxyphenyl isocyanate C9H9NO3 16457
56310-18-0 di-tert-butylchlorosilane C8H19ClSi 15626
56316-37-1 N-propyl-N-(3-carboxypropyl)nitrosamine C7H14N2O3 11813
56341-36-7 1,5-dimethyl-2-pyrrolecarbonitrile C7H8N2 10790
56370-81-1 tetraamine-2,3-butanediimine ruthenium(C4H20Cl3N6O12Ru 4146
56375-33-8 N-nitrosobutylamine C4H10N2O 3841
56390-16-0 2-(3-(p-fluorobenzoyl)-1-propyl)-5a,9a-dime C24H28FNO2 33856
56391-56-1 SCH 20569 C21H41N5O7 33033
56392-13-3 ethylpentadecylamine C17H37N 30371
56392-17-7 metoprolol tartrate C34H56N2O12 35250
56395-66-5 7-(5-hydroxyhexyl)-3-methyl-1-propylxanthin C15H24N4O3 28711
56399-98-5 5-iodo-trans-2-pentene C5H9I 5162
56411-66-6 2,3-dibromo-5,6-epoxy-7,8-dioxabicyclo(2.2.2) C6H6Br2O3 6918
56411-67-7 2,3:5,6-diepoxy-7,8-dioxabicyclo[2.2.2]octane C6H6O4 7110
56420-45-2 4'-epidoxorubicin C27H29NO11 34420
56425-91-3 a-isopropyl-a-(p-(trifluoromethoxy)phenyl C15H15F3N2O2 28345
56430-08-1 2,3-dimethyl-1-(4-methylphenyl)-3-pyrazolin- C12H14N2O 23922
56433-01-3 6-chloro-2-nitrobenzyl bromide C7H5BrClNO2 9865
56442-22-9 benzyl 4-benzyloxybenzoate C21H18O3 32700
56456-42-9 trans-2,4-dinitro-1-(2-phenylvinyl)benzene C14H10N2O4 26759
56456-47-4 2,4-difluorobenzyl alcohol C7H6F2O 10315
56456-50-9 2-chloro-6-fluorobenzyl alcohol C7H6ClFO 10212
56463-61-7 1-(4-amino-2-methyl-5-(4-methylphenyl)-1H-py C14H16N2O 27343
56463-62-8 1-(4-amino-5-(4-methoxyphenyl)-2-methyl-1H- C14H16N2O2 27349
56463-65-1 1-(4-amino-5-(4-fluorophenyl)-2-methyl-1H-p C13H13FN2O 25849
56463-70-8 1-(4-amino-2-methyl-5-(3-methylphenyl)-1H-py C14H16N2O 27342
56463-73-1 1-(4-amino-5-(p-chlorophenyl)-2-methyl-1H- C13H13ClN2O 25839
56463-76-4 1-(4-amino-2-methyl-5-(2-methylphenyl)-1H-py C14H16N2O 27341
56464-05-2 1-(4-(dimethylamino)-2-methyl-5-phenyl-1H-py C15H18N2O 28507
56464-19-8 1-(4-amino-1,2-dimethyl-5-phenyl-1H-pyrrol-3 C14H16N2O 27340
56464-20-1 1-(4-amino-1-ethyl-2-methyl-5-phenyl-1H-pyrr C15H18N2O 28506
56470-64-5 andordrin dipropionate C28H38O4 34654
56480-06-9 hexabromonaphthalene C10H2Br6 18473
56488-59-6 4'-(3-(4'-tert-butylphenoxy)-2-hydroxypropoxy C20H24O5 32235
56501-35-0 1-dodecylpiperidine-N-oxide C17H35NO 30342
56501-36-1 1-dodecylhexahydro-1H-azepine-1-oxide C18H37NO 31123
56516-72-4 nitrosoglyphosate C3H7N2O6P 2078
56523-26-3 3,7-dimethyl-2,4-octadiene C10H18 20613
56530-47-3 12-deoxy-phorbol-13-dodecanoate C32H50O6 35098
56530-48-4 9a-dodecenoate C32H49O6 35096
56530-49-5 12-deoxy-phorbol-20-acetate-13-dodecanoate C34H52O7 35246
56534-02-2 a-chlordene C10H6Cl6 18546
56535-63-8 4-bromo-cis-2-pentene C5H9Br 4976
56538-00-2 N-(2-chloroethyl)aminomethyl-4-hydroxynitr C9H11ClN2O3 16856
56538-01-3 N-(2-chloroethyl)aminomethyl-4-methoxynit C10H13ClN2O3 19732
56538-02-4 N-(2-chloroethyl)-2-ethoxy-5-nitrobenzyla C11H15ClN2O3 22220
56539-66-3 3-methoxy-3-methylbutanol C6H14O2 9063
56552-80-8 (R)-(+)-1-benzylglycerol C10H14O3 20134
56553-60-7 sodium triacetoxyborohydride C6H10BNaO6 7661
56578-18-8 trans-5-decen-1-ol C10H20O 21020
56586-13-1 2-methyl-1-cyclohexanecarboxylic acid C8H14O2 14640
56602-09-6 12-deoxy-phorbol-20-acetate-13-octenoate C30H42O7 34905
56605-16-4 spiromustine C14H23Cl2N3O2 27719
56606-38-3 pyrimidine-4,5-dicarboxylic acid imide C6H3N3O2 6364
56611-65-5 phthalazinol C14H16N2O4 27355
56613-80-0 (R)-(-)-2-phenylglycinol C8H11NO 14155
56614-97-2 benz(a)anthracene-3,9-diol C18H12O2 30436
56622-38-9 3,4-bis(p-methoxyphenyl)-3-buten-2-one C18H18O3 30679
56630-31-0 6-nonynoic acid C9H14O2 17469
56630-33-2 3-nonynoic acid C9H14O2 17467
56630-34-3 5-nonynoic acid C9H14O2 17468
56637-64-0 N-tert-butyl-3-methyl-2-butenaldimine C9H17N 17818
56637-75-3 3-trimethylsilylmethyl-N-tert-butylcrotonald C12H25NSi 24910
56641-38-4 g-chlordene C10H6Cl6 18547
56649-43-3 S-3-(w-aminopropylamino)-2-hydroxypropyl di C6H17N2O4PS 9335
56651-57-1 4-methylbenzyl isocyanate C9H9NO 16407
56651-58-2 2-methylbenzyl isocyanate C9H9NO 16408
56651-60-6 4-methoxybenzyl isocyanate C9H9NO2 16436
56654-52-5 N,N'-dibutyl-N-nitrosourea C9H19N3O2 18170
56654-53-6 1-butyl-3,3-dimethyl-1-nitrosourea C7H15N3O2 12100
56675-37-7 (S)-N-boc-2-thienylalanine C12H17NO4S 24337
56683-55-7 4-carboxybenzo-15-crown-5 C15H20O7 28602
56688-75-6 3-methylcyclohexene, (±) C7H12 11339
56694-97-4 methyl 7,7-dimethyltricyclo[2.2.1.02,6]heptan C11H16O2 22454
56694-98-5 ethyl 7,7-dimethyltricyclo[2.2.1.02,6]heptane C12H18O2 24466
56713-38-3 2,2,6,6-tetramethyl-3,5-heptanedionatothall C11H19O2Tl 22664
56713-63-4 1,1'-(4-methyl-1,3-phenylene)bis(3-(2-ch C13H16Cl2N6O4 26045
56724-82-4 (diphenylthiocarbazono)phenylmercury C19H16HgN4S 31336
56726-04-6 12-deoxy-phorbol-13-decdienoate-20-acetate C32H44O7 35085
56739-95-8 2-iodo-1-methyl-4-isopropylbenzene C10H13I 19753
56741-95-8 2-amino-5-bromo-6-phenyl-4(1H)-pyrimidinone C10H8BrN3O 18674
56743-33-0 carboxybenzenesulfonyl azide C7H5N3O4S 10115
56745-61-0 5-hydroxy-2-hexanone C6H12O2 8492
56765-79-8 4-aminophthalonitrile C8H5N3 12706
56767-15-8 3,3-diphenyl-3-dimethylcarbamoyl-1-propyne C18H17NO 30608
56775-88-3 zimelidine C16H17BrN2 29310
56777-24-3 benzyl (S)-(-)-lactate C10H12O3 19650
56796-20-4 cefmetazole C15H17N7O5S2 28492
56800-09-0 1,1-dichloro-2-butene C4H6Cl2 2813
56816-01-4 ethyl (S)-(+)-3-hydroxybutyrate C6H12O3 8554
56821-76-2 4,4'-dimethoxydiphenyl ditelluride C14H14O2Te2 27176
56856-83-8 acetic acid methylnitrosaminomethyl ester C4H8N2O3 3449
56863-02-6 N,N-bis(2-hydroxyethyl)-9,12-octadecadienami C22H41NO3 33424

56877-15-7 1,3-dimethyl-5-(methylamino)-4-pyrazolyl o- C13H14FN3O 25946
56881-90-4 (R)-(+)-a-hydroxy-g-butyrolactone C4H6O3 2998
56892-30-9 benzo(a)pyren-2-ol C20H12O 31826
56892-31-0 benzo(a)pyren-10-ol C20H12O 31832
56892-32-1 benzo(a)pyren-11-ol C20H12O 31833
56892-33-2 benzo(a)pyren-12-ol C20H12O 31834
56894-91-8 1,4-bis(chloromethoxymethyl)benzene C10H12Cl2O2 19420
56908-88-4 1,3-dibromo-5-(bromomethyl)benzene C7H5Br3 9899
56911-77-4 bis(2-ethylphenyl) ether C16H18O 29389
56920-82-2 2-(butoxymethyl)furan C9H14O2 17461
56929-36-3 1,3-di(5-tetrazoyl)triazene C2H3N11 781
56932-43-5 8-hydroxy-7-(6-sulfo-2-naphthylazo)-5- C19H11N3Na2O7S2 31206
56935-71-8 4-(trifluoromethoxy)benzamidoxime C8H7F3N2O2 13081
56937-68-9 phorbolol myristate acetate C36H58O8 35390
56961-20-7 3,4,5-trichloro-1,2-benzenediol C6H3Cl3O2 6317
56961-23-0 2,4,6-trichloro-1,3,5-benzenetriol C6H3Cl3O3 6322
56961-24-1 2-chloro-1,3,5-benzenetricarboxylic acid C9H5ClO6 15818
56961-32-1 ethyl 3-chloro-2-hydroxybenzoate C9H9ClO3 16326
56961-60-5 benz(a)anthracen-8-amine C18H13N 30447
56961-62-7 5-ethyl-1,2-benzanthracene C20H16 31996
56961-65-0 7-methyl-9-ethylbenz(c)acridine C20H17N 32042
56961-75-2 2,3,5-trichlorobenzaldehyde C7H3Cl3O 9545
56961-77-4 1-bromo-2,3-dichlorobenzene C6H3BrCl2 6228
56961-82-1 1,2,3-trichloro-4-(dichloromethyl)benzene C7H3Cl5 9554
56961-84-3 1,2-dichloro-4-(dichloromethyl)benzene C7H4Cl4 9763
56961-86-5 1,2,5-trichloro-3-methylbenzene C7H5Cl3 9973
56961-93-4 5,6-dichloro-1,4-naphthalenedione C10H4Cl2O2 18487
56962-04-0 3-bromo-5-chlorophenol C6H4BrClO 6386
56962-07-3 4,5-dichloro-1,3-isobenzofurandione C8H2Cl2O3 12444
56970-24-2 3-methoxy-4-aminodiphenyl C13H13NO 25866
56973-16-1 tetrafluoro-m-phenylene dimaleimide C14H4F4N2O4 26576
56986-35-7 N-butyl-N-(1-acetoxybutyl)nitrosamine C10H20N2O3 20982
56986-36-8 butylnitrosoaminomethyl acetate C7H14N2O3 11810
56986-37-9 sec-butyl acetoxymethyl nitrosamine C7H14N2O3 11808
57018-52-7 1-tert-butoxy-2-propanol C7H16O2 12272
57021-61-1 2,6-xylidide of 2-pyridone-3-carboxylic acid C14H14NO2 27095
57024-78-9 2,2-dichlorohexanal C6H10Cl2O 7692
57041-67-5 1,2,2,2-tetrafluoroethyl difluoromethyl ether C3H2F6O 1373
57044-24-3 (R)-(+)-4-(chloromethyl)-2,2-dimethyl-1,3-dio C6H11ClO2 8048
57044-25-4 (R)-(+)-glycidol C3H6O2 1938
57057-83-7 trichloroguaiacol C7H5Cl3O2 9986
57063-29-3 2-cyclohexyl-4,5-dichloro-4-isothiazolin-3 C9H12Cl2NOS 17029
57074-37-0 cis-4-decen-1-ol C10H20O 21021
57074-51-8 hymenovin C15H22O5 28688
57074-96-1 3-octynoic acid C8H12O2 14354
57082-24-3 caryophyllene acetate C17H28O2 30269
57090-45-6 (R)-(-)-3-chloro-1,2-propanediol C3H7ClO2 2004
57093-84-2 3-ethyl-2-thiapentane C6H14S 9122
57094-91-4 1-iodohentriacontane C31H63I 35037
57117-24-5 nitroso-2-methylthiopropionaldehyde-o-methyl C5H9N3O3S 5276
57117-31-4 2,3,4,7,8-pentachlorodibenzofuran C12H3Cl5O 23148
57117-41-6 1,2,3,7,8-pentachlorodibenzofuran C12H3Cl5O 23147
57117-44-9 1,2,3,6,7,8-hexachlorodibenzofuran C12H2Cl6O 23138
57124-87-5 2-methyltetrahydrofuran-3-thiol, mixed isomers C5H10OS 5484
57129-69-8 dihydro-5-methyl-2(3H)-furanone, (±) C5H8O2 4903
57149-07-2 4-(2-methoxyphenyl)-a-((1-naphthalenyloxy)m C24H28N2O3 33857
57150-66-0 (2,5-dimethylphenyl)phosphonous dichloride C8H9Cl2P 13626
57164-87-1 4'-(9-acridinylamino)-2-methylmethanesulfo C21H19N3O2S 32718
57164-89-3 4'-(9 acridinylamino)-3'-methylmethanesulf C21H19N3O2S 32719
57165-71-6 6-trifluoromethylcyclophosphamide C8H14Cl2F3N2O2P 14511
57170-08-8 2-(3-methoxyphenyl)-5H-S-triazolo(5,1-a)isoi C16H13N3O 29103
57179-35-8 3-hydroxy-5-methoxybenzaldehyde C8H8O3 13457
57213-48-6 (S)-N-3-cyanophenylalanine C10H10N2O2 19054
57223-18-4 1-nonen-3-yne C9H14 17388
57224-63-2 N-carbobenzyloxy-L-threonine methyl ester C13H17NO5 26147
57229-41-1 2-acetylamino-9-fluorenol C15H13NO2 28230
57233-31-5 2,2,4-trimethyl-4-heptanol C10H22O 21298
57253-29-9 1-bromo-2-methyl-cis-2-butene C5H9Br 4989
57253-30-2 1-bromo-2-methyl-trans-2-butene C5H9Br 4990
57260-67-0 1-(3,4-dichlorophenyl)piperazine C10H12Cl2N2 19419
57260-73-8 N-boc-ethylenediamine C7H16N2O2 12153
57281-35-3 4-(cyclohexylamino)-1-(naphthalenyloxy)-2-bu C20H27NO2 32290
57292-44-1 (R)-N-boc-4-chlorophenylalanine C14H18ClNO4 27429
57292-45-2 (R)-N-boc-4-fluorophenylalanine C14H18FNO4 27441
57294-38-9 g-(boc-amino)butyric acid C9H17NO4 17845
57294-74-3 N4-aminocytidine C9H14N4O5 17433
57296-00-1 ethyl 2-bromo-3-phenylacrylate C11H11BrO2 21679
57296-63-6 indacrinone C18H14Cl2O4 30473
57303-85-2 dimethyl-2-pentylamine C7H17N 12325
57323-93-0 3-methylhexanoyl chloride C7H13ClO 11595
57377-32-9 hymenoxon C15H22O5 28689
57381-51-8 4-chloro-2-fluorobenzonitrile C7H3ClFN 9494
57382-97-5 ethyl 2-thiopheneacetate C8H10O2S 13989
57386-83-1 2,4-dichloro-1,3,5-trimethylbenzene C9H10Cl2 16539
57392-55-9 isopentyl trichloroacetate C7H11Cl3O2 11262
57403-35-7 1-chloro-4-(chloromethyl)-2-nitrobenzene C7H5Cl2NO2 9958
57404-54-3 3-hydroxy-9,10-phenanthrenedione C14H8O3 26661
57404-88-3 trans-7,8-dihydro-7,8-dihydroxybenzo(a)pyrene C20H14O2 31910
57409-53-7 2,2,3-trimethyl-1-pentanol C8H18O 15497
57421-56-4 silver malonate C3H2Ag2O4 1339
57432-61-8 methylergonovine maleate C24H29N3O6 33866
57449-30-6 crotonyloxymethyl-4,5,6-trihydrooxycyclohex-2 C11H14O6 22205
57455-06-8 3-iodobenzyl alcohol C7H7IO 10599
57456-98-1 2-methylbutanal, (±) C5H10O 5449
57458-41-0 vinylbenzyl chloride, stabilized, m- and p-isom C9H9Cl 16285
57465-28-8 3,3',4,4',5-pentachlorobiphenyl C12H5Cl5 23184
57472-68-1 dipropylene glycol diacrylate C12H18O5 24496
57479-70-6 4-chloro-o-anisic acid C8H7ClO3 13031
57486-67-6 methyl 2-fluorophenylacetate C9H9FO2 16349
57486-68-7 methyl 2-chlorophenylacetate C9H9ClO2 16318
57500-00-2 furfuryl methyl disulfide C6H8OS2 7406
57502-49-5 3-vinylpiperidine C7H13N 11625
57526-28-0 2-methylbutanoyl chloride, (±) C5H9ClO 5069
57530-25-3 2-ammoniothiazole nitrate C3H5N3O3S 1793
57541-72-7 3,4-dichloronitrosopiperidine C5H8Cl2N2O 4775
57541-73-8 3,4-dibromonitrosopiperidine C5H8Br2N2O 4757
57543-54-1 3-acetyl-8-methoxy-2H-1-benzopyran C12H12O3 23780
57543-55-2 3-acetyl-7-methoxy-2H-1-benzopyran C12H12O3 23779
57543-56-3 3-acetyl-6-methoxy-2H-1-benzopyran C12H12O3 23778
57543-57-4 1-(5-methoxy-2H-1-benzopyran-3-yl)ethanone C12H12O3 23782
57564-91-7 S-nitroso-L-glutathione C10H16N4O7S 20418
57576-09-7 5-methyl-2-(1-methylvinyl)cyclohexanol acetat C12H20O2 24570
57576-44-0 antibiotic MA 144A1 C42H53NO15 35683
57583-34-3 methyltris(2-ethylhexyloxycarbonylmethylt C31H60O6S3Sn 35024
57590-20-2 pentanal methylformylhydrazone C7H14N2O 11794
57592-45-7 ethyl trans-3-ethoxycrotonate C8H14O3 14673
57597-62-3 3,3-dimethoxypropiononitrile C5H9NO2 5226
57598-00-2 4'-hydroxy-2,3'-azotoluene C14H14N2O 27117
57605-95-5 alpha-methyl-1-naphthalenemethanol, (±) C12H12O 23760
57609-64-0 1,3-propanediol bis(4-aminobenzoate) C17H18N2O4 30065
57620-56-1 2-(3-methyl-3-nitrobutyl)-1,3-dioxolane C8H15NO4 14840
57621-04-2 2-acetyl-6,7-dimethoxy-1-methylene-1,2,3,4-t C14H17NO3 27410
57629-90-0 (butoxymethyl)nitrosomethylamine C6H14N2O2 8946
57644-85-6 nitrosoaldicarb C7H13N3O3S 11689
57645-49-5 desbenzyl clebopride C13H18ClN3O2 26171
57648-21-2 timiperone C22H24FN3OS 33254
57651-82-8 1-hydroxycholecalciferol C27H44O2 34504
57653-85-7 1,2,3,4,7,8-hexachlorodibenzo-p-dioxin C12H2Cl6O2 23141
57670-85-6 sulfur thiocyanate C2N2S3 1219
57693-77-3 ethyl-tetramethylcyclopentadiene C11H18 22555
57706-88-4 3,7-dimethyl-3-octanol, (±) C10H22O 21331
57707-64-9 azidoaceto nitrile C2H2N4 674
57716-79-7 2-ethyl-1,4-butanediol C6H14O2 9045
57716-89-9 4-o-methyl-12-o-tetradecanoylphorbol-13-aceta C37H58O8 35470
57717-97-2 (R)-(+)-perillyl alcohol C10H16O 20469
57726-65-5 2-(3,3-diphenyl-3-(5-methyl-1,3,4-oxadiazol- C25H29N3O 34124
57729-79-0 4-amino-3-chloro-5-nitrobenzotrifluoride C7H4ClF3N2O2 9687
57729-86-9 desmethylbromethalin C13H5Br3F3N3O4 25441
57757-60-5 dimethyl-1,1-dimethylpropylamine C7H17N 12329
57772-57-3 5-hydroxy-2-iodobenzoic acid C7H5IO3 10035
57781-14-3 halopredone acetate C25H29BrF2O7 34122
57794-08-8 (1S,2S)-trans-1,2-cyclohexanediol C6H12O2 8507
57801-81-7 lendormin C15H10BrClN4S 28007
57808-65-8 N-(5-chloro-4-((4-chlorophenyl)cyanome C22H14Cl2I2N2O2 33109
57808-66-9 domperidone C22H24ClN5O2 33252
57816-08-7 7,14-dihydrodibenz(a,h)anthracene C22H16 33130
57835-92-4 4-nitropyrene C16H9NO2 28981
57837-19-1 metalaxyl C15H21NO4 28623
57846-03-4 2-bromomethyl-5-methylfuran C6H7BrO 7138
57848-46-1 4-bromo-2-fluorobenzaldehyde C7H4BrFO 9615
57856-10-7 3,3-dichloro-2-pentanone C5H8Cl2O 4784
57859-47-9 3-hexenyl isobutyrate C10H18O2 20801
57865-37-9 a-hydroxyisobutyric acid acetate methyl ester C7H12O4 11558
57872-80-7 adenosine-5'-(N-propyl)carboxamide C13H18N6O4 26205
57876-69-4 2-chloro-3-methylquinoline C10H8ClN 18682
57878-77-0 2,2'-(dithiobis(methylene))bis(1-methyl-5 C10H12N6O4S2 19483
57885-43-5 methyl 2-bromopropanoate, (±) C4H7BrO2 3074
57891-85-7 potassium-4-hydroxy-5,7-dinitro-4,5-dihydrobe C6H3KN4O7 6360
57897-99-1 2-selenoethylguanidine C3H9N3Se 2226
57910-39-1 2-tert-butylazo-2-hydroxypropane C7H16N2O 12149
57910-79-9 t-butylazo-2-hydroxybutane C8H18N2O 15414
57933-83-2 isopropenyl chloroformate C4H5ClO2 2658
57946-56-2 4-chloro-2-fluoroaniline C6H5ClFN 6698
57946-63-1 2-bromo-4-(trifluoromethyl)aniline C7H5BrF3N 9878
57948-13-7 dichloro(4-methyl-o-phenylenediammine)pla C7H10Cl2N2Pt 11071
57958-47-1 diethyl 3,3'-(phenethylimino)dipropionate C18H27NO4 30910
57962-60-4 5-methyl-1-phenyl-2-(pyrrolidinyl)imidazole C14H17N3 27400
57966-95-7 2-cyano-N-((ethylamino)carbonyl)-2-(methoxyi C7H10N4O3 11133
57968-71-5 diethyl tartrate C8H14O6 14727
57982-77-1 luteinizing hormone-releasing hormone (pi C60H86N16O13 35919
57982-78-2 budipine C21H27N 32897
57988-58-6 4-(4-bromophenyl)-4-piperidinol C11H14BrNO 22045
57998-68-2 aziridinylquinone C16H20N4O6 29463
58011-68-0 pyrazolate C19H16Cl2N2O4S 31334
58013-12-0 1-nicotinoylmethyl-4-phenyl-piperazine C17H19N3O 30111
58013-13-1 1-(2-keto-2-(3'-pyridyl)ethyl)-4-(2'-chlor C17H18ClN3O 30058
58013-14-2 1-(2-keto-2-(3'-pyridyl)ethyl)-4-(2'-methox C18H21N3O2 30775
58030-91-4 (±)-trans-9,10-dihydro-9,10-dihydroxybenzo(a) C20H14O2 31909
58046-40-5 2,3,6-trimethyl-3-heptanol C10H22O 21294
58048-24-1 1-(6-amino-9H-purin-9-yl)-N-cyclopropyl-1-d C17H20N6O6 30141
58048-25-2 adenosine-5'-(N-cyclopropylmethyl)carboxami C14H18N6O4 27480
58048-26-3 1-(6-amino-9H-purin-9-yl)-1-deoxy-2,3-dihyd C16H20N6O6 29464
58049-91-5 3,3-dimethylcyclopentene C7H12 11330
58050-46-7 benzyl bis(2-chloroethyl)aminomethylcarb C13H18Cl2N2O2 26173
58050-49-0 ethyl-N-(4-morpholinomethyl)carbamate C8H16N2O3 15049
58066-85-6 N-hexadecylphosphorylcholine C21H46NO4P 33075
58086-32-1 o-acetylsterigmatocystin C20H14O7 31935
58100-26-8 cysteine hydrazide C3H9N3OS 2223
58131-55-8 2,2'-((7-nitro-4-benzofurazazanyl)imino)bis C10H12N4O6 19479
58133-26-9 1,1-dibromohexane C6H12Br2 8245
58138-08-2 tridiphane C10H7Cl5O 18618
58138-81-1 3-methyl-1-(2-methylphenyl)-1-butanone C12H16O 24188
58139-32-5 methylnitrosocarbamic acid o-isopropylpheny C11H14N2O3 22078
58139-33-6 3,4-dimethylphenyl-N-methyl-N-nitrosocarbam C10H12N2O3 19448
58139-34-7 methylnitrosocarbamic acid 3,5-xylyl ester C10H12N2O3 19449
58139-35-8 3-methylphenyl-N-methyl-N-nitrosocarbamate C9H10N2O3 16587
58139-48-3 4-morpholino-2-(5-nitro-2-thienyl)quinazol C16H14N4O3S 29151
58144-61-9 3-phenyl-2-isoxazoline-5-phosphonic acid C9H10NO4P 16564
58152-03-7 1-N-(S-3-amino-2-hydroxypropionyl)betamyci C22H43N5O12 33452
58161-93-6 2-(4-carboxyphenoxy)-2-pivaloyl-2',4'-dic C20H19Cl2NO5 32097
58164-88-8 antimony lactate C9H15O9Sb 17519
58167-01-4 diisopropyl tartrate, (±) C10H18O6 20842
58169-97-4 methylnitrosocarbamic acid o-chlorophenyl e C8H7ClN2O3 12998
58175-57-8 2-propyl-1-pentanol C8H18O 15489
58190-94-6 ethyl 2-chloro-2-methylbutanoate C7H13ClO2 11600
58194-38-0 aureofuscin C25H37NO10 34157
58200-70-7 1,2,3,4,6,7,9-heptachlorodibenzo-p-dioxin C12HCl7O2 23133
58201-66-4 (bromodifluoromethyl)triphenylphosphonium C19H15Br2F2P 31296
58209-98-6 aflatoxin B1-2,3-dichloride C17H12Cl2O6 29879
58210-03-0 2,3,6-trimethylcyclohexanol C9H18O 18028
58243-85-9 formylethyltetramethyltetralin C17H24O 30223
58244-28-3 phenylhydroquinone diacetate C16H14O4 29181
58257-01-5 bis(4,5-dimethoxy-2-nitrophenyl)diseleni C16H16N2O8Se2 29273
58264-04-3 diisopropyl cyanomethylphosphonate C8H16NO3P 15020
58270-08-9 (trans-4)-dichloro(4,4-dimethylzinc 5((C9H15Cl2N3O2Zn 17540
58275-58-4 3-acetylnoradamantane C11H16O 22434
58302-42-4 silver 3,5-dinitroanthranilate C7H4AgN3O6 9605
58306-30-2 N-(2-(2,3-bis-(methoxycarbonyl)-guanidino) C20H22N4O6S 32171
58313-23-8 ethyl 3-iodobenzoate C9H9IO2 16361
58338-59-3 2',4-diaminobenzanilide C13H13N3O 25889
58344-21-1 3-(1,3-benzodioxol-5-yl)-1-(1,1-dimethylethyl C28H44O4 34688
58344-24-4 2-thiophenecarboxylic acid, 3-(1,3-benzodiox C19H20O4S 31454
58344-42-6 4-(4,4-dimethyl-3-hydroxy-1-pentenyl)-2-metho C14H20O3 27607
58350-08-6 2-(nitromethylene)-2,3,4,5-tetrahydro-1H-3- C11H12N2O2 21830
58368-66-4 1-methylbutyl formate C6H12O2 8469
58368-67-5 1-ethylpropyl formate C6H12O2 8472
58371-98-5 3,5-dichloro-2-pentanone C5H8Cl2O 4780
58383-35-0 (+)-2,3-O-benzylidene-D-threitol C11H14O4 22193
58417-15-5 4-(difluoromethoxy)phenyl isocyanate C8H5F2NO2 12649
58428-97-0 2,3-dimercapto-1-propanol tributyrate C15H26O4S2 28807
58429-99-5 6,7-dimethyl-1,2-benzanthracene C20H16 31991
58430-00-5 5,6-dimethyl-1,2-benzanthracene C20H16 31988
58430-01-6 7,9,10-trimethylbenz(c)acridine C20H17N 32047
58430-94-7 3,5,5-trimethylhexyl acetate C11H22O2 22856
58431-24-6 1-acetoxy-N-nitrosodiethylamine C6H12N2O3 8349
58438-04-3 (S)-N-boc-2-naphthylalanine C18H21NO4 30765

58451-82-4 2,6-bis(diphenylhydroxymethyl)pyridine C31H25NO2 34979
58451-85-7 2,6-bis(diphenylhydroxymethyl)piperidine C31H31NO2 34983
58451-87-9 2,6-bis(dibenzylhydroxymethyl)piperidine C35H39NO2 35294
58474-80-9 3-decenal C10H18O 20689
58477-85-3 N,N'-diallyl-L-tartardiamide C10H16N2O4 20409
58479-61-1 tert-butyl(chloro)diphenylsilane C16H19ClSi 29411
58484-07-4 1-(2-chloroethyl)-3-(b-D-glucopyranosyl)-1 C9H16ClN3O7 17635
58494-43-2 1-(2-chloroethyl)-3-(trans-2-hydroxycycloh C9H16ClN3O4 17634
58539-11-0 ethyl 3-bromo-2-(bromomethyl)propionate C6H10Br2O2 7676
58546-54-6 schisandrol B C23H28O7 33593
58561-04-9 N-(tert-butoxycarbonyl)-L-valine methyl este C11H21NO4 22783
58567-11-6 formaldehyde cyclododecyl ethyl acetal C15H30O2 28890
58574-03-1 4'-hydroxy-4-biphenylcarboxylic acid C13H10O3 25647
58577-87-0 (R)-(+)-2-amino-3-benzyloxy-1-propanol C10H15NO2 20268
58581-89-8 azelastine C22H24ClN3O 33251
58588-28-6 5-chloro-3-hexanol C6H13ClO 8692
58593-78-5 4-chloro-1,3-benzenedithiol C6H5ClS2 6739
58605-10-0 methyl 3,5-dibenzyloxybenzoate C22H20O4 33212
58616-95-8 trans-1,2-cyclopropanedicarboxylic acid, (±)- C5H6O4 4579
58618-39-6 diethyl 1,8-naphthalenedicarboxylate C16H16O4 29301
58625-77-7 3,4-dichloro-2-butanone C4H6Cl2O 2832
58628-40-3 bis(isopropylcyclopentadienyl)zirconium di C16H22Cl2Zr 29499
58632-95-4 boc-ON C13H14N2O3 25964
58653-97-7 methyl 2-methylglycidate C5H8O3 4941
58654-67-4 5-methyl-2-octanone C9H18O 18005
58658-27-8 4'-((3-amino-9-acridinyl)amino)methanesulf C20H18N4O2S 32076
58670-89-6 2-decyl-1-tetradecanol C24H50O 34004
58682-45-4 4'-(3-bromo-9-acridinylamino)methanesulf C20H16BrN3O2S 32002
58683-84-4 3-methoxy-4-nitroazobenzene C13H11N3O3 25735
58695-41-3 cyclohexylamino acetic acid C8H15NO2 14823
58696-86-9 ammonium-3-methyl-2,4,6-trinitrophenoxide C7H8N4O7 10847
58728-64-6 4-amino-1-naphthalenecarbonitrile C11H8N2 21517
58766-17-9 2-chloro-5-methylhexane C7H15Cl 11999
58776-08-2 phenyliodine(iii) nitrate C6H5IN2O6 6796
58785-63-0 ionomycin C44H76O14 35757
58795-24-7 5,6-dimethyl-2-heptanol C9H20O 18278
58802-08-7 1,2,4,7,8-pentachlorodibenzo-p-dioxin C12H3Cl5O2 23150
58809-90-8 2-nitrobenzaldehyde tosylhydrazone C14H13N3O4S 27047
58810-48-3 2-chloro-N-(2,6-dimethylphenyl)-N-(tetrahy C14H16ClNO3 27319
58812-37-6 chuanliansu C30H38O11 34895
58814-86-1 aculeacin A C50H81N7O16 35828
58817-05-3 amyldimethyl-p-amino benzoic acid C17H27NO2 30258
58821-98-0 12-deoxyphorbol-13-phenylacetate C28H34O6 34642
58859-46-4 ethyl 4-amino-1-piperidinecarboxylate C8H16N2O2 15032
58873-44-2 9-(1-methylvinyl)phenanthrene C17H14 29918
58879-33-7 (R)-(-)-g-toluenesulfonylmethyl-g-butyrolact C12H14O5S 24021
58879-34-8 (S)-(+)-g-toluenesulfonylmethyl-g-butyrolact C12H14O5S 24022
58880-37-8 1-(4-chlorophenyl)-1-cyclohexanecarboxylica C13H15ClO2 26002
58886-98-9 trans-9,10-dihydro-9,10-dihydroxybenzo(a)pyre C20H12O2 31837
58911-30-1 3-chloro-3-trifluoromethyldiazirine C2ClF3N2 424
58917-67-2 (±)-(E)-7,8-dihydroxy-9,10-epoxy-7,8,9,10-tet C20H14O3 31924
58917-85-4 (R)-(+)-carbobenzyloxyamino-3-phenyl-1-propa C17H19NO3 30099
58917-91-2 (±)-7,b,8,a-dihydroxy-9,b,10,b-epoxy-7,8,9,10 C20H14O3 31925
58941-14-3 N,N-dichloroglycine C2H3Cl2NO2 719
58957-92-9 4-demethoxydaunomycin C26H27NO9 34264
58958-60-4 isostearyl neopentanoate C23H46O2 33701
58970-76-6 N-[(2S,3R)-3-amino-2-hydroxy-4-phenylbutyry C16H24N2O4 29573
58971-11-2 3-bromophenethylamine C8H10BrN 13813
58989-02-9 N-hydroxy-N-ethyl-p-(phenylazo) aniline C14H15N3O 27251
59006-05-2 1-fluoro-2,2-dimethylpropane C5H11F 5656
59017-64-0 ioxaglic acid C24H21I6N5O8 33803
59020-74-5 2,7-dimethylbenzofuran C10H10O 19091
59022-71-8 1,3-dihydro-4,7-dimethyl-2H-indol-2-one C10H11NO 19298
59025-55-7 2,4-difluorophenyl isocyanate C7H3F2NO 9569
59026-31-2 dihydro-5-phenyl-5-propyl-4,6(1H,5H)-pyrimi C13H16N2O2 26060
59026-32-3 4-methylprimidone C13H16N2O2 26062
59034-32-1 1,3,3-trifluoro-2-methoxycyclopropene C4H3F3O 2476
59034-34-3 1-chloro-3,3-difluoro-2-methoxycyclopropene C4H3ClF2O 2449
59086-92-9 (E)-phorbol monodecanoate mono(2-methylcroton C35H52O8 35303
59094-77-8 ethyl thioacetate C4H8OS 3498
59104-79-9 1,1-dibromoheptane C7H14Br2 11751
59104-80-2 1,1-dibromodecane C10H20Br2 20958
59117-78-1 2,2-dichlorooctadecanal C18H34Cl2O 31023
59122-46-2 methyl (±)-11a-16-dihydroxy-16-methyl-9-oxopr C22H38O5 33412
59122-55-3 dodecyl-b-D-glucopyranoside C18H36O6 31112
59128-91-5 3-iodo-3-methyl-1-butene C5H9I 5170
59128-97-1 haloxazolam C17H14BrFN2O2 29920
59129-74-7 4,5-dimethylquinoline C11H11N 21714
59130-69-7 hexadecyl 2-ethylhexanoate C24H48O2 33993
59146-56-4 2-(2-bromoethoxy)tetrahydro-2H-pyran C7H13BrO2 11584
59146-96-2 2,3-dimethyl-6-nitroaniline C8H10N2O2 13880
59160-29-1 N-(2,6-dimethylphenylcarbamoylmethyl) imino C14H18N2O5 27466
59163-97-2 methylcarbamoylethyl acrylate C7H11NO3 11302
59169-69-6 1-(2-aminobenzoyl)-1-methylhydrazine C8H11N3O 14200
59169-70-9 1-(2-amino-5-chlorobenzoyl)-1-methylhydrazi C8H10ClN3O 13836
59183-17-4 3,6-dichloro-3,6-dimethyltetraoxane C4H6Cl2O4 2852
59183-18-5 acetyl-1,1-dichloroethyl peroxide C4H6Cl2O3 2851
59189-51-4 2,6-difluorobenzophenone C13H8F2O 25484
59198-70-8 diflucortolone valerate C27H36F2O5 34456
59204-02-3 3,7-dimethyl-1-octanol, (±) C10H22O 21332
59222-86-5 2,2-dimethyltetradecane C16H34 29757
59227-46-2 3-(benzo[b]selenyl)acetic acid C10H8O2Se 18770
59230-57-8 4-isopropylbenzyl acetate C12H16O2 24236
59230-81-8 12-bromomethyl-7-methylbenz(a)anthracene C20F15Br 31764
59255-95-7 2-bromo-6-nitroaniline C6H5BrN2O2 6665
59259-38-0 (-)-menthyl lactate C13H24O3 26431
59261-17-5 cis-1,4-dioxenedioxetane C4H6O4 3013
59276-37-8 3,4,5-trimethoxybenzaldehyde dimethyl acetal C12H18O5 24495
59277-89-3 acyclovir C8H11N5O3 14220
59280-70-5 4'-chloro-2'-fluoroacetanilide C8H7ClFNO 12993
59297-18-6 5a-stigmastane-3b,5,6b-triol 3-monobenzoate C36H56O4 35384
59327-98-9 2-azidomethylbenzenediazonium tetrafluorobor C7H6BF4N5 10138
59330-98-2 cyclohexyldichlorobenzene C12H14Cl2 23907
59337-89-2 3-chlorothiophene-2-carboxylic acid C5H3ClO2S 4227
59348-49-1 DL-1-amino-3-chloro-2-propanol C3H8ClNO 2098
59348-62-8 diazomalonic acid C3H2N2O4 1381
59357-07-2 5-hydroxy-2-methyl-3-hexanone C7H14O2 11921
59368-15-9 1-methyl-1-nitrocyclohexane C7H13NO2 11647
59376-54-4 ethyl (ethoxysulfonyl)acetate C6H12O5S 8585
59376-64-6 trans-3-(trimethylsilyl)allyl alcohol C6H14OSi 9017
59377-19-4 4-phenoxyphenyl isocyanate C13H9NO2 25557
59377-20-7 2-phenoxyphenyl isocyanate C13H9NO2 25558
59388-58-8 1,2,3,4-tetrahydro-2,2,4,7-tetramethylquinolin C13H19N 26247
59405-47-9 pyridine-1-oxide-3-azo-p-dimethylaniline C13H14N4O 25979
59413-14-8 1-(3-hydroxypropyl)theobromine C10H14N4O3 19971
59414-23-2 1-methoxy-3-(trimethylsilyloxy)-1,3-butadien C8H16O2Si 15214
59417-86-6 6-fluorobenzo(a)pyrene C20H11F 31793
59419-71-5 bis(2-aminoethyl)aminediperoxochromium(iv) C4H13CrN3O4 4116
59425-37-5 N-phenyl-N'-cyanoformamidine C8H7N3 13216
59433-08-8 3-ethylpiperidine, (±) C7H15N 12039
59434-05-8 2,5-dinitrothiophene C4H2N2O4S 2422
59443-94-6 4-amino-b-oxobenzenepropanenitrile C9H8N2O 16160
59467-70-8 midazolam C18H13ClFN3 30441
59473-45-9 2-iodobenzyl chloride C7H6ClI 10218
59480-92-1 2,5-dimethyl-3-pyrroline, cis and trans C6H11N 8100
59483-61-3 N-chloro-4-nitroaniline C6H5ClN2O2 6718
59512-21-9 2-(3-benzoylphenyl)-N,N-dimethylpropionamide C18H19NO2 30694
59557-05-0 menthyl acetoacetate C14H24O3 27769
59558-23-5 p-tolyl octanoate C15H22O2 28678
59562-82-2 3,3-dimethyl-1,2-butanediol C6H14O2 9053
59570-04-6 ethylundecylamine C13H29N 26557
59570-06-8 ethyltridecylamine C15H33N 28933
59572-10-0 1,3,6,8-pyrenetetrasulfonic acid tetraso C16H6Na4O12S4 28956
59607-71-5 4-methoxy-2-nitrophenylthiocyanate C8H6N2O3S 12897
59609-49-3 cyclopropanecarboxylic acid, 3-(2,2-dichlo C10H14Cl2O2 19911
59643-75-3 2,3-dimethyl-cis-3-hexene C8H16 14962
59643-84-4 2-N-propoxybenzamide C10H13NO2 19819
59652-20-9 14-methyldibenz(a,j)acridine C22H15N 33124
59652-21-0 7-methyldibenz(c,h)acridine C22H15N 33122
59653-73-5 teroxirone C12H15N3O6 24104
59654-13-6 2-iodohexane C6H13I 8725
59662-31-6 4-hexylbiphenyl C18H22 30782
59664-42-5 2,4-bis(trifluoromethyl)benzaldehyde C9H4F6O 15795
59665-11-1 N-methyl-N-acetylaminomethylnitrosamine C4H9N3O2 3765
59669-26-0 thiodicarb C10H18N4O4S3 20667
59697-51-7 trans-1,2-dichloro-1-hexene C6H10Cl2 7689
59697-55-1 cis-1,2-dichloro-1-hexene C6H10Cl2 7688
59702-31-7 N-ethylpiperizine-2,3-dione C6H10N2O2 7728
59719-74-3 1,3-cyclopentanediol, cis and trans C5H10O2 5524
59734-23-5 5-methyl-4-octanol C9H20O 18262
59741-04-7 2-methoxy-5-methylphenyl isocyanate C9H9NO2 16437
59748-51-5 4'-(3-nitro-9-acridinylamino)methanesulfon C20H16N4O4S 32015
59748-95-7 4'-(3-methoxy-9-acridinylamino)methanesulf C21H19N3O3S 32728
59749-17-6 1-((4-fluorophenyl)methyl)-5-oxo-L-proline C13H14FNO3 25945
59749-18-7 1-((4-chlorophenyl)methyl)-5-oxo-L-proline C13H14ClNO3 25939
59749-19-8 1-((3,4-dichlorophenyl)methyl)-5-oxo-L-pr C13H13Cl2NO3 25846
59749-20-1 1-((2,6-dichlorophenyl)methyl)-5-oxo-L-pr C13H13Cl2NO3 25845
59749-21-2 1-((4-fluorophenyl)methyl)-5-oxo-L-proline C12H12FNO3 23710
59749-22-3 1-((4-chlorophenyl)methyl)-5-oxo-L-proline C12H12ClNO3 23698
59749-23-4 1-((3,4-dichlorophenyl)methyl)-5-oxo-L-pr C12H11Cl2NO3 23602
59749-24-5 1-((2,4-dichlorophenyl)methyl)-5-oxo-L-pr C12H11Cl2NO3 23600
59749-37-0 1-((2,6-dichlorophenyl)methyl)-5-oxo-L-pr C12H11Cl2NO3 23601
59749-40-5 1-((4-fluorophenyl)methyl)-5-oxo-L-proline C18H22FNO5 30789
59749-45-0 1-((4-fluorophenyl)methyl)-5-oxo-L-proline(C22H18FNO5 33169
59749-46-1 N-(p-fluorobenzyl)pyroglutamide C12H13FN2O2 23811
59749-49-4 N-(carbonamido-2 chromone)-1-((chromonyl am C24H17N3O7 33746
59749-50-7 1-((4-fluorophenyl)methyl)-5-oxo-N-(4-oxo- C21H17FN2O4 32662
59749-51-8 1-((4-fluorophenyl)methyl)-5-oxo-N-(3-(tr C19H16F4N2O2 31335
59756-60-4 fluridone C19H14F3NO 31279
59766-02-8 7,14-dibenzyldibenz(a,h)anthracene C36H26 35336
59777-92-3 2-methylcyclohexylpentanol C8H16O 15086
59779-75-8 (4R,5R)-4,5-diethoxycarbonyl-2,2-dimethyldiox C11H18O6 22633
59804-37-4 tenoxicam C13H11N3O4S2 25737
59820-43-8 2-((2-(2-hydroxyethoxy)-4-nitrophenyl)amino C10H14N2O5 19962
59829-81-1 (R)-(+)-1,2-epoxytridecane C13H26O 26490
59843-58-2 3-(4-chlorophenyl)pyrazole C9H7ClN2 15958
59843-75-3 3-(p-tolyl)pyrazole C10H10N2 19041
59863-13-7 bis[bis(trimethylsilyl)amino]tin(ii) C12H36N2Si4Sn 25418
59863-59-1 3,4-dichloro-N-nitrosopyrrolidine C4H6Cl2N2O 2823
59865-13-3 cyclosporin A C62H111N11O12 35930
59871-24-8 trans-1-chloro-1-octene C8H15Cl 14750
59889-45-1 2-chloro-2,3-dimethylpentane C7H15Cl 11989
59897-92-6 ethyl 3,3-dimethyl-4,6,6-trichloro-5-hexen C10H15Cl3O2 20193
59901-90-5 1'-acetoxysafrole-2',3'-oxide C12H12O5 23793
59901-91-6 1'-hydroxysafrole-2',3'-oxide C10H10O4 19221
59905-55-4 4-methylene-1-isopropylbicyclo[3.1.0]hexan-3-o C10H16O 20443
59935-47-6 N-2-fluorenyl succinamic acid C17H15NO3 29975
59937-28-9 malotilate C12H16O4S2 24267
59943-31-6 7-chloro-3-(4-methyl-1-piperazinyl)-4H-1 C12H15ClN4O2S 24029
59956-48-8 isobutyl bromoacetate C6H11BrO2 7996
59960-30-4 nitrosochloroethyldimethylurea C5H10ClN3O2 5326
59965-27-4 2-ethyl-3:4-benzphenanthrene C20H16 31999
59967-14-5 4-iodo-1-pentene C5H9I 5151
59973-07-8 methyl nonyl sulfide C10H22S 21388
59973-08-9 ethyl nonyl sulfide C11H24S 23087
59983-39-0 (S)-(-)-1-amino-2-(methoxymethyl)pyrrolidine C6H14N2O 8936
59985-27-2 2-(2-amino-4-pyrimidinylvinyl)quinoxaline-N C14H11N5O2 26865
59989-92-3 dictyocarpinine 6-acetate C26H39NO8 34312
59997-51-2 pivaloylacetonitrile C7H11NO 11279
60010-51-7 2,2,2-trichloroethyl dichlorophosphite C2H2Cl5OP 637
60012-63-7 alpha-ethylbenzenepentanol C13H20O 26308
60012-89-7 3,8-bis(1-piperidinylmethyl)-2,7-dioxaspiro C19H30N2O4 31627
60029-23-4 N-(1-formamido-2,2,2-trichloroethyl)morfo C11H13Cl3N2O2 11261
60046-25-5 a-D-glucoheptonic acid g-lactone C7H12O7 11566
60047-17-8 linalool oxide C10H18O2 20804
60050-37-5 2-(m-bromophenyl)-N-(4-morpholinomethyl)s C15H17BrN2O3 28453
60062-60-4 4-propyl-2,6,7-trioxa-1-stibabicyclo(2.2.2)o C7H13O3Sb 11692
60075-64-1 ethyl p-iodobenzyl carbonate C10H11IO3 19279
60075-65-2 p-iodobenzyl isobutyl carbonate C12H15IO3 24044
60075-67-4 N-amyl-p-iodobenzyl carbonate C13H17IO3 26122
60075-68-5 N-hexyl-p-iodobenzyl carbonate C14H19IO3 27516
60075-69-6 3-hexyl-p-iodobenzyl carbonate C14H19IO3 27515
60075-70-9 p-iodobenzyl-4-methyl-2-pentyl carbonate C14H19IO3 27517
60075-72-1 2-ethylhexyl-p-iodobenzyl carbonate C16H23IO3 29543
60075-74-3 (2-(ethoxycarbonyl)-1-methyl)ethyl carbonic C14H17IO5 27393
60075-76-5 ethyl p-iodophenylethyl carbonate C11H13IO3 21942
60075-83-4 carbonic acid 3-(p-iodophenyl)-3-methylpropy C14H19IO3 27514
60075-86-7 carbonic acid, butyl ester, ester with 2-(p- C16H23IO3 29542
60084-10-8 riboxamide C9H12N2O5S 17065
60096-09-5 1,5-heptanediol C7H16O2 12227
60102-37-6 petasitenine C19H27NO7 31596
60111-14-0 3-methyl-4-hexen-3-ol C7H14O 11866
60125-24-8 2-methoxycinnamaldehyde; predominantly trans C10H10O2 19136
60145-64-4 3-amino-4-homoisotwistane C11H19N 22640
60153-49-3 3-methylnitrosaminopropionitrile C4H7N3O 3300
60166-93-0 iopamidol C17H22I3N3O8 30181
60168-88-9 fenarimol C17H12Cl2N2O 29876
60186-78-9 3-tridecyne C13H24 26404
60207-90-1 propiconazole C15H17Cl2N3O2 28457
60207-93-4 etaconazole C14H15Cl2N3O2 27206
60211-57-6 3,5-dichlorobenzyl alcohol C7H6Cl2O 10279
60212-29-5 2-undecyne C11H20 22673
60212-30-8 3-undecyne C11H20 22674
60212-31-9 4-undecyne C11H20 22675
60212-32-0 3-tetradecyne C14H26 27781
60223-52-1 3,6,11,14-tetramethoxydibenzo(g,p)chrysene C30H24O4 34857

60238-56-4	chlorthiophos	C11H15Cl2O3PS2	22229
60247-14-5	methylethylisobutylamine	C7H17N	12334
60251-57-2	2-bromooctane, (±)-	C8H17Br	15249
60254-65-1	hexyl N,N-diethyloxamate	C12H23NO3	24810
60254-66-2	heptyl N,N-diethyloxamate	C13H25NO3	26458
60254-67-3	octyl N,N-diethyloxamate	C14H27NO3	27845
60254-68-4	nonyl N,N-diethyloxamate	C15H29NO3	28852
60254-95-7	5-(a-hydroxybenzyl)-2-benzimidazolecarbamic	C16H15N3O3	29225
60268-85-1	anti-benzo(a)pyrene-7,8-dihydrodiol-9,10-oxid	C20H14O3	31916
60273-78-1	N-(1-butylpentylideneamino)-1-methylsulfany	C11H22N2S2	22821
60278-98-0	3-(N-benzyl-N-methylamino)propane-1,2-diol	C11H17NO2	22519
60291-32-9	1,2,3,4,5,6-hexachlorocyclohexane, (1alpha,2alp	C6H6Cl6	6951
60302-21-8	4-tert-butylheptane	C11H24	22953
60302-23-0	2,2,4,4,5-pentamethylhexane	C11H24	23039
60302-24-1	2,2,3,3,5,5-hexamethylhexane	C12H26	25259
60302-27-4	2,2,3,3,4,4-hexamethylpentane	C11H24	23048
60302-28-5	2,2-dimethyl-3,3-diethylpentane	C11H24	23044
60311-02-6	sulforhodamine 101 (free acid)	C31H30N2O7S2	34981
60325-46-4	sulprostone	C23H31NO7S	33632
60345-95-1	mercury(ii) 5-nitrotetrazolide	C2HgN10O4	1195
60364-26-3	propham	C8H15N2O2	14848
60385-06-0	4-methoxy-2-methylphenyl isocyanate	C9H9NO2	16438
60391-92-6	nitroso hydantoic acid	C3H5N3O4	1795
60397-73-1	4,4'-bis((4-(2-methoxyethoxy)-6-(N-meth	C32H42N10O16S4	35082
60414-81-5	N-nitrosobis(2-acetoxypropyl)amine	C10H18N2O5	20662
60415-61-4	1-methylbutyl butanoate	C9H18O2	18063
60415-67-0	1-oxododecyl-D-glucopyranoside	C18H34O7	31052
60431-34-7	2,3,4-tri-O-benzyl-L-fucopyranose	C27H30O5	34423
60433-11-6	cis-perfluorodecalin	C10F18	18465
60433-12-7	trans-perfluorodecalin	C10F18	18466
60434-71-1	(S)-(-)-1,2-propanediol di-p-tosylate	C17H20O6S2	30147
60435-70-3	2-methyl-1-heptanol	C8H18O	15436
60444-92-0	2-N-butoxybenzamide	C11H15NO2	22272
60448-19-3	benzo(a)pyrene-11,12-oxide	C20H12O	31824
60456-21-5	(-)-methyl (S)-2,2-dimethyl-1,3-dioxolane-4-ca	C7H12O4	11555
60456-22-6	(S)-(-)-4-(chloromethyl)-2,2-dimethyl-1,3-dio	C6H11ClO2	8049
60456-23-7	(S)-(-)-glycidol	C3H6O2	1939
60456-26-0	(R)-(-)-glycidyl butyrate	C7H12O3	11522
60462-51-3	trans-N-hydroxy-4-aminostilbene	C14H13NO	27022
60468-23-7	1-bromo-1-pentene	C5H9Br	4995
60468-54-4	2-methyl-3-nitrobenzyl chloride	C8H8ClNO2	13274
60479-65-4	(S)-(+)-2-(dibenzylamino)-1-propanol	C17H21NO	30155
60494-19-1	bis(methoxymaleoyloxy)dioctylstannane	C26H44O8Sn	34323
60504-57-6	1-deoxypyrromycin	C30H35NO10	34887
60504-95-2	deisovaleryl blastmycin	C21H28N2O8	32920
60510-57-8	5-phenyl-3-(o-tolyl)-S-triazole	C15H13N3	28244
60512-85-8	isopropyl trans-cinnamate	C12H14O2	23975
60548-62-1	1,4-butanediyl sulfamate	C4H12N2O6S2	4088
60550-91-6	cyclobutyl-N-(2-fluorenyl)formamide	C18H17NO	30607
60553-18-6	fluoroethylene ozonide	C2H3FO3	734
60558-96-5	N,N,N',N'-tetraethyl-1,3-propanediamine	C11H26N2	23103
60560-33-0	2-cyano-3-(4-pyridyl)-1-(1,2,3,trimethylpropy	C13H19N5	26279
60563-13-5	ethyl homovanillate	C11H14O4	22197
60577-30-2	4-iodo-2-methylphenol	C7H7IO	10600
60580-30-5	O,O-di-n-propyl-O-(4-methylthiophenyl)phosp	C13H21O4PS	26359
60589-06-2	2-methoxy-4-(o-methoxyphenyl)-D2-1,3,4-oxad	C10H10N2O4	19070
60593-11-5	(S)-(+)-5-(1-hydroxy-1-methylethyl)-2-methyl-	C10H16O2	20496
60595-37-1	trans-1-iodo-1-heptene	C7H13I	11620
60599-38-4	N-nitrosobis(2-oxopropyl)amine	C6H10N2O3	7740
60605-72-3	bis(dimethylcarbamodithioato)((1,2-ethan	C10H18N4S8Zn2	20669
60607-34-3	oxatimide	C27H30N4O	34422
60611-24-7	2-fluoro-6-(trifluoromethyl)benzaldehyde	C8H4F4O	12554
60634-59-5	succinic acid, (4-ethoxy-1-napthylcarbonylmet	C18H18O6	30685
60646-30-2	(S)-(+)-2,2,2-trifluoro-1-(9-anthryl)ethanol	C16H11F3O	29005
60656-87-3	benzyloxyacetaldehyde	C9H10O2	16689
60669-40-1	3-undecene	C11H22	22798
60671-32-1	3-methyl-2-nonanol	C10H22O	21237
60671-36-5	2-methyl-3-undecanol	C12H26O	25282
60672-60-8	pentafluorosulfur peroxyacetate	C2H3F5O3S	742
60676-83-7	4-amino-N-cyclopropyl-3,5-dichlorobenzami	C10H10Cl2N2O	18995
60687-93-6	C.I. natural red 25	C20H14O10	31940
60698-31-9	2-phenoxyfuran	C10H8O2	18764
60702-69-4	2-chloro-4-fluorobenzonitrile	C7H3ClFN	9495
60703-31-3	2,5-dimethyl-4-hexen-3-ol	C8H16O	15108
60705-62-6	4-tert-butylcalix[4]arene	C44H56O4	35750
60706-43-6	10-(2-(4-methyl-1-piperazinyl)ethyl)phenothi	C19H23N3S	31531
60706-49-2	9-(methyl-2-piperidyl)methylcarbazole	C19H22N2	31483
60706-52-7	1-(1-methyl-2-piperidyl)methylphenothiazine	C19H22N2S	31491
60710-39-6	3 bromo-4-methylphenol	C7H7BrO	10480
60711-47-9	methyltris(tri-sec-butoxysilyloxy)silane	C37H84O12Si4	35497
60711-74-2	N,N'-dioctadecyloxacarbocyanine p-toluenes	C60H92N2O5S	35921
60719-84-8	amrinone	C10H9N3O	18951
60731-73-9	2,6-difluorobenzoyl isocyanate	C8H3F2NO2	12480
60761-04-8	4,7,7-trimethyl-6-oxabicyclo[3.2.1]oct-3-ene,	C10H16O	20453
60762-50-7	1-(L-a-glutamyl)-2-isopropylhydrazine	C8H17N3O3	15306
60763-78-2	3-ethylthio-1,2-propanediol	C5H12O2S	5893
60764-83-2	mercaptomethyltriethoxysilane	C7H18O3SSi	12388
60784-40-9	N-(2-chloroethyl)-N-nitrosocarbomoyl azide	C3H4ClN5O2	1532
60784-41-0	1,1'-ethylenebis(3-(2-chloroethyl)-3-nitr	C8H14Cl2N6O4	14513
60784-42-1	1,1'-propylenebis(3-(2-chloroethyl)-3-nit	C9H16Cl2N6O4	17642
60784-43-2	1,1'-tetramethylenebis(3-(2-chloroethyl)	C10H18Cl2N6O4	20649
60784-44-3	1,1'-pentamethylenebis(3-(2-chloroethyl)	C11H20Cl2N6O4	22682
60784-46-5	1-(2-chloroethyl)-3-(2-hydroxyethyl)-1-nitr	C5H10ClN3O3	5327
60784-47-6	3-(2-chloroethyl)-1-(3-hydroxypropyl)-3-nit	C6H12ClN3O3	8269
60784-48-7	1-(2-chloroethyl)-3-(4-hydroxybutyl)-1-nitro	C7H14ClN3	11760
60789-54-0	benzyl 4-bromobutyl ether	C11H15BrO	22213
60789-89-1	1-(a-methylphenethyl)-2-(5-methyl-3-isoxazo	C14H17N3O2	27401
60811-18-9	4-bromo-1-chloro-2-fluorobenzene	C6H3BrClF	6216
60811-21-4	4-bromo-2-chloro-1-fluorobenzene	C6H3BrClF	6217
60811-23-6	3-chloro-4-fluorothiophenol	C6H4ClFS	6433
60814-29-1	2,6-dimethylquinoxaline	C10H10N2	19022
60827-45-4	(S)-(+)-3-chloro-1,2-propanediol	C3H7ClO2	2005
60835-69-0	nitrobenzo-15-crown-5	C14H19NO7	27545
60835-72-5	4'-bromobenzo-15-crown-5	C14H19BrO5	27507
60835-75-8	4-carboxybenzo-18-crown-6	C17H24O8	30227
60836-07-9	2,4,6-trimethyl-4-heptanol	C10H22O	21302
60838-50-8	3-methoxyacrylonitrile, isomers	C4H5NO	2706
60851-34-5	2,3,4,6,7,8-hexachlorodibenzofuran	C12H2Cl6O	23139
60864-95-1	(-)-trans-7,8-dihydroxy-7,8-dihydrobenzo(a)py	C20H14O2	31914
60871-83-2	magnesium trifluoromethanesulfonate	C2F6MgO6S2	495
60875-16-3	4-(3-methyl-5-oxo-2-pyrazolin-1-yl)benzoica	C11H10N2O3	21634
60883-74-1	a-bromo-b,b-bis(p-ethoxyphenyl)styrene	C24H23BrO2	33813
60899-39-0	2-dodecylnaphthalene	C22H32	33362
60940-34-3	ebselen	C13H9NOSe	25554
60956-23-2	1,2-dibromo-4-methylbenzene	C7H6Br2	10188
60956-24-3	1,2-dibromo-4-chlorobenzene	C6H3Br2Cl	6244
60956-26-5	4-bromo-1-methyl-2-nitrobenzene	C7H6BrNO2	10176
60965-26-6	2-bromo-2',4'-dimethoxyacetophenone	C10H11BrO3	19237
60967-88-6	benz(a)anthracene-1,2-dihydrodiol	C18H14O2	30500
60967-89-7	benz(a)anthracene-3,4-dihydrodiol	C18H14O2	30501
60967-90-0	benz(a)anthracene-10,11-dihydrodiol	C18H14O2	30504
60968-01-6	3,4-dihydrobenzo(a)anthracene	C18H14	30463
60968-08-3	1,2-dihydrobenzo(a)anthracene	C18H14	30462
61001-31-8	2-phenyl-5,6-dihydropyrazolo(5,1-a)isoquinoli	C17H14N2	29928
61001-36-3	2-phenyl-pyrazolo(5,1-a)isoquinoline	C17H12N2	29885
61001-40-9	2-(m-methoxyphenyl)-pyrazolo(5,1-a)isoquinol	C18H14N2O	30480
61001-42-1	2-phenyl-8H-pyrazolo(5,1-a)isoindole	C16H12N2	29042
61005-12-7	o-sec-butylphenyl carbamate	C12H17NO2	24316
61020-07-3	N-formyl-2-methoxy-piperidine	C7H13NO2	11661
61020-09-5	N-formyl-3-methoxy-morpholine	C6H11NO3	8166
61034-40-0	1-nitroso-4-benzoyl-3,5-dimethylpiperazine	C13H18N3O2	26200
61050-68-8	4,5-octanedione dioxime	C8H16N2O2	15031
61064-08-2	3,4-dimethyl-1-pentyne	C7H12	11351
61079-72-9	2,3,4-trifluorobenzoic acid	C7H3F3O2	9582
61137-63-1	trans-1-(2-chloroethyl)-3-(3-methylcycloh	C10H18ClN3O2	20647
61189-99-9	2,2-diethoxyacetamide	C6H13NO3	8843
61203-01-8	methyl 1-bromovinyl ketone	C4H5BrO	2627
61213-25-0	flurochloridone	C12H10Cl2F3NO	23466
61228-10-2	5-ethyl-5-methyl-3-heptyne	C10H18	20600
61231-45-6	N,N-diphenyl-1-naphthalenamine	C22H17N	33155
61242-71-5	endo-2-norbornanecarboxylic acid ethyl ester	C10H16O2	20506
61247-57-2	niobium(iv) chloride-tetrahydrofuran comp	C8H16Cl4NbO2	15012
61262-94-0	(5S)-5,6-isopropylidenedioxy-6-methyl-heptan-	C11H20O3	22727
61262-96-2	(6S,2Z)-6,7-isopropylidenedioxy-3,7-dimethyl-	C13H24O3	26432
61277-90-5	(2R)-(+)-endo-norborneol	C7H12O	11435
61278-21-5	(S)-3-amino-1,2-propanediol	C3H9NO2	2216
61305-35-9	(R)-4-tert-butyldimethylsilyloxy-2-cyclopen	C11H20O2Si	22724
61305-36-0	(S)-4-tert-butyldimethylsilyloxy-2-cyclopen	C11H20O2Si	22725
61310-53-0	3-ethoxyacrylonitrile	C5H7NO	4672
61341-86-4	(S)-(+)-1-aminoindane	C9H11N	16898
61348-28-5	Na-boc-D-glutamine	C10H18N2O5	20660
61350-03-6	1,1-difluorooctane	C8H16F2	15016
61394-27-2	3,trans-5-dimethylcyclopentene	C7H12	11334
61413-38-5	12-fluoro-5-methylchrysene	C19H13F	31246
61413-39-6	5-methoxychrysene	C19H14O	31287
61413-54-5	rolipram	C16H21NO3	29480
61417-04-7	4'-(1-methoxy-9-acridinylamino)methanesulf	C21H19N3O3S	32727
61417-05-8	4'-(4-methoxy-9-acridinylamino)methanesulf	C21H19N3O3S	32729
61417-08-1	4'-(3-chloro-9-acridinylamino)methanesul	C20H16ClN3O2S	32004
61417-10-5	4'-(9-acridinylamino)-3'-aminomethanesulfo	C20H18N4O2S	32075
61422-45-5	carmofur	C11H16FN3O3	22366
61424-17-7	4-hydroxybutyl(2-propenyl)nitrosamine	C7H14N2O2	11801
61432-55-1	S-1-methyl-1-phenylethyl piperidine 1-carbot	C15H21NOS	28616
61437-85-2	4-amino-2-chloro-a-(4-chlorophenyl)-5-meth	C15H12Cl2N2	28139
61440-88-8	dimesitylcyclopropenone	C21H22O	32810
61443-57-0	(+,-)-trans-7,8-dihydroxy-7,8-dihydrobenzo(a)	C20H14O2	31913
61445-55-4	N-methyl-N-(3-carboxypropyl)nitrosamine	C5H10N2O3	5433
61447-07-2	3-methyl-4-nitro-1-buten-3-yl acetate	C7H11NO4	11305
61462-73-5	4'-(2-chloro-9-acridinylamino)methanesul	C20H16ClN3O2S	32003
61471-62-3	a,N-dimethyl-m-trifluoromethylphenethylamine	C11H14F3N	22056
61489-23-4	2,3:5,6-di-O-cyclohexylidene-a-D-mannofuranos	C18H28O6	30937
61490-68-4	7b,8a,9b,10b-tetrahydroxy-7,8,9,10-tetrahydro	C20H16O4	32033
61495-04-3	N-pivaloyl-o-toluidine	C12H17NO	24307
61499-28-3	1-(((2-hydroxypropyl)nitroso)amino)acetone	C6H12N2O3	8351
61514-68-9	silver phenoxide	C6H5AgO	6633
61531-45-1	pentyl nonanoate	C14H28O2	27881
61535-21-5	1-benzyloxy-3-methyl-2-nitrobenzene	C14H13NO3	27035
61539-75-1	4,5-dibromooctane	C8H16Br2	14999
61550-02-5	2-(trimethylsiloxy)furan	C7H12O2Si	11504
61551-49-3	5,6,7,8-tetrahydro-2-naphthalenesulfonyl c	C10H11ClO2S	19259
61563-25-5	1,2-dibromo-3-methylbenzene	C7H6Br2	10187
61583-30-0	(4-chloro-o-phenylenediamine) dichloroplati	C6H7Cl3N2Pt	7161
61589-68-2	2-chloropentanoyl chloride	C5H8Cl2O	4778
61592-89-0	2,2'-dibromodiphenylmethane	C13H10Br2	25577
61597-96-4	(+)-isobutyl D-lactate	C7H14O3	11940
61614-71-9	tetraisopropyl dithionopyrophosphate	C12H28O5P2S2	25386
61675-14-7	4-methyl-5-hexen-2-one	C7H12O	11424
61676-62-8	2-isopropoxy-4,4,5,5-tetramethyl-1,3,2-dioxab	C9H19BO3	18114
61691-82-5	1'-acetoxyestragole	C12H14O3	23997
61695-69-0	6-oxiranylbenzo(a)pyrene	C22H14O	33117
61695-70-3	7-vinylbenz(a)anthracene	C20H14	31870
61695-72-5	7-oxiranylbenz(a)anthracene	C20H14O	31897
61695-74-7	1-oxiranylpyrene	C18H12O	30434
61699-62-5	3,4-diisopropoxy-3-cyclobutene-1,2-dione	C10H14O4	20160
61706-44-3	2-(p-aminophenyl)-2-phenylpropionamide	C15H16N2O	28418
61734-86-9	N-nitroso-N-pentyl-(4-hydroxybutyl)amine	C9H20N2O2	18230
61734-88-1	N-ethyl-N-(3-hydroxypropyl)nitrosamine	C5H12N2O2	5814
61734-89-2	N-butyl-N-(2-oxobutyl)nitrosamine	C8H16N2O2	15034
61734-90-5	N-butyl-N-(3-oxobutyl)nitrosamine	C8H16N2O2	15035
61735-77-1	3-fluorobenzo(rst)pentaphene	C24H13F	33720
61735-78-2	2,10-difluorobenzo(rst)pentaphene	C24H12F2	33718
61738-03-2	1-methoxy ethyl ethylnitrosamine	C5H12N2O2	5815
61738-04-3	methoxymethyl ethyl nitrosamine	C4H10N2O2	3849
61738-05-4	1-methoxy ethyl methylnitrosamine	C4H10N2O2	3848
61750-69-4	(E)-5-((3,7-dimethyl-2,6-octadienyl)oxy)-2-et	C17H25NO	30232
61764-94-1	4-chloro-4-methylheptane	C8H17Cl	15258
61785-70-4	4-nitro-5-(4-phenyl-1-piperazinyl)benzofura	C16H15N5O4	29231
61785-72-6	7-(4-(3-methoxyphenyl)-1-piperazinyl)-4-nit	C17H17N5O5	30053
61785-73-7	7-(4-(m-tolyl)-1-piperazinyl)-4-nitro-benzo	C17H17N5O4	30052
61789-01-3	fatty acid, tall oil, epoxidized-2-ethylhexyl	C26H48O4	34336
61792-05-0	hydroxymercuri-o-nitrophenol	C6H5HgNO4	6794
61792-07-2	sec-butyl (2,4,5-trichlorophenoxy)acetate	C12H13Cl3O3	23810
61792-11-8	lemonile	C11H17N	22506
61813-58-9	4-ethoxy-3-methoxybenzyl alcohol	C10H14O3	20138
61826-55-9	pinonic acid	C10H16O3	20508
61827-85-8	1,3-dimethyl-4-propylbenzene	C11H16	22333
61827-86-9	1,2,3-trimethyl-4-ethylbenzene	C11H16	22348
61827-87-0	1,2,4-trimethyl-3-ethylbenzene	C11H16	22350
61827-89-2	3,9-dodecadiyne	C12H18	24383
61827-90-5	heptacosylcyclopentane	C32H64	35111
61827-91-6	octacosylcyclopentane	C33H66	35180
61827-92-7	nonacosylcyclopentane	C34H68	35265
61827-93-8	triacontylcyclopentane	C35H70	35314
61827-94-9	hentriacontylcyclopentane	C36H72	35418
61827-98-3	pentatriacontylcyclopentane	C40H80	35617
61827-99-4	hexatriacontylcyclopentane	C41H82	35658
61828-00-0	1-methyl-1-isopropylcyclopentane	C9H18	17868
61828-01-1	1-methyl-trans-2-isopropylcyclopentane	C9H18	17870
61828-02-2	1-methyl-cis-3-isopropylcyclopentane	C9H18	17871
61828-03-3	1-methyl-trans-3-isopropylcyclopentane	C9H18	17872
61828-04-4	tricosylbenzene	C29H52	34812
61828-05-5	tetracosylbenzene	C30H54	34936
61828-06-6	pentacosylbenzene	C31H56	35019
61828-07-7	docosylcyclohexane	C28H56	34717
61828-08-8	tricosylcyclohexane	C29H58	34816
61828-09-9	tetracosylcyclohexane	C30H60	34947

61828-10-2 pentacosylcyclohexane C31H62 35026
61828-11-3 hexacosylcyclohexane C32H64 35112
61828-12-4 heptacosylcyclohexane C33H66 35181
61828-13-5 octacosylcyclohexane C34H68 35266
61828-14-6 nonacosylcyclohexane C35H70 35315
61828-15-7 triacontylcyclohexane C36H72 35419
61828-17-9 dotriacontylcyclohexane C38H76 35519
61828-19-1 tetratriacontylcyclohexane C40H80 35618
61828-20-4 pentatriacontylcyclohexane C41H82 35659
61828-21-5 hexatriacontylcyclohexane C42H84 35705
61828-25-9 heptacosylbenzene C33H60 35178
61828-26-0 octacosylbenzene C34H62 35257
61828-27-1 nonacosylbenzene C35H64 35312
61828-32-8 pentatriacontylbenzene C41H76 35656
61828-33-9 hexatriacontylbenzene C42H78 35703
61828-34-0 1,4-tridecanediol C13H28O2 26541
61828-35-1 DL-erythro-2,3-pentanediol C5H12O2 5866
61828-36-2 DL-threo-2,3-pentanediol C5H12O2 5867
61838-78-6 2-methyl-1-(1-naphthyl)-1-propanone C14H14O 27143
61847-78-7 2,4-dimethyl-trans-3-hexene C8H16 14965
61847-80-1 4-methyl-3-ethyl-1-pentene C8H16 14976
61847-81-2 1-heneicosyne C21H40 33023
61847-82-3 1-docosyne C22H42 33426
61847-83-4 1-tricosyne C23H44 33678
61847-84-5 1-tetracosyne C24H46 33968
61847-85-6 1-pentacosyne C25H48 34179
61847-86-7 1-hexacosyne C26H50 34339
61847-87-8 1-heptacosyne C27H52 34548
61847-88-9 1-octacosyne C28H54 34713
61847-89-0 1-nonacosyne C29H56 34814
61847-90-3 1-triacontyne C30H58 34940
61847-91-4 1-hentriacontyne C31H60 35023
61847-92-5 1-dotriacontyne C32H62 35108
61847-93-6 1-tritriacontyne C33H64 35179
61847-94-7 1-pentatriacontyne C35H68 35313
61847-95-8 1-hexatriacontyne C36H70 35408
61847-96-9 2-heptadecyne C17H32 30285
61847-97-0 2-octadecyne C18H34 31015
61847-98-1 2-nonadecyne C19H36 31671
61847-99-2 2-eicosyne C20H38 32437
61848-66-6 trans(-)-DDCP C6H14Cl2N2Pt 8899
61848-70-2 cis-DDCP C6H4Cl2N2Pt 6478
61849-14-7 (5-Z)-9-deoxy-6,9a-epoxy-pgf1a, sodium salt C20H31NaO5 32375
61866-12-4 2-(3-(2-chloroethyl)3-nitrosoureido)ethyl C5H10ClN3O5S 5329
61868-01-7 1-methyl-cis-2-isopropylcyclopentane C9H18 17869
61868-02-8 2,3-dimethylhexadecane C18H38 31136
61868-03-9 2,3-dimethylheptadecane C19H40 31739
61868-04-0 2,3-dimethyloctadecane C20H42 32519
61868-05-1 2,4-dimethyltridecane C15H32 28909
61868-06-2 2,4-dimethyltetradecane C16H34 29759
61868-07-3 2,4-dimethylpentadecane C17H36 30351
61868-08-4 2,4-dimethylhexadecane C18H38 31137
61868-09-5 2,4-dimethylheptadecane C19H40 31740
61868-10-8 2,4-dimethyloctadecane C20H42 32520
61868-11-9 1-tritriacontene C33H66 35182
61868-12-0 1-tetratriacontene C34H68 35267
61868-13-1 1-pentatriacontene C35H70 35316
61868-14-2 1-hexatriacontene C36H72 35420
61868-19-7 2-methyl-1-hexadecene C17H34 30314
61868-20-0 2-methyl-1-octadecene C19H38 31699
61868-21-1 2,3-dimethyl-3-ethylheptane C11H24 22968
61868-22-2 2,3-dimethyl-4-ethylheptane C11H24 22969
61868-23-3 2,3-dimethyl-5-ethylheptane C11H24 22970
61868-24-4 2,4-dimethyl-3-ethylheptane C11H24 22971
61868-25-5 2,4-dimethyl-4-ethylheptane C11H24 22972
61868-26-6 2,4-dimethyl-5-ethylheptane C11H24 22973
61868-27-7 2,5-dimethyl-3-ethylheptane C11H24 22974
61868-28-8 2,5-dimethyl-4-ethylheptane C11H24 22975
61868-29-9 2,5-dimethyl-5-ethylheptane C11H24 22976
61868-30-2 2,6-dimethyl-3-ethylheptane C11H24 22977
61868-31-3 2,6-dimethyl-4-ethylheptane C11H24 22978
61868-32-4 3,3-dimethyl-4-ethylheptane C11H24 22979
61868-33-5 3,3-dimethyl-5-ethylheptane C11H24 22980
61868-34-6 3,4-dimethyl-3-ethylheptane C11H24 22981
61868-35-7 3,4-dimethyl-4-ethylheptane C11H24 22982
61868-36-8 3,4-dimethyl-5-ethylheptane C11H24 22983
61868-37-9 3,5-dimethyl-3-ethylheptane C11H24 22984
61868-38-0 3,5-dimethyl-4-ethylheptane C11H24 22985
61868-39-1 4,4-dimethyl-3-ethylheptane C11H24 22986
61868-40-4 2,2,3,3-tetramethylheptane C11H24 22987
61868-41-5 2,2,3,4-tetramethylheptane C11H24 22988
61868-42-6 2,2,3,5-tetramethylheptane C11H24 22989
61868-43-7 2,2,3,6-tetramethylheptane C11H24 22990
61868-44-8 2,2,4,4-tetramethylheptane C11H24 22991
61868-45-9 2,2,4,5-tetramethylheptane C11H24 22992
61868-46-0 2,2,4,6-tetramethylheptane C11H24 22993
61868-47-1 2,2,5,5-tetramethylheptane C11H24 22994
61868-48-2 2,2,5,6-tetramethylheptane C11H24 22995
61868-49-3 2,3,3,4-tetramethylheptane C11H24 22997
61868-50-6 2,3,3,5-tetramethylheptane C11H24 22998
61868-51-7 2,3,3,6-tetramethylheptane C11H24 22999
61868-52-8 2,3,4,4-tetramethylheptane C11H24 23000
61868-53-9 2,3,4,5-tetramethylheptane C11H24 23001
61868-54-0 2,3,4,6-tetramethylheptane C11H24 23002
61868-55-1 2,3,5,5-tetramethylheptane C11H24 23003
61868-56-2 2,4,4,5-tetramethylheptane C11H24 23005
61868-57-3 2,4,4,6-tetramethylheptane C11H24 23006
61868-58-4 2,4,5,5-tetramethylheptane C11H24 23007
61868-59-5 3,3,4,4-tetramethylheptane C11H24 23008
61868-60-8 3,3,4,5-tetramethylheptane C11H24 23009
61868-61-9 3,3,5,5-tetramethylheptane C11H24 23010
61868-62-0 3,4,4,5-tetramethylheptane C11H24 23011
61868-63-1 2,2-dimethyl-3-isopropylhexane C11H24 23012
61868-64-2 2,3-dimethyl-3-isopropylhexane C11H24 23013
61868-65-3 2,4-dimethyl-3-isopropylhexane C11H24 23014
61868-66-4 2,5-dimethyl-3-isopropylhexane C11H24 23015
61868-67-5 2-methyl-3,3-diethylhexane C11H24 23016
61868-68-6 2-methyl-3,4-diethylhexane C11H24 23017
61868-69-7 2-methyl-4,4-diethylhexane C11H24 23018
61868-70-0 3-methyl-3,4-diethylhexane C11H24 23019
61868-71-1 3-methyl-4,4-diethylhexane C11H24 23020
61868-72-2 2,2,3-trimethyl-3-ethylhexane C11H24 23021
61868-73-3 2,2,3-trimethyl-4-ethylhexane C11H24 23022
61868-74-4 2,2,4-trimethyl-3-ethylhexane C11H24 23023
61868-75-5 2,2,4-trimethyl-4-ethylhexane C11H24 23024
61868-76-6 2,2,5-trimethyl-3-ethylhexane C11H24 23025
61868-77-7 2,2,5-trimethyl-4-ethylhexane C11H24 23026
61868-78-8 2,3,3-trimethyl-4-ethylhexane C11H24 23027
61868-79-9 2,3,4-trimethyl-3-ethylhexane C11H24 23028
61868-80-2 2,3,4-trimethyl-4-ethylhexane C11H24 23029
61868-81-3 2,3,5-trimethyl-3-ethylhexane C11H24 23030
61868-82-4 2,3,5-trimethyl-4-ethylhexane C11H24 23031
61868-83-5 2,4,4-trimethyl-3-ethylhexane C11H24 23032
61868-84-6 3,3,4-trimethyl-4-ethylhexane C11H24 23033
61868-85-7 2,2,3,3,4-pentamethylhexane C11H24 23034
61868-86-8 2,2,3,3,5-pentamethylhexane C11H24 23035
61868-87-9 2,2,3,4,4-pentamethylhexane C11H24 23036
61868-88-0 2,2,3,4,5-pentamethylhexane C11H24 23037
61868-89-1 2,3,3,4,4-pentamethylhexane C11H24 23040
61868-90-4 2,2,4-trimethyl-3-isopropylpentane C11H24 23042
61868-91-5 2,3,4-trimethyl-3-isopropylpentane C11H24 23043
61868-92-6 2,4-dimethyl-3,3-diethylpentane C11H24 23045
61868-93-7 2,2,3,4-tetramethyl-3-ethylpentane C11H24 23046
61868-94-8 3,5,5-trimethyloctane C11H24 22951
61868-95-9 4,4,5-trimethyloctane C11H24 22952
61868-96-0 2-methyl-4-propylheptane C11H24 22954
61868-97-1 3-methyl-4-propylheptane C11H24 22955
61868-98-2 2-methyl-4-isopropylheptane C11H24 22958
61868-99-3 3-methyl-4-isopropylheptane C11H24 22959
61869-00-9 4-methyl-4-isopropylheptane C11H24 22960
61869-01-0 3,4-diethylheptane C11H24 22962
61869-02-1 3,5-diethylheptane C11H24 22963
61869-03-2 2,2-dimethyl-3-ethylheptane C11H24 22965
61869-04-3 2,2-dimethyltridecane C15H32 28907
61869-05-4 2,2-dimethylpentadecane C17H36 30349
61869-06-5 2,2-dimethyloctadecane C20H42 32518
61869-08-7 paroxetine C19H20FNO3 31440
61886-61-1 3-pentadecyne C15H28 28822
61886-62-2 3-hexadecyne C16H30 29642
61886-63-3 3-heptadecyne C17H32 30286
61886-64-4 3-octadecyne C18H34 31016
61886-65-5 3-nonadecyne C19H36 31672
61886-66-6 3-eicosyne C20H38 32438
61886-67-7 2-nonylnaphthalene C19H26 31569
61886-68-8 2-undecylnaphthalene C21H30 32945
61886-71-3 1-methyl-8-ethylnaphthalene C13H14 25913
61892-85-1 3-hydroxy-2,5-hexanedione C6H10O3 7891
61907-23-1 N,N'''-(2,6-anthraquinonylene)bis(N,N-dieth C26H32N4O2 34288
61912-76-3 lucknomycin C61H96N2O24 35928
61915-27-3 oxiranemethanol, (±) C3H6O2 1936
61924-25-2 3-methylbenzyl isocyanate C9H9NO 16409
61931-68-8 2-methyl-5-phenylbenzoxazole C14H11NO 26835
61931-80-4 homolinalyl acetate C13H22O2 26384
61947-30-6 diisobutyloxostannane C8H18OSn 15543
61949-76-6 cis-permethrin C21H20Cl2O3 32739
61949-77-7 trans-permethrin C21H20Cl2O3 32743
61949-83-5 (<+->)-2,3-dihydro-1H-inden-1-amine C9H11N 16901
61971-91-3 3-methyl-1-(4-methylphenyl)-1-butanone C12H16O 24189
62016-13-1 3-isopropyl-2-methylhexane C10H22 21178
62016-14-2 2,5,6-trimethyloctane C11H24 22943
62016-15-3 4-isopropyloctane C11H24 22915
62016-16-4 2-methyl-3-ethyloctane C11H24 22916
62016-17-5 2-methyl-4-ethyloctane C11H24 22917
62016-18-6 2-methyl-5-ethyloctane C11H24 22918
62016-19-7 2-methyl-6-ethyloctane C11H24 22919
62016-20-0 3-methyl-4-ethyloctane C11H24 22921
62016-21-1 3-methyl-5-ethyloctane C11H24 22922
62016-22-2 3-methyl-6-ethyloctane C11H24 22923
62016-23-3 4-methyl-3-ethyloctane C11H24 22924
62016-24-4 4-methyl-5-ethyloctane C11H24 22926
62016-25-5 4-methyl-6-ethyloctane C11H24 22927
62016-26-6 2,2,3-trimethyloctane C11H24 22928
62016-27-7 2,2,5-trimethyloctane C11H24 22930
62016-28-8 2,2,6-trimethyloctane C11H24 22931
62016-29-9 2,2,7-trimethyloctane C11H24 22932
62016-30-2 2,3,3-trimethyloctane C11H24 22933
62016-31-3 2,3,4-trimethyloctane C11H24 22934
62016-32-4 2,3,5-trimethyloctane C11H24 22935
62016-33-5 2,3,6-trimethyloctane C11H24 22936
62016-34-6 2,3,7-trimethyloctane C11H24 22937
62016-35-7 2,4,4-trimethyloctane C11H24 22938
62016-36-8 2,4,5-trimethyloctane C11H24 22939
62016-37-9 2,4,6-trimethyloctane C11H24 22940
62016-38-0 2,4,7-trimethyloctane C11H24 22941
62016-39-1 2,5,5-trimethyloctane C11H24 22942
62016-40-4 3,3,4-trimethyloctane C11H24 22945
62016-41-5 3,3,5-trimethyloctane C11H24 22946
62016-42-6 3,3,6-trimethyloctane C11H24 22947
62016-43-7 3,4,4-trimethyloctane C11H24 22948
62016-44-8 3,4,5-trimethyloctane C11H24 22949
62016-45-9 3,4,6-trimethyloctane C11H24 22950
62016-46-0 2,2-dimethyl-4-ethylheptane C11H24 22966
62016-47-1 2,2-dimethyl-5-ethylheptane C11H24 22967
62016-48-2 methyl 2-methylbutyl ether C6H14O 8998
62016-49-3 methyl 1,2-dimethylpropyl ether C6H14O 9001
62016-52-8 heptadecylcyclopentane C22H44 33454
62016-53-9 octadecylcyclopentane C23H46 33684
62016-54-0 nonadecylcyclopentane C24H48 33983
62016-55-1 docosylcyclopentane C27H54 34549
62016-56-2 tricosylcyclopentane C28H56 34716
62016-57-3 tetracosylcyclopentane C29H58 34815
62016-58-4 hexacosylcyclopentane C31H62 35025
62016-59-5 1,cis-3-diethylcyclopentane C9H18 17877
62016-60-8 1,trans-3-diethylcyclopentane C9H18 17878
62016-61-9 1,1-dimethyl-3-ethylcyclopentane C9H18 17880
62016-62-0 1,trans-2-dimethyl-1-ethylcyclopentane C9H18 17882
62016-63-1 1,cis-2-dimethyl-1-ethylcyclopentane C9H18 17881
62016-64-2 1,cis-2-dimethyl-cis-4-ethylcyclopentane C9H18 17887
62016-65-3 1,cis-2-dimethyl-trans-4-ethylcyclopentane C9H18 17888
62016-66-4 1,trans-2-dimethyl-cis-4-ethylcyclopentane C9H18 17889
62016-67-5 1,trans-3-dimethyl-1-ethylcyclopentane C9H18 17891
62016-68-6 1,cis-3-dimethyl-1-ethylcyclopentane C9H18 17890
62016-70-0 1,1,cis-2,cis-3-tetramethylcyclopentane C9H18 17900
62016-72-2 1,1,cis-2,cis-4-tetramethylcyclopentane C9H18 17902
62016-73-3 1,2,2,cis-3-tetramethylcyclopentane C9H18 17907
62016-74-4 pentacosylcyclopentane C30H60 34946
62016-75-5 1-chloroheptadecane C17H35Cl 30338
62016-76-6 1-chlorononadecane C19H39Cl 31728
62016-77-7 1-chlorotricosane C23H47Cl 33703
62016-78-8 1-chloropentacosane C25H51Cl 34194
62016-79-9 1-chloroheptacosane C27H55Cl 34560
62016-80-2 1-chlorooctacosane C28H57Cl 34729
62016-81-3 1-chlorononacosane C29H59Cl 34824
62016-82-4 1-chlorotriacontane C30H61Cl 34958
62016-83-5 1-chlorohentriacontane C31H63Cl 35035
62016-84-6 1-chlorodotriacontane C32H65Cl 35123

62016-85-7 1-chlorotritriacontane C33H67Cl 35188
62016-86-8 1-chlorotetratriacontane C34H69Cl 35275
62016-87-9 1,1-dicyclohexyloctane C20H38 32439
62016-88-0 1-chlorohexatriacontane C36H73Cl 35431
62016-89-1 1-chloroheptatriacontane C37H75Cl 35487
62016-90-4 1-chlorooctatriacontane C38H77Cl 35527
62016-91-5 1-chlorononatriacontane C39H79Cl 35564
62016-92-6 1-chlorotetracontane C40H81Cl 35627
62016-93-7 1-chloro-3-methylpentane C6H13Cl 8673
62016-94-8 1-chloro-4-methylpentane C6H13Cl 8674
62017-16-7 1,1-dichlorohexane C6H12Cl2 8273
62017-17-8 1,1-dichlorododecane C12H24Cl2 24833
62017-19-0 1,1-dichlorohexadecane C16H32Cl2 29712
62017-20-3 1,1-dichlorooctadecane C18H36Cl2 31080
62017-21-4 1,1-dichlorononadecane C19H38Cl2 31701
62017-22-5 1,1-dichloroeicosane C20H40Cl2 32480
62017-23-6 1,1-dichloroheneicosane C21H42Cl2 33040
62017-24-7 1,1-dichlorodocosane C22H44Cl2 33458
62017-25-8 1,1-dichlorotricosane C23H46Cl2 33689
62017-26-9 1,1-dichlorotetracosane C24H48Cl2 33987
62017-27-0 1,1-dichloropentacosane C25H50Cl2 34188
62017-28-1 1,1-dichlorohexacosane C26H52Cl2 34353
62017-29-2 1,1-dichloroheptacosane C27H54Cl2 34554
62017-30-5 1,1-dichlorooctacosane C28H56Cl2 34720
62017-31-6 1,1-dichlorononacosane C29H58Cl2 34819
62017-32-7 1,1-dichlorotriacontane C30H60Cl2 34950
62017-33-8 1,1-dichlorohentriacontane C31H62Cl2 35030
62017-34-9 1,1-dichlorodotriacontane C32H64Cl2 35115
62017-35-0 1,1-dichlorotritriacontane C33H66Cl2 35184
62017-36-1 1,1-dichlorotetratriacontane C34H68Cl2 35269
62017-37-2 1,1-dichloropentatriacontane C35H70Cl2 35318
62017-38-3 1,1-dichlorohexatriacontane C36H72Cl2 35422
62017-39-4 1,1-dichloroheptatriacontane C37H74Cl2 35482
62017-40-7 1,1-dichlorooctatriacontane C38H76Cl2 35522
62017-41-8 1,1-dichlorononatriacontane C39H78Cl2 35560
62017-42-9 1,1-dichlorotetracontane C40H80Cl2 35621
62018-89-7 N-(2-hydroxyethyl)-N-(4-hydroxybutyl)nitrosam C6H14N2O3 8956
62018-90-0 4-hydroxybutyl-(3-hydroxypropyl)-N-nitrosami C7H16N2O3 12159
62018-91-1 N-butyl-N-(2,4-dihydroxybutyl)nitrosamine C8H18N2O3 15423
62018-92-2 N-butyl-N-nitroso-b-alanine C7H14N2O3 11809
62037-49-4 N'-methyl-N'-b-chloroethylbenzaldehyde hydr C10H13ClN2 19728
62046-36-0 1,1-dichloroheptadecane C17H34Cl2 30317
62046-37-1 3,4-dichlorobenzyl methylcarbamate with 2,3 C9H9Cl2NO2 16333
62059-56-7 diethyl cis-1,3-cyclohexanedicarboxylate C12H20O4 24597
62064-66-8 N-benzyl-a-methyl-m-trifluoromethylphenethyl C17H18F3N 30060
62067-44-1 1-ethyl-3-methylcyclohexanol C9H18O 18012
62080-86-8 methyl 9,10,12,13-tetrabromooctadecanoate C19H34Br4O2 31658
62088-36-2 1-ethyl-4-methylcyclohexene C9H16 17622
62093-52-1 (3-chlorophenyl)-9H-fluoren-2-ylmethanone C20H13ClO 31846
62103-66-6 propyl nonyl sulfide C12H26S 25315
62108-06-9 4-methyl-1-octen-4-ol C9H18O 18032
62108-44-5 1-bromotricosane C23H47Br 33702
62108-45-6 1-bromopentacosane C25H51Br 34193
62108-46-7 1-bromoheptacosane C27H55Br 34559
62108-47-8 1-bromononacosane C29H59Br 34823
62108-48-9 1-bromohentriacontane C31H63Br 35034
62108-49-0 1-bromotritriacontane C33H67Br 35187
62108-50-3 1-bromotetratriacontane C34H69Br 35274
62108-51-4 1-bromopentatriacontane C35H71Br 35322
62108-52-5 1-bromoheptatriacontane C37H75Br 35486
62108-53-6 1-bromooctatriacontane C38H77Br 35526
62108-54-7 1-bromononatriacontane C39H79Br 35563
62108-55-8 1-bromotetracontane C40H81Br 35626
62108-56-9 1,1,1-trichlorodecane C10H19Cl3 20876
62108-57-0 1,1,1-trichlorododecane C12H23Cl3 24795
62108-58-1 1,1,1-trichlorotetradecane C14H27Cl3 27832
62108-59-2 1,1,1-trichloropentadecane C15H29Cl3 28842
62108-60-5 1,1,1-trichlorohexadecane C16H31Cl3 29692
62108-61-6 1,1,1-trichloroheptadecane C17H33Cl3 30300
62108-62-7 1,1,1-trichlorooctadecane C18H35Cl3 31061
62108-63-8 1,1,1-trichlorononadecane C19H37Cl3 31683
62108-64-9 1,1,1-trichloroeicosane C20H39Cl3 32462
62108-65-0 1,1,3-trichloro-2-methylpropane C4H7Cl3 3167
62108-66-1 propyl 3-chloropropanoate C6H11ClO2 8045
62108-68-3 isobutyl 3-chloropropanoate C7H13ClO2 11606
62108-69-4 3-methylbutyl 2-chloropropanoate C8H15ClO2 14760
62108-70-7 3-methylbutyl 3-chloropropanoate C8H15ClO2 14761
62108-71-8 propyl 2-chlorobutanoate C7H13ClO2 11607
62108-81-0 1-fluoroheptacosane C27H55F 34561
62108-82-1 1-fluorooctacosane C28H57F 34730
62108-83-2 1-fluorononacosane C29H59F 34825
62108-84-3 1-fluorotriacontane C30H61F 34959
62108-85-4 1-fluorohentriacontane C31H63F 35036
62108-86-5 1-fluorodotriacontane C32H65F 35124
62108-87-6 1-fluorotritriacontane C33H67F 35189
62108-88-7 1-fluorotetratriacontane C34H69F 35276
62108-89-8 1-fluoropentatriacontane C35H71F 35324
62108-90-1 1-fluorohexatriacontane C36H73F 35432
62108-91-2 1-fluoroheptatriacontane C37H75F 35488
62108-92-3 1-fluorooctatriacontane C38H77F 35528
62108-93-4 1-fluorononatriacontane C39H79F 35565
62108-94-5 1-fluorotetracontane C40H81F 35628
62108-95-6 2-fluoro-3-methylbutane C5H11F 5655
62116-25-0 bromoacetone oxime C3H6BrNO 1818
62126-74-3 2,4-dimethyl-3-ethylphenol C10H14O 20021
62126-75-4 3,4-dimethyl-5-ethylphenol C10H14O 20030
62126-76-5 3,5-dimethyl-2-ethylphenol C10H14O 20032
62126-77-6 3,5-dimethyl-4-ethylphenol C10H14O 20033
62126-78-7 1-fluoroheneicosane C21H43F 33057
62126-79-8 1-fluorodocosane C22H45F 33475
62126-80-1 1-fluorotricosane C23H47F 33704
62126-81-2 1-fluorotetracosane C24H49F 34000
62126-82-3 1-fluoropentacosane C25H51F 34195
62126-83-4 1-fluorohexacosane C26H53F 34362
62126-84-5 1,1,1-trifluoroheptadecane C17H33F3 30303
62126-85-6 1,1,1-trifluorononadecane C19H37F3 31686
62126-86-7 1,1,1-trifluoroeicosane C20H39F3 32465
62126-87-8 1,1-difluorooctatriacontane C38H76F2 35523
62126-88-9 1,1-difluorononatriacontane C39H78F2 35561
62126-89-0 1,1-difluorotetracontane C40H80F2 35622
62126-90-3 1,2-difluoropropane C3H6F2 1866
62126-91-4 1,1-difluoro-2-methylpropane C4H8F2 3395
62126-92-5 1,2-difluoro-2-methylpropane C4H8F2 3396
62126-93-6 1,3-difluoro-2-methylpropane C4H8F2 3397
62126-94-7 1,2-difluoropentane C5H10F2 5359
62126-95-8 1,3-difluoropentane C5H10F2 5360
62126-96-9 1,4-difluoropentane C5H10F2 5361
62126-97-0 1,1,1-trifluoroundecane C11H21F3 22767
62126-98-1 1,1,1-trifluorotridecane C13H25F3 26448
62126-99-2 1,1,1-trifluorotetradecane C14H27F3 27835
62127-00-8 1,1,1-trifluoropentadecane C15H29F3 28845
62127-01-9 1,1,1-trifluorohexadecane C16H31F3 29695
62127-02-0 1,1-difluorotridecane C13H26F2 26475
62127-03-1 1,1-difluorotetradecane C14H28F2 27857
62127-04-2 1,1-difluoropentadecane C15H30F2 28866
62127-05-3 1,1-difluorohexadecane C16H32F2 29713
62127-06-4 1,1-difluoroheptadecane C17H34F2 30318
62127-07-5 1,1-difluorooctadecane C18H36F2 31083
62127-08-6 1,1-difluorononadecane C19H38F2 31702
62127-09-7 1,1-difluoroeicosane C20H40F2 32481
62127-10-0 1,1-difluoroheneicosane C21H42F2 33041
62127-11-1 1,1-difluorodocosane C22H44F2 33459
62127-12-2 1,1-difluorotricosane C23H46F2 33690
62127-13-3 1,1-difluorotetracosane C24H48F2 33988
62127-14-4 1,1-difluoropentacosane C25H50F2 34189
62127-15-5 1,1-difluorohexacosane C26H52F2 34354
62127-16-6 1,1-difluoroheptacosane C27H54F2 34555
62127-17-7 1,1-difluorooctacosane C28H56F2 34721
62127-18-8 1,1-difluorononacosane C29H58F2 34820
62127-19-9 1,1-difluorotriacontane C30H60F2 34951
62127-20-2 1,1-difluorohentriacontane C31H62F2 35031
62127-21-3 1,1-difluorodotriacontane C32H64F2 35116
62127-22-4 1,1-difluorotritriacontane C33H66F2 35185
62127-23-5 1,1-difluorotetratriacontane C34H68F2 35270
62127-24-6 1,1-difluoropentatriacontane C35H70F2 35319
62127-25-7 1,1-difluorohexatriacontane C36H72F2 35424
62127-26-8 1,1-difluoroheptatriacontane C37H74F2 35483
62127-27-9 1-fluoro-2-methylpentane C6H13F 8708
62127-28-0 1-fluoro-3-methylpentane C6H13F 8709
62127-29-1 1-fluoro-4-methylpentane C6H13F 8710
62127-30-4 2-fluoro-2-methylpentane C6H13F 8711
62127-31-5 2-fluoro-3-methylpentane C6H13F 8712
62127-32-6 2-fluoro-4-methylpentane C6H13F 8713
62127-33-7 3-fluoro-2-methylpentane C6H13F 8714
62127-34-8 1-fluoro-2,2-dimethylbutane C6H13F 8716
62127-35-9 1-fluoro-2,3-dimethylbutane C6H13F 8717
62127-40-6 1,1-difluoropentane C5H10F2 5358
62127-41-7 1,1-difluorohexane C6H12F2 8298
62127-42-8 1,1-difluorononane C9H18F2 17964
62127-43-9 1,1-difluorodecane C10H20F2 20966
62127-44-0 1,1-difluoroundecane C11H22F2 22809
62127-45-1 1,1-difluorododecane C12H24F2 24838
62127-46-2 1,3,3-tribromobutane C4H7Br3 3090
62127-47-3 2,3,3-tribromobutane C4H7Br3 3091
62127-48-4 1,3-dibromo-2-(bromomethyl)propane C4H7Br3 3096
62127-49-5 1,1,1,2-tetrabromopropane C3H4Br4 1514
62127-50-8 1,1,1,3-tetrabromopropane C3H4Br4 1515
62127-51-9 1-iodononadecane C19H39I 31730
62127-52-0 1-iodoheneicosane C21H43I 33058
62127-53-1 1-iododocosane C22H45I 33476
62127-54-2 1-iodotricosane C23H47I 33705
62127-55-3 1-iodotetracosane C24H49I 34001
62127-56-4 1-iodopentacosane C25H51I 34196
62127-57-5 1-iodoheptacosane C27H55I 34562
62127-58-6 1,1-dibromo-2-methylbutane C5H10Br2 5306
62127-59-7 1,1-dibromo-3-methylbutane C5H10Br2 5307
62127-60-0 2,2-dibromo-3-methylbutane C5H10Br2 5313
62127-61-1 1,1,1-tribromopropane C3H5Br3 1663
62127-62-2 1,1,1-tribromobutane C4H7Br3 3083
62127-63-3 1,1,1-tribromohexane C6H11Br3 8004
62127-64-4 1,1,1-tribromoheptane C7H13Br3 11586
62127-65-5 1,1,1-tribromooctane C8H15Br3 14748
62127-66-6 1,1,1-tribromononane C9H17Br3 17790
62127-67-7 1,1,1-tribromodecane C10H19Br3 20867
62127-68-8 1,1,1-tribromoundecane C11H21Br3 22755
62127-69-9 1,1,1-tribromododecane C12H23Br3 24791
62127-70-2 1,1,1-tribromotridecane C13H25Br3 26442
62127-71-3 1,1,1-tribromopentadecane C15H29Br3 28839
62127-72-4 1,1,1-tribromohexadecane C16H31Br3 29688
62127-73-5 1,1,1-tribromoheptadecane C17H33Br3 30296
62127-74-6 1,1,1-tribromooctadecane C18H35Br3 31057
62127-75-7 1,1,1-tribromononadecane C19H37Br3 31680
62127-76-8 1,1,1-tribromoeicosane C20H39Br3 32459
62129-39-9 (S)-N-boc-4-bromophenylalanine C14H18BrNO4 27425
62133-36-2 triethyldiborane C6H16B2 9278
62147-49-3 1,3-dihydroxyacetone dimer C6H12O6 8605
62154-74-9 3-iodo-1-butene C4H7I 3212
62154-77-2 m-ethylthiophenol C8H10S 14040
62154-80-7 1-iodooctacosane C28H57I 34731
62154-81-8 1-iodononacosane C29H59I 34826
62154-82-9 1-iodotriacontane C30H61I 34960
62154-83-0 1-iododotriacontane C32H65I 35125
62154-84-1 1-iodotritriacontane C33H67I 35190
62154-85-2 1-iodotetratriacontane C34H67I 35263
62154-86-3 1-iodopentatriacontane C35H71I 35325
62154-87-4 1-iodohexatriacontane C36H73I 35433
62154-88-5 1-iodoheptatriacontane C37H75I 35489
62154-89-6 1-iodooctatriacontane C38H77I 35529
62154-90-9 1-iodononatriacontane C39H79I 35566
62154-91-0 1-iodotetracontane C40H81I 35629
62154-92-1 trans-1-iodo-1-butene C4H7I 3210
62155-02-6 2-undecanethiol C11H24S 23085
62155-03-7 2-tridecanethiol C13H28S 26550
62155-04-8 2-tetradecanethiol C14H30S 27947
62155-05-9 2-pentadecanethiol C15H32S 28922
62155-06-0 2-octadecanethiol C18H38S 31150
62155-07-1 1-nonadecanethiol C19H40S 31750
62155-08-2 2-eicosanethiol C20H42S 32538
62155-09-3 methyl tridecyl sulfide C14H30S 27949
62155-10-6 methyl pentadecyl sulfide C16H34S 29792
62155-11-7 2-thianonadecane C18H38S 31151
62155-12-8 methyl nonadecyl sulfide C20H42S 32540
62155-14-0 1,1-diphenyltridecane C25H36 34150
62155-15-1 1,1-diphenylpentadecane C27H40 34475
62155-16-2 2',3'-dimethyldiphenylmethane C15H16 28392
62155-19-5 1,1-dicyclohexylnonane C21H40 33021
62155-20-8 1,1-dicyclohexyldecane C22H42 33425
62155-21-9 1,1-dicyclohexylundecane C23H44 33677
62155-22-0 1,1-dicyclohexyltridecane C25H48 34178
62155-23-1 1,1-dicyclohexylpentadecane C27H52 34547
62155-25-3 1,1,1-tribromotetradecane C14H27Br3 27828
62155-37-7 1,1-diphenyl-1-tridecene C25H34 34140
62155-38-8 1,1-diphenyl-1-tetradecene C26H36 34296
62155-39-9 1,1-diphenyl-1-pentadecene C27H38 34464
62155-41-3 1-benzyl-4-propylbenzene C16H18 29345
62168-03-0 1,1-dibromotetracosane C24H48Br2 33986

62168-04-1	1,1-dibromopentacosane	C25H50Br2	34187
62168-05-2	1,1-dibromohexacosane	C26H52Br2	34352
62168-06-3	1,1-dibromoheptacosane	C27H54Br2	34553
62168-07-4	1,1-dibromooctacosane	C28H56Br2	34719
62168-08-5	1,1-dibromononacosane	C29H58Br2	34818
62168-09-6	1,1-dibromotriacontane	C30H60Br2	34949
62168-10-9	1,1-dibromohentriacontane	C31H62Br2	35029
62168-11-0	1,1-dibromodotriacontane	C32H64Br2	35114
62168-12-1	1,1-dibromotritriacontane	C33H66Br2	35183
62168-13-2	1,1-dibromotetratriacontane	C34H68Br2	35268
62168-15-4	1,1-dibromohexatriacontane	C36H72Br2	35421
62168-16-5	1,1-dibromoheptatriacontane	C37H74Br2	35481
62168-17-6	1,1-dibromooctatriacontane	C38H76Br2	35521
62168-18-7	1,1-dibromononatriacontane	C39H78Br2	35559
62168-19-8	1,1-dibromotetracontane	C40H80Br2	35620
62168-25-6	1,1-dibromobutane	C4H8Br2	3333
62168-26-7	1,1-dibromooctane	C8H16Br2	14994
62168-27-8	1,1-dibromononane	C9H18Br2	17955
62168-28-9	1,1-dibromoundecane	C11H22Br2	22805
62168-29-0	1,1-dibromododecane	C12H24Br2	24831
62168-30-3	1,1-dibromotridecane	C13H26Br2	26472
62168-31-4	1,1-dibromotetradecane	C14H28Br2	27854
62168-32-5	1,1-dibromopentadecane	C15H30Br2	28864
62168-33-6	1,1-dibromohexadecane	C16H32Br2	29711
62168-34-7	1,1-dibromoheptadecane	C17H34Br2	30315
62168-35-8	1,1-dibromooctadecane	C18H36Br2	31079
62168-36-9	1,1-dibromononadecane	C19H38Br2	31700
62168-37-0	1,1-dibromoeicosane	C20H40Br2	32479
62168-38-1	1,1-dibromoheneicosane	C21H42Br2	33039
62168-39-2	1,1-dibromodocosane	C22H44Br2	33457
62168-40-5	1,1-dibromotricosane	C23H46Br2	33688
62168-41-6	2-bromo-3-methylpentane	C6H13Br	8654
62168-42-7	1-bromo-2,2-dimethylbutane	C6H13Br	8658
62178-60-3	nitrosotrimethylphenyl-N-methylcarbamate	C11H14N2O3	22079
62183-50-0	2,5-dimethyl-6-ethyloctane	C12H26	25039
62183-51-1	2,6-dimethyl-3-ethyloctane	C12H26	25040
62183-52-2	2,6-dimethyl-4-ethyloctane	C12H26	25041
62183-53-3	2,6-dimethyl-5-ethyloctane	C12H26	25042
62183-54-4	2,6-dimethyl-6-ethyloctane	C12H26	25043
62183-55-5	2,7-dimethyl-3-ethyloctane	C12H26	25044
62183-56-6	2,7-dimethyl-4-ethyloctane	C12H26	25045
62183-57-7	3,3-dimethyl-4-ethyloctane	C12H26	25046
62183-58-8	3,3-dimethyl-5-ethyloctane	C12H26	25047
62183-59-9	3,3-dimethyl-6-ethyloctane	C12H26	25048
62183-60-2	3,4-dimethyl-4-ethyloctane	C12H26	25050
62183-61-3	3,4-dimethyl-5-ethyloctane	C12H26	25051
62183-62-4	3,4-dimethyl-6-ethyloctane	C12H26	25052
62183-63-5	3,5-dimethyl-3-ethyloctane	C12H26	25053
62183-64-6	3,5-dimethyl-4-ethyloctane	C12H26	25054
62183-65-7	3,5-dimethyl-5-ethyloctane	C12H26	25055
62183-66-8	3,5-dimethyl-6-ethyloctane	C12H26	25056
62183-67-9	3,6-dimethyl-3-ethyloctane	C12H26	25057
62183-68-0	3,6-dimethyl-4-ethyloctane	C12H26	25058
62183-69-1	4,4-dimethyl-3-ethyloctane	C12H26	25059
62183-70-4	4,4-dimethyl-5-ethyloctane	C12H26	25060
62183-71-5	4,4-dimethyl-6-ethyloctane	C12H26	25061
62183-72-6	4,5-dimethyl-3-ethyloctane	C12H26	25062
62183-73-7	4,5-dimethyl-4-ethyloctane	C12H26	25063
62183-74-8	2,2,3,3-tetramethyloctane	C12H26	25064
62183-75-9	2,2,3,4-tetramethyloctane	C12H26	25065
62183-76-0	2,2,3,5-tetramethyloctane	C12H26	25066
62183-77-1	2,2,3,6-tetramethyloctane	C12H26	25067
62183-78-2	2,2,3,7-tetramethyloctane	C12H26	25068
62183-79-3	2,2,4,4-tetramethyloctane	C12H26	25069
62183-80-6	2,2,4,5-tetramethyloctane	C12H26	25070
62183-81-7	2,2,4,6-tetramethyloctane	C12H26	25071
62183-82-8	2,2,4,7-tetramethyloctane	C12H26	25072
62183-83-9	2,2,5,5-tetramethyloctane	C12H26	25073
62183-84-0	2,2,5,6-tetramethyloctane	C12H26	25074
62183-85-1	4-methyl-5-propyloctane	C12H26	25010
62183-86-2	2-methyl-4-isopropyloctane	C12H26	25012
62183-87-3	2-methyl-5-isopropyloctane	C12H26	25013
62183-88-4	3-methyl-4-isopropyloctane	C12H26	25014
62183-89-5	3-methyl-5-isopropyloctane	C12H26	25015
62183-90-8	4-methyl-4-isopropyloctane	C12H26	25016
62183-91-9	4-methyl-5-isopropyloctane	C12H26	25017
62183-92-0	3,4-diethyloctane	C12H26	25019
62183-93-1	3,5-diethyloctane	C12H26	25020
62183-94-2	3,6-diethyloctane	C12H26	25021
62183-95-3	2,2-dimethyl-3-ethyloctane	C12H26	25024
62183-96-4	2,2-dimethyl-4-ethyloctane	C12H26	25025
62183-97-5	2,2-dimethyl-5-ethyloctane	C12H26	25026
62183-98-6	2,2-dimethyl-6-ethyloctane	C12H26	25027
62183-99-7	2,3-dimethyl-3-ethyloctane	C12H26	25028
62184-00-3	2,3-dimethyl-4-ethyloctane	C12H26	25029
62184-01-4	2,3-dimethyl-5-ethyloctane	C12H26	25030
62184-02-5	2,3-dimethyl-6-ethyloctane	C12H26	25031
62184-03-6	2,4-dimethyl-3-ethyloctane	C12H26	25032
62184-04-7	2,4-dimethyl-4-ethyloctane	C12H26	25033
62184-05-8	2,4-dimethyl-5-ethyloctane	C12H26	25034
62184-06-9	2,4-dimethyl-6-ethyloctane	C12H26	25035
62184-07-0	2,5-dimethyl-3-ethyloctane	C12H26	25036
62184-08-1	2,5-dimethyl-4-ethyloctane	C12H26	25037
62184-09-2	2,5-dimethyl-5-ethyloctane	C12H26	25038
62184-10-5	2,4,6-trimethylnonane	C12H26	24978
62184-11-6	2,4,7-trimethylnonane	C12H26	24979
62184-12-7	2,5,5-trimethylnonane	C12H26	24981
62184-13-8	2,5,6-trimethylnonane	C12H26	24982
62184-14-9	2,5,7-trimethylnonane	C12H26	24983
62184-15-0	2,6,6-trimethylnonane	C12H26	24985
62184-16-1	2,6,7-trimethylnonane	C12H26	24986
62184-17-2	2,7,7-trimethylnonane	C12H26	24987
62184-18-3	3,3,4-trimethylnonane	C12H26	24988
62184-19-4	3,3,5-trimethylnonane	C12H26	24989
62184-20-7	3,3,6-trimethylnonane	C12H26	24991
62184-21-8	3,3,7-trimethylnonane	C12H26	24990
62184-22-9	3,4,4-trimethylnonane	C12H26	24992
62184-23-0	3,4,5-trimethylnonane	C12H26	24993
62184-24-1	3,4,6-trimethylnonane	C12H26	24994
62184-25-2	3,5,5-trimethylnonane	C12H26	24996
62184-26-3	3,5,6-trimethylnonane	C12H26	24997
62184-27-4	3,5,7-trimethylnonane	C12H26	24998
62184-28-5	3,6,6-trimethylnonane	C12H26	24999
62184-29-6	4,4,5-trimethylnonane	C12H26	25000
62184-30-9	4,4,6-trimethylnonane	C12H26	25001
62184-31-0	4,5,5-trimethylnonane	C12H26	25002
62184-32-1	4-tert-butyloctane	C12H26	25004
62184-33-2	2-methyl-4-propyloctane	C12H26	25005
62184-34-3	2-methyl-5-propyloctane	C12H26	25006
62184-35-4	3-methyl-4-propyloctane	C12H26	25007
62184-36-5	3-methyl-5-propyloctane	C12H26	25008
62184-37-6	2-methyl-4-ethylnonane	C12H26	24947
62184-38-7	2-methyl-5-ethylnonane	C12H26	24948
62184-39-8	2-methyl-6-ethylnonane	C12H26	24949
62184-40-1	2-methyl-7-ethylnonane	C12H26	24950
62184-41-2	3-methyl-4-ethylnonane	C12H26	24952
62184-42-3	3-methyl-5-ethylnonane	C12H26	24953
62184-43-4	3-methyl-6-ethylnonane	C12H26	24954
62184-44-5	3-methyl-7-ethylnonane	C12H26	24955
62184-45-6	4-methyl-3-ethylnonane	C12H26	24956
62184-46-7	4-methyl-5-ethylnonane	C12H26	24958
62184-47-8	4-methyl-6-ethylnonane	C12H26	24959
62184-48-9	4-methyl-7-ethylnonane	C12H26	24960
62184-49-0	5-methyl-3-ethylnonane	C12H26	24961
62184-50-3	2,2,4-trimethylnonane	C12H26	24965
62184-51-4	2,2,5-trimethylnonane	C12H26	24966
62184-52-5	2,2,6-trimethylnonane	C12H26	24967
62184-53-6	2,2,7-trimethylnonane	C12H26	24968
62184-54-7	2,2,8-trimethylnonane	C12H26	24969
62184-55-8	2,3,3-trimethylnonane	C12H26	24970
62184-56-9	2,3,4-trimethylnonane	C12H26	24971
62184-57-0	2,3,5-trimethylnonane	C12H26	24972
62184-58-1	2,3,6-trimethylnonane	C12H26	24973
62184-59-2	2,3,7-trimethylnonane	C12H26	24974
62184-60-5	2,3,8-trimethylnonane	C12H26	24975
62184-61-6	2,4,4-trimethylnonane	C12H26	24976
62184-62-7	2,4,5-trimethylnonane	C12H26	24977
62184-67-2	3-ethylthiacyclopentane	C6H12S	8623
62184-71-8	4-isopropylnonane	C12H26	24944
62184-72-9	5-isopropylnonane	C12H26	24945
62184-73-0	2-methyl-3-ethylnonane	C12H26	24946
62184-74-1	1-nonylcyclopentene	C14H26	27779
62184-75-2	1-decylcyclopentene	C15H28	28819
62184-76-3	1-undecylcyclopentene	C16H30	29646
62184-77-4	1-dodecylcyclopentene	C17H32	30290
62184-78-5	1-tridecylcyclopentene	C18H34	31018
62184-79-6	1-tetradecylcyclopentene	C19H36	31674
62184-80-9	1-pentadecylcyclopentene	C20H38	32440
62184-81-0	1-hexadecylcyclopentene	C21H40	33022
62184-82-1	1,3-dimethylcyclopentene	C7H12	11327
62184-83-2	1,5,5-trimethylcyclopentene	C8H14	14465
62184-89-8	2,2-dimethyl-4,4-diethylhexane	C12H26	25235
62184-90-1	2,3-dimethyl-3,4-diethylhexane	C12H26	25236
62184-91-2	2,3-dimethyl-4,4-diethylhexane	C12H26	25237
62184-92-3	2,4-dimethyl-3,3-diethylhexane	C12H26	25238
62184-93-4	2,4-dimethyl-3,4-diethylhexane	C12H26	25239
62184-94-5	2,5-dimethyl-3,3-diethylhexane	C12H26	25240
62184-95-6	2,5-dimethyl-3,4-diethylhexane	C12H26	25241
62184-96-7	3,3-dimethyl-4,4-diethylhexane	C12H26	25242
62184-97-8	3,4-dimethyl-3,4-diethylhexane	C12H26	25243
62184-98-9	2,2,3,3-tetramethyl-4-ethylhexane	C12H26	25244
62184-99-0	2,2,3,4-tetramethyl-3-ethylhexane	C12H26	25245
62185-00-6	2,2,3,4-tetramethyl-4-ethylhexane	C12H26	25246
62185-01-7	2,2,3,5-tetramethyl-3-ethylhexane	C12H26	25247
62185-02-8	2,2,3,5-tetramethyl-4-ethylhexane	C12H26	25248
62185-03-9	2,2,4,4-tetramethyl-3-ethylhexane	C12H26	25249
62185-04-0	2,2,4,5-tetramethyl-3-ethylhexane	C12H26	25250
62185-05-1	2,2,4,5-tetramethyl-4-ethylhexane	C12H26	25251
62185-06-2	2,2,5,5-tetramethyl-3-ethylhexane	C12H26	25252
62185-07-3	2,3,3,4-tetramethyl-4-ethylhexane	C12H26	25253
62185-08-4	2,3,3,5-tetramethyl-4-ethylhexane	C12H26	25254
62185-09-5	2,3,4,4-tetramethyl-3-ethylhexane	C12H26	25255
62185-10-8	2,3,4,5-tetramethyl-3-ethylhexane	C12H26	25256
62185-11-9	2,2,3,3,4,4-hexamethylhexane	C12H26	25257
62185-12-0	2,2,3,3,4,5-hexamethylhexane	C12H26	25258
62185-13-1	2,2,3,4,4,5-hexamethylhexane	C12H26	25260
62185-14-2	2,2,3,4,5,5-hexamethylhexane	C12H26	25261
62185-15-3	2,2,4-trimethyl-3,3-diethylpentane	C12H26	25264
62185-16-4	2,4-dimethyl-3-ethyl-3-isopropylpentane	C12H26	25263
62185-17-5	2,2,3,4-tetramethyl-3-isopropylpentane	C12H26	25265
62185-18-6	2,2,4,4-tetramethyl-3-isopropylpentane	C12H26	25266
62185-19-7	3,4,4,6-tetramethyloctane	C12H26	25108
62185-20-0	3,4,5,5-tetramethyloctane	C12H26	25109
62185-21-1	3,4,5,6-tetramethyloctane	C12H26	25110
62185-22-2	4,4,5,5-tetramethyloctane	C12H26	25111
62185-23-3	2-methyl-4-tert-butylheptane	C12H26	25112
62185-24-4	3-methyl-4-tert-butylheptane	C12H26	25113
62185-25-5	4-methyl-4-tert-butylheptane	C12H26	25114
62185-26-6	3-ethyl-4-propylheptane	C12H26	25115
62185-27-7	3-ethyl-4-isopropylheptane	C12H26	25117
62185-28-8	4-ethyl-4-isopropylheptane	C12H26	25118
62185-29-9	2,2,3,4-tetramethyl-3-pentanol	C9H20O	18334
62185-30-2	2,3-dimethyl-4-propylheptane	C12H26	25120
62185-31-3	2,4-dimethyl-4-propylheptane	C12H26	25121
62185-32-4	2,5-dimethyl-4-propylheptane	C12H26	25122
62185-33-5	2,6-dimethyl-4-propylheptane	C12H26	25123
62185-34-6	3,3-dimethyl-4-propylheptane	C12H26	25124
62185-35-7	3,4-dimethyl-4-propylheptane	C12H26	25125
62185-36-8	3,5-dimethyl-4-propylheptane	C12H26	25126
62185-37-9	2,2-dimethyl-3-isopropylheptane	C12H26	25127
62185-38-0	2,2-dimethyl-4-isopropylheptane	C12H26	25128
62185-39-1	2,3-dimethyl-3-isopropylheptane	C12H26	25129
62185-40-4	2,3-dimethyl-4-isopropylheptane	C12H26	25130
62185-41-5	2,4-dimethyl-3-isopropylheptane	C12H26	25131
62185-42-6	2,4-dimethyl-4-isopropylheptane	C12H26	25132
62185-43-7	2,5-dimethyl-3-isopropylheptane	C12H26	25133
62185-44-8	2,5-dimethyl-4-isopropylheptane	C12H26	25134
62185-45-9	2,6-dimethyl-3-isopropylheptane	C12H26	25135
62185-46-0	3,3-dimethyl-4-isopropylheptane	C12H26	25137
62185-47-1	3,4-dimethyl-4-isopropylheptane	C12H26	25138
62198-55-4	2,3,4-trimethyl-4-ethylheptane	C12H26	25169
62198-56-5	2,3,4-trimethyl-5-ethylheptane	C12H26	25170
62198-57-6	2,3,5-trimethyl-3-ethylheptane	C12H26	25171
62198-58-7	2,3,5-trimethyl-4-ethylheptane	C12H26	25172
62198-59-8	2,3,5-trimethyl-5-ethylheptane	C12H26	25173
62198-60-1	2,3,6-trimethyl-3-ethylheptane	C12H26	25174
62198-61-2	2,3,6-trimethyl-4-ethylheptane	C12H26	25175
62198-62-3	2,3,6-trimethyl-5-ethylheptane	C12H26	25176
62198-63-4	2,4,4-trimethyl-3-ethylheptane	C12H26	25177
62198-64-5	2,4,4-trimethyl-5-ethylheptane	C12H26	25178
62198-65-6	2,4,5-trimethyl-3-ethylheptane	C12H26	25179
62198-66-7	2,4,5-trimethyl-4-ethylheptane	C12H26	25180
62198-67-8	2,4,5-trimethyl-5-ethylheptane	C12H26	25181
62198-68-9	2,4,6-trimethyl-3-ethylheptane	C12H26	25182
62198-69-0	2,4,6-trimethyl-4-ethylheptane	C12H26	25183
62198-70-3	2,5,5-trimethyl-3-ethylheptane	C12H26	25184

62198-71-4 2,5,5-trimethyl-4-ethylheptane C12H26 25185
62198-72-5 3,3,4-trimethyl-4-ethylheptane C12H26 25186
62198-73-6 3,3,4-trimethyl-5-ethylheptane C12H26 25187
62198-74-7 3,3,5-trimethyl-4-ethylheptane C12H26 25188
62198-75-8 3,3,5-trimethyl-5-ethylheptane C12H26 25189
62198-76-9 3,4,4-trimethyl-3-ethylheptane C12H26 25190
62198-77-0 3,4,4-trimethyl-5-ethylheptane C12H26 25191
62198-78-1 3,4,5-trimethyl-3-ethylheptane C12H26 25192
62198-79-2 3,4,5-trimethyl-4-ethylheptane C12H26 25193
62198-80-5 2,2,3,3,4-pentamethylheptane C12H26 25194
62198-81-6 2,2,3,3,5-pentamethylheptane C12H26 25195
62198-82-7 2,2,3,3,6-pentamethylheptane C12H26 25196
62198-83-8 2,2,3,4,4-pentamethylheptane C12H26 25197
62198-84-9 2,2,3,4,5-pentamethylheptane C12H26 25198
62198-85-0 2,2,3,4,6-pentamethylheptane C12H26 25199
62198-86-1 2,2,3,5,5-pentamethylheptane C12H26 25200
62198-87-2 2,2,3,5,6-pentamethylheptane C12H26 25201
62198-88-3 2,2,3,6,6-pentamethylheptane C12H26 25202
62198-89-4 3,5-dimethyl-4-isopropylheptane C12H26 25139
62198-90-7 2-methyl-3,3-diethylheptane C12H26 25140
62198-91-8 2-methyl-3,4-diethylheptane C12H26 25141
62198-92-9 2-methyl-3,5-diethylheptane C12H26 25142
62198-93-0 2-methyl-4,4-diethylheptane C12H26 25143
62198-94-1 2-methyl-4,5-diethylheptane C12H26 25144
62198-95-2 2-methyl-5,5-diethylheptane C12H26 25145
62198-96-3 3-methyl-3,4-diethylheptane C12H26 25146
62198-97-4 3-methyl-3,5-diethylheptane C12H26 25147
62198-98-5 3-methyl-4,4-diethylheptane C12H26 25148
62198-99-6 3-methyl-4,5-diethylheptane C12H26 25149
62199-00-2 3-methyl-5,5-diethylheptane C12H26 25150
62199-01-3 4-methyl-3,3-diethylheptane C12H26 25151
62199-02-4 4-methyl-3,4-diethylheptane C12H26 25152
62199-03-5 4-methyl-3,5-diethylheptane C12H26 25153
62199-04-6 2,2,3-trimethyl-3-ethylheptane C12H26 25154
62199-05-7 2,2,3-trimethyl-4-ethylheptane C12H26 25155
62199-06-8 2,2,3-trimethyl-5-ethylheptane C12H26 25156
62199-07-9 2,2,4-trimethyl-3-ethylheptane C12H26 25157
62199-08-0 2,2,4-trimethyl-4-ethylheptane C12H26 25158
62199-09-1 2,2,4-trimethyl-5-ethylheptane C12H26 25159
62199-10-4 2,2,5-trimethyl-3-ethylheptane C12H26 25160
62199-11-5 2,2,5-trimethyl-4-ethylheptane C12H26 25161
62199-12-6 2,2,5-trimethyl-5-ethylheptane C12H26 25162
62199-13-7 2,2,6-trimethyl-3-ethylheptane C12H26 25163
62199-14-8 2,2,6-trimethyl-4-ethylheptane C12H26 25164
62199-15-9 2,2,6-trimethyl-5-ethylheptane C12H26 25165
62199-16-0 2,3,3-trimethyl-4-ethylheptane C12H26 25166
62199-17-1 2,3,3-trimethyl-5-ethylheptane C12H26 25167
62199-18-2 2,3,4-trimethyl-3-ethylheptane C12H26 25168
62199-19-3 2,2,5,7-tetramethyloctane C12H26 25075
62199-20-6 2,2,6,6-tetramethyloctane C12H26 25076
62199-21-7 2,2,6,7-tetramethyloctane C12H26 25077
62199-22-8 2,3,3,4-tetramethyloctane C12H26 25079
62199-23-9 2,3,3,5-tetramethyloctane C12H26 25080
62199-24-0 2,3,3,6-tetramethyloctane C12H26 25081
62199-25-1 2,3,3,7-tetramethyloctane C12H26 25082
62199-26-2 2,3,4,4-tetramethyloctane C12H26 25083
62199-27-3 2,3,4,5-tetramethyloctane C12H26 25084
62199-28-4 2,3,4,6-tetramethyloctane C12H26 25085
62199-29-5 2,3,4,7-tetramethyloctane C12H26 25086
62199-30-8 2,3,5,5-tetramethyloctane C12H26 25087
62199-31-9 2,3,5,6-tetramethyloctane C12H26 25088
62199-32-0 2,3,5,7-tetramethyloctane C12H26 25089
62199-33-1 2,3,6,6-tetramethyloctane C12H26 25090
62199-34-2 2,4,4,5-tetramethyloctane C12H26 25092
62199-35-3 2,4,4,6-tetramethyloctane C12H26 25093
62199-36-4 2,4,5,5-tetramethyloctane C12H26 25095
62199-37-5 2,4,5,6-tetramethyloctane C12H26 25096
62199-38-6 2,4,6,6-tetramethyloctane C12H26 25098
62199-39-7 2,5,5,6-tetramethyloctane C12H26 25099
62199-40-0 2,5,6,6-tetramethyloctane C12H26 25100
62199-41-1 3,3,4,4-tetramethyloctane C12H26 25101
62199-42-2 3,3,4,5-tetramethyloctane C12H26 25102
62199-43-3 3,3,4,6-tetramethyloctane C12H26 25103
62199-44-4 3,3,5,5-tetramethyloctane C12H26 25104
62199-45-5 3,3,5,6-tetramethyloctane C12H26 25105
62199-46-6 3,3,6,6-tetramethyloctane C12H26 25106
62199-47-7 3,4,4,5-tetramethyloctane C12H26 25107
62199-61-5 2,2,4,4,5-pentamethylheptane C12H26 25203
62199-62-6 2,2,4,4,6-pentamethylheptane C12H26 25204
62199-63-7 2,2,4,5,5-pentamethylheptane C12H26 25205
62199-64-8 2,2,4,5,6-pentamethylheptane C12H26 25206
62199-65-9 2,2,5,5,6-pentamethylheptane C12H26 25208
62199-66-0 2,3,3,4,4-pentamethylheptane C12H26 25209
62199-67-1 2,3,3,4,5-pentamethylheptane C12H26 25210
62199-68-2 2,3,3,4,6-pentamethylheptane C12H26 25211
62199-69-3 2,3,3,5,5-pentamethylheptane C12H26 25212
62199-70-6 2,3,4,4,5-pentamethylheptane C12H26 25214
62199-71-7 2,3,4,4,6-pentamethylheptane C12H26 25215
62199-72-8 2,3,4,5,5-pentamethylheptane C12H26 25216
62199-73-9 2,4,4,5,5-pentamethylheptane C12H26 25218
62199-74-0 3,3,4,4,5-pentamethylheptane C12H26 25219
62199-75-1 3,3,4,5,5-pentamethylheptane C12H26 25220
62199-76-2 2,2-dimethyl-3-tert-butylhexane C12H26 25221
62199-77-3 2-methyl-3-ethyl-3-isopropylhexane C12H26 25222
62199-78-4 2-methyl-4-ethyl-3-isopropylhexane C12H26 25223
62199-79-5 2,2,3-trimethyl-3-isopropylhexane C12H26 25224
62199-80-8 2,2,4-trimethyl-3-isopropylhexane C12H26 25225
62199-81-9 2,2,5-trimethyl-3-isopropylhexane C12H26 25226
62199-82-0 2,2,5-trimethyl-4-isopropylhexane C12H26 25227
62199-83-1 2,3,4-trimethyl-3-isopropylhexane C12H26 25228
62199-84-2 2,3,5-trimethyl-3-isopropylhexane C12H26 25229
62199-85-3 2,3,5-trimethyl-4-isopropylhexane C12H26 25230
62199-86-4 2,4,4-trimethyl-3-isopropylhexane C12H26 25231
62199-87-5 3,3,4-triethylhexane C12H26 25232
62199-88-6 2,2-dimethyl,3,3-diethylhexane C12H26 25233
62199-89-7 2,2-dimethyl-3,4-diethylhexane C12H26 25234
62207-76-5 N,N'-ethylene bis(3-fluorosalicylidenei C16H12CoF2N2O2 29037
62211-85-2 4,5,6-trimethylnonane C12H26 25003
62212-28-6 3,4-dimethyl-3-ethyloctane C12H26 25049
62214-31-7 1-benzoyl-2-(furfurylidene)hydrazine C12H10N2O2 23505
62258-26-8 N'-methyl-N'-b-chloroethyl-(p-dimethylamino C12H18ClN3 24394
62261-05-6 ethyl isopropylnitrocarbamate C6H12N2O4 8360
62266-82-4 6-bromo-2-benzothiazolinone C7H4BrNOS 9637
62293-19-0 1,2:5,6-di-O-cyclohexylidene-3-cyano-a-D-all C19H27NO6 31593
62303-19-9 2-benzoylhydrazono-1,3-dithiolane C10H10N2OS2 19052
62306-79-0 5-methylfuran-2-boronic acid C5H7BO3 4593
62314-67-4 (+)-trans-7,8-dihydroxy-7,8-dihydrobenzo(a)py C20H14O2 31915
62346-96-7 2,4-dimethylbenzyl acetate C11H14O2 22157
62353-69-9 hexahydro-1,5-pentalenedione C8H10O2 13963
62356-27-8 1-bromo-3-chloro-2-methylbenzene C7H6BrCl 10148
62362-59-8 septacidin C30H51N7O7 34934
62373-80-2 3-(4-methoxyphenoxy)benzaldehyde C14H12O3 26973
62374-53-2 bis(3-hydroxy-1-propynyl)mercury C6H6HgO2 6968
62375-91-1 methyl-2-nitrobenzene diazoate C7H7N3O3 10703
62417-08-7 2,6-dimethyl-1-octanol C10H22O 21255
62421-98-1 o-methyl nogalarol C30H33NO12 34882
62422-00-8 7-deoxynogalarol C29H31NO11 34760
62435-72-7 methyl 2,5-dihydro-2,5-dimethoxy-2-furancarbox C8H12O5 14402
62441-54-7 flufenamine C14H6ClF6N3O4 26583
62450-06-0 tryptophan P1 C13H13N3 25887
62450-07-1 3-amino-1-methyl-5H-pyrido(4,3-b)indole C12H11N3 23658
62476-56-6 2,6-dichloro-3-pyridinamine C5H4Cl2N2 4276
62476-59-9 acifluorfen sodium C14H6ClF3NNaO5 26582
62476-62-4 a,a,2-trichloro-6-fluorotoluene C7H4Cl3F 9757
62496-53-1 1,5-dichloro-3,3-dimethylpentane C7H14Cl2 11765
62501-24-0 acetyl carene C12H18O 24460
62521-69-1 1,2,3-trichloro-2-methylbutane C5H9Cl3 5101
62561-75-5 4-iodo-D-phenylalanine C9H10INO2 16560
62571-86-2 captopril C9H15NO3S 17569
62573-57-3 m-(3-pentyl)phenyl-N-methyl-N-nitrosocarbam C13H18N2O3 26191
62593-17-3 2-amino-3,5-dichlorobenzotrifluoride C7H4Cl2F3N 9731
62593-23-1 nitrosocarbofuran C12H14N2O4 23936
62610-77-9 trans-methacrifos C7H13O5PS 11694
62624-30-0 DL-ascorbic acid C6H8O6 7460
62637-91-6 tetrabromophenolphthalein ethyl ester, po C22H13Br4KO4 33095
62637-92-7 N,N-diethyl-p-phenylenediamine oxalate C22H34N4O4 33382
62638-02-2 mercury cyclohexanebutyrate C20H34HgO4 32403
62638-04-4 silver cyclohexanebutyrate C10H17AgO2 20548
62641-66-1 propylenenitrosourea C4H7N3O2 3302
62641-67-2 1-nitroso-5,6-dihydrothymine C5H7N3O3 4731
62641-68-3 ethyl-N-(2-hydroxyethyl)-N-nitrosocarbamate C5H10N2O4 5440
62666-20-0 4-(((4-chlorophenyl)(5-fluoro-2-hydroxyp C17H16ClFN2O2 29988
62669-60-7 5,9-bis(ethylamino)-10-methylbenzo[a]phen C21H22ClN3O5 32801
62669-64-1 magnesium cyclohexanebutyrate C20H34MgO4 32404
62669-65-2 barium cyclohexanebutyrate C20H34BaO4 32401
62669-66-3 rhodamine 19 perchlorate C26H27ClN2O7 34262
62669-70-9 rhodamine 123 C21H17ClN2O3 32661
62669-74-3 coumarin 138 C14H15NO2 27230
62669-75-4 coumarin 338 C20H23NO4 32199
62681-13-4 ethyl-N-(2-acetoxyethyl)-N-nitrosocarbamate C7H12N2O5 11397
62689-51-4 1-dimethylamino-2-propylamine C5H14N2 6015
62690-62-4 1,2,3,4,4a,8a-hexahydronaphthalene C10H14 19892
62692-40-4 (3-bromo-3-butenyl)benzene C10H11Br 19229
62697-74-9 DL-menthyl borate C30H57BO3 34939
62698-58-2 phenolphthalein complexon C30H24N2Na4O12 34854
62700-64-5 2-methylthio-6-hydroxy-8-thiapurine C5H4N4OS2 4314
62706-16-5 1-chloro-3-hexene C6H11Cl 8011
62718-63-2 4-amyloxycinnamic acid C14H18O3 27491
62720-29-0 1,3-dibromo-5-fluoro-2-iodobenzene C6H2Br2FI 6141
62742-50-1 (+)-2-methylbutyl-p-aminocinnamate C14H19NO2 27521
62758-12-7 ethyl orange sodium salt C16H18N3NaO3S 29383
62758-13-8 resazurin C12H6NNaO4 23221
62759-83-5 methyl 4,4-dimethoxy-3-oxovalerate C8H14O5 14724
62778-12-5 N,N-dimethyl-p-phenylenediamine oxalate C18H26N4O4 30887
62778-13-6 N,N'-bis(3-dimethylaminopropyl)dithiooxamid C12H26N4S2 25275
62780-89-6 1-(3-chloropropyl)-1,3-dihydro-2H-benzimid C10H11ClN2O 19241
62783-48-6 N-nitroso-N-(2-methylbenzyl)methylamine C9H12N2O 17049
62783-49-7 N-nitroso-N-(3-methylbenzyl)methylamine C9H12N2O 17050
62783-50-0 N-nitroso-N-(4-methylbenzyl)methylamine C9H12N2O 17051
62790-50-5 4-chloro-2-methyl-6-nitroaniline C7H7ClN2O2 10503
62796-28-5 4-nitrophenyl phosphate bis(2-amino-2-eth C16H32N3O10P 29716
62796-29-6 lissamine rhodamine B sulfonyl chloride C27H29ClN2O6S2 34418
62822-49-5 10-(3-(4-hydroxypiperidino)propyl)phenothi C22H26N2O2S 33285
62850-32-2 fenothiocarb C13H19NO2S 26262
62861-56-7 2-chloro-2-propenyl trifluoromethane sulfon C4H4ClF3O3S 2528
62861-57-8 3-methoxycarbonyl propen-2-yl trifluoromethan C6H7F3O5S 7168
62865-36-5 6-(3,5-dichloro-4-methylphenyl)-3(2H)-pyri C11H8Cl2N2O 21508
62882-00-2 8-methylisoquinoline C10H9N 18860
62893-24-7 (2R)-2-[(4-ethyl-2,3-dioxopiperazinyl)carbo C15H17N3O6 28490
62924-70-3 flumetraline C16H12ClF4N3O4 29029
62928-11-4 iproplatin C6H20Cl2N2O2Pt 9382
62936-23-6 5-chlorovanillic acid C8H7ClO4 13039
62942-43-2 (formylmethyl)triphenylphosphonium chloride C20H18ClOP 32070
62946-68-3 2-propyl-1,4-butanediol C7H16O2 12260
62961-64-2 (-)-diisopropyl D-tartrate C10H18O6 20845
62967-27-5 4-isocyano-4'-nitrodiphenylamine C13H9N3O3 25571
62973-76-6 triclose C10H10N6O2 19084
62987-05-7 1,3-bis(tetrahydro-2-furyl)-5-fluorouracil C12H15FN2O4 24039
63009-74-5 trans-2-phenylcyclopropyl isocyanate C10H9NO 18886
63018-40-6 1,2-benzanthracene-10-acetic acid, methyl est C21H16O2 32655
63018-49-5 1,2-benzanthryl-3-carbamidoacetic acid C21H16N2O3 32646
63018-50-8 1,2-benzanthryl-10-carbamidoacetic acid C21H16N2O3 32647
63018-56-4 1,2-benzanthryl-10-isocyanate C19H11NO 31200
63018-57-5 benz(a)anthracene-7-thiol C18H12S 30440
63018-59-7 benz(a)anthracene-7-methanethiol C19H14S 31294
63018-62-2 benz(a)anthracene-7,12-dimethanoldiacetate C24H20O4 33794
63018-63-3 5-bromo-9,10-dimethyl-1,2-benzanthracene C20H15Br 31951
63018-64-4 5-n-butyl-1,2-benzanthracene C22H20 33194
63018-67-7 5-chloro-10-methyl-1,2-benzanthracene C19H13Cl 31233
63018-68-8 5-cyano-9,10-dimethyl-1,2-benzanthracene C21H15N 32619
63018-69-9 benz(a)anthracen-7-acetonitrile C20H13N 31848
63018-94-0 2,9,10-trimethylanthracene C17H16 29986
63018-98-4 2-acetyl-3:4-benzphenanthrene C20H14O 31890
63018-99-5 5-n-amyl-1:2-benzanthracene C23H22 33539
63019-08-9 diethylstilbestrol dipalmitate C50H80O4 35827
63019-09-0 N,N,2'-trimethyl-4-stilbenamine C17H19N 30087
63019-12-5 a-ethyl-a',sec-butylstilbene C20H24 32216
63019-14-7 N,N-dimethyl-p-(2-(1-naphthyl)vinyl)aniline C20H19N 32099
63019-23-8 4,5-dimethylchrysene C20H16 31994
63019-25-0 9:10-dimethyl-1:2-benzanthracene-9:10-oxide C20H16O 32018
63019-29-4 10-ethoxymethyl-1:2-benzanthracene C21H18O 32690
63019-32-9 8-heptylbenz(a)anthracene C25H26 34109
63019-34-1 5-n-hexyl-1,2-benzanthracene C24H24 33816
63019-42-1 4-sulfonamido-3'-methyl-4'-aminoazobenzene C13H14N4O2S 25986
63019-46-5 cholesterol isoheptylate C34H58O2 35252
63019-50-1 a-(benz(c)acridin-7-yl)-N-(p-(dimethylamino) C26H21N3O 34231
63019-51-2 4-chloro-6-ethyleneimino-2-phenylpyrimidine C12H10ClN3 23462
63019-52-3 9-chloro-8,12-dimethylbenz(a)acridine C19H14ClN 31275
63019-53-4 7-ethyl-10-chloro-11-methylbenz(c)acridine C20H16ClN 32001
63019-57-8 1-diethylacetylaziridine C8H15NO 14802
63019-59-0 12-(p-(dimethylamino)styryl)benz(a)acridine C27H22N2 34399
63019-60-3 7-(p-(dimethylamino)styryl)benz(c)acridine C27H22N2 34398
63019-65-8 N-1-diacetamidofluorene C17H15NO2 29970
63019-67-0 2-amino-N-fluoren-2-ylacetamide C15H14N2O 28275
63019-68-1 2-fluorenylmonomethylamine C14H13N 27011
63019-69-2 5-methoxy-1,2-benzanthracene C19H14O 31285

63019-70-5 6,7,9,10-tetramethyl-1,2-benzanthracene C22H20 33202
63019-72-7 5-methoxydibenz(a,h)anthracene C23H16O 33506
63019-73-8 5-styryl-3,4-benzopyrene C28H18 34588
63019-76-1 p-N,N-dimethylureidoazobenzene C15H16N4O 28426
63019-77-2 7-((p-nitrophenylazo))methylbenz(c)acridine C24H16N4O2 33737
63019-78-3 2-methylpyridine-4-azo-p-dimethylaniline C14H16N4 27362
63019-82-9 pyridine-4-azo-p-dimethylaniline C13H14N4 25976
63019-93-2 4-(dimethylamino)-3-biphenylol C14H15NO 27227
63019-97-6 2-methyl-4-aminodiphenyl C13H13N 25862
63019-98-7 3-methyl-[1,1'-biphenyl]-4-amine C13H13N 25854
63020-21-3 N-3-dibenzothienylacetamide-5-oxide C14H11NO2S 26852
63020-25-7 9-methyl-10-cyano-1,2-benzanthracene C20H14N 31875
63020-27-9 7-ethoxy methyl-12-methyl benz(a)anthracene C22H20O 33208
63020-32-6 5-propylbenzo(c)phenanthrene C21H18 32673
63020-33-7 5-n-propyl-9,10-dimethyl-1,2-benzanthracene C23H22 33540
63020-37-1 6-methyl-1,2,3,4-tetrahydrobenz(a)anthracene C19H18 31395
63020-39-3 5,6,9,10-tetramethyl-1,2-benzanthracene C22H20 33201
63020-45-1 benz(a)anthracene-7-ethanol C20H16O 32016
63020-47-3 5-isopropyl-1:2-benzanthracene C21H18 32669
63020-48-4 6-isopropyl-1:2-benzanthracene C21H18 32670
63020-53-1 2-isopropyl-3:4-benzphenanthrene C21H18 32671
63020-60-0 3-methoxy-10-ethyl-1,2-benzanthracene C21H8O 33078
63020-61-1 5-methoxy-10-methyl-1,2-benzanthracene C20H16O 32022
63020-69-9 3,4-dimethyl-1,2-cyclopentenophenanthrene C19H18 31394
63020-76-8 10-methyl-1,2-cyclopentenophenanthrene C18H16 30575
63020-91-7 2'-chloro-N,N-dimethyl-4-stilbenamine C16H16ClN 29242
63021-00-1 dimethyl ethyl allenolic acid methyl ether C16H18O3 29401
63021-11-4 1-oleoylaziridine C20H37NO 32431
63021-32-9 benzenecarboxaldehyde C19H15N 31308
63021-33-0 1-ethyldibenz(a,h)acridine C23H17N 33513
63021-35-2 1-ethyldibenz(a,j)acridine C23H17N 33514
63021-43-2 1-myristoylaziridine C16H31NO 29701
63021-45-4 1-(2-naphthoyl)-aziridine C13H11NO 25706
63021-46-5 12-(m-nitrostyryl)benz(a)acridine C25H16N2O2 34055
63021-47-6 12-(o-nitrostyryl)benz(a)acridine C25H16N2O2 34056
63021-48-7 7-(m-nitrostyryl)benz(c)acridine C25H16N2O2 34052
63021-49-8 7-(o-nitrostyryl)benz(c)acridine C25H16N2O2 34053
63021-50-1 7-(p-nitrostyryl)benz(c)acridine C25H16N2O2 34054
63021-51-2 1-nonanoylaziridine C11H21NO 22775
63021-67-0 octahydro-1:2:5:6-dibenzanthracene C22H22 33222
63024-77-1 3-(chloromethyl)benzoyl chloride C8H6Cl2O 12810
63039-46-3 (R)-N-boc-propargylglycine C10H15NO4 20289
63039-48-5 (S)-N-boc-propargylglycine C10H15NO4 20290
63039-89-4 7-ethyl-9-methylbenz(c)acridine C20H17N 32041
63040-01-7 3,8,12-trimethylbenz(a)acridine C20H17N 32044
63040-02-8 5,7,8-trimethyl-3:4-benzacridine C20H17N 32045
63040-05-1 3,5,9-trimethyl-1:2-benzacridine C20H17N 32043
63040-20-0 N-(4-quinolyl)acetohydroxamic acid C11H10N2O2 21631
63040-24-4 3-hydroxy-4'-methoxy-4-aminodiphenyl C13H13NO2 25876
63040-27-7 3'-chloro-N,N-dimethyl-4-stilbenamine C16H16ClN 29243
63040-30-2 4'-phenyl-o-acetotoluide C15H15NO 28355
63040-32-4 N,N,3'-trimethyl-4-stilbenamine C17H19N 30088
63040-43-7 phorbol monodecanoate (S)-(+)-mono(2-methylbu C35H54O8 35306
63040-44-8 phorbol laurate, (+)-S-2-methylbutyrate C37H58O8 35472
63040-49-3 5,6-dimethoxydibenz(a,h)anthracene C24H18O2 33756
63040-53-9 benzo(rst)pentaphene-5-carboxaldehyde C25H14O 34042
63040-54-0 dibenzo(b,def)chrysene-7-carboxaldehyde C25H14O 34043
63040-55-1 6-formylanthanthrene C25H14O 34045
63040-56-2 5-formyl-8-methyl-3,4:9,10-dibenzopyrene C26H16O 34214
63040-57-3 5-formyl-10-methyl-3,4:8,9-dibenzopyrene C26H16O 34215
63040-58-4 6-formyl-12-methylanthanthrene C26H16O 34213
63040-63-1 4-((p-(dimethylamino)phenyl)azo)isoquinoline C17H16N4 30008
63040-64-2 5-((p-(dimethylamino)phenyl)azo)isoquinoline C17H16N4 30009
63040-65-3 7-((p-(dimethylamino)phenyl)azo)isoquinoline C17H16N4 30010
63040-98-2 N,N-diglycidyl-p-toluenesulphonamide C13H17NO4S 26146
63041-00-9 3-bromotricycloquinazoline C21H11BrN4 32563
63041-01-0 diglycidyl ether of N,N-bis(2-hydroxypropyl) C16H31NO4 29702
63041-05-4 methyl diepoxydiallylacetate C9H14O4 17507
63041-07-6 monoglycidyl ether of N-phenyldiethanolamine C13H19NO3 26269
63041-14-5 1-methyltricycloquinazoline C22H14N4 33110
63041-15-6 4-methyltricycloquinazoline C22H14N4 33112
63041-19-0 4-(isonicotinoylhydrazone)pimelic acid C13H15N3O5 26034
63041-23-6 3,8,13-trimethylcycloquinazoline C24H18N4 33755
63041-25-8 10-trichloroacetyl-1,2-benzanthracene C20H11Cl3O 31789
63041-30-5 9-amino-1,2,5,6-dibenzanthracene C22H15N 33121
63041-44-1 dibenzanthranyl glycine complex C25H18N2O3 34059
63041-48-5 9,10-di-n-butyl-1,2,5,6-dibenzanthracene C30H30 34871
63041-49-6 meso-dihydrocholanthrene C20H16 31982
63041-50-9 meso-dihydro-3-methylcholanthrene C21H18 32665
63041-56-5 7,14-dihydro-7,14-dipropyldibenz(a,h)anthrace C28H28O2 34611
63041-61-2 15,20-dimethylcholanthrene C22H18 33162
63041-62-3 2,3-dimethylcholanthrene C22H18 33160
63041-70-3 20-isopropylcholanthrene C23H20 33525
63041-72-5 7-methoxydibenz(a,h)anthracene C23H16O 33507
63041-77-0 4'-methylbenzo(a)pyrene C21H14 32595
63041-78-1 5-methylcholanthrene C21H16 32639
63041-83-8 2-methyldibenz(a,h)anthracene C23H16 33500
63041-84-9 3-methyldibenz(a,h)anthracene C23H16 33501
63041-85-0 4-methyl-1,2,5,6-dibenzanthracene C23H16 33502
63041-88-3 10-methyl-1',9-methylene-1,2-benzanthracene C20H14 31869
63041-90-7 6-nitrobenz(a)pyrene C20H11NO2 31797
63041-92-9 1,2,4,5,6,7-hexahydrobenz(e)aceanthrylene C20H18 32064
63041-95-2 7-methyl-1:2:3:4-dibenzpyrene C25H16 34049
63042-08-0 4'-carbomethoxy-2,3'-dimethylazobenzene C16H16N2O3 29266
63042-11-5 oxalyl-o-aminoazotoluene C16H15N3O3 29226
63042-13-7 4'-succinylamino-2,3'-dimethylazobenzol C18H19N3O3 30707
63042-19-3 estradiol-17-benzoate-3,n-butyrate C29H34O4 34768
63042-22-8 estradiol-17-caprylate C26H38O3 34307
63042-50-2 4,9-dimethyl-2,3,5,6-dibenzothiophenthrene C22H16S 33150
63042-68-2 N,N-dimethyl-4-((4'-quinolyl-1'-oxide)azo)an C17H16N4O 30017
63059-33-6 5-butylhydantoic acid C7H14N2O3 11805
63059-68-7 8-methoxy-3,4-benzpyrene C21H14O 32610
63077-00-9 3,4-dihydro-1,2,5,6-dibenzcarbazole C20H15N 31964
63089-50-9 4-methylphthalonitrile C9H6N2 15901
63096-02-6 N-(tert-butoxycarbonyl)-L-leucine methyl est C12H23NO4 24812
63104-32-5 10-methylbenzo(a)pyrene C21H14 32597
63124-33-4 nitrosodimethoate C5H11N2O4PS2 5755
63126-29-4 (4R,5R)-4,5-di(dimethylaminocarbonyl)-2,2-d C11H20N2O4 22689
63126-45-4 (S)-(-)-2-(methoxymethyl)-1-pyrrolidinecarbox C7H13NO2 11664
63126-47-6 (S)-(+)-2-(methoxymethyl)pyrrolidine C6H13NO 8781
63126-48-7 3-ethyl-4-octanol C10H22O 21273
63126-52-3 (-)-N,N,N',N'-tetramethyl-D-tartaramide C8H16N2O4 15053
63126-87-4 dichloromethyl(4-methylphenethyl)silane C10H14Cl2Si 19914
63131-29-3 methyl 4-fluorobenzoylacetate C10H9FO3 18840
63133-82-4 2-chloro-4,6-dimethylaniline C8H10ClN 13823
63134-20-3 N-ethyl-N-(2-methoxyethyl)-3-methyl-4-nitro C12H18N2O2 24413
63135-03-5 ethyl-6-(2-oxocyclopentyl)hexanoate C13H22O3 26390
63139-21-9 4-ethylphenylboronic acid C8H11BO2 14063
63139-69-5 hydroxydihydrocyclopentadiene C10H12O 19536
63141-79-7 a-(2,2-dimethylvinyl)-a-ethynyl-p-cresol C13H13O 25897
63148-81-2 4',4''-bis(dimethylamino)-4-methoxy-3-sulf C24H26N2O4S 33832
63157-81-3 1-phenyl-1,2,3-propanetriol C9H12O3 17190
63160-33-8 methyl-3-methoxy carbonylazocrotonate C7H10N2O4 11127
63175-96-2 5,6-dichloro-1-ethyl-2-methyl-3-(3-sulf C14H18Cl2N2O3S 27458
63180-94-9 alpha-phenylbenzeneethanol, (±) C14H14O 27146
63207-60-3 (1-aminohexyl)phosphonic acid C6H16NO3P 9291
63224-44-2 N-acetyl-N-myristoyloxy-2-aminofluorene C29H39NO3 34784
63224-45-3 N-(2-fluorenyl)myristohydroxamic acid acetat C29H39NO3 34785
63224-46-4 N-myristoyloxy-N-myristoyl-2-aminofluorene C41H63NO3 35646
63226-13-1 3,3'-carbonylbis(7-diethylaminocoumarin) C27H28N2O5 34414
63245-28-3 N-(2,6-diethylphenylcarbamoylmethyl)iminodi C16H22N2O5 29508
63257-54-5 gemfibrozil M3 C15H20O5 28599
63261-45-0 (1S,2S)-(+)-trans-1,2-cyclopentanediol C5H10O2 5523
63278-33-1 a-((cyanomethoxy)imino)-benzacetonitrile C10H7N3O 18664
63284-71-9 nuarimol C17H12ClFN2O 29873
63289-85-0 2,2-dichlorocyclopropyl phenyl sulfide C9H8Cl2S 16126
63301-31-5 trans-2-cyano-1-cyclohexanol C7H11NO 11278
63307-08-4 ethyl 3-(3,4-dimethoxyphenyl)propionate C13H18O4 26235
63307-29-9 (-)-17-(p-aminophenethyl)-morphinan-3-ol C24H30N2O 33870
63318-29-6 cis-1-iodo-1-heptene C7H13I 11619
63323-29-5 (+)cis-7,a,8,b-dihydroxy-9,a,10,a-epoxy-7,8,9 C20H14O3 31922
63323-30-8 anti-diolepoxide C20H12O3 31841
63323-31-9 (+)-BP-7b,8a-diol-9a,10a-epoxide 2 C20H14O3 31918
63333-35-7 bromethaline C14H7Br3F3N3O4 26605
63339-68-4 chuanghsinmycin C12H11NO2S 23645
63357-09-5 (-)-cis-7,b,8,a-dihydroxy-9,b,10,b-epoxy-7,8, C20H14O3 31923
63368-36-5 2-methylbenzyltriphenylphosphonium chloride C26H24ClP 34248
63368-37-6 3-methylbenzyltriphenylphosphonium chloride C26H24ClP 34249
63370-69-4 3-methylcyclopentaneacetic acid C8H14O2 14623
63377-25-3 exo-2-bromo-5-oxo-bicyclo[2.2.1]heptane-syn-7 C8H9BrO3 13566
63382-64-9 bis(dimethylarsinyldiazomethyl)mercury C6H12As2HgN4 8238
63394-05-8 plafibride C16H22ClN3O4 29492
63412-06-6 N-methyl-N-nitrosobenzamide C8H8N2O2 13360
63421-88-5 3-(5-nitro-2-furyl)-3',4',5'-trimethoxyacryl C16H15NO7 29217
63421-91-0 1-(2-naphthalenyl)-3-(5-nitro-2-furanyl)-2-p C17H11NO4 29860
63422-71-9 (2R)-2-[(4-ethyl-2,3-dioxopiperazinyl)carbo C15H17N3O5 28489
63428-98-8 2,4-bis(1,1-dimethylethyl)-6-(1-phenylethyl)ph C22H30O 33352
63438-26-6 (+)-trans-3,4-dihydroxy-1,2-epoxy-1,2,3,4-tet C18H10O3 30395
63441-20-3 1-(cyclohexylcarbonyl)-3-methylpiperidine C13H23NO 26396
63444-51-9 6-methoxy-2-vinylnaphthalene C13H12O 25804
63467-30-1 3-(isopropylideneaminoamidino)-1-phenylthiou C11H15N5S 22302
63468-05-3 2-methyl-3-penten-2-ol C6H12O 8433
63469-15-8 1,1,4,4-tetraphenyl-1,4-butanediol C28H26O2 34604
63473-60-9 methyl (R)-(+)-3-methylglutarate C7H12O4 11556
63498-62-4 hexachloro-m-xylene C8H4Cl6 12531
63503-60-6 3-chlorophenylboronic acid C6H6BClO2 6897
63504-15-4 N-phenyl-N-(1-(phenylimino)ethyl)-N'-2,5- C21H22Cl2N3O 32802
63511-92-2 trans-2-butenal diethyl acetal C8H16O2 15197
63521-36-8 3,4-dimethyl-1,4-pentanediol C7H16O2 12256
63521-37-9 3-methyl-2,3-pentanediol C6H14O2 9038
63521-92-6 4-pentenoic anhydride C10H14O3 20142
63642-17-1 MNCO C7H14N4O4 11825
63643-78-7 hydroxycopper(ii) glyoximate C2H4CuN2O3 830
63673-37-0 4-chloro-2-dimethylamino-6-(4-methylpiperaz C14H24ClN4S 27745
63681-01-6 1,2-dihydro-2,2,4,6-tetramethylpyridine C9H15N 17550
63690-09-5 methylenediphenyl-4,4'-diamidine C15H16N4 28425
63696-99-1 L(-)-methanesulfonylethyllactate C6H12O5S 8586
63697-00-7 (-)-isopropyl l-lactate C6H12O3 8560
63703-34-4 2,2-dimethoxycyclohexanol C8H16O3 15221
63710-09-8 antibiotic MA 144S2 C36H45NO14 35361
63710-10-1 marcellomycin C42H55NO17 35689
63716-10-9 ethoxyethyl ether of propylene glycol C7H16O3 12292
63716-39-2 isobutoxypropanol, mixed isomers C7H16O2 12279
63716-40-5 n-butoxypropanol (mixed isomers) C7H16O2 12278
63716-41-6 2-ethylbutoxypropanol, mixed isomers C9H20O2 18349
63716-63-2 8-quinolinolium-4',7'-dibromo-3'-hydroxy- C20H13Br2NO3 31844
63731-92-0 6-allyloxy-2-methylamino-4-(N-methylpiperaz C14H23N5OS 27740
63731-93-1 2-amino-4g-diethylaminopropylamino-5,6-dimeth C13H25N5 26464
63732-23-0 methyl-g-fluoro-b-hydroxythiolbutyrate C5H9FO2S 5142
63732-31-0 triphenylcyclohexyl borate C36H45BO3 35360
63734-62-3 3-(2-chloro-4-(trifluoromethyl)phenoxy)ben C14H8ClF3O3 26631
63737-71-3 N,N'-diisopropyl-1,3-propanediamine C9H22N2 18426
63762-79-8 2-fluoro-5-methylphenol C7H7FO 10568
63765-78-6 2-fluoroethyl-5-fluorohexoate C8H14F2O2 14518
63765-80-0 4-amino-2-methyl-3-hexanol C7H17NO 12353
63790-14-7 (1-bromopropyl)benzene, (±) C9H11Br 16825
63815-37-2 b-(bis(2-chloroethylamino))propionitrile C7H13Cl2N3 11611
63833-90-9 2-(N-ethyl carbamoylhydroxymethyl)furan C8H11NO3 14192
63834-20-8 2-dichloroarsinophenoxathiin C12H7AsCl2OS 23233
63834-30-0 2-hydroxy-3-ethylheptanoic acid C9H18O3 18098
63837-33-2 diofenolan C18H20O4 30745
63839-60-1 ammonium-2,4,5-trinitroimidazolide C3H4N6O6 1620
63843-89-0 ((3,5-bis(1,1-dimethylethyl)-4-hydroxypheny C42H72N2O5 35701
63867-09-4 ethyl hexafluoro-2-bromobutyrate C5H3BrF6O2 4207
63867-20-9 2-fluorobutyric acid isopropyl ester C7H13FO2 11616
63867-64-1 4-bromo-1,2,2,6,6-pentamethylpiperidine C10H19BrN 20863
63868-93-9 (acetato)bis(heptyloxy)phosphinylmercury C16H33HgO5P 29745
63868-94-0 (acetato)bis(hexyloxy)phosphinylmercury C14H29HgO5P 27900
63868-95-1 o-nitrophenyl mercury acetate C8H7HgNO4 13097
63868-96-2 hydroxymercuripropanolamide of m-carboxyph C12H15HgNO6 24041
63868-98-4 hydroxymercuripropanolamide of p-carboxyph C12H15HgNO6 24042
63869-01-2 chloro(dibutoxyphosphinyl)mercury C8H18ClHgO3P 15376
63869-02-3 chloro(diisopropoxyphosphinyl)mercury C6H14ClHgO3P 8890
63869-04-5 o-(hydroxymercuri)phenol C6H6HgO2 6969
63869-05-6 N-bis(p-tolylsulfonyl)amidomethyl mercur C15H17HgNO4S2 28459
63869-07-8 methyl(5-isopropyl-N-(p-tolyl)-o-toluenes C18H23HgNO2S 30821
63869-08-9 phenylmercurilauryl thioether C36H58Hg2S 35387
63869-10-3 1,3-butylene dimethacrylate C12H18O4 24492
63869-17-0 diepoxydihydromyrcene C10H18O2 20799
63869-87-4 trimethyltin sulphate C3H10O4SSn 2267
63870-44-0 bis(2-aminophenyl)diselenide C12H12N2Se2 23751
63876-46-0 2',4'-dihydroxy-3'-methylpropiophenone C10H12O3 19651
63884-38-8 methylcyclopropanecarbonylhydrazine C5H10N2O 5413
63884-90-2 N-(2-chlorobenzyl)-N-ethylcarbamic acid 4- C13H17ClN2O3 26115
63884-92-4 b-fluoroethyl-N-(b-chloroethyl)-N-nitrosoca C4H8ClFN2O3 3355
63885-02-9 bis(2,3,5-trichlorophenylthio)zinc C12H4Cl6S2Zn 23168
63885-07-4 3-hydroxy-1-methylguanine C6H7N5O2 7253
63886-56-6 N-2-hydroxyethyl-3,4-dimethylazolidin C8H17NO 15326
63887-17-2 o-allyloxy-N-(b-hydroxyethyl)benzamide C12H15NO3 24079
63887-51-4 o-allyloxy-N,N-diethylbenzamide C14H19NO2 27524
63887-52-5 o-allyloxy-N,N-dimethylbenzamide C12H15NO2 24071
63904-82-5 zirconium sodium lactate C9H15NaO10Zr 17585
63904-83-6 zinc allyl dithio carbamate C8H12N2S4Zn 14313
63904-97-2 isopropyl g-fluorobutyrate C7H13FO2 11617
63904-99-4 methyl-g-fluoro-b-hydroxybutyrate C5H9FO3 5143
63905-13-5 N'-isopropyl-N,N'-dimethyl-1,3-propane-diamine C8H20N2 15704

63905-29-3	adipic acid 3-cyclohexenylmethanol diester	C20H30O4	32361
63905-33-9	DL-N-(2,4-dichloro-phenoxyacetyl)-3-pheny	C17H15Cl2NO4	29962
63905-80-6	((2,5-dioxo-3-cyclohexen-1-yl)thio)acetic acid	C8H8O4S	13508
63906-36-5	2-hydroxyethyl iodoacetate	C4H7IO3	3223
63906-49-0	butyl selenocyanoacetate	C7H11NO2Se	11292
63906-57-0	1-butyl theobromine	C11H14N4O2	22088
63906-63-8	1-propyl theobromine	C10H14N4O2	19967
63906-75-2	2-acetamido-4,5-bis-(acetoxymercuri)thia	C9H10Hg2N2O5S	16559
63907-04-0	N,N,2,3-tetramethyl-2-norbornanamine	C11H21N	22773
63907-07-3	N-(2-ethylbutoxyethoxypropyl)-5-norbornene-	C20H34N2O4	32405
63907-29-9	2-azahypoxanthine	C4H3N5O	2508
63915-89-9	2-allylmercaptoisobutyramide	C7H13NOS	11645
63916-83-6	p-hexoxybenzoic acid 3-(2'-methylpiperidino)	C22H35NO3	33395
63916-90-5	p-isobutyoxybenzoic acid 3-(2'-methylpiperid	C20H31NO3	32369
63916-98-3	triethyl lead oleate	C24H48O2Pb	33995
63917-06-6	di-2-chloroethyl maleate	C8H10Cl2O4	13841
63917-71-5	methylaminocolchicide	C22H26N2O5	33288
63917-76-0	(p-aminobenzoic acid 3-(b-diethylamino)etho	C16H26N2O3	29607
63918-66-1	6-allyl-6,7-dihydro-3,9-dichloro-5H-dibenz(	C17H15Cl2N	29959
63918-74-1	6,7-dihydro-6-(2-hydroxyethyl)-5H-dibenz(c,e)	C16H17NO	29323
63918-82-1	p-dimethylaminobenzylidene-3,4,5,6-dibenz-9-m	C31H24N2	34977
63918-85-4	1-phenyl-2-(b-hydroxyethyl)aminopropane	C11H17NO	22518
63918-89-8	2-2'-di(3-chloroethylthio)diethyl ether	C8H16Cl2OS2	15010
63918-91-2	2-hexyloxy-2-ethoxyethyl ether	C20H42O5	32535
63918-97-8	lead trinitroresorcinate	C6HN3O8Pb	6128
63918-98-9	ethoxy propionaldehyde	C5H10O2	5534
63919-00-6	diisobutylene oxide	C8H16O	15150
63919-01-7	fluoroethanol	C2H5FO	941
63919-14-2	zirconium lactate	C9H13O10Zr	17385
63927-44-6	ethyl 2-bromohexanoate, (±)	C8H15BrO2	14742
63934-40-7	3-hydroxybutyl-(2-hydroxypropyl)-N-nitrosami	C7H16N2O3	12157
63934-41-8	4-hydroxybutyl-(2-hydroxypropyl)-N-nitrosami	C7H16N2O3	12158
63937-14-4	mercury gluconate	C6H11HgO7	8079
63937-27-9	2-allyl-3-methyl-4-hydroxy-2-cyclopenten-1-o	C12H17NO3	24331
63937-29-1	piperidino hexose reductone	C11H18NO3	22575
63937-30-4	anhydro-dimethylamino hexose reductone	C8H11NO2	14178
63937-31-5	anhydro-piperidino hexose reductone	C11H16N2O2	22379
63937-32-6	butyl-2-butoxycyclopropane-1-carboxylate	C12H22O3	24740
63937-47-3	2-octanoyl-1,2,3,4-tetrahydroisoquinoline	C17H25NO	30233
63938-10-3	chlorotetrafluoroethane	C2HClF4	530
63938-92-1	trithiocarbonic acid bis(2-chloroethyl) ester	C5H8Cl2S3	4796
63938-93-2	2-(carboxymethylmercapto)phenylstibonic acid	C8H9O5SSb	13772
63941-74-2	ioglucomide	C20H28I3N3O13	32308
63951-08-6	N,N-bis(2-(2,3-epoxypropoxy)ethoxy)aniline	C16H23NO6	29555
63951-09-7	2,6-bis(hydroxymercuri)-4-nitroaniline	C6H6Hg2N2O4	6970
63951-11-1	3'-chloro-4'-methyl-4-dimethylaminoazobenze	C15H16ClN3	28411
63951-45-1	veratensine	C37H59NO11	35473
63951-48-4	a,g-dimethyl-a-oxymethyl glutaraldehyde	C8H14O3	14685
63956-95-6	tetrahydro-N,N-bis(2-chloroethyl)furfurylam	C9H17Cl2NO	17803
63957-11-9	a-DL-propoxyphene carbinol	C19H25NO	31565
63963-40-6	4-amino-2-methylmercaptoquinazoline	C9H9N3S	16504
63968-64-9	artemisinine	C15H22O5	28687
63975-59-7	(R)-(-)-4,4a,5,6,7,8-hexahydro-4a-methyl-2(3H)	C11H16O	22435
63976-07-8	2-amino-1-naphthylglucosiduronic acid	C16H17NO7	29334
63978-55-2	2-(bis(2-chloroethyl)amino)ethyl vinyl su	C8H15Cl2NO2S	14763
63978-73-4	tridecanoic acid 2,3-epoxypropyl ester	C16H30O3	29672
63978-93-8	4-(1-naphthylazo)-2-naphthylamine	C20H15N3	31974
63979-62-4	diisopentyloxostannane	C10H22OSn	21345
63979-65-7	n-butyl-k-strophanthidin	C27H38O7	34468
63979-84-0	succinylnitrile	C6H4N2O2	6574
63980-18-7	4-(p-tolylazo)-o-toluidine	C14H15N3	27248
63980-19-8	2-(o-tolylazo)-p-toluidine	C14H15N3	27247
63980-20-1	diethyl triazene	C4H11N3	4017
63980-27-8	1-((4-tolylazo)tolylazo)-2-naphthol	C24H20N4O	33791
63980-61-0	phosphorous acid tris(2-fluoroethylester)	C6H12F3O3P	8303
63980-62-1	2-(2-(1-isobutyl-3-methylbutoxy)ethoxy)ethano	C13H28O3	26546
63980-89-2	phosphorothioic acid, O-ethyl S-(p-tolyl) es	C9H13O3PS	17380
63981-09-9	4-hydrazino-2-thiouracil	C4H6N4S	2937
63982-15-0	2-fluoroethyl-N-methyl-N-nitrosocarbamate	C4H7FN2O3	3188
63982-52-5	1,4-bis(methylcarbamyloxy)-2-isopropyl-5-me	C14H20N2O4	27584
63989-75-3	N-benzoyl trimethyl colchicinic acid methyl	C27H27NO6	34412
63989-82-2	3,5-dinitro-p-cresol	C7H6N2O5	10387
63990-57-8	2,4-di-2-amylphenoxyacetyl chloride	C18H27ClO2	30906
63990-96-5	amyl biphenyl	C17H20	30122
63991-43-5	N-methyl-2,4,5-trichlorobenzenesulfonamide	C7H6Cl3NO2S	10286
63991-57-1	p-(2,3-epoxypropoxy)-N-phenylbenzylamine	C16H17NO2	29326
63991-70-8	2-methyldiacetylbenzidine	C17H18N2O2	30064
64005-62-5	n-amyl-N-nitrosourethane	C8H16N2O3	15047
64011-26-3	(tri-2-pyridyl)stibine	C15H12N3Sb	28171
64011-39-8	bis(trimethylhexyl)tin dichloride	C18H38Cl2Sn	31138
64011-43-4	1-hydroxy-2-pentyne-4-one	C5H6O2	4566
64011-44-5	4-methoxy-4-amino-2-pentanol	C6H15NO2	9237
64011-46-7	4,5-epoxy-2-pentenal	C5H6O2	4565
64011-53-6	4,4-bis(hydroxymethyl)-1-cyclohexene	C8H14O2	14647
64025-06-5	(2,4-pentanedionato-O,O')phenylmercury	C11H12HgO2	21808
64028-90-6	(S)-1,4-dibromo-2-butanol	C4H8Br2O	3350
64030-44-0	(S)-(+)-2-(anilinomethyl)pyrrolidine	C11H16N2	22369
64035-64-9	(trimethylsilyl)methyl trifluoromethanesul	C5H11F3O3SSi	5659
64036-46-0	diethyl phenyltin acetate	C12H18O2Sn	24478
64037-07-6	2-amino-5-bromobenzoxazole	C7H5BrN2O	9883
64037-08-7	2-amino-6-bromo-5-chlorobenzoxazole	C7H4BrClN2O	9608
64037-09-8	2-amino-5-bromo-6-chlorobenzoxazole	C7H4BrClN2O	9607
64037-10-1	2-amino-4-chlorobenzoxazole	C7H5ClN2O	9919
64037-11-2	2-amino-7-chlorobenzoxazole	C7H5ClN2O	9921
64037-12-3	2-amino-5,6-dichlorobenzoxazole	C7H4Cl2N2O	9735
64037-13-4	2-amino-5-iodobenzoxazole	C7H5IN2O	10026
64037-14-5	2-amino-5-methoxybenzoxazole	C8H8N2O2	13358
64037-15-6	2-amino-5-methylbenzoxazole	C8H8N2O	13347
64037-53-2	1-chloro-3-bromo-butene-1	C4H6BrCl	2761
64037-65-6	2-allylmercapto-2-ethylbutyramide	C9H17NOS	17830
64038-09-1	5-(p-aminophenyl)-5-ethyl-1-methylbarbituri	C13H15N3O3	26033
64038-38-6	7,11-dimethyl-10-chlorobenz(c)acridine	C19H14ClN	31276
64038-39-7	10-fluoro-9,12-dimethylbenz(a)acridine	C19H14FN	31278
64038-40-0	7,8,11-trimethylbenz(c)acridine	C20H17N	32046
64038-57-9	1-methyl-2-mercapto-5-imidazole carboxylic ac	C5H6N2O2S	4523
64043-55-6	tetraiodo-a,a'-diethyl-4,4'-stilbenediol	C18H16I4O2	30587
64046-46-4	1-methoxyisopropyl chloroacetate	C6H11ClO3	8057
64046-47-5	2-chloro-5-nitrophenyl ester acetic acid	C8H6ClNO4	12789
64046-48-6	3-phenylpropyl chloroacetate	C11H13ClO2	21927
64046-56-6	2,2'-diselenobis(N-phenylacetamide)	C16H16N2O2Se2	29264
64046-59-9	m-tolylazoacetanilide	C15H16N3O	28424
64046-61-3	acetic acid 3-allyloxyallyl ester	C8H12O3	14376
64046-67-9	1-methoxyisopropyl bromoacetate	C6H11BrO3	8002
64046-79-3	quinacrine mustard	C23H28Cl3N3O	33585
64046-99-7	N-(1-carbamoylpropyl)arsanilic acid	C10H15AsN2O4	20183
64047-30-9	trimethyl-2-oxepanone (mixed isomers)	C9H16O2	17740
64048-08-4	(5-(hydroxymercuri)-2-thienyl)mercury acetat	C6H6Hg2O3S	6971
64048-13-1	p-diethyl-p'-dimethylthiopyrophosphate	C6H16O5P2S2	9321
64048-70-0	benzo(a)pyrene-6-carboxyaldehyde thiosemicar	C22H15N3S	33127
64048-90-4	dichloro(m-trifluoromethylphenyl)arsine	C7H5AsCl2F3	9861
64048-94-8	(3-amino-4-(2-hydroxyethoxy)phenyl)arsine o	C8H12AsNO3	14253
64048-98-2	tris(3,3,5-trimethylcyclohexyl)arsine	C27H51As	34545
64049-07-6	phenyl(b-chlorovinyl)chloroarsine	C8H7AsCl2	12952
64049-11-2	(2-chlorovinyl)diethoxyarsine	C6H12AsClO2	8237
64049-21-4	heptyldichlorarsine	C7H15AsCl2	11980
64049-22-5	hexyldichlorarsine	C6H13AsCl2	8645
64049-23-6	isoamyldichloroarsine	C5H11AsCl2	5602
64049-27-0	2-(hydroxymercuri)-4-nitroaniline	C6H6HgN2O3	6966
64049-28-1	2,2'-mercuribis(6-acetoxymercuri-4-nitro	C16H14Hg3N2O8	29134
64050-15-3	ethoxypropylacrylate	C8H14O3	14687
64050-23-3	10-chloro-6,9-dimethyl-5,10-dihydro-3,4-be	C18H15AsClN	30533
64050-46-0	4,5-bis(chloromercuri)-2-thiazolecarb	C11H8Cl2Hg2N2O2S	21507
64050-54-0	2-((dimethoxyphosphinyl)oxy)-1H-benz(d,e)is	C14H12NO6P	26895
64057-51-8	N-(b-chloroethyl)-N-nitrosoacetamide	C4H7ClN2O2	3113
64057-52-9	N-3-dibenzothienylacetamide	C14H11NOS	26841
64057-58-5	trichloromethyl allyl perthioxanthate	C5H5Cl3S3	4373
64057-79-0	bis(2-methallyl) carbonate	C9H14O3	17482
64058-30-6	p-N-cyclo-ethyleneureidoazobenzene	C15H14N4O	28279
64058-36-2	lactic acid, acetate, cyclohexyl ester	C11H18O4	22626
64058-43-1	1,1,2,3,3,6-hexamethylindan-5-yl methyl ketone	C17H24O	30224
64058-44-2	4-(m-hydroxyphenyl)-1-methylisonipecotinoyl	C14H19NO2	27525
64058-54-4	p-(2-oxopropoxy)benzenearsonic acid	C9H11AsO5	16818
64058-65-7	3-amino-4-(2-hydroxy)ethoxybenzenearsonic ac	C8H12AsNO5	14254
64058-72-6	acetoxy(2-acetamido-5-nitrophenyl)mercury	C10H10HgN2O5	19016
64058-74-8	2,6-bis(acetoxymercuri)-4-nitroacetanili	C12H12Hg2N2O7	23716
64058-92-0	p-terphenyl-4-ylacetamide	C20H17NO	32050
64059-42-3	2-(8-chloromethyl-1-naphthylthio)acetic ac	C13H11ClO2S	25680
64059-53-6	1-pyridyl-3-methyl-3-ethyltriazene	C8H12N4	14317
64063-37-2	2,6-dichloro-3-methylaniline	C7H7Cl2N	10546
64082-43-5	10-methyl-1,2-benzanthracene-5-carbonamide	C20H15NO	31966
64091-90-3	4-(N-methyl-N-nitrosamino)-4-(3-pyridyl)but	C10H13N3O2	19849
64091-91-4	4-(N-methyl-N-nitrosamino)-1-(3-pyridyl)-1-	C10H13N3O2	19850
64099-82-7	tributyl(1-propynyl)tin	C15H30Sn	28897
64109-72-4	11b-ethylestradiol	C20H28O2	32318
64123-77-9	methyl 3-fluorophenylacetate	C9H9FO2	16350
64140-51-8	1-dipropylaminoacetylindoline	C16H24N2O	29566
64161-50-8	1-(bromomethyl)-7,7-dimethylbicyclo[2.2.1]he	C10H15BrO	20187
64165-34-0	2,4-dimethyl-6-quinolinol	C11H11NO	21736
64168-11-2	1,3-bis(1-methyl-4-piperidyl)propane	C15H30N2	28868
64187-24-2	N-carbobenzoxyglycine vinyl ester	C12H13NO4	23862
64187-25-3	N-carbobenzoxyglycine-1,2-dibromoethyl es	C12H13Br2NO4	23802
64187-27-5	N-carbobenzoxy-L-leucine vinyl ester	C16H21NO4	29486
64187-42-4	N-carbobenzoxy-L-phenylalanine vinyl ester	C19H19NO4	31430
64187-43-5	N-carbobenzoxy-L-phenylalanine-1,2-dibrom	C19H19Br2NO4	31424
64207-03-0	1-(2-hydroxy-5-methylphenyl)-2-methyl-1-propa	C11H14O2	22125
64241-34-5	cadralazine	C12H21N5O3	24651
64245-25-6	cis-1-iodo-3-methyl-1-butene	C5H9I	5167
64245-83-6	SYEP	C7H8F6N6O10	10781
64245-99-4	2-(3,4-(methylenedioxy)phenoxy)-1-((3,4-(met	C17H17NO6	30046
64248-56-2	1-bromo-2,6-difluorobenzene	C6H3BrF2	6227
64248-58-4	1,2-difluoro-4-iodobenzene	C6H3F2I	6330
64248-62-0	3,4-difluorobenzonitrile	C7H3F2N	9564
64248-63-1	3,5-difluorobenzonitrile	C7H3F2N	9565
64248-64-2	2,5-difluorobenzonitrile	C7H3F2N	9566
64253-71-0	baumycin A2	C34H43NO13	35233
64253-73-2	rhodirubin A	C42H55NO16	35688
64257-84-7	fenpropathrin	C22H23NO3	33241
64265-26-5	2,4-dimethyltetrahydrofuran	C6H12O	8420
64267-17-0	3,3'-carbonylbis(7-methoxycoumarin)	C21H14O7	32614
64267-45-4	disnogalamycinic acid	C29H47N016	34804
64267-46-5	nogamycin	C37H47NO14	35463
64284-35-1	2,2-dimethyl-3-hydroxy-3-(p-methoxyphenyl)pro	C12H16O4	24261
64285-06-9	anatoxin I	C10H15NO	20256
64285-95-6	4-trifluoromethoxyphenyl isothiocyanate	C8H4F3NOS	12543
64287-26-9	N,N,N',N'-tetraethyl-1,3-benzenediamine	C14H24N2	27749
64296-43-1	2,3,3',4,4'5,7-heptahydroxyflavan	C15H12O8	28209
64314-28-9	baumycin A1	C34H43NO13	35232
64314-52-9	4-demethoxyadriamycin	C26H27NO10	34267
64318-79-2	cervagem	C23H38O5	33673
64334-96-9	2-methyl-7-quinolinamine	C10H10N2	19028
64339-43-1	5-iodo-1,3-benzenediol	C6H5IO2	6803
64346-45-8	2,3,3,4-tetrachloro-1-butene	C4H4Cl4	2546
64363-96-8	trans-deltamethrin	C22H19Br2NO3	33180
64379-30-2	2,4-dimethyl-2-pentanamine	C7H17N	12316
64379-91-5	trans-3-(trifluoromethyl)cinnamoyl chloride	C10H6ClF3O	18527
64387-77-5	4-methyl-1-((2-methylcyclohexyl)carbonyl)pipe	C14H25NO	27775
64387-78-6	3-methyl-1-((2-methylcyclohexyl)carbonyl)pipe	C14H25NO	27774
64395-92-2	1-oxododecyl-b-D-glucopyranoside	C18H34O7	31053
64399-27-5	1-(4-chlorophenyl)-1-cyclopropanecarbonitrile	C10H8ClN	18683
64407-07-4	benzonitrile, 3-(chloromethyl)-	C8H6ClN	12766
64415-11-8	4,6-dichloro-2-methylthio-5-phenylpyrimidi	C11H8Cl2N2S	21509
64415-13-0	3-amino-4-chloro-N-(2-cyanoethyl)benzenes	C9H10ClN3O2S	16536
64415-14-1	2-amino-4-phenyl-5-n-tetradecylthiazole	C23H36N2S	33664
64415-15-2	4-aminosulfonyl-1-hydroxy-2-naphthoic acid	C11H9NO5S	21594
64431-68-1	MA144 M1	C42H55NO15	35687
64441-42-5	1-butyl-3-(2-furoyl)urea	C10H14NO3	19924
64461-98-9	1,2,3,6,7,9-hexachlorodibenzo-p-dioxin	C12H2Cl6O2	23142
64466-47-3	4,7-dimethoxy-2-benzofuranyl methyl ketone	C12H12O4	23787
64466-48-4	6,7-dimethoxy-2-benzofuranyl methyl ketone	C12H12O4	23788
64466-49-5	1-(5,8-dimethoxy-2H-1-benzopyran-3-yl)ethanon	C13H14O4	25997
64466-50-8	1-(7,8-dimethoxy-2H-1-benzopyran-3-yl)ethanon	C13H14O4	25998
64485-82-1	ethyl 2-(2-aminothiazol-4-yl)-2-hydroxyimino	C7H9N3O3S	11041
64485-88-7	ethyl 2-(2-aminothiazol-4-yl)-2-methoxyimin	C8H11N3O3S	14216
64491-68-5	(S)-(+)-glycidyl methyl ether	C4H8O2	3527
64491-70-9	(R)-(-)-glycidyl methyl ether	C4H8O2	3528
64501-77-5	2-methyl-4-octene	C9H18	17949
64502-82-5	rhodirubin B	C43H55NO15	35719
64502-86-9	3,4-dimethyl-2-pentanol	C7H16O	12192
64502-89-2	1-hydroxy-2-pentanone	C5H10O2	5516
64506-49-6	isoprenyl chalcone	C27H30O6	34426
64508-90-3	5-(p-(bis(2-chloroethyl)amino)phenyl)vale	C15H21Cl2NO2	28607
64520-58-7	ethyl (S)-(+)-3-(2,2-dimethyl-1,3-dioxolan-4-	C10H16O4	20528
64521-13-7	trans-1,2-dihydro-1,2-dihydroxy-7-methylbenz(	C19H17O2	31389
64521-14-8	7-MBA-3,4-dihydrodiol	C18H16O2	30633
64521-15-9	trans-8,9-dihydro-8,9-dihydroxy-7-methylbenz(	C18H16O2	30630
64521-16-0	1,2-epoxy-1,2,3,4-tetrahydrobenz(a)anthracene	C18H14O	30492
64529-56-2	ethyl metribuzin	C9H16N4OS	17660
64531-23-3	cis-1-chloro-1-octene	C8H15Cl	14749
64531-26-6	1-chloro-1-octyne	C8H13Cl	14420
64531-49-3	(S)-(-)-2-methoxypropionitrile	C4H7NO	3256
64532-94-1	O-isopropylphenyl diphenyl phosphate	C21H21O4P	32791
64532-96-3	p-hexylphenyl diphenyl phosphate	C24H27O4P	33852
64544-07-6	cefuroxime axetil	C20H22N4O10S	32175
64549-05-9	allyldibutyltin chloride	C11H23ClSn	22874
64551-89-9	(±)-cis-3,4-dihydroxy-1,2-epoxy-1,2,3,4-tetra	C18H10O3	30394
64552-25-6	N-methyljervine	C28H41NO3	34672

64598-80-7 (±)-(1R,2S,3R,4R)-3,4-dihydro-3,4-dihydroxy-1 C18H14O3 30517
64598-81-8 (±)-(1S,2R,3R,4R)-3,4-dihydro-3,4-dihydroxy-1 C18H14O3 30518
64598-82-9 (±)-trans-8b,9a-dihydroxy-10b,11b-epoxy-8,9,1 C18H14O3 30521
64598-83-0 (±)trans-8b,9a-dihydroxy-10a,11a-epoxy-8,9,10 C18H14O3 30519
64604-09-7 12-o-tetradeca-2-cis-4-trans,6,8-tetraenoylph C36H48O8 35366
64604-91-7 N-(2-aminoethyl)-3,5-bis(1,1-dimethylethyl) C19H32N2O2 31651
64622-45-3 ibuprofen piconol C19H23NO2 31517
64624-44-8 glutaryl diazide C5H6N6O2 4531
64632-72-0 2,7-dihydroxy-9H-xanthen-9-one C13H8O4 25505
64653-03-8 bis(dibutyldithiocarbamato)dibenzylstanna C32H50N2S4Sn 35097
64653-59-4 2-ethyl-N-(2-ethylphenyl)aniline C16H19N 29415
64686-82-4 4-amino-5-carbamyl-3-benzylthiazole-2(3H)- C11H11N3OS2 21783
64693-33-0 N,N'-bis(ethylene)-p-(1-adamantyl)phosphoni C14H23N2OP 27738
64695-78-9 1,2-dibromo-4,5-difluorobenzene C6H2Br2F2 6144
64755-14-2 bouvardin C40H48N6O10 35585
64771-59-1 mercury bis(chloroacetylide) C4Cl2Hg 2305
64781-77-7 4-diazo-5-phenyl-1,2,3-triazole C8H5N5 12710
64812-08-4 exo-2-chloro-5,5-ethylenedioxy-bicyclo[2.2. C10H13ClO4 19743
64817-78-3 9-myristoyl-1,7,8-anthracenetriol C28H36O4 34646
64819-51-8 2-t-butylazo-2-hydroxy-5-methylhexane C11H24N2O 23052
64838-75-1 (±)-trans-1,b,2,a-dihydroxy-3,a,4,a-epoxy-1,2 C18H14O3 30520
64854-98-4 candletoxin B C33H42O8 35156
64854-99-5 candletoxin A C35H44O9 35300
64862-96-0 1,4-bis((2-((2-hydroxyethyl)amino)ethyl)ami C22H28N4O4 33321
64891-12-9 N-pentylheptanamide C12H25NO 24904
64896-28-2 (S,S)-chiraphos C28H28P2 34614
64902-72-3 chlorsulfuron C12H12ClN5O4S 23700
64910-63-0 1-butylsulfonimidocyclohexamethylene C10H21NO2S 21121
64916-48-9 palladium(ii) hexafluoroacetylacetonate C10H2F12O4Pd 18476
64918-63-4 4-cyano-2,2,5,5-tetramethyl-3-imidazoline-3- C8H12N3O2 14314
64919-20-6 ethyl pentadecyl sulfide C17H36S 30365
64920-29-2 ethyl 2-oxo-4-phenylbutyrate C12H14O3 23994
64920-31-6 trans-1,2-dihydro-1,2-dihydroxychrysene C18H14O2 30505
64930-16-1 1,3-dibromo-2-butene C4H6Br2 2772
64934-83-4 2,2,4,5,5-pentamethyl-3-imidazoline-3-oxide, C8H16N2O 15028
64965-91-9 5,7-dimethylbenzofuran C10H10O 19097
64977-44-2 1-fluoro-5-methylchrysene C19H13F 31241
64977-46-4 6-fluoro-5-methylchrysene C19H13F 31242
64977-47-5 7-fluoro-5-methylchrysene C19H13F 31243
64977-48-6 9-fluoro-5-methylchrysene C19H13F 31244
64977-49-7 11-fluoro-5-methylchrysene C19H13F 31245
64987-03-7 ethyl 2-(formylamino)-4-thiazoleglyoxylate C8H8N2O4S 13373
64988-06-3 ethyl o-methoxybenzyl ether C10H14O2 20120
65002-17-7 N-(2-mercapto-2-methylpropanoyl)-L-cysteine C7H13NO3S2 11676
65007-00-3 2-pyridyl trifluoromethanesulfonate C6H4F3NO3S 6540
65016-55-9 3-decylthiophene C14H24S 27772
65016-61-7 3-heptylthiophene C11H18S 22634
65016-62-8 3-octylthiophene C12H20S 24619
65031-96-1 (S)-(+)-glycidyl butyrate C7H12O3 11523
65036-47-7 6-bromo-2,4-dinitrobenzenediazonium hydroge C6H3BrN4O8S 6240
65036-71-7 4,5-dimethyl-cis-2-hexene C8H16 14955
65038-36-0 1,4-bis(dicyclohexylphosphino)butane C28H52P2 34711
65039-20-5 2-chloro-5-methylphenylhydroxylamine C7H8ClNO 10761
65041-92-1 8-acetylneosolaniol C20H28O9 32327
65050-07-9 (S)-3-tert-butyl-2,5-piperazinedione C8H14N2O2 14524
65057-90-1 tallysomycin A C68H11N22O27S2 35955
65057-91-2 tallysomycin B C62H98N20O26S2 35938
65079-19-8 6-amino-2-methylquinoline C10H10N2 19037
65089-17-0 2-((4-chloro-6-(2,3-xylidino)-2-pyrimidi C16H19ClN4O2S 29407
65094-22-6 diethyl (bromodifluoromethyl)phosphonate C5H10BrF2O3P 5296
65094-25-9 diethyl (dibromofluoromethyl)phosphonate C5H10Br2FO3P 5318
65126-70-7 thiazolidine-2-carboxylic acid C4H7NO2S 3278
65141-46-0 nicorandil C8H9N3O4 13782
65144-02-7 2-hydroxypropanamide, (±) C3H7NO2 2052
65176-75-2 8-hydroxy-6,10,11-trimethoxy-3a,12c-dihydro-7 C20H14O8 31938
65184-10-3 teoprolol C23H30N6O4 33615
65185-58-2 2-bromophenethylamine C8H10BrN 13814
65195-44-0 3,3,4,4,5,6,6,6-octafluoro-5-(trifluorometh C11H9F11O2 21559
65201-77-6 tetrabutylammonium periodate C16H36INO4 29821
65229-18-7 D-N,N'-(1-hydroxymethylpropyl)ethylenedinit C10H22N4O4 21223
65232-69-1 triethoxydialuminum tribromide C6H15Al2Br3O3 9138
65235-63-4 2-bromo-1,8-diamino-4,5-dihydroxyanthraqui C14H9BrN2O4 26686
65248-43-3 2-phenyl-3-hexanone C12H16O 24193
65253-04-5 (-)-8-phenylmenthol C15H24O 28766
65271-80-9 mitoxantrone C22H28N4O6 33322
65277-42-1 ketoconazole C26H32Cl2O4 34283
65283-60-5 (R)-(-)-6,6'-dibromo-1,1'-bi-2-naphthol C20H12Br2O2 31812
65295-69-4 2,6-difluorophenyl isocyanate C7H3F2NS 9570
65296-81-3 4-carboxyphthalato(1,2-diaminocyclohexane C15H18N2O6Pt 28518
65303-82-4 4-fluoro-3-nitrophenyl isocyanate C7H3FN2O3 9560
65310-00-1 methyl-L-fucopyranoside C7H14O5 11951
65313-33-9 chloromethyl bismuthine C2H6BiCl 998
65313-34-0 diethylbismuth chloride C4H10BiCl 3792
65313-35-1 trivinylbismuth C6H9Bi 7475
65313-36-2 ethylenedicesium C2H4Cs2 829
65313-37-3 tetramethyldigallane C4H12Ga2 4058
65353-51-7 platinum(ii) hexafluoroacetylacetonate C10H2F12O4Pt 18477
65383-73-5 7-ethoxy-6-methoxy-2,2-dimethylchromene C14H18O3 27492
65400-79-5 N-(3-methyl-2-thiazolidinylidene)nicotinami C10H11N3OS 19351
65400-81-9 2-acetamido-N-(3-methyl-2-thiazolidinyliden C8H13N3O2S 14459
65405-73-4 geranyl oxyacetaldehyde C12H20O2 24587
65405-76-7 3-hexen-1-yl 2-aminobenzoate C13H17NO2 26131
65405-77-8 salicylic acid 3-hexen-1-yl ester C13H16O3 26109
65405-84-7 a-2,2,6-tetramethylcyclohexenebutanal C14H24O 27758
65423-25-8 11-dodecenoic acid C12H22O2 24703
65438-35-9 chloroacetaldehyde, trimer C6H9Cl3O3 7518
65445-59-2 3,5-dimethylnitrosopiperidine C7H14N2O 11789
65445-60-5 3-chloronitrosopiperidine C5H9ClN2O 5062
65445-61-6 4-chloronitrosopiperidine C5H9ClN2O 5063
65469-88-7 1-phenylbutane-1,3-diol C10H14O2 20104
65521-60-0 potassium tricyanodiperoxochromate (3-) C3CrK3N3O4 1276
65530-93-0 3-methyl-1-hexanamine C7H17N 12319
65561-73-1 3,4-dihydroxyphenylglyoxime C8H8N2O4 13371
65567-32-0 L-5-ethyl-5-phenylhydantoin C11H12N2O2 21828
65591-14-2 eicosyl propanoate C23H46O2 33695
65597-24-2 chlorine(1)trifluoromethanesulfonate CClF3O3S 37
65597-25-3 trifluoroacetyl hypochlorite C2ClF3O2 426
65606-61-3 3,5,5-trimethylhexanoyl ferrocene C19H26FeO 31570
65654-08-2 2-(p-methoxybenzamido)acetohydroxamic acid C10H12N2O4 19460
65654-13-9 N-(2-thenoyl)glycinohydroxamic acid C7H8N2O3S 10837
65664-23-5 potassium tetraethynyl nickelate(2-) C8H4K2Ni 12573
65700-59-6 12-deoxyphorbol-13-angelate-20-acetate C27H36O7 34459
65700-60-9 12-deoxyphorbol-13-angelate C25H34O6 34145
65717-98-8 N-(2,4,6-trimethylphenylcarbamoylmethyl)imi C15H20N2O5 28589
65732-90-3 DL-sorbose C6H12O6 8598
65734-38-5 N-acetyl-N'-(p-hydroxymethyl)phenylhydrazine C9H12N2O2 17058
65763-32-8 trans-8,9-dihydro-8,9-dihydroxy-7,12-dimethyl C20H18O2 32081
65769-10-0 6,6-dimethyl-1-heptanol C9H20O 18270
65786-09-6 2,2-dichloroheptane C7H14Cl2 11769
65786-11-0 2-chloro-1-heptene C7H13Cl 11590
65792-56-5 N-nitroso-N-propylpropionamide C6H12N2O2 8343
65793-50-2 3-aminobenzo-6,7-quinazoline-4-one C12H9N3O 23430
65813-53-8 2-phenylpropyl isobutyrate C13H18O2 26222
65816-20-8 ethyl 4-[[(ethylphenylamino)methylene]amino C18H20N2O2 30725
65822-93-7 2,4-dimethyl-2-heptanol C9H20O 18274
65853-65-8 N-(2-chlorobenzyloxycarbonyloxy)succinimid C12H10ClNO5 23461
65872-41-5 2-(2-aminothiazole-4-yl)-2-methoxyiminoacetic C6H7N3O3S 7247
65872-43-7 2-(2-formamidothiazole-4-yl)-2-methoxyimino C7H7N3O4S 10712
65899-73-2 tioconazole C16H13Cl3N2OS 29082
65907-30-4 furathiocarb C18H26N2O5S 30885
65927-60-8 2,3,5-trimethyl-3-hexanol C9H20O 18316
65928-58-7 STS 557 C20H25NO2 32246
65946-59-0 (trimethylsilyl)ketene bis(trimethylsilyl) C11H28O2Si3 23113
65954-42-9 1-(1-hydroxyethyl)pyrene C18H14O 30495
65986-79-0 1-acetoxy-N-methyl-N-nitrosoethylamine C5H10N2O3 5431
65986-80-3 (ethylnitrosamino)methyl acetate C5H10N2O3 5432
66009-08-3 bis(dibutyldithiocarbamato)dimethylstanna C20H42N2S4Sn 32521
66017-91-2 propylnitrosaminomethyl acetate C6H12N2O3 8355
66051-01-2 (S)-(+)-2-methoxy-2-phenylethanol C9H12O2 17171
66056-06-2 acetaldehyde, tetramer C4H12O4 4100
66063-05-6 N-((4-chlorophenyl)methyl)-N-cyclopentyl-N C19H21ClN2O 31455
66064-11-7 N-amino-2-(m-bromophenyl)succinimide C10H9BrN2O2 18808
66085-59-4 nimodipine C21H26N2O7 32873
66086-33-7 di-tert-butyl acetylenedicarboxylate C12H18O4 24488
66104-24-3 beryllium carbonate C2H2Be3O8 597
66107-29-7 4-methoxyphenyl trifluoromethanesulfonate C8H7F3O4S 13094
66121-41-3 1-amino-4-nitro-5,8-dichloroanthraquinone C14H6Cl2N2O4 26585
66130-90-3 trimethylsilyl diethylphosphonoacetate C9H21O5PSi 18416
66137-74-4 tetrafluoro-2-(tetrafluoro-2-iodoethoxy)ethane C4F9IO3S 2342
66142-53-8 1,1-diiodoundecane C11H22I2 22810
66142-59-4 cis-1-bromo-1-undecene C11H21Br 22749
66142-60-7 trans-1-bromo-1-undecene C11H21Br 22750
66142-61-8 trans-1-chloro-1-undecene C11H21Cl 22757
66142-62-9 trans-1-fluoro-1-undecene C11H21F 22765
66142-63-0 cis-1-iodo-1-undecene C11H21I 22768
66142-64-1 trans-1-iodo-1-undecene C11H21I 22769
66172-73-4 cis-1-chloro-1-undecene C11H21Cl 22756
66172-74-5 cis-1-fluoro-1-undecene C11H21F 22764
66176-39-4 4-bromomethylbenzenesulfonyl chloride C7H6BrClO2S 10149
66213-67-0 cis-1-chloro-3-methyl-1-butene C5H9Cl 5043
66213-68-1 trans-1-chloro-3-methyl-1-butene C5H9Cl 5044
66213-69-2 cis-1-chloro-1-pentene C5H9Cl 5023
66213-70-5 trans-1-chloro-1-pentene C5H9Cl 5024
66213-72-7 cis-1-fluoro-2-methyl-1-butene C5H9F 5125
66213-73-8 cis-1-fluoro-3-methyl-1-butene C5H9F 5129
66213-74-9 trans-1-fluoro-2-methyl-1-butene C5H9F 5126
66213-75-0 trans-1-fluoro-3-methyl-1-butene C5H9F 5130
66213-76-1 1-fluoro-2-methyl-cis-2-butene C5H9F 5134
66213-77-2 1-fluoro-2-methyl-trans-2-butene C5H9F 5135
66213-78-3 2-fluoro-3-methyl-1-butene C5H9F 5131
66213-79-4 2-fluoro-3-methyl-2-butene C5H9F 5137
66213-80-7 3-fluoro-3-methyl-1-butene C5H9F 5132
66213-81-8 4-fluoro-2-methyl-1-butene C5H9F 5128
66213-82-9 4-fluoro-3-methyl-1-butene C5H9F 5133
66213-83-0 cis-1-fluoro-1-pentene C5H9F 5109
66213-84-1 trans-1-fluoro-1-pentene C5H9F 5110
66213-85-2 1-fluoro-cis-2-pentene C5H9F 5115
66213-86-3 1-fluoro-trans-2-pentene C5H9F 5116
66213-87-4 2-fluoro-cis-2-pentene C5H9F 5117
66213-88-5 2-fluoro-trans-2-pentene C5H9F 5118
66213-89-6 2-fluoro-1-pentene C5H9F 5111
66213-90-9 3-fluoro-cis-2-pentene C5H9F 5119
66213-91-0 1,1-diiodononacosane C29H58I2 34821
66213-93-2 nonacosylamine C29H61N 34829
66213-94-3 diethylpentacosylamine C29H61N 34833
66213-95-4 dimethylheptacosylamine C29H61N 34832
66213-96-5 ethylheptacosylamine C29H61N 34831
66213-97-6 methyloctacosylamine C29H61N 34830
66213-98-7 1,1-diiodotriacontane C30H60I2 34952
66214-00-4 triacontylamine C30H63N 34965
66214-01-5 diethylhexacosylamine C30H63N 34970
66214-02-6 dimethyloctacosylamine C30H63N 34969
66214-03-7 ethyloctacosylamine C30H63N 34967
66214-04-8 methylnonacosylamine C30H63N 34966
66214-07-1 1,1-diiodohentriacontane C31H62I2 35032
66214-08-2 hentriacontylamine C31H65N 35041
66214-09-3 diethylheptacosylamine C31H65N 35045
66214-10-6 dimethylnonacosylamine C31H65N 35044
66214-11-7 ethylnonacosylamine C31H65N 35043
66214-12-8 methyltriacontylamine C31H65N 35042
66214-13-9 1,1-diiododotriacontane C32H64I2 35117
66214-14-0 dotriacontylamine C32H67N 35129
66214-15-1 diethyloctacosylamine C32H67N 35134
66214-16-2 dimethyltriacontylamine C32H67N 35133
66214-17-3 ethyltriacontylamine C32H67N 35131
66214-18-4 methylhentriacontylamine C32H67N 35130
66214-19-5 1,1-diiodotritriacontane C33H66I2 35186
66214-22-0 diethylnonacosylamine C33H69N 35196
66214-23-1 dimethylhentriacontylamine C33H69N 35195
66214-24-2 ethylhentriacontylamine C33H69N 35194
66214-25-3 methyldotriacontylamine C33H69N 35193
66214-26-4 1,1-diiodotetratriacontane C34H68I2 35271
66214-29-7 tetratriacontylamine C34H71N 35280
66214-30-0 diethyltriacontylamine C34H71N 35285
66214-31-1 dimethyldotriacontylamine C34H71N 35284
66214-32-2 ethyldotriacontylamine C34H71N 35282
66214-33-3 methyltritriacontylamine C34H71N 35281
66215-27-8 cyclopropylmelamine C6H10N6 7757
66217-76-3 methyl benzenediazoate C7H8N2O 10805
66225-12-5 3,5-dimethyl-trans-2-hexene C8H16 14951
66225-14-7 4,5-dimethyl-trans-2-hexene C8H16 14956
66225-15-8 3-ethyl-trans-2-hexene C8H16 14942
66225-16-9 4-methyl-cis-2-heptene C8H16 14907
66225-17-0 4-methyl-trans-2-heptene C8H16 14908
66225-18-1 6-methyl-cis-2-heptene C8H16 14912
66225-19-2 6-methyl-cis-3-heptene C8H16 14927
66225-20-5 6-methyl-trans-3-heptene C8H16 14028
66225-22-7 1,1-diiodooctane C8H16I2 15017
66225-30-7 2,3-dimethyl-trans-3-hexene C8H16 14963
66225-31-8 3,5-dimethyl-cis-2-hexene C8H16 14950
66225-32-9 3-ethyl-2,3-pentanediol C7H16O2 12245
66225-33-0 3-ethyl-2,4-pentanediol C7H16O2 12246
66225-35-2 2-methyl-2,4-hexanediol C7H16O2 12234
66225-37-4 4-methyl-1,5-hexanediol C7H16O2 12239
66225-38-5 dimethyl-1,2-dimethylpropylamine C7H17N 12330
66225-39-6 dimethyl-2-methylbutylamine C7H17N 12327

66225-40-9 methylethylbutylamine C7H17N 12332
66225-41-0 methylethyl-sec-butylamine C7H17N 12333
66225-42-1 methylpropylisopropylamine C7H17N 12337
66225-46-5 cis-1-fluoro-1-hexene C6H11F 8071
66225-47-6 trans-1-fluoro-1-hexene C6H11F 8072
66225-50-1 1,1-diiodohexane C6H12I2 8305
66225-51-2 3-ethyl-1-pentanol C7H16O 12181
66225-52-3 2,3-dimethyl-1,3-pentanediol C7H16O2 12249
66225-53-4 2,4-dimethyl-2,3-pentanediol C7H16O2 12253
66225-54-5 4,4-dimethyl-1,2-pentanediol C7H16O2 12257
66230-04-4 esfenvalerate C25H22ClNO3 34085
66232-25-5 2-(N,N-bis(2-chloroethyl)aminophenyl) ace C16H23Cl2NO2 29540
66232-28-8 2-(N,N-bis(2-chloroethyl)aminophenyl)acet C26H43Cl2NO2 34320
66232-30-2 2-(N,N-bis(2-chloroethyl)aminophenyl)acet C30H51Cl2NO2 34933
66235-62-9 1-chloro-2,3-dimethyl-2-butanol C6H13ClO 8686
66240-02-6 3-methoxy-7,12-dimethylbenz(a)anthracene C21H18O 32693
66240-30-0 2-methoxy-7,12-dimethylbenz(a)anthracene C21H18O 32692
66246-88-6 penconazole C13H15Cl2N3 26003
66256-39-1 3,4,4,5-tetramethyl-3-hexanol C10H22O 21321
66256-40-4 3,4,5,5-tetramethyl-3-hexanol C10H22O 21322
66256-41-5 2,2,4-trimethyl-3-ethyl-3-pentanol C10H22O 21328
66256-42-6 2,2,5-trimethyl-4-heptanol C10H22O 21299
66256-43-7 2,2,6-trimethyl-3-heptanol C10H22O 21293
66256-44-8 2,2,6-trimethyl-4-heptanol C10H22O 21300
66256-46-0 2,4,5-trimethyl-4-heptanol C10H22O 21301
66256-47-1 2,4,6-trimethyl-2-heptanol C10H22O 21286
66256-48-2 2,5,6-trimethyl-2-heptanol C10H22O 21287
66256-50-6 3,5,5-trimethyl-3-heptanol C10H22O 21295
66256-60-8 6-methyl-2-nonanol C10H22O 21239
66256-61-9 7-methyl-2-nonanol C10H22O 21240
66256-62-0 4-methyl-2-propyl-1-hexanol C10H22O 21304
66256-63-1 2,2,3,4-tetramethyl-3-hexanol C10H22O 21314
66256-64-2 2,2,3,5-tetramethyl-3-hexanol C10H22O 21315
66256-65-3 2,2,4,4-tetramethyl-3-hexanol C10H22O 21316
66256-66-4 2,3,4,4-tetramethyl-2-hexanol C10H22O 21308
66256-67-5 2,3,4,4-tetramethyl-3-hexanol C10H22O 21318
66256-68-6 2,4,4,5-tetramethyl-3-hexanol C10H22O 21320
66256-69-7 3,3,5,5-tetramethyl-2-hexanol C10H22O 21309
66267-18-3 trans-1,2-dihydroxy-1,2-dihydrobenzo(a,h)anth C22H16O2 33145
66267-19-4 trans-3,4-dihydro-3,4-dihydroxydibenz(a,h)ant C22H16O2 33144
66267-67-2 a-hydroxybenzeneacetic acid 2-(2-ethoxyethoxy C14H20O5 27611
66270-36-8 b,b,b-trichloro-tert-butyl chloroformate C5H6Cl4O2 4482
66271-50-9 1-nitrohexadecane C16H33NO2 29750
66271-53-2 2-hexadecanethiol C16H34S 29790
66271-54-3 ethyl tetradecyl sulfide C16H34S 29793
66271-55-4 propyl tridecyl sulfide C16H34S 29794
66271-56-5 ethyltetradecylamine C16H35N 29799
66271-67-8 cis-1-bromo-1-hexadecene C16H31Br 29684
66271-68-9 trans-1-bromo-1-hexadecene C16H31Br 29685
66271-69-0 cis-1-chloro-1-hexadecene C16H31Cl 29689
66271-70-3 trans-1-chloro-1-hexadecene C16H31Cl 29690
66271-71-4 cis-1-fluoro-1-hexadecene C16H31F 29693
66271-72-5 trans-1-fluoro-1-hexadecene C16H31F 29694
66271-73-6 cis-1-iodo-1-hexadecene C16H31I 29696
66271-74-7 trans-1-iodo-1-hexadecene C16H31I 29697
66271-75-8 1,1-diiodohexadecane C16H32I2 29714
66271-76-9 pentadecyl formate C16H32O2 29723
66271-77-0 tridecyl propanoate C16H32O2 29725
66271-81-6 ethyl tridecyl sulfide C15H32S 28924
66271-82-7 propyl dodecyl sulfide C15H32S 28925
66271-83-8 butyl undecyl sulfide C15H32S 28926
66276-87-7 2-(N,N-bis(2-chloroethyl)aminophenyl)acet C22H35Cl2NO2 33391
66286-21-3 2',3',4',5'-tetrafluoroacetophenone C8H4F4O 12559
66289-74-5 endo,endo-dihydrodi(norbornadiene) C14H18 27419
66291-42-7 cis-1-fluoro-1-pentadecene C15H29F 28843
66291-43-8 trans-1-fluoro-1-pentadecene C15H29F 28844
66291-44-9 cis-1-iodo-1-pentadecene C15H29I 28846
66291-45-0 trans-1-iodo-1-pentadecene C15H29I 28847
66291-47-2 cis-1-chloro-1-decene C10H19Cl 20868
66291-48-3 trans-1-chloro-1-decene C10H19Cl 20869
66291-49-4 cis-1-fluoro-1-decene C10H19F 20877
66291-50-7 trans-1-fluoro-1-decene C10H19F 20878
66291-51-8 cis-1-iodo-1-decene C10H19I 20883
66291-52-9 trans-1-iodo-1-decene C10H19I 20884
66291-57-4 1,1-diiododecane C10H20I2 20968
66291-72-3 cis-1-bromo-1-decene C10H19Br 20856
66291-73-4 trans-1-bromo-1-decene C10H19Br 20857
66291-74-5 1,1-diiodooctacosane C28H56I2 34722
66291-75-6 diethyltetracosylamine C28H59N 34743
66291-76-7 dimethylhexacosylamine C28H59N 34742
66291-77-8 ethylhexacosylamine C28H59N 34740
66291-78-9 methylheptacosylamine C28H59N 34739
66291-79-0 dimethylpentacosylamine C27H57N 34569
66291-80-3 ethylpentacosylamine C27H57N 34568
66291-81-4 methylhexacosylamine C27H57N 34567
66291-84-7 1,1-diiodoheptacosane C27H54I2 34556
66291-86-9 diethyltricosylamine C27H57N 34570
66291-89-2 diethyldocosylamine C26H55N 34382
66291-90-5 dimethyltetracosylamine C26H55N 34381
66291-91-6 ethyltetracosylamine C26H55N 34379
66291-92-7 methylpentacosylamine C26H55N 34378
66291-94-9 1,1-diiodohexacosane C26H52I2 34355
66292-27-1 1,1-diiodooctadecane C18H36I2 31084
66292-28-2 heptadecyl formate C18H36O2 31099
66292-29-3 pentadecyl propanoate C18H36O2 31101
66292-30-6 1-nitrooctadecane C18H37NO2 31124
66292-31-7 ethyl hexadecyl sulfide C18H38S 31154
66292-32-8 propyl pentadecyl sulfide C18H38S 31155
66292-33-9 butyl tetradecyl sulfide C18H38S 31156
66292-34-0 methylheptadecylamine C18H39N 31163
66292-44-2 cis-1-bromo-1-octadecene C18H35Br 31054
66292-45-3 trans-1-bromo-1-octadecene C18H35Br 31055
66292-46-4 cis-1-chloro-1-octadecene C18H35Cl 31058
66292-47-5 trans-1-chloro-1-octadecene C18H35Cl 31059
66292-48-6 cis-1-fluoro-1-octadecene C18H35F 31062
66292-49-7 trans-1-fluoro-1-octadecene C18H35F 31063
66292-50-0 cis-1-iodo-1-octadecene C18H35I 31065
66292-51-1 trans-1-iodo-1-octadecene C18H35I 31066
66295-45-2 O,O-diisopropyl methylphosphonothioate C7H17O2PS 12363
66309-90-8 1,4-dimethyl-5-ethylnaphthalene C14H16 27295
66324-43-4 1,1-diiodotridecane C13H26I2 26476
66324-50-3 cis-1-bromo-1-tridecene C13H25Br 26439
66324-51-4 trans-1-bromo-1-tridecene C13H25Br 26440
66324-52-5 cis-1-chloro-1-tridecene C13H25Cl 26443
66324-53-6 trans-1-chloro-1-tridecene C13H25Cl 26444
66324-54-7 cis-1-fluoro-1-tridecene C13H25F 26446
66324-55-8 trans-1-fluoro-1-tridecene C13H25F 26447
66324-56-9 cis-1-iodo-1-tridecene C13H25I 26449
66324-57-0 trans-1-iodo-1-tridecene C13H25I 26450
66324-83-2 1-propyl-[1,2,3,4-tetrahydronaphthalene] C13H18 26158
66324-84-3 2-propyl-[1,2,3,4-tetrahydronaphthalene] C13H18 26159
66325-09-5 2-hexyl-[1,2,3,4-tetrahydronaphthalene] C16H24 29560
66325-11-9 1-hexyl-[1,2,3,4-tetrahydronaphthalene] C16H24 29559
66325-42-6 5-butyl-1,2,3,4-tetrahydronaphthalene C14H20 27565
66325-78-8 1,1-diiodopentadecane C15H30I2 28867
66325-82-4 1,1-diiodotricosane C23H46I2 33691
66326-05-4 1,1-diiododocosane C22H44I2 33460
66326-06-5 nonadecyl propanoate C22H44O2 33464
66326-07-6 ethyleicosylamine C22H47N 33485
66326-08-7 methylheneicosylamine C22H47N 33484
66326-13-4 heneicosanenitrile C21H41N 33032
66326-14-5 1,1-diiodoheneicosane C21H42I2 33042
66326-15-6 eicosyl formate C21H42O2 33043
66326-16-7 1-chloroheneicosane C21H43Cl 33056
66326-18-9 diethylheptadecylamine C21H45N 33070
66326-20-3 methyleicosylamine C21H45N 33066
66326-79-0 ethylnonadecylamine C21H45N 33067
66327-54-6 vernaldehyde C14H24O 27760
66332-77-2 2-(p-isobutylphenyl)propionic acid o-methoxyp C20H25O3 32251
66332-96-5 a-a-a-trifluoro-3'-isopropoxy-o-toluanilid C17H16F3NO2 29994
66348-18-3 iodotris(trifluoromethyl)germanium C3F9GeI 1305
66359-06-6 1-pentyl-[1,2,3,4-tetrahydronaphthalene] C15H22 28647
66359-07-7 2-pentyl-[1,2,3,4-tetrahydronaphthalene] C15H22 28648
66359-36-2 1-nitrononadecane C19H39NO2 31732
66359-38-4 1,3-nonadecanediol C19H40O2 31745
66359-40-8 ethyl heptadecyl sulfide C19H40S 31753
66359-41-9 propyl hexadecyl sulfide C19H40S 31754
66359-42-0 butyl pentadecyl sulfide C19H40S 31755
66359-43-1 ethylheptadecylamine C19H41N 31758
66359-51-1 cis-1-bromo-1-nonadecene C19H37Br 31678
66359-52-2 trans-1-bromo-1-nonadecene C19H37Br 31679
66359-53-3 cis-1-chloro-1-nonadecene C19H37Cl 31681
66359-54-4 trans-1-chloro-1-nonadecene C19H37Cl 31682
66359-55-5 cis-1-fluoro-1-nonadecene C19H37F 31684
66359-56-6 trans-1-fluoro-1-nonadecene C19H37F 31685
66359-57-7 cis-1-iodo-1-nonadecene C19H37I 31687
66359-58-8 trans-1-iodo-1-nonadecene C19H37I 31688
66359-60-2 1,1-diiodononadecane C19H38I2 31703
66359-61-3 thiacycloeicosane C19H38S 31726
66359-75-9 diethylheneicosylamine C25H53N 34203
66359-76-0 dimethyltricosylamine C25H53N 34202
66359-77-1 ethyltricosylamine C25H53N 34201
66359-78-2 methyltetracosylamine C25H53N 34200
66359-84-0 1,1-diiodopentacosane C25H50I2 34190
66374-76-3 cis-1-bromo-1-pentadecene C15H29Br 28837
66374-77-4 trans-1-bromo-1-pentadecene C15H29Br 28838
66374-78-5 cis-1-chloro-1-pentadecene C15H29Cl 28840
66374-79-6 trans-1-chloro-1-pentadecene C15H29Cl 28841
66374-96-7 1,1-diiodotetracosane C24H48I2 33989
66374-97-8 diethyleicosylamine C24H51N 34017
66374-98-9 ethyldocosylamine C24H51N 34014
66374-99-0 methyltricosylamine C24H51N 34013
66375-02-8 diethylnonadecylamine C23H49N 33714
66375-03-9 dimethylheneicosylamine C23H49N 33713
66375-04-0 ethylheneicosylamine C23H49N 33712
66375-05-1 methyldocosylamine C23H49N 33711
66395-23-1 trans-2,5-dimethylcyclohexanone, (±) C8H14O 14552
66398-52-5 4-amino-2-hydroxy-4-oxobutanoic acid C4H7NO4 3283
66398-83-8 N-nitrosomethyl-(2-hydroxyethyl)amine p-to C10H14N2O4S 19959
66408-78-4 citral ethylene glycol acetal C12H20O2 24585
66409-97-0 n-butyl-3,o-acetyl-12b,13a-dihydrojervine C33H49NO4 35162
66409-98-1 N-formyljervine C28H39NO4 34662
66415-55-2 3-amino-1-propanol vinyl ether C5H11NO 5684
66427-01-8 N-hydroxydithiocarbamic acid CH3NOS2 234
66441-11-0 ethyl 2-(4-((6-chloro-2-benzothiazolyl)ox C18H16ClNO4S 30582
66441-23-4 fenoxaprop-ethyl C18H16ClNO5 30583
66455-35-4 propyl heptadecyl sulfide C20H42S 32542
66455-36-5 methylnonadecylamine C20H43N 32547
66455-41-2 trans-1-chloro-1-eicosene C20H39Cl 32461
66455-42-3 cis-1-fluoro-1-eicosene C20H39F 32463
66455-43-4 trans-1-fluoro-1-eicosene C20H39F 32464
66455-44-5 trans-1-iodo-1-eicosene C20H39I 32467
66455-45-6 cis-1-iodo-1-eicosene C20H39I 32466
66455-47-8 1,1-diiodoeicosane C20H40I2 32482
66455-49-0 nonadecyl formate C20H40O2 32493
66455-50-3 1-nitroeicosane C20H41NO2 32511
66455-60-5 cis-1-bromo-1-eicosene C20H39Br 32457
66455-61-6 trans-1-bromo-1-eicosene C20H39Br 32458
66455-62-7 cis-1-chloro-1-eicosene C20H39Cl 32460
66455-67-2 2-decyl-[1,2,3,4-tetrahydronaphthalene] C20H32 32377
66469-86-1 ethyl 2,5-dimethoxyphenylacetate C12H16O4 24262
66470-81-3 tris(1,1,1,3,3,3-hexafluoro-2-propyl)phosph C9H3F18O3P 15785
66471-17-8 2-(m-aminophenyl)-3-indolecarboxaldehyde, 4- C23H21N5S 33538
66472-85-3 selenoaspirine C9H8O3Se 16231
66486-68-8 hepta-1,3,5-triyne C7H4 9604
66498-59-7 diethyl 3-bromo-1-propene phosphonate, main C7H14BrO3P 11750
66499-61-4 mercuribis-o-nitrophenol C12H8HgN2O6 23303
66522-52-9 2-chloroadenosine-5'-sulfamate C10H13ClN6O6S 19736
66535-86-2 2-(p-chlorophenyl)-S-triazolo(5,1-a)isoquin C16H10ClN3 28987
66547-10-2 ansamitocin P-4 C33H45N2O9Cl 35158
66552-77-0 2,3,9,10-tetramethylanthracene C18H18 30642
66553-05-7 1-amino-2,3-dimethylbutane C6H15N 9185
66553-10-4 2-octyl-[1,2,3,4-tetrahydronaphthalene] C18H28 30914
66553-15-9 2,3-dimethyl-1,2-butanediol C6H14O2 9048
66553-16-0 2-ethyl-1,2-butanediol C6H14O2 9043
66553-17-1 2-ethyl-1,3-butanediol C6H14O2 9044
66553-33-1 1,1-diiodododecane C12H24I2 24839
66553-34-2 1-nitro-2,3-dimethylbutane C6H13NO2 8802
66553-39-7 cis-1-bromo-1-dodecene C12H23Br 24787
66553-40-0 trans-1-bromo-1-dodecene C12H23Br 24788
66553-41-1 cis-1-chloro-1-dodecene C12H23Cl 24792
66553-42-2 trans-1-chloro-1-dodecene C12H23Cl 24793
66553-43-3 cis-1-fluoro-1-dodecene C12H23F 24796
66553-44-4 trans-1-fluoro-1-dodecene C12H23F 24797
66553-45-5 cis-1-iodo-1-dodecene C12H23I 24800
66553-46-6 trans-1-iodo-1-dodecene C12H23I 24801
66553-52-4 ethyldecylamine C12H27N 25342
66553-53-5 methylundecylamine C12H27N 25341
66553-61-5 4a-ethyl-cis-decahydronaphthalene C12H22 24658
66553-62-6 4a-ethyl-trans-decahydronaphthalene C12H22 24659
66563-84-6 ethylnonylamine C11H25N 23092
66563-89-1 cis-1-bromo-1-heptadecene C17H33Br 30294
66563-90-4 trans-1-bromo-1-heptadecene C17H33Br 30295
66563-91-5 cis-1-chloro-1-heptadecene C17H33Cl 30297
66563-92-6 trans-1-chloro-1-heptadecene C17H33Cl 30298
66563-99-3 1-heptyl-[1,2,3,4-tetrahydronaphthalene] C17H26 30241

66574-84-3 N-acetyl-2-fluoro-DL-phenylalanine C11H12FNO3 21805
66575-29-9 forskolin C22H34O7 33389
66575-72-2 trinonadecylamine C57H117N 35901
66575-83-5 triheptadecylamine C51H105N 35839
66576-21-4 2,2,3,4,4-pentamethyl-3-ethylpentane C12H26 25267
66576-22-5 3-methyl-3-ethyl-2-pentanol C8H18O 15505
66576-23-6 4-methyl-3-ethyl-2-pentanol C8H18O 15506
66576-24-7 2,2,3,3-tetramethyl-1-butanol C8H18O 15520
66576-26-9 2,3,4-trimethyl-2-pentanol C8H18O 15508
66576-27-0 3,5-dimethyl-2-hexanol C8H18O 15474
66576-31-6 5,5-dimethyl-3-hexanol C8H18O 15488
66576-36-1 methylnonatriacontylamine C40H83N 35632
66576-42-9 nonatriacontylamine C39H81N 35568
66576-43-0 diethylpentatriacontylamine C39H81N 35572
66576-44-1 dimethylheptatriacontylamine C39H81N 35571
66576-45-2 ethylheptatriacontylamine C39H81N 35570
66576-46-3 methyloctatriacontylamine C39H81N 35569
66576-47-4 1,1-diiodotetracontane C40H80I2 35623
66576-50-9 tetracontylamine C40H83N 35631
66576-51-0 diethylhexatriacontylamine C40H83N 35636
66576-52-1 dimethyloctatriacontylamine C40H83N 35635
66576-53-2 ethyloctatriacontylamine C40H83N 35633
66576-56-5 3,3-dimethyl-2-ethyl-1-butanol C8H18O 15519
66576-58-7 1,1-diiodononatriacontane C39H78I2 35562
66576-66-7 tripentadecylamine C45H93N 35775
66576-70-3 1,2-dimethylpropyl propanoate C8H16O2 15173
66576-72-5 1,1-diiodohexatriacontane C36H72I2 35425
66576-85-0 1,1-diiodopentatriacontane C35H70I2 35320
66576-87-2 pentatriacontylamine C35H73N 35327
66576-88-3 diethylhentriacontylamine C35H73N 35331
66576-89-4 dimethyltritriacontylamine C35H73N 35330
66576-90-7 ethyltritriacontylamine C35H73N 35329
66576-91-8 methyltetratriacontylamine C35H73N 35328
66576-94-1 octatriacontylamine C38H79N 35532
66576-95-2 diethyltetratriacontylamine C38H79N 35537
66576-96-3 dimethylhexatriacontylamine C38H79N 35536
66576-97-4 dinonadecylamine C38H79N 35535
66576-98-5 ethylhexatriacontylamine C38H79N 35534
66576-99-6 methylheptatriacontylamine C38H79N 35533
66577-00-2 1,2,6,8-tetramethylnaphthalene C14H16 27306
66577-05-7 1,1-diiodoheptatriacontane C37H74I2 35484
66577-08-0 heptatriacontylamine C37H77N 35491
66577-09-1 diethyltritriacontylamine C37H77N 35495
66577-10-4 dimethylpentatriacontylamine C37H77N 35494
66577-11-5 ethylpentatriacontylamine C37H77N 35493
66577-12-6 methylhexatriacontylamine C37H77N 35492
66577-13-7 1,1-diiodooctatriacontane C38H76I2 35524
66577-14-8 2,4-dimethyl-1-ethylnaphthalene C14H16 27290
66577-15-9 4,6-dimethyl-1-ethylnaphthalene C14H16 27291
66577-16-0 1-methyl-3-isopropylnaphthalene C14H16 27280
66577-17-1 7-methyl-1-isopropylnaphthalene C14H16 27313
66577-18-2 3-methyl-2-isopropylnaphthalene C14H16 27279
66577-19-3 3-methyl-2-propylnaphthalene C14H16 27277
66577-20-6 1,2,3,6-tetramethylnaphthalene C14H16 27300
66577-21-7 1,2,4,6-tetramethylnaphthalene C14H16 27301
66577-22-8 1,2,4,8-tetramethylnaphthalene C14H16 27303
66577-24-0 diethyldotriacontylamine C36H75N 35442
66577-25-1 dimethyltetratriacontylamine C36H75N 35441
66577-26-2 ethyltetratriacontylamine C36H75N 35439
66577-27-3 methylpentatriacontylamine C36H75N 35438
66577-30-8 ethyl undecyl sulfide C13H28S 26552
66577-31-9 propyl decyl sulfide C13H28S 26553
66577-32-0 butyl nonyl sulfide C13H28S 26554
66577-37-5 1,7-diethylnaphthalene C14H16 27288
66577-38-6 1,2-dimethyl-4-ethylnaphthalene C14H16 27293
66577-39-7 1,2-dimethyl-7-ethylnaphthalene C14H16 27298
66577-40-0 1,3-dimethyl-5-ethylnaphthalene C14H16 27294
66577-48-8 diethyltridecylamine C17H37N 30373
66577-51-3 trans-1-fluoro-1-heptadecene C17H33F 30302
66577-52-4 cis-1-iodo-1-heptadecene C17H33I 30304
66577-53-5 trans-1-iodo-1-heptadecene C17H33I 30305
66577-55-7 1,1-diiodoheptadecane C17H34I2 30319
66577-60-4 2-heptadecanethiol C17H36S 30363
66577-61-5 propyl tetradecyl sulfide C17H36S 30366
66577-62-6 butyl tridecyl sulfide C17H36S 30367
66577-63-7 cis-1-fluoro-1-heptadecene C17H33F 30301
66582-85-2 2,2,5,5-tetramethyl-4-ethyl-3-imidazoline-3- C9H17N2O2 17854
66587-65-3 1,1-diiodobutane C4H8I2 3401
66587-66-4 2,3-diiodobutane C4H8I2 3406
66605-57-0 (S)-(-)-2-(tert-butoxycarbonylamino)3-phenyl C14H21NO3 27629
66610-39-7 sec-butyl methyl ether (d) C5H12O 5848
66610-91-1 2,3-diethylnaphthalene C14H16 27289
66610-92-2 1,4-dimethyl-6-ethylnaphthalene C14H16 27297
66622-20-6 tris(methylseleno)methane C4H10Se3 3960
66634-53-5 N,N-dimethyl-b-hydroxyphenethylamine C10H15NO 20260
66641-27-8 3-(2-maleimidoethylcarbamoyl)-proxyl, freer C15H22N3O4 28663
66673-40-3 (R)-(-)-5-(hydroxymethyl)-2-pyrrolidinone C5H9NO2 5228
66675-34-1 cis-1-fluoro-1-butene C4H7F 3177
66675-35-2 trans-1-fluoro-1-butene C4H7F 3178
66675-38-5 cis-2-fluoro-2-butene C4H7F 3184
66675-39-6 trans-2-fluoro-2-butene C4H7F 3185
66675-46-5 1,1-diiodoheptane C7H14I2 11774
66688-32-2 1,4-diiodo-2-methylbutane C5H10I2 5395
66688-33-3 2,2-diiodo-3-methylbutane C5H10I2 5396
66688-34-4 2,3-diiodo-2-methylbutane C5H10I2 5397
66688-35-5 1,1-diiodopentane C5H10I2 5380
66688-36-6 1,3-diiodopentane C5H10I2 5382
66688-37-7 2,2-diiodopentane C5H10I2 5385
66688-38-8 2,3-diiodopentane C5H10I2 5386
66688-39-9 3,3-diiodopentane C5H10I2 5388
66688-43-5 1,3-difluoro-2-methylbutane C5H10F2 5371
66688-44-6 1,3-difluoro-3-methylbutane C5H10F2 5372
66688-45-7 1,4-difluoro-2-methylbutane C5H10F2 5373
66688-46-8 2,3-difluoropentane C5H10F2 5364
66688-47-9 2,4-difluoropentane C5H10F2 5365
66688-49-1 1,3-diiodo-2,2-dimethylpropane C5H10I2 5400
66688-50-4 1,1-diiodo-2-methylbutane C5H10I2 5389
66688-51-5 1,1-diiodo-3-methylbutane C5H10I2 5390
66688-52-6 1,2-diiodo-2-methylbutane C5H10I2 5391
66688-53-7 1,2-diiodo-3-methylbutane C5H10I2 5392
66688-54-8 1,3-diiodo-2-methylbutane C5H10I2 5393
66688-55-9 1,3-diiodo-3-methylbutane C5H10I2 5394
66688-56-0 1-iodo-trans-2-pentene C5H9I 5154
66688-57-1 2-iodo-cis-2-pentene C5H9I 5155
66688-58-2 2-iodo-trans-2-pentene C5H9I 5156
66688-59-3 2-iodo-1-pentene C5H9I 5149
66688-60-6 3-iodo-trans-2-pentene C5H9I 5158
66688-61-7 3-iodo-1-pentene C5H9I 5150
66688-62-8 4-iodo-cis-2-pentene C5H9I 5159
66688-63-9 4-iodo-trans-2-pentene C5H9I 5160
66688-64-0 5-iodo-cis-2-pentene C5H9I 5161
66688-66-2 1,3-difluoro-2,2-dimethylpropane C5H10F2 5378
66688-67-3 1,1-difluoro-2-methylbutane C5H10F2 5367
66688-68-4 1,2-difluoro-2-methylbutane C5H10F2 5369
66688-69-5 1,2-difluoro-3-methylbutane C5H10F2 5370
66688-72-0 cis-1-chloro-1-nonene C9H17Cl 17791
66688-73-1 trans-1-chloro-1-nonene C9H17Cl 17792
66688-74-2 cis-1-fluoro-1-nonene C9H17F 17805
66688-75-3 trans-1-fluoro-1-nonene C9H17F 17806
66702-87-2 3-fluoro-trans-2-pentene C5H9F 5120
66702-88-3 3-fluoro-1-pentene C5H9F 5112
66702-89-4 4-fluoro-cis-2-pentene C5H9F 5121
66702-90-7 4-fluoro-trans-2-pentene C5H9F 5122
66702-91-8 4-fluoro-1-pentene C5H9F 5113
66702-92-9 5-fluoro-cis-2-pentene C5H9F 5123
66702-93-0 5-fluoro-trans-2-pentene C5H9F 5124
66702-95-2 trans-1-iodo-2-methyl-1-butene C5H9I 5164
66702-96-3 trans-1-iodo-3-methyl-1-butene C5H9I 5168
66702-97-4 1-iodo-2-methyl-cis-2-butene C5H9I 5172
66702-98-5 1-iodo-2-methyl-trans-2-butene C5H9I 5173
66702-99-6 2-iodo-3-methyl-2-butene C5H9I 5175
66703-00-2 3-iodo-2-methyl-1-butene C5H9I 5165
66703-01-3 4-iodo-3-methyl-1-butene C5H9I 5171
66703-02-4 cis-1-iodo-1-pentene C5H9I 5147
66703-03-5 trans-1-iodo-1-pentene C5H9I 5148
66703-04-6 1-iodo-cis-2-pentene C5H9I 5153
66703-05-7 1,1-diiodononane C9H18I2 17967
66719-29-7 2,4-diiodopentane C5H10I2 5387
66719-30-0 3,4-dimethyl-4-octanol C10H22O 21280
66719-31-1 3,6-dimethyl-4-octanol C10H22O 21281
66719-32-2 4,5-dimethyl-1-octanol C10H22O 21257
66719-33-3 4,6-dimethyl-1-octanol C10H22O 21258
66719-34-4 4,7-dimethyl-1-octanol C10H22O 21259
66719-35-5 7,7-dimethyl-1-octanol C10H22O 21260
66719-36-6 3-ethyl-1-octanol C10H22O 21253
66719-37-7 2-methyl-3-ethyl-3-heptanol C10H22O 21289
66719-40-2 3-ethyl-6-methyl-3-heptanol C10H22O 21333
66719-41-3 4-methyl-2-isopropyl-1-hexanol C10H22O 21305
66719-43-5 5-methyl-3-nonanol C10H22O 21244
66719-44-6 5-methyl-4-nonanol C10H22O 21247
66719-47-9 2,2-dimethyl-4-ethyl-3-hexanol C10H22O 21311
66719-48-0 2,4-dimethyl-4-ethyl-3-hexanol C10H22O 21312
66719-50-4 3,4-dimethyl-3-isopropyl-2-pentanol C10H22O 21325
66719-51-5 4,4-dimethyl-3-isopropyl-1-pentanol C10H22O 21324
66719-52-6 2,2-dimethyl-4-octanol C10H22O 21275
66719-53-7 2,5-dimethyl-4-octanol C10H22O 21277
66719-54-8 2,6-dimethyl-4-octanol C10H22O 21278
66719-55-9 2,7-dimethyl-3-octanol C10H22O 21269
66728-50-5 1-tert-butoxy-2-methoxyethane C7H16O2 12271
66731-42-8 2,3-dihydrophorbol myristate acetate C36H58O8 35389
66731-94-0 4-methyl-5-ethyl-3-heptanol C10H22O 21290
66731-95-1 5-methyl-2-nonanol C10H22O 21238
66734-13-2 alclometasone dipropionate C28H37ClO7 34648
66750-10-5 phenylaza-15-crown-5 C16H25NO4 29591
66753-10-4 decarboxyfenvalerate C24H22ClNO 33810
66779-42-4 3-methyl-5-nonanol C10H22O 21250
66788-01-0 9,10-dihydrobenzo(e)pyrene C20H14 31868
66788-03-2 trans-9,10-dihydroxy-9,10,11,12-tetrahydroben C20H16O2 32029
66788-06-5 trans-9,10-dihydroxy-9,10-dihydrobenzo(e)pyre C20H14O2 31912
66788-11-2 9,10-epoxy-9,10,11,12-tetrahydrobenzo(e)pyrene C20H14O 31893
66789-14-8 aclacinomycin Y C42H51NO15 35681
66793-67-7 perfluoro-tert-butyl peroxyhypofluorite C4F10O2 2348
66793-71-3 2,5,5-trimethyl-2-hexanol C9H20O 18306
66793-72-4 2,5,5-trimethyl-3-hexanol C9H20O 18318
66793-73-5 3,4,4-trimethyl-1-hexanol C9H20O 18299
66793-74-6 3,4,4-trimethyl-3-hexanol C9H20O 18319
66793-75-7 4,5,5-trimethyl-1-hexanol C9H20O 18301
66793-76-8 ethylheptylamine C9H21N 18390
66793-80-4 4-methyl-3-octanol C9H20O 18256
66793-81-5 5-methyl-2-octanol C9H20O 18252
66793-82-6 6-methyl-4-octanol C9H20O 18263
66793-83-7 7-methyl-2-octanol C9H20O 18253
66793-84-8 7-methyl-3-octanol C9H20O 18258
66793-85-9 3-propyl-1-hexanol C9H20O 18292
66793-86-0 2,3,3,4-tetramethyl-2-pentanol C9H20O 18328
66793-87-1 2,3,4,4-tetramethyl-2-pentanol C9H20O 18329
66793-88-2 3,3,4,4-tetramethyl-2-pentanol C9H20O 18330
66793-89-3 2,2,4-trimethyl-3-hexanol C9H20O 18313
66793-90-6 2,3,4-trimethyl-3-hexanol C9H20O 18315
66793-91-7 2,4,4-trimethyl-2-hexanol C9H20O 18304
66793-92-8 2,4,4-trimethyl-3-hexanol C9H20O 18317
66793-93-9 2,4,5-trimethyl-2-hexanol C9H20O 18305
66793-94-0 3,3-diethyl-2-pentanol C9H20O 18325
66793-95-1 2,2-dimethyl-3-ethyl-1-pentanol C9H20O 18323
66793-96-2 2,2-dimethyl-3-ethyl-3-pentanol C9H20O 18332
66793-97-3 2,3-dimethyl-3-ethyl-2-pentanol C9H20O 18326
66793-98-4 2,4-dimethyl-2-ethyl-1-pentanol C9H20O 18324
66793-99-5 2,2-dimethyl-4-heptanol C9H20O 18286
66794-00-1 2,3-dimethyl-2-heptanol C9H20O 18273
66794-02-3 2-methyl-3-ethyl-2-hexanol C9H20O 18302
66794-03-4 2-methyl-3-ethyl-3-hexanol C9H20O 18307
66794-04-5 3-methyl-2-ethyl-1-hexanol C9H20O 18295
66794-05-6 3-methyl-4-ethyl-3-hexanol C9H20O 18309
66794-06-7 4-methyl-2-ethyl-1-hexanol C9H20O 18296
66794-07-8 5-methyl-2-ethyl-1-hexanol C9H20O 18297
66794-20-5 1,2,2,3-tetraiodopropane C3H4I4 1590
66794-21-6 1,1,2,3-tetraiodopropane C3H4I4 1588
66794-23-8 1,2-diiodo-2-methylpropane C4H8I2 3408
66794-31-8 1,1,1,2-tetraiodopropane C3H4I4 1585
66794-32-9 1,1,1,3-tetraiodopropane C3H4I4 1586
66794-33-0 1,1,2,2-tetraiodopropane C3H4I4 1587
66794-34-1 1,1,3,3-tetraiodopropane C3H4I4 1589
66794-46-5 1,2-dimethylpropyl formate C6H12O2 8474
66795-86-6 a-escin C54H84O23 35861
66810-87-5 3,5,5-trimethyl-3-hexanol C9H20O 18320
66826-72-0 cis-DCPO C3H4Cl2O 1550
66826-73-1 trans-1,3-dichloropropene oxide C3H4Cl2O 1551
66826-79-7 1,1-diiodotetradecane C14H28I2 27858
66826-84-4 propyl undecyl sulfide C14H30S 27951
66827-02-9 cis-1-bromo-1-tetradecene C14H27Br 27825
66827-03-0 trans-1-bromo-1-tetradecene C14H27Br 27826
66827-04-1 cis-1-chloro-1-tetradecene C14H27Cl 27829
66827-05-2 trans-1-chloro-1-tetradecene C14H27Cl 27830
66827-06-3 cis-1-fluoro-1-tetradecene C14H27F 27833
66827-07-4 trans-1-fluoro-1-tetradecene C14H27F 27834
66827-08-5 cis-1-iodo-1-tetradecene C14H27I 27836

66827-09-6 trans-1-iodo-1-tetradecene C14H27I 27837
66827-45-0 b-acetoxy-N,N-dimethylphenethylamine C12H17NO2 24315
66839-97-2 3-pyrrolidinomethyl-4-hydroxybiphenyl C17H19NO 30093
66839-98-3 1-((4-methoxy(1,1'-biphenyl)-3-yl)methyl)pyrr C18H21NO 30757
66841-25-6 tralomethrin C22H19Br4NO3 33181
66843-04-7 5-methyl-5-(1-methyl-1-pentenyl)barbituric C11H16N2O3 22391
66849-29-4 (S)-(-)-N-(2-hydroxyethyl)-a-phenylethylamine C10H15NO 20251
66859-63-0 2-ethyl-2-propylthiobutyramide C9H19NOS 18154
66872-74-0 DL-3-methyl-2-oxopentanoic acid, sodium salt C6H9NaO3 7615
66877-41-6 4,4'-(1,2-diethylethylene)bis(2-aminophenol C18H24N2O2 30844
66892-34-0 6-fluoro-4-chromanone C9H7FO2 15984
66893-81-0 a-(4-pyridyl 1-oxide)-N-tert-butyl-nitrone C10H14N2O2 19947
66898-39-3 3-ethyl-2H-1-benzopyran-2-one C11H10O2 21655
66902-62-3 3-(4-(bis(2-chloroethyl)amino)-3-methoxy C14H20Cl2N2O3 27569
66903-23-9 bis(3-methylcyclohexyl peroxide) C14H22O4 27708
66909-38-4 3-amino-6-chloro-4-picoline C6H7ClN2 7144
66922-67-6 ethylphenacetin C12H17NO2 24322
66931-57-5 1-naphthylmethyl glycidyl ether C14H14O2 27172
66938-39-4 (2-fluorophenyl)(4-methoxy-3-nitrophenyl)me C14H10FNO4 26741
66938-41-8 (3-chlorophenyl)(4-methoxy-3-nitrophenyl) C14H10ClNO4 26733
66941-08-0 1,5-dimethyl-5-(1-methylbutyl)barbituric ac C11H18N2O3 22572
66941-60-4 5-allyl-5-(2-cyclopentenyl)-2-thiobarbitur C12H14N2O2S 23932
66941-81-9 5-allyl-5-(1-methylpropenyl)barbituric acid C11H14N2O3 22077
66943-05-3 1,4,7,10-tetraoxa-13-azacyclopentadecane C10H21NO4 21126
66946-48-3 bis(ethylenedithio)tetrathiafulvalene C10H8S8 18805
66955-43-9 peroxyacetyl perchlorate C2H3ClO6 713
66955-44-0 peroxypropionyl perchorate C3H5ClO6 1697
66964-26-9 17b-hydroxy-5b,14b-androstan-3-one acrylate C22H32O3 33374
66964-37-2 S-(12-methyl-7-benz(a)anthrylmethyl)homocys C24H23NO2S 33814
66967-60-0 methoxy triethylene glycol vinyl ether C9H16O5 17780
66968-12-5 N-phthaloyl-L-aspartic acid C12H9NO6 23424
66968-89-6 5-ethyl-1-methyl-5-(1-methylpropenyl)barbit C11H16N2O3 22389
66997-45-3 1,1,2,3-tetrachloro-2-(chloromethyl)propane C4H5Cl5 2679
66997-69-1 3,4-epoxy-1,2,3,4-tetrahydrophenanthrene C14H12O 26940
67004-64-2 1-methyl-2-pyrrolidineethanol C7H15NO 12069
67011-39-6 benzoic-3-chloro-N-ethoxy-2,6-dimethoxyben C18H18ClNO5 30646
67023-84-1 trans,trans-farnesyl chloride C15H25Cl 28781
67031-48-5 b-4-aminobenzoyloxy-b-phenylethyl dimethyla C17H20N2O2 30130
67037-37-0 DL-a-difluoromethylornithine C6H12F2N2O2 8300
67050-04-8 5-(1-butenyl)-5-isopropylbarbituric acid C11H16N2O3 22386
67050-26-4 5-sec-butyl-5-ethyl-1-methylbarbituric acid C11H18N2O3 22571
67050-97-9 5-ethyl-5-(1-propyl-1-butenyl)barbituric ac C13H20N2O3 26300
67051-25-6 5-(1-isopentenyl)-5-isopropylbarbituric aci C12H18N2O3 24419
67051-27-8 5-(2-isopentenyl)-5-isopropyl-1-methylbarbi C13H20N2O3 26301
67055-59-8 cephedrine C13H18N2O 26183
67057-34-5 dibutyldithiocarbamic acid S-tributylstann C21H45NS2Sn 33072
67176-33-4 N-(2-fluorenyl)formohydroxamic acid C14H11NO2 26850
67191-37-1 1-ethoxy-2-(1-propenyl)benzene C11H14O 22103
67191-93-9 5-fluoro-2-methylphenyl isocyanate C8H6FNO 12842
67195-50-0 tert-20-butylcholanthrene C24H22 33809
67195-51-1 11,12-epoxy-3-methylcholanthrene C21H14O 32608
67210-36-0 (R)-(+)-1,2-epoxydecane C10H20O 21024
67219-55-0 5'-O-dimethoxytrityl-N-benzoyl-desoxycytidi C37H35N3O7 35450
67230-61-9 7-((3,4-dichlorobenzyl)aminoactinomyci C69H91Cl2N13O16 35957
67230-67-5 7-(((2-pyrrolyl)methyl)amino)-actinomycin C67H92N14O16 35953
67238-91-0 morphocycline C27H33N3O9 34444
67239-27-4 cyclopentyl 3,4-dihydroxyphenyl ketone C12H14O3 23998
67239-28-5 1-(4-cyclopropylcarbonylphenoxy)-3-(1,2-dih C19H22N2O3 31497
67242-54-0 1,2,3,4-tetrahydro-7,12-dimethylbenz(a)anthracene C20H20 32115
67242-59-5 N-methyl-N-(2-pyridyl)formamide C7H8N2O 10801
67255-31-6 hydrel C4H14ClN4OP 4123
67262-60-6 2-(2-methoxyethylamino)propionanilide C12H18N2O2 24414
67262-61-7 2-(2-methoxyethylamino)-o-propionotoluidide C13H20N2O2 26297
67262-62-8 2-(2-ethoxyethylamino)-o-propionotoluidide C14H22N2O2 27666
67262-64-0 2'-ethyl-2-(2-methoxyethylamino)propionanil C14H22N2O2 27667
67262-78-6 2',6'-dimethyl-2-(2-ethoxyethylamino)acetan C14H22N2O2 27664
67262-79-7 2',6'-dimethyl-2-(2-methoxypropylamino)acet C14H22N2O2 27665
67262-80-0 2-(2-methoxyethylamino)-2',6'-propionoxylid C14H22N2O2 27668
67292-57-3 2-nonen-2-ol-4-one-1,1,1-trifluorodimethy C11H18F3O2Tl 22558
67292-61-9 4-hydroperoxyphosphamide C7H15Cl2N2O4P 12014
67292-62-0 4-hydroxycyclophosphamide C7H15Cl2N2O3P 12011
67292-63-1 4-hydroperoxyifosfamide C7H15Cl2N2O4P 12013
67292-68-6 2-methyl-5-methoxy-N-dimethyltryptamine C14H20N2O 27577
67292-88-0 a-(chloromethyl)-2-nitroimidazole-2-ethanol C6H8ClN3O3 7297
67293-64-5 2-chloro-10-((2-methyl-3-(4-methyl-1-piper C21H26ClN3S 32865
67293-86-1 methoxyazoxymethanolacetate C4H8N2O4 3456
67293-88-3 deuteriomorphine C17H16D3NO3 29993
67298-49-1 neothramycin C13H14N2O4 25968
67306-00-7 fenpropidin C19H31N 31644
67306-03-0 4-(3-(4-(1,1-dimethylethyl)phenyl)-2-methylpr C20H33NO 32395
67312-43-0 sodium-5-nitrotetrazolide CN5NaO2 364
67329-04-8 isazophos C9H17ClN3O3PS 17795
67329-11-7 3,3'-dichloropivalic acid C5H8Cl2O2 4794
67330-25-0 butyl flufenamate C18H18F3NO2 30655
67330-62-5 3-chloro-2,6-diethylaniline C10H14ClN 19902
67335-42-6 (-)(3R,4R)-trans-benz(a)anthracene-3,4-diol C18H10O3 30393
67335-43-7 (+)-(3S,4S)trans-benz(a)anthracene-3,4-dihydr C18H10O3 30392
67363-95-5 3-ethylfuran C6H8O 7382
67371-65-7 N-benzoyloxy-3'-methyl-4-methylaminoazobenz C21H19N3O2 32716
67373-56-2 chloro(dimethyl)hexylsilane C8H19ClSi 15627
67375-30-8 a-cypermethrin C22H19Cl2NO3 33183
67385-09-5 2-(boc-amino)ethanethiol C7H15NO2S 12089
67398-11-2 (1-amino-1-cyclohexyl)phosphonic acid C6H14NO3P 8908
67399-94-4 1,2-(dioctyloxy)benzene C22H38O2 33407
67401-56-3 micrococcin C48H49N13O9S6 35804
67410-20-2 triphenyltin propiolate C21H16O2Sn 32659
67411-81-8 1,2-dihydro-1,2-dihydroxy-5-methylchrysene C19H16O2 31353
67445-50-5 tripropyl(butylthio)stannane C13H30SSn 26569
67446-03-1 15,18-dinitroanthra(9,1,2-cde)benzo(rst)pen C34H14N2O6 35200
67451-76-7 3-methylcyclohexaneacetic acid C9H16O2 17721
67465-26-3 n-propylseleninic acid C3H8O2Se 2147
67465-27-4 (E)-3-ethyl-2,2-dimethylcyclobutyl methyl keto C10H18O 20751
67465-28-5 3-(3-ethylsulfonyl)pentyl piperidino ketone C13H25NO3S 26459
67465-39-8 1-(3-chloromercuri-2-methoxy-1-propyl)-3 C8H13ClHgN2O3 14422
67465-41-2 2,5-bis(chloromercuri)furan C4H2Cl2Hg2O 2388
67465-42-3 N-(2-ethoxy-3-hydroxymercuripropyl)barbit C11H22HgN2O5 26366
67465-43-4 N-(2-isopropoxy-3-hydroxymercuripropyl)ba C14H24HgN2O5 27748
67465-44-5 N-(2-methoxy-3-hydroxymercuripropyl)barbi C12H20HgN2O5 24541
67466-28-8 ethyl ester of 1,2,5,6-dibenzanthracene-endo C30H21NO4 34847
67466-58-4 o-(N-3-hydroxymercuri-2-hydroxyethoxypropy C14H18HgNO7 27447
67479-04-3 1-(2-pyrimidyl)-4-(trimethoxybenzoyl)pipera C18H22N4O4 30805
67483-13-0 DIDS C16H8N2Na2O6S4 28962
67485-29-4 hydramethylnon C25H24F6N4 34100
67506-86-9 bis(pentamethylcyclopentadienyl)manganese C20H30Mn 32338
67515-56-4 4-fluoro-3-(trifluoromethyl)benzoyl chloride C8H3ClF4O 12474
67515-60-0 4-fluoro-3-(trifluoromethyl)benzaldehyde C8H4F4O 12555
67523-22-2 7,8-dihydro-7,8-dihydroxy-5-methylchrysene C19H16O2 31354
67526-05-0 5-ethyl-5-(1-methyl-1-pentenyl)barbituric a C12H18N2O3 24418
67526-95-8 thapsigargin C34H50O12 35243
67531-68-4 ethyl 3-isocyanatobenzoate C10H9NO3 18917
67535-07-3 ethyl 2,3-dihydroxy-2-methylpropanoate C6H12O4 8572
67536-44-1 1,2-bis(hydroxomercurio)-1,1,2,2-bis(oxydimerc C2H2Hg6O4 655
67550-64-5 (1-amino-1-cyclopentyl)phosphonic acid, hydra C5H12NO3P 5789
67557-56-6 N-(1-butyroxymethyl)methylnitrosamine C6H12N2O3 8350
67557-57-7 methylnitrosaminomethyl-d3 ester acetic acid C4H5D3N2O3 2681
67564-91-4 cis-fenpropimorph C20H33NO 32396
67576-77-6 methyl-2,3,4-tri-O-benzyl-L-fucopyranose C28H32O5 34636
67590-46-9 2-(tert-butyl)-2-(hydroxymethyl)-1,3-propaned C8H15O3P 14860
67590-56-1 4-ethyl-2,6,7-trioxa-1-arsabicyclo(2.2.2)octa C6H11AsO3 7977
67590-57-2 4-isopropyl-2,6,7-trioxa-1-arsabicyclo(2.2.2 C7H13AsO3 11568
67590-77-6 2-hexenylbenzene C12H16 24134
67592-36-3 1-[2-(trimethoxysilyl)ethyl]-3-cyclohexane C11H22O3Si 22862
67632-66-0 trichloromethyl perchlorate CCl4O4 53
67633-94-7 2-(phenylmethyl)-4,4,6-trimethyl-1,3-dioxane C14H20O2 27604
67634-15-5 ethyl dimethylhydrocinnamaldehyde C13H18O 26211
67639-45-6 5-fluoro-7-chloromethyl-12-methylbenz(a)anth C20H14ClF 31872
67648-61-7 2-(4-hydroxyphenoxy)propionic acid C9H10O4 16797
67664-94-2 1,2,3-trichloropropane-2,3-oxide C3H3Cl3O 1431
67674-36-6 (2E,6Z)-1,1-diethoxynona-2,6-diene C13H24O2 26425
67694-88-6 3,4-epoxy-1,2,3,4-tetrahydrochrysene C18H14O 30493
67700-22-5 gamma-propylbenzenepropanol C12H18O 24442
67700-26-9 4-octen-1-ol C8H16O 15124
67722-96-7 2,3-epoxy propionaldehyde oxime C3H5NO2 1769
67730-10-3 dipyrido(1,2-a:3',2'-d)imidazol-2-amine C10H8N4 18736
67730-11-4 2-amino-6-methyldipyrido(1,2-a:3',2'-d)imidaz C11H10N4 21639
67733-57-7 2,3,7,8-tetrabromodibenzofuran C12H4Br4O 25424
67746-30-9 trans-2-hexenal diethyl acetal C10H20O2 21070
67747-09-5 N-propyl-N-(2-(2,4,6-trichlorophenoxy)et C15H16Cl3N3O2 28414
67747-70-0 2-chloro-2-pentene C5H9Cl 5057
67749-11-5 hexadecyl neodecanoate C26H52O2 34357
67774-31-6 1-nitroso-3,5-dimethylpiperazine C6H13N3O 8861
67774-32-7 polybrominated biphenyls C12H4Br6 25426
67785-74-4 undecylenic aldehyde digeranyl acetal C31H54O2 35016
67785-77-7 dimethyl benzyl carbinyl propionate C13H18O2 26224
67801-38-1 iritone C13H20O 26321
67809-15-8 N-nitroso-N-propylacetamide C5H10N2O2 5425
67815-56-9 2,3,6-trifluoroaniline C6H4F3N 6538
67832-11-5 4-bromo-2-methylbenzonitrile C8H6BrN 12727
67843-74-7 (S)-(+)-epichlorohydrin C3H5ClO 1685
67856-65-9 bis(2-methoxyethyl)nitrosoamine C6H14N2O3 8954
67856-66-0 bis(2-ethoxyethyl)nitrosoamine C8H18N2O 15411
67856-68-2 bis(2-chloroethyl)nitrosoamine C4H8Cl2N2O 3372
67874-68-4 phenoxyacetaldehyde dimethyl acetal C10H14O3 20143
67874-80-0 3,7-dimethyloctanyl butyrate C14H28O2 27885
67874-81-1 cedrol methyl ether C16H28O 29628
67880-17-5 1,2-diazidocarbonyl hydrazine C2H2N8O2 679
67880-20-0 1,1-diazidoethane C2H4N6 876
67880-21-1 diazidomalononitrile C3N8 2287
67880-22-2 diazidomethylenecyanamide C2N8 1228
67880-26-6 methyl-4-bromobenzenediazoate C7H7BrN2O 10470
67880-27-7 lithium diazomethanide CHLiN2 121
67883-79-8 cis-3-hexenyl tiglate C11H18O2 22609
67884-32-6 (R)-(+)-bis-(1,2-diphenylphosphino)propane C27H26P2 34410
67885-08-9 4-iodo-1,2-butadiene C4H5I 2692
67886-70-8 6-methoxy-2-naphthonitrile C12H9NO 23404
67907-32-8 5-aminomethyl-2,4,4-trimethyl-1-cyclopentylami C9H20N2 18220
67914-60-7 1-acetyl-4-(4-hydroxyphenyl)piperazine C12H16N2O2 24164
67944-71-2 1-cyano-3-methylisothiourea, sodium salt C3H4N3NaS 1611
67952-46-9 (2-isopropoxyethyl)carbamate C6H13NO3 8846
67952-57-2 6-methyl-2-heptyl acetate C10H20O2 21046
67952-60-7 2-methyl-2-(methyldithio)propionaldehyde C5H10OS2 5490
67963-68-2 (4-bromophenoxy)-tert-butyldimethylsilane C12H19BrOSi 24502
68006-83-7 2-amino-3-methyl-9H-pyrido(2,3-b)indole C12H11N3 23659
68016-36-4 barium thiocyanate trihydrate C2H6BaN2O3S2 996
68039-38-3 citronellyl-2-butenoate C14H24O2 27763
68047-06-3 4-hydroxytamoxifen C26H29NO2 34275
68057-83-0 ethyl 2-hydroxybutanoate, (±) C6H12O3 8538
68060-50-4 1,3-bis(2-chloroethyl)-1-nitrosourea-dip C19H20Cl2N6O4 31439
68071-23-8 epoxyguaiene C15H24O 28768
68077-26-9 7-chloro-1-ethyl-6-fluoro-4-oxohydroquinol C12H9ClFNO3 23369
68077-28-1 triethyl trans-1-propene-1,2,3-tricarboxylate C12H18O6 24497
68084-03-7 bis(3-methylbutyl) mercaptosuccinate C14H26O4S 27821
68090-88-0 (S)-N-boc-4-chlorophenylalanine C14H18ClNO4 27430
68107-05-1 2-hexanamine, (±) C6H15N 9190
68107-26-6 nitrosomethylundecylamine C12H26N2O 25271
68133-72-2 cis-hexenyl ocyacetaldehyde C8H14O2 14651
68133-73-3 isoamyl geranate C15H26O2 28802
68141-17-3 methyl nonyl acetaldehyde dimethyl acetal C14H30O2 27937
68141-57-1 1-fluoro-7,12-dimethylbenz(a)anthracene C20H15F 31960
68151-04-2 trans-1,2,-dihydroxy-1,2-dihydrotriphenylene C18H14O2 30508
68151-08-6 1,2,3,6,7,8,11,12-octahydrobenzo[e]pyren-9(10H C20H20O 32132
68162-13-0 trans-3,4-dihydro-3,4-dihydroxy-7,12-dimethyl C20H18O2 32080
68162-14-1 trans-10,11-dihydro-10,11-dihydroxy-7,12-dime C20H18O2 32082
68162-93-6 2-methyl-1-((2-methylcyclohexyl)carbonyl)pipe C14H25NO 27773
68165-06-0 1-methyl-3-pyrrolidinone C5H9NO 5205
68171-33-5 isopropyl isostearate C21H42O2 33051
68189-23-1 4-(diethylamino)benzaldehyde-1,1-diphenyl-hyd C23H25N3 33565
68208-18-4 3-amino-3-(p-tolyl)propionic acid C10H13NO2 19804
68208-24-2 3-amino-3-(p-methoxyphenyl)-1-propanol C10H15NO2 20269
68214-81-3 2-(ethyl(3-methyl-4-(phenylazo)phenyl)amino) C17H21N3O 30173
68247-85-8 bleomycin PEP C61H88N18O21S2 35926
68266-67-1 1,2-dichloro-3,4-dimethylbenzene C8H8Cl2 13284
68291-97-4 1,2-benzisoxazole-3-methanesulfonamide C8H8N2O3S 13369
68337-15-5 4'-(1H-1,2,4-triazol-1-yl)phenol C8H7N3O 13218
68348-85-6 dicarbonyl molybdenum diazide C2MoN6O2 1209
68358-79-2 N'-4-(4-methylphenethyloxy)phenyl-N-methoxy C18H22N2O3 30801
68359-37-5 cyfluthrin C22H18Cl2FNO3 33168
68379-32-8 dicarbonyltungsten diazide C2N6O2W 1225
68384-70-3 ethyl 3-(methylamino)butanoate C7H15NO2 12081
68385-95-5 2-amino-3,5-dibromobenzonitrile C7H4Br2N2 9652
68420-93-9 6-methyl-8-quinolinamine C10H10N2 19030
68426-46-0 nitrosomethylphenylcarbamate C8H8N2O3 13367
68448-47-5 mercury-2-naphthalenediazonium trichlorid C10H7Cl3HgN2 18617
68469-60-3 allyl(4-methoxyphenyl)dimethylsilane C12H18OSi 24462
68479-77-6 2-hydroxyethyl 2,3-dibromopropanoate C5H8Br2O3 4763
68480-17-1 1-(2,6,6-trimethyl-2-cyclohexen-1-yl)-3-pentan C14H24O 27759
68504-35-8 sulfonazo iii, tetrasodium salt C22H12N4Na4O14S4 33091
68525-41-7 (R*,S*)-1,1'-(1,2-bis(1,1-dimethylethyl)-1,2 C22H28Cl2 33314
68527-78-6 amyl cinnamylidene methyl anthranilate C22H25NO2 33272
68527-79-7 indolene C18H25NO 30868
68541-88-8 tripiperidinophosphine selenide C15H30N3PSe 28871
68555-34-0 bis((6-methyl-3-cyclohexen-1-yl)methyl) ester C22H34O4 33385
68555-58-8 prenyl salicylate C12H14O3 23999
68567-97-5 (±)-4-hydroxy-2-oxo-1-pyrrolidineacetamide C6H10N2O3 7739
68574-13-0 tetramethylammonium diazidoiodate(i) C4H12IN7 4062
68574-15-2 tetramethylammonium azidocyanatoiodate(i) C5H12IN5O 5785

68574-17-4 tetramethylammonium azidocyanoiodate(i) C5H12IN5 5784
68579-60-2 DL-a-(methylaminomethyl)benzyl alcohol C9H13NO 17317
68591-34-4 O-(2-chlorophenyl) dichlorothiophosphate C6H4Cl3OPS 6505
68594-17-2 1-dichloroaminotetrazole CHCl2N5 103
68594-19-4 1,6-bis(5-tetrazolyl)hexaaz-1,5-diene C2H4N14 882
68594-24-1 disodium-5-tetrazolazocarboxylate C2N6Na2O2 1224
68596-88-3 3,5-dimethylbenzenediazonium-2-carboxylate C9H8N2O2 16169
68596-89-4 4-hydroxybenzenediazonium-3-carboxylate C7H4N2O3 9842
68596-94-1 4-toluenediazonium triiodide C7H7I3N2 10605
68596-99-6 3,4,5-triiodobenzenediazonium nitrate C6H2I3N3O3 6199
68597-10-4 2-cyano-4-nitrobenzenediazonium hydrogen sulf C7H4N4O6S 9853
68602-57-3 trifluoroacetyl triflate C3F6O4S 1293
68641-49-6 bis(2-oxo-3-oxazolidinyl)phosphinic chlorid C6H8ClN2O5P 7296
68674-44-2 chlorodifluoroacetyl hypochlorite C2Cl2F2O2 439
68680-98-8 s-3,7-dimethyl-1-octanol C10H22O 21340
68683-20-5 isobergamate C12H18O2 24475
68688-86-8 trans-3-methyl-7,8-dihydrocholanthrene-7,8-di C21H18O2 32698
68688-87-9 trans-3-methyl-9,10-dihydrocholanthrene-9,10- C21H18O2 32699
68690-89-1 N-nitroso-N-methyl-1-(1-phenyl)ethylamine C9H12N2O 17052
68692-80-8 diethyl 2-ethyl-2-(p-tolyl)malonate C16H22O4 29521
68694-11-1 triflumizole C15H15ClF3N3O 28339
68716-15-4 5,5'-methylenebis(2-hydroxy-4-methoxybenzophe C29H24O6 34754
68723-25-1 (2-methylphenyl)-1-naphthylmethanone C18H14O 30486
68737-65-5 (1R,2R)-diaminomethylcyclohexane C8H18N2 15403
68743-79-3 sporaricin A C17H35N5O5 30344
68750-16-3 2-[(2-amino-2-methylpropyl)amino]ethanol C6H16N2O 9303
68751-90-6 5-chloro-2-hydroxy-4-methylbenzophenone C14H11ClO2 26815
68766-96-1 ethyl (R)-(-)-2-pyrrolidone-5-carboxylate C7H11NO3 11297
68780-95-0 1,9,10-trihydroxy-9,10-dihydro-3-methylcholan C21H18O3 32703
68786-66-3 6-chloro-5-(2,3-dichlorophenoxy)-2-methyl C14H9Cl3N2OS 26698
68795-10-8 2-fluoro-1,1-dinitroethane C2H3FN2O4 729
68817-65-2 4',4pi(5pi)-diacetyldibenzo-18-crown-6 C24H28O8 33862
68818-86-0 9,10-diethoxyanthracene C18H18O2 30675
68832-13-3 r(-)-2-pyrrolidinemethanol C5H11NO 5690
68833-55-6 mercury acetylide (DOT) C2HHg 561
68835-89-2 di-tert-amyl dicarbonate C12H22O5 24760
68836-13-5 6,7-dinitroquinoxaline C8H4N4O4 12590
68844-77-9 astemizole C28H31FN4O 34625
68858-20-8 fmoc-L-valine C20H21NO4 32149
68865-30-5 4-acryloylamidobenzo-15-crown-5 C17H23NO6 30215
68865-32-7 4-acrylamidobenzo-18-crown-6 C19H27NO7 31594
68881-59-4 1-cyano-2-ethoxycarbonyl-6,7-dimethoxy-1,2, C15H18N2O4 28513
68892-41-1 5'-O-dimethoxytrityl-N-isobutyryl-deoxyguan C35H37N5O7 35290
68922-17-8 1,1'-methylenebis(3-methylpiperidine) C13H26N2 26482
68955-06-6 triisobutylene oxide C12H24O 24866
68956-82-1 cobalt resinate C88H124CoO8 35997
68971-82-4 4-tert-butylcalix[8]arene C88H112O8 35995
68972-96-3 cis-1,4-dibenzyloxy-2-butene C18H20O2 30742
68979-48-6 1,2-bis(azidocarbonyl)cyclopropane C5H4N6O2 4324
68983-70-0 1-(4-methylphenyl)cyclopentane-1-carbonitrile C13H15N 26011
69034-13-5 4-methoxyphenoxyacetaldehyde diethyl acetal C13H20O4 26339
69043-96-5 dl-methyl 2-bromobutyrate C5H9BrO2 5018
69045-84-7 2,3-dichloro-5-(trifluoromethyl)pyridine C6H2Cl2F3N 6161
69091-15-2 trans-nitroso-2,6-dimethylmorpholine C6H12N2O2 8342
69091-16-3 cis-nitroso-2,6-dimethylmorpholine C6H12N2O2 8341
69094-18-4 2,2-dibromo-2-nitroethanol C2H3Br2NO3 696
69095-72-3 5-(m-methoxyphenyl-3-(o-tolyl))-S-triazole C16H15N3O 29223
69095-74-5 5-(o-chlorophenyl)-3-(o-tolyl)-S-triazole C15H12ClN3 28138
69095-81-4 5-(o-(allyloxy)phenyl)-3-(o-tolyl)-S-triazol C18H17N3O 30623
69095-83-6 5-(2-ethylphenyl)-3-(3-methoxyphenyl)-S-tria C17H17N3O 30047
69097-20-7 tris(trimethylsiloxy)ethylene C11H28O3Si3 23114
69103-91-9 2-((3-o-methoxyphenylpiperazino)-propyl)-3- C25H30N2O4 34128
69103-95-3 2-(3-(N-phenylpiperazino)-propyl)-3-methylc C23H26N2O2 33574
69103-96-4 2-(3-(4-hydroxy-4-p-chlorophenylpiperidin C24H25ClNO3 33822
69103-97-5 2-(3-(N-phenylpiperazino)-propyl)-3-methyl C23H25FN2O2 33562
69112-21-6 trans-3-hexenal C6H10O 7787
69112-96-5 2,2'-dichloro-N-nitrosodipropylamine C6H12Cl2N2O 8282
69112-98-7 nitrosofluoroethylurea C3H6FN3O2 1864
69112-99-8 nitrosomethylbis(chloroethyl)urea C6H11Cl2N3O2 8060
69113-00-4 nitrosochloroethyldiethylurea C7H14ClN3O2 11761
69113-01-5 nitrosotris(chloroethyl)urea C7H12Cl3N3O2 11377
69113-02-6 nitrosobromoethylurea C3H6BrN3O2 1821
69116-71-8 methyl 2,2-difluoromalonyl fluoride C4H3F3O3 2480
69180-50-3 bis(acetato-O)(3-methoxyphenyl)iodine C11H13IO5 21943
69180-59-2 4-iodosyltoluene C7H7IO 10601
69190-65-4 1,1,3-triethoxy-2-butene C10H20O3 21081
69207-83-6 magnesium aluminum isopropoxide C24H56Al2MgO8 34040
69225-98-5 1-acetyl-3-(2,2-dichloroethyl)urea C5H8Cl2N2O2 4776
69226-06-8 2,2-diethyl-3-thiomorpholinone C8H15NOS 14804
69226-39-7 4-amino-N-(2-hydroxyethyl)-o-toluenesulfona C9H14N2O3S 17425
69226-43-3 di-n-octyltin bis(laurylthioglycolate) C44H88O4S2Sn 35761
69226-44-4 di-n-octyltin ethyleneglycol dithioglycol C22H42O4S2Sn 33443
69226-45-5 dioctyl(1,2-propylenedioxybis(maleoyldioxy) C27H42O8Sn 34488
69226-46-6 di-n-octyltin-1,4-butanediol-bis-mercapto C24H46O4S2Sn 33977
69226-47-7 tributyl(undecanoyloxy)stannane C23H48O2Sn 33709
69239-37-8 di-n-butyltin di(mononoryl)maleate C42H76O8Sn 35702
69248-35-7 diethyl sec-butylsuccinate C12H22O4 24746
69260-83-4 (E)-3,4-dihydroxy-7-methyl-3,4-dihydrobenz(a) C20H18O3 32087
69260-85-1 trans-3,4-dihydroxy-3,4-dihydro-7,12-dihydrox C20H18O4 32088
69267-51-2 2-nitronaphtho(2,1-b)furan C12H7NO3 23258
69286-06-2 2,2'-bis(4,5-dimethylimidazole) C10H14N4 19964
69295-21-2 3-chloro-2-(chloromethyl)-1-butene C5H8Cl2 4770
69304-37-6 1,3-dichloro-1,1,3,3-tetraisopropyldisil C12H28Cl2OSi2 25369
69304-47-8 (E)-5-(2-bromovinyl)-2'-deoxyuridine C10H13BrN2O5 19712
69305-42-6 2,4,5-trimethylphenyl acetate C11H14O2 22134
69316-08-1 methyl 4-(cyanoacetyl)benzoate C11H9NO3 21586
69321-16-0 4-(N-hydroxy-N-methylamino)quinoline 1-oxid C10H10N2O2 19063
69321-17-1 3'-formyl-N,N-dimethyl-4-aminoazobenzene C15H15N3O 28365
69321-60-4 1,3-dibromo-2-methylbenzene C7H6Br2 10189
69342-47-8 4-butylphenyl isocyanate C11H13NO 21964
69352-40-5 N-phthalylisoglutamine C13H12N2O5 25781
69352-67-6 1,5-bis(o-methoxyphenyl)-3,7-diazaadmantan- C22H24N2O3 33258
69352-90-5 a-(1,2,3,6-tetrahydrophthalimido)glutarimid C13H12N2O4 25780
69371-59-1 6-phenyl-5-hexen-2-one C12H14O 23967
69377-81-7 fluroxypyr C7H5Cl2FN2O3 9952
69382-20-3 bindon ethyl ether C20H14O3 31917
69385-30-4 2,6-difluorobenzylamine C7H7F2N 10574
69402-04-6 1,2-bis(3,7-dimethyl-5-n-butoxy-1-aza-5-b C26H46B2N2O6 34332
69402-41-4 ethyl (13-cis)-9-(4-methoxy-2,3,6-trimethylph C23H30O3 33618
69458-20-4 5,10,15,20-tetrakis(4 (trimethylammonio) C84H90N8O12S4 35989
69460-11-3 (1R,2R,3R,5S)-(-)-isopinocampheylamine C10H19N 20894
69462-43-7 1-(3-cyclohexen-1-ylcarbonyl)-2-methylpiperid C13H21NO 26347
69462-47-1 2,6-dimethyl-1-((2-methylcyclohexyl)carbonyl) C15H27NO 28810
69462-48-2 1,2,3,6-tetrahydro-1-((2-methylcyclohexyl)car C13H21NO 26349
69462-51-7 2-methyl-1-((6-methyl-3-cyclohexen-1-yl)carbo C14H23NO 27730
69462-52-8 3-methyl-1-((6-methyl-3-cyclohexen-1-yl)carbo C14H23NO 27731
69462-53-9 4-methyl-1-((6-methyl-3-cyclohexen-1-yl)carbo C14H23NO 27732
69462-56-2 1,2,3,6-tetrahydro-1-((6-methyl-3-cyclohexen- C13H19NO 26254
69498-28-8 1,4-dibromo-2-methylbutane C5H10Br2 5312
69500-64-7 (S)-(+)-2-(aminomethyl)pyrrolidine C5H12N2 5796
69542-91-2 2,4-dimethylcyclohexanol C8H16O 15096
69555-14-2 ethyl N-(diphenylmethylene)glycinate C17H17NO2 30035
69556-70-3 4-methoxy-2(5H)-furanone C5H6O3 4572
69563-88-8 2,2-bis[4-(4-aminophenoxy)phenyl]-hexaflu C27H20F6N2O2 34391
69564-68-7 2-benzoxazolol C7H5NO2 10061
69579-13-1 RGH-5526 C16H25N5O3 29593
69584-87-8 2,5-difluorophenylacetonitrile C8H5F2N 12647
69604-00-8 ethyl 5-nitrobenzofuran-2-carboxylate C11H9NO5 21593
69610-40-8 N-tert-butoxycarbonyl-L-prolinol C10H19NO3 20901
69610-41-9 boc-L-prolinal C10H17NO3 20570
69644-85-5 N2-(g-L-(+)-glutamyl)-4-carboxyphenylhydraz C12H15N3O5 24101
69654-93-9 diethyldithiocarbamic acid anhydrosulfide w C8H16N2OS2 15030
69668-88-8 cis-3-hepten-2-one C7H12O 11419
69695-61-0 2-chloro-4-trifluoromethoxyaniline C7H5ClF3NO 9911
69704-44-5 N,N,N',N'-tetraethyl-1,4-butanediamine C12H28N2 25376
69712-56-7 cefotetan C17H17N7O8S4 30055
69739-34-0 tert-butyldimethylsilyl trifluoromethanes C7H15F3O3SSi 12017
69745-49-9 1,6,6-trimethylcyclohexene C9H16 17621
69745-66-0 4-(1-sec-butyl-2-(dimethylamino)ethyl)phenol C14H23NO 27728
69766-36-5 4-(p-hydroxyanilino)benzaldehyde C13H11NO2 25712
69770-20-3 3-(4-chlorophenoxy)benzaldehyde C13H9ClO2 25526
69770-23-6 3-(4-tert-butylphenoxy)benzaldehyde C17H18O2 30073
69770-98-5 4-methyl-2-isopropylcyclopentanone C9H16O 17688
69806-40-2 haloxyfop-methyl C16H13ClF3NO4 29075
69806-50-4 fluazipop-butyl C19H20F3NO4 31441
69813-63-4 1,2-diphenoxypropane C15H16O2 28438
69826-42-2 4-amino-2,2,5,5-tetramethyl-3-imidazoline-1-y C7H14N3O 11823
69853-15-2 dimorpholinium hexachlorostannate C8H10Cl6N2O2Sn 13844
69853-71-0 6-hydroxycholest-4-en-3-one C27H44O2 34505
69866-21-3 antibiotic CC 1065 C37H32N7O8 35448
69883-99-4 12-deoxyphorbol-13-(4-acetoxyphenylacetate)-2 C32H38O9 35077
69891-92-5 [2-(1,3-dioxan-2-yl)ethyl]triphenylphospho C24H26BrO2P 33828
69901-70-8 3-amino-5H-pyrido(4,3-b)indole C11H9N3 21598
69922-27-6 2-fluoro-5-(trifluoromethyl)phenyl isocyanate C8H3F4NO 12488
69928-30-9 3,5-dimethyl-3-hydroxyhexane-4-carboxylic acid C9H16O2 17734
69929-16-4 8-ethoxy-2,6-dimethyloctene-2 C12H24O 24865
69946-37-8 2-methyl-4-carbamoyl-5-hydroxyimidazole C5H7N3O2 4729
69947-01-9 N,N-dichloro-1-propanamine C3H7Cl2N 2013
69951-02-6 6-chloro-2-methyl-4-nitroaniline C7H7ClN2O2 10504
69975-86-6 2-(7'-theophyllinemethyl)-1,3-dioxolane C11H14N4O4 22091
69978-45-6 N-methylaza-12-crown-4 C9H19NO3 18163
70005-88-8 (R)-(+)-1,2,4-butanetriol C4H10O3 3925
70021-98-6 3-nitrobenz(a)pyrene C20H11NO2 31796
70021-99-7 1-nitrobenzo(a)pyrene C20H11NO2 31795
70050-43-0 a-monofluoromethylhistidine C7H10FN3O2 11077
70052-12-9 a-DFMO C6H12F2N2O2 8299
70069-04-4 2-hydroxymethyl-18-crown-6 C13H26O7 26513
70103-77-4 N-(2-acetoxyethyl)-N-(acetoxymethyl)nitrosam C7H12N2O5 11396
70103-78-5 N-(3-acetoxypropyl)-N-(acetoxymethyl)nitrosa C8H14N2O5 14531
70103-79-6 N-(4-acetoxybutyl)-N-(acetoxymethyl)nitrosam C9H16N2O5 17656
70103-80-9 N-(methoxycarbonylmethyl)-N-(acetoxymethyl)ni C6H10N2O5 7749
70103-81-0 N-(2-methoxycarbonylethyl)-N-(acetoxymethyl) C7H12N2O5 11398
70103-82-1 N-(3-methoxycarbonylpropyl)-N-(acetoxymethyl C8H14N2O5 14532
70110-24-6 2-chloropropanoyl chloride, (S) C3H4Cl2O 1544
70114-87-3 x-methylfolic acid C20H21N7O5 32155
70116-68-6 3-methyl-2-butanol, (±) C5H12O 5836
70124-77-5 flucythrinate C26H23F2NO4 34241
70127-93-4 1,5-dimethyl-1H-indazole C9H10N2 16570
70134-26-8 dichlorobis(2-chlorocyclohexyl)selenium C12H20Cl4Se 24540
70142-16-4 bromine(1) trifluoromethanesulfonate CBrF3O3S 18
70167-57-6 1,2:3,4:5,6-tri-O-cyclohexylidene-D-mannitol C24H38O6 33932
70170-91-1 3-(4-carboxyphenyl)propionic acid C10H10O4 19207
70193-21-4 N-(L-butoxy-2,2,2-trichloroethyl)salicyla C13H16Cl3NO3 26046
70197-13-6 methyltrioxorhenium(vii) CH3O3Re 250
70202-92-5 diethyl 1-cyclopentene-1,2-dicarboxylate C11H16O4 22475
70247-32-4 2-(5-cyanotetrazole)pentamminecobalt(i C2H16Cl3CoN10O12 1188
70247-50-6 sodium-3-methylisoxazolin-4,5-dione-4-oximat C4H3N2NaO3 2498
70247-51-7 silver 3-methylisoxazolin-4,5-dione-4-oximat C4H3AgN2O3 2436
70258-18-3 2-chloro-5-chloromethylpyridine C6H5Cl2N 6746
70277-99-5 2-bromo-3,5-dimethoxyaniline C8H10BrNO2 13816
70278-00-1 N,N-dichloroaniline C6H5Cl2N 6747
70299-48-8 ethyl methyl peroxide C3H8O2 2145
70301-54-1 10,11-dihydro-2-(4-methyl-1-piperazinyl)-11 C19H20N6OS 31450
70301-64-3 10,11-dihydro-11-(p-methoxyphenyl)-2-(4-met C23H25N5O2 33567
70303-46-7 (ethylthio)trioctylstannane C26H56SSn 34384
70303-47-8 (butylthio)trioctylstannane C28H60SSn 34747
70319-10-7 alclofenac epoxide C11H11ClO4 21688
70324-20-8 silver 3-cyano-1-phenyltriazen-3-IDE C7H5AgN4 9859
70324-23-1 3,3-dimethyl-1(3-quinolyl)triazene C11H12N4 21841
70324-35-5 potassium-3,5-dinitro-2(1-tetrazenyl)phenolat C6H5KN6O5 6806
70340-04-4 (2-hydroxybenzyl)triphenylphosphonium bromi C25H22BrOP 34082
70343-15-6 2,5-dinitro-3-methylbenzoic acid C8H6N2O6 12905
70348-66-2 3-propyldiazirine C4H8N2 3418
70384-51-9 tris[2-(2-methoxyethoxy)ethyl]amine C15H33NO6 28940
70396-13-3 1-chloro-5-heptyne C7H11Cl 11249
70401-32-2 2-methyl-5H-dibenz[b,f]azepine-5-carboxamide C16H14N2O 29138
70401-56-8 3,4-dihydro-3-methyl-2H-1-benzopyran C10H12O 19487
70415-59-7 N-nitrosomethyl-(3-hydroxypropyl)amine C4H10N2O2 3852
70419-10-2 (S)-2-amino-6-methylheptane C8H19N 15646
70419-11-3 (R)-2-amino-6-methylheptane C8H19N 15647
70443-38-8 trans-3,4-dihydroxy-1,2,3,4-tetrahydrodibenz(C22H18O2 33174
70458-96-7 baccidal C16H18FN3O3 29367
70490-99-2 N-a-acetoxybenzyl-N-benzylnitrosamine C16H16N2O3 29265
70501-82-5 N-nitroso-1,2,3,4-tetrahydropyridine C5H8N2O 4829
70547-87-4 4-hydroxy-2,6-dimethylbenzaldehyde C9H10O2 16695
70591-20-7 N-(diphenylmethylene)aminoacetonitrile C15H12N2 28156
70630-17-0 metalaxyl-m C15H21NO4 28628
70642-86-3 boc-D-tyrosine C14H19NO5 27541
70644-46-1 4-(3-cyclohexen-1-yl)pyridine C11H13N 21944
70644-49-4 ethyl 3-methyl-1-piperidinepropionate C11H21NO2 22778
70648-26-9 1,2,3,4,7,8-hexachlorodibenzofuran C12H2Cl6O 23137
70657-70-4 2-methoxy-1-propyl acetate C6H12O3 8568
70664-49-2 2-azido-3,5-dinitrofuran C4HN5O5 2372
70681-41-3 dimethyl (R)-(+)malate C6H10O5 7949
70690-24-3 1,4-dibromooctane C8H16Br2 14996
70715-19-4 2-[2-(1-methylethoxy)ethyl]pyridine C10H15NO 20243
70715-91-2 N-isopropyl-N-(acetoxymethyl)nitrosamine C6H12N2O3 8352
70715-92-3 N-(acetoxymethyl)-N-isobutylnitrosamine C7H14N2O3 11807
70723-34-1 4-(3-iodo-2-oxopropylidene)-2,2,3,5,5-pent C11H18INO2 22559
70729-68-9 tetraethylene glycol-di-n-heptanoate C22H42O7 33448
70732-43-3 8-methyl-4-nonyne C10H18 20599
70732-44-4 5-propyl-1,5-octadien-3-yne C11H16 22357
70732-45-5 3,3-dimethyl-4-decyne C12H22 24657
70749-06-3 (1S,2S)-(-)-N,N'-dimethyl-1,2-diphenyl-1,2-et C16H20N2 29452
70786-64-0 3,2'-dimethyl-4-nitrosobiphenyl C14H13NO 27021
70786-72-0 N-hydroxy-3,2'-dimethyl-4-aminobiphenyl C14H15NO 27229

70786-82-2 ethyl 4-chloropentanoate C7H13ClO2 11603
70851-50-2 dimethoxymethyl-n-octadecylsilane C21H46O2Si 33076
70851-61-5 4-methyl-cis-decene g-lactone C11H18O2 22611
70858-14-9 L-vinthionine C6H11NO2S 8162
70912-54-8 2,2-dimethyl-5-(2-hexahydroazepinylidene)-1, C12H17NO4 24335
70950-00-4 gold(i) acetylide C2Au2 394
70951-83-6 (1aa,2b,3a,11ba)-1a,2,3,11b-tetrahydrochrysen C18H14O3 30526
70987-78-9 (2S)-(+)-glycidyl tosylate C10H12O4S 19694
71002-67-0 butyl-p-nitrophenyl ester of ethylphosphoni C12H18NO5P 24397
71016-15-4 N-3-methylbutyl-N-1-methyl acetonylnitrosami C9H18N2O2 17984
71022-43-0 3,5-dinitrobenzyl alcohol C7H6N2O5 10384
71042-54-1 (2R,3R)-(-)-2,3-bis(diphenylphosphino)bicyclo C31H28P2 34980
71119-22-7 mops sodium salt C7H14NNaO4S 11775
71145-03-4 (+/-)-bay K 8644 C16H15F3N2O4 29202
71159-31-4 1,3-diphenoxy-2-propanol acetate C17H18O4 30081
71172-47-9 a,a-dicyclopropyl-4-methylbenzenemethanol C14H18O 27483
71172-57-1 3-ethyl-4-methyl-2-pentanone C8H16O 15072
71173-15-4 1-phenylbicyclo[2.2.1]heptane-2-ol acetate C15H18O2 28537
71173-78-9 1-chloro-2-isopropyliminomethyl-4-nitrobe C10H11ClN2O2 19243
71200-79-8 cis-2-chloro-2-butenedinitrile C4HClN2 2356
71239-85-5 (S)-N-boc-(2-pyridyl)alanine C13H18N2O4 26195
71250-00-5 cesium cyanotridecahydrodecaborate (2-) CH13B10Cs2N 332
71267-22-6 N'-nitrosoanatabine C10H11N3O 19350
71284-96-3 2,3-dichloro-1-naphthalenol C10H6Cl2O 18542
71292-84-7 3,5,3',5'-tetrafluorodiethylstilbestrol C18H16F4O2 30586
71297-97-7 cis-bis(3-methylphenyl)diazene 1-oxide C14H14N2O 27108
71309-70-1 3,4-dihydro-6-(trimethylsilyloxy)-2H-pyran C8H16O2Si 15212
71359-62-1 heptafluorobutyryl hypochlorite C4ClF7O2 2296
71359-64-3 hexafluoroglutaryl dihypochlorite C5Cl2F6O4 4166
71366-32-0 (R,S)-4-bromo-homo-ibotenic acid C6H7BrN2O4 7137
71382-50-8 benzo(a)pyrene-4,5-imine C20H13N 31849
71392-29-5 chinoin-127 C11H17N3O2 22537
71400-33-4 2,7-dinitrodibenzo-p-dioxin C12H6N2O6 23225
71400-34-5 2,8-dinitrodibenzo-p-dioxin C12H6N2O6 23226
71422-67-8 chlorfluazuron C20H9Cl3F3N3O3 31774
71435-43-3 3,4-dihydrochrysene C18H14 30465
71441-09-3 arotinoid ethyl ester C26H32O2 34289
71441-28-6 arotinoic acid C24H28O2 33858
71441-30-0 arotinoic methanol C24H30O 33873
71463-55-3 1-(2,4-dichlorophenyl)-1-cyclopropyl cyanide C10H7Cl2N 18614
71475-35-9 lozilurea C10H13ClN2O 19730
71486-43-6 1-(4-fluorophenyl)cyclohexanecarbonitrile C13H14FN 25944
71500-21-5 allyl 3,5,5-trimethylhexanoate C12H22O2 24724
71501-44-5 1-(4-chlorophenyl)-1-cyclopentanecarbonylch C12H12Cl2O 23703
71507-79-4 4a,5a-epoxy-17b-hydroxy-4,17-dimethyl-3-oxoa C21H31NO3 32968
71522-58-2 forphenicinol C9H11NO4 16979
71561-11-0 2-((4-(2,4-dichlorobenzoyl)-1,3-dimethyl C20H16Cl2N2O3 32005
71598-10-2 3-nitroso-1-nitro-1-propylguanidine C4H9N5O3 3780
71605-85-1 heptyl nonanoate C16H32O2 29728
71608-10-1 3,6-dimethyl-2-nitrophenol C8H9NO3 13744
71609-22-8 N-hydroxy-N,N'-diacetylbenzidine C16H16N2O3 29267
71626-11-4 benalaxyl C20H23NO3 32195
71628-96-1 menogarol C28H31NO10 34626
71633-43-7 2,4,7-trimethylquinoline C12H13N 23828
71637-34-8 3-thiophenemethanol C5H6OS 4547
71653-63-9 ryodipine C18H19F2NO5 30689
71653-64-0 2-(difluoromethoxy)benzaldehyde C8H6F2O2 12848
71672-75-8 2-ethoxybenzyl alcohol C9H12O2 17164
71677-48-0 3-methyl-1-nitroso-4-piperidone C6H10N2O2 7736
71745-63-6 4-(1,1-dimethylpropyl)-2-methylphenol C12H18O 24446
71747-37-0 alpha-ethylbenzenepropanol, (S) C11H16O 22415
71751-41-2 avermectin b1a C48H72O14 35808
71752-66-4 nitroso-sec-butylurea C5H11N3O2 5762
71752-67-5 nitrosoundecylurea C12H25N3O2 24911
71752-68-6 nitrosotridecylurea C14H29N3O2 27910
71752-69-7 nitrosoisopropanolurea C4H9N3O3 3773
71752-70-0 nitroso-3-hydroxypropylurea C4H9N3O3 3772
71757-14-7 2-amino-3,5-dibromobenzotrifluoride C7H4Br2F3N 9650
71771-90-9 denopamine C18H23NO4 30827
71783-56-7 1,2,3,4-tetrahydro-6,7-dimethoxy-1,2-dimethy C13H19NO2 26255
71785-87-0 N-nitroso-3,4-epoxypiperidine C5H8N2O2 4834
71799-98-9 pyridinol nitrosocarbamate C11H13N5O6 22022
71827-03-7 22,23-dihydroavermectin B1A C48H74O14 35810
71830-07-4 (1S,3R)-3-aminocyclopentanecarboxylic acid C6H11NO2 8138
71830-08-5 (1R,3S)-3-aminocyclopentanecarboxylic acid C6H11NO2 8139
71840-26-1 methylphosphonic acid, (2-(bis(1-methylethy C11H26NO3P 23099
71850-03-8 decanedioic acid, bis(2-methoxyethyl) ester C16H30O6 29682
71856-48-9 methylazoxymethanol-b-D-glucosiduronic acid C8H14N2O8 14534
71864-47-6 chlorocyclohexyldimethylsilane C8H17ClSi 15269
71901-54-7 S,S-dimethylpentasulfur hexanitride C2H6N6S5 1063
71939-10-1 potassium-O-propionohydroxamate C3H6KNO2 1875
71963-77-4 artemisininelactol methyl ether C16H26O5 29620
71964-72-2 7,12-dimethylbenz(a)anthracene-3,4-diol C20H16O2 32031
71989-14-5 fmoc-L-aspartic acid b -t-butyl ester C23H26N2O5 33576
71989-16-7 Na-fmoc-L-asparagine C19H18N2O5 31412
71989-20-3 Na-fmoc-L-glutamine C20H20N2O5 32131
71989-23-6 fmoc-L-isoleucine C21H23NO4 32819
71989-26-9 Na-fmoc-Ne-boc-L-lysine C26H32N2O6 34287
71989-28-1 fmoc-L-methionine C20H21NO4S 32151
71989-31-6 fmoc-L-proline C20H19NO4 32104
71989-33-8 fmoc-O-t-butyl-L-serine C22H25NO5 33275
71989-35-0 fmoc-O-t-butyl-L-threonine C23H27NO5 33580
71989-96-3 2,3,4-trimethoxybenzyl alcohol C10H14O4 20164
72007-81-9 1-phenyl-3-methyl-3-pentanyl acetate C14H20O2 27603
72017-28-8 naphthopyrin C21H18N3 32688
72022-68-5 bis(tetraethylammonium)bis(thioxo-1,3-di C22H40N2S10Zn 33421
72040-09-6 N-chloro-4,5-dimethyltriazole C4H6ClN3 2804
72041-34-0 2,3-dihydrodicyclopenta(c,lmn)phenanthren-1(9H C18H12O 30432
72044-13-4 mercury(i) cyanamide CHg2N2 335
72047-94-0 2-(acetoxymethyl)allyl-trimethylsilane C9H18O2Si 18088
72064-79-0 acepreval C28H38O7 34655
72066-32-1 methylmercury dimercaptopropanol C15H17HgNO4S2 28460
72074-66-9 (±)-1,b,2,a-dihydroxy-3,b,4,b-epoxy-1,2,3,4-t C18H14O3 30523
72074-67-0 (±)-1,b,2,a-dihydroxy-3,a,4,a-epoxy-1,2,3,4-t C18H14O3 30522
72074-68-1 (±)-1,b,2,b-dihydroxy-3,a,4,a-epoxy-1,2,3,4-t C14H12O3 26976
72074-69-2 (±)-3a,4a-epoxy-1,2,3,4-tetrahydro-1b,2a-phen C14H12O3 26977
72088-94-9 4(5)-carboxyfluorescein C21H12O7 32575
72117-72-7 a-cyclocitrylidene-4-methylbutan-3-one C15H24O 28767
72122-60-2 morpholino-CNU C7H14ClN4O3 11762
72178-02-0 fomesafen C15H10ClF3N2O6S 28012
72207-94-4 ethyl vanillin acetate C11H12O4 21907
72209-26-8 adenosine-5'-(N-cyclopropyl)carboxamide-N'- C13H16N6O5 26077
72209-27-9 adenosine-5'-(N-ethyl)carboxamide-N'-oxide C12H16N6O5 24184
72214-01-8 2-ethylhexyl sulfate C8H18O4S 15596
72235-52-0 2,4-difluorobenzylamine C7H7F2N 10575
72235-53-1 3,4-difluorobenzylamine C7H7F2N 10576
72251-68-4 4-tert-butyldihomooxacalix[4]arene C45H58O5 35766
72287-26-4 1,1'-bis(diphenylphosphino)ferrocenedi C35H22Cl4FeP2Pd 35286
72294-67-8 telluroxanthone C13H8OTe 25499
72299-02-6 1-((6-methyl-3-cyclohexen-1-yl)carbonyl)piper C13H21NO 26348
72312-48-2 1,2,3-trimethylcyclohexene C9H16 17615
72345-23-4 (2S,4S)-(+)-pentanediol C5H12O2 5889
72385-44-5 5-trichloromethyl-1-trimethylsilyltetrazole C5H9Cl3N4Si 5104
72443-10-8 6-fulvenoselone C6H4Se 6631
72450-34-1 methyl 2-hydroxy-2-methyl-3-oxobutyrate C6H10O4 7933
72479-13-1 1-nitroso-1-methyl-3-ethylurea C4H9N3O2 3768
72479-23-3 1-nitroso-1-ethyl-3-methylurea C4H9N3O2 3766
72482-64-5 2,4-difluorobenzoyl chloride C7H3ClF2O 9502
72485-26-8 7,8-dihydro-7,8-dihydroxybenzo(a)pyrene-9,10- C20H12O3 31840
72490-01-8 ethyl (2-(4-phenoxyphenoxy)ethyl)carbamate C17H19NO4 30106
72505-63-6 2-ethyl-3-nitrosothiazolidine C5H10N2O 5412
72505-65-8 2-isopropyl-3-nitrosothiazolidine C6H12N2OS 8334
72505-66-9 2-butyl-3-nitrosothiazolidine C7H14N2OS 11795
72505-67-0 N-nitrosoisobutylthiazolidine C7H14N2OS 11796
72537-17-8 3-chloro-2-fluoro-5-(trifluoromethyl)pyridine C6H2ClF4N 6156
72586-67-5 N-methyl-N'-(p-acetylphenyl)-N-nitrosourea C10H11N3O3 19353
72586-68-6 1,3-dimethyl-3-phenyl-1-nitrosourea C9H11N3O2 16990
72590-77-3 hydrocortisone-17-butyrate-21-propionate C24H40O7 33953
72595-96-1 dichloro(4-ethoxy-O-phenylenediammine)pl C8H12Cl2N2OPt 14264
72595-97-2 dichloro(4-methoxy-O-phenylenediammine)p C7H10Cl2N2OPt 11070
72595-99-4 dichloro(4-methoxycarbonyl-O-phenylened C8H10Cl2N2O2Pt 13839
72596-00-0 (4-benzoyl-o-phenylenediammine)dichloro C13H12Cl2N2OPt 25750
72596-01-1 dichloro(4,5,6-trichloro-o-phenylenediammin C6H5Cl5N2Pt 6767
72596-02-2 dichloro(4-nitro-o-phenylenediammine)plat C6H7Cl2N3O2Pt 7159
72622-74-3 2-[(2-amino-2-methylpropyl)amino]-2-methyl-1- C8H20N2O 15706
72657-23-9 methyl (R)-(-)-3-hydroxy-2-methylpropionate C5H10O3 5561
72667-36-8 N-(9-acridinyl)-N'-(2-chloroethyl)-1,3-prop C18H20ClN2 30717
72676-73-4 N-tosyl-L-leucine diazomethyl ketone C14H19N3O3S 27552
72676-74-5 N-tosyl-D,L-isoleucine diazomethyl ketone C14H18N3O3S 27475
72676-77-8 6-(N-tosyl)aminocaproic acid diazomethyl k C14H19N3O3S 27551
72676-78-9 N-tosyl-D,L-isoleucine chloromethyl ketone C14H20ClNO3 27574
72678-19-4 4-amino-3,5-dibromobenzotrifluoride C7H4Br2F3N 9651
72679-02-8 3-hydroxymethyl-2-benzothiazolinone C8H7NO2S 13159
72732-50-4 deacetyldemethylthymoxamine C13H21NO2 26350
72738-89-7 4'(9-acridinylamino)hexanesulfonanilide C25H27N3O2S 34117
72738-90-0 9-(p-(methylsulfonamido)anilino)-3-acridin C22H20N4O4S 33207
72738-98-8 4'-(9-acridinylamino)-2'-nitromethanesulfo C20H16N4O4S 32014
72739-00-5 4'-(9-acridinylamino)-2'-aminomethanesulfo C20H18N4O2S 32074
72748-99-3 (R)-1-amino-2-(methoxymethyl)pyrrolidine C6H14N2O 8937
72762-00-6 2-pyridinol C5H5NO 4396
72812-40-9 isotrimethyltetrahydro benzyl alcohol C10H18O 20755
72850-64-7 benzyl 2-chloro-4-(trifluoromethyl)-5-th C12H7ClF3NO2S 23239
72912-01-7 N,N'-dicarboxymethyldiaza-18-crown-6 C16H30N2O8 29653
72934-37-3 1-(4-chlorophenyl)-1-cyclopropanecarboxylic C10H9ClO2 18822
72935-12-7 2,5'-dimethoxy-2',5-dimethyl-1,1'-biphenyl C16H18O2 29399
72957-64-3 2,2-dibromo-1,3-dimethylcyclopropanoic acid C6H8Br2O2 7288
72985-54-7 1,1-bis(fluorooxy)hexafluoropropane C3F8O2 1302
72985-56-9 2-chloro-1,1-bis(fluorooxy)trifluoroethane C2ClF5O2 428
73033-58-6 5-chloro-2-nitrobenzyl alcohol C7H6ClNO3 10245
73045-98-4 cis-2-hydroxy-1-cyclohexanecarboxamide C7H13NO2 11663
73080-51-0 isoamyl 5,6-dihydro-7,8-dimethyl-4,5-dioxo-4 C20H21NO5 32152
73081-88-6 1-[4-(trifluoromethyl)phenyl]-2-pyrrolidino C11H10F3NO 21614
73085-26-4 bis(mescalinium)tetrachloromanganate(C44H62Cl4MnN2O12 35752
73090-70-7 epiroprim C19H23N5O2 31532
73096-42-1 5-(2-bromophenyl)-1H-tetrazole C7H5BrN4 9885
73106-12-4 N-(2-acetamidofluoren-1-yl)-N-fluoren-2-yl C30H24N2O2 34855
73118-22-6 b-acetylmandeloyloxy-b-phenylethyl dimethyla C20H23NO4 32200
73120-52-2 1,12-dimethoxydodecane C14H30O2 27935
73138-26-8 manganese, bis(h5-cyclopentadienyl) C10H10Mn 19019
73178-43-5 trans-diethyl 2-pentenedioate C9H14O4 17501
73180-09-3 1-fluorotetradecane C14H29F 27899
73183-34-3 bis(pinacolato)diboron C12H24B2O4 24829
73198-78-4 2-trimethylsilyl-N-tert-butylacetaldimine C9H21NSi 18401
73206-57-2 1-(4-hydroxy-3-methylphenyl)-2-methyl-1-propa C11H14O2 22126
73210-25-0 2,2,5-trimethylcyclohexanol C9H18O 18025
73239-98-2 N-nitroso-2-methoxy-2,6-dimethylmorpholine C7H14N2O3 11812
73246-45-4 (-)-methyl (S)-2-chloropropionate C4H7ClO2 3148
73250-68-7 2-(1,3-benzothiazol-2-yloxy)-N-methylaceta C16H14N2O2S 29144
73286-70-1 tert-butyl 2,5-dihydro-1H-pyrrole-1-carboxyla C9H15NO2 17558
73309-75-8 altoside C30H40O10 34901
73341-70-5 gunacin C17H16O8 30024
73343-67-6 3-anisoyl-2-mesitylbenzofuran C25H22O3 34090
73343-69-8 p-hydroxyphenyl 2-mesitylbenzofuran-4-yl keto C24H20O3 33793
73343-70-1 p-hydroxyphenyl 2-mesitylbenzofuran-3-yl keto C24H20O3 33792
73343-72-3 3,5-diiodo-4-hydroxyphenyl 2-mesityl-3-benz C24H18I2O3 33754
73343-74-5 3,5-dibromo-4-hydroxyphenyl 2-mesityl-3-be C24H18Br2O3 33753
73346-74-4 (-)-2,3-O-isopropylidene-D-threitol C7H14O4 11947
73365-02-3 N-(tert-butoxycarbonyl)-D-prolinal C10H17NO3 20571
73372-63-1 monomethyl 2,6-dimethyl-4-(2-nitrophenyl)-3 C16H14N2O6 29148
73383-24-1 1,1-dibromo-1-butene C4H6Br2 2770
73398-15-9 3-ethyl-2-methyl-1,5-hexadiene C9H16 17613
73452-31-0 N,N'-bis(trimethylsilyl)aminoborane C6H20BNSi2 9380
73452-32-1 N-tert-butyl-N-trimethylsilylaminoborane C7H20BNSi 9473
73454-83-8 1,3-dichloro-2,4-hexadiene C6H8Cl2 7299
73459-03-7 4-hydroxy-6-methyl-5-benzofuranacrylic acid g- C12H8O3 23341
73473-54-8 cyclopenta(cd)pyrene-3,4-oxide C18H10O 30387
73476-18-3 phenyl 2-(trimethylsilyl)ethyl sulfone C11H18O2SSi 22613
73487-24-8 N-nitroso-N-(butyl-N-butyrolactone)amine C8H14N2O3 14527
73506-39-5 sodium ethoxyacetylide C4H5NaO 2751
73513-50-5 2-methyl-3-hexenoic acid C7H12O2 11471
73522-42-6 cis-myrtanylamine, (-) C10H19N 20890
73526-98-4 bis(2-fluoro-2,2-dinitroethoxy)dimethyls C6H10F2N4O10Si 7704
73529-24-5 4-pyrenyloxirane C18H12O 30435
73529-25-6 4-ethenyl pyrene C18H12 30412
73548-71-7 4,5-dimethyl-2-hexene C8H16 14954
73548-72-8 6-methyl-2-heptene C8H16 14911
73557-60-5 1,2,3-tribromo-5-methoxybenzene C7H5Br3O 9901
73561-96-3 mecarbenil C6H10N2O2 7735
73599-90-3 1-chloro-3-adamantyl hydroxymethyl ketone C12H17ClO2 24285
73599-91-4 1-bromo-3-adamantyl hydroxymethyl ketone C12H17BrO2 24279
73599-92-5 hydroxymethyl 1-iodo-3-adamantyl ketone C12H17IO2 24289
73599-93-6 hydroxymethyl 1-phenyl-3-adamantyl ketone C18H22O2 30810
73599-94-7 1-chloro-3-adamantyl ethoxymethyl ketone C14H22ClNO2 27658
73599-95-8 1-bromo-3-adamantyl ethoxymethyl ketone C14H22BrO2 27655
73624-47-2 R-alpine-borane C18H31B 30978
73630-93-0 1-bromo-N,N,2-trimethylpropenylamine C6H12BrN 8243
73637-11-3 2-chloromethyl-p-anisaldehyde C9H9ClO2 16320
73637-16-8 9-acetyl-1,7,8-anthracenetriol C16H11O4 29023
73639-62-0 4-(chloromethyl)-2,2-dimethyl-1,3-dioxa-2-s C5H11ClO2Si 5641
73642-91-8 1,2-dibromononane C9H18Br2 17956
73665-15-3 mycinamicin 1 C36H61NO12 35392
73666-84-9 tetrocarcin A C67H96N2O24 35954
73671-79-1 (S)-(+)-1-(1-naphthyl)ethyl isocyanate C13H11NO 25701
73671-86-0 N,N-diethyl-4-methyl-3-oxo-5a-4-azaandrosta C24H40N2O2 33938
73684-69-2 mycinamicins II C36H61NO13 35393
73688-63-8 4,4'-(1,4-anthraquinonylenediiminodiphen C38H26N2O10S2 35498

73696-62-5 2-amino-N-(3-methyl-2-thiazolidinylidene)acet C6H11N3OS 8187
73696-64-7 N,N'-bis(3-methyl-2-thiazolidinylidene)urea C9H14N4S2O 17434
73696-65-8 N-ethyl-N'-(3-methyl-2-thiazolidinylidene)ur C7H13N3OS 11685
73728-78-6 3,2',4',6'-tetramethylaminodiphenyl C16H19N 29416
73728-79-7 3,2',5'-trimethyl-4-aminodiphenyl C15H17N 28468
73741-61-4 2,4,4-trimethyl-2-cyclohexen-1-ol C9H16O 17701
73747-51-0 bicyclo(4.2.0)octa-1,3,5-trien-7-yl pentyl ke C13H17NO 26129
73747-53-2 indol-1-yl ethyl ketone C11H11NO 21742
73747-54-3 (a-methyl-m-trifluoromethylphenethylaminom C17H23F3N2O 30201
73758-18-6 tri(diisobutylcarbinyl) borate C27H57BO3 34565
73758-54-0 2-chloro-2-methylbutanoic acid C5H9ClO2 5078
73758-56-2 dicarboxydine C20H24N2O6 32228
73771-13-8 sodium picrate C6H2N3NaO7 6206
73771-52-5 1,5-bis(4-(2,3-didehydrotriaziridinyl)phenyl C17H12N6O 29888
73771-72-9 2-fluoro-3-methylcholanthrene C21H15F 32615
73771-73-0 6-fluoro-3-methylcholanthrene C21H15F 32616
73771-74-1 9-fluoro-3-methylcholanthrene C21H15F 32617
73771-79-6 trans-1,2-dihydroxy-1,2,3,4-tetrahydrochrysen C18H16O2 30631
73784-45-9 3-(5-fluoro-2,4-dinitroanilino)-proxyl, fr C14H18FN4O5 27442
73785-34-9 trans-7,8-diacetoxy-7,8-dihydrobenzo(a)pyrene C24H16O4 33743
73785-40-7 nitrosocimetidine C10H15N7OS 20302
73791-29-4 1-amino-2-bromo-4-(2-(2-hydroxyethyl)sul C23H20BrN3O5S 33526
73791-32-9 1-(2,4,6-trimethylphenylamino)anthraquinone C23H19NO2 33524
73791-40-9 butyl(isopropyl)arsinic acid C7H17AsO2 12309
73791-41-0 3-(2,4-dichlorophenoxy)-2-hydroxypropyl- C15H14AsCl3O4 28262
73791-42-1 (4-chlorophenyl)methylarsinic acid C7H8AsClO2 10733
73791-43-2 isopropyl isobutyl arsinic acid C7H17AsO2 12310
73791-44-3 methyl(2-phenylethyl)arsinic acid C9H13AsO2 17230
73791-45-4 methylpropylarsinic acid C4H11AsO2 3965
73815-11-9 3-((4-(5-(methoxymethyl)-2-oxo-3-oxazolidin C19H18N2O4 31411
73816-75-8 2-(6-(4,6-dichloro-S-triazinyl)methyl C24H16Cl2N6O10S3 33734
73816-77-0 5,6'-iminobis(1-hydroxy-2-naphthalenesulfo C20H15NO8S2 31972
73825-59-9 11-deoxo-12b,13a-dihydro-11a-hydroxyjervine C26H40NO3 34313
73826-58-1 4-(4,6-dichloro-S-triazin-2-ylamino)- C19H11Cl2N7O10S2 31194
73834-77-2 3-aminonorharman C11H9N3 21596
73852-17-2 2,6-dichlorophenylboronic acid C6H5BCl2O2 6646
73852-18-3 2,4,6-trichlorophenylboronic acid C6H4BCl3O2 6382
73852-19-4 3,5-bis(trifluoromethyl)benzeneboronic acid C8H5BF6O2 12598
73870-33-4 N-nitrosothiazolidine C3H6N2OS 1887
73918-56-6 4-bromobenzeneethanamine C8H10BrN 13804
73926-87-1 trans-chloro(2-(3-bromopropionamido)cycl C9H15BrClHgNO 17528
73926-88-2 trans-chloro(2-hexanamidocyclohexyl)mercu C12H22ClHgNO 24676
73926-89-3 chloro(2-(3-methoxypropionamido)cyclohex C10H18ClHgNO2 20644
73926-91-7 2,2'-dichloro-4,4'-stilbenediamine C14H12Cl2N2 26881
73926-92-8 3,3'-dichloro-4,4'-stilbenediamine C14H12Cl2N2 26882
73927-60-3 8-ethyldibenz(a,h)acridine C23H17N 33515
73927-86-3 di-n-butyltin bismethanesulfonate C10H24O6S2Sn 21442
73927-87-4 di-n-propyltin bismethanesulfonate C8H20O6S2Sn 15726
73927-88-5 n-butyltin tris(dibutyldithiocarbamate) C31H63N3S6Sn 35038
73927-89-6 triphenyltin cyanoacetate C21H17NO2Sn 32663
73927-90-9 (2,3-quinoxalinyldithio)dimethyltin C10H10N2S2Sn 19074
73927-91-0 tributyltin iodoacetate C14H29IO2Sn 27902
73927-92-1 tripropyltin iodoacetate C11H23IO2Sn 22877
73927-93-2 tributyltin-o-iodobenzoate C19H31IO2Sn 31642
73927-94-3 (o-iodobenzoyloxy)tripropylstannane C16H25IO2Sn 29584
73927-95-4 tributyltin-b-iodopropionate C15H31IO2Sn 28902
73927-96-5 (2,3-quinoxalinyldithio)diphenyltin C20H14N2S2Sn 31882
73927-97-6 (2-(2,2,3,3-tetramethylbutylthio)acetoxy)t C22H46O2SSn 33481
73927-98-7 tributyl(2,4,5-trichlorophenoxy)tin C18H29Cl3OSn 30942
73927-99-8 tripropyltin trichloroacetate C11H21Cl3O2Sn 22763
73928-00-4 triisopropyltin undecylenate C20H42O2Sn 32533
73928-01-5 3-chloro-4-stilbenamine C12H12ClN 23695
73928-02-6 3-methoxy-4-stilbenamine C15H15NO 28354
73928-03-7 2-methyl-4-stilbenamine C15H15N 28350
73928-04-8 3-methyl-4-stilbenamine C15H15N 28351
73928-11-7 dianilinomercury C12H12HgN2 23715
73928-18-4 triethyl lead furoate C11H18O3Pb 22619
73928-21-9 triethyl lead phenyl acetate C13H20O2Pb 26330
73931-44-9 1,2,5-tribromo-3-methoxybenzene C7H5Br3O 9903
73940-85-9 diethyltin di(10-camphorsulfonate) C24H40O8S2Sn 33955
73940-86-0 trimethyltin cyanate C4H9NOSn 3696
73940-87-1 bis(triphenyltin)acetylenedicarboxylate C40H30O4Sn2 35577
73940-88-2 tributyltin-p-iodobenzoate C19H31IO2Sn 31643
73940-89-3 tributyltin-a-(2,4,5-trichlorophenoxy)pr C21H33Cl3O3Sn 32983
73940-90-6 N-(chloromercuri)formanilide C7H6ClHgNO 10213
73943-41-6 2-fluoro-6-methoxyphenol C7H7FO2 10569
73960-07-3 4-(difluoromethoxy)benzaldehyde C8H6F2O2 12849
73963-72-1 cilostazol C20H27N5O2 32297
73968-62-4 (S)-(+)-g-(trityloxymethyl)-g-butyrolactone C24H22O3 33812
73973-02-1 S-(10-phenarsazinyl)-O,O-diisooctylphos C28H43AsNO2PS2 34679
73986-52-4 2,6-dichloro-4-octylphenol C14H20Cl2O 27570
73986-95-5 2,4-dichlorophenoxy ethanediol C8H8Cl2O3 13305
73987-16-3 3,3,5-trimethylcyclohexyl dipropylene glycol C15H30O3 28891
73987-51-6 tolualdehyde glyceryl acetal C11H12O2 21881
73991-95-4 2-[(4S)-2,2-dimethyl-5-oxo-1,3-dioxolan-4-yl]a C7H10O5 11219
74007-80-0 oxybis(dibutyl(2,4,5-trichlorophenoxy)st C28H40Cl6O3Sn2 34664
74011-58-8 enoxacin C15H17FN4O3 28461
74037-18-6 dichlorobis(2-ethoxycyclohexyl)selenium C16H30Cl2O2Se 29651
74037-50-6 3-ethoxy-2-nitropyridine C7H8N2O3 10828
74037-60-8 (4,6-bis(bis(butoxymethyl)amino)-S-triazin- C25H50N6O6 34191
74038-45-2 (a-(diethoxyphosphinyl)-p-methoxybenzyl C18H30Cl2O7PSb 30955
74050-97-8 haloperidol decanoate C31H41ClFNO3 35002
74051-80-2 sethoxydim C17H29NO3S 30279
74070-46-5 2-chloro-6-nitro-3-phenoxyaniline C12H9ClN2O3 23372
74093-43-9 silver azidodithioformate CAgN3S2 6
74112-36-0 2-methylheptyl acetate, (±) C10H20O2 21048
74115-12-1 5-chloro-3-pyridinol C5H4ClNO 4271
74115-24-5 clofentezine C14H8Cl2N4 26635
74124-79-1 N,N'-disuccinimidyl carbonate C9H8N2O7 16178
74149-25-0 4,4-diethoxy-2-butyn-1-al C8H12O3 14372
74163-81-8 L-1,2,3,4-tetrahydroisoquinoline-3-carboxyli C10H11NO2 19323
74181-34-3 2,2-dimethyl-1,3-dioxan-5-one C6H10O3 7901
74193-14-9 7,8-didehydroretinoic acid C20H26O2 32277
74204-00-5 3-bromo-5-methylphenol C7H7BrO 10481
74209-34-0 3-bromo-7-nitroindazole C7H4BrN3O2 9649
74219-20-8 borneol formate, (d) C11H18O2 22595
74221-86-6 2-methylnitrocyclohexane C7H13NO2 11649
74222-97-2 sulfometuron methyl C15H16N4O5S 28428
74223-64-6 metsulfuron-methyl C14H15N5O6S 27255
74244-64-7 9-cycloheptadecene-1-one C17H30O 30281
74256-14-7 3,3,4,4,5,5,6,6,7,7,8,8,9,9,10,10,11,12,12, C17H9F23O2 29844
74257-00-4 1-(mesitylene-2-sulfonyl)-3-nitro-1,2,4-tr C11H12N4O4S 21848
74273-75-9 2,6-diazidopyrazine C4H2N8 2427
74283-48-0 1-chloro-2-methyl-2-butanol C5H11ClO 5633
74298-66-1 4-chloro-3',4'-dimethylbutyrophenone C12H15ClO 24032
74328-57-7 [2,3,3,3-tetrafluoro-2-(trifluoromethyl)propyl] C6H5F7O 6791
74339-98-3 trans-1,2-dihydrodibenz(a,e)aceanthrylene-1,2 C24H16O2 33740
74340-04-8 trans-10,11-dihydrodibenz(a,e)aceanthrylene-1 C24H16O2 33741
74341-63-2 (R,S)-a-amino-3-hydroxy-5-methyl-4-isoxazole C7H10N2O4 11124
74346-30-8 1-(1-chlorovinyl)-2,4-dimethylbenzene C10H11Cl 19239
74370-93-7 2-amino-4-tert-butylthiazole C7H12N2S 11399
74421-05-9 2,4-dimethyl-2,4-heptadiene C9H16 17609
74444-58-9 trans-1,2-dihydroxy-1,2,3,4-tetrahydrotriphen C18H16O2 30632
74444-59-0 1,2-epoxy-1,2,3,4-tetrahydrotriphenylene C18H14O 30494
74444-77-2 2-aminotetralin-2-carboxylic acid C11H13NO2 21973
74457-86-6 2'-fluoro-4'-methoxyacetophenone C9H9FO2 16346
74465-36-4 (±)-9,b,10,a-dihydroxy-11,b,12,b-epoxy-9,10,1 C20H14O3 31928
74465-38-6 (±)-1,b,2,a-dihydroxy-3,b,4,b-epoxy-1,2,3,4-t C18H14O3 30525
74465-39-7 (±)-1,b,2,a-dihydroxy-3,a,4,a-epoxy-1,2,3,4-t C18H14O3 30524
74512-62-2 N-(4-propylphenazol-5-yl)-2-acetoxybenzamid C23H25N3O4 33566
74513-58-9 propyl cinnamate C12H14O2 23976
74542-82-8 1-methyl-1-(trimethylsilyl)allene C7H14Si 11979
74548-80-4 O,O-diphenyl (1-acetoxy-2,2,2-trichloroet C16H14Cl3O5P 29131
74568-07-3 calix[4]arene C28H24O4 34603
74581-94-5 2-ethyl-3-methylhexanoic acid C9H18O2 18055
74634-56-3 trans-(±)-3,4-dihydrodibenz(a,h)anthracene-3, C22H16O2 33143
74648-17-2 3-[2-(2-iodoacetamido)acetamido]-proxyl, f C12H21IN3O3 24628
74681-68-8 nuclear yellow C25H28Cl3N7O2S 34119
74683-66-2 2-nonanol, (±) C9H20O 18238
74685-00-0 1-(tert-butyldimethylsilyloxy)-2-propanone C9H20O2Si 18350
74708-10-4 tetramethylcalix[4]resorcinolarene C32H32O8 35071
74713-58-9 N-butanoyl-D-erythro-sphingosine, synthetica C22H43NO3 33451
74713-59-0 N-octanoyl-D-erythro-sphingosine, synthetica C26H51NO3 34347
74713-60-3 N-lauroyl-D-erythro-sphingosine, synthetical C30H59NO3 34945
74733-99-6 2-[2-(2-methoxyethoxy)ethoxy]-1,3-dioxolane C8H16O5 15242
74738-17-3 fenpiclonil C11H6Cl2N2 21475
74742-08-8 3-nonanol, (±) C9H20O 18240
74742-10-2 2-decanol, (±) C10H22O 21227
74744-28-8 1-undecen-3-yne C11H18 22554
74744-36-8 1-dodecen-3-yne C12H20 24531
74764-56-0 5-ethyl-4-methyl-5-hepten-3-one C10H18O 20696
74778-22-6 4-octanol, (±) C8H18O 15435
74782-23-3 oxabetrinil C12H12N2O3 23743
74789-25-6 ethyl 2-(mercaptomethylthio)acetate S-ester C8H17O4PS2 15351
74790-08-2 spiroplatin C8H18N2O4PtS 15426
74839-84-2 (R,R)-chiraphos C28H28P2 34615
74847-35-1 pyronaridine C29H32ClN5O2 34763
74879-18-8 (S)-(+)-2-methylpiperazine C5H12N2 5798
74886-24-1 compound 78/702 C21H26O2 32878
74920-78-8 1-ethyl-1-formylhydrazine C3H8N2O 2114
74925-48-7 1,2-dichloro-2,3-dihydro-1H-indene C9H8Cl2 16108
74926-97-9 2-sec-butyl-6-isopropylphenol C13H20O 26318
74926-98-0 2-isopropyl-6-(1-methylbutyl)phenol C14H22O 27691
74927-02-9 2,6-bis(1-methylbutyl)phenol C16H26O 29611
74927-72-3 (R)-(-)-N-(3,5-dinitrobenzoyl)-a-phenylglyc C15H11N3O7 28126
74940-23-1 hydroperoxy-N-nitrosodibutylamine C8H18N2O3 15424
74940-26-4 1-(hydroperoxy)-N-nitrosodimethylamine C2H6N2O3 1050
74955-23-0 N-(hydroperoxymethyl)-N-nitrosopropylamine C4H10N2O3 3853
74966-25-9 4',4pi(5pi)-divaleryldibenzo-18-crown-6 C30H40O8 34900
74974-54-2 2-chloro-1,1,1-trimethoxyethane C5H11ClO3 5642
74974-60-0 gallium(iii) trifluoromethanesulfonate C3F9GaO9S3 1304
74976-84-4 ethyl 2-(trimethylsilylmethyl)acrylate C9H18O2Si 18089
75016-36-3 nitrosomethyl-d3-n-butylamine C5H9D3N2O 5108
75038-71-0 potassium tetracyanotitanate(iv) C4K4N4Ti 4152
75055-73-1 1-(4-pyridinyl)-1,3-butanedione C9H9NO2 16423
75084-25-2 8-dichloroacetoxy-9-hydroxy-8,9-dihydro-af C19H14Cl2O8 31277
75148-49-1 3-bromobenzaldehyde diethyl acetal C11H15BrO2 22215
75178-96-0 N-boc-1,3-propanediamine C8H18N2O2 15416
75198-31-1 3-(5-nitro-2-furyl)-imidazo(1,2-a)pyridine C11H7N3O3 21505
75219-46-4 bestrabucil C41H47Cl2NO6 35640
75236-19-0 4'-ethyl-4-N-pyrrolidinylazobenzene C18H21N3 30771
75277-39-3 hepes sodium salt C8H17N2NaO4S 15303
75279-55-9 2-chloro-6-fluorophenylacetonitrile C8H5ClFN 12612
75279-56-0 2-chloro-4-fluorobenzyl cyanide C8H5ClFN 12611
75318-62-6 2-(4-biphenylyl)-S-triazolo(5,1-a)isoquinolin C22H15N3 33126
75318-76-2 3-(4-chloro-o-tolyl)-5-(m-methoxyphenyl)-S C16H14ClN3O 29128
75321-19-6 1,3,6-trinitropyrene C16H7N3O6 28958
75321-20-9 1,3-dinitropyrene C16H8N2O4 28966
75336-86-6 (R)-(-)-2-methylpiperazine C5H12N2 5799
75389-89-8 2,4(or 4,6)-diethyl-6(or 2)-methyl-1,3-benzen C11H18N2 22565
75410-89-8 B(c)PH diol epoxide-1 C18H14O3 30514
75411-83-5 N-nitrosomethyl-(2-hydroxypropyl)amine C4H10N2O2 3851
75415-78-0 1,2-dibromocyclopentene C5H6Br2 4463
75422-66-1 allylchloromethyldimethylsilane C6H13ClSi 8699
75455-41-3 2-chloro-3-buten-1-ol C4H7ClO 3125
75460-28-5 4'-bromobenzo-18-crown-6 C16H23BrO6 29536
75462-59-8 3,5-bis(trifluoromethyl)benzyl chloride C9H5ClF6 15810
75464-10-7 10-propionyl dithranol C17H14O4 29949
75491-38-2 1,2,2,5,5-pentamethyl-4-ethyl-3-imidazoline- C10H20N2O 20977
75507-25-4 2-hydroxymethyl-15-crown-5 C11H22O6 22865
75507-26-5 2-hydroxymethyl-12-crown-4 C9H18O5 18105
75524-40-2 chloroformamidinium nitrate CH3ClN3O3 199
75530-68-6 nilvadipine C19H19N3O6 31436
75579-88-3 5-methylheptanal C8H16O 15064
75621-03-3 chaps C32H58N2O7S 35106
75626-17-4 2,5-difluoroanisole C7H6F2O 10312
75647-01-7 Na-boc-D-asparagine C9H16N2O5 17655
75659-26-6 14-acetyldictyocarpine C28H41NO9 34673
75662-22-5 dicyclopentenyloxyethyl methacrylate C16H22O3 29516
75705-21-4 4-aminomethylphenylboronic acid HCl C7H11BClNO2 11239
75742-13-1 3,3'-diazido-diphenylsulfone C12H8N6O2S 23333
75746-71-3 2-ethyl-6-methylphenyl isocyanate C10H11NO 19301
75832-82-5 [3,5]-dibenzo-24-crown-8 C24H32O8 33901
75853-08-6 (±)-a-methyl-2,3,4,5,6-pentafluorobenzyl alcoh C8H5F5O 12673
75853-18-8 2,3-difluorobenzyl alcohol C7H6F2O 10316
75853-20-2 2,5-difluorobenzyl alcohol C7H6F2O 10317
75866-72-7 (S)-(-)-4-benzyl-2-methyl-2-oxazoline C11H13NO 21960
75867-00-4 fenfluthrin C15H11Cl2F5O2 28089
75881-16-2 nitroso-2-methylmorpholine C5H10N2O2 5422
75881-17-3 1-nitroso-4-acetyl-3,5-dimethylpiperazine C8H15N3O2 14852
75881-19-5 nitroso-N-methyl-n-nonylamine C10H22N2O 21219
75881-20-8 N-nitroso-N-methyl-n-tetradecylamine C15H32N2O 28910
75881-22-0 N-methyl-N-nitrosodecylamine C11H24N2O 23053
75884-37-6 N-(4-(2-furyl)-2-thiazolyl)acetamide C9H8N2O2S 16173
75888-03-8 furapyrimidone C9H10N4O4 16602
75889-62-2 diethyl-4-(benzothiazol-2-yl)benzylphospho C18H20NO3PS 30720
75965-74-1 7-methoxy-2-nitronaphtho(2,1-b)furan C13H9NO4 25565
75965-75-2 8-methoxy-2-nitronaphtho(2,1-b)furan C13H9NO4 25566
75993-65-6 methylsilver CH3Ag 180
76008-73-6 ethyl 5-bromo-2-chlorobenzoate C9H8BrClO2 16096
76014-80-7 4-oxo-4-(3-pyridyl)butanal C9H9NO2 16445
76014-81-8 4-(methylnitrosamino)-1-(3-pyridyl)-1-butan C10H15N3O2 20297
76047-52-4 2-[(phenylthio)methyl]-2-cyclopenten-1-one C12H12OS 23766
76058-33-8 ethyl red C17H19N3O2 30113
76059-11-5 3-(2-(1,3-dioxo-2-methylindanyl))glutarimide C15H13NO4 28242
76059-13-7 3-(2-(1,3-dioxo-2-phenylindanyl))glutarimide C20H15NO4 31970

76059-14-8 3-(2-(1,3-dioxo-2-phenyl-4,5,6,7-tetrahydr C18H15NO4S2 30557
76069-32-4 talisomycin S10b C59H91N19O26S2 35911
76078-85-8 3-methylnonanedioic acid C10H18O4 20830
76089-77-5 cerium(iii)trifluoromethanesulfonate C3CeF9O9S3 1245
76121-99-8 (6,6,7,7,8,8,8-heptafluoro-2,2-dimethyl-3 C10H10AgF7O2 18976
76145-76-1 tomoxiprole C21H20N2O 32748
76149-14-9 4-iodo-1,2-benzenediol C6H5IO2 6802
76180-96-6 2-amino-3-methylimidazo(4,5-f)quinoline C11H10N4 21640
76189-55-4 (R)-(+)-2,2'-bis(diphenylphosphino)-1,1'-bina C44H32P2 35739
76189-56-5 (S)-(-)-2,2'-bis(diphenylphosphino)-1,1'-bina C44H32P2 35740
76206-36-5 1-naphthyl-N-ethyl-N-nitrosocarbamate C13H12N2O3 25777
76206-37-6 1-naphthyl-N-propyl-N-nitrosocarbamate C14H14N2O3 27124
76206-38-7 N-butyl-N-nitrosocarbamic acid 1-naphthyl e C15H16N2O3 28421
76263-73-5 cis-3,3a,4,5-tetrahydro-2-acetyl-8-methoxy C26H25N3O4S 34253
76283-09-5 4-bromo-2-fluorobenzyl bromide C7H5Br2F 9895
76298-68-5 cis-2-acetyl-3-phenyl-5-tosyl-3,3a,4,5-tet C25H23N3O3S 34098
76301-03-6 2-carbomethoxyethyldimethoxymethylsilane C7H16O4Si 12297
76319-15-8 patrinoside-aglycone C15H24O6 28714
76334-36-6 3-bromo-3-buten-1-ol C4H7BrO 3068
76379-66-3 5,7,11-dodecatriyn-1-ol C12H16O 24209
76379-67-4 5,7,11,13-octadecatetrayne-1,18-diol C18H22O2 30811
76410-58-7 4-borono-L-phenylalanine C9H12BNO4 17022
76429-68-0 2,3-dihydro-5-methylbenzofuran C9H10O 16630
76429-97-5 dipotassium diazirine-3,3-dicarboxylate C3K2N2O4 2281
76429-98-6 diazirine-3,3-dicarboxylic acid C3H2N2O4 1380
76469-08-4 5-octynoic acid C8H12O2 14355
76472-83-8 6-methyl-[1,1'-biphenyl]-2-amine C13H13N 25856
76497-39-7 (S)-3-(acetylthio)-2-methylpropionic acid C6H10O3S 7915
76513-69-4 2-chloromethyl 2-(trimethylsilyl)ethyl ether C6H15ClOSi 9155
76541-72-5 claniclor C11H17ClO7P2 22488
76549-16-1 14-morpholinodaunorubicin C31H36N2O11 34994
76556-13-3 ammonium-3,5-dinitro-1,2,4-triazolide C2H4N6O4 879
76578-14-8 quizalofop-ethyl C19H17ClN2O4 31375
76619-89-1 3-amino-5-methylphenol C7H9NO 10975
76631-42-0 nocardicin complex C16H17N3O3 29337
76674-14-1 a-a-bis(4-fluorophenyl)-1H-1,2,4-triazole- C16H13F2N3O 29084
76674-21-0 flutriafol C16H13F2N3O 29085
76714-88-0 (E)-1-(2,4-dichlorophenyl)-4,4-dimethyl-2 C15H17Cl2N3O 28455
76738-28-8 D-threo-2-(dichloromethyl)-a-(p-nitrophe C11H10Cl2N2O4 21610
76749-37-6 o-acetyl-N-(2-naphthoyl)hydroxylamine C13H11NO3 25722
76782-82-6 tert-butyldimethyl(2-propynyloxy)silane C9H18OSi 18050
76790-18-6 N-(2-naphthoyl)-o-propionylhydroxylamine C14H13NO3 27037
76790-19-7 N-(p-butoxyphenyl acetyl)-o-formylhydroxylam C13H17NO4 26141
76792-22-8 (R)-(+)-2-bromo-3-methylbutyric acid C5H9BrO2 5014
76822-96-3 viscotoxin C36H63N10O21S 35399
76824-35-6 famotidine C8H15N7O2S3 14857
76828-34-7 3-(2,3-epoxypropyloxy)-2,2-dinitropropyl azide C6H9N5O6 7613
76835-20-6 1-(5-chloro-2-methylphenyl)-piperazine C11H15ClN2 22218
76841-99-1 3-[5-(dimethylamino)-1-naphthalenesulfonam C20H28N3O3S 32307
76858-94-1 1,2-bis(dipentafluorophenylphosphino)ethane C26H4F20P2 34205
76871-75-5 dye 26 C40H30Cl2O4S2 35576
76899-34-8 2,2'-bipyridinium chlorochromate C10H9ClCrN2O3 18814
76903-88-3 3,4-difluorobenzoyl chloride C7H3ClF2O 9503
76932-48-4 (R)-N-boc-1-naphthylalanine C18H21NO4 30766
76937-26-3 2-butyl-1-indanone C13H16O 26082
76985-09-6 3-(2-naphthyl)-D-alanine C13H13NO2 25875
76985-10-9 (R)-N-boc-2-naphthylalanine C18H21NO4 30767
76989-89-4 cyanourea, sodium salt C2H2N3NaO 672
77053-92-0 5-methyl-2-hexenol C7H14O 11870
77094-11-2 2-amino-3,4-dimethylimidazo(4,5-f)quinoline C12H12N4 23755
77227-81-7 3,5-dichloro-4-fluorobenzotrifluoride C7H2Cl2F4 9451
77251-47-9 1-(2-cyclohexen-1-ylcarbonyl)-2-methylpiperid C13H21NO 26346
77255-40-4 syn-chrysene-3,4-diol 1,2-oxide C18H14O3 30516
77286-66-9 1-O-octadecyl-2-O-methyl-sn-glycero-3-phosp C27H58NO6P 34574
77287-29-7 (R)-(+)-methyl (R)-2-chloropropionate C4H7ClO2 3149
77295-79-5 1,1-dibromo-2-ethoxyethene C4H6Br2O 2780
77301-42-9 DL-6-methoxy-a-methyl-2-napthalenemethanol C13H14O2 25993
77314-23-9 2-hydroxyamino-3-methylimidazolo(4,5-f)quino C11H10N4O 21641
77327-05-0 didemnin B C57H89N7O15 35896
77337-54-3 N-n-propyl-N-formylhydrazine C4H10N2O 3842
77372-67-9 o-acetyl-N-(p-butoxyphenylacetyl)hydroxylami C14H19NO4 27536
77372-68-0 4-N-butoxyphenylacetohydroxamic acid o-propi C15H21NO4 28629
77377-52-7 N-tert-butyldimethylsilyl-N-methyltrifluor C9H18F3NOSi 17965
77392-54-2 3-methyl-2-nitro-1-butanol C5H11NO3 5735
77402-03-0 methyl acrylamidoglycolate methyl ether C7H11NO4 11304
77422-70-9 azidomethyl phenyl sulfide C7H7N3S 10714
77430-23-0 methyl(thioacetamido) mercury C3H7HgNS 2024
77437-98-0 2-methyl-6-hepten-2-ol C8H16O 15113
77439-76-0 3-chloro-4-dichloromethyl-5-hydroxy-2(5H)-fur C5H3Cl3O3 4233
77458-01-6 pyraclofos C14H18ClN2O3PS 27434
77464-06-3 1,1-diisobutylurea C9H20N2O 18224
77469-44-4 N,N'-bis((2-chloroethyl)-N-nitrosocarb C10H18Cl2N6O4S2 20650
77495-66-0 (R)-(+)-1,2-epoxyoctane C8H16O 15140
77500-04-0 2-amino-3,8-dimethylimidazo(4,5-f)quinoxaline C11H11N5 21784
77501-63-4 lactofen C19H15ClF3NO7 31298
77501-90-7 fluoroglycofen C18H13ClF3NO7 30442
77503-17-4 N-(4-(2-furyl)-2-thiazolyl)formamide C8H6N2O2S 12893
77523-56-9 2-acetyl-7-methoxynaphtho(2,1-b)furan C15H12O3 28195
77532-79-7 5-fluoro-2-methylbenzonitrile C8H6FN 12836
77549-14-5 N-acetyl-S-benzyl-L-cysteine methyl ester C13H17NO3S 26136
77650-95-4 N,N-diethyl-N'-((8a)-6-propylergolin-8-yl)ur C22H32N4O 33364
77680-87-6 SOAz C10H20N8OP2S 20991
77698-19-2 1,1'-(nitrosoimino)bis-2-butanone C8H14N2O3 14528
77698-20-5 N-nitroso(2-oxobutyl)(2-oxopropyl)amine C7H12N2O3 11393
77732-09-3 oxadixyl C14H18N2O4 27460
77745-03-0 benzyl 2,2,2-trifluoroethyl sulfide C9H9F3S 16357
77753-21-0 1,1,1,4,4-pentachloro-2-butene C4H3Cl5 2471
77753-24-3 1,1,2,3,4-pentachlorobutane C4H5Cl5 2676
77771-02-9 3-bromo-4-fluorobenzaldehyde C7H4BrFO 9616
77791-69-6 N-(2-oxo-3,5,7-cycloheptatrien-1-yl)aminooxo C10H13NO4 19841
77811-44-0 4-bromo-2-methyl-6-nitroaniline C7H7BrN2O2 10473
77820-11-2 7-diethylamino-3-thenoylcoumarin C18H17NO3S 30615
77824-42-1 antimonyl-2,4-dihydroxy-5-hydroxymethyl C10H10N4O8Sb2 19083
77824-44-3 antimonyl-2,4-dihydroxy pyrimidine C8H6N4O6Sb2 12912
77825-53-7 ethyl trans-2-chloro-2-butenoate C6H9ClO2 7500
77825-54-8 ethyl cis-2-chloro-2-butenoate C6H9ClO2 7499
77855-81-3 milbemycin D C22H48O7 33490
77866-58-1 trans-4-propylcyclohexanol C9H18O 18021
77876-39-2 (2S,4S)-(-)-2,4-bis(diphenylphosphino)pentane C29H30P2 34757
77877-19-1 (S)-(+)-4-isopropyl-3-propionyl-2-oxazolidino C9H15NO3 17568
77879-90-4 gilvocarcin V C27H26O9 34408
77893-24-4 mononitrosocimetidine C10H17N7OS 20592
77922-38-4 2,5,6-trimethyl-7-propylthiohept-1-en-3-yn-5- C13H22OS 26381
77928-86-0 5,6-dibromodecane C10H20Br2 20960
77934-87-3 (R)-5-[(1R)-menthyloxy]-2(5H)-furanone C14H22O3 27704
77943-39-6 (4R,5S)-(+)-4-methyl-5-phenyl-2-oxazolidinon C10H11NO2 19321
77958-21-5 2-methyl-5-hepten-3-one C8H14O 14565
77987-49-6 N-z-ethanolamine C10H13NO3 19828
78092-53-2 4-tert-butylcalix[6]arene C66H84O6 35946
78100-57-9 vanilol C15H23NO5 28720
78109-88-3 O-ethoxy-N-(3-morpholinopropyl)benzamide C16H24N2O3 29572
78109-90-7 p-(3-phenyl-1-pyrazolyl)benzenesulfonic ac C15H12N2O3S 28169
78110-38-0 azactam C13H17N5O8S2 26156
78111-17-8 okadaic acid C44H68O13 35753
78128-80-0 3-butyl-4-hydroxy-2(5H)furanone C8H12O3 14377
78128-81-1 3-cyclohexyl-4-hydroxy-2(5H)furanone C10H14O3 20148
78128-83-3 3-methyl-4-(N-(2-dimethylaminoethyl)-N-phen C15H20N2O2 28586
78128-84-4 4-hydroxy-5-octyl-2(5H)furanone C12H20O3 24592
78128-85-5 3-(3-phenylpropyl)-4-hydroxy-2(5H)furanone C13H14O3 25996
78140-52-0 3-(isothiocyanatomethyl)-proxyl, free radic C10H17N2OS 20582
78168-93-1 1-amino-3-(2,2-dimethylpropyl)-6-(ethylthi C10H18N4O2S 20666
78173-90-7 sulfurmycin A C43H53NO16 35717
78173-91-8 auramycin B C41H49NO15 35642
78173-92-9 auramycin A C41H51NO15 35645
78193-30-3 sulfurmycin B C43H51NO16 35716
78265-95-9 N-hydroxy-3-methoxy-4-aminoazobenzene C13H13N3O2 25892
78266-06-5 N-(3-bromo-2,4,6-trimethylphenylcarbamoyl C15H19BrN2O5 28548
78277-23-3 benzyl trans-cinnamate C16H14O2 29156
78279-15-9 2-amino-5-methoxy-2'(or 3')-methylindiamine C14H16N4O 27363
78281-06-8 N-hydroxy-4-formylaminobiphenyl C13H11NO2 25713
78302-38-2 3-bromo-7,12-dimethylbenz(a)anthracene C20H15Br 31949
78302-39-3 4-bromo-7,12-dimethylbenz(a)anthracene C20H15Br 31950
78307-76-3 1-(dimethylamino)pyrrole C6H10N2 7718
78329-97-2 ethyl-3-((diethylamino)methyl)-4-hydroxybenz C14H21NO3 27632
78330-02-6 ethyl-4-hydroxy-3-morpholinomethylbenzoate C13H19NO4 26271
78338-31-5 cis-3,5-dimethyl-1-nitrosopiperidine C7H14N2O 11790
78338-32-6 trans-3,5-dimethyl-1-nitrosopiperidine C7H14N2O 11791
78343-32-5 1-fluoroiminohexafluoropropane C3F7N 1297
78350-94-4 lithium-4-nitrothiophenoxide C6H4LiNO2S 6559
78371-93-4 1-(6-chloro-o-tolyl)-3-(2-(diethylamino)et C15H24ClN3O 28706
78371-96-7 1-(6-chloro-o-tolyl)-3-(3-(diethylamino)pr C15H24ClN3O 28707
78372-00-6 1-(6-chloro-o-tolyl)-3-(4-methoxybenzyl)- C23H30ClN3O2 33610
78415-72-2 milrinone C12H9N3O 23432
78431-47-7 trans-3,3a,4,5-tetrahydro-2-acetyl-8-metho C25H24N4O4S 34102
78441-84-6 (4-(((2-((4-amino-1,2,5-thiadiazol-3-yl)ami C9H14N8OS3 17435
78452-55-8 (R)-N-boc-2-thienylalanine C12H17NO4S 24338
78455-93-3 N-nitroso-N-butylbutyramide C8H16N2O2 15036
78473-00-4 4-amino-3,5-dichlorobenzonitrile C7H4Cl2N2 9734
78491-02-8 imidazolidinyl urea 11 C8H14N4O7 14540
78499-27-1 10,11-dihydro-a-8-dimethyl-11-oxo-dibenz(b,f) C18H16O4 30637
78508-96-0 (S)-(-)-5-(hydroxymethyl)-2(5H)-furanone C5H6O3 4571
78560-45-9 trichloro(3,3,4,4,5,5,6,6,7,7,8,8,8-tride C8H4Cl3F13Si 12526
78587-05-0 trans-5-(4-chlorophenyl)-N-cyclohexyl-4- C17H21ClN2O2S 30150
78605-23-9 ethyl 2,2,5,5-tetramethyl-1,2,5-azadisilo C10H23NO2Si2 21411
78725-46-9 3-[3-(trifluoromethyl)phenoxy]benzaldehyde C14H9F3O2 26706
78738-36-0 1-(diethylamino)-2-propanol, (±) C7H17NO 12347
78738-37-1 2-ethylpiperidine, (±) C7H15N 12038
78739-01-2 D(-)-2-amino-4-phosphonobutyric acid C4H10NO5P 3829
78831-88-6 dipotassium cyclooctatetraene C8H8K2 13330
78888-18-3 tert-butyl N-allylcarbamate C8H15NO2 14813
78919-11-6 (±)-1b,2a-dihydroxy-3a,4a-epoxy-1,2,3,4-tetra C24H16O3 33742
78937-12-9 cesium pentacarbonylvanadate (3-) C5Cs3O5V 4163
78937-14-1 potassium pentacarbonyl vanadate(3-) C5K3O5V 4184
78938-11-1 phenyltripropylsilane C15H26Si 28809
78948-04-6 (2-methylene-1,3-propanediyl)bis[trichlorosi C4H6Cl6Si2 2865
78957-07-0 crotonic anhydride C8H10O3 14006
79030-08-3 griseolic acid C14H13N5O8 27049
79055-67-7 L(+)-2-amino-5-phosphonovaleric acid C5H12NO5P 5792
79069-14-0 N-(tert-butoxycarbonyl)-L-valinol C10H21NO3 21123
79098-13-8 4-hexadecylaniline C22H39N 33414
79099-07-3 N-(tert-butoxycarbonyl)-4-piperidone C10H17NO3 20572
79124-75-7 3-(4-methylphenoxy)benzaldehyde C14H12O2 26959
79124-76-8 3-(3,4-dichlorophenoxy)benzaldehyde C13H8Cl2O2 25474
79127-36-9 2-hydroxyaclacinomycin A C42H53NO16 35684
79127-47-2 N-myristoyloxy-N-acetyl-2-amino-7-iodofluor C29H38INO3 34782
79127-80-3 fenoxycarb C17H19NO4 30103
79200-57-0 (1R,2S,3R,4R)-2,3-dihydroxy-4-(hydroxymethyl C6H14ClNO3 8894
79241-46-6 fluazipop-p-butyl C19H20F3NO4 31442
79261-58-8 (3S)-2-[benzyloxycarbonyl]-1,2,3,4-tetrahydr C18H17NO4 30617
79265-30-8 2-(trimethylsilyl)thiazole C6H11NSSi 8181
79271-56-0 triethylsilyl trifluoromethanesulfonate C7H15F3O3SSi 12018
79305-82-1 3,4'-diaminostilbene C14H14N2 27101
79322-76-2 ethyl 4-methoxycarbonylbenzoylacetate C10H12O3 19661
79415-41-1 2,3,4,5,6-pentabromobenzyl alcohol C7H3Br5O 9492
79424-03-6 ethyl 4,4,4-trifluoro-2-butynoate C6H5F3O2 6786
79448-03-6 N-(2-methoxycarbonylethyl)-N-(1-acetoxybuty C10H18N2O5 20661
79456-26-1 2-amino-3-chloro-5-(trifluoromethyl)pyridine C6H4ClF3N2 6435
79463-77-7 diphenyl N-cyanocarbonimidate C14H10N2O2 26753
79482-06-7 chlorketone C15H8Cl2O2 27980
79504-01-1 2-bromo-1-chlorobutane C4H8BrCl 3329
79538-20-8 3,5-difluorobenzyl alcohol C7H6F2O 10318
79538-29-7 2,4,6-trifluorobenzoyl chloride C7H2ClF3O 9445
79538-32-2 force C17H14ClF7O2 29921
79543-29-6 14-methyldibenz(a,h)acridine C22H15N 33123
79561-82-3 (R)-N-boc-4-bromophenylalanine C14H18BrNO4 27426
79630-23-2 3-bromo-4-fluorobenzonitrile C7H3BrFN 9479
79630-70-9 1,2,2,3-tetrachlorobutane C4H6Cl4 2857
79647-25-9 3-MCA-anti-9,10-diol-7,8-epoxide C21H18O3 32702
79663-49-3 asteltoxin C23H30O7 33623
79676-97-4 1,4,7,10,13,16-hexamethyl-1,4,7,10,13,16-hexa C18H42N6 31178
79720-19-7 2-dodecyl-N-(2,2,6,6-tetramethyl-4-piperidi C25H46N2O2 34177
79746-17-1 1-triethylsiloxy-1,3-butadiene; (cis+trans) C10H20OSi 21039
79756-81-3 a-methyl-o-(trifluoromethyl)benzyl alcohol C9H9F3O 16353
79762-76-8 propyl 2,3-dibromopropanoate C6H10Br2O2 7675
79815-20-6 (S)-(-)-indoline-2-carboxylic acid C9H9NO2 16435
79867-78-0 morpholinodaunomycin C31H35NO11 34990
79887-10-8 1-ethynyl-4-pentylbenzene C13H16 26040
79912-55-3 ethyl 2,3-dibromopentanoate C7H12Br2O2 11374
79912-57-5 2,3-dibromopentanoic acid C5H8Br2O2 4758
79983-71-4 hexaconazole C14H17Cl2N3O 27391
79999-47-6 tri-O-(tert-butyldimethylsilyl)-D-glucal C24H52O4Si3 34031
80060-09-9 1-tert-butyl-3-(2,6-di-isopropyl-4-phenoxyp C23H32N2OS 33637
80077-72-1 diethyl [difluoro(trimethylsilyl)methyl]p C8H19F2O3PSi 15629
80192-56-9 2,4-dimethyl-2,6-heptadien-1-ol, isomers C9H16O 17703
80204-19-9 2-bromo-2-pentene C5H9Br 4997
80266-48-4 4'-(3-(3,3-dimethyl-1-triazeno)-9-acridiny C22H22N6O2S 33230
80289-21-0 bis(1,1,1,2,2,3,3-heptafluoro-7,7-dimeth C20H20CuF14O4 32124
80325-37-7 6-chloro-2-methyl-2-heptene C8H15Cl 14752
80376-66-5 N-methyl-N-trimethylsilylmethyl-N'-tert-but C10H24N2Si 21432
80387-97-9 (((3,5-bis(1,1-dimethylethyl)-4-hydroxypheny C25H42O3S 34166
80438-67-1 3,5-di-tert-butyl chlorobenzene C14H21Cl 27618
80471-63-2 epostane C22H31NO3 33359
80510-04-9 1,2-phenylenebisphosphine C6H8P2 7466
80522-42-5 triisopropylsilyl trifluoromethanesulfon C10H21F3O3SSi 21099
80548-31-8 (R)-(+)-N-(2-hydroxyethyl)-a-phenylethylamine C10H15NO 20252
80611-44-5 PHIC C12H18N2O7Pt 24427

80655-81-8 (S)-(+)-6,6'-dibromo-1,1'-bi-2-naphthol C20H12Br2O2 31813
80656-12-8 dimethyl trans-1,2-cyclopentanedicarboxylate, C9H14O4 17502
80657-57-4 methyl (S)-(+)-3-hydroxy-2-methylpropionate C5H10O3 5562
80676-35-3 1-(4-chloromethylphenyl)-2-phenylethane C15H15Cl 28337
80722-69-6 1-((1,2,4-benzotriazin-3-yl)acetyl)pyrrolidi C13H14N4O 25981
80724-20-5 tetramethylrhodamine-5(6)isothiocyanate C25H21N3O3S 34079
80741-39-5 (S)-N-boc-3,4-dichlorophenylalanine C14H17Cl2NO4 27390
80756-85-0 S-2-benzothiazoyl-2-amino-a-methoxyimino- C13H10N4O2S3 25620
80789-69-1 1-(4-chlorophenyl)-1-cyclopentanecarboxylic C12H13ClO2 23808
80789-75-9 1-(p-tolyl)-1-cyclopentanecarboxylic acid C13H16O2 26093
80790-68-7 3'-morpholino-3'-deaminodaunorubicin C31H38NO12 34997
80830-42-8 fentiapril C13H15NO4S2 26027
80832-54-8 5-ethoxy-2-hydroxybenzaldehyde C9H10O3 16719
80836-96-0 1-(2,3-xylyl)piperazine monohydrochloride C12H18N2 24408
80843-78-3 3-(3-methylphenoxy)benzyl 2-(4-chlorophenyl C24H25ClO2 33823
80844-07-1 etofenprox C25H28O3 34121
80864-10-4 2,2,4-trimethyl-1,4-pentanediol C8H18O2 15553
80866-75-7 3-methyl-4-nitrobenzyl alcohol C8H9NO3 13759
80866-76-8 3-methyl-2-nitrobenzyl alcohol C8H9NO3 13760
80866-80-4 2-chloro-5-nitrobenzyl alcohol C7H6ClNO3 10246
80866-81-5 1-(4-chlorophenyl)-1-cyclopropanemethanol C10H11ClO 19251
80866-82-6 5-bromo-2-methoxybenzylalcohol C8H9BrO2 13564
80866-83-7 2-phenylpropyl butyrate C13H18O2 26221
80866-87-1 a-methoxy-a-(trifluoromethyl)phenylacetonitr C10H8F3NO 18697
80866-93-9 3,4-dihydro-2,2-dimethyl-4-oxo-2H-pyran-6-carb C8H10O4 14027
80866-95-1 3-(pyrrol-1-ylmethyl)pyridine C10H10N2 19042
80997-84-8 2-oxooctanenitrile C8H13NO 14436
81012-92-2 (2-naphthoxy)acetic acid, N-hydroxysuccinimi C16H13NO5 29098
81028-03-7 cis-4-benzyloxy-2-buten-1-ol C11H14O2 22135
81028-92-4 3-(3,5-dichlorophenoxy)benzaldehyde C13H8Cl2O2 25475
81029-03-0 2,3-dimethyl-p-nitroanisole C9H11NO3 16962
81132-44-7 (R)-(-)-2-amino-2-methyl-3-hydroxypropanoic aci C4H9NO3 3745
81156-68-5 2,4-dichlorophenethyl alcohol C8H8Cl2O 13302
81172-89-6 4-(diethoxymethyl)benzaldehyde C12H16O3 24250
81177-02-8 3-methylhexanedioic acid, (±) C7H12O4 11541
81190-28-5 (2,2,3,3,4,4,5,5,5-nonafluoropentyl)oxirane C7H5F9O 10024
81228-09-3 2,4-difluorophenylacetic acid C8H6F2O2 12852
81265-54-5 2-(p-(2H-indazol-2-yl)phenyl)propionic acid C16H14N2O2 29143
81280-12-8 4-methyl-4-hepten-3-ol C8H16O 15117
81290-20-2 trimethyl(trifluoromethyl)silane C4H9F3Si 3665
81334-34-1 imazapyr C13H15N3O3 26032
81335-37-7 imazaquin C17H17N3O3 30049
81335-77-5 imazethapyr C15H19N3O3 28573
81377-14-2 ammonium-4-chloro-7-sulfobenzofurazan C6H6ClN3O4S 6940
81424-67-1 caracemide C6H11N3O4 8191
81453-98-7 3-acetyl-1-(phenylsulfonyl)pyrrole C12H11NO3S 23648
81475-22-1 p-tert-butylcalix[5]arene C55H70O5 35875
81486-22-8 nipradilol C15H22N2O6 28662
81675-81-2 tert-butylimino-tris(dimethylamino)phosphora C10H27N4P 21452
81720-10-7 35-methylokadaic acid C45H70O13 35768
81726-82-1 1,17-dibromoheptadecane C17H34Br2 30316
81777-89-1 clomazone C12H14ClNO2 23905
81781-28-4 trioxacarcin C C42H54O20 35686
81790-10-5 2-bromoallyltrimethylsilane C6H13BrSi 8668
81795-07-5 N-nitrosothialdine C6H12N2OS2 8336
81840-15-5 3,4-dihydro-6-(4-(3,4-dimethoxybenzoyl)-1-p C22H25N3O4 33278
81851-68-5 anti-5-methylchrysene-1,2-diol-3,4-epoxide C19H16O3 31365
81852-50-8 ethyl-2-azido-2-propenoate C5H7N3O2 4728
81925-81-7 5-methyl-2-hepten-4-one C8H14O 14569
81926-79-6 phenylselenyl iodide C6H5ISe 6804
81927-55-1 benzyl 2,2,2-trichloroacetimidate C9H8Cl3NO 16127
81931-81-9 2,3-dimethyl-2-tert-butyl-1-butanol C10H22O 21330
81943-37-5 acetoxymethylphenylnitrosamine C9H11N2O3 16984
82010-31-9 boc-l-leucinol C11H23NO3 22887
82018-90-4 N-nitroso-2,2,2-trifluorodiethylamine C4H7F3N2O 3205
82038-92-4 dinitrosocimetidine C10H16N8O2S 20422
82097-50-5 triasulfuron C14H16ClN5O5S 27322
82105-88-2 4-ethoxybenzyl-triphenylphosphonium bromide C27H26BrOP 34407
82113-65-3 bistrifluoromethanesulfonimide C2HF6NO4S2 560
82177-75-1 2-picryl-5-nitrotetrazole C7H2N8O8 9472
82177-80-8 silver 2-azido-4,6-dinitrophenoxide C6H2AgN5O5 6131
82198-80-9 propionyl hypobromite C3H5BrO2 1661
82211-24-3 4'-chloro-2'-(a-hydroxybenzyl)isonicotina C19H15ClN2O2 31299
82278-73-7 (S)-N-boc-3-bromophenylalanine C14H18BrNO4 27455
82322-93-8 3-propylcyclopentanone C8H14O 14575
82386-89-8 2-chloro-5-(trifluoromethyl)benzaldehyde C8H4ClF3O 12507
82419-26-9 2,3-difluoro-6-nitrophenol C6H3F2NO3 6336
82419-36-1 ofloxacin C18H20FN3O4 30719
82423-05-0 cyanocycline A C22H26N4O5 33291
82452-93-5 calix[8]arene C56H48O8 35883
82469-79-2 trihexyl o-butyrylcitrate C28H50O8 34710
82473-24-3 chapso C32H58N2O8S 35107
82486-82-6 2-(butylnitroamino)ethanol nitrate (ester) C6H13N3O5 8866
82499-00-1 4-ethyl-6,7-dimethoxy-9H-pyrido(3,4-b)indol C17H18N2O4 30066
82507-04-8 1-chloro-4-ethyl-3-hexene C8H15Cl 14751
82508-31-4 pseudolaric acid B C23H28O8 33594
82508-32-5 pseudolaric acid A C22H28O6 33326
82517-12-2 5-methyl-7-methoxyisoflavone C17H14O3 29946
82540-41-8 (4-amino-3,5-dichlorophenyl)glycolic acid C8H7Cl2NO3 13046
82547-81-7 T-2588 C22H27N9O7S2 33312
82558-50-7 N-(3-(1-ethyl-1-methylpropyl)-5-isoxazolyl) C18H24N2O4 30845
82560-54-1 aminofuracarb C20H30N2O5S 32344
82584-73-4 (bromomethyl)oxirane, (±) C3H5BrO 1649
82657-04-3 bifenthrin C23H22ClF3O2 33541
82659-84-5 methyl (4S,5S)-dihydro-5-methyl-2-phenyl-4-o C12H13NO3 23858
82671-06-5 2,6-dichloro-5-fluoropyridine-3-carboxylica C6H2Cl2FNO2 6163
82692-44-2 2-(4-(2,4-dichloro-m-toluoyl)-1,3-dimeth C22H20Cl2N2O3 33203
82697-73-2 KM-1146 C12H15NO3S 24083
82717-96-2 N-[(S)-(+)-1-ethoxycarbonyl)-3-phenylpropyl] C15H21NO4 28627
82769-76-4 (S)-3-amino-3-phenylpropan-1-ol C9H13NO 17312
82795-51-5 (-)-2-amino-4-phenylbutyric acid C10H13NO2 19802
82814-77-5 2,2,5,5-tetramethyl-4-methylene-3-formyl-imi C9H15N2O2 17577
82830-49-7 1,4-dimethoxy-2-fluorobenzene C8H9FO2 13644
82842-52-2 3-bromo-2,4,6-trimethylaniline C9H12BrN 17024
82906-78-3 (4-isopropylphenyl)phosphonous dichloride C9H11Cl2P 16874
82911-69-1 N-(9H-fluoren-2-ylmethoxycarbonyloxy)succini C19H15NO5 31321
82938-50-9 (4S)-N-(tert-butyldimethylsilyl)azetidin-2 C10H19NO3Si 20903
82964-91-8 4-methylsulphonylbenzenesulphonyl chloride C7H7ClO4S2 10539
82985-35-1 bis[3-(trimethoxysilyl)propyl]amine C12H31NO6Si2 25412
82998-57-0 3-iodo-4-methylbenzoic acid C8H7IO2 13104
83011-43-2 methyl 4,5-dimethoxy-3-hydroxybenzoate C10H12O5 19699
83012-13-9 4-chloro-2,8-bis(trifluoromethyl)quinoline C11H4ClF6N 21472
83053-57-0 11-ethoxy-15,16-dihydro-17-cyclopenta(a)phena C19H16O2 31357
83053-59-2 11-isopropoxy-15,16-dihydro-17-cyclopenta(a)p C20H18O2 32083
83053-60-5 15,16-dihydro-11-N-butoxycyclopenta(A)phenant C21H20O2 32752
83053-62-7 15,16-dihydro-11-methyl-15-methoxycyclopenta(C19H16O2 31356
83053-63-8 15,16-dihydro-11-hydroxycyclopenta(a)phenanth C17H12O2 29894
83055-99-6 bensulfuron-methyl C16H18N4O7S 29388
83067-20-3 5-(tert-butyldimethylsilyloxy)-1-pentanol C11H26O2Si 23106
83164-33-4 2',4'-difluoro-2-(a-a-a-trifluoro-m-tolyl C19H11F5N2O2 31195
83195-98-6 1,3,4,6-tetrakis(2-methyltetrazol-5-yl)-hexaa C8H12N22 14323
83314-01-6 bryostatin 1 C47H68O17 35791
83335-32-4 N-nitroso-bis-(4,4,4-trifluoro-n-butyl)amin C8H12F6N2O 14271
83416-06-2 tetra(ethylene glycol) divinyl ether C12H22O5 24761
83463-62-1 bromochloroacetonitrile C2HBrClN 513
83470-64-8 9-(3,4-dihydroxybutyl)guanine C9H13N5O3 17379
83483-14-1 1,1-dimethyl-1-(2,3-dimethyl-2-hydroxy-3-bu C11H22N2O2 22817
83540-97-0 diisopropyl (R)-(+)-malate C10H18O5 20839
83541-68-8 diisopropyl (S)-(-)-malate C10H18O5 20840
83585-56-2 2-aminomethyl-15-crown-5 C11H23NO5 22888
83585-61-9 2-aminomethyl-18-crown-6 C13H27NO6 26524
83657-18-5 (R-(E))-b-((2,4-dichlorophenyl)methylene) C15H17Cl2N3O 28456
83665-55-8 2-(2-iodoethyl)-1,3-dioxolane C5H9IO2 5180
83682-72-8 3,3-dichloro-1-propanol C3H6Cl2O 1851
83706-50-7 1-(4-fluorophenyl)cyclopentanecarbonitrile C12H12FN 23709
83724-41-8 tris(2-methoxyphenyl)bismuthine C21H21BiO3 32761
83730-53-4 L-buthionine-(S,R)-sulfoximine C8H18N2O3S 15425
83768-87-0 vinthionine C6H11NO2S 8161
83796-99-0 2-[[4-(5-hydroxy-4,8-dimethyl-non-7-enyl)-4-m C20H34O5 32413
83803-80-9 4-butylbenzaldehyde diethyl acetal C15H24O2 28770
83809-94-3 N,N'-bis(methoxymethyl)diaza-18-crown-6 C16H34N2O6 29764
83825-42-7 (S)-N-boc-3-thienylalanine C12H17NO4S 24339
83834-59-7 2-ethylhexyl trans-4-methoxycinnamate C18H26O3 30897
83863-33-6 5-iodo-2-methylaniline C7H8IN 10784
83876-50-0 cis-5,6-dihydro-5,6-dihydroxy-12-methylbenz(C18H15NO2 30551
83876-56-6 3-methoxy-7-methylbenz(c)acridine C19H15NO 31316
83876-62-4 4-acetoxy-7-methylbenz(c)acridine C20H15NO2 31967
83878-01-7 3,3-dichloro-2,2-dihydroxycyclohexanone C6H8Cl2O3 7304
83933-03-3 calix[5]arene C35H30O5 35288
83935-62-0 4'-isocyanatobenzo-15-crown-5 C15H19NO6 28568
83935-63-1 4'-isocyanatobenzo-18-crown-6 C17H23NO7 30217
83935-64-2 4'-isocyanato-5'-nitrobenzo-15-crown-5 C15H18N2O8 28519
84002-64-2 a-methylglycerol trinitrate C4H7N3O9 3308
84012-64-6 5-(1-methylethenyl)-b,b,2-trimethyl-1-cyclope C17H28O2 30272
84028-88-6 ethyl (S)-2-(trifluoromethylsulfonyloxy)propi C6H9F3O5S 7528
84030-20-6 7-methyl-1,5,7-triazabicyclo[4.4.0]dec-5-ene C8H15N3 14850
84087-01-4 quinclorac C10H5Cl2NO2 18503
84098-45-5 isopropyl 3-hydroxypropanoate C6H12O3 8542
84110-40-7 (2-methylpropyl)boronic acid C4H11BO2 3967
84131-91-9 (S)-(+)-2-methylbutyric anhydride C10H18O3 20815
84161-29-5 p-tert-butylcalix[7]arene C77H98O7 35978
84194-36-5 2-chloro-4-fluorobenzaldehyde C7H4ClFO 9674
84228-44-4 methyl 4-amino-3-chlorobenzoate C8H8ClNO2 13273
84237-38-7 (±)-3-(1-nitroso-2-pyrrolidinyl)pyridine C9H11N3O 16989
84237-39-8 (±)-N-nitrosoanabasine C10H13N3O 19847
84258-49-1 1-ethyl-1,3-dihydro-3-methyl-2H-indol-2-one C11H13NO 21958
84271-26-1 2,2,5,5-tetramethyl-4-phenacetyliden-imidaz C15H19N2O2 28570
84276-14-2 (S)-1,2-decanediol C10H22O2 21357
84315-23-1 3,5-difluorocinnamic acid C9H6F2O2 15886
84347-67-1 cis-N-(4-chlorobutenyl)phthalimide C12H10ClNO2 23460
84365-55-9 trichloro(indenyl)titanium(iv) C9H7Cl3Ti 15979
84367-31-7 (R)-(+)-4-chloro-3-hydroxybutyronitrile C4H6ClNO 2799
84370-87-6 2,4-dimethoxyphenyl isocyanate C9H9NO3 16458
84371-65-3 17b-hydroxy-11b-(4-dimethylaminophenyl-1)-17 C29H35NO2 34771
84387-89-3 3-amino-5-nitrobenzoisothiazole C7H5N3O2S 10110
84434-42-4 2-methyl-4-(phenylazo)-1,3-benzenediamine C13H14N4 25974
84434-45-7 2'-methyl-2,4-diamino-3-methylazobenzene C14H16N4 27360
84466-85-3 (S)-1-[(1-methyl-2-pyrrolidinyl)methyl]piperi C11H22N2 22813
84473-83-6 a,a,a,2-tetrachloro-6-fluorotoluene C7H3Cl4F 9550
84540-59-0 4-methyl-3-nitrobenzyl chloride C8H8ClNO2 13275
84545-30-2 3-((imino((2,2,2-trifluoroethyl)amino)meth C11H17F3N6O 22490
84583-53-9 6-methyl-7-quinolinol C10H9NO 18876
84604-70-6 1-(2,4-dichlorophenyl)cyclopropanecarboxyli C10H8Cl2O2 18691
84682-27-9 1-(4-methylphenyl)-1-cyclohexanecarboxylicaci C14H18O2 27486
84777-85-5 virustomycin A C48H71NO14 35807
84821-53-4 bis(pentamethylcyclopentadienyl)ruthenium C20H30Ru 32366
84852-15-3 4-nonylphenol isomers C15H24O 28765
84869-41-0 heptadecyl butanoate C21H42O2 33046
84869-42-1 nonadecyl butanoate C23H46O2 33696
84928-98-3 N-butyl-N-2-azidoethylnitramine C6H13N5O2 8867
84928-99-4 tris(2-azidoethyl)amine C6H12N10 8393
85013-98-5 4'-(difluoromethoxy)acetophenone C9H7F3O2 16001
85068-27-5 2,5-difluorophenylacetic acid C8H6F2O2 12853
85068-28-6 2,6-difluorophenylacetic acid C8H6F2O2 12854
85068-29-7 3,5-bis(trifluoromethyl)benzylamine C9H7F6N 16006
85068-30-0 2',4'-difluoropropiophenone C9H8F2O 16130
85068-32-2 3,5-bis(trifluoromethyl)phenylacetonitrile C10H5F6N 18511
85068-33-3 3,5-bis(trifluoromethyl)phenylacetic acid C10H6F6O2 18559
85068-35-5 2,4-difluorobenzophenone C13H8F2O 25485
85068-73-1 2-(ethylnitroamino)ethanol nitrate (ester) C4H9N3O5 3775
85070-48-0 3-chloro-2-fluorobenzaldehyde C7H4ClFO 9675
85107-53-5 2-(N,N-dimethylaminomethyl)phenylboronic aci C9H14BNO2 17397
85117-99-3 a-bromo-2,5-difluorotoluene C7H5BrF2 9869
85118-00-9 a-bromo-2,6-difluorotoluene C7H5BrF2 9870
85118-01-0 a-bromo-3,4-difluorotoluene C7H5BrF2 9871
85118-05-4 3,4-difluorobenzyl alcohol C7H6F2O 10319
85118-06-5 2,5-difluorobenzylamine C7H7F2N 10577
85118-07-6 3,4-difluorobenzophenone C13H8F2O 25486
85136-07-8 2,4-diethyl-2,6-heptadienal, isomers C11H18O 22585
85233-19-8 1,2-bis(2-aminophenoxy)-ethane-N,N,N'N'-te C22H24N2O10 33266
85264-33-1 3,5-dimethylpyrazole-1-carbinol C6H10N2O 7723
85272-31-7 di-tert-butylsilyl bis(trifluoromethane C10H18F6O6S2Si 20652
85287-67-8 1,1-bis(trimethylsilyloxy)-1-butene C10H24O2Si2 21437
85303-87-3 3-(o-ethylphenyl)-5-piperonyl-S-triazole C17H15N3O2 29983
85303-88-4 3-(o-butylphenyl)-5-phenyl-S-triazole C18H19N3 30701
85303-89-5 3-(o-butylphenyl)-5-(m-methoxyphenyl)-S-tria C19H21N3O 31474
85303-91-9 5-(m-methoxyphenyl)-3-(2,4-xylyl)-S-triazole C17H17N3O 30048
85303-98-6 5-(m-ethoxyphenyl)-3-(o-ethylphenyl)-S-triaz C18H19N3O 30703
85363-04-8 N-(tert-butoxycarbonyl)-2-aminoacetonitrile C7H12N2O2 11387
85391-19-1 3-(1-pyrrolidinyl)propane-1,2-diol C7H15NO2 12086
85502-23-4 N-nitroso-N-methyl-N-oxopropylamine C4H8N2O2 3439
85509-19-9 1-((bis(4-fluorophenyl)methylsilyl)methyl C16H15F2N3Si 29201
85514-84-7 (R)-1,2-dodecanediol C12H26O2 25291
85514-85-8 (S)-1,2-dodecanediol C12H26O2 25292
85523-00-8 N-isopropyl-N-methyl-tert-butylamine C8H19N 15651
85566-12-7 decyl alcohol (mixed isomers) C10H22O 21341
85567-21-1 glycidyl 1,1,2,2-tetrafluoroethyl ether C5H6F4O2 4486
85571-85-3 ethyl (R)-(+)-4,4,4-trifluoro-3-hydroxybutyrat C6H9F3O3 7527
85616-56-4 15,16-dihydro-7,11-dimethyl-17H-cyclopenta(a)p C19H16O 31345
85618-21-9 1-S-octyl-b-D-thioglucopyranoside C14H28O5S 27889
85622-95-3 mitozolomide C7H7ClN6O2 10510
85622-93-1 manganese g-aminobutyratopantothenate C13H24MnN2O7 26407
85681-49-8 3,5-bis(o-tolyl)-S-triazole C16H15N3 29218
85720-47-4 4,4'-(1,2-diethylethylene)diresorcinol C18H22O4 30814
85720-57-6 4,4'-(1,2-diethylethylene)di-m-cresol C20H26O2 32278
85721-25-1 1,2-epoxy-9-decene C10H18O 20729

85721-30-8 3-diisopropylamino-1,2-propanediol C9H21NO2 18397
85723-21-3 N-(4-(2-fluorobenzoyl)-1,3-dimethyl-1H-pyr C23H32FN5O2 33635
85733-97-7 2,2'-dimethyl-2,2'-dihydroxydipentylamine C12H27NO2 25349
85785-20-2 S-(phenylmethyl) (1,2-dimethylpropyl)ethylca C15H23NOS 28698
85828-09-7 (S)-(-)-1-(2-furyl)ethanol C6H8O2 7427
85864-33-1 N-pivaloyl-o-benzylaniline C18H21NO 30756
85878-62-2 5H-furo(3',2':6,7)(1)benzopyrano(3,4-c)pyridi C14H7NO3 26611
85878-63-3 5H-furo(3',2':6,7)(1)benzopyrano(3,4-c)pyridi C15H9NO3 28000
85896-06-6 2-[[(1E)-2-(methoxycarbonyl)-1-Me-vinyl]am C13H16NNaO4 26052
85909-08-6 1-(tert-butoxycarbonyl)-2-pyrrolidinone C9H15NO3 17564
85923-37-1 3,6-dimethylcholanthrene C22H18 33161
86030-43-5 methyl N,N-diisopropylchlorophosphoramidite C7H17ClNOP 12312
86045-52-5 cis-bis(trimethylsilylamino)tellurium te C6H20F4N2Si2Te 9384
86051-37-8 ethyl 3-methylnonanoate C12H24O2 24877
86060-85-7 N-(9-fluorenylmethoxycarbonyl)glycine pent C23H14F5NO4 33496
86060-87-9 N-(9-fluorenylmethoxycarbonyl)-L-valine pe C26H20F5NO4 34222
86073-38-3 9-methyloctadecanoic acid C19H38O2 31711
86087-23-2 (S)-(+)-tetrahydro-3-furanol C4H8O2 3534
86087-24-3 (R)-(-)-3-hydroxytetrahydrofuran C4H8O2 3529
86120-40-3 trimethyl 4-phosphonocrotonate C7H13O5P 11693
86161-40-2 R,S-3-butene-1,2-diol C4H8O2 3533
86166-58-7 1-(tert-butylamino)3-(3-methyl-2-nitropheno C13H22N2O4 26371
86217-01-8 3,3,4,4,5,6,6,6-octafluoro-5-(trifluorometh C10H7F11O2 18630
86255-25-6 silver 4-nitrophenoxide C6H4AgNO3 6377
86299-46-9 ethyl 2-(2-aminothiazol-4-yl)-2-(1-tert- b C15H23N3O5S 28724
86299-47-0 (Z)-2-amino-a-[1-(tert-butoxycarbonyl)]-1- C13H19N3O5S 26276
86318-61-8 (tert-butyldimethylsilyl)acetylene C8H16Si 15245
86341-95-9 potassium-4-hydroxyamine-5,7-dinitro-4,5-dihy C6H4KN5O7 6551
86393-34-2 2,4-dichloro-5-fluorobenzoyl chloride C7H2Cl3FO 9453
86425-12-9 dicopper(i)-1,5-hexadiynide C6H4Cu2 6511
86436-19-3 (+)-1,6-bis(2-chlorophenyl)-1,6-diphenyl-2 C30H20Cl2O2 34844
86436-20-6 (-)-1,6-bis(2-chlorophenyl)-1,6-diphenyl-2 C30H20Cl2O2 34845
86470-99-7 a-methyl-2-pyrenemethanol C18H14O 30497
86479-06-3 hexaflumuron C16H18Cl2F6N2O3 29366
86522-89-6 2,4-dichloro-5-fluorobenzoic acid C7H3Cl2FO2 9518
86539-71-1 7-methoxy-1-methyl-2-nitronaphtho(2,1-b)fura C14H11NO4 26860
86541-62-0 1a,2,3,13c-tetrahydronaphtho(2',1':6,7)phenan C22H16O3 33146
86548-40-5 5,7-dimethoxy-3-(1-naphthoyl)coumarin C22H16O5 33147
86571-25-7 trans-1,1,1-trifluoro-4-phenyl-3-buten-2-one C10H7F3O 18625
86595-27-9 diisopropoxymethylborane C7H17BO2 12311
86595-32-6 butyldiisopropoxyborane C10H23BO2 21397
86608-70-0 2-(1,3-dioxolan-2-yl)ethyltriphenylphospho C23H26BrO2P 33568
86623-80-5 ethyl 3-methyl-3-pentenoate C8H14O2 14616
86629-72-3 4a-hydroxyavermectin B1 C48H72O15 35809
86661-53-2 3-chloro-3-ethyl-2,2-dimethylpentane C9H19Cl 18118
86668-33-9 7-methyl-3-octene C9H18 17948
86674-51-3 1-nitrosopyrene C16H19NO 29417
86702-46-7 4-nitrophenyl nonyl ether C15H23NO3 28700
86728-85-0 (-)-ethyl (S)-4-chloro-3-hydroxybutyrate C6H11ClO3 8055
86803-90-9 octahydro-5-methoxy-4,7-methano-1H-indene-2-c C12H18O2 24477
86811-46-3 (2-((2-carboxyphenoxy)carbonyl)phenyl)-1-(C33H24ClNO8 35140
86845-35-4 3,3'-methylenebis(a,a,a-trifluorotoluene) C15H10F6 28025
86864-60-0 (2-bromoethoxy)-tert-butyldimethylsilane C8H19BrOSi 15625
86884-89-1 (R)-2-methyl glycidol C4H8O2 3532
86886-16-0 diisopropyl hyponitrite C6H14N2O2 8950
86944-00-5 1,5-dithiacyclooctan-3-ol C6H12OS2 8457
86953-79-9 tert-butyl 1-pyrrolidinecarboxylate C9H17NO2 17833
87016-67-9 4,4'(5')-dibromodibenzo-18-crown-6 C20H22Br2O6 32158
87018-30-2 3,4-dibromo-1-butanol C4H8Br2O 3347
87050-94-0 2-trifluoroacetyl-1,3,4-dioxazalone C3F3NO3 1280
87050-95-1 2-heptafluoropropyl-1,3,4-dioxazolone C5F7NO3 4174
87121-05-9 1,1-bis(trimethylsilyloxy)-3-methyl-1,3-bu C11H24O2Si2 23073
87121-06-0 1,1-bis(trimethylsilyloxy)-1,3-butadiene C10H22O2Si2 21366
87179-40-6 trans-1-cinnamylpiperazine C13H18N2 26179
87188-51-0 tert-butyl 4-vinylphenyl carbonate C13H16O3 26103
87199-16-4 3-formylphenylboronic acid C7H7BO3 10457
87199-17-5 4-formylphenylboronic acid C7H7BO3 10458
87199-18-6 3-hydroxyphenylboronic acid C6H7BO3 7130
87206-44-8 (R)-(+)-methioninol C5H13NOS 5984
87237-48-7 haloxyfop-(2-ethoxyethyl) C17H15ClF3NO4 29955
87290-97-9 1-(dimethylsilyl)-2-phenylacetylene C10H12Si 19705
87327-65-9 2,6-difluoro-a-methylbenzyl alcohol C8H8F2O 13316
87392-05-0 (R)-(+)-tetrahydro-2-furoic acid C5H8O3 4942
87392-07-2 (S)-(-)-tetrahydro-2-furoic acid C5H8O3 4943
87392-12-9 S-metolachlor C15H22ClNO2 28654
87413-09-0 dess-martin periodinane C13H13IO8 25850
87421-23-6 (2R,3S)-(-)-2-amino-3-hydroxy-4-methylpentanoi C6H13NO3 8842
87425-02-3 4-methylaminobenzene-1,3-bis(sulfonyl azide C7H7N7O4S2 10719
87541-87-5 methyl 3-chloro-3-phenyl-2-propenoate C10H9ClO2 18820
87630-35-1 1-(triisopropylsilyl)pyrrole C13H25NSi 26461
87674-68-8 dimethenamid C12H18ClNO2S 24393
87694-50-6 N-(tert-butoxycarbonyl)-L-leucine n'-methox C13H26N2O4 26485
87694-52-8 N-(tert-butoxycarbonyl)-L-valine n'-methoxy C12H24N2O4 24846
87778-95-8 trimethyl(1,2,3,4,5-pentamethyl-2,4-cyclopent C13H24Si 26438
87818-31-3 cinmethylin C18H26O2 30891
87820-88-0 grasp C20H27NO3 32293
87827-60-9 (R)-1,2-decanediol C10H22O2 21358
87842-52-2 2-(2-bromoethyl)-2,5,5-trimethyl-1,3-dioxane C9H17BrO2 17787
88038-94-2 4-n-propylbiphenyl-4'-carboxylic acid C16H16O2 29287
88054-22-2 2-methyl-5-nitroimidazole C4H5N3O2 2743
88056-92-2 (-)-2-cyano-6-phenyloxazolopiperidine C14H16N2O 27339
88112-75-8 4-bromo-2-fluorophenyl isocyanate C7H3BrFNO 9482
88127-54-2 chloromethyl(2-chlorophenoxy)dimethylsilan C9H12Cl2OSi 17031
88208-15-5 nitroso-3,4,5-trimethylpiperazine C7H15N3O 12099
88208-16-6 N-nitroso-2,3-dihydroxypropylallylamine C6H12N2O3 8353
88246-66-6 1,1-bis(trimethylsilyloxy)-3-methyl-1-bute C11H26O2Si2 23107
88254-07-3 cyanomorpholinoadriamycin C32H34N2O12 35074
88283-41-4 2',4'-dichloro-2-(3-pyridyl)acetophenone C14H12Cl2N2O 26883
88284-48-4 2-(trimethylsilyl)phenyl trifluoromethan C10H13F3O3SSi 19751
88321-09-9 (2S-(2a,3b(R*)))-3-(((3-methyl-1-(((3-methy C17H30N2O5 30280
88330-29-4 3-endo-aminobicyclo[2.2.1]hept-5-ene-2-endo-c C8H11NO2 14172
88330-32-9 3-exo-aminobicyclo[2.2.1]heptane-2-exo-carbox C8H13NO2 14446
88338-63-0 chinoin-170 C11H12N6O3 21850
88374-55-4 4-(octyloxy)benzonitrile C15H21NO 28615
88404-25-5 4-bromomethyl-6,7-dimethoxycoumarin C12H11BrO4 23588
88419-56-1 2,4,5-trifluorobenzoyl chloride C7H2ClF3O 9446
88472-61-1 ethyl 12-oxooctadecanoate C20H38O3 32453
88485-37-4 fluxofenim C12H11ClF3NO3 23591
88495-63-0 artesunic acid C19H28O8 31611
88571-73-7 2,2,5,5-tetramethyl-2,5-dihydropyrazine-1,4- C8H14N2O2 14525
88671-89-0 myclobutanil C12H17ClN4 24282
88678-67-5 pyributicarb C18H22N2O2S 30800
88736-68-9 1,2-dimethylpropyl butanoate C9H18O2 18068
88744-04-1 9-fluorenylmethyl pentafluorophenyl carbona C21H11F5O3 32567
88752-37-8 4,4,5,5,6,6,7,7,8,8,9,9,10,11,11,11-hexade C16H11F19O3 29006
88768-45-0 (2-pyrimidylthio)acetic acid C6H6N2O2S 7009
88899-55-2 bafilomycin A1 C35H58O9 35309
88917-22-0 di(propylene glycol) methyl ether acetate, iso C9H18O4 18101
88947-16-4 1,1,1,3-tetrachloro-2-propanol C3H4Cl4O 1571
88969-41-9 dihydromyrcenyl acetate C12H22O2 24728
88973-46-0 6-oxo-trans,trans-2,4-hexadienoic acid C6H6O3 7101
88986-45-2 3-butenyl chloroformate C5H7ClO2 4629
89021-88-5 1-(glutathion-S-yl)-1,2,3,4,4-pentachlo C14H16Cl5N3O6S 27325
89022-11-7 2'-carbomethoxyphenyl 4-guanidinobenzoate C16H15N3O4 29227
89022-12-8 2'-methoxy-4'-allylphenyl 4-guanidinobenzoa C18H19N3O3 30706
89031-83-4 tert-butyl(4-chlorobutoxy)dimethylsilane C10H23ClOSi 21398
89031-84-5 (3-bromopropoxy)-tert-butyldimethylsilane C9H21BrOSi 18378
89033-70-5 1,2-dibromocyclobutane C4H6Br2 2776
89123-63-7 3-bromo-2-methyl-2-propenoic acid C4H5BrO2 2628
89223-57-4 1-methyl-2-isopropylcyclopentane C9H18 17915
89265-35-0 2-methylsulphonylbenzenesulphonyl chloride C7H7ClO4S2 10540
89300-69-6 ethyl 2,3-dihydroxypropanoate, (±) C5H10O4 5570
89321-71-1 (2S,3S)-(-)-3-propyloxiranemethanol C6H12O2 8516
89323-10-4 2,6-diamino-3-nitrosopyridine C5H6N4O 4528
89343-06-6 (triisopropylsilyl)acetylene C11H22Si 22869
89364-31-8 tetrahydro-3-furoic acid C5H8O3 4944
89367-14-6 1-(methylnitrosamino)-2-butanone C5H10N2O2 5419
89367-15-7 4-(methylnitrosamino)-2-butanone C5H10N2O2 5420
89367-92-0 IP-10 C13H9N4O3S 25573
89488-30-2 5-bromo-2-hydroxy-3-picoline C6H6BrNO 6915
89533-67-5 3-hexynal C6H8O 7394
89557-35-7 4-propylbenzaldehyde diethyl acetal C14H22O2 27699
89583-61-9 1,3-dichloro-2-(ethoxymethoxy)propane C6H12Cl2O2 8289
89598-96-9 3-bromophenylboronic acid C6H6BBrO2 6894
89673-71-2 (S)-(-)-lactamide C3H7NO2 2057
89763-93-9 2-fluoro-4-(trifluoromethyl)benzaldehyde C8H4F4O 12556
89794-02-5 4-bromo-2-chlorotoluene C7H6BrCl 10145
89796-76-9 4,4-dichloroheptane C7H14Cl2 11770
89797-67-1 oxalyl monoguanylhydrazide C3H6N4O3 1913
89837-93-4 N-(2-oxopropyl)-N-nitrosourea C4H7N3O3 3305
89886-25-9 trans-2-ethylcyclohexanol, (±) C8H16O 15130
89895-45-4 1-methyl-4-nitrocyclohexane C7H13NO2 11648
89896-73-1 3-heptenal C7H12O 11414
89911-78-4 3-(2-hydroxyethyl-nitroso-amino)propane-1,2-d C5H12N2O4 5821
89911-79-5 NTPA C6H14N2O4 8957
89947-76-2 N-hydroxy-N-glucuronosyl-2-aminofluorene C19H19NO7 31431
90023-96-4 methyl-2-methylbutylamine C6H15N 9193
90112-26-8 2,3,5-trimethylcyclopentanone C8H14O 14578
90112-75-7 6-methyl-2-heptenoic acid C8H14O2 14624
90112-82-6 3-hydroxy-2,2-dimethylhexanoic acid, beta-lact C8H14O2 14620
90134-10-4 4-(dibutylamino)benzaldehyde C15H23NO 28696
90162-24-6 2,4-octanediol C8H18O2 15548
90176-80-0 4-fluoro-2-(trifluoromethyl)benzaldehyde C8H4F4O 12557
90200-61-6 4-methylcycloheptanol C8H16O 15087
90200-83-2 5-octen-1-ol C8H16O 15125
90202-08-7 ethyl 5-bromohexanoate C8H15BrO2 14743
90202-21-4 2-chloro-2-octene C8H15Cl 14754
90210-56-3 3-benzylisoquinoline C16H13N 29087
90226-23-6 N,4-dimethylcyclohexylamine C8H17N 15285
90238-10-1 N,N-dimethyl-3-(trifluoromethyl)benzamide C10H10F3NO 19012
90290-05-4 (R,R)-(-)-2,5-bis(methoxymethyl)pyrrolidine C8H17NO2 15337
90315-82-5 ethyl (R)-(-)-2-hydroxy-4-phenylbutyrate C12H16O3 24253
90319-52-1 (R)-(-)-4-phenyl-2-oxazolidinone C9H9NO2 16440
90325-47-6 1,2,3-hexanetriol C6H14O3 9085
90357-58-7 propyl hydroxyacetate C5H10O3 5554
90365-74-5 (3S,4S)-(+)-1-benzyl-3,4-pyrrolidindiol C11H15NO2 22265
90370-29-9 2H-furo(2,3-H)(1)benzopyran-2-one, 4,6,9-trim C14H12O3 26978
90390-27-5 3,5-difluorobenzylamine C7H7F2N 10578
90466-79-8 bis(2,2-diethoxyethyl)diselenide C12H26O4Se2 25304
90499-41-5 beta-isopropylbenzeneethanol C11H16O 22418
90536-66-6 4-methylsulphonylphenylacetic acid C9H10O4S 16807
90566-09-9 4,5-bis(allyloxy)-2-imidazolidinone C9H14N2O3 17423
90580-64-6 4-borono-DL-phenylalanine C9H12BNO4 17023
90584-32-0 1,2-dichloroethyl hydroperoxide C2H4Cl2O2 819
90600-20-7 (S)-N-boc-allylglycine C10H17NO4 20574
90644-60-3 2-nonen-4-yne C9H14 17390
90645-54-8 2,4,6-trimethylcyclohexanone C9H16O 17682
90645-61-7 4-isopropyl-2-methylcyclopentanone C9H16O 17685
90676-55-4 3-methyl-4-octen-3-ol C9H18O 18031
90719-30-5 (N-crotonyl)-(4S)-isopropyl-2-oxazolidinone C10H15NO3 20281
90719-32-7 (S)-4-benzyl-2-oxazolidinone C10H11NO2 19318
90722-14-8 1-chloro-1-nonyne C9H15Cl 17535
90729-15-0 4,5-dipropoxy-2-imidazolidinone C9H18N2O3 17988
90760-75-1 1,3,5-trimethylcyclohexanol C9H18O 18024
90769-70-3 4-isopropyl-1-methylcyclopentene C9H16 17591
90841-14-8 2-bromo-3-phenyl-2-butene C10H11Br 19231
90866-33-4 ethyl (R)-(+)-4-chloro-3-hydroxybutyrate C6H11ClO3 8056
90875-14-2 1-(4-bromophenoxy) 1 ethoxyethane C10H13BrO2 19716
90925-48-7 2-phenyl-1,2-butanediol C10H14O2 20105
90952-10-6 3,5-dimethoxy-1-hexanol C8H18O3 15580
90982-32-4 chlorimuron C15H15ClN4O6S 28342
91000-69-0 Na-fmoc-L-arginine C21H24N4O4 32840
91043-70-8 N-methoxymethylaza-15-crown-5 C12H25NO5 24909
91049-43-3 1,2-pentanediol, (±) C5H12O2 5860
91054-33-0 2-acetylbenzonitrile C9H7NO 16028
91057-79-3 dimethyl 2,2-dimethyl-1,3-cyclobutanedicarbox C10H16O4 20519
91076-68-5 mono-(trimethylsilyl)phosphite C3H11O3PSi 2274
91100-28-6 2-dibenzothienyl p-nitrophenyl ketone C19H11NO3S 31202
91103-47-8 boc-d-ala-ome C9H17NO4 17844
91166-50-6 1,2-bis[(dimethylamino)dimethylsilyl]ethan C10H28N2Si2 21456
91216-69-2 4,5-bis(2-butenyloxy)-2-imidazolidinone C11H18N2O3 22570
91241-12-2 1,1,3,3,3-pentakis(dimethylamino)-1l5,3l5- C10H30N6OP2 21460
91247-38-0 3-amino-5-phenylpentanoic acid C11H15NO2 22262
91297-11-9 diallyl selenide C6H10Se 7976
91308-70-2 N-nitrosoallyl-2-hydroxypropylamine C6H12N2O2 8340
91308-71-3 1-(allylnitrosamino)-2-propanone C6H10N2O2 7733
91336-54-8 6-methyl-2-heptylisopropylidenhydrazine C11H24N2 23051
91423-46-0 all-trans-fecapentaene 12 C15H22O3 28685
91454-65-8 7-[(chlorocarbonyl)methoxy]-4-methylcoumarin C12H9ClO4 23381
91465-08-6 cyhalothrin C23H19ClF3NO3 33523
91480-86-3 1-(4-amino-5-(3-methoxyphenyl)-2-methyl-1H- C14H16N2O2 27348
91480-88-5 1-(4-amino-5-(4-methoxy-3-methylphenyl)-2-m C15H18N2O2 28510
91480-89-6 1-(4-amino-5-(3-fluorophenyl)-2-methyl-1H-p C13H13FN2O 25848
91480-90-9 1-(4-amino-5-(3,4-dimethoxyphenyl)-2-methyl C15H18N2O3 28512
91480-92-1 1-(4-amino-5-(3,4-dichlorophenyl)-2-methy C13H12Cl2N2O 25749
91480-97-6 1-(4-hydroxy-2-methyl-5-phenyl-1H-pyrrol-3-y C13H13NO2 25877
91480-98-7 1-(4-methoxy-2-methyl-5-phenyl-1H-pyrrol-3-y C14H15NO2 27232
91481-02-6 1-(4-amino-5-(2-chlorophenyl)-2-methyl-1H- C13H13ClN2O 25838
91481-03-7 1-(4-amino-5-(o-methoxyphenyl)-2-methyl-1H- C14H16N2O2 27350
91481-04-8 1-(2,4-dimethyl-5-phenyl-1H-pyrrol-3-yl)ethan C14H15NO 27228
91503-79-6 2-fluoro-a-methyl-(1,1'-biphenyl)-4-acetic a C19H19FO4 31425
91572-15-5 µ-methylthiodiborane(6) CH8B2S 327
91599-81-4 (R)-(-)-1-benzyl-3-hydroxypiperidine C12H17NO 24302
91674-71-4 dichloroacetic acid anhydride with diethyl C6H11Cl2O5P 8064
91682-96-1 stigmatellin C30H42O7 34906
91840-99-2 2-butanethiol C4H10S 3946

91890-87-8 ethyl 2-hydroxy-3-butenoate C6H10O3 7889
91913-99-4 ethyl 2-chloro-3-methylbutanoate C7H13ClO2 11601
91965-23-0 3-bornanecarboxylic acid C11H18O2 22594
92003-62-8 4-tert-butylcalix[6]arene hexaacetic acidhe C90H120O18 36001
92013-10-0 2-propyl-1-indanone C12H14O 23971
92013-11-1 2-propyl-1H-indene C12H14 23897
92040-00-1 4-benzoyl-N-methylpiperidine C13H17NO 26123
92089-78-6 2-fluoro-3,3-dimethylbutane C6H13F 8720
92145-26-1 7-methylbenz(c)acridine 3,4-dihydrodiol C18H15NO2 30552
92333-25-0 4-pyridylacetonitrile monohydrochloride C7H7ClN2 10500
92418-71-8 (2R,3R)-(+)-3-propyloxiranemethanol C6H12O2 8517
92466-70-1 bis(2,2,2-trifluoroethyl) phosphite C4H5F6O3P 2690
92511-32-5 3-exo-aminobicyclo[2.2.1]hept-5-ene-2-exo-car C8H11NO2 14174
92600-11-8 1-chloro-2-methylpropyl chloroformate C5H8Cl2O2 4790
92611-10-4 methyl N,N,N',N'-tetraisopropylphosphorodia C13H31N2OP 26570
92636-36-7 1-(4-iodophenyl)pyrrole C10H8IN 18700
92687-41-7 diethyl 1-cyclohexene-1,2-dicarboxylate C12H18O4 24482
92737-91-2 3-methyl-4-heptanol, (R*,S*)-(±) C8H18O 15526
92760-57-1 1-(2-thiazolidinyl)1,2,3,4,5-pentanepentol C8H17NO5S 15348
92771-38-5 5-chloro-2,3-dibromo-1-fluorobenzene C6H2Br2ClF 6139
92876-99-8 butyl ethyl sulfite C6H14O3S 9089
92973-40-5 methyl 3,4-O-isopropylidene-l-threonate C8H14O5 14725
93023-34-8 2'-ethyl-4-dimethylaminoazobenzene C16H19N3 29424
93088-18-7 1-veratrylpiperazine dihydrochloride C13H20N2O2 26298
93102-05-7 N-(methoxymethyl)-N-(trimethylsilylmethyl)b C13H23NOSi 26397
93204-36-5 N-carbobenzyloxy-D-serine methyl ester C12H15NO5 24090
93206-60-1 (S)-(-)-4-methyl-4-(trichloromethyl)-2-oxetan C5H5Cl3O2 4371
93239-42-0 (R)-(+)-4-methyl-4-(trichloromethyl)-2-oxetan C5H5Cl3O2 4372
93249-62-8 5-(trifluoromethoxy)salicylaldehyde C8H5F3O3 12670
93286-22-7 2-chloro-4-fluorobenzyl chloride C7H5Cl2F 9950
93343-10-3 3,5-difluoroanisole C7H6F2O 10313
93347-74-1 2,2-dichlorotetradecanoic acid C14H26Cl2O2 27786
93379-48-7 (-)-taddol C31H30O4 34982
93381-28-3 (R)-(-)-3-bromo-2-methyl-1-propanol C4H9BrO 3606
93404-33-2 4,4,4-trifluoro-3-methyl-2-butenoic acid C5H5F3O2 4380
93431-23-3 4,5-bis(4-pentenyloxy)-2-imidazolidinone C13H22N2O3 26370
93457-06-8 2,6-dichlorophenylacetone C9H8Cl2O 16112
93457-07-9 2,4-dichlorophenylacetone C9H8Cl2O 16113
93503-77-6 4-tert-amylcalix[8]arene C96H128O8 36009
93621-94-4 (S,S)-(+)-2,5-bis(methoxymethyl)pyrrolidine C8H17NO2 15338
93673-39-3 benz(j)aceanthrylen-10-ol C20H12O 31820
93713-40-7 1,2,3-propanetriol 1-acetate, (±) C5H10O4 5573
93716-28-0 3-ethyltetrahydrofuran C6H12O 8417
93777-26-5 5-bromo-2-fluorobenzaldehyde C7H4BrFO 9617
93804-29-6 methoxy(dimethyl)octylsilane C11H26OSi 23105
93839-16-8 2-chloro-6-fluorophenylacetone C9H8ClFO 16101
93917-68-1 ethyl (2-methylphenoxy)acetate C11H14O3 22183
93919-41-6 2'-deoxyguanosine 5'-triphosphate dis C10H14N5Na2O13P3 19975
93919-56-3 4-(trifluoromethoxy)benzylamine C8H8F3NO 13322
93921-42-7 trans-2,4-dimethylcyclohexanone, (2S) C8H14O 14551
93939-74-3 (R)-4-fluorophenylglycine C8H8FNO2 13315
93972-93-1 2,3,4-hexanetriol C6H14O3 9083
94022-96-5 2-(trifluoromethyl)phenethyl alcohol C9H9F3O 16355
94089-02-8 1-(2'-thienyl)ethylmercaptan C6H8S2 7473
94089-47-1 (+)-methyl (R)-3-(1-methyl-2-oxocyclohexyl)pr C11H18O3 22618
94108-56-2 4-(trifluoromethoxy)benzenesulfonyl chlorid C7H4ClF3O3S 9693
94133-41-2 (+)-menthyloxyacetic acid C12H22O3 24738
94219-56-6 (1-aminooctyl)phosphonic acid C8H20NO3P 15692
94324-23-9 5-bromo-5-deoxy-2,3-O-isopropylidene-D-ribon C8H11BrO4 14069
94347-45-2 2-chloropentanoic acid, (±) C5H9ClO2 5080
94361-06-5 cyproconazole C15H18ClN3O 28500
94397-44-1 trimethylstannyldimethylphenylsilan C11H20SiSn 22748
94434-64-7 14-methyloctadecanoic acid C19H38O2 31709
94442-22-5 (trimethyl)methylcyclopentadienylplatinum(iv) C9H16Pt 17783
94481-72-8 1-deoxy-1-nitro-L-galactitol C6H13NO7 8856
94593-91-6 cinosulfuron C15H19N5O7S 28576
94594-90-8 (2R)-bornane-10,2-sultam C10H17NO2S 20569
94651-33-9 2-(trifluoromethoxy)benzaldehyde C8H5F3O2 12661
94695-48-4 2,3,4,5-tetrafluorobenzoyl chloride C7HClF4O 9426
94826-08-1 N-methylconhydrine C9H19NO 18149
94839-07-3 3,4-methylenedioxyphenylboronic acid C7H7BO4 10461
94855-74-0 dimethyl ((1-methyl-5-nitro-1H-imidazol-2-y C10H11N3O6 19355
94942-89-9 alpha-phenylbenzenepropanoic acid, (±) C15H14O2 28302
94977-52-3 trans-2,4-difluorocinnamic acid C9H6F2O2 15887
95061-47-5 (R)-(+)-2-hydroxy-1,2,2-triphenylethyl acetat C22H20O3 33210
95061-51-1 (S)-(-)-2-hydroxy-1,2,2-triphenylethyl acetat C22H20O3 33211
95091-93-3 1-(3-bromopropyl)-2,2,5,5-tetramethyl-1-az C9H22BrNSi2 18420
95111-49-2 2,3,5,6-tetrabromo-4-methyl-4-nitrocyclohexa C7H3Br4NO3 9490
95266-40-3 ethyl 4-(cyclopropylhydroxymethylene)-3,5-dio C13H16O5 26112
95273-83-9 vincaleukoblastine, O4-deacetyl-3-de(methox C56H68N6O8 35885
95282-98-7 19-acetoxy-D1,4-androstadiene-3,17-dione C21H26O4 32885
95335-91-4 D-a,b-cyclohexylideneglycerol C9H16O3 17749
95418-58-9 4-tert-butoxystyrene C12H16O 24201
95422-24-5 methyl (4S)-(+)-2,2-dimethyl-1,3-dioxolane-4-a C8H14O4 14712
95465-99-9 O-ethyl-S,S-di-sec-butylphosphorodithioate C10H23O2PS2 21413
95524-59-7 2-ethyl-1-(3-methyl-1-oxo-2-butenyl)piperidin C12H21NO 24631
95530-58-8 (4R)-(+)-4-isopropyl-2-oxazolidinone C6H11NO2 8147
95581-07-0 2,3,4-tri-O-acetyl-b-L-fucopyranosyl azide C12H17N3O7 24351
95642-49-2 3-imino-2-methylpentanenitrile C6H10N2 7717
95715-85-8 N-(tert-butoxycarbonyl)-D-serine methyl ester C9H17NO5 17850
95715-86-9 methyl (R)-(+)-3-(tert-butoxycarbonyl)-2,2-d C12H21NO5 24646
95715-87-0 tert-butyl (R)-(+)-4-formyl-2,2-dimethyl-3-o C11H19NO4 22651
95719-24-7 monochlorophenylxylylethane C16H17Cl 29313
95719-25-8 phenylmonochlorotolylethane C15H15Cl 28338
95719-26-9 cyclohexylhydroxymethylbenzene C13H18O 26210
95835-77-1 4-methyl-7-isopropylbenzofuran C12H14O 23964
95970-07-3 1,2,3,5-tetrabromo-4-methoxybenzene C7H4Br4O 9663
95970-10-8 1,2,4-tribromo-5-methoxybenzene C7H5Br3O 9902
96034-00-3 bis(2-methylbutyl) sulfide C10H22S 21392
96077-04-2 tri(propylene glycol) propyl ether, isomers C12H26O4 25302
96097-69-7 o-toluenethiosulfonic acid, s-phenyl ester C13H12O2S2 25821
96107-95-8 calix[6]arene C42H36O6 35671
96149-05-2 (1S)-(+)-dimenthyl succinate C24H42O4 33963
96244-13-2 1,2,6-trimethylcyclohexanol C9H18O 18023
96254-05-6 2-(trifluoroacetoxy)pyridine C7H4F3NO2 9802
96293-17-3 (S)-2-[N'-(N-benzylprolyl)amino]benzophenon C25H24N2O2 34101
96293-19-5 (S)-[O-[(N-benzylprolyl)amino](phenyl)met C27H25N3NiO3 34406
96402-49-2 (S)-N-fmoc-1-naphthylalanine C28H23NO4 34601
96565-23-4 (±)-5-(methylamino)-2-phenyl-4-(3-(trifluo C18H14F3NO2 30476
96563-06-3 2,3,9-trimethylfluorene C16H16 29241
96568-02-4 2,6-dichloro-5-fluoronicotinoyl chloride C6HCl3FNO 6109
96568-04-6 ethyl 3-[2,6-dichloro-5-fluoro-(3-pyridiy C10H8Cl2FNO3 18688
96606-37-0 2,4,6-trifluorobenzonitrile C7H2F3N 9460
96617-71-9 ethyl 3,5-bis(trifluoromethyl)benzoate C11H8F6O2 21511
96741-20-7 trans-(±)-1,2-dihydro-5-methyl-1,2-chrysenedi C19H16O2 31351
96741-21-8 trans-(±)-1,2-dihydro-11-methyl-1,2-chrysened C19H16O2 31352
96790-39-5 (1a,2b,2aa,3aa)-(±)-1,2,2a,3a-tetrahydro-4-me C19H16O3 31360
96790-40-8 (1a,2b,2ab,3ab)-(±)-1,2,2a,3a-tetrahydro-4-me C19H16O3 31362
96806-34-7 1-nitroso-1-hydroxyethyl-3-chloroethylurea C5H10ClN3O3 5328
96806-35-8 1-nitroso-1-hydroxypropyl-3-chloroethylurea C6H12ClN3O3 8270
96811-96-0 2-((2-(dimethylamino)ethyl)(selenophene-2-y C14H19N3Se 27558
96836-97-4 diethyl trans-1,2-cyclohexanedicarboxylate, (C12H20O4 24596
96854-34-1 (S)-1-phenyl-1,3-propanediol C9H12O2 17176
96938-06-6 (R)-(+)-1,2-epoxypentadecane C15H30O 28878
97043-02-2 N-(ethoxyacetyl)deacetylthiocolchicine C24H29NO6S 33867
97073-23-9 1-(2-piperidinyl)-1-propanone C8H15NO 14791
97126-35-7 cobalt(ii) thiocyanate trihydrate C2H6CoN2O3S2 1020
97170-07-5 (1a,2b,2ab,3ab)-1,2,2a,3a-tetrahydro-4-methyl C19H16O3 31361
97170-08-6 (1a,2b,2ab,3ab)-1,2,2a,3a-tetrahydro-10-methy C19H16O3 31363
97239-80-0 1,1'-bis(diisopropylphosphino)ferrocene C22H36FeP2 33396
97412-23-2 cis-2-methoxy-4-(1-propenyl)phenol acetate C12H14O3 23991
97479-78-2 pentyl hydrogen succinate C9H16O4 17765
97600-39-0 tetraester 4-tert-butylcalix[4]arene C60H80O12 35918
97629-28-2 4-amino-3-nitro-5,6-dimethylaniline C8H11N3O2 14211
97674-02-7 tributyl(1-ethoxyvinyl)tin C16H34OSn 29774
97805-00-0 N-(o-veratroyl)glycinohydroxamic acid C11H14N2O5 22083
97886-45-8 dithiopyr C15H16F5NO2S2 28415
97888-80-7 4-benzyloxy-3,5-dimethylbenzoic acid C16H16O3 29295
97919-22-7 chlorsulfaquinoxaline C14H11ClN4O2S 26812
97945-19-2 trans-2-amino-4-cyclohexene-1-carboxylic acid C7H11NO2 11286
97945-32-9 2-(bicyclo(2.2.1)hept-2-ylidenemethyl)-1-me C12H16N3O2 24176
97961-66-5 trans-2-methyl-2-hexenoic acid C7H12O2 11477
97998-55-5 p-isopropylcalix[4]arene C40H48O4 35586
98013-94-6 p-isopropylcalix[8]arene C80H96O8 35983
98015-45-3 2-tert-butylimino-2-diethylamino-1,3-dimethy C13H31N4P 26571
98015-53-3 1,2,2,2-tetrachloroethyl chloroformate C3HCl5O2 1327
98041-69-1 4-bromo-2-chlorophenyl isothiocyanate C7H3BrClNS 9478
98070-91-8 2,2,3-trichloro-3-methylbutane C5H9Cl3 5102
98190-85-3 (-)-methyl (S)-3-bromo-2-methylpropionate C5H9BrO2 5020
98198-48-2 2-amino-5-bromo-4-picoline C6H7BrN2 7136
98203-04-4 6-bromo-5-nitroquinoline C9H5BrN2O2 15805
98203-44-2 (3S-cis)-(+)-tetrahydro-3-isopropyl-7a-methy C10H17NO2 20566
98258-72-1 methyl 4-(3-oxo-3-phenyl-1-propenyl) benzoate C17H14O3 29947
98266-33-2 (R)-N-boc-(3-pyridyl)alanine C13H18N2O4 26196
98271-51-3 methyl 10-(3-piperidinopropyl)phenothiazin- C22H26N2OS 33289
98272-34-5 2-furyl isopropyl ether C7H10O2 11171
98349-22-5 2,4,5-trifluorobenzonitrile C7H2F3N 9461
98431-97-7 N-(ethoxymethyl)succinimide C7H11NO3 11293
98437-23-1 2-benzothienylboronic acid C8H7BO2S 12953
98546-51-1 4-(methylthio)phenylboronic acid C7H9BO2S 10934
98551-14-5 2-bromo-2-butenal, diethyl acetal C8H15BrO2 14739
98565-18-5 methylcarbamoylmethylaminomethylphosphoni C5H13N2O6PS 5994
98569-12-1 2-(tert-butoxycarbonylamino)-1,2,3,4-tetrahy C16H21NO4 29485
98573-25-2 4,4,5,5,6,6,7,7,7-nonafluoro-2-hydroxyheptyl C10H9F9O3 18847
98593-79-4 3-acetyl-4,5-dimethyl-5-hydroxy-1,5-dihydro-2 C8H11NO3 14186
98730-04-2 (±)-4-(dichloroacetyl)-3,4-dihydro-3-meth C11H11Cl2NO2 21689
98790-22-8 cis-4-propylcyclohexanol C9H18O 18020
98816-61-6 4-bromo-N,N-diisopropylbenzylamine C13H20BrN 26289
98819-68-2 (2R,3R)-3-phenylglycidol C9H10O2 16700
98886-44-3 fosthiazate C9H18NO3PS2 17972
98919-68-7 (1R,2S)-trans-2-phenyl-1-cyclohexanol C12H16O 24207
98930-89-3 2-methyl-3-tridecanol C14H30O 27926
98991-54-9 3-hepten-2-ol C7H14O 11857
99071-30-4 (4-hydroxy-m-phenylene)bis(acetatomercury) C10H10Hg2O5 19017
99152-10-0 N-(N-acetylvalyl)-N-nitrosoglycine C9H15N3O5 17581
99155-80-3 1-methyl-6,7-diethoxy-3,4-dihydroisoquinolin C14H19NO2 27522
99172-57-3 cyclohexyl 2-furyl ether C10H14O2 20091
99210-90-9 (R)-(-)-2-methyl-2,4-pentanediol C6H14O2 9064
99314-01-9 4-tert-butylcalix[4]arene-crown-5-complex C52H70O7 35842
99365-26-1 2,3-dihydro-5,7-dihydroxy-3-(3-hydroxy-4-meth C16H14O6 29187
99395-88-7 (S)-(+)-4-phenyl-2-oxazolidinone C9H9NO2 16441
99422-01-2 5-((2-ethylthio)propyl)-2-(1-oxopropyl)-1,3- C14H22O3S 27705
99520-58-8 indeno(1,2,3-cd)pyren-8-ol C22H12O 33093
99520-64-6 1,2-dihydro-1,2-epoxyindeno(1,2,3-cd)pyrene C22H12O 33092
99520-81-7 (S)-1,2,4-butanetriol trimethanesulfonate C7H16O9S3 12299
99614-02-5 ondansetron C18H19N3O 30704
99685-96-8 carbon (fullerene-c60) C60 35913
99706-68-0 1,12-tridecanediol C13H28O2 26543
99741-73-8 a,4-tolylene diisocyanate C9H6N2O2 15913
99747-74-7 1-naphthyl trifluoromethanesulfonate C11H7F3O3S 21493
99768-12-4 4-methoxycarbonylphenylboronic acid C8H9BO4 13523
99799-10-7 3-methoxycyclohexanecarboxylic acid C8H14O3 14678
99814-12-7 sippr-113 C30H38O8 34894
99814-65-0 1-pentadecen-3-ol C15H30O 28877
99834-93-2 methyl 4-((5-acetyl-2-furanyl)oxy)-a-ethylben C17H18O5 30083
99960-09-5 ethyl 2-isothiocyanatobenzoate C10H9NO2S 18911
99980-00-4 4,4-dichlorocrotonic acid C4H4Cl2O2 2540
100080-82-8 rac-ethylenebis(indenyl)zirconium(iv)dich C20H16Cl2Zr 32006
100121-73-1 2,2'-sec-butylidenedifuran C12H14O2 23974
100124-07-0 phenoxathiin-4-boronic acid C12H9BO3S 23355
100130-25-4 2-chloro-N-3-chloroallylacetamide C5H7Cl2NO 4638
100224-75-7 (4-methyl-2-nitrophenyl)phenylmethanone C14H11NO3 26854
100242-24-8 7-hydroxy-4-phenyl-3-(4-hydroxyphenyl)coumar C21H14O4 32613
100243-39-8 (S)-3-pyrrolidinol C4H9NO 3690
100295-82-7 2-methyl-3-hexanol, (±) C7H16O 12209
100295-83-8 5-methyl-3-hexanol, (±) C7H16O 12210
100295-85-0 6-methyl-3-heptanol, (±) C8H18O 15525
100296-26-2 2-methyl-3-heptanol, (±) C8H18O 15524
100314-90-7 2-furyl octyl ether C12H20O2 24569
100319-48-0 3,6-diethyl-2,6-octadien-4-yne C12H18 24382
100325-51-7 1,4-dihydro-6,8-difluoro-1-ethyl-4-oxo-7 C17H12F2N2O3 29882
100367-45-1 1,3,4,6-tetrachloro-2,4-hexadiene C6H6Cl4 6947
100379-00-8 2,6-dimethylphenylboronic acid C8H11BO2 14060
100418-33-5 HNPT C6H14O5NP 9099
100466-04-4 2,3-dihydro-1H-benzo(h,i)chrysene C21H16 32637
100482-34-6 o-(phenylhydroxyarsino)benzoic acid C13H11AsO3 25662
100491-29-0 ethyl 1-(2,4-difluorophenyl)-7-Cl-6-F- C17H10ClF3N2O3 29848
100527-20-6 3,6-dinitrophenanthrene C14H8N2O4 26649
100569-82-2 DL-1,1'-Bi(2-naphthyl diacetate) C24H18O4 33757
100595-07-1 Br-dmeq C12H13BrN2O3 23801
100620-36-8 6'-chloro-2-(2-(dimethylamino)ethylthio) C13H19ClN2OS 26245
100651-98-7 2,5-bis(diethoxyphosphoryl)thiophene C12H22O6P2S 24770
100700-12-8 3-hydroxy-4-(nitrosocyanamido)butyramide C5H8N4O3 4844
100700-20-7 4-(nitrosocyanamido)butyramide C5H8N4O2 4843
100700-28-5 4-fluoro-2-hydroxythiobutyric acid S-methyl e C5H9FO2S 5141
100700-29-6 N-(3-methoxycarbonylpropyl)-N-(1-acetoxybu C11H20N2O5 22690
100791-95-5 2-methyl-2-pyrroline C5H9N 5192
100836-60-0 3-hydroxynitrosocarbofuran C12H14N2O5 23942
100836-61-1 methylnitrosocarbamic acid o-(1,3-dioxolan C11H12N2O3 21835
100836-62-2 methylnitrosocarbamic acid a-(ethylthio)- C11H14N2O3S 22080
100836-63-3 tert-butyl-N-(3-methyl-2-thiazolidinyliden C9H16N2O2S 17652
100836-84-8 3,4-dichloro-N-nitrosocarbanilic acid met C8H6Cl2N2O3 12802
100900-13-8 3-[2-(2-bromoacetamido)acetamide]-proxyl C12H21BrN3O3 24624
100983-12-8 isopentyl 3-bromopropanoate C8H15BrO2 14745
101018-97-7 (2,3-dihydro-1,4-benzodioxin-6-yl)(4-fluoro C15H11FO3 28091
101144-90-5 1-ethoxy-2-propylbenzene C11H16O 22429

101200-48-0 tribenuron methyl C15H17N5O6S 28491
101246-68-8 (-)-heptylphysostigmine C21H33N3O2 32986
101257-63-0 1-chloro-3-methylhexane C7H15Cl 11997
101257-71-0 2,2,4-trimethylpiperidine C8H17N 15291
101257-79-8 1,2,3,4-tetrabromocyclobutane C4H4Br4 2522
101385-90-4 (S)-(-)-1-benzyl-3-pyrrolidinol C11H15NO 22247
101418-02-4 N-nitrosocarbanilic acid isopropyl ester C10H12N2O3 19450
101427-54-7 6,9-dimethyl-5,9-tetradecadien-7-yne C16H26 29597
101463-69-8 flufenoxuron C21H11ClF6N2O3 32564
101489-25-2 5-methoxydihydrosterigmatocystin C19H16O7 31368
101564-54-9 3,4-bis(p-hydroxyphenyl)-2-hexanone C18H20O3 30743
101565-05-3 1-hydroxy-3-n-pentyl-D8-tetrahydrocannabinol C21H30O2 32954
101567-36-6 3-methyl-4-oxocyclohexanecarboxylic acid C8H12O3 14370
101607-48-1 14-methyl-8,9,10,11-tetrahydrodibenz(a,h)acri C22H19N 33185
101607-49-2 7-methyl-1,2,3,4-tetrahydrodibenz(c,h)acridin C22H19N 33184
101646-02-0 3-chloro-4-fluoro-5-nitrobenzotrifluoride C7H2ClF4NO2 9447
101651-44-9 N-(5H-pyrido(4,3-b)indol-3-yl)acetamide C13H11N3O 25733
101651-73-4 1-ethyl-2,2,6,6-tetramethyl-4-(N-acetyl-N-p C19H30N2O 31624
101652-10-2 7,8-dimethyl-10-(d-ribo-2,3,4,5-tetrahydro C17H22N4O6 30191
101652-13-5 3-bromoallyl isocyanate C4H4BrNO 2516
101654-30-2 3-chloro-2,3-dimethylhexane C8H17Cl 15254
101670-43-3 humidin C12H20O4 24608
101670-78-4 5-benzyloxy-3-isonipecotoylindole C21H21N2O2 32779
101688-07-7 1-(2-nitronaphtho(2,1-b)furan-7-yl)ethanone C14H9NO4 26725
101711-78-8 (4S)-(+)-4-benzyl-3-propionyl-2-oxazolidino C13H15NO3 26024
101715-60-0 3,7-dimethyl-2,4-octadienoic acid C10H16O2 20489
101831-59-8 nitroso-4-acetyl-3,5-dimethylpiperazine C8H15N3O2 14851
101831-65-6 2-methylpiperidine b-naphthoamide C17H18NO 30061
101870-06-8 3-chloro-1,3-hexadiene C6H9Cl 7487
101903-30-4 pefurazoate C18H23N3O4 30834
101913-96-6 2-hydroxy-6-(nitrosocyanamido)hexanamide C7H12N4O3 11401
101930-07-8 (R)-(+)-1-benzyl-3-pyrrolidinol C11H15NO 22248
101931-68-4 (3,3,3-trifluoro-2-hydroxy-2-(trifluoromet C12H10F6O2 23479
101935-28-8 3,5-dimethyl-2,4-heptadiene C9H16 17612
101935-40-4 2-bromo-3-nitrophenol C6H4BrNO3 6407
101976-64-1 nitraminoacetic acid C2H4N2O4 862
102029-44-7 (R)-4-benzyl-2-oxazolidinone C10H11NO2 19317
102070-37-1 1,1,3-tris(phenylthio)-1-propene C21H18S3 32706
102071-44-3 2-(2,2,6,6-tetramethyl-4-piperidinyl)-2-oxa C12H23N3O 24814
102071-88-5 N-morpholino-b-(2-aminomethylbenzodioxan)- C16H22N2O4 29505
102082-89-3 trans-2,6-difluorocinnamic acid C9H6F2O2 15883
102096-60-6 (R)-a-acryloyloxy-b,b-dimethyl-g-butyrolacton C9H12O4 17208
102107-61-9 3-nitro-4-hydroxyphenylarsenous acid C6H4AsNO4 6378
102121-60-8 4-((5,6,7,8-tetrahydro-5,5,8,8-tetramethyl- C22H25NO3 33274
102128-78-9 N-(2-methylbenzodioxan)-N'-ethyl-b-alanina C13H18N2O3 26190
102153-88-8 1-methyl-2-nitrocyclopentane C6H11NO2 8131
102170-56-9 2-bromo-6-methyl-4-nitroaniline C7H7BrN2O2 10472
102191-92-4 (tert-butyldimethylsilyloxy)acetaldehyde C8H18O2Si 15574
102206-93-9 3-diethylamino-5H-pyrido(4,3-b)indole C15H17N3 28475
102206-99-5 3-ethylamino-5H-pyrido(4,3-b)indole C13H13N3 25883
102207-73-8 2-amino-4-dibutylaminoethoxypyrimidine C14H26N4O 27791
102207-75-0 2-amino-4-diethylaminoethoxypyrimidine C10H18N4O 20664
102207-76-1 2-amino-4-di-isobutylaminoethoxypyrimidine C14H26N4O 27792
102207-77-2 2-amino-4-dimethylaminoethoxypyrimidine C8H14N4O 14537
102272-30-0 2,2-dichlorooctanoic acid C8H14Cl2O2 14516
102280-81-9 3,3-diphenyl-2-methyl-1-pyrroline C17H17N 30033
102280-93-3 methyl-mercury toluenesulphamide C9H14Hg2N2O2S 17406
102308-32-7 (S)-(-)-3-boc-2,2-dimethyloxazolidine-4-car C11H19NO4 22650
102366-79-0 7,8-dihydro-N-benzyladenine C12H13N5 23882
102367-57-7 diisobutylaminobenzoyloxypropyl theophylli C25H35N5O4 34149
102370-18-3 1-ethyl-2-methylcyclohexanol C9H18O 18011
102395-72-2 2',2'',4',4'',5-pentachloro-4-hydroxy-i C20H11Cl5N2O3 31790
102395-95-9 4-tolylarsenous acid C7H7AsO 10454
102420-56-4 trans-1,2-dihydro-1,2-dihydroxyindeno(1,2,3- C22H14O2 33118
102433-74-9 nitrosometoxuron C10H12ClN3O3 19413
102433-83-0 2-(5-bromo-2-methoxybenzyloxy)triethylami C14H22BrNO2 27653
102449-95-6 3-chloro-2,2,3-trimethylhexane C9H19Cl 18124
102489-70-3 2,2,3,3-tetrafluoro-4,7-methano-2,3,5,6,8,9 C9H10F4Se 16555
102492-24-0 silver ammonium lactate C6H14AgNO6 8882
102504-44-9 2'-ethyl-2-(2-methoxy butylamino) propiona C16H26N2O2 29606
102504-71-2 4-dimethylaminophenyl-2-((4-phenyl-1,2,5,6- C22H26N2O 33282
102516-61-0 3-(((3-amino-4-hydroxyphenyl)phenylarsi C15H17AsN2O3S 28450
102516-65-4 tosyl-L-phenylalanylchloromethyl ketone C18H18ClNO5S 30647
102561-41-1 2-ethyl-6-isopropylphenyl isocyanate C12H15NO 24060
102561-42-2 3-fluoro-4-methylphenyl isocyanate C8H6FNO 12840
102561-43-3 2-isopropyl-6-methylphenyl isocyanate C11H13NO 21968
102561-47-7 butyl 4-isocyanatobenzoate C12H13NO3 23854
102579-72-6 (1S,4R)-4-aminocyclopent-2-enecarboxylic acid C6H9NO2 7548
102583-65-3 stendomycin A C95H172N20O31 36007
102584-42-9 1-(2-(a-(p-chlorophenyl)-a-methylbenzyloxy C20H24ClNO 32217
102584-86-1 1,1'-(p-xylylene)bis(3-(1-aziridinyl)urea) C14H20N6O2 27589
102584-88-3 5-(nitrosocyanamido)-2-hydroxyvaleramide C6H10N4O3 7753
102612-69-1 2-methoxyethoxy acrylate C6H10O4 7940
102647-16-5 olivomycin D C58H84O26 35906
102683-14-7 crypthophane E C57H60O12 35892
102691-36-1 2-cyanoethyl N,N,N',N'-tetraisopropylphosp C15H32N3OP 28911
102783-51-7 2'-deoxycytidine-5'-triphosphate C9H14N3Na2O13P3 17426
102831-44-7 diethyl (boc-amino)malonate C12H21NO6 24647
102851-06-9 fluvalinate C26H22ClF3N2O3 34236
102853-44-1 1-phenyl-1H-tetrazole-5-thiol cyclohexylami C13H19N5S 26280
102871-67-0 2,5,7-trimethylquinoline C12H13N 23829
102936-05-0 (S)-(-)-2-[(phenylamino)carbonyloxy]propion C10H11NO4 19342
103095-51-8 3-methyl-1-phenyl-1H-pyrazol-4-amine C10H11N3 19345
103099-52-1 1,3-bis(dicyclohexylphosphino)propane C27H50P2 34544
103128-76-3 (+)-chloromethyl menthyl ether C11H21ClO 22759
103275-78-1 sec-butyl benzenesulfonate C10H14O3S 20150
103302-38-1 trans-(±)-3,5-cyclohexadiene-1,2-diol C6H8O2 7433
103322-56-1 (S)-(-)-2-(tert-butoxycarbonylamino)-3-cycl C14H27NO3 27844
103361-09-7 7-fluoro-6-(3,4,5,6-tetrahydrophthalimido C19H15FN2O4 31305
103364-68-7 (+)-1a,2b-dihydroxy-1,2-dihydrobenzene C6H8O2 7434
103365-47-5 (S)-N-boc-3-amino-3-phenylpropanoic acid C14H19NO4 27527
103404-57-5 1,2,3-heptanetriol C7H16O3 12288
103473-99-0 methyl 2-chloro-6-fluorophenylacetate C9H8ClFO2 16104
103548-16-9 (R)-1-phenyl-1,3-propanediol C9H12O2 17174
103628-46-2 3-(2-(dimethylamino)ethyl)-N-methyl-1H-in C14H21N3O2S 27636
103697-14-9 7,11-octadecadiyne C18H30 30950
103745-07-9 (R)-2-hydroxybutyl p-tosylate C11H16O4S 22480
103831-11-4 3-aminopyrrolidine dihydrochloride C4H12Cl2N2 4050
103882-84-4 2(1H)-pyrimidinone, 4-amino-1-(2-deoxy-2, C9H11F2N3O4 16881
103985-40-6 2,4,4-trimethyl-1-cyclohexene-1-methanol C10H18O 20703
104035-66-7 4-ethyl-6-methyl-5-hepten-2-one C10H18O 20694
104040-78-0 flazasulfuron C13H12F3N5O5S 25754
104068-42-0 3-isopropyl-1-methylcyclopentanecarboxylic a C12H22O2 24706
104115-88-0 3,3'-azobenzenedisulfonyl chloride C12H8Cl2N2O4S2 23281
104164-54-7 tris(trimethylsilyl)germanium hydride C9H28GeSi3 18452
104177-72-2 4-isopentylaniline C11H17N 22494
104195-80-4 (2S,3S)-2-amino-3-methoxybutanoic acid C5H11NO3 5742
104196-23-8 (2S,3S)-3-phenylglycidol C9H10O2 16699
104222-34-6 5-chloro-4-fluoro-2-nitroaniline C6H4ClFN2O2 6425
104322-63-6 (+)-(2R,8aS)-(camphorylsulfonyl)oxaziridin C10H15NO3S 20286
104372-31-8 (-)-(2S,8aR)-(camphorylsulfonyl)oxaziridin C10H15NO3S 20285
104451-70-9 2,3,6-trifluorobenzaldehyde C7H3F3O 9574
104514-49-0 1,2-dibromo-3-chlorobenzene C6H3Br2Cl 6243
104789-79-9 p-isopropylcalix[6]arene C60H72O6 35916
104870-56-6 (+)-isopulegol C10H18O 20734
104898-06-8 (R)-(+)-1,2-epoxyhexane C6H12O 8447
104934-52-3 3-dodecylthiophene C16H28S 29637
105065-24-5 5-methyl-1-(1-methylvinyl)cyclohexene, (±) C10H16 20348
105184-38-1 3,5-difluorophenylacetic acid C8H6F2O2 12850
105361-86-2 3-nitrosobiphenyl C12H9NO 23407
105400-81-5 1,2,3,4-tetrahydroisoquinoline-1-acetic aci C11H13NO2 21981
105401-59-0 beta-ethyl-beta-methylhydrocinnamic acid C12H16O2 24216
105555-81-5 1-methyl-5-nitro-2-(2-phenyl-1-propenyl)-1 C13H13N3O2 25893
105650-23-5 2-amino-1-methyl-6-phenylimidazo(4,5-b)pyrid C13H12N4 25785
105688-74-2 3-ethyl-6-methylquinoline C12H13N 23823
105708-72-3 6-hydroxymethylanthanthrene C23H14O 33498
105728-23-2 trans-decahydroquinoline, (±) C9H17N 17816
105735-71-5 3,7-dinitrofluoranthene C16H8N2O4 28964
105751-18-6 Ne-fmoc-Na-cbz-L-lysine C29H30N2O6 34755
105786-40-1 3-exo-aminobicyclo[2.2.1]hept-5-ene-2-exo-ca C8H12N2O 14303
105836-99-5 1,7-dinitrophenazine C12H6N4O4 23228
105875-75-0 allyloxy-tert-butyldimethylsilane C9H20OSi 18337
105931-73-5 1-bromo-3-fluoro-4-iodobenzene C6H3BrFI 6220
105942-08-3 4-bromo-2-fluorobenzonitrile C7H3BrFN 9480
106058-86-0 N-tosyl-3-pyrrolecarboxylic acid C11H9NO4 21591
106070-58-0 2,5-diamino-3-picoline C6H9N3 7587
106209-98-7 hydrotris(3-phenylpyrazol-1-yl)borate, pot C27H22BKN6 34396
106210-01-9 hydrotris(3-tert-butylpyrazol-1-yl)borate C21H34BN6Tl 32989
106210-02-0 hydrotris(3-phenylpyrazol-1-yl)borate, th C27H22BN6Tl 34397
106268-96-6 (2R)-(-)-(2,3-epoxy-2-methyl propyl ester)- C11H11NO5 21771
106268-97-7 (2S,3S)-(-)-(2,3-epoxy butyl ester)-4-nitro C11H11NO5 21770
106454-69-7 (R)-(+)-2-(tert-butoxycarbonylamino)-3-phen C14H21NO3 27628
106508-62-7 ethyl 4-isocyanatobutyrate C7H11NO3 11296
106513-42-2 ethyl (S)-(-)-2-(tert-butyldimethylsilylox C11H24O3Si 23079
106542-73-8 benzyltriethylammonium chlorochromate C13H22ClCrNO3 26363
106626-55-5 N-(2-(dimethylamino)ethyl)-1-acridinecarbox C18H19N3O 30702
106742-36-3 methyl 10-(3-piperidinopropyl)phenoxazin-2 C22H26N2O2 33284
106795-66-8 1-(2-fluorophenyl)cyclohexanecarboxylic aci C13H15FO2 26004
106795-72-6 1-(2-fluorophenyl)cyclohexanecarbonitrile C13H14FN 25942
106809-14-7 2,4-dichloro-5-fluoro-3-nitrobenzoic acid C7H2Cl2FNO4 9449
106847-76-1 6-(dibutylamino)-1,8-diazabicyclo[5.4.0]unde C17H33N3 30309
106896-49-5 methyl 4-amino-3-bromobenzoate C8H8BrNO2 13249
106941-25-7 9-(2-phosphonylmethoxyethyl)adenine C8H12N5O4P 14322
106948-05-4 (2S,3S)-(-)-2,3-epoxy-3-(4-bromophenyl)-1-pr C9H9BrO2 16273
106948-24-7 allyl(diisopropylamino)dimethylsilane C11H25NSi 23100
107099-99-0 2,5-dimethoxyphenylboronic acid C8H11BO4 14066
107147-13-7 cis-2-(4-methylbenzoyl)-1-cyclohexanecarboxy C15H18O3 28540
107149-56-4 chlorodiethylisopropylsilane C7H17ClSi 12314
107263-95-6 N-fluoropyridinium triflate C6H5F4NO3S 6788
107264-00-6 N-fluoro-2,4,6-trimethylpyridinium trifla C9H11F4NO3S 16884
107264-06-2 N-fluoro-3,5-dichloropyridinium triflate C6H3Cl2F4NO3S 6280
107358-77-0 9,10-difl-2,3-dihydro-2-methyl-7-oxo-7H-py C13H9F2NO4 25534
107494-37-1 3-undecanol, (R)- C11H24O 23058
107534-96-3 tebuconazole C16H23ClN3O 29538
107535-73-9 2,3,5,6-tetrafluorobenzoyl chloride C7HClF4O 9425
107555-93-1 1,2,3,7,8-pentabromodibenzofuran C12H3Br5O 23146
107559-02-4 2-methyl-6-phenylbenzothiazole C14H11NS 26861
107564-21-6 2,7-diamino-3,8-dimethylphenazine C14H14N4 27131
107572-59-8 3,5-bis(3,4-dimethoxyphenyl)-1H-1,2,4-tria C18H19N3O4 30708
107574-57-2 2-methyl-1-(2-naphthyl)-1-propanone C14H14O 27144
107667-60-7 zinc L-carnosine C9H12N4O3Zn 17073
107770-92-3 3,4'-ditolyl sulfide C14H14S 27192
107796-29-2 (R)-(+)-4-phenyl-1,3-dioxane C10H12O2 19607
107796-30-5 (S)-(-)-4-phenyl-1,3-dioxane C10H12O2 19608
108149-60-6 methyl (S)-(-)-3-(tert-butoxycarbonyl)-2,2- C12H21NO5 24645
108278-70-2 1-nitrosomethoxyethylurea C4H9N3O3 3774
108278-73-5 N-methoxycarbonylmethyl-N-nitrosourea C4H7N3O4 3306
108319-06-8 temafloxacin C21H18F3N3O3 32684
108329-81-3 4-N-boc-amino-4-carboxytetrahydrothiopyran C11H19NO4S 22653
108365-83-9 2-chloro-1,1-dimethoxy-2-butene C6H11ClO2 8036
108438-40-0 1-naphthyl pentyl ether C15H18O 28534
108448-77-7 (2S)-bornane-10,2-sultam C10H17NO2S 20568
108544-97-4 5,6-dichlorovanillic acid C8H6Cl2O4 12824
108554-72-9 allyl tetraisopropylphosphorodiamidite C15H33N2OP 28945
108648-25-5 [(4-fluorophenoxy)methyl]oxirane C9H9FO2 16347
108682-50-4 3,3,3-trifluorolactic acid methyl ester dim C6H10F3O6P 7707
108682-51-5 3,3,3-trifluorolactic acid methyl ester di C8H14F3O6P 14519
108682-53-7 3,3,3-trifluorolactic acid methyl ester d C12H22F3O6P 24681
108682-54-8 3,3,3-trifluorolactic acid methyl ester d C14H26F3O6P 27787
108682-55-9 3,3,3-trifluorolactic acid methyl ester d C16H30F3O6P 29652
108682-57-1 3,3,3-trifluorolactic acid methyl ester d C12H22F3O6P 24682
108698-12-0 3,3,3-trifluorolactic acid methyl ester d C10H18F3O6P 20651
108789-36-2 5-bromo-4-chloro-3-indoxyl-a-D-glucopyr C14H15BrClNO6 27202
108836-86-8 6-methyl-6-pentadecanol C16H34O 29770
108847-20-7 dibenzothiophene-4-boronic acid C12H9BO2S 23353
108847-76-3 thianthrene-1-boronic acid C12H9BO2S2 23354
108965-84-0 methyl cis-2,trans-4-decadienoate C11H18O2 22599
108965-86-2 methyl cis-2,cis-4-decadienoate C11H18O2 22598
108999-93-5 (1S,4R)-N-boc-1-aminocyclopent-2-ene-4-carb C11H17NO4 22533
109028-10-6 7-trifluoromethyl-4-(4-methyl-1-piperazi C21H21F3N4O4 32766
109201-26-5 imidazolium dichromate C6H10Cr2N4O7 7702
109227-12-5 2-fluoro-6-(trifluoromethyl)benzoyl chlorid C8H3ClF4O 12467
109299-92-5 3-[(E)-2-butenoyl]-1,3-oxazolidin-2-one C7H9NO3 11015
109322-04-5 2-chloro-6H-indolo(2,3-b)quinoxaline-6-a C25H20ClN5O3 34062
109392-90-7 phenyl acridine-9-carboxylate C20H13NO2 31853
109460-96-0 methyl 2-cyano-3-(2-bromophenyl)acrylate C11H10BrNO2 21605
109467-69-8 diethyl 3,3-dimethylcyclohex-1-enylphosphon C12H23O4P 24816
109527-43-7 (1R,2S)-(-)-trans-2-(1-methyl-1-phenylethyl)c C15H22O 28667
109527-45-9 (1S,2R)-(+)-trans-2-(1-methyl-1-phenylethyl)c C15H22O 28668
109541-21-1 6-chloro-7-nitroquinoxaline C8H4ClN3O2 12518
109613-00-5 4-acetylphenyl trifluoromethanesulfonate C9H7F3O4S 16005
109853-34-1 3-exo-(benzyloxycarbonylamino)bicyclo[2.2.1 C16H17NO4 29332
109856-85-1 (R)-(+)-1,2-epoxydodecane C12H24O 24858
109919-26-8 4-amino-3-bromo-5-chlorobenzotrifluoride C7H4BrClF3N 9606
110011-81-9 3,4,5-trimethoxy-a-vinylbenzyl alcohol aceta C14H18O5 27501
110044-82-1 calpain inhibitor I C20H37N3O4 32432
110104-60-4 methyl (E)-4-chloro-3-methoxy-2-butenoate C6H9ClO3 7510
110143-05-0 2',3'-dideoxy-2'-fluoroadenosine C10H12FN5O2 19425
110147-48-3 methyl 10-(3-morpholinopropyl)phenothiazi C21H24N2O2S 32837
110270-42-3 (R)-(+)-1-fluoro-2-octanol C8H17FO 15275
110318-09-7 ethyl 2,4-hexadienate C8H12O2 14349
110319-68-1 N,N'-bis(3-aminopropyl)-2-butene-1,4-diamine C10H24N4 21434
110383-31-8 3-methyl-3-hexen-2-ol C7H14O 11865
110429-62-4 clethodim C17H26ClNO3S 30245
110556-33-7 methyl (R)-(+)-3-bromo-2-methylpropionate C5H9BrO2 5019
110559-84-7 1-nitroso-1-ethyl-3-(2-oxopropyl)urea C6H11N3O3 8188

110559-85-8 1-nitroso-1-oxopropyl-3-chloroethylurea C6H10ClN3O3 7683
110763-36-5 1-methoxy-1-methylamino-2-nitroethylene C4H8N2O3 3447
110795-27-2 butyl N-butyl-N-nitrocarbamate C9H18N2O4 17989
110847-02-4 (1R,3S)-2,2-dimethyl-3-(2-oxopropyl)-cyclopr C10H15NO 20249
110874-83-4 methyl 3-oxo-6-octenoate; predominantly trans C9H14O3 17490
110877-64-0 2-chloro-4,5-difluorobenzoic acid C7H3ClF2O2 9504
111109-77-4 di(propylene glycol) dimethyl ether, isomers C8H18O3 15582
111122-57-7 N-decanoyl-D-erythro-sphingosine, synthetic C28H55NO3 34715
111128-12-2 2-(4-bromomethyl)phenylpropionic acid C10H11BrO2 19234
111195-33-6 3',4'-(dioctyloxy)acetophenone C24H40O3 33946
111196-81-7 2-chloro-5-ethylpyrimidine C6H7ClN2 7146
111293-23-3 (-)-bis[(S)-1-(ethoxycarbonyl)ethyl] fumarat C14H20O8 27614
111302-96-6 cis-2-amino-4-cyclohexene-1-carboxamide C7H12N2O 11384
111317-19-2 5,7-dimethyl-3,5,9-decatrien-2-one C12H18O 24454
111479-05-1 2-isopropylideneamino-oxyethyl (R)-2-(4- C22H22ClN3O5 33227
111675-77-5 2-methyl-1-heptanol, (±) C8H18O 15522
111767-95-4 5-methyl-1-heptanol, (±) C8H18O 15523
111768-02-6 2,4-dimethyl-1-pentanol, (±) C7H16O 12203
111768-04-8 2-methyl-1-hexanol, (±) C7H16O 12206
111768-05-9 4-methyl-1-hexanol, (±) C7H16O 12208
111768-08-2 3-methyl-1-hexanol, (±) C7H16O 12207
111771-08-5 2-fluoro-6-iodobenzoic acid C7H4FIO2 9771
111772-90-8 1-bromo-12-methyltridecane C14H29Br 27896
111821-49-9 4-borono-D-phenylalanine C9H12BNO4 17021
111823-35-9 3-methyl-2-isopropyl-1-butene C8H16 14991
111897-18-8 3-octadecanol, (±) C18H38O 31142
111955-14-7 N-nitroso-N-p-nitrophenyl-D-ribosylamine C11H13N3O7 22020
111991-09-4 nicosulfuron C15H18N6O6S 28531
112068-01-6 (S)-(-)-a,a-diphenyl-2-pyrrolidinemethanol C17H19NO 30090
112143-82-5 triazamate C13H22N4O3S 26372
112245-13-3 L-tert-leucinol C6H15NO 9225
112275-50-0 1-boc-homopiperazine C10H20N2O2 20980
112419-76-8 (S)-(-)-1-phenyl-1-decanol C16H26O 29610
112456-46-9 2,6,6-trimethylbicyclo[3.1.1]heptane, (1alpha, C10H18 20621
112489-85-7 dihydro-3-phenyl-2,5-furandione, (±) C10H8O3 18771
112704-79-7 4-bromo-2-fluorobenzoic acid C7H4BrFO2 9619
112725-15-2 1-hydroxy-3-(methylnitrosamino)-2-propanone C6H10N2O4 7746
112839-32-4 cis-furconazole C15H14Cl2F3N3O2 28266
112883-43-9 (S)-N-fmoc-2-naphthylalanine C28H23NO4 34599
112897-97-9 trans-3,4-difluorocinnamic acid C9H6F2O2 15884
112898-33-6 trans-2,5-difluorocinnamic acid C9H6F2O2 15885
112898-44-9 methyl (S)-(-)-1-methyl-2-oxocyclohexaneprop C11H18O3 22617
113116-18-0 1,1,1,2,2,3,3,7,7,8,8,9,9,9-tetradecafluoro C9H2F14O2 15773
113124-69-9 8,9,10,11-tetrahydro-3-methoxy-1H-indole(3 C16H14N2O3 29146
113170-71-1 4-amino-3-bromo-5-nitrobenzotrifluoride C7H4BrF3N2O2 9627
113187-28-3 allyl p,p-diethylphosphonoacetate C9H17O5P 17858
113211-94-2 a-bromo-2,3-difluorotoluene C7H5BrF2 9868
113215-72-8 4-tert-butylcalix[4]arene tetraacetic acid C54H66O12 35853
113269-09-3 6-bromo-7-nitroquinoxaline C8H4BrN3O2 12504
113426-22-5 3-methyl-2-octene C9H18 17947
113666-64-1 2-undecanol, (±) C11H24O 23057
113698-18-3 3-methoxy-6-methyl-7,8,9,10-tetrahydro-11H C17H16N2O3 30004
113698-22-9 3-methoxy-6-methylindolo(3,2-c)quinoline-1 C17H12N2O3 29886
113779-16-1 benzo(L)cyclopenta(cd)pyrene C22H12 33084
113798-74-6 2,3,6-trifluorophenol C6H3F3O 6340
113826-06-5 (2R)-(-)-glycidyl tosylate C10H12O4S 19693
113869-06-0 coumarin 314t C22H27NO4 33303
114119-92-5 N-9H-fluoren-2-yl-N-nitrosoacetamide C15H12N2O2 28166
114162-64-0 5-bromo-4-chloro-3-indolyl-b-d-glucuro C20H26BrClN2O7 32263
114180-21-1 1-chloro-2-methylbutane, (±) C5H11Cl 5628
114369-43-6 fenbuconazole C20H19ClN4 32095
114389-70-7 (1S,2R)-(-)-2-(dibutylamino)-1-phenyl-1-prop C17H29NO 30277
114446-55-8 (S)-(-)-2-bromo-a-methylbenzyl alcohol C8H9BrO 13555
114489-96-2 isobutyl 2-chloropropanoate C7H13ClO2 11605
114651-37-5 1,4-cyclohexanedimethanol vinyl ether C10H18O2 20785
114720-33-1 Styryl 7 C28H30N2O3S2 34622
114873-00-6 (S)-N-boc-2-fluorophenylalanine C14H18FNO4 27436
114873-01-7 (S)-N-boc-3-fluorophenylalanine C14H18FNO4 27437
114873-10-8 (R)-N-boc-2-fluorophenylalanine C14H18FNO4 27438
114873-11-9 (R)-N-boc-3-fluorophenylalanine C14H18FNO4 27439
114873-13-1 (R)-N-boc-3,4-dichlorophenylalanine C14H17Cl2NO4 27389
114971-52-7 benzyltrimethylammonium dichloroiodate C10H16Cl2IN 20382
115014-77-2 cis-2-amino-1-cyclohexanecarboxamide C7H14N2O 11786
115029-24-8 a,a,a,2-tetrafluoro-p-toluic acid C8H4F4O2 12562
115066-14-3 CNQX C9H4N4O4 15801
115113-98-9 2-hepten-4-ol, (±) C7H14O 11856
115144-40-6 3,4-difluoroanisole C7H6F2O 10310
115186-37-3 N-(tert-butoxycarbonyl)-L-proline n'-metho C12H22N2O4 24687
115310-98-0 2,4-dimethyl-8-quinolinol C11H11NO 21737
115314-14-2 (S)-(+)-glycidyl nosylate C9H9NO6S 16481
115314-17-5 (R)-(-)-glycidyl nosylate C9H9NO6S 16482
115362-13-5 (2R,3R)-(+)-2,3-epoxy-3-(4-bromophenyl)-1-pr C9H9BrO2 16272
115383-22-7 carbon (fullerene-c70) C70 35959
115457-83-5 methyl-6-O-(N-heptylcarbamoyl)-a-D-glucopyr C15H29NO7 28853
115491-93-5 diallyl pyrocarbonate C8H10O5 14033
115566-02-4 bistramide A C40H68N2O8 35611
115609-71-7 2-amino-3,5,7-trimethylimidazo(4,5-f)quinoxa C12H13N5 23881
115651-77-9 (1R,2S)-(+)-2-(dibutylamino)-1-phenyl-1-prop C17H29NO 30278
115662-09-4 8-hydroxy-1,1,7,7-tetramethyljulolidine-9-c C17H23NO2 30206
115722-24-2 L-arginyl-L-leucyl-L-isoleucyl-L-prolyl-L C54H82N14O8 35858
115722-25-3 L-arginyl-L-asparaginyl-L-arginyl-L-leu C74H119N25O14 35971
116248-39-6 1-methyl-5-nitro-2-((phenylsulfonyl)methy C11H11N3O4S 21781
116255-48-2 bromoconazole C13H12BrCl2N3O 25746
116279-08-4 3-cyclopentyl-1-propyne C8H12 14249
116355-83-0 fumonisin B1 C34H59NO15 35255
116355-84-1 fumonisin B2 C34H59NO14 35254
116376-29-5 2-[2-(benzyloxy)ethyl]-5,5-dimethyl-1,3-diox C15H22O3 28679
116422-39-0 (S)-(+)-2-methoxypropanol C4H10O2 3901
116435-30-4 1,3,3-trimethylbicyclo[2.2.1]heptane, (+) C10H18 20618
116435-95-1 propyl 2,3-dihydroxypropanoate C6H12O4 8573
116526-84-2 2-(4-nitrophenoxy)tetradecanoyl chloride C20H30ClNO4 32335
116529-73-8 1,4-diiodo-2-butyne C4H4I2 2561
116530-63-3 2-nitrophenyl 2-methylpropanoate C9H17NO4 17842
116530-99-5 ethyl 2-isopropyl-5-methylcyclopentanecarbox C12H22O2 24705
116611-45-1 (2R)-2-boc-amino-3-phenylsulfonyl-1-(2-tet C19H29NO6S 31615
116619-64-8 (R)-(+)-1,2-epoxytetradecane C14H28O 27868
116632-39-4 5-bromo-2-iodotoluene C7H6BrI 10162
116632-47-4 3-propylpyrrolidine C7H15N 12043
116668-34-9 4,6-dimethylbenzofuran C10H10O 19094
116668-40-7 2-decen-4-yne C10H16 20333
116668-44-1 2-methyl-4-hepten-2-ol C8H16O 15112
116668-45-2 2-methyl-3-hepten-2-ol C8H16O 15111
116668-47-4 6-amino-2-naphthoic acid C11H9NO2 21574
116668-48-5 2,6-dimethyl-2,5-octadiene C10H18 20610
116668-49-6 3,6-dimethyl-2,6-octadiene C10H18 20612
116668-50-9 4-chloro-2-octene C8H15Cl 14755
116696-85-6 (2S)-2-boc-amino-3-phenylsulfonyl-1-(2-tet C19H29NO6S 31616
116697-35-9 cis-2-ethylcyclohexanol, (±) C8H16O 15129
116723-89-8 trans-bis(2-methylphenyl)diazene 1-oxide C14H14N2O 27107
116723-90-1 trans-bis(3-methylphenyl)diazene 1-oxide C14H14N2O 27109
116723-93-4 2-chloro-2-buten-1-ol C4H7ClO 3124
116723-94-5 butyl 3,4-dichlorobutanoate C8H14Cl2O2 14515
116723-95-6 isobutyl 2-hydroxybutanoate C8H16O3 15217
116723-96-7 1-methylpentyl butanoate, (S) C10H20O2 21051
116723-97-8 ethyl 2,2,3-trichlorobutanoate C6H9Cl3O2 7516
116724-10-8 N-ethyl-2-butanamine, (±) C6H15N 9205
116724-11-9 sec-butyl isothiocyanate (±) C5H9NS 5260
116724-15-3 diethyl cis-1,4-cyclohexanedicarboxylate C12H20O4 24598
116724-17-5 2,3,3-trimethylcyclohexanol C9H18O 18027
116724-18-6 1,5,6-trimethylcyclohexene C9H16 17620
116747-79-6 bis-homotris C10H23NO3 21412
116779-77-2 1,1,4,4-tetrabromobutane C4H6Br4 2788
116779-78-3 1,2,2,3-tetrabromobutane C4H6Br4 2789
116781-85-2 2-nitrobutane, (±) C4H9NO2 3715
116781-86-3 5-methyl-1,3-cyclohexadiene, (±) C7H10 11053
116783-11-0 beta-methylbenzenebutanol, (±) C11H16O 22420
116783-12-1 alpha-ethyl-alpha-methylbenzeneethanol, (±) C11H16O 22416
116783-21-2 1,3-diphenylbutane, (±) C16H18 29346
116783-23-4 sec-butyl methyl ether C5H12O 5847
116783-28-9 cis-2-chlorocyclohexanol, (±) C6H11ClO 8018
116783-29-0 cis-2,4-dimethylcyclohexanone C8H14O 14550
116836-06-7 1-methyl-2-(3-methylphenyl)hydrazine C8H12N2 14284
116836-10-3 1-bromo-4-methyl-1-isopropylcyclohexane C10H19Br 20860
116836-12-5 2-nitrooctane, (±) C8H17NO2 15332
116836-13-6 5-methyl-1-octen-3-one C9H16O 17692
116836-16-9 2-amino-3-pentanol C5H13NO 5967
116836-19-2 phenyl 2-phenoxybutanoate C16H16O3 29292
116836-20-5 diethyl 1,3-dihydro-1,3-dioxo-2H-indene-2,2- C15H14O6 28330
116836-21-6 2,5-diethylpiperidine C9H19N 18134
116836-30-7 cis-9-undecenoic acid C11H20O2 22704
116836-32-9 sec-butyl pentanoate C9H18O2 18074
116836-55-6 sec-butyl butanoate, (S) C8H16O2 15180
116862-65-8 trans-5-(2-propenylidene)-1,3-cyclopentadiene C8H8 13239
116908-78-2 cis-2-hydroxy-3-pentenenitrile C5H7NO 4671
116908-83-9 2-ethylpentanoic acid, (±) C7H14O2 11886
116908-84-0 2-methylpentanoyl chloride, (±) C6H11ClO 8026
116908-85-1 3-methylpentanoyl chloride, (±) C6H11ClO 8027
116910-11-3 (3S-cis)-(+)-2,3-dihydro-3-isopropyl-7a-met C10H15NO2 20272
117142-26-4 (S)-N-boc-(3-pyridyl)alanine C13H18N2O4 26192
117241-25-5 3',4'-(didodecyloxy)benzaldehyde C31H54O3 35017
117482-84-5 3-chloro-4-fluorobenzonitrile C7H3ClFN 9493
117559-89-4 1,2-dimethoxy-4-(2-fluoroethyl)benzene C10H13FO2 19750
117591-20-5 calpeptin C20H30N2O4 32341
117924-33-1 di-tert-butyl N,N-diethylphosphoramidite C12H28NO2P 25375
117929-12-1 4,5-dihydro-2,7-dinitropyrene C16H10N2O4 28995
117929-13-2 4,5,9,10-tetrahydro-2,7-dinitropyrene C16H12N2O4 29048
117929-14-3 2-nitro-4,5-dihydropyrene C16H11NO2 29017
117929-15-4 2,7-dinitropyrene C16H8N2O4 28969
117946-91-5 luzindole C19H20N2O 31447
118060-27-8 4-nitrodibenzo-18-crown-6 C20H23NO8 32207
118200-96-7 (2S)-(+)-(2,3-epoxy-2-methyl propyl ester)- C11H11NO5 21772
118428-37-8 (-)-pimobendan C19H18N4O2 31414
118428-38-9 (+)-pimobendan C19H18N4O2 31415
118448-18-3 calcium bis(2,2,6,6-tetramethyl-3,5-heptan C22H38CaO4 33403
118468-33-0 3',4'-(didecyloxy)acetophenone C28H48O3 34703
118468-34-1 3',4'-(didecyloxy)benzaldehyde C27H46O3 34534
118486-94-5 2-(tributylstannyl)furan C16H30OSn 29659
118528-85-1 S-methyl 4,4,4-trifluoro-1-thioacetoacetate C5H5F3O2S 4382
118628-68-5 (1R,2R)-(+)-N,N'-dimethyl-1,2-diphenyl-1,2-e C16H20N2 29451
118629-59-7 tetra-n-pentylcalix[4]resorcinolarene C48H64O8 35806
118876-58-7 2,3-dihydroxy-6-nitro-7-sulphamoylbenzo[f] C12H8N4O6S 23331
119009-75-6 hydrotris(3-isopropyl-4-bromopyrazol-1- C18H25BBr3KN6 30864
119033-84-0 4-(p-chlorophenyl)thiosemicarbazone-1H-py C12H11ClN4S 23595
119033-85-1 4-(p-chlorophenyl)thiosemicarbazone 1-met C13H13ClN4S 25843
119033-87-3 4-(p-methoxyphenyl)thiosemicarbazone 1-met C14H16N4OS 27369
119033-91-9 4-(m-methoxyphenyl)semicarbazone-1H-pyrrol C13H14N4O2 25984
119033-92-0 4-(m-methoxyphenyl)semicarbazone 1-methyl- C14H16N4O2 27370
119033-98-6 4-(m-chlorophenyl)semicarbazone-1H-pyrrol C12H11ClN4O 23593
119033-99-7 4-(m-chlorophenyl)semicarbazone 1-methyl- C13H13ClN4O 25841
119034-00-3 4-(p-methoxyphenyl)semicarbazone-1H-pyrrol C13H14N4O2 25985
119034-01-4 4-(p-methoxyphenyl)semicarbazone 1-methyl- C14H16N4O2 27371
119034-03-6 4-(p-butoxyphenyl)semicarbazone-1H-pyrrole C16H20N4O2 29461
119034-04-7 4-(p-butoxyphenyl)semicarbazone 1-methyl-1 C17H22N4O2 30190
119034-06-9 4-(p-octyloxyphenyl)semicarbazone-1H-pyrro C20H28N4O2 32310
119034-07-0 4-(p-octyloxyphenyl)semicarbazone 1-methyl C21H30N4O2 32949
119034-08-1 4-(p-nitrophenyl)semicarbazone-1H-pyrrole- C12H11N5O3 23668
119034-09-2 4-(p-nitrophenyl)semicarbazone 1-methyl-1H C13H13N5O3 25896
119034-14-9 4-phenylsemicarbazone-1H-pyrrole-2-carboxal C12H12N4O 23756
119034-15-0 4-phenylsemicarbazone 1-methyl-1H-pyrrole-2 C13H14N4O 25978
119034-17-2 4-(p-chlorophenyl)semicarbazone-1H-pyrrol C12H11ClN4O 23594
119034-18-3 4-(p-chlorophenyl)semicarbazone 1-methyl- C13H13ClN4O 25842
119034-20-7 4-(p-bromophenyl)semicarbazone-1H-pyrrole C12H11BrN4O 23587
119034-21-8 4-(p-bromophenyl)semicarbazone 1-methyl-1 C13H13BrN4O 25835
119034-23-0 4-(p-sulfamoylphenyl)semicarbazone-1H-pyr C12H13N5O3S 23883
119034-24-1 4-(p-sulfamoylphenyl)semicarbazone 1-meth C13H15N5O3S 26039
119168-77-3 4-chloro-N-((4-(1,1-dimethylethyl)phenyl) C18H24ClN3O 30840
119235-89-1 3-(trimethylsilyl)-1,2-propanediol C6H16O2Si 9318
119279-48-0 titanium(iv)tert-butoxide C16H36O4Ti 29827
119322-88-2 (4S,5S)-4,5-di(aminomethyl)-2,2-dimethyldio C7H16N2O2 12154
119392-95-9 (R)-(+)-N,N-dimethyl-1-(1-naphthyl)ethylamine C14H17N 27396
119422-08-1 N,N'-bis(4-(ethylamino)butyl)-1,4-butanediam C16H38N4 29833
119434-75-2 (S)-N-boc-4-thiazoylalanine C11H16N2O4S 22393
119446-68-3 difenoconazole C19H17Cl2N3O3 31372
119450-45-2 2,2-dichlorotetradecanal C14H26Cl2O 27785
119718-89-7 (R)-(+)-a-acetoxyphenylacetonitrile C10H9NO2 18900
119807-84-0 (R)-2-benzylsuccinic acid-1-methyl ester C12H14O4 24011
119830-32-9 (S)-2-amino-3-(benzylamino)propanoic acid C10H14N2O2 19946
119838-44-7 (R)-(+)-1-(tert-butoxycarbonyl)-2-tert-but C13H24N2O3 26410
120042-13-9 3-azido-2-methyl-DL-alanine C4H8N4O2 3465
120120-26-5 triethyl(trifluoromethyl)silane C7H15F3Si 12019
120341-04-0 1-aminobenzimidazole-2-sulfonic acid C7H7N3O3S 10705
120850-92-2 (R,R)-(-)-1,2-dicyclohexyl-1,2-ethanediol C14H26O2 27802
120928-09-8 fenazaquin C20H22N2O 32166
121010-10-4 (±)-1-(2-(1-cyclopenten-1-yl)phenoxy)-3-((1 C18H27NO2 30907
121045-73-6 (S)-(-)-N,N-dimethyl-1-(1-naphthyl)ethylamine C14H17N 27397
121153-49-9 (+)-(1S,2R,3S,6R)-7-oxabicyclo(4.1.0)hept-4-ene C6H8O3 7445
121219-16-7 2,3-difluorophenylboronic acid C6H5BF2O2 6648
121602-93-5 3,4,5-trifluorobenzoic acid C7H3F3O2 9579
121758-19-8 (1R,2R)-N,N'-di-p-toluenesulfonyl-1,2-di C28H28N2O4S2 34609
121906-42-1 (R)-(+)-glycidyl pentyl ether C8H16O2 15203
121906-44-3 (R)-(+)-glycidyl heptyl ether C10H20O2 21064
122002-00-0 p-ethylcalix[7]arene C63H70O7 35933
122030-04-0 2,4,6-trifluorobenzotrifluoride C7H2F6 9468
122185-09-5 1,10-bis-trimethoxysilyldecane C16H38O6Si2 29835
122349-91-1 7-amino-2,4,6-trimethylquinoline C12H14N2 23919
122383-34-0 (3S-cis)-(-)-3-phenyltetrahydropyrrolo-[2,1 C12H13NO2 23841

670

144104-59-6 5-indolylboronic acid C8H8BNO2 13243
144139-73-1 dotap mesylate C43H83NO7S 35734
144177-48-0 (+)-chloromethyl isomenthyl ether C11H21ClO 22758
144222-34-4 (1R,2R)-(-)-N-(4-toluenesulfonyl)-1,2-dip C21H22N2O2S 32807
144284-25-3 2,4,5-trifluorobenzyl alcohol C7H5F3O 10008
144429-21-0 4-(vinyloxy)butyl benzoate C13H16O3 26107
144741-95-7 (R,R)-(+)-1,2,9,10-diepoxydecane C10H18O2 20789
144851-61-6 2-fluoro-6-(trifluoromethyl)aniline C7H5F4N 10019
144896-51-5 4-benzyloxy-3,5-dimethylbenzaldehyde C16H16O2 29284
145022-44-2 1-ethyl-3-methylimidazolium trifluoromet C7H11F3N2O3S 11264
145100-50-1 N-(2-pyridyl)bis(trifluoromethanesulfonim C7H4F6N2O4S2 9817
145107-27-3 [3aR-(3aa,5ab,6ab,6ba)]-3a,5a,6a,6b-tetrahydr C9H12O3 17200
145206-40-2 (S)-N-boc-2-furylalanine C12H17NO5 24341
145237-28-1 O,O-bis(diethoxyphosphoryl)calix[4]arene C36H42O10P2 35358
145432-51-5 (2S,3R)-N-boc-2-amino-3-phenylbutyric acid C15H21NO4 28624
146070-34-0 2-fluoro-4-(trifluoromethyl)benzonitrile C8H3F4N 12483
146137-78-2 2-fluoro-5-(trifluoromethyl)benzaldehyde C8H4F4O 12552
146177-59-5 2-amino-3,4,5-trimethylimidazo(4,5-f)quinoxa C12H13N5 23880
146177-60-8 2-amino-3,4,5,8-tetramethylimidazo(4,5-f)qui C13H15N5 26035
146502-80-9 (1R)-(-)-neomenthyl acetate C12H22O2 24717
146549-21-5 (S)-N-fmoc-allylglycine C20H19NO4 32102
146622-68-6 4,4'(5')-di-tert-octyldibenzo-18-crown-6 C36H56O6 35385
146631-00-7 4-benzyloxybenzeneboronic acid C13H13BO3 25833
146724-94-9 deta nonoate C4H13N5O2 4119
146727-62-0 (R)-N-boc-4-cyanophenylalanine C15H18N2O4 28516
147241-85-8 2-((3,4-dihydro-2-methyl-4-(3-(trifluorom C21H24F3NO2 32832
147253-67-6 (-)-1,2-bis((2R,5R)-2,5-dimethylphospholano) C18H28P2 30940
147624-13-3 3-fluoro-2-methylbenzaldehyde C8H7FO 13063
147782-22-7 25,26,27,28-tetrapropoxycalix[4]arene C40H48O4 35587
148256-63-7 2,5-dibromo-3-dodecylthiophene C16H26Br2S 29600
148348-13-4 a,a,4,4-tetramethyl-2-(1-methylethyl)-N-(2- C16H32N2O 29715
148461-12-5 (4S)-(-)-4,5-dihydro-2-[2'-(diphenylphosphi C24H24NOP 33819
148819-94-7 carboxy-ptio C14H16KN2O4 27329
148864-94-2 (4"R)-4"-(acetylamino)-26-(benzoyloxy)-5 C57H79NO16 35893
148865-00-3 avermectin A1A, 4"-(acetylamino)-5-o-deme C54H83NO17 35859
148865-08-1 5-o-demethyl-26-hydroxy-4"-o-((2- methoxye C52H80O17 35845
148865-44-5 avermectin A1A, 22,23-dihydro-4"-(acetyla C54H85NO17 35863
149013-84-3 trimethylstannylmethyldiphenylsilan C16H22SiSn 29535
149099-23-0 2-ethoxy-2-(2'-phenylsulfonylethyl)-1,3-dio C13H18O5S 26240
149104-88-1 4-(methanesulfonyl)phenylboronic acid C7H9BO4S 10938
149182-72-9 [(3S)-(3-1,2,3,4-tetrahydroisoquinolyl)]-N- C14H19N2O 27546
149341-33-3 (S)-(-)-1-(2-diphenylphosphino-1-naphthyl)is C31H22NP 34973
149341-34-4 (R)-(+)-1-(2-diphenylphosphino-1-naphthyl)is C31H22NP 34974
149488-93-7 2-chloro-6-fluorophenethylamine C8H9ClFN 13583
149625-80-9 6-O-(triisopropylsilyl)-D-galactal cyclic C16H28O5Si 29636
149849-42-3 (S-(R*,R*))-5,5'-((1,1,3,3-tetrabutyl-1 C26H48N2O7Sn2 34335
149947-19-3 4-bromo-2-fluorocinnamic acid C9H6BrFO2 15839
150151-21-6 1-((2,2',3,3'-tetramethyl(1,1'-biphenyl)-4- C26H24N2O 34250
150255-96-2 3-cyanophenylboronic acid C7H6BNO2 10140
150285-07-7 tert-amyl-tert-octylamine C13H29N 26561
150760-95-5 (formyloxy)acetonitrile C3H3NO2 1469
150884-56-3 N-boc-3-(4-cyanophenyl)oxaziridine C13H14N2O3 25963
151169-75-4 3,4-dichlorophenylboronic acid C6H5BCl2O2 6645
151258-40-1 4,5-dihydrobenzo(j)fluoranthene-4,5-diol C20H14O2 31905
151259-38-0 tert-butyl N,N-diallylcarbamate C11H19NO2 22644
151378-31-3 R-4,T-5-dihydroxy-T-6,6a-epoxy-4,5,6,6a-tetr C20H14O3 31921
151378-32-4 R-4,T-5-dihydroxy-C-6,6a-epoxy-4,5,6,6a-tetr C20H14O3 31920
151412-02-1 2,3,6-trifluorobenzyl bromide C7H4BrF3 9623
151412-40-7 p-tert-butylcalix[5]arene-crown-5-complex C63H84O8 35934
151637-59-1 DL-5-methyl-1,2,3,4-tetrahydroisoquinoline- C11H13NO2 21977
151907-79-8 (1R,4S)-N-boc-1-aminocyclopent-2-ene-4-carb C11H17NO4 22534
151910-11-1 (1S,2R)-N-boc-1-amino-2-phenylcyclopropanec C15H19NO4 28559
152155-79-8 N-acetyl-S-(2-hydroxyphenylethyl)-L-cystei C13H17NO4S 26145
152322-55-9 trans-4-hydroxy-2-nonenal C9H16O3 17754
152375-23-0 2,3-epoxy-4-hydroxynonanal C9H16O3 17752
152897-19-3 1,1,3,3-tetramethoxycyclobutane C8H16O4 15238
153608-51-6 tris(butylcyclopentadienyl)erbium C27H39Er 34472
153733-75-6 2-methyl-7-phenyl-1H-indene C16H14 29118
153745-22-3 (3S-cis)-(+)-7a-methyl-3-phenyltetrahydropy C13H15NO2 26019
153759-62-7 butyl(3-hydroxybutyl)tin dilaurate C32H64O5Sn 35121
153922-89-5 (S)-cyclohex-2-enylamine C6H11N 8099
154557-38-7 1-(trimethylsilyl)-2,3-bis(trimethylsilyl C12H32O2Si3 25413
154869-43-9 (8S-(8R*,16R*))-8,16-bis(2-oxopropyl)-1,9-di C20H30O7 32365
155379-82-1 2-methyl-6-nitro-1,4-benzenediamine C7H9N3O2 11037
155379-83-2 4-amino-3-nitro-2,5-dimethylaniline C8H11N3O2 14210
155622-18-7 N-(3-(2-hydroxy-4,5-dimethylphenyl)adama C21H30N2O4S2 32948
155798-37-1 9-(5-(4-(N-ethyl-N-(2-chloroethyl)amino)p C28H32ClN3O 34631
156051-16-0 3-bromotetrahydro-2-methyl-2H-pyran C6H11BrO 7989
156053-88-2 perfluoroethyl 2,2,2-trifluoroethyl ether C4H2F8O 2410
156153-52-5 (4"R)-4"-(acetylamino)-5-o-demethyl -4" C51H77NO15 35836
156153-56-9 22,23-dihydro-5-o-demethyl-26 -((2-methoxye C52H82O17 35846
156243-44-6 N,3,5-trimethyl-6-quinoxalinamine C11H13N3 22012
156275-96-6 triisopropylsilanethiol C9H22SSi 18434
156286-12-3 aziridino[2',3':1,2][60]fullerene C60HN 35915
156545-07-2 3,5-difluorophenylboronic acid C6H5BF2O2 6650
156682-54-1 3-benzyloxybenzeneboronic acid C13H13BO3 25834
156731-04-3 N-methoxymethylaza-12-crown-4 C10H21NO4 21125
156731-05-4 N-methoxymethylaza-18-crown-6 C14H29NO6 27909
157373-08-5 2,3,4-trifluorobenzoyl chloride C7H2ClF3O 9443
157769-14-7 calix[4]-bis-crown-6 C48H60O12 35805
157769-17-0 calix[4]-bis-1,2-benzo-crown-6 C56H60O12 35884
157928-97-7 N-(2,6-dimethylphenyl)-N-(2-((2,6-dimethyl C24H29N3O3 33865
157928-98-8 N-(2,6-dimethylphenyl)-3-methyl-2-oxo-1-py C15H20N2O2 28584
157928-99-9 N-(2,6-dimethylphenyl)-4-methyl-2-oxo-1-py C15H20N2O2 28585
158271-95-5 (R)-1-(2-hydroxy-1-phenylethyl)-1,5-dihydro C12H13NO2 23844
158358-96-4 (R)-(+)-3,3-difluoro-1,2-heptanediol C7H14F2O2 11773
158366-46-2 1-(1,3,5-trinitro-1H-pyrrol-2-yl)ethanone C6H4N4O7 6609
159092-67-8 1,6-dinitrophenanthrene C14H8N2O4 26646
159092-69-0 2,6-dinitrophenanthrene C14H8N2O4 26647
159092-71-4 2,10-dinitrophenanthrene C14H18N2O4 27462
159092-72-5 3,5-dinitrophenanthrene C14H8N2O4 26648
159092-73-6 3,10-dinitrophenanthrene C14H8N2O4 26650
159092-76-9 1,5,9-trinitrophenanthrene C14H7N3O6 26619
159092-78-1 1,6,9-trinitrophenanthrene C14H7N3O6 26618
159092-79-2 1,7,9-trinitrophenanthrene C14H7N3O6 26620
159092-80-5 2,5,10-trinitrophenanthrene C14H7N3O6 26621
159092-81-6 2,6,9-trinitrophenanthrene C14H7N3O6 26622
159092-84-9 3,6,9-trinitrophenanthrene C14H7N3O6 26624
159092-85-0 3,5,10-trinitrophenanthrene C14H7N3O6 26623
159212-35-8 (E)-1,3-dihydro-3-(((2-phenylethyl)amino)me C17H16N2O 29998
159453-24-4 N-carbobenzyloxy-S-phenyl-L-cysteine C17H17NO4S 30045
159610-82-9 (S)-N-fmoc-styrylalanine C26H23NO4 34243
159611-02-6 (S)-N-fmoc-(2-furyl)alanine C22H19NO5 33191
159689-88-0 3-(trifluoromethoxy)benzyl bromide C8H6BrF3O 12721
160434-49-1 3-bromo-4-fluorocinnamic acid C9H6BrFO2 15840
161024-80-2 (R)-N-boc-3-amino-3-phenylpropanoic acid C14H19NO4 27528
161282-95-7 1,3-dimethoxycalix[4]arenecrown-6 C40H46O8 35581
161282-96-8 1,3-diisopropoxycalix[4]arenecrown-6 C44H54O8 35748
161282-97-9 1,3-dioctyloxycalix[4]arenecrown-6 C54H74O8 35855
161436-13-1 1,2-dimethoxy-4-(2-fluoro-2-propenyl)benzen C11H13FO2 21935
161559-34-8 3,7-dihydro-1,3-dimethyl-7-(3-(methylpheny C17H21N5O2 30175
161596-62-9 (2S,4S)-(-)-azetidine-2,4-dicarboxylic acid C5H7NO4 4700
161596-63-0 (2R,4R)-(+)-azetidine-2,4-dicarboxylic acid C5H7NO4 4701
161660-94-2 (1S,3R)-N-boc-1-aminocyclopentane-3-carboxy C11H19NO4 22648
161696-98-6 5-methyl-6-methylaminoquinoxaline C10H11N3 19348
161696-99-7 N,2,5-trimethyl-6-quinoxalinamine C11H13N3 22011
161697-00-3 N,2,3,5-tetramethyl-6-quinoxalinamine C12H15N3 24053
161697-01-4 2,3-diethyl-5-methyl-6-methylaminoquinoxalin C14H19N3 27547
161697-02-5 N,5-dimethyl-3-phenyl-6-quinoxalinamine C16H15N3 29219
161697-03-6 2,3,5-trimethyl-6-quinoxalinamine C11H13N3 22010
161697-04-7 N,N,2,3,5-pentamethyl-6-quinoxalinamine C13H17N3 26149
161793-17-5 2,3,4-trifluorobenzaldehyde C7H3F3O 9577
161970-71-4 (3S-cis)-(+)-3,7a-diphenyltetrahydropyrrolo C18H17NO2 30610
162101-25-9 2,6-difluorophenylboronic acid C6H5BF2O2 6651
162291-01-2 (s)-(+)-1-[(r)-2-(dicyclohexylphosphino)fe C36H44FeP2 35359
162301-48-6 25,27-dipropoxycalix[4]arene C34H36O4 35227
162578-86-1 chlorodiisobutyloctadecylsilane C26H55ClSi 34376
162607-15-0 4-methylthiophene-2-boronic acid C5H7BO2S 4591
162607-18-3 5-chlorothiophene-2-boronic acid C4H4BClO2S 2513
162607-20-7 5-methylthiophene-2-boronic acid C5H7BO2S 4592
162856-35-1 (4R)-N-(tert-butyldimethylsilyl)azetidin- C10H19NO3Si 20902
162898-44-4 calix[4]-bis-2,3-naphtho-crown-6 C64H64O12 35941
162976-08-1 2,4-diethoxy-m-tolualdehyde C12H16O3 24251
163105-89-3 2-methoxy-5-pyridineboronic acid C6H8BNO3 7284
163125-34-6 1,1,2,2-tetramethoxycyclohexane C10H20O4 21084
163439-82-5 (3R,4R)-(-)-1-benzyl-3,4-pyrrolidindiol C11H15NO2 22264
164342-38-5 3-(ethoxymethylene)-1,1,1-trifluoro-2,4-pent C8H9F3O3 13647
164513-38-6 5-bromo-2-hydroxy-4-picoline C6H6BrNO 6913
164666-68-6 3-amino-6-chloro-2-picoline C6H7ClN2 7141
164858-78-0 (4R)-(+)-4,5-dihydro-2-[2'-(diphenylphosphi C24H24NOP 33820
164929-15-1 g-methyl-a-(trifluoromethyl)-g-valerolactone C7H9F3O2 10950
165038-32-4 (-)-chiracamphox C11H17NO2 22520
165047-24-5 2,4,5-trifluorobenzaldehyde C7H3F3O 9578
165535-45-5 phosphazene base p2-et C12H35N7P2 25416
165660-27-5 hydroxy naphthol blue, disodium salt C20H12N2Na2O11S3 31818
167316-27-0 (1S,2S)-(+)-N-(4-toluenesulfonyl)-1,2-dip C21H22N2O2S 32808
168267-41-2 3,4-difluorophenylboronic acid C6H5BF2O2 6652
168297-84-5 (S)-phenyl superquat C11H13NO2 21979
168609-07-2 C-benzylcalix[4]resorcinarene C56H48O8 35882
169243-86-1 (S)-N-fmoc-4-fluorophenylalanine C24H20FNO4 33774
169689-05-8 (1S,2S)-(-)-diaminocyclohexane-N,N'-bis(C44H40N2O2P2 35744
170141-63-6 3'-(trifluoromethoxy)acetophenone C9H7F3O2 16000
170564-98-4 (R)-3-amino-3-phenylpropan-1-ol C9H13NO 17309
170642-28-1 (R)-N-fmoc-allylglycine C20H19NO4 32103
170709-41-8 (1S,2S)-N,N'-di-p-toluenesulfonyl-1,2-di C28H28N2O4S2 34610
170899-08-8 (R)-N-boc-allylglycine C10H17NO4 20573
170918-42-0 (R)-phenyl superquat C11H13NO2 21980
171058-95-0 4-tert-butyl-calix[4]arene-crown-4-complex C50H66O6 35824
171243-30-4 3-fluoro-5-(trifluoromethyl)benzoyl chlorid C8H3ClF4O 12469
172222-30-9 grubb's catalyst C43H72Cl2P2Ru 35731
172843-97-9 4-N-boc-amino-4-carboxytetrahydropyran C11H19NO5 22654
172975-69-8 3,5-dimethylphenylboronic acid C8H11BO2 14061
173963-93-4 (S)-N-fmoc-4-cyanophenylalanine C25H20N2O4 34064
174391-26-5 O,O-bis(diethoxyphosphoryl)-tert-butylcal C52H74O10P2 35843
174810-09-4 (1R,2R)-(-)-1,2-diaminocyclohexane-N,N'- C52H44N2O2P2 35840
175205-33-1 2-(trifluoromethoxy)phenyl isothiocyanate C8H4F3NOS 12542
175277-76-6 2,4-difluorophenylthiourea C7H6F2N2S 10309
175277-95-9 2-ethyl-6-methyliodobenzene C9H11I 16885
175278-17-8 2-bromo-4-(trifluoromethoxy)aniline C7H5BrF3NO 9879
175453-07-3 (S)-N-fmoc-(3-pyridyl)alanine C23H20N2O4 33532
175453-08-4 (S)-N-fmoc-4-chlorophenylalanine C24H20ClNO4 33771
176098-88-7 5,11-dibromo-25,27-dipropoxycalix[4]arene C34H34Br2O4 35221
176236-88-7 2,3-epoxy-1,2,3,4-tetrahydroanthracene C14H12O 26935
176763-62-5 (1R,2R)-(-)-N,N'-bis(3,5-di-t-butylsalic C36H52CoN2O2 35372
177756-62-6 3-fluoro-4-methylbenzaldehyde C8H7FO 13064
177966-64-2 (R)-N-fmoc-4-fluorophenylalanine C24H20FNO4 33775
177985-32-9 2-chloro-4-fluorophenylacetic acid C8H6ClFO2 12751
178032-63-8 (1S,2R,6S,7R)-4,4-dimethyl-3,5-dioxa-8-azatr C9H13NO3 17350
179090-36-9 (R)-5-phthalimido-2-bromovaleric acid C13H12BrNO4 25747
179113-90-7 3-trifluoromethoxyphenylboronic acid C7H6BF3O3 10137
179897-89-3 5-bromo-2-fluorobenzonitrile C7H3BrFN 9481
180006-15-9 n-octylpentamethyldisiloxane C13H32OSi2 26572
180322-79-6 (1S,2S)-N-boc-1-amino-2-phenylcyclopropanec C15H19NO4 28560
180322-86-5 (1R,2R)-N-boc-1-amino-2-phenylcyclopropanec C15H19NO4 28561
181231-66-3 N,N-dimethyltriisopropylsilylamine C11H27NSi 23111
181231-67-4 butyldimethyl(dimethylamino)silane C8H21NSi 15736
182247-45-6 (S)-2-benzylsuccinic acid-1-methyl ester C12H14O4 24012
182287-51-0 2-N-boc-amino-3-(4-tetrahydropyranyl)propio C13H23NO5 26399
182500-26-1 2-(trifluoromethoxy)phenyl isocyanate C8H4F3NO2 12546
183249-37-7 3H-cyclopenta(c)phenanthrene C17H12 29869
183673-66-7 N-fmoc-amino-(4-N-boc-piperidinyl)carboxyl C26H30N2O6 34279
183673-71-4 4-N-boc-1,1-amino-piperidinyl carboxylic a C11H20N2O4 22688
185017-72-5 5-bromo-6-chloro-2-picoline C6H5BrClN 6659
185379-39-9 (R)-N-fmoc-(2-pyridyl)alanine C23H20N2O4 33533
185379-40-2 (S)-N-fmoc-(2-pyridyl)alanine C23H20N2O4 33534
185387-36-4 (2S,3S)-trans-3-(carboxymethyl)-azetidine-2-ac C6H9NO4 7567
185996-33-2 (S)-2,2-dimethyl-1,3-dioxolane-4-acetamide C7H13NO3 11671
186320-06-9 (S)-N-fmoc-3-thienylalanine C22H19NO4S 33188
186517-29-3 3-chloro-2-fluoro-6-(trifluoromethyl)benzal C8H3ClF4O 12465
186589-03-7 2-(difluoromethoxy)phenyl isocyanate C8H5F2NO2 12648
186589-12-8 4-bromo-2-(trifluoromethyl)phenyl isocyana C8H3BrF3NO 12456
188241-51-2 hexakis(diethoxyphosphoryl)calix[6]arene C66H90O24P6 35947
188264-84-8 (1S,2S)-(+)-N,N'-bis(3,5-di-t-butylsalic C36H52CoN2O2 35373
188582-62-9 4-bromo-2-fluorobenzyl alcohol C7H6BrFO 10161
188815-30-7 3-fluoro-5-(trifluoromethyl)benzaldehyde C8H4F4O 12553
189321-65-1 N-boc-amino-(4-N-boc-piperidinyl)carboxyli C16H28N2O6 29626
189807-20-3 2,3,6-trifluorobenzoyl chloride C7H2ClF3O 9444
189807-21-4 4-fluoro-2-(trifluoromethyl)benzoyl chlorid C8H3ClF4O 12470
190319-95-0 (S)-N-boc-2-(5-bromothienyl)alanine C12H16BrNO4S 24144
190774-47-1 4-bromo-2-chlorophenyl isocyanate C7H3BrClNO 9476
190774-48-2 2-bromo-4,6-difluorophenyl isocyanate C7H2BrF2NO 9440
190774-49-3 3-butyn-1-yl chloroformate C5H5ClO2 4364
190774-50-6 2-fluoro-5-methylphenyl isocyanate C8H6FNO 12841
190774-52-8 2-fluoro-3-(trifluoromethyl)phenyl isocyanat C8H3F4NO 12485
190774-53-9 2-fluoro-6-(trifluoromethyl)phenyl isocyanat C8H3F4NO 12486
190774-54-0 4-fluoro-2-(trifluoromethyl)phenyl isocyanat C8H3F4NO 12487
190774-56-2 2-methoxy-5-methylphenyl isothiocyanate C9H9NOS 16418
190774-57-3 2-propylphenyl isocyanate C10H11NO 19306
190774-58-4 2,3,4-trifluorophenyl isocyanate C7H2F3NO 9462
191403-65-3 (S)-3-acetoxy-g-butyrolactone C6H8O4 7454
193338-31-7 (2R,3R)-1-carboxy-4-chloro-2,3-dihydroxycycl C7H7ClO4 10537
193353-34-3 2,5-difluorophenylboronic acid C6H5BF2O2 6653
193885-59-5 (S)-N-fmoc-octylglycine C25H31NO4 34130
195827-82-8 methyl-2,3,4,6-tetra-O-benzyl-D-galactopyran C35H38O6 35291
196707-32-1 (R)-N-boc-4-fluorophenylglycine C13H16FNO4 26051
197013-45-9 (-)-diisopropyl O,O'-bis(trimethylsilyl)- C16H34O6Si2 29788

198545-46-9 (R)-N-fmoc-2-fluorophenylalanine C24H20FNO4 33776
198545-72-1 (R)-N-fmoc-3-fluorophenylalanine C24H20FNO4 33777
198545-76-5 (R)-N-fmoc-4-bromophenylalanine C24H20BrNO4 33763
198560-68-8 (S)-N-fmoc-3-fluorophenylalanine C24H20FNO4 33778
198561-04-5 (S)-N-fmoc-4-bromophenylalanine C24H20BrNO4 33764
201532-42-5 (R)-N-fmoc-2-thienylalanine C22H19NO4S 33189
201743-52-4 (4S)-4-bromomethyl-2-phenyl-1,3-dioxane C11H13BrO2 21914
202591-85-3 2-butyn-1-yl chloroformate C5H5ClO2 4365
204841-19-0 3-acetylphenylboronic acid C8H9BO3 13521
205495-66-5 (1S,2S)-(-)-1,2-diaminocyclohexane-N,N'- C52H44N2O2P2 35841
205504-03-6 (2R,3S)-1-carboxy-5-iodo-4-methyl-2,3-dihydro C8H9IO4 13662
205526-26-7 (S)-N-fmoc-2-fluorophenylalanine C24H20FNO4 33779
205526-34-7 (R)-N-fmoc-4-cyanophenylalanine C25H20N2O4 34065
205526-36-9 (S)-N-fmoc-3-cyanophenylalanine C25H20N2O4 34066
205526-37-0 (R)-N-fmoc-3-cyanophenylalanine C25H20N2O4 34067
205528-32-1 (S)-N-fmoc-4-thiazoylalanine C21H18N2O4S 32686
205528-33-2 (R)-N-fmoc-4-thiazoylalanine C21H18N2O4S 32687
205652-50-2 (2R,3S)-1-carboxy-4-isopropyl-2,3-dihydrocy C10H13KO4 19759
205829-16-9 DL-phenylalanine-d11 C9D11NO2 15765
206060-42-6 (S)-N-fmoc-3-amino-3-(3-nitrophenyl)propan C24H20N2O6 33789
206860-48-2 4-fluoro-2-(trifluoromethyl)benzyl bromide C8H5BrF4 12602
207291-85-8 2-fluoro-3-(trifluoromethyl)phenol C7H4F4O 9813
207974-17-2 2,6-difluorophenyl isothiocyanate C7H3F2NS 9572
207981-46-2 2-fluoro-5-(trifluoromethyl)benzoyl chlorid C8H3ClF4O 12471
208113-95-5 (S)-2-isopropylsuccinic acid-1-methyl ester C8H14O4 14709
208173-19-7 2-fluoro-3-(trifluoromethyl)benzoyl chlorid C8H3ClF4O 12472
209252-15-3 (S)-N-fmoc-3-amino-3-phenylpropanoic acid C24H21NO4 33804
212612-16-3 25-ethoxy-27-diethoxyphosphoryloxycalix[4]a C34H37O7P 35230
212755-76-5 methyl 4-trifluoromethylbenzoylacetate C11H9F3O3 21558
212755-83-4 2-(2-pyridyl)malondialdehyde C8H7NO2 13156
213270-36-1 (S)-2-isobutylsuccinic acid-1-methyl ester C9H16O4 17774
213270-44-1 (S)-2-cyclohexylsuccinic acid-1-methyl ester C11H18O4 22623
213697-53-1 2-dicyclohexylphosphino-2'-(N,N-dimethylamin C28H40NP 34665
213920-49-1 N,N'-bis(methoxymethyl)diaza-15-crown-5 C14H30N2O5 27921
213995-12-1 (R)-2-piperidinyl-1,1,2-triphenylethanol C25H27NO 34114
214262-85-8 ethyl 2-chloro-6-fluorophenylacetate C10H10ClFO2 18984
214262-87-0 2-chloro-4-fluorophenethyl alcohol C8H8ClFO 13264
214262-89-2 1-(2-fluorophenyl)cyclopentanecarbonitrile C12H12FN 23707
214262-90-5 1-(3-fluorophenyl)cyclopentanecarbonitrile C12H12FN 23708
214262-91-6 1-(3-fluorophenyl)cyclohexanecarbonitrile C13H14FN 25943
214262-96-1 1-(2-fluorophenyl)cyclopentanecarboxylic ac C12H13FO2 23812
214262-97-2 1-(3-fluorophenyl)cyclopentanecarboxylic ac C12H13FO2 23813
214262-98-3 1-(3-fluorophenyl)cyclohexanecarboxylic aci C13H15FO2 26005
214262-99-4 1-(4-fluorophenyl)cyclopentanecarboxylic ac C12H13FO2 23814
214263-00-0 1-(4-fluorophenyl)cyclohexanecarboxylic aci C13H15FO2 26006
214279-37-5 trimethylstannyldimethylvinylsilan C7H18SiSn 12394
214399-70-9 5-bromo-25,26,27,28-tetrapropoxycalix[4]ar C40H47BrO4 35582
215190-23-1 (R)-N-fmoc-styrylalanine C26H23NO4 34244
216144-70-6 5-fluoro-2-(trifluoromethyl)benzoyl chlorid C8H3ClF4O 12473
220497-47-2 (S)-N-fmoc-2-bromophenylalanine C24H20BrNO4 33765
220497-48-3 (S)-N-fmoc-3-bromophenylalanine C24H20BrNO4 33766
220497-50-7 (S)-N-fmoc-2-(5-bromothienyl)alanine C22H18BrNO4S 33166
220497-60-9 (S)-N-fmoc-(2-bromoallyl)glycine C20H18BrNO4 32066
220497-64-3 (1S,4R)-N-fmoc-1-aminocyclopent-2-ene-4-car C21H19NO4 32710
220497-65-4 (1R,4S)-N-fmoc-1-aminocyclopent-2-ene-4-car C21H19NO4 32711
220497-66-5 (1R,3S)-N-fmoc-1-aminocyclopentane-3-carbox C21H21NO4 32771
220497-67-6 (1S,3R)-N-fmoc-1-aminocyclopentane-3-carbox C21H21NO4 32772
220497-68-7 (S)-N-fmoc-3-amino-3-(4-bromophenyl)propa C24H20BrNO4 33761
220497-69-8 (S)-2-(cyclohexylmethyl)succinic acid-1-meth C12H20O4 24605
220497-75-6 (S)-2-(2-naphthylmethyl)succinic acid-1-meth C16H16O4 29305
220497-79-0 (R)-N-fmoc-2-bromophenylalanine C24H20BrNO4 33767
220497-81-4 (R)-N-fmoc-3-bromophenylalanine C24H20BrNO4 33768
220497-83-6 (R)-N-fmoc-2-(5-bromothienyl)alanine C22H18BrNO4S 33167
220497-85-8 (R)-N-fmoc-(2-furyl)alanine C22H19NO5 33192
220497-88-1 (1S,2R,3S,4S)-2,3-dihydroxy-4-(hydroxymethy C6H14ClNO3 8893
220497-90-5 (R)-N-fmoc-3-thienylalanine C22H19NO4S 33190
220497-92-7 (R)-N-fmoc-(2-bromoallyl)glycine C20H18BrNO4 32067
220497-93-8 (1S,3R,4S,6R)-N-boc-6-amino-2,2-dimethyltet C14H23NO6 27735
220497-94-9 (1R,3S,4R,6S)-N-boc-6-amino-2,2-dimethyltet C14H23NO6 27736
220497-96-1 (R)-N-fmoc-octylglycine C25H31NO4 34131
220498-02-2 (R)-N-fmoc-3-amino-3-phenylpropanoic acid C24H21NO4 33805
220498-04-4 (R)-N-fmoc-3-amino-3-(4-bromophenyl)propa C24H20BrNO4 33762
220498-07-7 (R)-2-cyclohexyl succinic acid-1-methyl este C11H18O4 22624
220498-08-8 (R)-2-isopropylsuccinic acid-1-methyl ester C8H14O4 14710
220507-10-8 (1R,2S,6R,7S)-4,4-dimethyl-3,5-dioxa-8-azatr C9H13NO3 17351
221037-98-5 3-iodophenylboronic acid C6H6BIO2 6901
224311-51-7 2-(di-tert-butylphosphino)biphenyl C20H27P 32301
226880-86-0 (R)-N-boc-3-thienylalanine C12H17NO4S 24336
236408-20-1 (1S)-1-(2,5-dimethoxy-2,5-dihydrofuran-2-yl)e C8H14O4 14703
244205-60-5 (1R,2S)-N-boc-1-amino-2-phenylcyclopropanec C15H19NO4 28562
246047-72-3 grubb's second generation catalyst C46H65Cl2N2PRu 35782
247940-06-3 2-(dicyclohexylphosphino)biphenyl C24H31P 33886
251984-08-4 tris(tetramethylcyclopentadienyl)cerium C27H39Ce 34470
261165-02-0 (S)-N-boc-2-bromophenylalanine C14H18BrNO4 27422
261165-03-1 (S)-N-boc-(5-bromo-2-methoxyphenyl)alanin C15H20BrNO5 28577
261165-04-2 (S)-N-boc-styrylalanine C16H21NO4 29483
261165-05-3 (1R,3S)-N-boc-1-aminocyclopentane-3-carboxy C11H19NO4 22649
261165-06-4 (S)-N-boc-3-amino-3-(4-bromophenyl)propan C14H18BrNO4 27420
261360-75-2 (S)-2-aminobut-3-en-1-ol, benzoate salt C11H15NO3 22284
261360-76-3 (R)-N-boc-2-bromophenylalanine C14H18BrNO4 27423
261360-77-4 (R)-N-boc-3-bromophenylalanine C14H18BrNO4 27424
261380-16-9 (R)-N-boc-2-(5-bromothienyl)alanine C12H16BrNO4S 24145
261380-17-0 (R)-N-boc-(5-bromo-2-methoxyphenyl)alanin C15H20BrNO5 28578
261380-18-1 (R)-N-boc-2-furylalanine C12H17NO5 24342
261380-19-2 (R)-N-boc-styrylalanine C16H21NO4 29484
261380-20-5 (R)-N-boc-3-amino-3-(4-bromophenyl)propan C14H18BrNO4 27421
261763-02-4 3-chloro-2-fluoro-5-(trifluoromethyl)benzal C8H3ClF4O 12466
262280-14-8 (1S,2S,4R)-N-boc-1-amino-2-hydroxycyclopent C12H21NO5 24635
284493-65-8 3-N-boc-amino-3-(4-chlorophenyl)propionic C14H18ClNO4 27428
308103-40-4 2-acetylphenylboronic acid C8H9BO3 13522
313052-02-7 2-N-fmoc-amino-3-(4-N-boc-piperidinyl)prop C28H34N2O6 34638
313052-08-3 2-N-fmoc-amino-3-(2-N-boc-amino-pyrrolidin C27H32N2O6 34435
316186-17-1 (1R)-1-(2,5-dimethoxy-2,5-dihydrofuran-2-yl)e C8H14O4 14704
321744-14-3 (1R,2S,4S)-N-boc-1-amino-2-hydroxycyclopent C12H21NO5 24636
321744-16-5 (1R,2R,4S)-N-boc-1-amino-2-hydroxycyclopent C12H21NO5 24637
321744-17-6 (1R,2S,4R)-N-boc-1-amino-2-hydroxycyclopent C12H21NO5 24638
321744-18-7 (1R,2R,4R)-N-boc-1-amino-2-hydroxycyclopent C12H21NO5 24639
321744-19-8 (1S,2S,4S)-N-boc-1-amino-2-hydroxycyclopent C12H21NO5 24640
321744-21-2 (1S,2R,4S)-N-boc-1-amino-2-hydroxycyclopent C12H21NO5 24641
321744-23-4 (1S,2R,4R)-N-boc-1-amino-2-hydroxycyclopent C12H21NO5 24642
321744-26-7 (2R,4S)-N-boc-4-hydroxypiperidine-2-carboxy C12H21NO5 24644
329910-39-6 (1S,3S)-N-boc-1-aminocyclopentane-3-carboxy C12H21NO4 24632
341972-98-3 5-bromo-4-chloro-3-indoxyl palmitate C24H35BrClNO2 33916
730771-71-0 1'-hydroxy-estragole-2',3'-oxide C10H12O3 19674

1117-94-8 copper (i) acetylide Cu2C2 1273
1118-46-3 n-butyltin trichloride SnC4H9Cl3 4349
1120-44-1 copper (ii) oleate CuC36H66O4 1221
1120-46-3 lead (ii) oleate PbC36H66O4 3510
1122-90-3 arsine, 4-aminophenyl oxide AsC6H6NO 215
1124-19-2 phenyltrichlorotin SnC6H5Cl3 4354
1132-39-4 selenide, diphenyl SeC12H10 4103
1135-99-5 diphenyltin dichloride SnC12H10Cl2 4369
1153-05-5 arsine, triphenyl oxide AsC18H15O 226
1159-54-2 phosphine, tri p-chlorophenyl PC18H12Cl3 3329
1184-57-2 methylmercury hydroxide HgCH4O 1776
1184-58-3 aluminum, dimethyl chloride AlC2H6Cl 86
1184-65-2 germane, trichloro GeHCl3 1668
1185-55-3 silane, methyltrimethoxy SiC4H12O3 4165
1186-49-8 sodium hydrogen oxalate monohydrate NaC2H3O5 2818
1191-15-7 aluminum, diisobutyl hydride AlC8H19 100
1191-80-6 mercury (ii) oleate HgC36H66O4 1796
1192-40-1 copper (i), phenylthio CuC6H5S 1193
1192-89-8 mercury (ii) bromide, phenyl HgC6H5Br 1787
1259-35-4 phosphine, tris(pentafluorophenyl) PC18F15 3325
1262-21-1 bis(triphenyltin) oxide Sn2C36H30O 4457
1270-98-0 titanium trichloride, cyclopentadienyl TiC5H5Cl3 4646
1271-19-8 titanocene dichloride TiC10H10Cl2 4654
1271-24-5 chromocene CrC10H10 1053
1271-27-8 manganese bis(cyclopentadienyl) MnC10H10 2478
1271-28-9 nickel bis(cyclopentadienyl) NiC10H10 3106
1271-42-7 ferrocenemonocarboxylic acid FeC11H10O2 1451
1271-51-8 ferrocene, vinyl FeC12H12 1456
1271-54-1 chromium (0), bis(benzene) CrC12H12 1061
1271-55-2 ferrocene, acetyl FeC12H12O 1457
1271-86-9 ferrocene, (dimethylaminomethyl) FeC13H17N 1464
1271-94-9 ferrocene, butyro FeC14H16O 1467
1272-21-5 gadolinium, tris(cyclopentadienyl) GdC15H15 1615
1272-23-7 lanthanum tris(cyclopentadienyl) LaC15H15 2173
1272-44-2 ferrocene, benzoyl FeC17H14O 1476
1273-81-0 osmium bis(cyclopentadienyl) OsC10H10 3206
1273-86-5 ferrocenemethanol FeC11H12O 1453
1273-94-5 ferrocene, 1,1'-diacetyl FeC14H14O2 1465
1273-95-6 1,1'-ferrocenedicarboxylate dimethyl FeC14H14O4 1466
1273-98-9 neodymium tris(cyclopentadienyl) NdC15H15 3066
1277-43-6 cobaltocene CoC10H10 941
1277-47-0 vanadocene VC10H10 4845
1277-49-2 ferrocenemethanol, alpha-methyl FeC12H14O 1460
1284-72-6 magnesocene MgC10H10 2375
1287-13-4 ruthenium, bis(cyclopentadienyl) RuC10H10 3947
1287-16-7 ferroceneacetic acid FeC12H12O2 1458
1291-32-3 zirconocene dichloride ZrC10H10Cl2 5124
1291-47-0 ferrocene, 1,1'-dimethyl FeC12H14 1459
1291-48-1 1,1'-ferrocenedimethanol FeC12H14O2 1461
1293-87-4 1,1'-ferrocenedicarboxylic acid FeC12H10O4 1454
1294-07-1 yttrium, tris(cyclopentadienyl) YC15H15 4969
1295-20-1 ytterbium, tris(cyclopentadienyl) YbC15H15 5001
1295-35-8 nickel (0), bis(1,5-cyclooctadiene) NiC16H24 3111
1298-53-9 cerium, tris(cyclopentadienyl) CeC15H15 838
1298-54-0 scandium tris(cyclopentadienyl) ScC15H15 4069
1298-55-1 samarium tris(cyclopentadienyl) SmC15H15 4310
1299-86-1 aluminum carbide Al4C3 181
1301-96-8 silver (ii) oxide AgO 51
1302-01-8 silver subfluoride Ag2F 59
1302-09-6 silver (i) selenide Ag2Se 69
1302-42-7 sodium aluminate NaAlO2 2785
1302-52-9 beryllium aluminum metasilicate Be3Al2O18Si6 557
1302-74-5 aluminum oxide (alpha) Al2O3 168
1302-76-7 aluminum silicate (metakaolinite) Al2O7Si2 171
1302-81-4 aluminum sulfide Al2S3 174
1302-82-5 aluminum selenide Al2Se3 176
1302-93-8 aluminum silicate (kaolin) Al6O13Si2 182
1303-00-0 gallium arsenide GaAs 1576
1303-11-3 indium arsenide InAs 1878
1303-28-2 arsenic (v) oxide As2O5 246
1303-32-8 arsenic (ii) sulfide As2S2 247
1303-33-9 arsenic (iii) sulfide As2S3 248
1303-34-0 arsenic (v) sulfide As2S5 249
1303-35-1 arsenic hemiselenide As2Se 250
1303-36-2 arsenic (iii) selenide As2Se3 251
1303-37-3 arsenic (v) selenide As2Se5 252
1303-52-2 gold (iii) hydroxide AuH3O3 271
1303-58-8 gold (iii) oxide Au2O3 278
1303-60-2 gold (i) sulfide Au2S 279
1303-61-3 gold (iii) sulfide Au2S3 280
1303-62-4 gold (iii) selenide Au2Se3 281
1303-86-2 boron oxide B2O3 395
1303-96-4 sodium tetraborate decahydrate Na2B4H20O17 2909
1304-28-5 barium oxide BaO 491
1304-29-6 barium peroxide BaO2 492
1304-39-8 barium selenide BaSe 512
1304-40-1 barium silicide BaSi2 513
1304-54-7 beryllium nitride Be3N2 558
1304-56-9 beryllium oxide BeO 551
1304-76-3 bismuth oxide Bi2O3 599
1304-82-1 bismuth telluride Bi2Te3 604
1304-85-4 bismuth hydroxide nitrate oxide Bi5H9N4O22 609
1305-62-0 calcium hydroxide CaH2O2 733
1305-78-8 calcium oxide CaO 752
1305-79-9 calcium peroxide CaO2 753
1305-84-6 calcium selenide CaSe 761
1305-99-3 calcium phosphide Ca3P2 773
1306-05-4 calcium fluorophosphate Ca5FO12P3 774
1306-06-5 calcium phosphate hydroxide Ca5HO13P3 775
1306-19-0 cadmium oxide CdO 809
1306-23-6 cadmium sulfide CdS 820
1306-24-7 cadmium selenide CdSe 822
1306-25-8 cadmium telluride CdTe 823
1306-38-3 cerium (iv) oxide CeO2 859
1307-81-9 disodium hexachloroosmate (iv) OsCl6Na2 3205
1307-82-0 sodium hexachloroplatinate (iv) Na2Cl6Pt 2927
1307-86-4 cobalt (iii) hydroxide CoH3O3 989
1307-96-6 cobalt (ii) oxide CoO 1006
1307-99-9 cobalt (ii) selenide CoSe 1015
1308-04-9 cobalt (iii) oxide Co2O3 1021
1308-06-1 cobalt tetroxide Co3O4 1031
1308-14-1 chromium (iii) hydroxide trihydrate CrH9O6 1087
1308-31-2 iron (ii) chromite FeCr2O4 1508
1308-38-9 chromium (iii) oxide Cr2O3 1116
1308-56-1 copper (ii) ferrous sulfide CuFeS2 1243
1308-80-1 copper nitride Cu3N 1290
1308-85-6 dysprosium hydroxide DyH3O3 1320
1308-87-8 dysprosium (iii) oxide Dy2O3 1329
1308-96-9 europium oxide Eu2O3 1397
1309-32-6 ammonium silicofluoride N2H8F6Si 2714
1309-33-7 iron (iii) hydroxide FeH3O3 1517
1309-37-1 iron (iii) oxide Fe2O3 1558
1309-42-8 magnesium hydroxide MgH2O2 2403
1309-48-4 magnesium oxide MgO 2429
1309-60-0 lead (iv) oxide PbO2 3540
1309-64-4 antimony (iii) oxide Sb2O3 4056
1310-03-8 lead (ii) hexafluorosilicate dihydrate PbF6H4O2Si 3523
1310-32-3 iron (ii) selenide FeSe 1539
1310-43-6 iron phosphide Fe2P 1562
1310-52-7 magnesium germanide Mg2Ge 2446
1310-53-8 germanium (iv) oxide GeO2 1679
1310-58-3 potassium hydroxide KOH 2047
1310-61-8 potassium hydrogen sulfide KHS 2027
1310-65-2 lithium hydroxide LiOH 2277
1310-66-3 lithium hydroxide monohydrate LiH3O2 2268
1310-73-2 sodium hydroxide NaOH 2897
1310-82-3 rubidium hydroxide RbOH 3806
1310-83-4 thallium (i) hydroxide TlHO 4727
1311-10-0 strontium hydroxide octahydrate SrH18O10 4491
1311-33-7 thulium hydroxide TmH3O3 4758
1311-90-6 ammonium phosphotungstate dihydrate N3H16W12O42P 2760
1311-93-9 ammonium tungstate pentahydrate N10H50O46W12 2780
1312-41-0 indium antimonide InSb 1907
1312-42-1 indium (ii) selenide InSe 1908
1312-43-2 indium (iii) oxide In2O3 1912
1312-45-4 indium (iii) telluride In2Te3 1916
1312-46-5 iridium (iii) oxide Ir2O3 1955
1312-73-8 potassium sulfide K2S 2126
1312-74-9 potassium selenide K2Se 2132
1312-81-8 lanthanum oxide La2O3 2200
1312-99-8 magnesium titanate MgTiO3 2444
1313-04-8 magnesium selenide MgSe 2441
1313-08-2 magnesium stannide Mg2Sn 2454
1313-13-9 manganese (iv) oxide MnO2 2518
1313-22-0 manganese (ii) selenide MnSe 2528
1313-27-5 molybdenum oxide MoO3 2585
1313-29-7 molybdenum (iii) oxide Mo2O3 2600
1313-30-0 sodium phosphomolybdate Na3Mo12O40P 3001
1313-49-1 zinc nitride Zn3N2 5109
1313-59-3 sodium oxide Na2O 2961
1313-60-6 sodium peroxide Na2O2 2962
1313-82-2 sodium sulfide Na2S 2972
1313-83-3 sodium sulfide pentahydrate Na2H10O5S 2948
1313-84-4 sodium sulfide nonahydrate Na2H18O9S 2956
1313-85-5 sodium selenide Na2Se 2977
1313-96-8 niobium (v) oxide Nb2O5 3052
1313-97-9 neodymium oxide Nd2O3 3086
1313-99-1 nickel (ii) oxide NiO 3158
1314-05-2 nickel (ii) selenide NiSe 3166
1314-06-3 nickel (iii) oxide Ni2O3 3171
1314-08-5 palladium (ii) oxide PdO 3621
1314-11-0 strontium oxide SrO 4498
1314-12-1 thallium (i) oxide Tl2O 4741
1314-13-2 zinc oxide ZnO 5087
1314-15-4 platinum (iv) oxide PtO2 3744
1314-18-7 strontium peroxide SrO2 4499
1314-20-1 thorium (iv) oxide ThO2 4631
1314-22-3 zinc peroxide ZnO2 5088
1314-23-4 zirconium (iv) oxide ZrO2 5154
1314-24-5 phosphorus trioxide P2O3 3448
1314-27-8 lead (ii,iv) oxide Pb2O3 3562
1314-28-9 rhenium (vi) oxide ReO3 3862
1314-32-5 thallium (iii) oxide Tl2O3 4742
1314-34-7 vanadium (iii) oxide V2O3 4889
1314-35-8 tungsten (vi) oxide WO3 4932
1314-36-9 yttrium oxide Y2O3 4991
1314-37-0 ytterbium (iii) oxide Yb2O3 5018
1314-41-6 lead (ii,ii,iv) oxide Pb3O4 3568
1314-60-9 antimony (v) oxide Sb2O5 4058
1314-61-0 tantalum (v) oxide Ta2O5 4548
1314-62-1 vanadium (v) oxide V2O5 4891
1314-68-7 rhenium heptoxide Re2O7 3875
1314-80-3 phosphorus (v) sulfide P2S5 3451
1314-82-5 phosphorus (v) selenide P2Se5 3453
1314-84-7 zinc phosphide Zn3P2 5111
1314-85-8 phosphorus sesquisulfide P4S3 3462
1314-86-9 phosphorous triselinide P4Se3 3468
1314-87-0 lead sulfide PbS 3545
1314-91-6 lead (ii) telluride PbTe 3555
1314-95-0 tin (ii) sulfide SnS 4438
1314-96-1 strontium sulfide SrS 4506
1314-97-2 thallium (i) sulfide Tl2S 4743
1314-98-3 zinc sulfide (wurtzite) ZnS 5092
1314-98-3 zinc sulfide (sphalerite) ZnS 5093
1315-01-1 tin (iv) sulfide SnS2 4440
1315-03-3 vanadium (iii) sulfide V2S3 4894
1315-04-4 antimony (v) sulfide Sb2S5 4061
1315-05-5 antimony (iii) selenide Sb2Se3 4062
1315-06-6 tin (ii) selenide SnSe 4441
1315-07-7 strontium selenide SrSe 4508
1315-09-9 zinc selenide ZnSe 5096
1315-11-3 zinc telluride ZnTe 5097
1316-91-2 ferroceneacetonitrile FeC12H11N 1455
1316-98-9 ferrocene, tert-butyl FeC14H18 1470
1317-33-5 molybdenum (iv) sulfide MoS2 2588
1317-34-6 manganese (iii) oxide Mn2O3 2538
1317-35-7 manganese (ii,iii) oxide Mn3O4 2546
1317-36-8 lead oxide PbO 3537
1317-36-8 lead (ii) oxide (massicot) PbO 3538
1317-36-8 lead (ii) oxide (litharge) PbO 3539
1317-37-9 iron (ii) sulfide FeS 1537
1317-38-0 copper (ii) oxide CuO 1260
1317-39-1 copper (i) oxide Cu2O 1281
1317-40-4 copper (ii) sulfide CuS 1269
1317-41-5 copper (ii) selenide CuSe 1270
1317-42-6 cobalt (ii) sulfide CoS 1012
1317-43-7 brucite MgH2O2 2404
1317-61-9 iron (ii,iii) oxide Fe3O4 1566
1317-66-4 iron disulfide FeS2 1538
1317-80-2 rutile TiO2 4690
1317-86-8 stibnite S3Sb2 4021
1318-16-7 bauxite Al2H2O4 161
1318-23-6 aluminum oxyhydroxide (alpha) AlHO2 137
1318-72-5 potassium magnesium chloride sulfate KClH6MgO7S 2009
1319-46-6 lead basic carbonate Pb3C2H2O8 3565
1327-39-5 calcium aluminum silicate Ca2Al2O7Si 765

1327-41-9 aluminum hydroxychloride Al2ClH9O7 158
1327-44-2 potassium aluminum silicate KAlSi3O8 1962
1327-50-0 antimony (iii) telluride Sb2Te3 4063
1327-53-3 arsenic trioxide As2O3 245
1330-43-4 sodium tetraborate Na2B4O7 2911
1330-78-5 phosphate, tricresyl PC21H21O4 3359
1332-40-7 copper (ii) oxychloride Cu4Cl2H7O6.5 1293
1332-52-1 beryllium basic acetate Be4C12H18O13 560
1332-58-7 aluminum silicate dihydrate Al2H4O9Si2 163
1332-63-4 manganese (iii) hydroxide MnHO2 2502
1332-71-4 cobalt (iii) sulfide Co2S3 1026
1332-77-0 potassium tetraborate pentahydrate K2B4H10O12 2056
1332-81-6 antimony (iii,v) oxide Sb2O4 4057
1333-74-0 hydrogen H2 1709
1333-82-0 chromium (vi) oxide CrO3 1100
1333-83-1 sodium hydrogen fluoride NaHF2 2871
1335-26-8 magnesium peroxide MgO2 2430
1335-31-5 mercury (ii) oxycyanide Hg2C2N2O 1826
1335-32-6 lead (ii) acetate, basic Pb3C4H10O8 3566
1336-21-6 ammonium hydroxide NH5O 2643
1341-49-7 ammonium hydrogen fluoride NH5F2 2642
1343-88-0 magnesium silicate (clinoenstatite) MgO3Si 2432
1343-98-2 silica gel SiH2O3 4256
1344-28-1 aluminum oxide Al2O3 167
1344-43-0 manganese (ii) oxide MnO 2517
1344-48-5 mercury (ii) sulfide (red) HgS 1817
1344-48-5 mercury (ii) sulfide (black) HgS 1818
1344-48-5 mercury (ii) sulfide(alpha) HgS 1819
1344-48-5 mercury (ii) sulfide(beta) HgS 1820
1344-54-3 titanium (iii) oxide Ti2O3 4698
1344-57-6 uranium (iv) oxide UO2 4801
1344-58-7 uranium (vi) oxide UO3 4803
1344-59-8 uranium (v,vi) oxide U3O8 4816
1344-95-2 calcium metasilicate CaO3Si 754
1345-04-6 antimony (iii) sulfide Sb2S3 4060
1345-07-9 bismuth sulfide Bi2S3 602
1345-13-7 cerium (iii) oxide Ce2O3 872
1345-25-1 iron (ii) oxide FeO 1532
1445-79-0 gallium, trimethyl GaC3H9 1578
1449-65-6 germane, methyl GeCH6 1640
1450-14-2 disilane, hexamethyl Si2C6H18 4273
1461-22-9 tri-n-butyltin chloride SnC12H27Cl 4376
1461-23-0 tri-n-butyltin bromide SnC12H27Br 4375
1461-25-2 tetra-n-butyltin SnC16H36 4401
1470-61-7 silver diethyldithiocarbamate AgC5H10NS2 25
1482-82-2 diselenide, dibenzyl Se2C14H14 4131
1486-28-8 phosphine, methyldiphenyl PC13H13 3311
1495-50-7 cyanogen fluoride CNF 648
1496-94-2 phosphine oxide, tri-n-propyl PC9H21O 3297
1498-40-4 phosphine, ethyldichloro PC2H5Cl2 3241
1499-21-4 phosphine chloride, diphenyl PC12H10ClO 3301
1529-47-1 chlorotrimethylgermane GeClC3H9 1657
1529-48-2 germanium dichloride, dimethyl GeC2H6Cl2 1642
1538-59-6 antimony dibromide, triphenyl SbC18H15Br 4037
1558-25-4 silane, (chloromethyl)trichloro SiCH2Cl4 4148
1560-54-9 phosphonium bromide, allyltriphenyl PC21H20Br 3351
1571-33-1 phosphonic acid, phenyl PC6H7O3 3268
1586-73-8 silazane, nonamethyltri Si3C9H27N 4292
1590-87-0 disilane Si2H6 4289
1592-23-0 calcium stearate CaC36H70O4 712
1600-27-7 mercury (ii) acetate HgC4H6O4 1785
1603-84-5 carbon oxyselenide COSe 654
1605-53-4 phosphine, diethylphenyl PC10H15 3298
1605-65-8 phosphoryl chloride, bis(dimethylamino) PC4H12ClN2O 3259
1608-26-0 phosphine, tris(dimethylamino) PC6H18N3 3281
1626-24-0 germane, chlorotriphenyl GeClC18H15 1658
1631-78-3 methylstannane SnCH6 4337
1633-05-2 strontium carbonate SrCO3 4467
1643-19-2 ammonium, tetrabutyl bromide NH36BrC16 2669
1661-03-6 magnesium phthalocyanine MgC32H16N8 2388
1663-45-2 1,2-bis(diphenylphosphino)ethane P2C26H24 3422
1666-13-3 diselenide, diphenyl Se2C12H10 4128
1668-00-4 arsenazo iii As2C22H18N4O14S2 241
1693-71-6 boron allyloxide BC9H15O3 346
1701-93-5 silver (i) thiocyanate AgSCN 52
1722-26-5 borane triethylamine complex BC6H18N 336
1730-25-2 magnesium bromide, allyl MgC3H5Br 2357
1760-24-3 silane, n-(2-aminoethyl)-3-aminopropyltrimet SiC8H22N2O3 4200
1762-95-4 ammonium thiocyanate N2H4CS 2687
1779-25-5 aluminum, diisobutyl chloride AlC8H18Cl 98
1779-48-2 phosphinic acid, phenyl PC6H7O2 3267
1779-49-3 phosphonium bromide, methyltriphenyl PC19H18Br 3346
1804-93-9 phosphate, di-n-propyl PC6H15O4 3279
1809-19-4 phosphite, di-n-butyl PC8H19O3 3286
1809-20-7 phosphite, di-isopropyl PC6H15O3 3276
1825-61-2 silane, methoxytrimethyl SiC4H12O 4164
1825-62-3 silane, ethoxytrimethyl SiC5H14O 4173
1863-63-4 ammonium benzoate NH9C7O2 2655
1888-87-5 aluminum, isobutyl dichloride AlC4H9Cl2 92
1895-39-2 chlorodifluoroacetic acid, sodium salt ClC2F2NaO2 889
1907-33-1 lithium tert-butoxide LiC4H9O 2234
1923-70-2 tetrabutylammonium perchlorate NH36C16ClO4 2670
1941-19-1 phosphonium chloride, tetramethyl PC4H12Cl 3258
2001-45-8 phosphonium chloride, tetraphenyl PC24H20Cl 3364
2004-14-0 lithium trimethylsilanolate LiC3H9OSi 2229
2031-67-6 silane, methyltriethoxy SiC7H18O3 4189
2035-66-7 palladium (ii) cyanide PdC2N2 3573
2041-02-3 copper (ii), bis (tetraethylammonium) tetr CuC16H40Br4N2 1208
2041-04-5 cobalt (ii), bis (tetraethylammonium) tetra CoC16H40Br4N2 948
2044-56-6 lithium dodecylsulfate LiC12H25O4S 2248
2045-00-3 o-arsanilic acid AsC6H8NO3 219
2049-55-0 borane triphenylphosphine complex BC18H18P 358
2065-67-0 phosphonium iodide, tetraphenyl PC24H20I 3365
2065-73-8 oxalic acid-d2 C2D2O4 658
2071-20-7 bis(diphenylphosphino)methane P2C25H22 3416
2085-33-8 lithium salt, 8-hydroxyquinoline AlC27H18N3O3 116
2092-16-2 calcium thiocyanate tetrahydrate CaC2H8N2O4S2 694
2092-17-3 barium thiocyanate BaC2N2S2 434
2117-28-4 bis(trimethylsilyl)methane Si2C7H20Si2 4276
2155-73-9 antimony, tri-n-butyl SbC12H27 4033
2155-74-0 antimony (iii) n-butoxide SbC12H27O3 4034
2155-96-6 phosphine, diphenylvinyl PC14H13 3313
2171-98-4 zirconium isopropoxide, isopropanol adduct ZrC15H36O5 5128
2171-99-5 hafnium isopropoxide monoisopropylate HfC15H36O5 1749
2172-02-3 hafnium tert-butoxide HfC16H36O4 1751
2172-12-5 yttrium isopropoxide YC9H21O3 4967
2176-98-9 tetra-n-propyltin SnC12H28 4381
2179-92-2 tri-n-butyltin cyanide SnC13H27N 4385

2217-81-4 selenium dichloride, diphenyl SeC12H10Cl2 4104
2218-80-6 copper (ii) cyclohexanebutyrate CuC20H34O4 1211
2223-93-0 cadmium stearate CdC36H70O4 790
2223-95-2 nickel stearate NiC36H70O4 3125
2234-97-1 phosphine, tri-n-propyl PC9H21 3296
2269-22-9 aluminum tri-sec-butoxide AlC12H27O3 106
2273-43-0 n-butyltinoxide hydroxide SnC4H10O2 4350
2273-51-0 diphenyltin oxide SnC12H10O 4370
2304-30-5 phosphonium chloride, tetrabutyl PC16H36Cl 3322
2337-53-9 rhenium oxypentafluoride ReF5O 3851
2345-38-2 (trimethylsilyl)acetic acid SiC5H12O2 4170
2388-07-0 lithium ethoxide LiC2H5O 2224
2388-10-5 lithium isopropoxide LiC3H7O 2228
2404-52-6 phosphorus (v) sulfide trifluoride PSF3 3400
2406-52-2 stannane SnH4 4431
2408-36-8 lithium cyanide LiCN 2221
2414-98-4 magnesium ethoxide MgC4H10O2 2365
2420-98-6 cadmium 2-ethylhexanoate CdC16H30O4 788
2452-01-9 zinc laurate ZnC24H46O4 5053
2457-01-4 barium 2-ethylhexanoate BaC16H30O4 445
2457-02-5 strontium 2-ethylhexanoate SrC16H30O4 4476
2466-09-3 pyrophosphoric acid P2H4O7 3446
2524-02-9 phosphorus (v) sulfide chloride difluoride PSClF2 3399
2524-64-3 phosphate, diphenylchloro PC12H10ClO3 3302
2528-38-3 phosphate, tri-n-pentyl PC15H33O4 3358
2530-83-8 silane, 3-glycidoxypropyltrimethoxy SiC9H20O5 4203
2530-85-0 silane, methacryloxypropyltrimethoxy SiC10H20O5 4212
2530-87-2 silane, 3-chloropropyltrimethoxy SiC6H15O3 3319
2536-14-3 manganese (ii), bis (tetraethylammonium) t MnC16H40Br4N2 2484
2550-61-0 cesium methanesulfonate CsCH3O3S 1132
2551-62-4 sulfur hexafluoride SF6 4001
2551-83-9 silane, allyltrimethoxy SiC6H14O3 4178
2553-19-7 silane, diphenyldiethoxy SiC16H20O2 4226
2556-53-8 calcium methoxide CaC2H6O2 693
2570-63-0 thallium (i) acetate TlC2H3O2 4715
2622-14-2 phosphine, tricyclohexyl PC18H33 3341
2627-95-4 siloxane, 1,3-divinyltetramethyl Si2C8H18O 4278
2633-66-1 magnesium bromide, 2-mesityl MgC9H11Br 2373
2636-88-6 phosphine carbon disulfide, tricyclohexyl PC19H33S2 3347
2644-70-4 hydrazine hydrochloride N2H5Cl 2694
2696-92-6 nitrosyl chloride NClO 2607
2699-79-8 sulfuryl fluoride SO2F2 4009
2741-38-0 phosphine, allyldiphenyl PC15H15 3315
2751-90-8 phosphonium bromide, tetraphenyl PC24H20Br 3363
2754-27-0 silane, acetoxytrimethyl SiC5H12O2 4171
2767-47-7 dimethyltin dibromide SnC2H6Br2 4339
2767-54-6 triethyltin bromide SnC6H15Br 4352
2768-02-7 silane, vinyltrimethoxy SiC5H12O3 4172
2781-10-4 di-n-butyltinbis(2-ethylhexanoate) SnC24H48O4 4414
2786-43-8 3-methylbenzothiazole-2-selone SeC8H7NS 4100
2794-60-7 barium trifluoromethanesulfonate BaC2F6O6S2 428
2800-96-6 tin (iv) acetate SnC8H12O8 4356
2809-21-4 1-hydroxyethylidene-1,1-diphosphonic acid P2C2H8O7 3404
2818-88-4 2-methylbenzoselenazole SeC8H7N 4099
2818-89-5 2,5-dimethylbenzselenazole SeC9H9N 4101
2847-58-7 benzyltriphenyltin SnC25H22 4415
2857-97-8 silane, bromotrimethyl SiBrC3H9 4142
2923-16-2 potassium trifluoroacetate KC2F3O2 1982
2923-17-3 lithium trifluoroacetate LiC2F3O2 2222
2923-18-4 sodium trifluoroacetate NaC2F3O2 2813
2923-28-6 silver trifluoromethanesulfonate AgCF3O3S 18
2946-17-0 5-methoxy-2-methylbenzselenazole SeC9H9NO 4102
2946-61-4 phosphine, phenyldimethyl PC8H11O2 3284
2949-42-0 tetraisopropyltin SnC12H28 4380
2966-50-9 silver trifluoroacetate AgC2F3O2 20
2980-59-8 iron stearate FeC36H70O4 1493
2996-92-1 silane, phenyltrimethoxy SiC9H14O3 4202
3002-63-9 aluminum basic 2-ethylhexanoate AlC16H31O5 110
3012-65-5 ammonium hydrogen citrate N2H14C6O7 2743
3017-23-0 deuterium cyanide DCN 1298
3017-60-5 cobalt (ii) thiocyanate CoC2N2S2 934
3027-21-2 silane, methylphenyldimethoxy SiC9H14O2 4201
3069-29-2 silane, n-(2-aminoethyl)-3-aminopropylmethyl SiC8H22N2O2 4199
3085-30-1 aluminum tri-n-butoxide AlC12H27O3 105
3087-37-4 titanium (iv) n-propoxide TiC12H28O4 4661
3091-32-5 tricyclohexyltin chloride SnC18H33Cl 4406
3094-87-9 ferrous acetate FeC4H6O4 1432
3095-65-6 ammonium hydrogen tartrate NH9C4O6 2654
3109-63-5 phosphate, tetrabutylammonium hexafluoro PC16H36F6N 3323
3115-68-2 phosphonium bromide, tetra-n-butyl PC16H36Br 3321
3124-01-4 lead, hexaphenyldi Pb2C36H30 3560
3138-42-9 phosphate, di-n-amyl PC10H23O4 3299
3141-12-6 arsenic triethoxide AsC6H15O3 212
3153-26-2 vanadium (iv)bis(acetylacetonato)oxide VC10H14O5 4847
3164-29-2 ammonium tartrate N2H12C4O6 2741
3164-34-9 calcium tartrate tetrahydrate CaC4H12O10 699
3179-76-8 silane, 3-aminopropylmethyldiethoxy SiC8H21NO2 4198
3236-82-6 niobium (v) ethoxide NbC10H25O5 3030
3251-23-8 copper (ii) nitrate CuN2O6 1057
3264-67-3 triethyloxonium hexachloroantimonate SbC6H15Cl6O 4031
3264-82-2 nickel acetylacetonate NiC10H14O4 3108
3267-78-5 tri-n-propyltin acetate SnC11H24O2 4368
3275-24-9 titanium, tetrakis(dimethylamino) TiC8H24N4 4652
3279-54-7 phosphoric dihydrate, sodium phenyl PC6H9Na2O6 3269
3317-67-7 cobalt (ii) phthalocyanine CoC32H16N8 957
3333-67-3 nickel (ii) carbonate NiCO3 3088
3342-67-4 tri-n-pentyltin chloride SnC15H33Cl 4395
3375-31-3 palladium (ii) acetate PdC4H6O4 3578
3385-78-2 indium, trimethyl InC3H9 1883
3388-04-3 silane, 2-(3,4-epoxycyclohexyl)ethyltrimethox SiC11H22O4 4215
3396-11-0 cesium acetate CsC2H3O2 1135
3411-48-1 phosphine, tri(1-naphthyl) PC30H21 3377
3444-13-1 mercury (ii) oxalate HgC2O4 1782
3444-17-5 chromium (iii) 2-ethylhexanoate CrC24H45O6 1069
3458-72-8 ammonium citrate tribasic N3H17C6O7 2762
3483-11-2 lithium acetoacetate LiC4H5O3 2230
3486-35-9 zinc carbonate ZnCO3 5026
3504-40-3 samarium isopropoxide Sm5C39H91O14 4331
3522-50-7 iron (iii) citrate pentahydrate FeC6H15O12 1436
3559-74-8 silane, 2,4-cyclopentadien-1-yltrimethyl SiC8H14 4194
3585-33-9 lithium dimethylamide LiC2H6N 2225
3643-76-3 antimony (iii) acetate SbC6H9O6 4029
3676-97-9 disulfide, tetramethylbiphosphine S2C4H12P2 4012
3687-31-8 lead (ii) arsenate Pb3As2O8 3564
3757-88-8 tin (iv), (phenylethynyl)tri-n-butyl SnC20H32 4410
3765-65-9 tetra-n-pentyltin SnC20H44 4411
3794-64-7 silver heptafluorobutyrate AgC4F7O2 24
3811-04-9 potassium chlorate KClO3 2010

3878-45-3 phosphine sulfide, triphenyl PC18H15S 3336
3906-55-6 nickel cyclohexanebutyrate NiC20H34O4 3114
3931-89-3 phosphorus thiobromide PSBr3 3397
3958-19-8 antimony sulfide, triphenyl SbC18H15S 4039
3969-54-8 p-tolylarsonic acid AsC7H9O3 221
3982-91-0 phosphorus thiochloride PSCl3 3398
3996-15-4 sodium formate-d NaCDO2 2804
4020-99-9 phosphinite, methyldiphenyl PC13H13O 3312
4023-53-4 phosphine, tris(2-cyanoethyl) PC9H12N3 3291
4028-23-3 silane, allyldimethylchloro SiClC5H11 4239
4075-81-4 calcium propionate CaC6H10O4 703
4098-98-0 silane, tetrakis(trimethylsilyl) Si5C12H36 4301
4109-96-0 silane, dichloro SiH2Cl2 4251
4111-54-0 lithium diisopropylamide LiC6H14N 2241
4119-52-2 iron (iii) thiocyanate monohydrate FeC3H2N3OS3 1430
4130-08-9 silane, vinyltriacetoxy SiC8H12O6 4192
4142-85-2 bis(trichlorosilyl)methane Si2CH2Cl6 4272
4253-22-9 di-n-butyltin sulfide SnC8H18S 4361
4259-20-5 borane tri-n-butylphosphine complex BC12H30P 353
4317-06-0 phosphonium iodide, tetraethyl PC8H20I 3290
4325-85-3 boron, tris (trimethylsilyl) BC9H27O3Si3 348
4353-77-9 silyl chlorosulfonate, trimethyl SiC3H9ClO3S 4154
4375-83-1 borane, tris(dimethylamino) BC6H18N3 337
4408-78-0 phosphonoacetic acid PC2H5O5 3242
4419-47-0 titanium, tetrakis(diethylamino) TiC16H40N4 4666
4420-74-0 3-mercaptopropyltrimethoxysilane SC6H16O3Si 3993
4426-47-5 1-butaneboronic acid BC4H11O2 319
4431-24-7 ethylenebis(diphenylarsine) As2C26H24 242
4454-16-4 nickel (ii) 2-ethylhexanoate NiC16H30O4 3112
4485-12-5 lithium stearate LiC18H35O2 2250
4493-37-2 chromium (ii) formate monohydrate CrC2H4O5 1043
4519-28-2 phosphonium bromide, tetramethyl PC4H12Br 3257
4648-54-8 silane, azidotrimethyl SiC3H9N3 4156
4731-65-1 phosphine, tris(o-methoxyphenyl) PC21H21O3 3357
4736-60-1 phosphonium iodide, ethyltriphenyl PC20H20I 3349
4766-57-8 silane, tetrabutoxy SiC16H36O4 4227
4808-30-4 bis(tri-n-butyltin)sulfide Sn2C24H54S 4454
4856-95-5 borane morpholine complex BC4H12NO 322
4860-18-8 copper (i) butylmercaptide CuC4H9S 1191
4861-79-4 magnesium methyl carbonate MgC3H6O4 2358
4984-82-1 sodium cyclopentadienide NaC5H5 2828
5015-38-3 barium 2-cyanoethyl phosphate dihydrate BaC3H8NO6P 436
5074-71-5 phosphine, bis(pentafluorophenyl)phenyl PC18H5F10 3326
5089-70-3 silane, 3-chloropropyltriethoxy SiC9H21ClO3 4205
5112-95-8 bis(diphenylphosphino)acetylene P2C26H20 3419
5117-16-8 1,1-dimethyl-2-selenourea SeC3H8N2 4091
5142-76-7 bismuth subacetate BiC2H3O3 570
5145-48-2 magnesium carbonate dihydrate MgCH4O5 2347
5188-07-8 sodium thiomethoxide NaCH3S 2808
5263-02-5 zinc carbonate hydroxide Zn5C2H6O12 5112
5329-14-6 sulfamic acid H3SNO3 1727
5341-61-7 hydrazine dihydrochloride N2H6Cl2 2697
5410-29-7 arsonic, 2-nitrophenyl acid AsC6H6NO5 216
5467-74-3 boric acid, 4-bromophenyl BC6H6BrO2 339
5470-11-1 hydroxylamine hydrochloride H4ClNO 1729
5523-19-3 boron trichloride methylsulfide BC2H6Cl3S 299
5525-95-1 phosphine, diphenyl(pentafluorophenyl) PC18H10F5 3327
5588-84-1 vanadium (v) oxide, triisopropoxy VC9H21O4 4844
5593-70-4 titanium (iv) n-butoxide TiC16H36O4 4665
5707-04-0 selenyl chloride, phenyl SeC6H5Cl 4094
5714-22-7 sulfur decafluoride S2F10 4017
5743-04-4 cadmium acetate dihydrate CdC4H10O6 786
5743-26-0 calcium acetate monohydrate CaC4H8O5 702
5785-44-4 calcium citrate tetrahydrate Ca3C12H18O18 770
5793-84-0 calcium phenoxide CaC12H10O2 704
5794-28-5 calcium oxalate monohydrate CaC2H2O5 692
5892-10-4 bismuth basic carbonate Bi2CO5 591
5893-61-8 copper (ii) formate tetrahydrate CuC2H10O8 1186
5893-66-3 copper (ii) oxalate CuC2O4 1178
5895-47-6 samarium carbonate Sm2C3O9 4324
5908-64-5 barium acetate monohydrate BaC4H8O5 440
5908-81-6 barium tartrate BaC4H4O6 437
5926-79-4 tetramethyldiacetoxystannoxane Sn2C8H18O5 4447
5951-19-9 selenosulfide, carbon SeCS 4089
5965-33-3 potassium antimony oxalate trihydrate K3C6H6O15Sb 2146
5965-38-8 cobalt (ii) oxalate dihydrate CoC2H4O5 930
5967-09-9 1,3-diacetoxy-1,1,3,3-tetrabutyldistannoxane Sn2C20H42O5 4450
5968-11-6 sodium carbonate monohydrate Na2CH2O4 2914
5970-44-5 yttrium carbonate trihydrate Y2C3H6O12 4988
5970-45-6 zinc acetate dihydrate ZnC4H10O6 5037
5970-62-7 zinc formate dihydrate ZnC2H6O6 5031
5971-93-7 rubidium tetraphenylborate RbC24H20B 3790
5972-71-4 ammonium hydrogen malate C4H9NO5 667
5972-72-4 ammonium hydrogen oxalate monohydrate NH7C2O5 2651
5972-76-9 ammonium caprylate NH19C8O2 2665
6009-70-7 ammonium oxalate monohydrate N2H10C2O5 2735
6010-09-1 iron (ii) thiocyanate trihydrate FeC2H6N2O3S2 1429
6018-89-9 nickel acetate tetrahydrate NiC4H14O8 3104
6018-94-6 nickel oxalate dihydrate NiC2H4O6 3099
6046-93-1 copper (ii) acetate monohydrate CuC4H8O5 1190
6047-25-2 iron (ii) oxalate dihydrate FeC2H4O6 1428
6074-84-6 tantalum ethoxide TaC10H25O5 4528
6080-56-4 lead (ii) acetate trihydrate PbC4H12O10 3499
6100-05-6 potassium citrate monohydrate K3C6H7O8 2147
6100-96-5 strontium tartrate tetrahydrate SrC4H12O10 4471
6106-24-7 sodium tartrate dihydrate Na2C4H8O8 2919
6108-17-4 lithium acetate dihydrate LiC2H7O4 2226
6108-23-2 lithium formate monohydrate LiCH3O3 2220
6131-90-4 sodium acetate trihydrate NaC2H9O5 2820
6132-02-1 sodium carbonate decahydrate Na2CH20O13 2915
6132-04-3 sodium citrate dihydrate Na3C6H9O9 2990
6147-53-1 cobalt (ii) acetate tetrahydrate CoC4H14O8 938
6150-82-9 magnesium formate dihydrate MgC2H6O6 2355
6150-88-5 magnesium oxalate dihydrate MgC2H4O6 2352
6153-56-6 oxalic acid dihydrate C2H6O6 660
6156-78-1 manganese (ii) acetate tetrahydrate MnC4H14O8 2473
6159-44-0 uranyl acetate dihydrate UC4H10O8 4776
6160-38-9 strontium salicylate tetrahydrate SrC14H14O8 4475
6163-58-2 phosphine, tri-o-tolyl PC21H21 3354
6180-99-0 tri-n-butyltin deuteride SnC12H27D 4377
6192-13-8 neodymium acetate monohydrate NdC6H11O7 3062
6207-41-6 germane, vinyltriethyl GeC8H18 1650
6211-24-1 barium diphenylamine-4-sulfonate BaC24H20N2O6S2 451
6224-63-1 phosphine, tri-m-tolyl PC21H21 3353
6283-24-5 mercuric acetate, 4-aminophenyl HgC8H9NO2 1790
6303-21-5 hypophosphorous acid H3PO2 1723
6372-40-3 phosphine, isopropyldiphenyl PC15H17 3317
6372-42-5 phosphine, cyclohexyldiphenyl PC18H21 3339

6381-79-9 potassium carbonate sesquihydrate K2CH3O4.5 2063
6381-92-6 ethylenediaminetetraacetic acid dihydrate d C10H14N2Na2O8 668
6399-81-1 phosphine hydrobromide, triphenyl PC18H16Br 3337
6411-21-8 1,2-bis(diethylphosphino)ethane P2C10H24 3409
6424-20-0 cobalt (ii) formate dihydrate CoC2H6O6 932
6452-61-5 di-n-butyldiphenyltin SnC20H28 4409
6458-79-6 silane, triisopropyl SiC9H22 4206
6476-36-4 phosphine, friisopropyl PC9H21 3295
6476-37-5 dicyclohexylphenylphosphine PC18H27 3340
6484-52-2 ammonium nitrate N2H4O3 2689
6487-39-4 lanthanum carbonate octahydrate La2C3H16O17 2196
6487-48-5 potassium oxalate monohydrate K2C2H2O5 2066
6533-73-9 thallium (i) carbonate Tl2CO3 4738
6556-16-7 manganese (ii) oxalate dihydrate MnC2H4O6 2472
6569-51-3 borazine B3N3H6 401
6591-55-5 bismuth oxalate Bi2C6O12 592
6596-95-8 arsine, trimethoxy AsC3H9O3 210
6596-96-9 arsine, tris(dimethylamino) AsC6H18N3 213
6667-73-8 manganese (ii), bis (tetraethylammonium) t MnC16H40Cl4N2 2485
6667-75-0 cobalt (ii), bis (tetraethylammonium) tetra CoC16H40Cl4N2 949
6680-58-6 lithium citrate tetrahydrate Li3C6H13O11 2311
6737-42-4 1,3-bis(diphenylphosphino)propane P2C27H26 3424
6742-68-3 dysprosium isopropoxide DyC9H21O3 1312
6742-69-4 ytterbium isopropoxide YbC9H21O3 4999
6796-83-9 tetrafluoroboric acid-dimethyl ether complex BC2H7F4O 306
6834-92-0 sodium metasilicate Na2SiO3 2980
6843-66-9 silane, diphenyldimethoxy SiC14H16O2 4225
6858-44-2 sodium citrate pentahydrate Na3C6H15O12 2991
6865-35-6 barium stearate BaC36H70O4 453
6921-34-2 magnesium chloride, benzyl MgC7H7Cl 2370
6996-92-5 seleninic acid, benzene SeC6H6O2 4097
7047-84-9 aluminum monostearate AlC18H37O4 112
7057-92-3 phosphate, dilauryl PC24H51O4 3371
7101-31-7 diselenide, methyl Se2C2H6 4124
7116-98-5 radium carbonate RaCO3 3776
7320-34-5 potassium pyrophosphate trihydrate K4H6O10P2 2156
7337-45-3 borane tert-butylamine complex BC4H14N 324
7342-47-4 tri-n-butyltin iodide SnC12H27I 4379
7368-65-2 phosphonium chloride, tetraethyl PC8H20Cl 3288
7381-30-8 1,2-bis(trimethylsiloxy)ethane Si2C8H22O2 4279
7393-43-3 tetraallyltin SnC12H20 4372
7425-86-7 silane, tetrahexyloxy SiC24H52O4 4232
7429-90-5 aluminum Al 77
7429-91-6 dysprosium Dy 1307
7429-92-7 einsteinium Es 1360
7439-88-5 iridium Ir 1917
7439-89-6 iron Fe 1420
7439-90-9 krypton Kr 2162
7439-91-0 lanthanum La 2168
7439-92-1 lead Pb 3483
7439-93-2 lithium Li 2203
7439-94-3 lutetium Lu 2316
7439-95-4 magnesium Mg 2335
7439-96-5 manganese Mn 2464
7439-97-6 mercury Hg 1771
7439-98-7 molybdenum Mo 2548
7439-99-8 neptunium Np 3182
7440-00-8 neodymium Nd 3057
7440-01-9 neon Ne 3091
7440-02-0 nickel Ni 3092
7440-03-1 niobium Nb 3019
7440-04-2 osmium Os 3200
7440-05-3 palladium Pd 3571
7440-06-4 platinum Pt 3691
7440-07-5 plutonium Pu 3756
7440-08-6 polonium Po 3641
7440-09-7 potassium K 1960
7440-10-0 praseodymium Pr 3650
7440-11-1 mendelevium Md 2334
7440-12-2 promethium Pm 3637
7440-13-3 protactinium Pa 3469
7440-14-4 radium Ra 3773
7440-15-5 rhenium Re 3828
7440-16-6 rhodium Rh 3880
7440-17-7 rubidium Rb 3781
7440-18-8 ruthenium Ru 3941
7440-19-9 samarium Sm 4303
7440-20-2 scandium Sc 4065
7440-21-3 silicon Si 4140
7440-22-4 silver Ag 13
7440-23-5 sodium Na 2781
7440-24-6 strontium Sr 4461
7440-25-7 tantalum Ta 4517
7440-26-8 tecnnetium Tc 4570
7440-27-9 terbium Tb 4550
7440-28-0 thallium Tl 4703
7440-29-1 thorium Th 4609
7440-30-4 thulium Tm 4747
7440-31-5 tin (white) Sn 4332
7440-31-5 tin (gray) Sn 4333
7440-32-6 titanium Ti 4639
7440-33-7 tungsten W 4899
7440-34-8 actinium Ac 1
7440-35-9 americium Am 183
7440-36-0 antimony Sb 4023
7440-37-1 argon Ar 200
7440-38-2 arsenic As 202
7440-39-3 barium Ba 416
7440-40-6 berkelium (a form) Bk 611
7440-40-6 berkelium (b form) Bk 612
7440-41-7 beryllium Be 530
7440-42-8 boron B 283
7440-43-9 cadmium Cd 776
7440-44-0 carbon (amphorous) C 637
7440-45-1 cerium Ce 830
7440-46-2 cesium Cs 1124
7440-47-3 chromium Cr 1035
7440-48-4 cobalt Co 916
7440-50-8 copper Cu 1169
7440-51-9 curium Cm 906
7440-52-0 erbium Er 1332
7440-53-1 europium Eu 1369
7440-54-2 gadolinium Gd 1610
7440-55-3 gallium Ga 1575
7440-56-4 germanium Ge 1637
7440-57-5 gold Au 256
7440-58-6 hafnium Hf 1740
7440-59-7 helium-4 He 1739

7440-60-0	holmium	Ho	1841
7440-61-1	uranium	U	4766
7440-62-2	vanadium	V	4836
7440-63-3	xenon	Xe	4945
7440-64-4	ytterbium	Yb	4995
7440-65-5	yttrium	Y	4960
7440-66-6	zinc	Zn	5021
7440-67-7	zirconium	Zr	5113
7440-68-8	astatine	At	255
7440-69-9	bismuth	Bi	562
7440-70-2	calcium	Ca	675
7440-71-3	californium	Cf	877
7440-72-4	fermium	Fm	1572
7440-73-5	francium	Fr	1574
7440-74-6	indium	In	1877
7446-06-2	polonium (iv) oxide	PoO2	3649
7446-07-3	tellurium dioxide	TeO2	4596
7446-08-4	selenium dioxide	SeO2	4117
7446-09-5	sulfur dioxide	SO2	4007
7446-10-8	lead (ii) sulfite	PbSO3	3546
7446-10-8	lead sulfite	PbO3S	3541
7446-11-9	sulfur trioxide	SO3	4010
7446-14-2	lead (ii) sulfate	PbSO4	3547
7446-15-3	lead (ii) selenate	PbSeO4	3552
7446-16-4	radium sulfate	RaO4S	3780
7446-18-6	thallium (i) sulfate	Tl2SO4	4744
7446-19-7	zinc sulfate monohydrate	ZnH2O5S	5074
7446-20-0	zinc sulfate heptahydrate	ZnH14O11S	5081
7446-21-1	strontium selenate	SrSeO4	4509
7446-22-2	thallium (i) selenate	Tl2SeO4	4746
7446-25-5	tin (iv) selenite	SnO6Se2	4436
7446-26-6	zinc pyrophosphate	Zn2O7P2	5099
7446-27-7	lead (ii) phosphate	Pb3O8P2	3569
7446-28-8	strontium phosphate	Sr3O8P2	4514
7446-31-3	zirconium sulfate tetrahydrate	ZrH8O12S2	5147
7446-32-4	antimony (iii) sulfate	Sb2O12S3	4059
7446-33-5	yttrium sulfate octahydrate	Y2H16O20S3	4990
7446-34-6	selenium monosulfide	SeS	4120
7446-35-7	tellurium disulfide	TeS2	4598
7446-70-0	aluminum chloride	AlCl3	127
7447-39-4	cupric chloride	CuCl2	1230
7447-40-7	potassium chloride	KCl	2007
7447-41-8	lithium chloride	LiCl	2253
7486-35-3	vinyltri-n-butyltin	SnC14H30	4390
7487-88-9	magnesium sulfate	MgSO4	2440
7487-94-7	mercuric chloride	HgCl2	1800
7488-51-9	lead (ii) selenite	PbSeO3	3551
7488-52-0	zinc sulfite dihydrate	ZnH4O5S	5075
7488-54-2	rubidium sulfate	Rb2SO4	3822
7488-55-3	tin (ii) sulfate	SnSO4	4439
7488-56-4	selenium disulfide	SeS2	4121
7521-80-4	silane, n-butyltrichloro	SiC4H9Cl3	4158
7532-85-6	divinyltin dichloride	SnC4H6Cl2	4347
7542-09-8	cobalt (ii) basic carbonate	Co5C2H8O13	1034
7543-51-3	zinc phosphate tetrahydrate	Zn3H8O12P2	5107
7550-35-8	lithium bromide	LiBr	2213
7550-45-0	titanium tetrachloride	TiCl4	4678
7553-56-2	iodine	I2	1873
7558-79-4	sodium hydrogen phosphate	Na2HO4P	2940
7558-80-7	sodium phosphate, monobasic	NaH2O4P	2877
7580-67-8	lithium hydride	LiH	2265
7601-54-9	sodium phosphate	Na3O4P	3002
7601-89-0	sodium perchlorate	NaClO4	2860
7601-90-3	perchloric acid	HClO4	1697
7616-94-6	perchloryl fluoride	ClFO3	894
7631-86-9	colloidal silica	SiO2	4269
7631-90-5	sodium hydrogen sulfite	NaHSO3	2874
7631-94-9	sodium dithionate	Na2O6S2	2969
7631-95-0	sodium molybdate	Na2MoO4	2960
7631-99-4	sodium nitrate	NaNO3	2894
7632-00-0	sodium nitrite	NaNO2	2893
7632-04-4	sodium perborate, anhydrous	NaBHO3	2792
7632-51-1	vanadium tetrachloride	VCl4	4860
7637-07-2	boron trifluoride	BF3	363
7637-13-0	stannous stearate	SnC36H70O4	4420
7646-69-7	sodium hydride	NaH	2869
7646-78-8	stannic chloride	SnCl4	4424
7646-79-9	cobalt chloride	CoCl2	968
7646-85-7	zinc chloride	ZnCl2	5062
7646-93-7	potassium hydrogen sulfate	KHSO4	2029
7647-01-0	hydrogen chloride	HCl	1695
7647-10-1	palladium (ii) chloride	PdCl2	3608
7647-10-1	palladium (ii) chloride dihydrate	PdCl2H4O2	3609
7647-14-5	sodium chloride	NaCl	2854
7647-15-6	sodium bromide	NaBr	2800
7647-17-8	cesium chloride	CsCl	1137
7647-18-9	antimony pentachloride	SbCl5	4044
7647-19-0	phosphorus (v) fluoride	PF5	3387
7650-84-2	phosphine, diphenylpropyl	PC15H17	3316
7650-89-7	phosphine, tribenzyl	PC21H21	3352
7650-91-1	phosphine, benzyldiphenyl	PC19H17	3343
7659-31-6	silver (i) acetylide	Ag2C2	54
7664-38-2	phosphoric acid	H3PO4	1725
7664-39-3	hydrogen fluoride	HF	1698
7664-41-7	ammonia	NH3	2619
7664-93-9	sulfuric acid	H2SO4	1716
7677-24-9	trimethylsilylcyanide	SiC4H9N	4162
7681-11-0	potassium iodide	KI	2035
7681-38-1	sodium hydrogen sulfate	NaHSO4	2875
7681-49-4	sodium fluoride	NaF	2864
7681-52-8	sodium hypochlorite pentahydrate	NaClH10O6	2856
7681-52-9	sodium hypochlorite	NaClO	2857
7681-53-0	sodium hypophosphite	NaH2O2P	2876
7681-55-2	sodium iodate	NaIO3	2889
7681-57-4	sodium metabisulfite	Na2S2O5	2975
7681-65-4	copper iodide	CuI	1255
7681-82-5	sodium iodide	NaI	2888
7688-25-7	1,4-bis(diphenylphosphino)butane	P2C28H28	3428
7693-26-7	potassium hydride	KH	2022
7693-27-8	magnesium hydride	MgH2	2402
7697-37-2	nitric acid	HNO3	1702
7698-05-7	deuterium chloride	DCl	1299
7699-41-4	metasilicic acid	SiH2O3	4255
7699-43-6	zirconium oxychloride	ZrCl2O	5141
7699-45-8	zinc bromide	ZnBr2	5024
7704-34-9	sulfur	S	3991
7704-98-5	titanium hydride	TiH2	4682
7704-99-6	zirconium (ii) hydride	ZrH2	5145
7705-07-9	titanium (iii) chloride	TiCl3	4677
7705-08-0	ferric chloride	FeCl3	1505
7718-54-9	nickel (ii) chloride	NiCl2	3133
7718-98-1	vanadium (iii) chloride	VCl3	4859
7719-00-8	n-(3-trimethoxysilylethyl)ethylenediamine	SiC7H20N2O3	4191
7719-09-7	thionyl chloride	SOCl2	4005
7719-09-7	thionyl chloride	SCl2O	3996
7719-12-2	phosphorus (iii) chloride	PCl3	3381
7720-78-7	iron (ii) sulfate	FeO4S	1534
7720-83-4	titanium (iv) iodide	TiI4	4686
7721-01-9	tantalum (v) chloride	TaCl5	4531
7722-64-7	potassium permanganate	KMnO4	2040
7722-76-1	ammonium dihydrogen phosphate	NH6PO4	2649
7722-84-1	hydrogen peroxide	H2O2	1713
7722-86-3	peroxysulfuric acid	H2SO5	1717
7722-88-5	sodium pyrophosphate	Na4P2O7	3013
7723-14-0	phosphorus (white)	P	3234
7723-14-0	phosphorus (red)	P	3235
7723-14-0	phosphorus (black)	P	3236
7726-95-6	bromine	Br2	633
7727-15-3	aluminum bromide	AlBr3	82
7727-18-6	vanadium oxytrichloride	VOCl3	4880
7727-21-1	potassium persulfate	K2S2O8	2131
7727-37-9	nitrogen	N2	2678
7727-43-7	barium sulfate	BaO4S	501
7727-54-0	ammonium peroxydisulfate	N2H8O8S2	2723
7727-73-3	sodium sulfate decahydrate	Na2H20O14S	2957
7732-18-5	water	H2O	1712
7733-02-0	zinc sulfate	ZnSO4	5094
7738-94-5	chromic acid	CrH2O4	1085
7757-79-1	potassium nitrate	KNO3	2042
7757-82-6	sodium sulfate	Na2SO4	2974
7757-83-7	sodium sulfite	Na2SO3	2973
7757-86-0	magnesium hydrogen phosphate trihydrate	MgH7O7P	2411
7757-87-1	magnesium phosphate pentahydrate	Mg3H10O13P2	2457
7757-88-2	magnesium sulfite	MgO3S	2431
7757-93-9	calcium hydrogen phosphate	CaHO4P	730
7758-01-2	potassium bromate	KBrO3	1973
7758-02-3	potassium bromide	KBr	1972
7758-05-6	potassium iodate	KIO3	2036
7758-09-0	potassium nitrite	KNO2	2041
7758-11-4	potassium hydrogen phosphate	K2HPO4	2099
7758-11-4	potassium monohydrogen phosphate	K2HO4P	2097
7758-16-9	sodium dihydrogen pyrophosphate	Na2H2O7P2	2941
7758-19-2	sodium chlorite	NaClO2	2858
7758-29-4	sodium triphosphate	Na5O10P3	3015
7758-87-4	calcium phosphate	Ca3O8P2	772
7758-88-5	cerium (iii) fluoride	CeF3	846
7758-89-6	cuprous chloride	CuCl	1229
7758-94-3	ferrous chloride	FeCl2	1502
7758-95-4	lead chloride	PbCl2	3514
7758-97-6	lead (ii) chromate	PbCrO4	3520
7758-98-7	copper (ii) sulfate	CuO4S	1265
7758-99-8	copper (ii) sulfate pentahydrate	CuH10O9S	1251
7759-00-4	manganese (ii) metasilicate	MnSiO3	2529
7759-01-5	lead (ii) tungstate (stolzite)	PbWO4	3557
7759-01-5	lead (ii) tungstate (raspite)	PbWO4	3558
7759-01-5	lead tungstate	PbO4W	3543
7759-02-6	strontium sulfate	SrSO4	4507
7759-02-6	strontium sulfate	SrO4S	4502
7761-88-8	silver (i) nitrate	AgNO3	49
7772-98-7	sodium thiosulfate	Na2O3S2	2963
7772-99-8	stannous chloride	SnCl2	4422
7773-01-5	manganese (ii) chloride	MnCl2	2495
7773-03-7	potassium hydrogen sulfite	KHSO3	2028
7773-03-7	potassium hydrogen sulfite	KHO3S	2026
7773-06-0	ammonium sulfamate	N2H6O3S	2702
7774-29-0	mercuric iodide	HgI2	1813
7774-34-7	calcium chloride hexahydrate	CaCl2H12O6	719
7774-41-6	arsenic (v) acid hemihydrate	AsH4O4.5	236
7775-09-9	sodium chlorate	NaClO3	2859
7775-11-3	sodium chromate	Na2CrO4	2930
7775-11-3	sodium chromate decahydrate	Na2CrH20O14	2929
7775-14-6	sodium hydrosulfite	Na2O4S2	2965
7775-19-1	sodium metaborate	NaBO2	2798
7775-27-1	sodium persulfate	Na2O8S2	2971
7775-41-9	silver (i) fluoride	AgF	40
7778-18-9	calcium sulfate	CaO4S	757
7778-39-4	arsenic acid	AsH3O4	235
7778-43-0	sodium hydrogen arsenate	Na2AsHO4	2907
7778-44-1	calcium arsenate	Ca3As2O8	769
7778-50-9	potassium dichromate	K2Cr2O7	2089
7778-53-2	potassium phosphate	K3PO4	2153
7778-54-3	calcium hypochlorite	CaCl2O2	720
7778-74-7	potassium perchlorate	KClO4	2011
7778-77-0	potassium dihydrogen phosphate	KH2PO4	2034
7778-80-5	potassium sulfate	K2SO4	2127
7779-25-1	magnesium citrate pentahydrate	MgC6H16O12	2369
7779-86-4	zinc dithionite	ZnO4S2	5091
7779-88-6	zinc nitrate	ZnN2O6	5086
7779-90-0	zinc phosphate	Zn3O8P2	5110
7782-12-0	sodium dichromate dihydrate	Na2Cr2H4O9	2931
7782-39-0	deuterium	D2	1302
7782-40-3	diamond	C	638
7782-41-4	fluorine	F2	1409
7782-42-5	graphite	C	639
7782-44-7	oxygen	O2	3198
7782-49-2	selenium (gray)	Se	4083
7782-49-2	selenium (a form)	Se	4084
7782-49-2	selenium (vitreous)	Se	4085
7782-50-5	chlorine	Cl2	899
7782-61-8	iron (iii) nitrate nonahydrate	FeH18N3O18	1525
7782-63-0	iron (ii) sulfate heptahydrate	FeH14O11S	1524
7782-64-1	manganese (ii) fluoride	MnF2	2499
7782-65-2	germane	GeH4	1675
7782-66-3	mercury (ii) phosphate	Hg3O8P2	1839
7782-68-5	iodic acid	IHO3	1870
7782-70-9	potassium hydrogen selenite	KHSeO3	2030
7782-75-4	magnesium phosphate, dibasic	MgH7O7P	2412
7782-77-6	nitrous acid	HNO2	1701
7782-78-7	nitrosylsulfuric acid	NHO5S	2617
7782-79-8	hydrazoic acid	HN3	1703
7782-82-3	sodium hydrogen selenite	NaHO3Se	2872
7782-85-6	sodium hydrogen phosphate heptahydrate	Na2H15O11P	2955
7782-87-8	potassium hypophosphite	KH2PO2	2033
7782-89-0	lithium amide	LiNH2	2273
7782-91-4	molybdenum (vi) acid monohydrate	MoH4O5	2574
7782-92-5	sodium amide	NaNH2	2892

7782-94-7 nitramide N2O2H2 2677
7782-99-2 sulfurous acid H2SO3 1715
7783-00-8 selenous acid SeH2O3 4111
7783-03-1 tungstic acid WH2O4 4918
7783-06-4 hydrogen sulfide H2S 1714
7783-07-5 hydrogen selenide H2Se 1719
7783-08-6 selenic acid SeH2O4 4112
7783-09-7 hydrogen telluride H2Te 1721
7783-11-1 ammonium sulfite monohydrate N2H10O4S 2739
7783-14-4 zinc hypophosphite monohydrate ZnH6O5P2 5076
7783-18-8 ammonium thiosulfate N2H8O3S2 2720
7783-19-9 ammonium selenite N2H8SeO3 2728
7783-20-2 ammonium sulfate N2H8O4S 2721
7783-21-3 ammonium selenate N2H8SeO4 2729
7783-22-4 ammonium uranate (vi) U2H8N2O7 4810
7783-26-8 trisilane Si3H8 4296
7783-28-0 diammonium hydrogen phosphate N2H9PO4 2734
7783-29-1 tetrasilane Si4H10 4300
7783-30-4 mercurous iodide HgI 1812
7783-32-6 mercury (ii) iodate HgI2O6 1814
7783-33-7 potassium tetraiodomercurate (ii) K2HgI4 2108
7783-34-8 mercury (ii) nitrate monohydrate HgH2N2O7 1808
7783-34-8 mercury (i) nitrate monohydrate HgH2NO4 1809
7783-35-9 mercury (ii) sulfate HgSO4 1822
7783-36-0 mercury (i) sulfate Hg2SO4 1838
7783-39-3 mercury (ii) fluoride HgF2 1804
7783-40-6 magnesium fluoride MgF2 2399
7783-41-7 fluorine oxide F2O 1412
7783-42-8 thionyl fluoride SOF2 4006
7783-43-9 selenium oxyfluoride SeOF2 4116
7783-44-0 difluorine dioxide F2O2 1413
7783-46-2 lead fluoride PbF2 3521
7783-47-3 tin (ii) fluoride SnF2 4428
7783-48-4 strontium fluoride SrF2 4484
7783-49-5 zinc fluoride ZnF2 5069
7783-50-8 iron (iii) fluoride FeF3 1511
7783-51-9 gallium (iii) fluoride GaF3 1587
7783-52-0 indium (iii) fluoride InF3 1896
7783-53-1 manganese (iii) fluoride MnF3 2500
7783-54-2 nitrogen trifluoride NF3 2613
7783-55-3 phosphorus (iii) fluoride PF3 3384
7783-56-4 antimony (iii) fluoride SbF3 4045
7783-57-5 thallium (iii) fluoride TlF3 4726
7783-58-6 germanium (iv) fluoride GeF4 1665
7783-59-7 lead (iv) fluoride PbF4 3522
7783-60-0 sulfur tetrafluoride SF4 3998
7783-61-1 silicon tetrafluoride SiF4 4245
7783-62-2 tin (iv) fluoride SnF4 4429
7783-63-3 titanium (iv) fluoride TiF4 4681
7783-64-4 zirconium (iv) fluoride ZrF4 5143
7783-66-6 iodine pentafluoride IF5 1868
7783-68-8 niobium (v) fluoride NbF5 3037
7783-70-2 antimony (v) fluoride SbF5 4046
7783-71-3 tantalum (v) fluoride TaF5 4533
7783-72-4 vanadium (v) fluoride VF5 4865
7783-73-5 potassium hexafluorogermanate K2F6Ge 2091
7783-75-7 iridium (vi) fluoride IrF6 1940
7783-77-9 molybdenum fluoride MoF6 2573
7783-79-1 selenium hexafluoride SeF6 4110
7783-80-4 tellurium hexafluoride TeF6 4590
7783-81-5 uranium fluoride UF6 4787
7783-82-6 tungsten fluoride WF6 4917
7783-84-8 iron (iii) hypophosphite FeH6O6P3 1521
7783-86-9 iron (ii) iodide FeI2 1527
7783-89-3 silver bromate AgBrO3 17
7783-90-6 silver (i) chloride AgCl 35
7783-91-7 silver chlorite AgClO2 37
7783-92-8 silver (i) chlorate AgClO3 38
7783-93-9 silver (i) perchlorate AgClO4 39
7783-95-1 silver (i) fluoride AgF2 41
7783-96-2 silver (i) iodide AgI 45
7783-97-3 silver (i) iodate AgIO3 46
7783-98-4 silver (i) permanganate AgMnO4 47
7783-99-5 silver (i) nitrite AgNO2 48
7784-01-2 silver chromate Ag2CrO4 57
7784-02-3 silver dichromate Ag2Cr2O7 58
7784-03-4 silver (i) tetraiodomercurate (ii) Ag2HgI4 60
7784-05-6 silver (i) selenite Ag2SeO3 70
7784-05-6 silver selenite Ag2O3Se 64
7784-07-8 silver (i) selenate Ag2SeO4 71
7784-07-8 silver selenate Ag2O4Se 65
7784-09-0 silver (i) phosphate Ag3PO4 75
7784-11-4 aluminum bromide hexahydrate AlBr3H12O6 83
7784-13-6 aluminum chloride hexahydrate AlCl3H12O6 129
7784-14-7 ammonium tetrachloroaluminate NH4AlCl4 2622
7784-15-8 aluminum chlorate nonahydrate AlCl3H18O18 130
7784-16-9 sodium tetrachloroaluminate NaAlCl4 2782
7784-17-0 cesium aluminum sulfate dodecahydrate CsAlH24O20S2 1125
7784-18-1 aluminum fluoride AlF3 134
7784-19-2 ammonium hexafluoroaluminate N3H12AlF6 2753
7784-21-6 aluminum hydride AlH3 139
7784-22-7 aluminum hypophosphite AlH6O6P3 142
7784-23-8 aluminum iodide AlI3 146
7784-24-9 potassium aluminum sulfate dodecahydrate KAlH24O20S2 1961
7784-25-0 ammonium aluminum sulfate NH4AlO8S2 2623
7784-26-1 aluminum ammonium sulfate dodecahydrate AlH28NO20S2 145
7784-27-2 aluminum nitrate nonahydrate AlH18N3O18 144
7784-30-7 aluminum phosphate AlPO4 152
7784-31-8 aluminum sulfate octadecahydrate Al2H36O30S3 164
7784-33-0 arsenic (iii) bromide AsBr3 203
7784-34-1 arsenic trichloride AsCl3 228
7784-35-2 arsenic trifluoride AsF3 230
7784-36-3 arsenic pentafluoride AsF5 231
7784-37-4 mercury (ii) hydrogen arsenate HgHAsO4 1805
7784-40-9 lead (ii) hydrogen arsenate PbHAsO4 3525
7784-41-0 potassium dihydrogen arsenate KH2AsO4 2031
7784-42-1 arsine AsH3 234
7784-44-3 ammonium hydrogen arsenate N2H9AsO4 2733
7784-45-4 arsenic triiodide AsI3 238
7784-46-5 sodium arsenite NaAsO2 2787
7784-48-7 nickel (ii) arsenate octahydrate Ni3As2H16O16 3174
7785-19-5 manganese ammonium sulfate hexahydrate MnH20N2O14S2 2511
7785-20-8 nickel ammonium sulfate hexahydrate NiH20N2O14S2 3153
7785-23-1 silver bromide AgBr 16
7785-84-4 sodium trimetaphosphate hexahydrate Na3H12O15P3 2996
7785-87-7 manganese (ii) sulfate MnSO4 2526
7786-30-3 magnesium chloride MgCl2 2392
7786-81-4 nickel (ii) sulfate NiSO4 3164

7787-32-8 barium fluoride BaF2 464
7787-33-9 barium iodide dihydrate BaH4I2O2 473
7787-34-0 barium iodate monohydrate BaH2I2O7 468
7787-35-1 barium manganate (vi) BaMnO4 483
7787-36-2 barium permanganate BaMn2O8 485
7787-37-3 barium molybdate BaMoO4 484
7787-38-4 barium nitrite monohydrate BaH2N2O5 469
7787-40-8 barium sulfite BaO3S 494
7787-41-9 barium selenate BaO4Se 502
7787-42-0 barium tungstate BaO4W 503
7787-46-4 beryllium bromide BeBr2 534
7787-47-5 beryllium chloride BeCl2 541
7787-48-6 beryllium perchlorate tetrahydrate BeCl2H8O12 542
7787-49-7 beryllium fluoride BeF2 543
7787-50-0 potassium tetrafluoroberyllate dihydrate K2BeF4H4O2 2059
7787-52-2 beryllium hydride BeH2 544
7787-53-3 beryllium iodide BeI2 550
7787-56-6 beryllium sulfate tetrahydrate BeH8O8S 548
7787-57-7 bismuth oxybromide BiBrO 563
7787-58-8 bismuth tribromide BiBr3 564
7787-59-9 bismuth oxychloride BiClO 575
7787-60-2 bismuth trichloride BiCl3 576
7787-61-3 bismuth fluoride BiF3 578
7787-62-4 bismuth pentafluoride BiF5 579
7787-63-5 bismuth oxyiodide BiIO 583
7787-64-6 bismuth triiodide BiI3 584
7787-68-0 bismuth sulfate Bi2O12S3 597
7787-69-1 cesium bromide CsBr 1128
7787-70-4 cuprous bromide CuBr 1173
7787-71-5 bromine trifluoride BrF3 626
7788-97-8 chromium (iii) fluoride CrF3 1078
7788-98-9 ammonium chromate (vi) N2H8CrO4 2713
7788-99-0 chromium (iii) potassium sulfate dodecahydra CrH24KO20S2 1091
7789-00-6 potassium chromate K2CrO4 2088
7789-01-7 lithium chromate dihydrate Li2CrH4O6 2289
7789-02-8 chromium (iii) nitrate nonahydrate CrH18N3O18 1090
7789-04-0 chromium (iii) phosphate CrO4P 1101
7789-06-2 strontium chromate SrCrO4 4483
7789-08-4 chromate, ammonium ferric Cr2FeH4NO8 1113
7789-08-4 ammonium ferric chromate NH4Cr2FeO8 2630
7789-09-5 dichromate, ammonium Cr2H8N2O7 1114
7789-09-5 ammonium dichromate (vi) N2H8Cr2O7 2712
7789-10-8 mercury (ii) dichromate HgCr2O7 1803
7789-12-0 zinc dichromate trihydrate ZnCr2H6O10 5067
7789-17-5 cesium iodide CsI 1144
7789-18-6 cesium nitrate CsNO3 1147
7789-19-7 copper (ii) fluoride CuF2 1240
7789-20-0 deuterium oxide D2O 1303
7789-21-1 fluorosulfonic acid FHO3S 1404
7789-23-3 potassium fluoride KF 2018
7789-24-4 lithium fluoride LiF 2261
7789-25-5 nitrosyl fluoride FNO 1406
7789-26-6 fluorine nitrate FNO3 1408
7789-27-7 thallium (i) fluoride TlF 4725
7789-28-8 iron (ii) fluoride FeF2 1509
7789-29-9 potassium hydrogen fluoride KHF2 2024
7789-30-2 bromine pentafluoride BrF5 628
7789-31-3 bromic acid HBrO3 1693
7789-33-5 iodine bromide IBr 1862
7789-36-8 magnesium bromate hexahydrate MgBr2H12O12 2343
7789-38-0 sodium bromate NaBrO3 2802
7789-39-1 rubidium bromide RbBr 3786
7789-40-4 thallous bromide TlBr 4704
7789-41-5 calcium bromide CaBr2 682
7789-42-6 cadmium bromide CdBr2 777
7789-43-7 cobalt (ii) bromide CoBr2 924
7789-45-9 copper (ii) bromide CuBr2 1174
7789-46-0 iron (ii) bromide FeBr2 1424
7789-47-1 mercuric bromide HgBr2 1773
7789-48-2 magnesium bromide MgBr2 2341
7789-51-7 selenium oxybromide SeOBr2 4114
7789-52-8 selenium bromide Se2Br2 4122
7789-53-9 strontium bromide hexahydrate SrBr2H12O6 4466
7789-54-0 tellurium dibromide TeBr2 4584
7789-57-3 silane, tribromo SiHBr3 4246
7789-59-5 phosphorus (v) oxybromide POBr3 3395
7789-60-8 phosphorus tribromide PBr3 3238
7789-61-9 antimony tribromide SbBr3 4025
7789-64-2 iridium (iv) bromide IrBr4 1920
7789-65-3 selenium tetrabromide SeBr4 4086
7789-66-4 tetrabromosilane SiBr4 4146
7789-67-5 stannic bromide SnBr4 4335
7789-68-6 titanium (iv) bromide TiBr4 4643
7789-69-7 phosphorus (v) bromide PBr5 3239
7789-75-5 calcium fluoride CaF2 728
7789-77-7 calcium hydrogen phosphate dihydrate CaH5O6P 740
7789-78-8 calcium hydride CaH2 732
7789-79-9 calcium hypophosphite CaH4O4P2 736
7789-80-2 calcium iodate CaI2O6 747
7789-82-4 calcium molybdate CaMoO4 749
7789-99-9 potassium chromium (iii) sulfate dodecahydra KCrH24O20S2 2015
7790-21-8 potassium periodate KIO4 2037
7790-22-9 lithium iodide trihydrate LiH6IO3 2269
7790-28-5 sodium periodate NaIO4 2890
7790-29-6 rubidium iodide RbI 3801
7790-30-9 thallium iodide TlI 4728
7790-31-0 magnesium iodide octahydrate MgH16I2O8 2422
7790-32-1 magnesium iodate tetrahydrate MgH8I2O10 2413
7790-33-2 manganese (ii) iodide MnI2 2512
7790-34-3 nickel iodide hexahydrate NiH12I2O6 3146
7790-37-6 zinc iodate ZnI2O6 5083
7790-38-7 palladium (ii) iodide PdI2 3619
7790-39-8 platinum (ii) iodide PtI2 3739
7790-41-2 iridium (iii) iodide IrI3 1942
7790-42-3 potassium triiodide monohydrate KI3H2O 2038
7790-43-4 potassium triiodozincate KI3Zn 2039
7790-44-5 antimony triiodide SbI3 4049
7790-45-6 iridium (iv) iodide IrI4 1943
7790-46-7 platinum (iv) iodide PtI4 3741
7790-47-8 stannic iodide SnI4 4433
7790-48-9 tellurium tetraiodide TeI4 4594
7790-49-0 thorium (iv) iodide ThI4 4628
7790-53-6 potassium hexametaphosphite K6O18P6 2160
7790-56-9 potassium sulfite dihydrate KH4O5S 2100
7790-58-1 potassium tellurite K2TeO3 2137
7790-59-2 potassium selenate K2SeO4 2133
7790-60-5 potassium tungstate K2WO4 2140

679

7790-62-7 potassium pyrosulfate K2S2O7 2130
7790-63-8 potassium uranate K2U2O7 2139
7790-69-4 lithium nitrate LiNO3 2274
7790-71-8 lithium selenate monohydrate Li2H2O5Se 2296
7790-74-1 calcium selenate dihydrate CaH4O6Se 739
7790-75-2 calcium tungstate CaO4W 758
7790-76-3 calcium pyrophosphate Ca2O7P2 767
7790-78-5 cadmium chloride hemipentahydrate CdCl2H5O2.5 792
7790-79-6 cadmium fluoride CdF2 798
7790-80-9 cadmium iodide CdI2 804
7790-81-0 cadmium iodate CdI2O6 805
7790-84-3 cadmium sulfate monohydrate CdH2O5S 801
7790-84-3 cadmium sulfate octahydrate Cd3H16O20S3 827
7790-85-4 cadmium tungstate CdO4W 817
7790-86-5 cerium (iii) chloride CeCl3 842
7790-87-6 cerium (iii) iodide CeI3 857
7790-89-8 chlorine monofluoride ClF 891
7790-91-2 chlorine trifluoride ClF3 892
7790-92-3 hypochlorous acid HOCl 1704
7790-93-4 chloric acid heptahydrate ClH15O10 895
7790-94-5 chlorosulfonic acid HClO3S 1696
7790-98-9 ammonium perchlorate NH4ClO4 2629
7790-99-0 iodine chloride ICl 1863
7791-03-9 lithium perchlorate LiClO4 2258
7791-07-3 sodium perchlorate monohydrate NaClH2O5 2855
7791-08-4 antimony (iii) oxychloride SbOCl 4053
7791-08-4 antimony (v) oxychloride SbClO 4040
7791-09-5 rhenium (vii) trioxychloride ReO3Cl 3863
7791-09-5 rhenium (vi) trioxychloride ReClO3 3844
7791-10-8 strontium chlorate SrCl2O6 4482
7791-11-9 rubidium chloride RbCl 3791
7791-12-0 thallium chloride TlCl 4719
7791-13-1 cobalt (ii) chloride hexahydrate CoCl2H12O6 970
7791-16-4 antimony (v) dichlorotrifluoride SbCl2F3 4041
7791-18-6 magnesium chloride hexahydrate MgCl2H12O6 2395
7791-20-0 nickel (ii) chloride hexahydrate NiCl2H12O6 3134
7791-21-1 chlorine monoxide Cl2O 900
7791-23-3 selenium oxychloride SeOCl2 4115
7791-25-5 sulfuryl chloride SO2Cl2 4008
7791-26-6 uranyl chloride UO2Cl2 4802
7791-27-7 pyrosulfuryl chloride Cl2O5S2 903
7791-28-8 barium bromide dihydrate BaBr2H4O2 425
7791-29-9 potassium tetraiodoaurate (iii) KAuI4 1968
7803-49-8 hydroxylamine H3NO 1722
7803-51-2 phosphine PH3 3389
7803-52-3 stibine SbH3 4047
7803-54-5 magnesium amide MgH4N2 2406
7803-55-6 ammonium metavanadate NH4VO3 2639
7803-57-8 hydrazine hydrate N2H6O 2701
7803-58-9 sulfuryl amide SH4N2O2 4003
7803-60-3 hypophosphoric acid H4P2O6 1730
7803-62-5 silane SiH4 4261
7803-63-6 ammonium hydrogen sulfate NH5O4S 2644
7803-65-8 ammonium hypophosphite NH6O2P 2648
7803-68-1 telluric (vi) acid TeH6O6 4592
8003-05-2 phenyl mercury nitrate, basic Hg2C12H11NO4 1828
8017-16-1 superphosphoric acid H3P3O9 1726
10022-31-8 barium nitrate BaN2O6 487
10022-47-6 chromic, ammonium sulfate dodecahydrate CrH28NO20S2 1092
10022-48-7 lithium dichromate dihydrate Li2Cr2H4O9 2291
10022-50-1 nitryl fluoride FNO2 1407
10022-68-1 cadmium nitrate tetrahydrate CdH8N2O10 803
10024-93-8 neodymium trichloride NdCl3 3070
10024-97-2 nitrous oxide N2O 2747
10025-64-6 zinc perchlorate hexahydrate ZnCl2H12O14 5063
10025-65-7 platinum (ii) chloride PtCl2 3725
10025-66-8 radium chloride RaCl2 3775
10025-67-9 sulfur monochloride S2Cl2 4013
10025-68-0 selenium chloride Se2Cl2 4133
10025-69-1 tin (ii) chloride dihydrate SnCl2H4O2 4423
10025-70-4 strontium chloride hexahydrate SrCl2H12O6 4481
10025-71-5 tellurium dichloride TeCl2 4587
10025-73-7 chromium (iii) chloride CrCl3 1073
10025-74-8 dysprosium (iii) chloride DyCl3 1316
10025-75-9 erbium chloride hexahydrate ErCl3H12O6 1343
10025-76-0 europium (iii) chloride EuCl3 1378
10025-77-1 iron (iii) chloride hexahydrate FeCl3H12O6 1506
10025-78-2 silane, trichloro SiHCl3 4247
10025-82-8 indium (iii) chloride InCl3 1892
10025-83-9 iridium (iii) chloride IrCl3 1935
10025-84-0 lanthanum chloride heptahydrate LaCl3H14O7 2180
10025-85-1 nitrogen trichloride NCl3 3268
10025-87-3 phosphorus oxychloride POCl3 3396
10025-90-8 praseodymium chloride heptahydrate PrCl3H14O7 3665
10025-91-9 antimony trichloride SbCl3 4042
10025-93-1 uranium (iii) chloride UCl3 4779
10025-94-2 yttrium chloride hexahydrate YCl3H12O6 4978
10025-97-5 iridium tetrachloride IrCl4 1936
10025-98-6 potassium tetrachloropalladate (ii) K2PdCl4 2123
10025-99-7 potassium tetrachloroplatinate K2PtCl4 2124
10026-01-4 osmium (iv) chloride OsCl4 3210
10026-02-5 polonium tetrachloride PoCl4 3645
10026-03-6 selenium tetrachloride SeCl4 4107
10026-04-7 silicon tetrachloride SiCl4 4244
10026-06-9 tin (iv) chloride pentahydrate SnCl4H10O5 4425
10026-07-0 tellurium tetrachloride TeCl4 4588
10026-08-1 thorium (iv) chloride ThCl4 4617
10026-10-5 uranium (iv) chloride UCl4 4780
10026-11-6 zirconium (iv) chloride ZrCl4 5142
10026-12-7 niobium (v) chloride NbCl5 3034
10026-13-8 phosphorus pentachloride PCl5 3382
10026-17-2 cobalt (ii) fluoride CoF2 978
10026-18-3 cobalt (iii) fluoride CoF3 980
10026-20-7 cobalt (ii) potassium sulfate hexahydrate CoH12K2O14S2 997
10026-22-9 cobalt (ii) nitrate hexahydrate CoH12N2O12 998
10026-24-1 cobalt (ii) sulfate heptahydrate CoH14O11S 999
10028-14-5 nobelium No 3181
10028-15-6 ozone O3 3199
10028-17-8 tritium T2 4515
10028-18-9 nickel fluoride NiF2 3139
10028-22-5 iron (iii) sulfate Fe2O12S3 1561
10031-13-7 lead (ii) arsenite PbAs2O4 3484
10031-16-0 barium dichromate dihydrate BaCr2H4O9 462
10031-18-2 mercurous bromide HgBr 1772
10031-20-6 manganese (ii) bromide tetrahydrate MnBr2H8O4 2470
10031-21-7 lead (ii) bromate monohydrate PbBr2H2O7 3489
10031-22-8 lead bromide PbBr2 3487
10031-23-9 radium bromide RaBr2 3774

10031-24-0 tin (ii) bromide SnBr2 4334
10031-25-1 chromium (iii) bromide CrBr3 1039
10031-26-2 iron (iii) bromide FeBr3 1426
10031-27-3 tellurium tetrabromide TeBr4 4585
10031-30-8 calcium dihydrogen phosphate monohydrate CaH6O9P2 742
10031-43-3 copper (ii) nitrate trihydrate CuH6N2O9 1250
10031-45-5 copper (ii) selenate pentahydrate CuH10O9Se 1252
10031-48-8 copper (ii) phosphate trihydrate Cu3H6O11P2 1289
10031-49-9 dysprosium nitrate pentahydrate DyH10N3O14 1321
10031-50-2 dysprosium sulfate octahydrate Dy2H16O20S3 1328
10031-51-3 erbium nitrate pentahydrate ErH10N3O14 1347
10031-52-4 europium (iii) sulfate octahydrate Eu2H16O20S3 1396
10031-53-5 europium (iii) nitrate hexahydrate EuH12N3O15 1385
10031-54-6 europium (iii) sulfate Eu2O4S3 1390
10034-76-1 calcium sulfate hemihydrate CaHO4.5S 731
10034-81-8 magnesium perchlorate MgCl2O8 2396
10034-82-9 sodium chromate tetrahydrate Na2CrH8O8 2928
10034-85-2 hydrogen iodide HI 1699
10034-88-5 sodium hydrogen sulfate monohydrate NaH3O5S 2879
10034-93-2 hydrazine sulfate N2H6O4S 2703
10034-96-5 manganese (ii) sulfate monohydrate MnH2O5S 2504
10034-98-7 ytterbium (iii) sulfate octahydrate Yb2H16O20S3 5017
10034-99-8 magnesium sulfate heptahydrate MgH14O11S 2421
10035-04-8 calcium chloride dihydrate CaCl2H4O2 715
10035-05-9 calcium chlorate dihydrate CaCl2H4O8 716
10035-06-0 bismuth nitrate pentahydrate BiH10N3O14 582
10035-10-6 hydrogen bromide HBr 1691
10036-47-2 tetrafluorohydrazine N2F4 2684
10038-98-9 germanium chloride GeCl4 1661
10039-31-3 beryllium selenate tetrahydrate BeH8O8Se 549
10039-32-4 sodium hydrogen phosphate dodecahydrate Na2H25O16P 2959
10039-54-0 hydroxylamine sulfate H8N2O6S 1732
10039-55-1 hydrazine hydroiodide N2H5I 2695
10042-76-9 strontium nitrate SrN2O6 4496
10042-88-3 terbium chloride TbCl3 4553
10043-01-3 aluminum sulfate Al2S3O12 175
10043-11-5 boron nitride BN 373
10043-35-3 boric acid BH3O3 370
10043-52-4 calcium chloride CaCl2 713
10043-67-1 aluminum, potassium sulfate AlKO8S2 147
10043-84-2 manganese (ii) hypophosphite monohydrate MnH6O5P2 2505
10043-92-2 radon Rn 3940
10045-86-0 iron (iii) phosphate dihydrate FeH4O6P 1520
10045-89-3 ammonium ferrous sulfate hexahydrate N2H20FeO14S2 2746
10045-94-0 mercury (ii) nitrate HgN2O6 1815
10048-95-0 sodium hydrogen arsenate heptahydrate Na2AsH15O11 2906
10048-98-3 barium hydrogen phosphate BaHO4P 466
10048-99-4 barium tetraiodomercurate (ii) BaHgI4 480
10049-01-1 bismuth phosphate BiO4P 588
10049-03-3 fluorine perchlorate FClO4 1403
10049-04-4 chlorine dioxide ClO2 898
10049-05-5 chromium (ii) chloride CrCl2 1071
10049-06-6 titanium (ii) chloride TiCl2 4676
10049-07-7 rhodium (iii) chloride RhCl3 3908
10049-08-8 ruthenium (iii) chloride RuCl3 3968
10049-10-2 chromium (ii) fluoride CrF2 1077
10049-11-3 chromium (iv) fluoride CrF4 1081
10049-12-4 vanadium (iii) fluoride VF3 4863
10049-14-6 uranium (iv) fluoride UF4 4784
10049-16-8 vanadium (iv) fluoride VF4 4864
10049-17-9 rhenium (vi) fluoride ReF6 3852
10049-21-5 sodium dihydrogen phosphate monohydrate NaH4O5P 2882
10049-23-7 tellurous acid TeH2O3 4591
10049-24-8 iridium (iii) bromide tetrahydrate IrBr3H8O4 1921
10049-25-9 chromium (ii) bromide CrBr2 1038
10058-44-3 iron (iii) pyrophosphate nonahydrate Fe4H18O30P6 1569
10060-08-9 calcium chromate CaCrO4 724
10060-09-0 cadmium selenate dihydrate CdH4O6Se 802
10060-10-3 cerium (iv) fluoride CeF4 847
10060-11-4 germanium (ii) chloride GeCl2 1659
10060-12-5 chromium (iii) chloride hexahydrate CrCl3H12O6 1074
10060-13-6 copper (ii) chloride dihydrate, ammonium CuCl4H12N2O2 1235
10090-53-6 aluminum iodide hexahydrate AlH12I3O6 143
10097-28-6 silicon monoxide SiO 4264
10099-58-8 lanthanum chloride LaCl3 2177
10099-59-9 lanthanum nitrate LaN3O9 2189
10099-66-8 lutetium chloride LuCl3 2319
10099-74-8 lead (ii) nitrate PbN2O6 3533
10099-76-0 lead (ii) metasilicate PbSiO3 3553
10099-79-3 lead (ii) metavanadate PbO6V2 3544
10101-41-4 calcium sulfate dihydrate CaH4O6S 738
10101-50-5 sodium permanganate trihydrate NaH6MnO7 2885
10101-52-7 zirconium (iv) orthosilicate ZrO4Si 5155
10101-53-8 chromium (iii) sulfate Cr2O12S3 1117
10101-63-0 lead iodide PbI2 3530
10101-68-5 manganese (ii) sulfate tetrahydrate MnH8O8S 2508
10101-89-0 sodium phosphate dodecahydrate Na3H24O16P 3000
10101-94-7 lead (ii) sodium thiosulfate PbNa4O9S6 3535
10101-97-0 nickel (ii) sulfate hexahydrate NiH12O10S 3148
10101-98-1 nickel (ii) sulfate heptahydrate NiH14O11S 3150
10102-02-0 zinc nitrite ZnN2O4 5085
10102-03-1 nitrogen pentoxide N2O5 2750
10102-05-3 palladium (ii) nitrate PdN2O6 3620
10102-06-4 uranyl nitrate UN2O8 4799
10102-15-5 sodium sulfite heptahydrate Na2H14O10S 2954
10102-17-7 sodium thiosulfate pentahydrate Na2H10O8S2 2950
10102-18-8 sodium selenite Na2SeO3 2978
10102-20-2 sodium tellurate Na2TeO4 2982
10102-23-5 sodium selenate decahydrate Na2H20O14Se 2958
10102-24-6 lithium metasilicate Li2SiO3 2308
10102-25-7 lithium sulfate monohydrate Li2H2O5S 2295
10102-34-8 magnesium pyrophosphate trihydrate Mg2H6O10P2 2448
10102-40-6 sodium molybdate dihydrate Na2H4MoO6 2944
10102-43-9 nitric oxide NO 2674
10102-44-0 nitrogen dioxide NO2 2676
10102-45-1 thallium (i) nitrate TlNO3 4731
10102-49-5 arsenate, iron (iii) dihydrate AsFeH4O6 233
10102-50-8 ferrous arsenate hexahydrate Fe3As2H12O14 1563
10102-68-8 calcium iodide CaI2 746
10102-71-3 sodium aluminum sulfate dodecahydrate NaAlH24O20S2 2784
10102-75-7 calcium bromate monohydrate CaBr2H2O7 683
10102-83-4 sodium tellurate (vi) Na2O4Te 2967
10103-61-4 copper (i) arsenate Cu3As2O8 1286
10108-64-2 cadmium chloride CdCl2 791
10112-91-1 mercury (i) chloride Cl2Hg2 1829
10117-38-1 potassium sulfite K2O3S 2116
10118-76-0 calcium permanganate CaMn2O8 748
10119-31-0 zirconyl hydroxychloride ZrClHO 5137

10119-53-6 cerium (iii) stearate CeC54H105O6 841
10124-27-3 aluminum chloride hydrate AlCl3H2O 128
10124-36-4 cadmium sulfate CdO4S 816
10124-37-5 calcium nitrate CaN2O6 751
10124-41-1 calcium thiosulfate hexahydrate CaH12O9S2 745
10124-43-3 cobalt (ii) sulfate CoO4S 1010
10124-48-8 mercury (ii) amide chloride HgClH2N 1798
10124-50-2 potassium metaarsenite monohydrate KAs2H3O5 1964
10124-56-8 sodium hexametaphosphate Na6O18P6 3017
10125-13-0 copper (ii) chloride dihydrate CuCl2H4O2 1231
10135-84-9 ammonium hydrogen borate trihydrate NH11B4O10 2657
10137-74-3 calcium chlorate CaCl2O6 722
10138-04-2 ferric, ammonium sulfate dodecahydrate FeH28NO20S2 1526
10138-41-7 erbium chloride ErCl3 1342
10138-52-0 gadolinium (iii) chloride GdCl3 1619
10138-62-2 holmium chloride HoCl3 1846
10139-47-6 zinc iodide ZnI2 5082
10139-58-9 rhodium (iii) nitrate RhN3O9 3916
10141-00-1 chromium potassium sulfate CrH4KO8S2 1086
10141-05-6 cobalt (ii) nitrate CoN2O6 1004
10163-15-2 sodium fluorophosphate Na2FO3P 2934
10170-69-1 manganese carbonyl Mn2C10O10 2536
10179-73-4 iron (ii) orthosilicate Fe2O4Si 1559
10190-55-3 lead (ii) molybdate PbMoO4 3532
10192-29-7 ammonium chlorate NH3ClO3 2621
10192-30-0 ammonium hydrogen sulfite NH5SO3 2646
10193-36-9 orthosilicic acid H4SiO4 1731
10196-18-6 zinc nitrate hexahydrate ZnH12N2O12 5079
10210-64-7 beryllium acetylacetonate BeC10H14O4 540
10210-68-1 cobalt carbonyl Co2C8O8 1018
10213-09-9 vanadyl dichloride VOCl2 4879
10213-10-2 sodium tungstate dihydrate Na2H4O6W 2946
10214-39-8 lead (ii) borate monohydrate PbB2H2O5 3486
10233-88-2 sodium gold thiosulfate dihydrate Na3AuH4O8S4 2985
10241-04-0 cobalt (iii) chloride CoCl3 973
10241-05-1 molybdenum (v) chloride MoCl5 2567
10257-55-3 calcium sulfite dihydrate CaH4O5S 737
10277-43-7 lanthanum nitrate hexahydrate LaH12N3O15 2186
10277-44-8 praseodymium sulfate Pr2O12Pr2S3 3686
10290-12-7 copper (ii) arsenite CuAsHO3 1170
10294-26-5 silver (i) sulfate Ag2SO4 68
10294-27-6 gold (i) bromide AuBr 257
10294-28-7 gold (iii) bromide AuBr3 258
10294-29-8 gold (i) chloride AuCl 267
10294-31-2 gold (i) iodide AuI 272
10294-32-3 gold (iii) selenate Au2O12Se3 277
10294-33-4 boron tribromide BBr3 285
10294-34-5 boron trichloride BCl3 361
10294-38-9 barium chlorate monohydrate BaCl2H2O7 455
10294-39-0 barium perchlorate trihydrate BaCl2H6O11 457
10294-40-3 barium chromate (vi) BaCrO4 461
10294-41-4 cerous nitrate hexahydrate CeH12N3O15 849
10294-42-5 cerium (iv) sulfate tetrahydrate CeH8O12S2 855
10294-44-7 mercury (i) chlorate Hg2Cl2O6 1830
10294-46-9 copper (ii) perchlorate hexahydrate CuCl2H12O14 1233
10294-47-0 lead (ii) chlorate PbCl2O6 3517
10294-48-1 chlorine heptoxide Cl2O7 905
10294-50-5 cobalt (ii) phosphate octahydrate Co3H16O16P2 1030
10294-52-7 iron (iii) chromate Fe2Cr3O12 1553
10294-53-8 iron (iii) dichromate Fe2Cr6O21 1554
10294-54-9 cesium sulfate Cs2SO4 1165
10294-58-3 lead (ii) hypophosphite PbH4O4P2 3529
10294-62-9 lanthanum sulfate nonahydrate La2H18O21S3 2198
10294-64-1 potassium manganate K2MnO4 2111
10294-65-2 potassium nickel sulfate hexahydrate K2H12NiO14S2 2106
10294-66-3 potassium thiosulfate K2S2O3 2128
10294-70-9 tin (ii) iodide SnI2 4432
10325-94-7 cadmium nitrate CdN2O6 807
10326-21-3 magnesium chlorate hexahydrate MgCl2H12O12 2393
10326-24-6 zinc arsenite ZnAs2O4 5022
10326-26-8 barium bromate monohydrate BaBr2H2O7 424
10326-27-9 barium chloride dihydrate BaCl2H4O2 456
10326-28-0 cadmium perchlorate hexahydrate CdCl2H12O14 793
10332-33-9 sodium perborate monohydrate NaBH2O4 2793
10340-06-4 telluride, carbon sulfide TeCS 4586
10343-61-0 titanium (iii) sulfate Ti2O12S3 4699
10361-03-2 sodium metaphosphate NaO3P 2899
10361-29-2 ammonium sesquicarbonate N3H11C2O5 2752
10361-37-2 barium chloride BaCl2 454
10361-43-0 bismuth hydroxide BiH3O3 581
10361-44-1 bismuth nitrate BiN3O9 586
10361-46-3 bismuth oxynitrate BiNO4 585
10361-79-2 praseodymium chloride PrCl3 3663
10361-82-7 samarium (iii) chloride SmCl3 4315
10361-84-9 scandium chloride ScCl3 4071
10361-91-8 ytterbium (iii) chloride YbCl3 5004
10361-92-9 yttrium chloride YCl3 4976
10361-95-2 zinc chlorate ZnCl2O6 5064
10377-37-4 lithium hydrogen carbonate LiCHO3 2217
10377-48-7 lithium sulfate Li2SO4 2306
10377-51-2 lithium iodide LiI 2270
10377-52-3 lithium phosphate Li3PO4 2313
10377-58-9 magnesium iodide MgI2 2424
10377-60-3 magnesium nitrate MgN2O6 2427
10377-62-5 magnesium permanganate hexahydrate MgMn2H12O14 2425
10377-66-9 manganese (ii) nitrate hexahydrate MnH12N2O12 2510
10377-93-2 manganese (ii) nitrate MnN2O6 2515
10378-47-9 ammonium cerium (iv) sulfate dihydrate N4H20CeO18S4 2770
10378-50-4 potassium perruthenate KO4Ru 2052
10380-29-7 copper (ii) tetraammine sulfate monohydrate CuH14N4O5S 1254
10380-31-1 barium uranium oxide BaO7U2 508
10381-36-9 nickel phosphate heptahydrate Ni3H14O15P2 3177
10381-37-0 thorium sulfate octahydrate ThH16O16S2 4625
10387-40-3 potassium thioacetate KC2H3OS 1986
10402-15-0 copper (ii) citrate hemipentahydrate Cu2C6H9O9.5 1276
10405-27-3 difluoramine NHF2 2616
10415-75-5 mercury (i) nitrate dihydrate HgH4NO5 1810
10421-48-4 ferric nitrate FeN3O9 1531
10428-19-0 bis(chlorodibutyltin) oxide Sn2C16H36Cl2O 4449
10431-47-7 potassium selenite K2O3Se 2117
10433-06-4 antimony (iii) ethoxide SbC6H15O3 4032
10450-55-2 iron (iii) acetate, basic FeC4H7O5 1433
10450-59-6 cerous sulfate octahydrate Ce2H16O20S3 870
10450-60-9 periodic acid dihydrate IH5O6 1871
10466-65-6 potassium perrhenate KO4Re 2051
10476-81-0 strontium bromide SrBr2 4464
10476-85-4 strontium chloride SrCl2 4479
10476-86-5 strontium iodide SrI2 4492
10486-00-7 sodium perborate tetrahydrate NaBH8O7 2797
10489-46-0 rhodium (iii) sulfate Rh2O12S3 3935
10519-96-7 potassium trimethylsilanolate KC3H9OSi 1989
10534-88-0 nickel (ii), hexammine chloride NiH18Cl2N6 3151
10534-89-1 cobalt (iii) hexammine chloride CoCl3H18N6 975
10544-72-6 nitrogen tetraoxide N2O4 2749
10544-73-7 nitrogen trioxide N2O3 2748
10545-99-0 sulfur dichloride SCl2 3994
10546-01-7 sulfur difluoride S2F4 4016
10553-31-8 barium bromide BaBr2 423
10555-76-7 sodium metaborate tetrahydrate NaBH8O6 2796
10567-69-8 barium iodate BaI2O6 482
10580-03-7 ammonium titanium oxalate monohydrate N2H10C4O10Ti 2736
10580-52-6 vanadium (ii) chloride VCl2 4858
10588-01-9 sodium dichromate Na2Cr2O7 2932
10599-90-3 chloramine NH2Cl 2618
11006-34-1 coppered, chlorophyllin trisodium salt CuC34H31N4Na3O6 1218
11065-24-0 iridium carbonyl Ir4C12O12 1957
11077-59-1 praseodymium, tris(cyclopentadienyl) PrC15H15 3657
11084-85-8 chlorinated trisodium phosphate ClNa13O17P4 897
11103-72-3 ruthenium ammoniated oxychloride Ru3Cl6H42N14O2 3990
11103-86-9 zinc potassium chromate Zn2KCr2HO9 5098
11121-16-7 aluminum borate Al4B2O9 180
11126-81-1 aluminum bromate nonahydrate AlBr3H18O18 84
11136-36-0 titanium dichloride, bis(pentamethylcyclope TiC20H30Cl2 4669
11138-11-7 barium ferrite BaFe12O19 465
11138-49-1 sodium {beta}-aluminum oxide Na2Al22O34 2905
12002-03-8 copper (ii) acetate metaarsenite Cu4C4H6As6O16 1294
12002-61-8 actinium oxide Ac2O3 11
12002-99-2 silver (i) telluride Ag2Te 72
12003-65-5 lanthanum aluminum oxide LaAlO3 2169
12003-67-7 lithium metaaluminate LiAlO2 2206
12003-72-4 molybdenum aluminide Mo3Al 2603
12004-04-5 barium aluminate BaAl2O4 417
12004-06-7 beryllium aluminate BeAl2O4 531
12004-29-4 aluminum phosphate trihydroxide Al2H3O7P 162
12004-37-4 strontium aluminate SrAl2O4 4462
12004-39-6 aluminum titanate Al2O5Ti 170
12004-50-1 aluminum zirconium Al2Zr 179
12004-71-6 nickel aluminide NiAl3 3093
12004-76-1 tantalum aluminide TaAl3 4518
12004-83-0 zirconium aluminide ZrAl3 5114
12005-21-9 yttrium aluminum oxide Y3Al5O12 4993
12005-67-3 americium (iv) oxide AmO2 197
12005-69-5 boron arsenide BAs 284
12005-75-3 copper arsenide Cu3As 1285
12005-82-2 silver hexafluoroarsenate AgAsF6 14
12005-86-6 sodium hexafluoroarsenate NaAsF6 2786
12006-15-4 cadmium arsenide Cd3As2 826
12006-40-5 zinc arsenide Zn3As2 5101
12006-60-9 gold ditelluride AuTe2 275
12006-77-8 cobalt boride CoB 922
12006-79-0 chromium boride CrB 1036
12006-84-7 iron boride FeB 1422
12006-86-9 iron boride Fe2B 1543
12006-99-4 molybdenum boride Mo2B 2593
12007-00-0 nickel boride NiB 3095
12007-01-1 nickel boride Ni2B 3170
12007-02-2 nickel boride Ni3B 3175
12007-07-7 tantalum boride TaB 4519
12007-09-9 tungsten boride WB 4900
12007-10-2 tungsten boride W2B 4938
12007-16-8 chromium diboride CrB2 1037
12007-23-7 hafnium boride HfB2 1741
12007-25-9 magnesium boride MgB2 2338
12007-29-3 niobium boride NbB2 3021
12007-33-9 boron sulfide B2S3 396
12007-34-0 scandium boride ScB2 4066
12007-35-1 tantalum diboride TaB2 4520
12007-36-2 uranium boride UB2 4767
12007-37-3 vanadium boride VB2 4838
12007-38-4 chromium boride Cr5B3 1123
12007-56-6 calcium borate CaB4O7 680
12007-60-2 lithium tetraborate Li2B4O7 2282
12007-81-7 silicon boride SiB4 4141
12007-84-0 uranium boride UB4 4768
12007-97-5 molybdenum boride Mo2B5 2594
12007-98-6 tungsten boride W2B5 4939
12007-99-7 calcium boride CaB6 681
12008-02-5 cerium boride CeB6 831
12008-05-8 europium boride EuB6 1370
12008-06-9 gadolinium boride GdB6 1611
12008-19-4 hexaborane B6H12 408
12008-21-8 lanthanum boride LaB6 2170
12008-23-0 neodymium boride NdB6 3058
12008-27-4 praseodymium boride PrB6 3651
12008-29-6 boron silicide B6Si 409
12008-32-1 yttrium boride YB6 4963
12008-82-1 boron diphosphide B13P2 414
12009-14-2 barium niobate BaNb2O6 489
12009-18-6 barium stannate BaO3Sn 498
12009-21-1 barium zirconate BaO3Zr 500
12009-27-5 barium titanate (b form) BaO5Ti2 505
12009-31-3 barium titanate (c form) BaO9Ti4 510
12009-36-8 barium telluride BaTe 515
12011-97-1 molybdenum carbide MoC 2553
12011-99-3 niobium carbide Nb2C 3050
12012-16-7 thorium carbide ThC 4612
12012-17-8 vanadium carbide V2C 4887
12012-32-7 cerium carbide CeC2 834
12012-35-0 chromium carbide Cr3C2 1120
12012-50-9 potassium trichloro(ethylene)platinum (ii) KC2H6Cl3OPt 1988
12012-95-2 palladium chloride dimer, allyl Pd2C6H10Cl2 3629
12013-10-4 cobalt disulfide CoS2 1013
12013-21-7 magnesium molybdate MgMoO4 2426
12013-46-6 calcium stannate trihydrate CaH6O6Sn 741
12013-47-7 calcium zirconate CaO3Zr 756
12013-55-7 calcium silicide CaSi 762
12013-56-8 calcium silicide CaSi2 763
12013-57-9 calcium telluride CaTe 764
12013-82-0 calcium nitride Ca3N2 771
12014-14-1 cadmium titanate CdO3Ti 814
12014-28-7 cadmium phosphide Cd3P2 829
12014-29-8 cadmium antimonide CdSb 821
12014-56-1 ceric hydroxide CeH4O4 854
12014-82-3 cerium (ii) sulfide CeS 864
12014-85-6 cerium silicide CeSi2 865
12014-93-6 cerium (iii) sulfide Ce2S3 875

12014-97-0 cerous telluride Ce2Te3 876
12015-14-4 ammonium-d4 chloride ND4Cl 2612
12016-80-7 cobalt (iii) oxide monohydrate Co2H2O4 1020
12017-01-5 cobalt (ii) titanate CoO3Ti 1007
12017-08-2 cobalt (ii) orthosilicate Co2O4Si 1022
12017-12-8 cobalt silicide CoSi2 1016
12017-13-9 cobalt (ii) telluride CoTe 1017
12017-38-8 cobalt (iii) titanate Co2O4Ti 1024
12017-94-6 lanthanum chromite LaCrO3 2181
12018-01-8 chromium (iv) oxide CrO2 1098
12018-09-6 chromium silicide CrSi2 1105
12018-10-9 copper (ii) chromite CuCr2O4 1238
12018-19-8 zinc chromite ZnCr2O4 5068
12018-22-3 chromium (iii) sulfide Cr2S3 1118
12018-34-7 chromium (ii,iii) oxide Cr3O4 1121
12018-36-9 chromium silicide Cr3Si 1122
12018-61-0 cesium superoxide CsO2 1151
12018-79-0 copper (ii) ferrate CuFe2O4 1244
12019-07-7 copper (ii) stannate CuO3Sn 1261
12019-08-8 copper (ii) titanate CuO3Ti 1263
12019-11-3 copper phosphide CuP2 1268
12019-23-7 copper (ii) telluride CuTe 1271
12019-52-2 copper (i) telluride Cu2Te 1284
12019-57-7 copper phosphide Cu3P 1291
12019-88-4 dysprosium nitride DyN 1324
12020-14-3 zirconium carbide ZrC 5118
12020-21-2 erbium nitride ErN 1349
12020-28-9 erbium silicide ErSi2 1351
12020-38-1 erbium selenide Er2Se3 1358
12020-58-5 europium nitride EuN 1388
12020-65-4 europium (ii) sulfide EuS 1391
12020-66-5 dierbium tritelluride Er2Te3 1359
12020-67-9 europium (ii) telluride EuTe 1394
12020-69-8 europium (ii) selenide EuSe 1392
12021-58-8 palladium (iii) fluoride PdF3 3613
12021-68-0 cobalt nitrosodicarbonyl CoC2NO3 935
12021-70-4 ferrous hexafluorosilicate hexahydrate FeF6H12O6Si 1513
12022-02-5 ammonium heptafluorotantalate N2H8F7Ta 2716
12022-95-6 iron silicide FeSi 1540
12022-99-0 iron disilicide FeSi2 1541
12023-20-0 iron nitride Fe2N 1557
12023-71-1 lutetium iron oxide Lu3Fe5O12 2333
12023-91-5 strontium ferrite SrFe12O19 4485
12023-99-3 gallium (iii) hydroxide GaH3O3 1592
12024-08-7 gallium oxide GaO 1597
12024-10-1 gallium (ii) sulfide GaS 1599
12024-11-2 gallium (ii) selenide GaSe 1601
12024-14-5 gallium (ii) telluride GaTe 1602
12024-20-3 gallium suboxide Ga2O 1604
12024-21-4 gallium (iii) oxide Ga2O3 1605
12024-22-5 gallium (iii) sulfide Ga2S3 1607
12024-24-7 gallium (iii) selenide Ga2Se3 1608
12024-27-0 gallium (iii) telluride Ga2Te3 1609
12024-36-1 gadolinium gallium garnet Gd3Ga5O12 1636
12024-81-6 gadolinium (ii) selenide GdSe 1628
12024-89-4 gadolinium titanate Gd2O7Ti2 1633
12025-13-7 magnesium germanate Mg2GeO4 2447
12025-19-3 sodium metagermanate Na2GeO3 2939
12025-32-0 germanium (ii) sulfide GeS 1680
12025-34-2 germanium (iv) sulfide GeS2 1681
12025-39-7 germanium (ii) telluride GeTe 1684
12026-06-1 thallium (i) hydroxide TlOH 4734
12026-09-4 tantalum hydride Ta2H 4546
12026-24-3 tin (ii) hydroxide SnH2O2 4430
12027-06-4 ammonium iodide NH4I 2634
12028-48-7 ammonium metatungstate hexahydrate N6H36O30W7 2773
12029-81-1 holmium nitride HoN 1853
12029-98-0 iodine pentoxide I2O5 1875
12030-14-7 indium (ii) sulfide InS 1906
12030-19-2 indium (i,iii) telluride InTe 1909
12030-24-9 indium (iii) sulfide In2S3 1914
12030-49-8 iridium (iv) oxide IrO2 1945
12030-51-2 iridium (iv) sulfide IrS2 1947
12030-55-6 iridium (iv) selenide IrSe2 1948
12030-85-2 potassium niobate KNbO3 2046
12030-88-5 potassium superoxide KO2 2048
12030-91-0 potassium tantalate KO3Ta 2049
12030-97-6 potassium titanate K2TiO3 2138
12030-98-7 potassium zirconate K2O3Zr 2118
12031-30-0 lanthanum monosulfide LaS 2191
12031-31-1 lanthanum selenide LaSe 2192
12031-34-4 lanthanum telluride LaTe 2194
12031-43-5 lanthanum oxysulfide La2O2S 2199
12031-49-1 lanthanum sulfide La2S3 2201
12031-53-7 lanthanum telluride La2Te3 2202
12031-63-9 lithium niobate LiNbO3 2276
12031-66-2 lithium tantalate LiO3Ta 2280
12031-80-0 lithium peroxide Li2O2 2300
12031-82-2 lithium titanate Li2O3Ti 2302
12031-83-3 lithium zirconate Li2O3Zr 2303
12032-13-2 lutetium silicide LuSi2 2326
12032-20-1 lutetium oxide Lu2O3 2329
12032-29-0 magnesium stannate trihydrate MgH6O6Sn 2410
12032-30-3 magnesium metatitanate MgO3Ti 2433
12032-31-4 magnesium zirconate MgO3Zr 2434
12032-35-8 magnesium dititanate MgO5Ti2 2437
12032-36-9 magnesium sulfide MgS 2439
12032-44-9 magnesium telluride MgTe 2442
12032-52-9 magnesium orthotitanate Mg2O4Ti 2449
12032-69-8 manganese niobate MnNb2O6 2516
12032-74-5 manganese (ii) titanate MnTiO3 2533
12032-78-9 manganese phosphide MnP 2522
12032-82-5 manganese antimonide MnSb 2527
12032-86-9 manganese silicide MnSi2 2530
12032-88-1 manganese (ii) telluride MnTe 2531
12032-89-2 manganese (iv) telluride MnTe2 2532
12032-97-2 manganese antimonide Mn2Sb 2542
12033-19-1 molybdenum nitride MoN 2578
12033-29-3 molybdenum (vi) sulfide MoS3 2589
12033-31-7 molybdenum nitride Mo2N 2599
12033-33-9 molybdenum (iii) sulfide Mo2S3 2602
12033-54-4 plutonium nitride PuN 3766
12033-62-4 tantalum nitride TaN 4537
12033-64-6 terbium nitride TbN 4562
12033-65-7 thorium nitride ThN 4629
12033-72-6 tungsten nitride W2N 4942
12033-82-8 strontium nitride Sr3N2 4513
12033-83-9 uranium nitride U2N3 4811
12033-85-1 triuranium dinitride U3N2 4814
12033-88-4 selenide, nitrogen Se4N4 4137
12033-89-5 silicon nitride Si3N4 4298
12034-09-2 sodium niobate NaNbO3 2891
12034-12-7 sodium superoxide NaO2 2898
12034-15-0 sodium metatantalate NaO3Ta 2900
12034-36-5 sodium titanate Na2O7Ti3 2970
12034-39-8 sodium tetrasulfide Na2S4 2976
12034-41-2 sodium telluride Na2Te 2981
12034-57-0 niobium (ii) oxide NbO 3044
12034-59-2 niobium (iv) oxide NbO2 3047
12034-66-1 niobium phosphide NbP 3049
12034-77-4 niobium (iv) selenide NbSe2 3054
12034-80-9 niobium silicide NbSi2 3055
12034-83-2 niobium (iv) telluride NbTe2 3056
12034-88-7 lead (ii) niobate PbNb2O6 3536
12034-89-8 strontium niobate SrNb2O6 4497
12035-22-2 neodymium sulfide NdS 3080
12035-24-4 neodymium selenide NdSe 3081
12035-32-4 neodymium sulfide Nd2S3 3088
12035-35-7 neodymium telluride Nd2Te3 3089
12035-38-0 nickel stannate dihydrate NiH4O5Sn 3144
12035-39-1 nickel (ii) titanate NiTiO3 3169
12035-51-7 nickel disulfide NiS2 3163
12035-52-8 nickel antimonide NiSb 3165
12035-64-2 nickel phosphide Ni2P 3172
12035-72-2 nickel (iii) sulfide Ni3S2 3178
12035-79-9 neptunium dioxide NpO2 3195
12035-82-4 platinum (ii) oxide PtO 3743
12035-83-5 plutonium (ii) oxide PuO 3767
12035-90-4 tantalum oxide TaO 4538
12035-98-2 vanadium (ii) oxide VO 4874
12036-02-1 osmium (iv) oxide OsO2 3221
12036-09-8 rhenium (iv) oxide ReO2 3860
12036-10-1 ruthenium (iv) oxide RuO2 3979
12036-14-5 tantalum (iv) oxide TaO2 4539
12036-15-6 terbium oxide TbO 4563
12036-16-7 technetium dioxide TcO2 4579
12036-21-4 vanadium (iv) oxide VO2 4882
12036-22-5 tungsten (iv) oxide WO2 4928
12036-34-9 plutonium (iii) oxide Pu2O3 3771
12036-35-0 rhodium (iii) oxide Rh2O3 3934
12036-39-4 strontium zirconate SrO3Zr 4501
12036-41-8 terbium oxide Tb2O3 4566
12036-43-0 zinc titanate ZnO3Ti 5090
12036-44-1 thulium oxide Tm2O3 4764
12036-46-3 antimony (iii) phosphate SbO4P 4054
12036-83-8 trivanadium pentaoxide V3O5 4897
12037-01-3 terbium (iii,iv) oxide Tb4O7 4569
12037-04-6 triuranium heptaoxide U3O7 4815
12037-15-9 uranium (iv,v) oxide U4O9 4818
12037-29-5 praseodymium (iii,iv) oxide Pr6O11 3690
12037-63-7 tantalum phosphide TaP 4540
12037-65-9 titanium phosphide TiP 4692
12037-80-8 zirconium phosphide ZrP2 5159
12037-82-0 phosphorus heptasulfide P4S7 3466
12037-94-4 palladium (ii) telluride PdTe 3627
12037-95-5 palladium (iv) telluride PdTe2 3628
12038-06-1 praseodymium sulphide PrS 3677
12038-06-4 thorium (ii) sulfide ThS 4633
12038-08-3 praseodymium selenide PrSe 3679
12038-12-9 praseodymium telluride Pr2Te3 3689
12038-13-0 praseodymium sulfide Pr2S3 3688
12038-20-9 platinum (ii) sulfide PtS 3746
12038-21-0 platinum (iv) sulfide PtS2 3747
12038-26-5 platinum (iv) selenide PtSe2 3748
12038-29-8 platinum ditelluride PtTe2 3751
12038-51-6 plutonimu (ii) sulphide PuS 3768
12038-56-1 plutonium (iii) sulphide Pu2S3 3772
12038-63-0 rhenium (iv) sulfide ReS2 3866
12038-64-1 rhenium (iv) selenide ReSe2 3867
12038-66-3 rhenium (iv) silicide ReSi2 3868
12038-67-4 rhenium (vii) sulfide Re2S7 3876
12038-73-2 rhodium (iv) sulphide RhS2 3919
12038-76-5 rhodium (iv) selenide RhSe2 3920
12038-80-1 rhodium (iv) telluride RhTe2 3921
12039-07-5 titanium (ii) sulfide TiS 4693
12039-11-1 uranium sulphide US 4804
12039-13-3 titanium (iv) sulfide TiS2 4694
12039-15-5 zirconium sulfide ZrS2 5160
12039-16-6 titanium (iii) sulfide Ti2S3 4700
12039-19-9 yttrium sulfide Y2S3 4992
12039-20-2 diytterbium trisulfide Yb2S3 5019
12039-35-9 zinc antimonide ZnSb 5095
12039-55-3 tantalum (iv) selenide TaSe2 4542
12039-56-4 samarium (iii) selenide Sm2Se3 4329
12039-76-8 vanadium silicide V3Si 4898
12039-79-1 tantalum silicide TaSi2 4543
12039-80-4 terbium silicide TbSi2 4564
12039-83-7 titanium silicide TiSi2 4696
12039-84-8 thulium silicide TmSi2 4761
12039-87-1 vanadium silicide VSi2 4886
12039-88-2 tungsten silicide WSi2 4936
12039-89-3 ytterbium silicide YbSi2 5013
12039-90-6 zirconium silicide ZrSi2 5162
12039-95-1 tungsten silicide W5Si3 4943
12040-00-5 samarium (iii) telluride Sm2Te3 4330
12040-02-7 tin (ii) telluride SnTe 4443
12040-18-5 uranium tritelluride UTe3 4807
12041-50-8 aluminum diboride AlB2 79
12041-54-2 aluminum dodecaboride AlB12 81
12042-68-1 calcium aluminate CaAl2O4 677
12042-78-3 calcium aluminate (b form) Ca3Al2O6 768
12043-29-7 aluminum telluride Al2Te3 178
12044-16-5 iron arsenide FeAs 1421
12044-42-7 cobalt arsenide CoAs2 919
12044-49-4 magnesium arsenide Mg3As2 2455
12044-54-1 arsenic (iii) telluride As2Te3 253
12045-15-7 manganese boride (mnb) MnB 2466
12045-16-8 manganese boride Mn2B 2535
12045-19-1 niobium boride NbB 3020
12045-27-1 vanadium boride VB 4837
12045-63-5 titanium boride TiB2 4640
12045-64-6 zirconium boride ZrB2 5115
12045-77-1 homium boride HoB4 1842
12045-78-2 potassium tetraborate tetrahydrate K2B4H8O11 2057
12045-87-3 sodium tetraborate tetrahydrate Na2B4H8O11 2910
12045-88-4 sodium tetraborate pentahydrate Na2B4H10O12 2908

12046-08-1 barium hexaboride BaB6 421
12046-54-7 strontium hexaboride SrB6 4463
12047-25-5 barium lead oxide BaO3Pb 493
12047-27-7 barium titanate BaO3Ti 499
12047-34-6 barium tantalate BaO6Ta2 507
12047-79-9 barium nitride Ba3N2 526
12048-50-9 bismuth tetroxide Bi2O4 600
12048-51-0 bismuth titanate Bi4O12Ti3 607
12049-50-2 calcium titanate CaO3Ti 755
12050-35-0 cadmium tantalate Cd2O7Ta2 825
12050-91-8 californium oxide Cf2O3 868
12052-28-7 cobalt (ii) diiron tetroxide CoFe2O4 983
12052-42-5 cobalt antimonide CoSb 1014
12053-12-2 chromium antimonide CrSb 1103
12053-13-3 chromium selenide CrSe 1104
12053-18-8 copper chromite, barium promoted Cu3Cr2O5 1287
12053-26-8 magnesium chromite MgCr2O4 2398
12053-27-9 chromium nitride CrN 1115
12053-39-3 chromium (iii) telluride Cr2Te3 1119
12053-66-6 cesium niobate CsNbO3 1149
12054-48-7 nickel (ii) hydroxide NiH2O2 3142
12054-85-2 ammonium molybdate (iv) tetrahydrate N6H32Mo7O28 2772
12055-23-1 hafnium oxide HfO2 1761
12055-24-2 hafnium titanate HfO4Ti 1763
12055-62-8 holmium oxide Ho2O3 1854
12056-07-4 indium (iii) selenide In2Se3 1915
12056-90-5 lanthanum silicide LaSi2 2193
12057-17-9 lithium manganate LiMn2O3 2272
12057-24-8 lithium oxide Li2O 2299
12057-71-5 magnesium nitride Mg3N2 2459
12057-74-8 magnesium phosphide Mg3P2 2460
12057-75-9 magnesium antimonide Mg3Sb2 2461
12057-92-0 manganese (vii) oxide Mn2O7 2539
12058-07-0 molybdenum oxide MoO 2579
12058-18-3 molybdenum (iv) selenide MoSe2 2590
12058-20-7 molybdenum (iv) telluride MoTe2 2592
12058-85-4 sodium phosphide Na3P 3004
12058-90-1 neptunium nitride NpN 3193
12059-14-2 nickel silicide Ni2Si 3173
12059-51-7 rubidium niobate RbNbO3 3805
12059-95-9 plutonium (iv) oxide PuO2 3770
12060-00-3 lead (ii) titanate PbTiO3 3556
12060-01-4 lead (ii) zirconate PbZrO3 3559
12060-05-8 rhenium (iv) oxide Re2O3 3873
12060-08-1 scandium oxide Sc2O3 4080
12060-53-6 neodymium telluride NdTe 3083
12060-58-1 samarium (iii) oxide Sm2O3 4327
12060-59-2 strontium titanate SrTiO3 4511
12061-16-4 erbium oxide Er2O3 1355
12061-63-1 trieuropium tetroxide Eu3O4 1399
12062-13-4 ammonium hexafluoroniobate (v) NH4F6Nb 2633
12062-24-7 copper (ii) hexafluorosilicate tetrahydrate CuF6H8O4Si 1242
12063-56-8 yttrium iron oxide Y3Fe5O12 4994
12063-98-8 gallium phosphide GaP 1598
12064-03-8 gallium antimonide GaSb 1600
12064-62-9 gadolinium (iii) oxide Gd2O3 1632
12065-10-0 germanium (ii) selenide GeSe 1682
12065-11-1 germanium (iv) selenide GeSe2 1683
12065-36-0 germanium nitride Ge3N4 1688
12065-65-5 titanium (iii,iv) oxide Ti3O5 4701
12065-66-6 diuranium pentaoxide U2O5 4812
12065-68-8 lead (ii) tantalate PbTa2O6 3554
12065-74-6 strontium tantalate SrO6Ta2 4504
12066-83-0 praseodymium silicide PrSi2 3678
12067-00-4 rhenium (iv) telluride ReTe2 3869
12067-06-0 rhodium (iii) sulphide Rh2S3 3936
12067-15-3 titanium ditelluride TiTe2 4697
12067-22-0 samarium (iii) sulfide Sm2S3 4328
12067-45-7 titanium diselenide TiSe2 4695
12067-46-8 tungsten (iv) selenide WSe2 4935
12067-54-8 thorium silicide ThSi2 4637
12067-56-0 tantalum trisilicide Ta5Si3 4549
12067-57-1 titanium trisilicide Ti5Si3 4702
12067-66-2 tantalum (iv) telluride TaTe2 4544
12067-76-4 tungsten (iv) telluride WTe2 4937
12067-99-1 phosphotungstic acid 24-hydrate PH51O64W12 3393
12068-40-5 lithium aluminum silicate LiAlO6Si2 2207
12068-49-4 aluminate, iron (ii) Al2FeO4 160
12068-51-8 magnesium aluminum oxide MgAl2O4 2336
12068-69-8 bismuth selenide Bi2Se3 603
12068-84-8 tellurium sulfate Te2O7S 4605
12068-90-5 mercury (ii) telluride HgTe 1823
12069-00-0 lead (ii) selenide PbSe 3550
12069-32-8 boron carbide B4C 402
12069-69-1 copper (ii) carbonate hydroxide Cu2CH2O5 1272
12069-85-1 hafnium carbide HfC 1743
12069-89-5 molybdenum carbide Mo2C 2595
12069-94-2 niobium carbide NbC 3025
12070-06-3 tantalum carbide TaC 4543
12070-07-4 tantalum carbide Ta2C 4545
12070-08-5 titanium carbide TiC 4644
12070-09-6 uranium carbide UC 4772
12070-10-9 vanadium carbide VC 4842
12070-12-1 tungsten carbide WC 4906
12070-13-2 tungsten carbide W2C 4940
12071-15-7 lanthanum carbide LaC2 2172
12071-29-3 strontium carbide SrC2 4468
12071-31-7 thorium dicarbide ThC2 4613
12071-33-9 uranium carbide UC2 4774
12071-35-1 yttrium carbide YC2 4966
12073-36-8 diplatinum (ii), di-μ-chloro-dichlorobis(eth Pt2C4H8Cl4 3752
12075-68-2 aluminum, ethyl sesquichloride Al2C6H15Cl3 155
12076-62-9 uranium carbide U2C3 4808
12078-25-0 cobalt, cyclopentadienyl dicarbonyl CoC7H5O2 940
12078-28-3 iron dicarbonyl iodide, cyclopentadienyl FeC7H5IO2 1440
12079-65-1 manganese tricarbonyl, cyclopentadienyl MnC8H5O3 2476
12079-73-1 rhenium tricarbonyl, cyclopentadienyl ReC8H5O3 3836
12080-32-9 platinum (ii) chloride, (1,5-cyclooctadiene) PtC8H12Cl2 3703
12081-16-2 dirhodium (i), μ-dichlorotetraethylene Rh2C8H16Cl2 3924
12082-08-5 chromium benzene tricarbonyl CrC9H6O3 1052
12082-47-2 rhodium (i), acetylacetonatobis(ethylene) RhC9H15O2 3886
12084-29-6 barium acetylacetonate octahydrate BaC10H30O12 443
12086-40-7 ferrocene methiodide, n,n-dimethylaminoethyl FeC14H20IN 1473
12086-48-6 vanadium bis(cyclopentadienyl) dichloride VC10H10Cl2 4846
12088-65-2 iron dodecacarbonyl Fe3C12O12 1564
12091-64-4 molybdenum tricarbonyl dimer, cyclopentadie Mo2C16H10O6 2597
12091-65-5 tungsten tricarbonyl dimer, cyclopentadienyl W2C16H10O6 4941
12092-47-6 rhodium (i), chloro(1,5-cyclooctadiene) di Rh2C16H24Cl2 3928

12093-05-9 iron tricarbonyl, cyclooctatetraene FeC11H8O3 1449
12093-10-6 iron, cyclopentadienyl(formylcyclopentadienyl FeC11H10O 1450
12107-56-1 palladium (ii) chloride, (cis,cis-1,5-cycloo PdC8H12Cl2 3583
12107-76-5 borate, dibutylammonium tetrafluoro BC8H20F4N 343
12108-13-3 manganese tricarbonyl, methylcyclopentadienyl MnC9H7O3 2477
12110-37-1 chromium tricarbonyl, naphthalene CrC13H8O3 1064
12111-24-9 calcium trisodium pentetate CaC14H18N3Na3O10 705
12112-67-3 dimer, chloro(1,5-cyclooctadiene)iridium (Ir2C16H24Cl2 1951
12115-63-8 cerium (iii) carbide Ce2C3 866
12116-44-8 chromium anisole tricarbonyl CrC10H8O4 1056
12116-82-4 titanocene pentasulfide TiC10H10S5 4655
12120-15-9 platinum (0), bis(triphenylphosphine)(ethyle PtC38H34P2 3723
12124-97-9 ammonium bromide NH4Br 2625
12124-99-1 ammonium hydrogensulfide NH5S 2645
12125-01-8 ammonium fluoride NH4F 2631
12125-02-9 ammonium chloride NH4Cl 2627
12125-03-0 potassium stannate K2SnH6O4 2135
12125-08-5 ammonium hexachloroosmiate (iv) N2H8Cl6Os 2710
12125-09-6 phosphonium iodide PH4I 3392
12125-19-8 tungsten (vi) sulfide WS3 4934
12125-22-3 palladium (ii) sulfide PdS 3623
12125-25-6 lutetium nitride LuN 2325
12125-58-5 ytterbium telluride YbTe 5014
12125-60-9 praseodymium telluride PrTe 3680
12125-63-2 iron (ii) telluride FeTe 1542
12125-72-3 chromium tricarbonyl, cycloheptatriene CrC10H8O3 1055
12125-77-8 molybdenum tricarbonyl, cycloheptatriene MoC10H8O3 2559
12125-87-0 chromium tricarbonyl, (methyl benzoate) CrC11H8O5 1060
12126-50-0 ferrocene, decamethyl FeC20H30 1478
12129-06-5 titanium trichloride, pentamethylcyclopenta TiC10H15Cl3 4657
12129-51-0 titanium (ii), bis(cyclopentadienyl)dicarbon TiC12H10O2 4658
12129-67-8 chromium tricarbonyl, mesitylene CrC12H12O3 1062
12129-69-0 tungsten tricarbonyl, mesitylene WC12H12O3 4908
12130-88-0 rhenium tricarbonyl, pentamethylcyclopentadi ReC13H15O3 3838
12132-04-6 molybdenum dicarbonyl dimer, pentamethylcyc Mo2C24H30O4 2598
12132-87-5 ruthenium (ii) dimer, dicarbonylcyclopentad Ru2C14H10O4 3987
12133-07-2 dysprosium silicide DySi2 1325
12133-10-7 dysprosium (iii) sulfide Dy2S3 1330
12133-44-7 cadmium phosphide (b form) CdP2 819
12134-02-0 cobalt phosphide Co2P 1025
12134-22-4 cesium trioxide Cs2O3 1159
12134-48-4 diuranium nonafluoride U2F9 4809
12134-52-0 tetrauranium septadecafluoride U4F17 4817
12134-75-7 gadolinium silicide GdSi2 1629
12134-77-9 gadolinium (iii) sulfide Gd2S3 1634
12135-52-3 calcium vanadate CaO6V2 759
12135-76-1 ammonium sulfide N2H8S 2727
12136-24-2 holmium silicide HoSi2 1858
12136-42-4 iridium (iii) sulfide Ir2S3 1956
12136-45-7 potassium oxide K2O 2114
12136-56-0 lithium superoxide LiO2 2278
12136-58-2 lithium sulfide Li2S 2305
12136-59-3 lithium telluride Li2Te 2309
12136-60-6 lithium selenide Li2Se 2307
12136-78-6 molybdenum silicide MoSi2 2591
12136-91-3 phosphorus nitride P3N5 3458
12136-97-9 niobium (iv) sulfide NbS2 3053
12137-04-1 neodymium silicide NdSi2 3082
12137-12-1 nickel (ii,iii) sulfide Ni3S4 3179
12137-20-1 titanium (ii) oxide TiO 4688
12137-25-6 rubidium superoxide RbO2 3807
12137-27-8 rhodium (iv) oxide RhO2 3918
12137-34-7 rubidium titanate Rb2O3Ti 3818
12137-61-0 osmium disulphide OsS2 3224
12137-75-6 palladium (iv) sulfide PdS2 3624
12137-76-7 palladium (ii) selenide PdSe 3625
12137-83-6 platinum silicide PtSi 3749
12138-07-7 thorium sulfide ThS2 4634
12138-08-8 vanadium sulfide V2S2 4893
12138-09-9 tungsten (iv) sulfide WS2 4933
12138-11-3 terbium sulfide Tb2S3 4567
12138-13-5 diuranium sulphide U2S3 4813
12138-17-9 vanadium pentasulfide V2S5 4895
12138-23-7 uranium triselenide USe3 4805
12138-28-2 strontium silicide SrSi2 4510
12138-37-3 uranium ditelluride UTe2 4806
12139-23-0 cadmium zirconate CdO3Zr 815
12139-93-4 cobalt (ii) stannate Co2O4Sn 1023
12141-46-7 aluminum silicate (kyanite) Al2O5Si 169
12142-33-5 potassium stannate trihydrate K2H6O6Sn 2104
12142-40-4 potassium telluride K2Te 2136
12142-88-0 nickel telluride NiTe 3168
12143-34-9 strontium stannate SrO3Sn 4500
12143-39-4 yttrium vanadate YO3V 4985
12143-72-5 tantalum (iv) sulfide TaS2 4541
12145-48-1 platinum (ii) bromide, (1,5-cyclooctadiene) PtC8H12Br2 3702
12146-37-1 molybdenum tetracarbonyl, bicyclo[2.2.1]hepta MoC11H8O4 2560
12150-46-8 ferrocene, 1,1'-bis(diphenylphosphino) FeC34H28P2 1488
12152-72-6 iron tricarbonyl, cyclohexadiene FeC9H8O3 1442
12154-63-1 chromium tricarbonyl, 1,2,3,4-tetrahydronaph CrC13H12O3 1063
12154-95-9 cyclopentadienyliron dicarbonyl dimer Fe2C14H10O4 1546
12156-05-7 1,2-diferrocenylethane Fe2C22H22 1547
12158-56-4 cesium tantalate CsO3Ta 1152
12159-07-8 copper silicide Cu5Si 1295
12159-43-2 dysprosium telluride Dy2Te3 1331
12159-66-6 dierbium trisulfide Er2S3 1357
12160-99-5 gadolinium (iii) telluride Gd2Te3 1635
12162-21-9 hafnium selenide HfSe2 1767
12162-59-3 holmium sulfide Ho2S3 1855
12162-60-6 holmium selenide Ho2Se3 1856
12162-61-7 holmium telluride Ho2Te3 1857
12163-00-7 lithium manganite Li2MnO3 2297
12163-20-1 lutetium sulfide Lu2S3 2331
12163-22-3 lutetium telluride Lu2Te3 2332
12163-26-7 magnesium niobate MgNb2O6 2428
12163-69-8 molybdenum phosphide MoP 2587
12163-73-4 molybdenum (v) oxide Mo2O5 2601
12164-01-1 tellurium nitride Te3N4 4607
12164-94-2 ammonium azide N4H4 2766
12165-05-8 rhenium (v) oxide Re2O5 3874
12165-69-4 phosphorus (iii) sulfide P2S3 3450
12166-00-6 platinum telluride PtTe 3750
12166-20-0 ruthenium sulfide RuS2 3981
12166-21-1 ruthenium (iv) telluride RuTe2 3983
12166-28-8 vanadium disulfide VS2 4883
12166-29-9 scandium sulfide Sc2S3 4081
12166-30-2 thulium sulfide Tm2S3 4765
12166-44-8 scandium telluride Sc2Te3 4082

12166-47-1 zirconium selenide ZrSe2 5161
12166-48-2 terbium selenide Tb2Se3 4568
12166-52-8 diytterbium triselenide Yb2Se3 5020
12168-52-4 iron (ii) titanate FeO3Ti 1533
12170-19-3 chromium, tropylium tricarbonyl tetrafluor CrC10H7BF4O3 1054
12170-92-2 nickel carbonyl dimer, cyclopentadienyl Ni2C12H10O2 3109
12179-02-1 sodium hydroxide monohydrate NaH3O2 2878
12183-80-1 aluminum silicate Al2SiO5 177
12184-22-4 molybdenum dichloride, bis(cyclopentadienyl MoC10H10Cl2 2556
12185-10-3 phosphorus (white) P4 3459
12186-97-9 yttrium antimonide YSb 4987
12187-14-3 cadmium niobate Cd2Nb2O7 824
12190-79-3 lithium cobaltite LiCoO2 2259
12191-06-9 cesium telluride Cs2Te 1166
12193-47-4 strontium acetylacetonate SrC10H14O4 4474
12196-62-2 iridium (iv) telluride IrTe2 1949
12201-48-8 sodium zirconate Na2O3Zr 2964
12201-89-7 nickel silicide NiSi2 3167
12202-03-8 neptunium oxide NpO 3194
12202-79-8 uranyl carbonate UCO5 4773
12205-73-1 zirconyl perchlorate octahydrate ZrCl2H16O17 5139
12209-98-2 sodium stannate trihydrate Na2H6O6Sn 2947
12210-70-7 rubidium (i) telluride Rb2Te 3824
12211-52-8 ammonium cyanide N2H4C 2686
12214-16-3 cesium sulfide Cs2S 1163
12228-40-9 beryllium boride BeB2 532
12228-50-1 manganese boride (mnb2) MnB2 2467
12228-86-3 ammonium hydrogen tetraborate dihydrate NH9B4O9 2652
12228-87-4 ammonium tetraborate tetrahydrate N2H16B4O11 2744
12228-91-0 manganese (ii) tetraborate octahydrate MnB4H16O12 2468
12229-12-8 ammonium pentaborate tetrahydrate NH12B5O12 2659
12229-13-9 potassium pentaborate octahydrate K2B10H16O24 2058
12229-63-9 thorium boride ThB6 4610
12230-71-6 barium hydroxide octahydrate BaH18O10 479
12230-74-9 barium hydrosulfide tetrahydrate BaH10O4S2 478
12232-25-6 beryllium selenide BeSe 554
12232-27-8 beryllium telluride BeTe 555
12232-99-4 sodium bismuthate NaBiO3 2799
12233-56-6 bismuth germanium oxide Bi4Ge3O12 606
12241-41-7 chromium tricarbonyl, n-methylaniline CrC10H9NO3 1058
12244-51-8 nickel carbonate hydroxide tetrahydrate Ni5C2H14O16 3180
12245-39-5 rhodium (i), (1,5-cyclooctadiene)(2,4-pentan RhC13H19O2 3889
12246-51-4 iridium (i), chlorobis(cyclooctene) dimer Ir2C32H56Cl2 1954
12249-30-8 actinium hydroxide AcH3O3 9
12249-52-4 silver (i) hydrogen fluoride AgHF2 44
12253-13-3 manganese aluminide MnAl3 2465
12254-64-7 americium (iii) oxide Am2O3 198
12254-82-9 cobalt arsenic sulfide CoAsS 921
12254-85-2 chromium arsenide Cr2As 1106
12255-36-6 antimony arsenide Sb3As 4064
12255-48-0 yttrium arsenide YAs 4961
12255-50-4 barium arsenide Ba3As2 523
12256-04-1 cobalt arsenide CoAs3 920
12257-42-0 rhodium (i) chloride dimer, (bicyclo[2.2.1 Rh2C14H16Cl2 3927
12260-55-8 germanium (iv) telluride GeTe2 1685
12266-38-5 lead antimonide PbSb 3549
12266-65-8 manganese carbide Mn3C 2544
12266-72-7 platinum (ii) iodide, (1,5-cyclooctadiene) PtC8H12I2 3704
12266-92-1 platinum (ii), (1,5-cyclooctadiene)dimethyl PtC10H18 3711
12278-69-2 diferrocenylphenylphosphine Fe2C26H23P 1549
12279-09-3 rhodium (i), chlorobis(cyclooctene) dimer Rh2C32H56Cl2 3930
12279-90-2 arsenic sulfide As4S4 254
12280-52-3 cesium hydrogen fluoride CsHF2 1142
12280-64-7 rubidium hydrogen fluoride RbHF2 3799
12281-24-2 neptunium sulfide Np2S3 3197
12286-33-8 tin triphosphide Sn4P3 4460
12286-35-0 thorium sulfide Th2S3 4638
12291-65-5 calcium hexaboride pentahydrate Ca2B6H10O16 766
12293-61-7 magnesium tantalate MgO6Ta2 2438
12294-01-8 yttrium phosphide YP 4986
12296-97-8 americium (ii) oxide AmO 196
12299-51-3 vanadium diselenide VSe2 4884
12300-22-0 samarium silicide SmSi2 4323
12307-40-3 iron tetrafluoroborate, tricarbonyl(4-met FeC11H11BF4O4 1452
12310-19-9 osmium diselenide OsSe2 3225
12310-43-9 dysprosium boride DyB4 1308
12310-44-0 erbium boride ErB4 1351
12317-46-3 palladium (ii) chloride, (bicyclo[2.2.1]hepta PdC7H8Cl2 3581
12322-34-8 antimony arsenide SbAs 4024
12323-03-4 barium sodium niobate Ba2NaNb5O15 518
12323-19-2 bismuth antimonide BiSb 590
12325-59-6 hafnium phosphide HfP 1765
12326-21-5 uranium (vi) oxide monohydrate UH2O4 4788
12333-54-9 manganese phosphide Mn2P 2540
12333-57-2 antimony (iii) nitride SbN 4051
12333-74-3 rubidium tantalate RbO3Ta 3808
12336-95-7 chromium (iii) basic sulfate CrHO5S 1084
12338-09-9 bismuth stannate Bi2O7Sn2 601
12340-14-6 xenon tetroxide XeO4 4958
12345-14-1 barium chromate (v) Ba3Cr2O8 525
12354-84-6 iridium (iii) chloride dimer, pentamethylc Ir2C20H30Cl4 1952
12354-85-7 rhodium (iii) dichloride dimer, pentamethy Rh2C20H30Cl4 3929
12355-99-6 rhenium boride Re7B3 3877
12380-95-9 cadmium nitride Cd3N2 828
12389-34-3 silver, iodide complex trimethylphosphine Ag4C12H36I4P4 76
12397-32-9 manganese phosphide Mn3P2 2547
12399-08-5 iodine tetroxide I2O4 1874
12401-56-8 hafnium silicide HfSi2 1769
12419-43-1 tin (ii) hexafluorozirconate SnZrF6 4444
12422-12-7 cadmium vanadate CdO6V2 818
12427-42-8 cobaltocenium hexafluorophosphate CoC10H10F6P 942
12434-24-1 europium silicide EuSi2 1393
12435-86-8 strontium vanadate SrO6V2 4505
12440-00-5 phosphorous (iii) oxide P4O6 3461
12441-73-5 dodecabismuth titanate Bi12O20Ti 610
12442-45-4 cerium oxysulfide Ce2O2S 871
12442-63-6 chlorine hexoxide Cl2O6 904
12446-46-7 americium sulfide Am2S3 199
12502-31-7 potassium niobate hexadecahydrate K8H32Nb6O35 2161
12504-41-5 silicon monosulfide SiS 4270
12514-37-3 tellurium bromide Te2Br 4599
12520-88-6 silicotungstic acid SiH14O45W12 4262
12526-08-8 tritellurium dichloride Te3Cl2 4606
12529-84-9 divanadium hydride V2H 4888
12534-23-5 rubidium zirconate Rb2O3Zr 3819
12536-52-6 beryllium borides Be4B 559
12536-65-1 zinc borate pentahydrate Zn3B4H10O14 5104
12540-13-5 copper (ii) acetylide CuC2 1179

12542-85-7 aluminum, methyl sesquichloride Al2C3H9Cl3 154
12549-23-4 potassium hexacyanocobalt K2C6CoFeN6 2078
12582-61-5 iron (iii) meso-tetraphenylporphine-μ-oxo Fe2C88H56N8O 1552
12600-49-0 tellurium iodide TeI 4593
12616-24-9 ammonium zirconyl carbonate dihydrate N3H17ZrC3O12 2763
12640-47-0 cobalt (ii) tungstate CoO4W 1011
12650-28-1 barium disilicate BaO5Si2 504
12672-79-6 barium aluminide BaAl4 418
12688-52-7 lutetium boride LuB4 2037
12709-77-2 tellurium hydride HfH 1757
12770-26-2 carbon fluoride C4F 665
12777-45-6 bismuth stannate pentahydrate Bi2H10O14Sn3 594
12785-50-1 barium bismuth oxide BaBiO3 422
12789-09-2 copper vanadate CuO6V2 1267
12793-14-5 niobocene dichloride NbC10H10Cl2 3029
13005-39-5 potassium tetrachloroaurate (iii) dihydrate KAuCl4H4O2 1967
13007-90-4 cobalt (ii)dicarbonyl, bis (triphenylphosp NiC38H30O2P2 3126
13007-92-6 chromium carbonyl CrC6O6 1049
13011-54-6 sodium ammonium hydrogen phosphate tetrahydr NaH13NO8P 2887
13053-54-8 tantalum trifluoroethoxide TaC10H10F15O5 4526
13061-96-6 boronic, methyl acid BCH5O2 290
13092-66-5 magnesium tetrahydrogen phosphate dihydrate MgH8O10P2 2414
13092-75-6 silver (i) acetylide AgC2H 21
13106-76-8 ammonium molybdate N2H8MoO4 2717
13121-76-1 bis(tricyclohexyltin) sulfide Sn2C36H66S 4458
13126-12-0 rubidium nitrate RbNO3 3803
13135-31-4 titanium (iii) bromide TiBr3 4642
13138-45-9 nickel nitrate NiN2O6 3157
13146-23-1 copper (i) phenylacetylide CuC8H5 1195
13154-24-0 silane, triisopropylchloro SiC9H21Cl 4204
13170-23-5 silane, di-tert-butoxydiacetoxy SiC12H24O6 4221
13172-31-1 sulfur bromide S2Br2 4011
13195-76-1 triisobutylborate BC12H27O3 351
13205-44-2 borane carbonyl BH3CO 369
13255-26-0 barium metasilicate BaO3Si 497
13255-48-6 hydrazine acetate N2H6C2O2 2696
13257-51-7 mercury (ii) trifluoroacetate HgC4F6O4 1784
13266-82-5 yttrium oxalate nonahydrate Y2C6H18O21 4989
13266-83-6 cerous oxalate nonahydrate Ce2C6H18O21 869
13268-42-3 ferric, ammonium oxalate trihydrate FeC6H18N3O15 1437
13269-74-4 dimethyltin sulfide SnC2H6S 4341
13283-01-7 tungsten (vi) chloride WCl6 4914
13292-87-0 borane dimethylsulfide complex BC2H9S 309
13294-23-0 mercury, bis (trimethylsilylmethyl) HgC8H22Si2 1791
13308-51-5 boron phosphate BO4P 374
13314-52-8 germanium dichloride, diethyl GeC4H10Cl2 1645
13319-75-0 boron trifluoride dihydrate BF3H4O2 364
13320-71-3 molybdenum (iv) chloride MoCl4 2566
13327-32-7 beryllium hydroxide BeH2O2 545
13355-96-9 n-butyltin chloride dihydroxide SnC4H11ClO2 4351
13395-16-9 copper acetylacetonate CuC10H14O4 1202
13400-13-0 cesium fluoride CsF 1140
13406-29-6 phosphine, tris(p-trifluoromethoxyphenyl) PC21H12F9 3350
13410-01-0 sodium selenate Na2O4Se 2966
13423-48-8 phosphonium bromide, heptyltriphenyl PC25H30Br 3373
13424-46-9 lead (ii) azide PbN6 3534
13428-80-3 hafnium ethoxide HfC8H20O4 1746
13434-24-7 manganese (ii) 2-ethylhexanoate MnC16H30O4 2483
13436-39-3 nickel carbonyl NiC4O4 3105
13444-71-8 periodic acid HIO4 1700
13444-85-4 nitrogen triiodide NI3 2673
13444-87-6 nitrosyl bromide BrNO 631
13444-90-1 nitryl chloride ClNO2 896
13444-92-3 osmium (ii) chloride OsCl2 3208
13444-93-4 osmium (iii) chloride OsCl3 3209
13444-94-5 palladium (ii) bromide PdBr2 3572
13444-96-7 palladium (ii) fluoride PdF2 3612
13445-50-6 diphosphine P2H4 3445
13446-03-2 manganese (ii) bromide MnBr2 2469
13446-08-7 ammonium fluorosulfonate NH4SO3F 2638
13446-09-8 ammonium iodate NH4IO3 2635
13446-10-1 ammonium permanganate NH4MnO4 2636
13446-18-9 magnesium nitrate hexahydrate MgH12N2O12 2416
13446-19-0 magnesium perchlorate hexahydrate MgCl2H12O14 2394
13446-23-6 magnesium phosphate octahydrate Mg3H16O16P2 2458
13446-24-7 magnesium pyrophosphate Mg2O7P2 2450
13446-28-1 magnesium selenate hexahydrate MgH12O10Se 2420
13446-29-2 magnesium sulfite hexahydrate MgH12O9S 2417
13446-30-5 magnesium thiosulfate hexahydrate MgH12O9S2 2418
13446-34-9 manganese (ii) chloride tetrahydrate MnCl2H8O4 2498
13446-37-2 manganese (ii) iodide tetrahydrate MnH8I2O4 2506
13446-48-5 ammonium nitrite N2H4O2 2688
13446-49-6 potassium molybdate K2MoO4 2112
13446-53-2 magnesium bromide hexahydrate MgBr2H12O6 2342
13446-56-5 molybdenum (ii) bromide MoBr2 2550
13446-57-6 molybdenum (iii) bromide MoBr3 2551
13446-70-3 rubidium bromate RbBrO3 3787
13446-71-4 rubidium chlorate RbClO3 3792
13446-72-5 rubidium chromate Rb2CrO4 3813
13446-73-6 rubidium dichromate Rb2Cr2O7 3812
13446-74-7 rubidium fluoride RbF 3795
13446-75-8 rubidium hydride RbH 3797
13450-84-5 gadolinium chloride hexahydrate GdCl3H12O6 1620
13450-87-8 gadolinium (iii) sulfate octahydrate Gd2H16O20S3 1631
13450-88-9 gallium (iii) bromide GaBr3 1577
13450-90-3 gallium trichloride GaCl3 1585
13450-91-4 gallium (iii) iodide GaI3 1593
13450-92-5 germanium bromide GeBr4 1639
13450-95-8 germanium (iv) iodide GeI4 1677
13450-97-0 strontium perchlorate hexahydrate SrCl2H12O14 4480
13451-05-3 strontium tungstate SrO4W 4503
13451-08-6 sulphur (iv) chloride SCl4 3995
13451-11-1 tantalum (v) bromide TaBr5 4523
13451-18-8 tellurium trioxide TeO3 4597
13451-19-9 terbium nitrate hexahydrate TbH12N3O15 4560
13453-06-0 ammonium tellurate N2H8TeO4 2731
13453-07-1 gold (iii) chloride AuCl3 268
13453-24-2 gold (iii) iodide AuI3 273
13453-28-6 dithallium tetrabromide Tl2Br4 4737
13453-30-0 thallium (i) chlorate TlClO3 4721
13453-32-2 thallium (iii) chloride TlCl3 4723
13453-34-4 thallium (i) cyanide TlCN 4720
13453-40-2 thallium (i) perchlorate TlClO4 4722
13453-49-1 thorium (iv) bromide ThBr4 4611
13453-57-2 lead chlorite PbCl2O4 3516
13453-62-8 lead (ii) perchlorate PbCl2O8 3518
13453-69-5 lithium metaborate LiBO2 2212

684

13453-70-8 lithium bromide monohydrate LiBrH2O 2214
13453-71-9 lithium chlorate LiClO3 2257
13453-78-6 lithium perchlorate trihydrate LiClH6O7 2255
13453-80-0 lithium dihydrogen phosphate LiH2O4P 2267
13453-84-4 lithium orthosilicate Li4O4Si 2314
13454-74-5 cerous tungstate Ce2O12W3 874
13454-75-6 cesium bromate CsBrO3 1129
13454-81-4 cesium iodate CsIO3 1145
13454-84-7 cesium perchlorate CsClO4 1139
13454-88-1 copper (ii) fluoride dihydrate CuF2H4O2 1241
13454-94-9 cerium (iii) sulfate Ce2O12S3 873
13454-96-1 platinum (iv) chloride pentahydrate PtCl4H10O5 3733
13454-99-4 phosphorus (v) dichloride trifluoride PCl2F3 3380
13455-00-0 phosphorus tetraiodide P2I4 3447
13455-01-1 phosphorus (iii) iodide PI3 3394
13455-12-4 platinum (ii) bromide PtBr2 3692
13455-15-7 platinum (iv) fluoride PtF4 3735
13455-20-4 potassium dithionate K2O6S2 2120
13455-21-5 potassium fluoride dihydrate KFH4O2 2019
13455-24-8 potassium hydrogen iodate KHI2O6 2025
13455-28-2 cobalt (ii) iodate CoI2O6 1001
13455-31-7 cobalt (ii) perchlorate CoCl2O8 972
13455-34-0 cobalt (ii) sulfate monohydrate CoH2O5S 987
13455-36-2 cobaltous phosphate Co3O8P2 1032
13460-50-9 metaboric acid (a form) BHO2 365
13460-50-9 metaboric acid (b form) BHO2 366
13460-50-9 metaboric acid (c form) BHO2 367
13462-88-9 nickel (ii) bromide NiBr2 3097
13462-90-3 nickel (ii) iodide NiI2 3154
13462-93-6 arsenate, ammonium dihydrogen AsH6NO4 237
13463-12-2 iron (ii) bromide hexahydrate FeBr2H12O6 1425
13463-22-4 barium oxalate monohydrate BaC2H2O5 430
13463-30-4 lead (iv) chloride PbCl4 3519
13463-40-6 iron pentacarbonyl FeC5O5 1434
13463-67-7 titanium (iv) oxide TiO2 4689
13464-36-3 potassium arsenate K3AsO4 2141
13464-44-3 zinc arsenate Zn3As2O8 5103
13464-45-4 zinc arsenate octahydrate Zn3As2H16O16 5102
13464-46-5 americium (iii) chloride AmCl3 188
13464-58-9 arsenious acid AsH3O3 239
13464-80-7 dihydrazine sulfate N4H10O4S 2769
13464-82-9 indium (iii) sulfate In2O12S3 1913
13464-92-1 cadmium bromide tetrahydrate CdBr2H8O4 778
13464-98-7 hydrazine dinitrate N4H6O6 2768
13465-07-1 hydrogen disulfide H2S2 1718
13465-09-3 indium (iii) bromide InBr3 1881
13465-10-6 indium (i) chloride InCl 1890
13465-11-7 indium (ii) chloride InCl2 1891
13465-15-1 indium (iii) perchlorate octahydrate InCl3H16O20 1894
13465-17-3 iridium (ii) chloride IrCl2 1934
13465-35-9 mercury (i) iodate Hg2I2O6 1835
13465-43-5 rhodium (iii) nitrate dihydrate RhH4N3O11 3913
13465-49-1 rubidium permanganate RbMnO4 3802
13465-51-5 ruthenium (ii) chloride RuCl2 3967
13465-55-9 samarium (iii) chloride hexahydrate SmCl3H12O6 4316
13465-58-2 samarium (iii) sulfate octahydrate Sm2H16O20S3 4326
13465-59-3 scandium bromide ScBr3 4067
13465-60-6 scandium nitrate pentahydrate ScH10N3O14 4077
13465-66-2 selenium tetrafluoride SeF4 4109
13465-71-9 silane, trifluoro SiHF3 4248
13465-72-0 silane, triiodo SiHI3 4249
13465-73-1 silane, monobromo SiH3Br 4257
13465-74-2 silane, bromotrichloro SiCl3Br 4242
13465-76-4 silane, tribromochloro SiBr3Cl 4145
13465-77-5 disilane, hexachloro Si2Cl6 4286
13465-78-6 silane, monochloro SiH3Cl 4258
13465-84-4 silane, tetraiodo SiI4 4263
13465-93-5 silver tungstate Ag2O4W 66
13465-94-6 barium nitrite BaN2O4 486
13465-95-7 barium perchlorate BaCl2O8 459
13466-08-5 sodium bromide dihydrate NaBrH4O2 2801
13466-21-2 barium pyrophosphate Ba2O7P2 521
13469-98-2 yttrium bromide YBr3 4965
13470-01-4 strontium iodate SrI2O6 4493
13470-04-7 strontium molybdate (vi) SrMoO4 4494
13470-06-9 strontium nitrite SrN2O4 4495
13470-08-1 titanium (iii) fluoride TiF3 4680
13470-10-5 tungsten (ii) bromide WBr2 4901
13470-11-6 tungsten (v) bromide WBr5 4904
13470-12-7 tungsten (ii) chloride WCl2 4910
13470-13-8 tungsten (iv) chloride WCl4 4912
13470-14-9 tungsten (v) chloride WCl5 4913
13470-17-2 tungsten (ii) iodide WI2 4919
13470-19-4 uranium (iii) bromide UBr3 4769
13470-20-7 uranium (iv) bromide UBr4 4770
13470-21-8 uranium (v) chloride UCl5 4781
13470-22-9 uranium (iv) iodide UI4 4797
13470-23-0 uranium (iv) sulfate tetrahydrate UH8O12S2 4792
13470-24-1 metavanadic acid HO3V 1705
13470-26-3 vanadium (iii) bromide VBr3 4840
13470-38-7 yttrium iodide YI3 4984
13472-30-5 sodium orthosilicate Na4O4Si 3011
13472-31-6 sodium periodate trihydrate NaH6IO7 2884
13472-33-8 sodium perrhenate NaO4Re 2902
13472-35-0 sodium dihydrogen phosphate dihydrate NaH6O6P 2886
13472-36-1 sodium pyrophosphate decahydrate Na4H20O17P2 3009
13472-45-2 sodium tungstate Na2O4W 2968
13473-57-9 holmium sulfate octahydrate Ho2H16O20S3 1860
13473-77-3 lutetium sulfate octahydrate Lu2H16O20S3 2328
13473-90-0 aluminum nitrate AlN3O9 149
13476-01-2 cobalt (ii) bromate hexahydrate CoBr2H12O12 925
13476-08-9 iron (ii) nitrate hexahydrate FeH12N2O12 1523
13476-99-8 vanadium (iii) acetylacetonate VC15H21O6 4849
13477-00-4 barium chlorate BaCl2O6 458
13477-09-3 barium hydride BaH2 467
13477-19-5 cadmium metasilicate CdO3Si 812
13477-23-1 cadmium sulfite CdO3S 810
13477-28-6 calcium bromide hexahydrate CaBr2H12O6 685
13477 20 7 calcium chloride monohydrate CaCl2H2O 714
13477-34-4 calcium nitrate tetrahydrate CaH8N2O10 743
13477-36-6 calcium perchlorate CaCl2O8 723
13477-89-9 neodymium chloride hexahydrate NdCl3H12O6 3071
13477-91-3 neodymium sulfate octahydrate Nd2H16O20S3 3085
13477-95-7 nickel (ii) cyanide tetrahydrate NiC2H8N2O4 3100
13477-98-0 nickel iodate NiI2O6 3155
13477-99-1 nickel iodate tetrahydrate NiH8I2O10 3145
13478-00-7 nickel (ii) nitrate hexahydrate NiH12N2O12 3147
13478-06-3 chromium (iii) bromide hexahydrate CrBr3H12O6 1040
13478-10-9 iron (ii) chloride tetrahydrate FeCl2H8O4 1503
13478-14-3 lithium arsenate Li3AsO4 2310
13478-16-5 magnesium ammonium phosphate hexahydrate MgH16NO10P 2423
13478-17-6 molybdenum (ii) chloride MoCl2 2564
13478-18-7 molybdenum (iii) chloride MoCl3 2565
13478-20-1 phosphorus oxyfluoride PF3O 3386
13478-28-9 chromium (ii) iodide CrI2 1093
13478-33-6 cobalt (ii) perchlorate hexahydrate CoCl2H12O14 971
13478-38-1 copper (ii) nitrate hexahydrate CuH12N2O12 1253
13478-41-6 copper (i) fluoride CuF 1239
13478-45-0 niobium (v) bromide NbBr5 3024
13478-49-4 erbium sulfate Er2O12S3 1356
13478-50-7 lead (ii) thiosulfate PbS2O3 3548
13479-54-4 copper (ii) glycinate monohydrate CuC4H10N2O5 1188
13492-26-7 potassium hydrogen phosphite K2HPO3 2098
13492-45-0 ferrous iodide tetrahydrate FeH8I2O4 1522
13494-80-9 tellurium Te 4583
13494-90-1 gallium (iii) nitrate GaN3O9 1595
13494-91-2 gallium (iii) sulfate Ga2O12S3 1606
13494-92-3 iodine dioxide IO2 1872
13494-98-9 yttrium nitrate hexahydrate YH12N3O15 4981
13497-91-1 phosphorous chloride P2Cl4 3443
13498-07-2 praseodymium perchlorate hexahydrate PrCl3H12O18 3664
13498-08-3 ytterbium perchlorate YbCl3O12 5006
13499-05-3 hafnium (iv) chloride HfCl4 1755
13510-35-5 indium (iii) iodide InI3 1901
13510-41-3 praseodymium sulfate octahydrate Pr2H16O20S3 3685
13510-42-4 rubidium perchlorate RbClO4 3793
13510-49-1 beryllium sulfate BeO4S 552
13510-89-9 lead (ii) antimonate Pb3O8Sb2 3570
13517-00-5 copper (i) hydride CuH 1245
13517-06-1 sodium iodide dihydrate NaH4IO2 2880
13517-10-7 boron triiodide BI3 372
13517-11-8 hypobromous acid HBrO 1692
13517-12-9 samarium bromide hexahydrate SmBr3H12O6 4307
13517-24-3 sodium metasilicate nonahydrate Na2H18O12Si 2951
13517-26-5 sodium pyrovanadate Na4O7V2 3012
13517-27-6 zinc bromate hexahydrate ZnBr2H12O12 5025
13520-56-4 iron (iii) sulfate nonahydrate Fe2H18O21S3 1556
13520-59-7 molybdenum (iv) bromide MoBr4 2552
13520-61-1 nickel perchlorate hexahydrate NiCl2H12O14 3136
13520-69-9 ferrous perchlorate hexahydrate FeCl2H12O14 1504
13520-75-7 tungsten (vi) dioxydibromide WO2Br2 4929
13520-76-8 tungsten (vi) dioxydichloride WO2Cl2 4930
13520-77-9 tungsten (vi) oxytetrabromide WOBr4 4924
13520-78-0 tungsten (vi) oxytetrachloride WOCl4 4926
13520-79-1 tungsten (vi) oxytetrafluoride WOF4 4927
13520-83-7 uranyl nitrate hexahydrate UH12N2O14 4794
13520-87-1 vanadyl chloride VOCl 4878
13520-88-2 vanadyl bromide VOBr 4875
13520-89-3 vanadyl dibromide VOBr2 4876
13520-90-6 vanadyl tribromide VOBr3 4877
13520-92-8 zirconyl chloride octahydrate ZrCl2H16O9 5140
13530-57-9 rubidium aluminum sulfate RbAlO8S2 3783
13530-65-9 zinc chromate heptahydrate ZnCrH14O11 5066
13536-53-3 praseodymium bromide PrBr3 3653
13536-59-9 deuterium bromide DBr 1297
13536-73-7 erbium bromide ErBr3 1334
13536-79-3 lanthanum bromide LaBr3 2171
13536-80-6 neodymium tribromide NdBr3 3060
13536-92-0 plutonium (iv) chloride PuCl4 3759
13537-09-2 dysprosium (iii) hydride DyH3 1319
13537-15-0 europium (iii) sulfate Eu2O12S3 1398
13537-18-3 thulium chloride TmCl3 4754
13537-24-1 ferric perchlorate hexahydrate FeCl3H12O18 1507
13537-30-9 germane, fluoro GeH3F 1673
13537-32-1 monofluorophosphoric acid FH2O3P 1405
13537-33-2 silane, monofluoro SiH3F 4259
13548-38-4 chromium (iii) nitrate CrN3O9 1097
13548-42-0 copper (ii) chromate CuCrO4 1236
13550-28-2 lithium bromate LiBrO3 2215
13550-53-3 erbium hydride ErH3 1345
13565-96-3 bismuth molybdenum oxide Bi2MoO6 595
13565-97-4 zirconium pyrophosphate ZrO7P2 5156
13566-03-5 palladium (ii) sulfate dihydrate PdH4O6S 3615
13566-05-7 rubidium orthovanadate Rb3O4V 3826
13566-17-1 lead (ii) orthosilicate Pb2SiO4 3563
13568-32-6 manganese (ii) orthosilicate Mn2SiO4 2543
13568-33-7 lithium nitrite monohydrate LiH2NO3 2266
13568-40-6 lithium molybdate Li2MoO4 2298
13568-45-1 lithium tungstate Li2O4W 2304
13568-63-3 magnesium vanadate Mg2O7V2 2451
13568-72-4 manganese (ii) dithionate MnO6S2 2520
13569-43-2 germane, bromo GeH3Br 1671
13569-49-8 rhenium (iii) bromide ReBr3 3830
13569-50-1 cerium (ii) hydride CeH2 851
13569-59-0 niobium (iii) chloride NbCl3 3032
13569-62-5 plutonium (iii) chloride PuCl3 3758
13569-63-6 rhenium (iii) chloride ReCl3 3845
13569-67-0 tantalum (iii) chloride TaCl3 4529
13569-70-5 niobium (iv) chloride NbCl4 3033
13569-71-6 rhenium (iv) chloride ReCl4 3846
13569-72-7 tantalum (iv) chloride TaCl4 4530
13569-75-0 chromium (iii) iodide CrI3 1094
13569-80-7 dysprosium (iii) fluoride DyF3 1318
13572-93-5 gallium (iii) hydride GaH3 1591
13572-97-9 gadolinium hydride GdH3 1622
13572-98-0 gadolinium (iii) iodide GdI3 1626
13573-02-9 germane, iodo GeH3I 1674
13573-08-5 germanium (ii) iodide GeI2 1676
13573-11-0 magnesium tungstate MgO4W 2435
13573-16-5 ammonium tetrathiocyanodiammonochromate N7H12CrC4OS4 2774
13573-18-7 sodium tripolyphosphate Na5O10P3 3016
13586-38-4 ammonium cobalt (ii) sulfate hexahydrate N2H20CoO14S2 2745
13587-16-1 lithium deuteride LiD 2260
13587-35-4 copper (ii) tungstate CuO4W 1266
13595-30-7 vanadium (iv) bromide VBr4 4841
13595-87-4 bismuth tungstate Bi2O12W3 598
13596-45-7 cobalt (iv) fluoride CoF4 981
13597-19-8 ceric vanadate CeO4V 862
13597-20-1 niobium (v) oxychloride NbOCl3 3046
13597-30-3 thorium oxyfluoride ThF2O 4619
13597-45-0 rubidium metavanadate RbO3V 3809
13597-46-1 zinc selenite ZnO3Se 5089
13597-52-9 rubidium tungstate Rb2O4W 3820
13597-54-1 zinc selenate pentahydrate ZnH10O9Se 5077
13597-55-2 strontium orthosilicate Sr2SiO4 4512
13597-61-0 rubidium pyrovanadate Rb4O7V2 3827

13597-64-3 cesium molybdate Cs2MoO4 1156
13597-65-4 zinc orthosilicate Zn2SiO4 5100
13597-73-4 disiloxane Si2H6O 4290
13597-99-4 beryllium nitrate trihydrate BeH6N2O9 547
13598-22-6 beryllium sulfide BeS 553
13598-30-6 scandium (ii) hydride ScH2 4074
13598-33-9 strontium hydride SrH2 4486
13598-35-1 yttrium dihydride YH2 4980
13598-36-2 phosphorous acid H3PO3 1724
13598-41-9 holmium hydride HoH3 1850
13598-42-0 silane, iodo SiH3I 4260
13598-44-2 lutetium hydride LuH3 2323
13598-53-3 samarium hydride SmH3 4319
13598-54-4 terbium hydride TbH3 4559
13598-56-6 uranium (iii) hydride UH3 4790
13598-57-7 yttrium hydride YH3 4982
13598-65-7 ammonium perrhenate ReH4NO4 3854
13600-89-0 cobalt (iii) ammonium tetranitrodiammine CoH10N7O8 994
13600-98-1 sodium hexanitrocobalt (iii) Na3CoN6O12 2993
13601-08-6 palladium (ii) nitrate, tetraamine PdH12N6O6 3618
13601-13-3 copper (ii) ferrocyanide Cu2C6FeN6 1275
13601-19-9 sodium ferrocyanide decahydrate Na4C6H20FeN6O10 3006
13637-63-3 chlorine pentafluoride ClF5 893
13637-65-5 germane, chloro GeH3Cl 1672
13637-68-8 molybdenum (vi) dioxydichloride MoO2Cl2 2584
13637-76-8 lead (ii) perchlorate trihydrate PbCl2H6O11 3515
13675-47-3 copper (ii) dichromate dihydrate CuCr2H4O9 1237
13682-61-6 potassium tetrachloroaurate (iii) KAuCl4 1966
13682-73-0 potassium copper (i) cyanide KC2CuN2 1981
13683-41-5 silane, 1-bromovinyltrimethyl SiC5H11Br 4168
13688-56-7 silane, methacryloxytrimethyl SiC7H14O2 4188
13689-92-4 nickel thiocyanate NiC2N2S2 3101
13693-05-5 platinum (vi) fluoride PtF6 3736
13693-06-6 plutonium (vi) fluoride PuF6 3762
13693-07-7 rhodium (vi) fluoride RhF6 3912
13693-08-8 ruthenium (vi) fluoride RuF6 3975
13693-09-9 xenon hexafluoride XeF6 4950
13701-64-9 calcium borate hexahydrate CaB4H12O13 679
13701-67-2 diborane, tetrachloro B2Cl4 390
13701-70-7 vanadium (iii) sulfate V2O12S3 4892
13701-86-5 tungsten (vi) bromide WBr6 4905
13701-90-1 thallium (iii) bromide TlBr3 4705
13701-91-2 lead (iv) bromide PbBr4 3490
13703-82-7 magnesium borate octahydrate MgB2H16O12 2340
13703-88-3 b-tribromoborazine B3Br3H3N3 397
13706-19-9 molybdenum (vi) chloride MoCl6 2568
13708-63-9 terbium trifluoride TbF3 4557
13708-80-0 americium (iii) fluoride AmF3 189
13708-85-5 sodium hydrogen phosphite pentahydrate Na2H11O8P 2952
13709-31-4 vanadyl trifluoride VOF3 4881
13709-35-8 difluorodisulfane S2F2 4015
13709-36-9 xenon difluoride XeF2 4947
13709-38-1 lanthanum fluoride LaF3 2182
13709-42-7 neodymium fluoride NdF3 3073
13709-46-1 praseodymium fluoride PrF3 3667
13709-47-2 scandium fluoride ScF3 4073
13709-49-4 yttrium fluoride YF3 4979
13709-52-9 hafnium fluoride HfF4 1756
13709-55-2 palladium (iV) fluoride PdF4 3614
13709-56-3 plutonium (iv) fluoride PuF4 3761
13709-59-6 thorium (iv) fluoride ThF4 4621
13709-61-0 xenon tetrafluoride XeF4 4949
13709-94-9 potassium metaborate KBO2 1971
13716-10-4 phosphine, di-tert-butylchloro PC8H18Cl 3285
13716-12-6 phosphine, tri-tert-butyl PC12H27 3309
13718-22-4 rubidium molybdate Rb2MoO4 3815
13718-26-8 sodium metavanadate NaO3V 2901
13718-50-8 barium iodide BaI2 481
13718-59-7 barium selenite BaO3Se 496
13718-70-2 iron (ii) molybdate FeMoO4 1529
13721-34-1 sodium uranate monohydrate Na2H2O8U2 2943
13721-39-6 sodium orthovanadate Na3O4V 3003
13721-43-2 sodium hypophosphate decahydrate Na4H20O16P2 3008
13746-66-2 potassium ferricyanide K3C6FeN6 2143
13746-89-9 zirconium nitrate pentahydrate ZrH10N4O17 5148
13746-98-0 thallium (iii) nitrate TlN3O9 4733
13755-29-8 sodium tetrafluoroborate NaBF4 2791
13755-32-3 barium tetracyanoplatinate (ii) tetrahydrat BaC4H8N4O4Pt 439
13755-38-9 sodium nitroferricyanide (iii) dihydrate Na2C5H4FeN6O3 2920
13759-10-9 silicon disulfide SiS2 4271
13759-83-6 samarium nitrate hexahydrate SmH12N3O15 4320
13759-87-0 samarium (iii) bromide SmBr3 4306
13759-88-1 europium (iii) bromide EuBr3 1372
13759-89-2 ytterbium tribromide YbBr3 4997
13759-90-5 europium (iii) iodide EuI3 1387
13759-92-7 europium (iii) chloride hexahydrate EuCl3H12O6 1380
13760-02-6 silane, diiodo SiH2I2 4253
13760-41-3 protactinium (v) chloride PaCl5 3473
13760-78-6 holmium fluoride HoF3 1849
13760-79-7 thulium fluoride TmF3 4756
13760-80-0 ytterbium (iii) fluoride YbF3 5008
13760-81-1 lutetium fluoride LuF3 2322
13760-83-3 erbium fluoride ErF3 1344
13761-79-0 potassium dideuterophosphate KD2O4P 2017
13762-12-4 cobalt (ii) bromide hexahydrate CoBr2H12O6 926
13762-14-6 cobalt (ii) molybdate CoO4Mo 1009
13762-26-0 zirconium dichloride ZrCl2 5138
13762-51-1 potassium borohydride KBH4 1970
13762-65-7 hydrazine perchlorate hemihydrate N2H6ClO4.5 2698
13762-75-9 lithium metaphosphate LiO3P 2279
13762-83-9 barium metaphosphate BaO6P2 506
13763-23-0 uranium (vi) chloride UCl6 4782
13763-67-2 cesium chlorate CsClO3 1138
13765-03-2 lithium iodate LiIO3 2271
13765-19-0 calcium chromate dihydrate CaCrH4O6 725
13765-24-7 samarium (iii) fluoride SmF3 4318
13765-25-8 europium (iii) fluoride EuF3 1382
13765-26-9 gadolinium (iii) fluoride GdF3 1621
13765-74-7 silver (i) molybdate Ag2MoO4 61
13766-47-7 tungsten (iv) fluoride WF4 4915
13767-16-3 ammonia-(N=15) NH3 2620
13767-31-2 dysprosium (ii) chloride DyCl2 1315
13767-32-3 zinc molybdate ZnMoO4 5084
13767-34-5 copper (ii) molybdate CuMoO4 1256
13768-11-1 perrhenic acid HReO4 1708
13768-38-2 osmium (vi) fluoride OsF6 3214
13768-86-0 selenium trioxide SeO3 4119
13768-94-0 silane, dibromo SiH2Br2 4250
13769-20-5 europium (ii) chloride EuCl2 1377
13769-36-3 germane, dibromo GeH2Br2 1669
13769-43-2 potassium vanadate KO3V 2050
13770-18-8 copper (ii) perchlorate CuCl2O8 1234
13770-56-4 arsenic diiodide As2I4 244
13770-61-1 indium (iii) nitrate trihydrate InH6N3O12 1899
13770-96-2 sodium aluminum hydride NaAlH4 2783
13773-81-4 krypton difluoride KrF2 2163
13774-24-8 americium hydride AmH3 192
13774-85-1 xenon oxytetrafluoride XeOF4 4959
13775-06-9 uranium (iii) fluoride UF3 4783
13775-07-0 uranium (v) fluoride UF5 4785
13775-16-1 uranium (v) bromide UBr5 4771
13775-18-3 uranium (iii) iodide UI3 4796
13775-53-6 sodium hexafluoroaluminate Na3AlF6 2983
13775-80-9 hydrazine hydrobromide N2H5Br 2693
13776-58-4 xenon trioxide XeO3 4957
13776-62-0 trans-difluorodiazine N2F2 2683
13776-74-4 magnesium metasilicate MgSiO3 2443
13776-84-6 sodium thioantimonate nonahydrate Na3H18O9S4Sb 2997
13777-22-5 hafnium (iv) bromide HfBr4 1742
13777-23-6 hafnium (iv) iodide HfI4 1759
13777-25-8 zirconium bromide ZrBr4 5117
13778-39-7 thulium chloride heptahydrate TmCl3H14O7 4755
13778-40-0 thulium sulfate octahydrate Tm2H16O20S3 4763
13779-10-7 promethium trichloride PmCl3 3639
13779-41-4 difluorophosphoric acid HPO2F2 1707
13779-73-2 hafnium (iii) iodide HfI3 1758
13779-78-7 indium (i,iii) iodide In2I4 1910
13779-87-8 zirconium triiodide ZrI3 5151
13779-92-5 niobium (v) iodide NbI5 3042
13779-96-9 thorium triiodide ThI3 4627
13780-03-5 calcium hydrogen sulfite CaH2O6S2 734
13780-06-8 calcium nitrite CaN2O4 750
13780-42-2 gallium (iii) sulfate octadecahydrate Ga2H36O30S3 1603
13780-48-8 europium (ii) bromide EuBr2 1371
13780-57-9 sulfur chloride pentafluoride SF5Cl 4000
13780-64-8 xenon oxydifluoride XeF2O 4948
13782-33-7 palladium (ii), trans-dichlorodiammine PdCl2H6N2 3610
13782-84-8 platinum pentafluoride Pt4F20 3755
13783-04-5 titanium (ii) bromide TiBr2 4641
13783-07-8 titanium (ii) iodide TiI2 4685
13798-24-8 terbium chloride hexahydrate TbCl3H12O6 4554
13801-49-5 zirconium, tetrakis(diethylamino) ZrC16H40N4 5130
13812-43-6 cis-difluorodiazine N2F2 2682
13812-58-3 copper (ii) tellurite CuO3Te 1262
13813-19-9 deuterosulfuric acid D2O4S 1304
13813-22-4 lanthanum iodide LaI3 2187
13813-23-5 praseodymium iodide PrI3 3673
13813-24-6 neodymium triiodide NdI3 3078
13813-25-7 samarium (iii) iodide SmI3 4322
13813-40-6 terbium iodide TbI3 4561
13813-41-7 holmium iodide HoI3 1852
13813-42-8 erbium iodide ErI3 1348
13813-43-9 thulium iodide TmI3 4760
13813-44-0 ytterbium triiodide YbI3 5012
13813-45-1 lutetium iodide LuI3 2324
13813-46-2 plutonium (iii) iodide PuI3 3765
13813-47-3 americium (iii) iodide AmI3 195
13813-79-1 boric acid-(B=10) BH3O3 371
13814-01-2 ammonium sulfate-d8 N2D8O4S 2681
13814-17-0 tantalum (iii) fluoride TaF3 4532
13814-25-0 sulfur (ii) fluoride SF2 3997
13814-59-0 cadmium selenite CdO3Se 811
13814-72-7 gadolinium (ii) iodide GdI2 1625
13814-74-9 molybdenum (v) oxytrichloride MoOCl3 2580
13814-75-0 molybdenum (vi) oxytetrachloride MoOCl4 2581
13814-76-1 rhenium (vi) oxytetrachloride ReOCl4 3857
13814-81-8 copper (i,ii) sulfite dihydrate Cu3H4O8S2 1288
13814-83-0 vanadyl difluoride VF2O 4862
13814-96-5 lead (ii) fluoroborate PbB2F8 3485
13815-39-9 potassium tetranitritoplatinate (ii) K2N4O8Pt 2113
13816-38-1 antimony iodide sulfide SbIS 4048
13817-37-3 cobalt (ii) fluoride tetrahydrate CoF2H8O4 979
13818-75-2 gadolinium (iii) bromide GdBr3 1612
13818-89-8 digermane Ge2H6 1686
13819-84-6 molybdenum (v) fluoride MoF5 2572
13820-40-1 ammonium tetrachloropalladate (ii) N2H8Cl4Pd 2708
13820-41-2 ammonium tetrachloroplatinate (ii) N2H8PtCl4 2725
13820-44-5 palladium (ii) tetrachlorpalladium (ii), te Pd2Cl4H12N4 3635
13820-46-7 tetrachloroplatinum (ii), tetraammineplatin Pt2Cl4H12N4 3754
13820-53-6 sodium tetrachloropalladate (ii) trihydrate Na2Cl4Pd 2923
13820-62-7 cobalt (ii) aluminate CoAl2O4 917
13820-91-2 potassium trichloroammineplatinum (ii) KCl3H3NPt 2012
13820-95-6 rhodium (iii), chloropentaammine chloride RhCl3H15N5 3909
13821-06-2 barium ferrocyanide hexahydrate Ba2C6H12FeN6O6 516
13822-56-5 silane, 3-aminopropyltrimethoxy SiC6H17NO3 4185
13823-29-5 thorium nitrate ThN4O12 4630
13823-36-4 lanthanum dihydride LaH2 2183
13824-36-7 silane, difluoro SiH2F2 4252
13824-57-2 molybdenum (vi) dioxydifluoride MoF2O2 2569
13824-74-3 phosphorous difluoride P2F4 3444
13825-36-0 thorium hydroxide ThH4O4 4623
13825-75-6 titanium oxysulfate TiO5S 4691
13825-76-8 holmium bromide HoBr3 1843
13825-86-0 chromium (ii) sulfate pentahydrate CrH10O9S 1088
13826-56-7 potassium magnesium sulfate K2Mg2O12S3 2109
13826-63-6 thallium (i) nitrite TlNO2 4730
13826-83-0 ammonium fluoroborate NH4BF4 2624
13826-86-3 nitronium tetrafluoroborate NBF4O2 2609
13826-93-2 potassium tetrabromopalladate (ii) K2Br4Pd 2060
13826-94-3 potassium tetrabromoplatinate (ii) K2Br4Pt 2061
13840-33-0 lithium hypochlorite LiClO 2256
13842-67-6 terbium sulfate octahydrate Tb2H16O20S3 4565
13842-73-4 tantalum (iii) bromide TaBr3 4521
13842-75-6 niobium (iv) bromide NbBr4 3023
13842-76-7 tantalum (iv) bromide TaBr4 4522
13842-80-3 vanadium (ii) fluoride VF2 4861
13842-83-6 plutonium (iii) fluoride PuF3 3760
13842-84-7 thorium (iii) fluoride ThF3 4620
13842-88-1 niobium (iv) fluoride NbF4 3036
13842-93-8 technetium (vi) fluoride TcF6 4578
13843-28-2 chromium (vi) fluoride CrF6 1083
13845-07-3 potassium hexachlororhodate (iii) RhCl6K3 3884
13845-16-4 strontium dithionate tetrahydrate SrH8O10S2 4489
13845-17-5 barium dithionate dihydrate BaH4O8S2 475
13845-36-8 potassium triphosphate K5O10P3 2159
13847-57-9 lead (ii) chloride fluoride PbClF 3513

13847-65-9 trifluoramine oxide NOF3 2675
13847-66-0 thallium (i) azide TlN3 4732
13859-51-3 cobalt (iii), pentamminechloro chloride CoCl3H15N5 974
13859-65-9 nickel, tetrakis (trifluorophosphine) NiF12P4 3141
13859-68-2 hexaamminenickel (ii) iodide NiH18I2N6 3152
13862-78-7 ammonium tetrathiotungstate N2H8WS4 2732
13863-41-7 bromine chloride BrCl 622
13863-59-7 bromine fluoride BrF 624
13863-88-2 silver azide AgN3 50
13864-01-2 lanthanum trihydride LaH3 2184
13864-02-3 cerium trihydride CeH3 852
13864-03-4 praseodymium hydride PrH3 3670
13864-04-5 neodymium hydride NdH3 3074
13867-41-9 protactinium tetrachloride PaCl4 3472
13867-67-9 uranyl chloride trihydrate UCl2H6O5 4778
13869-38-0 platinum (ii) chloride, cis-bis(acetonitril PtC4H6Cl2N2 3699
13870-13-8 hafnium orthosilicate HfSiO4 1768
13870-20-7 niobium (iii) iodide NbI3 3040
13870-21-8 niobium (iv) iodide NbI4 3041
13870-24-1 iron (ii) tungstate FeO4W 1535
13871-27-7 sodium tetrafluoroberyllate Na2BeF4 2912
13873-84-2 iodine fluoride IF 1865
13874-02-7 sodium tetrachloroaurate (iii) dihydrate NaAuCl4H4O2 2789
13874-75-4 samarium (ii) chloride SmCl2 4314
13874-77-6 ytterbium (ii) chloride YbCl2 5003
13875-06-4 xenon dioxydifluoride XeO2F2 4956
13876-85-2 copper (i) mercury iodide Cu2HgI4 1280
13896-65-6 ruthenium (iii) iodide RuI3 3978
13918-22-4 manganese (ii) tungstate MnWO4 2534
13927-32-7 copper (ii), bis (tetraethylammonium) tet CuC16H40Cl4N2 1209
13930-88-6 vanadyl phthalocyanine VC32H16N8O 4852
13931-94-7 chromium (ii) chloride tetrahydrate CrCl2H16O8 1072
13932-17-7 potassium zinc sulfate hexahydrate K2H12O14S2Zn 2107
13933-31-8 palladium (ii) tetraammine chloride monohyd PdCl2H14N4O 3611
13933-33-0 platinum (ii) chloride monohydrate, tetraam PtCl2H14N4O 3728
13938-94-8 rhodium (i), carbonylchlorobis (triphenyl RhC37H30ClOP2 3895
13939-06-5 molybdenum hexacarbonyl MoC6O6 2555
13940-38-0 sodium paraperiodate Na3H2IO6 2995
13940-63-1 germanium (ii) fluoride GeF2 1662
13940-83-5 nickel fluoride tetrahydrate NiF2H8O4 3140
13940-89-1 iron (ii) fluoride tetrahydrate FeF2H8O4 1510
13963-57-0 aluminum acetylacetonate AlC15H21O6 109
13963-58-1 potassium hexacyanocobaltate K3C6CoN6 2142
13965-02-1 platinum (ii) chloride, trans-bis(triethy PtC12H30Cl2P2 3713
13965-03-2 palladium (ii), trans-dichlorobis(triphen PdC36H30Cl2P2 3600
13965-73-6 diborane, tetrafluoro B2F4 392
13966-93-3 vanadium hydride VH 4866
13966-94-4 indium (i) iodide InI 1900
13967-25-4 mercury (i) fluoride Hg2F2 1832
13967-50-5 potassium cyanoaurite KC2AuN2 1980
13967-90-3 barium bromate BaBr2O6 426
13972-68-4 cadmium molybdate CdMoO4 806
13973-87-0 bromine azide BrN3 630
13981-86-7 niobium hydride NbH 3039
13981-95-8 tantalum hydride TaH 4534
13982-53-1 copper (i) sulfite monohydrate Cu2H2O4S 1279
13986-18-0 zinc fluoride tetrahydrate ZnF2H8O4 5070
13986-24-8 zinc sulfate hexahydrate ZnH12O10S 5080
13986-26-0 zirconium iodide ZrI4 5152
13991-08-7 1,2-bis(diphenylphosphino)benzene P2C30H24 3433
14013-15-1 manganese (ii) molybdate MnMoO4 2513
14013-86-6 iron (ii) nitrate FeN2O6 1530
14014-06-3 sodium deuteroxide NaDO 2863
14014-09-6 terbium perchlorate hexahydrate TbCl3H12O18 4555
14014-88-1 ruthenium (iii) bromide RuBr3 3943
14017-39-1 iron (ii) sulfamate FeH4N2O6S2 1519
14017-47-1 cerous perchlorate hexahydrate CeCl3H12O18 843
14017-54-0 holmium perchlorate hexahydrate HoCl3H12O18 1847
14017-56-2 yttrium perchlorate hexahydrate YCl3H12O18 4977
14018-82-7 zinc dihydride ZnH2 5072
14023-10-0 tetrabutylammonium octachlorodirhenate (Re2C32H72Cl8N2 3871
14023-80-4 iridium (i), dicarbonylacetylacetonate IrC7H7O4 1927
14024-17-0 ferrous acetylacetonate FeC10H14O4 1447
14024-18-1 iron (iii) acetylacetonate FeC15H21O6 1475
14024-48-7 cobalt (ii) acetylacetonate CoC10H14O4 943
14024-58-9 manganese (ii) acetylacetonate MnC10H14O4 2480
14024-61-4 palladium (ii) acetylacetonate PdC10H14O4 3586
14024-64-7 titanium (iv) oxide acetylacetonate TiC10H14O5 4656
14038-43-8 iron (iii) ferrocyanide Fe7C18N18 1570
14040-05-2 copper (ii), bis(2,2,6,6-tetramethyl-3,5-hep CuC22H38O4 1213
14040-11-0 tungsten carbonyl WC6O6 4907
14044-65-6 borane tetrahydrofuran complex BC4H11O 318
14049-36-6 silane, chlorotrifluoro SiClF3 4240
14055-02-8 nickel phthalocyanine NiC32H16N8 3121
14055-19-7 nickel etioporphyrin iii NiC32H36N4 3122
14055-74-4 molybdenum (ii) iodide MoI2 2575
14055-75-5 molybdenum (iii) iodide MoI3 2576
14055-76-6 molybdenum (iv) iodide MoI4 2577
14055-81-3 tungsten (iv) bromide WBr4 4903
14055-84-6 tungsten (iv) iodide WI4 4921
14056-88-3 platinum (ii) chloride, trans-bis(triphen PtC36H30Cl2P2 3721
14059-33-7 bismuth orthovanadate BiO4V 589
14074-80-7 zinc, 5,10,15,20-tetraphenyl-21h,23h-porphin ZnC44H28N4 5060
14075-53-7 potassium fluoroborate KBF4 1969
14096-51-6 platinum (ii)(ethylenediamine) dichloride PtC2H8Cl2N2 3695
14096-82-3 cobalt nitrosyl tricarbonyl CoNC3O4 1002
14099-01-5 rhenium pentacarbonyl chloride ReC5ClO5 3835
14104-20-2 silver tetrafluoroborate AgBF4 15
14104-45-1 deuterium iodide DI 1301
14110-97-5 sodium 4-(chloromercuri)benzensulfonate NaC6H4ClHgO3S 2831
14126-37-5 nickel (ii) bromide, bis (triphenylphosph NiC36H30Br2P2 3123
14126-40-0 cobalt (ii), bis (triphenylphosphine) chlo CoC36H30Cl2P2 958
14128-54-2 lithium aluminum deuteride LiAlD4 2204
14128-95-1 cobalt (ii) benzoylacetonate CoC20H18O4 951
14149-58-7 boric acid-d3 BD3O3 362
14165-55-0 germanium (iv) ethoxide GeC8H20O4 1652
14166-78-0 indium (iii) fluoride trihydrate InF3H6O3 1897
14167-18-1 cobalt (ii), n,n'-bis(salicylidene)ethylene CoC16H14N2O2 947
14167-20-5 nickel (ii), n,n'-bis(salicylidene)ethylen NiC16H14N2O2 3110
14168-73-1 magnesium sulfate monohydrate MgH2O5S 2405
14172-90-8 cobalt (ii), 5,10,15,20-tetraphenyl-21h,23h-p CoC44H28N4 963
14172-91-9 copper (ii), 5,10,15,20-tetraphenyl-21h,23h- CuC44H28N4 1223
14172-92-0 nickel, 5,10,15,20-tetraphenyl-21h,23h-porph NiC44H28N4 3127
14175-02-1 europium (iii) oxalate Eu2C6O12 1395
14175-03-2 samarium oxalate decahydrate Sm2C6H20O22 4325
14177-51-6 nickel tungstate NiO4W 3159
14177-55-0 nickel molybdate NiMoO4 3156
14188-40-0 germane, chlorotrifluoro GeF3Cl 1664
14215-00-0 beryllium sulfate dihydrate BeH4O6S 546
14215-13-5 technetium tetrachloride TcCl4 4574
14215-29-3 cadmium azide CdN6 808
14215-30-6 copper (ii) azide CuN6 1259
14219-60-4 palladium (ii), diamminediiodo PdH6I2N2 3616
14220-17-8 potassium tetracyanonickelate (ii) monohydr K2C4H2N4NiO 2069
14220-21-4 rhenium pentacarbonyl bromide ReC5BrO5 3834
14220-64-5 palladium (ii) chloride, bis(benzonitrile PdC14H10Cl2N2 3591
14221-00-2 nickel (0), tetrakis (triphenyl phosphite NiC72H60O12P4 3130
14221-01-3 palladium (0), tetrakis(triphenylphosphine) PdC72H60P4 3607
14221-02-4 platinum (0), tetrakis(triphenylphosphine) PtC72H60P4 3724
14221-06-8 molybdenum acetate dimer Mo2C8H12O8 2596
14221-48-8 ammonium ferricyanide trihydrate N9H18C6FeO3 2778
14224-64-5 potassium bis(oxalato)platinate (ii) K2C4H4O10Pt 2070
14242-05-8 silver (i) perchlorate monohydrate AgClH2O5 36
14243-64-2 gold (i), chloro (triphenylphosphine) AuC18ClH15P 266
14244-61-2 potassium tetrakis (thiocyanato) platinum (i K2C4N4PtS4 2075
14244-62-3 potassium tetracyanozincate K2C4N4Zn 2076
14249-98-0 tungsten (v) oxytrichloride WOCl3 4925
14264-16-5 nickel (ii) chloride, bis (triphenylphosp NiC36H30Cl2P2 3124
14267-08-4 palladium (ii), dichloro(n,n,n',n'-tetrame PdC6H16Cl2N2 3580
14280-53-6 indium (i) bromide InBr 1879
14282-91-8 ruthenium (iii), hexaamminechloride RuCl3H18N6 3970
14283-07-9 lithium tetrafluoroborate LiBF4 2209
14284-06-1 copper (ii) ethylacetoacetate CuC12H18O6 1204
14284-87-8 gadolinium acetylacetonate dihydrate GdC15H25O8 1616
14284-89-0 manganese (iii) acetylacetonate MnC15H21O6 2482
14284-92-5 rhodium (iii) acetylacetonate RhC15H21O6 3890
14284-93-6 ruthenium (iii) acetylacetonate RuC15H21O6 3951
14284-95-8 terbium acetylacetonate trihydrate TbC15H27O9 4552
14284-98-1 ytterbium acetylacetonate YbC15H21O6 5002
14285-56-4 iron (iii) phthalocyanine chloride FeC32H16ClN8 1486
14285-68-8 rhenium carbonyl Re2C10O10 3870
14286-02-3 diammineplatinum (ii) nitrite PtH6N4O4 3738
14298-31-8 praseodymium phosphate PrO4P 3676
14307-33-6 calcium dichromate trihydrate CaCr2H6O10 726
14307-35-8 lithium chromate Li2CrO4 2290
14311-93-4 zirconyl acetate hydroxide ZrC4H8O6 5119
14312-00-6 cadmium chromate CdCrO4 796
14319-08-5 aluminum tris(2,2,6,6-tetramethyl-3,5-heptane AlC33H57O6 118
14319-13-2 lanthanum, tris(2,2,6,6-tetramethyl-3,5-hept LaC33H57O6 2176
14320-04-8 zinc phthalocyanine ZnC32H16N8 5055
14323-06-9 ruthenium (ii) chloride hexahydrate, tr RuC30H36Cl2N6O6 3955
14323-32-1 potassium tetrabromoaurate (iii) dihydrate KAuBr4H4O2 1965
14323-36-5 potassium tetracyanoplatinate (ii) trihydr K2C4H6N4O3Pt 2072
14324-55-1 zinc salt, diethyldithiocarbamic acid ZnC10H20N2S4 5044
14324-82-4 copper (ii) trifluoroacetylacetonate CuC10H8F6O4 1201
14324-83-5 nickel trifluoroacetylacetonate dihydrate NiC10H8F6O4 3107
14325-24-7 manganese (ii) phthalocyanine MnC32H16N8 2489
14325-78-1 promethium tribromide PmBr3 3638
14335-33-2 phosphoric acid-d3 PD3O4 3383
14335-40-1 phosphorus (iii) chloride difluoride PClF2 3378
14336-80-2 copper (i) azide CuN3 1258
14363-14-5 zinc bis(2,2,6,6-tetramethyl-3,5-heptadionat ZnC22H38O4 5052
14364-93-3 platinum (iv), iodotrimethyl PtC3H9I 3697
14402-67-6 potassium titanium oxalate dihydrate K2C4H4O11Ti 2071
14402-70-1 ammonium nitroferricyanide N8H8C5FeO 2776
14402-73-4 lithium tetracyanoplatinate (ii) pentahy Li2C4H10N4O5Pt 2286
14402-75-6 potassium hexacyanocadmium K2C4CdN4 2068
14405-43-7 gallium (iii) acetylacetonate GaC15H21O6 1580
14405-45-9 indium acetylacetonate InC15H21O6 1889
14405-49-3 iron, tris(dibenzoylmethanato) FeC45H33O6 1500
14409-63-3 copper (ii), 2,3,7,8,12,13,17,18-octaethyl-2 CuC36H44N4 1220
14434-47-0 chromium (iii), tris(2,2,6,6-tetramethyl-3,5 CrC33H57O6 1070
14446-13-0 strontium permanganate trihydrate SrH6Mn2O11 4488
14447-89-3 tungsten (vi) dioxydiiodide WO2I2 4931
14452-39-2 aluminum perchlorate AlCl3O12 133
14456-34-9 hafnium oxychloride octahydrate HfCl2H16O9 1754
14456-47-4 terbium bromide TbBr3 4551
14456-48-5 dysprosium (iii) bromide DyBr3 1310
14456-51-0 thulium bromide TmBr3 4749
14456-53-2 lutetium bromide LuBr3 2318
14457-70-6 selenium (ii) chloride SeCl2 4106
14457-83-1 magnesium carbonate trihydrate MgCH6O6 2348
14457-84-2 aluminum oxyhydroxide (beta)) AlHO2 138
14457-87-5 cerium (iii) bromide CeBr3 832
14459-59-7 molybdenum (vi) oxytetrafluoride MoOF4 2582
14459-75-7 niobium (v) oxybromide NbOBr3 3045
14459-95-1 potassium ferrocyanide trihydrate K4C6H6FeN6O3 2155
14464-46-1 silicon dioxide (cristobalite) SiO2 4267
14474-33-0 scandium (iii) iodide ScI3 4076
14475-63-9 zirconium hydroxide ZrH4O4 5146
14481-08-4 nickel (ii) tetramethylheptanedionate NiC22H38O4 3115
14481-29-9 ammonium hexacyanoferrate (ii) monohydrate N10H18C6FeO 2779
14483-17-1 praseodymium nitrate hexahydrate PrH12N3O15 3669
14483-18-2 holmium nitrate pentahydrate HoH10N3O14 1851
14483-63-7 sodium fluorosulfonate NaFO3S 2865
14486-19-2 borate, cadmium tetrafluoro B2CdF8 389
14507-19-8 lanthanum hydroxide LaH3O3 2185
14516-54-2 manganese pentacarbonyl bromide MnC5BrO5 2474
14517-29-4 neodymium nitrate hexahydrate NdH12N3O15 3076
14519-18-7 strontium bromate monohydrate SrBr2H2O7 4465
14521-18-7 ruthenium (v) fluoride RuF5 3974
14523-22-9 rhodium carbonyl chloride Rh2C4Cl2O4 3922
14526-22-8 ferric trifluoroacetylacetonate FeC15H12F9O6 1474
14540-52-4 phosphite, tri-neopentyl PC15H33O3 3318
14551-74-7 neodymium oxalate decahydrate Nd2C6H20O22 3084
14553-09-4 praseodymium acetylacetonate PrC15H21O6 3658
14553-44-7 thorium orthosilicate ThSiO4 4636
14564-35-3 ruthenium (ii), dicarbonyldichlorobis(t RuC38H30Cl2O2P2 3958
14568-19-5 iridium pentafluoride Ir4F20 1958
14588-08-0 palladium (ii) acetate, bis(triphenylphosp PdC40H36O4P2 3603
14589-42-5 samarium acetylacetonate SmC15H21O6 4312
14589-44-7 thulium acetylacetonate trihydrate TmC15H27O9 4751
14590-13-7 ammonium cobalt (ii) phosphate CoH4NO4P 991
14590-19-3 cobalt (ii) selenate pentahydrate CoH10O9Se 995
14591-90-3 dibromodiamminepalladium (ii) Br2H6N2Pd 635
14592-56-4 palladium (ii), bis(acetonitrile)dichloro PdC4H6Cl2N2 3576
14593-46-5 sodium tert-pentoxide NaC5H11O 2830
14630-40-1 bis(trimethylsilyl)acetylene Si2C8H18 4277
14635-87-1 magnesium perborate heptahydrate MgB2H14O13 2339
14637-88-8 dysprosium acetylacetonate DyC15H21O6 1313
14639-94-2 gallate, ammonium hexafluoro GaF6H12N3 1589
14639-97-5 ammonium tetrachlorozincate N2H8Cl4Zn 2709
14639-98-6 ammonium pentachlorozincate N3H12Cl5Zn 2754
14640-21-2 magnesium meso-tetraphenylporphine monohy MgC44H30N4O 2391
14642-79-6 silane, benzyloxytrimethyl SiC10H16O 4209
14644-55-4 cesium metavanadate CsO3V 1153

14644-61-2 zirconium sulfate ZrO8S2 5157
14646-16-3 erbium hydroxide ErH3O3 1346
14646-29-8 lutetium perchlorate hexahydrate LuCl3H12O18 2320
14647-23-5 nickel (ii) chloride, [1,2-bis(diphenylph NiC26H24Cl2P2 3118
14662-04-5 hydrazine azide N5H5 2771
14666-94-5 cobalt (ii) oleate CoC36H66O4 961
14666-96-7 cobalt (ii) linoleate CoC36H62O4 960
14674-72-7 calcium chlorite CaCl2O4 721
14680-77-4 potassium tetrakis(4-chlorophenyl)borate KC24H16BCl4 2006
14689-45-3 cadmium acetylacetonate CdC10H14O4 787
14690-66-5 manganese (iii) chloride MnCl3 2496
14691-44-2 trigermane Ge3H8 1687
14693-02-8 potassium thioantimonate heminonahydrate K3H9O4.5S4Sb 2151
14693-56-2 ammonium tetrathiovandate (iv) N3H12S4V 2756
14693-80-2 tantalum (iv) iodide TaI4 4535
14693-81-3 tantalum (v) iodide TaI5 4536
14693-82-4 indium (iii) phosphate InPO4 1905
14694-95-2 rhodium (i) chloride, tris(triphenylphosph RhC54H45ClP3 3900
14695-71-7 2,6-dibromo-4,4,8,8-tetraethylpyrazabole B2C14H24Br2N4 387
14705-63-6 vanadium (iv) oxide, 5,10,15,20-tetraphenyl- VC44H28N4O 4855
14709-57-0 potassium nitroprusside dihydrate K2C5H4FeN6O3 2077
14710-16-8 rhenium (iii), mer-trichlorotris(dimethyl ReC24H33Cl3P3 3841
14720-21-9 gold (iii) fluoride AuF3 269
14721-18-7 nickel chromate NiCrO4 3138
14721-21-2 copper (ii) chlorate hexahydrate CuCl2H12O12 1232
14735-84-3 copper (ii) tetrafluoroborate CuB2F8 1171
14762-55-1 helium-3 He 1738
14763-77-0 copper (ii) cyanide CuC2N2 1177
14768-15-1 gadolinium, tris(2,2,6,6-tetramethyl-3,5-hep GdC33H57O6 1618
14779-70-5 germane, tribromo GeHBr3 1667
14781-45-4 copper (ii) hexafluoroacetylacetonate CuC10H2F12O4 1200
14783-10-9 palladium (ii), dichloro(1,10-phenanthroli PdC12H8Cl2N2 3587
14808-60-7 silicon dioxide (alpha quartz) SiO2 4265
14814-07-4 erbium isopropoxide ErC9H21O3 1336
14836-60-3 mercury (i) nitrate dihydrate Hg2H4N2O8 1833
14852-83-6 palladium (ii) nitrite, diammine PdH6N4O4 3617
14871-41-1 iridium (i) chloride, carbonylbis (triphe IrC37H30ClOP2 1932
14871-56-8 barium strontium tungsten oxide Ba2O6SrW 520
14871-79-5 barium hypophosphite monohydrate BaH6O5P2 476
14871-82-0 barium silicate Ba2O8Si3 522
14871-92-2 palladium (ii), (2,2'-bipyridine)dichloro PdC10H8Cl2N2 3585
14873-63-3 platinum (ii), dichlorobis(benzonitrile) PtC14H10Cl2N2 3716
14874-82-9 rhodium (i), acetylacetonatodicarbonyl RhC7H7O4 3885
14884-42-5 chromium (v) fluoride CrF5 1082
14890-41-6 vanadium (ii) bromide VBr2 4839
14913-33-8 platinum (ii)-trans, dichlorodiammine PtCl2H6N2 3727
14914-84-2 holmium chloride hexahydrate HoCl3H12O6 1848
14929-69-2 lithium tellurite Li2O3Te 2301
14933-38-1 americium (iii) bromide AmBr3 185
14937-45-2 phosphonium bromide, hexadecyltri-n-butyl PC28H60Br 3376
14940-41-1 iron (ii) phosphate octahydrate Fe3H16O16P2 1565
14940-65-9 tritium dioxide T2O 4516
14948-62-0 praseodymium carbonate octahydrate Pr2C3H16O17 3683
14965-52-7 silane, trichlorofluoro SiCl3F 4243
14972-90-8 ammonium tetrafluoroantimonate (iii) NH4F4Sb 2632
14973-89-8 rhodium (i), bromotris (triphenylphosphine RhBrC54H45P3 3882
14973-90-1 rhodium (i), iodotris(triphenylphosphine) RhC54H45IP3 3901
14977-17-4 calcium acetate dihydrate CaC4H10O6 697
14977-61-8 chromium oxychloride CrO2Cl2 1099
14984-81-7 selenium dioxydifluoride SeO2F2 4118
14986-21-1 disiloxane, hexachloro Si2Cl6O 4287
14986-89-1 lutetium sulfate Lu2O12S3 2330
14986-94-8 manganese vanadate MnO6V2 2521
14995-22-3 iron (iii) isopropoxide FeC9H21O3 1443
15004-86-1 rhodium (iii) chloride trihydrate, tris(RhC6H30Cl3N6O3 3883
15059-52-6 dysprosium chloride hexahydrate DyCl3H12O6 1317
15060-55-6 ammonium tetrathiomolybdate N2H8MoS4 2718
15060-59-0 lithium vanadate LiO3V 2281
15070-34-5 magnesium nitrite trihydrate MgH6N2O7 2408
15098-87-0 aluminum fluoride trihydrate AlF3H6O3 136
15104-46-8 1,2-bis(dimethoxyphosphoryl)benzene P2C10H16O6 3408
15112-89-7 silane, tris(dimethylamino) SiC6H19N3 4186
15113-96-9 protactinium tetraiodide PaI4 3478
15123-80-5 aluminum molybdate Al2Mo3O12 165
15123-82-7 aluminum tungstate Al2O12W3 166
15133-82-1 nickel (0), tetrakis (triphenylphosphine) NiC72H60P4 3131
15162-90-0 nitrogen tribromide NBr3 2605
15162-92-2 neodymium bromate nonahydrate NdBr3H18O18 3061
15162-93-3 praseodymium bromate nonahydrate PrBr3H18O18 3654
15163-24-3 tungsten (iii) bromide WBr3 4902
15168-20-4 copper (ii) selenite dihydrate CuH4O5Se 1247
15170-57-7 platinum acetylacetonate PtC10H14O4 3710
15179-32-5 sulfur fluoride hypofluorite SF6O 4002
15192-17-3 samarium (ii) fluoride SmF2 4317
15192-18-4 ytterbium difluoride YbF2 5007
15192-24-2 praseodymium tetrafluoride PrF4 3668
15192-26-4 tellurium tetrafluoride TeF4 4589
15192-29-7 protactinium pentafluoride PaF5 3475
15192-42-4 rhenium (iv) fluoride ReF4 3849
15195-33-2 niobium (v) dioxyfluoride NbO2F 3048
15195-53-6 niobium (iii) fluoride NbF3 3035
15195-58-1 manganese (iv) fluoride MnF4 2501
15227-42-6 platinum (ii) chloride, cis-bis(pyridine) PtC10H10Cl2N2 3709
15230-48-5 germane, dichloro GeH2Cl2 1670
15230-71-4 thallium dichloride TlCl2 4720
15230-79-2 lutetium chloride hexahydrate LuCl3H12O6 2321
15238-00-3 cobalt (ii) iodide CoI2 1000
15242-92-9 nickel (ii) bromide, bis (tributylphosphi NiC24H54Br2P2 3116
15243-33-1 ruthenium dodecacarbonyl Ru3C12O12 3989
15244-74-3 cobalt (iii) nitrate hemihydrate, pentaammi CoCH16N6O6.5 927
15274-43-8 nickel (ii) chloride, bis (tributylphospi NiC24H54Cl2P2 3117
15275-09-9 potassium chromium (iii) oxalate trihydrate K3C6H6CrO15 2145
15275-52-2 copper (ii) 4,4',4'',4'''-tetraaza-29h,31h-ph CuC28H12N12 1214
15277-97-1 borate, triethanolamine BC6H12NO3 332
15278-97-4 gold (i), (trimethylphosphine) chloride AuC3H9ClP 263
15280-09-8 sodium gold cyanide NaC2AuN2 2810
15280-53-2 gadolinium acetate tetrahydrate GdC6H17O10 1613
15280-55-4 dysprosium acetate tetrahydrate DyC6H17O10 1311
15280-57-6 erbium acetate tetrahydrate ErC6H17O10 1335
15280-58-7 ytterbium acetate tetrahydrate YbC6H17O10 4998
15282-88-9 lead acetylacetonate PbC10H14O4 3505
15283-51-9 iron (ii) tetrafluoroborate FeB2F8 1423
15293-74-0 lithium metaborate dihydrate LiBH4O4 2211
15304-57-1 tin (ii) phthalocyanine SnC32H16N8 4418
15305-72-3 ruthenium (ii), hexaammine chloride RuH18Cl2N6 3976
15306-18-0 aluminum hexafluoroacetylacetonate AlC15H3F18O6 108
15318-60-2 ammonium cerium (iii) nitrate tetrahydrate N7H16CeO19 2775
15321-51-4 iron nonacarbonyl Fe2C9O9 1545
15336-18-2 ammonium hexachlororhodate (iii) monohydrat N3H14Cl6ORh 2758
15336-98-8 diallyldibutyltin SnC14H28 4388
15337-84-5 platinum (ii), trans-dichlorobis(diethylsu PtC8H20Cl2S2 3706
15364-10-0 xenon fluoride monodecafluoroantimonate XeF12Sb2 4954
15364-94-0 manganese (ii) perchlorate hexahydrate MnCl2H12O14 2497
15385-57-6 mercury (i) iodide Hg2I2 1834
15385-58-7 mercury (i) bromide Hg2Br2 1824
15391-24-9 cobalt (ii), bis(salicylideniminato-3-propy CoC21H25N3O2 954
15414-98-9 triphenylcarbenium pentachlorostannate SnC19H15Cl5 4407
15432-56-1 copper (ii) isobutyrate CuC8H14O4 1198
15435-71-9 sodium acetylacetonate NaC5H7O2 2829
15442-57-6 platinum (ii), cis-dichlorobis(diethylsulp PtC8H20Cl2S2 3705
15442-64-5 zinc, protoporphyrin ix ZnC34H32N4O4 5056
15444-43-6 thallium (i) hexafluoroacetylacetonate TlC5HF6O2 4710
15444-46-9 iridium (iii), cis-dichlorobis(ethylenedia IrC4H16Cl3N4 1925
15444-66-3 molybdenum tetracarbonyl, [1,2-bis(dipheny MoC30H24O4P2 2562
15453-87-9 indium trifluoroacetylacetonate InC15H12F9O6 1888
15468-32-3 silicon dioxide (tridymite) SiO2 4266
15469-38-2 iron (iii) fluoride trihydrate FeF3H6O3 1512
15474-63-2 dysprosium (iii) iodide DyI3 1323
15475-27-1 potassium diphenylphosphide KC12H10P 2000
15477-33-5 aluminum chlorate AlCl3O9 132
15489-27-7 lithium tetrachlorocuprate Li2Cl4Cu 2288
15491-35-7 barium titanium silicate BaO9Si3Ti 509
15492-38-3 rhodium (iii) iodide RhI3 3915
15492-47-4 neodymium, tris(2,2,6,6-tetramethyl-3,5-hept NdC33H57O6 3068
15492-48-5 praseodymium (iii), tris(2,2,6,6-tetramethyl PrC33H57O6 3662
15492-49-6 scandium, tris(2,2,6,6-tetramethyl-3,5-hepta ScC33H57O6 4070
15492-50-9 samarium, tris(2,2,6,6-tetramethyl-3,5-hepta SmC33H57O6 4313
15492-51-0 terbium (iii), tris(2,2,6,6-tetramethyl-3,5- TbC33H57O6 4616
15492-52-1 ytterbium, tris(2,2,6,6-tetramethyl-3,5-hept YbC33H57O6 5015
15513-69-6 tungsten triiodide WI3 4920
15513-84-5 vanadium (ii) iodide VI2 4870
15513-85-6 zirconium diiodide ZrI2 5150
15513-94-7 vanadium (iii) iodide VI3 4871
15520-84-0 cobalt (iii) nitrate CoN3O9 1005
15522-69-7 dysprosium, tris(2,2,6,6-tetramethyl-3,5-hep DyC33H57O6 1314
15522-71-1 europium, tris(2,2,6,6-tetramethyl-3,5-hepta EuC33H57O6 1376
15522-73-3 holmium, tris(2,2,6,6-tetramethyl-3,5-heptan HoC33H57O6 1845
15523-24-7 sodium tetraethylborate NaC8H20B 2839
15525-64-1 silver acetylacetonate AgC5H7O2 26
15529-49-4 ruthenium (ii) dichloride, tris(triphenyl RuC54H45Cl2P3 3960
15529-90-5 gold (i), (triethylphosphine) chloride AuC6H15ClP 264
15531-13-2 vanadium carbonyl, diglyme-stabilizied, so VC18H28NaO12 4850
15552-14-4 barium calcium tungstate Ba2CaO6W 517
15554-47-9 yttrium acetylacetonate trihydrate YC15H27O9 4970
15571-91-2 potassium tellurate (vi) trihydrate K2H6O7Te 2105
15572-25-5 thallium (i) selenide Tl2Se 4745
15573-31-6 phosphine, n-propyldichloro PC3H7Cl2 3248
15573-38-3 tris(trimethylsilyl)phosphine Si3C9H27P 4293
15578-26-4 tin (ii) pyrophosphate Sn2P2O7 4459
15578-54-8 tetraphosphorus pentasulfide P4S5 3464
15587-72-1 rubidium hydrogen sulfate RbHSO4 3800
15590-62-2 lithium 2-ethylhexanoate LiC8H15O2 2246
15593-51-8 lithium selenite monohydrate Li2H2O4Se 2294
15593-61-0 magnesium selenite hexahydrate MgH12O9Se 2419
15596-83-5 thallium (iii) perchlorate hexahydrate TlCl3H12O18 4724
15597-63-4 phosphorus (iii) dichloride fluoride PCl2F 3379
15597-84-9 neptunium tetrachloride NpCl4 3186
15597-88-3 chromium (iv) chloride CrCl4 1076
15600-49-4 iron (iii) iodide FeI3 1528
15604-36-1 platinum (ii) chloride, cis-bis(triphenyl PtC36H30Cl2P2 3720
15607-89-3 sulfur bromide pentafluoride SF5Br 3999
15608-29-4 rhodium (iii) bromide RhBr3 3881
15614-67-2 platinum (iv) oxide, bis(triphenylphosphin PtC36H30O2P2 3722
15617-19-3 platinum (ii) chloride, cis-bis(benzonitr PtC14H10Cl2N2 3715
15622-42-1 rhenium (iii) iodide ReI3 3855
15627-86-8 calcium perchlorate tetrahydrate CaCl2H8O12 717
15629-92-2 nickel (ii) chloride, [1,3-bis(diphenylph NiC27H26Cl2P2 3119
15631-58-0 thulium (iii), tris(2,2,6,6-tetramethyl-3,5- TmC33H57O6 4752
15635-87-7 iridium (iii) acetylacetonate IrC15H21O6 1928
15663-27-1 platinum (ii)-cis, dichlorodiammine PtCl2H6N2 3726
15681-89-7 sodium borodeuteride NaBD4 2790
15684-35-2 cobalt (ii) tetrafluoroborate hexahydrate CoB2F8H12O6 923
15684-36-3 nickel tetrafluoroborate hexahydrate NiB2F8H12O6 3096
15692-07-6 platinum (ii) chloride, cis-bis(triethylp PtC12H30Cl2P2 3712
15696-40-9 osmium carbonyl Os3C12O12 3228
15699-18-0 nickel ammonium sulfate NiO8S2H8N2 3161
15708-42-6 iron (iii) sodium ethylenediaminetetraa FeC10H16N2NaO10 1448
15709-76-9 copper (i) chloride, tris (triphenylphosph CuC54H45ClP3 1225
15715-41-0 phosphine, methyldiethoxy PC5H13O2 3262
15746-57-3 ruthenium (ii) dihydrate, cis-dichlorob RuC20H20Cl2N4O2 3952
15750-45-5 magnesium nitrate dihydrate MgH4N2O8 2407
15752-05-3 ammonium hexachloroiridate (iii) N3H12Cl6Ir 2755
15752-41-7 niobium (iii) bromide NbBr3 3022
15752-46-2 plutonium (iii) bromide PuBr3 3757
15771-43-4 beryllium oxalate trihydrate BeC2H6O7 537
15780-28-6 sodium deuteride NaD 2862
15785-09-8 cerous hydroxide CeH3O3 853
15823-43-5 hafnium sulfate HfO8S2 1764
15829-53-5 mercury (i) oxide Hg2O 1836
15831-18-2 vanadium tetraiodide VI4 4872
15843-48-8 lead (ii) oxalate PbC2O4 3496
15845-52-0 lead (ii) hydrogen phosphate PbHPO4 3527
15845-66-6 phosphonic acid, ethyl PC2H7O3 3245
15851-44-2 cadmium tellurite CdO3Te 813
15851-47-5 lead tellurite PbO3Te 3542
15875-18-0 lead hydride PbH4 3524
15909-92-9 phosphine, bis(2-cyanoethyl)phenyl PC12H13N2 3304
15942-63-9 diarsine As2H4 243
15947-41-8 americium (iv) fluoride AmF4 190
15956-28-2 rhodium (ii) acetate dimer Rh2C8H12O8 3923
15975-93-6 chromium, tetramethylammonium (1-hydroxyeth CrC11H15NO6 1059
15990-66-6 titanium trimethylsiloxide TiC12H36O4Si4 4662
16004-08-3 copper (ii) hydroxy chloride Cu4Cl2H6O6 1292
16009-13-5 hemin FeC34H32ClN4O4 1489
16029-98-4 silane, iodotrimethyl SiC3H9I 4155
16037-50-6 potassium chlorochromate KClCrO3 2008
16045-17-3 thorium perchlorate ThCl4O16 4618
16122-03-5 ammonium nickel chloride hexahydrate NH16Cl3NiO6 2664
16165-32-5 chromium (iii) chloride hemiheptahydra CrC6H31Cl3N6O3.5 1048
16243-58-6 4,4,8,8-tetrakis(1h-pyrazol-1-yl)pyrazabole B2C18H18N12 388
16283-36-6 zinc salicylate trihydrate ZnC14H16O9 5047
16385-59-4 perrhenate (vii), tetrabutylammonium ReC16H36NO4 3839
16399-77-2 iron (ii) chloride dihydrate FeH4Cl2O2 1518
16406-48-7 ruthenium pentacarbonyl RuC5O5 3945
16406-49-8 osmium pentacarbonyl OsC5O5 3204
16456-81-8 iron (iii) chloride, 5,10,15,20-tetrapheny FeC44H28ClN4 1499

16469-16-2 praseodymium hydroxide PrH3O3 3671
16469-17-3 neodymium hydroxide NdH3O3 3075
16469-22-0 yttrium hydroxide YH3O3 4983
16519-60-1 sodium orthovanadate decahydrate Na3H20O14V 2998
16523-54-9 phosphine, dicyclohexylchloro PC12H22Cl 3306
16523-89-0 phosphine, triallyl PC9H15 3292
16544-92-6 cobalt (ii) chloride dihydrate CoCl2H4O2 969
16569-85-0 magnesium dichromate hexahydrate MgCr2H12O13 2397
16601-54-0 americium (ii) chloride AmCl2 187
16671-27-5 chromium (iii) fluoride trihydrate CrF3H6O3 1079
16674-78-5 magnesium acetate tetrahydrate MgC4H14O8 2366
16689-88-6 thorium hydride ThH2 4622
16712-20-2 lithium chloride monohydrate LiClH2O 2254
16721-80-5 sodium hydrogen sulfide NaHS 2873
16731-55-8 potassium metabisulfite K2S2O5 2129
16733-97-4 lithium cyclopentadienide LiC5H5 2236
16743-33-2 zinc hexafluoroacetylacetonate dihydrate ZnC10H6F12O6 5043
16752-60-6 phosphorus pentoxide P2O5 3449
16774-21-3 ammonium cerium (iv) nitrate N8H8CeO18 2777
16812-54-7 nickel sulfide NiS 3162
16829-47-3 tetrathiorhenate, tetrabutylammonium ReC16H36NS4 3840
16836-95-6 silver p-toluenesulfonate AgC7H7O3S 29
16842-00-5 alane, trimethylamine AlC3H12N 89
16842-17-4 platinum (ii), trans-chlorohydridobis(trie PtC12H31ClP2 3714
16853-74-0 zirconium tungstate ZrO8W2 5158
16853-85-3 lithium aluminum hydride LiAlH4 2205
16871-60-6 potassium hexachloroosmate (iv) K2OsCl6 2122
16871-71-9 zinc hexafluorosilicate hexahydrate ZnF6H12O6Si 5071
16871-90-2 potassium hexafluorosilicate K2SiF6 2134
16872-09-6 o-carborane B10C2H12 412
16872-11-0 tetrafluoroboric acid HBF4 1690
16883-45-7 borohydride, tetramethylammonium BC4H16N 325
16893-05-3 platinum (iv), cis-tetrachlorodiammine PtCl4H6N2 3731
16893-06-4 platinum (iv), trans-tetrachlorodiammine PtCl4H6N2 3732
16893-85-9 sodium hexafluorosilicate Na2SiF6 2979
16893-92-8 potassium hexafluorantimonate KF6Sb 2021
16894-10-3 tin (iv) bis(acetylacetonate) dibromide SnC10H14Br2O4 4365
16903-35-8 hydrogen tetrachloroaurate (iii) tetrahydrate H9AuCl4O4 1735
16903-61-0 bis(triphenylphosphine)copper (i) borohydri P2C36H34BCu 3439
16905-14-9 dipotassium hexaiodoplatinate (iv) PtI6K2 3742
16919-19-0 ammonium hexafluorosilicate N2H8SiF6 2730
16919-27-0 potassium hexafluorotitanate monohydrate K2F6H2OTi 2092
16919-31-6 ammonium hexafluorozirconate N2H8F6Zr 2715
16919-46-3 tin (iv) bis(acetylacetonate) dichloride SnC10H14Cl2O4 4366
16919-58-7 ammonium hexachloroplatinate (iv) N2H8PtCl6 2726
16919-73-6 potassium hexachloropalladate (iv) K2Cl6Pd 2085
16920-56-2 potassium hexachloroiridate (iv) K2Cl6Ir 2084
16920-93-7 potassium hexabromoplatinate (iv) K2Br6Pt 2062
16920-94-8 potassium hexacyanoplatinate (iv) K2C6N6Pt 2079
16921-30-5 potassium hexachloroplatinate K2PtCl6 2125
16921-96-3 iodine heptafluoride IF7 1869
16923-95-8 potassium hexafluorozirconate K2F6Zr 2094
16924-00-8 potassium heptafluorotantalate K2F7Ta 2096
16924-03-1 potassium heptafluoroniobate K2F7Nb 2095
16924-51-9 sodium hexafluorostannate (iv) Na2F6Sn 2936
16925-25-0 sodium hexafluoroantimonate (v) NaF6Sb 2868
16925-26-1 sodium hexafluorozirconate Na2F6Zr 2938
16925-39-6 calcium hexafluorosilicate dihydrate CaF6H4O2Si 729
16940-17-3 sodium trimethoxyborohydride NaC3H10BO3 2822
16940-66-2 sodium borohydride NaBH4 2794
16940-81-1 hexafluorophosphoric acid F6HP 1416
16940-92-4 iridate (iv), ammonium hexachloro IrCl6H8N2 1937
16940-97-9 potassium hexachlororhenate (iv) K2Cl6Re 2086
16941-10-9 calcium tetrahydroaluminate CaAl2H8 676
16941-11-0 ammonium hexafluorophosphate NH4PF6 2637
16941-12-1 hydrogen hexachloroplatinate (iv) H2Cl6Pt 1710
16949-15-8 lithium borohydride LiBH4 2210
16949-69-2 osmium (vii) fluoride OsF7 3215
16950-06-4 fluoroantimonic acid F6HSb 1417
16961-83-4 fluorosilicic acid H2SiF6 1720
16962-07-5 aluminum borohydride AlB3H12 80
16962-31-5 potassium hexafluoromanganate (iv) K2MnF6 2110
16962-40-6 ammonium hexafluorotitanate dihydrate N2H12F6O2Ti 2742
16962-47-3 germanate, ammonium hexafluoro GeF6H8N2 1666
16962-48-4 rubidium hexafluorogermanate Rb2F6Ge 3814
16971-33-8 ruthenium (ii), carbonylchlorohydridotris RuC55H46ClOP3 3964
16986-24-6 m-carborane B10C2H12 411
16998-91-7 pyrazabole B2C6H10N4 384
16998-93-9 2,6-dibromopyrazabole B2C6H8Br2N4 383
17013-01-3 sodium fumarate Na2C4H2O4 2918
17014-71-0 potassium peroxide K2O2 2115
17026-29-8 rhenium (vi) oxytetrafluoride ReOF4 3858
17029-16-2 lithium hexafluorostannate (iv) Li2F6Sn 2293
17029-21-9 rhenium (vii) fluoride ReF7 3853
17029-22-0 potassium hexafluoroarsenate (v) KAsF6 1963
17068-85-8 hydrogen hexafluoroarsenate (v) HAsF6 1689
17069-38-4 potassium hexathiocyantoplatinate (iv) K2C6N6PtS6 2080
17082-61-0 bis(trimethylsiloxy)cyclobutene Si2C10H22O2 4281
17083-68-0 bromoauric acid pentahydrate AuBr4H11O5 259
17083-85-1 borohydride, tetraethylammonium BC8H24N 345
17084-13-8 potassium hexafluorophosphate KF6P 2020
17112-07-1 iron (ii) bis(hexafluorophosphate), tri FeC36H24F12N6P2 1490
17116-13-1 sodium hexafluorotitanate Na2F6Ti 2937
17125-80-3 barium hexafluorosilicate BaSiF6 514
17185-29-4 rhodium (i), carbonylhydridotris(triphenylp RhC55H46OP3 3903
17194-00-2 barium hydroxide BaH2O2 470
17218-47-2 potassium hexafluoronickelate (iv) K2F6Ni 2093
17250-25-8 iridium (i) hydride, carbonyltris (tripheny IrC55H46OP3 1933
17272-45-6 lanthanum chloride hexahydrate LaCl3H12O6 2178
17347-95-4 lithium hexafluorosilicate Li2F6Si 2292
17363-02-9 ammonium hexabromoplatinate (iv) N2H8Br6Pt 2705
17375-41-6 iron (ii) sulfate monohydrate FeH2O5S 1516
17439-11-1 hexafluorotitanic acid H2F6Ti 1711
17440-85-6 beryllium borohydride BeB2H6 533
17440-90-3 iron hydrocarbonyl FeC4H2O4 1431
17442-18-1 rhenium, trichlorooxobis (triphenylphosp ReC36H30Cl3OP2 3842
17475-67-1 hafnium acetylacetonate HfC20H28O8 1752
17476-04-9 lithium tri--tert-butoxyaluminohydride LiC12H28AlO3 2249
17496-59-2 chlorine trioxide Cl2O3 901
17501-44-9 zirconium acetylacetonate ZrC20H28O8 5133
17522-69-9 neodymium perchlorate hexahydrate NdCl3H12O18 3072
17523-77-2 niobium potassium oxyfluoride NbF5K2O 3038
17524-05-9 molybdenum (vi) dioxide bis(acetylacetonate) MoC10H14O6 2557
17567-17-8 potassium tris(3,5-dimethyl-1-pyrazolyl)boro KC15H22BN6 2002
17631-68-4 europium, tris(1,1,1,2,2,3,3-heptafluoro- EuC30H30F21O6 1375
17632-18-7 zinc, 2,3,7,8,12,13,17,18-octaethyl-21h,23h- ZnC36H44N4 5057
17632-19-8 cobalt (ii), 2,3,7,8,12,13,17,18-octaethyl-21 CoC36H44N4 959
17697-12-0 seleninic anhydride, benzene Se2C12H10O3 4130
17712-66-2 potassium hexanitritorhodate (iii) K3N6O12Rh 2152
17786-31-1 cobalt dodecacarbonyl Co4C12O12 1033
17829-86-6 samarium acetate trihydrate SmC6H15O9 4309
17835-81-3 gallium (iii) perchlorate hexahydrate GaCl3H12O18 1586
17836-88-3 sodium diethyldihydroaluminate NaC4H12Al 2826
17856-92-7 nitronium hexafluoroantimonate NF6O2Sb 2615
17906-77-3 ethyl 2-(trimethylsilylmethyl)acetoacetate SiC10H20O3 4211
17926-77-1 scandium oxalate pentahydrate Sc2C6H10O17 4078
17927-72-9 titanium diisopropoxide bis(2,4-pentanedione TiC16H28O6 4664
17955-46-3 trimethyl(tri-n-butylstannyl)silane SnC15H36Si 4396
17978-77-7 praseodymium (iii), tris(1,1,1,2,2,3,3-he PrC30H30F21O6 3661
18027-10-6 sodium trimethylsilanolate NaC3H9OSi 2821
18039-69-5 uranyl acetylacetonate UC10H14O6 4777
18078-37-0 cerium (iii) trifluoroacetylacetone CeC15H12F9O6 837
18078-40-5 potassium uranyl nitrate KN3O11U 2045
18088-11-4 rubidium oxide Rb2O 3816
18115-70-3 lithium acetylacetonate LiC5H7O2 2237
18129-78-7 platinum (iv), tetrabutylammonium hexachl PtC32H72Cl6N2 3719
18146-00-4 silane, allyloxytrimethyl SiC6H14O 4177
18162-48-6 silane, tert-butyldimethylchloro SiC6H15Cl 4179
18171-19-2 silane, 3-chloropropylmethyldimethoxy SiC6H15ClO2 4181
18171-74-9 silane, tert-butyltrichloro SiC4H9Cl3 4159
18253-54-8 tin (iv) phthalocyanine dichloride SnC32H16Cl2N8 4417
18267-08-8 zirconium ethoxide ZrC8H20O4 5122
18278-82-5 cesium bromoiodide CsBr2I 1130
18282-10-5 tin (iv) oxide SnO2 4435
18283-93-7 tetraborane B4H10 404
18284-36-1 rhodium (i), hydridotetrakis(triphenylphosph RhC72H61P4 3906
18288-22-7 bismuth hydride BiH3 580
18356-71-3 silane, dichlorodifluoro SiCl2F2 4241
18401-43-9 silane, 5-(bicycloheptenyl)triethoxy SiC13H24O3 4224
18424-17-4 lithium hexafluoroantimonate LiF6Sb 2263
18432-81-0 osmium (viii) fluoride OsF8 3216
18433-40-4 ammonium uranium fluoride UF5H12N3O2 4786
18433-48-2 uranyl hydrogen phosphate tetrahydrate UH9O10P 4793
18433-84-6 pentaborane B5H11 406
18437-78-0 phosphine, tris(p-fluorophenyl) PC18H12F3 3330
18454-12-1 lead (ii) chromate (vi) oxide Pb2CrO5 3561
18480-07-4 strontium hydroxide SrH2O2 4487
18488-96-5 cobalt (ii) nitrite CoN2O4 1003
18498-01-6 cobalt (ii), [1,2-bis(diphenylphosphino)et CoC26H24Cl2P2 956
18532-87-1 ruthenium (iii), chloropentaammine chloride RuCl3H15N5 3969
18557-31-8 titanium (iii) chloride ethylene glycol di TiC6H15Cl3O3 4647
18583-59-0 potassium dihydrobis(1-pyrazolyl)borate KC6H8BN4 1995
18583-60-3 potassium hydrotris(1-pyrazolyl) borate KC9H10BN6 1998
18583-62-5 sodium tris(1-pyrazolyl)borohydride NaC9H10BN6 2841
18586-39-5 silane, 2-(diphenylphosphino)ethyltriethoxy SiC20H29O3P 4231
18601-87-1 cobalt (ii) molybdate monohydrate CoH2MoO5 985
18618-55-8 cerium (iii) chloride heptahydrate CeCl3H14O7 844
18624-44-7 iron (ii) hydroxide FeH2O2 1515
18718-07-5 manganese (ii) dihydrogen phosphate dihydrate MnH8O10P2 2509
18727-04-3 cobalt (ii) citrate dihydrate Co3C12H14O16 1029
18746-63-9 ammonium hexachlororuthenate (iv) N2H8Cl6Ru 2711
18759-42-7 silane, tetraheptyloxy SiC28H60O4 4233
18810-58-7 barium azide BaN6 488
18816-28-9 silane, tetraoctadecyloxy SiC72H148O4 4237
18820-29-6 manganese (ii) sulfide (a form) MnS 2523
18820-29-6 manganese (ii) sulfide (b form) MnS 2524
18820-29-6 manganese (ii) sulfide (c form) MnS 2525
18845-54-0 silane, tetradecyloxy SiC40H84O4 4236
18855-94-2 hafnium sulfide HfS2 1766
18865-74-2 zirconium, tetrakis(2,2,6,6-tetramethyl-3,5- ZrC44H76O8 5136
18865-75-3 thorium hexafluoroacetylacetonate ThC20H4F24O8 4615
18868-43-4 molybdenum (iv) oxide MoO2 2583
18902-42-6 ruthenium nitrosyl chloride monohydrate RuCl3H2NO2 3971
18909-68-7 rubidium fluoroborate RbBF4 3784
18909-69-8 cesium fluoroborate CsBF4 1126
18911-76-7 yttrium hexafluoroacetylacetonate YC15H3F18O6 4968
18917-82-3 lead (ii) lactate PbC6H10O6 3501
18917-91-4 aluminum lactate AlC9H15O9 101
18917-95-8 magnesium salicylate tetrahydrate MgC14H18O10 2381
18933-05-6 manganese (ii) hydroxide MnH2O2 2503
18960-54-8 cerium (iv), tetrakis(2,2,6,6-tetramethyl-3,5 CeC44H76O8 840
18972-56-0 magnesium fluosilicate MgF6H12O6Si 2401
18987-59-2 dipalladium, (±)-di-μ-chlorobis(2-[(dime Pd2C18H24Cl2N2 3630
18990-42-6 scandium hexafluoroacetylacetonate ScC15H3F18O6 4068
19034-13-0 cobalt (ii) selenite dihydrate CoH4O5Se 992
19073-56-4 rubidium cyanide RbCN 3794
19086-20-5 magnesium sulfite trihydrate MgH6O6S 2409
19086-22-7 uranium (iv) sulfate octahydrate UH16O16S2 4795
19088-74-5 rubidium hydrogen carbonate RbHCO3 3798
19121-78-9 iridium hexabromide dipotassium IrBr6K2 1922
19139-47-0 cerium (ii) iodide CeI2 856
19168-23-1 ammonium hexachloropalladate (iv) N2H8PdCl6 2724
19200-21-6 nitronium hexafluorophosphate NF6O2P 2614
19236-14-7 praseodymium isopropoxide PrC9H21O3 3655
19236-15-8 neodymium isopropoxide NdC9H21O3 3063
19253-38-4 iridium (ii) iodide IrI2 1941
19287-45-7 diborane B2H6 394
19319-86-9 dibromo(1,10-phenanthroline)copper (ii) Br2C12H8CuN2 634
19319-88-1 dinitrato(1,10-phenanthroline)copper (ii) N4C12H8CuO6 2765
19333-10-9 silicon phthalocyanine dichloride SiC32H16Cl2N8 4234
19333-15-4 silicon phthalocyanine dihydroxide SiC32H18N8O2 4235
19357-83-6 tungsten (v) fluoride WF5 4916
19357-86-9 ytterbium (ii) iodide YbI2 5011
19415-82-8 uranyl sulfate monohydrate UH2O7S 4789
19423-87-1 ytterbium (iii) chloride hexahydrate YbCl3H12O6 5005
19429-30-2 di-tert-butyltin dichloride SnC8H18Cl2 4359
19465-30-6 nonaborane B9H15 410
19469-07-9 iron (iii) oxalate Fe2C6O12 1544
19513-05-4 manganese (iii) acetate dihydrate MnC6H13O8 2475
19529-00-1 ruthenate (ii), dihydridotetrakis(triphenylp RuC72H62P4 3966
19529-53-4 platinum, tetrakis (trifluorophosphine) PtF12P4 3737
19530-02-0 zirconium hexafluoroacetylacetonate ZrC20H4F24O8 5131
19559-06-9 vanadium (iii) chloride-tetrahydrofuran co VC12H24Cl3O3 4848
19559-59-2 potassium dichloroacetate KC2HCl2O2 1983
19566-97-3 germanium phthalocyanine dichloride GeC32H16Cl2N8 1656
19567-78-3 sodium hexachloroiridate (iv) hexahydrate Na2Cl6H12IrO6 2924
19583-77-8 sodium hexachloroplatinate (iv) hexahydra Na2Cl6H12O6Pt 2925
19584-30-6 rhodium dodecacarbonyl Rh4C12O12 3937
19597-69-4 lithium azide LiN3 2275
19598-90-4 gadolinium (iii) nitrate hexahydrate GdH12N3O15 1624
19624-22-7 pentaborane B5H9 405
19648-85-2 magnesium hexafluoroacetylacetonate dihydr MgC10H6F12O6 2374
19680-83-2 molybdenum (vi), bis(diethyldithiocarbam MoC10H20N2O2S4 2558
19717-79-4 gallium (iii) phthalocyanine chloride GaC32H16ClN8 1581
19718-36-6 potassium osmiate dihydrate K2H4O6Os 2101
19766-89-3 sodium 2-ethylhexanoate NaC8H15O2 2838

19783-14-3 lead (ii) hydroxide PbH2O2 3528
19845-69-3 1,6-bis(diphenylphosphino)hexane P2C30H32 3434
19978-61-1 palladium (ii) chloride, [1,2-bis(dipheny PdC26H24Cl2P2 3592
20039-37-6 dichromate, pyridinium Cr2C10H12N2O7 1108
20193-56-0 tungsten (iii) chloride WCl3 4911
20193-58-2 molybdenum (iii) fluoride MoF3 2570
20205-91-8 boron phosphide BP 375
20213-56-3 tungsten (v) oxytribromide WOBr3 4923
20219-84-5 iron (ii) phthalocyanine bis(pyridine) comp FeC42H26N10 1497
20281-00-9 cesium oxide Cs2O 1157
20328-94-3 xenon pentafluoride hexafluoroarsenate XeAsF11 4946
20328-96-5 antimony (iii) nitrate SbN3O9 4052
20332-10-9 diphenyltin sulfide SnC12H10S 4371
20338-08-3 titanic acid TiH4O4 4684
20344-49-4 iron (iii) hydroxide oxide FeHO2 1514
20346-99-0 rubidium tetrahydridoborate RbBH4 3785
20396-66-1 diborane, deutero B2D6 391
20398-06-5 thallium (i) ethoxide TlC2H5O 4709
20405-64-5 copper (i) selenide Cu2Se 1283
20427-11-6 cobalt (i) cyanide dihydrate CoC2H4N2O2 929
20427-56-9 ruthenium (viii) oxide RuO4 3980
20427-58-1 zinc hydroxide ZnH2O2 5073
20427-59-2 copper (ii) hydroxide CuH2O2 1246
20541-49-5 diselenide, bis(4-chlorophenyl) Se2C12H8Cl2 4126
20548-54-3 calcium sulfide CaS 760
20601-83-6 mercury (ii) selenide HgSe 1821
20610-49-5 radium fluoride RaF2 3777
20610-52-0 radium diiodide RaI2 3778
20619-16-3 germanium (ii) oxide GeO 1678
20634-12-2 tetraammineplatinum (ii) nitrate H12N6O6Pt 1736
20644-87-5 vanadium carbonyl VC6O6 4843
20661-21-6 indium (ii) hydroxide InH3O3 1898
20662-14-0 scandium chloride hexahydrate ScCl3H12O6 4072
20665-52-5 gallium (iii) oxide hydroxide GaHO2 1590
20667-12-3 silver (i) oxide Ag2O 62
20694-39-7 manganese (ii) nitrate tetrahydrate MnH8N2O10 2507
20712-42-9 cadmium oxalate trihydrate CdC2H6O7 781
20717-86-6 titanium, chlorotriisopropoxide TiC9H21ClO3 4653
20737-02-4 silver nitride Ag3N 70
20753-53-1 seleninic acid, 4-chlorobenzene SeC6H5ClO2 4095
20762-60-1 potassium azide KN3 2044
20770-09-6 stannic selenide SnSe2 4442
20792-41-0 iridium tripotassium hexacyanide IrC6K3N6 1926
20816-12-0 osmium tetroxide OsO4 3222
20837-86-9 lead cyanamide PbCN2 3491
20859-73-8 aluminum phosphide AlP 151
20901-21-7 disulfur oxide S2O 4019
20905-35-5 borate, trimethylene B2C9H18O6 386
20910-28-1 uranyl sulfate trihydrate UH6O9S 4791
20910-35-4 magnesium, 2,3,7,8,12,13,17,18-octaethyl-21h MgC36H44N4 2390
20955-11-7 sodium hexafluoroferrate (iii) Na3F6Fe 2994
21041-93-0 cobalt (ii) hydroxide CoH2O2 986
21041-95-2 cadmium hydroxide CdH2O2 800
21050-13-5 bis(triphenylphosphine)iminium chloride P2C36H30ClN 3438
21056-98-4 calcium phosphite monohydrate CaH3O4P 735
21109-95-5 barium sulfide BaS 471
21159-32-0 cesium cyanide CsCN 1133
21255-83-4 bromine dioxide BrO2 632
21264-43-7 indium (ii) bromide InBr2 1880
21308-80-5 bromine oxide Br2O 636
21319-43-7 lead, bis(2,2,6,6-tetramethyl-3,5-heptanedio PbC22H38O4 3508
21324-39-0 sodium hexafluorophosphate NaF6P 2867
21324-40-3 lithium hexafluorophosphate LiF6P 2262
21351-79-1 cesium hydroxide CsOH 1150
21361-35-3 magnesium bis(2,2,6,6-tetramethyl-3,5-heptan MgC22H42O6 2385
21369-94-2 lithium, hexyl LiC6H13 2240
21430-85-3 platinum (ii)bis(ethylenediamine) chloride PtC4H16Cl2N4 3698
21548-73-2 silver (i) sulfide Ag2S 59
21558-94-1 rhodium (i), nitrosyltris(triphenylphosphi RhC54H45NOP3 3902
21645-51-2 aluminum hydroxide AlH3O3 140
21651-19-4 tin (ii) oxide SnO 4434
21679-31-2 chromium acetylacetonate CrC15H21O6 1066
21679-46-9 cobalt (iii) acetylacetonate CoC15H21O6 946
21797-13-7 palladium (ii) tetrafluoroborate, tetraki PdC8H12B2F8N4 3582
21907-50-6 cesium trifluoroacetate CsC2F3O2 1134
21908-53-2 mercury (ii) oxide HgO 1816
21959-01-3 zirconium, tetrachlorobis(tetrahydrofuran) ZrC8H16Cl4O2 5121
21959-05-1 hafnium chloride-tetrahydrofuran complex (HfC8H16Cl4O2 1745
21995-38-0 ammonium cerium (iii) sulfate tetrahydrate NH12CeO12S2 2660
22015-35-6 europium (ii) iodide EuI2 1386
22031-12-5 1,1,1-tris(diphenylphosphinomethyl)ethane P3C41H39 3456
22180-53-6 palladium (ii), trans-dibromobis(tripheny PdC36H30Br2P2 3599
22205-45-4 copper (i) sulfide Cu2S 1282
22205-57-8 cesium amide CsNH2 1146
22208-73-7 calcium bromide dihydrate CaBr2H4O2 684
22306-37-2 bismuth acetate BiC6H9O6 567
22326-55-2 barium hydroxide monohydrate BaH4O3 474
22387-03-7 potassium monodeuterium phosphate K2DO4P 2090
22398-80-7 indium phosphide InP 1904
22429-50-1 uranyl oxalate trihydrate UC2H6O9 4775
22441-45-8 arsenic (v) chloride AsCl5 229
22464-99-9 zirconium 2-ethylhexanoate ZrC32H60O8 5135
22519-64-8 indium (iii) chloride tetrahydrate InCl3H8O4 1893
22520-96-3 iodine trifluoride IF3 1867
22527-13-5 xenon fluoride hexafluororuthenate XeF7Ru 4951
22537-19-5 lawrencium Lr 2315
22560-16-3 lithium triethylborohydride LiC6H16B 2243
22578-17-2 sodium pentafluorostannite NaF5Sn2 2866
22594-69-0 ruthenium (ii) dimer, dichlorotricarbonyl Ru2C6Cl4O6 3984
22655-57-8 cerium (ii) fluoride CeF2 845
22722-98-1 sodium dihydrobis(2-methoxyethoxy)aluminate NaC6H16AlO4 2833
22755-01-7 oxosilane SiH2O 3222
22756-36-1 rubidium azide RbN3 3804
22784-59-4 palladium (ii), trans-benzyl(chloro)bis(tr PdC43H37ClP2 3604
22830-45-1 iron (ii) gluconate dihydrate FeC12H26O16 1463
22831-39-6 magnesium silicide Mg2Si 2452
22831-42-1 aluminum arsenide AlAs 78
22852-11-5 thulium dichloride TmCl2 4753
22886-66-4 gallium (iii) fluoride trihydrate GaF3H6O3 1588
22986-54-5 actinium chloride AcCl3 5
22992-15-0 gadolinium oxalate decahydrate Gd2C6H20O22 1630
23032-93-1 rhenium (i), iododioxobis (triphenylphosp ReC36H30IO2P2 3843
23098-84-0 chromium (iv) bromide CrBr4 1041
23102-86-5 sodium formate-(C=1) NaCHO2 2904
23293-27-8 thallium (i) picrate TlC6H3N3O7 4714
23295-32-1 cobalt (iii), chloro(pyridine)bis(dimethy CoC13H19ClN5O4 944
23299-88-10 plutonimu (ii) selenide PuSe 3769

23301-82-8 samarium trifluoroacetylacetonate SmC15H12F9O6 4311
23323-79-7 americium hydroxide AmH3O3 193
23331-11-5 gold (i,iii) selenide AuSe 274
23370-59-4 iridium (iii) fluoride IrF3 1938
23377-53-9 rhenium (vii) oxypentafluoride ReOF5 3859
23383-11-1 ferrous citrate monohydrate FeC6H8O8 1435
23412-45-5 molybdenum (iv) fluoride MoF4 2571
23414-72-4 zinc permanganate hexahydrate ZnH12Mn2O14 5078
23436-05-7 barium metaborate dihydrate BaB2H4O6 420
23518-77-6 chromium (iv) iodide CrI4 1095
23519-77-9 zirconium propoxide ZrC12H28O4 5127
23582-02-7 phosphine, bis(2-diphenylphosphinoethyl)phenyl P3C34H33 3454
23582-03-8 phosphine, tris[2-(diphenylphosphinoethyl) P4C42H42 3460
23611-30-5 rubidium peroxide Rb2O2 3817
23716-85-0 ethyltributyltin sulfide SnC14H32S 4393
23743-26-2 1,2bis(dicyclohexylphosphino)ethane P2C26H48 3423
23751-62-4 copper (i) nitrate, bis (triphenylphosphi CuC36H30NO3P2 1219
23777-80-2 hexaborane B6H10 407
23850-94-4 n-butyltin tris(2-ethylhexanoate) SnC28H54O6 4416
23897-15-6 phosphine, tris(2,4,6-trimethylphenyl) PC27H33 3374
23936-60-9 1,2-bis(dimethylphosphino)ethane P2C6H16 3407
24094-93-7 chromium nitride CrN 1096
24304-00-5 aluminum nitride AlN 148
24311-95-3 curium tetrafluoride CmF4 910
24363-37-9 barium isopropoxide BaC6H14O2 441
24415-00-7 germanium (ii) bromide GeBr2 1638
24422-20-6 germane, trichlorofluoro GeCl3F 1660
24422-21-7 germane, dichlorodifluoro GeF2Cl2 1663
24567-53-1 phosphonium chloride PH4Cl 3391
24572-01-8 potassium deuteroxide KDO 2016
24597-12-4 gallium (ii) chloride GaCl2 1584
24598-62-7 ammonium hexabromosmiate (iv) N2H8Br6Os 2704
24613-38-5 cobalt (ii) chromate CoCrO4 976
24621-18-9 zirconium tribromide ZrBr3 5116
24621-21-4 niobium nitride NbN 3043
24646-85-3 vanadium nitride VN 4873
24670-07-3 dysprosium oxalate decahydrate Dy2C6H20O22 1327
24719-19-5 cobalt (ii) arsenate octahydrate Co3As2H16O16 1027
24762-86-5 curium oxide CmO 913
24804-00-0 palladium, 2,3,7,8,12,13,17,18-octaethy PdC36H46N4 3601
24850-33-7 allyltri-n-butyltin SnC15H32 4394
24856-99-3 phosporous bromide P2Br4 3402
24887-06-7 zinc formaldehyde sulfoxylate ZnC2H6O6S2 5032
24964-91-8 tris(4-bromophenyl) aminium hexachloroan SbC18H12Br3Cl6N 4035
24992-60-7 praseodymium oxalate decahydrate Pr2C6H20O22 3684
25070-46-6 phosphorous nonasulfide P4S9 3467
25094-02-4 calcium chloride tetrahydrate CaCl2H8O4 718
25102-12-9 potassium ethylenediaminetetracetate dihy K2C10H18N2O10 2082
25114-58-3 indium acetate InC6H9O6 1887
25134-15-0 trimethylsilylpentamethylcyclopentadiene SiC13H24 4223
25152-52-7 aluminum antimonide AlSb 153
25155-30-0 sodium dodecylbenzenesulfonate NaC18H29O3S 2848
25201-30-3 tetrakis(acetoxymercuri)methane Hg4C9H12O8 1840
25324-56-5 tin monophosphide SnP 4437
25360-32-1 ruthenium (ii), carbonyldihydridotris(triph RuC55H47OP3 3965
25417-81-6 barium hydrosulfide BaH2S2 472
25443-63-4 potassium hexachlororuthenate (iii) K3Cl6Ru 2149
25469-93-6 neodymium dichloride NdCl2 3069
25470-96-6 rhodium (i), carbonyl-2,4-pentanedionato (t RhC24H22O3P 3891
25476-27-1 sodium phthalocyanine Na2C32H16N8 2922
25502-05-0 ytterbium (ii) bromide YbBr2 4996
25510-41-2 lithium phthalocyanine Li2C32H16N8 2287
25519-09-9 holmium acetate monohydrate HoC6H11O7 1844
25583-20-4 titanium nitride TiN 4687
25617-97-4 gallium nitride GaN 1594
25617-98-5 indium nitride InN 1902
25658-42-8 zirconium nitride ZrN 5153
25658-43-9 uranium nitride UN 4798
25659-31-8 lead (ii) iodate PbI2O6 3531
25764-04-9 praseodymium nitride PrN 3674
25764-10-7 lanthanum nitride LaN 2188
25764-11-8 neodymium nitride NdN 3079
25764-15-2 gadolinium nitride GdN 1627
25817-87-2 hafnium nitride HfN 1760
25878-85-7 vanadyl etioporphyrin iii VC32H36N4O 4853
25879-01-0 ferrate, tetraethylammonium hydridotetracar FeC12H21NO4 1462
25895-60-7 sodium cyanoborohydride NaCH3BN 2806
25895-62-9 sodium cyanoborodeuteride NaCBD3N 2803
25895-63-0 potassium cyanoborodeuteride KCBD3N 1974
25909-39-1 platinum (iii) chloride PtCl3 3729
25937-78-4 cesium acetylacetonate CsC5H7O2 1136
25955-51-5 thallium (i) acetylacetonate TlC5H7O2 4713
25979-07-1 phosphine, tert-butyldichloro PC4H9Cl2 3253
25985-07-3 platinum (iii) bromide PtBr3 3693
26006-71-3 sodium tellurate (vi) dihydrate Na2H4O6Te 2945
26042-63-7 silver hexafluorophosphate AgF6P 42
26042-64-8 silver hexafluoroantimonate (v) AgF6Sb 43
26077-31-6 silver 2-ethylhexanoate AgC8H15O2 31
26124-86-7 barium metaborate monohydrate BaB2H2O5 419
26134-62-3 lithium nitride Li3N 2312
26201-32-1 titanyl phthalocyanine TiC32H16N8O 4673
26305-75-9 cobalt, tris (triphenylphosphine) chloride C54H45ClCoP3 670
26317-70-4 ruthenium, acetatodicarbonyl RuC4H3O4 3944
26318-99-0 copper (ii) silicate dihydrate CuH4O5Si 1248
26342-61-0 chromium phosphide CrP 1102
26377-04-5 bis(tri-n-butyltin)sulfate Sn2C24H54O4S 4453
26400-93-1 copper (ii) phthalocyaninetetrasulfonic CuC32H16N8O12S4 1217
26445-82-9 copper (ii) 2,3-naphthalocyanine CoC48H24N8 964
26628-22-8 sodium azide NaN3 2895
26603-20-3 cobalt (ii) 2,3-naphthalocyanine CoC48H24N8 964
26677-68-9 thulium oxalate hexahydrate Tm2C6H12O18 4762
26677-69-0 lutetium oxalate hexahydrate Lu2C6H12O18 2327
26686-77-1 magnesium orthosilicate Mg2SiO4 2453
26750-66-3 potassium tribocarbonate K2CS3 2065
26970-82-1 sodium selenite pentahydrate Na2H10O8Se 2949
27016-73-5 cobalt arsenide CoAs 918
27016-75-7 nickel arsenide NiAs 3094
27043-84-1 zinc borate Zn3B4O9 5105
27057-71-2 hydrogen hexachloroosmium (iv) hexahydrate H14Cl6O6Os 1737
27133-66-0 barium potassium chromate BaCr2K2O8 463
27218-16-2 chlorine perchlorate Cl2O4 902
27253-33-4 calcium neodecanoate CaC20H38O4 708
27360-85-6 copper (ii) phthalocyaninetetrasulfo CuC32H12N8Na4O12S4 1215
27428-49-5 magnesium methoxide MgC2H6O2 2354
27546-07-2 ammonium dimolybdate N2H8Mo2O7 2719
27607-77-8 trimethylsilyl trifluoromethanesulfonate SiC4H9F3O3S 4161
27615-98-1 tri-n-butyltin fluoride polymer SnC12H27F 4378

27685-51-4 mercury (ii) tetrathiocyanatocobaltate (ii) HgC4CoN4S4 1783
27709-53-1 potassium uranyl sulfate dihydrate K2H4O12S2U 2103
27721-02-4 1,5-bis(diphenylphosphino)pentane P2C29H30 3431
27774-13-6 vanadyl sulfate dihydrate VH4O7S 4868
27790-37-0 potassium stannosulfate K2O8S2Sn 2121
27835-99-0 nickel (ii) phthalocyaninetetrasulfo NiC32H12N8Na4O12S4 3120
27848-81-3 lithium d-lactate LiC3H5O3 2227
27858-32-8 titanium (iv) bis(ethylacetoacetato)diisopro TiC18H32O8 4667
27860-55-5 vanadium (iv) oxide, 2,3,7,8,12,13,17,18-oct VC36H44N4O 4854
27860-83-9 zinc fluoroborate hexahydrate ZnB2F8H12O6 5023
28038-39-3 rubidium cobalt (ii) sulfate hexahydrate Rb2CoH12O14S2 3811
28041-86-3 potassium cobalt (ii) selenate hexahydrat K2CoH12O14Se2 2087
28190-88-7 iron (iii) tris(hexafluorophosphate), t FeC30H24F18N6P3 1485
28240-66-6 1,3-bis(phenylphosphino)propane P2C15H18 3410
28240-69-9 1,2-bis(dichlorophosphino)ethane P2C2H4Cl4 3403
28265-17-0 manganese (iii) chloride, 2,3,7,8,12,13,17 MnC36H44ClN4 2490
28277-57-8 iron (iii) tris(hexafluorophosphate), t FeC36H24F18N6P3 1491
28300-74-5 potassium antimony tartrate hemihydrate K2C8H10O15Sb2 2081
28308-00-1 zinc, dichloro(n,n,n,n-tetramethylethylene ZnC6H16Cl2N2 5041
28407-51-4 rhodium carbonyl Rh6C16O16 3939
28411-13-4 osmium nonacarbonyl Os2C9O9 3227
28425-04-9 palladium (ii) chloride, bis(triethylphos PdC12H30Cl2P2 3589
28503-70-0 titanium methylphenoxide TiC28H28O4 4671
28529-99-9 iridium hexabromide disodium IrBr6Na2 1923
28755-93-3 iron (iii) chloride, 2,3,7,8,12,13,17,18-o FeC36H44ClN4 1492
28876-88-2 potassium perborate monohydrate K2B2H2O7 2055
28903-71-1 cobalt (ii), 5,10,15,20-tetrakis(4-methoxyp CoC48H36N4O4 965
28926-65-0 1,1,1-tris(diphenylphosphino)methane P3C37H31 3455
28950-34-7 sulfur (iii) nitride S4N4 4022
28958-26-1 samarium bromate nonahydrate SmBr3H18O18 4308
28965-57-3 holmium oxalate decahydrate Ho2C6H20O22 1859
29046-78-4 nickel chloride, dimethoxyethane adduct NiC4H10Cl2O2 3103
29473-30-1 phorane, (cyclopentadienylidene)triphenyl PC23H19 3362
29658-60-4 dirhodium octacarbonyl Rh2C8O8 3925
29671-18-9 antimony (iii) methoxide SbC3H9O3 4028
29703-01-3 cesium hydrogen carbonate CsCHO3 1131
29728-34-5 aluminum 3-acetylglycyrrhetate AlC96H141O15 126
29791-08-0 titanium (iv), tetrachlorobis(tetrahydrofu TiC8H16Cl4O2 4649
29796-57-4 ammonium hexachloroiridate (iii) monohydrat N3H14Cl6IrO 2757
29817-79-6 nitrogen-(N=15) N2 2679
29858-07-9 magnesium bromide diethyl etherate MgC4H10Br2O 2364
29870-99-3 strontium lactate trihydrate SrC6H16O9 4473
29890-05-9 tungsten tetracarbonyl, [1,2-bis(diphenylph WC30H24O4P2 4909
29911-73-7 gadolinium octanoate GdC24H45O6 1617
29934-17-6 palladium (ii) chloride, bis(tricyclohexy PdC36H66Cl2P2 3602
29935-35-1 lithium hexafluoroarsenate LiAsF6 2208
29949-75-5 phosphine, diallylphenyl PC12H15 3305
29949-84-6 phosphine, tris(m-methoxyphenyl) PC21H21O3 3356
29949-85-7 phosphine, tris(m-chlorophenyl) PC18H12Cl3 3328
29957-59-3 boron tribromide methyl sulfide complex BC2H6Br3S 297
30618-31-6 erbium oxalate decahydrate Er2C6H20O22 1353
30622-97-0 rubidium iron (iii) sulfate dodecahydrate RbFeH24O20S2 3796
30737-24-7 thallium (i) oxalate Tl2C2O4 4739
30806-36-1 diiridium octacarbonyl Ir2C8O8 1950
30837-36-3 titanium ethoxide TiC8H20O4 4651
30903-87-8 lithium oxalate Li2C2O4 2285
30937-52-1 rhenium (v) fluoride ReF5 3850
30937-53-2 rhenium (v) bromide ReBr5 3833
31001-77-1 3-mercaptopropylmethyldimethoxysilane SC6H16O2Si 3992
31011-57-1 titanium (iv) chloride-tetrahydrofuran com TiC8H16Cl4O2 4650
31052-14-9 technetium (v) fluoride TcF5 4577
31052-43-4 rubidium selenide Rb2Se 3823
31052-46-7 cesium selenide Cs2Se 1164
31060-73-8 polonium hydride PoH2 3646
31083-74-6 rubidium sulfide Rb2S 3821
31111-21-4 potassium ruthenate (vi) K2O4Ru 2119
31142-56-0 aluminum citrate AlC6H5O7 94
31234-26-1 rhenium (vi) chloride ReCl6 3848
31277-98-2 palladium (0), bis[1,2-bis(diphenylphosphino PdC52H48P4 3606
31432-46-9 ammonium nitrate-(N=15) N2H4O3 2690
31432-48-1 ammonium-(N=15) nitrate N2H4O3 2691
31479-18-2 neptunium pentafluoride NpF5 3189
31576-40-6 osmium (v) fluoride OsF5 3213
31703-09-0 trisulfur dichloride S3Cl2 4020
31886-57-4 (s)-(-)-n,n-dimethyl-1-ferrocenylethylamine FeC14H19N 1472
31886-58-5 (r)-(+)-n,n-dimethyl-1-ferrocenylethylamine FeC14H19N 1471
31904-29-7 ferrocene, n-butyl FeC14H18 1469
32005-36-0 palladium (ii), bis(dibenzylideneacetone) PdC34H28O2 3596
32195-55-4 manganese (iii) chloride, 5,10,15,20-tetr MnC44H28ClN4 2493
32248-43-4 samarium (ii) iodide SmI2 4321
32287-65-3 aluminum fluoride monohydrate AlF3H2O 135
32294-58-9 ditelluride, 1-naphthyl Te2C20H14 4602
32294-60-3 ditelluride, diphenyl Te2C12H10 4601
32305-98-9 (4s,5s)-(+)-o-isopropylidene-2,3-dihydroxy-1 P2C31H32O2 3436
32321-65-6 zirconium telluride ZrTe2 5163
32354-50-0 rhodium (i), (bicyclo[2.2.1]hepta-2,5-diene) RhC12H15O2 3887
32503-27-8 tetrabutylammonium hydrogen sulfate C16H37NO4S 669
32594-40-4 iridium (i) chlorotricarbonyl IrC3ClO3 1924
32627-01-3 rhodium (i), dicarbonyl(pentamethylcyclopent RhC12H15O2 3888
32760-80-8 iron (ii) hexafluorophosphate, (cumene)cycl FeC14H17F6P 1468
32761-50-5 rhodium (i) hexafluorophosphate, [tris(dim RhC31H41F6P4 3892
32799-32-9 rhodium (i) hexafluorophosphate, (bicyclo[RhC43H38F6P3 3898
32823-06-6 aluminum metaphosphate AlO9P3 150
32965-49-4 rhodium (i), chloro(1,5-hexadiene) dimer Rh2C12H20Cl2 3926
32993-05-8 ruthenium (ii), chlorocyclopentadienylbis(RuC41H35ClP2 3959
32997-62-9 ytterbium hydride YbH3 5009
33088-16-3 thorium (iv) nitrate tetrahydrate ThH8N4O16 4624
33114-15-7 niobium tetrachloride, cyclopentadienyl NbC5HCl4 3027
33197-77-2 trans-4-[2-(1-ferrocenyl)vinyl-1-methylpyrid FeC18H18IN 1477
33273-09-5 copper (ii) 2,3-naphthalocyanine CuC48H24N8 1224
33273-14-2 aluminum 2,3-naphthalocyanine chloride AlC48H24ClN8 120
33454-82-9 lithium trifluoromethanesulfonate LiCF3O3S 2216
33636-93-0 copper, (triphenylphosphine) hydride hexam Cu6C108H96P6 1296
33678-01-2 iron (0), cyclohexadienylium tricarbonyl te FeC9H7BF4O3 1441
33689-80-4 actinium fluoride AcF3 7
33689-81-5 actinium bromide AcBr3 3
33689-82-6 actinium iodide AcI3 10
33725-74-5 borohydride, tetrabutylammonium BC16H40N 356
33864-99-2 alcian blue 8gx C56H68Cl4CuN16S4 672
33908-66-6 sodium antimonate monohydrate Na2H2O7Sb2 2942
34018-28-5 lead bromate PbBr2O6 3488
34128-09-1 thallium (i) molybdate Tl2MoO4 4740
34156-56-4 trisodium salt hexahydrate, phosphonoformic Na3CH12O11P 2987
34171-69-2 potassium tricyanomethanide KC4N3 1993
34228-15-4 gallium, tris(2,2,6,6-tetramethyl-3,5-heptan GaC33H57O6 1582
34283-69-7 cesium orthovanadate Cs3O4V 1167
34312-50-0 technetium disulfide TcS2 4581
34330-64-8 cadmium chloride monohydrate CdCl2H2O 794
34364-26-6 bismuth neodecanoate BiC30H57O6 571
34409-36-4 palladium (ii), trans-dichlorobis(triethy PdC12H30Cl2P2 3590
34767-44-7 zirconium cyclopentadienyl trichloride ZrC5H5Cl3 5120
34822-89-4 indium (i), cyclopentadienyl InC5H5 1884
34822-90-7 thallium, cyclopentadienyl TlC5H5 4712
34836-53-8 copper (i) iodide, (trimethylphosphite) CuC3H9IO3P 1187
34837-55-3 selenyl bromide, phenyl SeC6H5Br 4093
34946-82-2 copper (ii) trifluoromethanesulfonate CuC2F6O6S2 1180
35000-38-5 phosphorane, (tert-butoxycarbonylmethylene) t PC24H25O2 3366
35103-79-8 cesium hydroxide monohydrate CsH3O2 1143
35112-53-9 barium thiosulfate BaO3S2 495
35138-23-9 iridium (i) tetrafluoroborate, bis(1,5-cycl IrC16H24BF4 1929
35141-30-1 (3-trimethoxysilylpropyl)diethylenetriamin SiC10H27N3O3 4213
35238-97-2 rhodium (i) hexafluorophosphate dichlor RhC45H44Cl2F6P3 3899
35279-80-2 palladium, [1,2,3,4-tetrakis(methoxycarbonyl PdC12H12O8 3588
35344-11-7 pentamethylcyclopentadienyliron dicarbonyl Fe2C24H30O4 1548
35515-91-4 vanadium ditelluride VTe2 4885
35542-88-2 manganese (ii) cyclohexanebutyrate MnC20H34O4 2487
35585-58-1 sodium metaborate dihydrate NaBH4O4 2795
35718-37-7 xenon trifluoride monodecafluoroantimonate XeF14Sb2 4955
35725-34-9 ytterbium nitrate pentahydrate YbH10N3O14 5010
35733-23-4 erbium, tris(2,2,6,6-tetramethyl-3,5-heptane ErC33H57O6 1341
36253-76-6 tri-n-butyltin ethoxide SnC14H32O 4392
36344-80-6 palladium tetracarbonyl PdC4O4 3579
36344-81-7 platinum tetracarbonyl PtC4O4 3700
36377-94-3 dysprosium (ii) iodide DyI2 1322
36470-39-0 sodium hexafluorogermanate Na2F6Ge 2935
36548-87-5 thulium nitrate hexahydrate TmH12N3O15 4757
36554-90-2 indium trifluoroacetate InC6F9O6 1885
36678-21-4 manganese nitride MnN 2514
36700-77-3 ammonium-d4 thiocyanate N2D4CS 2680
36753-03-4 rhenium (iv) bromide ReBr4 3831
36781-15-4 terbium tetrafluoride TbF4 4558
36818-89-0 calcium, bis(2,2,6,6-tetramethyl-3,5-heptaned CaC22H38O4 709
36885-29-7 calcium, bis[1,1,1,2,2,3,3-heptafluoro-7,7 CaC20H20F14O4 707
36885-31-1 barium, bis[1,1,1,2,2,3,3-heptafluoro-7,7- BaC20H20F14O4 446
36897-37-7 nickel (ii) hydroxide monohydrate NiH4O3 3143
36907-37-6 lanthanum perchlorate hexahydrate LaCl3H12O18 2179
36907-40-1 europium (iii) perchlorate hexahydrate EuCl3H12O18 1379
36907-42-3 vanadium (ii) sulfate heptahydrate VH14O11S 4869
36965-71-6 iron (iii) chloride, 5,10,15,20-tetrakis FeC44H8ClF20N4 1498
36969-05-8 chromium (vi) morpholine CrC8H20N2O6 1051
36995-20-7 iron (iii) chloride, 5,10,15,20-tetrakis FeC48H36ClN4O4 1501
37002-48-5 (+)-2,3-o-isopropylidene-2,3-dihydroxy-1,4-b P2C31H32O2 3435
37185-09-4 barium strontium niobium oxide BaNb4O12Sr 490
37190-66-2 octaosmium trieicosacarbonyl Os8C23O23 3233
37216-50-5 osmium octadecacarbonyl Os6C18O18 3231
37222-66-5 potassium peroxymonosulfate K5H3O18S4 2158
37248-04-7 hafnium silicate HfO4Si 1762
37265-86-4 barium yttrium tungsten oxide Ba3O9WY3 528
37267-86-0 metaphosphoric acid PHO3 3388
37299-12-0 pentamethylcyclopentadienylchromium dicarbo Cr2C24H30O4 1111
37306-42-6 bismuth zirconate Bi4O12Zr3 608
37342-97-5 zirconocene chloride hydride ZrC10H11Cl 5125
37366-09-9 ruthenium (ii) chloride dimer, benzene Ru2C12H12Cl4 3986
37473-67-9 neodymium trifluoroacetylacetonate NdC15H12F9O6 3065
37501-24-9 iridium (iv) fluoride IrF4 1939
37541-72-3 ammonium hydrogen oxalate hemihydrate NH6C2O4.5 2647
37773-49-2 platinum (iv) chloride PtCl4 3730
37809-19-1 calcium fluorophosphate dihydrate CaFH4O5P 727
37943-90-1 phosphine, diphenyl-2-pyridyl PC17H14N 3324
37961-19-6 americium oxychloride AmClO 186
37981-00-3 cobalt (ii), n,n'-bis(salicylidene)dianilin CoC26H20N2O2 955
38245-35-1 dysprosium carbonate tetrahydrate Dy2C3H8O13 1326
38455-77-5 tin (iv) chromate SnCr2O8 4426
38465-86-0 iridium hexafluorophosphate, 1,5-cycloocta IrC34H38F6P3 1931
38482-84-7 magnesium trifluoroacetate MgC4F6O4 2360
38496-97-8 aluminum phthalocyanine chloride AlC32H16ClN8 117
38542-94-8 ammonium trifluoromethanesulfonate NH4CF3O3S 2626
38582-17-1 cobalt (ii) cyclohexanebutyrate CoC20H34O4 953
38582-18-2 zinc cyclohexanebutyrate dihydrate ZnC20H38O6 5050
38598-34-4 aluminum hydroxycyclohexanebutyrate AlC20H47O5 113
38892-25-0 silver (i), hexafluoroacetylacetonate (1,5-c AgC13H13F6O2 34
38930-18-6 iridium tripotassium hexanitrate IrK3N6O12 1944
39082-23-0 hafnium telluride HfTe2 1770
39156-80-4 thulium acetate monohydrate TmC6H11O7 4750
39230-37-0 acetic-d3 acid, sodium salt NaC2D3O2 2811
39290-85-2 copper (ii) borate CuB2O4 1172
39330-74-0 erbium, tris(cyclopentadienyl) ErC15H15 1337
39350-99-7 tetraphosphorus tetrasulfide P4S4 3463
39356-80-4 iron antimonide Fe3Sb2 1567
39361-25-6 cobalt zirconate CoO3Zr 1008
39368-69-9 rhenium (v) chloride ReCl5 3847
39373-27-8 rhodium (iii) oxide pentahydrate Rh2H10O8 3932
39409-82-0 magnesium carbonate hydroxide tetrahydrate Mg5C4H10O18 2462
39416-30-3 barium orthovanadate Ba3O8V2 527
39430-51-8 chromium (iii) acetate hydroxide CrC4H7O5 1044
39449-54-2 tellurium iodide TeI 4604
39466-62-1 ammonium-(N=15) chloride NH4Cl 2628
39483-74-4 bismuth chloride monohydrate BiCl3H2O 577
39578-36-4 krypton fluoride monodecafluoroantimonate KrF12Sb2 2165
39705-49-2 americium (ii) bromide AmBr2 184
39733-35-2 ammonium magnesium chloride hexahydrate NH16Cl3MgO6 2663
39796-98-0 xenon pentafluoride hexafluororuthenate XeF11Ru 4953
39797-63-2 xenon fluoride hexafluoroantimonate XeF9Sb 4952
40372-72-3 bis[3-(triethoxysilyl)propyl]-tetrasulfid Si2C18H42O6S4 4284
40585-51-1 sodium pentamethylcyclopentadienylide NaC10H15 2842
40949-94-8 potassium bis (trimethylsilyl)amide KC6H18NSi2 1996
41114-59-4 nysted reagent Zn3C6H12Br2O 5106
41119-18-0 copper (ii) dimethylaminoethoxide CuC8H20N2O2 1199
41251-37-0 magnesium iodide, methyl-d3 MgCD3I 2344
41517-05-9 rhodium (v) fluoride Rh4F20 3938
41536-18-9 iron (ii) chloride, [1,2-bis(diphenylphos FeC26H24Cl2P2 1481
41575-94-4 platinum (ii), 1,1-cyclobutanedicarboxylato PtC6H12N2O4 3701
41587-84-2 nickel hydroxyacetate NiC4H6O6 3102
41591-55-3 hydroxylamine hydrobromide H4BrNO 1728
41636-35-5 ruthenium (ii) carbonyl, 2,3,7,8,12,13,17,1 RuC37H44N4O 3957
41697-90-9 iron (iii) acetate, 2,3,7,8,12,13,17,18-oc FeC38H47N4O2 1496
41706-15-4 niobium (iv), tetrakis(2,2,6,6-tetramethyl-3 NbC44H76O8 3031
41944-01-8 potassium heptaiodobismuthate K4BiI7 2154
42152-46-5 copper (i) trifluoromethanesulfonate benz Cu2C8H6F6O6S2 1277
42196-31-6 palladium (ii) trifluoroacetate PdC4F6O4 3574
42246-24-2 rhenium (vii) trioxyfluoride ReO3F 3864
42739-38-8 ammonium valerate NH13C5O2 2661
42845-08-9 californium tetrafluoride CfF4 884
43077-29-8 phosphine, (+)-s-neomenthyldiphenyl PC22H29 3361
43086-58-4 ammonium-(N=15) sulfate N2H8O4S 2722
43086-60-8 ammonium-(N=15) nitrate-(N=15) N2H4O3 2692

43238-07-9 scandium (iii) hydride ScH3 4075
44584-78-3 bismuth oxyperchlorate monohydrate BiClH2O6 574
47814-18-6 neodymium hexafluoroacetylacetonate dihydr NdC15H7F18O8 3064
47814-20-0 praseodymium hexafluoroacetylacetonate PrC15H3F18O6 3659
48016-85-9 bromoosmic acid OsBr6H2 3203
49540-00-3 mercury (ii) trifluoromethanesulfonate HgC2F6O6S2 1777
49848-24-0 actinium oxyfluoride AcFO 6
49848-29-5 actinium oxychloride AcClO 4
49848-33-1 actinium oxybromide AcBrO 2
50315-14-5 copper (ii) neodecanoate CuC20H38O4 1212
50574-52-2 phosphate, (±)-1,1'-binaphthyl-2,2'-diyl hydr PC20H13O4 3348
50647-18-2 actinium sulfide Ac2S3 12
50777-76-9 2-(diphenylphosphino)benzaldehyde PC19H15O 3342
50801-97-3 samarium (ii) bromide SmBr2 4305
50813-65-5 barium carbide BaC2 427
50960-82-2 gold (i) carbonyl chloride AuCClO 260
50968-00-8 mercury (i) carbonate Hg2CO3 1825
50982-13-3 ruthenium (ii) chloride, (1,5-cyclooctadiene RuC8H12Cl2 3946
51184-23-7 thorium orthosilicate ThO4Si 4632
51222-65-2 cesium titanate Cs2O3Ti 1160
51222-66-3 cesium zirconate Cs2O3Zr 1161
51274-00-1 ferric oxide monohydrate Fe2H2O4 1555
51312-42-6 sodium phosphotungstate Na4H36O61P2W12 3010
51321-47-2 copper (i), bis (triphenylphosphine) cy Cu2C74H66B2N2P4 1278
51373-68-3 ytterbium oxalate decahydrate Yb2C6H20O22 5016
51380-73-5 tetratellurium tetraiodide Te4I4 4608
51439-18-0 diselenium tetrafluoride Se2F2 4134
51458-06-1 borane, dimesityl BC18H23 359
51503-61-8 ammonium phosphite, dibasic, monohydrate N2H11O4P 2740
51508-59-9 iron hexafluorophosphate, tricarbonyl(2-me FeC10H9F6O4P 1444
51595-71-2 mercury (i) sulfide Hg2S 1837
51621-05-7 ruthenium (iii) fluoride RuF3 3972
51674-17-0 sodium thiophosphate dodecahydrate Na3H24O15PS 2999
51694-22-5 2-nitrophenyl selenocyanate SeC7H4N2O2 4098
51717-23-8 copper (i) iodide, (triethylphosphite) CuC6H15IO3P 1194
51777-38-9 silsequioxane, octakis(trimethylsiloxy) Si16C24H72O20 4302
51805-45-9 phosphine hydrochloride, tris(2-carboxyethyl PC9H16ClO6 3293
51850-20-5 hydrogen hexahydroxyplatinate (iv) H8O6Pt 1734
51898-99-8 bismuth molybdate Bi2Mo3O12 596
52003-58-4 ammonium lactate NH9C3O3 2653
52014-82-1 ceric titanate CeO4Ti 861
52110-05-1 magnesium zirconium silicate MgO5SiZr 2436
52262-58-5 stannous fluorophosphate SnFO3P 4427
52350-17-1 cesium tungstate Cs2O4W 1162
52409-22-0 dipalladium (0), tris(dibenzylideneacetone) Pd2C51H42O3 3632
52462-29-0 ruthenium (ii) chloride dimer, (p-cymene) Ru2C20H28Cl4 3988
52483-26-3 dihydrogen hexahydroxyplatinum (iv) H8O6Pt 1733
52495-41-7 sodium tetrabromoaurate (iii) NaAuBr4 2788
52502-12-2 nickel vanadate NiO6V2 3160
52503-64-7 copper (ii) basic acetate Cu2C4H18O11 1274
52522-40-4 dipalladium (0)-chloroform adduct, tris(Pd2C52H43Cl3O3 3634
52628-25-8 zinc ammonium chloride ZnCl4H8N2 5065
52708-44-8 krypton fluoride hexafluoroantimonate KrF7Sb 2164
52721-22-9 krypton trifluoride hexafluoroantimonate Kr2F9Sb 2167
52740-16-6 calcium arsenite CaAsHO3 678
52788-53-1 gadolinium (iii) nitrate pentahydrate GdH10N3O14 1623
52788-54-2 scandium sulfate octahydrate Sc2H16O20S3 4079
52933-62-7 iron zirconate Fe2O5Zr 1560
52951-38-9 bismuth oleate BiC54H99O6 573
53111-20-9 phosphine, diphenyl(2-methoxyphenyl) PC19H17O 3345
53120-23-3 antimony phosphide SbP 4055
53169-11-2 magnesium aluminum zirconate MgAl2O6Zr 2337
53169-23-6 cerium stannate CeO4Sn 860
53169-24-7 ceric zirconate CeO4Zr 863
53214-07-6 tellurium decafluoride Te2F10 4603
53280-15-2 sulfur (i) iodide S2I2 4018
53293-32-6 titanium (iv), dichlorobis(2,2,6,6-tetram TiC22H38Cl2O4 4670
53432-32-9 manganese (iii) phthalocyanine chloride MnC32H16ClN8 2488
53608-79-0 potassium zirconium sulfate trihydrate K4H6O19S4Zr 2157
53633-79-7 magnesium trifluoroacetylacetonate dihydra MgC10H12F6O6 2376
53778-50-0 sodium pentaiodobismuthate tetrahydrate Na2BiH8I5O4 2913
53809-86-2 pentlandite Fe9Ni9S16 1571
53823-60-2 sodium hexachloropalladium (iv) Na2Cl6Pd 2926
53850-35-4 dubnium Db 1306
53850-36-5 rutherfordium Rf 3878
54010-75-2 zinc trifluoromethanesulfonate ZnC2F6O6S2 5027
54037-14-8 bohrium Bh 561
54037-57-9 hassium Hs 1861
54038-01-6 meitnerium Mt 2604
54038-81-2 seaborgium Sg 4139
54039-38-2 zirconium dichloride, bis(pentamethylcyclop ZrC20H30Cl2 5134
54075-76-2 trimethyloxonium hexachloroantimonate SbC3H9Cl6O 4027
54084-26-3 ununbium Uub 4819
54085-16-4 ununquadium Uuq 4828
54100-71-9 ununhexium Uuh 4822
54120-05-7 osmium (iv) fluoride OsF4 3212
54386-24-2 roentgenium Rg 3879
54412-40-7 thallium (i) trifluoroacetylacetonate TlC5H4F3O2 4711
54451-24-0 lanthanum carbonate pentahydrate La2C3H10O14 2195
54496-71-8 cobalt (iii) fluoride dihydrate Co2F6H4O2 1019
54575-49-4 potassium tri-sec-butylborohydride KC12H28B 2001
54655-07-1 lithium (trimethylsilyl) acetylide LiC5H9Si 2238
54663-78-4 2-(tributylstannyl)thiophene SnC16H30S 4399
54678-23-8 copper (i) bromide-dimethyl sulfide complex CuC2H6BrS 1184
54712-57-1 chromate, tetrabutylammonium chloro CrC16H36ClNO3 1067
54723-94-3 ammonium phosphomolybdate monohydrate N3H14Mo12O41P 2759
55102-19-7 ruthenium (ii), chlorohydridotris(tripheny RuC54H46ClP3 3961
55120-75-7 calcium trifluoromethanesulfonate CaC2F6O6S2 690
55147-94-9 chromium (iii) perchlorate CrCl3O12 1075
55172-98-0 barium neodecanoate BaC20H38O4 449
55259-49-9 tetramethyltetraselenafulvalene Se4C10H12 4136
55343-67-4 cesium pyrovanadate Cs4O7V2 1168
55576-04-0 barium antimonide Ba3Sb2 529
55606-55-8 tetradecaborane B14H18 415
55650-58-3 (+)-(s)-n,n-dimethyl-1-[(r)-2-(diphenylphosp FeC26H28NP 1483
55650-59-4 (+)-(s)-n,n-dimethyl-1-[(r)-1',2-bis(diphen FeC38H37NP2 1495
55652-52-3 borane, monobromo methylsulfide complex BC2H8BrS 307
55671-55-1 borane, dibromomethyl sulfide complex BC2H7Br2S 303
55700-14-6 cadmium cyclohexanebutyrate CdC20H34O4 789
55700-44-2 (-)-(r)-n,n-dimethyl-1-[(s)-2-(diphenylphosp FeC26H28NP 1482
56253-60-2 silane, (phenylselenomethyl)trimethyl SiC10H16Se 4210
56320-22-0 arsenic disulfide AsS2 240
56320-90-2 cesium chromate Cs2CrO4 1155
56374-56-2 sodium acetate-(C=13) NaC2H3O2 2817
56378-72-4 magnesium basic carbonate pentahydrate Mg5C4H12O19 2463
56452-02-9 ununquadium hexafluoride UuqF6 4831
56549-24-7 dichromate, quinolinium Cr2C18H16N2O7 1110
56553-60-7 sodium triacetoxyborohydride NaC6H10BO6 2832
56617-31-3 argon fluoride ArF 201
56660-19-6 dichromate, bis (tetrabutylammonium) Cr2C32H72N2O7 1112
56713-38-3 thallium (i), 2,2,6,6-tetramethyl-3,5-heptan TlC11H19O2 4718
56797-01-4 cerium (iii) 2-ethylhexanoate CeC24H45O6 839
56801-74-2 hexairidium hexadecacarbonyl Ir6C16O16 1959
57246-89-6 rhenium (vii) dioxytrifluoride ReO2F3 3861
57402-46-7 potassium acetylacetonate hemihydrate KC5H8O2.5 1994
57444-81-2 potassium formate-d KCDO2 1975
57455-37-5 ultramarine blue Na7Al6Si6O24S3 3018
57542-85-5 gold (v) fluoride AuF5 270
57654-83-8 potassium nitrate-(N=15) KNO3 2043
57804-25-8 lanthanum sulfate octahydrate La2H16O20S3 2197
57921-51-4 aluminum chromate Al2Cr2O6 159
58068-97-6 4,5-dihydro-1-[3-(triethoxysilyl)propyl]-i SiC12H26N2O3 4222
58356-65-3 manganese (iii) meso-tetraphenylporphine a MnC46H31N4O2 2494
58500-12-2 aluminum tellurite Al2O9Te3 172
58724-12-2 cesium hydride CsH 1141
58815-72-8 krypton fluoride monodecafluorotantalate KrF12Ta 2166
59129-80-5 zirconium phosphate trihydrate ZrH10O12P2 5149
59158-84-8 osmium uneicosacarbonyl Os7C21O21 3232
59201-36-4 ruthenium (ii) bromide RuBr2 3942
59201-41-1 ruthenium (ii) iodide RuI2 3977
59201-51-3 osmium (iii) bromide OsBr3 3201
59201-52-4 osmium (iv) bromide OsBr4 3202
59201-57-9 osmium (ii) iodide OsI2 3218
59201-58-0 osmium (iii) iodide OsI3 3219
59231-30-0 aluminum, diisobutyl deuteride AlC8H18D 99
59301-47-2 rhenium (iv) iodide ReI4 3856
59325-04-1 neodymium dibromide NdBr2 3059
59393-06-5 bismuth iron molybdenum oxide Bi3FeMo2O12 605
59411-08-4 diselenide diphenyl, iodine complex Se2C12H10I2 4129
59513-11-0 praseodymium (ii) fluoride PrF2 3666
59560-72-4 molybdenum (iv) chloride, bis(acetonitrile) MoC4H6Cl4N2 2554
59863-13-7 tin (ii), bis[bis(trimethylsilyl)amino] SnC12H36N2Si4 4383
59991-56-9 praseodymium trifluoroacetylacetonate PrC15H12F9O6 3656
60109-68-4 osmium hexadecacarbonyl Os5C16O16 3229
60488-29-1 thallium triiodide TlI3 4729
60582-92-5 magnesium acetate monohydrate MgC4H8O5 2362
60617-65-4 rhodium (iv) fluoride RhF4 3911
60672-19-7 palladium (iv) selenide PdSe2 3626
60676-86-0 silicon dioxide (vitreous) SiO2 4268
60763-24-8 thorium (iv) selenide ThSe2 4635
60804-25-3 rhodium (iii) fluoride RhF3 3910
60816-56-0 polonium dichloride PoCl2 3644
60864-26-8 thulium diiodide TmI2 4759
60871-83-2 magnesium trifluoromethanesulfonate MgC2F6O6S2 2351
60883-64-9 beryllium carbonate tetrahydrate BeCH8O7 535
60897-40-7 sodium uranyl carbonate Na4C3O11U 3005
60903-69-7 lanthanum octanoate LaC24H45O6 2175
60922-26-1 tungsten nitride WN2 4922
60936-60-9 proactinium oxide PaO 3480
60936-81-4 actinium hydride AcH2 8
60950-56-3 magnesium hexafluorosilicate hexahydrate MgF6H12O6Si 2400
60969-19-9 thallium (i) hexafluorophosphate TlPF6 4735
60996-98-7 polonium tetrabromide PoBr4 3643
61027-88-1 magnesium aluminum silicate Mg2Al4O18Si5 2445
61042-72-6 magnesium carbonate pentahydrate MgCH10O8 2349
61113-98-2 copper (ii) 3,10,17,24-tetra-tert-butyl-1,8 CuC56H68N12 1226
61114-01-0 vanadyl 3,10,17,24-tetra-tert-butyl-1,8,15, VC56H68N12O 4856
61247-57-2 niobium (iv) chloride-tetrahydrofuran comp NbC8H16Cl4O2 3028
61393-36-0 neodymium diiodide NdI2 3077
61478-28-2 (2s,4s)-1-tert-butoxycarbonyl-4-(diphenylph P2C34H37NO2 3437
61478-29-3 (2s,4s)-(-)-4-(diphenylphosphino)-2-(diphenyl P2C29H29N 3429
61716-26-5 polonium diiodide PoI2 3647
61716-27-6 polonium tetraiodide PoI4 3648
61886-29-1 sodium cyclohexanebutyrate NaC10H17O2 2843
62086-04-8 tin (ii) trifluoromethanesulfonate SnC2F6O6S2 4338
62637-99-4 lead cyclohexanebutyrate PbC20H34O4 3507
62638-00-0 lithium cyclohexanebutyrate LiC10H17O2 2247
62638-03-3 potassium cyclohexanebutyrate KC10H17O2 1999
62638-04-4 silver cyclohexanebutyrate AgC10H17O2 33
62638-05-5 strontium cyclohexanebutyrate SrC20H34O4 4477
62669-65-2 barium cyclohexanebutyrate BaC20H34O4 448
62792-06-7 rhodium (iii) chloride, [1,1,1-tris(diphe RhC41H39Cl3P3 3897
62792-24-9 gold (i,iii) chloride Au4Cl8 282
63007-83-0 cerium (iv) isopropoxide CeC12H28O4 836
63026-01-7 europium (iii) nitrate pentahydrate EuH10N3O14 1384
63128-11-0 ruthenium nonacarbonyl Ru2C9O9 3985
63348-81-2 borane, monochloro methylsulfide complex BC2H8ClS 308
63462-42-0 borane, dichloro methyl sulfide complex BC2H7Cl2S 304
63691-00-9 ununquadium difluoride UuqF2 4829
63691-01-0 ununhexium difluoride UuhF2 4823
63691-02-1 ununquadium dihydride UuqH2 4833
63691-03-2 ununhexium dihydride UuhH2 4826
63691-17-8 ununquadium tetrafluoride UuqF4 4830
63691-18-9 ununhexium tetrafluoride UuhF4 4824
63771-33-5 ammonium pentachlororhodate (iii) monohydra N2H10Cl5ORh 2737
63774-54-9 ununquadium tetrahydride UuqH4 4834
63989-69-5 ferric basic arsenite Fe4As2H10O14 1568
63995-70-0 phosphine tetrahydrate, tris(3-sulfonat PC18H20Na3O13S3 3338
64065-08-3 bis(dimethylphosphino)methane P2C5H14 3405
64082-35-5 lithium ferrosilicon LiFeSi 2264
64171-97-7 thulium dibromide TmBr2 4748
64399-16-2 potassium sodium carbonate hexahydrate KCH12NaO9 1978
64443-05-6 copper (i) hexafluorophosphate, tetrakis(a CuC8H12F6N4P 1197
64536-78-3 iridium (i) hexafluorophosphate, (tricyclo IrC31H50F6NP2 1930
64896-28-2 (2s,3s)-(-)-2,3-bis(diphenylphosphino)butane P2C28H28 3427
64916-48-9 palladium (ii) hexafluoroacetylacetonate PdC10H2F12O4 3584
65012-74-0 rhodium (i) perchlorate, (bicyclo[2.2.1] RhC35H36ClO4P2 3894
65013-26-5 bis(triphenylphosphine)iminium borohydride P2C36H34BN 3440
65090-77-9 sodium isopropylcyclopentadienide NaC8H11 2837
65104-06-5 titanium (iv) bis(ammonium lactato)dihydrox TiC6H18N2O8 4648
65202-12-2 mercury (i) perchlorate tetrahydrate HgClH8O8 1799
65277-48-7 antimony (iii) perchlorate trihydrate SbCl3H6O15 4043
65337-26-0 molybdenum, cis-tetracarbonylbis(piperidin MoC14H22N2O4 2561
65353-51-7 platinum (ii) hexafluoroacetylacetonate PtC10H2F12O4 3708
65530-47-4 praseodymium diiodide PrI2 3672
65842-03-7 iron (iii) metavanadate FeO9V3 1536
66169-93-5 rubidium acetylacetonate RbC5H7O2 3789
66348-18-3 germane, iodotris (trifluoromethyl) GeC3F9I 1643
66349-80-2 hafnium dichloride, bis (isopropylcyclopent HfC16H22Cl2 1750
66472-86-4 boronic acid, 3-aminophenyl hemisulfate BC6H9NO4S0.5 341
66693-95-6 einsteinium dichloride EsCl2 1363
66794-54-5 polonium dibromide PoBr2 3642
66942-97-0 potassium hexanitritocobalt (iii) K3CoN6O12 2150
67211-31-8 sodium metaniobate heptahydrate Na2H14Nb2O13 2953
67276-04-4 sodium tri-sec-butylborohydride NaC12H28B 2846
67506-86-9 manganese, bis(pentamethylcyclopentadienyl) MnC20H30 2486

67592-36-3 silane, [2-(3-cyclohexenyl)ethyl]trimethoxy SiC11H22O3 4214
67719-69-1 tebbe reagent TiC13H18AlCl 4663
67874-71-9 bismuth 2-ethylhexanoate BiC24H45O6 569
67884-32-6 r-(+)-1,2-bis(diphenylphosphino)propane P2C27H26 3425
67952-43-6 nickel chlorate hexahydrate NiCl2H12O12 3135
67966-25-0 potassium trisisoamylborohydride KC15H34B 2003
67969-82-8 tetrafluoroboric acid-diethyl ether complex BC4H11F4O 317
68016-36-4 barium thiocyanate trihydrate BaC2H6N2O3S2 432
68133-88-0 ammonium pentachlororuthenate (iii) monohyd N2H10Cl5ORu 2738
68220-29-1 platinum triiodide PtI3 3740
68399-60-0 sodium copper chromate trihydrate Na2Cr4Cu4H6O20 2933
68488-07-3 magnesium acetylacetonate dihydrate MgC10H18O6 2378
68725-14-4 tri-n-butyltin trifluoromethanesulfonate SnC13H27F3O3S 4384
68938-92-1 platinum (iv) bromide PtBr4 3694
68956-82-1 cobalt resinate CoC88H124O8 967
68959-87-6 lanthanum, tris (isopropylcyclopentadienyl) LaC24H33 2174
69021-85-8 neodymium, tris (isopropylcyclopentadienyl) NdC24H33 3067
69021-86-9 praseodymium, tris (isopropylcyclopentadienyl) PrC24H33 3660
69207-83-6 magnesium aluminum isopropoxide MgC24H56Al2O8 2386
69239-51-6 cadmium dichromate monohydrate CdCr2H2O8 797
70292-43-2 einsteinium dibromide EsBr2 1361
70292-44-3 einsteinium diodide EsI2 1366
70421-43-1 selenium (ii) fluoride SeF2 4108
70424-36-1 berkelium oxide BkO 619
70446-10-5 europium hydride EuH2; EuH3 1383
70692-94-3 manganese (ii) zirconate MnO3Zr 2519
70692-95-4 aluminum zirconate Al2O9Zr3 173
70714-64-6 copper zirconate CuO3Zr 1264
70811-29-9 iron (ii) bis(hexafluorophosphate, tris FeC30H24F12N6P2 1484
70850-86-1 sodium (cyclopentadienyl)tris(diethylpho NaC17H35CoO9P3 2847
71098-88-9 n-(phenylseleno)phthalimide SeC14H9NO2 4105
71328-74-0 osmium (v) chloride OsCl5 3211
71414-47-6 tantalum tetrachloride, pentamethylcyclopen TaC10H15Cl4 4527
71500-16-8 ruthenium (iv) fluoride RuF4 3973
71626-98-7 calcium iodide hexahydrate CaH12I2O6 744
71735-31-4 barium pentafluorobenzenesulfonic acid BaC12F10O6S2 444
71799-92-3 manganese (ii) citrate Mn3C12H10O14 2545
71965-17-8 zirconyl basic nitrate ZrHNO5 5144
72120-26-4 iron tetrafluoroborate, dicarbonylcyclop FeC10H13BF4O2S 1446
72121-43-8 fluoroantimonic acid hexahydrate F6H13O6Sb 1418
72172-64-6 cadmium hydride CdH2 799
72172-67-9 mercury (ii) hydride HgH2 1807
72287-26-4 palladium (ii) chloride-dichloromethane PdC35H30Cl4FeP2 3597
72520-94-6 cerium (iii) carbonate hydrate Ce2C3H10O14 867
72561-92-3 fermium (ii) chloride FmCl2 1573
73157-11-6 gallium azide GaN9 1596
73482-96-9 rhodium (ii) octanoate dimer Rh2C32H60O8 3931
73491-34-6 mercury (ii) perchlorate trihydrate HgCl2H6O11 1801
73560-00-6 iodine nonaoxide I4O9 1876
73688-85-4 arsonic acid, 4-(4-dimethylaminophenylazo AsC14H17ClN3O3 224
73796-25-5 strontium iodide hexahydrate SrH12I2O6 4490
74077-58-0 tetraethylammonium bis(acetonitrile)tetra RuC12H26Cl4N3 3949
74078-05-0 technetium tetrabromide TcBr4 4571
74286-11-6 (+)-(s)-1-[(r)-2-(diphenylphosphino)ferrocen FeC25H25OP 1480
74311-56-1 (-)-(r)-n,n-dimethyl-1-[(s)-1',2-bis(diphen FeC38H37NP2 1494
74507-61-2 chromium, bis(pentamethylcyclopentadienyl) CrC20H30 1068
74507-63-4 nickel, bis(pentamethylcyclopentadienyl) NiC20H30 3113
74507-64-5 magnesium bis(pentamethylcyclopentadienyl) MgC20H30 2384
74508-07-9 indium (i) fluoride InF 1895
74540-86-6 lithium triethylborodeuteride LiC6H15BD 2242
74785-85-6 bis(trimethylsilyl)tributylstannyl phosp Si2C18H45O4PSn 4285
74839-84-2 (2r,3r)-(+)-bis(diphenylphosphino)butane P2C28H28 3426
74974-61-1 aluminum trifluoromethanesulfonate AlC3F9O9S3 87
75060-62-5 nickel selenate hexahydrate NiH12O10Se 3149
75181-07-6 zirconium trichloride, pentamethylcyclopent ZrC10H15Cl3 5126
75181-08-7 hafnium trichloride, pentamethylcyclopentad HfC10H15Cl3 1747
75535-11-4 magnesium iodide hexahydrate MgH12I2O6 2415
75926-26-0 selenium sulfide Se2S6 4135
75926-28-2 selenium sulfide Se4S4 4138
75965-35-4 lithium tetraphenylborate tris(1,2-dimethox LiC36H50BO6 2252
76121-99-8 silver (i), 6,6,7,7,8,8,8-heptafluoro-2,2-di AgC10H10F7O2 32
76189-55-4 (r)-(+)-2,2'-bis(diphenylphosphino)-1,1'-binap P2C44H32 3441
76189-56-5 (s)-(-)-2,2'-bis(diphenylphosphino)-1,1'-binap P2C44H32 3442
76374-09-9 dichloropalladium{(r)-n,n-dimethyl-1-[(PdC26H28Cl2FeNP 3593
76734-92-4 bis(trimethylsilyl)acetylenedicarboxylate Si2C10H18O4 4280
76758-38-8 osmium (i) iodide OsI 3217
76858-94-1 1,2-bis(dipentafluorophenylphosphino)ethane P2C26H4F20 3418
76890-98-7 copper (ii) methoxide CuC2H6O2 1185
76899-34-8 chromate, 2,2'-bipyridinium chloro CrC10H9ClN2O3 1057
77791-70-9 iridium (ii) bromide IrBr2 1918
77876-39-2 (-)-(2s,4s)-2,4-bis(diphenylphosphino)pentane P2C29H30 3432
77883-44-4 platinum (iv) oxide peroxide PtO3 3745
77933-52-9 palladium (ii), bis(acetonitrile)chloronit PdC4H6ClN3O2 3575
78166-65-1 osmium nonadecacarbonyl Os5C19O19 3230
78205-93-3 hafnium dichloride, bis(ethylcyclopentadien HfC14H18Cl2 1748
79172-99-9 lithium tris[(3-ethyl-3-pentyl)oxy]alumino LiC21H46AlO3 2251
79490-00-4 cadmium perchlorate CdCl2O8 795
79767-72-9 dichloropalladium{(s)-n,n-dimethyl-1-[(r PdC26H28Cl2FeNP 3594
79980-81-5 hy-stor 205 LaNi5 2190
80146-10-7 magnesium salt dihydrate, ethylenediam MgC10H16N2Na2O10 2377
80289-21-0 copper (ii), bis(1,1,1,2,2,3,3-heptafluor CuC20H20F14O4 1210
80462-13-1 diiridum, bis(1,5-cyclooctadiene)bis(1h-pyr Ir2C22H30N4 1953
80485-40-1 arsenate, dithiantronium hexafluoro AsF6NS2 232
80510-04-9 1,2-bis(phosphino)benzene P2C6H8 3406
80529-93-7 gadopentetic acid GdC14H20N3O10 1614
80529-94-8 chromium (iii) disodium salt hexahydra CrC14H30N3Na2O16 1065
80789-51-1 zirconocene chloride deuteride ZrC10H10ClD 5123
81029-06-3 aluminum perchlorate nonahydrate AlCl3H18O21 131
81121-61-1 hromate, 4-(dimethylamino)pyridinium chlo CrC7H11ClN2O3 1050
81177-91-5 tetrakis(1-methoxyvinyl)tin SnC12H20O4 4373
81290-20-2 silane, trifluoromethyltrimethyl SiC4H9F3 4160
81457-59-2 bis(triethylphosphine)platinum (ii) oxalat PtC14H30O4P2 3717
81579-74-0 2,2-bis(ethylferrocenyl)propane Fe2C27H32 1550
81849-60-7 ytterbium hexafluoroacetylacetonate dihydr YbC15H7F18O8 5000
82091-73-4 ruthenium (iii) polymer, dichloro(pentameth RuC10H15Cl2 3948
82149-18-6 sodium (cyclopentadienyl)tris(dimethylph NaC11H23CoO9P3 2844
82499-43-2 rhodium (i) tetrafluoroborate, (bicyclo[2 RhC35H36BF4P2 3893
82863-72-7 (-)-(r)-1-[(s)-2-(diphenylphosphino)ferrocen FeC25H25OP 1479
83042-08-4 pyridinium fluorochromate CrC5H6FNO3 1046
83229-05-4 dysprosium (ii) bromide DyBr2 1309
83242-95-9 phosphineoxide, octyl(phenyl)-n,n-diisobutyl PC24H42NO2 3369
84359-31-9 chromium (iii) phosphate hexahydrate CrH12O10P 1089
84573-73-9 europium 2-ethylhexanoate EuC24H45O6 1374
84665-66-7 magnesium monoperoxyphthalate hexahydrate MgC16H22O16 2383
84680-96-6 rhodium (i) perchlorate, (bicyclo[2.2. RhC41H36ClFeO4P2 3896
84783-81-3 magnesium bromide, phenyl-d5 MgC6BrD5 2367
84821-53-4 ruthenium, bis(pentamethylcyclopentadienyl) RuC20H30 3953
85417-41-0 phosphine, tris(2,6-dimethoxyphenyl) PC24H27O6 3367
85959-83-7 hafnium dichloride, bis(pentamethylcyclopen HfC20H30Cl2 1753
86803-85-2 aluminum, dimethyl(2,6-di-tert-butyl-4-methyl AlC21H39O2 114
86901-19-1 magnesium, (9,10-dihydro-9,10-anthracenediyl MgC26H34O3 2387
88418-08-0 12-tungstophosphate, tricetylpyridiniu W12C63H114N3O40P 4944
88863-33-6 strontium isopropoxide SrC6H14O2 4472
88996-23-0 borane n,n-diisopropylethylamine complex BC8H22N 344
89359-21-7 gold (i), mesityl AuC9H11 265
89952-87-4 silver dichromate, tetrakis(pyridine) Ag2C20H20Cr2N4O7 56
91083-48-6 nickel (ii) tetrakis(4-cumylphenoxy)phthal NiC92H72N8O4 3132
91083-54-4 lead (ii) tetrakis(4-cumylphenoxy)phthaloc PbC92H72N8O4 3512
91166-50-6 bis(dimethylaminodimethylsilyl)ethane Si2C10H28N2 4282
91608-15-0 phosphine, tris(2,4,6-trimethoxyphenyl) PC27H33O9 3375
92141-86-1 cesium metaborate CsBO2 1127
93556-88-8 silver (i), tetrafluoroborate tetrakis(aceto AgC8H12BF4N4 30
94079-71-7 europium trifluoroacetate trihydrate EuC6H6F9O9 1373
94442-22-5 platinum (iv), (trimethyl) methylcyclopentadien PtC9H16 3707
95070-72-7 palladium (ii) perchlorate, [(2s,3s)-(+) PdC31H33ClO4P2 3595
95156-21-1 rhodium (i) perchlorate, bis[(r)-(-)2,2' RhC88H64ClO4P4 3907
96183-46-9 (+)-(2r,4r)-2,4-bis(diphenylphosphino)pentane P2C29H30 3430
97126-35-7 cobalt (ii) thiocyanate trihydrate CoC2H6N2O3S2 931
97674-02-7 tin (iv), (1-ethoxyvinyl)tri-n-butyl SnC16H34O 4400
99011-95-7 ammonium-(N=15)-d4 chloride ND4Cl 2611
99643-99-9 californium dichloride CfCl2 881
99644-27-6 einsteinium fluoride EsF3 1365
99685-96-8 fullerene-C60 C60 673
99747-36-1 potassium triphenylborohydride KC18H16B 2004
100080-82-8 zirconium (iv) dichloride, rac-ethylenebis ZrC20H16Cl2 5132
100603-32-5 osmium, bis(pentamethylcyclopentadienyl) OsC20H30 3207
101509-27-7 neodymium sulfate Nd2O12S3 3087
101947-30-2 1,1 difluorodisulfane S2F2 4014
102192-40-5 thorium acetylacetonate ThC20H28O8 4614
103457-72-3 erbium tris[bis(trimethylsilyl)amide] ErC18H54N3Si6 1338
103470-68-4 yttrium 2-ethylhexanoate YC24H45O6 4974
104316-83-8 dichromate, 4-carboxypyridinium Cr2C12H12N2O11 1109
106266-28-8 dipraseodymium pentabromide Pr2Br5 3681
107227-88-3 copper (ii) 1,4,8,11,15,18,22,25-octabuto CuC64H80N8O8 1227
107227-89-4 zinc (1,4,8,11,15,18,22,25-octabutoxy-29h ZnC64H80N8O8 5061
107539-20-8 yttrium barium copper oxide YBa2Cu3O7 4964
107949-15-5 terbium difluoride TbF2 4556
108249-27-0 hydrazine monooxalate N4C2H10O4 2764
109201-26-5 dichromate, imidazolium Cr2C6H10N4O7 1107
109998-76-7 diplatinum (ii) nitrate, di-μ-iodobis(e Pt2C4H16I2N6O6 3753
110479-58-8 tin (ii) 2,3-naphthalocyanine SnC48H24N8 4421
110615-13-9 niobium (iii) chloride-ethylene glycol di NbC4H10Cl3O2 3026
110935-73-4 sodium (cyclopentadienyl)tris(dibutylph NaC29H59CoO9P3 2853
112379-49-4 barium, bis(pentamethylcyclopentadienyl) BaC20H30 447
114460-02-5 magnesium, bis(ethylcyclopentadienyl) MgC14H18 2380
114504-74-4 magnesium, bis(n-propylcyclopentadienyl) MgC16H22 2382
114615-82-6 tetrapropylammonium perruthenate (vii) RuC12H28NO4 3950
114901-61-0 bismuth strontium calcium copper oxide (2 Bi2CaCu2O8Sr2 593
115383-22-7 fullerene-C70 C70 674
117584-82-4 titanium, bis(2,4-cyclopentadien-1-yl)[(4-met TiC19H16 4668
118486-94-5 2-(tributylstannyl)furan SnC16H30O 4397
120604-45-7 copper (ii) 2-(2-butoxyethoxy)ethoxide CuC16H34O6 1207
121905-60-0 magnesium chloride, m-tolyl MgC7H7Cl 2371
122465-35-4 zinc oxalate dihydrate ZnC2H4O6 5029
123333-67-5 sodium hypophosphite monohydrate NaH4O3P 2881
123333-72-2 magnesium trifluoroacetate-trifluoroacetic MgC8H2F12O8 2372
123333-80-2 sodium acetate-(C=13)-d3 NaC2D3O2 2812
123333-98-2 chromium (iii) fluoride tetrahydrate CrF3H8O4 1080
123334-24-7 dipalladium dichloromethane adduct, dic Pd2C51H46Cl4P4 3633
123334-26-9 manganese (ii) hexafluoroacetylacetonate MnC10H7F12O7 2479
123334-27-0 boron trifluoride tert-butylmethyletherate BC5H12F3O 328
123439-83-8 alcian blue, pyridine variant C56H40Cl4CuN12 671
126250-68-8 rhenium tricarbonyl, isopropylcyclopentadie ReC11H11O3 3837
126284-91-1 praseodymium barium copper oxide PrBa2Cu3O7 3652
126949-65-3 molybdenum bis (tert-butoxide), 2,6-diisop MoC30H47NO2 2563
127241-75-2 thallium barium calcium copper oxide (Tl2Ba2Ca2Cu3O10 4736
128008-30-0 indium trifluoromethanesulfonate InC3F9O9S3 1882
129918-15-6 zinc methoxyethoxide ZnC6H14O4 5040
130004-33-0 ruthenium chloride, [(s)-(-)-2,2'-bis(di RuC54H46Cl2P2 3963
130521-76-5 erbium, tris (isopropylcyclopentadienyl) ErC24H33 1339
130552-91-9 vanadium, bis[3-(heptafluoropropylhydroxy VC28H28F14O5 4851
130882-76-7 1,1''-([4,4'-bipiperidine]-1,1'-diyldicar Fe2C36H40N2O6 1551
131105-01-6 tetraphosphorus hexasulfide P4S6 3465
131220-68-3 vanadyl 5,14,23,32-tetraphenyl-2,3-napthalo VC72H40N8O 4857
132403-09-5 aluminum 5,14,23,32-tetraphenyl-2,3-napthth AlC72H41N8O 125
133578-89-9 vanadyl selenite hydrate VH2O5Se 4867
133863-98-6 molybdenum (vi) metaphosphate MoO18P6 2586
134929-59-2 fluoride, fullerene F60C60 1419
135356-03-3 barium, bis(ethyltetramethylcyclopentadienyl) BaC22H34 450
135620-04-1 manganese (iii) chloride, (1s,2s)-(+)-n MnC36H52ClN2O2 2492
135707-05-0 copper (i), trimethylphosphine(hexafluoro CuC8H10F6O2P 1196
136705-64-1 (-)-1,2-bis[(2r,5r)-2,5-diethylphospholano]be P2C22H36 3413
136735-95-0 (+)-1,2-bis[(2s,5s)-2,5-dimethylphospholano]b P2C18H28 3412
136779-28-7 (+)-1,2-bis[(2s,5s)-2,5-diethylphospholano] b P2C22H36 3414
137232-17-8 potassium fullerene K3C60 2148
137349-65-6 bis(dicyclohexylphosphino)methane P2C25H46 3417
137879-92-6 dipraseodymium pentaiodide Pr2I5 3682
137926-73-9 rubidium fullerene Rb3C60 3825
138124-32-0 manganese (iii) chloride, (1r,2r)-(-)-n MnC36H52ClN2O2 2491
142700-78-5 gallium 2,3-naphthalocyanine chloride GaC48H24ClN8 1583
145926-28-9 ruthenium chloride, [(r)-(+)-2,2'-bis(di RuC54H46Cl2P2 3962
147253-67-6 (-)-1,2-bis[(2r,5r)-2,5-dimethylphospholano]b P2C18H28 3411
189121-14-0 ununbium tetrafluoride UubF4 4821
189121-15-1 ununbium difluoride UubF2 4820
220679-96-9 ununquadium hydride UuqH 4832
261630-94-8 ununhexium hydride UuhH 4825

Appendix D

COMPOUND LIST BY NAME – ORGANIC COMPOUNDS

ORGANICS The compilation for organics provides the compound list by name and compound number.

abate 29470
abietic acid 32346
abscisic acid 28595
acacetin 29065
acarbose 34167
aceanthrenequinone 28970
4,10-ace-1,2-benzanthracene 31864
acebutolol 30921
aceclidine 17561
acedapsone 29271
acemetacin 32683
acenaphthanthracene 31865
acenaphthene 23444
acenaphtho[1,2-b]quinoxaline 30383
acenaphthylene 23261
1,2-acenaphthylenedione 23230
acephate 3826
acepreval 34655
acepromazine 31489
aceprometazine 31490
o-acetoacetanisidide 21988
o-acetoacetochloranilide 18987
o-acetoacetotoluidide 21972
acetal 9020
acetaldehyde 884
acetaldehyde, ethylidenehydrazone 3416
acetaldehyde bis(2-methoxyethyl)acetal 15594
acetaldehyde methylhydrazone 2109
acetaldehyde phenylhydrazone 13857
acetaldehyde, tetramer 4100
acetaldehyde-di-n-propyl acetal 15566
acetaldehyde-N-methyl-N-formylhydrazone 3422
acetaldoxime 955
acetamide 956
4-acetamide-3-nitrobenzoic acid 16174
3-acetamido-5-(acetamidomethyl)-2,4,6-tr 23605
2-acetamido-4,5-bis-(acetoxymercuri)thia 16559
2-acetamidoacrylic acid 4689
3-acetamido-5-amino-2,4,6-triiodobenzoic 16008
4-acetamidoantipyrine 26030
4-acetamidobenzaldehyde 16424
4-acetamidobenzoic acid 16452
3-acetamidobenzoic acid 16453
2-acetamidobenzoic acid 16454
3-acetamidobenzotrifluoride 16131
2-acetamido-5-bromobenzoic acid 16098
4-acetamidobutyric acid 8167
4-acetamido-4-carboxamido-n-(N-nitroso)b 14461
2-acetamido-4,5-dimethyloxazole 11116
2-acetamido-4,5-diphenyloxazole 29933
3-acetamidofluoranthene 30450
2,7-bis(acetamido)fluorene 30000
N-(2-acetamidofluoren-1-yl)-N-fluoren-2- 34855
2-acetamido-N-(3-methyl-2-thiazolidinyli 14459
(S)-2-(2-acetamido-4-methylvaleramido)-N 32442
5-acetamido-3-(5-nitro-2-furyl)-6H-1,2,4 16182
2-acetamido-4-(5-nitro-2-furyl)thiazole 16084
2-acetamido-5-(nitrosocyanamido)valerami 14462
2-acetamidophenathrene 29093
N-(2-acetamidophenethyl)-1-hydroxy-2-nap 32750
3-acetamidophenol 13715
2-acetamido-4-phenyloxazole 21628
4-acetamidopyridine 10803
4-acetamido-2,2,6,6-tetramethylpiperidin 22814
4-acetamidothiophenol 13689
2-acetamido-3,4,6-tri-O-acetyl-2-deoxy-b 27588
3-acetamido-2,4,6-triiodobenzoic acid 15896
2-(3-acetamido-2,4,6-triiodophenyl)butyr 23717
2-(3-acetamido-2,4,6-triiodophenyl)propi 21617
2-(3-acetamido-2,4,6-triiodophenyl)valer 25948
4-acetaminobenzaldehyde 16425
acetanilide 13671
(Z)-acetate3-hexen-1-ol 14644
(acetato)(diethoxyphosphinyl)mercury 8723
(acetato)bis(heptyloxy)phosphinylmercury 29745
(acetato)bis(hexyloxy)phosphinylmercury 27900
bis(acetato-O)(3-methoxyphenyl)iodine 21943
(acetato)(2,3,5,6-tetramethylphenyl)merc 24156
acetazolamide 2932
acethion 15350
acethion amide 8847
acetic acid 889
acetic acid 3-allyloxyallyl ester 14376
acetic acid 4,6-dinitro-o-cresyl ester 16177
acetic acid 3-heptanol ester 18096
acetic acid 2,4-hexadien-1-ol ester 14367
acetic acid 2-isopropyl-5-methyl-2-hexen 24723
acetic acid, 2-(2-(2-methoxyethoxy)ethox 18106
acetic acid methylnitrosaminomethyl este 3449
acetic acid myrcenyl ester 24584
acetic acid vetiverol ester 30263
acetic anhydride 2990
acetisoeugenol 23996
4,4'-bis(acetoacetamido)-3,3'-dimethyl-1 33260
acetoacetanilide 19313
acetoacet-4-chloro-2-methylanilide 21794
acetoacetic acid 2991
acetoacetic acid 3,7-dimethyl-2,6-octadi 26337
acetoacet-m-xylidide 24108
2-acetoacetoxyethyl acrylate 17211
acetoacet-p-phenetidide 24078
acetochlor 27571
acetohexamide 28588
acetohydrazide 1040
acetohydroxamic acid 962
acetonanil 24048
1-acetonaphthone 23520
2-acetonaphthone 23521
acetone 1923
acetone cyanohydrin 3246
acetone (1-methylethylidene)hydrazone 8316
acetone semicarbazone 3762
acetone sodium bisulfite 2092
acetonitrile 753
acetonitrile imidazole-5,7,7,12,14,14-he 33018
bis(acetonitrile)palladium(ii) chloride 2824
DL-3-(a-acetonyl-4'-chlorobenzyl)-4-hydr 31302
3-(a-acetonylfurfuryl)-4-hydroxycoumarin 29950
3-(a-acetonyl-p-nitrobenzyl)-4-hydroxy-c 31323
1-acetonylpyridinium chloride 13828
acetonyltriphenylphosphonium chloride 32737
acetophenone 13391
acetophenone thiosemicarbazone 16998
acetopyrrothine 13362
N-acetoxy-4-acetamidobiphenyl 29214
acetoxy(2-acetamido-5-nitrophenyl)mercur 19016
N-acetoxy-2-acetamidophenanthrene 30554
4-acetoxyacetophenone 19182
2-acetoxyacetophenone 19183
acetoxyacetyl chloride 2662
N-acetoxy-N-acetyl-2-aminofluorene 29972
trans-N-acetoxy-4-acetyl-aminostilbene 30613
19-acetoxy-D1,4-androstadiene-3,17-dione 32885
4-acetoxy-2-azetidinone 4690
4-acetoxybenzaldehyde 16220
2-acetoxybenzonitrile 16037
N-a-acetoxybenzyl-N-benzylnitrosamine 29265
4-acetoxy-2-butanone 7900
N-(4-acetoxybutyl)-N-(acetoxymethyl)nitr 17656
2-acetoxycinnamic acid 21674
acetoxycycloheximide 30237
bis(acetoxydibutylstannane) oxide 32536
2-acetoxy-3,3-dichlorotetrahydrofuran 7303
2-acetoxy-3,3-dichlorotetrahydropyran 11075
11-acetoxy-15-dihydrocyclopenta(a)phenan 31291
1-acetoxy-1,4-dihydro-4-(hydroxyamino)qu 25881
1-acetoxydimercurio-1-perchloratodimercu 2452
(R)-(+)-2-acetoxy-3,3-dimethylbutyronitr 14442
1'-acetoxyestragole 23997
N,N-bis(acetoxyethyl)acetamide 20577
N-(2-acetoxyethyl)-N-(acetoxymethyl)nitr 11396
N-(2-acetoxyethyl)-N-ethylacetamide 14833
bis(2-acetoxyethyl)sulfone 14732
N-acetoxyfluorenylacetamide 29973
N-acetoxy-4-fluorenylacetamide 29974
N-acetoxy-2-fluorenylbenzamide 33157
1-acetoxy-3-fluorobenzene 13066
(S)-3-acetoxy-g-butyrolactone 7454
a-acetoxy-isobutyryl bromide 7485
a-acetoxy-isobutyryl chloride 7506
3',4'-acetoxylidide 19783
2,6-bis(acetoxymercuri)-4-nitroacetanili 23716
2-(acetoxymercuri)-4-nitroaniline 13326
1-acetoxymercurio-1-perchloratomercuriop 2451
2-(acetoxymethyl)allyl-trimethylsilane 18088
N-acetoxy-N-methyl-4-aminoazobenzene 28368
4-acetoxy-7-methylbenz(c)acridine 31967
7-acetoxy-4-methylcoumarin 23565
DL-3-(1-acetoxy-1-methylethyl)-6-oxohept 24515
5-acetoxymethyl-2-furaldehyde 13494
N-(acetoxymethyl)-N-isobutylnitrosamine 11807
7-acetoxymethyl-12-methylbenz(a)anthrace 33173
(1S,2S,3R,6S)-3-acetoxy-3-methyl-6-(1-me 30260
1-acetoxy-N-methyl-N-nitrosoethylamine 5431
acetoxymethylphenylnitrosamine 16984
2-acetoxy-2-methyl-3,3,3-trifluoropropio 6961
N-acetoxy-N-(1-napthyl)-acetamide 27036
1-acetoxy-N-nitrosodiethylamine 8349
1-acetoxy-N-nitrosodipropylamine 15046
17-acetoxy-19-nor-17a-pregn-4-en-20-yn-3 33325
(R)-(+)-a-acetoxyphenylacetonitrile 18900
2-acetoxy-1-phenylpropane 22155
2-acetoxypropanenitrile 4678
(S)-(-)-2-acetoxypropionic acid 4952
a-acetoxypropionic acid 4956
(S)-(-)-2-acetoxypropionyl chloride 4632
N-(3-acetoxypropyl)-N-(acetoxymethyl)nit 14531
3-acetoxypyridine 10639
1'-acetoxysafrole-2',3'-oxide 23793
N-acetoxy-N-(4-stilbenyl) acetamide 30614
4-acetoxystyrene 19130
acetoxytricyclohexylstannane 32424
acetoxytriethylstannane 15577
acetoxytrihexylstannane 32531
acetoxytrimethylplumbane 5892
acetoxytrioctylstannane 34374
acetoxytripentylstannane 30360
acetoxytripropylplumbane 23072
acetphenarsine 13803
acetyl azide 770
acetyl benzoylperoxide 16232
acetyl bromide 691
acetyl carene 24460
acetyl chloride 707
N-acetyl colchinol 32205
acetyl cyclohexanepersulfonate 14726
N-acetyl ethyl carbamate 7566
acetyl ethyl tetramethyl tetralin 30889
N'-acetyl ethylnitrosourea 5275
acetyl fluoride 731
acetyl hypobromite 694
acetyl iodide 744
acetyl isothiocyanate 1466
acetyl methyl carbinol 3525
acetyl nitrate 761
acetyl nitrite 760
N-acetyl L-valinamide 11798
N-acetylacetamide 3265
bis(acetylacetonato) titanium oxide 20175
acetylacetonatobis(ethylene)rhodium(i) 17587
bis(acetylacetonato)palladium 20169
bis(acetylacetonato)zinc 20171
acetylacetone 4882
N-acetyl-L-alanine amide 5418
N-acetyl-L-alanyl-L-alanyl-L-alanine 22663
a-acetyl-a-methyl-g-butyrolactone 11190
5-acetylamido-2-chloroaniline 13586
3'-(N-acetylamino)acetophenone 19322
4-(acetylamino)benzenesulfonyl chloride 13278
(4"R)-4"-(acetylamino)-26-(benzoyloxy) 35893
2-(acetylamino)fluorene 28220
4-acetylaminofluorene 28225
2,5-bis(acetylamino)fluorene 30001
2-acetylamino-9-fluorenol 28230
2-acetylaminofluorenone 28112
6-(acetylamino)hexanoic acid 14829
2-acetylamino-3-(4-hydroxyphenyl)-propan 26143
N-((acetylamino)methyl)-2-chloro-N-(2,6- 28605
(4"R)-4"-(acetylamino)-5-o-demethyl -4 35836
4-acetylamino-2,2,6,6-tetramethylpiperid 22784
2-acetylaminothiazole 4511
5-acetylamino-2,4,6-triiodo isophthalic 30841
4-acetylanisole 16649
9-acetylanthracene 29052
9-acetyl-1,7,8-anthracenetriol 29023
1-acetylaziridine 3257
4-acetylbenzenesulfonyl chloride 13038
N-acetylbenzidine 27115
2-acetylbenzoic acid 16215
3-acetylbenzoic acid 16216
4-acetylbenzoic acid 16217
4-acetylbenzonitrile 16026
3-acetylbenzonitrile 16027
2-acetylbenzonitrile 16028
2-acetyl-3:4-benzphenanthrene 31890
N-acetyl-S-benzyl-L-cysteine 24081
N-acetyl-S-benzyl-L-cysteine methyl este 26136
(N-acetyl)-(4R)-benzyl-2-oxazolidinone 23859
N-acetyl-4-biphenylhydroxylamine 27029
acetyl-b-methylcholine bromide 15374
(N-acetyl)-(2R)-bornane-10,2-sultam 24518
1-acetyl-3-(2-bromo-2-ethylbutyryl)urea 17530
3'-o-acetylcalotropin 35006
3-acetylcamphor 24463
N-acetylcaprolactam 14443
9-acetyl-9H-carbazole 26833
2-acetyl-5-chlorothiophene 6724
acetylcholine bromide 12123
acetylcholine chloride 12125
acetylcholine iodide 12131
3-acetylcoumarin 21539
2-acetyl-1,3-cyclohexanedione 14005
2-acetylcyclohexanone 14344
2-acetylcyclopentanone 11161
1-acetyl-1-cyclopentene 11152
N-acetylcysteamine 3694
N-acetyl-L-cysteine 5243
3-acetyldeoxynivalenol 30198
2-acetyldibenzothiophene 26774
acetyl-1,1-dichloroethyl peroxide 2851
1-acetyl-3-(2,2-dichloroethyl)urea 4776
3-acetyl-2,5-dichlorothiophene 6485
14-acetyldictyocarpine 34673
acetyldigitoxin-a 35723
acetyldigitoxin-b 35724
acetyldigoxin-a 35725
acetyldigoxin-b 35726
3-acetyldihydro-2(3H)-furanone 7439
2-acetyl-3,4-dihydro-1(2H)-naphthalenone 23767
3-O-acetyl-1,2:5,6-di-O-isopropylidene-a 27714
2-acetyl-6,7-dimethoxy-1-methylene-1,2,3 27410
acetyldimethylarsine 3596
cis-3-acetyl-2,2-dimethylcyclobutane ace 20244
(1S,3S)-3-acetyl-2,2-dimethylcyclobutane 20245
3-acetyl-2,5-dimethylfuran 13971
3-acetyl-4,5-dimethyl-5-hydroxy-1,5-dihy 14186
3-acetyl-2,4-dimethylpyrrole 14147
3-acetyl-2,5-dimethyl-pyrrole 14157
4-acetyl-3,5-dimethyl-1H-pyrrole-2-carbo 22286
3-acetyl-2,5-dimethylthiophene 13940
N-acetyl-N-(4,5-diphenyl-2-oxazolyl)acet 31339
acetylene 571
acetylene-d2 479
acetylenedicarboxylic acid, monopotassiu 2371
N-acetylethanolamine 3701
N-acetyl-N-ethylacetamide 8125
N-acetylethyl-2-cis-crotonylcarbamide 17422
acetylferrocene 23714
2-acetylfluorene 28178
N-acetyl-4-fluoro-DL-phenylalanine 21804
N-acetyl-2-fluoro-DL-phenylalanine 21805
N-acetyl-D-galactosamine 14843
acetylgitoxin-a 35727
16-acetylgitoxin 35728
N-acetylglutamic acid 11307
N-acetylglycinamide 2907
N-acetylglycine 3280
N-2-acetylguanine 10717
acetylhistamine 11316
DL-N-acetylhomocysteine thiolactone 7556
5-(acetyl(2-hydroxyethyl)amino)-N,N'-bis 32306
N-acetyl-S-(2-hydroxyphenylethyl)-L-cyst 26145
1-acetyl-4-(4-hydroxyphenyl)piperazine 24164
trans-1-acetyl-4-hydroxy-L-proline 11303
2-acetyl-7-(2-hydroxy-3-sec-butylaminopr 30212
2-acetyl-4-(2-hydroxy-3-tert-butylaminop 30211

2-acetyl-7-(2-hydroxy-3-tert-butylaminop 30213
N-acetyl-5-hydroxytryptamine 23925
1-acetylimidazole 4503
1-acetylindole 18881
5-acetylindole 18887
5-acetylindoline 19309
1-acetyl-2-isonicotinoylhydrazine 13776
acetylkidamycin 35777
N-acetyl-L-leucine 14830
D-1-acetyllysergic acid monoethylamide 32209
Na-acetyl-L-lysine 15042
acetylmercaptoacetic acid 3004
a-1-acetylmethadol 33628
N-acetyl-DL-methionine 11675
1-acetyl-17-methoxyaspidospermidine 33346
3-acetyl-6-methoxy-2H-1-benzopyran 23778
3-acetyl-7-methoxy-2H-1-benzopyran 23779
3-acetyl-8-methoxy-2H-1-benzopyran 23780
2-acetyl-6-methoxynaphthalene 25816
2-acetyl-7-methoxynaphtho(2,1-b)furan 28195
N-acetyl-N-methylacetamide 5218
(S)-(-)-N-acetyl-1-methylbenzylamine 19775
(R)-(+)-N-acetyl-1-methylbenzylamine 19776
(R)-2-acetyl-2-methyl-1,3-dithiolane 7812
a-acetyl-6-methylergoline-8b-propionamid 32255
2-acetyl-5-methylfuran 10882
N-acetyl-N-(2-methyl-4-((2-methylphenyl) 30705
acetylmethylnitrosourea 3304
3-acetyl-10-(3'-N-methyl-piperazino-N'-p 33310
1-acetyl-4-methylpiperidine 14787
3-acetyl-6-methyl-2H-pyran-2,4(3H)-dione 13487
3-acetyl-1-methylpyrrole 10984
2-acetyl-3-methylthiophene 10860
6-acetylmorphine 31468
4-acetylmorpholine 8126
N-acetylmuramic acid 22657
N-acetyl-N-myristoyloxy-2-aminofluorene 34784
1-acetyl-2-naphthol 23538
o-acetyl-N-(2-naphthoyl)hydroxylamine 25722
(R)-N-acetyl-2-naphthylalanine 28359
8-acetylneosolaniol 32327
N-acetylneuraminic acid 22658
2-acetyl-5-nitrofuran 6842
1-acetyl-5-nitroindoline 19067
2-acetyl-4-nitropyrrole 7023
2-acetyl-5-nitropyrrole 7024
3-acetylnoradamantane 22434
2-acetyl-5-norbornene 17135
3-acetyl-2-oxazolidinone 4691
7-acetyl-5-oxo-5H-(1)benzopyrano(2,3-b)p 26723
(acetyloxy)acetic acid 3007
alpha-(acetyloxy)benzeneacetyl chloride 18823
2-(acetyloxy)benzoic acid 16233
4-(acetyloxy)benzoic acid 16243
2-(acetyloxy)-5-bromobenzoic acid 15957
2-acetyloxy-N-(3,4-dimethyl-5-isoxazolyl 29936
2-[2-(acetyloxy)ethoxy]ethanol 8570
4-[bis[2-(acetyloxy)ethyl]amino]benzalde 28566
6-(acetyloxymethylbenzo(a)pyrene 33508
2-(acetyloxy)-1-phenylethanone 19176
2-(acetyloxy)propanoic acid, (±) 4946
1-(acetyloxy)-2-propanone 4930
2-(acetyloxy)propanoyl chloride, (±) 4631
5-(1-acetyloxy-2-propenyl)-1,3-benzodiox 23786
(acetyloxy)tributylstannane 27940
(acetyloxy)triphenylstannane 32085
o-acetyl-N-(p-butoxyphenylacetyl)hydroxy 27536
N-acetyl-DL-penicillamine 11674
3-acetylphenyl isocyanate 16038
4-acetylphenyl isocyanate 16039
4-acetylphenyl trifluoromethanesulfonate 16005
N-acetyl-N-phenylacetamide 19314
N-acetyl-L-phenylalanine 21989
N-acetyl-L-phenylalanyl-3,5-diiodo-L-tyr 32126
3-acetylphenylboronic acid 13521
2-acetylphenylboronic acid 13522
1-acetyl-3-phenylacetylurea 26068
N-acetyl-2-phenylethylamine 19777
1-acetyl-2-phenylhydrazine 13866
3-acetyl-1-(phenylsulfonyl)pyrrole 23648
cis-2-acetyl-3-phenyl-5-tosyl-3,3a,4,5-t 34098
12-O-acetyl-phorbol-13-deca-(D-2)-enoate 35088
12-O-acetyl-phorbol-13-decanoate 35093
N-acetyl-N'-(p-hydroxymethyl)phenylhydra 17058
1-acetyl-3,3-bis(p-hydroxyphenyl)oxindol 34230
1-acetyl-2-picolinolhydrazine 14209
1-acetylpiperazine 8321
1-acetylpiperidine 11632
1-acetyl-4-piperidinecarboxylic acid 14452
1-acetyl-4-piperidinone 11280
acetylpyrazine 6991
3-acetylpyridine 10618
N-acetylpyrrolidone 7552
5-acetylsalicylamide 16455
o-acetylsalicyloyl chloride 15974
acetylsalicylsalicylic acid 29069
o-acetylsterigmatocystin 31935
2-acetyl-5-tert-butyl-4,6-dinitroxylene 27467
3-acetylthianaphthene 18746
2-acetylthiazole 4402
4-acetylthioanisole 16647
S-acetylthiocholine bromide 12122
S-acetylthiocholine iodide 12132
3-(acetylthio)hexyl acetate 20819
1-acetyl-2-thiohydantoin 4522
(S)-3-(acetylthio)-2-methylpropionic aci 7915
3-acetylthiophene 7068
1-acetylthiosemicarbazide 2080
acetyltriiodothyronine formic acid 27997
3-acetyl-2,4,5-trimethyl-pyrrole 17318
acetyltrimethylsilane 5855
N-acetyl-DL-tryptophan 25962
acetyltryptophan 25965
N-acetyl-L-tryptophan ethyl ester 28511
N-acetyl-L-tryptophanamide 26031
N-acetyl-L-tyrosinamide 22075
N-acetyl-L-tyrosine 21998
N-(N-acetylvalyl)-N-nitrosoglycine 17581

N-acetyl-L-methionine 11673
acid butyl phosphate 3936
acid fuchsin 32054
acid green 35453
acide methyl-TE-2-benzoique 13444
acifluorfen 26606
acifluorfen sodium 26582
aclacinomycin Y 35681
bisacodyl 33186
aconine 34165
aconitic acid 7117
aconitine 35236
aconitine, amorphous 35237
acridan 25692
4-acridinamine 25593
9-acridinamine 25594
3-acridinamine 25601
acridine 25537
3,6-acridinediamine 25728
3,9-acridinediamine 25730
acridino(2,1,9,8-klmna)acridine 31781
4'-(9-acridinylamino)-2'-aminomethanesul 32074
4'-(9-acridinylamino)-3'-aminomethanesul 32075
4'-(9-acridinylamino)hexanesulfonanilide 34117
4'-(9-acridinylamino)methanesulphon-m-an 32724
4'-(9-acridinylamino)-2'-methoxymethanes 32725
4'-(9-acridinylamino)-3'-methoxymethanes 32726
4'-(9-acridinylamino)-2'-methylmethanesul 32718
4'-(9-acridinylamino)-3'-methylmethanesu 32719
4'-(9-acridinylamino)-2'-nitromethanesul 32014
N-(9-acridinyl)-N'-(2-chloroethyl)-1,3-p 30717
acriflavine 34404
acrolein 1621
acronycine 32101
acrylamide 1755
acrylamido glycolic acid, anhydrous 4697
4-acrylamidobenzo-18-crown-6 31594
2-acrylamido-2-methylpropanesulfonic aci 11682
acrylic acid 1626
acrylic acid, diester with tetraethylene 27715
acrylic acid 2-(5'-ethyl-2-pyridyl)ethyl 24070
acrylic acid tridecyl ester 29668
acryloamide 1990
acrylonitrile 1462
bis(acrylonitrile) nickel (O) 6986
N-acryloxysuccinimide 10677
4-acryloylamidobenzo-15-crown-5 30215
4-acryloylmorpholine 11284
(R)-a-acryloyloxy-b,b-dimethyl-g-butyrol 17208
1a,2,3,13c-tetrahydronaphtho(2',1':6,7)p 33146
actinobolin 26304
actinomycin C 35937
actinomycin D 35929
actinomycin K 21798
actinomycin X2 35927
aculeacin A 35828
acyclovir 14220
ADA 7748
adalat 30069
1-adamantanamine hydrochloride 20645
1-adamantaneacetic acid 24468
1-adamantanecarbonitrile 22234
1-adamantanecarbonyl chloride 22221
1-adamantanecarboxamide 22511
1-adamantanecarboxylic acid 22455
1-adamantaneethanol 24561
1-adamantanemethanol 22584
1-adamantanemethylamine 22639
2-adamantanol 20454
1-adamantanol 20455
2-adamantanone 20070
1-adamantyl isocyanate 22246
1-adamantyl isothiocyanate 22295
1-adamantyl methyl ketone 24450
N-(1-adamantyl)acetamide 24513
N-(1-adamantyl)urea 22566
adaptol 22850
adenine 4431
adenine-9-b-D-arabinofuranoside-5'-monop 19977
adenine-1-N-oxide 4438
adenosine 19857
adenosine diphosphate 20301
adenosine-3'-(a-amino-p-methoxyhydrocinn 33341
adenosine-5'-carboxamide 19482
adenosine-5'-(N-cyclobutyl)carboxamide 27479
adenosine-5'-(N-cyclopentyl)carboxamide 28590
adenosine-5'-(N-cyclopropyl)carboxamide 26075
adenosine-5'-(N-cyclopropyl)carboxamide- 26077
adenosine-5'-(N-cyclopropylmethyl)carbox 27480
adenosine-5'-(N-(2-(dimethylamino)ethyl) 27643
adenosine-5'-(N-ethyl)carboxamide-N'-oxi 24184
adenosine-5'-(N-(2-hydroxyethyl)carboxa 24185
adenosine-5'-(N-isopropyl)carboxamide 26204
adenosine-5'-(N-propyl)carboxamide 26205
5'-adenylic acid 19976
adipamic acid 8163
adipamide 8338
adiphenine hydrochloride 32266
(3R-cis)-3,7a-diphenyltetrahydropyrrolo- 30609
(3S-cis)-(+)-3,7a-diphenyltetrahydropyrr 30610
adipic acid 7917
adipic acid 3-cyclohexenylmethanol diest 32361
adipic acid diallyl ester 24491
adipic acid didecyl ester (mixed isomers 34345
adipic acid (di-2-(2-ethylbutoxy)ethyl) 33445
adipic acid, di(2-hexyloxyethyl) ester 33446
adipic acid diisopentyl ester 29677
adipic acid divinyl ester 20165
adipic acid bis(3,4-epoxy-6-methylcycloh 33388
adipic dihydrazide 8964
adiponitrile 7316
D-adrenaline 17353
adrenalone 16959
adriamycin-14-octanoatehydrochloride 35299
aflatoxin B1 29900
aflatoxin B2 29952
aflatoxin B1-2,3-dichloride 29879
aflatoxin G1 29901

aflatoxin G2 29954
aflatoxin M1 29902
aflatoxin Ro 29953
afloqualone 29133
agaritine 24349
agent orange 33838
agroclavine 29372
ajmalan-17,21-diol, (17R,21alpha)- 32271
AK PS 10356
alachlor 27572
DL-alanine 2047
D-alanine 2048
L-alanine 2049
beta-alanine 2050
boc-L-alanine 14836
boc-D-alanine 14837
DL-alanine anhydride 7727
L-alanosine 2085
L-alanyl-L-alanine 8347
DL-alanyl-DL-alanine 8348
4-N-D-alanyl-2,4-diamino-2,4-dideoxy-L-a 15307
DL-alanyl-DL-norvaline 15043
boc-ala-ome 17843
alazopeptin 28591
albizziin 3771
alclofenac epoxide 21688
alclometasone dipropionate 34648
alcoid 34286
aldecin 34649
aldehyde C-10 dimethylacetal 25293
aldicarb 11803
aldosterone 32933
aldoxycarb 11818
aldrin 23291
aleuritic acid 29737
alfaxalone 32978
alimemazine 30803
alimemazine-S,S-dioxide 30799
alizarin 26663
alizarin fluorine blue 31324
alizarin red s 26625
alizarin yellow r 25572
alizarin yellow r sodium salt 25493
alkannin 29306
alkyrom 24036
allantoin 2931
allene 1493
allenyltributyltin 28896
allethrin 31579
(+)-cis-allethrin 31580
trans-(+)-allethrin 31581
all-trans-fecapentaene 12 28685
allicin 7811
alloclamide 29537
allodan 12831
D-alloisoleucine 8826
allopregnan-3b-ol-20-isonicotinylhydrazo 34466
allorphine 31466
D-allose 8588
L-(-)-allose 8601
DL-allo-threonine 3738
D-(-)-allo-threonine 3739
L-(+)-allo-threonine 3740
alloxan 2576
alloxanic acid 2575
alloxantin 12913
all-trans-retinoic acid 32316
all-trans-retinylidene methyl nitrone 32967
allyl acetate 4883
allyl acetoacetate 11187
allyl acrylate 7407
allyl alcohol 1920
allyl benzene sulfonate 16779
allyl benzoate 19114
allyl benzyl ether 19521
allyl 2-bromo-2-methylpropionate 11243
allyl butanoate 11454
allyl trans-2-butenoate 11162
allyl carbamate 3269
allyl chloroacetate 4628
allyl 2-chloroethylsulfide 5107
allyl chloroformate 2660
allyl 4-chlorophenyl ether 16287
allyl cinnamate 23768
allyl cyanoacetate 7207
allyl cyclohexaneacetate 22606
allyl cyclohexanepropionate 24575
allyl ethyl ether 5455
allyl fluoroacetate 4648
allyl formate 2972
allyl 2-furancarboxylate 13447
allyl glycidyl ether 7816
allyl heptylate 20781
allyl hexanoate 17711
allyl hydroperoxide 1941
allyl a-ionone 29577
allyl isocyanate 2703
allyl isothiocyanate 2724
allyl lactate 7883
allyl mercaptan 1971
allyl methacrylate 11163
allyl methanesulfonate 3571
allyl methyl carbonate 4935
allyl 3-methylphenyl ether 19493
allyl 4-methylphenyl ether 19494
allyl octanoate 22708
allyl phenoxyacetate 21887
allyl phenyl arsinic acid 16817
allyl phenyl ether 16609
allyl phenyl sulfone 16708
allyl 2-phenylcinchoninate 31318
allyl p,p-diethylphosphonoacetate 17858
allyl propanoate 7818
allyl propyl disulfide 8639
allyl tetraisopropylphosphorodiamidite 28945
allyl thiocyanate 2725
allyl o-tolyl ether 19495

695

allyl trifluoroacetate 4378
allyl 3,5,5-trimethylhexanoate 24724
allyl vinyl ether 4850
6-allyl-a-cyanoergoline-8-propionamide 32839
allylamine 2030
1-(4,6-bisallylamino-S-triazinyl)-4-(p,p 34272
N-allylaniline 16888
3-allyl-1,2-benzenediol 16650
alpha-allylbenzenemethanol 19485
allylchlorodimethylsilane 5643
allylchlorohydrin ether 8053
allylchloromethyldimethylsilane 8699
allylcyclohexane 17600
1-allylcyclohexanol 17661
trans-2-allylcyclohexanol 17662
2-allylcyclohexanone 17450
allylcyclopentane 14489
5-allyl-5-(2-cyclopentenyl)-2-thiobarbit 23932
N-allylcyclopentylamine 14781
allyldibutyltin chloride 22874
allyldiethoxymethylsilane 15573
allyldiethylamine 12052
6-allyl-6,7-dihydro-3,9-dichloro-5H-dibe 29959
allyl(diisopropylamino)dimethylsilane 23100
1-allyl-2,3-dimethoxy-4,5-(methylenediox 24009
4-allyl-2,6-dimethoxyphenol 22177
allyldimethylarsine 5600
b-allyl-N,N-dimethylphenethylamine 26249
5-allyl-1,3-diphenylbarbituric acid 31340
allyldiphenylphosphine 28376
allyldiphenylphosphine oxide 28375
allyl-3,4-epoxy-6-methylcyclohexanecarbo 22472
allylestrenol 32973
2-allyl-5-ethyl-2'-hydroxy-9-methyl-6,7- 30865
(R)-N-boc-allylglycine 20573
(S)-N-boc-allylglycine 20574
N-allyl-3-hydroxymorphinan 31564
1-allylimidazole 7338
allyllithium 1749
2-allylmercapto-2-ethylbutyramide 17830
2-allylmercaptoisobutyramide 11645
allylmercaptomethylpenicillin 26198
4-allyl-2-methoxyphenol 19539
4-allyl-2-methoxyphenyl acetate 23987
allyl(4-methoxyphenyl)dimethylsilane 24462
4-allyl-2-methoxyphenylphenylacetate 30678
N-allyl-3-methyl-N-a-methylphenethyl-6-o 31528
5-allyl-5-(1-methylbutyl)-2-thiobarbitur 24415
2-allyl-2-methyl-1,3-cyclopentanedione 17156
allylmethyldichlorosilane 3385
2-allyl-3-methyl-4-hydroxy-2-cyclopenten 24331
(±)-5-allyl-5-(1-methyl-2-pentynyl)-2-th 26066
5-allyl-5-(1-methylpropenyl)barbituric a 22077
1-allylnaphthalene 25743
1-allyl-2-nitroimidazole 7244
1-(allylnitrosamino)-2-propanone 7733
17a-allyl-19-nortestosterone 32952
8-allyl-(±)-1a-H,5a-H-northropan-3a-ol 20563
2-allyloxybenzamide 19324
o-allyloxy-N-(b-hydroxyethyl)benzamide 24079
(4-allyloxy-3-chlorophenyl)acetic acid 21687
o-allyloxy-N,N-diethylbenzamide 27524
o-allyloxy-N,N-dimethylbenzamide 24071
bis(3-allyloxy-2-hydroxypropyl)fumarate 29582
4,5-bis(allyloxy)-2-imidazolidinone 17423
6-allyloxy-2-methylamino-4-(N-methylpipe 27740
3-(allyloxyphenoxy)-1,2-propanediol 24263
5-o-(allyloxy)phenyl)-3-(o-tolyl)-S-tri 30623
3-allyloxy-1,2-propanediol 8545
3-allyloxypropionitrile 7544
allyloxy-tert-butyldimethylsilane 18337
allyloxytrimethylsilane 9015
allylpalladium chloride dimer 7698
allylpentafluorobenzene 15828
3-allyl-2,4-pentanedione 14345
2-allylphenol 16605
4-allylphenol 16606
2-allyl-2-phenyl-4-pentenamide 27407
N-allyl-N'-phenylthiourea 19467
allylphosphonic dichloride 1702
allylpropanedioic acid 7447
N-allyl-2-propen-1-amine 8096
2-allylpyridine 13663
3-allylrhodanine 19469
allyl-sec-butyl thiobarbituric acid 22382
5-allyl-5-sec-butylbarbituric acid 22385
allylsuccinic anhydride 10910
3-(allylsulfinyl)-L-alanine, (S) 8168
1-allyltheobromine 19469
4-allylthiosemicarbazide 3776
2-(allylthio)-2-thiazoline 7578
allylthiourea 3459
allyltributylstannane 28927
allyltriethoxysilane 18357
allyltriisopropylsilane 25319
allyltrimethoxysilane 9091
allyltrimethylsilane 9133
allyltriphenylphosphonium bromide 32734
allyltriphenyltin 32759
allylurea 3419
alochlor 1254 23179
alosenn 35673
alphazurine a 35449
S-alpine-borane 30977
R-alpine-borane 30978
alprenolol 28699
alstonidine 33259
alternariol 26796
alternariol-9-methyl ether 28204
altoside 34901
altrenogest 32877
D-altrose 8589
L-(-)-altrose 8602
aluminium tri-tert-butanolate 25322
aluminon 33247
aluminum aceglutamide 35310
aluminum acetylacetonate 28604
aluminum carbide 1242

aluminum chlorohydroxyallantoinate 3594
aluminum clofibrate 32141
aluminum dextran 31114
aluminum diacetate 3046
aluminum distearate 35416
aluminum ethoxide 9137
aluminum flufenamate 35668
aluminum formate 1390
aluminum isopropoxide 18374
aluminum lactate 17526
aluminum oleate 35866
aluminum palmitate 35815
aluminum sec-butoxide 25323
aluminum stearate 35868
aluminum thiocyanate 1243
aluminum tributoxide 25324
alypin 29604
a-amanitin, 1-L-aspartic acid 4-(2-merca 35545
a-amanitin, 1-l-aspartic acid 35546
a-amanitine 35549
amaranth 31799
ambazone 14222
ambroxol 26165
ametryn 17857
amicetin 34792
S-(amidinomethyl) hydrogen thiosulfate 1051
amidinomycin 17993
amidinothiourea 1059
amidithion 12134
amidol 7691
amidoline 33602
amine 220 33428
aminetrimethylboron 2275
amino guanidinium nitrate 324
2-amino propionitrile 1881
amino-a-carboline 21595
2-amino-4-acetamino anisole 17057
3'-aminoacetanilide 13867
3'-aminoacetanilide hydrochloride hydrat 14071
3-aminoacetanilide-4-sulfonic acid 13895
aminoacetonitrile 851
2'-aminoacetophenone 13683
2-aminoacridine 25602
4'-((3-amino-9-acridinyl)amino)methanesu 32076
4'-(2-amino-9-acridinylamino)methanesulf 32077
2-aminoadipic acid 8169
L-2-aminoadipic acid 8171
3-aminoalanine 2116
2-amino-4-[(3-amino-4-hydroxy-phenyl)met 25958
1-amino-3-aminomethyl-3,5,5-trimethyl cy 21217
4-aminoanisole-3-sulfonic acid 11024
1-amino-9,10-anthracenedione 26712
2-amino-9,10-anthracenedione 26715
N-(4-aminoanthraquinonyl)benzamide 32628
(Z)-2-amino-a-[1-(tert-butoxycarbonyl)]- 26276
6-amino-8-azapurine 2587
4'-aminoazobenzene-4-sulfonic acid 23663
4'-amino-4,2'-azotoluene 27240
alpha-aminobenzeneacetic acid 13690
4-aminobenzeneacetic acid 13691
10-aminobenz(a)acridine 29884
2-aminobenzaldehyde 10619
4-aminobenzaldehyde 10623
2-aminobenzamide 10791
4-aminobenzamide 10796
3-aminobenzamide 10797
4-aminobenzamidine 11028
2-aminobenzanilide 25771
4-aminobenzeneacetonitrile 13332
2-amino-1,3-benzenedicarboxylic acid 13174
5-amino-1,3-benzenedicarboxylic acid 13175
2-aminobenzeneethanol 14125
beta-aminobenzeneethanol 14126
2-aminobenzenemethanamine 11085
2-aminobenzenemethanol 10971
4-aminobenzenesulfonamide 7730
6-(4-aminobenzenesulfonamido)-4,5-dimeth 23954
o-aminobenzenesulfonic acid 7216
4-aminobenzenesulfonyl fluoride 6959
2-aminobenzenethiol 7222
4-aminobenzenethiol 7223
2-aminobenzimidazole 10693
1-aminobenzimidazole-2-sulfonic acid 10705
2-amino-6-benzimidazolyl phenyl ketone 26863
4-aminobenzoic acid, sodium salt 10337
2-aminobenzonitrile 10339
3-aminobenzonitrile 10340
4-aminobenzonitrile 10343
4-aminobenzophenone 25696
2-aminobenzophenone 25697
3-aminobenzo-6,7-quinazoline-4-one 23430
6-amino-2-benzothiazolethiol 10393
1-aminobenzotriazole 7037
2-aminobenzoxazole 10354
N-(4-aminobenzoyl)-b-alanine 19447
N-(4-aminobenzoyl)-L-glutamic acid 23939
N-(4-aminobenzoyl)-L-glutamic acid dieth 29507
N-(4-aminobenzoyl)glycine 16584
(2-aminobenzoyl)hydrazide 11032
(4-aminobenzoyl)hydrazide 11033
1-(2-aminobenzoyl)-1-methylhydrazine 14200
b-4-aminobenzoyloxy-b-phenylethyl dimeth 30130
2-amino-3-benzoylphenylacetic acid 28239
3-aminobenzyl alcohol 10985
4-aminobenzyl alcohol 10986
4-aminobenzylamine 11095
(S)-2-amino-3-(benzylamino)propanoic aci 19946
2-amino-1-benzylbenzimidazole 27042
(R)-(-)-2-amino-1-benzyloxybutane 22512
(R)-(+)-2-amino-3-benzyloxy-1-propanol 20268
2-amino-3-benzyloxypyridine 23731
aminobenzylpenicillin 29431
4-amino-1-benzylpiperidine 24401
2-aminobiphenyl 23608
3-aminobiphenyl 23617
4-amino-3-biphenylol 23627
4'-amino-4-biphenylol 23628

DL-a-amino-b-methylaminopropionic acid 3846
4-amino-b-oxobenzenepropanenitrile 16160
2-amino-3-bromobenzoic acid 10167
2-amino-5-bromobenzonitrile 9881
4-amino-3-bromobenzonitrile 9882
2-amino-5-bromobenzoxazole 9883
4-amino-5-bromobenzoxazole 9884
2-amino-3-bromo-5-chlorobenzotrifluoride 9606
2-amino-5-bromo-6-chlorobenzotrifluoride 9607
2-amino-6-bromo-5-chlorobenzoxazole 9608
1-amino-2-bromo-4-hydroxyanthraquinone 26626
1-amino-2-bromo-4-(2-(2-hydroxyethyl)sul 33526
2-amino-5-bromo-4-methylnicotinic acid 10471
2-amino-3-bromo-5-methylpyridine 7132
2-amino-3-bromo-6-methyl-4-pyrimidinol 4462
2-amino-5-bromonicotinic acid 6667
3-amino-5-bromo-5-phenylpyrazole 16099
2-amino-5-bromo-6-phenyl-4(1H)-pyrimidin 18674
6-amino-3-bromo-2-picoline 7133
2-amino-5-bromo-3-picoline 7134
6-amino-3-bromo-2-picoline 7135
2-amino-5-bromo-4-picoline 7136
2-amino-3-bromopyridine 4349
3-amino-6-bromopyridine 4350
4-amino-3-bromopyridine 4351
2-amino-5-bromopyridine 4352
6-amino-3-bromoquinoline 15949
DL-2-aminobutanoic acid 3702
DL-3-aminobutanoic acid 3703
4-aminobutanoic acid 3704
3-amino-1-butanol 3989
3-amino-2-butanol 3990
4-amino-2-butanol 3991
4-amino-2-butanol 3998
4-amino-2-butanol 3999
(S)-(+)-2-amino-1-butanol 4001
(R)-(-)-2-amino-1-butanol 4002
2-amino-1-butanol, (±)- 3992
4-aminobutan-2-ol 4000
2-aminobutan-1-ol 4003
(R)-2-aminobut-3-en-1-ol, benzoate salt 22283
(S)-2-aminobut-3-en-1-ol, benzoate salt 22284
4-amino-N-[(butylamino)carbonyl]benzenes 22541
2-amino-5-butylbenzimidazole 22297
(4-aminobutyl)diethoxymethylsilane 18439
(1-aminobutyl)phosphonic acid 4065
5-amino-N-butyl-2-propargyloxybenzamide 27452
(4-aminobutyl)triethoxysilane 21446
4-aminobutyramide 3839
L(+)-2-aminobutyric acid 3717
D(-)-2-aminobutyric acid 3718
g-(boc-amino)butyric acid 17845
4-aminobutyric acid methyl ester 5724
4'-aminobutyrophenone 19784
omega-aminocaprylic acid 15334
DL-a-aminocaprylic acid 15335
aminocarb 22378
4-amino-5-carbamyl-3-benzylthiazole-2(3H 21783
5-amino-4-carbethoxy-1-phenylpyrazole 23872
3-amino-4-carbethoxypyrazole 7598
N-(aminocarbonyl)acetamide 1888
[4-[(aminocarbonyl)amino]phenyl]arsonic 10928
4-(aminocarbonyl)benzoic acid 13163
N-(aminocarbonyl)-2-bromo-2-ethylbutanam 11576
N-(aminocarbonyl)-2-bromo-3-methylbutana 7984
1-(aminocarbonyl)-1-cyclopropanecarboxyl 4692
[2-(aminocarbonyl)phenoxy]acetic acid 16464
N-(aminocarbonyl)propanamide 3434
4-N-boc-amino-4-carboxy-1,1-dioxo-tetrah 22656
4-N-boc-amino-4-carboxytetrahydropyran 22654
4-N-boc-amino-4-carboxytetrahydrothiopyr 22653
7-aminocephalosporanic acid 19465
aminochlorambucil 27568
4-amino-2-chloro-a-(4-chlorophenyl)-5-me 28139
1-amino-5-chloroanthraquinone 26632
3-amino-4-chlorobenzamide 10501
4-amino-6-chloro-1,3-benzenedisulfonamid 7298
3-amino-4-chlorobenzenesulfonyl fluoride 6699
5-amino-2-chlorobenzoic acid 10222
2-amino-6-chlorobenzoic acid 10234
4-amino-2-chlorobenzoic acid 10235
4-amino-3-chlorobenzoic acid 10236
2-amino-5-chlorobenzoic acid 10237
2-amino-4-chlorobenzoic acid 10238
2-amino-5-chlorobenzonitrile 9914
2-amino-5-chlorobenzophenone 25578
2-amino-4-chlorobenzothiazole 9923
2-amino-6-chlorobenzothiazole 9924
5-amino-2-chlorobenzotrifluoride 9907
4-amino-3-chlorobenzotrifluoride 9908
2-amino-4-chlorobenzoxazole 9919
4-amino-3-chlorobenzoxazole 9920
2-amino-7-chlorobenzoxazole 9921
(2-amino-5-chlorobenzoyl)hydrazide 10764
1-(2-amino-5-chlorobenzoyl)-1-methylhydr 13836
3-amino-4-chloro-N-(2-cyanoethyl)benzene 16536
4-amino-4-chloro-N-(2-(diethylamino)ethy 27660
2-amino-2-chloro-6,7-dimethoxyquinazolin 18992
4-amino-3-chlorodiphenylacetonitrile 26809
4-amino-5-chloro-N-(2-(ethylaminoethyl)- 24395
2-amino-5-chloro-2'-fluorobenzophenone 25517
1-amino-5-chloro-4-hydroxyanthraquinone 26633
3-amino-5-chloro-4-hydroxybenzenesulfoni 6936
2-amino-5-chloro-6-hydroxybenzoxazole 9922
4-amino-5-chloro-2-methoxybenzoic acid 13277
3-amino-4-chloro-5-methoxybenzamide 12996
2-amino-4-chloro-6-methoxypyrimidine 4471
4-amino-6-chloro-2-methylmercaptopyrimid 4473
2-amino-4-chloro-6-methylpyrimidine 4469
6-amino-4-chloro-m-toluenesulfonic acid 10763
2-amino-3-chloro-1,4-naphthoquinone 18531

2-amino-3-chloro-5-nitrobenzonitrile 9729
4-amino-3-chloro-5-nitrobenzotrifluoride 9687
2-amino-4-chlorophenol 6930
2-amino-5-chlorophenol 6932
2-amino-6-chlorophenol 6933
bis(4-amino-3-chlorophenyl) ether 23470
bis(4-amino-3-chlorophenyl)methane 25748
1-(4-amino-5-(2-chlorophenyl)-2-methyl-1 25838
3-N-boc-amino-3-(3-chlorophenyl)propioni 27427
3-N-boc-amino-3-(4-chlorophenyl)propioni 27428
3-amino-6-chloro-2-picoline 7141
5-amino-6-chloro-3-picoline 7142
5-amino-6-chloro-2-picoline 7143
3-amino-6-chloro-4-picoline 7144
L-1-amino-3-chloro-2-propanol 2097
DL-1-amino-3-chloro-2-propanol 2098
2-amino-6-chloropurine 4268
2-amino-6-chloropurine-9-riboside 19416
3-amino-6-chloropyridine 4358
3-amino-2-chloropyridine 4359
2-amino-6-chloro-4-pyrimidinol monohydra 2530
2-amino-5-chlorothiazole 1404
2-amino-3-chloro-5-(trifluoromethyl)pyri 6435
6-aminocoumarin coumarin-3-carboxylic ac 31192
3-aminocrotononitrile 2892
4-amino-4'-cyanobiphenyl 25603
5-amino-4-cyano-1-phenyl-3-pyrazoleaceto 23441
2-amino-2,4,6-cycloheptatrien-1-one 10624
cis-2-amino-1-cyclohexanecarboxamide 11786
1-amino-1-cyclohexanecarboxylic acid 11653
trans-2-amino-1-cyclohexanecarboxylic ac 11654
cis-2-amino-1-cyclohexanecarboxylic acid 11655
trans-4-aminocyclohexanol 8777
trans-2-aminocyclohexanol, (±) 8763
trans-2-amino-4-cyclohexene-1-carboxamid 11383
cis-2-amino-4-cyclohexene-1-carboxamide 11384
cis-2-amino-4-cyclohexene-1-carboxylic a 11285
trans-2-amino-4-cyclohexene-1-carboxylic 11286
cis,cis-bis(4-aminocyclohexyl)methane 26477
cis,trans-bis(4-aminocyclohexyl)methane 26478
trans,trans-bis(4-aminocyclohexyl)methan 26479
(1-aminocyclohexyl)penicillin 28722
(1-amino-1-cyclohexyl)phosphonic acid 8908
3-amino-3-cyclohexylpropionic acid 17832
(1R,3R)-N-boc-3-aminocyclopentane carbox 22647
cis-2-amino-1-cyclopentanecarboxamide 8322
1-aminocyclopentanecarboxylic acid 8127
cis-2-amino-1-cyclopentanecarboxylic aci 8137
(1S,3R)-3-aminocyclopentanecarboxylic ac 8138
(1R,3S)-3-aminocyclopentanecarboxylic ac 8139
(1S,3R)-N-boc-1-aminocyclopentane-3-carb 22648
(1R,3S)-N-boc-1-aminocyclopentane-3-carb 22649
(1S,3S)-N-boc-1-aminocyclopentane-3-carb 24632
1-amino-1-cyclopentanemethanol 8778
(1S,4R)-4-aminocyclopent-2-enecarboxylic 7548
(1R,4S)-4-aminocyclopent-2-enecarboxylic 7549
(1S,4R)-N-boc-1-aminocyclopent-2-ene-4-c 22533
(1R,4S)-N-boc-1-aminocyclopent-2-ene-4-c 22534
(1-amino-1-cyclopentyl)phosphonic acid, 5789
1-amino-1-cyclopropanecarboxylic acid 3266
4-amino-N-cyclopropyl-3,5-dichlorobenzam 18995
N4-aminocytidine 17433
aminodarone 34123
3'-amino-3'-deoxyadenosine 19980
2-amino-2-deoxy-L-ascorbic acid 7568
1-amino-1-deoxy-D-glucitol 9240
2-amino-2-deoxy-D-glucose 8852
9-amino-1,2,5,6-dibenzanthracene 33121
1-amino-2,4-dibromoanthraquinone 26604
2-amino-3,5-dibromobenzaldehyde 9898
2-amino-3,5-dibromobenzonitrile 9652
2-amino-3,5-dibromobenzotrifluoride 9650
4-amino-3,5-dibromobenzotrifluoride 9651
2-amino-5,7-dibromobenzoxazole 9653
4-amino-2,6-dibromophenol 6690
2-amino-4-dibutylaminoethoxypyrimidine 27791
4-amino-3,5-dichloroacetophenone 13042
2-amino-3,6-dichlorobenzoic acid 9956
3-amino-2,5-dichlorobenzoic acid 9957
2-amino-3,5-dichlorobenzonitrile 9733
4-amino-3,5-dichlorobenzonitrile 9734
2-amino-2',5-dichlorobenzophenone 25528
2-amino-3,5-dichlorobenzotrifluoride 9731
2-amino-5,6-dichlorobenzoxazole 9735
2-amino-4,6-dichlorophenol 6748
4-amino-2,6-dichlorophenol 6749
(4-amino-3,5-dichlorophenyl)glycolic aci 13046
1-(4-amino-5-(3,4-dichlorophenyl)-2-meth 25749
2-amino-5-((3,4-dichlorophenyl)thiomethy 18997
2-amino-3,5-dichloropyridine 4277
5-amino-4,6-dichloropyrimidine 2465
2-amino-4,6-dichloropyrimidine 2466
1-amino-3,3-diethoxypropane 12356
2-amino-4-diethylaminoethoxypyrimidine 20664
1-amino-3-(diethylamino)-2-propanol 12382
L(+)-2-amino-6-(O,O'-diethylphosphono)he 21212
2-amino-1,7-dihydro-7-methyl-6H-purin-6- 7252
7-amino-1,3-dihydro-5-phenyl-2H-1,4-benz 28245
5-amino-2,3-dihydro-1,4-phthalazinedione 13219
2-amino-1,7-dihydro-6H-purine-6-thione 4441
6-amino-1,3-dihydro-2H-purin-2-one 4434
3-amino-1,2-dihydroxy-9,10-anthracenedio 26724
2-amino-9-[[2,3-dihydroxy-1-(hydroxymeth 20300
2-amino-4,6-dihydroxy-5-methylpyrimidine 4725
(R-(R*,R*))-6-amino-a-b-dihydroxy-9H-pur 17001
2-amino-4,6-dihydroxypyrimidine 2739
4-amino-2,6-dihydroxypyrimidine 2740
4-amino-3,5-diiodobenzoic acid 10037
2-amino-3,5-diiodobenzoic acid 10038
2-amino-4-di-isobutylaminoethoxypyrimidi 27792
2-amino-4,5-dimethoxybenzoic acid 16976
1-(4-amino-5-(3,4-dimethoxyphenyl)-2-met 28512
2-amino-4,6-dimethoxypyrimidine 7599
1-(4-amino-6,7-dimethoxy-2-quinazolinyl- 31476
2-amino-3,3-dimethyl butane 9188
2-amino-4-dimethylaminoethoxypyrimidine 14537
2-amino-5,6-dimethylbenzothiazole 16596
1-amino-2,2-dimethylbutane 9184
1-amino-2,3-dimethylbutane 9185
1-amino-3,3-dimethylbutane 9186
2-amino-2,3-dimethylbutane 9187
4-amino-3',5'-dimethyl-4'-hydroxyazobenz 27249
2-amino-3,4-dimethylimidazo(4,5-f)quinol 23755
2-amino-3,8-dimethylimidazo(4,5-f)quinox 21784
3-amino-N,N-dimethyl-4-nitroaniline 14206
1-(4-amino-1,2-dimethyl-5-phenyl-1H-pyrr 27340
1-amino-3-(2,2-dimethylpropyl)-6-(ethylt 20666
5-amino-1,3-dimethyl-4-pyrazolyl o-fluor 23711
2-amino-4,6-dimethylpyridine 11096
2-amino-4,6-dimethyl-3-pyridinecarboxami 14201
6-amino-2,3-dimethylquinoxaline 19347
(1S,3R,4S,6R)-N-boc-6-amino-2,2-dimethyl 27735
(1R,3S,4R,6S)-N-boc-6-amino-2,2-dimethyl 27736
3-amino-5,6-dimethyl-1,2,4-triazine 4840
2-amino-4,6-dinitrophenol 6862
2-amino-3,5-dinitrothiophene 2502
2-amino-4,6-dinitrotoluene 10709
1-amino-9,10-dioxo-9,10-dihydro-2-anthra 28001
2-N-boc-amino-3[4-(1,1-dioxo-tetrahydro- 26400
2-amino-4,6-dipyrrolidinotriazine 22580
4-amino-3,4'-disulfoazobenzene 23664
9-aminoellipticine 29980
2-aminoethaneselenosulfuric acid 1126
2-aminoethanesulfonic acid 1125
2-(boc-amino)ethanethiol 12089
2-aminoethanethiosulfuric acid 1036
1-aminoethanol 1118
3-amino-4-ethoxyacetanilide 19949
2-amino-6-ethoxybenzothiazole 16595
2-aminoethoxyethanol 4007
5-amino-6-ethoxy-2-naphthalenesulfonic a 23863
N-aminoethyl ethanolamine 4080
2-aminoethyl hydrogen sulfate 1127
N-aminoethyl piperazine 9247
N-(2-aminoethyl)acetamide 3832
6-amino-3-ethyl-1-allyl-2,4(1H,3H)-pyrim 17368
bis(2-aminoethyl)amine cobalt(iii) azide 4115
bis(2-aminoethyl)aminediperoxochromium(i 4116
2-[[2-[(2-aminoethyl)amino]ethyl]amino]e 9340
(((2-((2-aminoethyl)amino)ethyl)amino)me 22661
2-(2-aminoethylamino)-5-nitropyridine 11131
1-[(2-aminoethyl)amino]-2-propanol 6020
[3-(2-aminoethylamino)propyl]trimethoxys 15739
2-aminoethylammonium perchlorate 1171
4-(2-aminoethyl)aniline 14288
4-(2-aminoethyl)benzenesulfonamide 14309
1-amino-2-ethylbutane 9189
3-amino-9-ethylcarbazole 27100
N-(2-aminoethyl)-3,5-bis(1,1-dimethyleth 31651
3-amino-4-ethylhexanoic acid 15336
1-(4-amino-1-ethyl-2-methyl-5-phenyl-1H- 28506
4-(2-aminoethyl)phenol 14127
(2-aminoethyl)phosphonic acid 1155
DL-1-(aminoethyl)phosphonic acid 1156
N-(2-aminoethyl)-1,3-propanediamine 6035
N,N'-bis(2-aminoethyl)-1,3-propanediamin 12403
2-amino-2-ethyl-1,3-propanediol 5987
5-amino-1-ethylpyrazole 5271
5-amino-2-ethyltetrazol 2087
2-amino-5-ethyl-1,3,4-thiadiazole 3309
2-amino-5-ethylthio-1,3,4-thiadiazole 3311
3-aminofluoranthene 29008
2-aminofluorene 25690
2-amino-9-fluorenone 25544
4-aminofluorenone 25550
2-amino-N-fluoren-2-ylacetamide 28275
2-amino-6-fluorobenzoic acid 10297
2-amino-5-fluorobenzoic acid 10298
2-amino-4-fluorobenzoic acid 10299
2-amino-6-fluorobenzothiazole 9992
2-amino-5-fluorobenzoxazole 9991
2-amino-2'-fluoro-5-bromobenzophenone 25511
4-amino-4'-fluorodiphenyl 23475
1-(4-amino-5-(3-fluorophenyl)-2-methyl-1 25848
1-(4-amino-5-(4-fluorophenyl)-2-methyl-1 25849
3-N-boc-amino-3-(4-fluorophenyl)propioni 27435
2-(N-boc-amino)-5-(N-fmoc-amino)indan-2- 34875
2-N-boc-amino-3-(2-N-fmoc-amino-pyrrolid 34434
N-boc-amino-(4-N-fmoc-piperidinyl)carbox 34277
aminofuracarb 32344
2-amino-4g-diethylaminopropylamino-5,6-d 26464
aminoglutethimide 26063
3-aminoheptane 12345
7-aminoheptanoic acid, isopropyl ester 21119
2-aminohexane 9174
3-aminohexane 9175
6-aminohexanenitrile 8319
6-aminohexanoic acid 8807
6-aminohexanol 9213
DL-2-amino-1-hexanol 9221
bis(6-aminohexyl)amine 25397
(1-aminohexyl)phosphonic acid 9291
3-amino-4-homoisotwistane 22640
1-aminohomopiperidine 8924
2-amino-3-hydroxyacetophenone 13737
2-amino-1-hydroxy-9,10-anthracenedione 26721
1-amino-4-hydroxyanthraquinone 26722
4-amino-4'-hydroxyazobenzene 23660
4-amino-2-hydroxybenzohydrazide 11035
4-amino-2-hydroxybenzoic acid 10661
5-amino-2-hydroxybenzoic acid 10662
3-amino-4-hydroxybenzoic acid 10664
2-amino-3-hydroxybenzoic acid 10673
3-amino-4-hydroxybutanoic acid 3727
4-amino-3-hydroxybutyric acid 3410
(S)-(-)-4-amino-2-hydroxybutyric acid 3741
DL-4-amino-3-hydroxybutyric acid 3742
N-boc-amino-(4-hydroxycyclohexyl)carboxy 24631
(1S,2S,4R)-N-boc-1-amino-2-hydroxycyclop 24635
(1R,2S,4S)-N-boc-1-amino-2-hydroxycyclop 24636
(1R,2R,4S)-N-boc-1-amino-2-hydroxycyclop 24637
(1R,2S,4R)-N-boc-1-amino-2-hydroxycyclop 24638
(1R,2R,4R)-N-boc-1-amino-2-hydroxycyclop 24639
(1S,2S,4S)-N-boc-1-amino-2-hydroxycyclop 24640
(1S,2R,4S)-N-boc-1-amino-2-hydroxycyclop 24641
(1S,2R,4R)-N-boc-1-amino-2-hydroxycyclop 24642
3-amino-4-(2-hydroxy)ethoxybenzenarsonic 14254
(3-amino-4-(2-hydroxyethoxy)phenyl)arsin 14253
4-amino-N-(2-hydroxyethyl)-o-toluenesulf 17425
1-amino-4-(2-hydroxyethyl)piperazine 9250
4-amino-5-hydroxy-6-[[4'-[(4-hydroxyphen 35204
2-amino-5-hydroxylevulinic acid 5255
2-amino-6-hydroxy-8-mercaptopurine 4440
(R,S)-2-amino-3-hydroxy-3-methylbutanoic 5741
(S)-(+)-2-amino-3-hydroxy-3-methylbutano 5739
(R)-(-)-2-amino-3-hydroxy-3-methylbutano 5740
(R,S)-a-amino-3-hydroxy-5-methyl-4-isoxa 11124
(2S,3R)-(+)-2-amino-3-hydroxy-4-methylpe 8841
(2R,3S)-(-)-2-amino-3-hydroxy-4-methylpe 8842
2-amino-4-hydroxy-6-methylpyrimidine 4719
4-amino-5-(hydroxymethyl)-2(1H)-pyrimidi 4723
4-amino-5-hydroxy-2,7-naphthalenedisulfo 18948
4-amino-5-hydroxy-2,7-naphthalenedisulfo 29979
4-amino-3-hydroxy-1-naphthalenesulfonic 18933
6-amino-4-hydroxy-2-naphthalenesulfonic 18935
7-amino-4-hydroxy-2-naphthalenesulfonic 18936
3-amino-4-hydroxy-5-nitrobenzenesulfonic 7033
4-amino-2-hydroxy-4-oxobutanoic acid 3283
1-amino-4-hydroxy-2-phenoxyanthraquinone 31854
N-[(2S,3R)-3-amino-2-hydroxy-4-phenylbut 29573
3-(((3-amino-4-hydroxyphenyl)phenylarsin 28450
1-N-(S-3-amino-2-hydroxypropionyl)betamy 33452
3-amino-4(1-(2-hydroxy)propoxy)benzenear 17396
2-amino-4-hydroxypteridine 6864
3-amino-5-hydroxypyrazole 1786
4-amino-6-hydroxypyrazolo[3,4-d]pyrimidi 4436
2-amino-3-hydroxypyridine 4504
4-amino-2-hydroxytoluene 10993
4-amino-4'-hydroxy-2,3',5'-trimethylazob 28482
5-aminoimidazole-4-carboxamide 2927
o-[(aminoiminomethyl)amino]-L-homoserine 5830
(aminoiminomethyl)urea 1054
(R)-(-)-1-aminoindan 16897
(S)-(+)-1-aminoindane 16898
2-amino-2-indanecarboxylic acid 19316
N-boc-2-aminoindane-2-carboxylic acid 28555
N-boc-DL-1-aminoindane-1-carboxylic acid 28558
(+/-)-1-aminoindane-1,5-dicarboxylic aci 21761
(1S,2R)-(-)-cis-1-amino-2-indanol 16918
(1R,2S)-1-amino-2-indanol 16919
5-aminoindazole 10694
5-aminoindole 13341
2-amino-5-iodobenzoic acid 10333
2-amino-5-iodobenzoxazole 10026
4-amino-4'-iodobiphenyl 23485
DL-beta-aminoisobutyric acid 3722
aminoisometradin 17370
3-aminoisoxazole 1597
4-amino-3-isoxazolidinone, (R) 1889
5-aminolevulinic acid 5238
N-amino-2-(m-bromophenyl)succinimide 18808
6-amino-m-cresol 10987
4-amino-m-cresol 10988
5-amino-2-mercaptobenzimidazole 10713
4-amino-6-mercaptopyrazolo[3,4-d]pyrimid 4446
4-amino-2-mercaptopyrimidine 2750
3-amino-5-mercapto-1,2,4-triazole 874
aminomethanesulfonic acid 292
6-aminomethaqualone 29220
3-amino-4-methoxy benzanilide 27121
1-amino-2-methoxyanthraquinone 28116
2-amino-5-methoxybenzenesulfonic acid 11022
3-amino-4-methoxybenzenesulfonic acid 11023
3-amino-4-methoxybenzoic acid 13752
2-amino-6-methoxybenzothiazole 13349
2-amino-4-methoxybenzothiazole 13351
2-amino-5-methoxybenzoxazole 13358
(2S,3S)-2-amino-3-methoxybutanoic acid 5742
2-amino-3-methoxydiphenylene oxide 25711
4-amino-N-(2-methoxyethyl)-7-((2-methoxy 31533
1-(4-amino-5-(4-methoxy-3-methylphenyl)- 28510
2-amino-4-methoxy-6-methylpyrimidine 7594
(S)-(-)-1-amino-2-(methoxymethyl)pyrroli 8936
(R)-1-amino-2-(methoxymethyl)pyrrolidine 8937
2-amino-5-methoxy-2'(or 3')-methylindiam 27363
1-amino-2-methoxy-4-oxyanthraquinone 28118
5-amino-2-methoxyphenol 11001
1-(4-amino-5-(3-methoxyphenyl)-2-methyl- 27348
1-(4-amino-5-(4-methoxyphenyl)-2-methyl- 27349
3-N-boc-amino-3-(3-methoxyphenyl)propion 28631
3-N-boc-amino-3-(4-methoxyphenyl)propion 28632
2-amino-1-methoxypropane 4004
(S)-2-amino-3-methoxypropanoic acid 3743
4-amino-6-methoxypyrimidine 4720
4-amino-2-methoxy-5-pyrimidinemethanol 7602
4-amino-1-methylaminoanthraquinone 28165
1-amino-2-methyl-9,10-anthracenedione 28110
3-amino-4-methylbenzamide 13868
alpha-(aminomethyl)benzenemethanol 14128
beta-(aminomethyl)benzenepropanoic acid 19789
5-amino-2-methylbenzenesulfonic acid 11017
3-amino-4-methylbenzenesulfonylcyclohexy 27640
2-amino-1-methylbenzimidazole 13773
3-amino-4-methylbenzoic acid 13716
4-amino-3-methylbenzoic acid 13717
2-amino-5-methylbenzoic acid 13718
2-amino-3-methylbenzoic acid 13719
2-amino-6-methylbenzoic acid 13720
3-amino-2-methylbenzoic acid 13721
4-(aminomethyl)benzoic acid 13722
5-amino-2-methylbenzonitrile 13333
2-amino-4'-methylbenzophenone 27019
2-amino-4-methylbenzothiazole 13377
2-amino-6-methylbenzothiazole 13378
2-amino-5-methylbenzoxazole 13347
(R)-(-)-2-amino-2-methylbutanedioic acid 5249
(S)-(+)-2-amino-2-methylbutanedioic acid 5250
(S)-(+)-2-amino-3-methyl-1-butanol 5976
(R)-(-)-2-amino-3-methyl-1-butanol 5977
2-amino-3-methyl-1-butanol 5978
2-amino-3-methyl-1-butanol, (±) 5966
(1-amino-3-methylbutyl)phosphonic acid 6007
(1-amino-2-methylbutyl)phosphonic acid 6008
2-amino-4-methyl-5-carboxanilidothiazole 21776

7-amino-4-methylcoumarin 18901
2-aminomethyl-15-crown-5 22888
2-aminomethyl-18-crown-6 26524
1,4-bis(aminomethyl)cyclohexane 15402
trans-4-(aminomethyl)cyclohexanecarboxyl 14806
2-aminomethyl-2,3-dihydro-4H-pyran 8119
2-amino-6-methyldipyrido(1,2-a:3',2'-d)i 21639
6-amino-3,4-methylenedioxyacetophenone 16456
(R)-2-(aminomethyl)-1-ethylpyrrolidine 12141
2-amino-6-methylheptane 15645
(S)-2-amino-6-methylheptane 15646
(R)-2-amino-6-methylheptane 15647
6-amino-2-methyl-2-heptanol 15655
3-amino-5-methylhexanoic acid 12084
4-amino-2-methyl-3-hexanol 12353
(S)-(+)-2-amino-2-methyl-3-hydroxypropan 3744
(R)-(-)-2-amino-2-methyl-3-hydroxypropan 3745
2-amino-3-methylimidazo(4,5-f)quinoline 21640
5-amino-2-methylindole 16574
3-(aminomethyl)indole oxalate 21836
3-amino-5-methylisoxazole 2895
5-amino-3-methylisoxazole 2896
5-aminomethyl-3-isoxyzole 2910
2-amino-6-methylmercaptopurine 7257
4-amino-2-methylmercaptoquinazoline 16504
1-(4-amino-2-methyl-5-(2-methylphenyl)-1 27341
1-(4-amino-2-methyl-5-(3-methylphenyl)-1 27342
1-(4-amino-2-methyl-5-(4-methylphenyl)-1 27343
a-(aminomethyl)-m-hydroxybenzyl alcohol 14176
a-aminomethyl-m-trifluoromethylbenzyl al 16553
4-amino-2-methyl-1-naphthol 21741
2-amino-6-methylnicotinic acid 10816
2-amino-4-methylnicotinic acid 10817
2-amino-6-(1'-methyl-4'-nitro-5'-imidazo 16184
2-amino-4-methyl-5-nitronicotinic acid 10706
2-amino-6-methyl-5-nitronicotinic acid 10707
2-amino-4-methyl-5-nitropyridine 7236
2-amino-4-methyl-3-nitropyridine 7237
2-(aminomethyl)norbornane 14786
2-amino-4-methyloxazole 2899
1-amino-2-methylpentane 9176
1-amino-3-methylpentane 9177
1-amino-4-methylpentane 9178
2-amino-2-methylpentane 9179
2-amino-3-methylpentane 9180
2-amino-4-methylpentane 9181
3-amino-2-methylpentane 9182
3-amino-3-methylpentane 9183
(2S,4R)-(+)-2-amino-4-methylpentanedioic 8172
3-amino-4-methylpentanoic acid 8827
4-amino-4-methyl-2-pentanol 9228
2-amino-4-methyl-1-pentanol, (±) 9214
4-amino-4-methyl-2-pentanone 8764
2-amino-3-methylphenol 10972
2-amino-4-methylphenol 10973
3-amino-4-methylphenol 10974
3-amino-5-methylphenol 10975
4-amino-2-methylphenol 10976
4-aminomethylphenylboronic acid HCl 11239
2-amino-1-methyl-6-phenylimidazo(4,5-b)p 25785
cis-2-amino-5-methyl-4-phenyl-1-pyrrolin 22060
trans-2-amino-5-methyl-4-phenyl-1-pyrrol 22061
4-amino-3-methyl-6-phenyl-1,2,4-triazin- 19076
(aminomethyl)phosphonic acid 311
a-(aminomethyl)-p-hydroxybenzyl alcohol 14177
1-amino-4-methylpiperazine 5996
2-amino-4-(N-methylpiperazino)-5-methylt 20381
2-amino-2-methyl-1,3-propanediol 4008
2-amino-2-methyl-1-propanol 3993
1-amino-2-methyl-2-propanol 4005
S-2-amino-2-methylpropyl dihydrogen phos 4068
2-[(2-amino-2-methylpropyl)amino]ethanol 9303
2-[(2-amino-2-methylpropyl)amino]-2-meth 15706
(1-amino-2-methylpropyl)phosphonic acid 4066
3-amino-5-methylpyrazole 3296
3-amino-6-methyl-4-pyridazinethiol 4734
3-amino-1-methyl-5H-pyrido(4,3-b)indole 23658
2-amino-3-methyl-9H-pyrido(2,3-b)indole 23659
4-amino-5-methyl-2(1H)-pyrimidinone 4718
(S)-(+)-2-(aminomethyl)pyrrolidine 5796
6-amino-2-methylquinoline 19037
5-(aminomethyl)tetrahydro-2-furanmethano 8808
2-aminomethyltetrahydropyran 8120
2-amino-5-methyl-1,3,4-thiadiazole 1797
2-amino-N-(3-methyl-2-thiazolidinylidene 8187
5-amino-3-methylthio-1,2,4-oxadiazole 1790
2-amino-5-methylthio-1,3,4-thiadiazole 1798
3-amino-5-methylthio-1H-1,2,4-triazole 1916
3-(aminomethyl)-3,5,5-trimethylcyclohexa 21107
5-aminomethyl-2,4,4-trimethyl-1-cyclopen 18220
6-amino-m-toluenesulfonic acid 11018
4-amino-1-naphthalenecarbonitrile 21517
3-amino-2-naphthalenecarboxylic acid 21570
5-amino-1-naphthalenecarboxylic acid 21571
4-amino-1,6-naphthalenedisulfonic acid 18942
4-amino-1,7-naphthalenedisulfonic acid 18943
7-amino-1,3-naphthalenedisulfonic acid 18944
2-amino-1,5-naphthalenedisulfonic acid 18945
3-amino-1,5-naphthalenedisulfonic acid 18946
2-amino-1-naphthalenesulfonic acid 18922
4-amino-1-naphthalenesulfonic acid 18923
5-amino-1-naphthalenesulfonic acid 18924
7-amino-1-naphthalenesulfonic acid 18925
8-amino-1-naphthalenesulfonic acid 18926
8-amino-2-naphthalenesulfonic acid 18927
5-amino-2-naphthalenesulfonic acid 18928
7-amino-1,3,6-naphthalenetrisulfonic aci 18949
6-amino-2-naphthalenol 18866
8-amino-2-naphthalenol 18867
4-amino-1,8-naphthalimide 23312
6-amino-2-naphthoic acid 21574
5-amino-1-naphthol 18868
2-amino-1-naphthol 18888
5-amino-2-naphthol 18889
8-amino-1-naphthol-5-sulfonic acid 18934
2-amino-1-naphthyl ester sulfuric acid 18937
4,4'-bis(4-amino-1-naphthylazo)-2,2'-sti 35208
2-amino-1-naphthylglucosiduronic acid 29334
(S)-(-)-2-amino-3-(1-naphthyl)propanoic 25870
6-aminonicotinamide 7231
5-aminonicotinic acid 7001
2-aminonicotinic acid 7002
4-aminonicotinic acid 7003
4-amino-3-nitrobenzenesulfonic acid 7031
2-amino-3-nitrobenzoic acid 10368
5-amino-2-nitrobenzoic acid 10370
4-amino-3-nitrobenzoic acid 10371
2-amino-5-nitrobenzoic acid 10372
3-amino-5-nitrobenzoic acid 10373
3-amino-5-nitrobenzoisothiazole 10110
2-amino-5-nitrobenzophenone 25607
4-amino-3-nitrobenzophenone 25608
2-amino-6-nitrobenzothiazole 10111
2-amino-5-nitrobenzotrifluoride 10004
5-amino-2-nitrobenzotrifluoride 10005
4-amino-3-nitrobenzotrifluoride 10006
4-amino-3-nitro-5b-hydroxyethylaniline 14213
4-amino-4'-nitrobiphenyl 23504
4-amino-3-nitro-6-chloroaniline 6938
1-amino-4-nitro-5,8-dichloroanthraquinon 26585
4-amino-3-nitro-2,5-dimethylaniline 14210
4-amino-3-nitro-5,6-dimethylaniline 14211
2-amino-5-(5-nitro-2-furyl)-1,3,4-oxadia 13231
2-amino-4-(5-nitro-2-furyl)thiazole 10113
5-amino-3-(5-nitro-2-furyl)-S-triazole 6866
2-amino-4-(2-(5-nitro-2-furyl)vinyl)thia 16080
3-amino-1-nitroguanidine 299
2-amino-5-nitronicotinic acid 6861
2-amino-3-nitrophenol 7010
4-amino-2-nitrophenol 7011
2-amino-5-nitrophenol 7012
4-amino-3-nitrophenol 7013
2-amino-4-nitrophenol 7014
(1R,2R)-2-amino-1-(4-nitrophenol)propane 17061
2-((4-amino-2-nitrophenyl)amino)ethanol 14214
(1S,2S)-2-amino-1-(4-nitrophenyl)propane 17062
2-amino-5-(4-nitrophenylsulfonyl)-thiazo 16085
2-amino-5-nitro-3-picoline 7238
6-amino-5-nitro-2-picoline 7239
6-amino-3-nitro-2-picoline 7240
4-amino-3-nitropyridine 4425
2-amino-3-nitropyridine 4426
2-amino-5-nitropyridine 4427
5-amino-6-nitroquinoline 16078
6-amino-5-nitroso-2-thiouracil 2586
4-amino-4'-nitro-2,2'-stilbenedisulfonic 26918
3-aminonorharman 21596
aminonucleoside puromycin 24432
5-amino-o-cresol 10989
3-amino-o-cresol 10990
(S)-2-aminooctane 15648
(R)-2-aminooctane 15649
2-aminooctane 15650
2-aminooctanoic acid, (±) 15329
(1-aminooctyl)phosphonic acid 15692
1-amino-2-(o-cyclohexylphenoxy)propional 28659
1-(4-amino-5-(o-methoxyphenyl)-2-methyl- 27350
4-amino-o-toluenesulfonic acid 11020
aminooxoacetohydrazide 971
cis-4-amino-4-oxo-2-butenoic acid 2721
aminooxyacetic acid 966
1-(4-amino-5-(p-chlorophenyl)-2-methyl-1 25839
3-amino-3-(p-chlorophenyl)propionic acid 16531
2-amino-5-((p-chlorophenyl)thiomethyl)-2 19242
6-aminopenicillanic acid 14312
4-amino-1,2,6,6-pentamethylpiperidine 21213
5-aminopentanoic acid 5704
2-amino-3-pentanol 5967
5-amino-1-pentanol 5968
DL-2-amino-1-pentanol 5979
(S)-(-)-2-amino-4-pentenoic acid 5224
DL-2-amino-4-pentenoic acid 5225
aminoperimidine 21597
1-aminophenanthrene 26829
3-amino-2-phenazinol 23431
4-aminophenethyl alcohol 14148
2-aminophenol 7182
3-aminophenol 7183
4-aminophenol 7184
4,4'-bis(3-aminophenoxy)diphenyl sulfone 33787
1,2-bis(2-aminophenoxy)-ethane-N,N,N'N'- 33266
1,2-bis(2-aminophenoxy)-ethane-N,N,N',N' 33205
2,2-bis[4-(4-aminophenoxy)phenyl]-hexafl 34391
3-amino-1-phenoxy-2-propanol hydrochlori 17334
4-aminophenyl disulfide 23748
bis(4-aminophenyl) sulfone 23739
3-aminophenyl sulfone 23740
N-(4-aminophenyl)acetamide 13862
7-(D-a-aminophenylacetamido)desacetoxyce 29339
2-(4-aminophenyl)-5-aminobenzimidazole 25786
(4-aminophenyl)arsonic acid 7280
4-(4'-aminophenylazo)phenylarsonic acid 23688
N-(4-aminophenyl)-1,4-benzenediamine 23868
5-amino-2-phenylbenzothiazole 25618
(-)-2-amino-4-phenylbutyric acid 19802
(+)-2-amino-4-phenylbutyric acid 19803
(2S,3R)-N-boc-2-amino-3-phenylbutyric ac 28624
(1S,2R)-N-boc-1-amino-2-phenylcyclopropa 28559
(1S,2S)-N-boc-1-amino-2-phenylcyclopropa 28560
(1R,2R)-N-boc-1-amino-2-phenylcyclopropa 28561
(1R,2S)-N-boc-1-amino-2-phenylcyclopropa 28562
bis(2-aminophenyl)diselenide 23751
1-(3-aminophenyl)ethanol 14149
1-(3-aminophenyl)ethanone 13672
1-(4-aminophenyl)ethanone 13673
2-amino-1-phenylethanone 13674
N-b-(p-aminophenyl)ethylnormeperidine 33317
2,4-bis((4-aminophenyl)methyl)benzenamin 32153
(1-amino-1-phenylmethyl)phosphonic acid 11078
3-amino-5-phenylpentanoic acid 22262
1-(4-aminophenyl)-1-pentanone 22238
(1S,2S)-(+)-2-amino-1-phenyl-1,3-propane 17335
(1R,2R)-2-amino-1-phenyl-1,3-propanediol 17336
(S)-N-boc-3-amino-3-phenylpropanoic acid 27527
(R)-N-boc-3-amino-3-phenylpropanoic acid 27528
3-amino-3-phenyl-1-propanol 17308
L(-)-2-amino-3-phenyl-1-propanol 17310
D(+)-2-amino-3-phenyl-1-propanol 17311
1-(4-aminophenyl)-1-propanone 16906
2-amino-1-phenyl-1-propanone 16907
(R)-3-amino-3-phenylpropan-1-ol 17309
(S)-3-amino-3-phenylpropan-1-ol 17312
3-amino-3-phenylpropionic acid 16943
3-amino-1-phenyl-2-pyrazoline 16987
4-amino-5-phenyl-3-pyrazolyl methyl keto 21777
2-amino-5-phenylpyridine 21619
1-(3-aminophenyl)-2-pyridone 21625
1-(2-aminophenyl)pyrrole 19038
N-[(4-aminophenyl)sulfonyl]acetamide 13889
N-[(4-aminophenyl)sulfonyl]benzamide 25779
(2R)-2-boc-amino-3-phenylsulfonyl-1-(2-t 31615
(2S)-2-boc-amino-3-phenylsulfonyl-1-(2-t 31616
5-[(4-aminophenyl)sulfonyl]-2-thiazolami 16497
2-amino-4-phenyl-5-n-tetradecylthiazole 33664
5-amino-3-phenyl-1,2,4-thiadiazole 13230
2-amino-5-phenylthiomethyl-2-oxazoline 19442
3-amino-3-phenyl-1,2,4-triazole 13386
aminophon 31127
DL-2-amino-4-phosphonobutyric acid 3827
L(+)-2-amino-4-phosphonobutyric acid 3828
D(-)-2-amino-4-phosphonobutyric acid 3829
D(-)-2-amino-3-phosphonopropionic acid 2104
DL-2-amino-3-phosphonopropionic acid 2105
L(+)-2-amino-3-phosphonopropionic acid 2106
L(+)-2-amino-5-phosphonovaleric acid 5792
N-aminophthalimide 12881
3-aminophthalimide 12882
4-aminophthalimide 12883
4-aminophthalonitrile 12706
6-amino-3-picoline 7339
4-amino-3-picoline 7342
(4-aminopiperidino)methyl indol-3-yl ket 28572
4-N-boc-1,1-amino-piperidinyl carboxylic 22688
N-boc-amino-piperidinyl-1,1-carboxylic a 22687
N-boc-amino-(4-N-boc-piperidinyl)carboxy 29626
2-N-boc-amino-3-(4-piperidinyl)propionic 26411
3-amino-3-(p-methoxyphenyl)-1-propanol 20269
3-amino-3-(p-methoxyphenyl)propionic aci 19826
2-amino-4-(p-nitrophenyl)thiazole 16079
(S)-3-amino-1,2-propanediol 2216
(±)-3-amino-1,2-propanediol 2217
3-amino-1,2-propanediol, (±) 2215
3-aminopropanenitrile 1878
3-amino-1-propanesulfonic acid 2221
1-amino-2-propanol 2204
3-amino-1-propanol 2205
(R)-(-)-1-amino-2-propanol 2211
(S)-(+)-1-amino-2-propanol 2212
(R)-(-)-2-amino-1-propanol 2213
2-aminopropanol 2214
2-amino-1-propanol, (±) 2207
3-amino-1-propanol vinyl ether 5684
2-amino-1-propene-1,1,3-tricarbonitrile 6600
3-aminopropoxy-2-ethoxy ethanol 12360
3-[2-[2-(3-aminopropoxy)ethoxy]ethoxy]pr 21429
2-[2-[2-(3-aminopropoxy)ethoxy]ethoxy]et 18400
aminopropyl aminoethylthiophosphate 6034
1,2-bis(3-aminopropylamino)ethane 15743
2-[(3-aminopropyl)amino]ethanol 6021
alpha-(1-aminopropyl)benzenemethanol 20236
N,N'-bis(3-aminopropyl)-1,4-butanediamin 21450
N,N'-bis(3-aminopropyl)-2-butene-1,4-dia 21434
3-aminopropyl(diethoxy)methylsilane 15735
3-aminopropyldimethylmethoxysilane 9332
N'-(3-aminopropyl)-N,N-dimethylpropane-1 15738
1-(3-aminopropyl)imidazole 8184
N-(3-aminopropyl)-N-methyl-1,3-propanedi 12397
aminopropylon 29512
4-(2-aminopropyl)phenol, (±) 17298
3-aminopropylphosphonic acid 2253
(1-aminopropyl)phosphonic acid 2254
1-(3-aminopropyl)-2-pipecoline 18221
N-(3-aminopropyl)-1,3-propanediamine 9339
N,N'-bis(3-aminopropyl)-1,3-propanediami 18443
1-(3-aminopropyl)-2-pyrrolidinone 11787
(S)-2-aminopropylsulfonic acid 4014
(3-aminopropyl)trimethoxysilane 9334
1-(3-aminopropyl)-2,8,9-trioxa-5-aza-1-s 18358
aminopteridine 31451
2-amino-p-toluenesulfonic acid 11019
3-amino-3-(p-tolyl)propionic acid 19804
2-aminopurine 4432
1-(6-amino-9H-purin-9-yl)-N-cyclopropyl- 30141
1-(6-amino-9H-purin-9-yl)-1-deoxy-2,3-di 29464
(S)-3-(6-amino-9H-purin-9-yl)-1,2-propan 14219
aminopyrazine 2731
3-aminopyrazine-2-carboxylic acid 4428
4-amino-N-pyrazinylbenzenesulfonamide 19078
3-aminopyrazole 1784
3-amino-4-pyrazolecarbonitrile 2582
3-aminopyrazole-4-carboxylic acid 2741
4-aminopyrazolo[3,4-d]pyrimidine 4433
1-aminopyrene 29009
6-amino-3-pyridinecarboxylic acid 6999
4-aminopyridine-1-oxide 4509
1-aminopyridinium iodide 4655
5-amino-2-pyridinol 4505
3-amino-2-pyridinol 4506
4-amino-N-2-pyridinylbenzenesulfonamide 21778
4-amino-N-(2-(4-(2-pyridinyl)-1-piperazi 30835
3-amino-5H-pyrido(4,3-b)indole 21598
4-aminopyrimidine 2732
5-amino-2,4,6(1H,3H,5H)-pyrimidinetrione 2747
4-amino-N-2-pyrimidinylbenzenesulfonamid 19079
2-(2-amino-4-pyrimidinylvinyl)quinoxalin 26865
aminopyrine 26150
3-aminopyrrolidine dihydrochloride 4050
4-aminoquinoline-1-oxide 16161
4-amino-N-2-quinoxalinylbenzenesulfonami 26923
N-aminorhodanine 1600
5-amino-2b-D-ribofuranosyl-as-triazin-3(14320
3-aminosalicylic acid 10665
4-amino-1,2,5-selenadiazole-3-carboxamid 1618
2-aminoselenoazoline 1908

trans-4-aminostilbene 27010
DL-a-aminosuberic acid 14835
6-amino-5-sulfomethyl-2-naphthalenesulfo 21775
4-(aminosulfonyl)benzoic acid 10684
4-aminosulfonyl-1-hydroxy-2-naphthoic ac 21594
N-[4-(aminosulfonyl)phenyl]acetamide 13890
3-amino-3-(3-t-butoxyphenyl)propionic ac 26266
2-aminoterephthalic acid 13182
2-amino-4-tert-butylphenol 20246
2-amino-4-tert-butylthiazole 11399
4-amino-2,3,5,6-tetrafluorobenzamide 9810
2-N-boc-amino-3-(4-tetrahydropyranyl)pro 26399
2-N-boc-amino-3-(4-tetrahydrothiopyranyl 26398
4-amino-2,2,5,5-tetrakis(trifluoromethyl 9590
2-aminotetralin-2-carboxylic acid 21973
N-boc-DL-2-aminotetralin-2-carboxylic ac 29481
2-amino-3,4,5,8-tetramethylimidazo(4,5-f 26035
2-amino-3,4,7,8-tetramethylimidazo(4,5-f 26036
4-amino-2,2,5,5-tetramethyl-3-imidazolin 11823
1-amino-2,2,6,6-tetramethylpiperidine 18223
4-amino-2,2,6,6-tetramethylpiperidinooxy 18168
3-amino-2,2,5,5-tetramethyl-1-pyrrolidin 15304
5-aminotetrazole 242
aminotetrazole 243
2-amino-1,3,4-thiadiazole 778
5-amino-1,3,4-thiadiazole-2-thiol 779
(4-(((2-((4-amino-1,2,5-thiadiazol-3-yl) 17435
5-amino-1,2,3,4-thiatriazole 173
(2-aminothiazole-4-yl)acetic acid 4521
2-(2-aminothiazole-4-yl)-2-methoxyiminoa 7247
4-amino-N-2-thiazolylbenzenesulfonamide 16498
1-amino-2-(4-thiazolyl)-5-benzimidazolec 27254
N-boc-amino-3-thienyl)acetic acid 22291
3-aminothiophenol 7224
bis(2-aminothiophenol), zinc salt 23750
6-amino-2-thiouracil 2736
N-(aminothioxomethyl)acetamide 1886
3-amino-1,2,4-triazine 1612
2-amino-1,3,5-triazine 1613
6-amino-1,3,5-triazine-2,4(1H,3H)-dione 1616
4-amino-4H-1,2,4-triazole 872
1,3-bis(5-amino-1,3,4-triazol-2-yl)triaz 3314
1-amino-2,2,2-trichloroethanol 823
3-amino-1-trichloro-2-pentanol 5356
((3-amino-2,4,6-trichlorophenyl)methylen 25588
3-amino-1-trichloro-2-propanol 1859
4-amino-3,5,6-trichloropyridinecarboxylic 6309
2-amino-4,4,4-trifluorobutyric acid 2873
3-amino-4,4,4-trifluorobutyric acid 2874
2-amino-4-(trifluoromethyl)-5-thiazoleca 10585
3-amino-2,4,6-triiodobenzoic acid 9826
N-(3-amino-2,4,6-triiodobenzoyl)-N-(2-ca 29086
4-((3-amino-2,4,6-triiodophenyl)ethylami 23815
2-(3-amino-2,4,6-triiodophenyl)valeric a 21810
5-amino-1,3,3-trimethylcyclohexanemethyl 21214
2-amino-3,4,5-trimethylimidazo(4,5-f)qui 23880
2-amino-3,5,7-trimethylimidazo(4,5-f)qui 23881
7-amino-2,4,6-trimethylquinoline 23919
4-aminotropolone 10646
5-aminotropolone 10647
11-aminoundecanoic acid 22886
5-aminouracil 2742
2-amino-4,5-xylenol 14158
3-amino-4-(2-(2,6-xylyloxy)ethyl)-4H-1,2 24180
amiodoxyl benzoate 10787
amiprofos-methyl 22536
amiprophos 24521
amitraz 31523
amitriptyline-N-oxide 32192
amitron 21416
2-ammoniothiazole nitrate 1793
ammonium acetate 1122
ammonium aci-nitromethane 325
ammonium benzoate 10999
ammonium bicarbonate 291
ammonium caprylate 15656
ammonium carbamate 313
ammonium carbonate 328
ammonium dithiocarbamate 315
ammonium ferric oxalate trihydrate 9348
ammonium formate 290
ammonium hexacyanoferrate(ii) 9288
ammonium hydrogen citrate 8958
ammonium hydrogen malate 3750
ammonium hydrogen tartrate 3753
ammonium lactate 2219
ammonium oleate 31125
ammonium oxalate 1165
ammonium oxalate monohydrate 1181
ammonium palmitate 29806
ammonium perfluorooctanoate 12570
ammonium picrate 7052
ammonium saccharin 10836
ammonium salicylate 11013
ammonium stearate 31170
ammonium sulfobetaine-1 33060
ammonium sulfobetaine-2 34564
ammonium sulfobetaine-4 34736
ammonium tartrate 4087
ammonium thiocyanate 265
ammonium titanium oxalate monohydrate 3858
ammonium valerate 5988
ammonium-4-chloro-7-sulfobenzofurazan 6940
ammonium-3,5-dinitro-1,2,4-triazolide 879
ammonium-3-methyl-2,4,6-trinitrophenoxid 10847
ammonium-2,4,5-trinitroimidazolide 1620
amobarbital 22569
amolanone 32193
a-monofluoromethylhistidine 11077
amoscanate 25570
amoxapine 29989
ampheclorol 21803
amphetamine 17250
amphetaminil 30062
amphomycin 35907
amphotericin b 35793
amprotropine phosphate 30988
ampyrone 22013

amrinone 18951
amygdalin 32294
amyl azide 5756
tert-amyl tert-butyl nitroxide 18215
amyl biphenyl 30122
amyl cinnamate 27487
amyl cinnamic acetate 29515
amyl cinnamylidene methyl anthranilate 33272
amyl nitrate 5743
n-amyl thiocyanate 8180
5-n-amyl-1:2-benzanthracene 33539
tert-amyl-tert-butylamine 26399
4-tert-amylcalix[8]arene 36009
a-amylcinnamic alcohol 27592
4-tert-amylcyclohexanol 22831
amylcyclohexyl acetate, isomers 26401
amyldichlorarsine 5601
amyldimethyl-p-amino benzoic acid 30258
2-amylfuran 17457
amylisoeugenol 28675
6-n-amyl-m-cresol 24451
n-amyl-N-methylnitrosamine 8939
n-amyl-N-nitrosourethane 15047
amylocaine 27624
tert-amyl-tert-octylamine 26561
4-n-amyloxybenzoic acid 24247
4-amyloxycinnamic acid 27491
amyl-p-dimethylaminobenzoate 27623
p-tert-amylphenol 22399
o-amylphenol 22440
2-sec-amylphenol 22441
4-sec-amylphenol 22442
3-sec-amylphenyl-N-methylcarbamate 26260
N-amyl-p-iodobenzyl carbonate 26122
anabasine 19937
anagestone acetate mixed with mestranol 33918
anagyrine 28581
a-naphthoflavone 31227
a-naphtholphthalein 34592
a-(2-naphthoxy)propionanilide 31381
anatoxin I 20256
anavar 31636
3(and 4)-(vinylbenzyl)-2-chloroethyl sul 21928
andordrin dipropionate 34654
androfurazanol 32339
andromedotoxin 33398
androstanazol 32972
androstane 31648
5a-androstane-3b,17b-diol 31653
androstane-17-carboxylic acid, (5beta,17 32386
androstenediol dipropionate 34159
androst-4-ene-3,17-dione 31576
androst-4-ene-3,11,17-trione 31556
androstestone-M 32391
anemonin 18779
anethole 19484
anethole trithione 18748
angelica lactone 4559
angolamycin 35785
anguidin 30904
anhalamine 22280
anhalonidine 24325
2,5-anhydro-3,4-dideoxyhexitol 8535
anhydro-dimethylamino hexose reductone 14178
1,6-anhydro-b-D-glucopyranose 7948
1,6-anhydro-b-D-glucose-2,3,4-tri-O-acet 24273
2,5-anhydro-D-mannitol 8581
anhydromyriocin 33011
anhydro-piperidino hexose reductone 22379
1,5-anhydro-3,4,6-tri-O-benzyl-2-deoxy-D 34415
anilazine 15827
aniline 7172
aniline hydrochloride 7291
aniline hydrogen phthalate 27039
aniline nitrate 7360
aniline, p-isopropyl-N-methyl-, 20231
aniline-2-carboxylic acid 10629
aniline-3-carboxylic acid 10630
aniline-4-carboxylic acid 10631
anilinium perchlorate 7294
anilino (p-nitrophenyl) sulfide 23507
2-anilino-4'-(benzyloxy)-2-phenylacetoph 34400
(S)-(+)-2-(anilinomethyl)pyrrolidine 22369
8-anilino-1-naphthalenesulfonic acid mag 35064
N-(1-anilinonaphthyl-4)-maleimide 31881
3-anilinopropionitrile 16575
2-(2-anilinovinyl)-3-(3-sulfopropyl)-2-t 27454
o-anisamide 13738
o-anisic acid, hydrazide 13885
anisoin 29302
anisole 10850
anisomycin 27537
3-anisoyl-2-mesitylbenzofuran 34090
anisyl acetate 19672
ansamitocin P-4 35158
anthelmycin 33012
anthra(9,1,2-cde)benzo(h)cinnoline 33087
anthra(1,9-cd)pyrazol-6(2H)-one 26641
2-anthracenamine 26821
1-anthracenamine 26830
anthracene 26728
anthracene transannular peroxide 26778
9-anthracenecarboxaldehyde 28033
1-anthracenecarboxylic acid 28036
2-anthracenecarboxylic acid 28037
9-anthracenecarboxylic acid 28038
9,10-anthracenedicarbonitrile 28961
9,10-anthracenedicarboxylic acid 29000
9,10-anthracenedione 26693
0 anthracenemethanol 20179
1,2,10-anthracenetriol 26787
1,8,9-anthracenetriol 26787
1,8,9-anthracenetriol triacetate 32035
1-anthracenol 26766
9-anthracenol 26767
9(10H)-anthracenone 26768
9-anthracenyl phenyl ketone 32606
anthramycin 29338

anthranilic acid, linalyl ester 30207
anthranilic acid, phenethyl ester 28357
anthraquinone 26654
1,8-anthraquinonedisulfinic acid 26682
1,5-anthraquinonedisulfonic acid 26681
anthraquinone brilliant green concentrat 35332
anthraquinone-1,5-disulfonic acid, disod 26599
anthraquinone-2,6-disulfonic acid, disod 26600
2,6-anthraquinonyldiamine 26755
N,N'''-(2,6-anthraquinonylene)bis(N,N-di 34288
4,4'-(1,4-anthraquinonylenediiminodiphen 35498
1,1'-(anthraquinon-1,4-ylenediimino)dian 35662
1,1'-(anthraquinon-1,5-ylenediimino)dian 35663
9-anthronol 26779
a-antiarbin 34795
anti-benzo(a)pyrene-7,8-dihydrodiol-9,10 31916
antibiotic BL-640 30671
antibiotic BB-K 8 33453
antibiotic CC 1065 35448
antibiotic FR 1923 33555
antibiotic MA 144S2 35361
antibiotic MA 144A1 35683
antibiotic PA147 7099
anti-diolepoxide 31841
antihelmycin 32433
anti-5-methylchrysene-1,2-diol-3,4-epoxi 31365
antimony lactate 17519
antimony triphenyl 30573
antimony(iii) acetate 7579
antimonyl-2,4-dihydroxy pyrimidine 12912
antimonyl-2,4-dihydroxy-5-hydroxymethyl 19083
antimycin A 34576
antimycin A4 34143
antioxidant 2246 33641
antipain hydrochloride 34497
N-((antipyrinylisopropylamino)methyl)nic 32859
1,2,3,5,6,7,8,9,10,12,17,18,19,20,21,22, 35548
a-o-tolylbenzyl alcohol 27154
apamine 35981
apazone 29460
aphidicolin 32408
apholate 24851
aphylline 28751
apigenin 28055
apoatropine 30156
apocholic acid 33928
apocodeine 30693
apomorphine 30034
apothesine 29546
aprobarbital 19952
a-pyridoin 23503
a-(4-pyridyl 1-oxide)-N-tert-butyl-nitro 19947
aqua-1,2-diaminoethane diperoxo chromium 1178
9b-D-arabino furanosyl adenine 19858
arabinocytidine 17374
1b-D-arabinofuranosyl-5-fluorocytosine 17040
1b-D-arabinofuranosyl-2',3',5'-triacetat 28575
alpha-D-arabinopyranose 5580
beta-D-arabinopyranose 5580
6-O-alpha-L-arabinopyranosyl-D-glucose 22745
DL-arabinose 5584
D(-)-arabinose 5585
L(+)-arabinose 5586
D-arabinose 5592
D-arabitol 5918
L(-)-arabitol 5919
N-arachidoyl-D-erythro-sphingosine, synt 35517
aramite 28693
arathane 30847
arbaprostil 32994
arecaidine 11281
arecoline 14439
D-arginine 8962
L-arginine 8963
D(-)-arginine 8965
L-argininosuccinic acid 20668
L-arginyl-L-asparaginyl-L-arginyl-L-leuc 35971
L-arginyl-L-leucyl-L-isoleucyl-L-prolyl- 35858
argiprestocin 35730
aristocort 32896
aristocort acetonide 33885
aristocort diacetate 34132
aristolic acid 29899
aristolochine 29861
aristospan 34902
arotinoic acid 33858
arotinoic methanol 33873
arotinoid ethyl ester 34289
o-arsanilic acid 7281
artemisinine 28687
artemisininelactol methyl ether 29620
D-arterenol 14189
DL-arterenol 14190
artesunic acid 31611
asalin 33377
a-asarone 24248
cis-b-asarone 24254
ascaridole 20482
ascorbic acid 7459
DL-ascorbic acid 7460
L-ascorbic acid sodium salt 7259
(22R,25S)-5a-solanidan-3b-ol 34523
(22S,25R)-5a-solanidan-3b-ol 34524
L-asparagine 3444
Na-boc-L-asparagine 17654
Na-boc-D-asparagine 17655
L-asparagine, monohydrate 3855
aspartame 27465
DL-aspartic acid 3284
L-aspartic acid 3285
D(-)-aspartic acid 3288
N-boc-L-aspartic acid 17574
boc-L-aspartic acid 4-benzylester 29489
L-aspartyl-L-phenylalanine 26069
aspergillic acid 24549
aspergillin 25970
aspiculamycin 29594
aspirin-DL-lysine 28661

aspon 25385
astaxanthin 35592
asteltoxin 33623
astemizole 34625
5a-stigmastane-3b,5,6b-triol 3-monobenzo 35384
asulam 13894
atabrine 35609
atheriline 31322
atisine 33379
a-toluenesulfonyl chloride 10533
a-toluenesulfonyl fluoride 10572
a,4-tolylene diisocyanate 15913
N-a-tosyl-L-lysyl-chloromethyl ketone 27620
ATP 20419
atrazine 14510
a-trichloroethylidene glycerol 4646
a-(trichloromethyl)benzenemethanol 13050
a-(2,4,6-trichlorophenyl)hydrazono benzo 25480
(R)-(-)-a-(trifluoromethyl)benzyl alcoho 13084
a-(trifluoromethyl)benzyl alcohol 13085
(S)-(+)-a-(trifluoromethyl)benzyl alcoho 13086
a-(trifluoromethyl)-g-valerolactone 7166
a-(trifluoromethyl)styrene 15990
atropine 30209
atropine sulfate 35238
auramycin A 35645
auramycin B 35642
auranofin 32400
aurantine 32139
aureine 30872
aureofuscin 34157
aureothin 33243
aurin 31290
aurintricarboxylic acid 33120
aurovertin 34292
austocystin D 33235
auxin b 30974
boc-5-ava-oh 20904
avermectin A1A, 4"-(acetylamino)-5-o-de 35859
avermectin b1a 35808
avermectin A1A, 22,23-dihydro-4"-(acety 35863
a-vinyl-1-aziridineethanol 8118
a-vinylbenzyl alcohol 16644
avirosan 22788
4-azabenzimidazole 6850
[(3S)-4-azabicyclo[4.4.0]dec-3-yl]-N-(te 27790
7-azabicyclo[4.1.0]heptane 8097
(1S,4R)-2-azabicyclo[2.2.1]heptan-3-one 7540
6-azabicyclo[3.2.0]heptan-7-one 7541
(±)-2-azabicyclo[2.2.1]hept-5-en-3-one 7196
3-azabicyclo[3.2.2]nonane 14784
1-azabicyclo[2.2.2]octane 11623
1-azabicyclo[2.2.2]octan-3-ol 11633
7-azabicyclo[4.2.0]octan-8-one 11277
aza-18-crown-6 24908
azactam 26156
2-azacyclononanone 14795
1-aza-2-cyclooctanone 11635
5-azacytidine 14319
5-azacytosine 1615
5-azadeoxycytidine 14318
1-aza-3,5-dimethyl-4,6-dioxabicyclo[3.3. 19148
8-azaguanine 1408
8-azahypoxanthine 2504
2-azahypoxanthine 2508
7-azaindole 10344
azaleucine 5813
azamethiphos 16535
1-aza-2-methoxy-1-cycloheptene 11636
azapetine 30032
azaserine 4732
6-azaspiro(3,4)octane-5,7-dione 11005
azathioprine 16089
6-aza-2-thiothymine 2735
6-azauracil 1478
6-azauridine 14217
azelaic acid 17755
azelastine 33251
N-[2-[4-(azepan-1-ylcarbamoylsulfamoyl)p 32298
azetidine 2032
(S)-N-boc-azetidine carboxylic acid 17572
2-azetidinecarboxylic acid 3263
(S)-(-)-2-azetidinecarboxylic acid 3267
3-azetidinecarboxylic acid 3270
cis-azetidine-2,4-dicarboxylic acid 4698
(+/-)-trans-azetidine-2,4-dicarboxylic a 4699
(2S,4S)-(-)-azetidine-2,4-dicarboxylic a 4700
(2R,4R)-(+)-azetidine-2,4-dicarboxylic a 4701
2-azetidinone 1758
azidithion 8389
bis-o-azido benzoyl peroxide 26653
N-azido carbonyl azepine 10398
N-azido methyl amine 1053
azidoacetic acid 774
azidoaceto nitrile 674
azidoacetone 1787
azidobenzene 6848
1-azido-4-bromobenzene 6409
azidocarbonyl guanidine 878
1,2-bis(azidocarbonyl)cyclopropane 4324
1-azido-4-chlorobenzene 6461
azidocodeine 30804
3'-azido-3'-deoxythymidine 19859
azidodimethyl borane 995
2-azido-3,5-dinitrofuran 2372
azidodithioformic acid 131
2-azidoethanol 969
2-azidoethanol nitrate 850
bis(2-azidoethoxymethyl)nitramine 8392
1-azido-2-iodobenzene 6552
2-azido-4-isopropylamino-6-methylthio-S- 11322
azidomethyl phenyl sulfide 10714
3-azido-2-methyl-DL-alanine 3465
(azidomethyl)benzene 10689
1-azido-2-methylbenzene 10690
1-azido-4-methylbenzene 10691
1-azido-3-methylbenzene 10697
2-azidomethylbenzenediazonium tetrafluor 10138

3,3-bis(azidomethyl)oxetane 4846
azidomorphine 30138
1-azidonaphthalene 18662
1-azido-4-nitrobenzene 6604
1,5-bis(p-azidophenyl)-1,4-pentadien-3-o 29887
5-azidotetrazole 133
bis(azidothiocarbonyl)disulfide 1227
3-azido-1,2,4-triazole 678
azidotrimethylsilane 2227
azinphos-ethyl 24179
azinphos-methyl 19468
aziridine carboxylic acid ethyl ester 5232
1-aziridineethanol 3683
2,5-bis(aziridino)benzoquinone 19057
aziridino[2',3':1,2][60]fullerene 35915
1-aziridinyl m-(bis(2-chloroethyl)amino) 26044
N,N'-bis(1-aziridinylacetyl)-1,8-octamethy 29654
2,5-bis(1-aziridinyl)-3-(2-carbamoyloxy- 28574
1-aziridinyl-bis(dimethylamino)phosphine 9309
P,P-bis(1-aziridinyl)-N-ethylphosphinic 8960
bis(1-aziridinyl)(2-methyl-3-thiazolidin 15059
N-(bis(1-aziridinyl)phosphinyl)benzamide 22087
bis(1-aziridinyl)phosphinylcarbamic acid 30990
N-(bis(1-aziridinyl)phosphinyl)-m-iodobe 21939
N-(bis(1-aziridinyl)phosphinyl)-o-iodobe 21940
N-(bis(1-aziridinyl)phosphinyl)-p-bromob 21912
N-(bis(1-aziridinyl)phosphinyl)-p-chloro 21918
N-(bis(1-aziridinyl)phosphinyl)-p-iodobe 21941
aziridinylquinone 29463
azobenzene 23488
cis-azobenzene 23489
3,3'-azobenzenedisulfonyl chloride 23281
azobutane 15399
azocarmine G 34590
azochloramide 815
4,4'-azobis(4-cyanovaleric acid) 24182
azodine 21799
azoformaldoxime 676
2,2'-azobis[isobutyronitrile] 14315
azomethane 1038
2,2'-azobis(2-methylbutyronitrile) 20414
2,2'-azobis(2-methylpropane) 15401
2,2'-azonaphthalene 31876
azopropane 8914
azosemide 23596
azotomycin 30219
4,4'-azoxyanisole 27123
cis-azoxybenzene 23492
trans-azoxybenzene 23493
4,4'-azoxydiphenetole 29379
2-azoxypropane 8940
azulene 18670
azuleno(5,6,7-cd)phenalene 31806
7b,8a,9b,10b-tetrahydroxy-7,8,9,10-tetra 32033
baccatine iii 34998
baccidal 29367
3b-acetoxy-bis nor-D5-cholenic acid 33919
b-acetoxy-N,N-dimethylphenethylamine 24315
b-acetylmandeloyloxy-b-phenylethyl dimet 32200
bacilysin 24425
bacitracin 35948
baclofen 19408
bacmecillinam 32374
12,b,13,a-dihydrojervine 34311
(±)-trans-8b,9a-dihydroxy-10a,11a-epoxy-8 30519
(±)-trans-1,b,2,a-dihydroxy-3,a,4,a-epox 30520
(±)-9,b,10,a-dihydroxy-11,a,12,a-epoxy-9 31927
(±)-1,b,2,a-dihydroxy-3,a,4,a-epoxy-1,2, 30522
(±)-1,b,2a-dihydroxy-3a,4a-epoxy-1,2,3,4 33742
(±)-1,b,2,a-dihydroxy-3,a,4,a-epoxy-1,2, 30524
(±)-trans-8b,9a-dihydroxy-10b,11b-epoxy- 30521
-(-cis-7,b,8,a-dihydroxy-9,b,10,b-epoxy 31923
(±)-7,b,8,a-dihydroxy-9,b,10,b-epoxy-7,8 31925
(±)-9,b,10,a-dihydroxy-11,b,12,b-epoxy-9 31928
(±)-1,b,2,a-dihydroxy-3,b,4,b-epoxy-1,2, 30523
(±)-1,b,2,a-dihydroxy-3,b,4,b-epoxy-1,2, 30525
bafilomycin A1 35309
bakuchiol 30849
balan 26048
banomite 25479
barbaloin 32811
barban 21556
barbinine 35362
barbital 14310
barbituric acid 2574
barium acetate 2759
barium acetate monohydrate 3327
barium acetylide 396
barium carbonate 12
barium cyanide 397
barium cyclohexanebutyrate 32401
barium dibenzylphosphate 34607
barium diphenylamine-4-sulfonate 33760
barium formate 594
barium isopropoxide 8884
barium oxalate 399
barium oxalate monohydrate 595
barium stearate 35409
barium tartrate 2514
barium tetracyanoplatinate(ii) tetrahydr 3326
barium bis(2,2,6,6-tetramethyl-3,5-hepta 33402
barium thiocyanate 398
barium thiocyanate trihydrate 996
basic cobalt carbonate 155
basic red 18 31561
batrachotoxin 35005
baumycin A1 35232
baumycin A2 35233
bay 75546 24277
(+/-)-bay K 8644 29202
bayer 205 35832
bayleton 27320
baythion 24051
b,b,b-trichloro-tert-butyl chloroformate 4482
bbd 25621
9-bbn dimer, crystalline 29649
bcecf-AM 35674

BDH 2700 33306
BDH 6140 33304
bebeerine 35352
bekanamycin 31130
benalaxyl 32195
benazolin 15941
bendacort 35458
bendazolic acid 29145
bendiocarb 21995
benomyl 27476
bensulfuron-methyl 29388
bensulide 27737
bentazepam 29999
bentazon 19454
bentranil 26716
benz(a)aceanthrylene 31808
benz(a)anthracen-7-acetonitrile 31848
benz(a)anthracen-7-amine 30446
benz(a)anthracen-8-amine 30447
benz(a)anthracene 30407
benz(a)anthracene-7-carboxaldehyde 31225
benz(a)anthracene-7,12-dicarboxaldehyde 31836
benz(a)anthracene-5,6-cis-dihydrodiol 29163
(+)-(3S,4S)trans-benz(a)anthracene-3,4-d 30392
benz(a)anthracene-1,2-dihydrodiol 30500
benz(a)anthracene-3,4-dihydrodiol 30501
benz(a)anthracene-5,6-dihydrodiol 30502
trans-benz(a)anthracene-8,9-dihydrodiol 30503
benz(a)anthracene-10,11-dihydrodiol 30504
benz(a)anthracene-7,12-dimethanol 32028
benz(a)anthracene-7,12-dimethanoldiaceta 33794
(-)-(3R,4R)-trans-benz(a)anthracene-3,4-d 30393
benz(a)anthracene-3,9-diol 30436
benz(a)anthracene-7,12-dione 30390
benz(a)anthracene-7-methanol 32016
benz(a)anthracene-7-methanedioldiacetate 33522
benz(a)anthracene-7-methanethiol 31294
benz(a)anthracene-7-methanol 31283
benz(a)anthracene-7-methanol acetate 32656
benz(a)anthracene-7-methanol 30440
benz(a)anthracen-5-ol 30430
benz(1)aceanthrene 31866
benz(1)aceanthrylene 31807
benzacine hydrochloride 30786
benzadox 16465
trans-benz(a,e)fluoranthene-3,4-dihydrod 33738
trans-benz(a,e)fluoranthene-12,13-dihydr 33739
benzalacetone 19106
benzalazine 26899
benzaldehyde 10404
benzaldehyde dimethylacetal 17157
benzaldehyde hydrazone 10788
trans-benzaldehyde oxime 10613
benzaldehyde oxime, (z)- 10612
benzaldehyde, phenylhydrazone 25761
benzaldehyde thiosemicarbazone 13784
benzal-m-nitroaniline 25606
benzalphthalide 28045
benzamide 10614
benzamide, N,N,3-trimethyl- 19782
(2-benzamido)acetohydroxamic acid 16585
1,2-benzanthracene-10-acetic acid, methy 32655
benzanthrone 29853
1,2-benzanthryl-3-carbamidoacetic acid 32646
1,2-benzanthryl-10-carbamidoacetic acid 32647
1,2-benzanthryl-10-isocyanate 31200
benz(a)oxireno(c)anthracene 30386
benzarone 29948
benz(c)acridine 29858
benz(c)acridine-7-carbonitrile 30384
benz(c)acridine-7-carboxaldehyde 30403
a-(benz(c)acridin-7-yl)-N-(p-(dimethylam 34231
benz(e)indeno(1,2-b)indole 34307
benzenamine, N-[(4-methoxyphenyl)methyle 27028
benzenamine, N-(phenylmethylene)-, N-oxi 25702
benzene 6876
bis benzene diazo oxide 23513
benzene diazonium chloride 6707
benzene diazonium nitrate 6855
benzene diazonium-2-carboxylate 9831
benzene, 1,1'-(1,2-ethenediyl)bis[4-nitr 26762
benzene, 1,1'-(1,2-ethenediyl)bis[4-nitr 26761
benzene sulfonyl azide 6854
benzene triozonide 7120
benzeneacetaldehyde 13393
benzeneacetamide 13675
benzeneacetic acid 13415
benzeneacetic acid, a-bromo-, methyl est 16271
benzeneacetic anhydride 29165
benzeneacetonitrile 13108
benzeneacetyl chloride 12999
benzenearsonic acid 7127
benzeneboronic acid 7129
benzenebutanoic acid 19540
benzenecarboperoxoic acid 10421
benzenecarbothioic acid 10406
benzenecarboxaldehyde 31308
bis(h6-benzene)chromium 23705
n-benzene-n-cyclopentadienyl iron(ii)per 21682
benzene-d6 10511
benzenediazonium hydrogen sulfate 7030
benzenediazonium tribromide 6691
benzenediazonium-4-oxide 6570
benzenediazonium-2-sulfonate 6578
benzenediazonium-4-sulfonate 6579
benzene-1,4-diboronic acid 7285
1,2-benzenedicarbonyl dichloride 12521
1,4-benzenedicarbonyl dichloride 12522
1,2-benzenedicarbonyl difluoride 12533
1,3-benzenedicarboxaldehyde 12917
1,4-benzenedicarboxaldehyde 12918
1,4-benzenedicarboxamide 13352
1,4-benzenedicarboxylic acid, dibutyl es 29522
1,4-benzenedicarboxylic acid, diisodecyl 34693
1,3-benzenedimethanamine 14276
1,4-benzenedimethanethiol 14055
1,2-benzenedimethanethiol 14056

benzyl alcohol 10851
benzyl benzoate 26942
benzyl 4-benzyloxybenzoate 32700
benzyl bromoacetate 16264
benzyl 4-bromobutyl ether 22213
benzyl 2-bromoethyl ether 16838
benzyl 4-bromophenyl ether 25666
benzyl 3-bromopropyl ether 19714
benzyl butanoate 22117
benzyl butyl phthalate 31452
benzyl carbamate 13724
benzyl chloride 10492
benzyl chloroacetate 16301
benzyl bis(2-chloroethyl)aminomethylcarb 26173
benzyl chloroformate 13009
benzyl 2-chloro-4-(trifluoromethyl)-5-th 23239
benzyl trans-cinnamate 29156
benzyl cinnamate 29159
benzyl cyanoformate 16040
benzyl dichloride 10252
benzyl diethyl phosphite 22547
benzyl dimethylcarbinyl n-butyrate 27601
1-benzyl dipropyl ketone 27593
benzyl dodecanoate 31629
benzyl ethyl ether 17077
benzyl ethyl malonate 24010
benzyl formate 13416
benzyl fumarate 30636
benzyl 2-furancarboxylate 23553
g-benzyl L-glutamate 24085
benzyl (R)-(-)-glycidyl ether 19589
benzyl (S)-(+)-glycidyl ether 19590
benzyl glycolate 16744
benzyl 4-hydroxybenzoate 26972
benzyl (S)-(-)-2-hydroxy-3-phenylpropion 29293
benzyl (R)-(+)-2-hydroxy-3-phenylpropion 29294
benzyl isobutyl ketone 24208
benzyl isocyanate 13125
benzyl isoeugenol ether 30076
benzyl isothiocyanate 13202
benzyl (S)-(-)-lactate 19650
benzyl methacrylate 21868
benzyl methyl ether 13927
benzyl methyl malonate 21901
benzyl 3-methylbutanoate 24211
benzyl 2-methylpropanoate 22118
benzyl nitrate 10674
benzyl nitrite 10632
benzyl oleate 34161
benzyl 4-oxopentanoate 23988
benzyl 4-oxo-1-piperazinecarboxylate 26023
benzyl palmitate 33668
benzyl phenyl ether 25793
benzyl phenylacetate 28308
benzyl 3-phenylpropanoate 29278
benzyl propanoate 19541
benzyl 3-pyridinecarboxylate 25707
benzyl 1,2-pyrrolidinedicarboxylate, (S) 26026
benzyl 2-pyrroline-1-carboxylate 23840
4-benzyl resorcinol 25819
benzyl salicylate 26967
benzyl silane 11238
benzyl sodium 10720
benzyl sulfide 27189
benzyl sulfite 27184
benzyl tetradecanoate 32992
S-benzyl thiobenzoate 26941
benzyl thiocyanate 13203
benzyl 2,2,2-trichloroacetimidate 16127
benzyl 2,2,2-trifluoroethyl sulfide 16357
benzyl trisulfide 27197
N-benzylacetamide 16908
(3-(N-benzylacetamido)-2,4,6-triiodophen 29926
9-benzyladenine 23666
4-benzyl-a-(4-methoxyphenyl)-b-methyl-1- 33336
(S)-(-)-N-benzyl-a-methylbenzylamine 28464
(R)-(+)-N-benzyl-a-methylbenzylamine 28465
N-benzyl-a-methyl-m-trifluoromethylphene 30060
benzylamine 10953
4-(benzylamino)benzenesulfonamide 25960
3-benzylaminobutyric acid 22263
trans-2-benzylamino-1-cyclohexanol 26251
2-[benzylamino]ethanol 17299
cis-2-benzylaminomethyl-1-cyclopentanol 26290
benzyl-6-aminopenicillinic acid 29381
4-(benzylamino)phenol 25865
3-(benzylamino)propionitrile 19434
6-benzylaminopurine 23665
6-benzylaminopurine riboside 30115
2-benzylaminopyridine 23726
6-benzylamino-9-tetrahydropyran-2-yl-9H- 30114
p-benzylaniline 25851
N-benzylaniline 25852
2-benzylaniline 25860
benzylbarbital 25966
N-benzyl-b-chloropropanamide 19406
N-benzylbenzamide 27020
2-benzyl-1,4-benzenediol 25805
alpha-benzylbenzenepropanoic acid 29277
2-benzyl-1H-benzimidazole 26896
2-benzylbenzoic acid 26946
4-benzylbenzoic acid 26947
benzylbenzyl alcohol 27150
(S)-(+)-N(alpha)-benzyl-N(beta)-boc-(L)- 19160
2-benzyl-1,1'-biphenyl 31326
4-benzyl-1,1'-biphenyl 31327
3-benzyl-4-carbamoylmethylsydnone 21779
9-benzyl-9H-carbazole 31306
benzylcarbinyl cinnamate 30020
benzylchlorodimethylsilane 17246
2-benzyl-4-chlorophenol 25678
1-benzyl-4-cyano-4-hydroxypiperidine 26057
N-benzyl-4-cyano-4-(1-piperidino)-piperi 30877
1-benzyl-2(1H)-cycloheptimidazolone 28160
2-benzylcyclohexanone 23962
benzylcyclopropane 19396
S-benzyl-L-cysteine 19820
boc-S-benzyl-L-cysteine 28630

1-benzyl-5-(2-(diethylamino)ethoxy)-3-me 30239
N-benzyl-N',N'-diethyl-N-1-naphthylethyl 33587
N-benzyl-N',N'-diethyl-N-2-naphthylethyl 33588
benzyldimethyl carbinyl acetate 24230
1-benzyl-5-(3-(dimethylamino)propoxy)-3- 29557
N-benzyl-N',N'-dimethyl-N-1-naphthylethy 32834
N-benzyl-N',N'-dimethyl-N-2-naphthylethy 32835
benzyldimethylsilane 17524
2-benzyl-1,3-dioxolane 19588
1-benzyl-5-(3-(dipropylamino)propoxy)-3- 32373
benzylethylamine 17251
N-benzyl-N-ethylaniline 28463
N-benzylethylenediamine 17410
1-benzyl-4-ethynyl-3-(1-(3-indolyl)ethyl 33831
(R)-(+)-1-benzylglycerol 20134
benzylhydrazine 11105
benzylhydroflumethiazide 28271
N-benzyl-4-(2-hydroxyethyl)piperidine 27621
1-benzyl-4-hydroxypiperidine 24300
4-benzyl-4-hydroxypiperidine 24301
(R)-(-)-1-benzyl-3-hydroxypiperidine 24302
benzylidene diacetate 17251
benzylidene diacetate 17251
4,6-o-benzylidene-b-D-glucopyranoside po 35289
benzylidenemalononitrile 18567
(+)-(4,6-O-benzylidene)methyl-a-D-glucop 27502
benzylidenemethylphosphorodithioate 22627
N-benzylidene-1-napthylamine 29906
N-benzylidene-tert-butylamine 22235
(-)-2,3-O-benzylidene-L-threitol 22192
(+)-2,3-O-benzylidene-D-threitol 22193
1-benzylimidazole 19039
1-benzyl-1H-indole 28216
1-benzyl-2-indolyl hydroxymethyl ketone 29969
2-benzyl-1H-isoindole-1,3(2H)-dione 28111
benzylisopropylamine 20213
1-benzyl-2,3-isopropylidene-rac-glycerol 26231
3-benzylisoquinoline 29087
benzylmalonic acid 19206
3-(N-benzyl-N-methylamino)propane-1,2-di 22519
N-benzyl-N-methylethanolamine 20247
1-benzyl-2-methylimidazole 21818
1-benzyl-2-(3-methylisoxazol-5-yl)carbon 23874
1-benzyl-3-methyl-5-(2-(4-methyl-1-piper 30886
1-benzyl-3-methyl-5-(2-(2-methylpiperidi 31597
(S)-(-)-4-benzyl-2-methyl-2-oxazoline 21960
1-benzyl-3-methyl-4-piperidone 26124
4-benzylmorpholine 22239
N-benzyl-2-naphthalenamine 29965
1-benzylnaphthalene 29915
2-benzylnaphthalene 29916
1-benzyl-2-naphthalenol 29937
2-benzyl-1-naphthalenol 29938
(R)-4-benzyl-2-oxazolidinone 19317
(S)-4-benzyl-2-oxazolidinone 19318
benzyloxy acetylene 16199
benzyloxyacetaldehyde 16689
benzyloxyacetaldehyde diethyl acetal 26332
benzyloxyacetic acid 16745
3-benzyloxyacetophenone 28303
benzyloxyacetyl chloride 16311
3-benzyloxybenzaldehyde 26955
4-benzyloxybenzaldehyde 26956
2-benzyloxybenzaldehyde, 98% 26957
4-benzyloxybenzeneboronic acid 25833
3-benzyloxybenzeneboronic acid 25834
3-benzyloxybenzyl alcohol 27165
4-benzyloxybenzyl alcohol 27166
4-benzyloxy-1-butanol 22456
cis-4-benzyloxy-2-buten-1-ol 22135
4-benzyloxybutyric acid 22178
cis-2-(benzyloxycarbonylamino)-cyclohexa 28557
cis-2-(benzyloxycarbonylamino)-4-cyclohe 28470
N-benzyloxycarbonyl-L-glutamic acid 26028
N-(benzyloxycarbonyl)hydroxylamine 13753
N-(benzyloxycarbonyloxy)succinimide 23653
(3S)-2-[benzyloxycarbonyl]-1,2,3,4-tetra 30617
4-benzyloxy-3,5-dimethylbenzaldehyde 29284
4-benzyloxy-3,5-dimethylbenzaldehyde 29295
S-((N-(2-benzyloxyethyl)amidino)methyl) 22394
2-[2-(benzyloxy)ethyl]-5,5-dimethyl-1,3- 28679
4-benzyloxyindole 28221
5-benzyloxyindole 28222
5-benzyloxy-3-isonipecotoylindole 32779
4-benzyloxy-3-methoxybenzaldehyde 28314
3-benzyloxy-4-methoxybenzaldehyde 28315
4-benzyloxy-3-methoxybenzyl alcohol 28442
4-benzyloxy-3-methoxystyrene 28475
1-benzyloxy-3-methyl-2-nitrobenzene 27035
5-benzyloxy-3-(1-methyl-2-pyrrolidinyl)i 32165
5-benzyloxy-1-pentanol 24469
4-benzyloxyphenyl isocyanate 26845
1-p-(benzyloxy)phenyl)-2-(4-fluorophenyl 34395
2-(m-(benzyloxy)phenyl)pyrazolo(1,5-a)qu 33786
2-benzyloxy-1,3-propanediol 20135
(S)-3-benzyloxy-1,2-propanediol 20136
4'-benzyloxypropiophenone 29286
S-((N-(3-benzyloxypropyl)amidino)methyl) 24424
benzyloxytrimethylsilane 20479
benzylpenicillin sodium 29335
N-benzyl-2-phenethylamine 28466
2-benzylphenol 25791
4-benzylphenol 25792
benzylphenyl nitrosamine 25773
1-benzylpiperazine 25790
4-benzylpiperazinyl b-(p-chlorophenyl)ph 34257
1-benzylpiperidine 24291
2-benzylpiperidine 24292
4-benzylpiperidine 24293
1-benzyl-4-piperidone 24058
(S)-2-[N'-(N-benzylprolyl)amino]benzophe 34101
(S)-[O-[(N-benzylprolyl)amino](phenyl)me 34406
benzylpropanedinitrile 18702
(4S)-(+)-4-benzyl-3-propionyl-2-oxazolid 26024
1-benzyl-4-propylbenzene 29345

2-benzylpyridine 23611
3-benzylpyridine 23612
4-benzylpyridine 23613
1-benzyl-1H-pyrrole 21724
(3R,4R)-(-)-1-benzyl-3,4-pyrrolidindiol 22264
(3S,4S)-(+)-1-benzyl-3,4-pyrrolidindiol 22265
1-benzylpyrrolidine 22230
N-benzylpyrrolidine 22236
1-benzyl-2,5-pyrrolidinedione 21746
(S)-(-)-1-benzyl-3-pyrrolidinol 22247
(R)-(+)-1-benzyl-3-pyrrolidinol 22248
1-benzyl-3-pyrrolidinol 22249
1-benzyl-2-pyrrolidinone 21961
1-benzyl-3-pyrrolidinone 21962
1-benzyl-3-pyrroline 21951
6-benzylquinoline 23694
DL-2-benzylserine 19827
N-boc-O-benzyl-L-serine 28633
N-boc-O-benzyl-D-serine 28634
(R)-2-benzylsuccinic acid-1-methyl ester 24011
(S)-2-benzylsuccinic acid-1-methyl ester 24012
4-((benzylsulfonyl)amino)benzoic acid 27040
(benzylsulfonyl)benzene 25820
N-benzyl-tert-butylamine 22499
(benzylthio)benzene 25827
S-benzylthioglycolic acid 16709
benzylthioguanine 23669
benzyltributylammonium bromide 31659
benzyltributylammonium chloride 31660
benzyltrichlorosilane 10553
benzyltriethylammonium bromide 26362
benzyltriethylammonium chloride 26364
benzyltriethylammonium chlorochromate 26363
benzyltrimethylammonium chloride 20377
benzyltrimethylammonium dichloroiodate 20382
benzyltriphenylphosphonium borohydride 34104
benzyltriphenylphosphonium bromide 34083
benzyltriphenylphosphonium chloride 34086
benzyltriphenylphosphonium iodide 34088
O-benzyl-L-tyrosine 29329
benzylurea 13863
berberine 32105
bergenin 27385
beryllium acetate 2760
beryllium acetylacetonate 19898
beryllium basic acetate 24389
beryllium carbonate 597
beryllium formate 596
beryllium oxide acetate 24390
beryllium tetrahydroboratetrimethylamine 2278
bes 9241
bestrabucil 35640
alpha,beta,beta-trimethylbenzeneethanol 22424
cis-alpha,beta-dichlorostilbene 26734
trans-alpha,beta-dichlorostilbene 26735
betaine 5705
alpha,alpha,beta-trimethylbenzeneethanol 22423
betazole 5272
bethanidine 20295
11b-ethyl-17a-ethinylestradiol 33323
16b-ethyl-17b-hydroxyester-4-en-3-one ac 33373
11b-ethylestradiol 32318
betnelan phosphate 33345
betonicine 11669
4',4'''-biacetanilide 29263
biacetylene 2374
9,9'-bianthracene 34587
5,5'-bianthranilic acid 26913
bianthrone 34583
1,1'-biaziridinyl 3417
delta2,2'(3H,3'H)-bibenzo[b]thiophene-3, 28973
2-bibenzylcarboxylic acid 28304
(+)-bicuculline 32053
bicyclobutylidine 14250
bicyclo(2.2.1)heptan-2,5-diol, diallyl e 26326
bicyclo(2.2.1)heptane 11354
bicyclo(4.1.0)heptane 11355
bicyclo(2.2.1)heptane-2-carboxaldehyde 14324
bicyclo(4.1.0)hept-3-ene 11054
bicyclo(2.2.1)hept-5-ene-2-carbonitrile 13665
bicyclo(2.2.1)hept-5-ene-2-carboxaldehyd 13928
bicyclo(2.2.1)hept-5-ene-2,3-dicarboxyl 16229
bicyclo(2.2.1)hept-5-ene-2-methylol acry 22156
3-bicyclo(2.2.1)hept-5-en-2-yl-2-propeno 19615
2-(bicyclo(2.2.1)hept-2-ylidenemethyl)-1 24176
bicyclohexyl 24652
[1,1'-bicyclohexyl]-2-one 24559
bicyclo[4.3.0]nona-3,6(1)-diene 17017
bicyclononadiene diepoxide 17181
bicyclo[3.3.1]nonane 17601
cis-bicyclo[4.3.0]nonane 17624
(±)-bicyclo[3.3.1]nonane-2,6-dione 17158
bicyclo[3.3.1]nonan-9-one 17451
bicyclo[4.2.0]octane 14490
bicyclo[2.2.2]octane 14506
bicyclo[4.2.0]octan-2-one 14338
bicyclo[4.2.0]octa-1,3,5-trien-7-yl benz 29153
bicyclo[4.2.0]octa-1,3,5-trien-7-yl benz 29203
bicyclo[4.2.0]octa-1,3,5-trien-7-yl meth 19112
bicyclo[4.2.0]octa-1,3,5-trien-7-yl meth 23847
bicyclo[4.2.0]octa-1,3,5-trien-7-yl meth 26015
bicyclo[4.2.0]octa-1,3,5-trien-7-yl meth 27519
bicyclo[4.2.0]octa-1,3,5-trien-7-yl meth 19310
bicyclo[4.2.0]octa-1,3,5-trien-7-yl pent 26129
bicyclo[4.2.0]octa-1,3,5-trien-7-yl phen 28184
bicyclo[2.2.2]oct-2-ene 14233
bicyclo[2.2.2]oct-2-ene 14246
bicyclo[2.2.2]oct-2-ene 14251
bicyclo[2.2.2]oct-7-ene-2,3,5,6-tetracar 23347
bicyclopentadiene dioxide 15984
bicyclopentadienylbis(tricarbonyliron) 28960
bicyclo[2.1.0]pentane 4750
bicyclo[2.2.0]pentane 4453
1,1'-bicyclopentyl 20605
[1,1'-bicyclopentyl]-2-ol 20670
[1,1'-bicyclopentyl]-2-one 20426
trans-bicyclo[4.3.0]nonane 17625
bifenox 26695

bifenthrin 33541
9,9'-bi-9H-fluorene 34218
bifonazole 33171
bihoromycin (crystalline) 35657
bikhaconitine 35367
bilirubin 35149
biliverdine 35145
biltricide 31553
binapacryl 28517
1,1'-binaphthalene 31859
2,2'-binaphthalene 31860
(1,1'-binaphthalene)-2,2'-diamine 32009
(1,2'-binaphthalene)-1,2'-diamine 32010
[1,1'-binaphthalene]-4,4'-diol 31898
(R)-(+)-1,1'-bi-2-naphthol 31901
(S)-(-)-1,1'-bi-2-naphthol 31902
1,1'-bi-2-naphthol 31903
(R)-(-)-1,1'-binaphthol-2,2'-bis(triflu 33085
(S)-(+)-1,1'-binaphthol-2,2'-bis(triflu 33086
DL-1,1'-Bi(2-naphthyl diacetate) 33757
(S)-(+)-1,1'-bi-2-naphthyl di-p-toluenes 35209
(R)-(-)-1,1'-bi-2-naphthyl di-p-toluenes 35210
1,1'-bi-2-naphthyl di-p-toluenesulphonat 35211
(S)-(+)-1,1'-binaphthyl-2,2'-diyl hydrog 31857
(R)-(-)-1,1'-binaphthyl-2,2'-diyl hydrog 31858
bindon ethyl ether 31917
binoside 30883
bioallethrin 31582
biogastrone 35241
b-ionone 26317
6-biopterin 16999
bioresmethrin 33293
biotin 20407
2,2'-bioxirane, (R*,S*) 2973
2,2'-bioxirane 2974
biperiden 32939
4,4'-biphenol 23539
2,2-biphenyl dicarbonyl peroxide 26670
[1,1'-biphenyl]-4-acetic acid 26948
N-4-biphenylbenzamide 31315
biphenyl-3-boronic acid 23585
[1,1'-biphenyl]-4-butanoic acid 29279
[1,1'-biphenyl]-2-carbonitrile 25542
4-biphenylcarbonyl chloride 25522
biphenyl-4-carboxaldehyde 25625
4-biphenylcarboxamide 25698
[1,1'-biphenyl]-4-carboxylic acid 25633
[1,1'-biphenyl]-2,2'-diamine 23721
[1,1'-biphenyl]-2,4'-diamine 23722
[1,1'-biphenyl]-3,3'-diamine 23723
4,4'-biphenyldicarbonitrile 26640
[1,1'-biphenyl]-2,2'-dicarboxylic acid 26789
biphenyldiisopropylsilyl chloride 30819
4-biphenyldimethylamine 27223
biphenyldimethylsilyl chloride 27203
[1,1'-biphenyl]-2,2'-diol 23529
[1,1'-biphenyl]-2,4'-diol 23530
[1,1'-biphenyl]-3,3'-diol 23531
[1,1'-biphenyl]-4,4'-disulfonic acid 23572
biphenylene 23263
3,3'-(4,4'-biphenylene)bis(2,5-diphenyl- 35499
4-biphenylhydroxylamine 23629
2-biphenylmethanol 25802
4-biphenylmethanol 25803
(1,1'-biphenyl)-4-ol acetate 26949
(2-biphenyloxy)tributyltin 33921
2-biphenylpenicillin sodium 32751
[1,1'-biphenyl]-3,3',5,5'-tetrol 23564
4-biphenylyl ethylketone 28298
2-biphenylyl glycidyl ether 28305
2-biphenylyl isocyanate 25545
4-biphenylyl isocyanate 25546
N-(1,1'-biphenyl)-2-ylacetamide 27013
N-4-biphenylylbenzenesulfonamide 30553
3-(4-biphenylylcarbonyl)propionic acid 29171
1-(1,1'-biphenyl)-4-yl-2-((4-(dichloroac 33152
1-biphenylyl-3,3-dimethyltriazene 27241
1-[1,1'-biphenyl]-4-ylethanone 26929
N-4-biphenylyl-N-hydroxybenzenesulfonami 30556
4-(4-biphenylyl)-2-methylthiazole 34058
3-(3-(4-biphenylyl)-1,2,3,4-tetrahydro-1 34978
2-(4-biphenylyl)-S-triazolo(5,1-a)isoqui 33126
[1,1'-biphenyl]-4-yltrichlorosilane 23384
2,3'-bipiperidine 20973
(1,4'-bipiperidine)-4'-carboxamide 22785
5,5'-bi-p-toluquinone 26790
2,2'-bipyridine 18703
2,3'-bipyridine 18704
2,4'-bipyridine 18705
3,3'-bipyridine 18706
3,4'-bipyridine 18707
4,4'-bipyridine 18708
2,2'-bipyridinium chlorochromate 18814
2,2'-biquinoline 30424
2,3'-biquinoline 30425
bisabolol 28795
cisobitan 30934
bithionol 23215
2,2'-bithiophene 12949
bitiodin 28472
bitrex 34640
bixin 34129
blasticidin S 30248
blastomycin 34298
bleomycin A5 35895
bleomycin B2 35878
bleomycin PEP 35926
boc-ON 25964
boldenone 31577
boldine 31467
BOMT 31612
bomyl 17589
borane carbonyl 189
borane–dimethylamine complex 1172
borane-diphenylphosphine complex 23900
borane-methyl sulfide complex 1169
borane-morpholine complex 4040

borane-tert-butylamine complex 4121
borane-tributylphosphine complex 25400
borane–triethylamine complex 9343
borane-triphenylphosphine complex 30644
boric acid, ethyl ester 1108
boric acid, trioleyl ester 35848
boric acid, tris(4-methyl-2-pentyl) este 31160
3-bornanecarboxylic acid 22594
(2S)-bornane-10,2-sultam 20568
(2R)-bornane-10,2-sultam 20569
borneol 20715
borneol, (±) 20677
borneol acetate, (±) 24563
borneol formate, (d) 22595
bornyl chloride 20551
bornyl 3-methylbutanoate, (1R) 28799
S-((N-bornylamidin)methyl) hydrogen thio 24686
bornylamine 20887
boron carbide 11
boron trifluoride - dimethyl ether compl 994
boron trifluoride etherate 3790
boron trifluoride ethylamine complex 1105
boron trifluoride–acetic acid complex 3325
4-borono-D-phenylalanine 17021
4-borono-L-phenylalanine 17022
4-borono-DL-phenylalanine 17023
borrelidin 34681
botryodiplodin 11528
bourgeonal 26209
bouvardin 35585
bovolide 22462
bradykinin 35826
braxorone 32889
Br-dmeq 23801
bredinin 17375
bremfol 32156
brilliant green 34451
brilliant yellow 34219
brocresine 10742
bromacil 17234
bromadialone 34850
bromal hydrate 700
bromanylpromide 22210
bromazepam 26731
bromethaline 26605
bromfenvinfos 23902
bromine(1) trifluoromethanesulfonate 18
2-bromo ethyl ethyl ether 3608
p-bromo phenyl lithium 6402
bromoacetaldehyde 692
N-bromoacetamide 795
2-bromoacetamide 796
3-[2-(2-bromoacetamido)acetamide]-proxyl 24624
4-(2-bromoacetamido)-tempo, free radical 22680
3-bromoacetanilide 13248
bromoacetic acid 693
a-bromo-2'-acetonaphthone 23363
bromoacetone 1648
bromoacetone oxime 1818
bromoacetonitrile 580
alpha-bromoacetophenone 12964
2'-bromoacetophenone 12967
1,4-bis(bromoacetoxy)-2-butene 13818
1,2-bis(bromoacetoxy)ethane 7290
1-bromoacetoxy-2-propanol 5021
bromoacetyl bromide 588
bromoacetyl chloride 576
1-bromoacetyl-a-a-diphenyl-4-piperidinem 32159
bromoacetylene 510
4'-(3-bromo-9-acridinylamino)methanesulf 32002
2-bromoacrolein 1399
2-bromoadamantane 20185
1-bromoadamantane 20186
1-bromo-3-adamantyl ethoxymethyl ketone 27655
1-bromo-3-adamantyl hydroxymethyl ketone 24279
1-(3-bromoadamantyl)-2-diazo-1-ethanone 24026
8-bromoadenosine 19401
3-bromoallyl isocyanate 2516
1-bromo-4-allylbenzene 16248
(2-bromoallyl)cyclohexane 17527
5-(2-bromoallyl)-5-isopropylbarbituric a 19711
5-(2-bromoallyl)-5-sec-butylbarbituric a 22211
2-bromoallyltrimethylsilane 3488
4-bromo-alpha-hydroxybenzeneacetic acid, 12979
2-bromo-alpha-methylbenzenemethanol 13548
(S)-(-)-2-bromo-a-methylbenzyl alcohol 13555
4-bromo-a-methylbenzyl alcohol 13556
a-bromo-a-methyl-g-butyrolactone 4598
3'-bromo-trans-anethole 19233
o-bromoaniline 6905
m-bromoaniline 6906
p-bromoaniline 6907
5-bromo-2-anisaldehyde 12973
o-bromoanisole 10474
m-bromoanisole 10475
p-bromoanisole 10476
9-bromoanthracene 26684
1-bromo-9,10-anthracenedione 26602
2-bromo-9,10-anthracenedione 26603
1-bromoaziridine 794
4-bromoazoxybenzene 23361
(S)-(-)-4-bromo-a-phenethylamine 13812
a-bromo-b,b-bis(p-ethoxyphenyl)styrene 33813
2-bromobenzaldehyde 9887
3-bromobenzaldehyde 9888
4-bromobenzaldehyde 9889
4-bromobenzaldehyde diethyl acetal 22214
3-bromobenzaldehyde diethyl acetal 22215
4-bromobenzaldehyde dimethyl acetal 16841
2-bromobenzamide 10164
3-bromobenzamide 10165
4-bromobenzamide 10166
10-bromo-1,2-benzanthracene 30400
3-bromo-7H-benz[de]anthracen-7-one 29843
bromobenzene 6656
4-bromobenzeneacetic acid 12969

2-bromobenzeneacetonitrile 12723
alpha-bromo-benzeneacetonitrile 12724
2-bromo-1,4-benzenediol 6676
4-bromo-1,3-benzenediol 6677
4-bromobenzeneethanamine 13804
4-bromobenzeneethanol 13550
4-bromobenzenemethanamine 10734
alpha-bromobenzenepropanoic acid 16259
4-bromobenzenesulfonyl chloride 6389
2-bromobenzenesulfonyl chloride 6390
4-bromobenzenethiol 6679
6-bromobenzo(a)pyrene 31787
4'-bromobenzo-15-crown-5 27507
4'-bromobenzo-18-crown-6 29536
1-bromobenzocyclobutene 12961
2-bromo-1,3,2-benzodioxaborole 6381
2-bromobenzoic acid 9890
3-bromobenzoic acid 9891
4-bromobenzoic acid 9892
p-bromobenzoic acid 2-phenylhydrazide 25665
2-bromobenzonitrile 9631
3-bromobenzonitrile 9632
4-bromobenzonitrile 9633
6-bromo-2-benzothiazolinone 9637
5-bromo-2-benzoxazolinone 9638
6-bromo-2-benzoxazolinone 9639
p-bromobenzoyl azide 9647
2-bromobenzoyl chloride 9609
4-bromobenzoyl chloride 9610
3-bromobenzoyl chloride 9611
trans-2-(4-bromobenzoyl)-1-cyclohexane-c 27258
cis-2-(4-bromobenzoyl)-1-cyclohexane-car 27259
3-(4-bromobenzoyl)propionic acid 18813
3-bromobenzyl alcohol 10484
2-bromobenzyl alcohol 10485
4-bromobenzyl alcohol 10486
3-bromobenzyl bromide 10192
(4-bromobenzyl)triphenylphosphonium brom 34070
2-bromo-1,1'-biphenyl 23356
3-bromo-1,1'-biphenyl 23357
4-bromobiphenyl 23358
5-bromo-[1,1'-biphenyl]-2-ol 23360
b-bromo-b-nitrosostyrene 12733
4-bromo-7-bromomethylbenz(a)anthracene 31211
1-bromo-2-(bromomethyl)benzene 10184
1-bromo-4-(bromomethyl)benzene 10185
2-bromo-2-(bromomethyl)pentanedinitrile 6917
2-bromo-1-(4-bromophenyl)ethanone 12739
1-bromo-1,3-butadiene 2620
2-bromo-1,3-butadiene 2621
4-bromo-1,2-butadiene 2622
2-bromobutanal 3062
1-bromobutane 3598
2-bromobutane 3599
2-bromobutane, (±) 3602
bromobutanedioic acid, (±) 2630
4-bromobutanenitrile 2767
2-bromobutanoic acid, (±) 3070
3-bromo-1-butanol 3603
3-bromo-2-butanol, (R*,S*)-(±) 3604
4-bromo-1-butanol 3607
1-bromo-2-butanone 3066
3-bromo-2-butanone, stabilized 3067
2-bromobutanoyl chloride 2762
2-bromo-2-butenal 2626
2-bromo-2-butenal, diethyl acetal 14739
cis-1-bromo-1-butene 3047
trans-1-bromo-1-butene 3048
2-bromo-1-butene 3049
3-bromo-1-butene 3050
4-bromo-1-butene 3051
1-bromo-cis-2-butene 3052
1-bromo-trans-2-butene 3053
2-bromo-cis-2-butene 3054
2-bromo-trans-2-butene 3055
1-bromo-2-butene 3058
2-bromo-2-butene; (cis+trans) 3059
(3-bromo-3-butenyl)benzene 19229
(4-bromo-2-butenyl)benzene 19230
3-bromo-3-buten-1-ol 3068
(4-bromobutoxy)benzene 19713
4-bromobutyl acetate 7998
4-bromobutyl triphenylphosphonium bromid 33237
1-bromo-4-butylbenzene 19709
N-(4-bromobutyl)phthalimide 23690
1-bromo-2-butyne 2623
4-bromobutyric acid 3076
2-bromobutyric acid 3077
2-bromobutyryl chloride 2763
D(+)-a-bromocamphor-p-sulfonic acid ammo 20642
L(-)-a-bromocamphor-p-sulfonic acid, amm 20643
(2R,3R)-4-bromo-1-carboxy-2,3-dihydroxyc 10489
bromochloroacetic acid 577
1-bromo-3-chloroacetone 1495
bromochloroacetonitrile 513
bromochloroacetylene 400
4-bromo-2-chloroaniline 6657
1-bromo-2-chlorobenzene 6383
1-bromo-3-chlorobenzene 6384
1-bromo-4-chlorobenzene 6385
5-bromo-2-chlorobenzoic acid 9612
5-bromo-2-chlorobenzotrifluoride 9474
3-bromo-4-chlorobenzotrifluoride 9475
6-bromo-5-chloro-2-benzoxazolinone 9477
1-bromo-2-chlorobutane 3328
2-bromo-1-chlorobutane 3329
4'-bromo-4-chlorobutyrophenone 18978
2-bromo-2-chloro-1,1-difluoroethane 575
2-bromo-2-chloro-1,1-difluoroethylene 401
bromochlorodifluoromethane 7
3-bromo-1-chloro-5,5-dimethylhydantoin 4456
bromochlorodinitromethane 14
1-bromo-2-chloroethane 789
1-bromo-1-chloroethane 790
bromochloroethane 574
4-bromo-1-chloro-2-fluorobenzene 6216
4-bromo-2-chloro-1-fluorobenzene 6217
1-bromo-4-chloro-2-fluorobenzene 6218

bromochlorofluoromethane 90
1-bromo-6-chlorohexane 8241
3-bromo-5-chloro-2-hydroxybenzaldehyde 9613
5-bromo-4-chloro-3-indolyl sulfate potas 12501
5-bromo-4-chloro-3-indolyl-b-d-glucuroni 32263
5-bromo-4-chloro-3-indolyl-b-D-galactosi 27201
5-bromo-4-chloro-3-indoxyl palmitate 33916
5-bromo-4-chloro-3-indoxyl-a-D-glucopyra 27202
bromochloromethane 140
1-bromo-3-(chloromethyl)benzene 10141
1-bromo-4-(chloromethyl)benzene 10142
1-bromo-4-chloro-2-methylbenzene 10148
1-bromo-3-chloro-2-methylpropane 3330
1-bromo-4-chloronaphthalene 18519
1-bromo-4-chloro-2-nitrobenzene 6219
1-bromo-5-chloropentane 5294
3-bromo-2-chlorophenol 6386
4-bromo-2-chlorophenol 6387
2-bromo-4-chlorophenol 6388
4-bromo-2-chlorophenyl isocyanate 9476
4-bromo-2-chlorophenyl isothiocyanate 9478
2-bromo-1-(4-chlorophenyl)ethanone 12714
5-bromo-2-chloro-4-picoline 6658
5-bromo-6-chloro-2-picoline 6659
5-bromo-2-chloro-3-picoline 6660
1-bromo-3-chloropropane 1811
1-bromo-3-chloropropane 1812
2-bromo-1-chloropropane 1813
2-bromo-2-chloropropane 1814
2-bromo-3-chloro-1-propanol 1815
4'-bromo-3-chloropropiophenone 16095
3-bromo-2-chloropyridine 4205
5-bromo-2-chloropyridine 4206
7-bromo-5-chloroquinolin-8-yl acrylate 23234
3-bromo-5-chloro-1,2,4-thiadiazole 402
2-bromo-3-chlorothiophene 2375
3-bromo-2-chlorothiophene 2376
2-bromo-5-chlorotoluene 10143
5-bromo-2-chlorotoluene 10144
4-bromo-2-chlorotoluene 10145
4-bromo-3-chloro-3,4,4-trifluoro-1-buten 2438
1-bromo-2-chloro-1,1,2-trifluoroethane 512
a-bromocinnamaldehyde 15952
4-bromocinnamic acid 15955
3-bromocinnamic acid, predominantly tran 15956
bromoconazole 25746
bromocresol green 32602
bromocresol purple 32643
bromocriptine 35078
bromocyclobutane 3060
bromocycloheptane 11571
bromocyclohexane 7981
2-bromocyclohexanol 7985
2-bromocyclohexanone 7479
1-bromocyclohexene 7477
3-bromocyclohexene 7478
1-bromo-4-cyclohexylbenzene 24025
1-bromo-1,3,5,7-cyclooctatetraene 12954
bromocyclopentane 4994
bromocyclopropane 1646
1-bromo-12-cyclotridecadien-4,8,10-triyn 25510
5-bromocytosine 2517
3-bromo-d-camphor 20189
1-bromodecane 21090
2-bromodecane 21091
2-bromodecanoic acid 20864
10-bromodecanoic acid 20866
10-bromodecanol 21092
cis-1-bromo-1-decene 20856
trans-1-bromo-1-decene 20857
1-bromo-2-decene 20858
2-bromo-1-decene 20859
5-bromo-5-deoxy-2,3-O-isopropylidene-D-r 14069
5-bromo-2'-deoxyuridine 16835
2-bromo-1,5-diamino-4,8-dihydroxyanthraq 26685
2-bromo-1,8-diamino-4,5-dihydroxyanthraq 26686
3-bromo-2,5-diamino-4-picoline 7286
3-bromo-2,5-diaminopyridine 4459
5-bromo-2,3-diaminopyridine 4460
2-bromodibenzofuran 23236
3-bromodibenzofuran 23237
6-bromo-2,4-dichloroaniline 6391
1-bromo-2,3-dichlorobenzene 6228
1-bromo-2,4-dichlorobenzene 6229
1-bromo-3,5-dichlorobenzene 6230
2-bromo-1,3-dichlorobenzene 6231
2-bromo-1,4-dichlorobenzene 6232
4-bromo-1,2-dichlorobenzene 6233
2-bromo-1,1-dichloroethene 514
trans-1-bromo-1,2-dichloroethene 515
1-bromo-2,5-dichloro-3-fluorobenzene 6132
bromodichlorofluoromethane 15
bromodichloromethane 91
2-bromo-4,6-dichlorophenol 6234
o-(4-bromo-2,5-dichlorophenyl) o-methyl 25576
o-(4-bromo-2,5-dichlorophenyl)-o-ethyl p 26879
5-bromo-2,4-dichloropyrimidine 2351
a-bromo-2,6-dichlorotoluene 9866
2-bromo-1,1-diethoxyethane 8666
4-bromo-N,N-diethylaniline 19899
2-bromo-4,6-difluoroaniline 6398
4-bromo-3,5-difluoroanisole 9874
1-bromo-2,4-difluorobenzene 6222
4-bromo-1,2-difluorobenzene 6223
1-bromo-2,3-difluorobenzene 6224
1-bromo-1,4-difluorobenzene 6225
1-bromo-3,5-difluorobenzene 6226
1-bromo-2,6-difluorobenzene 6227
2-bromo-1,1-difluoroethane 689
1-bromo-1,1-difluoroethane 516
bromodifluoromethane 92
(bromodifluoromethyl)triphenylphosphoniu 31296
2-bromo-4,6-difluorophenyl isocyanate 9440
3-bromo-3,3-difluoro-1-propene 1396
a-bromo-2,3-difluorotoluene 9868
a-bromo-2,5-difluorotoluene 9869
a-bromo-2,6-difluorotoluene 9870
a-bromo-3,4-difluorotoluene 9871

5-bromo-1,2-dihydroacenaphthylene 23359
4-bromo-1,2-dihydro-1,5-dimethyl-2-pheny 21677
5-bromo-N,2-dihydroxybenzamide 10181
4-bromo-N,N-diisopropylbenzylamine 26289
2-bromo-2',5'-dimethoxyacetophenone 19236
2-bromo-2',4'-dimethoxyacetophenone 19237
2-bromo-3,5-dimethoxyaniline 13816
4-bromo-1,2-dimethoxybenzene 13561
1-bromo-2,4-dimethoxybenzene 13562
1-bromo-2,5-dimethoxybenzene 13563
2-bromo-1,1-dimethoxyethane 3609
1-bromo-2,2-dimethoxypropane 5613
3'-bromo-4-dimethylaminoazobenzene 27078
bromobis(dimethylamino)borane 4036
2-bromo-N,N-dimethylaniline 13805
3-bromo-N,N-dimethylaniline 13806
4-bromo-N,N-dimethylaniline 13807
2-bromo-2,6-dimethylaniline 13808
4-bromo-2,6-dimethylaniline 13809
4-bromo-2,6-dimethylanisole 16839
3-bromo-7,12-dimethylbenz(a)anthracene 31949
4-bromo-7,12-dimethylbenz(a)anthracene 31950
5-bromo-9,10-dimethyl-1,2-benzanthracene 31951
1-bromo-2,3-dimethylbenzene 13527
1-bromo-2,4-dimethylbenzene 13528
1-bromo-3,5-dimethylbenzene 13529
2-bromo-1,3-dimethylbenzene 13530
2-bromo-1,4-dimethylbenzene 13531
4-bromo-1,2-dimethylbenzene 13532
1-bromo-2,2-dimethylbutane 8658
1-bromo-3,3-dimethylbutane 8659
1-bromo-3,3-dimethylbutane 8660
2-bromo-2,3-dimethylbutane 8661
2-bromo-3,3-dimethylbutane 8662
6-bromo-2,2-dimethylhexanenitrile 14507
4-bromo-3,5-dimethylisoxazole 4457
trans-1-bromo-3,7-dimethyl-2,6-octadiene 20550
2-bromo-3,5-dimethylphenol 13551
4-bromo-3,5-dimethylphenol 13552
1-bromo-2,2-dimethylpropane 5610
3-bromo-2,2-dimethyl-1-propanol 5612
1-bromo-1,3-dimethyl-1H-pyrazole 4595
4-bromo-3,5-dimethylpyrazole 4596
2-bromo-4,6-dinitroaniline 6410
1-bromo-2,3-dinitrobenzene 6236
1-bromo-2,4-dinitrobenzene 6237
6-bromo-2,4-dinitrobenzenediazonium hydr 6240
3-bromo-2,7-dinitro-5-benzo(b)-thiophene 12438
2-bromo-4,6-dinitrophenol 6238
4-bromo-2,6-dinitrophenol 6239
4-bromo-2,2-diphenylbutyronitrile 29125
2-bromo-1,1-diphenylethene 26799
alpha-bromodiphenylmethane 25663
1-bromo-3,3-diphenylpropane 28335
2-bromo-1,3-diphenyl-1,3-propanedione 28074
4-bromo-2,6-di-tert-butylphenol 27617
1-bromodocosane 33473
1-bromododecane 24894
2-bromododecane 24895
2-bromododecanoic acid 24789
12-bromododecanol 24896
cis-1-bromo-1-dodecene 24787
trans-1-bromo-1-dodecene 24788
1-bromodotriacontane 35122
1-bromoeicosane 32505
cis-1-bromo-1-eicosene 32457
trans-1-bromo-1-eicosene 32458
bromoethane 910
2-bromoethanesulfonic acid sodium salt 797
2-bromoethanesulfonyl chloride 791
2-bromoethanol 912
(2-bromoethoxy)benzene 13545
1-bromo-2-ethoxybenzene 13546
1-bromo-4-ethoxybenzene 13547
1-bromo-2-ethoxybenzene 3605
(2-bromoethoxy)-tert-butyldimethylsilane 15625
2-(2-bromoethoxy)tetrahydro-2H-pyran 11584
2-bromoethyl acetate 3071
2-bromoethyl acrylate 4597
2-bromoethyl benzoate 16265
(2-bromoethyl) chloroformate 1498
2-bromoethyl dodecanoate 27827
bis(2-bromoethyl) ether 3344
2-bromoethyl isocyanate 1504
2-bromoethylamine 1001
2-bromoethylamine hydrobromide 1109
p-(bis(2-bromoethyl)amino)benzoic acid 21916
p-(bis(2-bromoethyl)amino)phenol-m-(a,a, 30579
4-bromo-2-ethylaniline 13810
N,N-bis(2-bromoethyl)aniline 19717
(2-bromoethyl)benzene 13535
1-bromo-2-ethylbenzene 13536
1-bromo-3-ethylbenzene 13537
1-bromo-4-ethylbenzene 13538
(1-bromoethyl)benzene 13542
(1-bromoethyl)benzene, (±) 13533
(1-bromoethyl)benzene, (R) 13534
1-bromo-2-ethylbutane 8663
(2-bromoethyl)cyclohexane 14738
4'-bromo-3'-ethyl-4-dimethylaminoazobenz 29360
2-(2-bromoethyl)-1,3-dioxane 7999
2-(2-bromoethyl)-1,3-dioxolane 5011
2-bromo-2-ethyl-3-methylbutanamide 11749
p-((3-bromo-4-ethylphenyl)azo)-N,N-dimet 29361
N-(2-bromoethyl)phthalimide 18672
3-bromo-2-ethyl-1-propene 4993
(2-bromoethyl)trimethylammonium bromide 5942
2-(2-bromoethyl)-2,5,5-trimethyl-1,3-dio 17787
1-bromo-2-ethynylbenzene 12599
1-bromo-3-ethynylbenzene 12600
1-bromo-4-ethynylbenzene 12601
2-bromoethynyl-2-butanol 7480
bromofenoxim 25449
2-bromo-9H-fluorene 25508
9-bromofluorene 25509
2-bromo-9-fluorenone 25448
4'-bromo-2'-fluoroacetanilide 12963
bromofluoroacetic acid 578

3'-bromo-4'-fluoroacetophenone 12716
2-bromo-4'-fluoroacetophenone 12717
2-bromo-4-fluoroaniline 6661
2-bromo-4-fluoroaniline 6662
4-bromo-2-fluoroaniline 6663
4-bromo-2-fluoroanisole 10159
2-bromo-4-fluoroanisole 10160
4-bromo-2-fluorobenzaldehyde 9615
3-bromo-4-fluorobenzaldehyde 9616
5-bromo-2-fluorobenzaldehyde 9617
1-bromo-2-fluorobenzene 6392
1-bromo-3-fluorobenzene 6393
1-bromo-4-fluorobenzene 6394
2-bromo-4-fluorobenzoic acid 9618
4-bromo-2-fluorobenzoic acid 9619
3-bromo-4-fluorobenzonitrile 9479
4-bromo-2-fluorobenzonitrile 9480
2-bromo-5-fluorobenzonitrile 9481
4-bromo-2-fluorobenzyl alcohol 10161
4-bromo-2-fluorobenzyl bromide 9895
1-bromo-4-fluorobutane 3331
5-bromo-2-fluorocinnamic acid 15838
4-bromo-2-fluorocinnamic acid 15839
3-bromo-4-fluorocinnamic acid 15840
1-bromo-10-fluorodecane 20957
1-bromo-12-fluorododecane 24830
1-bromo-2-fluoroethane 792
1-bromo-7-fluoroheptane 11748
1-bromo-6-fluorohexane 8242
1-bromo-3-fluoro-4-iodobenzene 6220
1-bromo-4-fluoro-4-iodobenzene 6221
bromofluoromethane 141
1-bromo-8-fluorooctane 14993
1-bromo-5-fluoropentane 5295
4-bromo-2-fluorophenol 6395
2-bromo-4-fluorophenol 6396
4-bromo-2-fluorophenyl isocyanate 9482
1-bromo-3-fluoropropane 1817
3'-bromo-4'-fluoropropiophenone 16097
4-bromo-3-fluorotoluene 6397
2-bromo-4-fluorotoluene 10151
3-bromo-4-fluorotoluene 10152
2-bromo-5-fluorotoluene 10153
4-bromo-2-fluorotoluene 10154
5-bromo-2-fluorotoluene 10155
1-bromo-11-fluoroundecane 22804
bromoform 96
bromofumaric acid 2444
2-bromofuran 2442
3-bromofuran 2443
5-bromo-2-furancarboxaldehyde 4212
5-bromofuroic acid 4213
alpha-bromo-gamma-valerolactone,c&t 4601
a-bromo-g-butyrolactone 2629
1-bromoheneicosane 33055
1-bromohentriacontane 35034
1-bromoheptacosane 34559
1-bromoheptadecafluorooctane 12411
1-bromoheptadecane 30337
cis-1-bromo-1-heptadecene 30294
trans-1-bromo-1-heptadecene 30295
1-bromoheptane 11982
2-bromoheptane 11983
4-bromoheptane 11984
7-bromoheptanenitrile 11371
2-bromoheptanoic acid 11578
7-bromoheptanoic acid 11579
7-bromo-1-heptanol 11986
1-bromoheptatriacontane 35486
cis-1-bromo-1-heptene 11569
trans-1-bromo-1-heptene 11570
1-bromo-1-heptyne 11240
1-bromo-2-heptyne 11241
1-bromohexacosane 34360
1-bromohexadecane 29739
2-bromohexadecanoic acid 29686
cis-1-bromo-1-hexadecene 29684
trans-1-bromo-1-hexadecene 29685
1-bromohexane 8647
2-bromohexane 8648
3-bromohexane 8649
6-bromohexanenitrile 7663
6-bromohexanoic acid 7991
2-bromohexanoic acid 8000
2-bromohexanoic acid, (±) 7990
6-bromohexanol 8665
6-bromo-2-hexanone 7986
2-bromohexanoyl bromide 7672
6-bromohexanoyl chloride 7662
1-bromohexatriacontane 35430
cis-1-bromo-1-hexene 7979
trans-1-bromo-1-hexene 7980
6-bromo-1-hexene 7982
1-bromo-4-n-hexylbenzene 24276
1-bromo-4-(hexyloxy)benzene 24278
(R,S)-4-bromo-homo-ibotenic acid 7137
2-bromo-2-hydroxybenzenemethanol 10487
5-bromo-2-hydroxybenzoic acid 9894
5-bromo-2-hydroxy-3-methoxybenzaldehyde 12980
2-bromo-3-hydroxy-1,4-naphthalenedione 18496
5-bromo-6-hydroxy-2-picoline 6912
5-bromo-2-hydroxy-3-picoline 6913
5-bromo-6-hydroxy-3-picoline 6914
3-bromo-2-hydroxy-3-picoline 6915
2-bromo-1-indanol 16254
2-bromo-1-indanone 15953
5-bromo-1-indanone 15954
5-bromoindole 12725
4-bromoindole 12726
5-bromoindole-3-acetic acid 18673
5-bromoindole-2,3-dione 12503
5-bromoindoxyl diacetate 23450
1-bromo-2-iodobenzene 6399
1-bromo-3-iodobenzene 6400
1-bromo-4-iodobenzene 6401
1-bromo-2-iodoethane 793
bromoiodomethane 142
a-bromo-3-iodo-4-nitrotoluene 9880

5-bromo-2-iodotoluene 10162
2-bromoisobutyrophenone 19232
1-bromo-4-isocyanatobenzene 9634
5-bromoisophthalic acid 12604
4-bromoisophthalic acid 12605
1-bromo-4-isopropylbenzene 16822
5-bromo-3-isopropyl-6-methyluracil 14068
4-bromoisoquinoline 15841
a-bromoisovaleric acid 5012
2-bromo-D-lysergic acid diethylamide 32264
bromomaleic acid 2445
bromomaleic anhydride 2352
4-bromomandelic acid 12981
2-bromo-4'-methoxyacetophenone 16266
2-bromo-2'-methoxyacetophenone 16267
2-bromo-3'-methoxyacetophenone 16268
3-bromo-4-methoxybenzaldehyde 12974
5-bromo-2-methoxybenzylalcohol 13564
2-(5-bromo-2-methoxybenzyloxy)triethylam 27653
1-bromo-2-methoxycyclohexane 11577
(bromomethoxy)ethane 1980
1-bromo-2-methoxyethane 1981
1-bromo-2-(2-methoxyethoxy)ethane 5614
1-bromo-6-methoxyhexane 11985
bromomethoxymethane 913
2-bromo-6-methoxynaphthalene 21550
5-bromo-6-methoxy-8-nitroquinoline 18603
(S)-N-boc-(5-bromo-2-methoxyphenyl)alani 28577
(R)-N-boc-(5-bromo-2-methoxyphenyl)alani 28578
bromomethyl acetate 1657
bis(bromomethyl) ether 800
4'-bromo-2'-methylacetanilide 16523
1-bromo-4-(methylamino)anthraquinone 28008
2-bromo-4-methylaniline 10735
2-bromo-5-methylaniline 10736
3-bromo-4-methylaniline 10737
4-bromo-2-methylaniline 10738
4-bromo-3-methylaniline 10739
5-bromo-2-methylaniline 10740
3-bromo-2-methylaniline 10741
2-bromo-4-methylanisole 13553
4-bromo-3-methylanisole 13554
9-bromomethylanthracene 28073
7-bromomethylbenz(a)anthracene 31232
(bromomethyl)benzene 10463
1,2-bis(bromomethyl)benzene 13252
1,3-bis(bromomethyl)benzene 13253
1,4-bis(bromomethyl)benzene 13254
alpha-(bromomethyl)benzenemethanol 13549
4-bromomethylbenzenesulfonyl chloride 10149
6-bromomethylbenzo(a)pyrene 32576
2-bromomethyl-1,4-benzodioxane 16269
4-bromo-2-methylbenzonitrile 12727
(4-bromomethylbenzyl)triphenylphosphoniu 34071
1-bromo-2-methylbutane 5606
1-bromo-3-methylbutane 5607
2-bromo-2-methylbutane 5608
2-bromo-3-methylbutane 5609
1-bromo-2-methylbutane, (S) 5611
3-bromo-3-methylbutanoic acid 5004
2-bromo-3-methylbutanoic acid, (±) 5003
cis-1-bromo-2-methyl-1-butene 4980
trans-1-bromo-2-methyl-1-butene 4981
3-bromo-2-methyl-1-butene 4982
4-bromo-2-methyl-1-butene 4983
cis-1-bromo-3-methyl-1-butene 4984
trans-1-bromo-3-methyl-1-butene 4985
2-bromo-3-methyl-1-butene 4986
3-bromo-3-methyl-1-butene 4987
4-bromo-3-methyl-1-butene 4988
1-bromo-2-methyl-cis-2-butene 4989
1-bromo-2-methyl-trans-2-butene 4990
1-bromo-3-methyl-2-butene 4991
2-bromo-3-methyl-2-butene 4992
(S)-(-)-2-bromo-3-methylbutyric acid 5013
(R)-(+)-2-bromo-3-methylbutyric acid 5014
9-(bromomethyl)-10-chloroanthracene 28006
7-bromomethyl-4-chlorobenz(a)anthracene 31209
(bromomethyl)chlorodimethylsilane 2096
(bromomethyl)cyclobutane 5001
(bromomethyl)cyclohexane 11572
1-bromo-1-methylcyclohexane 11573
1-bromo-3-methylcyclohexane 11574
(bromomethyl)cyclopropane 3061
4-bromomethyl-6,7-dimethoxycoumarin 23588
3'-bromo-4'-methyl-4-dimethylaminoazoben 28409
4'-bromo-3'-methyl-4-dimethylaminoazoben 28410
1-(bromomethyl)-3,5-dimethylbenzene 16823
1-(bromomethyl)-7,7-dimethylbicyclo[2.2. 20187
2-bromomethyl-1,3-dioxolane 3078
1-bromo-3,4-(methylenedioxy)benzene 9893
(2-bromo-1-methylethyl)benzene 16824
1-bromo-2-(1-methylethyl)benzene 16831
1-bromo-3-(1-methylethyl)benzene 16833
7-bromomethyl-6-fluorobenz(a)anthracene 31210
2-(bromomethyl)furan 4353
2-(bromomethyl)-2-(hydroxymethyl)-1,3-pr 5617
2-bromo-1-methyl-4-isopropylbenzene 19708
1-bromo-4-methyl-1-isopropylcyclohexane 20860
12-bromomethyl-7-methylbenz(a)anthracene 31764
7-bromomethyl-1-methylbenz(a)anthracene 31952
7-bromomethyl-12-methylbenz(a)anthracene 31953
1-(bromomethyl)-2-methylbenzene 13539
1-(bromomethyl)-3-methylbenzene 13540
1-(bromomethyl)-4-methylbenzene 13541
2-bromomethyl-5-methylfuran 7138
1-(bromomethyl)naphthalene 21546
2-(bromomethyl)naphthalene 21547
1-bromo-2-methylnaphthalene 21548
1-bromo-4-methylnaphthalene 21549
2-bromomethyl-1,4-naphthalenedione 21481
2-bromo-6-methyl-4-nitroaniline 10472
4-bromo-6-nitroaniline 10473
1-(bromomethyl)-3-nitrobenzene 10168
1-bromo-2-methyl-3-nitrobenzene 10169
1-bromo-2-methyl-4-nitrobenzene 10170
1-bromo-3-methyl-2-nitrobenzene 10171
1-bromo-3-methyl-5-nitrobenzene 10172

2-bromo-1-methyl-3-nitrobenzene 10173
2-bromo-1-methyl-4-nitrobenzene 10174
2-bromo-4-methyl-1-nitrobenzene 10175
4-bromo-1-methyl-2-nitrobenzene 10176
4-bromo-2-methyl-1-nitrobenzene 10180
4-bromomethyl-3-nitrobenzoic acid 12737
(bromomethyl)oxirane, (±) 1649
1-bromo-2-methylpentane 8650
1-bromo-3-methylpentane 8651
1-bromo-4-methylpentane 8652
2-bromo-2-methylpentane 8653
2-bromo-4-methylpentane 8654
2-bromo-2-methylpentane 8655
2-bromo-3-methylpentane 8656
3-bromo-3-methylpentane 8657
5-bromo-2-methyl-2-pentene 7983
2-bromo-4-methylphenol 10477
2-bromo-5-methylphenol 10478
3-bromo-4-methylphenol 10479
3-bromo-4-methylphenol 10480
3-bromo-5-methylphenol 10481
4-bromo-2-methylphenol 10482
4-bromo-3-methylphenol 10483
(4S)-4-bromomethyl-2-phenyl-1,3-dioxane 21914
2-bromo-1-(4-methylphenyl)ethanone 16251
2-(4-bromomethyl)phenylpropionic acid 19234
N-(bromomethyl)phthalimide 15849
2-bromo-2-methylpropanal 3063
2-bromo-2-methylpropanamide 3332
1-bromo-2-methylpropane 3600
2-bromo-2-methylpropane 3601
2,2-bis(bromomethyl)-1,3-propanediol 5319
2-bromo-2-methylpropanenitrile 2768
2-bromo-2-methylpropanoic acid 3072
(R)-(-)-3-bromo-2-methyl-1-propanol 3606
2-bromo-2-methylpropanoyl bromide 2781
1-bromo-2-methyl-1-propene 3056
3-bromo-2-methyl-1-propene 3057
3-bromo-2-methyl-2-propenoic acid 2628
4-bromo-3-methyl-1H-pyrazole 2625
2-bromo-3-methylpyridine 6908
2-bromo-5-methylpyridine 6909
2-bromo-4-methylpyridine 6910
2-bromo-6-methylpyridine 6911
2,3-bis(bromomethyl)quinoxaline 18675
2-(bromomethyl)tetrahydrofuran 5002
2-(bromomethyl)tetrahydro-2H-pyran 7987
1,3-bis(bromomethyl)tetramethyldisiloxan 9279
2-bromo-3-methylthiophene 4354
2-bromo-5-methylthiophene 4355
3-bromo-5-methylthiophene 4356
1-bromo-12-methyltridecane 27896
1-bromo-1-methyl-4,4,4-trifluorobutane 4755
(bromomethyl)trimethylsilane 3968
(bromomethyl)triphenylphosphonium bromid 31371
a-bromo-m-toluinitrile 12732
5-bromo-1-naphthalenamine 18671
1-bromonaphthalene 18601
2-bromonaphthalene 18602
5-bromo-1-naphthalenecarboxylic acid 21482
5-bromo-2-naphthalenecarboxylic acid 21483
3-bromo-1,2-naphthalenedione 18494
1-bromo-2-naphthalenol 18604
6-bromo-2-naphthol 18605
6-bromo-1,2-naphthoquinone 18495
6-bromo-2-naphthyl-b-D-galactopyranoside 29311
6-bromo-2-naphthyl-b-D-glucopyranoside 29312
5-bromonicotinic acid 6406
4'-bromo-3'-nitroacetophenone 12734
a-bromo-3'-nitroacetophenone 12735
2-bromo-4'-nitroacetophenone 12736
2-bromo-6-nitroaniline 6665
4-bromo-2-nitroaniline 6666
4-bromo-3-nitroaniline 6668
4-bromo-3-nitroaniline 6669
2-bromo-4-nitroaniline 6670
4-bromo-3-nitroanisole 10182
1-bromo-2-nitrobenzene 6403
1-bromo-3-nitrobenzene 6404
1-bromo-4-nitrobenzene 6405
2-bromo-4-nitrobenzoic acid 9640
2-bromo-5-nitrobenzoic acid 9641
2-bromo-3-nitrobenzoic acid 9642
4-bromo-3-nitrobenzotrifluoride 9483
2-bromo-5-nitrobenzotrifluoride 9484
5-bromo-2-nitrobenzotrifluoride 9485
4-bromo-3-nitrobiphenyl 23265
3-bromo-7-nitroindazole 9649
5-bromo-5-nitro-m-dioxane 2769
bromonitromethane 143
1-bromo-3-nitronaphthalene 18520
2-bromo-1-nitronaphthalene 18521
a-bromo-4-nitro-o-cresol 10183
2-bromo-3-nitrophenol 6407
4-bromo-2-nitrophenol 6408
2-bromo-2-nitropropane 1819
2-bromo-2-nitro-1,3-propanediol 1820
2-bromo-3-nitropyridine 4208
2-bromo-5-nitropyridine 4209
6-bromo-5-nitroquinoline 15805
3-bromo-8-nitroquinoline 15806
3-bromo-4-nitroquinoline-1-oxide 15807
6-bromo-7-nitroquinoxaline 12504
2-bromo-5-nitrothiazole 1311
4-bromo-3-nitrotoluene 10177
1-bromononacosane 34823
1-bromononadecane 31727
cis-1-bromo-1-nonadecene 31678
trans-1-bromo-1-nonadecene 31679
1 bromononane 10115
9-bromo-1-nonanol 18116
1-bromononatriacontane 35563
cis-1-bromo-1-nonene 17785
trans-1-bromo-1-nonene 17786
1-bromooctacosane 34728
1-bromooctadecane 31115
18-bromooctadecanoic acid 31056
cis-1-bromo-1-octadecene 31054

trans-1-bromo-1-octadecene 31055
1-bromooctane 15248
2-bromooctane, (±)- 15249
2-bromooctanoic acid 14740
8-bromooctanoic acid 14741
8-bromo-1-octanol 15251
1-bromooctatriacontane 35526
cis-1-bromo-1-octene 14736
trans-1-bromo-1-octene 14737
a-bromo-o-tolunitrile 12731
1-bromo-1-(p-chlorophenyl)-2,2-diphenyle 31871
bromopentacarbonylmanganese 4158
1-bromopentacosane 34193
1-bromopentadecane 28898
cis-1-bromo-1-pentadecene 28837
trans-1-bromo-1-pentadecene 28838
bromopentafluorobenzene 6045
bromopentafluoroethane 405
a-bromo-2,3,4,5,6-pentafluorotoluene 9441
4-bromo-1,2,2,6,6-pentamethylpiperidine 20863
1-bromopentane 5603
2-bromopentane 5604
3-bromopentane 5605
5-bromopentanenitrile 4756
2-bromopentanoic acid, (±) 5005
1-bromopentatriacontane 35322
cis-1-bromo-1-pentene 4964
trans-1-bromo-1-pentene 4965
2-bromo-1-pentene 4966
3-bromo-1-pentene 4967
4-bromo-1-pentene 4968
5-bromo-1-pentene 4969
1-bromo-cis-2-pentene 4970
1-bromo-trans-2-pentene 4971
2-bromo-cis-2-pentene 4972
2-bromo-trans-2-pentene 4973
3-bromo-cis-2-pentene 4974
3-bromo-trans-2-pentene 4975
4-bromo-cis-2-pentene 4976
4-bromo-trans-2-pentene 4977
5-bromo-cis-2-pentene 4978
5-bromo-trans-2-pentene 4979
1-bromo-1-pentene 4995
1-bromo-1-pentene 4996
2-bromo-2-pentene 4997
3-bromo-2-pentene 4998
4-bromo-2-pentene 4999
5-bromo-2-pentene 5000
5-bromopentyl acetate 11585
4-(2-(5-bromo-2-pentyloxybenzyloxy)ethyl 30915
2-(5-bromo-2-pentyloxybenzyloxy)triethyl 30954
1-bromo-1-pentyne 4594
bromoperidol 32812
9-bromophenanthrene 26683
2-bromophenethyl alcohol 13557
3-bromophenethyl alcohol 13558
3-bromophenethylamine 13813
2-bromophenethylamine 13814
3-bromophenetole 13559
o-bromophenol 6671
m-bromophenol 6672
p-bromophenol 6673
bromophenol 6674
bromophenol blue 31185
bromophenophos 23238
p-bromophenoxyacetic acid 12982
1-bromo-4-phenoxybenzene 23362
2-(4-bromophenoxy)ethanol 13565
1-(4'-bromophenoxy)-1-ethoxyethane 19715
1-(4-bromophenoxy)-1-ethoxyethane 19716
1-[2-(4-bromophenoxy)ethyl]pyrrolidine 24143
(4-bromophenoxy)-tert-butyldimethylsilan 24502
(4-bromophenoxy)trimethylsilane 17235
4-bromophenyl chloroformate 9614
4-bromophenyl chloromethyl sulfone 10150
bis(4-bromophenyl) ether 23267
2-bromophenyl isocyanate 9635
3-bromophenyl isocyanate 9636
2-bromophenyl isothiocyanate 9644
3-bromophenyl isothiocyanate 9645
p-bromophenyl isothiocyanate 9646
bis(4-bromophenyl) sulfide 23268
bis(4-bromophenyl) sulfone 23269
4-bromophenyl trifluoromethyl sulfide 9630
N-(4-bromophenyl)acetamide 13247
2-bromophenylacetic acid 12975
3-bromophenylacetic acid 12976
2-bromophenylacetone 16255
3-bromophenylacetone 16256
4-bromophenylacetone 16257
4-bromophenylacetonitrile 12728
3-bromophenylacetonitrile 12729
2-bromo-4'-phenylacetophenone 26803
2-bromo-2-phenylacetophenone 26804
2-bromophenylacetyl chloride 12715
4-bromo-DL-phenylalanine 16524
(S)-N-boc-2-bromophenylalanine 27422
(R)-N-boc-2-bromophenylalanine 27423
(R)-N-boc-3-bromophenylalanine 27424
(S)-N-boc-4-bromophenylalanine 27425
(R)-N-boc-4-bromophenylalanine 27426
(S)-N-boc-3-bromophenylalanine 27455
4-bromophenylboronic acid 6893
3-bromophenylboronic acid 6894
2-bromo-3-phenyl-2-butene 19231
(4-bromophenyl)cyclopropylmethanone 18809
1-(4-bromophenyl)-3,3-dimethyltriazene 13817
2-(3-bromophenyl)-1,3-dioxolane 16260
1-(3-bromophenyl)ethanone 12965
1-(4-bromophenyl)ethanone 12966
(R)-(+)-1-(4-bromophenyl)ethylamine 13815
(2-bromophenylethynyl)trimethylsilane 21915
(4-bromophenyl)hydrazine 7131
2-(p-bromophenyl)imidazo(2,1-a)isoquinol 33504
4-bromo-2-phenyl-1,3-indandione 27991
2-(4-bromophenyl)-1H-indene-1,3(2H)-dion 27990
3-(p-bromophenyl)-1-methyl-1-nitrosourea 13251
2-(4-bromophenyl)-4,4-bis(methylthio)but 26802

2-(m-bromophenyl)-N-(4-morpholinomethyl) 28453
4-(4-bromophenyl)phenol 23364
(2-bromophenyl)phenylmethanone 25512
(3-bromophenyl)phenylmethanone 25513
(4-bromophenyl)phenylmethanone 25514
N-(p-bromophenyl)phthalimide 26627
4-(4-bromophenyl)-4-piperidinol 22045
1-(4-bromophenyl)-1-propanone 16252
2-bromo-1-phenyl-1-propanone 16253
3-bromo-3-phenyl-2-propenal 15951
1-(4-bromophenyl)-2-pyrrolidinone 18980
4-(p-bromophenyl) semicarbazone 1-methyl- 25835
4-(p-bromophenyl)semicarbazone-1H-pyrrol 23587
5-(2-bromophenyl)-1H-tetrazole 9885
(4-bromophenyl)urea 10469
cis-1-bromo-2-(2-phenylvinyl)benzene 26800
trans-1-bromo-2-(2-phenylvinyl)benzene 26801
bromophos 13245
bromophos-ethyl 19400
4-bromophthalic acid 12606
1-bromopinacolone 7988
6-bromopiperonal 12603
2-bromopropanal 1650
1-bromopropane 1978
2-bromopropane 1979
3-bromo-1,2-propanediol 1984
2-bromopropanenitrile 1502
3-bromopropanenitrile 1503
3-bromopropanoic acid 1655
2-bromopropanoic acid, (±) 1654
1-bromo-2-propanol 1982
3-bromo-1-propanol 1983
2-bromopropanoyl chloride 1496
cis-1-bromo-1-propene 1642
trans-1-bromo-1-propene 1643
3-bromo-1-propene 1645
1-bromo-1-propene; (cis+trans) 1647
2-bromo-2-propenoic acid 1400
(3-bromo-1-propenyl)benzene 16249
1-bromo-4-(1-propenyl)benzene 16250
5-(3-bromo-1-propenyl)-1,3-benzodioxole 18812
2-bromo-2-propen-1-ol 1652
3-bromopropionaldehyde dimethyl acetal 5615
(R)-(+)-2-bromopropionic acid 1658
(S)-(-)-2-bromopropionic acid 1659
(±)-2-bromopropionic acid 1660
2-bromopropionyl bromide 1512
3-bromopropionyl chloride 1497
1,4-bis(3-bromopropionyl)-piperazine 20375
3'-bromopropiophenone 16258
(3-bromopropoxy)benzene 16837
1-(g-bromopropoxy)-4-nitrobenzene 16525
(3-bromopropoxy)-tert-butyldimethylsilane 18378
2-(3-bromopropoxy)tetrahydro-2H-pyran 14746
bromopropylate 29987
(2-bromopropyl)benzene 16826
(3-bromopropyl)benzene 16827
1-bromo-4-propylbenzene 16832
(1-bromopropyl)benzene, (±) 16825
N-(3-bromopropyl)phthalimide 21604
1-(3-bromopropyl)-2,2,5,5-tetramethyl-1- 18420
(3-bromopropyl)trichlorosilane 1816
(3-bromopropyl)triphenylphosphonium brom 32763
3-bromo-1-propyne 1391
5-bromoprotocatechualdehyde 6678
a-bromo-p-toluic acid 12977
a-bromo-p-tolunitrile 12730
4-bromopyrazole 1398
1-bromopyrene 28974
2-bromopyridine 4258
3-bromopyridine 4259
4-bromopyridine 4260
2-bromo-3-pyridinol 4261
5-bromopyrimidine 2439
2-bromopyrimidine 2440
5-bromo-2,4(1H,3H)-pyrimidinedione 2441
3-bromopyruvic acid 1401
3-bromo-4-quinolinamine 15950
3-bromoquinoline 15842
5-bromoquinoline 15843
6-bromoquinoline 15844
7-bromoquinoline 15845
8-bromoquinoline 15846
5-bromo-8-quinolinol 15847
4-bromo-2(1H)-quinolinone 15848
5-bromosalicyl-4-bromoanilide 25515
N,N'-bis-(5-bromosalicylidene)ethylenedi 29126
4-bromostyrene oxide 12968
b-bromostyrene; (cis+trans) 12962
DL-bromosuccinic acid 2631
N-bromosuccinimide 2518
2-bromoterephthalic acid 12607
1-bromo-4-tert-butylbenzene 19707
1-bromotetracontane 35626
1-bromotetracosane 33998
1-bromotetradecane 27895
cis-1-bromo-1-tetradecene 27825
trans-1-bromo-1-tetradecene 27826
1-bromo-2,3,5,6-tetrafluorobenzene 6102
3-bromo-1,1,2,2-tetrafluoropropane 1397
4-bromo-2,3,5,6-tetrafluoropyridine 4157
1-bromo-2,3,5,6-tetrafluoro-4-(trifluoro 9413
3-bromotetrahydro-2-methyl-2H-pyran 7989
3-bromotetrahydrothiophene-1,1-dioxide 3080
6-bromo-2-tetralone 18810
N-bromotetramethyl guanidine 5775
1-bromo-2,3,5,6-tetramethylbenzene 19710
5-bromo-25,26,27,28-tetrapropoxycalix[4] 35582
1-bromotetratriacontane 35274
3-bromothianaphthene 12608
2-bromothiazole 1338
(S)-N-boc-2-(5-bromothienyl)alanine 24144
(R)-N-boc-2-(5-bromothienyl)alanine 24145
1-(5-bromo-2-thienyl)ethanone 6675
4-bromothioanisole 10490
2-bromothioanisole 10491
2-bromothiophene 2446

3-bromothiophene 2447
5-bromothiophene-2-boronic acid 2512
5-bromo-2-thiophenecarboxaldehyde 4210
4-bromo-2-thiophenecarboxaldehyde 4211
3-bromothiophenol 6680
2-bromothiophenol 6681
bromothymol blue 34413
p-bromotoluene 10462
o-bromotoluene 10464
m-bromotoluene 10465
1-bromotriacontane 34957
bromotrichloromethane 16
3-bromo-1,1,1-trichloropropane 1499
1-bromotricosane 33702
3-bromotricycloquinazoline 32563
1-bromotridecane 26515
cis-1-bromo-1-tridecene 26439
trans-1-bromo-1-tridecene 26440
bromotriethylgermane 9149
bromotriethylsilane 9150
3-bromo-1,1,1-trifluoroacetone 1336
4'-bromo-2,2,2-trifluoroacetophenone 12502
1-bromo-2,3,4-trifluorobenzene 6133
1-bromo-3,4,5-trifluorobenzene 6134
1-bromo-2,4,6-trifluorobenzene 6135
1-bromo-2,4,5-trifluorobenzene 6136
4-bromo-1,1,2-trifluoro-1-butene 2515
2-bromo-1,1,1-trifluoroethane 579
2-bromo-1,1,2-trifluoroethyl ethyl ether 2766
bromotrifluoroethylene 404
bromotrifluoromethane 17
2-bromo-4-(trifluoromethoxy)aniline 9879
1-bromo-3-(trifluoromethoxy)benzene 9628
1-bromo-4-(trifluoromethoxy)benzene 9629
4-bromo-3-(trifluoromethyl)aniline 9875
4-bromo-2-(trifluoromethyl)aniline 9876
2-bromo-5-(trifluoromethyl)aniline 9877
2-bromo-4-(trifluoromethyl)aniline 9878
1-bromo-2-(trifluoromethyl)benzene 9620
1-bromo-3-(trifluoromethyl)benzene 9621
1-bromo-4-(trifluoromethyl)benzene 9622
4-bromo-2-(trifluoromethyl)phenyl isocya 12456
3-bromo-1,1,1-trifluoropropane 1500
3-bromo-1,1,1-trifluoro-2-propanol 1501
5-bromo-1,2,3-trimethoxybenzene 16842
2-bromo-1,1,3-trimethoxypropane 8667
3-bromo-2,4,6-trimethylaniline 17024
1-bromo-2,3,5-trimethylbenzene 16828
1-bromo-2,4,5-trimethylbenzene 16829
2-bromo-1,3,5-trimethylbenzene 16830
3-bromo-1,7,7-trimethylbicyclo[2.2.1]hep 20188
N-(3-bromo-2,4,6-trimethylphenyl)carbamoy 28548
1-bromo-N,N,2-trimethylpropenylamine 8243
bromotrimethylsilane 2184
4-bromo-N,N-bis(trimethylsilyl)aniline 24673
1-bromo-4-(trimethylsilyl)benzene 17236
bromotrinitromethane 20
bromotripentylstannane 28930
bromotriphenylethylene 31948
bromotriphenylmethane 31295
bromotriphenylstannane 18379
1-bromotritriacontane 35187
5-bromo-DL-tryptophan 21678
1-bromoundecane 22870
11-bromoundecanoic acid 22752
2-bromoundecanoic acid 22753
11-bromoundecanol 22871
cis-1-bromo-1-undecene 22749
trans-1-bromo-1-undecene 22750
11-bromo-1-undecene 22751
5-bromouridine 16836
5-bromovaleric acid 5015
2-bromovaleric acid 5016
4'-bromovalerophenone 21913
5-bromovaleryl chloride 4754
5-bromovanillin 12983
6-bromoveratraldehyde 16274
cis-2-bromovinyl ethyl ether 3069
(1-bromovinyl)benzene 12955
(cis-2-bromovinyl)benzene 12956
(trans-2-bromovinyl)benzene 12957
1-bromo-2-vinylbenzene 12958
1-bromo-3-vinylbenzene 12959
1-bromo-4-vinylbenzene 12960
(E)-5-(2-bromovinyl)-2'-deoxyuridine 19712
(1-bromovinyl)trimethylsilane 5618
(2-bromovinyl)trimethylsilane 5619
brompheniramine 29405
brotianide 28009
browniine 34163
bruceantin 34647
brucine 33575
bryostatin 1 35791
bucolome 27671
bucrylate 14166
budesonide 34144
budipine 32897
bufogenin 33893
bufogenin B 33913
bufotalin 34300
bulbocapnine 31429
bullatenone 20914
bullvalene 18975
bumetanide 30134
sec-bumeton 20914
busan 72A 15921
butachlor 30243
1,2-butadiene 2756
butadiene (1,3 butadiene) 2757
L-butadiene diepoxide 2979
butadiene peroxide 2984
(cis)-1,3-butadienylbenzene 18959
(trans)-1,3-butadienylbenzene 18960
2,3-butadien-1-ol 2945
1,3-butadien-1-ol acetate 7408
butalbital 22383
butanal oxime 3684

butanal phenylhydrazone 19932
butanamide 3685
2-butanamine, (.+/-.)- 3981
butane 3783
1,4-butane sultone 3569
butanedial 2975
1,4-butanediamine 4070
2,3-butanediamine, (R*,R*)-(±) 4071
1,3-butanediamine 4077
1,4-butanediamine dihydrochloride 4124
1,2-butanediol 3884
1,3-butanediol 3885
1,4-butanediol 3886
DL-2,3-butanediol 3887
meso-2,3-butanediol 3888
(2S,3S)-(+)-2,3-butanediol 3896
(2R,3R)-(-)-2,3-butanediol 3897
(S)-(+)-1,3-butanediol 3898
2,3-butanediol 3899
(R)-(-)-1,3-butanediol 3900
1,2-butanediol, (±) 3891
1,4-butanediol diacetate 14689
1,3-butanediol diacetate 14701
1,4-butanediol diacrylate 20156
1,3-butanediol diacrylate 20157
1,4-butanediol diglycidyl ether 20821
2,3-butanediol, 1,4-dimercapto-, (R*,R*) 3914
1,4-butanediol dimethacrylate 24486
1,4-butanediol divinyl ether 14626
1,4-butanediol vinyl ether 8502
2,3-butanedione 2976
2,3-butanedione monooxime 3264
butanedioyl dichloride 2538
1,4-butanediphosphonic acid 4102
1,4-butanedithiol 3952
2,3-butanedithiol 3953
1,4-butanediyl sulfamate 4088
butane-1-sulfonic acid 3930
1-butanesulfonic acid, sodium salt 3782
1-butanesulfonyl chloride 3638
1,2,3,4-butanetetracarboxylic acid 14037
1,2,3,4-butanetetrol 3934
1,2,3,4-butanetetrol tetranitrate, (R*,S 2936
2-butanethiol 3946
1,2,3-butanetriol 3919
1,2,4-butanetriol 3920
(S)-1,2,4-butanetriol 3924
(R)-(+)-1,2,4-butanetriol 3925
(S)-1,2,4-butanetriol trimethanesulfonat 12299
1,2,4-butanetriol, trinitrate 3307
butanohydrazide 3833
butanoic acid, 2-oxo-, ethyl ester 7911
butanoic acid, 3-oxo-, 1-methylpropyl es 14681
butanoic acid, 3-oxo-, propyl ester 11527
butanol 3865
sec-butanol 3867
tert-butanol 3868
(R)-(-)-2-butanol 3872
(S)-(+)-2-butanol 3873
(<+->)-2-butanol 3874
tert-butanol-d10 2323
2-butanone (1-methylpropylidene)hydrazon 15025
2-butanone oxime 3686
2-butanone oxime hydrochloride 3796
butanoyl bromide 3065
butanoyl chloride 3115
N-butanoyl-D-erythro-sphingosine, synthe 33451
butazolamide 7754
3-butenal diethyl acetal 15196
trans-2-butenal diethyl acetal 15197
trans-2-butenamide 3250
1-butene 3320
cis-2-butene 3322
trans-2-butene 3323
trans-2-butene ozonide 3565
2-butene; (cis+trans) 3321
trans-2-butenedinitrile 2420
2-butenedioic acid (Z)-, bis(1-methyleth 20530
cis-2-butene-1,4-diol 3511
trans-2-butene-1,4-diol 3512
3-butene-1,2-diol 3513
2-butene-1,4-diol 3526
R,S-3-butene-1,2-diol 3533
trans-2-butenedioyl dichloride 2393
2-butenenitrile 2699
2-buteneperoxoic acid, 1,1-dimethylethyl 14682
cis-2-butenoic acid 2966
trans-2-butenoic acid 2967
2-butenoic anhydride 13992
2-butenoyl chloride 2646
3-[(E)-2-butenoyl]-1,3-oxazolidin-2-one 11015
3-butenyl chloroformate 2693
cis-(1-butenyl)benzene 19360
trans-(1-butenyl)benzene 19361
2-butenylbenzene 19384
3-butenylbenzene 19385
trans-1-butenylbenzene 19397
5-(1-butenyl)-5-ethylbarbituric acid 19955
5-(1-butenyl)-5-isopropylbarbituric acid 22386
3-(3-butenylnitrosamino)-1-propanol 11799
4,5-bis(2-butenyloxy)-2-imidazolidinone 22570
3-butenyl-(2-propenyl)-N-nitrosamine 11386
trans-2-buten-1-ol 3483
2-buten-1-ol 3484
3-buten-1-ol 3485
3-buten-2-ol, (1-3) 3493
3-buten-2-ol, (±) 3486
3-buten-2-one 2946
butethamine 26295
2-buten-1-yl acetate 7817
2-buten-1-yl diazoacetate 7356
3-buten-1-ynyl diethyl aluminum 14417
3-buten-1-ynyl diisobutyl aluminum 24623
2-buten-1-ynyl triethyl lead 20850
buthalital sodium 22296
buthiazide 22360
L-buthionine-(S,R)-sulfoximine 15425
butisol 20406

butoctamide semisuccinate 29638
butonate 14517
butopyronoxyl 24487
2-(2-butoxy ethoxy)ethyl thiocyanate 17841
3-butoxy propanoic acid 11942
4-butoxyacetanilide 24313
2-butoxyacetic acid 8546
4'-butoxyacetophenone 24229
butoxyacetylene 7762
4-butoxyaniline 20248
4-butoxybenzaldehyde 22136
2-N-butoxybenzamide 22272
4-butoxybenzoic acid 22179
4-butoxybenzonitrile 21963
4-butoxybenzoyl chloride 21924
4-butoxybenzyl alcohol 22457
N-(tert-butoxycarbonyl)-2-aminoacetonitr 11387
cis-2-(tert-butoxycarbonylamino)-cyclohe 24633
(S)-(-)-2-(tert-butoxycarbonylamino)-3-c 27844
cis-2-(tert-butoxycarbonylamino)-1-cyclo 22652
(R)-(+)-2-(tert-butoxycarbonylamino)-3-ph 27628
(S)-(-)-2-(tert-butoxycarbonylamino)3-ph 27629
2-(tert-butoxycarbonylamino)-1,2,3,4-tet 29485
(R)-(+)-1-(tert-butoxycarbonyl)-2-tert-b 26410
N-(tert-butoxycarbonyl)-L-cysteine methy 17847
N-(tert-butoxycarbonyl)ethanolamine 12094
N-(tert-butoxycarbonyl)glycine methyl es 14838
N-tert-butoxycarbonyl-1,6-hexanediamine 23054
1-(tert-butoxycarbonyl)imidazole 14307
N-(tert-butoxycarbonyl)-L-leucine methyl 24812
N-(tert-butoxycarbonyl)-L-leucine n'-met 26485
2-butoxycarbonylmethylene-4-oxothiazolid 17356
N-(tert-butoxycarbonyl)-4-piperidone 20572
N-(tert-butoxycarbonyl)-D-prolinal 20571
N-(tert-butoxycarbonyl)-L-proline n'-met 24687
N-tert-butoxycarbonyl-L-prolinol 20901
1-(tert-butoxycarbonyl)-2-pyrrolidinone 17564
1-tert-butoxycarbonyl-2-pyrrolylboronic 17398
N-(tert-butoxycarbonyl)-D-serine methyl 17850
N-(tert-butoxycarbonyl)-L-valine methyl 22783
N-(tert-butoxycarbonyl)-L-valine n'-meth 24846
N-(tert-butoxycarbonyl)-L-valinol 11123
N-(2-butoxy-7-chlorobenzo)(b)-1,5-naphth 33598
2-butoxyethanol 9021
2-butoxyethoxy acrylate 17776
1-tert-butoxy-2-ethoxyethane 15560
1-butoxy-2-ethoxyethane 15563
2-[2-(2-butoxyethoxy)ethoxy]ethanol 21376
bis-2-(2-butoxyethoxy)ethyl] adipate 33449
1-(2-butoxyethoxy)-2-propanol 18354
3-(2-butoxyethoxy)propanol 18356
2-butoxyethyl acetate 15220
bis(2-butoxyethyl) adipate 31049
2-butoxyethyl (2,4-dichlorophenoxy)aceta 27459
2-butoxyethyl methacrylate 20814
bis(2-butoxyethyl) phthalate 22363
2-butoxyethyl (2,4,5-trichlorophenoxy)ac 27392
4-butoxy-N-hydroxybenzeneacetamide 24326
butoxyl 11936
bis(butoxymaleoyloxy)dibutylstannane 33956
bis(butoxymaleoyloxy)dioctylstannane 35102
1-tert-butoxy-2-methoxyethane 12271
1-butoxy-2-methoxyethane 12276
(4,6-bis(bis(butoxymethyl)amino)-S-triaz 34191
(butoxymethyl)benzene 22425
1-butoxy-3-methylbenzene 22426
1-butoxy-4-methylbenzene 22427
2-(butoxymethyl)furan 17461
(butoxymethyl)nitrosomethylamine 8946
N-(butoxymethyl)-2-propenamide 14822
4-butoxy-3-nitroaniline 19953
4-butoxy-2-nitroaniline 19954
7-tert-butoxy-2,5-norbornadiene 22436
2-butoxyphenol 20090
4-n-butoxyphenol 20109
3-n-butoxy-1-phenoxy-2-propanol 26333
4-[3-(4-butoxyphenoxy)propyl]morpholine 30259
N-(p-butoxyphenyl acetyl)-o-formylhydrox 26141
4-butoxyphenyl isocyanate 21974
4-N-butoxyphenylacetohydroxamic acid o-p 28629
4-(p-butoxyphenyl)semicarbazone 1-methyl 30190
4-(p-butoxyphenyl)semicarbazone-1H-pyrro 29461
1-butoxy-2-propanol 12266
1-tert-butoxy-2-propanol 12272
3-butoxy-1-propanol 12277
n-butoxypropanol (mixed isomers) 12278
3-butoxypropionitrile 11637
3-butoxypropylamine 12351
6-butoxy-3-pyridinamine 17415
2-butoxypyridine 17313
4-tert-butoxystyrene 24201
2-butoxytetrahydrofuran 15198
N-(L-butoxy-2,2,2-trichloroethyl)salicyl 26046
butralin 27641
butriptyline 32898
butrizol 8185
2-butyn-1-al diethyl acetal 14628
butyl acetate 8476
sec-butyl acetate 8478
tert-butyl acetate 8479
butyl acetoacetate 14660
tert-butyl acetoacetate 14670
S-tert-butyl acetothioacetate 14655
sec-butyl acetoxymethyl nitrosamine 11808
butyl acrylate 11450
tert-butyl acrylate 11488
3-tert-butyl adipic acid 20832
tert-butyl N-allylcarbamate 14813
n-butyl amido sulfuryl azide 3864
butyl 4-aminobenzoate 22256
tert-butyl azidoformate 5274
sec-butyl benzenesulfonate 20150
butyl benzoate 22113
tert-butyl bromoacetate 7992
butyl 3-bromopropanoate 11580
butyl butanoate 15175
sec-butyl butanoate 15178
tert-butyl butanoate 15179

sec-butyl butanoate, (S) 15180
butyl butylcarbamate 18156
butyl N-butyl-N-nitrocarbamate 17989
butyl butyrolactate 22743
butyl carbamate 5706
tert-butyl carbazate 5812
sec-butyl chloroacetate 8033
tert-butyl chloroacetate 8034
butyl chloroacetate 8035
butyl chlorofluoroacetate 7678
butyl chloroformate 5076
butyl (3-chloro-2-hydroxypropyl) ether 12006
tert-butyl chloroperoxyformate 5097
butyl 2-chloropropanoate 11597
butyl 3-chloropropanoate 11598
tert-butyl chromate 15386
n-butyl cinnamate 26095
butyl citrate 31000
tert-butyl cumyl peroxide 26325
butyl cyanoacetate 11282
butyl cyclohexyl phthalate 30861
butyl decyl phthalate 33386
butyl decyl sulfide 27952
tert-butyl N,N-diallylcarbamate 22644
tert-butyl diazoacetate 7734
14-n-butyl dibenz(a,h)acridine 34074
butyl 2,3-dibromopropanoate 11373
butyl dichloroacetate 7694
butyl 3,4-dichlorobutanoate 14515
butyl (2,4-dichlorophenoxy)acetate 23909
tert-butyl diethylphosphonoacetate 21130
tert-butyl 2,5-dihydro-1H-pyrrole-1-carb 17558
butyl 3,5-dinitrobenzoate 21838
butyl diselenide 15620
butyl dodecyl sulfide 29795
butyl 2,3-epoxypropyl fumarate 22483
tert-butyl ethyl malonate 17766
butyl ethyl sulfate 9095
butyl ethyl sulfite 9089
butyl ethylcarbamate 12076
tert-butyl fluoroacetate 8074
butyl formate 5497
sec-butyl formate 5499
tert-butyl formate 5500
tert-butyl (R)-(+)-4-formyl-2,2-dimethyl 22651
butyl 2-furanacetate 20126
butyl 2-furancarboxylate 17183
butyl glycidyl ether 11915
sec-butyl glycolate 8534
butyl glycolyl butyl phthalate 30863
butyl heptanoate 22840
butyl heptyl sulfide 23089
butyl hexadecyl sulfide 32543
butyl hexanoate 21056
butyl hexyl sulfide 21391
O,O-tert-butyl hydrogen monoperoxy malea 14403
butyl hydrogen succinate 14690
butyl 2-hydroxybenzoate 22164
butyl 4-hydroxybenzoate 22165
tert-butyl N-hydroxycarbamate 5746
butyl cis-12-hydroxy-9-octadecenoate, (R 33435
tert-butyl hypochlorite 3616
butyl isobutyl ether 15530
tert-butyl isobutyl ether 15531
butyl isobutyrate 15207
butyl isocyanate 5197
butyl isocyanatoacetate 11294
butyl 4-isocyanatobenzoate 23854
butyl 2-isocyanatobenzoate 23855
butyl isocyanide 5187
sec-butyl isocyanide 5189
tert-butyl isocyanide 5190
tert-butyl isopropyl benzene hydroperoxi 26327
butyl isothiocyanate 5259
tert-butyl isothiocyanate 5265
sec-butyl isothiocyanate (±) 5260
butyl lactate 11937
butyl (S)-(-)-lactate 11938
n-butyl laurate 29731
n-butyl lithium 3672
tert-butyl lithium 3673
butyl mercaptan 3942
sec-butyl mercaptan 3944
tert-butyl mercaptan 3945
butyl 3-mercaptopropionate 11928
butyl mesylate 5910
butyl methacrylate 14599
sec-butyl methacrylate 14600
tert-butyl methacrylate 14627
butyl 4-methoxybenzoate 24239
butyl methoxymethylnitrosamine 8948
sec-butyl methoxymethylnitrosamine 8949
sec-butyl methyl ether 5847
sec-butyl methyl ether (d) 5848
tert-butyl methyl malonate 14702
butyl methyl sulfate 5914
butyl methyl sulfite 5909
butyl 3-methylbenzene 24213
butyl 2-methylbutanoate 18072
butyl 3-methylbutanoate 18073
tert-butyl 2-methylpropanoate 15181
tert-butyl 1-methyl-2-propynyl ether 14582
n-butyl myristate 31105
butyl nicotinate 19805
butyl nitrate 3728
sec-butyl nitrate 3729
butyl nitrite 3706
butyl nitrite 3707
sec-butyl nitrito 3708
tert-butyl nitroacetylene 7553
butyl 4-nitrobenzoate 21996
butyl 4-nitrophenyl ether 19832
butyl nonanoate 26502
butyl nonyl sulfide 26554
butyl octanoate 24875
butyl octyl sulfide 25316
butyl oleate 33430

butyl 4-oxopentanoate 17741
butyl palmitate 32498
butyl pentadecyl sulfide 31755
sec-butyl pentanoate 18074
butyl pentyl sulfide 18370
tert-butyl perisobutyrate 15229
tert-butyl peroxyacetate 8547
tert-butyl peroxybenzoate 22166
butyl peroxydicarbonate 20847
sec-butyl peroxydicarbonate 20848
tert-butyl peroxyoctoate 24884
tert-butyl peroxypivalate 18093
tert-butyl peroxy-3,5,5-trimethylhexanoa 26508
tert-butyl 4-phenoxyphenyl ketone 30074
tert-butyl phenyl carbonate 22180
butyl phenyl ether 20038
butyl propanoate 11901
sec-butyl propanoate 11903
tert-butyl propanoate 11904
tert-butyl propiolate 11173
butyl propyl ether 12212
butyl propyl sulfite 12293
tert-butyl 1-pyrrolecarboxylate 17337
tert-butyl 1-pyrrolidinecarboxylate 17833
butyl (S)-(-)-2-pyrrolidone-5-carboxylat 17565
butyl selenocyanoacetate 11292
butyl stannoic acid 3916
butyl stearate 33466
butyl tetradecyl sulfide 31156
1-butyl theobromine 22088
S-tert-butyl thioacetate 8456
butyl thiocyanate 5261
tert-butyl thiocyanate 5262
butyl thioglycolate 8526
butyl thiophene-2-carboxylate 17182
n-butyl thiourea 5824
sec-butyl tiglate 17727
butyl 4-toluenesulfonate 22474
butyl trichloroacetate 7513
sec-butyl trichloroacetate 7514
tert-butyl trichloroacetate 7515
butyl (2,4,5-trichlorophenoxy)acetate 23809
sec-butyl (2,4,5-trichlorophenoxy)acetat 23810
butyl tridecyl sulfide 30367
butyl trifluoroacetate 7523
tert-butyl trifluoroacetate 7524
butyl 10-undecenoate 28829
butyl undecyl sulfide 28926
butyl valerate 18071
butyl vinyl ether 8394
sec-butyl vinyl ether 8395
tert-butyl vinyl ether 8396
tert-butyl 4-vinylphenyl carbonate 26103
N-butylacetamide 8765
tert-butylacetic acid 8462
N-tert-butylacetoacetamide 14812
4'-butylacetophenone 24202
N-butyl-N-(1-acetoxybutyl)nitrosamine 20982
N-tert-butylacrylamide 11644
tert-butyl-1-adamantane peroxycarboxylat 28713
N-tert-butyl-alpha-(4-nitrophenyl)nitron 22076
n-butyl-a-methylbenzylamine 24510
butylamine 3977
sec-butylamine 3979
tert-butylamine 3980
(R)-(-)-sec-butylamine 3986
(S)-(+)-sec-butylamine 3987
(butylamino)acetonitrile 8317
p-(butylamino)benzoic acid-2-(dimethylam 28755
2-(butylamino)ethanethiol 9243
2-(butylamino)ethanol 9215
2-(tert-butylamino)ethanol 9216
N-tert-butylaminoethyl methacrylate 20898
2-tert-butylamino-4-ethylamino-6-methoxy 20916
1-(tert-butylamino)-3-(3-methyl-2-nitroph 26371
a-((butylamino)methyl)-p-hydroxybenzyl a 24514
1-butylamino-3-(naphthyloxy)-2-propanol 30208
4-(butylamino)phenol 20257
(S)-3-tert-butylamino-1,2-propanediol 12358
1-(butylamino)-3-p-toluidino-2-propanol 27752
2-sec-butylaniline 20197
2-tert-butylaniline 20198
4-butylaniline 20199
4-sec-butylaniline 20200
4-tert-butylaniline 20201
N-sec-butylaniline 20202
N-tert-butylaniline 20203
N-butylaniline 20204
2-(tert-butyl)anthracene 30641
2-tert-butylanthraquinone 30629
N-tert-butyl-a-phenylnitrone 22250
3-tert-butylated hydroxyanisole 22463
N-butyl-N-2-azidoethylnitramine 8867
t-butylazo-2-hydroxybutane 15414
2-t-butylazo-2-hydroxy-5-methylhexane 23052
2-tert-butylazo-2-hydroxypropane 12149
4-butylbenzaldehyde 22106
4-tert-butylbenzaldehyde 22107
3,5-bis(tert-butyl)benzaldehyde 28666
4-butylbenzaldehyde diethyl acetal 28770
5-n-butyl-1,2-benzanthracene 33194
butylbenzene 19865
sec-butylbenzene 19867
tert-butylbenzene 19868
butylbenzeneacetate 24231
alpha-butylbenzeneacetic acid 24212
4-tert-butylbenzeneboronic acid 20184
4-tert-butylbenzenemethanol 22411
alpha-tert-butylbenzenemethanol 22411
N-butylbenzenesulfonamide 20277
4-tert-butylbenzenesulfonyl chloride 19741
2-tert-butylbenzimidazole 22062
5-butyl-2-benzimidazolecarbamic acid met 26152
4-butylbenzoic acid 22137
4-tert-butylbenzoic acid 22153
3-tert-butylbenzoic acid 22154
4-butylbenzonitrile 21952
4-tert-butylbenzonitrile 21953

N-tert-butyl-2-benzothiazolesulfenamide 22086
2,5-bis(5-tert-butylbenzoxazol-2-yl)thio 34254
4-butylbenzoyl chloride 21919
4-tert-butylbenzoyl chloride 21920
4-tert-butylbenzyl bromide 22208
4-tert-butylbenzyl chloride 22216
N-butylbenzylamine 22500
4-(p-tert-butylbenzyl)piperazinyl b-(p-c 34888
4-(p-tert-butylbenzyl)piperazinyl 3,4,5- 34141
2-butyl-1,1'-biphenyl 29348
n-butylboronic acid 3966
butyl-2-butoxycyclopropane-1-carboxylate 24740
4-tert-butylcalix[4]arene 35750
p-tert-butylcalix[5]arene 35875
4-tert-butylcalix[6]arene 35946
p-tert-butylcalix[7]arene 35978
4-tert-butylcalix[8]arene 35995
4-tert-butylcalix[6]arene hexaacetic aci 36001
4-tert-butylcalix[4]arene tetraacetic ac 35853
4-tert-butyl-calix[4]arene-crown-4-compl 35824
4-tert-butyl-calix[4]arene-crown-5-compl 35842
4-tert-butyl-calix[4]arene-crown-6-compl 35856
p-tert-butylcalix[5]arene-crown-5-comple 35934
9-butyl-9H-carbazole 29318
bis(butylcarbitol)formal 30361
N-butyl-(3-carboxy propyl)nitrosamine 15048
p-tert-butylcatechol 20089
tert-butyl(4-chlorobutoxy)dimethylsilane 21398
4'-tert-butyl-4-chlorobutyrophenone 27510
b-sec-butyl-3-chloro-N,N-dimethyl-4-etho 29601
b-sec-butyl-3-chloro-N,N-dimethyl-4-meth 28704
b-sec-butyl-5-chloro-N,N-dimethyl-2-meth 28705
butylchlorodimethylsilane 9162
tert-butyl(chloro)diphenylsilane 29411
b-sec-butyl-5-chloro-2-ethoxy-N,N-diisop 32402
1-(b-sec-butyl-5-chloro-2-ethoxyphenethy 31623
N-butyl-4-chloro-2-hydroxybenzamide 22048
t-butyl-chloro-2-methyl-cyclohexanecarbo 24625
o-(4-tert-butyl-2-chlorophenyl)-o-methyl 22487
tert-20-butylcholanthrene 33809
a-butylcinnamaldehyde 26085
N-tert-butylcrotonaldimine 14783
sec-butylcrotonate 14645
butylcyclohexane 20923
tert-butylcyclohexane 20924
sec-butylcyclohexane 20925
2-tert-butylcyclohexanol 20997
trans-2-butylcyclohexanol 20998
4-tert-butylcyclohexanol; (cis+trans) 21015
2-butylcyclohexanone 20678
2-tert-butylcyclohexanone 20716
4-tert-butylcyclohexanone 20717
1-tert-butyl-1-cyclohexene 20635
4-tert-butylcyclohexyl acetate 24710
2-tert-butylcyclohexyl acetate 24725
butylcyclohexylamine 21101
N-tert-butylcyclohexylamine 21106
butylcyclooctane 24822
1-butyl-1,3,5,7-cyclooctatetraene 24131
butylcyclopentane 17859
sec-butylcyclopentane 17861
tert-butylcyclopentane 17862
1-butylcyclopentene 17590
n-butyl-2-dibutylthiourea 26534
sec-butyldichloroarsine 3595
butyldichloroborane 3597
tert-butyl(dichloromethyl)dimethylsilane 12128
1-butyl-3-(3,4-dichlorophenyl)-1-methylu 24152
tert-butyldichlorophosphine 3649
N-tert-butyldiethanolamine 15663
n-butyldiethyltin iodide 15630
tert-butyldifluorophosphine 3663
1-butyldiguanide 9252
4-tert-butyldihomooxacalix[4]arene 35766
5-butyldihydro-2(3H)-furanone 14602
N-butyl-N-(2,4-dihydroxybutyl)nitrosamin 15423
butyldiisopropoxyborane 21397
1-tert-butyl-3-(2,6-di-isopropyl-4-pheno 33637
4'-tert-butyl-2',6'-dimethylacetophenone 27591
N-tert-butyl-1,1-dimethylallylamine 18142
4'-n-butyl-4-dimethylaminoazobenzene 30830
4'-tert-butyl-4-dimethylaminoazobenzene 30831
4-(1-sec-butyl-2-(dimethylamino)ethyl)ph 27728
2-(1-sec-butyl-2-(dimethylamino)ethyl)qu 30221
2-(1-sec-butyl-2-(dimethylamino)ethyl)qu 29556
2-(1-sec-butyl-2-(dimethylamino)ethyl)th 24648
butyl-3-((dimethylamino)methyl)-4-hydrox 27630
5-butyl-2-(dimethylamino)-6-methyl-4(1H) 22662
4-tert-butyl-N,N-dimethylaniline 24507
1-tert-butyl-3,5-dimethylbenzene 24367
butyldimethyl(dimethylamino)silane 15736
b-sec-butyl-N,N-dimethyl-2-ethoxy-5-fluo 29603
b-sec-butyl-N,N-dimethyl-5-fluoro-2-meth 28708
1-butyl-3,3-dimethyl-1-nitrosourea 12100
b-sec-butyl-N,N-dimethylphenethylamine 27726
2-tert-butyl-4,5-dimethylphenol 24433
2-tert-butyl-4,6-dimethylphenol 24434
4-tert-butyl-2,5-dimethylphenol 24435
4-tert-butyl-2,6-dimethylphenol 24436
tert-butyldimethyl(2-propynyloxy)silane 18050
tert-butyldimethylsilane 9328
tert-butyldimethylsilanol 9313
tert-butyldimethylsilyl chloride 9165
tert-butyldimethylsilyl trifluoromethane 12017
(tert-butyldimethylsilyl)acetylene 15245
(4R)-N-(tert-butyldimethylsilyl)azetidin 20902
(4S)-N-(tert-butyldimethylsilyl)azetidin 20903
O-(tert-butyldimethylsilyl)hydroxylamine 9333
1-(tert-butyldimethylsilyl)imidazole 17991
N-tert-butyldimethylsilyl-N-methyltriflu 17965
(tert-butyldimethylsilyloxy)acetaldehyde 15574
(R)-4-tert-butyldimethylsilyloxy-2-cyclo 22724
(S)-4-tert-butyldimethylsilyloxy-2-cyclo 22725
6-(tert-butyldimethylsilyloxy)-3,4-dihyd 22858
5-(tert-butyldimethylsilyloxy)-1-pentano 23106
1-(tert-butyldimethylsilyloxy)-2-propano 18350
N-tert-butyl-1,1-dimethyl-1-(2,3,4,5-tet 28854
1-tert-butyl-3,5-dimethyl-2,4,6-trinitro 24102
2-tert-butyl-4,6-dinitrophenol 19462
o-sec-butyl-4,6-dinitrophenoltriethanola 29625
4-sec-butyl-2,6-di-tert-butylphenol 30961
5-butyldocosane 34365
7-butyldocosane 34366
9-butyldocosane 34367
11-butyldocosane 34368
1,3-butylene dimethacrylate 24492
butylene oxide 3494
butyl-9,10-epoxystearate 33436
5-butyl-2-ethylamino-6-methylpyrimidin-4 26414
1-tert-butyl-3-ethylcarbodiimide 11783
N-butylethylenediamine 9297
5-sec-butyl-5-ethyl-1-methylbarbituric a 22571
2-butyl-2-ethyl-1,5-pentanediamine 23101
2-tert-butyl-4-ethylphenol 24452
2-butyl-2-ethyl-1,3-propanediol 18343
5-butyl-5-ethyl-2,4,6(1H,3H,5H)-pyrimidi 20405
tert-butylferrocene 27444
butylferrocene 27445
tert-butylformamide 5675
N-n-butyl-N-formylhydrazine 5806
2-tert-butylfuran 14325
1-butyl-3-(2-furoyl)urea 19924
DL-tert-butylglycine 8835
4-tert-butylheptane 22953
(1-butylhexadecyl)benzene 34327
N-butyl-1,6-hexanediamine 21423
5-butylhydantoic acid 11805
tert-butylhydroquinone 20110
6-butyl-4-hydroxyaminoquinoline-1-oxide 26064
tert-butyl-4-hydroxyanisole 22448
3-tert-butyl-4-hydroxyanisole 22464
3-tert-butyl-2-hydroxybenzaldehyde 22138
5-tert-butyl-2-hydroxybenzaldehyde 22139
n-butyl-N-(2-hydroxybutyl)nitrosamine 15420
n-butyl-N-(3-hydroxybutyl)nitrosamine 15421
butyl(3-hydroxybutyl)tin dilaurate 35121
butyl(2-hydroxyethyl)nitrosoamine 8947
3-butyl-4-hydroxy-2(5H)furanone 14377
n-butyl-N-(2-hydroxyl-3-carboxypropyl)ni 15054
2-(tert-butyl)-2-(hydroxymethyl)-1,3-pro 14860
3-butylidene phthalide 23770
2-butylidenecyclohexanone 20432
2,2'-sec-butylidenedifuran 23974
4,4'-butylidenebis(3-methyl-6-tert-butyl 34306
6,6'-butylidenebis(2,4-xylenol) 32176
1-butylimidazole 11381
2-tert-butylimino-2-diethylamino-1,3-dim 26571
4-tert-butyliminomethyl-2,2,5,5-tetramet 24688
tert-butylimino-tris(dimethylamino)phosp 21452
2-butyl-1-indanone 26082
1-tert-butyl-4-iodobenzene 19755
N-tert-butylisopropylamine 12341
butyl(isopropyl)arsinic acid 12309
2-sec-butyl-6-isopropylphenol 26318
n-butyl-k-strophanthidin 34468
N-tert-butylmaleimide 14167
p-butylmercaptobenzhydryl-b-dimethylamin 32940
butylmercaptomethylpenicillin 27675
9-butyl-6-mercaptopurine 17074
n-butylmercuric chloride 3615
1-tert-butyl-4-methoxybenzene 22428
1-tert-butyl-2-methoxy-4-methyl-3,5-dini 24173
2-sec-butyl-3-methoxypyrazine 17416
alpha-butyl-alpha-methylbenzenemethanol 24437
N-tert-butyl-3-methyl-2-butenaldimine 17818
2-tert-butyl-5-methyl-4,6-dinitrophenyl 26071
2-butyl-4-methylphenol 22400
2-tert-butyl-4-methylphenol 22401
2-tert-butyl-5-methylphenol 22402
2-tert-butyl-6-methylphenol 22403
4-tert-butyl-2-methylphenol 22404
2-tert-butyl-6-methylphenyl isocyanate 24059
2-butyl-2-methyl-1,3-propanediol 15555
tert-butyl-N-(3-methyl-2-thiazolidinylid 17652
4-butylmorpholine 15308
1-butylnaphthalene 27267
2-butylnaphthalene 27268
1-sec-butylnaphthalene 27269
2-sec-butylnaphthalene 27270
1-tert-butylnaphthalene 27273
2-tert-butylnaphthalene 27274
2-(butylnitroamino)ethanol nitrate (este 8866
1-tert-butyl-3-nitrobenzene 19791
1-butyl-4-nitrobenzene 19809
1-butyl-3-nitrobenzene 19810
1-tert-butyl-4-nitrobenzene 19813
1-tert-butyl-2-nitrobenzene 19814
6-butyl-4-nitroquinoline-1-oxide 25967
4-(butylnitrosamino)butyl acetate 20983
N-butyl-N-nitroso amyl amine 18227
butyl-N-nitroso ethyl carbamate 11811
butylnitrosoaminomethyl acetate 11810
3-(butylnitrosoamino)-1-propanol 12155
1-(butylnitrosoamino)-2-propanone 11800
N-butyl-N-nitroso-b-alanine 11809
N-butyl-N-nitrosocarbamic acid 1-naphthy 28421
4-tert-butyl-1-nitrosopiperidine 17979
2-butyl-3-nitrosothiazolidine 11795
n-butylnitrosourea 5759
5-butylnonane 26532
5-butyl-5-nonanol 26538
5-butyl-4-nonene 26471
n-butyl-3,o-acetyl-12b,13a-dihydrojervin 35162
5-tert-butyl-o-anisidine 22513
4-tert-butyloctane 25004
2-butyloctanoic acid 24879
2-butyl-1-octanol 25284
2-butyloctyl ester methacrylic acid 29669
7-butyl-2-oxepanone 20797
N-butyl-N-(2-oxobutyl)nitrosamine 15034
N-butyl-N-(3-oxobutyl)nitrosamine 15035
3-(4-(2-tert-butyl-5-oxo-D2)-1,3,4-(oxad 28549
4-tert-butyl-o-xylene 24376
b-sec-butyl-p-chloro-N,N-dimethylpheneth 27656
N-(1-butylpentylideneamino)-1-methylsulf 22821
4-(1-butylpentyl)pyridine 27720
2-(N-butylperfluorooctanesulfonamido)eth 29995
tert-butylperoxy 2-ethylhexyl carbonate 26509
a-a'-bis(tert-butylperoxy)diisopropylben 32411
2,5-bis(tert-butylperoxy)-2,5-dimethylhe 29783
1,1-bis(tert-butylperoxy)-3,3,5-trimethy 30333
3-butylphenol 19982
4-butylphenol 19983
2-sec-butylphenol 19987
3-sec-butylphenol 19988
4-sec-butylphenol 19989
2-tert-butylphenol 19990
3-tert-butylphenol 19991
4-tert-butylphenol 19992
2-butylphenol 20037
butylphenol 20071
3-(4-tert-butylphenoxy)benzaldehyde 30073
4'-(3-(4'-tert-butylphenoxy)-2-hydroxypr 32235
[(4-tert-butylphenoxy)methyl]oxirane 26212
o-sec-butylphenyl carbamate 24316
p-tert-butylphenyl diphenylphosphate 33248
4-butylphenyl isocyanate 21964
3-tert-butylphenyl N-methylcarbamate 24318
2-tert-butyl-3-phenyl oxazirane 22253
p-tert-butylphenyl salicylate 30078
N-butyl-N-phenylacetamide 24297
1-(4-tert-butylphenyl)ethanone 24186
m-sec-butylphenyl-N-methylcarbamate 24317
3-(o-butylphenyl)-5-(m-methoxyphenyl)-S- 31474
S-p-tert-butylphenyl-o-ethyl ethylphosph 27741
3-(o-butylphenyl)-5-phenyl-S-triazole 30701
tert-butylphosphonic acid 4021
butylphosphonic dichloride 3647
tert-butylphosphonic dichloride 3648
3-n-butylphthalide 23981
N-(n-butyl)phthalimide 23845
N-sec-butylphthalimide 23848
4-tert-butylphthalonitrile 23728
1-butyl-2',6'-pipecoloxylidide 30920
(S)-3-tert-butyl-2,5-piperazinedione 14524
1-tert-butylpiperidine 18130
3-butylpiperidine 18131
4-butylpiperidine 18132
N-butylpiperidine 18133
tert-butyl-p-nitro peroxy benzoate 22008
butyl-p-nitrophenyl ester of ethylphosph 24397
butylpropanedioic acid 11531
2-sec-butyl-1,3-propanediol 12263
2-butylpyridine 17258
2-tert-butylpyridine 17259
3-tert-butylpyridine 17260
4-butylpyridine 17261
4-tert-butylpyridine 17262
3-butylpyridine 17283
5-butyl-2-pyridinecarboxylic acid 19792
1-butyl-1H-pyrrole 14426
1-butylpyrrolidine 15280
2-butylpyrrolidine 15281
2-butylquinoline 26008
17-butylspartein 31661
4-tert-butylstyrene 24139
(R)-2-butylsuccinic acid-1-methyl ester 17767
1-butylsulfonimidocyclohexamethylene 21121
1-butyl-[1,2,3,4-tetrahydronaphthalene] 27560
2-butyl-[1,2,3,4-tetrahydronaphthalene] 27561
5-butyl-1,2,3,4-tetrahydronaphthalene 27565
N-butyl-1,2,3,6-tetrahydronaphthalimide 24319
2-butylthiobenzothiazole 22009
bis(butylthio)dimethyltin 21444
1,2-bis(tert-butylthio)ethane : diborane 21453
2-butylthiophene 14410
3-butylthiophene 14411
4-tert-butylthiophenol 20178
(butylthio)trioctylstannane 34747
butyltin trichloride 3655
butyltin trilaurate 35612
n-butyltin tris(dibutyldithiocarbamate) 35038
1-butyl-1H-1,2,4-triazole 8183
butyltrichlorogermane 3650
butyltrichlorosilane 3651
tert-butyltrichlorosilane 3653
3-tert-butyltricycloquinazoline 34081
2-butyl-1,1,3-trimethylcyclohexane 26467
2-butyl-4,4,6-trimethyl-1,3-dioxane 22852
butyltrimethylsilane 12391
N-tert-butyl-N-trimethylsilylaminoborane 9473
butyltriphenyl phosphonium chloride 33253
(n-butyl)triphenylphosphonium bromide 33250
butyltris(isooctyloxycarbonylmethylthio) 35262
butylurea 5800
tert-butylurea 5801
(1-tert-butylvinyloxy)trimethylsilane 18338
butylxanthic disulfide 20807
2-butynal 2593
2-butynediamide 2569
2-butyne-1,4-diamine 3411
2-butynedinitrile 4153
2-butynedioic acid 2432
2-butyne-1,4-diol 2963
3-butyne-1,2-diol 2964
2-butyne-1,4-diol diacetate 14021
2-butyne-1-thiol 3044
2-butynoic acid 2599
3-butynylbenzene 18969
1,1'-(2-butynylenedioxy)bis(3-chloro)-2- 20384
N-3-butynyl-N-methylbenzenemethanamine 24045
2-(3-butynyloxy)tetrahydro-2H-pyran 17474
2-butyn-1-ol 2947
3-butyn-1-ol 2948
3-butyn-2-ol 2949
(S)-(-)-3-butyn-2-ol 2954
(R)-(+)-3-butyn-2-ol 2955
3-butyn-2-one 2594
butyrac 118 19002
butyraldehyde 3478
2-(3-butyramido-2,4,6-triiodophenyl)prop 25949
(butyrato)phenylmercury 19426
butyric acid 3504
butyric acid sodium salt 3316

butyric anhydride 14659
b-butyrolactone 2980
DL-b-butyrolactone 2985
butyronitrile 3238
butyrosin A 33034
N-(1-butyroxymethyl)methylnitrosamine 8350
12-o-butyroyl-phorboldodecanoate 35386
butyryl chloride 3132
butyryl nitrate 3289
1-n-butyrylaziridine 8121
butyrylferrocene 27327
S-butyrylthiocholine iodide 18213
3-butyn-1-yl chloroformate 4364
2-butyn-1-yl chloroformate 4365
3-butyn-1-yl-p-toluene sulfonate 21898
cacotheline 32783
cadmium acetate 2793
cadmium acetate dihydrate 3794
cadmium carbonate 32
cadmium dicyanide 420
cadmium oxalate 421
cadmium oxalate trihydrate 1004
cadmium propionate 7665
cadmium 2-pyridinethione 18676
cadmium salicylate 26732
cadmium stearate 35423
cadmium succinate 2523
cadralazine 24651
N-caffeeoylputrescine 26188
caffeine 13900
calcion 34835
calcium acetate 2792
calcium acetate monohydrate 3353
calcium carbide 417
calcium carbonate 31
calcium cyanamide 30
calcium cyanide 418
calcium cyclamate 24835
calcium 2-ethylhexanoate 29650
calcium formate 598
calcium oxalate 419
calcium oxalate monohydrate 599
D-calcium pantothenate 30985
calcium propionate 7664
calcium resinate 35996
calcium stearate 35410
calcium bis(2,2,6,6-tetramethyl-3,5-hept 33403
calcium thiocyanate tetrahydrate 1146
calix[4]arene 34603
calix[5]arene 35288
calix[6]arene 35671
calix[8]arene 35883
calix[4]-bis-1,2-benzo-crown-6 35884
calix[4]-bis-crown-6 35805
calix[4]-bis-2,3-naphtho-crown-6 35941
calpain inhibitor I 32432
calpeptin 32341
calpurnine 32296
calusterone 34695
calycotomine 24328
cambendazole 27136
cambogic acid 35511
camiverine 31625
CAMP 19480
(-)-camphanic acid 20158
(-)-camphanic acid chloride 19742
camphene 20315
(+)-camphene 20356
(-)-camphene 20357
camphor 20423
(1S)-(-)-camphor 20456
camphor, (±) 20424
camphor, (+) 20425
camphor, (-), oxime 20560
camphoric acid, trans-(±)- 20511
DL-camphoroquinone 20111
(1S)-(+)-camphorquinone 20112
(1R)-(-)-camphorsulfonic acid 20532
camphorsulfonic acid, (1S) 20531
(±)-camphor-10-sulfonic acid (b) 20533
DL-10-camphorsulfonic acid, sodium salt 20303
D(+)-10-camphorsulfonyl chloride 20191
(-)-(2S,8aR)-(camphorylsulfonyl)oxazirid 20285
(+)-(2R,8aS)-(camphorylsulfonyl)oxazirid 20286
alpha-camphylamine 20888
(+)-camptothecin 32011
candidin 35784
candletoxin A 35300
candletoxin B 35156
cannabidiol 32950
cannabinol 32875
canrenone 33324
cantharidin 19676
CAP 33597
capreomycin IA 34174
caprolyl peroxide 29678
CAPS 18164
capsaicin 30908
capsanthin 35603
captafol 18832
captan 16128
captopril 17569
caracemide 8191
carbachol 9153
carbadipimidine 34660
carbamic acid a-methylphenethyl ester 19815
carbamic acid, ethylphenyl-, ethyl ester 22271
carbamic acid, hydroxy-, ethyl ester 2069
carbamic acid, (4-nitrophenyl)-, methyl 13370
carbamic acid, phenyl-, methyl ester 13735
carbamic chloride 147
4-carbamidophenyl bis(carboxymethylthio) 21911
4-carbamidophenyl bis(carboxymethylthio) 10453
carbamodithioic acid, dimethyl-, ethyl e 5750
carbamoyl-dl-aspartic acid 4839
N-(carbamoylmethyl)arsanilic acid 14059
N-(carbamoylmethyl)-2-diazoacetamide 2930
2-carbamoyl-2-nitroacetonitrile 1483

N-(1-carbamoyl-4-(nitrosocyanamido)butyl 26038
1-carbamoyloxy-2-hydroxy-3(o-methylpheno 22289
N-(1-carbamoylpropyl)arsanilic acid 20183
3-carbamoyl-2,2,5,5-tetramethylpyrrolidi 17853
3-carbamoyl-2,2,5,5-tetramethyl-3-pyrrol 17576
D-(-)-carbanilic acid (1-ethylcarbamoyl) 24172
carbaryl 23632
carbavine 7554
9H-carbazole-9-acetic acid 26842
4-(3-carbazolylamino)phenol 30478
carbazol-9-yl-methanol 25699
carbendazim 16495
carbenicillin phenyl 33544
carbenicillin phenyl sodium 33537
carbestrol 30196
1-carbethoxy-1,2-dihydroquinoline 23849
4-carbethoxy-5-(3,3-dimethyl-1-triazeno) 17584
(carbethoxyethylidene)triphenylphosphora 33552
(carbethoxymethylene)triphenylphosphoran 33221
(carbethoxymethyl)triphenylphosphonium b 33223
1(4-carbethoxyphenyl)-3,3-dimethyltriaze 22298
N-carbethoxyphthalimide 21590
5-carbethoxy-2-thiouracil 10835
6-carbethoxy-2,2,6-trimethylcyclohexanon 24590
N-carbethoxy-4-tropinone 20280
carbic anhydride 16218
carbimazole 11118
N-carbobenzoxyglycine vinyl ester 23862
N-carbobenzoxyglycine-1,2-dibromoethyl e 23802
carbobenzoxyhydrazide 13878
N-carbobenzoxy-L-leucine vinyl ester 29486
N-carbobenzoxy-L-leucine-1,2-dibromoethy 29472
N-carbobenzoxy-L-phenylalanine vinyl est 31430
N-carbobenzoxy-L-phenylalanine-1,2-dibro 31424
N-carbobenzoxy-L-proline vinyl ester 28471
N-carbobenzoxy-L-proline-1,2-dibromoethy 28452
N-carbobenzyloxy-L-alanine 22000
N-carbobenzyloxy-DL-alanine 22001
6-carbobenzyloxyamino)caproic acid 27532
(S)-N-carbobenzyloxy-4-amino-2-hydroxybu 24088
(R)-(+)-carbobenzyloxyamino-3-phenyl-1-p 30099
(S)-(-)-2-(carbobenzyloxyamino)-3-phenyl 30100
Na-carbobenzyloxy-L-arginine 27586
Na-carbobenzyloxy-D-arginine 27587
Na-carbobenzyloxy-L-asparagine 23941
N-carbobenzyloxy-L-aspartic acid 23866
N-carbobenzyloxy-L-glutamic acid 1-methy 27414
N-carbobenzyloxy-L-glutamine 26070
N-carbobenzyloxyglycine 19338
N-carbobenzyloxy-L-leucine 27534
N-carbobenzyloxy-l-isoleucine 27533
N-carbobenzyloxy-2-methylalanine 24086
N-carbobenzyloxy-L-phenylalanine 30043
N-carbobenzyloxy-D-phenylalanine 30044
N-carbobenzyloxy-L-phenylalanyl chlorome 30645
N-carbobenzyloxy-S-phenyl-L-cysteine 30045
N-carbobenzyloxy-L-serine 22006
N-carbobenzyloxy-DL-serine 22007
N-carbobenzyloxy-L-serine methyl ester 24089
N-carbobenzyloxy-D-serine methyl ester 24090
N-carbobenzyloxy-L-threonine 24091
N-carbobenzyloxy-L-threonine methyl este 26147
Na-carbobenzyloxy-L-tryptophan 31410
N-carbobenzyloxy-L-valine 26139
2-carboethoxy-1-methylvinyl-diethylphosp 20913
N1-carboethoxy-N2-phthalazino hydrazine 21843
carbofluorene amino ester 32194
carbofuran 24076
4'-carbomethoxy-2,3'-dimethylazobenzene 29266
2-carbomethoxyethyldimethoxymethylsilane 12297
N-carbomethoxymethyliminophosphoryl chlo 722
(carbomethoxymethyl)triphenylphosphonium 32733
(carbomethoxymethyl)triphenylphosphonium 32747
2'-carbomethoxyphenyl 4-guanidinobenzoat 29227
3-carbomethoxyphenyl isocyanate 16057
carbomycin 35698
carbon dioxide 375
carbon diselenide 383
carbon disulfide 382
carbon (fullerene-c60) 35913
carbon (fullerene-c70) 35959
carbon monoxide 372
carbon oxyselenide 374
carbon suboxide 2289
carbon sulfide telluride 381
carbon tetrabromide 29
carbon tetrachloride 50
carbon tetrafluoride 74
carbon tetraiodide 337
N-(carbonamido-2 chromone)-1-((chromonyl 33746
carbonic acid 177
carbonic acid, butyl ester, ester with 2 29542
carbonic acid 3-(p-iodophenyl)-3-methylp 27514
carbonic dihydrazide 317
carbonothioic dichloride 46
carbonothioic dihydrazide 319
carbonyl bromide 25
carbonyl chloride fluoride 33
carbonyl cyanide 3-chlorophenylhydrazone 15817
carbonyl diazide 366
carbonyl dicyanide 2282
carbonyl diisothiocyanate 2284
carbonyl fluoride 68
carbonyl potassium 343
carbonyl sodium 368
carbonyl sulfide 373
3,3'-carbonylbis(7-diethylaminocoumarin) 34414
carbonyl(dihydrido)tris(triphenylphosphi 35873
N,N' carbonyldiimidazole 10397
1,1'-carbonyldipiperidine 22684
3,3'-carbonylbis(7-methoxycoumarin) 32614
carbonyltris(triphenylphosphine)iridium(i 35446
carbonylbis(triphenylphosphine)rhodium(i 35447
carbonyltris(triphenylphosphine)rhodium(35872
carbophenothion 22362
carboplatin 8365
carboprost 33009

o-carborane 1183
m-carborane 1184
carbostyril 165 23921
carbosulfan 32380
1-p-(carboxamidophenyl)-3,3-dimethyltria 17070
carboxin 23853
p-carboxy phenylarsenoxide 9862
3-carboxybenzaldehyde 12930
4-carboxybenzenesulfonyl azide 10114
4-carboxybenzenesulfonyl azide 10115
4-carboxybenzo-15-crown-5 28602
4-carboxybenzo-18-crown-6 30227
(4-carboxybutyl)triphenylphosphonium bro 33553
p-carboxycarbanilic acid 4-bis(2-chloroe 30654
(2R,3R)-1-carboxy-4-chloro-2,3-dihydroxy 10537
4-carboxycinnamic acid 18782
2-carboxycinnamic acid 18783
carboxycyclophosphamide 12012
(2R,3R)-1-carboxy-4,5-dichloro-2,3-dihyd 10284
(2R,3S)-1-carboxy-2,3-dihydroxy-4-methyl 14025
3'-carboxy-4'-(dimethylamino)azobenzene 28369
3-carboxy-1,4-dimethyl-1H-pyrrole-2-acet 16977
(2R,3S)-1-carboxy-4-ethyl-2,3-dihydroxy- 17033
3-(2-carboxyethyl)-2,5-dimethylbenzoxazo 23903
carboxyethylgermanium sesquioxide 7709
3-((2-carboxyethyl)thio)alanine 8176
4(5)-carboxyfluorescein 32575
(2R,3R)-1-carboxy-4-iodo-2,3-dihydroxycy 10604
(2R,3S)-1-carboxy-5-iodo-4-methyl-2,3-di 13662
(2R,3S)-1-carboxy-4-isopropyl-2,3-dihydr 14025
6-carboxyl-4-hydroxylaminoquinoline-1-ox 18732
6-carboxyl-4-nitroquinoline-1-oxide 18577
carboxymethoxylamine hemihydrochloride 3969
bis(carboxymethyl) trithiocarbonate 4584
(2S,3S)-trans-3-(carboxymethyl)-azetidin 7567
S-(carboxymethyl)-L-cysteine 5256
S-carboxymethylcysteine 5257
N,N'-bis(carboxymethyl)dithiooxamide 7367
3-carboxymethylenephthalide 18596
2-carboxymethylisothiouronium chloride 1992
2-(carboxymethylmercapto)phenylstibonic 13772
carboxymethylnitrosourea 1994
5-carboxymethyl-3-p-tolyl-thiazolidine-2 32012
2-carboxymethylthiobenzothiazole 16053
2-(carboxymethylthio)-4-methylpyrimidine 10824
(2R,3S)-1-carboxy-4-pentyl-2,3-dihydroxy 24290
2-(5-carboxypentyl)-4-thiazolidone 17570
4-carboxyphenoxyacetic acid 16244
(2-((2-carboxyphenoxy)carbonyl)phenyl)-1 35140
2-(4-carboxyphenoxy)-2-pivaloyl-2',4'-di 32097
2-carboxyphenyl 2-hydroxybenzoate 26794
4-carboxyphenylboronic acid 10459
3-carboxyphenylboronic acid 10460
3-(4-carboxyphenyl)-2,3-dihydro-1,1,3-tr 32135
(2R,3S)-1-carboxy-4-phenyl-2,3-dihydroxy 25682
N-(2-carboxyphenyl)glycine 16471
3-(4-carboxyphenyl) propionic acid 19207
4-carboxyphthalato(1,2-diaminocyclohexan 28518
bis(3-carboxypropionyl)peroxide 14036
3-carboxypropyl disulfide 14720
3-carboxypropyl triphenylphosphonium bro 33224
3-carboxypropyl(2-propenyl)nitrosamine 11392
3-carboxy-proxyl, free radical 17647
carboxy-ptio 27329
(2R,3S)-1-carboxy-4-trifluoromethyl-2,3- 13093
carcinolipin 35758
cardis 7368
3-carene 20358
(+)-2-carene 20359
2-carene 20360
4-carene, (1S,3R,6R)-(-) 20328
3-carene, (+) 20329
carfentrazone-ethyl 28267
carmetizide 19415
carminic acid 33214
carminomycin I 34266
carmofur 22366
carnitine 12090
D(-)-carnitine 12091
D(+)-carnitinenitrile chloride 12002
carnosine 17430
alpha-carotene 35594
beta-carotene 35595
beta,beta-carotene-3,3'-diol, (3R,3'R) 35601
beta,beta-caroten-3-ol, (3R) 35598
carpaine 34707
carprofen 28137
carquejol 20088
carteolol 29571
carvacryl 2-propylvalerate 30928
carvenone, (S) 20437
(S)-carvone 20047
(R)-(-)-carvone 20072
carvone 20073
carvone, (±) 20046
(-)-carvyl acetate 24470
(-)-carvyl propionate, isomers 26323
caryophyllene 28730
caryophyllene acetate 30269
(-)-caryophyllene oxide 28763
carzinophilin A 34989
casimiroin 23650
castor oil 31037
catechin, (2S-cis) 28329
D-catechol 28333
catechol bis(trifluoromethanesulfonate) 12568
(+)-catharanthine 32836
caulophylline 24158
C-benzylcalix[4]resorcinarene 35882
5-c-[3,5-di-sec-butyl-1-cyclopenten-1-yl 30998
8b-H-cedran-8-ol acetate 30270
cedrene 28731
a-cedrene 28748
cedrin 28545
cedrol 28787
cedrol formate 29615
cedrol methyl ether 29628

cefaloglycin 30710
cefmetazole 28492
cefotetan 30055
cefoxitin 29341
cefroxadin 29433
cefuroxim 29258
cefuroxime axetil 32175
D(+)-cellobiose 24777
a-D-cellobiose octaacetate 34658
cembrene 32378
centbutindole 33830
centchroman 34886
cephalothin 29272
cephamandole 30672
cephapirin 30051
cepharanthine 35452
cephedrine 26183
cerberoside 35696
cerexin A 35939
cerium(iii)trifluoromethanesulfonate 1245
cerulignone 29307
cervagem 33673
cesium acetate 726
cesium acetylide 470
cesium bicarbonate 107
cesium carbonate 58
cesium cyanotridecahydrodecaborate (2-) 332
cesium formate 106
cesium graphite 12422
cesium pentacarbonylvanadate (3-) 4163
cetocyline 33215
cetraxate 30214
cetyl betaine 32513
cetyldimethylbenzylammonium chloride 34175
cetyldimethylethylammonium bromide 32552
cetyltrimethylammonium bromide 31761
cevadine 35095
CGA 245704 12876
chaetoglobosin A 35075
chaps 35106
chapso 35107
chartreusin 35073
chavicine 30095
cheirolin 5237
chelerythrine 32713
chelidonine 32106
CHES 15345
chinoin-170 21850
chinoin-127 22537
chinomethionat 18568
(-)-chiracamphox 22520
chiral binaphthol 31904
(S,S)-chiraphos 34614
(R,R)-chiraphos 34615
DL-chiro-inositol 8590
L-chiro-inositol 8603
D-chiro-inositol 8604
chitin 34924
chlomethoxynil 25530
chloral hydrate 724
a-chloralose 14079
chloramben methyl 13045
chlorambucil 27513
chloramphenicol 21801
chloramphenicol palmitate 34484
chloramphenicol succinate 28413
chloraniformethane 15980
chloranilic acid 6167
chlorbenside 25587
chlorbromuron 16522
trans-o-chlorocinnamic acid 15968
chlorcyclizine 30749
chlorcyclohexamide 26116
trans-chlordan 18552
a-chlordan 18553
chlordane 18551
trans-chlordane 18554
chlordantoin 22489
a-chlordene 18546
g-chlordene 18547
chlordimeform 19724
chlorendic acid 15790
chlorendic acid dibutyl ester 30125
chlorendic imide 15778
chlorethylbenzmethoxazone 18988
chloretin 23696
chlorfensulfide 23213
chlorfenvinphos 23911
chlorfluazuron 31774
chlorflurecol 26694
chlorflurenol methyl ester 28086
chloridazon 18686
chlorimipramine 31506
chlorimuron 28342
chlorinated diphenyl oxide 23166
chlorinatedaminophosphoroussulfanyl benz 19272
chlorine(1)trifluoromethanesulfonate 37
chlorisondamine chloride 27575
chlorisopropamide 19734
chlorketone 27980
chlormadinon 32894
chlormephos 5779
chlormequat chloride 5946
chlormidazole 28210
chlornaphazine 27204
p-chloro dimethylaminoazobenzene 27081
N-(2-chloro ethyl)diethylamine 8892
bis-5-chloro toluene diazonium zinc tetr 26887
chloroacetaldehyde 708
chloroacetaldehyde, trimer 7518
2-chloroacetamide 806
N-chloroacetamide 807
chloroacetamide oxime 916
2'-chloroacetanilide 13269
3'-chloroacetanilide 13270
chloroacetic acid 710
chloroacetic acid sodium salt 614
chloroacetic anhydride 2541

4'-chloroacetoacetanilide 18986
4-chloroacetoacetanilide 18989
chloroacetone 1678
chloroacetonitrile 612
alpha-chloroacetophenone 13000
2'-chloroacetophenone 13006
2-chloro-4-acetotoluidide 16528
6a-chloro-17a-acetoxyprogesterone 33624
4'-chloroacetyl acetanilide 18990
chloroacetyl chloride 625
chloroacetyl isocyanate 1351
N-chloroacetyl urethane 4769
1-chloroacetyl-a-a-diphenyl-4-piperidine 32160
N-(chloroacetyl)-3-azabicyclo(3.2.1)nona 20379
chloroacetylene 524
2-chloroacetylfluorene 28082
1-chloroacetyl-3-pyrazolidinone 4616
N-(2-chloroacetyl)-L-tyrosine 21796
9-chloroacridine 25464
4'-(2-chloro-9-acridinylamino)methanesul 32003
4'-(3-chloro-9-acridinylamino)methanesul 32004
2-chloroacrylic acid 1410
2-chloro-a-cyano-6-methylergoline-8-prop 31457
1-chloroadamantane 20190
3-chloroadamantyl diazomethyl ketone 24028
1-chloro-3-adamantyl ethoxymethyl ketone 27658
1-chloro-3-adamantyl hydroxymethyl keton 24285
2-chloroadenosine 19417
2-chloroadenosine-5'-sulfamate 19736
6-chloro-17a-hydroxy-16a-methylpregna-4, 33878
4'-chloro-2'-(a-hydroxybenzyl)isonicotin 31299
a-chloro-a-hydroxy-2-toluenesulfonic aci 9944
3-chloro-L-alanine 1839
(3-chloroallyl)benzene 16276
1-(3-chloroallyl)-4-methoxybenzene 19247
4-chloro-2-allylphenol 16289
1-(3-chloroallyl)-3,5,7-triaza-1-azoniaa 17641
3-chloroallyltrimethylsilane 8700
4-chloro-alpha,alpha-dimethylbenzeneetha 19737
4-chloro-a-methylbenzylamine 13824
4-chloro-a-methylstyrene 16281
3-chloro-4-aminoaniline 7147
3-chloro-4-aminodiphenyl 23458
4-chloro-4'-aminodiphenyl ether 23459
2-chloro-4-aminopyridine 4360
m-chloroaniline 6923
o-chloroaniline 6924
p-chloroaniline 6925
2-chloroaniline hydrochloride 7158
3-chloroanisidine 10760
o-chloroanisole 10511
m-chloroanisole 10512
p-chloroanisole 10513
1-chloroanthracene 26688
2-chloroanthracene 26689
1-chloro-9,10-anthracenedione 26607
2-chloro-9,10-anthracenedione 26608
1-chloroaziridine 804
N-chloroaziridine 805
5-chlorobarbituric acid 2456
3-chlorobenzal chloride 9974
2-chlorobenzaldehyde 9928
3-chlorobenzaldehyde 9929
4-chlorobenzaldehyde 9930
4-chlorobenzaldehyde dimethyl acetal 16864
2-chlorobenzamide 10219
3-chlorobenzamide 10220
4-chlorobenzamide 10221
10-chloro-1,2-benzanthracene 30401
chlorobenzene 6692
o-chlorobenzeneacetic acid 13010
m-chlorobenzeneacetic acid 13011
p-chlorobenzeneacetic acid 13012
2-chlorobenzeneacetonitrile 12757
3-chlorobenzeneacetonitrile 12758
alpha-chlorobenzeneacetyl chloride 12803
4-chlorobenzeneacetyl chloride 12809
3-chlorobenzenecarboperoxoic acid 9940
4-chloro-1,2-benzenediamine 7140
5-chloro-1,3-benzenediamine 7148
3-chloro-1,2-benzenediol 6726
4-chloro-1,2-benzenediol 6727
5-chloro-1,3-benzenediol 6728
2-chloro-1,4-benzenediol 6729
4-chloro-1,3-benzenedithiol 6739
3-chlorobenzeneethanol 13589
4-chlorobenzeneethanol 13590
4-chlorobenzenemethanethiol 10541
2-chlorobenzenemethanol 10514
4-chlorobenzenemethanol 10515
p-chlorobenzenesulfinic acid 6732
4-chlorobenzenesulfonamide 6934
2-chlorobenzenesulfonamide 6935
4-chlorobenzenesulfonic acid 6733
4-chlorobenzenesulfonothioic acid, s-phe 23379
4-chlorobenzenesulfonyl chloride 6492
o-chlorobenzenesulfonyl chloride 6493
4-chlorobenzenesulfonyl isocyanate 9712
2-chlorobenzenethiol 6735
3-chlorobenzenethiol 6736
4-chlorobenzenethiol 6737
2-chloro-1,3,5-benzenetricarboxylic acid 15818
6-chlorobenzeno(a)pyrene 31788
4-chlorobenzhydrol 25677
1-(4-chlorobenzhydryl)piperazine 30084
chlorobenzilate 29129
2-chloro-1H-benzimidazole 9915
2-chloro-1,3,2-benzodioxaphosphole 6468
2-chloro-4H-1,3,2-benzodioxaphosphorin-4 9730
5-chloro-1,3-benzodioxole 9939
2-chlorobenzo(e)(1)benzothiopyrano(4,3-b 31186
o-chlorobenzoic acid 9932
m-chlorobenzoic acid 9933
p-chlorobenzoic acid 9934
p-chlorobenzoic acid 2-phenylhydrazide 25674
4-chlorobenzoic hydrazide 10502
chlorobenzone 32570
2-chlorobenzonitrile 9696

3-chlorobenzonitrile 9697
4-chlorobenzonitrile 9698
3-chlorobenzophenone 25523
2-chlorobenzophenone 25524
2-chloro-1,4-benzoquinone 6274
7-chloro-2H-1,4-benzothiazin-3(4H)-one 12777
2-chlorobenzothiazole 9723
1-chlorobenzotriazol 6463
5-chlorobenzotriazole 6462
p-chlorobenzotrifluoride 9684
5-chloro-2-benzoxazolamine 9918
2-chlorobenzoxazole 9699
5-chlorobenzoxazole 9702
6-chloro-2-benzoxazolethiol 9704
6-chloro-2-benzoxazolinone 9706
5-chloro-2(3H)-benzoxazolone 9705
p-chlorobenzoyl azide 9728
m-chlorobenzoyl chloride 9736
o-chlorobenzoyl chloride 9737
p-chlorobenzoyl chloride 9738
bis(p-chlorobenzoyl) peroxide 26636
2-chlorobenzoylacetonitrile 15861
4-chlorobenzoylacetonitrile 15862
3-(p-chlorobenzoyl)-butyric acid 21685
trans-2-(p-chlorobenzoyl)-1-cyclohexanec 27260
cis-2-(p-chlorobenzoyl)-1-cyclohexanecar 27261
3-(p-chlorobenzoyl)-2-methylpropionic ac 21686
3-(4-chlorobenzoyl)propionic acid 18824
4-(4-chlorobenzoyl)pyridine 23270
3-chlorobenzyl alcohol 10524
2-chlorobenzyl bromide 10146
3-chlorobenzyl bromide 10147
2-chlorobenzyl chloroformate 12813
2-chlorobenzyl isocyanate 12767
4-chlorobenzyl isothiocyanate 12791
4-chlorobenzylamine 10752
3-chlorobenzylamine 10753
2-chlorobenzylamine 10754
1-chloro-4-benzylbenzene 25668
p-chlorobenzyl-3-hydroxycrotonate dimeth 26043
o-chlorobenzylidene malononitrile 18498
a-chlorobenzylidenemalononitrile 18499
N-(2-chlorobenzylidene)methanamine 13266
1-p-chlorobenzyl-1H-indazole-3-carboxyli 28080
N-(2-chlorobenzyloxycarbonyloxy)succinim 23461
4-(4-chlorobenzyl)pyridine 23457
S-(4-chlorobenzyl)thiuronium chloride 13840
(4-chlorobenzyl)triphenylphosphonium chl 34073
2-chlorobicyclo[2.2.1]heptane 11246
3-chlorobicyclo[3.2.1]oct-2-ene 14070
2-chlorobiphenyl 23365
3-chlorobiphenyl 23366
4-chlorobiphenyl 23367
4'-chloro-[1,1'-biphenyl]-4-amine 23453
3-chloro-[1,1'-biphenyl]-2-ol 23373
5-chloro-[1,1'-biphenyl]-2-ol 23376
2-chlorobornane 20553
1-chloro-3-bromo-butene-1 2761
trans-chloro(2-(3-bromopropionamido)cycl 17528
4-chloro-1,2-butadiene 2635
1-chloro-1,3-butadiene 2636
2-chlorobutanal 3117
4-chlorobutanal 3118
1-chlorobutane 3610
2-chlorobutane 3612
2-chlorobutane 3614
4-chlorobutanenitrile 2795
2-chlorobutanoic acid 3134
3-chlorobutanoic acid 3135
4-chlorobutanoic acid 3136
1-chloro-2-butanol 3617
2-chloro-1-butanol 3618
3-chloro-1-butanol 3619
3-chloro-2-butanol 3620
4-chloro-1-butanol 3621
4-chloro-2-butanol 3622
1-chloro-2-butanone 3120
3-chloro-2-butanone 3121
4-chloro-2-butanone 3122
2-chlorobutanoyl chloride 2827
3-chlorobutanoyl chloride 2828
4-chlorobutanoyl chloride 2829
2-chloro-2-butenal 2648
cis-1-chloro-1-butene 3098
trans-1-chloro-1-butene 3099
2-chloro-1-butene 3100
3-chloro-1-butene 3101
4-chloro-1-butene 3102
1-chloro-cis-2-butene 3103
1-chloro-trans-2-butene 3104
2-chloro-cis-2-butene 3105
2-chloro-trans-2-butene 3106
1-chloro-2-butene 3110
2-chloro-2-butene 3111
cis-2-chloro-2-butenedinitrile 2356
cis-2-chloro-2-butenedioyl dichloride 2361
cis-3-chlorobutenoic acid 2653
trans-3-chlorobutenoic acid 2654
trans-2-chloro-2-butenoic acid 2655
4-chloro-2-butenoic acid 2656
cis-N-(4-chlorobutenyl)phthalimide 23460
1-chloro-3-buten-1-ol 3123
2-chloro-3-buten-1-ol 3124
2-chloro-3-buten-1-ol 3125
3-chloro-2-buten-1-ol 3126
3-chloro-3-buten-2-ol 3127
1-chloro-1-buten-3-one 2651
4-chloro-1-buten-3-yne 2448
2-(4-chlorobutoxy)tetrahydro-2H-pyran 17799
4-chlorobutyl acetate 8046
4-chlorobutyl benzoate 21925
4-chlorobutyl chloroformate 4789
4-chlorobutyl ether 15009
1,1'-(4-chlorobutylidene)bis(4-fluoroben 29193
1-chloro-3-butyne 2637
3-chloro-1-butyne 2638
4-chloro-2-butynol 2652

b-chlorobutyric acid 3150
4'-chlorobutyrophenone 19250
4-chloro-2'-butyrothienone 13609
m-chlorocarbanilic acid 1-methyl-2-propy 21608
7-[(chlorocarbonyl)methoxy]-4-methylcoum 23381
N-(chlorocarbonyloxy)trimethylurea 5064
chlorocarbonylsulfenyl chloride 45
5-chlorocarvacrol 19740
a-chloroacetoacetic acid monoethylamide 7682
2-chloro-N-3-chloroallylacetamide 4638
1-chloro-1-(2-chloroethoxy)ethane 3376
2-chloro-N-(2-chloroethyl)-N-methylethan 5645
2-chloro-N-(2-chloroethyl)-N-methylethan 5646
9-chloro-10-chloromethyl anthracene 28018
1-chloro-2-(chloromethyl)benzene 10254
1-chloro-3-(chloromethyl)benzene 10255
1-chloro-4-(chloromethyl)benzene 10256
3-chloro-2-(chloromethyl)-1-butene 4770
chloro(chloromethyl)dimethylsilane 2099
1-chloro-4-(chloromethyl)-2-nitrobenzene 9958
3-chloro-2-(chloromethyl)-1-propene 2810
2-chloro-5-chloromethylpyridine 6746
1-chloro-4-[(chloromethyl)thio]benzene 10285
2-chloro-5-(chloromethyl)thiophene 4281
3-chloro-4-(3-chloro-2-nitrophenyl)pyrro 18541
2-chloro-3-(3-chloro-o-tolyl)propionitri 18825
N-(5-chloro-4-((4-chlorophenyl)cyanometh 33109
2-chloro-1-(4-chlorophenyl)ethanone 12804
5-chloro-3-(4-chlorophenyl)-4'-fluoro-2' 31873
2-chloro-3-(4-chlorophenyl)methylpropion 19001
chloro(4-chlorophenyl)phenylmethane 25583
chloro(2-chlorovinyl)mercury 624
a-chlorocinnamaldehyde 15966
trans-m-chlorocinnamic acid 15969
trans-p-chlorocinnamic acid 15970
4-chlorocinnamic acid, predominantly tra 15971
2-chlorocinnamic acid, predominantly tra 15972
trans-4-chlorocrotonic acid 2657
chlorocyanoacetylene 1251
2-chloro-3-cyano-6-methylpyridine 10099
3-chloro-6-cyano-2-norbornanone-O-(methy 19412
2-chlorocycloheptanone 11256
chlorocyclohexane 8008
trans-2-chlorocyclohexanol 8019
trans-4-chlorocyclohexanol 8020
2-chlorocyclohexanol 8028
cis-2-chlorocyclohexanol, (±) 8018
2-chlorocyclohexanone 7495
4-chlorocyclohexanone 7496
1-chlorocyclohexene 7486
3-chloro-1-cyclohexene 7492
4-chloro-4-cyclohexene-1,2-dicarboxylic 13037
7-chloro-5-(cyclohexen-1-yl)-1,3-dihydro 29314
chloro[2-(3-cyclohexen-1-yl)ethyl]dimeth 20875
cis-3-(2-chlorocyclohexyl)-1-(2-chloroet 17538
trans-3-(2-chlorocyclohexyl)-1-(2-chloro 17539
chlorocyclohexyldimethylsilane 15269
6-chloro-5-cyclohexyl-1-indancarboxylic 29408
2-chloro-4-cyclohexylphenol 24030
1-chloro-1,3,5,7-cyclooctatetraene 12984
chloro(cyclopentadienyl)(triphenylphosph 33527
chlorocyclopentane 5061
2-chlorocyclopentanone 4617
3-chlorocyclopentene 4604
1-chloro-1-cyclopentene 4610
4-chloro-2-cyclopentylphenol 21921
2-chlorodecahydronaphthalene 20552
1-chlorodecane 21093
10-chloro-1-decanol 21095
cis-1-chloro-1-decene 20868
trans-1-chloro-1-decene 20869
2-chloro-9-(2-deoxy-2-fluoro-b-D-arabino 19240
6-chloro-6-deoxyglucose 8059
5-chloro-2'-deoxyuridine 16858
2-chloro-N,N-diallylacetamide 14261
2-chloro-4,6-diamino-1,3,5-triazine 1531
chlorodiazepoxide 29127
1-chlorodibenzo-p-dioxin 23240
2-chlorodibenzo-p-dioxin 23241
2-chloro-3,5-dibromo-1-fluorobenzene 6137
1-chloro-2,6-dibromo-4-fluorobenzene 6138
5-chloro-2,3-dibromo-1-fluorobenzene 6139
chlorodibromomethane 94
chloro(dibutoxyphosphinyl)mercury 15376
chloro(dichloromethyl)dimethylsilane 2016
3-chloro-4-dichloromethyl-5-hydroxy-2(5H 4233
6-chloro-5-(2,3-dichlorophenoxy)-2-methy 26698
5-chloro-N-(3,4-dichlorophenyl)-2-hydrox 25478
chlorodicyclohexylphosphine 24677
3-chloro-1,1-diethoxybutane 15266
2-chloro-1,1-diethoxyethane 8693
3-chloro-1,1-diethoxypropane 12005
2-chloro-N,N-diethylacetamide 8265
5-chloro-2-(2-(diethylamino)ethoxy)benza 31507
5-chloro-2-(2-(2-(diethylamino)ethoxy)et 29563
8-chloro-2-(2-(diethylamino)ethyl)-2H-(1 32162
4-chloro-2-diethylamino-6-(4-methylpiper 27745
4-chloro-N,N-diethylaniline 19901
3-chloro-2,6-diethylaniline 19902
chlorodiethylborane 3789
chlorodiethylisopropylsilane 12314
chloro(diethyl)phosphine 3801
chlorodifluoroacetic acid 526
chlorodifluoroacetic acid sodium salt 422
chlorodifluoroacetic anhydride 2300
2-chloro-2,2-difluoroacetophenone 12613
2-chloro-2',4'-difluoroacetophenone 12614
chlorodifluoroacetyl hypochlorite 439
6-chloro-2,4-difluoroaniline 6434
1-chloro-3,5-difluorobenzene 6264
1-chloro-2,4-difluorobenzene 6265
1-chloro-2,5-difluorobenzene 6266
1-chloro-3,4-difluorobenzene 6267
2-chloro-4,5-difluorobenzoic acid 9504
4-chloro-2,5-difluorobenzoic acid 9505
1-chloro-1,1-difluoroethane 702
1-chloro-1,2-difluoroethane 703
2-chloro-1,1-difluoroethane 704
m-chloro-N-(2,2-difluoroethyl)aniline 13265
2-chloro-1,1-difluoroethylene 525
chlorodifluoromethane 97
1-chloro-3,3-difluoro-2-methoxycycloprop 2449
1-chloro-2,2-difluoropropane 1673
5-chloro-1,2-dihydroacenaphthylene 23368
7-chloro-1,3-dihydro-3-(N,N-dimethylcarb 31400
7-chloro-1,3-dihydro-3-hemisuccinyloxy-2 31300
7-chloro-1,3-dihydro-3-hemisuccinyloxy-5 33570
7-chloro-1,3-dihydro-3-hydroxy-1-methyl- 29078
7-chloro-1,3-dihydro-3-hydroxy-5-phenyl- 28081
7-chloro-2,3-dihydro-1H-inden-4-ol 16290
7-chloro-2,3-dihydro-1-methyl-5-phenyl-1 29194
7-chloro-1,3-dihydro-1-methyl-5-phenyl-2 29076
7-chloro-1,3-dihydro-5-phenyl-1-trimethy 30653
chlorodiiodomethane 98
4'-chloro-3,5-diiodosalicylanilide aceta 28014
chlorodiisobutyloctadecylsilane 34376
chloro(diisopropoxyphosphinyl)mercury 8890
2-chloro-N,N-diisopropylacetamide 15001
chlorodiisopropylphosphine 8897
chloro(diisopropyl)silane 9166
5-chloro-2,4-dimethoxyaniline 13831
4-chloro-2,5-dimethoxyaniline 13832
1-chloro-2,5-dimethoxybenzene 13610
5-chloro-1,3-dimethoxybenzene 13611
3-chloro-1,1-dimethoxybutane 8694
2-chloro-1,1-dimethoxy-2-butene 8036
2-chloro-1,1-dimethoxyethane 3633
1-chloro-2,4-dimethoxy-5-nitrobenzene 13279
3-chloro-1,1-dimethoxypropane 5640
2-chloro-4,6-dimethoxy-1,3,5-triazine 4472
N-chlorodimethylamine 1005
b-chlorodimethylamino diborane 1175
6'-chloro-2-(2-(dimethylamino)ethylthio) 26245
5-chloro-3-(dimethylaminomethyl)-2-benzo 19244
2-chloro-N,N-dimethylaniline 13819
3-chloro-N,N-dimethylaniline 13820
4-chloro-N,N-dimethylaniline 13821
2-chloro-4,6-dimethylaniline 13823
9-chloro-8,12-dimethylbenz(a)acridine 31275
1-chloro-2,3-dimethylbenzene 13567
1-chloro-2,4-dimethylbenzene 13568
2-chloro-1,3-dimethylbenzene 13569
2-chloro-1,4-dimethylbenzene 13570
4-chloro-1,2-dimethylbenzene 13571
1-chloro-2,2-dimethylbutane 8681
1-chloro-2,3-dimethylbutane 8682
1-chloro-3,3-dimethylbutane 8683
2-chloro-2,3-dimethylbutane 8684
2-chloro-3,3-dimethylbutane 8685
1-chloro-2,3-dimethyl-2-butanol 8686
1-chloro-3,3-dimethyl-2-butanol 8687
1-chloro-2,3-dimethyl-2-butene 8009
4-chloro-3',4'-dimethylbutyrophenone 24032
10-chloro-6,9-dimethyl-5,10-dihydro-3,4- 30533
(2-chloro-1,1-dimethylethyl)benzene 19719
4-chloro-N-((4-(1,1-dimethylethyl)phenyl 30840
2-chloro-2,5-dimethylhexane 15253
3-chloro-2,3-dimethylhexane 15254
chloro(dimethyl)isopropylsilane 5945
chloro(dimethyl)octadecylsilane 32545
chloro(dimethyl)octylsilane 21399
chloro-dimethyl(pentafluorophenyl)silane 12756
2-chloro-2,3-dimethylpentane 11989
2-chloro-2,4-dimethylpentane 11990
3-chloro-2,3-dimethylpentane 11991
4-chloro-2,2-dimethylpentane 11992
4-chloro-2,5-dimethylphenol 13592
4-chloro-2,6-dimethylphenol 13593
4-chloro-3,5-dimethylphenol 13594
2-chloro-3,4-dimethylphenol 13595
2-chloro-4,5-dimethylphenyl methylcarbam 19409
2-chloro-N-(2,6-dimethylphenyl)acetamide 19405
chlorodimethyl(2-phenylethyl)silane 20192
2-chloro-N-(2,6-dimethyl)phenyl-N-isopro 27573
chlorodimethylphenylsilane 14076
2-chloro-N-(2,6-dimethylphenyl)-N-(tetra 27319
chlorodimethylphosphine 1012
2-chloro-5-(3,5-dimethylpiperidino sulph 27431
1-chloro-2,2-dimethylpropane 5627
3-chloro-2,2-dimethylpropanoic acid 5077
3-chloro-2,2-dimethyl-1-propanol 5638
3-chloro-2,2-dimethylpropionyl chloride 4782
3-chloro-2,5-dimethylpyrazine 7145
3-chloro-1,5-dimethyl-1H-pyrazole 4612
4-chloro-3,5-dimethyl-1H-pyrazole 4613
5-chloro-1,3-dimethyl-1H-pyrazole 4614
chlorodimethylsilane 1112
1,2-bis(chlorodimethylsilyl)ethane 9285
2'-chloro-N,N-dimethyl-4-stilbenamine 29242
3'-chloro-N,N-dimethyl-4-stilbenamine 29243
4'-chloro-N,N-dimethyl-4-stilbenamine 29244
chlorodimethyl(2,3,4,5-tetramethyl-2,4-c 22638
chloro(dimethyl)thexylsilane 15627
N-chloro-4,5-dimethyltriazole 2804
6-chloro-1,3-dimethyluracil 7150
4'-chloro-2,2-dimethylvaleranilide 26166
6-chloro-2,4-dinitroaniline 6465
4-chloro-2,6-dinitroaniline 6466
1-chloro-2,4-dinitrobenzene 6281
2-chloro-1,3-dinitrobenzene 6282
1-chloro-3,4-dinitrobenzene 6283
chlorodinitrobenzene 6284
4-chloro-2,5-dinitrobenzene diazonium-6- 6106
4-chloro-3,5-dinitrobenzoic acid 9516
2-chloro-3,5-dinitrobenzoic acid 9517
4-chloro-3,5-dinitrobenzonitrile 9448
4-chloro-3,5-dinitrobenzotrifluoride 9442
chlorodinitromethane 99
4-chloro-2,6-dinitrophenol 6286
5-chloro-2,4-dinitrophenol 6287
2-chloro-3,5-dinitropyridine 4193
p-chloro-2,4-dioxa-5-methyl-p-thiono-3-p 14509
2-chloro-1,3,2-dioxaphospholane 810
2-chloro-1,3,2-dioxaphospholane 2-oxide 811
chloro((3-(2,4-dioxo-5-imidazolidinyl)-2 11252
6-chloro-1,3-dioxo-5-isoindolinesulfonam 12619
4-chloro-1,3-dioxolan-2-one 1413
chlorodiphenyl 23206
2-chloro-2,2-diphenylacetyl chloride 26737
2-chloro-1,2-diphenylethanone 26813
chlorodiphenylmethane 25670
p-chlorodiphenylphosphine 23465
chloro-diphenylsilane 23598
chlorodipropylborane 8883
1-chlorodocosane 33474
1-chlorododecane 24897
cis-1-chloro-1-dodecene 24792
trans-1-chloro-1-dodecene 24793
1-chlorodotriacontane 35123
1-chloroeicosane 32506
cis-1-chloro-1-eicosene 32460
trans-1-chloro-1-eicosene 32461
2-chloroethanesulfonyl chloride 820
2-chloroethanethiol 924
2-chloroethanol 917
2-chloro-2-ethoxyacetic acid ethyl ester 8054
(2-chloroethoxy)benzene 13596
1-chloro-2-ethoxybenzene 13597
1-chloro-3-ethoxybenzene 13598
1-chloro-4-ethoxybenzene 13599
1-(2-chloroethoxy)butane 8688
1-chloro-1-ethoxyethane 3624
1,1-bis(2-chloroethoxy)ethane 8286
1,2-bis(2-chloroethoxy)ethane 8287
2-(2-chloroethoxy)ethanol 3634
1-chloro-2-ethoxyethene 3129
bis(2-chloroethoxy)methane 5353
1-(1-chloroethoxy)propane 5632
1-(2-chloroethoxy)propane 5639
2-chloroethoxytrimethylsilane 5943
1-chloroethyl acetate 3137
2-chloroethyl acetate 3138
2-chloroethyl acetoacetate 7504
2-chloroethyl acrylate 4621
2-chloroethyl benzoate 16302
b-chloroethyl carbamate 1841
bis(2-chloroethyl) carbonate 4795
2-chloroethyl chloroacetate 2837
2-chloroethyl chloroformate 1553
1-chloroethyl chloroformate 1557
bis(1-chloroethyl) ether 3374
bis(2-chloroethyl) ether 3375
2-chloroethyl ethyl ether 3626
2-chloroethyl ethyl sulfide 3642
2-chloroethyl fluoroacetate 2639
2-chloroethyl isocyanate 1528
2-chloroethyl isothiocyanate 1530
chloroethyl methacrylate 7503
2-chloroethyl methanesulfonate 2010
bis(2-chloroethyl) methylphosphonate 5647
2-chloroethyl 2-methylpropanoate 8037
bis(2-chloroethyl) oxalate 7306
2-chloroethyl paraoxon 19418
2-chloroethyl pentanoate 11599
2-chloroethyl phenoxyacetate 19265
2-chloroethyl phenyl sulfone 13616
2-chloroethyl phenylacetate 19257
2-chloroethyl p-toluenesulfonate 16869
bis(2-chloroethyl) sulfide 3384
bis(1-chloroethyl thallium chloride) oxi 3175
beta-chloroethyl trichloro silane 827
2-chloroethyl trichloroacetate 2548
2-chloroethyl vinyl ether 3130
N-(2-chloroethyl)acetamide 3357
N,N-bis(2-chloroethyl)acetamide 8061
bis(2-chloroethyl)amine 929
2-chloroethylamine 1006
bis-b-chloroethylamine 3645
4'-(bis(2-chloroethyl)amino)acetanilide 24151
4-(bis(2-chloroethyl)amino)benzoic acid 21932
1-((bis(2-chloroethyl)amino)benzoyl)pipe 29495
p-(bis-(b-chloroethyl)amino)benzylidene 26996
2-(bis(2-chloroethyl)amino)ethyl vinyl s 14763
4'-(bis(2-chloroethyl)amino)-2-fluoro ac 24035
2-(bis(2-chloroethyl)amino)hexahydro-1,3 12127
3-(4-(bis(2-chloroethyl)amino)-3-methoxy 27569
2-(bis(b-chloroethyl)aminomethyl)benzimi 27205
3-(bis(2-chloroethyl)aminomethyl)-2-benz 23908
1-(3-(bis(2-chloroethyl)amino-4-methylbe 27456
1-(3-(bis(2-chloroethyl)amino)-4-methylb 29496
2,5-bis(bis-(2-chloroethyl)aminomethyl)h 29564
N-(2-chloroethyl)aminomethyl-4-hydroxyni 16856
N-(2-chloroethyl)aminomethyl-4-methoxyni 19732
6-chloro-2-ethylamino-4-methyl-4-phenyl- 30025
o-(4-bis(b-chloroethyl)amino-o-tolylazo) 30688
2-(N,N-bis(2-chloroethyl)aminophenyl) ac 29540
p-(bis(2-chloroethyl)amino)phenyl benzoa 30029
m-(bis(2-chloroethyl)amino)phenyl morpho 28579
2-(N,N-bis(2-chloroethyl)aminophenyl)ace 33391
2-(N,N-bis(2-chloroethyl)aminophenyl)ace 34933
2-(N,N-bis(2-chloroethyl)aminophenyl)ace 34320
3-(o-(bis-(2-chloroethyl)amino)phenyl)-D 26174
DL-3-(p-(bis(2-chloroethyl)amino)phenyl) 26175
p-(bis(2-chloroethyl)amino)phenyl-2,6-di 31459
2-(p-bis(2-chloroethyl)aminophenyl)-1,3, 24142
L-3-(p-(bis(2-chloroethyl)amino)phenyl)- 27457
p-(bis(2-chloroethyl)amino)phenyl-m-chlo 29992
p-(bis(2-chloroethyl)amino)phenyl-p-brom 29990
o-(4-(bis(2-chloroethyl)amino)phenyl)-DL 31479
5-(p-(bis(2-chloroethyl)amino)phenyl)val 28607
b-(bis(2-chloroethylamino))propionitrile 11611
10-((2-chloroethylamino)propylamino)-2-m 30723
3-(bis(2-chloroethyl)amino)-p-tolyl pipe 30220
N,N-bis(2-chloroethyl)aniline 19745
N-(2-chloroethyl)benzamide 16527
(2-chloroethyl)benzene 13573
1-chloro-2-ethylbenzene 13574
1-chloro-3-ethylbenzene 13575
1-chloro-4-ethylbenzene 13576
(1-chloroethyl)benzene, (±) 13572
N,N-bis(2-chloroethyl)benzylamine 22223
1-chloro-2-ethylbutane 8680
S-((2-chloroethyl)carbamoyl)glutathione 26342
1-(2-chloroethyl)-3-cyclododecyl-1-nitro 28823

1-(2-chloroethyl)-3-cyclohexyl-1-nitroso 17631
N-(2-chloroethyl)dibenzylamine hydrochlo 29412
b-chloroethyldichloroarsine 788
N,N-bis(2-chloroethyl)-2,3-dimethoxyanil 24287
N-(2-chloroethyl)dimethylamine 3795
3'-chloro-4'-ethyl-4-dimethylaminoazoben 29363
4'-chloro-3'-ethyl-4-dimethylaminoazoben 29364
3-chloro-3-ethyl-2,2-dimethylpentane 18118
chloroethyldimethylsilane 3972
1-(2-chloroethyl)-3-(2,6-dioxo-3-piperid 13837
chloroethylene oxide 709
chloroethylene bisthiocyanate 2457
4-chloro-6-ethyleneimino-2-phenylpyrimid 23462
N-(2-chloroethyl)-2-ethoxy-5-nitrobenzyl 22220
bis(2-chloroethyl)ethylamine 8701
N-(2-chloroethyl)-N-ethylcarbamic acid 4 26115
7-chloro-1-ethyl-6-fluoro-4-oxohydroquin 23369
2-chloroethyl-g-fluorobutyrate 7679
1-(2-chloroethyl)-3-(b-D-glucopyranosyl) 17635
3-chloro-3-ethylheptane 18119
1-chloro-4-ethyl-3-hexene 14751
1-(2-chloroethyl)-3-(4-hydroxybutyl)-1-n 11760
1-(2-chloroethyl)-3-(cis-4-hydroxycycloh 17632
1-(2-chloroethyl)-3-(trans-4-hydroxycycl 17633
1-(2-chloroethyl)-3-(trans-2-hydroxycycl 17634
2-chloroethyl-2-hydroxyethyl sulfide 3632
1-(2-chloroethyl)-3-(2-hydroxyethyl)-1-n 5327
3-(2-chloroethyl)-1-(3-hydroxypropyl)-3- 8269
chloroethylmercury 915
1-(2-chloroethyl)-4-methoxybenzene 16861
bis(2-chloroethyl)methylamine 5781
1-(2-chloroethyl)-3-(4-methylcyclohexyl) 20646
trans-1-(2-chloroethyl)-3-(3-methylcyclo 20647
5-chloro-1-ethyl-2-methylimidazole 7494
5-(2-chloroethyl)-4-methylthiazole 7295
4-(2-chloroethyl)morpholine 8266
N-(b-chloroethyl)-N-nitrosoacetamide 3113
bis(2-chloroethyl)nitrosoamine 3372
N,N'-bis((2-chloroethyl)-N-nitrosocarbam 20650
N-(2-chloroethyl)-N-nitrosocarbomoyl azi 1532
1-(2-chloroethyl)-1-nitroso-3-(2-norborn 20380
1-(2-chloroethyl)-1-nitrosourea 1843
N,N'-bis(2-chloroethyl)-N-nitrosourea 5099
1,3-bis(2-chloroethyl)-1-nitrosourea-dip 31439
trans-4-(3-(2-chloroethyl))-3-nitrosoure 24534
2-(3-(2-chloroethyl)3-nitrosoureido)ethy 5329
2-chloroethyl-N-nitrosourethane 5065
N,N-bis(2-chloroethyl)-p-arsanilic acid 19895
3-chloro-3-ethylpentane 11993
3-chloro-3-ethyl-1-pentyne 11247
bis(2-chloroethyl)phosphite 3646
(2-chloroethyl)phosphonic acid monoethyl 3806
N,N-bis(2-chloroethyl)-p-phenylenediamin 19909
3-chloro-2-ethyl-1-propene 5052
2-chloro-5-ethyl-4-propyl-2-thiono-1,3,2 15003
N,N-bis-(2-chloroethyl)-p-toluenesulfona 22225
2-chloro-5-ethylpyrimidine 7146
3-(2-chloroethyl)-2,4(1H,3H)-quinazoline 18815
N4,N4-bis(2-chloroethyl)sulfanilamide 19910
1,1-bis(2-chloroethyl)-2-sulfinylhydrazi 3373
bis(2-chloroethyl)sulfone 3383
7-(2-chloroethyl)theophylline 16859
[(2-chloroethyl)thio]benzene 13619
2-[(2-chloroethyl)thio]-2-methylpropane 8698
2-chloroethyltris(2-methoxyethoxy)silane 15762
1-chloro-2-ethynylbenzene 12610
2-chlorofluorene 25516
N-(7-chloro-2-fluorenyl)acetamide 28077
2-chloro-9H-fluoren-9-one 25450
2'-chloro-4'-fluoroacetanilide 12992
4'-chloro-2'-fluoroacetanilide 12993
chlorofluoroacetic acid 603
2-chloro-4'-fluoroacetophenone 12749
chlorofluoroacetyl chloride 533
2-chloro-6-fluoroaniline 6693
2-chloro-4-fluoroaniline 6694
3-chloro-2-fluoroaniline 6695
5-chloro-2-fluoroaniline 6696
3-chloro-4-fluoroaniline 6697
4-chloro-2-fluoroaniline 6698
2-chloro-5-fluoroanisole 10208
4-chloro-2-fluoroanisole 10209
4-chloro-3-fluoroanisole 10210
4-chloro-3-fluorobenzaldehyde 9670
4-chloro-2-fluorobenzaldehyde 9671
3-chloro-4-fluorobenzaldehyde 9672
2-chloro-6-fluorobenzaldehyde 9673
2-chloro-4-fluorobenzaldehyde 9674
3-chloro-2-fluorobenzaldehyde 9675
1-chloro-2-fluorobenzene 6422
1-chloro-3-fluorobenzene 6423
1-chloro-4-fluorobenzene 6424
6-chloro-5-fluorobenzimidazole-2-thiol 9666
2-chloro-4-fluorobenzoic acid 9677
3-chloro-4-fluorobenzoic acid 9678
2-chloro-6-fluorobenzoic acid 9679
4-chloro-2-fluorobenzoic acid 9680
3-chloro-4-fluorobenzonitrile 9493
4-chloro-2-fluorobenzonitrile 9494
2-chloro-4-fluorobenzonitrile 9495
2-chloro-6-fluorobenzonitrile 9496
2-chloro-6-fluorobenzyl alcohol 10212
2-chloro-4-fluorobenzyl bromide 9864
2-chloro-6-fluorobenzyl chloride 9949
2-chloro-4-fluorobenzyl chloride 9950
2-chloro-4-fluorobenzyl cyanide 12611
2-chloro-4-fluorobenzylalcohol 10211
2-chloro-6-fluorobenzylamine 10496
4-chloro-2-fluorobenzylamine hydrochlori 10497
1-chloro-4-fluorobutane 3354
4-chloro-4'-fluorobutyrophenone 18983
2-chloro-4'-fluorochalcone 28010
4-chloro-4'-fluorochalcone 28011
4-chloro-2-fluorocinnamic acid 15851
2-chloro-4-fluorocinnamic acid 15852
1-chloro-10-fluorodecane 20961
1-chloro-1-fluoroethane 801
1-chloro-2-fluoroethane 802
1-chloro-1-fluoroethene 600
1-chloro-2-fluoroethene 601
1-chloro-7-fluoroheptane 11757
1-chloro-6-fluorohexane 8262
2-chloro-1-fluoro-4-iodobenzene 6261
chlorofluoromethane 145
2-chloro-4-fluoro-5-methylaniline 10498
1-chloro-3-fluoro-2-methylbenzene 10199
2-chloro-4-fluoro-1-methylbenzene 10200
5-chloro-4-fluoro-2-nitroaniline 6425
2-chloro-5-fluoronitrobenzene 6262
3-chloro-4-fluoronitrobenzene 6263
3-chloro-4-fluoro-5-nitrobenzotrifluorid 9447
1-chloro-9-fluorononane 17958
1-chloro-8-fluorooctane 15000
4-chloro-5-fluoro-o-phenylenediamine 6920
2-chloro-1,1-bis(fluorooxy)trifluoroetha 428
1-chloro-5-fluoropentane 5321
2-chloro-6-fluorophenethyl alcohol 13263
2-chloro-4-fluorophenethyl alcohol 13264
2-chloro-6-fluorophenethylamine 13583
2-chloro-4-fluorophenol 6426
3-chloro-4-fluorophenol 6427
4-chloro-3-fluorophenol 6428
4-chloro-2-fluorophenol 6429
2-chloro-5-fluorophenol 6430
3-chloro-4-fluorophenyl isocyanate 9497
2-chloro-4-fluorophenylacetic acid 12751
2-chloro-6-fluorophenylacetic acid 12752
2-chloro-6-fluorophenylacetone 16101
2-chloro-6-fluorophenylacetonitrile 12612
1-(2-chloro-6-fluorophenyl)cyclohexaneca 25836
1-(2-chloro-4-fluorophenyl)cyclohexaneca 25837
1-(2-chloro-6-fluorophenyl)cyclohexaneca 25935
1-(2-chloro-4-fluorophenyl)cyclohexaneca 25936
1-(2-chloro-4-fluorophenyl)cyclopentanec 23589
1-(2-chloro-6-fluorophenyl)cyclopentanec 23590
1-(2-chloro-4-fluorophenyl)cyclopentanec 23693
1-(2-chloro-6-fluorophenyl)cyclopentanec 23694
3-(2-chloro-6-fluorophenyl)-N-{2-[(2-fur 30581
chlorobis(4-fluorophenyl)methane 25518
1-chloro-3-fluoropropane 1830
3-chloro-2-fluoropropene 1520
3-chloro-4'-fluoropropiophenone 16102
2-chloro-5-(fluorosulfonyl)benzoic acid 9683
3-chloro-4-fluorothiophenol 6433
3-chloro-4-fluorotoluene 10203
2-chloro-5-fluorotoluene 10204
5-chloro-2-fluorotoluene 10205
4-chloro-2-fluorotoluene 10206
3-chloro-2-fluoro-6-(trifluoromethyl)ben 12465
3-chloro-2-fluoro-5-(trifluoromethyl)ben 12466
3-chloro-2-fluoro-5-(trifluoromethyl)pyr 6156
chloroform 104
chloroformamidinium chloride 253
chloroformamidinium nitrate 199
4-chloro-N-formyl-o-toluidine 13271
2-chlorofuran 2458
3-chlorofuran 2459
3-chloro-2,5-furandione 2357
4-chloro-N-furfuryl-5-sulfamoylanthranil 23592
chloro(2-furyl)mercury 2450
chlorogenic acid 29403
1-chloroheneicosane 33056
1-chlorohentriacontane 35035
1-chloroheptacosane 34560
1-chloroheptadecane 30338
cis-1-chloro-1-heptadecene 30297
trans-1-chloro-1-heptadecene 30298
1-chloro-1,2,2,3,3,4,4-heptafluorocyclob 2294
1-chloroheptane 11988
2-chloroheptane 11994
3-chloroheptane 11995
4-chloroheptane 11996
1-chloro-2-heptanol 12003
7-chloro-1-heptanol 12004
1-chloro-2-heptanone 11593
1-chloroheptatriacontane 35487
cis-1-chloro-1-heptene 11587
trans-1-chloro-1-heptene 11588
1-chloro-1-heptene 11589
2-chloro-1-heptene 11590
4-chloro-3-heptene 11591
1-chloro-1-heptyne 11248
1-chloro-5-heptyne 11249
7-chloro-3-heptyne 11250
1-chlorohexacosane 34361
1-chlorohexadecane 29740
cis-1-chloro-1-hexadecene 29689
trans-1-chloro-1-hexadecene 29690
3-chloro-1,3-hexadiene 7487
2-chloro-1,1,1,4,4,4-hexafluorobutene-2 2355
1-chloro-3,3,4,4,5,5-hexafluoro-2-methox 6269
1-chloro-1,1,2,2,3,3-hexafluoropropane 1314
trans-chloro(2-hexanamidocyclohexyl)merc 24676
1-chlorohexane 8669
2-chlorohexane 8670
3-chlorohexane 8671
6-chloro-1-hexanol 8689
1-chloro-2-hexanol 8690
1-chloro-3-hexanol 8691
5-chloro-3-hexanol 8692
6-chloro-2-hexanone 8029
1-chlorohexatriacontane 35431
cis-1-chloro-1-hexene 8006
trans-1-chloro-1-hexene 8007
1-chloro-1-hexene 8010
1-chloro-3-hexene 8011
2-chloro-1-hexene 8012
4-chloro-2-hexene 8013
5-chloro-1-hexene 8014
cis-3-chloro-3-hexene 8015
chlorohexyl isocyanate 11067
2-chloro-N-hexylacetamide 15002
2-(6-chlorohexyloxy)tetrahydro-2H-pyran 22761
4-chloro-2-hexylphenol 24284
6-chloro-1-hexyne 7491
DL-a-chlorohydrin 2006
2-chlorohydrocinnamonitrile 16105
2-chloro-4-(hydroxy mercuri)phenol 6703
5'-chloro-2'-hydroxyacetophenone 13017
5-chloro-4-(hydroxyamino)quinoline-1-oxi 15960
6-chloro-4-(hydroxyamino)quinoline-1-oxi 15961
7-chloro-4-(hydroxyamino)quinoline-1-oxi 15962
4-chloro-17-hydroxyandrost-4-en-3-one, (31588
3-chloro-4-hydroxybenzaldehyde 9935
5-chloro-2-hydroxybenzaldehyde 9936
3-chloro-4-hydroxybenzoic acid 9941
4-chloro-4'-hydroxybenzophenone 25525
3-chloro-4-hydroxybiphenyl 23375
(S)-(-)-4-chloro-3-hydroxybutyronitrile 2798
(R)-(+)-4-chloro-3-hydroxybutyronitrile 2799
4-chloro-4'-hydroxybutyrophenone 19255
chloro(2-hydroxy-3,5-dinitrophenyl)mercu 6270
4,4'-bis(4-chloro-6-bis(2-hydroxyethylam 34630
2-chloro-N-(2-hydroxyethyl)aniline 13830
4-chloro-6-(2-hydroxyethylpiperazino-2-m 24536
3-chloro-4-hydroxy-5-methoxybenzaldehyde 13026
2-chloro-1-(4-hydroxy-3-methoxyphenyl)et 16323
5-chloro-2-hydroxy-4-methylbenzophenone 26815
3-chloro-7-hydroxy-4-methylcoumarin bis(30787
3-chloro-7-hydroxy-4-methylcoumarin bis(29368
3-chloro-7-hydroxy-4-methylcoumarin bis(29247
3-chloro-2-hydroxy-2-methylpropanenitril 2797
2-chloro-3-hydroxy-1,4-naphthalenedione 18502
5-chloro-6-hydroxynicotinic acid, tautom 6452
21-chloro-17-hydroxy-19-nor-17a-pregna-4 32188
3-chloro-2-hydroxypropyl perchlorate 1855
4-chloroimino-2,5-cyclohexadiene-1-one 6442
5-chloro-1-indanone 15967
3-chloro-1H-indazole 9913
5-chloroindole 12760
6-chloroindole 12761
4-chloroindole 12762
7-chloroindole 12763
5-chloroindole-2-carboxylic acid 15864
2-chloro-6H-indolo(2,3-b)quinoxaline-6-a 34062
chloroiodoacetylene 430
3-chloro-4-iodoaniline 6704
2-chloro-4-iodoaniline 6705
1-chloro-2-iodobenzene 6437
1-chloro-3-iodobenzene 6438
1-chloro-4-iodobenzene 6439
5-chloro-2-iodobenzotrifluoride 9506
4-chloro-3-iodobenzotrifluoride 9507
1-chloro-4-iodobutane 3356
1-chloro-2-iodoethane 803
1-chloro-2-iodoethene 609
chloroiodomethane 146
1-chloro-2-iodo-4-methylbenzene 10214
4-chloro-1-iodo-2-methylbenzene 10215
4-chloro-2-iodo-1-methylbenzene 10216
1-chloro-3-iodopropane 1831
3-chloro-1-iodopropyne 1348
5-chloro-7-iodo-8-quinolinol 15811
3-chloro-2-iodotoluene 10217
5-chloroisatin 12515
1-chloro-2-isocyanatobenzene 9700
a-2-chloroisodurene 19722
1-chloro-2-isopropylbenzene 16843
1-chloro-4-isopropylbenzene 16844
1-chloro-2-isopropyliminomethyl-4-nitrob 19243
1-chloroisoquinoline 15853
1-chloro-4-isothiocyanatobenzene 9724
2-chloro-3-isothiocyanato-1-propene 2525
3-chloro-lactonitrile 1529
2-chloromalonaldehyde 1411
2-chloromandelic acid 13032
4-chloromandelic acid 13033
(R)-(-)-2-chloromandelic acid 13034
5-chloro-2-mercaptobenzimidazole 9925
5-chloro-2-mercaptobenzothiazole 9727
p-chloromercuric benzoic acid 9912
N-(chloromercuri)formanilide 10213
2,5-bis(chloromercuri)furan 2388
3-(3-chloromercuri-2-methoxy-1-propyl)-5 17536
1-(3-chloromercuri-2-methoxy)propylhydan 11063
3-(3-chloromercuri-2-methoxy-1-propyl)hy 11253
5-(3-chloromercuri-2-methoxy-1-propyl)-3 11254
1-(3-chloromercuri-2-methoxy-1-propyl)-3 14422
3-(3-chloromercuri-2-methoxy-1-propyl)-1 14423
2-chloromercuri-4-nitrophenol 6436
o-chloromercuriphenol 6701
p-chloromercuriphenol 6702
4,5-bis(chloromercuri)-2-thiazolecarbami 21507
chloromerodrin 5630
chloromethane sulfonyl chloride 150
2-chloro-5-methoxyaniline 10757
4-chloro-2-methoxyaniline 10758
5-chloro-2-methoxyaniline 10759
N-(5-chloro-4-methoxyanthraquinonyl)benz 33108
5-chloro-2-methoxybenzoic acid 13035
4-chloro-4'-methoxybutyrophenone 21926
chloro(trans-2-methoxycyclooctyl)mercury 17794
3-chloro-3-methoxydiazirine 706
(chloromethoxy)ethane 1993
1-chloro-1-methoxyethane 1994
1-chloro-2-methoxyethane 1995
bis-1,2-(chloromethoxy)ethane 3382
4-chloro-2-methoxy-5-methylaniline 13829
[(chloromethoxy)methyl]benzene 13600
1,4-bis(chloromethoxymethyl)benzene 19420
4-chloro-2-methoxyphenol 10526
2-chloro-4-methoxyphenol 10527
chloro-(4-methoxyphenyl)diazirine 12995
1-(chloromethoxy)propane 3628
1-chloro-2-methoxypropane 3629
1-chloro-3-methoxypropane 3630
2-chloro-1-methoxypropane 3631
chloro(2-(3-methoxypropionamido)cyclohex 20644
2-chloro-N-(3-methoxypropyl)acetamide 8268
2-chloro-6-methoxypyridine 6931
2-chloro-6-methoxy-4-(trichloromethyl)py 9989
chloromethyl acetate 1690
7-chloromethyl benz(a)anthracene 31234
6-chloromethyl benzo(a)pyrene 32577

chloromethyl butyrate 5094
chloromethyl chloroformate 628
chloromethyl chlorosulfate 151
bis(chloromethyl) ether 816
(+)-chloromethyl isomenthyl ether 22758
(+)-chloromethyl menthyl ether 22759
(-)-chloromethyl menthyl ether 22760
chloromethyl mercury 197
chloromethyl methyl ether 918
chloromethyl bismuthine 998
chloromethyl phenyl sulfide 10542
chloromethyl pivalate 8050
chloromethyl thiocyanate 613
chloromethyl trifluoromethyl sulfide 608
chloromethyl trimethoxysilane 3971
2-chloromethyl 2-(trimethylsilyl)ethyl e 9155
7-chloro-2-methyl-3,3a-dihydro-2H,9H-iso 21554
2-(chloromethyl)allyl-trimethylsilane 12007
p-chloro-N-methylamphetamine 19905
2-chloro-4-methylaniline 10743
2-chloro-5-methylaniline 10744
2-chloro-N-methylaniline 10745
3-chloro-2-methylaniline 10746
3-chloro-4-methylaniline 10747
4-chloro-2-methylaniline 10748
4-chloro-3-methylaniline 10749
4-chloro-N-methylaniline 10750
5-chloro-2-methylaniline 10751
3-chloro-N-methylaniline 10755
2-chloro-6-methylaniline 10756
4-chloro-3-methylanisole 13602
4-chloro-2-methylanisole 13603
3-chloro-2-methylanisole 13604
9-(chloromethyl)anthracene 28075
9,10-bis(chloromethyl)anthracene 29034
5-chloro-10-methyl-1,2-benzanthracene 31233
7-chloro-10-methyl-1,2-benzanthracene 31235
1,2-bis(chloromethyl)benzene 13281
1,3-bis(chloromethyl)benzene 13282
1,4-bis(chloromethyl)benzene 13283
3-chloro-N-methylbenzenemethanamine 13822
alpha-(chloromethyl)benzenemethanol 13591
2-chloromethylbenzimidazole 12994
5-(chloromethyl)-1,3-benzodioxole 13013
2-(chloromethyl)benzonitrile 12759
2-chloro-6-methylbenzonitrile 12764
5-chloro-2-methylbenzothiazole 12792
N-chloromethylbenzothiazole-2-thione 12793
5-chloro-2-methylbenzoxazole 12768
3-(chloromethyl)benzoyl chloride 12810
4-(chloromethyl)benzoyl chloride 12811
2-chloro-2'-methylbiphenyl 25669
3-chloro-2-methylbiphenyl 25671
4-chloromethylbiphenyl 25672
1-chloro-2-methyl-1,3-butadiene 4605
1-chloro-3-methyl-1,3-butadiene 4606
2-chloro-3-methyl-1,3-butadiene 4607
1-chloro-2-methylbutane 5623
1-chloro-3-methylbutane 5624
2-chloro-2-methylbutane 5625
2-chloro-3-methylbutane 5626
1-chloro-2-methylbutane, (±) 5628
2-chloro-2-methylbutanoic acid 5078
2-chloro-3-methylbutanoic acid 5079
1-chloro-2-methyl-2-butanol 5633
3-chloro-2-methyl-2-butanol 5634
3-chloro-3-methyl-2-butanone 5066
2-chloro-3-methylbutanoyl chloride 4777
cis-1-chloro-2-methyl-1-butene 5039
trans-1-chloro-2-methyl-1-butene 5040
3-chloro-2-methyl-1-butene 5041
4-chloro-2-methyl-1-butene 5042
cis-1-chloro-3-methyl-1-butene 5043
trans-1-chloro-3-methyl-1-butene 5044
2-chloro-3-methyl-1-butene 5045
3-chloro-3-methyl-1-butene 5046
4-chloro-3-methyl-1-butene 5047
1-chloro-2-methyl-cis-2-butene 5048
1-chloro-2-methyl-trans-2-butene 5049
1-chloro-3-methyl-2-butene 5050
2-chloro-3-methyl-2-butene 5051
1-chloro-2-methyl-1-butene 5053
1-chloro-2-methyl-2-butene 5054
1-chloro-3-methyl-1-butene 5055
3-chloro-3-methyl-1-butyne 4609
4-chloro-4'-methylbutyrophenone 21922
2-chloro-6-methylcarbanilic acid N-methy 27509
chloromethyl-4-chlorophenoxy dimethylsil 17030
chloromethyl(2-chlorophenoxy)dimethylsil 17031
chloromethyl-4-chlorophenyl dimethylsila 17032
2-chloromethyl-5-(4-chlorophenyl)-1,2,4- 15871
3-chloro-4-methyl-7-coumarinyl diethylph 27324
(chloromethyl)cyclopropane 3109
a-(chloromethyl)-2,4-dichlorobenzyl alco 13049
2,2-bis(chloromethyl)-1,3-dichloropropan 4797
2-(chloromethyl)-2,3-dihydrobenzofuran 16291
5-(chloromethyl)dihydro-2(3H)-furanone 4622
1-chloromethyl-2,4-diisocyanatobenzene 15812
3'-chloro-4'-methyl-4-dimethylaminoazobe 28411
4'-chloro-3'-methyl-4-dimethylaminoazobe 28412
1-(chloromethyl)-2,4-dimethylbenzene 16845
4-(chloromethyl)-2,2-dimethyl-1,3-dioxa- 5641
4-chloromethyl-2,2-dimethyl-1,3-dioxolan 8047
(R)-(+)-4-(chloromethyl)-2,2-dimethyl-1, 8048
(S)-(-)-4-(chloromethyl)-2,2-dimethyl-1, 8049
4-chloromethyl-3,5-dimethylisoxazole 7292
(chloromethyl)dimethylphenylsilane 17243
bis(chloromethyl)dimethylsilane 3811
1,4-bis(chloromethyldimethylsilyloxy)ben 24538
2-chloromethyl-1,3-dioxolane 3147
4-chloromethyl-1,3-dioxolan-2-one 2664
1-(4-chloromethyl-1,3-dioxolan-2-yl)-2-p 11258
chloromethyldiphenylsilane 25844
(chloromethylene)dimethylammonium chlori 2014
(chloromethyl)ethenyldimethylsilane 5644
1-chloro-3-(1-methylethoxy)-2-propanol 8695
(1-chloro-1-methylethyl)benzene 16846
(2-chloro-1-methylethyl)benzene 16847
1-(chloromethyl)-4-ethylbenzene 16848
1-(chloromethyl)-2-fluorobenzene 10201
1-(chloromethyl)-4-fluorobenzene 10202
2-(chloromethyl)furan 4362
3-chloromethylfuran 4363
2-chloro-2-methylheptane 15255
2-chloro-6-methylheptane 15256
3-chloro-3-methylheptane 15257
4-chloro-4-methylheptane 15258
3-(chloromethyl)heptane 15259
6-chloro-2-methyl-2-heptene 14752
1-chloro-3-methylhexane 11997
2-chloro-2-methylhexane 11998
2-chloro-5-methylhexane 11999
3-chloro-3-methylhexane 12000
5-chloro-5-methyl-1-hexen-3-yne 10940
5-chloro-1-methylimidazole 2642
N-chloro-4-methyl-2-imidazolinone 2643
4-chloro-1-methylimidazolium nitrate 2805
5-chloro-2-methylindole 16106
a-(chloromethyl)-5-iodo-2-methyl-4-nitro 10941
(chloromethyl)-isopropoxy-dimethylsilane 9154
2-chloro-1-methyl-4-isopropylbenzene 19720
2-chloro-4-methyl-1-isopropylbenzene 19721
4-chloro-5-methyl-2-isopropylphenol 19738
5-chloro-2-methyl-4-isothiazolin-3-one 2529
1-(chloromethyl)-4-methoxybenzene 13601
2-chloromethyl-5-(4-methoxyphenyl)-1,2,4 18816
7-chloromethyl-12-methyl benz(a)anthrace 31954
10-chloromethyl-9-methylanthracene 29074
1-(chloromethyl)-2-methylbenzene 13577
1-(chloromethyl)-3-methylbenzene 13578
1-(chloromethyl)-4-methylbenzene 13579
chloromethylmethyldiethoxysilane 9156
2-chloromethyl-5-methylfuran 7154
2-(chloromethyl)-2-methyloxirane 3131
4-(chloromethyl)-2-methyl-2-pentyl-1,3-d 20874
2-chloro-10-((2-methyl-3-(4-methyl-1-pip 32865
4-chloro-N-methyl-3-(methylsulfamoyl)ben 16857
1-(chloromethyl)naphthalene 21551
1-chloro-2-methylnaphthalene 21552
2-(chloromethyl)naphthalene 21553
2-(8-chloromethyl-1-naphthylthio)acetic 25680
4-chloro-2-methyl-6-nitroaniline 10503
6-chloro-2-methyl-4-nitroaniline 10504
5-chloro-N-methyl-2-nitrobenzenamine 10505
1-(chloromethyl)-2-nitrobenzene 10223
1-(chloromethyl)-3-nitrobenzene 10224
1-(chloromethyl)-4-nitrobenzene 10225
1-chloro-2-methyl-3-nitrobenzene 10226
1-chloro-2-methyl-4-nitrobenzene 10227
1-chloro-3-methyl-5-nitrobenzene 10228
2-chloro-1-methyl-4-nitrobenzene 10229
2-chloro-4-methyl-1-nitrobenzene 10230
4-chloro-1-methyl-2-nitrobenzene 10231
4-chloro-2-methyl-1-nitrobenzene 10232
5-chloro-1-methyl-4-nitroimidazole 2532
a-(chloromethyl)-2-nitroimidazole-2-etha 7297
5-chloro-3-methyl-4-nitro-1H-pyrazole 2531
2-chloro-4-methyl-5-nitropyridine 6710
2-chloro-N-methyl-N-nitrosoethylamine 1991
3-chloro-3-methyloctane 18120
4-chloro-4-methyloctane 18121
2-chloro-2-methyl-3-octyne 17534
4-(chloromethyl)-2-(o-nitrophenyl)-1,3-d 18991
5-chloromethyl-2-oxazolidinone 2801
N-chloro-5-methyl-2-oxazolidinone 2802
3,3-bis(chloromethyl)oxetane 4781
2-chloromethyl-p-anisaldehyde 16320
1-chloro-3-methyl-1,2-pentadiene 7488
1-chloro-2-methylpentane 8672
1-chloro-3-methylpentane 8673
1-chloro-4-methylpentane 8674
2-chloro-2-methylpentane 8675
2-chloro-3-methylpentane 8676
2-chloro-4-methylpentane 8677
3-chloro-2-methylpentane 8678
3-chloro-3-methylpentane 8679
3-chloro-2-methyl-1-pentene 8016
5-chloro-2-methyl-2-pentene 8017
3-chloro-3-methyl-1-pentyne 7489
4-chloro-4-methyl-2-pentyne 7490
2-chloro-3-methylphenol 10516
2-chloro-4-methylphenol 10517
2-chloro-5-methylphenol 10518
2-chloro-6-methylphenol 10519
3-chloro-2-methylphenol 10520
3-chloro-4-methylphenol 10521
4-chloro-2-methylphenol 10522
4-chloro-3-methylphenol 10523
(4-chloro-2-methylphenoxy)acetic acid 16324
4-(4-chloro-2-methylphenoxy)butanoic aci 21930
2-(4-chloro-2-methylphenoxy)-N,N-dimethy 24146
2-(4-chloro-2-methylphenoxy)propanoic ac 19266
2-(chloromethyl)phenyl acetate 16312
4-(chloromethyl)phenyl acetate 16313
3-chloro-4-methylphenyl isocyanate 12769
4-(chloromethyl)phenyl isocyanate 12770
3-chloro-2-methylphenyl isocyanate 12771
2-chloro-6-methylphenyl isocyanate 12772
5-chloro-2-methylphenyl isocyanate 12773
2-(chloromethyl)phenyl isocyanate 12774
5-chloro-2-methylphenyl isothiocyanate 12790
7-chloro-1-methyl-5-phenyl-1H-1,5-benzod 29079
N-(3-chloro-4-methylphenyl)-N',N'-dimeth 19729
2-chloro-5-methyl-1,4-phenylenediamine 10942
2-chloro-1-(4-methylphenyl)ethanone 16292
2-chloro-5-methylphenylhydroxylamine 10761
1-(4-chloromethylphenyl)-2-phenylethane 28337
1-(5-chloro-2-methylphenyl)-piperazine 22218
5-chloro-3-methyl-1-phenylpyrazole-4-car 21555
chloromethylphenylsilane 10948
chloromethylphosphonic acid dichloride 152
N-(chloromethyl)phthalimide 15865
2-chloro-11-(4-methylpiperazino)dibenzo(30652
7-chloro-3-(4-methyl-1-piperazinyl)-4H-1 24029
2-chloro-2-methylpropanal 3119
1-chloro-2-methylpropane 3611
2-chloro-2-methylpropane 3613
3-chloro-2-methyl-1,2-propanediol 3635
2,2-bis(chloromethyl)-1,3-propanediol 5354
2-chloro-2-methylpropanoic acid 3139
3-chloro-2-methylpropanoic acid 3140
1-chloro-2-methyl-2-propanol 3623
2-chloro-2-methyl-1-propanol 3625
3-chloro-2-methyl-1-propanol 3627
2,2-bis(chloromethyl)-1-propanol 5352
2-chloro-2-methylpropanoyl chloride 2825
3-chloro-2-methylpropanoyl chloride 2826
1-chloro-2-methyl-1-propene 3107
3-chloro-2-methyl-1-propene 3108
5-chloro-4-methyl-2-propionamidothiazole 10944
3-chloro-2-methylpropionitrile 2796
1-chloro-2-methylpropyl chloroformate 4790
bis(2-chloromethyl-2-propyl)sulfide 15011
3-chloro-5-methyl-1H-pyrazole 2641
2-chloro-4-methylpyridine 6926
2-chloro-6-methylpyridine 6927
2-chloro-5-methylpyridine 6928
2-chloro-3-methylpyridine 6929
2-chloro-6-methyl-3-pyridinecarbonitrile 9916
2-chloro-6-methyl-3-pyridinecarboxylic a 10239
2-chloro-1-methylpyridinium iodide 7139
1-(chloromethyl)-2,5-pyrrolidinedione 4474
2-chloro-4-methylquinoline 18679
2-chloro-8-methylquinoline 18680
4-chloro-2-methylquinoline 18681
2-chloro-3-methylquinoline 18682
7-chloro-2-methylquinoline 18685
1-chloro-1-methylsilacyclobutane 3644
2-chloro-4-methylsulphonylaniline 10762
2-chloro-4-methylsulphonylbenzoic acid 13040
2-(chloromethyl)tetrahydro-2H-pyran 8030
1,3-bis(chloromethyl)-1,1,3,3-tetramethy 9331
1,3-bis(chloromethyl)tetramethyldisiloxa 9284
1-chloro-2-(methylthio)ethane 2011
chloro(methylthio)methane 925
5-chloromethylthio-3-methylmercapto-1,2, 2644
2-chloro-5-methylthiophene 4366
2-chloro-3-methylthiophene 4367
1-chloro-3-(methylthio)propane 3640
2-chloro-1-(methylthio)propane 3641
4-chloro-2-methylthiopyrimidine 4361
(chloromethyl)triethoxysilane 12313
2,4-bis(chloromethyl)-1,3,5-trimethylben 22054
3,5-bis(chloromethyl)-2,4,6-trimethylphe 21612
(chloromethyl)trimethylsilane 3973
(chloromethyl)triphenylphosphonium chlor 31373
1-(2-chloro-1-methylvinyl)-4-methylbenze 19238
2-chloro-m-nitroacetophenone 12782
N-chloro-3-morpholinone 2803
4-chloro-m-phenylenediamine 7149
1-chloronaphthalene 18606
2-chloronaphthalene 18607
5-chloro-1-naphthalenecarboxylic acid 21486
8-chloro-1-naphthalenecarboxylic acid 21487
5-chloro-1,4-naphthalenedione 18501
6-chloro-2-naphthalenol 18609
4-chloronaphthalic anhydride 23174
8-chloro-2-naphthol 18610
4-chloro-1-naphthol 18611
chloroneb 13303
2-chloronicotinamide 6708
6-chloronicotinic acid 6446
2-chloronicotinitrile 6273
2-chloronicotinoyl chloride 6294
4'-chloro-3'-nitroacetophenone 12780
5-chloro-2-nitroaniline 6709
2-chloro-4-nitroaniline 6711
2-chloro-5-nitroaniline 6712
4-chloro-3-nitroaniline 6713
4-chloro-2-nitroaniline 6714
N-chloro-4-nitroaniline 6718
4-chloro-3-nitroanisole 10241
5-chloro-2-nitroanisole 10242
4-chloro-2-nitroanisole 10243
1-chloro-5-nitroanthraquinone 26584
4-chloro-3-nitrobenzaldehyde 9709
2-chloro-5-nitrobenzaldehyde 9711
m-chloronitrobenzene 6443
o-chloronitrobenzene 6444
p-chloronitrobenzene 6445
chloronitrobenzene 6447
2-chloro-5-nitrobenzenesulfonic acid 6459
4-chloro-3-nitrobenzenesulfonic acid, so 6271
4-chloro-3-nitrobenzenesulfonyl chloride 6304
2-chloro-3-nitrobenzoic acid 9714
2-chloro-5-nitrobenzoic acid 9715
3-chloro-2-nitrobenzoic acid 9716
4-chloro-3-nitrobenzoic acid 9717
5-chloro-2-nitrobenzoic acid 9718
4-chloro-2-nitrobenzoic acid 9719
2-chloro-4-nitrobenzoic acid 9720
2-chloro-5-nitrobenzoic acid methyl este 12788
2-chloro-5-nitrobenzonitrile 9511
2-chloro-4-nitrobenzonitrile 9512
5-chloro-2-nitrobenzonitrile 9513
4-chloro-3-nitrobenzonitrile 9514
2-chloro-5-nitrobenzophenone 25466
4-chloro-3-nitrobenzophenone 25467
4-chloro-3-nitrobenzotrifluoride 9508
4-chloro-3-nitrobenzoyl chloride 9534
4-chloro-3-nitrobenzyl alcohol 10244
5-chloro-2-nitrobenzyl alcohol 10245
2-chloro-5-nitrobenzyl alcohol 10246
6-chloro-2-nitrobenzyl bromide 9865
2-chloro-4-nitrobenzyl chloride 9961
4-chloro-2-nitrobenzyl chloride 9962
2-chloro-2-nitrobutane 3359
trans-4-chloro-3-nitrocinnamic acid 15867
2-chloro-5-nitrocinnamic acid 15868
5-chloro-2-nitrodiphenylamine 23371
1-chloro-1-nitroethane 808
2-chloronitroethane 809
4-chloro-6-nitro-m-cresol 10247
chloronitromethane 148

3-chloro-1,2-propanediol diacetate 11259
3-chloro-1,2-propanediol dinitrate 1675
3-chloropropanenitrile 1526
3-chloropropanesulfonyl chloride 1854
3-chloro-1-propanethiol 2012
2-chloropropanoic acid 1691
3-chloropropanoic acid 1692
2-chloro-1-propanol 1996
3-chloro-1-propanol 1997
1-chloro-2-propanol 1998
(S)-(+)-2-chloro-1-propanol 1999
1-chloro-2-propanol acetate 5084
1-chloro-2-propanol acetate 5085
3-chloropropanoyl chloride 1545
2-chloropropanoyl chloride, (S) 1544
(R)-(-)-2-chloropropan-1-ol 2000
2-chloro-1-propenal 1405
cis-1-chloro-1-propene 1668
trans-1-chloro-1-propene 1669
2-chloro-1-propene 1670
3-chloro-1-propene 1671
1-chloro-1-propene 1672
cis-1-chloropropene oxide 1407
trans-1-chloropropene oxide 1686
2-chloro-2-propenenitrile 1349
cis-3-chloro-2-propenoic acid 1408
trans-3-chloro-2-propenoic acid 1409
2-chloro-2-propenyl trifluoromethane sul 2528
(1-chloro-1-propenyl)benzene 16277
(2-chloro-1-propenyl)benzene 16278
1-chloro-3-(trans-1-propenyl)benzene 16279
trans-(3-chloro-1-propenyl)benzene 16280
2-chloro-2-propen-1-ol 1682
3-chloro-2-propen-1-ol 1683
chloropropham 19407
2-chloropropionamide 1833
(R)-(+)-2-chloropropionic acid 1695
L-a-chloropropionic acid 1694
2-chloropropionitrile 1527
2-chloropropionyl chloride 1549
3'-chloropropiophenone 16297
3-chloropropiophenone 16298
(3-chloropropoxy)benzene 16860
(3-chloro-propoxy)-benzene 16862
1-(3-chloropropoxy)-4-fluorobenzene 16526
1-chloro-3-propoxy-2-propanol 8696
2-(3-chloropropoxy)tetrahydro-2H-pyran 14762
3-chloropropyl chloroformate 2838
bis(3-chloropropyl) ether 8284
3-chloropropyl isocyanate 2800
bis(3-chloropropyl) sulfide 8290
3-chloropropyl thioacetate 5075
chloropropylate 29991
(3-chloropropyl)benzene 16850
(2-chloropropyl)benzene, (R) 16849
(3-chloropropyl)cyclohexane 17793
1-(3-chloropropyl)-1,3-dihydro-2H-benzim 19241
(3-chloropropyl)dimethoxymethylsilane 9157
bis(2-chloropropyl)ether 8283
2-(3-chloropropyl)-2-(4-fluorophenyl)-1, 23904
chloropropylmercury 1988
2-(3-chloropropyl)-2-methyl-1,3-dioxolan 11609
3-chloropropyl-n-octylsulfoxide 22873
[(3-chloropropyl)thio]benzene 16870
(3-chloropropyl)triethoxysilane 18380
(3-chloropropyl)trimethoxysilane 9159
(3-chloropropyl)trimethylsilane 9163
1-chloro-2-propyne 1344
6-chloro-1H-purine 4222
6-chloropurine riboside 19246
chloropyramine 29447
2-chloropyrazine 2453
1-chloropyrene 28975
5-chloro-2-pyridinamine 4357
2-chloropyridine 4265
3-chloropyridine 4266
4-chloropyridine 4267
2-chloropyridine-N-oxide 4272
5-chloro-2-pyridinol 4269
2-chloro-3-pyridinol 4270
5-chloro-3-pyridinol 4271
6-chloro-3-pyridinol 4273
1-((6-chloro-3-pyridinyl)methyl)-N-nitro 16537
chloro-3-pyridylmercury 4264
chloropyrylene 27433
2-chloropyrimidine 2454
chloroquinaldol 18615
6-chloro-4-quinazolinone 12617
chloroquine 30879
2-chloroquinoline 15854
4-chloroquinoline 15855
5-chloroquinoline 15856
6-chloroquinoline 15857
7-chloroquinoline 15858
8-chloroquinoline 15859
5-chloro-8-quinolinol 15860
6-chloroquinoxaline 12615
2-chloroquinoxaline 12616
4-chlororesorcinol 6730
5-chlorosalicylic acid 9942
4-chlorosalicylic acid 9943
2-chloro-N-sec-butylacetamide 8264
3-chloro-4-stilbenamine 23695
cis-alpha-chlorostilbene 26807
trans-alpha-chlorostilbene 26808
2-chlorostyrene 12985
3-chlorostyrene 12986
4-chlorostyrene 12987
chlorostyrene 12991
3-chlorostyrene oxide 13007
4-chlorostyryl phenyl ketone 28083
o-chlorostyryl phenyl ketone 28084
N-chlorosuccinimide 2524
4-chloro-5-sulfamoyl-2',6'-salicyloxylid 28341
chlorosulfonylacetyl chloride 629
4-(chlorosulfonyl)benzoic acid 9945
3-(chlorosulfonyl)benzoyl chloride 9755
5-(chlorosulfonyl)-2,4-dichlorobenzoic a 9759

4-(chlorosulfonyl)phenyl isocyanate 9713
4-chloro-N-sulphamoylphthalimide 12618
4'-chloro-2,2':6',2''-terpyridine 28016
4-chloro-2-(tert-butylamino)-6-(4-methyl 27746
1-chloro-4-tert-butylbenzene 19718
1-chlorotetracontane 35627
1-chlorotetracosane 33999
1-chlorotetradecane 27897
cis-1-chloro-1-tetradecene 27829
trans-1-chloro-1-tetradecene 27830
6-chloro-N,N,N',N'-tetraethyl-1,3,5-tria 22681
1-chloro-1,1,2,2-tetrafluoroethane 528
2-chloro-1,1,1,2-tetrafluoroethane 529
chlorotetrafluoroethane 530
3-chloro-2,4,5,6-tetrafluoropyridine 4160
4-chlorotetrafluorothiophenol 6105
4-chlorotetrahydropyran 5073
2-chloro-4,4,5,5-tetramethyl-1,3,2-dioxa 8271
N-chlorotetramethylguanidine 5777
1-chlorotetratriacontane 35275
chlorothalonil 12415
8-chlorotheophylline 10509
5-chloro-1,2,3-thiadiazole 531
chlorothiazide 10250
chlorothioformic acid ethyl ester 1687
chlorothion 13584
2-chlorothiophene 2462
3-chlorothiophene 2463
5-chlorothiophene-2-boronic acid 2513
5-chlorothiophene-2-carboxylic acid 4226
3-chlorothiophene-2-carboxylic acid 4227
5-chlorothiophenesulphonyl chloride 2394
o-chlorotoluene 10493
p-chlorotoluene 10494
m-chlorotoluene 10495
chlorotolylthioglycolic acid 16322
1-chlorotriacontane 34958
chlorotribenzylstannane 32765
chlorotricarbonyliridium(i) 1250
1-chloro-2-(trichloromethyl)benzene 9760
1-chloro-3-(trichloromethyl)benzene 9761
1-chloro-4-(trichloromethyl)benzene 9762
5-chloro-2-(trichloromethyl)benzimidazol 12528
3-chloro-3-trichloromethyldiazirine 458
1-chlorotricosane 33703
1-chlorotridecane 26516
cis-1-chloro-1-tridecene 26443
trans-1-chloro-1-tridecene 26444
2-chloro-1,1,1-triethoxyethane 15268
chlorotriethoxysilane 9158
chlorotriethylgermane 9910
chloro(triethylphosphine)gold(i) 9143
chlorotriethylsilane 9164
4'-chloro-2,2,2-trifluoroacetophenone 12505
1-chloro-2,4,6-trifluorobenzene 6155
1-chloro-1,2,2-trifluorocyclobutane 2527
1-chloro-2,3,3-trifluorocyclobutene 2386
1-chloro-1,1,2-trifluoroethane 604
1-chloro-1,2,2-trifluoroethane 605
2-chloro-1,1,1-trifluoroethane 606
2-chloro-1,1,2-trifluoroethyl methyl eth 1525
chlorotrifluoroethylene 423
1-chloro-1,1,2-trifluoro-2-iodoethane 527
chlorotrifluoromethane 34
2-chloro-4-trifluoromethoxyaniline 9911
2-chloro-4-trifluoromethyl-3'-acetoxydip 28013
2-chloro-5-(trifluoromethyl)aniline 9909
4-chloro-2-(trifluoromethyl)aniline 9910
4-chloro-3-(trifluoromethyl)benzaldehyde 12506
2-chloro-5-(trifluoromethyl)benzaldehyde 12507
1-chloro-2-(trifluoromethyl)benzene 9685
1-chloro-3-(trifluoromethyl)benzene 9686
2-chloro-5-(trifluoromethyl)benzonitrile 12459
3-chloro-3-trifluoromethyldiazirine 424
2-chloro-3-(trifluoromethyl)phenol 9688
2-chloro-5-(trifluoromethyl)phenol 9689
4-chloro-3-trifluoromethylphenol 9690
3-(2-chloro-4-(trifluoromethyl)phenoxy)b 26631
4-chloro-2-(trifluoromethyl)phenyl isocy 12460
4-chloro-3-(trifluoromethyl)phenyl isocy 12461
2-chloro-5-(trifluoromethyl)phenyl isocy 12462
4-chloro-3-(trifluoromethyl)phenyl isoth 12463
2-chloro-5-(trifluoromethyl)phenyl isoth 12464
4-[4-chloro-3-(trifluoromethyl)phenyl]-4 23803
2-chloro-5-(trifluoromethyl)pyridine 6268
2-chloro-4-(trifluoromethyl)pyrimidine 4192
4-chloro-7-(trifluoromethyl)quinoline 18497
4-chloro-2,8-bis(trifluoromethyl)quinoli 21472
a'-chloro-a,a,a-trifluoro-o-xylene 12753
3-chloro-1,1,1-trifluoropropane 1523
2-chloro-N,N,N'-trifluoropropionamidine 1524
5-chloro-2,4,6-trifluoropyrimidine 2293
chlorotrihexylsilane 31161
chloro(triisobutyl)stannane 25336
chlorotriisopropoxytitanium 18381
chlorotriisopropylsilane 18382
2-chloro-1,1,1-trimethoxyethane 5642
1-chloro-1,3,5-trimethylbenzene 16851
2-chloro-2,3,3-trimethylbutane 12001
chlorotrimethylgermane 2186
3-chloro-2,2,3-trimethylhexane 18124
2-chloro-2,4,4-trimethylpentane 15261
1-chloro-N,N,2-trimethyl-1-propenylamine 8263
1-chloro-4-(trimethylsilyl)benzene 17245
chloro-bis(trimethylsilyl)methane 12395
chlorotrimethylstannane 2191
2-chloro-1,3,5-trinitrobenzene 6158
chlorotrinitromethane 41
chlorotriphenylmethane 31297
chlorotriphenyloilanc 30542
chlorotriphenylsilane 30543
chlorotriphenylstannane 30543
chlorotripropylsilane 18384
chlorotripropylstannane 18385
1-chlorotritriacontane 35188
chloro(trivinyl)stannane 7511
1-chloroundecane 22872
cis-1-chloro-1-undecene 22756
trans-1-chloro-1-undecene 22757

5-chlorouracil 2455
5-chlorovaleronitrile 4766
p-chlorovalerophenone 21923
5-chlorovanillic acid 13039
2-chlorovinyl diethyl phosphate 8272
(1-chlorovinyl)benzene 12988
(cis-2-chlorovinyl)benzene 12989
(trans-2-chlorovinyl)benzene 12990
bis(2-chlorovinyl)chloroarsine 2511
(2-chlorovinyl)diethoxyarsine 8237
1-(1-chlorovinyl)-2,4-dimethylbenzene 19239
chlorovinyldimethylsilane 3643
chloroxuron 28340
1-chloro-3,5-xylene 13581
(4-chloro-6-(2,3-xylidino)-2-pyrimidinyl 27084
2-((4-chloro-6-(2,3-xylidino)-2-pyrimidi 29407
4-(p-chloro-N-2,6-xylylbenzamido)butyric 31613
chlorozotocin 17636
chlorphenesin carbamate 19411
chlorpheniramine 29406
chlorpheniramine maleate 32187
chlorphentermine 19906
chlorphthalidolone 26810
chlorproethazine 31512
chlorpromazine 30085
chlorpromazine hydrochloride 30124
chlorpyrifos 16876
chlorpyrifos-methyl 10549
chlorquinox 12447
chlorsulfaquinoxaline 26812
chlorsulfuron 23700
chlortetracycline 33238
chlorthiophos 22229
chlotazole 4369
cholane 33958
cholan-24-oic acid 33941
cholesta-3,5-diene 34495
cholesta-5,7-dien-3-ol, (3beta) 34498
cholesta-8,24-dien-3-ol, (3beta,5alpha) 34499
cholestane, (5alpha) 34538
cholestane, (5beta) 34539
cholestanol 34542
cholestan-3-ol, (3alpha,5alpha) 34540
cholestan-3-ol, (3beta,5alpha) 34541
5a-cholestan-3-one 34529
5a-cholest-7-en-3b-ol 34530
cholest-5-en-3b-ol-5a-hydroperoxide 34535
cholest-2-ene 34521
cholest-5-ene 34522
cholest-5-en-3-ol, (3alpha) 34527
cholest-4-en-3-ol, (3beta) 34526
4-cholesten-3-one 34501
cholest-5-en-3-one 34502
cholesterol 34528
cholesterol isoheptylate 35252
cholesteryl acetate 34807
cholesteryl benzoate 35239
cholesteryl caprylate 35311
cholesteryl chloride 34518
cholesteryl chloroformate 34689
cholesteryl n-heptylate 35251
cholesteryl myristate, liquid crystal 35655
cholesteryl oleate 35771
cholesteryl oleyl carbonate 35786
cholesteryl palmitate 35732
cholesteryl pelargonate 35395
cholesteryl propionate 34931
cholesteryl stearate 35772
cholexamin 35218
cholic acid 33952
choline 5982
choline acetate (ester) 12133
choline chloride 6005
choline cytidine diphosphate 27793
choline salicylate 24519
choline succinate (2:1) (ester) 27920
ochratoxin A 32069
4-chromanol 16690
chromic acetate 7521
chromic chloride stearate 31082
chromium acetylacetonate 28609
chromium carbide 469
chromium carbonyl 6072
chromium, tricarbonyl[h6-1,3,5-trimethyl 23706
chromocene 19009
chromomycin A3 35894
chromone-3-carboxaldehyde 18588
chromone-3-carboxylic acid 18593
chromotrope 2B 28982
chromotropic acid sodium salt 18668
chrysamminic acid 26578
chrysanthal 22443
trans-(+)-chrysanthemic acid 20307
chrysanthemic acid 20502
(1R)-chrysanthemolactone 20493
(1S)-chrysanthemolactone 20494
chrysanthemyl alcohol 20718
chrysarobin 28197
6-chrysenamine 30445
chrysene 30406
5,6-chrysenedione 30388
chrysene-5,6-epoxide 30431
chrysophenine 34860
chuanghsinmycin 23645
chuanliansu 34895
chymex 33535
C.I. basic orange 1 25973
C.I. disperse blue 27 33141
C.I. disperse yellow 7 31343
C.I. natural red 25 31940
C.I. pigment green 36 35046
C.I. pigment orange 13 35063
C.I. pigment yellow 97 34263
C.I. pigment yellow 14 35214
C.I. pigment yellow 13 35350
C.I. reactive blue 4 33495
C.I. solvent red 29934
C.I. vat black 1 31773

5-cyano-3-indolyl isopropyl ketone 25774
5-cyano-3-indolylmethyl ketone 25773
a-cyano-6-isobutylergoline-8-propionamid 33320
2-cyano-6-methoxybenzothiazole 15902
a-((cyanomethoxy)imino)-benzacetonitrile 18664
cyanomethyl benzenesulfonate 13171
cyanomethyl triphenylphosphonium chlorid 32037
2-(cyanomethyl)benzimidazole 16077
1-cyano-3-methylisothiourea, sodium salt 1611
2-cyano-3-methylpyridine 10345
3-cyano-6-methyl-2(1H)-pyridinone 10351
5-cyano-5-methyltetrazole 1488
cyano-N-methylthioformamide 1606
2-cyano-3-morpholinoacrylamide 14207
cyanomorpholinoadriamycin 35074
cyanonitrene 357
2-cyano-4-nitrobenzenediazonium hydrogen 9853
2-cyano-2-oxoacetic acid methyl ester2-(23242
9-cyanophenanthrene 27998
3-cyanophenol 10055
m-cyanophenoxyacetic acid 16055
p-cyanophenoxyacetic acid 16056
4-cyanophenyl 4-heptylbenzoate 32817
3-cyanophenyl isocyanate 12578
4-cyanophenyl isocyanate 12579
4-cyanophenyl isothiocyanate 12588
(S)-N-3-cyanophenylalanine 19054
(S)-N-boc-4-cyanophenylalanine 28514
(S)-N-boc-4-cyanophenylalanine 28515
(R)-N-boc-4-cyanophenylalanine 28516
4-cyanophenylboronic acid 10139
3-cyanophenylboronic acid 10140
4-cyano-4-phenylcyclohexanone 25863
N-boc-3-(4-cyanophenyl)oxaziridine 25963
(-)-2-cyano-6-phenyloxazolopiperidine 27339
1-(4-cyanophenyl)-piperazine hydrochlori 19150
cyanophos 16562
2-cyanopropanoic acid 2714
3-cyanopropionaldehyde dimethyl acetal 8140
2-cyano-2-propyl nitrate 2916
3-cyanopropyldichloromethylsilane 5098
(3-cyanopropyl)diethoxy(methyl) silane 18162
3-cyanopropyldimethylmethoxysilane 8789
1,2-bis(2-cyano-2-propyl)-hydrazine 14536
1,3-bis(3-cyanopropyl)tetramethyldisilox 24844
3-cyanopropyltrichlorosilane 2855
3-cyanopropyltriethoxysilane 21124
2-cyano-3-(4-pyridyl)-1-(1,2,3,trimethyl 26279
2-cyano-4-stilbenamine 28158
4-cyanostyrene 16015
4-cyanostyrene, stabilized 16016
4-cyano-2,2,5,5-tetramethyl-3-imidazolin 14314
2-(5-cyanotetrazole)pentamminecobalt(iii 1188
2-cyanothioacetamide 1607
1-cyanothioformanilide 12906
cyanotrimethylandrostenolone 33655
2-cyano-1,2,3-tris(difluoroamino)propane 2556
cyanourea, sodium salt 672
1-cyanovinyl acetate 4410
cyanuric acid 1482
cyanuric fluoride 1283
cycasin 15058
cyclamen aldehyde diethyl acetal 30271
cyclamen aldehyde dimethyl acetal 28773
cyclamidomycin 11137
cyclandelate 30225
cyclazocine 30866
cyclen 15712
cyclic AMP dibutyrate 30848
cyclic neopentanetetrayl bis(2,4-di-tert 35165
cyclic sulfur oxygenate 1962
cyclic(L-alanyl-2-mercapto-L-tryptophyl- 35465
cyclizine hydrochloride 30817
cycloate 22776
cyclobarbital 24170
cyclobutanamine 3676
cyclobutane 3319
cyclobutanecarbonitrile 4661
cyclobutanecarbonyl chloride 4619
cyclobutanecarboxylic acid 4901
cis-1,3-cyclobutanedicarboxylic acid 7448
trans-1,3-cyclobutanedicarboxylic acid 7449
1,1-cyclobutanedicarboxylic acid 7455
1,2-cyclobutanedicarboxylic acid, dimeth 14398
cyclobutane-1,3-dione 2602
cyclobutanemethanol 5472
cyclobutanol 3488
cyclobutanone 2950
cyclobutene 2753
cyclobutyl chloride 3112
cyclobutylbenzene 19394
1-cyclobutylethanone 7764
cyclobutyl-N-(2-fluorenyl)formamide 30607
cyclobutyl-4-fluorophenyl ketone 21695
cyclobutylphenylmethanone 21851
cyclochlorotine 33868
a-cyclocitrylidene-4-methylbutan-3-one 28767
cyclocort 34644
cyclocytidine 16996
cyclodecane 20942
1,2-cyclodecanedione 20483
cyclodecanol 21000
cyclodecanone 20683
cis-cyclodecene 20606
trans-cyclodecene 20607
cyclodecyne 20330
b-cyclodextrin 35700
cyclododecalactam 24808
cyclododecane 24821
cyclododecanone 24690
1,5,9-cyclododecatriene 24379
cis,cis,cis-1,5,9-cyclododecatriene 24380
cis,trans,trans-1,5,9-cyclododecatriene 24381
trans,trans,cis-1,5,9-cyclododecatriene 24385
trans,trans,trans-1,5,9-cyclododecatrien 24386
cis-cyclododecene 24667
trans-cyclododecene 24668
cyclododecene oxide; (cis+trans) 24693

cyclododecene; (cis+trans) 24670
2,3-cyclododecenopyridine 28694
2,4-cyclododecenopyridine 28695
cyclododecylamine 24901
cyclododecanol 24857
cycloeicosane 32475
p-N-cyclo-ethyleneureidoazobenzene 28279
cycloguanyl 22053
cycloheptadecane 30312
cycloheptadecanone 30291
9-cycloheptadecene-1-one 30281
cis-9-cycloheptadecene-1-one 30282
1,3-cycloheptadiene 11048
cycloheptane 11705
cycloheptanecarboxylic acid 14603
1,2-cycloheptanedione 11164
cycloheptanol 11852
cycloheptanone 11403
1,3,5-cycloheptatriene 10724
2,4,6-cycloheptatriene-1-carbonitrile 13114
2,4,6-cycloheptatrien-1-one 10405
cycloheptene 11356
2,3-cycloheptenopyridine 19764
cycloheptenyl ethylbarbituric acid 26189
cycloheptyl cyanide 14432
cycloheptylamine 12046
cyclohexadecane 29706
1,3-cyclohexadiene 7267
1,4-cyclohexadiene 7269
trans-(±)-3,5-cyclohexadiene-1,2-diol 7433
cis-1,3-cyclohexandiol 8518
cyclohexane 8215
trans-1,4-cyclohexane diisocyanate 13879
cyclohexaneacetic acid 14604
cyclohexaneacetonitrile 14430
cyclohexanebutanol 21001
cyclohexanebutyric acid 20784
cyclohexanebutyronitrile 11272
cyclohexanecarbonyl chloride 11255
cyclohexanecarboxaldehyde 11405
cyclohexanecarboxamide 11638
cyclohexanecarboxylic acid 11455
cyclohexane-d12 6074
1,1-cyclohexanediacetic acid 20523
cis-1,2-cyclohexanediamine 8915
trans-1,2-cyclohexanediamine 8916
1,2-cyclohexanediaminetetraacetic acid 27677
1,4-cyclohexanedicarboxylic acid 14379
1,4-cyclohexanedicarboxylic acid 14387
1,2-cyclohexanedicarboxylic acid 14388
cis-1,2-cyclohexanedicarboxylic acid 14399
1,3-cyclohexanedimethanamine 15400
1,3-cyclohexanedimethanol 15182
1,4-cyclohexanedimethanol 15182
trans-1,4-cyclohexanedimethanol 15199
1,4-cyclohexanedimethanol divinyl ether 24576
1,4-cyclohexanedimethanol vinyl ether 20785
cis-1,2-cyclohexanediol 8486
trans-1,4-cyclohexanediol 8488
(1R,2R)-trans-1,2-cyclohexanediol 8503
trans-1,2-cyclohexanediol 8504
1,4-cyclohexanediol 8506
(1S,2S)-trans-1,2-cyclohexanediol 8507
1,2-cyclohexanediol 8508
trans-1,2-cyclohexanediol, (±) 8487
1,3-cyclohexanediol; (cis+trans) 8505
1,2-cyclohexanedione 7409
1,3-cyclohexanedione 7410
1,4-cyclohexanedione 7411
1,2-cyclohexanedione dioxime 7726
1,4-cyclohexanedione bis(ethylene ketal) 20524
cyclohexaneethanol 15083
cyclohexaneethanol, acetate 20796
cyclohexaneethylamine 15299
cyclohexanehexanoic acid 14699
cyclohexanemethanamine 12025
cyclohexanemethanol 11853
cyclohexanepentanoic acid 22709
cyclohexanepropanal- 17709
cyclohexanepropanoic acid 17712
cyclohexanethiol 8637
cyclohexanethione 7971
1,2,3-cyclohexanetrione trioxime 7607
cyclohexano-12-crown-4 24756
cyclohexano-15-crown-5 27823
cyclohexano-18-crown-6 29681
cyclohexanol 8400
cyclohexanone 7760
cyclohexanone dimethyl ketal 15200
cyclohexanone 2,4-dinitrophenylhydrazone 23952
cyclohexanone oxime 8102
cyclohexanone peroxide 24762
cyclohexene 7622
cyclohexene sulfide 7973
3-cyclohexene-1-carbonitrile 10967
1-cyclohexenecarbonitrile 10968
3-cyclohexene-1-carboxaldehyde 11138
1-cyclohexene-1-carboxaldehyde 11139
1-cyclohexene-1-carboxylic acid 11165
3-cyclohexene-1-carboxylic acid 11166
3-cyclohexene-1,1-dimethanol 14629
trans-1,4-cyclohexenediol 7847
2-cyclohexenyl hydroperoxide 7865
1-cyclohexenylacetonitrile 14118
(S)-cyclohex-2-enylamine 8099
3-(3-cyclohexenyl)-2,4-dioxaspiro(5.5)un 28676
2-(1-cyclohexenyl)ethylamine 14782
cyclohexenyltrichlorosilane 7519
2-cyclohexen-1-ol 7765
3-cyclohexen-1-ol 7700
2-cyclohexen-1-one 7387
3-cyclohexen-1-one 7388
1-cyclohexen-1-yl acetate 14358
1-cyclohexen-1-ylbenzene 23888
1-cyclohexen-1-ylbenzene 23888
S-2-((4-cyclohexen-3-ylbutyl)amino)ethyl 24811
1-(2-cyclohexen-1-ylcarbonyl)-2-methylpi 26346
1-(3-cyclohexen-1-ylcarbonyl)-2-methylpi 26347

2-(1-cyclohexen-1-yl)cyclohexanone 24453
1-(1-cyclohexen-1-yl)ethanone 14326
4-(3-cyclohexen-1-yl)pyridine 21944
cycloheximide 28702
cyclohexyl acetate 14605
cyclohexyl acrylate 17462
cyclohexyl benzoate 26086
cyclohexyl butanoate 20767
cyclohexyl disulfide 24783
cyclohexyl fluoroethyl nitrosourea 17644
cyclohexyl formate 11456
cyclohexyl 2-furyl ether 20091
cyclohexyl isocyanate 11275
cyclohexyl isocyanate 11273
cyclohexyl isothiocyanate 11310
cyclohexyl methacrylate 20485
cyclohexyl 2-methylpropanoate 20768
cyclohexyl 3-oxobutanoate 20509
cyclohexyl peroxide 8484
cyclohexyl propanoate 17713
cyclohexyl stearate 33969
(R)-2-cyclohexyl succinic acid-1-methyl 22624
cyclohexyl vinyl ether 14583
4'-cyclohexylacetophenone 27482
cyclohexylallylamine 17814
cyclohexylamine 8742
cyclohexylamine hydrochloride 8891
cyclohexylamino acetic acid 14823
(cyclohexylamino)acetonitrile 14520
2-(cyclohexylamino)ethanol 15321
4-(cyclohexylamino)-1-(naphthalenyloxy)- 32290
1-cyclohexylamino-2-propanol 18152
N-cyclohexylaniline 24294
4-cyclohexylaniline 24295
N-cyclohexyl-1-aziridinecarboxamide 17650
cyclohexylbenzene 24111
N-cyclohexyl-2-benzothiazolesulfenamide 26072
1-cyclohexyl-1-butanone 20684
3-cyclohexyl-2-butenoic acid 20484
1-(cyclohexylcarbonyl)-3-methylpiperidin 26396
4-(cyclohexylcarbonyl)pyridine 24061
4-(4-cyclohexyl-3-chlorophenyl)-4-oxobut 29410
cyclohexyldichlorobenzene 23907
2-cyclohexyl-4,5-dichloro-4-isothiazolin 17029
cyclohexyldiethylamine 21102
cyclohexyl(dimethoxy)methylsilane 18351
cyclohexyldimethylamine 15282
2-cyclohexyl-4,6-dinitrophenol 23940
2-cyclohexyl-4,6-dinitrophenol dicyclohe 33920
3-cyclohexyleicosane 34350
9-cyclohexyleicosane 34351
N,N'-(1,4-cyclohexylenedimethylene)bis(2 29627
1-cyclohexylethanone 14541
cyclohexylethylamine 15283
(S)-(+)-1-cyclohexylethylamine 15295
R-(-)-cyclohexylethylamine 15297
(1-cyclohexylethyl)benzene 27563
4-cyclohexyl-3-ethyl-4H-1,2,4-triazole 20587
N-cyclohexylformamide 11634
3-cyclohexyl-4-hydroxy-2(5H)furanone 20148
cyclohexylhydroxymethylbenzene 26210
cyclohexylideneacetonitrile 14116
1,2-O-cyclohexylidene-a-D-glucofuranose 24612
1,2-O-cyclohexylidene-a-D-xylopentodiald 33376
2-cyclohexylidenecyclohexanone 24459
D-a,b-cyclohexylideneglycerol 17749
1,2-O-cyclohexylidene-3-O-methyl-a-D-glu 26395
cyclohexylisopropylamine 18139
2-(N-cyclohexyl-N-isopropylaminomethyl)- 28640
1-cyclohexyl-2-methoxybenzene 26206
(R)-2-(cyclohexylmethyl)succinic acid-1- 24604
(S)-2-(cyclohexylmethyl)succinic acid-1- 24605
1-cyclohexyl-3-(2-morpholinoethyl)-carbo 32987
1-cyclohexyl-3-(2-morpholinoethyl)thiour 26463
1-cyclohexyl-2-nitrobenzene 24064
1-cyclohexyl-4-nitrobenzene 24065
(cyclohexyloxy)benzene 24195
13-cyclohexylpentacosane 35028
2-cyclohexylphenol 24196
4-cyclohexylphenol 24197
cyclohexylphenylacetic acid 27485
cyclohexylphenylacetonitrile 27395
1-cyclohexyl-1-phenyl-3-pyrrolidino-1-pr 31617
cyclohexylphosphonic dichloride 8065
cyclohexylpiperazine 20974
N-cyclohexyl-1,3-propanediamine 18222
3-cyclohexyl-1-propanol 18038
2-cyclohexyl-1-propanol 18039
1-cyclohexyl-1-propanone 17663
3-cyclohexylpropionyl chloride 17537
N-cyclohexyl-p-toluenesulfonamide 26264
1-cyclohexyl-3-p-tolysulfonylurea 27582
1-cyclohexyl-2-pyrrolidone 20561
(S)-2-cyclohexylsuccinic acid-1-methyl e 22623
cyclohexylsulfamic acid 8848
N-(cyclohexylthio)phthalimide 27233
cyclononadecane 31697
cyclononane 17941
cyclononanone 17664
cis,cis,cis-cyclononatriene 17019
cis-cyclononene 17603
trans-cyclononenene 17604
cyclononyne 17386
1,3-cyclooctadecadiene 30982
cyclooctadecane 31076
1,5-cyclooctadiene 14228
1,4-cyclooctadiene 14229
cis,cis-1,5-cyclooctadiene 14230
1,3-cyclooctadiene 14247
cis,cis-1,3-cyclooctadiene 14248
(Z,E)-1,3-cyclooctadiene 14252
1,5-cyclooctadienebis(methyldiphenylphos 35222
(cis,cis-1,5-cyclooctadiene)palladium(ii 14269
(1,5-cyclooctadiene)(2,4-pentanedionato) 26281
(1,5-cyclooctadiene)platinum(ii)bromide 14257
cyclooctanamine 15284
cyclooctane 14888
cyclooctanecarboxaldehyde 17668

cis-1,5-cyclooctanediol 15201
cyclooctanemethanol 18040
cyclooctanol 15084
cyclooctanone 14542
cyclooctanone oxime 14796
1,3,5,7-cyclooctatetraene 13238
cyclooctatetraene iron tricarbonyl 21512
bis(n-cyclooctatetraene)uranium(O) 29309
1,3,5-cyclooctatriene 13794
1,3,6-cyclooctatriene 13795
cis-cyclooctene 14491
trans-cyclooctene 14492
cyclooctene 14505
cyclooctene oxide 14584
2-cycloocten-1-ol 14546
3-cycloocten-1-one 14327
3-cyclooctyl-1,1-dimethylurea 22815
cyclooctyne 14234
cyclopamine 34480
cyclopenta(cd)pyrene 30381
cyclopenta(cd)pyrene-3,4-oxide 30387
3H-cyclopenta(c)phenanthrene 29869
cyclopentadecane 28858
cyclopentadecanol 28876
cyclopentadecanone 28826
4H-cyclopenta(def)chrysene 31207
cyclopenta(def)phenanthrene 28005
cyclopentadiene 4447
cyclopentadienyl gold(1) 4347
cyclopentadienyl silver perchlorate 4346
cyclopentadienyl sodium 4444
bis(cyclopentadienyl)chromium tricarbonyl 28990
bis(cyclopentadienyl)hafnium dichloride 18994
cyclopentadienyliron dicarbonyl dimer 26744
bis(cyclopentadienyl)magnesium 19018
cyclopentadienylmolybdenum tricarbonyl d 28992
cyclopentadienylmolybdenum tricarbonyl s 12684
bis(cyclopentadienyl)bis(pentafluorophen 33140
bis(cyclopentadienyl)ruthenium 19226
bis(cyclopentadienyl)titanium dichloride 19004
cyclopentadienyltitanium trichloride 4374
cyclopentadienyltrimethylsilane 14735
bis(h5-cyclopentadienyl)tungsten dihydri 19706
bis(cyclopentadienyl)tungsten dichloride 19005
bis(h5-cyclopentadienyl)vanadium 19228
bis(cyclopentadienyl)zirconium chloride 19270
bis(cyclopentadienyl)zirconium dichlorid 19006
(2,4-cyclopentadien-1-ylidenephenylmethy 30460
(h5-2,4-cyclopentadien-1-yl)thallium 4423
cyclopentamine hydrochloride 18211
cyclopentane 5285
cyclopentaneacetic acid 11458
cyclopentanecarbonitrile 7532
cyclopentanecarbonyl chloride 7497
cyclopentanecarboxaldehyde 7767
cyclopentanecarboxylic acid 7819
cyclopentanecarboxylic acid, 1-methyl-, 14646
cis-1,3-cyclopentanedicarboxylic acid 11199
cis-1,2-cyclopentanediol 5507
trans-1,2-cyclopentanediol 5508
cis-1,3-cyclopentanediol 5509
trans-1,3-cyclopentanediol 5510
(1S,2S)-(+)-trans-1,2-cyclopentanediol 5523
1,3-cyclopentanediol, cis and trans 5524
1,3-cyclopentanedione 4564
1,3-cyclopentanedisulfonyl difluoride 4804
cyclopentaneethanol 11854
cyclopentanemethanol 8424
cyclopentanepropanoic acid 14606
cyclopentanepropionyl chloride 14424
cis,cis,cis,cis-1,2,3,4-cyclopentanetetr 16814
cyclopentanethiol 5597
4,5-cyclopentanofurazan-N-oxide 4519
cyclopentanol 5459
cyclopentanone 4848
cyclopentanone oxime 5199
cyclopentene 4737
3-cyclopentene-1-acetic acid 11167
2-cyclopentene-1-acetic acid 11174
1-cyclopentene-1-acetonitrile 10969
1-cyclopentenecarbonitrile 7176
1-cyclopentene-1-carboxaldehyde 7392
1-cyclopentene-1-carboxylic acid 7412
3-cyclopentene-1-carboxylic acid 7422
1-cyclopentene-1,2-dicarboxylic anhydrid 10428
4-cyclopentene-1,3-dione 4332
2-cyclopentene-1-tridecanoic acid, (S) 30992
2-cyclopentene-1-tridecanoic acid, ethyl 32423
2-cyclopentene-1-undecanoic acid, (R) 29629
1,2-cyclopenteno-5,10-aceanthrene 31329
5:6-cyclopenteno-1:2-benzanthracene 32664
cyclopenten-1-ol 4879
2-cyclopenten-1-one 4536
2-cyclopenten-1-one ethylene ketal 11175
2-cyclopenten-1-yl ether 20074
(±)-1-(2-(1-cyclopenten-1-yl)phenoxy)-3- 30907
cyclopenthiazide 26172
cyclopentobarbital 23933
cyclopentyl acetate 11457
cyclopentyl 3,4-dihydroxyphenyl ketone 23998
cyclopentyl ether 20749
cyclopentyl methyl sulfide 8638
cyclopentylamine 5671
cis-bis(cyclopentylammine)platinum(ii) 21209
cyclopentylbenzene 22029
cyclopentylcyclohexane 22678
2-cyclopentyl-4,6-dinitrophenol 21837
1-cyclopentylethanol 11874
1-cyclopentylethanone 11404
2-cyclopentylidenecyclopentanone 20048
S-2-((5-cyclopentylpentyl)amino)ethyl th 24907
4-cyclopentylphenol 22108
2-cyclopentylphenol 22109
cyclopentylphenylmethanone 23972
3-cyclopentyl-1-propanol 15138
(3-cyclopentylpropyl)benzene 27564
(3-cyclopentylpropyl)cyclohexane 27783
3-cyclopentyl-1-propyne 14249

cyclophosphoramide 12009
cyclopiazonic acid 32129
cycloprate 32444
5H-cyclopropa(3,4)benz(1,2-e)azulen-5-on 34460
cyclopropane 1809
cyclopropanecarbonitrile 2700
cyclopropanecarbonyl chloride 2650
cyclopropanecarboxaldehyde 2957
cyclopropanecarboxylic acid 2978
cyclopropanecarboxylic acid, 3-(2,2-dich 19911
1,1-cyclopropanedicarboxylic acid 4578
trans-1,2-cyclopropanedicarboxylic acid, 4579
cyclopropanemethanol 3495
cyclopropanemethylamine 3678
cyclopropanone 1623
cyclopropene 1494
cyclopropyl diphenyl carbinol 29275
cyclopropyl 4-fluorophenyl ketone 18837
cyclopropyl 4-methoxyphenyl ketone 21870
cyclopropyl methyl ether 3489
cyclopropyl methyl ketone 4851
cyclopropyl phenyl ketone 19107
cyclopropyl phenyl sulfide 16815
cyclopropyl 2-thienyl ketone 13406
cyclopropylacetonitrile 4663
cyclopropylamine 2034
cyclopropylbenzene 16517
a-cyclopropylbenzyl alcohol 19522
5-(cyclopropylcarbonyl)-2-benzimidazolec 25894
1-(4-cyclopropylcarbonylphenoxy)-3-(1,2- 31497
a-cyclopropyl-4-fluorobenzyl alcohol 19274
cyclopropylmelamine 7757
a-cyclopropyl-4-methoxydiphenylcarbinol 30075
(-)-17-cyclopropylmethylmorphinan-3,4-di 32291
N-cyclopropylmethylnoroxymorphone 32201
1-cyclopropylmethyl-4-phenyl-6-chloro-2(30540
1-cyclopropyl-1-(trimethylsilyloxy)ethyl 15153
cyclopropyltriphenylphosphonium bromide 32735
cyclorphan 32289
(+)-cyclosativene 28744
L-cycloserine 1892
cyclosporin A 35930
cyclotetradecane 27849
cyclothiazide 27321
cyclotridecane 26468
cyclotridecanone 26415
cyclotriveratrylene 34425
cycloundecane 22794
cycloundecanone 22694
cyclovirobuxine D 34333
cyfluthrin 33168
cygon 5790
cyhalothrin 33523
cyheptamide 29204
cyhexatin 31029
cylindro-spropsin 28643
cymarin 34910
cymene 19869
m-cymene 19870
p-cymene 19872
cyolane 11779
cypermethrin 33182
a-cypermethrin 33183
cyphenothrin 33825
cyprazine 17404
cyproconazole 28500
cypromid 18827
cyproterone acetate 33863
cysteamine 1128
DL-cysteic acid 2074
L-cysteic acid 2075
L-cysteine 2058
DL-cysteine 2059
cysteine hydrazide 2223
cysteine-germanic acid 2270
L-cystine 8367
D-cystine 8368
DL-cystine 8369
cythioate 14274
cytidine 17373
cytidine monophosphate 17428
cytidine-5'-triphosphate 17658
3'-cytidylic acid 17427
cytisine 22064
cytochalasin B 34779
cytochalasin c 34892
cytochalasin E 34633
cytosine 2734
cytoxyl amine 4641
dacarbazine 7758
daidzein 28052
boc-d-ala-ome 17844
damantoyldiazomethane 24162
daminozide 8346
danocrine 33299
danitol 33242
dansylamide 23930
dantrolene 26765
daphnetoxin 34427
darvon 33337
datiscetin 28065
d-a-tocopherylquinone 34811
daturalactone 34656
daunomycin 34419
daunomycinol 34430
dazomet 5441
d(+)-bupivacaine 30918
d-camphocarboxylic acid 22465
cis-DCPO 1550
cis-DDCP 6478
trans(+)-DDCP 8898
trans(-)-DDCP 8899
o,p'-DDD 26740
o,p'-DDE 26638
o,p'-DDT 26700
10-deacetylbaccatin-iii 34773
deacetyldemethylthymoxamine 26350
deacetyllanatoside B 35794

deacetylmuldamine 34525
deacetyl-HT-2 toxin 31640
deacetylthymoxamine 27729
7-deazainosine 22019
decabromodiphenyl ether 23117
decachlorobiphenyl 23119
1,1,2,3,3,4,5,6,6-decachloro-1,5-hexad 6070
1,1a,3,3a,4,5,5a,5b,6-decachlorooctahydr 29880
N-(1,1a,3,3a,4,5,5,5a,5b,6-decachlorooct 23187
trans,trans-2,4-decadienal 20458
1,3-decadiene 20608
1,9-decadiene 20609
trans,trans-2,4-decadienoic acid 20486
2,4-decadien-1-ol 20721
1,9-decadiyne 19893
4,6-decadiyne 19894
decafluorobenzhydrol 25437
decafluorobenzophenone 25435
2,2',3,3',4,4',5,5',6,6'-decafluoro-1,1' 23123
decafluorobutane 2344
decafluorobutyramidine 2346
decafluorocyclopentane 4178
1,1,1,2,2,3,4,5,5,5-decafluoropentane 4202
1,1,2,3,3,4,4,5,5,5-decafluoro-1-pentene 4177
decahydro-b-naphthyl acetate 24586
decahydro-b-naphthyl formate 22607
trans-decahydro-2-methylenenaphthalene 22553
cis-N-(decahydro-2-methyl-5-isoquinolyl) 32342
trans-N-(decahydro-2-methyl-5-isoquinoly 32343
decahydro-1-naphthalenamine 20889
cis-decahydronaphthalene 20601
trans-decahydronaphthalene 20602
decahydronaphthalene, (cis+trans) 20636
decahydro-2-naphthalenol 20687
cis-decahydro-1-naphthol 20722
cis-decahydroquinoline 17815
decahydroquinoline, cis and trans 17817
trans-decahydroquinoline 17818
trans-decahydroquinoline, (±) 17816
g-decalactone 20786
1-decalone, cis and trans 20459
decamethylcyclopentasiloxane 21463
decamethyltetrasiloxane 21461
decanal 20992
decanamide 21108
decane 21133
decanedinitrile 20392
decanedioic acid, bis(2-methoxyethyl es 29682
1,2-decanediol 21347
1,4-decanediol 21348
1,10-decanediol 21349
2,9-decanediol 21350
(S)-1,2-decanediol 21357
(R)-1,2-decanediol 21358
1,3-decanediol 21362
decanedioyl dichloride 20383
decanenitrile 20886
1-decanesulfonic acid, sodium salt 21129
2-decanethiol 21386
decanoic acid 21040
tert-decanoic acid 21068
decanoic acid, diester with triethylene 34346
decanoic acid, 2,3-dihydroxypropyl ester 26510
decanoic acid, 2-hydroxy-1-(hydroxymethy 26511
decanoic anhydride 32451
1-decanol 21224
2-decanol 21226
3-decanol 21228
4-decanol 21229
5-decanol 21230
(S)-(+)-2-decanol 21338
2-decanol, (±) 21227
(±)-5-decanolide 20787
2-decanone 20993
3-decanone 20994
4-decanone 20995
5-decanone 21019
decanophenone 29575
decanoyl chloride 20873
N-decanoyl-D-erythro-sphingosine, synthe 34715
N-decanoylmorpholine 27843
bis(decanoyloxy)di-n-butylstannane 34727
10-decarbamoylmitomycin C 27402
decarboxyfenvalerate 33810
1,5,9-decatriene 20361
2-decenal 20688
3-decenal 20689
cis-4-decenal 20723
1-decene 20943
4-decene 20944
cis-5-decene 20945
trans-5-decene 20946
2-decenoic acid 20769
3-decenoic acid 20770
4-decenoic acid 20771
9-decenoic acid 20772
trans-2-decenoic acid 20788
9-decenyl acetate 24727
9-decen-1-ol 21004
trans-5-decen-1-ol 21020
cis-4-decen-1-ol 21021
3-decen-2-one 20691
1-decen-3-yne 20331
1-decen-4-yne 20332
2-decen-4-yne 20333
dechlorane plus 30417
decyl acetate 24869
decyl acrylate 26427
decyl alcohol (mixed isomers) 21341
decyl butanoate 27877
decyl chloride (mixed isomers) 21094
decyl decanoate 32497
decyl formate 22836
decyl mercaptan 21385
decyl methacrylate 27801
decyl nitrate 21122
decyl nitrite 21118
n-decyl n-octyl adipate 33975

decyl propanoate 26496
decyl vinyl ether 24856
decylamine 21400
4-decylaniline 29622
4-decylbenzene 29595
4-decylbenzoyl chloride 30230
decylcyclohexane 29705
decylcyclopentane 28855
1-decylcyclopentene 28819
11-decylheneicosane 35040
1-decyl-2-methylimidazole 27788
1-decylnaphthalene 32302
2-decylnaphthalene 32303
4'-decyloxyacetophenone 30926
4-decyloxybenzaldehyde 30251
4-n-decyloxy-3,5-dimethoxybenzoic acid a 31645
4-decyloxy-2-hydroxyphenyl 4-decyloxyphe 35164
N-Decyl-2-pyrrolidone 27841
n-decylsuccinic anhydride 27768
11-decyltetracosane 35278
2-decyl-1-tetradecanol 34004
1-decyl-[1,2,3,4-tetrahydronaphthalene] 32376
2-decyl-[1,2,3,4-tetrahydronaphthalene] 32377
3-decylthiophene 27772
decyltrichlorosilane 21096
decyltrimethylammonium bromide 26565
(1-decylundecyl)cyclohexane 34551
1-decyne 20593
2-decyne 20594
3-decyne 20595
4-decyne 20596
5-decyne 20597
9-decynoic acid 20481
3-decyn-1-ol 20724
16-deethyl-3-o-demethyl-16-methyl-3-o-(1 35474
deferoxamine 34180
dehydroabietic acid 32953
dehydroabietylamine 32367
14-dehydrobrowniine 34160
7-dehydrocholesterol acetate 34801
DL-cis-bisdehydrodoisynolic acid methyl 31500
bisdehydrodoisynolic acid 7-methyl ether 31502
dehydroheliotridine 14179
dehydroheliotrine 29592
(+)-dehydroisoandrosterone 31606
bisdehydroisynolic acid methyl ester 31501
1,2-dehydro-3-methylcholanthrene 32583
dehydromonocrotaline 29490
L-3,4-dehydroproline 4684
dehydroretronecine 14180
deisovaleryl blastmycin 32920
deladroxone 34776
delphinidin 28088
delphinine 35159
delsemine 35468
deltamethrin 33179
trans-deltamethrin 33180
4-demethoxyadriamycin 34267
4-demethoxydaunomycin 34264
N-demethylaclacinomycin A 35644
2-demethylcolchicine 32833
3-demethylcolchicine glucoside 34442
5-o-demethyl-26-hydroxy-4"-o-((2- metho 35845
demeton-S 15674
demeton-S-methyl-sulphone 9273
demeton 15673
demeton s methyl 9266
demetrin 31374
denopamine 30827
denudatine 33380
11-deoxo-12b,13a-dihydro-11a-hydroxyjerv 34313
11-deoxo-12b,13a-dihydro-11b-hydroxyjerv 34314
9-deoxo-16,16-dimethyl-9-methylene-PGE2 33672
11-deoxojervine-4-en-3-one 34481
deoxyadenosine 19855
3'-deoxyadenosine 19856
(5-Z)-9-deoxy-6,9a-epoxy-pgf1a, sodium s 32375
6-deoxy-L-ascorbic acid 7457
2-deoxy-D-chiro-inositol 8579
deoxycholic acid, sodium salt 33935
11-deoxycorticosterone acetate 33647
deoxycytidine 17372
2'-deoxycytidine-5'-triphosphate 17426
6-deoxy-6-fluoroglucose 8076
3'-deoxy-3'-fluorothymidine 19749
2'-deoxy-5-fluorouridine 16878
2-deoxy-D-galactose 8582
2-deoxy-D-glucose 8578
D-3-deoxyglucosone 7951
2'-deoxyguanosine 19860
2'-deoxyguanosine 5'-triphosphate 20420
2'-deoxyguanosine 5'-triphosphate disodi 19975
2'-deoxyinosine 19472
1-deoxy-1-(methylamino)-D-glucitol 12361
6-deoxy-3-O-methylgalactose 11949
1-deoxy-1-nitro-D-galactitol 8855
1-deoxy-1-nitro-L-galactitol 8856
1-deoxy-1-nitro-D-mannitol 8857
1-deoxy-1-nitro-L-mannitol 8858
1-deoxy-1-(N-nitrosomethylamino)-D-gluci 12160
7-deoxynogalarol 34760
3'-deoxyparomomycin I 33682
12-deoxy-phorbol-20-acetate-13-dodecanoa 35246
12-deoxyphorbol-20-acetate-13-isobutyrat 34301
12-deoxy-phorbol-20-acetate-13-(2-methyl 34469
12-deoxy-phorbol-20-acetate-13-octenoate 34905
12-deoxy-phorbol-20-acetate-13-tiglate 34458
12-deoxyphorbol-13-(4-acetoxyphenylaceta 35077
12-deoxyphorbol-13a-methylbutyrate 34154
12-deoxyphorbol-13-angelate 34466
12-deoxyphorbol-13-angelate-20-acetate 34459
12-deoxy-phorbol-13-decdienoate-20-aceta 35085
12-deoxy-phorbol-13-dodecanoate 35098
12-deoxyphorbol-13-phenylacetate 34642
12-deoxyphorbol-13-phenylacetate-20-acet 34889
12-deoxy-phorbol-13-tiglate 34146
4-deoxypyridoxal 14181
1-deoxypyrromycin 34887

2-deoxy-L-ribose 5576
2-deoxy-D-ribose 5577
2'-deoxythymidine-5'-triphosphate 20586
2'-deoxyuridine 17064
6-deoxyversicolorin A 30398
d-ephedrine 20240
dephosphate bromofenofos 23194
depofemin 34299
depo-medrate 33898
N-desacetylthiocolchicine 32204
desbenzyl clebopride 26171
deserpidine 35076
desmedipham 29268
desmethylbromethalin 25441
desmethyldoxepin 30031
desmethylmisonidazole 11320
desmetryne 14856
desogestrel 33353
desoxyanisoin 29296
desoxymetasone 33330
desoxyn 20232
dessin 27468
dess-martin periodinane 25850
desthiobiotin 20656
desthiobiotin, methyl ester 22686
deta nonoate 4119
detapac 27472
deuteriomorphine 29993
2-deutero-2-nitropropane 1863
dexamethasone 33332
dexamethasone acetate 33342
dexamethasone 17,21-dipropionate 34652
dexamethasone isonicotinate 34632
dexamethasone palmitate 35512
dexamethasone valerate 34461
dexpanthenol 18166
dextroamphetamine 17284
dextroamphetamine sulfate 30922
dextromethadone 32900
dextromethorphan 30867
dextrorphan 30203
a-DFMO 8299
diabenor 32274
N-1-diacetamidofluorene 29970
2-diacetamidofluorene 29971
2,4-diacetamido-6-(5-nitro-2-furyl)-S-tr 21645
1,3-diacetin 11562
diacetone alcohol 8485
diacetone-D-glucose 24613
3',5'-diacetoxyacetophenone 23791
3b,17b-diacetoxy-17a-ethinyl-19-nor-D3,5 33875
3,4-diacetoxy-1-butene 14389
cis-1,4-diacetoxy-2-butene 14390
1,1-diacetoxy-2,3-dichloropropane 11076
trans-7,8-diacetoxy-7,8-dihydrobenzo(a)p 33743
3,3-diacetoxy-1-propene 11200
1,3-diacetylbenzene 19117
1,2-diacetylbenzene 19131
1,4-diacetylbenzene 19149
4,4'-diacetylbiphenyl 29160
N,S-diacetylcysteamine 8159
N,N'-diacetyl-N,N'-dinitro-1,2-diaminoet 7755
diacetyldisulfide 2988
1,1'-diacetylferrocene 27088
1,2-diacetylhydrazine 3433
3',5'-diacetyl-5-iodo-2'-deoxyuridine 26007
diacetyllanatoside 35795
diacetylmorphine 32822
diacetylperoxide 3008
2,6-diacetylpyridine 16426
(+)-diacetyl-L-tartaric anhydride 13516
3',5'-diacetylthymidine 28569
N,N'-diacetylurea 4836
(2,2-diacetylvinyl)benzene 23774
dialifor 27388
diallate 11491
diallyl carbonate 11191
diallyl diglycol carbonate 24500
diallyl disulfide 7974
diallyl ether 7768
diallyl fumarate 19677
diallyl maleate 19675
diallyl oxalate 14022
diallyl peroxydicarbonate 14035
diallyl phosphite 8196
diallyl phthalate 27185
diallyl pyrocarbonate 14033
diallyl selenide 7809
diallyl succinate 20159
diallyl sulfate 7942
diallyl sulfide 7972
diallyl sulfone 7870
diallyl sulfoxide 7809
diallyl thiourea 11400
diallyl trisulfide 7971
4-diallylamino-3,5-dimethylphenyl-N-meth 29503
1,1-diallyl-3-(1,4-benzodioxan-2-ylmethy 30189
diallylcyanamide 11086
N,N-diallyldichloroacetamide 14077
diallyldibromo stannane 7677
N,N-diallyldichlorosilane 7699
diallyldimethylsilane 15244
diallyl-diphenylsilane 30748
1,1-diallylhydrazine 8320
2,6-diallylphenol 23526
diallylphenylphosphine 24110
N,N-diallyl-2-propen-1-amine 17546
5,5-diallyl-2,4,6(1H,3H,5H)-pyrimidinetr 19445
N,N'-diallyltartardiamide 20408
N,N-diallyl-L-tartardiamide 20409
N,N-diallyl-2,2,2-trifluoroacetamide 13851
1,3-diallylurea 11285
N,N'-di(a-methylbenzyl)ethylenediamine 30791
diamicron 28641
4,4'-diamidinodiphenoxypentane 31550
bis-1,2-diamino ethane dichloro cobalt(i 4137
bis-1,2-diamino ethane dichloro cobalt(i 4138

cis-bis-1,2-diamino ethane dinitro cobal 4139
bis(1,2-diamino ethane)hydroxooxo rheniu 4141
bis-1,2-diamino propane-cis-dichloro chr 9383
2,6-diaminoacridine 25731
1,4-diaminoanthracene-9,10-diol 26906
1,5-diamino-9,10-anthracenedione 26752
1,4-diaminoanthraquinone 26754
1,2-diaminoanthraquinone 26756
1,8-diaminoanthraquinone 26757
2,7-diaminoanthraquinone 26758
1,5-diaminoanthrarufin 26763
p-diaminoazobenzene 23753
2,4-diaminoazobenzene 23754
2'-diaminobenzanilide 25889
2,4-diaminobenzenesulfonic acid 7364
2,5-diaminobenzenesulfonic acid 7365
3,3'-diaminobenzidine 23946
2,3-diaminobenzoic acid 10806
2,4-diaminobenzoic acid 10807
3,5-diaminobenzoic acid 10808
3,4-diaminobenzoic acid 10818
3,3'-diaminobenzophenone 25763
3,4-diaminobenzophenone 25772
2,2'-diaminobibenzyl 27335
(S)-(-)-2,2'-diamino-1,1-binaphthalene 32007
(R)-(+)-2,2'-diamino-1,1-binaphthalene 32008
4,4'-diamino-2,2'-biphenyldisulfonic aci 23746
1,5-diaminobromo-4,8-dihydroxy-9,10-anth 26687
2,3-diamino-5-bromopyridine 4461
2,4-diaminobutanoic acid 3844
2,3-diamino-5-chloropyridine 4470
2,6-diamino-4-chloropyrimidine / 4-chlor 2645
4,5-diaminochrysazin 26764
(1R,2R)-(-)-1,2-diaminocyclohexane 8925
(1S,2S)-(+)-1,2-diaminocyclohexane 8926
1,2-diaminocyclohexane 8927
1,3-diaminocyclohexane 8928
(1R,2R)-(+)-1,2-diaminocyclohexane-N,N'- 35743
(1R,2R)-(-)-1,2-diaminocyclohexane-N,N'- 35840
(1S,2S)-(-)-1,2-diaminocyclohexane-N,N'- 35841
(1S,2S)-(-)-diaminocyclohexane-N,N'-bis(35744
1,10-diaminodecane 21421
1,4-diamino-2,6-dichlorobenzene 6944
1,4-diamino-2,3-dihydroanthraquinone 26907
1,5-diamino-4,8-dihydroxy-3-(p-methoxyph 32649
3,6-diamino-2,7-dimethylacridine 28363
2,6-diamino-3,4-methyl-7-oxopyrano(4,3 23757
2,7-diamino-3,8-dimethylphenazine 27131
4,4'-diaminodiphenyl ether 23730
4,4'-diaminodiphenyl sulfide 23747
4,4'-diaminodiphenylmethane 25950
bis(1,2-diaminoethane)diaquacobalt(iii) 4145
bis(1,2-diaminoethane)dinitrocobalt(iii) 4135
bis(1,2-diaminoethane)hydroxooxorhenium(4142
1,2-diaminoethanebistrimethylgold 15757
diaminoguanidinium nitrate 329
2,6-diaminoheptanedioic acid 11816
1,6-diaminohexane-N,N,N',N'-tetraacetic 27755
1,3-diamino-2-hydroxypropane 2260
1,3-diamino-2-hydroxypropane-N,N,N',N'-t 22577
2,4-diamino-6-hydroxypyrimidine 2926
diaminomaleonitrile 2583
1,4-diamino-2-methoxyanthraquinone 28168
2,4-diamino-1-methylcyclohexane 12144
(1R,2R)-diaminomethylcyclohexane 15403
(4S,5S)-4,5-di(aminomethyl)-2,2-dimethyl 12154
1,5-diamino-2-methylpentane 9298
2,4-diamino-6-methyl-5-phenylpyrimidine 21840
1,2-diamino-2-methylpropane aquadiperoxo 4126
N-(4-(((2,4-diamino-5-methyl-6-quinazoli 32809
2,4-diamino-5-methyl-6-sec-butylpyrido(2 24352
3,4-diamino-1,5-naphthalenedisulfonic ac 19072
1,7-diamino-8-naphthol-3,6-disulphonic a 19073
1,4-diamino-5-nitro anthraquinone 26726
4,6-diamino-2-(5-nitro-2-furyl)-S-triazi 10402
2,6-diamino-3-nitrosopyridine 4528
1,9-diaminononane 18425
4,4'-diaminooctafluorobiphenyl 23169
1,5-diamino-3-oxapentane 4081
1,3-diaminopentane 6011
2,4-diaminophenol 7344
4-[(2,4-diaminophenyl)azo]benzenesulfona 23906
2,4-diamino-5-phenyl-6-ethylpyrimidine 23947
2,4-diamino-5-phenyl-6-propylpyrimidine 26073
2,4-diamino-5-phenylpyrimidine 19075
2,5-diamino-3-picoline 7587
5,6-diamino-3-picoline 7588
2,5-diamino-4-picoline 7589
3,6-diamino-2-picoline 7590
2,4-diamino-6-piperidinopyrimidine-3-oxi 17583
cis-1,8-diamino-p-menthane 21215
1,8-diamino-p-menthane 21216
1,2-diaminopropane-N,N,N',N'-tetraacetic 22576
di(3-aminopropoxy)ethane 15709
3,4-diaminopyridine 4716
4,5-diaminopyrimidine 2924
trans-4,4'-diaminostilbene 27098
3,4'-diaminostilbene 27101
4,4'-diaminostilbene 27330
4,4'-diaminostilbene-2,2'-disulfonic aci 27128
3,5-diaminotoluene 11097
4,6-diamino-1,3,5-triazine-2-thione 1801
4,6-diamino-1,3,5-triazin-2(1H)-one 1799
3,5-diamino-1,2,4-triazole 975
3,10-diaminotricyclo(5.2.1.02,6)decane 20293
3,5-diamino-2,4,6-trimethylbenzenesulfon 17424
2,5-diaminotropone 10804
diamminemalonato platinum (ii) 2123
di-n-amylnitrosamine 21218
diamylphenol 29612
2,4-di-2-amylphenoxyacetyl chloride 30906
dianemycin 35797
dianhydro-d-glucitol 7930
dianhydrogalactitol 7938
1,4:3,6-dianhydro-D-mannitol 7921
dianhydromannitol 7939
dianilinomercury 23715
4,4'-bis((4,6-dianilino-S-triazin-2-yl)a 35741

2,3-dibromo-4-hydroxy-5-methoxybenzaldeh 12743
3,5-dibromo-4-hydroxyphenyl 2-mesityl-3- 33753
3,5-dibromo-4-hydroxyphenyl-2-ethyl-3-be 29872
dibromomaleic acid 2381
dibromomaleinimide 2353
1,6-dibromomannitol 8260
dibromomethane 144
1,2-dibromo-3-methoxypropane 3349
N,N-dibromomethylamine 193
2,4-dibromo-6-methylaniline 10467
2,6-dibromo-4-methylaniline 10468
(dibromomethyl)benzene 10186
1,2-dibromo-3-methylbenzene 10187
1,2-dibromo-4-methylbenzene 10188
1,3-dibromo-2-methylbenzene 10189
1,4-dibromo-2-methylbenzene 10190
2,4-dibromo-1-methylbenzene 10191
dibromomethylborane 187
1,1-dibromo-2-methylbutane 5306
1,1-dibromo-3-methylbutane 5307
1,2-dibromo-2-methylbutane 5308
1,2-dibromo-3-methylbutane 5309
1,3-dibromo-3-methylbutane 5310
1,3-dibromo-2-methylbutane 5311
1,4-dibromo-2-methylbutane 5312
2,2-dibromo-3-methylbutane 5313
2,3-dibromo-2-methylbutane 5314
2,4-dibromo-3-methyl-6-isopropylphenol 19402
1,5-dibromo-3-methylpentane 8258
2,4-dibromo-6-methylphenol 10195
3,5-dibromo-4-methylphenol 10196
2,6-dibromo-4-methylphenol 10198
1,1-dibromo-2-methylpropane 3340
1,2-dibromo-2-methylpropane 3341
1,3-dibromo-2-methylpropane 3342
1,3-dibromo-2-methyl-1-propene 2777
1,3-dibromonaphthalene 18522
1,4-dibromonaphthalene 18523
1,5-dibromonaphthalene 18524
1,6-dibromo-2-naphthol 18525
2,4-dibromo-6-nitroaniline 6416
2,6-dibromo-4-nitroaniline 6417
1,2-dibromo-4-nitrobenzene 6251
1,3-dibromo-2-nitrobenzene 6252
1,3-dibromo-5-nitrobenzene 6253
1,4-dibromo-2-nitrobenzene 6254
2,4-dibromo-1-nitrobenzene 6255
2,2-dibromo-2-nitroethanol 696
2,6-dibromo-4-nitrophenol 6256
3,4-dibromonitrosopiperidine 4757
1,1-dibromononacosane 34818
1,1-dibromononadecane 31700
1,1-dibromononane 17955
1,2-dibromononane 17956
1,9-dibromononane 17957
1,1-dibromononatriacontane 35559
1,1-dibromooctacosane 34719
1,1-dibromooctadecane 31079
1,4-dibromooctafluorobutane 2291
1,1-dibromooctane 14994
1,2-dibromooctane 14995
1,4-dibromooctane 14996
1,5-dibromooctane 14997
1,8-dibromooctane 14998
4,5-dibromooctane 14999
1,1-dibromooctatriacontane 35521
1,1-dibromopentacosane 34187
1,1-dibromopentadecane 28864
1,1-dibromopentane 5297
1,2-dibromopentane 5298
1,3-dibromopentane 5299
1,4-dibromopentane 5300
1,5-dibromopentane 5301
2,2-dibromopentane 5302
2,3-dibromopentane 5303
2,4-dibromopentane 5304
3,3-dibromopentane 5305
2,3-dibromopentanoic acid 4758
2,5-dibromopentanoic acid 4759
1,1-dibromopentatriacontane 35317
2'-(3,5-dibromo-2-pentyloxybenzyloxy)trie 30941
2,4-dibromophenol 6418
2,6-dibromophenol 6419
3,5-dibromophenol 6420
dibromophenylarsine 6635
1-(3,5-dibromophenyl)ethanone 12740
2,2-dibromo-1-phenylethanone 12741
cis-2,3-dibromo-3-phenyl-2-propenoic aci 15850
2,5-dibromo-3-picoline 6688
2,5-dibromo-4-picoline 6689
2,3-dibromopropanal 1513
1,1-dibromopropane 1824
1,2-dibromopropane 1825
1,3-dibromopropane 1826
2,2-dibromopropane 1827
2,3-dibromopropanoic acid 1513
1,3-dibromo-2-propanol 1828
2,3-dibromo-1-propanol 1829
2,3-dibromo-1-propanol, phosphate (3:1) 17533
1,3-dibromo-2-propanone 1511
1,1-dibromo-1-propene 1505
cis-1,3-dibromo-1-propene 1506
trans-1,3-dibromo-1-propene 1507
1,2-dibromo-1-propene 1508
1,3-dibromo-1-propene 1509
3,3-dibromo-2-propenoic acid 1342
cis-2,3-dibromo-2-propenoic acid 1343
2,3-dibromopropionitrile 1393
2,3-dibromopropionyl chloride 1392
2,3-dibromopropyl acrylate 7289
bis(2,3-dibromopropyl)phosphate 8005
1,3-dibromo-1-propyne 1340
3,5-dibromopyridine 4215
2,3-dibromopyridine 4216
2,5-dibromopyridine 4217
2,6-dibromopyridine 4218
5,5-dibromo-2,4,6(1H,3H,5H)-pyrimidinetr 2377
5,7-dibromo-8-quinolinol 15808

2,6-dibromoquinone-4-chlorimide 6140
meso-2,3-dibromosuccinic acid 2521
3,4-dibromosulfolane 2787
1,2-dibromo-1,1,2-tetrachloroethane 411
1,1-dibromotetracontane 35620
1,1-dibromotetracosane 33986
1,1-dibromotetradecane 27854
1,14-dibromotetradecane 27855
1,2-dibromo-3,4,5,6-tetrafluorobenzene 6047
1,3-dibromotetrafluorobenzene 6048
1,4-dibromotetrafluorobenzene 6049
1,2-dibromotetrafluoroethane 413
1,1-dibromotetratriacontane 35268
2,3-dibromothiophene 2382
2,4-dibromothiophene 2383
2,5-dibromothiophene 2384
3,4-dibromothiophene 2385
3,4-dibromotoluene 10193
3,5-dibromotoluene 10194
1,1-dibromotriacontane 34949
1,2-dibromo-1,1,2-trichloroethane 517
1,1-dibromotricosane 33688
1,1-dibromotridecane 26472
1,13-dibromotridecane 26473
1,2-dibromo-1,1,2-trifluoroethane 518
2,6-dibromo-3,4,5-trihydroxybenzoic acid 9662
2,4-dibromo-1,3,5-trimethylbenzene 16538
1,1-dibromotritriacontane 35183
3,5-dibromo-L-tyrosine 16275
1,1-dibromoundecane 22805
1,11-dibromoundecane 22806
dibucaine 32332
dibucaine hydrochloride 32334
dibutamide 30265
2,3:4,5-di(2-butenyl)tetrahydrofurfural 26088
1,4-dibutoxybenzene 27694
3,4-dibutoxy-3-cyclobutene-1,2-dione 24489
dibutoxymethane 18344
dibutyl adipate 27815
dibutyl butylphosphonate 25353
dibutyl carbonate 18091
dibutyl disulfide 15614
dibutyl ether 15527
dibutyl fumarate 24595
dibutyl isophthalate 29523
dibutyl itaconate 26394
dibutyl lead diacetate 24886
DL-dibutyl malate 24763
dibutyl maleate 24594
dibutyl malonate 22729
dibutyl oxalate 20822
dibutyl phosphate 15676
dibutyl phosphonate 15670
dibutyl phthalate 29518
dibutyl sebacate 31041
dibutyl suberate 29673
dibutyl succinate 24745
dibutyl sulfate 15595
dibutyl sulfide 15606
dibutyl sulfite 15588
dibutyl sulfone 15571
dibutyl sulfoxide 15540
dibutyl tartrate 24765
N,N-dibutylacetamide 21109
dibutylamine 15637
4-(dibutylamino)benzaldehyde 28696
6-(dibutylamino)-1,8-diazabicyclo[5.4.0] 30309
2-dibutylaminoethanol 21409
di-(N-butylamino)fluorophosphine oxide 15687
(1S,2R)-(-)-2-(dibutylamino)-1-phenyl-1- 30277
(1R,2S)-(+)-2-(dibutylamino)-1-phenyl-1- 30278
3-(dibutylamino)propionitrile 22812
3-(dibutylamino)propylamine 23102
N,N-dibutylaniline 27721
dibutylarsinic acid 15624
5,5-dibutylbarbituric acid 24551
bis(dibutylborino)acetylene 31077
dibutylcyanamide 17976
9,10-di-n-butyl-1,2,5,6-dibenzanthracene 34871
di-n-butyl(dibutyryloxy)stannane 29736
dibutyl(2-ethylhexyloxycarbonylmethylt 34725
dibutyldifluorostannane 15388
dibutyl(diformyloxy)stannane 21085
dibutyldiiodostannane 15394
2,2-dibutyl-1,3-dioxa-2-stanna-7,9-dithi 28836
2,2-dibutyl-1,3-dioxa-2-stanna-7-thiacyc 27822
dibutyldipentanoyloxystannane 31110
di-n-butyldiphenyltin 15380
dibutyldipropionyloxystannane 27888
bis(dibutyldithiocarbamate)nickel comple 31085
bis(dibutyldithiocarbamato)dibenzylstann 35097
bis(dibutyldithiocarbamato)dimethylstann 32521
dibutyldithiocarbamic acid S-tributylsta 33072
dibutylbis(dodecylthio)stannane 35138
N,N-dibutylformamide 18145
dibutylgermanium dichloride 15380
N,N'-dibutyl-1,6-hexanediamine 27965
1,1-dibutylhydrazine 15702
N,N-dibutyl(2-hydroxypropyl)amine 23096
dibutylmaloyloxystannane 24764
dibutylmercury 15391
N,N'-dibutyl-N-nitrosourea 18170
2,2-dibutyl-1,3,2-oxathiastannolane 21344
2,2-dibutyl-1,3,2-oxathiastannolane-5-ox 21080
N,N-di-N-butyl-p-chlorobenzenesulfonamid 27659
dibutylphenyl phosphate 27742
2,2-dibutyl-1,3-propanediol 23069
N,N-dibutylpropionamide 22882
2,2'-((dibutylstannylene)bis(thio))bisac 34956
(-)-dibutyl-D-tartrate 24767
dibutyl(tetrachlorophthalato)stannane 29370
N,N'-dibutylthiourea 18232
dibutylthioxostannane 15613
dibutyltin bis(acetylacetonate) 30997
dibutyltin diacetate 24888
dibutyltin dibromide 15375
dibutyltin dichloride 15385

dibutyltin dilaurate 35120
di-n-butyltin di(mononnonyl)maleate 35702
dibutyltin dioleate 35747
dibutyltin bis(2-ethylhexanoate) 33996
dibutyltin maleate 24610
dibutyltin mercaptopropionate 22857
di-n-butyltin bismethanesulfonate 21442
dibutyltin oxide 15542
dibutyltin stearate 35762
dibutylurea 18226
dicarbadodecaboranylmethylethyl sulfide 6041
dicarbadodecaboranylmethylpropyl sulfide 9381
dicarbonyl molybdenum diazide 1209
dicarbonylacetylacetonato iridium 10606
dicarbonylcyclopentadienylcobalt 9990
dicarbonylbis(h5-2,4-cyclopentadien-1-yl 23552
dicarbonyltungsten diazide 1225
4,4'-dicarboxy-2,2'-bipyridine 23319
1,2-dicarboxy-cis-4,5-dihydroxycyclohexa 13515
dicarboxydine 32228
N,N'-dicarboxymethyldiaza-18-crown-6 29653
dicentrine 32147
dichlofenthion 19746
1-(2,4-dichlorbenzyl)indazole-3-carboxyl 28020
dichlormethazanone 21690
dichloroacetaldehyde 626
2,2-dichloroacetamide 717
dichloroacetic acid 627
dichloroacetic acid anhydride with dieth 8064
dichloroacetic anhydride 2403
2',5'-dichloroacetoacetanilide 18828
1,1-dichloroacetone 1547
1,3-dichloroacetone 1548
dichloroacetonitrile 537
8-dichloroacetoxy-9-hydroxy-8,9-dihydro- 31277
dichloroacetyl chloride 543
bis(dichloroacetyl)diamine 2547
(±)-4-(dichloroacetyl)-3,4-dihydro-3-met 21689
dichloroacetylene 434
2-((4-(dichloroacetyl)phenyl)amino)-2-et 30585
2-(4-(dichloroacetyl)phenyl)amino)-2-hy 29961
2-((4-(dichloroacetyl)phenyl)amino)-2-hy 29960
2-((4-(dichloroacetyl)phenyl)amino)-2-hy 33154
2-((4-(dichloroacetyl)phenyl)amino)-2-hy 29081
2-((4-(dichloroacetyl)phenyl)amino)-2-hy 33153
a,b-dichloroacrylonitrile 1320
3,4-dichloro-a-((isopropylamino)methyl)b 22224
(3,3-dichloroallyl)benzene 16107
2,4-dichloro-alpha-methylbenzenemethanol 13297
4-[(dichloroamino)sulfonyl]benzoic acid 9964
1-dichloroaminotetrazole 103
3,4-dichloroaniline 6740
2,3-dichloroaniline 6741
2,4-dichloroaniline 6742
2,5-dichloroaniline 6743
2,6-dichloroaniline 6744
3,5-dichloroaniline 6745
N,N-dichloroaniline 6747
3-(2,4-dichloroanilino)-1-(2,4,6-trichlo 27981
2,5-dichloroanisole 10271
2,3-dichloroanisole 10272
2,6-dichloroanisole 10273
a,4-dichloroanisole 10274
3,4-dichloroanisole 10275
9,10-dichloroanthracene 26634
3,5-dichloroanthranilic acid 9959
1,5-dichloroanthraquinone 26586
1,8-dichloro-9,10-anthraquinone 26587
2-dichloroarsinophenoxathiin 23233
4,4'-dichloroazoxybenzene 23280
2,5-dichlorobenzaldehyde 9739
3,4-dichlorobenzaldehyde 9740
3,5-dichlorobenzaldehyde 9741
2,3-dichlorobenzaldehyde 9742
2,6-dichlorobenzaldehyde 9743
2,4-dichlorobenzaldehyde 9744
2,6-dichlorobenzamide 9954
2,4-dichlorobenzamide 9955
o-dichlorobenzene 6469
m-dichlorobenzene 6470
p-dichlorobenzene 6471
3,4-dichlorobenzene diazothiourea 10263
3,5-dichloro-1,2-benzenedicarboxylic aci 12523
2,5-dichloro-1,4-benzenedicarboxylic aci 12524
3,5-dichloro-1,2-benzenediol 6486
4,5-dichloro-1,2-benzenediol 6487
4,6-dichloro-1,3-benzenediol 6488
2,6-dichloro-1,4-benzenediol 6489
2,3-dichloro-1,4-benzenediol 6490
2,5-dichloro-1,4-benzenediol 6491
4,5-dichloro-1,3-benzenedisulfonamide 6937
2,4-dichlorobenzenemethanamine 10544
2,4-dichlorobenzenemethanol 10265
2,5-dichlorobenzenesulfonyl chloride 6320
3,4-dichlorobenzenesulfonyl chloride 6321
2,4-dichlorobenzenethiol 6495
2,3-dichlorobenzenethiol 6496
2,6-dichlorobenzenethiol 6497
3,4-dichlorobenzenethiol 6498
2,5-dichlorobenzenethiol 6499
4,4'-dichlorobenzhydrol 25584
bis(3,4-dichlorobenzoato)nickel 26589
2,4-dichlorobenzoic acid 9745
2,3-dichlorobenzoic acid 9746
2,6-dichlorobenzoic acid 9747
3,5-dichlorobenzoic acid 9748
2,3-dichlorobenzoic acid 9749
3,4-dichlorobenzoic acid 9750
2,6-dichlorobenzonitrile 9523
2,3-dichlorobenzonitrile 9524
2,4-dichlorobenzonitrile 9525
2,5-dichlorobenzonitrile 9526
3,3'-dichlorobenzophenone 25471
4,4'-dichlorobenzophenone 25472
3,4-dichlorobenzophenone 25473
2,4-dichlorobenzotrifluoride 9519
3,5-dichlorobenzotrifluoride 9520
2,5-dichlorobenzotrifluoride 9521

3,4-dichlorobenzotrifluoride 9522
2,4-dichlorobenzoyl chloride 9540
3,4-dichlorobenzoyl chloride 9541
3,5-dichlorobenzoyl chloride 9542
2,6-dichlorobenzoyl chloride 9543
bis(2,4-dichlorobenzoyl) peroxide 26590
2-((4-(2,4-dichlorobenzoyl)-1,3-dimethyl 32005
2,6-dichlorobenzyl alcohol 10276
3,4-dichlorobenzyl alcohol 10277
2,5-dichlorobenzyl alcohol 10278
3,5-dichlorobenzyl alcohol 10279
dichlorobenzyl alcohol 10280
3,4-dichlorobenzyl bromide 9867
2,6-dichlorobenzyl chloride 9975
dichlorobenzyl chloride 9976
2,4-dichlorobenzyl chloride 9977
3,4-dichlorobenzyl isocyanate 12629
2,6-dichlorobenzyl methyl ether 13299
3,4-dichlorobenzyl methylcarbamate 16332
3,4-dichlorobenzyl methylcarbamate with 16333
2,6-dichlorobenzyl thiocyanate 12631
3,4-dichlorobenzylamine 10545
7-((3,4-dichlorobenzyl)aminoactinomycin 35957
2,5-dichlorobiphenyl 23272
2,6-dichlorobiphenyl 23273
3,3'-dichloro-1,1'-biphenyl 23274
4,4'-dichloro-1,1'-biphenyl 23275
2,2'-dichloro-1,1'-biphenyl 23276
3,4-dichloro-1,1'-biphenyl 23277
dichloro-1,1'-biphenyl 23278
2,4'-dichloro-1,1'-biphenyl 23279
2,2'-((3,3'-dichloro(1,1'-biphenyl)-4,4' 35067
1,1-dichloro-1,3-butadiene 2533
1,2-dichloro-1,3-butadiene 2534
2,3-dichloro-1,3-butadiene 2535
dichloro-1,3-butadiene 2537
1,4-dichloro-1,3-butadiyne 2297
2,3-dichlorobutanal 2830
1,1-dichlorobutane 3360
1,2-dichlorobutane 3361
1,3-dichlorobutane 3362
1,4-dichlorobutane 3363
2,2-dichlorobutane 3364
DL-2,3-dichlorobutane 3365
meso-2,3-dichlorobutane 3366
2,3-dichlorobutane, dl and meso 3370
2,3-dichlorobutanedioic acid, (±) 2543
1,4-dichloro-2,3-butanediol 3380
2,2-dichloro-1,4-butanediol 3381
2,2-dichlorobutanoic acid 2839
1,3-dichloro-2-butanone 2831
3,4-dichloro-2-butanone 2832
1,3-dichloro-trans-2-butene 2806
1,4-dichloro-cis-2-butene 2807
1,4-dichloro-trans-2-butene 2808
3,4-dichloro-1-butene 2809
1,3-dichloro-1-butene 2811
2,3-dichloro-1-butene 2812
1,1-dichloro-2-butene 2813
1,2-dichloro-2-butene 2814
cis-1,3-dichloro-2-butene 2815
cis-2,3-dichloro-2-butene 2816
trans-2,3-dichloro-2-butene 2817
1,4-dichloro-2-butene 2820
1,3-dichloro-2-butene, cis and trans 2821
dichlorobutene 2822
2,2'-dichloro-N-butyldiethylamine 15270
1,4-dichloro-2-butyne 2536
3,4-dichlorobutyric acid 2840
4,4'-dichlorobutyrophenone 19000
dichlorobis(2-chlorocyclohexyl)selenium 24540
2,6-dichloro-4-(chloroimino)-2,5-cyclohe 6169
1,2-dichloro-4-(chloromethyl)benzene 9968
1,3-dichloro-5-(chloromethyl)benzene 9969
1,3-dichloro-2-(chloromethyl)-2-methylpr 5103
dichloro(chloromethyl)methylsilane 936
1,3-dichloro-2-(chloromethyl)-propane 3169
2,2-dichloro-1,1-bis(4-chlorophenyl)ethe 26637
dichloro(3-chloropropyl)methylsilane 3654
dichloro-(2-chlorovinyl) arsine 573
2,6-dichlorocinnamic acid 15870
trans-2,4-dichlorocinnamic acid 15874
4,4-dichlorocrotonic acid 2540
2,3-dichloro-2,5-cyclohexa-diene-1,4-dio 6165
2,5-dichloro-2,5-cyclohexadiene-1,4-dion 6166
1,1-dichlorocyclohexane 7684
cis-1,2-dichlorocyclohexane 7685
cis-1,4-dichlorocyclohexane 7687
trans-1,2-dichlorocyclohexane 7690
trans-1,2-dichlorocyclohexane, (±) 7686
dichloro(1,5-cyclooctadiene)platinum(ii) 14270
2,2-dichlorocyclopropyl phenyl sulfide 16126
2,2-dichlorocyclopropyl phenyl sulfone 16120
(2,2-dichlorocyclopropyl)benzene 16109
2,6-dichloro-N-cyclopropyl-N-ethyl isoni 21800
1,1-dichlorodecane 20962
1,10-dichlorodecane 20963
trans-dichlorodiammineplatinum(ii) 23227
2,7-dichlorodibenzodioxin 23197
1,3-dichlorodibenzo-p-dioxin 23198
1,6-dichlorodibenzo-p-dioxin 23199
2,3-dichlorodibenzo-p-dioxin 23200
2,8-dichlorodibenzo-p-dioxin 23201
1,2-dichloro-4-(dichloromethyl)benzene 9763
dichloro(dichloromethyl)methylsilane 826
2,3-dichloro-5,6-dicyanobenzoquinone 12414
1,1-dichloro-2,2-diethoxyethane 8288
dichlorodiethoxysilane 3808
dichlorodiethylsilane 3809
dichlorodiethylstannane 3813
cis-dichlorobis(diethylsulfide)platinum(15686
1,1-dichloro-1,2-difluoroethane 620
1,1-dichloro-2,2-difluoroethane 621
1,2-dichloro-1,1-difluoroethane 622
1,2-dichloro-1,2-difluoroethane 623
1,1-dichloro-2,2-difluoroethene 436
1,2-dichloro-1,2-difluoroethene 437
dichlorodifluoroethylene 438
dichlorodifluoromethane 42
dichlorodihexylstannane 25270
1,2-dichloro-2,3-dihydro-1H-indene 16108
4,8-dichloro-1,5-dihydroxyanthraquinone 26588
3,3-dichloro-2,2-dihydroxycyclohexanone 7304
5,5'-dichloro-2,2'-dihydroxy-3,3'-dinitr 23195
2,3-dichloro-5,8-dihydroxy-1,4-naphtoqui 18488
(2,5-dichloro-3,6-dihydroxy-p-benzoquino 6059
2,2'-dichlorodiisopropyl ether 8285
3,4-dichloro-2,5-dilithiothiophene 2306
2,4-dichloro-6,7-dimethoxyquinazoline 18689
1,3-dichloro-5,5-dimethyl hydantoin 4476
3',4'-dichloro-4-dimethylaminoazobenzene 26997
2,4-dichloro-N,N-dimethylbenzenamine 13623
1,2-dichloro-3,4-dimethylbenzene 13284
1,3-dichloro-2,5-dimethylbenzene 13285
1,4-dichloro-2,5-dimethylbenzene 13286
1,5-dichloro-2,4-dimethylbenzene 13287
2,3-dichloro-1,4-dimethylbenzene 13288
1,1-dichloro-3,3-dimethylbutane 8279
2,2-dichloro-3,3-dimethylbutane 8281
2,6-dichloro-2,6-dimethylheptane 17960
2,5-dichloro-2,5-dimethylhexane 15006
2,5-dichloro-2,5-dimethyl-3-hexyne 14263
dichloro(4,5-dimethyl-o-phenylenediammin 14265
1,2-dichloro-4,4-dimethylpentane 11764
1,5-dichloro-3,3-dimethylpentane 11765
2,4-dichloro-2,4-dimethylpentane 11766
2,4-dichloro-3,5-dimethylphenol 13295
2,6-dichloro-3,5-dimethylphenol 13296
1,1-dichloro-2,2-dimethylpropane 5349
1,3-dichloro-2,2-dimethylpropane 5350
cis-dichlorobis(dimethylselenide)platinu 4052
dichlorodimethylsilane 1017
3,6-dichloro-3,6-dimethyltetraoxane 2852
(trans-4)-dichloro(4,4-dimethylzinc 5(((17540
2,4-dichloro-3,5-dinitrobenzoic acid 9452
dichlorodinitromethane 43
2,3-dichloro-1,4-dioxane 2841
trans-2,3-dichloro-1,4-dioxane 2844
4,5-dichloro-1,3-dioxolan-2-one 1354
dichlorodiphenyl oxide 23283
3,3'-dichlorodiphenylamine 23382
2,3-dichloro-6,12-diphenyl-dibenzo(b,f)(34212
dichlorodiphenylmethane 25582
dichlorodiphenylsilane 23472
dichlorodipropylstannane 8900
cis-dichloro(dipyridine)platinum(ii) 18998
1,1-dichlorodocosane 33458
1,1-dichlorododecane 24833
1,12-dichlorododecane 24834
1,1-dichlorodotriacontane 35115
1,1-dichloroeicosane 32480
1,4-dichloro-2,3-epoxybutane 2834
2,2-bis(3,5-dichloro-4-(2,3-epoxypropoxy 32829
1,1-dichloroethane 812
1,2-dichloroethane 813
dichloroethane 814
2,2-dichloroethanol 817
2,2-dichloroethenyl diethyl phosphate 8063
2,6-dichloro-4-ethoxyaniline 13624
2,4-dichloro-1-ethoxybenzene 13298
dichlorobis(2-ethoxycyclohexyl)selenium 29651
1,2-dichloro-1-ethoxyethane 3377
1,2-dichloro-1-ethoxyethene 2833
1,3-dichloro-2-(ethoxymethoxy)propane 8289
dichloro(4-ethoxy-O-phenylenediammine)pl 14264
1,2-dichloroethyl acetate 2845
1,2-dichloroethyl hydroperoxide 819
di-2-chloroethyl maleate 13841
dichloroethylaluminum 905
2,2-dichloroethylamine 930
(1,2-dichloroethyl)benzene 13289
1,4-dichloro-2-ethylbenzene 13290
dichloroethylborane 909
O,O-di(2-chloroethyl)-O-(3-chloro-4-meth 27087
1,1-dichloroethylene 615
cis-1,2-dichloroethylene 616
trans-1,2-dichloroethylene 617
dichloroethylene 618
1,2-dichloroethylene, cis and trans 619
dichloro(ethylenediammine)platinum(ii) 1153
2,3-dichloro-N-ethylmaleinimide 6752
2-(1,2-dichloroethyl)-4-methyl-1,3-dioxo 7697
dichloroethylmethylsilane 2100
5,6-dichloro-1-ethyl-2-methyl-3-(3-sulfo 27458
dichloroethylphosphine 932
1,3-dichloro-2-ethylpropane 5348
bis(1,2-dichloroethyl)sulfone 2863
2-2'-di(3-chloroethylthio)diethyl ether 15010
3',6'-dichlorofluoran 31777
2,7-dichloro-9H-fluorene 25468
2',7'-dichlorofluorescein 31778
dichlorofluoroacetonitrile 435
2,6-dichloro-3-fluoroacetophenone 12623
2',4'-dichloro-5'-fluoroacetophenone 12624
2,4-dichloro-1-fluorobenzene 6275
1,2-dichloro-4-fluorobenzene 6276
1,3-dichloro-2-fluorobenzene 6277
1,4-dichloro-2-fluorobenzene 6278
2,4-dichloro-5-fluorobenzoic acid 9518
3,5-dichloro-4-fluorobenzotrifluoride 9451
2,4-dichloro-5-fluorobenzoyl chloride 9453
1,1-dichloro-1-fluoroethane 714
1,1-dichloro-2-fluoroethane 715
1,2-dichloro-1-fluoroethane 716
1,1-dichloro-2-fluoroethene 532
dichlorofluoromethane 101
(dichlorofluoromethyl)benzene 9948
N-(dichlorofluoromethylthio)-N',N'-dimet 16871
N'-dichlorofluoromethylthio-N,N-dimethyl 19744
2,6-dichloro-5-fluoronicotinoyl chloride 6109
1,2-dichloro-4-fluoro-5-nitrobenzene 6162
2,4-dichloro-5-fluoro-3-nitrobenzoic aci 9449
2,6-dichloro-4-fluorophenol 6279
1,2-dichloro-2-fluoropropane 1699
1,1-dichloro-2-fluoropropene 1416
2,6-dichloro-5-fluoro-3-pyridinecarbonit 6107
2,6-dichloro-5-fluoropyridine-3-carboxyl 6163
a,a-dichloro-4-fluorotoluene 9951
3,3-dichloro-2-formoxytetrahydrofuran 4480
3,3-dichloro-2-formoxytetrahydropyran 7305
N,N-dichloroglycine 719
4,5-dichloroguaiacol 10281
1,1-dichloroheneicosane 33040
1,1-dichlorohentriacontane 35030
1,1-dichloroheptacosane 34554
1,1-dichloroheptadecane 30317
1,1-dichloroheptane 11763
1,2-dichloroheptane 11767
1,7-dichloroheptane 11768
2,2-dichloroheptane 11769
4,4-dichloroheptane 11770
1,1-dichloroheptatriacontane 35482
1,1-dichlorohexacosane 34353
1,1-dichlorohexadecane 29712
1,3-dichloro-2,4-hexadiene 7299
1,6-dichloro-2,4-hexadiyne 6472
2,3-dichloro-1,1,1,4,4,4-hexafluoro-2-bu 2301
1,2-dichloro-1,2,3,3,4,4-hexafluorocyclo 2302
1,2-dichloro-3,3,4,4,5,5-hexafluorocyclo 4165
4,5-dichloro-3,3,4,5,6,6-hexafluoro-1,2- 2303
1,2-dichlorohexafluoropropane 1254
1,5-dichloro-1,1,3,3,5,5-hexamethyltrisi 9346
2,2-dichlorohexanal 7692
1,1-dichlorohexane 8273
1,2-dichlorohexane 8274
1,6-dichlorohexane 8275
2,2-dichlorohexane 8276
2,3-dichlorohexane 8277
2,5-dichlorohexane, (R*,R*)-(±)- 8278
2,2-dichlorohexanoic acid 7696
1,1-dichlorohexatriacontane 35422
cis-1,2-dichloro-1-hexene 7688
trans-1,2-dichloro-1-hexene 7689
3',5'-dichloro-2'-hydroxyacetophenone 12815
6,7-dichloro-4-(hydroxyamino)quinoline-1 15872
2,4-dichloro-5-hydroxyaniline 6750
3,5-dichloro-2-hydroxybenzenesulfonic ac 6295
3,5-dichloro-2-hydroxybenzenesulfonyl ch 6323
3,5-dichloro-2-hydroxybenzoic acid 9752
3,5-dichloro-4-hydroxybenzoic acid 9753
3,3-dichloro-2-hydroxy-2-methylpropanoic 2848
3,3-dichloro-2-hydroxytetrahydrofuran 2846
3,3-dichloro-2-hydroxytetrahydropyran 4791
3,3'-dichloroindanthrone 34577
dichlorobis(indenyl)zirconium(iv) 30474
1,4-dichloro-2-iodobenzene 6289
3,4-dichloroiodobenzene 6290
1,2-dichloro-3-iodobenzene 6291
1,3-dichloro-4-iodobenzene 6292
1,3-dichloro-5-iodobenzene 6293
dichloroiodomethane 102
4,5-dichloro-1,3-isobenzofurandione 12444
5,6-dichloro-1,3-isobenzofurandione 12445
dichloroisocyanuric acid, sodium salt 1256
dichloroisoviolanthrone 35199
dichlorolawsone 25476
dichloromaleic anhydride 2308
dichloromaleimide 2358
dichloromethane 149
3'5'-dichloromethotrexate 32123
2,4-dichloro-1-methoxybenzene 10264
3,6-dichloro-2-methoxybenzoic acid 12820
dichloro(4-methoxycarbonyl-O-phenylenedi 13839
1,3-dichloro-2-methoxy-5-nitrobenzene 9963
dichloro(4-methoxy-O-phenylenediammine)p 11070
3,3-dichloro-2-methoxytetrahydrofuran 4792
dichloromethyl chloroformate 546
dichloromethyl methyl ether 818
dichloromethyl methyl sulfide 822
dichloromethyl trichloromethylthiosulfon 552
N,N-dichloromethylamine 204
cis-dichlorobis(methylamine)platinum 1177
2,6-dichloro-3-methylaniline 10546
1,4-bis(dichloromethyl)benzene 12826
N,N-dichloro-4-methylbenzenesulfonamide 10548
3-(dichloromethyl)benzoyl chloride 12634
1,1-dichloro-2-methylbutane 5339
1,1-dichloro-3-methylbutane 5340
1,2-dichloro-2-methylbutane 5341
1,2-dichloro-3-methylbutane 5342
1,3-dichloro-2-methylbutane 5343
1,3-dichloro-3-methylbutane 5344
1,4-dichloro-2-methylbutane 5345
2,2-dichloro-3-methylbutane 5346
2,3-dichloro-2-methylbutane 5347
1,3-dichloro-2-methyl-2-butene 4771
1,4-dichloro-2-methyl-2-butene 4772
3,3-dichloro-2-methyl-1-butene 4773
2,2-dichloro-1-methyl-cyclopropanecarbox 4478
2,2-dichloro-1-methylcyclopropylbenzene 18993
dichloromethylisopropylsilane 3810
dichloro-N-methylmaleimide 4232
1-(dichloromethyl)-4-methylbenzene 13291
dichloromethyl(4-methylphenethyl)silane 19914
dichloromethyl(4-methylphenyl)silane 13842
dichloromethyloctadecylsilane 31741
dichloro-methyl-octylsilane 18212
dichloro(4-methyl-o-phenylenediammine)pl 11071
2,5-dichloro-4-(3-methyl-5-oxo-2-pyrazol 18690
2,4-dichloro-3-methylphenol 10266
2,4-dichloro-5-methylphenol 10267
2,4-dichloro-6-methylphenol 10268
2,6-dichloro-3-methylphenol 10269
2,6-dichloro-4-methylphenol 10270
6-(3,5-dichloro-4-methylphenyl)-3(2H)-py 21508
dichloromethylphenylsilane 10766
dichloromethylphosphine 208
1,1-dichloro-2-methylpropane 3367
1,2-dichloro-2-methylpropane 3368
1,3-dichloro-2-methylpropane 3369
1,1-dichloro-2-methyl-2-propanol 3378
1,3-dichloro-2-methyl-2-propanol 3379
1,1-dichloro-2-methyl-1-propene 2818
3,3-dichloro-2-methyl-1-propene 2819

2,3-dichloro-2-methylpropionaldehyde 2835
3,6-dichloro-4-methylpyridazine 4278
2,4-dichloro-5-methylpyrimidine 4274
2,4-dichloro-6-methylpyrimidine 4275
1,2-bis(dichloromethylsilyl)ethane 3815
1,2-dichloro-1-(methylsulfonyl)ethylene 1558
2,6-dichloro-4-methylsulphonyl phenol 10282
1,3-bis(dichloromethyl)tetramethyldisilo 8902
4,6-dichloro-2-methylthio-5-phenylpyrimi 21509
4,6-dichloro-2-(methylthio)pyrimidine 4279
dichloromethyl-3,3,3-trifluoropropylsila 3153
(dichloromethyl)trimethylsilane 3812
2-(4-(2,4-dichloro-m-toluoyl)-1,3-dimeth 33203
N-(2,6-dichloro-m-tolyl)anthranilic acid 26816
N-(2,6-dichloro-m-tolyl)anthranilic acid 30030
dichloro(m-trifluoromethylphenyl)arsine 9861
1,2-dichloronaphthalene 18533
1,3-dichloronaphthalene 18534
1,4-dichloronaphthalene 18535
1,5-dichloronaphthalene 18536
1,7-dichloronaphthalene 18537
1,8-dichloronaphthalene 18538
2,6-dichloronaphthalene 18539
2,3-dichloro-1,4-naphthalenedione 18485
3,4-dichloro-1,2-naphthalenedione 18486
5,6-dichloro-1,4-naphthalenedione 18487
2,3-dichloro-1-naphthalenol 18542
2,4-dichloro-1-naphthalenol 18543
2,6-dichloro-4-nitroaniline 6475
2,4-dichloro-6-nitroaniline 6476
2,5-dichloro-4-nitroaniline 6477
1,2-dichloro-4-nitrobenzene 6296
1,2-dichloro-3-nitrobenzene 6298
1,3-dichloro-2-nitrobenzene 6299
1,3-dichloro-5-nitrobenzene 6300
1,4-dichloro-2-nitrobenzene 6301
2,4-dichloro-1-nitrobenzene 6302
2,4-dichloro-5-nitrobenzotrifluoride 9450
1,1-dichloro-1-nitroethane 718
1,2-dichloro-3-nitronaphthalene 18504
dichloro(4-nitro-o-phenylenediammine)pla 7159
2,6-dichloro-4-nitrophenol 6272
2,4-dichloro-6-nitrophenol 6303
2,4-dichloro-6-nitrophenol acetate 12630
1,1-dichloro-1-nitropropane 1700
2,6-dichloro-3-nitropyridine 4194
2,4-dichloro-5-nitropyrimidine 2359
6,7-dichloro-4-nitroquinoline-1-oxide 15786
2',5-dichloro-4'-nitrosalicylanilide 25469
3,4-dichloro-N-nitrosocarbanilic acid me 12802
2,2'-dichloro-N-nitrosodipropylamine 8282
3,4-dichloronitrosopiperidine 4775
3,4-dichloro-N-nitrosopyrrolidine 2823
2,6-dichloro-3-nitrotoluene 9960
1,1-dichlorononacosane 34819
1,1-dichlorononadecane 31701
1,1-dichlorononane 17959
1,9-dichlorononane 17961
1,1-dichlorononatriacontane 35560
1,1-dichlorooctacosane 34720
2,2-dichlorooctadecanal 31023
1,1-dichlorooctadecane 31080
2,2-dichlorooctadecanoic acid 31024
2,3-dichloro-1,1,1,2,3,4,4,4-octafluorob 2304
1,2-dichloro-3,3,4,4,5,5,6,6-octafluoroc 6058
1,7-dichloro-octamethyltetrasiloxane 15750
2,2-dichlorooctanal 14514
1,1-dichlorooctane 15005
1,8-dichlorooctane 15007
2,3-dichlorooctane 15008
2,2-dichlorooctanoic acid 14516
1,1-dichlorooctatriacontane 35522
2,6-dichloro-4-octylphenol 27570
4,5-dichloro-o-phenylenediamine 6942
cis-dichloro(o-phenylenediamine)platinum 7300
2,2'-dichloro-p-benzidine 23468
3,3'-dichloro-p-benzidine 23469
2,6-dichloro-p-benzoquinone 6164
1,1-dichloro-2,2-bis(p-chlorophenyl)etha 26739
di-μ-chlorobis(p-cymene)chlororuthenium(32304
1,1-dichloropentacosane 34188
1,1-dichloropentadecane 28865
3,3-dichloro-1,1,2,2-pentafluoropropane 1317
1,3-dichloro-1,1,2,2,3-pentafluoropropan 1318
2,2-dichloropentanal 4783
1,1-dichloropentane 5330
1,2-dichloropentane 5331
1,3-dichloropentane 5332
1,4-dichloropentane 5333
1,5-dichloropentane 5334
2,2-dichloropentane 5335
2,3-dichloropentane 5336
2,4-dichloropentane 5337
3,3-dichloropentane 5338
dichloropentane 5351
2,2-dichloro-1,5-pentanediol 5355
2,2-dichloropentanoic acid 4793
3,5-dichloro-2-pentanone 4780
3,3-dichloro-2-pentanone 4784
1,1-dichloropentatriacontane 35318
2,5-dichloro-2-pentene 4774
dichlorophenarsine hydrochloride 7125
dichlorophene 25585
2,4-dichlorophenethyl alcohol 13302
2,6-dichlorophenethylalcohol 13300
3,4-dichlorophenethylalcohol 13301
2,6-dichlorophenethylamine 13620
3,4-dichlorophenethylamine 13621
2,4-dichlorophenethylamine 13622
2,3-dichlorophenol 6479
2,4-dichlorophenol 6480
2,5-dichlorophenol 6481
2,6-dichlorophenol 6482
3,4-dichlorophenol 6483
3,5-dichlorophenol 6484
2,4-dichlorophenoxy ethanediol 13305
(2,4-dichlorophenoxy)acetic acid 12821
2,3-dichlorophenoxyacetic acid 12822
3,4-dichlorophenoxyacetic acid 12823
(2,4-dichlorophenoxy)acetic acid dimethy 19271
2,4-dichlorophenoxyacetic acid propylene 28580
DL-N-(2,4-dichloro-phenoxyacetyl)-3-phen 29962
3-(3,4-dichlorophenoxy)benzaldehyde 25474
3-(3,5-dichlorophenoxy)benzaldehyde 25475
5,6-dichloro-1-phenoxycarbonyl-2-trifluo 27975
2-(2,4-dichlorophenoxy)-ethanol 13304
3-(2,4-dichlorophenoxy)-2-hydroxypropyl- 28262
2-((3,4-dichlorophenoxy)methyl)-2-imidaz 18996
2-(2,4-dichlorophenoxy)propanoic acid 16121
2-(2,5-dichlorophenoxy)propionic acid 16125
(2,4-dichlorophenoxy)tributylstannane 30956
2,4-dichlorophenyl acetate 12812
2,4-dichlorophenyl benzenesulfonate 23288
2,4-dichlorophenyl "cellosolve" 19421
3,4-dichlorophenyl hydroxylamine 6751
3,4-dichlorophenyl isocyanate 9527
2,4-dichlorophenyl isocyanate 9528
3,5-dichlorophenyl isocyanate 9529
2,6-dichlorophenyl isocyanate 9530
2,3-dichlorophenyl isocyanate 9531
2,5-dichlorophenyl isocyanate 9532
2,5-dichlorophenyl isothiocyanate 9535
3,5-dichlorophenyl isothiocyanate 9536
3,4-dichlorophenyl isothiocyanate 9537
2,4-dichlorophenyl isothiocyanate 9538
2,3-dichlorophenyl isothiocyanate 9539
2,5-dichlorophenyl phosphorodichloridate 6326
N-(2,5-dichlorophenyl)acetamide 13044
2,4-dichlorophenylacetic acid 12816
3,4-dichlorophenylacetic acid 12817
2,6-dichlorophenylacetic acid 12818
3,4-dichlorophenylacetone 16111
2,6-dichlorophenylacetone 16112
2,4-dichlorophenylacetone 16113
2,6-dichlorophenylacetonitrile 12626
3,4-dichlorophenylacetonitrile 12627
2,4-dichlorophenylacetonitrile 12628
(R)-N-boc-3,4-dichlorophenylalanine 27389
(S)-N-boc-3,4-dichlorophenylalanine 27390
2-(2,6-dichlorophenylamino)-2-imidazolin 16334
dichlorophenylarsine 6636
N-(3,4-dichlorophenyl)-1-aziridinecarbox 16110
dichlorophenylborane 6644
3,4-dichlorophenylboronic acid 6645
2,6-dichlorophenylboronic acid 6646
N-[N-(3,4-dichlorophenyl)carbamimidoyl]- 31562
1-(2,4-dichlorophenyl)cyclopropanecarbox 18691
1-(2,4-dichlorophenyl)-1-cyclopropyl cya 18614
(E)-1-(2,4-dichlorophenyl)-4,4-dimethyl- 28455
2,5-dichloro-4-phenylenediamine 6941
1-(2,4-dichlorophenyl)ethanone 12805
1-(2,5-dichlorophenyl)ethanone 12806
1-(3,4-dichlorophenyl)ethanone 12807
2,2-dichloro-1-phenylethanone 12808
O-(2,4-dichlorophenyl)-O-ethyl-S-propylp 22226
1,8-dichloro-9,10-bis(phenylethynyl) ant 34838
2,5-dichlorophenylhydrazine 6943
2,6-dichlorophenylhydrazine hydrochlorid 7160
1-(3,5-dichlorophenyl)-2-hydroxyethylami 13625
N-(3,4-dichlorophenyl)-N'-hydroxyurea 10262
a-(2,4-dichlorophenyl)-1H-imidazole-1-et 21609
2,4-dichlorophenylmethanesulfonate 10283
(R-(E))-b-((2,4-dichlorophenyl)methylene 28456
O-(2,4-dichlorophenyl)-O-methylisopropyl 19908
1-((2,4-dichlorophenyl)methyl)-5-oxo-L-p 23600
1-((2,6-dichlorophenyl)methyl)-5-oxo-L-p 23601
1-((3,4-dichlorophenyl)methyl)-5-oxo-L-p 23602
1-((2,6-dichlorophenyl)methyl)-5-oxo-L-p 25845
1-((3,4-dichlorophenyl)methyl)-5-oxo-L-p 25846
N-(3,4-dichlorophenyl)-2-methyl-2-propen 18826
1-(3,4-dichlorophenyl)piperazine 19419
dichlorophenylsilane 6945
dichlorophenylstibine 6759
N-(3,5-dichlorophenyl)succinimide 18616
dichlorophenyltrichlorosilane 6327
1,2-bis(dichlorophosphino)ethane 825
3,6-dichlorophthalic anhydride 12446
dichloropinacolin 7693
3,3'-dichloropivalic acid 4794
2,3-dichloropropanal 1546
N,N-dichloro-1-propanamine 2013
1,1-dichloropropane 1844
1,2-dichloropropane 1845
1,3-dichloropropane 1846
2,2-dichloropropane 1847
dichloropropane 1849
1,2-dichloropropane, (±) 1848
dichloropropanedinitrile 1255
2,3-dichloropropanenitrile 1418
2,2-dichloropropanoic acid 1554
2,3-dichloropropanoic acid 1555
2,3-dichloro-1-propanol 1850
3,3-dichloro-1-propanol 1851
1,1-dichloro-2-propanol 1852
1,3-dichloro-2-propanol 1853
1,3-dichloro-2-propanol acetate 4785
2,2-dichloropropanoyl chloride 1427
2,3-dichloropropanoyl chloride 1428
3,3-dichloropropanoyl chloride 1429
2,3-dichloropropene 1533
1,1-dichloropropene 1534
cis-1,2-dichloropropene 1535
trans-1,2-dichloropropene 1536
cis-1,3-dichloropropene 1537
trans-1,3-dichloropropene 1538
3,3-dichloropropene 1539
1,2-dichloropropene 1541
trans-1,3-dichloropropene oxide 1551
1,3-dichloropropene; (cis+trans) 1540
3,3-dichloro-2-propenoic acid 1352
2,3-dichloro-2-propen-1-ol 1552
3,4'-dichloropropiophenone 16114
3',4'-dichloropropiophenone 16115
dichloropropylene 1542
2,6-dichloropurine 4195
2,6-dichloropyrazine 2389
3,6-dichloropyridazine 2390
2,6-dichloro-3-pyridinamine 4276
2,5-dichloropyridine 4228
2,3-dichloropyridine 4229
2,6-dichloropyridine 4230
3,5-dichloro-2-pyridone 4231
2',4'-dichloro-2-(3-pyridyl)acetophenone 26883
4,6-dichloropyrimidine 2391
2,4-dichloropyrimidine 2392
cis-dichlorobis(pyrrolidine)platinum(ii) 15381
2,4-dichloroquinoline 15821
2,7-dichloroquinoline 15822
4,5-dichloroquinoline 15823
4,7-dichloroquinoline 15824
5,8-dichloroquinoline 15825
5,7-dichloro-8-quinolinol 15826
2,3-dichloroquinoxaline 12519
2,3-dichloroquinoxaline-6-carbonylchlori 15776
5,6-dichloro-1b-D-ribofuranosylbenzimida 23702
3,5-dichlorosalicylaldehyde 9751
3,6-dichlorosalicylic acid 9754
1,1-dichlorosilacyclobutane 1857
2,2'-dichloro-4,4'-stilbenediamine 26881
3,3'-dichloro-4,4'-stilbenediamine 26882
2,5-dichlorostyrene 12794
2,6-dichlorostyrene 12795
2,4-dichloro-5-sulfamoylbenzoic acid 9965
3,4-dichlorosulfolane 2847
1,1-dichlorotetracontane 35621
1,1-dichlorotetracosane 33987
2,2-dichlorotetradecanal 27785
1,1-dichlorotetradecane 27856
2,2-dichlorotetradecanoic acid 27786
1,3-dichlorotetrafluoroacetone 1253
1,2-dichloro-3,4,5,6-tetrafluorobenzene 6055
1,3-dichloro-2,4,5,6-tetrafluorobenzene 6056
1,4-dichloro-2,3,5,6-tetrafluorobenzene 6057
1,2-dichloro-3,3,4,4-tetrafluorocyclobut 2299
1,2-dichloro-1,1,2,2-tetrafluoroethane 441
1,1-dichloro-1,2,2,2-tetrafluoroethane 442
dichlorotetrafluoroethane 443
1,2-dichloro-1,3,3,3-tetrafluoro-1-prope 1252
2,3-dichlorotetrahydrofuran 2836
1,3-dichloro-1,1,3,3-tetraisopropyldisil 25369
1,2-dichloro-1,1,2,2-tetramethyldisilane 4053
1,3-dichloro-1,1,3,3-tetramethyldisiloxa 4051
dichlorobis(2,2,6,6-tetramethyl-3,5-hept 33404
1,3-dichlorotetraphenyldisiloxane 33773
1,1-dichlorotetratriacontane 35269
3,5-dichloro-1,2,4-thiadiazole 444
3,4-dichloro-1,2,5-thiadiazole 445
2,6-dichlorothiobenzamide 9966
2,3-dichlorothiophene 2396
2,4-dichlorothiophene 2397
2,5-dichlorothiophene 2398
3,4-dichlorothiophene 2399
2,4-dichlorotoluene 10253
2,3-dichlorotoluene 10257
2,5-dichlorotoluene 10258
2,6-dichlorotoluene 10259
3,4-dichlorotoluene 10260
3,5-dichlorotoluene 10261
1,1-dichlorotriacontane 34950
1,3-dichloro-1,3,5-triazine-2,4,6(1H,3H, 1321
5-(3,5-dichloro-S-triazinylamino)-4-hydr 31212
2-(6-(4,6-dichloro-S-triazinyl)methylami 33734
4-(4,6-dichloro-S-triazin-2-ylamino)-5-h 31194
3,5-dichloro-2-trichloromethyl pyridine' 6182
1,2-dichloro-4-(trichloromethyl)benzene 9552
dichloro(4,5,6-trichloro-o-phenylenediam 6767
N,N'-dichlorobis(2,4,6-trichlorophenyl) 25439
1,1-dichlorotricosane 33689
1,1-dichlorotridecane 26474
1,1-dichloro-1,2,2-trifluoroethane 534
1,2-dichloro-1,1,2-trifluoroethane 535
2,2-dichloro-1,1,1-trifluoroethane 536
1,2-dichloro-1,1,2-trifluoro-2-iodoethan 440
2,6-dichloro-4-(trifluoromethyl)aniline 9732
4,5-dichloro-2-(trifluoromethyl)-1H-benz 12475
2,6-dichloro-3-(trifluoromethyl)pyridine 6160
2,3-dichloro-5-(trifluoromethyl)pyridine 6161
2,3-dichloro-1,1,1-trifluoropropane 1417
1,2-dichloro-3,3,3-trifluoropropene 1316
3,5-dichloro-2,4,6-trifluoropyridine 4164
2,4-dichloro-1,3,5-trimethylbenzene 16539
dichlorobis(trimethylsilyl)methane 12373
1,1-dichlorotritriacontane 35184
1,1-dichloroundecane 22807
5,6-dichlorovanillic acid 12824
(2,2-dichlorovinyl)benzene 12796
1,2-dichloro-3-vinylbenzene 12797
1,2-dichloro-4-vinylbenzene 12798
1,3-dichloro-2-vinylbenzene 12799
1,3-dichloro-5-vinylbenzene 12800
2,4-dichloro-1-vinylbenzene 12801
S-dichlorovinyl-L-cysteine 4639
S-(trans-1,2-dichlorovinyl)-L-cysteine 4640
dichlorovinylmethylsilane 1856
dichlorvos 3155
diclofop-methyl 29130
dicloralurea 4483
dicoferin 23439
dicopper(i) ketenide 477
dicopper(i)-1,5-hexadiynide 6511
dicresol 27171
dicrotonyl peroxide 14031
dicrotophos 15023
dictyocarpinine 6-acetate 34312
dicumarol 31230
dicumyl peroxide 30806
dicumylmethane 31536
dicyanine A 34995
m-dicyanobenzene 12575
p-dicyanobenzene 12576
1,2-dicyanobenzene 12577
7,12-dicyanobenzo[k]fluoranthene 33079
4,4'-dicyanobibenzyl 29041
cis-dicyano-1-butene 6979

724

O,S-diethyl methylthiophosphonate 5998
diethyl 1,8-naphthalenedicarboxylate 29301
diethyl (1-naphthyl)malonate 30079
diethyl nitromalonate 11309
diethyl nonanedioate 26435
diethyl octadecanedioate 33438
diethyl octafluoroadipate 19014
diethyl octanedioate 24749
diethyl oxalacetate sodium salt 14223
diethyl oxalate 7918
diethyl oxobutanedioate 14400
diethyl 3-oxo-1,5-pentanedioate 17511
diethyl (2-oxo-2-phenylethyl)phosphonate 24354
diethyl 3-oxopimelate 22630
diethyl (2-oxopropyl)phosphonate 12401
trans-diethyl 2-pentenedioate 17501
diethyl pentylmalonate 24750
diethyl peroxydicarbonate 7964
diethyl 3,3'-(phenethylimino)dipropionat 30910
diethyl phenylmalonate 26111
diethyl phenylphosphonite 20308
diethyl phenyltin acetate 24478
diethyl phosphine 4029
diethyl phosphite 4025
diethyl phosphoramidate 4067
diethyl phthalate 24002
diethyl 1,4-piperazinedicarboxylate 20657
diethyl 2-propylmalonate 20825
diethyl propylmethylpyrimidyl thiophosph 24650
diethyl 2-(p-tolyl)malonate 27496
diethyl pyrazole-3,5-dicarboxylate 17063
diethyl 3,4-pyridinedicarboxylate 22002
diethyl pyrrolidinomethylphosphonate 18217
diethyl sebacate 27816
diethyl sec-butylmalonate 22731
diethyl sec-butylsuccinate 24746
diethyl selenide 3958
diethyl succinate 14688
diethyl sulfate 3937
diethyl sulfide 3947
diethyl sulfite 3928
diethyl sulfone 3908
diethyl sulfoxide 3875
diethyl sulfoxylate 3909
diethyl tartrate 14727
(-)-diethyl D-tartrate 14728
diethyl telluride 3961
diethyl terephthalate 24005
diethyl tert-butylmalonate 22738
diethyl tetradecanedioate 31044
diethyl thallium perchlorate 3807
diethyl thiodipropionate 20837
diethyl triazene 4017
diethyl (trichloromethyl)phosphonate 5357
diethyl (2-(triethoxysilyl)ethyl)phospho 25399
diethyl trimethylsilyl phosphite 12400
diethyl vinylphosphonate 8871
N,N-diethylacetamide 8766
1-diethylacetylaziridine 14802
1-(2-(2-(2,6-diethyl-a-(2,6-diethylpheny 34913
N,N-diethyl-a-hydroxybenzeneacetamide 24320
N,N-diethyl-alpha-phenylbenzenemethanami 30153
diethylaluminium iodide 3787
diethylaluminum bromide 3785
diethylaluminum chloride 3786
diethylamine 3984
diethylamine hydrochloride 4043
2-(diethylamino)acetanilide 24411
(diethylamino)acetonitrile 8318
4-(diethylamino)benzaldehyde 22240
4-(diethylamino)benzaldehyde-1,1-dipheny 33565
4-(diethylamino)benzoic acid 22266
4-(diethylamino)-2-butanone 15309
1-diethylamino-1-buten-3-yne 14434
1,4-bis(diethylamino)-2-butyne 24842
4-diethylaminobutyronitrile 15026
bis(diethylamino)chlorophosphine 15685
2-(diethylamino)-N-(2,6-dimethylphenyl)a 27663
bis(4-diethylaminodithiobenzil)nickel 35351
2-diethylaminoethanethiol hydrochloride 9283
2-diethylaminoethanol 9217
diethylaminoethanol-p-aminosalicylate 26299
o-(diethylaminoethoxy)benzanilide 31554
2-(2-(diethylamino)ethoxy)-5-bromobenzan 31504
2-(2-(diethylamino)ethoxy)-2'-chloro-ben 31508
2-(2-(diethylamino)ethoxy)-3'-chloro-ben 31509
2-(2-(diethylamino)ethoxy)-4'-chloro-ben 31510
2-(2-(diethylamino)ethoxy)ethanol 15661
2-(2-diethylaminoethoxy)ethyl-2-ethyl-2- 32398
2-(2-(diethylamino)ethoxy)-3-methylbenza 32252
5-(2-(diethylamino)ethoxy)-3-methyl-1-ph 29558
(p-2-diethylaminoethoxyphenyl)-1-phenyl- 34440
2-(diethylamino)ethyl acrylate 17831
2-diethylaminoethyl 4-aminobenzoate 26296
diethylaminoethyl benzilate 32247
b-diethylaminoethyl chloride hydrochlori 9168
2-diethylaminoethyl diphenylacetate 32245
2-(diethylamino)ethyl methacrylate 20900
2-(diethylamino)ethyl 2-phenylbutanoate 29586
2-(diethylamino)ethyl-4-amino-2-chlorobe 26243
1-(2'-diethylamino)ethylamino-4-methylth 32229
N-(2-(diethylamino)ethyl)benzamide 26294
3-(2-(diethylamino)ethyl)-5,5-diphenylhy 32857
diethylaminoethylmorphine 33640
1-(2-(diethylamino)ethyl)-2-(p-ethoxyben 33882
2-(2-(diethylamino)ethyl)-2-phenyl-4-pen 31618
N-(2-(diethylamino)ethyl)-2-(p-methoxyph 28709
1-(2-(diethylamino)ethyl)-2-p-phenetidin 33613
2-diethylaminoethylpropyldiphenyl acetat 33629
1-(2-(diethylamino)ethyl)reserpine 35543
3-(4-diethylamino-2-hydroxyphenylazo)-4- 29434
4-(diethylamino)-2-isopropyl-2-phenylval 29565
7-diethylamino-4-methylcoumarin 27408
diethyl(aminomethyl)phosphonate oxalate 12136
5-diethylamino-2-pentanol 18396
5-(diethylamino)-2-pentanone 18146
3-(diethylamino)phenol 20237
4-((4-(diethylamino)phenyl)azo)pyridine- 28520
2-(p-(diethylaminophenyl))-1,3,2-dithiar 24388
2-(diethylamino)-1-phenyl-1-propanone 26250
bis-(diethylamino)phosphochloridate 15684
3-(diethylamino)-1,2-propanediol 12357
2-(diethylamino)-1-propanol 12348
3-(diethylamino)-1-propanol 12349
1-diethylamino-2-propanol 12352
1-(diethylamino)-2-propanol, (±) 12347
1-(diethylamino)-2-propanone 12054
3-(diethylamino)propionitrile 11784
3-diethylaminopropylamine 12380
10-(2-diethylaminopropyl)phenothiazine 31549
(3-diethylaminopropyl)trimethoxysilane 21445
3-diethylamino-5H-pyrido(4,3-b)indole 28475
4-(diethylamino)salicylaldehyde 22267
diethylaminosulfur trifluoride 3820
7-diethylamino-3-thenoylcoumarin 30615
2-diethylammonioethyl nitrate 9251
diethylammonium-2,5-dihydroxybenzene sul 20578
2,6-diethylaniline 20196
(N,N-diethylaniline)trihydroboron 20641
N,N-diethyl-N'-((8a)-6-propylergolin-8-y 33364
diethylarsine 3963
6,8-diethylbenz(a)anthracene 33195
8,12-diethylbenz(a)anthracene 33196
9,10-diethyl-1,2-benzanthracene 33197
diethylbenzene 19877
o-diethylbenzene 19878
m-diethylbenzene 19879
p-diethylbenzene 19880
N,N-diethyl-1,3-benzenediamine 20393
N,N-diethyl-1,4-benzenediamine 20394
alpha,alpha-diethylbenzenemethanol 22412
N,N-diethylbenzenesulfonamide 20279
diethyl-4-(benzothiazol-2-yl)benzylphosp 30720
O,O-diethyl-S-benzyl thiophosphate 22548
diethylberyllium 3791
diethyl-b,g-epoxypropylphosphonate 12109
diethylbromoacetamide 8244
N,N-diethylbutanamide 15310
2,2-diethyl-1-butanol 15517
N,N'-diethyl-2-butene-1,4-diamine 15404
diethylbutylamine 15642
diethyl-2-butylphosphonate 15671
diethylcadmium 3793
diethylcarbamazine citrate 29639
diethylcarbamic acid 5707
diethylcarbamic chloride 5323
diethylcarbamodithioic acid 5751
N,N'-diethylcarbanilide 30127
O,O-diethyl-S-(carbethoxy)methyl phospho 15353
1,1'-diethyl-4,4'-carbocyanine iodide 34107
O,O-diethyl-O-(2-chloro-1,2,5-dichloroph 23910
diethylcyanamide 5403
1,1'-diethyl-2,2'-cyanine iodide 33550
diethylcyclohexane; (mixed isomers) 20939
1,1-diethylcyclopentane 17873
1,cis-2-diethylcyclopentane 17874
1,trans-2-diethylcyclopentane 17875
1,3-diethylcyclopentane 17876
1,cis-3-diethylcyclopentane 17877
1,trans-3-diethylcyclopentane 17878
1,1-diethylcyclopropane 11747
diethyldecylamine 27961
diethyldiazene 3831
1,1'-diethyl-2,2'-dicarbocyanine iodide 34411
O,O-diethyl-S-(3,4-dichlorophenyl-thio)m 22227
N,N-diethyldiethylenetriamine 15737
diethyldifluorosilane 3819
5,5-diethyldihydro-2H-1,3-oxazine-2,4(3H 14451
diethyldiiodostannane 3823
a,a'-diethyl-4,4'-dimethoxystilbene 32232
3',4'-diethyl-4-dimethylaminoazobenzene 30832
N,N-diethyl-2,2-dimethylpropanamide 18147
O,O-diethyl-O-(4-dimethylsulfamoylpheny 24544
p-diethyl-p'-dimethylthiopyrophosphate 9321
N,N'-diethyl-N,N'-dinitrosoethylenediami 8966
N,N-diethyl-N,N-diphenylthiuramdisulfide 30733
bis(diethyldithiocarbamato)cadmium 20964
bis(diethyldithiocarbamato)mercury 20967
diethyldithiocarbamic acid anhydrosulfid 15030
diethyldithiocarbamic acid, diethylammon 18428
diethyldithiocarbamic acid, silver salt 5293
diethyldocosylamine 34382
N,N-diethyldodecanamide 29747
diethyldodecylamine 29804
diethyldotriacontylamine 35442
diethyleicosylamine 34017
diethylene glycol 3918
di(ethylene glycol) benzyl ether 22469
diethylene glycol diacetate 14722
di(ethylene glycol) diacrylate 20173
diethylene glycol dibenzoate 30681
diethylene glycol dibutyl ether 25294
diethylene glycol diethyl ether 15578
diethylene glycol diglycidyl ether 20841
diethylene glycol dimethacrylate 24494
diethylene glycol dimethyl ether 9075
diethylene glycol dinitrate 3458
di(ethylene glycol) divinyl ether 14671
diethylene glycol ethyl ether acetate 15232
di(ethylene glycol) ethyl ether acrylate 17768
diethylene glycol ethyl methyl ether 12291
di(ethylene glycol) 2-ethylhexyl ether 25295
diethylene glycol ethylvinyl ether 15230
di(ethylene glycol) hexyl ether 21369
di(ethylene glycol) methyl ether methacr 17769
diethylene glycol monobutyl ether 15579
diethylene glycol monobutyl ether acetat 21083
di(ethylene glycol monobutyl ether)phtha 33933
diethylene glycol monododecanoate 29734
diethylene glycol monoisobutyl ether 15585
diethylene glycol monolauryl ether sodiu 29765
diethylene glycol bisphthalate 23794
di(ethylene glycol) vinyl ether 8548
diethylene glycol-mono-2-methylpentyl et 21372
1,4-bis(N,N'-diethylene phosphamide)pipe 24850
diethylene triamine 4118
bisdiethylene triamine cobalt(iii) perch 15758
a,a'-diethyl-(E)-4,4'-stilbenediol bis(d 30816
N,N'-diethylethanediamide 8337
N,N-diethyl-1,2-ethanediamine 9293
N,N'-diethyl-1,2-ethanediamine 9294
diethyletheroxodiperoxochromium(VI) 1023
diethylethoxymethyleneoxalacetate 22485
4,4'-(1,2-diethylethylene)bis(2-aminophe 30844
4,4'-(1,2-diethylethylene)di-m-cresol 32278
4,4'-(1,2-diethylethylene)di-o-cresol 32279
4,4'-(1,2-diethylethylene)diresorcinol 30814
1,1'-diethylferrocene 27446
N,N-diethylformamide 5676
diethylgermanium dichloride 3802
diethylheneicosylamine 34203
diethylhentriacontylamine 35331
diethylheptacosylamine 35045
diethylheptadecylamine 33070
2,4-diethyl-2,6-heptadienal, isomers 22585
3,3-diethylheptane 22961
3,4-diethylheptane 22962
3,5-diethylheptane 22963
4,4-diethylheptane 22964
diethylheptylamine 23094
diethylhexacosylamine 34970
diethylhexadecylamine 32551
3,3-diethylhexane 21179
3,4-diethylhexane 21180
3,4-diethyl-3,4-hexanediol 21352
diethylhexatriacontylamine 35636
O,O'-di(2-ethylhexyl) dithiophosphoric a 29807
di(2-ethylhexyl) peroxydicarbonate 31050
diethylhexylamine 21403
2-di-(2-ethylhexyl)aminoethanol 31169
di-2-ethylhexyltin dichloride 29762
1,1-diethylhydrazine 4075
1,2-diethylhydrazine 4076
N,N-diethyl-4-hydroxy-3-methoxybenzamide 24327
diethyl(hydroxymethyl)phosphonate 6001
1,2-diethyl-1H-imidazole 11379
diethylisopropylamine 12340
O,O-diethyl-S-2-isopropylmercaptomethyld 15668
diethylisopropylphosphonate 12366
diethylisopropylsilane 12393
N,N-diethyllysergamide 32253
diethylmalonyl dichloride 11072
N,N-diethyl-2-methylaniline 22492
N,N-diethyl-4-methylaniline 22493
N,N-diethyl-3-methylbenzamide 24298
2,4(or 4,6)-diethyl-6(or 2)-methyl-1,3-b 22565
diethyl-4-methylbenzylphosphonate 24528
N,N-diethyl-3-methylbutanamide 18148
N,N-diethyl-N'-methylethylenediamine 12378
2,3-diethyl-5-methyl-6-methylaminoquinox 27547
1,1-diethyl-3-methyl-3-nitrosourea 8862
N,N-diethyl-4-methyl-3-oxo-5a-4-azaandro 33938
3,3-diethyl-2-methylpentane 21202
diethylmethylphosphine 6003
N,N-diethyl-4-methyl-1-piperazinecarboxa 21128
2,3-diethyl-5-methylpyrazine 17411
3,4-diethyl-2-methyl-1H-pyrrole 17547
diethylmethylsilane 6029
O,O-diethyl-O-(4-(methylthio)-3,5-xylyl) 26357
diethylmethylvinylsilane 12307
3,3-diethyl-1-(m-pyridyl)triazene 17429
N,N-diethyl-m-toluidine 22501
diethylbismuth chloride 3792
N,N-diethyl-1-naphnhalenamine 27394
1,2-diethylnaphthalene 27285
1,4-diethylnaphthalene 27286
1,6-diethylnaphthalene 27287
1,7-diethylnaphthalene 27288
2,3-diethylnaphthalene 27289
N,N-diethylnipecotamide 20976
N,N-diethyl-4-nitroaniline 19945
N,N-diethyl-3-nitroaniline 19948
diethyl(4-nitrobenzyl)phosphonate 22367
O,O-diethyl-S-(4-nitrophenyl)thiophospha 19928
O,S-diethyl-O-(4-nitrophenyl)thiophospha 19929
N,N-diethyl-4-nitrosoaniline 19941
N,N-diethyl-4-((5-nitro-2-thiazolyl)azo) 26037
diethylnonacosylamine 35196
diethylnonadecylamine 33714
diethylnonylamine 26559
diethyloctacosylamine 35134
diethyloctadecylamine 33488
3,6-diethyl-2,6-octadien-4-yne 24382
3,3-diethyloctane 25018
3,4-diethyloctane 25019
3,5-diethyloctane 25020
3,6-diethyloctane 25021
4,4-diethyloctane 25022
4,5-diethyloctane 25023
diethylbis(octanoyloxy)stannane 32503
diethyloctylamine 25345
diethyl-4,4'-o-phenylenebis(3-thioalloph 27478
N,N-diethyl-o-toluamide 24309
3,3'-diethyloxatricarbocyanine iodide 34108
N,N-diethyl-3-oxobutanamide 14814
N,N-diethyl-p-arsanilic acid 20373
O,O-diethyl-S-p-chlorophenyl thiomethylp 22364
diethylpentacosylamine 34833
diethylpentadecylamine 31760
3,3-diethylpentane 18202
N1,N1-diethyl-1,4-pentanediamine 18423
3,3-diethyl-2-pentanol 18325
diethylpentatriacontylamine 35572
2,2-diethyl-4-pentenamide 17821
diethylpentylamine 18392
diethylperoxide 3892
2,3-diethylphenol 20012
2,4-diethylphenol 20013
2,5-diethylphenol 20014
2,6-diethylphenol 20015
3,4-diethylphenol 20016
3,5-diethylphenol 20017
N,N-diethyl-10H-phenonhiazine-10-ethanam 30802
2,6-diethylphenyl isocyanate 21965

diheptyl phthalate 33384
diheptyl sulfide 27948
diheptylamine 27959
N,N'-diheptyl-4,4'-bipyridinium dibromid 33922
diheptylmercury 27919
dihexadecyl ether 35128
dihexadecylamine 35132
dihexanoyl peroxide 24758
dihexyl adipate 31042
dihexyl azelate 33030
dihexyl disulfide 25318
dihexyl ether 25285
dihexyl fumarate 29634
dihexyl lead diacetate 29735
dihexyl maleate 29635
dihexyl phthalate 32359
di-n-hexyl sebacate 33441
dihexyl sulfide 25312
dihexylamine 25343
3,3'-dihexyloxacarbocyanine iodide 34778
1,2-dihydro-1-acenaphthylenamine 23610
1,2-dihydro-5-acenaphthylenamine 23618
10,11-dihydro-a-8-dimethyl-11-oxo-dibenz 30637
dihydro-a-ionone 26378
(3R-cis)-2,3-dihydro-7a-methyl-3-phenylp 25871
(3S-cis)-2,3-dihydro-7a-methyl-3-phenylp 25872
2,3-dihydro-6-amino-2-(2-chloroethyl)-4H 19245
2,4-dihydro-5-amino-2-phenyl-3H-pyrazol- 16492
2,5-dihydroanisole 11153
9,10-dihydroanthracene 26869
6,15-dihydro-5,9,14,18-anthrazinetetrone 34579
22,23-dihydroavermectin B1A 35810
2,3-dihydro-1H-benz[e]indene 25744
9,10-dihydro-9,10[1',2']-benzenoanthrace 31862
1,3-dihydro-2H-benzimidazole-2-thione 10391
1,2-dihydrobenz[j]aceanthrylene 31861
1,2-dihydrobenzo(a)anthracene 30462
3,4-dihydrobenzo(a)anthracene 30463
7,8-dihydrobenzo(a)pyrene 31867
9,10-dihydrobenzo[a]pyren-7(8H)-one 31888
2,3-dihydro-1,4-benzodioxin 13418
(2,3-dihydro-1,4-benzodioxin-6-yl)(4-flu 28091
6,13-dihydrobenzo(e)(1)benzothiopyrano(4 31250
9,10-dihydrobenzo(e)pyrene 31868
2,3-dihydrobenzofuran 13396
6,7-dihydro-4(5H)-benzofuranone 13434
2,3-dihydro-1H-benzo(h,i)chrysene 32637
2,3-dihydro-1H,5H-benzo[ij]quinolizine-1 23633
4,5-dihydrobenzo(j)fluoranthene-4,5-diol 31905
3,4-dihydro-1H-2-benzopyran 16622
3,4-dihydro-2H-1-benzopyran 16623
2,3-dihydro-4H-1-benzopyran-4-one 16206
3,4-dihydro-1H-2-benzopyran-1-one 16207
3,4-dihydro-2H-1-benzopyran-2-one 16208
2,3-dihydro-4H-1-benzothiopyran-4-one 16201
7,8-dihydro-N-benzyladenine 23882
4,5-dihydro-2-benzyl-1H-imidazole 19430
1,8-dihydro-8-(4-bromophenyl)-4H-pyrazol 23235
15,16-dihydro-11-N-butoxycyclopenta(A)ph 32752
dihydrocarveol 20725
(+)-dihydrocarvone 20460
(+)-dihydrocarvone 20461
(-)-dihydrocarvyl acetate 24577
2,3-dihydro-6-chloro-2-(2-chloroethyl)-4 18829
1,3-dihydro-7-chloro-5-(o-fluorophenyl)- 29922
meso-dihydrocholanthrene 31982
1,2-dihydrochrysene 30464
3,4-dihydrochrysene 30465
dihydrocodeine 30825
16,17-dihydro-15H-cyclopenta[a]phenanthr 29917
2,3-dihydro-1H-cyclopenta(c)phenanthrene 29919
dihydrodeoxymorphine 30160
trans-1,2-dihydrodibenz(a,e)aceanthrylen 33740
trans-10,11-dihydrodibenz(a,e)aceanthryl 33741
5,6-dihydrodibenz(a,h)anthracene 33128
7,14-dihydrodibenz(a,h)anthracene 33130
trans-(±)-3,4-dihydrodibenz(a,h)anthrace 33143
5,6-dihydrodibenz(a,j)anthracene 33129
3,4-dihydro-1,2,5,6-dibenzcarbazole 31964
5,7-dihydro-6H-dibenzo(a,c)cyclohepten-6 28182
10,11-dihydro-5H-dibenzo[a,d]cyclohepten 28173
5,11-dihydro-10H-dibenzo[a,d]cyclohepten 28174
5,8-dihydrodibenzo(a,def)chrysene 33728
7,14-dihydrodibenzo(b,def)chrysene 33729
6,11-dihydrodibenzo[b,e]thiepin-11-one 26773
1,2-dihydro-5,7-dibromo-2-(5,7-dibromo-1 28954
2,3-dihydrodicyclopenta(c,lmn)phenanthre 30432
1,4-dihydro-6,8-difluoro-1-ethyl-4-oxo-7 29882
trans-9,10-dihydro-9,10-dihydroxybenzo(a 31837
4,5-dihydro-4,5-dihydroxybenzo(a)pyrene 31906
trans-4,5-dihydro-4,5-dihydroxybenzo(a)p 31907
9,10-dihydro-9,10-dihydroxybenzo(a)pyren 31908
(±)-trans-9,10-dihydro-9,10-dihydroxyben 31909
trans-7,8-dihydro-7,8-dihydroxybenzo(a)p 31910
7,8-dihydro-7,8-dihydroxybenzo(a)pyrene- 31840
trans-1,2-dihydro-1,2-dihydroxychrysene 30505
trans-3,4-dihydro-3,4-dihydroxydibenz(a, 33144
trans-3,4-dihydro-3,4-dihydroxy-7,12-dim 32080
trans-8,9-dihydro-8,9-dihydroxy-7,12-dim 32081
trans-10,11-dihydro-10,11-dihydroxy-7,12 32082
(±)-(1R,2S,3R,4R)-3,4-dihydro-3,4-dihydr 30517
(±)-(1S,2R,3R,4R)-3,4-dihydro-3,4-dihydr 30518
2,3-dihydro-5,7-dihydroxy-3-(3-hydroxy-4 29187
trans-1,2-dihydro-1,2-dihydroxyindeno(1, 33118
cis-5,6-dihydro-5,6-dihydroxy-12-methylb 30551
trans-8,9-dihydro-8,9-dihydroxy-7-methyl 30630
trans-1,2-dihydro-1,2-dihydroxy-7-methyl 31389
trans-5,6-dihydro-5,6-dihydroxy-7-methyl 31390
1,2-dihydro-1,2-dihydroxy-5-methylchryse 31353
7,8-dihydro-7,8-dihydroxy-5-methylchryse 31354
3,4-dihydro-6-(4-(3,4-dimethoxybenzoyl)- 33278
2,5-dihydro-2,5-dimethoxyfuran 7885
3,4-dihydro-6,7-dimethoxy-1(2H)-isoquino 21985
2,5-dihydro-2,5-dimethoxy-2-methylfuran 11518
5,10-dihydro-10-(2-(dimethylamino)ethyl) 32257
10,11-dihydro-5-(3-dimethylamino-2-methy 32268
5,6-dihydro-7,12-dimethylbenz(a)anthrace 32062
3,4-dihydro-2,2-dimethyl-2H-1-benzopyran 22111
3,4-dihydro-1,11-dimethylchrysene 32063
16,17-dihydro-11,17-dimethylcyclopenta(a 31370
15,16-dihydro-7,11-dimethyl-17H-cyclopen 31345
15,16-dihydro-11,12-dimethylcyclopenta(a 31346
dihydro-N,N-dimethyl-3,3-diphenyl-2(3H)- 30716
2,3-dihydro-1,2-dimethyl-1H-indene 22030
2,3-dihydro-4,7-dimethyl-1H-indene 22031
2,3-dihydro-5,6-dimethyl-1H-indene 22032
2,3-dihydro-4,6-dimethyl-1H-indene 22044
2,3-dihydro-3,3-dimethyl-1H-inden-1-one 21853
1,3-dihydro-1,3-dimethyl-2H-indol-2-one 19296
1,3-dihydro-3,3-dimethyl-2H-indol-2-one 19297
1,3-dihydro-4,7-dimethyl-2H-indol-2-one 19298
3,7-dihydro-1,3-dimethyl-7-(3-(methylphe 30175
dihydro-5,5-dimethyl-4-(3-oxobutyl)-2(3H 20507
3,4-dihydro-2,2-dimethyl-4-oxo-2H-pyran- 14027
2,3-dihydro-2,2-dimethyl-6-((4-(phenylaz 34753
1,2-dihydro-1,5-dimethyl-2-phenyl-3H-pyr 21819
3,7-dihydro-1,3-dimethyl-1H-purine-2,6-d 10843
3,4-dihydro-2,5-dimethyl-2H-pyran-2-carb 14366
2,4-dihydro-2,5-dimethyl-3H-pyrazol-3-on 4826
4,5-dihydro-2,7-dinitropyrene 28995
cis-4,7-dihydro-1,3-dioxepin 4914
2,3-dihydro-1,4-dioxin 2977
9,10-dihydro-9,10-dioxo-2-anthracenecarb 27987
(4S)-(-)-4,5-dihydro-2-[2'-(diphenylphos 33819
(4R)-(+)-4,5-dihydro-2-[2'-(diphenylphos 33820
7,14-dihydro-7,14-dipropyldibenz(a,h)ant 34611
5,6-dihydro-1,4-dithiine-2,3-dicarboxyli 6620
1,2-dihydro-1,2-epoxyindeno(1,2,3-cd)pyr 33092
dihydroergotamine 35150
15,16-dihydro-11-ethylcyclopenta(a)phena 31347
2,3-dihydro-3-ethyl-6-methyl-1H-cyclopen 32112
6,13-dihydro-3-fluorobenzo(e)(1)benzothi 31216
6,13-dihydro-4-fluorobenzo(e)(1)benzothi 31217
6,13-dihydro-2-fluorobenzo(g)(1)benzothi 31215
6,11-dihydro-2-fluoro(1)benzothiopyrano(28022
6,11-dihydro-4-fluoro(1)benzothiopyrano(28023
2,5-dihydrofuran 2942
2,3-dihydrofuran 2943
dihydrogen methyl phosphate 301
dihydrohelenalin 28597
b-dihydroheptachlor 18620
15,16-dihydro-11-hydroxycyclopenta(a)phe 29894
6,7-dihydro-6-(2-hydroxyethyl)-5H-dibenz 29323
2,3-dihydro-6-(2-hydroxyethyl)-5-methyl- 17059
(2S-cis)-(+)-2,3-dihydro-3-hydroxy-2-(4- 29216
15,16-dihydro-16-hydroxy-11-methylcyclop 30506
(S)-(+)-dihydro-5-(hydroxymethyl)-2(3H)- 4936
(R)-(-)-dihydro-5-(hydroxymethyl)-2(3H)- 4937
2,3-dihydro-3-hydroxy-1-methyl-1H-indole 16451
2,3-dihydro-1H-inden-5-amine 16890
2,3-dihydro-1H-inden-4-amine 16900
(<+->)-2,3-dihydro-1H-inden-1-amine 16901
1a,6a-dihydro-6H-indeno[1,2-b]oxirene 16195
2,3-dihydro-1H-inden-1-ol 16627
2,3-dihydro-1H-inden-5-ol 16628
1,3-dihydro-2H-inden-2-one 16193
2,3-dihydro-1H-inden-1-one 16194
2,3-dihydro-1H-indole 13666
1,3-dihydro-2H-indol-2-one 13116
2,3-dihydro-1H-isoindol-1-one 13117
(3S-cis)-(+)-2,3-dihydro-3-isopropyl-7a- 20272
(3R-cis)-(-)-2,3-dihydro-3-isopropyl-7a- 20270
2,3-dihydro-9H-isoxazolo(3,2-b)quinazoli 18718
dihydrokavain 27379
9,10a-dihydrolisuride 32309
15,16-dihydro-11-methoxycyclopenta(a)phe 30507
dihydromethoxyelgenol 23070
15,16-dihydro-11-methoxy-7-methylcyclope 31355
(4S,5S)-(-)-4,5-dihydro-4-methoxymethyl- 24066
3,4-dihydro-6-methoxy-1(2H)-naphthalenon 21862
5,6-dihydro-4-methoxy-2H-pyran 7848
3,4-dihydro-2-methoxy-2H-pyran 7849
3,7-dihydro-8-methoxy-1,3,7-trimethyl-1H 17071
1,2-dihydro-3-methylbenz[j]aceanthrylene 32632
9,10-dihydro-7-methylbenzo(a)pyrene 32638
2,3-dihydro-2-methylbenzofuran 16629
2,3-dihydro-5-methylbenzofuran 16630
3,4-dihydro-2-methyl-2H-1-benzopyran 19486
3,4-dihydro-3-methyl-2H-1-benzopyran 19487
3,4-dihydro-6-methyl-2H-1-benzopyran 19488
3,4-dihydro-7-methyl-2H-1-benzopyran 19489
2,3-dihydro-2-methylbenzopyranyl-7,N-met 21992
meso-dihydro-3-methylcholanthrene 32665
11,12-dihydro-3-methylcholanthrene 32666
9,10-dihydro-3-methylcholanthrene-1,9,10 32701
trans-(±)-1,2-dihydro-5-methyl-1,2-chrys 31351
trans-(±)-1,2-dihydro-11-methyl-1,2-chry 31352
15,16-dihydro-11-methyl-17H-cyclopenta(a 30626
15,16-dihydro-7-methylcyclopenta(a)phena 30489
16,17-dihydro-11-methylcyclopenta(a)phen 30490
6,7-dihydro-5-methyl-5(H)-cyclopentapyra 13860
dihydro-5-methyl-4H-1,3,5-dithiazine 3760
16,17-dihydro-17-methylene-15H-cyclopent 30466
dihydro-3-methylene-2,5-furandione 4336
dihydro-3-methylene-2(3H)-furanone 4549
dihydro-5-methylene-2(3H)-furanone 4550
1,3-dihydro-1-(1-methylethenyl)-2H-benzi 19047
2,3-dihydro-5-methylfuran 4873
dihydro-3-methyl-2,5-furandione 4568
dihydro-3-methyl-2(3H)-furanone 4902
4,5-dihydro-2-methyl-3(2H)-furanone 4915
dihydro-5-methyl-2(3H)-furanone, (±) 4903
4,5-dihydro-2-methyl-1H-imidazole 3412
1,3-dihydro-1-methyl-2H-imidazole-2-thio 2919
2,3-dihydro-1-methyl-1H-indene 19389
2,3-dihydro-2-methyl-1H-indene 19390
2,3-dihydro-4-methyl-1H-indene 19391
2,3-dihydro-5-methyl-1H-indene 19392
2,3-dihydro-2-methyl-1H-inden-1-one 19086
2,3-dihydro-4-methyl-1H-inden-1-one 19087
15,16-dihydro-11-methyl-15-methoxycyclop 31356
1,2-dihydro-3-methylnaphthalene 21787
1,2-dihydro-4-methylnaphthalene 21788
3,4-dihydro-2-methyl-1(2H)-naphthalenone 21854
3,4-dihydro-4-methyl-1(2H)-naphthalenone 21855
2,3-dihydro-N-methyl-7-nitro-2-oxo-5-phe 29944
1,3-dihydro-1-methyl-7-nitro-5-phenyl-2H 29104
2,4-dihydro-5-methyl-2-(4-nitrophenyl)-3 18952
5,6-dihydro-2-methyl-1,4-oxathiin-3-carb 23864
1,2-dihydro-1-methyl-2-oxo-3-pyridinecar 10350
1,2-dihydro-5-methyl-2-phenyl-3H-pyrazol 19046
2,4-dihydro-2-methyl-5-phenyl-3H-pyrazol 19051
10,11-dihydro-2-(4-methyl-1-piperazinyl) 31450
4,9-dihydro-3-methyl-1H-purine-2,6,8(3H) 7045
7,9-dihydro-7-methyl-1H-purine-2,6,8(3H) 7046
3,6-dihydro-4-methyl-2H-pyran 7769
3,4-dihydro-6-methyl-2H-pyran-2-one 7423
4,5-dihydro-2-methylthiazole 3290
2,5-dihydro-3-methyl-thiophene 1,1-dioxi 4926
2-((3,4-dihydro-2-methyl-4-(3-(trifluoro 32832
dihydromorphinone 30101
dihydromyrcenol 21022
dihydromyrcenyl acetate 24728
5,12-dihydronaphthacene 30461
5,8-dihydro-1-naphthalenamine 19281
1,2-dihydronaphthalene 18970
1,4-dihydronaphthalene 18971
3,4-dihydro-1-naphthalenecarboxylic acid 21654
3,4-dihydro-2(1H)-naphthalenone 19088
2-((3,4-dihydro-1(2H)-naphthalenylidene) 28370
4,5-dihydronaphtho[1,2-c]furan-1,3-dione 23340
2,3-dihydro-2-(1-naphthyl)-4(1H)-quinazo 30479
1,2-dihydro-2-(5'-nitrofuryl)-4-hydroxyq 23440
1,3-dihydro-7-nitro-5-phenyl-2H-1,4-benz 28125
1,2-dihydro-2-(5-nitro-2-thienyl)quinazo 23434
1,2-dihydro-5-nitro-3H-1,2,4-triazol-3-o 677
dihydronordicyclopentadienyl acetate 24232
22,23-dihydro-5-o-demethyl-26 -((2-metho 35846
L-dihydroorotic acid 4526
3,6-dihydro-1,2,2H-oxazine 3258
5,13-dihydro-5-oxobenzo(e)(2)benzopyrano 31201
4,5-dihydro-5-oxo-3-furancarboxylic acid 4343
1,6-dihydro-6-oxo-3-pyridinecarboxylic a 6829
5,6-dihydro-p-dithiin-2,3-dicarboximide 6828
dihydro-5-pentyl-2(3H)-furanone 17714
1,1-dihydroperfluoroheptyl acrylate 18513
2,5-dihydroperoxy-2,5-dimethylhex-3-yne 14714
9,10-dihydrophenanthrene 26870
1,2-dihydrophenanthrene 26875
1,2-dihydro-1,2-phenanthrenediol 26963
N-(9,10-dihydro-2-phenanthryl)acetamide 29205
3,4-dihydro-2-phenyl-2H-1-benzopyran 28285
4,7-dihydro-2-phenyl-1,3-dioxepin 21871
(E)-1,3-dihydro-3-(((2-phenylethyl)amino 29998
dihydro-3-phenyl-2,5-furandione, (±) 18771
D(-)-2,5-dihydrophenylglycine 14168
2,3-dihydro-2-phenyl-1H-indene 28254
2,3-dihydro-2-phenyl-1H-inden-1-one 28175
4,5-dihydro-5-phenyl-2-oxazolamine 16580
dihydro-5-phenyl-5-propyl-4,6(1H,5H)-pyr 26060
dihydro-3-phenyl-2H-pyran-2,6(3H)-dione 21664
dihydro-4-phenyl-2H-pyran-2,6(3H)-dione 21665
4,5-dihydro-1-phenyl-1H-pyrazole 16565
4,5-dihydro-3-phenyl-1H-pyrazole 16566
5-(2-(3,6-dihydro-4-phenyl-1(2H)-pyridyl 30188
3,4-dihydro-3-phenylquinazoline 26897
2,3-dihydrophorbol myristate acetate 35389
10,11-dihydro-11-(p-methoxyphenyl)-2-(4- 33567
2,3-dihydro-6-propyl-2-thioxo-4(1H)-pyri 11114
1,7-dihydro-6H-purine-6-thione 4321
3,4-dihydro-2H-pyran-2-carboxaldehyde 7424
3,4-dihydro-2H-pyran 4852
4,5-dihydro-1H-pyrazole 1879
1,5-dihydro-4H-pyrazolo[3,4-d]pyrimidin- 4307
1,2-dihydropyrido(2,1,e)tetrazole 4306
2,5-dihydro-1H-pyrrole 3242
2,3-dihydroquercetin 28208
3,4-dihydro-2(1H)-quinolinone 16381
7,8-dihydroretinoic acid 32352
dihydrorubratoxin B 34290
dihydrostreptomycin 33035
dihydrotachysterol 34690
dihydroterpinyl acetate 24729
5a-dihydrotestosterone propionate 33383
1,3-dihydro-1-(1,2,3,6-tetrahydro-4-pyri 23871
dihydro-2,2,5,5-tetramethyl-3(2H)-furano 14631
2,3-dihydro-1,1,4,7-tetramethyl-1H-inden 26161
2,3-dihydro-1,1,4,6-tetramethyl-1H-inden 26162
5,6-dihydro-2,4,4,6-tetramethyl4H-1,3-ox 14797
1,2-dihydro-2,2,4,6-tetramethylpyridine 17550
dihydrothebaine 31518
4,5-dihydro-2-thiazolamine 1906
2-((dihydro-2(3H)-thienylidene)methyl)-1 16997
2,3-dihydrothiophene 3041
2,5-dihydrothiophene 3042
2,5-dihydrothiophene 1,1-dioxide 2986
dihydro-2(3H)-thiophenone 2960
4,5-dihydro-3(2H)-thiophenone 2961
1,2-dihydro-2-thioxo-3-pyridinecarboxyli 6825
2,3-dihydro-2-thioxo-4(1H)-pyrimidinone 2567
2,3-dihydro-2-thioxo-4-thiazoleacetic ac 11012
16,17-dihydro-11,12,17-trimethylcyclopen 32094
dihydro-2,4,6-trimethyl-4H-1,3,5-dithiaz 8859
2,3-dihydro-1,1,5-trimethyl-1H-indene 24132
2,3-dihydro-1,4,7-trimethyl-1H-indene 24133
2,3-dihydro-1,1,3-trimethyl-3-phenyl-1H- 30713
3,6-dihydro-4,6,6-trimethyl-2H-pyran-2-o 14360
1,2-dihydro-2,2,4-trimethylquinoline 24049
3,4-dihydro-6-(trimethylsilyloxy)-2H-pyr 15212
4,5-dihydro-2,4,4-trimethylthiazole 8178
cis-(±)-9,10-dihydro-N,N,10-trimethyl-2- 32830
cis-4,5-dihydro-2,4,5-triphenyl-1H-imida 32685
5,6-dihydrouracil 2904
(+)cis-7,a,8,b-dihydroxy-9,a,10,a-epoxy- 31922
(±)-1,b,2,b-dihydroxy-3,a,4,a-epoxy-1,2, 26976
3a,17b-dihydroxy-5a-androstane 31654
1,3-dihydroxyacetone dimer 8605
2',5'-dihydroxyacetophenone 13472
3',5'-dihydroxyacetophenone 13473
2',6'-dihydroxyacetophenone 13474
2b,17b-dihydroxy-2a-ethinyl-A-nor(5a)and 32353
3,5-dihydroxy-a-((isopropylamino)methyl) 22531
1,4-dihydroxy-9,10-anthracenedione 26664
1,5-dihydroxy-9,10-anthracenedione 26665

1,7-dihydroxy-9,10-anthracenedione 26666
1,8-dihydroxy-9,10-anthracenedione 26667
2,7-dihydroxy-9,10-anthracenedione 26668
2,6-dihydroxyanthraquinone 26669
trans-1,2-dihydroxy-anti-3,4-epoxy-1,2,3 30491
2,2'-dihydroxyazobenzene 23499
(±)-9a-10b-dihydroxy-11b,12b-epoxy-9,10, 31926
2,3-dihydroxybenzaldehyde 10422
2,4-dihydroxybenzaldehyde 10423
3,4-dihydroxybenzaldehyde 10424
2,5-dihydroxybenzaldehyde 10429
N,2-dihydroxybenzamide 10663
2,5-dihydroxy-1,4-benzenediacetic acid 19224
2,5-dihydroxy-1,4-benzenedisulfonic acid 6558
7,2-dihydroxy-1H-benz[f]indene-1,3(2H)-d 25507
3,3'-dihydroxybenzidine 23737
2,3-dihydroxybenzoic acid 10432
2,4-dihydroxybenzoic acid 10433
2,5-dihydroxybenzoic acid 10434
3,4-dihydroxybenzoic acid 10435
3,5-dihydroxybenzoic acid 10436
2,6-dihydroxybenzoic acid 10438
3,5-dihydroxybenzonitrile 10063
3,6-dihydroxybenzonorbornane 21872
2,2'-dihydroxybenzophenone 25640
4,4'-dihydroxybenzophenone 25641
3,4-dihydroxybenzophenone 25646
6,7-dihydroxy-2H-1-benzopyran-2-one 15942
7,8-dihydroxy-2H-1-benzopyran-2-one 15943
2,5-dihydroxy-1,4-benzoquinone 6622
3,5-dihydroxybenzyl alcohol 10903
2-(4-dihydroxyborane)phenyl-4-carboxyqui 29027
9-(3,4-dihydroxybutyl)guanine 17379
R-4,T-5-dihydroxy-C-6,6a-epoxy-4,5,6,6a- 31920
3,12-dihydroxycholan-24-oic acid, (3alph 33947
3,6-dihydroxycholan-24-oic acid, (3alpha 33948
3,7-dihydroxycholan-24-oic acid, (3alpha 33949
3,7-dihydroxycholan-24-oic acid, (3alpha 33950
1a,25-dihydroxycholecalciferol 34510
3,4-dihydroxy-3-cyclobutene-1,2-dione 2433
5,6-dihydroxy-5-cyclohexene-1,2,3,4-tetr 6215
4,5-dihydroxy-4-cyclopentene-1,2,3-trion 4203
2,3-dihydroxy-2-cyclopenten-1-one 4569
dihydroxydibenzanthrone 35202
4,4'(5')-dihydroxydibenzo-15-crown-5 30747
(+)-1a,2b-dihydroxy-1,2-dihydrobenzene 7434
trans-1,2-dihydroxy-1,2-dihydrobenzo(a,h 33145
(+,-)-trans-7,8-dihydroxy-7,8-dihydroben 31913
(-)-trans-7,8-dihydroxy-7,8-dihydrobenzo 31914
(+)-trans-7,8-dihydroxy-7,8-dihydrobenzo 31915
trans-4,5-dihydroxy-4,5-dihydrobenzo(e)p 31911
trans-9,10-dihydroxy-9,10-dihydrobenzo(e 31912
trans-3,4-dihydroxy-3,4-dihydro-7,12-dih 32088
6,7-dihydroxy-3,4-dihydroisoquinoline 16427
11,12-dihydroxy-11,12-dihydro-3-methylch 32697
trans-1,2,-dihydroxy-1,2-dihydrotripheny 30508
5,8-dihydroxy-1,4-dihydroxyethylaminoant 30661
2,4-dihydroxy-3,3-dimethylbutyronitrile 8156
2,2'-dihydroxy-3,3'-dimethyl-5,5'-dichlo 26885
2,5-dihydroxy-2,5-dimethyl-1,4-dithiane 8528
2,4-dihydroxy-5,6-dimethylpyrimidine 7351
1,8-dihydroxy-4,5-dinitroanthracene-9,10 26596
3,3'-dihydroxydiphenylmethane 25807
dihydroxydiphenylsilane 23775
11R,10S-dihydroxy-9S,8R-epoxide-8,9,10,1 32622
11S,10R-dihydroxy-9S,8R-epoxide-8,9,10,1 32623
11R,10S-dihydroxy-9R,8S-epoxide-8,9,10,1 32624
11S,10R-dihydroxy-9R,8S-epoxide-8,9,10,1 32625
(+)-trans-3,4-dihydroxy-1,2-epoxy-1,2,3, 30395
(±)-cis-3,4-dihydroxy-1,2-epoxy-1,2,3,4- 30394
(±)-(E)-7,8-dihydroxy-9,10-epoxy-7,8,9,1 31924
1,3-dihydroxy-2-ethoxymethylanthraquinon 29951
N,N-di(2-hydroxyethyl)cyclohexylamine 21120
di-(hydroxyethyl)-o-tolylamine 22524
(1S,2R,3S,4S)-2,3-dihydroxy-4-(hydroxyme 8893
(1R,2S,3R,4R)-2,3-dihydroxy-4-(hydroxyme 8894
1,8-dihydroxy-3-(hydroxymethyl)-9,10-ant 28058
N-[[1-[3,4-dihydroxy-5-(hydroxymethyl)te 34168
2,2-dihydroxy-1H-indene-1,3(2H)-dione 15944
5,6-dihydro-2-(2,6-xylidino)-4H-1,3-thia 24175
2,3-dihydroxymaleic acid 2610
DL-3,4-dihydroxymandelic acid 13511
4,6-dihydroxy-2-mercaptopyrimidine 2573
alpha,4-dihydroxy-3-methoxybenezeneaceti 16808
7,8-dihydroxy-6-methoxy-2H-1-benzopyran- 18795
(2,6-dihydroxy-4-methoxyphenyl)phenylmet 26983
1,7-dihydroxy-3-methoxy-9H-xanthen-9-one 26795
2',4'-dihydroxy-3'-methylacetophenone 16746
1,8-dihydroxy-3-methyl-9,10-anthracenedi 28053
1,2-dihydroxy-3-methylbenzene 10868
1,2-dihydroxy-4-methylbenzene 10869
1,3-dihydroxy-2-methylbenzene 10870
1,3-dihydroxy-4-methylbenzene 10871
1,3-dihydroxy-5-methylbenzene 10872
1,4-dihydroxy-2-methylbenzene 10873
2,4-dihydroxy-6-methylbenzoic acid 13488
2,6-dihydroxy-4-methylbenzoic acid 13495
(E)-3,4-dihydroxy-7-methyl-3,4-dihydrobe 32087
2,12-dihydroxy-4-methyl-11,16-dioxosenec 31600
3,5-dihydroxy-2-methyl-1,4-naphthalenedi 21544
3,4-dihydroxy-3-methyl-4-phenyl-1-butyne 21879
2',4'-dihydroxy-3'-methylpropiophenone 19651
4,6-dihydroxy-2-methylpyrimidine 4516
2,3-dihydroxynaphthalene 18765
1,2-dihydroxynaphthalene 18766
2,3-dihydroxy-1,4-naphthalenedione 18591
5,8-dihydroxy-1,4-naphthalenedione 18592
4,5-dihydroxy-2,7-naphthalenedisulfonic 18801
3,6-dihydroxynaphthalene-2,7-disulfonic 18583
5,6-dihydroxynaphtho[2,3-f]quinoline-7,1 29847
1,2-dihydroxy-3-nitro-9,10-anthracenedio 26614
1,2-dihydroxy-4-nitro-9,10-anthracenedio 26615
4,6-dihydroxy-5-nitropyrimidine 2500
2,3-dihydroxy-6-nitro-7-sulphamoylbenzo[23331
9,10-dihydroxyoctadecanedioic acid, (R*, 31046
9,10-dihydroxyoctadecanoic acid 31109
2,2'-dihydroxy-3,3',5,5',6-pentachlorobe 25445
3,4-dihydroxyphenylacetic acid 13496
2,5-dihydroxyphenylacetic acid g-lactone 12931
5,7-dihydroxy-2-phenyl-4H-1-benzopyran-4 28054
1-(2,4-dihydroxyphenyl)ethanone 13450
3,4-dihydroxyphenylglyoxime 13371
1-(2,4-dihydroxyphenyl)-1-hexanone 24240
(2,4-dihydroxyphenyl)phenylmethanone 25642
1-(2,4-dihydroxyphenyl)-1-propanone 16712
3-(3,4-dihydroxyphenyl)-2-propenoic acid 16234
dihydroxyphenylstibine oxide 7265
bis(dihydroxyphenyl)sulfide 23549
17,21-dihydroxypregn-4-ene-3,20-dione 32964
17,21-dihydroxypregn-4-ene-3,11,20-trion 32934
17,21-dihydroxypregna-1,4-diene-3,11,20- 32886
2,3-dihydroxypropanal, (±) 1951
1,3-dihydroxy-2-propanone 1952
2',5'-dihydroxypropiophenone 16747
bis(2,3-dihydroxypropyl) ether 9098
di(2-hydroxy-n-propyl)amine 8955
4-(2,3-dihydroxypropylamino)-2-(5-nitro- 28281
4,6-dihydroxypyrazolo[3,4-d]pyrimidine 4316
2,3-dihydroxypyridine 4411
2,4-dihydroxypyridine 4412
4,6-dihydroxypyrimidine 2571
4,8-dihydroxy-2-quinolinecarboxylic acid 18656
2,3-dihydroxyquinoxaline 12884
R-4,T-5-dihydroxy-T-6,6a-epoxy-4,5,6,6a- 31921
dihydroxytartaric acid 3040
2,4-dihydroxy-5-tert-butylbenzophenone 30077
trans-9,10-dihydroxy-9,10,11,12-tetrahyd 32029
trans-1,2-dihydroxy-1,2,3,4-tetrahydroch 30631
trans-3,4-dihydroxy-1,2,3,4-tetrahydrodi 33174
1,5-dihydroxy-1,2,3,4-tetrahydronaphthal 19591
trans-1,2-dihydroxy-1,2,3,4-tetrahydrotr 30632
5,7-dihydroxytetrazolo(1,5-a)pyridine-6- 6371
3,4-dihydroxy-5-[(3,4,5-trihydroxybenzoy 26798
1,3-dihydroxy-9H-xanthen-9-one 25504
2,7-dihydroxy-9H-xanthen-9-one 25505
3,6-dihydroxy-9H-xanthen-9-one 25506
2-(3,6-dihydroxy-9H-xanthen-9-yl)benzoic 31934
o-diiodobenzene 6553
1,3-diiminoisoindoline 13217
diiodoacetylene 1199
2,4-diiodoaniline 6805
m-diiodobenzene 6554
p-diiodobenzene 6555
4,4'-diiodobenzophenone 25490
N-2,5-diiodobenzoyl-N',N',N",N"-diethyle 21809
1,4-diiodo-1,3-butadiyne 4150
1,1-diiodobutane 3401
1,2-diiodobutane 3402
1,3-diiodobutane 3403
1,4-diiodobutane 3404
2,2-diiodobutane 3405
2,3-diiodobutane 3406
1,4-diiodo-2-butyne 2561
1,1-diiododecane 20968
1,10-diiododecane 20969
1,1-diiodo-2,2-dimethylpropane 5399
1,3-diiodo-2,2-dimethylpropane 5400
1,1-diiodododocosane 33460
1,1-diiodododecane 24839
1,1-diiodododotriacontane 35117
1,1-diiodoeicosane 32482
1,1-diiodoethane 844
1,2-diiodoethane 845
cis-1,2-diiodoethene 658
(E)-1,2-diiodoethylene 659
1,3-diiodo-2-ethylpropane 5398
4,4'-diiodofluorescein 31779
1,1-diiodoheneicosane 33042
1,1-diiodohentriacontane 35032
1,1-diiodoheptacosane 34556
1,1-diiodoheptadecane 30319
1,1-diiodoheptane 11774
1,1-diiodoheptatriacontane 35484
1,1-diiodohexacosane 34355
1,1-diiodohexadecane 29714
1,1-diiodohexane 8305
1,6-diiodohexane 8306
1,1-diiodohexatriacontane 35425
2,6-diiodohydroquinone 6557
3,5-diiodo-4-hydroxyphenyl 2,5-dimethyl- 25591
3,5-diiodo-4-hydroxyphenyl 2-furyl keton 21477
3,5-diiodo-4-hydroxyphenyl 2-mesityl-3-b 33754
1,3-diiodo-2-(iodomethyl)-propane 3237
diiodomethane 161
diiodomethyl p-tolyl sulfone 13329
1,1-diiodo-3-methylbutane 5389
1,1-diiodo-3-methylbutane 5390
1,2-diiodo-2-methylbutane 5391
1,2-diiodo-3-methylbutane 5392
1,3-diiodo-2-methylbutane 5393
1,3-diiodo-3-methylbutane 5394
1,4-diiodo-2-methylbutane 5395
2,2-diiodo-3-methylbutane 5396
2,3-diiodo-2-methylbutane 5397
1,1-diiodo-2-methylpropane 3407
1,2-diiodo-2-methylpropane 3408
1,3-diiodo-2-methylpropane 3409
2,6-diiodo-4-nitroaniline 6556
2,6-diiodo-4-nitrophenol 6354
1,1-diiodononacosane 34821
1,1-diiodononadecane 31703
1,1-diiodononane 17967
1,1-diiodononatriacontane 35562
1,1-diiodooctacosane 34722
1,1-diiodooctadecane 31084
4,5-diiodo-6-octadecenoic acid 30986
6,7-diiodo-6-octadecenoic acid 30987
1,1-diiodooctane 15017
1,8-diiodooctane 15018
1,1-diiodooctatriacontane 35524
1,1-diiodopentacosane 34190
1,1-diiodopentadecane 28867
1,1-diiodopentane 5380
1,2-diiodopentane 5381
1,3-diiodopentane 5382
1,4-diiodopentane 5383
1,5-diiodopentane 5384
2,2-diiodopentane 5385
2,3-diiodopentane 5386
2,4-diiodopentane 5387
3,3-diiodopentane 5388
1,1-diiodopentatriacontane 35320
1,1-diiodopropane 1871
1,2-diiodopropane 1872
1,3-diiodopropane 1873
2,2-diiodopropane 1874
5,7-diiodo-8-quinolinol 15831
diiodoquinone 6198
1,1-diiodotetracontane 35623
1,1-diiodotetracosane 33989
1,1-diiodotetradecane 27858
1,2-diiodotetrafluoroethane 489
1,1-diiodotetratriacontane 35271
2,5-diiodothiophene 2415
1,1-diiodotriacontane 34952
1,1-diiodotricosane 33691
1,1-diiodotridecane 26476
1,1-diiodotritriacontane 35186
L-3,5-diiodotyrosine 16362
1,1-diiodoundecane 22810
1,1-diisobutoxyethane 21353
diisobutoxymethane 18346
diisobutyl adipate 27817
diisobutyl carbonate 18092
diisobutyl fumarate 24600
diisobutyl ketone 17998
diisobutyl oxalate 20826
diisobutyl phthalate 29519
diisobutyl sulfide 15612
diisobutyl sulfite 15589
diisobutyl sulfone 15570
diisobutyl terephthalate 29520
diisobutylaluminum chloride 15373
diisobutylaluminum hydride 15623
diisobutylamine 15638
diisobutylaminobenzoyloxypropyl theophyl 34149
diisobutylene oxide 15150
N,N-diisobutylethanolamine 21408
1,2-diisobutylhydrazine 15693
diisobutyloxostannane 15543
diisobutylphosphite 15672
1,1-diisobutylurea 18224
diisobutyryl peroxide 14715
1,4-diisocyanatobenzene 12581
1,4-diisocyanatobutane 7352
1,12-diisocyanatododecane 27754
diisocyanatomethane 1378
diisocyanatomethylbenzene 15909
1,5-diisocyanatonaphthalene 23223
1,8-diisocyanatooctane 20402
1,6-diisocyanohexane 14290
diisodecyl phthalate 34691
diisonitrosoacetone 1604
diisononyl phthalate 34316
diisooctyl acid phosphate 29810
diisooctyl phthalate 33924
diisopentyl carbonate 22859
diisopentyl disulfide 21395
diisopentyl ether 21336
diisopentyl oxalate 24751
diisopentyl phthalate 30898
diisopentyl sulfide 21393
diisopentylamine 21406
N,N-diisopentylethanolamine 25348
diisopentylmercury 21211
diisopentyloxostannane 21345
diisopropanolamine 9230
1,3-diisopropenylbenzene 23895
1,3-diisopropoxycalix[4]arenecrown-6 35748
3,4-diisopropoxy-3-cyclobutene-1,2-dione 20160
diisopropoxymethylborane 12311
(3,3-diisopropoxypropyl)triphenylphospho 34448
diisopropyl adipate 24752
diisopropyl azodicarboxylate 14530
diisopropyl carbonate 11932
diisopropyl (cyanomethyl)phosphonate 15019
diisopropyl cyanomethylphosphonate 15020
diisopropyl disulfide 9129
diisopropyl ester sulfuric acid 9097
diisopropyl ether 8995
diisopropyl (ethoxycarbonylmethyl)phosph 21131
N,N-diisopropyl ethyl carbamate 18158
N,N-diisopropyl ethylenediamine 15703
diisopropyl fumarate 20515
diisopropyl hyponitrite 8950
(+)-diisopropyl l-tartrate 20846
diisopropyl (R)-(+)-malate 20839
diisopropyl (S)-(-)-malate 20840
diisopropyl malonate 17770
diisopropyl methylphosphonate 12367
O,O-diisopropyl methylphosphonothioate 12363
diisopropyl oxalate 14692
diisopropyl paraoxon 24399
diisopropyl sulfide 9113
(-)-diisopropyl D-tartrate 20845
diisopropyl tartrate, (±) 20842
diisopropyl thiourea 12161
(+)-diisopropyl O,O'-bis(trimethylsilyl) 29787
(-)-diisopropyl O,O'-bis(trimethylsilyl) 29788
N,N-diisopropylacetamide 15317
diisopropylamine 9203
bis(diisopropylamino)chlorophosphine 25368
di(isopropylamino)dimethylsilane 15742
a-(2-(diisopropylamino)ethyl)-a-phenyl-2 32942
3-diisopropylamino-1,2-propanediol 18397
2,6-diisopropylaniline 24505
N,N-diisopropylaniline 24508
N,N-diisopropylbenzamide 26252
diisopropylbenzene 24359
1,2-diisopropylbenzene 24360
m-diisopropylbenzene 24361
p-diisopropylbenzene 24362
N,N-diisopropyl-2-benzothiazolesulfenami 26199
diisopropylberyllium 8885

diisopropylcarbamoyl chloride 11758
N,N'-diisopropylcarbodiimide 11782
3,5-diisopropylcatechol 24471
diisopropylcyanamide 11785
2,6-diisopropyl-N,N-dimethylaniline 27724
N,N-diisopropylethanolamine 15653
N,N'-diisopropylethylenediamine 15697
N,N-diisopropylformamide 12066
1,2-diisopropylhydrazine 9296
1,2:5,6-di-O-isopropylidene-a-D-allofura 24616
1,2:5,6-di-O-isopropylidene-a-D-ribo-3-h 24498
N,N-diisopropylisobutylamine 21407
N,N-diisopropylisobutyramide 21111
diisopropylmercury 8904
N,N'-diisopropyl-O-methylisourea 15408
2,6-diisopropylnaphthalene 29445
diisopropyloctylsilane 27970
diisopropyloxostannane 9018
2,6-diisopropylphenyl isocyanate 26125
diisopropylphenylhydroperoxide (solution 24525
3,5-diisopropylphenyl-N-methylcarbamate 27625
1,1'-bis(diisopropylphosphino)ferrocene 33396
N,N'-diisopropyl-1,3-propanediamine 18426
3,5-diisopropylsalicylic acid 26232
diisopropyltin dichloride 8901
O,O-diisopropyl-S-tricyclohexyltin phosp 33982
1,4-diisothiocyanatobenzene 12589
diketene 2598
dilaudid 30123
dilauryl phosphite 34021
dilauryl phthalate 35099
1,3-dilithiobenzene 6560
dilithium-1,1-bis(trimethylsilyl)hydrazi 9351
dimatif 3861
dimefline 32145
dimefox 4056
(-)-di[(1R)-menthyl] fumarate 33951
(-)-di[(1R)-menthyl] succinate 33962
(1S)-(+)-dimenthyl succinate 33963
1,3-dimercapto-2-propanol 2135
2,3-dimercapto-1-propanol 2136
2,3-dimercapto-1-propanol tributyrate 28807
2,3-dimercaptopropyl-p-tolysulfide 20181
meso-2,3-dimercaptosuccinic acid 3018
2,3-dimercaptosuccinic acid 3019
2,5-dimercapto-1,3,4-thiadiazole 669
2,5-dimercapto-1,3,4-thiadiazole, dipota 1202
dimerin 20567
dimesitylcyclopropenone 32810
dimetacrine 32269
cis-1,4-dimethane sulfonoxy-2-butene 8618
trans-1,4-dimethane sulfonoxy-2-butene 8619
1,4-dimethane sulfonoxy-2-butyne 7966
dimethanesulfonyl peroxide 1090
dimethenamid 24393
dimethipin 7943
dimethisoquin 30222
dimethisoquin hydrochloride 30229
2,4'-dimethlbiphenyl 27059
dimethoate-ethyl 8909
dimethocaine 29605
2',5'-dimethoxyacetophenone 19652
2',6'-dimethoxyacetophenone 19653
3',5'-dimethoxyacetophenone 19654
2',4'-dimethoxyacetophenone 19655
(5a,7a(R))-3,6-dimethoxy-a-17-dimethyl-4 34996
1,2-dimethoxy-4-allylbenzene 22120
4,7-dimethoxy-5-allyl-1,3-benzodioxole 24006
3,4'-dimethoxy-4-aminoazobenzene 27253
2,5-dimethoxyaniline 14163
2,6-dimethoxyaniline 14164
3,5-dimethoxyaniline 14169
2,4-dimethoxyaniline 14170
3,4-dimethoxyaniline 14171
1,4-dimethoxyanthracene 29161
1,5-dimethoxyanthraquinone 29063
7,12-dimethoxybenz(a)anthracene 32030
2,4-dimethoxybenzaldehyde 16713
2,5-dimethoxybenzaldehyde 16714
3,4-dimethoxybenzaldehyde 16715
3,5-dimethoxybenzaldehyde 16716
2,6-dimethoxybenzaldehyde 16748
2,3-dimethoxybenzaldehyde 16749
3,5-dimethoxybenzamide 16961
1,2-dimethoxybenzene 13951
1,3-dimethoxybenzene 13952
1,4-dimethoxybenzene 13953
3,4-dimethoxybenzeneacetaldehyde 19633
2,4-dimethoxybenzeneboronic acid 14065
3,4-dimethoxybenzeneethanamine 20266
2,5-dimethoxybenzeneethanol 20127
3,4-dimethoxybenzenemethanamine 17326
3,4-dimethoxybenzenemethanol 17184
4,4'-dimethoxybenzhydrol 28444
3,3'-dimethoxybenzidine 27345
4,4'-dimethoxybenzil 29179
4,7-dimethoxy-2-benzofuranyl methyl keto 23787
6,7-dimethoxy-2-benzofuranyl methyl keto 23788
3,4-dimethoxybenzoic acid 16781
3,5-dimethoxybenzoic acid 16782
2,6-dimethoxybenzoic acid 16791
2,3-dimethoxybenzoic acid 16792
2,5-dimethoxybenzoic acid 16793
2,4-dimethoxybenzoic acid 16794
2,6-dimethoxybenzonitrile 16420
3,5-dimethoxybenzonitrile 16428
3,4-dimethoxybenzonitrile 16429
2,4-dimethoxybenzonitrile 16430
2,3-dimethoxybenzonitrile 16431
4,4'-dimethoxybenzophenone 28317
5,7-dimethoxy-2H-1-benzopyran-2-one 21673
1-(5,8-dimethoxy-2H-1-benzopyran-3-yl)et 25997
1-(7,8-dimethoxy-2H-1-benzopyran-3-yl)et 25998
3,5-dimethoxybenzoyl chloride 16328
3,4-dimethoxybenzoyl chloride 16329
25,27-dimethoxy-26-(N-benzoyl)carbamoylo 35852
2,5-dimethoxybenzyl alcohol 17195
2,3-dimethoxybenzyl alcohol 17196
3,5-dimethoxybenzyl alcohol 17197
2,4-dimethoxybenzyl alcohol 17198
3,5-dimethoxybenzyl chloride 16863
2,4-dimethoxybenzylamine 17338
3,5-dimethoxybenzylamine 17339
2,3-dimethoxybenzylamine 17340
(S)-(-)-(3,4-dimethoxy)benzyl-1-phenylet 30158
(R)-(+)-(3,4-dimethoxy)benzyl-1-phenylet 30159
2,2'-dimethoxy-1,1'-binaphthyl 33172
2,2'-dimethoxy-1,1'-biphenyl 27157
3,3'-dimethoxy-1,1'-biphenyl 27158
4,4'-dimethoxy-1,1'-biphenyl 27159
6,6'-[(3,3'-dimethoxy[1,1'-biphenyl]-4,4 35206
4,4'-dimethoxy-2,2'-bipyridine 23736
dimethoxyborane 1107
2,3-dimethoxy-1,3-butadiene 7850
1,3-dimethoxybutane 9065
3,3-dimethoxy-2-butanone 8549
1,1-dimethoxy-2-butene 8519
1,4-dimethoxy-2-butyne 7851
1,3-dimethoxycalix[4]arenecrown-6 35581
2,5-dimethoxycinnamic acid 21902
3,4-dimethoxycinnamic acid 21903
3,5-dimethoxycinnamic acid 21904
3,4-dimethoxycinnamonitrile, cis and tra 21748
3,4-dimethoxy-3-cyclobutene-1,2-dione 7107
2,6-dimethoxy-2,5-cyclohexadiene-1,4-dio 13489
2,2-dimethoxycyclohexanol 15221
b-(2,4-dimethoxy-5-cyclohexylbenzoyl)pro 30862
5,6-dimethoxydibenz(a,h)anthracene 33756
(1S)-1-(2,5-dimethoxy-2,5-dihydrofuran-2 14703
(1R)-1-(2,5-dimethoxy-2,5-dihydrofuran-2 14704
DL-1-(2,5-dimethoxy-2,5-dihydrofuran-2-y 14705
(R,R)-(-)-2,3-dimethoxy-1,4-bis(dimethyl 21424
2,2'-dimethoxy-5,5'-dimethyl-1,1'-biphen 29398
2,5'-dimethoxy-2',5-dimethyl-1,1'-biphen 29399
6,7-dimethoxy-1,3-dimethyl-3,4-dihydrois 19151
dimethoxydimethylsilane 4096
4,4'-dimethoxydiphenyl ditelluride 27176
dimethoxydiphenylsilane 27375
1,1-dimethoxydodecane 27934
1,12-dimethoxydodecane 27935
2,2-dimethoxyethanamine 4009
1,2-dimethoxyethane 3882
di(2-methoxyethyl) maleate 20538
(1,1-dimethoxyethyl)benzene 20113
di(2-methoxyethyl)peroxydicarbonate 14734
1,4-dimethoxy-2-fluorobenzene 13644
2,4-dimethoxy-4'-fluorochalcone 29963
3,4-dimethoxy-4'-fluorochalcone 29964
1,2-dimethoxy-4-(2-fluoroethyl)benzene 19750
1,2-dimethoxy-4-(2-fluoro-2-propenyl)ben 21935
4,8-dimethoxyfuro[2,3-b]quinoline 25718
1,1-dimethoxyhexadecane 31148
3,5-dimethoxy-1-hexanol 15580
3',5'-dimethoxy-4'-hydroxyacetophenone 19681
3,5-dimethoxy-4-hydroxycinnamic acid, pr 21908
5,6-dimethoxy-1-indanone 21889
6,7-dimethoxy-1(3H)-isobenzofuranone 19199
1,4-dimethoxy-2-isopropylbenzene 22450
1,2-dimethoxy-3-methylbenzene 17139
1,2-dimethoxy-4-methylbenzene 17140
1,3-dimethoxy-5-methylbenzene 17141
2,2-dimethoxy-N-methylethanamine 5989
1-(dimethoxymethyl)-3-nitrobenzene 16973
1-(dimethoxymethyl)-4-nitrobenzene 16974
1-(dimethoxymethyl)-2-nitrobenzene 16978
dimethoxymethyl-n-octadecylsilane 33076
dimethoxymethylphenylsilane 17481
dimethoxymethylvinylsilane 5895
2,7-dimethoxynaphthalene 23771
5,7-dimethoxy-3-(1-naphthoyl)coumarin 33147
2,5-dimethoxy-4-nitroaniline 13892
1,2-dimethoxy-4-nitrobenzene 13765
1,3-dimethoxy-5-nitrobenzene 13766
1,4-dimethoxy-2-nitrobenzene 13767
2,4-dimethoxy-1-nitrobenzene 13768
4,5-dimethoxy-2-nitrobenzoic acid 16479
4,5-dimethoxy-2-nitrocinnamic acid 21774
bis(4,5-dimethoxy-2-nitrophenyl)diseleni 29273
1,1-dimethoxyoctadecane 32530
4,4'-dimethoxyoctafluorodiphenyl 26593
2,5-dimethoxyphenethylamine 20273
2,6-dimethoxyphenol 13993
3,5-dimethoxyphenol 13994
3,4-dimethoxyphenol 14007
2,3-dimethoxyphenol 14008
3-(3,5-dimethoxyphenoxy)-1,2-propanediol 22484
2,5-dimethoxyphenyl isocyanate 16457
2,4-dimethoxyphenyl isocyanate 16458
2,4-dimethoxyphenyl isothiocyanate 16446
2,5-dimethoxyphenyl isothiocyanate 16447
(2,5-dimethoxyphenyl)acetic acid 19682
(3,5-dimethoxyphenyl)acetic acid 19683
(3,4-dimethoxyphenyl)acetic acid 19684
(3,4-dimethoxyphenyl)acetone 22181
(2,4-dimethoxyphenyl)acetone 22182
2,2-dimethoxy-2-phenylacetophenone 29297
3,4-dimethoxyphenylacetyl chloride 19262
(2,5-dimethoxyphenyl)acetyl chloride 19263
1-((2,5-dimethoxyphenyl)azo)-2-naphthol 30594
2,5-dimethoxyphenylboronic acid 14066
2,6-dimethoxyphenylboronic acid 14067
4-(3,4-dimethoxyphenyl)butyric acid 24260
2-(3,4-dimethoxyphenyl)ethanol 20137
1-(3,4-dimethoxyphenyl)ethanone 19634
2-(2,5-dimethoxyphenyl)isopropylamine 22532
2-(2,5-dimethoxyphenyl)nitroethene 19339
(2,4-dimethoxyphenyl)phenylmethanone 28310
3-(3,4-dimethoxyphenyl)-1-propanol 22470
3-(3,4-dimethoxyphenyl)propionic acid 22195
2,5-bis(3,4-dimethoxyphenyl)-1,3,4-thiad 30660
3,5-bis(3,4-dimethoxyphenyl)-1H-1,2,4-tr 30708
2-((dimethoxyphosphinyl)oxy)-1H-benz(d,e 26895
3-(dimethoxyphosphinyloxy)-N-methyl-N-me 15024
1,2-bis(dimethoxyphosphoryl)benzene 20539
1,1-dimethoxypropane 5878
2,2-dimethoxypropane 5879
1,2-dimethoxypropane 5885
1,3-dimethoxy-2-propanol 5900
3,3-dimethoxy-1-propene 5511
cis-1,2-dimethoxy-4-(1-propenyl)benzene 22121
trans-4,7-dimethoxy-5-(1-propenyl)-1,3-b 24007
3,3-dimethoxypropionaldehyde 5564
3,3-dimethoxypropiononitrile 5226
2,6-dimethoxypyridine 11000
2,4-dimethoxypyrimidine 7353
1-(4,6-dimethoxypyrimidin-2-yl)-3-(3-eth 27405
6,7-dimethoxy-2,4(1H,3H)-quinazolinedion 19069
2,6-dimethoxyquinol 14032
2',5'-dimethoxystilbenamine 29325
4,4'-dimethoxystilbene 29280
3,6-dimethoxy-4-sulfanilamidopyridazine 23955
1,3-dimethoxy-4-tert-butylcalix[4]arene 35779
1,1-dimethoxytetradecane 29779
2,5-dimethoxy-3-tetrahydrofurancarboxald 11547
6,7-dimethoxy-1,2,3,4-tetrahydro-1-isoqu 26140
6,7-dimethoxy-1,2,3,4-tetrahydro-1-isoqu 26061
6,7-dimethoxy-1,2,3,4-tetrahydroisoquino 21983
1,3-dimethoxy-1,1,3,3-tetramethyldisilox 9365
3,4-dimethoxythiophenol 13987
2,5-dimethoxytoluene 17159
2,4-dimethoxytoluene 17160
2,6-dimethoxytoluene 17161
25,27-dimethoxy-26-(N-tosyl)carbamoyloxy 35854
25,27-dimethoxy-26-(N-trichloroacetyl)ca 35818
25,27-dimethoxy-26-(N-trifluoroacetyl)ca 35819
3,3'-dimethoxytriphenylmethane-4,4'-bis(35638
4,4'-dimethoxytrityl chloride 32708
5'-O-dimethoxytrityl-N-benzoyl-desoxyade 35505
5'-O-dimethoxytrityl-N-benzoyl-desoxycyt 35450
5'-O-dimethoxytrityl-deoxythymidine 34984
5'-O-dimethoxytrityl-N-isobutyryl-deoxyg 35290
dimethyl 2-acetoxyethylphosphonate 8874
dimethyl adipate 14693
dimethyl allylmalonate 14391
dimethyl allylphosphonate 5769
dimethyl aminoterephthalate 19340
4,5'-dimethyl angelicin 25652
dimethyl arsinic sulfide 992
bis-dimethyl arsinyl sulfide 4034
dimethyl benzyl carbinyl acetate 24233
dimethyl benzyl carbinyl propionate 26224
dimethyl beryllium 997
dimethyl biphenyl-4,4'-dicarboxylate 29180
dimethyl brassylate 28835
dimethyl bromomalonate 4603
dimethyl 2-butynedioate 7104
dimethyl cadmium 1003
dimethyl camphorate, (+) 24601
dimethyl carbate 22196
dimethyl carbonate 1953
dimethyl 2-chloromaleate 7155
dimethyl chloromalonate 4637
dimethyl chlorophosphate 1011
dimethyl chlorothiophosphate 1009
dimethyl trans-1,2-cyclobutanedicarboxyl 14383
dimethyl cis-1,3-cyclohexanedicarboxylat 20516
dimethyl cis-1,4-cyclohexanedicarboxylat 20517
dimethyl trans-1,3-cyclohexanedicarboxyl 20518
dimethyl trans-1,4-cyclohexanedicarboxyl 20525
dimethyl cyclohexane-1,4-dicarboxylate; 20526
dimethyl 1,4-cyclohexanedione-2,5-dicarb 19702
trans-1,2-dimethyl cyclohexanol 15103
dimethyl 1-cyclohexene-1,4-dicarboxylate 20152
dimethyl trans-1,2-cyclopentanedicarboxy 17502
dimethyl 1,2-cyclopropanedicarboxylate 11201
dimethyl 1,1-cyclopropanedicarboxylate 11207
dimethyl cis-1,2-cyclopropanedicarboxyla 11208
dimethyl trans-1,2-cyclopropanedicarboxy 11209
dimethyl 2,6-dibromoheptanedioate 17400
dimethyl dicarbonate 3026
dimethyl dichloromalonate 4481
dimethyl diethylmalonate 17771
dimethyl 2,2-dimethyl-1,3-cyclobutanedic 20519
dimethyl 3,3-dimethylpentanedioate 17760
dimethyl diphenate 29174
dimethyl diselenide 1098
dimethyl disulfide 1094
O,O-dimethyl dithiophosphate 1138
dimethyl 1,12-dodecanedioate 27818
(-)-dimethyl d-tartrate 7958
dimethyl ether 1066
(dimethyl ether)oxodiperoxo chromium(VI) 1024
dimethyl ethyl allenolic acid methyl eth 29401
dimethyl ethylphosphonate 4023
dimethyl fandane 30086
dimethyl fluorophosphate 1025
dimethyl fumarate 7451
dimethyl 2,5-furandicarboxylate 13509
dimethyl 3,4-furandicarboxylate 13512
dimethyl furane 7400
dimethyl glutarate 11533
dimethyl heptanedioate 17761
dimethyl hexafluoroglutarate 10331
dimethyl hydrogen phosphate 1141
dimethyl hydrogen phosphite 1139
dimethyl 2-hydroxyethylphosphonate 4028
dimethyl 3-hydroxyglutarate 11563
dimethyl hyponitrile 1047
dimethyl 4,5-imidazoledicarboxylate 10838
dimethyl indole-2,3-dicarboxylate 23652
dimethyl isobutylmalonate 17772
dimethyl isophthalate 19201
(+)-dimethyl 2,3-O-isopropylidene-d-tart 17515
(-)-dimethyl 2,3-O-isopropylidene-L-tart 17514
dimethyl lead diacetate 8576
(+)-dimethyl l-tartrate 7959
dimethyl (R)-(+)malate 7949
dimethyl maleate 7446
dimethyl malonate 4947
dimethyl manganese 1035
dimethyl mercury 1030
N,N-dimethyl 4-methoxybenzamide 19811
dimethyl methoxymalonate 7950
dimethyl methoxymethylenemalonate 11218

dimethyl cis-2-methyl-2-butenedioate 11202
dimethyl trans-2-methyl-2-butenedioate 11203
dimethyl 3-methyl-trans-1,2-cyclopropane 14392
dimethyl 1-methyl-trans-1,2-cyclopropane 14393
dimethyl methylenesuccinate 11204
dimethyl 3-methylglutaconate 14394
dimethyl 3-methylglutarate 14707
dimethyl methylmalonate 7923
dimethyl ((1-methyl-5-nitro-1H-imidazol- 19355
dimethyl methylphosphonate 2232
O,O-dimethyl methylphosphonothioate 2229
dimethyl 2-methylsuccinate 11534
(R)-(+)-dimethyl (R)-methylsuccinate 11550
dimethyl 2,3-naphthalenedicarboxylate 26985
dimethyl 5-nitroisophthalate 18938
dimethyl nitromalonate 4702
dimethyl 4-nitrophthalate 18939
dimethyl nitroterephthalate 18940
dimethyl nonanedioate 22735
dimethyl octanedioate 20827
dimethyl oxalate 3009
dimethyl oxazolidine 5693
dimethyl 2-oxoglutarate 11220
dimethyl 2-oxoheptylphosphonate 18173
dimethyl 3-oxo-1,5-pentanedioate 11217
dimethyl 2-oxopropylphosphonate 5770
dimethyl 2,2'-oxybisacetate 7952
dimethyl paranitrophenyl thionophosphate 13855
dimethyl phenol 13934
dimethyl phenylmalonate 21899
dimethyl phenylphosphonite 14224
dimethyl phosphate ester with 2-chloro-N 14757
dimethyl phosphate ester with 2-chloro-N 11592
O,O-dimethyl phosphorothioate-O-ester wi 19428
dimethyl phthalate 19195
dimethyl p-(methylthio)phenyl phosphate 17382
dimethyl popop, scintillation 34225
dimethyl p-phenylenediacetate 24008
dimethyl sebacate 24753
dimethyl selenate 1086
dimethyl selenide 1097
dimethyl silane 1168
(dimethyl silylmethyl)trimethyl lead 9370
bisdimethyl stibinyl oxide 4091
dimethyl succinate 7924
dimethyl sulfate 1083
dimethyl sulfide 1093
dimethyl sulfite 1078
dimethyl sulfone 1075
dimethyl sulfoxide 1067
dimethyl tartrate, (±) 7954
dimethyl tartrate; (meso) 7960
dimethyl terephthalate 19196
dimethyl tetrachloroterephthalate 18544
dimethyl cis-1,2,3,6-tetrahydrophthalate 20161
dimethyl tetrahydrophthalate 20166
bis(dimethyl thallium)acetylide 8644
dimethyl thiodipropionate 14718
dimethyl trimethylsilyl phosphite 6036
dimethyl trimethylsilylmethylphosphonate 9341
dimethyl trithiocarbonate 1975
dimethyl zinc 1099
trans-4,4'-dimethyl-a-a'-diethylstilbene 32215
dimethylacetal 3893
N,N-dimethylacetamide 3681
N,N-dimethylacetamide dimethyl acetal 9235
2',6'-dimethylacetanilide 19778
N,N-dimethylacetoacetamide 8142
2',4'-dimethylacetoacetanilide 24067
O,O-dimethyl-S-(2-(acetylamino)ethyl) di 8910
dimethylacetylene 2754
N,N-dimethylacrylamide 5208
1,3-dimethyladamantane 24532
N,N-dimethyl-1-adamantylcarboxamide 26345
3,3-dimethylallyl acetate 11497
N,N-dimethylallylamine 5672
2-(3,3-dimethylallyl)cyclazocine 31590
2-(3,3-dimethylallyl)-5-ethyl-2'-hydroxy 32330
dimethylaluminum chloride 986
dimethylaluminum hydride 1100
N,N-dimethyl-2-(a-methyl-a-phenylbenzylo 30823
N,N-dimethyl-a-methylbenzylamine 20233
dimethylamine 1116
dimethylamine hydrochloride 1147
2-(dimethylamino) reserpilinate 34295
(dimethylamino)acetone 5685
(dimethylamino)acetonitrile 3413
(dimethylamino)acetylene 3244
10-[(dimethylamino)acetyl]-10H-phenothia 29253
3,6-bis(dimethylamino)acridine 30109
3-dimethylaminoacrolein 5209
trans-3-(dimethylamino)acrylonitrile 4819
3-dimethylaminoacrylonitrile 4823
9-(p-dimethylaminoanilino)acridine 32714
dimethylamino-bis(1-aziridinyl)phosphine 8961
p-(dimethylamino)azobenzene 27237
2',3-dimethyl-4-aminoazobenzene 27238
3,3'-bis(dimethylamino)azobenzene 29459
4-N,N-dimethylaminoazobenzene-4'-isothio 28282
p-dimethylaminobenzaldehyde 16905
1-(4-dimethylaminobenzal)indene 30606
p-(dimethylamino)benzalrhodanine 23735
5(4-dimethylaminobenzeneazo)tetrazole 17002
p-dimethylaminobenzenediazo sodium sulfo 13899
4-(dimethylamino)benzenemethanol 17300
p-(dimethylamino)benzenethiol 14197
4,4'-bis(dimethylamino)benzhydrol 30186
4,4'-bis(dimethylamino)benzil 30724
2-(dimethylamino)benzoic acid 16924
4-(dimethylamino)benzoic acid 16925
3-dimethylaminobenzoic acid 16944
4-(dimethylamino)benzonitrile 16576
3-(dimethylamino)benzophenone 28352
4,4'-dimethylaminobenzophenonimide 30166
5-dimethylamino-3-benzoylindole 29997
p-dimethylaminobenzylidene-3,4,5,6-diben 34977
3,3'-dimethyl-4-aminobiphenyl 27225
4-(dimethylamino)-3-biphenylol 27227
bis(dimethylaminoborane)aluminum tetrahy 4147
trans-4-(dimethylamino)-3-buten-2-one 8111
4-(dimethylamino)butyn-1-ol acetate 14450
4-dimethylaminocinnamaldehyde 21966
4-(dimethylamino)cinnamic acid 21975
3-(dimethylamino)cyclohexanol 15311
(dimethylamino)dimethylborane 4039
3-dimethylamino-N,N-dimethylpropionamide 12150
bis(dimethylamino)dimethylsilane 9354
1,2-bis[(dimethylamino)dimethylsilyl]eth 21456
bis(dimethylamino)dimethylstannane 9355
6-(dimethylamino)-4,4-diphenyl-3-hexanon 32242
4-(dimethylamino)-2,2-diphenylvaleramide 31543
dimethylaminoethanol acetate 8828
2-dimethylaminoethanol-p-acetamidobenzoa 26187
bis(2-dimethylaminoethoxy)ethane 21426
2-[2-(dimethylamino)ethoxy]ethanol 9236
2-[2-(dimethylamino)ethoxy]ethyl-1-pheny 30909
2-(dimethylamino)ethyl acrylate 11646
2-(dimethylamino)ethyl benzoate 22268
2-(dimethylamino)ethyl methacrylate 14808
N-(2-(dimethylamino)ethyl)-1-acridinecar 30702
dimethylaminoethyl-4-chlorophenoxyacetic 24148
3-[2-(dimethylamino)ethyl]-1H-indol-5-ol 24159
2-[[2-(dimethylamino)ethyl]methylamino]e 12384
3-(2-(dimethylamino)ethyl)-N-methyl-1H-i 27636
1-(2-(dimethylamino)ethyl)-4-methylpiper 18404
4-[2-(dimethylamino)ethyl]morpholine 15409
4-[2-(dimethylamino)ethyl]phenol 20238
2-((2-(dimethylamino)ethyl)(selenophene- 27558
2-((2-dimethylaminoethyl)-3-thenylamino) 27557
(2-dimethylaminoethyl)triphenylphosphoni 33269
bis(dimethylamino)isopropylmethacrylate 22816
4',4''-bis(dimethylamino)-4-methoxy-3-su 33832
4-dimethylamino-2-methylazobenzene 28474
2-[(dimethylamino)methyl]cyclohexanone 17822
(dimethylaminomethylene)malononitrile 7228
(dimethylaminomethyl)ferrocene 26121
2-(dimethylaminomethyl)-3-hydroxypyridin 14302
trans-2-((dimethylamino)methylimino)-5-(21849
2-dimethylaminomethyl-1-(m-methoxyphenyl 29588
2-(N,N-dimethylaminomethyl)phenylboronic 17397
1-(4-(dimethylamino)-2-methyl-5-phenyl-1 28507
2-dimethylamino-2-methyl-1-propanol 9222
2-(dimethylaminomethyl)thiophene 11311
4-((4-(dimethylamino)-m-tolyl)azo)-2-pic 27364
4-((4-(dimethylamino)-m-tolyl)azo)-3-pic 28525
5-((4-(dimethylamino)-m-tolyl)azo)quinol 30665
3-[5-(dimethylamino)-1-naphthalenesulfon 32307
5-(dimethylamino)-1-naphthalenesulfonyl 23697
2-dimethylamino-1,4-naphthoquinone 23639
dimethylamino-1-naphthylisothiocyanate 25783
1,3-dimethyl-4-amino-5-nitrosouracil 7373
4-((4-(dimethylamino)-o-tolyl)azo)-2-pic 28524
4-((4-(dimethylamino)-o-tolyl)azo)-3-pic 28526
5-((4-(dimethylamino)-o-tolyl)azo)quinol 30666
N,N-dimethylaminopentamethyldisilane 12406
2-(dimethylamino)phenol 14129
3-(dimethylamino)phenol 14130
4-(dimethylamino)phenol 14131
4-(dimethylamino)phenyl isocyanate 16581
4-(4-dimethylaminophenylazo)benzoic acid 28278
6-((p-(dimethylamino)phenyl)azo)benzothi 28283
7-((p-(dimethylamino)phenyl)azo)benzothi 28284
4-((p-(dimethylamino)phenyl)azo)isoquino 30008
5-((p-(dimethylamino)phenyl)azo)isoquino 30009
7-((p-(dimethylamino)phenyl)azo)isoquino 30010
5-((p-(dimethylamino)phenyl)azo)isoquino 30014
4-((p-(dimethylamino)phenyl)azo)-2,5-lut 28521
4-((p-(dimethylamino)phenyl)azo)-3,5-lut 28522
4-((4-(dimethylamino)phenyl)azo)-2,6-lut 28523
4-((p-(dimethylamino)phenyl)azo)-N-methy 30137
5-((p-(dimethylamino)phenyl)azo)-7-methy 30663
5-((p-(dimethylamino)phenyl)azo)quinaldi 30664
5-((p-(dimethylamino)phenyl)azo)quinolin 30011
6-((p-(dimethylamino)phenyl)azo)quinolin 30012
5-((p-(dimethylamino)phenyl)azo)quinolin 30015
6-((p-(dimethylamino)phenyl)azo)quinolin 30016
4-(N,N-dimethylamino)phenylboronic acid 14255
2-[4-(4-dimethylaminophenyl)-1,3-butadie 34883
1-[3-(dimethylamino)phenyl]ethanone 19767
bis[4-(dimethylamino)phenyl]methane 30182
[4-(dimethylamino)phenyl]phenylmethanone 28353
4-dimethylaminophenyl-2-((4-phenyl-1,2,5 33282
2-(dimethylamino)-1-phenyl-1-propanone 22251
2-(4-dimethylaminophenyl)quinoline 29996
3-(dimethylamino)-1,2-propanediol 5991
3-(dimethylamino)propanenitrile 5404
1-(dimethylamino)-2-propanol 5969
2-(dimethylamino)-1-propanol 5970
3-(dimethylamino)-1-propanol 5971
(S)-(+)-1-dimethylamino-2-propanol 5980
1,3-bis(dimethylamino)-2-propanol 12383
5-(3-(dimethylamino)propoxy)-3-methyl-1- 28638
3-(dimethylamino)propyl acrylate 14815
3-dimethylamino-1-propylamine 6012
1-dimethylamino-2-propylamine 6015
5-(3-(dimethylamino)propyl)-5H-dibenz(b, 31482
N,N'-bis(3-dimethylaminopropyl)dithiooxa 25275
1-(3-dimethylaminopropyl)-3-ethylcarbodi 18214
5-(3-(dimethylamino)propyl)-6,7,8,9,10,1 31601
5-(3-(dimethylamino)propyl)-2-hydroxy-10 31544
N-[3-(dimethylamino)propyl]methacrylamid 17977
1-(3-(dimethylamino)propyl)-3-((1-methyl 27642
10-(2-(dimethylamino)propyl)phenothiazin 33604
10-(3-(dimethylamino)propyl)phenothiazin 33605
1-(3-(dimethylamino)propyl)-2-pyrrolidin 17980
3-dimethylamino-1-propyne 5194
2-dimethylaminopurine 11044
4-dimethylaminopyridine 11098
1-(dimethylamino)pyrrole 7718
12-(p-(dimethylamino)styryl)benz(a)acrid 34399
7-(p-(dimethylamino)styryl)benz(c)acridi 34398
2-(p-(dimethylamino)styryl)benzothiazole 30007
4-(p-(dimethylamino)styryl)-6,8-dimethyl 32804
4-(4-(dimethylamino)styryl)quinoline 31404
dimethylaminosulfur trifluoride 1027
4-(dimethylamino)-2,3,5,6-tetrafluoropyr 10328
5-dimethylamino-4-tolyl methylcarbamate 22380
4-dimethylamino-3,5-xylenol 20259
4-dimethylamino-3,5-xylyl methylcarbamat 24167
4-((4-(dimethylamino)-2,3-xylyl)azo)pyri 28527
4-((4-(dimethylamino)-2,5-xylyl)azo)pyri 28528
4-((4-(dimethylamino)-3,5-xylyl)azo)pyri 28529
dimethylammonium dimethylcarbamate 6022
dimethylammonium perchlorate 1149
N,N-dimethylaniline 14082
N,2-dimethylaniline 14084
N,3-dimethylaniline 14085
N,4-dimethylaniline 14086
2,3-dimethylaniline 14087
2,4-dimethylaniline 14088
2,5-dimethylaniline 14089
2,6-dimethylaniline 14090
3,4-dimethylaniline 14091
3,5-dimethylaniline 14092
N,N-dimethylaniline hydrochloride 14260
2,6-dimethylanisole 17122
3,5-dimethylanisole 17123
6,12-dimethylanthanthrene 33730
1,3-dimethylanthracene 29107
2,10-dimethylanthracene 29108
9,10-dimethylanthracene 29109
dimethylanthracene 29124
1,4-dimethyl-9,10-anthracenedione 29054
2,3-dimethyl-9,10-anthracenedione 29055
2,6-dimethyl-9,10-anthracenedione 29056
3,5-dimethylanthranilic acid 16945
dimethylantimony chloride 1013
a,g-dimethyl-a-oxymethyl glutaraldehyde 14685
dimethylarsine 1101
dimethylarsinic acid 1103
dimethylarsinous anhydride 4033
dimethylarsinous chloride 987
bis(dimethylarsinyldiazomethyl)mercury 8238
2,2'-dimethylazobenzene 27099
3,6'-dimethylazobenzene 27102
N,N'-dimethyl-4,4'-azodiacetanilide 30735
N,N-dimethyl-4,4'-azodianiline 27358
dimethyl-b-cyclodextrin, methylated b -c 35890
7,12-dimethylbenz[a]anthracene 31977
1,12-dimethylbenz[a]anthracene 31979
4,5-dimethylbenz(a)anthracene 31983
6,7-dimethylbenz(a)anthracene 31984
6,8-dimethylbenz(a)anthracene 31985
6,12-dimethylbenz(a)anthracene 31986
7,11-dimethylbenz(a)anthracene 31987
7,12-dimethylbenz(a)anthracene, deuterat 31763
7,12-dimethylbenz(a)anthracene-3,4-diol 32031
7,12-dimethylbenz(a)anthracene-5,6-oxide 32017
1,10-dimethyl-5,6-benzacridine 31309
2,10-dimethyl-5,6-benzacridine 31310
5,7-dimethyl-1,2-benzacridine 31312
6,9-dimethyl-1,2-benzacridine 31313
2,4-dimethylbenzaldehyde 16615
2,5-dimethylbenzaldehyde 16616
3,5-dimethylbenzaldehyde 16617
3,4-dimethylbenzaldehyde 16638
N,N-dimethylbenzamide 16909
5,6-dimethyl-1,2-benzanthracene 31988
5,9-dimethyl-1,2-benzanthracene 31989
5,10-dimethyl-1,2-benzanthracene 31990
6,7-dimethyl-1,2-benzanthracene 31991
9:10-dimethyl-1:2-benzanthracene-9:10-ox 32018
7,9-dimethylbenz(c)acridine 31307
7,11-dimethylbenz(c)acridine 31311
1,3-dimethylbenz(e)acephenanthrylene 33159
N,N'-dimethyl-1,2-benzenediamine 14277
N,N-dimethyl-1,2-benzenediamine 14278
N,N-dimethyl-1,3-benzenediamine 14279
N,N-dimethyl-1,4-benzenediamine 14280
3,5-dimethylbenzenediazonium-2-carboxyla 16169
4,6-dimethylbenzenediazonium-2-carboxyla 16170
4,6-dimethyl-1,3-benzenedicarboxylic aci 19200
2,5-dimethyl-1,3-benzenediol 13954
4,5-dimethyl-1,2-benzenediol 13955
4,5-dimethyl-1,3-benzenediol 13956
4,6-dimethyl-1,3-benzenediol 13957
alpha,alpha-dimethylbenzeneethanamine 20214
N,beta-dimethylbenzeneethanamine 20215
alpha,alpha-dimethylbenzenemethanamine 17252
2,4-dimethylbenzenemethanamine 17296
2,4-dimethylbenzenemethanol 17092
3,5-dimethylbenzenemethanol 17093
alpha,3-dimethylbenzenemethanol 17094
alpha,4-dimethylbenzenemethanol 17095
beta,beta-dimethylbenzenepropanoic acid 22122
alpha,alpha-dimethylbenzenepropanol 22413
beta,beta-dimethylbenzenepropanol 22414
N,4-dimethylbenzenesulfonamide 14183
2,5-dimethylbenzenesulfonic acid 14017
2,4-dimethylbenzenesulfonic acid sodium 13788
4,4'-dimethylbenzil 29162
1,5-dimethyl-1H-benzimidazole 16567
2,5-dimethyl-1H-benzimidazole 16568
5,6-dimethyl-1H-benzimidazole 16569
1,2-dimethylbenzo(a)pyrene 33131
1,3-dimethylbenzo(a)pyrene 33132
1,4-dimethylbenzo(a)pyrene 33133
1,6-dimethylbenzo(a)pyrene 33134
2,3-dimethylbenzo(a)pyrene 33135
3,6-dimethylbenzo(a)pyrene 33136
3,12-dimethylbenzo(a)pyrene 33137
4,5-dimethylbenzo(a)pyrene 33138
6,12-dimethylbenzo(1,2-b:5,4-b')bis(1)be 31946
6,12-dimethylbenzo(1,2-b:4,5-b')dithiona 31947
1,12-dimethylbenzo[c]phenanthrene 31980
5,8-dimethylbenzo[c]phenanthrene 31981
2,2-dimethyl-1,3-benzodioxol-4-yl methyl 27412
2,5-dimethylbenzofuran 19089
2,6-dimethylbenzofuran 19090
2,7-dimethylbenzofuran 19091
3,5-dimethylbenzofuran 19092
3,6-dimethylbenzofuran 19093
4,6-dimethylbenzofuran 19094
4,7-dimethylbenzofuran 19095

5,6-dimethylbenzofuran 19096
5,7-dimethylbenzofuran 19097
6,7-dimethylbenzofuran 19098
2,3-dimethylbenzofuran 19108
7,8-dimethylbenzo[g]pteridine-2,4(1H,3H) 23514
2,4-dimethylbenzoic acid 16652
2,5-dimethylbenzoic acid 16653
2,6-dimethylbenzoic acid 16654
3,5-dimethylbenzoic acid 16655
2,3-dimethylbenzoic acid 16691
3,4-dimethylbenzoic acid 16692
2,3-dimethylbenzonitrile 16375
2,6-dimethylbenzonitrile 16376
4,4'-dimethylbenzophenone 28286
3,4'-dimethylbenzophenone 28294
2,2-dimethyl-2H-1-benzopyran 21860
2,5-dimethylbenzoselenazole 16490
5,6-dimethyl-2,1,3-benzoselenodiazole 13383
2,5-dimethylbenzothiazole 16484
2,5-dimethylbenzoxazole 16382
2,6-dimethylbenzoxazole 16389
2,4-dimethylbenzoyl chloride 16300
4,9-dimethyl-2,3-benzthiophanthrene 30531
2,4-dimethylbenzyl acetate 22157
2,5-dimethylbenzyl alcohol 17124
3,4-dimethylbenzyl alcohol 17125
3,4-dimethylbenzyl chloride 16852
2,5-dimethylbenzyl chloride 16853
N,N-dimethylbenzylamine 17253
(S)-(-)-N,a-dimethylbenzylamine 17285
(S)-(-)-a,4-dimethylbenzylamine 17286
(R)-(+)-a,4-dimethylbenzylamine 17287
(R)-(+)-N,a-dimethylbenzylamine 17288
N,N-dimethyl-N'-benzyl-1,2-ethanediamine 22563
1-(a,a-dimethylbenzyl)-3-methyl-3-phenyl 30129
2,4-bis(a,a-dimethylbenzyl)phenol 33834
N,N-dimethyl-N'-benzyl-N'-2-pyridinyl-1, 29491
N,N-dimethyl-b-hydroxyphenethylamine 20260
2,2'-dimethyl-1,1'-bianthraquinone 34843
6,6-dimethylbicyclo[3.1.1]heptane-2-meth 20671
1,7-dimethylbicyclo[2.2.1]heptan-2-ol, (17669
3,3-dimethylbicyclo[2.2.1]heptan-2-one, 17437
6,6-dimethylbicyclo[3.1.1]heptan-2-one, 17438
2,3-dimethylbicyclo[2.2.1]hept-2-ene 17387
6,6-dimethylbicyclo[3.1.1]hept-2-ene-2-e 22581
(1S)-6,6-dimethylbicyclo[3.1.1]hept-2-en 20475
cis-1,5-dimethylbicyclo[3.3.0]octane-3,7 20114
1,1-dimethylbiguanide 4018
2,2'-dimethylbiphenyl 27057
3,3'-dimethylbiphenyl 27060
3,4'-dimethylbiphenyl 27061
4,4'-dimethylbiphenyl 27062
2,3-dimethylbiphenyl 27066
3,4-dimethylbiphenyl 27067
2,6-dimethylbiphenyl 27068
2,5-dimethylbiphenyl 27072
2,4-dimethylbiphenyl 27073
3,5-dimethylbiphenyl 27074
3,3'-dimethyl-[1,1'-biphenyl]-2,2'-diol 27160
5,5'-dimethyl-[1,1'-biphenyl]-2,2'-diol 27161
3,3'-dimethyl-4,4'-biphenylene diisocyan 29046
4,4'-dimethyl-2,2'-bipyridine 23729
2,3-dimethyl-1,3-butadiene 7647
2,2-dimethylbutanal 8406
2,3-dimethylbutanal 8407
3,3-dimethylbutanal 8408
N,N-dimethylbutanamide 8767
2,2-dimethylbutane 8878
2,3-dimethylbutane 8879
2,3-dimethylbutanedioic acid 7922
2,2-dimethyl-1,3-butanediol 9046
2,2-dimethyl-1,4-butanediol 9047
2,3-dimethyl-1,2-butanediol 9048
2,3-dimethyl-1,3-butanediol 9049
DL-2,3 -dimethyl-1,4-butanediol 9050
meso-2,3-dimethyl-1,4-butanediol 9051
2,3-dimethyl-2,3-butanediol 9052
3,3-dimethyl-1,2-butanediol 9053
2,3-dimethyl-2,3-butanediol hexahydrate 9395
2,2-dimethylbutanenitrile 8093
2,3-dimethylbutanenitrile 8094
3,3-dimethylbutanenitrile 8095
2,3-dimethyl-2-butanethiol 9109
2,2-dimethylbutanoic acid 8463
2,3-dimethylbutanoic acid 8464
2,2-dimethyl-1-butanol 8982
2,3-dimethyl-1-butanol 8983
3,3-dimethyl-1-butanol 8985
2,3-dimethyl-2-butanol 8986
3,3-dimethyl-2-butanol 8987
2,3-dimethyl-1-butanol, (±)- 8984
3,3-dimethyl-2-butanol, (±) 8988
3,3-dimethyl-2-butanone 8414
2,2-dimethyl-3-butanone 8453
2,2-dimethylbutanoyl chloride 8021
2,3-dimethylbutanoyl chloride 8022
3,3-dimethylbutanoyl chloride 8023
2,3-dimethyl-1-butene 8233
2,3-dimethyl-2-butene 8234
3,3-dimethyl-1-butene 8235
2,2-dimethyl-3-butenoic acid 7820
5-(1,3-dimethyl-2-butenyl)-5-ethyl barbi 24417
1-(2-(1,3-dimethyl-2-butenylidene)hydraz 27359
1,2-bis(3,7-dimethyl-5-n-butoxy-1-aza-5- 34332
1,1-dimethylbutyl acetate 15161
dimethylbutylamine 9208
(1,1-dimethylbutyl)benzene 24368
3,3-dimethyl-1-butyne 7654
di-2-methylbutyryl peroxide 20834
N,N-dimethylcarbamic acid, m-isopropyl p 24321
dimethylcarbamic chloride 1832
bis(dimethylcarbamodithioato)((1,2-ethan 20669
dimethylcarbamothioic chloride 1842
O,O-dimethyl-S-carboethoxymethyl thiopho 8876
N,N-dimethyl-2-chloroacetoacetamide 7681
7,11-dimethyl-10-chlorobenz(c)acridine 31276
dimethylchloroborane 993
dimethylchloromethylethoxysilane 5944
2,3-dimethylcholanthrene 33160
3,6-dimethylcholanthrene 33161
15,20-dimethylcholanthrene 33162
5,6-dimethylchrysene 31978
1,2-dimethylchrysene 31992
1,11-dimethylchrysene 31993
4,5-dimethylchrysene 31994
5,11-dimethylchrysene 31995
dimethylcyanamide 1880
1,1-dimethylcyclobutane 8208
1,cis-2-dimethylcyclobutane 8209
1,trans-2-dimethylcyclobutane 8210
1,cis-3-dimethylcyclobutane 8211
1,trans-3-dimethylcyclobutane 8212
cis-2,2-dimethyl-1,3-cyclobutanedicarbox 14382
1,3-dimethyl-1,3-cyclohexadiene 14235
1,4-dimethyl-1,3-cyclohexadiene 14236
1,5-dimethyl-1,3-cyclohexadiene 14237
2,5-dimethyl-1,3-cyclohexadiene 14238
2,6-dimethyl-1,3-cyclohexadiene 14239
2,3-dimethyl-2,5-cyclohexadiene-1,4-dion 13419
2,6-dimethyl-2,5-cyclohexadiene-1,4-dion 13420
1,1-dimethylcyclohexane 14878
1,2-dimethylcyclohexane, (cis+trans) 14879
cis-1,2-dimethylcyclohexane 14880
trans-1,2-dimethylcyclohexane 14881
1,3-dimethylcyclohexane, cis and trans 14882
cis-1,3-dimethylcyclohexane 14883
trans-1,3-dimethylcyclohexane 14884
1,4-dimethylcyclohexane, (cis+trans) 14885
cis-1,4-dimethylcyclohexane 14886
trans-1,4-dimethylcyclohexane 14887
5,5-dimethyl-1,3-cyclohexanedione 14346
4,4-dimethyl-1,3-cyclohexanedione 14361
N,alpha-dimethylcyclohexaneethanamine 21103
2,2-dimethylcyclohexanol 15095
2,4-dimethylcyclohexanol 15096
2,6-dimethylcyclohexanol 15097
3,3-dimethylcyclohexanol 15098
3,4-dimethylcyclohexanol 15099
3,5-dimethylcyclohexanol 15100
4,4-dimethylcyclohexanol 15101
cis-1,2-dimethylcyclohexanol 15102
cis-1,3-dimethylcyclohexanol 15104
trans-1,3-dimethylcyclohexanol 15105
cis-1,4-dimethylcyclohexanol 15106
2,2-dimethylcyclohexanone 14547
cis-2,3-dimethylcyclohexanone 14548
trans-2,3-dimethylcyclohexanone 14549
cis-2,4-dimethylcyclohexanone 14550
2,6-dimethylcyclohexanone 14553
3,3-dimethylcyclohexanone 14554
3,4-dimethylcyclohexanone 14555
3,5-dimethylcyclohexanone 14556
4,4-dimethylcyclohexanone 14557
trans-2,4-dimethylcyclohexanone, (2S) 14551
trans-2,5-dimethylcyclohexanone, (±) 14552
1,2-dimethylcyclohexene 14469
1,3-dimethylcyclohexene 14470
1,4-dimethylcyclohexene 14471
1,5-dimethylcyclohexene 14472
1,6-dimethylcyclohexene 14473
3,3-dimethylcyclohexene 14474
3,cis-4-dimethylcyclohexene 14475
3,trans-4-dimethylcyclohexene 14476
3,cis-5-dimethylcyclohexene 14477
3,trans-5-dimethylcyclohexene 14478
3,cis-6-dimethylcyclohexene 14479
3,trans-6-dimethylcyclohexene 14480
4,4-dimethylcyclohexene 14481
4,cis-5-dimethylcyclohexene 14482
4,trans-5-dimethylcyclohexene 14483
dimethyl-3-cyclohexene-1-carboxaldehyde 17458
(3,3-dimethylcyclohex-1-enylmethyl)trime 24893
2,3-dimethyl-2-cyclohexen-1-one 14328
2,5-dimethyl-2-cyclohexen-1-one 14329
3,5-dimethyl-2-cyclohexen-1-one 14330
3,6-dimethyl-2-cyclohexen-1-one 14331
4,4-dimethyl-2-cyclohexen-1-one 14339
N,4-dimethylcyclohexylamine 15285
2,3-dimethylcyclohexylamine 15296
N,N-dimethyl-N-cyclohexylmethylamine 18144
1,5-dimethyl-1,5-cyclooctadiene 20370
dimethyl(1,5-cyclooctadiene)platinum(ii) 20851
11,17-dimethyl-15H-cyclopenta(a)phenanth 31330
12,17-dimethyl-15H-cyclopenta(a)phenanth 31331
1,1-dimethylcyclopentane 11697
1,2-dimethylcyclopentane 11698
cis-1,2-dimethylcyclopentane 11699
trans-1,2-dimethylcyclopentane 11700
1,3-dimethylcyclopentane 11701
cis-1,3-dimethylcyclopentane 11702
trans-1,3-dimethylcyclopentane 11703
3,4-dimethyl-1,2-cyclopentanedione 11176
3,5-dimethyl-1,2-cyclopentanedione 11177
N,alpha-dimethylcyclopentaneethanamine 18140
2,5-dimethylcyclopentanone 11406
1,2-dimethylcyclopentene 11326
1,3-dimethylcyclopentene 11327
1,4-dimethylcyclopentene 11328
1,5-dimethylcyclopentene 11329
3,3-dimethylcyclopentene 11330
3,cis-4-dimethylcyclopentene 11331
3,trans-4-dimethylcyclopentene 11332
3,cis-5-dimethylcyclopentene 11333
3,trans-5-dimethylcyclopentene 11334
4,4-dimethylcyclopentene 11335
1,2-dimethylcyclopentene ozonide 11529
3,4-dimethyl-1,2-cyclopentenophenanthren 31394
(3,3-dimethylcyclopent-1-enylmethyl)trim 22867
2,4-dimethyl-2-cyclopenten-1-one 11141
2,3-dimethyl-2-cyclopenten-1-one 11154
4,4-dimethyl-2-cyclopenten-1-one 11155
1,1-dimethylcyclopropane 5280
1,cis-2-dimethylcyclopropane 5281
1,trans-2-dimethylcyclopropane 5282
1,4a-dimethyl-cis-decahydronaphthalene 24664
1,4a-dimethyl-trans-decahydronaphthalene 24665
N,N-dimethyldecanamide 24903
2,2-dimethyldecane 24922
2,3-dimethyldecane 24923
2,4-dimethyldecane 24924
2,5-dimethyldecane 24925
2,6-dimethyldecane 24926
2,7-dimethyldecane 24927
2,8-dimethyldecane 24928
2,9-dimethyldecane 24929
3,3-dimethyldecane 24930
3,4-dimethyldecane 24931
3,5-dimethyldecane 24932
3,6-dimethyldecane 24933
3,7-dimethyldecane 24934
3,8-dimethyldecane 24935
4,4-dimethyldecane 24936
4,5-dimethyldecane 24937
4,6-dimethyldecane 24938
4,7-dimethyldecane 24939
5,5-dimethyldecane 24940
5,6-dimethyldecane 24941
5,7-dimethyl-3,5,9-decatrien-2-one 24454
dimethyldecylamine 25344
3,3-dimethyl-4-decyne 24657
3,3-dimethyl-delta1,alpha-cyclohexaneace 20487
dimethyldiacetoxysilane 8577
3,3'-dimethyl-N,N'-diacetylbenzidine 30726
trans-dimethyldiazene 1037
1,1-dimethyldiazenium perchlorate 1152
9,10-dimethyl-1,2,5,6-dibenzanthracene 33752
4,6-dimethyldibenzothiophene 26990
4,9-dimethyl-2,3,5,6-dibenzothiophenthre 33150
1,1-dimethyldiborane 1173
1,2-dimethyldiborane 1174
2,5-dimethyl-1,2,5,6-diepoxyhex-3-yne 13982
2,2-dimethyl,3,3-diethylhexane 25233
2,2-dimethyl-3,4-diethylhexane 25234
2,2-dimethyl-4,4-diethylhexane 25235
2,3-dimethyl-3,4-diethylhexane 25236
2,3-dimethyl-4,4-diethylhexane 25237
2,4-dimethyl-3,3-diethylhexane 25238
2,4-dimethyl-3,4-diethylhexane 25239
2,5-dimethyl-3,3-diethylhexane 25240
2,5-dimethyl-3,4-diethylhexane 25241
3,3-dimethyl-4,4-diethylhexane 25242
3,4-dimethyl-3,4-diethylhexane 25243
2,2-dimethyl-3,3-diethylpentane 23044
2,4-dimethyl-3,3-diethylpentane 23045
2,6-dimethyl-1,1-diethylpiperidinium bro 23049
N,N-dimethyl-2,5-difluoro-p-(2,5-difluor 26819
5,6-dimethyl-4,7-dihydroisobenzofuran 19523
5,5-dimethyldihydroresorcinol dimethylca 22529
2,2'-dimethyl-2,2'-dihydroxydipentylamin 25349
2,4'-dimethyl-4-dimethylaminoazobenzene 29421
3,3-dimethyl-4-(dimethylamino)-4-(m-toly 33625
3,3-dimethyl-4-(dimethylamino)-4-(o-meth 33630
3,3-dimethyl-4-(dimethylamino)-4-(o-toly 33626
3,3-dimethyl-4-(dimethylamino)-4-(p-meth 33631
3,3-dimethyl-4-(dimethylamino)-4-(p-toly 33627
1,1-dimethyl-1-(2,3-dimethyl-2-hydroxy-3 22817
3,4-dimethyl-4-(3,4-dimethyl-5-isoxazoly 19470
dimethyl-1,1-dimethylpropylamine 12329
dimethyl-1,2-dimethylpropylamine 12330
dimethyl-2,2-dimethylpropylamine 12331
N,N-dimethyl-2,4-dinitro-aniline 13781
2,3-dimethyl-2,3-dinitrobutane 8362
N,N'-dimethyl-N,N'-dinitro-ethanediamide 2934
1,6-dimethyl-1,6-dinitrosobiurea 3471
N,N'-dimethyl-N,N'-dinitrosooxamide 2933
2,5-dimethyldinitrosopiperazine 8967
2,6-dimethyldinitrosopiperazine 8968
N,N'-dimethyl-N,N'-dinitroso-1,3-propane 5829
N,N'-dimethyl-N,N'-dinitrosoterephthalam 19081
N,N-dimethyl-2',4'-dinitro-4-stilbenamin 29228
dimethyldioctadecylammonium bromide 35538
dimethyl-dioctadecyl-ammonium chloride 35539
(1S,2R,6S,7R)-4,4-dimethyl-3,5-dioxa-8-a 17350
(1R,2S,6R,7S)-4,4-dimethyl-3,5-dioxa-8-a 17351
2,4-dimethyl-1,3-dioxane 8490
dimethyldioxane 8520
4,4-dimethyl-1,3-dioxane 8521
2,6-dimethyl-1,4-dioxane 8522
2,2-dimethyl-1,3-dioxane-4,6-dione 7450
2,6-dimethyl-1,3-dioxan-4-ol acetate, ci 14706
2,2-dimethyl-1,3-dioxan-5-one 7901
5,5-dimethyl-1,3-dioxan-2-one 7912
2-((2,2-dimethyl-1,3-dioxan-5-ylidene)me 22299
2,2-dimethyl-1,3-dioxolane 5525
(S)-2,2-dimethyl-1,3-dioxolane-4-acetami 11671
2,2-dimethyl-1,3-dioxolane-4-carboxaldeh 7886
L-(+)-2,2-dimethyl-1,3-dioxolane-4,5-dim 11946
2,2-dimethyl-1,3-dioxolane-4-methanamine 8829
2,2-dimethyl-1,3-dioxolane-4-methanol 8536
(R)-(-)-2,2-dimethyl-1,3-dioxolane-4-met 8550
(S)-(+)-2,2-dimethyl-1,3-dioxolane-4-met 8551
(S)-(+)-2,2-dimethyl-1,3-dioxolan-4-ylme 26238
(R)-(-)-2,2-dimethyl-1,3-dioxolan-4-ylme 26239
2-(4,5-dimethyl-1,3-dioxolan-2-yl)phenyl 26142
3-[(4S)-2,2-dimethyl-1,3-dioxolan-4-yl]- 15222
dimethyldiphenoxysilane 27376
4,4'-dimethyldiphenyl ditelluride 27200
3,3'-dimethyl-1,1'-diphenyl[4,4'-bi-2-py 32073
2,3-dimethyl-2,3-diphenylbutane 30779
2,5-dimethyl-3,4-diphenylcyclopentadieno 35504
(1R,2R)-(+)-N,N'-dimethyl-1,2-diphenyl-1 29451
(1S,2S)-(-)-N,N'-dimethyl-1,2-diphenyl-1 29452
2,5-dimethyl-2,5-diphenylhexane 32260
3,4-dimethyl-3,4-diphenylhexane 32262
3-(1,3-dimethyl-(4S,5S)-diphenylimidazol 33246
2',3'-dimethyldiphenylmethane 28392
2',4'-dimethyldiphenylmethane 28393
2',5'-dimethyldiphenylmethane 28394
2',6'-dimethyldiphenylmethane 28395
3',4'-dimethyldiphenylmethane 28396
3',5'-dimethyldiphenylmethane 28397
2',2"-dimethyldiphenylmethane 28398
2',3"-dimethyldiphenylmethane 28399
2',4"-dimethyldiphenylmethane 28400

3',3"-dimethyldiphenylmethane 28401
3',4"-dimethyldiphenylmethane 28402
4',4"-dimethyldiphenylmethane 28403
N,N-dimethyl-4-(diphenylmethyl)aniline 32768
2,9-dimethyl-4,7-diphenyl-1,10-phenanthr 34223
dimethyldiphenylsilane 27387
N,N'-dimethyl-N,N'-diphenylurea 28416
2,5-dimethyl-2,5-di(tert-butylperoxy)hex 29679
dimethyl-2,2-(1,3-dithian-2,4-diyliden)- 18575
N,N-dimethyldithiocarbamic acid dimethyl 8959
dimethyldithiocarbamic acid with dimethy 5826
2,4-dimethyl-1,3-dithiolane-2-carboxalde 14526
dimethyldivinylsilane 8641
dimethyldocosylamine 34016
N,N-dimethyldodecanamide 27906
2,2-dimethyldodecane 27915
2,3-dimethyldodecane 27916
2,4-dimethyldodecane 27917
2,6-dimethyldodeca-2,6,8-trien-10-one 27690
dimethyldodecylamine 27960
dimethyldodecylamine-N-oxide 27962
dimethyldotriacontylamine 35284
7,8-dimethyl-10-(d-ribo-2,3,4,5-tetrahyd 30191
dimethyleicosylamine 33487
1,2-dimethylenecyclobutane 7270
1,2-dimethylenecyclohexane 14240
6,7-dimethylesculetin 21675
N,N'-dimethyl-1,2-ethanediamine 4072
7,14-dimethyl-7,14-ethanodibenz(a,b)anth 33795
dimethylethanolamine 3988
6a,21-dimethylethisterone 33642
(1,1-dimethylethoxy)benzene 20039
2',6'-dimethyl-2-(2-ethoxyethylamino)ace 27664
[(1,1-dimethylethoxy)methyl]oxirane 11918
O,O-dimethyl-S-(5-ethoxy-1,3,4-thiadiazo 11684
dimethylethylamine 3985
1-((1,1-dimethylethyl)azo)cyclohexanol 20978
1,4-dimethyl-7-ethylazulene 27315
3-(1,1-dimethylethyl)-[1,1'-biphenyl]-2- 29394
2,3-dimethyl-2-ethyl-1-butanol 15518
3,3-dimethyl-2-ethyl-1-butanol 15519
3,3-dimethyl-2-ethyl-1-butene 14992
trans-4-(1,1-dimethylethyl)cyclohexanol 21031
cis-4-(1,1-dimethylethyl)cyclohexanol 21032
1,1-dimethyl-2-ethylcyclopentane 17879
1,1-dimethyl-3-ethylcyclopentane 17880
1,cis-2-dimethyl-1-ethylcyclopentane 17881
1,trans-2-dimethyl-1-ethylcyclopentane 17882
1,cis-2-dimethyl-cis-3-ethylcyclopentane 17883
1,cis-2-dimethyl-trans-3-ethylcyclopenta 17884
1,trans-2-dimethyl-cis-3-ethylcyclopenta 17885
1,trans-2-dimethyl-trans-3-ethylcyclopen 17886
1,cis-2-dimethyl-cis-4-ethylcyclopentane 17887
1,cis-2-dimethyl-trans-4-ethylcyclopenta 17888
1,trans-2-dimethyl-cis-4-ethylcyclopenta 17889
1,cis-3-dimethyl-1-ethylcyclopentane 17890
1,trans-3-dimethyl-1-ethylcyclopentane 17891
1,cis-3-dimethyl-cis-2-ethylcyclopentane 17892
1,cis-3-dimethyl-trans-2-ethylcyclopenta 17893
1,trans-3-dimethyl-cis-2-ethylcyclopenta 17894
1,cis-3-dimethyl-cis-4-ethylcyclopentane 17895
1,cis-3-dimethyl-trans-4-ethylcyclopenta 17896
1,trans-3-dimethyl-cis-4-ethylcyclopenta 17897
1,trans-3-dimethyl-trans-4-ethylcyclopen 17898
N,N-dimethylethylenediamine 4078
(R*,S*)-1,1'-(1,2-bis(1,1-dimethylethyl) 33314
2,2-dimethyl-3-ethylheptane 22965
2,2-dimethyl-4-ethylheptane 22966
2,2-dimethyl-5-ethylheptane 22967
2,3-dimethyl-3-ethylheptane 22968
2,3-dimethyl-4-ethylheptane 22969
2,3-dimethyl-5-ethylheptane 22970
2,4-dimethyl-3-ethylheptane 22971
2,4-dimethyl-4-ethylheptane 22972
2,4-dimethyl-5-ethylheptane 22973
2,5-dimethyl-3-ethylheptane 22974
2,5-dimethyl-4-ethylheptane 22975
2,5-dimethyl-5-ethylheptane 22976
2,6-dimethyl-3-ethylheptane 22977
2,6-dimethyl-4-ethylheptane 22978
3,3-dimethyl-4-ethylheptane 22979
3,3-dimethyl-5-ethylheptane 22980
3,4-dimethyl-3-ethylheptane 22981
3,4-dimethyl-4-ethylheptane 22982
3,4-dimethyl-5-ethylheptane 22983
3,5-dimethyl-3-ethylheptane 22984
3,5-dimethyl-4-ethylheptane 22985
4,4-dimethyl-3-ethylheptane 22986
5,5-dimethyl-2-ethyl-1-hexanol 21307
2,2-dimethyl-4-ethyl-3-hexanol 21311
2,4-dimethyl-4-ethyl-3-hexanol 21312
5,5-dimethyl-3-ethyl-3-hexanol 21313
3,5-bis(1,1-dimethylethyl)-4-hydroxybenz 35242
((3,5-bis(1,1-dimethylethyl)-4-hydroxyph 35701
(((3,5-bis(1,1-dimethylethyl)-4-hydroxyp 34166
2,4-dimethyl-3-ethyl-3-isopropylpentane 25263
2,4-dimethyl-1-ethylnaphthalene 27290
4,6-dimethyl-1-ethylnaphthalene 27291
2,5-dimethyl-3-ethylnaphthalene 27292
1,2-dimethyl-4-ethylnaphthalene 27293
1,3-dimethyl-5-ethylnaphthalene 27294
1,4-dimethyl-5-ethylnaphthalene 27295
1,3-dimethyl-6-ethylnaphthalene 27296
1,4-dimethyl-6-ethylnaphthalene 27297
1,2-dimethyl-7-ethylnaphthalene 27298
2,6-bis(1,1-dimethylethyl)-naphthalene 30838
N,N-dimethyl-N'-ethyl-N'-1-naphthylethyl 29501
N,N-dimethyl-N'-ethyl-N'-2-naphthylethyl 29502
1,1-dimethyl-3-ethyl-3-nitrosourea 5760
2,2-dimethyl-3-ethyloctane 25024
2,2-dimethyl-4-ethyloctane 25025
2,2-dimethyl-5-ethyloctane 25026
2,2-dimethyl-6-ethyloctane 25027
2,3-dimethyl-3-ethyloctane 25028
2,3-dimethyl-4-ethyloctane 25029
2,3-dimethyl-5-ethyloctane 25030
2,3-dimethyl-6-ethyloctane 25031
2,4-dimethyl-3-ethyloctane 25032
2,4-dimethyl-4-ethyloctane 25033
2,4-dimethyl-5-ethyloctane 25034
2,4-dimethyl-6-ethyloctane 25035
2,5-dimethyl-3-ethyloctane 25036
2,5-dimethyl-4-ethyloctane 25037
2,5-dimethyl-5-ethyloctane 25038
2,5-dimethyl-6-ethyloctane 25039
2,6-dimethyl-3-ethyloctane 25040
2,6-dimethyl-4-ethyloctane 25041
2,6-dimethyl-5-ethyloctane 25042
2,6-dimethyl-6-ethyloctane 25043
2,7-dimethyl-3-ethyloctane 25044
2,7-dimethyl-4-ethyloctane 25045
3,3-dimethyl-4-ethyloctane 25046
3,3-dimethyl-5-ethyloctane 25047
3,3-dimethyl-6-ethyloctane 25048
3,4-dimethyl-3-ethyloctane 25049
3,4-dimethyl-4-ethyloctane 25050
3,4-dimethyl-5-ethyloctane 25051
3,4-dimethyl-6-ethyloctane 25052
3,5-dimethyl-3-ethyloctane 25053
3,5-dimethyl-4-ethyloctane 25054
3,5-dimethyl-5-ethyloctane 25055
3,5-dimethyl-6-ethyloctane 25056
3,6-dimethyl-3-ethyloctane 25057
3,6-dimethyl-4-ethyloctane 25058
4,4-dimethyl-3-ethyloctane 25059
4,4-dimethyl-5-ethyloctane 25060
4,4-dimethyl-6-ethyloctane 25061
4,5-dimethyl-3-ethyloctane 25062
4,5-dimethyl-4-ethyloctane 25063
2,2-dimethyl-3-ethylpentane 18203
2,3-dimethyl-3-ethylpentane 18204
2,4-dimethyl-3-ethylpentane 18205
2,2-dimethyl-3-ethyl-1-pentanol 18323
2,4-dimethyl-2-ethyl-1-pentanol 18324
2,3-dimethyl-3-ethyl-2-pentanol 18326
4,4-dimethyl-3-ethyl-2-pentanol 18327
2,2-dimethyl-3-ethyl-3-pentanol 18332
2,4-dimethyl-3-ethyl-3-pentanol 18333
2,3-dimethyl-4-ethylphenol 20018
2,3-dimethyl-5-ethylphenol 20019
2,3-dimethyl-6-ethylphenol 20020
2,4-dimethyl-3-ethylphenol 20021
2,4-dimethyl-5-ethylphenol 20022
2,4-dimethyl-6-ethylphenol 20023
2,5-dimethyl-3-ethylphenol 20024
2,5-dimethyl-4-ethylphenol 20025
2,5-dimethyl-6-ethylphenol 20026
2,6-dimethyl-3-ethylphenol 20027
2,6-dimethyl-4-ethylphenol 20028
3,4-dimethyl-2-ethylphenol 20029
3,4-dimethyl-5-ethylphenol 20030
3,4-dimethyl-6-ethylphenol 20031
3,5-dimethyl-2-ethylphenol 20032
3,5-dimethyl-4-ethylphenol 20033
3,5-bis(1,1-dimethylethyl)phenol 27689
N,N-dimethyl-N'-ethyl-N'-phenylethylened 31444
2,4-bis(1,1-dimethylethyl)-6-(1-phenylet 33352
4-(3-(4-(1,1-dimethylethyl)phenyl)-2-met 32395
2-(1,1-dimethylethyl)thiophene 14412
3-(1,1-dimethylethyl)thiophene 14413
2,3-dimethylfluoranthene 30467
7,8-dimethylfluoranthene 30468
8,9-dimethylfluoranthene 30469
N,N-dimethyl-9H-fluoren-2-amine 28349
1,9-dimethylfluorene 28261
dimethylfluoroarsine 988
7,12-dimethyl-4-fluorobenz(a)anthracene 31956
7,12-dimethyl-5-fluorobenz(a)anthracene 31957
7,12-dimethyl-8-fluorobenz(a)anthracene 31958
7,12-dimethyl-11-fluorobenz(a)anthracene 31959
N,N-dimethylformamide 2036
N,N-dimethylformamide dicyclohexyl aceta 28851
N,N-dimethylformamide dimethyl acetal 5992
N,N-dimethylformamide dineopentyl acetal 26563
N,N-dimethylformamide dipropyl acetal 18398
N,N-dimethylformamide di-tert-butyl acet 23097
4,5-dimethyl-2-furaldehyde 10883
2,3-dimethylfuran 7383
2,4-dimethylfuran 7384
2,5-dimethylfuran 7385
3,4-dimethylfuran 7386
3,4-dimethyl-2,5-furandione 7088
2,2-dimethyl-3(2H)-furanone 7425
2,5-dimethylfuran-3-thiol 7402
dimethylfurazan 2894
dimethylfurazan monoxide 2908
4,9-dimethyl-2H-furo(2,3-h)(1)benzopyran 25653
2,5-dimethyl-3-furyl p-hydroxyphenyl ket 25826
N,N-dimethyl-gamma-phenyl-2-pyridineprop 29450
dimethylgermanium dichloride 1014
2,2-dimethylglutaric acid 11548
2,4-dimethylglutaric acid, DL and meso 11549
2,2-dimethylglutaric anhydride 11192
3,3-dimethylglutaric anhydride 11193
3,3-dimethylglutarimide 11287
N,N-dimethylglycine 3709
N,N-dimethylglycine ethyl ester 8830
dimethylglyoxime 3429
b,b-dimethyl-g-methylene-g-butyrolactone 11178
dimethylgold selenocyanate 1823
dimethylheneicosylamine 33713
dimethylhentriacontylamine 35195
dimethylheptacosylamine 34832
2,2-dimethylheptadecane 31738
2,3-dimethylheptadecane 31739
2,4-dimethylheptadecane 31740
dimethylheptadecylamine 31759
2,4-dimethyl-2,4-heptadiene 17609
2,6-dimethyl-1,3-heptadiene 17610
2,6-dimethyl-1,5-heptadiene 17611
3,5-dimethyl-2,4-heptadiene 17612
2,4-dimethyl-2,6-heptadien-1-ol, isomers 17703
2,6-dimethyl-1,5-heptadien-4-one 17456
2,6-dimethyl-2,5-heptadien-4-one diozoni 17518
2,2-dimethylheptane 18182
2,3-dimethylheptane 18183
2,4-dimethylheptane 18184
2,5-dimethylheptane 18185
2,6-dimethylheptane 18186
3,4-dimethylheptane 18187
3,5-dimethylheptane 18188
4,4-dimethylheptane 18189
3,3-dimethylheptane 18210
2,6-dimethyl-3,5-heptanedione 17730
2,2-dimethyl-1-heptanol 18268
4,6-dimethyl-1-heptanol 18269
6,6-dimethyl-1-heptanol 18270
2,3-dimethyl-2-heptanol 18273
2,4-dimethyl-2-heptanol 18274
2,5-dimethyl-2-heptanol 18275
2,6-dimethyl-2-heptanol 18276
4,6-dimethyl-2-heptanol 18277
5,6-dimethyl-2-heptanol 18278
2,2-dimethyl-3-heptanol 18280
2,3-dimethyl-3-heptanol 18281
2,6-dimethyl-3-heptanol 18282
3,5-dimethyl-3-heptanol 18283
3,6-dimethyl-3-heptanol 18284
2,2-dimethyl-4-heptanol 18286
2,4-dimethyl-4-heptanol 18287
2,6-dimethyl-4-heptanol 18288
3,3-dimethyl-4-heptanol 18289
3,5-dimethyl-4-heptanol 18290
3,5-dimethyl-4-heptanone 18001
2,6-dimethyl-3-heptanone 18045
dimethylheptatriacontylamine 35571
N,6-dimethyl-5-hepten-2-amine 18141
2,6-dimethyl-5-heptenal 17704
2,3-dimethyl-2-heptene 17950
2,6-dimethylhept-3-ene 17951
6,6-dimethyl-1-hepten-4-yne 17391
dimethylheptylamine 18391
2,6-dimethyl-3-heptyne 17598
5,5-dimethyl-3-heptyne 17599
dimethylhexacosylamine 34742
2,2-dimethylhexadecane 31135
2,3-dimethylhexadecane 31136
2,4-dimethylhexadecane 31137
dimethylhexadecylamine 31166
2,5-dimethyl-1,5-hexadiene 14496
2,5-dimethyl-2,4-hexadiene 14497
2,5-dimethyl-1,5-hexadien-3-yne 13796
2,2-dimethyl-5-(2-hexahydroazepinylidene 24335
2,2-dimethyl-5-(2-hexahydropyridylidene) 22288
N,N-dimethylhexanamide 15322
2,2-dimethylhexane 15361
2,3-dimethylhexane 15362
2,4-dimethylhexane 15363
2,5-dimethylhexane 15364
3,3-dimethylhexane 15365
3,4-dimethylhexane 15366
2,5-dimethyl-2,5-hexanediamine 15694
N,N'-dimethyl-1,6-hexanediamine 15698
2,5-dimethylhexane-2,5-dihydroperoxide 15593
2,5-dimethyl-2,5-hexanediol 15552
2,5-dimethyl-3,4-hexanedione 14611
3,4-dimethyl-2,5-hexanedione 14648
2,2-dimethyl-1-hexanol 15457
2,3-dimethyl-1-hexanol 15458
2,4-dimethyl-1-hexanol 15459
2,5-dimethyl-1-hexanol 15460
3,3-dimethyl-1-hexanol 15461
3,4-dimethyl-1-hexanol 15462
3,5-dimethyl-1-hexanol 15463
4,4-dimethyl-1-hexanol 15464
4,5-dimethyl-1-hexanol 15465
5,5-dimethyl-1-hexanol 15466
2,3-dimethyl-2-hexanol 15469
2,4-dimethyl-2-hexanol 15470
2,5-dimethyl-2-hexanol 15471
3,3-dimethyl-2-hexanol 15472
3,4-dimethyl-2-hexanol 15473
3,5-dimethyl-2-hexanol 15474
4,4-dimethyl-2-hexanol 15475
4,5-dimethyl-2-hexanol 15476
5,5-dimethyl-2-hexanol 15477
2,2-dimethyl-3-hexanol 15480
2,3-dimethyl-3-hexanol 15481
2,4-dimethyl-3-hexanol 15482
2,5-dimethyl-3-hexanol 15483
3,4-dimethyl-3-hexanol 15484
3,5-dimethyl-3-hexanol 15485
4,4-dimethyl-3-hexanol 15486
4,5-dimethyl-3-hexanol 15487
5,5-dimethyl-3-hexanol 15488
3,5-dimethyl-3-hexanol, (±) 15521
2,5-dimethyl-3-hexanone 15067
2,2-dimethyl-3-hexanone 15068
3,3-dimethyl-2-hexanone 15069
3,4-dimethyl-2-hexanone 15070
4,4-dimethyl-3-hexanone 15071
dimethylhexatriacontylamine 35536
2,5-dimethyl-1,3,5-hexatriene 14241
2,3-dimethyl-1-hexene 14932
2,4-dimethyl-1-hexene 14933
2,5-dimethyl-1-hexene 14934
3,3-dimethyl-1-hexene 14935
3,4-dimethyl-1-hexene 14936
3,5-dimethyl-1-hexene 14937
4,4-dimethyl-1-hexene 14938
4,5-dimethyl-1-hexene 14939
5,5-dimethyl-1-hexene 14940
2,3-dimethyl-2-hexene 14945
2,4-dimethyl-2-hexene 14946
2,5-dimethyl-2-hexene 14947
3,4-dimethyl-cis-2-hexene 14948
3,4-dimethyl-trans-2-hexene 14949
3,5-dimethyl-cis-2-hexene 14950
3,5-dimethyl-trans-2-hexene 14951
4,4-dimethyl-cis-2-hexene 14952
4,4-dimethyl-trans-2-hexene 14953
4,5-dimethyl-2-hexene 14954
4,5-dimethyl-cis-2-hexene 14955
4,5-dimethyl-trans-2-hexene 14956

5,5-dimethyl-cis-2-hexene 14957
5,5-dimethyl-trans-2-hexene 14958
2,2-dimethyl-cis-3-hexene 14960
2,2-dimethyl-trans-3-hexene 14961
2,3-dimethyl-cis-3-hexene 14962
2,3-dimethyl-trans-3-hexene 14963
2,4-dimethyl-cis-3-hexene 14964
2,4-dimethyl-trans-3-hexene 14965
2,5-dimethyl-cis-3-hexene 14966
2,5-dimethyl-trans-3-hexene 14967
3,4-dimethyl-cis-3-hexene 14968
3,4-dimethyl-trans-3-hexene 14969
1-(1,5-dimethyl-4-hexenyl)-4-methylbenze 28649
2,2-dimethyl-4-hexen-3-ol 15107
2,5-dimethyl-4-hexen-3-ol 15108
3,5-dimethyl-1-hexen-3-ol 15109
3,5-dimethyl-4-hexen-3-ol 15110
3,4-dimethyl-3-hexen-2-one 14558
3,4-dimethyl-4-hexen-2-one 14559
dimethylhexylamine 15641
di(3-methylhexyl)phthalate 33387
dimethylhexylsilyl chloride 15628
2,5-dimethyl-3-hexyne-2,5-diol 14612
3,5-dimethyl-1-hexyn-3-ol 14585
1,1-dimethylhydrazine 1160
1,2-dimethylhydrazine 1161
2-(2,2-dimethylhydrazino)-4-(5-nitro-2-f 16601
2,3-dimethylhydroquinone 13973
2,6-dimethylhydroquinone 13983
3,5-dimethyl-4-hydroxybenzonitrile 16390
2,5-dimethyl-4-hydroxy-3(2H)-furanone 7441
3,5-dimethyl-3-hydroxyhexane-4-carboxyli 17734
4-(4,4-dimethyl-3-hydroxy-1-pentenyl)-2- 27607
3-(3,5-dimethyl-4-hydroxyphenyl)-2-methy 30002
2,2-dimethyl-3-hydroxy-3-(p-methoxypheny 24261
2,2-dimethyl-3-hydroxypropionaldehyde 5533
2,2-dimethyl-3-hydroxy-3-(p-tolyl)propio 24252
5,7-dimethyl-4-hydroxypyrido[2,3-d]pyrim 16491
1,2-dimethyl-3-hydroxy-4-pyridone 11002
4,6-dimethyl-2-hydroxypyrimidine 7347
2,4-dimethyl-6-hydroxypyrimidine 7348
1,2-dimethyl-1H-imidazole 4810
1,4-dimethyl-1H-imidazole 4811
2,4-dimethylimidazole 4812
1,5-dimethylimidazole 4824
2,2'-bis(4,5-dimethylimidazole) 19964
5,5-dimethyl-2,4-imidazolidinedione 4831
1,3-dimethyl-2-imidazolidinone 5408
4,4-dimethyl-2-imidazoline 5405
dimethylimipramine 30792
1,1-dimethylindan 22034
1,5-dimethyl-1H-indazole 16570
2,3-dimethyl-2H-indazole 16571
2,3-dimethylindene 21789
N,N-dimethylindoaniline 27113
1,3-dimethyl-1H-indole 19282
2,5-dimethyl-1H-indole 19283
2,3-dimethylindole 19287
1,5-dimethyl-1H-indole 19292
3,5-dimethyl-1H-indole 19293
2,6-dimethyl-1H-indole 19294
N,N-dimethyl-1H-indole-3-ethanamine 24157
N,N-dimethyl-1H-indole-3-methanamine 22057
dimethyliodoarsine 989
5,7-dimethylisatin 18902
dimethylisobutylamine 9210
2,8-dimethyl-6-isobutylnonanol-4 28915
4,5-dimethyl-2-isobutylthiazole 17575
N,N-dimethylisobutyramide 8779
dimethylisopropylamine 5963
1,4-dimethyl-7-isopropylazulene 28498
4,8-dimethyl-2-isopropylazulene 28499
1,2-dimethyl-3-isopropylbenzene 22336
1,2-dimethyl-4-isopropylbenzene 22337
1,3-dimethyl-2-isopropylbenzene 22338
1,3-dimethyl-4-isopropylbenzene 22339
1,3-dimethyl-5-isopropylbenzene 22340
1,4-dimethyl-2-isopropylbenzene 22341
1,5-dimethyl-4-isopropylcyclopentene 20604
2,2-dimethyl-3-isopropylheptane 25127
2,2-dimethyl-4-isopropylheptane 25128
2,3-dimethyl-3-isopropylheptane 25129
2,3-dimethyl-4-isopropylheptane 25130
2,4-dimethyl-3-isopropylheptane 25131
2,4-dimethyl-4-isopropylheptane 25132
2,5-dimethyl-3-isopropylheptane 25133
2,5-dimethyl-4-isopropylheptane 25134
2,6-dimethyl-3-isopropylheptane 25135
2,6-dimethyl-4-isopropylheptane 25136
3,3-dimethyl-4-isopropylheptane 25137
3,4-dimethyl-4-isopropylheptane 25138
3,5-dimethyl-4-isopropylheptane 25139
2,2-dimethyl-3-isopropylhexane 23012
2,3-dimethyl-3-isopropylhexane 23013
2,4-dimethyl-3-isopropylhexane 23014
2,5-dimethyl-3-isopropylhexane 23015
dimethyl-5-(1-isopropyl-3-methylpyrazoly 20588
1,6-dimethyl-4-isopropylnaphthalene 28496
2,4-dimethyl-3-isopropylpentane 21201
4,4-dimethyl-3-isopropyl-1-pentanol 21324
3,4-dimethyl-3-isopropyl-2-pentanol 21325
2,4-dimethyl-3-isopropyl-3-pentanol 21327
dimethylisopropylsilane 6030
O,O-dimethyl-S-isopropyl-2-sulfinylethyl 12370
O,O-dimethyl-S-2-(isopropylthio)ethylpho 12365
3,5-dimethylisoxazole 4667
3,5-dimethylisoxazole-4-boronic acid 4753
3,5-dimethylisoxazole-4-carboxylic acid 7215
dimethylmagnesium 1033
dimethylmalonic acid 4948
dimethylmalonyl chloride 4479
4,6-dimethyl-2-mercaptopyrimidine 7370
2,5-dimethyl-4-methoxybenzaldehyde 19592
2,2-dimethyl-4-methoxycarbonyl-2H-imidaz 11121
2,6-dimethyl-N-(2-methoxyethyl)chloroace 26168
2',6'-dimethyl-2-(2-methoxypropylamino)a 27665
dimethylmethoxy-n-propylsilane 9314
N,N-dimethyl-5-methoxytryptamine 26182
(S,S)-(+)-2,2-dimethyl-5-methylamino-4-p 26257
1,3-dimethyl-5-(methylamino)-4-pyrazolyl 25946
dimethyl-2-methylbutylamine 12327
dimethyl-3-methylbutylamine 12328
1,5-dimethyl-5-(1-methylbutyl)barbituric 22572
2,6-dimethyl-1-((2-methylcyclohexyl)carb 28810
2,2-dimethyl-5-methylenebicyclo[2.2.1]he 20334
7,7-dimethyl-2-methylenebicyclo[2.2.1]he 20335
trans-1,3-dimethyl-2-methylenecyclohexan 17626
3,3-dimethyl-4-(1-methylethylidene)-2-ox 14347
2,3-dimethyl-1-(4-methylphenyl)-3-pyrazo 23922
cis-2,2-dimethyl-3-(2-methyl-1-propenyl) 20488
(1S-trans)-2,2-dimethyl-3-(2-methyl-1-pr 33859
2,2-dimethyl-3-(2-methyl-1-propenyl)cycl 20699
N,N-dimethyl-4-(2-methyl-4-pyridylazo)an 27365
O,O-dimethyl-O-(4-(methylsulfinyl)-m-tol 20312
N,N-dimethyl-10-(3-(4-(methylsulfonyl)-1 33351
3,3-dimethyl-1-(methylthio)-2-butanone o 12073
O,O-dimethyl-O-4-(methylthio)-3,5-xylyl 22551
N,N-dimethyl-5-methyltryptamine 26180
3,3-dimethyl-1-(m-methylphenyl)triazene 17360
2,6-dimethylmorpholine 8768
dimethylmorpholinophosphonate 8911
(3,3-dimethyl-1-(m-pyridyl-N-oxide))tria 11130
a,N-dimethyl-m-trifluoromethylphenethyla 22056
dimethylbismuth chloride 999
dimethylmyleran 15599
meso-dimethylmyleran 15600
N,N-dimethylmyristamide 29749
1,2-dimethylnaphthalene 23675
1,3-dimethylnaphthalene 23676
1,4-dimethylnaphthalene 23677
1,5-dimethylnaphthalene 23678
1,6-dimethylnaphthalene 23679
1,7-dimethylnaphthalene 23680
1,8-dimethylnaphthalene 23681
2,3-dimethylnaphthalene 23682
2,6-dimethylnaphthalene 23683
2,7-dimethylnaphthalene 23684
dimethylnaphthalene, isomers 23687
1,4-dimethyl-2-naphthalenol 23759
1,4-dimethyl-2-naphthylamine 23816
N,N-dimethyl-1-naphthylamine 23817
N,N-dimethyl-2-naphthylamine 23818
N,N-dimethyl-4(2'-naphthylazo)aniline 30621
(R)-(+)-N,N-dimethyl-1-(1-naphthyl)ethyl 27396
(S)-(-)-N,N-dimethyl-1-(1-naphthyl)ethyl 27397
4,4-dimethyl-2-neopentyl-1-pentene 24825
N,N-dimethyl-2-nitroaniline 13876
N,N-dimethyl-3-nitroaniline 13877
2,3-dimethyl-6-nitroaniline 13880
4,5-dimethyl-2-nitroaniline 13881
1,2-dimethyl-3-nitrobenzene 13693
1,2-dimethyl-4-nitrobenzene 13694
1,3-dimethyl-2-nitrobenzene 13695
1,3-dimethyl-5-nitrobenzene 13696
1,4-dimethyl-2-nitrobenzene 13697
2,4-dimethyl-1-nitrobenzene 13698
1,1'-dimethyl-2'-nitro-2,4'-bi-1H-imidaz 13787
3,3-dimethyl-1-nitro-1-butyne 7555
4,6-dimethyl-2-(5-nitro-2-furyl)pyrimidi 18953
1,2-dimethyl-5-nitro-1H-imidazole 4724
1,2-dimethyl-4-nitro-1H-imidazole 4726
4,5-dimethyl-2-nitroimidazole 4727
2,3-dimethyl-7-nitroindole 19055
3,6-dimethyl-2-nitrophenol 13744
2,6-dimethyl-4-nitrophenol 13754
3,5-dimethyl-4-nitropyridine 1-oxide 10833
2,3-dimethyl-4-nitropyridine-1-oxide 10831
2,5-dimethyl-4-nitropyridine-1-oxide 10832
N,4-dimethyl-N-nitrosobenzenesulfonamide 13888
3,2'-dimethyl-4-nitrosobiphenyl 27021
1,2-dimethylnitrosohydrazine 1129
N,O-dimethyl-N-nitrosohydroxylamine 1048
2,6-dimethylnitrosomorpholine 8339
2,6-dimethylnitrosopiperidine 11788
3,5-dimethylnitrosopiperidine 11789
cis-3,5-dimethyl-1-nitrosopiperidine 11790
trans-3,5-dimethyl-1-nitrosopiperidine 11791
2,5-dimethyl-N-nitrosopyrrolidine 8326
1,3-dimethylnitrosourea 2083
dimethylnonacosylamine 35044
dimethylnonadecylamine 33069
2,2-dimethylnonane 22898
2,3-dimethylnonane 22899
2,4-dimethylnonane 22900
2,5-dimethylnonane 22901
2,6-dimethylnonane 22902
2,7-dimethylnonane 22903
2,8-dimethylnonane 22904
3,3-dimethylnonane 22905
3,4-dimethylnonane 22906
3,5-dimethylnonane 22907
3,6-dimethylnonane 22908
3,7-dimethylnonane 22909
4,4-dimethylnonane 22910
4,5-dimethylnonane 22911
4,6-dimethylnonane 22912
5,5-dimethylnonane 22913
2,8-dimethyl-5-nonanol 23061
dimethylnonylamine 23093
3,3-dimethyl-4-nonyne 22677
6,6-dimethyl-2-norpinene-2-ethanol aceta 26328
dimethyloctacosylamine 34969
N,N-dimethyloctadecanamide 32510
(N,N-dimethyl-1-octadecanamine)trihydrob 32557
2,2-dimethyloctadecane 32518
2,3-dimethyloctadecane 32519
2,4-dimethyloctadecane 32520
dimethyloctadecylamine 32550
dimethyloctadecyl[3-(trimethoxysilyl)pro 34385
cis-3,7-dimethyl-2,6-octadienal 20438
trans-3,7-dimethyl-2,6-octadienal 20439
2,6-dimethyl-2,5-octadiene 20610
2,7-dimethyl-2,6-octadiene 20611
3,6-dimethyl-2,6-octadiene 20612
3,7-dimethyl-2,4-octadiene 20613
4,5-dimethyl-2,6-octadiene 20614
cis-2,6-dimethyl-2,6-octadiene 20615
3,7-dimethyl-1,6-octadiene 20637
3,7-dimethyl-2,6-octadienenitrile, isome 20222
3,7-dimethyl-2,4-octadienoic acid 20489
3,7-dimethyl-2-trans-6-octadienyl croton 27701
(E)-5-((3,7-dimethyl-2,6-octadienyl)oxy) 30232
cis-3,7-dimethyl-2,6-octadien-1-ol 20706
2,6-dimethyl-5,7-octadien-2-ol 20750
cis-3,7-dimethyl-2,6-octadien-1-ol aceta 24568
3,7-dimethyl-1,6-octadien-3-ol acetate, 24567
3,7-dimethyl-1,6-octadien-3-ol formate 22596
trans-3,7-dimethyl-2,6-octadien-1-ol for 22597
3,6-dimethyl-2,6-octadien-4-yne 19890
2,7-dimethyl-3,5-octadiyne 19891
4,4'-dimethyloctafluorobiphenyl 26592
N,N-dimethyloctanamide 21113
2,2-dimethyloctane 21140
2,3-dimethyloctane 21141
2,4-dimethyloctane 21142
2,5-dimethyloctane 21143
2,6-dimethyloctane 21144
2,7-dimethyloctane 21145
3,3-dimethyloctane 21146
3,4-dimethyloctane 21147
3,5-dimethyloctane 21148
3,6-dimethyloctane 21149
4,4-dimethyloctane 21150
4,5-dimethyloctane 21151
N,N'-dimethyl-1,8-octanediamine 21422
3,7-dimethyl-1,7-octanediol 21351
2,2-dimethyloctanoic acid 21041
2,2-dimethyl-1-octanol 21254
2,6-dimethyl-1-octanol 21255
3,7-dimethyl-1-octanol 21256
4,5-dimethyl-1-octanol 21257
4,6-dimethyl-1-octanol 21258
4,7-dimethyl-1-octanol 21259
7,7-dimethyl-1-octanol 21260
2,4-dimethyl-2-octanol 21261
2,7-dimethyl-2-octanol 21263
3,7-dimethyl-2-octanol 21264
2,2-dimethyl-3-octanol 21267
2,3-dimethyl-3-octanol 21268
2,7-dimethyl-3-octanol 21269
3,5-dimethyl-3-octanol 21270
3,6-dimethyl-3-octanol 21271
3,7-dimethyl-3-octanol 21272
2,2-dimethyl-4-octanol 21275
2,4-dimethyl-4-octanol 21276
2,5-dimethyl-4-octanol 21277
2,6-dimethyl-4-octanol 21278
2,7-dimethyl-4-octanol 21279
3,4-dimethyl-4-octanol 21280
3,6-dimethyl-4-octanol 21281
4,6-dimethyl-4-octanol 21282
4,7-dimethyl-4-octanol 21283
(R)-3,7-dimethyl-1-octanol 21339
3,7-dimethyl-3-octanol, (±) 21331
3,7-dimethyl-1-octanol, (±) 21332
3,7-dimethyloctanyl acetate 24880
3,7-dimethyloctanyl butyrate 27885
dimethyloctatriacontylamine 35635
3,7-dimethyl-1,3,6-octatriene 20336
3,7-dimethyl-1,3,7-octatriene 20337
cis,trans-2,6-dimethyl-2,4,6-octatriene 20338
trans,trans-2,6-dimethyl-2,4,6-octatrien 20339
cis, cis-2,6-dimethyl-2,4,6-octatriene 20340
dimethyloctatriene 20362
2,6-dimethyl-2,4,6-octatriene, isomers 20363
3,7-dimethyl-6-octenal 20690
3,7-dimethyl-1-octene 20950
2,6-dimethyl-2-octene 20951
3,7-dimethyl-6-octen-3-ol 21005
2,6-dimethyl-1-octen-8-ol 21035
3,7-dimethyl-7-octen-1-ol, (S) 21006
2,6-dimethyl-2-octen-8-yl butyrate 27809
3,6-dimethyl-4-octyn-3,6-diol 20790
dimethyloctylamine 21402
2,2-dimethyl-3-octyne 20598
dimethylol dihydroxyethylene urea 3856
dimethylol thiourea 2121
N,N-dimethylol-2-methoxyethyl carbamate 8854
O,O-dimethyl-o-(4-(methylsulfonyl)-m-tol 20313
2,4-dimethyloxazole 4668
2,5-dimethyloxazole 4669
(S)-(-)-3-boc-2,2-dimethyloxazolidine-4- 22650
5,5-dimethyl-2,4-oxazolidinedione 4687
4,4-dimethyl-2-oxazoline 5210
3,3-dimethyloxetane 5460
2,2-dimethyloxirane 3490
cis-2,3-dimethyloxirane 3491
trans-2,3-dimethyloxirane 3492
2,3-dimethyloxirane 3497
5,5-dimethyl-3-(2-(oxiranylmethoxy)propy 27676
3,3-dimethyl-2-oxobutanoic acid 7887
(2R,3S)-1,1-dimethyl-2-(3-oxobutyl)-3-(3 28697
N-(1,1-dimethyl-3-oxobutyl)-2-propenamid 17555
2-[(4S)-2,2-dimethyl-5-oxo-1,3-dioxolan- 11219
2,2-dimethyl-6-oxoheptanoic acid 17742
4,4-dimethyl-6-oxoheptanoic acid 17743
2,2-dimethyl-4-oxopentanoic acid 11505
(1R,3S)-2,2-dimethyl-3-(2-oxopropyl)-cyc 20249
dimethyloxostannane 1071
N,N-dimethylpalmitamide 31122
3,5-dimethyl-p-anisic acid 19656
N,N-dimethyl-p-(4-benzimidazolyazo)anili 28372
2,5-dimethyl-p-benzoquinone 13435
N,N-dimethyl-p-(3,4-difluorophenylazo)an 27003
dimethylpentacosylamine 34569
2,2-dimethylpentadecane 30349
2,3-dimethylpentadecane 30350
2,4-dimethylpentadecane 30351
dimethylpentadecylamine 30372
2,4-dimethyl-1,3-pentadiene 11365
2,4-dimethyl-2,3-pentadiene 11369
dimethyl-pentafluorophenylsilane 13095
N,N-dimethylpentanamide 12056
2,4-dimethyl-2-pentanamine 12316

2,2-dimethylpentane 12116
2,3-dimethylpentane 12117
2,4-dimethylpentane 12118
3,3-dimethylpentane 12119
3,3-dimethylpentanedioic acid 11535
2,2-dimethyl-1,3-pentanediol 12247
2,2-dimethyl-1,5-pentanediol 12248
2,3-dimethyl-1,3-pentanediol 12249
2,3-dimethyl-2,3-pentanediol 12250
DL-2,4-dimethyl-1,5-pentanediol 12251
meso-2,4-dimethyl-1,5-pentanediol 12252
2,4-dimethyl-2,3-pentanediol 12253
2,4-dimethyl-2,4-pentanediol 12254
3,3-dimethyl-1,5-pentanediol 12255
3,4-dimethyl-1,4-pentanediol 12256
4,4-dimethyl-1,2-pentanediol 12257
3,3-dimethyl-2,4-pentanedione 11464
2,2-dimethyl-1-pentanol 12182
2,3-dimethyl-1-pentanol 12183
2,4-dimethyl-1-pentanol 12184
3,3-dimethyl-1-pentanol 12185
3,4-dimethyl-1-pentanol 12186
4,4-dimethyl-1-pentanol 12187
2,3-dimethyl-2-pentanol 12189
2,4-dimethyl-2-pentanol 12190
3,3-dimethyl-2-pentanol 12191
3,4-dimethyl-2-pentanol 12192
4,4-dimethyl-2-pentanol 12193
2,2-dimethyl-3-pentanol 12195
2,3-dimethyl-3-pentanol 12196
2,4-dimethyl-3-pentanol 12197
2,4-dimethyl-1-pentanol, (±) 12203
3,3-dimethyl-2-pentanone 11839
3,4-dimethyl-2-pentanone 11840
4,4-dimethyl-2-pentanone 11841
2,2-dimethyl-3-pentanone 11842
2,4-dimethyl-3-pentanone 11843
2,4-dimethyl-3-pentanone oxime 12057
S,S-dimethylpentasulfur hexanitride 1063
dimethylpentatriacontylamine 35494
2,2-dimethyl-4-pentenal 11433
2,3-dimethyl-1-pentene 11731
2,4-dimethyl-1-pentene 11732
3,3-dimethyl-1-pentene 11733
3,4-dimethyl-1-pentene 11734
4,4-dimethyl-1-pentene 11735
2,3-dimethyl-2-pentene 11737
2,4-dimethyl-2-pentene 11738
3,4-dimethyl-cis-2-pentene 11739
3,4-dimethyl-trans-2-pentene 11740
4,4-dimethyl-cis-2-pentene 11741
4,4-dimethyl-trans-2-pentene 11742
3,4-dimethylpent-2-ene 11745
2,2-dimethyl-4-pentenoic acid 11466
dimethylpentylamine 12324
dimethyl-2-pentylamine 12325
dimethyl-3-pentylamine 12326
(2,4-dimethylpentyl)benzene 26288
N-(1,4-dimethylpentyl)-N'-phenyl-1,4-ben 31571
N,N'-bis(1,4-dimethylpentyl)-p-phenylene 32418
3,3-dimethyl-1-pentyne 11350
3,4-dimethyl-1-pentyne 11351
4,4-dimethyl-1-pentyne 11352
4,4-dimethyl-2-pentyne 11353
4,4-dimethyl-2-pentynoyl chloride 10945
3,4-dimethyl-1-pentyn-3-ol 11407
dimethylperoxide 1073
dimethylperoxycarbonate 3037
N,N-dimethyl-p-((3-ethoxyphenyl)azo)anil 29429
3,3-dimethyl-1-(p-fluorophenyl)triazene 13850
9,10-dimethylphenanthrene 29111
3,6-dimethylphenanthrene 29115
1,4-dimethylphenanthrene 29116
2,7-dimethylphenanthrene 29120
2,5-dimethylphenanthrene 29121
4,5-dimethylphenanthrene 29122
2,9-dimethyl-1,10-phenanthroline 26898
2,5-dimethylphenethylalcohol 20075
N,N-dimethylphenethylamine 20223
dimethylphenethylsilane 20546
3,4-dimethylphenol phosphate (3:1) 33847
N,N-dimethyl-3-phenothiazinesulfonamide 27122
2,4-dimethylphenyl acetate 19542
2,5-dimethylphenyl acetate 19543
3,4-dimethylphenyl acetate 19544
3,5-dimethylphenyl acetate 19545
1,3-dimethyl-4-phenyl benzene 27069
1,3-dimethyl-5-phenyl benzene 27070
1,4-dimethyl-2-phenyl benzene 27071
2,3-dimethylphenyl isocyanate 16391
2,6-dimethylphenyl isocyanate 16392
2,5-dimethylphenyl isocyanate 16393
3,4-dimethylphenyl isocyanate 16394
2,4-dimethylphenyl isocyanate 16395
3,5-dimethylphenyl isocyanate 16396
2,6-dimethylphenyl isothiocyanate 16485
N-(2,4-dimethylphenyl)acetamide 19768
2,4-dimethylphenylacetic acid 19616
2,5-dimethylphenylacetonitrile 19288
4-((2-((2,6-dimethylphenyl)amino)-2-oxoe 27581
4-((2-((2,6-dimethylphenyl)amino)-2-oxoe 27461
2,3-dimethyl-4-(phenylazo)benzenamine 27242
1-[(2,4-dimethylphenyl)azo]-2-naphthalen 30590
1-[(2,5-dimethylphenyl)azo]-2-naphthalen 30591
N,N-dimethyl-4-phenylazo-o-anisidine 28486
N,N-dimethyl-N'-phenyl-N'-benzyl-1,2-eth 30183
2,6-dimethylphenylboronic acid 14060
3,5-dimethylphenylboronic acid 14061
3,4-dimethylphenylboronic acid 14062
N-(2,6-dimethylphenylcarbamoylmethyl) im 27466
1,3-dimethyl-2-phenyl-1,3,2-diazaphospho 20294
N-(2,6-dimethylphenyl)-N-(2-((2,6-dimeth 33865
2,2-dimethyl-5-phenyl-1,3-dioxane-4,6-di 23784
1,1-bis(3,4-dimethylphenyl)ethane 30780
1-(2,4-dimethylphenyl)ethanone 19500
1-(2,5-dimethylphenyl)ethanone 19501
1-(3,4-dimethylphenyl)ethanone 19502
(S)-(-)-N,N-dimethyl-1-phenylethylamine 20224
(R)-(+)-N,N-dimethyl-1-phenylethylamine 20225
dimethylphenylethynylthallium 19357
N-(2,6-dimethylphenyl)-2-hydroxy-5-oxo-1 27453
2,2-dimethyl-4-phenyl-2H-imidazole-1-oxi 21821
2,4-dimethylphenylmaleimide 23640
N,N-dimethyl-N'-phenylmethanimidamide 17044
3,5-dimethylphenyl-N-methylcarbamate 19816
3,4-dimethylphenyl-N-methyl-N-nitrosocar 19448
N-(2,6-dimethylphenyl)-3-methyl-2-oxo-1- 28584
N-(2,6-dimethylphenyl)-4-methyl-2-oxo-1- 28585
5,5-dimethyl-2-phenylmorpholine 24310
1,3-dimethyl-3-phenyl-1-nitrosourea 16990
4,4-dimethyl-2-phenyl-2-oxazoline 21967
2,4-dimethyl-3-phenyl-3-pentanol 26306
4,4-dimethyl-1-phenyl-1-penten-3-one 26078
(2,4-dimethylphenyl)phenylmethanone 28287
(3,4-dimethylphenyl)phenylmethanone 28288
dimethylphenylphosphine 14227
(2,5-dimethylphenyl)phosphonous dichlori 13626
1-(2,3-dimethylphenyl)piperazine 24402
1-(2,5-dimethylphenyl)piperazine 24403
1-(2,4-dimethylphenyl)piperazine 24404
1-(3,4-dimethylphenyl)piperazine 24405
1,1-dimethyl-4-phenylpiperazinium iodide 24504
2,2-dimethyl-1-phenyl-1,3-propanediol 22458
2,2-dimethyl-1-phenyl-1-propanone 22094
3,5-dimethyl-1-phenyl-1H-pyrazole 21816
3,5-dimethyl-1-phenylpyrazole-4-carboxal 23732
4,4-dimethyl-1-phenyl-3-pyrazolidone 22065
1,3-dimethyl-3-phenyl-2,5-pyrrolidinedio 23837
1,2-dimethyl-3-phenyl-3-pyrrolidyl propi 28618
1-(2,4-dimethyl-5-phenyl-1H-pyrrol-3-yl) 27228
N,5-dimethyl-3-phenyl-6-quinoxalinamine 29219
dimethylphenylsilane 14414
(dimethylphenylsilyl)acetylene 19704
(R)-(-)-N,S-dimethyl-S-phenylsulfoximine 14161
(S)-(+)-N,S-dimethyl-S-phenylsulfoximine 14162
2-di(N-methyl-N-phenyl-tert-butyl-carbam 34675
3,3-dimethyl-1-phenyl-1-triazene 14198
N,N-dimethyl-N'-phenylurea 17045
N,N'-dimethyl-N-phenylurea 17046
trans-N,N-dimethyl-4-(2-phenylvinyl)anil 29319
dimethylphenylvinylsilane 20182
dimethylphosphine 1143
dimethylphosphinic acid 1137
dimethylphosphinic chloride 1008
1,2-bis(dimethylphosphino)ethane 9325
(+)-1,2-bis((2S,5S)-2,5-dimethylphosphol 30939
(-)-1,2-bis((2R,5R)-2,5-dimethylphosphol 30940
(+)-1,2-bis((2R,5R)-2,5-dimethylphosphol 27891
(-)-1,2-bis((2S,5S)-2,5-dimethylphosphol 27892
dimethylphosphoramidothioic dichloride 1016
dimethylphosphoramidous dichloride 1015
N,N-dimethyl-p-(6-indazylazo)aniline 28373
1,4-dimethylpiperazine 8917
cis-2,5-dimethylpiperazine 8918
trans-2,5-dimethylpiperazine 8919
cis-2,6-dimethylpiperazine 8920
2,5-dimethylpiperazine 8928
2,6-dimethylpiperazine 8929
2,6-dimethyl-1-piperidinamine 12137
2,6-dimethylpiperidine 12032
3,3-dimethylpiperidine 12033
2,5-dimethylpiperidine 12035
3,5-dimethylpiperidine 12036
cis-2,6-dimethylpiperidine 12047
4,4-dimethylpiperidine 12053
1,2-dimethylpiperidine, (±) 12034
N,N-dimethyl-p-((m-chlorophenyl)azo)anil 27082
N,N-dimethyl-p-(2-methoxyphenylazo)anili 28483
N,N-dimethyl-p-(3-methoxyphenylazo)anili 28484
N,N-dimethyl-p-(4-methoxyphenylazo)anili 28485
3,3-dimethyl-1-p-methoxyphenyltriazene 17363
N,N-dimethyl-p-((m-nitrophenyl)azo)anili 27134
N,N-dimethyl-p-((m-tolyl)azo)aniline 28477
N,N-dimethyl-p-(1-naphthylazo)aniline 30622
N,N-dimethyl-p-(2-(1-naphthyl)vinyl)anil 32099
N,N-dimethyl-p-nitroaniline 13884
2,3-dimethyl-p-nitroanisole 16962
3,3-dimethyl-1-(p-nitrophenyl)triazene 13903
N,N-dimethyl-p-((o-chlorophenyl)azo)anil 27083
N,N-dimethyl-p-((o-nitrophenyl)azo)anili 27135
N,N-dimethyl-p-((o-tolyl)azo)aniline 28478
N,N-dimethyl-p-((p-fluorophenyl)azo)anil 27089
N,N-dimethyl-p-phenylazoaniline-N-oxide 27250
N,N-dimethyl-p-phenylenediamine 14291
N,N-dimethyl-p-phenylenediamine oxalate 30887
N,N-dimethyl-p-((p-propylphenyl)azo)anil 30167
N,N-dimethyl-p-(6-quinoxalyazo)aniline 29230
N,N-dimethyl-p-(5-quinoxalylazo)aniline 29229
2,2-dimethylpropanal 5448
2,2-dimethylpropanamide 5677
N,N-dimethyl-2-propanamine 5965
N,N'-dimethyl-1,3-propanediamine 6013
2,2-dimethyl-1,3-propanediamine 6014
dimethylpropanedinitrile 4491
2,2-dimethylpropanenitrile 5186
2,2-dimethyl-1-propanethiol 5928
2,2-dimethylpropanoic acid 5495
2,2-dimethyl-1-propanol 5840
2,2-dimethylpropanoyl chloride 5071
N,N-dimethylpropionamide 5686
1,2-dimethylpropyl acetate 11898
1,1-dimethylpropyl butanoate 18067
1,2-dimethylpropyl butanoate 18068
2,2-dimethylpropyl butanoate 18069
1,1-dimethylpropyl formate 8473
1,2-dimethylpropyl formate 8474
2,2-dimethylpropyl formate 8475
1,1-dimethylpropyl 3-methylbutanoate 21053
1,1-dimethylpropyl propanoate 15172
1,2-dimethylpropyl propanoate 15173
2,2-dimethylpropyl propanoate 15174
1,1-dimethylpropylamine 5951
1,2-dimethylpropylamine 5952
2,2-dimethylpropylamine 5953
dimethyl-propylamine 5962
1,2-dimethyl-3-propylbenzene 22330
1,2-dimethyl-4-propylbenzene 22331
1,3-dimethyl-2-propylbenzene 22332
1,3-dimethyl-4-propylbenzene 22333
1,3-dimethyl-5-propylbenzene 22334
1,4-dimethyl-2-propylbenzene 22335
2,5-bis(1,1-dimethylpropyl)-1,4-benzened 29613
4-(1,1-dimethylpropyl)cyclohexanone 22692
11-(2,2-dimethylpropyl)heneicosane 34369
2,2-dimethyl-4-propylheptane 25119
2,3-dimethyl-4-propylheptane 25120
2,4-dimethyl-4-propylheptane 25121
2,5-dimethyl-4-propylheptane 25122
2,6-dimethyl-4-propylheptane 25123
3,3-dimethyl-4-propylheptane 25124
3,4-dimethyl-4-propylheptane 25125
3,5-dimethyl-4-propylheptane 25126
1-(1,1-dimethylpropyl)-4-methoxybenzene 24443
2-(2,2-dimethylpropyl)-2-methyloxirane 15126
4-(1,1-dimethylpropyl)-2-methylphenol 24446
2,4-dimethyl-3-propyl-3-pentanol 21326
[(1,1-dimethyl-2-propynyl)oxy]trimethyls 15154
dimethyl-1-propynylthallium 5267
N,N-dimethyl-p-toluenesulfonamide 17347
N,N-dimethyl-4-((p-tolyl)azo)aniline 28476
N,N-dimethyl-p-(2,4,6-trifluorophenylazo 26892
N,N-dimethyl-p-(2,3,xylylazo)aniline 29422
N,N-dimethyl-p-(3,4-xylylazo)aniline 29423
2,6-dimethyl-4H-pyran-4-one 10874
4,6-dimethyl-2H-pyran-2-one 10875
2,3-dimethylpyrazine 7322
2,5-dimethylpyrazine 7323
2,6-dimethylpyrazine 7324
1,3-dimethyl-1H-pyrazole 4813
1,5-dimethyl-1H-pyrazole 4814
3,4-dimethyl-1H-pyrazole 4815
3,5-dimethyl-1H-pyrazole 4816
3,5-dimethylpyrazole-1-carbinol 7723
3,5-dimethylpyrazole-1-carboxamide 7595
2,6-dimethyl-4-pyridinamine 11087
N,N-dimethyl-2-pyridinamine 11088
2,6-dimethyl-3-pyridinamine 11099
2,3-dimethylpyridine 10958
2,4-dimethylpyridine 10959
2,5-dimethylpyridine 10960
2,6-dimethylpyridine 10961
3,4-dimethylpyridine 10962
3,5-dimethylpyridine 10963
2,6-dimethylpyridine-1-oxide 10977
2,6-dimethyl-4-pyrimidinamine 7584
4,5-dimethyl-2-pyrimidinamine 7585
4,6-dimethylpyrimidinamine 7586
2,4-dimethylpyrimidine 7325
2,5-dimethylpyrimidine 7326
4,5-dimethylpyrimidine 7327
4,6-dimethylpyrimidine 7328
1,3-dimethyl-2,4(1H,3H)-pyrimidinedione 7355
S-(4,6-dimethyl-2-pyrimidinyl)-O,O-dieth 20584
2,4-dimethylpyrrole 7533
2,5-dimethylpyrrole 7534
1,5-dimethyl-2-pyrrolecarbonitrile 10790
1,2-dimethylpyrrolidine 8746
2,2-dimethylpyrrolidine 8747
2,4-dimethylpyrrolidine 8748
cis-2,5-dimethylpyrrolidine 8749
2,5-dimethylpyrrolidine, cis and trans 8757
1,5-dimethyl-2-pyrrolidinone 8103
3,3-dimethyl-2-pyrrolidinone 8104
2,5-dimethyl-3-pyrroline, cis and trans 8100
5,5-dimethyl-1-pyrroline N-oxide 8112
2,3-dimethylquinoline 21705
2,4-dimethylquinoline 21706
2,6-dimethylquinoline 21707
2,7-dimethylquinoline 21708
2,8-dimethylquinoline 21709
3,4-dimethylquinoline 21710
3,6-dimethylquinoline 21711
3,7-dimethylquinoline 21712
3,8-dimethylquinoline 21713
4,5-dimethylquinoline 21714
4,6-dimethylquinoline 21715
4,8-dimethylquinoline 21716
5,6-dimethylquinoline 21717
5,7-dimethylquinoline 21718
6,7-dimethylquinoline 21719
2,5-dimethylquinoline 21720
5,8-dimethylquinoline 21721
6,8-dimethylquinoline 21722
4,7-dimethylquinoline 21733
2,4-dimethyl-6-quinolinol 21736
2,4-dimethyl-8-quinolinol 21737
2,8-dimethyl-4-quinolinol 21738
N,N-dimethyl-4-(4'-quinolylazo)aniline 30013
N,N-dimethyl-4-((4'-quinolyl-1'-oxide)az 30017
3,3-dimethyl-1(3-quinolyl)triazene 21841
2,6-dimethylquinoxaline 19022
2,3-dimethylquinoxaline 19040
2,3-dimethylquinoxaline dioxide 19058
N,N-dimethylsalicylamide 16954
dimethyl-sec-butylamine 9209
2,4-dimethyl-1-sec-butylbenzene 24369
1,1-dimethyl-2-selenourea 2126
2,7-dimethyl-5-silaspiro[4.4]nona-2,7-di 20547
1,2-bis(dimethylsilyl)benzene 20853
N-(dimethylsilyl)-1,1-dimethylsilylamine 4134
1-(dimethylsilyl)-2-phenylacetylene 19705
N,N-dimethyl-4-stilbenamine 29320
(Z)-N,N-dimethyl-4-stilbenamine 29321
2,2'-dimethylstilbene 29236
dimethylstilbestrol 29288
2,3-dimethylstyrene 19380
3,4-dimethylstyrene 19381
2,6-dimethylstyrene 19382
3,5-dimethylstyrene 19383
a,2-dimethylstyrene 19398
2,2-dimethylsuccinic acid 7931
2,2-dimethylsuccinic anhydride 7442
dimethylsulfamido-3-(dimethylamino-2-pro 31567
N,N-dimethylsulfamoyl chloride 1007

p-(N,N-dimethylsulfamoyl)phenol 14194
N,N-dimethylsulfanilic acid 14195
2,4-dimethylsulfolane 8525
1,3-dimethylsulfuryldiamide 1164
dimethyl-tert-butylamine 9211
2,3-dimethyl-2-tert-butyl-1-butanol 21330
2,2-dimethyl-3-tert-butylhexane 25221
dimethyl-1,2,2,2-tetrachloroethyl phosph 3176
dimethyltetracosylamine 34381
6,9-dimethyl-5,9-tetradecadien-7-yne 29597
2,2-dimethyltetradecane 29757
2,3-dimethyltetradecane 29758
2,4-dimethyltetradecane 29759
dimethyltetradecylamine 29803
7,12-dimethyl-8,9,10,11-tetrahydrobenz(a 32113
1,11-dimethyl-1,2,3,4-tetrahydrochrysene 32114
2,2-dimethyltetrahydrofuran 8418
2,3-dimethyltetrahydrofuran 8419
2,4-dimethyltetrahydrofuran 8420
2,5-dimethyltetrahydrofuran 8421
3,3-dimethyltetrahydrofuran 8422
3,4-dimethyltetrahydrofuran 8423
1,3-dimethyl-3,4,5,6-tetrahydro-2(1H)-py 8323
2,2-dimethyl-5-(2-tetrahydropyrrolyliden 19838
5,7-dimethyl-1-tetralone 23969
3,6-dimethyl-1,2,4,5-tetraoxane 3577
1,3-dimethyl-1,1,3,3-tetraphenyldisilaza 34265
1,3-dimethyl-1,1,3,3-tetraphenyldisiloxa 34255
dimethyltetratriacontylamine 35441
1,3-dimethyltetravinyldisiloxane 20766
2,5-dimethyl-2H-tetrazole 1909
1,5-dimethyl-1H-tetrazole 1910
dimethylthallium fulminate 1877
dimethylthallium-N-methylacetohydroxamat 5788
3,3-dimethyl-2-thiabutane 5935
2,7-dimethylthiachromine-8-ethanol 23948
2,2-dimethylthiacyclohexane 11964
2,cis-3-dimethylthiacyclohexane 11965
2,trans-3-dimethylthiacyclohexane 11966
2,cis-4-dimethylthiacyclohexane 11967
2,trans-4-dimethylthiacyclohexane 11968
2,cis-5-dimethylthiacyclohexane 11969
2,trans-5-dimethylthiacyclohexane 11970
2,cis-6-dimethylthiacyclohexane 11971
2,trans-6-dimethylthiacyclohexane 11972
3,3-dimethylthiacyclohexane 11973
3,cis-4-dimethylthiacyclohexane 11974
3,trans-4-dimethylthiacyclohexane 11975
3,cis-5-dimethylthiacyclohexane 11976
3,trans-5-dimethylthiacyclohexane 11977
4,4-dimethylthiacyclohexane 11979
2,2-dimethylthiacyclopentane 8624
2,cis-3-dimethylthiacyclopentane 8625
2,trans-3-dimethylthiacyclopentane 8626
2,cis-4-dimethylthiacyclopentane 8627
2,trans-4-dimethylthiacyclopentane 8628
2,cis-5-dimethylthiacyclopentane 8629
2,trans-5-dimethylthiacyclopentane 8630
3,3-dimethylthiacyclopentane 8631
3,cis-4-dimethylthiacyclopentane 8632
3,trans-4-dimethylthiacyclopentane 8633
2,2-dimethylthiacyclopropane 3584
2,cis-3-dimethylthiacyclopropane 3585
2,trans-3-dimethylthiacyclopropane 3586
2,5-dimethyl-1,3,4-thiadiazole 2920
2,3-dimethyl-(1-thiaethyl)-benzene 17220
2,4-dimethyl-(1-thiaethyl)-benzene 17221
2,5-dimethyl-(1-thiaethyl)-benzene 17222
2,6-dimethyl-(1-thiaethyl)-benzene 17223
3,4-dimethyl-(1-thiaethyl)-benzene 17224
3,5-dimethyl-(1-thiaethyl)-benzene 17225
2,7-dimethylthianthrene 26991
3,3-dimethyl-2-thiapentane 9123
3,4-dimethyl-2-thiapentane 9124
4,4-dimethyl-2-thiapentane 9125
2,2-dimethyl-3-thiapentane 9126
2,4-dimethylthiazole 4703
4,5-dimethylthiazole 4704
2,5-dimethylthiazole 4706
1-(2,4-dimethylthiazol-5-yl)ethan-1-one 10998
N,N-dimethylthioacetamide 3755
N,N-dimethylthioformamide 2077
dimethylthiomethylphosphate 2238
2,2-dimethyl-3-thiomorpholinone 8124
2,3-dimethylthiophene 7469
2,4-dimethylthiophene 7470
2,5-dimethylthiophene 7471
3,4-dimethylthiophene 7472
4,5-dimethylthiophene-2-carboxaldehyde 10861
2,3-dimethylthiophenol 14042
2,4-dimethylthiophenol 14043
2,5-dimethylthiophenol 14044
2,6-dimethylthiophenol 14045
3,4-dimethylthiophenol 14046
3,5-dimethylthiophenol 14047
4,4-dimethyl-3-thiosemicarbazide 2224
N,N'-dimethylthiourea 2124
dimethyltin dibromide 1002
dimethyltin dichloride 1019
dimethyltin dinitrate 1062
dimethyltriacontylamine 35133
4'-(3,3-dimethyl-1-triazeno)acetanilide 19965
4'-3-(3,3-dimethyl-1-triazeno)-9-acridi 33230
p-(3,3-dimethyltriazeno)phenol 14202
1,3-dimethyl-1-triazine 1130
1,5-dimethyl-1H-1,2,3-triazole 3295
3,5-dimethyl-1H-1,2,4-triazole 3297
3,3-dimethyl-1-(2,4,6-tribromophenyl)tri 13262
3,5-dimethyl-1-(trichloromethylmercapto) 7162
dimethyltricosylamine 34202
3,3-dimethyltricyclo[2.2.1.02,6]heptane 17393
7,7-dimethyltricyclo[2.2.1.02,6]heptane- 20095
2,2-dimethyltridecane 28907
2,3-dimethyltridecane 28908
2,4-dimethyltridecane 28909
dimethyltridecylamine 28934
N,N-dimethyl-3-(trifluoromethyl)benzamid 19012
N,N-dimethyl-4-[[3-(trifluoromethyl)phen 28269

(1R,2R)-(+)-N,N'-dimethyl-1,2-bis[3-(tri 30657
(1S,2S)-(-)-N,N'-dimethyl-1,2-bis[3-(tri 30658
N,N-dimethyl-N'-[3-(trifluoromethyl)phen 19275
N,N-dimethyltriisopropylsilylamine 23111
2,2-dimethyltrimethylene acrylate 22478
N,N-dimethyl-4-(3,4,5-trimethylphenyl)az 30168
1,2-dimethyl-2-trimethylsilylhydrazine 6040
dimethyltrimethylsilylphosphine 6038
1,4-dimethyl-2,3,5-trinitrobenzene 13227
2,4-dimethyl-1,3,5-trinitrobenzene 13228
1,4-dimethyl-2,3,7-trioxabicyclo[2.2.1]h 7444
dimethyltritriacontylamine 35330
o,o'-dimethyltubocurarine 35583
2,2-dimethylundecane 26529
2,3-dimethylundecane 26530
2,4-dimethylundecane 26531
6,10-dimethyl-3,5,9-undecatrien-2-one 26310
dimethylundecylamine 26558
N,N-dimethylurea 2111
N,N'-dimethylurea 2112
p-N,N-dimethylureidoazobenzene 28426
m-(3,3-dimethylureido)phenyl-tert-butyl 27637
1,3-dimethyluric acid 10845
6,8-o-dimethylversicolorin A 31936
6,8-o-dimethylversicolorin B 31937
a-(2,2-dimethylvinyl)-a-ethynyl-p-cresol 25897
9,9-dimethylxanthene 28295
dimethylxanthogen disulfide 2989
2,6-dimethyl-2-octanol 21262
dimetilan 20416
2,5-dimetoxy-3-nitrobenzoic acid 16480
di-micron-hydroxo-bis-[(N,N,N',N'-tetram 25415
dimidin 34666
dimorpholamine 32441
dimorpholinium hexachlorostannate 13844
1,5-dimorpholino-3-(1-naphthyl)-pentane 33638
dimorpholinophosphinic acid phenyl ester 27635
1,2-di(m-tolyl)ethane 29351
1,2-di(m-tolyl)hydrazine 27332
dinaphthazine 31817
di-(1-naphthoyl)peroxide 33119
di-1-naphthyl disulfide 31944
di-2-naphthyl disulfide 31945
di-2-naphthyl ether 31886
di-1-naphthyl sulfide 31941
di-2-naphthyl sulfide 31942
di-1-naphthyldiazene 31877
di-1-naphthylmethane 32633
(S)-di-2-naphthylprolinol 34095
(R)-di-2-naphthylprolinol 34096
N,N'-di-1-naphthylurea 32645
dinitramine 21938
2,3-dinitroaniline 6856
2,4-dinitroaniline 6857
2,5-dinitroaniline 6858
2,6-dinitroaniline 6859
3,5-dinitroaniline 6860
15,18-dinitroanthra(9,1,2-cde)benzo(rst) 35200
1,5-dinitro-9,10-anthracenedione 26595
2,4-dinitrobenzaldehyde 9844
3,5-dinitrobenzamide 10117
m-dinitrobenzene 6580
o-dinitrobenzene 6581
p-dinitrobenzene 6582
dinitrobenzene 6584
4,6-dinitrobenzenediazonium-2-oxide 6209
2,4-dinitro-1,3-benzenediol 6593
4,6-dinitro-1,3-benzenediol 6594
2,4-dinitrobenzenesulfenyl chloride 6285
2,4-dinitrobenzenesulfonic acid 6595
2,4-dinitrobenzenesulfonic acid sodium s 6362
4,6-dinitrobenzofurazan-N-oxide 6210
3,4-dinitrobenzoic acid 9845
3,5-dinitrobenzoic acid 9846
2,4-dinitrobenzoic acid 9847
3,5-dinitrobenzonitrile 9599
3,5-dinitrobenzotrifluoride 9573
5,7-dinitro-1,2,3-benzoxadiazole 6207
3,5-dinitrobenzoyl chloride 9515
(R)-(-)-N-(3,5-dinitrobenzoyl)-a-phenylg 28126
3,5-dinitrobenzyl alcohol 10384
2-(2,4-dinitrobenzyl)pyridine 23436
4,4'-dinitrobibenzyl 26912
2,2'-dinitro-1,1'-biphenyl 23317
2,4'-dinitro-1,1'-biphenyl 23318
4,4'-dinitrobiphenyl 23320
1,4-dinitrobutane 3453
2,3-dinitro-2-butene 2918
2,4-dinitro-1-chloro-naphthalene 18500
1,1-dinitrocyclohexane 7744
1,3-dinitro-1,3-diazacyclopentane 1915
dinitrodiazomethane 362
2,7-dinitrodibenzo-p-dioxin 23225
2,8-dinitrodibenzo-p-dioxin 23226
5,6-dinitro-2-dimethylaminopyrimidinone 7256
4,4'-dinitrodiphenyl ether 23328
2,4-dinitrodiphenylamine 23437
3',5'-dinitro-4'-(di-n-propylamino)aceto 27553
1,1-dinitroethane 859
1,2-dinitroethane 860
N,N'-dinitro-1,2-ethanediamine 1058
2,4-dinitro-N-ethylaniline 13780
3,7-dinitrofluoranthene 28964
3,9-dinitrofluoranthene 28965
2,7-dinitrofluorene 25492
2,7-dinitro-9-fluorenone 25447
1,6-dinitrohexane 8359
1,3-dinitro-2-imidazolidone 1617
4,6-dinitro-m-cresol 10388
dinitromethane 170
3,5-dinitro-2-methylbenzenedizaonium-4-o 9852
2,5-dinitro-3-methylbenzoic acid 12905
N,N'-dinitro-N-methyl-1,2-diaminoethane 2128
1,3-dinitronaphthalene 18571
1,5-dinitronaphthalene 18572
1,8-dinitronaphthalene 18573
3,5-dinitro-o-cresol 10386
2,6-dinitro-p-cresol 10385

3,5-dinitro-p-cresol 10387
1,5-dinitropentane 5437
2,6-dinitro-4-perchlorylphenol 6288
1,6-dinitrophenanthrene 26646
2,6-dinitrophenanthrene 26647
3,5-dinitrophenanthrene 26648
3,6-dinitrophenanthrene 26649
3,10-dinitrophenanthrene 26650
2,10-dinitrophenanthrene 27462
1,7-dinitrophenazine 23228
2,4-dinitrophenetole 13376
2,3-dinitrophenol 6586
2,4-dinitrophenol 6587
2,5-dinitrophenol 6588
2,6-dinitrophenol 6589
3,4-dinitrophenol 6590
3,5-dinitrophenol 6591
dinitrophenol 6592
2,4-dinitro-1-phenoxybenzene 23327
2,4-dinitrophenyl acetate 12901
2,4-dinitrophenyl dimethylcarbamodithioa 16500
2,4-dinitrophenylacetic acid 12902
2,4-dinitrophenylacetyl chloride 12620
1-((2,4-dinitrophenyl)azo)-2-naphthol 28997
2,4-dinitrophenyl-2,4-dinitro-6-sec-buty 29945
N,N'-(2,4-dinitro-1,4-phenylene)-bisacet 19082
4,5-dinitro-1,2-phenylenediamine 7051
N-2,4-dinitrophenylethanolamine 13783
(2,4-dinitrophenyl)hydrazine 7049
2,4-dinitrophenylhydraziniumperchlorate 7152
o-(2,4-dinitrophenyl)hydroxylamine 6863
N-(2,4-dinitrophenyl)-N-(4-hydroxyphenyl 23438
trans-2,4-dinitro-1-(2-phenylvinyl)benze 26759
1,1-dinitropropane 1896
1,3-dinitropropane 1897
2,2-dinitropropane 1898
2,2-dinitro-1,3-propanediol 1903
2,2-dinitropropanol 1901
2,6-dinitro-p-toluidine 10710
1,3-dinitropyrene 28966
1,6-dinitropyrene 28967
1,8-dinitropyrene 28968
2,7-dinitropyrene 28969
4,6-dinitroquinoline-1-oxide 15836
4,7-dinitroquinoline-1-oxide 15837
6,7-dinitroquinoxaline 12590
3,5-dinitrosalicylic acid 9849
p-dinitrosobenzene 6573
dinitrosocimetidine 20422
N,N'-dinitroso-N,N'-dimethylethylenediam 3862
dinitrosohomopiperazine 5442
2,4-dinitroso-m-resorcinol 5440
di(N-nitroso)-perhydropyrimidine 3466
1,4-dinitrosopiperazine 3464
3,7-dinitroso-1,3,5,7-tetraazabicyclo[3. 5443
4,4'-dinitro-2,2'-stilbenedisulfonic aci 26751
2,4-dinitro-6-tert-butylphenyl methanesu 22085
2,4-dinitro-1-thiocyanobenzene 9600
2,5-dinitrothiophene 2422
2,4-dinitrothiophene 2423
2,6-dinitrothymol 19464
2,4-dinitrotoluene 10363
2,5-dinitrotoluene 10364
2,6-dinitrotoluene 10365
3,4-dinitrotoluene 10366
3,5-dinitrotoluene 10367
dinitrotoluene 10374
3,5-dinitro-2-toluic acid 12903
4,6-dinitro-1,2,3-trichlorobenzene 6110
3,5-dinitro-N,N'-bis(2,4,6-trinitropheny 29842
dinocap 30846
dinocton-O 29510
dinonadecylamine 35535
dinonyl adipate 33976
dinonyl disulfide 31157
dinonyl ether 31143
dinonyl phthalate 34317
dinonyl sulfide 31152
dinonylamine 31165
dinonylphenol 33960
dinoprost methyl ester 33010
dinoseb 19463
dinoseb acetate 23943
dinoterb acetate 23944
3,4-di-o-acetyl-6-deoxy-l-glucal 20172
1,3-di-o-benzylglycerol 30144
dioctadecylamine 35440
N,N'-dioctadecyloxacarbocyanine p-toluen 35921
di-n-octyl adipate 33440
dioctyl disulfide 29797
dioctyl ether 29771
dioctyl fumarate 32426
dioctyl maleate 32427
dioctyl phenylphosphonate 33416
dioctyl phthalate 33925
dioctyl sebacate 34343
dioctyl sulfide 29791
dioctyl sulfosuccinate sodium salt 32435
dioctyl terephthalate 33927
dioctylamine 29800
dioctyldi(lauryloxy)stannane 35625
2,2-dioctyl-1,3,2-dioxastannepin-4,7-dio 32428
4,4'-dioctyldiphenylamine 34680
dioctylisopentylphosphine oxide 33074
2,2-dioctyl-1,3,2-oxathiastannolane-5-ox 31106
dioctyloxostannane 29775
3',4'-(dioctyloxy)acetophenone 33946
3',4'-(dioctyloxy)benzaldehyde 33670
1,2-(dioctyloxy)benzene 33407
1,3-dioctyloxycalix[4]arenecrown-6 35855
dioctyl(1,2-propylenedioxybis(maleoyldio 34488
dioctylthioxostannane 29796
di-n-octyltin-1,4-butanediol-bis-mercapt 33977
di-n-octyltin b-mercaptopropionate 31720
di-n-octyltin bis(butyl mercaptoacetate) 34726
di-n-octyltin bis(dodecyl mercaptide) 35760
di-n-octyltin ethyleneglycol dithioglyco 33443
di-n-octyltin bis(2-ethylhexyl maleate) 35614

735

736

1,1-diphenyltridecane 34150
1,1-diphenyl-1-tridecene 34140
1,1-diphenylundecane 33633
1,1-diphenyl-1-undecene 33607
N,N'-diphenylurea 25764
N,N-diphenylurea 25765
diphenylvinylphosphine 27051
diphenylzinc 23581
diphosgene 461
1,2-diphosphinoethane 1158
dipiperidino disulfide 20986
1,2-dipiperidinoethane 24841
1,1'-dipiperidinomethane 22811
1,3-di-4-piperidylpropane 26480
diploicin 28989
dipotassium cyclooctatetraene 13330
dipotassium diazirine-3,3-dicarboxylate 2281
1,4-di-p-oxyphenyl-2,3-di-isonitrilo-1,3 30426
dipropetryn 22787
1,2-dipropoxybenzene 24464
1,3-dipropoxybenzene 24465
25,27-dipropoxycalix[4]arene 35227
1,2-dipropoxyethane 15557
4,5-dipropoxy-2-imidazolidinone 17988
dipropoxymethane 12269
3,5-dipropoxyphenol 24480
dipropyl adipate 24754
dipropyl carbonate 11933
dipropyl disulfide 9130
dipropyl ether 8993
N,N-di-n-propyl ethyl carbamate 18159
dipropyl fumarate 20520
dipropyl maleate 20521
dipropyl malonate 17762
S,S-dipropyl methylphosphonotrithioate 12372
dipropyl oxalate 14694
dipropyl peroxide 9066
di-n-propyl peroxydicarbonate 14731
dipropyl phosphite 9261
dipropyl phthalate 27497
N,N-dipropyl succinamic acid ethyl ester 24809
dipropyl succinate 20828
dipropyl sulfate 9096
dipropyl sulfide 9112
dipropyl sulfite 9090
dipropyl sulfone 9069
dipropyl sulfoxide 9010
dipropyl tartrate, (+) 20843
dipropyl zinc 9134
N,N-dipropylacetamide 15312
di-propylamine 9202
1-dipropylaminoacetylindoline 29566
1-(4-(dipropylamino)-2-butynyl)-2-pyrrol 27753
2-(dipropylamino)ethanol 15654
4-[(dipropylamino)sulfonyl]benzoic acid 26272
N,N-dipropylaniline 24506
1,4-dipropylbenzene 24358
alpha,alpha-dipropylbenzenemethanol 26307
dipropylcarbamothioic acid, S-ethyl este 18153
dipropylene glycol 9076
dipropylene glycol butyl ether 21373
di(propylene glycol) butyl ether, isomer 21371
di(propylene glycol) diacrylate 24496
di(propylene glycol) dibenzoate 32181
di(propylene glycol) dibenzoate 32182
di(propylene glycol) dimethyl ether, iso 15582
di(propylene glycol) methyl ether acetat 18101
di(propylene glycol) monomethyl ether 12282
di(propylene glycol) propyl ether, isome 18355
di(propylene glycol) tert-butyl ether, i 21370
a,a'-dipropylenedinitrilodi-o-cresol 30063
dipropylmercury 8905
O,O-di-n-propyl-O-(4-methylthiophenyl)ph 26359
5,5-dipropyl-2,4-oxazolidinedione 17562
dipropyloxostannane 9019
2,6-dipropylphenol 24447
di-n-propyltin bismethanesulfonate 15726
N,N'-dipropylurea 12147
di-p-toluenesulfonamide 27235
(1R,2R)-N,N'-di-p-toluenesulfonyl-1,2-di 34609
(1S,2S)-N,N'-di-p-toluenesulfonyl-1,2-di 34610
(-)-di-p-toluoyl-L-tartaric acid 32091
di(p-tolyl) selenide 27198
di(p-tolyl)carbodiimide 28273
1,1-di(p-tolyl)dodecane 34303
1,2-di(p-tolyl)ethane 29352
1,1-di-p-tolylethane 29355
1,2-di(p-tolyl)hydrazine 27333
N,N-di(p-tolyl)hydrazine 27338
dipyridamole 33939
2,2'-dipyridyl N,N'-dioxide 18717
4,4'-dipyridyl hydrate 18709
di-3-pyridylmercury 18699
1,4-dipyrrolidinyl-2-butyne 24545
5H,10H-dipyrrolo[1,2-a:1',2'-d]pyrazine- 18569
2,2'-dipyrrolylmethane 16572
diquat dibromide 23691
N,N-di-sec-butyl dithiooxamide 20987
di-sec-butyl ether 15528
di-sec-butyl ether, (±) 15532
di-sec-butyl fluorophosphonate 15387
di-sec-butyl fumarate 24603
di-sec-butyl succinate 24743
di-sec-butyl sulfide 15610
di-sec-butylamine 15639
di-sec-butylmercury 15392
2,6-di-sec-butylphenol 27681
N,N'-di-sec-butyl-p-phenylenediamine 27750
3,3'-diselenodialanine 8371
meso-3,3'-diselenodialanine 8372
2,2'-diselenobis(N-phenylacetamide) 29264
disilver cyanamide 8
disilver ketenide 392
disilylmethane 330
disnogalamycinic acid 34804

N,N'-disodium N,N'-dimethoxysulfonyldiam 1039
disodium EDTA 19940
disodium ethylenediamine tetraacetate di 20654
disodium inosinate 19356
disodium methanearsonate 185
disodium sulfonatoacetate 680
disodium 1-[2-(Carboxylato)pyrrolidin-1- 8186
disodium-1,3-dihydroxy-1,3-bis-(aci-nitr 20400
disodium-5-tetrazolazocarboxylate 1224
disperse orange 3 23515
disperse yellow 3,ci 11855 28367
3,6-di(spirocyclohexane)tetraoxane 24606
dispiro[5.1.5.1]tetradecane 27743
distearyl 3,3'-thiodipropionate 35704
N,N'-disuccinimidyl carbonate 16178
disulfide, bis(2-methylpropyl) 15617
disulfide, bis(1-methylpropyl) 15618
disulfiram 20989
2,5-disulfoaniline 7221
disulfoton 15667
di-t-butyl peroxide 15556
(1R,2R)-(-)-N,N'-bis(3,5-di-t-butylsalic 35372
(1S,2S)-(+)-N,N'-bis(3,5-di-t-butylsalic 35373
2,4-di-tert-amylphenol 24760
di-tert-amyl dicarbonate 24760
di-tert-butyl acetylenedicarboxylate 24488
di-tert-butyl carbonate 18090
3,5-di-tert-butyl chlorobenzene 27618
di-tert-butyl decarbonate 20838
di-tert-butyl N,N-diethylphosphoramidite 25375
di-tert-butyl N,N-diisopropylphosphorami 27964
di-tert-butyl diperoxycarbonate 18107
di-tert-butyl diperoxyoxalate 20849
di-tert-butyl diperoxyphthalate 29528
di-tert-butyl disulfide 15615
di-tert-butyl ether 15529
di-tert-butyl ketone 18000
di-tert-butyl malonate 22728
di-tert-butyl nitroxide 15395
di-tert-butyl phosphonate 15669
di-tert-butyl succinate 24744
di-tert-butyl sulfide 15611
di-tert-butyl tetrasulfide 15619
4,6-di-tert-butyl-a-phenyl-o-cresol 32922
1,4-di-tert-butylbenzene 27648
1,3-di-tert-butylbenzene 27650
3,5-di-tert-butylbenzoic acid 28674
2,6-di-tert-butyl-1,4-benzoquinone 27597
2,5-di-tert-butyl-1,4-benzoquinone 27602
4,4'-di-tert-butyl-biphenyl 32261
N,N'-di-tert-butylcarbodiimide 17974
3,5-di-tert-butylcatechol 27696
di-tert-butylchlorophosphine 15379
di-tert-butylchlorosilane 15382
di-tert-butyldichlorosilane 15383
2,6-di-tert-butyl-4-(dimethylaminomethyl 30276
cis-1,2-di-tert-butylethene 20955
N,N'-di-tert-butylethylenediamine 21420
2,6-di-tert-butyl-4-ethylphenol 29608
2,5-di-tert-butylfuran 24560
2,5-di-tert-butylhydroquinone 27700
3,5-di-tert-butyl-4-hydroxybenzaldehyde 28673
3,5-di-tert-butyl-4-hydroxybenzoic acid 28684
3,5-di-tert-butyl-4-hydroxybenzyl alcoho 28771
(3,5-di-tert-butyl-4-hydroxybenzylidene) 30796
3,5-di-tert-butyl-4-hydroxy-hydrocinnami 35969
2,6-di-tert-butyl-4-methoxymethylphenol 29616
2,6-di-tert-butyl-4-methoxyphenol 28772
2,4-di-tert-butyl-5-methylphenol 28758
2,4-di-tert-butyl-6-methylphenol 28757
2,6-di-tert-butyl-4-methylpyridine 27723
2,6-di-tert-butyl-4-nitrophenol 27631
3,5-di-tert-butyl-o-benzoquinone 27599
2,6-di-tert-butyl-p-cresol 28756
2,2-di-(tert-butylperoxy)butane 25301
di(tert-butylperoxyisopropyl)benzene 32409
2,4-di-tert-butylphenol 27680
2,6-di-tert-butylphenol 27682
3,5-di-tert-butylphenylmethylcarbamate 29587
2-(di-tert-butylphosphino)biphenyl 32301
2,6-di-tert-butylpyridine 26343
(S,S)-(+)-N,N'-bis(3,5-di-tert-butylsali 35377
(R,R)-(-)-N,N'-bis(3,5-di-tert-butylsali 35378
di-tert-butylsilyl bis(trifluoromethanes 20652
di-tert-butylsulfone 15572
di-tert-butyltin dichloride 15384
3,5-di-tert-butyltoluene 27642
4,4'(5')-di-tert-octyldibenzo-18-crown-6 35385
di-tert-pentyl peroxide 21354
2,6-di-tert-pentyl-4-methylphenol 30267
ditetradecylamine 34741
1,2-di(5-tetrazolyl)hydrazine 881
1,3-di(5-tetrazolyl)triazene 781
dithane 3463
1,5-dithiacyclooctan-3-ol 8457
2,4-dithia-1,3-dioxane-2,2,4,4-tetraoxid 899
1,2-dithiane 3589
1,3-dithiane 3590
1,4-dithiane 3591
p-dithiane-2,5-diol 3544
dithianone 26577
3,6-dithiaoctane-1,8-diol 9071
dithiazanine 3463
di-2-thienylmethanone 15924
2,2'-dithiobisaniline 23749
2,2'-dithiobis(benzothiazole) 26652
2,5-dithiobiurea 1061
dithiocarboxymethyl-p-carbamidophenylars 16816
bis(1,3-dithiocyanato-1,1,3,3-tetrabutyl 35426
dithiodiglycol 3011
b'-dithiodilactic acid 7946
(dithiodimethylene)diphosphonic acid tet 9322
4,4'-dithiodimorpholine 15037
3,3'-dithiodipropionic acid 7944
2,2'-dithiodipyridine 18734
4,4'-dithiodipyridine 18735
2,2'-dithiodipyridine-1,1'-dioxide 18721
1,4-dithioerythritol 3915

1,2-dithiolane 1972
1,3-dithiolane 1973
dithiolane iminophosphate 11776
1,2-dithiole-3-valeramide 14805
1,3-dithiole-2-thione 1388
1,3-dithiolium perchlorate 1415
2,2'-(dithiobis(methylene))bis(1-methyl- 19483
dithion 30176
5,5'-dithiobis(2-nitrobenzoic acid) 26651
2,2'-dithiobis(5-nitropyridine) 18581
dithiopropylthiamine 28710
2,6-dithiopurine 4323
2,2'-dithiosalicylic acid 26792
dithiopyr 28415
dithioterephthalic acid 12926
1,4-dithio-L-threitol 3912
dithiothreitol 3913
dithiouracil 2579
dithizone 25790
(+)-di-1,4-toluoyl-D-tartaric acid 32092
3,4'-ditolyl sulfide 27192
ditolylethane 29359
trans-(-)-1,4-di-O-tosyl-2,3-O-isopropyl 32887
(2R,3R)-1,4-di-O-tosyl-2,3-O-isopropylid 32888
ditridecyl phthalate 35253
ditridecylamine 34380
di(trifluoromethyl)peroxide 500
di-(bistrifluoromethylphosfido)mercury 2350
di(trimethylolpropane) 25305
di[tris-1,2-diaminoethanechromium(iii)]t 24837
di[tris-1,2-diaminoethanecobalt(iii)]tri 24836
dittmer 19152
diundecyl phthalate 34932
diundecylamine 33486
diuron 16540
divinyl ether 2944
divinyl magnesium 2883
divinyl sulfide 3043
divinyl sulfone 2987
divinyl zinc 3045
m-divinylbenzene 18958
o-divinylbenzene 18961
p-divinylbenzene 18962
divinylbenzene 18973
cis-1,2-divinylcyclobutane 14242
trans-1,2-divinylcyclobutane 14243
divinyldiphenylsilane 29308
2,5-divinyltetrahydropyran 17459
1,3-divinyl-1,1,3,3-tetramethyldisiloxan 15541
3,9-divinyl-2,4,8,10-tetraoxaspiro[5.5]u 22477
djenkolic acid 11820
dl-methyl 2-bromobutyrate 5018
dl-phosphatidylethanolamine 35485
dl-thioctic acid 14656
DNQX 12591
docosamethyldecasiloxane 33491
docosane 33477
docosanedioic acid 33439
docosanoic acid 33468
1-docosanol 33479
1-docosene 33456
cis-13-docosenoic acid 33431
trans-13-docosenoic acid 33432
13-docosenoic acid 33433
cis-13-docosen-1-ol 33462
docosylamine 33483
docosylbenzene 34704
docosylcyclohexane 34717
docosylcyclopentane 34549
1-docosyne 33426
dodecacarbonyldivanadium 25434
dodecacarbonyltriiron 23129
1,11-dodecadiene 24669
3,9-dodecadiyne 24383
5,7-dodecadiyne 24384
2,2,3,3,4,4,5,5,6,6,7,7-dodecafluorohept 9471
1H,1H,7H-dodecafluoroheptanol 9818
2,2,3,3,4,4,5,5,6,6,7,7-dodecafluorohept 18560
bis(2,2,3,3,4,4,5,5,6,6,7,7-dodecafluoro 33780
4,4,5,5,6,6,7,7,8,8,9,9-dodecafluoro-2-h 26820
[2,2,3,3,4,4,5,5,6,7,7,7-dodecafluoro-6- 18514
3,3,4,4,5,5,6,6,7,8,8,8-dodecafluoro-7-(23243
3,3,4,4,5,5,6,6,7,8,8,8-dodecafluoro-7-(25536
dodecahydro-1H-fluorene 26361
dodecahydrophenanthrene 27651
dodecahydrotriphenylene 30839
D-dodecalactone 24730
dodecamethylcyclohexasiloxane 25422
dodecamethylpentasiloxane 25420
dodecanal 24852
dodecanamide 24902
dodecane 24914
1,12-dodecanedicarboxylic acid 27820
dodecanedioic acid 24755
1,2-dodecanediol 25287
1,3-dodecanediol 25288
1,4-dodecanediol 25289
1,12-dodecanediol 25290
(R)-1,2-dodecanediol 25291
(S)-1,2-dodecanediol 25292
dodecanedioyl dichloride 24537
dodecanenitrile 24805
1-dodecanephosphonic acid 25354
1-dodecanesulfonic acid, sodium salt 24913
1-dodecanethiol 25310
2-dodecanethiol 25311
dodecanoic acid 24867
dodecanoic acid, 2,3-dihydroxypropyl est 28893
dodecanoic acid, 2-hydroxy-1-(hydroxymet 28894
dodecanoic anhydride 33972
1-dodecanol 25277
2-dodecanol 25278
3-dodecanol 25279
6-dodecanol 25280
(±)-5-dodecanolide 24713
2-dodecanone 24854
6-dodecanone 24855
3-dodecanone 24861

5-dodecanone 24862
4-dodecanone 24863
dodecanoyl chloride 24794
5,7,11-dodecatriyn-1-ol 24209
trans-2-dodecenal 24694
1-dodecene 24823
trans-2-dodecenedioic acid 24602
9a-dodecenoate 35096
2-dodecenoic acid 24700
4-dodecenoic acid 24701
5-dodecenoic acid 24702
11-dodecenoic acid 24703
cis-5-dodecenoic acid 24714
cis-7-dodecenyl acetate 27810
dodecenylsuccinic anhydride 29618
(Z)-7-dodecen-1-ol 24864
(2-dodecen-1-yl)succinic anhydride 29617
2-dodecen-1-ylsuccinic anhydride, isomer 29619
1-dodecen-3-yne 24531
dodecyl acetate 27875
dodecyl benzenesulfonate 30972
dodecyl butanoate 29726
dodecyl formate 26494
dodecyl isocyanate 26454
dodecyl propanoate 28882
dodecyl sulfide 34008
n-dodecyl thiocyanate 26460
dodecyl vinyl ether 27867
dodecylamine 25340
4-dodecylaniline 30980
dodecylbenzene 30947
dodecylbenzenesulfonic acid 30971
dodecylbenzenesulfonic acid, sodium salt 30946
dodecylbenzyl chloride 31641
2-dodecylcyclobutanone 29657
dodecylcyclohexane 31075
dodecylcyclopentane 30310
1-dodecylcyclopentene 30290
dodecyldiamine 25377
4-dodecyldiethylenetriamine 29831
dodecyl-b-D-glucopyranoside 31112
n-dodecylguanidine acetate 28943
13-dodecylhexacosane 35531
1-dodecylhexahydro-1H-azepine-1-oxide 31123
N-dodecylimidazole 28825
tert-dodecylmercaptan 25317
4-dodecylmorpholine-4-oxide 29751
1-dodecylnaphthalene 33361
2-dodecylnaphthalene 33362
4'-dodecyloxyacetophenone 32390
4-dodecyloxybenzaldehyde 31633
4-dodecyloxybenzoic acid 31635
4-dodecylphenol 30962
dodecylphenols 30963
1-dodecylpiperidine 30341
1-dodecylpiperidine-N-oxide 30342
1-dodecyl-2-pyrrolidinone 29700
4-dodecylresorcinol 30969
2-dodecyl-N-(2,2,6,6-tetramethyl-4-piper 34177
dodecylthioacetonitrile 27846
3-dodecylthiophene 22384
(dodecylthio)phenylmercury 30957
dodecyltrimethylammonium bromide 28949
dodecyltrimethylammonium chloride 28950
1-dodecyne 24653
2-dodecyne 24654
3-dodecyne 24655
6-dodecyne 24656
n-doheptacontane 35968
n-dohexacontane 35932
doisynolic acid 30858
dominal 29437
domiphen bromide 33419
(-)-domoic acid 28635
domperidone 33552
n-dononacontane 36004
n-dooctacontane 35986
L-dopa methyl ester 19840
dopamine 14165
dopan 17248
n-dopentacontane 35847
doriden 26021
dosulepin 31472
dotap mesylate 35734
n-dotetracontane 35708
dotriacontane 35126
1-dotriacontene 35113
dotriacontylamine 35129
dotriacontylbenzene 35513
dotriacontylcyclohexane 35519
dotriacontylcyclopentane 35478
1-dotriacontyne 35108
dowco 159 16875
dowco 160 13628
dowco 177 4064
dowco 183 26291
doxepin 31462
doxifluridine 16879
doxycycline 33263
doxylamine 30187
DPF 12407
dramamine 33855
driol 25723
dromostanolone propionate 33666
droperidol 33228
durene-alpha1,alpha2-dithiol 20180
duricef 29340
d-verbenone 20069
dydrogesterone 32924
dye 26 35576
dyphylline 19973
E 785 31583
e-amanitin 35544
ebselen 25554
(-)-eburnamonine 31487
Ne-carbobenzyloxy-L-lysine 27583
a-ecdysone 34515
ecgonidine 17327

ecgonine 17563
echimidine 32372
echinochrome a 23574
echinomycin 35834
echitamine 33349
e-digoxin acetate 35729
edrofuradene 19478
edrophonium chloride 20378
edrul 21691
Ne-fmoc-Na-cbz-L-lysine 34755
3,3,4,4,5,5,6,6,7,7,8,8,9,9,10,10,11,12, 29844
eicosafluoroundecanoic acid 21469
2,2,3,3,4,4,5,5,6,6,7,7,8,8,9,9,10,10,11 26594
eicosamethylnonasiloxane 32560
eicosanal 32486
eicosane 32515
eicosanedioic acid 32454
1,2-eicosanediol 32526
1,3-eicosanediol 32527
1,4-eicosanediol 32528
1,20-eicosanediol 32529
eicosanenitrile 32546
1-eicosanethiol 32537
2-eicosanethiol 32538
eicosanoic acid 32491
1-eicosanol 32522
2-eicosanol 32523
2-eicosanone 32487
cis-5,8,11,14,17-eicosapentaenoic acid 32351
5,8,11,14-eicosatetraenoic acid 32387
5,8,11,14-eicosatetraenoic acid, (all-tr 32388
1-eicosene 32476
cis-9-eicosenoic acid 32445
9-eicosenoic acid 32446
11-eicosenoic acid 32447
cis-11-eicosenoic acid 32450
eicosyl acetate 33463
eicosyl butanoate 33990
eicosyl formate 33043
eicosyl propanoate 33695
eicosylamine 32546
eicosylbenzene 34326
eicosylcyclohexane 34348
eicosylcyclopentane 34182
1-eicosyne 32436
2-eicosyne 32437
3-eicosyne 32438
elaidic acid 31031
elaiomycin 26483
elatericin A 34909
elavil 32190
eldeline 34482
eleagic acid 26601
elliptisine 29927
elymoclavine 29375
embelin 30254
emoquil 30793
emorfazone 22540
enallylpropymal 22384
enantboxin 30193
encordin 34911
endo-5-(a-hydroxy-a-2-pyridylbenzyl)-N-(35348
3-endo-aminobicyclo[2.2.1]heptane-2-endo 14444
3-endo-aminobicyclo[2.2.1]hept-5-ene-2-e 14172
3-endo-(benzyloxycarbonylamino)bicyclo[2 29331
endo-bicyclo[2.2.2]oct-5-ene-2,3-dicarbo 19186
[(1S)-endo]-(-)-borneol 20726
endo-2,5-dichloro-7-thiabicyclo(2.2.1) h 7309
endo,endo-dihydrodi(norbornadiene) 27419
endo-2,3-epoxy-7,8-dioxabicyclo(2.2.2)oc 7100
(1R)-endo-(+)-fenchyl alcohol 20727
bis(2,5-endomethylenecyclohexylmethyl)am 29623
trans-5,6-endomethylene-1,2,3,6-tetrahyd 16116
endo-2-norbornanecarboxylic acid ethyl e 20506
endo-(±)-norborneol 11434
(2R)-(+)-endo-norborneol 11435
endosulfan 15877
endosulfan 2 15878
endosulfan lacton 15789
endosulfan sulfate 15879
endothall disodium 13911
endothion 17384
endrin 23294
endrocide 31364
enflurane 15877
enocitabine 35018
enoxacin 28461
ENT 24,944 17383
eosin Y, free acid 31769
EPBP 26998
EPE 34764
L-ephedrine 20241
ephedrine, (±) 20239
D-ephedrine phosphate (ester) 20388
L-ephedrine phosphate (ester) 20389
DL-ephedrine phosphate (ester) 20390
epibromohydrin 1653
alpha-epichlorohydrin 1676
epichlorohydrin 1677
(R)-(-)-epichlorohydrin 1684
(S)-(+)-epichlorohydrin 1685
1,4-epidioxy-1,4-dihydro-6,6-dimethylful 13984
4'-epidoxorubicin 34420
epinephrine 17349
DL-epinephrine 17354
4-epioxytetracycline, 'can be used as se 33265
epipodophyllotoxin 33236
epiquinidine 32221
epiproprim 31532
5-episisomicin 31693
epithiochlorohydrine 1698
2a,3a-epithio-5a-androstan-17b-ol 31628
2,3-epithiopropyl methoxy ether 3503
4,5-epithiovaleronitrile 4707
epostane 33359
(2R,3R)-(+)-(2,3-epoxy butyl ester)-4-ni 21769

(2S,3S)-(-)-(2,3-epoxy butyl ester)-4-ni 21770
2,3-epoxy propionaldehyde oxime 1769
(Z)-1b,2b-epoxybenz(c)acridine-3a,4b-dio 29846
(E)-1a,2a-epoxybenz(c)acridine-3a,4b-dio 29845
4a,5a-epoxy-17b-hydroxy-4,17-dimethyl-3- 32968
4a-5-epoxy-17b-hydroxy-3-oxo-5a-androsta 32292
(2R,3R)-(+)-2,3-epoxy-3-(4-bromophenyl)- 16272
(2S,3S)-(-)-2,3-epoxy-3-(4-bromophenyl)- 16273
1,2-epoxybutane 3474
bis(3,4-epoxybutyl) ether 14683
2,3-epoxybutyric acid butyl ester 14686
1,2-epoxybutyronitrile 2708
4,9-epoxycevane-3a,4b,12,14,16b,17,20-he 34493
epoxycholesterol 34533
3,4-epoxycyclohexane-carbonitrile 10994
2'-(3,4-epoxycyclohexyl)ethyl-trimethoxys 22863
3,4-epoxycyclohexylmethyl 3,4-epoxycyclo 27609
bis((3,4-epoxycyclohexyl)methyl)adipate 32364
bis(2,3-epoxycyclopentyl) ether 20147
1,2-epoxydecane 21023
(R)-(+)-1,2-epoxydecane 21024
(R)-(+)-1,2-epoxy-9-decene 20728
1,2-epoxy-9-decene 20729
5,6-epoxy-5,6-dihydrobenz(a)anthracene 30433
9,10-epoxy-9,10-dihydrobenz(j)aceanthryl 31835
5,6-epoxy-5,6-dihydrodibenz(a,h)anthrace 33116
1,4-epoxy-1,4-dihydronaphthalene 18744
(R)-(+)-1,2-epoxydodecane 24858
1,2-epoxydodecane 24859
1,2-epoxy-4-(epoxyethyl)cyclohexane 14348
2-(a,b-epoxyethyl)-5,6-epoxybenzene 12924
4-(epoxyethyl)-1,2-xylene 19535
2',3'-epoxyeugenol 19673
epoxyguaiene 28768
1,2-epoxyhexadecane 29720
(R)-(+)-1,2-epoxyhexane 8447
1,2-epoxyhexane 8448
1,2-epoxy-5-hexene 7796
4,5a-epoxy-3-hydroxy-17-methylmorphinan- 30105
2,3-epoxy-4-hydroxynonanal 17752
4,5-epoxy-3-hydroxyvaleric acid b-lacton 4574
(2R)-(-)-(2,3-epoxy-2-methyl propyl este 21771
(2S)-(+)-(2,3-epoxy-2-methyl propyl este 21772
1,2-epoxy-2-methylbutane 5473
2,3-epoxy-2-methylbutane 5474
11,12-epoxy-3-methylcholanthrene 32608
3,4-epoxy-6-methylcyclohexylmethyl-3',4' 29580
cis-7,8-epoxy-2-methyloctadecane 31707
2,3-epoxy-2-methylpentane 8454
bis(2,3-epoxy-2-methylpropyl) ether 14684
1,2-epoxy-3-(4-nitrophenoxy)propane 16472
(R)-(+)-1,2-epoxynonane 18041
1,2-epoxyoctadecane 31096
cis-9,10-epoxyoctadecanoic acid 31040
1,2-epoxyoctane 15139
(R)-(+)-1,2-epoxyoctane 15140
1,2-epoxy-7-octene 14586
2,3-epoxy-4-oxo-7,10-dodecadienamide 24329
(R)-(+)-1,2-epoxypentadecane 28878
1,2-epoxypentane 5475
4,5-epoxy-2-pentenal 4565
1,3-bis(2,3-epoxypropoxy)benzene 24003
4-(2,3-epoxypropoxy)butanol 11943
2,3-bis(2,3-epoxypropoxy)-1,4-dioxane 20537
N,N-bis(2-(2,3-epoxypropoxy)ethoxy)anili 29555
N,N-bis(2-(2,3-epoxypropoxy)ethyl)anilin 29549
2,3-epoxypropyl acrylate 7440
2,3-epoxypropyl methacrylate 11188
2,3-epoxypropyl nitrate 1774
2,3-epoxypropyl oleate 33015
(2,3-epoxypropyl)benzene 16639
2,3-epoxypropyl-4'-methoxyphenyl ether 19657
3-(2,3-epoxypropyloxy)-2,2-dinitropropyl 7613
bis(2,6-(2,3-epoxypropyl))phenyl glycidy 28541
N-(2,3-epoxypropyl)-phthalimide 21588
9,10-epoxystearic acid allyl ester 33016
3,4-epoxysulfolane 3005
(R)-(+)-1,2-epoxytetradecane 27868
1,2-epoxytetradecane 27869
2,3-epoxy-1,2,3,4-tetrahydroanthracene 26935
(±)-3a,4a-epoxy-1,2,3,4-tetrahydro-1b,2a 26977
1,2-epoxy-1,2,3,4-tetrahydrobenz(a)anthr 30492
7,8-epoxy-7,8,9,10-tetrahydrobenzo(a)pyr 31891
9,10-epoxy-7,8,9,10-tetrahydrobenzo(a)py 31892
9,10-epoxy-9,10,11,12-tetrahydrobenzo(e) 31893
3,4-epoxy-1,2,3,4-tetrahydrochrysene 30493
3,4-epoxytetrahydrofuran 2882
1,4-epoxy-1,2,3,4-tetrahydronaphthalene 19109
1,2-epoxy-1,2,3,4-tetrahydrophenanthrene 26939
3,4-epoxy-1,2,3,4-tetrahydrophenanthrene 26940
1,2-epoxy-1,2,3,4-tetrahydrotriphenylene 30494
1,2-epoxy-4,4,4-trichlorobutane 2672
epoxy-1,2-trichloroethane 545
(R)-(+)-1,2-epoxytridecane 26490
(R)-(+)-1,2-epoxyundecane 22832
EPPS 18231
epsilon-caprolactam 8101
epsilon-caprolactone 7813
beta,epsilon-carotene-3,3'-diol, (3R,3'R 35602
equilenin benzoate 34091
equilin benzoate 34103
equipertine 33603
equol 27178
eraldin 27672
ergochrome AA (2,2')-5b,6a,10b-5',6'a,10 35070
ergocornine 34999
ergocorninine 35000
ergocristine 35292
ergocristinine 35293
ergocryptine 35080
ergocryptinine 35155
ergometrinine 31526
ergosine 34893
ergostane, (5alpha) 34705
ergostane, (5beta) 34706
ergostan-3-ol, (3beta,5alpha) 34708
ergosta-5,7,9(11),22-tetraen-3-ol, (3bet 34678

ergosta-5,7,22-trien-3-ol, (3beta,10alph 34682
ergosta-5,7,22-trien-3-ol, (3beta,9beta, 34684
ergosta-5,7,22-trien-3-ol, (3beta,22E) 34683
ergost-5-en-3-ol, (3beta,24R) 34696
ergost-7-en-3-ol, (3beta,5alpha) 34697
ergost-8(14)-en-3-ol, (3beta,5alpha) 34698
ergot 33582
ergotamine 35168
ergotaminine 35169
ergoterm TGO 35245
ergothioneine 17579
eriamycin 34976
eriodictyol 28206
erucylamide 33450
erythro-4,4-dimethyl-2,3-pentanediol 12258
beta-erythroidine 29418
DL-erythro-4-methyl-2,3-pentanediol 9041
erythromycin 35475
(3R,4R)-(-)-D-erythronolactone 3012
erythro-3-(p-chlorophenyl)-2-phenyl-4'-(34620
DL-erythro-2,3-pentanediol 5866
D-erythrose 3572
L(+)-erythrose 3576
erythrosin B, spirit soluble 31772
erythrosin, disodium salt 31771
D-erythro-spinghosine, synthetical 31126
L-erythrulose 3573
eschenmoser's salt 2102
escin 35860
a-escin 35861
escin 35862
esculin 28448
esfenvalerate 34085
estradiol dipropionate 33894
estradiol mustard 35680
estradiol-17-benzoate-3,n-butyrate 34768
estradiol-17-caprylate 34307
estradiol-17-valerate 33892
b-estra-1,3,5,7,9-pentane-3,17-diol 30711
a-estra-1,3,5,7,9-pentane-3,17-diol 30712
estra-1,3,5(10)-triene-17b-diol-17-tetra 33646
estra-1,3,5(10)-triene-3,17-diol, (17alp 30851
estra-1,3,5(10)-triene-3,17-diol, (8alp 30852
estra-1,3,5(10)-triene-3,17-diol 3-benzo 34120
estra-1,3,5(10)-triene-3,17-diol (17beta 30850
estra-5,7,9-triene-3,17-diol, (3beta,17b 30853
estra-1,3,5(10)-triene-3,16,17-triol, (1 30856
estra-1,3,5(10)-triene-3,16,17-triol (1 30857
estrofurate 33837
estrone 30807
estrone benzoate 34110
etabenzarone 33579
etaconazole 27206
ethacrynic acid 25751
ethalfluralin 25947
ethandrostate 34908
ethane 985
ethanearsonic acid 1104
ethanedial dioxime 853
1,2-ethanediamine monohydrate 1180
1,2-ethanedisulfonic acid 1089
ethanedithioamide 868
ethane(dithioic) acid 902
1,2-ethanedithiol 1095
(ethanylidenetetrathio)tetraacetic ac 20177
1,1'-(1,2-ethanediyl)bis[2-methylbenzene 29357
1,1'-(1,2-ethanediylbis(oxy)]bis[2,4,6-t 26630
ethanesulfonic acid 1079
ethanesulfonyl chloride 920
ethanimidamide monohydrochloride 1110
ethanol, 2,2'-[1,2-ethanediylbis(oxy)]bi 8376
N-z-ethanolamine 19828
ethanolamine phosphate 1157
ethanolmercury bromide 911
N-ethanoyl-D-erythro-sphingosine, synthe 32471
1,1',1''-(1-ethanyl-2-ylidene)trisbenzen 32061
ethaverine 33864
ethchlorvynol 10947
2,2'-(1,2-ethenediyldi-4,1-phenylene)bis 34589
1,1'-(1,2-ethenediyl)bis[2,4,6-trinitrob 26597
ethenol 887
1-ethenyl pyrene 30411
4-ethenyl pyrene 30412
4-ethenyl-1,2-dimethoxybenzene 19617
1-ethenyl-2,4-dimethylbenzene 19375
1-ethenyl-3,5-dimethylbenzene 19376
2-ethenyl-1,3-dimethylbenzene 19377
2-ethenyl-1,4-dimethylbenzene 19378
4-ethenyl-1,2-dimethylbenzene 19379
(S)-4-ethenyl-1,3-dioxolan-2-one 4570
ethenylphosphonic acid bis(2-((butoxymet 29811
ethephon 1010
ethidium bromide 32732
ethinamate 17341
ethinylestradiol 32231
17a-ethinyl-5,10-estrenolone 32280
ethiolate 12072
ethion 18432
ethionine 8838
D-ethionine 8839
DL-ethionine 8840
ethirimol 22660
ethisterone 32923
ethodin 30776
ethofumesate 26237
ethoheptazine 29545
ethoprop 15666
ethoxy diethyl aluminum 9136
7-ethoxy methyl-12-methyl benz(a)anthrac 33208
ethoxy propionaldehyde 5534
ethoxyacetaldehyde 3515
3'-ethoxyacetanilide 19806
ethoxyacetic acid 3545
4'-ethoxyacetophenone 19593
ethoxyacetyl chloride 3141
N-(ethoxyacetyl)deacetylthiocolchicine 33867
ethoxyacetylene 2951
7-ethoxy-3,9-acridinediamine 28364

3-ethoxyacrylonitrile 4672
3-ethoxyaniline 14132
3-ethoxyaniline 14133
ethoxyaniline 14159
2-ethoxyanisole 17162
2-ethoxybenzaldehyde 16658
3-ethoxybenzaldehyde 16659
4-ethoxybenzaldehyde 16660
2-ethoxybenzamide 16926
4-ethoxy-1,2-benzenediamine 14300
2-ethoxybenzenemethanamine 17301
4-ethoxybenzenethiol 13938
2-ethoxybenzoic acid 16717
3-ethoxybenzoic acid 16718
4-ethoxybenzoic acid 16750
2-ethoxybenzonitrile 16383
4-ethoxybenzonitrile 16384
4-ethoxybenzonitrile 16397
6-ethoxy-2-benzothiazolesulfonamide 16588
4-ethoxybenzyl alcohol 17163
2-ethoxybenzyl alcohol 17164
4-ethoxybenzyl-triphenylphosphonium brom 34407
3-ethoxy-1,1'-biphenyl 27142
1-ethoxy-1,3-butadiene 7770
2-ethoxy-1,3-butadiene 7771
bis(2-(2-ethoxybutyl)ethyl] succinic ac 32455
1-(4-ethoxy-2-butynyl)pyrrolidine 20564
8-ethoxycaffeine 19969
25-ethoxycalix[4]arene 34869
ethoxycarbonyl isothiocyanate 2720
O-[(ethoxycarbonyl)cyanomethylenamino]-N 20549
bis(ethoxycarbonyldiazomethyl)mercury 13852
(-)-bis[[S]-1-(ethoxycarbonyl)ethyl] tart 27614
N,N-bis(ethoxycarbonyl)glycine, ethyl es 20579
(2-(ethoxycarbonyl)-1-methyl)ethyl carbo 27393
3-[(ethoxycarbonyl)oxycarbonyl]-2,5-dihy 24543
4-ethoxycarbonyloxy-3,5-dimethoxybenzoic 24023
3-ethoxycarbonylphenylboronic acid 16821
N-[(S)-(+)-1-ethoxycarbonyl)-3-phenylpro 28627
7-ethoxycoumarin 21667
2-ethoxycyclohexanone 14632
1-ethoxycyclohexene 14587
3-ethoxy-2-cyclohexenone 14362
3-ethoxy-2-cyclopentenone 11179
(1-ethoxycyclopropoxy)trimethylsilane 15575
25-ethoxy-27-diethoxyphosphoryloxycalix[35230
3-ethoxy-N,N-diethylaniline 24511
11-ethoxy-15,16-dihydro-17-cyclopenta(a) 31357
2-ethoxy-3,4-dihydro-2H-pyran 11478
6-ethoxy-1,2-dihydro-2,2,4-trimethylquin 27518
ethoxydiisobutylaluminum 21396
ethoxydimethyl phenylsilane 20480
2-ethoxy-N,N-dimethylethanamine 9218
8-ethoxy-2,6-dimethyloctene-2 24865
ethoxydimethylsilane 4095
2-ethoxy-1,3-dinitrobenzene 13375
ethoxydiphenylacetic acid 29299
2-ethoxy-1,2-diphenylethanone 29281
ethoxydiphenylvinylsilane 29395
2-ethoxyethanamine 3994
2-ethoxyethanol 3883
4-(1-ethoxyethyl)-3,3,5,5-tetramethylc 27764
(2-ethoxyethoxy)benzene 20096
(2-(1-ethoxyethoxy)ethyl)benzene 24474
2-ethoxy-N-(2-ethoxyethyl)ethanamine 15662
2-ethoxyethyl acetate 8531
bis(2-ethoxyethyl) adipate 27824
bis(2-ethoxyethyl) carbonate 18104
2-ethoxyethyl chloroformate 15411
ethoxyethyl ether of propylene glycol 12292
2-ethoxyethyl methacrylate 14672
bis(2-ethoxyethyl) phthalate 29526
bis(2-ethoxyethyl) sebacate 31047
2-(2-ethoxyethylamino)-o-propionotoluidi 27666
1-ethoxy-4-ethylbenzene 20040
(1-ethoxyethylidene)malononitrile 10798
4-(2-ethoxyethyl)morpholine 15330
3-((1-(2-ethoxyethyl)-5-nitro-1H-imidazo 26203
bis(2-ethoxyethyl)nitrosoamine 15411
1-ethoxy-2-fluorobenzene 13635
1-ethoxy-3-fluorobenzene 13636
1-ethoxy-4-fluorobenzene 13637
5-ethoxy-2-hydroxybenzaldehyde 16719
N-(2-ethoxy-3-hydroxymercuripropyl)barbi 26366
1-ethoxy-4-iodobenzene 13658
1-ethoxy-2-iodobenzene 13659
1-ethoxy-3-isopropoxypropan-2-ol 15586
6-ethoxy-2-mercaptobenzothiazole 13144
4-ethoxy-3-methoxybenzaldehyde 19635
4-ethoxy-3-methoxybenzyl alcohol 20138
7-ethoxy-6-methoxy-2,2-dimethylchromene 27492
1-ethoxy-2-methoxyethane 5880
bis(ethoxymethyl) ether 5880
3-ethoxy-2-methylacrolein 7852
10-ethoxymethyl-1:2-benzanthracene 32690
1-ethoxy-2-methylbenzene 17078
1-ethoxy-3-methylbenzene 17079
1-ethoxy-4-methylbenzene 17080
2-ethoxy-2-methylbutane 12213
4-ethoxy-2-methyl-3-butyn-2-ol 11498
4-ethoxymethylene-2-phenyl-2-oxazolin-5- 23646
(ethoxymethylene)propanedinitrile 6987
3-(ethoxymethylene)-1,1,1-trifluoro-2,4- 13647
2-ethoxy-N-methylethanamine 5972
1-(2-ethoxy-1-methylethoxy)-2-propanol 15587
2-(ethoxymethyl)furan 11168
(ethoxymethyl)oxirane 5512
1-(ethoxy-methyl-phosphinothioyl)oxy-4-m 20309
N-[2-(ethoxy-methyl-phosphinoyl)sulfanyl 23098
N-(ethoxymethyl)succinimide 11293
2-ethoxy-4-methyl-tetrahydropyran 15208
O-ethoxy(3-morpholinopropyl)benzamide 29572
1-ethoxynaphthalene 23761
2-ethoxynaphthalene 23767
2-ethoxy-1-naphthalenecarboxaldehyde 25808
2-ethoxynaphthoic acid 25825
2-ethoxy-5-nitroaniline 13887

1-ethoxy-2-nitrobenzene 13745
1-ethoxy-3-nitrobenzene 13746
1-ethoxy-4-nitrobenzene 13747
3-ethoxy-1-(4-nitrophenyl)-2-pyrazolin-5 21780
3-ethoxy-2-nitropyridine 10828
N-(3-ethoxy-3-oxopropyl)-N-methyl-beta-a 22780
1-ethoxy-2,2,3,3,3-pentafluoro-1-propano 4653
2-ethoxyphenol 13959
3-ethoxyphenol 13960
4-ethoxyphenol 13961
4-ethoxyphenyl 4-[(butoxycarbonyl)oxy]be 32184
4-ethoxyphenyl isocyanate 16432
2-ethoxyphenyl isocyanate 16433
N-(2-ethoxyphenyl)acetamide 19793
N-(4-ethoxyphenyl)acetamide 19794
4-ethoxyphenylacetic acid 19658
4-ethoxyphenylboronic acid 14064
2-(3-ethoxyphenyl)-5,6-dihydro-S-triazol 30624
N,N'-bis(4-ethoxyphenyl)ethanimidamide m 30818
2-ethoxy-1-phenylethanone 19546
N-(4-ethoxyphenyl)-2-hydroxypropanamide 22281
(4-ethoxyphenyl)phenyldiazene 27110
3-ethoxy-1-phenyl-1-propanone 22123
2-ethoxy-2-(2'-phenylsulfonylethyl)-1,3- 26240
(4-ethoxyphenyl)urea 17054
3-ethoxypropanal 5513
3-ethoxy-1,2-propanediol 5906
2-ethoxypropanenitrile 5200
3-ethoxypropanenitrile 5201
1-ethoxy-2-propanol 5881
2-ethoxy-1-propanol 5882
3-ethoxy-1-propanol 5886
(3-ethoxy-1-propenyl)benzene 22102
1-ethoxy-2-(1-propenyl)benzene 22103
ethoxypropionic acid 5565
2-ethoxypropylacrylate 14687
3-ethoxypropylamine 5981
1-ethoxy-2-propylbenzene 22429
1-ethoxy-1-propyne 4853
3-ethoxy-1-propyne 4854
8-ethoxy-5-quinolinesulfonic acid 21763
3-ethoxysalicylaldehyde 16751
ethoxysilatrane 15346
4-ethoxystyrene 19524
2-ethoxytetrahydrofuran 8509
ethoxytriethylsilane 15713
ethoxytrifluorosilane 944
ethoxytrimethylsilane 6023
2-ethoxy-1,3,5-trinitro-benzene 13229
3-ethoxy-1,1,1-triphenyl-4-oxa-2-thia-3- 33279
ethoxytriphenylsilane 32133
(2-ethoxyvinyl)benzene 19496
ethyl a-bromo-a-cyanoacetate 4458
ethyl acetamidoacetate 8164
ethyl acetate 3508
ethyl acetoacetate ethylene ketal 14716
ethyl acetoacetate, sodium salt, balance 7614
ethyl acetohydroxamate 3719
ethyl 2-acetyl-2-methylacetoacetate 17512
ethyl 2-acetylacetoacetate 14384
ethyl 2-acetylhexanoate 20808
ethyl 2-acetyl-3-methylbutanoate 17744
ethyl 4-acetyl-5-oxohexanoate 20527
ethyl (acetyloxy)acetate 7925
ethyl 2-acetylpentanoate 17745
ethyl 2-acetyl-4-pentenoate 17484
ethyl acrylate 4888
ethyl trans-a-cyanocinnamate 23637
ethyl 3-(1-adamantyl)-3-oxopropionate 28680
ethyl alcohol 1065
ethyl all-trans-9-(4-methoxy-2,3,6-trime 33617
ethyl alpha-hydroxybenzeneacetate, (±) 19636
ethyl alpha-hydroxydiphenylacetate 29298
ethyl alpha-hydroxyphenylacetate, (R) 19637
ethyl aluminum diiodide 906
ethyl aluminum sesquichloride 9139
ethyl aminoacetate 3710
ethyl 2-aminobenzoate 16927
ethyl 3-aminobenzoate 16928
ethyl 4-aminobenzoate 16929
ethyl trans-3-amino-2-butenoate 8128
ethyl 3-aminobutyrate 8831
ethyl (aminocarbonyl)carbamate 3445
ethyl 3-aminocrotonate 8143
ethyl 3-aminocrotonate 8144
ethyl 2-aminocyclohepta[b]thiophene-3-ca 24323
ethyl amino-1-cyclohexene-1-carboxylat 17559
ethyl trans-2-amino-4-cyclohexene-1-carb 17630
ethyl 2-aminocyclopenta[b]thiophene-3-ca 19821
ethyl 2-amino-1-cyclopentene-1-carboxyla 14445
ethyl 2-amino-4-phenyl-5-thiazolecarboxy 19153
ethyl 4-amino-1-piperidinecarboxylate 15032
ethyl 2-amino-4-thiazoleacetate 11119
ethyl 2-(2-aminothiazol-4-yl)-2-hydroxyi 11041
ethyl 2-(2-aminothiazol-4-yl)-2-methoxyi 14216
ethyl 2-(2-aminothiazol-4-yl)-acetate- 28724
ethyl 3-amino-4,4,4-trifluorocrotonate 7312
1,2-ethyl bis-ammonium perchlorate 1176
ethyl a-oxothiophen-2-acetate 13484
ethyl apovincaminate 33283
ethyl azetidine-1-propionate 14816
ethyl azide 968
ethyl azidoformate 1791
ethyl benzenesulfonate 14015
ethyl benzoate 16676
ethyl 1,3-benzodioxole-5-carboxylate 19202
ethyl 2-benzofurancarboxylate 21666
ethyl benzoylacetate 21886
ethyl 3-benzoylacrylate 23776
ethyl 3-benzoylbenzoate 29166
ethyl 2-benzoylbutanoate 26102
ethyl 2-benzylacetoacetate 26104
ethyl N-benzylcarbamate 19799
ethyl N-benzyl-N-cyclopropylcarbamate 26130
ethyl N-benzylglycinate 22257
ethyl 2-benzylideneacetoacetate 25995
ethyl trans-b-methylcinnamate 23978
ethyl b-oxo-3-furanpropionate 16796

739

ethyl bromoacetate 3073
ethyl 2-bromoacetoacetate 7483
ethyl 4-bromoacetoacetate 7484
ethyl 2-bromobenzoate 16261
ethyl 3-bromobenzoate 16262
ethyl 4-bromobenzoate 16263
ethyl 3-bromo-2-(bromomethyl)propionate 7676
ethyl 2-bromobutanoate 7993
ethyl 4-bromobutanoate 7994
ethyl trans-4-bromo-2-butenoate 7481
ethyl 2-bromocaprylate 20865
ethyl bromochloroacetate 2764
ethyl 5-bromo-2-chlorobenzoate 16096
ethyl trans-4-bromocinnamate 21681
ethyl 1-bromocyclobutanecarboxylate 11244
ethyl bromodifluoroacetate 2624
ethyl bromofluoroacetate 2765
ethyl 5-bromo-3-furoate 10488
ethyl 7-bromoheptanoate 17788
ethyl 2-bromoheptanoate 17789
ethyl 5-bromohexanoate 14743
ethyl 6-bromohexanoate 14744
ethyl 2-bromohexanoate 14747
ethyl 2-bromohexanoate, (±) 14742
ethyl 2-(bromomethyl)acrylate 7482
ethyl 2-bromo-3-methylbutanoate 11581
ethyl 2-bromo-2-methylpropanoate 7995
ethyl 2-bromomyristate 29687
ethyl 4-bromopentanoate 11582
ethyl 5-bromopentanoate 11583
ethyl 2-bromo-3-phenylacrylate 21679
ethyl cis-3-bromo-3-phenylacrylate 21680
ethyl 2-bromopropanoate 5006
ethyl 3-bromopropanoate 5007
ethyl bromopyruvate 4602
ethyl butanoate 8482
ethyl 3-butenoate 7829
ethyl cis-2-butenoate 7830
ethyl 2-butenoate 7831
ethyl trans-2-butenoate 7832
ethyl butyl ether 9004
ethyl butyl sulfide 9115
ethyl 4-(butylamino)benzoate 26258
ethyl N-butylcarbamate 12077
ethyl N-butyl-N-nitrososuccinamate 20658
ethyl 2-butynoate 7413
2-ethyl butyric acid 8461
ethyl carbamate 2051
2-(N-ethyl carbamoylhydroxymethyl)furan 14192
ethyl chloride 914
ethyl chloroacetate 3142
ethyl 4-chloroacetoacetate 7505
ethyl 2-chloroacetoacetate 7507
ethyl 2-chloroacrylate 4623
ethyl 2-chlorobenzoate 16306
ethyl 3-chlorobenzoate 16307
ethyl 4-chlorobenzoate 16308
ethyl 2-(4-((6-chloro-2-benzothiazolyl)o 30582
ethyl 2-chlorobutanoate 8038
ethyl 3-chlorobutanoate 8039
ethyl 4-chlorobutanoate 8040
ethyl 4-chloro-2-butenoate 7498
ethyl cis-2-chloro-2-butenoate 7499
ethyl trans-2-chloro-2-butenoate 7500
ethyl cis-3-chloro-2-butenoate 7501
ethyl trans-3-chloro-2-butenoate 7502
ethyl chlorodifluoroacetate 2640
ethyl chlorodiphenylacetate 29196
ethyl chlorofluoroacetate 2794
ethyl 2-chloro-6-fluorophenylacetate 18984
ethyl chloroformate 1689
ethyl 5-chloro-2-furancarboxylate 10534
ethyl 3-chloro-2-hydroxybenzoate 16326
(-)-ethyl (S)-4-chloro-3-hydroxybutyrate 8055
ethyl (R)-(+)-4-chloro-3-hydroxybutyrate 8056
ethyl 5-chloro-2-indolecarboxylate 21606
ethyl 2-chloro-2-methylbutanoate 11600
ethyl 2-chloro-3-methylbutanoate 11601
ethyl 5-(chloromethyl)-2-furancarboxylat 13618
ethyl 2-chloro-3-oxobutanoate 11257
ethyl 2-chloro-2-oxoacetate 2661
ethyl 4-chloro-4-oxobutyrate 7508
ethyl 3-chloro-3-oxopropionate 4633
ethyl 3-chloropentanoate 11602
ethyl 4-chloropentanoate 11603
ethyl 5-chloropentanoate 11604
ethyl chlorophenylacetate, (S) 19254
ethyl 2-chloropropanoate 5086
ethyl 3-chloropropanoate 5087
ethyl chlorosulfinate 921
ethyl chlorosulfonate 922
S-ethyl chlorothioformate 2752
ethyl chrysanthemate 24578
ethyl trans-cinnamate 21863
ethyl cinnamate 21873
ethyl citral 22590
ethyl 3-coumarincarboxylate 23566
ethyl cyanate 1759
ethyl cyanoacetate 4677
ethyl cyanoacrylate 7212
ethyl 4-cyanobenzoate 18903
ethyl 2-cyano-3,3-diphenylacrylate 30550
ethyl 2-cyano-3-ethoxyacrylate 14187
ethyl 2-cyano-2-ethylbutanoate 17556
ethyl cyanoformate 2715
ethyl cyanoglyoxylate-2-oxime 4524
ethyl 2-cyanohexanoate 17557
(R)-(-)-ethyl 4-cyano-3-hydroxybutyrate 11295
ethyl 2-cyano-3-methyl-2-butenoate 14173
ethyl 2-cyano-2-phenylacetate 21747
ethyl 2-cyano-3-phenyl-2-butenoate 25873
ethyl 2-cyano-3-phenyl-2-propenoate 23634
ethyl cyclobutanecarboxylate 11479
ethyl cycloheptanecarboxylate 20773
ethyl cyclohexanecarboxylate 17715
ethyl 3-cyclohexene-1-carboxylate 17463
ethyl cyclohexylacetate 20775
ethyl 2-cyclopentanone-1-carboxylate 14369

ethyl cyclopropanecarboxylate 7835
ethyl 4-(cyclopropylhydroxymethylene)-3, 26112
ethyl d-bromo-b,b-dimethyl levulinate 17531
ethyl decaborane 1189
ethyl decanoate 24876
ethyl decyl sulfide 25314
ethyl diazoacetate 2901
ethyl 2-diazopropanonate 4832
ethyl 2,2-dibenzyl-3-oxobutanoate 32178
ethyl dibromoacetate 2784
ethyl trans-2,3-dibromoacrylate 4465
ethyl dibromobenzene 13260
ethyl 2,3-dibromobutanoate 7673
ethyl 2,4-dibromobutanoate 7674
ethyl dibromofluoroacetate 2632
ethyl 2,3-dibromopentanoate 11374
ethyl 2,5-dibromopentanoate 11375
ethyl 2,3-dibromopropanoate 4760
ethyl dichloroacetate 2842
ethyl 2,2-dichloroacetoacetate 7302
ethyl dichlorocarbamate 1701
ethyl 3-[2,6-dichloro-5-fluoro-(3-pyridi 18688
ethyl 3,5-dichloro-4-hydroxybenzoate, hy 16124
ethyl (2,4-dichlorophenoxy)acetate 19003
ethyl dichlorophosphite 926
ethyl 2,3-dichloropropanoate 4786
ethyl dichlorothiophosphate 928
ethyl diethoxyacetate 15233
ethyl 2-(diethoxyphosphinyl)but-2-enoate 20911
ethyl 3,3-diethoxypropionate 18102
ethyl 2,2-diethylacetoacetate 20809
ethyl 4-(N,N-diethylamino)benzoate 26259
ethyl 3-(diethylamino)propanoate 18157
ethyl diethylcarbamate 12087
ethyl diethylmalonate 22736
ethyl diethylphosphinate 9254
ethyl difluoroacetate 2870
ethyl 1-(2,4-difluorophenyl)-7-Cl-6-F-4- 29848
ethyl dihydrogen phosphate 1142
ethyl 3,4-dihydroxybenzoate 16722
ethyl 2,4-dihydroxy-6-methylbenzoate 19678
ethyl 2,3-dihydroxy-2-methylpropanoate 8572
ethyl 2,3-dihydroxypropanoate, (±) 5570
ethyl 3,4-dimethoxybenzoate 22190
ethyl 2,5-dimethoxyphenylacetate 24262
ethyl 3-(3,4-dimethoxyphenyl)propionate 26235
ethyl 2,2-dimethylacetoacetate 14661
ethyl 3,3-dimethylaminoacrylate 11659
ethyl trans-3-dimethylaminoacrylate 11665
ethyl 4-(dimethylamino)benzoate 22269
ethyl 2,3-dimethyl-2-butenoate 14613
ethyl (S)-(+)-3-(2,2-dimethyl-1,3-dioxol 20528
ethyl 2,5-dimethyl-3-furancarboxylate 17185
ethyl dimethylhydrocinnamaldehyde 26211
ethyl N,N-dimethyloxamate 8165
ethyl 2,6-dimethyl-4-oxo-2-cyclohexene-1 22467
ethyl 2,2-dimethylpropanoate 11910
ethyl 3,5-dimethylpyrrole-2-carboxylate 17328
ethyl 2,4-dimethylpyrrole-3-carboxylate 17329
ethyl 2,5-dimethylpyrrole-3-carboxylate 17330
ethyl 4,5-dimethylpyrrole-3-carboxylate 17331
ethyl 3,3-dimethyl-4,6,6-trichloro-5-hex 20193
ethyl 7,7-dimethyltricyclo[2.2.1.02,6]he 24466
ethyl 3,5-dinitrobenzoate 16176
ethyl 2,4-dioxopentanoate 11205
ethyl 2,5-dioxo-1-pyrrolidineacetate 14196
ethyl diphenylacetate 29282
ethyl 2,3-diphenylacrylate 30018
ethyl diphenylcarbamate 28356
ethyl N-(diphenylmethyl)glycinate 30035
ethyl diphenylphosphinite 27256
ethyl 3,6-di(tert-butyl)-1-naphthalenesu 32324
ethyl 1,3-dithiane-2-carboxylate 11503
ethyl dithioacetate 3592
ethyl 1,3-dithiolane-2-carboxylate 7874
ethyl docosanoate 33991
ethyl dodecyl sulfide 27950
ethyl eicosanoate 33469
ethyl ester of 1,2,5,6-dibenzanthracene- 34847
ethyl ester of 3-methylcholanthrene-endo 34751
ethyl ether of propylene glycol 5890
ethyl ethoxyacetate 8537
ethyl 3-ethoxyacrylate 11520
ethyl 2-ethoxybenzoate 22168
ethyl 4-ethoxybenzoate 22169
ethyl 4-ethoxybutyrate 15224
ethyl 3-(ethoxycarbonyl)-2,2-dimethylcyc 26393
ethyl trans-3-ethoxycrotonate 14673
ethyl 2-(ethoxymethylene)-4,4,4-trifluor 16882
ethyl 2-ethoxy-1(2H)-quinolinecarboxylat 27409
ethyl (ethoxysulfonyl)acetate 8585
ethyl 2-ethylacetoacetate 14662
ethyl ethylcarbamate 5708
ethyl 2-ethylhexanoate 21059
ethyl ethylnitrocarbamate 5438
ethyl 4-[[[(ethylphenylamino)methylene]am 30725
ethyl bis(ethylthio)acetate 15211
ethyl (e,z)-2,4-decadienoate 24579
ethyl fluclozepate 30472
ethyl fluoride 939
ethyl fluoroacetate 3190
ethyl 4-fluorobenzoate 16343
ethyl 3-fluorobenzoate 16344
ethyl fluorosulfate 942
ethyl formate 1931
ethyl 2-(formylamino)-4-thiazoleglyoxyla 13373
ethyl 2-formyl-1-cyclopropanecarboxylate 11194
ethyl 2-furanacetate 13995
ethyl 2-furanacrylate 16721
ethyl 2-furancarboxylate 10895
ethyl 3-furoate 10904
ethyl 2-furoylacetate 16783
ethyl 2-furyl ether 7415
ethyl heptadecanoate 31716
ethyl heptafluorobutanoate 6792
ethyl heptanoate 18078
ethyl heptyl ether 18336

ethyl heptyl sulfide 18368
ethyl hexadecyl sulfide 31154
ethyl 2,4-hexadienate 14349
ethyl trans,trans-2,4-hexadienoate 14350
ethyl hexafluoro-2-bromobutyrate 4207
ethyl hexahydro-1H-azepine-1-propanoate 22777
ethyl hexanoate 15185
2-ethyl hexenal 14597
ethyl 2-hexenoate 14614
ethyl 3-hexenoate 14615
ethyl cis-3-hexenyl acetal 21069
ethyl hexyl acetal 21363
ethyl hexyl ether 15533
ethyl hexyl sulfide 15608
ethyl homovanillate 22197
ethyl hydrazinecarboxylate 2117
ethyl hydrogen adipate 14696
ethyl hydrogen fumarate 7452
ethyl hydrogen methylphosphonate 2233
ethyl hydrogen succinate 7927
ethyl hydroperoxide 1074
ethyl hydroxyacetate 3547
ethyl 3-hydroxybenzoate 16722
ethyl 4-hydroxybenzoate 16723
ethyl 2-hydroxybutanoate, (±) 8538
ethyl 3-hydroxybutanoate, (±) 8539
ethyl 2-hydroxy-3-butenoate 7889
ethyl (R)-(-)-3-hydroxybutyrate 8552
ethyl 3-hydroxybutyrate 8553
ethyl (S)-(+)-3-hydroxybutyrate 8554
ethyl DL-2-hydroxycaproate 15223
ethyl 3-hydroxycarbanilate 16969
ethyl 4-hydroxycinnamate 21890
ethyl cis-2-hydroxy-1-cyclohexanecarboxy 17750
ethyl 4-hydroxycyclohexanecarboxylate 17751
ethyl cis-2-hydroxy-1-cyclopentanecarbox 14674
ethyl 1-hydroxycyclopropanecarboxylate 7903
ethyl 2-hydroxyhexanoate 15225
ethyl 6-hydroxyhexanoate 15226
ethyl 4-hydroxy-3-methoxybenzoate 19679
ethyl 4-hydroxy-3-methoxycinnamate 24013
ethyl 5-hydroxy-2-methylindole-3-carboxy 23856
ethyl 2-hydroxy-2-methylpropanoate 8540
ethyl 3-hydroxy-2-naphthalenecarboxylate 25822
ethyl cis-12-hydroxy-9-octadecenoate, (R 32452
ethyl 4-hydroxypentanoate 11935
ethyl (R)-(-)-2-hydroxy-4-phenylbutyrate 24253
ethyl 3-hydroxypropanoate 5546
ethyl hypochlorite 919
ethyl 3-indoleacetate 23843
ethyl indole-2-carboxylate 21749
ethyl iodide 948
ethyl iodoacetate 3220
ethyl cis-3-iodoacrylate 4656
ethyl 4-iodobenzoate 16360
ethyl 3-iodobenzoate 16361
ethyl 2-iodobutanoate 8083
ethyl cis-3-iodocrotonate 7530
ethyl 3-iodopropanoate 5178
ethyl isobutanoate 8483
ethyl isobutyl ether 9005
ethyl isobutylcarbamate 12080
ethyl isocyanate 1760
ethyl isocyanatoacetate 4693
ethyl 4-isocyanatobenzoate 18916
ethyl 3-isocyanatobenzoate 18917
ethyl 4-isocyanatobutyrate 11296
ethyl isocyanatoformate 2722
ethyl 6-isocyanatohexanoate 17566
ethyl 3-isocyanatopropionate 7561
ethyl isocyanide 1753
ethyl isocyanoacetate 4682
ethyl 2-isocyano-3-phenyl-2-propenoate 23635
ethyl isodehydracetate 19685
ethyl isopentyl ether 12214
ethyl isopentylcarbamate 15331
ethyl isopropyl ether 5846
ethyl isopropyl fluorophosphonate 5783
ethyl isopropyl ketone 8413
ethyl isopropylcarbamate 8809
ethyl 2-isopropyl-5-methylcyclopentaneca 24705
ethyl isopropylnitrocarbamate 8360
ethyl isopropylnitrosamine 5807
ethyl isothiocyanate 1778
ethyl isothiocyanatoacetate 4685
ethyl 2-isothiocyanatobenzoate 18911
ethyl cis-2-isothiocyanato-1-cyclohexane 20278
ethyl cis-2-isothiocyanato-1-cyclopentan 17345
ethyl isovalerate 11909
ethyl lactate 5544
ethyl (S)-(-)-lactate 5555
ethyl laurate 27882
ethyl levulinate 11507
ethyl linalool 22696
ethyl magnesium iodide 949
ethyl maltol 10911
ethyl (S)-(+)-mandelate 19659
ethyl mandelate 19660
ethyl mercaptan 1092
ethyl mercaptoacetate 3537
ethyl (2-mercaptoethyl) carbamate S-este 12135
ethyl 2-(mercaptomethylthio)acetate S-es 15351
ethyl 3-mercaptopropionate 5539
ethyl O-mesitylsulfonylaceto-hydroxamate 26273
ethyl methacrylate 7814
ethyl methanesulfonate 2150
ethyl methoxyacetate 5547
ethyl 2-methoxybenzoate 19638
ethyl 3-methoxybenzoate 19639
ethyl 4-methoxybenzoate 19640
ethyl 4-methoxycarbonylbenzoacetate 19661
ethyl N-methoxy-N-methylcarbamate 5744
ethyl (4-methoxyphenyl)acetate 22170
ethyl 3-methoxypropionate 8565
(13-cis)-9-(4-methoxy-2,3,6-trimet 33618
ethyl methyl arsine 2169
ethyl methyl azidomethyl phosphonate 3860
ethyl methyl carbonate 3548

ethyl methyl 1,4-dihydro-2,6-dimethyl-4- 30730
ethyl methyl peroxide 2145
ethyl methyl succinate 11536
ethyl methyl sulfide 2156
ethyl methyl sulfite 2149
ethyl 2-methylacetoacetate 11508
ethyl 2-(methylamino)benzoate 19796
ethyl 3-(methylamino)butanoate 12081
ethyl 2-methylbenzoate 19548
ethyl 3-methylbenzoate 19549
ethyl 4-methylbenzoate 19550
ethyl 2-methylbutanoate, (+) 11911
ethyl 3-methyl-2-butenoate 11480
ethyl trans-2-methyl-2-butenoate 11481
ethyl 2-methylbutyl ketoxime 15324
ethyl 2-methylbutyrate 11923
ethyl 2-methylcyclopropanecarboxylate 11494
ethyl 2-(methyldithio)propionate 8529
ethyl 2-methyl-3-furancarboxylate 13996
ethyl 3-methylhexanoate 18079
ethyl 4-methylhexanoate 18080
ethyl 2-methyl-2-hexenoate 17716
ethyl 2-methyl-3-hexenoate 17717
ethyl 4-methyl-3-hexenoate 17718
ethyl 2-methylnicotinate 16946
ethyl 3-methylnonanoate 24877
ethyl 3-methyl-2-oxobutyrate 11521
ethyl 2-methyl-4-oxo-2-cyclohexenecarbox 20139
ethyl 6-methyl-2-oxo-3-cyclohexene-1-car 20140
ethyl 4-methyl-5-oxohexanoate 17746
ethyl 4-methyl-3-oxooctanoate 22726
ethyl 4-methyl-3-oxopentanoate 14663
ethyl 4-methylpentanoate 15186
ethyl 4-methyl-3-pentenoate 14616
ethyl 4-methyl-2-pentenoate 14617
ethyl 4-methyl-3-pentenoate 14618
ethyl 4-methyl-4-pentenoate 14634
ethyl 4-methyl-4-pentenoate 14635
ethyl (2-methylphenoxy)acetate 22183
ethyl 3-methyl-3-phenyloxiranecarboxylat 23989
O-ethyl methylphosphonothioate 2230
ethyl 1-methylpipecolinate 17834
ethyl 1-methyl-3-piperidinecarboxylate 17835
ethyl 3-methyl-1-piperidinepropionate 22778
ethyl 5-methylsalicylate 19662
ethyl 1-methyl-1,2,3,6-tetrahydro-4-pyri 17560
ethyl (methylthio)acetate 5540
ethyl 3-(methylthio)propionate 8527
ethyl metribuzin 17660
ethyl 3-(m-hydroxyphenyl)-1-methyl-3-pyr 27526
ethyl morphine hydrochloride dihydrate 31599
ethyl morpholinoacetate 14831
ethyl m-tolylacetate 22141
ethyl myristate 29729
ethyl 1-naphthalenecarboxylate 25809
ethyl 2-naphthalenecarboxylate 25810
ethyl 1-naphthylacetate 27164
ethyl nipecotate 14817
ethyl nitrate 964
ethyl nitrite 959
ethyl nitroacetate 3286
ethyl 2-nitrobenzoate 16466
ethyl 3-nitrobenzoate 16467
ethyl 4-nitrobenzoate 16468
ethyl 5-nitrobenzofuran-2-carboxylate 21593
ethyl 4-nitrobenzoylacetate 21767
ethyl 2-nitrobutyrate 8173
ethyl nitrocarbamate 1899
ethyl 4-nitrocinnamate, predominantly tr 21762
ethyl 5-nitroindole-2-carboxylate 21636
ethyl 7-nitroindole-2-carboxylate 21637
ethyl 4-nitrophenylacetate 19341
ethyl 2-nitropropanoate 5246
ethyl nitropropylcarbamate 8361
ethyl nonanoate 22841
ethyl nonyl sulfide 23087
cis,cis-ethyl 9,12-octadecadienoate 32421
cis 9,12-octadecadienoate 32422
ethyl cis,cis,cis-9,12,15-octadecatrieno 32407
ethyl trans-9-octadecenoate 32448
ethyl octadecyl sulfide 32541
ethyl octanoate 21060
ethyl octyl ether 21337
ethyl octyl sulfide 21389
ethyl 2-octynate 20501
ethyl oleate 32449
ethyl o-methoxybenzyl ether 20120
ethyl orange 29430
ethyl orange sodium salt 29383
ethyl o-tolylacetate 22142
ethyl oxamate 3281
ethyl 4-oxobutanoate 7890
ethyl 2-oxocyclohexanecarboxylate 17486
ethyl 4-oxocyclohexanecarboxylate 17487
ethyl 2-oxo-1-cyclooctane carboxylate 22615
ethyl 2-oxo-1-cyclooctanecarboxylate 22616
ethyl 2-oxocyclopentylacetate 17488
ethyl 5-oxohexanoate 14664
ethyl 3-oxohexanoate 14675
ethyl 12-oxooctadecanoate 32453
ethyl 2-oxopentanoate 11509
ethyl 2-oxopentanoate 11510
ethyl 2-oxo-2-phenylacetate 19178
ethyl oxo(phenylamino)acetate 19327
ethyl 4-oxo-4-phenylbutyrate 23994
ethyl 4-oxo-1-piperidinecarboxylate 14453
ethyl 2-oxopropanoate 4931
(R)-(-)-ethyl (R)-5-oxotetrahydro-2-fura 11210
ethyl 3-oxo-4-(triphenylphosphoranyliden 33815
ethyl palmitate 31103
ethyl pentaborane (9) 1187
ethyl pentadecyl sulfide 30365
ethyl pentafluorobenzoate 15829
ethyl (pentafluorobenzoyl)acetate 21494
ethyl pentafluoropropionate 4384
ethyl pentanoate 11912
ethyl pentyl ether 12215
ethyl pentyl sulfide 12303

ethyl 2-pentynoate 11169
ethyl perchlorate 923
ethyl phenoxyacetate 19641
ethyl 4-phenoxybutanoate 24241
ethyl (2-(4-phenoxyphenoxy)ethyl)carbama 30106
ethyl 2-phenoxypropanoate 22171
ethyl 3-phenoxypropanoate 22172
ethyl phenyl sulfone 13986
ethyl phenylacetate 19554
ethyl 2-phenylacetoacetate 23990
ethyl phenylcarbamate 16930
ethyl phenyldithiocarbamate 16904
ethyl N-phenylformimidate 16911
ethyl 3-phenylglycidate 21891
ethyl N-phenylglycinate 19797
ethyl 5-phenyl-2,4-pentadienoate 25992
ethyl phenylphosphinate 14225
ethyl 3-phenylpropanoate 22124
ethyl 3-phenylpropynoate 21656
ethyl phosphine 1144
ethyl phosphonic acid, methyl p-nitrophe 17034
ethyl phosphonodithioic acid O-methyl-S- 20305
ethyl phosphonothioic dichloride 933
ethyl phosphoramidic acid 2,4-dichloroph 13838
ethyl phosphorodichloridate 931
ethyl phthalimidoacetate 23651
ethyl p-iodobenzyl carbonate 19279
ethyl p-iodophenylethyl carbonate 21942
ethyl pipecolinate 14818
ethyl 1-piperazinecarboxylate 11797
ethyl 1-piperidineacetate 17836
ethyl 4-piperidinecarboxylate 14809
ethyl 1-piperidinecarboxylate 14819
ethyl 1-piperidineglyoxylate 17567
ethyl 1-piperidinepropanoate 22860
ethyl p-nitrophenyl benzenethiophosphate 27096
ethyl potassium malonate 4657
ethyl P-phenylphosphonochloridothioate 13834
ethyl propanoate 5503
ethyl propenyl ether 5476
ethyl propyl ether 5845
ethyl propyl sulfate 5915
ethyl propyl sulfide 5931
ethyl N-propylcarbamate 8810
ethyl N-((5R,8S,10R)-6-propyl-8-ergoliny 32295
O-ethyl propylthiocarbamate 8787
ethyl 2-propynoate 4553
ethyl p-toluenesulfonate 17205
ethyl p-tolylacetate 22140
ethyl 4-pyrazolecarboxylate 7354
ethyl 4-pyridinecarboxylate 13702
ethyl 2-pyridinecarboxylate 13703
ethyl 3-pyridinecarboxylate 13704
ethyl 2-pyridylacetate 16947
ethyl 3-pyridylacetate 16948
ethyl 4-pyridylacetate 16949
ethyl pyrrolidinoacetate 14820
ethyl (R)-(-)-2-pyrrolidone-5-carboxylat 11297
ethyl (S)-(+)-2-pyrrolidone-5-carboxylat 11298
ethyl red 30113
ethyl salicylate 16724
ethyl sec-butyl ether 9006
ethyl sec-butylcarbamate 12078
ethyl silicate 15719
ethyl sodium 977
ethyl stearate 32499
ethyl sulfate 1084
ethyl tartrate 7955
ethyl tellurac 32485
ethyl tert-butyl ether 9007
ethyl 1-[[4-(tert-butyl)anilino]carbonyl 31604
ethyl tert-butylcarbamate 12079
ethyl (S)-(-)-2-(tert-butyldimethylsilyl 23079
ethyl N-tert-butyl-N-nitrocarbamate 11815
ethyl 3,4,5,6-tetrachlorophthalate 18545
ethyl 2,3,3,3-tetrafluoropropanoate 4485
ethyl tetradecyl sulfide 29793
ethyl tetrahydro-2-furanpropanoate 17747
ethyl 2,2,5,5-tetramethyl-1,2,5-azadisil 21411
ethyl thioacetate 3498
o-ethyl thiocarbamate 2042
ethyl thiocyanate 1779
ethyl thiooxamate 3276
ethyl 3-thiopheneacetate 13988
ethyl 2-thiopheneacetate 13989
ethyl thiophene-2-carboxylate 10887
ethyl thiourea 2125
ethyl 3-thioxobutanoate 7871
ethyl tribromoacetate 2633
ethyl trichloroacetate 2673
ethyl 2,2,2-trichloroacetimidate 2854
ethyl 2,2,3-trichlorobutanoate 7516
ethyl tridecanoate 28889
ethyl tridecyl sulfide 28924
ethyl trifluoroacetate 2687
ethyl 4,4,4-trifluoroacetoacetate 7167
ethyl 4,4,4-trifluoro-2-butynoate 6786
ethyl 4,4,4-trifluorobutyrate 7525
ethyl 4,4,4-trifluorocrotonate 7163
ethyl (R)-(+)-4,4,4-trifluoro-3-hydroxyb 7527
ethyl trifluoromethanesulfonate 1733
ethyl 3,5-bis(trifluoromethyl)benzoate 21511
ethyl 2-(trifluoromethylsulfonyloxy)-1-c 16883
ethyl (S)-2-(trifluoromethylsulfonyloxy) 7528
ethyl 3,3,3-trifluoropyruvate 4383
S-ethyl trifluorothioacetate 2686
ethyl 3,4,5-trimethoxybenzoylacetate 27504
ethyl trimethylsilyl malonate 15241
ethyl trimethylsilylacetate 12281
ethyl 2-(trimethylsilylmethyl)acrylate 18089
ethyl 3-(trimethylsilyl)propynoate 14658
ethyl undecanoate 26506
ethyl 10-undecenoate 26420
ethyl undecyl sulfide 26552
ethyl vanillin 16711
ethyl vanillin acetate 21907
ethyl vinyl ether 3476
ethyl vinyl sulfide 3588

ethyl vinyl sulfone 3542
ethyl violet 35004
N-ethylacetamide 3687
2-(3-(N-ethylacetamido)-2,4,6-triiodophe 27328
ethylacetoacetate 7881
4'-ethylacetophenone 19525
ethyl-N-(2-acetoxyethyl)-N-nitrosocarbam 11397
ethylacetylene 2755
2-ethylacrolein 4874
(1-ethylallyl)benzene 22035
ethyl-alpha-bromophenyl acetate 19235
N-ethyl-alpha-methylbenzeneethanamine 22498
N-ethyl-(a-methylbenzyl)amine 20234
ethylamine 1115
ethylamine hydrochloride 1148
N,N'-bis(4-(ethylamino)butyl)-1,4-butane 29833
2-(ethylamino)ethanol 3995
alpha-[1-(ethylamino)ethyl]benzenemethan 22507
2-ethylamino-4-isopropylamino-6-methoxy- 17856
2,4-bis(ethylamino)-6-methoxy-S-triazine 14855
5,9-bis(ethylamino)-10-methylbenzo[a]phe 32801
a-((ethylamino)methyl)-m-hydroxybenzyl a 20274
3-(ethylamino)-4-methylphenol 17320
4-(ethylamino)phenol 14134
3-(ethylamino)propionitrile 5406
3-ethylamino-5H-pyrido(4,3-b)indole 25883
2-(ethylamino)-1,3,4-thiadiazole 3310
1,2-bis(ethylammonio)ethane perchlorate 9345
ethylammoniumbromide 1145
2-(1-ethylamyloxy)ethanol 18348
2-(2-(1-ethylamyloxy)ethoxy)ethanol 23076
o-ethylaniline 14083
N-ethylaniline 14095
2-(N-ethylanilino)ethanol 20250
9-ethylanthracene 29110
2-ethylanthraquinone 29058
ethyl 2-(9-anthryl)-2-oxoacetate 30510
ethylarsine 1102
a-ethyl-a',sec-butylstilbene 32216
ethyl-2-azido-2-propenoate 4728
2-ethylaziridine 3680
alpha-ethylbenezeneacetamide 19769
12-ethylbenz(a)anthracene 31998
2-ethylbenzaldehyde 16618
4-ethylbenzaldehyde 16640
N-ethylbenzamide 4553
5-ethyl-1,2-benzanthracene 31996
10-ethyl-1,2-benzanthracene 31997
ethylbenzene 13789
alpha-ethylbenzeneacetic acid 19547
alpha-ethylbenzeneacetonitrile 19284
alpha-ethylbenzeneacetyl chloride 19249
4-ethyl-1,3-benzenediol 13958
2-ethylbenzeneethanol 20049
4-ethylbenzeneethanol 20050
beta-ethylbenzeneethanol 20051
alpha-ethylbenzenemethanamine 17254
alpha-ethylbenzenemethanol 17096
alpha-ethylbenzenepentanol 26308
alpha-ethylbenzenepropanol, (S) 22415
2-ethylbenzimidazole 16573
2-ethylbenzoic acid 16656
3-ethylbenzoic acid 16657
4-ethylbenzoic acid 16693
4-ethylbenzonitrile 16377
2-ethylbenzonitrile 16378
4-ethylbenzophenone 28296
3-ethyl-2H-1-benzopyran-2-one 21655
2-ethylbenzoxazole 16412
4-ethylbenzoyl chloride 16299
ethyl-N-benzoyl-N-(3,4-dichlorophenyl)-2 30603
2-ethyl-3:4-benzphenanthrene 31999
4-ethylbenzyl alcohol 17126
2-ethylbiphenyl 27063
3-ethylbiphenyl 27064
4-ethylbiphenyl 27065
4-ethylbiphenyl-4'-carboxylic acid 28307
ethylboronic acid 1106
2-ethyl-1,3-butadiene 7646
2-ethylbutanal 8405
N-ethyl-2-butanamine, (±) 9205
ethylbutanedinitrile 7340
ethylbutanedioic acid, (R) 7926
2-ethyl-1,2-butanediol 9043
2-ethyl-1,3-butanediol 9044
2-ethyl-1,4-butanediol 9045
2-ethylbutanenitrile 8090
2-ethyl-1-butanol 8981
2-ethylbutanoyl chloride 8024
2-ethyl-1-butene 8236
trans-2-ethyl-2-butenoic acid 7821
2-ethyl-1-buten-1-one 7772
2-(2-ethylbutoxy)ethanol 15567
N-(2-ethylbutoxyethoxypropyl)-5-norborne 32405
2-ethylbutoxypropanol, mixed isomers 18349
3-(2-ethylbutoxy)propionic acid 18097
3-(2-ethylbutoxy)propionitrile 17828
2-ethylbutyl acetate 15162
2-ethylbutyl acrylate 17729
bis(2-ethylbutyl) adipate 31043
bis(2-ethylbutyl) nonanedioate 33028
2-ethylbutylacrylate 17735
ethylbutylamine 9198
(1-ethylbutyl)benzene 24370
ethyl-N-butylnitrosamine 8941
9-ethyl-9H-carbazole 27004
N-ethyl-3-carbazolecarboxaldehyde 28223
ethylchlorobenzene 13582
9-(5-(4-(N-ethyl-N-(2-chloroethyl)amino) 34631
N-ethyl-N-(2-chloroethyl)aniline 19903
ethyl-5-chloro-3(1H)-indazolylacetate 21683
7-ethyl-10-chloro-11-methylbenz(c)acridi 32001
ethyl-4-(4-chloro-2-methylphenoxy)butyra 26119
3-ethylcholanthrene 33163
2-ethylcrotonaldehyde 7805
cis-(2-ethylcrotonyl) urea 11390
2-ethyl-trans-crotonylurea 11389

741

ethylcyanocyclohexyl acetate 22525
N-ethyl-N-(2-cyanoethyl)aniline 19938
ethylcyclobutane 8213
ethylcycloheptane 17952
2-ethylcyclohexanamine 15286
ethylcyclohexane 14877
1-ethylcyclohexanol 15127
4-ethylcyclohexanol 15128
cis-2-ethylcyclohexanol, (±) 15129
trans-2-ethylcyclohexanol, (±) 15130
2-ethylcyclohexanol 15141
4-ethylcyclohexanone 14571
1-ethylcyclohexene 14466
3-ethylcyclohexene 14467
4-ethylcyclohexene 14468
1-ethyl-1,3,5,7-cyclooctatetraene 19395
ethylcyclopentane 11696
2-ethyl-1,3-cyclopentanedione 11180
1-ethylcyclopentene 11323
3-ethylcyclopentene 11324
4-ethylcyclopentene 11325
ethylcyclopropane 5283
4a-ethyl-cis-decahydronaphthalene 24658
4a-ethyl-trans-decahydronaphthalene 24659
1-ethyl,cis-decahydronaphthalene 24660
1-ethyl-trans-decahydronaphthalene 24661
2-ethyl-cis-decahydronaphthalene 24662
2-ethyl-trans-decahydronaphthalene 24663
3-ethyldecane 24919
4-ethyldecane 24920
5-ethyldecane 24921
ethyldecylamine 25342
ethyl(di-(1-aziridinyl)phosphinyl)carbam 11824
1-ethyldibenz(a,h)acridine 33513
8-ethyldibenz(a,h)acridine 33515
1-ethyldibenz(a,j)acridine 33514
ethyldichloroarsine 907
ethyldichlorobenzene 13292
ethyldichlorosilane 1018
ethyldicyclohexylamine 27840
ethyl-3-((diethylamino)methyl)-4-hydroxy 27632
4'-ethyl-N,N-diethyl-p-(phenylazo)anilin 30833
ethyldifluoroarsine 908
5-ethyl-1,3-diglycidyl-5-methylhydantoin 24423
9-ethyl-9,10-dihydroanthracene 29237
5-ethyldihydro-2(3H)-furanone 7836
1-ethyl-2,3-dihydro-1H-indene 22033
1-ethyl-1,3-dihydro-3-methyl-2H-indol-2- 21958
7-ethyl-3,4-dihydro-1(2H)-naphthalenone 23963
5-ethyldihydro-5-phenyl-4,6(1H,5H)-pyrim 23923
5-ethyldihydro-5-sec-butyl-2-thioxo-4,6(20403
ethyl-3,4-dihydroxybenzene sulfonate 14034
ethyl-2-(diiodo-3,5 hydroxy-4 benzoyl)5- 25592
2-ethyl-3-(3',5'-diiodo-4'-hydroxybenzoy 29883
4-ethyl-6,7-dimethoxy-9H-pyrido(3,4-b)in 30066
O-ethyl-S-(2-dimethyl amino ethyl)-methy 12374
ethyl-N,N-dimethyl carbamate 5725
2'-ethyl-4-dimethylaminoazobenzene 29424
(E)-3-ethyl-2,2-dimethylcyclobutyl methy 20751
(Z)-3-ethyl-2,2-dimethylcyclobutyl methy 20752
N'-ethyl-N,N-dimethyl-1,2-ethanediamine 9246
3-ethyl-2,2-dimethylhexane 21181
4-ethyl-2,2-dimethylhexane 21182
3-ethyl-2,3-dimethylhexane 21183
4-ethyl-2,3-dimethylhexane 21184
3-ethyl-2,4-dimethylhexane 21185
4-ethyl-2,4-dimethylhexane 21186
3-ethyl-2,5-dimethylhexane 21187
4-ethyl-3,3-dimethylhexane 21188
3-ethyl-3,4-dimethylhexane 21189
ethyldimethylphosphine 4030
3-ethyl-2,5-dimethylpyrazine 14281
2-ethyl-3,5(6)dimethylpyrazine 14292
2-ethyl-3,5-dimethylpyridine 17264
3-ethyl-2,6-dimethylpyridine 17265
4-ethyl-2,6-dimethylpyridine 17266
3-ethyl-2,4-dimethyl-1H-pyrrole 14427
4-ethyl-2,3-dimethyl-1H-pyrrole 14428
4-ethyl-3,5-dimethylpyrrol-2-yl methyl k 20261
ethyldimethylsilane 4112
ethyldimethylsilanol 4092
5-ethyl-3,7-dioxa-1-azabicyclo[3.3.0]oct 11660
5-ethyl-1,3-dioxane-5-methanol 11939
4-ethyl-1,3-dioxolan-2-one 4938
(2R)-2-[(4-ethyl-2,3-dioxopiperazinyl)ca 28490
(2R)-2-[(4-ethyl-2,3-dioxopiperazinyl)ca 28489
O-ethyl-S,S-diphenyl dithiophosphate 27257
2-ethyldiphenylmethane 28389
3-ethyldiphenylmethane 28390
4-ethyldiphenylmethane 28391
ethyldiphenylphosphine 27266
N'-ethyl-N,N-diphenylurea 28417
O-ethyl-S,S-di-sec-butylphosphorodithioa 21413
ethyldocosylamine 34014
ethyldodecylamine 27958
ethyldotriacontylamine 35282
ethyleicosylamine 33485
2,6-bis(ethylen-imino)-4-amino-S-triazin 11136
ethylene 787
ethylene 1-aziridinepropionate 24552
ethylene carbonate 1633
ethylene bis(chloroformate) 2544
ethylene diperchlorate 821
N,N'-ethylene bis(3-fluorosalicylideneim 29037
ethylene glycol 1072
ethylene glycol butyl vinyl ether 15202
ethylene glycol bis(chloroacetate) 7307
ethylene glycol diacetate 7919
ethylene glycol diacrylate 14028
ethylene glycol diallyl ether 14649
ethylene glycol dibenzoate 29176
ethylene glycol dibutanoate 20829
ethylene glycol dibutyl ether 21355
ethylene glycol didodecanoate 34344
ethylene glycol diethyl ether 9060
ethylene glycol diformate 3010
ethylene glycol diglycidyl ether 14708
ethylene glycol diisobutyl ether 21356

ethylene glycol dimethacrylate 20153
ethylene glycol dinitrate 865
ethylene glycol dinitrite 861
ethylene glycol dipalmitate 35261
ethylene glycol dipropanoate 14695
ethylene glycol distearate 35515
ethylene glycol ditetradecanoate 34942
ethylene glycol dithiocyanate 2578
ethylene glycol divinyl ether 7853
ethylene glycol bis(2,3-epoxy-2-methylpr 20835
ethylene glycol maleate 7458
ethylene glycol methyl ether acrylate 7902
ethylene glycol methyl ether methacrylat 11519
ethylene glycol monoacetate 3546
ethylene glycol monoallyl ether 5514
ethylene glycol monobenzoate 16720
ethylene glycol monobenzyl ether 17142
ethylene glycol monoethyl ether propenoa 11506
ethylene glycol monohexyl ether 15558
ethylene glycol monomethacrylate 7888
ethylene glycol monomethyl ether acetate 5545
ethylene glycol mono-2-methylpentyl ethe 15568
ethylene glycol monopalmitate 31107
ethylene glycol monopentanoate 11934
ethylene glycol monopropyl ether 5857
ethylene glycol mono-sec-butyl ether 9067
ethylene glycol monostearate 32501
ethylene glycol mono-2,6,8-trimethyl-4-n 27936
ethylene glycol monovinyl ether 3516
ethylene glycol silicate 15728
ethylene glycol sulfite 896
ethylene glycol bisthioglycolate 7945
ethylene glycol bis(trichloroacetate) 6510
ethylene bis(iodoacetate) 7314
ethylene oxide 885
N,N'-ethylene bis(stearamide) 35525
ethylene sulfide 901
ethylene thiuram monosulfide 2581
ethylene trithiocarbonate 1641
ethylene undecane dicarboxylate 28806
1,1'-ethylenebis(3-(2-chloroethyl)-3-nit 14513
ethylenediamine 1159
N-boc-ethylenediamine 12153
ethylenediamine-N,N'-diacetic acid 8363
ethylenediaminedinitrate 1182
ethylenediamine-di(o-hydroxyphenyl)aceti 30729
ethylenediaminetetraacetic acid 20412
ethylenediaminetetraacetic acid dicalciu 19404
ethylenediaminetetraacetic acid dicopper 19920
ethylenedicesium 829
N,N-ethylene-N',N'-dimethylurea 5411
(ethylenedinitrilo)tetraacetonitrile 19481
2,2'-(ethylenedioxy)diethanethiol 9072
2,2'-(ethylenedioxy)diethylamine 9307
ethylenebis-(diphenylarsine) 34245
ethylenebis(diphenylphosphine) 34252
2,2'-(ethylenedithio)dianiline 27357
bis(ethylenedithio)tetrathiafulvalene 18805
1,1'-ethylenedioxane 3863
ethyleneglycol monophenyl ether propiona 22185
ethyleneimine 954
N,N-ethylene-N'-methylurea 3423
(ethylenebis(oxyethylenenitrilo))tetraac 27756
N,N'-bis(ethylene)-p-(1-adamantyl)phosph 27738
bisethyleneurea 4828
1,3-bis(ethyleniminosulfonyl)propane 11821
ethyl-2,3-epoxybutyrate 7913
ethylestrenol 32384
N-ethyl-1,2-ethanediamine 4073
ethyl-3-ethoxypropionate 11931
3-ethyl-5-(2-ethylbutyl)octadecane 34371
2-ethyl-N-(2-ethylphenyl)aniline 29415
5-ethyl-5-(1-ethylpropyl)barbituric acid 22578
17a-ethylethynyl-19-nortestosterone 33354
ethylferrocene 23913
9-ethylfluorene 28260
ethyl-8-fluoro octanoate 20880
ethyl-10-fluorodecanoate 34798
ethyl-6-fluorohexanoate 14769
N-ethylformamide 2038
4-ethyl-4-formylhexanenitrile 17552
1-ethyl-1H-hydrazine 2114
5-ethyl-2-furaldehyde 10884
2-ethylfuran 7381
3-ethylfuran 7382
5-ethyl-2(5H)-furanone 7435
ethylgermanium trichloride 934
alpha-ethylglutamic acid 11679
ethylheneicosylamine 33712
ethylhentriacontylamine 35194
ethylheptacosylamine 34831
ethylheptadecylamine 31758
3-ethylheptane 18180
4-ethylheptane 18181
2-ethylheptanoic acid 18053
2-ethyl-1-heptanol 18265
3-ethyl-1-heptanol 18266
5-ethyl-1-heptanol 18267
2-ethyl-2-heptanol 18271
3-ethyl-2-heptanol 18272
3-ethyl-3-heptanol 18279
4-ethyl-4-heptanol 18285
ethylheptatriacontylamine 35570
3-ethyl-6-hepten-4-yn-3-ol 17443
ethylheptylamine 18390
ethylhexacosylamine 34740
ethylhexadecylamine 31164
2-ethylhexanal 15062
3-ethylhexane 15359
2-ethyl-1,3-hexanediol 15551
2-ethylhexanediol dibenzoate 33296
2-ethylhexanoic acid 15157
3-ethylhexanoic acid 15158
2-ethylhexanoic anhydride 29671
2-ethyl-1-hexanol 15454
3-ethyl-1-hexanol 15455
4-ethyl-1-hexanol 15456
3-ethyl-2-hexanol 15467

4-ethyl-2-hexanol 15468
3-ethyl-3-hexanol 15478
4-ethyl-3-hexanol 15479
2-ethyl-1-hexanol silicate 35136
2-ethylhexanoyl chloride 14758
ethylhexatriacontylamine 35534
2-ethyl-1-hexene 14588
2-ethyl-1-hexene 14929
3-ethyl-1-hexene 14930
4-ethyl-1-hexene 14931
3-ethyl-cis-2-hexene 14941
3-ethyl-trans-2-hexene 14942
4-ethyl-cis-2-hexene 14943
4-ethyl-trans-2-hexene 14944
3-ethyl-3-hexene 14959
2-ethyl-2-hexenoic acid 14633
2-ethylhexyl acetate 21044
ethyl-2-hexyl acetoacetate 24741
2-ethylhexyl acrylate 22701
bis(2-ethylhexyl) adipate 33437
bis(2-ethylhexyl) azelate 34181
2-ethylhexyl bromide 15250
2-ethylhexyl butyl phthalate 32360
2-ethylhexyl carbamate 18160
bis(2-ethylhexyl) chlorendate 34151
2-ethylhexyl chloroformate 17800
2-ethylhexyl cyanoacetate 22645
2-ethylhexyl 2-cyano-3,3-diphenylacrylat 33841
2-ethylhexyl 4-(dimethylamino)benzoate 30257
2-ethylhexyl diphenyl phosphite 32299
2-ethylhexyl epoxystearate 34341
2,4-D 2-ethylhexyl ester 29498
bis(2-ethylhexyl) ether 29772
2-ethylhexyl glycidyl ether 22849
2-ethylhexyl iodide 15278
bis(2-ethylhexyl) isophthalate 33929
bis(2-ethylhexyl) maleate 32425
2-ethylhexyl mercaptoacetate 21079
2-ethylhexyl methacrylate 24704
2-ethylhexyl 4-methoxycinnamate 30896
2-ethylhexyl trans-4-methoxycinnamate 30897
2-ethylhexyl nitrate 15344
bis(2-ethylhexyl) octylphenylphosphite 33417
bis(2-ethylhexyl) phenyl phosphate 33418
bis(2-ethylhexyl) phosphate 29809
bis(2-ethylhexyl) phosphite 29808
bis(2-ethylhexyl) phthalate 33926
2-ethylhexyl salicylate 28681
bis(2-ethylhexyl) sebacate 34342
2-ethylhexyl sulfate 15596
bis(2-ethylhexyl) terephthalate 33930
2-ethylhexyl vinyl ether 21007
2-ethylhexylamine 15632
ethylhexylamine 15636
bis(2-ethylhexyl)amine 29805
N-(2-ethylhexyl)aniline 27725
2-ethylhexyl-6-chloride 15264
N-(2-ethylhexyl)cyclohexanamine 27903
2-ethylhexyl-2-ethylhexanoate 29732
2-(2-ethylhexyloxy)ethanol 21359
4-(2-ethylhexyloxy)-2-hydroxybenzophenon 32882
bis((2-(ethyl)hexyloxy)maleoyloxy) di(n- 35103
3-(2-ethylhexyloxy)propionitrile 22774
2-ethylhexyl-p-iodobenzyl carbonate 29543
1-ethyl-3-(hydroxyacetyl)indole 23850
4'-ethyl-4-hydroxyazobenzene 27116
alpha-ethyl-3-hydroxybenzenemethanol 17143
N-ethyl-N-(4-hydroxybutyl)nitrosoamine 8951
2-ethyl-2-hydroxybutyric acid 8555
alpha-ethyl-1-hydroxycyclohexaneacetic a 20810
16-ethyl-17-hydroxyester-4-en-3-one 32354
N-ethyl-N-hydroxyethanamine 3996
4-(N-ethyl-N-2-hydroxyethylamino)4'-nitr 29315
ethyl-2-hydroxyethylnitrosamine 3847
ethyl-N-(2-hydroxyethyl)-N-nitrosocarbam 5440
ethyl-2-(hydroxymethyl)acrylate 7914
1-(2-ethyl-7-(2-hydroxy-3-((1-methylethy 30871
5-ethyl-3-hydroxy-4-methyl-2(5H)-furanon 11195
2-ethyl-2-(hydroxymethyl)-1,3-propanedio 8197
2-ethyl-2-(hydroxymethyl)-1,3-propanedio 8193
ethyl-4-hydroxy-3-morpholinomethylbenzoa 26271
3-ethyl-4-hydroxy-1,2,5-oxadiazole 2912
N-ethyl-N-(3-hydroxypropyl)nitrosamine 5814
ethylidene diacetate 7920
ethylidene dinitrate 866
ethylidene diurethan 15051
ethylidene norbornene 17013
ethylidenecyclohexane 14498
2-ethylidenecyclohexanone 14333
5-ethylidene-1,3-cyclopentadiene 10726
ethylidenecyclopentane 11357
7-ethylidenecyclopent(b)oxireno(c)pyridi 19785
1-ethylidene-2-methylcyclohexane 17623
1-ethyl-1H-imidazole 4818
2-ethylimidazole 4820
2-ethyl-1-indanone 21858
1-ethyl-1H-indazole 16578
2-ethyl-1H-indene 21790
1-ethyl-1H-indole 19285
3-ethyl-1H-indole 19286
7-ethylindole 19289
1-ethyl-2-iodobenzene 13649
1-ethyl-4-iodobenzene 13650
ethyliodomethylarsine 2095
ethylisobutylamine 9200
N-ethyl-1H-isoindole-1,3(2H)-dione 18895
ethylisopropylamine 5960
N-ethyl-N-isopropylaniline 22502
1-ethyl-2-isopropylbenzene 22327
1-ethyl-3-isopropylbenzene 22328
1-ethyl-4-isopropylbenzene 22329
3-ethyl-4-isopropylheptane 25117
4-ethyl-4-isopropylheptane 25118
2-ethyl-6-isopropylphenyl isocyanate 24060
N-ethyl-N-isopropyl-2-propanamine 15643
5-ethyl-5-isopropyl-2,4,6(1H,3H,5H)-pyri 17420
S-ethylisothiouronium hydrogen sulfate 2261
ethyl-L-leucinate 15340

ethyllinalyl acetal 27811
ethyllithium 953
ethyl-m-aminobenzoate methane sulfonate 20291
9-ethyl-6-mercaptopurine 10848
bis(ethylmercuri) phosphate 3975
ethylmercuric acetate 3399
ethylmercuric phosphate 1113
ethylmercurichlorendimide 21490
ethylmercurithiosalicylic acid, sodium s 16359
ethylmercury-p-toluene sulfonamide 28458
2'-ethyl-2-(2-methoxy butylamino) propio 29606
2'-ethyl-2-(2-methoxybenzene 17081
1-ethyl-3-methoxybenzene 17082
1-ethyl-4-methoxybenzene 17083
alpha-ethyl-4-methoxybenzenemethanol 20097
2'-ethyl-2-(2-methoxyethylamino)propiona 27667
N-ethyl-N-(2-methoxyethyl)-3-methyl-4-ni 24413
4-(N-ethyl-N-2-methoxyethyl)-2-methylphe 34297
4-ethyl-2-methoxyphenol 17144
4-[1-ethyl-2-(4-methoxyphenyl)-1-butenyl 31498
trans-4-[1-ethyl-2-(4-methoxyphenyl)-1-b 31499
2-ethyl-3-methoxypyrazine 11110
ethyl-N-methyl carbamate 3711
N-ethyl-2-methylallylamine 8758
5-ethyl-5-(2-methylallyl)-2-thiobarbitur 19951
N-ethyl-6-methyla-(methylsulfonyl)ergoli 32943
ethylmethylamine hydrochloride 2248
2-ethyl-6-methylaniline 17268
N-ethyl-2-methylaniline 17269
N-ethyl-3-methylaniline 17270
N-ethyl-4-methylaniline 17271
N-ethyl-N-methylaniline 17272
7-ethyl-12-methylbenz(a)anthracene 32667
12-ethyl-7-methylbenz(a)anthracene 32668
7-ethyl-9-methylbenz(c)acridine 32041
alpha-ethyl-alpha-methylbenzeneethanol, 22416
alpha-ethyl-alpha-methylbenzenemethanol, 20052
1-ethyl-2-methyl-1H-benzimidazole 19431
3-ethyl-2-methylbenzothiazolium p-toluen 30102
3-ethyl-2-methylbenzoxazolium iodide 19427
2-ethyl-2-methylbutanoic acid 11885
5-ethyl-5-(1-methyl-1-butenyl)barbiturat 22387
5-ethyl-5-(1-methyl-1-butenyl)barbituric 22388
ethyl-2-methyl-4-chlorophenoxyacetate 21931
1-ethyl-2-methylcyclohexane 17940
1-ethyl-2-methylcyclohexanol 18011
1-ethyl-3-methylcyclohexanol 18012
2-ethyl-3-methylcyclohexanone 17670
1-ethyl-4-methylcyclohexanone 17622
2-ethyl-5-methylcyclopentanone 14572
1-ethyl-1-methyl-2,4-diisopropylcyclohex 28857
4'-ethyl-4-methyl-4-dimethylaminoazobenz 30169
2-ethyl-2-methyl-1,3-dioxolane 8510
2-ethyl-5-methylfuran 11147
3-ethyl-3-methylglutaric anhydride 14375
3-ethyl-2-methylheptane 21154
4-ethyl-2-methylheptane 21155
5-ethyl-2-methylheptane 21156
3-ethyl-3-methylheptane 21157
4-ethyl-3-methylheptane 21158
3-ethyl-5-methylheptane 21159
3-ethyl-4-methylheptane 21160
4-ethyl-4-methylheptane 21161
3-ethyl-6-methyl-3-heptanol 21333
3-ethyl-4-methyl-3-hepten-2-one 20692
4-ethyl-6-methyl-4-hepten-2-one 20693
4-ethyl-6-methyl-5-hepten-2-one 20694
5-ethyl-4-methyl-4-hepten-3-one 20695
5-ethyl-4-methyl-5-hepten-3-one 20696
5-ethyl-5-methylheptyne 20600
3-ethyl-2-methyl-1,5-hexadiene 17613
3-ethyl-2-methylhexane 18190
4-ethyl-2-methylhexane 18191
3-ethyl-3-methylhexane 18192
3-ethyl-4-methylhexane 18193
3-ethyl-3-methylhexanoic acid 18054
2-ethyl-3-methylhexanoic acid 18055
beta-ethyl-beta-methylhydrocinnamic acid 24216
2-ethyl-4-methylimidazole 7719
DL-5-ethyl-5-methyl-2,4-imidazolidinedio 7732
1-ethyl-3-methylimidazolium tetrafluorob 7978
1-ethyl-3-methylimidazolium trifluoromet 11264
3-ethyl-2-methyl-1H-indole 21945
2-ethyl-6-methyliodobenzene 16885
N-ethyl-2-methylmaleimide 11006
4-ethyl-2-methyl-2-(3-methylbutyl)oxazol 22880
3-ethyl-2-methyl-2-(3-methylbutyl)oxazol 22881
5-ethyl-1-methyl-5-(1-methylpropenyl)bar 22389
1-ethyl-2-methylnaphtho[1,2-d]thiazolium 32770
4-ethyl-1-methyloctylamine 23095
2-ethyl-1-(3-methyl-1-oxo-2-butenyl)pipe 24631
3-ethyl-2-methylpentane 15360
3-ethyl-3-methylpentanedioic acid 14697
3-ethyl-4-methyl-2-pentanone 15072
3-ethyl-3-methyl-2-pentanone 15147
5-ethyl-5-(1-methyl-1-pentenyl)barbituri 24418
N,N'-bis(1-ethyl-3-methylpentyl)-p-pheny 33420
3-ethyl-3-methyl-1-pentyne 14488
2-ethyl-6-methylphenyl isocyanate 19301
2-[ethyl(3-methylphenyl)amino]ethanol 22508
2-[ethyl(3-methyl-4-(phenylazo)phenyl) 30173
5-ethyl-1-methyl-5-phenylhydantoin 23927
5-ethyl-2-methylpiperidine 15300
4-ethyl-4-methyl-2,6-piperidinedione 14440
N-ethyl-N-methyl-p-(phenylazo)aniline 28479
5-ethyl-5-(1-methylpropenyl)barbituric a 19956
1-ethyl-1-methylpropyl carbamate 12085
(1-ethyl-1-methylpropyl)benzene 24371
N-(3-(1-ethyl-1-methylpropyl)-5-isoxazo 30845
1-(1-ethyl-1-methylpropyl)piperidine 22878
1-ethyl-3-methylpyrazine 11100
1-ethyl-3-methyl-1H-pyrazole 7712
2-ethyl-4-methylpyridine 14097
2-ethyl-6-methylpyridine 14098
2-ethyl-4-methylpyridine 14100
3-ethyl-4-methyl-1H-pyrrole 11267
3-ethyl-3-methyl-2,5-pyrrolidinedione 11283

2-ethyl-3-methylquinoline 23821
2-ethyl-4-methylquinoline 23822
3-ethyl-6-methylquinoline 23823
2-ethyl-4-methylthiazole 7573
N-ethyl-N'-(3-methyl-2-thiazolidinyliden 11685
O-ethyl-O-(4-methylthio-m-tolyl) methylp 22560
ethylmethylthiophos 17033
7-ethyl-2-methyl-4-undecanone 27864
2-ethyl-3-methylvaleramide 15325
ethylmorphine 31519
ethylmorphine hydrochloride 31537
N-ethylmorpholine 8769
1-ethyl-4-(2-morpholinoethyl)-3,3-diphen 33871
ethyl-N-(4-morpholinomethyl)carbamate 15049
2-ethyl-m-xylene 19883
4-ethyl-m-xylene 19884
5-ethyl-m-xylene 19885
N-ethyl-1-naphthalenamine 23819
N-ethyl-2-naphthalenamine 23820
1-ethylnaphthalene 23685
2-ethylnaphthalene 23686
1-ethyl-1-(1-naphthyl)-2-thiourea 25971
2-(ethylnitroamino)ethanol nitrate (este 3775
5-(N-ethyl-N-nitro)amino-3-(5-nitro-2-fu 13390
N-ethyl-2-nitroaniline 13882
1-ethyl-2-nitrobenzene 13699
1-ethyl-3-nitrobenzene 13700
1-ethyl-4-nitrobenzene 13701
N-ethyl-N'-nitroguanidine 2127
ethyl-4-nitrophenyl ethylphosphonate 19926
2-[ethyl[4-[(4-nitrophenyl)azo]phenyl]am 29387
2-ethyl-2-nitro-1,3-propanediol 5748
4,4'-(2-ethyl-2-nitro-1,3-propanediyl)bi 26548
3-ethyl-4-nitropyridine-1-oxide 10834
(ethylnitrosamino)methyl acetate 5432
5-(N-ethyl-N-nitroso)amino-3-(5-nitro-2- 13389
N-ethyl-N-nitrosoaniline 13864
N-ethyl-N-nitrosobenzylamine 17047
ethylnitrosocyanamide 1788
N-ethyl-N-nitroso-N'-nitroguanidine 2088
2-ethyl-3-nitrosothiazolidine 5412
N-ethyl-N-nitrosourea 2081
1-ethyl-3-(5-nitro-2-thiazolyl) urea 7374
ethylnonacosylamine 35043
ethylnonadecylamine 33067
3-ethylnonane 22895
4-ethylnonane 22896
5-ethylnonane 22897
5-ethyl-2-nonanol 23063
5-ethyl-3-nonen-2-one 22697
ethylnonylamine 23092
ethylnorgestrienone 32842
17-ethyl-19-nortestosterone 32355
N-ethyl-o-crotonotoluidide; predominantl 26126
ethyloctacosylamine 34967
ethyloctadecylamine 32548
(1-ethyloctadecyl)benzene 34328
3-ethyloctane 21138
4-ethyloctane 21139
2-ethyl-1-octanol 21252
3-ethyl-1-octanol 21253
3-ethyl-3-octanol 21265
6-ethyl-3-octanol 21266
3-ethyl-4-octanol 21273
4-ethyl-4-octanol 21274
ethyloctatriacontylamine 35633
ethyloctylamine 21404
4-ethyl-1-octyn-3-ol 20747
ethyl-3-oxatricyclo-(3.2.1.02,4)octane-6 20149
2-ethyl-2-oxazoline 5211
1-ethyl-3-(2-oxazolyl)urea 7603
3-ethyl-3-oxetanemethanol 8511
ethyl-6-(2-oxocyclopentyl)hexanoate 26390
3-ethyl-o-xylene 19881
4-ethyl-o-xylene 19882
ethylpentacosylamine 34568
ethylpentadecylamine 30371
6-ethyl-2,3,5,7,8-pentahydroxy-1,4-napht 23575
3-ethylpentane 22115
2-ethyl-1,3-pentanediol 12243
2-ethyl-1,5-pentanediol 12244
3-ethyl-2,3-pentanediol 12245
3-ethyl-2,4-pentanediol 12246
3-ethyl-2,4-pentanedione 11465
2-ethylpentanoic acid, (±) 11886
2-ethyl-1-pentanol 12180
3-ethyl-1-pentanol 12181
3-ethyl-2-pentanol 12188
3-ethyl-3-pentanol 12194
2-ethyl-3-pentanone 11838
ethylpentatriacontylamine 35493
2-ethyl-1-pentene 11729
2-ethyl-2-pentene 11730
3-ethyl-2-pentene 11736
3-ethyl-1-penten-1-yne 11050
3-ethyl-1-pentyn-3-amine 11624
ethylpentylamine 12323
3-ethyl-1-pentyne 11349
3-ethyl-1-pentyn-3-ol 11408
ethylphenacetin 24222
9-ethylphenanthrene 29112
a-ethylphenethyl alcohol 20076
o-ethylphenol 13918
bis(2-ethylphenyl) ether 29389
4-ethylphenyl isocyanate 16398
3-ethylphenyl isocyanate 16399
2-ethylphenyl isocyanate 16400
4-ethylphenyl isothiocyanate 16486
2-ethylphenyl isothiocyanate 16407
N-ethyl-N-phenylacetamide 19770
N-ethyl-N-phenylaniline 27215
4-ethylphenylboronic acid 14063
ethylphenyldiazene 13858
ethylphenyldichlorosilane 13843
ethylphenylhydantoin 21827
L-5-ethyl-5-phenylhydantoin 21828
3-ethyl-5-phenylhydantoin 21829

1-ethyl-1-phenylhydrazine 14282
1-ethyl-2-phenylhydrazine 14283
5-(2-ethylphenyl)-3-(3-methoxyphenyl)-S- 30047
(4-ethylphenyl)phosphonic dichloride 13627
3-(o-ethylphenyl)-5-piperonyl-S-triazole 29983
5-ethyl-5-phenyl-2,4,6(1H,3H,5H)-pyrimid 23742
(±)-5-ethyl-5-phenylpyrrolid-2-one 24062
ethylphosphonic acid 1140
ethylphosphonous dichloride 927
5-ethyl-2-picoline 14117
ethyl-10-(p-iodophenyl)undecylate 31614
1-ethylpiperazine 8930
1-ethyl-3-piperidinamine 12138
1-ethylpiperidine 12037
4-ethylpiperidine 12040
2-ethylpiperidine 12048
2-ethylpiperidine, (±) 12038
3-ethylpiperidine, (±) 12039
1-ethyl-3-piperidinol 12058
5-ethyl-5-(1-piperidinyl)-2,4,6(1H,3H,5H 22539
1-ethyl-4-piperidone 11639
N-ethylpiperizine-2,3-dione 7728
N-ethyl-p-menthane-3-carboxamide 26455
ethyl-p-nitrophenylpentylphosphonate 26292
N-ethyl-p-(phenylazo)aniline 27243
N-ethyl-1-((p-(phenylazo)phenyl)azo)-2-n 33807
ethylpropanedioic acid 4949
2-ethyl-1,3-propanediol 5876
(1-ethyl-1-propenyl)benzene 22036
1-ethylpropyl acetate 11896
1-ethylpropyl butanoate 18066
1-ethylpropyl formate 8472
1-ethylpropyl propanoate 15171
ethylpropylamine 5959
1-ethyl-2-propylbenzene 22324
1-ethyl-3-propylbenzene 22325
1-ethyl-4-propylbenzene 22326
alpha-ethyl-alpha-propylbenzenemethanol 24438
5-ethyl-5-(1-propyl-1-butenyl)barbituric 26300
N-ethyl-N-propylcarbamoyl chloride 8267
3-ethyl-4-propylheptane 25115
4-ethyl-4-propylheptane 25116
N-ethyl-N-propyl-1-propanamine 15644
2-(1-ethylpropyl)pyridine 20220
4-(1-ethylpropyl)pyridine 20221
2-ethyl-2-propylthiobutyramide 18154
O-ethyl-S-propyl-O-(2,4,6-trichloropheny 22055
20-ethylprostaglandin F2-a 33411
N-ethyl-p-toluenesulfonamide 17346
1-ethyl-3-p-tolyltriazene 17361
2-ethyl-p-xylene 19886
ethylpyrazine 7341
1-ethyl-1H-pyrazole 4817
1-ethylpyridine 10964
3-ethylpyridine 10965
4-ethylpyridine 10966
2-ethyl-4-pyridinecarbothioamide 13896
1-ethylpyridinium bromide 11060
1-ethyl-1H-pyrrole 7535
2-ethyl-1H-pyrrole 7536
1-ethyl-1H-pyrrole-2,5-dione 7206
1-ethylpyrrolidine 8750
1-ethyl-2,5-pyrrolidinedione 7546
1-ethyl-2-pyrrolidinemethanamine 12139
1-ethyl-3-pyrrolidinol 8780
4'-ethyl-4-N-pyrrolidinylazobenzene 30771
N-((1-ethyl-2-pyrrolidinyl)methyl)-5-(et 30246
N-(1-ethyl-2-pyrrolidinyl)methyl)-5-sul 28723
1-ethyl-2-pyrrolidone 8113
1-ethylquinaldinium iodide 23914
3-ethylquinoline 21702
6-ethylquinoline 21703
8-ethylquinoline 21723
2-ethylquinoline 21734
4-ethylquinoline 21734
3-ethylrhodanine 4676
ethyl-sec-butylamine 9199
alpha-ethylstilbene 29238
a-ethyl-4,4'-stilbenediol 29289
o-ethylstyrene 22115
S-(ethylsulfinyl)methyl O,O-diisopropyl 18411
2,2-bis(ethylsulfonyl)butane 15597
2-(ethylsulfonyl)ethanol 3929
4-(ethylsulfonyl)-1-naphthalene sulfonam 23865
3-(3-ethylsulfonyl)pentyl piperidino ket 26459
2-ethyl-5-(3-sulfophenyl)isoxazolium hyd 21764
ethyl-tert-butylamine 9201
3-ethyltetracosane 34372
ethyltetracosylamine 34379
ethyltetradecylamine 29799
2-ethyl-5,6,7,8-tetrahydroanthraquinone 29290
2-ethyltetrahydrofuran 8416
3-ethyltetrahydrofuran 8417
1-ethyl-[1,2,3,4-tetrahydronaphthalene] 24112
2-ethyl-[1,2,3,4-tetrahydronaphthalene] 24113
5-ethyl-1,2,3,4-tetrahydronaphthalene 24114
6-ethyl-1,2,3,4-tetrahydronaphthalene 24115
1-ethyl-2,2,6,6-tetramethyl-4-(N-acetyl- 31624
ethyl-tetramethylcyclopentadiene 22555
1-ethyl-2,2,6,6-tetramethyl-4-(N-propion 32991
1-ethyl-1,1,3,3-tetramethyltetrazenium 9330
N-ethyl-N,2,4,6-tetranitrobenzenamine 13232
ethyltetratriacontylamine 35439
2-ethyltetrazole 1911
5-ethyltetrazole 1912
2-ethylthiacyclohexane 11961
3-ethylthiacyclohexane 11962
4-ethylthiacyclohexane 11963
2-ethylthiacyclopentane 8622
3-ethylthiacyclopentane 8623
2-ethylthiacyclopropane 3583
2-ethyl-(1-thiaethyl)-benzene 17217
3-ethyl-(1-thiaethyl)-benzene 17218
4-ethyl-(1-thiaethyl)-benzene 17219
2-ethyl-2-thiapentane 11
(4S,2RS)-2-ethylthiazolidine-4-carboxyli 8160
(ethylthio)acetic acid 3538
2-(ethylthio)benzothiazole 16489

1,1-bis(ethylthio)ethane 9127
1,2-bis(ethylthio)ethane 9128
2-(ethylthio)ethanol 3876
[(ethylthio)methyl]benzene 17228
(2-ethylthiomethylphenyl)-N-methylcarbam 22279
ethylthioperazine 33340
2-ethylthiophene 7467
3-ethylthiophene 7468
5-ethyl-2-thiophenecarboxaldehyde 10862
2-(ethylthio)phenol 13947
o-ethylthiophenol 14039
3-ethylthio-1,2-propanediol 5893
5-((2-ethylthio)propyl)-2-(1-oxopropyl)- 27705
4-ethyl-3-thiosemicarbazide 2225
(ethylthio)trimethylsilane 6028
(ethylthio)trioctylstannane 34384
ethyltin trichloride 938
o-ethyltoluene 17006
ethyltriacontylamine 35131
ethyltrichlorphon 8296
ethyltricosylamine 34201
3-ethyltricycloquinazoline 33505
ethyltridecylamine 28933
ethyl-2,2,3-trifluoro propionate 4652
ethyltrifluorosilane 945
ethyltriiodogermane 946
ethyltrimethoxysilane 6027
1-ethyl-2,3,5-trimethylbenzene 22355
2-ethyl-4-(2,2,3-trimethyl-3-cyclopenten 27757
3-ethyl-2,2,3-trimethylpentane 21203
3-ethyl-2,2,4-trimethylpentane 21204
3-ethyl-2,3,4-trimethylpentane 21205
3-ethyl-2,4,5-trimethylpyrrole 17548
4-ethyl-2,6,7-trioxa-1-arsabicyclo(2.2.2 7977
4-ethyl-2,6,7-trioxa-1-phosphabicyclo[2. 8195
(ethyl)triphenylphosphonium bromide 32117
(ethyl)triphenylphosphonium chloride 32122
ethyltriphenylphosphonium iodide 32125
ethyltritriacontylamine 35329
ethylundecylamine 26557
N-ethylurea 2113
4-ethylveratrole 20121
N-ethyl-N-vinylacetamide 8122
ethylvinyldichlorosilane 3386
5-ethyl-2-vinylpyridine 16902
ethylxanthic acid anhydrosulfide with O- 7916
bis(ethylxanthogen) disulfide 7876
bis(ethylxanthogen) tetrasulfide 7878
ethymidine 13587
ethynodiol 32319
ethynodiol acetate 33895
ethynyl vinyl selenide 2615
3-ethynylaniline 13115
4-ethynylanisole 16196
2a-ethynyl-a-nor-17a-pregn-20-yne-2b,17b 33355
ethynylbenzene 12713
alpha-ethynylbenzenemethanol 16190
alpha-ethynylbenzenemethanol carbamate 18896
1-ethynylcyclohexanamine 14431
1-ethynylcyclohexanol 14334
1-ethynylcyclohexanol acetate 20122
1-ethynylcyclohexene 13802
1-ethynylcyclohexyl allophanate 19957
1-ethynylcyclopentanol 11148
ethynylestradiol 3-methyl ether 32876
1-ethynyl-2-fluorobenzene 12641
1-ethynyl-4-fluorobenzene 12642
2-ethynylfuran 6614
alpha-ethynyl-alpha-methylbenzenemethano 19099
(R,S)-(E)-1-ethynyl-2-methyl-2-pentenyl(30892
1-ethynyl-2-(1-methylpropyl)cyclohexyl a 27702
1-ethynylnaphthalene 23262
1-(ethynyloxy)propane 4855
1-ethynyl-4-pentylbenzene 26040
a-ethynyl-p-methoxybenzyl alcohol acetat 23781
2-ethynylpyridine 10046
ethynylsilane 904
4-ethynyltoluene 16092
ethynyltributylstannane 27894
ethynyltrimethylsilane 5599
etizolam 29957
etofenprox 34121
etofylline 17072
7a-etorphine 34139
Ne-tosyl-L-lysine 26303
ETP 35072
etrimfos 20585
b-eucaine 28619
eucalyptol 20707
eudesma-3,11(13)-dien-12-oic acid 28677
eugenol formate 21896
eulicin 34029
euparin 25823
eupatoriopicrin 32285
eupneron 33347
evan's blue 35205
everninomicin-D 35950
everninomicin-B 35951
evodiamine 31386
3-exo-aminobicyclo[2.2.1]heptane-2-exo-c 14446
3-exo-aminobicyclo[2.2.1]hept-5-ene-2-ex 14303
3-exo-aminobicyclo[2.2.1]hept-5-ene-2-ex 14174
exo-2-aminonorbornane 11626
3-exo-(benzyloxycarbonylamino)bicyclo]2. 29332
exo-2-bromonorbornane 11242
exo-2-bromo-5-oxo-bicyclo[2.2.1]heptane- 13566
exo-2-chloro-5,5-ethylenedioxy-bicyclo[2 19743
exo-2-chloronorbornane 11251
exo-2-chloro-5-oxo-bicyclo[2.2.1]heptane 13617
exo-2-chloro-syn-7-hydroxymethyl-5-oxo-b 14072
(±)-exo-6-hydroxytropinone 14447
exo-norborneol 11443
exo-2-norbornyl formate 14364
famotidine 14857
famphur 20391
alpha-farnesene 28733
beta-farnesene 28734
2-cis,6-trans-farnesol 28788

2-trans,6-trans-farnesol 28789
farnesol 28796
trans,trans-farnesyl acetate 30268
trans,trans-farnesyl bromide 28780
trans,trans-farnesyl chloride 28781
fast blue BB 30131
fast garnet gbc salt 27137
fatty acid, tall oil, epoxidized-2-ethyl 34336
FD&C yellow No. 4 29981
FD&C yellow No. 6 28996
feldene 31626
fenamiphos 26367
fenarimol 29876
fenazaquin 32166
fenazoxine 30092
fenbendazole 28248
fenbuconazole 32095
fenbutatin oxide 35917
DL-fenchone 20440
D-fenchone 20462
(1R)-(-)-fenchone 20463
fenchyl acetate 24526
fendosal 34060
fenesterin 35551
fenestrel 29466
fenfluramine 24155
fenfluthrin 28089
fenitrothion 17035
fenoprofen 28318
fenothiocarb 26262
fenoxaprop-ethyl 30583
fenoxycarb 30103
fenpiclonil 21475
fenpropathrin 33241
fenpropidin 31644
cis-fenpropimorph 32396
fensulfothion 22552
fentanyl 33316
fenthion 20311
fentiapril 26027
fenvalerate 34084
ferbam 17966
ferodin sl 29630
ferric ammonium oxalate 8304
ferrocene 19015
ferrocene, 1,1'-bis(1,1,3,3-tetramethyl- 34903
ferrocenecarboxaldehyde 26016
1,1'-ferrocenedicarboxylic acid 23481
ferrous acetate 2879
ferrous carbonate 88
ferrous gluconate 24683
ferrous glutamate 5146
ferrous lactate 7708
fertodur 33559
ferulic acid 19208
trans-ferulic acid 19220
fervenulin 10718
FGIN 1-27 34650
fischers aldehyde 26016
fisetin 28066
flavanone 28189
flavaspidic acid 33876
flavensomycin 35790
flavianic acid 18578
flazasulfuron 25754
flexol 4GO 33980
flexol plasticizer PEP 34709
flualamide 30202
fluazipop-butyl 31441
fluazipop-p-butyl 31442
flubendazole 29038
flubenzimine 29850
fluchloralin 23804
flucythrinate 34241
fluderma 34780
fludiazepam 29028
fluenetil 29199
flufenamine 26583
flufenoxuron 32564
flufenprop-methyl 29956
flumethasone 33315
flumetraline 29029
flunisolide 33880
flunitrazepam 29039
fluocinolide 34285
fluoracizine 32142
fluoral-p 5212
1-fluoranthenamine 29011
fluoranthene 28984
fluoren-9-amine 25691
fluorene 25575
9H-fluorene, nitro 25559
9H-fluorene-9-acetic acid 28190
2-fluorenecarboxaldehyde 26770
9H-fluorene-4-carboxylic acid 26656
9H-fluorene-9-carboxylic acid 26777
9H-fluorene-2,7-diamine 25757
9-fluorenemethanol 26936
fluoreno(9,1-gh)quinoline 31198
3-fluorenyl acetamide 28228
1-fluorenyl acethydroxamic acid 28231
3-fluorenyl acethydroxamic acid 28232
1-fluorenyl phenyl ketone 31894
N-2-fluorenyl succinamic acid 29975
N-(2-fluorenyl)benzamide 31965
N-(2-fluorenyl)formohydroxamic acid 26850
2-fluorenylhydroxylamine 25704
N-(9-fluorenylmethoxycarbonyl)glycine pe 33496
N-(9-fluorenylmethoxycarbonyl)-L-valine 34222
9-fluorenylmethyl chloroformate 28085
9-fluorenylmethyl pentafluorophenyl carb 32567
2-fluorenylmonomethylamine 27011
N-(2-fluorenyl)myristohydroxamic acid ac 34785
N-fluorenyl-2-phthalimic acid 29208
N-(2-fluorenyl)propionohydroxamic acid 29208
9H-fluoren-9-one 25496
fluorescamine 29856

fluorescein 31842
fluorescein diacetate 33744
5-fluorescein isothiocyanate, isomer I 32568
fluorescein mercuric acetate 33735
fluoresceinamine isomer II 31856
fluoresceinamine isomer I 31855
fluorexon 34859
N-fluoren-1-yl acetamide 28227
N-fluoren-2-yl acetohydroxamic acid sulf 28243
N-fluoren-1-yl benzohydroxamic acid 31968
N-fluoren-2-yl benzohydroxamic acid 31969
N-fluoren-2-yl formamide 26837
N,N'-fluoren-2,7-ylene bis(trifluoroacet 29849
N-fluoren-2-yl-hydroxylamine-o-glucuroni 31432
N-(9H-fluoren-2-ylmethoxycarbonyloxy)suc 31321
N-9H-fluoren-2-yl-N-nitrosoacetamide 28166
N-fluoren-2-yl-2,2,2-trifluoroacetamide 28024
fluoro acetylene 553
5-fluoro amylamine 5782
fluoro dinitromethyl azide 66
12-fluoro dodecano nitrile 24679
2-fluoro ethyl-g-fluoro butyrate 7705
8-(4-fluoro phenyl-4-oxobutyl)-2-methy 31513
fluoroacetaldehyde 732
2-fluoroacetamide 832
7-fluoro-2-acetamido-fluorene 28141
4'-fluoroacetanilide 13310
2'-fluoroacetanilide 13311
3'-fluoroacetanilide 13312
fluoroacetanilide 13313
fluoroacetic acid 733
fluoroacetic acid (2-ethylhexyl) ester 20881
4'-fluoro-1'-acetonaphthone 23387
fluoroacetonitrile 640
2'-fluoroacetophenone 13060
3'-fluoroacetophenone 13061
fluoroacetphenylhydrazide 13633
fluoroacetyl chloride 602
fluoroacetyl fluoride 645
1-fluoro-2-acetylaminofluorene 28142
3-fluoro-2-acetylaminofluorene 28143
4-fluoro-2-acetylaminofluorene 28144
5-fluoro-2-acetylaminofluorene 28145
6-fluoro-2-acetylaminofluorene 28146
8-fluoro-2-acetylaminofluorene 28147
o-(fluoroacetyl)salicylic acid 15989
4-fluoro-a-methylbenzyl alcohol 13640
4-fluoro-a-methylbenzylamine 13846
2-fluoro-a-methyl-(1,1'-biphenyl)-4-acet 31425
9a-fluoro-17a-methyl-17-hydroxy-4-andros 32288
4-fluoro-a-methylphenethylamine 17038
4-fluoro-a-methylstyrene 16337
5-fluoroamyl thiocyanate 7703
o-fluoroaniline 6956
p-fluoroaniline 6958
4-fluorobenezeneacetic acid 13065
3-fluorobenzal bromide 9897
2-fluorobenzaldehyde 9994
3-fluorobenzaldehyde 9995
4-fluorobenzaldehyde 9996
2-fluorobenzamide 10290
3-fluorobenzamide 10291
4-fluorobenzamide 10292
4-fluorobenzanthracene 30402
fluorobenzene 6769
2-fluorobenzeneacetonitrile 12832
4-fluorobenzeneacetonitrile 12833
4-fluorobenzenearsonic acid 6887
3-fluorobenzenemethanol 10560
4-fluorobenzenemethanol 10561
N-fluorobenzenesulfonimide 23476
4-fluorobenzenesulfonyl chloride 6431
4-fluorobenzenesulfonyl isocyanate 9778
2-fluorobenzenethiol 6778
6-fluorobenzo(a)pyrene 31793
2-fluoro-benzo(e)(1)benzothiopyrano(4,3- 31187
3-fluoro-benzo(e)(1)benzothiopyrano(4,3- 31188
4-fluoro-benzo(e)(1)benzothiopyrano(4,3- 31190
3-fluoro-benzo(g)(1)benzothiopyrano(4,3- 31189
4-fluoro-benzo(g)(1)benzothiopyrano(4,3- 31191
2-fluorobenzoic acid 9997
3-fluorobenzoic acid 9998
p-fluorobenzoic acid 9999
4-fluorobenzo(j)fluoranthene 31791
10-fluorobenzo(j)fluoranthene 31792
4-fluorobenzonitrile 9772
2-fluorobenzonitrile 9773
3-fluorobenzonitrile 9774
2-fluorobenzophenone 25532
4-fluorobenzophenone 25533
3-fluorobenzo(rst)pentaphene 33720
8-fluoro-1-benzosuberone 21696
2-fluorobenzothiazole 9781
2-fluoro-(1)benzothiopyrano(4,3-b)indole 27982
4-fluoro-(1)benzothiopyrano(4,3-b)indole 27983
4-fluoro-6H-(1)benzothiopyrano(4,3-b)qui 28991
2-fluorobenzoyl chloride 9667
3-fluorobenzoyl chloride 9668
4-fluorobenzoyl chloride 9669
4-fluorobenzoyl isocyanate 12532
cis-2-(4-fluorobenzoyl)-1-cyclohexane-ca 27262
trans-2-(4-fluorobenzoyl)-1-cyclohexane- 27263
N-(4-(2-fluorobenzoyl)-1,3-dimethyl-1H-p 33635
4-(4-fluorobenzoyl)piperidine p-toluenes 31480
3-(4-fluorobenzoyl)propionic acid 18839
2-(3-(p-fluorobenzoyl)-1-propyl)-5a,9a-d 33856
1-(3-(4-fluorobenzoyl)propyl)-4-piperidy 31589
2-fluorobenzoyl alcohol 10565
2-fluorobenzyl bromide 10156
2-fluorobenzyl bromide 10157
4-fluorobenzyl bromide 10158
3-fluorobenzyl chloride 10207
4-fluorobenzyl isocyanate 12839
4-fluorobenzyl triphenyl phosphoniumchlo 34072
4-fluorobenzylamine 10768
4-fluorobenzylamine 10769
2-fluorobenzylamine 10770
N-(p-fluorobenzyl)pyroglutamide 23811

2-fluoro-1,1'-biphenyl 23385
4-fluoro-1,1'-biphenyl 23386
2-fluoro-1,3-butadiene 2682
4-fluorobutanal 3189
1-fluorobutane 3657
2-fluorobutane 3658
4-fluoro-1-butanol 3662
cis-1-fluoro-1-butene 3177
trans-1-fluoro-1-butene 3178
2-fluoro-1-butene 3179
3-fluoro-1-butene 3180
4-fluoro-1-butene 3181
cis-1-fluoro-2-butene 3182
trans-1-fluoro-2-butene 3183
cis-2-fluoro-2-butene 3184
trans-2-fluoro-2-butene 3185
4-fluorobutyl iodide 3388
3-fluorobutyl isocyanate 4802
4-fluorobutyl thiocyanate 4803
N-fluoro-n-butylnitramine 3661
4-fluorobutyric acid 3191
2-fluorobutyric acid isopropyl ester 11616
4-fluorobutyronitrile 2868
fluorobutyrophenone 32946
3-fluorocatechol 6776
4'-fluorochalcone 28090
5-fluoro-7-chloromethyl-12-methylbenz(a) 31872
6-fluoro-4-chromanone 15984
trans-3-fluorocinnamic acid 15985
2-fluorocinnamic acid 15986
3-fluorocinnamic acid 15987
4-fluorocinnamic acid 15988
fluorocortisone 32938
fluorocyclohexane 8073
5-fluorocytosine 2552
fluoro-ddt 26697
1-fluorodecane 21097
10-fluorodecanoic acid 20879
10-fluoro-1-decanol 21098
cis-1-fluoro-1-decene 20877
trans-1-fluoro-1-decene 20878
5-fluoro-2'-deoxycytidine 17039
6-fluorodibenz(a,h)anthracene 33096
N-fluoro-3,5-dichloropyridinium triflate 6280
fluorodifen 25454
fluorodiiodomethane 109
1-fluoro-3,5-dimethoxybenzene 13645
2-fluoro-4-dimethylaminoazobenzene 27090
2'-fluoro-4-dimethylaminoazobenzene 27091
3'-fluoro-4-dimethylaminoazobenzene 27092
10-fluoro-9,12-dimethylbenz(a)acridine 31278
1-fluoro-7,12-dimethylbenz(a)anthracene 31960
1-fluoro-2,2-dimethylbutane 8716
1-fluoro-2,3-dimethylbutane 8717
1-fluoro-3,3-dimethylbutane 8718
2-fluoro-2,3-dimethylbutane 8719
2-fluoro-3,3-dimethylbutane 8720
1-fluoro-2,2-dimethylpropane 5656
2'-fluoro-N,N-dimethyl-4-stilbenamine 29248
4'-fluoro-N,N-dimethyl-4-stilbenamine 29249
3-(5-fluoro-2,4-dinitroanilino)-proxyl, 27442
1-fluoro-2,4-dinitrobenzene 6328
1-fluoro-1,1-dinitro-2-butene 2683
2-fluoro-1,1-dinitroethane 729
2-fluoro-2,2-dinitroethanol 730
bis(2-fluoro-2,2-dinitroethoxy)dimethyls 7704
2-fluoro-2,2-dinitroethylamine 833
fluorodinitromethane 110
1-fluoro-1,1-dinitro-2-phenylethane 13057
1-fluorodocosane 33475
1-fluorododecane 24899
cis-1-fluoro-1-dodecene 24796
trans-1-fluoro-1-dodecene 24797
1-fluorodotriacontane 35124
1-fluoroeicosane 32507
cis-1-fluoro-1-eicosene 32463
trans-1-fluoro-1-eicosene 32464
4-fluoroestradiol 30820
2-fluoroethanol 940
fluoroethanol 941
2-fluoroethyl chloroformate 1522
b-fluoroethyl fluoroacetate 2871
2-fluoroethyl iodide 831
b-fluoroethyl-N-(b-chloroethyl)-N-nitros 3355
1-fluoro-2-ethylbutane 8721
fluoroethyl-O,O-diethyldithiophosphoryl- 27576
fluoroethylene ozonide 734
2-fluoroethyl-5-fluorohexoate 14518
b-fluoroethylic ester of xenylacetic aci 29200
2-fluoroethyl-N-methyl-N-nitrosocarbamat 3188
3-fluoro-2-ethyl-1-propene 5138
7-fluoro-2-N-(fluorenyl)acethydroxamic a 28148
2-fluoro-N-(2-fluoro-2,2-dinitroethyl)-2 2684
fluoroform 113
fluoroglycofen 30442
1-fluoroheneicosane 33057
1-fluorohentriacontane 35036
1-fluoroheptacosane 34561
1-fluoroheptadecane 30339
cis-1-fluoro-1-heptadecene 30301
trans-1-fluoro-1-heptadecene 30302
1-fluoroheptane 12015
7-fluoroheptanoic acid 11615
7-fluoro-1-heptanol 12016
7-fluoroheptanonitrile 11378
1-fluoroheptatriacontane 35488
cis-1-fluoro-1-heptene 11613
trans-1-fluoro-1-heptene 11614
7-fluoroheptylamine 12129
1-fluorohexacosane 34362
1-fluorohexadecane 29744
cis-1-fluoro-1-hexadecene 29693
trans-1-fluoro-1-hexadecene 29694
1-fluorohexane 8705
2-fluorohexane 8706
3-fluorohexane 8707
6-fluorohexanesulphonyl fluoride 8301

6-fluorohexanoic acid 8075
6-fluoro-1-hexanol 8722
1-fluorohexatriacontane 35432
cis-1-fluoro-1-hexene 8071
trans-1-fluoro-1-hexene 8072
2'-fluoro-4'-hydroxyacetophenone 13067
4'-fluoro-2'-hydroxyacetophenone 13068
5'-fluoro-2'-hydroxyacetophenone 13069
fluorohydroxyandrostenedione 31563
3-fluoro-4-hydroxybenzaldehyde 10000
4-fluoro-2-hydroxythiobutyric acid S-met 5141
N-fluoroimino difluoromethane 349
1-fluoroiminohexafluoropropane 1297
2-fluoroiminohexafluoropropane 1298
5-fluoro-1-indanone 15982
4-fluoroindole 12834
6-fluoroindole 12835
5-fluoroindole 12838
5-fluoroindole-2-carboxylic acid 15882
1-fluoro-2-iodobenzene 6512
1-fluoro-4-iodobenzene 6513
1-fluoro-3-iodobenzene 6514
4-fluoro-6-iodobenzoic acid 9771
fluoroiodomethane 157
2-fluoro-4-iodotoluene 10289
5-fluoro-1,3-isobenzofurandione 12478
1-fluoro-3-isothiocyanatobenzene 9780
3'-fluoro-4'-methoxyacetophenone 16345
2'-fluoro-4'-methoxyacetophenone 16346
1-fluoro-2-methoxybenzene 10562
1-fluoro-3-methoxybenzene 10563
1-fluoro-4-methoxybenzene 10564
3-fluoro-4-methoxybenzoic acid 13076
2-fluoro-6-methoxyphenol 10569
4-fluoro-2-methylaniline 10767
5-fluoro-2-methylaniline 10771
3-fluoro-2-methylaniline 10772
3-fluoro-4-methylaniline 10773
2-fluoro-4-methylaniline 10774
2-fluoro-5-methylaniline 10775
4-fluoro-N-methylaniline 10776
4-fluoro-3-methylanisole 13638
4-fluoro-2-methylanisole 13639
2-fluoro-7-methylbenz(a)anthracene 31236
3-fluoro-7-methylbenz(a)anthracene 31237
6-fluoro-7-methylbenz(a)anthracene 31238
9-fluoro-7-methylbenz(a)anthracene 31239
4-fluoro-3-methylbenzaldehyde 13062
3-fluoro-4-methylbenzaldehyde 13063
3-fluoro-4-methylbenzaldehyde 13064
7-fluoro-10-methyl-1,2-benzanthracene 31240
(fluoromethyl)benzene 10556
3-fluoro-4-methylbenzoic acid 13070
5-fluoro-2-methylbenzonitrile 12836
5-fluoro-2-methylbenzothiazole 12843
4-fluoro-7-methyl-6H-(1)benzothiopyrano(29881
1-fluoro-2-methylbutane 5652
1-fluoro-3-methylbutane 5653
2-fluoro-2-methylbutane 5654
2-fluoro-3-methylbutane 5655
cis-1-fluoro-2-methyl-1-butene 5125
trans-1-fluoro-2-methyl-1-butene 5126
3-fluoro-2-methyl-1-butene 5127
4-fluoro-2-methyl-1-butene 5128
cis-1-fluoro-3-methyl-1-butene 5129
trans-1-fluoro-3-methyl-1-butene 5130
2-fluoro-3-methyl-1-butene 5131
3-fluoro-3-methyl-1-butene 5132
4-fluoro-3-methyl-1-butene 5133
1-fluoro-2-methyl-cis-2-butene 5134
1-fluoro-2-methyl-trans-2-butene 5135
1-fluoro-3-methyl-2-butene 5136
2-fluoro-3-methyl-2-butene 5137
2-fluoro-3-methylcholanthrene 32615
6-fluoro-3-methylcholanthrene 32616
9-fluoro-3-methylcholanthrene 32617
1-fluoro-5-methylchrysene 31241
6-fluoro-5-methylchrysene 31242
7-fluoro-5-methylchrysene 31243
9-fluoro-5-methylchrysene 31244
11-fluoro-5-methylchrysene 31245
12-fluoro-5-methylchrysene 31246
1-fluoro-2-methyl-N,N-bis(1-methylethyl) 20965
1-fluoro-4-methyl-2-nitrobenzene 10293
2-fluoro-4-methyl-1-nitrobenzene 10294
4-fluoro-1-methyl-2-nitrobenzene 10295
4-fluoro-2-methyl-1-nitrobenzene 10296
p-fluoro-N-methyl-N-nitrosoaniline 10559
(fluoromethyl)oxirane 1715
1-fluoro-2-methylpentane 8708
1-fluoro-3-methylpentane 8709
1-fluoro-4-methylpentane 8710
2-fluoro-2-methylpentane 8711
2-fluoro-3-methylpentane 8712
2-fluoro-4-methylpentane 8713
3-fluoro-2-methylpentane 8714
3-fluoro-3-methylpentane 8715
4-fluoro-3-methylphenol 10566
4-fluoro-2-methylphenol 10567
2-fluoro-5-methylphenol 10568
3-fluoro-4-methylphenyl isocyanate 12840
2-fluoro-5-methylphenyl isocyanate 12841
5-fluoro-2-methylphenyl isocyanate 12842
1-fluoro-2-methylpropane 3659
2-fluoro-2-methylpropane 3660
1-fluoro-2-methyl-1-propene 3186
3-fluoro-2-methyl-1-propene 3187
6-fluoro-4-methylquinoline 18696
2-fluoro-5-methylsulphonylnitrobenzene 10303
2-fluoro-m-xylene 13631
1-fluoronaphthalene 18622
2-fluoronaphthalene 18623
4'-fluoro-2'-nitroacetanilide 13056
4-fluoro-3-nitroaniline 6770
4-fluoro-2-nitroaniline 6771
2-fluoro-5-nitroaniline 6772
1-fluoro-2-nitrobenzene 6516
1-fluoro-3-nitrobenzene 6517

1-fluoro-4-nitrobenzene 6518
2-fluoro-5-nitro-1,4-benzenediamine 6960
4-fluoro-3-nitrobenzoic acid 9779
7-fluoro-4-nitrobenzo-2-oxa-1,3-diazole 6184
4-fluoro-3-nitrobenzotrifluoride 9583
5-fluoro-2-nitrobenzotrifluoride 9584
2-fluoro-5-nitrobenzotrifluoride 9585
4-fluoro-2-nitrophenol 6519
3-fluoro-4-nitrophenol 6520
2-fluoro-4-nitrophenol 6521
5-fluoro-2-nitrophenol 6522
4-fluoro-2-nitrophenyl isocyanate 9559
4-fluoro-3-nitrophenyl isocyanate 9560
3-fluoro-4-nitroquinoline-1-oxide 15819
8-fluoro-4-nitroquinoline-1-oxide 15820
2-fluoro-4-nitrotoluene 10300
2-fluoro-5-nitrotoluene 10301
2-fluoro-6-nitrotoluene 10302
1-fluorononacosane 34825
1-fluorononadecane 31729
cis-1-fluoro-1-nonadecene 31684
trans-1-fluoro-1-nonadecene 31685
1-fluorononane 18127
9-fluorononanoic acid 17807
9-fluoro-1-nonanol 18128
1-fluorononatriacontane 35565
cis-1-fluoro-1-nonene 17805
trans-1-fluoro-1-nonene 17806
9-fluorononyl phenyl ketone 29541
3-fluoro-o-anisidine 10778
1-fluorooctacosane 34730
1-fluorooctadecane 31118
cis-1-fluoro-1-octadecene 31062
trans-1-fluoro-1-octadecene 31063
1-fluorooctane 15273
8-fluorooctanoic acid 14768
8-fluoro-1-octanol 15274
(R)-(+)-1-fluoro-2-octanol 15275
1-fluorooctatriacontane 35528
cis-1-fluoro-1-octene 14766
trans-1-fluoro-1-octene 14767
8-fluorooctyl phenyl ketone 28610
1,1-bis(fluorooxy)hexafluoropropane 1302
2,2-bis(fluorooxy)hexafluoropropane 1303
3-fluoro-o-xylene 13630
4-fluoro-o-xylene 13632
1,1-bis(fluorooxy)tetrafluoroethane 501
3-fluoro-p-anisidine 10777
1-fluoropentacosane 34195
1-fluoropentadecane 28900
cis-1-fluoro-1-pentadecene 28843
trans-1-fluoro-1-pentadecene 28844
1-fluoropentane 5649
2-fluoropentane 5650
3-fluoropentane 5651
5-fluoropentanoic acid 5139
5-fluoro-1-pentanol 5657
1-fluoropentatriacontane 35324
cis-1-fluoro-1-pentene 5109
trans-1-fluoro-1-pentene 5110
2-fluoro-1-pentene 5111
3-fluoro-1-pentene 5112
4-fluoro-1-pentene 5113
5-fluoro-1-pentene 5114
1-fluoro-cis-2-pentene 5115
1-fluoro-trans-2-pentene 5116
2-fluoro-cis-2-pentene 5117
2-fluoro-trans-2-pentene 5118
3-fluoro-cis-2-pentene 5119
3-fluoro-trans-2-pentene 5120
4-fluoro-cis-2-pentene 5121
4-fluoro-trans-2-pentene 5122
5-fluoro-cis-2-pentene 5123
5-fluoro-trans-2-pentene 5124
2-fluorophenethyl alcohol 13641
3-fluorophenethyl alcohol 13642
4-fluorophenethyl alcohol 13643
4-fluorophenethylamine 13847
3-fluorophenethylamine 13848
2-fluorophenethylamine 13849
2-fluorophenol 6773
3-fluorophenol 6774
4-fluorophenol 6775
4-fluorophenoxyacetic acid 13077
4-fluorophenoxy-ethylbromide 13246
[(4-fluorophenoxy)methyl]oxirane 16347
4-fluorophenyl acetate 13071
4-fluorophenyl chloroformate 9681
4-fluorophenyl chlorothionoformate 9676
p-fluorophenyl ethyl sulfone 13646
4-fluorophenyl isocyanate 9775
2-fluorophenyl isocyanate 9776
3-fluorophenyl isocyanate 9777
4-fluorophenyl isothiocyanate 9782
2-fluorophenyl isothiocyanate 9783
4-fluorophenyl methyl sulfone 10570
4-fluorophenyl sulfone 23300
4'-(4-fluorophenyl)acetanilide 26889
2'-fluoro-4'-phenylacetanilide 26890
a-fluorophenylacetic acid 13072
3-fluorophenylacetic acid 13073
2-fluorophenylacetic acid 13074
3-fluorophenylacetone 16338
(2-fluorophenyl)acetone 16339
(4-fluorophenyl)acetone 16340
3-fluorophenylacetonitrile 12837
4-fluorophenylacetyl chloride 12750
L-4-fluorophenylalanine 16543
DL-3-fluorophenylalanine 16544
DL-2-fluorophenylalanine 16545
DL-4-fluorophenylalanine 16546
p-fluoro-D-phenylalanine 16547
3-fluorophenylalanine 16548
3-(o-fluorophenyl)alanine 16549
(S)-N-boc-2-fluorophenylalanine 27436
(S)-N-boc-3-fluorophenylalanine 27437
(R)-N-boc-2-fluorophenylalanine 27438

(R)-N-boc-3-fluorophenylalanine 27439
(S)-N-boc-4-fluorophenylalanine 27440
(R)-N-boc-4-fluorophenylalanine 27441
4-fluorophenylboronic acid 6898
2-fluorophenylboronic acid 6899
3-fluorophenylboronic acid 6900
1-(2-fluorophenyl)cyclohexanecarbonitril 25942
1-(3-fluorophenyl)cyclohexanecarbonitril 25943
1-(4-fluorophenyl)cyclohexanecarbonitril 25944
1-(2-fluorophenyl)cyclohexanecarboxylic 26004
1-(3-fluorophenyl)cyclohexanecarboxylic 26005
1-(4-fluorophenyl)cyclohexanecarboxylic 26006
1-(2-fluorophenyl)cyclopentanecarbonitri 23707
1-(3-fluorophenyl)cyclopentanecarbonitri 23708
1-(4-fluorophenyl)cyclopentanecarbonitri 23709
1-(2-fluorophenyl)cyclopentanecarboxylic 23812
1-(3-fluorophenyl)cyclopentanecarboxylic 23813
1-(4-fluorophenyl)cyclopentanecarboxylic 23814
1-(4-fluorophenyl)ethanone 13058
2-fluoro-1-phenylethanone 13059
(S)-4-fluorophenylglycine 13314
(R)-4-fluorophenylglycine 13315
(S)-N-boc-4-fluorophenylglycine 26050
(R)-N-boc-4-fluorophenylglycine 26051
3-fluoro-4-phenylhydratropic acid 28215
N-(9-(p-fluorophenylimino)fluoren-2-yl)a 32618
4-fluorophenyllithium 6515
bis(4-fluorophenyl)methanol 25590
(2-fluorophenyl)(4-methoxy-3-nitrophenyl 26741
1-((4-fluorophenyl)methyl)-5-oxo-N-(4-ox 32662
1-((4-fluorophenyl)methyl)-5-oxo-L-proli 23710
1-((4-fluorophenyl)methyl)-5-oxo-L-proli 30789
1-((4-fluorophenyl)methyl)-5-oxo-L-proli 25945
1-((4-fluorophenyl)methyl)-5-oxo-L-proli 33169
1-((4-fluorophenyl)methyl)-5-oxo-N-(3-(t 31335
1-[bis(4-fluorophenyl)methyl]piperazine 30059
1-((bis(4-fluorophenyl)methylsilyl)methy 29201
4-(4-(4-fluorophenyl)-4-oxobutyl)-1-pipe 32937
1-(1-(4-(4-fluorophenyl)-4-oxobutyl)-4-p 33255
1-(2-fluorophenyl)piperazine 19747
1-(4-fluorophenyl)piperazine 19748
4'-fluoro-4-(1-(4-phenyl)piperazino)buty 32189
2-fluoro-3-phenyl-2-propenoic acid 15983
1,1-bis(4-fluorophenyl)-2-propynyl-N-cyc 33549
1,1-bis(4-fluorophenyl)-2-propynyl-N-cyc 33824
1-(4-fluorophenyl)-2-pyrrolidinone 19011
(4-fluorophenyl)-(2-thienyl) ketone 21491
a-a-bis(4-fluorophenyl)-1H-1,2,4-triazol 29084
3-fluorophthalic acid 12643
3-fluorophthalic anhydride 12479
4'-fluoro-4-(4-piperidino-4-propionylpip 33652
1-fluoropropane 2020
2-fluoropropane 2021
3-fluoro-1,2-propanediol 2023
3-fluoro-1-propanol 2022
1-fluoro-2-propanone 1716
cis-1-fluoro-1-propene 1711
trans-1-fluoro-1-propene 1712
2-fluoro-1-propene 1713
3-fluoro-1-propene 1714
2-fluoro-2-propen-1-ol 1718
3-fluoropropionic acid 1720
2'-fluoropropiophenone 16341
4'-fluoropropiophenone 16342
3-fluoropropyl isocyanate 2869
3-fluoropyridine 4282
2-fluoropyridine 4283
1-fluoropyridinium pyridine heptafluorod 18977
N-fluoropyridinium triflate 6788
4'-fluoro-4-(4-(2-pyridyl)-1-piperazinyl 31481
4'-fluoro-4-(n-(4-pyrrolidinamido)-4-m-t 34438
5-fluorosalicylic acid 10001
4'-fluoro-4-stilbenamine 26888
4-(fluorosulfonyl)benzoyl chloride 9682
4-fluorosulfonyl-1-hydroxy-2-naphthoic a 21492
p-fluorosulfonyltoluene 10571
1-fluorotetracontane 35628
1-fluorotetracosane 34000
1-fluorotetradecane 27899
cis-1-fluoro-1-tetradecene 27833
trans-1-fluoro-1-tetradecene 27834
6-fluoro-1,2,3,4-tetrahydro-2-methylquin 19424
7-fluoro-6-(3,4,5,6-tetrahydrophthalimid 31305
(Z)-p-(1-fluoro-2-(5,6,7,8-tetrahydro-5, 33839
1-fluoro-N,N,N',N'-tetramethylboranediam 4037
1-fluorotetratriacontane 35276
4-fluorothioanisole 10573
4-fluorothiophenol 6779
p-fluorotoluene 10555
o-fluorotoluene 10557
1-fluorotriacontane 34959
1-fluoro-2,3,5-tribromobenzene 6145
fluorotributylstannane 25338
1-fluoro-2-(trichloromethyl)benzene 9756
1-fluorotricosane 33704
2-fluorotricycloquinazoline 32565
3-fluorotricycloquinazoline 32566
1-fluorotridecane 26517
cis-1-fluoro-1-tridecene 26446
trans-1-fluoro-1-tridecene 26447
1-fluoro-4-(trifluoromethoxy)benzene 9811
2-fluoro-3-(trifluoromethyl)aniline 10018
2-fluoro-6-(trifluoromethyl)aniline 10019
4-fluoro-3-(trifluoromethyl)aniline 10020
4-fluoro-2-(trifluoromethyl)aniline 10021
2-fluoro-5-(trifluoromethyl)aniline 10022
2-fluoro-5-(trifluoromethyl)benzaldehyde 12552
3-fluoro-5-(trifluoromethyl)benzaldehyde 12553
2-fluoro-6-(trifluoromethyl)benzaldehyde 12554
4-fluoro-3-(trifluoromethyl)benzaldehyde 12555
2-fluoro-4-(trifluoromethyl)benzaldehyde 12556
4-fluoro-2-(trifluoromethyl)benzaldehyde 12557
1-fluoro-2-(trifluoromethyl)benzene 9806
1-fluoro-3-(trifluoromethyl)benzene 9807
1-fluoro-4-(trifluoromethyl)benzene 9808
4-fluoro-2(trifluoromethyl)benzoic acid 12561
2-fluoro-6-(trifluoromethyl)benzonitrile 12482
2-fluoro-4-(trifluoromethyl)benzonitrile 12483
2-fluoro-6-(trifluoromethyl)benzoyl chlo 12467
2-fluoro-4-(trifluoromethyl)benzoyl chlo 12468
3-fluoro-5-(trifluoromethyl)benzoyl chlo 12469
4-fluoro-2-(trifluoromethyl)benzoyl chlo 12470
2-fluoro-5-(trifluoromethyl)benzoyl chlo 12471
2-fluoro-3-(trifluoromethyl)benzoyl chlo 12472
5-fluoro-2-(trifluoromethyl)benzoyl chlo 12473
4-fluoro-3-(trifluoromethyl)benzoyl chlo 12474
4-fluoro-2-(trifluoromethyl)benzyl bromi 12602
2-fluoro-5-(trifluoromethyl)phenol 9812
2-fluoro-3-(trifluoromethyl)phenol 9813
4-fluoro-3-(trifluoromethyl)phenyl isocy 12484
2-fluoro-3-(trifluoromethyl)phenyl isocy 12485
2-fluoro-6-(trifluoromethyl)phenyl isocy 12486
4-fluoro-2-(trifluoromethyl)phenyl isocy 12487
2-fluoro-5-(trifluoromethyl)phenyl isocy 12488
fluorobis(trifluoromethyl)phosphine 508
2-fluoro-1,3,5-trimethylbenzene 16877
N-fluoro-2,4,6-trimethylpyridinium trifl 16884
fluorotrimethylsilane 2192
1-fluoro-4-(trimethylsilyl)benzene 17249
fluorotrinitromethane 65
fluorotriphenylsilane 30545
1-fluorotritriacontane 35189
5-fluoro-DL-tryptophan 21693
6-fluoro-DL-tryptophan 21694
3-fluorotyrosin 16552
3-fluoro-DL-tyrosine 16551
1-fluoroundecane 22875
11-fluoroundecanoic acid 22766
cis-1-fluoro-1-undecene 22764
trans-1-fluoro-1-undecene 22765
5-fluorouracil 2474
5-fluorouridine 16880
5-fluorovaleronitrile 4800
4-fluorovalerophenone 21934
fluoxydine 2473
fluoxymesterone 32329
cis-(Z)-flupenthixol 33563
fluphenazine 33280
flurazepam 32814
fluridone 31279
flurochloridone 23466
fluroxypyr 9952
flutamide 21697
flutazolam 31398
flutoprazepam 31332
flutriafol 29085
fluvalinate 34236
fluxofenim 23591
fmoc-L-a-alanine 30618
(S)-N-fmoc-allylglycine 32102
(R)-N-fmoc-allylglycine 32103
2-N-fmoc-amino-3-(2-N-boc-amino-pyrrolid 34435
(S)-N-fmoc-3-amino-3-(4-bromophenyl)prop 33761
(R)-N-fmoc-3-amino-3-(4-bromophenyl)prop 33762
4-N-fmoc-amino-4-carboxy-1,1-dioxa-tetra 32777
4-N-fmoc-amino-4-carboxytetrahydrothiopy 32773
(S)-N-fmoc-amino-2-cyclohexyl-propanoic 33843
(1R,3S)-N-fmoc-1-aminocyclopentane-3-car 32771
(1S,3R)-N-fmoc-1-aminocyclopentane-3-car 32772
(1S,4R)-N-fmoc-1-aminocyclopent-2-ene-4- 32710
(1R,4S)-N-fmoc-1-aminocyclopent-2-ene-4- 32711
N-fmoc-amino-4-(ethylene ketal)cyclohexy 33826
N-fmoc-DL-1-aminoindane-1-carboxylic aci 34075
N-fmoc-2-aminoindane-2-carboxylic acid 34076
N-fmoc-amino-4-ketocyclohexylcarboxylic 33218
(S)-N-fmoc-3-amino-3-(3-nitrophenyl)prop 33789
(S)-N-fmoc-3-amino-3-phenylpropanoic aci 33804
(R)-N-fmoc-3-amino-3-phenylpropanoic aci 33805
N-fmoc-amino-(3-N-boc-piperidinyl)carbox 34278
N-fmoc-amino-(4-N-boc-piperidinyl)carbox 34279
2-N-fmoc-amino-3-(4-N-boc-piperidinyl)pr 34638
3-N-fmoc-amino-3-(3-t-butoxyphenyl)propi 34618
3-N-fmoc-amino-3-(2-t-butoxyphenyl)propi 34619
N-fmoc-DL-2-aminotetralin-2-carboxylic a 34242
Na-fmoc-L-arginine 32840
Na-fmoc-L-asparagine 31412
fmoc-L-aspartic acid b -t-butyl ester 33576
(R)-N-fmoc-azetidine-2-carboxylic acid 31383
(S)-N-fmoc-azetidine-2-carboxylic acid 31384
fmoc-b-alanine 30619
(S)-N-fmoc-(2-bromoallyl)glycine 32066
(R)-N-fmoc-(2-bromoallyl)glycine 32067
(R)-N-fmoc-4-bromophenylalanine 33763
(S)-N-fmoc-4-bromophenylalanine 33764
(S)-N-fmoc-2-bromophenylalanine 33765
(S)-N-fmoc-3-bromophenylalanine 33766
(R)-N-fmoc-2-bromophenylalanine 33767
(R)-N-fmoc-3-bromophenylalanine 33768
(S)-N-fmoc-2-(5-bromothienyl)alanine 33166
(R)-N-fmoc-2-(5-bromothienyl)alanine 33167
(R)-N-fmoc-4-chlorophenylalanine 33770
(S)-N-fmoc-4-chlorophenylalanine 33771
(S)-N-fmoc-4-cyanophenylalanine 34064
(R)-N-fmoc-4-cyanophenylalanine 34065
(S)-N-fmoc-3-cyanophenylalanine 34066
(R)-N-fmoc-3-cyanophenylalanine 34067
Na-fmoc-Ne-boc-L-lysine 34287
(S)-N-fmoc-4-fluorophenylalanine 33774
(R)-N-fmoc-4-fluorophenylalanine 33775
(R)-N-fmoc-2-fluorophenylalanine 33776
(R)-N-fmoc-3-fluorophenylalanine 33777
(S)-N-fmoc-3-fluorophenylalanine 33778
(S)-N-fmoc-2-fluorophenylalanine 33779
(R)-N-fmoc-4-fluorophenylglycine 33518
(S)-N-fmoc-4-fluorophenylglycine 33519
(S)-N-fmoc-(2-furyl)alanine 33191
(R)-N-fmoc-(2-furyl)alanine 33192
Na-fmoc-L-glutamine 32131
fmoc-glycine 29977
fmoc-L-isoleucine 32819
fmoc-L-leucine 32820
fmoc-L-methionine 32151
DL-N-fmoc-2'-methylphenylalanine 34097
(S)-N-fmoc-2-naphthylalanine 34599
(R)-N-fmoc-2-naphthylalanine 34600
(S)-N-fmoc-1-naphthylalanine 34601
(S)-N-fmoc-octylglycine 34130
(R)-N-fmoc-octylglycine 34131
fmoc-L-phenylalanine 33806
fmoc-L-proline 32104
(S)-N-fmoc-propargylglycine 32051
(R)-N-fmoc-proparylglycine 32052
(R)-N-fmoc-(3-pyridyl)alanine 33531
(S)-N-fmoc-(3-pyridyl)alanine 33532
(R)-N-fmoc-(2-pyridyl)alanine 33533
(S)-N-fmoc-(2-pyridyl)alanine 33534
(S)-N-fmoc-styrylalanine 34243
(R)-N-fmoc-styrylalanine 34244
fmoc-O-t-butyl-L-serine 33275
fmoc-O-t-butyl-L-threonine 33580
N-fmoc-D-1,2,3,4-tetrahydroisoquinoline- 34077
N-fmoc-L-1,2,3,4-tetrahydroisoquinoline- 34078
(S)-N-fmoc-4-thiazoylalanine 32686
(R)-N-fmoc-4-thiazoylalanine 32687
(S)-N-fmoc-2-thienylalanine 33187
(S)-N-fmoc-3-thienylalanine 33188
(R)-N-fmoc-2-thienylalanine 33189
(R)-N-fmoc-3-thienylalanine 33190
Na-fmoc-L-tryptophan 34237
fmoc-L-valine 32149
folic acid 31437
folinic acid 32213
folpet 15788
fomesafen 28012
fonofos 20304
force 29921
formaldehyde 175
formaldehyde cyclododecyl ethyl acetal 28890
formaldehyde cyclododecyl methyl acetal 27886
formaldehyde 2,2-dimethylhydrazone 2110
formaldehyde oxime 233
formaldehyde sodium bisulfite addition c 247
formamide 232
formamidinesulfinic acid 264
2-(2-formamidothiazole-4-yl)-2-methoxyim 10712
N-(1-formamido-2,2,2-trichloroethyl)morf 11261
formanilide 10611
formetanate hydrochloride 22359
formhydroxamic acid 237
formic acid 176
formic acid hydrazide 261
formic acid (2-(4-methyl-2-thiazolyl))hy 4722
formic acid, neryl ester 22608
formiloxine 35781
formocarbam 8912
formononetin 29062
formothion 8314
formparanate 24346
formyl fluoride 111
2-formylamino-4-((2-5-nitro-2-furyl)viny 18665
6-formylanthanthrene 34045
2-formylbenzenesulfonic acid sodium salt 10130
2-formylbenzoic acid 12928
4-formylbenzoic acid 12932
3-formylbenzonitrile 12685
4-formylbenzonitrile 12686
4-formylcinnamic acid, predominantly tra 18774
formyldienolone 32932
3-formyl-digitoxigenin 33914
3-12-formyl-digoxigenin 34147
6-formyl-2,3-dimethoxybenzoic acid 19223
3'-formyl-N,N-dimethyl-4-aminoazobenzene 28365
formylethyltetramethyltetralin 30223
N-formylformamide 758
2-formylfuran-5-boronic acid 4348
5-formyl-2-furansulfonic acid, sodium sa 4255
3-formyl-4-hydroxybenzoic acid 12938
N-formyl-N-hydroxyglycine 1775
N-formyljervine 34662
(R)-(-)-O-formylmandeloyl chloride 15975
N-formyl-3-methoxy-morpholine 8166
N-formyl-2-methoxy-piperidine 11661
bis(formylmethyl) mercury 2880
N-formyl-4-(methylamino)benzoic acid 16459
6-formyl-12-methylanthanthrene 34213
7-formyl-12-methylbenz(a)anthracene 31895
7-formyl-9-methylbenz(c)acridine 31248
7-formyl-11-methylbenz(c)acridine 31249
5-formyl-8-methyl-3,4:9,10-dibenzopyrene 34214
5-formyl-10-methyl-3,4:8,9-dibenzopyrene 34215
N-formyl-N-methylhydrazine 1044
3-formyl-2-methyl-5-nitroindole 18723
N-formyl-N-methyl-p-(phenylazo)aniline 27043
(formylmethyl)triphenylphosphonium chlor 32070
(formyloxy)acetonitrile 1469
formyloxytribenzylstannane 33557
bis(N-formyl-p-aminophenyl)sulfone 26916
4-formylphenoxyacetic acid 16236
2-formylphenoxyacetic acid 16237
2-formylphenylboronic acid 10456
3-formylphenylboronic acid 10457
4-formylphenylboronic acid 10458
1-formylpiperazine 5409
1-formylpyrrolidine 5213
2-formylquinoxaline-1,4-dioxide carbomet 21642
3-formylsalicylic acid 12940
5-formylsalicylic acid 12941
1-formyl-3-thiosemicarbazide 970
N-formylurea 856
forphenicinol 16979
forskolin 33389
fortimicin A 30345
fortress 8070
fosazepam 30650
fosetyl-al 9342
fosthiazate 17972
fotrin 27861
fraxin 29404
fraxinellone 27380
beta-D-fructose 8591
d(-)-fructose 8606
fructose 8607
ftorafur 13634
ftorin 32163

L(-)-fucose 8583
D(+)-fucose 8584
fucoxanthin 35606
fugu poison 22545
fujithion 13835
fullerene fluoride 35914
fulminic acid 125
fulvene 6877
6-fulvenoselone 6631
fulvine 29551
fumaraldehyde bis(dimethyl acetal) 15234
fumaramide 2905
fumaric acid 2605
fumaric acid ethyl-2,3-epoxypropyl ester 17212
fumidil 34291
fumigachlorin 29583
fumigatin 13490
fumonisin B2 35254
fumonisin B1 35255
funginon 7456
funicolosin 34479
funiculosin (pigment) 28062
furan-2-amidoxime 4520
furan-2-boronic acid 2618
furan-3-boronic acid 2619
furadroxyl 13905
furalazin 16087
2-furaldehyde azine 18719
2-furaldehyde dimethylhydrazone 11111
2-furaldehyde phenylhydrazone 21624
furaltadone 26074
furan-3-methanol 4560
furan 2592
2-furanacetic acid 7089
2-furanacetonitrile 6812
2-furancarbonitrile 4246
2-furancarbonyl chloride 4224
3-furancarboxaldehyde 4328
cis-2-furancarboxaldehyde oxime 4406
trans-2-furancarboxaldehyde oxime 4407
2-furancarboxylic acid 4337
3-furancarboxylic acid 4338
2-furancarboxylic acid, 5-methyl-, methy 10908
2,3-furandicarboxylic acid 6625
2,4-furandicarboxylic acid 6626
2,5-furandicarboxylic acid 6627
furaneol acetate 14029
2-furanmethanamine 4670
2-furanmethanediol diacetate 16809
2-furanmethanethiol 4542
2-furanmethanol acetate 10896
2-furanpropanoic acid 10897
4-(2-furanyl)-2-butanone 13962
4-(2-furanyl)-3-buten-2-one 13421
1-(2-furanyl)ethanone 7073
2-furanylmethyl pentanoate 20128
2-furanylphenylmethanone 21529
3-(2-furanyl)-1-phenyl-2-propen-1-one 25627
1-(2-furanyl)-1-propanone 10876
1-(2-furanyl)-2-propanone 10877
3-(2-furanyl)-2-propenal 10412
trans-3-(2-furanyl)-2-propenal 10413
3-(2-furanyl)-2-propenenitrile 10053
3-(2-furanyl)-2-propenoic acid 10425
furapromidium 19457
furapyrimidone 16602
furathiocarb 30885
furazolidone 13225
cis-furconazole 28266
furethidine 32969
furfural 4327
furfural oxime 4415
furfuryl alcohol 4548
furfuryl alcohol phosphate (3:1) 28814
furfuryl benzoate 23556
2-furfuryl butanoate 17186
furfuryl 2-furancarboxylate 18780
furfuryl glycidyl ether 14009
furfuryl methacrylate 16752
furfuryl methyl disulfide 7406
furfuryl methyl sulfide 7403
furfuryl 2-methylpropanoate 17187
furfuryl phenyl ether 21657
furfuryl propanoate 13997
furfuryl sulfide 19173
S-furfuryl thioacetate 10891
furfurylidine-2-propanal 13438
1-furfurylpyrrole 16401
a-furil 18594
a-furilmonoxime 18658
5H-furo(3',2':6,7)(1)benzopyrano(3,4-c)p 28000
5H-furo(3',2':6,7)(1)benzopyran-2-one 26611
2H-furo(2,3-H)(1)benzopyran-2-one, 4,6,9 26978
7H-furo(3,2-g)(1)benzopyran-7-one 21479
2H-furo(2,3-H)(1)benzopyran-2-one 21478
furoic acid 4341
2-furoic acid hydrazide 4517
furoin 18784
furonazide 23661
3-furonitrile 4247
furothiazole 12909
2-furoyl azide 4253
furoyl chloride 4225
2-furoylacetonitrile 10064
1-(2-furoyl)piperazine 17056
fursultiamin 30247
2-furyl isopropyl ether 11171
2-furyl octyl ether 24569
3-furyl phenyl ketone 21534
2-furyl p-hydroxyphenyl ketone 21541
(S)-N-boc-2-furylalanine 24341
(R)-N-boc-2-furylalanine 24342
2-(2-furyl)benzimidazole 21520
1-(2-furyl)-1,3-butanedione 13475
(R)-(+)-1-(2-furyl)ethanol 7426
(S)-(-)-1-(2-furyl)ethanol 7427
(R)-(-)-1-(2-furyl)ethyl acetate 14010
DL-1-(2-furyl)ethyl acetate 14011

1-(3-furyl)-4-hydroxypentanone 17203
2-(2-furyl)-3-(5-nitro-2-furyl)acrylamid 21523
trans-2-(2-furyl)-3-(5-nitro-2-furyl)acr 21524
N-(4-(2-furyl)-2-thiazolyl)acetamide 16173
N-(4-(2-furyl)-2-thiazolyl)formamide 12893
fusarenon X 30199
fusariotoxin T 2 33915
fusidine 35012
G-52 32472
galactaric acid 7969
galactitol 9101
4-O-beta-D-galactopyranosyl-D-gluconic a 24782
d-galactosamine hydrochloride 8895
D-galactose 8592
L(-)-galactose 8608
b-D-galactose pentaacetate 29532
D-galacturonic acid 7967
galangin 28063
galanthamine 30162
galatone 23879
galipine 32146
gallamine triethiodide 34953
gallein 31843
gallic acid ethyl ester 16810
gallium(iii) acetylacetonate 28612
gallium(iii) trifluoromethanesulfonate 1304
gallocyanine 28211
galoxolide 30890
galvinoxyl free radical 34791
g-amanitine 35547
g-aminobutyric acid cetyl ester 32512
gamma-butyrolactone 2965
gamma-cadinene 28729
L-gamma-carboxyglutamic acid 7569
gamma-ethyl L-glutamate 11678
gamma-methylbenzenebutanoic acid 22128
gamma-methylbenzenepropanol 20056
gamma-methylenebenzenepropanol 19490
gamma-propylbenzenepropanol 24442
gamma-terpinene 20326
gamma-tocopherol 34701
gardol 28824
gardona 18834
geissospermine 35584
geldanamycin 34789
gelsemine 32167
gemfibrozil 28682
gemfibrozil M3 28599
genipin 22204
genistein 28059
gentiobiose 24778
geranic acid 20495
trans-geraniol 20708
geranial 2-methylpropanoate 27761
geranyl acetate 24580
geranyl acetone 26379
geranyl benzoate 30194
geranyl N-butyrate 27762
geranyl caproate 29631
geranyl chloride 20554
geranyl ethyl ether 24695
geranyl farnesyl acetate 34503
geranyl isovalerate 28800
geranyl linalool 32406
geranyl nitrile 20235
geranyl oxyacetaldehyde 24587
geranyl phenylacetate 30854
geranyl propionate 26383
geranyl tiglate 28774
geranylacetone 26377
geranylamine 20892
germacr-1(10)-ene-5,8-dione 28775
germall 115 22398
germanium(iv) ethoxide 15689
germanium(iv) isopropoxide 25373
germanium(iv) methoxide 4060
germine 34492
gerostop 33665
gestronol caproate 34310
g-(4-fluorophenyl)-g-butyrolactone 18838
g-L-glutamyl-L-glutamic acid 20411
g-heptalactone 11499
gibberellic acid 31503
gilvocarcin V 34408
girard's T 6006
g-irone 27686
gitalin 35308
gitaloxin 35692
gitoxigenin 33662
gitoxin 35651
gitoxin pentaacetate 35835
glarubin 34156
D-glaucine 32853
glipasol 24181
a-D-glucoheptonic acid g-lactone 11566
D-gluconic acid 8620
D-gluconic acid, calcium salt 24675
D-gluconic acid, copper(ii)salt 24678
gluconic acid, potassium salt 8087
L-glucono-1,5-lactone 7961
glucoproscillaridin A 35374
2-(beta-D-glucopyranosyloxy)benzaldehyde 26114
7-(beta-D-glucopyranosyloxy)-2H-1-benzop 28447
2-(beta-D-glucopyranosyloxy)-2-methylpro 20580
3'-(glucopyranosyloxy)-3,4',5,5',7-penta 27505
1-[4-(beta-D-glucopyranosyloxy)phenyl]et 27505
alpha-D-glucose 8593
beta-D-glucose 8594
glucose 8609
L(-)-glucose 8610
a-D(+)-glucose, anhydrous 8611
D(-)-glucose diethyl mercaptal 21381
glucose isonicotinoylhydrazone 24350
alpha-D-glucose pentaacetate 29530
beta-D-glucose pentaacetate 29531
D-glucose, 2,3,4,5,6-pentaacetate 29533
a-D-glucothiopyranose 8587

D-glucuronic acid 7968
D-glucuronic acid gamma-lactone 7461
gludiase 24056
L-glutamic acid 5245
DL-glutamic acid 5247
D-glutamic acid 5248
boc-L-glutamic acid 20581
boc-L-glutamic acid 5-benzylester 30216
L-glutamic acid hydrochloride 5279
L-glutamic acid 5-methyl ester 8174
L-glutamine 5428
D(-)-glutamine 5430
Na-boc-L-glutamine 20659
Na-boc-D-glutamine 20660
N2-(g-L-(+)-glutamyl)-4-carboxyphenylhyd 24101
1-(L-a-glutamyl)-2-isopropylhydrazine 15306
glutaraldehyde sodium bisulfite addition 5444
glutaric acid 4945
glutaric acid monomethyl ester chloride 7509
glutaric anhydride 4567
glutarimide 4683
glutaronitrile 4490
glutaryl diazide 4531
L-glutathione 20590
L(-)-glutathione, oxidized 32381
1-(glutathion-S-yl)-1,2,3,4,4-pentachlor 27325
glutril 30884
glyceric acid 1964
glycerol 2148
glycerol 1-butanoate 11945
glycerol dimethacrylate, isomers 22482
glycerol 1,3-dinitrate 1904
glycerol, 1,2-dinitrate 1905
glycerol formal 3556
glycerol 2-hexadecanoate 31724
glycerol monoallyl ether 8566
glycerol 1-monododecanoate, (±) 28892
glycerol 1-monooleate 33029
glycerol 1-stearate, (±) 33053
glycerol (tri(chloromethyl)) ether 8068
glycerol trielaidate 35897
glycerol trilaurate 35554
glycerol tri-3-methylbutanoate 30999
glycerol trioleate 35898
glycerol tripalmitate 35837
glycerol tristearate 35899
glycerol tritetradecanoate 35773
glyceryl monooleate 33031
glyceryl monostearate 33054
b-glyceryl 1-p-chlorobenzyl-1H-indazole- 30602
glyceryl triacetate 17513
(±)-glycidol 1937
(R)-(+)-glycidol 1938
(S)-(-)-glycidol 1939
(R)-(-)-glycidyl butyrate 11522
(S)-(+)-glycidyl butyrate 11523
N-glycidyl diethyl amine 12070
glycidyl 2,2,3,3,4,4,5,5,6,6,7,7-dodecaf 18698
glycidyl ester of hexanoic acid 17753
(R)-(+)-glycidyl heptyl ether 21064
glycidyl 2,2,3,3,4,4,5,5,6,6,7,7,8,8,9,9 23302
glycidyl hexyl ether 18084
glycidyl isobutyl ether 11924
glycidyl isocyanurate 24103
(S)-(+)-glycidyl methyl ether 3527
(R)-(-)-glycidyl methyl ether 3528
glycidyl 2-methylphenyl ether 19594
glycidyl neodecanoate 26433
(S)-(+)-glycidyl nosylate 16481
(R)-(-)-glycidyl nosylate 16482
glycidyl 2,2,3,3,4,4,5,5-octafluoropenty 13325
N,N,N-glycidyl p-aminophenol 28565
(R)-(+)-glycidyl pentyl ether 15203
glycidyl p-tolyl ether 19625
glycidyl 1,1,2,2-tetrafluoroethyl ether 4486
glycidyl 2,2,3,3-tetrafluoropropyl ether 7313
(2R)-(-)-glycidyl tosylate 19693
(2S)-(+)-glycidyl tosylate 19694
(R)-(+)-glycidyl undecyl ether 27884
(3-glycidyloxypropyl)trimethoxysilane 18364
glycine 960
boc-glycine 11680
glycine, N,N-bis[2-[bis(carboxymethyl)am 27739
glycine hydrazide 1132
glycocholic acid 34322
glycocyamine 2082
glycol; (polysorbate 80) 35924
glycolaldehyde 891
glycolanilide 13739
glycolic acid 893
glycolonitrile acetate 2717
(glycoloyloxy)tributylstannane 27943
glycolpyramide 22052
glycopyrrolate 31598
glycylalanine 5429
glycylasparagine 8189
glycyl-L-glutamic acid 11395
N-glycylglycine 3446
N-(N-glycylglycyl)glycine 8190
glycylglycylglycylglycine 14539
N-glycyl-L-isoleucine 15044
N-glycyl-DL-leucine 15039
N-glycylleucine 15040
glycylserine 5439
N-glycyl-L-valine 11806
18-b-glycyrrhetinic acid 34914
b-glycyrrhetinic acid 34915
glycyrrhizic acid 35690
glycyrrhizic acid monoammonium salt 35693
glyodin 33461
glyoxal 682
glyoxalbis(2-hydroxyanil) 26905
glyoxide 32483
glyoxylic acid 683
glyphosate 2103
glyphosine 4015
g-methyl-a-(trifluoromethyl)-g-valerolac 10950
g-n-octyl-g-n-butyrolactone 24732

gold sodium thiomalate 2437
gold(i) acetylide 394
gold(i) cyanide 10
gonosan 27181
g-oryzanol 35605
gossyplure 30995
gossypol 34876
(+)-gossypol 34877
gossypol acetate 35676
g-pentachlorocyclohexene 6766
g-phenyl-g-butyrolactone 19141
granaticin 33213
grandaxin 33287
grandisol 20730
grapemone 27812
grasp 32293
grisein 35607
griseofulvin, (+)- 30028
griseolic acid 27049
griseolutein B 30006
griseomycin 34176
griseoviridin 33309
grubb's catalyst 35731
grubb's second generation catalyst 35782
guaiacol 10866
guaiacol glyceryl ether carbamate 22294
guaia-1(5),7(11)-diene 28749
guaimercol 21700
guaiol 28790
guanazodine 18233
guanethidine 21221
guanethidine sulfate 32558
guanidine 294
guanidine monohydrochloride 307
guanidine mononitrate 318
guanidine thiocyanate 1060
guanidinium dichromate 1186
guanidinium perchlorate 309
2-guanidinobenzimidazole 13786
p-guanidinobenzoic acid 4-methyl-2-oxo-2 30560
2-guanidinoethyl disulfide 9310
guanine 4435
guanine-3-N-oxide 4442
guanine-7-N-oxide 4443
guanosine 19863
5'-guanylic acid 19979
guanylurea sulfate 4131
L(+)-gulonic acid g-lactone 7962
D(-)-gulonic acid g-lactone 7963
D-gulose 8595
L(+)-gulose 8612
gunacin 30024
g-undecalactone 22723
a-2-guttiferin 35152
gypsogenin 34916
gyrane 22698
H acid sodium salt 19020
halciderm 33888
haloanisone 32849
haloperidol 32813
haloperidol decanoate 35002
halopredone acetate 34122
halothane 511
haloxazolam 29920
haloxyfop-(2-ethoxyethyl) 29955
haloxyfop-methyl 29075
halvisol 32895
3b(a-L-rhamnopyranoside)-5,11a,14b-trihy 34799
harmaline 25972
HCDD 23140
n-hectane 36014
hederagenin 34922
hedione 26391
helenalin 28542
helenine 28594
heliomycin 33148
heliotrine 29624
hellegrigenin glucorhamnoside 35375
helveticoside 34793
helvolic acid 35157
hematein 29068
hematin 35219
hematoporphyrin 35231
hematoxylin 29188
hemicholinium-15 24391
hemin 35216
3,3,4,4,5,5,6,6,7,7,8,8,9,9,10,10,11,11, 27977
3,3,4,4,5,5,6,6,7,7,8,8,9,9,10,10,11,11, 28977
2,2,3,3,4,4,5,5,6,6,7,7,8,8,9,9,10,10,11 21471
(2,2,3,3,4,4,5,5,6,6,7,7,8,8,9,9,10,10,1 25443
heneicosane 33059
heneicosanenitrile 33032
heneicosanoic acid 33050
1-heneicosene 33038
heneicosylamine 33065
heneicosylbenzene 34536
heneicosylcyclohexane 34550
heneicosylcyclopentane 34184
1-heneicosyne 33023
n-henheptacontane 35961
n-henhexacontane 35925
henicosanol 33062
n-hennonacontane 36003
n-henoctacontane 35985
n-henpentacontane 35838
n-hentetracontane 35660
hentriacontane 35039
16-hentriacontanone 35033
1-hentriacontene 35027
hentriacontylamine 35041
hentriacontylbenzene 35476
hentriacontylcyclohexane 35479
hentriacontylcyclopentane 35418
1-hentriacontyne 35023
hepes 15427
hepes sodium salt 15303
hepta-O-acetyl-cellobiosyl-b-azide 34294
heptachlor 18507

heptachlor epoxide 18508
2,2',3,3',4,4',6-heptachlorobiphenyl 23152
1,1,2,2,3,4,4-heptachlorobutane 2472
1,2,3,4,6,7,8-heptachlorodibenzo-p-dioxi 23132
1,2,3,4,6,7,9-heptachlorodibenzo-p-dioxi 23133
2,2,3,3,5,5,6-heptachloro-1,4-dioxane 2364
1,1,1,2,2,3,3-heptachloropropane 1328
1,1,1,2,3,3,3-heptachloropropane 1329
n-heptacontane 35960
heptacosane 34563
14-heptacosanone 34557
1-heptacosene 34552
heptacosylamine 34566
heptacosylbenzene 35178
heptacosylcyclohexane 35181
heptacosylcyclopentane 35111
1-heptacosyne 34548
3,3,4,4,5,5,6,6,7,7,8,8,9,9,10,10,10-hep 18483
3,3,4,4,5,5,6,6,7,7,8,8,9,9,10,10,10-hep 25455
3,3,4,4,5,5,6,6,7,7,8,8,9,9,10,10,10-hep 26708
1,1,1,2,2,3,3,4,4,5,5,6,6,7,7,8-heptad 18491
heptadecafluoro-1-iodooctane 12434
heptadecafluorononanoic acid 15771
2,2,3,3,4,4,5,5,6,6,7,7,8,8,9,9,9-heptad 15784
(2,2,3,3,4,4,5,5,6,6,7,7,8,8,9,9,9-hepta 21474
1,1,1,2,2,3,3,4,4,5,5,6,6,7,7,8,8-heptad 12443
heptadecafluorooctanesulfonyl fluoride 12437
heptadecanal 30324
heptadecane 30346
1,2-heptadecanediol 30356
1,3-heptadecanediol 30357
1,4-heptadecanediol 30358
1,17-heptadecanediol 30359
heptadecanenitrile 30307
1-heptadecanethiol 30362
2-heptadecanethiol 30363
heptadecanoic acid 30325
1-heptadecanol 30352
2-heptadecanol 30353
9-heptadecanol 30354
heptadecanol (mixed primary isomers) 30355
9-heptadecanone 30322
2-heptadecanone 30323
heptadecanoyl chloride 30299
1-heptadecene 30313
9-heptadecenoic acid 30292
heptadecyl acetate 31713
heptadecyl butanoate 33046
heptadecyl formate 31099
heptadecyl propanoate 32495
heptadecylamine 30369
heptadecylbenzene 33674
heptadecylcyclohexane 33685
heptadecylcyclopentane 33478
2-heptadecyl-2-imidazoline-1-ethanol 33478
1-heptadecyne 30284
2-heptadecyne 30285
3-heptadecyne 30286
trans,trans-2,4-heptadienal 11149
2,4-heptadienal 11160
1,2-heptadiene 11358
1,4-heptadiene 11359
1,5-heptadiene 11360
1,6-heptadiene 11361
2,4-heptadiene 11362
2,6-heptadienoic acid; predominantly tra 11181
1,5-heptadien-4-ol 11411
1,6-heptadien-4-ol 11412
3,5-heptadien-2-one 11150
1,6-heptadien-3-yne 10727
1,5-heptadiyne 10728
1,6-heptadiyne 10729
heptafluorobutanoic acid 2366
heptafluorobutanoic anhydride 12428
2,2,3,3,4,4,4-heptafluoro-1-butanol 2482
heptafluorobutanoyl chloride 2295
2,2,3,3,4,4,4-heptafluorobutyl acrylate 10023
2,2,3,3,4,4,4-heptafluorobutyl methacryl 13096
(2,2,3,3,4,4,4-heptafluorobutyl)oxirane 6790
2,2,3,3,4,4,4-heptafluorobutyramide 2409
heptafluorobutyryl hypochlorite 2296
heptafluorobutyryl hypofluorite 2339
heptafluorobutyryl nitrate 2333
(+)-3-(heptafluorobutyryl)-d-camphor 27208
bis(1,1,1,2,2,3,3-heptafluoro-7,7-dimeth 32124
(6,6,7,7,8,8,8-heptafluoro-2,2-dimethyl- 18976
6,6,7,7,8,8,8-heptafluoro-2,2-dimethyl-3 19277
heptafluoroethanamine 507
heptafluoro-2-iodopropane 1294
heptafluoro-1-iodopropane 1295
heptafluoroiodopropane 1296
heptafluoroisobutylene methyl ether 4242
[3-(heptafluoroisopropoxy)propyl]trichlo 6946
3-heptafluoroisopropoxypropyltrimethoxys 17544
3,3,4,4,5,5,5-heptafluoro-2-pentanol 4385
heptafluoropropane 1333
heptafluoropropyl hypofluorite 1300
2-heptafluoropropyl-1,3,4-dioxazolone 4174
(heptafluoropropyl)trimethylsilane 7529
4,4,5,5,6,6,6-heptafluoro-1-(2-thienyl)- 18512
a,a,a,2,3,5,6-heptafluorotoluene 9434
n-heptaheptacontane 35979
n-heptahexacontane 35952
2,3,3',4,4'5,7-heptahydroxyflavan 28209
heptakis (dimethylamino)trialuminum trib 26580
heptakis-6-azido-6-deoxy-b-cyclodextrin, 35691
heptamethylcyclotetrasiloxane 12409
heptamethyldisilazane 12405
2,2,4,4,6,8,8-heptamethylnonane 29760
heptamethylphenylcyclotetrasiloxane 26512
1,1,1,3,5,5,5-heptamethyl-3-[(trimethyls 21462
1,1,1,3,5,5,5-heptamethyltrisiloxane 12408
1-heptanal 11827
heptanal oxime 12059
heptanal-1,2-glyceryl acetal 21082
heptanamide 12060
2-heptanamine 12317
4-heptanamine 12318

heptane 12112
1,7-heptanediamine 12376
heptanedinitrile 11089
heptanedioic acid 11537
1,2-heptanediol 12224
1,3-heptanediol 12225
1,4-heptanediol 12226
1,5-heptanediol 12227
1,6-heptanediol 12228
1,7-heptanediol 12229
2,3-heptanediol 12230
2,4-heptanediol 12231
2,6-heptanediol 12232
2,3-heptanedione 11460
2,6-heptanedione 11461
3,5-heptanedione 11489
2,4-heptanedione 11495
heptanenitrile 11622
1-heptanesulfonic acid, sodium salt 12105
2-heptanethiol 12301
1,4,7-heptanetriol 12283
1,2,3-heptanetriol 12288
2,4,6-heptanetrione 11189
1,1,1,3,5,5,5-heptanitro-pentane 4445
heptanoic acid 11884
heptanoyl anhydride 27813
1-heptanol 12164
2-heptanol 12165
3-heptanol 12166
4-heptanol 12167
(S)-(+)-2-heptanol 12220
(R)-(-)-2-heptanol 12221
2-heptanol, (±) 12204
3-heptanol, (S) 12205
n-heptanonacontane 36011
2-heptanone 11829
3-heptanone 11830
4-heptanone 11831
2-heptanone oxime 12067
heptanoyl chloride 11594
heptanoylhydroxamic acid 12088
4-heptanoylpyridine 24311
n-heptaoctacontane 35993
n-heptapentacontane 35900
n-heptatetracontane 35798
heptatriacontane 35490
1-heptatriacontene 35480
heptatriacontylamine 35491
1-heptatriacontyne 35477
1,3,5-heptatriene 11051
hepta-1,3,5-triyne 9604
2-heptenal 11413
3-heptenal 11414
trans-2-heptenal 11436
(Z)-hept-4-enal 11437
1-heptene 11706
2-heptene 11707
cis-2-heptene 11708
trans-2-heptene 11709
3-heptene 11710
cis-3-heptene 11712
trans-3-heptene 11713
3-heptene (mixed isomers) 11711
1-heptene-4,6-diyne 10132
6-heptenenitrile 11274
2-heptenoic acid 11467
4-heptenoic acid 11468
5-heptenoic acid 11469
6-heptenoic acid 11470
heptenophos 17028
1-hepten-4-ol 11855
3-hepten-2-ol 11857
6-hepten-2-ol 11858
6-hepten-3-ol 11859
cis-2-hepten-1-ol 11860
trans-2-hepten-1-ol 11861
1-hepten-3-ol 11875
cis-4-hepten-1-ol 11876
2-hepten-4-ol, (±) 11856
1-hepten-3-one 11415
4-hepten-2-one 11416
6-hepten-2-one 11417
6-hepten-3-one 11418
cis-3-hepten-2-one 11419
trans-3-hepten-2-one 11420
trans-5-hepten-2-one 11421
(Z)-5-hepten-2-one 11445
1-hepten-3-yne 11049
heptyl acetate 18059
4-heptyl acetate 18060
heptyl acrylate 20800
heptyl butanoate 22839
a-heptyl cyclopentanone 24696
heptyl N,N-diethyloxamate 26458
heptyl formate 15159
heptyl heptanoate 27879
heptyl hexanoate 26499
heptyl hydrazine 12381
n-heptyl hydroperoxide 12273
n-heptyl 4-hydroxybenzoate 27605
heptyl isocyanate 14798
heptyl isothiocyanate 14845
heptyl mercaptan 12300
heptyl nitrite 12082
heptyl nonanoate 29728
heptyl octanoate 28885
heptyl pentanoate 24872
heptyl phenyl ether 26311
heptyl propanoate 21049
heptyl thiocyanate 14844
heptylamine 12315
(S)-2-heptylamine 12342
(R)-2-heptylamine 12343
4-heptylaniline 26344
8-heptylbenz(a)anthracene 34109
heptylbenzene 26283
4-heptylbenzoic acid 27598
4-heptylbenzoyl chloride 27511

748

2,5-hexanediol 9030
3,4-hexanediol 9031
(2R,5R)-2,5-hexanediol 9061
(2S,5S)-2,5-hexanediol 9062
1,6-hexanediol diacrylate 24490
1,6-hexanediol dimethacrylate, stabilize 27707
1,6-hexanediol divinyl ether 20791
2,4-hexanedione 7839
3,4-hexanedione 7840
2,5-hexanedione 7841
2,3-hexanedione 7855
hexanedioyl dichloride 7301
1,6-hexanedithiol 9131
1,1'-(1,6-hexanediyl)bisbenzene 30781
1,1'-(1,6-hexanediyl)bis(cyclohexane) 31019
(1,6-hexanediylbis(nitrilobis(methylene) 21455
hexanenitrile 8088
hexanebis(thioic) acid 7875
2-hexanethiol 9108
3-hexanethiol 9110
1,3,6-hexanetricarbonitrile 16985
1,2,5-hexanetriol 9081
1,2,6-hexanetriol 9082
2,3,4-hexanetriol 9083
1,2,3-hexanetriol 9085
hexanitrobenzene 9405
hexanitroethane 1226
hexanitrooxanilide 26598
hexanoic acid 8460
hexanoic anhydride 24736
1-hexanol 8970
2-hexanol 8971
3-hexanol 8972
(RS)-2-hexanol 8989
(S)-(+)-2-hexanol 9008
2-hexanol, (R) 8990
3-hexanol, (R) 8991
n-hexanonacontane 36010
2-hexanone 8409
3-hexanone 8410
hexanoyl chloride 8025
1-hexanoylaziridine 14803
6-hexanoyl-D-erythro-sphingosine, synthe 33981
bis(hexanoyloxy)di-n-butylstannane 32502
4-hexanoylpyridine 22254
n-hexaoctacontane 35992
1,1,1,3,3,3-hexaoctyldistannoxane 35799
hexaoctyldistannthiane 35800
n-hexapentacontane 35891
hexaphenol 32705
hexaphenylcyclotrisiloxane 35344
hexaphenyldigermanium 35343
hexaphenyldisilane 35346
hexaphenylditin 35347
hexaphenylethane 35500
hexapropyldistannthiane 31181
hexapyridineiron(ii) tridecacarbonyl tet 35713
n-hexatetracontane 35788
2,3,4,8,9,10-hexathiospiro(5.5)undecane 4961
hexatriacontane 35434
1-hexatriacontene 35420
hexatriacontylamine 35437
hexatriacontylbenzene 35703
hexatriacontylcyclohexane 35705
hexatriacontylcyclopentane 35658
1-hexatriacontyne 35408
trans-1,3,5-hexatriene 7271
cis-1,3,5-hexatriene 7272
1,3,5-hexatriene 7279
1,3,5-hexatriyne 6130
hexaureachromium(iii) nitrate 9392
hexaureagallium(iii) perchlorate 9390
hexazinone 24556
trans-2-hexenal 7785
cis-3-hexenal 7786
trans-3-hexenal 7787
2-hexenal 7806
trans-2-hexenal diethyl acetal 21070
2-hexenal diethyl acetal; predominantly 21065
trans-2-hexenal dimethyl acetal 15209
1-hexene 8216
cis-2-hexene 8218
trans-2-hexene 8219
hex-3-ene 8220
cis-3-hexene 8221
trans-3-hexene 8222
trans-2-hexene ozonide 8567
2-hexene; (cis+trans) 8217
2-hexenedinitrile 6985
5-hexenenitrile 7537
2-hexenoic acid 7822
3-hexenoic acid 7823
5-hexenoic acid 7824
trans-2-hexenoic acid 7856
trans-3-hexenoic acid 7857
trans-2-hexenyl acetate 14636
cis-3-hexenyl benzoate 26098
cis-3-hexenyl caproate 24731
2-(2-hexenyl cyclopentanone) 22591
cis-3-hexenyl formate 11500
3-hexenyl isobutyrate 20801
cis-3-hexenyl isobutyrate 20802
cis-3-hexenyl 2-methylbutyrate 22715
cis-hexenyl ocyacetaldehyde 14651
cis-3-hexenyl phenylacetate 27489
cis-3-hexenyl propionate 17736
trans-2-hexenyl propionate 17737
cis-3-hexenyl tiglate 22609
cis-3-hexenyl valerate 22716
2-hexenylbenzene 24134
3-hexenylbenzene 24135
5-hexenylbenzene 24136
1-hexen-3-ol 8425
cis-2-hexen-1-ol 8426
trans-2-hexen-1-ol 8427
cis-3-hexen-1-ol 8428
trans-4-hexen-1-ol 8429
4-hexen-2-ol 8430

5-hexen-2-ol 8431
5-hexen-1-ol 8449
trans-3-hexen-1-ol 8450
3-hexen-2-ol 7773
4-hexen-2-one 7774
4-hexen-3-one 7775
5-hexen-2-one 7776
trans-3-hexen-2-one 7777
hexestrol 30808
hexetidine 33073
3-hexen-1-yl 2-aminobenzoate 26131
1-hexen-3-yne 7273
1-hexen-4-yne 7274
1-hexen-5-yne 7275
2-hexen-4-yne 7276
4-hexen-1-yn-3-ol 7401
4-hexen-1-yn-3-one 7061
1,2,2a,3,4,5-hexahydroacenaphthylene 23894
(R)-(-)-4,4a,5,6,7,8-hexahydro-4a-methyl 22435
cis-1,2,3,5,6,8a-hexahydro-4,7-dimethyl- 28736
hexobarbital 24171
hexocyclium 33003
hexocyclium methyl sulfate 33002
hexopal 35670
hexoxyacetaldehyde dimethylacetal 21374
hexyl acetate 15160
sec-hexyl acetate 15163
hexyl acrylate 17719
tert-hexyl alcohol 9009
hexyl benzoate 26213
hexyl butanoate 21050
n-hexyl carborane 15749
hexyl chloroformate 11610
hexyl N,N-diethyloxamate 24810
hexyl 2,2-dimethylpropanoate 22853
hexyl formate 11891
hexyl 2-furancarboxylate 22468
hexyl heptanoate 26500
hexyl hexanoate 24873
n-hexyl isobutyrate 21071
hexyl isocyanate 11640
hexyl isothiocyanate 11683
hexyl isovalerate 22854
hexyl mandelate 27608
hexyl mercaptan 9107
hexyl methacrylate 20776
hexyl methyl ether 12216
hexyl 2-methylbutyrate 22855
1-hexyl nitrate 8844
hexyl nitrite 8811
hexyl octanoate 27880
hexyl pentanoate 22842
hexyl phenyl ether 24444
hexyl propanoate 18061
1-hexyl-[1,2,3,4-tetrahydronaphthalene] 29559
hexyl tiglate 22717
hexyl vinyl ether 15131
n-hexyl vinyl sulfone 15210
hexylamine 9173
4-hexylaniline 24509
5-n-hexyl-1,2-benzanthracene 33816
hexylbenzene 24357
4-hexyl-1,3-benzenediol 24467
alpha-hexylbenzenemethanol 26309
4-hexylbenzoic acid 26215
4-hexylbenzoyl chloride 26117
4-hexylbiphenyl 30782
n-hexylboronic acid 9146
hexyl-2-butenoate 20803
a-hexylcinnamaldehyde 28592
hexylcyclohexane 24819
hexylcyclopentane 22791
2-hexylcyclopentanone 22699
1-hexylcyclopentene 22671
2-n-hexyl-2-cyclopenten-1-one 22592
2-hexyldecanoic acid 29722
2-hexyl-1-decanol 29773
hexyldichlorarsine 8645
5-hexyl-2,3-dihydro-1H-indene 28650
7-hexyldocosane 34734
hexylene glycol 9022
hexylene glycol diacetate 20836
N-hexylethylenediamine 15699
9-hexylheptadecane 33707
(1-hexylheptyl)benzene 31647
n-hexylmercuric bromide 8664
2-hexyl-4-methyl-1,3-dioxolane 21072
1-hexylnaphthalene 29440
2-hexylnaphthalene 29441
1-hexyl-1-nitrosourea 12101
4-(hexyloxy)aniline 24512
4,4'-bis(hexyloxy)azoxybenzene 33908
4-(hexyloxy)benzaldehyde 26216
2-(hexyloxy)benzaldehyde 26223
o-hexyloxybenzamide 26261
4-(hexyloxy)benzoic acid 26233
4-(hexyloxy)benzoyl chloride 26118
2-hexyloxy-2-ethoxyethyl ether 32535
4-hexyloxyphenol 24472
2-hexylphenol 24461
hexylphosphonic dichloride 8702
3-hexyl-p-iodobenzyl carbonate 27515
N-hexyl-p-iodobenzyl carbonate 27516
1-hexylpiperidine 22879
2-hexyl-[1,2,3,4-tetrahydronaphthalene] 29560
3-hexylthiophene 20540
7-hexyltridecane 31733
n-hexyltriphenylphosphonium bromide 33853
N-hexylvaleramide 22883
3-hexynal 7394
1-hexyne 7648
2-hexyne 7649
3-hexyne 7650
3-hexyne-2,5-diol 7842
5-hexynenitrile 7177
2-hexynoic acid 7417
hexynol 17643
2-hexyn-1-ol 7789

3-hexyn-1-ol 7790
5-hexyn-1-ol 7791
1-hexyn-3-ol 7792
5-hexyn-1-ol 7797
2-hexyn-1-ol 7803
3-hexyn-2-one 7395
5-hexyn-2-one 7396
hex-1-yn-3-one 7399
9h-fluorene, 9-(9h-fluoren-9-ylidene)- 34211
(+)-himbacine 33392
2,2':5',2"-terthiophene 23350
hippuric acid sodium salt 16135
histamine 5270
L-histidine 7597
D-histidine 7600
DL-histidine 7601
Na-boc-L-histidine 22542
Na-boc-D-histidine 22543
bis-HM-A-TDA 3303
(h6-methoxybenzene) chromium tricarbonyl 18694
(h6-methylbenzoate) chromium tricarbonyl 21510
HNPT 9099
homatropine 29478
homocalycotomine 26267
homochlorocyclizine 31505
DL-homocysteic acid 3752
DL-homocysteine 3723
L-homocysteine 3724
homocystine 15055
homofolate 32157
homoharringtonine 34786
homolinalyl acetate 26384
18-homo-oestriol 31584
homophthalic anhydride 15937
homopiperazine 5797
1-boc-homopiperazine 20980
L-homoserine 3730
DL-homoserine 3746
3-homotetra hydro cannibinol 33368
bis-homotris 21412
homoveratronitrile 19319
humidin 24608
humulene 28737
humulon 32965
HX-868 32911
hydantocidin 11128
hydracrylonitrile 1756
hydralazine 13387
hydralazine hydrochloride 13588
hydramethylnon 34100
hydrastine 32775
hydrastinine 21986
hydrazine acetate 1163
hydrazinecarbothioamide 297
hydrazinecarboxamide- 295
hydrazinecarboximidamide 316
1,2-hydrazinedicarboxamide 1055
9-hydrazinoacridine 25729
4-hydrazinobenzenesulfonic acid 7363
4-hydrazinobenzoic acid 10819
2-hydrazinobenzothiazole 10715
2-hydrazinoethanol 1162
2-hydrazino-4-(5-nitro-2-furyl)thiazole 10399
2-hydrazino-4-(4-nitrophenyl)thiazole 16181
2-hydrazino-4-(p-aminophenyl)thiazole 16604
1-hydrazinophthalazine acetone hydrazone 21842
4-hydrazino-2-thiouracil 2937
hydrazobenzene 23719
2,2'-hydrazonodiethanol 4084
hydrel 4123
hydrindantin 30397
hydrindantin dihydrate 30529
hydrochlorothiazide 10765
hydrocinchonidine 31541
hydrocinchonine 31542
hydrocinnamyl formate 19626
hydrocinnamyl propionate 24234
hydrocodone 30759
hydrocortisone 32966
hydrocortisone 21-acetate 33650
hydrocortisone-17-butyrate 34155
hydrocortisone-17-butyrate-21-propionate 33953
hydrocortisone-21-phosphate 32971
hydrocotarnine 24077
hydrocupreine ethyl ether 32919
hydroethidine 32781
hydroflumethiazide 13323
hydrofuramide 28167
hydrogen cyanide 122
hydrogen fluoride-pyridine 4484
hydrogen peroxide—urea adduct 314
(hydrogen(ethylenedinitrilo)tetraacetato 19752
hydrohydrastinine 21971
bis(1-hydroperoxy cyclohexyl)peroxide 24769
10b-hydroperoxy-17a-ethynyl-4-estren-17b 32284
6-hydroperoxy-4-cholesten-3-one 34511
1-hydroperoxycyclohex-3-ene 7867
4-hydroperoxyifosfamide 12013
N-(hydroperoxymethyl)-N-nitrosopropylami 3853
hydroperoxy-N-nitrosodibutylamine 15424
1-(hydroperoxy)-N-nitrosodimethylamine 1050
4-hydroperoxyphosphamide 12014
2,2-bis(hydroperoxy)propane 2155
1-hydroperoxy-1-vinylcyclohex-3-ene 14368
hydroprene 30283
hydroquinidine 32272
hydroquinine 32273
hydroquinone bis(2-hydroxyethyl) ether 20162
hydroquinone-O,O'-diacetic acid 19225
hydrothiadene 31521
hydrotris(3-anisylpyrazol-1-yl)borate, p 34865
hydrotris(3-isopropyl-4-bromopyrazol-1-y 30864
hydrotris(3-phenylpyrazol-1-yl)borate, p 34396
hydrotris(3-phenylpyrazol-1-yl)borate, t 34397
hydrotris(3-p-tolylpyrazol-1-yl)borate, 34866
hydrotris(3-tert-butylpyrazol-1-yl)borat 32989
hydrotris[3-(2-thienyl)pyrazol-1-yl]bora 32641
hydrotris[3-(2-thienyl)pyrazol-1-yl]bora 32642

1,2-bis(hydroxomercurio)-1,1,2,2-bis(oxy 655
18a-hydroxy-11, 17a-dimethoxy-3b, 20a-yo 35295
hydroxy naphthol blue, disodium salt 31818
1-hydroxy-2-acetamidofluorene 28233
trans-4'-hydroxy-4-acetamidostilbene 29209
7-hydroxy-2-acetaminofluorene 28234
hydroxyacetonitrile 756
3-hydroxy-N-acetyl-2-aminofluorene 28235
N-hydroxy-N-acetyl-2-aminofluorene 28236
N-hydroxy-2-acetylaminofluorene-o-glucur 32778
(hydroxyacetyl)benzene 13422
2-(hydroxyacetyl)indole 18908
5-(hydroxyacetyl)indole 18909
2-(hydroxyacetyl)-1-methylindole 21751
2-(hydroxyacetyl)-3-methylindole 21752
3-(hydroxyacetyl)-1-methylindole 21753
3-(2-hydroxyacetyl)-2-methylindole 21754
2-hydroxyaclacinomycin A 35684
N-hydroxyadenine 4439
6-N-hydroxyadenosine 19864
hydroxyadipaldehyde 7904
4-hydroxy-a-isopropylaminomethylbenzyl a 22526
4-hydroxy-alpha,6-dimethyl-1,3-dioxane-2 14226
4-hydroxy-alpha-[(methylamino)methyl]ben 17332
3-hydroxy-alpha-methyl-L-tyrosine 19835
17b-hydroxy-7a-methylandrost-5-ene-3-one 32356
N-hydroxy-2-aminofluorene 25705
2-hydroxyamino-3-methylimidazolo(4,5-f)q 21641
4-(hydroxyamino)-5-methylquinoline-1-oxi 19059
4-(hydroxyamino)-6-methylquinoline-1-oxi 19060
4-(hydroxyamino)-7-methylquinoline-1-oxi 19061
4-(hydroxyamino)-8-methylquinoline-1-oxi 19062
N-hydroxy-1-aminonaphthalene 18890
2-hydroxyamino-1,4-naphthoquinone 18655
4-(hydroxyamino)-6-nitroquinoline-1-oxid 16082
4-(hydroxyamino)-7-nitroquinoline-1-oxid 16083
2-hydroxy-6-aminopurine 4437
4-(hydroxyamino)quinoline-1-oxide 16171
trans-N-hydroxy-4-aminostilbene 27022
3-hydroxyandrostan-17-one, (3alpha,5alph 31631
17-hydroxyandrostan-3-one, (5alpha,17bet 31630
3-hydroxyandrostan-17-one, (3beta,5alpha 31632
4-hydroxy-4-androstene-3,17-dione 31585
3b-hydroxyandrost-5-en-17-one acetate 32962
17-hydroxyandrost-4-en-3-one, (17beta) 31605
1-hydroxy-9,10-anthracenedione 26658
2-hydroxy-9,10-anthracenedione 26659
5-hydroxyanthranilic acid 10666
3-hydroxyanthranilic acid methyl ester 13763
3-(3-hydroxyanthraniloyl)alanine 19458
3-(3-hydroxyanthraniloyl)-L-alanine 19459
4-hydroxy-3-arsanilic acid 7283
17b-hydroxy-4,4,17a-trimethyl-androst-5- 33656
4a-hydroxyavermectin B1 35809
1-hydroxy-7-azabenzotriazole 4309
3-hydroxy-8-azaxanthine 2507
14-hydroxyazidomorphine 30139
4-hydroxyazobenzene acetate 26902
4'-hydroxy-2,3'-azotoluene 27117
17b-hydroxy-5b-androstan-3-one 31634
17b-hydroxy-5b,14b-androstan-3-one acryl 33374
17b-hydroxy-11b-(4-dimethylaminophenyl-1 34771
3-hydroxybenzaldehyde 10414
4-hydroxybenzaldehyde thiosemicarbazone 13775
2-hydroxybenzamide 10633
2-hydroxybenzeneacetic acid 13453
3-hydroxybenzeneacetic acid 13454
4-hydroxybenzeneacetic acid 13455
2,5-hydroxybenzeneacetic acid 13491
alpha-hydroxybenzeneacetic acid, (±) 13451
alpha-hydroxybenzeneacetic acid, (S) 13452
a-hydroxybenzeneacetic acid 2-(2-ethoxye 27611
alpha-hydroxybenzeneacetonitrile, (±) 13118
2-hydroxybenzenecarbodithioic acid 10407
4-hydroxybenzenediazonium-3-carboxylate 9842
4-hydroxy-1,3-benzenedicarboxylic acid 12942
4-hydroxy-1,3-benzenedisulfonic acid 7118
3-hydroxybenzeneethanol 13964
2-hydroxybenzenemethanol 10878
3-hydroxybenzenemethanol 10879
4-hydroxybenzenemethanol 10880
4-hydroxybenzenepropanoic acid 16725
alpha-hydroxybenzenepropanoic acid, (±) 16726
N-hydroxybenzenesulfonamide 7219
N-hydroxybenzenesulfonanilide 23649
2-hydroxybenzenesulfonic acid 7111
4-hydroxybenzenesulfonic acid 7112
hydroxybenzenesulfonic acid 7113
2-hydroxybenzimidazole 10352
2-hydroxy-1,3,2-benzodioxastibole 6875
m-hydroxybenzoic acid 10426
4-hydroxybenzoic acid hydrazide 10820
2-hydroxybenzonitrile 10054
4-hydroxybenzonitrile 10056
4-hydroxybenzophenone 25634
3-hydroxybenzophenone 25635
6-hydroxy-2H-1-benzopyran-2-one 15934
7-hydroxy-2H-1-benzopyran-2-one 15935
3-hydroxy-1,2,3-benzotriazin-4(3H)-one 10104
1-hydroxybenzotriazole 6851
1-hydroxybenzotriazole hydrate 6852
6-hydroxy-1,3-benzoxathiol-2-one 9854
2-hydroxybenzoyl chloride 9937
(2-hydroxybenzoyl)methylenetriphenylphos 34232
4-(2-hydroxybenzoyl)morpholine 21618
5-(a-hydroxybenzyl)-2-benzimidazolecarba 29225
4-hydroxybenzylidenemalononitrile 18661
(2-hydroxybenzyl)triphenylphosphonium br 34082
4'-hydroxy-4-biphenylcarbonitrile 25547
4'-hydroxy-4-biphenylcarboxylic acid 25647
N-hydroxy-4-biphenylylbenzamide 31319
b-hydroxy-b-methylglutaric acid 7953
3-hydroxybutanal 3517
4-hydroxybutanoic acid 3551
2-hydroxybutanoic acid, (±) 3549
3-hydroxybutanoic acid, (±) 3550
1-hydroxy-2-butanone 3518
4-hydroxy-2-butanone 3520
(R)-3-hydroxy-2-butanone 3535
3-hydroxy-2-butanone, (±) 3519
2-hydroxy-3-butenenitrile 2709
2-hydroxy-3-butenoic acid 2992
(S)-2-hydroxy-3-buten-1-yl p-tosylate 22200
(R)-2-hydroxy-3-buten-1-yl p-tosylate 22201
4-hydroxybutyl acrylate 11524
1-hydroxy-3-butyl hydroperoxide 3926
hydroxybutyl methacrylate, isomers 14676
(R)-2-hydroxybutyl p-tosylate 22480
(S)-2-hydroxybutyl p-tosylate 22481
bis(3-hydroxy-2-butyl)amine 15657
4-hydroxybutylbutylnitrosamine 15422
3-hydroxybutyl-(2-hydroxypropyl)-N-nitro 12157
4-hydroxybutyl-(2-hydroxypropyl)-N-nitro 12158
4-hydroxybutyl-(3-hydroxypropyl)-N-nitro 12159
4-hydroxybutyl(2-propenyl)nitrosamine 11801
3'-hydroxybutyranilide 19817
(±)-3-hydroxybutyric acid 3557
4-hydroxybutyric acid, sodium salt 3317
(24R)-hydroxycalcidiol 34512
3-hydroxycamphor 20490
hydroxycaproic acid 8532
DL-a-hydroxycaproic acid 8556
2-hydroxycarbazole 23401
2-(3-hydroxycarbonyl-2-nitrophenyl)malon 18659
2-(2-hydroxycarbonyl-6-pyridyl)malondial 16066
2-(3-hydroxycarbonyl-6-pyridyl)malondial 16067
bis(2-hydroxy-5-chlorophenyl) sulfide 23286
3-hydroxycholan-24-oic acid, (3alpha,5be 33945
1-hydroxycholecalciferol 34504
6-hydroxycholest-4-en-3-one 34505
m-hydroxycinnamic acid, predominantly tr 16224
o-hydroxycinnamic acid, predominantly tr 16225
hydroxycitronellal dimethyl acetal 25298
hydroxycodeinone 30697
hydroxycopper(ii) glyoximate 830
4-hydroxycoumarin 15938
bis(4-hydroxy-3-coumarin) acetic acid et 33149
2-hydroxycyclodecanone 20777
2-hydroxy-2,4,6-cycloheptatrien-1-one 10415
1-hydroxycyclohexanecarbonitrile 11276
trans-2-hydroxy-1-cyclohexanecarboxamide 11662
cis-2-hydroxy-1-cyclohexanecarboxamide 11663
2-hydroxycyclohexanone 7864
1-hydroxycyclohexyl phenyl ketone 26089
bis(1-hydroxycyclohexyl)acetylene 27693
N-hydroxycyclohexylamine 8785
1-(1-hydroxycyclohexyl)ethanone 14619
bis(1-hydroxycyclohexyl)peroxide 33231
cis-2-hydroxy-1-cyclopentanecarboxamide 8145
cis-2-hydroxy-1-cyclopentanecarboxylic a 7905
1-hydroxycyclopentyl cyclohexane carboxy 24591
4-hydroxycyclophosphamide 12011
1-hydroxy-1-cyclopropanecarboxylic acid 3000
1'-hydroxy-2',3'-dehydroestragole 19171
N-hydroxy-N,N'-diacetylbenzidine 29267
hydroxydihydrocyclopentadiene 19536
4-hydroxy-3,5-diiodo-alpha-phenylbenzene 28151
2-hydroxy-3,5-diiodobenzoic acid 9820
4-hydroxy-3,5-diiodobenzoic acid 9821
2-hydroxy-4,6-dimethoxybenzaldehyde 16784
3-hydroxy-4,5-dimethoxybenzaldehyde 16785
4-hydroxy-3,5-dimethoxybenzaldehyde 16786
2'-hydroxy-4',5'-dimethylacetophenone 19595
N-hydroxy-3,2'-dimethyl-4-aminobiphenyl 27229
4-hydroxy-3,5-dimethylbenzaldehyde 16694
4-hydroxy-2,6-dimethylbenzaldehyde 16695
4-hydroxy-3,5-dimethylbenzoic acid 16753
3-hydroxy-2,2-dimethylhexanoic acid, bet 14620
2-[[4-(5-hydroxy-4,8-dimethyl-non-7-enyl 32413
7-hydroxy-3,7-dimethyloctanal 21061
N-(3-(2-hydroxy-4,5-dimethylphenyl)adama 32948
3-hydroxy-2,2-dimethyl-3-phenylpropionic 22184
4-hydroxy-3,5-dimethyl-1,2,4-triazole 3299
4-hydroxy-N,N-dimethyltryptamine 24163
4-hydroxy-3,5-dinitrobenzenearsonic acid 6640
4-hydroxy-3,5-dinitrobenzoic acid 9850
4-hydroxy-3,5-dinitrophenylpropionic hyd 16603
2-hydroxy-3,5-dinitropyridine 4254
3-hydroxy-1,3-diphenyl-2-propen-1-one 28186
N-hydroxydithiocarbamic acid 234
12-hydroxydodecanoic acid 24883
6-hydroxydopamine 14193
20-hydroxyecdysone 34516
9-hydroxyellipticine 29929
2-hydroxyestradiol 30859
4-hydroxyestradiol 30860
1'-hydroxyestragole 19627
1'-hydroxy-estragole-2',3'-oxide 19674
3-hydroxyestra-1,3,5,7,9-pentaen-17-one 30674
3-hydroxyestra-1,3,5(10),7-tetraen-17-on 30739
17b-hydroxyestra-4,9,11-trien-3-one acet 32233
N-hydroxyethanamine 1119
2-hydroxyethanesulfonic acid 1085
O,O'-bis(2-hydroxyethoxy)benzene 20163
1,4-bis(2-hydroxyethoxy)-2-butyne 14700
3-[2-(2-hydroxyethoxy)ethoxy]propanenitr 11670
2-(2-hydroxyethoxy)ethyl chloroacetate 8058
2-(2-hydroxyethoxy)ethyl ester stearic a 33471
2-(2-hydroxyethoxy)ethyl perchlorate 3639
1-[2-(2-hydroxyethoxy)ethyl]piperazine 15418
2-(2-hydroxyethoxy)ethyl-N-(a,a,a-triflu 30656
2-((2-(2-hydroxyethoxy)-4-nitrophenyl)am 19962
2-(2-hydroxyethoxy)phenol 14013
2-hydroxyethyl acrylate 4927
2-hydroxyethyl chloroacetate 3151
2-hydroxyethyl 2,3-dibromopropanoate 4763
2-hydroxyethyl dichloroacetate 2849
2-hydroxyethyl 2 hydroxybenzoate 10787
2-hydroxyethyl (2-hydroxyethyl)carbamate 5749
2-hydroxyethyl iodoacetate 3223
1-hydroxyethyl peroxyacetate 3578
bis(2-hydroxyethyl) sulfide 3907
2-hydroxyethyl trichloroacetate 2675
N-hydroxyethyl-a-methylbenzylamine 20262
2-hydroxyethylaminium perchlorate 1150
2-(N,N-bis(2-hydroxyethyl)amino)-1,4-ben 19839
1-[(2-hydroxyethyl)amino]-2-butanol 9233
1,4-bis((2-((2-hydroxyethyl)amino)ethyl) 33321
4-bis(2-hydroxyethyl)amino-2-(5-nitro-2- 29257
2-(bis(2-hydroxyethyl)amino)-5-nitrophen 19961
2,2'-((4-((2-hydroxyethyl)amino)-3-nitro 24523
4-(2-hydroxyethylamino)-2-(5-nitro-2-thi 26924
4-bis(2-hydroxyethyl)amino-2-(5-nitro-2- 29256
3'-(bis(2-hydroxyethyl)amino)-p-acetophe 27674
1-[(2-hydroxyethyl)amino]-2-propanol 5990
1-[N,N-bis(2-hydroxyethyl)amino]-2-propa 12359
N-(2-hydroxyethyl)-a-(5-nitro-2-furyl)ni 10839
(S)-(-)-N-(2-hydroxyethyl)-a-phenylethyl 20251
(R)-(+)-N-(2-hydroxyethyl)-a-phenylethyl 20252
N,N-bis(2-hydroxyethyl)butylamine 15658
b-hydroxyethylcarbamate 2070
3,6-bis(2-hydroxyethyl)-2,5-diketopipera 14529
bis(2-hydroxyethyl)dimethylammonium chlo 9282
N-2-hydroxyethyl-3,4-dimethylazolidin 15326
N,N'-bis(2-hydroxyethyl)-dithiooxamide 8345
N,N-bis(2-hydroxyethyl)dodecan amide 29753
N,N-bis(2-hydroxyethyl)ethylamine 9231
N,N'-bis(2-hydroxyethyl)ethylenediamine 9306
N-(2-hydroxyethyl)ethylenediaminetriacet 20663
N-(2-hydroxyethyl)ethylenedinitrilotriac 20292
N,N-bis(2-hydroxyethyl)glycine 8850
2-hydroxy-3-ethylheptanoic acid 18098
N-(2-hydroxyethyl)-N-(4-hydroxybutyl)nit 8956
2-(1-hydroxyethyl)-7-(2-hydroxy-3-isopro 29550
o-(2-hydroxyethyl)hydroxylamine 1123
1-hydroxyethylidene-1,1-diphosphonic aci 1167
N-(2-hydroxyethyl)iminodiacetic acid 8177
N-(2-hydroxyethyl)isonicotinamide 13883
2-hydroxyethylmercury(ii) nitrate 947
N,N-bis(2-hydroxyethyl)-3-methoxyaniline 22530
7-(2-hydroxyethyl)-12-methylbenz(a)anthr 32691
N',N'-bis(2-hydroxyethyl)-N-methyl-2-nit 22544
3-(2-hydroxyethyl)-3-methyl-1-phenyltria 17364
N-(2-hydroxyethyl)-3-methyl-2-quinoxalin 23876
N-(2-hydroxyethyl)-3-nitrobenzylidenimin 16590
N-(2-hydroxyethyl)-4-nitrobenzylidenimin 16591
N-(2-hydroxyethyl)-2-nitro-1H-imidazole- 11134
3-((1-(2-hydroxyethyl)-5-nitro-1H-imidaz 22090
1-((2-hydroxyethyl)nitrosamino)-2-propan 5820
3-(2-hydroxyethyl-nitroso-amino)propane- 5821
1-(2-hydroxyethyl)-1-nitrosourea 2084
N,N-bis(2-hydroxyethyl)-9,12-octadecadie 33424
N,N-bis(2-hydroxyethyl)-p-arsanilic acid 20374
3-[(2-hydroxyethyl)phenylamino]propionit 22066
N-(2-hydroxyethyl)phthalimide 18918
1,4-bis(2-hydroxyethyl)piperazine 15415
N-hydroxy-N-ethyl-p-(phenylazo) aniline 27251
N,N-bis(2-hydroxyethyl)-1,3-propanediami 12385
N,N-bis-(2-hydroxyethyl)-p-toluenesulfon 22535
1-(1-hydroxyethyl)pyrene 30495
4-(1-hydroxyethyl)pyridine-N-oxide 11007
1-(2-hydroxyethyl)-2-pyrrolidinone 8129
N-(2-hydroxyethyl)salicylamide 16963
N-(2-hydroxyethyl)succinimide 7562
4'-(2-hydroxyethylsulfonyl)acetanilide 19843
N-(2-hydroxyethyl)trifluoroacetamide 2875
(2-hydroxyethyl)trimethylarsonium 6004
(2-hydroxyethyl)triphenylphosphonium bro 32116
(2-hydroxyethyl)triphenylphosphonium chl 32120
3-hydroxyflavone 28047
6-hydroxyflavone 28048
7-hydroxyflavone 28049
9-hydroxyfluorene 25626
1-hydroxy-9-fluorenone 25501
2-hydroxy-9-fluorenone 25502
5-hydroxy-N-2-fluorenylacetamine 28237
N-hydroxy-2-fluorenylbenzenesulfonamide 31320
N-(7-hydroxyfluoren-2-yl)acetohydroxamic 28240
N-hydroxy-4-formylaminobiphenyl 25713
4-hydroxy-2(5H)-furanone 2604
4-hydroxy-4H-furo[3,2-c]pyran-2(6H)-one 10437
2-hydroxy-g-butyrolactone 2996
(S)-(-)-a-hydroxy-g-butyrolactone 2997
(R)-(+)-a-hydroxy-g-butyrolactone 2998
(S)-b-hydroxy-g-butyrolactone 2999
N-hydroxy-N-glucuronosyl-2-aminofluorene 31431
3-hydroxy-DL-glutamic acid 5258
b-hydroxy-heptafluoronaphthalene 18460
a-hydroxy-heptafluoronaphthalene 18461
2-hydroxy-4-heptanone 11919
6-hydroxy-trans,trans-2,4-hexadienal 7436
3-hydroxy-2,5-hexanedione 7891
2-hydroxyhexanoic acid, (±) 8541
4-hydroxy-3-hexanone 8491
5-hydroxy-2-hexanone 8492
5-hydroxy-3-hexanone 8493
6-hydroxy-2-hexanone 8494
4-hydroxyhex-4-enoic acid lactone 7437
7-(5-hydroxyhexyl)-3-methyl-1-propylxant 28711
a-hydroxyhippuric acid 16473
2-hydroxyhippuric acid 16474
2-hydroxy-2-(4-hydroxy-3-methoxy-phenyl) 16813
3-hydroxy-2-(hydroxymethyl)-2-methylprop 5571
5-hydroxy-2-(hydroxymethyl)-4H-pyran-4-o 7105
1-hydroxyimidazole-2-carboxaldoxime-3-ox 2748
1-hydroxyimidazol-N-oxide 1602
a-(hydroxyimino)benzeneacetaldehyde oxim 13359
4-hydroxyiminomethyl-2,2,5,5-tetramethyl 14535
2-(hydroxyimino)propanal oxime 1890
3-hydroxy-1H-indazole 10353
5-hydroxyindole 13126
4-hydroxyindole 13127
3-hydroxyindole 13128
5-hydroxyindole-3-acetic acid 18919
5-hydroxy-2-indolecarboxylic acid 16058
4-hydroxy-3-iodobenzoic acid 10034
5-hydroxy-2-iodobenzoic acid 10035
4-hydroxy-3-iodo-5-nitrobenzonitrile 9598
8-hydroxy-7-iodo-5-quinolinesulfonic aci 15895
a-hydroxyisobutyric acid acetate methyl 11558
DL-a-hydroxyisocaproic acid 8557
L-a-hydroxyisocaproic acid 8558
5-hydroxyisophthalic acid 12943
7-(2-hydroxy-3-(isopropylamino)propoxy)- 29487

1-iodo-3-methylbutane 5664
2-iodo-2-methylbutane 5665
2-iodo-3-methylbutane 5666
cis-1-iodo-2-methyl-1-butene 5163
trans-1-iodo-2-methyl-1-butene 5164
3-iodo-2-methyl-1-butene 5165
4-iodo-2-methyl-1-butene 5166
cis-1-iodo-3-methyl-1-butene 5167
trans-1-iodo-3-methyl-1-butene 5168
3-iodo-3-methyl-1-butene 5169
3-iodo-3-methyl-1-butene 5170
4-iodo-3-methyl-1-butene 5171
1-iodo-2-methyl-cis-2-butene 5172
1-iodo-2-methyl-trans-2-butene 5173
1-iodo-2-methyl-2-butene 5174
2-iodo-3-methyl-2-butene 5175
2,2-bis(iodomethyl)-1,3-diiodopropane 4807
2-iodo-1-methyl-4-isopropylbenzene 19753
2-iodo-4-methyl-1-isopropylbenzene 19754
iodomethylmercury 221
7-iodomethyl-12-methylbenz(a)anthracene 31961
(iodomethyl)oxirane 1739
1-iodo-2-methylpentane 8727
2-iodo-2-methylpentane 8728
1-iodo-4-methylpentane 8729
2-iodo-3-methylpentane 8730
2-iodo-4-methylpentane 8731
3-iodo-2-methylpentane 8732
3-iodo-2-methylpentane 8733
3-iodo-3-methylpentane 8734
2-iodo-4-methylphenol 10593
2-iodo-6-methylphenol 10594
4-iodo-2-methylphenol 10600
1-iodo-2-methylpropane 3668
2-iodo-2-methylpropane 3669
1-iodo-2-methyl-1-propene 3218
3-iodo-2-methyl-1-propene 3219
2-iodo-5-methylthiophene 4387
(iodomethyl)trimethylsilane 3976
1-iodonaphthalene 18631
2-iodonaphthalene 18632
3-iodo-4-nitroanisole 10334
1-iodo-2-nitrobenzene 6545
1-iodo-3-nitrobenzene 6546
1-iodo-4-nitrobenzene 6547
4-iodo-3-nitrophenol 6548
4-iodo-3-nitrotoluene 10332
1-iodononacosane 34826
1-iodononadecane 31730
cis-1-iodo-1-nonadecene 31687
trans-1-iodo-1-nonadecene 31688
1-iodononane 18129
1-iodononatriacontane 35566
cis-1-iodo-1-nonene 17809
trans-1-iodo-1-nonene 17810
1-iodooctacosane 34731
1-iodooctadecane 31119
cis-1-iodo-1-octadecene 31065
trans-1-iodo-1-octadecene 31066
1-iodooctane 15276
2-iodooctane, (±) 15277
1-iodooctatriacontane 35529
cis-1-iodo-1-octene 14772
trans-1-iodo-1-octene 14773
4-(3-iodo-2-oxopropylidene)-2,2,3,5,5-pe 22559
iodo-pdsmtsc-iron(iv) complex 17545
1-iodopentacosane 34196
1-iodopentadecane 28901
cis-1-iodo-1-pentadecene 28846
trans-1-iodo-1-pentadecene 28847
1-iodopentane 5660
2-iodopentane 5661
3-iodopentane 5662
2-iodopentane, (±) 5668
1-iodopentatriacontane 35325
cis-1-iodo-1-pentene 5147
trans-1-iodo-1-pentene 5148
2-iodo-1-pentene 5149
3-iodo-1-pentene 5150
4-iodo-1-pentene 5151
5-iodo-1-pentene 5152
1-iodo-cis-2-pentene 5153
1-iodo-trans-2-pentene 5154
2-iodo-cis-2-pentene 5155
2-iodo-trans-2-pentene 5156
3-iodo-cis-2-pentene 5157
3-iodo-trans-2-pentene 5158
4-iodo-cis-2-pentene 5159
4-iodo-trans-2-pentene 5160
5-iodo-cis-2-pentene 5161
5-iodo-trans-2-pentene 5162
1-iodo-3-penten-1-yne 4386
1-iodo-1-pentyne 4654
o-iodophenol 6797
m-iodophenol 6798
4-iodophenoxyacetic acid 13105
2-iodophenyl isocyanate 9824
3-iodophenyl isocyanate 9825
2-iodophenylacetonitrile 12862
4-iodo-D-phenylalanine 16560
3-iodophenylboronic acid 6901
4-iodophenylboronic acid 6902
1-(4'-iodophenyl)butane 19756
1-(3-iodophenyl)ethanone 13098
1-(4-iodophenyl)ethanone 13099
2-iodo-1-phenylethanone 13100
1-iodo-3-phenyl-2-propyne 16007
1-(4-iodophenyl)pyrrole 18700
6-iodo-2-picolin-5-ol 6975
1-iodopropane 2025
2-iodopropane 2026
3-iodopropanoic acid 1741
iodopropanoic acid, (±) 1740
3-iodo-1-propanol 2027
cis-1-iodo-1-propene 1734
trans-1-iodo-1-propene 1735
2-iodo-1-propene 1736
3-iodo-1-propene 1737

1-iodo-1-propyne 1458
3-iodo-1-propyne 1459
3-iodo-2-propynyl-2,4,5-trichlorophenyl 15787
iodo(p-tolyl)mercury 10588
2-iodopyridine 4289
3-iodopyridine 4290
1-iodo-2,5-pyrrolidinedione 2560
4-iodoquinoline 15893
6-iodoquinoline 15894
5-iodosalicylic acid 10036
iodosobenzene 6800
iodosylbenzene 6801
4-iodosyltoluene 10601
2-iodosylvinyl chloride 610
1-iodotetracontane 35629
1-iodotetracosane 34001
1-iodotetradecane 27901
cis-1-iodo-1-tetradecene 27836
trans-1-iodo-1-tetradecene 27837
3-iodotetrahydrothiophene-1,1-dioxide 3222
1-iodotetratriacontane 35263
2-iodothiophene 2488
3-iodothiophene 2489
1-iodotriacontane 34960
1-iodotricosane 33705
1-iodotridecane 26518
cis-1-iodo-1-tridecene 26449
trans-1-iodo-1-tridecene 26450
1-iodo-3,5-bis(trifluoromethyl)benzene 12494
iodotrimethylsilane 2197
1-iodo-2-(trimethylsilyl)acetylene 5181
iodotrimethyltin 2198
iodotriphenylstannane 30547
iodotris(trifluoromethyl)germanium 1305
1-iodotritriacontane 35190
L-3-iodotyrosine 16561
1-iodoundecane 22876
cis-1-iodo-1-undecene 22768
trans-1-iodo-1-undecene 22769
iodo-undecinic acid 22491
5-iodouracil 2485
5-iodovanillin 13106
4-iodyl toluene 10602
4-iodylanisole 10603
iodylbenzene perchlorate 6922
2-iodylvinyl chloride 611
ioglucomide 32308
trans-beta-ionone 26313
a-ionone 26316
ionone 26320
trans-alpha-ionone, (±) 26312
a-ionyl acetate 28776
iopamidol 30181
iopanoic acid 21811
iophenoxic acid 21701
iopronic acid 28502
iothalamic acid 21562
iotroxic acid 33170
ioxaglic acid 33803
ioxynil 9593
IP-10 25573
1,4-ipomeadiol 17492
ipomeanine 16774
ipomeanol 17204
ipriflavone 30635
iprodione 25847
iproplatin 9382
ipropran 11319
irehdiamine A 33001
iritone 26321
irone 26321
iron(iii) acetate, basic 3208
iron(iii) acetylacetonate 28611
iron carbide 89
iron(iii) citrate pentahydrate 9170
iron dodecacarbonyl 23127
iron(ii) fumarate 2412
iron hydrocarbonyl 2411
iron(ii) maleate 2414
iron nitrilotriacetate 6965
iron nonacarbonyl 15769
iron(iii) oxalate 6101
iron(ii) oxalate dihydrate 841
iron pentacarbonyl 4183
iron phthalocyanine 35052
iron(iii) thiocyanate monohydrate 1375
iron(ii) thiocyanate trihydrate 1028
alpha-irone 27683
beta-irone 27684
isatoic anhydride 12696
isazofos 17796
isazophos 17795
isethionic acid, potassium salt 952
isethionic acid, sodium salt 980
iso systox sulfoxide 15678
isoamyl acrylate 14637
isoamyl caprylate 26507
isoamyl 5,6-dihydro-7,8-dimethyl-4,5-dio 32152
isoamyl geranate 28802
1-isoamyl glycerol ether 15583
isoamyl phenylacetate 26225
isoamyl phenylethyl ether 26322
1-isoamyl theobromine 24429
isoamyldichloroarsine 5602
D(-)-isoascorbic acid 7463
D(+)-isoascorbic acid, sodium salt 7260
1(3H)-isobenzofuranone 12921
isobergamate 24475
DL-isoborneol 20731
isoborneol acetate, (±) 24565
isoborneol methyl ether 22700
isobornyl acetate 24581
isobornyl methacrylate 27697
isobutane 3784
isobutanol 3866
isobutene, trimer 24828
2-isobutoxy tetrahydropyran 18085
3-isobutoxy-2-cyclohexen-1-one 20499

(2-isobutoxyethyl)carbamate 12095
N-isobutoxymethylacrylamide 14824
N-isobutoxymethyl-2-chloro-2',6'-dimethy 28655
1-isobutoxy-2-propanol 12274
isobutoxypropanol, mixed isomers 12279
isobutyl acetate 8477
isobutyl acetoacetate 14677
isobutyl acrylate 11451
isobutyl 4-aminobenzoate 22258
isobutyl benzoate 22114
isobutyl bromoacetate 7996
isobutyl butanoate 15176
isobutyl carbamate 5709
isobutyl chloroacetate 8041
isobutyl chlorocarbonate 5088
isobutyl 2-chloropropanoate 11605
isobutyl 3-chloropropanoate 11606
isobutyl cinnamate 26099
isobutyl cyanoacetate 11288
isobutyl ether 15539
isobutyl formate 5498
isobutyl 2-furancarboxylate 17188
isobutyl furylpropionate 22473
isobutyl heptanoate 22845
isobutyl hexanoate 21073
isobutyl 2-hydroxybenzoate 22176
isobutyl 2-hydroxybutanoate 15217
isobutyl 4-hydroxy-3-methoxybenzoate 24258
isobutyl isobutyrate 15177
isobutyl isocyanate 5203
isobutyl isocyanide 5188
isobutyl 4-isopropylbenzoate 27596
isobutyl isothiocyanate 5263
(+)-isobutyl D-lactate 11940
isobutyl linalol 26417
isobutyl mercaptan 3943
isobutyl methacrylate 14601
isobutyl 3-methylbutanoate 18075
isobutyl 4-methylpentanoate 21057
isobutyl 2-naphthyl ether 27374
isobutyl nitrate 3731
isobutyl nitrite 3712
isobutyl 4-oxopentanoate 17748
isobutyl pentanoate 18077
isobutyl phenylacetate 24217
isobutyl N-phenylcarbamate 22259
isobutyl propanoate 11902
isobutyl stearate 33467
isobutyl thiocyanate 5264
isobutyl trichloroacetate 7517
isobutyl vinyl ether 8397
5-isobutyl-3-allyl-2-thioxo-4-imidazolid 20401
isobutylaluminum dichloride 3593
isobutylamine 3978
2-(isobutylamino)ethanol 9220
4-isobutylaniline 20205
N-isobutylaniline 20206
isobutylbenzene 19866
alpha-isobutylbenzeneacetonitrile 24046
4-isobutyl-1,3-benzenediol 20098
alpha-isobutylbenzenemethanol 22417
isobutylcyclohexane 20926
4-isobutylcyclohexanone 20679
isobutylcyclopentane 17860
2,2'-isobutylidenebis(4,6-dimethylphenol 32281
isobutylideneurea 8969
2-isobutyl-3-methoxypyrazine 17417
2-(isobutyl-3-methylbutoxy)ethanol 23071
2-(2-(1-isobutyl-3-methylbutoxy)ethoxy)e 26546
3-isobutyl-1-methylxanthine 19966
N-isobutylmorpholine 15319
1-isobutylnaphthalene 27271
2-isobutylnaphthalene 27272
N-isobutyl-N'-nitro-N-nitrosoguanidine 5766
bisisobutyl-N-nitrosoamine 15410
N-isobutyl-N-nitrosourea 5761
2-isobutylphenol 19984
3-isobutylphenol 19985
4-isobutylphenol 19986
4-isobutylphenylacetic acid 24235
2-(4-isobutylphenyl)butyric acid 21074
2-(p-isobutylphenyl)propionic acid o-met 32251
isobutylphosphonic acid 4024
1-isobutylpiperidine 18135
5-isobutyl-2-p-methoxybenzenesulfonamido 26154
isobutylpropanedioic acid 11538
a-isobutylquinoline 26013
DL-2-isobutylserine 12092
(R)-2-isobutylsuccinic acid-1-methyl est 17773
(S)-2-isobutylsuccinic acid-1-methyl est 17774
2-isobutylthiazole 11312
isobutyl(trimethoxy)silane 12390
isobutyl-triphenylphosphonium bromide 33249
p-isobutyoxybenzoic acid 3-(2'-methylpip 32369
isobutyraldehyde 3479
isobutyraldehyde, oxime 3693
isobutyric acid 3505
isobutyric acid, 3-phenylpropyl ester 26219
isobutyronitrile 3239
iso-caprolactone 7863
isocarboxazid 23875
(-)-isocaryophyllene 28745
isocetyl stearate 35273
isocinchomeronic acid, diisopropyl ester 26144
isocitric acid 7465
DL-isocitric acid lactone 7116
DL-isocitric acid monopotassium salt 7171
6-isocodeine 30760
isocorybulbine 32854
isocorydine 32198
4'-isocyanatobenzo-15-crown-5 28568
4'-isocyanatobenzo-18-crown-6 30217
4-isocyanatobenzoyl chloride 12516
3-isocyanatobenzoyl chloride 12517
2-isocyanatoethanol carbonate (2:1) (est 10840
2-isocyanatoethyl methacrylate 11016
bis(2-isocyanatoethyl)-4-cyclohexene-1,2 27356
bis(2-isocyanatoethyl)-5-norbornene-2,3- 28422

754

756

maleic acid, dipentyl ester 27771
maleic acid, disodium salt 2428
maleic acid, mono(hydroxyethoxyethyl) es 14404
maleic acid, mono(2-hydroxypropyl) ester 11223
maleic anhydride 2430
maleic anhydride ozonide 2434
maleic hydrazide 2572
3-(2-maleimidoethylcarbamoyl)-proxyl, fr 28663
3-(maleimidomethyl)-proxyl, free radical 26274
malic acid 3024
D(+)-malic acid 3027
L(-)-malic acid 3028
m-(allyloxy)-N-bis(1-aziridinyl)phosphi 27473
malonic acid 1636
malonic acid-d4 1278
malononitrile 1377
malotilate 24267
maltitol 24890
maltohexaose 35397
maltopentaose, isomers 34935
alpha-maltose 24773
D-maltose 24781
maltotetraose 33961
maltotriose 31003
malvidin chloride 29958
malvidol 29985
m-aminobenzenesulfonamide 7359
m-aminobenzenesulfonic acid 7217
2-(m-aminophenyl)-3-indolecarboxaldehyde 33538
m-aminopropyl)phenol 17319
(R)-(-)-mandelic acid 13479
mandelic acid 13480
(R)-(+)-mandelonitrile 13130
mandelonitrile 13131
mandelonitrile glucoside 27413
maneb 2885
manganese acetate 3014
manganese acetylacetonate 20167
manganese(ii) bis(acetylide) 2419
manganese(ii) carbonate 348
manganese carbonyl 21464
manganese cyclopentadienyl tricarbonyl 12683
manganese g-aminobutyratopantothenate 26407
manganese, bis(h5-cyclopentadienyl) 19019
manganese(ii) acetate tetrahydrate 4128
manganese(ii) oxalate dihydrate 848
manganese(iii)acetylacetonate 28614
manganous dimethyldithiocarbamate 8309
D-mannitol 9102
D-mannitol hexanitrate 7379
mannomustine 21208
D-mannose 8597
L-(-)-mannose 8614
mannosulfan 21384
marasmic acid 29468
marcellomycin 35689
matridin-15-one 28752
maytansine 35234
mazindol 29077
MB pyrethroid 32179
7-MBA-3,4-dihydrodiol 30633
MBD 26925
3-MCA-anti-9,10-diol-7,8-epoxide 32702
mdcbp 3081
mebhydrolin napadisylate 31445
mebhydroline 31443
mebutamate 20985
mecarbam 20972
mecarbenil 7735
mecinarone 33844
meclizine 34111
meclizine hydrochloride 34118
meclofenoxate hydrochloride 24288
mecoprop 19264
medemycin 35654
medrogestone 33644
medroxyprogesterone 33371
medroxyprogesterone acetate 33910
medullin 32362
mefluidide 21937
mefruside 26244
megalomicin A 35759
meglumine diatrizoate 30881
melengestrol acetate 34137
melezitose 31001
mem chloride 3636
menogaril 34626
p-menthane-8-hydroperoxide 21076
m-menthan-6-ol 21009
p-menthan-8-ol 21037
p-menthan-3-one 20736
p-menthan-3-one racemic 20757
o-1-menthene 20640
p-menth-3-ene, (S)-(-) 20616
trans-p-menth-6-ene-2,8-diol 20792
p-menth-1-ene-9-ol 20737
menthenyl ketone 26380
p-menth-8-en-3-ol 20758
(+)-p-menth-1-en-9-ol, isomers 20738
p-menth-1-en-3-one 20466
p-menth-1-en-8-yl isobutyrate 27766
(1S,2R,5S)-(+)-menthol 21027
(1R,2S,5R)-(-)-menthol 21028
menthol 21029
menthol, (±) 21010
menthol 3-methylbutanoate 28827
menthone 20739
(1S)-(+)-menthyl acetate 24715
menthyl acetate 24716
menthyl acetoacetate 27769
menthyl anthranilate 30235
DL-menthyl borate 34939
(1R)-(-)-menthyl chloride 20870
(+)-menthyl chloroformate 22636
(-)-menthyl lactate 26431
(-)-menthyl phenylacetate 30894
(+)-menthyloxyacetic acid 24738
(R)-5-[(1R)-menthyloxy]-2(5H)-furanone 27704

meperidine 28617
meperidine hydrochloride 28652
mephobarbital 25961
mepiquat chloride 12124
mepirizol 22089
mepitiostane 34162
mepivacaine 28657
mepromazine 31547
meproscillarin 35007
mequitazine 32169
a-mercaptoacetanilide 13331
bis(mercaptoacetate)-1,4-butanediol 14721
mercaptoacetic acid, sodium salt 783
mercaptoacetonitrile 765
2-mercaptobenzoic acid 10418
2-mercaptobenzoxazole 10058
2-mercapto-1-(b-4-pyridylethyl) benzimid 27048
3-mercaptobutanoic acid 3539
4-mercapto-1-butanol 3877
3-mercapto-2-butanol, isomers 3878
(2-mercaptocarbamoyl)di-acetanilide 30670
2-mercaptoethanol 1068
bis(2-mercaptoethyl) sulfide 3955
2-mercaptoethyl trimethoxy silane 6026
b-mercaptoethylamine disulfide 4089
b-mercaptoethylamine hydrochloride 1151
4-mercaptoethylmorpholine 8788
6-mercapto-1-hexanol 9011
2-mercapto-1-hexanol 9012
8-mercaptomenthone, isomers 20765
2-mercapto-5-methylbenzimidazole 13379
2-mercapto-2-methylpropanoic acid 3540
N-(2-mercapto-2-methylpropanoyl)-L-cyste 11676
5-mercapto-1-methyltetrazole 875
2-mercapto-5-methyl-1,3,4-thiadiazole 1608
mercaptomethyltriethoxysilane 12388
2-mercapto-N-2-naphthylacetamide 23630
2-mercapto-5-nitrobenzimidazole 10112
2-mercapto-6-nitrobenzothiazole 9836
2-mercapto-4(or 5)-methylbenzimidazole 13381
2-mercaptophenol 7063
3-mercaptophenol 7064
4-mercaptophenol 7065
5-mercapto-3-phenyl-2H-1,3,4-thiadiazole 12908
3-mercapto-1,2-propanediol 2146
1-mercapto-2-propanol 2133
3-mercaptopropanol 2134
3-mercaptopropionic acid 1942
(3-mercaptopropyl)methyldimethoxysilane 9316
(3-mercaptopropyl)trimethoxysilane 9320
6-mercaptopurine 3-N-oxide 4312
mercaptopurine ribonucleoside 19475
6-mercaptopurine-9-D-riboside 19474
4-mercapto-1H-pyrazolo[3,4-d]pyrimidine 4322
2-mercaptopyridine 4421
4-mercaptopyridine 4422
2-mercaptopyridine-N-oxide 4403
2-mercaptopyrimidine 2577
DL-mercaptosuccinic acid 3017
2-mercaptothiazoline 1782
3-mercapto-D-valine 5726
2,2'-mercuribis(6-acetoxymercuri-4-nitro 29134
mercuric benzoate 26745
mercuric oxycyanide 1197
mercuric peroxybenzoate 26746
mercuric potassium cyanide 4149
mercuric trifluoroacetate 2330
mercuric-8,8-dicaffeine 29369
mercuribis-o-nitrophenol 23303
mercuriphenyl nitrate 6793
mercury(ii) acetate 2881
mercury(ii) acetylide 1190
mercury acetylide (DOT) 561
mercury(ii) aci-dinitromethanide 654
mercury bis(chloroacetylide) 2305
mercury(ii) cyanate 1193
mercury(ii) cyanide 1191
mercury cyclohexanebutyrate 32403
mercury(ii) edta complex 19921
mercury(ii) formohydroxamate 842
mercury(ii) fulminate 1192
mercury gluconate 8079
mercury(ii) methylnitrolate 653
mercury(ii) 5-nitrotetrazolide 1195
mercury oleate 35402
mercury(ii) oxalate 1196
mercury(ii) phenyl acetate 13327
mercury salicylate 9812
mercury(ii) thiocyanate 1194
mercury thiocyanatocobaltate(ii) 2322
mercury-O,O-di-n-butyl phosphorodithioat 29819
mercury(i) acetate 2882
mercury(i) cyanamide 335
mercury-2-naphthalenediazonium trichlori 18617
merphos 25362
bis(mescalinium)tetrachloromanganate(ii) 35752
meserein 35507
mesityl oxide 7761
mesitylene 17011
2-mesitylenesulfonyl chloride 16866
N-mesitylenesulfonylimidazole 23931
1-(mesitylene-2-sulfonyl)-3-nitro-1,2,4- 21848
1-(mesitylsulfonyl)-1H-1,2,4-triazole 22014
1,2-bis(mesyloxy)ethane 3939
metachrome yellow 25494
metalaxyl 28623
metalaxyl-m 28628
metaldehyde 15236
metalutin 31607
metanicotine 19939
metanil yellow 30482
metaraminol 17342
metconazole 30180
metepa 17992
metet 19968
methacholine chloride 15378
trans-methacrifos 11694

methacrolein 2941
2-methacrylamide 3247
methacrylic acid 2969
methacrylonitrile 2697
2-(methacryloyloxy)ethyl acetoacetate 20174
methan-d1-ol 213
methadone 32902
DL-methadone 32903
L-methadone 32904
methadone hydrochloride 32915
bis(2-methallyl) carbonate 17482
2-(4-(methallylamino)phenyl)propionic ac 26133
1-methallyl-3-methyl-2-thiourea 8378
methallyl-19-nortestosterone 33369
17a-(1-methallyl)-19-nortestosterone 33370
methallyltrimethylsilane 12308
methamidophos 1154
methamphetamine 20217
methandrostenolone 32315
methane 251
bis(methane sulfonyl)-D-mannitol 15601
methanearsonic acid 281
methane-d4 62
methanedisulfonic acid 277
methanediol, dinitrate 171
methanedisulfonic acid 277
methanesulfinic acid, sodium salt 246
methanesulfonamide 287
methanesulfonic acid 275
methanesulfonic acid, silver salt 181
methanesulfonic anhydride 1087
methanesulfonyl chloride 201
methanesulfonyl fluoride 215
2-(methanesulfonyl)ethanol 2152
L-(-)-methanesulfonylethyllactate 8586
4-(methanesulfonyl)phenylboronic acid 10938
methanetellurol 279
bis(methanethiolato)tetranitrosyldi iron 1029
methanimidamide 257
methanol-d4 63
methanol-d3 108
methanone, diphenyl-, phenylhydrazone 31338
methantheline bromide 32861
methapyrilene 27556
metharbital 17421
betamethasone 33333
betamethasone benzoate 34765
betamethasone dipropionate 34651
methazole 15873
methenamine 8385
methenamine allyl iodide 17811
methestrol 32276
methidathion 8182
methiocarb 22278
DL-methionine 5727
L-methionine 5728
D-methionine 5729
D-methionine methylsulfonium bromide 8886
DL-methionine methylsulfonium bromide 8887
L-methionine methylsulfonium bromide 8888
L-methionine methylsulfonium iodide 8907
DL-methionine sulfoxide 5747
L-methionine sulfoximine 5818
methionine sulfoximine 5819
L-methioninol 5983
(R)-(+)-methioninol 5984
omethoate 5791
methofadin 23951
methomyl 5426
methopholine 32219
methoprene 31666
D-(-)-amethopterin 32172
methotrexate 32173
methoxsalen 23342
3-methoxy butanoic acid 5557
3-methoxy butyraldehyde 5535
1-methoxy ethyl ethylnitrosamine 5815
1-methoxy ethyl methylnitrosamine 3848
1-methoxy imidazole-N-oxide 2913
(2-(2-methoxy methyl ethoxy)methyl ethox 21378
5-methoxy psoralen 23346
methoxy triethylene glycol vinyl ether 17780
methoxyacetaldehyde 1935
methoxyacetaldehyde diethyl acetal 12289
methoxyacetaldehyde dimethyl acetal 5907
methoxyacetic acid 1949
methoxyacetonitrile 1761
2'-methoxyacetophenone 16697
methoxyacetyl chloride 1693
(methoxyacetyl)methylcarbamic acid o-iso 27542
2-(methoxyacetyl)-1-methylindole 23851
2-(methoxyacetyl)-3-methylindole 23851
4'-(3-methoxy-9-acridinylamino)methanesu 32728
4'-(1-methoxy-9-acridinylamino)methanesu 32727
4'-(3-methoxy-9-acridinylamino)methanesu 32729
3-methoxyacrylonitrile, isomers 2706
2-(3-methoxyallylidene)malonic acid dime 17210
2-methoxy-5-allylphenol 19564
2-methoxy-6-allylphenol 19565
2'-methoxy-4'-allylphenyl 4-guanidinoben 30706
2-methoxy-alpha-methylbenzenemethanol 17150
3-methoxy-alpha-methylbenzenemethanol 17151
4-methoxy-alpha-methylbenzenemethanol 17152
DL-6-methoxy-a-methyl-2-naphthalenemethan 25993
2-methoxy-3-aminodibenzofuran 25714
3-methoxy-4-aminodiphenyl 25866
4-methoxy-4-amino-2-pentanol 9237
2-methoxyaniline 10979
3-methoxyaniline 10980
4-methoxyaniline 10981
2-methoxyanilinium nitrate 11126
1-methoxyanthraquinone 28051
2-(p-p-methoxy-a-phenylphenethyl)phenox 34439
5-methoxy-a-(3-pyridyl)-3-indolemethanol 18843
6-methoxyaristolochic acid D 30455
(S)-(-)-a-methoxy-a-(trifluoromethyl)phe 18844
(R)-(+)-a-methoxy-a-trifluoromethylpheny 18844
a-methoxy-a-(trifluoromethyl)phenylaceto 18697
(S)-(+)-a-methoxy-a-trifluoromethylpheny 18677

2-methoxyphenyl isocyanate 13153
2-methoxyphenyl isothiocyanate 13136
4-methoxyphenyl isothiocyanate 13138
3-methoxyphenyl isothiocyanate 13139
2-methoxyphenyl pentanoate 24243
p-methoxyphenyl 2-pyridyl ketone 25716
p-methoxyphenyl 4-pyridyl ketone 25717
4-methoxyphenyl trifluoromethanesulfonat 13094
N-(2-methoxyphenyl)acetamide 16934
N-(4-methoxyphenyl)acetamide 16935
3-methoxyphenylacetic acid 16762
(S)-(+)-a-methoxyphenylacetic acid 16763
(R)-(-)-a-methoxyphenylacetic acid 16764
DL-a-methoxyphenylacetic acid 16765
2-methoxyphenylacetone 19600
3-methoxyphenylacetonitrile 16404
3-methoxyphenylacetyl chloride 16315
bis(4-methoxyphenyl)amine 27231
4,4'-bis(4-methoxy-6-phenylamino-2-S-tri 35215
4-(2-methoxyphenyl)-a-((1-naphthalenylox 33857
N-(p-methoxyphenyl)-1-aziridinecarboxami 19443
p-((p-methoxyphenyl)azo)aniline 25867
2-methoxy-4-phenylazoaniline 25891
3-methoxyphenylboronic acid 10935
2-methoxyphenylboronic acid 10936
4-methoxyphenylboronic acid 10937
4-(4-methoxyphenyl)-2-butanone 22145
2-(p-(1,2-bis(p-methoxyphenyl)-1-butenyl 34890
4-(4-methoxyphenyl)-3-buten-2-one 21877
3,4-bis(p-methoxyphenyl)-3-buten-2-one 30679
1-(4-methoxyphenyl)cyclohexanecarbonitri 27406
1-(4-methoxyphenyl)-1-cyclohexanecarboxy 27493
2-(3-methoxyphenyl)cyclohexanone 26090
1-(4-methoxyphenyl)-1-cyclopentanecarbox 26105
1-(4-methoxyphenyl)-1-cyclopropanecarbox 21892
1,5-bis(o-methoxyphenyl)-3,7-diazaadmant 33258
bis(4-methoxyphenyl)diazene 27120
2-(3-methoxyphenyl)-5,6-dihydro-S-triazo 29982
2-(p-methoxyphenyl)-3,3-diphenylacryloni 33156
(R)-(-)-2-methoxy-2-phenylethanol 17169
2-methoxy-2-phenylethanol 17170
(S)-(+)-2-methoxy-2-phenylethanol 17171
1-(3-methoxyphenyl)ethanone 16671
2-methoxy-1-phenylethanone 16672
p-methoxyphenylethylamine 17316
1-methoxy-4-(1-phenylethyl)benzene 28430
1-(4-methoxyphenyl)-1H-imidazole 19048
2-(4-methoxyphenyl)-1H-indene-1,3(2H)-di 29060
2-(4-methoxyphenyl)malondialdehyde 19190
2-(3-methoxyphenyl)-8-methoxy-5H-S-triaz 29984
1-(4-methoxyphenyl)-3-methyl triazene 14203
1-(p-methoxyphenyl)-3-methyl-3-nitrosour 16995
1-(4-methoxyphenyl)-2-methylpiperazine, 24410
2-(4-methoxyphenyl)-4,4-bis(methylthio)- 28276
5-(m-ethoxyphenyl)-3-(o-ethylphenyl)-S-t 30703
5-(m-methoxyphenyl-3-(o-tolyl))-S-triazo 29223
5-methoxy-2-phenyloxazole 18898
1-(3-methoxyphenyl)-1-pentanone 24219
2,3-bis(p-methoxyphenyl)-2-pentenonitril 31427
trans-3-(o-methoxyphenyl)-2-phenylacryli 29172
(2-methoxyphenyl)phenyldiazene 25767
(3-methoxyphenyl)phenyldiazene 25768
(4-methoxyphenyl)phenyldiazene 25769
(2-methoxyphenyl)phenylmethanone 26950
(3-methoxyphenyl)phenylmethanone 26951
(4-methoxyphenyl)phenylmethanone 26952
3-(3-methoxyphenyl)-1-phenyl-2-propen-1- 29157
3-(4-methoxyphenyl)-1-phenyl-2-propen-1- 29158
1-(3-methoxyphenyl)piperazine 22372
1-(2-methoxyphenyl)piperazine 22373
1-(4-methoxyphenyl)piperazine 22374
2-((3-o-methoxyphenylpiperazino)-propyl) 34128
4-(o-methoxyphenyl)piperazinyl 3,4,5-tri 32871
4-(p-methoxyphenyl)piperazinyl 3,4,5-tri 32872
7-(4-(3-methoxyphenyl)-1-piperazinyl)-4- 30053
N-(p-methoxyphenyl)-p-phenylenediamine 25956
1-(3-methoxyphenyl)-1-propanone 19566
1-(3-methoxyphenyl)-2-propanone 19567
1-(4-methoxyphenyl)-2-propanone 19568
1-(methoxyphenyl)-2-propanone 19569
2-methoxy-1-phenyl-1-propanone 19570
3-methoxy-1-phenyl-1-propanone 19571
3-(2-methoxyphenyl)propionic acid 19665
3-(4-methoxyphenyl)pyrazole 19049
2-(m-methoxyphenyl)-pyrazolo(5,1-a)isoqu 30480
4-(m-methoxyphenyl)semicarbazone 1-methy 27370
4-(p-methoxyphenyl)semicarbazone 1-methy 27371
4-(m-methoxyphenyl)semicarbazone-1H-pyrr 25984
4-(p-methoxyphenyl)semicarbazone-1H-pyrr 25985
4-(m-methoxyphenyl)thiosemicarbazone 1-m 27368
4-(p-methoxyphenyl)thiosemicarbazone 1-m 27369
4-(m-methoxyphenyl)thiosemicarbazone-1H- 25982
4-(p-methoxyphenyl)thiosemicarbazone-1H- 25983
2-(3-methoxyphenyl)-5H-S-triazolo(5,1-a) 29103
2-(m-methoxyphenyl)-S-triazolo(5,1-a)iso 29912
trans-1-methoxy-4-(2-phenylvinyl)benzene 28292
5-(m-methoxyphenyl)-3-(2,4-xylyl)-S-tria 30048
10-(3-(4-methoxypiperidino)propyl)phenot 33590
2-methoxypromazine 30797
3-methoxy-1-propanamine 3997
2-methoxy-1,3-propanediol 3921
3-methoxy-1,2-propanediol 3922
2-methoxypropanenitrile 3252
2-methoxy-1-propanol 3894
(S)-(+)-2-methoxypropanol 3901
methoxypropanol 3902
(S)-(+)-1-methoxy-2-propanol 3903
(R)-(-)-1-methoxy-2-propanol 3904
3-methoxy-1-propanol 3906
1-methoxy-2-propanone 3522
3-methoxy-1-propene 3477
2-methoxypropene 3496
1-methoxy-2-(1-propenyl)benzene 19497
trans-1-methoxy-4-(1-propenyl)benzene 19498
1-methoxy-4-(2-propenyl)benzene 19499
2-methoxy-6-(1-propenyl)phenol 19572
cis-2-methoxy-4-(1-propenyl)phenol 19573
trans-2-methoxy-4-(1-propenyl)phenol 19574
cis-2-methoxy-4-(1-propenyl)phenol aceta 23991
trans-2-methoxy-4-(1-propenyl)phenol ace 23992
(S)-(-)-2-methoxypropionamide 3720
(R)-(+)-2-methoxypropionamide 3721
(R)-(+)-2-methoxypropionic acid 3559
(S)-(-)-2-methoxypropionic acid 3560
3-methoxypropionic acid 3561
3-methoxypropionitrile 3248
(R)-(+)-2-methoxypropionitrile 3255
(S)-(-)-2-methoxypropionitrile 3256
6'-methoxy-2'-propiononaphthone 27169
4'-methoxypropiophenone 19601
2-methoxy-1-propyl acetate 8568
1-methoxy-4-propylbenzene 20041
3-methoxypropylisothiocyanate 5217
2-methoxy-4-propylphenol 20115
3-methoxy-1-propyne 2952
6-methoxypurine 7040
2-methoxypyrazine 4507
N1-(3-methoxy-2-pyrazinyl)sulfanilamide 21846
6-methoxy-3-pyridinamine 7345
4-methoxypyridine 7185
2-methoxypyridine 7200
3-methoxypyridine 7201
2-methoxy-5-pyridineboronic acid 7284
3-methoxy-1H-pyrido(3',4':4,5)pyrrolo(3, 28004
4-methoxypyridoxine 17355
5-methoxy-3-(2-pyrrolidinoethyl)indole 28582
3-methoxy-4-pyrrolidinylmethyldibenzofur 30695
6-methoxyquinaldine 21740
4-methoxyquinoline 18871
6-methoxyquinoline 18872
8-methoxyquinoline 18873
6-methoxy-4-quinolinecarboxylic acid 21582
N-(6-methoxy-8-quinolinyl)-N'-isopropyl- 30912
6-methoxyquinoxaline 16155
2-methoxyresorcinol 10909
4-methoxysalicylic acid 13499
5-methoxysalicylic acid 13500
3-methoxysalicylic acid 13501
3-methoxy-4-stilbenamine 28354
4-methoxystilbene 28297
6-methoxy-1,2,3,4-tetrahydronaphthalene 22110
2-methoxytetrahydropyran 8512
6-methoxy-2-tetralone 21874
7-methoxy-2-tetralone 21875
5-methoxy-1-tetralone 21878
5-methoxy-1,2,3,4-thiatriazole 772
2-methoxythiophene 4544
3-methoxythiophene 4545
2-methoxythiophenol 10863
2-methoxytricycloquinazoline 33113
3-methoxytricycloquinazoline 33114
3-methoxy-2,4,5-trifluorobenzoic acid 12666
1-methoxy-2,2,2-trifluoroethanol 1732
2-methoxy-5-(trifluoromethyl)aniline 13321
1-methoxy-3,4,5-trimethyl pyrazole-N-oxi 11391
methoxytrimethylsilane 4093
trans-1-methoxy-3-trimethylsiloxy-1,3-bu 15213
1-methoxy-3-(trimethylsilyloxy)-1,3-buta 15214
2-methoxy-1,3,5-trinitrobenzene 10121
5-methoxy-1,3,4-triphenyl-4,5-dihydro-1H 19154
6-methoxytryptamine 22067
DL-5-methoxytryptophan 23934
5-methoxytryptophol 21982
(2-methoxyvinyl)benzene 16610
6-methoxy-2-vinylnaphthalene 25804
1-methoxy-2-vinyloxy ethane 5529
methyl abietate 32974
methyl 2-acetamidoacrylate 7564
methyl 2-acetamidobenzoate 19330
methyl 2-acetamido-5-bromobenzoate 18981
methyl 4-acetamido-5-chloro-2-methoxyben 21797
methyl acetate 1932
methyl acetoacetate 4929
methyl 3-acetoxy-2-methylenebutyrate 14396
methyl acetyl ricinoleate 33014
methyl 4-acetylbenzoate 19180
methyl 4-((5-acetyl-2-furanyl)oxy)-a-eth 30083
methyl 4-acetyl-5-oxohexanoate 17505
methyl 2-(acetyloxy)benzoate 19203
methyl 5-acetylsalicylate 19210
methyl a-chlorophenylacetate 16319
2-methyl acrylaldehyde oxime 3259
methyl acrylamidoglycolate methyl ether 11304
methyl acrylate 2970
methyl (±)-11a-16-dihydroxy-16-methyl-9- 33412
methyl a-D-galactopyranoside monohydrate 12298
methyl alcohol 272
methyl alpha,alpha-dimethylbenzenepropan 24220
methyl alpha-hydroxydiphenylacetate 28313
methyl alpha-hydroxyphenylacetate, (±) 16737
methyl aluminum sesquibromide 2166
methyl aluminum sesquichloride 2167
methyl 2-aminobenzoate 13707
methyl 3-aminobenzoate 13708
methyl 4-aminobenzoate 13727
methyl 4-amino-1-benzyl-1,2,5,6-tetrahyd 27451
methyl 4-amino-3-bromobenzoate 13249
methyl 2-amino-5-chlorobenzoate 13272
methyl 4-amino-3-chlorobenzoate 13273
methyl 3-aminocrotonate 5229
methyl 2-amino-1-cyclohexene-1-carboxyla 14448
methyl 3-amino-4-hydroxybenzoate 13750
methyl 3-amino-2-thiophenecarboxylate 7214
methyl aristolate 30527
methyl azide 239
methyl azodicarboxylate 2917
methyl bis(b-cyanoethyl)amine 11314
methyl benzenediazoate 10805
methyl benzenesulfinate 10892
methyl benzenesulfonate 10913
methyl benzenesulfonylacetate 16806
methyl benzoate 13412
methyl 1,3-benzodioxole-5-acetate 19204
methyl 1,3-benzodioxole-5-carboxylate 16235
methyl benzoylacetate 19181
methyl 2-benzoylbenzoate 28193
methyl 4-benzoylbutanoate 23993
methyl benzoylformate 16226
methyl benzyl disulfide 14058
a-methyl benzyl ether 29393
methyl 1-benzyl-5-oxo-3-pyrrolidine-carb 26025
methyl bromide 191
methyl bromoacetate 1656
methyl 3-bromobenzoate 12970
methyl 4-bromobenzoate 12971
methyl 2-bromobenzoate 12978
methyl 3-bromo-2-(bromomethyl)propionate 4762
methyl 2-bromobutanoate 5008
methyl 4-bromobutanoate 5009
methyl 4-bromocrotonate 4599
methyl 1-bromocyclohexanecarboxylate 14418
methyl 10-bromodecanoate 22754
methyl 2-bromododecanoate 26441
methyl 2-(bromomethyl)acrylate 4600
methyl 4-(bromomethyl)benzoate 16270
methyl 2-bromo-3-methylbutanoate 7997
methyl (R)-(+)-3-bromo-2-methylpropionat 5019
(-)-methyl (S)-3-bromo-2-methylpropionat 5020
methyl 5-bromonicotinoylacetate 19155
methyl 2-bromo-3-phenylacrylate 18811
methyl 3-bromopropanoate 3075
methyl 2-bromopropanoate, (±) 3074
methyl 2-bromopropionate 3079
methyl 11-bromoundecanoate 24790
methyl 5-bromovalerate 8001
methyl 1-bromovinyl ketone 2627
methyl butanoate 5504
methyl cis-2-butenoate 4886
methyl trans-2-butenoate 4887
methyl 3-butenoate 4918
methyl butyl ether 5841
methyl butyl sulfide 5930
methyl butylcarbamate 8819
methyl 2-butynoate 4561
methyl cadmium azide 195
methyl caffeate 19211
methyl carbamate 961
methyl cellosolve acetylricinoleate 33676
methyl chloride 196
methyl chloroacetate 1688
methyl 4-chloroacetoacetate 4634
methyl 2-chloroacetoacetate 4635
methyl 2-chloroacrylate 2659
methyl 2-chloro-a-cyanohydrocinnamate 21607
methyl 4-chlorobenzoate 13015
methyl 3-chlorobenzoate 13020
methyl 2-chlorobenzoate 13021
methyl 4-chlorobenzoylacetate 19156
methyl 2-chlorobenzoylacetate 19157
methyl 2-chlorobutanoate 5090
methyl 4-chlorobutanoate 5091
methyl 4-chloro-2-butenoate 4624
methyl trans-2-chloro-2-butenoate 4625
methyl cis-3-chloro-2-butenoate 4626
methyl trans-3-chloro-2-butenoate 4627
methyl 4-chlorocarbonylbenzoate 15976
methyl chlorodifluoroacetate 1403
methyl chlorofluoroacetate 1521
methyl 2-chloro-4-fluorophenylacetate 16103
methyl 2-chloro-6-fluorophenylacetate 16104
methyl chloroformate 711
methyl 5-chloro-2-hydroxybenzoate 13030
methyl 5-chloro-2-methoxybenzoate 16330
methyl 2-chloro-2-methylpropanoate 5092
methyl 4-chloro-3-nitrobenzoate 12785
methyl 5-chloro-2-nitrobenzoate 12786
methyl chlorooxoacetate 1414
methyl 10-chloro-10-oxodecanoate 22637
methyl 3-chlorophenylacetate 16316
methyl 4-chlorophenylacetate 16317
methyl 2-chlorophenylacetate 16318
methyl 3-chloro-3-phenyl-2-propenoate 18820
methyl trans-2-chloro-3-phenyl-2-propeno 18821
methyl 2-chloropropanoate 3144
methyl 3-chloropropanoate 3145
(-)-methyl (S)-2-chloropropionate 3148
(R)-(+)-methyl (R)-2-chloropropionate 3149
methyl chlorosilane 284
methyl chlorosulfonate 202
methyl 2-(chlorosulfonyl)benzoate 13041
methyl 5-chlorovalerate 8051
methyl trans-chrysanthemummonocarboxylat 22602
methyl cinnamate 19119
4-methyl cinnoline 16153
methyl clofenapate 30027
methyl copper 212
methyl coumalate 10439
methyl cyanoacetate 2713
methyl 4-(cyanoacetyl)benzoate 21586
methyl 2-cyanoacrylate 4408
methyl 4-cyanobenzoate 16047
methyl 2-cyano-3-(2-bromophenyl)acrylate 21605
methyl cyanocarbamate dimer 7375
methyl cyanoformate 1470
methyl 9-cyanononanoate 22643
methyl 3-cyanopropanoate 4679
methyl cyclobutanecarboxylate 7843
methyl cyclohexanecarboxylate 14622
methyl 3-cyclohexene-1-carboxylate 14351
methyl cyclohexene-1-carboxylate 14363
methyl cyclohexylacetate 17722
methyl cyclohexylfluorophosphonate 11771
methyl cyclohexylideneacetate 17464
methyl cyclopentene-1-carboxylate 11186
methyl cyclopropanecarboxylate 4906
methyl L-cysteine hydrochloride 3797
methyl cis-2,cis-4-decadienoate 22598
methyl cis-2,trans-4-decadienoate 22599
methyl trans-2,cis-4-decadienoate 22600
methyl trans-2,trans-4-decadienoate 22601
methyl decanoate 22848
methyl decyl sulfide 23086
methyl demeton 9267
methyl diacetoacetate 11214

methyl diazoacetate 1603
methyl 2-diazopropanonate 2902
methyl 3,5-dibenzyloxybenzoate 33212
methyl 3,5-dibromo-2-hydroxybenzoate 12742
methyl 3,5-dibromo-4-hydroxybenzoate 12744
methyl 2,3-dibromo-2-methylpropanoate 4761
methyl 2,3-dibromopropanoate 2785
methyl dichloroacetate 1556
methyl 2,3-dichlorobenzoate 12819
methyl 3,4-dichlorobutanoate 4788
methyl 3,5-dichloro-4-hydroxybenzoate mo 13306
methyl 2,2-dichloro-2-methoxyacetate 2850
methyl 3,6-dichloro-o-anisate 16122
methyl (2,4-dichlorophenoxy)acetate 16123
methyl 2,6-dichlorophenylacetate 16117
methyl 2,4-dichlorophenylacetate 16118
methyl 3,4-dichlorophenylacetate 16119
methyl dichlorophosphate 207
methyl dichlorophosphite 205
methyl 2,3-dichloropropanoate 2843
methyl dichlorosilane 254
methyl 2,2-dichloro-3,3,3-trifluoropropa 2464
methyl diepoxydiallylacetate 17507
methyl diethanolamine 5986
methyl (diethoxyphosphinyl)acetate 8875
methyl difluoroacetate 1574
methyl 2,2-difluoromalonyl fluoride 2480
methyl difluorophosphite 218
methyl 2,5-dihydro-2,5-dimethoxy-2-furan 14402
methyl (4S,5S)-dihydro-5-methyl-2-phenyl 23858
methyl 3,5-dihydroxybenzoate 13502
methyl 2,4-dihydroxybenzoate 13503
methyl 2,3-dihydroxy-2-methylpropanoate 5572
methyl 2,3-dihydroxypropanoate, (±) 3574
methyl N,N-diisopropylchlorophosphoramid 12312
methyl dimethoxyacetate 5578
methyl 3,4-dimethoxybenzoate 19680
methyl 3,5-dimethoxybenzoate 19686
methyl 2,4-dimethoxybenzoate 19687
methyl 4,5-dimethoxy-3-hydroxybenzoate 19699
methyl 3,5-dimethoxy-4-hydroxybenzoate 19700
methyl 4,4-dimethoxy-3-oxovalerate 14724
methyl 3,3-dimethoxypropionate 8574
methyl 5,5-dimethoxyvalerate 15237
methyl 3-(dimethylamino)propionate 8833
methyl 2,4-dimethylbenzoate 19552
methyl 3,5-dimethylbenzoate 19603
methyl (4S)-(+)-2,2-dimethyl-1,3-dioxola 14712
methyl (R)-2,2-dimethyl-1,3-dioxolane-4- 11554
(-)-methyl (S)-2,2-dimethyl-1,3-dioxolan 11555
methyl 2,5-dimethyl-3-furancarboxylate 14014
methyl 2,2-dimethyl-3-hydroxypropionate 8561
methyl 4,4-dimethyl-3-oxopentanoate 14679
methyl 2,2-dimethylpropanoate 8497
methyl 1,2-dimethylpropyl ether 9001
methyl 2,2-dimethylpropyl ether 9003
methyl dimethylthioborane 2177
methyl 7,7-dimethyltricyclo[2.2.1.02,6]h 22454
methyl 3,5-dinitrobenzoate 12904
methyl dioxolane 5536
methyl diphenyl phosphine oxide 25898
methyl diphenylphosphinite 25899
methyl dithiocarbanilate 13770
methyl divinyl acetylene 10732
methyl docosanoate 33699
methyl dodecanoate 26505
methyl 11-dodecenoate 26421
methyl dodecyl sulfide 26551
methyl (E)-4-chloro-3-methoxy-2-butenoat 7510
methyl eicosanoate 33049
methyl ethane sulphonate 2154
methyl ethoxyacetate 5552
methyl 4-ethoxybenzoate 19666
methyl ethyl ether 2131
methyl ethyl ketone 3480
methyl ethyl ketone peroxide 15559
methyl ethyl ketone semicarbazone 5757
methyl ethyl oxalate 2160
methyl ethyl sulfide 2160
methyl 2-ethylacetoacetate 11512
methyl 2-ethylbutanoate 11913
methyl ethylnitrocarbamate 3454
methyl 1-ethylpropyl ether 9000
methyl eugenol glycol 22479
S-methyl fenitrooxon 17036
methyl fluoride 214
methyl fluoroacetate 1719
methyl 4-fluorobenzoate 13075
methyl 4-fluorobenzoylacetate 18840
methyl 4-fluorophenylacetate 16348
methyl 2-fluorophenylacetate 16349
methyl 3-fluorophenylacetate 16350
methyl fluorosulfonate 216
methyl formate 890
methyl 4-formylbenzoate 16228
methyl 4-formylbenzoate dimethyl acetal 22198
methyl 3-formylindole-6-carboxylate 21587
methyl 2-furanacetate 10902
methyl 2-furanacrylate 13467
methyl 2-furancarboxylate 7092
methyl 3-furancarboxylate 7093
methyl 2-furanpropanoate 14002
a-D-methyl glucopyranoside-2,3,4,6-tetra 11135
3-methyl glutaraldehyde 7868
(R)-2-methyl glycidol 3532
methyl glyoxylate 1635
methyl green 34455
methyl heneicosanoate 33470
methyl heptadecanoate 31104
methyl heptadecyl sulfide 31153
methyl heptafluorobutanoate 4243
methyl heptanoate 15195
methyl heptyl sulfide 15607
methyl hexacosanoate 34558
methyl hexadecyl sulfide 30364
methyl trans,trans-2,4-hexadienoate 11172
methyl hexafluoroisobutyrate 4286
methyl hexanoate 11914

methyl 3-hexenoate 11483
methyl hexyl sulfide 12302
methyl 2-hexynoate 11170
methyl hydrazinecarboxylate 1045
methyl hydrazodicarboxylate 3455
methyl hydrogen succinate 4951
methyl hydroxyacetate 1956
methyl 3-hydroxybenzoate 13468
methyl 4-hydroxybenzoate 13469
methyl 4-hydroxybenzoate, sodium salt 13234
methyl (R)-(-)-3-hydroxybutyrate 5559
methyl (S)-(+)-3-hydroxybutyrate 5560
methyl 4-hydroxyisoxazole-5-carboxylate 4419
methyl 4-hydroxy-3-methoxybenzoate 16789
methyl 2-hydroxy-3-methylbenzoate 16734
methyl 2-hydroxy-4-methylbenzoate 16735
methyl 2-hydroxy-5-methylbenzoate 16736
methyl 4-(hydroxymethyl)benzoate 16766
methyl 3-hydroxy-2-methylenebenzoate 7907
methyl 3-hydroxy-2-methyl-3-oxobutyrate 7933
methyl 2-hydroxy-2-methylpropanoate 5553
methyl (R)-(-)-3-hydroxy-2-methylpropion 5561
methyl (S)-(+)-3-hydroxy-2-methylpropion 5562
methyl 3-hydroxy-2-naphthalenecarboxylat 23554
methyl 4-hydroxy-3-nitrobenzoate 15347
methyl hydroxyoctadecadienoate 31667
methyl 4-hydroxyphenylacetate 16767
methyl 3-(4-hydroxyphenyl)propionate 19667
methyl 3-hydroxypropanoate 3553
methyl 12-hydroxystearate 31723
methyl 11-hydroxyundecanoate 24881
methyl hypochlorite 200
methyl indole-4-carboxylate 18906
methyl indole-3-carboxylate 18907
methyl iodide 222
methyl 2-iodobenzoate 13101
methyl 3-iodobenzoate 13102
methyl 4-iodobenzoate 13103
methyl 4-iodobutyrate 5179
methyl 3-iodopropanoate 3221
methyl isobutanoate 5505
methyl isobutyl ether 5842
methyl isocyanate 755
methyl 2-isocyanatobenzoate 16061
methyl isocyanatoformate 1472
methyl (S)-(-)-2-isocyanato-3-methylbuty 11300
methyl (S)-(-)-2-isocyanato-3-phenylprop 21758
methyl isocyanide 754
methyl isocyanoacetate 2718
methyl isodehydracetate 16799
methyl isopentanoate 8498
methyl isopropenyl ketone 4849
methyl isopropyl ether 3871
methyl isopropyl ketone 5452
methyl isopropyl sulfide 3949
methyl 4-isopropylbenzoate 22115
methyl 3,4-O-isopropylidene-l-threonate 14725
methyl 3-isoquinolinecarboxylate 21577
methyl isothiocyanate 763
methyl 2-isothiocyanatobenzoate 16052
methyl isoxathion 21813
methyl jasmonate 26334
methyl (R)-(+)-lactate 3562
methyl (S)-(-)-lactate 3563
methyl lactate 3564
methyl lactate, (±) 3554
methyl linoleate 31664
methyl linolenate 31652
methyl malonyl chloride 2663
(R)-(-)-methyl mandelate 16768
(S)-(+)-methyl mandelate 16769
methyl marasmate 29469
methyl mercaptan 278
methyl mercaptoacetate 1943
methyl 3-mercaptopropanoate 3541
methyl methacrylate 4889
methyl methanesulfonate 1080
S-methyl methanethiosulfinate 1069
S-methyl methanethiosulfonate 1076
methyl methoxyacetate 3555
methyl 4-methoxyacetoacetate 7934
methyl 3-methoxyacrylate 4939
methyl trans-3-methoxyacrylate 4940
methyl 3-methoxybenzoate 16738
methyl 4-methoxybenzoate 16739
methyl 2-methoxybenzoate 16740
methyl 1-methoxybicyclo[2.2.2]oct-5-ene- 22471
methyl 4-methoxybutyrate 8562
methyl 4-methoxycarbonylbenzoylacetate 23792
methyl 4-methoxycinnamate 21894
methyl 3-methoxy-2-(methylamino)benzoate 19823
methyl 4-methoxyphenylacetate 19668
methyl 3-(2-methoxyphenyl)-2-propenoate 21883
methyl 3-methoxypropionate 5563
methyl 5-methoxysalicylate 16800
methyl 4-methoxysalicylate 16801
methyl 2-methylacetoacetate 7893
methyl 2-(methylamino)benzoate 16936
methyl 2-methylbenzoate 16677
methyl 3-methylbenzoate 16678
methyl 4-methylbenzoate 16679
methyl 2-methyl-2-butenoate 7845
methyl 3-methyl-2-butenoate 7846
methyl 1-methylbutyl ether 8997
methyl 2-methylbutyl ether 8998
methyl 3-methylbutyl ether 8999
methyl 2-methylbutyrate 8513
methyl 1-methylcyclopropyl ketone 7800
methyl 2-methyl-3-furancarboxylate 10907
methyl (R)-(+)-3-methylglutarate 11556
methyl 2-methylglycidate 4941
methyl 6-methylnicotinate 13728
methyl trans-3-(5-nitro-2-furyl)-4-is 18733
methyl 4-methyl-4-nitropentanoate 11681
(±)-methyl (S)-(-)-1-methyl-2-oxocyclohexane 22617
(+)-methyl (R)-3-(1-methyl-2-oxocyclohex 22618
methyl 4-methyl-5-oxohexanoate 14666
methyl 3-methyl-4-oxopentanoate 11513

methyl 2-methyl-2-pentenoate 11484
methyl 3-methyl-2-pentenoate 11485
methyl cis-3-methyl-2-pentenoate 11486
methyl trans-3-methyl-2-pentenoate 11487
methyl trans-2-methyl-2-pentenoate 11491
methyl N-methyl-N-phenylcarbamate 16937
methyl 1-methyl-4-piperidinecarboxylate 14810
methyl 1-methyl-2-pyrroleacetate 14175
methyl 5-methyl-1-(2-quinolinyl)-4-pyrazol 28247
methyl 5-methyl-1-(2-quinoxalinyl)-4-pyr 26921
methyl 5-methylsulphonylindole-2-carboxy 21765
methyl (methylthio)acetate 3543
methyl 2-(methylthio)benzoate 16710
methyl methylthiomethyl sulfoxide 2137
methyl 3-(methylthio)propanoate 5538
methyl 4-morpholinepropionate 14832
methyl morpholinoacetate 11672
methyl 10-(3-morpholinopropyl)phenothiaz 32837
methyl 1-naphthalenecarboxylate 23534
methyl 2-naphthalenecarboxylate 23535
N-methyl naphthylcarbamate 23642
methyl nitrate 238
methyl nitrite 236
methyl nitroacetate 1773
methyl 4-nitrobenzenesulfonate 10685
methyl 2-nitrobenzoate 13176
methyl 3-nitrobenzoate 13177
methyl 4-nitrobenzoate 13184
methyl 4-nitrobutyrate 5254
methyl 5-nitro-2-furoate 4882
methyl 3-(5-nitro-2-furyl)-5-phenyl-4-is 28031
methyl trans-3-(2-nitrophenyl)-2-propeno 18930
methyl trans-3-(3-nitrophenyl)-2-propeno 18931
methyl trans-3-(4-nitrophenyl)-2-propeno 18932
o-methyl nogalarol 34882
methyl nonadecafluorodecanoate 21470
methyl nonadecanoate 32500
methyl nonadecyl sulfide 32540
methyl nonanoate 21063
methyl nonyl acetaldehyde dimethyl aceta 27937
methyl nonyl sulfide 21388
methyl nonylenate 20805
methyl 2-nonynoate 20500
methyl 9,12-octadecadienoate 31665
methyl trans-9-octadecenoate 31676
methyl octadecyl sulfide 31752
methyl octanoate 18081
methyl octyl sulfate 18361
methyl octyl sulfide 18367
methyl 2-octynoate 17465
methyl oleate 31675
methyl orange 27130
methyl orotate 7026
methyl 2-oxo-1-cycloheptanecarboxylate 17489
methyl 2-oxocyclopentanecarboxylate 11196
methyl 12-oxooctadecanoate 31677
methyl 3-oxo-6-octenoate; predominantly 17490
methyl 4-oxopentanoate 7894
methyl 4-(3-oxo-3-phenyl-1-propenyl) ben 29947
methyl 2-oxopropanoate 2993
methyl 2-oxo-2H-pyran-3-carboxylate 10440
methyl 3-oxovalerate 7908
methyl palmitate 30332
methyl palmitoleate 30293
methyl parathion 13854
methyl pentachlorophenate 9558
methyl pentadecanoate 29730
methyl pentadecyl sulfide 29792
methyl pentafluorobenzoate 12491
methyl pentafluoropropanoate 2481
methyl pentanoate 8499
methyl trans-2-pentenoate 7859
methyl trans-3-pentenoate 7860
methyl pentyl ether 8996
methyl pentyl sulfate 9094
methyl pentyl sulfide 9114
methyl 2-pentynoate 7414
methyl perchlorate 203
methyl perfluoromethacrylate 4240
methyl perfluorooctanoate 15783
methyl perillate 22459
methyl phencapton 16873
methyl phenoxyacetate 16741
methyl phenyl disulfide 10924
methyl phenyl sulfide 10921
methyl phenyl sulfone 10890
methyl 2-phenylacetate 16684
methyl 2-phenylbutanoate 22129
methyl phenylcarbinyl acetate 19629
methyl 3-phenylpropanoate 19578
methyl 3-phenyl-2-propynoate 18757
methyl 2-phenylsulfinylacetate 16777
methyl phthalyl ethyl glycolate 26000
methyl 4-piperidinecarboxylate 11650
methyl 10-(3-piperidinopropyl)phenothiaz 33289
methyl 10-(3-piperidinopropyl)phenoxazin 33284
methyl potassium 226
methyl p,p-diethylphosphonoacetate 12110
methyl propanoate 3509
methyl propiolate 2601
methyl propyl disulfide 3954
methyl propyl ether 3870
methyl propyl ketone 5450
methyl propyl sulfate 3938
methyl propyl sulfide 3948
methyl 5-propylthio-2-benzimidazolecarba 24055
methyl protoanemonin 7075
methyl p-tolyl sulfone 13990
(R)-(+)-methyl p-tolyl sulfoxide 13944
methyl p-tolyl sulfoxide 13945
methyl 3-pyridinecarboxylate 10634
methyl 4-pyridinecarboxylate 10635
bis(2-methyl pyridine)sodium 23920
methyl 2-pyridylacetate 13729
methyl 1-pyrrolecarboxylate 7209
N-methyl pyrrolecarboxylate 7262
methyl (S)-(+)-2-pyrrolidone-5-carboxyla 7565
methyl red 28366

methyl reserpate 33612
methyl salicylate 13445
methyl sec-butyl ether 5843
methyl sec-butylcarbamate 8820
methyl silane 322
methyl silyl ether 320
methyl sodium 244
methyl stearate 31719
methyl stibine 303
methyl styrylphenyl ketone 29155
methyl succinyl chloride 4636
methyl sulfate 276
3-methyl sulfolane 5537
methyl tartronic acid 3029
methyl (S)-(-)-3-(tert-butoxycarbonyl)-2 24645
methyl (R)-(+)-3-(tert-butoxycarbonyl)-2 24646
methyl tert-butyl ether 5844
methyl 4-tert-butylbenzoate 24226
methyl tert-butylcarbamate 8821
methyl (R)-(+)-3-(tert-butyldimethylsily 31669
methyl tert-pentyl ether 9002
methyl 9,10,12,13-tetrabromooctadecanoat 31658
methyl tetracosanoate 34192
methyl tetradecanoate 28888
methyl tetradecyl sulfide 28923
methyl 1,4,5,6-tetrahydro-2-methylcyclop 19786
methyl N,N,N',N'-tetraisopropylphosphoro 26570
methyl 2,3,4,6-tetra-O-methyl- 22864
a-methyl tetronic acid 4575
methyl 3-thianaphthenyl ketone 18747
S-methyl thiobutanoate 5485
methyl thiocyanate 764
methyl 2-thiofuroate 7078
methyl thiophene-2-carboxylate 7079
methyl thiosalicylate 13441
methyl thymol ether 22446
methyl 4-toluenesulfonate 14016
methyl tribromoacetate 1395
methyl trichloroacetate 1433
methyl 2,2,2-trichloroacetimidate 1560
methyl 2,4,5-trichlorophenyl sulfide 9988
methyl trichlorosilane 210
methyl tridecanoate 27883
methyl 12-tridecenoate 27797
methyl tridecyl sulfide 27949
methyl trifluoroacetate 1445
methyl trifluoromethanesulfonate 740
methyl trifluoromethyl ether 737
methyl 3-(trifluoromethyl)benzoate 15998
methyl 4-(trifluoromethyl)benzoate 15999
methyl 3-trifluoromethylbenzoylacetate 19158
methyl 2-trifluoromethylbenzoylacetate 19159
methyl 4-trifluoromethylbenzoylacetate 21558
methyl 3,3,3-trifluoropyruvate 2479
S-methyl 4,4,4-trifluoro-1-thioacetoacet 4382
methyl trifluorovinyl ether 1443
methyl 2,4,6-trihydroxybenzoate 13513
methyl 3,4,5-trihydroxybenzoate 13514
methyl 3,4,5-trimethoxyanthranilate 22293
methyl 3,4,5-trimethoxybenzoate 22202
methyl 2,2,3-trimethyl-1-cyclopentene-1- 20492
methyl (4S,5R)-2,2,5-trimethyl-1,3-dioxo 14713
methyl trimethylsilylacetate 9073
methyl 3-(trimethylsilyloxy)crotonate 15231
methyl triphenylarsonium iodide 31396
methyl trisulfide 1096
methyl trithion 17027
methyl undecanoate 24878
methyl 10-undecenoate 24708
methyl undecyl sulfide 25313
methyl 10-undecynoate 24571
methyl 9-undecynoate 24572
methyl vinyl adipate 17508
methyl vinyl ether 1921
methyl vinyl ketone 2959
methyl violet 33854
17-methyl-5a-androst-2-en-17b-ol 32385
N-methylacetamide 2037
4-methylacetanilide 16912
4-methylacetophenone 16631
N-methyl-N-acetylaminomethylnitrosamine 3765
O-methyl-1-acetylbenzocyclobutene oxime 21970
b-methylacetylcholine 15396
methylacetylene 1492
9-methylacridine 26826
4'-(2-methyl-9-acridinylamino)methanesul 32721
4'-(3-methyl-9-acridinylamino)methanesul 32722
4'-(4-methyl-9-acridinylamino)methanesul 32723
10-methyl-9(10H)-acridone 26834
N-methylacrylamide 3260
2-methyl-2-adamantanol 22587
7-methyladenine 7248
1-methyladenine 7249
9-methyladenine 7250
3-methyladenine 7251
3-methyladipic acid 11552
(R)-(+)-3-methyladipic acid 11553
3-methyladipoyl chloride 11073
11b-methyl-17a-ethinylestradiol 32879
methyl-a-D-galactopyranoside 11954
methylal 2139
2-methylalanine 3714
boc-a-methylalanine 17846
2-methylallylamine 3679
1-methyl-2-allylbenzene 19386
5-methyl-3-allyl-2,4-oxazolidinedione 11014
2-methyl-6-allylphenol 19514
4-methyl-2-allylphenol 19515
6-methyl-a-(4-methyl-1-piperazinylcarbon 33884
methylamine 286
methylamine hydrochloride 304
1,4-bis(methylamino)-9,10-anthracenedion 29141
methylamino-bis(1-aziridinyl)phosphine o 5828
4-methylaminobenzene-1,3-bis(sulfonyl az 10719
3-(methylamino)-2,1-benzisothiazole 13382
2-(methylamino)benzoic acid 13709
3-(methylamino)benzoic acid 13710
4-(methylamino)benzoic acid 13711
N-[(methylamino)carbonyl]acetamide 3430
methylaminocolchicide 33288
2-(methylamino)-2-deoxy-alpha-L-glucopyr 12098
1,8-bis(methylamino)-3,6-dioxaoctane 15708
2-methyl-4-aminodiphenyl 25862
2-(methylamino)ethanesulfonic acid 2220
1-methylamino-4-ethanolaminoanthraquinon 30005
2-methyl-4-amino-5-ethoxymethylpyrimidin 14458
4-[2-(methylamino)ethyl]-1,2-benzenediol 17333
2-(2-methylaminoethyl)pyridine 14293
2-(methylamino)isobutyric acid 5720
2-methyl-4-amino-6-methoxy-S-triazine 4841
DL-a-(methylaminomethyl)benzyl alcohol 17317
1,5-bis(methylamino)-3-oxapentane 9304
2-methylaminophenol 10991
p-methylaminophenolsulfate 27585
[2-(methylamino)phenyl]phenylmethanone 27015
(±)-5-(methylamino)-2-phenyl-4-(3-(trifl 30476
3-methylamino-1,2-propanediol 4010
3-(methylamino)propanenitrile 3414
3-(methylamino)propylamine 4079
4-(3'-methylaminopropylidene)-9,10-dihyd 30107
4-[2-(methylamino)propyl]phenol 20242
methylaminopyrazine 4708
N-methyl-4-amino-1,2,5-selenadiazole-3-c 2928
methylammonium chlorite 305
methylammonium perchlorate 306
N-methylaniline 10954
m-ethylaniline 14093
N-methylaniline hydrochloride 11064
o-methylaniline, hydrochloride 11065
N-methylanilinium trifluoroacetate 16554
2-methylanisole 13929
3-methylanisole 13930
4-methylanisole 13931
6-methylanthanthrene 33493
1-methylanthracene 28129
2-methylanthracene 28130
9-methylanthracene 28131
10-methylanthracene-9-carboxaldehyde 29053
2-methyl-9,10-anthracenedione 28040
N-methylanthranilic acid hydrazide 14204
1-(1-methyl-2-((a-phenyl-o-tolyl)oxy)eth 32905
6-methyl-a-(1-pyrrolidinylcarbonyl)ergol 33591
methylarsenic sulfide 186
methylarsine 280
methylarsine diiodide 184
N-methyl-L-aspartic acid 5251
N-methyl-D-aspartic acid 5252
2-methyl-2-azabicyclo(2.2.1)heptane 11631
9-methyl-9-azabicyclo[3.3.1]nonan-3-one 17551
8-methyl-8-azabicyclo[3.2.1]octane 14776
8-methyl-8-azabicyclo[3.2.1]octan-3-ol, 14794
8-methyl-8-azabicyclo[3.2.1]octan-3-ol, 14793
8-methyl-8-azabicyclo[3.2.1]octan-3-one 14435
N-methylaza-12-crown-4 18163
methyl-2-azidobenzoate 13222
1-methylaziridine 2033
methyl-azoxy-butane 5808
methylazoxymethanol-b-D-glucosiduronic a 14534
methylazoxymethyl acetate 3450
methylazoxymethyl benzoate 16586
methylazoxyoctane 18228
methyl-azuleno(5,6,7-c,d)phenalene 32587
methyl-b-acetoxyethyl-b-chloroethylamine 11759
N'-methyl-N'-b-chloroethylbenzaldehyde h 19728
1-methyl-1-(b-chloroethyl)ethylenimonium 5631
methyl-N-(b-chloroethyl)-N-nitrosocarbam 3114
N'-methyl-N'-b-chloroethyl-(p-dimethylam 24394
12-methylbenz(a)acridine 30449
3-methylbenz[a]anthracene 31252
8-methylbenz[a]anthracene 31253
9-methylbenz[a]anthracene 31254
10-methylbenz[a]anthracene 31255
11-methylbenz[a]anthracene 31256
1-methylbenz(a)anthracene 31260
2-methylbenz(a)anthracene 31261
4-methylbenz(a)anthracene 31262
5-methylbenz(a)anthracene 31263
6-methylbenz(a)anthracene 31264
12-methylbenz(a)anthracene 31266
7-methylbenz(a)anthracene-10-carbonitril 31852
7-methylbenz(a)anthracene-12-carboxaldeh 31896
7-methylbenz(a)anthracene-5,6-oxide 31288
S-(12-methyl-7-benz(a)anthrylmethyl)homo 33814
2-methylbenzaldehyde 13394
3-methylbenzaldehyde 13395
2-methylbenzamide 13676
N-methylbenzamide 13677
10-methyl-1,2-benzanthracene 31265
10-methyl-1,2-benzanthracene-5-carbonami 31966
7-methylbenz(c)acridine 30448
7-methylbenz(c)acridine 3,4-dihydrodiol 30552
3-methylbenz(e)acephenanthrylene 32588
7-methylbenz(e)acephenanthrylene 32589
8-methylbenz(e)acephenanthrylene 32590
12-methylbenz(e)acephenanthrylene 32591
alpha-methylbenzeneacetaldehyde 16619
2-methylbenzeneacetaldehyde 16620
4-methylbenzeneacetaldehyde 16621
3-methylbenzeneacetic acid 16674
4-methylbenzeneacetic acid 16675
alpha-methylbenzeneacetic acid, (±) 16673
2-methylbenzeneacetonitrile 16365
3-methylbenzeneacetonitrile 16366
4-methylbenzeneacetonitrile 16367
alpha-methylbenzeneacetonitrile 16368
alpha-methylbenzenebutanol 22419
beta-methylbenzenebutanol, (±) 22420
2-methyl-1,3-benzenediamine 11080
2-methyl-1,4-benzenediamine 11081
3-methyl-1,2-benzenediamine 11082
4-methyl-1,2-benzenediamine 11083
N-methyl-1,4-benzenediamine 11084
4-methyl-1,2-benzenedithiol 10923
4-methylbenzeneethanamine 17255
beta-methylbenzeneethanamine 17256
N-methylbenzeneethanamine 17257
2-methylbenzeneethanol 17097
4-methylbenzeneethanol 17098
2-methylbenzenemethanamine 14111
3-methylbenzenemethanamine 14112
4-methylbenzenemethanamine 14113
N-methylbenzenemethanamine 14114
alpha-methylbenzenemethanethiol, (S) 14053
2-methylbenzenemethanol 13914
3-methylbenzenemethanol 13915
4-methylbenzenemethanol 13916
(±)-a-methyl-benzenemethanol 13935
alpha-methylbenzenepentanol 24439
2-methylbenzenepropanal 19511
4-methylbenzenepropanal 19512
alpha-methylbenzenepropanamine 20218
alpha-methylbenzenepropanoic acid 19575
beta-methylbenzenepropanoic acid, (±) 19576
alpha-methylbenzenepropanol 20055
2-methylbenzenesulfinic acid 10888
4-methylbenzenesulfinic acid 10889
4-methylbenzenesulfinyl chloride 10528
2-methylbenzenesulfonic acid 10914
2-methylbenzenesulfonyl chloride 10530
5-methyl-1,2,3-benzenetriol 10901
4-methylbenzhydrol 27152
2-methylbenzhydrol 27153
10-methyl-7H-benzimidazol(2,1-a)benz(de) 31224
1-methyl-1H-benzimidazole 13334
2-methyl-1H-benzimidazole 13335
5-methylbenzimidazole 13342
2-methyl-1H-benzimidazole-5-carboxylic a 16167
1-methylbenzimidazole-2-sulfonic acid 13368
1-methyl-2-benzimidazolinone 13346
7-methylbenzo(a)phenaleno(1,9-hi)acridin 34584
1-methylbenzo(a)pyrene 32592
2-methylbenzo(a)pyrene 32593
4-methylbenzo(a)pyrene 32594
4'-methylbenzo(a)pyrene 32595
5-methylbenzo(a)pyrene 32596
10-methylbenzo(a)pyrene 32597
11-methylbenzo(a)pyrene 32598
12-methylbenzo(a)pyrene 32599
5-methylbenzo[b]thiophene 16245
3-methylbenzo[b]thiophene 16246
6-methyl-3,4-benzocarbazole 29907
9-methyl-1:2-benzocarbazole 29908
5-methylbenzo(c)phenanthrene 31267
6-methylbenzo(c)phenanthrene 31268
N-(2-methylbenzodioxan)-N'-ethyl-b-alani 26190
2-methylbenzofuran 16185
3-methylbenzofuran 16186
5-methylbenzofuran 16187
7-methylbenzofuran 16188
7-methylbenzo(h)phenaleno(1,9-bc)acridin 34585
4-methylbenzoic acid anhydride 29169
2-methylbenzoic anhydride 29167
3-methylbenzoic anhydride 29168
2-methylbenzonitrile 13109
3-methylbenzonitrile 13110
4-methylbenzonitrile 13111
methyl-1,12-benzoperylene 33494
3-methyl-2H-1-benzopyran-2-one 18751
3-methyl-4H-1-benzopyran-4-one 18752
5-methyl-2H-1-benzopyran-2-one 18753
6-methyl-2H-1-benzopyran-2-one 18754
7-methyl-2H-1-benzopyran-2-one 18755
8-methyl-2H-1-benzopyran-2-one 18756
5-methylbenzo(rat)pentaphene 34046
5-methyl-2,1,3-benzoselenadiazole 10394
2-methylbenzoselenazole 13214
methylbenzothiadiazine carbamate 16496
2-methylbenzothiazole 13204
3-methyl-2(3H)-benzothiazolethione 13210
3-methyl-2-benzothiazolone hydrazone 13785
4-(6-methyl-2-benzothiazolyl)aniline 26919
7-methyl-6H-(1)benzothiopyrano(4,3-b)qui 29911
1-methyl-1H-benzotriazole 10692
5-methyl-1H-benzotriazole 10695
4(or 5)-methylbenzotriazole 10696
3-methylbenzotrifluoride 13080
2-methylbenzoxazole 13123
6-methylbenzoxazole 13132
5-methylbenzoxazole 13133
3-methyl-2(3H)-benzoxazolethione 13140
3-methyl-2-benzoxazolinone 13154
methyl-5-benzoyl benzimidazole-2-carbama 29105
2-methylbenzoyl chloride 13003
3-methylbenzoyl chloride 13004
4-methylbenzoyl chloride 13005
4-methylbenzoylacetonitrile 18885
2-(4-methylbenzoyl)benzoic acid 28194
trans-2-(4-methylbenzoyl)-1-cyclohexanec 28539
cis-2-(4-methylbenzoyl)-1-cyclohexanecar 28540
bis(4-methylbenzoyl)peroxide 29182
3-(4-methylbenzoyl)propionic acid 21893
6-methyl-3:4-benzphenanthrene 31259
7-methyl-3:4-benzphenanthrene 31269
8-methyl-3:4-benzphenanthrene 31270
5-methyl-3,4-benzpyrene 32600
8-methyl-3,4-benzpyrene 32601
1-methyl-3-(2-benzthiazolyl)urea 16494
a-methylbenzyl acetate 19602
(S)-(-)-a-methylbenzyl isocyanate 16405
(R)-(+)-a-methylbenzyl isocyanate 16406
4-methylbenzyl isocyanate 16407
2-methylbenzyl isocyanate 16408
3-methylbenzyl isocyanate 16409
alpha-methylbenzylamine, (±) 14115
3-(methylbenzylamino)-1-propanol 22509
1-methyl-2-benzylhydrazine 14299
(S)-(-)-a-methylbenzylamine 14119
(R)-(+)-a-methylbenzylamine 14120
N-methyl-N-benzylnitrosamine 13875
1-methyl-2-benzyl-4(1H)-quinazolinone 29136
4-methylbenzyltriphenylphosphonium chlor 34247
2-methylbenzyltriphenylphosphonium chlor 34248
3-methylbenzyltriphenylphosphonium chlor 34249
N-methyl-beta-alanine, ethyl ester 8818

alpha-methyl-beta-oxobenzenepropanal 19123
1-methylbicyclo(3,1,0)hexane 11366
2-methylbicyclo[2.2.2]octane 17602
1-methylbiphenyl 25739
3-methylbiphenyl 25740
4-methylbiphenyl 25741
2-methylbiphenyl 25742
methylbiphenyl 25745
3-methyl-[1,1'-biphenyl]-4-amine 25854
4'-methyl-[1,1'-biphenyl]-4-amine 25855
6-methyl-[1,1'-biphenyl]-2-amine 25856
2-methyl-b-naphthothiazole 23426
methylbromfenvinphos 18979
methyl-4-bromobenzenediazoate 10470
methyl-(bromomercuri)formate 690
3-methyl-1,2-butadiene 4739
2-methylbutanal 5446
3-methylbutanal 5447
2-methylbutanal, (±) 5449
3-methylbutanal oxime 5678
3-methylbutanamide 5679
2-methyl-1,2-butanediol 5870
2-methyl-1,3-butanediol 5871
2-methyl-1,4-butanediol 5872
2-methyl-2,3-butanediol 5873
3-methyl-1,2-butanediol 5874
3-methyl-1,3-butanediol 5875
2-methylbutanenitrile 5184
3-methylbutanenitrile 5185
2-methyl-1-butanethiol 5924
3-methyl-1-butanethiol 5925
2-methyl-2-butanethiol 5926
3-methyl-2-butanethiol 5927
2-methyl-1-butanethiol, (+) 5929
3-methylbutanoic acid 5494
2-methylbutanoic acid 5496
3-methylbutanoic anhydride 20812
2-methyl-1-butanol 5834
3-methyl-1-butanol 5837
3-methyl-2-butanol 5839
(S)-(-)-2-methyl-1-butanol 5849
(S)-3-methyl-2-butanol 5853
2-methyl-1-butanol, (±) 5835
3-methyl-2-butanol, (±) 5836
3-methylbutanoyl chloride 5070
2-methylbutanoyl chloride, (±) 5069
trans-2-methyl-2-butenal 4861
2-methyl-2-butenal 4862
3-methyl-2-butenal 4863
2-methyl-1-butene 5290
3-methyl-1-butene 5291
2-methyl-2-butene 5292
2-methyl-1-butene-3-yne 4448
trans-2-methyl-2-butenoic acid 4891
cis-2-methyl-2-butenoic acid 4892
2-methyl-3-butenoic acid 4893
3-methyl-2-butenoic acid 4894
3-methyl-3-butenoic acid 4895
3-methyl-2-butenoyl chloride 4618
3-methyl-2-butenyl benzoate 23984
(1-methyl-1-butenyl)benzene 22038
(3-methyl-2-butenyl)guanidine 8860
5-(1-methyl-1-butenyl)-5-propylbarbituri 24420
2-methyl-3-buten-2-ol 5461
3-methyl-3-buten-1-ol 5462
3-methyl-3-buten-2-ol 5463
2-methyl-3-buten-1-ol 5477
3-methyl-2-buten-1-ol 5478
3-methyl-3-buten-1-ynyltriethyllead 22747
[(3-methylbutoxy)methyl]benzene 24445
1-(3-methylbutoxy)naphthalene 28532
2-(3-methylbutoxy)naphthalene 28533
1-[2-(3-methylbutoxy)-2-phenylethyl]pyrr 30256
2-methyl-3-butyn-2-amine 5191
1-methylbutyl acetate 11893
2-methylbutyl acetate 11894
2-methylbutyl acrylate 14621
3-methylbutyl benzoate 24214
1-methylbutyl butanoate 18063
2-methylbutyl butanoate 18064
3-methylbutyl butanoate 18065
3-methylbutyl 2-chloropropanoate 14760
3-methylbutyl 3-chloropropanoate 14761
1-methylbutyl formate 8469
2-methylbutyl formate 8470
methylbutyl hydrazine 6019
bis(3-methylbutyl) mercaptosuccinate 27821
3-methylbutyl nitrate 5734
(S)-(+)-2-methylbutyl p-[(p-methoxybenzy 33273
1-methylbutyl propanoate 15168
2-methylbutyl propanoate 15169
bis(2-methylbutyl) sulfide 21392
1-methylbutylamine 5948
2-methylbutylamine 5949
3-methylbutylamine 5950
methyl-butylamine 5955
(S)-(-)-2-methylbutylamine 5964
1-methyl-2-butylbenzene 22312
1-methyl-3-butylbenzene 22313
1-methyl-4-butylbenzene 22314
N-3-methylbutyl-N-1-methyl acetonylnitro 17984
methylbutylnitrosamine 5809
(+)-2-methylbutyl-p-aminocinnamate 27521
2-(1-methylbutyl)phenol 22439
2,6-bis(1-methylbutyl)phenol 29611
5-methyl-3-butyltetrahydropyran-4-yl ace 24742
3-methyl-1-butyne 4747
2-methyl-3-butyn-2-ol 4865
2-methylbutyric acid 5493
(S)-(+)-2-methylbutyric acid 5530
(S)-(+)-2-methylbutyric anhydride 20815
(S)-(+)-2-methylbutyronitrile 5195
methylcamphenoate 22610
N-methylcaprolactam 11642
methylcarbamic acid 2-chloro-5-tert-pent 26169
methylcarbamic acid 2,4-dichloro-5-ethyl 21933
methylcarbamic acid 4-methylthio-m-cumen 24324
methylcarbamic acid 4-methylthio-m-tolyl 19822

methylcarbamic acid m-tolyl ester 16955
methylcarbamic acid o-(2-propynyloxy)phe 21759
methylcarbamic acid-o-cumenyl ester 22270
methylcarbamoylethyl acrylate 11302
2-methyl-4-carbamoyl-5-hydroxyimidazole 4729
methylcarbamoylmethylaminomethylphosphon 5994
1,4-bis(methylcarbamyloxy)-2-isopropyl-5 27584
o-methylcarbanilic acid N-ethyl-3-piperd 28660
3-methyl-9H-carbazole 25683
9-methylcarbazole 25684
N-methyl-N-(3-carboxypropyl)nitrosamine 5433
4-methylchalcone 29154
p,p-methylchlor 29197
3-methyl-3-chlorodiazirine 705
4-methyl-6-(((2-chloro-4-nitro)phenyl)az 26993
2-methyl-3-(4-chlorophenyl)-4(3H)-quinaz 28079
2-methyl-6-chloro-4-quinazolinone 15959
methylchlortetracycline 32764
5-methylcholanthrene 32639
22-methylcholanthrene 32640
cis-3-methylcholanthrene-1,2-diol 32658
3-methylcholanthrene-2-one 32611
3-methylcholanthrene-11,12-oxide 32653
20-methylcholanthren-15-one 32612
6-methyl-4-chromanone 19118
1-methylchrysene 31257
5-methylchrysene 31258
2-methylchrysene 31271
3-methylchrysene 31272
4-methylchrysene 31273
6-methylchrysene 31274
o-methylcinnamic acid 19120
m-methylcinnamic acid 19121
p-methylcinnamic acid 19122
a-methylcinnamic acid 19140
N-methylconhydrine 18149
4-methylcoumarin 18768
9-methyl-10-cyano-1,2-benzanthracene 31875
D-6-methyl-8-cyanomethylergoline 30108
methylcyclobutane 5284
1-methylcyclobutene 4748
methylcycloheptane 14889
1-methylcycloheptanol 15085
2-methylcycloheptanol 15086
4-methylcycloheptanol 15087
methylcycloheptanone 14543
1-methylcycloheptene 14499
5-methylcycloheptene 14500
2-methyl-1,3-cyclohexadiene 11052
1-methylcyclohexa-1,4-diene 11055
1-methyl-1,3-cyclohexadiene 11057
5-methyl-1,3-cyclohexadiene, (±) 11053
2-methyl-2,5-cyclohexadiene-1,4-dione 10416
methylcyclohexane 11704
2-methylcyclohexaneacetic acid 17720
3-methylcyclohexaneacetic acid 17721
1-methyl-1-cyclohexanecarboxylic acid 14638
4-methyl-1-cyclohexanecarboxylic acid 14639
2-methyl-1-cyclohexanecarboxylic acid 14640
2-methyl-1,3-cyclohexanedione 11184
5-methylcyclohexane-1,3-dione 11185
4-methylcyclohexanemethanol 15088
alpha-methylcyclohexanemethanol 15089
cis-2-methylcyclohexanemethanol 15091
trans-2-methylcyclohexanemethanol 15092
alpha-methylcyclohexanemethanol, (S) 15090
alpha-methylcyclohexanepropanol 21002
1-methylcyclohexanol 11844
cis-2-methylcyclohexanol 11845
trans-2-methylcyclohexanol 11846
cis-3-methylcyclohexanol 11847
trans-3-methylcyclohexanol 11848
cis-4-methylcyclohexanol 11849
trans-4-methylcyclohexanol 11850
methylcyclohexanol 11877
trans-2-methylcyclohexanol, (±) 11851
2-methylcyclohexanol; (cis+trans) 11878
4-methylcyclohexanol; (cis+trans) 11879
3-methylcyclohexanol; (cis+trans) 11880
4-methylcyclohexanol 11431
methylcyclohexanone 11439
(R)-(+)-3-methylcyclohexanone 11440
2-methylcyclohexanone 11441
3-methylcyclohexanone 11442
(S)-3-methylcyclohexanone 11446
2-methylcyclohexanone, (±) 11429
3-methylcyclohexanone, (±) 11430
1-methylcyclohexene 11336
3-methylcyclohexene 11337
4-methylcyclohexene 11338
3-methylcyclohexene, (±) 11339
N-methyl-4-cyclohexene-1,2-dicarboximide 16956
(methyl-3-cyclohexenyl)methanol 14598
(3-methylcyclohex-1-enylmethyl)trimethyl 22868
2-(4-methyl-cyclohex-3-enyl)-propan-2-ol 20740
2-methyl-2-cyclohexen-1-one 11142
3-methyl-2-cyclohexen-1-one 11143
2-methyl-3-cyclohexen-1-one 11144
3-methyl-3-cyclohexen-1-one 11145
4-methyl-3-cyclohexen-1-one 11146
1-((6-methyl-3-cyclohexen-1-yl)carbonyl) 26348
bis(6-methyl-3-cyclohexen-1-yl)methyl) 33385
bis(3-methylcyclohexyl peroxide) 27708
N-methylcyclohexylamine 12024
cis-2-methylcyclohexylamine 12026
trans-2-methylcyclohexylamine 12027
cis-3-methylcyclohexylamine 12028
trans-3-methylcyclohexylamine 12029
cis-4-methylcyclohexylamine 12030
trans-4-methylcyclohexylamine 12031
3-methylcyclohexylamine 12049
4-methylcyclohexylamine 12051
2-methylcyclohexylamine; (cis+trans) 12050
S-2-((4-(4-methylcyclohexyl)butyl)amino) 26523
1-(1-methylcyclohexyl)ethanone 17665
1-(3-methylcyclohexyl)ethanone 17666
1-(4-methylcyclohexyl)ethanone 17667
N-methyl-N-(cyclohexylmethyl) amine 15301

methylcyclooctane 17953
1-methyl-1,3,5,7-cyclooctatetraene 16518
17-methyl-15H-cyclopenta(a)phenanthrene 30470
2-methylcyclopentadecanone 29655
3-methylcyclopentadecanone 29656
methylcyclopentadiene 7268
methylcyclopentadiene dimer 24140
2-methylcyclopentadienyl manganese trica 16009
bis(methylcyclopentadienyl)nickel 23961
1-methylcyclopentanamine 8743
2-methylcyclopentanamine 8744
methylcyclopentane 8214
3-methylcyclopentaneacetic acid 14623
1-methylcyclopentanecarboxylic acid 11482
2-methyl-1,3-cyclopentanedione 7428
3-methyl-1,2-cyclopentanedione 7429
1-methylcyclopentanol 8441
3-methylcyclopentanol 8442
cis-2-methylcyclopentanol 8443
trans-2-methylcyclopentanol 8444
2-methylcyclopentanone 7794
3-methylcyclopentanone 7798
(R)-(+)-3-methylcyclopentanone 7799
2-methylcyclopentanone, (±) 7795
1-methylcyclopentene 7619
3-methylcyclopentene 7620
4-methylcyclopentene 7621
10-methyl-1,2-cyclopentenophenanthrene 30575
(3-methylcyclopent-1-enylmethyl)trimethy 21089
2-methyl-2-cyclopenten-1-one 7389
3-methyl-2-cyclopenten-1-one 7390
5-methyl-2-cyclopenten-1-one 7391
1-(1-methylcyclopentyl)ethanone 14544
1-(2-methylcyclopentyl)ethanone 14545
methylcyclopropane 3318
methylcyclopropanecarbonylhydrazine 5413
2-methylcyclopropanecarboxylic acid 4905
1-methylcyclopropanecarboxylic acid 4919
alpha-methylcyclopropanemethanol 5470
1-methylcyclopropanemethanol 5479
2-methylcyclopropanemethanol 5480
(1-methylcyclopropyl)benzene 19393
methylcyclothiazide 16872
S-methyl-L-cysteine 3725
1-methyl-cis-decahydronaphthalene 22665
1-methyl-trans-decahydronaphthalene 22666
2-methyl-cis-decahydronaphthalene 22667
2-methyl-trans-decahydronaphthalene 22668
4a-methyl-cis-decahydronaphthalene 22669
4a-methyl-trans-decahydronaphthalene 22670
2-methyl-1-decanal 22834
2-methyldecane 22891
3-methyldecane 22892
4-methyldecane 22893
5-methyldecane 22894
6-methyldecanoic acid 22851
4-methyldecanolide 22720
2-methyl-1-decene 22803
4-methyl-cis-decene g-lactone 22611
methyldecylamine 23091
N-methyl-N-desacetylcolchicine 32855
2-methyldiacetylbenzidine 30064
methyldiallylamine 11628
2'-methyl-2,4-diamino-3-methylazobenzene 27360
methyldiazene 258
3-methyldiazirine 852
10-methyldibenz(a,c)anthracene 33503
14-methyldibenz(a,h)anthracene 33123
2-methyldibenz(a,h)anthracene 33500
3-methyldibenz(a,h)anthracene 33501
14-methyldibenz(a,j)acridine 33124
4-methyl-1,2,5,6-dibenzanthracene 33502
2-methyl-5H-dibenz[b,f]azepine-5-carboxa 29138
N-methyl-3:4:5:6-dibenzcarbazole 32620
7-methyldibenz(c,h)acridine 33122
5-methyl-dibenzo(b,def)chrysene 34047
7-methyldibenzo(h,rst)pentaphene 34748
5-methyl-1,2,3,4-dibenzpyrene 34048
4-methyldibenzothiophene 25660
7-methyl-1:2:3:4-dibenzpyrene 34049
methyldiborane 326
N-methyl-dibromomaleinimide 4219
N-methyldibutylamine 18395
methyldichloroarsine 182
methyl-3,4-dichlorophenylcarbamate 13043
1-methyl-6,7-diethoxy-3,4-dihydroisoquin 27522
1-methyl-2,6-diethyl benzene 22345
methyldiethylamine 5961
1-methyl-2,3-diethylbenzene 22342
1-methyl-2,4-diethylbenzene 22343
1-methyl-2,5-diethylbenzene 22344
1-methyl-3,4-diethylbenzene 22346
1-methyl-3,5-diethylbenzene 22347
2-methyl-3,3-diethylheptane 25140
2-methyl-3,4-diethylheptane 25141
2-methyl-3,5-diethylheptane 25142
2-methyl-4,4-diethylheptane 25143
2-methyl-4,5-diethylheptane 25144
2-methyl-5,5-diethylheptane 25145
3-methyl-3,4-diethylheptane 25146
3-methyl-3,5-diethylheptane 25147
3-methyl-4,4-diethylheptane 25148
3-methyl-4,5-diethylheptane 25149
3-methyl-5,5-diethylheptane 25150
4-methyl-3,3-diethylheptane 25151
4-methyl-3,4-diethylheptane 25152
4-methyl-3,5-diethylheptane 25153
2-methyl-3,3-diethylhexane 23016
2-methyl-3,4-diethylhexane 23017
2-methyl-4,4-diethylhexane 23018
3-methyl-3,4-diethylhexane 23019
3-methyl-4,4-diethylhexane 23020
methyldifluoroarsine 183
b-methyldigoxin 35695
N-methyldihexylamine 26562
trans-3-methyl-7,8-dihydrocholanthrene-7 32698
trans-3-methyl-9,10-dihydrocholanthrene- 32699
11-methyl-15,16-dihydro-17H-cyclopenta(a 30576

3-methyl-2,3-dihydro-9H-isoxazolo(3,2-b) 21630
11-methyl-15,16-dihydro-17-oxocyclopenta 30496
methyldihydropyran 7807
methyldiisopropylamine 12338
1-methyl-2,4-diisopropylbenzene 26284
1-methyl-3,5-diisopropylbenzene 26285
1-methyl-6,7-dimethoxy-3,4-dihydroisoqui 24068
3-methyl-4-dimethylaminoazobenzene 28481
4-methyl-7-dimethylaminocoumarin 23846
3-methyl-4-(N-(2-dimethylaminoethyl)-N-p 28586
2-methyl-N,N-dimethylaniline 17276
3-methyl-N,N-dimethylaniline 17277
4-methyl-N,N-dimethylaniline 17278
methyl-1,1-dimethylpropylamine 9195
methyl-1,2-dimethylpropylamine 9196
methyl-2,2-dimethylpropylamine 9197
N-methyl-O,O-dimethylthiolophosphoryl-5- 15397
2-methyl-3,5-dinitrobenzamide 13226
N-methyl-2,4-dinitrobenzenamine 10708
1-methyl-2,3-dinitrobenzene 10369
2-methyl-4,6-dinitrophenol 10383
2-methyldinitrosopiperazine 5765
N-methyldioctadecylamine 35496
methyldioctylamine 30374
4-methyl-1,3-dioxane 5521
2-methyl-1,3-dioxan-5-ol 5550
2-methyl-1,4-dioxaspiro(4.5)decane 17739
4-methyl-1,3,2-dioxathiane 2-oxide 3568
6-methyl-5,7-dioxaundecane 21361
2-methyl-1,3-dioxolane 3523
4-methyl-1,3-dioxolane 3530
2-methyl-1,3-dioxolane-4-methanol 5551
methyldiphenylamine 25857
2-methyl-1,1-diphenylethane 28383
3-methyl-1,1-diphenylethane 28384
4-methyl-1,1-diphenylethane 28385
2-methyl-1,2-diphenylethane 28386
3-methyl-1,2-diphenylethane 28387
4-methyl-1,2-diphenylethane 28388
2-methyldiphenylmethane 27054
3-methyldiphenylmethane 27055
4-methyldiphenylmethane 27056
2-methyl-4,5-diphenyloxazole 29092
methyldiphenylphosphine 25902
methyldiphenylsilane 26001
methyldiphenylsilanol 25991
(methyldiphenylsilyl)acetylene 28334
2-(methyldiphenylsilyl)ethanol 28536
N-methyl-N,N'-diphenylurea 27111
1-methyl-3,3-diphenylurea 27114
methyldipropylamine 12336
2-methyl-1,2-di-3-pyridinyl-1-propanone 27112
2-methyl-1,3-dithiane 5598
N-methyl-3,6-dithia-3,4,5,6-tetrahydroph 10651
methyldocosylamine 33711
9-methyl-d-5(10)-octaline-1,6-dione 22146
2-methyldodecane 26527
3-methyldodecane 26528
2-methyldodecanoic acid 26493
2-methyl-1-dodecene 26470
methyldodecylamine 26556
methyldotriacontylamine 35193
methyleicosylamine 33066
methylene blue 29365
methylene bis(4-cyclohexylisocyanate) 28658
methylene diacetate 4954
methylene dimethanesulfonate 2157
methylene diurethan 11817
methylene glycol dibenzoate 28199
methylene bis(nitramine) 270
methylene bispropionate 11539
N,N'-methylenebisacrylamide 11115
(methyleneamino)acetonitrile 1593
N,N'-methylenebis(2-amino-1,3,4-thiadiaz 4532
alpha-methylenebenezeneacetic acid 16209
1,12-methylenebenz(a)anthracene 31208
2,2'-methylenebisbenzothiazole 28032
3-methylenebicyclo[2.2.1]heptan-2-one 13932
methylenebutanedioyl dichloride 4280
2-methylenebutanoic acid 4890
methylenecyclobutane 4749
3-methylenecyclobutane-carbonitrile 7179
methylenecyclohexane 11367
2-methylenecyclohexanol 11432
4,4'-methylene-bis-cyclohexylamine 26481
methylenecyclopentane 7655
1,1'-methylenebiscyclopropane 11370
DL-3-methylenecyclopropane-trans-1,2-dic 7108
2-methylenecyclopropanylalanine 11291
2,4'-methylenedianiline 25952
methylenedianthranilic acid dimethyl est 30067
4,4'-methylenebis(2,6-diisopropylaniline 34158
methylenedilithium 162
4,4'-methylenedimorpholine 17985
1,1-methylene-di-2-naphthol 32654
3,4-methylenedioxyacetophenone 16227
methylenedioxyamphetamine 19818
3,4-(methylenedioxy)aniline 10641
2,3-(methylenedioxy)benzaldehyde 12933
3,4-methylenedioxybenzyl acetone 21672
3,4-methylenedioxy-b-nitrostyrene 16073
3,4-(methylenedioxy)cinnamic acid, predo 18787
1,2-(methylenedioxy)-4-nitrobenzene 10082
2-(3,4-(methylenedioxy)phenoxy)-1-((3,4- 30046
2-(3,4-methylenedioxyphenoxy)-3,6,9-trio 28691
3,4-(methylenedioxy)phenylacetic acid 16239
3,4-methylenedioxyphenylacetophenone 19191
3,4-methylenedioxyphenylboronic acid 10461
3,4-(methylenedioxy)toluene 13437
methylenediphenyl-4,4'-diamidine 28425
1,1'-(methylenedi-4,1-phenylene)bismalei 32603
methylenediphosphonic acid 321
5,5'-methylenedisalicylic acid 28207
4,4'-methylenebis(2,6-di-tert-butylpheno 34797
methylenedithiocyanate 1382
4,4'-methylenebis(2-ethylbenzenamine) 30184
2,2'-methylenebis(4-ethyl-6-tert-butylph 34152
5-methylene-2(5H)-furanone 4329
2-methyleneglutaronitrile 6982
N-methyleneglycinonitrile trimer 17076
2,2'-methylenebis(hydrazinecarbothiamide 2262
5,5'-methylenebis(2-hydroxy-4-methoxyben 34754
5,5'-methylenebis(2-isocyanato)toluene 29935
4-methylene-1-isopropylbicyclo[3.1.0]hex 20342
4-methylene-1-isopropylbicyclo[3.1.0]hex 20443
4-methylene-1-isopropylbicyclo[3.1.0]hex 20444
4-methylene-1-isopropylcyclohexene 20345
3-methylene-6-isopropylcyclohexene, (+) 20344
4,4'-methylenebis(2-isopropyl-6-methyl a 32947
methylenemagnesium 163
4,4'-methylenebis(N-methylaniline) 28504
4,4'-methylenebis(2-methylaniline) 28505
4,4'-methylenebis(2-methylcyclohexylamin 28869
4-methylene-1-(1-methylethyl)bicyclo[3.1 20371
2,2'-methylene-bis(4-methyl-6-nonylpheno 35166
1,1'-methylenebis(3-methylpiperidine) 26482
1,1'-(methylenebis(oxy))bis(2,2-dinitrop 11402
2-methylenepentanoic acid 7844
2,2'-methylenebis[(4S)-4-phenyl-2-oxazol 31405
3,3'-methylenebis(1-(piperidinomethyl)in 34772
2-methylene-1,3-propanediol 3531
(2-methylene-1,3-propanediyl)bis[trichlo 2865
(1-methylenepropyl)benzene 19387
methylenetetrahydropyran 7808
1,1'-[methylenebis(thio)]bisethane 5938
3,3'-methylenebis(a,a,a-trifluorotoluene 28025
methylenomycin A 16805
N-methylephedrine, [R-(R*,S*)] 22510
(+)-N-methylephedrine 22514
methylephedrine 22517
N-methylepinephrine 20283
methylergonovine maleate 33866
4-methylesculetin 18788
N-methyl-1,2-ethanediamine 2256
methylethanolamine 2206
5-(1-methylethenyl)-b,b,2-trimethyl-1-cy 30272
1,4-bis(1-methylethenyl)benzene 23898
DL-3-(1-methyl-1-ethenyl)-6-oxoheptaneni 20254
1-(1-methylethoxy)butane 12217
2-[2-(1-methylethoxy)ethyl]pyridine 20243
9-methyl-10-ethoxymethyl-1,2-benzanthrac 32696
1-(1-methylethoxy)-2-propanol 9057
3-(1-methylethoxy)-1-propene 8398
2-methyl-4-ethyl thiophene 11230
2-methyl-5-ethyl thiophene 11231
3-methyl-4-ethyl thiophene 11233
methylethylamine 2202
7-methyl-9-ethylbenz(c)acridine 32042
3-(1-methylethyl)benzoic acid 19618
2-(1-methylethyl)-1,1'-biphenyl 28405
2-methyl-3-ethyl-1,4-butanediol 12262
2-methyl-2-ethyl-1-butanol 12198
3-methyl-2-ethyl-1-butanol 12199
3-methyl-2-ethyl-1-butene 11743
methylethylbutylamine 12332
1-methyl-1-ethylcyclohexane 17918
1-methyl-cis-2-ethylcyclohexane 17919
1-methyl-trans-2-ethylcyclohexane 17920
1-methyl-cis-3-ethylcyclohexane 17921
1-methyl-trans-3-ethylcyclohexane 17922
1-methyl-cis-4-ethylcyclohexane 17923
1-methyl-trans-4-ethylcyclohexane 17924
4-(1-methylethyl)cyclohexanol 18046
1-methyl-1-ethylcyclopentane 14863
1-methyl-cis-2-ethylcyclopentane 14864
1-methyl-trans-2-ethylcyclopentane 14865
1-methyl-cis-3-ethylcyclopentane 14866
1-methyl-trans-3-ethylcyclopentane 14867
1-methyl-3-ethylcyclopentane 14876
1-methyl-1-ethylcyclopropane 8200
1-methyl-cis-2-ethylcyclopropane 8201
1-methyl-trans-2-ethylcyclopropane 8202
4-methylethylenethiourea 3461
2-methyl-3-ethyl-3-heptanol 21289
4-methyl-5-ethyl-3-heptanol 21290
5-methyl-3-ethyl-3-heptanol 21291
1-methyl-2-ethyl-1-hexanol 18293
1-methyl-3-ethyl-1-hexanol 18294
3-methyl-2-ethyl-1-hexanol 18295
4-methyl-2-ethyl-1-hexanol 18296
5-methyl-2-ethyl-1-hexanol 18297
2-methyl-3-ethyl-2-hexanol 18302
2-methyl-3-ethyl-3-hexanol 18307
2-methyl-4-ethyl-3-hexanol 18308
3-methyl-4-ethyl-3-hexanol 18309
4-methyl-3-ethyl-3-hexanol 18310
5-methyl-3-ethyl-3-hexanol 18311
(1-methylethylidene)butanedioic acid 11206
5-(1-methylethylidene)-1,3-cyclopentadie 13797
2-(1-methylethylidene)hydrazinecarbothio 3777
(1-methylethylidene)propanedioic acid 7453
methylethylisobutylamine 12334
methylethylisopropylamine 9207
2-methyl-3-ethyl-3-isopropylhexane 25222
2-methyl-4-ethyl-3-isopropylhexane 25223
1-methyl-2-ethylnaphthalene 25907
1-methyl-3-ethylnaphthalene 25908
1-methyl-4-ethylnaphthalene 25909
1-methyl-5-ethylnaphthalene 25910
1-methyl-6-ethylnaphthalene 25911
1-methyl-7-ethylnaphthalene 25912
1-methyl-8-ethylnaphthalene 25913
2-methyl-1-ethylnaphthalene 25914
2-methyl-3-ethylnaphthalene 25915
2-methyl-4-ethylnaphthalene 25916
2-methyl-5-ethylnaphthalene 25917
2-methyl-6-ethylnaphthalene 25918
2-methyl-7-ethylnaphthalene 25919
2-methyl-8-ethylnaphthalene 25920
N,N-methylethylnitrosamine 2115
2-methyl-3-ethylnonane 24946
2-methyl-4-ethylnonane 24947
2-methyl-5-ethylnonane 24948
2-methyl-6-ethylnonane 24949
2-methyl-7-ethylnonane 24950
3-methyl-3-ethylnonane 24951
3-methyl-4-ethylnonane 24952
3-methyl-5-ethylnonane 24953
3-methyl-6-ethylnonane 24954
3-methyl-7-ethylnonane 24955
4-methyl-3-ethylnonane 24956
4-methyl-4-ethylnonane 24957
4-methyl-5-ethylnonane 24958
4-methyl-6-ethylnonane 24959
4-methyl-7-ethylnonane 24960
5-methyl-3-ethylnonane 24961
5-methyl-4-ethylnonane 24962
5-methyl-5-ethylnonane 24963
2-methyl-3-ethyloctane 22916
2-methyl-4-ethyloctane 22917
2-methyl-5-ethyloctane 22918
2-methyl-6-ethyloctane 22919
3-methyl-3-ethyloctane 22920
3-methyl-4-ethyloctane 22921
3-methyl-5-ethyloctane 22922
3-methyl-6-ethyloctane 22923
4-methyl-3-ethyloctane 22924
4-methyl-4-ethyloctane 22925
4-methyl-5-ethyloctane 22926
4-methyl-6-ethyloctane 22927
3-methyl-3-ethylpentane 15358
2-methyl-2-ethyl-1-pentanol 15491
3-methyl-2-ethyl-1-pentanol 15492
4-methyl-2-ethyl-1-pentanol 15493
2-methyl-3-ethyl-1-pentanol 15494
3-methyl-3-ethyl-1-pentanol 15495
4-methyl-3-ethyl-1-pentanol 15496
2-methyl-3-ethyl-2-pentanol 15504
3-methyl-3-ethyl-2-pentanol 15505
4-methyl-3-ethyl-2-pentanol 15506
2-methyl-3-ethyl-3-pentanol 15512
3-methyl-2-ethyl-1-pentene 14972
4-methyl-2-ethyl-1-pentene 14973
2-methyl-3-ethyl-1-pentene 14974
3-methyl-3-ethyl-1-pentene 14975
4-methyl-3-ethyl-1-pentene 14976
2-methyl-3-ethyl-2-pentene 14982
4-methyl-3-ethyl-cis-2-pentene 14983
4-methyl-3-ethyl-trans-2-pentene 14984
2-methyl-3-ethylphenol 17107
2-methyl-4-ethylphenol 17108
2-methyl-5-ethylphenol 17109
2-methyl-6-ethylphenol 17110
3-methyl-4-ethylphenol 17111
3-methyl-5-ethylphenol 17112
3-methyl-6-ethylphenol 17113
4-methyl-2-ethylphenol 17114
4-methyl-3-ethylphenol 17115
3,5-bis(1-methylethyl)phenol 24457
2,4-bis(1-methylethyl)phenol 24458
3-methyl-5-ethyl-5-phenylhydantoin 23928
O,O-bis(1-methylethyl)-S-(phenylmethyl)p 26356
4-(1-methylethyl)piperidine 15298
1-(1'-methylethyl)-4-piperidone 14799
2-methyl-2-ethyl-1,3-propanediol 9056
methylethylpropyl phosphate 9270
methylethylpropylamine 9206
N-methyl-N-ethyl-4-(4'-(pyridyl-1'oxide) 27366
methylethyl-sec-butylamine 12333
methylethyl-tert-butylamine 12335
4-methyl-5-ethylthiazole 7577
2-methyl-3-ethylthiophene 11229
3-methyl-2-ethylthiophene 11232
3-methyl-5-ethylthiophene 11234
a-methylferrocenemethanol 23189
2-methylfluoranthene 29870
3-methylfluoranthene 29871
1-methylfluorene 26871
9-methyl-9H-fluorene 26872
2-methyl-9H-fluorene 26874
10-methyl-3-fluoro-5,6-benzacridine 30421
7-methyl-9-fluorobenz(c)acridine 30419
7-methyl-11-fluorobenz(c)acridine 30420
methyl-4-fluorobutyrate 5140
methyl-fluoro-phosphorylcholine 9286
N-methylformamide 957
1-methyl-2-formylbenzimidazole 16158
methyl-L-fucopyranoside 11951
5-methylfuran-2-boronic acid 4593
2-methylfuran 4534
3-methylfuran 4535
5-methyl-2-furancarboxaldehyde 7074
5-methyl-2-furancarboxylic acid 7094
5-methyl-3-furancarboxylic acid 7095
3-methyl-2,5-furandione 4340
2-methyl-3-furanethiol, balance oxidized 4546
N-methyl-2-furanmethanamine 7538
5-methyl-2-furanmethanol 7419
alpha-methyl-2-furanmethanol 7420
5-methyl-2(3H)-furanone 4551
5-methyl-2(5H)-furanone 4552
3-methyl-2(5H)-furanone 4562
2-methylfuran-3-thiolacetate 10893
5-methylfurfurylamine 7542
3-methyl-2-furoic acid 7097
2-methyl-3-furoic acid 7098
3-methylfuroic acid, methyl ester 10906
bis(2-methyl-3-furyl)disulphide 19175
methyl-b-D-galactopyranoside 11953
4-methyl-gamma-butyrolactone 4904
methylgermane 310
methyl-g-fluoro-b-hydroxybutyrate 5143
methyl-g-fluoro-b-hydroxythiolbutyrate 5142
methyl-g-fluorocrotonate 4649
3-O-methyl-D-glucopyranose 11955
3-O-methylglucose 11956
alpha-methylglucoside 11952
3-methylglutaric acid 7928
2-methylglutaric acid 7932
3-methylglutaric anhydride 7443
methylglutaronitrile 7317
a-methylglycerol trinitrate 3308
methylglyoxal 1,1-dimethyl acetal 5558
methylguanidine 1131

methylheneicosylamine 33484
3-methylhentriacontane 35127
methylhentriacontylamine 35130
methylheptacosylamine 34739
9-methylheptadecane 31132
2-methylheptadecane 31133
3-methylheptadecane 31134
2-methyl-1-heptadecene 31073
methylheptadecylamine 31163
3-methyl-1,5-heptadiene 14495
4-methyl-1,6-heptadien-4-ol 14580
5-methylheptanal 15064
N-methyl-2-heptanamine 15640
6-methyl-2-heptanamine, (±) 15633
2-methylheptane 15355
3-methylheptane 15356
4-methylheptane 15357
3-methyl-2,4-heptanediol 15550
6-methyl-2,4-heptanedione 14641
2-methylheptanoic acid 15204
2-methyl-1-heptanol 15436
3-methyl-1-heptanol 15437
4-methyl-1-heptanol 15438
5-methyl-1-heptanol 15439
6-methyl-1-heptanol 15440
2-methyl-2-heptanol 15441
3-methyl-2-heptanol 15442
4-methyl-2-heptanol 15443
5-methyl-2-heptanol 15444
6-methyl-2-heptanol 15445
2-methyl-3-heptanol 15446
3-methyl-3-heptanol 15447
4-methyl-3-heptanol 15448
5-methyl-3-heptanol 15449
6-methyl-3-heptanol 15450
2-methyl-4-heptanol 15451
3-methyl-4-heptanol 15452
4-methyl-4-heptanol 15453
3-methyl-4-heptanol, (R*,S*)-(±) 15526
2-methyl-2-heptanol, (±) 15522
5-methyl-2-heptanol, (±) 15523
2-methyl-3-heptanol, (±) 15524
6-methyl-3-heptanol, (±) 15525
2-methyl-3-heptanone 15073
2-methyl-2-heptanone 15074
3-methyl-2-heptanone 15075
5-methyl-2-heptanone 15076
5-methyl-3-heptanone 15077
6-methyl-2-heptanone 15078
6-methyl-3-heptanone 15079
5-methyl-3-heptanone 15148
methylheptatriacontylamine 35533
2-methyl-1-heptene 14899
3-methyl-1-heptene 14900
4-methyl-1-heptene 14901
5-methyl-1-heptene 14902
6-methyl-1-heptene 14903
2-methyl-2-heptene 14904
3-methyl-cis-2-heptene 14905
3-methyl-trans-2-heptene 14906
4-methyl-cis-2-heptene 14907
4-methyl-trans-2-heptene 14908
5-methyl-cis-2-heptene 14909
5-methyl-trans-2-heptene 14910
6-methyl-2-heptene 14911
6-methyl-cis-2-heptene 14912
6-methyl-trans-2-heptene 14913
6-methyl-3-heptene 14914
2-methyl-3-heptene 14915
2-methyl-cis-3-heptene 14916
2-methyl-trans-3-heptene 14917
3-methyl-3-heptene 14918
3-methyl-cis-3-heptene 14919
3-methyl-trans-3-heptene 14920
4-methyl-3-heptene 14921
4-methyl-cis-3-heptene 14922
4-methyl-trans-3-heptene 14923
5-methyl-3-heptene 14924
5-methyl-cis-3-heptene 14925
5-methyl-trans-3-heptene 14926
6-methyl-cis-3-heptene 14927
6-methyl-trans-3-heptene 14928
6-methyl-2-heptenoic acid 14624
methylheptenone 14589
2-methyl-3-hepten-2-ol 15111
2-methyl-4-hepten-2-ol 15112
2-methyl-6-hepten-2-ol 15113
3-methyl-4-hepten-3-ol 15114
3-methyl-6-hepten-1-ol 15115
4-methyl-1-hepten-4-ol 15116
4-methyl-2-hepten-4-ol 15117
5-methyl-2-hepten-4-ol 15118
6-methyl-2-hepten-4-ol 15119
6-methyl-5-hepten-2-ol 15120
DL-6-methyl-5-hepten-2-ol 15142
6-methyl-6-hepten-2-ol 15151
3-methyl-5-hepten-2-one 14560
5-methyl-5-hepten-2-one 14561
6-methyl-5-hepten-2-one 14562
6-methyl-4-hepten-2-one 14563
6-methyl-6-hepten-2-one 14564
2-methyl-5-hepten-3-one 14565
5-methyl-1-hepten-3-one 14566
5-methyl-4-hepten-3-one 14567
5-methyl-5-hepten-3-one 14568
5-methyl-2-hepten-4-one 14569
6-methyl-2-hepten-4-one 14570
6-methyl-2-heptyl acetate 21046
6-methyl-3-heptyl acetate 21047
2-methylheptyl acetate, (±) 21048
(1-methylheptyl)benzene 27649
methylheptylamine 15635
methyl-6-O-(N-heptylcarbamoyl)-a-D-gluco 28853
6-methyl-2-heptylhydrazine 15705
6-methyl-2-heptylisopropylidenehydrazine 23051
N-(1-methylheptyl)-2-octanamine 29802
methylhesperidin 34775
methylhexacosylamine 34567

2-methylhexadecane 30347
3-methylhexadecane 30348
2-methyl-1-hexadecene 30314
methylhexadecylamine 30370
2-methyl-1,5-hexadiene 11363
2-methyl-2,4-hexadiene 11364
(3aa,4b,7b,7aa)-3a-methyl-4,7-hexahydroe 16780
3-methylhexanal 11828
3-methyl-1-hexanamine 12319
4-methyl-2-hexanamine 12320
2-methylhexane 12113
3-methylhexane 12114
3-methylhexane, (S)- 12121
2-methylhexanedioic acid 11540
3-methylhexanedioic acid, (±) 11541
2-methyl-1,2-hexanediol 12233
2-methyl-2,4-hexanediol 12234
2-methyl-2,5-hexanediol 12235
3-methyl-1,6-hexanediol 12236
3-methyl-2,4-hexanediol 12237
3-methyl-3,4-hexanediol 12238
4-methyl-1,5-hexanediol 12239
4-methyl-2,4-hexanediol 12240
5-methyl-1,5-hexanediol 12241
5-methyl-2,4-hexanediol 12242
3-methyl-2,5-hexanedione 11462
5-methyl-2,3-hexanedione 11463
3-methylhexanoic acid 11888
5-methylhexanoic acid 11890
2-methylhexanoic acid 11925
2-methylhexanoic acid, (±) 11887
4-methylhexanoic acid, (±) 11889
2-methyl-1-hexanol 12168
3-methyl-1-hexanol 12169
4-methyl-1-hexanol 12170
5-methyl-1-hexanol 12171
2-methyl-2-hexanol 12172
3-methyl-2-hexanol 12173
4-methyl-2-hexanol 12174
5-methyl-2-hexanol 12175
2-methyl-3-hexanol 12176
3-methyl-3-hexanol 12177
4-methyl-3-hexanol 12178
5-methyl-3-hexanol 12179
2-methyl-1-hexanol, (±) 12206
3-methyl-1-hexanol, (±) 12207
4-methyl-1-hexanol, (±) 12208
2-methyl-2-hexanol, (±) 12209
5-methyl-3-hexanol, (±) 12210
3-methyl-2-hexanone 11832
4-methyl-2-hexanone 11833
5-methyl-2-hexanone 11834
3-methyl-3-hexanone 11835
4-methyl-3-hexanone 11836
5-methyl-3-hexanone 11837
5-methyl-2-hexanone oxime 12061
3-methylhexanoyl chloride 11595
4-methylhexanoyl chloride 11596
methylhexatriacontylamine 35492
2-methyl-1-hexene 11714
3-methyl-1-hexene 11715
4-methyl-1-hexene 11716
5-methyl-1-hexene 11717
2-methyl-2-hexene 11718
3-methyl-cis-2-hexene 11719
3-methyl-trans-2-hexene 11720
4-methyl-cis-2-hexene 11721
4-methyl-trans-2-hexene 11722
5-methyl-cis-2-hexene 11723
5-methyl-trans-2-hexene 11724
2-methyl-cis-3-hexene 11725
2-methyl-trans-3-hexene 11726
3-methyl-cis-3-hexene 11727
3-methyl-trans-3-hexene 11728
2-methyl-3-hexenoic acid 11471
3-methyl-2-hexenoic acid 11472
4-methyl-2-hexenoic acid 11473
4-methyl-3-hexenoic acid 11474
5-methyl-2-hexenoic acid 11475
5-methyl-4-hexenoic acid 11476
trans-2-methyl-2-hexenoic acid 11477
5-methyl-2-hexenol 11870
2-methyl-3-hexen-2-ol 11862
2-methyl-4-hexen-3-ol 11863
2-methyl-3-hexen-2-ol 11864
3-methyl-4-hexen-3-ol 11865
3-methyl-4-hexen-3-ol 11866
3-methyl-5-hexen-3-ol 11867
4-methyl-5-hexen-3-ol 11868
5-methyl-1-hexen-3-ol 11869
2-methyl-4-hexen-3-one 11422
3-methyl-5-hexen-2-one 11423
4-methyl-5-hexen-2-one 11424
5-methyl-1-hexen-2-one 11425
5-methyl-5-hexen-2-one 11426
5-methyl-4-hexen-2-one 11427
5-methyl-5-hexen-2-one 11428
2-methyl-1-hexen-3-yne 11056
2-methyl-5-hexen-3-yn-2-ol 11158
4-methyl-1-hexylamine 12321
methylhexylamine 12322
5-methyl-2-hexylamine 12346
1-methylhexyl-b-oxybutyrate 22861
3-methyl-1-hexyne 11343
4-methyl-1-hexyne 11344
5-methyl-1-hexyne 11345
4-methyl-2-hexyne 11346
5-methyl-2-hexyne 11347
2-methyl-3-hexyne 11348
2-methyl-3-hexyn-2-ol 11409
3-methyl-1-hexyn-3-ol 11410
N-methylhippuric acid 19331
3-methylhippuric acid 19332
4-methylhippuric acid 19333
2-methylhippuric acid 19334
L-1-methylhistidine 11317
L-3-methylhistidine 11318
N-methylhomoveratrylamine 22521

1-methylhydantoin 2906
methylhydrazine 312
3-methylhydrazobenzene 25951
methylhydroperoxide 273
N-methyl-N-(4-hydroxybutyl)nitrosamine 5816
methyl-3-hydroxybutyrate 5566
2-methyl-3-hydroxy-4,5-dihydroxymethylpy 14188
(2-methyl-3-(1-hydroxyethoxyethyl-4-pipe 33905
o-methylhydroxylamine 289
2-methyl-4-hydroxylaminoquinoline 1-oxid 19064
1-methyl-7-hydroxy-6-methoxy-3,4-dihydro 21976
N-methyl-3-hydroxymorphinan 30205
9-methylhypoxanthine 7042
1-methylimidazol 2886
2-methyl-1H-imidazole 2887
4-methyl-1H-imidazole 2888
1-methyl-2-imidazolecarboxaldehyde 4508
4-methyl-2H-imidazole-1-oxide-2-spirocyc 17418
5-methyl-2,4-imidazolidinedione 2909
1-methyl-2-imidazolidinethione 3460
1-methyl-2-imidazolidinone 3421
N-methyliminodiacetic acid 5253
2-methyl-1,3-indandione 18769
6-methyl-1-indanone 19110
3-methyl-1-indanone 19111
1-methyl-1H-indazole 13336
2-methyl-2H-indazole 13337
3-methyl-1H-indazole 13338
5-methyl-1H-indazole 13339
1-methylindene 18963
2-methylindene 18964
3-methyl-1H-indene 18965
4-methyl-1H-indene 18966
6-methyl-1H-indene 18967
7-methyl-1H-indene 18968
1-methyl-1H-indole 16369
2-methyl-1H-indole 16370
3-methyl-1H-indole 16371
4-methyl-1H-indole 16372
5-methyl-1H-indole 16373
7-methyl-1H-indole 16374
6-methylindole 16379
2-methylindoline 16899
3-((2-methyl-1H-indol-3-yl)methyl)-1-(ph 33257
1-methylisatin 16048
N-methylisatin-3-(thiosemicarbazone) 19077
N-methylisatoic anhydride 16060
methylisobutylamine 5956
1-methyl-2-isobutylbenzene 22318
1-methyl-3-isobutylbenzene 22319
1-methyl-4-isobutylbenzene 22320
4-methyl-2-isobutyl-1-pentanol 21323
2-methyl-1H-isoindole-1,3(2H)-dione 16036
3-methyl-2-isopentylcyclopentanone 22693
6-methyl-N-isopentyl-2-heptanamine 26560
methylisopropylamine 3983
4-methyl-N-isopropylaniline 20207
2-methyl-5-isopropylaniline 20208
2-methyl-5-isopropyl-1,4-benzenediol 20099
3-methyl-6-isopropyl-1,2-benzenediol 20100
alpha-methyl-4-isopropylbenzenepropanal 26207
4-methyl-7-isopropylbenzofuran 23964
4-methyl-1-isopropylbicyclo[3.1.0]hexane 20617
4-methyl-1-isopropylbicyclo[3.1.0]hexan- 20672
4-methyl-5-isopropylbicyclo[3.1.0]hex-2- 20343
4-methyl-1-isopropylbicyclo[3.1.0]hex-3- 20059
3-methyl-2-isopropyl-1-butanol 15516
3-methyl-2-isopropyl-1-butene 14991
2-methyl-5-isopropyl-1,3-cyclohexadiene, 20349
2-methyl-5-isopropyl-2,5-cyclohexadiene- 19577
1-methyl-2-isopropylcyclohexane 20931
1-methyl-3-isopropylcyclohexane 20932
1-methyl-4-isopropylcyclohexane 20933
cis-1-methyl-4-isopropylcyclohexane 20934
trans-1-methyl-4-isopropylcyclohexane 20935
1-methyl-4-isopropylcyclohexanol 21011
5-methyl-2-isopropylcyclohexanol acetate 24707
2-methyl-5-isopropylcyclohexanol, [1R-(1 21012
cis-5-methyl-2-isopropylcyclohexanone, (20680
trans-2-methyl-5-isopropylcyclohexanone, 20681
trans-5-methyl-2-isopropylcyclohexanone, 20682
1-methyl-4-isopropylcyclohexene 20625
1-methyl-4-isopropylcyclohexene, (R) 20626
4-methyl-1-isopropylcyclohexene, (R) 20627
trans-3-methyl-6-isopropylcyclohexene, (20628
3-methyl-6-isopropyl-2-cyclohexen-1-ol 20700
4-methyl-1-isopropyl-3-cyclohexen-1-ol 20701
6-methyl-3-isopropyl-2-cyclohexen-1-ol 20702
3-methyl-6-isopropyl-2-cyclohexen-1-one, 20427
6-methyl-3-isopropyl-2-cyclohexen-1-one, 20428
5-methyl-2-isopropylcyclohexyl ethoxyace 27814
((5-methyl-2-isopropylcyclohexyl)oxy]ace 24737
1-methyl-1-isopropylcyclopentane 17868
1-methyl-cis-2-isopropylcyclopentane 17869
1-methyl-trans-2-isopropylcyclopentane 17870
1-methyl-cis-3-isopropylcyclopentane 17871
1-methyl-trans-3-isopropylcyclopentane 17872
2-methyl-1-isopropylcyclopentane 17915
2-methyl-5-isopropylcyclopentanecarboxyl 20778
2-methyl-2-isopropylcyclopentanone 17686
2-methyl-5-isopropylcyclopentanone 17687
4-methyl-2-isopropylcyclopentanone 17688
3-methyl-1-isopropylcyclopentene 17592
5-methyl-2-isopropyl-2-cyclopenten-1-one 17439
2-methyl-3-isopropylheptane 22957
2-methyl-4-isopropylheptane 22958
3-methyl-4-isopropylheptane 22959
4-methyl-4-isopropylheptane 22960
4-methyl-2-isopropyl-1-hexanol 21305
5-methyl-2-isopropyl-3-hexanol 21306
2-methyl-5-isopropyl-3-hexanol 21310
2-methyl-1-isopropylnaphthalene 27278
3-methyl-2-isopropylnaphthalene 27279
1-methyl-3-isopropylnaphthalene 27280
1-methyl-4-isopropylnaphthalene 27281
1-methyl-6-isopropylnaphthalene 27282
1-methyl-7-isopropylnaphthalene 27283
2-methyl-8-isopropylnaphthalene 27284

7-methyl-1-isopropylnaphthalene 27313
1-methyl-4-isopropyl-2-nitrobenzene 19800
2-methyl-3-isopropyloctane 25011
2-methyl-4-isopropyloctane 25012
2-methyl-5-isopropyloctane 25013
3-methyl-4-isopropyloctane 25014
3-methyl-5-isopropyloctane 25015
4-methyl-4-isopropyloctane 25016
4-methyl-5-isopropyloctane 25017
1-methyl-4-isopropyl-7-oxabicyclo[2.2.1] 20710
4-methyl-2-isopropyl-1-pentanol 18322
2-methyl-3-isopropyl-3-pentanol 18331
1-methyl-7-isopropylphenanthrene 30640
1-methyl-7-isopropyl-9,10-phenanthrenedi 30628
2-methyl-3-isopropylphenol 20003
2-methyl-4-isopropylphenol 20004
2-methyl-5-isopropylphenol 20005
2-methyl-6-isopropylphenol 20006
3-methyl-2-isopropylphenol 20007
3-methyl-4-isopropylphenol 20008
3-methyl-5-isopropylphenol 20009
4-methyl-2-isopropylphenol 20010
5-methyl-2-isopropylphenol 20011
2-methyl-5-isopropylphenyl acetate 24221
5-methyl-2-isopropylphenyl acetate 24222
1-(2-methyl-5-isopropylphenyl)ethanone 24187
[2-methyl-1-isopropylpropyl]benzene 26286
methyl(5-isopropyl-N-(p-tolyl)-o-toluene 30821
1-methylisoquinoline 18856
3-methylisoquinoline 18857
4-methylisoquinoline 18858
6-methylisoquinoline 18859
8-methylisoquinoline 18860
5-methylisoxazole 2704
3-methylisoxazole 2707
3-methyl-4,5-isoxazoledione-4-((2-chloro 18687
3-methyl-5-isoxazolemethanol 4680
N-methyljervine 34672
methylketene 1625
methyllithium 229
N-methyllorazepam 29035
N-methyl-l-prolinol 8783
methyllycaconitine 35464
1-methyllysergic acid butanolamide 32910
1-methyllysergic acid ethylamide 31525
methylmagnesium bromide (ethyl ether sol 192
methylmagnesium iodide 223
N-methylmaleamic acid 4694
N-methylmaleimide 4414
methylmalonic acid 3011
a-methyl-D-mannopyranoside 11957
2-(methylmercapto)benzimidazole 13380
1-methyl-2-mercapto-5-imidazole carboxyl 4523
3-methylmercapto-5-mercapto-1,2,4-thiadi 1610
methylmercuric dicyandiamide 1870
methylmercuric phosphate 285
methylmercurichlorendimide 18506
bis(methylmercuric)sulfate 1032
methylmercury 220
methylmercury dimercaptopropanol 28460
methylmercury hydroxide 255
methylmercury pentachlorophenate 9557
methylmercury perchlorate 198
methylmercury propanediolmercaptide 3822
methylmercury quinolinolate 18848
methyl-mercury toluenesulphamide 17406
a-methylmescaline 24516
N-methylmethanesulfonamide 1124
methyl-3-methoxy carbonylazocrotonate 11127
2-methyl-5-methoxy-N-dimethyltryptamine 27577
methyl-3-methoxy-4-hydroxy styryl ketone 21897
5-methyl-7-methoxyisoflavone 29946
methyl(((methoxymethylphosphinothioyl)th 11780
1-methyl-6-methoxy-1,2,3,4-tetrahydro-b- 26058
1-methyl-6-(1-methylallyl)-2,5-dithiobiu 11826
5-methyl-6-methylaminoquinoxaline 19348
6-methyl-8-methylamino-S-triazolo(4,3-b) 11045
methyl-1-methylbutylamine 9192
methyl-2-methylbutylamine 9193
methyl-3-methylbutylamine 9194
(2S-(2a,3b(R*)))-3-(((3-methyl-1-(((3-me 30280
2-methyl-1-((6-methyl-3-cyclohexen-1-yl) 27730
3-methyl-1-((6-methyl-3-cyclohexen-1-yl) 27731
4-methyl-1-((6-methyl-3-cyclohexen-1-yl) 27732
2-methyl-1-((2-methylcyclohexyl)carbonyl 27773
3-methyl-1-((2-methylcyclohexyl)carbonyl 27774
4-methyl-1-((2-methylcyclohexyl)carbonyl 27775
2-methyl-2-(methyldithio)propionaldehyde 5490
10-methyl-1',9-methylene-1,2-benzanthrac 31869
1-methyl-4-methylenecyclohexane 14501
2-methyl-3-(3,4-methylenedioxyphenyl)pro 21895
2-methyl-6-methylene-7-octen-2-ol 20759
1-methyl-2-(1-methylethenyl)benzene 19369
1-methyl-3-(1-methylethenyl)benzene 19370
1-methyl-4-(1-methylethenyl)benzene 19371
1-methyl-3-(1-methylethoxy)benzene 20042
[1R-(1a,2a,5b)]-5-methyl-2-(1-methylethy 21033
4-methyl-1-(1-methylethyl)cyclohexene 20638
(S)-3-methyl-6-(1-methylethyl)-2-cyclohe 20476
1-methyl-3-(1-methylethylidene)cyclohexa 20629
1-methyl-4-(1-methylethylidene)cyclohexa 20630
5-methyl-2-(1-methylethylidene)cyclohexa 20433
3-methyl-6-(1-methylethylidene)-2-cycloh 20060
1-methyl-4-(5-methyl-1-methylene-4-hexen 28739
1-methyl-3-((1-methyl-4-nitro-1H-imidazo 19471
2-methyl-3-(1-methyl-5-nitro-1H-imidazol 14215
5-methyl-5-(1-methyl-1-pentenyl)barbitur 22391
2-methyl-4-(3-methylpentyl)phenol 26314
N-methyl-N-(2-methylphenyl)acetamide 19771
2-methyl-N-(2-methylphenyl)aniline 27216
3-methyl-N-(3-methylphenyl)aniline 27217
4-methyl-N-(4-methylphenyl)aniline 27218
4-methyl-6-((2-methylphenyl)azo)-1,3-ben 27361
3-methyl-1-(2-methylphenyl)-1-butanone 24188
3-methyl-1-(4-methylphenyl)-1-butanone 24189
1-methyl-2-(3-methylphenyl)hydrazine 14284
2-methyl-1-(3-methylphenyl)piperazine 24406
2-methyl-3-(2-methylphenyl)-4(3H)-quinaz 29137
1-methyl-2-[(4-methylphenyl)thio]benzene 27193
2-methyl-2-(methylsulfinyl)propanal-O-((11814
methyl((methylthio)acetyl)carbamic acid 27538
methyl(methylthio)mercury 1031
3-methyl-4-methylthiophenol 13948
2-methyl-2-(methylthio)propionaldehyde o 5695
2-methyl-3-(methylthio)pyrazine 7371
1-methyl-3-(1-methylvinyl)cyclohexane 20631
1-methyl-4-(1-methylvinyl)cyclohexanol 20711
5-methyl-2-(1-methylvinyl)cyclohexanol a 24570
2-methyl-5-(1-methylvinyl)cyclohexanol, 20712
5-methyl-2-(1-methylvinyl)cyclohexanol, 20713
5-methyl-2-(1-methylvinyl)cyclohexanone 20434
trans-5-methyl-2-(1-methylvinyl)cyclohex 20436
trans-2-methyl-5-(1-methylvinyl)cyclohex 20435
1-methyl-3-(1-methylvinyl)cyclohexene 20346
1-methyl-5-(1-methylvinyl)cyclohexene 20347
5-methyl-1-(1-methylvinyl)cyclohexene, (20348
2-methyl-5-(1-methylvinyl)-2-cyclohexen- 20447
N-methylmitomycin C 29462
3-methyl-4-monomethylaminoazobenzene 27129
N-methylmonothiosuccinimide 4674
4-methylmorpholine 5680
alpha-methyl-4-morpholineethanol 12083
N-methyl-N-(m-tolyl)carbamothioic acid (32143
(a-methyl-m-trifluoromethylphenethylamin 30201
methylbismuth oxide 190
4-methyl-1-naphthalenamine 21725
N-methyl-2-naphthalenamine 21726
1-methylnaphthalene 21601
2-methylnaphthalene 21602
methylnaphthalene 21603
4-methyl-1-naphthalenecarboxaldehyde 23525
2-methyl-1,4-naphthalenediamine 21817
2-methyl-1,4-naphthalenediol 21662
2-methyl-1,4-naphthalenediol diacetate 28321
2-methyl-1,4-naphthalenedione 21531
2-methylnaphthalene-bis(hexachlorocyclop 32561
alpha-methyl-1-naphthalenemethanol, (±) 23760
1-methyl-2-naphthalenol 21648
4-methyl-1-naphthalenol 21649
5-methylnaphtho(1,2,3,4-def)chrysene 34050
6-methylnaphtho(1,2,3,4-def)chrysene 34051
methyl-1-naphthylamine 21727
3-methyl-2-naphthylamine 21735
(R)-(+)-N-methyl-1-(1-naphthyl)ethylamin 26009
(S)-(-)-N-methyl-1-(1-naphthyl)ethylamin 26010
N-methyl-N-(1-naphthyl)fluoroacetamide 25752
2-methyl-1-(1-naphthyl)-1-propanone 27143
2-methyl-1-(2-naphthyl)-1-propanone 27144
N-methylnicotinamide 10799
6-methylnicotinic acid 10642
2-methyl-1-nitratodimercurio-2-nitratome 3400
2-methyl-3-nitroaniline 10809
2-methyl-4-nitroaniline 10810
2-methyl-5-nitroaniline 10811
2-methyl-6-nitroaniline 10812
4-methyl-2-nitroaniline 10813
N-methyl-2-nitroaniline 10814
N-methyl-4-nitroaniline 10815
4-methyl-3-nitroaniline 10822
4-methyl-2-nitroanisole 13756
3-methyl-2-nitroanisole 13757
3-methyl-4-nitroanisole 13758
2-methyl-1-nitroanthraquinone 28002
methyl-2-nitrobenzene diazoate 10703
4-methyl-3-nitrobenzene sulfonic acid 10687
2-methyl-5-nitro-1,4-benzenediamine 11036
2-methyl-6-nitro-1,4-benzenediamine 11037
2-methyl-5-nitrobenzenesulfonic acid 10686
2-methyl-5-nitrobenzenesulfonyl chloride 10248
1-methyl-2-nitrobenzimidazole 13223
2-methyl-6-nitrobenzoic acid 13185
2-methyl-3-nitrobenzoic acid 13186
2-methyl-5-nitrobenzoic acid 13187
3-methyl-4-nitrobenzoic acid 13188
3-methyl-2-nitrobenzoic acid 13189
4-methyl-3-nitrobenzoic acid 13190
2-methyl-5-nitrobenzonitrile 12877
4-methyl-2-nitrobenzonitrile 12886
4-methyl-3-nitrobenzoyl chloride 12781
3-methyl-2-nitrobenzoyl chloride 12783
3-methyl-4-nitrobenzyl alcohol 13759
3-methyl-2-nitrobenzyl alcohol 13760
2-methyl-3-nitrobenzyl chloride 13274
4-methyl-3-nitrobenzyl chloride 13275
3-methyl-2-nitro-1-butanol 5735
3-methyl-4-nitro-1-buten-3-yl acetate 11305
3-methyl-4-nitro-2-buten-1-yl acetate 11306
2-(3-methyl-3-nitrobutyl)-1,3-dioxolane 14840
1-methyl-1-nitrocyclohexane 11647
1-methyl-4-nitrocyclohexane 11648
2-methylnitrocyclohexane 11649
1-methyl-1-nitrocyclopentane 8130
1-methyl-2-nitrocyclopentane 8131
(1-methyl-1-nitroethyl)benzene 16938
4-methyl-1-((5-nitrofurfurylidene)amino) 13904
3-methyl-4-nitrofuroxan 1485
5-methyl-3-(5-nitro-2-furyl)isoxazole 12899
5-methyl-3-(5-nitro-2-furyl)pyrazole 13224
2-methyl-4-(5-nitro-2-furyl)thiazole 12898
N-(1-methyl-3-(5-nitro-2-furyl)-S-triazo 16507
N-methyl-N'-nitroguanidine 1057
1-methyl-3-nitroguanidinium nitrate 1136
1-methyl-3-nitroguanidinium perchlorate 1111
2-methyl-5-nitroimidazole 2743
1-methyl-2-nitroimidazole 2744
1-methyl-4-nitro-1H-imidazole 2745
4-methyl-5-nitroimidazole 2746
1-methyl-5-nitroimidazole-2-methanol 4730
1-methyl-5-nitroimidazole-2-methanol car 7376
5-((1-methyl-5-nitro-1H-imidazol-2-yl)me 16081
2-methyl-5-nitroindole 16168
N-methyl-N-nitromethanamine 1046
1-methyl-4-(nitromethyl)benzene 13712
1-methyl-4-nitronaphthalene 21572
2-methyl-1-nitronaphthalene 21573
N-methyl-N'-nitro-N-nitrosoguanidine 976
2-methyl-4-nitrophenol 10652
2-methyl-6-nitrophenol 10653
4-methyl-2-nitrophenol 10654
4-methyl-3-nitrophenol 10668
3-methyl-4-nitrophenol 10669
3-methyl-2-nitrophenol 10670
2-methyl-3-nitrophenol 10671
5-methyl-2-nitrophenol 10672
1-methyl-2-(2-nitrophenoxy)benzene 25719
1-methyl-4-(4-nitrophenoxy)benzene 25720
methyl-(4-nitrophenoxy)-phosphinothioyl- 25755
4-methyl-3-nitrophenyl isocyanate 12894
2-methyl-3-nitrophenyl isocyanate 12895
2-methyl-4-nitrophenyl isocyanate 12896
1-((4-methyl-2-nitrophenyl)azo)-2-naphth 29913
(4-methyl-2-nitrophenyl)phenylmethanone 26854
1-methyl-5-nitro-2-(2-phenyl-1-propenyl) 25893
1-methyl-5-nitro-2-((phenylsulfonyl)meth 21781
2-methyl-2-nitro-1,3-propanediol 3749
2-methyl-2-nitro-1-propanol 3732
2-methyl-2-nitro-propanol nitrate 3457
3-methyl-4-nitropyridine N-oxide 7022
2-methyl-4-nitropyridine-1-oxide 7025
2-methyl-4-nitroquinoline-1-oxide 18725
3-methyl-4-nitroquinoline-1-oxide 18726
5-methyl-4-nitroquinoline-1-oxide 18727
6-methyl-4-nitroquinoline-1-oxide 18728
7-methyl-4-nitroquinoline-1-oxide 18729
8-methyl-4-nitroquinoline-1-oxide 18730
1-(4-N-methyl-N-nitrosaminobenzylidene)i 29930
1-(methylnitrosamino)-2-butanone 5419
4-(methylnitrosamino)-2-butanone 5420
methylnitrosaminomethyl-d3 ester acetic 2681
3-methylnitrosaminopropionitrile 3300
4-(N-methyl-N-nitrosamino)-4-(3-pyridyl) 19849
4-(methylnitrosamino)-1-(3-pyridyl)-1-bu 20297
4-(N-methyl-N-nitrosamino)-1-(3-pyridyl) 19850
4-(4-N-methyl-N-nitrosaminostyryl)quinol 30559
methylnitrosoacetamide 1893
N-methyl-N-nitrosoadenine 7054
N-methyl-N-nitrosoallylamine 3424
2-(N-methyl-N-nitroso)aminoacetonitrile 1789
5-(N-methyl-N-nitroso)amino-3-(5-nitro-2 10403
N-methyl-N-nitrosoaniline 10793
N-methyl-N-nitroso-b-alanine 3451
N-methyl-N-nitrosobenzamide 13360
N-methyl-N-nitrosobiuret 1914
methylnitrosocarbamic acid a-(ethylthio) 22080
methylnitrosocarbamic acid o-chloropheny 12998
methylnitrosocarbamic acid o-(1,3-dioxol 21835
methylnitrosocarbamic acid o-isopropylph 22078
methylnitrosocarbamic acid 3,5-xylyl est 19449
methylnitrosocyanamide 771
N-methyl-N-nitrosodecylamine 23053
N-methyl-N-nitrosoethylcarbamate 3452
N-methyl-N-nitroso-b-D-glucosamine 11822
4-methyl-4-N-(nitrosomethylamino)-2-pent 11802
N-methyl-N-nitrosooctanamide 17986
1-methyl-1-nitroso-3-(p-chlorophenyl)ure 13280
N-methyl-N-nitroso-4-(phenylazo)aniline 25788
1-methyl-1-nitroso-3-phenylurea 13777
3-methylnitrosopiperidine 8327
4-methylnitrosopiperidine 8328
3-methyl-1-nitroso-4-piperidone 7736
N-methyl-N-nitroso-1-propanamine 3840
2-methyl-2-nitrosopropane dimer 15419
N-methyl-N-nitrosopropionamide 3435
1-methyl-1-nitroso-3-(p-tolyl)urea 16991
2-methyl-N-nitrosothiazolidine 3427
N-methyl-N-nitrosourea 973
D-1-(3-methyl-3-nitrosoureido)-1-deoxyga 14854
1-methyl-2-nitro-5-vinyl-1H-imidazole 7245
methylnonacosylamine 34966
2-methylnonadecane 32516
3-methylnonadecane 32517
2-methyl-1-nonadecene 32477
methylnonadecylamine 32547
(1-methylnonadecyl)benzene 34329
2-methylnonane 21134
3-methylnonane 21135
4-methylnonane 21136
5-methylnonane 21137
3-methylnonanedioic acid 20830
3-methylnonanoic acid 21042
8-methylnonanoic acid 21066
2-methyl-1-nonanol 21231
4-methyl-1-nonanol 21232
5-methyl-1-nonanol 21233
7-methyl-1-nonanol 21234
3-methyl-1-nonanol 21235
2-methyl-2-nonanol 21236
3-methyl-2-nonanol 21237
5-methyl-2-nonanol 21238
6-methyl-2-nonanol 21239
7-methyl-2-nonanol 21240
8-methyl-2-nonanol 21241
2-methyl-3-nonanol 21242
3-methyl-3-nonanol 21243
5-methyl-3-nonanol 21244
2-methyl-4-nonanol 21245
4-methyl-4-nonanol 21246
5-methyl-4-nonanol 21247
7-methyl-4-nonanol 21248
2-methyl-5-nonanol 21249
3-methyl-5-nonanol 21250
5-methyl-5-nonanol 21251
8-methyl-1-nonanol 21334
2-methyl-5-nonanone 20996
2-methyl-3-nonanone 21034
methylnonatriacontylamine 35632
2-methyl-1-nonene 20947
2-methyl-3-nonene 20948
5-methyl-4-nonene 20949
3-methyl-2(3)-nonenenitrile 20559
6-methyl-5-nonen-4-one 20697
6-methyl-6-nonen-4-one 20698
methylnonylamine 21401
(1-methylnonyl)benzene 29599

2-methyl-2-nonyl-4-phenyl-2H-imidazole-1 31602
8-methyl-4-nonyne 20599
2a-methyl-A-nor-17a-pregn-20-yne-2b,17b- 32926
methyl-5-norbornene-2,3-dicarboxylic anh 19192
21-methylnorethisterone 32925
17a-methyl-B-nortestosterone 31608
methyloctacosylamine 34830
2-methyloctadecane 31736
3-methyloctadecane 31737
14-methyloctadecanoic acid 31709
17-methyloctadecanoic acid 31710
9-methyloctadecanoic acid 31711
2-methyl-1-octadecene 31699
methyloctadecylamine 31757
4-methyl-3,5-octadiene 17607
7-methyl-2,4-octadiene 17608
7-methyl-1,6-octadiene 17628
(S)-(+)-10-methyl-1(9)-octal-2-one 22437
2-methyloctanal 18048
2-methyloctane 18177
3-methyloctane 18178
4-methyloctane 18179
3-methyloctanoic acid 18056
2-methyloctanoic acid 18057
7-methyloctanoic acid 18083
2-methyl-1-octanol 18244
3-methyl-1-octanol 18245
4-methyl-1-octanol 18246
5-methyl-1-octanol 18247
6-methyl-1-octanol 18248
7-methyl-1-octanol 18249
2-methyl-2-octanol 18250
3-methyl-2-octanol 18251
5-methyl-2-octanol 18252
7-methyl-2-octanol 18253
2-methyl-3-octanol 18254
3-methyl-3-octanol 18255
4-methyl-3-octanol 18256
6-methyl-3-octanol 18257
7-methyl-3-octanol 18258
2-methyl-4-octanol 18259
3-methyl-4-octanol 18260
4-methyl-4-octanol 18261
5-methyl-4-octanol 18262
6-methyl-4-octanol 18263
7-methyl-4-octanol 18264
3-methyl-3-octanone 18002
3-methyl-4-octanone 18003
4-methyl-3-octanone 18004
5-methyl-3-octanone 18005
7-methyl-3-octanone 18006
7-methyl-4-octanone 18007
2-methyl-3-octanone 18047
methyloctatriacontylamine 35569
2-methyl-1-octene 17946
3-methyl-2-octene 17947
7-methyl-3-octene 17948
2-methyl-4-octene 17949
3-methyl-4-octen-3-ol 18031
4-methyl-1-octen-4-ol 18032
5-methyl-5-octen-4-ol 18033
7-methyl-5-octen-4-ol 18034
cis-2-methyl-3-octen-2-ol 18035
2-methyl-1-octen-ol 18049
2-methyl-5-octen-4-one 17690
2-methyl-7-octen-4-one 17691
5-methyl-1-octen-3-one 17692
7-methyl-5-octen-4-one 17693
4-methyl-7-octen-5-yn-4-ol 17444
methyloctylamine 18389
7-methyl-3-octyne 17597
3-methyl-1-octyn-3-ol 17694
methyl-o-(4-hydroxy-3-methoxycinnamoyl)r 35151
35-methylokadaic acid 35768
N-methylol dimethylphosphonopropionamide 8913
N'-methylol-o-chlortetracycline 33578
4-o-methyl-12-o-tetradecanoylphorbol-13- 35470
N-methyl-o-toluamide 16921
a-methyl-o-(trifluoromethyl)benzyl alcoh 16353
4-methyloxazole 2705
3-methyl-2-oxazolidinone 3268
2-methyl-2-oxazoline 3253
2-methyloxetane 3475
3-methyl-3-oxetanemethanol 5531
methyloxirane 1926
3-methyl-2-oxobutanoic acid 4932
3-methyl-2-oxobutanoic acid, sodium salt 4735
methyl(1-oxobutyl)carbamic acid 2,2-dime 28567
3-methyl-4-oxocyclohexanecarboxylic acid 14370
4-methyl-5-oxohexanoic acid 11514
methyl-12-oxo-trans-10-octadecenoate 31668
2-methyl-4-oxopentanoic acid 7895
3-methyl-4-oxopentanoic acid 7896
DL-3-methyl-2-oxopentanoic acid, sodium 7615
methyl(1-oxopentyl)carbamic acid 2,2-dim 29488
(3-methyl-4-oxo-5-piperidino-2-thiazolid 26302
4-(3-methyl-5-oxo-2-pyrazolin-1-yl)benzo 21634
11-methyl-1-oxo-1,2,3,4-tetrahydrochryse 31350
4-(methyloxymethyl)benzyl chrysanthemum 31586
N-methyl-N'-(p-acetylphenyl)-N-nitrosour 19353
N-methyl-p-anisidine 14151
1-methyl-3-(p-bromophenyl)urea 13544
3'-methyl-5'-(p-dimethylaminophenylazo)q 30667
6'-methyl-5'-(p-dimethylaminophenylazo)q 30668
8'-methyl-5'-(p-dimethylaminophenylazo)q 30669
N-methyl-N,p-dinitrosoaniline 10700
methylpentacosylamine 34378
2-methylpentadecane 29755
3-methylpentadecane 29756
2-methyl-1-pentadecanol 29769
6-methyl-6-pentadecanol 29770
2-methyl-1-pentadecene 29708
methylpentadecylamine 29801
3-methyl-1,2-pentadiene 7635
4-methyl-1,2-pentadiene 7636
3-methyl-1,3-pentadiene 7637
2-methyl-1,cis-3-pentadiene 7638
2-methyl-1,trans-3-pentadiene 7639

3-methyl-1,cis-3-pentadiene 7640
3-methyl-1,trans-3-pentadiene 7641
4-methyl-1,3-pentadiene 7642
2-methyl-1,4-pentadiene 7643
3-methyl-1,4-pentadiene 7644
2-methyl-2,3-pentadiene 7645
2-methyl-1,3-pentadiene 7658
methylpentadiene, isomers 7659
(±)-a-methyl-2,3,4,5,6-pentafluorobenzyl 12673
2-methylpentanal 8402
3-methylpentanal 8403
4-methylpentanal 8404
2-methylpentane 8880
3-methylpentane 8881
2-methyl-2,4-pentanediamine 9302
2-methyl-1,2-pentanediol 9032
2-methyl-1,3-pentanediol 9033
2-methyl-1,5-pentanediol 9034
3-methyl-1,5-pentanediol 9035
3-methyl-1,3-pentanediol 9036
3-methyl-1,5-pentanediol 9037
3-methyl-2,3-pentanediol 9038
3-methyl-2,4-pentanediol 9039
4-methyl-1,4-pentanediol 9040
(R)-(-)-2-methyl-2,4-pentanediol 9064
3-methyl-2,4-pentanedione, tautomers 7858
2-methylpentanenitrile 8089
3-methylpentanenitrile 8091
4-methylpentanenitrile 8092
2-methyl-2-pentanethiol 9111
3-methyl-1,3,5-pentanetriol 9086
4-methylpentanoic acid 8467
2-methylpentanoic acid, (±) 8465
3-methylpentanoic acid, (±) 8466
2-methyl-1-pentanol 8973
3-methyl-1-pentanol 8974
4-methyl-1-pentanol 8975
4-methyl-2-pentanol 8976
2-methyl-2-pentanol 8977
3-methyl-2-pentanol 8978
2-methyl-3-pentanol 8979
3-methyl-3-pentanol 8980
3-methyl-1-pentanol, (±) 8992
2-methyl-2-pentanone 8411
4-methyl-2-pentanone 8412
3-methyl-2-pentanone, (±) 8415
4-methyl-2-pentanone oxime 8782
2-methylpentanoyl chloride, (±) 8026
3-methylpentanoyl chloride, (±) 8027
methylpentatriacontylamine 35438
2-methyl-2-pentenal 7788
4-methylpent-2-enal 7801
2-methyl-1-pentene 8223
3-methyl-1-pentene 8224
4-methyl-1-pentene 8225
2-methyl-2-pentene 8226
4-methyl-cis-2-pentene 8227
4-methyl-trans-2-pentene 8228
2-methyl-2-pentene 8229
3-methyl-cis-2-pentene 8230
3-methyl-trans-2-pentene 8232
3-methyl-2-pentene, cis and trans 8231
2-methyl-3-pentenoic acid 7825
4-methyl-3-pentenoic acid 7826
trans-2-methyl-2-pentenoic acid 7827
cis-3-methyl-2-pentenoic acid 7828
4-methyl-4-pentenoic acid 7861
2-methyl-4-pentenoic acid 7862
4-methyl-3-pentenol 8439
(1-methyl-1-pentenyl)benzene 24138
cis-3-methyl-2-(2-pentenyl)-2-cyclopente 22433
3-(4-methyl-3-pentenyl)furan 20063
2-methyl-3-penten-1-ol 8432
2-methyl-4-penten-2-ol 8433
3-methyl-4-penten-2-ol 8434
3-methyl-2-penten-1-ol 8435
3-methyl-4-penten-2-ol 8436
4-methyl-4-penten-1-ol 8437
4-methyl-3-penten-2-ol 8438
4-methyl-4-penten-2-ol 8440
3-methyl-1-penten-3-ol 8451
2-methyl-1-penten-3-one 7778
4-methyl-1-penten-3-one 7779
2-methyl-1-penten-3-yne 7804
2-methyl-1-penten-3-yne 7277
3-methyl-3-penten-1-yne 7278
3-methyl-2-penten-4-yn-1-ol 7397
3-methyl-1-penten-4-yn-3-ol 7398
2-methyl-1-pentyl acetate 15164
2-methyl-2-pentyl acetate 15165
3-methyl-3-pentyl acetate 15166
1-methylpentyl butanoate, (S) 21051
2-methylpentyl trifluoroacetate 14425
methylpentylamine 9191
(1-methylpentyl)benzene 24372
(3-methylpentyl)benzene 24373
(4-methylpentyl)benzene 24374
1-methyl-2-pentylcyclohexane 24820
3-methyl-2-pentyl-2-cyclopenten-1-one 22582
4-methyl-2-pentyl-dioxolane 18086
5-methyl-2-pentylphenol 24448
3-methyl-1-pentyne 7651
4-methyl-1-pentyne 7652
4-methyl-2-pentyne 7653
methylpentynol carbamate 11289
15-methyl-PGF2a-methyl ester 33413
1-methylphenanthrene 28132
3-methylphenanthrene 28133
4-methylphenanthrene 28134
2-methylphenanthrene 28135
2-methylphenanthro(2,1-d)thiazole 29012
5-methyl-1,10-phenanthroline 25600
2-methylphenazine 25597
2-methylphenelzine 17413
4-methylphenelzine 17414
3-methylphenethyl alcohol 17127
(S)-(-)-b-methylphenethylamine 17289

(R)-(+)-b-methylphenethylamine 17290
2-methylphenethylamine 17291
3-methylphenethylamine 17292
1-(a-methylphenethyl)-2-(5-methyl-3-isox 27401
N'-4-(4-methylphenethyloxy)phenyl-N-meth 30801
1-(a-methylphenethyl)-2-phenethylhydrazi 30185
2-(p-methylphenethyl)-3-thiosemicarbazid 20298
methylphenidate 27523
m-methylphenol 13919
10-methylphenothiazine 25727
10-methyl-10H-phenothiazine-2-acetic aci 28238
3-(4-methylphenoxy)benzaldehyde 26959
1-methyl-2-phenoxybenzene 25796
1-methyl-3-phenoxybenzene 25797
3-(3-methylphenoxy)benzyl 2-(4-chlorophe 33823
4-(methyl-phenoxy-phosphinothioyl)oxyben 26894
3-(3-methylphenoxy)-1,2-propanediol 20130
(2-methylphenoxy)triphenylsilane 34092
2-methylphenyl acetate 16681
3-methylphenyl acetate 16682
4-methylphenyl acetate 16683
2-methylphenyl benzoate 26943
4-methylphenyl benzoate 26944
4-methylphenyl chloroacetate 16309
bis(3-methylphenyl) disulfide 27194
bis(4-methylphenyl) disulfide 27195
bis(2-methylphenyl) ether 27139
bis(3-methylphenyl) ether 27140
bis(4-methylphenyl) ether 27141
bis(2-methylphenyl) sulfide 27190
bis(3-methylphenyl) sulfide 27191
bis(4-methylphenyl) sulfone 27174
N-methyl-N'-phenyl thiourea 13898
N-(2-methylphenyl)acetamide 16913
N-(3-methylphenyl)acetamide 16914
N-methyl-N-phenylacetamide 16915
N-methyl-2-phenylacetamide 16920
3-methylphenylacetone 19527
4-methylphenylacetone 19528
2-methylphenylacetone 19529
boc-DL-2'-methylphenylalanine 28625
2-(methylphenylamino)ethanol 17304
2-[(2-methylphenyl)amino]ethanol 17305
2-[(4-methylphenyl)amino]ethanol 17306
3-(methylphenylamino)propionitrile 19435
3-methyl-N-phenylaniline 25853
p-(3-methylphenylazo)aniline 25885
2-methyl-4-(phenylazo)-1,3-benzenediamin 25974
p-((m-ethylphenyl)azo)-N,N-dimethylanili 29425
N-methyl-4-(phenylazo)-o-anisidine 27252
4-methyl-2-(phenylazo)phenol 25770
5-methyl-7-phenyl-1:2-benzacridine 33745
N-(2-methylphenyl)benzamide 27016
N-(3-methylphenyl)benzamide 27017
N-(4-methylphenyl)benzamide 27018
2-methyl-N-phenylbenzamide 27023
4-methyl-N-phenylbenzenamine 25861
alpha-methyl-alpha-phenylbenzeneacetic a 28301
a-methyl-a-phenylbenzeneethanol 28434
N-(2-methylphenyl)benzenemethanamine 27211
N-(3-methylphenyl)benzenemethanamine 27212
N-(4-methylphenyl)benzenemethanamine 27213
2-methyl-6-phenylbenzothiazole 26861
2-methyl-5-phenylbenzoxazole 26835
N-methyl-N-phenylbenzylamine 27222
1-methyl-N-phenyl-N-benzyl-4-piperidinam 31538
(2-methylphenyl)boronic acid 10930
3-methyl-2-phenylbutanamide 22242
1-(4-methylphenyl)-1-butanone 22096
3-methyl-1-phenyl-1-butanone 22097
3-methyl-4-phenyl-3-butenamide 21959
3-methyl-4-phenyl-3-buten-2-one 21861
2-methyl-4-phenyl-2-butyl acetate 26226
4-(4-methylphenyl)butyric acid 22147
3-methyl-2-phenylbutyronitrile 21948
methylphenylcarbamic chloride 13268
1-methyl-3-phenyl-5-chloroimidazo(4,5-b) 25580
methylphenylcyanamide 13340
1-(4-methylphenyl)-1-cyclohexanecarbonit 27398
1-(4-methylphenyl)-1-cyclohexanecarboxyl 27486
1-(4-methylphenyl)cyclopentane-1-carboni 26011
1-(4-methylphenyl)-1-cyclopropanecarboni 21729
1-(4-methylphenyl)-1-cyclopropanecarboxy 21876
trans-bis(3-methylphenyl)diazene 27097
cis-bis(2-methylphenyl)diazene 1-oxide 27106
trans-bis(2-methylphenyl)diazene 1-oxide 27107
cis-bis(3-methylphenyl)diazene 1-oxide 27108
trans-bis(3-methylphenyl)diazene 1-oxide 27109
1-(2-methylphenyl)-3,3-dimethyltriazene 17362
4-methyl-4-phenyl-1,3-dioxane 22130
1,1'-(4-methyl-1,3-phenylene)bis(3-(2-ch 26045
N-methyl-1,2-phenylenediamine 11101
1-(2-methylphenyl)ethanone 16632
1-(3-methylphenyl)ethanone 16633
S-1-methyl-1-phenylethyl piperidine 1-ca 28616
methyl(2-phenylethyl)arsinic acid 17230
(1R,2S)-(-)-trans-2-(1-methyl-1-phenylet 28667
(1S,2R)-(+)-trans-2-(1-methyl-1-phenylet 28668
methyl-phenylethyl-nitrosamine 17048
4-methyl-2,6-bis(1-phenylethyl)phenol 33556
N-(2-methylphenyl)formamide 13678
N-(3-methylphenyl)formamide 13679
N-methyl-N-phenylformamide 13680
5-methyl-1-phenyl-1-hexen-3-one 26079
5-methyl-5-phenylhydantoin 19056
1-methyl-1-phenylhydrazine 11090
(3-methylphenyl)hydrazine 11091
1-methyl-2-phenylhydrazine 11092
3-methyl-5-phenyl-2,4-imidazolidinedione 19053
2,2'-(4-methylphenylimino)diethanol 22522
2-methyl-7-phenyl-1H-indene 29118
3-methyl-2-phenyl-1H-indole 28217
1-methyl-2-phenylindole 28219
5-methyl-3-phenylisoxazole-4-carboxylic 21589
2-methyl-N-phenylmaleimide 21578
3-methyl-N-phenylmaleimide 22148
4-methyl-2-phenyl-m-dioxolane 19630
bis(4-methylphenyl)mercury 27093

766

2-methyl-N-(phenylmethylene)aniline 27005
3-methyl-N-(phenylmethylene)aniline 27006
4-methyl-N-(phenylmethylene)aniline 27007
3-methylphenyl-N-methyl-N-nitrosocarbama 16587
(2-methylphenyl)(4-methylphenyl)methanon 28291
1-(4-methylphenyl)-2-methylpiperazine, 1 24407
1-[(2-methylphenyl)methyl]-9H-pyrido[3,4 31337
3-methyl-2-phenylmorpholine 22243
4-(4-methylphenyl)morpholine 22244
N-(2-methylphenyl)-1-naphthalenamine 29966
N-(2-methylphenyl)-2-naphthalenamine 29967
N-(4-methylphenyl)-1-naphthalenamine 29968
(2-methylphenyl)-1-naphthylmethanone 30486
(4-methylphenyl)(4-nitrophenyl)methanone 26855
(4S,5R)-(-)-4-methyl-5-phenyl-2-oxazolid 19320
(4R,5S)-(+)-4-methyl-5-phenyl-2-oxazolid 19321
2-methyl-2-phenyloxirane 16636
3-methyl-1-phenyl-3-pentanol 24455
3-methyl-1-phenyl-2-pentanone 24190
4-methyl-1-phenyl-1-pentanone 24191
(3-methylphenyl)phenyldiazene 25758
(4-methylphenyl)phenyldiazene 25759
5-(4-methylphenyl)-5-phenylhydantoin 29140
(2-methylphenyl)phenylmethanone 26930
(3-methylphenyl)phenylmethanone 26931
(4-methylphenyl)phenylmethanone 26932
methylphenylphosphine 11046
3-methyl-1-phenyl-2-phospholene 1-oxide 22023
methylphenylphosphoramidic acid diethyl 22562
1-(3-methylphenyl)-piperazine 22370
1-methyl-4-phenylpiperazine 22371
2-methyl-1-phenylpiperidine 24296
N,N-bis(1-methyl-4-phenyl-4-piperidylmet 35379
(R)-(+)-2-methyl-1-phenylpropanol 20078
1-(2-methylphenyl)-1-propanone 19503
1-(3-methylphenyl)-1-propanone 19504
1-(4-methylphenyl)-1-propanone 19505
2-methyl-1-phenyl-1-propanone 19506
2-methyl-3-phenyl-2-propenal 19100
3-(4-methylphenyl)-2-propenal 19101
cis-2-methyl-3-phenyl-2-propenoic acid 19124
trans-2-methyl-3-phenyl-2-propen-1-ol 19530
2-methyl-1-phenyl-2-propyl hydroperoxide 20123
(S)-(+)-1-methyl-3-phenylpropylamine 20227
(R)-(-)-1-methyl-3-phenylpropylamine 20228
methyl(2-phenylpropyl)dichlorosilane 19915
1-methyl-1-phenyl-2-propynyl cyclohexane 30161
3-methyl-1-phenyl-1H-pyrazol-4-amine 19345
3-methyl-1-phenyl-1H-pyrazol-5-amine 19346
1-methyl-3-phenyl-1H-pyrazole 19023
3-methyl-1-phenyl-1H-pyrazole 19024
5-methyl-1-phenyl-1H-pyrazole 19043
1-methyl-5-phenylpyrazole 19044
3-methyl-1-phenyl-2-pyrazoline-5-one 19050
2-methyl-5-phenylpyridine 23614
3-methyl-2-phenylpyridine 23615
2-(4-methylphenyl)pyridine 23616
5-methyl-5-phenyl-2,4,6(1H,3H,5H)-pyrimi 21633
1-(4-methylphenyl)-1H-pyrrole 21730
1-methyl-3-phenyl-2,5-pyrrolidinedione 21745
1-(4-methylphenyl)-2-pyrrolidinone 21969
5-methyl-1-phenyl-2-(pyrrolidinyl)imidaz 27400
1-(2-methyl-5-phenyl-1H-pyrrol-3-yl)etha 25868
methylphenylsilane 11237
(3R-cis)-7a-methyl-3-phenyltetrahydropyr 26018
(3S-cis)-(+)-7a-methyl-3-phenyltetrahydr 26019
1-methyl-5-phenyltetrazole 13385
1-methyl-3-(4-phenyl-2-thiazolyl)urea 21782
1-methyl-2-(phenylthio)benzene 25828
1-methyl-3-(phenylthio)benzene 25829
1-methyl-4-(phenylthio)benzene 25830
2-methyl-5-phenylthiophene 21676
(2-methylphenyl)thiourea 13897
3-methyl-1-phenyltriazene 11029
4-methyl-5-phenyl-2-trifluoromethoxazoli 21806
N-methyl-N-phenylurethane 19807
methylphenylvinylsilane 17229
methylphosphine 302
methylphosphodithioic acid S-(((p-chloro 17026
methylphosphonic acid 300
methylphosphonic acid, (2-(bis(1-methyle 23099
methylphosphonic dichloride 206
4-methylphthalic acid 16240
4-methylphthalic anhydride 15939
3-methylphthalic anhydride 15940
methyl-4-phthalimido-DL-glutaramate 27127
N-methyl-2-phthalimidoglutarimide 26914
4-methylphthalonitrile 15901
1-methylpiperazine 5793
2-methylpiperazine 5794
(S)-(+)-2-methylpiperazine 5798
(R)-(-)-2-methylpiperazine 5799
4-(4-methylpiperazino)acetophenone 26181
10-(2-(4-methyl-1-piperazinyl)ethyl)phen 31531
bis(4-methyl-1-piperazinylthiocarbonyl) 27794
1-methylpiperidine 8753
4-methylpiperidine 8756
2-methylpiperidine 8759
(S)-(+)-2-methylpiperidine 8760
3-methylpiperidine 8761
2-methylpiperidine, (±) 8754
3-methylpiperidine, (±) 8755
2-methylpiperidine b-naphthoamide 30061
a-methyl-1-piperidineethanol 15320
1-methyl-3-piperidinemethanol 12062
1-methyl-2-piperidinemethanol 12068
1-methyl-3-(piperidinocarbonyl)piperidin 24684
1-methyl-3-piperidinol 8771
1-methyl-4-piperidinol 8772
1-methyl-3-piperidinone 8106
1-methyl-4-piperidinone 8107
3-methyl-2-piperidinone 8108
1-methyl-2-piperidinone 8109
3-(2-methylpiperidino)propyl-3,4-dichlor 29473
4-methyl-2-(1-piperidinylmethyl)phenol 26253
1-(1-methyl-2-piperidinyl)-2-propanone, 17823
N-methyl-3-piperidyl benzilate 32196
1-methyl-3-piperidyl-a-phenylcyclohexane 32331
10-(2-(1-methyl-2-piperidyl)ethyl)-2-met 32863
9-(1-methyl-4-piperidylidene)thioxanthen 31433
9-(methyl-2-piperidyl)methylcarbazole 31483
1-(1-methyl-2-piperidyl)methylphenothiaz 31491
(N-methyl-3-piperidyl)methylphenothiazin 31492
1,3-bis(1-methyl-4-piperidyl)propane 28868
2-methyl-3-(p-methoxyphenyl)propanal 22159
N-methyl-4'-(p-methylaminophenylazo)acet 29384
N-methyl-p-(m-tolylazo)aniline 27244
N-methyl-p-(o-tolylazo)aniline 27245
N-methyl-p-(phenylazo)aniline 25884
N-methyl-p-(p-tolylazo)aniline 27246
methylprednisolone 33358
4-methylprimidone 26062
N-methylpropanamide 3688
2-methylpropanamide 3689
2-methylpropane-2-d 3656
2-methyl-1,2-propanediamine 4074
2-methyl-1,2-propanediol 3889
1-methyl-1,3-propanediol 3890
2-methyl-1,3-propanediol 3905
2-methyl-1-propanesulfonyl chloride 3637
2-methylpropanoic anhydride 14667
2-methylpropanoyl bromide 3064
2-methylpropanoyl chloride 3116
4,4',4''-(1-methyl-1-propanyl-3-ylidene) 35467
N-methyl-2-propen-1-amine 3677
2-methyl-1-propene, tetramer 29709
2-methyl-2-propene-1,1-diol diacetate 14385
2-methyl-2-propenoic anhydride 14003
2-methyl-2-propenol 3487
2-methyl-2-propenoyl chloride 2647
2-methyl-2-propenyl phenyl ether 19531
cis-(1-methyl-1-propenyl)benzene 19362
trans-(1-methyl-1-propenyl)benzene 19363
(2-methyl-1-propenyl)benzene 19364
cis-1-methyl-2-(1-propenyl)benzene 19365
cis-1-methyl-3-(1-propenyl)benzene 19366
cis-1-methyl-4-(1-propenyl)benzene 19367
trans-1-methyl-4-(1-propenyl)benzene 19368
4-(2-(2-(2-methyl-1-propenyl)-5-nitro-1H 26305
4-methyl-2-(1-propenyl)phenol 19516
2-methyl-1-propen-1-one 2958
N-methylpropham 22275
2-methyl-5-propionyl-furan 13977
(1-methylpropoxy)benzene 20043
(2-methylpropoxy)benzene 20044
1-methyl-4-propoxybenzene 20045
2-(2-methylpropoxy)ethanol 9058
[(2-methylpropoxy)methyl]benzene 22430
1-(2-methylpropoxy)-2-nitrobenzene 19824
2-methyl-1-propoxypropane 12218
2-methyl-2-propoxypropane 12219
N-methyl-2-propyn-1-amine 3243
methyl-propylamine 3982
4-methyl-N-propylaniline 20209
methylpropylarsinic acid 3965
12-methyl-7-propylbenz(a)anthracene 33200
1-methyl-2-propylbenzene 19873
1-methyl-3-propylbenzene 19874
1-methyl-4-propylbenzene 19875
(S)-(1-methylpropyl)benzene 19876
alpha-methyl-alpha-propylbenzenemethanol 22421
(2-methylpropyl)boronic acid 3967
methylpropylcarbinol carbamate 8837
3-(1-methylpropyl)-6-chlorophenyl methyl 24147
1-methyl-1-propylcyclohexane 20927
1-methyl-2-propylcyclohexane 20928
1-methyl-3-propylcyclohexane 20929
1-methyl-4-propylcyclohexane 20930
2-methyl-1-propylcyclohexanol 21013
3-methyl-1-propylcyclohexanol 21014
2-(1-methylpropyl)cyclohexanone 20760
1-methyl-1-propylcyclopentane 17863
1-methyl-cis-2-propylcyclopentane 17864
1-methyl-trans-2-propylcyclopentane 17865
1-methyl-cis-3-propylcyclopentane 17866
1-methyl-trans-3-propylcyclopentane 17867
2-methyl-4-propylheptane 22954
3-methyl-4-propylheptane 22955
4-methyl-4-propylheptane 22956
4-methyl-2-propyl-1-hexanol 21304
1,1'-(1-methylpropylidene)bisbenzene 29354
1,1'-(1-methylpropylidene)biscyclohexane 29647
methylpropylisopropylamine 12337
1-methyl-2-propylnaphthalene 27275
2-methyl-1-propylnaphthalene 27276
3-methyl-2-propylnaphthalene 27277
2-methyl-4-propyloctane 25005
2-methyl-5-propyloctane 25006
3-methyl-4-propyloctane 25007
3-methyl-5-propyloctane 25008
4-methyl-4-propyloctane 25009
4-methyl-5-propyloctane 25010
4-methyl-2-propyl-1-pentanol 18321
2-methyl-3-propylphenol 19993
2-methyl-4-propylphenol 19994
2-methyl-5-propylphenol 19995
2-methyl-6-propylphenol 19996
3-methyl-2-propylphenol 19997
3-methyl-4-propylphenol 19998
3-methyl-5-propylphenol 19999
4-methyl-2-propylphenol 20000
4-methyl-3-propylphenol 20001
5-methyl-2-propylphenol 20002
2-(1-methylpropyl)phenyl methylcarbamate 24314
1-methyl-2-propylpiperidine, (S) 18136
2-methyl-2-propyl-1,3-propanediol 12264
2-methyl-2-propyl-1,3-propanediol dicarb 17990
2-methyl 3 propylpyrazine 14294
a-methyl-a-propylsuccinimide 14449
(1-methylpropyl)urea 5805
N-methyl-N-2-propynylbenzenemethanamine 21950
15(S)-15-methyl-prostaglandin E2 32995
(1S,2S)-(+)-N-methylpseudoephedrine 22515
3-methyl-5-(p-tolylsulfonyl)-1,2,4-thiad 19066
3-methyl-1-(p-tolyl)-triazene 11315
6-methylpurine 7038
2-methylpyrazine 4492
5-methyl-2-pyrazinecarboxylic acid 7005
1-(3-methylpyrazinyl)ethan-1-one 10800
1-methyl-1H-pyrazole 2889
3-methyl-1H-pyrazole 2890
4-methyl-1H-pyrazole 2891
3-methyl-1H-pyrazole-1-carboxamide 4721
3-methyl-2-pyrazolin-5-one 2897
4-methyl-2-pyrazolin-5-one 2898
methylpyrazolyl diethylphosphate 14849
1-methylpyrene 29865
2-methylpyrene 29866
a-methyl-2-pyrenemethanol 30497
3-methylpyridazine 4493
4-methylpyridazine 4500
1-methyl-3,6-(1H,2H)-pyridazinedione 4518
3-methyl-2-pyridinamine 7329
4-methyl-2-pyridinamine 7330
4-methyl-3-pyridinamine 7331
6-methyl-2-pyridinamine 7332
N-methyl-2-pyridinamine 7333
N-methylpyridinamine 7334
2-methylpyridine 7173
3-methylpyridine 7174
4-methylpyridine 7175
methylpyridine 7178
2-methylpyridine-4-azo-p-dimethylaniline 27362
6-methyl-2-pyridinecarboxaldehyde 10621
alpha-methyl-2-pyridineethanol 14143
6-methyl-2-pyridinemethanol 10992
2-methylpyridine-1-oxide 7186
3-methylpyridine-1-oxide 7187
3-methylpyridine-1-oxide-4-azo-p-dimethy 27367
1-methyl-2(1H)-pyridinone 7188
3-methyl-2(1H)-pyridinone 7189
4-methyl-2(1H)-pyridinone 7190
1-methyl-4(1H)-pyridinone 7204
1-(6-methyl-3-pyridinyl)ethanone 13681
1-methyl-9H-pyrido[3,4-b]indole 23490
N-methyl-N-(2-pyridyl)formamide 10801
4-methyl-2-pyrimidinamine 4709
5-methyl-2-pyrimidinamine 4710
6-methyl-4-pyrimidinamine 4711
2-methylpyrimidine 4494
4-methylpyrimidine 4495
5-methylpyrimidine 4496
6-methyl-2,4(1H,3H)-pyrimidinedione 4514
N-methylpyrrole 4658
2-methylpyrrole 4659
3-methylpyrrole 4660
N-methylpyrrole-2-carboxaldehyde 7202
N-methylpyrrole-2-carboxylic acid 7210
1-methylpyrrole-2,3-dimethanol 11290
N-methylpyrrolidine 5669
2-methylpyrrolidine 5673
3-methylpyrrolidine 5674
(2S,3S)-3-methylpyrrolidine-2-carboxylic 8148
(2S)-5-methylpyrrolidine-2-carboxylic ac 8149
1-methyl-2,5-pyrrolidinedione 4681
1-methyl-2-pyrrolidineethanol 12069
b-methyl-1-pyrrolidinepropionanilide 27578
1-methyl-3-pyrrolidinol 5688
1-methyl-3-pyrrolidinone 5205
5-methyl-2-pyrrolidinone 5206
methyl-2-pyrrolidinone 5215
3-(1-methyl-2-pyrrolidinyl)indole 26055
3-(1-methyl-3-pyrrolidinyl)indole 26056
10-((1-methyl-3-pyrrolidinyl)methyl)-phe 30731
(S)-1-[(1-methyl-2-pyrrolidinyl)methyl]p 22813
1-(1-methyl-2-pyrrolidinyl)-2-propanone, 14790
N-methyl-2-pyrrolidone 5198
2-methyl-2-pyrroline 5192
2-methyl-1-pyrroline 5196
1-(1-methyl-1H-pyrrol-2-yl)ethanone 10982
3-(1-methyl-1H-pyrrol-2-yl)pyridine 19025
2-methyl-4-quinazolinone 16162
3-methyl-4-quinazolinone 16163
2-methyl-3-quinolinamine 19026
2-methyl-4-quinolinamine 19027
2-methyl-7-quinolinamine 19028
4-methyl-2-quinolinamine 19029
6-methyl-8-quinolinamine 19030
2-methylquinoline 18849
3-methylquinoline 18850
4-methylquinoline 18851
5-methylquinoline 18852
6-methylquinoline 18853
7-methylquinoline 18854
8-methylquinoline 18855
N-methyl-quinoline 5,6-oxide 19021
2-methyl-6-quinolinol 18874
2-methyl-8-quinolinol 18875
6-methyl-7-quinolinol 18876
6-methyl-8-quinolinol 18877
1-methyl-2(1H)-quinolinone 18878
1-methyl-4(1H)-quinolinone 18879
6-methyl-2(1H)-quinolinone 18880
8-(methylquinolyl)-N-methyl carbamate 23738
2-methylquinoxaline 16145
6-methylquinoxaline 16146
5-methylquinoxaline 16149
3-methyl-2-quinoxalinol 16159
3-methylrhodanine 2712
methyl-sec-butylamine 5957
1-methyl-2-sec-butylbenzene 22315
1-methyl-3-sec-butylbenzene 22316
1-methyl-4-sec-butylbenzene 22317
5-methyl-2-sec-butylphenol 22406
methylseleno-2-benzoic acid 13443
1,1-bis(methylseleno)ethane 3959
2-[bis(methylseleno)]propane 5940
1-methylsilacyclopenta-2,4-diene 4962
methylsilatrane 12096
methylsilver 180
methylstannane 323
2-methyl-4-stilbenamine 28350
3-methyl-4-stilbenamine 28351
trans-a-methylstilbene 28256

b-methylstreptozotocin 17855
5-methyl-s-triazolo[1,5-a]pyrimidin-7-ol 7041
alpha-methylstyrene 16512
m-methylstyrene 16513
o-methylstyrene 16514
p-methylstyrene 16515
methylstyrene 16519
m-ethylstyrene 19373
p-methylstyrene oxide 16646
3(4)-methylstyrene, isomers 16520
methylsuccinic acid 4955
methylsulfamic acid 293
methylsulfinyl ethylthiamine disulfide 34305
2-((methylsulfinyl)acetyl)pyridine 13743
(methylsulfinyl)benzene 10858
9-(p-(methylsulfonamido)anilino)-3-acrid 33207
methylsulfonyl chloramphenicol 24038
2-methylsulfonyl-10-(3-(4'-carbamoylpipe 33290
(methylsulfonyl)ethene 1944
3-methyl-1-(4-sulfophenyl)-2-pyrazolin-5 19071
2-methyl-1-(3-sulfopropyl)naphtho[1,2-d] 28361
methylsulfuric acid sodium salt 248
3-methylsulphinylpropylisothiocyanate 5266
4-methylsulphonyl benzaldehyde 13485
4-methylsulphonyl benzonitrile 13160
4-methylsulphonylacetophenone 16778
4-methylsulphonylbenzenesulphonyl chlori 10539
2-methylsulphonylbenzenesulphonyl chlori 10540
2-methylsulphonylbenzoic acid 13505
4-methylsulphonylbenzoic acid 13506
3-methylsulphonylbenzoic acid 13507
2-(4-methylsulphonyl-2-nitrophenyl) malo 18941
4-methylsulphonylphenol 10916
4-methylsulphonylphenylacetic acid 16807
1-methyl-2-tert-butyl benzene 22321
methyl-tert-butylamine 5958
1-methyl-3-tert-butylbenzene 22322
1-methyl-4-tert-butylbenzene 22323
2-methyl-4-tert-butylheptane 25112
3-methyl-4-tert-butylheptane 25113
4-methyl-4-tert-butylheptane 25114
methyl-tert-butylnitrosamine 5810
2-methyl-5-tert-butylthiophenol 22486
methyl-2,3,4,6-tetra-O-benzyl-D-galactop 35291
methyltetracosylamine 34200
2-methyltetradecane 28905
3-methyltetradecane 28906
2-methyl-1-tetradecene 28860
methyltetradecylamine 28932
2-methyl-3,3,4,5-tetrafluoro-2-butanol 4806
1-methyl-3-(1,1,2,2-tetrafluoroethoxy)be 16133
6-methyl-1,2,3,4-tetrahydrobenz(a)anthra 31395
2-methyl-1,2,3,6-tetrahydrobenzaldehyde 14340
14-methyl-8,9,10,11-tetrahydrodibenz(a,h 33185
7-methyl-1,2,3,4-tetrahydrodibenz(c,h)ac 33184
2-methyltetrahydrofuran 5453
3-methyltetrahydrofuran 5454
2-methyltetrahydrofuran-3-thiol, mixed i 5484
DL-5-methyl-1,2,3,4-tetrahydroisoquinoli 21977
boc-DL-5-methyl-1,2,3,4-tetrahydroisoqui 29482
1-methyl-[1,2,3,4-tetrahydronaphthalene] 22025
2-methyl-[1,2,3,4-tetrahydronaphthalene] 22026
methyltetrahydrophthalic anhydride 16776
N-methyl-3,4,5,6-tetrahydrophthalimide 16957
3-methyltetrahydropyran 8452
N-methyl-tetrahydrothiamidinthione aceti 7738
1-methyl-2-tetralone 21859
N-methyl-N,2,4,6-tetranitroaniline 10127
methyltetratriacontylamine 35328
2-methylthiacyclohexane 8634
3-methylthiacyclohexane 8635
4-methylthiacyclohexane 8636
2-methylthiacyclopentane 5595
3-methylthiacyclopentane 5596
2-methylthiacyclopropane 1968
N1-(5-methyl-1,3,4-thiadiazol-2-yl)-sulf 16600
2-methyl-(1-thiaethyl)-benzene 14049
3-methyl-(1-thiaethyl)-benzene 14050
4-methyl-(1-thiaethyl)-benzene 14051
3-methyl-2-thiahexane 9116
4-methyl-2-thiahexane 9117
5-methyl-2-thiahexane 9118
2-methyl-3-thiahexane 9119
4-methyl-3-thiahexane 9120
5-methyl-3-thiahexane 9121
3-methyl-2-thiapentane 5932
4-methyl-2-thiapentane 5933
2-methyl-3-thiapentane 5934
3-methyl-(1-thiapropyl)-benzene 17215
4-methyl-(1-thiapropyl)-benzene 17216
4-methyl-2-thiazolamine 2921
4-methylthiazole 2726
2-methylthiazole 2727
5-methylthiazole 2728
4-methyl-5-thiazolecarboxylic acid 4416
4-methyl-5-thiazoleethanol 7545
4-methyl-2(3H)-thiazolethione 2729
methylthiazolidine 3756
(4S,2RS)-2-methylthiazolidine-4-carboxyl 5236
N-(3-methyl-2-thiazolidinylidene)nicotin 19351
N,N'-bis(3-methyl-2-thiazolidinylidene)u 17434
4-methyl-5-thiazolylethyl acetate 14184
1-(5-methyl-2-thienyl)ethanone 10859
2-methyl-1-(2-thienyl)-1-propanone 13939
2-methylthietane 3582
(methylthio)acetaldehyde dimethyl acetal 5894
methylthioacetaldehyde-O-(carbamoyl) oxi 3443
1-(methylthio)acetaldoxime 2044
methyl(thioacetamido) mercury 2024
(methylthio)acetic acid 1945
(methylthio)acetonitrile 1780
2-(methylthio)aniline 11025
p-(methylthio)aniline 11026
3-(methylthio)aniline 11027
4-(methylthio)benzaldehyde 13407
4-(methylthio)benzonitrile 13205
2-(methylthio)benzothiazole 13211
4-(methylthio)benzyl alcohol 13943

4-(methylthio)-1-butanol 5854
3-(methylthio)-2-butanone 5486
2-(methylthio)cyclohexanone 11448
μ-(methylthio)diborane(6) 327
17b-(methylthio)estra-1,3,5(10)-trien-3- 31575
1,2-bis(methylthio)ethane 3951
2-(methylthio)ethanol 2132
(methylthio)ethene 1969
2-methylthioethyl acrylate 7872
2-(methylthio)ethyl methacrylate 11502
3-(methylthio)-1-hexanol 12222
2-methylthio-6-hydroxy-8-thiapurine 4314
methylthioinosine 22093
bis(methylthio)methane 2161
3-(methylthio)-O-((methylamino)carbonyl) 11804
[(methylthio)methyl]benzene 14052
1-(methylthio)-2-nitrobenzene 10648
1,1-bis(methylthio)-2-nitroethylene 3279
2-methylthiophene 4587
3-methylthiophene 4588
4-methylthiophene-2-boronic acid 4591
5-methylthiophene-2-boronic acid 4592
5-methyl-2-thiophenecarboxaldehyde 7066
3-methyl-2-thiophenecarboxaldehyde 7069
5-methyl-2-thiophenecarboxylic acid 7080
3-methyl-2-thiophenecarboxylic acid 7081
4-(methylthio)phenol 10865
o-methylthiophenol 10918
m-methylthiophenol 10919
p-methylthiophenol 10920
m-ethylthiophenol 14040
4-(methylthio)phenyl isocyanate 13141
3-(methylthio)phenyl isocyanate 13142
2-(methylthio)phenyl isocyanate 13143
4-(methylthio)phenyl isothiocyanate 13212
2-(methylthio)phenyl isothiocyanate 13213
3-(methylthio)phenylboronic acid 10933
4-(methylthio)phenylboronic acid 10934
4,4-bis(methylthio)-2-phenyl-but-1,3-die 26920
methylthiophosphonic dichloride 209
3-(methylthio)propanal 3500
1,3-bis(methylthio)propane 5937
3-methylthio-1,2-propanediol 3910
3-(methylthio)-1-propanol 3879
3-(methylthio)-1-propene 3587
3-(methylthio)propylamine 4016
6-(methylthio)purine 7053
4-methylthiosemicarbazide 1133
2-(methylthio)-2-thiazoline 3294
methylthiouracil 4510
N-methylthiourea 1052
methylthymol blue, pentasodium salt 35454
methyltin trichloride 211
m-ethyltoluene 17005
methyltriacetoxysilane 11565
methyltriacontylamine 35042
methyltriallylsilane 20852
7-methyl-1,5,7-triazabicyclo[4.4.0]dec-5 14850
5-(3-methyl-1-triazeno)imidazole-4-carbo 4847
6-methyl-1,2,4-triazine-3,5(2H,4H)-dione 2738
methyl-2,3,4-tri-O-benzyl-L-fucopyranose 34636
N-methyl-2,4,5-trichlorobenzenesulfonami 10286
(S)-(-)-4-methyl-4-(trichloromethyl)-2-o 4371
(R)-(+)-4-methyl-4-(trichloromethyl)-2-o 4372
2-methyltricosane 34003
methyltricosylamine 34013
1-methyltricycloquinazoline 33110
3-methyltricycloquinazoline 33111
4-methyltricycloquinazoline 33112
2-methyltridecane 27913
3-methyltridecane 27914
7-methyltridecane 27918
12-methyl-1-tridecanol 27925
2-methyl-3-tridecanol 27926
2-methyl-4-tridecanol 27927
2-methyl-3-tridecanone 27865
2-methyl-1-tridecene 27852
methyltridecylamine 27957
N-methyltrifluoroacetamide 1576
N-methyl-bis(trifluoroacetamide) 4241
1-methyl-4-(trifluoromethyl)benzene 13079
a-methyl-4-(trifluoromethyl)benzyl alcoh 16351
a-methyl-4-(trifluoromethyl)benzyl alcoh 16352
5-methyl-2-trifluoromethyloxazolidine 4052
4-methyl-5-trifluoromethyl-4H-1,2,4-tria 2554
2-methyl-1-(3,4,5-trimethoxybenzoyl)-2-i 27463
N-methyl-N-(trimethylsilyl)acetamide 9229
1-methyl-1-(trimethylsilyl)allene 11979
N-methyl-N-trimethylsilylheptafluorobuty 14272
N-methyl-N-trimethylsilylmethyl-N'-tert- 21432
2-methyl-1-(trimethylsilyloxy)-1-propene 12223
methylbis(trimethylsilyloxy)vinylsilane 18444
N-methyl-N-(trimethylsilyl)trifluoroacet 8302
1-methyl-2,3,4-trinitrobenzene 10119
1-methyl-2,4,5-trinitrobenzene 10120
3-methyl-2,4,6-trinitrophenol 10122
methyltrioctylammonium chloride 34204
4-methyl-2,6,7-trioxa-1-arsabicyclo(2.2. 4963
methyltrioxorhenium(vii) 250
methyltriphenoxyphosphonium iodide 31402
methyltriphenoxysilane 31420
methyltriphenylphosphonium bromide 31397
methyltriphenylphosphonium iodide 31403
methyltriphenylsilane 31423
methyl-tripropoxysilane 21438
methyltri(p-tolyl)silane 33268
methyltris-2-ethylhexyloxycarbonylmethyl 35024
methyltris(tri-sec-butoxysilyloxy)silane 35497
methyltritriacontylamine 35281
4-methyl-tropolone 13439
DL-a-methyltryptamine 22058
N-methyltryptamine 22059
N-methyl-L-tryptophan 23924
5-methyl-DL-tryptophan 23926
L-5-methyltryptophan 23929
N-methyl-L-tyrosine 19825
O-methyl-L-tyrosine 19829
DL-a-methyltyrosine 19830

4-methylumbelliferone phosphate 18957
4-methylumbelliferyl oleate 34667
4-methylumbelliferyl-N-acetyl-b-D-glucos 30770
4-methylumbelliferyl palmitate 34309
4-methylumbelliferyl-b-D-glucopyranoside 29402
2-methylundecanal 24853
3-methylundecane 24915
4-methylundecane 24916
5-methylundecane 24917
6-methylundecane 24918
2-methylundecane 25268
2-methyl-1-undecanol 25281
2-methyl-3-undecanol 25282
2-methyl-5-undecanol 25283
2-methyl-1-undecene 24824
methylundecylamine 25341
N-methylurea 1041
(±)-3-methylvaleric acid 8514
2-methylvaleric acid 8515
b-methyl-D-valerolactone 7869
2-methylvaleryl chloride 8032
2-methyl-5-vinyl tetrazole 2925
N-methyl-N-vinylacetamide 5214
2-(1-methylvinyl)aniline 16889
4-(1-methylvinyl)-1-cyclohexene-1-carbox 20065
4-(1-methylvinyl)-1-cyclohexene-1-carbox 20066
4-(1-methylvinyl)-1-cyclohexene-1-methan 20448
(1-methylvinyl)cyclopropane 7656
2-methyl-2-vinyloxirane 4875
methylvinyloxyethyl sulfide 5488
9-(1-methylvinyl)phenanthrene 29918
4-methyl-5-vinylthiazole 7225
3-methylxanthine 7044
methylzinc iodide 225
methysticin 28327
metiapine 31475
meticrane 19844
metobromuron 16834
metolachlor 28653
S-metolachlor 28654
metolazone 29246
metomidate 25959
metopimazine 33307
metoprine 21611
metoprolol 28716
metoprolol tartrate 35250
metoxuron 19731
4-o-metpa 35471
metribuzin 14538
metrizamide 30790
metrizoic acid 23606
metronidazole 7604
metsulfuron-methyl 27255
(±)-mevalonolactone 7909
mevinphos 11695
mexazolam 30584
mexicanine E 27381
m-fluoroaniline 6957
4'-(m-fluorophenyl)acetanilide 26891
m-fluorosulfonylbenzenesulfonyl chloride 6432
m-fluorotoluene 10558
MGK 264 30234
mianserine 30721
mibolerone 32357
miconazole 30475
micrococcin 35804
micromycin 32514
midazolam 30441
milbemycin D 33490
miloxacin 23423
milrinone 23432
mimosine 13891
mipafox 9287
mirex 18459
mithramycin 35844
mitomycin A 29435
mitomycin B 29436
mitomycin c 28530
mitoxantrone 33322
mitozolomide 10510
mixo-dichlorobutane 3371
MNCO 11825
(m,o'-bitolyl)-4-amine 27224
mobutazon 26055
mogalarol 34761
molinate 17829
molybdenum(ii) acetate dimer 14273
molybdenum hexacarbonyl 9400
molybdenum tetrachloride dimethoxyethane 3814
molybdenyl acetylacetonate 19923
monensic acid 35396
monensin, sodium salt 35394
moniliformin 2431
monoacetin 5579
monobenzalpentaerythritol 24265
mono-butyl maleate 14397
monobutyl phosphite 4026
monobutyl phthalate 24015
monochlorodibromotrifluoroethane 410
monochlorodiphenyl oxide 23377
monochloronaphthalene 18608
monochlorophenylxylylethane 29313
monocrotaline 29554
monocrotophos 11781
monocyclohexyltin acid 8530
mono(2,3-dibromopropyl)phosphate 1985
monodecyl ester sulfuric acid 25303
monoethanolamine 1117
monoethyl heptanedioate 17763
monoethyl phthalate 19222
monoethylhexyl phthalate 29524
monoethylphenyltriazene 14199
monoglycidyl ether of N-phenyldiethanola 26269
8-monohydro mirex 18471
monoisoamyl meso-2,3-dimercaptosuccinate 17778
mono-iso-butyl phthalate 24016
monomethyl adipate 11542
mono-methyl azelate 20831

monomethyl 2,6-dimethyl-4-(2-nitrophenyl 29148
monomethyl glutarate 7929
monomethyl monopotassium malonate 2693
mono-methyl 5-nitroisophthalate 16075
mono-methyl sebacate 22739
mono-methyl terephthlate 16241
NG-monomethyl-D-arginine monoacetate 18234
NG-monomethyl-L-arginine monoacetate 18235
2-monomyristin 30334
mononitrosocimetidine 20592
mononitrosopiperazine 3763
trans-4-mononitrostilbene 26847
cis-4-mononitrostilbene 26848
monopalmitate sorbitan 33447
monoperoxy succinic acid 3030
mono(phenylmethyl) 1,2-benzenedicarboxyl 28201
monopotassium aci-1-dinitroethane 748
monosodium acetylide 569
monosodium L-glutamate 4809
mono-tert-butyl malonate 11557
monothiosuccinimide 2710
mono-(trimethylsilyl)phosphite 2274
MOPS 12097
mops sodium salt 11775
moquizone 32154
morial 17432
morin 28069
morpheridine dihydrochloride 32340
morphine 30097
morphine N-oxide 30104
morphocycline 34444
4-morpholinamine 3834
morpholine 3682
4-morpholine sulfenyl chloride 3358
bis(4-morpholinecarbodithioato)mercury 20385
4-morpholinecarbonitrile 4827
4-morpholinecarbonyl chloride 4768
4-morpholinecarboxaldehyde 5219
4-morpholineethanamine 8933
4-morpholineethanol 8822
4-morpholinepropanamine 12148
4-morpholinethiocarbonyl disulfide 20404
morpholinium perchlorate 3798
4-morpholinoacetophenone 24069
4-morpholinoaniline 19944
N-morpholino-b-(2-aminomethylbenzodioxan 29505
4-morpholinobenzophenone 30036
morpholinocarbonylacetonitrile 11117
4-morpholinocarbonyl-2,3-tetramethyleneq 30727
morpholino-CNU 11762
1-morpholino-1-cycloheptene 22641
1-morpholinocyclohexene 20562
1-morpholinocyclopentene 17553
morpholinodaunomycin 34990
14-morpholinodaunorubicin 34994
3'-morpholino-3'-deaminodaunorubicin 34997
1,2-bis(N-morpholino)ethane 20979
2-morpholinoethanesulfonic acid 8851
4-morpholino-2-(5-nitro-2-thienyl)quinaz 29151
3-morpholino-1,2-propanediol 12093
N-(morpholinosulfenyl)carbofuran 29506
morpholino(7,8,9,10-tetrahydro-11-(6H-cy 31496
morpholino-thalidomide 30709
4-(2-morpholinyl)pyrocatechol 19834
morphothion 15022
moskene 27464
moxestrol 32883
MTDQ 34127
mucobromic acid 2380
mucochloric acid 2395
mucochloric anhydride 12450
mucomycin 34766
cis,cis-muconic acid 7106
trans,trans-muconic acid 7109
muconomycin A 34454
muldamine 34802
murexide 13909
muscarine 18216
musk tibetene 26197
bismuth citrate 6655
bismuth dimethyldithiocarbamate 17954
bismuth oleate 35867
bismuth oxalate 6044
bismuth sodium thioglycollate 6904
bismuth subgallate 9863
bismuth(iii) acetate 7476
m-xylene 13791
myborin 30255
mycinamicin 1 35392
mycinamicins II 35393
myclobutanil 24282
mycoheptyne 35792
mycophenolic acid 30145
mycosporin 33151
mycoticin (1:1) 30976
myomycin B 34546
beta-myrcene 20350
myricetin 28072
myristanilide 32397
myristicin 21884
myristoleic acid 27804
9-myristoyl-1,7,8-anthracenetriol 34646
1-myristoylaziridine 29701
N-myristoyl-D-erythro-sphingosine, synth 35110
N-myristoyloxy-N-acetyl-2-amino-7-iodofl 34782
N-myristoyloxy-N-myristoyl-2-aminofluore 35646
myristyltrimethylammonium bromide 30375
(1S,2S,5S)-(-)-myrtanol 20741
(-)-cis-myrtanylamine 20895
cis-myrtanylamine, (-) 20890
(1R)-(-)-myrtenal 20079
(1R)-(-)-myrtenol 20467
(-)-myrtenol 20468
myrtenyl acetate 24476
nabam 2893
n6-acetyl-L-lysine 15038
nafenopin 32180
nafoxidine 34759

nafronyl oxalate salt 34293
naftidrofuryl 33904
naled 3082
nalidixic acid 23741
L-naloxone 31470
nalpha-boc-D-tryptophane 29456
nalpha-boc-L-tryptophane 29455
naphthacene 30409
1,2-naphthacenedione 30389
5,12-naphthacenedione 30391
naphthalene 18669
1-naphthaleneacetamide 23619
1-naphthaleneacetic acid 23536
2-naphthaleneacetic acid 23537
1-naphthaleneacetic acid, methyl ester 25818
1-naphthaleneacetonitrile 23395
2-naphthaleneacetonitrile 23396
1,8-naphthalene-1,2-benzimidazole 29851
1-naphthaleneboronic acid 18806
2-naphthaleneboronic acid 18807
1-naphthalenecarbonitrile 21496
2-naphthalenecarbonitrile 21497
2-naphthalenecarbonyl chloride 21484
1-naphthalenecarboxaldehyde 21525
2-naphthalenecarboxaldehyde 21526
1-naphthalenecarboxamide 21567
1-naphthalenecarboxylic acid 21532
2-naphthalenecarboxylic acid 21533
1,2-naphthalenediamine 19031
1,4-naphthalenediamine 19032
1,5-naphthalenediamine 19033
1,8-naphthalenediamine 19034
2,3-naphthalenediamine 19035
2,3-naphthalenedicarbonitrile 23222
1,8-naphthalenedicarbonyl dichloride 23196
1,8-naphthalenedicarboxylic acid 23343
2,6-naphthalenedicarboxylic acid 23344
2,3-naphthalenedicarboxylic acid 23345
2,6-naphthalenedicarboxylic acid, dimeth 26987
1,3-naphthalenediol 18758
1,5-naphthalenediol 18759
1,6-naphthalenediol 18760
1,7-naphthalenediol 18761
2,6-naphthalenediol 18762
2,7-naphthalenediol 18763
1,4-naphthalenediol 18767
1,8-naphthalenediol sulfite, cyclic 18590
1,2-naphthalenedione 18584
1,4-naphthalenedione 18585
1,5-naphthalenedisulfonic acid 18796
1,6-naphthalenedisulfonic acid 18797
2,7-naphthalenedisulfonic acid 18798
2,7-naphthalenedisulfonic acid disodium 18582
2-naphthaleneethanol 23764
1-naphthaleneethanol 23765
naphthalene-bis(hexachlorocyclopentadien 31770
2-naphthalenemethanamine 21728
1-naphthalenemethanol 21650
2-naphthalenemethanol 21651
1-naphthalenepropanoic acid 25812
1-naphthalenesulfonic acid 18777
2-naphthalenesulfonic acid 18778
2-naphthalenesulfonic acid sodium salt 18667
1-naphthalenesulfonyl chloride 18612
2-naphthalenesulfonyl chloride 18613
1,4,5,8-naphthalenetetracarboxylic acid 26680
1-naphthalenethiol 18802
2-naphthalenethiol 18803
1-(2-naphthalenyl)-3-(5-nitro-2-furanyl) 29860
1-naphthalenylthiourea 21638
1,8-naphthalic anhydride 23231
1,8-naphthalimide 23244
naphthaloximidodiethyl thiophosphate 29250
naphth(2,1-d)acenaphthylene 31810
b-naphthoflavone 31228
naphtho(2,3-f)quinoline 29909
naphtho(1,8-gh:4,5-g'h')diquinoline 33089
naphtho(1,8-gh:5,4-g'h')diquinoline 33090
2-naphthohydroxamic acid 21581
1-naphthol 18740
2-naphthol 18741
naphthol 32025
naphthol AS 29909
naphthol AS-BI phosphate 30538
naphthol green B 34836
naphthol red B 33747
naphthol yellow S 18492
1,8-naphtholactam 21500
p-naphtholbenzein 34389
2-naphthol-6,8-disulfonic acid dipotassi 18563
1-naphthol-2-sulfonic acid potassium sal 18633
naphthopyrin 32688
1,2-naphthoquinone-4-sulfonic acid potas 18515
1,8-naphthosultam 18648
1-naphthoxyacetic acid 23557
(2-naphthoxy)acetic acid, N-hydroxysucci 29098
1-naphthoyl chloride 21485
1-(2-naphthoyl)-aziridine 25706
N-(2-naphthoyl)-o-propionylhydroxylamine 27037
2-naphthyl acetate 23541
1-naphthyl acetate 23542
2-naphthyl benzoate 29891
1-naphthyl butyrate 27170
1-naphthyl chloroformate 21488
bis(1-naphthyl) ether 31885
1-naphthyl 2-hydroxybenzoate 29895
2-naphthyl isocyanate 23884
1-naphthyl isocyanate 23831
1-naphthyl isothiocyanate 21504
1-naphthyl methylnitrosocarbamate 23508
1-naphthyl pentyl ether 28534
2-naphthyl phenyl ketone 29889
1-naphthyl phosphate hydrate 18956
2-naphthyl salicylate 29896
1-naphthyl thioacetamide 23631
1-naphthyl trifluoromethanesulfonate 21493
N-2-naphthylacetohydroxamic acid 23643
3-(2-naphthyl)-L-alanine 25874

3-(2-naphthyl)-D-alanine 25875
(S)-N-boc-1-naphthylalanine 30764
(S)-N-boc-2-naphthylalanine 30765
(R)-N-boc-1-naphthylalanine 30766
(R)-N-boc-2-naphthylalanine 30767
1-naphthylamine 18861
2-naphthylamine 18862
2-[(1-naphthylamino)carbonyl]benzoic aci 30454
2-(2-naphthylamino)ethanol 23836
p-(2-naphthylamino)phenol 29094
N-2-naphthylanthranilic acid 29910
4-(1-naphthylazo)-m-phenylenediamine 29149
4-(1-naphthylazo)-2-naphthylamine 31974
1-(1-naphthyl)-1-butanone 27145
N-1-naphthylenylacetamide 23620
N-1-naphthyl-1,2-ethanediamine 23916
(R)-(-)-1-(1-naphthyl)ethyl isocyanate 25700
(S)-(+)-1-(1-naphthyl)ethyl isocyanate 25701
(S)-(-)-1-(1-naphthyl)ethylamine 23831
(R)-(+)-1-(1-naphthyl)ethylamine 23832
(±)-1-(1-naphthyl)ethylamine 23833
1-naphthyl-N-ethyl-N-nitrosocarbamate 25777
1-naphthylhydrazine 19036
2-naphthylhydroxylamine 18892
1-naphthylmethyl glycidyl ether 27172
1-naphthylmethylamine 21731
(R)-2-(2-naphthylmethyl)succinic acid-1- 29303
(S)-2-(1-naphthylmethyl)succinic acid-1- 29304
(S)-2-(2-naphthylmethyl)succinic acid-1- 29305
N-1-naphthyl-1-naphthalenamine 31962
N-2-naphthyl-2-naphthalenamine 31963
1-naphthyl-2-naphthylmethanone 32604
(2-naphthyloxy)acetic acid 23555
1-(2-naphthyloxy)naphthalene 31887
1-(1-naphthyl)-2-phenylethanone 30487
2-naphthyl-p-phenylenediamine 34224
1-(1-naphthyl)-1-propanone 25799
1-(1-naphthyl)-1-propanone 25800
trans-3-(1-naphthyl)-2-propenoic acid 25629
1-naphthyl-N-propyl-N-nitrosocarbamate 27124
5b-naphthyl-2:4:6-triaminoazopyrimidine 27050
N-1-naphthyl-N,N',N'-triethylethylenedia 30882
1-naphthylurea 21620
2-naphthylurea 21621
1,5-naphthyridine 12865
napropamide 30157
naptalam 30423
narceine 33581
narcobarbital 22212
narcotine 33245
naringenin 28203
naringin 34437
navaron 33606
nbd chloride 6157
nealbarbital 24416
nembutal 22573
neoabietic acid 32358
neobornylamine 20891
neocyanine 35506
neodecanoic acid 21067
neodigoxin 35652
neodymium acetate 7617
neodymium(iii) isopropoxide 18406
neodymium(iii) trifluoromethanesulfonate 1307
neodymium(iii) tris(2,2,6,6-tetramethyl- 35174
neoheptanoic acid 11926
neohetramine 29511
(1S,2S,5R)-(+)-neomenthol 21030
(1R)-(-)-neomenthyl acetate 24717
(1S)-(+)-neomenthyl acetate 24718
(S)-(+)-neomenthyldiphenylphosphine 33342
neomycin A 25274
neomycin B 33692
neomycin C 33693
neomycin E 33683
neopentane 5774
1,1',1'',1'''-(neopentane tetrayltetraox 26047
neopentyl acetate 11899
neopentyl chloroformate 8052
neopentyl glycol 5858
neopentyl glycol diglycidyl ether 22740
O-neopentyl-S-triphenylstannyl xanthate 33835
neopine 30761
neoprogestin 32320
neoprotoveratrine 35648
D(+)-neopterin 17000
neosolaniol 30905
neostigmine 24520
neostigmine bromide 24501
neosynephrine 17344
neothramycin 25968
nepetalactone 20103
neptal 24043
nereistoxin dibenzenesulfonate 30165
cis-nerolidol 28793
trans-nerolidol 28797
nerolidol 28798
nerolidyl acetate 30273
neryl isobutyrate 27767
neryl isovalerianate 28804
neryl propionate 26387
netropsin 30888
neuralex 28419
neurine 5974
neutral red 28454
new methylene blue N 30785
nialamide 29385
nicarbazin 31416
niceritrol 34752
nickel acetate 2939
nickel(ii) acetylacetonate 19981
nickel(ii) carbonate (1:1) 371
nickel carbonate hydroxide 271
nickel carbonyl 4156
nickel cyanide (solid) 1211
nickel phthalocyanine 35055
nickel(ii) thiocyanate 1212
nickelocene 19085

769

nicorandil 13782
nicosulfuron 28531
nicotergoline 33827
b-nicotinamide adenine dinucleotide, dis 32912
nicotinamide-N-oxide 7006
L-nicotine 19933
nicotinic acid hydrazide 7230
1-nicotinoylmethyl-4-phenyl-piperazine 30111
N-nicotinoyltryptamide 29224
niflumic acid 25535
nifuradene 13388
nifuroxime 4303
nifurpipone 24353
nifurpirinol 23509
nifurthiazole 12910
nigericin 35610
nile blue A perchlorate 32119
nile red 32071
niludipine 34142
nilvadipine 31436
nimodipine 32873
nimustine 17239
niobium carbide 370
niobium(iv) chloride-tetrahydrofuran com 15012
niobium(v) ethoxide 21448
niobocene dichloride 18999
nipecotamide 8325
nipradilol 28662
nisentil 29547
nitralin 26278
nitraminoacetic acid 862
nitranilic acid 6205
nitrapyrin 6325
2,5-bis-(nitratomercurimethyl)-1,4-dioxa 7710
nitric acid, dodecyl ester 24906
nitrilotriacetic acid 7570
nitrilotriacetic acid, disodium salt 7181
nitrilotrimethylphosphonic acid 2277
nitrilotrisacetonitrile 7039
7-nitro benz(a)anthracene 30405
bis-p-nitro benzene diazo sulfide 23334
nitro blue tetrazolium 35575
5-nitroacenaphthene 23413
2-nitroacetaldehyde oxime 857
nitroacetone 1772
4'-(3-nitro-9-acridinylamino)methanesulf 32015
2-nitro-4-aminodiphenylamine 23662
2-(N-nitroamino)pyridine-N-oxide 4429
5-N-nitroaminotetrazole 174
4-nitroamino-1,2,4-triazole 780
m-nitroaniline 6996
o-nitroaniline 6997
p-nitroaniline 6998
N-nitroaniline 7000
4-nitroaniline-2-sulfonic acid 7032
4-nitroanilinium perchlorate 7151
3-nitroanisole 10655
4-nitroanisole 10656
o-nitroanisole 10660
9-nitroanthracene 26713
2-nitroanthracene 26717
1-nitro-9,10-anthracenedione 26612
2-nitro-9,10-anthracenedione 26613
4-nitroanthranilic acid 10375
5-nitroanthranilonitrile 10105
nitro-L-arginine 8869
2-nitrobenzaldehyde 10066
3-nitrobenzaldehyde 10067
4-nitrobenzaldehyde 10068
3-nitrobenzaldehyde diacetate 21773
2-nitrobenzaldehyde tosylhydrazone 27047
4-nitrobenzaldoxime 10359
2-nitrobenzaldoxime 10360
2-nitrobenzamide 10357
3-nitrobenzamide 10358
4-nitrobenzamide 10361
2-(p-nitrobenzamido)acetohydroxamic acid 16501
3-nitrobenz(a)pyrene 31796
6-nitrobenz(a)pyrene 31797
nitrobenzene 6819
2-nitrobenzeneacetaldehyde 13164
o-nitrobenzeneacetic acid 13178
m-nitrobenzeneacetic acid 13179
p-nitrobenzeneacetic acid 13180
2-nitrobenzeneacetonitrile 12878
3-nitrobenzeneacetonitrile 12879
4-nitrobenzeneacetonitrile 12880
o-nitrobenzenearsonic acid 6891
4-nitro-1,2-benzenediamine 7234
4-nitrobenzenediazonium azide 6612
3-nitrobenzenediazonium chloride 6464
4-nitrobenzenediazonium nitrate 6607
3-nitrobenzenediazonium perchlorate 6467
4-nitro-1,3-benzenediol 6839
2-nitrobenzeneethanol 13751
2-nitrobenzenemethanol 10657
3-nitrobenzenemethanol 10658
4-nitrobenzenemethanol 10659
4-nitrobenzenesulfenyl chloride 6449
2-nitrobenzenesulfenyl chloride 6450
3-nitrobenzenesulfonamide 7027
2-nitrobenzenesulfonamide 7028
4-nitrobenzenesulfonamide 7029
4-nitrobenzenesulfonic acid 6844
3-nitrobenzenesulfonic acid 6845
3-nitrobenzenesulfonyl chloride 6456
4-nitrobenzenesulfonyl chloride 6457
4-nitrobenzenesulfonyl fluoride 6523
6-nitrobenzimidazole 10106
2-nitrobenzimidazole 10109
1-nitrobenzo(a)pyrene 31795
nitrobenzo-18-crown-6 27544
nitrobenzo-15-crown-5 27545
2-nitrobenzofuran 12698
2,2'-((7-nitro-4-benzofurazazanyl)imino) 19479
o-nitrobenzoic acid 10071
m-nitrobenzoic acid 10072
p-nitrobenzoic acid 10073

p-nitrobenzoic acid 2-phenylhydrazide 25736
2-nitrobenzonitrile 9828
3-nitrobenzonitrile 9829
4-nitrobenzonitrile 9830
4-nitro-2,1,3-benzothiadiazole 6365
5-nitro-1H-benzotriazole 6602
3-nitrobenzotrifluoride 9799
4-nitrobenzoyl azide 9851
3-nitrobenzoyl chloride 9707
p-nitrobenzoyl chloride 9708
2-nitrobenzoyl chloride 9710
3-nitrobenzoyl nitrate 9848
N-(4-nitrobenzoyl)-L-glutamic acid dieth 29458
N-(4-nitro)benzoyloxypiperidine 23935
4-nitrobenzyl acetate 16475
4-nitrobenzyl alcohol 10675
4-nitrobenzyl bromide 10178
2-nitrobenzyl bromide 10179
4-nitrobenzyl chloroformate 12787
4-nitrobenzyl hydrazide 10699
4-nitrobenzyl triphenylphosphonium bromi 34094
1-(p-nitrobenzyl)-2-nitroimidazole 18738
1-((3-nitrobenzyloxy)methyl)pyridinium c 25840
4-(4-nitrobenzyl)pyridine 23501
S-(4-nitrobenzyl)-6-thioguanosine 30070
S-(4-nitrobenzyl)-6-thioinosine 30054
o-nitrobiphenyl 23410
3-nitrobiphenyl 23411
p-nitrobiphenyl 23412
2-nitro-5-bromobenzoic acid 9643
1-nitrobutane 3697
2-nitrobutane 3698
2-nitrobutane, (±) 3715
2-nitro-1-butanol 3733
1-nitro-2-butanol 3734
3-nitro-2-butanol 3735
2-nitrobutene 3272
1-nitro-3-butene 3273
2-nitro-2-butene 3274
4-(2-nitrobutyl)morpholine 15050
6-nitrocaproic acid 8175
2-nitro-9H-carbazole 23313
1-nitro-2-carboxyanthraquinone 27979
4-nitrocatechol 6840
4-nitrochalcone 28114
3-nitrochalcone 28115
6-nitrochrysene 30404
o-nitrocinnamaldehyde 16062
4-nitrocinnamaldehyde 16063
m-nitrocinnamic acid, predominantly tran 16068
o-nitrocinnamic acid, predominantly tran 16069
p-nitrocinnamic acid, predominantly tran 16070
4-nitrocinnamyl alcohol 16461
6-nitrocoumarin 15834
nitrocyclohexane 8132
1-nitro-1-cyclohexene 7551
nitrocyclopentane 5220
1-nitrodecane 21117
2-nitro-6H-dibenzo(b,d)pyran-6-one 25458
4-nitrodibenzo-18-crown-6 32207
3-nitrodibenzofuran 23256
N-nitrodiethylamine 3845
2-nitro-4,5-dihydropyrene 29017
1-nitro-9-(3'-dimethylaminopropylamino)- 30736
3-nitro-9-(3'-dimethylaminopropylamino)a 30737
1-nitro-2,2-dimethylbutane 8801
1-nitro-2,3-dimethylbutane 8802
1-nitro-3,3-dimethylbutane 8803
2-nitro-3,3-dimethylbutane 8804
2-nitro-2,3-dimethylbutane 8805
1-nitro-2,2-dimethylpropane 5703
1-nitro-3-(2,4-dinitrophenyl)urea 10126
1-nitrododecane 24905
1-nitroeicosane 32511
nitroethane 958
2-nitroethanol 965
nitroethene 757
(2-nitroethenyl)benzene 13158
nitroethyl nitrate (DOT) 864
(2-nitroethyl)benzene 13713
1-nitro-2-ethylbutane 8806
4-nitro-2-ethylquinoline-N-oxide 21635
nitrofen 23245
2-nitrofluoranthene 28980
3-nitrofluoranthene; (purity) 28978
2-nitrofluorene 25556
3-nitro-9H-fluorene 25560
3-nitro-9-fluorenone 25457
2-nitro-9H-fluoren-9-one 25456
nitrofluorfen 25451
3-nitro-4'-fluorochalcone 28021
5-nitro-2-furaldehyde acetylhydrazone 10711
5-nitro-2-furaldehyde diacetate 16483
5-nitro-2-furaldehyde thiosemicarbazone 7047
5-nitro-2-furamidoxime 4304
2-nitrofuran 2495
5-nitro-2-furanacrolein 10083
5-nitro-2-furancarboxaldehyde 4248
5-nitro-2-furancarboxylic acid 4249
nitrofurantoin 12911
nitrofurazone 7050
5-nitrofurfuryl alcohol 4420
4-((5-nitrofurfurylidene)amino)-3-methyl 19852
5-nitro-2-furohydrazide imide 4529
3-(5-nitro-2-furyl)acrylic acid 10090
2-(5-nitro-2-furyl)-5-amino-1,3,4-thiadi 6605
3-(5-nitro-2-furyl)-imidazo(1,2-a)pyridi 21505
3-(5-nitro-2-furyl)-1,3,4-oxadiazole-2-o 6366
N-((3-(5-nitro-2-furyl)-1,2,4-oxadiazole 16183
3-(5-nitro-2-furyl)-2-phenylacrylamide 25614
3-(5-nitro-2-furyl)-2-propenamide 10376
3-(5-nitro-2-furyl)thiazole 19843
N-(4-(5-nitro-2-furyl)-2-thiazolyl)forma 12708
(4-(5-nitro-2-furyl)thiazol-2-yl)hydrazo 19080
N-(4-(5-nitro-2-furyl)-2-thiazolyl)-2,2, 15792
3-(5-nitro-2-furyl)-3',4',5'-trimethoxya 29217
nitroglycerine 1796
N-nitroglycine 863

4-nitroguaiacol 10682
nitroguanidine 269
1-nitroheptadecane 30343
1-nitroheptane 12075
2-nitro-2-heptene 11666
3-nitro-2-heptene 11667
1-nitrohexadecane 29750
2-nitro-7,8,9,10,11,12-hexahydrochrysene 30612
1-nitrohexane 8790
2-nitrohexane 8791
3-nitrohexane 8792
6-nitro-1-hexene 8150
2-nitro-2-hexene 8157
3-nitro-3-hexene 8158
4-nitrohippuric acid 16175
1-nitrohydantoin 1486
N-nitrobis(2-hydroxyethyl)-amine dinitra 3469
3-nitro-4-hydroxyphenylarsenous acid 6378
2-nitro-1H-imidazole 1477
4-nitroimidazole 1479
4-(2-(5-nitroimidazol-1-yl)ethyl)morphol 17431
1-(2-nitroimidazol-1-yl)-3-methoxypropan 11321
3-(2-nitroimidazol-1-yl)-1,2-propanediol 7611
nitroiminodiethylenediisocyanic acid 7377
3,3'-nitroiminodipropionic acid 7750
4-nitroindan 16439
5-nitroindane 16444
7-nitroindazole 10107
6-nitroindazole 10108
4-nitroindole 12887
5-nitroindole 12888
7-nitroindole 12889
7-nitroindole-2-carboxylic acid 15920
6-nitroindoline 13354
5-nitroisatin 12583
6-nitro-isatoic anhydride 12587
5-nitroisophthalic acid 12701
5-nitroisoquinoline 15904
nitrol 19851
nitromersol 10025
N-nitromethanamine 263
nitromethane 235
1-nitro-4-methyl pentane 8795
(nitromethyl)benzene 10636
1-nitro-2-methylbutane 5699
1-nitro-3-methylbutane 5700
2-nitro-3-methylbutane 5701
2-nitro-3-methylbutane 5702
2-nitro-methyl-5-chlorobenzofuran 15866
(nitromethyl)cyclohexane 11651
(nitromethyl)cyclopentane 8133
2-(nitromethylene)-2,3,4,5-tetrahydro-1H 21830
1-nitro-2-methylpentane 8793
1-nitro-4-methylpentane 8794
2-nitro-2-methylpentane 8796
2-nitro-3-methylpentane 8797
2-nitro-4-methylpentane 8798
3-nitro-2-methylpentane 8799
3-nitro-3-methylpentane 8800
1-nitro-2-methylpropane 3699
2-nitro-2-methylpropane 3700
4-nitromorpholine 3448
4-nitro-m-phenylenediamine 7246
nitron 32013
2-nitronaphthalene 18637
1-nitronaphthalene 18644
5-nitro-1-naphthalenecarboxylic acid 21502
1-nitro-2-naphthalenol 18650
3-nitro-1,8-naphthalic anhydride 23190
2-nitronaphtho(2,1-b)furan 23258
1-(2-nitronaphtho(2,1-b)furan-7-yl)ethan 26725
2-nitro-1-naphthol 18654
3-nitro-2-naphthylamine 18720
1-nitro-3-nitrosobenzene 6576
1-nitro-2-nitrosobenzene 6577
3-nitro-1-nitroso-1-propylguanidine 3779
1-nitrononadecane 31732
1-nitrononane 18155
2-nitro-2-nonene 17838
3-nitro-2-nonene 17839
5-nitro-4-nonene 17840
1-nitrooctadecane 31124
3-nitrooctane 13146
1-nitrooctane 15328
2-nitrooctane, (±) 15332
2-nitro-2-octene 14825
3-nitro-2-octene 14826
3-nitro-3-octene 14827
4'-nitrooxanilic acid 12900
1-nitro-1-oximinoethane 858
nitrooximinomethane 169
7-nitro-3-oxo-3H-2,1-benzoxamercurole 9591
2-nitro-p-acetanisidide 16592
3-nitro-p-acetophenetidide 19461
3-nitro-p-anisanilide 26915
1-nitropentadecane 28903
1-nitropentane 5696
2-nitropentane 5697
3-nitropentane 5698
1-nitro-2-pentanol 5736
2-nitro-1-pentanol 5737
3-nitro-2-pentanol 5738
5-nitro-1-pentene 5230
2-nitro-2-pentene 5234
3-nitro-2-pentene 5235
3-nitroperchlorylbenzene 6458
p-nitroperoxybenzoic acid 10091
3-nitroperylene 31798
1-nitrophenanthrene 26718
2-nitrophenanthrene 26719
3-nitrophenanthrene 26720
5-nitro-1,10-phenanthroline 23260
4-nitrophenethyl alcohol 13761
3-nitrophenethyl alcohol 13762
4-nitrophenethyl bromide 13250
o-nitrophenol 6830
m-nitrophenol 6831
p-nitrophenol 6832

2-nitrophenoxyacetic acid 13198
p-nitrophenoxyacetic acid 13201
1-nitro-2-phenoxybenzene 23420
1-nitro-4-phenoxybenzene 23421
3-(4-nitrophenoxycarbonyl)-proxyl, free 28571
2-(4-nitrophenoxy)tetradecanoyl chloride 32335
p-nitrophenoxytributyltin 30981
2-nitrophenyl acetate 13181
4-nitrophenyl acetate 13191
nitrophenyl acetylene 12705
4-nitrophenyl bromoacetate 12738
2-nitrophenyl chloroformate 9721
4-nitrophenyl chloroformate 9722
bis(3-nitrophenyl) disulfide 23323
3-nitrophenyl disulfide 23324
p-nitrophenyl ethylbutylphosphonate 24398
p-nitrophenyl heptyl ether 26268
p-nitrophenyl hexyl ether 24330
o-nitrophenyl isopropyl ether 16970
4-nitrophenyl isothiocyanate 9834
3-nitrophenyl isothiocyanate 9835
o-nitrophenyl mercury acetate 13097
2-nitrophenyl 2-methylpropanoate 17842
4-nitrophenyl nonyl ether 28700
2-nitrophenyl octyl ether 27626
4-nitrophenyl octyl ether 27627
4-nitrophenyl phosphate bis(2-amino-2-et 29716
4-nitrophenyl phosphorodichloridate 6473
p-nitrophenyl propyl ether 16968
2-nitrophenyl sulfonyl diazomethane 10116
4-nitrophenyl trifluoroacetate 12548
4-nitrophenyl trimethylacetate 22003
2-nitro-N-phenylacetamide 13363
N-(2-nitrophenyl)acetamide 13364
N-(3-nitrophenyl)acetamide 13365
N-(4-nitrophenyl)acetamide 13366
2'-nitrophenyl-2-acetamido-2-deoxy-a-D-g 27469
4'-nitrophenyl-2-acetamido-2-deoxy-a-D-g 27470
4'-nitrophenyl-2-acetamido-2-deoxy-b-D-gl 27471
2-nitrophenylacetyl chloride 12784
2-(4-nitrophenyl)adenosine 29259
4-nitrophenyl-a-D-glucopyranoside 24097
2-(2-nitrophenylamino)benzoic acid 25615
4-nitro-N-phenylaniline 23500
2-nitro-N-phenylaniline 23502
(4-nitrophenyl)arsonic acid 6890
4-[(4-nitrophenyl)azo]-1,3-benzenediol 23435
4-((p-nitrophenyl)azo)diphenylamine 30483
7-((4-nitrophenylazo))methylbenz(c)acrid 33737
4-(4-nitrophenylazo)-1-naphthol 29020
3-nitrophenylboronic acid 6903
N,N'-bis(4-nitrophenyl)carbodiimide 25495
N-(2-nitrophenyl)-1,3-diaminoethane 14212
p-nitrophenyldi-N-butylphosphinate 27661
bis(2-nitrophenyl) diselenide 23326
bis(2-nitrophenyl) disulfide 23325
3-nitro-1,2-phenylenediamine 7241
1-(2-nitrophenyl)ethanone 13165
1-(3-nitrophenyl)ethanone 13166
1-(4-nitrophenyl)ethanone 13167
2-nitro-1-phenylethanone 13168
4-(2-(4-nitrophenyl)ethenyl)benzenamine 26909
5-(2-nitrophenyl)furfural 21503
4-nitrophenyl-b-D-galactopyranoside 24094
2-nitrophenyl-b-D-galactopyranoside 24095
4-nitrophenyl-b-D-glucopyranoside 24096
1-(4(nitrophenyl)glycerol 16980
N-(p-nitrophenyl)glycine 13372
2-(p-nitrophenyl)hydrazide formic acid 10704
2-(p-nitrophenyl)hydrazideacetic acid 13779
(4-nitrophenyl)hydrazine 7235
2-nitrophenylhydrazine 7243
bis(4-nitrophenyl) hydrogen phosphate 23427
2-(2-nitrophenyl)malondialdehyde 16071
trans-(+)-3-(4-nitrophenyl)oxiranemethan 16476
trans-(-)-3-(4-nitrophenyl)oxiranemethan 16477
p-nitrophenyl-p'-guanidinobenzoate 26926
1-(4-nitrophenyl)-3-(4-phenylazophenyl)t 30485
(3-nitrophenyl)phenylmethanone 25561
(4-nitrophenyl)phenylmethanone 25562
1-(4-nitrophenyl)piperazine 19848
4-nitro-5-(4-phenyl-1-piperazinyl)benzof 29231
3-(2-nitrophenyl)propanoic acid 16469
3-(4-nitrophenyl)propanoic acid 16470
trans-3-(2-nitrophenyl)-2-propenoic acid 16065
1-(4-nitrophenyl)-2-propynoic acid 15833
1-(4-nitrophenyl)-2-pyrrolidinone 19068
2-nitrophenylselenocyanate 9837
(p-nitrophenylselenyl)acetic acid 13192
4-(p-nitrophenyl)semicarbazone 1-methyl- 25896
4-(p-nitrophenyl)semicarbazone-1H-pyrrol 23668
bis(p-nitrophenyl)sulfide 23322
4-(4-nitrophenyl)thiazole 15916
1-nitro-2-(phenylthio)benzene 23418
1-nitro-4-(phenylthio)benzene 23419
2-nitrophenyl-b-D-thiogalactopyranoside 24093
p-nitrophenyl-2,4,6-trichlorophenyl ethe 23203
(4-nitrophenyl)urea 10702
N,N'-bis(4-nitrophenyl)urea 25622
cis-1-nitro-2-(2-phenylvinyl)benzene 26843
trans-1-nitro-2-(2-phenylvinyl)benzene 26844
3-nitrophthalic acid 12702
4-nitrophthalic acid 12703
3-nitrophthalic anhydride 12498
4-nitrophthalic anhydride 12499
6-nitrophthalide 12699
3-nitrophthalimide 12584
4-nitrophthalimide 12585
4-nitrophthalonitrile 12500
N-nitropiperidine 5415
6-nitropiperonal 12700
6-nitropiperonyl alcohol 13199
2-nitro-p-phenylenediamine 7242
N-nitro-1-propanamine 2118
1-nitropropane 2045
2-nitropropane 2046
2-nitro-1-propanol 2063
3-nitro-1-propanol 2064

1-nitro-2-propanol 2065
1-nitro-1-propene 1764
2-nitro-1-propene 1765
3-nitro-1-propene 1766
3-nitropropionic acid 1776
5-nitro-2-propoxyaniline 17060
N-(5-nitro-2-propoxyphenyl)acetamide 22081
5-nitro-2-(n-propylamino)-pyridine 14208
1-nitro-2-propylbenzene 16951
1-nitropyrene 28979
4-nitropyrene 28981
3-nitropyridine 4295
2-nitropyridine 4296
4-nitropyridine 1-oxide 4297
5-nitropyrimidinamine 2585
5-nitro-2,4,6(1H,3H,5H)-pyrimidinetrione 2503
5-nitroquinoline 15905
6-nitroquinoline 15906
7-nitroquinoline 15907
8-nitroquinoline 15910
2-nitroquinoline 15914
4-nitroquinoline 1-oxide 15917
5-nitro-8-quinolinol 15918
3-nitrosalicylaldehyde 10084
4-nitrosalicylic acid 10092
N-nitrosarcosine 1900
nitroso hydantoic acid 1795
nitroso linuron 16335
N-nitrosoacetanilide 13361
N-nitrosobis(2-acetoxypropyl)amine 20662
1-nitroso-4-acetyl-3,5-dimethylpiperazine 14851
1-nitroso-4-acetyl-3,5-dimethylpiperazin 14852
S-nitroso-N-acetyl-DL-penicillamine 11394
nitrosoaldicarb 11689
N-nitrosoallylethanolamine 5421
N-nitrosoallyl-2-hydroxypropylamine 8340
nitrosoallylurea 3301
1-nitrosoanabasine 19846
(±)-N-nitrosoanabasine 19847
N'-nitrosoanatabine 19350
4-nitrosoaniline 13360
R(-)-N-nitroso-a-pipecoline 8331
S(+)-N-nitroso-a-pipecoline 8332
1-nitrosoazacyclotridecane 24843
1-nitrosoazetidine 1884
nitrosobenzene 6813
1-nitroso-4-benzoyl-3,5-dimethylpiperazi 26200
nitrosobenzylurea 13778
3-nitrosobiphenyl 23407
4-nitrosobiphenyl 23408
nitrosobromoethylurea 1821
N-nitrosobutylamine 3841
N-nitroso-N-butylbutyramide 15036
N-nitroso-N-(butyl-N-butyrolactone)amine 14527
N-nitrosocarbanilic acid isopropyl ester 19450
N-nitroso-N'-carbethoxypiperazine 11687
nitrosocarbofuran 23936
nitrosochloroethyldiethylurea 11761
nitrosochloroethyldimethylurea 5326
nitrosocimetidine 20302
nitroso-DL-citrulline 8386
nitroso-L-citrulline 8387
4-(nitrosocyanamido)butyramide 4843
5-(nitrosocyanamido)-2-hydroxyvaleramide 7753
nitrosocyclohexylurea 6813
N-nitrosodiallyl amine 7725
N-nitrosodibenzylamine 27118
N-nitrosodibutylamine 15407
N-nitrosodicyclohexylamine 24685
N-nitrosodiethylamine 3835
1-nitroso-1,3-diethylurea 5763
N-nitroso-3,6-dihydro-1,2-oxazine 2914
1-nitroso-5,6-dihydrothymine 4731
1-nitroso-5,6-dihydrouracil 2793
N-nitroso-2,3-dihydroxypropylallylamine 8353
nitroso-dihydroxypropyloxopropylamine 8364
nitrosodimethoate 5755
N-nitrosodimethylamine 1042
p-nitroso-N,N-dimethylanilina 13865
cis-nitroso-2,6-dimethylmorpholine 8341
trans-nitroso-2,6-dimethylmorpholine 8342
1-nitroso-3,5-dimethylpiperazine 8861
nitrosodioctylamine 29763
N-nitrosodiphenylamine 23494
nitrosodi-sec-butylamine 15413
N-nitrosoephedrine 15904
N-nitroso-3,4-epoxypiperidine 4834
nitrosoethoxyethylamine 3938
N-nitroso-ethyl(3-carboxypropyl)amine 8354
1-nitroso-1-ethyl-3-methylurea 3766
1-nitroso-1-ethyl-3-(2-oxopropyl)urea 8188
N-nitrosoethyl-tert-butylamine 8942
N-nitroso-N-ethylurethan 5434
N-nitroso-N-ethylvinylamine 3425
2-nitrosofluorene 25552
nitrosofluoroethylurea 1864
nitrosofolic acid 31417
S-nitroso-L-glutathione 20418
nitrosoglyphosate 2078
nitrosoguanidine 268
nitrosoguvacoline 11123
N-nitrosohexahydroazepine 8329
1-nitrosohydantoin 1484
1-nitroso-1-hydroxyethyl-3-chloroethylur 5328
1-nitroso-1-hydroxypropyl-3-chloroethylu 8270
nitroso-3-hydroxypropylurea 3772
N-nitrosoimidazolidinethione 1806
1-nitrosoimidazolidinone 1792
nitrosoimino diethanol 3854
1,1'-(nitrosoimino)bis-2-butanone 14528
2,2'-(N-nitrosoimino)diacetonitrile 2584
N-nitroso-2,2'-iminodiethanoldiacetate 14533
N-nitrosoindoline 13348
N-nitrosoisobutylthiazolidine 11796
N-nitrosoisonipectoic acid 7741
nitrosoisopropanolurea 3773
nitrosoisopropylurea 3767

N-nitroso-2-methoxy-2,6-dimethylmorpholi 11812
1-nitrosomethoxyethylurea 3774
N-nitroso-N-methyl-N-a-acetoxybenzylamin 19451
2-nitrosomethylaminopyridine 7232
N-nitrosomethylaminosulfolane 5436
o-(N-nitroso-N-methyl-b-alanyl)-L-serine 11690
N-nitroso-N-methyl-N'-(2-benzothiazolyl) 16180
N-nitroso-N-(2-methylbenzyl)methylamine 17049
N-nitroso-N-(3-methylbenzyl)methylamine 17050
N-nitroso-N-(4-methylbenzyl)methylamine 17051
nitrosomethylbis(chloroethyl)urea 8060
N-nitroso-N-methylcyclohexylamine 11792
nitrosomethyl-d3-n-butylamine 5108
nitrosomethyl-n-dodecylamine 26533
N-nitrosomethylethanolamine 2120
1-nitroso-1-methyl-3-ethylurea 3768
nitrosomethyl-n-hexylamine 12151
N-nitrosomethyl-(2-hydroxyethyl)amine p- 19959
N-nitrosomethyl-(2-hydroxypropyl)amine 3851
N-nitrosomethyl-(3-hydroxypropyl)amine 3852
nitroso-2-methylmorpholine 5422
nitrosomethylneopentylamine 8943
nitroso-N-methyl-n-nonylamine 21219
nitroso-N-methyl-n-octylamine 18229
nitroso-2-methyl-1,3-oxazolidine 3436
nitroso-5-methyloxazolidine 3437
N-nitrosomethyl-2-oxopropylamine 3438
N-nitrosomethyl-N-oxopropylamine 3439
N-nitrosomethylpentylnitrosamine 8863
nitrosomethylphenylcarbamate 13367
N-nitroso-N-methyl-1-(1-phenyl)ethylamin 17052
1-nitroso-4-methylpiperazine 5758
N-nitroso-N-methyl-n-tetradecylamine 28910
nitroso-2-methylthiopropionaldehyde-o-me 5276
nitrosomethyl-2-trifluoroethylamine 1727
nitrosomethylundecylamine 25271
N-nitrosomethylvinylamine 1885
nitrosometoxuron 19413
4-nitrosomorpholine 3431
1-nitrosonaphthalene 18635
2-nitrosonaphthalene 18636
1-nitroso-2-naphthalenol 18638
2-nitroso-1-naphthol 18645
1-nitroso-2-nitroamino-2-imidazoline 1800
1-nitroso-3-nitro-1-butylguanidine 5767
1-nitroso-3-nitro-1-pentylguanidine 8868
3-nitroso-1-nitro-1-propylguanidine 3780
N-nitrosonornicotine 16988
N'-nitrosonornicotine-1-N-oxide 16992
1-nitroso-1-octylurea 18171
N-nitrosooxazolidine 1894
N-nitroso(2-oxobutyl)(2-oxopropyl)amine 11393
N-nitrosobis(2-oxopropyl)amine 7740
1-nitroso-1-oxopropyl-3-chloroethylurea 7683
N-nitroso-N-pentyl-(4-hydroxybutyl)amine 18230
N-nitrosophenacetin 19452
2-nitrosophenanthrene 26711
4-nitrosophenol 6820
2-nitrosophenol 6824
4-nitroso-N-phenylaniline 23495
nitrosophenylethylurea 16993
nitrosophenylurea 10701
N-nitroso-4-picolylethylamine 14205
1-nitrosopipecolic acid 7742
1-nitroso-2-pipecoline 8330
N-nitrosopiperidine 5407
nitroso-3-piperidinol 5423
nitroso-4-piperidinol 5424
nitroso-4-piperidone 4835
N-nitroso-N-p-nitrophenyl-D-ribosylamine 22020
1-nitroso-L-proline 4837
N-nitroso-N-propylacetamide 5425
1-(nitrosopropylamino)-2-propanol 8952
N-nitroso-N-propyl-(4-hydroxybutyl)amine 12156
N-nitroso-N-propyl-1-propanamine 8934
N-nitroso-N-propylpropionamide 8343
3-nitroso-2-propylthiazolidine 8335
N-nitrosopropylurea 3769
N-nitroso-N-pteroyl-L-glutamic acid 31418
1-nitrosopyrene 29417
N-nitroso-2-pyrrolidine 2915
N-nitrosopyrrolidine 3420
nitrosopyrrolidine 3426
1-nitroso-3-pyrrolidinol 3440
(±)-3-(1-nitroso-2-pyrrolidinyl)pyridine 16989
N-nitroso-3-pyrroline 2900
4-nitrosoquinoline-1-oxide 15915
5-nitroso-8-quinolinol 15911
N-nitrososarcosine 1895
N-nitrososarcosine, ethyl ester 5435
o-(N-nitrososarcosyl)-L-serine 8192
nitroso-sec-butylurea 5762
4-nitroso-trans-stilbene 26838
N-nitroso-4-tert-butylpiperidine 17981
N-nitroso-tetrahydro-1,2-oxazine 3441
N-nitroso-tetrahydro-1,3-oxazine 3442
N-nitroso-1,2,3,4-tetrahydropyridine 4829
N-nitroso-1,2,3,6-tetrahydropyridine 4830
N-nitrosothialdine 8336
N-nitrosothiazolidine 1887
N-nitrosothiomorpholine 3428
2-nitrosotoluene 10622
5-nitroso-2,4,6-triaminopyrimidine 2938
nitrosotridecylurea 27910
nitrosotriethylurea 12102
N-nitroso-bis-(4,4,4-trifluoro-n-butyl)a 14271
N-nitroso-2,2,2-trifluorodiethylamine 3205
1-nitroso-1,2,2-trimethylhydrazine 3772
nitrosotrimethylphenyl-N-methylcarbamate 22079
nitroso-3,4,5-trimethylpiperazine 12099
nitrostris(chloroethyl)urea 11377
nitrosoundecylurea 24911
nitrosourea 240
4-nitrostilbene 26851
12-(m-nitrostyryl)benz(a)acridine 34055
12-(o-nitrostyryl)benz(a)acridine 34056
12-(p-nitrostyryl)benz(a)acridine 34057
7-(m-nitrostyryl)benz(c)acridine 34052

7-(o-nitrostyryl)benz(c)acridine 34053
7-(p-nitrostyryl)benz(c)acridine 34054
nitrosyl cyanide 358
nitroterephthalic acid 12704
4-nitro-4-terphenyl 30452
1-nitrotetradecane 27908
1-nitro-3-(1,1,2,2-tetrafluoroethoxy)ben 12672
5-nitrotetrazol 132
5-nitro-2-thiazolamine 1480
nitrothiazole 7048
N-(5-nitro-2-thiazolyl)acetamide 4430
4-nitrothioanisole 10649
2-nitro-5-thiocyanatobenzoic acid 12586
2-nitrothiophene 2493
3-nitrothiophene 2494
4-nitrothiophene-2-sulfonyl chloride 2387
4-nitrothiophenol 6826
5-nitrothiophenol 6827
m-nitrotoluene 10626
o-nitrotoluene 10627
p-nitrotoluene 10628
nitrotoluene 10643
3-nitro-1,2,4-triazole 675
1-nitrotridecane 26522
1-nitro-2-(trifluoromethyl)benzene 9800
2-nitro-4-(trifluoromethyl)benzenethiol 9803
2-nitro-4-(trifluoromethyl)benzonitrile 12481
2-nitro-4-(trifluoromethyl)phenol 9804
4-nitro-3-(trifluoromethyl)phenol 9805
bis(2-nitro-4-trifluoromethylphenyl) dis 26591
4-nitro-a,a,a-trifluorotoluene 9801
3-nitro-L-tyrosine 16593
1-nitroundecane 22885
5-nitrouracil 2501
nitrourea 241
5-nitrovanillin 13200
6-nitroveratraldehyde 16478
2-(2-nitrovinyl)anisole 16462
trans-(2-nitrovinyl)benzene 13147
nitroxylene 13740
nivalenol 28603
nocardicin complex 29337
nocodazole 26864
nogalamycin 35542
nogamycin 35463
nomifensine 29373
nonabromobiphenyl 23131
nonacarbonyl diiron 15770
trans-nonachlor 18509
2,2',3,3',4,5,5',6,6'-nonachlorobiphenyl 23134
n-nonacontane 36002
nonacosane 34827
1-nonacosanol 34828
1-nonacosene 34817
nonacosylamine 34829
nonacosylbenzene 35312
nonacosylcyclohexane 35315
nonacosylcyclopentane 35265
1-nonacosyne 34814
nonadecafluorodecanoic acid 18472
2,2,3,3,4,4,5,5,6,6,7,7,8,8,9,9,10,10,10 18484
nonadecanal 31704
nonadecane 31735
1,2-nonadecanediol 31744
1,3-nonadecanediol 31745
1,4-nonadecanediol 31746
nonadecanenitrile 31690
1-nonadecanethiol 31750
2-nonadecanethiol 31751
nonadecanoic acid 31708
nonadecanoic acid N-methylamide 32509
1-nonadecanol 31742
2-nonadecanol 31743
2-nonadecanone 31705
10-nonadecanone 31706
1-nonadecene 31698
nonadecyl acetate 33044
nonadecyl butanoate 33696
nonadecyl formate 32493
nonadecyl propanoate 33464
nonadecylamine 31756
nonadecylbenzene 34171
nonadecylcyclohexane 34183
nonadecylcyclopentane 33983
1-nonadecyne 31670
2-nonadecyne 31671
3-nonadecyne 31672
2,6-nonadienal 17445
trans,trans-2,4-nonadienal 17446
trans-2,trans-6-nonadienal 17452
trans-2,cis-6-nonadienal 17453
1,8-nonadiene 17605
2,7-nonadiene 17606
trans-2,cis-6-nonadienol 17708
2,6-nonadien-1-ol 17697
1,4-nonadiyne 17014
1,8-nonadiyne 17015
2,7-nonadiyne 17016
3,3,4,4,5,5,6,6,6-nonafluoro-1-hexene 6352
3,3,4,4,5,5,6,6,6,-nonafluorohexyl metha 18846
4,4,5,5,6,6,7,7,7-nonafluoro-2-hydroxyhe 18847
nonafluoro-1-iodobutane 2340
(2,2,3,3,4,4,5,5,5-nonafluoropentyl)oxir 10024
nonafluoro-tert-butyl alcohol 2367
nonafluorovaleric acid 4191
n-nonaheptacontane 35982
n-nonahexacontane 35958
nonalactone 17731
1-nonanal 17997
nonanamide 18150
nonane 18176
1,19-nonanecanediol 31747
4-nonanecarboxylic acid 21077
nonanedinitrile 17409
1,2-nonanediol 18339
1,3-nonanediol 18340
1,4-nonanediol 18341
1,9-nonanediol 18342

1,3-nonanediol acetate 26437
2,4-nonanedione 17723
2,8-nonanedione 17732
nonanedioyl dichloride 17405
1,9-nonanedithiol 18372
nonanenitrile 17813
1-nonanesulfonic acid sodium salt 18172
2-nonanethiol 18366
nonanohydroxamic acid 18161
nonanoic acid 18052
1-nonanol 18236
2-nonanol 18237
3-nonanol 18239
4-nonanol 18241
5-nonanol 18243
2-nonanol, (±) 18238
3-nonanol, (±) 18240
4-nonanol, (S) 18242
n-nonanonacontane 36013
2-nonanone 17999
3-nonanone 18008
4-nonanone 18009
5-nonanone 18010
nonanoyl chloride 17797
nonanoyl peroxide 31045
1-nonanoylaziridine 22775
N-nonanoylmorpholine 26457
n-nonaoctacontane 36000
nonan-1-oic anhydride 31038
n-nonapentacontane 35908
n-nonaphenone 28669
n-nonatetracontane 35823
nonatriacontane 35567
1-nonatriacontene 35558
nonatriacontylamine 35568
1-nonatriacontyne 35555
2-nonenal 17698
trans-2-nonenal 17699
(Z)-6-nonenal 17705
1-nonene 17942
trans-2-nonene 17943
trans-3-nonene 17944
4-nonene; (cis+trans) 17945
2-nonenoic acid 17724
3-nonenoic acid 17725
8-nonenoic acid 17726
1-nonen-3-ol 18036
8-nonen-1-ol 18037
cis-3-nonen-1-ol 18042
2-nonen-2-ol-4-one-1,1,1-trifluorodimeth 22558
trans-3-nonen-2-one 17706
2-nonen-4,6,8-triyn-1-al 15802
(2-nonen-1-yl)succinic anhydride 26335
1-nonen-3-yne 17388
1-nonen-4-yne 17389
2-nonen-4-yne 17390
nonyl acetate 22837
nonyl butanoate 26497
nonyl N,N-diethyloxamate 28852
nonyl formate 21043
nonyl mercaptan 18365
tert-nonyl mercaptan, isomers 18371
nonyl propanoate 24870
2-nonyl-[1,2,3,4-tetrahydronaphthalene] 31622
nonylamine 18388
nonylbenzene 28725
nonylcyclohexane 28856
nonylcyclopentane 27847
1-nonylcyclopentene 27779
1-nonylnaphthalene 31568
2-nonylnaphthalene 31569
4-nonyloxybenzoic acid 29579
nonylphenol 28757
4-nonylphenol 28764
4-nonylphenol isomers 28765
23-(4-nonylphenoxy)-3,6,9,12,15,18,21-he 35021
1-nonylpiperidine 27904
1-nonyl-[1,2,3,4-tetrahydronaphthalene] 31621
nonyltrichlorosilane 18126
nonyltrimethylammonium bromide 25364
2-nonynal dimethylacetal 22721
1-nonyne 17593
2-nonyne 17594
3-nonyne 17595
4-nonyne 17596
2-nonynoic acid 17466
3-nonynoic acid 17467
5-nonynoic acid 17468
6-nonynoic acid 17469
8-nonynoic acid 17470
1-nonyn-3-ol 17695
2-nonyn-1-ol 17696
3-nonyn-1-ol 17707
nootropyl 7737
(1R)-(-)-nopol 22588
3-noradamantanecarboxylic acid 20116
norandrostenolone decanoate 34687
19-nor-17a-pregn-5(10)-en-20-yne-3a,17-d 32322
19-nor-17a-pregn-5(10)-en-20-yne-3b, 17- 32323
19-nor-17a-pregn-4-en-20-yn-17-ol 32312
norbolethone 32977
norbormide 35142
2,5-norbornadiene 10730
7-norbornadienyl benzoate 26962
2-norbornaneacetic acid 17476
2-norbornanecarbonitrile, endo and exo 14121
2-norbornanemethanol, endo and exo 14590
2-norbornene 11047
5-norbornene-2-carboxylic acid, endo and 13978
cis-5-norbornene-endo-2,3-dicarboxylic a 16802
5-norbornene-2-endo,3-endo-dimethanol 17477
5-norbornene-2-exo,3-exo-dimethanol 17478
5-norbornene-2-methanol, endo and exo 14341
5-norbornen-2-yl acetate, endo and exo 17172
2-norbornyl acrylate 17479
norcamphor 11157
24-norcholan-23-oic acid, (5beta) 33669
nordazepam 28078

nordihydroguaiaretic acid 30813
norea 26369
(-)-norephedrine 17322
DL-norephedrine 17323
norepinephrine 14185
19-norethisterone 32282
norethisterone enanthate 34467
norflurazon 23370
norgestrel 32927
d(-)-norgestrel 32928
L-norgestrel 32929
norgestrienone 32177
norglaucine 32202
norharman 21518
norhyoscyamine 29479
DL-norleucine 8823
L-norleucine 8824
D(-)-norleucine 8834
boc-L-norleucine 22782
normorphine 29328
19-norpregn-4-ene-3,20-dione 32321
19-norspiroxenone 32955
nortestonate 30895
19-nortestosterone homofarnesate 35240
19-nortestosterone phenylpropionate 34453
19-nortestosterone-17-N-(2-chloroethyl)- 32936
nortricyclyl bromide 10939
nortriptyline 31461
DL-norvaline 5713
L-norvaline 5714
D(-)-norvaline 5721
boc-L-norvaline 20905
noscapine 33244
novadex 34273
novospasmin 31650
n4-sulfanilylsulfanilamide 23877
n'-tert-butyl-N,N-dimethylformamidine 12142
NTPA 8957
nuarimol 29873
1-nuciferine 31463
nuclear yellow 34119
nystatin 35787
octabromodiphenyl 23136
1,3,4,5,6,8,8-octachloro-1,3,3a,4,7,7a-h 15791
2,2',3,3',5,5',6,6'-octachlorobiphenyl 23145
octachlorocamphene 18692
octachlorocyclopentene 4170
octachlorodibenzo-p-dioxin 23118
octachlorodipropylether 6955
octachloronaphthalene 18455
octachlorostyrene 12419
n-octacontane 35984
octacosane 34732
octacosanoic acid 34723
1-octacosanol 34737
1-octacosene 34718
octacosylamine 34738
octacosylbenzene 35257
octacosylcyclohexane 35266
octacosylcyclopentane 35180
1-octacosyne 34713
trans,trans-10,12-octadecadienoic acid 30993
(9Z,12Z)-octadeca-9,12-dienoyl chloride 30979
7,11-octadecadiyne 30950
octadecahydrochrysene 30951
octadecamethylcyclononasiloxane 31184
octadecamethyloctasiloxane 31183
octadecanal 31090
octadecanamide 31121
octadecane 31131
1,2-octadecanediol 31144
1,3-octadecanediol 31145
1,4-octadecanediol 31146
1,18-octadecanediol 31147
octadecanenitrile 31069
1-octadecanethiol 31149
2-octadecanethiol 31150
cis,cis,cis-9,11,13-octadecanetrienoic a 30965
octadecanoic acid 31097
octadecanoic anhydride 35413
1-octadecanol 31140
2-octadecanol 31141
3-octadecanol, (±) 31142
2-octadecanone 31091
3-octadecanone 31092
octadecanophenone 33940
octadecanoyl chloride 31060
5,7,11,13-octadecatetrayne-1,18-diol 30811
cis,cis,trans-9,11,13-octadecatrienoic a 30966
trans,cis,trans-9,11,13-octadecatrienoic 30967
trans,trans,trans-9,11,13-octadecatrieno 30968
9-octadecenal 31027
cis-9-octadecenal 31028
1-octadecene 31071
9-octadecene 31072
cis-9-octadecenenitrile 31009
trans-2-octadecenoic acid 31032
trans-11-octadecenoic acid 31033
(Z)-9-octadecenoic acid, tin (2+) salt 35405
cis-9-octadecen-1-ol 31094
trans-9-octadecen-1-ol 31095
octadecyl acetate 32494
octadecyl acrylate 33025
octadecyl butanoate 33465
octadecyl formate 31712
octadecyl isocyanate 31691
octadecyl isothiocyanate 31692
octadecyl methacrylate 33434
octadecyl propanoate 33045
octadecyl vinyl ether 32488
octadecylamine 31162
octadecylbenzene 33959
octadecylcyclohexane 33984
octadecylcyclopentane 33684
1-O-octadecyl-2-O-methyl-sn-glycero-3-ph 34574
3-(octadecyloxy)-1,2-propanediol 33064
octadecylsilane 31175
9-octadecyne 31013

1-octadecyne 31014
2-octadecyne 31015
3-octadecyne 31016
9-octadecynoic acid 30994
1,2,3,3a,6,7,12b,12c-octadehydro-2-hydro 29040
1,7-octadiene 14493
2,6-octadiene 14494
2,6-octadiyne 13798
3,5-octadiyne 13799
1,7-octadiyne 13800
octaethylporphine 35363
octafluoroacetophenone 12426
octafluoroadipamide 6543
octafluoro-2-butene 2334
1,1,2,3,3,4,4,4-octafluoro-1-butene 2337
octafluorocyclobutane 2336
1,2,3,3,4,5,6,6-octafluoro-1,4-cyclohexa 6081
1,2,3,4,5,5,6,6-octafluoro-1,3-cyclohexa 6082
octafluorocyclopentene 4175
octafluoro-1,4-diiodobutane 2338
2,2,3,3,4,4,5,5-octafluoro-1,6-hexanedio 6963
1,1,1,5,5,6,6,6-octafluoro-2,4-hexanedio 6196
4,4,5,5,6,7,7,7-octafluoro-2-hydroxy-6-(21560
4,4,5,5,6,7,7,7-octafluoro-2-hydroxy-6-(23603
1,1,2,2,3,3,4,4-octafluoro-5-iodopentane 4245
2,2,3,3,4,4,5,5-octafluoro-1-pentanol 4287
octafluoropentanol 4288
2,2,3,3,4,4,5,5-octafluoropentyl acrylat 12861
2,2,3,3,4,4,5,5-octafluoropentyl methacr 16134
octafluoropropane 1299
3,3,4,4,5,6,6,6-octafluoro-5-(trifluorom 18630
3,3,4,4,5,6,6,6-octafluoro-5-(trifluorom 21559
[2,2,3,3,4,5,5,5-octafluoro-4-(trifluoro 12678
n-octaheptacontane 35980
n-octahexacontane 35956
1,2,3,4,5,6,7,8-octahydroanthracene 27416
octahydroazocine 12041
octahydro-1H-azonine 15294
1,2,3,6,7,8,11,12-octahydrobenzo[e]pyren 32132
octahydrocoumarin 17480
octahydro-1:2:5:6-dibenzanthracene 33222
octahydroindene 17614
cis-octahydro-2H-inden-2-one 17447
trans-octahydro-2H-inden-2-one 17448
octahydro-1H-indole 14778
octahydroindolizine 14777
4,4'-(octahydro-4,7-methano-5H-inden-5-y 33267
4-(octahydro-4,7-methano-5H-inden-5-ylid 27595
octahydro-5-methoxy-4,7-methano-1H-inden 24477
cis-octahydro-1(2H)-naphthalenone 20449
octahydro-2(1H)-naphthalenone 20450
trans-octahydro-1(2H)-naphthalenone 20451
octahydro-1-nitrosoazocine 11793
octahydro-1-nitroso-1H-azonine 15029
cis-octahydropentalene 14502
trans-octahydropentalene 14503
1,2,3,4,4a,9,10,10a-octahydrophenanthren 27417
1,2,3,4,5,6,7,8-octahydrophenanthrene 27418
trans-octahydro-2H-quinolizine-1-methano 20897
octahydro-1,3,5,7-tetranitro-1,3,5,7-tet 3472
octakis-O-(2-cyanoethyl)sucrose 35994
3,5,10,12,17,19,24,26-octakis-tosyloxy-1 35994
2,2,4,4,6,6,8,8-octamethylcyclotetrasila 15760
octamethylcyclotetrasiloxane 15756
5,5'-(octamethylenebis(carbonylimino)bis 34608
N,N'-octamethylenebis(dichloroacetamide) 24539
1,1,1,3,5,7,7,7-octamethyltetrasiloxane 15759
octamethyltrisiloxane 15755
1-octanal 15063
octanal oxime 15313
octanamide 15314
2-octanamine, (±) 15634
octane 15354
octane, mixture 15372
4-octanecarboxylic acid 18087
octanedial 14625
1,8-octanediamine 15695
octanedinitrile 14285
octanedioic acid 14698
1,2-octanediol 15544
1,3-octanediol 15545
1,4-octanediol 15546
1,8-octanediol 15547
2,4-octanediol 15548
(3R,6R)-3,6-octanediol 15561
(3S,6S)-3,6-octanediol 15562
4,5-octanediol, (±) 15549
2,4-octanedione 14607
2,7-octanedione 14608
3,6-octanedione 14609
4,5-octanedione 14610
4,5-octanedione dioxime 15031
2,3-octanedione 3-oxime 14811
1,8-octanedithiol 15616
octanenitrile 14775
1-octanesulfonyl chloride 15267
2-octanethiol 15603
2-octanethiol, (±) 15605
octanoic acid 15156
octanoic acid, 4-cyano-2,6-diiodophenyl 28462
octanoic anhydride 29670
1-octanol 15430
2-octanol 15431
3-octanol 15433
4-octanol 15434
(R)-(-)-2-octanol 15536
(S)-(+)-2-octanol 15537
2-octanol, (±) 15432
4-octanol, (±) 15435
5-octanol 14654
n-octanonacontane 36012
2-octanone 15066
3-octanone 15080
4-octanone 15081
2-octanone, extreme 15323
octanoyl chloride 14759
N-octanoyl-D-erythro-sphingosine, synthe 34347
bis(octanoyloxy)di-n-butyl stannane 33997

2-octanoyl-1,2,3,4-tetrahydroisoquinolin 30233
n-octaoctacontane 35998
n-octapentacontane 35904
octaphenylcyclotetrasiloxane 35803
n-octatetracontane 35816
1,3,5,7-octatetraene 13801
octatriacontane 35530
1-octatriacontene 35520
octatriacontylamine 35532
1-octatriacontyne 35514
2,4,6-octatrienal 13933
2,4,6-octatrienal 13933
trans,trans,trans-2,4,6-octatriene 14244
1,3,7-octatrien-5-yne 13242
trans-2-octenal 14591
1-octene 14890
oct-2-ene 14891
trans-2-octene 14893
cis-3-octene 14894
trans-3-octene 14895
oct-4-ene 14896
cis-4-octene 14897
trans-4-octene 14898
4-octene-2,7-dione 14352
2-octenoic acid 14642
1-octen-4-ol 15121
2-octen-1-ol 15122
3-octen-1-ol 15123
4-octen-1-ol 15124
5-octen-1-ol 15125
trans-2-octen-1-ol 15143
1-octen-3-ol 15144
(R)-(-)-1-octen-3-ol 15145
1-octen-3-ol acetate 20806
3-octen-2-one 14351
2-octen-1-ylsuccinic anhydride, cis and 24481
1-octen-3-yne 14245
octhilinone 22642
octoclothepine 31456
(+)-octopine 17994
octyl acetate 21045
N-octyl acrylate 22713
octyl alcohol; mixed isomers 15538
octyl butanoate 24871
n-octyl 4-chloroacetoacetate 24626
octyl chloroformate 17801
octyl cyanoacetate 22646
octyl decyl phthalate 34319
octyl N,N-diethyloxamate 27845
octyl formate 18058
octyl 2-furancarboxylate 26331
octyl gallate 28690
octyl heptanoate 28884
octyl hexanoate 27878
2-octyl iodide 15279
octyl isocyanate 17826
tert-octyl isothiocyanate 17852
octyl mercaptan 15602
tert-octyl mercaptan 15604
octyl nitrate 15341
octyl nitrite 15333
octyl octanoate 29727
octyl palmitate 33994
octyl pentanoate 26498
octyl phenol; EO(20) 34938
octyl phenyl ether 28683
octyl propanoate 22838
octyl stearate 33994
octyl thiocyanate 17851
octyl vinyl ether 21008
p-octylacetophenone 29576
trans-4-octyl-a-chloro-4'-ethoxystilbene 33877
octylamine 15631
tert-octylamine 15652
4-octylaniline 27722
4-octylbenzaldehyde 28670
octylbenzene 27644
4-octylbenzoic acid 28671
4-octylbenzoyl chloride 28606
p-tert-octylcalix[5]arene 35974
octylcyclohexane 27848
octylcyclopentane 26465
1-octylcyclopentene 26406
2-octyldecanoic acid 31098
n-octyl-dioxyethylene 25296
9-octyldocosane 34963
2-octyl-1-dodecanol 32525
9-octyleicosane 34753
1-O-n-octyl-b-D-glucopyranoside 27890
9-octylheptadecane 34198
9-octyl-8-heptadecene 34186
2,2-bis(3'-tert-octyl)-4'-hydroxyphenylp 35010
1-octylnaphthalene 30836
2-octylnaphthalene 30837
4'-octyloxyacetophenone 9393
4-(octyloxy)aniline 27727
p-(octyloxy)benzaldehyde 28672
4-octyloxybenzoic acid 28683
4-(octyloxy)benzonitrile 28615
2-(octyloxy)ethanol 21360
4-(n-octyloxy)phenol 27698
4-(p-octyloxyphenyl)semicarbazone 1-meth 32949
4-(p-octyloxyphenyl)semicarbazone-1H-pyr 32310
n-octylpentamethyldisiloxane 26572
octylperoxide 29781
p-tert-octylphenol 27679
4-octylphenol 27687
tert-octylphenol 27688
octylphenoxypolyethoxycthanol 34000
4-octylphenyl 2-chloro-4-(4-heptylbenzoy 35298
4-octylphenyl salicylate 32881
octylphosphate 15677
bis(2-octyl)phthalate 33931
1-octylpiperidine 26519
octylpropanedioic acid 22737
1-octyl-2-pyrrolidone 24806
1-octyl-[1,2,3,4-tetrahydronaphthalene] 30913

2-octyl-[1,2,3,4-tetrahydronaphthalene] 30914
2-(octylthio)ethanol 21343
1-S-octyl-b-D-thioglucopyranoside 27889
3-octylthiophene 24619
n-octyl-tioxyethylene 27944
octyltrichlorostannane 15272
octyltris(2-ethylhexyloxycarbonylmethylt 35516
(3-octylundecyl)benzene 34172
2-octynal 14342
2-octynal diethyl acetal 24719
1-octyne 14484
2-octyne 14485
3-octyne 14486
4-octyne 14487
2-octynoic acid 14353
3-octynoic acid 14354
5-octynoic acid 14355
7-octynoic acid 14356
2-octyn-1-ol 14581
(R)-(+)-1-octyn-3-ol 14593
(S)-(-)-1-octyn-3-ol 14594
1-octyn-3-ol 14595
3-octyn-1-ol 14597
o-cyanophenoxyacetic acid 16054
o-cymene 19871
odantol 29438
ODQ 15835
ofloxacin 30719
oil of sandalwood, east indian 28769
oil yellow HA 27119
oil yellow DEA 29427
1,2-o-isopropylidene-a-D-xylofuranose 14723
okadaic acid 35753
olean-12-en-3-ol, (3beta) 34927
oleandrin 35094
oleanoglycotoxin A 35812
oleanolic acid 34920
oleic acid 31030
oleic anhydride 35403
oleoyl chloride 31008
1-oléoylaziridine 32431
oleylamine 31120
oleylpolyoxyethylene glycol ether 35903
olivomycin A 35905
olivomycin D 35906
ondansetron 30704
ophthazin 13908
oraflex 29032
orange iv 30481
orcein 34602
ornidazole 11069
L-ornithine 5811
orotic acid 4302
oroxylin a 29066
orphenadrine 30822
oryzalin 24430
osmium carbonyl 25431
osmocene 19113
3-o-sulfodehydroepiandrosterone 31610
ouabain 34800
oudenone 24256
N-(o-veratroyl)glycinohydroxamic acid 22083
oxabetrinil 23743
7-oxabicyclo(4.1.0)hepta-2,4-diene 7062
7-oxabicyclo[4.1.0]heptane 7763
7-oxabicyclo[2.2.1]heptane 7802
7-oxabicyclo[4.1.0]heptan-2-one 7430
(+)-(1S,2R,3S,6R)-7-oxabicyclo(4.1.0)hep 7445
6-oxabicyclo[3.1.0]hexane 4856
3-oxabicyclo[3.1.0]hexane-2,4-dione 4342
9-oxabicyclo[6.1.0]non-4-ene 14343
(1S,5R)-(-)-cis-2-oxabicyclo[3.3.0]oct-6 10885
(1R,5S)-(+)-cis-2-oxabicyclo[3.3.0]oct-6 10886
oxacycloheptadecan-2-one 29664
(Z)-oxacycloheptadec-8-en-2-one 29632
oxacyclohexadecan-2-one 28828
oxacyclotridecan-2-one 24720
1,3,4-oxadiazole 664
oxadiazon 28501
oxadixyl 27460
11-oxahexadecanolide 28831
12-oxahexadecanolide 28832
oxalic acid 684
oxalic acid bis(benzylidenehydrazide) 29150
oxalic acid bis(cyclohexylidenehydrazide 27678
oxalic acid dihydrate 1088
oxalide 28833
oxaloacetic acid 2609
oxalyl bromide 414
oxalyl chloride 446
oxalyl dihydrazide 1056
oxalyl fluoride 480
oxalyl monoguanylhydrazide 1913
oxalyl-o-aminoazotoluene 29226
oxalysine 5817
1,4-oxamercurane 3398
oxamethacin 31376
oxamic acid 759
oxamic acid, sodium salt 663
oxamide 854
oxamniquine 27638
oxamyl 11688
oxamyl oxime 5427
oxanamide 14828
oxanilic acid 13170
oxaprozin 30555
1,4-oxathiane 3501
1,2-oxathietane-2,2-dioxide 1963
oxatimide 34422
(1a,2b,4b,5a)-3-oxatricyclo[3.2.1.02,4]o 11159
oxazine 4 perchlorate 30784
oxazine 1 perchlorate 32267
oxazinomycin 16983
oxazolazepam 30601
oxazole 1463
2-oxazolidinone 1768
3-oxazolidinyl 3,4,5-triethoxyphenyl ket 29553
oxazolo[4,5-b]pyridin-2(3H)thione 6571

773

perfluoro(methyldecalin), isomers 21466
perfluoro-4-methylmorpholine 4180
perfluoro-2-methylpentane 6098
perfluoro-3-methylpentane 6099
perfluoro-2-methyl-2-pentene 6093
perfluoronaphthalene 18462
perfluorononane 15767
perfluorooctane 12435
perfluorooctanesulfonic acid amide 12455
perfluorooxetane 1288
perfluoropentane 4181
perfluoropropyl methyl ether 2484
perfluorosebacic acid 18478
perfluoro-tert-butyl iodide 2341
perfluoro-tert-butyl peroxyhypofluorite 2348
perfluoro-tert-nitrosobutane 2343
perfluorotetradecanoic acid 26574
perfluorotoluene 9419
perfluorotridecane 25436
perfluorotriethylamine 6100
perfluorotripropylamine 15768
perfluoroundecanoic acid 21468
periactinol 32769
perilla ketone 20124
(S)-(-)-perillaldehyde 20081
1-perillaldehyde-α-antioxime 20255
L(-)-perillic acid 20117
(R)-(+)-perillyl alcohol 20469
1H-perimidine 21516
perinaphthenone 25497
peri-xanthenoxanthene 31783
permethrin 32738
cis-permethrin 32739
(-)-cis-permethrin 32740
(±)-cis-permethrin 32741
(+)-cis-permethrin 32742
trans-permethrin 32743
(+)-trans-permethrin 32744
trans-(±)-permethrin 32745
1S-trans-permethrin 32746
pernazine 32258
peroxide, dibutyl 15565
peroxide, bis(2-methylbenzoyl) 29183
peroxide, [1,4-phenylenebis(1-methylethy 32410
peroxyacetic acid 894
peroxyacetyl nitrate 762
peroxyacetyl perchlorate 713
peroxydicarbonic acid dicyclohexyl ester 27713
peroxyformic acid 178
peroxyfuroic acid 4344
peroxyhexanoic acid 8569
peroxylinolenic acid 30970
peroxypropionyl nitrate 1777
peroxypropionyl perchorate 1697
peroxytrifluoroacetic acid 557
perphenazine 32864
perthane 30722
perylene 31800
3,4,9,10-perylenetetracarboxylic dianhyd 33716
petasitenine 31596
4-(p-ethoxybenzoyl)pyridine 27030
N-p-ethoxybenzylidene-p'-butylaniline 31515
p-ethoxyphenyl 2-pyridyl ketone 27031
p-ethoxyphenyl 3-pyridyl ketone 27032
N,N'-bis(p-ethoxyphenyl)acetamidine 30798
S-2-((4-(p-ethoxyphenyl)butyl)amino)ethy 27734
p-ethylaniline 14094
p-ethylcalix[7]arene 35933
p-((4-ethyl-m-tolyl)azo)-N,N-dimethylani 30171
p-ethylphenol 13920
p-((p-ethylphenyl)azo)-N,N-dimethylanili 29426
p-(4-ethylphenylazo)-N-methylaniline 28480
S-2-((4-(p-ethylphenyl)butyl)amino)ethyl 27733
p-((3-ethyl-p-tolyl)azo)-N,N-dimethylani 30170
p-ethylstyrene 19374
p-ethylthiophenol 14041
p-ethyltoluene 17007
petroselinic acid 31034
petunidol 29106
peucedanin 28322
phalloidin 35302
phalloin 35301
phaseollidin 32136
alpha-phellandrene 20319
beta-phellandrene 20320
phenacid 24037
phenacylpivalate 26108
phenacyltriphenylphosphonium bromide 34235
phenaleno(1,9-gh)quinoline 31199
phenamide 27567
phenanthra-acenaphthene 33731
9-phenanthrenamine 26822
phenanthrene 26730
9,10-phenanthrene oxide 26772
9-phenanthrenecarboxylic acid 28041
phenanthrene-3,4-dihydrodiol 26964
3,4-phenanthrenediol 26776
9,10-phenanthrenedione 26655
phenanthridine 25538
o-phenanthroline ferrous sulfate complex 35335
phenanthro(2,1-d)thiazole 28003
9-phenanthrol 26771
1,10-phenanthroline 23305
1,7-phenanthroline 23306
4,7-phenanthroline 23307
4,7-phenanthroline-5,6-dione 23224
N-3-phenanthrylacetamide 29095
N-9-phenanthrylacetamide 29096
N-2-phenanthrylacetohydroxamic acid 29097
2-phenanthrylamine 26831
3-phenanthrylamine 26832
phenarsazine oxide 33733
S-(10-phenarsazinyl)-O,O-diisooctylphosp 34679
1-phenazinamine 23429
phenazine 23308
phenazine methosulfate 27126
phenazine, 5-oxide 23311
2,3-phenazinediamine 23512

1-phenazinol 23310
phenazoline 30110
phencapton 22228
phencarbamide 31546
1-phenethoxy-1-propoxyethane 26329
(S)-(-)-sec-phenethyl alcohol 13936
(R)-(+)-sec-phenethyl alcohol 13937
phenethyl chloracetate 19258
phenethyl isocyanate 16410
phenethyl 2-methylbutyrate 26227
2-phenethyl 2-methylbutyrate 26228
phenethyl salicylate 28320
b-phenethylbiguanide 20299
2-phenethylglucosinolate 28636
2-phenethylmalonic acid 2-diethylaminoet 31619
N-(p-phenethyl)phenylacetohydroxamic aci 29327
1-phenethyl-2-picolinium bromide 27318
1-phenethyl-3-(piperidinocarbonyl)piperi 31603
1-(b-phenethyl)-4-piperidone 26127
1-phenethylsemicarbazide 17366
2-phenethyl-3-thiosemicarbazide 17376
phenethylurea 17053
p-phenetidine 14124
phenetole 13912
L-pheneturide 22073
phenicin 26797
pheniprazine 17412
pheniramine maleate 32226
phenmedipham 29269
phenol 7057
bisphenol a 28436
bisphenol A bis(chloroformate) 29924
bisphenol A diacetate 31453
bisphenol A dimethacrylate 33558
bisphenol A dimethylether 30143
bisphenol b 29397
phenol red 31293
bisphenol Z 30741
phenol-p-arsonic acid 7128
phenolphthalein 31931
phenolphthalein complexon 34854
phenolphthalein diphosphate 32036
phenolphthalein disodium salt 31819
phenolphthalin 32032
phenolphthalol 32086
phenosafranin 30541
10H-phenothiazine 23425
phenothiazine-10-carbodithioic acid 2-(d 31493
phenothiazine-10-carbonyl chloride 25465
D-phenothrin 33577
phenoxathiin-4-boronic acid 23355
phenoxathiin 23336
10H-phenoxazine 23397
phenoxyacetaldehyde 13440
phenoxyacetaldehyde dimethyl acetal 20143
phenoxyacetamide 13730
phenoxyacetic acid 13470
phenoxyacetonitrile 13124
4'-phenoxyacetophenone 26960
3-phenoxyacetophenone 26965
phenoxyacetyl chloride 13022
phenoxyacetylene 12915
2-phenoxyaniline 23621
3-phenoxyaniline 23622
4-phenoxyaniline 23626
3-phenoxybenzaldehyde 25630
4-phenoxybenzaldehyde 25636
2-phenoxybenzoic acid 25648
4-phenoxybenzoic acid 25648
3-phenoxybenzoic acid 25649
3-phenoxybenzyl alcohol 25817
3-phenoxybenzyl bromide 25667
3-phenoxybenzyl chloride 25679
4-phenoxybutanenitrile 19300
2-phenoxybutanoic acid, (R) 19645
4-phenoxybutyl chloride 19739
2-phenoxybutyric acid 19669
2-phenoxyethanol 13969
2-phenoxyethyl acetate 19671
2-phenoxyethyl acrylate 21885
2-phenoxyethyl butanoate 24246
phenoxyethyl isobutyrate 24257
2-phenoxyethylamine 14153
(2-phenoxyethyl)guanidine 17367
2-phenoxyfuran 18764
N-phenoxyisopropyl-N-benzyl-b-chloroethy 30783
phenoxymethylpenicillin 29382
4-(3-(p-phenoxymethylphenyl)propyl)morph 32244
phenoxymethyl-6-tetrahydroxazine-1,3-thi 21984
1-phenoxynaphthalene 29050
2-phenoxynaphthalene 29051
2-phenoxynicotinic acid 23422
3-phenoxyphenol 23543
4-phenoxyphenol 23544
4-phenoxyphenyl isocyanate 25557
2-phenoxyphenyl isocyanate 25558
4-phenoxyphenylacetic acid 26974
3-phenoxyphenylacetonitrile 25518
4-phenoxyphenylboronic acid 23586
bis(p-phenoxyphenyl)diphenyltin 35338
3-phenoxy-1,2-propanediol 17189
3-phenoxypropanoic acid 16743
2-phenoxypropanoic acid, (±) 16742
1-phenoxy-2-propanol 17153
2-phenoxy-1-propanol 17154
3-phenoxy-1-propanol 17173
1-phenoxy-2-propanone 16685
2-phenoxypropanoyl chloride 16310
2-phenoxypropionic acid 16770
4-phenoxy-3-(pyrrolidinyl)-5-sulfamoylbe 30068
11-phenoxyundecanoic acid 30253
phentalamine 30112
phenthoate 24355
phenthoate oxon 24356
1-phenyenediacrylic acid 23567
1-phenyenepropionic acid 24014
phenyl acetate 13417
phenyl 2-(acetyloxy)benzoate 28200

phenyl acridine-9-carboxylate 31853
phenyl 4-amino-3-hydroxybenzoate 25721
phenyl benzoate 25631
phenyl bromoacetate 12972
phenyl butanoate 19579
phenyl carbamate 10644
phenyl carbitol 20144
phenyl carbonate 25643
phenyl chloroacetate 13016
phenyl chlorodithioformate 9947
phenyl chloroformate 9938
o-phenyl chlorothionoformate 9931
phenyl trans-cinnamate 28187
2-phenyl cyclohexanol 24204
phenyl diazomethyl ketone 12873
phenyl dichlorophosphate 6756
phenyl formate 10417
phenyl glycidyl ether 16686
phenyl 1-hydroxy-2-naphthoate 29897
phenyl 3-hydroxy-2-naphthoate 29898
phenyl isocyanate 10049
phenyl isocyanatoformate 12697
phenyl isocyanide dichloride 9953
phenyl isopropyl ether 17088
phenyl isothiocyanate 10095
phenyl laurate 30925
phenyl mercaptan 7121
phenyl methacrylate 19144
phenyl methanesulfonate 10917
phenyl nicotinate 23414
phenyl pentanoate 22132
phenyl 2-phenoxybutanoate 29292
phenyl phenylacetate 26961
phenyl N-phenylphosphoramidochloridate 23597
phenyl (1-piperidinocyclohexyl) ketone 30869
phenyl propanoate 16688
phenyl propargyl sulfide 16247
phenyl propyl ether 17089
phenyl salicylate 25645
phenyl selenocyanate 10098
phenyl sodium 6871
phenyl stearate 33944
(S)-phenyl superquat 21979
(R)-phenyl superquat 21980
S-phenyl thioacetate 13408
phenyl thiocyanate 10096
S-phenyl thiopropionate 16648
phenyl tributyltin sulfide 31004
phenyl trifluoroacetate 12658
phenyl trifluoromethanesulfonate 10014
phenyl trifluoromethyl sulfide 10016
phenyl 2-(trimethylsilyl)ethyl sulfone 22613
phenyl vinyl ether 13398
phenyl vinyl sulfide 13518
phenyl vinyl sulfone 13442
phenyl vinyl sulfoxide 13409
phenyl vinylsulfonate 13486
phenyl xylyl ketone 28299
phenylacetaldehyde dimethyl acetal 20118
phenylacetaldehyde glyceryl acetal 22187
3'-phenylacetanilide 27024
4'-phenylacetanilide 27025
phenylacetic acid 2-benzylhydrazide 28420
phenylacetic acid hydrazide 13869
a-phenylacetoacetonitrile 18893
2-phenylacetophenone 26933
phenylacetylglycine dimethylamide 24169
(phenylacetyl)urea 16583
9-phenylacridine 31247
DL-phenylalanine 16939
L-phenylalanine 16940
D-phenylalanine 16952
boc-L-phenylalanine 27530
boc-D-phenylalanine 27531
L-phenylalanine, ethyl ester 22260
L-phenylalanine mustard 26176
DL-phenylalanine-d11 15765
3-phenylallyl isovalerate 27490
5-phenyl-5-allyl-2,4,6(1H,3H,5H)-pyrimid 25776
4-(phenylamino)benzenesulfonic acid 23647
2-(phenylamino)benzoic acid 25709
2-((phenylamino)carbonyl)benzoic acid 26856
17b-phenylaminocarbonyloxyoestra-1,3,5(1 34281
(S)-(-)-2-[(phenylamino)carbonyloxy]prop 19342
2-(phenylamino)-1,4-naphthalenedione 29014
2-(phenylamino)phenol 23623
3-(phenylamino)phenol 23624
4-(phenylamino)phenol 23625
8-(phenylamino)-5-[[4-[(3-sulfophenyl)az 35065
1-phenyl-5-aminotetrazole 10716
9-phenylanthracene 31863
phenylarsonous diiodide 6639
phenylaza-15-crown-5 29591
N-phenyl-1-aziridinecarboxamide 16582
a-phenyl-1-aziridineethanol 19787
4'-phenylazoacetanilide 27044
1-phenylazo-2-anthrol 31880
4-(phenylazo)-1,3-benzenediamine monohyd 23807
4-phenylazobenzoyl chloride 25519
4-phenylazodiphenylamine 30558
1-(phenylazo)-2-naphthalenamine 29100
1-(phenylazo)-2-naphthalenol 29043
2-(phenylazo)-1-naphthalenol 29044
4-(phenylazo)-1-naphthalenol 29045
4-phenylazo-1-naphthylamine 29101
4-(phenylazo)phenol 23496
1-[[4-(phenylazo)phenyl]azo]-2-naphthale 33142
4-phenylazopyridine 21599
3-(phenylazo)-2,6-pyridinediamine 21785
p-phenylazoresorcinol 23505
phenyl(b-chlorovinyl)chloroarsine 12952
N-phenylbenzamide 25694
5-phenyl-1:2-benzanthracene 33732
phenylbenzene (biphenyl) 23445
alpha-phenylbenzeneacetaldehyde 26934
alpha-phenylbenzeneacetic acid 26953
alpha-phenylbenzeneacetic anhydride 34598
alpha-phenylbenzeneacetonitrile 26823

alpha-phenylbenzeneacetyl chloride 26814
beta-phenylbenzenebutanol, (R) 29392
N-phenylbenzenecarbothioamide 25726
N-phenyl-1,2-benzenediamine 27214
alpha-phenylbenzeneethanamine 27214
beta-phenylbenzeneethanol 27148
alpha-phenylbenzeneethanol, (±) 27146
alpha-phenylbenzeneethanol, (S) 27147
alpha-phenylbenzenemethanamine 25858
alpha-phenylbenzenemethanimine 25685
alpha-phenylbenzenepropanoic acid, (±) 28302
beta-phenylbenzenepropanol 28431
phenyl-1,2,4-benzenetriol 23559
o-phenylbenzoic acid 25632
1-phenyl-1H-benzimidazole 25598
2-phenylbenzimidazole 25599
2-phenylbenzimidazole-5-sulfonic acid 25610
N-phenylbenzohydroxamic acid 25710
2-phenyl-4H-1-benzopyran-4-one 28042
3-phenyl-4H-1-benzopyran-4-one 28043
2-phenylbenzothiazole 25568
2-phenyl-5-benzothiazoleacetic acid 28113
2-phenylbenzoxazole 25548
2-phenylbenzyl bromide 25664
N-phenyl-N-benzylbenzenemethanamine 32098
1-phenyl-2-(b-hydroxyethyl)aminopropane 22518
1-phenylbicyclo[2.2.1]heptane-2-ol aceta 28537
2-phenyl-1,3-butadiene 18972
N-phenylbutanamide 19772
phenylbutanedioic acid, (±) 19205
1-phenylbutane-1,3-diol 20104
2-phenyl-1,2-butanediol 20105
3-phenyl-1,3-butanediol 20106
1-phenyl-1,3-butanedione 19125
4-phenylbutanoic acid methyl ester 22152
2-phenyl-2-butanol 20082
(S)-(-)-1-phenyl-1-butanol 20083
4-phenylbutanol 20084
1-phenyl-1-butanone 19507
1-phenyl-2-butanone 19508
4-phenyl-2-butanone 19509
phenylbutazone 31448
3-phenyl-2-butenal 19102
4-phenyl-3-butenoic acid 19126
cis-3-phenyl-2-butenoic acid 19127
3-phenyl-2-buten-1-ol 19491
1-phenyl-2-buten-1-one 19103
trans-4-phenyl-3-buten-2-one 19104
4-phenylbut-2-yl acetate 24228
4-phenylbutylamine 20229
1-phenyl-1-butyne 18974
4-phenyl-3-butyn-2-one 18742
3-phenylbutyraldehyde 19532
(S)-(+)-2-phenylbutyric acid 19604
(±)-3-phenylbutyric acid 19605
(R)-(-)-2-phenylbutyric acid 19606
4-phenylbutyronitrile 19290
o-(N-phenylcarbamoyl)propanonoxime 19444
phenylchlorodiazirine 9917
a-phenylcinnamic acid 28191
N-phenyl-N'-cyanoformamidine 13216
1-phenylcyclobutanecarbonitrile 21732
2-phenylcycloheptanone 26080
1-phenyl-1-cyclohexanecarbonitrile 26012
1-phenyl-1-cyclohexanecarboxylic acid 26091
4-trans-phenylcyclohexane-(1R,2-cis)-dic 27384
5-phenyl-1,3-cyclohexanedione 23773
1-phenylcyclohexanol 24198
(±)-trans-2-phenyl-1-cyclohexanol 24205
(1S,2R)-(+)-trans-2-phenyl-1-cyclohexano 24206
(1R,2S)-trans-2-phenyl-1-cyclohexanol 24207
cis-2-phenylcyclohexanol, (±) 24199
trans-2-phenylcyclohexanol, (±) 24200
4-phenylcyclohexanone 23965
2-phenylcyclohexanone 23970
4-phenylcyclohexene 23899
1-(1-phenylcyclohexyl)piperidine 30231
N-phenyl-N'-cyclohexyl-p-phenylenediamin 30794
a-phenylcyclopentaneacetic acid 26092
1-phenylcyclopentanecarboxylic acid 23979
1-phenylcyclopentanol 22104
3-phenyl-2-cyclopenten-1-one 21652
1-phenyl-1-cyclopropanecarbonitrile 18865
trans-2-phenylcyclopropanecarbonyl chlor 18818
1-phenyl-1-cyclopropanecarboxylic acid 19142
trans-2-phenylcyclopropane-1-carboxylic 19143
trans-2-phenylcyclopropyl isocyanate 18886
trans-2-phenylcyclopropylamine 16903
S-phenyl-L-cysteine 16958
10-phenyldecanoic acid 29578
(S)-(-)-1-phenyl-1-decanol 29610
1-phenyl-4,5-dichloro-6-pyridazone 18540
N-phenyl-N,N-diethanolamine 20267
N-phenyldiethanolamine diacetate 27535
1-phenyl-3,3-diethyltriazene 20296
1-phenyl-3,4-dihydronaphthalene 29119
2-phenyl-5,6-dihydropyrazolo[5,1-a]isoqu 29928
2-phenyl-5,6-dihydro-S-triazolo[5,1-a]is 29102
1-phenyl-6,7-dimethoxy-3,4-dihydroisoqui 30037
O-phenyl-N,N'-dimethyl phosphorodiamidat 14456
1-phenyl-2,2-dimethylpropane 22311
2-phenyl-1,3,2-dioxaborinane 16819
2-phenyl-1,3-dioxane 19580
4-phenyl-1,3-dioxane 19581
(R)-(+)-4-phenyl-1,3-dioxane 19607
(S)-(-)-4-phenyl-1,3-dioxane 19608
2-phenyl-1,3-dioxolane 16698
2-phenyl-1,3-dioxolane-4-methanol 19646
1-phenyl-2-(1',1'-diphenylpropyl)-3'-amin 33840
4-phenyl-1,2-diphenyl-3,5-pyrazolidinedi 32128
phenyldi(p-tolyl)methane 32731
5-phenyl-3H-1,2-dithiole-3-thione 15948
1-phenyl-1-dodecanone 29456
1,3-phenylene diisocyanate 12582
1,3-phenylenediacetic acid 19212
1,4-phenylenediacetic acid 19213
1,2-phenylenediacetic acid 19214
o-phenylenediacetonitrile 18711

p-phenylenediacetonitrile 18712
1,3-phenylenediacetonitrile 18713
m-phenylenediamine 7318
o-phenylenediamine 7319
p-phenylenediamine 7320
p-phenylenediamine sulfate 7747
1,3-phenylenediamine-4-sulfonic acid 7366
N,N'-o-phenylenedimaleimide 26643
N,N'-m-phenylenedimaleimide 26644
N,N'-p-phenylenedimaleimide 26645
N,N'-(p-phenylenedimethylene)bis(2,2-dic 29602
1,4-phenylenebis(dimethylsilane) 20855
N,N'-1,4-phenylenebis(4-methylbenzenesul 32130
1,2-phenylenebisphosphine 7466
1-phenyl-1,2-ethanediol 13970
(R)-(-)-1-phenyl-1,2-ethanediol 13979
(S)-(+)-1-phenyl-1,2-ethanediol 13980
2-phenylethanethiol 14054
2-phenylethanol 13913
1-phenylethanol 13917
N-phenylethanolamine 14144
1-phenylethanone oxime 13682
1-(2-phenyl-2-ethoxyethyl)-4-(2-benzylox 33890
2-phenylethyl acetate 19582
2-phenylethyl benzoate 28309
phenylethyl butyrate 24237
b-phenylethyl ester hydracrylic acid 22188
2-phenylethyl formate 16705
2-phenylethyl hydroperoxide 13985
2-phenylethyl isothiocyanate 16488
phenylethyl isovalerate 26220
phenylethyl methyl ether 17136
2-phenylethyl 2-methylpropanoate 24224
2-phenylethyl phenylacetate 29283
2-phenylethyl propanoate 22131
1-phenylethyl propionate 22149
phenylethylacetylurea 22074
phenylethyl-a-methylbutenoate 26100
1-phenylethylamine 14122
bis(1-phenylethyl)amine 29413
bis(2-phenylethyl)amine 29414
2-phenylethylaminoethanol 20263
2-(2-phenylethyl)aniline 27219
N-phenylethylenediamine 14295
bis(2-phenylethyl)ether 29391
bis(1-phenylethyl)ether, (±) 29390
(1-phenylethyl)hydrazine 14287
2-phenylethylhydrazine 14296
(R)-(+)-N-(1-phenylethyl)maleimide 23638
4-(1-phenylethyl)phenol 27155
1-(1-phenylethyl)piperidine 26246
1-(2-phenylethyl)piperidine 26248
2-(2-phenylethyl)pyridine 25859
phenylethylthiourea 17068
9,10-bis(phenylethynyl)anthracene 34842
N-phenyl-2-fluorenamine 31314
9-phenyl-9-fluorenol 31282
N-phenyl-2-fluorenylhydroxylamine 31317
2-phenylfuran 18743
phenyl-b-D-galactopyranoside 24270
phenylgermanium trichloride 6760
phenyl-b-D-glucopyranoside 24269
3-phenylglutaric acid 21906
(2S,3S)-3-phenylglycidol 16699
(2R,3R)-3-phenylglycidol 16700
D(-)-phenylglycinamide 13870
N-phenylglycine 14198
DL-a-phenylglycine 13731
L(+)-a-phenylglycine 13732
D(-)-a-phenylglycine 13733
(S)-(+)-2-phenylglycinol 14154
(R)-(-)-2-phenylglycinol 14155
N-phenylglycinonitrile 13343
phenylglyoxal hydrate 12922
phenylgold 6643
11-phenylheneicosane 34537
11-phenyl-10-heneicosene 34520
1-phenyl-1-heptanone 26208
1-phenyl-1-heptyne 26041
N-phenylhexadecanamide 33400
1-phenylhexadecane 33401
6-phenyl-3,5-hexadien-2-one 23763
N-phenylhexanamide 24299
1-phenyl-3-hexanol 24441
6-phenyl-1-hexanol 24456
1-phenyl-1-hexanone 24192
2-phenyl-1-hexanone 24193
3-phenyl-2-hexanone 24194
4-phenyl-5-hexen-2-one 23966
6-phenyl-5-hexen-2-one 23967
1-phenyl-1-hexyne 23896
phenylhydrazine 7321
phenylhydrazine hemihydrate 24428
phenylhydrazine monohydrochloride 7493
2-phenylhydrazinecarboxamide 11030
N-phenylhydrazinecarboxamide 11031
phenylhydroquinone 23545
phenylhydroquinone diacetate 29181
2-phenyl-2-hydroxyethyl carbamate 16971
phenylhydroxylamine 7191
phenylhydroxylaminium chloride 7293
o-(phenylhydroxyarsino)benzoic acid 25662
1-phenyl-1H-imidazole 16147
2-phenyl-1H-imidazole 16148
4-phenylimidazole 16150
2-phenyl-2-imidazoline 16577
N-phenylimidodicarbonimidic diamide 14218
2-[(phenylimino)methyl]phenol 25605
N-phenyliminophosphoric acid trichloride 6761
3-phenyl-1-indanone 28181
2-phenyl-1H-indene-1,3(2H)-dione 28044
2-phenyl-1H-indole 26824
phenylindolizine 26827
phenyliodine(iii) chromate 6768
phenyliodine(iii) nitrate 6796
9-phenyl-9-iodofluorene 30444

2-phenyl-1H-isoindole-1,3(2H)-dione 26714
1-phenylisoquinoline 28103
3-phenyl-2-isoxazoline-5-phosphonic acid 16564
3-phenyl-5-isoxazolone 16049
L(-)-3-phenyllactic acid 16771
D(+)-phenyllactic acid 16772
phenyllithium 6809
phenylmagnesium bromide 6811
phenylmaleic anhydride 18589
phenylmalonic acid 16242
(-)-8-phenylmenthol 6700
2-mercaptomethylbenzoic acid 26966
phenylmercuric bromide 6664
phenylmercuric chloride 6700
phenylmercuric dinaphthylmethanedisulfon 35141
phenylmercuric hydroxide 6967
phenylmercuric nitrate 23604
phenylmercuric-8-hydroxyquinolinate 28092
N-(phenylmercuri)-1,4,5,6,7,7-hexachloro 27976
phenylmercurilauryl thioether 35387
phenylmercuripropionate 16558
phenylmercuripyrocatechin 23483
phenylmercuritriethanolammonium lactate 28783
phenylmercury catecholate 23484
phenylmercury oleate 33923
phenylmercury silver borate 6886
phenylmercury urea 10782
phenylmethacrylate 23985
N-phenylmethanesulfonamide 11008
2-(phenylmethoxy)phenol 25813
3-(phenylmethoxy)phenol 25814
4-(phenylmethoxy)phenol 25815
4-(phenylmethoxy)-1-propanol 20107
S-(phenylmethyl) (1,2-dimethylpropyl)eth 28698
S-(phenylmethyl) dipropylcarbamothioate 27622
a-(phenylmethyl)benzeneethanol 28435
1-phenyl-2-methylbutane 22307
1-phenyl-3-methylbutane 22308
2-phenyl-2-methylbutane 22309
2-phenyl-3-methylbutane 22310
N-(phenylmethylene)aniline 25686
alpha-(phenylmethylene)benzeneacetic ac 28188
a-(phenylmethylene)benzeneacetaldehyde 28183
a-(phenylmethylene)benzeneacetonitrile 28104
2-(phenylmethylene)butanal 21856
N-(phenylmethylene)ethanamine 16892
N,N'-bis(phenylmethylene)-1,2-ethylenedi 29135
2-(phenylmethylene)heptanal 27481
N-(phenylmethylene)methanamine 13667
3-(phenylmethylene)-2-pentanone 23968
(phenylmethylene)propanedioic acid 18789
1-(phenylmethyl)isoquinoline 29091
1-phenyl-3-methyl-3-pentanyl acetate 27603
4-(phenylmethyl)phenol carbamate 27033
1-phenyl-2-methyl-2-propanol 20057
1-phenyl-4-methyl-5-pyrazolidone 19400
2-(phenylmethyl)-4,4,6-trimethyl-1,3-dio 27604
phenylmonochlorotolylethane 28338
phenylmonomethylcarbamate 13741
N-phenylmonothiosuccinimide 18894
4-phenylmorpholine 19780
N-phenyl-2-naphthalenamine 29088
1-phenylnaphthalene 29024
2-phenylnaphthalene 29025
alpha-phenyl-1-naphthalenemethanol 29939
N-phenyl-1-naphthylamine 29089
4-phenylnitrosopiperidine 22070
4'-phenyl-o-acetotoluide 28355
5-phenyl-o-anisidine 25864
cis-N-phenyl-9-octadecenamide 33936
1-phenyl-1-octanone 27590
5-phenyl-3-(o-tolyl)-S-triazole 28244
5-phenyl-1,3,4-oxadiazole-2-thiol 12875
5-phenyloxazole 16033
(R)-(-)-4-phenyl-2-oxazolidinone 16440
(S)-(+)-4-phenyl-2-oxazolidinone 16441
2-phenyl-2-oxazoline 16411
phenyloxirane 13397
3-phenyloxiranemethanol 16687
1-phenyl-4-oxo-8-(4,4-bis(4-fluorophenyl 34758
phenyl-p-benzoquinone 23337
2-phenyl-3-p-(b-pyrrolidinoethoxy)phenyl 34864
13-phenylpentacosane 35020
5-phenyl-2,4-pentadienal 21653
2-phenylpentane 22305
3-phenylpentane 22306
1-phenyl-1,4-pentanedione 21864
1-phenyl-1-pentanol 22422
1-phenyl-2-pentanone 22098
1-phenyl-1-penten-3-one 21857
1-phenyl-1-pentyne 21791
o-phenylphenol 23522
m-phenylphenol 23523
p-phenylphenol 23524
N-phenyl-N-(1-(phenylimino)ethyl)-N'-2,5 32802
2-phenyl-5-(4-phenylphenyl)-1,3,4-oxadia 31879
phenylphosphine 7266
phenylphosphinic acid 7263
phenylphosphonic acid 7264
phenylphosphonic acid isobutyl 2-propyny 26157
phenylphosphonic azide chloride 6719
phenylphosphonic diazide 6868
phenylphosphonic dichloride 6753
phenylphosphonothioic dichloride 6758
phenylphosphonous dichloride 6757
phenylphosphorodiamidate 7581
N-phenylphthalimidine 26839
1-phenylpiperazine 19934
2-(3-(N-phenylpiperazino)-propyl)-3-meth 33574
2-(3-(N-phenylpiperazino)-propyl)-3-meth 33562
4-phenylpiperazinyl 3,4,5-trimethoxyphen 32227
1-phenylpiperidine 22231
3-phenylpiperidine 22232
4-phenylpiperidine 22233
4-phenyl-4-piperidinecarboxaldehyde 24063
4-phenyl-1-piperidinecarboxamide 22375
2-phenyl-6-piperidinohexynophenone 33599
N-phenylpropanamide 16916

777

phenylpropanedinitrile 15897
(R)-1-phenyl-1,3-propanediol 17174
2-phenyl-1,2-propanediol 17175
(S)-phenyl-1,3-propanediol 17176
1-phenyl-1,2-propanedione 16210
1-phenyl-1,2-propanedione-2-oxime 16442
1-phenyl-1,2,3-propanetriol 17190
2-phenyl-2-propanol 17090
2-phenyl-1-propanol 17099
1-phenyl-2-propanol 17100
(±)-1-phenyl-2-propanol 17128
(S)-(-)-2-phenyl-1-propanol 17129
(R)-(+)-1-phenyl-1-propanol 17130
(R)-(-)-1-phenyl-2-propanol 17131
(R)-(+)-2-phenyl-1-propanol 17132
(S)-(+)-1-phenyl-1-propanol 17133
(S)-(-)-1-phenyl-1-propanol 17134
3-phenyl-1-propanol acetate 22150
phenylpropanolamine hydrochloride 17403
1-phenyl-1-propanone 16634
1-phenyl-2-propanone 16635
1-phenyl-1-propanone oxime 16917
trans-3-phenyl-2-propenal 16197
3-phenyl-2-propenal dimethyl acetal 22161
cis-3-phenyl-2-propenenitrile 16012
trans-3-phenyl-2-propenenitrile 16013
3-phenyl-2-propenoic anhydride 30509
3-phenyl-2-propenoyl chloride 15964
trans-3-phenyl-2-propenoyl chloride 15965
cis-3-phenyl-2-propen-1-ol 16624
trans-3-phenyl-2-propen-1-ol 16625
trans-3-phenyl-2-propen-1-ol acetate 21865
phenylpropiolic acid 15930
DL-2-phenylpropionaldehyde 16642
2-phenylpropionaldehyde dimethyl acetal 22461
(±)-2-phenylpropionic acid 16701
(S)-(+)-2-phenylpropionic acid 16702
(R)-(-)-2-phenylpropionic acid 16703
3-phenylpropionyl azide 16493
2-phenylpropyl acetate 22162
2-phenylpropyl butyrate 26221
3-phenylpropyl chloroacetate 21927
3-phenylpropyl cinnamate 30677
2-phenylpropyl isobutyrate 26222
O-phenyl-S-propyl methyl phosphonodithio 20306
N-phenyl-N-propylacetamide 22245
3-phenylpropylamine 17293
(1R,2R)-(+)-1-phenylpropylene oxide 16643
3-(3-phenylpropyl)-4-hydroxy-2(5H)furano 25996
4-(3-phenylpropyl)pyridine 27220
3-phenyl-2-propynal 15922
3-phenyl-1-propyne 16093
phenylpropynenitrile 15832
3-phenyl-2-propyn-1-ol 16191
6-phenyl-2,4,7-pteridinetriamine 23670
1-phenylpyrazole 16151
3-phenylpyrazole 16152
3-phenyl-1H-pyrazole-4-carboxaldehyde 18715
1-phenyl-3-pyrazolidinone 16579
1-phenyl-4-pyrazolin-3-one 16164
2-phenyl-8H-pyrazolo(5,1-a)isoindole 29042
2-phenyl-pyrazolo(5,1-a)isoquinoline 29885
p-(3-phenyl-1-pyrazolyl)benzenesulfonic 28169
2-phenylpyridine 21563
3-phenylpyridine 21564
4-phenylpyridine 21565
4-phenylpyridine-N-oxide 21569
phenyl-2-pyridinylmethanone 23398
phenyl-4-pyridinylmethanone 23399
4-phenylpyrimidine 18714
4-phenylpyrocatechol 23546
1-phenyl-1H-pyrrole 18863
2-phenyl-1H-pyrrole 18864
1-phenylpyrrolidine 19761
(2S,3R)-3-phenylpyrrolidine-2-carboxylic 21978
1-phenyl-2,5-pyrrolidinedione 18899
1-phenyl-2-pyrrolidinone 19305
phenyl-1H-pyrrol-2-ylmethanone 21568
2-phenylquinoline 28098
3-phenylquinoline 28099
4-phenylquinoline 28100
6-phenylquinoline 28101
2-phenyl-4-quinolinecarboxylic acid 29015
phenyl-4-quinolinylmethanone 29013
3-phenylrhodanine 16035
3-phenylsalicylic acid 25650
phenylselenonic acid 7103
phenylselenyl bromide 6682
phenylselenyl chloride 6738
phenylselenyl iodide 6804
4-phenylsemicarbazone 1-methyl-1H-pyrrol 25978
4-phenylsemicarbazone-1H-pyrrole-2-carbo 23756
phenylsilane 7474
phenylsilatrane 24333
phenylsilver 6632
(S)-(+)-phenylsuccinic acid 19215
(R)-(-)-phenylsuccinic acid 19216
DL-phenylsuccinic acid 19217
phenylsuccinic anhydride 18776
(phenylsulfonyl)acetonitrile 13161
2-(phenylsulfonyl)acetophenone 26980
2-(phenylsulfonylamino)-1,3,4-thiadiazol 13374
2-(phenylsulfonyl)ethanol 14018
bis(phenylsulfonyl)methane 25832
1-(phenylsulfonyl)pyrrole 18912
bis(phenylsulfonyl)sulfide 23571
5'-phenyl-1,1':3',1''-terphenyl 33748
1-phenyltetradecane 32399
(3S-cis)-(-)-3-phenyltetrahydropyrrolo-[23841
(3R-cis)-(-)-3-phenyltetrahydropyrrolo-[23842
5-phenyltetrazole 10395
1-phenyl-1H-tetrazole 10396
1-phenyltetrazole-5-thiol 10401
1-phenyl-1H-tetrazole-5-thiol cyclohexyl 26280
1-phenyl-1H-tetrazole-5-thiol sodium sal 10124
3-phenyl-1-tetrazolyl-1-tetrazene 9603

phenylthallium diazide 6870
5-phenyl-2-thiazolediamine 16503
(4S,2R,S)-2-phenylthiazolidine-4-carboxy 19325
1-phenyl-3-(2-thiazolyl)-2-thiourea 18954
phenyl-2-thienylmethanone 21527
phenyl-3-thienylmethanone 21528
phenylthioacetonitrile 13206
1-(phenylthio)anthraquinone 31838
4-(phenylthio)benzenamine 23655
2-(phenylthio)benzoic acid 25638
bis(phenylthio)dimethyltin 27386
2-(phenylthio)ethanol 13946
2-(phenylthio)furan 18745
bis(phenylthio)methane 25831
2-[(phenylthio)methyl]-2-cyclopenten-1-o 23766
1-(phenylthio)naphthalene 29073
2-phenylthiophene 18804
phenylthiophosphonic diazide 6869
1,3-bis(phenylthio)propane 28449
a-(phenylthio)-p-toluidine 25880
2-(phenylthio)quinoline 28120
4-phenyl-3-thiosemicarbazide 11042
1-phenylthiosemicarbazide 11043
4-phenylthiosemicarbazone 1-methyl-1H-py 25988
4-phenylthiosemicarbazone-1H-pyrrole-2-c 23758
phenylthiourea 10841
phenyltin trichloride 6765
phenyltriallylsilane 27616
1-phenyl-1,3,8-triazaspiro[4.5]decan-4-o 26151
1,3-bis((phenyl)triazeno)benzene 30595
6-phenyl-1,3,5-triazine-2,4-diamine 16505
N-phenyl-1,3,5-triazine-2,4-diamine 16506
2-phenyl-5H-1,2,4-triazolo(5,1-a)isoindo 28122
2-phenyl-S-triazolo(5,1-a)isoquinoline 29019
phenyltrimethylammonium bromide 17399
phenyltrimethylammonium chloride 17402
phenyltrimethylammonium iodide 17407
phenyltrimethylammonium tribromide 17401
1-phenyl-1-trimethylsiloxyethylene 22447
1-phenyl-2-(trimethylsilyl)acetylene 22206
phenyltripropylsilane 28809
phenylundecanoic acid isomers 30252
4-phenylurazole 13220
phenylurea 10794
phenylvanadium(v) dichloride oxide 6755
trans-5-(2-phenylvinyl)-1,3-benzenediol 26954
cis-4-(2-phenylvinyl)benzonitrile 28102
cis-2-(2-phenylvinyl)pyridine 25687
trans-2-(2-phenylvinyl)pyridine 25688
trans-4-(2-phenylvinyl)pyridine 25689
9-phenylxanthen-9-ol 31289
1-phenyl-1-(3,4-xylyl)-2-propynyl N-cycl 33842
phenytoin 28164
p-hexoxybenzoic acid 3-(2'-methylpiperid 33395
p-hexylphenyl diphenyl phosphate 33852
PHIC 24427
phleomycin 25379
phloretin 28328
phlorizoside 32848
phorate 12364
phorbol 35225
phorbol acetate, laurate 35247
phorbol laurate, (+)-S-2-methylbutyrate 35472
phorbol monoacetate monolaurate 35248
phorbol monodecanoate (S)-(+)-mono(2-met 35306
(E)-phorbol monodecanoate mono(2-methylc 35303
phorbol 12-myristate 13-acetate 35304
phorbol-12,13-diacetate 33902
phorbol-12,13-dibenzoate 35229
phorbol-12,13-dibutyrate 34670
phorbol-12,13-didecanoate 35593
phorbol-12,13-dihexa(D-2,4)-dienoate 35104
phorbol-12,13-dihexanoate 35089
phorbol-9-myristate-9a-acetate-3-aldehyd 35380
phorbolol myristate acetate 35390
phorbol-12-o-tiglyl-13-butyrate 34669
phorbol-12-o-tiglyl-13-dodecanoate 35469
phorone 17449
phosalone 24027
phoscolic acid 8199
phosgene 44
phosgene iminium chloride 1858
phosmet 21814
phosphamidon 20871
trans-phosphamidon 20872
phosphazene base p2-et 25416
1,1',1''-(phosphinidynetris)(1-methyleth 31172
phosphoenolpyruvic acid cyclohexylamine 17973
phosphoenolpyruvic acid, monopotassium s 1591
phosphoenolpyruvic acid tri-(cyclohexyla 33061
phospholine 18440
phosphonacetyl-L-aspartic acid 7711
phosphonomycin 2093
2-phosphonoxybenzoic acid 10723
9-(2-phosphonylmethoxyethyl)adenine 14322
phosphoric acid, bis(2-chloropropyl) p-n 24153
phosphoric acid, bis(3-chloropropyl) p-n 24154
phosphoric acid, dimethyl-4-nitro-m-toly 17037
phosphoric acid, dimethyl-p-nitrophenyl 13856
phosphoric acid, dimethyl-3,5,6-trichlor 10550
phosphoric acid, isopropyl ester 2242
phosphorodichloridous acid, phenyl ester 6754
phosphorothioic acid, diethyl 21440
phosphorothioic acid S-(((1-cyano-1-meth 20909
phosphorothioic acid, O,O-diethyl O-(p-m 22550
phosphorothioic acid, S-((1,3-dihydro-1, 21815
phosphorothioic acid, O,O-diisopropyl O- 26360
phosphorothioic acid, O,O-dimethyl S-(2- 6000
phosphorothioic acid, O-ethyl S-(p-tolyl 17380
phosphorothioic acid, O-isopropyl O-meth 19930
phosphorothioic acid, O,O'-[sulfonyldi-p 29471
phosphorothioic acid, O,O,O-tris(2-chlor 8294
phosphorous acid tris(2-fluoroethylester 8303
phosphorus cyanide 2285
O-phosphoryl-4-hydroxy-N,N-dimethyltrypt 24344
photodieldrin 23296
o-phosphoserine 2107
phthalan 13401

phthalazine 12866
phthalazinol 27355
phthalazone 12870
phthalhydrazide 12890
phthalic acid 12935
phthalic acid, decyl hexyl ester 33408
phthalic acid, diisopropyl ester 27499
phthalic anhydride 12594
1,2-phthalic dicarboxaldehyde 12923
phthalimide, potassium derivative 12572
(R)-5-phthalimido-2-bromovaleric acid 25747
2-phthalimidoglutaric acid anhydride 25567
phthalocyanine 35059
phthalocyanine lead 35057
phthalocyanine sodium 35054
phthaloyl diazide 12592
phthaloyl peroxide 12596
N-phthaloyl-L-aspartic acid 23424
N-phthaloyl-L-glutamic acid 25725
N-phthaloylglycine 18657
bis-(3-phthalyl anhydride) ether 28957
bis-(3-phthalyl anhydride) ketone 29841
N-phthalyl-DL-aspartimide 23321
N-phthalylisoglutamine 25781
phthalylsulphathiazole 29914
p-hydroquinone 7072
4-(p-hydroxyanilino)benzaldehyde 25712
p-hydroxybenzaldehyde 10409
p-hydroxybenzoic acid 10427
2-(p-hydroxybenzoyl)pyridine 23417
(p-hydroxybenzyl)tartaric acid 21910
p-hydroxycinnamic acid, predominantly tr 16223
p-hydroxydiphenylamine isopropyl ether 28469
p-hydroxyephedrine 20275
p-hydroxyphenyl 2-mesitylbenzofuran-3-yl 33792
p-hydroxyphenyl 2-mesitylbenzofuran-4-yl 33793
p-hydroxyphenylacetic acid 16804
6-((p-hydroxyphenyl)azo)uracil 18737
p-hydroxyphenylbutazone 31449
3,4-bis(p-hydroxyphenyl)-2-hexanone 30743
2,2-bis(p-hydroxyphenyl)-1,1,1-trichloro 26818
2,3-bis(p-hydroxyphenyl)valeronitrile 30039
p-hydroxyvalerophenone 22143
physostigmine 28639
physostigmine sulfate 34904
phytic acid 9364
phytol 32490
piceatannol 26986
picene 33102
picolinamide 6993
picolinamidoxime 7233
4-picoline N-oxide 7203
picoline-2-aldehyde thiosemicarbazone 10849
picolinic acid, methyl ester 10645
picolinic acid N-oxide 6837
picraconitine 35087
picramic acid 35057
picrolonic acid 18739
picropodophyllin 33233
picrotoxin 34884
picrotoxinin 28446
picryl azide 6212
2-picryl-5-nitrotetrazole 9472
pilocarpine 22377
pimaric acid 32350
pimaricin 35160
pimeloyl chloride 11074
(-)-pimobendan 31414
(+)-pimobendan 31415
pimozide 34617
bis(pinacolato)diboron 24829
pinacolyl methylphosphonate 12368
pinacyanol chloride 34105
pinane 20632
(1S,2S,3R,5S)-(+)-2,3-pinanediol 20793
(1R,2R,3S,5R)-(-)-pinanediol 20794
cis-2-pinanol 20761
pinazepam 30443
2-(p-(2H-indazol-2-yl)phenyl)propionic a 29143
alpha-pinene 20321
beta-pinene 20323
(-)-a-pinene 20365
(1S)-(-)-b-pinene 20366
(±)-a-pinene 20367
(+)-a-pinene 20368
alpha-pinene, (-) 20322
beta-pinene, (1R) 20324
a-pinene oxide 20470
(-)-a-pinene oxide 20471
(+)-b-pinene oxide 20472
D-pinitol 11958
trans-pinocarvone, (-) 20067
pinonic acid 20508
p-iodoaniline 6974
p-iodobenzoic acid 10033
p-iodobenzoic acid sodium salt 28703
p-iodobenzyl isobutyl carbonate 24044
p-iodobenzyl-4-methyl-2-pentyl carbonate 27517
p-iodophenol 6799
p-iodotoluene 10592
D(+)-pipecolinic acid 8151
L(-)-pipecolinic acid 8152
DL-pipecolinic acid 8153
piperazetazine 33872
piperazine 3830
1-Z-piperazine 24165
piperazine dihydrochloride 4049
piperazine hexahydrate 4148
1,4-piperazinedicarboxaldehyde 7729
2,5-piperazinedione 2903
2,6-piperazinedione-4,4'-propylene dioxo 22396
1,4-piperazinedipropanamine 21433
1-piperazineethanol 8935
4-piperazinoacetophenone 24161
2-(1-piperazinyl)pyrimidine 14316
1-piperidineamine 5795
piperidine 5670
piperidineacetonitrile 11382
1-piperidinecarbonitrile 7721

778

propoxur 22282
propoxur nitroso 22082
4-propoxybenzaldehyde 19609
2-N-propoxybenzamide 19819
4-propoxybenzoic acid 19670
4-n-propoxybromobenzene 16840
2-propoxyethyl acetate 11941
propoxyphene 33338
a-DL-propoxyphene carbinol 31565
2-propoxyphenol 17155
4-propoxyphenol 17177
1-propoxy-2-propanol 9059
n-propoxypropanol (mixed isomers) 9068
3-propoxy-1-propene 8399
DL-propranolol 29477
2-propyn-1-amine 1754
propyl acetate 5501
propyl acrylate 7815
propyl alcohol 2129
propyl 4-aminobenzoate 19801
propyl benzenesulfonate 17206
propyl benzoate 19553
propyl bromoacetate 5010
propyl butanoate 11905
propyl butyl sulfide 12304
propyl carbamate 3716
propyl chloroacetate 5093
propyl 2-chlorobutanoate 11607
propyl chlorocarbonate 3146
propyl chlorofluoroacetate 4765
propyl 3-chloropropanoate 8045
S-propyl chlorothioformate 3133
propyl cinnamate 23976
n-propyl cinnamate 23986
propyl cyclohexanecarboxylate 20774
propyl decanoate 26503
propyl decyl sulfide 26553
propyl 2,3-dibromopropanoate 7675
propyl 2,2-dichloro-3,3,3-trifluoropropa 7157
propyl 2,3-dihydroxypropanoate 8573
propyl diselenide 9132
propyl dodecanoate 28886
propyl dodecyl sulfide 28925
propyl formate 3506
propyl 2-furancarboxylate 14004
propyl 3-(2-furyl)acrylate 19647
propyl heptadecyl sulfide 32542
propyl heptanoate 21058
propyl heptyl sulfide 21390
propyl hexadecyl sulfide 31754
propyl hexanoate 18076
propyl hexyl sulfide 18369
propyl hydrogen succinate 11545
propyl hydroxyacetate 5554
propyl 2-hydroxybenzoate 19648
propyl 4-hydroxybenzoate 19649
propyl isobutanoate 11908
propyl isocyanate 3254
propyl isocyanide 3240
n-propyl isomer 32286
propyl isopropyl ether 8994
propyl isothiocyanate 3292
propyl lithium 2029
propyl mercaptan 2158
propyl methacrylate 11452
n-propyl methanesulfonate 3933
propyl 3-methylbutanoate 15193
propyl 1-naphthyl ether 25989
propyl 2-naphthyl ether 25990
propyl nitrate 2061
propyl nitrite 2054
propyl nonyl sulfide 25315
propyl octanoate 22847
propyl octyl sulfide 23088
propyl 4-oxopentanoate 14668
propyl palmitate 31718
propyl pentadecyl sulfide 31155
propyl pentanoate 15194
propyl pentyl sulfide 15609
propyl phenyl sulfide 17213
propyl N-phenylcarbamate 19812
propyl propanoate 8480
propyl 4-pyridyl ketone 16922
propyl red 31527
propyl silane 2269
propyl sodium 2089
propyl stearate 33048
n-propyl sulfoxide 9013
propyl tetradecanoate 30331
propyl tetradecyl sulfide 30366
1-propyl theobromine 19967
propyl 4-toluenesulfonate 20151
propyl trichloroacetate 4644
propyl tridecyl sulfide 29794
propyl trifluoroacetate 4650
propyl 3,4,5-trihydroxybenzoate 19696
propyl undecyl sulfide 27951
propyl vinyl ether 5458
N-propylajmaline 33657
propylamine 2200
propylamine hydrochloride 2249
2-(propylamino)ethanol 5975
2-propylaniline 17279
N-propylaniline 17280
4-propylaniline 17294
propylarsonic acid 2171
p-propylbenzaldehyde 19533
4-propylbenzaldehyde diethyl acetal 27699
5-n-propyl-1,2-benzanthracene 32672
propylbenzene 17012
alpha-propylbenzeneacetic acid, (±) 22133
alpha-propylbenzeneacetonitrile 21949
4-propyl-1,2-benzenediol 17146
4-propyl-1,3-benzenediol 17147
5-propyl-1,3-benzenediol 17148
alpha-propylbenzenemethanamine 20219
alpha-propylbenzenemethanol, (R) 20058
beta-propylbenzenepropanoic acid 24225

5-propylbenzo(c)phenanthrene 32673
2-propyl-1,3,2-benzodioxaborole 16820
5-propyl-1,3-benzodioxole 19583
2-propylbenzoic acid 19584
4-propylbenzoic acid 19610
4-propylbenzoyl chloride 19252
4-n-propylbiphenyl 28406
2-propyl-1,1'-biphenyl 28407
4-n-propylbiphenyl-4'-carboxylic acid 29287
propylboronic acid 2175
2-propyl-1,4-butanediol 12260
N-propylbutylamine 12344
N-propyl-N-butylnitrosamine 12152
N-propyl-N-(3-carboxypropyl)nitrosamine 11813
beta-propylcinnamic acid 23977
propylcopper(i) 2019
propylcyclohexane 17916
1-propylcyclohexanol 18017
cis-2-propylcyclohexanol 18018
trans-2-propylcyclohexanol 18019
cis-4-propylcyclohexanol 18020
trans-4-propylcyclohexanol 18021
2-propylcyclohexanone 17673
4-propylcyclohexanone 17674
propyl-1,3,5,7-cyclooctatetraene 22043
propylcyclopentane 14861
cis-2-propylcyclopentanol 15132
trans-2-propylcyclopentanol 15133
1-propylcyclopentanol 15134
2-propylcyclopentanone 14574
3-propylcyclopentanone 14575
1-propylcyclopentanone 14463
propylcyclopropane 8206
3-propyldiazirine 3418
propyldichlorarsine 1977
propyl-N,N-diethylsuccinamate 22779
5-n-propyl-9,10-dimethyl-1,2-benzanthrac 33540
propylene 1810
propylene carbonate 2995
(R)-(+)-propylene carbonate 3001
(S)-(-)-propylene carbonate 3002
propylene glycol alginate 35966
propylene glycol, allyl ether 8523
propylene glycol butyl ether, isomers 12275
1,2-propylene glycol dinitrate 1902
propylene glycol monoacetate 5568
propylene glycol monomethyl ether 3895
propylene glycol monomethyl ether acetat 8564
propylene glycol-sec-butyl phenyl ether 26101
1,2-propylene oxide 1924
1,3-propylene oxide 1925
(S)-(-)-propylene oxide 1927
(R)-(+)-propylene oxide 1928
1,1'-propylenebis(3-(2-chloroethyl)-3-ni 17642
propyleneimine 2031
N,N'-bispropyleneisophthalamide 27351
propylenenitrosourea 3302
N-propylethylenediamine 6017
N-n-propyl-N-formylhydrazine 3842
2-propylfuran 11151
N-propylglycine 5716
(1-propylheptadecyl)benzene 34331
4-propylheptane 21152
2-propyl-1-heptanol 21284
4-propyl-4-heptanol 21296
4-propyl-3-heptene 20952
2-propyl-1-hexanol 18291
3-propyl-1-hexanol 18292
3-propyl-3-hexen-1-yne 17392
propylidene phthalide 21663
2-propylimidazole 7722
2-propyl-1-indanone 23971
2-propyl-1H-indene 23897
2-propyl-1H-indole 21957
propyliodone 19280
propylisopropylamine 9204
n-propylmalonic acid 7936
2-n-propyl-4-methylpyrimidyl-(6)-N,N-dim 22538
1-propylnaphthalene 25903
2-propylnaphthalene 25904
propylnitrosaminomethyl acetate 8355
N-propyl-N-nitrosourethane 8356
4-propylnonane 24942
5-propylnonane 24943
5-propyl-1,5-octadien-3-yne 22357
4-propyloctane 22914
(2S,3S)-(-)-3-propyloxiranemethanol 8516
(2R,3R)-(+)-3-propyloxiranemethanol 8517
2-propylpentanal 15065
2-propylpentanoic acid 15205
2-propylpentanoic acid, sodium salt 14858
2-propyl-1-pentanol 15489
2-propyl-1-pentene 14970
N-(4-propylphenazol-5-yl)-2-acetoxybenza 33566
2-propylphenol 17101
3-propylphenol 17102
4-propylphenol 17103
2-propylphenyl isocyanate 19306
propylphosphonic acid 2235
propylphosphonic dichloride 2015
1-propylpiperidine 15288
4-propylpiperidine 15290
2-propylpiperidine, (S) 15289
trans-6-propyl-3-piperidinol, (3S) 15315
1-propyl-4-piperidone 14800
N-propylpropanamide 8775
N-propyl-1,3-propanediamine 9300
2-propyl-1,3-propanediol 9054
1,1'-(2-propyl-1,3-propanediyl)biscycloh 31021
N-propyl-2-propen-1-amine 8752
propyl-2-propynylphenylphosphonate 24109
2-propylpyrazine 11102
4-propylpyridine 14104
2-propylpyridine 14105
2-propyl-4-pyridinecarbothioamide 17067
1-propylpyridinium bromide 14256
1-propyl-1H-pyrrole 11269
3-propyl-1H-pyrrole 11270

1-propylpyrrolidine 12042
3-propylpyrrolidine 12043
2-propylquinoline 23824
n-propylseleninic acid 2147
trans-1,2-bis(n-propylsulfonyl)ethylene 15240
1-propyl-[1,2,3,4-tetrahydronaphthalene] 26158
2-propyl-[1,2,3,4-tetrahydronaphthalene] 26159
2-n-propylthiazole 7574
2-propylthiophene 11225
3-propylthiophene 11226
6-(propylthio)purine 13907
N-propyl-N-(2-(2,4,6-trichlorophenoxy)et 28414
4-propyl-2,6,7-trioxa-1-stibabicyclo(2.2 11692
(n-propyl)triphenylphosphonium bromide 32800
1-propylurea 3843
2-propylvaleramide 15327
2-propylvaleric acid thymyl ester 30930
1-(2-propylvaleryl)piperidine 26456
2-propynal 1384
3-propynethiol 1639
2-propynoic acid 1385
1-propynyl copper(i) 1440
2-propynyl vinyl sulfide 4589
1-propynylbenzene 16091
2-propynylcyclohexane 17394
1-(2-propynyl)cyclohexyl carbamate 20276
N-2-propynyl-2-propyn-1-amine 7180
2-propynyl(2E,4E)-3,7,11-trimethyl-2,4-d 30929
2-propyn-1-thiol 1640
propyzamide 23599
proquazone 30659
p-rosaniline 32110
proscillaridin 34907
prospidin 31081
prostaglandin A1 32392
prostaglandin D2 32394
prostaglandin E2 32393
prostaglandin E1 32412
prostaglandin F1-a 32429
prostaglandin F2-a 32414
DL-prostaglandin F2-a 32415
prostaglandin vii 34641
prostaglandin viii 28805
prothrin 30812
protizinic acid 30041
protopine 32108
protoporphyrin ix, sodium salt 35217
protoveratrine A 35647
protoverine 34494
prunetin 29067
pseudoaconitine 35369
pseudocodeine 30762
p-pseudocumoquinone 16706
L-(+)-pseudoephedrine 20264
pseudojervine 35163
pseudolaric acid A 33326
pseudolaric acid B 33594
pseudomorphine 35226
pseudothiohydantoin 1598
beta,psi-carotene 35596
beta,psi-caroten-3-ol, (3R) 35599
psi-norephedrine 17324
psi,psi-carotene 35597
psi,psi-caroten-16-ol 35600
N-(p-styrylphenyl)acetohydroxamic acid 29212
trans-N-(p-styrylphenyl)acetohydroxamic 29213
4-(p-sulfamoylphenyl)semicarbazone 1-met 26039
4-(p-sulfamoylphenyl)semicarbazone-1H-py 23883
pulegone 20452
(S)-(-)-pulegone 20473
1H-purine 4305
1H-purine-2,6-diamine 4530
purine-3-oxide 4310
PYBOP 30916
pyan 4539
2H-pyran-2-one 4330
4H-pyran-4-one 4331
pyrazapon 28427
pyrazine 2563
pyrazinecarbonitrile 4252
pyrazinecarboxamide 4424
pyrazinecarboxylic acid 4294
2,3-pyrazinedicarboxamide 7043
2,3-pyrazinedicarboxylic acid 6583
pyrazine-2,3-dicarboxylic acid imide 6363
pyrazineethanol 7346
2-pyrazinylethanethiol 7372
2-(2-pyrazinyl)malondialdehyde 19163
1H-pyrazol-4-amine 1783
pyrazolate 31334
1H-pyrazole 1594
pyrazolidine 2108
pyrene 28985
1-pyrenebutyric acid 32026
1-pyrenecarboxaldehyde 29854
1-pyrenecarboxylic acid 29855
1,6-pyrenedione 28971
1,8-pyrenedione 28972
1,3,6,8-pyrenetetrasulfonic acid tetraso 28956
N-(1-pyrenyl)maleimide 31794
4-pyrenyloxirane 30435
pyrethrin i 32930
N-pyren-2-ylacetamide 30451
pyributicarb 30800
pyridaphenthion 27399
pyridate 31511
pyridazine 2564
2-pyridinamine 4497
3-pyridinamine 4498
4-pyridinamine 4499
pyridinamine 4502
pyridine 4391
2-pyridine aldoxime methiodide 10952

pyridine hydrochloride 4468
3-pyridinealdoxime 6994
4-pyridinealdoxime 6995
2-pyridinealdoxime methochloride 10943
pyridine-3-azo-p-methylaniline 25975
pyridine-4-azo-p-dimethylaniline 25976
pyridine-4-boronic acid 4454
pyridine-3-boronic acid 4455
2-pyridinecarbonitrile 6566
3-pyridinecarbonitrile 6567
4-pyridinecarbonitrile 6568
2-pyridinecarboxaldehyde 6814
3-pyridinecarboxaldehyde 6815
4-pyridinecarboxaldehyde 6816
2-pyridinecarboxaldehyde oxime 6989
3-pyridinecarboxamide 6990
2-pyridinecarboxylic acid 6821
3-pyridinecarboxylic acid 6822
4-pyridinecarboxylic acid 6823
3-pyridinecarboxylic acid 1-oxide 6833
2,3-pyridinediamine 4712
2,5-pyridinediamine 4713
2,6-pyridinediamine 4714
3-pyridinediazonium tetrafluoroborate 4257
2,6-pyridinedicarbonyl chloride 9533
2,6-pyridinedicarboxaldehyde 10065
2,3-pyridinedicarboximide 9832
3,4-pyridinedicarboximide 9833
2,3-pyridinedicarboxylic acid 10074
2,4-pyridinedicarboxylic acid 10075
2,5-pyridinedicarboxylic acid 10076
2,6-pyridinedicarboxylic acid 10077
3,4-pyridinedicarboxylic acid 10078
3,5-pyridinedicarboxylic acid 10079
2,3-pyridinedicarboxylic anhydride 9596
2,6-pyridinedimethanol 11004
2,6-pyridinedimethanol, methyl carbamate 22021
N,N'-2,6-pyridinediylbisacetamide 16994
2-pyridineethanamine 11093
4-pyridineethanamine 11094
2-pyridineethanol 10983
4-pyridineethanol 10996
2-pyridinemethanamine 7335
3-pyridinemethanamine 7336
4-pyridinemethanamine 7337
2-pyridinemethanethiol 7227
2-pyridinemethanol 7192
3-pyridinemethanol 7193
4-pyridinemethanol 7194
pyridine-1-oxide 4395
pyridine-1-oxide-3-azo-p-dimethylaniline 25979
pyridine-1-oxide-4-azo-p-dimethylaniline 25980
2-pyridinepropanol 14145
3-pyridinepropanol 14146
4-pyridinepropanol 14156
3-pyridinesulfonic acid 4417
4(1H)-pyridinethione,1-methyl- 7226
pyridinium bromide perbromide 4466
pyridinium chlorochromate 4467
pyridinium dichromate 19423
pyridinium nitrate 4525
pyridinium perchlorate 4475
pyridinium p-toluenesulfonate 23860
2-pyridinol 4396
4-pyridinol 4397
pyridinol carbamate 22300
pyridinol nitrosocarbamate 22022
2(1H)-pyridinone 4398
2(1H)-pyridinone hydrazone 4715
N-3-pyridinylacetamide 10795
alpha-[(2-pyridinylamino)methyl]benzenem 25954
1-(2-pyridinyl)-1,3-butanedione 16421
1-(3-pyridinyl)-1,3-butanedione 16422
1-(4-pyridinyl)-1,3-butanedione 16423
1-(2-pyridinyl)ethanone 10615
1-(3-pyridinyl)ethanone 10616
1-(4-pyridinyl)ethanone 10617
1-pyridinylethanone 10625
1-(3-pyridinyl)-2-hydroxyethylamine 11112
N-(2-pyridinylmethyl)-2-pyridinemethanam 23869
N-2-pyridinyl-2-pyridinamine 18950
N-(5H-pyrido(4,3-b)indol-3-yl)acetamide 25733
pyrido[2,3-b]pyrazine 10101
pyridomycin 34436
4-(1H)-pyridone 4401
pyridostigmine 17357
pyridoxamine dihydrochloride 14512
pyridoxine hydrochloride 14262
pyridoxine phosphate 14275
3-pyridyl isothiocyanate 6597
2-pyridyl trifluoromethanesulfonate 6540
2-pyridylacetonitrile 10347
3-pyridylacetonitrile 10348
4-pyridylacetonitrile monohydrochloride 10500
3-(3-pyridyl)acrylic acid 13155
(S)-N-boc-(3-pyridyl)alanine 26192
(S)-N-boc-(4-pyridyl)alanine 26193
(R)-N-boc-(4-pyridyl)alanine 26194
(S)-N-boc-(2-pyridyl)alanine 26195
(R)-N-boc-(3-pyridyl)alanine 26196
1-(2-pyridylazo)-2-naphthol, indicator 28123
4-(2-pyridylazo)resorcinol 21600
2-(2-pyridyl)benzimidazole 23428
4-pyridylcarbinol N-oxide 7211
1-(pyridyl-3)-3,3-dimethyl triazene 11129
3-(2-pyridyl)-5,6-diphenyl-1,2,4-triazin 31884
1,2-bis(4-pyridyl)ethane 23727
1,2-bis(2-pyridyl)ethylene 23491
2-(2-pyridyl)malondialdehyde 13156
2-(4-pyridyl)malondialdehyde 13157
7-(2-((2-pyridylmethyl)amino)ethyl)theop 32826
3-(3-pyridylmethylamino)propionitrile 16986
1-(4-pyridyl)-3-methyl-3-ethyltriazene 14317
5-(4-pyridyl)-1,3,4-oxadiazol-2-ol 12707
1-(2-pyridyl)piperazine 17359
2,5-bis(4-pyridyl)-1,3,4-thiadiazole 23332
(4-pyridylthio)acetic acid 10650
N-(2-pyridyl)bis(trifluoromethanesulfoni 9817

pyrilamine 30218
2-pyrimidinamine 2730
pyrimidine 2565
pyrimidine-4,5-dicarboxylic acid imide 6364
2,4,5,6(1H,3H)-pyrimidinetetrone 2421
2,4,5,6(1H,3H)-pyrimidinetetrone 5-oxime 2499
2,4,6(1H,3H,5H)-pyrimidinetrione,5-(1-cy 28587
2(1H)-pyrimidinone, 4-amino-1-(2-deoxy-2 16881
8-(4-(4-(2-pyrimidinyl)-1-piperizinyl)bu 32970
4(3H)-pyrimidone 2566
2-(4-pyrimidyl)malondialdehyde 10355
(2-pyrimidylthio)acetic acid 7009
1-(2-pyrimidyl)-4-(trimethoxybenzoyl)pip 30805
pyriminil 25789
pyrocatechol 7070
pyrocatechol-3,5-disulfonic acid 7119
pyrogallol red 31231
L-pyroglutamic acid 4688
pyrolan 26029
pyromellitic acid 18598
pyromellitic dianhydride 18480
pyronaridine 34763
pyronine red 32884
pyroset tko 15754
pyrrole 2701
1H-pyrrole-2-carboxaldehyde 4399
1H-pyrrole-2-carboxaldehyde, thiosemicar 7378
1H-pyrrole-2,5-dione 2492
1H-pyrrole-1-propanenitrile 10789
pyrrolidine 3675
1-pyrrolidinebutyronitrile 14523
1-pyrrolidinecarbodithioic acid, ammoniu 5825
1-pyrrolidinecarbonitrile 4821
1-pyrrolidinecarbonyl chloride 4767
1-pyrrolidineethanamine 8923
1-pyrrolidineethanol 8776
(S)-(+)-2-pyrrolidinemethanol 5689
1-pyrrolidino-1-cyclohexene 20558
1-pyrrolidino-1-cyclopentene 17549
(S)-3-pyrrolidinol 3690
(R)-(+)-3-pyrrolidinol 3691
3-pyrrolidinol 3692
3-pyrrolidinomethyl-4-hydroxybiphenyl 30093
4-pyrrolidinopyridine 17043
3-(1-pyrrolidinyl)androsta-3,5-dien-17-o 33654
(Z)-1-(4-(1-pyrrolidinyl)-2-butenyl)-2-p 24548
1-(4-(1-pyrrolidinyl)-2-butynyl)-2-pyrro 24409
(S)-(+)-1-(2-pyrrolidinylmethyl)pyrrolid 17975
N-(1-pyrrolidinylmethyl)-tetracycline 34443
3-(1-pyrrolidinyl)propane-1,2-diol 12086
3-(2-pyrrolidinyl)pyridine, (S) 17042
2-pyrrolidone 3249
pyrrolidone hydrotribromide 24674
DL-2-pyrrolidone-5-carboxylic acid 4695
(R)-(+)-2-pyrrolidone-5-carboxylic acid 4696
pyrrol-2-yl ketone 16165
1-(1H-pyrrol-2-yl)ethanone 7195
7-(((2-pyrrolyl)methyl)amino)-actinomyci 35953
3-(pyrrol-1-ylmethyl)pyridine 19042
3-pyrrol-2-ylpyridine 16154
pyrromelitic acid dianhydride 18481
pyruvic acid 1634
pyruvic acid, sodium salt 1491
pyruvohydroximoyl chloride, oxime 1674
pyrvinium pamoate 35973
q-nonylbenzenenonanoic acid 33942
quadricyclane 10731
1,1':2',1'':2'',1'''-quaterphenyl 33749
1,1':4',1'':4'',1'''-quaterphenyl 33750
m-quaterphenyl 33751
(-)-quebrachitol 11959
quercetin 28070
quercitrin 32757
questiomycin A 23314
quillaic acid 34917
quinacrine dihydrochloride 33634
quinacrine mustard 33585
quinaldine red 32816
2-quinaldylmalondialdehyde 23415
quinamine 31552
quinazoline 11568
2,4(1H,3H)-quinazolinedione 12892
quinclorac 18503
quindoxin 12891
quinestrol 34136
quinethazone 19414
quingestanol acetate 34457
quinhydrone 23568
quinic acid 11564
quinidine 32222
quinine 32223
quinine carbonate 35639
quinine formate 32868
quinine salicylate 34433
quinine sulfate 35588
quininone 32168
2-quinolinamine 16139
3-quinolinamine 16140
4-quinolinamine 16141
5-quinolinamine 16142
6-quinolinamine 16143
8-quinolinamine 16144
quinoline 16011
8-quinoline boronic acid 16094
6-quinoline carbonyl azide 18580
2-quinolinecarbonitrile 18565
4-quinolinecarbonitrile 18566
4-quinolinecarboxaldehyde 18634
2-quinolinecarboxylic acid 18640
7-quinolinecarboxylic acid 18641
8-quinolinecarboxylic acid 18642
6-quinolinecarboxylic acid 18646
3-quinolinecarboxylic acid 18647
2,4-quinolinediol 16050
trans-quinoline 5,6,7,8-dioxide 16051
quinoline-7,8-oxide 16034
2-quinolinethiol 16076
quinolinium 34770

3-quinolinol 16022
5-quinolinol 16023
6-quinolinol 16024
7-quinolinol 16025
8-quinolinol benzoate 29016
8-quinolinol sulfate (2:1) 16136
8-quinolinolium-4',7'-dibromo-3'-hydroxy 31844
N-4-quinolinylacetamide 21622
N-(4-quinolyl)acetohydroxamic acid 21631
quinomycin C 35876
quinovic acid 34918
quinovose 8580
6-quinoxalinamine 13215
quinoxaline 12868
2,3-quinoxalinedimethanol, diacetate 27125
2,3-quinoxalinedithiol 12907
2-quinoxalinol 12874
(2,3-quinoxalinyldithio)dimethyltin 19074
(2,3-quinoxalinyldithio)diphenyltin 31882
2-(2-quinoxalinyl)malondialdehyde 21521
quinpyrrolidine 28509
p-quinquephenyl 34848
3-quinuclidinol benzilate 32818
(R)-quinuclidin-3-ol 11643
L-quisqualic acid 4733
quizalofop-ethyl 31375
racemic-2,3-dimethyl-butanedioic acid 7937
racemic-gossypol 34878
racemic-ici 79,939 33334
racemomycin A 31662
rac-ethylenebis(indenyl)zirconium(iv)dic 32006
radicinin 23789
raffinose 31002
rankotex 19268
rapamycin 35886
raubasine 32838
raunescine 34992
raunova 35296
ravage 20415
razoxane 22397
RC 72-01 33393
RC 72-02 33301
reductone, dimethylamino 14454
reinecke salt 4055
rescinnamine 35297
reserpic acid 33319
reserpine 35153
(+)-cis-resmethrin 33294
(-)-trans-resmethrin 33295
cis-resmethrin, (-) 33292
resolve-al la 35173
resorcin monoacetate 13481
resorcinol 7071
resorcinol diacetate 19219
resorcinol monobenzoate 25651
resorcinol oxydianiline 30593
resorcinol sulfide 23570
13-cis-retinal 32311
9-cis-retinal 32313
13-cis-retinoic acid 32317
retinoic acid ethyl amide 33378
retinoic acid 2-hydroxyethylamide 33381
retinoid etretin 32884
retinol 32345
retinol, acetate 33367
retrorsine 30875
retrorsine-N-oxide 30876
rfcnu 30750
RGH-5526 29593
rhamnetin 29072
rhapontin 32847
rheadine 32776
rhein 27989
rhenium carbonyl 21465
rhenium pentacarbonyl bromide 4159
rhenium pentacarbonyl chloride 4161
rhizopterin 28172
rhodamine 110 31955
rhodamine 123 32661
rhodamine 101 inner salt 35068
rhodamine 19 perchlorate 34262
rhodamine b 34628
rhodamine B base 34621
rhodamine 6G perchlorate 34624
rhodanine-N-acetic acid 4418
rhodinyl acetate 24733
rhodirubin A 35688
rhodirubin B 35719
rhodium carbonyl chloride 2309
rhodium, dicarbonyl(2,4-pentanedionato-o 10722
rhodium dodecacarbonyl 25432
rhodium(ii) propionate 24618
rhodium(iii) acetylacetonate 28644
rhodizonic acid, dipotassium salt 9408
rhodizonic acid, disodium salt p.a. 9409
rhodoquine 31620
ribitol 5916
riboflavin-adenine dinucleotide 34445
riboflavin 30140
b-D-ribofuranose 1,2,3,5-tetraacetate 26242
2b-D-ribofuranosylmaleimide 16982
1b-D-ribofuranosyl-1,2,4-triazole-3-carb 14321
D(+)-ribonic acid g-lactone 4960
D-ribose 5582
L(+)-ribose 5589
ribosylpurine 19473
riboxamide 17065
ricinine 13353
riddelline 30829
rifamide 35720
rifamycin 35540
rifamycin S 35461
rifamycin O 35541
rifamycin AMP 35721
rifamycin SV 35462
rizaben 30620
robenidine 28213

781

782

stearic acid, sodium salt 31070
g-stearolactone 31035
1-stearoylaziridine 32470
N-stearoyl-D-erythro-sphingosine, synthe 35417
stendomycin A 36007
sterigmatocystin 30438
stibanilic acid 7315
stigmasta-5,7-dien-3-ol, (3beta) 34806
stigmasta-5,22-dien-3-ol, (3beta,22E) 34805
stigmastan-3-ol, (3beta,5alpha) 34813
stigmast-5-en-3-ol, (3beta) 34808
stigmast-5-en-3-ol, (3beta,24S) 34809
stigmatellin 34906
4-stilbenamine 27012
cis-stilbene 26866
trans-stilbene 26867
stilbene 26873
trans-stilbene oxide 26938
4,4'-stilbenediamine 27105
4,4'-stilbenedicarboxamidine 29255
stirifos 18835
streptolydigin 35161
streptomycin 33019
streptomycin C 33020
streptomycin, sulfate 35706
streptonigran 34089
streptonigrin methyl ester 34251
streptonivicin 34993
streptovaricin C 35589
streptovitacin A 28719
streptozocin 14853
s-triazolo[4,3-a]quinoline 18663
strontium acetate 3021
strontium acetylide 1237
strontium carbonate 378
strontium chlorate 25430
strontium formate 686
strophanthidin 33651
strophanthin K 35382
strospeside 34919
strychnidin-10-one mononitrate 32824
strychnidin-10-one sulfate (2:1) 35679
strychnine 32805
STS 557 32246
styrene 13237
(R)-(+)-styrene oxide 13402
(S)-(-)-styrene oxide 13403
trans-b-styreneboronic acid 13519
styrene-d8 12423
Styryl 7 34622
trans-4'-styrylacetanilide 29206
trans-styrylacetic acid 19146
(S)-N-boc-styrylalanine 29483
(R)-N-boc-styrylalanine 29484
5-styryl-3,4-benzopyrene 34588
suberic acid monomethyl ester 17775
suberoyl chloride 14267
succinaldehyde disodium bisulfite 3473
succinamic acid 3282
succinamide 3432
succinic acid 3006
succinic acid, disodium salt, anhydrous 2590
succinic acid, (4-ethoxy-1-napthylcarbon 30685
succinic acid, bis(2-(hexyloxy)ethyl) es 32456
succinic anhydride 2603
succinic peroxide 14038
succinimide 2716
succinonitrile 2562
succinoyl diazide 2589
4'-succinylamino-2,3'-dimethylazobenzol 30707
succinylnitrile 6574
succinylsulphathiazole 25895
sucrose 24774
sucrose acetate isobutyrate 35608
sucrose monocaprate 33422
sucrose octaacetate 34657
sucrose, octanitrate 23960
sulfachlorpyridazine 18817
sulfadimethoxine 23953
sulfadimethoxypyrimidine 23956
sulfaguanidine 11132
sulfaisodimerazine 23950
sulfallate 14508
sulfamerazine 21844
sulfamethazine 23949
sulfamethoxazole 19354
sulfamethoxypyridazine 21845
sulfamethylthiazole 19352
sulfamonomethoxin 21847
sulfanilylurea 11040
sulfaphenazole 28280
sulfasalazine 30484
sulfathiourea 11038
sulfinyl cyanamide 359
N-sulfinylaniline 6818
sulfisoxazole 22015
sulfluramid 18562
sulfoacetic acid 898
5-sulfobenzen-1,3-dicarboxylic acid 12946
4-sulfobenzoic acid monopotassium salt 10041
3-sulfobenzoic acid monosodium salt 10131
5-sulfoisophthalic acid monolithium salt 12682
5-sulfoisophthalic acid monosodium salt 12712
sulfolane 3536
sulfometuron methyl 28428
4-sulfonamide-4'-dimethylaminoazobenzene 27372
4-sulfonamido-3'-methyl-4'-aminoazobenze 25986
sulfo-3-naphthalenefurane 34834
sulfonazo iii, tetrasodium salt 33091
4-sulfonic calix[8]arene 35881
sulfonmethane 12296
sulfonyldiacetic acid 3038
3-(sulfonyl)-O'-((methylamino)carbonyl)ox 11819
4,4'-sulfonylbis-(methylbenzoate) 29192
4,4'-sulfonylbis(4-phenyleneoxy)dianilin 33788
sulfoparablue 31975
sulforhodamine 101 (free acid) 34981
sulforhodamine B 34421

sulfosfamide 15377
sulfotep 15724
sulfur dicyanide 1216
sulfur thiocyanate 1219
sulfurmycin A 35717
sulfurmycin B 35716
sulfuryl chloride isocyanate 40
sulindac 32039
suloctidyl 32417
sulprofos 24527
sulprostone 33632
supercortyl 33622
supinine 28717
surgam 26981
sutan 22884
suxibuzone 33833
syn-benzaldehyde oxime 10620
syn-chrysene-3,4-diol 1,2-oxide 30516
SYEP 10781
symclosene 1264
sym-dibenzoylhydrazine 26903
sym-diformylhydrazine 855
syn-2-methoxy-imino-2-(2-furyl)-acetic a 7745
symphytine 32371
synadenylic acid 19978
synsac 33869
syntarpen 31401
syringaldazine 30728
syringic acid 16812
syringin 30228
systox sulfone 15679
2,4,5-T isooctyl ester 29474
2,4,5-T methyl ester 15978
2,4,5-T propylene glycol butyl ether est 28551
T-2588 33312
tachysterol 34685
(-)-taddol 34982
tagamet 20421
D-tagatose 8600
takacidin 35967
talisomycin S10b 35911
tallysomycin A 35955
tallysomycin B 35938
talon rodenticide 34975
L(-)-talose 8616
D(+)-talose 8617
tamoxifen (E) 34274
tannic acid 35976
tantalum(v) butoxide 32556
tantalum(v) ethoxide 21449
tantalum(v) methoxide 6037
TAPS 12362
tarasan 30649
tartar emetic 13853
tartaric acid 3033
D-tartaric acid 3034
DL-tartaric acid 3035
meso-tartaric acid 3036
meso-tartrate 2611
tartrazine 28983
taurocholic acid 34325
tauromycetin-III 35682
tauromycetin-IV 35685
taxine 35466
t-butyl hydroperoxide 3881
tebuconazole 29538
tebuthiuron 17659
tellurane-1,1-dioxide 5542
telluroxanthene 25661
telluroxanthone 25499
telocidin B 34674
telomycin 35909
temafloxacin 32684
temgesic 34790
tenormin 27673
tenoxicam 25737
tenulin 30197
teoprolol 33615
tephrosin 33547
terallethrin 30226
terbacil 17237
terbutaline 24517
terbutaline sulphate 33917
terbuthylazine 17638
terbutryn 20918
1,1'-:2',1''-tercyclohexane 30983
p-tercyclohexyl 30984
DL-terebic acid 11212
terephthalamide 13357
terephthalic acid 12936
N,N'-terephthalylidene-bis(4-butylanilin 34634
terfenadine 35081
pteridine 6599
2,4(1H,3H)-pteridinedione 6603
teroxirone 24104
m-terphenyl 30457
o-terphenyl 30458
p-terphenyl 30459
terphenyls 30471
p-terphenyl-4-ylacetamide 32050
alpha-terpinene 20325
alpha-terpineol 20714
(-)-terpinen-4-ol 20742
(+)-terpinen-4-ol 20743
a-terpineol 20744
terpinolene 20763
alpha-terpineol acetate 24566
terpinolene 20327
terpinyl formate 22612
terpinyl propionate 26389
2,2':6',2''-terpyridine 28121
terrazole 4368
terreic acid 10445
a'-((tert-butyl amino)methyl)-4-hydroxy- 26351
a-(tert-butyl)hydrocinnamic acid 26214
TES 9242

testosterone cyclopentylpropionate 34477
testosterone heptanoate 34315
2,3,4,6-tetra-O-acetyl-a-D-galactopyrano 27508
2,3,4,6-tetra-O-acetyl-a-D-glucopyranosy 27555
2,3,4,6-tetra-O-acetyl-b-D-glucopyranosy 27554
N,N',N'',N'''-tetraacetylethylenediamine 20410
N,N',N'',N'''-tetraacetylglycoluril 23959
tetraacrylonitrilecopper(ii) perchlorate 23701
tetraacrylonitrilecopper(i) perchlorate 23692
tetraallylsilane 24621
tetraallylstannane 24622
tetraamine-2,3-butanediimine ruthenium(i 4146
tetraaminedithiocyanato cobalt(iii) perc 1185
1,4,5,8-tetraamino-9,10-anthracenedione 26922
1,4,8,12-tetraazacyclopentadecane 23104
1,4,8,11-tetraazacyclotetradecane 21435
4a,8a,9a,10a-tetraaza-2,3,6,7-tetraoxape 8388
1,3,6,8-tetraazatricyclo(4.4.1.13,8)dode 15060
tetraazido-p-benzoquinone 9406
tetrabenazine 31591
2,3,4,6-tetra-O-benzyl-D-galactopyranose 35228
tetrabenzylzirconium 34616
1,2,3,5-tetrabromobenzene 6149
1,2,4,5-tetrabromobenzene 6150
2,3,5,6-tetrabromo-1,4-benzenediol 6153
1,1,4,4-tetrabromobutane 2788
1,2,2,3-tetrabromobutane 2789
1,2,3,4-tetrabromobutane 2791
1,2,3,4-tetrabromobutane, (±) 2790
tetrabromocatechol 6154
1,2,3,4-tetrabromocyclobutane 2522
2,4,4,6-tetrabromo-2,5-cyclohexadien-1-o 6152
2,3,7,8-tetrabromodibenzofuran 25424
2,3,7,8-tetrabromodibenzo-p-dioxin 25425
1,2,3,4-tetrabromo-5,6-dimethylbenzene 12745
tetrabromodiphenyl ether 23193
1,1,2,2-tetrabromoethane 592
1,1,1,2-tetrabromoethane 593
tetrabromoethene 415
2',4',5',7'-tetrabromofluorescein 31768
1,2,3,5-tetrabromo-4-methoxybenzene 9663
2,3,5,6-tetrabromo-4-methyl-4-nitrocyclo 9490
2,3,4,5-tetrabromo-6-methylphenol 9664
2,3,5,6-tetrabromo-4-methylphenol 9665
a,a,a',a'-tetrabromo-m-xylene 12747
a,a,a',a'-tetrabromo-o-xylene 12746
2,3,4,6-tetrabromophenol 6151
tetrabromo-o-benzoquinone 6050
3,3',5,5'-tetrabromobisphenol a 28136
3',3'',5',5''-tetrabromophenolphthalein 31776
tetrabromophenolphthalein ethyl ester 33107
tetrabromophenolphthalein ethyl ester, p 33095
tetrabromophthalic anhydride 12412
1,1,1,2-tetrabromopropane 1514
1,1,1,3-tetrabromopropane 1515
1,1,2,2-tetrabromopropane 1516
1,1,2,3-tetrabromopropane 1517
1,1,3,3-tetrabromopropane 1518
1,2,2,3-tetrabromopropane 1519
tetrabromo-p-xylene 12748
5,11,17,23-tetrabromo-25,26,27,28-tetrap 35580
tetrabromothiophene 2292
tetrabutyl ammonium iodide 29820
tetrabutyl dichlorostannoxane 29816
tetrabutyl silicate 29824
tetrabutylammonium borohydride 29836
tetrabutylammonium bromide 29812
tetrabutylammonium difluorotriphenyl sta 35244
tetrabutylammonium hexafluorophosphate 29817
tetrabutylammonium hydroxide 29830
tetrabutylammonium nitrate 29822
tetrabutylammonium perchlorate, contains 29815
tetrabutylammonium periodate 29821
tetrabutylammonium phosphate monobasic 29832
tetra-n-butylammonium tribromide 29811
(S-(R*,R*))-5,5'-((1,1,3,3-tetrabutyl-1, 34335
tetrabutylgermanium 29818
N,N,N',N'-tetrabutyl-1,6-hexanediamine 33489
tetrabutylphosphonium bromide 29813
tetrabutylstannane 29828
2,4,6,8-tetrabutyl-2,4,6,8-tetramethylcy 32559
tetrabutylthiuram disulfide 31087
tetracaine hydrochloride 28782
tetracarbon monofluoride 2324
tetracarbonyliron dihydride 2413
tetracarbonylmolybdenum dichloride 2307
tetracarbonyl(2,5-norbornadiene)molybden 21515
tetracarbonyl(trifluoromethylthio)mangan 18456
tetrachloroacetone 1362
N,N,N',N'-tetrachloroadipamide 7310
3,3',4,4'-tetrachloroazobenzene 23211
3,3',4,4'-tetrachloroazoxybenzene 23212
1,2,3,4-tetrachlorobenzene 6174
1,2,3,5-tetrachlorobenzene 6175
1,2,4,5-tetrachlorobenzene 6176
3,4,5,6-tetrachloro-1,2-benzenediol 6180
tetrachlorobenzidine 23290
2,3,4,5-tetrachlorobiphenyl 23204
2,2',4',5-tetrachlorobiphenyl 23205
3,3',4,4'-tetrachlorobiphenyl 23207
2,2',3,3'-tetrachlorobiphenyl 23208
2,2',5,5'-tetrachlorobiphenyl 23209
2,2',6,6'-tetrachlorobiphenyl 23210
1,2,3,4-tetrachloro-1,3-butadiene 2401
1,1,2,3-tetrachloro-1,3-butadiene 2402
1,1,1,2-tetrachlorobutane 2856
1,2,2,3-tetrachlorobutane 2857
1,2,3,3-tetrachlorobutane 2858
1,2,3,4-tetrachlorobutane 2862
1,1,4,4-tetrachloro-2-butene 2311
1,3,4,4-tetrachloro-1-butene 2545
2,3,3,4-tetrachloro-1-butene 2546
1,1,2,3-tetrachloro-2-(chloromethyl)prop 2679
2,3,5,6-tetrachloro-2,5-cyclohexadiene-1 6063
2,2,6,6-tetrachlorocyclohexanol 7311
1,2,3,4-tetrachlorocyclopentadiene 4197
tetrachlorocyclopropane 1265
tetrachlorodiazocyclopentadiene 4167

783

1,2,3,6-tetrahydro-2,6-dioxo-5-fluoro-4- 4235
5',6',7',8'-tetrahydrodispiro(cyclohexan 30958
1,4,4-alpha,8-alpha-tetrahydro-endo-1,4- 21659
1,2,3,4-tetrahydro-6-ethyl-1,1,4,4-tetra 29561
1,2,3,4-tetrahydro-9H-fluoren-9-one 25801
5,6,7,8-tetrahydrofolic acid 31534
tetrahydrofuran 3481
tetrahydro-2-furancarboxaldehyde 4911
tetrahydro-2-furancarboxylic acid 4934
tetrahydro-2-furanmethanamine 5683
tetrahydro-3-furanmethanol 5532
tetrahydro-2-furanmethanol propanoate 14669
tetrahydro-3-furanol 3524
(S)-(+)-tetrahydro-3-furanol 3534
tetrahydro-2-furanol benzoate 21882
tetrahydro-2-furanpropanoic acid 11516
tetrahydro-2-furanpropanol 11927
tetrahydrofuran-2,3,4,5-tetracarboxylic 13517
tetrahydrofurfuryl acetate 11517
tetrahydrofurfuryl acrylate 14371
tetrahydrofurfuryl alcohol 5506
tetrahydrofurfuryl chloride 5074
tetrahydrofurfuryl methacrylate 17485
tetrahydrofurfuryl stearate 33680
(S)-(+)-tetrahydrofurfurylamine 5691
(R)-(-)-tetrahydrofurfurylamine 5692
2-(tetrahydrofurfuryloxy)tetrahydropyran 20817
(R)-(+)-tetrahydro-2-furoic acid 4942
(S)-(-)-tetrahydro-2-furoic acid 4943
tetrahydro-3-furoic acid 4944
2-tetrahydrofuryl hydroperoxide 3567
1,3-bis(tetrahydro-2-furyl)-5-fluorourac 24039
1,5-bis(2-tetrahydrofuryl)-3-pentanol 26429
tetrahydro-1,3-bis(hydroxymethyl)-5-ethy 12103
tetrahydroimidazo[4,5-d]imidazole-2,5(1H 2929
3a,4,7,7a-tetrahydro-1H-indene 17020
4,5,6,7-tetrahydro-1,3-isobenzofurandion 13471
1,2,3,4-tetrahydro-5-isobutylnaphthalene 27566
(3S-cis)-(+)-tetrahydro-3-isopropyl-7a-m 20566
1,2,3,4-tetrahydroisoquinoline 16893
5,6,7,8-tetrahydroisoquinoline 16894
1,2,3,4-tetrahydroisoquinoline-1-acetic 21981
L-1,2,3,4-tetrahydroisoquinoline-3-carbo 19323
N-boc-L-1,2,3,4-tetrahydroisoquinoline-3 28563
N-boc-D-1,2,3,4-tetrahydroisoquinoline-3 28564
(S)-1,2,3,4-tetrahydroisoquinolylmethan- 19781
[(3S)-(3-1,2,3,4-tetrahydroisoquinolyl)] 27546
8,9,10,11-tetrahydro-3-methoxy-1H-indole 29146
tetrahydro-2-(methoxymethyl)furan 8500
1,2,3,4-tetrahydro-6-methoxyquinoline 19773
(1a,2b,2aa,3aa)-(±)-1,2,2a,3a-tetrahydro 31360
(1a,2b,2ab,3ab)-1,2,2a,3a-tetrahydro-4-m 31361
(1a,2b,2ab,3ab)-(±)-1,2,2a,3a-tetrahydro 31362
(1a,2b,2ab,3ab)-1,2,2a,3a-tetrahydro-10- 31363
1,2,3,6-tetrahydro-1-((6-methyl-3-cycloh 26254
1,2,3,6-tetrahydro-1-((2-methylcyclohexy 26349
1,2,3,4-tetrahydro-5-methylnaphthalene 22027
1,2,3,4-tetrahydro-6-methylnaphthalene 22028
1,2,3,4-tetrahydro-1-methylquinoline 19762
tetrahydro-5-methyl-1,3,5-triazine-2(1H) 3778
5,6,7,8-tetrahydro-1-naphthalenamine 19763
1,2,3,4-tetrahydronaphthalene 19359
1,2,3,4-tetrahydronaphthalene hydroperox 19612
5,6,7,8-tetrahydro-2-naphthalenecarboxyl 21866
1,2,3,4-tetrahydro-2-naphthalenecarboxyl 21867
5,6,7,8-tetrahydro-2-naphthalenesulfonyl 19259
1,2,3,4-tetrahydro-1-naphthalenol 19517
5,6,7,8-tetrahydro-1-naphthalenol 19518
5,6,7,8-tetrahydro-2-naphthalenol 19519
1,2,3,4-tetrahydro-2-naphthol 19520
(R)-(-)-1,2,3,4-tetrahydro-1-naphthol 19534
5,6,7,8-tetrahydro-1-naphthyl methylcarb 24074
1,2,3,4-tetrahydro-1-naphthylamine 19765
1,2,3,4-tetrahydro-2-naphthylamine 19766
1,2,3,4-tetrahydro-1-naphthylamine hydro 19904
tetrahydroneral 21038
tetrahydro-1,4-oxazinylmethylcodeine 33611
N-(tetrahydro-2-oxo-3-thienyl)acetamide 7557
2-(p-(1,2,3,4-tetrahydro-2-(p-chlorophen 34629
1,2,3,4-tetrahydrophenanthrene 27075
tetrahydrophthalic acid imide 13742
cis-1,2,3,6-tetrahydrophthalic anhydride 13482
cis-1,2,3,6-tetrahydrophthalic anydride 13483
cis-1,2,3,6-tetrahydrophthalimide 13734
a-(1,2,3,6-tetrahydrophthalimido)glutari 25780
tetrahydro-2-propylfuran 11873
2,3,4,5-tetrahydro-6-propylpyridine 14780
tetrahydro-2-(2-propynyloxy)-2H-pyran 14365
tetrahydro-2H-pyran-4-carboxylic acid 7899
tetrahydro-2H-pyran-2-methanol 8501
tetrahydropyran 5471
tetrahydro-2H-pyran-4-ol 5522
tetrahydro-2H-pyran-2-one 4912
tetrahydro-4H-pyran-4-one 4913
4,5,9,10-tetrahydropyrene 29123
1,2,5,6-tetrahydropyridine 5193
1,2,5,6-tetrahydro-3-pyridinecarboxylic 7547
1,4,5,6-tetrahydropyrimidine 3415
1,2,3,4-tetrahydroquinoline 16895
5,6,7,8-tetrahydroquinoline 16896
1,2,3,4-tetrahydroquinoxaline 13859
5,6,7,8-tetrahydroquinoxaline 13861
1,2,3,4-tetrahydro-1,1,2,6-tetramethylna 27562
4-((5,6,7,8-tetrahydro-5,5,8,8-tetrameth 33274
1,2,3,4-tetrahydro-2,2,4,7-tetramethylqu 26247
6,7,8,9-tetrahydro-5H-tetrazolo[1,5-a]az 7751
tetrahydrothiophene 3581
tetrahydrothiophene 1-oxide 3502
tetrahydrothiopyran-3-ol 5487
tetrahydrothiopyran-4-one 4881
1,2,3,4-tetrahydro-1,1,6-trimethylnaphth 26160
1,2,3,4-tetrahydro-2,5,8-trimethylnaphth 26163
1,2,5,6-tetrahydroxy-9,10-anthracenedion 26675
1,2,5,8-tetrahydroxy-9,10-anthracenedion 26676
1,3,5,7-tetrahydroxy-9,10-anthracenedion 26677
1,4,5,8-tetrahydroxyanthraquinone 26678
2,3,4,6-tetrahydroxy-5H-benzocyclohepten 21545
2,2',4,4'-tetrahydroxybenzophenone 25656
2,3,5,6-tetrahydroxy-2,5-cyclohexadiene- 6628
11,17,20,21-tetrahydroxypregn-4-en-3-one 32981
N,N,N',N'-tetra(2-hydroxypropyl)ethylene 27966
O-(tetrahydrO-2H-pyran-2-yl)hydroxylamin 5722
tetraiodo-a,a'-diethyl-4,4'-stilbenediol 30587
1,2,3,4-tetraiodobenzene 6201
1,2,3,5-tetraiodobenzene 6202
1,2,4,5-tetraiodobenzene 6203
1,1,1,2-tetraiodoethane 660
1,1,2,2-tetraiodoethane 661
tetraiodoethene 1200
4,5,6,7-tetraiodo-1,3-isobenzofurandione 15763
3',3'',5',5''-tetraiodophenolphthalein 31780
1,1,1,2-tetraiodopropane 1585
1,1,1,3-tetraiodopropane 1586
1,1,2,2-tetraiodopropane 1587
1,1,2,3-tetraiodopropane 1588
1,1,3,3-tetraiodopropane 1589
1,2,2,3-tetraiodopropane 1590
2,3,4,5-tetraiodo-1H-pyrrole 2370
tetraisoamylstannane 32555
tetraisobutyltin 29829
tetraisopropyl dithionopyrophosphate 25386
tetraisopropyl germane 25372
tetraisopropyl methylenediphosphonate 26568
tetraisopropyl pyrophosphate 25388
1,2,4,5-tetraisopropylbenzene 30949
1,1,2,2-tetraisopropyldisilane 25411
1,1,3,3-tetraisopropyldisiloxane 25406
1,1,2,2-tetrakis(allyloxy)ethane 27710
1,2,4,5-tetrakis(bromomethyl)benzene 18982
tetrakis(chloroethynyl)silane 12418
5,11,17,23-tetrakis-chloromethyl-25,26,2 19164
tetrakis-(N,N-dichloroaminomethyl)methan 4799
tetrakis(diethylamino)titanium 29837
tetrakis(diethylamino)zirconium 29838
tetrakis(dimethylamino)diborane 15748
tetrakis(dimethylamino)ethylene 21436
5,11,17,23-tetrakis-dimethylaminomethylc 35590
tetrakis(dimethylamino)tin 15752
tetrakis(dimethylamino)titanium 15753
tetrakis(dimethylsilyl) orthosilicate 15761
tetrakis(2-hydroxyethyl)ammonium bromide 15682
N,N,N',N'-tetrakis(2-hydroxyethyl)ethyle 21430
tetrakis-(2-hydroxyethyl)silane 15720
tetrakis(hydroxymethyl)phosphonium chlor 4048
tetrakis(hydroxymethyl)phosphonium nitra 4069
5,11,17,23-tetrakis-mercaptomethyl-25,26 35751
tetrakis(1-methylethyl)stannane 25394
1,3,4,6-tetrakis(2-methyltetrazol-5-yl)- 14323
tetrakis(methylthio)methane 5939
5,10,15,20-tetrakis(pentafluorophenyl)-2 35710
tetrakis(2,4-pentanedionato-o,o')-zircon 32326
tetrakis(p-phenoxyphenyl)tin 35802
tetrakis(1-pyrazolyl)borate, potassium s 23689
tetrakis(2,2,6,6-tetramethyl-3,5-heptadi 35754
tetrakis(2,2,6,6-tetramethyl-3,5-heptane 35755
tetrakis(thiourea)manganese(ii) perchlor 4136
a,a,a',a'-tetrakis(trifluoromethyl)-1,3- 23220
5,10,15,20-tetrakis(4-(trimethylammonio) 35989
tetrakis(trimethylsilyloxy)silane 25421
tetrakis(trimethylsilyl)silane 25423
tetrakis(triphenylphosphine)nickel(0) 35962
tetrakis(triphenylphosphine)palladium(0) 35963
tetrakis(triphenylphosphine)platinum(0) 35964
1-tetralone 19105
1,2,3,4-tetramethoxy-5-allylbenzene 26234
2,3,3',4'-tetramethoxybenzophenone 30082
DL-2,3,9,10-tetramethoxyberbin-1-ol 32856
1,1,3,3-tetramethoxycyclobutane 15238
3,3,6,6-tetramethoxy-1,4-cyclohexadiene 20529
1,1,2,2-tetramethoxycyclohexane 21084
3,6,11,14-tetramethoxydibenzo(g,p)chryse 34857
6',7',10,11-tetramethoxyemetan 34788
1,1,1,2-tetramethoxyethane 9093
tetramethoxymethane 5913
1,1,3,3-tetramethoxypropane 12294
tetramethrin 31566
tetramethyl 1,2,4,5-benzenetetracarboxyl 27188
tetramethyl 2,6-dihydroxybicyclo[3.3.1]n 30148
tetramethyl lead 4106
N,N,N',N'-tetramethyl propene-1,3-diamin 12146
tetramethyl rhodamine isothiocyanate 34080
tetramethyl silicate 4101
tetramethyl succinonitrile 14286
3,2',4',6'-tetramethylaminodiphenyl 29416
tetramethylammonium amide 4130
tetramethylammonium azidocyanatoiodate(i 5785
tetramethylammonium azidocyanoiodate(i) 5784
tetramethylammonium azidoselenocyanatoio 5786
tetramethylammonium bromide 4041
tetramethylammonium chloride 4044
tetramethylammonium chlorite 4114
tetramethylammonium diazidoiodate(i) 4062
tetramethylammonium hydroxide 4117
tetramethylammonium iodide 4061
tetramethylammonium nitrate 4086
tetramethylammonium perchlorate 4045
2,3,4,5-tetramethylaniline 20210
2,3,4,6-tetramethylaniline 20211
N,N,2,6-tetramethylaniline 20212
3,5,N,N-tetramethylaniline 20230
2,3,9,10-tetramethylanthracene 30642
tetramethylarsonium 4031
2,3,5,6-tetramethylbenzaldehyde 22105
5,6,9,10-tetramethyl-1,2-benzanthracene 33201
6,7,9,10-tetramethyl-1,2-benzanthracene 33202
7,8,9,11-tetramethylbenz(c)acridine 32709
1,2,3,4-tetramethylbenzene 19887
1,2,3,5-tetramethylbenzene 19888
1,2,4,5-tetramethylbenzene 19889
N,N,N',N'-tetramethyl-1,2-benzenediamine 20395
N,N,N',N'-tetramethyl-1,4-benzenediamine 20396
a,a,a',a'-tetramethyl-1,4-benzenedimetha 24473
2,3,5,6-tetramethyl-1,4-benzenediol 20101
N,N,N',N'-tetramethylbenzidine 29453
3,3',5,5'-tetramethylbenzidine 29454
2,2',4,4'-tetramethylbenzophenone 30072
1,4,7,7-tetramethylbicyclo[2.2.1]heptan- 22583
2,2',4,4'-tetramethyl-1,1'-biphenyl 29349
2,2',5,5'-tetramethyl-1,1'-biphenyl 29350
tetramethyl-[1,1'-biphenyl]-4,4'-diamine 29449
3,3',5,5'-tetramethyl-[1,1'-biphenyl]-4, 29400
1-((2,2',3,3'-tetramethyl(1,1'-biphenyl) 34250
2,2,3,3-tetramethylbutane 15371
N,N,N',N'-tetramethyl-1,4-butanediamine 15696
N,N,N',N'-tetramethyl-1,3-butanediamine 15700
tetramethylbutanedioic acid 14699
2,2,3,3-tetramethyl-1-butanol 15520
N,N,N',N'-tetramethyl-2-butene-1,4-diami 15406
1,1,3,3-tetramethylbutyl isocyanate 17827
1,1,3,3-tetramethylbutyl isocyanide 17819
(2-(2,2,3,3-tetramethylbutylthio)acetoxy 33481
tetramethylcalix[4]resorcinolarene 35071
2,2,4,4-tetramethyl-1,3-cyclobutanediol, 15206
2,2,4,4-tetramethyl-1,3-cyclobutanedione 14357
2,3,5,6-tetramethyl-2,5-cyclohexadiene-1 19585
1,1,3,4-tetramethylcyclohexane 20936
trans-1,1,3,5-tetramethylcyclohexane 20937
cis-1,1,3,5-tetramethylcyclohexane 20938
2,2,6,6-tetramethylcyclohexanone 20745
3,3,5,5-tetramethylcyclohexanone 20746
a-2,2,6-tetramethylcyclohexenebutanal 27758
1,2,3,4-tetramethyl-1,3-cyclopentadiene 17395
1,1,2,2-tetramethylcyclopentane 17899
1,1,cis-2,cis-3-tetramethylcyclopentane 17900
1,1,cis-2,trans-3-tetramethylcyclopentan 17901
1,1,cis-2,cis-4-tetramethylcyclopentane 17902
1,1,cis-2,trans-4-tetramethylcyclopentan 17903
1,1,3,3-tetramethylcyclopentane 17904
1,1,cis-3,cis-4-tetramethylcyclopentane 17905
1,1,cis-3,trans-4-tetramethylcyclopentan 17906
1,2,2,cis-3-tetramethylcyclopentane 17907
1,2,2,trans-3-tetramethylcyclopentane 17908
1,cis-2,cis-3,cis-4-tetramethylcyclopent 17909
1,cis-2,cis-3,trans-4-tetramethylcyclope 17910
1,cis-2,trans-3,cis-4-tetramethylcyclope 17911
1,cis-2,trans-3,trans-4-tetramethylcyclo 17912
1,trans-2,cis-3,trans-4-tetramethylcyclo 17913
1,trans-2,trans-3,cis-4-tetramethylcyclo 17914
1,2,2,3-tetramethylcyclopentanecarboxyli 20779
2,3,4,5-tetramethyl-2-cyclopentenone; (c 17454
1,1,2,2-tetramethylcyclopropane 11746
2,4,6,8-tetramethylcyclotetrasiloxane 4140
2,2,9,9-tetramethyl-1,10-decanediol 27938
2,4,7,9-tetramethyl-5-decyne-4,7-diol, (27805
N,N,N',N'-tetramethyldeuteroformamidiniu 5776
tetramethyldialuminum dihydride 4120
N,N,N',N'-tetramethyl-4,4'-diaminobenzop 30128
tetramethyldiarsine 4032
tetramethyldiborane 4122
tetramethyldigallane 4058
tetramethyldigold diazide 4035
2,2,5,5-tetramethyl-2,5-dihydropyrazine- 14525
1,2,4,5-tetramethyl-3,6-dinitrobenzene 19455
4,4,5,5-tetramethyl-1,3,2-dioxaborolane 8646
tetramethyl-1,2-dioxetane 8524
1,1,3,3-tetramethyl-1,3-diphenyldisiloxa 29514
tetramethyldiphosphane 4105
1,1,2,2-tetramethyldisilane 4133
1,1,3,3-tetramethyldisiloxane 4132
tetramethyldistibine 4109
tetramethylene glutarimide 17343
N,N'-tetramethylenebis(1-aziridinecarbox 20665
5,5'-(tetramethylenebis(carbonylimino))b 33783
1,1'-tetramethylenebis(3-(2-chloroethyl) 20649
4,5-tetramethylene-1,2-dithiol-3-thione 10925
4,5-tetramethylene-1,3-dithiol-2-thione 10926
3,3-tetramethyleneglutaric acid 17506
3,3-tetramethyleneglutaric anhydride 17201
N,N,N',N'-tetramethyl-1,2-ethanediamine 9295
2,2,3,3-tetramethyl-4-ethylhexane 25244
2,2,3,4-tetramethyl-3-ethylhexane 25245
2,2,3,4-tetramethyl-4-ethylhexane 25246
2,2,3,5-tetramethyl-3-ethylhexane 25247
2,2,3,5-tetramethyl-4-ethylhexane 25248
2,2,4,4-tetramethyl-3-ethylhexane 25249
2,2,4,5-tetramethyl-3-ethylhexane 25250
2,2,4,5-tetramethyl-4-ethylhexane 25251
2,2,5,5-tetramethyl-3-ethylhexane 25252
2,3,3,4-tetramethyl-4-ethylhexane 25253
2,3,3,5-tetramethyl-4-ethylhexane 25254
2,3,4,4-tetramethyl-3-ethylhexane 25255
2,3,4,5-tetramethyl-3-ethylhexane 25256
2,2,5,5-tetramethyl-4-ethyl-3-imidazolin 17854
2,2,3,4-tetramethyl-3-ethylpentane 23046
2,2,4,4-tetramethyl-3-ethylpentane 23047
tetramethylgermane 4059
1,1,3,3-tetramethylguanidine 5995
2,2,3,3-tetramethylheptane 22987
2,2,3,4-tetramethylheptane 22988
2,2,3,5-tetramethylheptane 22989
2,2,3,6-tetramethylheptane 22990
2,2,4,4-tetramethylheptane 22991
2,2,4,5-tetramethylheptane 22992
2,2,4,6-tetramethylheptane 22993
2,2,5,5-tetramethylheptane 22994
2,2,5,6-tetramethylheptane 22995
2,2,6,6-tetramethylheptane 22996
2,3,3,4-tetramethylheptane 22997
2,3,3,5-tetramethylheptane 22998
2,3,3,6-tetramethylheptane 22999
2,3,4,4-tetramethylheptane 23000
2,3,4,5-tetramethylheptane 23001
2,3,4,6-tetramethylheptane 23002
2,3,5,5-tetramethylheptane 23003
2,3,5,6-tetramethylheptane 23004
2,4,4,5-tetramethylheptane 23005
2,4,4,6-tetramethylheptane 23006
2,4,5,5-tetramethylheptane 23007
3,3,4,4-tetramethylheptane 23008
3,3,4,5-tetramethylheptane 23009
3,3,5,5-tetramethylheptane 23010
3,4,4,5-tetramethylheptane 23011
a, a, a', a'-tetramethylheptanedioic aci 22741
2,2,6,6-tetramethyl-3,5-heptanedionatoth 22664

bis(2,2,6,6-tetramethyl-3,5-heptanediona 33410
2,2,6,6-tetramethyl-3,5-heptanedione 22703
3,7,11,15-tetramethylhexadecanoic acid 32492
3,7,11,15-tetramethyl-1-hexadecen-3-ol 32489
2,2,3-tetramethylhexane 21190
2,2,3,4-tetramethylhexane 21191
2,2,3,5-tetramethylhexane 21192
2,2,4,4-tetramethylhexane 21193
2,2,4,5-tetramethylhexane 21194
2,2,5,5-tetramethylhexane 21195
2,3,3,4-tetramethylhexane 21196
2,3,3,5-tetramethylhexane 21197
2,3,4,4-tetramethylhexane 21198
2,3,4,5-tetramethylhexane 21199
3,3,4,4-tetramethylhexane 21200
N,N,N',N'-tetramethyl-1,6-hexanediamine 21419
2,2,3,4-tetramethyl-3,4-hexanedione 20780
2,3,4,4-tetramethyl-2-hexanol 21308
3,3,5,5-tetramethyl-2-hexanol 21309
2,2,3,4-tetramethyl-3-hexanol 21314
2,2,3,5-tetramethyl-3-hexanol 21315
2,2,4,4-tetramethyl-3-hexanol 21316
2,2,5,5-tetramethyl-3-hexanol 21317
2,3,4,4-tetramethyl-3-hexanol 21318
2,3,5,5-tetramethyl-3-hexanol 21319
2,4,4,5-tetramethyl-3-hexanol 21320
3,4,4,5-tetramethyl-3-hexanol 21321
3,4,5,5-tetramethyl-3-hexanol 21322
2,2,5,5-tetramethylhex-3-ene 20954
(E)-2,2,5,5-tetramethylhex-3-ene 20956
2,3,5,6-tetramethyliodobenzene 19757
2,2,3,4-tetramethyl-3-isopropylpentane 25265
2,2,4,4-tetramethyl-3-isopropylpentane 25266
N,N,N',N'-tetramethylmethanediamine 6010
2,2,5,5-tetramethyl-4-methylene-3-formyl 17577
a,a,4,4-tetramethyl-2-(1-methylethyl)-N- 29715
1,2,3,4-tetramethylnaphthalene 27299
1,2,3,6-tetramethylnaphthalene 27300
1,2,4,6-tetramethylnaphthalene 27301
1,2,4,7-tetramethylnaphthalene 27302
1,2,4,8-tetramethylnaphthalene 27303
1,2,5,6-tetramethylnaphthalene 27304
1,2,5,8-tetramethylnaphthalene 27305
1,2,6,8-tetramethylnaphthalene 27306
1,3,5,8-tetramethylnaphthalene 27307
1,3,6,7-tetramethylnaphthalene 27308
1,4,5,8-tetramethylnaphthalene 27309
1,4,6,7-tetramethylnaphthalene 27310
2,3,6,7-tetramethylnaphthalene 27311
1,3,6,8-tetramethylnaphthalene 27314
2,2,6,6-tetramethylnitrosopiperidine 17982
N,N,2,3-tetramethyl-2-norbornanamine 22773
2,2,3,3-tetramethyloctane 25064
2,2,3,4-tetramethyloctane 25065
2,2,3,5-tetramethyloctane 25066
2,2,3,6-tetramethyloctane 25067
2,2,3,7-tetramethyloctane 25068
2,2,4,4-tetramethyloctane 25069
2,2,4,5-tetramethyloctane 25070
2,2,4,6-tetramethyloctane 25071
2,2,4,7-tetramethyloctane 25072
2,2,5,5-tetramethyloctane 25073
2,2,5,6-tetramethyloctane 25074
2,2,5,7-tetramethyloctane 25075
2,2,6,6-tetramethyloctane 25076
2,2,6,7-tetramethyloctane 25077
2,2,7,7-tetramethyloctane 25078
2,3,3,4-tetramethyloctane 25079
2,3,3,5-tetramethyloctane 25080
2,3,3,6-tetramethyloctane 25081
2,3,3,7-tetramethyloctane 25082
2,3,4,4-tetramethyloctane 25083
2,3,4,5-tetramethyloctane 25084
2,3,4,6-tetramethyloctane 25085
2,3,4,7-tetramethyloctane 25086
2,3,5,5-tetramethyloctane 25087
2,3,5,6-tetramethyloctane 25088
2,3,5,7-tetramethyloctane 25089
2,3,6,6-tetramethyloctane 25090
2,3,6,7-tetramethyloctane 25091
2,4,4,5-tetramethyloctane 25092
2,4,4,6-tetramethyloctane 25093
2,4,4,7-tetramethyloctane 25094
2,4,5,5-tetramethyloctane 25095
2,4,5,6-tetramethyloctane 25096
2,4,5,7-tetramethyloctane 25097
2,4,6,6-tetramethyloctane 25098
2,5,5,6-tetramethyloctane 25099
2,5,6,6-tetramethyloctane 25100
3,3,4,4-tetramethyloctane 25101
3,3,4,5-tetramethyloctane 25102
3,3,4,6-tetramethyloctane 25103
3,3,5,6-tetramethyloctane 25104
3,3,5,5-tetramethyloctane 25105
3,3,6,6-tetramethyloctane 25106
3,4,4,5-tetramethyloctane 25107
3,4,4,6-tetramethyloctane 25108
3,4,5,5-tetramethyloctane 25109
3,4,5,6-tetramethyloctane 25110
4,4,5,5-tetramethyloctane 25111
2,2,7,7-tetramethyl-3,6-octanedione 24709
tetramethyloxirane 8446
2,6,10,14-tetramethylpentadecane 31734
2,2,3,3-tetramethylpentane 18206
2,2,3,4-tetramethylpentane 18207
2,2,4,4-tetramethylpentane 18208
2,3,3,4-tetramethylpentane 18209
2,3,3,4-tetramethyl-2-pentanol 18328
2,3,3,4-tetramethyl-2-pentanol 18329
3,3,4,4-tetramethyl-2-pentanol 18330
2,3,4,4-tetramethyl-2-pentanol 18334
2,2,4,4-tetramethyl-3-pentanol 18335
2,2,5,5-tetramethyl-4-phenacetyliden-imi 28570
1:2:3:4-tetramethylphenanthrene 30643
3,4,7,8-tetramethyl-1,10-phenanthroline 29252
2,3,4,5-tetramethylphenol 20034
2,3,4,6-tetramethylphenol 20035
2,3,5,6-tetramethylphenol 20036

2,2,5,5-Tetramethyl-4-phenyl-3-imidazoli 26148
tetramethylphosphonium bromide 4042
N,N,N',N'-tetramethylphosphorodiamidic c 4046
tetramethylphosphorodiamidothioic chlori 4047
2,2,6,6-tetramethyl-4-piperidinamine 18219
2,2,4,6-tetramethylpiperidine 18137
2,2,6,6-tetramethylpiperidine 18138
2,2,6,6-tetramethylpiperidine-1-oxyl-4-a 20908
2,2,6,6-tetramethyl-4-piperidinol 18151
1,2,3,6-tetramethyl-4-piperidinone 17824
2,2,6,6-tetramethyl-4-piperidinone 17825
2,2,6,6-tetramethylpiperidinooxy 17969
2-(2,2,6,6-tetramethyl-4-piperidinyl)-2- 24814
2,2,6,6-tetramethyl-4-piperidone oxime 17983
tetramethylplatinum 4107
2,3,5,6-tetramethyl-p-phenylenediamine 20398
N,N,N',N'-tetramethyl-p-phenyl-p-phenyle 20648
N,N,N',N'-tetramethyl-P-piperidinophosph 18429
N,N,N',N'-tetramethyl-1,3-propanediamine 12377
N,N,2,2-tetramethyl-1,3-propanediamine 12379
2,3,5,6-tetramethylpyrazine 14297
2,3,4,6-tetramethylpyridine 17267
2,3,5,6-tetramethylpyridine 17297
tetramethylpyrophosphate 4103
2,3,4,5-tetramethyl-1H-pyrrole 14429
2,2,5,5-tetramethylpyrrolidine 15302
2,2,5,5-tetramethyl-3-pyrrolidinecarboxa 17978
3,3,5,5-tetramethyl-1-pyrroline N-oxide 14801
2,2,5,5-tetramethyl-3-pyrroline-3-carbox 17649
2,2,5,5-tetramethyl-1-oxyl-3- 17408
N,2,3,5-tetramethyl-6-quinoxalinamine 24053
tetramethylrhodamine-5(6)isothiocyanate 34079
tetramethylsilane 4110
tetramethylstannane 4113
tetramethylsulfamide 4085
tetramethylsulfurous diamide 4082
(+)-N,N,N',N'-tetramethyl-L-tartaramide 15052
(-)-N,N,N',N'-tetramethyl-D-tartaramide 15053
1,4,8,11-tetramethyl-1,4,8,11-tetraazacy 27967
2,2,4,4-tetramethyltetrahydrofuran 15094
2,2,5,5-tetramethyltetrahydrofuran 15146
3,3,6,6-tetramethyl-1,2,4,5-tetraoxane 8575
2,4,6,8-tetramethyl-2,4,6,8-tetraphenylc 34635
tetramethyltetraselenafulvalene 19703
1,1,4,4-tetramethyl-2-tetrazene 4090
tetramethylthiodicarbonic diamide 8379
tetramethylthiourea 5823
tetramethylurea 5804
tetramine (adamantane derivative) 3468
tetrandrine 35508
tetrangomycin 31292
tetranicotylfructose 34856
tetranitro diglycerin 7756
tetranitroaniline 6372
N,2,3,5-tetranitroaniline 6373
N,2,4,6-tetranitroaniline 6374
2,4,5,7-tetranitrofluorenone 25440
1,3,6,8-tetranitrokarbazol 23191
tetranitromethane 363
1,3,6,8-tetranitronaphthalene 18493
2,3,4,6-tetranitrophenol 6211
1,3,6,8-tetranitropyrene 28955
trans-1,4,5,8-tetranitro-1,4,5,8-tetraaz 7759
n-tetranonacontane 36006
n-tetraoctacontane 35990
tetra-n-octylammonium bromide 35135
tetra-n-octylstannane 35139
1,4,7,10-tetraoxa-13-azacyclopentadecane 21126
4,7,13,18-tetraoxa-1,10-diazabicyclo[8.5 27860
3,6,9,12-tetraoxaeicosan-1-ol 29785
2,4,8,10-tetraoxaspiro[5.5]undecane 11546
3,6,9,12-tetraoxatetracosan-1-ol 32534
n-tetrapentacontane 35869
tetrapentylammonium bromide 32553
tetra-n-pentylcalix[4]resorcinolarene 35806
tetrapentyltin 32554
tetraphenoxysilane 33796
1,1,4,4-tetraphenyl-1,3-butadiene 34596
1,1,4,4-tetraphenyl-1,4-butanediol 34604
1,2,3,4-tetraphenyl-1,3-cyclopentadiene 34750
tetraphenylcyclopentadienone 34749
N,N',1,3-tetraphenyl-1,3,2,4-diazadiphos 33811
tetraphenyldimethyldisilane 34256
tetraphenylene 33727
1,1,1,2-tetraphenylethane 34233
1,1,2,2-tetraphenylethane 34234
1,1,2,2-tetraphenyl-1,2-ethanediol 34238
tetraphenylethylene 34221
tetraphenylfuran 34594
tetraphenylgermanium 33781
5,10,15,20-tetraphenyl-21h,23h-porphine 35736
tetraphenylhydrazine 33785
tetraphenylmethane 34061
tetraphenylbisphosphine 33798
tetraphenylphosphonium bromide 33769
tetraphenylphosphonium chloride 33772
tetraphenylphosphonium iodide 33782
tetraphenylphthalic anhydride 35060
tetraphenylplumbane 33799
meso-tetraphenylporphine 35738
5,10,15,20-tetraphenyl-21H,23H-porphine 35737
tetraphenylsilane 33801
tetraphenylstannane 33802
tetraphenylurea 34063
25,26,27,28-tetrapropoxycalix[4]arene 35587
tetrapropoxymethane 26547
tetrapropoxysilane 25382
tetrapropyl lead 25389
tetrapropylammonium bromide 25365
tetrapropylammonium chloride 25366
tetrapropylammonium hydroxide 25395
tetrapropylammonium iodide 25374
tetrapropylammonium perchlorate 25367
tetrapropylene benzenesulfonate 30973
tetrapropylgermanium 25370
tetrapropylstannane 25392
tetrasodium bis(citrate(3-)ferrate(4-)) 23480
tetrasodium EDTA 19437

tetrasul 23217
n-tetratetracontane 35763
tetrathiafulvalene 6630
tetratriacontane 35277
1-tetratriacontene 35267
tetratriacontylamine 35280
tetratriacontylbenzene 35615
tetratriacontylcyclohexane 35618
tetratriacontylcyclopentane 35556
1-tetratriacontyne 35260
tetravinyllead 14409
tetravinylsilane 14415
tetravinylstannane 14416
2,4,6,8-tetravinyl-2,4,6,8-tetramethylcy 24887
tetrazene 1166
1,2,4,5-tetrazine 673
1H-tetrazole 172
tetrazole-5-diazonium chloride 100
tetrazolium blue (chloride) 35578
tetrazolium violet 33511
1,6-bis(5-tetrazolyl)hexaaz-1,5-diene 882
tetrocarcin A 35954
tetrone A 24555
tetrophine 30453
thalicarpine 35641
thalidomide 25611
(+)-thalidomide 25616
(-)-thalidomide 25617
thallium(iii) acetate sesquihydrate 7580
thallium aci-phenylnitromethanide 10338
thallium(i) azidodithiocarbonate 360
thallium carbonate 379
thallium(i) ethoxide 982
thallium(i) formate 137
thallium fulminate 355
thallium(i) iodoacetylide 1198
thallium(i) oxalate 1234
thallium(i) thiocyanate 356
thallium(i) trifluoroacetylacetonate 4284
thallium(i) acetate 786
thallous malonate 1387
thanite 26263
thapsigargin 35243
thebaine 31465
thebainone 30763
2-thenoylacetonitrile 10059
N-(2-thenoyl)glycinohydroxamic acid 10837
p-(2-thenoyl)hydratropic acid 26982
2-thenoyltrifluoroacetone 12665
thenylidenehydrazon benzoic acide 23498
2-thenylmercaptan 4590
theobromine 10842
8-theophylline mercuric acetate 16557
theophylline methoxyoximercuripropyl suc 29500
2-(7'-theophyllinemethyl)-1,3-dioxolane 22091
1-(theophyllin-7-yl)ethyl-2-(2-(p-chloro 31458
thevetin 35697
thiabendazole 18666
thiacetazone 19476
thiacyclobutane 1967
thiacyclodecane 18111
thiacyclododecane 22866
thiacycloeicosane 31726
thiacycloheneicosane 32504
thiacycloheptadecane 29738
thiacycloheptane 8621
thiacyclohexadecane 28895
thiacyclohexane 5593
thiacyclononadecane 31113
thiacyclononane 15243
thiacyclooctadecane 30336
thiacyclooctane 11960
thiacyclopentadecane 27893
thiacyclotetradecane 26514
thiacyclotridecane 24892
thiacycloundecane 21088
1,2,4-thiadiazole 666
1,2,5-thiadiazole 667
1,3,4-thiadiazole 668
1,3,4-thiadiazole-2-acetamido 2737
thialpenton 26067
thiamine disulfide 33909
thiamine hydrochloride 24400
thiamutilin 34694
thianaphthene-3-carboxaldehyde 15923
thianaphthene-1,1-dioxide 12925
2-thianonadecane 31151
thianthrene 23349
thianthrene-1-boronic acid 23354
(1-thiapropyl)-benzene 14048
3,4-bis(1,2,3,4-thiatriazol-5-yl thio) m 2373
bis(1,2,3,4-thiatriazol-5-yl thio)methan 1383
2-thiazolamine 1605
thiazole 1473
4-thiazolecarbonitrile 2424
2-thiazolecarboxaldehyde 2491
thiazolidine 2076
4-thiazolidinecarboxylic acid 3275
L(-)-thiazolidine-4-carboxylic acid 3277
thiazolidine-2-carboxylic acid 3278
2,4-thiazolidinedione 1471
1-(2-thiazolidinyl)1,2,3,4,5-pentanepent 15348
thiazolyl blue 30577
2-(4-thiazolyl)-5-benzimidazolecarbamic 23516
4-(2-thiazolyl)piperazinyl 3,4,5-trimeth 30174
(S)-N-boc-4-thiazoylalanine 22393
thidiazuron 16179
thieno(2,3-b)thiophene 6629
7-((2-thienyl)acetamido)-3-(1-pyridylmet 31388
3-(2-thienyl)acrylic acid 10419
2-thienylalanine 11011
(R)-N-boc-3-thienylalanine 24336
(S)-N-boc-2-thienylalanine 24337
(R)-N-boc-2-thienylalanine 24338
(S)-N-boc-3-thienylalanine 24339
trans-4-(2-thienyl)-3-buten-2-one 13410
4-(2-thienyl)-3-buten-2-one 13411
4-(2-thienyl)butyric acid 13991

1-(2-thienyl)ethanone 7067
1-(2'-thienyl)ethylmercaptan 7473
3-(2-thienyl)propanoic acid 10894
1-(2-thienyl)-1-propanone 10864
3-(2-thienyl)pyrazole 10392
2-thiepanone 7810
thietane 1,1-dioxide 1946
thimet sulfone 12371
thimet sulfoxide 12369
thioacetaldehyde trimer 8640
thioacetamide 967
thioacetanilide 13769
thioacetarsamide 21792
thioacetic-acid 888
thioacrolein 1638
thioaurin 26927
thiobencarb 24150
thiobenzamide 10688
(1R)-(-)-thiocamphor 20541
thiocarbamizine 32660
thiocarbonyl azide thiocyanate 1223
1,1'-thiocarbonyldiimidazole 10400
10-thiocolchicoside 34441
thioctic acid 14657
thiocyanatoacetic acid cyclohexyl ester 17348
thiocyanatoacetic acid ethyl ester 4686
thiocyanatoacetic acid propyl ester 7558
thiocyanic acid 129
thiocyanic acid, diester with diethylene 7350
thiocyanic acid, trichloromethyl ester 453
4-thiocyano-N,N-dimethylaniline 16598
thiocyanogen 1217
thiodicarb 20667
2,2'-thiodiethanol diacetate 14719
thiodiglycolic acid 3016
4,4'-thiodiphenol 23550
3,3'-thiodipropanol 9070
3,3'-thiodipropionic acid 7941
thiofanox 17987
b-D-thioglucose tetraacetate 27615
thioglycolic acid 892
6-thioguanosine 19861
2,2'-thiobis(hexamethyldisilazane) 25417
2-thiohydantoin 1599
6-thio-2-hydroxypurine 4311
thioimidodicarbonic diamide 974
thioisonicotinamide 7036
thiolactic acid 1947
thiomesterone 33911
thiometon 9258
thiomorpholine 3754
thionazin 14457
thionicotinamide 7035
2-thio-6-oxypurine 4313
thioperazine 33350
thiophanate-methyl 23957
thiophene 2613
2-thiopheneacetic acid 7082
3-thiopheneacetic acid 7083
2-thiopheneacetonitrile 6846
3-thiopheneacetonitrile 6847
2-thiopheneacetyl chloride 6725
2-thiopheneboronic acid 2616
3-thiopheneboronic acid 2617
2-thiophenecarbonitrile 4250
3-thiophenecarbonitrile 4251
2-thiophenecarbonyl chloride 4223
trans-2-(2-thiophenecarbonyl)-1-cyclohex 24000
cis-2-(2-thiophenecarbonyl)-1-cyclohexan 24001
2-thiophenecarboxaldehyde 4325
3-thiophenecarboxaldehyde 4326
2-thiophenecarboxamide 4404
2-thiophenecarboxylic acid 4334
3-thiophenecarboxylic acid 4335
2-thiophenecarboxylic acid, 3-(1,3-benzo 31454
2-thiophenecarboxylic acid hydrazide 4512
2,5-thiophenedicarboxaldehyde 6618
2,5-thiophenedicarboxylic acid 6623
3,4-thiophenedicarboxylic acid 6624
3-thiopheneethanol 7404
2-thiopheneethanol 7405
2-thiopheneethylamine 7575
2-thiopheneglyoxylic acid 6619
3-thiophenemalonic acid 10446
2-thiophenemethanol 4543
3-thiophenemethanol 4547
2-thiophenemethylamine 4705
thiophene-2-ol 2595
2-thiophenesulfonyl chloride 2461
2(5H)-thiophenone 2596
2H-thiopyran, tetrahydro-, 1,1-dioxide 5541
thioridazine 32874
thioridazine hydrochloride 32893
thiostrepton 35965
4,4'-thiobis(6-tert-butyl-m-cresol) 33356
4,4'-thiobis(6-tert-butyl-o-cresol) 33357
2-thiothymine 4513
4-thiouracil 2568
thiourea 266
1,4-thioxane-1,1-dioxide 3570
9H-thioxanthene 25659
3,6-thioxanthenediamine-10,10-dioxide 25775
9H-thioxanthen-9-one 25498
2-thioxotetrahydro-1,3-oxazole 1763
2-thioxo-4-thiazolidinone 1467
thiram 8330
thiuram disulfide 869
thonzylamine hydrochloride 29539
thorium dicarbide 1238
L(-)-threitol 3935
L-threitol-1,4-bismethanesulfonate 9105
l(+)-threo-chloramphenicol 33543
D-threo-2-(dichloromethyl)-a-(p-nitrophe 21610
threo-4,4-dimethyl-2,3-pentanediol 12259
DL-threo-4-methyl-2,3-pentanediol 9042
DL-threonine 3736
L-threonine 3737
D-threonine 3747

boc-L-threonine 17849
D-threoninol 4011
L(+)-threoninol 4012
DL-threo-2,3-pentanediol 5867
D-threose 3575
thujane, (1S,4R,5S)-(+) 20633
b-thujaplicin 19613
g-thujaplicin 19631
4(10)-thujene, (+) 20351
thujic acid 19586
thujone 20474
thujopsene 28741
thulium(iii) trifluoromethanesulfonate 1308
thymidine 19960
thymine 4515
thymol blue 34424
thymolphthalein 34623
thymolphthalein monophosphoric acid diso 34627
L-thyroxine 28095
D-thyroxine 28096
thyroxine 28097
tibutol 21427
tienilic acid 25477
timiperone 33254
tin(ii) acetate 3020
tin(iv) bis(acetylacetonate) dichloride 19912
tin(ii) oxalate 1233
tin(iv) phthalocyanine dichloride 35049
tin(ii) tartrate 2612
tin(iv) tert-butoxide 29825
tinactin 31380
tingenone 34645
tinidazole 14460
tiocarbazil 29585
tiocarlide 33639
tioconazole 29082
tiropramide 34676
titanium(iv) butoxide 29826
titanium carbide 385
titanium(iv) ethoxide, contains 5-15% is 15721
titanium(iv) 2-ethylhexyloxide 35137
titanium(iv) isopropoxide 25383
titanium(iii) methoxide 2240
titanium(iv) propoxide 25384
titanium(iv) tert-butoxide 29827
titanocene 19227
TMIO 7724
tobramycin 31129
tocainide 22376
tochergamine 29568
tocofibrate 35550
delta-tocopherol 34531
beta-tocopherol 34700
D-g-tocopherol 34702
DL-a-tocopherol acetate 35015
tolazamide 27639
tolbutamide 24422
o-tolidine 27334
tolmetine 28360
tolnidamide 29080
tolperisone 29544
p-toluladehyde 13392
tolualdehyde 13404
toluladehyde glyceryl acetal 21881
m-toluamide 13686
p-toluamide 13687
toluene 10725
bistoluene diazo oxide 27133
toluene diisocyanate 15903
o-4-toluene sulfonyl hydroxylamine 11021
m-toluenediamine 11079
toluenediamine 11107
2-toluenediazonium bromide 10466
2-toluenediazonium perchlorate 10506
4-toluenediazonium triiodide 10605
toluene-2,6-diisocyanate 15908
4-toluenesulfinyl azide 10698
p-toluenesulfonamide 11009
o-toluenesulfonamide 11010
p-toluenesulfonanilide 25878
p-toluenesulfonhydrazide 11120
p-toluenesulfonic acid 10915
p-toluenesulfonic acid, sodium salt, iso 10721
p-toluenesulfonyl chloride 10531
p-toluenesulfonyl cyanide 13162
o-toluenesulfonyl isocyanate 13172
p-toluenesulfonyl isocyanate 13173
2-(p-toluenesulfonyl)acetamide 16972
p-toluenesulfonylacetonitrile 16448
(1R,2R)-(-)-N-(4-toluenesulfonyl)-1,2-di 32807
(1S,2S)-(+)-N-(4-toluenesulfonyl)-1,2-di 32808
1-(p-toluenesulfonyl)imidazole 19065
N-(p-toluenesulfonyl)-DL-methionine 24340
(R)-(-)-g-toluenesulfonylmethyl-g-butyro 24021
(S)-(+)-g-toluenesulfonylmethyl-g-butyro 24022
o-toluenethiosulfonic acid, s-phenyl est 25821
o-toluic acid 13413
p-toluic acid 13414
m-toluic acid 13433
p-toluic hydrazide 13871
m-toluidine 10955
o-toluidine 10956
p-toluidine 10957
m-toluidine hydrochloride 11066
p-tolyl chloroformate 13023
O-(p-tolyl) chlorothionoformate 13008
tolyl diphenyl phosphate 31392
p-tolyl isobutyrate 22163
m-tolyl isocyanate 13134
p-tolyl isocyanate 13135
m-tolyl isothiocyanate 13208
p-tolyl isothiocyanate 13209
o-tolyl isothiocyanate 13207
p-tolyl octanoate 28678
p-tolyl salicylate 26979
p-tolyl trifluoromethanesulfonate 13092
o-tolylacetic acid 16704
1,4-bis(p-tolylamino)anthraquinone 34597

N-(p-tolyl)anthranilic acid 27034
4-tolylarsenous acid 10454
N-(p-tolyl)-1-aziridinecarboxamide 19441
m-tolylazoacetanilide 28424
p-(p-tolylazo)-aniline 25886
1-(o-tolylazo)-2-naphthol 29931
4-(o-tolylazo)-o-toluidine 27248
2-(o-tolylazo)-p-toluidine 27247
1-((4-tolylazo)tolylazo)-2-naphthol 33791
o-tolylbiguanide 17378
3-tolylboronic acid 10931
4-tolylboronic acid 10932
2-tolylcopper 10554
1-(p-tolyl)-1-cyclopentanecarboxylic aci 26093
tolylene 2,5-diisocyanate 15912
2,4-tolylenebis(maleimide) 28030
p-tolylhydrazine hydrochloride 11103
2-(p-tolyl)-3-hydroxyacroleine 19145
o-tolylhydroxylamine 10997
2-(4-tolyl)malondialdehyde 19147
1-(p-tolyl)-3-methylpyrazolone-5 21822
tolylmycin Y 35718
9-(4-tolyl)octadecane 34173
2-(o-tolyloxy)aniline 25869
S-2-((4-(p-tolyloxy)butyl)amino)ethyl th 26352
7-(4-(m-tolyl)-1-piperazinyl)-4-nitro-be 30052
2-(p-tolyl)propionic acid 19611
2-(p-tolyl)propionic aldehyde 19538
3-(p-tolyl)pyrazole 19041
N-bis(p-tolylsulfonyl)amidomethyl mercur 28459
2-(p-tolylsulfonyl)ethanol 17207
3,5-bis(o-tolyl)-S-triazole 29218
1-(m-tolyl)-4-(3,4,5-trimethoxybenzoyl)p 32869
1-(p-tolyl)-4-(3,4,5-trimethoxybenzoyl)p 32870
o-tolylurea 13872
p-tolylurea 13873
1-tolylurea 13874
tomatine 35829
tomaymycin 29457
tomoxiprole 32748
tormosyl 30605
5'-tosyladenosine 30116
N-tosyl-L-alanine chloromethyl ketone 22050
N-tosyl-L-alanine diazomethyl ketone 22018
6-(N-tosyl)aminocaproic acid diazomethyl 27551
L-1-4'-tosylamino-2-phenylethyl chlorome 30057
N-tosyl-b-alanine chloromethyl ketone 22049
N-tosyl-b-alanine diazomethyl ketone 22017
(+)-N-tosyl-L-glutamic acid 24092
N-tosyl-D,L-isoleucine chloromethyl keto 27574
N-tosyl-D,L-isoleucine diazomethyl keton 27475
N-tosyl-L-leucine diazomethyl ketone 27552
tosylmethyl isocyanide 16449
tosyl-L-phenylalanylchloromethyl ketone 30647
N-tosylpyrrole 21756
N-tosyl-3-pyrrolecarboxylic acid 21591
N-tosylpyrrolidone 21994
N-tosyl-L-valine chloromethyl ketone 26170
toxaphene 18836
toxaphene toxicant B 19273
toxin C21 32982
TPEN 34270
tralomethrin 33181
tramadol 29589
tramadol (2) 29590
bistramide A 35611
trans-retinal 32314
trazodone 31478
trehalose 24775
TRH 29513
triacetamide 7559
triacetonitrile tungsten tricarbonyl 16499
1,1,4-triacetoxy-2,2-dichlorobutane 19913
1,1,5-triacetoxy-2,2-dichloropentane 22365
triacetoxy(ethyl)silane 14733
1,3,5-triacetylbenzene 23777
2,3,4-tri-O-acetyl-b-L-fucopyranosyl azi 24351
tri-O-acetyl-D-glucal 24272
2',3',5'-triacetylguanosine 29439
triacetylmethane 11197
2-(2',3',5'-triacetyl-b-D-ribofuranosyl) 27403
2,3,4-tri-O-acetyl-b-D-xylopyranosyl azi 22301
triacontane 34961
triacontanoic acid 34954
1-triacontanol 34964
1-triacontene 34948
triacontylamine 34965
triacontylbenzene 35400
triacontylcyclohexane 35419
triacontylcyclopentane 35314
1-triacontyne 34940
1,3,5-triacryloylhexahydrotriazine 24100
triadimenol 1989
triallate 20387
triallyl aconitate 28546
triallyl 1,3,5-benzenetricarboxylate 30683
triallyl phosphate 17588
triallyl trimellitate 30684
2,4,6-triallyloxy-1,3,5-triazine 24099
triallylsilane 17784
1,3,5-triallyl-1,3,5-triazine-2,4,6(1H,3 24098
1,3,5-triaminobenzene 7592
2,5,8-triamino-1,3,4,6,7,9,9b-heptaaza-p 7056
triaminoguanidinium perchlorate 331
triaminophenyl phosphate 30662
1,2,3-triaminopropane 2273
2,4,6-triaminopyrimidine 3312
1,3,5-triaminotrinitrobenzene 7055
triaminotriphenylmethane 31434
triamiphos 24524
tri-apn 34431
triarimol 29877
triasulfuron 27322
triaza-12-crown-4 15665
1,5,9-triazacyclododecane 18402
1,4,7-triazacyclononane 9248
triazamate 26372
3,6,9-triazatetracyclo[6.1.0.02,4.O5,7] 7593

787

1,1,1-trichlorononadecane 31683
1,1,1-trichlorononane 17804
3,5,6-trichloro-o-anisic acid 12640
1,1,1-trichlorooctadecane 31061
trichlorooctadecylsilane 31117
3,5,6-trichloro-2,2,3,4,4,5,6,6-octafluo 6108
1,1,1-trichlorooctane 14765
trichlorooctylsilane 15271
1,1,1-trichloropentadecane 28842
1,1,1-trichloro-2,2,3,3,3-pentafluoropro 1258
1,2,2-trichloro-1,1,3,3,3-pentafluoropro 1259
1,2,3-trichloro-1,1,2,3,3-pentafluoropro 1260
1,1,1-trichloropentane 5100
trichloropentylsilane 5648
trichloroperoxyacetic acid 548
2,3,4-trichlorophenol 6310
2,3,5-trichlorophenol 6311
2,3,6-trichlorophenol 6312
2,4,5-trichlorophenol 6313
2,4,6-trichlorophenol 6314
3,4,5-trichlorophenol 6315
trichlorophenol 6316
2,4,5-trichlorophenoxyacetic acid 12639
4-(2,4,5-trichlorophenoxy)butyric acid 18831
2-(2,4,5-trichlorophenoxy)ethanol 13051
2,4,5-trichlorophenoxyethyl-a,a,a-trichl 18550
2-(2,4,5-trichlorophenoxy)propionic acid 29475
2,4,6-trichlorophenyl acetate 12638
2,4,6-trichlorophenyl chloroformate 9456
2,4,5-trichlorophenyl disulfide 23167
o-(2,4,5-trichlorophenyl) phosphorodichl 6183
2,2,2-trichloro-N-phenylacetamide 12825
2,4,6-trichlorophenylboronic acid 6382
2,4,6-trichloro-phenyldimethyltriazene 13307
2,2,2-trichloro-1-phenylethanone 12633
trichloro(2-phenylethyl)silane 13629
2,4,6-trichlorophenylhydrazine 6762
bis(2,4,6-trichlorophenyl)oxalate 26575
1-(2,4,6-trichlorophenyl)-3-(p-nitroanil 27994
trichlorophenylsilane 6764
bis(2,3,5-trichlorophenylthio)zinc 23168
2,2,3-trichloropropanal 1426
1,1,1-trichloropropane 1703
1,1,2-trichloropropane 1704
1,1,3-trichloropropane 1705
1,2,2-trichloropropane 1706
1,2,3-trichloropropane 1707
1,2,3-trichloropropane-2,3-oxide 1431
2,2,3-trichloropropanoic acid 1434
1,1,1-trichloro-2-propanol 1709
1,1,1-trichloro-2-propanone 1425
1,1,2-trichloro-1-propene 1419
1,2,3-trichloropropene 1420
3,3,3-trichloro-1-propene 1421
1,1,3-trichloro-1-propene 1422
2,3,3-trichloro-2-propenenitrile 1261
2,3,3-trichloro-2-propenoic acid 1323
2,3,3-trichloro-2-propenoyl chloride 1267
trichloro-2-propenylsilane 1710
2,3,3-trichloro-2-propen-1-ol 1432
trichloropropionitrile 1355
2,2,3-trichloropropionitrile 1356
trichloropropylsilane 2018
2,3,6-trichloropyridine 4196
2,4,6-trichloropyrimidine 2360
2,3,6-trichloroquinoxaline 12476
bis(trichlorosilyl)acetylene 466
1,2-bis(trichlorosilyl)ethane 828
2-(trichlorosilyl)ethyl acetate 3173
bis(trichlorosilyl)methane 154
3-trichlorosilylpropionitrile 1564
1,1,1-trichlorotetradecane 27832
2,3,3-trichlorotetrahydrofuran 2671
2,3,3-trichlorotetrahydro-2H-pyran 4642
2,3,5-trichlorothiophene 2362
2,4,5-trichlorothiophenol 6324
2,3,6-trichlorotoluene 9978
a-a-p-trichlorotoluene 9979
2,4,6-trichloro-1,3,5-triazine 1263
trichloro(trichloromethyl)silane 56
trichloro(3,3,4,4,5,5,6,6,7,7,8,8,8-trid 12526
1,1,1-trichlorotridecane 26445
2,2',2''-trichlorotriethylamine 8292
1,3,5-trichloro-2,4,6-trifluorobenzene 6061
1,1,2-trichloro-2,3,3-trifluorocyclobuta 2400
1,1,2-trichloro-1,2,2-trifluoroethane 449
1,1,1-trichloro-2,2,2-trifluoroethane 450
trichlorotrifluoroethane 2319
1,1,2-trichloro-3,3,3-trifluoro-1-propen 1257
trichloro(3,3,3-trifluoropropyl)silane 1559
1,3,5-trichloro-2,4,6-trinitrobenzene 6062
1,1,1-trichloroundecane 22762
trichlorovinylsilane 725
trichothecin 31560
tricine 8853
triciribine 26076
triclopyr 9758
triclose 19084
tricosafluorododecanoic acid 23135
tricosane 33706
tricosanoic acid 33700
1-tricosanol 33708
12-tricosanone 33694
1-tricosene 33686
cis-9-tricosene 33687
tricosylamine 33710
tricosylbenzene 34812
tricosylcyclohexane 34816
tricosylcyclopentane 34716
1-tricosyne 33678
tricresyl phosphate 32790
tricyclazole 16086
tricyclene 20352
tricyclo[3.3.1.13,7]decan-1-amine 20557
tricyclo[3.3.1.13,7]decane 20353
tricyclo[5.2.1.0-(2,6)-]decane 20369
tricyclo[5.2.1.02,6]decane 20372
tricyclodecane(5.2.1.02,6)-3,10-diisocya 23315

tricyclodecenyl propionate 26229
tricyclo[4.1.0.02,4]heptane 11058
tricyclo[4.1.0.02,7]heptane 11059
tri(2-cyclohexylcyclohexyl)borate 35398
1,2:3,4:5,6-tri-O-cyclohexylidene-D-mann 33932
tricyclohexylmethane 31657
tricyclohexylmethanol 31663
tricyclohexylphosphine 31012
bis(tricyclohexylphosphine)palladium(0) 35407
tricycloquinazoline 32572
1,12-tridecadiyne 26287
3,3,4,4,5,5,6,6,7,7,8,8,8-tridecafluoro- 12496
tridecafluoroheptanoic acid 9438
(2,2,3,3,4,4,5,5,6,6,7,7,7-tridecafluo 15830
4,4,5,5,6,6,7,7,8,8,9,9,9-tridecafluoro- 23389
tridecafluoro-1-iodohexane 6095
1,1,1,2,2,3,3,4,4,5,5,6,6-tridecafluoro- 12569
3,3,4,4,5,5,6,6,7,7,8,8,8-tridecafluoro- 12679
3,3,4,4,5,5,6,6,7,7,8,8,8-tridecafluoroo 21495
3,3,4,4,5,5,6,6,7,7,8,8,8-tridecafluoroo 23388
1-tridecanal 26486
tridecane 26526
tridecanedioic acid 26436
1,2-tridecanediol 26539
1,3-tridecanediol 26540
1,4-tridecanediol 26541
1,13-tridecanediol 26542
1,12-tridecanediol 26543
tridecanenitrile 26452
1-tridecanethiol 26549
2-tridecanethiol 26550
tridecanoic acid 26492
tridecanoic acid 2,3-epoxypropyl ester 29672
1-tridecanol 26535
2-tridecanol 26536
3-tridecanol 26537
2-tridecanone 26487
3-tridecanone 26488
7-tridecanone 26489
2-tridecenal 26419
1-tridecene 26469
2-tridecenoic acid 26423
12-tridecenoic acid 26424
tridecyl acetate 28881
tridecyl butanoate 30329
tridecyl formate 27874
tridecyl propanoate 29725
tri-N-decylamine 34971
tridecylamine 26555
tridecylbenzene 31646
tridecylcyclohexane 31696
tridecylcyclopentane 31081
1-tridecylcyclopentene 31018
1-tridecyne 26402
2-tridecyne 26403
3-tridecyne 26404
tridemorph 31731
tri(diisobutylcarbinyl) borate 34565
tridiphane 18618
tri-n-dodecyl borate 35436
tridodecylamine 35443
trieicosylamine 35923
1,2,4,5,9,10-triepoxydecane 20510
triethanolamine 9239
triethanolamine borate 8239
triethanolamine lauryl sulfate 31177
triethanolamine salicylate 26353
triethazine 17640
1,3,5-triethoxybenzene 24479
3,4,5-triethoxybenzoic acid 26236
1,1,3-triethoxy-2-butene 21081
triethoxydialuminum tribromide 9138
1,1,1-triethoxyethane 15581
triethoxyethylsilane 15717
1,1,3-triethoxyhexane 25297
triethoxy(isobutyl)silane 21439
triethoxy(3-isocyanatopropyl)silane 21127
triethoxymethane 12284
triethoxymethylsilane 12389
triethoxy(octyl)silane 27969
triethoxypentylsilane 23108
triethoxyphenylsilane 24593
1,1,1-triethoxypropane 18352
1,1,3-triethoxypropane 18353
1,3,3-triethoxy-1-propene 18099
triethoxysilane 9323
1,2-bis(triethoxysilyl)ethane 27971
3-(triethoxysilyl)-1-propanamine 18441
2,4,6-triethoxy-1,3,5-triazine 17580
triethyl 2-acetoxy-1,2,3-propanetricarbo 27717
triethyl aluminum 9135
triethyl ammonium nitrate 9308
triethyl arsenate 9142
triethyl arsenite 9141
triethyl borate 9147
triethyl 2-chloro-2-phosphonoacetate 15004
triethyl citrate 24617
triethyl 2,2-dichloro-2-phosphonoacetate 14764
triethyl 1,1,2-ethanetricarboxylate 22632
triethyl 2-fluoro-2-phosphonoacetate 15015
triethyl indium 9172
triethyl lead chloride 9161
triethyl lead furoate 22619
triethyl lead oleate 33995
triethyl lead phenyl acetate 26330
triethyl methanetricarboxylate 20536
triethyl orthobenzoate 26336
triethyl phenyl silicate 24609
triethyl 3-phenylsulfonylorthopropionate 28777
triethyl phosphate 9260
triethyl phosphine gold nitrate 9144
triethyl phosphonoacetate 15352
triethyl 2-phosphonobutyrate 21132
triethyl 4-phosphonocrotonate, isomers 20912
triethyl phosphonoformate 12111
triethyl 2-phosphonopropionate 18174
triethyl 3-phosphonopropionate 18175

O,O,S-triethyl phosphorodithioate 9256
O,S,S-triethyl phosphorodithioate 9257
O,O,O-triethyl phosphorothioate 9263
triethyl trans-1-propene-1,2,3-tricarbox 24497
O,O,S-triethyl thiophosphate 9265
bis(triethyl tin) sulfate 25408
bis(triethyl tin)acetylene 27955
triethylamine 9212
triethylamine hydrochloride 9280
triethylarsine 9140
1,2,3-triethylbenzene 24364
1,2,4-triethylbenzene 24365
1,3,5-triethylbenzene 24366
triethylbenzene; (mixed isomers) 24363
triethylborane 9145
triethyldiborane 9278
triethylene glycol 9092
triethylene glycol bis(chloroformate) 14268
triethylene glycol diacetate 20844
triethylene glycol diacrylate 24499
triethylene glycol diglycidyl ether 24768
triethylene glycol dimethacrylate 27712
triethylene glycol dimethyl ether 15591
triethylene glycol di-p-tosylate 32287
tri(ethylene glycol) divinyl ether 20833
tri(ethylene glycol) bis(2-ethylbutyrate) 31048
tri(ethylene glycol) bis(2-ethylhexanoat 33444
tri(ethylene glycol) methyl vinyl ether 18103
triethylene glycol monochlorohydrin 8697
triethylene glycol monoethyl ether 15592
triethylene glycol monomethyl ether 12295
triethylene tetramine 9359
triethylenediamine 8315
triethyleneglycol dibutylether 27945
triethylenethiophosphoramide 8384
N,N,N'-triethylethylenediamine 15701
triethylfluorosilane 9169
triethylgallium 9171
triethylgermanium hydride 9289
1,3,5-triethylhexahydro-1,3,5-triazine 18403
3,3,4-triethylhexane 25232
tri(2-ethylhexyl) borate 34010
triethylbismuth 9148
triethylphenylammonium iodide 24542
triethylphenylsilane 24620
triethylphosphine 9274
triethylphosphine oxide 9253
triethylphosphine sulfide 9275
triethylplumbyl acetate 15569
triethylpropyl germane 18421
triethylsilane 9326
triethylsilanol 9311
1-triethylsiloxy-1,3-butadiene; (cis+tra 21039
triethylsilyl perchlorate 9160
triethylsilyl trifluoromethanesulfonate 12018
(triethylsilyl)acetylene 15246
triethylstannane 9329
triethylstibine 9276
triethyltin bromide 9151
triethyltin chloride 9167
triethyltin hydroperoxide 9319
triethyltin phenoxide 24562
triethyl(trifluoromethyl)silane 12019
2,4,6-triethyl-2,4,6-trimethylcyclotrisi 18445
2,4,6-triethyl-2,4,6-triphenylcyclotrisi 33874
triethylvinylsilane 15621
triethynyl aluminum 6241
triethynyl antimony 6376
triethynylarsine 6242
triethynylphosphine 6375
triflumizole 28339
trifluoroacetaldehyde ethyl hemiacetal 3207
trifluoroacetamide 648
trifluoroacetic acid 556
trifluoroacetic acid, ammonium salt 838
trifluoroacetic acid anhydride 2331
trifluoroacetic acid lithium salt 483
trifluoroacetic acid, silver salt 389
trifluoroacetic acid triethylstannyl est 14771
1,1,1-trifluoroacetone 1442
trifluoroacetonitrile 484
2',4',5'-trifluoroacetophenone 12654
bis(trifluoroacetoxy)dibutyltin 24396
2-(trifluoroacetoxy)pyridine 9802
trifluoroacetyl azide 486
trifluoroacetyl chloride 425
trifluoroacetyl fluoride 491
trifluoroacetyl hypochlorite 426
trifluoroacetyl hypofluorite 492
trifluoroacetyl nitrite 485
trifluoroacetyl triflate 1293
trifluoroacetyladriamycin-14-valerate 35225
N-trifluoroacetylaniline 12855
9-(trifluoroacetyl)-anthracene 28976
3-(trifluoroacetyl)-d-camphor 24040
2-trifluoroacetyl-1,3,4-dioxazalone 1280
O-trifluoroacetyl-S-fluoroformyl thioper 1282
N-trifluoroacetyl-L-glutamine 10949
1-(trifluoroacetyl)imidazole 4237
trifluoroacetyliminoiodobenzene 12651
trifluoroacetylisocyanate 1279
bis(trifluoroacetyl)peroxide 2332
N-trifluoroacetyl-L-phenylalanine 21615
2-(trifluoroacetyl)thiophene 6345
trifluoroacryloyl fluoride 1281
3,4,5-trifluoroaniline 6534
2,4,6-trifluoroaniline 6535
2,4,5-trifluoroaniline 6536
2,3,4-trifluoroaniline 6537
2,3,6-trifluoroaniline 6538
(-)-2,2,2-trifluoro-1-(9-anthryl)ethanol 29004
(S)-(+)-2,2,2-trifluoro-1-(9-anthryl)eth 29005
2,3,6-trifluorobenzaldehyde 9574
2,3,5-trifluorobenzaldehyde 9575
3,4,5-trifluorobenzaldehyde 9576
2,3,4-trifluorobenzaldehyde 9577
2,4,5-trifluorobenzaldehyde 9578
1,2,4-trifluorobenzene 6337

3,4,5-trihydroxybenzaldehyde 10441
2,3,4-trihydroxybenzaldehyde 10442
2,4,5-trihydroxybenzaldehyde 10443
2,4,6-trihydroxybenzaldehyde 10444
3,4,5-trihydroxybenzamide hydrate 10683
2,3,4-trihydroxybenzoic acid 10447
2,4,6-trihydroxybenzoic acid 10448
3,4,5-trihydroxybenzoic acid 10449
2,4,4'-trihydroxybenzophenone 25655
(R*,R*)-2,3,4-trihydroxybutanal 3579
2',4',5'-trihydroxybutyrophenone 19688
1,9,10-trihydroxy-9,10-dihydro-3-methylc 32703
4',5,7-trihydroxy-6-methoxyisoflavone 29071
1,3,8-trihydroxy-6-methyl-9,10-anthracen 28060
9,10,18-trihydroxyoctadecanoic acid, (R* 31111
5,6,7-trihydroxy-2-phenyl-4H-1-benzopyra 28061
1-(2,3,4-trihydroxyphenyl)ethanone 13493
1-(2,4,6-trihydroxyphenyl)-1-propanone 16790
1,1,1-triiocloheptadecane 30306
3,5,3'-triiodo-4'-acetylthyroformic acid 27996
1,2,3-triiodobenzene 6355
1,2,4-triiodobenzene 6356
1,3,5-triiodobenzene 6357
3,4,5-triiodobenzenediazonium nitrate 6199
3,4,5-triiodobenzoic acid 9594
2,3,5-triiodobenzoic acid 9595
1,1,1-triiodobutane 3224
1,1,2-triiodobutane 3225
1,1,3-triiodobutane 3226
1,1,4-triiodobutane 3227
1,2,2-triiodobutane 3228
1,2,3-triiodobutane 3229
1,2,4-triiodobutane 3230
1,3,3-triiodobutane 3231
2,2,3-triiodobutane 3232
1,1,1-triiododecane 20885
1,1,1-triiodododecane 24802
1,1,1-triiodononadecane 31689
1,1,1-triiodoeicosane 32468
1,1,1-triiodoethane 746
1,1,2-triiodoethane 747
1,1,1-triiodoheptane 11621
1,1,1-triiodohexadecane 29698
1,1,1-triiodohexane 8086
1,3,5-triiodo-2-methylbenzene 10039
1,1,1-triiodo-2-methylpropane 3233
1,1,2-triiodo-2-methylpropane 3234
1,1,3-triiodo-2-methylpropane 3235
1,2,3-triiodo-2-methylpropane 3236
1,2,3-triiodo-5-nitrobenzene 6200
1,1,1-triiodononane 17812
1,1,1-triiodooctadecane 31067
1,1,1-triiodooctane 14774
1,1,1-triiodopentadecane 28848
1,1,1-triiodopentane 5182
2,4,6-triiodophenol 6358
1,1,1-triiodopropane 1742
1,1,2-triiodopropane 1743
1,1,3-triiodopropane 1744
1,2,2-triiodopropane 1745
1,2,3-triiodopropane 1746
1,1,1-triiodotetradecane 27838
3,3',5-triiodo-L-thyronine, sodium salt 28093
3,3',5-triiodothyropropionic acid 28094
1,1,1-triiodotridecane 26451
1,1,1-triiodoundecane 22770
triiron dodecacarbonyl 23128
triisobutoxymethane 26545
triisobutyl aluminum 25321
triisobutyl borate 25329
triisobutyl phosphate 25356
triisobutylamine 25347
triisobutylborane 25325
triisobutylene oxide 24866
triisobutylphosphine 25360
triisobutylsilane 25391
triisooctyl phosphite 34034
triisooctylamine 34019
triisopentyl orthoformate 29782
triisopentylamine 28937
triisopentylborane 28928
triisopentylphosphine 28948
triisopropanolamine 18399
triisopropanolamine cyclic borate 17971
triisopropoxymethane 21367
triisopropoxyvinylsilane 23078
triisopropyl borate 18377
triisopropyl phosphate 18413
triisopropyl phosphite 18409
2',4',6'-triisopropylacetophenone 30249
1,2,4-triisopropylbenzene 28726
1,3,5-triisopropylbenzene 28727
2,4,6-triisopropylbenzenesulfonyl chlori 28692
N-tri-isopropyl-B-triethyl borazole 28951
triisopropylphosphine 18418
triisopropylsilane 18437
triisopropylsilanethiol 18434
triisopropylsilanol 18430
triisopropylsilyl trifluoromethanesulfon 21099
(triisopropylsilyl)acetylene 22869
6-O-(triisopropylsilyl)-D-galactal cycli 29636
1-(triisopropylsilyl)pyrrole 26461
triisopropyltin acetate 23074
triisopropyltin undecylenate 32533
N,N,4-trilithioaniline 6561
TRIM 18624
tri-m-cresyl phosphate 32788
trimebutine 33339
trimellitic anhydride 15803
trimellitic anhydride acid chloride 15775
trimesitylphosphine 34447
trimethoate 18218
trimethoxazine 27543
3',4',5'-trimethoxyacetophenone 22199
3,4,5-trimethoxyaniline 17352
3,4,5-trimethoxy-a-vinylbenzyl alcohol a 27501
2,3,4-trimethoxybenzaldehyde 19689
2,4,5-trimethoxybenzaldehyde 19690
2,4,6-trimethoxybenzaldehyde 19691
3,4,5-trimethoxybenzaldehyde 19692
3,4,5-trimethoxybenzaldehyde dimethyl ac 24495
3,4,5-trimethoxybenzamide 19842
1,2,3-trimethoxybenzene 17191
1,3,5-trimethoxybenzene 17192
1,2,4-trimethoxybenzene 17202
3,4,5-trimethoxybenzeneethanamine 22528
3,4,5-trimethoxybenzenemethanol 20155
2,4,5-trimethoxybenzoic acid 19697
3,4,5-trimethoxybenzoic acid 19698
2,3,4-trimethoxybenzoic acid 19701
3,4,5-trimethoxybenzonitrile 19335
2,4,6-trimethoxybenzonitrile 19336
2,3,4-trimethoxybenzonitrile 19337
6,7,8-trimethoxy-2H-1-benzopyran-2-one 23790
3,4,5-trimethoxybenzoyl chloride 19269
1-(3,4,5-trimethoxybenzoyl)-4-(2-pyridyl 31530
2,3,4-trimethoxybenzyl alcohol 20164
3,4,5-trimethoxybenzylamine 20282
5-(3,4,5-trimethoxybenzyl)-2,4-diaminopy 27477
trimethoxyboroxine 2180
1,1,3-trimethoxybutane 12285
1,3,3-trimethoxybutane 12286
3,4,5-trimethoxycinnamaldehyde 24017
trans-2,4,5-trimethoxycinnamic acid 24018
trans-2,3,4-trimethoxycinnamic acid 24019
3,4,5-trimethoxycinnamic acid 24020
6,6',7-trimethoxy-2,2'-dimethylberbaman- 35455
6,6',7-trimethoxy-2,2'-dimethyloxyacanth 35456
7',10,11-trimethoxyemetan-6'-ol 34659
1,1,1-trimethoxyethane 5905
tri-(2-methoxyethanol)phosphate 18417
4,7,8-trimethoxyfuro[2,3-b]quinoline 27038
trimethoxymethane 3923
trimethoxymethylsilane 4098
2,4,6-trimethoxynitrobenzene 16981
trimethoxy(octadecyl)silane 33077
trimethoxy(7-octen-1-yl)silane 23080
trimethoxy(octyl)silane 23109
3,4,5-trimethoxyphenol 17209
3,4,5-trimethoxyphenylacetic acid 22203
3,4,5-trimethoxyphenylacetonitrile 21991
1-(2,3,4-trimethoxyphenyl)ethanone 22191
trimethoxy(2-phenylethyl)silane 22621
3-(3,4,5-trimethoxyphenyl)propionic acid 24268
trimethoxyphenylsilane 17494
1,2,10-trimethoxy-6a-a-aporphin-9-ol 32203
1,2,3-trimethoxypropane 9084
1,1,3-trimethoxypropane 9087
1,1,1-trimethoxypropane 9088
1,2,4-trimethoxy-5-(1-propenyl)benzene 24238
trimethoxy(propyl)silane 9324
trimethoxysilane 2266
1,10-bis-trimethoxysilyldecane 29835
1,2-bis(trimethoxysilyl)ethane 15746
1-[2-(trimethoxysilyl)ethyl]-3-cyclohexa 22862
3-(trimethoxysilyl)propyl acrylate 18109
3-(trimethoxysilyl)propyl methacrylate 21087
bis[3-(trimethoxysilyl)propyl]amine 25412
1-[3-(trimethoxysilyl)propyl]urea 12386
3,4,5-trimethoxytoluene 20145
2,4,6-trimethoxy-1,3,5-triazine 7606
trimethoxy(vinyl)silane 5911
trimethyl aluminum 2165
trimethyl benzene 17010
trimethyl 1,2,4-benzenetricarboxylate 23796
trimethyl 1,3,5-benzenetricarboxylate 23797
trimethyl borate 2176
trimethyl 4-bromoorthobutyrate 11987
trimethyl citrate 17517
trimethyl lead chloride 2189
trimethyl methanetricarboxylate 11224
trimethyl bismuth 2181
trimethyl nonanone 24860
trimethyl orthobenzoate 20146
trimethyl orthobutyrate 12290
trimethyl orthovalerate 15584
trimethyl phosphate 2241
trimethyl phosphite 2236
trimethyl phosphonoacetate 5771
trimethyl 2-phosphonoacrylate 8198
trimethyl 4-phosphonocrotonate 11693
O,S,S-trimethyl phosphorodithioate 2231
S,S,S-trimethyl phosphorotrithioate 2228
trimethyl silane 2268
trimethyl silyl hydroperoxide 2265
bistrimethyl silyl oxide 9363
trimethyl thioborate 2178
trimethyl thiophosphate 2239
trimethyl tin hydroxide 2264
2,4,6-trimethylacetanilide 22255
2,3-bistrimethylacetoxymethyl-1-methylpy 30261
trimethylamine 2203
trimethylamine borane 2276
trimethylamine hydrochloride 2250
trimethylamine oxide 2209
trimethylamine-N-oxide perchlorate 2252
3,2',5'-trimethyl-4-aminodiphenyl 28468
trimethylammonium perchlorate 2251
2,4,5-trimethylaniline 17281
2,4,6-trimethylaniline 17282
2,3,5-trimethylanisole 20085
2,9,10-trimethylanthracene 29986
trimethylarsine 2168
trimethylarsine oxide 2170
trimethylarsine selenide 2172
1,3,3-trimethyl-6-azabicyclo[3.2.1]octan 20896
3,8,12-trimethylbenz(a)acridine 32044
8,10,12-trimethylbenz(a)acridine 32040
4,5,10-trimethylbenz(a)anthracene 32674
4,7,12-trimethylbenz(a)anthracene 32675
6,7,8-trimethylbenz(a)anthracene 32677
6,8,12-trimethylbenz(a)anthracene 32678
7,8,12-trimethylbenz(a)anthracene 32680
7,10,12-trimethylbenz(a)anthracene 32681
3,5,9-trimethyl-1:2-benzacridine 32043
5,7,8-trimethyl-3:4-benzacridine 32045
2,4,6-trimethylbenzaldehyde 19513
N,N,4-trimethylbenzamide 19774
4,9,10-trimethyl-1,2-benzanthracene 32676
6,9,12-trimethyl-1,2-benzanthracene 32679
7,8,11-trimethylbenz(c)acridine 32046
7,9,10-trimethylbenz(c)acridine 32047
7,9,11-trimethylbenz(c)acridine 32048
1,1,2-trimethyl-1H-benz[e]indole 28348
1,2,3-trimethylbenzene 17008
1,2,4-trimethylbenzene 17009
2,4,6-trimethyl-1,3-benzenediol 17149
1,3,6-trimethylbenzo(a)pyrene 33517
2,4,6-trimethylbenzoic acid 19614
2,3,4-trimethylbenzoic acid 19619
3,4,5-trimethylbenzoic acid 19620
2,3,5-trimethylbenzoic acid 19621
2,3,6-trimethylbenzoic acid 19622
2,4,5-trimethylbenzoic acid 19623
2,4,6-trimethylbenzonitrile 19291
2,4,6-trimethylbenzonitrile, N-oxide 19308
2,5,6-trimethylbenzoselenazole 19344
2,5,6-trimethylbenzothiazole 19343
2,5,6-trimethylbenzoxazole 19307
2,4,6-trimethylbenzyl alcohol 20086
2,4,6-trimethylbenzyl mercaptan 20179
2,4,6-trimethylbenzylcyanide 21954
trimethylbenzylsilane 20544
1,7,7-trimethylbicyclo[2.2.1]heptane 20619
2,2,3-trimethylbicyclo[2.2.1]heptane 20620
1,3,3-trimethylbicyclo[2.2.1]heptane, (+ 20618
2,6,6-trimethylbicyclo[3.1.1]heptane, (1 20621
3,7,7-trimethylbicyclo[4.1.0]heptane, (1 20624
2,6,6-trimethylbicyclo[3.1.1]heptane, [1 20622
3,7,7-trimethylbicyclo[4.1.0]heptane, [1 20623
1,7,7-trimethylbicyclo[2.2.1]heptane-2,3 20119
1,7,7-trimethylbicyclo[2.2.1]heptane-2,3 20108
1,3,3-trimethylbicyclo[2.2.1]heptan-2-ol 20748
4,7,7-trimethylbicyclo[2.2.1]heptan-2-ol 24573
1,7,7-trimethylbicyclo[2.2.1]heptan-2-ol 24574
4,6,6-trimethylbicyclo[3.1.1]heptan-2-ol 20676
1,3,3-trimethylbicyclo[2.2.1]heptan-2-ol 20673
1,3,3-trimethylbicyclo[2.2.1]heptan-2-ol 20674
1,7,7-trimethylbicyclo[2.2.1]heptan-2-ol 20675
4,7,7-trimethylbicyclo[2.2.1]heptan-2-on 20431
4,6,6-trimethylbicyclo[3.1.1]heptan-2-on 20430
2,6,6-trimethylbicyclo[3.1.1]heptan-3-on 20429
1,7,7-trimethylbicyclo[2.2.1]hept-2-ene 20354
4,6,6-trimethylbicyclo[3.1.1]hept-3-en-2 20445
4,6,6-trimethylbicyclo[3.1.1]hept-3-en-2 20446
2,7,7-trimethylbicyclo[3.1.1]hept-2-en-6 20061
2,3'-trimethylbiphenyl 27058
trimethylborane 2173
2,4,6-trimethylborazine 2280
trimethylboroxine 2179
2,2,3-trimethylbutane 12120
2,2,3-trimethyl-1-butanol 12200
2,3,3-trimethyl-1-butanol 12201
2,3,3-trimethyl-2-butanol 12202
2,3,3-trimethyl-1-butene 11744
trimethylchlorosilane 2190
trimethylcolchicinic acid 31471
trimethylcolchicinic acid methyl ether 32206
trimethyl-1,5,9-cyclododecatriene, isome 28746
2,6,6-trimethyl-2,4-cycloheptadien-1-one 20062
1,1,2-trimethylcycloheptane 20940
1,1,4-trimethylcycloheptane 20941
2,6,6-trimethylcycloheptanol 21003
2,2,6-trimethylcycloheptanone 20685
2,6,6-trimethylcycloheptanone 20686
1,4,4-trimethyl-1-cycloheptene 20634
1,1,2-trimethylcyclohexane 17925
1,1,3-trimethylcyclohexane 17926
1,1,4-trimethylcyclohexane 17927
1,2,3-trimethylcyclohexane 17928
1,cis-2,cis-3-trimethylcyclohexane 17929
1,cis-2,trans-3-trimethylcyclohexane 17930
1,trans-2,cis-3-trimethylcyclohexane 17931
1,cis-2,cis-4-trimethylcyclohexane 17933
1,cis-2,trans-4-trimethylcyclohexane 17934
1,trans-2,cis-4-trimethylcyclohexane 17935
1,trans-2,trans-4-trimethylcyclohexane 17936
1,3,5,-trimethylcyclohexane 17937
cis,cis-1,3,5-trimethylcyclohexane 17938
cis,trans-1,3,5-trimethylcyclohexane 17939
1,2,4-trimethylcyclohexane, isomers 17932
3,3,5-trimethylcyclohexanecarboxaldehyde 20764
1,2,2-trimethylcyclohexanol 18022
1,2,6-trimethylcyclohexanol 18023
1,3,5-trimethylcyclohexanol 18024
2,2,5-trimethylcyclohexanol 18025
2,2,6-trimethylcyclohexanol 18026
2,3,3-trimethylcyclohexanol 18027
2,3,6-trimethylcyclohexanol 18028
cis-3,3,5-trimethylcyclohexanol 18029
trans-3,3,5-trimethylcyclohexanol 18030
3,5,5-trimethylcyclohexanol 18043
2,2,3-trimethylcyclohexanone 17675
2,2,4-trimethylcyclohexanone 17676
2,2,5-trimethylcyclohexanone 17677
2,2,6-trimethylcyclohexanone 17678
2,3,6-trimethylcyclohexanone 17679
2,4,4-trimethylcyclohexanone 17680
2,4,5-trimethylcyclohexanone 17681
2,4,6-trimethylcyclohexanone 17682
3,3,5-trimethylcyclohexanone 17683
3,4,4-trimethylcyclohexanone 17684
1,2,3-trimethylcyclohexene 17615
1,3,5-trimethylcyclohexene 17616
1,4,4-trimethylcyclohexene 17617
1,4,5-trimethylcyclohexene 17018
1,5,5-trimethylcyclohexene 17619
1,5,6-trimethylcyclohexene 17620
1,6,6-trimethylcyclohexene 17621
3,5,5-trimethylcyclohexene 17629
2,6,6-trimethyl-1-cyclohexene-1-acetalde 22589
2,6,6-trimethyl-1-cyclohexene-1-carboxal 20442
2,6,6-trimethyl-2-cyclohexene-1,4-dione 17178
2,4,4-trimethyl-1-cyclohexene-1-methanol 20703

2,6,6-trimethyl-1-cyclohexene-1-methanol 20704
2,6,6-trimethyl-2-cyclohexene-1-methanol 20705
1,3,5-trimethyl-2-cyclohexen-1-ol 17700
2,4,4-trimethyl-2-cyclohexen-1-ol 17701
3,5,5-trimethyl-2-cyclohexen-1-ol 17702
3,4,4-trimethyl-2-cyclohexen-1-one 17440
3,4,6-trimethyl-2-cyclohexen-1-one 17441
3,6,6-trimethyl-2-cyclohexen-1-one 17442
2,4,4-trimethyl-2-cyclohexen-1-one 17455
4-(2,6,6-trimethyl-1-cyclohexen-1-yl)-3- 26375
4-(2,6,6-trimethyl-2-cyclohexen-1-yl)-3- 26376
1-(2,6,6-trimethyl-2-cyclohexen-1-yl)-3- 27759
3,3,5-trimethylcyclohexyl acetate, isome 22710
3,3,5-trimethylcyclohexyl dipropylene gl 28891
3,3,5-trimethylcyclohexyl methacrylate, 26382
3,3,5-trimethylcyclohexylamine 18143
11,12-17-trimethyl-15H-cyclopenta(a)phen 32065
1,1,2-trimethylcyclopentane 14868
1,1,3-trimethylcyclopentane 14869
1,cis-2,cis-3-trimethylcyclopentane 14870
1,cis-2,trans-3-trimethylcyclopentane 14871
1,trans-2,cis-3-trimethylcyclopentane 14872
1,cis-2,cis-4-trimethylcyclopentane 14873
1,cis-2,trans-4-trimethylcyclopentane 14874
1,trans-2,cis-4-trimethylcyclopentane 14875
cis-1,2,2-trimethyl-1,3-cyclopentanedica 20522
1,2,2-trimethylcyclopentanol 15135
1,2,4-trimethylcyclopentanol 15136
1,2,5-trimethylcyclopentanol 15137
2,2,4-trimethylcyclopentanone 14576
2,2,5-trimethylcyclopentanone 14577
2,3,5-trimethylcyclopentanone 14578
2,4,4-trimethylcyclopentanone 14579
1,2,3-trimethylcyclopentene 14464
1,5,5-trimethylcyclopentene 14465
1,2,3-trimethyl-2-cyclopentene-1-carboxy 17471
2,2,3-trimethyl-3-cyclopentene-1-carboxy 17472
2,3,3-trimethyl-1-cyclopentene-1-carboxy 17473
1,1,2-trimethylcyclopropane 8203
1,cis-2,cis-3-trimethylcyclopropane 8204
1,cis-2,trans-3-trimethylcyclopropane 8205
3,8,13-trimethylcycloquinazoline 33755
trimethyldiborane 2279
1,4,7-trimethyldiethylenetriamine 12396
2,2,4-trimethyl-3,3-diethylpentane 25264
trimethyl-1,6-diisocyanatohexane, isomer 22567
1,3,5-trimethyl-2,4-dinitrobenzene 16589
2,2,5-trimethyl-1,3-dioxane-4,6-dione 11213
2,2,6-trimethyl-4H-1,3-dioxin-4-one 11198
3,7,11-trimethyl-2,6,10-dodecatrienal 28762
trimethylene sulfate 1965
trimethylenedimethanesulfonate 5920
1,3:2,5:4,6-tri-O-methylene-D-mannitol 17516
4,4'-trimethylenebis(1-piperidineethanol 30320
N,N'-trimethylenethiourea 3462
1,2,3-trimethyl-4-ethylbenzene 22348
1,2,3-trimethyl-5-ethylbenzene 22349
1,2,4-trimethyl-3-ethylbenzene 22350
1,2,4-trimethyl-5-ethylbenzene 22351
1,2,4-trimethyl-6-ethylbenzene 22352
1,3,5-trimethyl-2-ethylbenzene 22353
N,N,N'-trimethylethylenediamine 6018
2,2,3-trimethyl-3-ethylheptane 25154
2,2,3-trimethyl-4-ethylheptane 25155
2,2,3-trimethyl-5-ethylheptane 25156
2,2,4-trimethyl-3-ethylheptane 25157
2,2,4-trimethyl-4-ethylheptane 25158
2,2,4-trimethyl-5-ethylheptane 25159
2,2,5-trimethyl-3-ethylheptane 25160
2,2,5-trimethyl-4-ethylheptane 25161
2,2,5-trimethyl-5-ethylheptane 25162
2,2,6-trimethyl-3-ethylheptane 25163
2,2,6-trimethyl-4-ethylheptane 25164
2,2,6-trimethyl-5-ethylheptane 25165
2,3,3-trimethyl-4-ethylheptane 25166
2,3,3-trimethyl-5-ethylheptane 25167
2,3,4-trimethyl-3-ethylheptane 25168
2,3,4-trimethyl-4-ethylheptane 25169
2,3,4-trimethyl-5-ethylheptane 25170
2,3,5-trimethyl-3-ethylheptane 25171
2,3,5-trimethyl-4-ethylheptane 25172
2,3,5-trimethyl-5-ethylheptane 25173
2,3,6-trimethyl-3-ethylheptane 25174
2,3,6-trimethyl-4-ethylheptane 25175
2,3,6-trimethyl-5-ethylheptane 25176
2,4,4-trimethyl-3-ethylheptane 25177
2,4,4-trimethyl-5-ethylheptane 25178
2,4,5-trimethyl-3-ethylheptane 25179
2,4,5-trimethyl-4-ethylheptane 25180
2,4,5-trimethyl-5-ethylheptane 25181
2,4,6-trimethyl-3-ethylheptane 25182
2,4,6-trimethyl-4-ethylheptane 25183
2,5,5-trimethyl-3-ethylheptane 25184
2,5,5-trimethyl-4-ethylheptane 25185
3,3,4-trimethyl-4-ethylheptane 25186
3,3,4-trimethyl-5-ethylheptane 25187
3,3,5-trimethyl-4-ethylheptane 25188
3,3,5-trimethyl-5-ethylheptane 25189
3,4,4-trimethyl-3-ethylheptane 25190
3,4,4-trimethyl-5-ethylheptane 25191
3,4,5-trimethyl-3-ethylheptane 25192
3,4,5-trimethyl-4-ethylheptane 25193
2,2,3-trimethyl-3-ethylhexane 23021
2,2,3-trimethyl-4-ethylhexane 23022
2,2,4-trimethyl-3-ethylhexane 23023
2,2,4-trimethyl-4-ethylhexane 23024
2,2,5-trimethyl-3-ethylhexane 23025
2,2,5-trimethyl-4-ethylhexane 23026
2,3,3-trimethyl-4-ethylhexane 23027
2,3,4-trimethyl-3-ethylhexane 23028
2,3,4-trimethyl-4-ethylhexane 23029
2,3,5-trimethyl-3-ethylhexane 23030
2,3,5-trimethyl-4-ethylhexane 23031
2,4,4-trimethyl-3-ethylhexane 23032
3,3,4-trimethyl-4-ethylhexane 23033
2,2,4-trimethyl-3-ethyl-3-pentanol 21328
2,3,9-trimethylfluorene 29241
N,N,5-trimethylfurfurylamine 14437
trimethylgallium 2193
trimethylgermanium bromide 2182
trimethylgermanium iodide 2194
trimethylgermyl phosphine 2271
2,2,3-trimethylheptane 21162
2,2,4-trimethylheptane 21163
2,2,5-trimethylheptane 21164
2,2,6-trimethylheptane 21165
2,3,3-trimethylheptane 21166
2,3,4-trimethylheptane 21167
2,3,5-trimethylheptane 21168
2,3,6-trimethylheptane 21169
2,4,4-trimethylheptane 21170
2,4,5-trimethylheptane 21171
2,4,6-trimethylheptane 21172
2,5,5-trimethylheptane 21173
3,3,4-trimethylheptane 21174
3,3,5-trimethylheptane 21175
3,4,4-trimethylheptane 21176
3,4,5-trimethylheptane 21177
2,4,6-trimethyl-2-heptanol 21286
2,5,6-trimethyl-2-heptanol 21287
4,6,6-trimethyl-2-heptanol 21288
2,2,3-trimethyl-3-heptanol 21292
2,2,6-trimethyl-3-heptanol 21293
2,3,6-trimethyl-3-heptanol 21294
3,5,5-trimethyl-3-heptanol 21295
2,2,4-trimethyl-4-heptanol 21298
2,2,5-trimethyl-4-heptanol 21299
2,2,6-trimethyl-4-heptanol 21300
2,4,5-trimethyl-4-heptanol 21301
2,4,6-trimethyl-4-heptanol 21302
3,3,6-trimethyl-4-heptanol 21303
2,4,6-trimethyl-3-heptene, isomer 20953
1,3,5-trimethylhexahydro-1,3,5-triazine 9249
3,5,5-trimethylhexanal 18044
2,2,3-trimethylhexane 18194
2,2,4-trimethylhexane 18195
2,2,5-trimethylhexane 18196
2,3,3-trimethylhexane 18197
2,3,4-trimethylhexane 18198
2,3,5-trimethylhexane 18199
2,4,4-trimethylhexane 18200
3,3,4-trimethylhexane 18201
2,2,4(2,4,4)-trimethyl-1,6-hexanediamine 18427
trimethylhexanedioic acid 17777
3,5,5-trimethylhexanoic acid 18082
3,3,5-trimethyl-1-hexanol 18298
3,4,4-trimethyl-1-hexanol 18299
3,5,5-trimethyl-1-hexanol 18300
4,5,5-trimethyl-1-hexanol 18301
2,3,4-trimethyl-2-hexanol 18303
2,4,4-trimethyl-2-hexanol 18304
2,4,5-trimethyl-2-hexanol 18305
2,5,5-trimethyl-2-hexanol 18306
2,2,3-trimethyl-3-hexanol 18312
2,2,4-trimethyl-3-hexanol 18313
2,2,5-trimethyl-3-hexanol 18314
2,3,4-trimethyl-3-hexanol 18315
2,3,5-trimethyl-3-hexanol 18316
2,4,4-trimethyl-3-hexanol 18317
2,5,5-trimethyl-3-hexanol 18318
3,4,4-trimethyl-3-hexanol 18319
3,5,5-trimethyl-3-hexanol 18320
3,5,5-trimethylhexanoyl chloride 17798
3,5,5-trimethylhexanoyl ferrocene 31570
3,5,5-trimethylhexyl acetate 22856
bis(trimethylhexyl)tin dichloride 31138
1,5,5-trimethylhydantoin 7731
trimethylhydrazine 2259
trimethylhydroquinone 17179
1',3',3'-trimethyl-6-hydroxyspiro(2H-1-b 31426
1,2,3-trimethylindene 23887
trimethylindium 2199
1,2,3-trimethyl-1H-indole 21946
2,3,5-trimethyl-1H-indole 21947
2,3,7-trimethylindole 21955
2,3,3-trimethylindolenine 21956
2,4,6-trimethyliodobenzene 16886
trimethylisobutylsilane 12392
1,2,4-trimethyl-5-isopropylbenzene 24375
2,2,3-trimethyl-3-isopropylhexane 25224
2,2,4-trimethyl-3-isopropylhexane 25225
2,2,5-trimethyl-3-isopropylhexane 25226
2,2,5-trimethyl-4-isopropylhexane 25227
2,3,4-trimethyl-3-isopropylhexane 25228
2,3,5-trimethyl-3-isopropylhexane 25229
2,3,5-trimethyl-4-isopropylhexane 25230
2,4,4-trimethyl-3-isopropylhexane 25231
1,2,5-trimethyl-8-isopropylnaphthalene 29443
1,3,8-trimethyl-5-isopropylnaphthalene 29444
2,2,4-trimethyl-3-isopropylpentane 23042
2,3,4-trimethyl-3-isopropylpentane 23043
(trimethyl)methylcyclopentadienylplatinu 17783
1,3,3-trimethyl-2-methyleneindoline 24050
trimethyl(4-methylphenyl)silane 20545
trimethyl(methylthio)silane 4108
1,2,3-trimethylnaphthalene 25921
1,2,4-trimethylnaphthalene 25922
1,2,5-trimethylnaphthalene 25923
1,2,6-trimethylnaphthalene 25924
1,2,7-trimethylnaphthalene 25925
1,2,8-trimethylnaphthalene 25926
1,3,5-trimethylnaphthalene 25927
1,3,6-trimethylnaphthalene 25928
1,3,7-trimethylnaphthalene 25929
1,3,8-trimethylnaphthalene 25930
1,4,5-trimethylnaphthalene 25931
1,4,6-trimethylnaphthalene 25932
1,6,7-trimethylnaphthalene 25933
2,3,6-trimethylnaphthalene 25934
1,2,4-trimethyl-5-nitrobenzene 16941
1,3,5-trimethyl-2-nitrobenzene 16942
1,3,3-trimethyl-6'-nitroindoline-2-spiro 31409
1,1,3-trimethyl-3-nitrosourea 3770
2,2,3-trimethylnonane 24964
2,2,4-trimethylnonane 24965
2,2,5-trimethylnonane 24966
2,2,6-trimethylnonane 24967
2,2,7-trimethylnonane 24968
2,2,8-trimethylnonane 24969
2,3,3-trimethylnonane 24970
2,3,4-trimethylnonane 24971
2,3,5-trimethylnonane 24972
2,3,6-trimethylnonane 24973
2,3,7-trimethylnonane 24974
2,3,8-trimethylnonane 24975
2,4,4-trimethylnonane 24976
2,4,5-trimethylnonane 24977
2,4,6-trimethylnonane 24978
2,4,7-trimethylnonane 24979
2,4,8-trimethylnonane 24980
2,5,5-trimethylnonane 24981
2,5,6-trimethylnonane 24982
2,5,7-trimethylnonane 24983
2,5,8-trimethylnonane 24984
2,6,6-trimethylnonane 24985
2,6,7-trimethylnonane 24986
2,7,7-trimethylnonane 24987
3,3,4-trimethylnonane 24988
3,3,5-trimethylnonane 24989
3,3,7-trimethylnonane 24990
3,3,6-trimethylnonane 24991
3,4,4-trimethylnonane 24992
3,4,5-trimethylnonane 24993
3,4,6-trimethylnonane 24994
3,4,7-trimethylnonane 24995
3,5,5-trimethylnonane 24996
3,5,6-trimethylnonane 24997
3,5,7-trimethylnonane 24998
3,6,6-trimethylnonane 24999
4,4,5-trimethylnonane 25000
4,4,6-trimethylnonane 25001
4,5,5-trimethylnonane 25002
4,5,6-trimethylnonane 25003
2,6,8-trimethylnonanol-4 25286
1,3,3-trimethyl-2-norbornanone 20478
2,2,3-trimethyloctane 22928
2,2,4-trimethyloctane 22929
2,2,5-trimethyloctane 22930
2,2,6-trimethyloctane 22931
2,2,7-trimethyloctane 22932
2,3,3-trimethyloctane 22933
2,3,4-trimethyloctane 22934
2,3,5-trimethyloctane 22935
2,3,6-trimethyloctane 22936
2,3,7-trimethyloctane 22937
2,4,4-trimethyloctane 22938
2,4,5-trimethyloctane 22939
2,4,6-trimethyloctane 22940
2,4,7-trimethyloctane 22941
2,5,5-trimethyloctane 22942
2,5,6-trimethyloctane 22943
2,6,6-trimethyloctane 22944
3,3,4-trimethyloctane 22945
3,3,5-trimethyloctane 22946
3,3,6-trimethyloctane 22947
3,4,4-trimethyloctane 22948
3,4,5-trimethyloctane 22949
3,4,6-trimethyloctane 22950
3,5,5-trimethyloctane 22951
4,4,5-trimethyloctane 22952
trimethylolpropane 9078
trimethylolpropane allyl ether 18095
trimethylolpropane diallyl ether 24739
trimethylolpropane triacrylate 28600
trimethylolpropane trimethacrylate 30902
1,8,8-trimethyl-3-oxabicyclo[3.2.1]octan 20132
4,7,7-trimethyl-6-oxabicyclo[3.2.1]oct-3 20453
2,4,5-trimethyloxazole 7543
3,5,5-trimethyl-2,4-oxazolidinedione 7560
2,4,4-trimethyl-2-oxazoline 8117
trimethyl-2-oxepanone (mixed isomers) 17740
trimethyloxonium tetrafluoroborate 2174
trimethyl-N-(p-benzenesulphonamido)phosp 17578
trimethyl(pentafluorophenyl)silane 16358
trimethyl(1,2,3,4,5-pentamethyl-2,4-cycl 26438
2,2,3-trimethylpentane 15367
2,2,4-trimethylpentane 15368
2,3,3-trimethylpentane 15369
2,3,4-trimethylpentane 15370
2,2,4-trimethyl-1,4-pentanediol 15553
2,2,4-trimethyl-1,3-pentanediol 15554
2,2,4-trimethyl-1,3-pentanediol diisobut 29676
2,2,4-trimethyl-1,3-pentanediol monoisob 24882
2,2,3-trimethyl-1-pentanol 15497
2,2,4-trimethyl-1-pentanol 15498
2,3,3-trimethyl-1-pentanol 15499
2,3,4-trimethyl-1-pentanol 15500
2,4,4-trimethyl-1-pentanol 15501
3,3,4-trimethyl-1-pentanol 15502
3,4,4-trimethyl-1-pentanol 15503
2,3,3-trimethyl-2-pentanol 15507
2,3,4-trimethyl-2-pentanol 15508
2,4,4-trimethyl-2-pentanol 15509
3,3,4-trimethyl-2-pentanol 15510
3,4,4-trimethyl-2-pentanol 15511
2,2,3-trimethyl-3-pentanol 15513
2,2,4-trimethyl-3-pentanol 15514
2,3,4-trimethyl-3-pentanol 15515
2,2,4-trimethyl-3-pentanone 15082
1,3,5-trimethyl-1,1,3,5,5-pentaphenyltri 35146
2,3,3-trimethyl-1-pentene 14977
2,3,4-trimethyl-1-pentene 14978
2,4,4-trimethyl-1-pentene 14979
3,3,4-trimethyl-1-pentene 14980
3,4,4-trimethyl-1-pentene 14981
2,3,4-trimethyl-2-pentene 14985
2,4,4-trimethyl-2-pentene 14986
3,4,4-trimethyl-cis-2-pentene 14987
3,4,4-trimethyl-trans-2-pentene 14988
3,4,4-trimethyl-2-pentene 14989
2,4,4-trimethylpentene 14990
2,4,6-trimethylphenethylalcohol 22438
2,3,4-trimethylphenol 17116
2,3,5-trimethylphenol 17117

2,3,6-trimethylphenol 17118
2,4,5-trimethylphenol 17119
2,4,6-trimethylphenol 17120
3,4,5-trimethylphenol 17121
trimethylphenoxysilane 17460
2,4,5-trimethylphenyl acetate 22134
trimethylphenyl methylcarbamate 22276
3,4,5-trimethylphenyl methylcarbamate 22277
2,4,6-trimethylphenylacetic acid 22151
1-(2,4,6-trimethylphenylamino)anthraquin 33524
2,4,6-trimethylphenylboronic acid 17233
N-(2,4,6-trimethylphenylcarbamoylmethyl) 28589
1,3-bis(2,4,6-trimethylphenyl)-4,5-dihyd 32891
2,4,6-trimethyl-1,3-phenylene diisocyana 21627
1-(2,4,5-trimethylphenyl)ethanone 22099
1-(2,4,6-trimethylphenyl)ethanone 22100
1-(3,4,5-trimethylphenyl)ethanone 22101
trimethyl(phenylethynyl)tin 22207
2-(2,4,6-trimethylphenyl)propene 24141
trimethyl(phenylselenomethyl)silane 20543
trimethyl(phenylseleno)silane 17522
trimethylphenylsilane 17523
trimethyl(phenylthiomethyl)silane 20542
trimethyl(phenylthio)silane 17521
trimethyl(phenyl)tin 17525
1,1,1-trimethyl-N-phenyl-N-(trimethylsil 24813
trimethylphosphine 2243
trimethylphosphine selenide 2244
trimethylphosphine(hexafluoroacetylaceto 13845
1,2,4-trimethylpiperazine 12140
2,2,4-trimethylpiperidine 15291
2,3,6-trimethylpiperidine 15292
2,4,6-trimethylpiperidine 15293
trimethylplatinum hydroxide 2263
2,2,N-trimethylpropanamide 8784
N,N,N'-trimethyl-1,3-propanediamine 9301
1,1'-(1,1,3-trimethyl-1,3-propanediyl)bi 31020
trimethyl(propargyloxy)silane 8458
N,N,2-trimethylpropenylamine 8762
trimethyl(propoxy)silane 9315
trimethylpropylsilane 9327
2,5,6-trimethyl-7-propylthiohept-1-en-3- 26381
4,5',8-trimethylpsoralen 26975
2,3,5-trimethylpyrazine 11104
1,3,4-trimethyl-1H-pyrazole 7713
1,3,5-trimethyl-1H-pyrazole 7714
1,4,5-trimethyl-1H-pyrazole 7715
3,4,5-trimethyl-1H-pyrazole 7716
2,4,6-trimethylpyridine 14096
2,3,4-trimethylpyridine 14106
2,3,5-trimethylpyridine 14107
2,3,6-trimethylpyridine 14108
2,4,5-trimethylpyridine 14109
2,4,6-trimethylpyrilium perchlorate 14075
1,2,5-trimethyl-1H-pyrrole 11271
2,2,4-trimethylpyrrolidine 12044
2,2,5-trimethylpyrrolidine 12045
N,N,2-trimethyl-6-quinolinamine 23918
2,3,6-trimethylquinoline 23825
2,3,8-trimethylquinoline 23826
2,4,6-trimethylquinoline 23827
2,4,7-trimethylquinoline 23828
2,5,7-trimethylquinoline 23829
2,6,8-trimethylquinoline 23834
2,3,5-trimethyl-6-quinoxalinamine 22010
N,2,5-trimethyl-6-quinoxalinamine 22011
N,3,5-trimethyl-6-quinoxalinamine 22012
trimethylselenonium 2246
1,3-bis(trimethylsiloxy)benzene 24735
1-trimethylsiloxy-1,3-butadiene 11883
2,3-bis(trimethylsiloxy)-1,3-butadiene 21364
1,2-bis(trimethylsiloxy)cyclobutene 21365
2-(trimethylsiloxy)-1,3-cyclohexadiene 17710
1-(trimethylsiloxy)cyclohexene 18051
1-(trimethylsiloxy)cyclopentene 15155
1,2-bis(trimethylsiloxy)ethane 15744
(trimethylsiloxy)ethylene 5856
2-(trimethylsiloxy)furan 11504
4-trimethylsiloxy-3-penten-2-one 15215
trimethylsilyl acetate 5896
trimethylsilyl benzenesulfonate 17493
trimethylsilyl bromoacetate 5616
trimethylsilyl chlorosulfonate 2187
trimethylsilyl crotonate 11929
trimethylsilyl cyanide 3761
trimethylsilyl diethylphosphonoacetate 18416
trimethylsilyl N,N-dimethylcarbamate 9238
trimethylsilyl isocyanate 3695
trimethylsilyl isothiocyanate 3757
bis(trimethylsilyl) malonate 18362
trimethylsilyl methacrylate 11930
trimethylsilyl methanesulfonate 4097
trimethylsilyl perchlorate 2188
trimethylsilyl propiolate 7879
bis(trimethylsilyl) sulfate 9367
trimethylsilyl trichloroacetate 5105
trimethylsilyl trifluoroacetate 5145
trimethylsilyl trifluoromethanesulfonate 3664
trimethylsilyl trimethylsiloxyacetate 15718
trimethylsilyl (trimethylsilyl)acetate 15715
N-(trimethylsilyl)acetamide 5985
N,o-bis(trimethylsilyl)acetamide 15734
(trimethylsilyl)acetic acid 5897
(trimethylsilyl)acetonitrile 5752
1,2-bis(trimethylsilyl)acetylene 15622
trans-3-(trimethylsilyl)allyl alcohol 9017
N-(trimethylsilyl)allylamine 9245
N,N'-bis(trimethylsilyl)aminoborane 9380
cis-bis(trimethylsilylamino)tellurium te 9384
bis[bis(trimethylsilyl)amino]tin(ii) 25418
1,4-bis(trimethylsilyl)benzene 24785
1,2-bis(trimethylsilyl)benzene 24786
1-(trimethylsilyl)-1H-benzotriazole 17377
1,4-bis(trimethylsilyl)-1,3-butadiyne 20854
4-(trimethylsilyl)-3-butyn-2-one 11449
bis(trimethylsilyl)carbodiimide 12387
bis(trimethylsilyl)chromate 9347
2-trimethylsilyl-1,3-dithiane 12305
2-(trimethylsilyl)ethanol 6025
trans-bis(trimethylsilyl)ethene 15731
1-trimethylsilyl-1-hexyne 18113
1,2-bis(trimethylsilyl)hydrazine 9385
O-(trimethylsilyl)hydroxylamine 2272
N,o-bis(trimethylsilyl)hydroxylamine 9377
1-(trimethylsilyl)imidazole 8382
(trimethylsilyl)ketene 5491
(trimethylsilyl)ketene bis(trimethylsily 23113
bis(trimethylsilyl)mercury 9349
bis(trimethylsilyl)methane 12404
(trimethylsilyl)methanol 4094
(trimethylsilyl)methyl acetate 9074
(trimethylsilyl)methyl isocyanide 5753
(trimethylsilyl)methyl trifluoromethanes 5659
N-(trimethylsilylmethyl)benzylamine 22659
N-trimethylsilylmethyl-N-nitrosourea 5993
N-(trimethylsilylmethyl)phthalimide 24075
3-trimethylsilylmethyl-N-tert-butylcroto 24910
3-trimethylsilylmethyl-4-trimethylsilyl- 28942
4-(trimethylsilyl)morpholine 12354
1,1-bis(trimethylsilyloxy)-1,3-butadiene 21366
1,1-bis(trimethylsilyloxy)-1-butene 21437
1,1-bis(trimethylsilyloxy)-3,3-dimethyl- 25381
1,1-bis(trimethylsilyloxy)-ethene 15714
2-(trimethylsilyloxy)ethyl methacrylate 18100
1,1-bis(trimethylsilyloxy)-3-methyl-1,3- 23073
1,1-bis(trimethylsilyloxy)-3-methyl-1-bu 23107
1,1-bis(trimethylsilyloxy)-1-propene 18431
1-trimethylsilyl-1-pentyne 15247
bis(trimethylsilyl)peroxomonosulfate 9368
2-(trimethylsilyl)phenyl trifluoromethan 19751
3-(trimethylsilyl)-1,2-propanediol 9318
3-(trimethylsilyl)-1-propanol 9312
3-(trimethylsilyl)propargyl alcohol 8459
3-(trimethylsilyl)propargyl bromide 8003
(trimethylsilylpropargyl)triphenylphosph 33829
2,3-bis(trimethylsilyl)-1-propene 18438
3-(trimethylsilyl)propionic acid, sodium 8870
1-(trimethylsilyl)propyne 8643
3-(trimethylsilyl)propynoic acid 7880
1-(trimethylsilyl)-2-pyrrolidinone 12074
[bis(trimethylsilyl)]selenide 9373
N,N'-bis(trimethylsilyl)sulfur diimide 9353
(bis(trimethylsilyl))telluride 9375
2-trimethylsilyl-N-tert-butylacetaldimin 18401
bis(trimethylsilyl)-N-tert-butylacetaldi 25396
4-trimethylsilyl-N-tert-butylcrotonaldim 22889
6-trimethylsilyl-N-tert-butyl-2,4-hexadi 26462
2-(trimethylsilyl)thiazole 8181
O,O'-bis(trimethylsilyl)thymine 22818
1-trimethylsilyl-1,2,4-triazole 5764
N,o-bis(trimethylsilyl)trifluoroacetamid 15389
1-(trimethylsilyl)-2,3-bis(trimethylsily 25413
1,3-bis(trimethylsilyl)urea 12402
1',3',3'-trimethylspiro-8-nitro(2H-1-ben 31407
trimethylstannyldimethylphenylsilan 22748
trimethylstannyldimethylvinylsilan 12394
trimethylstannylmethyldiphenylsilan 29535
trimethylstibine 2245
N,N,2'-trimethyl-4-stilbenamine 30087
N,N,3'-trimethyl-4-stilbenamine 30088
N,N,4'-trimethyl-4-stilbenamine 30089
trimethylsulfonium iodide 2196
trimethylsulfoxonium bromide 2183
trimethylsulfoxonium iodide 2195
trimethyl(2,3,4,5-tetramethyl-2,4-cyclop 24784
trimethylthallium 2247
2,2,3-trimethylthiacyclopropane 5594
2,4,5-trimethylthiazole 7576
(4S,2RS)-2,5,5-trimethylthiazolidine-4-c 11668
trimethyl-2-thienylsilane 11567
2,3,4-trimethylthiophene 11235
2,3,5-trimethylthiophene 11236
1,1,3-trimethyl-2-thiourea 3859
trimethyltin acetate 5898
trimethyltin bromide 2185
trimethyltin cyanate 3696
trimethyltin sulphate 2267
trimethyltin thiocyanate 3759
1,3,5-trimethyl-1,3,5-triazine-2,4,6(1H, 7605
1,3,3-trimethyltricyclo[2.2.1.02,6]hepta 20355
4,4,10-trimethyl-tricyclo[7,3,1,0(1-6)]- 29465
trimethyl(trifluoromethyl)silane 3665
trimethyl[4-[(trimethylsilyl)oxy]phenyl] 24697
1,3,5-trimethyl-2,4,6-trinitrobenzene 16502
2,4,6-trimethyl-2,4,6-triphenylcyclotris 32843
1,1,1-trimethyl-3,3,3-triphenyldisiloxan 32841
1,3,5-trimethyl-2,4,6-tris(3,5-di-tert-b 35857
2,6,10-trimethyl-5,9-undecadien-1-ol, is 27795
3,6,10-trimethyl-3,5,9-undecatrien-2-one 27692
2,6,10-trimethyl-9-undecenal 27796
trimethylurea 3836
tri-m-tolylphosphine 32796
tri-neopentylphosphite 28946
trinitroacetonitrile 1222
2,4,6-trinitroaniline 6608
2,3,5-trinitroanisole 10123
2,4,6-trinitrobenzaldehyde 9601
1,3,5-trinitrobenzene 6367
2,3,5-trinitrobenzenediazonium-4-oxide 6129
2,4,6-trinitro-1,3-benzenediol 6369
2,4,6-trinitrobenzoic acid 9602
trinitrochlorobenzene 6159
1,1,1-trinitroethane 775
2,2,2-trinitroethanol 776
N,N'-bis(2,2,2-trinitroethyl)urea 4533
(2,4,7-trinitro-9-fluorenylidene)malonon 28953
2,4,7-trinitro-9H-fluoren-9-one 25444
trinitromethane 130
1,3,5-trinitronaphthalene 18516
1,3,8-trinitronaphthalene 18517
1,6,9-trinitrophenanthrene 26618
1,5,9-trinitrophenanthrene 26619
1,7,9-trinitrophenanthrene 26620
2,5,10-trinitrophenanthrene 26621
2,6,9-trinitrophenanthrene 26622
3,5,10-trinitrophenanthrene 26623
3,6,9-trinitrophenanthrene 26624
2,4,6-trinitrophenol 6368
bis(2,4,6-trinitrophenyl) sulfide 23171
2,4,6-trinitrophenyl-hydrazine 6867
bis(trinitrophenyl)sulfide 23172
trinitrophloroglucinol 6370
1,3,6-trinitropyrene 28958
1-(1,3,5-trinitro-1H-pyrrol-2-yl)ethanon 6609
2,4,6-trinitrotoluene 10118
2,4,6-trinitro-N-(2,4,6-trinitrophenyl)a 23192
n-trinonacontane 36005
trinonadecylamine 35901
trinonylamine 34571
tri-o-chlorophenyl borate 30413
tri-o-cresyl borate 32762
tri-o-cresyl phosphate 32787
n-trioctacontane 35987
trioctadecyl borate 35870
trioctadecylamine 35871
tri-n-octyl borate 34009
trioctyl phosphate 34023
trioctyl trimellitate 35167
trioctylamine 34018
tri(2-octyl)borate 34011
trioctylphosphine 34025
trioctylphosphine oxide 34020
trioctylpropylammonium bromide 34572
trioctylpropylammonium chloride 34573
trioctylsilane 34032
tri(o-tolyl) phosphite 32784
tri-o-tolylphosphine 32795
2,8,9-trioxa-5-aza-1-borabicyclo[3.3.3]u 8240
1,4,7-trioxa-10-azacyclododecane 15343
2,8,9-trioxa-5-aza-1-silabicyclo(3.3.3)u 8849
trioxacarcin C 35686
1,4,10-trioxa-7,13-diaza-cyclopentadecan 21220
trioxane 1950
1,3,5-trioxane-2,4,6-triimine 1481
4,7,10-trioxa-1,13-tridecanediamine 21428
3,7,12-trioxocholan-24-oic acid, (5beta) 33912
1,2,4-trioxolane 895
(2,4,6-trioxo)-S-triazinetriyltris(tribu 35574
triparanol 34432
tri-p-cresyl phosphate 32789
tri(p-dimethylaminophenyl)methanol 34134
n-tripentacontane 35849
tripentadecylamine 35775
tripentaerythritol, hydroxyl content min 28920
tri-n-pentyl borate 28929
tripentyl phosphate 28947
tripentylamine 28936
triphenoxymethane 31359
2,4,6-triphenoxy-s-triazine 32630
triphenyl antimony sulfide 30570
triphenyl borate 30536
triphenyl phosphate 30566
bis(triphenyl phosphine)nickel dithiocya 35502
triphenyl phosphite 30564
triphenyl phosphonate 30565
bis(triphenyl silyl)chromate 35342
triphenylacetic acid 32027
2,2,2-triphenylacetophenone 34227
2,3,3-triphenylacrylonitrile 32621
triphenylamine 30548
triphenylantimony dichloride 30544
triphenylantimony oxide 30563
triphenylarsine 30532
triphenylborane 30534
triphenylcarbenium hexachloroantimonate 31304
triphenylcarbenium pentachlorostannate 31303
triphenylcyclohexyl borate 35360
1,3,4-triphenyl-4,5-dihydro-1H-1,2,4-tri 31973
triphenylene 30410
1,1,1-triphenylethane 32060
1,2,2-triphenylethanone 32024
triphenylethylene 31976
triphenylformazan 31342
triphenylgermanium bromide 30537
triphenylgermanium chloride 30539
N,N',N''-triphenylguanidine 31385
triphenylhydrazine 30589
2,4,5-triphenyl-1H-imidazole 32644
triphenyllead acetate 32084
triphenylmethane 31328
triphenylmethanol 31344
triphenylmethyl mercaptan 31369
triphenylmethylamine 31378
triphenylbismuthine 30535
triphenylphosphine 30567
triphenylphosphine oxide 30562
triphenylphosphine selenide 30569
triphenylphosphine sulfide 30568
bis(triphenylphosphine)cobalt(ii) chlori 35349
bis(triphenylphosphine)dicarbonylnickel 35503
bis(triphenylphosphine)nickel(ii)bromide 35339
bis(triphenylphosphine)nickel(ii)chlorid 35340
bis(triphenylphosphine)palladium(ii) ace 35579
bis(triphenylphosphine)palladium(ii)chlo 35341
triphenylphosphonium bromide 30578
(triphenylphosphoranylidene)acetaldehyde 32057
1-triphenylphosphoranylidene-2-propanone 32730
2-(triphenylphosphoranylidene)succinic a 33158
2,4,6-triphenylpyrylium chloride 33512
triphenylsilane 30598
triphenylsilanol 30596
triphenylstannyl benzoate 34069
triphenylstibine 30572
2,4,6-triphenyl-s-triazine 32629
1,3,5-triphenyl-s-triazine-2,4,6(1H,3H,5 32631
triphenyltetrazolium chloride 31301
triphenylthioantimonate 30571
triphenylthiocyanatostannane 31325
triphenyltin 30599
triphenyltin cyanoacetate 32663
triphenyltin 3,5-di-isopropylsalicylate 34988
triphenyltin fluoride 30546
triphenyltin hydroperoxide 30634
triphenyltin hydroxide 30597

triphenyltin levulinate 33545
triphenyltin methanesulfonate 31421
triphenyltin p-acetamidobenzoate 34401
triphenyltin propiolate 32659
bis(triphenyltin)acetylenedicarboxylate 35577
bis(triphenyltin)sulfide 35345
triphenyl-1H-1,2,4-triazol-1-yl tin 32056
triphenylvinylsilane 32093
tripiperidinophosphine oxide 28870
tripiperidinophosphine selenide 28871
tripropargylamine 16380
tripropoxymethane 21368
tripropyl aluminum 18373
tripropyl borate 18376
tripropyl indium 18386
tripropyl lead 18435
tri-n-propyl lead chloride 18382
tripropyl phosphate 18414
tripropyl phosphite 18410
tripropylamine 18393
tripropylborane 18375
tripropyl(butylthio)stannane 26569
tripropylene 34575
tri(propylene glycol) propyl ether, isom 25302
tripropyleneglycol diacrylate 28715
tripropylene glycol 18360
tripropylphosphine 18419
tripropylphosphine oxide 18407
tripropylsilane 18436
tripropyltin acetate 23075
tripropyltin iodide 18387
tripropyltin iodoacetate 22877
tripropyltin isothiocyanate 21116
bis(tripropyltin) oxide 31180
tripropyltin trichloroacetate 22763
2,4,6-tripropyl-S-trioxane 24885
triptolide 32238
tri(p-tolyl) phosphite 32785
tri-p-tolylphosphine 32794
2,4,6-tri-2-pyridinyl-1,3,5-triazine 30429
(tri-2-pyridyl)stibine 28171
tripyrrolidinophosphine 24848
tris ortho xenyl phosphite 35337
tris(acetonitrile)chromiumtricarbonyl 16336
tris(acetonitrile)molybdenumtricarbonyl 16363
tris(allyloxy)vinylsilane 22620
tris(2-aminoethyl)amine 9360
tris(2-azidoethyl)amine 8393
1,1,1-tris(azidomethyl)ethane 5278
2,3,5-tris(1-aziridinyl)-p-benzoquinone 23873
2,4,6-tris(1-aziridinyl)-1,3,5-triazine 17075
tris-2,2'-bipyridine chromium 34853
tris-2,2'-bipyridine chromium(ii) perchl 34852
tris-2,2'-bipyridinesilver(ii) perchlora 34851
2,4,6-tris(bromoamino)-1,3,5-triazine 1394
tris(1-bromo-3-chloroisopropyl)phosphate 17532
tris(2-bromoethyl)phosphate 8261
tris(4-bromophenyl)aminium hexachloroant 30414
tris(2-butoxyethyl) phosphate 31173
tris(butylcyclopentadienyl)erbium 34472
tris(2-chloroethoxy)silane 8703
tris(2-chloroethyl) phosphate 8295
tris(chloromethyl)phosphine 1860
tris(4-chlorophenyl)phosphine 30416
tris(1-chloro-2-propyl) phosphate 17963
1,2,3-tris(2-cyanoethoxy)propane 24348
tris(2-cyanoethyl)phosphine 17069
tris(cyclopentadienyl)cerium 28336
tris(cyclopentadienyl)erbium 28344
tris(cyclopentadienyl)neodymium 28374
tris(cyclopentadienyl)praseodymium 28377
tris(1,2-diaminoethane) cobalt(iii) nitr 9391
tris(1,2-diaminoethane)chromium(iii) per 9389
tris(dibenzylideneacetone)dipalladium(0) 35833
tris(dibutylbis(hydroxyethylthio))bi 35445
2,4,6-tris(dichloroamino)-1,3,5-triazine 1271
tris(1,3-dichloro-2-propyl) phosphate 17541
tris(1,3-dichloropropyl) phosphate 17542
tris-dichloropropylphosphate 17543
tris(diethylamino)phosphine 25403
tris(difluoroamino)fluoromethane 86
tris(dimethylamino)antimony 9358
tris(dimethylamino)borane 9344
2,4,6-tris(dimethylaminomethyl)phenol 28813
tris(dimethylamino)phosphine 9357
N,N',N''-tris(dimethylaminopropyl)-S-hex 31179
tris(dimethylamino)silane 9379
1,2-(trisdimethylaminosilyl)ethane 27972
tris(2,4-dimethylphenyl) phosphate 33848
tris(2,5-dimethylphenyl) phosphate 33849
tris(2,6-dimethylphenyl) phosphate 33850
tris(dimethylsiloxy)methyl-silane 12410
tris(dimethylsiloxy)phenylsilane 25300
tris[2-(diphenylphosphino)ethyl]phosphin 35677
1,1,1-tris(diphenylphosphinomethyl)ethan 35637
tris(1-dodecyl-3-methyl-2-benzimid 35988
tris(dodecylthio)antimony 35444
tri-sec-butyl borate 25330
2,4,6-tris-(1-(2-ethylaziridinyl))-1,3,5 28712
tris(ethylcyclopentadienyl)cerium 32890
tris(2-ethylhexyl) phosphate 34024
tris(2-ethylhexyl) phosphite 34022
tris(ethylthio)methane 12306
tris(4-fluorophenyl)phosphine 30422
tris(h5-cyclopentadienyl) ytterbium 28378
tris(h(5)-2,4-cyclopentadien-1-yl)lantha 28346
tris(6,6,7,7,8,8,8-heptafluoro-2,2-dimet 34872
tris(6,6,7,7,8,8,8-heptafluoro-2,2-dimet 34874
tris(3-(heptafluoropropylhydroxymethylen 35675
tris(1,1,1,3,3,3-hexafluoro-2-propyl)pho 15785
N,N',N''-tris(hydroxymethyl)melamine 8391
tris(hydroxymethyl)methylamine 4013
tris(hydroxymethyl)phosphine 2237
tris(isoamyl)phosphine oxide 28944
tris(isocyanatohexyl)biuret 28940
tris(isopropylcyclopentadienyl)cerium 33903
tris(isopropylphenyl)phosphate 34446
tris[2-(2-methoxyethoxy)ethyl]amine 28940

tris(2-methoxyethoxy)vinylsilane 23083
1,3,5-tris(4-methoxyphenyl)benzene 34403
tris(4-methoxyphenyl)chloroethene 33536
tris(4-methoxyphenyl)bismuthine 32761
tris(4-methoxyphenyl)phosphine 32786
tris(2-methylallyl)amine 24629
2,4,6-tris(methylamino)-S-triazine 8390
2,4,6-tris((1-(2-methylaziridinyl))-1,3, 24431
tris(2-methylbutyl)amine 28938
tris(3-methylphenyl)stibine 32797
tris(4-methylphenyl)stibine 32798
tris(methylseleno)methane 3960
tris(methylthio)methane 3957
tris(4-nitrotriphenyl)methanol 31251
trisodium EDTA 19845
tris(p-chlorophenyl)tin fluoride 30415
tris(pentafluorophenyl)borane 30376
tris(pentafluorophenyl)phosphine 30377
tris(2,4-pentanedionato-o,o')-cobalt 28608
tris(perfluorobutyl)amine 23126
2,4,6-tris(perfluoroheptyl)-1,3,5-triazi 33715
tris(2-(perfluorohexyl)ethyl)tin hydride 19166
tris(1-phenyl-1,3-butanediono)chromium(i 34863
1,1,3-tris(phenylthio)-1-propene 32706
tris(tetramethylcyclopentadienyl)cerium 34470
tris(2,2,6,6-tetramethyl-3,5-heptanedion 35169
tris(2,2,6,6-tetramethyl-3,5-heptanedion 35170
tris(2,2,6,6-tetramethyl-3,5-heptanedion 35171
tris(2,2,6,6-tetramethyl-3,5-heptanedion 35172
tris(2,2,6,6-tetramethyl-3,5-heptanedion 35175
tris(2,2,6,6-tetramethyl-3,5-heptanedion 35177
tris(2,2,6,6-tetramethyl-3,5-heptanedion 35176
1,3,5-tris(1,2,3-thiadiazol-4-yl)benzene 23229
tris(2-thienyl)phosphine 23443
tris(3,3,4,4,5,5,6,6,7,7,8,8-tridecaflu 34841
tris(2,2,2-trifluoroethyl) phosphite 6964
1,3,5-tris(trifluoromethyl)benzene 15782
tris[3-(trifluoromethylhydroxymethylene) 35355
tris[3-(trifluoromethylhydroxymethylene) 35356
tris[3-(trifluoromethylhydroxymethylene) 35357
tris(4-trifluoromethylphenyl)phosphine 32571
tris(trifluoromethyl)phosphine 1310
2,4,6-tris-(trifluoromethyl)-1,3,5-triaz 6084
1,3,5-tris[(3,3,3-trifluoropropyl)methyl 24627
tris(3,3,5-trimethylcyclohexyl)arsine 34545
tris(trimethylsiloxy)ethylene 23114
tris(trimethylsiloxy)silane 23115
3-[tris(trimethylsiloxy)silyl]propyl met 29834
tris(trimethylsilyl)vinylsilane 23115
tris(trimethylsilyl) borate 18447
tris(trimethylsilyl) phosphate 18450
tris(trimethylsilyl) phosphite 18449
tris(trimethylsilyl)amine 18448
tris(trimethylsilyl)germanium hydride 18452
tris(trimethylsilyl)methane 21458
tris(trimethylsilyl)phosphine 18451
tris(trimethylsilyl)silane 18454
tris(triphenylphosphine)rhodium(i) chlor 35850
tris(triphenylphosphine)ruthenium(ii) ch 35851
bis(tri-t-butylphosphine)palladium 34036
tri-tert-butyl borate 25328
1,3,5-tri-tert-butylbenzene 30952
1,2,4-tri-tert-butylbenzene 30953
tri-O-(tert-butyldimethylsilyl)-D-glucal 34031
2,4,6-tri-tert-butylnitrobenzene 30944
2,4,6-tri-tert-butylnitrosobenzene 30943
2,4,6-tri-tert-butylphenol 30960
tri(tert-butylphenyl) phosphate 34897
tri-tert-butylphosphine 25359
2,4,6-tri-tert-butylpyridine 30275
tritetracontane 35735
tritetradecylamine 35709
1,3,5-trithiane 1974
3,4,5-trithiatricyclo(5.2.1.02,6)decane 10927
trithiocarbonic acid 179
trithiocarbonic acid bis(2-chloroethyl) 4796
trithiocyanuric acid 1487
tritiozine 27539
tritriacontane 35191
1-tritriacontene 35182
tritriacontylamine 35192
tritriacontylbenzene 35553
tritriacontylcyclohexane 35557
tritriacontylcyclopentane 35518
1-tritriacontyne 35179
tritridecylamine 35573
2-(2-tritylaminothiazole-4-yl)-2-methoxy 34087
S-trityl-L-cysteine 33217
(S)-(+)-g-(trityloxymethyl)-g-butyrolact 33812
4-tritylphenol 34068
triundecylamine 35197
trivastan 29386
1,2,4-trivinylcyclohexane, isomers 24387
trivinylantimony 7618
trivinylbismuth 7475
2,4,6-trivinyl-1,3,5-trioxane 17193
trixylyl phosphate 33851
tropacocaine 28554
trophosphamide 17962
tropylium perchlorate 10538
tryptamine 19433
tryptone 19167
L-tryptophan 21825
D(+)-tryptophan 21826
DL-tryptophan 21831
tryptophan P1 25887
tsuduranine 30696
tsushimycin 35912
tubercidin 22092
D-tubocurarine 33510
tubocurarine chloride 35457
tungsten carbide 387
tungsten carbonyl 9412
turanose 24776
tutin 28547
tutocaine 27670
tutocaine hydrochloride 27718
tybamate 26484

tylosin 35770
L-tyrosine 16960
D-tyrosine 16965
DL-tyrosine 16966
DL-m-tyrosine 16967
boc-L-tyrosine 27540
boc-D-tyrosine 27541
L-tyrosine hydrazide 17369
L-tyrosine methyl ester 19831
tyrosineamide 17055
L-tyrosine-d11 15766
ubiquinone 10 35910
1,10-undecadiyne 22358
undecafluorocyclohexane 6126
undecafluoro-5-iodopentane 4179
undecanal 22822
undecane 22890
undecanedioic acid 22742
1,2-undecanediol 23065
1,3-undecanediol 23066
1,4-undecanediol 23067
1,11-undecanediol 23068
undecanenitrile 22771
1-undecanethiol 23084
2-undecanethiol 23085
undecanoic acid 22835
undecanoic d-lactone 22711
1-undecanol 23055
2-undecanol 23056
5-undecanol 23059
6-undecanol 23060
undecanol 23062
2-undecanol, (±) 23057
3-undecanol, (R)- 23058
11-undecanolide 22712
2-undecanone 22823
3-undecanone 22824
4-undecanone 22825
5-undecanone 22826
6-undecanone 22827
undecanophenone 30250
1,3,5-undecatriene 22556
1-undecene 22795
cis-2-undecene 22796
trans-2-undecene 22797
3-undecene 22798
cis-4-undecene 22799
trans-4-undecene 22800
cis-5-undecene 22801
trans-5-undecene 22802
cis-9-undecenoic acid 22704
trans-9-undecenoic acid 22705
10-undecenoic acid 22706
9-undecenoic acid, methyl ester 24734
10-undecenoyl chloride 22635
undecenyl acetate 26428
10-undecen-1-ol 22828
2-undecen-4-ol 22829
9-undecen-1-ol 22830
1-undecen-3-yne 22554
undecyl acetate 26495
undecyl butanoate 28883
undecyl formate 24868
undecyl isocyanate 24807
undecyl propanoate 27876
undecylamine 23090
undecylbenzene 30264
undecylcyclohexane 30311
undecylcyclopentane 29704
1-undecylcyclopentene 29646
undecylenic aldehyde 22695
undecylenic aldehyde digeranyl acetal 35016
2-undecylimidazole 27789
1-undecylnaphthalene 32944
2-undecylnaphthalene 32945
4-undecyloxybenzoic acid 30932
13-undecylpentacosane 35435
1-undecyne 22672
2-undecyne 22673
3-undecyne 22674
4-undecyne 22675
5-undecyne 22676
6-undecynoic acid 22603
9-undecynoic acid 22604
10-undecynoic acid 22605
uniblue A sodium salt 33125
uracil 20801
uracil mustard 14078
uranine 31782
uranium carbide 386
uranium carbide 1239
uranyl acetate 3039
urapidil 32333
urazole 773
urbacide 11981
urea 260
urea hydrochloride 282
urea nitrate 296
urea perchlorate 283
uric acid 4317
uridine 17066
uridion 27992
5'-uridylic acid 17358
urocanic acid 7007
urs-12-en-3-ol, (3beta) 34928
ursolic acid 34921
usnein 30638
usnic acid, 30639
uzarin 35307
valencene 28747
valeronitrile 5183
4-valerylpyridine 19788
DL-valine 5717
L-valine 5718
D-valine 5723
boc-L-valine 20906
boc-D-valine 20907
valinomycin 35864

795

Appendix E

COMPOUND LIST BY NAME – INORGANIC COMPOUNDS

INORGANICS The compilation for inorganics provides the compound list by name and compound number.

acetic-d3 acid, sodium salt 2811
acetoacet-p-chloranilide 2606
actinium 1
actinium bromide 3
actinium chloride 5
actinium fluoride 7
actinium hydride 8
actinium hydroxide 9
actinium iodide 10
actinium oxide 11
actinium oxybromide 2
actinium oxychloride 4
actinium oxyfluoride 6
actinium sulfide 12
alane, trimethylamine 89
alcian blue 8gx 672
alcian blue, pyridine variant 671
allyltri-n-butyltin 4394
allyltriphenyltin 4412
aluminate, iron (ii) 160
aluminum 77
aluminum acetate 95
aluminum acetylacetonate 109
aluminum 3-acetylglycyrrhetate 126
aluminum ammonium sulfate dodecahydrate 145
aluminum antimonide 153
aluminum arsenide 78
aluminum basic 2-ethylhexanoate 110
aluminum borate 180
aluminum borohydride 80
aluminum bromate nonahydrate 84
aluminum bromide 82
aluminum bromide hexahydrate 83
aluminum carbide 181
aluminum chlorate 132
aluminum chlorate nonahydrate 130
aluminum chloride 127
aluminum chloride hexahydrate 129
aluminum chloride hydrate 128
aluminum chromate 159
aluminum citrate 94
aluminum diacetate 91
aluminum diboride 79
aluminum, diethyl chloride 93
aluminum, diisobutyl chloride 98
aluminum, diisobutyl deuteride 99
aluminum, diisobutyl hydride 100
aluminum, dimethyl chloride 86
aluminum, dimethyl(2,6-di-tert-butyl-4-m 114
aluminum distearate 119
aluminum dodecaboride 81
aluminum ethoxide 97
aluminum, ethyl dichloride 85
aluminum, ethyl sesquichloride 155
aluminum fluoride 134
aluminum fluoride monohydrate 135
aluminum fluoride trihydrate 136
aluminum hexafluoroacetylacetonate 108
aluminum hydride 139
aluminum hydroxide 140
aluminum hydroxychloride 158
aluminum hydroxycyclohexanebutyrate 113
aluminum hypophosphite 142
aluminum iodide 146
aluminum iodide hexahydrate 143
aluminum, isobutyl dichloride 92
aluminum isopropoxide 103
aluminum lactate 101
aluminum metaphosphate 150
aluminum, methyl sesquichloride 154
aluminum molybdate 165
aluminum monostearate 112
aluminum 2,3-naphthalocyanine chloride 120
aluminum nitrate 149
aluminum nitrate nonahydrate 144
aluminum nitride 148
aluminum 1,4,8,11,15,18,22,25-octabutoxy 124
aluminum oleate 123
aluminum oxalate monohydrate 156
aluminum oxide 167
aluminum oxide (alpha) 168
aluminum oxyhydroxide (alpha) 137
aluminum oxyhydroxide (beta)) 138
aluminum palmitate 121
aluminum perchlorate 133
aluminum perchlorate nonahydrate 131
aluminum phosphate 152
aluminum phosphate dihydrate 141
aluminum phosphate trihydroxide 162
aluminum phosphide 151
aluminum phthalocyanine chloride 117
aluminum, potassium sulfate 147
aluminum salt, 8-hydroxyquinoline 116
aluminum selenide 176
aluminum silicate 177
aluminum silicate dihydrate 163
aluminum silicate (kaolin) 182
aluminum silicate (kyanite) 169
aluminum silicate (metakaolinite) 171
aluminum stearate 122
aluminum sulfate 175
aluminum sulfate octadecahydrate 164
aluminum sulfide 174
aluminum tartrate 157
aluminum telluride 178
aluminum tellurite 172
aluminum 5,14,23,32-tetraphenyl-2,3-napt 125
aluminum thiocyanate 90
aluminum titanate 170
aluminum, triethyl 96
aluminum trifluoromethanesulfonate 87
aluminum, triisobutyl 104
aluminum, trimethyl 88
aluminum tri-n-butoxide 105
aluminum, tri-n-octyl 115
aluminum, tri-n-propyl 102
aluminum tri-sec-butoxide 106
aluminum, tris(3-hydroxy-2-methyl-4h-pyr 111
aluminum tris(2,2,6,6-tetramethyl-3,5-he 118
aluminum tri-tert-butoxide 107
aluminum tungstate 166
aluminum zirconate 173
aluminum zirconium 179
americium 183
americium (ii) bromide 184
americium (iii) bromide 185
americium (ii) chloride 187
americium (iii) chloride 188
americium dihydride 191
americium diiodide 194
americium (iii) fluoride 189
americium (iv) fluoride 190
americium hydride 192
americium hydroxide 193
americium (iii) iodide 195
americium (iii) oxide 198
americium (ii) oxide 196
americium (iv) oxide 197
americium oxychloride 186
americium sulfide 199
3-aminophenylboronic acid monohydrate 331
ammonia 2619
ammonia-(N=15) 2620
ammonium acetate 2650
ammonium aluminum sulfate 2623
ammonium azide 2766
ammonium benzoate 2655
ammonium bromide 2625
ammonium caprylate 2665
ammonium carbamate 2699
ammonium carbonate 2706
ammonium cerium (iv) nitrate 2777
ammonium cerium (iii) nitrate tetrahydra 2775
ammonium cerium (iv) sulfate dihydrate 2770
ammonium cerium (iii) sulfate tetrahydra 2660
ammonium chlorate 2621
ammonium-d4 chloride 2612
ammonium-(N=15)-d4 chloride 2611
ammonium chloride 2627
ammonium-(N=15) chloride 2628
ammonium chromate (vi) 2713
ammonium citrate tribasic 2762
ammonium cobalt (ii) phosphate 991
ammonium cobalt (ii) sulfate hexahydrate 2745
ammonium cyanide 2686
ammonium dichromate (vi) 2712
ammonium dihydrogen phosphate 2649
ammonium dimolybdate 2719
ammonium dithiocarbamate 2700
ammonium ferric chromate 2630
ammonium ferricyanide trihydrate 2778
ammonium ferrous sulfate hexahydrate 2746
ammonium fluoride 2631
ammonium fluoroborate 2624
ammonium fluorosulfonate 2638
ammonium formate 2640
ammonium heptafluorotantalate 2716
ammonium hexabromoosmiate (iv) 2704
ammonium hexabromoplatinate (iv) 2705
ammonium hexachloroiridate (iii) 2755
ammonium hexachloroiridate (iii) monohyd 2757
ammonium hexachloroosmiate (iv) 2710
ammonium hexachloropalladate (iv) 2724
ammonium hexachloroplatinate (iv) 2726
ammonium hexachlororhodate (iii) monohyd 2758
ammonium hexachlororuthenate (iv) 2711
ammonium hexacyanoferrate (ii) monohydra 2779
ammonium hexafluoroaluminate 2753
ammonium hexafluoroniobate (v) 2633
ammonium hexafluorophosphate 2637
ammonium hexafluorosilicate 2730
ammonium hexafluorotitanate dihydrate 2742
ammonium hexafluorozirconate 2715
ammonium hydrogen acetate 2658
ammonium hydrogen arsenate 2733
ammonium hydrogen borate trihydrate 2657
ammonium hydrogen carbonate 2641
ammonium hydrogen citrate 2743
ammonium hydrogen fluoride 2642
ammonium hydrogen malate 667
ammonium hydrogen oxalate hemihydrate 2647
ammonium hydrogen oxalate monohydrate 2651
ammonium hydrogen sulfate 2644
ammonium hydrogen sulfite 2646
ammonium hydrogen tartrate 2654
ammonium hydrogen tetraborate dihydrate 2652
ammonium hydrogensulfide 2645
ammonium hydroxide 2643
ammonium hypophosphite 2648
ammonium iodate 2635
ammonium iodide 2634
ammonium lactate 2653
ammonium magnesium chloride hexahydrate 2663
ammonium metatungstate hexahydrate 2773
ammonium metavanadate 2639
ammonium molybdate 2717
ammonium molybdate (iv) tetrahydrate 2772
ammonium nickel chloride hexahydrate 2664
ammonium nitrate 2689
ammonium nitrate-(N=15) 2690
ammonium-(N=15) nitrate 2691
ammonium-(N=15) nitrate-(N=15) 2692
ammonium nitrite 2688
ammonium nitroferricyanide 2776
ammonium oleate 2671
ammonium o,o-diethyldithiophosphate 2662
ammonium oxalate 2707
ammonium oxalate monohydrate 2735
ammonium palmitate 2668
ammonium pentaborate tetrahydrate 2659
ammonium pentachlororhodate (iii) monohy 2737
ammonium pentachlororuthenate (iii) mono 2738
ammonium pentachlorozincate 2754
ammonium perchlorate 2629
ammonium permanganate 2636
ammonium peroxydisulfate 2723
ammonium perrhenate 3854
ammonium phosphite, dibasic, monohydrate 2740
ammonium phosphomolybdate monohydrate 2759
ammonium phosphotungstate dihydrate 2760
ammonium picrate 2767
ammonium salicylate 2656
ammonium selenate 2729
ammonium selenite 2728
ammonium sesquicarbonate 2752
ammonium silicofluoride 2714
ammonium stearate 2672
ammonium sulfamate 2702
ammonium sulfate 2721
ammonium-(N=15) sulfate 2722
ammonium sulfate-d8 2681
ammonium sulfide 2727
ammonium sulfite monohydrate 2739
ammonium tartrate 2741
ammonium tellurate 2731
ammonium tetraborate tetrahydrate 2744
ammonium, tetrabutyl bromide 2669
ammonium tetrachloroaluminate 2622
ammonium tetrachloropalladate (ii) 2708
ammonium tetrachloroplatinate (ii) 2725
ammonium tetrachlorozincate 2709
ammonium, tetraethyl bromide 2666
ammonium, tetraethyl chloride 2667
ammonium tetrafluoroantimonate (iii) 2632
ammonium tetrathiocyanodiammonochromate 2774
ammonium tetrathiomolybdate 2718
ammonium tetrathiotungstate 2732
ammonium tetrathiovandate (iv) 2756
ammonium-d4 thiocyanate 2680
ammonium thiocyanate 2687
ammonium thiosulfate 2720
ammonium titanium oxalate monohydrate 2736
ammonium trifluoromethanesulfonate 2626
ammonium tungstate pentahydrate 2780
ammonium uranate (vi) 4810
ammonium uranium fluoride 4786
ammonium valerate 2661
ammonium zirconyl carbonate dihydrate 2761
ammonium zirconyl carbonate dihydrate 2763
antimony 4023
antimony (iii) acetate 4029
antimony arsenide 4064
antimony arsenide 4024
antimony (iii) n-butoxide 4034
antimony dibromide, triphenyl 4037
antimony dichloride, triphenyl 4038
antimony (v) dichlorotrifluoride 4041
antimony (iii) ethoxide 4032
antimony (iii) fluoride 4045
antimony (v) fluoride 4046
antimony (v) iodide 4050
antimony iodide sulfide 4048
antimony (iii) methoxide 4028
antimony (iii) nitrate 4052
antimony (iii) nitride 4051
antimony (iii) oxide 4056
antimony (v) oxide 4058
antimony (v) oxychloride 4040
antimony (iii) oxychloride 4053
antimony pentachloride 4044
antimony (iii) perchlorate trihydrate 4043
antimony (iii) phosphate 4054
antimony phosphide 4055
antimony (iii) selenide 4062
antimony (iii) sulfate 4059
antimony (iii) sulfide 4060
antimony (v) sulfide 4061
antimony sulfide, triphenyl 4039
antimony (iii) teluride 4063
antimony tribromide 4025
antimony trichloride 4042
antimony triiodide 4049
antimony, trimethyl 4026
antimony, tri-n-butyl 4033
antimony, triphenyl 4036
antimony (iii,v) oxide 4057
argon 200
argon fluoride 201
o-arsanilic acid 219
arsenate, ammonium dihydrogen 237
arsenate, dithianitronium hexafluoro 232
arsenate, iron (iii) dihydrate 233
arsenate, tetrapropylammonium hexafluoro 223
arsenazo iii 241
arsenic 202
arsenic acid 235

798

801

803

nickel (ii) oxide 3158
nickel, bis(pentamethylcyclopentadienyl) 3113
nickel perchlorate hexahydrate 3136
nickel phosphate heptahydrate 3177
nickel phosphide 3172
nickel phthalocyanine 3121
nickel (ii) phthalocyaninetetrasulfonic 3120
nickel (ii), n,n'-bis(salicylidene)ethyl 3110
nickel selenate hexahydrate 3149
nickel (ii) selenide 3166
nickel silicide 3173
nickel silicide 3167
nickel stannate dihydrate 3144
nickel stearate 3125
nickel (ii) sulfate 3164
nickel (ii) sulfate heptahydrate 3150
nickel (ii) sulfate hexahydrate 3148
nickel (iii) sulfide 3178
nickel sulfide 3162
nickel telluride 3168
nickel tetrafluoroborate hexahydrate 3096
nickel, tetrakis (trifluorophosphine) 3141
nickel (0), tetrakis (triphenyl phosphit 3130
nickel (0), tetrakis (triphenylphosphine 3131
nickel (ii) tetrakis(4-cumylphenoxy)phth 3132
nickel (ii) tetramethylheptanedionate 3115
nickel (ii) 2,9,16,23-tetraphenoxy-29h,3 3128
nickel, 5,10,15,20-tetraphenyl-21h,23h-p 3127
nickel thiocyanate 3101
nickel (ii) titanate 3169
nickel trifluoroacetylacetonate dihydrat 3107
nickel tungstate 3159
nickel vanadate 3160
nickel (ii,iii) sulfide 3179
niobium 3019
niobium boride 3020
niobium boride 3021
niobium (iii) bromide 3022
niobium (iv) bromide 3023
niobium (v) bromide 3024
niobium carbide 3050
niobium carbide 3025
niobium (iii) chloride 3032
niobium (iv) chloride 3033
niobium (v) chloride 3034
niobium (v) chloride-ethylene glycol d 3026
niobium (iv) chloride-tetrahydrofuran co 3028
niobium (v) dioxyfluoride 3048
niobium (v) ethoxide 3030
niobium (iii) fluoride 3035
niobium (iv) fluoride 3036
niobium (v) fluoride 3037
niobium hydride 3039
niobium (iii) iodide 3040
niobium (iv) iodide 3041
niobium (v) iodide 3042
niobium nitride 3043
niobium oxide 3051
niobium (v) oxide 3052
niobium (ii) oxide 3044
niobium (iv) oxide 3047
niobium (v) oxybromide 3045
niobium (v) oxychloride 3046
niobium phosphide 3049
niobium potassium oxyfluoride 3038
niobium (iv) selenide 3054
niobium silicide 3055
niobium (iv) sulfide 3053
niobium (iv) telluride 3056
niobium tetrachloride, cyclopentadienyl 3027
niobium (iv), tetrakis(2,2,6,6-tetrameth 3031
niobocene dichloride 3029
nitramide 2677
nitric acid 1702
nitric oxide 2674
nitrogen 2678
nitrogen-(N=15) 2679
nitrogen dioxide 2676
nitrogen pentoxide 2750
nitrogen tetraoxide 2749
nitrogen tribromide 2605
nitrogen trichloride 2608
nitrogen trifluoride 2613
nitrogen triiodide 2673
nitrogen trioxide 2748
nitronium hexafluoroantimonate 2615
nitronium hexafluorophosphate 2614
nitronium tetrafluoroborate 2609
2-nitrophenyl selenocyanate 4098
nitrosyl bromide 631
nitrosyl chloride 2607
nitrosyl fluoride 1406
nitrosylsulfuric acid 2617
nitrous acid 1701
nitrous oxide 2747
nitryl chloride 896
nitryl fluoride 1407
nobelium 3181
nonaborane 410
nysted reagent 5106
octachlorotrisilane 4295
octaosmium trieicosacarbonyl 3233
orthosilicic acid 1731
osmium 3200
osmium (iii) bromide 3201
osmium (iv) bromide 3202
osmium carbonyl 3228
osmium (ii) chloride 3208
osmium (iii) chloride 3209
osmium (iv) chloride 3210
osmium (v) chloride 3211
osmium bis(cyclopentadienyl) 3206
osmium diselenide 3225
osmium disulphide 3224
osmium ditelluride 3226
osmium (iv) fluoride 3212
osmium (v) fluoride 3213
osmium hexadecacarbonyl 3229

osmium (i) Iodide 3217
osmium (ii) Iodide 3218
osmium (iii) Iodide 3219
osmium monoxide 3220
osmium nonacarbonyl 3227
osmium nonadecacarbonyl 3230
osmium octadecacarbonyl 3231
osmium (iv) oxide 3221
osmium oxide pentafluoride 3223
osmium pentacarbonyl 3204
osmium, bis(pentamethylcyclopentadienyl) 3207
osmium tetroxide 3222
osmium uneicosacarbonyl 3232
osmium (vi) fluoride 3214
osmium (vii) fluoride 3215
osmium (viii) fluoride 3216
oxalic acid 659
oxalic acid dihydrate 660
oxalic acid-d2 658
oxalyl chloride 657
oxosilane 4254
oxygen 3198
ozone 3199
palladium 3571
palladium (ii) acetate 3578
palladium (ii) acetate, bis(triphenylpho 3603
palladium (ii), bis(acetonitrile)chloron 3575
palladium (ii), bis(acetonitrile)dichlor 3576
palladium (ii) acetylacetonate 3586
palladium (ii), trans-benzyl(chloro)bis(3604
palladium (ii), (2,2'-bipyridine)dichlor 3585
palladium (ii) bromide 3572
palladium (ii) bromide, trans-bis(triphe 3598
palladium (ii) chloride 3608
palladium (ii) chloride, bis(benzonitril 3591
palladium (ii) chloride, (bicyclo[2.2.1] 3581
palladium (ii) chloride, (cis,cis-1,5-cy 3583
palladium chloride dimer, allyl 3629
palladium (ii) chloride, ((r)-(+)-2,2'-b 3605
palladium (ii) chloride, 1,2-bis(diphen 3592
palladium (ii) chloride, bis(tricyclohex 3602
palladium (ii) chloride, bis(triethylpho 3589
palladium (ii) chloride·dichloromethane, 3597
palladium (ii) cyanide 3573
palladium (ii), diamminediiodo 3616
palladium (ii), bis(dibenzylideneacetone 3596
palladium (ii), trans-dibromobis(triphen 3599
palladium (ii), trans-dichlorodiammine 3610
palladium (ii), dichloro(1,10-phenanthro 3587
palladium (ii), dichloro(n,n,n',n'-tetra 3580
palladium (ii), trans-dichlorobis(trieth 3590
palladium (ii), trans-dichlorobis(triphe 3600
palladium dioxide 3622
palladium (0), bis[1,2-bis(diphenylphosp 3606
palladium (ii) fluoride 3612
palladium (iii) fluoride 3613
palladium (iV) fluoride 3614
palladium (ii) hexafluoroacetylacetonate 3584
palladium (ii) iodide 3619
palladium (ii) nitrate 3620
palladium (ii) nitrate, tetraamine 3618
palladium (ii) nitrite, diammine 3617
palladium (ii), 2,3,7,8,12,13,17,18-octa 3601
palladium (ii) oxide 3621
palladium (ii) perchlorate, [(2s,3s)-(+) 3595
palladium (ii) selenide 3625
palladium (iv) selenide 3626
palladium (ii) sulfate dihydrate 3615
palladium (ii) sulfide 3623
palladium (iv) sulfide 3624
palladium (ii) telluride 3627
palladium (iv) telluride 3628
palladium (ii) tetraammine chloride mono 3611
palladium tetracarbonyl 3579
palladium (ii) tetrachlorpalladium (ii), 3635
palladium (ii) tetrafluoroborate, tetrak 3582
palladium, [1,2,3,4-tetrakis(methoxycarb 3588
palladium (0), tetrakis(triphenylphosphi 3607
palladium (ii) trifluoroacetate 3574
palladium (ii) trihydrate, potassium tet 3577
palladium trioxide 3636
p-arsanilic acid 220
pentaborane 406
pentaborane 405
pentamethylcyclopentadienylchromium dica 1111
pentamethylcyclopentadienyliron dicarbon 1548
pentlandite 1571
perchloric acid 1697
perchloryl fluoride 894
periodic acid 1700
periodic acid dihydrate 1871
peroxysulfuric acid 1717
perrhenate (vii), tetrabutylammonium 3839
perrhenic acid 1708
phenyl mercury nitrate, basic 1828
1,3-bis(phenylphosphino)propane 3410
n-(phenylseleno)phthalimide 4105
phenyltrichlorotin 4354
phenyltrimethyltin 4363
phorane, (cyclopentadienylidene)tripheny 3362
phosphate, (±)-1,1'-binaphthyl-2,2'-diyl 3348
phosphate dihydrate, sodium phenyl 3269
phosphate, dilauryl 3371
phosphate, di-n-amyl 3299
phosphate, di-n-butyl 3287
phosphate, di-n-propyl 3279
phosphate, diphenylchloro 3302
phosphate, phenyldichloro 3265
phosphate, tetrabutylammonium hexafluoro 3323
phosphate, tetramethylammonium hexafluor 3260
phosphate, tricresyl 3359
phosphate, triethyl 3280
phosphate, trimethyl 3252
phosphate, tri-n-pentyl 3319
phosphate, triphenyl 3335
phosphate, tris(2-chloroethyl) 3272
phosphine 3389

phosphine, allyldiphenyl 3315
phosphine, benzyldiphenyl 3343
phosphine borane complex, dimethyl 3246
phosphine carbon disulfide, tricyclohexy 3347
phosphine, bis(2-cyanoethyl)phenyl 3304
phosphine, cyclohexyl 3273
phosphine, cyclohexyldiphenyl 3339
phosphine, diallylphenyl 3305
phosphine, dicyclohexyl 3307
phosphine, dicyclohexylchloro 3306
phosphine, diethyl 3255
phosphine, bis(diethylamino)chloro 3289
phosphine, diethylchloro 3254
phosphine, diethylphenyl 3298
phosphine, dimethyl 3244
phosphine dimethylborane, dimethyl 3261
phosphine, dimethylchloro 3243
phosphine, dimethylphenyl 3283
phosphine, diphenyl 3303
phosphine, diphenylchloro 3300
phosphine, diphenyl(2-methoxyphenyl) 3345
phosphine, diphenyl(pentafluorophenyl) 3327
phosphine, bis(2-diphenylphosphinoethyl) 3454
phosphine, diphenylpropyl 3316
phosphine, diphenyl(p-tolyl) 3344
phosphine, diphenylvinyl 3313
phosphine, diphenyl-2-pyridyl 3324
phosphine, di-tert-butylchloro 3285
phosphine, ethyldichloro 3241
phosphine, ethyldiphenyl 3314
phosphine hydrobromide, triphenyl 3337
phosphine hydrochloride, tris(2-carboxye 3293
phosphine, isopropyldiphenyl 3317
phosphine, methyldichloro 3240
phosphine, methyldiethoxy 3262
phosphine, methyldiphenyl 3311
phosphine, n-propyldichloro 3248
phosphine oxide, phenyldichloro 3264
phosphine oxide, triethyl 3275
phosphine oxide, tri-n-propyl 3297
phosphine oxide, triphenyl 3333
phosphine, bis(pentafluorophenyl)phenyl 3326
phosphine, phenyl 3266
phosphine, phenyldichloro 3263
phosphine, phenyldimethoxy 3284
phosphine, (+)-s-neomenthyldiphenyl 3361
phosphine sulfide, triphenyl 3336
phosphine, tert-butyldichloro 3253
phosphine tetrahydrate, tris(3-sulfonato 3338
phosphine, tetraphenylbis 3415
phosphine, triallyl 3292
phosphine, tribenzyl 3352
phosphine, tri p-chlorophenyl 3329
phosphine, tricyclohexyl 3341
phosphine, triethyl 3274
phosphine, triisopropyl 3295
phosphine, tri(m-chlorophenyl) 3328
phosphine, trimethyl 3249
phosphine, tri-m-tolyl 3353
phosphine, tri(1-naphthyl) 3377
phosphine, tri-n-butyl 3308
phosphine, tri-n-propyl 3296
phosphine, tri-o-tolyl 3354
phosphine, triphenyl 3331
phosphine, tri-p-tolyl 3355
phosphine, tris (trifluoromethyl) 3247
phosphine, tris(2-cyanoethyl) 3291
phosphine, tris(2,6-dimethoxyphenyl) 3367
phosphine, tris(dimethylamino) 3281
phosphine, tris(4-dimethylaminophenyl) 3368
phosphine, tris[2-(diphenylphosphinoethy 3460
phosphine, tris(m-methoxyphenyl) 3356
phosphine, tris(o-methoxyphenyl) 3357
phosphine, tris(pentafluorophenyl) 3325
phosphine, tris(p-fluorophenyl) 3330
phosphine, tris(p-methoxyphenyl) 3358
phosphine, tri-p-trifluoromethoxyphenyl 3350
phosphine, tris(2,4,6-trimethoxyphenyl) 3375
phosphine, tris(2,4,6-trimethylphenyl) 3374
phosphine, tri-tert-butyl 3309
phosphineoxide, octyl(phenyl)-n,n-diisob 3369
phosphinic acid, phenyl 3267
phosphinic chloride, diphenyl 3301
phosphinic oxide, tri-n-octyl 3370
phosphinite, methyldiphenyl 3312
1,2-bis(phosphino)benzene 3406
phosphite, diethyl 3256
phosphite, di-isopropyl 3276
phosphite, di-n-butyl 3286
phosphite, triethyl 3277
phosphite, triisopropyl 3294
phosphite, trimethyl 3251
phosphite, tri-n-butyl 3310
phosphite, tri-neopentyl 3318
phosphite, triphenyl 3334
phosphite, tris(2-chloroethyl) 3271
phosphonate, dimethylmethyl 3250
phosphonic acid, ethyl 3245
phosphonic acid, methyl 3401
phosphonic acid, phenyl 3268
phosphonitrilic chloride trimer 3457
phosphonium bromide 3390
phosphonium bromide, allyltriphenyl 3351
phosphonium bromide, heptyltriphenyl 3373
phosphonium bromide, hexadecyltri-n-buty 3376
phosphonium bromide, methyltriphenyl 3346
phosphonium bromide, tetramethyl 3257
phosphonium bromide, tetra-n-butyl 3321
phosphonium bromide, tetraphenyl 3363
phosphonium chloride 3391
phosphonium chloride, benzyltriphenyl 3372
phosphonium chloride, tetrabutyl 3322
phosphonium chloride, tetraethyl 3288
phosphonium chloride, tetramethyl 3258
phosphonium chloride, tetraphenyl 3364
phosphonium iodide 3392
phosphonium iodide, ethyltriphenyl 3349
phosphonium iodide, tetraethyl 3290

805

806

Index

ABOUT THE AUTHOR

Carl L. Yaws, Ph. D., is professor of chemical engineering at Lamar University, Beaumont, Texas. He has industrial experience in process engineering, research, development and design at Exxon, Ethyl and Texas Instruments. He is the author of 27 books and has published more than 610 technical papers in process engineering, property data and pollution prevention.